BEILSTEINS HANDBUCH DER ORGANISCHEN CHEMIE

BEILSTEINS HANDBUCH
DER ORGANISCHEN CHEMIE

VIERTE AUFLAGE

DRITTES ERGÄNZUNGSWERK

DIE LITERATUR VON 1930 BIS 1949 UMFASSEND

HERAUSGEGEBEN VOM
BEILSTEIN-INSTITUT FÜR LITERATUR DER ORGANISCHEN CHEMIE

BEARBEITET VON
HANS-G. BOIT

UNTER MITWIRKUNG VON
OSKAR WEISSBACH
MARIE-ELISABETH FERNHOLZ · HANS HÄRTER · IRMGARD HAGEL
URSULA JACOBSHAGEN · ROTRAUD KAYSER · MARIA KOBEL
KLAUS KOULEN · BRUNO LANGHAMMER · DIETER LIEBEGOTT
RICHARD MEISTER · ANNEROSE NAUMANN · WILMA NICKEL
ANNEMARIE REICHARD · ELEONORE SCHIEBER · ILSE SÖLKEN
ACHIM TREDE

ZEHNTER BAND
SECHSTER TEIL

SPRINGER-VERLAG
BERLIN · HEIDELBERG · NEW YORK
1972

ISBN 3-540-06059-6 Springer-Verlag, Berlin·Heidelberg·New York
ISBN 0-387-06059-6 Springer-Verlag, New York·Heidelberg·Berlin

© by Springer-Verlag, Berlin · Heidelberg 1972.
Library of Congress Catalog Card Number: 22—79
Printed in Germany.

Herstellung: Konrad Triltsch, Graphischer Betrieb, 87 Würzburg

Mitarbeiter der Redaktion

Inhalt

Gesamt-Sachregister für Band 9 und Band 10.

Das Register enthält die Namen der in diesen Bänden abgehandelten Verbindungen mit Ausnahme von Salzen, deren Kationen aus Metallionen oder protonierten Basen bestehen, und von Additionsverbindungen.

Die im Register aufgeführten Namen („Registernamen") unterscheiden sich von den im Text verwendeten Namen im allgemeinen dadurch, daß Substitutionspräfixe und Hydrierungsgradpräfixe hinter den Stammnamen gesetzt („invertiert") sind, und dass alle Stellungsbezeichnungen (Zahlen oder Buchstaben), die zu Substitutionspräfixen, Hydrierungsgradpräfixen, systematischen Endungen und zum Funktionssuffix gehören, sowie alle zur Konfigurationskennzeichnung dienenden genormten Präfixe und Symbole (s. „Stereochemische Bezeichnungsweisen"; Band 10, S. IX) weggelassen sind.

Der Registername enthält demnach die folgenden Bestandteile in der angegebenen Reihenfolge:

1. den Register-Stammnamen (in Fettdruck); dieser setzt sich zusammen aus
   a) dem (mit Stellungsbezeichnung versehenen) Stammvervielfachungsaffix (z.B. Bi in [1.2']Binaphthyl),
   b) stammabwandelnden Präfixen[1]),
   c) dem Namensstamm (z. B. Hex in Hexan; Pyrr in Pyrrol),
   d) Endungen (z. B. -an, -en, -in zur Kennzeichnung des Sättigungszustandes von Kohlenstoff-Gerüsten; -ol, -in, -olin, -olidin usw. zur Kennzeichnung von Ringgrösse und Sättigungszustand bei Heterocyclen),
   e) dem Funktionssuffix zur Kennzeichnung der Hauptfunktion (z. B. -ol, -dion, -säure, -tricarbonsäure),
   f) Additionssuffixen (z. B. oxid in Äthylenoxid).

2. Substitutionspräfixe, d. h. Präfixe, die den Ersatz von Wasserstoff-Atomen durch andere Substituenten kennzeichnen (z. B. Chlor-äthyl in 2-Chlor-1-äthyl-naphthalin).

3. Hydrierungsgradpräfixe (z. B. Tetrahydro in 1.2.3.4-Tetrahydro-naphthalin; Didehydro in 4.4'-Didehydro-β-carotindion-(3.3').

4. Funktionsabwandlungssuffixe (z. B. oxim in Aceton-oxim; dimethylester in Bernsteinsäure-dimethylester).

---

[1]) Zu den stammabwandelnden Präfixen (die mit Stellungsbezeichnungen versehen sein können) gehören:

Austauschpräfixe (z. B. Dioxa in 3.9-Dioxa-undecan; Thio in Thioessigsäure,

Gerüstabwandlungspräfixe (z. B. Bicyclo in Bicyclo[2.2.2]octan; Spiro in Spiro[4.5]octan; Seco in 5.6-Seco-cholestanon-(5)),

Brückenpräfixe (z. B. Methano in 1.4-Methano-naphthalin; Cyclo in 2.5-Cyclo-benzocyclohepten; Epoxy in 4.7-Epoxy-inden),

Anellierungspräfixe (z. B. Benzo in Benzocyclohepten; Cyclopenta in Cyclopenta[a]phenanthren),

Erweiterungspräfixe (z. B. Homo in D-Homo-androsten-(5)),

Subtraktionspräfixe (z. B. Nor in A-Nor-cholestan; Desoxy in 2-Desoxyglucose).

Beispiele:

meso-1.6-Diphenyl-hexin-(3)-diol-(2.5) wird registriert als **Hexindiol**, Diphenyl-;
4a.8a-Dimethyl-octahydro-1*H*-naphthalinon-(2)-semicarbazon wird registriert als
    Naphthalinon, Dimethyl-octahydro-, semicarbazon;
8-Hydroxy-4.5.6.7-tetramethyl-3a.4.7.7a-tetrahydro-4.7-äthano-indenon-(9) wird
    registriert als **4.7-Äthano-indenon**, Hydroxy-tetramethyl-tetrahydro-.

Besondere Regelungen gelten für Radikofunktionalnamen, d. h. Namen, die
aus einer oder mehreren Radikalbezeichnungen und der Bezeichnung einer Funk-
tionsklasse oder eines Ions zusammengesetzt sind:

Bei Radikofunktionalnamen von Verbindungen, deren Funktionsgruppe (oder
ional bezeichnete Gruppe) mit nur einem Radikal unmittelbar verknüpft ist, um-
fasst der (in Fettdruck gesetzte) Register-Stammname die Bezeichnung dieses Ra-
dikals und die Funktionsklassenbezeichnung (oder Ionenbezeichnung) in unver-
änderter Reihenfolge; Präfixe, die eine Veränderung des Radikals ausdrücken,
werden hinter den Stammnamen gesetzt.

Beispiele:

Äthylbromid, Phenylbenzoat, Phenyllithium und Butylamin werden unverändert registriert;
3-Chlor-4-brom-benzhydrylchlorid wird registriert als **Benzhydrylchlorid**, Chlor-brom-;
1-Methyl-butylamin wird registriert als **Butylamin**, Methyl-.

Bei Radikofunktionalnamen von Verbindungen mit einem mehrwertigen Radi-
kal, das unmittelbar mit den Funktionsgruppen (oder ional bezeichneten Gruppen)
verknüpft ist, umfasst der Register-Stammname die Bezeichnung dieses Radikals
und die (gegebenenfalls mit einem Vervielfachungsaffix versehene) Funktions-
klassenbezeichnung (oder Ionenbezeichnung), nicht aber weitere im Namen ent-
haltene Radikalbezeichnungen, auch wenn sie sich auf unmittelbar mit einer der
Funktionsgruppen verknüpfte Radikale beziehen.

Beispiele:

Benzylidendiacetat, Äthylendiamin und Äthylenchloridbromid werden unverändert registriert;
1.2.3.4-Tetrahydro-naphthalindiyl-(1.4)-diamin wird registriert als **Naphthalindiyldiamin**,
    Tetrahydro-;
N.N-Diäthyl-äthylendiamin wird registriert als **Äthylendiamin**, Diäthyl-.

Bei Radikofunktionalnamen, deren (einzige) Funktionsgruppe mit mehreren
Radikalen unmittelbar verknüpft ist, besteht hingegen der Register-Stammname
nur aus der Funktionsklassenbezeichnung (oder Ionenbezeichnung); die Radikal-
bezeichnungen werden sämtlich hinter dieser angeordnet.

Beispiele:

Methyl-benzyl-amin wird registriert als **Amin**, Methyl-benzyl-;
Trimethyl-äthyl-ammonium wird registriert als **Ammonium**, Trimethyl-äthyl-;
Diphenyläther wird registriert als **Äther**, Diphenyl-;
Phenyl-[2-äthyl-naphthyl-(1)]-keton-oxim wird registriert als **Keton**, Phenyl-[äthyl-
    naphthyl]-, oxim.

Massgebend für die alphabetische Anordnung von Verbindungsnamen sind in
erster Linie der Register-Stammname (wobei die durch Kursivbuchstaben oder

Ziffern repräsentierten Differenzierungsmarken in erster Näherung unberücksichtigt bleiben), in zweiter Linie die nachgestellten Präfixe, in dritter Linie die Funktionsabwandlungssuffixe.

Beispiele:

      sec-Butylalkohol erscheint unter dem Buchstaben B;
      Cyclopenta[*a*]naphthalin, Methyl- erscheint nach Cyclopentan;
      Cyclopenta[*b*]naphthalin, Brom- erscheint nach Cyclopenta[*a*]naphthalin, Methyl-.

Von griechischen Zahlwörtern abgeleitete Namen oder Namensteile sind einheitlich mit c (nicht mit k) geschrieben.

Die Buchstaben i und j werden unterschieden.

Die Umlaute ä, ö und ü gelten hinsichtlich ihrer alphabetischen Einordnung als ae, oe bzw. ue.

A

20(10→9)-Abeo-abietansäure s. *20-Nor-abietansäure, Methyl-*

5(10→5)-Abeo-androstendion, Benzoyloxy- 9 797

5(10→5)-Abeo-androstenon, Dibenzoyloxy- 9 793

21(20→23)-Abeo-cholendisäure, Hydroxy-oxo- 10 4758

5(6→7)-Abeo-cholestensäure, Hydroxy- 10 979

5(6→7)-Abeo-3.4:11.12-diseco-cholanhexasäure, Hydroxy- 10 2639

4(3→2)-Abeo-friedelansäure 9 2931

10(1→2)-Abeo-lupendisäure, Hydroxy- 10 2313

5(4→3)-Abeo-oleanadiensäure 9 3265

11(12→13)-Abeo-oleanendisäure, Hydroxy-acetoxy-oxo-, methylester-lacton 10 4401, 4426

27(14→12)-Abeo-oleanendisäure, Chlor-dihydroxy- 10 2482

17(10→9)-Abeo-podocarpensäure s. *17-Nor-podocarpensäure, Methyl-*

21(20→17)-Abeo-pregnansäure s. a. *Androstan-carbonsäure, Methyl-*

—, Acetoxy- 10 676

—, Acetoxy-, methylester 10 677

—, Diacetoxy-, methylester 10 1612

—, Hydroxy- 10 676

—, Hydroxy-, methylester 10 676

—, Oxo- 10 3126

21(20→17)-Abeo-pregnensäure, Acetoxy- 10 946

—, Acetoxy-, anhydrid 10 948

—, Acetoxy-, chlorid 10 949

—, Acetoxy-, methylester 10 947

—, Hydroxy- 10 946

—, Hydroxy-, methylester 10 947

5(6→7)-Abeo-3.4-seco-cholantetrasäure, Hydroxy-oxo- 10 4869

—, Hydroxy-oxo-, tetramethylester 10 4869

5(4→3)-Abeo-ursadiendisäure-dimethylester 9 4493

5(4→3)-Abeo-ursadiensäure 9 3266

5(4→3)-Abeo-ursadiensäure-methylester 9 3266

5(4→3)-Abeo-ursensäure 9 3135

Abietadiensäure 9 2904

—, Hydroxy- 10 930

Abietansäure 9 351; s. a. *Podocarpansäure, Isopropyl-*

—, Dibrom- 9 354

—, Dibrom-, äthylester 9 354

—, Dibrom-, methylester 9 354

Abietansäure, Dichlor- 9 353

—, Dichlor-, äthylester 9 353

—, Dichlor-, methylester 9 353

—, Dihydroxy- 10 1360

—, Tetrahydroxy- 10 2417

—, Trihydroxy- 10 2055, 2057

—, Trihydroxy-acetoxy- 10 2417

Abietansäure-methylester 9 352

Abietatrien, Benzoyloxy- 9 476

—, Dibenzoyloxy- 9 606

—, [Dinitro-benzoyloxy]- 9 1871

Abietatriendiyldibenzoat 9 606

Abietatrienon, Benzoyloxy- 9 752

—, Methoxy-benzoyloxy- 9 797

Abietatriensäure 9 3120

—, Acetoxy- 10 1020

—, Hydroxy-methoxy-, methylester 10 1912

—, Hydroxymethyl- 10 1024

—, Methoxy- 10 1019

—, Oxo- 10 3246

Abietensäure 9 2638

—, Dihydroxy- 10 1590, 1591

—, Hydroxy- 10 663

Abietinsäure 9 2904

—, Brom-trioxy- 10 2056

—, Chlor-dihydro- 9 2639

—, Chlor-trioxy- 10 2056

—, Dibrom-dihydro-, äthylester 9 354

—, Dihydro- 9 2636, 2637, 2638

—, Hydroxy-dihydro- 10 663

—, Hydroxy-tetrahydro- 10 85

—, Jod-trioxy- 10 2057

—, Trihydroxy-tetrahydro- 10 2055

—, Trioxy- 10 2055, 2057

—, Trioxy-tetrahydro- 10 2057

α-Abietinsäure, Tetrahydro- 9 352

—, Tetraoxy-tetrahydro- 10 2417

d-Abietinsäure 9 2909

Abietinsäure-äthylester 9 2908

— cholesterylester 9 2909

— methylester 9 2907

— tritylester 9 2909

— vinylester 9 2908

Abietinsäure-dihydrobromid 9 354

Abietinsäure-dihydrochlorid 9 353

Abietinsäure-hydrochlorid 9 2639

Abietinsäure-nitrosit 9 2906

Abietinsäure-nitrosochlorid 9 2906

Aceconitsäure 9 4746

Acenaphthen-carbamid 9 3289, 3290

Acenaphthen-carbonsäure 9 3289

—, Nitro- 9 3290

Acenaphthen-carbonsäure-amid 9 3289, 3290

— chlorid 9 3289

Acenaphthen-carbonylchlorid 9 3289

Acenaphthen-dicarbonsäure 9 4523, 4524

—, Chlor- 9 4524

—, Hydroxyimino-dimethyl- 10 4012

Acenaphthen-dicarbonsäure, Oxo-dimethyl-
10 4012
—, Oxo-dimethyl-, dimethylester 10 4012
Acenaphthen-dicarbonsäure-dimethylester
9 4523
Acenaphthenon, Benzoyloxy- 9 760
—, Benzoyloxymethyl- 9 761
—, Cinnamoyloxy- 9 2701
—, Dibenzoyl- 9 899
—, [Methoxy-benzoyloxy]- 10 319
—, Salicyloyloxy- 10 145
Acenaphtho[1.8-*bc*]furan-carbonsäure,
Hydroxy-oxo-dimethyl-dihydro-
10 4012
Acenaphthylen, Benzoyloxy-acetyl- 9 767
—, Benzoyloxy-benzoyl- 9 776
—, Benzoyloxy-phenyl- 9 527
**Acenaphthyleno[1'.2'-3.4]fluoreno≈
[9.1-*bc*]furan,** Hydroxy-oxo-
dihydro- 10 3512
Acenaphthylenol, Benzoyloxy- 9 760
—, [Methoxy-benzoyloxy]- 10 319
—, Salicyloyloxy- 10 145
Acephenanthren-carbonsäure,
Nitro-dihydroxy-dioxo-dihydro-
10 4792
Acephenanthren-dicarbonsäure, Dihydro-,
diäthylester 9 4659
Acephenanthren-dicarbonsäure-
dimethylester 9 4675
Acetaldehyd, Benzamino- 9 1105
—, Benzoyloxy- 9 720
—, Benzoyloxy-, semicarbazon 9 721
—, Benzoyloxymethylen-phenyl- 9 742
—, Brom-, benzoylimin 9 1096
—, Brom-, phenylacetylimin 9 2202
—, Brom-, *p*-toluoylimin 9 2346
—, [Brom-phenyl-acetamino]-, [dinitro-
phenylhydrazon] 9 2278
—, [Diäthoxy-phenyl]-, [trimethoxy-
benzoylimin] 10 2091
—, Dibrom-, benzoylimin 9 1096
—, Dibrom-, [methoxy-benzoylimin]
10 157
—, Dibrom-, salicyloylimin 10 154
—, Dichlor-, benzoylimin 9 1096
—, Dichlor-, phenylacetylimin 9 2201
—, Dichlor-, *p*-toluoylimin 9 2344
—, [Dimethoxy-benzoyloxy-phenyl]- 9 815
—, [Dimethoxy-benzoyloxy-phenyl]-,
oxim 9 815
—, Dimethoxy-phenyl-, benzoylimin
9 1110
—, Diphenyl-, benzoylimin 9 1102
—, Diphenyl-, [diphenylacetyl-hydrazon]
9 3305
—, Methoxy-, phenylacetylimin 9 2205
—, [Methoxy-isopropyloxy-phenyl]-,
[trimethoxy-benzoylimin] 10 2092

Acetaldehyd, [Methoxy-propyloxy-phenyl]-,
[trimethoxy-benzoylimin] 10 2092
—, Phenyl-, benzoylimin 9 1100
—, Phenyl-, cinnamoylimin 9 2716
—, [Phenyl-acetamino]- 9 2204
—, Phenylacetoxy- 9 2187
—, Phenylacetoxy-, semicarbazon 9 2188
—, Phenyl-[nitro-trimethyl-phenyl]-,
benzoylimin 9 1103
Acetaldehyd-[brom-benzoylhydrazon]
9 1388, 1400, 1422
— [chlor-benzoylhydrazon] 9 1341,
1350, 1368
— cyclohexancarbonylhydrazon 9 30
— [dinitro-benzoylhydrazon] 9 1945
— [dinitro-methyl-benzoylhydrazon]
9 2371
— [jod-benzoylhydrazon] 9 1439, 1446
— naphthoylhydrazon 9 3187
— [nitro-benzoylhydrazon] 9 1481,
1524, 1752
— [nitro-dimethyl-benzoylhydrazon]
9 2446
— [nitro-methyl-benzoylhydrazon]
9 2364
Acetamid, Acetonyl-phenyl- 9 2205
—, [Acetoxy-äthyl]-phenyl- 9 2197
—, Acetoxy-[diäthylamino-äthyl]-
diphenyl- 10 1179
—, [Acetoxy-isobutyl]-phenyl- 9 2199
—, Acetoxymethyl-phenyl- 9 2199
—, Acetoxy-[sulfamoyl-äthyl]-phenyl-
10 473
—, [Äthoxy-äthyl]-phenyl- 9 2197
—, [Äthoxy-cyclohexenyl]- 10 56
—, [Äthoxy-cyclohexyl]- 10 24
—, Äthyl-[diäthylamino-äthyl]-diphenyl-
9 3304
—, Äthyl-[hydroxy-äthyl]-phenyl-
9 2197
—, [Äthyl-naphthyl]- 9 3235
—, Äthyl-[nitro-phenyl]- 9 2289
—, [Äthyl-phenanthryl]- 9 3527
—, Äthyl-phenyl- 9 2194
—, [Äthyl-phenyl]- 9 2485
—, [Äthyl-tetrahydro-phenanthryl]-
9 3398
—, Allyl-[carboxymethoxy-phenyl]-
10 438
—, Allyl-[hydroxy-phenyl]- 10 435
—, Allyl-phenyl- 9 2196
—, [Amino-äthyl]-[methoxy-phenyl]-
10 436
—, [Amino-äthyl]-phenyl- 9 2242
—, [Amino-propyl]-phenyl- 9 2243
—, Azido-[dimethoxy-phenyl]- 10 1469
—, Azido-[methoxy-acetoxy-phenyl]-
10 1469
—, Benzo[*a*]fluorenyl- 9 3585

Acetamid, Benzohydrazonoylmercapto-
9 1988
—, Benzoylmercapto- 9 1974
—, Benzoyloxy- 9 856, 1299
—, Benzoyloxy-[methoxy-benzoyloxy-
phenyl]- 10 2102
—, Benzoyloxy-[methoxy-phenyl]- 10 426,
439
—, Benzoyloxy-phenyl- 9 2256
—, [Benzoyl-thioureido]- 9 1120
—, [Benzyloxy-phenyl]- 10 436
—, Bicyclohexylyl- 9 268
—, Biphenylyl- 9 3321
—, Bis-[chlor-äthyl]-benz[a]-
anthracenyl- 9 3625
—, Bis-[chlor-phenyl]- 9 3312
—, Bis-[hydroxy-äthyl]-benz[a]-
anthracenyl- 9 3626
—, Bis-[hydroxy-äthyl]-diphenyl-
9 3302
—, Bis-[hydroxy-äthyl]-phenyl- 9 2198
—, [Brom-äthyl]-naphthyl- 9 3208
—, [Brom-cinnamylidenamino]-benzoyloxy-
9 1304
—, [Brom-cinnamylidenamino]-benzoyloxy-
benzoyl- 9 1307
—, Brom-diäthyl-phenyl- 9 2278
—, [Brom-dimethoxy-phenyl]- 10 1466
—, [Brom-dioxo-dihydro-naphthyl]-
10 3608
—, [Brom-methoxy-phenyl]- 10 427
—, Brom-methyl-phenyl- 9 2277
—, [Brom-methyl-phenyl]- 9 2428, 2430
—, [Brom-naphthyl]- 9 3211
—, Brom-phenyl- 9 2277
—, [Brom-phenyl]- 9 2274
—, Brom-phenyl-acetonyl- 9 2278
—, [Brom-trimethyl-phenyl]- 9 2534
—, [Brom-vinyl]-phenyl- 9 2202
—, Butenyl-phenyl- 9 2196
—, [tert-Butyl-naphthyl]- 9 3250
—, Butyl-phenyl- 9 2195
—, [Butyl-phenyl]- 9 2554
—, tert-Butyl-phenyl- 9 2195
—, [Butyryloxy-äthyl]-phenyl- 9 2197
—, [Carbamoyl-cyclohexyl]- 9 3837
—, [Carbamoyl-phenyl]- 9 4269
—, Chlor-äthyl-diphenyl- 9 3309
—, [Chlor-äthyl]-diphenyl- 9 3301
—, [Chlor-äthyl]-phenyl- 9 2194
—, Chlor-[chlor-phenyl]- 9 2272, 2273
—, Chlor-[diäthoxy-äthyl]-phenyl- 9 2268
—, Chlor-diäthyl-phenyl- 9 2267
—, Chlor-[dimethoxy-phenyl]- 10 1465
—, Chlor-dimethyl-diphenyl- 9 3308
—, Chlor-dimethyl-phenyl- 9 2267
—, Chlor-diphenyl- 9 3308
—, Chlor-[methoxy-acetoxy-phenyl]-
10 1465

Acetamid, Chlor-methyl-diphenyl- 9 3308
—, Chlor-[nitro-dimethoxy-phenyl]-
10 1469
—, Chlor-[nitro-methoxy-acetoxy-phenyl]-
10 1469
—, Chlor-phenyl- 9 2250, 2267
—, Chlor-propyl-diphenyl- 9 3309
—, Cinnamyliden- 9 3072
—, p-Cumenyl- 9 2529
—, Cyanmethyl-phenyl- 9 2212
—, [Cyan-phenylsulfon]- 10 406
—, Cycloheptadecyl- 9 137
—, Cyclohexadienyl- 9 298
—, Cyclohexenyl-phenyl- 9 3092
—, Cyclohexyl- 9 48
—, Cyclohexyl-phenyl- 9 2864
—, [Cyclohexyl-phenyl]- 9 2868
—, Cyclooctenyl- 9 189
—, Cyclopentenyl- 9 158
—, Cyclopentyl- 9 42
—, Cyclopentyl-phenyl- 9 2849
—, [Diäthoxy-äthyl]-[acetoxy-phenyl]-
10 437
—, [Diäthoxy-äthyl]-[benzyloxy-phenyl]-
10 437
—, [Diäthoxy-äthyl]-[hydroxy-phenyl]-
10 435
—, [Diäthoxy-äthyl]-phenyl- 9 2204
—, [Diäthoxy-cyan-äthyl]-phenyl-
9 2237
—, [Diäthoxy-methyl-propyl]-phenyl-
9 2205
—, [(Diäthylamino-äthoxy)-phenyl]-
10 424
—, [Diäthylamino-äthyl]-biphenylyl-
9 3322
—, [Diäthylamino-äthyl]-cyclohexyl-
phenyl- 9 2864
—, [Diäthylamino-äthyl]-dicyclohexyl-
9 267
—, [Diäthylamino-äthyl]-diphenyl-
9 3303
—, [(Diäthylamino-äthylmercapto)-äthyl]-
diphenyl- 9 3302
—, [Diäthylamino-äthyl]-phenyl- 9 2242
—, [Diäthylamino-äthyl]-triphenyl-
9 3589
—, [Diäthylamino-propyl]-diphenyl-
9 3304
—, Diäthyl-bis-[chlor-phenyl]- 9 3312
—, Diäthyl-[dihydro-anthryl]- 9 3461
—, Diäthyl-diphenyl- 9 3301
—, Diäthyl-[hydroxy-cyclohexyl]- 10 23
—, Diäthyl-[hydroxy-cyclopentyl]- 10 20
—, Diäthyl-[hydroxy-methyl-cyclohexyl]-
10 35
—, [Dibutylamino-äthyl]-diphenyl-
9 3304
—, [Dibutyloxy-äthyl]-phenyl- 9 2204

Acetamid, [Dichlor-phenyl]- **9** 2271
—, [Dichlor-vinyl]-phenyl- **9** 2201
—, Dicyclopentyl- **9** 256
—, [Dihydroxy-isopropyl]-phenyl-
    9 2199
—, [Dihydroxy-methoxy-phenyl]- **10** 2097
—, [Dihydroxy-propyl]-phenyl- **9** 2199
—, Diisopropyl-[hydroxy-cyclohexyl]-
    10 23
—, [Dimethoxy-methyl-phenyl]- **10** 1528
—, [Dimethoxy-phenyl]- **10** 1453, 1463
—, [Dimethylamino-äthyl]-diphenyl-
    9 3303
—, [Dimethylamino-äthyl]-[nitro-phenyl]-
    9 2290
—, [Dimethyl-butyl]-phenyl- **9** 2195
—, [Dimethyl-*tert*-butyl-phenyl]-
    9 2607
—, [Dimethyl-carbamoyl-cyclobutyl]-
    9 3854
—, [Dimethyl-carboxy-cyclohexyl]-
    9 3913
—, [Dimethyl-cyclopentyl]- **9** 74
—, Dimethyl-diphenyl- **9** 3301
—, [Dimethyl-naphthyl]- **9** 3235, 3236
—, Dimethyl-phenyl- **9** 2194
—, [Dimethyl-phenyl]- **9** 2488, 2489
—, Dimethyl-[trimethyl-phenyl]- **9** 2535
—, [Dioxo-isopropyl]-phenyl- **9** 2207
—, Diphenyl- **9** 3301
—, [Diphenyl-indanyl]- **9** 3645
—, Dodecyl-phenyl- **9** 2195
—, Fluorenyl- **9** 3448
—, [Hexahydro-indanyl]- **9** 235
—, [Hexahydro-indanyliden]- **9** 320
—, [Hexahydro-indenyl]- **9** 318
—, [Hydroxy-äthyl]-acenaphthenyl-
    9 3332
—, [Hydroxy-äthyl]-[äthoxy-phenyl]-
    10 436
—, [Hydroxy-äthyl]-[allyloxy-phenyl]-
    10 436
—, [Hydroxy-äthyl]-biphenylyl- **9** 3322
—, [Hydroxy-äthyl]-bis-[chlor-phenyl]-
    9 3312
—, [Hydroxy-äthyl]-[brom-naphthyl]-
    9 3213, 3214
—, [Hydroxy-äthyl]-[brom-phenyl]-
    9 2274, 2275
—, [Hydroxy-äthyl-butyl]-phenyl-
    9 2199
—, [Hydroxy-äthyl]-[*tert*-butyl-
    phenyl]- **9** 2555
—, [Hydroxy-äthyl]-[chlor-brom-phenyl]-
    9 2279
—, [Hydroxy-äthyl]-[chlor-naphthyl]-
    9 3213
—, [Hydroxy-äthyl]-[chlor-phenyl]-
    9 2263, 2265

Acetamid, [Hydroxy-äthyl]-*p*-cumenyl-
    9 2529
—, [Hydroxy-äthyl]-cyclohexyl- **9** 48
—, [Hydroxy-äthyl]-cyclopentyl- **9** 42
—, [Hydroxy-äthyl]-[(diäthylamino-
    propyloxy)-phenyl]- **10** 438
—, [Hydroxy-äthyl]-[dibrom-hydroxy-
    phenyl]- **10** 442
—, [Hydroxy-äthyl]-[dibrom-phenyl]-
    9 2279
—, [Hydroxy-äthyl]-[dichlor-phenyl]-
    9 2271, 2272
—, [Hydroxy-äthyl]-[(dihydroxy-
    propyloxy)-phenyl]- **10** 437
—, [Hydroxy-äthyl]-[dijod-hydroxy-
    phenyl]- **10** 442
—, [Hydroxy-äthyl]-[dimethoxy-phenyl]-
    10 1454, 1463
—, [Hydroxy-äthyl]-[dimethyl-phenyl]-
    9 2486
—, [Hydroxy-äthyl]-diphenyl- **9** 3301
—, [Hydroxy-äthyl]-fluorenyl- **9** 3448
—, [Hydroxy-äthyl]-[fluor-naphthyl]-
    9 3213
—, [Hydroxy-äthyl]-[fluor-phenyl]-
    9 2260, 2261, 2262
—, [Hydroxy-äthyl]-[hydroxy-naphthyl]-
    10 1107
—, [Hydroxy-äthyl]-[hydroxy-phenyl]-
    10 424, 429, 435
—, [Hydroxy-äthyl]-[isopropyl-phenyl]-
    9 2529
—, [Hydroxy-äthyl]-[jod-phenyl]-
    9 2281
—, [Hydroxy-äthylmercapto-äthyl]-
    phenyl- **9** 2204
—, [Hydroxy-äthyl]-mesityl- **9** 2533
—, [Hydroxy-äthyl]-[methoxy-phenyl]-
    10 424, 429, 436
—, [Hydroxy-äthyl]-[methyl-isopropyl-
    phenyl]- **9** 2559
—, [Hydroxy-äthyl]-[methylmercapto-
    phenyl]- **10** 444
—, [Hydroxy-äthyl]-naphthyl- **9** 3208, 3212
—, [Hydroxy-äthyl]-[nitro-methoxy-
    phenyl]- **10** 443
—, [Hydroxy-äthyl]-[nitro-naphthyl]-
    9 3214
—, [Hydroxy-äthyl]-[nitro-phenyl]-
    9 2289
—, [Hydroxy-äthyl]-phenanthryl-
    9 3507, 3508
—, [Hydroxy-äthyl]-[phenoxy-phenyl]-
    10 436
—, [Hydroxy-äthyl]-phenyl- **9** 2196
—, [Hydroxy-äthyl]-phenyl-cyan-
    9 4263
—, [Hydroxy-äthyl]-[phenylmercapto-
    phenyl]- **10** 445

Acetamid, [Hydroxy-äthyl]-[tetrahydro-naphthyl]- **9** 2828
—, [Hydroxy-äthyl]-*o*-tolyl- **9** 2427
—, [Hydroxy-äthyl]-*p*-tolyl- **9** 2433
—, [Hydroxy-äthyl]-[tribrom-phenyl]- **9** 2280
—, [Hydroxy-äthyl]-[trimethyl-phenyl]- **9** 2533
—, [Hydroxy-äthyl]-[3.4]xylyl- **9** 2486
—, [Hydroxy-butyl]-phenyl- **9** 2198
—, [Hydroxy-*tert*-butyl]-phenyl- **9** 2199
—, [Hydroxy-cyan-vinyl]-phenyl- **9** 2233
—, [Hydroxy-cyclohexyl]- **10** 24
—, [Hydroxy-formyl-vinyl]-phenyl- **9** 2207
—, [Hydroxy-isobutyl]-phenyl- **9** 2199
—, [Hydroxy-isopropyl]-phenyl- **9** 2198
—, [Hydroxy-methoxy-acetoxy-phenyl]- **10** 2098
—, Hydroxy-[methyl-(dimethyl-phenyl)-cyclohexenyl]- **10** 1008
—, Hydroxy-[methyl-phenyl-cyclohexenyl]- **10** 1002
—, [Hydroxymethyl-propyl]-phenyl- **9** 2198
—, Hydroxy-[methyl-*p*-tolyl-cyclohexenyl]- **10** 1006
—, [Hydroxy-phenyl]- **10** 434
—, [Hydroxy-phenylmercapto-äthyl]-phenyl- **9** 2204
—, [Hydroxy-propyl]-phenyl- **9** 2198
—, Isopentyl-[nitro-phenyl]- **9** 2289
—, [Isopropyl-naphthyl]- **9** 3242
—, [Isopropyl-phenyl]- **9** 2529
—, Isovaleryloxy-phenyl- **10** 473
—, Jod-phenyl- **9** 2281
—, Mesityl- **9** 2533
—, Methallyl-phenyl- **9** 2196
—, [Methoxy-acetoxy-phenyl]- **10** 1464
—, [Methoxy-äthyl]-phenyl- **9** 2197
—, [Methoxy-äthyl-phenyl]- **10** 610
—, [Methoxy-(carbamoylmethyl-phenoxy)-phenyl]- **10** 1464
—, Methoxy-[diäthylamino-äthyl]-phenyl- **10** 472
—, Methoxy-[dimethoxy-phenyl]- **10** 2102
—, Methoxy-dimethyl-phenyl- **10** 471
—, Methoxy-[hydroxy-äthyl]-phenyl- **10** 472
—, [Methoxy-methyl-phenyl]- **10** 573, 578
—, [Methoxymethyl-phenyl]- **10** 573
—, Methoxy-phenyl- **10** 471
—, [Methoxy-phenyl]- **10** 424, 429, 435
—, Methoxy-triphenyl- **9** 3589
—, [Methoxy-vinyl]-phenyl- **9** 2205
—, [Methyl-benz[*a*]anthracenyl]- **9** 3634

Acetamid, [Methyl-benzo[*c*]phenanthrenyl]- **9** 3634
—, Methyl-bis-[chlor-phenyl]- **9** 3312
—, [Methyl-butenyl]-phenyl- **9** 2196
—, [Methyl-butyryloxy]-phenyl- **10** 473
—, [Methyl-cyclohexenyl]- **9** 180, 183
—, Methyl-cyclohexyl- **9** 48
—, [Methyl-cyclohexyl]- **9** 68, 70
—, [Methyl-cyclohexyliden]- **9** 181, 182
—, [Methyl-cyclopentyl]- **9** 61
—, Methyl-diphenyl- **9** 3301
—, [Methylmercapto-phenyl]- **10** 428
—, [Methyl-naphthyl]- **9** 3223, 3224, 3225
—, Methyl-phenyl- **9** 2194
—, Methyl-phenyl-cyan- **9** 4263
—, [Methyl-phenyl-cyclohexyl]- **9** 2883
—, [Methyl-phenyl-cyclopentyl]- **9** 2872
—, [Methylsulfon-phenyl]- **10** 444
—, [Methyl-tetrahydro-phenanthryl]- **9** 3390, 3391
—, [(Methyl-valeryloxy)-äthyl]-phenyl- **9** 2197
—, Naphthyl- **9** 3208, 3212
—, [Naphthyl-phenyl]- **9** 3555
—, [Nitro-dimethoxy-phenyl]- **10** 1469
—, [Nitro-hydroxy-phenyl]- **10** 443
—, [Nitro-methoxy-phenyl]- **10** 443
—, [Nitro-methyl-phenyl]- **9** 2428
—, [Nitro-phenyl]- **9** 2283
—, Nitroso-methyl-phenyl- **9** 2250
—, Norbornyl- **9** 188
—, Octadecyl-phenyl- **9** 2196
—, [Octahydro-naphthyl]- **9** 331
—, [Octahydro-naphthyliden]- **9** 332
—, [Oxo-äthyl]-[acetoxy-phenyl]- **10** 437
—, [Oxo-äthyl]-[benzyloxy-phenyl]- **10** 436
—, [Oxo-äthyl]-[hydroxy-phenyl]- **10** 435
—, [Oxo-äthyl]-phenyl- **9** 2204
—, [Oxo-cyan-äthyl]-phenyl- **9** 2233
—, [Oxo-trimethyl-norbornyl]- **10** 2939
—, Pentenyl-phenyl- **9** 2196
—, *tert*-Pentyl-[nitro-phenyl]- **9** 2289
—, *tert*-Pentyl-phenyl- **9** 2195
—, Phenanthryl- **9** 3507
—, Phenoxy-dimethyl-phenyl- **10** 472
—, Phenoxy-phenyl- **10** 472
—, Phenyl- **9** 2193
—, [Phenylacetoxy-äthyl]-phenyl- **9** 2197
—, Phenylacetoxy-phenyl- **9** 2257
—, Phenyl-[äthoxy-benzhydryl]- **9** 2203
—, Phenyl-biphenylyl- **9** 3592
—, Phenyl-[brom-äthyliden]- **9** 2202
—, Phenyl-cyan- **9** 4262
—, [Phenyl-cyclohexyl]- **9** 2867, 2869

Acetamid, [Phenyl-cyclopentyl]- **9** 2852
—, Phenyl-[dichlor-äthyliden]- **9** 2201
—, Phenyl-fluorenyliden- **9** 3649
—, Phenyl-[hydroxy-benzyliden]- **9** 2206
—, Phenyl-[hydroxy-cyan-äthyliden]-
  9 2233
—, Phenyl-[methoxy-äthyliden]- **9** 2205
—, Phenyl-naphthyl- **9** 3554
—, Phenyl-[phenyl-propyliden]- **9** 2203
—, [Phenyl-propenyl]-phenyl- **9** 2203
—, Phenyl-salicyliden- **9** 2206
—, Phenyl-[trimethyl-phenyl]- **9** 3386
—, Propyl-phenyl- **9** 2195
—, [Propyl-phenyl]- **9** 2528
—, Pyrenyl- **9** 3578
—, Salicyloyloxy- **10** 147
—, Semicarbazono-phenyl- **10** 2976
—, [Semicarbazono-propyl]-phenyl-
  9 2205
—, Stilbenyl- **9** 3454, 3455
—, [Tetrahydro-benzocycloheptenyliden]-
  9 3088
—, [Tetrahydro-naphthyl]- **9** 2827, 2828
—, [Tetrahydro-phenanthryl]- **9** 3372, 3373
—, [Tetramethyl-butyl]-phenyl- **9** 2195
—, [Tetramethyl-cyclopentenyl]- **9** 231
—, [Tetramethyl-phenyl]- **9** 2564
—, *p*-Tolyl- **9** 2433
—, *p*-Tolyl-cyan- **9** 4293
—, [Triäthyl-phenyl]- **9** 2608
—, [Tribrom-acetoxy-äthyl]-phenyl-
  9 2201
—, [Tribrom-benzoyloxy-äthyl]-phenyl-
  9 2201
—, [Tribrom-hydroxy-äthyl]-phenyl-
  9 2200
—, [Tribrom-methoxy-äthyl]-phenyl-
  9 2201
—, [Trichlor-acetoxy-äthyl]-phenyl-
  9 2200
—, [Trichlor-benzoyloxy-äthyl]-phenyl-
  9 2200
—, Trichlor-diphenyl- **9** 3309
—, [Trichlor-diphenylacetoxy-propyl]-
  diphenyl- **9** 3302
—, [Trichlor-hydroxy-äthyl]-phenyl-
  9 2200
—, [Trichlor-hydroxy-propyl]-phenyl-
  9 2198
—, [Triisopropyl-phenyl]- **9** 2628
—, [Trimethoxy-phenyl]- **10** 2097, 2099
—, [Trimethyl-cyclopentenyl]- **9** 207, 208
—, [Trimethyl-cyclopentyl]- **9** 98
—, [Trimethyl-phenyl]- **9** 2533
—, [Trimethyl-phenyl-cyclopentenyl]-
  9 3107
—, Triphenyl- **9** 3589
—, [2.4]Xylyl- **9** 2488
—, [3.5]Xylyl- **9** 2489

Acetamidin, Benzamino- **9** 1138
—, Benzoyloxy- **9** 856
—, Biphenyldiyl-di- **9** 4544
—, [(Carbamimidoyl-benzyloxy)-phenyl]-
  10 532
—, [Carbamimidoyl-phenyl]- **9** 4270
—, Diäthyl-phenyl-[chlor-styryl]-
  9 2256
—, [(Guanyl-benzyloxy)-phenyl]- **10** 532
—, [Hydroxy-phenyl]- **10** 439
—, Methyl-[hydroxy-phenyl]- **10** 439
—, Methyl-phenyl- **9** 2256
—, [Methylsulfon-phenyl]- **10** 445
—, Naphthyl- **9** 3209
—, [Nitro-phenyl]- **9** 2283, 2291
—, Phenyl- **9** 2255
Acetamidoxim, Acetoxyimino-benzoyl-
  9 1302
—, Acetoxyimino-phenyl-benzoyl- **10** 2983
—, Benzamino- **9** 1139
—, Benzohydroximoylamino- **9** 1309
—, Benzoyloxyimino- **9** 1301
—, Benzoyloxyimino-acetyl- **9** 1301
—, Benzoyloxyimino-benzoyl- **9** 1302
—, Benzoyloxyimino-methyl-phenyl-
  benzoyl- **10** 2984
—, Benzoyloxyimino-phenyl- **10** 2982
—, Benzoyloxyimino-phenyl-acetyl-
  10 2983
—, Benzoyloxyimino-phenyl-benzoyl-
  10 2984
—, Benzoyloxyimino-phenyl-dibenzoyl-
  10 2984
—, Benzoyloxyimino-*p*-tolyl- **10** 3035
—, Hydroxyimino-benzoyl- **9** 1301
—, Hydroxyimino-methyl-phenyl- **10** 2982
—, Hydroxyimino-phenyl- **10** 2981
—, Hydroxyimino-phenyl-benzoyl- **10** 2983
—, Hydroxyimino-phenyl-carbamoyl-
  10 2982
—, Hydroxyimino-*p*-tolyl- **10** 3034
—, Hydroxyimino-*p*-tolyl-benzoyl-
  10 3035
—, Hydroxyimino-*p*-tolyl-carbamoyl-
  10 3035
Acetessigester, Cinnamal-bis- **10** 4762
Acetessigester-[nitro-benzoylhydrazon]
  9 1535, 1758
Acetessigsäure: *O-Derivate s. a. unter*
  Buttersäure
—, Acetoxy-benzyl-, äthylester **10** 4246
—, [Acetoxy-naphthoyl]-, äthylester
  10 4675
—, Acetyl-isophenanthroxylen-,
  äthylester **10** 4485
—, Äthoxy-benzaminomethyl-, äthylester
  9 1207
—, Äthoxy-benzaminomethylen-,
  äthylester **9** 1207

Acetessigsäure, Äthoxy-benzoyliminomethyl-,
äthylester **9** 1207
—, [Äthoxycarbonyl-benzoyl]-,
äthylester **10** 4064
—, [Äthoxycarbonyl-benzyl]-,
äthylester **10** 3967
—, [Äthoxycarbonyl-cyclopentyl]-,
äthylester **10** 3909
—, Äthyl-[dimethoxy-äthoxycarbonyl-
phenyl]-, äthylester **10** 4562
—, Äthyl-phenyl-, äthylester **10** 3081
—, Allyl-phenyl-, äthylester **10** 3177
—, Benzamino-, äthylester **9** 1205
—, Benzaminomethyl-, äthylester
9 1206
—, Benzoyl-, äthylester **10** 3550
—, Benzoyl-, methylester **10** 3550
—, Benzoyl-, nitril **10** 3551
—, Benzoyloxy-, äthylester **9** 876
—, Benzyl-, äthylester **10** 3066
—, Benzyliden- **10** 315; s. a. *Acrylsäure,*
Phenyl-acetyl-
—, Benzyloxy-[dimethoxy-phenyl]-,
nitril **10** 4726
—, Benzyloxy-phenyl-, nitril **10** 4240
—, Bis-benzamino-, äthylester **9** 1247
—, Bis-biphenylyl-, äthylester **9** 3321
—, Bis-[chlor-phenyl]-, äthylester
10 3323
—, Bis-[isopropyl-phenyl]-, äthylester
10 3365
—, Bis-[methoxy-phenyl]-, äthylester
10 4675
—, Bis-[methoxy-phenyl]-, nitril
10 4676
—, Brom-benzoyl-, äthylester **10** 3551
—, [Brom-benzyl]-, äthylester **10** 3067
—, [Brom-dinitro-phenyl]-, äthylester
10 3049
—, [Brom-fluorencarbonyl]-, äthylester
10 3658
—, [Brom-phenyl]-, nitril **10** 3049
—, Brom-phenyl-acetyl-, äthylester
10 3556
—, Butyl-[dimethoxy-äthoxycarbonyl-
phenyl]-, äthylester **10** 4565
—, Butyl-[dimethoxy-methoxycarbonyl-
phenyl]-, äthylester **10** 4568
—, Butyl-phenyl-, äthylester **10** 3103
—, [Carboxymethyl-cyclohexyl]-,
äthylester **10** 3920
—, Chlor-benzyl-, äthylester **10** 3067
—, [Chlor-dinitro-phenyl]-, äthylester
10 3049
—, [Chlor-fluorencarbonyl]-,
äthylester **10** 3658
—, [Chlor-phenyl]-, äthylester **10** 3044
—, [Chlor-phenyl-acetamino]-,
äthylester **9** 2270

Acetessigsäure, Cinnamoyl-, äthylester
10 3593
—, Cinnamoyl-, methylester **10** 3592
—, Cinnamyl-, äthylester **10** 3177
—, *p*-Cumenyl-, äthylester **10** 3099
—, Cyclobutancarbonyl-, äthylester
10 2818
—, Cyclohexyl-, äthylester **10** 2853, 2854
—, Cyclopentenyl-, äthylester **10** 2902
—, Cyclopentyl-, äthylester **10** 2843
—, Dibenzyl-, äthylester **10** 3350
—, Dibenzyl-, äthylester-oxim **10** 3350
—, Dicinnamyl-, äthylester **10** 3422
—, Di-*p*-cumenyl-, äthylester **10** 3365
—, [Dimethoxy-äthoxycarbonyl-phenyl]-,
äthylester **10** 4803
—, [Dimethoxy-äthyl-benzyl]-,
äthylester **10** 4564
—, [Dimethoxy-äthyl-benzyl]-, amid
10 4564
—, [Dimethoxy-benzoyl]-, äthylester
10 4741
—, [Dimethoxy-methoxycarbonyl-phenyl]-,
äthylester **10** 4804
—, [Dimethoxy-methyl-benzoyl]-,
äthylester **10** 4743
—, [Dimethoxy-phenoxy]-[dimethoxy-
phenyl]-, amid **10** 4725
—, [Dimethoxy-phenoxy]-[dimethoxy-
phenyl]-, nitril **10** 4726
—, [Dimethoxy-phenoxy]-phenyl-, nitril
10 4240
—, [Dimethoxy-phenyl]-, nitril **10** 4549
—, Dimethyl-phenyl-, äthylester
10 3084
—, Dinaphthyl-, äthylester **10** 3493, 3494
—, Dinaphthyl-, methylester **10** 3493
—, [Dinitro-biphenylyl]-, äthylester
10 3335
—, [Dinitro-carboxy-phenyl]-,
äthylester **10** 3964
—, [Dinitro-methyl-benzoyl]-,
äthylester **10** 3556
—, [Dinitro-naphthyl]-, äthylester
10 3270
—, [Dinitro-phenyl]-, äthylester
10 3049
—, [Dinitro-*m*-phenylen]-di-,
diäthylester **10** 4066
—, [Dioxo-dihydro-anthracencarbonyl]-,
äthylester **7** 4645
—, Diphenyl-, äthylester **10** 3322
—, Diphenyl-, amid **10** 3322
—, Diphenyl-, methylester **10** 3322, 3330
—, Diphenyl-, nitril **10** 3323
—, Di-*o*-tolyl-, äthylester **10** 3351
—, Di-*p*-tolyl-, äthylester **10** 3352
—, [Hydroxy-acetoxy-trimethyl-benzyl]-,
äthylester **10** 4569

Acetessigsäure, [Hydroxy-methoxy-
trimethyl-benzyl]- **10** 4569
—, [Hydroxy-methoxy-trimethyl-benzyl]-,
äthylester **10** 4569
—, Isobutyl-phenyl-, äthylester
10 3103
—, Isopentyl-phenyl-, äthylester
10 3108
—, Isophenanthroxylen-, äthylester
10 4484
—, Isophthaloyl-di-, diäthylester
10 4153
—, Isopropyl-benzyl-, äthylester
10 3105
—, Isopropyl-phenyl-, äthylester
10 3096
—, [Isopropyl-phenyl]-, äthylester
10 3099
—, [Isopropyl-phenyl]-, nitril **10** 3100
—, [Jod-dinitro-phenyl]-, äthylester
10 3049, 3050
—, [Methoxy-benzoyl]-, äthylester **8** 443
—, [Methoxy-benzyl]-, äthylester
10 4246
—, [Methoxy-phenacyl]-, äthylester
10 4606
—, [Methoxy-phenäthyl]-, äthylester
10 4262
—, [Methoxy-phenoxy]-[dimethoxy-phenyl]-,
amid **10** 4725
—, [Methoxy-phenoxy]-[dimethoxy-phenyl]-,
nitril **10** 4726
—, [Methoxy-phenoxy]-phenyl-, amid
10 4239
—, [Methoxy-phenoxy]-phenyl-, nitril
10 4240
—, [Methoxy-phenyl]-, äthylester
10 4239
—, [Methoxy-phenyl]-, nitril **10** 4239
—, Methyl-benzyl-, äthylester **9** 2473
—, Methyl-benzyl-, methylester **10** 3083
—, Methyl-cyclopentyl-, äthylester
10 2861
—, [Methyl-isopropyl-benzyl]-,
äthylester **10** 3110
—, Methyl-[methoxy-benzyl]-,
äthylester **10** 4263
—, Methyl-[methyl-benzyl]-, äthylester
10 3097
—, Methyl-phenyl-, äthylester **10** 3067
—, Naphthylmethyl-, äthylester **10** 3272
—, [Nitro-benzoyl]-, äthylester
10 3551
—, [Nitro-benzoyloxy]-, äthylester
9 1476, 1511, 1686
—, [Nitro-cinnamoyl]-, äthylester
10 3593
—, [Nitro-phenoxy]-phenyl-, nitril
10 4240

Acetessigsäure, [Nitro-phenyl]- **10** 3044
—, [Nitro-phenyl]-, äthylester **10** 3044
—, [Nitro-phenyl-äthyl]-, äthylester
10 3082
—, [Oxo-phenanthryliden]-, äthylester
10 3663
—, [Oxo-tetrahydro-naphthyl]-,
äthylester **10** 3594
—, [Oxo-tetrahydro-phenanthryl]-,
äthylester **10** 3629, 3630
—, Phenacyl-, äthylester **10** 3555
—, Phenäthyl-, äthylester **10** 3081
—, Phenanthroxylen-, äthylester **10** 4485
—, Phenoxy-[dimethoxy-phenyl]-, amid
10 4725
—, Phenoxy-[dimethoxy-phenyl]-, nitril
10 4726
—, Phenyl-, äthylester **10** 3043, 3047
—, Phenyl-, äthylester-semicarbazon
10 3044
—, Phenyl-, amid **10** 3048
—, Phenyl-, menthylester **10** 3048
—, Phenyl-, methylester **10** 3043
—, Phenyl-, [methyl-isopropyl-
cyclohexylester] **10** 3048
—, Phenyl-, nitril **10** 3048
—, [Phenyl-acetamino]-, äthylester
9 2238
—, Phenyl-acetyl-, äthylester **10** 3555
—, Phenyl-acetyl-, äthylester-
semicarbazon **10** 3555
—, [Phenyl-allyl]-, äthylester **10** 3178
—, Phenyl-benzyl-, äthylester **10** 3340
—, [Phenyl-butyl]-, äthylester **10** 3103
—, Phenyl-[chlor-phenyl]-, nitril
10 3323
—, [Phenyl-dicyan-äthyl]-, äthylester
10 4130
—, Phenyl-[dinitro-phenyl]-,
äthylester **10** 3323
—, Phenyl-phenacyl-, äthylester
10 3628
—, Phenyl-phenäthyl-, äthylester
10 3349
—, [Phenyl-propyl]-, äthylester
10 3093, 3096
—, Pinanyl-, äthylester **10** 2949
—, Pinanyl-, äthylester-semicarbazon
10 2949
—, Pinenyl-, äthylester **10** 2964
—, Pinenyl-, äthylester-semicarbazon
10 2965
—, Propionyl-isophenanthroxylen-,
äthylester **10** 4485
—, Propyl-phenyl-, äthylester **10** 3093
—, [Semicarbazono-benzyl]-,
methylester **10** 3550
—, [Semicarbazono-phenäthyl]-,
äthylester **10** 3555

Acetessigsäure, p-Tolyl-, nitril **10** 3072
—, [Trimethyl-phenyl]-, nitril **10** 3101
—, Veratroyl-, äthylester **10** 4741
Acetessigsäure-[nitro-benzoylhydrazon]
    9 1488
Acetimidoylbromid, Phenyl- **9** 2252
Acetimidoylchlorid, Acetoxy-
    benzoyloxyimino- **9** 1300
—, Benzoyloxy-benzoyloxyimino- **9** 1301
—, Benzoyloxy-benzoyloxyimino-phenyl-
    10 2980
Acetimidoyljodid, Benzoyloxy-
    benzoyloxyimino-phenyl- **10** 2981
—, Phenyl- **9** 2252
Acetimidsäure, Acetoxy-benzoyloxyimino-,
    chlorid **9** 1300
—, Acetoxy-[trimethoxy-phenyl]-,
    methylester **10** 2419
—, Äthoxycarbonylmethyl-phenyl-,
    äthylester **9** 2251
—, Benzamino-, äthylester **9** 1138
—, Benzoyloxy-, äthylester **9** 856
—, Benzoyloxy-benzoyloxyimino-,
    chlorid **9** 1301
—, Benzoyloxy-benzoyloxyimino-phenyl-,
    chlorid **10** 2980
—, Benzoyloxy-benzoyloxyimino-phenyl-,
    jodid **10** 2981
—, Cyanmethyl-phenyl-, äthylester
    9 2251
—, Cyanmethyl-phenyl-, methylester
    9 2250
—, [Hydroxy-phenyl]-, äthylester **10** 438
—, Indanyl-, äthylester **9** 2805
—, [Nitro-dimethoxy-phenyl]-,
    methylester **10** 1466
—, [Nitro-phenyl]-, äthylester
    9 2283, 2290
—, Phenyl-, äthylester **9** 2250
—, Phenyl-, bromid **9** 2252
—, Phenyl-, [chlor-äthylester] **9** 2251
—, Phenyl-, jodid **9** 2252
—, Phenyl-, methylester **9** 2250
—, [Phenyl-acetamino]-, äthylester
    9 2212
—, [Phenyl-acetamino]-, methylester
    9 2212
—, [Trimethoxy-phenyl]-, äthylester
    10 2099
—, [Trimethyl-cyclopentenyl]-,
    äthylester **9** 208, 209
Acetoacetamid, [Dimethoxy-äthyl-benzyl]-
    10 4564
—, [Dimethoxy-phenoxy]-[dimethoxy-
    phenyl]- **10** 4725
—, Diphenyl- **10** 3322
—, [Methoxy-phenoxy]-[dimethoxy-phenyl]-
    10 4725
—, [Methoxy-phenoxy]-phenyl- **10** 4239

Acetoacetamid, Phenoxy-[dimethoxy-phenyl]-
    10 4725
—, Phenyl- **10** 3048
Acetoacetonitril, Benzoyl- **10** 3551
—, Benzyloxy-[dimethoxy-phenyl]-
    10 4726
—, Benzyloxy-phenyl- **10** 4240
—, Bis-[methoxy-phenyl]- **10** 4676
—, [Brom-phenyl]- **10** 3049
—, p-Cumenyl- **10** 3100
—, [Dimethoxy-phenoxy]-[dimethoxy-
    phenyl]- **10** 4726
—, [Dimethoxy-phenoxy]-phenyl- **10** 4240
—, [Dimethoxy-phenyl]- **10** 4549
—, Diphenyl- **10** 3323
—, [Isopropyl-phenyl]- **10** 3100
—, Mesityl- **10** 3101
—, [Methoxy-phenoxy]-[dimethoxy-phenyl]-
    10 4726
—, [Methoxy-phenoxy]-phenyl- **10** 4240
—, [Methoxy-phenyl]- **10** 4239
—, [Nitro-phenoxy]-phenyl- **10** 4240
—, Phenoxy-[dimethoxy-phenyl]- **10** 4726
—, Phenyl- **10** 3048
—, Phenyl-[chlor-phenyl]- **10** 3323
—, p-Tolyl- **10** 3072
Acetohydrazonsäure, [Trimethyl-
    cyclopentenyl]-carbamoyl-,
    äthylester **9** 208, 209
Acetohydroxamsäure, Benzamino- **9** 1139
—, Benzoyl- **9** 1299
—, [Brom-cinnamylidenamino]-benzoyl-
    9 1304
—, [Carboxymethylen-cyclopentyliden]-
    9 4043
—, Hydroxyimino-phenyl- **10** 2978
—, Hydroxyimino-p-tolyl- **10** 3033
—, [Methoxy-phenyl]- **10** 426
—, [Methoxy-phenyl]-benzoyl- **10** 426, 439
—, Methyl-triphenyl- **9** 3589
—, Phenyl- **9** 2256
—, Phenyl-benzoyl- **9** 2256
—, Phenyl-phenylacetyl- **9** 2257
—, Triphenyl-, methylester **9** 3589
Acetohydroximoylbromid, Benzoyloxyimino-
    phenyl- **10** 2981
—, Hydroxyimino-phenyl- **10** 2981
Acetohydroximoylchlorid,
    Benzoyloxyimino- **9** 1300
—, Benzoyloxyimino-phenyl- **10** 2980
—, Benzoyloxyimino-p-tolyl- **10** 3034
—, Hydroxyimino-biphenylyl- **10** 3307
—, Hydroxyimino-[chlor-phenyl]- **10** 2985
—, Hydroxyimino-[hydroxy-phenyl]-
    10 4206
—, Hydroxyimino-phenyl- **10** 2980
—, Hydroxyimino-p-tolyl- **10** 3034
—, Triphenyl- **9** 3589
—, Triphenylmethyl-triphenyl- **9** 3590

Acetohydroximoyljodid, Hydroxyimino-
phenyl- **10** 2981
—, Hydroxyimino-*p*-tolyl- **10** 3034
Acetohydroximsäure, Benzoyloxyimino-,
chlorid **9** 1300
—, Benzoyloxyimino-phenyl-, bromid
10 2981
—, Benzoyloxyimino-phenyl-, chlorid
10 2980
—, Benzoyloxyimino-*p*-tolyl-, chlorid
10 3034
—, Hydroxyimino-biphenylyl-, chlorid
10 3307
—, Hydroxyimino-[chlor-phenyl]-,
chlorid **10** 2985
—, Hydroxyimino-[hydroxy-phenyl]-,
chlorid **10** 4206
—, Hydroxyimino-phenyl-, bromid **10** 2981
—, Hydroxyimino-phenyl-, chlorid
10 2980
—, Hydroxyimino-phenyl-, jodid **10** 2981
—, Hydroxyimino-*p*-tolyl-, chlorid
10 3034
—, Hydroxyimino-*p*-tolyl-, jodid
10 3034
—, Triphenyl-, chlorid **9** 3589
—, Triphenylmethyl-triphenyl-, chlorid
9 3590
Aceton, Acetyl- s. *Acetylaceton*
—, Benzamino- **9** 1105
—, Benzamino-, oxim **9** 1106
—, Benzamino-, thiosemicarbazon **9** 1106
—, Benzoylmercapto- **9** 1971
—, Benzoylmercapto-phenyl- **9** 1971
—, Benzoyloxy-phenyl- **9** 732
—, Bis-[nitro-benzoyloxy]- **9** 1677
—, [Brom-phenyl-acetamino]- **9** 2278
—, Chlor-[benzoyloxy-naphthyl]- **9** 756
—, Diazo-[benzoyloxy-naphthyl]- **9** 800
—, Dibenzoyloxy- **9** 780
—, [Dinitro-benzoyloxy]- **9** 1922
—, [Dinitro-phenyl]-, [benzoyl-oxim]
9 1281
—, Hydroxy-acetoxy-,
[nitro-benzoylhydrazon] **9** 1533
—, [Nitro-benzoylmercapto]- **9** 1993
—, [Phenyl-acetamino]- **9** 2205
—, Phenyl-mesityl-, [benzoyl-oxim] **9** 1283
—, Phenyl-[trimethyl-phenyl]-,
[benzoyl-oxim] **9** 1283
—, Salicyloyloxy- **10** 144
Aceton-[äthoxy-benzoylhydrazon] **10** 356
— benzoylhydrazon **9** 1313
— [benzoyl-oxim] **9** 1273
— [biphenylcarbonyl-oxim] **9** 3279
— [brom-benzoylhydrazon] **9** 1389,
1400, 1422
— [chlor-benzoylhydrazon] **9** 1341,
1350, 1368

Aceton-cyclohexancarbonylhydrazon
9 30
— [dibrom-naphthoylhydrazon] **9** 3201
— [dichlor-naphthoylhydrazon] **9** 3194
— [dinitro-benzoylhydrazon] **9** 1946
— [dinitromethyl-benzoylhydrazon]
9 2371
— galloylhydrazon **10** 2094
— [jod-benzoylhydrazon] **9** 1439, 1447
— naphthoylhydrazon **9** 3188
— [nitro-benzoylhydrazon] **9** 1482,
1524, 1752
— [nitro-dimethyl-benzoylhydrazon]
9 2447
— [nitro-hydroxymethyl-benzoylhydrazon]
10 503
— [nitro-methyl-benzoylhydrazon]
9 2364
— [phenyl-cyclopropancarbonylhydrazon]
9 2775
— thiobenzoylhydrazon **9** 1987
— [triäthoxy-benzoylhydrazon] **10** 2095
— [trimethoxy-benzoylhydrazon] **10** 2095
Acetonitril, Acetoxy-[äthyl-phenyl]-
10 610
—, Acetoxy-[diäthoxy-phenyl]- **10** 2103
—, Acetoxy-[dimethoxy-phenyl]- **10** 2103
—, Acetoxy-[methoxy-acetoxy-phenyl]-
10 2103, 2104
—, Acetoxy-[methoxy-phenyl]- **10** 1477
—, [Acetoxy-phenyl]- **10** 439
—, Acetoxy-[trimethoxy-phenyl]- **10** 2419
—, [(Acetoxy-undecyl)-phenyl]- **10** 662
—, [Acetyl-cyclohexyl]-phenyl- **10** 3203
—, Äthoxalyloxyimino-phenyl- **10** 2977
—, [Äthoxycarbonyl-cyclopentyl]-
9 3822
—, Äthoxycarbonyloxy-[chlor-phenyl]-
10 478
—, Äthoxycarbonyloxy-[methoxy-phenyl]-
10 1478
—, Äthoxycarbonyloxy-phenyl- **10** 475
—, [Äthoxy-phenäthylidenamino]- **9** 2251
—, [Äthoxy-phenyl]- **10** 430
—, [Äthyl-*tert*-butyl-phenyl]- **9** 2606
—, [Äthyl-naphthyl]- **9** 3235
—, [Äthyl-phenyl]- **9** 2485
—, [Allyl-cyclohexyliden]- **9** 317
—, Benzamino-acetoxyimino- **9** 1114
—, Benzamino-hydroxyimino- **9** 1114
—, Benz[*a*]anthracenyl- **9** 3626
—, Benzohydroximoylamino- **9** 1309
—, Benzoyl- **10** 2994
—, [Benzoyl-*aci*-nitro]-phenyl- **10** 2978
—, Benzoyloxy- **9** 856
—, Benzoyloxy-[benzoyloxy-phenyl]-
10 1473, 1474, 1478
—, Benzoyloxy-[dimethoxy-phenyl]-
10 2104

Acetonitril, Benzoyloxyimino-naphthyl-
  10 3266
—, Benzoyloxyimino-[nitro-phenyl]-
  10 2985
—, Benzoyloxyimino-phenyl- 10 2977
—, Benzoyloxyimino-o-tolyl- 10 3028
—, Benzoyloxyimino-p-tolyl- 10 3033
—, Benzoyloxy-[methoxy-benzoyloxy-
  phenyl]- 10 2104
—, Benzoyloxy-[methoxy-phenyl]- 10 1477
—, Benzoyloxy-[nitro-phenyl]- 10 485
—, Benzoyloxy-phenyl- 10 474
—, [Benzyloxy-phenyl]- 10 425
—, Bibenzylyl-di- 9 4575
—, [1.1']Bicyclohexenylyl- 9 2609
—, Biphenyldiyl-di- 9 4544
—, Biphenylyl- 9 3322
—, Bis-[chlor-phenyl]- 9 3312
—, Bis-[dimethoxy-phenyl]- 10 2487
—, Bis-[dimethyl-phenyl]- 9 3395
—, Bis-[methoxy-naphthyl]-oxy-di-
  10 1940
—, Bis-[methoxy-phenyl]-[methoxy-
  benzylidendioxy]-di- 10 1477
—, [Brom-dimethoxy-dimethyl-phenyl]-
  10 1569
—, [Brom-dimethoxy-phenyl]- 10 1466
—, [Brom-methoxy-naphthyl]- 10 1102, 1107
—, [Brom-methoxy-oxo-
  cyclohexadienyliden]- 10 4206
—, [Brom-methoxy-phenyl]- 10 427, 442
—, [Brom-methyl-phenyl]- 9 2428, 2430
—, [Brommethyl-phenyl]- 9 2428
—, Brom-naphthyl- 9 3211
—, [Brom-naphthyl]- 9 3214
—, Brom-phenyl- 9 2278
—, [Brom-phenyl]- 9 2274, 2275
—, [Brom-trimethyl-phenyl]- 9 2534
—, [tert-Butyl-naphthyl]- 9 3250
—, Butyloxy-[methoxy-phenyl]- 10 1477
—, [tert-Butyl-phenyl]- 9 2556
—, [Carboxy-biphenylyl]- 9 4528
—, [Carboxy-phenyl]- 9 4267
—, [(Carboxy-phenyl)-cyclohexyl]-
  9 4418
—, Chlor-[methoxy-naphthyl]- 10 1102
—, Chlor-[methoxy-phenyl]- 10 426, 441
—, [Chlor-methoxy-phenyl]- 10 440
—, Chlor-phenyl- 9 2270
—, [Chlor-phenyl]- 9 2263, 2264, 2265
—, Cinnamoyloxy- 9 2705
—, p-Cumenyl- 9 2529
—, [(Cyan-benzyloxy)-phenyl]- 10 531
—, [Cyan-cyclohexyl]- 9 3836
—, [Cyan-hexahydro-indanyl]- 9 4011
—, Cyanoxyimino-phenyl- 10 2977
—, [Cyan-phenyl]- 9 4268
—, Cyclohexenyl- 9 161
—, Cyclohexyl- 9 50

Acetonitril, Cyclohexyliden- 9 163
—, Cyclohexyl-naphthyl- 9 3396
—, Cyclohexyl-phenyl- 9 2864
—, [Cyclohexyl-phenyl]- 9 2868
—, Cyclohexyl-[tetrahydro-naphthyl]-
  9 3114
—, Cyclopentenyl- 9 151
—, Cyclopentenyl-naphthyl- 9 3472
—, Cyclopentenyl-phenyl- 9 3086
—, Cyclopentenyl-[tetrahydro-naphthyl]-
  9 3256
—, Cyclopentyl- 9 42
—, Cyclopentyl-cyclohexyl-phenyl-
  9 3118
—, Cyclopentyl-phenyl- 9 2850
—, Cyclopropyliden- 9 140
—, [(Diäthoxy-äthoxy)-phenyl]- 10 425
—, [Diäthoxy-phenyl]- 10 1465
—, Dibenzoyl- 10 3626
—, [Dibrom-phenyl]- 9 2279
—, [Dichlor-phenyl]- 9 2271, 2272
—, Dicyclohexyl-phenyl- 9 3120
—, Dicyclopentyl- 9 256
—, Dicyclopentyl-phenyl- 9 3114
—, [Dihydroxy-naphthyl]- 10 1940
—, [Dihydroxy-trimethyl-cyclopentyl]-
  10 1355, 4890
—, [Dimethoxy-äthyl-phenyl]- 10 1567
—, [Dimethoxy-benzoyloxy-phenyl]-
  10 2099
—, [Dimethoxy-dimethyl-phenyl]- 10 1568
—, [Dimethoxy-dimethyl-p-phenylen]-di-
  10 2462
—, [Dimethoxy-dioxo-tetrahydro-
  phenanthryl]- 10 4775
—, [Dimethoxy-methyl-phenyl]- 10 1528
—, [Dimethoxy-phenyl]- 10 1454, 1456,
  1457, 1464, 1470
—, [Dimethoxy-phenyl]-[dimethoxy-
  indanyliden]- 10 2534
—, [Dimethoxy-p-phenylen]-di- 10 2458
—, Dimethoxyphosphinyloxy-phenyl-
  10 475
—, [Dimethoxy-trimethyl-phenyl]-
  10 1574
—, [Dimethyl-äthoxycarbonyl-cyclobutyl]-
  9 3854
—, [Dimethyl-tert-butyl-phenyl]-
  9 2607
—, [Dimethyl-carboxy-cyclopentyl]-
  9 3875
—, [Dimethyl-cyclobutandiyl]-di-
  9 3900
—, [Dimethyl-cyclohexandiyliden]-di-
  9 4059
—, [Dimethyl-naphthyl]- 9 3235, 3236, 3237
—, [Dimethyl-norpinenyl]- 9 321
—, [Dimethyl-phenyl]- 9 2486, 2488, 2489
—, [Dimethyl-m-phenylen]-di- 9 4327

Acetonitril, [Dimethyl-*p*-phenylen]-di-
       9 4327
—, [Dimethyl-phenyl]-naphthyl- 9 3566
—, [Dimethyl-phenyl]-*p*-tolyl- 9 3386
—, [Dimethyl-tetrahydro-naphthyl]-
       9 2877
—, Dinaphthyl- 9 3655
—, [Dioxo-dihydro-naphthyl]- 10 3607
—, [Dioxo-tetrahydro-phenanthryl]-
       10 3621
—, Diphenyl- 9 3304
—, Diphenyl-[benzoyl-phenyl]- 10 3503
—, [Diphenyl-indanyl]- 9 3645
—, [Diphenyl-naphthyl]- 9 3671
—, Diphenyl-thio-di- 10 491
—, Diphenyl-*p*-tolyl- 9 3605
—, Di-*o*-tolyl- 9 3368
—, Di-*p*-tolyl- 9 3368
—, [Fluor-methoxy-phenyl]- 10 440
—, [Fluor-phenyl]- 9 2260, 2261, 2262
—, [Hexahydro-indenyl]- 9 319
—, [Hydroxy-acetyl-phenyl]- 10 4242
—, Hydroxy-[benzyloxy-phenyl]- 8 2165
—, Hydroxy-cyclohexyl- 10 26
—, [Hydroxy-cyclohexyl]- 10 23
—, [Hydroxy-dimethoxy-oxo-dihydro-
       phenanthryl]- 10 4775
—, Hydroxy-dimethoxy-phosphinyl-phenyl-
       10 2976
—, Hydroxyimino-[chlor-phenyl]- 10 2984
—, Hydroxyimino-naphthyl- 10 3266
—, Hydroxyimino-[nitro-phenyl]-
       10 2985, 2986
—, Hydroxyimino-phenyl- 10 2976
—, Hydroxyimino-*o*-tolyl- 10 3028
—, Hydroxy-[methoxy-naphthyl]- 10 1940
—, [Hydroxy-oxo-tetrahydro-phenanthryl]-
       10 4418
—, [Hydroxy-phenyl]- 10 425, 438
—, Indanyl- 9 2806
—, Indanyliden- 9 3077
—, Indenyl- 9 3077
—, [Isopropyl-naphthyl]- 9 3242
—, [Isopropyl-phenyl]- 9 2529
—, [Jod-phenyl]- 9 2280, 2281
—, Mesityl- 9 2533
—, [Methoxy-acetoxy-phenyl]- 10 1465
—, [Methoxy-acetyl-phenyl]- 10 4242
—, [Methoxy-äthoxy-phenyl]- 10 1454, 1464
—, [Methoxy-äthyl-phenyl]- 10 610
—, [Methoxy-benzoyloxy-phenyl]- 10 1465
—, [Methoxy-benzyloxy-phenyl]- 10 1465
—, Methoxycarbonyloxy-phenyl- 10 474
—, [Methoxy-methyl-phenyl]- 10 578
—, [Methoxymethyl-phenyl]- 10 574
—, [Methoxy-naphthyl]- 10 1102
—, [Methoxy-oxo-cyclohexadienyliden]-
       10 4206
—, [Methoxy-phenäthylidenamino]- 9 2250

Acetonitril, Methoxy-phenyl- 10 474
—, [Methoxy-phenyl]- 10 425, 429, 439
—, [Methoxy-phenyl]-cyclopentyliden-
       10 995
—, [Methoxy-*m*-phenylen]-di- 10 2220
—, [Methyl-*tert*-butyl-phenyl]- 9 2588
—, [Methyl-cyan-cyclopentyl]- 9 3846
—, [Methyl-cyclopentenyl]- 9 174
—, [Methyl-indanyl]- 9 2831
—, [Methyl-isopropyl-phenyl]- 9 2560
—, [Methyl-naphthyl]- 9 3223, 3224, 3225
—, [Methyl-*aci*-nitro]-phenyl- 10 2978
—, [Methyl-phenyl-acryloyloxy]- 9 2765
—, [Methylsulfon-phenyl]- 10 445
—, Naphthalindiyl-di- 9 4478
—, Naphthyl- 9 3209, 3212
—, [Nitro-benzoyloxyimino]-[chlor-
       phenyl]- 10 2984
—, [Nitro-benzoyloxyimino]-naphthyl-
       10 3266
—, [Nitro-benzoyloxyimino]-[nitro-
       phenyl]- 10 2986
—, [Nitro-benzoyloxyimino]-phenyl-
       10 2977
—, [Nitro-benzoyloxyimino]-*o*-tolyl-
       10 3028
—, [Nitro-cyclohexyl]-[brom-phenyl]-
       9 2865
—, [Nitro-dimethoxy-phenyl]- 10 1467
—, Nitro-diphenyl- 9 3314
—, [Nitro-methoxy-phenyl]- 10 430, 443
—, Nitro-phenyl- 9 2291
—, [Nitro-phenyl]- 9 2283, 2291
—, *aci*-Nitro-phenyl- 9 2291
—, Norbornenyl- 9 302
—, Norbornyl- 9 188
—, [Octahydro-anthryl]- 9 3108
—, [Octahydro-1.4:5.8-dimethano-
       naphthalinyl]- 9 2878
—, [Oxo-benz[*de*]anthracenyl]- 10 3454
—, Oxo-[chlorsulfonyl-naphthyl]-
       10 3267
—, [Oxo-trimethyl-cyclopentyl]- 10 2867
—, Phenanthryl- 9 3507, 3508
—, Phenyl- 9 2252
—, [Phenyl-acetamino]- 9 2212
—, Phenyl-[allyl-cyclohexyliden]-
       9 3252
—, Phenyl-biphenylyl- 9 3592
—, Phenyl-bis-[dimethoxy-phenyl]-
       10 2544
—, Phenyl-bis-[trimethoxy-phenyl]-
       10 2622
—, Phenyl-[brom-phenyl]- 9 3313
—, Phenyl-cyclohexyliden- 9 3092
—, Phenyl-cyclopentyliden- 9 3087
—, Phenyl-[dimethyl-phenyl]- 9 3368
—, Phenyl-[dimethyl-phenyl]-*p*-tolyl-
       9 3616

Acetonitril, m-Phenylen-di 9 4294
—, o-Phenylen-di- 9 4293
—, p-Phenylen-di- 9 4295
—, Phenyl-fluorenyliden- 9 3649
—, Phenyl-[hydroxyimino-
   cyclohexadienyliden]- 10 3289
—, Phenyl-[hydroxyamino-phenyl]-
   9 2254
—, Phenyl-[methoxy-phenyl]- 10 1166, 1167
—, Phenyl-[methoxy-phenyl]-[dimethyl-
   phenyl]- 10 1328
—, Phenyl-[methoxy-phenyl]-[2.5]xylyl-
   10 1328
—, Phenyl-naphthyl- 9 3554
—, Phenyl-[nitro-dioxo-dihydro-anthryl]-
   10 3676
—, Phenyl-[nitro-phenyl]- 9 3314
—, Phenyl-[nitroso-phenyl]- 10 3289
—, Phenyl-[oxo-benz[de]anthracenyl]-
   10 3501
—, [Phenyl-thioacetamino]- 9 2295
—, Phenyl-m-tolyl- 9 3344
—, Phenyl-o-tolyl- 9 3343
—, Phenyl-p-tolyl- 9 3345
—, Phenyl-[2.5]xylyl- 9 3368
—, [Semicarbazono-trimethyl-
   cyclopentyl]- 10 2867
—, Stilbenyl- 9 3455
—, [Tetrafluor-cyclobutyl]- 9 14
—, [Tetrahydro-naphthyl]- 9 2827,
   2828, 2829
—, [Tetrahydro-phenanthryl]- 9 3373
—, [Tetramethyl-cyclopentenyl]- 9 231
—, [Tetramethyl-phenyl]- 9 2563, 2564
—, Thiocyanato-phenyl- 10 491
—, o-Tolyl- 9 2427
—, p-Tolyl- 9 2433
—, [Triäthyl-phenyl]- 9 2608
—, [Tribrom-phenyl]- 9 2280
—, [Trichlor-phenyl]- 9 2273
—, [Triisopropyl-phenyl]- 9 2628
—, [Trimethoxy-phenyl]- 10 2098, 2099
—, [Trimethyl-carboxy-cyclopentyl]-
   9 3917
—, [Trimethyl-cyclopentenyl]- 9 209
—, [Trimethyl-phenyl]- 9 2533, 2535
—, [Trimethyl-phenyl-cyclopentenyl]-
   9 3108
—, Triphenyl- 9 3589
—, Triphenyl-, oxid 9 3589
—, Triphenyl-p-phenylen-di- 9 4723
—, [2.4]Xylyl- 9 2488
—, [2.5]Xylyl- 9 2486
—, [3.5]Xylyl- 9 2489
—, [2.5]Xylyl-naphthyl- 9 3566
Acetonitriloxid, Benzoyloxyimino-phenyl-
   10 2978
—, Benzoyloxyimino-p-tolyl- 10 3033
—, Hydroxyimino-phenyl- 10 2977

Acetonitriloxid, Hydroxyimino-p-tolyl-
   10 3033
Acetonylsalicylat 10 144
Acetophenon, Acetoxy-benzoyloxy- 9 783
—, Acetoxy-dibenzoyloxy- 9 813
—, Acetoxy-tribenzoyloxy- 9 838
—, Äthyl-, [dinitro-methyl-
   benzoylhydrazon] 9 2375
—, Äthyl-, [jod-benzoylhydrazon]
   9 1441, 1450
—, Äthyl-, [nitro-methyl-
   benzoylhydrazon] 9 2366
—, Benzoyloxy- 9 729, 730
—, Benzoyloxy-chlor- 9 730
—, Benzoyloxy-[methoxy-benzoyloxy]-
   10 320
—, Benzoyloxy-methyl- 9 732
—, Benzoyloxymethylen- 9 741
—, Benzoyloxy-methylmercapto-methyl-
   9 788
—, Benzoyloxy-naphthoyloxy- 9 3143, 3184
—, Benzoyloxy-phenyl- 9 763
—, [Benzoyloxy-phenyl]- 9 763
—, Benzyloxy-benzoyloxy- 9 785
—, Bis-[methoxy-benzoyloxy]- 10 320, 321
—, Bis-[nitro-benzoyloxy]- 9 1679
—, Brom-, [brom-benzoylhydrazon]
   9 1390
—, Brom-, [chlor-benzoylhydrazon]
   9 1352
—, Brom-, [dinitro-methyl-
   benzoylhydrazon] 9 2374
—, Brom-, [jod-benzoylhydrazon] 9 1441
—, Brom-, naphthoylhydrazon 9 3189
—, Brom-, [nitro-benzoylhydrazon]
   9 1485, 1530
—, Brom-, [nitro-dimethyl-
   benzoylhydrazon] 9 2449
—, Brom-, [nitro-methyl-
   benzoylhydrazon] 9 2366
—, Brom-benzoyloxy-methyl- 9 732
—, Brom-[benzoyloxy-phenyl]- 9 763
—, Brom-hydroxy-benzoyloxy- 9 784
—, Brom-methoxy-benzoyloxy- 9 787
—, Chlor-, benzoylhydrazon 9 1314
—, Chlor-, [chlor-benzoylhydrazon] 9 1352
—, Chlor-benzoyloxy- 9 730
—, Chlor-hydroxy-benzoyloxy- 9 786
—, Cinnamoyloxy- 9 2700
—, Diäthoxy-dibenzoyloxy- 9 835
—, Dibenzoyloxy- 9 784, 785, 786
—, Dibenzoyloxy-äthyl- 9 789
—, Dibenzoyloxy-äthylmercapto- 9 815
—, Dibenzoyloxy-methyl- 9 788
—, Dibenzoyloxy-methyl-äthyl- 9 789
—, Dihydroxy-benzoyloxy- 9 812, 813
—, Dihydroxy-methoxy-benzoyloxy- 9 836
—, Dimethoxy-acetoxy-benzoyloxy-
   9 836, 837, 838

Acetophenon, Dimethoxy-benzoyloxy-
9 810, 811, 812, 813
—, [Dimethoxy-benzoyloxy]- 10 1375
—, Dimethoxy-benzoyloxy-diazo- 9 839
—, Dimethoxy-dibenzoyloxy- 9 835
—, Dimethoxy-formyloxy-benzoyloxy-
9 837
—, Dimethoxy-[methoxy-benzoyloxy]-
10 321
—, Dimethoxy-[nitro-benzoyloxy]-
9 1681
—, [Dinitro-benzoyloxy]- 9 1928
—, Diveratroyloxy- 10 1420
—, Formyloxy-tribenzoyloxy- 9 838
—, Hydroxy-benzoyloxy- 9 783
—, Hydroxy-benzoyloxy-, semicarbazon
9 784
—, Hydroxy-[benzoyloxy-äthoxy]- 9 536
—, Hydroxy-cinnamoyloxy- 9 2702
—, Hydroxy-dimethoxy-benzoyloxy-
9 836, 837
—, Hydroxy-[methoxy-benzoyloxy]- 10 320
—, Methoxy-, [brom-benzoylhydrazon]
9 1391, 1402
—, Methoxy-, [chlor-benzoylhydrazon]
9 1344, 1372
—, Methoxy-, naphthoylhydrazon 9 3190
—, Methoxy-, [nitro-benzoylhydrazon]
9 1533, 1757
—, Methoxy-benzoyloxy- 9 783, 785, 786
—, [Methoxy-benzoyloxy]- 10 144
—, [Methoxy-benzoyloxy]-methyl- 10 145
—, Methoxy-bis-[methoxy-benzoyloxy]-
10 321, 322
—, Methoxy-cinnamoyloxy- 9 2702
—, Methoxy-dibenzoyloxy- 9 811, 813
—, Methoxy-[dinitro-benzoyloxy]-
9 1931, 1932
—, Methoxy-[methoxy-acetyl-phenoxy]-
benzoyloxy- 9 814
—, Methoxy-[methoxy-acetyl-phenoxy]-
[methoxy-benzoyloxy-phenacyloxy]-
9 814
—, Methoxy-[methoxy-acetyl-phenoxy]-
[methoxy-(methoxy-benzoyloxy-
phenacyloxy)-phenacyloxy]- 9 814
—, Methoxy-[methoxy-bromacetyl-phenoxy]-
benzoyloxy- 9 814
—, Methoxy-[nitro-benzoyloxy]- 9 1679
—, Methoxy-veratroyloxy- 10 1420
—, Methyl-, [brom-benzoylhydrazon]
9 1390, 1402, 1424
—, Methyl-, [chlor-benzoylhydrazon]
9 1343, 1352, 1370
—, Methyl-, [dinitro-methyl-
benzoylhydrazon] 9 2375
—, Methyl-, [jod-benzoylhydrazon]
9 1441, 1449
—, Methyl-, naphthoylhydrazon 9 3189

Acetophenon, Methyl-, [nitro-
benzoylhydrazon] 9 1485, 1531, 1755
—, Methyl-, [nitro-methyl-
benzoylhydrazon] 9 2366
—, Naphthoyloxy- 9 3142, 3183
—, Nitro-, [brom-benzoylhydrazon]
9 1390, 1424
—, Nitro-, [chlor-benzoylhydrazon]
9 1342, 1370
—, Nitro-, [nitro-benzoylhydrazon]
9 1530, 1755
—, [Nitro-benzoyloxy]- 9 1475, 1509, 1674
—, [Nitro-benzoyloxy]-äthyl- 9 1675
—, [Nitro-cinnamoyloxy]- 9 2742
—, Nitro-methoxy-benzoyloxy- 9 785, 787
—, Nitro-methoxy-naphthoyloxy- 9 3143
—, [Phenyl-propionyloxy]- 9 2390
—, Salicyloyloxy- 10 144
—, Tetrabenzoyloxy- 9 837
—, [Tetramethoxy-veratroyloxy]- 10 1421
—, Tribenzoyloxy- 9 810, 812, 813
—, Tribenzoyloxy-diazo- 9 839
—, Trihydroxy-benzoyloxy- 9 836
—, Trimethoxy-benzoyloxy- 9 835, 844
—, Trimethoxy-[methoxy-benzoyloxy]-
10 322
—, Tris-[nitro-benzoyloxy]- 9 1681
Acetophenon-[äthoxy-benzoylhydrazon]
10 357
— [benzoyl-oxim] 9 1280
— [brom-benzoylhydrazon] 9 1390,
1401, 1424
— [chlor-benzoylhydrazon] 9 1342,
1352, 1370
— cyclohexancarbonylhydrazon 9 30
— [dichlor-naphthoylhydrazon] 9 3195
— [dinitro-benzoylhydrazon] 9 1947
— [dinitro-methyl-benzoylhydrazon]
9 2374
— [jod-benzoylhydrazon] 9 1441, 1449
— naphthoylhydrazon 9 3189
— [nitro-benzoylhydrazon] 9 1485,
1530, 1754
— [nitro-dimethyl-benzoylhydrazon]
9 2449
— [nitro-methyl-benzoylhydrazon]
9 2366
**[Acetoxy-hexamethyl-octadecahydro-picen-
dicarbonsäure]-essigsäure-dianhydrid**
10 2309
**[Acetoxy-ursendisäure]-essigsäure-
dianhydrid** 10 2309
Acetylaceton-[brom-benzoylhydrazon]
9 1402
— [nitro-benzoylhydrazon] 9 1756
Acetylazid, Benz[a]anthracenyl-
9 3626
—, [Phenyl-acetamino]- 9 2213
—, Stilbenyl- 9 3455

Acetylbromid, Brom-dicyclopentyl- **9** 256
—, Brom-mesityl- **9** 2534
—, Brom-phenyl- **9** 2277
—, Brom-[triäthyl-phenyl]- **9** 2608
—, Brom-[trimethyl-phenyl]- **9** 2534
Acetylchinovasäure-bis-essigsäure-anhydrid 10 2309
Acetylchlorid, Acetoxy-diphenyl- **10** 1178
—, Acetoxy-[methoxy-acetoxy-phenyl]- **10** 2101
—, [Acetoxy-phenyl]- **10** 434
—, [Benzoyloxy-naphthyl]- **10** 1106
—, [Benzyloxy-phenyl]- **10** 434
—, Bis-biphenylyl- **9** 3679
—, Bis-[chlor-phenyl]- **9** 3312
—, Bis-[nitro-phenyl]- **9** 3315
—, Bis-[trimethyl-phenyl]- **9** 3402
—, Brom-cyclopentyl- **9** 43
—, Brom-phenyl- **9** 2277
—, [Brom-trimethyl-phenyl]- **9** 2534
—, Chlor-bis-biphenylyl- **9** 3679
—, Chlor-[chlor-phenyl]- **9** 2273
—, Chlor-diphenyl- **9** 3308
—, [Chlor-diphenyl-acetoxy]-diphenyl- **10** 1178
—, Chlor-mesityl- **9** 2533
—, Chlor-phenyl- **9** 2266
—, [Chlor-phenyl]- **9** 2264
—, Chlor-phenyl-biphenylyl- **9** 3593
—, Chlor-phenyl-naphthyl- **9** 3554
—, Chlor-[trimethyl-phenyl]- **9** 2533
—, Cinnamoyloxy- **9** 2704
—, *p*-Cumenyl- **9** 2529
—, [Cyan-phenyl]- **9** 4270
—, Cyclohexenyl-phenyl- **9** 3092
—, Cyclohexyl- **9** 48
—, Cyclohexyliden- **9** 163
—, Cyclohexyl-phenyl- **9** 2863
—, [Cyclohexyl-phenyl]- **9** 2868
—, Cyclopentenyl- **9** 158
—, Cyclopentyl- **9** 42
—, Cyclopentyl-phenyl- **9** 2849
—, Dicyclopentenyl- **9** 2565
—, Dicyclopentyl- **9** 256
—, [Dimethoxy-phenyl]- **10** 1453, 1463
—, [Dimethyl-chlorcarbonyl-cyclobutyl]- **9** 3854
—, [Dimethyl-phenyl]- **9** 2488
—, Diphenyl- **9** 3300
—, [Hexahydro-indanyliden]- **9** 320
—, [Isopropyl-naphthyl]- **9** 3242
—, [Isopropyl-phenyl]- **9** 2529
—, Mesityl- **9** 2533
—, [Methoxy-äthyl-phenyl]- **10** 610
—, [Methoxy-benzyloxy-phenyl]- **10** 1463
—, [Methoxy-methyl-phenyl]- **10** 573
—, [Methoxymethyl-phenyl]- **10** 573
—, Methoxy-phenyl- **10** 468
—, [Methoxy-phenyl]- **10** 434

Acetylchlorid, [Methyl-cyclohexenyl]- **9** 180
—, [Methyl-cyclohexyl]- **9** 68
—, [Methyl-cyclopentyl]- **9** 61
—, [Methyl-isopropyl-cyclohexyl]- **9** 117
—, [Methyl-isopropyl-phenyl]- **9** 2559
—, [Methyl-naphthyl]- **9** 3223
—, Naphthyl- **9** 3208
—, [Nitro-phenyl]- **9** 2282, 2289
—, Norbornyl- **9** 187
—, [Octahydro-naphthyl]- **9** 330
—, [Oxo-trimethyl-norbornyl]- **10** 2939
—, Phenanthryl- **9** 3508
—, Phenyl- **9** 2192
—, Phenyl-biphenylyl- **9** 3592
—, Phenyl-[brom-trimethyl-phenyl]- **9** 3386
—, [Phenyl-cyclohexyl]- **9** 2867, 2869
—, [Phenyl-cyclopentyl]- **9** 2851
—, Phenyl-naphthyl- **9** 3554
—, Phenyl-[tetramethyl-phenyl]- **9** 3394
—, Phenyl-*p*-tolyl- **9** 3345
—, Phenyl-[trimethyl-phenyl]- **9** 3386
—, [Tetrahydro-phenanthryl]- **9** 3373
—, *o*-Tolyl- **9** 2427
—, [Trimethyl-phenyl]- **9** 2533, 2534
—, Triphenyl- **9** 3588
—, [2.4]Xylyl- **9** 2488
Acetylen, Bis-[carbamimidoyl-phenyl]- **9** 4647
—, Bis-[cyan-phenyl]- **9** 4647
—, [(Dinitro-benzoyloxy)-cyclohexyl]-[methoxy-(dinitro-benzoyloxy)-cyclohexyl]- **9** 1919
Acetylisocyanat, Phenyl- **9** 2208
Acetyl-oleanolsäure-lactonsäure 10 1052
Acetyl-oleanolsäure-lactonsäure-methylester 10 1052
Acorolon, [Nitro-benzoyl]- **9** 1673
Acrolein-[nitro-benzoylhydrazon] 9 1483
Acrylaldehyd, Benzamino-hydroxy- **9** 1109
—, Benzoylmercapto- **9** 1971
—, Benzoylmercapto-, phenylhydrazon **9** 1971
—, Benzoyloxy-phenyl- **9** 742
—, Bis-[nitro-benzoyloxy]- **9** 1678
—, [Phenyl-acetamino]-hydroxy- **9** 2207
Acrylaldehyd-[nitro-benzoylhydrazon] 9 1483, 1526, 1753
Acrylamid, Äthyl-[chlor-phenyl]- **9** 2785
—, Äthyl-[diäthylamino-äthyl]-phenyl- **9** 2784
—, Äthyl-[methoxy-phenyl]- **10** 877
—, Äthyl-phenyl- **9** 2784
—, Benzamino-diphenyl- **10** 3310
—, Bis-[methoxy-phenyl]-*p*-tolyl- **10** 2019

Acrylamid, [Brom-phenyl]-bis-[methoxy-
phenyl]- **10** 1028
—, [Diäthylamino-äthyl]-butyl-phenyl-
9 2832
—, [Diäthylamino-äthyl]-pentyl-phenyl-
9 2859
—, [Diäthylamino-äthyl]-propyl-phenyl-
9 2809
—, Diäthyl-diphenyl- **9** 3439
—, Diäthyl-phenyl- **9** 2784
—, Diphenyl- **9** 3438; s. a.
Cinnamamid, Phenyl-
—, Diphenyl-biphenylyl- **9** 3687
—, Diphenyl-[dimethoxy-phenyl]- **10** 2017
—, Diphenyl-[dimethyl-phenyl]- **9** 3643
—, Diphenyl-[methoxy-phenyl]- **10** 1336,
1337
—, Diphenyl-*m*-tolyl- **9** 3636
—, Diphenyl-*p*-tolyl- **9** 3636, 3637
—, Diphenyl-[2.5]xylyl- **9** 3643
—, [Hydroxy-phenyl]-[trimethoxy-phenyl]-
10 2504
—, Isopropyl-phenyl- **9** 2812
—, [Methoxy-phenyl]-[brom-trimethoxy-
phenyl]- **10** 2505
—, Methyl-[diäthylamino-äthyl]-phenyl-
9 2766
—, Methyl-[methoxy-phenyl]- **10** 865, 866
—, Methyl-phenyl- **9** 2766
—, Naphthyl- **9** 3285
—, [Nitro-naphthyl]- **9** 3287
—, Pentyl-phenyl- **9** 2859
—, Phenyl- **9** 2752
—, [Phenyl-acetamino]-benzoyloxy-
9 2233
—, Phenyl-bis-[methoxy-phenyl]-
10 2016, 2017
—, Phenyl-[chlor-phenyl]-*p*-tolyl-
9 3636
—, Phenyl-di-*p*-tolyl- **9** 3642
Acrylamidin, [Hydroxy-methoxy-phenyl]-
carbamoyl- **10** 2470
Acrylonitril, [Acetoxy-phenyl]-
[trimethoxy-phenyl]- **10** 2505
—, Äthoxy-benzhydryloxy-benzhydryl-
10 3381
—, [Äthoxy-hexylidenamino]-
benzoyloxy- **9** 896
—, Amino-[chlor-phenyl]- **10** 3025
—, Amino-[methoxy-phenyl]- **10** 4226
—, Amino-phenyl- **10** 3024
—, Benzoyloxy-äthoxymethyl- **9** 864
—, Benzoyloxy-diphenyl- **10** 1258
—, Benzoyloxy-mesityl- **10** 895
—, Benzoyloxy-phenyl- **10** 858
—, [Benzoyloxy-phenyl]-[trimethoxy-
phenyl]- **10** 2505
—, Benzoyloxy-[trimethyl-phenyl]-
10 895

Acrylonitril, Bis-[dimethoxy-phenyl]-
10 2501
—, Bis-[methoxy-phenyl]- **10** 1992
—, Bis-[methoxy-phenyl]-*p*-tolyl-
10 2020
—, Bis-[nitro-phenyl]- **9** 3428
—, Bis-[nitro-phenyl]-*o*-phenylen-di-
9 4707
—, [Brom-phenyl]-bis-[methoxy-phenyl]-
10 2018
—, [Chlor-phenyl]-[dimethoxy-phenyl]-
10 1989
—, [Chlor-phenyl]-[methoxy-phenyl]-
10 1252
—, [Cyan-cyclohexenyl]- **9** 4050
—, Cyclopropyl- **9** 143
—, Dichlor-*m*-toluoylamino- **9** 2324
—, Dichlor-*p*-toluoylamino- **9** 2347
—, Dihydroxy-biphenyldiyl-di- **10** 4077
—, [Dimethoxy-phenyl]-*p*-tolyl- **10** 1998
—, [Dinitro-phenyl]-[hydroxy-phenyl]-
10 1254
—, Diphenyl- **9** 3417, 3439
—, Diphenyl-acenaphthenyl- **9** 3688
—, Diphenyl-[äthoxy-naphthyl]- **10** 1346
—, Diphenyl-bibenzylyl- **9** 3688
—, Diphenyl-biphenyldiyl-di- **9** 4733
—, Diphenyl-biphenylyl- **9** 3687
—, Diphenyl-[brom-methoxy-phenyl]-
10 1337
—, Diphenyl-[brom-phenyl]- **9** 3631
—, Diphenyl-[butyloxy-phenyl]- **10** 1336
—, Diphenyl-[carboxy-phenyl]- **9** 4698
—, Diphenyl-[chlor-äthoxy-phenyl]-
10 1337
—, Diphenyl-[chlor-methoxy-phenyl]-
10 1337
—, Diphenyl-[chlor-phenyl]- **9** 3631
—, Diphenyl-[dimethoxy-phenyl]-
10 2016, 2017
—, Diphenyl-[dimethyl-phenyl]- **9** 3643
—, Diphenyl-[methoxy-methyl-phenyl]-
10 1338
—, Diphenyl-[methoxy-naphthyl]- **10** 1346
—, Diphenyl-[methoxy-phenyl]- **10** 1336,
1337
—, Diphenyl-naphthyl- **9** 3676, 3677
—, Diphenyl-[propyloxy-phenyl]- **10** 1336
—, Diphenyl-[tetrahydro-naphthyl]-
9 3660
—, Diphenyl-*m*-tolyl- **9** 3636
—, Diphenyl-*p*-tolyl- **9** 3636
—, Diphenyl-[trimethyl-phenyl]- **9** 3645
—, Diphenyl-[2.4]xylyl- **9** 3643
—, Diphenyl-[2.5]xylyl- **9** 3643
—, Hydroxy-acenaphthenyl- **10** 3321
—, Hydroxy-äthyl-phenyl- **10** 3066
—, Hydroxy-benzohydroximoyl- **10** 3549
—, Hydroxy-benzoyl- **10** 3549

Acrylonitril, Hydroxy-bis-[nitro-phenyl]-
10 3311
—, Hydroxy-cyclohexyl- 10 2836
—, Hydroxy-diphenyl- 10 3310
—, Hydroxy-[methoxy-naphthyl]- 10 4408
—, Hydroxy-methyl-[brom-phenyl]-
10 3052
—, Hydroxy-methyl-[dimethoxy-phenyl]-
10 4549
—, Hydroxy-methyl-phenyl- 10 3052
—, Hydroxy-methyl-[trimethyl-phenyl]-
10 3101
—, Hydroxy-naphthyl- 10 3267
—, Hydroxy-phenyl-benzoyl- 10 3626
—, Hydroxy-phenyl-formyl- 10 3549
—, [Hydroxy-phenyl]-[methoxy-phenyl]-
10 1991
—, [Hydroxy-phenyl]-[trimethoxy-phenyl]-
10 2504
—, Hydroxy-propyl-phenyl- 10 3080
—, Hydroxy-[tetrahydro-naphthyl]-
10 3185
—, Methoxy-methyl-mesityl- 10 904
—, Methoxy-methyl-[trimethyl-phenyl]-
10 904
—, [Methoxy-phenyl]-[brom-trimethoxy-
phenyl]- 10 2505
—, [Methoxy-phenyl]-[dimethoxy-phenyl]-
10 2343, 2344
—, [Methoxy-phenyl]-[methoxy-äthyl-
phenyl]- 10 2000
—, [Methoxy-phenyl]-[methoxy-phenyl]-
10 1900
—, Methoxy-phenyl-[nitro-phenyl]-
10 1258
—, [Methoxy-phenyl]-[nitro-trimethoxy-
phenyl]- 10 2506
—, [Methoxy-phenyl]-p-tolyl- 10 1267
—, [Methoxy-phenyl]-[trimethoxy-phenyl]-
10 2505
—, [Nitro-phenyl]-[acetoxy-phenyl]-
10 1255
—, [Nitro-phenyl]-[dimethoxy-phenyl]-
10 1989
—, [Nitro-phenyl]-[dinitro-phenyl]-
9 3428
—, [Nitro-phenyl]-[hydroxy-phenyl]-
10 1254
—, [Nitro-phenyl]-[methoxy-phenyl]-
10 1253, 1257
—, Pentyl-phenyl- 9 2860
—, Phenyl- 9 2752
—, [Phenyl-acetamino]-hydroxy- 9 2233
—, Phenyl-bis-[äthoxy-phenyl]- 10 2018
—, Phenyl-bis-[methoxy-phenyl]-
10 2016, 2018
—, Phenyl-[brom-methoxy-phenyl]-
p-tolyl- 10 1339
—, Phenyl-[brom-naphthyl]- 9 3581

Acrylonitril, Phenyl-[chlor-äthoxy-phenyl]-
p-tolyl- 10 1339
—, Phenyl-[chlor-phenyl]- 9 3419, 3420
—, Phenyl-[chlor-phenyl]-biphenylyl-
9 3687
—, Phenyl-[chlor-phenyl]-p-tolyl-
9 3637
—, Phenyl-[cyan-phenyl]- 9 4592
—, Phenyl-[cyclohexyl-phenyl]- 9 3543
—, Phenyl-[dimethoxy-phenyl]- 10 1989,
1992, 1993
—, Phenyl-[dimethoxy-phenyl]-p-tolyl-
10 2019
—, Phenyl-di-p-tolyl- 9 3642
—, Phenyl-[hydroxy-methoxy-phenyl]-
10 1992, 1993
—, Phenyl-[hydroxy-phenyl]- 10 1254
—, Phenyl-[methoxy-acetoxy-phenyl]-
10 1992
—, Phenyl-[methoxy-phenyl]- 10 1252, 1256
—, Phenyl-[methoxy-phenyl]-[äthoxy-
naphthyl]- 10 2021
—, Phenyl-[methoxy-phenyl]-naphthyl-
10 1346, 1347
—, Phenyl-[methoxy-phenyl]-[tetrahydro-
naphthyl]- 10 1343
—, Phenyl-[methoxy-phenyl]-p-tolyl-
10 1339
—, Phenyl-naphthyl- 9 3580
—, Phenyl-[nitro-phenyl]- 9 3423
—, Phenyl-p-tolyl-naphthyl- 9 3680
—, Phenyl-[trimethoxy-phenyl]- 10 2346
—, Triphenyl- 9 3630
Acrylophenon, Benzoyloxy- 9 741
—, Brom-benzoyloxy- 9 742
Acryloylchlorid, Diphenyl- 9 3417; s. a.
Cinnamoylchlorid, Phenyl-
—, Diphenyl-[oxo-phenyl-indenyl]-
10 3509
—, Methyl-[methoxy-phenyl]- 10 866
—, Naphthyl- 9 3285
—, [Nitro-naphthyl]- 9 3287
—, Phenyl- 9 2752
Acrylsäure, Acenaphthenyl- 9 3449
—, Acenaphthenyl-, methylester 9 3449
—, Acetamino-äthoxy-benzoyloxy-,
äthylester 9 875
—, [Acetoxy-hexamethyl-eicosahydro-
cyclopenta[a]chrysenyl]-, nitril
10 1063
—, [Acetoxy-pentamethyl-acetoxymethyl-
eicosahydro-cyclopenta[a]
chrysenyl]-, nitril 10 1927
—, [Acetoxy-pentamethyl-carboxy-
eicosahydro-cyclopenta[a]
chrysenyl]- 10 2312
—, Acetoxy-phenyl-, äthylester 10 858
—, [(Acetoxy-phenyl)-acetamino]-äthoxy-
10 437

Acrylsäure, [Acetoxy-phenyl]-[diacetoxy-phenyl]- 10 2344
—, [Acetoxy-phenyl]-[trimethoxy-phenyl]-, nitril 10 2505
—, Äthoxy-acetoxy-benzhydryl-, äthylester 10 3381
—, Äthoxy-benzhydryloxy-benzhydryl-, äthylester 10 3381
—, Äthoxy-benzhydryloxy-benzhydryl-, nitril 10 3381
—, [Äthoxy-benzylidenamino]-hydroxy-, äthylester 9 1251
—, [Äthoxycarbonyl-methylamino]-benzamino-, äthylester 9 1246
—, [Äthoxycarbonyl-methylamino]-[phenyl-acetamino]-, äthylester 9 2248
—, [Äthoxy-cinnamylidenamino]-hydroxy-, äthylester 9 2720
—, [Äthoxy-hexylidenamino]-benzoyloxy-, nitril 9 896
—, Äthoxy-phenyl-acetyl-, äthylester 10 4337
—, Äthoxy-phenyl-cyan-, äthylester 10 2258
—, Äthyl-[chlor-phenyl]-, [diäthylamino-äthylester] 9 2784, 2785
—, Äthyl-[dimethoxy-phenyl]-, äthylester 10 1859
—, Äthyl-[hydroxy-phenyl]- 10 877
—, Äthyl-[methoxy-naphthyl]- 10 1201
—, Äthyl-[methoxy-phenyl]-, amid 10 877
—, Äthyl-[nitro-phenyl]- 9 2785
—, Äthyl-phenyl- 9 2783
—, Äthyl-phenyl-, äthylamid 9 2784
—, Äthyl-phenyl-, amid 9 2784
—, Äthyl-phenyl-, [diäthylamino-äthylamid] 9 2784
—, Äthyl-phenyl-, [diäthylamino-äthylester] 9 2783
—, Äthyl-phenyl-, [diäthylamino-propylester] 9 2784
—, Äthyl-phenyl-, ureid 9 2784
—, [Äthyl-phenyl]- 9 2791
—, Äthyl-o-tolyl-, äthylester 9 2813
—, Äthyl-[trimethoxy-phenyl]- 10 2224
—, Äthyl-[trimethoxy-phenyl]-, äthylester 10 2224
—, Amino-[chlor-phenyl]-, nitril 10 3025
—, Amino-[methoxy-phenyl]-, nitril 10 4226
—, Amino-phenyl-, äthylester 10 3024
—, Amino-phenyl-, nitril 10 3024
—, Amino-phenyl-cyan-, äthylester 10 3959
—, Anthryl- 9 3551

Acrylsäure, Azido-phenyl-, methylester 9 2406
—, Benzamino- 9 1192
—, Benzamino-äthoxy-, äthylester 9 1199
—, Benzamino-äthoxy-, benzylester 9 1199
—, Benzamino-äthoxyacetyl-, äthylester 9 1207
—, Benzamino-äthylmercapto- 9 1200
—, Benzamino-äthylmercapto-, hydrazid 9 1200
—, Benzamino-benzylmercapto- 9 1200
—, Benzamino-diphenyl-, amid 10 3310
—, Benzamino-hydroxy-, äthylester 9 1198
—, Benzamino-hydroxy-, benzylester 9 1199
—, Benzamino-[hydroxy-naphthyl]- 10 4407
—, Benzamino-methoxy-, methylester 9 1198
—, Benzamino-[methoxy-naphthyl]- 10 4407
—, Benzamino-naphthyl- 10 3268
—, Benzamino-naphthyl-, methylester 10 3268
—, Benzoyloxy-äthoxymethyl-, nitril 9 864
—, Benzoyloxy-diphenyl-, äthylester 10 1257
—, Benzoyloxy-diphenyl-, methylester 10 1257
—, Benzoyloxy-diphenyl-, nitril 10 1258
—, Benzoyloxy-phenyl-, nitril 10 858
—, [Benzoyloxy-phenyl]-[trimethoxy-phenyl]-, nitril 10 2505
—, Benzoyloxy-propyl-phenyl-, methylester 10 888
—, Benzoyloxy-[trimethyl-phenyl]-, nitril 10 895
—, Benzylmercapto-[hydroxy-cyclohexyl]- 10 1358
—, Benzyloxycarbonylamino-benzoyloxy-, äthylester 9 876
—, Bibenzylyl- 9 3468
—, Biphenylyl- s. a. *Zimtsäure, Phenyl-*
—, Bis-[brom-methoxy-phenyl]- 10 1989
—, Bis-[brom-methyl-phenyl]- 9 3468
—, Bis-[brom-phenyl]- 9 3442
—, Bis-[brom-phenyl]-, äthylester 9 3442
—, Bis-[brom-phenyl]-, [diäthylamino-äthylester] 9 3442
—, Bis-[carboxy-phenyl]- 9 4843
—, Bis-[chlor-phenyl]- 9 3441
—, Bis-[chlor-phenyl]-, äthylester 9 3441
—, Bis-[chlor-phenyl]-, [diäthylamino-äthylester] 9 3441

Acrylsäure, Bis-[dimethoxy-phenyl]- **10** 2501
—, Bis-[dimethoxy-phenyl]-, nitril
    10 2501
—, Bis-[fluor-phenyl]- **9** 3440
—, Bis-[fluor-phenyl]-, [diäthylamino-
    äthylester] **9** 3440
—, Bis-[hydroxy-dimethoxy-phenyl]-
    [dimethyl-*p*-phenylen]-di- **10** 2636
—, Bis-[hydroxy-phenyl]- **10** 1991
—, Bis-[jod-phenyl]- **9** 3421
—, Bis-[methoxy-phenyl]- **10** 1900,
    1988, 1996
—, Bis-[methoxy-phenyl]-,
    [diäthylamino-äthylester] **10** 1997
—, Bis-[methoxy-phenyl]-, methylester
    10 1997
—, Bis-[methoxy-phenyl]-, nitril
    10 1992
—, Bis-[methoxy-phenyl]-*p*-tolyl-, amid
    10 2019
—, Bis-[methoxy-phenyl]-*p*-tolyl-,
    nitril **10** 2020
—, Bis-[nitro-dimethoxy-phenyl]-
    [dimethyl-*p*-phenylen]-di- **10** 2623
—, Bis-[nitro-phenyl]- **9** 3427, 3442
—, Bis-[nitro-phenyl]-, äthylester
    9 3428
—, Bis-[nitro-phenyl]-, [diäthylamino-
    äthylester] **9** 3443
—, Bis-[nitro-phenyl]-, methylester
    9 3427, 3443
—, Bis-[nitro-phenyl]-, nitril **9** 3428
—, Bis-[nitro-phenyl]-[dimethyl-
    p-phenylen]-di- **9** 4711
—, Bis-[nitro-phenyl]-*m*-phenylen-di-
    9 4708
—, Bis-[nitro-phenyl]-*m*-phenylen-di-,
    diäthylester **9** 4708
—, Bis-[nitro-phenyl]-*o*-phenylen-di-
    9 4707
—, Bis-[nitro-phenyl]-*o*-phenylen-di-,
    diamid **9** 4707
—, Brom-äthyl-[methoxy-naphthyl]-
    10 1202
—, [Brom-dimethoxy-phenyl]-[dimethoxy-
    phenacyl]- **10** 4826
—, [Brom-dimethoxy-phenyl]-[dimethoxy-
    phenacyl]-, methylester **10** 4827
—, Brom-diphenyl-, methylester **9** 3421
—, [Brom-methoxy-phenyl]-cyan- **10** 2254
—, [Brom-methoxy-phenyl]-cyan-,
    äthylester **10** 2254
—, Brom-methyl-[äthoxy-naphthyl]-
    10 1190
—, Brom-methyl-[methoxy-naphthyl]-
    10 1189
—, Brom-methyl-[nitro-phenyl]- **9** 2768
—, [Brom-methyl-phenyl]-[cyan-phenyl]-
    9 4609

Acrylsäure, [Brom-methyl-phenyl]-
    [nitro-methyl-phenyl]- **9** 3468
—, [Brom-naphthyl]- **9** 3285
—, [Brom-nitro-naphthyl]- **9** 3287
—, [Brom-nitro-naphthyl]-, methylester
    9 3287
—, [Brom-phenyl]-[acetoxy-phenyl]-
    10 1253
—, [Brom-phenyl]-benzyl- **9** 3451
—, [Brom-phenyl]-benzyl-, äthylester
    9 3451
—, [Brom-phenyl]-bis-[methoxy-phenyl]-,
    amid **10** 2018
—, [Brom-phenyl]-bis-[methoxy-phenyl]-,
    nitril **10** 2018
—, [Brom-phenyl]-[brom-biphenylyl]-
    9 3631
—, [Brom-phenyl]-[brom-nitro-phenyl]-
    9 3427
—, [Brom-phenyl]-[hydroxy-phenyl]-
    10 1253
—, [Brom-phenyl]-[methoxy-phenyl]-
    10 1253, 1257
—, [Brom-phenyl]-[nitro-phenyl]-
    9 3426
—, Butyl-[nitro-phenyl]- **9** 2832
—, Butyl-phenyl- **9** 2831
—, Butyl-phenyl-, [diäthylamino-
    äthylamid] **9** 2832
—, Butyl-phenyl-, [diäthylamino-
    äthylester] **9** 2832
—, [Carboxy-biphenylyl]-
    s. a. *Zimtsäure, [Carboxy-phenyl]-*
—, [Carboxymethoxy-phenyl]-cyan-
    10 2254
—, [Carboxymethylen-cyclohexyl]-
    10 2901
—, [Carboxymethylen-cyclopentyl]-
    9 4052
—, [Carboxy-phenyl]- s. *Zimtsäure,*
    Carboxy-
—, [Chlor-dioxo-dihydro-anthryl]-
    10 3663
—, [Chlor-hydroxy-naphthyl]- **10** 1166
—, [Chlor-methoxy-naphthyl]- **10** 1166
—, [Chlor-methoxy-*m*-phenylen]-di-
    10 2288
—, Chlor-methyl-[brom-triäthyl-phenyl]-
    9 2889
—, Chlor-methyl-[brom-trimethyl-phenyl]-
    9 2838
—, Chlor-methyl-[chlor-äthoxy-dimethyl-
    phenyl]- **10** 894
—, Chlor-methyl-[chlor-methoxy-
    dimethyl-phenyl]- **10** 894
—, Chlor-methyl-[dibrom-trimethyl-
    phenyl]- **9** 2839
—, Chlor-methyl-[methoxy-dimethyl-
    phenyl]- **10** 894

Acrylsäure, Chlor-methyl-[methyl-
naphthyl]- 9 3351
—, Chlor-methyl-naphthyl- 9 3330
—, Chlor-[methyl-naphthyl]- 9 3330
—, Chlor-methyl-o-tolyl- 9 2790
—, Chlor-methyl-p-tolyl- 9 2791
—, Chlor-methyl-p-tolyl-, äthylester
9 2791
—, Chlor-naphthyl- 9 3288
—, [Chlor-nitro-phenyl]-cyan-,
äthylester 9 4384
—, [Chlor-phenyl]-acenaphthenyl-
9 3632
—, [Chlor-phenyl]-acetyl-, äthylester
10 3159
—, [Chlor-phenyl]-benzyl- 9 3450
—, [Chlor-phenyl]-benzyl-, äthylester
9 3450
—, [Chlor-phenyl]-[carboxy-phenyl]-
9 4591
—, Chlor-phenyl-[chlor-phenyl]-,
methylester 9 3420
—, [Chlor-phenyl]-cyan- 9 4381
—, [Chlor-phenyl]-cyan-, äthylester
9 4381
—, [Chlor-phenyl]-[dimethoxy-phenyl]-,
nitril 10 1989
—, [Chlor-phenyl]-fluorenyl- 9 3654
—, [Chlor-phenyl]-[methoxy-phenyl]-,
nitril 10 1252
—, [Chlor-phenyl]-naphthyl- 9 3580
—, [Chlor-phenyl]-[nitro-dimethoxy-
phenyl]- 10 1994
—, [Chlor-phenyl]-[nitro-phenyl]-
9 3425
—, [Chlor-phenyl]-p-tolyl- 9 3509
—, Chlor-[tetramethyl-phenyl]- 9 2840
—, Cinnamoylamino-äthoxy-, äthylester
9 2720
—, p-Cumenyl-cyan- 9 4408
—, [Cyan-cyclohexenyl]-, nitril 9 4050
—, [Cyan-phenyl]-cyan-, äthylester
9 4820
—, Cyclohexenyl-[dichlor-hydroxy-
phenyl]- 10 1120
—, Cyclohexenyl-[dijod-hydroxy-phenyl]-
10 1121
—, Cyclohexenyl-[dimethoxy-phenyl]-
10 1945
—, Cyclohexenyl-[hydroxy-phenyl]-
10 1120
—, Cyclohexenyl-[nitro-phenyl]- 9 3237
—, Cyclohexenyl-phenyl- 9 3237
—, Cyclohexyl- 9 178
—, [Cyclohexyl-äthyl]-[nitro-phenyl]-
9 3111
—, Cyclohexylmethyl-[nitro-phenyl]-
9 3105
—, Cyclohexyl-[nitro-phenyl]- 9 3098

Acrylsäure, Cyclohexyl-phenyl- 9 3098
—, Cyclopentenyl-[hydroxy-phenyl]-
10 1116
—, Cyclopropyl-, nitril 9 143
—, [Diäthoxy-phenyl]-cyan- 10 2469
—, Diäthylamino-benzamino-, äthylester
9 1246
—, Diäthylamino-benzamino-,
methylester 9 1245
—, [Dibrom-äthyl]-phenyl- 9 3074
—, Dibrom-m-phenylen-di- 9 4436
—, Dibrom-m-phenylen-di-,
dimethylester 9 4437
—, [Dicarboxy-m-phenylen]-di- 9 4886
—, Dichlor-[brom-methoxy-benzamino]-
10 180
—, Dichlor-[chlor-methoxy-benzamino]-
10 168
—, Dichlor-[dibrom-methoxy-benzamino]-
10 184
—, Dichlor-[dichlor-methoxy-benzamino]-
10 173
—, Dichlor-naphthyl- 9 3288
—, [Dichlor-naphthyl]- 9 3285
—, [Dichlor-phenyl]-[nitro-phenyl]-
9 3426
—, Dichlor-m-toluoylamino- 9 2324
—, Dichlor-p-toluoylamino- 9 2347
—, Dicyan-[methoxy-m-phenylen]-di-
10 2629
—, Dicyan-[methoxy-m-phenylen]-di-,
diäthylester 10 2629
—, Dicyan-[methoxy-m-phenylen]-di-,
diamid 10 2629
—, [Dihydro-phenanthryl]- 9 3518
—, [Dihydroxy-dimethoxy-biphenyldiyl]-
di- 10 2619
—, Dihydroxy-diphenyl-[dinitro-
m-phenylen]-di-, diäthylester
10 4094
—, [Dimethoxy-diacetoxy-biphenyldiyl]-
di- 10 2619
—, [Dimethoxy-phenyl]-[carboxy-phenyl]-
10 2531
—, [Dimethoxy-phenyl]-cyan- 10 2468, 2469
—, [Dimethoxy-phenyl]-cyan-,
äthylester 10 2470
—, [Dimethoxy-phenyl]-cyan-,
methylester 10 2470
—, [Dimethoxy-phenyl]-[dimethoxy-
phenacyl]- 10 4826
—, [Dimethoxy-phenyl]-[dimethoxy-
phenyl]- 10 2500, 2502, 2506
—, [Dimethoxy-phenyl]-[dimethoxy-
phenyl]-, methylester 10 2500
—, [Dimethoxy-phenyl]-[methoxy-äthoxy-
phenacyl]- 10 4826
—, [Dimethoxy-phenyl]-[nitro-dimethoxy-
phenyl]- 10 2502

Acrylsäure, [Dimethoxy-phenyl]-phenacyl-
10 4691
—, [Dimethoxy-phenyl]-phenacyl-,
methylester 10 4691
—, [Dimethoxy-phenyl]-p-tolyl-, nitril
10 1998
—, Dimethyl- s. Crotonsäure, Methyl-
—, [Dimethyl-äthoxycarbonyl-cyclobutyl]-,
äthylester 9 3987
—, Dinaphthyl- 9 3668, 3669
—, [Dinitro-naphthyl]- 9 3288
—, [Dinitro-naphthyl]-, äthylester
9 3288
—, [Dinitro-m-phenylen]-di- 9 4437
—, [Dinitro-m-phenylen]-di-,
diäthylester 9 4437
—, [Dinitro-phenyl]-[hydroxy-phenyl]-,
nitril 10 1254
—, [Dioxo-acetyl-methoxycarbonyl-
cyclohexenyl]-acetyl-,
methylester 10 4153
—, Diphenyl- 9 3414, 3438
—, Diphenyl-, [acetoxy-phenylester]
9 3416
—, Diphenyl-, äthylester 9 3416, 3438
—, Diphenyl-, amid 9 3438
—, Diphenyl-, chlorid 9 3417
—, Diphenyl-, diäthylamid 9 3439
—, Diphenyl-, [diäthylamino-äthylester]
9 3438
—, Diphenyl-, [hydroxy-phenylester]
9 3416, 3417
—, Diphenyl-, methylester 9 3415
—, Diphenyl-, nitril 9 3417, 3439
—, Diphenyl-acenaphthenyl-, nitril
9 3688
—, [Diphenyl-acetamino]-hydroxy-,
äthylester 9 3303
—, Diphenyl-[äthoxy-naphthyl]-, nitril
10 1346
—, Diphenyl-bibenzylyl-, nitril 9 3688
—, Diphenyl-biphenylyl-, amid 9 3687
—, Diphenyl-biphenylyl-, nitril 9 3687
—, Diphenyl-[brom-methoxy-phenyl]-,
nitril 10 1337
—, Diphenyl-[brom-phenyl]-, nitril
9 3631
—, Diphenyl-[butyloxy-phenyl]-, nitril
10 1336
—, Diphenyl-[chlor-äthoxy-phenyl]-,
nitril 10 1337
—, Diphenyl-[chlor-methoxy-phenyl]-,
nitril 10 1337
—, Diphenyl-[chlor-phenyl]- 9 3630
—, Diphenyl-[chlor-phenyl]-, nitril
9 3631
—, Diphenyl-cyan- 9 4601
—, Diphenyl-cyan-, äthylester 9 4601
—, Diphenyl-[dimethoxy-phenyl]- 10 2016

Acrylsäure, Diphenyl-[dimethoxy-phenyl]-,
amid 10 2017
—, Diphenyl-[dimethoxy-phenyl]-,
methylester 10 2017
—, Diphenyl-[dimethoxy-phenyl]-,
nitril 10 2016, 2017
—, Diphenyl-[dimethyl-phenyl]-, amid
9 3643
—, Diphenyl-[dimethyl-phenyl]-, nitril
9 3643
—, Diphenyl-[dinitro-m-phenylen]-di-
9 4708
—, Diphenyl-[dinitro-m-phenylen]-di-,
dimethylester 9 4708
—, Diphenyl-[methoxy-dimethyl-phenyl]-
10 1339
—, Diphenyl-[methoxy-dimethyl-phenyl]-,
[dimethylamino-äthylester]
10 1340
—, Diphenyl-[methoxy-dimethyl-phenyl]-,
methylester 10 1340
—, Diphenyl-[methoxy-methyl-phenyl]-,
nitril 10 1338
—, Diphenyl-[methoxy-naphthyl]-,
nitril 10 1346
—, Diphenyl-[methoxy-phenyl]- 10 1335
—, Diphenyl-[methoxy-phenyl]-, amid
10 1336, 1337
—, Diphenyl-[methoxy-phenyl]-, nitril
10 1336, 1337
—, Diphenyl-naphthyl-, nitril 9 3676, 3677
—, [Diphenyl-naphthyl]- 9 3677
—, Diphenyl-[oxo-phenyl-indenyl]-
10 3508
—, Diphenyl-[oxo-phenyl-indenyl]-,
chlorid 10 3509
—, Diphenyl-[propyloxy-phenyl]-,
nitril 10 1336
—, Diphenyl-[tetrahydro-naphthyl]-,
nitril 9 3660
—, Diphenyl-m-tolyl-, amid 9 3636
—, Diphenyl-m-tolyl-, nitril 9 3636
—, Diphenyl-p-tolyl- 9 3636, 3637
—, Diphenyl-p-tolyl-, amid 9 3636, 3637
—, Diphenyl-p-tolyl-, nitril 9 3636
—, Diphenyl-[trimethyl-phenyl]-,
nitril 9 3645
—, Di-p-tolyl- 9 3470
—, Di-p-tolyl-, äthylester 9 3471
—, Di-p-tolyl-, [diäthylamino-
äthylester] 9 3471
—, Fluorenyl- 9 3509
—, [Fluor-phenyl]-p-tolyl- 9 3458
—, Hydroxy-äthyl-naphthyl-, äthylester
10 3272
—, Hydroxy-äthyl-phenyl- 10 3065
—, Hydroxy-äthyl-phenyl-, äthylester
10 3065
—, Hydroxy-äthyl-phenyl-, amid 10 3066

Acrylsäure, Hydroxy-äthyl-phenyl-,
    butylester 10 3065
—, Hydroxy-äthyl-phenyl-, methylester
    10 3065
—, Hydroxy-benzoyl-, äthylester
    10 3548
—, Hydroxy-butyl-phenyl-, äthylester
    10 3092
—, Hydroxy-butyl-phenyl-, amid 10 3092
—, Hydroxy-[carbamoyl-phenyl]- 10 3960
—, Hydroxy-[carbamoyl-phenyl]-,
    methylester 10 3960
—, Hydroxy-[chlor-dioxo-dihydro-
    anthryl]-, äthylester 10 4026
—, Hydroxy-[cyan-äthyl]-phenyl-,
    äthylester 10 3966
—, Hydroxy-cyclobutyl-, äthylester
    10 2818
—, Hydroxy-cyclohexyl-, äthylester
    10 2835
—, Hydroxy-cyclopentyl-, äthylester
    10 2828
—, Hydroxy-cyclopropyl-, äthylester
    10 2812
—, Hydroxy-decyl-[trimethoxy-phenyl]-,
    äthylester 10 4731
—, Hydroxy-[dimethoxy-methyl-phenyl]-,
    äthylester 10 4551
—, [Hydroxy-dimethoxy-methyl-phenyl]-
    cyan-, 10 2574
—, Hydroxy-[dimethoxy-phenyl]-
    [dimethoxy-phenacyl]-, äthylester
    10 4851
—, [Hydroxy-dimethyl-octahydro-
    naphthyl]- 10 659
—, Hydroxy-diphenyl-, äthylester
    10 3309
—, Hydroxy-diphenyl-, amid 10 3309
—, Hydroxy-dodecyl-[trimethoxy-phenyl]-,
    äthylester 10 4733
—, Hydroxy-heptadecyl-[dimethoxy-
    methyl-phenyl]-, äthylester
    10 4598
—, Hydroxy-heptadecyl-p-tolyl-,
    äthylester 10 3138
—, Hydroxy-heptadecyl-[trimethoxy-
    phenyl]-, äthylester 10 4738
—, Hydroxy-[hydroxy-dioxo-dihydro-
    naphthyl]- 10 4763
—, Hydroxy-[hydroxy-naphthyl]-
    10 4406, 4407
—, Hydroxy-isobutyl-phenyl-,
    äthylester 10 3095
—, Hydroxy-isobutyl-phenyl-, amid
    10 3095
—, Hydroxy-isopentyl-[dimethoxy-methyl-
    phenyl]-, äthylester 10 4569
—, Hydroxy-isopentyl-phenyl-,
    äthylester 10 3103

Acrylsäure, Hydroxy-isopentyl-phenyl-,
    amid 10 3103
—, Hydroxy-isopropyl-phenyl-,
    äthylester 10 3084
—, Hydroxy-isopropyl-phenyl-, amid
    10 3084
—, [Hydroxy-methoxycarbonyl-naphthyl]-
    acetyl-, äthylester 10 4783
—, Hydroxy-[methoxy-naphthyl]-,
    methylester 10 4408
—, [Hydroxy-methoxy-phenyl]-[carboxy-
    phenyl]- 10 2531
—, [Hydroxy-methoxy-phenyl]-cyan-
    10 2467, 2468, 2469
—, [Hydroxy-methoxy-phenyl]-[dimethoxy-
    phenacyl]- 10 4825
—, [Hydroxy-methoxy-phenyl]-[dimethoxy-
    phenyl]- 10 2500
—, [Hydroxy-methoxy-phenyl]-[methoxy-
    phenacyl]- 10 4783
—, Hydroxy-methyl-[brom-triäthyl-
    phenyl]- 10 3113
—, Hydroxy-methyl-[brom-trimethyl-
    phenyl]- 10 3102
—, Hydroxy-methyl-[brom-trimethyl-
    phenyl]-, methylester 10 3102
—, Hydroxy-methyl-[chlor-äthoxy-
    dimethyl-phenyl]- 10 4268
—, Hydroxy-methyl-[chlor-methoxy-
    dimethyl-phenyl]- 10 4268
—, Hydroxy-methyl-[dimethoxy-phenyl]-,
    äthylester 10 4549
—, Hydroxy-methyl-[dimethyl-phenyl]-,
    äthylester 10 3088
—, Hydroxy-methyl-mesityl- 10 904
—, Hydroxy-methyl-[methoxy-dimethyl-
    phenyl]- 10 4268
—, Hydroxy-methyl-[methoxy-phenyl]-,
    äthylester 10 4241
—, [Hydroxy-methyl-methylen-decahydro-
    naphthyl]- 10 659
—, Hydroxy-methyl-[methyl-naphthyl]-
    10 3275
—, Hydroxy-methyl-naphthyl-,
    äthylester 10 3270, 3271
—, Hydroxy-[methyl-naphthyl]- 10 3271
—, Hydroxy-methyl-phenyl-, äthylester
    10 3051
—, Hydroxy-methyl-phenyl-, amid 10 3051
—, Hydroxy-methyl-phenyl-,
    tert-butylester 10 3051
—, Hydroxy-methyl-phenyl-,
    isopropylester 10 3051
—, Hydroxy-methyl-phenyl-, methylester
    10 3050
—, Hydroxy-methyl-m-tolyl-, äthylester
    10 3073
—, Hydroxy-methyl-o-tolyl-, äthylester
    10 3072

Acrylsäure, Hydroxy-methyl-*p*-tolyl-,
äthylester 10 3073
—, Hydroxy-methyl-[trimethoxy-phenyl]-,
äthylester 10 4726
—, Hydroxy-methyl-[trimethyl-phenyl]-
10 3101
—, Hydroxy-naphthyl-, äthylester
10 3266, 3267
—, [Hydroxy-naphthyl]- 10 1165, 1166
—, Hydroxy-[nitro-phenyl-äthyl]-,
äthylester 10 3342
—, Hydroxy-[nitro-phenyl]-benzoyl-,
äthylester 10 3626
—, Hydroxy-nonyl-[trimethoxy-phenyl]-,
äthylester 10 4731
—, Hydroxy-octadecyl-[trimethoxy-
phenyl]-, äthylester 10 4738
—, Hydroxy-[oxo-dimethyl-cyclohexenyl]-,
äthylester 10 3528
—, Hydroxy-[oxo-diphenyl-propyl]-
phenyl-, äthylester 10 3674
—, Hydroxy-[oxo-isopropyl-cyclohexenyl]-,
äthylester 10 3530
—, Hydroxy-[oxo-methyl-phenyl-äthyl]-
phenyl-, äthylester 10 3629
—, Hydroxy-[oxo-octyl]-phenyl-,
äthylester 10 3560
—, Hydroxy-pentyl-[trimethoxy-phenyl]-,
äthylester 10 4729
—, Hydroxy-phenyl- 10 858
—, [Hydroxy-phenyl]-acetyl-,
äthylester 10 4336
—, Hydroxy-phenyl-benzhydryl- 10 3460
—, Hydroxy-phenyl-benzhydryl-,
äthylester 10 3460
—, Hydroxy-phenyl-benzoyl-, äthylester
10 3625
—, Hydroxy-phenyl-benzoyl-,
methylester 10 3625
—, Hydroxy-phenyl-benzyl-, äthylester
10 3329
—, [Hydroxy-phenyl]-benzyl- 10 1265
—, [Hydroxy-phenyl]-[carboxy-
phenanthryl]- 10 2404
—, Hydroxy-phenyl-cyan-, äthylester
10 3959
—, [Hydroxy-phenyl]-cyan- 10 2255, 2257
—, [Hydroxy-phenyl]-cyan-, äthylester
10 2256, 2257
—, [Hydroxy-phenyl]-cyan-, amid
10 2254
—, [Hydroxy-phenyl]-cyan-, methylester
10 2256, 2257
—, [Hydroxy-phenyl]-[dihydroxy-phenyl]-
10 2344
—, [Hydroxy-phenyl]-[dimethoxy-phenyl]-
10 2345
—, Hydroxy-phenyl-formyl-, äthylester
10 3548

Acrylsäure, [Hydroxy-phenyl]-[methoxy-
dihydro-naphthyl]- 10 2011
—, [Hydroxy-phenyl]-[methoxy-phenacyl]-
10 4691
—, [Hydroxy-phenyl]-[methoxy-phenyl]-
10 1996
—, [Hydroxy-phenyl]-[methoxy-phenyl]-,
nitril 10 1991
—, [Hydroxy-phenyl]-naphthyl- 10 1323
—, Hydroxy-phenyl-[nitro-benzoyl]-,
äthylester 10 3626
—, Hydroxy-phenyl-[nitro-benzyl]-,
äthylester 10 3329
—, Hydroxy-phenyl-phenacyl-,
äthylester 10 3627
—, [Hydroxy-phenyl]-pivaloyl- 10 4349
—, [Hydroxy-phenyl]-[tetrahydro-
naphthyl]- 10 1310
—, [Hydroxy-phenyl]-[tetramethyl-
phenyl]-, methylester 10 1289
—, [Hydroxy-phenyl]-[trimethoxy-phenyl]-,
amid 10 2504
—, [Hydroxy-phenyl]-[trimethoxy-phenyl]-,
nitril 10 2504
—, Hydroxy-propyl-[dimethoxy-phenyl]-,
äthylester 10 4559
—, Hydroxy-propyl-phenyl-, äthylester
10 3080
—, Hydroxy-propyl-phenyl-, amid 10 3080
—, Hydroxy-propyl-[trimethoxy-phenyl]-,
äthylester 10 4729
—, Hydroxy-*p*-tolyl- 10 871
—, Hydroxy-*o*-tolyl-cyan-, äthylester
10 3964
—, Hydroxy-*p*-tolyl-cyan-, äthylester
10 3964
—, Hydroxy-undecyl-[trimethoxy-phenyl]-,
äthylester 10 4731
—, [Imino-methyl-phenäthyl]-dicyan-
10 4136
—, Indanyl- 9 3083
—, Isopentyl-[nitro-phenyl]- 9 2860
—, Isopropenyl-[methoxy-phenyl]- 10 993
—, Isopropenyl-[nitro-phenyl]- 9 3081
—, Isopropenyl-phenyl- 9 3080
—, Isopropyl-phenyl-, amid 9 2812
—, Isopropyl-phenyl-, [diäthylamino-
äthylester] 9 2812
—, Isopropyl-phenyl-, ureid 9 2812
—, [Isopropyl-phenyl]-cyan- 9 4408
—, [Jod-phenyl]-benzyl- 9 3452
—, [Jod-phenyl]-benzyl-, äthylester 9 3452
—, Jod-phenyl-[jod-benzyl]- 9 3453
—, [Jod-phenyl]-[jod-benzyl]- 9 3452
—, [Jod-phenyl]-[jod-phenyl]- 9 3421
—, [Methoxy-acetoxy-phenyl]-cyan-
10 2468
—, [Methoxy-acetoxy-phenyl]-[diacetoxy-
phenyl]- 10 2503

Acrylsäure, [Methoxy-äthoxy-phenyl]-cyan-
10 2469
—, [Methoxy-äthoxy-phenyl]-[dimethoxy-
phenacyl]- 10 4826
—, [Methoxy-äthoxy-phenyl]-[nitro-
methoxy-äthoxy-phenyl]- 10 2502
—, [Methoxy-benzyloxy-phenyl]-cyan-
10 2470
—, Methoxycarbonyloxy-phenyl-acetyl-,
methylester 10 4336
—, [Methoxy-dihydro-phenanthryl]-
10 1309
—, [Methoxy-methoxymethoxy-phenyl]-
10 1850
—, Methoxy-methyl-[brom-trimethyl-
phenyl]- 10 904
—, Methoxy-methyl-[brom-trimethyl-
phenyl]-, methylester 10 904
—, [Methoxy-methyl-phenyl]-cyan-
10 2262, 2263
—, [Methoxy-methyl-phenyl]-cyan-,
äthylester 10 2262, 2263
—, [Methoxy-methyl-phenyl]-cyan-,
methylester 10 2262, 2263
—, Methoxy-methyl-[trimethyl-phenyl]-,
nitril 10 904
—, [Methoxy-naphthyl]- 10 1165
—, [Methoxy-naphthyl]-, äthylester
10 1165
—, [Methoxy-phenyl]-[brom-trimethoxy-
phenyl]-, amid 10 2505
—, [Methoxy-phenyl]-[brom-trimethoxy-
phenyl]-, nitril 10 2505
—, [Methoxy-phenyl]-[carboxy-phenyl]-
10 2387
—, [Methoxy-phenyl]-cyan- 10 2253, 2255
—, [Methoxy-phenyl]-cyan-, äthylester
10 2254, 2256, 2257
—, [Methoxy-phenyl]-cyan-, methylester
10 2256
—, [Methoxy-phenyl]-[dimethoxy-
phenacyl]- 10 4784
—, [Methoxy-phenyl]-[dimethoxy-
phenacyl]-, methylester 10 4784
—, [Methoxy-phenyl]-[dimethoxy-phenyl]-
10 2344, 2345
—, [Methoxy-phenyl]-[dimethoxy-phenyl]-,
nitril 10 2343, 2344
—, [Methoxy-phenyl]-fluorenyl- 10 1342
—, [Methoxy-phenyl]-[methoxy-äthyl-
phenyl]-, nitril 10 2000
—, [Methoxy-phenyl]-[methoxy-carboxy-
phenyl]- 10 2532
—, [Methoxy-phenyl]-[methoxy-phenacyl]-
10 4691
—, [Methoxy-phenyl]-[methoxy-phenyl]-
10 1991
—, [Methoxy-phenyl]-[methoxy-phenyl]-,
anhydrid 10 1991

Acrylsäure, [Methoxy-phenyl]-[methoxy-
phenyl]-, nitril 10 1900
—, [Methoxy-phenyl]-[nitro-methoxy-
phenyl]- 10 1900
—, Methoxy-phenyl-[nitro-phenyl]-,
nitril 10 1258
—, [Methoxy-phenyl]-[nitro-trimethoxy-
phenyl]- 10 2503, 2506
—, [Methoxy-phenyl]-[nitro-trimethoxy-
phenyl]-, nitril 10 2506
—, [Methoxy-phenyl]-phenacyl- 10 4464
—, [Methoxy-phenyl]-p-tolyl-, nitril
10 1267
—, [Methoxy-phenyl]-[trimethoxy-phenyl]-
10 2499, 2503
—, [Methoxy-phenyl]-[trimethoxy-phenyl]-,
äthylester 10 2504
—, [Methoxy-phenyl]-[trimethoxy-phenyl]-,
anhydrid 10 2504
—, [Methoxy-phenyl]-[trimethoxy-phenyl]-,
methylester 10 2499
—, [Methoxy-phenyl]-[trimethoxy-phenyl]-,
nitril 10 2505
—, [Methoxy-phenyl]-[trimethoxy-phenyl]-,
[phenyl-phenacylester] 10 2504
—, Methyl-[äthoxy-naphthyl]- 10 1189
—, Methyl-[äthyl-phenyl]-, äthylester
9 2814
—, Methylamino-phenyl-, äthylester
10 3024
—, [Methyl-benzoyl-amino]-hydroxy-,
äthylester 9 1201
—, [Methyl-benzoyl-amino]-hydroxy-,
methylester 9 1201
—, Methyl-[brom-dimethoxy-naphthyl]-
10 1962
—, Methyl-[brom-phenyl]- 9 2766
—, [Methyl-cyclohexadienyl]- 9 2478
—, [Methyl-cyclohexadienyl]-,
äthylester 9 2478
—, [Methyl-cyclohexenyl]- 9 308
—, [Methyl-cyclohexenyl]-, äthylester 9 307
—, Methyl-[dimethoxy-naphthyl]- 10 1961
—, Methyl-[dimethoxy-phenyl]- 10 1853,
1854
—, Methyl-[dimethoxy-phenyl]-,
äthylester 10 1854
—, Methyl-[dimethyl-carboxy-
cyclopropyl]- 9 3987
—, Methyl-[dimethyl-carboxy-
cyclopropyl]-, methylester 9 3988
—, Methyl-[dimethyl-(phenyl-
phenacyloxycarbonyl)-cyclopropyl]-,
[phenyl-phenacylester] 9 3989
—, Methyl-[dinitro-trimethyl-phenyl]-
9 2839
—, Methyl-diphenyl- 9 3457
—, Methyl-diphenyl-, äthylester
9 3457

Acrylsäure, Methyl-[hydroxy-methoxy-naphthyl]- **10** 1961
—, Methyl-[hydroxy-naphthyl]- **10** 1188
—, Methyl-[hydroxy-naphthyl]-, methylester **10** 1189
—, Methylmercapto-phenyläthinyl≠mercapto-phenyl- **10** 3140
—, Methylmercapto-phenyläthinyl≠mercapto-phenyl-, methylester **10** 3140
—, Methyl-[methoxy-äthoxy-phenyl]- **10** 1854
—, Methyl-[methoxy-äthoxy-phenyl]-, äthylester **10** 1855
—, [Methyl-methoxycarbonyl-propenylamino]-[methyl-benzoyl-amino]-, äthylester **9** 1204
—, [Methyl-methoxycarbonyl-propylamino]-[phenyl-acetamino]-, äthylester **9** 2248
—, [Methyl-methoxycarbonyl-propylidenamino]-[methyl-benzoyl-amino]-, äthylester **9** 1204
—, Methyl-[methoxy-dimethyl-phenyl]-, äthylester **10** 893
—, Methyl-[methoxy-methyl-phenyl]- **10** 881
—, Methyl-[methoxy-methyl-phenyl]-, äthylester **10** 882
—, Methyl-[methoxy-naphthyl]- **10** 1188, 1190
—, Methyl-[methoxy-naphthyl]-, äthylester **10** 1189
—, Methyl-[methoxy-phenyl]- **10** 865, 866
—, Methyl-[methoxy-phenyl]-, äthylester **10** 865
—, Methyl-[methoxy-phenyl]-, amid **10** 865, 866
—, Methyl-[methoxy-phenyl]-, chlorid **10** 866
—, Methyl-naphthyl- **9** 3330
—, Methyl-[nitro-dimethoxy-naphthyl]- **10** 1962
—, Methyl-[nitro-phenyl]- **9** 2766, 2767
—, Methyl-[nitro-phenyl]-, äthylester **9** 2766, 2767
—, Methyl-[nitro-phenyl]-, methylester **9** 2767
—, Methyl-phenyl- **9** 2764
—, Methyl-phenyl-, äthylester **9** 2765
—, Methyl-phenyl-, amid **9** 2766
—, Methyl-phenyl-, cholesterylester **9** 2765
—, Methyl-phenyl-, cyanmethylester **9** 2765
—, Methyl-phenyl-, [diäthylamino-äthylamid] **9** 2766
—, Methyl-phenyl-, [diäthylamino-äthylester] **9** 2765

Acrylsäure, Methyl-phenyl-, ureid **9** 2766
—, Methyl-phenyl-[chlor-methoxy-methyl-phenyl]-, äthylester **10** 1276
—, Methyl-phenyl-[chlor-methoxy-phenyl]-, äthylester **10** 1267
—, Methyl-*o*-tolyl- **9** 2789
—, Methyl-*p*-tolyl- **9** 2790
—, Methyl-*p*-tolyl-, äthylester **9** 2790
—, Methyl-[trimethoxy-phenyl]- **10** 2214
—, Methyl-[trimethyl-carboxy-cyclopentyl]- **9** 4013
—, Naphthyl- **9** 3284, 3288
—, Naphthyl-, äthylester **9** 3284, 3289
—, Naphthyl-, amid **9** 3285
—, Naphthyl-, chlorid **9** 3285
—, Naphthyl-, [diäthylamino-äthylester] **9** 3285
—, Naphthyl-, [dimethylamino-äthylester] **9** 3285
—, Naphthyl-, [dimethylamino-dimethyl-propylester] **9** 3285
—, Naphthyl-[brom-naphthyl]- **9** 3668
—, Naphthyl-cyan- **9** 4522
—, Naphthyl-cyan-, äthylester **9** 4523
—, Naphthyl-naphthyl- **9** 3668
—, Naphthyl-pyrenyl- **9** 3692
—, [Nitro-benzamino]-benzylmercapto- **9** 1743
—, [Nitro-dimethoxy-phenyl]-[dimethyl-phenyl]- **10** 2000
—, [Nitro-dimethoxy-phenyl]-[methoxy-äthoxy-phenyl]- **10** 2501
—, [Nitro-dimethoxy-phenyl]-naphthyl- **10** 2012
—, [Nitro-dimethoxy-phenyl]-[2.5]xylyl- **10** 2000
—, [Nitro-hydroxy-phenyl]-pivaloyl-, äthylester **10** 4350
—, [Nitro-methoxy-acetoxy-phenyl]-[dimethyl-phenyl]- **10** 2000
—, [Nitro-methoxy-acetoxy-phenyl]-[2.5]xylyl- **10** 2000
—, [Nitro-methoxy-äthoxy-phenyl]-[methoxy-äthoxy-phenyl]- **10** 2502
—, [Nitro-methoxy-phenyl]-[benzyloxy-phenyl]- **10** 1900
—, [Nitro-methoxy-phenyl]-cyan- **10** 2258
—, [Nitro-methoxy-phenyl]-naphthyl- **10** 1323
—, [Nitro-methoxy-phenyl]-*o*-tolyl- **10** 1266
—, [Nitro-methoxy-phenyl]-[trimethoxy-phenyl]- **10** 2500
—, [Nitro-methyl-phenyl]-[äthyl-phenyl]- **9** 3476
—, [Nitro-methyl-phenyl]-*p*-tolyl- **9** 3468
—, [Nitro-naphthyl]- **9** 3286, 3287

Acrylsäure, [Nitro-naphthyl]-, äthylester
 9 3286, 3287
—, [Nitro-naphthyl]-, amid 9 3287
—, [Nitro-naphthyl]-, chlorid 9 3287
—, [Nitro-naphthyl]-, [diäthylamino-
 äthylester] 9 3286
—, [Nitro-naphthyl]-, [diäthylamino-
 propylester] 9 3286
—, [Nitro-naphthyl]-, [dimethylamino-
 äthylester] 9 3286
—, [Nitro-naphthyl]-, [dimethylamino-
 dimethyl-propylester] 9 3286
—, [Nitro-phenyl]-acenaphthenyl-
 9 3633
—, [Nitro-phenyl]-[acetoxy-phenyl]-,
 nitril 10 1255
—, [Nitro-phenyl]-[äthyl-phenyl]-
 9 3467
—, [Nitro-phenyl]-[carboxy-phenyl]-
 9 4591, 4592
—, [Nitro-phenyl]-cyan- 9 4383
—, [Nitro-phenyl]-cyan-, äthylester
 9 4383, 4384
—, [Nitro-phenyl]-cyan-, methylester
 9 4383
—, [Nitro-phenyl]-[cyan-phenyl]-
 9 4592
—, [Nitro-phenyl]-[dimethoxy-phenacyl]-
 10 4692
—, [Nitro-phenyl]-[dimethoxy-phenyl]-,
 nitril 10 1989
—, [Nitro-phenyl]-[dimethyl-naphthyl]-
 9 3606
—, [Nitro-phenyl]-[dimethyl-phenyl]-
 9 3467
—, [Nitro-phenyl]-[dinitro-phenyl]-,
 nitril 9 3428
—, [Nitro-*m*-phenylen]-di- 9 4437
—, [Nitro-*m*-phenylen]-di-,
 dimethylester 9 4437
—, [Nitro-*o*-phenylen]-di- 9 4436
—, [Nitro-*o*-phenylen]-di-,
 dimethylester 9 4435, 4436
—, [Nitro-*p*-phenylen]-di- 9 4439
—, [Nitro-*p*-phenylen]-di-,
 diäthylester 9 4439
—, [Nitro-*p*-phenylen]-di-,
 diisopentylester 9 4439
—, [Nitro-*p*-phenylen]-di-,
 dimethylester 9 4439
—, [Nitro-phenyl]-fluorenyl- 9 3654, 3655
—, [Nitro-phenyl]-[hydroxy-phenyl]-
 10 1253, 1254
—, [Nitro-phenyl]-[hydroxy-phenyl]-,
 nitril 10 1254
—, [Nitro-phenyl]-[methoxy-methyl-
 phenyl]- 10 1266
—, [Nitro-phenyl]-[methoxy-phenyl]-,
 nitril 10 1253, 1257

Acrylsäure, [Nitro-phenyl]-[methyl-isopropyl-
 phenyl]- 9 3483
—, [Nitro-phenyl]-naphthyl- 9 3581, 3582
—, [Nitro-phenyl]-naphthyl-,
 methylester 9 3582
—, [Nitro-phenyl]-[nitro-phenyl]-
 9 3427
—, [Nitro-phenyl]-phenanthryl- 9 3667
—, [Nitro-phenyl]-[tetramethyl-phenyl]-
 9 3483
—, [Nitro-phenyl]-[2.4]xylyl- 9 3467
—, [Nitro-phenyl]-[2.5]xylyl- 9 3467
—, [Oxo-benz[*de*]anthracenyl]- 10 3470
—, [Oxo-cyclohexyl]- 10 2901
—, [Oxo-cyclohexyl]-, methylester
 10 2901
—, [Oxo-dimethyl-(dimethyl-hexyl)-
 dodecahydro-cyclopenta[*a*]ₐ
 naphthalinyl]- 10 3138
—, [Oxo-pentyl]-phenyl- 10 3187
—, [Oxo-phenyl-propyl]-phenyl- 10 3393
—, Pentyl-[nitro-phenyl]- 9 2860
—, Pentyl-phenyl- 9 2858
—, Pentyl-phenyl-, amid 9 2859
—, Pentyl-phenyl-, [diäthylamino-
 äthylamid] 9 2859
—, Pentyl-phenyl-, [diäthylamino-
 äthylester] 9 2859
—, Pentyl-phenyl-, nitril 9 2860
—, Pentyl-phenyl-, ureid 9 2859
—, Phenacyl- 10 3163
—, Phenanthryl- 9 3552, 3553
—, Phenanthryl-, methylester 9 3552, 3553
—, Phenoxy-benzoyloxy-, äthylester
 9 864
—, Phenoxy-[hydroxy-cyclohexyl]-
 10 1357
—, Phenoxy-[hydroxy-cyclohexyl]-,
 methylester 10 1358
—, Phenyl- 9 2670, 2751; s. a. *Zimtsäure*
—, Phenyl-, äthylester 9 2751
—, Phenyl-, amid 9 2752
—, Phenyl-, chlorid 9 2752
—, Phenyl-, [diäthylamino-äthylester]
 9 2752
—, Phenyl-, methylester 9 2751
—, Phenyl-, nitril 9 2752
—, [Phenyl-acetamino]- 9 2228
—, [Phenyl-acetamino]-, methylester
 9 2228
—, [Phenyl-acetamino]-acetoxy-,
 äthylester 9 2232
—, [Phenyl-acetamino]-äthoxy- 9 2229
—, [Phenyl-acetamino]-äthylmercapto-
 9 2234
—, [Phenyl-acetamino]-benzoyloxy-
 9 2230
—, [Phenyl-acetamino]-benzoyloxy-,
 amid 9 2233

Acrylsäure, [Phenyl-acetamino]-benzoyloxy-, methylester 9 2230
—, [Phenyl-acetamino]-[chlor-benzoyloxy]-, methylester 9 2231
—, [Phenyl-acetamino]-hydroxy-, äthylester 9 2231
—, [Phenyl-acetamino]-hydroxy-, benzylester 9 2232
—, [Phenyl-acetamino]-hydroxy-, butylester 9 2232
—, [Phenyl-acetamino]-hydroxy-, methylester 9 2230
—, [Phenyl-acetamino]-methoxy- 9 2229
—, [Phenyl-acetamino]-methoxy-, methylester 9 2230
—, [Phenyl-acetamino]-[nitro-benzoyloxy]-, methylester 9 2231
—, Phenyl-acetonyl- 10 3170
—, Phenyl-acetyl-, äthylester 10 3158
—, Phenyl-acetyl-, [äthyl-hexylester] 10 3158
—, Phenyl-acetyl-, dodecylester 10 3158
—, Phenyl-acetyl-, methylester 10 3158
—, Phenyl-acetyl-, tetradecylester 10 3159
—, Phenyl-[äthyl-phenyl]- 9 3470
—, Phenyl-benzyl- 9 3450
—, Phenyl-[benzyl-phenyl]- 9 3637
—, Phenyl-biphenylyl- 9 3631
—, Phenyl-bis-[äthoxy-phenyl]-, nitril 10 2018
—, Phenyl-bis-[methoxy-phenyl]- 10 2017
—, Phenyl-bis-[methoxy-phenyl]-, amid 10 2016, 2017
—, Phenyl-bis-[methoxy-phenyl]-, nitril 10 2016, 2018
—, Phenyl-[brom-benzyl]- 9 3451
—, Phenyl-[brom-benzyl]-, äthylester 9 3451
—, Phenyl-[brom-methoxy-phenyl]-p-tolyl-, nitril 10 1339
—, Phenyl-[brom-naphthyl]- 9 3581, 3582
—, Phenyl-[brom-naphthyl]-, nitril 9 3581
—, Phenyl-[brom-nitro-dimethoxy-phenyl]- 10 1994
—, Phenyl-[brom-phenyl]- 9 3441
—, Phenyl-[brom-phenyl]-, äthylester 9 3442
—, Phenyl-[tert-butyl-phenyl]- 9 3483
—, Phenyl-[carboxy-phenyl]- 9 4591, 4592
—, Phenyl-chloracetyl-, äthylester 10 3159
—, Phenyl-[chlor-äthoxy-phenyl]-p-tolyl-, nitril 10 1339
—, Phenyl-[chlor-benzyl]- 9 3450
—, Phenyl-[chlor-benzyl]-, äthylester 9 3451

Acrylsäure, Phenyl-[chlor-methoxy-methyl-phenyl]-, äthylester 10 1268
—, Phenyl-[chlor-methoxy-phenyl]- 10 1262
—, Phenyl-[chlor-nitro-phenyl]- 9 3426
—, Phenyl-[chlor-phenyl]- 9 3418, 3419, 3420, 3440
—, Phenyl-[chlor-phenyl]-, äthylester 9 3440
—, Phenyl-[chlor-phenyl]-, methylester 9 3419
—, Phenyl-[chlor-phenyl]-, nitril 9 3419, 3420
—, Phenyl-[chlor-phenyl]-biphenylyl-, nitril 9 3687
—, Phenyl-[chlor-phenyl]-p-tolyl-, amid 9 3636
—, Phenyl-[chlor-phenyl]-p-tolyl-, nitril 9 3637
—, Phenyl-p-cumenyl- 9 3477
—, Phenyl-cyan- 9 4379
—, Phenyl-cyan-, äthylester 9 4380
—, Phenyl-cyan-, methylester 9 4380
—, Phenyl-cyan-, octylester 9 4380
—, Phenyl-cyan-, ureid 9 4380
—, [Phenyl-cyclohexenyl]- 9 3238
—, [Phenyl-cyclohexenyl]-, äthylester 9 3238
—, [Phenyl-cyclohexenyl]-, hydrazid 9 3238
—, Phenyl-[cyclohexyl-phenyl]- 9 3543
—, Phenyl-[cyclohexyl-phenyl]-, nitril 9 3543
—, Phenyl-[diacetoxy-phenyl]- 10 1995
—, Phenyl-[dichlor-phenyl]- 9 3420
—, Phenyl-dicyan-, methylester 9 4820
—, Phenyl-[dihydroxy-phenyl]- 10 1993
—, Phenyl-[dimethoxy-phenacyl]- 10 4692
—, Phenyl-[dimethoxy-phenacyl]-, methylester 10 4692
—, Phenyl-[dimethoxy-phenyl]- 10 1993, 1995, 1996
—, Phenyl-[dimethoxy-phenyl]-, äthylester 10 1996
—, Phenyl-[dimethoxy-phenyl]-, nitril 10 1989, 1992, 1993
—, Phenyl-[dimethoxy-phenyl]-p-tolyl-, nitril 10 2019
—, Phenyl-di-p-tolyl- 9 3643
—, Phenyl-di-p-tolyl-, amid 9 3642
—, Phenyl-di-p-tolyl-, nitril 9 3642
—, m-Phenylen-di- 9 4436
—, m-Phenylen-di-, diäthylester 9 4436
—, m-Phenylen-di-, dimethylester 9 4436
—, o-Phenylen-di- 9 4434
—, o-Phenylen-di-, diäthylester 9 4435

Acrylsäure, o-Phenylen-di-, dichlorid
9 4435

—, o-Phenylen-di-, dimethylester
9 4435

—, p-Phenylen-di- 9 4437

—, p-Phenylen-di-, diäthylester 9 4438

—, p-Phenylen-di-, diamid 9 4438

—, p-Phenylen-di-, diazid 9 4439

—, p-Phenylen-di-, dichlorid 9 4438

—, p-Phenylen-di-, dihydrazid
9 4438

—, p-Phenylen-di-, dimethylester
9 4438

—, Phenyl-fluorenyl- 9 3654, 3655

—, Phenyl-fluorenyl-, äthylester
9 3655

—, Phenyl-[fluor-phenyl]- 9 3439

—, Phenyl-[fluor-phenyl]-, äthylester
9 3439

—, Phenyl-[fluor-phenyl]-,
[diäthylamino-äthylester] 9 3439

—, Phenyl-[hydroxy-äthoxy-phenyl]-
10 1993

—, Phenyl-[hydroxy-methoxy-phenyl]-
10 1994

—, Phenyl-[hydroxy-methoxy-phenyl]-,
nitril 10 1992, 1993

—, Phenyl-[hydroxy-phenyl]- 10 1252, 1255

—, Phenyl-[hydroxy-phenyl]-, nitril
10 1254

—, Phenyl-isobutyryl-, äthylester
10 3178

—, Phenyl-[isopropyl-phenyl]- 9 3477

—, Phenyl-[jod-benzyl]- 9 3452

—, Phenyl-[jod-benzyl]-, äthylester
9 3452

—, Phenyl-[jod-phenyl]-, äthylester
9 3442

—, Phenyl-[methoxy-acetoxy-phenyl]-,
nitril 10 1992

—, Phenyl-[methoxy-methyl-phenyl]-,
äthylester 10 1267

—, Phenyl-[methoxy-phenacyl]- 10 4465

—, Phenyl-[methoxy-phenacyl]-,
methylester 10 4465

—, Phenyl-[methoxy-phenyl]- 10 1252,
1254, 1255, 1256, 1262

—, Phenyl-[methoxy-phenyl]-,
methylester 10 1256

—, Phenyl-[methoxy-phenyl]-, nitril
10 1252, 1256

—, Phenyl-[methoxy-phenyl]-[äthoxy-
naphthyl]-, nitril 10 2021

—, Phenyl-[methoxy-phenyl]-naphthyl-,
nitril 10 1346, 1347

—, Phenyl-[methoxy-phenyl]-[tetrahydro-
naphthyl]-, nitril 10 1343

—, Phenyl-[methoxy-phenyl]-p-tolyl-,
nitril 10 1339

Acrylsäure, Phenyl-[methyl-benzyl]- 9 3466

—, Phenyl-[methyl-benzyl]-, äthylester
9 3466

—, Phenyl-naphthyl- 9 3580, 3581,
3582, 3583

—, Phenyl-naphthyl-, äthylester
9 3583

— Phenyl-naphthyl-, nitril 9 3580

—, Phenyl-[nitro-dimethoxy-phenyl]-
10 1993

—, Phenyl-[nitro-methoxy-phenyl]-
10 1255

—, Phenyl-[nitro-phenyl]- 9 3421,
3422, 3423, 3424

—, Phenyl-[nitro-phenyl]-, äthylester
9 3421

—, Phenyl-[nitro-phenyl]-, methylester
9 3425

—, Phenyl-[nitro-phenyl]-, nitril
9 3423

—, Phenyl-[oxo-phenyl-indenyl]- 10 3497

—, Phenyl-phenacyl- 10 3384

—, Phenyl-phenanthryl- 9 3667

—, Phenyl-pyrenyl- 9 3684

—, Phenyl-[tetrahydro-naphthyl]-
9 3529, 3530

—, [Phenyl-thioacetamino]-hydroxy-,
benzylester 9 2297

—, Phenyl-p-tolyl-naphthyl-, nitril
9 3680

—, Phenyl-p-tolyl- 9 3457

—, Phenyl-[trimethoxy-phenyl]- 10 2345

—, Phenyl-[trimethoxy-phenyl]-, nitril
10 2346

—, Phenyl-[trimethoxy-phenyl]-,
[phenyl-phenacylester] 10 2345

—, Propyl-[nitro-phenyl]- 9 2810

—, Propyl-phenyl- 9 2809

—, Propyl-phenyl-, [diäthylamino-
äthylamid] 9 2809

—, Propyl-phenyl-, [diäthylamino-
äthylester] 9 2809

—, Pyrenyl- 9 3624

—, Pyrenyl-, methylester 9 3624

—, [Semicarbazono-cyclohexyl]- 10 2901

—, [Semicarbazono-cyclohexyl]-,
methylester 10 2901

—, [Semicarbazono-phenäthyl]- 10 3163

—, [Tetrahydro-naphthyl]- 9 3088

—, [Tetrahydro-naphthyl]-, methylester
9 3089

—, [Tetrahydro-naphthyl]-[brom-
naphthyl]- 9 3645

—, [Tetrahydro-phenanthryl]- 9 3474

—, [Tetramethoxy-biphenyldiyl]-di-
10 2619

—, [Tetramethoxy-biphenyldiyl]-di-,
dimethylester 10 2620

—, Thio- s. Thioacrylsäure

Acrylsäure, Tolyl- s. a. *Acrylsäure,*
[Methyl-phenyl]-
—, *p*-Tolyl-benzyl- **9** 3466
—, *p*-Tolyl-benzyl-, äthylester
   9 3466
—, *m*-Tolyl-[brom-naphthyl]- **9** 3593
—, *o*-Tolyl-[brom-naphthyl]- **9** 3593
—, *p*-Tolyl-[brom-naphthyl]- **9** 3593
—, *m*-Tolyl-[dimethoxy-phenacyl]-
   10 4693
—, *m*-Tolyl-[dimethoxy-phenacyl]-,
   methylester **10** 4693
—, *p*-Tolyl-[dimethoxy-phenacyl]-
   10 4693
—, [Trimethoxy-phenyl]-[trimethoxy-
   phenyl]- **10** 2608
—, [Trimethoxy-phenyl]-[trimethoxy-
   phenyl]-, äthylester **10** 2609
—, [Trimethoxy-phenyl]-[trimethoxy-
   phenyl]-, methylester **10** 2609
—, [Trimethyl-carboxy-cyclopentyl]-
   9 4008
—, [Trimethyl-cyclohexenyl]- **9** 328
—, [Trimethyl-cyclohexenyl]-,
   äthylester **9** 329
—, [Trimethyl-cyclohexenyl]-,
   methylester **9** 329
—, [Trimethyl-cyclohexenyl]-cyan-
   9 4066
—, [Trimethyl-cyclohexenyl]-[hydroxy-
   phenyl]- **10** 1132
—, [Trimethyl-methoxycarbonyl-
   cyclopentyl]-, methylester **9** 4008
—, [Trimethyl-phenyl]- s. a. *Zimtsäure,*
   Trimethyl-
—, Triphenyl- **9** 3629
—, Triphenyl-, nitril **9** 3630
—, Tris-[methoxy-phenyl]- **10** 2401
—, Vinyl-[chlor-phenyl]- **9** 3074
—, Vinyl-[nitro-phenyl]- **9** 3075
—, Vinyl-phenyl- **9** 3074
—, Vinyl-phenyl-, äthylester **9** 3074
Adamantan-dicarbamid 9 4066
Adamantan-dicarbonsäure 9 4066
—, Dioxo- **10** 4059
—, Dioxo-, dimethylester **10** 4059
Adamantan-dicarbonsäure-diamid **9** 4066
— dichlorid **9** 4066
— dimethylester **9** 4066
Adamantan-dicarbonylchlorid 9 4066
Adamantan-tetracarbonsäure, Dihydroxy-
   10 2632
—, Dihydroxy-, tetramethylester **10** 2632
—, Dioxo- **10** 4172
—, Dioxo-, tetramethylester **10** 4172
—, Hydroxy-oxo-, tetramethylester
   10 4868
Adipamid, Bis-[(chlor-benzamino)-hexyl]-
   9 1338

Adipamid, Bis-[cyan-cyclopentyl]-
   10 2811
—, Bis-[cyan-cyclopentyliden]- **10** 2811
—, Dibenzoyloxy- **9** 1300
—, Dihydroxy-diisobutyl-diphenyl-
   10 2525
—, Dihydroxy-diisopentyl-diphenyl-
   10 2526
Adiphenin 9 3297
Adipinaldehyd, Bis-benzamino-hydroxy-,
   bis-diäthylmercaptal **9** 1228
Adipinsäure, Äthoxycarbonylmethyl-
   phenäthyl-cyan-, diäthylester **9** 4816
—, Benzamino- **9** 1191
—, Benzoyloxy-, diäthylester **9** 867
—, Benzyl- **9** 4330
—, Benzyl-, diäthylester **9** 4330
—, Benzyliden- **9** 4403
—, Bis-[benzoyloxy-phenyl]- **10** 2518
—, Bis-[brom-phenyl]- **9** 4572
—, Bis-[brom-phenyl]-, diäthylester
   9 4573
—, Bis-[chlor-phenyl]- **9** 4572
—, Bis-[chlor-phenyl]-, diäthylester
   9 4572
—, Bis-[cyan-phenyl]- **9** 4894
—, Bis-[dimethoxy-phenyl]- **10** 2614
—, Bis-[dimethoxy-phenyl]-,
   dimethylester **10** 2614
—, Bis-[dimethoxy-trimethyl-phenyl]-
   10 2616
—, Bis-[dimethoxy-trimethyl-phenyl]-,
   dimethylester **10** 2616
—, Bis-[dioxo-trimethyl-
   cyclohexadienyl]- **10** 4154
—, Bis-[dioxo-trimethyl-
   cyclohexadienyl]-, dimethylester
   10 4154
—, Bis-[hydroxy-phenyl]- **10** 2517
—, Bis-[methoxy-phenyl]- **10** 2516, 2517
—, Bis-[methoxy-phenyl]-, diäthylester
   10 2518
—, Bis-[methoxy-phenyl]-, dichlorid
   10 2518
—, Bis-[methoxy-phenyl]-,
   dimethylester **10** 2516, 2518
—, Bis-[nitro-phenyl]- **9** 4573
—, Bis-[nitro-phenyl]-, dimethylester
   9 4573
—, Carboxymethyl-phenäthyl- **9** 4816
—, Cyclohexyl- **9** 3920
—, Dibenzoyl- **10** 4079
—, Dibrom-diphenyl- **9** 4573
—, Dibrom-diphenyl-, dimethylester
   9 4573
—, Dihydroxy-bis-[methoxy-phenyl]-
   10 2614
—, Dihydroxy-bis-[methoxy-phenyl]-,
   diäthylester **10** 2614

Adipinsäure, Dihydroxy-diisobutyl-
diphenyl-, diamid 10 2525
—, Dihydroxy-diisopentyl-diphenyl-,
diamid 10 2526
—, Dihydroxy-diphenyl- 10 2519
—, Dimethyl-bis-[methyl-phenyl-äthyl]-
diphenyl- 9 4726
—, Dimethyl-diphenyl-, dimethylester
9 4583
—, Dioxo-phenyl-[methoxy-phenyl]-,
dinitril 10 4832
—, Diphenyl- 9 4567, 4569
—, Diphenyl-, anhydrid 9 4571
—, Diphenyl-, diäthylester 9 4571
—, Diphenyl-, dichlorid 9 4571
—, Diphenyl-, dimethylester 9 4570
—, Diphenyl-, methylester 9 4567
—, Di-*p*-tolyl- 9 4583
—, Di-*p*-tolyl-, dimethylester
9 4583
—, [Hydroxy-benzyl]- 10 2238
—, [Hydroxy-dioxo-dihydro-naphthyl]-
10 4822
—, [Hydroxy-dioxo-dihydro-naphthyl]-,
dimethylester 10 4822
—, Hydroxy-naphthyl- 10 2328
—, Hydroxy-naphthyl-, bis-[nitro-
benzylester] 10 2328
—, Hydroxy-naphthyl-, diäthylester
10 2328
—, Hydroxy-oxo-dibenzyl- 10 4786
—, [Methoxy-benzyl]- 10 2238
—, [Methoxy-naphthyl]- 10 2328
—, [(Methoxy-naphthyl)-äthyl]- 10 2333
—, [Methoxy-phenacyl]- 10 4745
—, [Methoxy-phenäthyl]- 10 2240
—, [Methoxy-phenyl]- 10 2234
—, [(Methoxy-phenyl)-propyl]- 10 2241
—, Methyl-[methyl-(dimethyl-hexyl)-
carboxymethyl-hexahydro-indanyl]-
9 4782
—, Methyl-[methyl-(methyl-carboxy-
propyl)-carboxy-hexahydro-indanyl]-
9 4867
—, Methyl-[naphthyl-äthyl]- 9 4493
—, Methyl-phenyl- 9 4331
—, Methyl-phenyl-, dinitril 9 4331
—, Naphthyl- 9 4483
—, Naphthyl-, bis-[nitro-benzylester]
9 4483
—, [Naphthyl-äthyl]- 9 4490
—, Naphthylmethyl- 9 4488, 4489
—, Oxo-[isopropyl-naphthyl-äthyl]-,
diäthylester 10 4005
—, [Oxo-(methoxy-phenyl)-butyl]-,
äthylester 10 4747
—, Oxo-methyl-[methyl-(dimethyl-hexyl)-
carboxy-hexahydro-indanyl]-
10 4116

Adipinsäure, Oxo-methyl-[methyl-
(dimethyl-hexyl)-oxal-hexahydro-
indanyl]- 10 4144
—, Oxo-[methyl-naphthylmethyl-propyl]-,
diäthylester 10 4005
—, Oxo-methyl-[oxo-methyl-(methyl-
carboxy-propyl)-carboxy-hexahydro-
indanyl]- 10 4170
—, Oxo-methyl-phenäthyl-,
dimethylester 10 3972
—, Oxo-[naphthyl-äthyl]-,
dimethylester 10 4005
—, [Oxo-phenyl-butyl]- 10 3973
—, [Oxo-phenyl-butyl]-, äthylester
10 3974
—, [Oxo-phenyl-butyl]-, methylester-
äthylester 10 3974
—, [Oxo-tetrahydro-naphthyl]- 10 3984
—, Pentaphenyl-, dinitril 9 4740
—, Phenäthyl- 9 4340
—, Phenyl- 9 4312, 4314
—, Phenyl-, diäthylester 9 4314
—, Phenyl-tetrakis-[methoxy-phenyl]-,
dinitril 10 2624
—, Tetrabenzoyloxy- 9 874
—, Tetrabenzoyloxy-, diäthylester 9 875
—, [Tetrahydro-naphthyl]- 9 4424
—, Tetraphenyl- 9 4725
—, Tetraphenyl-, dinitril 9 4725
Adipinsäure-bis-benzoyloxyamid 9 1300
— bis-[(chlor-benzamino)-hexylamid]
9 1338
— bis-[cyan-cyclopentenylamid] 10 2811
— bis-[cyan-cyclopentylidenamid]
10 2811
— bis-[methoxycarbonyl-phenylester]
10 113
Adipodihydroxamsäure, Dibenzoyl-
9 1300
Adiponitril, Dioxo-phenyl-[methoxy-
phenyl]- 10 4832
—, Methyl-phenyl- 9 4331
—, Pentaphenyl- 9 4740
—, Tetraphenyl- 9 4725
Adipoylchlorid, Bis-[methoxy-phenyl]-
10 2518
—, Diphenyl- 9 4571
Äpfelsäure s. a. *Bernsteinsäure, Hydroxy-*
—, Cinnamoyl- 9 2706
—, Cinnamoyl-, dimethylester 9 2707
—, [Phenyl-propionyl]- 9 2391
Äthan, Acetamino-benzamino- 9 1210
—, Acetamino-cinnamoylamino- 9 2719
—, Acetamino-salicyloylamino- 10 155
—, Acetoxy-[acetoxy-(dinitro-
benzoyloxy)-methylen-cyclohexyl]-
[methyl-(trimethyl-hexenyl)-
tetrahydro-indanyliden]- 9 1920
—, [Acetoxy-äthoxy]-benzoyloxy- 9 535

Äthan, Acetoxy-benzoyloxy- **9** 536
—, Acetoxy-salicyloyloxy- **10** 139, 144
—, [Äthoxy-äthoxy]-benzoyloxy- **9** 534
—, [Äthoxy-äthoxy]-[hydroxy-benzoyloxy]-
  10 314
—, [Äthoxy-äthoxy]-[nitro-benzoyloxy]-
  9 1621
—, [Äthoxy-äthoxy]-[trijod-benzoyloxy]-
  9 1461
—, [Äthoxy-äthoxy]-vanilloyloxy-
  10 1417
—, Äthoxy-benzoyloxy- **9** 533, 717
—, [Äthyl-allyl-amino]-diphenylacetoxy-
  9 3298
—, [Äthyl-benzoyl-amino]-[diäthylamino-
  äthylmercapto]- **9** 1080
—, [Äthyl-butyl-amino]-cinnamoyloxy-
  9 2708
—, [Äthyl-butyloxy]-vanilloyloxy-
  10 1417
—, [Äthyl-cinnamoyl-amino]-
  [diäthylamino-äthylmercapto]-
  9 2714
—, [Äthyl-(diäthylamino-äthyl)-amino]-
  [nitro-benzoyloxy]- **9** 1692
—, [Äthyl-hexylamino]-benzoyloxy-
  9 881
—, [Äthyl-hexylamino]-[nitro-
  benzoyloxy]- **9** 1690
—, [Äthyl-hexylamino]-[nitro-methyl-
  benzoyloxy]- **9** 2362
—, [Äthyl-(hydroxy-äthyl)-amino]-
  [äthoxy-benzoyloxy]- **10** 327
—, [Äthyl-(hydroxy-äthyl)-amino]-
  [butyloxy-benzoyloxy]- **10** 329
—, [Äthyl-isopropyl-amino]-benzoyloxy-
  9 878
—, [Äthyl-(methyl-heptyl)-amino]-
  [nitro-benzoyloxy]- **9** 1690
—, [Äthyl-(nitro-benzoyl)-amino]-
  [diäthylamino-äthylmercapto]-
  9 1715
—, [Äthyl-pentyl-amino]-[äthoxy-
  benzoyloxy]- **10** 327
—, [Äthyl-propylamino]-benzoyloxy-
  9 879
—, [Äthyl-propylamino]-diphenylacetoxy-
  9 3298
—, [Äthyl-propylamino]-[nitro-
  benzoyloxy]- **9** 1689
—, [Äthyl-propyloxy]-[nitro-benzoyloxy]-
  9 1620
—, Amino-acetoxyimino-benzoyloxyimino-
  9 1301, 1302
—, [(Amino-äthylamino)-äthylamino]-
  [hydroxy-naphthoylamino]- **10** 1090
—, [Amino-äthylamino]-[hydroxy-
  naphthoylamino]- **10** 1090
—, Amino-benzamino- **9** 1209

Äthan, Amino-benzamino-phenyl- **9** 1099
—, Amino-benzoyloxy- **9** 876
—, Amino-bis-benzoyloxyimino- **9** 1302
—, Amino-hydroxyimino-benzoyloxyimino-
  9 1301
—, [Benzamino-acetamino]-
  benzyloxycarbonylamino- **9** 1128
—, Benzamino-[acetyl-benzoyl-amino]-
  9 1211
—, Benzamino-[äthyl-benzoyl-amino]-
  9 1211
—, Benzamino-benzoyloxy- **9** 1079
—, Benzamino-benzylmercapto- **9** 1080
—, Benzamino-benzyloxycarbonylamino-
  phenyl- **9** 1100
—, Benzamino-[diäthylamino-
  äthylmercapto]- **9** 1080
—, Benzamino-dibenzoylamino- **9** 1212
—, Benzamino-dimethylsulfonio- **9** 1079
—, Benzamino-[methyl-benzoyl-amino]-
  9 1210
—, Benzamino-methylmercapto- **9** 1079
—, Benzamino-[nitro-phenoxy]- **9** 1078
—, Benzamino-nitryloxy- **9** 1079
—, Benzamino-*p*-tolylsulfon- **9** 1079
—, Benzoylimino-diphenyl- **9** 1102
—, Benzoylimino-phenyl- **9** 1100
—, Benzoylimino-phenyl-[nitro-
  trimethyl-phenyl]- **9** 1103
—, Benzoylimino-triphenyl- **9** 1104
—, Benzoyloxy-biphenylyl- **9** 512
—, Benzoyloxy-bis-[trimethyl-phenyl]-
  9 514
—, Benzoyloxy-cyclohexyl- **9** 407
—, [Benzoyloxy-cyclohexyl]-[methoxy-
  acetoxy-phenyl]- **9** 680
—, Benzoyloxy-[dimethyl-phenyl]- **9** 438
—, Benzoyloxy-diphenyl- **9** 511
—, Benzoyloxy-[fluor-phenyl]- **9** 433
—, Benzoyloxyimino-phenyl- **9** 1280
—, Benzoyloxyimino-tetraphenyl- **9** 1284
—, Benzoyloxy-methylmercapto- **9** 537
—, Benzoyloxy-naphthyl- **9** 495
—, Benzoyloxy-[nitro-phenyl]- **9** 433
—, Benzoyloxy-phenyl- **9** 431
—, [Benzoyloxy-phenyl]-[benzoyloxy-
  naphthyl]- **9** 650
—, Benzoyloxy-tetraphenyl- **9** 531
—, Benzoyloxy-thiocyanato- **9** 538
—, Benzoyloxy-triphenyl- **9** 526
—, Bis-[äthoxycarbonyl-cyclopentyl]-
  9 4025
—, Bis-[äthoxycarbonyl-phenylsulfon]-
  10 227
—, Bis-[allylcarbamoyl-cyclopentyl]-
  9 4027
—, Bis-[amino-benzylidenaminooxy]-
  9 1310
—, Bis-benzamino- **9** 1210

Äthan, Bis-[(benzamino-äthyl)-benzoyl-
amino]- 9 1212
—, Bis-[benzamino-carboxy-
propylmercapto]- 9 1179
—, Bis-[benzoyloxy-äthylmercapto]-
9 537
—, Bis-[(benzoyloxy-äthylmercapto)-
äthylmercapto]- 9 537
—, Bis-[benzoyloxy-äthylsulfin]-
9 537
—, Bis-[benzoyloxy-äthylsulfon]-
9 537
—, Bis-benzoyloxyimino- 9 1284
—, Bis-[benzoyloxy-trimethyl-methylen-
decahydro-naphthyl]- 9 608
—, Bis-[benzyloxycarbonyl-cyclopentyl]-
9 4026
—, Bis-[biphenylcarbonyl-benzoyloxy]-
10 3455
—, Bis-[brom-benzoyloxy]- 9 1394
—, Bis-[carbamimidoyl-phenoxy]- 10 350
—, Bis-[carbamoyl-cyclopentyl]- 9 4026
—, Bis-[carboxy-benzoyloxy]- 9 4172
—, Bis-[carboxy-cyclopentyl]- 9 4025
—, Bis-[carboxy-fluorenyl]- 9 4734
—, Bis-[carboxy-phenoxy]- 10 292
—, Bis-[carboxy-phenylmercapto]-
10 217, 267
—, Bis-[carboxy-phenylmercapto]-phenyl-
10 269
—, Bis-[carboxy-phenylsulfon]- 10 217
—, Bis-[carboxy-phenylsulfon]-phenyl-
10 269
—, Bis-[(carboxy-vinyl)-phenoxy]-
10 847
—, Bis-[chlor-benzoyloxy]- 9 1335,
1347, 1359
—, Bis-[chlor-nitro-benzamino]- 9 1766
—, Bis-[cyan-phenoxy]- 10 346
—, Bis-[cyclohexyl-butyrylamino]- 9 79
—, Bis-[dinitro-benzoylmercapto]-
9 1996
—, Bis-[dinitro-benzoyloxy]- 9 1891
—, Bis-[(dinitro-benzoyloxy)-trimethyl-
methylen-decahydro-naphthyl]-
9 1915
—, Bis-[guanyl-phenoxy]- 10 350
—, Bis-[hydroxy-benzoyloxy-
benzylidenamino]- 9 781
—, Bis-[(hydroxy-benzoyloxy-phenyl)-
äthylidenamino]- 9 784, 785
—, Bis-[hydroxy-(carboxy-äthyl)-
benzylidenamino]- 10 4242
—, Bis-[hydroxy-carboxy-
benzylidenamino]- 10 4208, 4209
—, Bis-[hydroxy-carboxy-naphthyl]-
10 2547, 2548
—, Bis-[hydroxy-carboxy-phenyl]-
10 2509

Äthan, Bis-[hydroxy-carboxy-phenyl]-
p-tolyl- 10 2545
—, Bis-[(hydroxy-naphthyl)-
propionylamino]- 10 1111
—, Bis-[hydroxy-oxo-phthalanyl]-
10 4076
—, Bis-[(hydroxy-phenylacetoxy-phenyl)-
äthylidenamino]- 9 2189
—, Bis-[isobutyl-benzoyl-amino]-
9 1211
—, Bis-[(jod-benzoyloxy)-acetoxy]-
9 1436
—, Bis-[(jod-phenyl)-valeryloxy]-
9 2504
—, Bis-[methoxy-äthoxycarbonyloxy-
benzoyloxy]- 10 1417
—, Bis-[methoxy-benzoyloxy-phenyl]-
9 694
—, Bis-[(methoxy-benzoyloxy)-trimethyl-
methylen-decahydro-naphthyl]-
10 316
—, Bis-[methoxycarbonyl-cyclopentyl]-
9 4025
—, Bis-[methoxycarbonyl-fluorenyl]-
9 4734
—, Bis-[methoxycarbonyl-phenylmercapto]-
10 272
—, Bis-[methoxycarbonyl-phenylsulfin]-
10 272
—, Bis-[nitro-benzamino]- 9 1744
—, Bis-[nitro-benzoylhydrazono]-
9 1531
—, Bis-[nitro-benzoylmercapto]- 9 1993
—, Bis-[(nitro-benzoylmercapto)-
äthylmercapto]- 9 1992
—, Bis-[nitro-benzoyloxy]- 9 1473,
1502, 1621
—, Bis-[nitro-naphthoylmercapto]-
9 3172
—, Bis-[(nitro-phenyl)-acetamino]-
9 2290
—, Bis-[nitro-tetrahydro-naphthoyl-
mercapto]- 9 2800
—, Bis-[oxo-äthoxycarbonyl-cyclohexyl]-
10 4057
—, Bis-[oxo-carboxy-cyclohexyl]-
10 4057
—, Bis-[phenyl-acetamino]- 9 2243
—, Bis-phenylacetoxy- 9 2185
—, Bis-[phenyl-carboxy-methylmercapto]-
10 488
—, Bis-[phenyl-carboxy-methylsulfon]-
10 489
—, Bis-[propylcarbamoyl-cyclopentyl]-
9 4026
—, Bis-salicyloylamino- 10 155
—, Bis-p-toluoylamino- 9 2347
—, Brom-benzamino- 9 1069
—, Brom-benzimidoyloxy- 9 1251

Äthan, [Brom-benzoylhydrazono]-[brom-phenyl]- **9** 1390
—, [Brom-benzoylhydrazono]-[methoxy-phenyl]- **9** 1391, 1402
—, [Brom-benzoylhydrazono]-[nitro-phenyl]- **9** 1390, 1424
—, Brom-benzoylimino- **9** 1096
—, Brom-benzoyloxy- **9** 389
—, [Brom-biphenylyloxy]-cinnamoyloxy- **9** 2696
—, Brom-[dinitro-benzoyloxy]-phenyl- **9** 1849
—, Brom-[nitro-benzoyloxy]-phenyl- **9** 1588
—, [Brom-phenoxy]-[nitro-benzoyloxy]- **9** 1620
—, [Butyl-allyl-amino]-[nitro-benzoyloxy]- **9** 1691
—, Butylamino-benzamino- **9** 1210
—, Butylamino-benzoyloxy- **9** 878
—, *sec*-Butylamino-benzoyloxy- **9** 879
—, [Butyloxy-äthoxy]-benzoyloxy- **9** 534
—, [Butyloxy-äthoxy]-[nitro-benzoyloxy]- **9** 1621
—, [Butyloxy-äthoxy]-salicyloyloxy- **10** 139
—, [Butyloxy-äthoxy]-[trijod-benzoyloxy]- **9** 1461
—, Butyloxy-benzoyloxy- **9** 533
—, [Butyloxy-benzoyloxy]-[diäthylamino-äthylmercapto]- **10** 315
—, Butyloxy-benzoyloxy-phenyl- **9** 569
—, [Butyl-pentylamino]-[nitro-benzoyloxy]- **9** 1690
—, [*tert*-Butyl-phenoxy]-cinnamoyloxy- **9** 2695
—, [Carbamimidoyl-phenoxy]-[carbamimidoyl-phenyl]- **10** 580
—, [Carbamimidoyl-phenoxy]-[cyan-phenoxy]- **10** 350
—, [Carboxy-benzoyloxy]-[methoxy-phenyl]- **9** 4177
—, [Carboxy-benzoyloxy]-naphthyl- **9** 4170
—, [Carboxy-benzoyloxy]-[trimethyl-norbornyl]- **9** 4154
—, [Carboxy-cyclopentyl]-[allylcarbamoyl-cyclopentyl]- **9** 4026
—, [Carboxy-cyclopentyl]-[benzyloxycarbonyl-cyclopentyl]- **9** 4025
—, [Carboxy-cyclopentyl]-[methoxycarbonyl-cyclopentyl]- **9** 4025
—, [Carboxy-cyclopentyl]-[propylcarbamoyl-cyclopentyl]- **9** 4026

Äthan, Chlor-acetoxyimino-benzoyloxyimino- **9** 1300
—, [(Chlor-äthoxy)-äthoxy]-[äthoxycarbonyl-benzoyloxy]- **9** 4173
—, [Chlor-äthoxy]-[äthoxycarbonyl-benzoyloxy]- **9** 4173
—, [Chlor-äthoxy]-benzoyloxy- **9** 533
—, [Chlor-äthoxy]-[butyloxycarbonyl-benzoyloxy]- **9** 4173
—, [Chlor-äthoxy]-[methoxycarbonyl-benzoyloxy]- **9** 4172
—, [Chlor-äthylamino]-benzoyloxy- **9** 877
—, [Chlor-äthylamino]-[nitro-benzoyloxy]- **9** 1687
—, Chlor-benzamino- **9** 1069
—, Chlor-benzimidoyloxy- **9** 1251
—, [Chlor-benzoylhydrazono]-[brom-phenyl]- **9** 1352
—, [Chlor-benzoylhydrazono]-[chlor-phenyl]- **9** 1352
—, [Chlor-benzoylhydrazono]-[methoxy-phenyl]- **9** 1344
—, [Chlor-benzoylhydrazono]-[nitro-phenyl]- **9** 1342, 1370
—, Chlor-benzoyloxy- **9** 388
—, Chlor-bis-benzoyloxyimino- **9** 1301
—, [(Chlor-dinitro-benzoyloxy)-methylen-cyclohexyliden]-[methyl-(trimethyl-hexenyl)-tetrahydro-indanyliden]- **9** 1952
—, Chlor-hydroxyimino-benzoyloxyimino- **9** 1300
—, Chlor-[nitro-benzoyloxy]-phenyl- **9** 1587
—, [Chlor-phenoxy]-benzoyloxy- **9** 533
—, [Chlor-phenoxy]-cinnamoyloxy- **9** 2695
—, Cinnamoylamino-[diäthylamino-äthylmercapto]- **9** 2714
—, Cinnamoyloxy-cyclopentenyl- **9** 2689
—, [Cyan-phenoxy]-[cyan-phenyl]- **10** 580
—, [Cyclohexyl-phenoxy]-cinnamoyloxy- **9** 2696
—, [Cyclohexyl-phenyl-acetoxy]-[diäthylamino-äthylmercapto]- **9** 2862
—, [Cyclopentenyl-tridecanoyloxy]-cinnamoyloxy- **9** 2697
—, [(Cyclopentenyl-tridecanoyloxy)-methylen-cyclohexyliden]-[methyl-(trimethyl-hexenyl)-hexahydro-indanyliden]- **9** 289
—, [Cyclopentenyl-undecanoyloxy]-cinnamoyloxy- **9** 2696
—, [Cyclopentenyl-undecanoyloxy]-octadecenoyloxy- **9** 277

Äthan, [Cyclopentenyl-undecanoyloxy]-
oleoyloxy- 9 277
—, [Diäthylamino-äthoxy]-[äthoxy-
benzoyloxy]- 10 315
—, [Diäthylamino-äthoxy]-[nitro-
benzoyloxy]- 9 1622
—, [Diäthylamino-äthoxy]-[(nitro-
benzoyloxy)-äthoxy]- 9 1621
—, [Diäthylamino-äthoxy]-[nitro-
naphthoyloxy]- 9 3160, 3163
—, [Diäthylamino-äthylmercapto]-
[diphenylacetoxy-äthylmercapto]-
9 3294
—, Diäthylamino-[amino-benzylidenamino]-
9 1272
—, Diäthylamino-[amino-hydroxy-
benzylidenamino]- 10 348
—, Diäthylamino-[amino-methoxy-
benzylidenamino]- 10 256, 349
—, Diäthylamino-[amino-methylsulfon-
benzylidenamino]- 10 409
—, Diäthylamino-[amino-
naphthylmethylenamino]- 9 3187
—, Diäthylamino-benzamino- 9 1210
—, Diäthylamino-benzimidoylamino-
9 1272
—, Diäthylamino-benzoylmercapto-
9 1975
—, Diäthylamino-benzoyloxy- 9 878
—, Diäthylamino-cyclohexancarbonyloxy-
9 27
—, Diäthylamino-cyclopentancarbonyloxy-
9 13
—, Diäthylamino-dibenzoylamino-
9 1212
—, Diäthylamino-[hydroxy-
benzimidoylamino]- 10 348
—, Diäthylamino-[methoxy-
benzimidoylamino]- 10 256, 349
—, Diäthylamino-[methylsulfon-
benzimidoylamino]- 10 409
—, Diäthylamino-naphthimidoylamino-
9 3187
—, [Diäthyl-octyl-ammonio]-[phenyl-
benzyl-propionyloxy]- 9 3358
—, Dibenzoylamino-[methyl-diäthyl-
ammonio]- 9 1212
—, Dibenzoylamino-[nitro-phenoxy]-
9 1113
—, Dibenzoylmercapto- 9 1968
—, Dibenzoyloxy- 9 536
—, Dibenzoyloxy-dicyclopentenyl- 9 577
—, Dibenzoyloxy-diphenyl- 9 624
—, Dibenzoyloxy-naphthyl- 9 612
—, Dibenzoyloxy-phenyl- 9 569
—, Dibenzoyloxy-phenyl-naphthyl- 9 651
—, Dibrom-benzamino-acetoxy- 9 1095
—, Dibrom-benzamino-methoxy- 9 1094
—, Dibrom-benzoylimino- 9 1096

Äthan, Dibrom-bis-[hydroxy-dioxo-
carboxy-dihydro-anthryl]- 10 4835
—, [Dibutylamino-äthoxy]-[nitro-
benzoyloxy]- 9 1622
—, [Dibutylamino-äthoxy]-[nitro-
naphthoyloxy]- 9 3160, 3163
—, Dibutylamino-benzoyloxy- 9 879
—, Dichlor-benzamino-acetoxy- 9 1093
—, Dichlor-benzamino-benzoyloxy-
9 1093
—, Dichlor-benzamino-methoxy- 9 1092
—, Dichlor-benzoylimino- 9 1096
—, Dichlor-benzoyloxy- 9 717
—, Dichlor-bis-[methoxy-äthoxycarbonyl-
phenyl]- 10 2510
—, Dichlor-bis-[methoxy-carbamoyl-
phenyl]- 10 2511
—, Dichlor-bis-[methoxy-carboxy-phenyl]-
10 2510
—, Dichlor-bis-[methoxy-chlorcarbonyl-
phenyl]- 10 2511
—, Dichlor-bis-[methoxy-
methoxycarbonyl-phenyl]- 10 2510
—, Dichlor-brom-benzamino- 9 1093
—, Dichlor-p-tolylsulfon-diphenyl-
9 3316
—, Dicinnamoyloxy- 9 2697
—, Digalloyloxy- 10 2082
—, [Dihydro-anthracencarbonyloxy]-
[diäthylamino-äthylmercapto]-
9 3445
—, [Dimethylamino-äthoxy]-[nitro-
benzoyloxy]- 9 1621
—, [Dimethylamino-äthoxy]-[phenyl-
cyclohexancarbonyloxy]- 9 2841
—, Dimethylamino-benzoylmercapto-
9 1975
—, Dimethylamino-benzoyloxy- 9 876
—, [Dimethyl-(brom-äthyl)-ammonio]-
benziloyloxy- 10 1173
—, [(Dimethyl-butyl)-amino]-benzoyloxy-
9 880
—, [Dimethyl-butylamino]-[nitro-
benzoyloxy]- 9 1689
—, [Dimethyl-vinyl-carboxy-cyclohexyl]-
[isopropyl-dicarboxy-phenyl]-
9 4832
—, [Dinitro-benzoyloxy]-acenaphthenyl-
9 1885
—, [Dinitro-benzoyloxy]-[chlor-
naphthyl]- 9 1878
—, [Dinitro-benzoyloxy]-cyclohexenyl-
9 1822
—, [Dinitro-benzoyloxy]-cyclopentyl-
phenyl- 9 1864
—, [Dinitro-benzoyloxy]-[diäthylamino-
äthylmercapto]- 9 1891
—, [Dinitro-benzoyloxy]-[dichlor-
phenyl]- 9 1848

Äthan, [Dinitro-benzoyloxy]-[methoxy-naphthyl]- **9** 1916
—, [Dinitro-benzoyloxy]-[methoxy-tetrahydro-naphthyl]- **9** 1911, 1912
—, [(Dinitro-benzoyloxy)-methyl-cyclohexenyl]-[methyl-(trimethyl-hexenyl)-tetrahydro-indanyliden]- **9** 1874
—, [Dinitro-benzoyloxy]-[methyl-cyclohexyl]- **9** 1812
—, [(Dinitro-benzoyloxy)-methyl-cyclohexyliden]-[methyl-(trimethyl-hexenyl)-tetrahydro-indanyliden]- **9** 1875
—, [(Dinitro-benzoyloxy)-methyl-cyclohexyl]-[methyl-(trimethyl-hexyl)-hexahydro-indanyl]- **9** 1846
—, [(Dinitro-benzoyloxy)-methylen-cyclohexyliden]-[methyl-(dimethyl-hexyl)-tetrahydro-indanyliden]- **9** 1871
—, [(Dinitro-benzoyloxy)-methylen-cyclohexyliden]-[methyl-(trimethyl-hexenyl)-tetrahydro-indanyliden]- **9** 1881
—, [(Dinitro-benzoyloxy)-methylen-cyclohexyliden]-[methyl-(trimethyl-hexyl)-tetrahydro-indanyliden]- **9** 1875
—, [Dinitro-benzoyloxy]-[methyl-tetrahydro-naphthyl]- **9** 1865
—, [Dinitro-benzoyloxy]-[nitro-methyl-phenyl]- **9** 1852
—, [Dinitro-benzoyloxy]-[octahydro-naphthyliden]- **9** 1843
—, [Dinitro-benzoyloxy]-o-terphenylyl- **9** 1889
—, [Dinitro-benzoyloxy]-[tetrahydro-naphthyl]- **9** 1863
—, [Dinitro-methyl-benzoylhydrazono]-[äthyl-phenyl]- **9** 2375
—, [Dinitro-methyl-benzoylhydrazono]-[brom-phenyl]- **9** 2374
—, [Dinitro-methyl-benzoylhydrazono]-naphthyl- **9** 2375, 2376
—, [(Dinitro-methyl-benzoyloxy)-methylen-cyclohexyliden]-[methyl-(dimethyl-hexyl)-tetrahydro-indanyliden]- **9** 2369
—, [(Dinitro-methyl-benzoyloxy)-methylen-cyclohexyliden]-[methyl-(trimethyl-hexenyl)-tetrahydro-indanyliden]- **9** 2370
—, [Dinitro-phenoxy]-benzoyloxy- **9** 534
—, [Diphenyl-acetamino]-[diäthylamino-äthylmercapto]- **9** 3302
—, Diphenylacetoxy-[diäthylamino-äthylmercapto]- **9** 3295

Äthan, Diphenylacetoxy-[dimethylamino-äthylmercapto]- **9** 3294
—, Diphenyl-bis-[carboxy-fluorenyl]- **9** 4743
—, [Dipropylamino-äthoxy]-[nitro-benzoyloxy]- **9** 1622
—, Disalicyloyloxy- **10** 140
—, Divanilloyloxy- **10** 1417
—, Fluorencarbonyloxy-[diäthylamino-äthylmercapto]- **9** 3412
—, Formyloxy-salicyloyloxy- **10** 139
—, [Guanyl-phenoxy]-[cyan-phenoxy]- **10** 350
—, [Guanyl-phenoxy]-[guanyl-phenyl]- **10** 580
—, Heptylamino-benzoyloxy- **9** 880
—, Hexylamino-benzoyloxy- **9** 880
—, [Hydroxy-äthoxy]-benzoyloxy- **9** 534
—, Isobutylamino-benzoyloxy- **9** 879
—, Isopropylamino-benzoyloxy- **9** 878
—, Isovaleryloxy-salicyloyloxy- **10** 140
—, Jod-benzoyloxy- **9** 389
—, Jod-[dinitro-benzoyloxy]-phenyl- **9** 1849
—, [(Jod-nitro-benzoyloxy)-methylen-cyclohexyliden]-[methyl-(trimethyl-hexenyl)-tetrahydro-indanyliden]- **9** 1772
—, Jod-[nitro-benzoyloxy]-phenyl- **9** 1589
—, [Methoxy-äthoxy]-[nitro-carboxy-benzoyloxy]- **9** 4230
—, [Methoxy-äthoxy]-[trijod-benzoyloxy]- **9** 1461
—, [Methoxy-äthoxy]-vanilloyloxy- **10** 1417
—, [Methoxy-allyl-phenoxy]-cinnamoyloxy- **9** 2696
—, Methoxy-benzoyloxy- **9** 533
—, [(Methoxy-benzoyloxy)-methylen-cyclohexyliden]-[methyl-(dimethyl-hexyl)-tetrahydro-indanyliden]- **10** 312
—, [(Methoxy-benzoyloxy)-methylen-cyclohexyliden]-[methyl-(trimethyl-hexenyl)-tetrahydro-indanyliden]- **10** 313
—, [Methoxycarbonyl-cyclopentyl]-[benzyloxycarbonyl-cyclopentyl]- **9** 4026
—, Methoxy-[dinitro-benzoyloxy]-[dimethoxy-phenyl]- **9** 1921
—, [Methoxy-phenoxy]-benzoyloxy- **9** 535
—, [Methoxy-phenoxy]-[nitro-benzoyloxy]- **9** 1621
—, [Methoxy-phenyl]-bis-[benzoyloxy-phenyl]- **9** 686
—, [Methyl-äthyl-amino]-diphenylacetoxy- **9** 3296

Äthan, Methyl-butylamino]-benzoyloxy-
9 879

—, [Methyl-butylamino]-[cyclohexyl-
phenyl-acetoxy]- 9 2863

—, [Methyl-butylamino]-diphenylacetoxy-
9 3298

—, [Methyl-butylamino]-[nitro-
benzoyloxy]- 9 1688

—, [Methyl-butyloxy]-[nitro-benzoyloxy]-
9 1619, 1620

—, [Methyl-diäthyl-ammonio]-benzoyloxy-
9 878

—, [Methyl-diäthyl-ammonio]-
[cyclohexyl-phenyl-acetoxy]-
9 2863

—, [Methyl-diäthyl-ammonio]-
diphenylacetoxy- 9 3297

—, [Methyl-diäthyl-ammonio]-[phenyl-
cyclohexancarbonyloxy]- 9 2841

—, [Methyl-diäthyl-ammonio]-[phenyl-
cyclopentancarbonyloxy]- 9 2820

—, [Methyl-diäthyl-ammonio]-[phenyl-
valeryloxy]- 9 2506

—, [Methyl-diäthyl-ammonio]-
triphenylacetoxy- 9 3588

—, [Methyl-(dinitro-benzoyl)-amino]-
[dinitro-benzoyloxy]- 9 1937

—, [Methyl-heptylamino]-benzoyloxy-
9 880

—, [Methyl-heptylamino]-[nitro-
benzoyloxy]- 9 1512, 1690

—, [Methyl-heptylamino]-[nitro-methyl-
benzoyloxy]- 9 2362

—, [Methyl-hexylamino]-benzoyloxy-
9 880

—, [Methyl-hexylamino]-[nitro-
benzoyloxy]- 9 1689

—, [Methyl-isobutyl-butylamino]-
diphenylacetoxy- 9 3298

—, [Methyl-isobutyl-butylamino]-[nitro-
benzoyloxy]- 9 1691

—, [Methyl-isobutyl-butylamino]-
[phenyl-butyryloxy]- 9 2463

—, [Methyl-isopropyl-amino]-[phenyl-
cyclopentancarbonyloxy]- 9 2820

—, Methylmercapto-bis-methylsulfon-
phenyl- 9 2298

—, [Methyl-(methyl-heptyl)-amino]-
[nitro-benzoyloxy]- 9 1690

—, {Methyl-[(nitro-benzoyloxy)-äthyl]-
amino}-[(nitro-benzoyloxy)-äthoxy]-
9 1691

—, {Methyl-[(nitro-benzoyloxy)-äthyl]-
amino}-{[(nitro-benzoyloxy)-
äthoxy]-äthoxy}- 9 1691

—, [Methyl-nonylamino]-[nitro-
benzoyloxy]- 9 1691

—, [Methyl-octylamino]-[nitro-
benzoyloxy]- 9 1690

Äthan, Naphthoylhydrazono-[brom-
phenyl]- 9 3189

—, Naphthoylhydrazono-[methoxy-phenyl]-
9 3190

—, [Naphthoyloxy-methylen-
cyclohexyliden]-[methyl-
(trimethyl-hexenyl)-tetrahydro-
indanyliden]- 9 3182

—, [Nitro-benzamino]-[diäthylamino-
äthoxy]- 9 1715

—, [Nitro-benzamino]-[diäthylamino-
äthylmercapto]- 9 1715

—, [Nitro-benzamino]-[diäthylamino-
propylmercapto]- 9 1715

—, [Nitro-benzamino]-[dibutylamino-
äthylmercapto]- 9 1715

—, [Nitro-benzamino]-[dimethylamino-
äthylmercapto]- 9 1715

—, [Nitro-benzamino]-[nitro-benzoyloxy]-
9 1516, 1714

—, [Nitro-benzoylhydrazono]-[methoxy-
phenyl]- 9 1533, 1757

—, [Nitro-benzoylhydrazono]-[nitro-
phenyl]- 9 1755

—, Nitro-benzoyloxy- 9 389

—, [Nitro-benzoyloxy]-bis-[methoxy-
phenyl]- 9 1667

—, [Nitro-benzoyloxy]-[chlor-naphthyl]-
9 1612, 1613

—, [Nitro-benzoyloxy]-cyclohexenyl-
phenyl- 9 1608

—, [Nitro-benzoyloxy]-cyclohexyl-
phenyl- 9 1606

—, [Nitro-benzoyloxy]-[diäthylamino-
äthylmercapto]- 9 1623

—, [Nitro-benzoyloxy]-[dichlor-
naphthyl]- 9 1612

—, [Nitro-benzoyloxy]-[dichlor-phenyl]-
9 1588

—, [Nitro-benzoyloxy]-[dimethoxy-
methyl-phenyl]- 9 1664

—, Nitro-benzoyloxy-[dimethoxy-phenyl]-
9 673

—, [Nitro-benzoyloxy]-[dimethoxy-
phenyl]- 9 1662

—, [Nitro-benzoyloxy]-[methoxy-methyl-
phenyl]- 9 1642

—, [(Nitro-benzoyloxy)-methylen-
cyclohexyliden]-[methyl-(dimethyl-
hexyl)-tetrahydro-indanyliden]-
9 1609

—, [(Nitro-benzoyloxy)-methylen-
cyclohexyliden]-[methyl-
(trimethyl-hexenyl)-tetrahydro-
indanyliden]- 9 1613

—, [Nitro-benzoyloxy]-[methyl-naphthyl]-
9 1613

—, [Nitro-benzoyloxy]-[nitro-
benzoylmercapto]- 9 1992

Äthan, [Nitro-benzoyloxy]-[nitro-phenyl]-
9 1588

—, [Nitro-benzoyloxy]-[octahydro-
naphthyliden]- 9 1580

—, [Nitro-benzoyloxy]-[phenylsulfon-
äthylmercapto]- 9 1623

—, [Nitro-dimethyl-benzoylhydrazono]-
[brom-phenyl]- 9 2449

—, [Nitro-dimethyl-benzoylhydrazono]-
naphthyl- 9 2449

—, [Nitro-methyl-benzoylhydrazono]-
[äthyl-phenyl]- 9 2366

—, [Nitro-methyl-benzoylhydrazono]-
[brom-phenyl]- 9 2366

—, [(Nitro-methyl-benzoyloxy)-methylen-
cyclohexyliden]-[methyl-
(trimethyl-hexenyl)-tetrahydro-
indanyliden]- 9 2360

—, [Nitro-phenoxy]-benzoyloxy- 9 533

—, [Nitro-phenoxy]-salicyloyloxy-
10 139

—, [Octadecenoyl-benzoyl-amino]-
[methyl-diäthyl-ammonio]- 9 1212

—, Octylamino-benzoyloxy- 9 880

—, [Oxo-trimethyl-norbornyliden-
methylamino]-[(oxo-trimethyl-
norbornylidenmethyl)-benzoyl-
amino]- 9 1211

—, Pentylamino-benzoyloxy- 9 879

—, Phenoxy-benzoyloxy- 9 533

—, Phenoxy-[nitro-benzoyloxy]-phenyl-
9 1640

—, [Phenyl-acetamino]-acetoxy- 9 2197

—, [Phenyl-acetamino]-butyryloxy-
9 2197

—, [Phenyl-acetamino]-[methyl-
valeryloxy]- 9 2197

—, [Phenyl-acetamino]-phenylacetoxy-
9 2197

—, Phenylacetoxy-allophanoyloxy-
9 2185

—, Phenylacetoxy-benzoyloxy- 9 2185

—, Phenylacetoxy-cyclopentenyl- 9 2181

—, [Phenyl-benzyl-propionyloxy]-
[diäthylamino-äthylmercapto]- 9 3357

—, [Phenyl-benzyl-propionyloxy]-
[diäthylamino-propylmercapto]-
9 3357

—, Phenyl-bis-[benzoyloxy-phenyl]-
9 652

—, [Phenyl-propyloxy]-benzoyloxy-
9 534

—, Phosphino-benzoyloxy- 9 896

—, [Propyl-butylamino]-[nitro-
benzoyloxy]- 9 1689

—, [Propyl-butylamino]-[phenyl-
butyryloxy]- 9 2463

—, [Propylcarbamoyl-cyclopentyl]-
[allylcarbamoyl-cyclopentyl]- 9 4027

Äthan, [Tetrachlor-carboxy-benzoyloxy]-
naphthyl- 9 4211

—, Triäthylammonio-benzoyloxy- 9 878

—, Tribrom-acetamino-benzoyloxy- 9 718

—, Tribrom-benzamino-acetoxy- 9 1095

—, Tribrom-benzamino-benzoyloxy-
9 1096

—, Tribrom-benzamino-methoxy- 9 1095

—, Tribrom-benzoyloxy- 9 389

—, Tribrom-benzoyloxy-[chlor-phenyl]-
9 433

—, Tribrom-benzoyloxy-phenyl- 9 432

—, Tribrom-benzoyloxy-*p*-tolyl-
9 436

—, Tribrom-butyrylamino-benzoyloxy-
9 718

—, Tribrom-formylamino-benzoyloxy-
9 718

—, Tribrom-heptanoylamino-benzoyloxy-
9 719

—, Tribrom-hexanoylamino-benzoyloxy-
9 719

—, Tribrom-isobutyrylamino-benzoyloxy-
9 719

—, Tribrom-isovalerylamino-benzoyloxy-
9 719

—, Tribrom-[methoxy-benzamino]-acetoxy-
10 156

—, Tribrom-[methoxy-benzamino]-methoxy-
10 156

—, Tribrom-nonanoylamino-benzoyloxy-
9 719

—, Tribrom-octanoylamino-benzoyloxy-
9 719

—, Tribrom-[phenyl-acetamino]-acetoxy-
9 2201

—, Tribrom-[phenyl-acetamino]-
benzoyloxy- 9 2201

—, Tribrom-[phenyl-acetamino]-methoxy-
9 2201

—, Tribrom-propionylamino-benzoyloxy-
9 718

—, Trichlor-acetamino-benzoyloxy-
9 717

—, Trichlor-[acetoxy-benzamino]-
acetoxy- 10 157

—, Trichlor-äthoxycarbonylamino-
benzoyloxy- 9 717

—, Trichlor-amino-*m*-toluoylamino-
9 2324

—, Trichlor-amino-*o*-toluoylamino-
9 2306

—, Trichlor-amino-*p*-toluoylamino-
9 2345

—, Trichlor-benzamino- 9 1093

—, Trichlor-benzamino-acetoxy- 9 1094

—, Trichlor-benzoyloxy- 9 388

—, Trichlor-benzoyloxy-[benzoyloxy-
phenyl]- 9 569

Äthan, Trichlor-benzoyloxy-[chlor-phenyl]-
9 432
—, Trichlor-benzoyloxy-cyclohexyl-
9 407
—, Trichlor-benzoyloxy-[dibenzoyloxy-
phenyl]- 9 672
—, Trichlor-benzoyloxy-phenyl- 9 432
—, Trichlor-benzoyloxy-p-tolyl-
9 436
—, Trichlor-bis-[acetoxy-
methoxycarbonyl-phenyl]- 10 2510
—, Trichlor-bis-benzamino- 9 1094
—, Trichlor-bis-[benzoyloxy-phenyl]-
9 623
—, Trichlor-bis-[carboxy-phenyl]-
9 4541
—, Trichlor-bis-[chlor-benzamino]-
9 1364
—, Trichlor-bis-[cinnamoyloxy-phenyl]-
9 2699
—, Trichlor-bis-[hydroxy-carboxy-
phenyl]- 10 2509
—, Trichlor-bis-[hydroxy-
methoxycarbonyl-phenyl]- 10 2510
—, Trichlor-bis-[(nitro-benzoyloxy)-
phenyl]- 9 1474, 1650
—, Trichlor-bis-p-toluoylamino- 9 2345
—, Trichlor-butyrylamino-benzoyloxy-
9 717
—, Trichlor-[carboxy-phenyl]-p-tolyl-
9 3369
—, Trichlor-isobutyloxycarbonylamino-
benzoyloxy- 9 718
—, Trichlor-methoxycarbonylamino-
benzoyloxy- 9 717
—, Trichlor-[nitro-benzoyloxy]-phenyl-
9 1472, 1497, 1588
—, Trichlor-[phenyl-acetamino]-acetoxy-
9 2200
—, Trichlor-[phenyl-acetamino]-
benzoyloxy- 9 2200
—, Trichlor-propyloxycarbonylamino-
benzoyloxy- 9 718
—, Trichlor-m-toluoylamino-acetoxy-
9 2323
—, Trichlor-o-toluoylamino-acetoxy-
9 2306
—, Trichlor-p-toluoylamino-acetoxy-
9 2345
—, Trichlor-m-toluoylamino-äthoxy-
9 2323
—, Trichlor-o-toluoylamino-äthoxy-
9 2305
—, Trichlor-p-toluoylamino-äthoxy-
9 2345
—, Trichlor-m-toluoylamino-
benzoyloxy- 9 2324
—, Trichlor-o-toluoylamino-
benzoyloxy- 9 2306

Äthan, Trichlor-m-toluoylamino-methoxy-
9 2323
—, Trichlor-o-toluoylamino-methoxy-
9 2305
—, Trichlor-p-toluoylamino-methoxy-
9 2344
—, Trichlor-m-toluoylamino-phenoxy-
9 2323
—, Trichlor-o-toluoylamino-phenoxy-
9 2305
—, Trichlor-p-toluoylamino-phenoxy-
9 2345
—, Trichlor-m-toluoylamino-
o-tolyloxy- 9 2323
—, Trichlor-[trichlor-hydroxy-
propionylamino]-benzoyloxy- 9 718
—, Trimethylammonio-benzoylmercapto-
9 1975
—, Trimethylammonio-benzoyloxy- 9 877
—, Trimethylammonio-[chlor-benzoyloxy]-
9 1361
—, Trimethylammonio-[nitro-
benzoylmercapto]- 9 1994
—, Trimethylammonio-phenylacetoxy-
9 2190
—, Triphenylmethoxy-benzoyloxy- 9 534
—, Triphenylmethoxy-[nitro-benzoyloxy]-
9 1620
—, Ureido-benzoyloxy- 9 881
Äthandiol, Diphenyl-[benzoyloxy-phenyl]-
9 686
Äthandion, Bis-[äthoxycarbonyl-
fluorenyl]- 10 4101
9.10-Äthano-anthracen-carbonsäure,
[Äthoxycarbonylmethyl-carbamoyl]-
dihydro- 9 4662
—, Benzoyl-dihydro- 10 3494
—, Carboxymethyl-dihydro- 9 4663
—, Dibrom-dihydro- 9 3522
—, Dichlor-dihydro- 9 3522
—, Dihydro- 9 3521
—, Dimethyl-dihydro- 9 3538, 3539
—, Methyl-dihydro- 9 3528
—, Phenyl-dihydro- 9 3659
9.10-Äthano-anthracen-dicarbonitril,
Dihydro- 9 4662
9.10-Äthano-anthracen-dicarbonsäure,
Brom-dihydro- 9 4662
—, Dihydro- 9 4660
—, Dihydro-, [äthoxycarbonyl-
methylamid] 9 4662
—, Dihydro-, diäthylester 9 4660, 4661
—, Dihydro-, dibutylester 9 4661
—, Dihydro-, dimethylester 9 4660
—, Dihydro-, dinitril 9 4662
—, Dihydro-, dioctadecylester 9 4662
—, Dihydro-, dipropylester 9 4661
—, Dimethyl-dihydro- 9 4667
—, Dinitro-dihydro- 9 4663

9.10-Äthano-anthracen-dicarbonsäure,
Dinitro-dihydro-, diäthylester 9 4663
—, Hydroxy-dihydro- 10 2397
—, Methyl-dihydro- 9 4664
—, Methyl-dihydro-, dimethylester
9 4664
6.12b-Äthano-benz[j]aceanthrylen-
dicarbonsäure, Methyl-dihydro-,
dimethylester 9 4711
7.12-Äthano-benz[a]anthracen-
dicarbonsäure, Dihydro- 9 4699
7.12-Äthano-benzo[b]chrysen-
dicarbonsäure, Dihydro- 9 4720
8.13-Äthano-benzo[a]naphthacen-
dicarbonsäure, Dihydro- 9 4720
9.14-Äthano-benzo[b]triphenylen-
dicarbonsäure, Dihydro- 9 4722
3.6-Äthano-cyclobutabenzen-
carbonsäure, Octahydro- 9 327
3.6-Äthano-cyclobutabenzen-
dicarbonsäure, Diacetoxy-
octahydro-, dimethylester 10 2420
—, Dibrom-octahydro-, dimethylester
9 4066
—, Octahydro- 9 4064
—, Octahydro-, diäthylester 9 4065
—, Octahydro-, dibutylester 9 4065
—, Octahydro-, dimethylester 9 4065
—, Octahydro-, methylester 9 4065
5.8-Äthano-cyclopenta[a]phenanthren-
dicarbonsäure, Acetoxy-dimethyl-
[trimethyl-hexyl]-dodecahydro-,
dimethylester 10 2316
—, Acetoxy-dimethyl-[trimethyl-hexyl]-
tetradecahydro-, dimethylester 10 2286
—, Hydroxy-dimethyl-[trimethyl-hexyl]-
dodecahydro- 10 2315
—, Hydroxy-dimethyl-[trimethyl-hexyl]-
tetradecahydro- 10 2286
7.14-Äthano-dibenz[a.h]anthracen-
dicarbonsäure, Dihydro- 9 4720
—, Dihydro-, dimethylester 9 4721
9.14-Äthano-dibenzo[de.qr]
naphthacen-dicarbonsäure,
Dihydro- 9 4732
5.8-Äthano-ergostan-dicarbonsäure,
Acetoxy-, dimethylester 10 2286
—, Hydroxy- 10 2286
5.8-Äthano-ergosten-dicarbonsäure,
Acetoxy-, dimethylester 10 2316
—, Hydroxy- 10 2315
Äthanol, Benzamino- 9 1078
—, Benzamino-phenyl- 9 1099
—, Benzoylmercapto- 9 1967
—, Benzoyloxy- 9 532
—, Benzoyloxy-bis-[methoxy-phenyl]-
9 694
—, Benzoyloxy-[chlor-phenyl]-p-tolyl-
9 626

Äthanol, Benzoyloxy-diphenyl- 9 623
—, Benzoyloxy-[methoxy-phenyl]-
[methoxy-phenyl]- 9 695
—, Benzoyloxy-phenyl-[methoxy-phenyl]-
9 684
—, Benzoyloxy-phenyl-p-tolyl- 9 626
—, Benzoyloxy-m-tolyl-p-tolyl-
9 627
—, Benzoyloxy-o-tolyl-p-tolyl-
9 627
—, Cyclohexancarbonylamino- 9 28
—, Dibrom-benzamino- 9 1094
—, Dichlor-benzamino- 9 1092
—, Dichlor-brom-benzamino- 9 1094
—, [Methoxy-benzoyloxy-phenyl]- 9 673
—, [Phenyl-acetamino]-äthylmercapto-
9 2204
—, [Phenyl-acetamino]-phenylmercapto-
9 2204
—, Phenylacetoxy- 9 2184
—, Thiobenzamino- 9 1980
—, Tribrom-benzamino- 9 1095
—, Tribrom-[methoxy-benzamino]- 10 156
—, Tribrom-[phenyl-acetamino]- 9 2200
—, Tribrom-salicyloylamino- 10 154
—, Tribrom-p-toluoylamino- 9 2346
—, Trichlor-[methoxy-benzamino]- 10 156
—, Trichlor-[phenyl-acetamino]- 9 2200
—, Trichlor-salicyloylamino- 10 153
—, Trichlor-m-toluoylamino- 9 2322
—, Trichlor-o-toluoylamino- 9 2305
—, Trichlor-p-toluoylamino- 9 2344
Äthanon, [Acetoxy-benzoyloxy]-phenyl-
10 144
—, [Acetoxy-benzoyloxy-phenyl]- 9 783
—, Acetoxy-[dibenzoyloxy-phenyl]-
9 813
—, Acetoxy-[dimethoxy-benzoyloxy-
phenyl]- 9 837
—, Acetoxy-[tribenzoyloxy-phenyl]-
9 838
—, Äthylmercapto-[dibenzoyloxy-phenyl]-
9 815
—, [Äthyl-naphthyl-butyryloxy]-[brom-
phenyl]- 9 3247
—, [Äthyl-phenyl]-, [dinitro-methyl-
benzoylhydrazon] 9 2375
—, [Äthyl-phenyl]-,
[jod-benzoylhydrazon] 9 1441, 1450
—, [Äthyl-phenyl]-, [nitro-methyl-
benzoylhydrazon] 9 2366
—, [Äthyl-phenyl-propionyloxy]-
biphenylyl- 9 2510
—, Benziloyloxy-biphenylyl- 10 1172
—, Benzoylmercapto-triphenyl- 9 1972
—, [Benzoyloxy-acenaphthylenyl]- 9 767
—, Benzoyloxy-biphenylyl- 9 763
—, [Benzoyloxy-biphenylyl]- 9 763
—, [Benzoyloxy-cyclohexenyl]- 9 725

Äthanon, [Benzoyloxy-cyclohexenyl]-,
    semicarbazon 9 725
—, Benzoyloxy-[dibenzoyloxy-phenyl]-
    9 813
—, Benzoyloxy-[dihydroxy-methoxy-
    phenyl]- 9 836
—, Benzoyloxy-[dihydroxy-phenyl]-
    9 813
—, Benzoyloxy-[dimethoxy-acetoxy-
    phenyl]- 9 836, 838
—, Benzoyloxy-[hydroxy-dimethoxy-
    phenyl]- 9 836
—, Benzoyloxy-[methoxy-tetrahydro-
    phenanthryl]- 9 803
—, [Benzoyloxy-methyl-cyclohexenyl]-
    9 726
—, [Benzoyloxy-methyl-cyclohexenyl]-,
    semicarbazon 9 726
—, Benzoyloxy-[methylmercapto-methyl-
    phenyl]- 9 788
—, [Benzoyloxy-methyl-phenyl]- 9 732
—, [Benzoyloxy-naphthoyloxy-phenyl]-
    9 3143, 3184
—, [Benzoyloxy-naphthyl]- 9 755, 756
—, Benzoyloxy-[nitro-methoxy-phenyl]-
    9 787
—, Benzoyloxy-phenyl- 9 730
—, [Benzoyloxy-phenyl]- 9 729, 730
—, Benzoyloxy-[tetramethyl-cyclopentyl]-
    9 724
—, Benzoyloxy-[tribenzoyloxy-phenyl]-
    9 837
—, Benzoyloxy-[trihydroxy-phenyl]-
    9 836
—, [Benzyloxy-benzoyloxy-phenyl]-
    9 785
—, [Bis-(chlor-phenyl)-acetoxy]-phenyl-
    9 3312
—, [Bis-(methoxy-benzoyloxy)-phenyl]-
    10 320, 321
—, [Bis-(nitro-benzoyloxy)-phenyl]-
    9 1679
—, [Brom-benzoyloxy]-biphenylyl-
    9 1386, 1397, 1415
—, Brom-[benzoyloxy-biphenylyl]- 9 763
—, [Brom-benzoyloxy]-[brom-phenyl]-
    9 1386, 1396, 1415
—, Brom-[benzoyloxy-methyl-phenyl]-
    9 732
—, [Brom-benzoyloxy-methyl-phenyl]-
    9 732
—, Brom-[benzoyloxy-naphthyl]- 9 755, 756
—, [Brom-benzoyloxy]-phenyl- 9 1386, 1396
—, [Brom-hydroxy-benzoyloxy-phenyl]-
    9 784
—, Brom-[methoxy-benzoyloxy-phenyl]-
    9 787
—, [Brom-naphthoyloxy]-[brom-phenyl]-
    9 3154

Äthanon, [Brom-phenyl]-,
    [brom-benzoylhydrazon] 9 1390
—, [Brom-phenyl]-,
    [chlor-benzoylhydrazon] 9 1352
—, [Brom-phenyl]-, [dinitro-methyl-
    benzoylhydrazon] 9 2374
—, [Brom-phenyl]-,
    [jod-benzoylhydrazon] 9 1441
—, [Brom-phenyl]-, naphthoylhydrazon
    9 3189
—, [Brom-phenyl]-,
    [nitro-benzoylhydrazon] 9 1485, 1530
—, [Brom-phenyl]-, [nitro-dimethyl-
    benzoylhydrazon] 9 2449
—, [Brom-phenyl]-, [nitro-methyl-
    benzoylhydrazon] 9 2366
—, [Chlor-benzoyloxy]-biphenylyl-
    9 1337, 1348, 1361
—, [Chlor-benzoyloxy]-[brom-phenyl]-
    9 1337, 1348, 1361
—, [Chlor-benzoyloxy-naphthyl]- 9 756
—, Chlor-[benzoyloxy-phenyl]- 9 730
—, [Chlor-benzoyloxy]-phenyl- 9 1337,
    1348, 1360
—, [Chlor-benzoyloxy-phenyl]- 9 730
—, Chlor-[hydroxy-benzoyloxy-phenyl]-
    9 786
—, [Chlor-naphthoyloxy]-[brom-phenyl]-
    9 3148, 3150, 3151
—, Chlor-phenyl-, benzoylhydrazon
    9 1314
—, [Chlor-phenyl]-,
    [chlor-benzoylhydrazon] 9 1352
—, Cinnamoyloxy-biphenylyl- 9 2701
—, [Cinnamoyloxy-naphthyl]- 9 2701
—, [Cinnamoyloxy-phenyl]- 9 2700
—, Cyclohexancarbonyloxy-biphenylyl-
    9 27
—, [Diäthoxy-dibenzoyloxy-phenyl]- 9 835
—, Diazo-[dimethoxy-benzoyloxy-phenyl]-
    9 839
—, Diazo-[tribenzoyloxy-phenyl]- 9 839
—, [Dibenzoyloxy-äthyl-phenyl]- 9 789
—, [Dibenzoyloxy-methyl-äthyl-phenyl]-
    9 789
—, [Dibenzoyloxy-methyl-phenyl]- 9 788
—, [Dibenzoyloxy-phenyl]- 9 784, 785, 786
—, [Dihydroxy-benzoyloxy-phenyl]-
    9 812
—, [Dimethoxy-benzoyloxy-phenyl]-
    9 810, 811, 812, 813
—, [(Dimethoxy-benzoyloxy)-phenyl]-
    10 1375
—, [Dimethoxy-dibenzoyloxy-phenyl]-
    9 835
—, [Dimethoxy-(nitro-benzoyloxy)-
    phenyl]- 9 1681
—, [Dinitro-benzoyloxy]-biphenylyl-
    9 1930

Äthanon, [Dinitro-benzoyloxy]-cyclohexyl-
9 1923
—, [Dinitro-benzoyloxy]-cyclopentyl-
9 1923
—, [Dinitro-benzoyloxy]-[methyl-
cyclopentyl]- 9 1923
—, [(Dinitro-benzoyloxy)-phenyl]-
9 1928
—, Diphenylacetoxy-biphenylyl- 9 3296
—, Diphenyl-[benzoyloxy-methyl-
isopropyl-phenyl]- 9 776
—, [Diveratroyloxy-phenyl]- 10 1420
—, Formyloxy-[dimethoxy-benzoyloxy-
phenyl]- 9 837
—, Formyloxy-[tribenzoyloxy-phenyl]-
9 838
—, [Hydroxy-(benzoyloxy-äthoxy)-phenyl]-
9 536
—, [Hydroxy-benzoyloxy]-biphenylyl-
10 319
—, [Hydroxy-benzoyloxy]-[brom-phenyl]-
10 252, 319
—, [Hydroxy-benzoyloxy]-phenyl- 10 252,
318
—, [Hydroxy-benzoyloxy-phenyl]- 9 783
—, [Hydroxy-benzoyloxy-phenyl]-,
semicarbazon 9 784
—, [Hydroxy-cinnamoyloxy-phenyl]-
9 2702
—, Hydroxy-[dimethoxy-benzoyloxy-
phenyl]- 9 837
—, [(Isopropyl-phenyl)-butyryloxy]-
biphenylyl- 9 2583
—, [Hydroxy-methoxy-benzoyloxy-phenyl]-
9 812
—, [Jod-benzoyloxy]-biphenylyl-
9 1435, 1439, 1445
—, [Jod-benzoyloxy]-[brom-phenyl]-
9 1435, 1439, 1445
—, [Jod-benzoyloxy]-phenyl- 9 1435,
1438, 1444
—, [Methoxy-acetyl-phenoxy]-[methoxy-
benzoyloxy-phenyl]- 9 814
—, [Methoxy-acetyl-phenoxy]-[methoxy-
(methoxy-benzoyloxy-phenacyloxy)-
phenyl]- 9 814
—, [Methoxy-benzoyloxy]-biphenylyl-
10 146, 320
—, [(Methoxy-benzoyloxy)-methyl-phenyl]-
10 145
—, [Methoxy-benzoyloxy-phenyl]- 9 783,
785, 786
—, [(Methoxy-benzoyloxy)-phenyl]-
10 144
—, [Methoxy-bis-(methoxy-benzoyloxy)-
phenyl]- 10 321, 322
—, [Methoxy-bromacetyl-phenoxy]-
[methoxy-benzoyloxy-phenyl]-
9 814

Äthanon, [Methoxy-cinnamoyloxy]-
[brom-phenyl]- 10 836
—, [Methoxy-cinnamoyloxy-phenyl]-
9 2702
—, Methoxy-[dibenzoyloxy-phenyl]-
9 813
—, [Methoxy-dibenzoyloxy-phenyl]-
9 811
—, Methoxy-[dinitro-benzoyloxy]-
[dimethoxy-phenyl]- 9 1921
—, [Methoxy-(dinitro-benzoyloxy)-
phenyl]- 9 1931, 1932
—, {Methoxy-[(methoxy-acetyl-phenoxy)-
acetyl]-phenoxy}-[methoxy-
(methoxy-benzoyloxy-phenacyloxy)-
phenyl]- 9 814
—, [Methoxy-(nitro-benzoyloxy)-phenyl]-
9 1679
—, [Methoxy-phenyl]-,
[brom-benzoylhydrazon] 9 1391, 1402
—, [Methoxy-phenyl]-,
[chlor-benzoylhydrazon] 9 1344, 1372
—, [Methoxy-phenyl]-,
naphthoylhydrazon 9 3190
—, [Methoxy-phenyl]-,
[nitro-benzoylhydrazon] 9 1533, 1757
—, [Methyl-phenyl-butyryloxy]-
biphenylyl- 9 2512
—, [Methyl-phenyl-propionyloxy]-
biphenylyl- 9 2473
—, [Methyl-phenyl-valeryloxy]-
biphenylyl- 9 2542
—, [Methyl-triphenyl-butyryloxy]-[brom-
phenyl]- 9 3616
—, [Naphthoyloxy-phenyl]- 9 3142, 3183
—, Naphthyl-, [dinitro-methyl-
benzoylhydrazon] 9 2375, 2376
—, Naphthyl-, [nitro-dimethyl-
benzoylhydrazon] 9 2449
—, [(Nitro-benzoyloxy)-äthyl-phenyl]-
9 1675
—, [Nitro-benzoyloxy]-biphenylyl-
9 1475, 1510, 1676
—, [Nitro-benzoyloxy]-[brom-phenyl]-
9 1475, 1510, 1674
—, [Nitro-benzoyloxy]-[fluor-phenyl]-
9 1475, 1510, 1674
—, [Nitro-benzoyloxy-naphthyl]- 9 756
—, [(Nitro-benzoyloxy)-naphthyl]-
9 1510, 1676
—, [Nitro-benzoyloxy]-phenyl- 9 1475, 1509
—, [(Nitro-benzoyloxy)-phenyl]-
9 1475, 1509, 1674
—, [Nitro-cinnamoyloxy]-biphenylyl-
9 2740, 2743, 2746
—, [Nitro-cinnamoyloxy]-[brom-phenyl]-
9 2740, 2742, 2746
—, [Nitro-cinnamoyloxy]-phenyl-
9 2740, 2742, 2746

Äthanon, [(Nitro-cinnamoyloxy)-phenyl]-
9 2742
—, [Nitro-methoxy-benzoyloxy-phenyl]-
9 785
—, [Nitro-methoxy-naphthoyloxy-phenyl]-
9 3143
—, [Nitro-phenyl]-,
[brom-benzoylhydrazon] 9 1390, 1424
—, [Nitro-phenyl]-,
[chlor-benzoylhydrazon] 9 1342, 1370
—, [Nitro-phenyl]-,
[nitro-benzoylhydrazon] 9 1530, 1755
—, Phenylacetoxy-biphenylyl- 9 2189
—, Phenylacetoxy-[brom-phenyl]- 9 2188
—, Phenyl-[benzoyloxy-naphthyl]- 9 774
—, Phenyl-[cinnamoyloxy-naphthyl]-
9 2702
—, [Phenyl-decanoyloxy]-[brom-phenyl]-
9 2622
—, [Phenyl-dodecanoyloxy]-[brom-phenyl]-
9 2630, 2631
—, [Phenyl-heptanoyloxy]-[brom-phenyl]-
9 2572
—, [Phenyl-hexadecanoyloxy]-[brom-
phenyl]- 9 2650
—, [Phenyl-pentadecanoyloxy]-[brom-
phenyl]- 9 2648
—, Phenyl-[phenylacetoxy-naphthyl]-
9 2189
—, [Phenyl-propionyloxy]-biphenylyl-
9 2390
—, [(Phenyl-propionyloxy)-phenyl]-
9 2390
—, [Phenyl-propionyloxy]-[tetramethyl-
cyclopentyl]- 9 2389
—, [Phenyl-tetradecanoyloxy]-[brom-
phenyl]- 9 2635
—, [Phenyl-undecanoyloxy]-[brom-phenyl]-
9 2627
—, [(Propyl-phenyl)-butyryloxy]-
biphenylyl- 9 2582
—, Salicyloyloxy-biphenylyl- 10 146
—, [Salicyloyloxy-phenyl]- 10 144
—, Tetraphenyl-, [benzoyl-oxim] 9 1284
—, m-Toluoyloxy-biphenylyl- 9 2321
—, o-Toluoyloxy-biphenylyl- 9 2303
—, p-Toluoyloxy-biphenylyl- 9 2340
—, [p-Tolyl-hexanoyloxy]-biphenylyl-
9 2578
—, p-Tolyl-, [brom-benzoylhydrazon]
9 1390, 1402, 1424
—, p-Tolyl-, [chlor-benzoylhydrazon]
9 1343, 1352, 1370
—, p-Tolyl-, [dinitro-methyl-
benzoylhydrazon] 9 2375
—, p-Tolyl-, [jod-benzoylhydrazon]
9 1441, 1449
—, p-Tolyl-, naphthoylhydrazon
9 3189

Äthanon, p-Tolyl-, [nitro-benzoylhydrazon]
9 1485, 1531, 1755
—, p-Tolyl-, [nitro-methyl-
benzoylhydrazon] 9 2366
—, [p-Tolyl-valeryloxy]-biphenylyl-
9 2552
—, [Tribenzoyloxy-phenyl]- 9 810,
812, 813
—, [Trimethoxy-benzoyloxy-phenyl]-
9 835, 844
—, [Trimethyl-benzoyloxy]-[brom-phenyl]-
9 2501
—, Triphenyl-, benzoylimin 9 1104
—, [Triphenyl-butyryloxy]-[brom-phenyl]-
9 3612
—, [Tris-(nitro-benzoyloxy)-phenyl]-
9 1681
5.12-Äthano-naphthacen-dicarbonsäure,
Dihydro- 9 4699
—, Diphenyl-dihydro- 9 4741
1.4-Äthano-naphthalin-tetracarbonsäure,
Brom-oxo-methyl-octahydro-,
tetramethylester 10 4167, 4168
—, Dihydroxy-methyl-octahydro-, lacton
10 4167
—, Hydroxyimino-methyl-octahydro-
10 4167
—, Oxo-methyl-octahydro- 10 4166, 4167
—, Oxo-methyl-octahydro-,
tetramethylester 10 4167, 4168
—, Oxo-methyl-octahydro-,
trimethylester 10 4167
7.12-Äthano-naphtho[2.1.8-qra]-
naphthacen-dicarbonsäure,
Dihydro- 9 4732
1.11-Äthano-19-nor-cholesten-
dicarbonsäure, Dihydroxy-methyl-
10 2483
6.13-Äthano-pentacen-dicarbonsäure,
Dihydro- 9 4720
—, Diphenyl-dihydro- 9 4742
2.10a-Äthano-phenanthren-carbonsäure,
Diacetoxy-methyl-methylen-
dodecahydro- 10 1869
—, Dihydroxy-methyl-methylen-
dodecahydro- 10 1869
—, Hydroxy-dimethyl-methylen-
dodecahydro- 10 942
—, Oxo-trimethyl-dodecahydro- 10 3124
Äthan-sulfensäure, Benzamino-imino-
9 1140
—, Imino-phenyl- 9 2294
Äthan-sulfonsäure, [Acetoxy-phenyl-
acetamino]- 10 473
—, [Acetoxy-phenyl-acetoxy]- 10 466
—, Benzamino- 9 1208
—, Benzamino-, chlorid 9 1209
—, Cyclohexancarbonylamino- 9 29
—, Cyclohexencarbonylamino- 9 146

Äthan-sulfonsäure, [(Cyclohexenyl-acetyl)-
amino]- 9 161
—, Cyclopentancarbonylamino- 9 13
—, Cyclopentencarbonylamino- 9 142
—, [(Cyclopentenyl-acetyl)-amino]-
9 151
—, [Dihydroxy-cholanoylamino]- 10 1655
—, [(Dihydroxy-dimethyl-hexadecahydro-
cyclopenta[a]phenanthrenyl)-
valerylamino]- 10 1655
—, [Dijod-benzamino]- 9 1454, 1455
—, [Dijod-hydroxy-benzamino]- 10 190, 373
—, [Dijod-methoxy-benzamino]- 10 373
—, [Dinitro-benzamino]- 9 1943
—, [Hydroxy-cholenoylamino]- 10 969
—, [(Hydroxy-dimethyl-tetradecahydro-
cyclopenta[a]phenanthrenyl)-
valerylamino]- 10 969
—, [Hydroxy-(trihydroxy-dimethyl-
hexadecahydro-cyclopenta[a]-
phenanthrenyl)-valerylamino]-
10 2425
—, [Phenyl-acetamino]- 9 2242
—, Phenylacetoxy- 9 2190
—, [Phenyl-propionylamino]- 9 2395
—, [Phenyl-propionyloxy]- 9 2392
—, [Tetrahydroxy-cholanoylamino]-
10 2425
—, [Trihydroxy-cholanoylamino]- 10 2177
—, [Trihydroxy-cholanoylamino]-,
[methoxy-phenylester] 10 2178
—, [Trihydroxy-cholanoylamino]-
carbamoyl- 10 2179
—, [(Trihydroxy-dimethyl-hexadecahydro-
cyclopenta[a]phenanthrenyl)-
valerylamino]- 10 2177
—, [(Trihydroxy-dimethyl-hexadecahydro-
cyclopenta[a]phenanthrenyl)-
valerylamino]-, [methoxy-
phenylester] 10 2178
—, [Trijod-benzamino]- 9 1456, 1457, 1462
—, {[(Trimethyl-cyclopentenyl)-acetyl]-
amino}- 9 207, 209
Äthan-tetracarbonsäure, Phenyl- 9 4875
—, Phenyl-, tetraäthylester 9 4875
Äthanthiol, Benzamino- 9 1079
—, Benzoyloxy- 9 536
Äthan-tricarbonsäure, [Äthoxycarbonyl-
cyclopentyl]-, diäthylester-
nitril 9 4850
—, [Cyan-cyclohexyl]-, diäthylester-
nitril 9 4851
—, [Cyan-cyclopentyl]-, diäthylester-
nitril 9 4850
—, Cyclohexyl-, diäthylester-nitril
9 4755
—, Cyclohexyl-, triäthylester 9 4754
—, Cyclopentyl- 9 4752
—, Cyclopentyl-, äthylester 9 4752

Äthan-tricarbonsäure, Cyclopentyl-,
triäthylester 9 4752
—, [Dihydro-naphthyl]-, diäthylester-
nitril 9 4831
—, [Methoxy-phenyl]-, äthylester-
dinitril 10 2574
—, [Methyl-cyan-cyclopentyl]-,
diäthylester-nitril 9 4853
—, Naphthyl-, diäthylester-nitril
9 4835
—, Oxo-phenyl-, triisopropylester
10 4129
—, Oxo-phenyl-, trimethylester 10 4129
—, Phenyl-, äthylester-dinitril
9 4796, 4797
—, Phenyl-, diäthylester-nitril
9 4796, 4797
—, Phenyl-, dimethylester-nitril
9 4796
—, Phenyl-, methylester-dinitril
9 4797
5.8-Ätheno-androstan-dicarbonsäure,
Hydroxy- 10 2307
9.10-Ätheno-anthracen-dicarbamid,
Dihydro- 9 4676
9.10-Ätheno-anthracen-dicarbonitril,
Dihydro- 9 4676
9.10-Ätheno-anthracen-dicarbonsäure,
Brom-dihydro- 9 4676
—, Brom-dihydro-, dimethylester 9 4677
—, Dihydro- 9 4676
—, Dihydro-, diamid 9 4676
—, Dihydro-, dichlorid 9 4676
—, Dihydro-, dimethylester 9 4676
—, Dihydro-, dinitril 9 4676
**9.10-Ätheno-anthracen-
dicarbonylchlorid,** Dihydro-
9 4676
**4.6a-Ätheno-benz[de]anthracen-
tetracarbonsäure,** Oxo-octahydro-
10 4168
**6.12c-Ätheno-benzo[c]chrysen-
carbonsäure,** Dioxo-dimethyl-
isopropyl-tetradecahydro- 10 3666
2.5-Ätheno-cholestan-dicarbonsäure
9 4461
4b.12-Ätheno-chrysen-carbonsäure,
Dioxo-dimethyl-isopropyl-
hexadecahydro- 10 3612
—, Dioxo-dimethyl-isopropyl-
tetradecahydro- 10 3622
**3.6-Ätheno-cyclobutabenzen-
carbonsäure,** Hexahydro- 9 2807
—, Hexahydro-, methylester 9 2807
**3.6-Ätheno-cyclobutabenzen-
dicarbonsäure,** Diacetoxy-
hexahydro-, dimethylester 10 2474
—, Dibrom-hexahydro-
9 4403

3.6-Ätheno-cyclobutabenzen-dicarbonsäure,
Dibrom-hexahydro-, dimethylester
9 4403
—, Dichlor-hexahydro-, dimethylester
9 4402
—, Dichlor-octahydro-, dimethylester
9 4330
—, Hexahydro- 9 4400
—, Hexahydro-, diäthylester 9 4402
—, Hexahydro-, dibutylester 9 4402
—, Hexahydro-, diisobutylester 9 4402
—, Hexahydro-, diisopentylester 9 4402
—, Hexahydro-, dimethylester 9 4401
—, Octahydro- 9 4329
—, Octahydro-, diäthylester 9 4329
—, Octahydro-, dibutylester 9 4330
—, Octahydro-, dimethylester 9 4329
—, Tetrahydro- 9 4441
**2.5-Ätheno-cyclopenta[*a*]phenanthren-
dicarbonsäure,** Dimethyl-[dimethyl-
hexyl]-hexadecahydro- 9 4461
**5.8-Ätheno-cyclopenta[*a*]phenanthren-
dicarbonsäure,** Acetoxy-dimethyl-
[methoxycarbonyl-äthyl]-
dodecahydro-, dimethylester 10 2588
—, Acetoxy-dimethyl-[methoxycarbonyl-
äthyl]-tetradecahydro-,
dimethylester 10 2586
—, Acetoxy-dimethyl-[trimethyl-hexenyl]-
dodecahydro-, dimethylester 10 2385
—, Acetoxy-dimethyl-[trimethyl-hexenyl]-
tetradecahydro-, dimethylester
10 2341
—, Acetoxy-dimethyl-[trimethyl-hexyl]-
dodecahydro-, dimethylester
10 2340
—, Acetoxy-dimethyl-[trimethyl-hexyl]-
tetradecahydro-, dimethylester
10 2315
—, Hydroxy-dimethyl-[carboxy-äthyl]-
dodecahydro- 10 2587
—, Hydroxy-dimethyl-[carboxy-äthyl]-
tetradecahydro- 10 2585
—, Hydroxy-dimethyl-[methoxycarbonyl-
äthyl]-dodecahydro-,
dimethylester 10 2588
—, Hydroxy-dimethyl-tetradecahydro-
10 2307
—, Hydroxy-dimethyl-[trimethyl-hexenyl]-
dodecahydro 10 2385
—, Hydroxy-dimethyl-[trimethyl-hexenyl]-
tetradecahydro- 10 2340
—, Hydroxy-dimethyl-[trimethyl-hexenyl]-
tetradecahydro-, dimethylester
10 2340
—, Hydroxy-dimethyl-[trimethyl-hexenyl]-
tetradecahydro-, dinitril 10 2341
—, Hydroxy-dimethyl-[trimethyl-hexyl]-
dodecahydro- 10 2339

**5.8-Ätheno-cyclopenta[*a*]phenanthren-
dicarbonsäure,** Oxo-dimethyl-[trimethyl-
hexenyl]- tetradecahydro- 10 4007
**2.5-Ätheno-cyclopropabenzen-
dicarbonsäure,** Hexahydro- 9 4312
5.8-Ätheno-23.24-dinor-cholansäure,
Hydroxy-dicarboxy- 10 2585
5.8-Ätheno-23.24-dinor-cholensäure,
Hydroxy-dicarboxy- 10 2587
5.8-Ätheno-ergostadien-dicarbonsäure,
Acetoxy-, dimethylester 10 2385
—, Hydroxy- 10 2385
5.8-Ätheno-ergostan-dicarbonsäure,
Acetoxy-, dimethylester 10 2315
5.8-Ätheno-ergosten-dicarbonitril,
Hydroxy- 10 2341
5.8-Ätheno-ergosten-dicarbonsäure,
Acetoxy-, dimethylester 10 2340, 2341
—, Hydroxy- 10 2339, 2340
—, Hydroxy-, dimethylester 10 2340
—, Hydroxy-, dinitril 10 2341
—, Oxo- 10 4007
4.7-Ätheno-inden-dicarbonsäure,
Oxo-dimethyl-tetraphenyl-
hexahydro-, dimethylester 10 4043
—, Oxo-dimethyl-tetraphenyl-hexahydro-,
dipentylester 10 4043
4.7-Ätheno-isobenzofuran, Hydroxy-oxo-
methyl-isopropyl-phenyl-octahydro-
10 3287
1.4-Ätheno-naphthalin-tetracarbonsäure,
Methoxy-methyl-octahydro- 10 2628
**3.10a-Ätheno-phenanthren-
tetracarbonsäure,** Dimethyl-
dodecahydro-, methylester 9 4884
—, Dimethyl-dodecahydro-,
tetramethylester 9 4885
3.10a-Ätheno-phenanthren-tricarbonsäure,
Dimethyl-acetohydroximoyl-
dodecahydro-, trimethylester 10 4137
—, Dimethyl-acetyl-dodecahydro-,
dimethylester 10 4137
—, Dimethyl-acetyl-dodecahydro-,
trimethylester 10 4137
—, Dimethyl-[hydroxy-äthyl]-
dodecahydro-, trimethylester
10 2581
—, Dimethyl-isopropenyl-dodecahydro-,
trimethylester 9 4833
—, Dimethyl-isopropyl-decahydro- 9 4833
—, Dimethyl-isopropyl-decahydro-,
dimethylester 9 4833
—, Dimethyl-isopropyl-dodecahydro-,
trimethylester 9 4825
6a.13-Ätheno-picen-carbonsäure,
Dioxo-dimethyl-isopropyl-
tetradecahydro- 10 3666
5.8-Ätheno-pregnan-tricarbonsäure,
Acetoxy-, trimethylester 10 2586

5.8-Ätheno-pregnan-tricarbonsäure,
  Hydroxy- **10** 2585
5.8-Ätheno-pregnen-tricarbonsäure,
  Acetoxy-, trimethylester **10** 2588
—, Hydroxy- **10** 2587
—, Hydroxy-, trimethylester **10** 2588
Äthenthiol, Phenylmercapto-diphenyl-
  9 3317
Äther, [Benzoyloxy-naphthyl]-
  [methylmercapto-naphthyl]- **9** 609
—, [Benzoyloxy-naphthyl]-[methylsulfon-
  naphthyl]- **9** 609
—, Bis-[benzamino-pentyl]- **9** 1083
—, Bis-[(benzoyloxy-acetoxy)-äthyl]-
  9 855
—, Bis-[benzoyloxy-äthyl]- **9** 535
—, Bis-[benzoyloxy-benzyl]- **9** 567
—, Bis-[benzoyloxy-bis-
  benzoyloxymethyl-propyl]- **9** 688
—, Bis-[benzoyloxy-carboxy-äthyl]-
  9 863
—, Bis-[benzoyloxy-dimethyl-benzyl]-
  9 574
—, Bis-[benzoyloxy-methyl-(benzoyloxy-
  methyl-benzyl)-benzyl]- **9** 685
—, Bis-[carbamimidoyl-benzyl]- **10** 533
—, Bis-[(carbamimidoyl-phenoxy)-methyl]-
  10 352
—, Bis-[carbamimidoyl-phenyl]- **10** 352
—, Bis-[carbamoyl-benzyl]- **10** 530
—, Bis-[carbamoyl-phenyl]- **10** 343
—, Bis-[carboxy-benzyl]- **10** 501, 528
—, Bis-[carboxymethyl-phenyl]- **10** 432
—, Bis-[carboxy-phenyl]- **10** 106, 249, 296
—, Bis-[(carboxy-propionyl)-phenyl]-
  10 4233
—, Bis-[(chlor-benzoyloxy)-äthyl]-
  9 1335, 1347, 1359
—, Bis-[chlor-carboxy-phenyl]- **10** 164
—, Bis-[cyan-benzyl]- **10** 532
—, Bis-[cyan-phenyl]- **10** 348
—, Bis-[dibrom-benzamino-äthyl]-
  9 1095
—, Bis-[dichlor-benzamino-äthyl]-
  9 1093
—, Bis-[dichlor-benzoyloxy-benzyl]-
  9 567
—, Bis-[dimethyl-(dinitro-benzoyloxy-
  methyl)-silyl]- **9** 1922
—, Bis-[dinaphthyloxy-benzyl]- **9** 854
—, Bis-[(dinitro-benzoyloxy)-äthyl]-
  9 1890
—, Bis-[(dinitro-benzoyloxy)-butyl]-
  9 1893
—, Bis-[guanyl-benzyl]- **10** 533
—, Bis-[guanyl-phenoxymethyl]- **10** 352
—, Bis-[guanyl-phenyl]- **10** 352
—, Bis-[hydroxy-carboxy-phenyl]-
  10 1385

Äther, Bis-[(hydroxy-oxo-tetrahydro-furyl)-
  phenyl]- **10** 4233
—, Bis-[hydroxy-phenyl-carbamoyl-
  propyl]- **10** 3045
—, Bis-[jod-carbamimidoyl-phenyl]-
  10 370
—, Bis-[jod-cyan-phenyl]- **10** 368
—, Bis-[jod-guanyl-phenyl]- **10** 370
—, Bis-[methoxy-(benzamino-
  äthoxycarbonyl-vinyl)-phenyl]-
  10 4526
—, Bis-[methoxy-(benzamino-carboxy-
  vinyl)-phenyl]- **10** 4524
—, Bis-[methoxy-(benzamino-vinyl)-
  phenyl]- **9** 1110
—, Bis-[methoxy-(benzoylimino-
  äthoxycarbonyl-äthyl)-phenyl]-
  10 4526
—, Bis-[methoxy-(benzoylimino-äthyl)-
  phenyl]- **9** 1110
—, Bis-[methoxy-(benzoylimino-carboxy-
  äthyl)-phenyl]- **10** 4524
—, Bis-[methoxycarbonyl-cyclohexyl]-
  10 15
—, Bis-[methoxycarbonyl-phenyl]- **10** 299
—, Bis-[methoxy-carboxy-phenyl]-
  10 1386, 1410
—, Bis-[(methoxy-naphthyl)-cyan-methyl]-
  10 1940
—, Bis-{[nitro-benzoyloxy]-methyl-
  [(nitro-benzoyloxy)-methyl-benzyl]-
  benzyl}- **9** 1667
—, Bis-[nitro-cyan-phenyl]- **10** 381
—, Bis-[phenyl-äthoxycarbonyl-methyl]-
  10 459
—, Bis-[phenyl-äthoxycarbonyl-vinyl]-
  10 857
—, Bis-[phenyl-carboxy-methyl]- **10** 454
—, Bis-[phenyl-carboxy-vinyl]- **10** 857
—, Bis-[phenyl-methoxycarbonyl-vinyl]-
  10 857
—, Bis-[salicyloyloxy-äthyl]- **10** 139
—, Bis-[tribenzoyloxy-neopentyl]-
  9 688
—, Bis-[tribrom-benzamino-äthyl]- **9** 1095
—, Bis-[tribrom-(methoxy-benzamino)-
  äthyl]- **10** 156
—, Bis-[tribrom-(phenyl-acetamino)-
  äthyl]- **9** 2201
—, Bis-[trichlor-(brom-methoxy-
  benzamino)-äthyl]- **10** 179
—, Bis-[trichlor-(chlor-methoxy-
  benzamino)-äthyl]- **10** 167
—, Bis-[trichlor-(dibrom-methoxy-
  benzamino)-äthyl]- **10** 184
—, Bis-[trichlor-(dichlor-methoxy-
  benzamino)-äthyl]- **10** 172
—, Bis-[trichlor-(nitro-methoxy-
  benzamino)-äthyl]- **10** 193, 202

Äther, Bis-[trichlor-*m*-toluoylamino-äthyl]-
9 2323
—, Bis-[trichlor-*o*-toluoylamino-äthyl]-
9 2306
—, Bis-[trichlor-*p*-toluoylamino-äthyl]-
9 2345
—, [Carboxy-phenyl]-[carboxy-phenyl]-
10 248, 295, 296
—, [Chlorcarbonyl-phenyl]-
[chlorcarbonyl-phenyl]- 10 248
—, Diäthyl- s. *Diäthyläther*
—, Dibenzyl- s. *Dibenzyläther*
—, Diphenyl- s. *Diphenyläther*
**[Äthoxy-ameisensäure]-benzoesäure-
anhydrid 9 854**
Äthylbenzoat 9 384
Äthylcinnamat 9 2680
Äthyldithiobenzoat 9 1998
Äthylen, Benzamino-diphenyl- 9 1102
—, Benzamino-phenyl-[nitro-trimethyl-
phenyl]- 9 1103
—, Benzamino-triphenyl- 9 1104
—, Benzoylmercapto-triphenyl- 9 1967
—, Benzoyloxy-bis-[tetramethyl-phenyl]-
9 520
—, Benzoyloxy-bis-[trimethyl-phenyl]-
9 520
—, Benzoyloxy-diäthylsulfon-phenyl-
9 741
—, Benzoyloxy-diphenyl- 9 517
—, Benzoyloxy-phenyl-bis-[trimethyl-
phenyl]- 9 529
—, Benzoyloxy-phenyl-[trimethyl-phenyl]-
9 518
—, Benzoyloxy-triphenyl- 9 528
—, Bis-[carbamimidoyl-phenyl]- 9 4602
—, Bis-[carboxy-phenylmercapto]- 10 217
—, Bis-[cyan-phenyl]- 9 4601
—, Brom-benzamino- 9 1096
—, Chlor-bis-[methoxy-carboxy-phenyl]-
10 2533
—, Dibrom-benzamino- 9 1096
—, Dichlor-benzamino- 9 1096
—, Dichlor-benzoyloxy- 9 402
—, Dichlor-bis-[carbamoyl-phenyl]-
9 4602
—, Dichlor-bis-[carboxy-phenyl]-
9 4602
—, Dichlor-bis-[hydroxy-carboxy-phenyl]-
10 2532
—, Dichlor-bis-[hydroxy-
methoxycarbonyl-phenyl]- 10 2533
—, [(Dinitro-benzoyloxy)-methyl-
cyclohexenyl]-[methyl-(dimethyl-
hexyl)-tetrahydro-indanyl]- 9 1871
—, [(Dinitro-benzoyloxy)-methyl-
cyclohexenyl]-[methyl-(trimethyl-
hexenyl)-tetrahydro-indanyl]-
9 1881

Äthylen, [(Dinitro-methyl-benzoyloxy)-
methyl-cyclohexenyl]-[methyl-(dimethyl-
hexyl)-tetrahydro-indanyl]-
9 2369
—, [(Dinitro-methyl-benzoyloxy)-methyl-
cyclohexenyl]-[methyl-(trimethyl-
hexenyl)-tetrahydro-indanyl]-
9 2370
—, Phenyl-[benzoyloxy-phenyl]- 9 517
—, Tetrakis-[äthoxycarbonimidoyl-
phenyl]- 9 4901
—, Tetrakis-[carbamimidoyl-phenyl]-
9 4902
—, Tetrakis-[cyan-phenyl]- 9 4901
Äthylendiamin, Acetyl-benzoyl- 9 1210
—, Acetyl-cinnamoyl- 9 2719
—, Acetyl-dibenzoyl- 9 1211
—, Acetyl-salicyloyl- 10 155
—, Äthyl-[benzoyloxymethyl-propyl]-
benzoyl- 9 1217
—, Äthyl-dibenzoyl- 9 1211, 1217
—, Äthyl-dodecyl-benzoyl- 9 1217
—, Äthyl-[hydroxymethyl-propyl]-
dibenzoyl- 9 1217
—, Benzoyl- 9 1209
—, Bis-benzoyloxymethyl-dibenzoyl-
9 1225
—, Bis-brommethyl-dibenzoyl- 9 1218
—, Bis-[chlor-nitro-benzoyl]- 9 1766
—, Bis-[cyclohexyl-butyryl]- 9 79
—, Bis-[hydroxy-benzoyloxy-benzyliden]-
9 781
—, Bis-[(hydroxy-benzoyloxy-phenyl)-
äthyliden]- 9 784, 785
—, Bis-[hydroxy-(carboxy-äthyl)-
benzyliden]- 10 4242
—, Bis-[hydroxy-carboxy-benzyliden]-
10 4208, 4209
—, Bis-[(hydroxy-naphthyl)-propionyl]-
10 1111
—, Bis-[(hydroxy-phenylacetoxy-phenyl)-
äthyliden]- 9 2189
—, Bis-[nitro-benzoyl]- 9 1744
—, Bis-[(nitro-phenyl)-acetyl]- 9 2290
—, Bis-[oxo-bornylidenmethyl]-benzoyl-
9 1211
—, Bis-phenylacetyl- 9 2243
—, Butyl-benzoyl- 9 1210
—, Diäthyl-[äthyl-phenyl-acryloyl]-
9 2784
—, Diäthyl-[äthyl-phenyl-butyryl]-
9 2549
—, Diäthyl-[amino-benzyliden]- 9 1272
—, Diäthyl-[amino-(brom-naphthyl)-
methylen]- 9 3199
—, Diäthyl-[amino-hydroxy-benzyliden]-
10 348
—, Diäthyl-[amino-methoxy-benzyliden]-
10 256, 349

Äthylendiamin, Diäthyl-[amino-naphthyl-methylen]- 9 3187
—, Diäthyl-benziloyl- 10 1178
—, Diäthyl-benzimidoyl- 9 1272
—, Diäthyl-benzoyl- 9 1210
—, Diäthyl-[biphenylyl-acetyl]- 9 3322
—, Diäthyl-[brom-naphthimidoyl]-
    9 3199
—, Diäthyl-[butylmercapto-benzoyl]-
    10 275
—, Diäthyl-[butyloxy-benzoyl]- 10 255
—, Diäthyl-[butyl-phenyl-acryloyl]-
    9 2832
—, Diäthyl-[chlor-benzimidoyl]-
    9 1367
—, Diäthyl-[cyclohexyl-phenyl-acetyl]-
    9 2864
—, Diäthyl-dibenzoyl- 9 1212, 1217
—, Diäthyl-[(dimethyl-phenyl)-
    cyclopentancarbonyl]- 9 2874
—, Diäthyl-diphenylacetyl- 9 3303
—, Diäthyl-[hydroxy-benzimidoyl]-
    10 348
—, Diäthyl-[hydroxy-naphthoyl]-
    10 1090
—, Diäthyl-[hydroxy-phenyl-propionyl]-
    10 569
—, Diäthyl-mandeloyl- 10 471
—, Diäthyl-[methoxy-benzimidoyl]-
    10 256, 349
—, Diäthyl-[methoxy-benzoyl]- 10 342
—, Diäthyl-[methoxy-phenyl-acetyl]-
    10 472
—, Diäthyl-[(methoxy-phenyl)-
    cyclopentancarbonyl]- 10 896
—, Diäthyl-[methyl-phenyl-acryloyl]-
    9 2766
—, Diäthyl-naphthimidoyl- 9 3187
—, Diäthyl-[nitro-benzoyl]- 9 1744
—, Diäthyl-[nitro-naphthoyl]- 9 3159, 3162
—, Diäthyl-oleoyl-benzoyl- 9 1212
—, Diäthyl-[pentyl-phenyl-acryloyl]-
    9 2859
—, Diäthyl-phenylacetyl- 9 2242
—, Diäthyl-[phenyl-cyclohexancarbonyl]-
    9 2843
—, Diäthyl-[phenyl-cyclopentancarbonyl]-
    9 2821
—, Diäthyl-[phenyl-propionyl]- 9 2395
—, Diäthyl-[propyl-phenyl-acryloyl]-
    9 2809
—, Diäthyl-[p-tolyl-
    cyclopentancarbonyl]- 9 2854
—, Diäthyl-triphenylacetyl- 9 3589
—, Dibenzoyl- 9 1210
—, Dibutyl-diphenylacetyl- 9 3304
—, Diisobutyl-dibenzoyl- 9 1211
—, Dimethyl-äthyl-[phenyl-
    cyclohexancarbonyl]- 9 2843

Äthylendiamin, Dimethyl-benziloyl- 10 1178
—, Dimethyl-bis-[nitro-benzoyl]-
    9 1520
—, Dimethyl-butyl-dibenzoyl- 9 1219
—, Dimethyl-butyl-[phenyl-
    cyclopentancarbonyl]- 9 2822
—, Dimethyl-dibenzoyl- 9 1217, 1219
—, Dimethyl-[(dimethyl-phenyl)-
    cyclopentancarbonyl]- 9 2874
—, Dimethyl-diphenylacetyl- 9 3303
—, Dimethyl-[(methoxy-phenyl)-
    cyclopentancarbonyl]- 10 896
—, Dimethyl-[nitro-benzoyl]- 9 1744
—, Dimethyl-[(nitro-phenyl)-acetyl]-
    9 2290
—, Dimethyl-[phenyl-
    cyclopentancarbonyl]- 9 2821
—, Disalicyloyl- 10 155
—, Di-p-toluoyl- 9 2347
—, [(Methoxy-phenyl)-acetyl]- 10 436
—, Methyl-diäthyl-[phenyl-
    cyclopentancarbonyl]- 9 2822
—, Methyl-diäthyl-[m-tolyl-
    cyclopentancarbonyl]- 9 2854
—, Methyl-dibenzoyl- 9 _210
—, Oxo-[trimethyl-norbornylmethylen]-
    [benzoyloxy-trimethyl-
    norbornenylmethylen]- 9 1211
—, Phenylacetyl- 9 2242
—, [Phenyl-butyryl]- 9 2454
—, Tetramethyl-bis-[nitro-benzoyl]-
    9 1746
—, p-Toluoyl- 9 2347
—, Triäthyl-benzoyl- 9 1216
—, Triäthyl-[(dimethyl-phenyl)-
    cyclohexancarbonyl]- 9 2883
—, Triäthyl-diphenylacetyl- 9 3304
—, Triäthyl-[(nitro-benzoyloxy)-äthyl]-
    9 1692
—, Triäthyl-[phenyl-cyclohexancarbonyl]-
    9 2843
—, Triäthyl-[o-tolyl-
    cyclopentancarbonyl]- 9 2853
—, Tribenzoyl- 9 1212
—, Trichlor-bis-[chlor-benzoyl]-
    9 1364
—, Trimethyl-bis-[nitro-benzoyl]-
    9 1745
—, Trimethyl-dibenzoyl- 9 1222
—, Trimethyl-[hydroxy-naphthoyl]-
    10 1090
—, Trimethyl-[phenyl-
    cyclopentancarbonyl]- 9 2821
Äthylendibenzoat 9 536
Äthylen-dicyclohexan-dicarbonsäure,
    Dioxo- 10 4057
—, Dioxo-, diäthylester 10 4057
Äthylen-dicyclopentan-dicarbonsäure
    9 4025

Äthylen-difluoren-dicarbonsäure 9 4734
Äthylen-difluoren-dicarbonsäure-
   dimethylester 9 4734
Äthylendimercaptodibuttersäure
   s. *Buttersäure, Äthylendimercapto-di-*
Äthylen-tricarbonsäure, Phenyl-,
   dimethylester-nitril 9 4820
—, Phenyl-, methylester-dinitril
   9 4820
Äthylidendiamin, Trichlor-dibenzoyl-
   9 1094
—, Trichlor-di-*p*-toluoyl- 9 2345
—, Trichlor-*m*-toluoyl- 9 2324
—, Trichlor-*o*-toluoyl- 9 2306
—, Trichlor-*p*-toluoyl- 9 2345
Äthylsalicylat 10 115
Äthylxanthogensäure-benzoesäure-
   anhydrid 9 1973
Ätiansäure 9 2644; *Derivate s. unter*
   Androstan-carbonsäure
Ätioallobiliansäure 9 4081
Ätioallocholansäure 9 2645
Ätiobiliansäure 9 4081
Ätiochenodesoxycholsäure 10 1596
Ätiocholansäure 9 2644; *Derivate s. unter*
   Androstan-carbonsäure
Ätiocholsäure 10 2150
Ätiodesoxycholsäure 10 1600
Ätiogamabufotalinsäure, Diacetyl-
   10 4735
Ätiolithocholsäure 10 664
Afelemisäure 10 1036 Anm.
Agathendisäure 9 4367
—, Dihydro-, methylester 9 4084
Agathendisäure-dimethylester 9 4368
Agnosterin, Benzoyl- 9 500
Alanin, [Acetamino-cinnamoyl]- 10 3010
—, [(Acetamino-cinnamoylamino)-
   cinnamoyl]- 10 3012
—, [Acetoxy-phenyl-acetyl]- 10 472
—, [Acetylimino-phenyl-propionyl]-
   10 3010
—, [(Acetylimino-phenyl-propionylimino)-
   phenyl-propionyl]- 10 3012
—, Äthyl-cyclohexancarbonyl-,
   dimethylamid 9 29
—, Äthyl-[dimethoxy-cinnamoyl]-,
   dimethylamid 10 1841
—, Äthyl-[methyl-cyclohexancarbonyl]-,
   dimethylamid 9 57
—, Äthyl-veratroyl-, diäthylamid
   10 1428
—, Benzoyl- 9 1141
—, Benzoyl-, äthylamid 9 1144
—, Benzoyl-, äthylester 9 1142
—, Benzoyl-, amid 9 1143
—, Benzoyl-, benzylester 9 1143
—, Benzoyl-, [benzyliden-hydrazid]
   9 1144

Alanin, Benzoyl-, hydrazid 9 1144
—, Benzoyl-, isopropylester 9 1142
—, Benzoyl-, menthylester 9 1143
—, Benzoyl-, methylester 9 1142
—, Benzoyl-, [methyl-isopropyl-
   cyclohexylester] 9 1143
—, Benzoyl-, naphthylester 9 1143
—, Benzoyl-, nitril 9 1144
—, Benzoyl-, phenylester 9 1143
—, [Brom-phenyl-acetyl]- 9 2278
—, Chlor-phenylacetyl-, methylester
   9 2215
—, [Chlor-phenyl-acetyl]- 9 2268
—, [Chlor-phenyl-acetyl]-, methylester
   9 2268
—, Cinnamoyl- 9 2718
—, Cyclohexancarbonyl- 9 29
—, Cyclohexylacetyl- 9 48
—, [Dinitro-benzoyl]- 9 1938
—, Hippuroyl-, amid 9 1131
—, Hippuroyl-, hydrazid 9 1133
—, [(Hippuroyl-alanyl)-glycyl]- 9 1131
—, Mandeloyl- 10 471
—, Methyl-benzoyl- 9 1146
—, Methyl-[benzoyloxy-propyl]-,
   äthylester 9 882
—, [Nitro-benzoyl]- 9 1478, 1517, 1730
—, [Nitro-benzoyl]-, äthylester
   9 1518
—, [Nitro-benzoyl]-, amid 9 1519
—, [Nitro-benzoyl]-, methylester
   9 1518
—, Phenylacetyl- 9 2214
—, Phenylacetyl-, amid 9 2214
—, Phenylacetyl-, hydrazid 9 2215
—, Phenylacetyl-, isobutylamid 9 2214
—, Phenylacetyl-, methylester 9 2214
—, [Phenyl-butyryl]- 9 2454
—, [Phenyl-propionyl]- 9 2394
—, Phenylthioacetyl- 9 2296
—, Pyrencarbonyl- 9 3576
—, Pyrencarbonyl-, methylester 9 3576
—, Thiobenzoyl- 9 1981
—, *p*-Toluoyl- 9 2346
β-Alanin, [Acetamino-cinnamoyl]-
   10 3010
—, [Acetylimino-phenyl-propionyl]-
   10 3010
—, Äthyl-[acetoxy-benzoyl]-,
   diäthylamid 10 158
—, Äthyl-veratroyl-, diäthylamid
   10 1428
—, [Benzamino-methyl-crotonoyl]-
   9 1196
—, Benzoyl- 9 1146
—, Benzoyl-, amid 9 1146
—, Benzoyl-, [amid-imin] 9 1146
—, Benzoyl-, nitril 9 1146
—, [Benzoylimino-isovaleryl]- 9 1196

β-Alanin, [Dijod-benzoyl]- 9 1455
—, [Dinitro-benzoyl]- 9 1938
—, [Hydroxy-(nitro-benzoyloxy)-
   dimethyl-butyryl]- 9 1685
—, [Hydroxy-(nitro-benzoyloxy)-
   dimethyl-butyryl]-, methylester
   9 1685
—, Methyl-benzoyl-, äthylester 9 1147
—, [Nitro-benzoyl]- 9 1730
—, [Nitro-benzoyl]-, methylester 9 1731
—, [Nitro-benzoyl]-, nitril 9 1731
—, Salicyloyl- 10 155
Alaninol, Bis-[brom-benzoyl]- 9 1418
Alantolsäure 10 659
—, Dihydro- 10 82
—, Tetrahydro-, methylester 10 76
Alantsäure 10 659
Alanylchlorid, Phenylacetyl- 9 2214
Alectorialsäure 10 4541
Alectorinsäure 10 4540
Alectorondisäure, Trimethyl- 10 4730
—, Trimethyl-, dimethylester 10 4730
Alectorsäure 10 4723
Aleprestsäure 9 202
Aleprinsäure 9 265
Aleprolsäure 9 142
Aleprylsäure 9 254
Allenolsäure 10 1113
Allethrin 9 214
Allethrolon, [Dinitro-benzoyl]- 9 1926
Alliin, Benzoyl- 9 1171
—, [Nitro-benzoyl]- 9 1735
Alloätiocholansäure 9 2645
Allobetulenol-bis-[brom-benzoat]
   9 1408
Allobetulenol-dibenzoat 9 618
Allocassainsäure 10 4286
Allocholansäure 9 2657
Allocholsäure 10 2167
Allocinnamylidenessigsäure 9 3070
Allocystathionin, Dibenzoyl- 9 1179
Allodehydroacetyloleanolsäure-lacton
   10 1151
Allodesoxybiliansäure 10 4120
β-Allodesoxycholsäure 10 1648
Alloevodionsäure 10 4720
Alloevodionsäure-dimethylester 10 4721
Allogibberinsäure, Dihydro- 10 1135
Allogibbersäure 10 1239
Allohyodesoxycholsäure 10 1631
Alloisoleucin, Benzoyl- 9 1162
Allolithobiliansäure 9 4788
α-Allolupeol-benzoat 9 490
β-Allolupeol-benzoat 9 490
Allonorcholansäure 9 2653
Allophansäure, Bis-[nitro-benzoyl]-,
   äthylester 9 1517
—, [Nitro-benzoyl]-, äthylester
   9 1516, 1725

Allophansäure, [(Nitro-phenyl)-acetyl]-,
   äthylester 9 2290
Allopregnanon, [Nitro-benzoyloxy]-
   9 1675
Allopregnansäure 9 2649
Allosantensäure 9 3847
Allothilobiliansäure 9 4787
Allothreonin, Acetyl-benzoyl- 9 1175
—, Benzoyl- 9 1173
—, Benzoyl-, äthylester 9 1176
—, Benzoyl-, methylester 9 1176
—, Dibenzoyl- 9 1176
—, Methyl-benzoyl- 9 1175
Allozimtsäure 9 2670
Allozimtsäure-äthylester 9 2680
— methylester 9 2680
Allylbenzoat 9 402
Allylsalicylat 10 125
Aluminon 10 4866
Alypin 9 887
Ameisensäure, Benzoyl- 10 2972
—, Benzoyloxy-, äthylester 9 854
—, [Brom-cinnamoyl]- 10 3142
—, Cinnamoyl- 10 3141
—, Cyan-, [acetylamid-(benzoyl-oxim)]
   9 1299
—, Cyan-, [benzoylamid-(acetyl-oxim)]
   9 1114
—, Cyan-, [benzoylamid-oxim] 9 1114
—, Cyan-, [benzoyloxyamid-acetylimin]
   9 1299
—, Dithio- s. Dithioameisensäure
—, [Nitro-cinnamoyl]- 10 3143
—, Norfriedelanyl- 9 2931
—, Norfriedelanyl-, methylester 9 2931
—, Thio- s. Thioameisensäure
Amidophosphorsäure, [Amino-benzyliden]-,
   phenylester 9 1272
—, Benzimidoyl-, phenylester 9 1272
—, Dimethyl-, äthylester-
   [äthoxycarbonyl-phenylester] 10 119
Amidoschwefelsäure, Benzoyl- 9 1249
Amin, Acetyl-benzoyl- 9 1112
—, Acetyl-cinnamoyl- 9 2716
—, Acetyl-[hydroxy-mandeloyl]- 10 1476
—, Acetyl-[(naphthyl-phenyl)-acetyl]-
   9 3556
—, Acetyl-[oxo-phenyl-butyryl]- 10 3038
—, Acetyl-phenylacetyl- 9 2207
—, Äthansulfonyl-benzoyl- 9 1248
—, Äthoxycarbonyl-mandeloyl- 10 470
—, Äthyl-[(äthoxy-benzoyloxy)-äthyl]-
   pentyl- 10 327
—, Äthyl-benzoyl-[äthyl-benzimidoyl]-
   9 1271
—, Äthyl-[benzoyloxy-äthyl]-isopropyl-
   9 878
—, Äthyl-[benzoyloxy-propyl]-isopropyl-
   9 888

Amin, Äthyl-bis-[benzoylmercapto-äthyl]-
9 1976
—, Äthyl-bis-[(nitro-benzoyloxy)-äthyl]-
9 1692
—, Äthyl-[cinnamoyloxy-äthyl]-butyl-
9 2708
—, Äthyl-[hydroxy-äthyl]-[(äthoxy-
benzoyloxy)-äthyl]- 10 327
—, Äthyl-[hydroxy-äthyl]-[(butyloxy-
benzoyloxy)-äthyl]- 10 329
—, Äthyl-[(nitro-benzoyloxy)-äthyl]-
[methyl-heptyl]- 9 1690
—, [Amino-benzyliden]-benzoyl- 9 1271
—, [Amino-benzyliden]-thiobenzoyl-
9 1981
—, [Amino-methyl-benzyliden]-[thio-*p*-
toluoyl]- 9 2379
—, [Benzamino-(benzoyl-guanidino)-
valeryl]-benzoyl- 9 1234
—, [Benzamino-(benzoyl-ureido)-valeryl]-
benzoyl- 9 1233
—, [Benzamino-butyl]-[benzamino-pentyl]-
9 1221
—, [Benzamino-guanidino-valeryl]-
benzoyl- 9 1234
—, Benzoyl-äthoxycarbonyl- 9 1114
—, Benzoyl-äthylmercaptothiocarbonyl-
9 1120
—, Benzoyl-benzimidoyl- 9 1271
—, Benzoyl-cyan- 9 1117
—, Benzoyl-[methoxy-benzimidoyl]-
9 1310
—, Benzoyl-methoxycarbonyl- 9 1114
—, Benzoyl-[methylmercapto-
benzohydroximoyl]- 10 413
—, [Benzoyloxy-äthyl]- 9 876
—, [Benzoyloxy-äthyl]-[äthyl-hexyl]-
9 881
—, [Benzoyloxy-äthyl]-[äthyl-propyl]-
9 879
—, [Benzoyloxy-äthyl]-butyl- 9 878
—, [Benzoyloxy-äthyl]-*sec*-butyl-
9 879
—, [Benzoyloxy-äthyl]-dibutyl- 9 879
—, [Benzoyloxy-äthyl]-[dimethyl-butyl]-
9 880
—, [Benzoyloxy-äthyl]-heptyl- 9 880
—, [Benzoyloxy-äthyl]-hexyl- 9 880
—, [Benzoyloxy-äthyl]-isobutyl- 9 879
—, [Benzoyloxy-äthyl]-isopropyl-
9 878
—, [Benzoyloxy-äthyl]-[methyl-butyl]-
9 879
—, [Benzoyloxy-äthyl]-[methyl-heptyl]-
9 880
—, [Benzoyloxy-äthyl]-[methyl-hexyl]-
9 880
—, [Benzoyloxy-äthyl]-octyl- 9 880
—, [Benzoyloxy-äthyl]-pentyl- 9 879

Amin, [Benzoyloxy-*tert*-butyl]- 9 884
—, [Benzoyloxy-*tert*-butyl]-[methyl-
heptyl]- 9 884
—, [Benzoyloxy-*tert*-butyl]-octyl-
9 884
—, [Benzoyloxy-*tert*-butyl]-pentyl-
9 884
—, Benzoyloxy-fluorenyliden-, oxid
9 1283
—, [Benzoyloxy-hexyl]- 9 889
—, [Benzoyloxymethyl-propyl]- 9 883
—, [Benzoyloxy-propyl]-dibutyl- 9 882
—, Benzoyl-phenacylmercaptothio-
carbonyl- 9 1120
—, Bis-[benzamino-butyl]- 9 1215
—, Bis-[benzamino-pentyl]- 9 1221
—, Bis-[carboxy-benzoyl]-allyl- 9 4194
—, Bis-[(dimethoxy-phenyl)-acetyl]-
10 1463
—, Bis-{[dimethyl-(methyl-propenyl)-
cyclopropancarbonyloxy]-äthyl}-
9 217
—, Bis-[methyl-cyclohexencarbonyl]-
9 171
—, Bis-naphthyloxymethyl-benzoyl-
9 1092
—, Bis-[nitro-benzoyl]- 9 1725
—, Bis-[(nitro-benzoyloxy)-äthyl]-
isopropyl- 9 1692
—, Bis-[(nitro-phenyl)-acetyl]- 9 2289
—, Bis-phenylacetyl- 9 2207
—, Bis-[phenyl-propyl]- 10 3024
—, Bis-[trimethyl-benzoyl]- 9 2497
—, [Brom-äthyl]-[benzoyloxy-äthyl]-
9 1070
—, [Brom-isovaleryl]-salicyloyl- 10 154
—, Butyl-[benzoyloxy-*tert*-butyl]-
9 884
—, [Carboxy-benzoyl]-äthoxycarbonyl-
9 4194
—, Chloracetyl-benzoyl- 9 1112
—, Chloracetyl-salicyloyl- 10 154
—, [Chlor-äthansulfonyl]-benzoyl-
9 1249
—, [Chlor-äthyl]-[benzoyloxy-äthyl]-
9 877
—, Chlormethansulfonyl-benzoyl-
9 1248
—, [Diäthylamino-propyl]-[(nitro-
benzamino)-propyl]- 9 1745
—, Diäthyl-[benzoylmercapto-äthyl]-
9 1975
—, Diäthyl-[benzoylmercapto-butyl]-
9 1977
—, Diäthyl-[benzoylmercapto-propyl]-
9 1976
—, Diäthyl-[benzoyloxy-äthyl]- 9 878
—, Diäthyl-[benzoyloxy-butenyl]-
9 890

Amin, Diäthyl-[benzoyloxy-butinyl]- **9** 891
—, Diäthyl-[benzoyloxy-butyl]- **9** 883
—, Diäthyl-[benzoyloxy-dimethyl-propyl]-
   9 888
—, Diäthyl-[benzoyloxy-heptinyl]-
   9 891
—, Diäthyl-[benzoyloxy-isobutyl]-
   9 885
—, Diäthyl-[benzoyloxy-methyl-butyl]-
   9 886, 887
—, Diäthyl-[benzoyloxymethyl-propyl]-
   9 883
—, Diäthyl-[benzoyloxy-neopentyl]-
   9 888
—, Diäthyl-[benzoyloxy-pentyl]- **9** 885
—, Diäthyl-[benzoyloxy-propyl]- **9** 881
—, Diäthyl-[cyclohexancarbonyloxy-äthyl]-
   9 27
—, Diäthyl-[phenoxy-benzoyloxy-pentyl]-
   9 892
—, Diäthyl-[*p*-tolyloxy-benzoyloxy-
   pentyl]- **9** 892
—, Dimethyl-[benzoylmercapto-äthyl]-
   9 1975
—, Dimethyl-[benzoylmercapto-propyl]-
   9 1976
—, Dimethyl-[benzoyloxy-äthyl]- **9** 876
—, Dimethyl-[benzoyloxy-äthyl-propyl]-
   9 885
—, Dimethyl-[benzoyloxy-
   benzoyloxymethyl-butyl]- **9** 892
—, Dimethyl-[benzoyloxy-butyl]- **9** 883
—, Dimethyl-[benzoyloxy-dimethyl-butyl]-
   9 889
—, Dimethyl-[benzoyloxy-dimethyl-
   heptyl]- **9** 890
—, Dimethyl-[benzoyloxy-dimethyl-
   pentyl]- **9** 890
—, Dimethyl-[benzoyloxy-dimethyl-
   propyl]- **9** 888
—, Dimethyl-[benzoyloxy-isobutyl]-
   9 885
—, Dimethyl-[benzoyloxy-isohexyl]-
   9 889
—, Dimethyl-[benzoyloxy-methyl-butyl]-
   9 886, 887
—, Dimethyl-[benzoyloxymethyl-butyl]-
   9 886
—, Dimethyl-[benzoyloxy-methyl-hexenyl]-
   9 891
—, Dimethyl-[benzoyloxy-methyl-pentyl]-
   9 889
—, Dimethyl-[benzoyloxy-neopentyl]-
   9 888
—, Dimethyl-[dichlor-benzyl]- **9** 1249
—, Dimethyl-[methyl-benzoyloxymethyl-
   butyl]- **9** 890
—, Dimethyl-[methyl-benzoyloxymethyl-
   heptyl]- **9** 890

Amin, Dimethyl-[phenoxy-benzoyloxy-
   pentyl]- **9** 891
—, Dodecansulfonyl-benzoyl- **9** 1248
—, Formyl-benzoyl- **9** 1111
—, Formyl-[methylsulfon-benzimidoyl]-
   10 409
—, Isobutyl-[benzoyloxy-*tert*-butyl]-
   9 884
—, Jodacetyl-salicyloyl- **10** 154
—, Lauroyl-salicyloyl- **10** 154
—, Methansulfonyl-benzoyl- **9** 1248
—, [Methoxyamino-benzyliden]-benzoyl-
   9 1310
—, Methyl-äthyl-[benzoyloxy-butyl]-
   9 883
—, Methyl-äthyl-[benzoyloxy-propyl]-
   9 881
—, Methyl-[benzoyloxy-dimethyl-propyl]-
   9 888
—, Methyl-[benzoyloxy-neopentyl]-
   9 888
—, Methyl-[benzoyloxy-propyl]-*sec*-
   butyl- **9** 882
—, Methyl-bis-[benzoylmercapto-äthyl]-
   9 1976
—, Methyl-bis-[diäthylcarbamoyl-
   phenäthyl]- **9** 2426
—, Methyl-bis-{[(nitro-benzoyloxy)-
   äthoxy]-äthyl}- **9** 1622
—, Methyl-bis-[(nitro-benzoyloxy)-äthyl]-
   9 1692
—, Methyl-dibenzoyl- **9** 1113
—, Methyl-[(nitro-benzoyloxy)-äthyl]-
   [methyl-heptyl]- **9** 1690
—, Methyl-[(nitro-benzoyloxy)-propyl]-
   sec-butyl- **9** 1694
—, Methyl-[(nitro-benzoyloxy)-propyl]-
   [dimethyl-butyl]- **9** 1694
—, [Nitro-benzoyl]-äthoxycarbonyl-
   9 1725
—, [Nitro-benzoyl]-[carboxy-benzoyl]-
   9 4194
—, [(Nitro-benzoyloxy)-äthyl]-butyl-
   allyl- **9** 1691
—, [(Nitro-phenoxy)-äthyl]-dibenzoyl-
   9 1113
—, [(Nitro-phenyl)-acetyl]-
   äthoxycarbonyl- **9** 2289
—, Pentyloxycarbonyl-mandeloyl-
   10 470
—, Phenylacetyl-äthoxycarbonyl-
   9 2207
—, Phenylacetyl-chlorcarbonyl-
   9 2208
—, Phenylacetyl-oxamoyl- **9** 2207
—, Propionyl-benzoyl- **9** 1112
—, Thiobenzoyl-benzimidoyl- **9** 1981
—, [Thio-*p*-toluoyl]-*p*-toluimidoyl-
   9 2379

Amin, *p*-Toluoyl-cyan- **9** 2346
—, Tribenzoyl- **9** 1114
—, [Trimethyl-carboxy-
cyclopentancarbonyl]-[trimethyl-
methoxycarbonyl-
cyclopentancarbonyl]- **9** 3889
—, Tris-{[(acetamino-cinnamoylamino)-
cinnamoyloxy]-äthyl}- **10** 3012
—, Tris-[(acetamino-cinnamoyloxy)-
äthyl]- **10** 3007
—, Tris-{[(acetylimino-phenyl-
propionylimino)-phenyl-
propionyloxy]-äthyl}- **10** 3012
—, Tris-[(acetylimino-phenyl-
propionyloxy)-äthyl]- **10** 3007
—, Tris-[benzoylmercapto-äthyl]-
9 1976
—, Tris-[(nitro-benzoyloxy)-äthyl]-
9 1692
Ammonium, Benzoyloxy-trimethyl- **9** 1272
—, Diäthyl-[benziloyloxy-äthyl]-propyl-
10 1174
—, Diäthyl-[dicyclohexylacetoxy-äthyl]-
allyl- **9** 267
—, Diäthyl-[(phenyl-benzyl-
propionyloxy)-äthyl]-octyl-
9 3358
—, Methyl-[benziloyloxy-äthyl]-dibutyl-
10 1175
—, Dimethyl-[äthoxycarbonyl-äthyl]-
[benzoyloxy-propyl]- **9** 882
—, Dimethyl-äthyl-[benziloylamino-äthyl]-
10 1178
—, Dimethyl-äthyl-[benziloyloxy-äthyl]-
10 1173
—, Dimethyl-äthyl-[benziloyloxy-
dimethyl-propyl]- **10** 1177
—, Dimethyl-äthyl-[benziloyloxy-propyl]-
10 1176
—, Dimethyl-äthyl-[(chlor-benziloyloxy)-
äthyl]- **10** 1180
—, Dimethyl-äthyl-[(dichlor-
benziloyloxy)-äthyl]- **10** 1181
—, Dimethyl-äthyl-[(dimethoxy-
benziloyloxy)-äthyl]- **10** 2321
—, Dimethyl-äthyl-[(hydroxy-phenyl-
naphthyl-acetoxy)-äthyl]- **10** 1316
—, Dimethyl-äthyl-[(methyl-
benziloyloxy)-äthyl]- **10** 1199
—, Dimethyl-[benziloyloxy-äthyl]-allyl-
10 1175
—, Dimethyl-[benziloyloxy-äthyl]-butyl-
10 1175
—, Dimethyl-[benziloyloxy-äthyl]-
isopropyl- **10** 1174
—, Dimethyl-[benziloyloxy-äthyl]-pentyl-
10 1175
—, Dimethyl-[benziloyloxy-äthyl]-
propyl- **10** 1174

Ammonium, Dimethyl-[brom-äthyl]-
[benziloyloxy-äthyl]- **10** 1173
—, Dimethyl-[carboxymethylmercapto-
benzyliden]- **9** 1985
—, Dimethyl-[chlor-benzyliden]- **9** 1253
—, Dimethyl-[dimethylamino-benzyliden]-
9 1267
—, Methyl-äthyl-[benziloyloxy-äthyl]-
propyl- **10** 1174
—, Methyl-[benziloyloxy-äthyl]-
diisopropyl- **10** 1174
—, Methyl-[benziloyloxy-propyl]-
dibutyl- **10** 1176
—, Methyl-diäthyl-[benziloylamino-äthyl]-
10 1179
—, Methyl-diäthyl-[benziloyloxy-äthyl]-
10 1173
—, Methyl-diäthyl-[benziloyloxy-butyl]-
10 1177
—, Methyl-diäthyl-[benziloyloxy-
dimethyl-propyl]- **10** 1177
—, Methyl-diäthyl-[benziloyloxy-propyl]-
10 1176
—, Methyl-diäthyl-[benzoyloxy-äthyl]-
9 878
—, Methyl-diäthyl-[(brom-phenyl-
pentenoyloxy)-dimethyl-propyl]- **9** 2783
—, Methyl-diäthyl-[(cyclohexyl-phenyl-
acetoxy)-äthyl]- **9** 2863
—, Methyl-diäthyl-[dibenzoylamino-äthyl]-
9 1212
—, Methyl-diäthyl-[dicyclohexylacetoxy-
äthyl]- **9** 266
—, Methyl-diäthyl-[(diphenyl-acetamino)-
äthyl]- **9** 3304
—, Methyl-diäthyl-[(diphenyl-acetamino)-
propyl]- **9** 3304
—, Methyl-diäthyl-[diphenylacetoxy-
äthyl]- **9** 3297
—, Methyl-diäthyl-[(hydroxy-biphenylyl-
hexanoyloxy)-propyl]- **10** 1227
—, Methyl-diäthyl-[(hydroxy-biphenylyl-
valeryloxy)-propyl]- **10** 1220
—, Methyl-diäthyl-[(hydroxy-cyclohexyl-
phenyl-acetoxy)-äthyl]- **10** 911
—, Methyl-diäthyl-[(hydroxy-naphthyl-
propionyloxy)-propyl]- **10** 1114
—, Methyl-diäthyl-[(hydroxy-phenyl-
propionyloxy)-äthyl]- **10** 566
—, Methyl-diäthyl-[(naphthyl-acetoxy)-
äthyl]- **9** 3207
—, Methyl-diäthyl-[(naphthyl-
propionyloxy)-äthyl]- **9** 3220
—, Methyl-diäthyl-[(nitro-
hexyloxycarbonyl-benzoyloxy)-
äthyl]- **9** 4232
—, Methyl-diäthyl-[(nitro-
isobutyloxycarbonyl-benzoyloxy)-
äthyl]- **9** 4232

Ammonium, Methyl-diäthyl-[(octadecenoyl-
benzoyl-amino)-äthyl]- **9** 1212
—, Methyl-diäthyl-[(oleoyl-benzoyl-
amino)-äthyl]- **9** 1212
—, Methyl-diäthyl-[(oxo-phenyl-
cyclohexancarbonyloxy)-propyl]-
10 3182
—, Methyl-diäthyl-[(phenyl-butyryloxy)-
propyl]- **9** 2464
—, Methyl-diäthyl-[(phenyl-cyclohexan-
carbonyloxy)-äthyl]- **9** 2841
—, Methyl-diäthyl-[(phenyl-cyclopentan-
carbonyloxy)-äthyl]- **9** 2820
—, Methyl-diäthyl-[(phenyl-naphthyl-
butyryloxy)-äthyl]- **9** 3564
—, Methyl-diäthyl-[(phenyl-
pentenoyloxy)-propyl]- **9** 2782
—, Methyl-diäthyl-[(phenyl-
propionyloxy)-propyl]- **9** 2420
—, Methyl-diäthyl-[(phenyl-valeryloxy)-
äthyl]- **9** 2506
—, Methyl-diäthyl-[(phenyl-valeryloxy)-
propyl]- **9** 2507
—, Methyl-diäthyl-[triphenylacetoxy-
äthyl]- **9** 3588
—, Methyl-dibutyl-[(phenyl-butyryloxy)-
propyl]- **9** 2464
—, Methyl-[(hydroxy-phenyl-
propionyloxy)-äthyl]-dibutyl-
10 549, 566
—, Methyl-[(hydroxy-phenyl-
propionyloxy)-propyl]-dibutyl-
10 549, 566
—, Methyl-[(nitro-propyloxycarbonyl-
benzoyloxy)-propyl]-dibutyl **9** 4233
—, Triäthyl-[(äthoxycarbonyl-phenoxy)-
äthyl]- **10** 305
—, Triäthyl-[benziloyloxy-äthyl]-
10 1173
—, Triäthyl-[benzoyloxy-äthyl]- **9** 878
—, Triäthyl-[(butyl-phenyl-butyryloxy)-
äthyl]- **9** 2597
—, Triäthyl-[cinnamoyloxy-äthyl]-
9 2707
—, Triäthyl-[(cyclohexyl-*p*-cumenyl-
propionyloxy)-äthyl]- **9** 2900
—, Triäthyl-{[cyclohexyl-(isopropyl-
phenyl)-propionyloxy]-äthyl}-
9 2900
—, Triäthyl-[(cyclohexyl-phenyl-
acetoxy)-äthyl]- **9** 2863
—, Triäthyl-[dicyclohexylacetoxy-äthyl]-
9 267
—, Triäthyl-[diphenylacetoxy-äthyl]-
9 3297
—, Triäthyl-[(hydroxy-benzoyloxy)-
propyl]- **10** 332
—, Triäthyl-[(nitro-benzoyloxy)-propyl]-
9 1512, 1693

Ammonium, Triäthyl-[(phenyl-benzyl-
propionyloxy)-äthyl]- **9** 3357
—, Triäthyl-[(phenyl-cyclohexan-
carbonyloxy)-äthyl]- **9** 2842
—, Triäthyl-[(phenyl-cyclopentan-
carbonyloxy)-äthyl]- **9** 2820
—, Triäthyl-[(phenyl-phenäthyl-
butyryloxy)-äthyl]- **9** 3391
—, Triäthyl-[salicyloyloxy-propyl]-
10 149
—, Trimethyl-[(acetoxy-benzoyloxy)-
äthyl]- **10** 149
—, Trimethyl-[(äthoxy-phenyl-acetoxy)-
äthyl]- **10** 467
—, Trimethyl-[benzamino-carboxy-pentyl]-
9 1239
—, Trimethyl-[benziloyloxy-äthyl]-
10 1172
—, Trimethyl-[benziloyloxy-dimethyl-
propyl]- **10** 1177
—, Trimethyl-[benzoylmercapto-äthyl]-
9 1975
—, Trimethyl-[benzoylmercapto-propyl]-
9 1977
—, Trimethyl-[benzoyloxy-äthyl]-
9 877
—, Trimethyl-[(benzoyloxy-phenoxy)-
äthyl]- **9** 560
—, Trimethyl-[(chlor-benzoyloxy)-äthyl]-
9 1361
—, Trimethyl-[cholanoyloxy-äthyl]-
9 2660
—, Trimethyl-[(cyclopentenyl-
tridecanoyloxy)-äthyl]- **9** 290
—, Trimethyl-[(dihydroxy-cholanoyloxy)-
äthyl]- **10** 1654
—, Trimethyl-{[(dijod-cyclopentyl)-
tridecanoyloxy]-äthyl}- **9** 136
—, Trimethyl-[(diphenyl-butyryloxy)-
äthyl]- **9** 3365
—, Trimethyl-[(hydroxy-dimethoxy-
cinnamoyloxy)-äthyl]- **10** 2201
—, Trimethyl-[(hydroxy-phenyl-
butyryloxy)-äthyl]- **10** 598
—, Trimethyl-[(hydroxy-phenyl-
heptanoyloxy)-äthyl]- **10** 648
—, Trimethyl-[(hydroxy-phenyl-
hexanoyloxy)-äthyl]- **10** 635
—, Trimethyl-[(hydroxy-phenyl-
pentenoyloxy)-äthyl]- **10** 876
—, Trimethyl-[(hydroxy-phenyl-
propionyloxy)-äthyl]- **10** 562, 565
—, Trimethyl-[(hydroxy-phenyl-
propionyloxy)-dimethyl-propyl]-
10 549, 557
—, Trimethyl-[(hydroxy-phenyl-
valeryloxy)-äthyl]- **10** 619
—, Trimethyl-[mandeloyloxy-äthyl]-
10 466

Ammonium, Trimethyl-[mandeloyloxy-
dimethyl-propyl]- **10** 468
—, Trimethyl-[(methoxycarbonyl-
phenoxycarbonyl)-methyl]- **10** 299
—, Trimethyl-[(methoxy-phenyl-acetoxy)-
äthyl]- **10** 466
—, Trimethyl-[(methoxy-phenyl-
propionyloxy)-äthyl]- **10** 566
—, Trimethyl-[(naphthyl-acetoxy)-äthyl]-
9 3207
—, Trimethyl-[(nitro-benzoylmercapto)-
äthyl]- **9** 1994
—, Trimethyl-[(nitro-benzoylmercapto)-
propyl]- **9** 1994
—, Trimethyl-[(nitro-propyloxycarbonyl-
benzoyloxy)-dimethyl-propyl]-
9 4233
—, Trimethyl-[phenylacetoxy-äthyl]-
9 2190
—, Trimethyl-[(propyloxy-phenyl-
acetoxy)-äthyl]- **10** 467
—, Trimethyl-[salicyloyloxy-äthyl]-
10 148
—, Trimethyl-[salicyloyloxy-propyl]-
10 149
—, Trimethyl-[(trihydroxy-cholanoyloxy)-
äthyl]- **10** 2174
Amydricain 9 887
Amyradiendionolsäure 10 4687
α-**Amyradienol,** Benzoyl- **9** 501
β-**Amyradienol-I,** Benzoyl- **9** 501
β-**Amyradienol-II,** Benzoyl- **9** 501
β-**Amyradienonol,** Benzoyl- **9** 760
β-**Amyranthrensäure 10** 2252
β-**Amyratrienol,** Benzoyl- **9** 516
β-**Amyrenol,** Benzoyl- **9** 754
α-**Amyrenol-benzoat 9** 500
—, Brom- **9** 500
β-**Amyrenol-benzoat 9** 501
α-**Amyrenonol,** Benzoyl- **9** 753
α-**Amyrin,** Benzoyl- **9** 486
—, [Dinitro-benzoyl]- **9** 1877
—, [Methoxy-benzoyl]- **10** 313
—, [Nitro-benzoyl]- **9** 1501, 1611
β-**Amyrin,** Benzoyl- **9** 487
—, Cinnamoyl- **9** 2694
—, [Methoxy-benzoyl]- **10** 313
—, [Nitro-benzoyl]- **9** 1501, 1611
δ-**Amyrin,** Benzoyl- **9** 489
ε-**Amyrin,** Benzoyl- **9** 487
α-**Amyrin-benzoat,** Brom- **9** 487
β-**Amyrin-benzoat,** Brom- **9** 488
—, Dibrom- **9** 488
Anacardsäure 10 1027
—, Tetrahydro- **10** 678
Andrographolsäure 10 2421
Androstadien, Acetoxy-benzoyloxy- **9** 605
—, Benzoyloxy-[benzoyloxy-
äthylmercapto]- **9** 605

Androstadien, Benzoyloxy-
benzylmercapto- **9** 605
—, Dibenzoyloxy- **9** 605, 606
Androstadien-carbonitril, Acetoxy-
10 1022, 1024
—, Hydroxy- **10** 1022
Androstadien-carbonsäure, Acetoxy-
10 1021, 1023
—, Acetoxy-, methylester **10** 1020,
1021, 1023
—, Acetoxy-, nitril **10** 1022, 1024
—, Acetoxy-methyl-, methylester **10** 1026
—, Acetoxy-oxo-, methylester **10** 4387
—, Dihydroxy-acetoxy-, methylester
10 2277
—, Dioxo-, methylester **10** 3612
—, Hydroxy- **10** 1020, 1022
—, Hydroxy-, amid **10** 1877
—, Hydroxy-, methylester **10** 1021, 1023
—, Hydroxy-, nitril **10** 1022
—, Oxo- **10** 3247
—, Oxo-, methylester **10** 3246, 3247
Androstadiendiyldibenzoat 9 605, 606
Androstadienon, Benzoyloxy- **9** 751, 752
—, [Benzoyloxy-äthylmercapto]- **9** 538
—, Brom-cyclohexancarbonyloxy- **9** 26
—, Cyclohexancarbonyloxy- **9** 26
Androstan, Acetoxy-benzoyloxy- **9** 579
—, Acetoxy-cyclohexancarbonyloxy-
9 21
—, Benzoyloxy- **9** 447
—, Cyclohexancarbonyloxy- **9** 19
Androstan-carbonitril, Diacetoxy-
10 1592, 1611
—, Dihydroxy- **10** 1609
—, Hydroxy-acetoxy- **10** 1610
Androstan-carbonsäure 9 2644
—, Acetoxy- **10** 665
—, Acetoxy-, methylester **10** 669, 672, 673
—, Acetoxy-dioxo-, methylester **10** 4613,
4614, 4615
—, Acetoxy-[methoxycarbonyl-
propionyloxy]-oxo-, methylester
10 4573, 4574, 4578
—, Acetoxy-methyl- **10** 676
—, Acetoxy-methyl-, methylester **10** 677
—, Acetoxy-oxo- **10** 4293, 4296
—, Acetoxy-oxo-, methylester **10** 4288,
4289, 4292, 4295, 4296
—, Benzoylhydrazono-, methylester
10 3121
—, Benzoyloxy-, methylester **10** 671
—, Benzoyloxy-oxo-, methylester **10** 4290
—, Brom-, methylester **9** 2647
—, Brom-acetoxy-[methoxycarbonyl-
propionyloxy]-oxo-, methylester
10 4732
—, Brom-acetoxy-oxo-, methylester
10 4290, 4292, 4295

Androstan-carbonsäure, Brom-diacetoxy-oxo-, methylester 10 4574
—, Brom-dioxo- 10 3565
—, Brom-dioxo-, methylester 10 3564, 3565
—, Brom-hydroxy-acetoxy-, methylester 10 1600
—, Brom-hydroxy-oxo-, methylester 10 4289
—, Brom-oxo- 10 3122
—, Brom-oxo-, methylester 10 3122
—, Chlor-diacetoxy-, amid 10 1876
—, Chlor-hydroxy- 10 672
—, Chlor-hydroxy-, methylester 10 673
—, Diacetoxy- 10 1596, 1601, 1608
—, Diacetoxy-, methylester 10 1595, 1597, 1599, 1604, 1607, 1611
—, Diacetoxy-, nitril 10 1592, 1611
—, Diacetoxy-methyl-, methylester 10 1612
—, Diacetoxy-oxo- 10 4577
—, Diacetoxy-oxo-, methylester 10 4572, 4573, 4574, 4575, 4576, 4578
—, Dibrom-oxo-, methylester 10 3123
—, Dihydroxy- 10 1594, 1596, 1597, 1600, 1605, 1608
—, Dihydroxy-, [dimethylamino-äthylester] 10 1605
—, Dihydroxy-, methylester 10 1593, 1594, 1596, 1598, 1602, 1606, 1609
—, Dihydroxy-, nitril 10 1609
—, Dihydroxy-acetoxy- 10 2146
—, Dihydroxy-acetoxy-, methylester 10 1871, 2147, 2149, 2151, 2154
—, Dihydroxy-diacetoxy- 10 2421
—, Dihydroxy-diacetoxy-, methylester 10 2422
—, Dihydroxy-dibenzoyloxy-, methylester 10 2422
—, Dihydroxy-methansulfonyloxy-acetoxy-, methylester 10 2423
—, Dihydroxy-[methoxycarbonyl-propionyloxy]-, methylester 10 2152
—, Dihydroxy-oxo- 10 4575, 4576
—, Dihydroxy-oxo-, methylester 10 4572, 4573, 4575, 4576, 4577
—, Dihydroxy-tetraacetoxy- 10 2593
—, Dihydroxy-tetraacetoxy-, methylester 10 2593
—, Dimethoxy-benzoyloxy-, methylester 10 4290
—, Dioxo- 10 3563, 3564
—, Dioxo-, methylester 10 3562, 3563, 3564
—, [Dioxo-dihydro-anthracencarbonyloxy]-, methylester 10 3646
—, Hydroxy- 10 664, 673
—, Hydroxy-, methylester 10 667, 672, 673
—, Hydroxy-acetoxy- 10 1601, 1605, 1608

Androstan-carbonsäure, Hydroxy-acetoxy-, methylester 10 1593, 1595, 1598, 1599, 1603, 1604, 1606, 1609, 1611, 1612
—, Hydroxy-acetoxy-, nitril 10 1610
—, Hydroxy-acetoxy-[methoxycarbonyl-propionyloxy]-, methylester 10 2150, 2152
—, Hydroxy-acetoxy-oxo-, methylester 10 4572, 4577
—, Hydroxy-benzoyloxy-, methylester 10 1604
—, Hydroxy-[carboxy-propionyloxy]- 10 1602
—, Hydroxy-diacetoxy- 10 2152, 2154, 2155
—, Hydroxy-diacetoxy-, äthylester 10 2148
—, Hydroxy-diacetoxy-, methylester 10 2151, 2153, 2155
—, Hydroxy-dioxo- 10 4614
—, Hydroxy-dioxo-, methylester 10 4614
—, Hydroxy-methansulfonyloxy-acetoxy-, methylester 10 2148
—, Hydroxy-[methoxycarbonyl-propionyloxy]-, methylester 10 1595, 1604
—, Hydroxy-[methoxycarbonyl-propionyloxy]-oxo-, methylester 10 4574, 4575
—, Hydroxy-methyl- 10 676
—, Hydroxy-methyl-, methylester 10 676
—, Hydroxy-oxo- 10 4288, 4289, 4291, 4293, 4295
—, Hydroxy-oxo-, methylester 10 4288, 4289, 4291, 4294, 4296
—, Hydroxy-oxy-diacetoxy-, methylester 10 2151
—, Methansulfonyloxy-, methylester 10 674
—, Methansulfonyloxy-acetoxy-[methoxycarbonyl-propionyloxy]-, methylester 10 2150
—, Methansulfonyloxy-[methoxycarbonyl-propionyloxy]-, methylester 10 1595
—, Methansulfonyloxy-oxo-, methylester 10 4290
—, [Methoxycarbonyl-propionyloxy]-oxo-, methylester 10 4293, 4297
—, Oxo- 10 3119
—, Oxo-, äthylester 10 3119
—, Oxo-, methylester 10 3120, 3123, 3124
—, Oxo-hydroxyimino- 10 3598
—, Oxo-methyl- 10 3126
—, Oxo-methyl-, methylester 10 3126
—, Semicarbazono-, methylester 10 3119, 3122
—, Tetrahydroxy- 10 2421

Androstan-carbonsäure, Tetrahydroxy-,
äthylester **10** 2423
—, Tetrahydroxy-, methylester **10** 2422
—, Triacetoxy-, methylester **10** 2149,
2151, 2152
—, Triacetoxy-oxo-, methylester
10 4731, 4732
—, Trihydroxy- **10** 2148, 2150, 2152,
2153, 2154
—, Trihydroxy-, äthylester **10** 2148
—, Trihydroxy-, methylester **10** 2146,
2149, 2150, 2152, 2153, 2154
—, Trihydroxy-triacetoxy-, methylester
10 2593
—, Trioxo- **10** 3985
—, Trioxo-, methylester **10** 3984, 3985
Androstan-carbonsäure-äthylester **9** 2647
— methylester **9** 2646
Androstan-carbonylchlorid 9 2647
Androstan-dicarbonitril, Diacetoxy-
10 2467
Androstan-dicarbonsäure, Diacetoxy-,
dinitril **10** 2467
Androstandiol, Benzoyloxy- **9** 676
Androstandion, Benzoyloxy- **9** 794
—, [Dioxo-dihydro-anthracencarbonyloxy]-
10 3646
—, Hydroxy-benzoyloxy- **9** 821
Androstanol, Acetoxy-benzoyloxy- **9** 676
—, Benzoyloxy- **9** 578, 579
—, Cyclohexancarbonyloxy- **9** 21
Androstanon, Acetoxy-benzoyloxy- **9** 791
—, Benzoyloxy- **9** 736, 737
—, Brom-cyclohexancarbonyloxy- **9** 22
—, Cyclohexancarbonyloxy- **9** 21
—, Dibrom-benzoyloxy- **9** 737, 738
—, Dibrom-cyclohexancarbonyloxy- **9** 23
—, Dihydroxy-benzoyloxy- **9** 818
—, Hydroxy-acetoxy-benzoyloxy- **9** 818
—, Hydroxy-benzoyloxy- **9** 790
—, Hydroxy-[dinitro-benzoyloxy]-
9 1932
Androstan-thiocarbonsäure, Acetoxy-,
methylester **10** 671
Androstantriol, [(Hydroxy-methyl-äthyl-
tetrahydro-pyranyl)-äthyl]- **10** 2427
Androstatrien-carbonitril, Acetoxy-
10 1140
Androstatrien-carbonsäure, Acetoxy-,
methylester **10** 1138, 1139
—, Acetoxy-, nitril **10** 1140
—, Hydroxy-, äthylester **10** 1139
—, Hydroxy-, methylester **10** 1139
Androsten, Acetoxy-benzoyloxy- **9** 591
—, Acetoxy-benzoyloxy-methyl- **9** 593
—, Acetoxy-[nitro-benzoyloxy]- **9** 1473
—, Benzoyloxy- **9** 457
—, Bis-[nitro-benzoyloxy]- **9** 1649
—, Cyclohexancarbonyloxy- **9** 19

Androsten, Dibenzoyloxy- **9** 592
—, Tribenzoyloxy- **9** 680
Androsten-carbamid, Dihydroxy- **10** 1875
—, Hydroxy-acetoxy- **10** 1875
Androsten-carbonitril, Acetoxy- **10** 935, 941
—, Diacetoxy- **10** 1876
—, Dihydroxy- **10** 1875
—, Hydroxy- **10** 935, 941
—, Hydroxy-acetoxy- **10** 1875
Androsten-carbonsäure 9 2913
—, Acetoxy- **10** 930, 932
—, Acetoxy-, äthylester **10** 934
—, Acetoxy-, anhydrid **10** 935
—, Acetoxy-, chlorid **10** 935
—, Acetoxy-, methylester **10** 933, 936,
937, 938, 939, 940
—, Acetoxy-, nitril **10** 935, 941
—, Acetoxy-dioxo- **10** 4639
—, Acetoxy-[methoxycarbonyl-
propionyloxy]-, methylester
10 1871
—, Acetoxy-methyl- **10** 946
—, Acetoxy-methyl-, anhydrid **10** 948
—, Acetoxy-methyl-, chlorid **10** 949
—, Acetoxy-methyl-, methylester **10** 947
—, Acetoxy-oxo- **10** 4359, 4360
—, Acetoxy-oxo-, methylester **10** 4357,
4359, 4360, 4361
—, Benzoyloxy-, methylester **10** 934
—, Brom-acetoxy-oxo-, methylester
10 4357
—, Brom-dioxo-, methylester **10** 3599
—, Brom-oxo-, methylester **10** 3214, 3215
—, Chlor-, äthylester **9** 2914
—, Chlor-, chlorid **9** 2914
—, Chlor-, hydrazid **9** 2914
—, Diacetoxy- **10** 1871, 1873
—, Diacetoxy-, methylester **10** 1870,
1871, 1872, 1874, 1877, 1878
—, Dibrom-acetoxy-, methylester **10** 942
—, Dihydroxy- **10** 1870, 1872, 1877, 1888
—, Dihydroxy-, amid **10** 1875
—, Dihydroxy-, methylester **10** 1874, 1877
—, Dihydroxy-acetoxy-,
methylester **10** 2248
—, Dihydroxy-oxo- **10** 4612
—, Dihydroxy-oxo-, methylester **10** 4612
—, Dimethoxy-acetoxy-oxo-, methylester
10 4613
—, Dioxo- **10** 3598, 3599
—, Dioxo-, methylester **10** 3598, 3599
—, Hydroxy- **10** 930, 931, 936, 938, 940
—, Hydroxy-, azid **10** 936
—, Hydroxy-, hydrazid **10** 935
—, Hydroxy-, methylester **10** 931, 932,
937, 940
—, Hydroxy-, nitril **10** 935, 941
—, Hydroxy-acetoxy- **10** 1873
—, Hydroxy-acetoxy-, amid **10** 1875

Androsten-carbonsäure, Hydroxy-acetoxy-, methylester **10** 1870, 1874, 1879
—, Hydroxy-acetoxy-oxo-, methylester **10** 4613
—, Hydroxy-dioxo- **10** 4639
—, Hydroxy-methoxy- **10** 1871
—, Hydroxy-methoxy-, methylester **10** 1872
—, Hydroxy-methyl- **10** 946
—, Hydroxy-methyl-, methylester **10** 947
—, Hydroxy-oxo- **10** 4356, 4358, 4359, 4360
—, Hydroxy-oxo-, methylester **10** 4357, 4358, 4361
—, Methoxy-, methylester **10** 933
—, Methoxy-acetoxy- **10** 1871
—, Methoxy-acetoxy-, methylester **10** 1872
—, [Methoxycarbonyl-propionyloxy]-, methylester **10** 934
—, [Methoxycarbonyl-propionyloxy]-oxo-, methylester **10** 4360
—, Oxo- **10** 3214
—, Oxo-, methylester **10** 3213, 3214, 3216
—, Trihydroxy-, äthylester **10** 2248
—, Trihydroxy-, methylester **10** 2148
Androsten-carbonsäure-methylester **9** 2913
Androsten-carbonylazid, Hydroxy- **10** 936
Androsten-carbonylchlorid, Acetoxy- **10** 935
—, Acetoxy-methyl- **10** 949
—, Chlor- **9** 2914
Androstendiyldibenzoat 9 592
Androstenol, Benzoyloxy- **9** 590
—, Benzoyloxy-methyl- **9** 592, 593
—, [Nitro-carboxy-benzoyloxy]- **9** 4237
Androstenon, Benzoyloxy- **9** 745, 746, 747
—, Benzoyloxy-isopropyliden- **9** 752
—, Benzoyloxy-methyl- **9** 747
—, Bis-[dinitro-benzoyloxy]- **9** 1932
—, Brom-benzoyloxy- **9** 745, 746
—, Brom-cyclohexancarbonyloxy- **9** 24, 25
—, Cyclobutancarbonyloxy- **9** 8
—, Cyclohexancarbonyloxy- **9** 24, 25
—, Cyclopropancarbonyloxy- **9** 5
—, Dibenzoyloxy- **9** 794
—, Dibrom-cyclohexancarbonyloxy- **9** 24
—, Phenylacetoxy- **9** 2188
Androsten-thiocarbonsäure, Acetoxy-, methylester **10** 936
Androstentriyltribenzoat 9 680
Androsteron, Benzoyl- **9** 738
Anhydrobrenzchinovasäure 10 2307
Anhydrochinovasäure 9 4493
Anhydroechinocystsäure-methylester **10** 1147

Anhydrohederagenol 9 608
Anhydrohexit, Bis-toluolsulfonyl-dibenzoyl- **9** 707
Anhydrophyllodulcinsäure 10 2346
—, Dimethyl- **10** 2346
—, Dimethyl-, methylester **10** 2346
Anhydropseudosantonsäure-phenylhydrazon **10** 4279
Anhydrosarsasapogeninsäure 10 4388
—, Diacetyl-tetrahydro-, methylester **10** 1898
—, Tetrahydro- **10** 1898
Anhydroscillaridin-A-säure, Methyl-, methylester **10** 1298
—, [Nitro-benzoyl]-, methylester **10** 1298
Anhydroscillaridin-A-säure-äthylester **10** 3368
— methylester **10** 3367
Anhydrosumaresinolsäure, Acetyl-, methylester **10** 1147
Anisaldehyd s. a. *Benzaldehyd, Methoxy-*
p-**Anisaldehyd**-[nitro-benzoylhydrazon] **9** 1756
o-**Anisamid 10** 155
p-**Anisamid 10** 341
m-**Anisamidin 10** 256
p-**Anisamidin 10** 349
p-**Anisamidoxim 10** 354
Anisilsäure 10 2320
m-**Anisohydroxamsäure 10** 257
o-**Anisohydroxamsäure 10** 256
p-**Anisohydroxamsäure 10** 353
m-**Anisonitril 10** 254
o-**Anisonitril 10** 159
p-**Anisonitril 10** 344
p-**Anisoylazid 10** 358
m-**Anisoylchlorid 10** 253
o-**Anisoylchlorid 10** 151
p-**Anisoylchlorid 10** 337
p-**Anisoyl-isocyanat 10** 342
Anissäure 10 280; s. a. *Benzoesäure, Methoxy-*
o-**Anissäure 10** 97
p-**Anissäure 10** 280
p-**Anisursäure 10** 342
Anthanthron s. *Dibenzo*[def. mno]*chrysen-chinon*
Anthra[9.1.2-*cde*]benzo[*rst*]pentaphen-dicarbonsäure, Dioxo-dihydro- **10** 4103
Anthracen, Acetoxy-dibenzoyloxy- **9** 686
—, Benzamino- **9** 1103
—, Benzoyloxy- **9** 520
—, Benzoyloxy-octahydro- **9** 475
—, Bis-[äthoxycarbonyl-propyl]- **9** 4669
—, Bis-[äthoxycarbonyl-propyl]-tetrahydro- **9** 4586
—, Bis-[bis-äthoxycarbonyl-äthyl]- **9** 4898

Anthracen, Bis-[brom-benzoyloxy]-bis-
[dimethyl-benzoyl]- **9** 1416
—, Bis-[carbazoyl-propyl]- **9** 4669
—, Bis-[carbazoyl-propyl]-tetrahydro-
9 4586
—, Bis-[carboxy-äthyl]- **9** 4665
—, Bis-[carboxy-benzoyl]- **10** 4100
—, Bis-[carboxy-phenyl]- **9** 4730
—, Bis-[carboxy-propionyl]- **5** 2131
—, Bis-[carboxy-propionyl]-, dimethylester
5 2131
—, Bis-[carboxy-propyl]- **9** 4668
—, Bis-[carboxy-propyl]-tetrahydro-
9 4586
—, Bis-[chlorcarbonyl-äthyl]- **9** 4666
—, Bis-[dicarboxy-äthyl]- **9** 4897
—, Bis-[hydroxy-dicarboxy-benzyl]-
10 4180
—, Bis-[hydroxy-dicarboxy-benzyl]-
dihydro- **10** 4180
—, Bis-[hydroxy-oxo-phthalanyl]-
10 4100
—, Bis-[methoxycarbonyl-propyl]-
9 4669
—, Bis-[methoxycarbonyl-propyl]-
tetrahydro- **9** 4586
—, Brom-benzoyloxy- **9** 520
—, Dibenzoyloxy- **9** 645
—, Dibenzoyloxy-dihydro- **9** 635, 636
—, Dibenzoyloxy-diphenyl-dihydro-
9 659
—, Dibenzoylperoxy-diphenyl-dihydro-
9 1051
—, Diphenyl-bis-[(brom-benzoyloxy)-
phenyl]-dihydro- **9** 1395
—, Hydroxy-oxo-bis-[dicarboxy-benzoyl]-
dihydro- **10** 4874
—, Phenylacetoxy- **9** 2184
—, Tetrakis-[(brom-benzoyloxy)-phenyl]-
dihydro- **9** 1396
—, Tris-[nitro-benzoyloxy]- **9** 1668
Anthracen-carbamid 9 3495
—, Cyan- **9** 4650
—, Dibrom-dioxo-dihydro- **10** 3639
—, Dihydroxy-dioxo-dihydro- **10** 4788
—, Dioxo-dihydro- **10** 3634
—, Tetrahydro- **9** 3353
—, Trimethoxy-dioxo-dihydro- **10** 4830
Anthracen-carbonitril 9 3493, 3494, 3495
—, Acetoxy- **10** 1300
—, Chlor-dioxo-dihydro- **10** 3635, 3648,
3649
—, Chlor-hydroxy-benzyl- **10** 3473
—, Chlor-oxo-benzyl-dihydro- **10** 3473
—, Dihydroxy-dioxo-dihydro- **10** 4789
—, Dioxo-benzoyl-dihydro- **10** 4035
—, Dioxo-dihydro- **10** 3635
—, Dioxo-dimethyl-dihydro- **10** 3656
—, Dioxo-methyl-dihydro- **10** 3654

Anthracen-carbonitril, Diphenyl- **9** 3689
—, Hydroxy- **10** 3376
—, Methoxy- **10** 1299
—, Oxo-dibenzyl-dihydro- **10** 3507
—, Oxo-dihydro- **10** 3376
—, Phenyl- **9** 3648
—, Tetrahydro- **9** 3353
Anthracen-carbonsäure 9 3492, 3493, 3494
—, Acetoxy-, nitril **10** 1300
—, Acetoxy-dioxo-dihydro- **10** 4700
—, Acetoxy-dioxo-dihydro-, chlorid
10 4700, 4701
—, Acetoxy-methyl-phenyl- **10** 1342
—, Äthyl- **9** 3517
—, Äthyl-dihydro-, methylester **9** 3473
—, Benzoyl- **10** 3489
—, Benzoyl-dihydro- **10** 3474
—, Benzoyl-dihydro-, äthylester
10 3474
—, Benzoyl-dihydro-, chlorid **10** 3474
—, Benzoyl-dihydro-, methylester
10 3474
—, Benzyl- **9** 3653
—, Brom- **9** 3495
—, Brom-, äthylester **9** 3496
—, Brom-, methylester **9** 3493, 3496
—, Brom-dioxo-dihydro- **10** 3638
—, Brom-dioxo-dihydro-, chlorid **10** 3638
—, Brom-dioxo-dihydro-, methylester
10 3638
—, Brom-dioxo-dimethyl-dihydro- **10** 3657
—, Brom-hydroxy-dioxo-dihydro- **10** 4697
—, Brom-oxo-dihydro- **10** 3376
—, Brom-tetraacetoxy-dioxo-methyl-
dihydro- **10** 4853
—, Brom-tetrahydro- **9** 3353
—, Brom-tetrahydroxy-dioxo-methyl-
dihydro- **10** 4853
—, Carbamoyl-dihydro- **9** 4606
—, Carbamoyl-dihydro-, äthylester
9 4606
—, Carbamoyl-dihydro-, methylester
9 4606
—, Carboxymethylmercapto-dioxo-dihydro-
10 4697, 4699
—, Carboxymethylmercapto-dioxo-dihydro-,
amid **10** 4698
—, [Carboxy-phenyl]- **9** 4706
—, Chlor- **9** 3494
—, Chlorcarbonyl-dihydro-, äthylester
9 4605
—, Chlorcarbonyl-dihydro-, methylester
9 4605
—, Chlor-dihydroxy-dioxo-dihydro-
10 4789
—, Chlor-dioxo-dihydro- **10** 3635, 3636,
3637, 3647, 3648
—, Chlor-dioxo-dihydro-, äthylester
10 3648

Anthracen-carbonsäure, Chlor-dioxo-dihydro-, anhydrid 10 3635

—, Chlor-dioxo-dihydro-, chlorid 10 3636

—, Chlor-dioxo-dihydro-, [hydroxy-äthylamid] 10 3648

—, Chlor-dioxo-dihydro-, methylester 10 3635, 3636, 3637, 3648

—, Chlor-dioxo-dihydro-, nitril 10 3635, 3648, 3649

—, Chlor-dioxo-dimethyl-dihydro- 10 3657

—, Chlor-hydroxy-dioxo-dihydro- 10 4700

—, Chlor-nitro-dioxo-dihydro-, chlorid 10 3653

—, Chlor-nitro-hydroxy-dioxo-dihydro- 10 4697

—, Chlor-oxo-benzyl-dihydro-, nitril 10 3473

—, Cyan-, amid 9 4650

—, Diacetoxy- 10 2004

—, Diacetoxy-dioxo-dihydro- 10 4788, 4790

—, Diacetoxy-dioxo-dihydro-, chlorid 10 4790

—, Diacetoxy-dioxo-dihydro-, methylester 10 4790

—, Diäthoxy- 10 2004

—, Dibrom-dihydro-, methylester 9 3444

—, Dibrom-dioxo-dihydro- 10 3639, 3650

—, Dibrom-dioxo-dihydro-, amid 10 3639

—, Dibrom-dioxo-dihydro-, butylester 10 3639

—, Dichlor-brom-dioxo-dihydro- 10 3650

—, Dichlor-dioxo-dihydro- 10 3637, 3638, 3649

—, Dichlor-dioxo-dihydro-, methylester 10 3638

—, Dichlor-hydroxy-dioxo-dihydro- 10 4699

—, Dichlor-methyl- 9 3506

—, Dichlor-methyl-, chlorid 9 3506

—, Dihydro- 9 3444, 3445

—, Dihydro-, äthylester 9 3445

—, Dihydro-, chlorid 9 3446

—, Dihydro-, diäthylamid 9 3446

—, Dihydro-, [diäthylamino-äthylester] 9 3445

—, Dihydro-, [(diäthylamino-äthylmercapto)-äthylester] 9 3445

—, Dihydro-, [diäthylamino-propylester] 9 3446

—, Dihydro-, [dibutylamino-äthylester] 9 3446

—, Dihydro-, hydrazid 9 3446

—, Dihydro-, methylester 9 3445

—, Dihydroxy- 10 2004, 4467

—, Dihydroxy-dioxo-benzoyl-dihydro- 10 4836

Anthracen-carbonsäure, Dihydroxy-dioxo-[chlor-benzoyl]- dihydro- 10 4837

—, Dihydroxy-dioxo-dihydro- 10 4787, 4789

—, Dihydroxy-dioxo-dihydro-, äthylester 10 4788

—, Dihydroxy-dioxo-dihydro-, amid 10 4788

—, Dihydroxy-dioxo-dihydro-, methylester 10 4790

—, Dihydroxy-dioxo-dihydro-, nitril 10 4789

—, Dihydroxy-dioxo-*p*-toluoyl-dihydro- 10 4837

—, Dihydroxy-diphenyl-dihydro- 10 2022

—, Dihydroxy-methoxy-dioxo-dihydro- 10 4829

—, Dihydroxy-methyl-phenyl-dihydro- 10 4497

—, Dihydroxy-phenyl-dihydro-, methylester 10 3675

—, [Dimethoxy-benzoyl]-dihydro-, methylester 10 4708

—, Dimethoxy-dioxo-dihydro- 10 4790

—, Dimethoxy-dioxo-dihydro-, methylester 10 4790

—, [Dimethyl-benzoyl]-dihydro-, methylester 10 3484, 3485

—, Dinitro-hydroxy-dioxo-dihydro- 10 4697

—, Dinitro-octahydro- 9 3103

—, Dioxo-äthyl-dihydro- 10 3656

—, Dioxo-benzoyl-dihydro- 10 4034, 4035, 4036

—, Dioxo-benzoyl-dihydro-, methylester 10 4035

—, Dioxo-benzoyl-dihydro-, nitril 10 4035

—, Dioxo-butyl-dihydro- 10 3659

—, Dioxo-cyan-dihydro- 10 4083

—, Dioxo-cyan-dihydro-, methylester 10 4086

—, Dioxo-dichlormethyl-dihydro- 10 3655

—, Dioxo-dihydro- 10 3633, 3640

—, Dioxo-dihydro-, äthylester 10 3640

—, Dioxo-dihydro-, amid 10 3634

—, Dioxo-dihydro-, bornylester 10 3642

—, Dioxo-dihydro-, chlorid 10 3634, 3647

—, Dioxo-dihydro-, cholesterylester 10 3643

—, Dioxo-dihydro-, cinnamylester 10 3642

—, Dioxo-dihydro-, [dimethyl-cyclohexenyl-nonatrieninylester] 10 3644

—, Dioxo-dihydro-, [dimethyl-(trimethyl-cyclohexenyl)-nonatetraenylester] 10 3644

—, Dioxo-dihydro-, ergosterylester 10 3644

Anthracen-carbonsäure, Dioxo-dihydro-,
hexenylester **10** 3641
—, Dioxo-dihydro-, hexinylester **10** 3641
—, Dioxo-dihydro-, isopropylester
10 3640
—, Dioxo-dihydro-, lanostenylester
10 3643
—, Dioxo-dihydro-, [methoxy-
pentylester] **10** 3645
—, Dioxo-dihydro-, [methoxy-
propylester] **10** 3644
—, Dioxo-dihydro-, [methyl-
butenylester] **10** 3640
—, Dioxo-dihydro-, methylester **10** 3634,
3640
—, Dioxo-dihydro-, [methyl-isopropenyl-
hexenylester] **10** 3641
—, Dioxo-dihydro-, [methyl-(trimethyl-
cyclohexenyl)-allylester] **10** 3642
—, Dioxo-dihydro-, [methyl-(trimethyl-
cyclohexenyl)-butenylester]
10 3642
—, Dioxo-dihydro-, [methyl-(trimethyl-
cyclohexenyl)-heptatrienylester]
10 3643
—, Dioxo-dihydro-, nitril **10** 3635
—, Dioxo-dihydro-, nonylester **10** 3640
—, Dioxo-dihydro-, [phenyl-allylester]
10 3643
—, Dioxo-dihydro-, phenylester **10** 3642
—, Dioxo-dihydro-, [trimethyl-
norbornylester] **10** 3642
—, Dioxo-[dimethyl-benzoyl]-dihydro-
10 4036
—, Dioxo-dimethyl-dihydro- **10** 3656, 3657
—, Dioxo-dimethyl-dihydro-, chlorid
10 3656
—, Dioxo-dimethyl-dihydro-, nitril
10 3656
—, Dioxo-methyl-dihydro- **10** 3654, 3655
—, Dioxo-methyl-dihydro-, chlorid
10 3654, 3655
—, Dioxo-methyl-dihydro-, nitril
10 3654
—, Dioxo-phenyl-dihydro- **10** 3674
—, Dioxo-phenyl-dihydro-, methylester
10 3675
—, Dioxo-phenyl-hexahydro-,
methylester **10** 3675
—, Dioxo-propyl-dihydro- **10** 3658
—, Diphenyl- **9** 3689
—, Diphenyl-, methylester **9** 3689
—, Diphenyl-, nitril **9** 3689
—, Diphenyl-dihydro- **9** 3687
—, Diphenyl-dihydro-, methylester
9 3688
—, Hydroxy- **10** 1299
—, Hydroxy-dioxo-dihydro- **10** 4696,
4698, 4699, 4700

Anthracen-carbonsäure, Hydroxy-dioxo-
methyl-dihydro- **10** 4701
—, Hydroxy-methoxy-dioxo-dihydro-
10 4788
—, Hydroxy-methyl-phenyl- **10** 3475
—, Hydroxy-oxo-äthyl-dihydro- **10** 4467
—, Hydroxy-oxo-benzyl-dihydro- **10** 4496
—, Hydroxy-oxo-[chlor-phenyl]-dihydro-
10 4495
—, Hydroxy-oxo-dihydro- **10** 4463
—, Hydroxy-oxo-methyl-phenyl-dihydro-
10 4497
—, Hydroxy-phenyl- **10** 3471
—, Hydroxy-*p*-tolyl- **10** 3474
—, Methoxy-, nitril **10** 1299
—, [Methoxy-benzoyl]-dihydro- **10** 4496
—, [Methoxy-benzoyl]-dihydro-,
methylester **10** 4497
—, Methoxy-dioxo-dihydro- **10** 4697
—, [Methoxy-phenyl]- **10** 1342
—, Methyl- **9** 3506
—, Methyl-dihydro- **9** 3461, 3462
—, Methyl-dihydro-, [diäthylamino-
äthylester] **9** 3461, 3462
—, Methyl-phenyl- **9** 3653
—, Methyl-phenyl-dihydro- **9** 3638
—, Nitro-dioxo-dihydro- **10** 3640, 3650,
3653
—, Nitro-dioxo-dihydro-, äthylester
10 3651
—, Nitro-dioxo-dihydro-, allylester
10 3653
—, Nitro-dioxo-dihydro-, benzylester
10 3653
—, Nitro-dioxo-dihydro-, butylester
10 3651
—, Nitro-dioxo-dihydro-,
sec-butylester **10** 3651
—, Nitro-dioxo-dihydro-,
tert-butylester **10** 3651
—, Nitro-dioxo-dihydro-,
[chlor-äthylester] **10** 3651
—, Nitro-dioxo-dihydro-, chlorid **10** 3653
—, Nitro-dioxo-dihydro-,
cholesterylester **10** 3653
—, Nitro-dioxo-dihydro-, decylester
10 3653
—, Nitro-dioxo-dihydro-, heptylester
10 3652
—, Nitro-dioxo-dihydro-,
hexadecylester **10** 3653
—, Nitro-dioxo-dihydro-, hexylester
10 3652
—, Nitro-dioxo-dihydro-, isobutylester
10 3651
—, Nitro-dioxo-dihydro-,
isopentylester **10** 3652
—, Nitro-dioxo-dihydro-,
isopropylester **10** 3651

Anthracen-carbonsäure, Nitro-dioxo-
dihydro-, [methyl-butylester] 10 3652
—, Nitro-dioxo-dihydro-, methylester
10 3650
—, Nitro-dioxo-dihydro-, [methyl-
heptylester] 10 3652
—, Nitro-dioxo-dihydro-, nonylester
10 3652
—, Nitro-dioxo-dihydro-, octylester
10 3652
—, Nitro-dioxo-dihydro-, pentylester
10 3651
—, Nitro-dioxo-dihydro-,
tert-pentylester 10 3652
—, Nitro-dioxo-dihydro-, propylester
10 3651
—, Nitro-hydroxy-dioxo-dihydro- 10 4697
—, Nitro-hydroxy-dioxo-dihydro-,
chlorid 10 4698
—, Octahydro- 9 3102, 3103
—, Octahydro-, methylester 9 3103
—, Oxo-äthyl-dihydro-, methylester
10 3392
—, Oxo-dibenzyl-dihydro-, nitril
10 3507
—, Oxo-dihydro-, nitril 10 3376
—, Oxo-methyl-diphenyl-dihydro- 10 3506
—, Oxo-methyl-phenyl-dihydro- 10 3474
—, Oxo-phenyl-dihydro- 10 3471
—, Oxo-*p*-tolyl-dihydro- 10 3474
—, Pentaacetoxy- 10 2589
—, Phenyl- 9 3648
—, Phenyl-, äthylester 9 3648
—, Phenyl-, methylester 9 3648
—, Phenyl-, nitril 9 3648
—, Tetraacetoxy-dioxo-methyl-dihydro-
10 4853
—, Tetrahydro- 9 3352, 3353
—, Tetrahydro-, äthylester 9 3352
—, Tetrahydro-, amid 9 3353
—, Tetrahydro-, nitril 9 3353
—, Tetrahydroxy-dioxo-hydroxymethyl-
dihydro-, methylester 10 4864
—, Tetrahydroxy-dioxo-methyl-acetyl-
dihydro- 10 4853
—, Tetrahydroxy-dioxo-methyl-dihydro-
10 4853
—, Tetrahydroxy-methyl- 10 4783
—, *p*-Toluoyl-dihydro- 10 3483
—, *p*-Toluoyl-dihydro-, chlorid 10 3483
—, *p*-Toluoyl-dihydro-, methylester
10 3483
—, Triacetoxy-dioxo-dihydro- 10 4829, 4830
—, Triacetoxy-dioxo-dihydro-,
äthylester 10 4831
—, Triacetoxy-dioxo-dihydro-,
methylester 10 4830
—, Triacetoxy-dioxo-methyl-dihydro-
10 4831

Anthracen-carbonsäure, Trichlor-dioxo-
dihydro- 10 3638, 3649, 3650
—, [Trichlor-phenylmercapto]-dioxo-
dihydro- 10 4699
—, Trihydroxy-dioxo-dihydro- 10 4828,
4829, 4830
—, Trihydroxy-dioxo-dihydro-,
äthylester 10 4830
—, Trihydroxy-dioxo-dihydro-,
methylester 10 4829
—, Trihydroxy-dioxo-methyl-dihydro-
10 4831
—, Trihydroxy-oxo-methyl-dihydro-
10 4783
—, Trimethoxy-diacetoxy- 10 2589
—, Trimethoxy-dioxo-dihydro- 10 4829
—, Trimethoxy-dioxo-dihydro-, amid
10 4830
—, Trimethoxy-dioxo-dihydro-, chlorid
10 4830
—, Trimethoxy-dioxo-methyl-dihydro-
10 4831
—, Trimethoxy-dioxo-methyl-dihydro-,
methylester 10 4831
—, Veratroyl-dihydro-, methylester
10 4708
Anthracen-carbonsäure-äthylester 9 3493
— amid 9 3495
— chlorid 9 3493, 3494
— [diäthylamino-äthylester] 9 3495
— methylester 9 3492, 3493, 3495
— nitril 9 3493, 3494, 3495
Anthracen-carbonylchlorid 9 3493, 3494
—, Acetoxy-dioxo-dihydro- 10 4700, 4701
—, Benzoyl-dihydro- 10 3474
—, Brom-dioxo-dihydro- 10 3638
—, Chlor-dioxo-dihydro- 10 3636
—, Chlor-nitro-dioxo-dihydro- 10 3653
—, Diacetoxy-dioxo-dihydro- 10 4790
—, Dichlor-methyl- 9 3506
—, Dihydro- 9 3446
—, Dioxo-dihydro- 10 3634, 3647
—, Dioxo-dimethyl-dihydro- 10 3656
—, Dioxo-methyl-dihydro- 10 3654, 3655
—, Nitro-dioxo-dihydro- 10 3653
—, Nitro-hydroxy-dioxo-dihydro- 10 4698
—, *p*-Toluoyl-dihydro- 10 3483
—, Trimethoxy-dioxo-dihydro- 10 4830
Anthracen-dicarbamid 9 4648, 4649
—, Dihydro- 9 4606
Anthracen-dicarbonitril 9 4647, 4650
—, Dichlor-dioxo-dihydro- 10 4084
—, Dihydroxy-dioxo-dihydro- 10 4855
—, Dioxo-dihydro- 10 4086
—, Dioxo-dimethyl-dihydro- 10 4088, 4089
—, Oxo-bis-[chlor-benzyl]-dihydro-
10 4039
—, Tetrabrom-dioxo-dihydro- 10 4085
—, Tetrachlor-dioxo-dihydro- 10 4084

Anthracen-dicarbonitril, Tetrahydro- 9 4549
Anthracen-dicarbonsäure 9 4647, 4648, 4649
—, Bis-[bis-äthoxycarbonyl-phenyl]-,
   diäthylester 9 4916, 4917
—, Bis-[bis-chlorcarbonyl-phenyl]-,
   dichlorid 9 4916, 4917
—, Bis-[bis-methoxycarbonyl-phenyl]-,
   dimethylester 9 4916
—, Bis-[chlor-phenyl]-bis-[chlor-
   benzoyl]- 10 4103
—, Bis-[dicarboxy-phenyl]- 9 4916
—, Bis-[dicarboxy-phenyl]-dihydro-
   10 2639
—, Bis-[methoxy-phenyl]- 10 2550
—, Brom-, diäthylester 9 4648
—, Cyan-, diäthylester 9 4844
—, Dibenzyl-dihydro- 9 4728
—, Dichlor- 9 4649
—, Dichlor-dihydro-, diäthylester
   9 4603
—, Dichlor-dioxo-dihydro- 10 4086, 4087
—, Dichlor-dioxo-dihydro-,
   dimethylester 10 4087
—, Dichlor-dioxo-dihydro-, dinitril
   10 4084
—, Dihydro- 9 4603
—, Dihydro-, äthylester 9 4604
—, Dihydro-, äthylester-amid 9 4606
—, Dihydro-, äthylester-chlorid
   9 4605
—, Dihydro-, amid 9 4606
—, Dihydro-, bis-[diäthylamino-
   äthylester] 9 4605
—, Dihydro-, diäthylester 9 4604
—, Dihydro-, diamid 9 4606
—, Dihydro-, dichlorid 9 4605
—, Dihydro-, dihydrazid 9 4606
—, Dihydro-, dimethylester 9 4603
—, Dihydro-, diphenylester 9 4605
—, Dihydro-, methylester 9 4603
—, Dihydro-, methylester-äthylester
   9 4604
—, Dihydro-, methylester-amid 9 4606
—, Dihydro-, methylester-chlorid
   9 4605
—, Dihydro-, methylester-phenylester
   9 4604
—, Dihydroxy- 10 2536, 4791
—, Dihydroxy-bis-[dicarboxy-phenyl]-
   dihydro- 10 2639
—, Dihydroxy-bis-[dimethyl-phenyl]-
   dihydro- 10 2550
—, Dihydroxy-dioxo-dihydro- 10 4855
—, Dihydroxy-dioxo-dihydro-, dinitril
   10 4855
—, Dihydroxy-di-[2.4]xylyl-dihydro-
   10 2550
—, Diisobutyl-dihydro- 9 4646
—, Dioxo-dibenzoyl-dihydro- 10 4156

Anthracen-dicarbonsäure, Dioxo-dihydro-
   10 4082, 4083, 4085, 4086
—, Dioxo-dihydro-, diäthylester
   10 4084
—, Dioxo-dihydro-, dichlorid 10 4083, 4084
—, Dioxo-dihydro-, dimethylester
   10 4082
—, Dioxo-dihydro-, dinitril 10 4086
—, Dioxo-dihydro-, methylester-nitril
   10 4086
—, Dioxo-dihydro-, nitril 10 4083
—, Dioxo-dimethyl-dihydro- 10 4088, 4089
—, Dioxo-dimethyl-dihydro-, dinitril
   10 4088, 4089
—, Diphenoxy-dioxo-dihydro- 10 4854
—, Diphenyl- 9 4730
—, Diphenyl-, diäthylester 9 4730
—, Diphenyl-dihydro- 9 4727
—, Diphenyl-dihydro-, diäthylester
   9 4728
—, Diphenylmercapto-dioxo-dihydro-
   10 4855
—, Di-*p*-tolyl- 9 4733
—, Hydroxy- 10 4021
—, Hydroxy-dioxo-dihydro- 10 4835
—, Hydroxy-oxo-dihydro- 10 4791
—, Hydroxy-oxo-phenyl-dihydro- 10 4796
—, Hydroxy-oxo-*p*-tolyl-dihydro- 10 4796
—, Hydroxy-phenyl- 10 4033
—, Oxo-bis-[chlor-benzyl]-dihydro-,
   dinitril 10 4039
—, Oxo-dihydro- 10 4021
—, Oxo-phenyl-dihydro- 10 4033
—, Phenyl- 9 4706
—, Tetrabrom-dioxo-dihydro- 10 4085
—, Tetrabrom-dioxo-dihydro-,
   diäthylester 10 4085
—, Tetrachlor-dioxo-dihydro-, dinitril
   10 4084
—, Tetrahydro-, dinitril 9 4549
Anthracen-dicarbonsäure-amid-nitril
   9 4650
— diäthylester 9 4647
— diamid 9 4648, 4649
— dichlorid 9 4647, 4648, 4649
— dimethylester 9 4649
— dinitril 9 4647, 4650
Anthracen-dicarbonylchlorid 9 4647,
   4648, 4649
—, Bis-[bis-chlorcarbonyl-phenyl]-
   9 4916, 4917
—, Dihydro- 9 4605
—, Dioxo-dihydro- 10 4083, 4084
Anthracendiol, Bis-[dicarboxy-benzoyl]-
   10 4874
—, Dibenzoyloxy- 9 823, 824
Anthracendiyldibenzoat 9 645
Anthracen-sulfonsäure, Dioxo-phenyl-
   dihydro- 10 3455

Anthracen-tetracarbonsäure,
Dioxo-dihydro- **10** 4174, 4175
—, Dioxo-dihydro-, tetrachlorid
10 4174, 4175
—, Dioxo-dihydro-, tetramethylester
10 4174
Anthracen-tetracarbonylchlorid,
Dioxo-dihydro- **10** 4174, 4175
Anthracen-tricarbonsäure 9 4843, 4844
—, Dioxo-dihydro- **10** 4154
—, Dioxo-dihydro-, trimethylester
10 4154, 4155
Anthracen-tricarbonsäure-diäthylester-
nitril **9** 4844
— trimethylester **9** 4843
Anthracentriol, Benzoyloxy- **9** 823
Anthrachinon, Acetoxy-benzoyloxy- **9** 827
—, Benzoyloxy- **9** 805
—, [Benzoyloxy-phenyldithio]- **9** 563
—, Bis-[carboxy-benzoyl]- **10** 4156
—, Bis-[carboxy-phenoxy]- **10** 102
—, Bis-[dicarboxy-benzoyl]- **10** 4180
—, Bis-[hydroxy-oxo-phthalanyl]-
10 4156
—, Bis-[methoxycarbonyl-phenoxy]-
10 110
—, Brom-methoxy-benzoyloxy- **9** 827
—, [Chlorcarbonyl-phenoxy]- **10** 340
—, Chlor-[(chlor-benzoyloxy)-methyl]-
9 1361
—, Dibenzoyloxy- **9** 827
—, Dibenzoyloxy-benzoyloxymethyl-
9 845
—, [(Dinitro-benzoyloxy)-methyl]- **9** 1933
—, Hydroxy-dibenzoyloxy- **9** 844
—, Hydroxy-dibenzoyloxy-methyl- **9** 844
—, Hydroxy-[hydroxy-naphthoyloxy]-
10 1088
—, Hydroxy-tribenzoyloxy-methyl- **9** 849
—, Methoxy-benzoyloxy-methyl- **9** 828
—, Methoxy-dibenzoyloxy-
benzoyloxymethyl- **9** 850
—, Tetrabenzoyloxy-methyl- **9** 849, 850
—, Tetrakis-[carboxy-phenylmercapto]-
10 223
—, Tribenzoyloxy- **9** 844
—, Tribenzoyloxy-benzoyloxymethyl-
9 850
—, Tribenzoyloxy-methyl- **9** 845
Anthrachinon-carbonsäure 10 3633, 3640
Anthrachinon-dicarbonsäure 10 4084, 4085,
4087, 4088; *Derivate s. unter
Anthracen-dicarbonsäure*
Anthrachinon-tetracarbonsäure 10 4176,
4177; *Derivate s. unter Anthracen-
tetracarbonsäure*
Anthrachinon-tricarbonsäure 10 4156, 4157;
*Derivate s. unter Anthracen-tricarbon=
säure*

Anthra[1.2-c:5.6-c']difuran, Dihydroxy-
tetraoxo-diphenyl-hexahydro-
10 4156
Anthra[1.2-b]furan, Hydroxy-dioxo-
decahydro- **10** 3611
—, Hydroxy-oxo-decahydro- **10** 3241
Anthra[1.2-c]furan, Hydroxy-oxo-phenyl-
dihydro- **10** 3489
—, Hydroxy-trioxo-phenyl-tetrahydro-
10 4034, 4035
Anthra[2.3-c]furan, Hydroxy-trioxo-
phenyl-tetrahydro- **10** 4036
—, Trihydroxy-trioxo-[chlor-phenyl]-
tetrahydro- **10** 4837
—, Trihydroxy-trioxo-phenyl-tetrahydro-
10 4836
—, Trihydroxy-trioxo-p-tolyl-
tetrahydro- **10** 4837
Anthra[9.1-bc]furan, Tetrahydroxy-oxo-
methyl-dihydro- **10** 4783
Anthra[9.1-bc]furan-carbonsäure,
Dihydroxy-oxo-phenyl-dihydro-
10 4796
—, Dihydroxy-oxo-p-tolyl-dihydro-
10 4796
—, Hydroxy-oxo-dihydro- **10** 4021
Anthrahydrochinon-dicarbonsäure 10 4791
Anthroesäure 9 3494;
Derivate s. unter Anthracen-carbonsäure
Anthrol, Benzoyloxy- **9** 767
Anthron, Benzoyloxy- **9** 767
—, Bis-[carboxy-äthyl]- **10** 4025
—, Bis-[cyan-äthyl]- **10** 4025
—, [Brom-benzoyloxy]-bis-[(brom-
benzoyloxy)-phenyl]- **9** 1398
—, Dihydroxy-benzoyloxy- **9** 823
—, Dimethyl-bis-[carboxy-äthyl]-
10 4026
—, Hydroxy-bis-[dicarboxy-benzoyl]-
10 4874
—, Hydroxy-bis-[hydroxy-oxo-carboxy-
phthalanyl]- **10** 4874
—, Hydroxy-dibenzoyloxy- **9** 823, 824
Anthron-benzoylimin **9** 1103
Anthron-carbonsäure s. *Anthracen-
carbonsäure, Oxo-dihydro-*
Anthron-dicarbonsäure 10 4021
Anthropocholoidansäure 9 4906
Anthropodesoxycholsäure 10 1635
Anthropoisocholoidansäure 9 4906
Anthrylbenzoat 9 520
Antimonigsäure-[carboxy-phenylester]-
[o-phenylenester] **10** 107, 249, 296
Anziasäure 10 1580
—, Triacetyl- **10** 1581
—, Triacetyl-, äthylester **10** 1581
—, Triacetyl-, methylester **10** 1581
—, Trimethyl-, methylester **10** 1581
—, Tris-äthoxycarbonyl- **10** 1582

Anziasäure-äthylester **10** 1580
— methylester **10** 1580
Apocamphancarbonsäure 9 220
π**-Apocamphan-carbonsäure 9** 221
Apocamphencarbonsäure 9 313
Apocamphencarbonsäure-hydrochlorid
   9 313
Apocamphersäure 9 3850
—, Carboxy- **9** 4754
—, Diketo-, dimethylester **10** 4050
Apocamphersäure-diäthylester **9** 3850
Apocamphochinon, Carboxy- **10** 3528
4′**-Apo-**γ**-carotinsäure 9** 3617
α**-Apochenodesoxycholsäure 10** 968
β**-Apochenodesoxycholsäure 10** 968, 1636
γ**-Apochenodesoxycholsäure 10** 1636
Apocholadiensäure 9 3263
Apocholansäure 9 2919
Apocholatriensäure 9 3263
Apocholsäure 10 1888
Apocholsäure-hydrazid **10** 1891
— methylester **10** 1890
β**-Apocholsäure 10** 1887
β**-Apocholsäure-**methylester **10** 1890
Apofenchocamphersäure 9 3849
—, Methyl- **9** 3897
Apogossypolsäure 10 2460
Apogossypolsäure-dimethylester **10** 2460
Aposantensäure 9 3826
Aposantonsäure 10 2963
—, Dihydro- **10** 2948
—, Dihydro-, oxim **10** 2948
Aposantonsäure-oxim **10** 2964
Arabit, Diacetyl-tribenzoyl- **9** 702
—, Dibenzoyl- **9** 701
—, Pentagalloyl- **10** 2085
—, Pentakis-[triacetoxy-benzoyl]-
   10 2085
—, Triacetyl-dibenzoyl- **9** 702
Arctigeninsäure 10 2584
β**-Arctigeninsäure 10** 2584
Arginin, Benzoyl- **9** 1230
—, Benzoyl-, äthylester **9** 1232
—, Benzoyl-, amid **9** 1233
—, Benzoyl-, benzoylamid **9** 1234
—, Benzoyl-, benzylester **9** 1232
—, Benzoyl-, cyclohexylester **9** 1232
—, Benzoyl-, isopropylester **9** 1232
—, Benzoyl-, methylester **9** 1231
—, Bis-[dinitro-benzoyl]- **9** 1943
—, Dibenzoyl- **9** 1231
—, Dibenzoyl-, benzoylamid **9** 1234
—, Dibenzoyl-, methylester **9** 1231
—, Hippuroyl-, amid **9** 1135
—, [Nitro-benzoyl]- **9** 1747
—, Nitro-hippuroyl- **9** 1136
—, Nitro-hippuroyl-, amid **9** 1136
—, Trimethyl-benzoyl- **9** 1119
Arnidendiol, Dibenzoyl- **9** 608

Arnidiol, Dibenzoyl- **9** 608
Arsin, Tris-[carboxy-phenylmercapto]-
   10 226
Artemionsäure 10 3558
—, Hexahydro- **10** 4193
—, Tetrahydro- **10** 3535
Artemionsäure-methylester **10** 3559
Artemisiasäure, Dihydro- **10** 1004
Artemisinsäure 10 4570
—, Tetrahydro- **10** 4505
Artemisinsäure-methylester **10** 4570
Artemisonsäure 10 2621
Asaronsäure 10 2065
Asaronsäure-amid **10** 2068
— nitril **10** 2068
Ascosterin, Benzoyl- **9** 482
Asiatsäure 10 2281
—, Triacetyl- **10** 2282
—, Triacetyl-, methylester **10** 2283
Asiatsäure-methylester **10** 2282
Asparagin, Benzoyl- **9** 1189
—, [Dinitro-benzoyl]- **9** 1942
—, Hippuroyl- **9** 1135
—, Phenylacetyl- **9** 2225
—, Thiobenzoyl- **9** 1982
Asparaginsäure, Äthoxycarbonylmethyl-
   benzoyl-, diäthylester **9** 1189
—, Benzoyl- **9** 1188
—, [Dinitro-benzoyl]- **9** 1942
—, Hippuroyl- **9** 1135
—, [Methoxy-benzoyl]- **10** 342
—, [Nitro-benzoyl]- **9** 1737
—, Thiobenzoyl- **9** 1981
—, p-Toluoyl- **9** 2347
Aspirin 10 102
Asterrsäure 10 2062
—, Diacetyl- **10** 2064
Asterrsäure-methylester **10** 2062
Atractyligenin 10 1869
—, Diacetyl- **10** 1869
Atranorin 10 4540
—, Chlor- **10** 4542
—, Dimethyl- **10** 4540
—, Trimethyl-chlor- **10** 4542
—, Trimethyl- **10** 4541
—, Trimethyl-chlor-, semicarbazon
   10 4542
Atroglycerinsäure 10 1526
—, Dideuterio- **10** 560
Atrolactinsäure 10 560
Atrolactinsäure-äthylester **10** 561
— [diäthylamino-äthylester] **10** 562
— [diäthylamino-dimethyl-propylester]
   10 563
— [dibutylamino-äthylester] **10** 562
— [dibutylamino-propylester] **10** 562
— [dimethylamino-dimethyl-propylester]
   10 562
— methylester **10** 561

Atronsäure 9 3517
Atropamid 9 2752
Atropasäure 9 2751
Atropasäure-äthylester 9 2751
— [diäthylamino-äthylester] 9 2752
— methylester 9 2751
Atroponitril 9 2752
Atropoylchlorid 9 2752
Aurin-tricarbonsäure 10 4866
Auxin-a 10 2045
Auxin-b 10 4194
Azafrin 10 1988
Azafrin-methylester 10 1988
**Azidodithioameisensäure-benzoesäure-
anhydrid** 9 1974
**Azidodithioameisensäure-[brom-
benzoesäure]-anhydrid** 9 1990
Azobenzaldehyd 9 1323
Azotoluol, Dioxo- 9 1323
Azulen, Benzoyloxyimino-decahydro-
9 1276
Azulen-carbonitril, Methyl-isopropenyl-
9 3351
Azulen-carbonsäure, Äthyl-, äthylester
9 3218
—, Dimethyl- 9 3218
—, Dimethyl-, äthylester 9 3219
—, Dimethyl-, methylester 9 3219
—, Dimethyl-isopropyl-, äthylester
9 3246
—, Methyl-isopropenyl-, nitril
9 3351
—, Trimethyl- 9 3229
Azulen-dicarbonsäure, Trimethyl-
decahydro- 9 4023
Azulenon, Octahydro-, [benzoyl-oxim]
9 1276

B

Baeomycessäure 10 4541
Baeomycessäure-methylester 10 4541
Barbatinaldehyd, Bis-äthoxycarbonyl-
10 1539
Barbatinsäure 10 1542
—, Bis-äthoxycarbonyloxy- 10 1548
—, Diacetyl-, äthylester 10 1547
—, Diacetyl-, butylester 10 1548
—, Diacetyl-, isobutylester 10 1548
—, Diacetyl-, isopentylester 10 1548
—, Diacetyl-, isopropylester 10 1547
—, Diacetyl-, pentylester 10 1548
—, Diacetyl-, propylester 10 1547
—, Dimethyl-, methylester 10 1544
—, Methyl-, methylester 10 1543
Barbatinsäure-äthylester 10 1543
— butylester 10 1543
— isobutylester 10 1543
— isopentylester 10 1544

Barbatinsäure-isopropylester 10 1543
— methylester 10 1542
— pentylester 10 1544
— propylester 10 1543
Barbatol-carbonsäure 10 4723
Barbatolsäure 10 4723
Barbatolsäure-dioxim 10 4723
— methylester 10 4723
Barbatorin 10 4539
Barbatorin-dioxim 10 4540
— disemicarbazon 10 4540
A₁-Barrigenol, Tetrabenzoyl- 9 705
—, Tetrakis-[dinitro-benzoyl]-
9 1777
Bassiasäure 10 2310
—, Triacetyl-, hydrat 10 2311
—, Triacetyl-, methylester 10 2311
Bassiasäure-methylester 10 2311
Behensäure s. *Docosansäure*
Benihisäure 9 219
Benihisäure-amid 9 220
— methylester 9 219
— nitril 9 219
Benihylcyanid 9 237
Benzaldehyd, Acetoxy-[acetoxy-(diacetoxy-
methyl-benzoyloxy)-methyl-benzoyloxy]-
methyl- 10 1494
—, Acetoxy-[acetoxy-(triacetoxy-methyl-
benzoyloxy)-methyl-benzoyloxy]-
methyl- 10 2110
—, Acetoxy-[triacetoxy-methyl-
benzoyloxy]-methyl- 10 2108
—, Äthoxy-, [äthoxy-benzoylhydrazon]
10 357
—, Benzoyloxy- 9 728, 729
—, Benzoyloxy-, azin 9 729
—, Benzoyloxy-, semicarbazon 9 728
—, Benzoyloxy-isopropyl-, semicarbazon
9 733
—, [Bis-äthoxycarbonyloxy-dimethyl-
benzoyloxy]-äthoxycarbonyloxy-
dimethyl- 10 1539
—, [Bis-äthoxycarbonyloxy-dimethyl-
benzoyloxy]-äthoxycarbonyloxy-
methyl- 10 1539
—, [(Bis-äthoxycarbonyloxy-methyl-
benzoyloxy)-äthoxycarbonyloxy-
methyl-benzoyloxy]-
äthoxycarbonyloxy-methyl- 10 1496
—, [Brom-benzoyloxy]- 9 1396
—, Brom-methoxy-benzoyloxy- 9 782
—, Chlor-, [benzoyl-oxim] 9 1279
—, Chlor-, [hydroxymethyl-
benzoylhydrazon] 10 502, 503
—, Chlor-, [nitro-benzoylhydrazon]
9 1485, 1529, 1754
—, Chlor-, [nitro-hydroxymethyl-
benzoylhydrazon] 10 504
—, Chlor-benzoyloxy- 9 728

Benzaldehyd, Chlor-benzoyloxy-,
  semicarbazon **9** 729
—, [Chlor-benzoyloxy]- **9** 1336, 1348, 1360
—, Chlor-hydroxy-, benzoylimin **9** 1108
—, Chlor-nitro-, oxim **9** 1341, 1350, 1367
—, Dibenzoyloxy- **9** 781, 782
—, Dibenzoyloxy-methyl- **9** 787
—, Dihydroxy-benzoyloxy- **9** 808, 809
—, Dihydroxy-benzoyloxy-methyl- **9** 816
—, Dihydroxy-benzoyloxy-pentyl- **9** 817
—, Dihydroxy-[methoxy-
  äthoxycarbonyloxy-propyl-
  benzoyloxy]-pentyl- **10** 1562
—, Dihydroxy-[triacetoxy-benzoyloxy]-
  10 2086
—, Dimethoxy-, [nitro-benzoylhydrazon]
  9 1534
—, Dimethoxy-, [phenylacetyl-hydrazon]
  9 2259
—, Dimethoxy-benzoyloxy- **9** 809
—, Dimethoxy-benzoyloxy-methyl- **9** 815
—, Dimethoxy-[dimethoxy-propyl-
  benzoyloxy]-propyl- **10** 1561
—, Dinitro-, [benzoyl-oxim] **9** 1523
—, Dinitro-, oxim **9** 1481, 1523
—, Hydroxy-, benzoylimin **9** 1108
—, Hydroxy-, [brom-benzoylhydrazon]
  9 1391
—, Hydroxy-, [chlor-benzoylhydrazon]
  9 1353
—, Hydroxy-, cyclohexan=
  carbonylhydrazon **9** 31
—, Hydroxy-, [dinitro-methyl-
  benzoylhydrazon] **9** 2377
—, Hydroxy-, [jod-benzoylhydrazon]
  9 1450
—, Hydroxy-, [nitro-benzoylhydrazon]
  9 1488
—, Hydroxy-, phenylacetylimin **9** 2206
—, Hydroxy-[acetoxy-(diacetoxy-methyl-
  benzoyloxy)-methyl-benzoyloxy]-
  methyl- **10** 1494
—, Hydroxy-[acetoxy-(triacetoxy-methyl-
  benzoyloxy)-methyl-benzoyloxy]-
  methyl- **10** 2109
—, Hydroxy-benzoyloxy- **9** 781, 782
—, Hydroxy-benzyloxy-benzoyloxy- **9** 809
—, Hydroxy-bis-[acetoxy-benzoyloxy]-
  10 321
—, Hydroxy-[bis-äthoxycarbonyloxy-
  dimethyl-benzoyloxy]-dimethyl-
  10 1539
—, Hydroxy-[bis-äthoxycarbonyloxy-
  dimethyl-benzoyloxy]-methyl-
  10 1538
—, Hydroxy-[(bis-äthoxycarbonyloxy-
  methyl-benzoyloxy)-
  äthoxycarbonyloxy-methyl-
  benzoyloxy]-methyl- **10** 1496

Benzaldehyd, Hydroxy-dibenzoyloxy- **9** 810
—, Hydroxy-[methoxy-äthoxycarbonyloxy-
  dimethyl-benzoyloxy]-dimethyl-
  10 1539
—, Hydroxy-[methoxy-äthoxycarbonyloxy-
  dimethyl-benzoyloxy]-methyl-
  10 1538
—, Hydroxy-[(methoxy-äthoxycarbonyloxy-
  methyl-benzoyloxy)-
  äthoxycarbonyloxy-methyl-
  benzoyloxy]-methyl- **10** 1495
—, Hydroxy-[methoxy-äthoxycarbonyloxy-
  methyl-benzoyloxy]-heptyl-
  10 1485
—, Hydroxy-[methoxy-äthoxycarbonyloxy-
  methyl-benzoyloxy]-methyl-
  10 1485
—, Hydroxy-[methoxy-äthoxycarbonyloxy-
  pentyl-benzoyloxy]-pentyl-
  10 1579
—, Hydroxy-[methoxy-äthoxycarbonyloxy-
  pentyl-benzoyloxy]-propyl-
  10 1579
—, Hydroxy-methoxy-benzoyloxy- **9** 809
—, Hydroxy-methoxy-benzoyloxy-methyl-
  9 815
—, Hydroxy-methoxy-[dimethoxy-propyl-
  benzoyloxy]-pentyl- **10** 1562
—, Hydroxy-methoxy-[methoxy-
  äthoxycarbonyloxy-propyl-
  benzoyloxy]-pentyl- **10** 1562
—, Hydroxy-methyl-,
  [brom-benzoylhydrazon] **9** 1391,
  1403, 1425
—, Hydroxy-methyl-,
  [chlor-benzoylhydrazon] **9** 1372
—, Hydroxy-methyl-, [dinitro-
  benzoylhydrazon] **9** 1949
—, Hydroxy-methyl-, naphthoylhydrazon
  9 3190
—, Hydroxy-methyl-,
  [nitro-benzoylhydrazon] **9** 1533, 1757
—, Hydroxy-[triacetoxy-methyl-
  benzoyloxy]-methyl- **10** 2108
—, Hydroxy-[(tris-äthoxycarbonyloxy-
  methyl-benzoyloxy)-
  äthoxycarbonyloxy-methyl-
  benzoyloxy]-methyl- **10** 2110
—, Hydroxy-[tris-äthoxycarbonyloxy-
  methyl-benzoyloxy]-methyl-
  10 2108, 2113
—, Isopropyl-, [nitro-benzoylhydrazon]
  9 1531, 1755
—, Jod-methoxy-benzoyloxy- **9** 783
—, Methoxy-, [äthoxy-benzoylhydrazon]
  10 357
—, Methoxy-, [benzoyl-oxim] **9** 1293, 1294
—, Methoxy-, cyclohexancarbonyl=
  hydrazon **9** 31

Benzaldehyd, Methoxy-, [(cyclohexyl-cyan-acetyl)-hydrazon] **9** 3835
—, Methoxy-, mandeloylimin **10** 470
—, Methoxy-, [(methoxy-phenyl)-propionylhydrazon] **10** 542
—, Methoxy-, [nitro-benzoylhydrazon] **9** 1533, 1756
—, Methoxy-, [nitro-cinnamoylhydrazon] **9** 2747
—, Methoxy-, [phenylacetyl-hydrazon] **9** 2258, 2259
—, Methoxy-, [(trimethoxy-phenyl)-propionylhydrazon] **10** 2120
—, [Methoxy-äthoxycarbonyloxy-dimethyl-benzoyloxy]-äthoxycarbonyloxy-dimethyl- **10** 1539
—, [Methoxy-äthoxycarbonyloxy-dimethyl-benzoyloxy]-äthoxycarbonyloxy-methyl- **10** 1538
—, [(Methoxy-äthoxycarbonyloxy-methyl-benzoyloxy)-äthoxycarbonyloxy-methyl-benzoyloxy]-äthoxycarbonyloxy-methyl- **10** 1495
—, Methoxy-benzoyloxy- **9** 781, 782
—, [Methoxy-benzoyloxy]- **10** 318
—, Methoxy-[cyclopentenyl-acetoxy]- **9** 158
—, Methoxy-dibenzoyloxy- **9** 810
—, Methoxy-[dimethoxy-methyl-benzoyloxy]-methyl- **10** 1485
—, Methoxy-[methoxy-äthoxycarbonyloxy-propyl-benzoyloxy]-äthoxycarbonyloxy-propyl- **10** 1561
—, Methoxy-[methoxy-benzoyloxy]- **10** 320
—, Methoxy-[methoxy-(methoxy-veratroyloxy-benzoyloxy)-benzoyloxy]- **10** 1424
—, Methoxy-[methoxy-veratroyloxy-benzoyloxy]- **10** 1423
—, Methoxy-[nitro-benzoyloxy]- **9** 1679
—, Methoxy-veratroyloxy- **10** 1420
—, Methyl-, [benzoyl-oxim] **9** 1280
—, Nitro-, [äthoxy-benzoylhydrazon] **10** 356
—, Nitro-, benzoylhydrazon **9** 1314
—, Nitro-, [benzoyl-oxim] **9** 1280
—, Nitro-, [brom-benzoylhydrazon] **9** 1390, 1401, 1423
—, Nitro-, [chlor-benzoylhydrazon] **9** 1342, 1352, 1370
—, Nitro-, [dibrom-naphthoylhydrazon] **9** 3201
—, Nitro-, [dichlor-naphthoylhydrazon] **9** 3194
—, Nitro-, [dinitro-benzoylhydrazon] **9** 1947
—, Nitro-, [hydroxymethyl-benzoylhydrazon] **10** 503
—, Nitro-, mandeloylimin **10** 470

Benzaldehyd, Nitro-, [methoxy-naphthoyl-hydrazon] **10** 1091
—, Nitro-, [methoxy-phenyl-propionylhydrazon] **10** 550
—, Nitro-, naphthoylhydrazon **9** 3189
—, Nitro-, [nitro-benzoylhydrazon] **9** 1485, 1529, 1754
—, Nitro-, [nitro-hydroxymethyl-benzoylhydrazon] **10** 504
—, Nitro-, oxim **9** 1312
—, Nitro-, [(oxo-trimethyl-norbornyl-acetyl)-hydrazon] **10** 2940
—, [Nitro-benzoyloxy]- **9** 1674
—, Nitro-methoxy-, oxim **10** 161
—, Nitro-methyl-, oxim **9** 2308
—, p-Tolylsulfon- **9** 1965
—, Triäthoxy-, [nitro-benzoylhydrazon] **9** 1534
—, Triäthoxy-, [triäthoxy-benzoylhydrazon] **10** 2095
—, Tribenzoyloxy- **9** 810
—, Tribenzoyloxy-methyl- **9** 816
—, Tribenzoyloxy-methyl-, oxim **9** 816
—, Trinitro-, [nitro-benzoylhydrazon] **9** 1530
—, [(Tris-äthoxycarbonyloxy-methyl-benzoyloxy)-äthoxycarbonyloxy-methyl-benzoyloxy]-äthoxycarbonyloxy-methyl- **10** 2111
—, Tris-[methoxy-(methoxy-veratroyloxy-benzoyloxy)-benzoyloxy]- **10** 1425
—, Veratroyloxy- **10** 1419
Benzaldehyd-[(acetoxy-phenyl-acetyl)-imin] **10** 472
— [äthoxy-benzoylhydrazon] **10** 356
— benzoylhydrazon **9** 1314
— [benzoyl-oxim] **9** 1279
— [brom-benzoylhydrazon] **9** 1390, 1401, 1423
— [chlor-benzoylhydrazon] **9** 1342, 1351, 1370
— cinnamoylhydrazon **9** 2724
— cyclohexancarbonylhydrazon **9** 30
— dibenzoylmercaptal **9** 1971
— [dibrom-naphthoylhydrazon] **9** 3201
— [dichlor-naphthoylhydrazon] **9** 3194
— [dinitro-benzoylhydrazon] **9** 1947
— [dinitro-methyl-benzoylhydrazon] **9** 2374
— [hydroxy-benzoylhydrazon] **10** 354
— [hydroxymethyl-benzoylhydrazon] **10** 502
— [jod-benzoylhydrazon] **9** 1440, 1449
— mandeloylimin **10** 469
— [methoxy-naphthoyl-hydrazon] **10** 1091
— [methyl-thiobenzoyl-hydrazon] **9** 1987
— naphthoylhydrazon **9** 3189
— [nitro-benzoylhydrazon] **9** 1485, 1529, 1754

Benzaldehyd-[nitro-dimethyl-
    benzoylhydrazon] **9** 2448
— [nitro-hydroxymethyl-
    benzoylhydrazon] **10** 503
— [nitro-methyl-benzoylhydrazon]
    9 2365
— [phenylacetyl-hydrazon] **9** 2257
— [phenyl-propionylhydrazon] **9** 2396
— salicyloylhydrazon **10** 161
— thiobenzoylhydrazon **9** 1987
— *p*-toluoylhydrazon **9** 2353
Benzaldehyd-cyanhydrin s. *Mandelsäure-
    nitril*
Benzamid 9 1064
—, Acenaphthenyl- **9** 3584
—, [Acetamino-äthyl]- **9** 1210
—, [Acetamino-butyl]- **9** 1215
—, [Acetamino-isopropyl]- **9** 1213
—, [Acetamino-octyl]- **9** 1223
—, [Acetamino-pentyl]- **9** 1220
—, [Acetamino-propyl]- **9** 1213
—, Acetonyl- **9** 1105
—, Acetoxy- **9** 1306
—, Acetoxy-äthyl-[diäthylcarbamoyl-
    äthyl]- **10** 158
—, Acetoxy-bis-[dichlor-vinyl]- **10** 860
—, [Acetoxy-diäthyl-butyl]- **9** 1086
—, Acetoxy-diäthylcarbamoylmethyl-äthyl-
    10 158
—, Acetoxy-methyl- **10** 516
—, Acetoxy-[trichlor-acetoxy-äthyl]-
    10 157
—, Acetoxy-[trichlor-äthyliden]-
    10 153
—, Acetyl- **9** 1112, **10** 3026
—, [Acetylmercapto-methyl]- **9** 1091
—, Äthansulfonyl- **9** 1248
—, Äthoxy- **10** 342
—, [Äthoxy-benzhydryl]- **9** 1101
—, Äthoxycarbonylmethoxy- **10** 158
—, Äthoxycarbonylmethylmercapto-
    10 232
—, Äthoxy-carboxymethylmercapto-
    10 1382
—, Äthoxy-mercapto- **10** 1381
—, [Äthoxy-oxo-acetyl-butenyl]-
    9 1111
—, [Äthoxy-oxo-acetyl-butyl]- **9** 1111
—, [Äthoxy-oxo-acetyl-butyliden]-
    9 1111
—, Äthyl- **9** 1068, 2425, 2429, 2431
—, Äthyl-benzoyl- **10** 3295
—, Äthyl-[(diäthylamino-äthylmercapto)-
    äthyl]- **9** 1080
—, [Äthyl-heptyl]- **9** 1075
—, [Äthyl-pentyl]- **9** 1074
—, Allyloxy- **9** 1305
—, [Amino-äthyl]- **9** 1209
—, [Amino-butyl]- **9** 1214

Benzamid, [Amino-butyl]-isopentyl- **9** 1216
—, [Amino-dicyan-allyl]- **9** 1208
—, [Amino-isopentyl]- **9** 1097
—, Aminomethyl- **9** 1090
—, [Amino-pentyl]- **9** 1219
—, [Amino-phenäthyl]- **9** 1099
—, [Amino-propyl]- **9** 1213
—, Anthryl- **9** 1103
—, Anthryliden- **9** 1103
—, Benzhydryliden- **9** 1102
—, Benzoyl- **10** 3295
—, Benzoyloxy- **9** 1306
—, [Benzoyloxy-äthyl]- **9** 1079
—, [Benzoyloxy-benzoyloxymethyl-
    heptadecenyl]- **9** 1089
—, [Benzoyloxy-benzoyloxymethyl-
    heptadecyl]- **9** 1088
—, [Benzoyloxy-benzoyloxymethyl-propyl]-
    9 1087
—, [Benzoyloxyimino-dimethyl-propyl]-
    9 1107
—, Benzoyloxy-methyl- **9** 2308, 2326, 2350
—, [Benzoyloxy-methyl-butyl]- **9** 1083
—, [Benzoyloxy-propyl]- **9** 1081
—, Benzyl- **9** 3318, 3319
—, [Benzylidenamino-benzyl]- **9** 1098
—, [Benzylmercapto-äthyl]- **9** 1080
—, Benzylsulfon- **10** 401
—, Bis-[äthoxycarbonyl-äthyl]- **9** 1147
—, Bis-[brom-äthyl]- **9** 1070
—, Bis-carbamoylmethyl- **9** 1141
—, Bis-carboxymethyl- **9** 1141
—, Bis-[chlor-äthyl]- **9** 1069
—, Bis-[chlor-butenyl]- **9** 1078
—, Bis-[cyan-äthyl]- **9** 1147
—, Bis-[dimethylamino-methyl-propyl]-
    9 1219
—, Bis-naphthyloxymethyl- **9** 1092
—, Brom- **9** 1248, 1387, 1399, 1418
—, Brom-acetoxy-[trichlor-acetoxy-
    äthyl]- **10** 176, 180
—, Brom-äthoxy-carboxymethylmercapto-
    10 1382
—, [Brom-äthyl]- **9** 1069, 2432
—, [Brom-äthyliden]- **9** 1096
—, [Brom-benzhydryliden]- **9** 1102
—, Brom-benzoyl- **10** 3300
—, [Brom-benzoyl]- **10** 3300
—, [Brom-benzoyloxy]- **9** 1388
—, Brom-benzoyloxy-[trichlor-
    benzoyloxy-äthyl]- **10** 180
—, Brom-[(brom-benzoyloxy)-isopropyl]-
    9 1418
—, Brom-[chlor-benzoyloxy]- **9** 1388,
    1400, 1421
—, Brom-dimethoxy- **10** 1435, 1437
—, Brom-dimethyl- **9** 2438, 2440, 2445
—, Brom-dinitro- **9** 1954, 1955
—, Brom-hydroxy- **10** 175

Benzamid, Brom-hydroxy-[trichlor-hydroxy-äthyl]- **10** 175, 178
—, Brom-methoxy- **10** 175, 178
—, Brom-methoxy-[dichlor-cyan-äthyliden]- **10** 180
—, Brom-methoxy-[dichlor-cyan-vinyl]- **10** 180
—, Brom-methoxy-[tetrachlor-äthyl]- **10** 179
—, Brom-methoxy-[trichlor-acetoxy-äthy!]- **10** 179
—, Brom-methoxy-[trichlor-äthoxy-äthyl]- **10** 178
—, Brom-methoxy-[trichlor-benzoyloxy-äthyl]- **10** 179
—, Brom-methoxy-[trichlor-brom-äthyl]- **10** 179
—, Brom-methoxy-[trichlor-hydroxy-äthyl]- **10** 176, 178
—, Brom-methoxy-[trichlor-methoxy-äthyl]- **10** 178
—, Brom-methoxy-[trichlor-phenoxy-äthyl]- **10** 179
—, Brom-methyl- **9** 2348, 2358
—, Brom-nitro- **9** 1479, 1521, 1747
—, Brom-nitro-acetoxy-[trichlor-acetoxy-äthyl]- **10** 207
—, Brom-nitro-hydroxy- **10** 206
—, Brom-nitro-hydroxy-[trichlor-hydroxy-äthyl]- **10** 206
—, Brom-nitro-hydroxy-[trichlor-methoxy-äthyl]- **10** 206
—, Brom-phenäthyliden- **9** 1419
—, [Brom-propyl]- **9** 1070
—, Brom-styryl- **9** 1419
—, [Brom-vinyl]- **9** 1096, 2753
—, Butyl- **9** 1071, 2521
—, sec-Butyl- **9** 1071, 2522
—, tert-Butyl- **9** 1072
—, [Butylamino-äthyl]- **9** 1210
—, Butylmercapto- **10** 401
—, Butylmercapto-[diäthylamino-äthyl]- **10** 275
—, Butyloxy- **9** 1305
—, [Butyloxy-benzhydryl]- **9** 1102
—, Butyloxy-[diäthylamino-äthyl]- **10** 255
—, Butylsulfon- **10** 401
—, Carboxymethoxy- **10** 158
—, Carboxymethoxy-allyl- **10** 158
—, Carboxymethylmercapto- **10** 232
—, Carboxymethylmercapto-äthyl- **10** 233
—, Carboxymethylmercapto-dimethyl- **10** 584
—, Carboxymethylmercapto-methyl- **10** 233
—, Carboxymethylsulfin- **10** 233
—, Carboxymethylsulfon- **10** 233
—, Chlor- **9** 1248, 1338, 1349, 1363
—, Chloracetoxy- **10** 157

Benzamid, Chlor-acetoxy-[trichlor-acetoxy-äthyl]- **10** 164, 168
—, Chloracetyl- **9** 1112
—, [Chlor-äthansulfonyl]- **9** 1249
—, Chlor-äthoxy-carboxymethylmercapto- **10** 1382
—, Chlor-äthyl- **9** 1363
—, [Chlor-äthyl]- **9** 1069
—, Chlor-allyl- **9** 1364
—, [Chlor-benzoyl]- **10** 3297
—, Chlor-benzoyloxy- **9** 1340
—, [Chlor-benzoyloxy]- **9** 1340
—, Chlor-bis-[chlor-allyl]- **9** 1364
—, Chlor-brom- **9** 1339, 1349, 1365
—, Chlor-brom-carboxymethylmercapto-methyl- **10** 499
—, [Chlor-butenyl]- **9** 1077
—, [Chlor-butyl]- **9** 1071
—, Chlor-carbamoylmercapto-methyl- **10** 498
—, Chlor-carboxymethylmercapto- **10** 235
—, Chlor-carboxymethylmercapto-methyl- **10** 498
—, Chlor-[chlor-benzoyloxy]- **9** 1340, 1350, 1367
—, [Chlor-dibrom-hydroxy-butyl]- **9** 1097
—, Chlor-dinitro- **9** 1953
—, Chlor-dodecyl- **9** 1338, 1363
—, Chlor-hydroxy- **10** 163, 166
—, Chlor-[hydroxy-äthyl]- **9** 1364
—, [Chlor-hydroxy-benzyliden]- **9** 1108
—, Chlor-hydroxy-[trichlor-hydroxy-äthyl]- **10** 163, 166
—, Chlor-mercapto- **10** 235
—, Chlormethansulfonyl- **9** 1248
—, Chlor-methoxy- **10** 163, 166
—, Chlor-methoxy-[dichlor-cyan-äthyl]- **10** 168
—, Chlor-methoxy-[dichlor-cyan-vinyl]- **10** 168
—, Chlor-methoxy-[tetrachlor-äthyl]- **10** 168
—, Chlor-methoxy-[trichlor-acetoxy-äthyl]- **10** 164, 167
—, Chlor-methoxy-[trichlor-äthoxy-äthyl]- **10** 167
—, Chlor-methoxy-[trichlor-benzoyloxy-äthyl]- **10** 168
—, Chlor-methoxy-[trichlor-hydroxy-äthyl]- **10** 164, 166
—, Chlor-methoxy-[trichlor-methoxy-äthyl]- **10** 164, 167
—, Chlor-methoxy-[trichlor-phenoxy-äthyl]- **10** 167
—, Chlor-methyl- **9** 2355
—, Chlormethyl- **9** 2328, 2356
—, Chlormethyl-[brom-äthyl]- **9** 2356
—, Chlor-nitro- **9** 1764, 1765, 1768

Benzamid, Chlor-nitro-äthyl- **9** 1766
—, Chlor-nitro-diäthyl- **9** 1766
—, Chlor-nitro-methyl- **9** 1766
—, Chlor-nitro-propyl- **9** 1766
—, Chlor-octadecyl- **9** 1338, 1363
—, [Chlor-pentyl]- **9** 1072
—, [Chlor-propyl]- **9** 1070
—, Chlor-*p*-tolylsulfon- **10** 235
—, Chrysencarbonyl- **10** 3505
—, Cyan- **9** 1117, 4199, 4255
—, [Cyan-äthyl]- **9** 1144, 1146
—, [(Cyan-äthyl)-hexyl]- **9** 1165
—, [Cyan-decyl]- **9** 1166
—, [Cyan-nonyl]- **9** 1166
—, [Cyan-pentyl]- **9** 1157
—, [Cyan-propyl]- **9** 1149
—, Cyclohexyl- **9** 2847
—, Cyclopentyl- **9** 2824
—, Diacetoxy-diäthyl- **10** 1377, 1429
—, [Diäthoxy-propyl]-[oxo-butyl]-
    9 1106
—, Diäthyl- **9** 1069
—, [Diäthylamino-äthyl]- **9** 1210
—, [(Diäthylamino-äthylmercapto)-äthyl]-
    9 1080
—, Diäthylaminomethyl- **9** 1090
—, [Diäthylaminomethyl-propyl]-
    9 1216
—, Diäthyl-[chlor-äthyl]- **9** 2426
—, Diäthyl-dithio-bis- **10** 234
—, Dibenzoyl-dithio-bis- **10** 234
—, Dibrom- **9** 1399, 1429
—, [Dibrom-acetoxy-äthyl]- **9** 1095
—, Dibrom-acetoxy-[trichlor-acetoxy-
    äthyl]- **10** 185
—, [Dibrom-äthyliden]- **9** 1096
—, Dibrom-dihydroxy- **10** 1379
—, Dibrom-hydroxy- **10** 183
—, [Dibrom-hydroxy-äthyl]- **9** 1094
—, Dibrom-hydroxy-[trichlor-hydroxy-
    äthyl]- **10** 183
—, Dibrom-hydroxy-[trichlor-methoxy-
    äthyl]- **10** 183
—, Dibrom-methoxy- **10** 183
—, [Dibrom-methoxy-äthyl]- **9** 1094
—, Dibrom-methoxy-[dichlor-cyan-
    äthyliden]- **10** 185
—, Dibrom-methoxy-[dichlor-cyan-vinyl]-
    10 185
—, Dibrom-methoxy-[tetrachlor-äthyl]-
    10 184
—, Dibrom-methoxy-[trichlor-acetoxy-
    äthyl]- **10** 184
—, Dibrom-methoxy-[trichlor-benzoyloxy-
    äthyl]- **10** 184
—, Dibrom-methoxy-[trichlor-hydroxy-
    äthyl]- **10** 183
—, Dibrom-methoxy-[trichlor-methoxy-
    äthyl]- **10** 184

Benzamid, Dibrom-methyl- **9** 2343
—, [Dibrom-propyl]- **9** 1070
—, [Dibrom-vinyl]- **9** 1096
—, Dichlor- **9** 1376, 1378, 1379
—, [Dichlor-acetoxy-äthyl]- **9** 1093
—, Dichlor-acetoxy-[trichlor-acetamino-
    äthyl]- **10** 174
—, Dichlor-acetoxy-[trichlor-acetoxy-
    äthyl]- **10** 173
—, [Dichlor-äthyliden]- **9** 1096
—, [Dichlor-benzoyloxy-äthyl]- **9** 1093
—, [Dichlor-benzoyloxy-propyl]- **9** 1081
—, Dichlor-benzoyloxy-[trichlor-
    benzoyloxy-äthyl]- **10** 174
—, [Dichlor-brom-äthyl]- **9** 1093
—, [Dichlor-brom-hydroxy-äthyl]-
    9 1094
—, [Dichlor-brom-hydroxy-butyl]-
    9 1097
—, Dichlor-carboxymethylmercapto-
    methyl- **10** 499
—, Dichlor-dimethoxy-methyl- **10** 1511
—, Dichlor-hydroxy- **10** 171
—, [Dichlor-hydroxy-äthyl]- **9** 1092
—, [Dichlor-hydroxy-propyl]- **9** 1081
—, Dichlor-hydroxy-[trichlor-amino-
    äthyl]- **10** 171
—, Dichlor-hydroxy-[trichlor-hydroxy-
    äthyl]- **10** 171
—, Dichlor-methoxy- **10** 172
—, [Dichlor-methoxy-äthyl]- **9** 1092
—, Dichlor-methoxy-[dichlor-cyan-
    äthyliden]- **10** 173
—, Dichlor-methoxy-[dichlor-cyan-vinyl]-
    10 173
—, Dichlor-methoxy-[tetrachlor-äthyl]-
    10 173
—, Dichlor-methoxy-[trichlor-acetoxy-
    äthyl]- **10** 173
—, Dichlor-methoxy-[trichlor-hydroxy-
    äthyl]- **10** 172
—, Dichlor-methoxy-[trichlor-methoxy-
    äthyl]- **10** 172
—, Dichlor-methoxy-[trichlor-phenoxy-
    äthyl]- **10** 172
—, Dichlor-methyl- **9** 2311
—, Dichlormethylen- **9** 1122
—, Dichlor-nitro- **9** 1769
—, [Dichlor-vinyl]- **9** 1096
—, [Dichlor-vinyliden]-bis- **9** 4602
—, Difluor-methoxy- **10** 360
—, [Dihydro-phenalenyl]- **9** 3594
—, Dihydroxy- **10** 1376, 1387
—, Dihydroxy-acetoxy- **10** 1377
—, Dihydroxy-diäthyl- **10** 1376
—, Dihydroxy-dimethoxy-thio-bis-
    10 2069
—, Dihydroxy-dimethyl-thio-bis- **10** 1509
—, Dihydroxy-[hydroxy-äthyl]- **10** 1387

Benzamid, Dihydroxy-[hydroxy-
tert-butyl]- 10 1388
—, [Dihydroxy-hydroxymethyl-nonadecyl]-
9 1089
—, Dihydroxy-[hydroxy-propyl]- 10 1387
—, [Dihydroxy-isopropyl]- 9 1087
—, Dihydroxy-thio-bis- 10 1395
—, Dihydroxy-[trihydroxy-*tert*-butyl]-
10 1388
—, Diisopropyl- 9 2590
—, Dijod-hydroxy-[sulfo-äthyl]- 10 190
—, Dimethoxy- 10 1376, 1449
—, Dimethoxy-acetoxy- 10 2093
—, Dimethoxy-äthoxy-diäthyl- 10 2093
—, Dimethoxy-diäthyl- 10 1449
—, Dimethoxy-[dichlor-äthyliden]-bis-
10 2511
—, Dimethoxy-dimethyl- 10 1366
—, Dimethoxy-methyl- 10 1479, 1514
—, [Dimethoxy-phenäthyliden]- 9 1110
—, [Dimethoxy-styryl]- 9 1110
—, Dimethyl- 9 1068, 2344, 2434,
2435, 2442, 2444
—, [Dimethylamino-methyl-propyl]-
9 1218
—, Dimethyl-benzhydryl- 9 3590, 3591
—, [Dimethyl-butyl]- 9 1073
—, Dimethyl-*tert*-butyl- 9 2592, 2593
—, [Dimethyl-cyan-pentyl]- 9 1164
—, Dimethyl-dithio-bis- 10 233
—, [Dimethyl-octadienyloxy]- 10 342
—, Dinitro- 9 1779, 1936
—, Dinitro-äthoxy- 10 211
—, Dinitro-benzoyloxy-[trichlor-
benzoyloxy-äthyl]- 10 210
—, Dinitro-{[(dinitro-benzoyloxy)-
äthyl]-butyl}- 9 1937
—, Dinitro-{[(dinitro-benzoyloxy)-
propyl]-propyl}- 9 1937
—, Dinitro-heptyloxy- 9 1945
—, Dinitro-hydroxy- 10 209
—, Dinitro-hydroxy-[trichlor-hydroxy-
äthyl]- 10 210
—, Dinitro-hydroxy-[trichlor-methoxy-
äthyl]- 10 210
—, Dinitro-methoxy- 10 210
—, Dinitro-methoxy-[trichlor-hydroxy-
äthyl]- 10 210
—, Dinitro-methyl- 9 2316, 2371
—, Dinitro-methyl-[(dinitro-benzoyloxy)-
äthyl]- 9 1937
—, Dinitro-naphthyl- 9 3550
—, [Dinitro-phenoxy]- 10 157
—, Dioctadecyl- 9 1077
—, [Dioxo-dihydro-naphthyl]- 9 1110
—, [Dioxo-isopropyl]- 9 1109
—, [Diphenyl-äthyliden]- 9 1102
—, [Diphenyl-vinyl]- 9 1102
—, Dipropyl- 9 1071

Benzamid, Dithio-bis- 10 233, 275, 402
—, Dodecansulfonyl- 9 1248
—, Dodecyl- 9 1076
—, [(Dodecylamino-methyl)-propyl]-
9 1217
—, Fluor- 9 1326, 1330
—, [Fluor-benzoyloxy]- 9 1327
—, [Fluor-benzoyloxy]-methyl- 9 2326
—, Fluor-brom- 9 1326
—, Fluor-chlor- 9 1326
—, Fluor-[chlor-benzoyloxy]- 9 1340
—, Formyl- 9 1111
—, Hydroxy- 10 254, 340
—, [Hydroxy-acetyl-butenyl]- 9 1109
—, [Hydroxy-äthoxy-acetyl-butenyl]-
9 1111
—, [Hydroxy-äthoxyacetyl-butenyl]-
9 1111
—, [Hydroxy-äthyl]- 9 1078
—, [(Hydroxy-äthylcarbamoyl)-methoxy]-
[hydroxy-äthyl]- 10 343
—, [Hydroxy-äthyl-heptyl]- 9 1086
—, [Hydroxy-äthyl-pentyl]- 9 1085
—, [(Hydroxy-benzhydryl)-
benzhydryliden]- 9 1109
—, [Hydroxy-benzoyloxy-propyl]- 9 1087
—, [Hydroxy-benzyliden]- 9 1108
—, Hydroxy-bis-[dichlor-vinyl]- 10 860
—, [Hydroxy-butyl]- 9 1082
—, [Hydroxy-*tert*-butyl]- 9 1083
—, Hydroxy-diäthyl- 10 254, 340
—, [Hydroxy-diäthyl-butyl]- 9 1086
—, Hydroxy-[dichlor-äthyl]-[dichlor-
vinyl]- 10 575
—, [Hydroxy-dimethyl-propyl]- 9 1084
—, [Hydroxy-formyl-vinyl]- 9 1109
—, [Hydroxy-heptyl-nonyl]- 9 1087
—, [Hydroxy-hydroxymethyl-heptadecenyl]-
9 1088
—, [Hydroxy-hydroxymethyl-heptadecyl]-
9 1088
—, [Hydroxyimino-propyl]- 9 1106
—, [Hydroxy-isopropyl]- 9 1081
—, Hydroxy-methoxy- 10 1376
—, Hydroxymethyl- 9 1089, 10 530
—, [Hydroxy-methyl-äthyl-pentyl]-
9 1086
—, Hydroxymethyl-[amino-äthyl]- 10 502
—, [Hydroxymethyl-propyl]- 9 1082
—, [Hydroxy-methyl-propyl-pentyl]-
9 1087
—, [Hydroxy-octyl]- 9 1085
—, [Hydroxy-oxo-naphthyliden]- 9 1110
—, [Hydroxy-pentyl]- 9 1083
—, [Hydroxy-phenäthyl]- 9 1099
—, [Hydroxy-propyl]- 9 1080
—, [Hydroxy-propyl-pentyl]- 9 1085, 1086
—, [Imino-dicyan-propyl]- 9 1208
—, Isobutyl- 9 2524

Benzamid, [Isopentylamino-butyl]- **9** 1214
—, Isopropyl- **9** 2483
—, Jodacetoxy- **10** 157
—, [Jod-butyl]- **9** 1071
—, Jod-hydroxy-carboxymethyl- **10** 187, 188
—, Jod-methoxy- **10** 262
—, Jod-nitro- **9** 1774, 1775
—, [Jod-pentyl]- **9** 1072
—, Mercapto- **10** 231
—, [Mercapto-äthyl]- **9** 1079
—, Mercapto-methyl- **10** 233
—, Methansulfonyl- **9** 1248
—, Methoxy- **10** 155, 254, 341
—, Methoxy-äthoxy- **10** 1428
—, Methoxy-äthyl- **10** 570, 572, 579
—, Methoxy-benzoyloxy- **10** 160, 257, 353
—, [Methoxy-benzoyloxy]- **10** 160, 353
—, Methoxy-butyl- **10** 624
—, Methoxy-carboxymethylmercapto-
    10 1382
—, Methoxy-cyclohexyl- **10** 905
—, Methoxy-diäthoxy-diäthyl- **10** 2093
—, Methoxy-diäthyl- **10** 155, 341
—, Methoxy-[diäthylamino-äthyl]- **10** 342
—, Methoxy-[dibrom-äthyliden]- **10** 157
—, Methoxy-[dibrom-vinyl]- **10** 157
—, Methoxy-[dichlor-äthyl]- **10** 576
—, Methoxy-[dichlor-vinyl]- **10** 862
—, Methoxy-dimethyl- **10** 582
—, Methoxy-dodecyl- **10** 341
—, Methoxy-heptyl- **10** 655
—, Methoxy-isobutyl- **10** 341
—, Methoxy-isopropyl- **10** 606
—, Methoxy-mercapto- **10** 1382
—, Methoxy-methyl- **10** 510
—, Methoxy-methyl-isopropyl- **10** 631
—, Methoxy-[nitro-benzoyloxy]- **10** 353
—, Methoxy-octadecyl- **10** 341
—, Methoxy-[tribrom-acetoxy-äthyl]-
    10 156
—, Methoxy-[tribrom-hydroxy-äthyl]-
    10 156
—, Methoxy-[tribrom-methoxy-äthyl]-
    10 156
—, Methoxy-[trichlor-äthyl]- **10** 575
—, Methoxy-[trichlor-hydroxy-äthyl]-
    10 156, 1532
—, Methoxy-trimethyl- **10** 615
—, Methyl- **9** 1068, 2304, 2322, 2343
—, [Methyl-äthoxymethyl-cyan-pentyl]-
    9 1185
—, Methyl-äthyl- **9** 2344
—, [Methyl-allyliden]- **9** 1098
—, Methyl-[amino-äthyl]- **9** 2347
—, [Methylamino-pentyl]- **9** 1220
—, Methyl-[benzoyloxy-dimethyl-propyl]-
    9 1085
—, [Methyl-benzoyloxymethyl-propyl]-
    9 1084

Benzamid, Methyl-[benzoyloxy-neopentyl]-
    9 1085
—, Methyl-[brom-äthyliden]- **9** 2346
—, Methyl-[brom-vinyl]- **9** 2346
—, Methyl-butyl- **9** 2521
—, Methyl-cyan- **9** 2346
—, Methyl-cyanmethyl- **9** 1141
—, [Methyl-cyan-propyl]- **9** 1156
—, Methyl-decyl- **9** 1076
—, [Methyl-decyl]- **9** 1076
—, Methyl-diäthyl- **9** 2305
—, Methyl-[dichlor-äthyliden]- **9** 2344
—, Methyl-[dichlor-cyan-äthyliden]-
    9 2324, 2347
—, Methyl-[dichlor-cyan-vinyl]-
    9 2324, 2347
—, Methyl-[dichlor-vinyl]- **9** 2344
—, Methyl-dodecyl- **9** 2305, 2322
—, [Methylen-allyl]- **9** 1098
—, Methylen-bis- **9** 1090
—, Methyl-heptyl- **9** 1073
—, [Methyl-heptyl]- **9** 1075
—, [Methyl-hexyl]- **9** 1074
—, Methyl-[hydroxy-dimethyl-cyan-
    propyl]- **9** 1185
—, Methyl-[hydroxyimino-dimethyl-
    propyl]- **9** 1107
—, [Methyl-hydroxymethyl-propyl]-
    9 1084
—, Methyl-isopropyl- **9** 2531
—, [Methyl-isopropyl-propyl]- **9** 1074
—, Methylmercapto- **10** 401
—, [Methylmercapto-äthyl]- **9** 1079
—, Methylmercapto-dimethyl- **10** 232
—, Methylmercapto-methyl- **10** 232
—, [Methyl-methoxymethyl-cyan-pentyl]-
    9 1185
—, Methyl-[methyl-cyan-äthyl]- **9** 1149
—, Methyl-[methyl-undecyl]- **9** 1076
—, [(Methyl-naphthyl)-äthyl]- **9** 3567
—, Methyl-octadecyl- **9** 2305, 2322
—, Methyl-[oxo-dimethyl-propyl]-
    9 1107
—, Methyl-*tert*-pentyl- **9** 2305, 2344
—, [Methyl-pentyl]- **9** 1073
—, [Methyl-phenyl-äthyl]- **9** 3367
—, Methyl-propyl- **9** 2479
—, Methyl-[semicarbazono-dimethyl-
    propyl]- **9** 1107
—, [Methyl-styryl]- **9** 1101
—, Methylsulfon- **10** 401
—, [Methylsulfon-isopropyl]- **9** 1082
—, Methylsulfon-methyl- **10** 401
—, Methyl-[tetrachlor-äthyl]- **9** 2306,
    2324, 2345
—, Methyl-[tribrom-hydroxy-äthyl]-
    9 2346
—, Methyl-[trichlor-acetoxy-äthyl]-
    9 2306, 2323, 2345

Benzamid, Methyl-[trichlor-äthoxy-äthyl]-
9 2305, 2323, 2345
—, Methyl-[trichlor-amino-äthyl]-
9 2306, 2324, 2345
—, Methyl-[trichlor-benzoyloxy-äthyl]-
9 2306, 2324
—, Methyl-[trichlor-hydroxy-äthyl]-
9 2305, 2322, 2344
—, Methyl-[trichlor-methoxy-äthyl]-
9 2305, 2323, 2344
—, Methyl-[trichlor-phenoxy-äthyl]-
9 2305, 2323, 2345
—, Methyl-[trichlor-o-tolyloxy-äthyl]-
9 2323
—, p-Myceloxy- 10 342
—, Neopentyl- 9 1073
—, Nitro- 9 1477, 1515, 1710
—, Nitro-acetoxy-[trichlor-acetoxy-
äthyl]- 10 193
—, Nitro-äthoxy- 10 197, 203, 380
—, Nitro-äthyl- 9 1710
—, Nitro-äthyl-[(diäthylamino-
äthylmercapto)-äthyl]- 9 1715
—, Nitro-äthyl-[hydroxy-tert-butyl]-
9 1719
—, Nitro-äthylmercapto- 10 418
—, Nitro-[äthyl-propyl]-[hydroxy-
isobutyl]- 9 1721
—, [Nitro-benzoyloxy]- 9 1480, 1522
—, [Nitro-benzoyloxy]-methyl- 9 2350
—, [Nitro-benzyliden]-bis- 9 1099
—, Nitro-bis-[chlor-äthyl]- 9 1711
—, Nitro-bis-diäthylamino-isopropyl]-
9 1745
—, Nitro-bis-[hydroxy-äthyl]- 9 1716
—, Nitro-bis-[(nitro-benzoyloxy)-äthyl]-
9 1716
—, Nitro-[brom-äthyl]- 9 1478, 1516, 1711
—, Nitro-[brom-propyl]- 9 1478, 1712
—, Nitro-butyl- 9 1478, 1712
—, Nitro-butyl-[hydroxy-tert-butyl]-
9 1720
—, Nitro-butyl-[hydroxy-isobutyl]-
9 1720
—, Nitro-tert-butylmercapto-methyl-
9 1523
—, Nitro-tert-butyl-[(nitro-
benzoyloxy)-pentyl]- 9 1723
—, Nitro-[chlor-äthyl]- 9 1515, 1711
—, Nitro-[chlor-diäthylamino-propyl]-
9 1745
—, Nitro-[chlor-hydroxy-propyl]-
9 1717
—, Nitro-[chlor-isobutyl]- 9 1713
—, Nitro-chlormethyl- 9 2315
—, Nitro-[chlormethyl-pentyl]- 9 1714
—, Nitro-cyan- 9 4248
—, Nitro-[cyan-äthyl]- 9 1731
—, Nitro-[diäthoxy-äthyl]- 9 1478

Benzamid, Nitro-diäthyl- 9 1516, 1711
—, Nitro-[(diäthylamino-äthoxy)-äthyl]-
9 1715
—, Nitro-[(diäthylamino-äthoxy)-propyl]-
9 1718
—, Nitro-[diäthylamino-äthyl]- 9 1744
—, Nitro-[(diäthylamino-äthylmercapto)-
äthyl]- 9 1715
—, Nitro-[(diäthylamino-äthylmercapto)-
propyl]- 9 1718
—, Nitro-[diäthylamino-hydroxy-propyl]-
9 1746
—, Nitro-[diäthylamino-propyl]-
9 1744
—, Nitro-[(diäthylamino-propylamino)-
propyl]- 9 1745
—, Nitro-[(diäthylamino-propylmercapto)-
äthyl]- 9 1715
—, Nitro-[(diäthylamino-propylmercapto)-
propyl]- 9 1718
—, Nitro-[(diäthylamino-propyloxy)-
propyl]- 9 1718
—, Nitro-[(dibutylamino-äthylmercapto)-
äthyl]- 9 1715
—, Nitro-[dibutylamino-hydroxy-propyl]-
9 1746
—, Nitro-[dichlor-propyl]- 9 1712
—, Nitro-dimethoxy- 10 1442, 1451
—, Nitro-dimethyl- 9 1710
—, Nitro-[dimethyl-äthyl-heptyl]-
9 1714
—, Nitro-[dimethylamino-äthyl]-
9 1744
—, Nitro-[(dimethylamino-äthylmercapto)-
äthyl]- 9 1715
—, Nitro-[dimethylamino-dimethyl-
propyl]- 9 1746
—, Nitro-[dimethylamino-neopentyl]-
9 1746
—, Nitro-[dimethylamino-propyl]-
9 1744
—, Nitro-[dimethyl-pentadecyl]- 9 1714
—, Nitro-[dimethyl-propyl]- 9 1713
—, Nitro-diphenyl- 9 3579
—, Nitro-dipropyl- 9 1712
—, Nitro-hydroxy- 10 196, 201
—, Nitro-hydroxy-äthyl- 10 196
—, Nitro-[hydroxy-äthyl]- 9 1714
—, Nitro-[hydroxy-äthyl]-butyl- 9 1716
—, Nitro-[hydroxy-äthyl]-heptyl-
9 1716
—, Nitro-[hydroxy-äthyl]-[methyl-
heptyl]- 9 1716
—, Nitro-[hydroxy-äthyl]-octyl-
9 1716
—, Nitro-hydroxy-allyl- 10 197
—, Nitro-hydroxy-butyl- 10 196
—, Nitro-[hydroxy-tert-butyl]-
isopentyl- 9 1722

Benzamid, Nitro-[hydroxy-*tert*-butyl]-
pentyl- **9** 1721
—, Nitro-hydroxy-diäthyl- **10** 196
—, Nitro-[hydroxy-dimethyl-pentyl]-
9 1724
—, Nitro-hydroxy-dipropyl- **10** 196
—, Nitro-hydroxy-isobutyl- **10** 196
—, Nitro-[hydroxy-isobutyl]- **9** 1516, 1719
—, Nitro-[hydroxy-isobutyl]-isopentyl-
9 1722
—, Nitro-[hydroxy-isobutyl]-[methyl-
heptyl]- **9** 1723
—, Nitro-[hydroxy-isobutyl]-[methyl-
hexyl]- **9** 1723
—, Nitro-[hydroxy-isobutyl]-pentyl-
9 1721
—, Nitro-hydroxy-isopropyl- **10** 196
—, Nitro-hydroxy-methyl- **10** 196
—, Nitro-[hydroxy-methyl-pentyl]-
9 1724
—, Nitro-[hydroxy-methyl-propyl]-
9 1719
—, Nitro-hydroxy-propyl- **10** 196
—, Nitro-[hydroxy-propyl-heptyl]-
9 1724
—, Nitro-hydroxy-[trichlor-hydroxy-
äthyl]- **10** 192
—, Nitro-hydroxy-[trichlor-methoxy-
äthyl]- **10** 192
—, Nitro-[hydroxy-trimethyl-propyl]-
9 1724
—, Nitro-isobutyl- **9** 1712
—, Nitro-isobutyl-[hydroxy-*tert*-butyl]-
9 1721
—, Nitro-isobutyl-[hydroxy-isobutyl]-
9 1721
—, Nitro-isopropyl-[hydroxy-*tert*-butyl]-
9 1720
—, Nitro-isopropyl-[hydroxy-isobutyl]-
9 1720
—, Nitro-methoxy- **10** 193, 201, 205,
375, 380
—, Nitro-methoxy-[brom-äthyl]- **10** 380
—, Nitro-methoxy-[tetrachlor-äthyl]-
10 203
—, Nitro-methoxy-[trichlor-acetoxy-
äthyl]- **10** 193, 202
—, Nitro-methoxy-[trichlor-äthoxy-äthyl]-
10 202
—, Nitro-methoxy-[trichlor-benzoyloxy-
äthyl]- **10** 203
—, Nitro-methoxy-[trichlor-hydroxy-
äthyl]- **10** 193, 202
—, Nitro-methoxy-[trichlor-methoxy-
äthyl]- **10** 193, 202
—, Nitro-methyl- **9** 1710, 2313, 2331,
2332, 2363
—, Nitro-methyl-[hydroxy-propyl]-
9 1718

Benzamid, Nitro-methylmercapto- **10** 418
—, Nitro-methyl-[(nitro-benzoyloxy)-
dimethyl-propyl]- **9** 1723
—, Nitro-methyl-[(nitro-benzoyloxy)-
methyl-propyl]- **9** 1718
—, Nitro-methyl-[(nitro-benzoyloxy)-
neopentyl]- **9** 1723
—, Nitro-[nitro-benzoyloxy]- **9** 1523, 1751
—, Nitro-[(nitro-benzoyloxy)-äthyl]-
9 1516, 1714
—, Nitro-[(nitro-benzoyloxy)-*tert*-butyl]-
isopentyl- **9** 1722
—, Nitro-[(nitro-benzoyloxy)-isobutyl]-
isopentyl- **9** 1722
—, Nitro-pentyl- **9** 1713
—, [Nitro-pentyl]- **9** 1072
—, [Nitro-phenoxy]- **10** 157, 343
—, [(Nitro-phenoxy)-äthyl]- **9** 1078
—, [Nitro-phenylmercapto]- **10** 232
—, [Nitro-phenylmercapto]-dimethyl-
9 2442
—, [Nitro-phenylsulfon]- **10** 232
—, Nitro-propyl- **9** 1711
—, Nitro-propyl-[hydroxy-*tert*-butyl]-
9 1719
—, Nitro-propyl-[hydroxy-isobutyl]-
9 1719
—, Nitro-propylmercapto- **10** 418
—, Nitro-propyloxy- **10** 203, 380
—, Nitro-[sulfamoyl-äthyl]- **9** 1744
—, Nitro-[trichlor-hydroxy-propyl]-
9 1717
—, Nitro-[trichlor-(nitro-benzoyloxy)-
propyl]- **9** 1717
—, [Nitryloxy-äthyl]- **9** 1079
—, Nonadecyl- **9** 1077
—, Octadecyl- **9** 1077
—, Octyl- **9** 1075
—, Octyloxymethyl- **9** 1090
—, [Oxo-acetyl-butyl]- **9** 1109
—, [Oxo-äthyl]- **9** 1105
—, [Oxo-butyl]- **9** 1106
—, [Oxo-diphenyl-propenyl]- **9** 1105
—, [Oxo-diphenyl-propyliden]- **9** 1105
—, [Oxo-methyl-propyl]- **9** 1106
—, [Oxo-pentyl]- **9** 1106
—, [Oxo-phenalenyl]- **9** 1104
—, [Oxo-phenalenyliden]- **9** 1104
—, [Oxo-phenyl-indenyl]- **10** 3488
—, Oxy-bis- **10** 343
—, Oxydimethyl-bis- **10** 530
—, *tert*-Pentyl- **9** 1072
—, Phenäthyl- s. *Bibenzyl-carbamid*
—, Phenäthyliden- **9** 1100
—, Phenoxy- **10** 157, 255, 342
—, [(Phenoxy-äthylamino)-butyl]-
9 1214
—, [(Phenoxy-äthylamino)-pentyl]-
9 1220

Benzamid, [(Phenoxy-propylamino)-butyl]- **9** 1215
—, [(Phenoxy-propylamino)-pentyl]- **9** 1220
—, Phenyl- s. *Biphenyl-carbamid*
—, Phenylacetoxy- **9** 2256
—, [Phenyl-(nitro-trimethyl-phenyl)-äthyliden]- **9** 1103
—, [Phenyl-(nitro-trimethyl-phenyl)-vinyl]- **9** 1103
—, [Phenyl-propenyl]- **9** 1101
—, [Phenyl-propionyloxy]- **9** 2395
—, [Phenyl-propyliden]- **9** 1101
—, Propionyl- **9** 1112
—, Propyl- **9** 1070, 2479
—, [Propyl-butyl]- **9** 1074
—, Propyl-heptyl- **9** 1074
—, Propylmercapto- **10** 401
—, [Propyl-pentyl]- **9** 1075
—, [Semicarbazono-butyl]- **9** 1106
—, Styryl- **9** 1100
—, Styryl- s. *Stilben-carbamid*
—, [Sulfamoyl-äthyl]- **9** 1209
—, [Sulfamoyl-butyl]- **9** 1209
—, Sulfo- **9** 1249
—, Tetrachlor- **9** 1383
—, Tetramethyl- **9** 2497, 2535
—, [Tetramethyl-butyl]- **9** 1075
—, [Thiosemicarbazono-propyl]- **9** 1106
—, o-Toluoyloxy- **9** 2307
—, p-Toluoyloxy-methyl- **9** 2351
—, Tolyl- s. *Biphenyl-carbamid, Methyl-*
—, [p-Tolylsulfon-äthyl]- **9** 1079
—, Triacetoxy-diäthyl- **10** 2093
—, Triäthoxy- **10** 2093
—, Triäthyl- **9** 2594
—, [Tribrom-acetoxy-äthyl]- **9** 1095
—, [Tribrom-benzoyloxy-äthyl]- **9** 1096
—, [Tribrom-hydroxy-äthyl]- **9** 1095
—, [Tribrom-hydroxy-butyl]- **9** 1097
—, [Tribrom-methoxy-äthyl]- **9** 1095
—, Tribrom-methyl- **9** 2330
—, [Trichlor-acetoxy-äthyl]- **9** 1094
—, [Trichlor-äthyl]- **9** 1093
—, [Trichlor-hydroxy-äthyl-propyl]- **9** 1084
—, [Trichlor-hydroxy-methyl-propyl]- **9** 1082
—, [Trichlor-hydroxy-propyl]- **9** 1081
—, Tridecyl- **9** 1077
—, [Trifluor-benzoyloxy-propyl]- **9** 1081
—, Trifluormethyl- **9** 2309
—, Triisopropyl- **9** 2625
—, Trimethoxy- **10** 2068, 2091
—, Trimethoxy-cyanmethyl- **10** 2093
—, Trimethoxy-[diäthoxy-phenäthyliden]- **10** 2091
—, Trimethoxy-[diäthoxy-styryl]- **10** 2091

Benzamid, Trimethoxy-diäthyl- **10** 2091
—, Trimethoxy-dimethyl- **10** 2091
—, Trimethoxy-[methoxy-isopropyloxy-phenäthyliden]- **10** 2092
—, Trimethoxy-[methoxy-isopropyloxy-styryl]- **10** 2092
—, Trimethoxy-[methoxy-propyloxy-phenäthyliden]- **10** 2092
—, Trimethoxy-[methoxy-propyloxy-styryl]- **10** 2092
—, Trimethyl- **9** 2501
—, Trimethyl-äthyl- **9** 2497
—, Trimethyl-butyl- **9** 2497
—, Trimethyl-*sec*-butyl- **9** 2497
—, Trimethyl-isopropyl- **9** 2497
—, [Trimethyl-propyl]- **9** 1073
—, [Trimethyl-tridecyl]- **9** 1077
—, [Triphenyl-äthyliden]- **9** 1104
—, [Triphenyl-vinyl]- **9** 1104
—, Undecyl- **9** 1076
—, Valeryl- **10** 3086
—, Vinyl- **9** 2752, 2753
[¹⁵N]Benzamid 9 1067
Benzamidazin 9 1323
α-Benzamidhexachlorid 9 35
—, Chlor- **9** 35
β-Benzamidhexachlorid 9 34
Benzamidin 9 1264
—, Acetonylsulfon- **10** 411
—, Äthentetrayl-tetrakis- **9** 4902
—, Äthindiyl-bis- **9** 4647
—, Äthoxy- **10** 349
—, Äthoxycarbonyl- **9** 4255
—, Äthoxy-dimethyl- **10** 349
—, Äthoxy-methyl- **10** 349
—, Äthyl- **9** 1267
—, Äthylendioxy-bis- **10** 350
—, Äthylmercapto- **10** 410
—, Äthylsulfon- **10** 276, 410
—, Benzyliden-bis- **9** 4688
—, Benzyloxy-dibutyl- **10** 350
—, Benzylsulfon- **10** 411
—, Brom- **9** 1420
—, Brom-[carbamimidoyl-phenoxy]- **10** 366
—, Brom-[guanyl-phenoxy]- **10** 366
—, Brom-oxy-bis- **10** 366
—, Brom-pentandiyldioxy-bis- **10** 366
—, Brom-propandiyldioxy-bis- **10** 365
—, Butadiendiyl-bis- **9** 4657
—, Butandiyldioxy-bis- **10** 351
—, Butylmercapto- **10** 410
—, Butylsulfon- **10** 411
—, Carbamimidoylmethylsulfon- **10** 412
—, [(Carbamimidoyl-phenoxy)-äthyl]- **10** 580
—, [(Carbamimidoyl-phenoxy)-methyl]- **10** 532
—, Carbamoyl- **9** 4255
—, Carbamoylmethylsulfon- **10** 411

Benzamidin, Carbonyl-bis- 10 4011
—, Chlor- 9 1339, 1366
—, [Chlor-äthoxy]- 10 349
—, Chlor-[carbamimidoyl-phenoxy]-
    10 362
—, Chlor-[diäthylamino-äthyl]- 9 1367
—, Chlor-dibutyl- 9 1339, 1349, 1366
—, Chlor-[guanyl-phenoxy]- 10 362
—, Chlor-oxy-bis- 10 362
—, [(Cyan-phenoxy)-äthoxy]- 10 350
—, Cyclobutantetrayl-tetrakis- 9 4903
—, Decandiyldioxy-bis- 10 352
—, Diäthyl- 9 1268
—, [Diäthylamino-äthyl]- 9 1272
—, [Diäthylamino-methyl-butyl]-
    9 1272
—, Diäthyl-benzoyl- 9 1271
—, Dibrom-pentandiyldioxy-bis- 10 366
—, Dibrom-propandiyldioxy-bis- 10 366
—, Dibutyl- 9 1269
—, Dichlor- 9 1376, 1379
—, Dichlor-hexandiyldioxy-bis- 10 362
—, Dichlor-pentandiyldioxy-bis- 10 361
—, Difluor-propandiyldioxy-bis- 10 359
—, [Dihydroxy-phenylsulfon]- 10 411
—, Dijod-hexandiyldioxy-bis- 10 369
—, Dijod-oxy-bis- 10 370
—, Dijod-pentandiyldioxy-bis- 10 369
—, Dijod-propandiyldioxy-bis- 10 369, 374
—, Dimethoxy- 10 1430
—, Dimethoxy-dibutyl- 10 1388, 1402, 1430
—, Dimethoxy-pentandiyldioxy-bis-
    10 1431
—, Dimethyl- 9 1267
—, Dimethyl-äthyl- 9 1268
—, Dimethyl-hexandiyldioxy-bis- 10 514
—, Dimethyl-pentadecyl- 9 1270
—, Dimethyl-pentandiyldioxy-bis- 10 514
—, Dinitro- 9 1944
—, Dinitro-pentandiyldioxy-bis- 10 381
—, Dipentyl- 9 1270
—, Dithio-bis- 10 413
—, Guanylmethylsulfon- 10 412
—, [(Guanyl-phenoxy)-äthyl]- 10 580
—, [(Guanyl-phenoxy)-methyl]- 10 532
—, Heptandiyldioxy-bis- 10 351
—, Hexandiyldioxy-bis- 10 351
—, Hydroxy- 10 256, 348
—, [Hydroxy-äthoxy]- 10 350
—, Hydroxy-[carbamimidoyl-phenoxy]-
    10 1431
—, Hydroxy-[diäthylamino-äthyl]- 10 348
—, Hydroxy-dibutyl- 10 348
—, Hydroxymethylen-bis- 10 2347
—, Hydroxy-oxy-bis- 10 1431
—, [Hydroxy-phenacyl]- 9 1270
—, [Hydroxy-phenoxy-phosphinyl]-
    9 1272
—, [Isopropyl-carbamimidoyl]- 9 1271

Benzamidin, [Isopropyl-guanyl]- 9 1271
—, Jod-[carbamimidoyl-phenoxy]- 10 369
—, Jod-hexandiyldioxy-bis- 10 369
—, Jod-oxy-bis- 10 369
—, Jod-pentandiyldioxy-bis- 10 369
—, Jod-propandiyldioxy-bis- 10 369
—, Methoxy- 10 256, 349
—, Methoxy-[diäthylamino-äthyl]-
    10 256, 349
—, Methoxy-dibutyl- 10 160, 256, 349
—, Methyl- 9 1266, 2325, 2350
—, Methyl-äthyl- 9 1268
—, Methyl-diäthyl- 9 1269
—, Methyl-dibutyl- 9 2307
—, Methylen-bis- 9 4527
—, Methylendioxy-bis- 10 352
—, [Methyl-(hydroxy-äthyl)-carboxy-
    hexanoyl]- 9 1271
—, Methyl-isopropyl- 9 1269
—, Methylmercapto- 10 407
—, Methylmercapto-äthyl- 10 409
—, Methylmercaptomethyl- 10 533
—, Methylmercapto-[methyl-decyl]-
    10 409
—, Methyl-pentyl- 9 1270
—, Methyl-propyl- 9 1269
—, Methylsulfon- 10 276, 407
—, Methylsulfon-äthyl- 10 409
—, Methylsulfon-diäthyl- 10 409
—, Methylsulfon-[diäthylamino-äthyl]-
    10 409
—, Methylsulfon-[diäthylamino-propyl]-
    10 410
—, Methylsulfon-dimethyl- 10 408
—, Methylsulfon-formyl- 10 409
—, Methylsulfon-methyl- 10 408
—, Methylsulfonmethyl- 10 534
—, Methyl-[thio-p-toluoyl]- 9 2379
—, Nitro- 9 1480, 1748
—, Nitro-[carbamimidoyl-phenoxy]-
    10 382
—, Nitro-methyl- 9 1749
—, Nitro-oxy-bis- 10 382
—, Nitro-propandiyldioxy-bis- 10 381
—, [Oxo-diphenyl-äthyliden]- 9 1270
—, Oxy-bis- 10 352
—, Oxydimethyl-bis- 10 533
—, Pentandiyldioxy-bis- 10 256, 351
—, Phenoxy- 10 350
—, p-Phenylendioxydimethyl-bis-
    10 532
—, Phenylsulfon- 10 411
—, Propandiyl-bis- 9 4556
—, Propandiyldioxy-bis- 10 256, 350
—, Propenyliden-bis- 9 4612
—, Propylmercapto- 10 410
—, Propylsulfon- 10 410
—, Styryl- s. *Stilben-carbamidin*
—, Sulfinyl-bis- 10 412

Benzamidin, Sulfonyl-bis- **10** 412
—, Thiobenzoyl- **9** 1981
—, Thio-bis- **10** 412
—, Thiodimethyl-bis- **10** 534
—, Triäthyl- **9** 1269
—, Trimethoxy-dibutyl- **10** 2094
—, Trimethyl- **9** 1267
—, Trimethyl-dibutyl- **9** 2497
—, Vinyliden-bis- **9** 4602
—, *p*-Xylylendioxy-bis- **10** 352
Benzamidinium, Tetramethyl- **9** 1267
Benzamidjodid, Nitro- **9** 1521
Benzamidoxim 9 1308
—, Äthylen-bis- **9** 1310
—, Äthylmercapto- **10** 413
—, Benzoyl- **9** 1310
—, Butylmercapto- **10** 414
—, Carbamoyl- **9** 1311
—, Chlor- **9** 1367
—, Dibrom-hydroxy- **10** 185
—, Dodecandiyl-bis- **9** 1310
—, Heptyl- **9** 1310
—, Hexandiyl-bis- **9** 1310
—, Methoxy- **10** 354
—, Methyl-[äthoxycarbonyl-acetyl]-
    9 2352
—, Methylen-bis- **9** 4527
—, Methylmercapto- **10** 413
—, Methyl-[(nitro-phenyl)-acetyl]-
    9 2352
—, Methyl-phenylacetyl- **9** 2352
—, Methylsulfon- **10** 413
—, Nitro- **9** 1751
—, [(Nitro-phenyl)-acetyl]- **9** 2352
—, Propylmercapto- **10** 414
Benzamidrazon, Methyl-benzoyl- **9** 1323
Benz[*a*]anthracen, Benzoyloxy- **9** 527
—, Benzoyloxy-dihydro- **9** 525
—, Benzoyloxy-methyl- **9** 528
—, [Dibenzoyloxy-propyl]- **9** 654
Benz[*de*]anthracen, Benzoyloxy-dihydro-
    9 524
—, [Nitro-benzoyloxy]-oxo- **9** 1677
Benz[*a*]anthracen-carbamid 9 3620
—, Methyl- **9** 3627
Benz[*de*]anthracen-carbamid, Oxo-
    10 3452
Benz[*a*]anthracen-carbonitril 9 3619, 3620
—, Dioxo-dihydro- **10** 3669, 3670
—, Methyl- **9** 3627, 3628
Benz[*de*]anthracen-carbonitril, Oxo-
    10 3449, 3450
Benz[*a*]anthracen-carbonsäure 9 3619, 3620
—, Dioxo-dihydro- **10** 3669, 3670
—, Dioxo-dihydro-, methylester **10** 3670
—, Dioxo-dihydro-, nitril **10** 3669, 3670
—, Dioxo-methyl-dihydro- **10** 3671
—, Hydroxy-dihydro-, methylester
    10 3436

Benz[*a*]anthracen-carbonsäure, Hydroxy-
    methyl-dihydro-, methylester **10** 3441
—, Hydroxy-tetrahydro-, methylester
    10 3417
—, Methyl- **9** 3626, 3627
—, Methyl-, amid **9** 3627
—, Methyl-, methylester **9** 3626, 3627, 3628
—, Methyl-, nitril **9** 3627, 3628
—, Methyl-tetrahydro- **9** 3568
—, Oxo-dimethyl-tetrahydro-,
    methylester **10** 3445
—, Oxo-hexahydro-, methylester **10** 3417
—, Oxo-methyl-hexahydro-, methylester
    10 3421
—, Oxo-methyl-tetrahydro- **10** 3442
—, Oxo-methyl-tetrahydro-, methylester
    10 3441
—, Oxo-tetrahydro-, methylester **10** 3436
—, Semicarbazono-methyl-tetrahydro-
    10 3442
Benz[*a*]anthracen-carbonsäure-
    äthylester **9** 3620
— amid **9** 3620
— nitril **9** 3619, 3620
Benz[*de*]anthracen-carbonsäure, Brom-oxo-
    10 3448, 3450, 3453, 3454
—, Brom-oxo-, methylester **9** 3453
—, Dibrom-oxo- **10** 3453, 3454
—, Hydroxy- **10** 3450
—, Hydroxy-oxo- **10** 4489
—, Methoxy-oxo-, methylester **10** 4489
—, Nitro-hydroxy-oxo-, lacton **10** 3448
—, Nitro-oxo- **10** 3453, 3454
—, Nitro-oxo-, anhydrid **10** 3454
—, Oxo- **10** 3448, 3449, 3450, 3451, 3452
—, Oxo-, äthylester **10** 3449, 3450, 3451
—, Oxo-, amid **10** 3452
—, Oxo-, chlorid **10** 3451
—, Oxo-, methylester **10** 3449, 3450,
    3451, 3452
—, Oxo-, nitril **10** 3449, 3450
—, Oxo-hexahydro- **10** 3401
—, Oxo-methyl- **10** 3455
—, Oxo-phenyl- **10** 3499
—, Oxo-phenyl-, äthylester **10** 3499
Benz[*de*]anthracen-carbonylchlorid Oxo-
    10 3451
Benz[*a*]anthracen-dicarbonitril 9 4697
Benz[*de*]anthracen-dicarbonitril, Oxo-
    10 4029
Benz[*a*]anthracen-dicarbonsäure,
    Dihydro- **9** 4686
—, Dihydro-, dimethylester **9** 4687
—, Dioxo-dihydro- **10** 4093
—, Methyl-isopropyl- **9** 4701
—, Methyl-isopropyl-dihydro-,
    dimethylester **9** 4694
Benz[*a*]anthracen-dicarbonsäure-
    dinitril **9** 4697

Benz[*de*]anthracen-dicarbonsäure,
    Dibrom-oxo-dihydro- **10** 4029
—, Oxo- **10** 4028, 4029, 4030
—, Oxo-, dichlorid **10** 4029
—, Oxo-, dimethylester **10** 4030
—, Oxo-, dinitril **10** 4029
Benz[*de*]anthracen-dicarbonylchlorid,
    Oxo- **10** 4029
Benz[*de*]anthracenon,
    [Nitro-benzoyloxy]- **9** 1677
Benz[*a*]anthracen-sulfonsäure, Hydroxy-
    dihydro- **10** 3349
Benz[7.8]anthra[9.1.2-*cde*]dibenzo[*o.rst*]*
    pentaphen-dicarbonsäure,
    Dioxo-dihydro- **10** 4104
Benz[5.10]anthra[9.1-*bc*]furan, Hydroxy-
    oxo-dihydro- **10** 3450
—, Hydroxy-oxo-octahydro- **10** 3410
Benzazid 9 1324
Benzazidoxim 9 1324
Benz[*e*]azulen, Dihydroxy-dioxo-
    dimethyl-benzoyloxymethyl-
    isopropenyl-decahydro- **9** 840
—, Dihydroxy-dioxo-dimethyl-[nitro-
    benzoyloxymethyl]-isopropenyl-
    decahydro- **9** 1683
Benz[*a*]azulen-carbonsäure **9** 3492
Benz[*a*]azulen-carbonsäure-äthylester
    9 3492
Benz[*cd*]azulen-carbonsäure, Dihydro-,
    äthylester **9** 3332
Benz[*e*]azulendion, Dihydroxy-dimethyl-
    benzoyloxymethyl-isopropenyl-
    octahydro- **9** 840
—, Dihydroxy-dimethyl-[nitro-
    benzoyloxymethyl]-isopropenyl-
    octahydro- **9** 1683
Benzhydrol, Dicarbamimidoyl- **10** 2347
—, Dicyan- **10** 2347
Benzhydrol-dicarbamidin 10 2347
Benzhydrol-dicarbonitril 10 2347
Benzhydrylcinnamat 9 2695
Benzhydrylpenaldinsäure-äthylester **9** 3303
— äthylester-diäthylacetal **9** 3303
— diäthylacetal **9** 3303
Benzil, Dibenzoyloxy- **9** 823
—, Methoxy-, [benzoyl-oxim] **9** 1298
—, Methoxy-, bis-[benzoyl-oxim] **9** 1298
Benzil-[benzoyl-oxim] 9 1288
— bis-[benzoyl-oxim] **9** 1289
— bis-[nitro-benzoylhydrazon] **9** 1532
— bis-[phenylacetyl-hydrazon] **9** 2258
— [(brom-benzoyl)-oxim] **9** 1421
— [cinnamoyl-oxim] **9** 2722
— [methyl-oxim]-[benzoyl-oxim] **9** 1289
Benzilamid 10 1178
—, [Diäthylamino-äthyl]- **10** 1178
—, [Diäthylamino-dimethyl-propyl]-
    10 1179

Benzilamid, Dimethoxy- **10** 2321
—, [Dimethylamino-äthyl]- **10** 1178
—, Methyl- **10** 1178
Benzil-carbonsäure 10 3625; *Derivate s. unter*
    Bibenzyl-carbonsäure
Benzil-dicarbonsäure 10 4075; *Derivate*
    s. unter Bibenzyl-dicarbonsäure
Benzilonitril 10 1179
Benzilsäure 10 1168; *die durch Substitution*
    an der OH-Gruppe abgeleiteten Benzil
    säure-Derivate s. unter Essigsäure
—, Äthoxy- **10** 1954
—, Äthoxy-, [diäthylamino-äthylester]
    10 1956
—, Benzhydryl- **10** 1348
—, Benzhydryl-, methylester **10** 1348
—, Benzoyl- **10** 4492
—, Benzyloxy- **10** 1955
—, Benzyloxy-, [diäthylamino-
    äthylester] **10** 1957
—, Butyloxy- **10** 1954
—, Butyloxy-, [diäthylamino-äthylester]
    10 1956
—, [Butyloxy-äthoxy]- **10** 1955
—, [Butyloxy-äthoxy]-, [diäthylamino-
    äthylester] **10** 1957
—, Chlor- **10** 1180
—, Chlor-, [(dimethyl-äthyl-ammonio)-
    äthylester] **10** 1180
—, Decyloxy- **10** 1955
—, Decyloxy-, [diäthylamino-äthylester]
    10 1957
—, Diäthoxy- **10** 2319
—, Diäthoxy-, [diäthylamino-äthylester]
    10 2319, 2320
—, Dibrom-dimethoxy- **10** 2319
—, Dibutyloxy- **10** 2320
—, Dibutyloxy-, [diäthylamino-
    äthylester] **10** 2321
—, Dichlor- **10** 1181
—, Dichlor-, [(dimethyl-äthyl-ammonio)-
    äthylester] **10** 1181
—, Dichlor-dimethoxy- **10** 2320
—, Dimethoxy- **10** 2319, 2320
—, Dimethoxy-, äthylester **10** 2320
—, Dimethoxy-, amid **10** 2321
—, Dimethoxy-, [diäthylamino-
    äthylester] **10** 2321
—, Dimethoxy-, [(dimethyl-äthyl-
    ammonio)-äthylester] **10** 2321
—, Dimethoxy-, hydrazid **10** 2321
—, Dimethoxy-, methylester **10** 2320
—, Dimethoxy-dimethyl- **10** 2327
—, Dimethyl- **10** 1209
—, Dimethyl-, äthylester **10** 1210
—, Dimethyl-, [diäthylamino-äthylester]
    10 1210
—, Dinitro- **10** 1181
—, Diphenyl- **10** 1347

Benzilsäure, Diphenyl-, methylester **10** 1347
—, Heptyloxy- **10** 1955
—, Heptyloxy-, [diäthylamino-
   äthylester] **10** 1957
—, Hexamethyl-, äthylester **10** 1245
—, Hexyloxy- **10** 1955
—, Hexyloxy-, [diäthylamino-äthylester]
   10 1957
—, Isobutyloxy- **10** 1954
—, Isobutyloxy-, [diäthylamino-
   äthylester] **10** 1956
—, Isopentyloxy-, [diäthylamino-
   äthylester] **10** 1956
—, Isopropyloxy- **10** 1954
—, Isopropyloxy-, [diäthylamino-
   äthylester] **10** 1956
—, Methoxy- **10** 1954
—, Methoxy-, [diäthylamino-äthylester]
   10 1955
—, Methyl- **10** 1199
—, Methyl-, äthylester **10** 1199
—, Methyl-, [(dimethyl-äthyl-ammonio)-
   äthylester] **10** 1199
—, Octyloxy- **10** 1955
—, Octyloxy-, [diäthylamino-äthylester]
   10 1957
—, Pentyloxy- **10** 1955
—, Pentyloxy-, [diäthylamino-
   äthylester] **10** 1956
—, Phenoxy- **10** 1955
—, Phenoxy-, [diäthylamino-äthylester]
   10 1957
—, [Phenoxy-äthoxy]- **10** 1955
—, [Phenoxy-äthoxy]-, [diäthylamino-
   äthylester] **10** 1958
—, Phenyl- **10** 1325
—, Propyloxy- **10** 1954
—, Propyloxy-, [diäthylamino-
   äthylester] **10** 1956
—, Tetramethoxy- **10** 2582
—, Trimethyl- **10** 1219
—, Trimethyl-, methylester **10** 1220
Benzilsäure-acetylhydrazid **10** 1179
— äthylester **10** 1171
— amid **10** 1178
— [amino-äthylester] **10** 1172
— benzoylhydrazid **10** 1180
— [butylamino-äthylester] **10** 1174
— [diäthylamino-äthylamid] **10** 1178
— [diäthylamino-äthylester] **10** 1173
— [(diäthylamino-äthylmercapto)-
   propylester] **10** 1172
— [diäthylamino-dimethyl-propylamid]
   10 1179
— [diäthylamino-dimethyl-propylester]
   10 1177
— [diäthylamino-methyl-propylester]
   10 1177
— [diäthylamino-propylester] **10** 1175, 1176

Benzilsäure-[(diäthyl-propyl-ammonio)-
   äthylester] **10** 1174
— [dibutylamino-äthylester] **10** 1175
— [dibutylamino-propylester] **10** 1176
— [diisopropylamino-äthylester]
   10 1174
— [(dimethyl-äthyl-ammonio)-äthylamid]
   10 1178
— [(dimethyl-äthyl-ammonio)-äthylester]
   10 1173
— [(dimethyl-äthyl-ammonio)-
   propylester] **10** 1176
— [(dimethyl-allyl-ammonio)-äthylester]
   10 1175
— [dimethylamino-äthylamid] **10** 1178
— [dimethylamino-äthylester] **10** 1172
— [dimethylamino-dimethyl-propylester]
   10 1177
— [dimethylamino-trimethyl-propylester]
   10 1177
— [(dimethyl-butyl-ammonio)-äthylester]
   10 1175
— [(dimethyl-isopropyl-ammonio)-
   äthylester] **10** 1174
— [(dimethyl-pentyl-ammonio)-
   äthylester] **10** 1175
— [(dimethyl-propyl-ammonio)-
   äthylester] **10** 1174
— [dipropylamino-äthylester] **10** 1174
— [dipropylamino-propylester] **10** 1176
— hydrazid **10** 1179
— [(methyl-äthyl-propyl-ammonio)-
   äthylester] **10** 1174
— methylamid **10** 1178
— [(methyl-diäthyl-ammonio)-äthylamid]
   10 1179
— [(methyl-diäthyl-ammonio)-äthylester]
   10 1173
— [(methyl-diäthyl-ammonio)-
   propylester] **10** 1176
— [(methyl-dibutyl-ammonio)-äthylester]
   10 1175
— [(methyl-dibutyl-ammonio)-
   propylester] **10** 1176
— [(methyl-diisopropyl-ammonio)-
   äthylester] **10** 1174
— methylester **10** 1170
— [(methyl-propyl-amino)-äthylester]
   10 1174
— nitril **10** 1179
— [phenyl-phenacylester] **10** 1172
— [triäthylammonio-äthylester] **10** 1173
— [trimethylammonio-äthylester]
   10 1172
— [trimethylammonio-dimethyl-
   propylester] **10** 1177
Benzimidbromid 9 1254
Benzimidchlorid 9 1253
Benzimidjodid 9 1255

Benzimidoylazid, Benzoyloxy- **9** 1324
Benzimidoylbromid 9 1254
—, Methyl- **9** 2348
Benzimidoylchlorid 9 1253
—, Äthyl- **9** 1253
—, Butyl- **9** 1254
—, [Chlor-äthyl]- **9** 1254
—, [Chlorsulfonyl-äthyl]- **9** 1254
—, Dimethoxy-acetoxy- **10** 2093
—, Dimethyl- **9** 2348
—, Methyl- **9** 1253, 2348
—, Octyl- **9** 1254
Benzimidoyljodid 9 1255
—, Methyl- **9** 2348
—, Nitro- **9** 1479, 1521
Benzimidsäure, Äthentetrayl-tetra-,
   tetraäthylester **9** 4901
—, Äthoxy-, äthylester **10** 343
—, Äthoxycarbonyl-, äthylester **9** 4254
—, [Äthoxycarbonyl-carbamoyl-methyl]-,
   äthylester **9** 1251
—, Äthoxycarbonylmethyl-, äthylester
   9 1251
—, Äthyl-, chlorid **9** 1253
—, Äthylmercapto-, äthylester **10** 402
—, Benzoyloxy-, azid **9** 1324
—, [Bis-äthoxycarbonyl-methyl]-,
   äthylester **9** 1251
—, Butyl-, chlorid **9** 1254
—, Butylmercapto-, äthylester **10** 402
—, Butyloxy-, butylester **9** 1311
—, [Chlor-äthyl]-, chlorid **9** 1254
—, [Chlorsulfonyl-äthyl]-, chlorid
   9 1254
—, Decandiyldioxy-di-, diäthylester
   10 344
—, Dimethoxy-, äthylester **10** 1429
—, Dimethoxy-acetoxy-, chlorid **10** 2093
—, Dimethyl-, chlorid **9** 2348
—, Hydroxy-, äthylester **10** 255
—, [Hydroxy-äthoxy]-, äthylester **10** 343
—, Hydroxy-methoxy-, butylester
   10 1429
—, Methoxy-, äthylester **10** 256
—, Methoxy-, methylester **9** 1311
—, Methyl-, äthylester **9** 2348
—, Methyl-, bromid **9** 2348
—, Methyl-, chlorid **9** 1253, 2348
—, Methyl-, jodid **9** 2348
—, Methylmercapto-, äthylester **10** 402
—, Methylsulfon-, äthylester **10** 402
—, Nitro-, butylester **9** 1747
—, Nitro-, dodecylester **9** 1748
—, Nitro-, jodid **9** 1479, 1521
—, Nitro-, [phenyl-propylester] **9** 1748
—, [Nitro-vinyl]-, methylester **9** 2754
—, Octyl-, chlorid **9** 1254
—, Pentandiyldioxy-di-, diäthylester
   10 344

Benzimidsäure, Propandiyldioxy-di-,
   diäthylester **10** 343
—, Propylmercapto-, äthylester **10** 402
Benzimidsäure-äthylester **9** 1250
— [brom-äthylester] **9** 1251
— bromid **9** 1254
— [brom-propylester] **9** 1252
— butylester **9** 1252
— [chlor-äthylester] **9** 1251
— [chlor-butylester] **9** 1252
— chlorid **9** 1253
— [chlor-isopropylester] **9** 1252
— [chlor-propylester] **9** 1252
— cyclohexylester **9** 1253
— cyclopentylester **9** 1252
— jodid **9** 1255
— methylester **9** 1249
— [oxo-bicyclohexylylester] **9** 1253
Benziminomethyläther 9 1249
Benz[e]inden s. *Cyclopenta[a]naphthalin*
Benz[6.7]indeno[1.2-b]furan, Hydroxy-
   oxo-methyl-dihydro- **10** 3383
—, Hydroxy-oxo-phenyl-dihydro- **10** 3471
Benz[de]indeno[1.2.3-ij]isochromen,
   Hydroxy-oxo-dihydro- **10** 3447
Benz[de]isochromen, Hydroxy-bis-
   [benzoyloxy-methyl-phenyl]- **9** 832
—, Hydroxy-oxo- **10** 3266
—, Hydroxy-oxo-[hydroxy-phenyl]-
   10 4484
—, Hydroxy-oxo-[methoxy-naphthyl]-
   10 4500
—, Hydroxy-oxo-methyl-phenyl- **10** 3436
—, Hydroxy-oxo-naphthyl- **10** 3491
—, Hydroxy-oxo-phenyl- **10** 3431
Benz[d][1.2]jodoxol, Hydroxy-oxo-
   9 1433
—, Nitro-hydroxy-oxo- **9** 1773, 1774
Benz[d][1.2]jodoxol-carbonsäure,
   Hydroxy-oxo- **9** 4258
Benzochinon, Benzoyloxy-, [benzoyl-oxim]
—, Bis-carboxymethyl- **10** 4058
—, Brom-, [benzoyl-oxim] **9** 1286
—, [Carboxy-äthyl]-[dimethoxy-(carboxy-
   äthyl)-phenyl]- **10** 4852
—, Chlor-, [benzoyl-oxim] **9** 1285, 1286
—, Dibenzoyloxy-didecyl- **9** 819
—, Dibenzoyloxy-diheptyl- **9** 819
—, Dibenzoyloxy-diisopentyl- **9** 818
—, Dibenzoyloxy-dodecyl- **9** 818
—, Dibenzoyloxy-hexadecyl- **9** 819
—, Dibenzoyloxy-octadecyl- **9** 819
—, Dibenzoyloxy-tetradecyl- **9** 819
—, Dibenzoyloxy-tridecyl- **9** 818
—, Dibenzoyloxy-undecyl- **9** 818
—, Dibrom-, [benzoyl-oxim] **9** 1287
—, Dichlor-, [benzoyl-oxim] **9** 1286
—, Dimethyl-bis-[bis-äthoxycarbonyl-
   methyl]- **10** 4172

Benzochinon, Dimethyl-bis-[carboxy-phenyl]-, dioxim **10** 4092
—, Jod-, [benzoyl-oxim] **9** 1287
—, Methoxy-[veratroyloxy-äthyl-propenyl]- **10** 1421
—, Methyl-bis-[äthoxycarbonyl-cyan-methyl]-[brom-trimethyl-phenyl]- **10** 4173
—, Methyl-bis-carboxymethyl-[brom-trimethyl-phenyl]- **10** 4074
—, Methyl-bis-dicarboxymethyl-[brom-trimethyl-phenyl]- **10** 4173
—, Phenyl- s. *Biphenyl-chinon*
—, Tetrabenzoyloxy- **9** 846
Benzochinon-[benzoyl-oxim] 9 1285
Benzo[2.3]cholesten-dicarbonsäure, Hydroxy- **10** 2386
—, Hydroxy-, diäthylester **10** 2386
Benzo[c]chromen, Hydroxy-dioxo-dihydro-**10** 3619
—, Hydroxy-oxo-dodecahydro- **10** 2942
Benzo[h]chromen, Hydroxy-oxo-hexahydro-**10** 3185
Benzo[g]chromen-dicarbonsäure, Hydroxy-, diäthylester **10** 4781
Benzo[def]chrysen, Benzoyloxy- **9** 531
—, [Nitro-benzoyloxy]- **9** 1618
Benzo[def]chrysen-carbonitril 9 3663
Benzo[c]chrysen-carbonsäure 9 3674
Benzo[def]chrysen-carbonsäure 9 3663
—, Dioxo-dihydro- **10** 3677
—, Dioxo-dihydro-, methylester **10** 3677
—, Hydroxy-dihydro-, methylester **10** 3473
—, Oxo-tetrahydro-, methylester **10** 3473
Benzo[def]chrysen-carbonsäure-hydrazid 9 3663
— isopropylidenhydrazid **9** 3663
— methylester **9** 3663
— nitril **9** 3663
Benzo[g]chrysen-carbonsäure 9 3674
—, Methyl- **9** 3675
Benzo[def]chrysen-dicarbonsäure 9 4713
Benzocyclodecen-carbonsäure, Hydroxy-octahydro- **10** 921
Benzocyclodecen-dicarbonsäure, Hydroxy-octahydro- **10** 2276
—, Hydroxy-octahydro-, diäthylester **10** 2276
Benzocyclododecen-dicarbonsäure, Hydroxy-decahydro- **10** 2277
—, Hydroxy-decahydro-, diäthylester **10** 2277
Benzocyclohepten, [Dinitro-benzoyloxy]-decahydro- **9** 1836
—, Hydroxy-tribenzoyloxy-oxo- **9** 840
—, Tetramethoxy-[dinitro-benzoyloxy]-tetrahydro- **9** 1921

Benzocyclohepten, Trimethoxy-[dinitro-benzoyloxy]-oxo- **9** 1933
—, Trimethoxy-[dinitro-benzoyloxy]-oxo-tetrahydro- **9** 1933
Benzocyclohepten-carbamid, Tetrahydro-**9** 2826
Benzocyclohepten-carbonsäure, Hydroxy-tetrahydro- **10** 896
—, Tetrahydro- **9** 2826
—, Tetrahydro-, äthylester **9** 2826
—, Tetrahydro-, amid **9** 2826
Benzocyclohepten-dicarbonsäure, Dioxo-bis-[hydroxy-phenyl]-tetrahydro-, dimethylester **10** 4857
—, Hydroxy-tetrahydro- **10** 2269
—, Hydroxy-tetrahydro-, äthylester **10** 2269
—, Hydroxy-tetrahydro-, diäthylester **10** 2270
—, Octahydro- **9** 4067
Benzocycloheptenon, Hydroxy-tribenzoyloxy- **9** 840
—, Trimethoxy-[dinitro-benzoyloxy]-**9** 1933
—, Trimethoxy-[dinitro-benzoyloxy]-tetrahydro- **9** 1933
Benzocyclohexadecen, Benzoyloxy-tetradecahydro- **9** 458
Benzocyclohexadecen-dicarbonsäure, Hydroxy-tetradecahydro- **10** 2278
—, Hydroxy-tetradecahydro-, diäthylester **10** 2278
Benzocycloocten, Dibenzoyloxy- **9** 620
Benzocycloocten-carbamid, Hydroxy-hexahydro- **10** 908
—, Oxo-hexahydro- **10** 3184
Benzocycloocten-carbonitril, Amino-tetrahydro- **10** 3184, 3185
—, Hydroxy-tetrahydro- **10** 3184
—, Imino-hexahydro- **10** 3184, 3185
—, Oxo-hexahydro- **10** 3184
Benzocycloocten-carbonsäure, Amino-tetrahydro-, nitril **10** 3184, 3185
—, Hexahydro- **9** 2855
—, Hydroxy-hexahydro- **10** 907
—, Hydroxy-hexahydro-, amid **10** 908
—, Hydroxy-tetrahydro-, amid **10** 3184
—, Imino-hexahydro-, nitril **10** 3184, 3185
—, Oxo-hexahydro-, amid **10** 3184
—, Oxo-hexahydro-, nitril **10** 3184
—, Tetrahydro- **9** 3087
Benzocycloocten-dicarbonsäure, Decahydro- **9** 4074
—, Hydroxy-hexahydro- **10** 2270
—, Hydroxy-hexahydro-, diäthylester **10** 2270
Benzocyclooctendiyldibenzoat 9 620
Benzo[h]cyclopenta[c]chromen, Hydroxy-oxo-decahydro- **10** 3240

Benzocyclopentadecen-carbonsäure,
Hydroxy-dodecahydro- **10** 929
Benzocyclopentadecen-dicarbonsäure,
Hydroxy-dodecahydro- **10** 2278
—, Hydroxy-dodecahydro-, diäthylester
10 2278
**Benzo[a]cyclopenta[i]fluoren-
carbonsäure,** Hydroxy-tetramethyl-
isopropyl-hexadecahydro- **10** 1031
Benzo[a]cyclopenta[i]fluoren-dicarbonsäure,
Hydroxy-tetramethyl-isopropyl-
octadecahydro- **10** 2280
Benzo[1.2-c:4.5-c']difuran, Dihydroxy-
dioxo-dihydro- **10** 4063, 4064
—, Dihydroxy-dioxo-phenyl-naphthyl-
dihydro- **10** 4097
—, Dihydroxy-dioxo-phenyl-[octahydro-
phenanthryl]-dihydro- **10** 4096
Benzo[1.3.2]dioxaphosphorin,
Chlor-oxo- **10** 150
—, Trichlor-oxo- **10** 152
Benzo[1.3.2]dioxaphosphorin-oxid,
Chlor-oxo- **10** 150
Benzoesäure 9 360—381
—, Acenaphthencarbonyl- **10** 3456
—, Acenaphthenyl- **9** 3583
—, Acenaphthenyl-, amid **9** 3584
—, Acenaphthenyl-, nitril **9** 3584
—, [Acenaphthenyl-äthyl]- **9** 3606
—, Acenaphthenylmethyl- **9** 3595
—, Acetonylmercapto- **10** 220
—, Acetonylmercapto-, äthylester **10** 397
—, Acetonylsulfon-, äthylester **10** 397
—, Acetonylsulfon-, [amid-imin] **10** 411
—, Acetonylsulfon-, nitril **10** 405
—, Acetoxy- **10** 102, 248, 294
—, Acetoxy-, äthylester **10** 117
—, Acetoxy-, azid **10** 162
—, Acetoxy-, benzhydrylester **10** 138
—, Acetoxy-, biphenylylester **10** 138
—, Acetoxy-, butylester **10** 121
—, Acetoxy-, chlorid **10** 151, 254, 340
—, Acetoxy-, [dichlor-phenylester] **10** 130
—, Acetoxy-, [dimethylamino-methyl-
äthyl-äthylester] **10** 150, 253, 336
—, Acetoxy-, isobutylester **10** 122
—, Acetoxy-, isopentylester **10** 123
—, Acetoxy-, [methoxy-phenylester]
10 141
—, Acetoxy-, [methyl-dimethylaminomethyl-
propylester] **10** 150, 253
—, Acetoxy-, methylester **10** 110
—, Acetoxy-, [methyl-isopropyl-
phenylester] **10** 134
—, Acetoxy-, phenacylester **10** 144
—, Acetoxy-, phenylester **10** 130
—, Acetoxy-, propylester **10** 120
—, Acetoxy-, [trimethylammonio-
äthylester] **10** 149

Benzoesäure, Acetoxy-, vinylester **10** 125
—, Acetoxyacetoxy-, äthylester **10** 119
—, Acetoxy-[acetoxy-benzoyl]- **10** 4667
—, Acetoxy-[acetoxy-benzyl]-,
methylester **10** 1960
—, Acetoxy-[acetoxy-(diacetoxy-methyl-
benzoyloxy)-methyl-benzoyloxy]-
methyl- **10** 1498
—, Acetoxy-[acetoxy-(diacetoxy-methyl-
benzoyloxy)-methyl-benzoyloxy]-
methyl-, methylester **10** 1499
—, Acetoxy-[acetoxy-(methoxy-acetoxy-
methyl-benzoyloxy)-methyl-
benzoyloxy]-methyl- **10** 1498
—, Acetoxy-[acetoxy-(methoxy-acetoxy-
methyl-benzoyloxy)-methyl-
benzoyloxy]-methyl-, methylester
10 1498
—, Acetoxy-[acetoxy-oxo-methyl-
hexahydro-indanyl]- **10** 4637
—, Acetoxy-[acetoxy-(triacetoxy-methyl-
benzoyloxy)-methyl-benzoyloxy]-
methyl- **10** 2110
—, Acetoxy-[acetoxy-(triacetoxy-methyl-
benzoyloxy)-methyl-benzoyloxy]-
methyl-, methylester **10** 2110
—, Acetoxy-acetyl- **10** 4229
—, Acetoxy-äthyl- **10** 570
—, Acetoxy-äthyl-, chlorid **10** 570
—, [Acetoxy-äthyl]- **10** 579
—, [Acetoxy-äthyl]-, nitril **10** 580
—, Acetoxy-allyl- **10** 867
—, Acetoxy-allyl-, methylester **10** 868,
870
—, [Acetoxy-benzhydryl]- **10** 1325
—, Acetoxy-benzoyl-, methylester
10 4432
—, Acetoxy-[diacetoxy-methyl-
benzoyloxy]-methyl- **10** 1492
—, Acetoxy-[diacetoxy-methyl-
benzoyloxy]-methyl-, [acetoxy-
methyl-formyl-phenylester]
10 1494
—, Acetoxy-[diacetoxy-methyl-
benzoyloxy]-methyl-, äthylester
10 1493
—, Acetoxy-[diacetoxy-methyl-
benzoyloxy]-methyl-, butylester
10 1493
—, Acetoxy-[diacetoxy-methyl-
benzoyloxy]-methyl-, [hydroxy-
methyl-formyl-phenylester]
10 1494
—, Acetoxy-[diacetoxy-methyl-
benzoyloxy]-methyl-,
isobutylester **10** 1493
—, Acetoxy-[diacetoxy-methyl-
benzoyloxy]-methyl-,
isopentylester **10** 1494

Benzoesäure, Acetoxy-[diacetoxy-methyl-benzoyloxy]-methyl-, isopropylester **10** 1493

—, Acetoxy-[diacetoxy-methyl-benzoyloxy]-methyl-, methylester **10** 1492

—, Acetoxy-[diacetoxy-methyl-benzoyloxy]-methyl-, pentylester **10** 1493

—, Acetoxy-[diacetoxy-methyl-benzoyloxy]-methyl-, propylester **10** 1493

—, Acetoxy-[diacetoxy-methyl-benzoyloxy]-methyl-, [triacetoxy-butylester] **10** 1494

—, Acetoxy-[diacetoxy-pentyl-benzoyloxy]-pentyl- **10** 1581

—, Acetoxy-[diacetoxy-pentyl-benzoyloxy]-pentyl-, äthylester **10** 1581

—, Acetoxy-[diacetoxy-pentyl-benzoyloxy]-pentyl-, methylester **10** 1581

—, Acetoxy-[dichlor-cyan-vinyl]- **10** 2260

—, Acetoxy-[dichlor-vinyl]- **10** 859, 860, 861

—, Acetoxy-[dichlor-vinyl]-, [dichlor-vinylamid] **10** 860

—, Acetoxy-[dihydroxy-methyl-benzoyloxy]-methyl-, methylester **10** 1493

—, Acetoxy-diisopropyl- **10** 654

—, Acetoxy-[dimethoxy-dimethyl-benzoyloxy]-dimethyl-, äthylester **10** 1545

—, Acetoxy-[dimethoxy-dimethyl-benzoyloxy]-dimethyl-, butylester **10** 1546

—, Acetoxy-[dimethoxy-dimethyl-benzoyloxy]-dimethyl-, isobutylester **10** 1546

—, Acetoxy-[dimethoxy-dimethyl-benzoyloxy]-dimethyl-, isopentylester **10** 1547

—, Acetoxy-[dimethoxy-dimethyl-benzoyloxy]-dimethyl-, isopropylester **10** 1546

—, Acetoxy-[dimethoxy-dimethyl-benzoyloxy]-dimethyl-, pentylester **10** 1547

—, Acetoxy-[dimethoxy-dimethyl-benzoyloxy]-dimethyl-, propylester **10** 1545

—, Acetoxy-dimethyl- **10** 584, 585, 586, 2222

—, Acetoxy-dimethyl-, methylester **10** 585

Benzoesäure, Acetoxy-dimethyl-, nitril **10** 583

—, [Acetoxy-dioxo-dihydro-naphthyl]- **10** 4704

—, Acetoxy-hydroseleno-, methylester **10** 1396

—, Acetoxy-[hydroxy-acetoxy-methyl-benzoyloxy]-methyl-, methylester **10** 1490

—, Acetoxy-[methoxy-acetoxy-dimethyl-benzoyloxy]-dimethyl-, äthylester **10** 1547

—, Acetoxy-[methoxy-acetoxy-dimethyl-benzoyloxy]-dimethyl-, butylester **10** 1548

—, Acetoxy-[methoxy-acetoxy-dimethyl-benzoyloxy]-dimethyl-, isobutylester **10** 1548

—, Acetoxy-[methoxy-acetoxy-dimethyl-benzoyloxy]-dimethyl-, isopentylester **10** 1548

—, Acetoxy-[methoxy-acetoxy-dimethyl-benzoyloxy]-dimethyl-, isopropylester **10** 1547

—, Acetoxy-[methoxy-acetoxy-dimethyl-benzoyloxy]-dimethyl-, pentylester **10** 1548

—, Acetoxy-[methoxy-acetoxy-dimethyl-benzoyloxy]-dimethyl-, propylester **10** 1547

—, Acetoxy-[methoxy-acetoxy-dimethyl-benzoyloxy]-methyl- **10** 1541

—, Acetoxy-[methoxy-acetoxy-dimethyl-benzoyloxy]-methyl-, methylester **10** 1541

—, Acetoxy-[methoxy-acetoxy-methyl-benzoyloxy]-heptyl- **10** 1587

—, Acetoxy-[methoxy-acetoxy-methyl-benzoyloxy]-methyl- **10** 1491

—, Acetoxy-[methoxy-acetoxy-methyl-benzoyloxy]-methyl-, äthylester **10** 1491

—, Acetoxy-[methoxy-acetoxy-methyl-benzoyloxy]-methyl-, butylester **10** 1492

—, Acetoxy-[methoxy-acetoxy-methyl-benzoyloxy]-methyl-, isobutylester **10** 1492

—, Acetoxy-[methoxy-acetoxy-methyl-benzoyloxy]-methyl-, isopentylester **10** 1492

—, Acetoxy-[methoxy-acetoxy-methyl-benzoyloxy]-methyl-, isopropylester **10** 1492

—, Acetoxy-[methoxy-acetoxy-methyl-benzoyloxy]-methyl-, methylester **10** 1491

—, Acetoxy-[methoxy-acetoxy-methyl-benzoyloxy]-methyl-, pentylester **10** 1492

Benzoesäure, Acetoxy-[methoxy-acetoxy-
methyl-benzoyloxy]-methyl-,
propylester **10** 1491
—, Acetoxy-[methoxy-acetoxy-propyl-
benzoyloxy]-propyl- **10** 1563
—, Acetoxy-[methoxy-acetoxy-propyl-
benzoyloxy]-propyl-, äthylester
10 1563
—, Acetoxy-[methoxy-acetoxy-propyl-
benzoyloxy]-propyl-, butylester
10 1564
—, Acetoxy-[methoxy-acetoxy-propyl-
benzoyloxy]-propyl-,
isopropylester **10** 1564
—, Acetoxy-[methoxy-acetoxy-propyl-
benzoyloxy]-propyl-, pentylester
10 1564
—, Acetoxy-[methoxy-acetoxy-propyl-
benzoyloxy]-propyl-, propylester
10 1564
—, Acetoxy-methyl- **10** 497, 506, 515,
517, 521
—, Acetoxy-methyl-, amid **10** 516
—, Acetoxy-methyl-, chlorid **10** 510
—, Acetoxy-methyl-, cholesterylester
10 508
—, Acetoxy-methyl-, [diäthylamino-
äthylester] **10** 509
—, Acetoxy-methyl-, [dimethylamino-
methyl-äthyl-äthylester] **10** 509, 523
—, Acetoxy-methyl-, methylester **10** 516
—, Acetoxy-methyl-, nitril **10** 495,
496, 523
—, Acetoxymethyl-, nitril **10** 531
—, Acetoxy-methyl-*tert*-butyl- **10** 646
—, Acetoxy-methyl-[dichlor-äthyl]-
10 613
—, Acetoxy-methyl-[dichlor-vinyl]-
10 872, 873
—, Acetoxy-methyl-isopropyl- **10** 630
—, [Acetoxy-naphthoyl]- **10** 4480
—, [Acetoxy-phenoxy]- **10** 101, 293
—, [Acetoxy-phenoxy]-acetoxy- **10** 1408
—, Acetoxy-phenylseleno-, methylester
10 1396
—, [Acetoxy-phenylseleno]-,
methylester **10** 241, 277, 421
—, Acetoxy-propenyl- **10** 867
—, Acetoxy-selenocyanato-, methylester
10 1396
—, Acetoxy-[tetrachlor-äthyl]-
10 576, 577
—, Acetoxy-[tetramethyl-butyl]- **10** 658
—, Acetoxy-[triacetoxy-methyl-
benzoyloxy]-methyl- **10** 2109, 2113
—, Acetoxy-[triacetoxy-methyl-
benzoyloxy]-methyl-, [acetoxy-
methyl-formyl-phenylester]
10 2110

Benzoesäure, Acetoxy-[triacetoxy-methyl-
benzoyloxy]-methyl-, [hydroxy-
methyl-formyl-phenylester]
10 2109
—, Acetoxy-[triacetoxy-methyl-
benzoyloxy]-methyl-, methylester
10 2109, 2113
—, Acetoxy-[trichlor-hydroxy-äthyl]-,
methylester **10** 1532
—, Acetyl- **10** 3025, 3029
—, Acetyl-, äthylester **10** 3025, 3030
—, Acetyl-, amid **10** 3026
—, Acetyl-, chlorid **10** 3026
—, Acetyl-, methylester **10** 3025, 3030
—, Acetyl-, nitril **10** 3026, 3028, 3030
—, Acetyl-, propylester **10** 3026
—, Acetyl-cyan-, methylester **10** 3961
—, Äthinyl-, nitril **9** 3068
—, Äthoxy- **10** 98, 245, 282
—, Äthoxy-, [acetyl-hydrazid] **10** 357
—, Äthoxy-, [äthoxy-äthylester] **10** 315
—, Äthoxy-, [äthoxy-benzylidenhydrazid]
10 357
—, Äthoxy-, [äthylamino-äthylester]
10 326
—, Äthoxy-, [äthylamino-butylester] **10** 332
—, Äthoxy-, äthylester **10** 117, 251, 301
—, Äthoxy-, [äthylester-imin] **10** 343
—, Äthoxy-, amid **10** 342
—, Äthoxy-, [amid-imin] **10** 349
—, Äthoxy-, [amid-methylimin] **10** 349
—, Äthoxy-, anhydrid **10** 325
—, Äthoxy-, azid **10** 358
—, Äthoxy-, benzylester **10** 311
—, Äthoxy-, benzylidenhydrazid **10** 356
—, Äthoxy-, [butylamino-äthylester]
10 327
—, Äthoxy-, [butylamino-butylester]
10 332
—, Äthoxy-, [butylamino-isobutylester]
10 150, 253
—, Äthoxy-, [chlor-äthylester] **10** 301
—, Äthoxy-, chlorid **10** 151, 337
—, Äthoxy-, [(diäthylamino-äthoxy)-
äthylester] **10** 315
—, Äthoxy-, [diäthylamino-äthylester]
10 148, 252, 326
—, Äthoxy-, [diäthylamino-dimethyl-
propylester] **10** 336
—, Äthoxy-, [diäthylamino-methyl-äthyl-
äthylester] **10** 336
—, Äthoxy-, [diäthylamino-methyl-
pentylester] **10** 336
—, Äthoxy-, [diäthylamino-pentylester]
10 335
—, Äthoxy-, [diäthylamino-propylester]
10 332
—, Äthoxy-, [dibutylamino-äthylester]
10 327

Benzoesäure, Äthoxy-, [dibutylamino-propylester] **10** 332

—, Äthoxy-, [dimethylamid-imin] **10** 349

—, Äthoxy-, [hexylamino-butylester] **10** 332

—, Äthoxy-, [hexylamino-isobutylester] **10** 333

—, Äthoxy-, hydrazid **10** 356

—, Äthoxy-, [isobutylamino-äthylester] **10** 327

—, Äthoxy-, isopropylidenhydrazid **10** 356

—, Äthoxy-, [methoxy-benzylidenhydrazid] **10** 357

—, Äthoxy-, [methylamid-imin] **10** 349

—, Äthoxy-, methylester **10** 109

—, Äthoxy-, nitril **10** 255, 344

—, Äthoxy-, [nitro-benzylidenhydrazid] **10** 356

—, Äthoxy-, [pentylamino-äthylester] **10** 327

—, Äthoxy-, [pentylamino-isobutylester] **10** 253, 333

—, Äthoxy-, [phenyl-äthylidenhydrazid] **10** 357

—, Äthoxy-, propylester **10** 306

—, Äthoxy-, salicylidenhydrazid **10** 357

—, Äthoxy-acetoxy- **10** 1408

—, Äthoxy-acetoxy-, nitril **10** 1430

—, [Äthoxy-äthoxy]- **10** 292

—, [Äthoxy-äthoxy]-, chlorid **10** 339

—, [Äthoxy-äthoxy]-, [diäthylamino-äthylester] **10** 331

—, Äthoxy-[äthoxy-methyl-phenylsulfon]- **10** 1390

—, [Äthoxycarbonylamino-methoxy]-, äthylester **10** 117

—, Äthoxycarbonylmethoxy-methyl-, äthylester **10** 507

—, Äthoxycarbonyloxy- **10** 105, 295

—, Äthoxycarbonyloxy-[tris-äthoxycarbonyloxy-methyl-benzoyloxy]-methyl- **10** 2113

—, Äthoxy-[carboxy-phenoxy]- **10** 1409

—, Äthoxy-[hydroxy-oxo-tetrahydro-furyl]- **10** 4742

—, Äthoxy-mercapto-, amid **10** 1381

—, Äthoxymethoxy-äthoxy- **10** 1407

—, Äthoxy-[methoxy-äthoxy-methyl-benzoyloxy]-methyl-, äthylester **10** 1490

—, Äthoxy-[methoxy-carbonyl-phenoxy]-, methylester **10** 1413

—, Äthoxy-methyl- **10** 517

—, Äthoxy-methyl-, äthylester **10** 507, 517, 522

—, Äthoxy-methyl-, butylester **10** 508

—, Äthoxy-methyl-, chlorid **10** 495, 509, 513

—, Äthoxy-methyl-, [diäthylamino-äthylester] **10** 495, 509, 513

Benzoesäure, Äthoxy-methyl-, isopropylester **10** 507

—, Äthoxy-methyl-, methylester **10** 506, 513, 521

—, Äthoxymethyl- **10** 500

—, Äthoxymethyl-, anhydrid **10** 501

—, Äthoxymethyl-, [diäthylamino-äthylester] **10** 501

—, [Äthoxy-methyl-naphthoyl]- **10** 4486

—, [Äthoxy-methyl-posphinyloxy]-, äthylester **10** 305

—, Äthoxy-oxy-di- **10** 1409

—, Äthoxy-oxy-di-, dimethylester **10** 1413

—, [Äthoxy-phenylmercapto]- **10** 388

—, [Äthoxy-phenylmercapto]-, nitril **10** 405

—, Äthoxy-thiocyanato-, nitril **10** 1382

—, Äthoxyvanadyloxy-, methylester **10** 115

—, Äthyl- **9** 2425, 2429, 2430

—, Äthyl-, äthylester **9** 2431

—, Äthyl-, amid **9** 2425, 2429, 2431

—, Äthyl-, [butylamino-äthylester] **9** 2431

—, Äthyl-, chlorid **9** 2425, 2431

—, Äthyl-, [isobutylamino-äthylester] **9** 2431

—, Äthyl-, methylester **9** 2430

—, Äthyl-, nitril **9** 2425, 2429, 2431

—, Äthyl-acetyl- **10** 3075

—, Äthyl-acetyl-, methylester **10** 3075

—, [Äthyl-allyloxy]- **10** 287

—, [Äthyl-allyloxy]-, äthylester **10** 303

—, [Äthyl-allyloxy]-methyl-, methylester **10** 506

—, [Äthyl-benzimidoyl]- **10** 3291

—, [Äthyl-benzoyl]- **10** 3331

—, [Äthyl-butyryloxy]- **10** 105

—, [Äthyl-butyryloxy]-, methylester **10** 111

—, [Äthyl-butyryloxy]-, pentylester **10** 122

—, Äthylen-di s. *Bibenzyl-dicarbonsäure*

—, Äthylendimercapto-di- **10** 217, 267

—, Äthylendimercapto-di-, dimethylester **10** 272

—, Äthylendioxy-di- **10** 292

—, Äthylendisulfin-di-, dimethylester **10** 272

—, Äthylendisulfon-di- **10** 217

—, Äthylendisulfon-di-, diäthylester **10** 227

—, Äthylmercapto- **10** 214, 266, 385

—, Äthylmercapto-, [äthylester-imin] **10** 402

—, Äthylmercapto-, [amid-imin] **10** 410

—, Äthylmercapto-, [amid-oxim] **10** 413

—, Äthylmercapto-, chlorid **10** 231, 274, 400

Benzoesäure, Äthylmercapto-, [diäthylamino-
äthylester] **10** 229, 273, 399
—, Äthylmercapto-, [diäthylamino-
propylester] **10** 230, 273, 399
—, Äthylmercapto-, [dibutylamino-
äthylester] **10** 229
—, Äthylmercapto-, nitril **10** 403
—, Äthylmercapto-methyl- **10** 520
—, Äthylmercapto-methyl-, äthylester
10 521
—, Äthylmercapto-methyl-, methylester
10 520
—, Äthylmercaptomethyl- **10** 533
—, Äthylmercaptomethyl-, nitril **10** 533
—, Äthylmercuriomercapto- **10** 213, 385
—, Äthylmercuriomercapto-, methylester
10 227
—, Äthylmercuriooxy-, methylester **10** 297
—, Äthylmercurioseleno- **10** 240, 420
—, [Äthyl-naphthyl]- **9** 3562
—, [Äthyl-phenyl-butenyl]- **9** 3483
—, [Äthyl-propyl]- **9** 2554
—, [Äthyl-propylidendimercapto]-di-
10 391
—, [Äthyl-propylidendisulfon]-di-
10 391
—, Äthylsulfon- **10** 386
—, Äthylsulfon-, [amid-imin] **10** 276, 410
—, Äthylsulfon-, nitril **10** 275, 403
—, [Äthylsulfon-äthylmercapto]- **10** 216
—, Allylmercapto- **10** 267
—, Allylmercapto-, chlorid **10** 275
—, Allyloxy- **10** 247, 286
—, Allyloxy-, äthylester **10** 117, 303
—, Allyloxy-, chlorid **10** 339
—, Allyloxy-, [diäthylamino-äthylester]
10 330
—, Allyloxy-, methylester **10** 250, 298
—, Allyloxy-, nitril **10** 346
—, Allyloxycarbonyloxy-, allylester
10 125
—, Allylsulfon-, nitril **10** 405
—, Aminoacetoxy- **10** 104
—, Anthracendicarbonyl-di- **10** 4100
—, Anthracendiyl-di- **9** 4730
—, Anthryl- **9** 3647
—, Anthryl-, methylester **9** 3647
—, Anthryl-, nitril **9** 3647
—, Azido- **9** 1961
—, Azidoacetoxy- **10** 104, 294
—, Azidocarbonylmethoxy-, äthylester
10 119
—, Azidocarbonylmethoxy-, azid **10** 162
—, [Benzamino-propionyloxy]- **10** 106
—, Benz[d.e]anthracenyl- **9** 3675
—, Benzentriyltrimercapto-tri- **10** 219
—, Benzhydryl- **9** 3590
—, Benzhydryl-, chlorid **9** 3590
—, Benzhydryl-, dimethylamid **9** 3590, 3591

Benzoesäure, Benzhydryl-, methylester
9 3590, 3591
—, Benzhydryl-, nitril **9** 3590
—, Benzhydrylidendimercapto-di- **10** 269
—, [Benzhydryl-phenyl]- **9** 3678
—, Benzo[1.3.2]dioxastibolylmercapto-
10 226
—, Benzo[1.3.2]dioxastibolyloxy-
10 107, 249, 296
—, Benzo[1.3.2]dithiastibolyloxy-
10 107
—, Benzohydroximoyl- **10** 3291, 3305
—, Benzoyl- **10** 3289, 3304, 3305
—, Benzoyl-, [äthoxy-äthylester] **10** 3295
—, Benzoyl-, äthylamid **10** 3295
—, Benzoyl-, äthylester **10** 3291, 3305
—, Benzoyl-, allylester **10** 3292
—, Benzoyl-, amid **10** 3295
—, Benzoyl-, anhydrid **10** 3295
—, Benzoyl-, benzylester **10** 3293
—, Benzoyl-, biphenylylester **10** 3294
—, Benzoyl-, [brom-phenylester] **10** 3293
—, Benzoyl-, butylester **10** 3292
—, Benzoyl-, *tert*-butylester **10** 3305
—, Benzoyl-, [butyloxy-äthylester]
10 3295
—, Benzoyl-, chlorid **10** 3295, 3305, 3306
—, Benzoyl-, cyclohexylester **10** 3292
—, Benzoyl-, [diäthylamino-äthylester]
10 3295, 3304, 3306
—, Benzoyl-, isopentylester **10** 3292
—, Benzoyl-, isopropylester **10** 3292,
3304, 3305
—, Benzoyl-, methallylester **10** 3292
—, Benzoyl-, methylester **10** 3291
—, Benzoyl-, naphthylester **10** 3293, 3294
—, Benzoyl-, nitril **10** 3296
—, Benzoyl-, [nitro-benzylester]
10 3293
—, Benzoyl-, octylester **10** 3292
—, Benzoyl-, phenylester **10** 3292
—, [Benzoyl-alanyloxy]- **10** 106
—, [Benzoyl-benzoyl]- **10** 3671, 3672
—, [Benzoyl-benzoyl]-, *sec*-butylester
10 3672
—, [Benzoylcarbamoyl-methylmercapto]-
10 224
—, [Benzoyl-naphthoyl]- **10** 3679
—, Benzoyloxy- **10** 105, 248, 294
—, Benzoyloxy-, äthylester **10** 305
—, Benzoyloxy-, anhydrid **10** 325
—, Benzoyloxy-, chlorid **10** 340
—, Benzoyloxy-, methylester **10** 112
—, Benzoyloxy-, phenylester **10** 130
—, [Benzoyloxy-äthyl]- **10** 579
—, Benzoyloxy-[dichlor-vinyl]- **10** 861
—, Benzoyloxymethyl-, nitril **10** 531
—, Benzoyloxy-methyl-[dichlor-vinyl]-
10 872

Benzoesäure, [Benzoyloxy-(nitro-phenyl)-propionyl]- **10** 4448
—, [Benzoyloxy-(nitro-phenyl)-propionyl]-, nitril **10** 4449
—, [Benzoyl-propyl]- s. *Benzoesäure, [Oxo-äthyl-phenyl-äthyl]-*
—, Benzyl- **9** 3317, 3319
—, Benzyl-, amid **9** 3318, 3319
—, Benzyl-, chlorid **9** 3319
—, Benzyl-, methylester **9** 3318
—, Benzyl-, nitril **9** 3318, 3320
—, [Benzyl-benzoyl]- **10** 3459
—, [Benzyl-benzoyl]-, nitril **10** 3459
—, Benzylidencarbazoylmethoxy-, äthylester **10** 118
—, Benzylidencarbazoylmethoxy-, benzylidenhydrazid **10** 161
—, Benzyliden-di- **9** 4687
—, Benzylmercapto- **10** 214, 267, 387
—, Benzylmercapto-, äthylester **10** 395
—, Benzylmercapto-, benzylester **10** 229
—, Benzylmercapto-, hydrazid **10** 414
—, Benzyloxy- **10** 100, 247, 290
—, Benzyloxy-, äthylester **10** 117, 304
—, Benzyloxy-, anhydrid **10** 325
—, Benzyloxy-, benzylester **10** 311
—, Benzyloxy-, biphenylylester **10** 137, 138
—, Benzyloxy-, [brom-biphenylylester] **10** 137
—, Benzyloxy-, [chlor-biphenylylester] **10** 137
—, Benzyloxy-, chlorid **10** 339
—, Benzyloxy-, [cyclohexyl-phenylester] **10** 135
—, Benzyloxy-, [dibutylamid-imin] **10** 350
—, Benzyloxy-, isopentylester **10** 123
—, Benzyloxy-, methylester **10** 110
—, Benzyloxy-, [methyl-isopropyl-phenylester] **10** 133
—, Benzyloxy-, phenylester **10** 130
—, [Benzyloxy-benzoyloxy]-, benzylester **10** 311, 323, 324
—, Benzylsulfon- **10** 215, 267, 387
—, Benzylsulfon-, amid **10** 401
—, Benzylsulfon-, [amid-imin] **10** 411
—, Benzylsulfon-, nitril **10** 405
—, [2.2']Binaphthyldiyl-di- **9** 4741
—, Biphenylcarbonyl- **10** 3455, 3456
—, Biphenyldiyldimercapto-di- **10** 218
—, Biphenylyl- s. *Terphenyl-carbonsäure*
—, Bis-äthoxycarbonylmethoxy-formyl-, methylester **10** 4516
—, Bis-äthoxycarbonyloxy-dimethyl- **10** 1535
—, Bis-äthoxycarbonyloxy-dimethyl-, [äthoxycarbonyloxy-dimethyl-formyl-phenylester] **10** 1539

Benzoesäure, Bis-äthoxycarbonyloxy-dimethyl-, [äthoxycarbonyloxy-methyl-formyl-phenylester] **10** 1539
—, Bis-äthoxycarbonyloxy-dimethyl-, [hydroxy-dimethyl-formyl-phenylester] **10** 1539
—, Bis-äthoxycarbonyloxy-dimethyl-, [hydroxy-methyl-formyl-phenylester] **10** 1538
—, [Bis-äthoxycarbonyloxy-dimethyl-benzoyloxy]-äthoxycarbonyloxy-dimethyl- **10** 1548
—, [Bis-äthoxycarbonyloxy-dimethyl-benzoyloxy]-äthoxycarbonyloxy-methyl- **10** 1541
—, [Bis-äthoxycarbonyloxy-methyl-benzoyloxy]-äthoxycarbonyloxy-methyl- **10** 1495
—, [Bis-äthoxycarbonyloxy-methyl-benzoyloxy]-äthoxycarbonyloxy-methyl-, [äthoxycarbonyloxy-methyl-formyl-phenylester] **10** 1496
—, [Bis-äthoxycarbonyloxy-methyl-benzoyloxy]-äthoxycarbonyloxy-methyl-, [hydroxy-methyl-formyl-phenylester] **10** 1496
—, [(Bis-äthoxycarbonyloxy-methyl-benzoyloxy)-äthoxycarbonyloxy-methyl-benzoyloxy]-äthoxycarbonyloxy-methyl- **10** 1499
—, Bis-äthoxycarbonyloxy-methyl-formyl-, methylester **10** 4538
—, Bis-äthoxycarbonyloxy-pentyl- **10** 1578
—, [Bis-äthoxycarbonyloxy-pentyl-benzoyloxy]-äthoxycarbonyloxy-pentyl- **10** 1582
—, Bis-äthoxycarbonyloxy-propyl- **10** 1560
—, Bis-[benzyloxy-benzoyloxy]-, benzylester **10** 1375
—, [Bis-biphenylyloxy-phosphinyloxy]-, isobutylester **10** 122
—, [Bis-biphenylyloxy-phosphinyloxy]-, methylester **10** 114
—, Bis-carboxymethyl- **9** 4798
—, Bis-chlormethyl-, nitril **9** 2445
—, Bis-[dichlor-phenoxy]-diseleno-di- **10** 1446
—, [Bis-dimethylamino-phosphinyloxy]-, äthylester **10** 119
—, Bis-[dimethyl-phenoxy]-diseleno-di- **10** 1446
—, Bis-[hydroxy-benzoyloxy]- **10** 1373
—, [Bis-hydroxyimino-dimethyl-cyclohexadiendiyl]-di- **10** 4092
—, Bis-methoxycarbonyloxy- **10** 1373
—, Bis-methoxycarbonyloxy-äthyl- **10** 1529, 1533

Benzoesäure, Bis-methoxycarbonyloxy-
äthyl-, chlorid **10** 1533
—, [Bis-(methoxy-phenyl)-vinyl]-
10 2018
—, [Bis-(methoxy-phenyl)-vinyl]-,
nitril **10** 2018
—, Bis-trichlormethyl-, chlorid **9** 2445
—, Bis-trifluormethyl-, chlorid **9** 2440
—, Bis-trifluormethyl-, fluorid **9** 2445
—, Brom- **9** 1383, 1392, 1403
—, Brom-, äthylester **9** 1385, 1393, 1405
—, Brom-, äthylidenhydrazid **9** 1388,
1400, 1422
—, Brom-, amid **9** 1387, 1399, 1418
—, Brom-, [amid-imin] **9** 1420
—, Brom-, [amid-oxim] **9** 1422
—, Brom-, anhydrid **9** 1398, 1417
—, Brom-, azid **9** 1391, 1403, 1426
—, Brom-, benzhydrylidenhydrazid
9 1402, 1424
—, Brom-, benzylidenhydrazid **9** 1390,
1401, 1423
—, Brom-, [bis-methoxycarbonyloxy-
benzylester] **9** 1412
—, Brom-, bromamid **9** 1399
—, Brom-, bromid **9** 1399
—, Brom-, [brom-phenacylester] **9** 1386,
1396, 1415
—, Brom-, [(brom-phenyl)-
äthylidenhydrazid] **9** 1390
—, Brom-, [brom-phenylester] **9** 1386
—, Brom-, butylidenhydrazid **9** 1389,
1400, 1422
—, Brom-, chlorid **9** 1387, 1399, 1418
—, Brom-, cinnamylidenhydrazid **9** 1402,
1424
—, Brom-, [cyclohexyl-phenylester]
9 1386, 1394, 1406
—, Brom-, cyclopentylidenhydrazid
9 1389, 1401
—, Brom-, [diäthylamino-äthylester]
9 1417
—, Brom-, [dihydroxy-isopropylester]
9 1410
—, Brom-, [dihydroxy-propylester]
9 1410
—, Brom-, [dimethyl-pentinylester]
9 1406
—, Brom-, [diphenyl-allylidenhydrazid]
9 1424
—, Brom-, [formyl-phenylester] **9** 1396
—, Brom-, heptylidenhydrazid **9** 1389,
1401, 1423
—, Brom-, hexylidenhydrazid **9** 1389, 1423
—, Brom-, hydrazid **9** 1388, 1400, 1422
—, Brom-, hydroxyamid **9** 1388, 1399,
1421
—, Brom-, [hydroxy-benzylidenhydrazid]
9 1391

Benzoesäure, Brom-, [hydroxy-methyl-
benzylidenhydrazid] **9** 1391,
1403, 1425
—, Brom-, [hydroxy-trityloxy-
propylester] **9** 1410
—, Brom-, isopropylidenhydrazid
9 1389, 1400, 1422
—, Brom-, [methoxy-diäthyl-
stilbenylester] **9** 1408
—, Brom-, [(methoxy-phenyl)-
äthylidenhydrazid] **9** 1391, 1402
—, Brom-, methylester **9** 1385, 1393, 1405
—, Brom-, [methyl-heptylidenhydrazid]
9 1389, 1423
—, Brom-, [methyl-phenyl-
allylidenhydrazid] **9** 1390
—, Brom-, nitril **9** 1387, 1399, 1420
—, Brom-, [nitro-benzylester] **9** 1386
—, Brom-, [nitro-benzylidenhydrazid]
9 1390, 1401, 1423
—, Brom-, [(nitro-phenyl)-
äthylidenhydrazid] **9** 1390, 1424
—, Brom-, [nitro-phenylester] **9** 1394
—, Brom-, [(oxo-methyl-butenyl)-
hydrazid] **9** 1402
—, Brom-, [oxo-methyl-
butylidenhydrazid] **9** 1402
—, Brom-, pentylidenhydrazid **9** 1389,
1400, 1422
—, Brom-, phenacylester **9** 1386, 1396
—, Brom-, phenäthylidenamid **9** 1419
—, Brom-, [phenyl-äthylidenhydrazid]
9 1390, 1401, 1424
—, Brom-, [phenyl-phenacylester]
9 1386, 1397, 1415
—, Brom-, propylester **9** 1394
—, Brom-, propylidenhydrazid **9** 1388,
1400, 1422
—, Brom-, salicylidenhydrazid **9** 1391, 1402
—, Brom-, styrylamid **9** 1419
—, Brom-, [tetraphenyl-propenylester]
9 1406
—, Brom-, [p-tolyl-äthylidenhydrazid]
9 1390, 1402, 1424
—, Brom-acetoxy-, methylester **10** 177
—, Brom-acetoxy-, [trichlor-acetoxy-
äthylamid] **10** 176, 180
—, Bromacetyl- **10** 3027, 3031
—, Bromacetyl-, nitril **10** 3028
—, Brom-äthoxy- **10** 364
—, [Brom-äthoxy]-, nitril **10** 345
—, [Brom-äthyl]- **9** 2432
—, [Brom-äthyl]-, äthylester **9** 2432
—, [Brom-äthyl]-, nitril **9** 2432
—, [Brom-äthyl-butyryloxy]- **10** 105
—, [Brom-äthyl-butyryloxy]-,
methylester **10** 111
—, [Brom-allyloxy]- **10** 287
—, [Brom-allyloxy]-, chlorid **10** 339

Benzoesäure, [Brom-allyloxy]-,
[diäthylamino-äthylester] **10** 330
—, Brom-benzoyl- **10** 3299
—, Brom-benzoyl-, amid **10** 3300
—, Brom-benzoyl-, chlorid **10** 3299, 3300
—, Brom-benzoyl-, methylester **10** 3299
—, [Brom-benzoyl]- **10** 3300
—, [Brom-benzoyl]-, amid **10** 3300
—, [Brom-benzoyl]-, chlorid **10** 3300
—, Brom-benzoyloxy-, [trichlor-
benzoyloxy-äthylamid] **10** 180
—, [Brom-benzoyloxy]- **10** 295
—, [Brom-benzyloxy]- **10** 247, 291
—, [Brom-bis-(methoxy-phenyl)-vinyl]-
10 2019
—, Brom-[brom-benzoyl]- **10** 3301
—, Brom-[brom-benzoyl]-, methylester
10 3301
—, Brom-[brom-hydroxy-naphthoyl]-
10 4482
—, Brom-[chlor-benzoyl]- **10** 3300
—, Brom-[cyan-phenoxy]-, nitril **10** 365
—, Brom-dihydroxy- **10** 1367, 1378, 1388
—, [Brom-dihydroxy-benzoyl]- **10** 4669
—, Brom-dihydroxy-formyl-, methylester
10 4516
—, Brom-dimethoxy- **10** 1368, 1378,
1388, 1434, 1435, 1437, 1450
—, Brom-dimethoxy-, äthylester
10 1379, 1436
—, Brom-dimethoxy-, amid **10** 1435, 1437
—, Brom-dimethoxy-, methylester
10 1388, 1437, 1450
—, Brom-dimethoxy-, nitril **10** 1367, 1368
—, Brom-dimethoxy-formyl- **10** 4513
—, Brom-dimethoxy-formyl-, methylester
10 4513
—, Brom-dimethoxy-methyl- **10** 1511
—, Brom-dimethoxy-methyl-, methylester
10 1511
—, Brom-dimethoxy-pentyl- **10** 1582
—, [Brom-dimethoxy-phenylmercapto]-
10 219
—, Brom-dimethyl- **9** 2436, 2438, 2440,
2442
—, Brom-dimethyl-, amid **9** 2438, 2440,
2445
—, Brom-dimethyl-, chlorid **9** 2436, 2438
—, Brom-dimethyl-, methylester **9** 2438,
2440, 2442
—, Brom-dimethyl-, nitril **9** 2436,
2440, 2443, 2446
—, Brom-dinitro- **9** 1953, 1954, 1955
—, Brom-dinitro-, äthylester **9** 1954, 1955
—, Brom-dinitro-, amid **9** 1954, 1955
—, Brom-dinitro-, azid **9** 1955
—, Brom-dinitro-, chlorid **9** 1954, 1955
—, Brom-dinitro-, methylester **9** 1954, 1955
—, Brom-dinitro-dimethyl- **9** 2439, 2441

Benzoesäure, Brom-dinitro-dimethyl-,
methylester **9** 2439, 2441, 2443
—, Brom-dinitro-hydroxy- **10** 264, 265
—, [Brom-hexyloxy]-, nitril **10** 345
—, Brom-hydroxy- **10** 174, 176, 258, 363
—, Brom-hydroxy-, [äthoxy-äthylester]
10 178
—, Brom-hydroxy-, äthylester **10** 364
—, Brom-hydroxy-, amid **10** 175
—, Brom-hydroxy-, butylester **10** 365
—, Brom-hydroxy-, methylester **10** 175,
258, 364
—, Brom-hydroxy-, naphthylester **10** 178
—, Brom-hydroxy-, nitril **10** 363, 365
—, Brom-hydroxy-, [nitro-phenylester]
10 177
—, Brom-hydroxy-, m-tolylester **10** 177
—, Brom-hydroxy-, o-tolylester **10** 177
—, Brom-hydroxy-, p-tolylester **10** 177
—, Brom-hydroxy-, [trichlor-hydroxy-
äthylamid] **10** 175, 178
—, Brom-hydroxy-äthoxy- **10** 1435
—, Brom-hydroxy-äthoxy-, methylester
10 1436
—, Brom-hydroxy-[dimethoxy-carboxy-
benzyl]- **10** 2587
—, Brom-hydroxy-dimethoxy-methylen-di-
10 2587
—, Brom-hydroxy-methoxy- **10** 1367,
1368, 1378, 1434, 1435, 1437
—, Brom-hydroxy-methoxy-, methylester
10 1368, 1379, 1436
—, Brom-hydroxy-methoxy-, nitril
10 1435, 1437
—, Brom-hydroxy-methoxy-methyl-,
methylester **10** 1502
—, Brom-hydroxy-methyl- **10** 524
—, Brom-hydroxy-methyl-, [brom-methyl-
phenylester] **10** 511, 519, 520
—, Brom-hydroxy-methyl-,
[brom-phenylester] **10** 510, 518
—, Brom-hydroxy-methyl-, naphthylester
10 511, 520, 525
—, Brom-hydroxy-methyl-,
[nitro-phenylester] **10** 510, 519,
524, 525
—, Brom-hydroxy-methyl-, phenylester
10 510, 518, 524
—, Brom-hydroxy-methyl-, m-tolylester
10 511, 519, 525
—, Brom-hydroxy-methyl-, o-tolylester
10 511, 519, 525
—, Brom-hydroxy-methyl-, p-tolylester
10 511, 519, 525
—, Brom-hydroxymethyl- **10** 503
—, [Brom-hydroxy-methyl-benzoyl]-
10 4442
—, Brom-hydroxy-methyl-isopropyl-
10 630

Benzoesäure, [Brom-hydroxy-naphthoyl]-
  10 4483
—, Brom-hydroxy-pentadecyl- 10 678
—, Brom-isopropyl- 9 2484
—, Brom-jod- 9 1453
—, Brom-jod-, methylester 9 1453
—, Brom-jod-nitro- 9 1775
—, Brom-jod-nitro-, methylester 9 1775
—, Brom-methoxy- 10 175, 176, 258,
  259, 364
—, Brom-methoxy-, äthylester 10 175, 177
—, Brom-methoxy-, amid 10 175, 178
—, Brom-methoxy-, [dichlor-cyan-
  äthylidenamid] 10 180
—, Brom-methoxy-, [dichlor-cyan-
  vinylamid] 10 180
—, Brom-methoxy-, methylester
  10 258, 364
—, Brom-methoxy-, nitril 10 259
—, Brom-methoxy-, [tetrachlor-
  äthylamid] 10 179
—, Brom-methoxy-, [trichlor-acetoxy-
  äthylamid] 10 179
—, Brom-methoxy-, [trichlor-äthoxy-
  äthylamid] 10 178
—, Brom-methoxy-, [trichlor-benzoyloxy-
  äthylamid] 10 179
—, Brom-methoxy-, [trichlor-brom-
  äthylamid] 10 179
—, Brom-methoxy-, [trichlor-hydroxy-
  äthylamid] 10 176, 178
—, Brom-methoxy-, [trichlor-methoxy-
  äthylamid] 10 178
—, Brom-methoxy-, [trichlor-phenoxy-
  äthylamid] 10 179
—, Brom-methoxy-acetoxy-, methylester
  10 1368, 1437
—, Brom-methoxy-acetoxy-, nitril
  10 1435, 1438
—, Brom-methoxy-äthoxy- 10 1379, 1436,
  1437
—, Brom-methoxy-äthoxy-, äthylester
  10 1436
—, Brom-methoxy-äthoxy-, methylester
  10 1436
—, Brom-methoxy-äthyl-, nitril 10 571
—, Brom-methoxy-benzyloxy- 10 1434,
  1436, 1437
—, Brom-methoxy-methyl- 10 495, 524
—, Brom-methyl- 9 2311, 2329, 2357, 2358
—, Brom-methyl-, amid 9 2358
—, Brom-methyl-, chlorid 9 2311
—, Brom-methyl-, hydrazid 9 2311
—, Brom-methyl-, methylester 9 2311, 2358
—, Brom-methyl-, nitril 9 2311, 2312,
  2329, 2358
—, Brommethyl- 9 2358
—, Brommethyl-, methylester 9 2329, 2358
—, Brommethyl-, nitril 9 2312, 2358

Benzoesäure, [Brom-methylmercapto-
  naphthoyl]- 10 4483
—, Brom-naphthoyl- 10 3428
—, [Brom-naphthoyl]- 10 3428
—, Brom-nitro- 9 1769, 1770, 1771
—, Brom-nitro-, [brom-propylester]
  9 1770
—, Brom-nitro-, methylester 9 1770
—, Brom-nitro-, nitril 9 1770
—, Brom-nitro-acetoxy-, [trichlor-
  acetoxy-äthylamid] 10 207
—, Brom-nitro-dimethoxy- 10 1442, 1451
—, Brom-nitro-dimethoxy-, chlorid
  10 1442
—, Brom-nitro-hydroxy- 10 207, 382, 383
—, Brom-nitro-hydroxy-, amid 10 206
—, Brom-nitro-hydroxy-, butylester
  10 382
—, Brom-nitro-hydroxy-, methylester
  10 382
—, Brom-nitro-hydroxy-, [trichlor-
  hydroxy-äthylamid] 10 206
—, Brom-nitro-hydroxy-, [trichlor-
  methoxy-äthylamid] 10 206
—, Brom-nitro-methoxy- 10 383
—, Brom-nitro-methyl- 9 2332
—, Brom-nitro-methyl-, methylester
  9 2333
—, Brom-nitro-methyl-, nitril 9 2333
—, [Brom-nitro-naphthoyl]- 10 3428
—, Brom-[nitro-phenoxy]- 10 259, 364
—, Brom-[nitro-phenoxy]-, äthylester
  10 259, 364
—, [Brom-pentyloxy]-, nitril 10 345
—, Brom-phenoxy- 10 176
—, [Brom-phenoxy]- 10 289
—, Brom-phenylacetoxy-, methylester
  10 177
—, [Brom-phenylsulfon]- 10 387
—, [Brom-phenylsulfon]-, äthylester
  10 395
—, [Brom-propyl]- 9 2479
—, [Brom-propyl]-, nitril 9 2479
—, [Brom-propyloxy]-, nitril 10 345
—, Bromsuccinyl-di-, diäthylester
  10 4076
—, Bromsuccinyl-di-, dimethylester
  10 4077
—, Brom-triacetoxy-methyl-,
  methylester 10 2116
—, Brom-trifluormethyl- 9 2359
—, Brom-trihydroxy-methyl- 10 2111, 2116
—, Brom-trihydroxy-methyl-,
  methylester 10 2116
—, Brom-trimethyl- 9 2500
—, Brom-trimethyl-, chlorid 9 2500
—, [Brom-vinyl]- 9 2752
—, [Brom-vinyl]-, amid 9 2753
—, [Brom-vinyl]-, nitril 9 2753, 2756

Benzoesäure, Butandiyldioxy-di- **10** 293
—, Butendioyl-di-, dimethylester
   10 4087
—, Butenyloxy- **10** 287
—, Butenyloxy-, äthylester **10** 303
—, Butenyloxy-methyl- **10** 505
—, Butenyloxy-methyl-, methylester
   10 506
—, Butyl- **9** 2520
—, Butyl-, amid **9** 2521
—, Butyl-, chlorid **9** 2520
—, Butyl-, methylamid **9** 2521
—, *sec*-Butyl- **9** 2521
—, *sec*-Butyl-, amid **9** 2522
—, *sec*-Butyl-, chlorid **9** 2522
—, *sec*-Butyl-, nitril **9** 2522
—, *tert*-Butyl- **9** 2525
—, *tert*-Butyl-, äthylester **9** 2526
—, *tert*-Butyl-, chlorid **9** 2526
—, [Butyl-benzoyl]- **10** 3353
—, *tert*-Butyl-benzoyl- **10** 3353
—, [*tert*-Butyl-benzoyl]- **10** 3353
—, [Butyl-benzyl]- **9** 3395
—, [*tert*-Butyl-benzyl]- **9** 3395
—, *sec*-Butylidendimercapto-di- **10** 268
—, *sec*-Butylidendisulfon-di- **10** 268
—, *sec*-Butylidendisulfon-di-,
   diäthylester **10** 272
—, Butylmercapto- **10** 214, 266, 386
—, Butylmercapto-, [äthylester-imin]
   10 402
—, Butylmercapto-, amid **10** 401
—, Butylmercapto-, [amid-imin] **10** 410
—, Butylmercapto-, [amid-oxim] **10** 414
—, Butylmercapto-, [butylamino-
   äthylester] **10** 230
—, Butylmercapto-, chlorid **10** 231,
   274, 400
—, Butylmercapto-, [diäthylamino-
   äthylamid] **10** 275
—, Butylmercapto-, [diäthylamino-
   äthylester] **10** 230, 273, 399
—, Butylmercapto-, [diäthylamino-
   propylester] **10** 231, 274
—, Butylmercapto-, [dibutylamino-
   äthylester] **10** 230
—, Butylmercapto-, [isobutylamino-
   äthylester] **10** 230
—, Butylmercapto-, nitril **10** 404
—, Butyloxy- **10** 98, 245, 283
—, Butyloxy-, [äthylamino-äthylester]
   10 328
—, Butyloxy-, [äthylamino-
   isobutylester] **10** 334
—, Butyloxy-, äthylester **10** 251, 302
—, Butyloxy-, [allylamino-äthylester]
   10 329
—, Butyloxy-, [butylamino-äthylester]
   10 149, 253, 329

Benzoesäure, Butyloxy-, [butylamino-
   butylester] **10** 333
—, Butyloxy-, [butylamino-
   isobutylester] **10** 150, 334
—, Butyloxy-, [chlor-äthylester] **10** 302
—, Butyloxy-, chlorid **10** 253, 338
—, Butyloxy-, [diäthylamino-äthylamid]
   10 255
—, Butyloxy-, [diäthylamino-äthylester]
   10 328
—, Butyloxy-, [(diäthylamino-
   äthylmercapto)-äthylester] **10** 315
—, Butyloxy-, [diäthylamino-
   pentylester] **10** 335
—, Butyloxy-, [diäthylamino-
   propylester] **10** 332
—, Butyloxy-, [dimethylamino-
   äthylester] **10** 328
—, Butyloxy-, [hexylamino-
   isobutylester] **10** 334
—, Butyloxy-, [isobutylamino-
   äthylester] **10** 149, 329
—, Butyloxy-, [isopropylamino-
   äthylester] **10** 149, 329
—, Butyloxy-, methylester **10** 109, 298
—, Butyloxy-, nitril **10** 345
—, Butyloxy-, [pentylamino-äthylester]
   10 329
—, Butyloxy-, [propylamino-äthylester]
   10 328
—, Butyloxy-, [propylamino-
   isobutylester] **10** 334
—, *sec*-Butyloxy- **10** 283
—, Butyloxy-methyl- **10** 512
—, Butyloxy-methyl-, chlorid **10** 513
—, Butyloxy-methyl-, [dimethylamino-
   methyl-butyl-äthylester] **10** 513
—, Butyloxy-methyl-, [dimethylamino-
   propylester] **10** 513
—, Butyloxymethyl- **10** 500
—, Butyloxymethyl-, anhydrid **10** 501
—, Butyloxymethyl-, [diäthylamino-
   äthylester] **10** 501
—, Butyloxymethyl-, nitril **10** 502
—, *sec*-Butyloxymethyl- **10** 528
—, *sec*-Butyloxymethyl-, nitril **10** 531
—, Butylsulfon-, amid **10** 401
—, Butylsulfon-, [amid-imin] **10** 411
—, Butylsulfon-, nitril **10** 404
—, *sec*-Butylsulfon-, nitril **10** 404
—, Butyryl- **10** 3069
—, Butyryl-, äthylester **10** 3070
—, Butyryl-, methylester **10** 3069
—, Butyryloxy-, methylester **10** 111
—, Carbamimidoyl-, äthylester **9** 4255
—, Carbamimidoylmethoxy-, äthylester
   10 118
—, Carbamimidoylmethylsulfon-,
   [amid-imin] **10** 412

Benzoesäure, [Carbamoylimino-methyl]-
　10 2987
—, Carbamoylmethoxy-, äthylester 10 118
—, Carbamoylmethylmercapto- 10 224
—, Carbamoylmethylsulfon-, [amid-imin]
　10 411
—, [Carbamoyl-naphthyl]- 9 4671
—, [Carbamoyl-naphthyl]-, methylester
　9 4672
—, Carbamoyloxy-, butylester 10 308
—, Carbazoylmethoxy-, äthylester 10 118
—, Carbazoylmethoxy-, hydrazid 10 161
—, Carbonyl-di- 10 4009, 4010
—, Carbonyl-di-, diäthylester 10 4008
—, Carbonyl-di-, dibutylester 10 4009
—, Carbonyl-di-, dichlorid 10 4010
—, Carbonyl-di-, dimethylester 10 4008,
　4009
—, Carbonyldioxy-di-, bis-[äthoxy-
　äthylester] 10 141, 315
—, Carbonyldioxy-di-, bis-[butyloxy-
　äthylester] 10 141
—, Carbonyldioxy-di-, bis-[hydroxy-
　äthylester] 10 140
—, Carboxyacetyl- s. *Propionsäure,*
　Oxo-[carboxy-phenyl]-
—, [Carboxy-äthyl]- s. *Propionsäure,*
　[Carboxy-phenyl]-
—, [Carboxy-äthylmercapto]- 10 225
—, [Carboxy-biphenylcarbonyl]- 10 4031
—, [Carboxy-cyclohexyl]- 9 4412, 4413
—, [Carboxy-cyclopentyl]- 9 4409
—, [Carboxy-hexyl]- s. *Propionsäure,*
　Butyl-[carboxy-phenyl]-
—, Carboxymethoxy- 10 106
—, Carboxymethoxy-, [methoxy-
　acetoxymercurio-propylamid] 10 159
—, Carboxymethoxy-methyl- 10 512
—, Carboxymethyl- s. *Essigsäure,*
　[Carboxy-phenyl]-
—, [Carboxymethyl-cyclohexyl]-
　9 4418, 4419
—, Carboxymethylmercapto- 10 223
—, Carboxymethylmercapto-benzoyl-
　10 4433
—, Carboxymethylmercapto-methyl- 10 497
—, Carboxymethylsulfon- 10 225
—, [Carboxy-naphthyl]-
　s. a. *Naphthoesäure, [Carboxy-*
　phenyl]-
—, [Carboxy-propionyl]-
　s. *Buttersäure, Oxo-[carboxy-*
　phenyl]-
—, [Carboxy-propyl]- s. *Buttersäure,*
　[Carboxy-phenyl]-
—, Chlor- 9 1330, 1345, 1354
—, Chlor-, [äthoxy-äthylester] 9 1359
—, Chlor-, äthylamid 9 1363
—, Chlor-, äthylester 9 1333, 1347, 1356

Benzoesäure, Chlor-, äthylidenhydrazid
　9 1341, 1350, 1368
—, Chlor-, allylamid 9 1364
—, Chlor-, amid 9 1338, 1349, 1363
—, Chlor-, [amid-imin] 9 1339, 1366
—, Chlor-, [amid-oxim] 9 1367
—, Chlor-, anhydrid 9 1337, 1361
—, Chlor-, azid 9 1345, 1354, 1374
—, Chlor-, benzhydrylidenhydrazid
　9 1343, 1353, 1371
—, Chlor-, benzylester 9 1358
—, Chlor-, benzylidenhydrazid 9 1342,
　1351, 1370
—, Chlor-, bromamid 9 1339, 1349, 1365
—, Chlor-, [brom-benzylester] 9 1334
—, Chlor-, [brom-phenacylester]
　9 1337, 1348, 1361
—, Chlor-, [(brom-phenyl)-
　äthylidenhydrazid] 9 1352
—, Chlor-, *tert*-butylester 9 1357
—, Chlor-, butylidenhydrazid 9 1341,
　1351, 1368
—, Chlor-, *sec*-butylidenhydrazid
　9 1341, 1368
—, Chlor-, [chlor-äthylester] 9 1333, 1357
—, Chlor-, [chlor-benzylester] 9 1358
—, Chlor-, chlorid 9 1338, 1348, 1362
—, Chlor-, [chlorid-(chlor-
　benzylidenhydrazon)] 9 1344
—, Chlor-, [(chlor-phenyl)-
　äthylidenhydrazid] 9 1352
—, Chlor-, [chlor-phenylester] 9 1357
—, Chlor-, cinnamylidenhydrazid 9 1352
—, Chlor-, cyclohexylidenhydrazid
　9 1351
—, Chlor-, cyclopentylidenhydrazid
　9 1351
—, Chlor-, [diäthylamino-äthylester]
　9 1361
—, Chlor-, [diäthylamino-propylester]
　9 1362
—, Chlor-, [dibutylamid-imin] 9 1339,
　1349, 1366
—, Chlor-, [dichlor-äthylester]
　9 1333, 1357
—, Chlor-, dodecylamid 9 1338, 1363
—, Chlor-, [formyl-phenylester]
　9 1336, 1348, 1360
—, Chlor-, heptylidenhydrazid 9 1342
—, Chlor-, hydrazid 9 1341, 1350, 1368
—, Chlor-, [hydroxy-äthylamid] 9 1364
—, Chlor-, hydroxyamid 9 1340, 1349, 1367
—, Chlor-, [hydroxy-benzylidenhydrazid]
　9 1353
—, Chlor-, [hydroxy-methyl-
　benzylidenhydrazid] 9 1372
—, Chlor-, isobutylidenhydrazid
　9 1351, 1368
—, Chlor-, isopropylester 9 1334

Benzoesäure, Chlor-, isopropylidenhydrazid **9** 1341, 1350, 1368

—, Chlor-, menthylester **9** 1334

—, Chlor-, [(methoxy-phenyl)-äthylidenhydrazid] **9** 1344, 1372

—, Chlor-, methylester **9** 1333, 1346, 1356

—, Chlor-, [methyl-heptylidenhydrazid] **9** 1369

—, Chlor-, [methyl-phenyl-allylidenhydrazid] **9** 1343, 1353, 1371

—, Chlor-, [methyl-(trimethyl-cyclohexenyl)-allylidenhydrazid] **9** 1369

—, Chlor-, nitril **9** 1339, 1349, 1366

—, Chlor-, [nitro-benzylester] **9** 1347

—, Chlor-, [nitro-benzylidenhydrazid] **9** 1342, 1352, 1370

—, Chlor-, [(nitro-phenyl)-äthylidenhydrazid] **9** 1342, 1370

—, Chlor-, octadecylamid **9** 1338, 1363

—, Chlor-, pentylidenhydrazid **9** 1351

—, Chlor-, phenacylester **9** 1337, 1348, 1360

—, Chlor-, [phenyl-äthylidenhydrazid] **9** 1342, 1352, 1370

—, Chlor-, phenylester **9** 1347, 1357

—, Chlor-, [phenyl-phenacylester] **9** 1337, 1348, 1361

—, Chlor-, propylidenhydrazid **9** 1341, 1350, 1368

—, Chlor-, salicylidenhydrazid **9** 1343, 1353, 1372

—, Chlor-, [p-tolyl-äthylidenhydrazid] **9** 1343, 1352, 1370

—, Chlor-, [trichlor-äthylester] **9** 1334, 1357

—, Chlor-, [trimethyl-propylidenhydrazid] **9** 1342, 1351, 1369

—, Chlor-, [triphenyl-indenylester] **9** 1358

—, Chlor-, vinylester **9** 1334, 1357

—, Chlor-acetoxy- **10** 258

—, Chloracetoxy- **10** 104

—, Chlor-acetoxy-, [trichlor-acetoxy-äthylamid] **10** 164, 168

—, Chloracetoxy-[chloracetoxy-(bis-chloracetoxy-methyl-benzoyloxy)-methyl-benzoyloxy]-methyl- **10** 1499

—, Chlor-acetyl- **10** 3030

—, Chlor-acetyl-, nitril **10** 3027

—, Chloracetyl-, nitril **10** 3028

—, Chlor-äthoxy- **10** 361

—, [Chlor-äthoxy]-, [amid-imin] **10** 349

—, {[(Chlor-äthoxy)-äthoxy]-benzoyl}- **10** 4429

—, {[(Chlor-äthoxy)-äthoxy]-methyl-benzoyl}- **10** 4440

Benzoesäure, {[(Chlor-äthoxy)-äthoxy]-naphthoyl}- **10** 4483

—, [(Chlor-äthoxy)-benzoyl]- **10** 4429

—, Chlor-äthyl- **9** 2429

—, [Chlor-äthyl]-, chlorid **9** 2426

—, [Chlor-äthyl]-, diäthylamid **9** 2426

—, [(Chlor-äthylsulfon)-äthylmercapto]- **10** 216

—, [Chlor-allyloxy]-, methylester **10** 110

—, Chlor-aminomercapto- **10** 236

—, Chlor-benzoyl- **10** 3296

—, [Chlor-benzoyl]- **10** 3296

—, [Chlor-benzoyl]-, amid **10** 3297

—, [Chlor-benzoyl]-, benzylester **10** 3297

—, [Chlor-benzoyl]-, chlorid **10** 3297

—, [Chlor-benzoyl]-, methylester **10** 3297

—, [(Chlor-benzoyl)-naphthoyl]- **10** 3679

—, [Chlor-benzoyloxy]- **10** 294

—, Chlor-benzyl- **9** 3318

—, [Chlor-benzyl]- **9** 3319

—, [Chlor-benzyloxy]- **10** 100, 247, 291

—, [Chlor-benzyloxy]-, äthylester **10** 117

—, [Chlor-benzylsulfon]- **10** 387

—, [Chlor-biphenylcarbonyl]- **10** 3456

—, Chlor-brom- **10** 1426, 1427

—, Chlor-brom-, methylester **9** 1426

—, Chlor-[brom-benzoyl]- **10** 3301

—, Chlor-brom-diacetoxy- **10** 1379

—, Chlor-brom-dihydroxy- **10** 1379

—, Chlor-brom-dimethoxy- **10** 1438

—, Chlor-brom-hydroxy- **10** 259

—, Chlor-brom-hydroxy-methoxy- **10** 1438

—, Chlor-brom-methoxy- **10** 260

—, Chlor-brom-methoxy-acetoxy-, nitril **10** 1438, 1439

—, Chlor-carbamoylmercapto-methyl-, amid **10** 498

—, Chlorcarbonyl-, methylester **9** 4190, 4252

—, Chlor-carbonyl-di- **10** 4009

—, Chlorcarbonyloxy-, butylester **10** 308

—, Chlor-carboxymethylmercapto- **10** 235

—, Chlor-carboxymethylmercapto-methyl- **10** 498

—, {Chlor-[(chlor-äthoxy)-äthoxy]-benzoyl}- **10** 4430

—, Chlor-[chlor-benzoyl]- **10** 3297, 3298, 3305

—, Chlor-[chlor-benzyl]- **10** 3298

—, Chlor-[chlor-hydroxy-methyl-benzoyl]- **10** 4442

—, Chlor-[chlor-methoxy-methyl-benzoyl]- **10** 4442

—, Chlor-chlormethyl-, nitril **9** 2357

—, Chlor-[chlor-methyl-benzoyl]- **10** 3315, 3316

Benzoesäure, Chlor-[chlor-methyl-phenoxy]-
10 164, 165
—, Chlor-[chlor-naphthoyl]- 10 3427
—, Chlor-[chlor-phenoxy]-, chlorid
10 361
—, Chlor-[chlor-phenyldithio]- 10 236
—, [Chlor-chrysencarbonyl]- 10 3505
—, Chlor-cyan- 9 4246, 4257
—, Chlor-cyan-, äthylester 9 4203
—, [Chlor-cyan-äthyl]- 9 4292
—, [Chlor-cyan-benzoyl]- 10 4009
—, Chlor-[cyan-phenoxy]-, nitril
10 361
—, Chlor-cyclohexyl- 9 2846
—, Chlor-diacetoxy- 10 1378
—, [Chlor-diacetoxy-benzoyl]- 10 4668
—, Chlor-dibrom- 5 685, 9 1429
—, Chlor-dibrom-äthoxy- 10 261
—, Chlor-dihydroxy- 10 1378, 1449
—, Chlor-dihydroxy-äthyl- 10 1530
—, Chlor-[dihydroxy-benzoyl]- 10 4670,
4671
—, [Chlor-dihydroxy-benzoyl]- 10 4668
—, Chlor-dihydroxy-methoxy-
trimethyl-oxy-di- 10 2114
—, Chlor-dihydroxy-methoxy-
trimethyl-oxy-di-, dimethylester
10 2114
—, Chlor-dihydroxy-methyl-formyl-
10 4541
—, Chlor-dihydroxy-methyl-formyl-,
äthylester 10 4542
—, Chlor-dihydroxy-methyl-formyl-,
methylester 10 4542
—, Chlor-dijod- 9 1455
—, Chlor-dijod-, methylester 9 1455
—, Chlor-dimethoxy- 10 1431, 1432,
1433, 1449
—, Chlor-dimethoxy-, nitril 10 1432
—, [Chlor-dimethoxy-benzyl]- 10 1958
—, [Chlor-dimethoxy-benzyl]-, chlorid
10 1959
—, [Chlor-dimethoxy-benzyl]-,
methylester 10 1959
—, Chlor-dimethoxy-formyl- 10 4513
—, Chlor-dimethoxy-methyl- 10 1510
—, Chlor-dimethoxy-methyl-,
methylester 10 1510
—, Chlor-dimethyl- 9 2438
—, [Chlor-dimethyl-phenoxy]- 10 100
—, Chlor-dinitro- 9 1950, 1953
—, Chlor-dinitro-, äthylester 9 1951, 1953
—, Chlor-dinitro-, amid 9 1953
—, Chlor-dinitro-, azid 9 1953
—, Chlor-dinitro-, chlorid 9 1953
—, Chlor-dinitro-, ergosterylester
9 1952
—, Chlor-dinitro-, menthylester 9 1951
—, Chlor-dinitro-, methylester 9 1951, 1953

Benzoesäure, Chlor-dinitro-, 9.10-seco-
ergostatetraenylester 9 1952
—, Chlor-dinitro-chlormethyl- 9 2378
—, Chlor-dinitro-methyl- 9 2317, 2378
—, Chlor-fluorencarbonyl- 10 3472
—, Chlor-fluorenylmethyl- 9 3632
—, Chlor-formyl- 10 2988
—, Chlor-hydroxy- 10 163, 164, 165,
257, 258, 360, 4890
—, Chlor-hydroxy-, amid 10 163, 166
—, Chlor-hydroxy-, [dihydroxy-
propylester] 10 361
—, Chlor-hydroxy-, methylester 10 166
—, Chlor-hydroxy-, nitril 10 361
—, Chlor-hydroxy-, [nitro-phenylester]
10 166
—, Chlor-hydroxy-, [trichlor-hydroxy-
äthylamid] 10 163, 166
—, Chlor-hydroxy-acetoxy- 10 1378
—, [Chlor-hydroxy-benzoyl]- 10 4428, 4430
—, [Chlor-hydroxy-benzyl]- 10 1183
—, [Chlor-hydroxy-benzyl]-, äthylester
10 1183
—, Chlor-hydroxy-dimethoxy- 10 2070
—, Chlor-hydroxy-[dinitro-phenylsulfon]-
10 1370
—, Chlor-hydroxy-formohydroximoyl-
10 4208
—, Chlor-hydroxy-formyl- 10 4208, 4209
—, Chlor-hydroxy-hydroxymethyl- 10 1507
—, Chlor-hydroxy-mercapto- 10 1370
—, Chlor-hydroxy-methoxy- 10 1432, 1433
—, Chlor-hydroxy-methoxy-, äthylester
10 1432
—, Chlor-hydroxy-methoxy-, butylester
10 1432
—, Chlor-hydroxy-methoxy-, methylester
10 1432
—, Chlor-hydroxy-methoxy-, propylester
10 1432
—, Chlor-hydroxy-methoxy-dimethyl-
10 1548
—, Chlor-hydroxy-methoxy-dimethyl-,
methylester 10 1549
—, Chlor-hydroxy-methyl- 10 497, 510,
518, 523
—, Chlor-hydroxy-methyl-, [dichlor-
isopropylester] 10 523
—, Chlor-hydroxy-methyl-, [dihydroxy-
propylester] 10 524
—, Chlor-hydroxymethyl- 10 503
—, Chlor-[hydroxy-methyl-benzoyl]-
10 4440
—, Chlor-hydroxy-methyl-isopropyl-
10 630
—, Chlor-hydroxy-[methyl-undecyl]-
10 662
—, [Chlor-hydroxy-naphthoyl]- 10 4483
—, Chlor-[hydroxy-oxo-phthalanyl]- 10 4009

Benzoesäure, Chlor-hydroxy-*tert*-pentyl-
10 643
—, Chlor-hydroxy-semicarbazonomethyl-
10 4209
—, [Chlor-isopropyl]- 9 2484
—, [Chlor-isopropyl]-acetyl- 7 1177
—, Chlor-jod- 9 1452
—, Chlor-jod-nitro- 9 1775
—, Chlor-jod-nitro-, methylester 9 1775
—, Chlor-mercapto- 10 236
—, Chlor-mercapto-, amid 10 235
—, Chlor-mercapto-methyl-, nitril
10 499
—, Chlor-methoxy- 10 163, 165, 257,
258, 360
—, Chlor-methoxy-, amid 10 163, 166
—, Chlor-methoxy-, [chlorid-oxim]
10 362
—, Chlor-methoxy-, [dichlor-cyan-
äthylidenamid] 10 168
—, Chlor-methoxy-, [dichlor-cyan-
vinylamid] 10 168
—, Chlor-methoxy-, nitril 10 164, 168
—, Chlor-methoxy-, [tetrachlor-
äthylamid] 10 168
—, Chlor-methoxy-, [trichlor-acetoxy-
äthylamid] 10 164, 167
—, Chlor-methoxy-, [trichlor-äthoxy-
äthylamid] 10 167
—, Chlor-methoxy-, [trichlor-
benzoyloxy-äthylamid] 10 168
—, Chlor-methoxy-, [trichlor-hydroxy-
äthylamid] 10 164, 166
—, Chlor-methoxy-, [trichlor-methoxy-
äthylamid] 10 164, 167
—, Chlor-methoxy-, [trichlor-phenoxy-
äthylamid] 10 167
—, Chlor-methoxy-acetoxy-, nitril
10 1432, 1433
—, Chlor-methoxy-äthoxy- 10 1431
—, [Chlor-methoxy-benzoyl]- 10 4428, 4430
—, [Chlor-methoxy-benzoyl]-,
methylester 10 4428
—, Chlor-methoxy-benzyloxy- 10 1431,
1432, 1433
—, Chlor-methoxy-carbonyl-di- 10 4780
—, Chlor-methoxy-[chlor-hydroxy-oxo-
phthalanyl]- 10 4781
—, Chlor-methoxy-[dihydroxy-methyl-
carboxy-phenoxy]-dimethyl-
10 2114
—, Chlor-methoxy-[dihydroxy-methyl-
formyl-phenoxy]-dimethyl-,
methylester 10 1549
—, Chlor-methoxy-[dihydroxy-methyl-
methoxycarbonyl-phenoxy]-dimethyl-,
methylester 10 2114
—, Chlor-methoxy-[hydroxy-oxo-
phthalanyl]- 10 4780

Benzoesäure, Chlor-[methoxy-methyl-
benzoyl]- 10 4441
—, [Chlor-methoxy-methyl-benzoyl]-
10 4440, 4442
—, Chlor-methyl- 9 2309, 2310, 2327, 2355
—, Chlor-methyl-, amid 9 2355
—, Chlor-methyl-, chlorid 9 2310,
2328, 2355
—, Chlor-methyl-, nitril 9 2310,
2355, 2356
—, Chlormethyl- 9 2328, 2356
—, Chlormethyl-, äthylester 9 2356
—, Chlormethyl-, amid 9 2328, 2356
—, Chlormethyl-, [brom-äthylamid]
9 2356
—, Chlormethyl-, chlorid 9 2310,
2328, 2356
—, Chlormethyl-, nitril 9 2310, 2328, 2357
—, [Chlor-methyl-benzoyl]- 10 3318
—, Chlor-[methyl-benzyl]- 9 3347
—, [Chlor-methyl-phenoxy]- 10 99
—, [Chlor-methyl-phenoxy]-methyl-
10 517, 521
—, [Chlor-naphthoyl]- 10 3426, 3427, 3429
—, [Chlor-naphthoyl]-, methylester
10 3429
—, Chlor-nitro- 9 1763, 1764, 1765, 1766
—, Chlor-nitro-, äthylamid 9 1766
—, Chlor-nitro-, äthylester 9 1764, 1767
—, Chlor-nitro-, amid 9 1764, 1765, 1768
—, Chlor-nitro-, chlorid 9 1763,
1764, 1765
—, Chlor-nitro-, diäthylamid 9 1766
—, Chlor-nitro-, [diäthylamino-
äthylester] 9 1768
—, Chlor-nitro-, dodecylester 9 1767
—, Chlor-nitro-, methylamid 9 1766
—, Chlor-nitro-, methylester 9 1764
1765, 1767
—, Chlor-nitro-, nitril 9 1763, 1765,
1766, 1768
—, Chlor-nitro-, propylamid 9 1766
—, Chlor-nitro-, ureid 9 1766
—, [Chlor-nitro-benzyl]-, hydroxyamid
9 3320
—, Chlor-nitro-dihydroxy- 10 1381
—, Chlor-nitro-dimethoxy- 10 1442
—, Chlor-nitro-hydroxy- 10 382
—, Chlor-nitro-hydroxy-, nitril 10 206
—, Chlor-nitro-methoxy- 10 382
—, Chlor-nitro-methyl- 9 2315, 2367, 2368
—, Chlor-nitro-methyl-, nitril 9 2368
—, [Chlor-nitro-methyl-benzoyl]-
10 3315, 3319
—, [Chlor-nitro-naphthoyl]- 10 3428
—, Chlor-nitro-phenoxy- 10 206
—, Chlor-[nitro-phenoxy]- 10 165
—, Chlor-phenoxy- 10 165
—, Chlor-phenoxy-, chlorid 10 165

Benzoesäure, [Chlor-phenoxy]- **10** 289
—, [Chlor-phenoxy]-, chlorid **10** 339
—, [Chlor-phenoxy]-, nitril **10** 346
—, [Chlor-phenyl-butenyl]- **9** 3470
—, [Chlor-phenylsulfon]- **10** 386
—, [Chlor-phenylsulfon]-, äthylester
　　10 395
—, Chlor-selenocyanato-, methylester
　　10 241
—, Chlor-thiocyanato-methyl-, nitril
　　10 499
—, Chlor-p-tolylmercapto-, nitril
　　10 235, 414
—, Chlor-p-tolylsulfon- **10** 235
—, Chlor-p-tolylsulfon-, amid **10** 235
—, Chlor-p-tolylsulfon-, nitril
　　10 235, 414
—, Chlor-trichlormethyl-, chlorid
　　9 2329, 2357
—, Chlor-trifluormethyl-, chlorid
　　9 2310
—, Chlor-trifluormethyl-, nitril
　　9 2328
—, Chlor-trimethoxy-, methylester
　　10 2059, 2070
—, Chrysencarbonyl- **10** 3504
—, Chrysencarbonyl-, äthylester
　　10 3504
—, Chrysencarbonyl-, amid **10** 3505
—, Chrysencarbonyl-, chlorid **10** 3505
—, Chrysencarbonyl-, methylester
　　10 3504
—, Chrysenyl-methyl- **9** 3686
—, Chrysenyl-methyl-, äthylester
　　9 3686
—, Chrysenyl-methyl-, methylester
　　9 3686
—, Cinnamoyloxy-, [cyclopentenyl-
　　tridecylester] **10** 127
—, Cinnamyloxy-methyl- **10** 505
—, Cinnamyloxy-methyl-, methylester
　　10 505
—, Cyan- **9** 4199, 4243, 4254
—, Cyan-, äthylester **9** 4199, 4243, 4254
—, Cyan-, amid **9** 4255
—, Cyan-, [chlor-äthylester] **9** 4243, 4254
—, Cyan-, chlorid **9** 4243, 4255
—, Cyan-, methylester **9** 4199, 4243, 4254
—, Cyan-, [nitro-benzylester] **9** 4254
—, Cyan-, [phenyl-phenacylester]
　　9 4254
—, Cyanacetyl- **10** 3960, 3961
—, Cyanmethoxy-, äthylester **10** 118
—, Cyanmethyl- **9** 4267
—, Cyanmethyl-, äthylester **9** 4268
—, Cyanmethyl-, methylester **9** 4268
—, [Cyanmethyl-cyclohexyl]- **9** 4418
—, Cyanmethylmercapto- **10** 224
—, Cyanmethylsulfon-, nitril **10** 406

Benzoesäure, Cyclobutantetrayl-tetra- **9** 4902
—, Cyclobutantetrayl-tetra-,
　　tetramethylester **9** 4903
—, Cyclohexandiyldimercapto-di- **10** 268
—, Cyclohexandiyldisulfon-di- **10** 269
—, Cyclohexyl- **9** 2846
—, Cyclohexyl-, äthylester **9** 2846, 2847
—, Cyclohexyl-, amid **9** 2847
—, Cyclohexyl-, chlorid **9** 2847
—, Cyclohexyl-, nitril **9** 2844, 2847
—, [Cyclohexyl-benzoyl]- **10** 3403
—, [Cyclohexyl-benzyl]- **9** 3488
—, Cyclohexylmercapto- **10** 214, 267
—, Cyclohexylmercapto-, chlorid **10** 275
—, Cyclohexylmethyl- **9** 2865
—, Cyclohexyloxy- **10** 288
—, [Cyclohexyl-p-tolyl-methyl]-
　　9 3490
—, Cyclopentyl- **9** 2824
—, Cyclopentyl-, amid **9** 2824
—, Cyclopentyloxy- **10** 288
—, [Decahydro-pyrencarbonyl]- **10** 3446
—, Decanoyloxy-, methylester **10** 111
—, Decyl- **9** 2628
—, Decyloxy- **10** 286
—, Desyl- **10** 3458
—, Desylmercapto- **10** 221, 270
—, Deuterio- **9** 380
—, Deuterio-[deuterio-oxo-
　　indanylmethyl]- **10** 3391
—, Deuteriooxy-, äthylester **10** 116
—, Deuteriooxy-, methylester **10** 109
—, Diacetoxy- **10** 1364, 1372, 1408, 1447
—, Diacetoxy-, chlorid **10** 1426, 1449
—, Diacetoxy-, diäthylamid **10** 1377, 1429
—, Diacetoxy-[cyclohexandiyl]-di-
　　10 2536
—, Diacetoxy-{diacetoxy-[diacetoxy-
　　(trimethoxy-benzoyloxy)-
　　benzoyloxy]-benzoyloxy}- **10** 2088
—, Diacetoxy-[diacetoxy-(trimethoxy-
　　benzoyloxy)-benzoyloxy]- **10** 2088
—, Diacetoxy-[diacetoxy-(trimethoxy-
　　benzoyloxy)-benzoyloxy]-, chlorid
　　10 2091
—, Diacetoxy-dimethyl- **10** 1534
—, Diacetoxy-dimethyl-, methylester
　　10 1534
—, Diacetoxy-dimethyl-thio-di- **10** 1508
—, Diacetoxy-dimethyl-thio-di-,
　　dimethylester **10** 1508
—, Diacetoxy-diseleno-di-,
　　dimethylester **10** 1397
—, Diacetoxy-formyl- **10** 4517
—, Diacetoxy-hexyl- **10** 1585
—, Diacetoxy-hexyl-, chlorid **10** 1585
—, Diacetoxy-isopentyl- **10** 1583
—, Diacetoxy-methyl- **10** 1480, 1504
—, Diacetoxy-methyl-, chlorid **10** 1499

Benzoesäure, Diacetoxymethyl-,
nitril 10 2988
—, [Diacetoxy-naphthyl]- 10 2010
—, Dicaetoxy-thio-di- 10 1392
—, Diacetoxy-thio-di-, diäthylester
10 1394
—, Diacetoxy-thio-di-, dimethylester
10 1393
—, Diacetoxy-thio-di-, diphenylester
10 1395
—, Diacetoxy-[triacetoxy-benzoyloxy]-
10 2088
—, Diacetoxy-[triacetoxy-benzoyloxy]-,
chlorid 10 2091
—, Diacetoxy-[trichlor-äthyliden]-di-,
dimethylester 10 2510
—, Diacetoxy-[trimethoxy-benzoyloxy]-
10 2087
—, Diacetoxy-[trimethoxy-benzoyloxy]-,
chlorid 10 2090
—, Diacetoxy-triphenyl-, äthylester
10 2021
—, Diäthoxy- 10 1405
—, Diäthoxy-, anhydrid 10 1424
—, Diäthoxy-, chlorid 10 1426
—, Diäthoxy-, methylester 10 1374
—, Diäthoxy-, nitril 10 1430
—, Diäthoxy-, [nitro-benzylester]
10 1416
—, [Diäthoxy-äthylmercapto]- 10 219
—, Diäthoxy-[carboxy-phenoxy]- 10 2067
—, Diäthoxy-[methoxycarbonyl-phenoxy]-,
methylester 10 2068
—, Diäthoxy-oxy-di- 10 2067
—, Diäthoxy-oxy-di-, dimethylester
10 2068
—, Diäthoxyphosphinylmercapto-,
äthylester 10 272
—, Diäthoxyphosphinyloxy-, äthylester
10 119, 305
—, Diäthoxy-sulfonyl-di- 10 1392
—, Diäthoxy-sulfonyl-di-,
dimethylester 10 1393
—, Diäthyl- 9 2532
—, Diäthyl-, methylester 9 2532
—, Diäthyl-, nitril 9 2532
—, [Diäthylamino-äthoxy]- 10 296
—, [Diäthylamino-äthoxy]-, äthylester
10 119, 305
—, [Diäthylamino-äthoxy]-, allylester
10 310
—, [Diäthylamino-äthoxy]-, benzylester
10 312
—, [Diäthylamino-äthoxy]-, butylester
10 308
—, [Diäthylamino-äthoxy]-, chlorid
10 340
—, [Diäthylamino-äthoxy]-,
[diäthylamino-äthylester] 10 331

Benzoesäure, [Diäthylamino-äthoxy]-,
isobutylester 10 308
—, [Diäthylamino-äthoxy]-,
isopropylester 10 307
—, [Diäthylamino-äthoxy]-, methylester
10 299
—, [Diäthylamino-äthoxy]-, propylester
10 306
—, [Diäthylamino-äthoxymethyl]-,
äthylester 10 528
—, [Diäthylamino-äthoxymethyl]-,
butylester 10 529
—, [Diäthylamino-äthoxymethyl]-,
[diäthylamino-äthylester] 10 529
—, [Diäthylamino-äthoxymethyl]-,
[diäthylamino-propylester] 10 530
—, [Diäthylamino-äthoxy]-methyl-allyl-,
methylester 10 884
—, [Diäthylamino-propyloxymethyl]-,
äthylester 10 528
—, [Diäthylamino-propyloxymethyl]-,
[diäthylamino-äthylester] 10 529
—, [Diäthylamino-propyloxymethyl]-,
[diäthylamino-propylester]
10 529, 530
—, [Diäthyl-benzoyl]- 10 3354
—, Dibenzoyl- 10 3672
—, Dibenzoyl-, methylester 10 3672
—, Dibenzoyloxy- 10 1372, 1409, 1447
—, Dibenzoyloxy-, anhydrid 10 1424
—, Dibenzoyloxy-, chlorid 10 1426
—, Dibenzoyloxy-dimethyl-thio-di-
10 1508
—, Dibenzoyloxy-dimethyl-thio-di-,
dimethylester 10 1508
—, Dibenzoyloxy-thio-di- 10 1392
—, Dibenzoyloxy-thio-di-,
dimethylester 10 1393
—, Dibenzyloxy- 10 1372, 1385, 1406
—, Dibenzyloxy-, chlorid 10 1387
—, Dibenzyloxy-, dodecylester 10 1386
—, Dibenzyloxy-, hexadecylester 10 1387
—, Dibenzyloxy-, octadecylester 10 1387
—, Dibenzyloxy-, octylester 10 1386
—, Dibenzyloxy-, tetradecylester
10 1387
—, Dibenzyloxy-formyl-, methylester
10 4515
—, Dibenzyloxy-methyl-formyl-,
methylester 10 4538
—, Dibrom- 9 1428, 1429
—, Dibrom-, äthylester 9 1429
—, Dibrom-, amid 9 1429
—, Dibrom-, chlorid 9 1429
—, Dibrom-, methylester 9 1429
—, Dibrom-, [nitro-phenylester] 9 1428
—, Dibrom-acetoxy- 10 181
—, Dibrom-acetoxy-, [trichlor-acetoxy-
äthylamid] 10 185

Benzoesäure, Dibrom-äthoxy-, nitril
10 260
—, [(Dibrom-äthoxy-phenyl)-(dibrom-oxo-
cyclohexadienyliden)-methyl]-,
äthylester 10 4491
—, [Dibrom-äthyl]-, nitril 9 2426, 2429
—, Dibrom-diacetoxy- 10 1451
—, Dibrom-diacetoxy-thio-di- 10 1395
—, Dibrom-dihydroxy- 10 1450
—, Dibrom-dihydroxy-, amid 10 1379
—, Dibrom-dihydroxy-dimethyl-thio-di-
10 1509
—, Dibrom-dihydroxy-methyl-,
äthylester 10 1502
—, Dibrom-dihydroxy-methyl-,
methylester 10 1502
—, Dibrom-dihydroxy-pentyl-,
äthylester 10 1582
—, Dibrom-dihydroxy-thio-di- 10 1395
—, Dibrom-dihydroxy-thio-di-,
dimethylester 10 1395
—, Dibrom-dimethoxy- 10 1368, 1439, 1450
—, Dibrom-dimethoxy-, methylester
10 1450, 1451
—, Dibrom-dimethoxy-methyl- 10 1511
—, Dibrom-dimethoxy-methyl-,
methylester 10 1512
—, Dibrom-dimethyl-, nitril 9 2440
—, Dibrom-dinitro- 9 1955
—, Dibrom-hydroxy- 10 181, 260, 366
—, Dibrom-hydroxy-, äthylester 10 367
—, Dibrom-hydroxy-, amid 10 183
—, Dibrom-hydroxy-, [amid-oxim] 10 185
—, Dibrom-hydroxy-,
[brom-naphthylester] 10 182
—, Dibrom-hydroxy-, butylester 10 367
—, Dibrom-hydroxy-, [dimethoxy-
phenylester] 10 183
—, Dibrom-hydroxy-, hydroxyamid 10 185
—, Dibrom-hydroxy-, methylester 10 367
—, Dibrom-hydroxy-, naphthylester
10 182
—, Dibrom-hydroxy-, nitril 10 367
—, Dibrom-hydroxy-, [nitro-phenylester]
10 182
—, Dibrom-hydroxy-, phenylester 10 181
—, Dibrom-hydroxy-, propylester 10 367
—, Dibrom-hydroxy-, m-tolylester
10 182
—, Dibrom-hydroxy-, o-tolylester
10 182
—, Dibrom-hydroxy-, p-tolylester
10 182
—, Dibrom-hydroxy-, [trichlor-hydroxy-
äthylamid] 10 183
—, Dibrom-hydroxy-, [trichlor-methoxy-
äthylamid] 10 183
—, Dibrom-hydroxy-methoxy-, nitril
10 1439

Benzoesäure, Dibrom-hydroxy-methyl-
10 525
—, Dibrom-hydroxy-methyl-,
[brom-methyl-phenylester] 10 526, 527
—, Dibrom-hydroxy-methyl-,
[brom-phenylester] 10 526
—, Dibrom-hydroxy-methyl-,
[nitro-phenylester] 10 526
—, Dibrom-hydroxy-methyl-, phenylester
10 525
—, Dibrom-hydroxy-methyl-,
m-tolylester 10 526
—, Dibrom-hydroxy-methyl-,
o-tolylester 10 526
—, Dibrom-hydroxy-methyl-,
p-tolylester 10 527
—, [(Dibrom-hydroxy-phenyl)-(dibrom-
oxo-cyclohexadienyliden)-methyl]-,
äthylester 10 4490
—, [(Dibrom-hydroxy-phenyl)-(dibrom-
oxo-cyclohexadienyliden)-methyl]-,
butylester 10 4491
—, Dibrom-jod- 9 1453
—, Dibrom-jod-, äthylester 9 1453
—, Dibrom-methoxy- 10 181, 260, 366
—, Dibrom-methoxy-, äthylester 10 181
—, Dibrom-methoxy-, amid 10 183
—, Dibrom-methoxy-, [dichlor-cyan-
äthylidenamid] 10 185
—, Dibrom-methoxy-, [dichlor-cyan-
vinylamid] 10 185
—, Dibrom-methoxy-, methylester 10 181
—, Dibrom-methoxy-, [tetrachlor-
äthylamid] 10 184
—, Dibrom-methoxy-, [trichlor-acetoxy-
äthylamid] 10 184
—, Dibrom-methoxy-, [trichlor-
benzoyloxy-äthylamid] 10 184
—, Dibrom-methoxy-, [trichlor-hydroxy-
äthylamid] 10 183
—, Dibrom-methoxy-, [trichlor-methoxy-
äthylamid] 10 184
—, Dibrom-methoxy-acetoxy-, nitril
10 1439
—, [(Dibrom-methoxy-phenyl)-(dibrom-
oxo-cyclohexadienyliden)-methyl]-,
methylester 10 4490
—, Dibrom-methyl- 9 2359
—, Dibrommethyl-, bromid 9 2312
—, Dibrommethyl-, nitril 9 2312
—, [Dibrom-methyl-benzyl]- 9 3347
—, [Dibrom-naphthoyl]- 10 3428
—, Dibrom-nitro- 9 1771
—, Dibrom-nitro-dihydroxy- 10 1451
—, Dibrom-trimethoxy- 10 2096
—, Dibrom-trimethyl- 9 2500
—, Di-tert-butyl- 9 2614
—, [Dibutylamino-äthoxymethyl]-,
[dibutylamino-äthylester] 10 529

Benzoesäure, [Dibutylamino-propyloxy-methyl]-, äthylester **10** 529
—, [Dibutylamino-propyloxymethyl]-, [dibutylamino-propylester] **10** 530
—, Dichlor- **9** 1374, 1376, 1377, 1378, 1379
—, Dichlor-, [äthoxy-äthylester] **9** 1379
—, Dichlor-, äthylester **9** 1377, 1378
—, Dichlor-, amid **9** 1376, 1378, 1379
—, Dichlor-, [amid-imin] **9** 1376, 1379
—, Dichlor-, [chlor-äthylester] **9** 1375, 1378
—, Dichlor-, chlorid **9** 1375, 1376, 1377, 1379
—, Dichlor-, [cyan-butenylester] **9** 1376
—, Dichlor-, [dichlor-äthylester] **9** 1375, 1378
—, Dichlor-, methylester **9** 1375, 1378, 1380
—, Dichlor-, nitril **9** 1376, 1377, 1378, 1379
—, Dichlor-, [trichlor-äthylester] **9** 1375, 1378
—, Dichlor-acenaphthencarbonyl- **10** 3457
—, Dichlor-acetoxy- **10** 170
—, Dichlor-acetoxy-, [trichlor-acetamino-äthylamid] **10** 174
—, Dichlor-acetoxy-, [trichlor-acetoxy-äthylamid] **10** 173
—, Dichloracetoxy- **10** 104
—, Dichlor-äthoxy-[dichlor-methoxy-äthoxy-methyl-phenoxy]-methyl-, methylester **10** 1501
—, Dichlor-äthoxy-[methoxy-äthoxy-carboxy-phenoxy]-methyl- **10** 2061
—, [Dichlor-äthyl-benzyl]- **9** 3369
—, Dichlor-allyloxy- **10** 169
—, [Dichlor-benzhydryl]- **9** 3591
—, Dichlor-benzoyl- **10** 3297, 3305
—, [Dichlor-benzoyl]- **10** 3298
—, [Dichlor-benzoyl]-, butylester **10** 3298
—, Dichlor-benzoyloxy-, [trichlor-benzoyloxy-äthylamid] **10** 174
—, [Dichlor-benzyl]- **9** 3319
—, Dichlor-benzyloxy- **10** 170
—, Dichlor-benzyloxy-, methylester **10** 171
—, Dichlor-brom- **9** 1427, 1428
—, Dichlor-brom-äthoxy- **10** 260
—, Dichlor-brom-nitro- **9** 1771
—, Dichlor-butenyloxy- **10** 169, 363
—, Dichlor-carbonyl-di- **10** 4010
—, Dichlor-carboxymethoxy- **10** 170, 363
—, Dichlor-[chlor-benzoyl]- **10** 3298
—, Dichlor-[chlor-biphenylcarbonyl]- **10** 3456
—, Dichlor-[chlor-methyl-benzoyl]- **10** 3316

Benzoesäure, Dichlor-diacetoxy- **10** 1378
—, Dichlor-diacetoxy-methyl-, [dichlor-acetoxy-methyl-phenylester] **10** 1502
—, Dichlor-diacetoxy-methyl-, methylester **10** 1501
—, Dichlor-[dichlor-benzoyl]- **10** 3299
—, Dichlor-dihydroxy- **10** 1378, 1433
—, Dichlor-[dihydroxy-benzoyl]- **10** 4671
—, [Dichlor-dihydroxy-dioxo-dihydro-anthrylmethyl]- **10** 4795
—, Dichlor-dihydroxy-dithio-di- **10** 1370
—, Dichlor-dihydroxy-methoxy-methyl-oxy-di- **10** 2061
—, Dichlor-dihydroxy-methoxy-methyl-oxy-di-, methylester **10** 2063
—, Dichlor-dihydroxy-methyl- **10** 1510
—, Dichlor-dihydroxy-methyl-, äthylester **10** 1501
—, Dichlor-dihydroxy-methyl-, [dichlor-hydroxy-methyl-phenylester] **10** 1501
—, Dichlor-dihydroxy-methyl-, methylester **10** 1500, 1514
—, Dichlor-dimethoxy- **10** 1433, 1449
—, Dichlor-dimethoxy-, methylester **10** 1433
—, Dichlor-dimethoxy-[hydroxy-dimethoxy-oxo-phthalanyl]- **10** 4864
—, Dichlor-dimethoxy-methyl- **10** 1500, 1511
—, Dichlor-dimethoxy-methyl-, amid **10** 1511
—, Dichlor-dimethoxy-methyl-, [dichlor-methoxy-methyl-phenylester] **10** 1502
—, Dichlor-dimethoxy-methyl-, methylester **10** 1511
—, Dichlor-dimethoxy-methyl-, nitril **10** 1511
—, Dichlor-[dimethyl-benzoyl]- **10** 3334
—, Dichlor-dinitro-dithio-di- **10** 418
—, Dichlor-dithio-di- **10** 236
—, Dichlor-fluorencarbonyl- **10** 3472
—, Dichlor-hydroxy- **10** 169, 174, 362
—, Dichlor-hydroxy-, äthylester **10** 363
—, Dichlor-hydroxy-, amid **10** 171
—, Dichlor-hydroxy-, benzylester **10** 171
—, Dichlor-hydroxy-, naphthylmethylester **10** 171
—, Dichlor-hydroxy-, nitril **10** 362
—, Dichlor-hydroxy-, [trichlor-amino-äthylamid] **10** 171
—, Dichlor-hydroxy-, [trichlor-hydroxy-äthylamid] **10** 171
—, [Dichlor-hydroxy-benzoyl]- **10** 4430

Benzoesäure, Dichlor-hydroxy-[dichlor-
hydroxy-methoxy-methyl-phenoxy]-
methyl- **10** 1500
—, Dichlor-hydroxy-[dichlor-hydroxy-
methoxy-methyl-phenoxy]-methyl-,
methylester **10** 1501
—, Dichlor-hydroxy-[hydroxy-methoxy-
carboxy-phenoxy]-methyl- **10** 2061
—, Dichlor-hydroxy-[hydroxy-methoxy-
methoxycarbonyl-phenoxy]-methyl-
10 2063
—, Dichlor-hydroxy-methoxy- **10** 1433
—, Dichlor-hydroxy-methoxy-methyl-
10 1510
—, Dichlor-hydroxy-methoxy-methyl-,
methylester **10** 1500, 1511
—, Dichlor-[hydroxy-methyl-benzoyl]-
10 4439, 4440
—, Dichlor-[hydroxy-oxo-phthalanyl]-
10 4010
—, Dichlor-jod- **9** 1452
—, Dichlor-jod-, methylester **9** 1452
—, Dichlorjod-, nitril **9** 1446
—, Dichlor-methoxy- **10** 169, 258, 1434
—, Dichlor-methoxy-, amid **10** 172
—, Dichlor-methoxy-, [chlorid-oxim]
10 363
—, Dichlor-methoxy-, [dichlor-cyan-
äthylidenamid] **10** 173
—, Dichlor-methoxy-, [dichlor-cyan-
vinylamid] **10** 173
—, Dichlor-methoxy-, nitril **10** 363
—, Dichlor-methoxy-, [tetrachlor-
äthylamid] **10** 173
—, Dichlor-methoxy-, [trichlor-acetoxy-
äthylamid] **10** 173
—, Dichlor-methoxy-, [trichlor-hydroxy-
äthylamid] **10** 172
—, Dichlor-methoxy-, [trichlor-methoxy-
äthylamid] **10** 172
—, Dichlor-methoxy-, [trichlor-phenoxy-
äthylamid] **10** 172
—, Dichlor-methoxy-acetoxy-, nitril
10 1434
—, Dichlor-methoxy-carbonyl-di- **10** 4781
—, Dichlor-methoxycarbonylmethoxy-,
methylester **10** 170
—, Dichlor-methoxy-diäthoxy-methyl-oxy-
di- **10** 2061
—, Dichlor-methoxy-[dichlor-dimethoxy-
methyl-phenoxy]-methyl- **10** 1500
—, Dichlor-methoxy-[dichlor-dimethoxy-
methyl-phenoxy]-methyl-,
methylester **10** 1501
—, Dichlor-methoxy-[dichlor-hydroxy-
methoxy-methyl-phenoxy]-methyl-,
methylester **10** 1501
—, Dichlor-methoxy-[dimethoxy-carboxy-
phenoxy]-methyl- **10** 2061

Benzoesäure, Dichlor-methoxy-[dimethoxy-
methoxycarbonyl-phenoxy]-methyl-,
methylester **10** 2063
—, Dichlor-methoxy-dimethyl- **10** 584
—, Dichlor-[methoxy-methyl-benzoyl]-
10 4440
—, Dichlor-methyl- **9** 2310
—, Dichlor-methyl-, amid **9** 2311
—, [Dichlor-methyl-benzoyl]- **10** 3316
—, [Dichlor-methyl-benzyl]- **9** 3347
—, Dichlor-naphthoyl- **10** 3427
—, [Dichlor-naphthoyl]- **10** 3427, 3429
—, Dichlor-naphthylmethoxy- **10** 170
—, Dichlor-nitro- **9** 1768, 1769, 1770
—, Dichlor-nitro-, äthylester **9** 1769
—, Dichlor-nitro-, amid **9** 1769
—, Dichlor-nitro-, chlorid **9** 1769
—, Dichlor-nitro-, methylester **9** 1768
—, Dichlor-nitro-, nitril **9** 1769
—, [Dichlor-nitro-benzoyl]- **10** 3303
—, Dichlor-[octahydro-
phenanthrencarbonyl]- **10** 3424
—, Dichlor-oxy-di- **10** 164
—, Dichlor-phenanthrylmethoxy- **10** 170
—, Dichlor-phenanthrylmethoxy-,
methylester **10** 171
—, [Dichlor-phenoxy]-selenocyanato-
10 1445
—, Dichlorphosphinyloxy-, chlorid
10 151
—, Dichlor-pyrencarbonyl- **10** 3501
—, Dichlorstibinomercapto- **10** 226
—, Dichlor-tetramethoxy-carbonyl-di-
10 4864
—, Dichlor-trimethoxy-methyl-oxy-di-
10 2061
—, Dichlor-trimethoxy-methyl-oxy-di-,
dimethylester **10** 2063
—, [Dichlor-vinyliden]-di- **9** 4602
—, [Dicyclohexyl-benzoyl]- **10** 3425
—, [Dicyclohexyl-benzyl]- **9** 3547
—, Difluor- **9** 1330
—, Difluor-methoxy- **10** 360
—, Difluor-methoxy-, amid **10** 360
—, Difluor-methoxy-, hydrazid **10** 360
—, Difluor-methoxy-, methylester
10 360
—, [Dihydro-dicyclopentadienyloxy]-,
methylester **10** 298
—, [Dihydro-naphthoyl]- **10** 3395
—, [Dihydro-naphthylmethyl]- **9** 3478
—, [Dihydro-phenalenyl]- **9** 3594
—, [Dihydro-phenalenyl]-, amid **9** 3594
—, [Dihydro-phenalenyl]-, nitril
9 3594
—, Dihydroxy- **10** 1363, 1370, 1384,
1401, 1403, 1446
—, Dihydroxy-, äthylester **10** 1364,
1374, 1386, 1413, 1448

Benzoesäure, Dihydroxy-, allylamid
  10 1427
—, Dihydroxy-, allylester 10 1416
—, Dihydroxy-, amid 10 1376, 1387
—, Dihydroxy-, benzylester 10 1375
—, Dihydroxy-, biphenylylester 10 1375
—, Dihydroxy-, butylester 10 1448
—, Dihydroxy-, chlorid 10 1376
—, Dihydroxy-, diäthylamid 10 1376, 1427
—, Dihydroxy-, dodecylester 10 1386
—, Dihydroxy-, heptylester 10 1448
—, Dihydroxy-, hexadecylester 10 1387
—, Dihydroxy-, hexylester 10 1448
—, Dihydroxy-, [hydroxy-äthylamid]
  10 1387
—, Dihydroxy-, hydroxyamid 10 1377
—, Dihydroxy-, [hydroxy-*tert*-butylamid]
  10 1388
—, Dihydroxy-, [hydroxy-propylamid]
  10 1387
—, Dihydroxy-, methylester 10 1373,
  1410, 1447
—, Dihydroxy-, nitril 10 1366, 1388
—, Dihydroxy-, octadecylester 10 1387
—, Dihydroxy-, octylester 10 1386
—, Dihydroxy-, pentylester 10 1448
—, Dihydroxy-, propylester 10 1375,
  1386, 1402, 1413, 1448
—, Dihydroxy-, tetradecylester 10 1387
—, Dihydroxy-, [trihydroxy-
  tert-butylamid] 10 1388
—, Dihydroxy-, undecenylamid 10 1427
—, Dihydroxy-, undecenylester 10 1416
—, Dihydroxy-acetonyl- 10 4550
—, Dihydroxy-acetyl- 10 4532, 4533
—, Dihydroxy-acetyl-, methylester
  10 4533
—, Dihydroxy-acetyl-benzoyl- 10 4782
—, Dihydroxy-acetyl-benzoyl-,
  methylester 10 4782
—, Dihydroxy-[(äthoxycarbonyl-äthyl)-
  carbamoyl]-cyan-, äthylester
  10 2602
—, Dihydroxy-äthoxycarbonylmethyl-
  10 2445
—, Dihydroxy-äthoxycarbonyloxy-methyl-
  10 2106
—, Dihydroxy-äthoxy-methyl-,
  methylester 10 2115
—, Dihydroxy-äthyl- 10 1529, 1530, 1533
—, Dihydroxy-äthyl-, methylester
  10 1530
—, Dihydroxy-äthyl-acetyl-,
  methylester 10 4559
—, Dihydroxy-äthylcarbamoyl-cyan-,
  äthylester 10 2602
—, Dihydroxy-äthyl-formyl- 10 4552
—, Dihydroxy-äthyl-formyl-,
  methylester 10 4552

Benzoesäure, Dihydroxy-äthyliden-di-
  10 2509
—, Dihydroxy-äthyl-isopropenyl-
  10 1864
—, Dihydroxy-äthyl-semicarbazonomethyl-,
  methylester 10 4552
—, [Dihydroxy-benzhydryl]- 10 2013
—, [Dihydroxy-benzhydryl]-, äthylester
  10 2014
—, [Dihydroxy-benzhydryl]-, butylester
  10 2014
—, [Dihydroxy-benzhydryl]-,
  methylester 10 2014
—, [(Dihydroxy-benzhydryl)-phenyl]-
  s. *Biphenyl-carbonsäure,*
  Dihydroxy-benzhydryl-
—, Dihydroxy-benzoyl- 10 4671
—, Dihydroxy-benzoyl-, methylester
  10 4671
—, [Dihydroxy-benzoyl]- 10 4667, 4669
—, [Dihydroxy-benzoyl]-, methylester
  10 4670
—, Dihydroxy-benzoyloxy- 10 2058
—, Dihydroxy-benzoyloxy-pentyl- 10 2136
—, [Dihydroxy-benzyl]- 10 1958, 1959
—, Dihydroxy-butyl- 10 1571, 1572
—, Dihydroxy-butyl-, methylester 10 1572
—, Dihydroxy-carbamoyl-cyan-,
  äthylester 10 2602
—, Dihydroxy-[carboxy-äthyl]- 10 2457
—, Dihydroxy-carboxymethyl- 10 2440,
  2441, 2444
—, Dihydroxy-[carboxy-phenoxy]- 10 2076
—, Dihydroxy-cyclohexandiyl-di-
  10 2536
—, Dihydroxy-diacetyl- 10 4743
—, Dihydroxy-diacetyl-, methylester
  10 4743
—, Dihydroxy-dibenzoyl- 10 4794
—, Dihydroxy-dibenzoyl-, methylester
  10 4794
—, Dihydroxy-dibromseleno-di-,
  diäthylester 10 1398
—, Dihydroxy-dibromseleno-di-,
  dibutylester 10 1400
—, Dihydroxy-dibromseleno-di-,
  diisopentylester 10 1400
—, Dihydroxy-dibromseleno-di-,
  diisopropylester 10 1399
—, Dihydroxy-dibromseleno-di-,
  dimethylester 10 1397
—, Dihydroxy-dibromseleno-di-,
  diphenylester 10 1401
—, Dihydroxy-dibromseleno-di-,
  dipropylester 10 1398
—, Dihydroxy-dichlorseleno-di-,
  diäthylester 10 1398
—, Dihydroxy-dichlorseleno-di-,
  dibutylester 10 1399

Benzoesäure, Dihydroxy-dichlorseleno-di-, diisopentylester **10** 1400
—, Dihydroxy-dichlorseleno-di-, diisopropylester **10** 1399
—, Dihydroxy-dichlorseleno-di-, dimethylester **10** 1397
—, Dihydroxy-dichlorseleno-di-, diphenylester **10** 1401
—, Dihydroxy-dichlorseleno-di-, dipropylester **10** 1398
—, Dihydroxy-[dichlor-vinyliden]-di- **10** 2532
—, Dihydroxy-[dichlor-vinyliden]-di-, dimethylester **10** 2533
—, Dihydroxy-[dihydroxy-acetonyl]- **10** 4741
—, Dihydroxy-[dihydroxy-methyl-benzoyl]- **10** 4816
—, Dihydroxy-[dihydroxy-methyl-formohydroximoyl-benzoyloxymethyl]-formohydroximoyl- **10** 4723
—, Dihydroxy-[dihydroxy-methyl-formyl-benzoyloxymethyl]-formyl- **10** 4723
—, Dihydroxy-[dihydroxy-methyl-formyl-benzoyloxymethyl]-formyl-, methylester **10** 4723
—, Dihydroxy-[dihydroxy-propenyl]- **10** 4726
—, Dihydroxy-dihydroxyseleno-di-, diäthylester **10** 1398
—, Dihydroxy-dihydroxyseleno-di-, dibutylester **10** 1399
—, Dihydroxy-dihydroxyseleno-di-, diisopentylester **10** 1400
—, Dihydroxy-dihydroxyseleno-di-, diisopropylester **10** 1399
—, Dihydroxy-dihydroxyseleno-di-, dimethylester **10** 1397
—, Dihydroxy-dihydroxyseleno-di-, diphenylester **10** 1400
—, Dihydroxy-dihydroxyseleno-di-, dipropylester **10** 1398
—, Dihydroxy-dijodseleno-di-, diäthylester **10** 1398
—, Dihydroxy-dijodseleno-di-, dibutylester **10** 1400
—, Dihydroxy-dijodseleno-di-, diisopentylester **10** 1400
—, Dihydroxy-dijodseleno-di-, diisopropylester **10** 1399
—, Dihydroxy-dijodseleno-di-, dimethylester **10** 1397
—, Dihydroxy-dijodseleno-di-, diphenylester **10** 1401
—, Dihydroxy-dijodseleno-di-, dipropylester **10** 1398
—, Dihydroxy-dimethoxy- **10** 2418
—, Dihydroxy-dimethoxy-thio-di- **10** 2068
—, Dihydroxy-dimethoxy-thio-di-, dimethylester **10** 2069

Benzoesäure, Dihydroxy-dimethyl- **10** 1533, 1534, 1549
—, Dihydroxy-dimethyl-, äthylester **10** 1537
—, Dihydroxy-dimethyl-, butylester **10** 1537
—, Dihydroxy-dimethyl-, isobutylester **10** 1537
—, Dihydroxy-dimethyl-, isopentylester **10** 1538
—, Dihydroxy-dimethyl-, isopropylester **10** 1537
—, Dihydroxy-dimethyl-, methylester **10** 1534, 1536, 1549
—, Dihydroxy-dimethyl-, pentylester **10** 1538
—, Dihydroxy-dimethyl-, propylester **10** 1537
—, Dihydroxy-dimethyl-cyclohexandiyl-di- **10** 2536
—, Dihydroxy-dimethyl-dithio-di- **10** 1507
—, Dihydroxy-dimethyl-formyl-, äthylester **10** 4552
—, Dihydroxy-dimethyl-formyl-, butylester **10** 4553
—, Dihydroxy-dimethyl-formyl-, isobutylester **10** 4553
—, Dihydroxy-dimethyl-formyl-, isopentylester **10** 4553
—, Dihydroxy-dimethyl-formyl-, methylester **10** 4552, 4553, 4554
—, Dihydroxy-dimethyl-formyl-, propylester **10** 4553
—, Dihydroxy-dimethyl-semicarbazonomethyl-, äthylester **10** 4553
—, Dihydroxy-dimethyl-thio-di- **10** 1505, 1508
—, Dihydroxy-dimethyl-thio-di-, dimethylester **10** 1505, 1508
—, Dihydroxy-dimethyl-[trichlor-butyliden]-di- **10** 2523, 2524
—, Dihydroxy-[dinitro-phenylhydrazonomethyl]- **10** 4517, 4727
—, [Dihydroxy-dioxo-dihydro-anthrylmethyl]- **10** 4795
—, [Dihydroxy-dioxo-dihydro-anthryloxy]-, methylester **10** 299
—, [Dihydroxy-dioxo-dihydro-naphthacenylmethyl]- **10** 4797
—, Dihydroxy-diseleno-di- **10** 1396
—, Dihydroxy-diseleno-di-, dimethylester **10** 1397
—, Dihydroxy-formohydroximoyl-, äthylester **10** 4515
—, Dihydroxy-formyl- **10** 4511, 4514, 4516, 4727

Benzoesäure, Dihydroxy-formyl-, methylester
10 4511, 4514, 4516

—, Dihydroxy-galloyloxy- 10 2086

—, Dihydroxy-heptyl- 10 1586

—, Dihydroxy-hexyl- 10 1585

—, Dihydroxy-hexyl-, methylester
10 1585

—, Dihydroxy-[hydroxy-acetonyl]-
10 4726

—, Dihydroxy-[hydroxy-methoxy-methyl-
carboxy-benzoyloxy]-methyl-formyl-
10 4722

—, Dihydroxy-[hydroxy-methoxy-methyl-
methoxycarbonyl-benzoyloxy]-
methyl-formyl-, methylester
10 4722

—, Dihydroxy-[hydroxy-methoxy-oxo-
butyl-phthalanyloxy]-pentyl-
10 4561

—, Dihydroxy-[hydroxy-methoxy-propyl-
benzoyloxy]-pentyl- 10 2137

—, Dihydroxy-hydroxymethyl-formyl-
10 4723

—, Dihydroxy-isopentyl- 10 1582

—, Dihydroxy-isopropyl- 10 1566, 1567

—, Dihydroxy-isopropylidendimercapto-
di- 10 1390

—, Dihydroxy-isopropylidendimercapto-
di-, diäthylester 10 1393

—, Dihydroxy-isopropylidendisulfon-di-
10 1391

—, Dihydroxy-isopropylidendisulfon-di-,
diäthylester 10 1394

—, Dihydroxy-methoxy- 10 2057, 2065,
2072

—, Dihydroxy-methoxy-, methylester
10 2059, 2076, 2077

—, Dihydroxy-methoxy-, propylester
10 2078

—, Dihydroxy-methoxy-acetyl-,
methylester 10 4721

—, Dihydroxy-methoxycarbonylmethyl-
10 2442

—, Dihydroxy-methoxy-dimethyl-,
methylester 10 2126

—, Dihydroxy-methoxy-dimethyl-diformyl-
oxy-di- 10 4721

—, Dihydroxy-methoxy-dimethyl-formyl-
oxy-di- 10 4536

—, Dihydroxy-methoxy-formyl-,
methylester 10 4718

—, Dihydroxy-methoxy-methyl- 10 2104

—, Dihydroxy-methoxy-methyl-,
methylester 10 2106, 2115

—, Dihydroxy-[methoxy-methyl-formyl-
carboxy-phenoxy]-methyl-formyl-
10 4721

—, Dihydroxy-methoxy-methyl-oxy-di-
10 2060

Benzoesäure, Dihydroxy-methoxy-methyl-
oxy-di-, dimethylester 10 2062

—, Dihydroxy-methoxy-methyl-oxy-di-,
methylester 10 2062

—, Dihydroxy-methoxy-pentyl- 10 2136

—, Dihydroxy-methoxy-pentyl-,
methylester 10 2138

—, Dihydroxy-methoxy-pentyl-valeryl-
oxy-di- 10 4561

—, Dihydroxy-methoxy-propyl- 10 2131,
2133

—, Dihydroxy-methoxy-propyl-,
methylester 10 2132

—, Dihydroxy-methoxy-
semicarbazonomethyl-, methylester
10 4718

—, Dihydroxy-methyl- 10 1478, 1479,
1503, 1504, 1505, 1507, 1509, 1512

—, Dihydroxy-methyl-, äthylester
10 1482, 1508

—, Dihydroxy-methyl-, benzylester
10 1484

—, Dihydroxy-methyl-, butylester
10 1483

—, Dihydroxy-methyl-, cyclohexylester
10 1504

—, Dihydroxy-methyl-, hexylester 10 1484

—, Dihydroxy-methyl-, isobutylester
10 1483

—, Dihydroxy-methyl-, isopentylester
10 1483

—, Dihydroxy-methyl-, isopropylester
10 1483

—, Dihydroxy-methyl-, methylester
10 1479, 1481, 1503, 1504, 1505,
1507, 1510, 1513

—, Dihydroxy-methyl-, octylester
10 1484

—, Dihydroxy-methyl-, pentylester
10 1483

—, Dihydroxy-methyl-, phenäthylester
10 1484

—, Dihydroxy-methyl-, propylester
10 1483

—, Dihydroxy-methyl-, [trihydroxy-
butylester] 10 1484

—, Dihydroxy-methyl-äthyl- 10 1569

—, Dihydroxy-methyl-äthyl-,
methylester 10 1569

—, Dihydroxy-[methyl-butenyl]- 10 1863

—, Dihydroxy-[methyl-butenyl]-,
methylester 10 1863

—, Dihydroxy-methylcarbamoyl-cyan-,
äthylester 10 2602

—, Dihydroxy-methyl-[(dihydroxy-
dimethyl-benzoyloxy)-methyl]-,
methylester 10 2129

—, Dihydroxy-methyl-[dihydroxy-methyl-
formyl-benzoyloxymethyl]- 10 4541

Benzoesäure, Dihydroxy-methylen-di-
10 2507
—, Dihydroxy-methyl-formyl- 10 4534, 4536
—, Dihydroxy-methyl-formyl-,
äthylester 10 4535, 4538
—, Dihydroxy-methyl-formyl-,
butylester 10 4535, 4539
—, Dihydroxy-methyl-formyl-,
[dihydroxy-formyl-benzylester]
10 4539
—, Dihydroxy-methyl-formyl-,
isobutylester 10 4536, 4539
—, Dihydroxy-methyl-formyl-,
isopropylester 10 4535, 4539
—, Dihydroxy-methyl-formyl-,
methylester 10 4534, 4536, 4542
—, Dihydroxy-methyl-formyl-,
propylester 10 4535, 4539
—, Dihydroxy-methyl-[hydroxy-methyl-
propyl]- 10 2139
—, Dihydroxy-methyl-[hydroxy-methyl-
propyl]-, methylester 10 2140
—, [Dihydroxy-methyl-isopropyl-
benzhydryl]- 10 2015
—, Dihydroxy-methyl-pyruvoyl- 10 4742
—, [Dihydroxy-naphthoyl]- 10 4705
—, Dihydroxy-[nitro-phenylhydrazono-
methyl]- 10 4517
—, Dihydroxy-[oxo-heptyl]- 10 4565
—, Dihydroxy-[oxo-heptyl]-,
methylester 10 4566
—, Dihydroxy-oxy-di- 10 1385, 2076
—, Dihydroxy-pentyl- 10 1577, 1582
—, Dihydroxy-pentyl-, äthylester
10 1578
—, Dihydroxy-pentyl-, isopropylester
10 1579
—, Dihydroxy-pentyl-, methylester
10 1578
—, Dihydroxy-pentyl-, propylester
10 1579
—, [Dihydroxy-phenyl]- 10 1952, 1954
—, [Dihydroxy-phenylsulfon]-,
[amid-imin] 10 411
—, [Dihydroxy-phenylsulfon]-, nitril
10 405
—, Dihydroxy-propyl- 10 1558, 1565
—, Dihydroxy-propyl-, äthylester
10 1560
—, Dihydroxy-propyl-, butylester
10 1561
—, Dihydroxy-propyl-, isopentylester
10 1561
—, Dihydroxy-propyl-, isopropylester
10 1561
—, Dihydroxy-propyl-, methylester
10 1560
—, Dihydroxy-propyl-, pentylester
10 1561

Benzoesäure, Dihydroxy-propyl-, propylester
10 1560
—, Dihydroxy-protocatechuoyloxy-
10 2076
—, Dihydroxy-pyruvoyl- 10 4740, 4741
—, Dihydroxy-salicyloyloxy- 10 2075
—, Dihydroxy-seleno-di-, diäthylester
10 1397
—, Dihydroxy-seleno-di-, dibutylester
10 1399
—, Dihydroxy-seleno-di-,
diisopentylester 10 1400
—, Dihydroxy-seleno-di-,
diisopropylester 10 1399
—, Dihydroxy-seleno-di-, dimethylester
10 1396
—, Dihydroxy-seleno-di-, diphenylester
10 1400
—, Dihydroxy-seleno-di-, dipropylester
10 1398
—, Dihydroxy-[semicarbazono-äthyl]-,
methylester 10 4533
—, Dihydroxy-semicarbazonomethyl-
10 4517
—, Dihydroxy-semicarbazonomethyl-,
äthylester 10 4515
—, Dihydroxy-semicarbazonomethyl-,
methylester 10 4516
—, Dihydroxy-sulfonyl-di- 10 1392
—, Dihydroxy-tetramethoxy-methylen-di-
10 2634
—, Dihydroxy-tetrathio-di- 10 1392
—, Dihydroxy-tetrathio-di-,
diäthylester 10 1394
—, Dihydroxy-thio-di- 10 1391
—, Dihydroxy-thio-di-, diäthylester
10 1394
—, Dihydroxy-thio-di-, dimethylester
10 1393
—, Dihydroxy-thio-di-, diphenylester
10 1394
—, Dihydroxy-[p-tolyl-äthyliden]-di-
10 2545
—, Dihydroxy-[trichlor-äthyliden]-di-
10 2509
—, Dihydroxy-[trichlor-äthyliden]-di-,
dimethylester 10 2510
—, Dihydroxy-trimethyl- 10 1569
—, Dihydroxy-triphenyl- 10 2020
—, Dihydroxy-triphenyl-, äthylester
10 2020
—, Dihydroxy-trithio-di- 10 1392
—, Dihydroxy-trithio-di-, diäthylester
10 1394
—, Diisopropyl- 9 2589, 2590
—, Diisopropyl-, amid 9 2590
—, Diisopropyl-, nitril 9 2590
—, Dijod- 9 1454
—, Dijod-, chlorid 9 1454, 1455

Benzoesäure, Dijod-, methylester **9** 1454
—, Dijod-acetoxy- **10** 371
—, Dijod-acetoxy-, chlorid **10** 189, 372
—, Dijod-[acetoxy-phenoxy]- **10** 371
—, Dijod-äthoxycarbonylmethoxy-,
    äthylester **10** 189, 372
—, Dijod-äthoxycarbonyloxy-,
    äthylester **10** 372
—, Dijod-benzoyl- **10** 3301
—, Dijod-benzyloxy- **10** 370
—, Dijod-carboxymethoxy- **10** 189, 371
—, Dijod-diacetoxy- **10** 1380
—, Dijod-diacetoxy-, methylester
    10 1380
—, Dijod-[difluor-hydroxy-phenoxy]-
    10 371
—, Dijod-[difluor-methoxy-phenoxy]-,
    nitril **10** 374
—, Dijod-dihydroxy- **10** 1379
—, Dijod-dihydroxy-, methylester
    10 1380
—, Dijod-[dihydroxy-propyloxy]- **10** 371
—, Dijod-[dihydroxy-propyloxy]-,
    äthylester **10** 372
—, Dijod-[dijod-(methoxy-phenoxy)-
    phenoxy]-, nitril **10** 374
—, Dijod-dithio-di- **10** 237
—, Dijod-[fluor-hydroxy-phenoxy]-
    10 371
—, Dijod-[fluor-methoxy-phenoxy]-,
    nitril **10** 374
—, Dijod-hydroxy- **10** 189, 370
—, Dijod-hydroxy-, äthylester **10** 372
—, Dijod-hydroxy-, nitril **10** 373
—, Dijod-[hydroxy-äthoxy]- **10** 370
—, Dijod-[hydroxy-äthoxy]-, äthylester
    10 372
—, [Dijod-hydroxy-benzyl]- **10** 1183
—, Dijod-[hydroxy-phenoxy]- **10** 370
—, Dijod-methoxy- **10** 189, 370
—, Dijod-methoxy-, chlorid **10** 372
—, Dijod-[methoxy-phenoxy]- **10** 371
—, Dijod-[methoxy-phenoxy]-, chlorid
    10 372
—, Dijod-[methoxy-phenoxy]-, hydrazid
    10 375
—, Dijod-[methoxy-phenoxy]-,
    methylester **10** 371
—, Dijod-[methoxy-phenoxy]-, nitril
    10 374
—, [Dijod-methoxy-phenoxy]-, nitril
    10 347
—, Dijod-[methoxy-phenylmercapto]-,
    nitril **10** 414
—, Dijod-[nitro-phenäthyloxy]- **10** 370
—, Dimethoxy- **10** 1363, 1371, 1384,
    1401, 1404, 1446
—, Dimethoxy-, [acetyl-naphthylester]
    10 1376

Benzoesäure, Dimethoxy-, [acetyl-
    phenylester] **10** 1375
—, Dimethoxy-, äthylester **10** 1413, 1448
—, Dimethoxy-, [äthylester-imin]
    10 1429
—, Dimethoxy-, amid **10** 1376, 1427, 1449
—, Dimethoxy-, azid **10** 1449
—, Dimethoxy-, chlorid **10** 1376, 1402
—, Dimethoxy-, diäthylamid **10** 1428, 1449
—, Dimethoxy-, [dibutylamid-imin]
    10 1388, 1402
—, Dimethoxy-, dimethylamid **10** 1366,
    1428
—, Dimethoxy-, [dimethylamino-
    äthylester] **10** 1425
—, Dimethoxy-, [formyl-phenylester]
    10 1419
—, Dimethoxy-, hydrazid **10** 1431, 1449
—, Dimethoxy-, [methoxy-acetyl-
    phenylester] **10** 1420
—, Dimethoxy-, [methoxy-formyl-
    phenylester] **10** 1420
—, Dimethoxy-, methylester **10** 1402,
    1411, 1448
—, Dimethoxy-, nitril **10** 1366, 1377, 1449
—, Dimethoxy-, [nitro-benzylester]
    10 1416
—, Dimethoxy-, propylester **10** 1414
—, Dimethoxy-, [tetramethoxy-acetyl-
    phenylester] **10** 1421
—, Dimethoxy-, veratrylidenhydrazid
    10 1431
—, Dimethoxy-acetonyl- **10** 4550, 4551
—, Dimethoxy-acetonyl-, methylester
    10 4551
—, Dimethoxy-acetoxy- **10** 2066, 2074
—, Dimethoxy-acetoxy-, amid **10** 2093
—, Dimethoxy-acetoxy-, anhydrid **10** 2088
—, Dimethoxy-acetoxy-, chlorid **10** 2090
—, Dimethoxy-acetoxy-, nitril **10** 2094
—, Dimethoxy-acetoxy-[dichlor-äthyl]-
    10 2125
—, Dimethoxy-acetoxy-[dichlor-vinyl]-
    10 2205
—, Dimethoxy-acetyl- **10** 4533
—, [Dimethoxy-acetyl-naphthoyl]-
    10 4793
—, Dimethoxy-äthoxy- **10** 2058, 2066, 2073
—, Dimethoxy-äthoxy-, chlorid **10** 2059
—, Dimethoxy-äthoxy-, diäthylamid
    10 2093
—, Dimethoxy-äthoxy-, methylester
    10 2067
—, Dimethoxy-äthoxy-äthyl- **10** 2125
—, Dimethoxy-äthoxycarbonylmethoxy-
    10 2067
—, Dimethoxy-äthoxycarbonyloxy-pentyl-
    10 2137
—, Dimethoxy-äthoxy-methyl- **10** 2114

Benzoesäure, Dimethoxy-äthoxy-methyl-,
methylester **10** 2115
—, Dimethoxy-äthyl- **10** 1527, 1528, 1530
—, Dimethoxy-äthyl-, nitril **10** 1527
—, [Dimethoxy-äthylmercapto]- **10** 219
—, Dimethoxy-allyl- **10** 1855
—, Dimethoxy-allyloxy- **10** 2066
—, Dimethoxy-allyloxy-, methylester
10 2067, 2077
—, [Dimethoxy-benzhydryl]- **10** 2013, 2014
—, Dimethoxy-benzoyl- **10** 4666
—, Dimethoxy-benzoyl-, methylester
10 4666
—, [Dimethoxy-benzoyl]- **10** 4668, 4669,
4670
—, [Dimethoxy-benzoyl]-, methylester
10 4668, 4669, 4670
—, Dimethoxy-benzoyloxy-, chlorid
10 2090
—, Dimethoxy-benzoyloxy-methyl- **10** 2106
—, Dimethoxy-benzoyloxy-methyl-,
methylester **10** 2107
—, Dimethoxy-benzoyloxy-pentyl- **10** 2136
—, Dimethoxy-benzyl- **10** 1958
—, [Dimethoxy-benzyl]- **10** 1958, 1959
—, [Dimethoxy-benzyl]-, chlorid **10** 1958
—, [Dimethoxy-benzyl]-, methylester
10 1959
—, Dimethoxy-benzyloxy- **10** 2058, 2064,
2074
—, Dimethoxy-benzyloxy-, chlorid
10 2064
—, Dimethoxy-[brom-dimethoxy-benzoyl]-
10 4816
—, Dimethoxy-[brom-hydroxy-methyl-
benzoyl]- **10** 4768
—, Dimethoxy-[brom-methoxy-dimethyl-
phenoxy]-methyl- **10** 2117
—, Dimethoxy-[brom-vinyl]-, nitril
10 1851
—, Dimethoxy-butyloxy- **10** 2074
—, Dimethoxy-butyloxy-, chlorid **10** 2089
—, Dimethoxy-carbamoylmethyl- **10** 2444
—, Dimethoxy-carbamoylmethyl-,
äthylester **10** 2441
—, Dimethoxy-carboxymethoxy- **10** 2066,
2075
—, Dimethoxy-carboxymethylmercapto-
10 2065
—, Dimethoxy-[carboxy-phenoxy]- **10** 2067
—, [Dimethoxy-carboxy-phenoxy]-methyl-
10 2076
—, Dimethoxy-[carboxy-phenoxy]-vinyl-
10 2205
—, Dimethoxy-chlorcarbonylmethyl-,
methylester **10** 2445
—, Dimethoxy-[chlor-vinyliden]-di-
10 2533
—, Dimethoxy-cyan- **10** 2436

Benzoesäure, Dimethoxy-cyan-, methylester
10 2438
—, Dimethoxy-cyanmethyl- **10** 2440, 2444
—, Dimethoxy-diacetoxy-thio-di-,
dimethylester **10** 2069
—, Dimethoxy-diäthoxy-acetyl- **10** 4798
—, Dimethoxy-diäthoxy-[semicarbazono-
äthyl]-, methylester **10** 4799
—, Dimethoxy-dibenzoyloxy-thio-di-,
dimethylester **10** 2069
—, Dimethoxy-[dibrom-hydroxy-methyl-
benzoyl]- **10** 4769
—, Dimethoxy-[dichlor-äthyl]- **10** 1527
—, Dimethoxy-[dichlor-äthyliden]-di-
10 2510
—, Dimethoxy-[dichlor-äthyliden]-di-,
diäthylester **10** 2510
—, Dimethoxy-[dichlor-äthyliden]-di-,
dichlorid **10** 2511
—, Dimethoxy-[dichlor-äthyliden]-di-,
dimethylester **10** 2510
—, Dimethoxy-[dichlor-dimethoxy-methyl-
benzoyl]- **10** 4819
—, Dimethoxy-[dichlor-dimethoxy-methyl-
benzoyl]-, methylester **10** 4820
—, Dimethoxy-[dichlor-vinyl]- **10** 1851
—, Dimethoxy-[dimethoxy-benzoyl]-
10 4815
—, Dimethoxy-[dimethoxy-benzoyl]-,
methylester **10** 4816
—, Dimethoxy-[dimethoxy-benzyl]-
10 2487, 2488
—, Dimethoxy-[dimethoxy-benzyl]-,
methylester **10** 2487
—, Dimethoxy-[dimethoxy-methyl-benzoyl]-
10 4817
—, Dimethoxy-[dimethoxy-methyl-
benzoyl]-, methylester **10** 4818
—, Dimethoxy-[dimethoxy-propyl-
benzoyloxy]-pentyl-, methylester
10 2139
—, Dimethoxy-[dimethoxy-propyl-
benzoyloxy]-propyl- **10** 2131
—, Dimethoxy-[dimethoxy-propyl-
benzoyloxy]-propyl-, methylester
10 2132
—, Dimethoxy-dimethyl- **10** 1534, 1535
—, Dimethoxy-dimethyl-, methylester
10 1534
—, Dimethoxy-dithio-di- **10** 1402, 1445,
1452
—, Dimethoxy-formyl- **10** 4510, 4511,
4514, 4517
—, Dimethoxy-formyl-, acetonylester
10 4512
—, Dimethoxy-formyl-, benzylester
10 4512
—, Dimethoxy-formyl-, methylester
10 4515

Benzoesäure, Dimethoxy-[hydroxy-carboxy-
benzyl]- **10** 2587
—, Dimethoxy-[hydroxy-dimethoxy-
benzoyl]- **10** 4850
—, Dimethoxy-[hydroxyimino-heptyl]-
10 4566
—, Dimethoxy-[hydroxy-methoxy-benzoyl]-
10 4814
—, Dimethoxy-[hydroxy-methoxy-benzoyl]-,
nitril **10** 4815
—, Dimethoxy-[hydroxy-methoxy-benzyl]-
10 2487
—, Dimethoxy-[hydroxy-methoxy-benzyl]-,
methylester **10** 2487
—, Dimethoxy-[hydroxy-methoxy-methyl-
benzoyl]- **10** 4817
—, Dimethoxy-[hydroxy-methoxy-methyl-
benzoyl]-, methylester **10** 4818
—, Dimethoxy-[hydroxy-methyl-benzoyl]-
10 4768
—, Dimethoxy-[(hydroxy-naphthyl)-
methyl]- **10** 2396
—, Dimethoxy-isopentyl- **10** 1583
—, Dimethoxy-isopropyl- **10** 1567
—, Dimethoxy-isopropyl-, methylester
10 1567
—, Dimethoxy-mercapto- **10** 2059, 2065
—, Dimethoxy-[methoxy-acetoxy-benzyl]-
10 2487
—, Dimethoxy-[methoxy-acetoxy-methyl-
benzoyl]-, methylester **10** 4818
—, Dimethoxy-[methoxy-äthoxy-benzoyl]-
10 4816
—, Dimethoxy-[methoxy-äthoxy-benzyl]-
10 2488
—, Dimethoxy-[methoxy-benzoyloxy]-,
methylester **10** 2078
—, Dimethoxy-methoxycarbonylmethoxy-,
methylester **10** 2068, 2078
—, Dimethoxy-methoxycarbonylmethyl-
10 2443
—, Dimethoxy-[methoxycarbonyl-
phenoxy]-, methylester **10** 2068
—, [Dimethoxy-methoxycarbonyl-phenoxy]-
methyl-, methylester **10** 2078
—, Dimethoxy-[methoxy-carboxymethoxy-
benzoyl]- **10** 4815
—, Dimethoxy-[methoxy-dimethyl-
methoxycarbonyl-phenoxy]-dimethyl-,
methylester **10** 2127
—, Dimethoxy-[methoxy-dimethyl-
methoxycarbonyl-phenoxy]-methyl-
10 2118
—, Dimethoxy-[methoxy-dimethyl-
methoxycarbonyl-phenoxy]-methyl-,
methylester **10** 2118
—, Dimethoxy-[methoxy-dimethyl-
methoxycarbonyl-phenoxy]-methyl-
formyl-, methylester **10** 4722

Benzoesäure, Dimethoxy-[methoxy-dimethyl-
phenoxy]-methyl- **10** 2116
—, Dimethoxy-[methoxy-dimethyl-phenoxy]-
methyl-, methylester **10** 2117
—, Dimethoxy-[methoxy-methyl-benzoyl]-
10 4767, 4768
—, Dimethoxy-[methoxy-naphthoyl]-
10 4792
—, Dimethoxy-[methoxy-naphthyl-
methyl]- **10** 2396
—, Dimethoxy-[methoxy-naphthyl-
methyl]-, methylester **10** 2396
—, Dimethoxy-[methoxy-(oxo-heptyl)-
carboxy-phenoxy]-[oxo-heptyl]-
10 4730
—, Dimethoxy-[methoxy-(oxo-heptyl)-
methoxycarbonyl-phenoxy]-[oxo-
heptyl]-, methylester **10** 4730
—, Dimethoxy-[methoxy-phenoxy]- **10** 2074
—, Dimethoxy-methyl- **10** 1478, 1479,
1480, 1502, 1503, 1504, 1505,
1506, 1507, 1509, 1512
—, Dimethoxy-methyl-, äthylester **10** 4569
—, Dimethoxy-methyl-, amid **10** 1479, 1514
—, Dimethoxy-methyl-, azid **10** 1514
—, Dimethoxy-methyl-, chlorid **10** 1499,
1514
—, Dimethoxy-methyl-, hydrazid **10** 1514
—, Dimethoxy-methyl-, [methoxy-methyl-
formyl-phenylester] **10** 1485
—, Dimethoxy-methyl-, methylester
10 1482, 1502, 1510, 1513
–, Dimethoxy-methyl-, nitril **10** 1503,
1506, 1508
—, Dimethoxy-methyl-acetyl-,
methylester **10** 4552
—, [Dimethoxy-methyl-benzoyl]- **10** 4674
—, Dimethoxy-[methyl-carboxy-äthoxy]-
acetyl- **10** 4720
—, Dimethoxy-[methyl-carboxy-phenoxy]-
10 2076
—, Dimethoxy-methyl-formyl-,
methylester **10** 4537, 4543
—, Dimethoxy-[methyl-methoxycarbonyl-
äthoxy]-acetyl-, methylester **10** 4721
—, Dimethoxy-[methyl-methoxycarbonyl-
phenoxy]-, methylester **10** 2078
—, Dimethoxy-methyl-oxy-di- **10** 1479, 2076
—, Dimethoxy-methyl-oxy-di-,
dimethylester **10** 1479, 2078
—, Dimethoxy-methyl-[semicarbazono-
äthyl]-, methylester **10** 4552
—, Dimethoxy-naphthoyl- **10** 4705
—, [Dimethoxy-naphthoyl]- **10** 4704
—, [Dimethoxy-naphthoyl]-, methylester
10 4704
—, [Dimethoxy-naphthylmethyl]- **10** 2011
—, Dimethoxy-[oxo-(dioxo-dimethyl-
cyclohexyl)-propenyl]- **10** 4824

Benzoesäure, Dimethoxy-[oxo-heptyl]-
10 4565, 4568
—, Dimethoxy-[oxo-heptyl]-,
methylester 10 4568
—, Dimethoxy-[oxo-pentyl]- 10 4562
—, Dimethoxy-oxy-di- 10 1386, 1410, 2067
—, Dimethoxy-oxy-di-, dimethylester
10 1413, 2068
—, Dimethoxy-pentyl- 10 1577
—, Dimethoxy-pentyl-, methylester
10 1578
—, Dimethoxy-phenoxy- 10 2074
—, Dimethoxy-phenoxy-, methylester
10 2077
—, [Dimethoxy-phenoxy]- 10 102
—, [Dimethoxy-phenylsulfon]- 10 388
—, Dimethoxy-propenyl- 10 1856
—, Dimethoxy-propionyl- 10 4550
—, Dimethoxy-propyl- 10 1559
—, Dimethoxy-propyl-, [dimethoxy-
propyl-formyl-phenylester]
10 1561
—, Dimethoxy-propyl-, [hydroxy-methoxy-
pentyl-formyl-phenylester]
10 1562
—, Dimethoxy-propyl-, nitril 10 1565
—, Dimethoxy-semicarbazonomethyl-,
[semicarbazono-propylester]
10 4512
—, Dimethoxy-[semicarbazono-propyl]-
10 4551
—, Dimethoxy-sulfonyl-di- 10 1369,
1392, 1443, 1444
—, Dimethoxy-[tetramethoxy-benzhydryl]-
10 2622
—, Dimethoxy-thio-di- 10 1392
—, Dimethoxy-[trihydroxy-propyl]-,
methylester 10 2554
—, Dimethoxy-[trimethoxy-benzoyl]-
10 4850
—, Dimethoxy-[trimethoxy-benzoyloxy]-,
methylester 10 2087
—, Dimethoxy-trimethyl- 10 1569
—, Dimethoxy-trimethyl-, methylester
10 1569
—, Dimethoxy-valeryl- 10 4560
—, Dimethoxy-veratroyl- 10 4815
—, Dimethoxy-veratroyl-, methylester
10 4816
—, Dimethoxy-veratryl- 10 2488
—, Dimethoxy-vinyl-oxy-di-
10 1850, 2205
—, Dimethyl- 9 2434, 2435, 2436,
2439, 2441, 2444
—, Dimethyl-, äthylester 9 2444
—, Dimethyl-, amid 9 2434, 2435,
2442, 2444
—, Dimethyl-, chlorid 9 2434, 2435,
2437, 2439, 2441, 2444

Benzoesäure, Dimethyl-, methylester 9 2444
—, Dimethyl-, nitril 9 2434, 2436,
2437, 2439, 2442, 2445
—, Dimethyl-, p-tolylester 9 2435
—, Dimethyl-acetyl- 10 3076
—, Dimethyl-acetyl-, methylester
10 3076
—, [Dimethylamino-äthoxy-phosphinyloxy]-,
äthylester 10 119
—, [Dimethylamino-diäthyl-propionyloxy]-
10 106
—, [Dimethylamino-diäthyl-propionyloxy]-,
benzylester 10 132
—, [Dimethylamino-diäthyl-propionyloxy]-,
butylester 10 121
—, [Dimethylamino-diäthyl-propionyloxy]-,
phenäthylester 10 133
—, [Dimethylamino-diäthyl-propionyloxy]-
methyl-, phenäthylester 10 518
—, [Dimethyl-benzhydryl]- 9 3613
—, Dimethyl-benzoyl- 10 3331
—, Dimethyl-benzoyl-, methylester
10 3332, 3333
—, [Dimethyl-benzoyl]- 10 3332, 3333, 3334
—, [Dimethyl-benzoyl]-, methylester
10 3333
—, [Dimethyl-benzyl]- 9 3369
—, Dimethyl-tert-butyl- 9 2591, 2593
—, Dimethyl-tert-butyl-, amid
9 2592, 2593
—, Dimethyl-tert-butyl-, anhydrid
9 2592
—, Dimethyl-tert-butyl-, chlorid
9 2592
—, Dimethyl-tert-butyl-, methylester
9 2592
—, Dimethyl-tert-butyl-, nitril 9 2592
—, Dimethylcarbamoyloxy-, butylester
10 308
—, Dimethyl-carbonyl-di- 10 4013
—, Dimethyl-chlorcarbonyl-,
methylester 9 4297
—, Dimethyl-diisopropyl-methylen-di-
9 4586
—, Dimethyl-[dimethyl-benzoyl]-
10 3354, 3355, 3356
—, Dimethyl-[dimethyl-benzoyl]-,
methylester 10 3355, 3356
—, Dimethyl-[dimethyl-benzyl]- 9 3395
—, [Dimethyl-diphenyl-äthyl]- 7 2845
—, Dimethyl-dithio-di- 10 498
—, Dimethyl-hydroxymethyl- 10 615
—, Dimethylmercapto- 10 1452
—, [Dimethylmercapto-benzhydryl]-
10 2015
—, Dimethyl-[methoxy-benzoyl]- 10 4449
—, Dimethyl-[methoxy-benzyl]- 10 1210
—, [Dimethyl-naphthoyl]- 10 3438,
3439, 3440, 3441

Benzoesäure, [Dimethyl-naphthoyl]-,
  äthylester **10** 3439
—, [Dimethyl-naphthoyl]-, methylester
  10 3438, 3439, 3440, 3441
—, Dimethyl-naphthyl- **9** 3562
—, [Dimethyl-naphthylmethyl]-
  9 3567
—, [Dimethyl-octadienyloxy]- **10** 288
—, [Dimethyl-octadienyloxy]-, amid
  10 342
—, [Dimethyl-octyloxy]- **10** 286
—, [Dimethyl-octyloxy]-,
  [brom-phenacylester] **10** 319
—, Dimethyl-oxal- **10** 3966
—, [Dimethyl-phenoxy]-selenocyanato-
  10 1445
—, Dimethyl-[semicarbazono-äthyl]-
  10 3076
—, Dimethylsulfin- **10** 1452
—, Dimethylsulfonio-methyl- **10** 520
—, Dimethyl-*p*-toluoyl- **10** 3346
—, Dimethyl-*p*-toluoyl-, methylester
  10 3346
—, Dimethyl-*p*-tolyl- **9** 3370
—, Dimethyl-tribromacetyl- **10** 3076
—, Dimethyl-trichloracetyl- **10** 3076
—, Dimethyl-[trimethyl-benzoyl]-
  10 3360
—, Dimethyl-[trimethyl-benzoyl]-,
  methylester **10** 3360
—, [Dinaphthylmethyl-phenyl]-
  9 3695
—, Dinitro- **9** 1776, 1778, 1779
—, Dinitro-, acetonylester **9** 1922
—, Dinitro-, [acetyl-phenylester]
  9 1928
—, Dinitro-, [äthinyl-cycloheptylester]
  9 1840
—, Dinitro-, [äthinyl-cyclohexylester]
  9 1839
—, Dinitro-, [äthinyl-phenylester]
  9 1869
—, Dinitro-, [äthoxy-äthylester]
  9 1890
—, Dinitro-, [äthoxy-cholestenylester]
  9 1913
—, Dinitro-, [äthoxy-
  ergostadienylester] **9** 1915
—, Dinitro-, [äthyl-butenylester]
  9 1801
—, Dinitro-, [äthyl-butylester]
  9 1785, 1787
—, Dinitro-, [äthyl-cyclohexylester]
  9 1808
—, Dinitro-, [äthyl-cyclopentylester]
  9 1806
—, Dinitro-, äthylester **9** 1779, 1781
—, Dinitro-, [äthyl-hexylester]
  9 1791

Benzoesäure, Dinitro-, äthylidenhydrazid
  9 1945
—, Dinitro-, [äthyl-phenäthylester]
  9 1854
—, Dinitro-, [äthyl-phenylester]
  9 1848
—, Dinitro-, [äthyl-phenyl-propylester]
  9 1855
—, Dinitro-, [äthyl-propinylester]
  9 1819
—, Dinitro-, [äthyl-propyl-benzylester]
  9 1857
—, Dinitro-, [äthyl-propylester]
  9 1783
—, Dinitro-, [allyl-cyclohexylester]
  9 1823
—, Dinitro-, [allyl-phenylester]
  9 1861
—, Dinitro-, amid **9** 1779, 1936
—, Dinitro-, [amid-imin] **9** 1944
—, Dinitro-, anhydrid **9** 1934
—, Dinitro-, azid **9** 1778, 1950
—, Dinitro-, benzhydrylester **9** 1884
—, Dinitro-, benzhydrylidenhydrazid
  9 1948
—, Dinitro-, [benzyl-cyclohexylester]
  9 1864
—, Dinitro-, [benzyl-decahydro-
  naphthylester] **9** 1870
—, Dinitro-, benzylester **9** 1848
—, Dinitro-, benzylidenhydrazid **9** 1947
—, Dinitro-, bicyclohexyivlester **9** 1837
—, Dinitro-, bicyclopentylylester
  9 1831
—, Dinitro-, bornylester **9** 1833
—, Dinitro-, [brom-cyclohexylester]
  9 1802
—, Dinitro-, [brom-dimethyl-
  cyclohexylester] **9** 1810
—, Dinitro-, [brom-isopropylester]
  9 1782
—, Dinitro-, [brom-methoxy-
  isopropylester] **9** 1892
—, Dinitro-, [brom-methyl-
  cyclohexylester] **9** 1804
—, Dinitro-, [brom-methyl-19-nor-
  cholestatrienylester] **9** 1880
—, Dinitro-, [brom-methyl-propylester]
  9 1783
—, Dinitro-, [brom-phenäthylester]
  9 1849
—, Dinitro-, [brom-phenoxy-phenylester]
  9 1904
—, Dinitro-, [brom-phenylester] **9** 1846
—, Dinitro-, butenylester **9** 1798, 1799
—, Dinitro-, [butyl-butenylester]
  9 1806
—, Dinitro-, [butyl-cyclohexylester]
  9 1813

Benzoesäure, Dinitro-, [*tert*-butyl-cyclohexylester] **9** 1814
—, Dinitro-, [butyl-cyclopentylester] **9** 1812
—, Dinitro-, [*tert*-butyl-dodecylester] **9** 1797
—, Dinitro-, butylester **9** 1782
—, Dinitro-, *sec*-butylester **9** 1782
—, Dinitro-, *tert*-butylester **9** 1783
—, Dinitro-, butylidenhydrazid **9** 1946
—, Dinitro-, [butyl-phenylester] **9** 1853
—, Dinitro-, [*tert*-butyl-phenylester] **9** 1853
—, Dinitro-, carvomenthylester **9** 1815
—, Dinitro-, [chlor-butenylester] **9** 1798, 1799
—, Dinitro-, chlorid **9** 1777, 1779, 1936
—, Dinitro-, [chlor-methyl-allylester] **9** 1799
—, Dinitro-, [chlormethyl-allylester] **9** 1798
—, Dinitro-, [chlormethyl-cyclohexyl-äthylester] **9** 1811
—, Dinitro-, [chlormethyl-cyclohexyl-propylester] **9** 1813
—, Dinitro-, [chlormethyl-heptylester] **9** 1791
—, Dinitro-, [chlormethyl-hexylester] **9** 1788
—, Dinitro-, [chlormethyl-pentylester] **9** 1785
—, Dinitro-, [chlormethyl-phenyl-äthylester] **9** 1851
—, Dinitro-, [chlormethyl-phenyl-butylester] **9** 1854
—, Dinitro-, [chlor-phenylester] **9** 1846
—, Dinitro-, [chlor-propylester] **9** 1782
—, Dinitro-, cholestadienylester **9** 1872, 1874
—, Dinitro-, cholestanylester **9** 1859
—, Dinitro-, cholestatetraenylester **9** 1887
—, Dinitro-, cholestatrienylester **9** 1880
—, Dinitro-, cholestenylester **9** 1866
—, Dinitro-, cholesterylester **9** 1866
—, Dinitro-, cinnamylester **9** 1861
—, Dinitro-, cinnamylidenhydrazid **9** 1948
—, Dinitro-, 5.8-cyclo-ergostadienylester **9** 1883
—, Dinitro-, cycloheptadecyl-methylester **9** 1819
—, Dinitro-, cyclohexenylester **9** 1820
—, Dinitro-, [cyclohexyl-äthylester] **9** 1808

Benzoesäure, Dinitro-, [cyclohexyl-butenylester] **9** 1826
—, Dinitro-, [cyclohexyl-diphenyl-äthylester] **9** 1889
—, Dinitro-, cyclohexylester **9** 1802
—, Dinitro-, [cyclohexyliden-äthylester] **9** 1823
—, Dinitro-, [cyclohexyl-phenylester] **9** 1863
—, Dinitro-cyclopentadecyl-methylester **9** 1819
—, Dinitro-, cyclopentenylester **9** 1819
—, Dinitro-, [cyclopentyl-äthylester] **9** 1806
—, Dinitro-, [cyclopentyl-butylester] **9** 1812
—, Dinitro-, [cyclopentyl-diphenyl-äthylester] **9** 1888
—, Dinitro-, cyclopentylester **9** 1800
—, Dinitro-, cyclopentylidenhydrazid **9** 1947
—, Dinitro-, [cyclopentyl-pentylester] **9** 1817
—, Dinitro-, [cyclopentyl-phenyl-äthylester] **9** 1864
—, Dinitro-, [cyclopentyl-propylester] **9** 1810
—, Dinitro-, [cyclopropyl-äthylester] **9** 1801
—, Dinitro-, cyclopropylester **9** 1798
—, Dinitro-, decenylester **9** 1813
—, Dinitro-, [decyl-cyclopentylester] **9** 1819
—, Dinitro-, decylester **9** 1793
—, Dinitro-, decylidenhydrazid **9** 1947
—, Dinitro-, [diacetoxy-benzylester] **9** 1776
—, Dinitro-, [diäthylamino-äthylester] **9** 1935
—, Dinitro-, [dibrom-heptenylester] **9** 1803
—, Dinitro-, [dibrom-octenylester] **9** 1806
—, Dinitro-, [dichlor-benzhydrylester] **9** 1884
—, Dinitro-, [dideuterio-phenyl-propylester] **9** 1851
—, Dinitro-, [dimethoxy-allyl-phenylester] **9** 1920
—, Dinitro-, [dimethoxy-phenylester] **9** 1917, 1918
—, Dinitro-, [dimethyl-acetyl-decahydro-naphthylester] **9** 1926
—, Dinitro-, [dimethyl-äthinyl-cyclohexylester] **9** 1841
—, Dinitro-, [dimethyl-äthyl-butylester] **9** 1793
—, Dinitro-, [dimethyl-äthyl-propylester] **9** 1789

Benzoesäure, Dinitro-, [dimethyl-bicyclo=
[3.2.1]octylester] **9** 1832
—, Dinitro-, [dimethyl-butenylester]
9 1802
—, Dinitro-, [dimethyl-butylester]
9 1785, 1786, 1787, 1788
—, Dinitro-, [dimethyl-*tert*-butyl-
neopentyl-pentylester] **9** 1797
—, Dinitro-, [dimethyl-*tert*-butyl-
pentylester] **9** 1795
—, Dinitro-, [dimethyl-cyclohexylester]
9 1809
—, Dinitro-, [dimethyl-hexylester] **9** 1792
—, Dinitro-, [dimethyl-isopropenyl-
decahydro-naphthylester] **9** 1844, 1845
—, Dinitro-, [dimethyl-isopropenyl-
octahydro-naphthylester] **9** 1858
—, Dinitro-, [dimethyl-isopropyl-
cyclopentenylester] **9** 1831
—, Dinitro-, [dimethyl-isopropyl-
cyclopentylester] **9** 1817
—, Dinitro-, [dimethyl-isopropyliden-
spiro[4.5]decylester] **9** 1844
—, Dinitro-, [dimethyl-isopropyl-
indanylester] **9** 1865
—, Dinitro-, [dimethyl-isopropyl-
spiro[4.5]decylester] **9** 1838
—, Dinitro-, [dimethyl-neopentyl-
butylester] **9** 1795
—, Dinitro-, [dimethyl-neopentyl-
pentylester] **9** 1796
—, Dinitro-, [dimethyl-norbornylester]
9 1825
—, Dinitro-, [dimethyl-octadienylester]
9 1825
—, Dinitro-, [dimethyl-octylester]
9 1795
—, Dinitro-, [dimethyl-pentinylester]
9 1822
—, Dinitro-, [dimethyl-pentylester]
9 1789, 1790
—, Dinitro-, [dimethyl-phenäthylester]
9 1854
—, Dinitro-, [dimethyl-phenylester]
9 1849, 1850
—, Dinitro-, [dimethyl-propylester]
9 1784
—, Dinitro-, [dioxo-cycloheptadecylester]
9 1931
—, Dinitro-, [diphenyl-äthylester]
9 1884
—, Dinitro-, [diphenyl-
allylidenhydrazid] **9** 1948
—, Dinitro-, [diphenyl-butinylester]
9 1889
—, Dinitro-, [diphenyl-butylester]
9 1885
—, Dinitro-, [dodecyl-cyclopentylester]
9 1819

Benzoesäure, Dinitro-, dodecylester
9 1776, 1795
—, Dinitro-, epibornylester **9** 1834
—, Dinitro-, epiisobornylester **9** 1835
—, Dinitro-, ergostadienylester
9 1875, 1876
—, Dinitro-, ergostanylester **9** 1859
—, Dinitro-, ergostatetraenylester
9 1888
—, Dinitro-, ergostatrienylester
9 1882
—, Dinitro-, ergostenylester **9** 1866,
1867, 1868
—, Dinitro-, ergosterylester **9** 1883
—, Dinitro-, [fluor-äthylester]
9 1781
—, Dinitro-, fluorenylmethylester
9 1888
—, Dinitro-, geranylester **9** 1825
—, Dinitro-, heptenylester **9** 1803
—, Dinitro-, heptinylester **9** 1820, 1821
—, Dinitro-, [heptyl-cyclopentylester]
9 1818
—, Dinitro-, heptylidenhydrazid **9** 1946
—, Dinitro-, heptyloxyamid **9** 1945
—, Dinitro-, hexadecylester **9** 1797
—, Dinitro-, hexadienylester **9** 1820
—, Dinitro-, hexenylester **9** 1801
—, Dinitro-, hexinylester **9** 1819, 1820
—, Dinitro-, [hexyl-cyclopentylester]
9 1818
—, Dinitro-, hexylidenhydrazid **9** 1946
—, Dinitro-, hydrazid **9** 1945
—, Dinitro-, [hydroxy-cyclohexylester]
9 1899
—, Dinitro-, [hydroxy-methyl-
benzylidenhydrazid] **9** 1949
—, Dinitro-, [hydroxy-phenylester]
9 1904
—, Dinitro-, isobornylester **9** 1834
—, Dinitro-, isobutylester **9** 1783
—, Dinitro-, isobutylidenhydrazid
9 1946
—, Dinitro-, isocarvomenthylester
9 1815
—, Dinitro-, isohexylester **9** 1786
—, Dinitro-, isomenthylester **9** 1816
—, Dinitro-, isopentylester **9** 1784
—, Dinitro-, [isopropyl-benzylester]
9 1853
—, Dinitro-, [isopropyl-bicyclo[3.1.0]=
hexylester] **9** 1824
—, Dinitro-, [isopropyl-
cyclohexenylester] **9** 1823
—, Dinitro-, [isopropyl-
cyclohexylester] **9** 1811
—, Dinitro-, isopropylester **9** 1782
—, Dinitro-, isopropylidenhydrazid
9 1946

Benzoesäure, Dinitro-, [isopropyl-
pentylester] **9** 1791
—, Dinitro-, [isopropyl-phenylester]
9 1855
—, Dinitro-, [isopropyl-
podocarpatrienylester] **9** 1871
—, Dinitro-, [jod-cyclohexylester]
9 1802
—, Dinitro-, [jod-phenäthylester]
9 1849
—, Dinitro-, [jod-phenylester] **9** 1847
—, Dinitro-, lanostadienylester **9** 1877
—, Dinitro-, lanostenylester **9** 1869
—, Dinitro-, lumistadienylester **9** 1875
—, Dinitro-, *p*-menthadienylester
9 1840
—, Dinitro-, *p*-menthenylester
9 1826, 1827, 1828, 1829, 1830
—, Dinitro-, menthylester **9** 1815
—, Dinitro-, [methoxy-acetyl-
phenylester] **9** 1931, 1932
—, Dinitro-, [methoxy-äthinyl-
cyclohexylester] **9** 1903
—, Dinitro-, [methoxy-äthyl-äthylester]
9 1893
—, Dinitro-, [methoxy-äthyl-
cyclohexylester] **9** 1901
—, Dinitro-, [methoxy-äthyl-
phenylester] **9** 1906
—, Dinitro-, [methoxy-allyloxy-
phenylester] **9** 1917, 1918
—, Dinitro-, [methoxy-allyl-
phenylester] **9** 1911
—, Dinitro-, [methoxy-benzylester]
9 1906
—, Dinitro-, [methoxy-butenylester]
9 1897
—, Dinitro-, [methoxy-butylester]
9 1893
—, Dinitro-, [methoxy-butyl-
phenylester] **9** 1908
—, Dinitro-, [methoxy-cinnamylester]
9 1910
—, Dinitro-, [methoxy-cyclohexylester]
9 1898
—, Dinitro-, [methoxy-dimethyl-
heptadecyl-phenylester] **9** 1909
—, Dinitro-, [methoxy-dipropyl-
phenylester] **9** 1909
—, Dinitro-, [methoxymethyl-allylester]
9 1896
—, Dinitro-, [methoxy-methyl-
butylester] **9** 1894
—, Dinitro-, [methoxy-methyl-
phenylester] **9** 1905
—, Dinitro-, [methoxy-methyl-
propylester] **9** 1893
—, Dinitro-, [methoxy-phenäthylester]
9 1907

Benzoesäure, Dinitro-, [methoxy-
phenylester] **9** 1904, 1905
—, Dinitro-, [methoxy-propenyl-
phenylester] **9** 1910
—, Dinitro-, [methoxy-propyl-
äthylester] **9** 1894
—, Dinitro-, [methoxy-propyl-
phenylester] **9** 1907
—, Dinitro-, [methoxy-vinyl-
phenylester] **9** 1910
—, Dinitro-, [methyl-äthinyl-
cyclohexylester] **9** 1840
—, Dinitro-, [methyl-äthyl-butylester]
9 1790
—, Dinitro-, [methyl-äthyl-
indanylester] **9** 1863
—, Dinitro-, [methyl-äthyl-pentylester]
9 1792
—, Dinitro-, [methyl-äthyl-phenylester]
9 1851, 1852
—, Dinitro-, [methyl-äthyl-propylester]
9 1785, 1787
—, Dinitro-, [methyl-allylester] **9** 1798
—, Dinitro-, [methyl-benzylester]
9 1850
—, Dinitro-, [methyl-butenylester]
9 1800
—, Dinitro-, [methyl-*tert*-butyl-
allylester] **9** 1807
—, Dinitro-, [methyl-butylester]
9 1783, 1784
—, Dinitro-, [methyl-butyl-pentylester]
9 1794
—, Dinitro-, [methyl-chlormethyl-
pentylester] **9** 1789
—, Dinitro-, [methyl-cyclohexenylester]
9 1822
—, Dinitro-, [methyl-cyclohexylester]
9 1805
—, Dinitro-, [methyl-cyclopentylester]
9 1803
—, Dinitro-, [methyl-decahydro-
naphthylester] **9** 1836
—, Dinitro-, [methyl-dibenzhydryl-
phenylester] **9** 1890
—, Dinitro-, [methyl-19.24-dinor-
cholatetraenylester] **9** 1887
—, Dinitro-, [methyl-dipropyl-
phenylester] **9** 1857
—, Dinitro-, [methyl-dodecahydro-
phenanthrylester] **9** 1859
—, Dinitro-, [methylen-
cholestenylester] **9** 1876
—, Dinitro-, methylester **9** 1776,
1779, 1781
—, Dinitro-, [methyl-heptadecylester]
9 1798
—, Dinitro-, [methyl-heptylester]
9 1790, 1791, 1792

Benzoesäure, Dinitro-, [methyl-
   heptylidenhydrazid] **9** 1947
—, Dinitro-, [methyl-hexylester]
   9 1788, 1789
—, Dinitro-, [methyl-hexylidenhydrazid]
   9 1946
—, Dinitro-, [methyl-isobutyl-
   pentylester] **9** 1795
—, Dinitro-, [methyl-isopropenyl-
   hexenylester] **9** 1825
—, Dinitro-, [methyl-isopropyl-
   benzylester] **9** 1855, 1856
—, Dinitro-, [methyl-isopropyl-
   cyclopentylester] **9** 1812
—, Dinitro-, [methyl-isopropyliden-
   hexenylester] **9** 1825
—, Dinitro-, [methyl-isopropyl-
   phenylester] **9** 1853
—, Dinitro-, [methylmercapto-
   phenäthylester] **9** 1907
—, Dinitro-, [methyl-nonadecylester]
   9 1798
—, Dinitro-, [methyl-nonylester]
   9 1793
—, Dinitro-, [methyl-19-nor-
   cholestatrienylester] **9** 1879
—, Dinitro-, [methyl-octahydro-
   naphthylester] **9** 1843
—, Dinitro-, [methyl-penteninylester]
   9 1839
—, Dinitro-, [methyl-pentylester]
   9 1785, 1786
—, Dinitro-, [methyl-phenäthyl-
   butenylester] **9** 1864
—, Dinitro-, [methyl-phenäthylester]
   9 1852
—, Dinitro-, [methyl-phenyl-
   allylidenhydrazid] **9** 1948
—, Dinitro-, [methyl-propyl-butylester]
   9 1791, 1792
—, Dinitro-, [methyl-propyl-
   hexeninylester] **9** 1840
—, Dinitro-, [methyl-propyl-hexylester]
   9 1794
—, Dinitro-, [methyl-undecylester]
   9 1796
—, Dinitro-, [methyl-vinyl-
   butenylester] **9** 1821
—, Dinitro-, [methyl-vinyl-
   butinylester] **9** 1839
—, Dinitro-, [methyl-vinyl-
   cyclohexylester] **9** 1824
—, Dinitro-, naphthylester **9** 1878
—, Dinitro-, neocarvomenthylester
   9 1814
—, Dinitro-, neoisocarvomenthylester
   9 1814
—, Dinitro-, neoisomenthylester **9** 1815
—, Dinitro-, neomenthylester **9** 1816

Benzoesäure, Dinitro-, [neopentyl-allylester]
   9 1807
—, Dinitro-, neopentylester **9** 1784
—, Dinitro-, nitril **9** 1777, 1779, 1944
—, Dinitro-, [nitro-benzhydrylester]
   9 1884
—, Dinitro-, [nitro-benzylester]
   9 1848
—, Dinitro-, [nitro-benzylidenhydrazid]
   9 1947
—, Dinitro-, [nitro-dimethyl-
   propylester] **9** 1784
—, Dinitro-, [nitromethyl-butenylester]
   9 1800
—, Dinitro-, [nitro-methyl-
   phenäthylester] **9** 1852
—, Dinitro-, [nitro-phenylester]
   9 1847
—, Dinitro-, nonenylester **9** 1810
—, Dinitro-, nonylidenhydrazid **9** 1947
—, Dinitro-, norbornylester **9** 1822
—, Dinitro-, 19-nor-
   cholestatrienylester **9** 1879
—, Dinitro-, 19-nor-
   ergostahexaenylester **9** 1889
—, Dinitro-, 19-nor-
   ergostatetraenylester **9** 1887
—, Dinitro-, 19-nor-
   ergostatrienylester **9** 1879
—, Dinitro-, octadecylester **9** 1797
—, Dinitro-, [octahydro-phenanthryl-
   ester] **9** 1869
—, Dinitro-, [octahydro-
   phenanthrylester] **9** 1869, 1870
—, Dinitro-, octenylester **9** 1806
—, Dinitro-, [octyl-cyclopentylester]
   9 1818
—, Dinitro-, octylidenhydrazid **9** 1946
—, Dinitro-, [oxo-acetyl-octenylester]
   9 1931
—, Dinitro-, [oxo-acetyl-octylester]
   9 1931
—, Dinitro-, [oxo-benzyl-butylester]
   9 1928
—, Dinitro-, [oxo-cyclohexyl-
   äthylester] **9** 1923
—, Dinitro-, [oxo-cyclopentyl-
   äthylester] **9** 1923
—, Dinitro-, [oxo-dimethyl-butylester]
   9 1922
—, Dinitro-, [oxo-dimethyl-dodecahydro-
   phenanthrylester] **9** 1929
—, Dinitro-, [oxo-dimethyl-isopropenyl-
   decahydro-naphthylester] **9** 1927
—, Dinitro-, [oxo-dimethyl-
   tetradecahydro-phenanthrylester]
   9 1928
—, Dinitro-, [oxo-methyl-allyl-
   cyclopentenylester] **9** 1926

Benzoesäure, Dinitro-, [oxo-methyl-butyl-cyclopentenylester] **9** 1924
—, Dinitro-, [oxo-methyl-cyclohexylester] **9** 1923
—, Dinitro-, [oxo-methyl-pentyl-cyclopentenylester] **9** 1925
—, Dinitro-, [oxo-propyl-cyclopentenylester] **9** 1923
—, Dinitro-, [oxo-trimethyl-norbornylester] **9** 1924, 1925
—, Dinitro-, pentenylester **9** 1800
—, Dinitro-, *tert*-pentylester **9** 1784
—, Dinitro-, pentylidenhydrazid **9** 1946
—, Dinitro-, [pentyl-phenylester] **9** 1854
—, Dinitro-, [phenäthyl-butenylester] **9** 1862
—, Dinitro-, phenäthylester **9** 1849
—, Dinitro-, [phenyl-äthylester] **9** 1848
—, Dinitro-, [phenyl-äthylidenhydrazid] **9** 1947
—, Dinitro-, [phenyl-butenylester] **9** 1861
—, Dinitro-, [phenyl-cyclohexylester] **9** 1863
—, Dinitro-, phenylester **9** 1846
—, Dinitro-, [phenyl-pentenylester] **9** 1862
—, Dinitro-, [phenyl-pentylester] **9** 1854
—, Dinitro-, [phenyl-phenacylester] **9** 1930
—, Dinitro-, [phenyl-propylester] **9** 1851
—, Dinitro-, [phenylsulfon-isopropylester] **9** 1892
—, Dinitro-, [phenylsulfon-propylester] **9** 1892
—, Dinitro-, [propyl-butinylester] **9** 1820
—, Dinitro-, [propyl-butylester] **9** 1789
—, Dinitro-, [propyl-cyclohexylester] **9** 1811
—, Dinitro-, [propyl-cyclopentylester] **9** 1810
—, Dinitro-, propylester **9** 1781
—, Dinitro-, [propyl-heptylester] **9** 1794
—, Dinitro-, propylidenhydrazid **9** 1945
—, Dinitro-, [propyl-pentylester] **9** 1791
—, Dinitro-, [propyl-phenylester] **9** 1850
—, Dinitro-, 9.10-seco-cholestatrienylester **9** 1871
—, Dinitro-, 9.10-seco-ergostanylester **9** 1846

Benzoesäure, Dinitro-, 9.10-seco-ergostatetraenylester **9** 1881
—, Dinitro-, 9.10-seco-ergostatrienylester **9** 1874, 1875
—, Dinitro-, spiro[cyclohexan-1.1'-ından]ylester **9** 1869
—, Dinitro-, stigmastadienylester **9** 1876, 1877
—, Dinitro-, stigmastanylester **9** 1860
—, Dinitro-, stigmastenylester **9** 1868, 1869
—, Dinitro-, [tetradecahydro-phenanthrylester] **9** 1843
—, Dinitro-, [tetradecyl-cyclopentylester] **9** 1819
—, Dinitro-, tetradecylester **9** 1797
—, Dinitro-, [tetradeuterio-äthyl-propylester] **9** 1784
—, Dinitro-, [tetrahydro-phenanthrylester] **9** 1885
—, Dinitro-, [tetramethoxy-tetrahydro-benzocycloheptenylester] **9** 1921
—, Dinitro-, [tetramethyl-butylester] **9** 1793
—, Dinitro-, [tetramethyl-decahydro-1.4-methano-azulenylester] **9** 1845
—, Dinitro-, [tetramethyl-octahydro-3a.7-methano-azulenylester] **9** 1845
—, Dinitro-, thujenylester **9** 1841
—, Dinitro-, thujylester **9** 1831
—, Dinitro-, [*o*-tolyl-äthylester] **9** 1852
—, Dinitro-, *m*-tolylester **9** 1847
—, Dinitro-, *o*-tolylester **9** 1847
—, Dinitro-, *p*-tolylester **9** 1848
—, Dinitro-, [*p*-tolyl-pentylester] **9** 1857
—, Dinitro-, [tribrom-phenylester] **9** 1847
—, Dinitro-, [trichlor-äthylester] **9** 1781
—, Dinitro-, [trijod-phenylester] **9** 1847
—, Dinitro-, [trimethoxy-benzylester] **9** 1921
—, Dinitro-, [trimethoxy-phenäthylester] **9** 1921
—, Dinitro-, [trimethyl-äthinyl-cyclohexylester] **9** 1843
—, Dinitro-, [trimethyl-butenylester] **9** 1804
—, Dinitro-, [trimethyl-butylester] **9** 1790
—, Dinitro-, [trimethyl-*tert*-butyl-pentylester] **9** 1796
—, Dinitro-, [trimethyl-cyclohexylester] **9** 1812
—, Dinitro-, [trimethyl-2.6-cyclo-norbornylester] **9** 1842

Benzoesäure, Dinitro-, [trimethyl-hexylester] 9 1793
—, Dinitro-, [trimethyl-neopentyl-pentylester] 9 1797
—, Dinitro-, [trimethyl-norbornylester] 9 1832, 1833, 1835
—, Dinitro-, [trimethyl-pentenylester] 9 1807
—, Dinitro-, [trimethyl-pentylester] 9 1793
—, Dinitro-, [trimethyl-phenäthylester] 9 1856
—, Dinitro-, [trimethyl-propylester] 9 1787, 1788
—, Dinitro-, [trimethylsilyl-methylester] 9 1922
—, Dinitro-, undecenylester 9 1818
—, Dinitro-, undecylester 9 1795
—, Dinitro-, ursenylester 9 1877
—, Dinitro-, [vinyl-cyclohexylester] 9 1823
—, Dinitro-, [vinyl-phenyl-butylester] 9 1862
—, Dinitro-, [2.4]xylylester 9 1850
—, Dinitro-, [2.5]xylylester 9 1850
—, Dinitro-, [2.6]xylylester 9 1849
—, Dinitro-, [3.4]xylylester 9 1849
—, Dinitro-, [3.5]xylylester 9 1850
—, Dinitro-äthoxy- 10 211, 383
—, Dinitro-äthoxy-, äthylester 10 211
—, Dinitro-äthoxy-, amid 10 211
—, Dinitro-äthoxy-, chlorid 10 211
—, Dinitro-äthoxy-, methylester 10 211
—, Dinitro-benzoyloxy-, [trichlor-benzoyloxy-äthylamid] 10 210
—, [Dinitro-benzoyloxy]-, butylester 10 121
—, [Dinitro-benzoyloxy]-, dodecylester 10 124
—, [Dinitro-benzoyloxy]-, [methoxy-äthylester] 10 140
—, [Dinitro-benzoyloxy]-, methylester 10 112
—, [Dinitro-benzoyloxy]-, octylester 10 124
—, Dinitro-*tert*-butyl- 9 2526
—, Dinitro-dihydroxy- 10 1381
—, Dinitro-dihydroxy-carbonyl-di- 10 4825
—, Dinitro-dimethoxy- 10 1451
—, Dinitro-dimethoxy-dithio-di- 10 1383
—, Dinitro-dimethyl- 9 2439
—, Dinitro-dimethyl-*tert*-butyl- 9 2592
—, Dinitro-dimethyl-*tert*-butyl-, chlorid 9 2593
—, Dinitro-dimethyl-*tert*-butyl-, methylester 9 2593
—, Dinitro-dimethyl-*tert*-butyl-, nitril 9 2593

Benzoesäure, Dinitro-[dinitryloxy-propyloxy]-, nitril 10 211
—, Dinitro-dioxydicarbonyl-di-, dimethylester 9 4238
—, Dinitro-dithio-di- 10 276, 416
—, Dinitro-dithio-di-, diäthylester 10 417
—, Dinitro-dithio-di-, dichlorid 10 418
—, Dinitro-hydrazodicarbonyl-di- 9 4234
—, Dinitro-hydroxy- 10 207, 264, 383
—, Dinitro-hydroxy-, äthylester 10 208, 384
—, Dinitro-hydroxy-, amid 10 209
—, Dinitro-hydroxy-, butylester 10 208, 384
—, Dinitro-hydroxy-, [chlor-äthylester] 10 208
—, Dinitro-hydroxy-, [dinitro-benzylester] 10 209
—, Dinitro-hydroxy-, dodecylester 10 209
—, Dinitro-hydroxy-, isobutylester 10 209
—, Dinitro-hydroxy-, isopentylester 10 209
—, Dinitro-hydroxy-, isopropylester 10 208
—, Dinitro-hydroxy-, methylester 10 207, 264, 383
—, Dinitro-hydroxy-, [nitro-benzylester] 10 209
—, Dinitro-hydroxy-, octadecylester 10 209
—, Dinitro-hydroxy-, propylester 10 208, 384
—, Dinitro-hydroxy-, tetradecylester 10 209
—, Dinitro-hydroxy-, [trichlor-hydroxy-äthylamid] 10 210
—, Dinitro-hydroxy-, [trichlor-methoxy-äthylamid] 10 210
—, Dinitro-hydroxy-methoxy- 10 1443
—, Dinitro-hydroxy-methyl- 10 527
—, Dinitro-hydroxy-methyl-isopropyl- 10 631
—, [(Dinitro-hydroxy-phenyl)-(dinitro-oxo-cyclohexadienyliden)-methyl]-, methylester 10 4491
—, Dinitro-methoxy- 10 207, 211
—, Dinitro-methoxy-, amid 10 210
—, Dinitro-methoxy-, chlorid 10 209
—, Dinitro-methoxy-, nitril 10 384
—, Dinitro-methoxy-, [trichlor-hydroxy-äthylamid] 10 210
—, Dinitro-[methoxy-phenoxy]- 10 383
—, Dinitro-[methoxy-phenoxy]-, chlorid 10 384

Benzoesäure, Dinitro-[methoxy-phenoxy]-,
   methylester **10** 384
—, Dinitro-methyl- **9** 2316, 2368
—, Dinitro-methyl-, äthylester
   9 2316, 2368
—, Dinitro-methyl-, äthylidenhydrazid
   9 2371
—, Dinitro-methyl-, [(äthyl-phenyl)-
   äthylidenhydrazid] **9** 2375
—, Dinitro-methyl-, amid **9** 2316, 2371
—, Dinitro-methyl-, azid **9** 2378
—, Dinitro-methyl-,
   benzhydrylidenhydrazid **9** 2376
—, Dinitro-methyl-, benzylidenhydrazid
   9 2374
—, Dinitro-methyl-, bornylidenhydrazid
   9 2374
—, Dinitro-methyl-, [(brom-phenyl)-
   äthylidenhydrazid] **9** 2374
—, Dinitro-methyl-, butylidenhydrazid
   9 2372
—, Dinitro-methyl-, *sec*-butylidenhydrazid
   9 2372
—, Dinitro-methyl-, chlorid **9** 2316, 2371
—, Dinitro-methyl-,
   cholestadienylester **9** 2370
—, Dinitro-methyl-, cyclohexylester
   9 2369
—, Dinitro-methyl-,
   cyclohexylidenhydrazid **9** 2373
—, Dinitro-methyl-,
   cyclopentylidenhydrazid **9** 2373
—, Dinitro-methyl-, decylidenhydrazid
   9 2373
—, Dinitro-methyl-, [dimethyl-
   octadienylidenhydrazid] **9** 2373
—, Dinitro-methyl-, [diphenyl-
   allylidenhydrazid] **9** 2376
—, Dinitro-methyl-, ergostanylester
   9 2369
—, Dinitro-methyl-, ergosterylester
   9 2370
—, Dinitro-methyl-, heptylidenhydrazid
   9 2373
—, Dinitro-methyl-, hexylidenhydrazid
   9 2372
—, Dinitro-methyl-, hydrazid **9** 2371
—, Dinitro-methyl-, [hydroxy-
   benzylidenhydrazid] **9** 2377
—, Dinitro-methyl-,
   isobutylidenhydrazid **9** 2372
—, Dinitro-methyl-,
   isohexylidenhydrazid **9** 2372
—, Dinitro-methyl-,
   isopentylidenhydrazid **9** 2372
—, Dinitro-methyl-,
   isopropylidenhydrazid **9** 2371
—, Dinitro-methyl-, methylester
   9 2316, 2368

Benzoesäure, Dinitro-methyl-, [methyl-
   heptylidenhydrazid] **9** 2373
—, Dinitro-methyl-, [methyl-phenyl-
   allylidenhydrazid] **9** 2375
—, Dinitro-methyl-, [naphthyl-
   äthylidenhydrazid] **9** 2375, 2376
—, Dinitro-methyl-, naphthyl-
   methylenhydrazid **9** 2375
—, Dinitro-methyl-, nonylidenhydrazid
   9 2373
—, Dinitro-methyl-, octylidenhydrazid
   9 2373
—, Dinitro-methyl-, pentylidenhydrazid
   9 2372
—, Dinitro-methyl-, [phenyl-
   äthylidenhydrazid] **9** 2374
—, Dinitro-methyl-, propylidenhydrazid
   9 2371
—, Dinitro-methyl-,
   salicylidenhydrazid **9** 2376
—, Dinitro-methyl-, 9.10-seco-
   cholestatrienylester **9** 2369
—, Dinitro-methyl-, 9.10-seco-
   ergostatetraenylester **9** 2370
—, Dinitro-methyl-, [*p*-tolyl-
   äthylidenhydrazid] **9** 2375
—, Dinitro-methyl-, [trimethyl-
   norbornylidenhydrazid] **9** 2374
—, Dinitro-methyl-isopropyl- **9** 2531
—, [Dinitro-methyl-phenoxy]-,
   methylester **10** 298
—, [Dinitro-naphthoyl]- **10** 3429
—, Dinitro-naphthyl- **9** 3548
—, Dinitro-naphthyl-, äthylester
   9 3549
—, Dinitro-naphthyl-, amid **9** 3550
—, Dinitro-naphthyl-, chlorid **9** 3549
—, Dinitro-[nitryloxy-äthoxy]-, nitril
   10 210
—, [Dinitro-phenoxy]- **10** 99, 290
—, [Dinitro-phenoxy]-, amid **10** 157
—, [Dinitro-phenoxy]-, methylester
   10 110, 250, 298
—, Dinitro-propyliden-di- **9** 4565
—, Dinitro-sulfonyl-di-, diäthylester
   10 417
—, Dinitro-*p*-toluoyl- **10** 3319
—, Dinitro-triäthyl- **9** 2595
—, Dinitro-triäthyl-, nitril **9** 2595
—, Dinitro-trimethyl- **9** 2500, 2501
—, Dinitro-trimethyl-, äthylester
   9 2501
—, Dinitro-trimethyl-, bromid **9** 2502
—, Dinitro-trimethyl-, chlorid **9** 2502
—, Dinitro-trimethyl-, methylester
   9 2500, 2501
—, [Dioxo-cyclohexadienyl]- **10** 3619, 3620
—, [Dioxo-cyclohexadienyl]-,
   äthylester **10** 3620

Benzoesäure, [Dioxo-dihydro-anthryl]-
10 3674
—, [Dioxo-dihydro-anthrylmercapto]-
10 223
—, [Dioxo-dihydro-anthryloxy]-,
chlorid 10 340
—, [Dioxo-dihydro-benz[a]‑
anthracencarbonyl]- 10 4038
—, [Dioxo-dihydro-naphthalindiyl]-di-
10 4096
—, [Dioxo-dihydro-naphthyl]- 10 3663
—, [(Dioxo-indanyl)-glyoxyloyl]-
10 4091
—, Dioxydicarbonyl-di- 9 4189
—, Dioxydicarbonyl-di-, dimenthylester
9 4189
—, Dioxydicarbonyl-di-, dimethylester
9 4189
—, [Diphenoxy-phosphinyloxy]-,
methylester 10 114
—, Diphenyl- s. a. *Terphenyl-carbonsäure*
—, [Diphenyl-äthyl]-, nitril 9 3605
—, [(Diphenyl-benzhydryl)-phenyl]- 9 3697
—, [Diphenyl-cyan-vinyl]- 9 4698
—, Diphenyl-desyl- 10 3509
—, [Diphenyl-naphthacendiyl]-di-
9 4744
—, [Diphenyl-propionyl]- 10 3462
—, Dipropyloxy-, nitril 10 1402
—, Diseleno-di- 10 277, 421
—, Diseleno-di-, dimethylester 10 241,
277, 421
—, [1.3.2]Dithiastibolanylmercapto-
10 271
—, Dithio-di- 10 225, 270, 393
—, Dithio-di-, diäthylester 10 398
—, Dithio-di-, dichlorid 10 231
—, Dithio-di-, dimethylester 10 227
—, Dithiodimethyl-di- 10 504
—, Dodecyl- 9 2633
—, [Dodecyl-benzoyl]- 10 3368
—, Dodecylmercuriomercapto- 10 213
—, Dodecyloxy- 10 99, 246, 286
—, Dodecyloxy-, äthylester 10 303
—, Dodecyloxy-, [butylamino-äthylester]
10 149, 330
—, Dodecyloxy-, chlorid 10 339
—, Dodecyloxy-, methylester 10 110
—, Fluor- 9 1324, 1327
—, Fluor-, äthylester 9 1325, 1327, 1328
—, Fluor-, amid 9 1326, 1330
—, Fluor-, azid 9 1326
—, Fluor-, bromamid 9 1326
—, Fluor-, chloramid 9 1326
—, Fluor-, chlorid 9 1325, 1330
—, Fluor-, [diäthylamino-äthylester]
9 1328
—, Fluor-, [diäthylamino-propylester]
9 1329

Benzoesäure, Fluor-, [dibutylamino-
äthylester] 9 1329
—, Fluor-, [dibutylamino-propylester]
9 1329
—, Fluor-, [dipropylamino-äthylester]
9 1329
—, Fluor-, [dipropylamino-propylester]
9 1329
—, Fluor-, hydrazid 9 1326
—, Fluor-, hydroxyamid 9 1326
—, Fluor-, methylester 9 1325, 1328
—, Fluor-, nitril 9 1326
—, Fluor-acetoxy- 10 162
—, Fluoracetoxy- 10 104
—, Fluor-äthoxy- 10 162
—, Fluoranthencarbohydroximoyl- 10 3500
—, Fluoranthencarbonyl- 10 3499, 3500
—, Fluoranthencarbonyl-, chlorid 10 3500
—, Fluoranthencarbonyl-, methylester
10 3500
—, [Fluor-benzyl]- 9 3318
—, [Fluor-benzyloxy]- 10 100, 247, 290
—, Fluor-brom- 9 1426
—, Fluor-brom-nitro-methyl- 9 2333
—, Fluor-brom-nitro-methyl-,
äthylester 9 2333
—, Fluor-brom-nitro-methyl-,
methylester 9 2333
—, Fluor-chlor- 9 1374
—, Fluorencarbonyl- 10 3471, 3472
—, Fluorenyl- 9 3624
—, Fluorenyl-, methylester 9 3624
—, Fluorenylmethyl- 9 3632
—, [Fluorenyl-phenyl]- 9 3686
—, Fluor-hydroxy- 10 162, 358
—, Fluor-hydroxy-, nitril 10 359
—, Fluor-jod- 9 1451
—, Fluor-jod-, äthylester 9 1452
—, Fluor-jod-, methylester 9 1451
—, Fluor-methoxy- 10 162, 359
—, Fluor-methoxy-, hydrazid 10 360
—, Fluor-methoxy-, methylester 10 359
—, Fluor-methoxy-, nitril 10 359
—, Fluor-methyl- 9 2327
—, Fluor-nitro- 9 1760, 1762
—, Fluor-nitro-, äthylester 9 1759,
1761, 1762
—, Fluor-nitro-, butylester 9 1759, 1761
—, Fluor-nitro-, chlorid 9 1760, 1762
—, Fluor-nitro-, [diäthylamino-
äthylester] 9 1760, 1761, 1763
—, Fluor-nitro-, [diäthylamino-
propylester] 9 1760, 1761
—, Fluor-nitro-, [dibutylamino-
äthylester] 9 1760, 1761
—, Fluor-nitro-, [dibutylamino-
propylester] 9 1760, 1762
—, Fluor-nitro-, [dimethylamino-
äthylester] 9 1760, 1761

Benzoesäure, Fluor-nitro-, [dipropylamino-
äthylester] **9** 1760, 1761
—, Fluor-nitro-, [dipropylamino-
propylester] **9** 1760, 1762
—, Fluor-nitro-, methylester **9** 1759, 1761
—, Fluor-nitro-, propylester **9** 1759, 1761
—, [Fluor-nitro-benzoyl]- **10** 3302
—, Fluor-nitro-methoxy- **10** 382
—, Fluor-nitro-methoxy-, methylester
10 382
—, Formimidoyl- **10** 2987
—, Formyl- **10** 2986, 2989
—, Formyl-, äthylester **10** 2988, 2989
—, Formyl-, [chlor-äthylester] **10** 2989
—, Formyl-, chlorid **10** 2990
—, Formyl-, methylester **10** 2987, 2988,
2989
—, Formyl-, nitril **10** 2988, 2989, 2990
—, Galloyloxy- **10** 2075, 2086
—, Geranyloxy- **10** 288
—, Glykoloyl- **10** 4229
—, Guanylmethoxy-, äthylester **10** 118
—, Guanylmethylsulfon-, [amid-imin]
10 412
—, Heptanoyloxy-, methylester **10** 111
—, Heptyl- **9** 2601
—, [Heptyl-benzoyl]- **10** 3364
—, [Heptyl-benzyl]- **9** 3403
—, Heptyloxy- **10** 246, 285
—, Heptyloxy-, äthylester **10** 302
—, Heptyloxy-, [butylamino-äthylester]
10 330
—, Heptyloxy-, [butylamino-
isobutylester] **10** 335
—, Heptyloxy-, chlorid **10** 338
—, Heptyloxy-, [hexylamino-
isobutylester] **10** 335
—, Heptyloxy-, [pentylamino-
isobutylester] **10** 335
—, Heptyloxy-, [propylamino-butylester]
10 333
—, Heptyloxy-, [propylamino-
isobutylester] **10** 335
—, Heptylsulfon-, nitril **10** 404
—, Hexadecyloxy- **10** 286
—, Hexadecylsulfon-, nitril **10** 404
—, Hexahydro- s. *Cyclohexan-
carbonsäure*
—, [Hexahydro-4.7-methano-indenyloxy]-,
methylester **10** 298
—, [Hexahydro-pyrencarbonyl]- **10** 3485
—, [Hexahydro-pyrenylmethyl]- **9** 3646
—, Hexanoyloxy- **10** 105
—, Hexanoyloxy-, methylester **10** 111
—, Hexenyloxy- **10** 288
—, Hexenyloxy-, äthylester **10** 304
—, Hexyl- **9** 2577
—, Hexylmercapto- **10** 266
—, Hexylmercapto-, chlorid **10** 274

Benzoesäure, Hexyloxy- **10** 246, 284
—, Hexyloxy-, [äthylamino-äthylester]
10 330
—, Hexyloxy-, äthylester **10** 302
—, Hexyloxy-, [butylamino-äthylester]
10 330
—, Hexyloxy-, [butylamino-
isobutylester] **10** 335
—, Hexyloxy-, chlorid **10** 338
—, Hexyloxy-, nitril **10** 345
—, Hexylsulfon-, nitril **10** 404
—, Hydrazodicarbonyl-di- **9** 4201
—, Hydrazodicarbonyl-di-,
dimethylester **9** 4201
—, [Hydrazono-äthyl]-, nitril **10** 3030
—, Hydroseleno- **10** 240, 420
—, Hydroseleno-, methylester **10** 240,
277, 421
—, Hydroxy- **10** 87, 242, 277;
s. a. unter *Salicylsäure*
—, Hydroxy-, [(äthoxy-äthoxy)-
äthylester] **10** 314
—, Hydroxy-, [äthoxy-äthylester] **10** 314
—, Hydroxy-, äthylester **10** 250, 299
—, Hydroxy-, [äthylester-imin] **10** 255
—, Hydroxy-, [äthyl-hexylester] **10** 310
—, Hydroxy-, amid **10** 254, 340
—, Hydroxy-, [amid-imin] **10** 256, 348
—, Hydroxy-, benzylester **10** 252, 311
—, Hydroxy-, benzylidenhydrazid **10** 354
—, Hydroxy-, [brom-benzylester] **10** 252,
311
—, Hydroxy-, [brom-phenacylester]
10 252, 319
—, Hydroxy-, butylester **10** 307
—, Hydroxy-, *sec*-butylester **10** 308
—, Hydroxy-, [butyloxy-äthylester]
10 314
—, Hydroxy-, [chlor-äthylester] **10** 299
—, Hydroxy-, diäthylamid **10** 254, 340
—, Hydroxy-, [diäthylamino-äthylester]
10 326
—, Hydroxy-, [diäthylamino-propylester]
10 332
—, Hydroxy-, [dibrom-hydroxy-
benzylester] **10** 316
—, Hydroxy-, [dibutylamid-imin] **10** 348
—, Hydroxy-, [dichlor-isopropylester]
10 307
—, Hydroxy-, [dihydroxy-propylester]
10 317
—, Hydroxy-, [dimethylamino-methyl-
äthyl-äthylester] **10** 253, 336
—, Hydroxy-, heptylester **10** 309
—, Hydroxy-, hexylester **10** 309
—, Hydroxy-, hydrazid **10** 354
—, Hydroxy-, [hydroxy-äthylester] **10** 314
—, Hydroxy-, isobutylester **10** 308
—, Hydroxy-, isopentylester **10** 309

Benzoesäure, Hydroxy-, isopropylester
10 251, 306
—, Hydroxy-, [methoxy-äthylester]
10 314
—, Hydroxy-, [methyl-
dimethylaminomethyl-propylester]
10 253
—, Hydroxy-, methylester 10 249, 296
—, Hydroxy-, [methyl-pentylester]
10 309
—, Hydroxy-, nitril 10 255, 344
—, Hydroxy-, nonylester 10 310
—, Hydroxy-, octylester 10 309
—, Hydroxy-, pentylester 10 308
—, Hydroxy-, phenacylester 10 252, 318
—, Hydroxy-, [phenoxy-äthylester] 10 314
—, Hydroxy-, [phenyl-phenacylester]
10 319
—, Hydroxy-, propylester 10 306
—, Hydroxy-, [triäthylammonio-
propylester] 10 332
—, Hydroxy-, [trifluormethyl-phenylester]
6 1373
—, Hydroxy-acetohydroximoyl- 10 4226,
4227
—, Hydroxy-acetoxy- 10 1372
—, Hydroxy-acetoxy-, nitril 10 1367
—, Hydroxy-acetoxy-isopentyl- 10 1583
—, Hydroxy-acetyl- 10 4226, 4227, 4229
—, Hydroxy-acetyl-, äthylester 10 4227
—, Hydroxy-acetyl-, methylester 10 4227
—, Hydroxy-äthoxy- 10 1363, 1371, 1404
—, Hydroxy-äthoxy-, methylester
10 1374, 1411
—, [Hydroxy-äthoxy]-, [äthylester-imin]
10 343
—, [Hydroxy-äthoxy]-, [amid-imin] 10 350
—, [Hydroxy-äthoxy]-, nitril 10 346
—, Hydroxy-äthoxy-äthyl- 10 1529
—, Hydroxy-äthoxy-äthyl-, methylester
10 1529
—, Hydroxy-äthoxycarbonylmethoxy-
formyl-, methylester 10 4515
—, Hydroxy-äthoxycarbonyloxy-butyl-
10 1572
—, Hydroxy-äthoxycarbonyloxy-methyl-
formyl-, methylester 10 4538
—, Hydroxy-äthoxy-methyl-, äthylester
10 1482
—, Hydroxy-äthyl- 10 570, 574, 576, 579
—, Hydroxy-äthyl-, [diäthylamino-
äthylester] 10 576
—, Hydroxy-äthyl-, methylester 10 570
—, [Hydroxy-äthyl]- 10 572, 579, 580
—, [Hydroxy-äthyl]-, äthylester 10 579
—, [Hydroxy-äthyl]-, methylester 10 579
—, [Hydroxy-äthyl]-, nitril 10 572, 580
—, [(Hydroxy-äthylcarbamoyl)-methoxy]-,
[hydroxy-äthylamid] 10 343

Benzoesäure, [Hydroxy-äthyl-(hydroxy-
phenyl)-äthyl]- s. *Bibenzyl-carbonsäure,
Dihydroxy-äthyl-*
—, [Hydroxy-äthyl-(hydroxy-phenyl)-
butyl]- s. *Bibenzyl-carbonsäure,
Dihydroxy-diäthyl-*
—, [Hydroxy-äthylmercapto]- 10 215
—, [Hydroxy-äthylsulfin]- 10 215
—, [Hydroxy-äthylsulfon]- 10 216
—, Hydroxy-allyl- 10 867
—, Hydroxy-allyl-, methylester 10 868,
870
—, Hydroxy-allyl-, nitril 10 868, 1857
—, Hydroxy-allyloxy- 10 1371
—, Hydroxy-allyloxy-, äthylester
10 1374
—, [Hydroxy-benzhydryl]- 10 1324
—, [Hydroxy-benzo[1.3.2]-
dioxastibolylmercapto]- 10 226
—, Hydroxy-benzoyl- 10 4432
—, Hydroxy-benzoyl-, methylester
10 4432
—, [Hydroxy-benzoyl]- 10 4429
—, Hydroxy-benzoyloxy-, nitril 10 1367
—, [Hydroxy-benzoyloxy]- 10 323, 324
—, Hydroxy-benzyl- 10 1183
—, Hydroxy-benzyl-, benzylester
10 1183
—, [Hydroxy-benzyl]- 10 1182, 1184
—, [Hydroxy-benzyl]-, isopropylester
10 1183, 1184
—, Hydroxy-benzyloxy-formyl- 10 4514
—, Hydroxy-benzyloxy-formyl-,
methylester 10 4515
—, Hydroxy-benzyloxy-methyl-formyl-,
methylester 10 4537, 4538
—, [Hydroxy-biphenylcarbonyl]- 10 4492
—, Hydroxy-bis-[äthoxycarbonyl-äthyl]-,
äthylester 10 2578
—, Hydroxy-bis-dimethylaminomethyl-,
octadecylamid 10 153
—, Hydroxy-butenyl- 10 878
—, Hydroxy-butenyl-, äthylester 10 878
—, Hydroxy-butyl- 10 623, 624, 625
—, Hydroxy-*sec*-butyl-, methylester
10 626
—, Hydroxy-*tert*-butyl- 10 627
—, Hydroxy-*tert*-butyl-,
biphenylylester 10 627
—, Hydroxy-*tert*-butyl-, [*tert*-butyl-
phenylester] 10 627
—, Hydroxy-*tert*-butyl-,
[chlor-phenylester] 10 627
—, Hydroxy-*tert*-butyl-, methylester
10 627
—, Hydroxy-*tert*-butyl-, [*tert*-pentyl-
phenylester] 10 627
—, Hydroxy-butyloxy- 10 1371
—, Hydroxy-butyryl- 10 4250

Benzoesäure, Hydroxy-butyryl-, methylester
 10 4250

—, Hydroxy-[carbamimidoyl-phenoxy]-,
 [amid-imin] **10** 1431

—, [Hydroxy-carbamoyl-methyl]-
 10 2206

—, Hydroxy-carbonyl-di- **10** 4779, 4781

—, Hydroxy-carbonyl-di-, dimethylester
 10 4780

—, Hydroxy-carboxymethoxy-formyl-
 10 4514

—, Hydroxy-[chlor-benzylsulfon]-
 10 1389, 1390

—, Hydroxy-[chlor-benzylsulfon]-methyl-
 10 1504

—, Hydroxy-[chlor-dihydroxy-dimethoxy-
 benzhydryl]- **10** 2623

—, Hydroxy-[chlor-dihydroxy-methyl-
 formyl-benzoyloxy]-dimethyl-,
 methylester **10** 4542

—, Hydroxy-[chlor-nitro-benzylsulfon]-
 10 1389, 1390

—, Hydroxy-[chlor-nitro-benzylsulfon]-
 methyl- **10** 1504

—, Hydroxy-cinnamoyl- **10** 4464

—, Hydroxy-cyan- **10** 2196

—, Hydroxy-[cyan-phenoxy]-, nitril
 10 1430

—, [Hydroxy-cyan-vinyl]- **10** 3960, 3961

—, Hydroxy-cyclohexyl- **10** 905

—, Hydroxy-decanoyl- **10** 4283

—, Hydroxy-decanoyl-, methylester
 10 4283

—, Hydroxy-dichloracetyl- **10** 4227

—, Hydroxy-[dichlor-äthyl]- **10** 571, 576

—, Hydroxy-[dichlor-äthyl]-, [dichlor-
 vinylamid] **10** 575

—, Hydroxy-[dichlor-cyan-vinyl]-
 10 2260

—, Hydroxy-[dichlor-dibrom-cyan-äthyl]-
 10 2220

—, Hydroxy-[dichlor-vinyl]- **10** 859,
 860, 861

—, Hydroxy-[dichlor-vinyl]-, [dichlor-
 vinylamid] **10** 860

—, Hydroxy-[dihydroxy-carboxy-phenoxy]-
 methyl- **10** 2060

—, Hydroxy-[dihydroxy-dimethyl-
 benzoyloxy]-dimethyl- **10** 1542

—, Hydroxy-[dihydroxy-dimethyl-
 benzoyloxy]-dimethyl-,
 methylester **10** 1542

—, Hydroxy-[dihydroxy-dimethyl-
 benzoyloxy]-methyl- **10** 1540

—, Hydroxy-[dihydroxy-dimethyl-
 benzoyloxy]-methyl-, methylester
 10 1540

—, Hydroxy-[dihydroxy-methyl-
 benzoyloxy]-methyl- **10** 1486

Benzoesäure, Hydroxy-[dihydroxy-methyl-
 benzoyloxy]-methyl-, äthylester
 10 1486

—, Hydroxy-[dihydroxy-methyl-
 benzoyloxy]-methyl-, butylester
 10 1487

—, Hydroxy-[dihydroxy-methyl-
 benzoyloxy]-methyl-,
 isobutylester **10** 1487

—, Hydroxy-[dihydroxy-methyl-
 benzoyloxy]-methyl-,
 isopentylester **10** 1487

—, Hydroxy-[dihydroxy-methyl-
 benzoyloxy]-methyl-,
 isopropylester **10** 1486

—, Hydroxy-[dihydroxy-methyl-
 benzoyloxy]-methyl-, methylester
 10 1486

—, Hydroxy-[dihydroxy-methyl-
 benzoyloxy]-methyl-, pentylester
 10 1487

—, Hydroxy-[dihydroxy-methyl-
 benzoyloxy]-methyl-, propylester
 10 1486

—, Hydroxy-[dihydroxy-methyl-
 benzoyloxy]-methyl-, [trihydroxy-
 butylester] **10** 1487

—, Hydroxy-[dihydroxy-methyl-formyl-
 benzoyloxy]-dimethyl-,
 methylester **10** 4540

—, Hydroxy-[dihydroxy-(oxo-heptyl)-
 benzoyloxy]-pentyl- **10** 4566

—, Hydroxy-[dihydroxy-(oxo-heptyl)-
 benzoyloxy]-pentyl-, methylester
 10 4566

—, Hydroxy-[dihydroxy-pentyl-
 benzoyloxy]-pentyl-, äthylester
 10 1580

—, Hydroxy-[dihydroxy-pentyl-
 benzoyloxy]-pentyl-, methylester
 10 1580

—, Hydroxy-diisopropyl- **10** 653

—, Hydroxy-diisopropyl-,
 isopropylester **10** 654

—, Hydroxy-diisopropyl-, methylester
 10 654

—, Hydroxy-dimethoxy- **10** 2058, 2060,
 2064, 2065, 2069, 2073

—, Hydroxy-dimethoxy-, methylester
 10 2067, 2070, 2077

—, Hydroxy-dimethoxy-, nitril **10** 2068,
 2093

—, Hydroxy-dimethoxy-allyl- **10** 2219

—, Hydroxy-dimethoxy-allyl-,
 methylester **10** 2219

—, Hydroxy-[dimethoxy-carboxy-phenoxy]-
 methyl- **10** 2061

—, Hydroxy-dimethoxy-[dichlor-äthyl]-
 10 2125

Benzoesäure, Hydroxy-dimethoxy-[dichlor-vinyl]- 10 2204

—, Hydroxy-dimethoxy-dimethyl-, methylester 10 2126

—, Hydroxy-[dimethoxy-dimethyl-benzoyloxy]-dimethyl- 10 1544

—, Hydroxy-[dimethoxy-dimethyl-benzoyloxy]-dimethyl-, äthylester 10 1545

—, Hydroxy-[dimethoxy-dimethyl-benzoyloxy]-dimethyl-, butylester 10 1546

—, Hydroxy-[dimethoxy-dimethyl-benzoyloxy]-dimethyl-, isobutylester 10 1546

—, Hydroxy-[dimethoxy-dimethyl-benzoyloxy]-dimethyl-, isopentylester 10 1547

—, Hydroxy-[dimethoxy-dimethyl-benzoyloxy]-dimethyl-, isopropylester 10 1545

—, Hydroxy-[dimethoxy-dimethyl-benzoyloxy]-dimethyl-, methylester 10 1544

—, Hydroxy-[dimethoxy-dimethyl-benzoyloxy]-dimethyl-, pentylester 10 1546

—, Hydroxy-[dimethoxy-dimethyl-benzoyloxy]-dimethyl-, propylester 10 1545

—, Hydroxy-[dimethoxy-methoxycarbonyl-phenoxy]-methyl-, methylester 10 2063

—, Hydroxy-dimethoxy-methyl- 10 2105, 2114

—, Hydroxy-dimethoxy-methyl-, methylester 10 2107, 2115

—, Hydroxy-dimethoxy-methylen-di- 10 2587

—, Hydroxy-dimethoxy-methyl-methylen-di- 10 2587

—, Hydroxy-dimethoxy-methyl-oxy-di- 10 2061

—, Hydroxy-dimethoxy-methyl-oxy-di-, dimethylester 10 2063

—, Hydroxy-dimethoxy-pentyl-, methylester 10 2138

—, Hydroxy-dimethoxy-propenyl- 10 2218

—, Hydroxy-dimethoxy-propyl- 10 2131, 2133

—, Hydroxy-dimethoxy-propyl-, methylester 10 2132

—, Hydroxy-dimethoxy-tetramethyl-oxy-di-, dimethylester 10 2126

—, Hydroxy-dimethoxy-trimethyl-formyl-oxy-di-, dimethylester 10 4721

—, Hydroxy-dimethoxy-trimethyl-oxy-di-, dimethylester 10 2117

Benzoesäure, Hydroxy-dimethyl- 10 582, 583, 584, 585, 586, 2222

—, Hydroxy-dimethyl-, methylester 10 585

—, Hydroxy-dimethyl-, nitril 10 583, 585, 586

—, Hydroxy-dimethyl-, phenylester 10 586

—, [Hydroxy-dimethyl-benzoyl]- 10 4449

—, [Hydroxy-dimethyl-phenacyl]- 10 4455, 4456

—, Hydroxy-[dinitro-phenylmercapto]-methyl- 10 1506

—, Hydroxy-[dinitro-phenylsulfon]-methyl- 10 1507

—, [Hydroxy-dioxo-dihydro-anthrylmethyl]- 10 4709

—, [Hydroxy-dioxo-dihydro-naphthyl]- 10 4703

—, [(Hydroxy-dioxo-dihydro-naphthyl)-propyl]- 10 4706

—, Hydroxy-formyl- 10 4207, 4209

—, Hydroxy-galloyloxy- 10 2076

—, Hydroxy-heptadecadienyl- 10 1029

—, Hydroxy-heptadecyl- 10 686

—, Hydroxy-heptadecyl-, methylester 10 686

—, Hydroxy-heptanoyl- 10 4276

—, Hydroxy-heptanoyl-, methylester 10 4276

—, Hydroxy-heptyl- 10 654, 655

—, Hydroxy-hexanoyl- 10 4271

—, Hydroxy-hexanoyl-, methylester 10 4271

—, Hydroxy-hexenyl- 10 900

—, Hydroxy-hexenyl-, äthylester 10 900

—, Hydroxy-hexyl- 10 650

—, Hydroxy-[hydroxy-acetoxy-methyl-benzoyloxy]-methyl-, methylester 10 1493

—, Hydroxy-[hydroxy-benzyl]- 10 1960

—, Hydroxy-[hydroxy-(dihydroxy-methyl-benzoyloxy)-methyl-benzoyloxy]-methyl- 10 1496

—, Hydroxy-[hydroxy-(hydroxy-methoxy-methyl-benzoyloxy)-methyl-benzoyloxy]-methyl- 10 1497

—, Hydroxy-[hydroxy-(hydroxy-methoxy-methyl-benzoyloxy)-methyl-benzoyloxy]-methyl-, methylester 10 1497

—, Hydroxy-[hydroxy-methoxy-carboxy-phenoxy]-methyl- 10 2060

—, Hydroxy-[hydroxy-methoxy-dimethyl-benzoyloxy]-dimethyl- 10 1542

—, Hydroxy-[hydroxy-methoxy-dimethyl-benzoyloxy]-dimethyl-, äthylester 10 1543

Benzoesäure, Hydroxy-[hydroxy-methoxy-dimethyl-benzoyloxy]-dimethyl-,
   butylester **10** 1543
—, Hydroxy-[hydroxy-methoxy-dimethyl-benzoyloxy]-dimethyl-,
   isobutylester **10** 1543
—, Hydroxy-[hydroxy-methoxy-dimethyl-benzoyloxy]-dimethyl-,
   isopentylester **10** 1544
—, Hydroxy-[hydroxy-methoxy-dimethyl-benzoyloxy]-dimethyl-,
   isopropylester **10** 1543
—, Hydroxy-[hydroxy-methoxy-dimethyl-benzoyloxy]-dimethyl-,
   methylester **10** 1542
—, Hydroxy-[hydroxy-methoxy-dimethyl-benzoyloxy]-dimethyl-,
   pentylester **10** 1544
—, Hydroxy-[hydroxy-methoxy-dimethyl-benzoyloxy]-dimethyl-,
   propylester **10** 1543
—, Hydroxy-[hydroxy-methoxy-dimethyl-benzoyloxy]-methyl- **10** 1540
—, Hydroxy-[hydroxy-methoxy-dimethyl-benzoyloxy]-methyl-, methylester
   10 1540
—, Hydroxy-[hydroxy-methoxy-methoxycarbonyl-phenoxy]-methyl-
   10 2062
—, Hydroxy-[hydroxy-methoxy-methoxycarbonyl-phenoxy]-methyl-,
   methylester **10** 2062
—, Hydroxy-[hydroxy-methoxy-methyl-benzoyloxy]-heptyl- **10** 1586, 1587
—, Hydroxy-[hydroxy-methoxy-methyl-benzoyloxy]-methyl- **10** 1488, 1489
—, Hydroxy-[hydroxy-methoxy-methyl-benzoyloxy]-methyl-, äthylester **10** 1488
—, Hydroxy-[hydroxy-methoxy-methyl-benzoyloxy]-methyl-, butylester
   10 1488
—, Hydroxy-[hydroxy-methoxy-methyl-benzoyloxy]-methyl-,
   isobutylester **10** 1489
—, Hydroxy-[hydroxy-methoxy-methyl-benzoyloxy]-methyl-,
   isopentylester **10** 1489
—, Hydroxy-[hydroxy-methoxy-methyl-benzoyloxy]-methyl-,
   isopropylester **10** 1488
—, Hydroxy-[hydroxy-methoxy-methyl-benzoyloxy]-methyl-, methylester
   10 1488, 1489
—, Hydroxy-[hydroxy-methoxy-methyl-benzoyloxy]-methyl-, pentylester
   10 1489
—, Hydroxy-[hydroxy-methoxy-methyl-benzoyloxy]-methyl-, propylester
   10 1488

Benzoesäure, Hydroxy-[hydroxy-methoxy-methyl-carboxy-phenoxy]-methyl-
   formyl- **10** 4536
—, Hydroxy-[hydroxy-methoxy-methyl-formyl-benzoyloxy]-dimethyl-
   10 4541
—, Hydroxy-[hydroxy-methoxy-methyl-formyl-benzoyloxy]-dimethyl-,
   methylester **10** 4541
—, Hydroxy-[hydroxy-methoxy-(oxo-heptyl)-benzoyloxy]-[oxo-heptyl]-
   10 4567
—, Hydroxy-[hydroxy-methoxy-(oxo-heptyl)-benzoyloxy]-[oxo-heptyl]-,
   methylester **10** 4568
—, Hydroxy-[hydroxy-methoxy-(oxo-pentyl)-benzoyloxy]-pentyl-
   10 4562
—, Hydroxy-[hydroxy-methoxy-pentyl-benzoyloxy]-pentyl- **10** 1580
—, Hydroxy-[hydroxy-methoxy-pentyl-benzoyloxy]-pentyl-, methylester
   10 1581
—, Hydroxy-[hydroxy-methoxy-pentyl-benzoyloxy]-propyl- **10** 1579
—, Hydroxy-[(hydroxy-methoxy-phenyl)-(methoxy-oxo-cyclohexadienyliden)-methyl]- **10** 4835
—, Hydroxy-[hydroxy-methoxy-propyl-benzoyloxy]-propyl- **10** 1562
—, Hydroxy-[hydroxy-methoxy-propyl-benzoyloxy]-propyl-, äthylester
   10 1562
—, Hydroxy-[hydroxy-methoxy-propyl-benzoyloxy]-propyl-, butylester
   10 1563
—, Hydroxy-[hydroxy-methoxy-propyl-benzoyloxy]-propyl-, methylester
   10 1562
—, Hydroxy-[hydroxy-methoxy-propyl-benzoyloxy]-propyl-, pentylester
   10 1563
—, Hydroxy-[hydroxy-methoxy-propyl-benzoyloxy]-propyl-, propylester
   10 1563
—, Hydroxy-hydroxymethyl- **10** 1507
—, Hydroxy-[hydroxy-methyl-benzoyl]-
   10 4673, 4674, 4675
—, Hydroxy-[hydroxy-methyl-benzyl]-
   10 1969
—, Hydroxy-[hydroxy-oxo-phthalanyl]-
   10 4779, 4781
—, Hydroxy-[hydroxy-phenoxy]- **10** 1406
—, Hydroxy-[hydroxy-phenoxy]-,
   äthylester **10** 1413
—, Hydroxy-[hydroxy-styryl]- **10** 1995
—, Hydroxy-[hydroxy-(trihydroxy-methyl-benzoyloxy)-methyl-benzoyloxy]-methyl- **10** 2108

Benzoesäure, Hydroxy-[hydroxy-(trihydroxy-methyl-benzoyloxy)-methyl-benzoyloxy]-methyl-, methylester 10 2109

—, [Hydroxyimino-äthylmercapto]- 10 219

—, [Hydroxyimino-butyryl]- 10 3551

—, [Hydroxyimino-butyryl]-, methylester 10 3551

—, [Hydroxyimino-propionyl]-, methylester 10 3549

—, Hydroxy-isobutyryl- 10 4257

—, Hydroxy-isobutyryl-, methylester 10 4257

—, Hydroxy-isohexyl- 10 650

—, Hydroxy-isopropyl- 10 607, 608

—, Hydroxy-isopropyl-, äthylester 10 608

—, Hydroxy-isopropyl-, isopropylester 10 607

—, Hydroxy-isopropyl-, methylester 10 607, 608

—, Hydroxy-mercapto- 10 1389

—, Hydroxy-mercapto-, äthylester 10 1393

—, Hydroxy-mercapto-methyl- 10 1506

—, Hydroxy-methoxy- 10 1363, 1371, 1384, 1401, 1403, 1404, 1446

—, Hydroxy-methoxy-, [äthoxy-äthylester] 10 1365, 1417

—, Hydroxy-methoxy-, [äthyl-butylester] 10 1365, 1415

—, Hydroxy-methoxy-, [(äthyl-butyloxy)-äthylester] 10 1417

—, Hydroxy-methoxy-, äthylester 10 1364, 1413

—, Hydroxy-methoxy-, [äthyl-propylester] 10 1415

—, Hydroxy-methoxy-, amid 10 1376, 1427

—, Hydroxy-methoxy-, benzylester 10 1416

—, Hydroxy-methoxy-, butylester 10 1364, 1414

—, Hydroxy-methoxy-, [butylester-imin] 10 1429

—, Hydroxy-methoxy-, *sec*-butylester 10 1414

—, Hydroxy-methoxy-, *tert*-butylester 10 1415

—, Hydroxy-methoxy-, [butyloxy-äthylester] 10 1417

—, Hydroxy-methoxy-, [chlor-äthylester] 10 1413

—, Hydroxy-methoxy-, [chlor-propylester] 10 1414

—, Hydroxy-methoxy-, [diäthylamino-äthylester] 10 1365, 1425

—, Hydroxy-methoxy-, [dichlor-isopropylester] 10 1414

—, Hydroxy-methoxy-, [dichlor-propylester] 10 1414

Benzoesäure, Hydroxy-methoxy-, [dimethylamino-methyl-äthyl-äthylester] 10 1366, 1426

—, Hydroxy-methoxy-, hexylester 10 1415

—, Hydroxy-methoxy-, [hydroxy-äthylester] 10 1416

—, Hydroxy-methoxy-, [hydroxy-propylester] 10 1418

—, Hydroxy-methoxy-, isobutylester 10 1365, 1415

—, Hydroxy-methoxy-, isopentylester 10 1365, 1415

—, Hydroxy-methoxy-, isopropylester 10 1414

—, Hydroxy-methoxy-, [(methoxy-äthoxy)-äthylester] 10 1417

—, Hydroxy-methoxy-, [methoxy-äthylester] 10 1416

—, Hydroxy-methoxy-, [methoxy-phenylester] 10 1418

—, Hydroxy-methoxy-, [methyl-butylester] 10 1415

—, Hydroxy-methoxy-, methylester 10 1364, 1373, 1386, 1410, 1448

—, Hydroxy-methoxy-, nitril 10 1366, 1377, 1402, 1429

—, Hydroxy-methoxy-, pentylester 10 1365, 1415

—, Hydroxy-methoxy-, [phenoxy-äthylester] 10 1365, 1417

—, Hydroxy-methoxy-, phenylester 10 1365, 1416

—, Hydroxy-methoxy-, propylester 10 1364, 1375, 1414

—, Hydroxy-methoxy-, [trichlor-*tert*-butylester] 10 1415

—, Hydroxy-methoxy-acetonyl-, methylester 10 4550

—, Hydroxy-[methoxy-acetoxy-methyl-benzoyloxy]-methyl-, methylester 10 1491

—, Hydroxy-methoxy-acetoxy-methyl-oxy-di-, methylester 10 2062

—, Hydroxy-methoxy-acetyl- 10 4533

—, Hydroxy-methoxy-äthoxy-methyl- 10 2114

—, Hydroxy-methoxy-äthoxy-methyl-, methylester 10 2115

—, Hydroxy-methoxy-äthyl- 10 1530

—, Hydroxy-methoxy-allyl- 10 1857

—, Hydroxy-methoxy-allyl-, äthylester 10 1857

—, Hydroxy-methoxy-allyl-, methylester 10 1857

—, Hydroxy-methoxy-benzoyl- 10 4665

—, Hydroxy-[methoxy-benzoyl]- 10 4666, 4667

—, [Hydroxy-methoxy-benzoyl]- 10 4668, 4669

Benzoesäure, Hydroxy-methoxy-[brom-propyl]-, methylester **10** 1565
—, Hydroxy-methoxy-butyl- **10** 1572
—, Hydroxy-methoxy-butyl-, methylester **10** 1572
—, Hydroxy-methoxy-carbonyl-di- **10** 4824
—, Hydroxy-methoxycarbonyloxy-äthyl- **10** 1529, 1533
—, Hydroxy-methoxy-cyan- **10** 2437
—, Hydroxy-methoxy-[dichlor-dihydroxy-methyl-benzoyl]- **10** 4818
—, Hydroxy-methoxy-[dichlor-dihydroxy-methyl-benzoyl]-, methylester **10** 4819
—, Hydroxy-methoxy-[dihydroxy-methyl-benzoyl]- **10** 4817
—, Hydroxy-methoxy-[dihydroxy-methyl-benzoyl]-, methylester **10** 4817
—, Hydroxy-methoxy-[dimethoxy-propyl-benzoyloxy]-pentyl- **10** 2138
—, Hydroxy-methoxy-[dimethoxy-propyl-benzoyloxy]-pentyl-, methylester **10** 2139
—, Hydroxy-methoxy-dimethyl- **10** 1535
—, Hydroxy-methoxy-dimethyl-, methylester **10** 1536
—, Hydroxy-methoxy-formyl- **10** 4517
—, Hydroxy-methoxy-formyl-, methylester **10** 4515
—, Hydroxy-methoxy-[hydroxy-acetonyl]-, methylester **10** 4727
—, Hydroxy-methoxy-[hydroxy-dimethyl-phenoxy]-methyl- **10** 2116
—, Hydroxy-methoxy-[hydroxy-dimethyl-phenoxy]-methyl-, methylester **10** 2117
—, Hydroxy-methoxy-[hydroxy-methoxy-propyl-benzoyloxy]-pentyl- **10** 2137
—, Hydroxy-methoxy-[hydroxy-methoxy-propyl-benzoyloxy]-pentyl-, methylester **10** 2139
—, Hydroxy-methoxy-[hydroxy-methoxy-propyl-benzoyloxy]-propyl- **10** 2131
—, Hydroxy-methoxy-[hydroxy-methoxy-propyl-benzoyloxy]-propyl-, methylester **10** 2132
—, Hydroxy-methoxy-[hydroxy-methyl-formyl-phenoxy]-methyl- **10** 2117
—, Hydroxy-methoxy-[hydroxy-oxo-phthalanyl]- **10** 4824
—, Hydroxy-methoxy-[hydroxy-propyl]- **10** 2133
—, Hydroxy-methoxy-[hydroxy-propyl]-, [brom-phenacylester] **10** 2133
—, Hydroxy-methoxy-isopentyl- **10** 1583
—, Hydroxy-methoxy-isopropyl- **10** 1567
—, Hydroxy-methoxy-isopropyl-, methylester **10** 1567

Benzoesäure, Hydroxy-methoxymethoxy- **10** 1406
—, [Hydroxy-methoxy-methoxycarbonyl-phenoxy]-acetoxy-methyl- **10** 2062
—, Hydroxy-methoxy-[methoxy-dimethyl-methoxycarbonyl-phenoxy]-dimethyl-, methylester **10** 2126
—, Hydroxy-methoxy-[methoxy-dimethyl-methoxycarbonyl-phenoxy]-methyl-, methylester **10** 2117
—, Hydroxy-methoxy-[methoxy-dimethyl-methoxycarbonyl-phenoxy]-methyl-formyl-, methylester **10** 4721
—, Hydroxy-methoxy-methyl- **10** 1480, 1503, 1509, 1512
—, Hydroxy-methoxy-methyl-, methylester **10** 1481, 1482, 1503, 1510, 1513
—, Hydroxy-methoxy-methyl-, nitril **10** 1503
—, Hydroxy-methoxy-methyl-acetyl-, methylester **10** 4552
—, [Hydroxy-methoxy-methyl-benzoyl]- **10** 4674
—, Hydroxy-methoxy-methylcarbamoyl-cyan-, äthylester **10** 2602
—, Hydroxy-methoxy-methyl-formyl- **10** 4534, 4536
—, Hydroxy-methoxy-methyl-formyl-, [dihydroxy-methyl-formyl-phenylester] **10** 4539
—, Hydroxy-methoxy-methyl-formyl-, methylester **10** 4534, 4535, 4537, 4543
—, [Hydroxy-methoxy-naphthoyl]- **10** 4704, 4705
—, Hydroxy-methoxy-[oxo-heptyl]- **10** 4565
—, Hydroxy-methoxy-[oxo-heptyl]-, methylester **10** 4566
—, Hydroxy-methoxy-pentyl- **10** 1577
—, Hydroxy-methoxy-pentyl-, methylester **10** 1577
—, Hydroxy-methoxy-propenyl- **10** 1855
—, Hydroxy-methoxy-propenyl-, methylester **10** 1856
—, Hydroxy-methoxy-propyl- **10** 1559, 1564
—, Hydroxy-methoxy-propyl-, äthylester **10** 1560
—, Hydroxy-methoxy-propyl-, methylester **10** 1560, 1565
—, Hydroxy-methoxy-valeryl- **10** 4560
—, Hydroxy-methyl- **10** 494, 496, 505, 512, 516, 521, 527
—, Hydroxy-methyl-, [äthoxy-äthylester] **10** 509
—, Hydroxy-methyl-, [äthyl-butylester] **10** 508
—, Hydroxy-methyl-, [äthyl-hexylester] **10** 508

Benzoesäure, Hydroxy-methyl-, butylester 10 507

—, Hydroxy-methyl-, [diäthylamino-äthylester] 10 509, 516

—, Hydroxy-methyl-, [dichlor-isopropylester] 10 495, 517, 522

—, Hydroxy-methyl-, [dihydroxy-propylester] 10 495, 518, 523

—, Hydroxy-methyl-, isopropylester 10 507

—, Hydroxy-methyl-, methylester 10 513, 515

—, Hydroxy-methyl-, naphthylester 10 509, 522

—, Hydroxy-methyl-, nitril 10 495, 496, 497, 516, 523

—, Hydroxy-methyl-, [nitro-phenylester] 10 508, 517, 522

—, Hydroxymethyl- 10 500, 521

—, Hydroxymethyl-, amid 10 530

—, Hydroxymethyl-, [amino-äthylamid] 10 502

—, Hydroxymethyl-, benzylidenhydrazid 10 502

—, Hydroxymethyl-, [chlor-benzylidenhydrazid] 10 502, 503

—, Hydroxymethyl-, [nitro-benzylidenhydrazid] 10 503

—, Hydroxy-[methyl-allyl]- 10 880

—, Hydroxy-[methyl-allyl]-, äthylester 10 880

—, Hydroxymethyl-benzoyl- 10 4438

—, [Hydroxy-methyl-benzoyl]- 10 4441

—, [Hydroxy-methyl-benzoyloxy]-methyl- 10 494

—, Hydroxy-methyl-benzyl- 10 1200

—, [Hydroxy-methyl-benzyl]- 10 1200

—, Hydroxy-[methyl-benzylsulfon]- 10 1390

—, Hydroxy-methyl-bis-carboxymethyl- 10 2577

—, Hydroxy-methyl-butenyl- 10 892

—, Hydroxy-methyl-butenyl-, methylester 10 892

—, Hydroxy-[methyl-butyl]- 10 641

—, Hydroxy-methyl-*tert*-butyl- 10 646

—, Hydroxy-methyl-carbonyl-di- 10 4782

—, Hydroxy-methyl-carbonyl-di-, dimethylester 10 4783

—, Hydroxy-methyl-carboxymethyl- 10 2221

—, Hydroxy-methyl-carboxymethyl-[hydroxy-carboxy-methyl]- 10 2604

—, Hydroxy-methyl-[chlor-naphthyl-methyl]- 10 1320

—, Hydroxy-methyl-cinnamyl- 10 1274

—, Hydroxy-methyl-dichloracetyl- 10 4243

—, Hydroxy-methyl-[dichlor-äthyl]- 10 611, 612, 613, 614

Benzoesäure, Hydroxy-methyl-[dichlor-vinyl]- 10 871, 872, 873

—, Hydroxy-methyl-[dimethoxy-carboxy-benzyl]- 10 2587

—, Hydroxy-[methyl-heptyl]- 10 657

—, Hydroxy-[methyl-hexyl]- 10 655

—, Hydroxy-methyl-[hydroxy-oxo-phthalanyl]- 10 4782

—, Hydroxy-methyl-isopropyl- 10 629, 631, 632

—, Hydroxy-methyl-isopropyl-, äthylester 10 630

—, Hydroxy-methyl-isopropyl-, methylester 10 631, 632

—, Hydroxy-methyl-isopropyl-, nitril 10 631, 632

—, [Hydroxy-methyl-isopropyl-benzoyl]- 10 4458

—, Hydroxy-methyl-[methyl-benzyl]- 10 1210

—, Hydroxy-methyl-naphthylmethyl- 10 1319

—, Hydroxy-methyl-pentenyl- 10 902

—, Hydroxy-methyl-pentenyl-, methylester 10 903

—, Hydroxy-methyl-pentyl- 10 651

—, Hydroxy-methyl-pentyl-, methylester 10 652

—, Hydroxy-[methyl-pentyl]- 10 650

—, Hydroxy-methyl-[tetrachlor-äthyl]- 10 614

—, Hydroxy-methyl-[tetrachlor-butyl]- 10 644, 645

—, Hydroxy-methyl-[trichlor-hydroxy-äthyl]- 10 1568

—, Hydroxy-methyl-[trihydroxy-trityl]- 10 2549

—, Hydroxy-methyl-[tris-(hydroxy-phenyl)-methyl]- 10 2549

—, Hydroxy-[methyl-valeryl]- 10 4271

—, Hydroxy-[methyl-valeryl]-, methylester 10 4271

—, [Hydroxy-naphthoyl]- 10 4480, 4482

—, [Hydroxy-naphthoyl]-, äthylester 10 4480

—, [Hydroxy-naphthoyl]-, methylester 10 4481

—, Hydroxy-naphthylmethyl- 10 1317

—, [Hydroxy-naphthylmethyl]- 10 1316

—, Hydroxy-[nitro-methyl-benzylsulfon]- 10 1390

—, [Hydroxy-(nitro-phenyl)-propionyl]- 10 4448

—, [Hydroxy-(nitro-phenyl)-propionyl]-, nitril 10 4448

—, Hydroxy-[nitro-phenylsulfon]-methyl- 10 1504

—, Hydroxy-[nitro-phenylsulfon-phenylsulfon]- 10 1390

Benzoesäure, Hydroxy-[oxo-carboxy-
cyclohexadienylidenmethyl]-
10 4781
—, Hydroxy-[oxo-indanylidenmethyl]-
10 4477
—, Hydroxy-[oxo-indanylidenmethyl]-,
äthylester 10 4477
—, [Hydroxy-oxo-phenyl-benzyl-dihydro-
furyl]- 10 4033
—, [Hydroxy-oxo-phenyl-benzyl-dihydro-
furyl]-, methylester 10 4033
—, [Hydroxy-oxo-phthalanyl]- 10 4009
—, Hydroxy-pentadecadienyl- 10 1026
—, Hydroxy-pentadecenyl- 10 949
—, Hydroxy-pentadecyl- 10 678, 679
—, Hydroxy-pentadecyl-, äthylester 10 679
—, Hydroxy-pentadecyl-, methylester
10 678
—, Hydroxy-pentadecyl-, [pentadecyl-
phenylester] 10 679
—, Hydroxy-pentenyl- 10 890
—, Hydroxy-pentenyl-, äthylester 10 890
—, [Hydroxy-pentyl]- 10 641
—, Hydroxy-*tert*-pentyl- 10 643
—, Hydroxy-phenoxy- 10 1363, 1371,
1372, 1385, 1405, 1447
—, [Hydroxy-phenoxy]- 10 101, 102, 293
—, [Hydroxy-phenoxy]-, äthylester 10 305
—, [Hydroxy-phenoxy-phosphinyloxy]-
10 106
—, Hydroxy-phenylacetoxy-, methylester
10 1374
—, Hydroxy-phenylseleno- 10 1396
—, [Hydroxy-phenylseleno]- 10 240,
276, 421
—, Hydroxy-phenylsulfon- 10 1389
—, Hydroxy-propenyl- 10 867
—, Hydroxy-propionyl- 10 4241
—, Hydroxy-propionyl-, methylester
10 4242
—, Hydroxy-propyl- 10 603, 604
—, [Hydroxy-propyl]- 10 604
—, Hydroxy-[propyl-allyl]- 10 900
—, Hydroxy-propyloxy-, [butyloxy-
äthylester] 10 1375
—, [Hydroxy-propyloxy]- 10 292
—, Hydroxy-protocatechuoyloxy- 10 1423
—, Hydroxy-salicyloyl- 10 4667
—, Hydroxy-salicyloyloxy- 10 1422
—, Hydroxy-[semicarbazono-äthyl]-
10 4227
—, Hydroxy-stearoyl- 10 4329
—, Hydroxy-[tetrachlor-äthyl]- 10 575, 576
—, Hydroxy-[tetramethyl-butyl]- 10 657
—, Hydroxy-*p*-toluoyl- 10 4441
—, Hydroxy-[trichlor-acetoxy-äthyl]-
10 1531
—, Hydroxy-[trichlor-acetoxy-äthyl]-,
methylester 10 1532

Benzoesäure, Hydroxy-[trichlor-hydroxy-
äthyl]- 10 1531
—, Hydroxy-[trichlor-hydroxy-äthyl]-,
methylester 10 1532
—, Hydroxy-[trihydroxy-dimethoxy-
benzhydryl]- 10 2623
—, Hydroxy-[trihydroxy-methyl-
benzoyloxy]-methyl- 10 2113
—, Hydroxy-[trihydroxy-trityl]-
10 2548, 2549
—, Hydroxy-trimethoxy- 10 2418
—, Hydroxy-trimethyl- 10 614, 615
—, Hydroxy-[tris-(hydroxy-phenyl)-
methyl]- 10 2548, 2549
—, Hydroxy-valeryl- 10 4263
—, Hydroxy-valeryl-, methylester
10 4263
—, Isobutyl-, amid 9 2524
—, [Isobutyl-benzoyl]- 10 3353
—, Isobutylcarbamoyloxy-, methylester
10 299
—, Isobutyloxy- 10 284
—, Isobutyloxy-, äthylester
10 302
—, Isobutyloxy-, [butylamino-
äthylester] 10 329
—, Isobutyloxy-, chlorid 10 338
—, Isobutyloxy-, [diäthylamino-
äthylester] 10 329
—, Isobutyloxy-, nitril 10 345
—, Isobutyryloxy-, methylester 10 111
—, Isopentylmercuriomercapto- 10 213
—, Isopentyloxy- 10 99, 284
—, Isopentyloxy-, chlorid 10 338
—, Isopentyloxy-, [diäthylamino-
äthylester] 10 330
—, Isopentyloxy-, methylester 10 110
—, Isopentyloxy-[carboxy-phenoxy]-
10 1410
—, Isopentyloxymethyl- 10 501
—, Isopentyloxymethyl-, anhydrid
10 501
—, Isopentyloxymethyl-, [diäthylamino-
äthylester] 10 502
—, Isopentyloxymethyl-, nitril 10 502
—, Isopentyloxy-oxy-di- 10 1410
—, Isopentyloxyvanadyloxy-, äthylester
10 119
—, Isopentyloxyvanadyloxy-,
isopentylester 10 123
—, Isopentyloxyvanadyloxy-,
methylester 10 115
—, Isopentyloxyvanadyloxy-,
naphthylester 10 136
—, Isopentyloxyvanadyloxy-,
phenylester 10 131
—, Isopropenyl- 9 2771
—, Isopropenyl-, nitril 9 2771
—, Isopropyl- 9 2481, 2482

Benzoesäure, Isopropyl-, [äthylamino-
   äthylester] 9 2483
—, Isopropyl-, amid 9 2483
—, Isopropyl-, [butylamino-äthylester]
   9 2483
—, Isopropyl-, chlorid 9 2482, 2483
—, Isopropyl-, [hydroxy-
   phenanthrylester] 9 2482
—, Isopropyl-, [isobutylamino-
   äthylester] 9 2483
—, Isopropyl-, [pentylamino-äthylester]
   9 2483
—, Isopropyl-tert-butyl- 9 2878
—, Isopropylidencarbazoylmethoxy-,
   äthylester 10 118
—, Isopropylidencarbazoylmethoxy-,
   isopropylidenhydrazid 10 161
—, Isopropylidendimercapto-di- 10 267, 390
—, Isopropylidendimercapto-di-,
   diäthylester 10 396
—, Isopropylidendisulfon-di- 10 267, 391
—, Isopropylidendisulfon-di-,
   diäthylester 10 272, 396
—, Isopropylmercapto- 10 214, 266, 386
—, Isopropylmercapto-, chlorid 10 274, 400
—, [Isopropyl-naphthoyl]- 10 3444
—, Isopropyloxy- 10 98, 245, 283
—, Isopropyloxy-, äthylester 10 117, 301
—, Isopropyloxy-, [butylamino-
   äthylester] 10 328
—, Isopropyloxy-, [butylamino-
   butylester] 10 333
—, Isopropyloxy-, chlorid 10 338
—, Isopropyloxy-, [diäthylamino-
   äthylester] 10 328
—, Isopropyloxy-, isopropylester
   10 251, 307
—, Isopropyloxy-, methylester 10 109
—, Isopropyloxy-isopropyl- 10 607
—, Isopropyloxy-isopropyl-,
   isopropylester 10 608, 609
—, Isopropyloxy-methyl- 10 512
—, Isopropyloxy-methyl-, chlorid 10 513
—, Isopropylsulfon- 10 386
—, Isopropylsulfon-, nitril 10 404
—, Isovaleryloxy-, methylester 10 111
—, Jod- 9 1432, 1437, 1442
—, Jod-, äthylester 9 1434, 1438, 1443
—, Jod-, äthylidenhydrazid 9 1439, 1446
—, Jod-, [(äthyl-phenyl)-
   äthylidenhydrazid] 9 1441, 1450
—, Jod-, anhydrid 9 1445
—, Jod-, azid 9 1442, 1451
—, Jod-, benzylidenhydrazid 9 1440, 1449
—, Jod-, bornylidenhydrazid 9 1440, 1449
—, Jod-, [brom-phenacylester] 9 1435,
   1439, 1445
—, Jod-, [(brom-phenyl)-
   äthylidenhydrazid] 9 1441

Benzoesäure, Jod-, butylidenhydrazid
   9 1439, 1447
—, Jod-, sec-butylidenhydrazid
   9 1440, 1447
—, Jod-, chlorid 9 1436, 1439, 1445
—, Jod-, cyclohexylidenhydrazid 9 1448
—, Jod-, decylidenhydrazid 9 1448
—, Jod-, [dimethyl-
   octadienylidenhydrazid] 9 1448
—, Jod-, [diphenyl-allylidenhydrazid] 9 1450
—, Jod-, friedelenylester 9 1444
—, Jod-, heptylidenhydrazid 9 1440, 1448
—, Jod-, hexylidenhydrazid 9 1447
—, Jod-, hydrazid 9 1439, 1446
—, Jod-, [hydroxy-benzylidenhydrazid]
   9 1450
—, Jod-, isobutylidenhydrazid 9 1440, 1447
—, Jod-, isohexylidenhydrazid 9 1440, 1448
—, Jod-, isopentylidenhydrazid 9 1440, 1447
—, Jod-, isopropylidenhydrazid 9 1439, 1447
—, Jod-, methylester 9 1434, 1438, 1443
—, Jod-, [methyl-heptylidenhydrazid]
   9 1448
—, Jod-, [methyl-phenyl-
   allylidenhydrazid] 9 1450
—, Jod-, nitril 9 1436, 1445
—, Jod-, [nitro-benzylester] 9 1434,
   1438, 1444
—, Jod-, nonylidenhydrazid 9 1448
—, Jod-, octylidenhydrazid 9 1448
—, Jod-, pentylidenhydrazid 9 1447
—, Jod-, phenacylester 9 1435, 1438, 1444
—, Jod-, [phenyl-äthylidenhydrazid]
   9 1441, 1449
—, Jod-, [phenyl-phenacylester]
   9 1435, 1439, 1445
—, Jod-, propylidenhydrazid 9 1446
—, Jod-, salicylidenhydrazid 9 1441, 1450
—, Jod-, stigmastadienylester 9 1435
—, Jod-, stigmastenylester 9 1435
—, Jod-, [p-tolyl-äthylidenhydrazid]
   9 1441, 1449
—, Jod-, [trimethyl-
   norbornylidenhydrazid] 9 1449
—, Jod-acetoxy- 10 188
—, Jod-acetoxy-, methylester 10 188
—, Jod-[cyan-phenoxy]-, nitril 10 368
—, Jod-dihydroxy-methyl- 10 1505
—, Jod-dimethoxy- 10 1368, 1440
—, Jod-dimethoxy-, methylester 10 1440
—, Jod-dimethyl- 9 2436
—, Jod-dinitro- 9 1955
—, Jod-hydroxy- 10 186, 188, 261, 367
—, Jod-hydroxy-, [dihydroxy-
   propylester] 10 189
—, Jod-hydroxy-, [methoxy-phenylester]
   10 187
—, Jod-hydroxy-, methylester 10 188,
   261, 367

Benzoesäure, Jod-hydroxy-, [methyl-
isopropyl-phenylester] **10** 187
—, Jod-hydroxy-, naphthylester **10** 187
—, Jod-hydroxy-, nitril **10** 367
—, Jod-hydroxy-, phenylester **10** 186
—, Jod-hydroxy-, *m*-tolylester **10** 186
—, Jod-hydroxy-, *o*-tolylester **10** 186
—, Jod-hydroxy-, *p*-tolylester **10** 187
—, Jod-hydroxy-methyl- **10** 495, 514
—, Jod-[jod-phenoxy]- **10** 188
—, Jod-methoxy- **10** 188, 261, 367
—, Jod-methoxy-, amid **10** 262
—, Jod-methoxy-, methylester **10** 261, 262
—, Jod-methoxy-, nitril **10** 187, 262
—, [Jod-methoxy-phenoxy]-, äthylester
10 305
—, Jod-methyl- **9** 2312, 2330, 2359
—, Jodmethyl-, äthylester **9** 2356
—, Jodmethyl-, methylester **9** 2330, 2359
—, Jod-nitro- **9** 1771, 1773, 1774
—, Jod-nitro-, äthylester **9** 1772, 1773
—, Jod-nitro-, amid **9** 1774, 1775
—, Jod-nitro-, chlorid **9** 1774
—, Jod-nitro-, [diäthylamino-
äthylester] **9** 1771, 1773
—, Jod-nitro-, methylester **9** 1772, 1773
—, Jod-nitro-, 9.10-seco-
ergostatetraenylester **9** 1772
—, Jod-nitro-dimethoxy- **10** 1442
—, Jod-nitro-methoxy- **10** 207
—, Jod-nitro-methyl- **9** 2333
—, Jod-nitro-methyl-, methylester
9 2333
—, Jodo- **9** 1433, 1438, 1443
—, Jodoso- **9** 1433
—, Jodoso-, anhydrid **9** 1435
—, Jodoso-nitro- **9** 1773, 1774
—, Jodoso-nitro-, methylester **9** 1774
—, Jodosyl- **9** 1433
—, Jodosyl-, anhydrid **9** 1435
—, Jodosyl-, nitril **9** 1446
—, Jodosyl-nitro- **9** 1773, 1774
—, Jodosyl-nitro-, methylester **9** 1774
—, Jod-phenoxy- **10** 188
—, [Jod-phenoxy]- **10** 99, 289
—, Jodyl- **9** 1433, 1438, 1443
—, Jodyl-, nitril **9** 1446
—, Jodyl-nitro- **9** 1773
—, Mercapto- **10** 212, 265, 384
—, Mercapto-, äthylester **10** 272, 395
—, Mercapto-, amid **10** 231
—, Mercapto-, butylester **10** 228
—, Mercapto-, chlorid **10** 231
—, Mercapto-, isopentylester **10** 228
—, Mercapto-, menthylester **10** 228
—, Mercapto-, methylester **10** 227, 271, 393
—, Mercapto-, [methyl-isopropyl-
cyclohexylester] **10** 228
—, Mercapto-methyl- **10** 497

Benzoesäure, Mercapto-methyl-, nitril **10** 498
—, Methoxy- **10** 97, 244, 280
—, Methoxy-, [acetyl-naphthylester]
10 145, 319
—, Methoxy-, [acetyl-phenylester]
10 144
—, Methoxy-, [äthoxy-äthylester]
10 140, 315
—, Methoxy-, äthylester **10** 116, 250, 299
—, Methoxy-, amid **10** 155, 254, 341
—, Methoxy-, [amid-imin] **10** 256, 349
—, Methoxy-, [amid-oxim] **10** 354
—, Methoxy-, anhydrid **10** 325
—, Methoxy-, azid **10** 257, 358
—, Methoxy-, [azid-(methoxy-
benzylidenhydrazon)] **10** 358
—, Methoxy-, benzhydrylester **10** 314
—, Methoxy-, [benzoyloxy-acetyl-
phenylester] **10** 320
—, Methoxy-, benzylester **10** 311
—, Methoxy-, [brom-benzylester] **10** 311
—, Methoxy-, butinylester **10** 310
—, Methoxy-, [butylamino-äthylester]
10 326
—, Methoxy-, [butylamino-isobutylester]
10 333
—, Methoxy-, butylester **10** 307
—, Methoxy-, *tert*-butylester **10** 308
—, Methoxy-, [chlor-äthylester] **10** 301
—, Methoxy-, chlorid **10** 151, 253, 337
—, Methoxy-, [chlorid-(methoxy-
benzylidenhydrazon)] **10** 357
—, Methoxy-, [chlorid-oxim] **10** 354
—, Methoxy-, cholestanylester **10** 312
—, Methoxy-, cholesterylester **10** 312
—, Methoxy-, cyclohexylester **10** 126, 310
—, Methoxy-, [cyclohexyl-phenylester]
10 312
—, Methoxy-, diäthylamid **10** 155, 341
—, Methoxy-, [diäthylamino-äthylamid]
10 342
—, Methoxy-, [diäthylamino-äthylester]
10 326
—, Methoxy-, [diäthylamino-pentylester]
10 335
—, Methoxy-, [dibrom-äthylidenamid]
10 157
—, Methoxy-, [dibrom-vinylamid] **10** 157
—, Methoxy-, [dibutylamid-imin] **10** 160,
256, 349
—, Methoxy-, [dimethoxy-acetyl-
phenylester] **10** 321
—, Methoxy-, dodecylamid **10** 341
—, Methoxy-, [formyl-phenylester]
10 318
—, Methoxy-, heptylester **10** 309
—, Methoxy-, hydrazid **10** 355
—, Methoxy-, [hydrazid-(methoxy-
benzylidenhydrazon)] **10** 358

Benzoesäure, Methoxy-, [hydroxy-acenaphthylenylester] **10** 319
—, Methoxy-, [hydroxy-acetyl-phenylester] **10** 320
—, Methoxy-, hydroxyamid **10** 160, 256, 353
—, Methoxy-, [hydroxy-methyl-isopropyl-phenanthrylester] **10** 317
—, Methoxy-, isobutylamid **10** 341
—, Methoxy-, isopropylester **10** 307
—, Methoxy-, menthylester **10** 126
—, Methoxy-, [(methoxy-benzylidenhydrazid)-(methoxy-benzylidenhydrazon)] **10** 358
—, Methoxy-, [methoxy-formyl-phenylester] **10** 320
—, Methoxy-, [methyl-acetyl-phenylester] **10** 145
—, Methoxy-, methylester **10** 109, 250, 297
—, Methoxy-, [methyl-heptylester] **10** 124, 251, 310
—, Methoxy-, [methyl-isopropyl-cyclohexylester] **10** 126
—, Methoxy-, naphthylester **10** 313
—, Methoxy-, nitril **10** 159, 255, 344
—, Methoxy-, [nitro-(dimethyl-phenyl)-propylester] **10** 318
—, Methoxy-, octadecylamid **10** 341
—, Methoxy-, oleanenylester **10** 313
—, Methoxy-, [oxo-acenaphthenylester] **10** 319
—, Methoxy-, [phenyl-phenacylester] **10** 146, 320
—, Methoxy-, [9.10-seco-cholestratrienylester] **10** 313
—, Methoxy-, [9.10-seco-ergostatetraenylester] **10** 313
—, Methoxy-, stigmasterylester **10** 313
—, Methoxy-, o-tolylester **10** 310
—, Methoxy-, [tribrom-acetoxy-äthylamid] **10** 156
—, Methoxy-, [tribrom-hydroxy-äthylamid] **10** 156
—, Methoxy-, [tribrom-methoxy-äthylamid] **10** 156
—, Methoxy-, [trichlor-hydroxy-äthylamid] **10** 156
—, Methoxy-, [trimethoxy-acetyl-phenylester] **10** 322
—, Methoxy-, triphenylmethylester **10** 314
—, Methoxy-, tritylester **10** 314
—, Methoxy-, ureid **10** 342
—, Methoxy-, ursenylester **10** 313
—, Methoxy-, vinylester **10** 310
—, Methoxy-acetoxy- **10** 1364, 1407, 1447
—, Methoxy-acetoxy-, chlorid **10** 1366, 1448
—, Methoxy-acetoxy-, [diäthylamino-äthylester] **10** 1425

Benzoesäure, Methoxy-acetoxy-, [dimethylamino-methyl-äthyl-äthylester] **10** 1366, 1426
—, Methoxy-acetoxy-, methylester **10** 1412
—, Methoxy-acetoxy-, nitril **10** 1367, 1430
—, Methoxyacetoxy- **10** 295
—, Methoxy-acetoxy-[diacetoxy-methyl-benzoyl]-, methylester **10** 4818
—, Methoxy-acetoxy-[dichlor-diacetoxy-methyl-benzoyl]-, methylester **10** 4820
—, Methoxy-acetoxy-formyl-, nitril **10** 4517
—, Methoxy-acetoxy-[methoxy-acetoxy-propyl-benzoyloxy]-propyl- **10** 2132
—, [Methoxy-acetoxy-methoxycarbonyl-phenoxy]-acetoxy-methyl- **10** 2064
—, Methoxy-acetoxy-methyl- **10** 1480
—, Methoxy-acetoxy-methyl-, chlorid **10** 1499
—, Methoxy-acetoxy-methyl-, methylester **10** 1482
—, Methoxy-acetoxy-propenyl- **10** 1856
—, Methoxy-acetyl-, nitril **10** 4228
—, Methoxy-äthoxy- **10** 1363, 1404, 1405, 1447
—, Methoxy-äthoxy-, äthylester **10** 1364, 1413
—, Methoxy-äthoxy-, amid **10** 1428
—, Methoxy-äthoxy-, chlorid **10** 1426
—, Methoxy-äthoxy-, [diäthylamino-äthylester] **10** 1425
—, Methoxy-äthoxy-, methylester **10** 1411
—, Methoxy-äthoxy-, nitril **10** 1429
—, Methoxy-äthoxycarbonylmethoxy-, äthylester **10** 1375
—, Methoxy-äthoxycarbonyloxy- **10** 1372
—, Methoxy-äthoxycarbonyloxy-, [methoxy-phenylester] **10** 1418
—, Methoxy-äthoxycarbonyloxy-, phenylester **10** 1416
—, Methoxy-äthoxycarbonyloxy-dimethyl- **10** 1535
—, Methoxy-äthoxycarbonyloxy-dimethyl-, [äthoxycarbonyloxy-dimethyl-formyl-phenylester] **10** 1539
—, Methoxy-äthoxycarbonyloxy-dimethyl-, [äthoxycarbonyloxy-methyl-formyl-phenylester] **10** 1538
—, Methoxy-äthoxycarbonyloxy-dimethyl-, [hydroxy-dimethyl-formyl-phenylester] **10** 1539
—, Methoxy-äthoxycarbonyloxy-dimethyl-, [hydroxy-methyl-formyl-phenylester] **10** 1538
—, [Methoxy-äthoxycarbonyloxy-dimethyl-benzoyloxy]-äthoxycarbonyloxy-dimethyl- **10** 1548

Benzoesäure, [Methoxy-äthoxycarbonyloxy-
dimethyl-benzoyloxy]-äthoxycarbonyl‑
oxy-methyl- **10** 1541
—, Methoxy-äthoxycarbonyloxy-methyl-
10 1480, 1481
—, Methoxy-äthoxycarbonyloxy-methyl-,
[hydroxy-heptyl-formyl-
phenylester] **10** 1485
—, Methoxy-äthoxycarbonyloxy-methyl-,
[hydroxy-methyl-formyl-
phenylester] **10** 1485
—, [Methoxy-äthoxycarbonyloxy-methyl-
benzoyloxy]-äthoxycarbonyloxy-
methyl- **10** 1494, 1495
—, [Methoxy-äthoxycarbonyloxy-methyl-
benzoyloxy]-äthoxycarbonyloxy-
methyl-, [äthoxycarbonyloxy-
methyl-formyl-phenylester]
10 1495
—, [Methoxy-äthoxycarbonyloxy-methyl-
benzoyloxy]-äthoxycarbonyloxy-
methyl-, [hydroxy-methyl-formyl-
phenylester] **10** 1495
—, [(Methoxy-äthoxycarbonyloxy-methyl-
benzoyloxy)-äthoxycarbonyloxy-
methyl-benzoyloxy]-
äthoxycarbonyloxy-methyl- **10** 1499
—, Methoxy-äthoxycarbonyloxy-methyl-
formyl- **10** 4536
—, Methoxy-äthoxycarbonyloxy-methyl-
formyl-, methylester **10** 4538, 4543
—, Methoxy-äthoxycarbonyloxy-pentyl-
10 1578
—, Methoxy-äthoxycarbonyloxy-pentyl-,
[hydroxy-pentyl-formyl-
phenylester] **10** 1579
—, Methoxy-äthoxycarbonyloxy-pentyl-,
[hydroxy-propyl-formyl-
phenylester] **10** 1579
—, [Methoxy-äthoxycarbonyloxy-pentyl-
benzoyloxy]-äthoxycarbonyloxy-
pentyl- **10** 1582
—, [Methoxy-äthoxycarbonyloxy-pentyl-
benzoyloxy]-äthoxycarbonyloxy-
propyl- **10** 1580
—, Methoxy-äthoxycarbonyloxy-propyl-
10 1559
—, Methoxy-äthoxycarbonyloxy-propyl-,
[äthoxycarbonyloxy-propyl-formyl-
phenylester] **10** 1564
—, Methoxy-äthoxycarbonyloxy-propyl-,
[dihydroxy-pentyl-formyl-
phenylester] **10** 1562
—, Methoxy-äthoxycarbonyloxy-propyl-,
[hydroxy-methoxy-pentyl-formyl-
phenylester] **10** 1562
—, Methoxy-äthoxycarbonyloxy-propyl-,
[hydroxy-propyl-formyl-
phenylester] **10** 1564

Benzoesäure, Methoxy-äthoxycarbonyloxy-
propyl-, [methoxy-äthoxycarbonyloxy-
propyl-formyl-phenylester] **10** 1561
—, [Methoxy-äthoxycarbonyloxy-propyl-
benzoyloxy]-äthoxycarbonyloxy-
propyl- **10** 1564
—, Methoxy-äthoxy-cyan-, methylester
10 2428
—, Methoxy-äthoxy-[dichlor-diäthoxy-
methyl-benzoyl]- **10** 4819
—, Methoxy-äthoxy-[dimethoxy-benzoyl]-
10 4815
—, Methoxy-äthoxy-[dimethoxy-benzyl]-
10 2488
—, Methoxy-äthoxymethoxy- **10** 1406, 1407
—, Methoxy-äthoxy-[methoxy-äthoxy-
benzoyl]- **10** 4816
—, Methoxy-äthoxy-[methoxy-äthoxy-
benzyl]- **10** 2488
—, Methoxy-äthoxy-methyl- **10** 1478,
1480, 1506
—, Methoxy-äthoxy-phenoxy- **10** 2074
—, Methoxy-äthoxythiocarbonylmercapto-
10 1443
—, Methoxy-äthoxy-veratroyl- **10** 4815
—, Methoxy-äthoxy-veratryl- **10** 2488
—, Methoxy-äthyl- **10** 570, 571, 572, 579
—, Methoxy-äthyl-, amid **10** 570, 572, 579
—, Methoxy-äthyl-, chlorid **10** 570
—, Methoxy-äthyl-, hydrazid **10** 571
—, Methoxy-äthyl-, methylester **10** 570
—, Methoxy-äthyl-, nitril **10** 571
—, Methoxy-[äthyl-allyl]- **10** 891
—, Methoxy-[äthyl-butyl]- **10** 650
—, Methoxy-äthyl-propionyl-, nitril
10 4268
—, Methoxy-allyl-, chlorid **10** 869
—, Methoxy-allyloxy- **10** 1371
—, Methoxy-allyloxy-, äthylester
10 1413
—, Methoxy-allyloxy-, methylester
10 1374
—, Methoxy-allyloxy-, nitril **10** 1366
—, [Methoxy-benzhydryl]- **10** 1324
—, Methoxy-benzoyl- **10** 4427, 4432
—, Methoxy-benzoyl-, methylester
10 4432
—, [Methoxy-benzoyl]- **10** 4428, 4429
—, [Methoxy-benzoyl]-, methylester
10 4430
—, [Methoxy-benzoyl]-, phenylester
10 4430
—, Methoxy-benzoyloxy- **10** 1408
—, [Methoxy-benzoyloxy]- **10** 323, 324
—, [Methoxy-benzoyloxy]-, [methoxy-
chlorcarbonyl-phenylester]
10 1427
—, [Methoxy-benzoyloxy]-, [methoxy-
formyl-phenylester] **10** 324

Benzoesäure, Methoxy-benzyl- **10** 1183
—, [Methoxy-benzyl]- **10** 1182
—, [Methoxy-benzyl]-, äthylester
    10 1182, 1183
—, Methoxy-benzyloxy- **10** 1372, 1405, 1406
—, Methoxy-benzyloxy-, anhydrid **10** 1424
—, Methoxy-benzyloxy-, methylester
    10 1411
—, Methoxy-benzyloxy-, nitril **10** 1367
—, Methoxy-benzyloxy-methyl-formyl-,
    methylester **10** 4538
—, [Methoxy-benzylsulfon]- **10** 388
—, Methoxy-bis-äthoxycarbonyloxy-
    pentyl- **10** 2137
—, Methoxy-bis-äthoxycarbonyloxy-
    pentyl-, methylester **10** 2139
—, Methoxy-bis-äthoxycarbonyloxy-
    propyl- **10** 2131
—, Methoxy-bis-methoxycarbonyloxy-
    10 2075
—, Methoxy-bis-methoxycarbonyloxy-,
    chlorid **10** 2090
—, Methoxy-[brom-isobutyryl]- **10** 4258
—, Methoxy-brommethyl-, äthylester
    10 514
—, Methoxy-butenyl- **10** 878
—, Methoxy-butyl- **10** 624, 625
—, Methoxy-butyl-, amid **10** 624
—, Methoxy-butyl-, nitril **10** 624
—, Methoxy-*tert*-butyl- **10** 627, 628
—, Methoxy-carbonyl-di- **10** 4779, 4780
—, Methoxy-carbonyl-di-, dimethylester
    10 4780
—, Methoxycarbonylmethoxy-,
    methylester **10** 299
—, Methoxycarbonylmethyl- **9** 4266
—, Methoxycarbonylmethylmercapto-
    10 224
—, [Methoxycarbonyl-naphthyl]- **9** 4672
—, Methoxycarbonyloxy- **10** 105
—, [Methoxycarbonyl-propionyloxy]-,
    methylester **10** 113
—, Methoxy-[carboxy-äthoxy]- **10** 1373
—, Methoxy-carboxymethoxy- **10** 1373
—, Methoxy-[carboxy-phenoxy]- **10** 1385,
    1409
—, Methoxy-[carboxy-phenylsulfon]- **10** 1391
—, Methoxy-chloräthinyl- **10** 990
—, {Methoxy-[(chlor-äthoxy)-äthoxy]-
    benzoyl}- **10** 4670
—, Methoxy-[chlorformyl-phenoxy]-,
    chlorid **10** 1426
—, Methoxy-[chlor-hydroxy-oxo-
    phthalanyl]- **10** 4780
—, Methoxy-[chlor-methyl-phenoxy]-
    10 1372, 1385
—, Methoxy-cyanmethyl- **10** 2205, 2206
—, Methoxy-[cyan-phenoxy]-, nitril
    10 1430

Benzoesäure, Methoxy-cyclohexyl- **10** 905
—, Methoxy-cyclohexyl-, amid **10** 905
—, Methoxy-cyclohexyl-, nitril **10** 905
—, Methoxy-diacetoxy- **10** 2075
—, Methoxy-diacetoxy-, chlorid **10** 2090
—, Methoxy-diacetoxy-[dichlor-
    diacetoxy-methyl-benzoyl]-,
    methylester **10** 4851
—, Methoxy-diacetoxy-dimethyl- **10** 2125
—, Methoxy-diacetoxy-dimethyl-,
    methylester **10** 2126
—, Methoxy-diacetoxy-methyl- **10** 2105
—, Methoxy-diacetoxy-methyl-,
    methylester **10** 2107
—, Methoxy-diacetoxy-methyl-oxy-di-,
    methylester **10** 2064
—, Methoxy-diäthoxy-, diäthylamid
    10 2093
—, Methoxy-[diäthylamino-äthoxy]-allyl-,
    äthylester **10** 1858
—, Methoxy-[diäthylamino-äthoxy]-
    butenyl-, methylester **10** 1860
—, Methoxy-dibenzyloxy- **10** 2074
—, Methoxy-dibenzyloxy-, chlorid
    10 2089
—, Methoxy-dibenzyloxy-, methylester
    10 2077
—, Methoxy-[dichlor-äthyl]- **10** 571,
    574, 576
—, Methoxy-[dichlor-äthyl]-,
    äthylester **10** 571
—, Methoxy-[dichlor-äthyl]-,
    methylester **10** 571, 576
—, Methoxy-[dichlor-vinyl]- **10** 859,
    860, 861
—, Methoxy-[dichlor-vinyl]-,
    äthylester **10** 859
—, Methoxy-[dichlor-vinyl]-, amid
    10 862
—, Methoxy-[dichlor-vinyl]-,
    methylester **10** 859, 862
—, Methoxy-[dihydroxy-dimethyl-phenoxy]-
    methyl- **10** 1512
—, Methoxy-[dihydroxy-dimethyl-phenoxy]-
    methyl-, methylester **10** 1513
—, Methoxy-[dihydroxy-methyl-formyl-
    phenoxy]-methyl- **10** 1513
—, Methoxy-[dihydroxy-pentadecyl]-,
    methylester **10** 2156
—, Methoxy-[dihydroxy-pentyl-carboxy-
    phenoxy]-valeryl- **10** 4561
—, Methoxy-[dihydroxy-pentyl-phenoxy]-
    valeryl- **10** 4560
—, Methoxy-[dihydroxy-pentyl-phenoxy]-
    valeryl-, methylester **10** 4561
—, Methoxy-[dimethoxy-carboxy-phenoxy]-
    methyl- **10** 2061
—, Methoxy-[dimethoxy-carboxy-phenoxy]-
    methyl-, methylester **10** 2063

Benzoesäure, Methoxy-[dimethoxy-dimethyl-benzoyloxy]-dimethyl-, methylester **10** 1544
—, Methoxy-[dimethoxy-dimethyl-benzoyloxy]-methyl-, methylester **10** 1540
—, Methoxy-[dimethoxy-dimethyl-phenoxy]-methyl- **10** 1513
—, Methoxy-[dimethoxy-dimethyl-phenoxy]-methyl-, methylester **10** 1514
—, Methoxy-[dimethoxy-methoxycarbonyl-phenoxy]-methyl- **10** 2062
—, Methoxy-[dimethoxy-methoxycarbonyl-phenoxy]-methyl-, methylester **10** 2063
—, Methoxy-[dimethoxy-methyl-benzoyloxy]-heptyl-, methylester **10** 1587
—, Methoxy-[dimethoxy-methyl-benzoyloxy]-methyl- **10** 1490
—, Methoxy-[dimethoxy-methyl-benzoyloxy]-methyl-, methylester **10** 1490
—, Methoxy-[dimethoxy-methyl-benzoyloxy]-methyl-, [triacetoxy-butylester] **10** 1490
—, Methoxy-[dimethoxy-methyl-benzoyloxy]-methyl-, [trihydroxy-butylester] **10** 1490
—, Methoxy-[dimethoxy-methyl-formyl-benzoyloxy]-dimethyl-, methylester **10** 4541
—, Methoxy-[dimethoxy-methyl-methoxycarbonyl-benzoyloxy]-dimethyl- **10** 2118
—, Methoxy-[dimethoxy-methyl-phenoxy]- **10** 1372, 1402
—, Methoxy-[dimethoxy-methyl-phenoxy]-, nitril **10** 1377
—, Methoxy-[dimethoxy-(oxo-heptyl)-benzoyloxy]-[oxo-heptyl]-, methylester **10** 4568
—, Methoxy-[dimethoxy-(oxo-heptyl)-benzoyloxy]-pentyl-, methylester **10** 4567
—, Methoxy-[dimethoxy-pentyl-benzoyloxy]-pentyl-, methylester **10** 1581
—, Methoxy-[dimethoxy-pentyl-benzoyloxy]-propyl-, methylester **10** 1580
—, Methoxy-[dimethoxy-pentyl-methoxycarbonyl-phenoxy]-valeryl-, methylester **10** 4562
—, Methoxy-[dimethoxy-pentyl-phenoxy]-valeryl- **10** 4561
—, Methoxy-[dimethoxy-pentyl-phenoxy]-valeryl-, methylester **10** 4561
—, Methoxy-[dimethoxy-propyl-benzoyloxy]-äthoxycarbonyloxy-pentyl- **10** 2138

Benzoesäure, Methoxy-[dimethoxy-propyl-benzoyloxy]-propyl-, methylester **10** 1563
—, Methoxy-dimethyl- **10** 582, 583, 584, 585, 586
—, Methoxy-dimethyl-, amid **10** 582
—, Methoxy-dimethyl-, nitril **10** 583, 584
—, [Methoxy-dimethyl-benzoyl]- **10** 4450
—, [Methoxy-dimethyl-naphthoyl]- **10** 4487
—, [Methoxy-dimethyl-naphthylmethyl]- **10** 1320
—, Methoxy-formyl- **10** 4207
—, Methoxy-formyl-, nitril **10** 4207
—, Methoxy-heptadecadienyl- **10** 1029
—, Methoxy-heptadecadienyl-, methylester **10** 1030
—, Methoxy-heptadecyl- **10** 686
—, Methoxy-heptadecyl-, methylester **10** 686
—, Methoxy-heptyl- **10** 655
—, Methoxy-heptyl-, amid **10** 655
—, Methoxy-heptyl-, methylester **10** 655
—, Methoxy-heptyl-, nitril **10** 655
—, Methoxy-hexenyl- **10** 900
—, Methoxy-hexyl- **10** 649
—, Methoxy-[hydroxy-benzyl]- **10** 1958
—, Methoxy-[hydroxy-isobutyryl]- **10** 4558
—, Methoxy-[hydroxy-methoxy-dimethyl-benzoyloxy]-dimethyl-, methylester **10** 1543
—, Methoxy-[hydroxy-methoxy-methyl-benzoyloxy]-methyl-, methylester **10** 1489
—, Methoxy-[hydroxy-methoxy-(oxo-heptyl)-benzoyloxy]-pentyl- **10** 4567
—, Methoxy-[hydroxy-methoxy-(oxo-heptyl)-benzoyloxy]-pentyl-, methylester **10** 4567
—, Methoxy-[hydroxy-methyl-benzyl]- **10** 1969
—, Methoxy-[hydroxy-oxo-phthalanyl]- **10** 4779, 4780
—, Methoxy-isobutyryl- **10** 4257
—, Methoxy-isobutyryl-, methylester **10** 4258
—, Methoxy-isopropyl- **10** 606, 607
—, Methoxy-isopropyl-, amid **10** 606
—, Methoxy-isopropyl-, methylester **10** 607
—, Methoxy-isopropyl-, nitril **10** 606
—, Methoxy-mercapto- **10** 1383, 1389, 1443, 1444, 1452
—, Methoxymethoxy-acetoxy- **10** 1408
—, Methoxy-[methoxy-äthoxycarbonyloxy-propyl-benzoyloxy]-äthoxycarbonyloxy-pentyl- **10** 2138

Benzoesäure, Methoxy-[methoxy-äthoxy-
    carbonyloxy-propyl-benzoyloxy]-
    äthoxycarbonyloxy-propyl- **10** 2132
—, Methoxy-[methoxy-benzoyl]- **10** 4667
—, Methoxy-[methoxy-benzoyl]-,
    methylester **10** 4667
—, Methoxymethoxy-benzoyloxy- **10** 1408,
    1409
—, Methoxy-[methoxy-benzoyloxy]-
    10 1409
—, Methoxy-[(methoxy-benzoyloxy)-
    benzoyloxy]- **10** 1409
—, Methoxy-[methoxycarbonyl-äthoxy]-,
    methylester **10** 1374
—, Methoxy-methoxycarbonylmethoxy-,
    methylester **10** 1374
—, Methoxy-methoxycarbonyloxy-methyl-,
    chlorid **10** 1500
—, Methoxy-methoxycarbonyloxy-methyl-,
    methylester **10** 1482
—, Methoxy-[methoxycarbonyl-phenoxy]-,
    methylester **10** 1412
—, Methoxy-[methoxy-carboxy-phenoxy]-
    10 1410
—, Methoxy-[methoxy-carboxy-phenoxy]-
    methyl- **10** 1479
—, Methoxy-[methoxy-carboxy-phenoxy]-
    vinyl- **10** 1850
—, Methoxy-[methoxy-(dimethoxy-methyl-
    benzoyloxy)-methyl-benzoyloxy]-
    methyl-, methylester **10** 1497
—, Methoxy-[methoxy-formyl-phenoxy]-
    10 1407
—, Methoxy-[methoxy-(hydroxy-dimethoxy-
    methyl-benzoyloxy)-methyl-
    benzoyloxy]-methyl-, methylester
    10 2109
—, Methoxy-methoxymethoxy-,
    methylester **10** 1412
—, Methoxy-[methoxy-methoxycarbonyl-
    phenoxy]-, methylester **10** 1413
—, Methoxy-[methoxy-methoxycarbonyl-
    phenoxy]-methyl-, methylester
    10 1479
—, Methoxy-[methoxy-(methoxy-
    veratroyloxy-benzoyloxy)-
    benzoyloxy]- **10** 1425
—, Methoxy-[methoxy-methyl-acetyl-
    phenoxy]- **10** 1407
—, Methoxy-[methoxy-methyl-acetyl-
    phenoxy]-, methylester **10** 1412
—, Methoxy-[methoxy-methyl-
    (semicarbazono-äthyl)-phenoxy]-,
    methylester **10** 1412
—, Methoxy-[methoxy-phenoxy]- **10** 1406
—, Methoxy-[methoxy-phenoxy]-,
    methylester **10** 1411
—, Methoxy-[methoxy-phenylsulfon]-
    10 1390

Benzoesäure, Methoxy-[methoxy-veratroyloxy-
    benzoyloxy]- **10** 1424
—, Methoxy-[methoxy-veratroyloxy-
    benzoyloxy]-, chlorid **10** 1427
—, Methoxy-[methoxy-veratroyloxy-
    benzoyloxy]-, [methoxy-formyl-
    phenylester] **10** 1424
—, Methoxy-methyl- **10** 494, 496, 497,
    512, 515, 516, 521, 528
—, Methoxy-methyl-, äthylester **10** 507,
    513, 522
—, Methoxy-methyl-, amid **10** 510
—, Methoxy-methyl-, butylester **10** 507
—, Methoxy-methyl-, chlorid **10** 494,
    496, 528
—, Methoxy-methyl-, hydrazid **10** 510
—, Methoxy-methyl-, isopropylester **10** 507
—, Methoxy-methyl-, methylester **10** 506,
    521
—, Methoxy-methyl-, nitril **10** 510, 518
—, Methoxymethyl- **10** 500, 528
—, Methoxymethyl-, methylester **10** 528
—, Methoxymethyl-, nitril **10** 530
—, Methoxy-[methyl-acryloyl]- **10** 4340
—, Methoxy-methyl-äthyl-, nitril **10** 613
—, Methoxy-[methyl-allyl]- **10** 880
—, [Methoxy-methyl-benzoyl]- **10** 4439,
    4440, 4441
—, Methoxy-methyl-bis-carboxymethyl-
    10 2576
—, Methoxy-methyl-carbonyl-di- **10** 4782
—, Methoxy-methyl-carbonyl-di-,
    dimethylester **10** 4783
—, Methoxy-methyl-chloräthinyl- **10** 990
—, Methoxy-methyl-[chlor-vinyl]- **10** 872
—, Methoxy-methyl-[dichlor-äthyl]-
    10 611, 612, 613
—, Methoxy-methyl-[dichlor-vinyl]-
    10 872, 873
—, Methoxy-methyl-diformyl- **10** 4604
—, Methoxy-methyl-[dimethoxy-
    methoxycarbonyl-benzyl]-,
    methylester **10** 2587
—, Methoxy-methyl-[hydroxy-methoxy-
    benzoyl]- **10** 4767
—, Methoxy-methyl-[hydroxy-oxo-
    phthalanyl]- **10** 4782
—, Methoxy-methyl-isopropyl- **10** 631
—, Methoxy-methyl-isopropyl-, amid
    10 631
—, [Methoxy-methyl-isopropyl-benzoyl]-
    10 4459
—, Methoxy-methylmercapto- **10** 1383,
    1389, 1443, 1444, 1452
—, Methoxy-[methyl-pentenyl]- **10** 900
—, Methoxy-[methyl-pentyl]- **10** 650
—, Methoxy-methylsulfon- **10** 1369,
    1381, 1383, 1388, 1389, 1443,
    1445, 1452

Benzoesäure, Methoxy-methyl-[trichlor-
  hydroxy-äthyl]- 10 1568
—, Methoxy-naphthoyl- 10 4482
—, [Methoxy-naphthoyl]- 10 4481, 4483
—, [Methoxy-naphthoyl]-, methylester
  10 4481
—, Methoxy-naphthyl- 10 1314
—, Methoxy-naphthyl-, methylester
  10 1314
—, Methoxy-naphthyl-, nitril 10 1314
—, [Methoxy-naphthyl]- 10 1313
—, [Methoxy-naphthyl]-, äthylester
  10 1313
—, [Methoxy-naphthyl]-, methylester
  10 1313
—, [Methoxy-naphthylmercapto]- 10 218
—, [Methoxy-naphthylmethyl]-
  10 1316, 1317
—, Methoxy-[nitro-benzoyloxy]-,
  methylester 10 1364
—, Methoxy-[oxo-äthyl]- 10 4228
—, Methoxy-oxy-di- 10 1385, 1409
—, Methoxy-oxy-di-, dimethylester
  10 1412
—, Methoxy-pentadecenyl-, methylester
  10 949
—, Methoxy-pentadecyl- 10 678
—, Methoxy-pentadecyl-, methylester
  10 678
—, Methoxy-pentenyl- 10 890
—, Methoxy-phenoxy- 10 1372, 1385,
  1405, 1447
—, Methoxy-phenoxy-, **äthylester**
  10 1386
—, Methoxy-phenoxy-, methylester
  10 1411
—, [Methoxy-phenoxy]- 10 101, 102, 293
—, [Methoxy-phenoxy]-, äthylester 10 305
—, [Methoxy-phenoxy]-, hydrazid 10 357
—, [Methoxy-phenoxy]-, methylester
  10 299
—, [Methoxy-phenoxy]-, nitril 10 347
—, Methoxy-phenylsulfon- 10 1389
—, Methoxy-[propyl-allyl]- 10 901
—, Methoxy-sulfonyl-di- 10 1391
—, Methoxy-[tetrachlor-äthyl]- 10 576, 577
—, Methoxy-[tetrachlor-äthyl]-,
  methylester 10 576, 577
—, Methoxy-[tetrahydro-naphthyl]-,
  nitril 10 1280
—, Methoxy-[trichlor-acetoxy-äthyl]-
  10 1532
—, Methoxy-[trichlor-äthyl]- 10 575
—, Methoxy-[trichlor-äthyl]-,
  äthylester 10 575
—, Methoxy-[trichlor-äthyl]-, amid
  10 575
—, Methoxy-[trichlor-äthyl]-, chlorid
  10 575

Benzoesäure, Methoxy-[trichlor-hydroxy-
  äthyl]- 10 1531
—, Methoxy-[trichlor-hydroxy-äthyl]-,
  äthylester 10 1532
—, Methoxy-[trichlor-hydroxy-äthyl]-,
  amid 10 1532
—, Methoxy-[trichlor-hydroxy-äthyl]-,
  methylester 10 1532
—, Methoxy-trichlorvinyl- 10 861, 862
—, Methoxy-trichlorvinyl-, methylester
  10 862
—, Methoxy-trifluormethyl-, nitril
  10 523
—, Methoxy-[trihydroxy-oxo-methyl-
  phthalanyloxy]-methyl-formyl- 10 4721
—, Methoxy-trimethyl- 10 614
—, Methoxy-trimethyl-, amid 10 615
—, Methoxy-trimethyl-, chlorid 10 615
—, Methoxyvanadyloxy-, methylester
  10 115
—, Methoxy-veratroyloxy- 10 1423
—, Methoxy-veratroyloxy-, chlorid
  10 1427
—, Methoxy-veratroyloxy-, [methoxy-
  formyl-phenylester] 10 1423
—, Methyl- 9 2298, 2318, 2334
—, Methyl-, äthylamid 9 2344
—, Methyl-, [äthylamino-äthylester]
  9 2342
—, Methyl-, äthylester 9 2301, 2320, 2337
—, Methyl-, [äthylester-imin] 9 2348
—, Methyl-, [äthylester-oxim] 9 2351
—, Methyl-, allylester 9 2302
—, Methyl-, amid 9 2304, 2322, 2343
—, Methyl-, [amid-(äthoxycarbonylacetyl-
  oxim)] 9 2352
—, Methyl-, [amid-imin] 9 2325, 2350
—, Methyl-, [amid-(phenylacetyl-oxim)]
  9 2352
—, Methyl-, [amino-äthylamid] 9 2347
—, Methyl-, anhydrid 9 2303, 2321, 2341
—, Methyl-, azid 9 2354
—, Methyl-, benzylester 9 2302, 2321, 2338
—, Methyl-, benzylidenhydrazid 9 2353
—, Methyl-, [brom-äthylidenamid]
  9 2346
—, Methyl-, bromamid 9 2348
—, Methyl-, [brom-benzylester] 9 2302,
  2338
—, Methyl-, bromid 9 2304, 2322, 2343
—, Methyl-, [bromid-imin] 9 2348
—, Methyl-, [brom-vinylamid] 9 2346
—, Methyl-, [butylamino-äthylester]
  9 2342
—, Methyl-, chlorid 9 2304, 2321, 2342
—, Methyl-, [chlorid-imin] 9 2348
—, Methyl-, [chlorid-(methyl-
  benzylidenhydrazon)] 9 2353
—, Methyl-, [chlorid-methylimin] 9 2348

Benzoesäure, Methyl-, cholestanylester
9 2302, 2338
—, Methyl-, cholestenylester 9 2303, 2339
—, Methyl-, diäthylamid 9 2305
—, Methyl-, [dibutylamid-imin] 9 2307
—, Methyl-, [dichlor-äthylidenamid]
9 2344
—, Methyl-, [dichlor-vinylamid] 9 2344
—, Methyl-, dodecylamid 9 2305, 2322
—, Methyl-, fluorid 9 2303, 2321, 2342
—, Methyl-, hydrazid 9 2308, 2326, 2352
—, Methyl-, hydroxyamid 9 2325, 2350
—, Methyl-, [isobutylamino-äthylester]
9 2342
—, Methyl-, isopropylester 9 2301
—, Methyl-, [jodid-imin] 9 2348
—, Methyl-, methylamid 9 2344
—, Methyl-, [methyl-butylester] 9 2301
—, Methyl-, methylester 9 2301, 2320, 2337
—, Methyl-, [methyl-heptylester]
9 2302, 2321, 2337
—, Methyl-, nitril 9 2307, 2324, 2348
—, Methyl-, octadecylamid 9 2305, 2322
—, Methyl-, [oxo-methyl-phenyl-
propylidenhydrazid] 9 2308,
2326, 2353
—, Methyl-, *tert*-pentylamid 9 2305, 2344
—, Methyl-, phenylester 9 2321, 2338
—, Methyl-, [phenyl-phenacylester]
9 2303, 2321, 2340
—, Methyl-, propylester 9 2337
—, Methyl-, [tetrachlor-äthylamid]
9 2306, 2324, 2345
—, Methyl-, *p*-tolylester 9 2338
—, Methyl-, [tribrom-hydroxy-äthylamid]
9 2346
—, Methyl-, [trichlor-äthoxy-äthylamid]
9 2305, 2323, 2345
—, Methyl-, [trichlor-amino-äthylamid]
9 2306, 2324, 2345
—, Methyl-, [trichlor-hydroxy-
äthylamid] 9 2305, 2322, 2344
—, Methyl-, [trichlor-methoxy-
äthylamid] 9 2305, 2323, 2344
—, Methyl-, [trichlor-phenoxy-
äthylamid] 9 2305, 2323, 2345
—, Methyl-, [trichlor-*o*-tolyloxy-
äthylamid] 9 2323
—, Methyl-, triphenylmethylester
9 2339
—, Methyl-acetohydroximoyl- 10 3058
—, Methyl-acetyl- 10 3058
—, Methyl-acetyl-, methylester 10 3058
—, Methyl-äthyl- 9 2486
—, Methyl-äthyl-, chlorid 9 2486
—, Methyl-äthyl-, nitril 9 2486
—, [Methyl-allyloxy]- 10 287
—, [Methyl-allyloxy]-, äthylester 10 303
—, Methyl-benzhydryl- 9 3605

Benzoesäure, [Methyl-benzhydryl]- 9 3605
—, Methyl-benzoyl- 10 3313, 3314, 3319
—, Methyl-benzoyl-, methylester
10 3313, 3315
—, Methyl-benzoyl-, nitril 10 3319, 3320
—, [Methyl-benzyl]- 9 3347
—, [Methyl-benzyloxy]- 10 101, 292
—, [Methyl-benzylsulfon]- 10 388
—, [Methyl-biphenylyl]- 9 3593
—, Methyl-brommethyl-, nitril 9 2446
—, [Methyl-butenyloxy]- 10 287
—, [Methyl-butenyloxy]-, äthylester
10 287, 303
—, [Methyl-butyl]- 9 2551
—, [Methyl-butyloxy]- 10 284
—, Methyl-*tert*-butyl- 9 2558
—, Methyl-carbamoyl- 9 4274
—, Methyl-[carboxy-äthyl]- 9 4311
—, Methyl-carboxymethyl-isopropyl-
9 4339
—, Methyl-[chlor-benzoyl]- 10 3315
—, Methyl-[chlor-hydroxy-benzoyl]-
10 4436, 4437, 4438, 4439
—, Methyl-chlormethyl-, nitril 9 2445
—, Methyl-cyan- 9 4271, 4273, 4274
—, Methyl-cyan-, äthylester 9 4273
—, Methyl-cyan-, methylester 9 4272, 4273
—, Methyl-dibenzoyl- 10 3673
—, Methyl-[dihydroxy-benzoyl]- 10 4673
—, Methyl-[dihydroxy-pentyl-phenyl]-
10 1985
—, Methylen-di- 9 4526
—, [Methyl-heptylmercapto]-, chlorid
10 274
—, [Methyl-heptyloxy]- 10 285
—, [Methyl-heptyloxy]-, äthylester
10 302
—, [Methyl-heptyloxy]-, chlorid 10 338
—, Methyl-[hydroxy-benzoyl]- 10 4436,
4438
—, Methyl-[hydroxyimino-methyl-propyl]-
10 3088
—, Methyl-hydroxymethyl- 10 584, 586
—, Methyl-isopropyl- 9 2531
—, Methyl-isopropyl-, äthylester
9 2531, 2532
—, Methyl-isopropyl-, amid 9 2531
—, Methyl-isopropyl-, methylester
9 2531, 2532
—, [Methyl-isopropyl-benzoyl]- 10 3354
—, [Methyl-isopropyl-phenoxy]- 10 101
—, Methylmercapto- 10 213, 265, 385
—, Methylmercapto-, [äthylamid-imin]
10 409
—, Methylmercapto-, [äthylester-imin]
10 402
—, Methylmercapto-, amid 10 401
—, Methylmercapto-, [amid-äthylimin]
10 409

Benzoesäure, Methylmercapto-, [amid-imin]
10 407
—, Methylmercapto-, [amid-(methyl-
decylimin)] 10 409
—, Methylmercapto-, [amid-oxim] 10 413
—, Methylmercapto-, [benzoylamid-oxim]
10 413
—, Methylmercapto-, chlorid 10 274, 399
—, Methylmercapto-, [diäthylamino-
äthylester] 10 273
—, Methylmercapto-, [diäthylamino-
propylester] 10 273
—, Methylmercapto-, dimethylamid
10 232
—, Methylmercapto-, menthylester
10 228
—, Methylmercapto-, methylamid 10 232
—, Methylmercapto-, [methylamid-oxim]
10 234
—, Methylmercapto-, [(methyl-decylamid)-
imin] 10 409
—, Methylmercapto-, methylester 10 271
—, Methylmercapto-, [methyl-isopropyl-
cyclohexylester] 10 228
—, Methylmercapto-, nitril 10 402
—, [Methylmercapto-äthylsulfon]-
10 389
—, Methylmercapto-methyl- 10 515
—, Methylmercapto-methyl-, chlorid
10 515
—, Methylmercaptomethyl-, [amid-imin]
10 533
—, Methylmercaptomethyl-, nitril
10 533
—, [Methylmercapto-naphthoyl]- 10 4482
—, Methylmercuriomercapto- 10 213
—, Methyl-naphthoyl- 10 3433, 3434
—, [Methyl-naphthoyl]- 10 3434, 3435, 3436
—, [Methyl-naphthoyl]-, methylester
10 3435, 3436
—, Methyl-naphthyl- 9 3556
—, [Methyl-naphthyl]- 9 3557
—, Methyl-[naphthyl-äthyl]- 9 3566
—, [(Methyl-naphthyl)-äthyl]- 9 3567
—, [(Methyl-naphthyl)-äthyl]-, amid
9 3567
—, [Methyl-naphthylmethyl]- 9 3561
—, Methyl-[oxo-dimethyl-propyl]-
10 3100
—, Methyl-[oxo-methyl-propyl]- 10 3088
—, [Methyl-pentyloxy]- 10 285
—, [Methyl-phenacyl]- 10 3330
—, [Methyl-phenyl-äthyl]-, amid
9 3367
—, [Methyl-phenyl-äthyl]-, nitril 9 3367
—, Methyl-salicyloyl- 10 4436, 4438
—, Methylseleno- 10 240, 276, 420
—, Methylseleno-, methylester 10 240,
277, 421

Benzoesäure, Methyl-[semicarbazono-äthyl]-
10 3058
—, Methyl-[semicarbazono-äthyl]-,
methylester 10 3058
—, Methylsulfin- 10 385
—, Methylsulfon- 10 214, 266, 385
—, Methylsulfon-, [äthylamid-imin]
10 409
—, Methylsulfon-, [äthylester-imin]
10 402
—, Methylsulfon-, amid 10 401
—, Methylsulfon-, [amid-äthylimin]
10 409
—, Methylsulfon-, [amid-imin] 10 276, 407
—, Methylsulfon-, [amid-methylimin]
10 408
—, Methylsulfon-, [amid-oxim] 10 413
—, Methylsulfon-, chlorid 10 400
—, Methylsulfon-, [diäthylamid-imin]
10 409
—, Methylsulfon-, [dimethylamid-imin]
10 408
—, Methylsulfon-, menthylester 10 229
—, Methylsulfon-, methylamid 10 401
—, Methylsulfon-, [methylamid-imin]
10 408
—, Methylsulfon-, [methylamid-
methylimin] 10 408
—, Methylsulfon-, methylester 10 393
—, Methylsulfon-, [methyl-isopropyl-
cyclohexylester] 10 229
—, Methylsulfon-, nitril 10 234, 275, 403
—, [Methylsulfon-äthylsulfon]- 10 389
—, Methylsulfonmethyl-, [amid-imin]
10 534
—, Methylsulfonmethyl-, nitril 10 533
—, [Methyl-*p*-terphenylyl]- 9 3679
—, [(Methyl-tetrahydro-naphthyl)-äthyl]-
9 3489
—, [(Methyl-tetrahydro-naphthyl)-
methyl]- 9 3486
—, Methyl-tetraphenyl- 9 3693
—, Methyl-tetraphenyl-, äthylester
9 3693
—, Methyl-*o*-toluoyl- 10 3332, 3334
—, Methyl-*o*-toluoyl-, methylester
10 3332
—, Methyl-triphenyl- 9 3679, 3680
—, Methyl-triphenyl-, methylester
9 3680
—, [Methyl-undecylmercapto]- 10 212
—, *p*-Myceloxy- 10 288
—, Myristoyloxy- 10 105
—, Naphthalindicarbonyl-di- 10 4097
—, Naphthalindiyldimercapto-di- 10 218
—, Naphthoyl- 10 3425, 3429
—, Naphthoyl-, äthylester 10 3426
—, Naphthoyl-, benzylester 10 3426
—, Naphthoyl-, butylester 10 3426

Benzoesäure, Naphthoyl-, cyclohexylester
10 3426
—, Naphthoyl-, methylester 10 3426
—, Naphthyl- 9 3548, 3550
—, Naphthyl-, methylester 9 3548, 3550
—, Naphthyl-, nitril 9 3550
—, [Naphthyl-äthyl]- 9 3560
—, Naphthylmercapto- 10 215
—, Naphthylmethyl- 9 3554, 3555
—, Naphthylmethyl-, hydrazid 9 3555
—, Naphthylmethyl-, nitril 9 3555
—, Naphthyloxy- 10 101
—, [Naphthyl-propyl]- 9 3566
—, Nitro- 9 1466, 1489, 1537
—, Nitro-, [acetyl-naphthylester]
9 1510, 1676
—, Nitro-, [acetyl-phenylester]
9 1475, 1509, 1674
—, Nitro-, [äthinyl-cyclohexylester]
9 1577
—, Nitro-, [äthinyl-cyclooctylester]
9 1577
—, Nitro-, [äthinyl-decahydro-
naphthylester] 9 1596
—, Nitro-, [äthinyl-phenylester]
9 1608
—, Nitro-, [äthoxy-äthylester] 9 1618
—, Nitro-, [äthoxy-äthyl-phenylester]
9 1505
—, Nitro-, [äthoxy-butyl-phenylester]
9 1506
—, Nitro-, [äthoxy-methyl-phenylester]
9 1505
—, Nitro-, [äthoxy-propyl-phenylester]
9 1506
—, Nitro-, [äthyl-acetyl-phenylester]
9 1675
—, Nitro-, äthylamid 9 1710
—, Nitro-, [äthyl-butenylester] 9 1552
—, Nitro-, [äthyl-butylester] 9 1547
—, Nitro-, [äthyl-cyclohexylester]
9 1557
—, Nitro-, [äthyl-cyclopentylester]
9 1556
—, Nitro-, [äthyl-decahydro-
naphthylester] 9 1576
—, Nitro-, äthylester 9 1469, 1493, 1541
—, Nitro-, [äthyl-(hydroxy-*tert*-
butyl)-amid] 9 1719
—, Nitro-, äthylidenhydrazid 9 1481,
1524, 1752
—, Nitro-, [äthyl-phenyl-allylester]
9 1603, 1604
—, Nitro-, [äthyl-phenylester] 9 1587
—, Nitro-, [äthyl-phenyl-pentylester]
9 1596
—, Nitro-, [äthyl-propylester] 9 1546
—, Nitro-, [(äthyl-propyl)-(hydroxy-
isobutyl)-amid] 9 1721

Benzoesäure, Nitro-, [äthylsulfon-äthylester]
9 1622
—, Nitro-, allylester 9 1470, 1494, 1550
—, Nitro-, allylidenhydrazid 9 1483,
1526, 1753
—, Nitro-, amid 9 1477, 1515, 1710
—, Nitro-, [amid-imin] 9 1480, 1748
—, Nitro-, [amid-methylimin] 9 1749
—, Nitro-, [amid-oxim] 9 1751
—, Nitro-, [amino-äthylester] 9 1687
—, Nitro-, [amino-butylester] 9 1698
—, Nitro-, [amino-diäthylamino-
isopropylester] 9 1697
—, Nitro-, [amino-isobutylester]
9 1699
—, Nitro-, anhydrid 9 1476, 1510, 1684
—, Nitro-, azid 9 1489, 1536, 1758
—, Nitro-, [azid-(nitro-
benzylidenhydrazon)] 9 1537, 1759
—, Nitro-, benzhydrylidenhydrazid
9 1486, 1531
—, Nitro-, benzo[*def*]chrysenylester
9 1618
—, Nitro-, [benzoyl-propylester]
9 1674
—, Nitro-, benzylester 9 1472, 1497, 1586
—, Nitro-, benzylidenhydrazid 9 1485,
1529, 1754
—, Nitro-, [benzyloxy-methyl-pentyl-
isopropenyl-biphenylylester]
9 1653
—, Nitro-, bicyclopentylylester 9 1570
—, Nitro-, [bis-(chlor-äthyl)-amid]
9 1711
—, Nitro-, [bis-diäthylamino-
isopropylamid] 9 1745
—, Nitro-, [bis-diäthylamino-
isopropylester] 9 1698
—, Nitro-, [bis-dibutylamino-
isopropylester] 9 1698
—, Nitro-, [bis-dimethylamino-
isobutylester] 9 1701
—, Nitro-, [bis-dimethylamino-
isopropylester] 9 1697
—, Nitro-, [bis-dimethylamino-
neopentylester] 9 1704
—, Nitro-, [bis-dipropylamino-
isopropylester] 9 1698
—, Nitro-, [bis-(hydroxy-äthyl)-amid]
9 1716
—, Nitro-, [bis-triphenylmethoxy-
isopropylester] 9 1656
—, Nitro-, bornylester 9 1471, 1496, 1574
—, Nitro-, [bromäthinyl-
cyclohexylester] 9 1577
—, Nitro-, [brom-äthylamid] 9 1478,
1516, 1711
—, Nitro-, [brom-äthyl-phenylester]
9 1587

Benzoesäure, Nitro-, bromamid 9 1479, 1521, 1747
—, Nitro-, [brom-benzylester] 9 1472, 1497, 1586
—, Nitro-, [brom-butylester] 9 1544
—, Nitro-, [brom-cinnamylester] 9 1600
—, Nitro-, [brom-cyclohexylester] 9 1495, 1552
—, Nitro-, [brom-diäthyl-propinylester] 9 1564
—, Nitro-, [brom-diäthyl-stilbenylester] 9 1617
—, Nitro-, [brom-dimethoxy-benzylester] 9 1662
—, Nitro-, [brom-diphenyl-äthylester] 9 1615
—, Nitro-, bromid 9 1710
—, Nitro-, [brom-indanylester] 9 1600
—, Nitro-, [brom-methyl-cyclohexylester] 9 1554
—, Nitro-, [brom-methyl-phenylester] 9 1584
—, Nitro-, [brom-phenacylester] 9 1475, 1510, 1674
—, Nitro-, [brom-phenäthylester] 9 1588
—, Nitro-, [(brom-phenyl)-äthylidenhydrazid] 9 1485, 1530
—, Nitro-, [brom-phenylester] 9 1496, 1583
—, Nitro-, [brom-propylamid] 9 1478, 1712
—, Nitro-, butadienylester 9 1564
—, Nitro-, butenylester 9 1550
—, Nitro-, butenylidenhydrazid 9 1484, 1526, 1753
—, Nitro-, [butyl-allylester] 9 1554
—, Nitro-, butylamid 9 1478, 1712
—, Nitro-, [butylamino-äthylester] 9 1511, 1688
—, Nitro-, [sec-butylamino-äthylester] 9 1688
—, Nitro-, [butylamino-isobutylester] 9 1512, 1700
—, Nitro-, [sec-butylamino-isobutylester] 9 1700
—, Nitro-, [sec-butylamino-isopropylester] 9 1695
—, Nitro-, [butyl-cyclopentylester] 9 1559
—, Nitro-, butylester 9 1544
—, Nitro-, sec-butylester 9 1544
—, Nitro-, tert-butylester 9 1494, 1545
—, Nitro-, [butylester-imin] 9 1747
—, Nitro-, [butyl-(hydroxy-tert-butyl)-amid] 9 1720
—, Nitro-, [butyl-(hydroxy-isobutyl)-amid] 9 1720
—, Nitro-, butylidenhydrazid 9 1482, 1524, 1752
—, Nitro-, sec-butylidenhydrazid 9 1482, 1525

Benzoesäure, Nitro-, [tert-butylmercapto-methylamid] 9 1523
—, Nitro-, [butyloxy-äthylester] 9 1619
—, Nitro-, [sec-butyloxy-äthylester] 9 1619
—, Nitro-, [tert-butyloxy-äthylester] 9 1619
—, Nitro-, [butyloxy-äthyl-phenylester] 9 1505
—, Nitro-, [butyl-phenylester] 9 1593
—, Nitro-, [sec-butyl-phenylester] 9 1593
—, Nitro-, [tert-butyl-phenylester] 9 1593, 1594
—, Nitro-, [butylsulfon-äthylester] 9 1623
—, Nitro-, carvomenthylester 9 1560
—, Nitro-, [chlor-äthylamid] 9 1515, 1711
—, Nitro-, [chlor-äthylester] 9 1542
—, Nitro-, [chlor-äthyl-phenyl-pentenylester] 9 1605
—, Nitro-, [chlor-amino-isopropylester] 9 1697
—, Nitro-, [chlor-benzylidenhydrazid] 9 1485, 1529, 1754
—, Nitro-, [chlor-butylester] 9 1544
—, Nitro-, [chlor-cinnamylester] 9 1599
—, Nitro-, [chlor-diäthylamino-propylamid] 9 1745
—, Nitro-, [chlor-diphenyl-äthylester] 9 1615
—, Nitro-, [chlor-hydroxy-propylamid] 9 1717
—, Nitro-, [chlor-hydroxy-propylester] 9 1624
—, Nitro-, chlorid 9 1477, 1514, 1709
—, Nitro-, [chlorid-(nitro-benzylidenhydrazon)] 9 1536, 1758
—, Nitro-, [chlor-isobutylamid] 9 1713
—, Nitro-, [chlormethyl-pentylamid] 9 1714
—, Nitro-, [chlor-methyl-phenylester] 9 1497, 1583, 1585
—, Nitro-, [chlor-methyl-phenyl-pentenylester] 9 1604
—, Nitro-, [chlor-phenyl-äthylester] 9 1587
—, Nitro-, [chlor-phenylester] 9 1582
—, Nitro-, [chlor-phenyl-propylester] 9 1590
—, Nitro-, [chlor-propylester] 9 1543
—, Nitro-, cholestadienylester 9 1609, 1610
—, Nitro-, cholestanylester 9 1598
—, Nitro-, cholestatrienylester 9 1613
—, Nitro-, cholesterylester 9 1473, 1499, 1607
—, Nitro-, cinnamylester 9 1472, 1498, 1599

Benzoesäure, Nitro-, cinnamylidenhydrazid
9 1486, 1531, 1755
—, Nitro-, [cyan-äthylester] 9 1684
—, Nitro-, cyclodecylester 9 1559
—, Nitro-, cyclohexenylmethylester
9 1565
—, Nitro-, cyclohexylester 9 1552
—, Nitro-, cyclohexylidenhydrazid
9 1527
—, Nitro-, [cyclohexyl-phenyl-
äthylester] 9 1606
—, Nitro-, [cyclohexyl-phenylester]
9 1498, 1605
—, Nitro-, cyclooctylester 9 1556
—, Nitro-, cyclopentenylmethylester
9 1564
—, Nitro-, [cyclopentyl-äthylester]
9 1556
—, Nitro-, cyclopentylester 9 1552
—, Nitro-, cyclopentylidenhydrazid
9 1484, 1526, 1753
—, Nitro-, [cyclopentyl-phenyl-
propylester] 9 1606
—, Nitro-, cyclopropylester 9 1550
—, Nitro-, [decahydro-naphthylester]
9 1571
—, Nitro-, decylester 9 1548
—, Nitro-, decylidenhydrazid 9 1483
—, Nitro-, [diäthoxy-äthylamid] 9 1478
—, Nitro-, diäthylamid 9 1516, 1711
—, Nitro-, [diäthylamino-äthylamid]
9 1744
—, Nitro-, [diäthylamino-äthylester]
9 1476, 1511, 1687
—, Nitro-, [diäthylamino-butylester]
9 1699
—, Nitro-, [diäthylamino-*tert*-
butylester] 9 1513, 1702
—, Nitro-, [diäthylamino-dimethyl-
propylester] 9 1704
—, Nitro-, [diäthylamino-hydroxy-
propylamid] 9 1746
—, Nitro-, [diäthylamino-isobutylester]
9 1699
—, Nitro-, [diäthylamino-methylester]
9 1509, 1670
—, Nitro-, [diäthylamino-
neopentylester] 9 1704
—, Nitro-, [diäthylamino-octylester]
9 1705
—, Nitro-, [diäthylamino-pentylester]
9 1703
—, Nitro-, [diäthylamino-propylamid]
9 1744
—, Nitro-, [(diäthylamino-propylamino)-
propylamid] 9 1745
—, Nitro-, [diäthylamino-propylester]
9 1693
—, Nitro-, [diäthyl-phenylester] 9 1594

Benzoesäure, Nitro-, [diäthyl-propinylester]
9 1564
—, Nitro-, [dibrom-äthyl-phenylester]
9 1587
—, Nitro-, [dibrom-hydroxy-benzylester]
9 1639
—, Nitro-, [dibrom-methyl-phenylester]
9 1497, 1584, 1585
—, Nitro-, [dibutylamino-äthylester]
9 1688
—, Nitro-, [di-*sec*-butylamino-
äthylester] 9 1688
—, Nitro-, [dibutylamino-hydroxy-
propylamid] 9 1746
—, Nitro-, [dibutylamino-methylester]
9 1509, 1670
—, Nitro-, [dibutylamino-propylester]
9 1694
—, Nitro-, [dichlor-allylester] 9 1550
—, Nitro-, [dichlor-dimethyl-
allylester] 9 1551
—, Nitro-, [dichlor-methyl-allylester]
9 1550
—, Nitro-, [dichlor-propylamid] 9 1712
—, Nitro-, [dichlor-propylester]
9 1543
—, Nitro-, [dihydroxy-phenylester]
9 1660
—, Nitro-, [dihydroxy-propylester]
9 1655
—, Nitro-, [diisobutylamino-äthylester]
9 1688
—, Nitro-, [diisobutylamino-
propylester] 9 1694
—, Nitro-, [diisopentylamino-
äthylester] 9 1689
—, Nitro-, [diisopentylamino-
methylester] 9 1509, 1670
—, Nitro-, [diisopropylamino-
äthylester] 9 1688
—, Nitro-, [diisopropylamino-
propylester] 9 1694
—, Nitro-, [dijod-isopropylester]
9 1543
—, Nitro-, [dijod-propylester] 9 1543
—, Nitro-, [dimethoxy-acetyl-
phenylester] 9 1681
—, Nitro-, [dimethoxy-äthyl-
phenylester] 9 1662
—, Nitro-, [dimethoxy-benzylester]
9 1662
—, Nitro-, [dimethoxy-bibenzylylester]
9 1667
—, Nitro-, [dimethoxy-diäthyl-
bibenzylylester] 9 1667
—, Nitro-, [dimethoxy-methyl-
phenäthylester] 9 1664
—, Nitro-, [dimethoxy-phenäthylester]
9 1662, 1663

Benzoesäure, Nitro-, [dimethoxy-phenylester]
9 1660
—, Nitro-, [dimethoxy-propylester]
9 1655
—, Nitro-, [dimethyl-äthyl-heptylamid]
9 1714
—, Nitro-, [dimethyl-allylester]
9 1551
—, Nitro-, dimethylamid 9 1710
—, Nitro-, [dimethylamino-äthylamid]
9 1744
—, Nitro-, [dimethylamino-äthylester]
9 1687
—, Nitro-, [dimethylamino-*tert*-
butylester] 9 1476, 1513, 1701
—, Nitro-, [dimethylamino-dimethyl-
äthyl-propylester] 9 1705
—, Nitro-, [dimethylamino-dimethyl-
butylester] 9 1704
—, Nitro-, [dimethylamino-dimethyl-
butyl-propylester] 9 1705
—, Nitro-, [dimethylamino-dimethyl-
propylamid] 9 1746
—, Nitro-, [dimethylamino-dimethyl-
propylester] 9 1703
—, Nitro-, [dimethylamino-
isobutylester] 9 1701
—, Nitro-, [dimethylamino-
neopentylester] 9 1703
—, Nitro-, [dimethylamino-propylamid]
9 1744
—, Nitro-, [dimethylamino-propylester]
9 1693
—, Nitro-, [dimethylamino-trimethyl-
pentylester] 9 1705
—, Nitro-, [dimethyl-benzylester]
9 1593
—, Nitro-, [dimethyl-bicyclo[3.2.1]-
octylester] 9 1572
—, Nitro-, [dimethyl-butylidenhydrazid]
9 1525
—, Nitro-, [dimethyl-cyclohexylester]
9 1557
—, Nitro-, [dimethyl-
hexenylidenhydrazid] 9 1527
—, Nitro-, [dimethyl-hydroxymethyl-
phenylester] 9 1643
—, Nitro-, [dimethyl-isobutyl-
phenylester] 9 1596
—, Nitro-, [dimethyl-isopropyl-
cyclopentenylester] 9 1570
—, Nitro-, [dimethyl-isopropyl-
octahydro-naphthylester] 9 1581
—, Nitro-, [dimethyl-methylen-
norbornylester] 9 1579
—, Nitro-, [dimethyl-norbornylester]
9 1568
—, Nitro-, [dimethyl-octadienylester]
9 1568

Benzoesäure, Nitro-, [dimethyl-
octadienylidenhydrazid] 9 1528
—, Nitro-, [dimethyl-pentadecylamid]
9 1714
—, Nitro-, [dimethyl-phenylester]
9 1589, 1590
—, Nitro-, [dimethyl-propylamid]
9 1713
—, Nitro-, [dimethylsulfon-phenylester]
9 1474
—, Nitro-, [dioxo-methyl-isopropyl-
dihydro-phenanthrylester] 9 1680
—, Nitro-, [diphenyl-allylidenhydrazid]
9 1756
—, Nitro-, [diphenyl-cyclopentylester]
9 1616
—, Nitro-, dipropylamid 9 1712
—, Nitro-, [dipropylamino-äthylester]
9 1687
—, Nitro-, [dipropylamino-methylester]
9 1509, 1670
—, Nitro-, [dipropylamino-propylester]
9 1694
—, Nitro-, [ditrityloxy-isopropylester]
9 1656
—, Nitro-, dodecylester 9 1548
—, Nitro-, [dodecylester-imin] 9 1748
—, Nitro-, eicosylester 9 1550
—, Nitro-, ergostadienylester 9 1610
—, Nitro-, ergostanylester 9 1598
—, Nitro-, ergostenylester 9 1499,
1500, 1607
—, Nitro-, ergosterylester 9 1502, 1613
—, Nitro-, [fluor-benzylester] 9 1586
—, Nitro-, [fluor-phenacylester]
9 1475, 1510, 1674
—, Nitro-, [fluor-phenylester] 9 1582
—, Nitro-, [formyl-hydrazid] 9 1534
—, Nitro-, [formyl-phenylester] 9 1674
—, Nitro-, geranylester 9 1568
—, Nitro-, heptadecylester 9 1549
—, Nitro-, [heptylamino-äthylester]
9 1689
—, Nitro-, [heptyl-cyclopentylester]
9 1563
—, Nitro-, heptylester 9 1547
—, Nitro-, heptylidenhydrazid 9 1483,
1526, 1753
—, Nitro-, hexadecylester 9 1549
—, Nitro-, [hexahydro-indanylester]
9 1566, 1567
—, Nitro-, [hexahydro-4.7-methano-
indanylester] 9 1580
—, Nitro-, [hexahydro-4.7-methano-
indenylester] 9 1595
—, Nitro-, hexenylidenhydrazid 9 1527
—, Nitro-, [hexyl-allylester] 9 1558
—, Nitro-, [hexylamino-äthylester]
9 1689

Benzoesäure, Nitro-, hexylester **9** 1546
—, Nitro-, hexylidenhydrazid **9** 1483, 1525, 1753
—, Nitro-, hydrazid **9** 1481, 1524, 1751
—, Nitro-, hydrocinnamylester **9** 1591
—, Nitro-, [hydroxy-acetoxy-isopropylidenhydrazid] **9** 1533
—, Nitro-, [hydroxy-äthylamid] **9** 1714
—, Nitro-, [(hydroxy-äthyl)-butyl-amid] **9** 1716
—, Nitro-, [(hydroxy-äthyl)-heptyl-amid] **9** 1716
—, Nitro-, [(hydroxy-äthyl)-(methyl-heptyl)-amid] **9** 1716
—, Nitro-, [(hydroxy-äthyl)-octyl-amid] **9** 1716
—, Nitro-, hydroxyamid **9** 1481, 1522
—, Nitro-, [hydroxy-benzylidenhydrazid] **9** 1488
—, Nitro-, [(hydroxy-*tert*-butyl)-isopentyl-amid] **9** 1722
—, Nitro-, [(hydroxy-*tert*-butyl)-pentyl-amid] **9** 1721
—, Nitro-, [hydroxy-dimethyl-pentylamid] **9** 1724
—, Nitro-, [hydroxy-isobutylamid] **9** 1516, 1719
—, Nitro-, [(hydroxy-isobutyl)-isopentyl-amid] **9** 1722
—, Nitro-, [(hydroxy-isobutyl)-(methyl-heptyl)-amid] **9** 1723
—, Nitro-, [(hydroxy-isobutyl)-(methyl-hexyl)-amid] **9** 1723
—, Nitro-, [(hydroxy-isobutyl)-pentyl-amid] **9** 1721
—, Nitro-, [hydroxy-methoxy-benzylidenhydrazid] **9** 1757
—, Nitro-, [hydroxy-methyl-benzylidenhydrazid] **9** 1533, 1757
—, Nitro-, [hydroxy-methyl-*tert*-butyl-propylester] **9** 1631
—, Nitro-, [hydroxy-methyl-pentylamid] **9** 1724
—, Nitro-, [hydroxy-methyl-propylamid] **9** 1719
—, Nitro-, [hydroxy-phenylester] **9** 1636, 1637
—, Nitro-, [hydroxy-propyl-heptylamid] **9** 1724
—, Nitro-, [hydroxy-tetramethyl-butylester] **9** 1631
—, Nitro-, [hydroxy-trimethyl-norbornylester] **9** 1635
—, Nitro-, [hydroxy-trimethyl-propylamid] **9** 1724
—, Nitro-, [hydroxy-triphenylmethoxy-propylester] **9** 1655
—, Nitro-, [hydroxy-trityloxy-propylester] **9** 1655

Benzoesäure, Nitro-, indanylester **9** 1600, 1601
—, Nitro-, isobornylester **9** 1574
—, Nitro-, isobutylamid **9** 1712
—, Nitro-, [isobutylamino-äthylester] **9** 1511, 1688
—, Nitro-, [isobutylamino-isobutylester] **9** 1512, 1700
—, Nitro-, isobutylester **9** 1545
—, Nitro-, [isobutyl-(hydroxy-*tert*-butyl)-amid] **9** 1721
—, Nitro-, [isobutyl-(hydroxy-isobutyl)-amid] **9** 1721
—, Nitro-, isobutylidenhydrazid **9** 1525
—, Nitro-, [isobutyloxy-äthylester] **9** 1619
—, Nitro-, [isobutyl-phenyl-allylester] **9** 1605
—, Nitro-, isocarvomenthylester **9** 1560
—, Nitro-, isomenthylester **9** 1561, 1562
—, Nitro-, [isopentylamino-*tert*-butylester] **9** 1702
—, Nitro-, [isopentylamino-isobutylester] **9** 1701
—, Nitro-, [isopentylamino-isopropylester] **9** 1695
—, Nitro-, isopentylester **9** 1546
—, Nitro-, isopentylidenhydrazid **9** 1482, 1525, 1752
—, Nitro-, [isopentyloxy-äthylester] **9** 1620
—, Nitro-, [isopropylamino-äthylester] **9** 1687
—, Nitro-, [isopropylamino-butylester] **9** 1698
—, Nitro-, [isopropylamino-*tert*-butylester] **9** 1702
—, Nitro-, [isopropylamino-isopropylester] **9** 1695
—, Nitro-, [isopropyl-benzylester] **9** 1594
—, Nitro-, [isopropyl-benzylidenhydrazid] **9** 1531, 1755
—, Nitro-, [isopropyl-bicyclo[3.1.0]-hexylester] **9** 1567
—, Nitro-, [isopropyl-cyclohexenylester] **9** 1565
—, Nitro-, [isopropyl-cyclohexylester] **9** 1558
—, Nitro-, isopropylester **9** 1543
—, Nitro-, [isopropyl-(hydroxy-*tert*-butyl)-amid] **9** 1720
—, Nitro-, [isopropyl-(hydroxy-isobutyl)-amid] **9** 1720
—, Nitro-, isopropylidenhydrazid **9** 1482, 1524, 1752
—, Nitro-, [isopropyloxy-äthylester] **9** 1619
—, Nitro-, [isopropyloxy-methyl-phenyl-äthylester] **9** 1641

Benzoesäure, Nitro-, [isopropyloxy-phenyl-
propylester] 9 1641
—, Nitro-, [jod-benzylester] 9 1586
—, Nitro-, [jod-cyclohexylester]
9 1495, 1552
—, Nitro-, [jodid-imin] 9 1479, 1521
—, Nitro-, [jod-phenäthylester] 9 1589
—, Nitro-, [jod-phenylester] 9 1583
—, Nitro-, *p*-menthadienylester
9 1471, 1578
—, Nitro-, *p*-menthadienyliden-
hydrazid 9 1484, 1528
—, Nitro-, *p*-menthenylester 9 1568,
1569, 1570
—, Nitro-, menthylester 9 1471, 1495, 1561
—, Nitro-, *p*-menthylidenhydrazid
9 1527
—, Nitro-, [methallyl-phenylester]
9 1602
—, Nitro-, [methoxy-acetyl-phenylester]
9 1679
—, Nitro-, [methoxy-äthinyl-
cyclohexylester] 9 1636
—, Nitro-, [methoxy-äthylester]
9 1618
—, Nitro-, [methoxy-äthyl-phenylester]
9 1639, 1640
—, Nitro-, [methoxy-allyl-phenylester]
9 1647
—, Nitro-, [methoxy-benzylester]
9 1639
—, Nitro-, [methoxy-benzylidenhydrazid]
9 1533, 1756
—, Nitro-, [methoxy-butylester] 9 1626
—, Nitro-, [methoxy-cyclopropylester]
9 1670
—, Nitro-, [methoxy-dimethyl-
propylester] 9 1628
—, Nitro-, [methoxy-formyl-phenylester]
9 1679
—, Nitro-, [methoxy-hexahydro-
cyclopenta[*a*]phenanthrenylester]
9 1651
—, Nitro-, [methoxy-methoxymethyl-
butylester] 9 1660
—, Nitro-, [methoxy-methyl-äthyl-
phenylester] 9 1642
—, Nitro-, [methoxy-methyl-allyl-
phenylester] 9 1647
—, Nitro-, [methoxy-methyl-*sec*-butyl-
phenylester] 9 1645
—, Nitro-, [methoxy-methyl-
phenäthylester] 9 1642
—, Nitro-, [methoxy-methyl-phenylester]
9 1638
—, Nitro-, [methoxy-phenäthylester]
9 1640
—, Nitro-, [(methoxy-phenyl)-
äthylidenhydrazid] 9 1533, 1757

Benzoesäure, Nitro-, [methoxy-phenylester]
9 1504, 1637, 1638
—, Nitro-, [methoxy-propenyl-
phenylester] 9 1647
—, Nitro-, [methoxy-propyl-phenylester]
9 1640
—, Nitro-, [methoxy-tetrahydro-
naphthylester] 9 1648
—, Nitro-, [methoxy-trifluormethyl-
phenylester] 9 1638
—, Nitro-, [methoxy-trimethyl-
propylester] 9 1629
—, Nitro-, [methoxy-vinyl-phenylester]
9 1647
—, Nitro-, [methyl-äthinyl-
cyclohexylester] 9 1577
—, Nitro-, [methyl-äthyl-phenylester]
9 1592
—, Nitro-, [methyl-äthyl-tetrahydro-
naphthylester] 9 1606
—, Nitro-, methylamid 9 1710
—, Nitro-, [methylamid-imin] 9 1749
—, Nitro-, [methylamino-dimethyl-
propylester] 9 1703
—, Nitro-, [methylamino-neopentylester]
9 1703
—, Nitro-, [methyl-benzyl-butylester]
9 1596
—, Nitro-, [methyl-benzylester] 9 1589
—, Nitro-, [methyl-benzylidenhydrazid]
9 1530
—, Nitro-, [methyl-bis-methoxymethyl-
phenylester] 9 1509
—, Nitro-, [methyl-butenylester]
9 1470, 1494, 1551
—, Nitro-, [methyl-*tert*-butyl-
allylester] 9 1556
—, Nitro-, [methyl-butylester] 9 1546
—, Nitro-, [methyl-cinnamylester]
9 1603
—, Nitro-, [methyl-cyclohexyl-
äthylester] 9 1559
—, Nitro-, [methyl-cyclohexylester]
9 1470, 1554, 1555
—, Nitro-, [methyl-
cyclohexylidenhydrazid] 9 1527
—, Nitro-, [methyl-
cyclohexylmethylester] 9 1557
—, Nitro-, [methyl-cyclohexyl-
phenylester] 9 1498, 1499
—, Nitro-, [methyl-cyclopentylester]
9 1552, 1553
—, Nitro-, [methyl-decahydro-
naphthylester] 9 1575
—, Nitro-, [methyl-diisobutyl-
phenylester] 9 1597, 1598
—, Nitro-, methylenhydrazid 9 1751
—, Nitro-, methylester 9 1469, 1493, 1541
—, Nitro-, [methyl-heptylester] 9 1548

Benzoesäure, Nitro-, [methyl-heptyliden=
hydrazid] 9 1483, 1526, 1753

—, Nitro-, [methyl-hexylester] 9 1547

—, Nitro-, [methyl-(hydroxy-propyl)-
amid] 9 1718

—, Nitro-, [methyl-isopropyl-
cyclopentylester] 9 1559

—, Nitro-, [methyl-isopropyl-isobutyl-
phenylester] 9 1597

—, Nitro-, [methyl-isopropyl-
phenanthrylester] 9 1617

—, Nitro-, [methyl-isopropyl-
phenylester] 9 1594

—, Nitro-, [methylmercapto-
phenäthylester] 9 1640

—, Nitro-, [methyl-methallyl-
phenylester] 9 1604

—, Nitro-, [methyl-octadecylester]
9 1550

—, Nitro-, [methyl-pentylester] 9 1547

—, Nitro-, [methyl-pentylidenhydrazid]
9 1483

—, Nitro-, [methyl-phenyl-äthylester]
9 1590, 1591

--, Nitro-, [methyl-phenyl-allylester]
9 1601

—, Nitro-, [methyl-phenyl-
allylidenhydrazid] 9 1486, 1531, 1756

—, Nitro-, [methyl-phenyl-butylester]
9 1595

—, Nitro-, [methyl-phenyl-pentylester]
9 1595

—, Nitro-, [methyl-propylidenhydrazid]
9 1752

—, Nitro-, [methyl-(trimethyl-
cyclohexenyl)-allylidenhydrazid]
9 1528, 1529

—, Nitro-, [methyl-vinyl-
cyclohexylester] 9 1566

—, Nitro-, naphthylester 9 1502, 1612

—, Nitro-, neocarvomenthylester 9 1560

—, Nitro-, neoisocarvomenthylester
9 1560

—, Nitro-, neoisomenthylester 9 1561

—, Nitro-, neomenthylester 9 1562

—, Nitro-, neopentylester 9 1546

—, Nitro-, nitril 9 1479, 1521, 1748

—, Nitro-, [nitro-äthylester] 9 1542

—, Nitro-, [nitro-benzylidenhydrazid]
9 1485, 1529, 1754

—, Nitro-, [nitro-biphenylylester]
9 1614

—, Nitro-, [nitro-methyl-phenylester]
9 1584

—, Nitro-, [nitro-methyl-propylester]
9 1545

—, Nitro-, [(nitro-phenyl)-
äthylidenhydrazid] 9 1530, 1755

—, Nitro-, [nitro-phenylester] 9 1583

Benzoesäure, Nitro-, nonadecylester 9 1550

—, Nitro-, nonylester 9 1548

—, Nitro-, nonylidenhydrazid 9 1483,
1526, 1753

—, Nitro-, octadecylester 9 1549

—, Nitro-, [octylamino-äthylester]
9 1690

—, Nitro-, [octylamino-isobutylester]
9 1701

—, Nitro-, octylester 9 1548

—, Nitro-, octylidenhydrazid 9 1483,
1526, 1753

—, Nitro-, [octyl-phenylester] 9 1596

—, Nitro-, oleanenylester 9 1501, 1611

—, Nitro-, [oxo-äthyl-phenyl-
äthylester] 9 1674

—, Nitro-, [(oxo-butenyl)-hydrazid]
9 1486

—, Nitro-, [oxo-butylidenhydrazid]
9 1486

—, Nitro-, [oxo-cyclodecylester] 9 1672

—, Nitro-, [oxo-dimethyl-butylester]
9 1671

—, Nitro-, [oxo-dimethyl-isopropyl-
spiro[4.5]decylester] 9 1673

—, Nitro-, [oxo-heptylester] 9 1672

—, Nitro-, [oxo-hexylester] 9 1671

—, Nitro-, [oxo-isopropyl-phenyl-
propenylester] 9 1676

—, Nitro-, [(oxo-methyl-butenyl)-
hydrazid] 9 1756

—, Nitro-, [oxo-methyl-butylester]
9 1671

—, Nitro-, [oxo-methyl-
butylidenhydrazid] 9 1756

—, Nitro-, [oxo-methyl-cyclohexylester]
9 1672

—, Nitro-, [oxo-methyl-isopropyl-
cyclohexylester] 9 1672

—, Nitro-, [oxo-methyl-pentylester]
9 1671

—, Nitro-, [oxo-methyl-phenyl-
butylester] 9 1675

—, Nitro-, [oxo-methyl-phenyl-
pentenylester] 9 1676

—, Nitro-, [oxo-methyl-phenyl-
propylester] 9 1675

—, Nitro-, [oxo-methyl-phenyl-
propylidenhydrazid] 9 1487

—, Nitro-, [oxo-octylester] 9 1672

—, Nitro-, [oxo-pentamethyl-
norbornylester] 9 1673

—, Nitro-, [oxo-pentylester] 9 1670

—, Nitro-, [oxo-phenyl-benzyl-
propylester] 9 1677

—, Nitro-, [oxo-phenyl-butylester]
9 1675

—, Nitro-, [(oxo-phenyl-propenyl)-
hydrazid] 9 1487

Benzoesäure, Nitro-, [oxo-phenyl-
propylidenhydrazid] **9** 1487
—, Nitro-, [oxo-propyl-phenyl-
propylester] **9** 1675
—, Nitro-, [oxo-trimethyl-bicyclo-
[3.2.1]octenylester] **9** 1673
—, Nitro-, [oxo-trimethyl-
norbornylester] **9** 1673
—, Nitro-, [oxo-trimethyl-pentylester]
9 1672
—, Nitro-, pentadecylester **9** 1549
—, Nitro-, [pentamethyl-norbornylester]
9 1576
—, Nitro-, pentenylester **9** 1551
—, Nitro-, pentylamid **9** 1713
—, Nitro-, [pentylamino-äthylester]
9 1512, 1688
—, Nitro-, [pentylamino-isobutylester]
9 1512, 1700
—, Nitro-, pentylester **9** 1545
—, Nitro-, *tert*-pentylester **9** 1546
—, Nitro-, pentylidenhydrazid **9** 1482,
1525, 1752
—, Nitro-, [pentyloxy-äthylester]
9 1619
—, Nitro-, [*tert*-pentyloxy-
äthylester] **9** 1620
—, Nitro-, phenacylester **9** 1475, 1509
—, Nitro-, phenäthylester **9** 1588
—, Nitro-, [phenoxy-äthylester]
9 1620
—, Nitro-, [phenoxy-phenäthylester]
9 1640
—, Nitro-, [phenoxy-phenyl-äthylester]
9 1640
—, Nitro-, [phenylacetyl-butylester]
9 1675
—, Nitro-, [phenyl-äthylester] **9** 1587
—, Nitro-, [phenyl-äthylidenhydrazid]
9 1485, 1530, 1754
—, Nitro-, [phenyl-allylester] **9** 1600
—, Nitro-, [phenyl-benzyl-äthylester]
9 1615
—, Nitro-, [phenyl-butenylester]
9 1601, 1602
—, Nitro-, [phenyl-butinylester]
9 1608
—, Nitro-, [phenyl-butylester] **9** 1593
—, Nitro-, [phenyl-cyclohexylester]
9 1472, 1605
—, Nitro-, phenylester **9** 1471, 1496, 1581
—, Nitro-, [phenylmercapto-äthylester]
9 1623
—, Nitro-, [phenylmercapto-
isopropylester] **9** 1624
—, Nitro-, [phenylmercapto-propylester]
9 1625
—, Nitro-, [phenyl-phenacylester]
9 1475, 1510, 1676

Benzoesäure, Nitro-, [phenyl-propylester]
9 1590, 1591
—, Nitro-, [(phenyl-propylester)-imin]
9 1748
—, Nitro-, [phenylsulfon-äthylester]
9 1623
—, Nitro-, [phenylsulfon-
isopropylester] **9** 1625
—, Nitro-, [phenylsulfon-propylester]
9 1625
—, Nitro-, [phenyl-*o*-tolyl-
propylester] **9** 1615
—, Nitro-, pikrylester **9** 1583
—, Nitro-, pinanylester **9** 1573
—, Nitro-, pinenylester **9** 1578, 1579
—, Nitro-, propargylester **9** 1564
—, Nitro-, propinylester **9** 1564
—, Nitro-, propylamid **9** 1711
—, Nitro-, [propylamino-isobutylester]
9 1699
—, Nitro-, [propyl-butenylester]
9 1554
—, Nitro-, [propyl-cyclohexylester]
9 1558
—, Nitro-, [propyl-cyclopentylester]
9 1558
—, Nitro-, propylester **9** 1543
—, Nitro-, [propyl-(hydroxy-*tert*-
butyl)-amid] **9** 1719
—, Nitro-, [propyl-(hydroxy-isobutyl)-
amid] **9** 1719
—, Nitro-, propylidenhydrazid **9** 1482,
1524, 1752
—, Nitro-, [propyloxy-äthylester]
9 1619
—, Nitro-, [propyloxy-äthyl-
phenylester] **9** 1505
—, Nitro-, [propyloxy-butyl-
phenylester] **9** 1506
—, Nitro-, salicylidenhydrazid **9** 1488,
1533, 1756
—, Nitro-, 9.10-seco-
cholestatrienylester **9** 1609
—, Nitro-, 9.10-seco-
ergostatetraenylester **9** 1613
—, Nitro-, [semicarbazono-
cyclodecylester] **9** 1672
—, Nitro-, [semicarbazono-hexylester]
9 1671
—, Nitro-, [semicarbazono-pentylester]
9 1671
—, Nitro-, stigmastanylester **9** 1599
—, Nitro-, stigmastenylester **9** 1500, 1608
—, Nitro-, stigmasterylester **9** 1611
—, Nitro-, [sulfamoyl-äthylamid]
9 1744
—, Nitro-, taraxastenylester **9** 1611
—, Nitro-, *m*-terphenylylester
9 1618

Benzoesäure, Nitro-, *p*-terphenylylester
9 1618
—, Nitro-, tetradecylester 9 1549
—, Nitro-, [tetrahydro-naphthylester]
9 1603
—, Nitro-, thujenylester 9 1578
—, Nitro-, thujylester 9 1572
—, Nitro-, thujylidenhydrazid 9 1484
—, Nitro-, thujylidenhydrazon 9 1754
—, Nitro-, [*p*-tolyl-
äthylidenhydrazid] 9 1485, 1531, 1755
—, Nitro-, *m*-tolylester 9 1584
—, Nitro-, *o*-tolylester 9 1583
—, Nitro-, *p*-tolylester 9 1584
—, Nitro-, [triäthoxy-
benzylidenhydrazid] 9 1534
—, Nitro-, [triäthylammonio-
propylester] 9 1512
—, Nitro-, [tribrom-äthylester]
9 1470, 1494, 1542
—, Nitro-, [tribrom-methyl-phenylester]
9 1497, 1585
—, Nitro-, [tribrom-nitro-methoxy-
phenylester] 9 1504
—, Nitro-, [trichlor-äthylester]
9 1542
—, Nitro-, [trichlor-hydroxy-
propylamid] 9 1717
—, Nitro-, [trichlormethyl-propylester]
9 1545
—, Nitro-, [trichlor-nitro-
isopropylester] 9 1543
—, Nitro-, [trichlor-phenyl-äthylester]
9 1472, 1497, 1588
—, Nitro-, tridecylester 9 1549
—, Nitro-, [trijod-dimethyl-
phenylester] 9 1498
—, Nitro-, [trimethoxy-neopentylester]
9 1668
—, Nitro-, [trimethoxy-phenäthylester]
9 1668
—, Nitro-, [trimethyl-benzhydryl-
norbornylester] 9 1617
—, Nitro-, [trimethyl-benzylester]
9 1595
—, Nitro-, [trimethyl-
cyclohexenylester] 9 1566
—, Nitro-, [trimethyl-norbornylester]
9 1573, 1574
—, Nitro-, [trimethyl-pentenylester]
9 1556
—, Nitro-, [trimethyl-phenylester]
9 1592
—, Nitro-, [trimethyl-
propylidenhydrazid] 9 1525
—, Nitro-, [trinitro-
benzylidenhydrazid] 9 1530
—, Nitro-, [trinitro-phenylester]
9 1583

Benzoesäure, Nitro-, [triphenylmethoxy-
äthylester] 9 1620
—, Nitro-, [trityloxy-äthylester] 9 1620
—, Nitro-, undecylester 9 1548
—, Nitro-, [ureido-äthylester] 9 1692
—, Nitro-, ursenylester 9 1501, 1611
—, Nitro-, vanillylidenhydrazid 9 1534
—, Nitro-, veratrylidenhydrazid 9 1534
—, Nitro-, [vinyl-cyclohexylester]
9 1565
—, Nitro-, [2.3]xylylester 9 1589
—, Nitro-, [2.4]xylylester 9 1589
—, Nitro-, [2.5]xylylester 9 1590
—, Nitro-, [2.6]xylylester 9 1589
—, Nitro-, [3.4]xylylester 9 1589
—, Nitro-, [3.5]xylylester 9 1590
—, Nitro-acetoxy- 10 194, 378
—, Nitro-acetoxy-, chlorid 10 379
—, Nitro-acetoxy-, [trichlor-acetoxy-
äthylamid] 10 193
—, Nitro-[acetoxy-äthoxy]-, nitril
10 204
—, Nitro-[acetoxy-benzoyl]- 10 4428
—, Nitro-[acetoxy-methyl-
phenylmercapto]- 10 238, 416
—, Nitro-acetyl- 10 3027, 3031
—, Nitro-acetyl-, chlorid 10 3028
—, Nitro-acetyl-, methylester 10 3031
—, Nitro-acetyl-, nitril 10 3029, 3031
—, Nitro-äthoxy- 10 194, 198, 376
—, Nitro-äthoxy-, äthylester 10 195, 199
—, Nitro-äthoxy-, amid 10 197, 203, 380
—, Nitro-äthoxy-, chlorid 10 196
—, Nitro-äthoxy-, [diäthylamino-
äthylester] 10 379
—, Nitro-äthoxy-, methylester 10 195
—, Nitro-äthoxy-, nitril 10 204, 376, 380
—, Nitro-[äthoxycarbonyl-
methylmercapto]- 10 416
—, Nitro-äthoxy-methyl- 10 520
—, Nitro-äthyl-, [butylamino-
äthylester] 9 2432
—, Nitro-äthyl-, [isobutylamino-
äthylester] 9 2432
—, Nitro-äthylmercapto- 10 415
—, Nitro-äthylmercapto-, amid 10 418
—, Nitro-äthylmercapto-, chlorid 10 417
—, Nitro-äthylmercapto-, methylester
10 416
—, [Nitro-äthylmercapto-benzoyl]-
10 4432
—, Nitro-benzoyl- 10 3301, 3302, 3306
—, Nitro-benzoyl-, methylester 10 3306
—, [Nitro-benzoyl]- 10 3302
—, Nitro-[benzoyl-benzoyl]- 10 3671
—, [Nitro-benzoyl-benzoyl]- 10 3671
—, [Nitro-benzoyloxy]- 10 105, 295
—, [Nitro-benzoyloxy]-, methylester
10 112

Benzoesäure, [Nitro-benzoyloxy]-,
  phenylester **10** 130
—, Nitro-benzylmercapto- **10** 415
—, Nitro-benzylmercapto-, chlorid
  10 418
—, Nitro-benzylmercapto-, methylester
  10 416
—, [Nitro-benzylmercapto]- **10** 214, 215
—, Nitro-benzyloxy- **10** 198, 263
—, Nitro-benzyloxy-, äthylester **10** 199
—, Nitro-benzyloxy-, methylester
  10 378
—, [Nitro-benzyloxy]-, benzylester
  10 132
—, [Nitro-benzyloxy]-, [diäthylamino-
  äthylester] **10** 331
—, [Nitro-benzylsulfon]- **10** 387
—, [Nitro-benzylsulfon]-, nitril
  10 405
—, [Nitro-benzylsulfon]-,
  [nitro-benzylester] **10** 229
—, Nitro-brommethyl-, nitril **9** 2315
—, Nitro-[brom-phenoxy]- **10** 190
—, Nitro-[brom-phenylmercapto]- **10** 237
—, Nitro-[brom-phenylsulfon]- **10** 237
—, Nitro-*tert*-butyl- **9** 2525, 2526
—, Nitro-butyloxy-, nitril **10** 205
—, Nitro-*sec*-butyloxy-, nitril **10** 206
—, Nitro-[carboxy-cyclohexyl]- **9** 4413
—, Nitro-[chlor-benzoyl]- **10** 3303
—, Nitro-[chlor-benzoyl]-, methylester
  10 3303
—, Nitro-chlorcarbonyl-, methylester
  9 4233
—, Nitro-chlormethyl-, amid **9** 2315
—, Nitro-chlormethyl-, chlorid **9** 2315
—, Nitro-chlormethyl-, nitril **9** 2315
—, Nitro-[chlor-methyl-benzoyl]-
  10 3317
—, [Nitro-cinnamoyl]- **10** 3380
—, [Nitro-cinnamoyl]-, methylester
  10 3381
—, [Nitro-cinnamoyl]-, nitril **10** 3381
—, Nitro-cyan- **9** 4258
—, Nitro-cyan-, amid **9** 4248
—, Nitro-cyan-, methylester **9** 4248
—, Nitro-[cyan-phenoxy]-, nitril
  10 381
—, Nitro-[diacetoxy-propyloxy]-,
  nitril **10** 205
—, Nitro-diäthoxy- **10** 1381
—, Nitro-diäthoxy-, äthylester **10** 1381
—, Nitro-diäthoxyphosphinyloxy-,
  äthylester **10** 199
—, Nitro-[dichlor-phenoxy]- **10** 377
—, Nitro-dihydroxy- **10** 1369, 1380
—, Nitro-dihydroxy-, methylester
  10 1381
—, Nitro-dihydroxy-acetyl- **10** 4534

Benzoesäure, Nitro-dihydroxy-acetyl-,
  methylester **10** 4534
—, Nitro-dihydroxy-formyl-,
  methylester **10** 4516
—, Nitro-[dihydroxy-propyloxy]-,
  nitril **10** 204
—, Nitro-diisopropyl-, nitril **9** 2590
—, Nitro-dimethoxy- **10** 1380, 1384, 1441
—, Nitro-dimethoxy-, äthylester
  10 1451
—, Nitro-dimethoxy-, amid **10** 1442, 1451
—, Nitro-dimethoxy-, chlorid **10** 1440, 1441
—, Nitro-dimethoxy-, methylester
  10 1381, 1441
—, Nitro-dimethoxy-, nitril **10** 1442
—, [Nitro-dimethoxy-benzoyl]- **10** 4671
—, Nitro-dimethoxy-diacetoxymethyl-,
  äthylester **10** 4514
—, Nitro-dimethoxy-[dinitro-
  tetramethoxy-benzhydryl]- **10** 2622
—, Nitro-dimethoxy-formyl- **10** 4513
—, Nitro-dimethoxy-isopropyl- **10** 1566
—, Nitro-dimethoxy-isopropyl-,
  methylester **10** 1566
—, Nitro-dimethyl- **9** 2438, 2440, 2446
—, Nitro-dimethyl-, äthylester **9** 2446
—, Nitro-dimethyl-, äthylidenhydrazid
  9 2446
—, Nitro-dimethyl-,
  benzhydrylidenhydrazid **9** 2449
—, Nitro-dimethyl-, benzylidenhydrazid
  9 2448
—, Nitro-dimethyl-, bornylidenhydrazid
  9 2448
—, Nitro-dimethyl-, [(brom-phenyl)-
  äthylidenhydrazid] **9** 2449
—, Nitro-dimethyl-, butylidenhydrazid
  9 2447
—, Nitro-dimethyl-,
  sec-butylidenhydrazid **9** 2447
—, Nitro-dimethyl-,
  cyclohexylidenhydrazid **9** 2447
—, Nitro-dimethyl-, [dimethyl-
  octadienylidenhydrazid] **9** 2448
—, Nitro-dimethyl-, heptylidenhydrazid
  9 2447
—, Nitro-dimethyl-, hydrazid **9** 2446
—, Nitro-dimethyl-,
  isopropylidenhydrazid **9** 2447
—, Nitro-dimethyl-, methylester **9** 2446
—, Nitro-dimethyl-, [methyl-
  heptylidenhydrazid] **9** 2447
—, Nitro-dimethyl-, [naphthyl-
  äthylidenhydrazid] **9** 2449
—, Nitro-dimethyl-, nitril **9** 2439, 2441
—, Nitro-dimethyl-, [phenyl-
  äthylidenhydrazid] **9** 2449
—, Nitro-dimethyl-, propylidenhydrazid
  9 2446

Benzoesäure, Nitro-dimethyl-,
   salicylidenhydrazid **9** 2449
—, Nitro-dimethyl-, [trimethyl-
   norbornylidenhydrazid] **9** 2448
—, Nitro-dimethyl-*tert*-butyl-
   9 2592
—, Nitro-[dimethyl-phenoxy]- **10** 377
—, Nitro-dimethylthiocarbamoylmercapto-,
   methylester **10** 417
—, Nitro-[dinitro-phenoxy]- **10** 377
—, Nitro-[dinitryloxy-propyloxy]-,
   nitril **10** 205
—, Nitro-diphenoxy- **10** 1381
—, [Nitro-diphenyl-propionyl]- **10** 3461
—, Nitro-formyl- **10** 2988
—, Nitro-formyl-, nitril **10** 2990
—, Nitro-hexyloxy-, nitril **10** 206
—, Nitro-hydroxy- **10** 190, 194, 197,
   205, 263, 375, 376
—, Nitro-hydroxy-, äthylamid **10** 196
—, Nitro-hydroxy-, äthylester **10** 195,
   199, 375, 378
—, Nitro-hydroxy-, allylamid **10** 197
—, Nitro-hydroxy-, amid **10** 196, 201
—, Nitro-hydroxy-, benzylester **10** 201, 379
—, Nitro-hydroxy-, [brom-methyl-
   phenylester] **10** 191, 192, 200
—, Nitro-hydroxy-, [brom-phenylester]
   10 199
—, Nitro-hydroxy-, butylamid **10** 196
—, Nitro-hydroxy-, butylester **10** 195, 379
—, Nitro-hydroxy-, [chlor-äthylester]
   10 191
—, Nitro-hydroxy-, chlorid **10** 201
—, Nitro-hydroxy-, diäthylamid **10** 196
—, Nitro-hydroxy-, [dibrom-methyl-
   phenylester] **10** 201
—, Nitro-hydroxy-, [dibrom-phenylester]
   10 191
—, Nitro-hydroxy-, dipropylamid **10** 196
—, Nitro-hydroxy-, hexadecylester
   10 191
—, Nitro-hydroxy-, [hydroxy-äthylester]
   10 195
—, Nitro-hydroxy-, isobutylamid **10** 196
—, Nitro-hydroxy-, isobutylester
   10 195
—, Nitro-hydroxy-, isopentylester
   10 379
—, Nitro-hydroxy-, isopropylamid
   10 196
—, Nitro-hydroxy-, isopropylester
   10 195
—, Nitro-hydroxy-, methylamid **10** 196
—, Nitro-hydroxy-, methylester **10** 194,
   199, 375, 378
—, Nitro-hydroxy-, naphthylester
   10 192
—, Nitro-hydroxy-, nitril **10** 197, 203, 380

Benzoesäure, Nitro-hydroxy-, [nitro-
   benzylester] **10** 201, 264
—, Nitro-hydroxy-, [nitro-phenylester]
   10 191, 200
—, Nitro-hydroxy-, phenylester **10** 199
—, Nitro-hydroxy-, propylamid **10** 196
—, Nitro-hydroxy-, propylester **10** 195, 378
—, Nitro-hydroxy-, *m*-tolylester
   10 192, 200
—, Nitro-hydroxy-, *o*-tolylester
   10 191, 200
—, Nitro-hydroxy-, *p*-tolylester
   10 192, 201
—, Nitro-hydroxy-, [trichlor-hydroxy-
   äthylamid] **10** 192
—, Nitro-hydroxy-, [trichlor-methoxy-
   äthylamid] **10** 192
—, Nitro-hydroxy-äthoxy- **10** 1380
—, Nitro-[hydroxy-äthoxy]-, nitril
   10 204
—, [Nitro-hydroxy-benzoyl]- **10** 4432, 4433
—, [Nitro-hydroxy-benzoyl]-,
   äthylester **10** 4433
—, Nitro-hydroxy-methoxy- **10** 1369,
   1380, 1441
—, Nitro-hydroxy-methoxy-, methylester
   10 1369
—, Nitro-hydroxy-methyl- **10** 512, 515,
   520, 527
—, Nitro-hydroxy-methyl-, äthylester
   10 520
—, Nitro-hydroxy-methyl-, methylester
   10 515, 527
—, Nitro-hydroxy-methyl-, nitril
   10 515
—, Nitro-hydroxymethyl-,
   benzylidenhydrazid **10** 503
—, Nitro-hydroxymethyl-,
   [chlor-benzylidenhydrazid] **10** 504
—, Nitro-hydroxymethyl-, hydrazid
   10 503
—, Nitro-hydroxymethyl-,
   isopropylidenhydrazid **10** 503
—, Nitro-hydroxymethyl-,
   [nitro-benzylidenhydrazid] **10** 504
—, Nitro-[hydroxy-methyl-benzoyl]-
   10 4439, 4441, 4442
—, Nitro-hydroxy-methyl-isopropyl-
   10 631
—, Nitro-hydroxy-methyl-isopropyl-,
   äthylester **10** 631
—, Nitro-[hydroxy-methyl-
   phenylmercapto]- **10** 238, 415
—, Nitro-[hydroxy-methyl-phenylsulfon]-
   10 238, 416
—, Nitro-isopentyloxy-, [diäthylamino-
   äthylester] **10** 379
—, Nitro-isopropyloxy-, nitril **10** 205
—, Nitro-[jod-phenoxy]- **10** 198

Benzoesäure, Nitro-[jod-phenylmercapto]-
10 237

—, Nitro-[jod-phenylsulfon]- 10 238

—, Nitro-methoxalohydroximoyl- 10 3956

—, Nitro-methoxy- 10 190, 194, 198,
205, 262, 263, 375, 376

—, Nitro-methoxy-, äthylester 10 199,
375, 378

—, Nitro-methoxy-, allylester 10 379

—, Nitro-methoxy-, amid 10 193, 201,
205, 375, 380

—, Nitro-methoxy-, [brom-äthylamid]
10 380

—, Nitro-methoxy-, chlorid 10 192,
201, 205, 262, 375

—, Nitro-methoxy-, [diäthylamino-
äthylester] 10 263

—, Nitro-methoxy-, hexylester 10 379

—, Nitro-methoxy-, methylester 10 191,
199, 262, 378

—, Nitro-methoxy-, nitril 10 194, 197,
203, 205, 376, 380

—, Nitro-methoxy-, hexylester 10 379

—, Nitro-methoxy-, [tetrachlor-
äthylamid] 10 203

—, Nitro-methoxy-, [trichlor-acetoxy-
äthylamid] 10 193, 202

—, Nitro-methoxy-, [trichlor-äthoxy-
äthylamid] 10 202

—, Nitro-methoxy-, [trichlor-
benzoyloxy-äthylamid] 10 203

—, Nitro-methoxy-, [trichlor-hydroxy-
äthylamid] 10 193, 202

—, Nitro-methoxy-, [trichlor-methoxy-
äthylamid] 10 193, 202

—, Nitro-methoxy-acetoxy- 10 1441

—, Nitro-methoxy-äthoxy- 10 1440

—, Nitro-methoxy-äthoxy-, methylester
10 1440

—, Nitro-[methoxy-benzoyl]- 10 4431, 4432

—, Nitro-[methoxy-benzoyl]-,
methylester 10 4431, 4432

—, Nitro-methoxy-benzoyloxy-,
methylester 10 1369

—, Nitro-methoxy-benzyloxy- 10 1440

—, Nitro-methoxy-dimethyl- 10 583

—, Nitro-methoxy-methyl- 10 496

—, Nitro-methoxy-[nitro-benzyloxy]-
10 1441

—, Nitro-methoxy-[nitro-methoxy-
benzoyl]- 10 4667

—, Nitro-methyl- 9 2312, 2313, 2315,
2330, 2331, 2332, 2359

—, Nitro-methyl-, äthylester 9 2360

—, Nitro-methyl-, äthylidenhydrazid 9 2364

—, Nitro-methyl-, [(äthyl-phenyl)-
äthylidenhydrazid] 9 2366

—, Nitro-methyl-, amid 9 2313, 2331,
2332, 2363

Benzoesäure, Nitro-methyl-, azid 9 2367

—, Nitro-methyl-, benzhydrylidenhydrazid
9 2367

—, Nitro-methyl-, benzylidenhydrazid
9 2365

—, Nitro-methyl-, bornylidenhydrazid
9 2365

—, Nitro-methyl-, [(brom-phenyl)-
äthylidenhydrazid] 9 2366

—, Nitro-methyl-, [butylamino-
äthylester] 9 2361

—, Nitro-methyl-, [butylamino-
isobutylester] 9 2362

—, Nitro-methyl-, butylester 9 2313

—, Nitro-methyl-, butylidenhydrazid
9 2364

—, Nitro-methyl-, sec-butylidenhydrazid
9 2364

—, Nitro-methyl-, chlorid 9 2313,
2331, 2332, 2363

—, Nitro-methyl-, cholestadienylester
9 2360

—, Nitro-methyl-, cyclohexylester
9 2360

—, Nitro-methyl-, cyclohexylidenhydrazid
9 2365

—, Nitro-methyl-, decylidenhydrazid
9 2365

—, Nitro-methyl-, ergosterylester
9 2361

—, Nitro-methyl-, heptylidenhydrazid
9 2364

—, Nitro-methyl-, [hexylamino-
äthylester] 9 2362

—, Nitro-methyl-, hydrazid 9 2363

—, Nitro-methyl-, [isobutylamino-
äthylester] 9 2361

—, Nitro-methyl-, [isobutylamino-
isobutylester] 9 2362

—, Nitro-methyl-, isopentylidenhydrazid
9 2364

—, Nitro-methyl-, isopropylidenhydrazid
9 2364

—, Nitro-methyl-, methylenhydrazid
9 2363

—, Nitro-methyl-, [methyl-phenyl-
allylidenhydrazid] 9 2366

—, Nitro-methyl-, nitril 9 2313,
2314, 2332

—, Nitro-methyl-, [nitro-benzylester]
9 2312, 2313

—, Nitro-methyl-, octylidenhydrazid
9 2364

—, Nitro-methyl-, [pentylamino-
äthylester] 9 2361

—, Nitro-methyl-, [pentylamino-
isobutylester] 9 2362

—, Nitro-methyl-, [phenyl-
äthylidenhydrazid] 9 2366

Benzoesäure, Nitro-methyl-, propyliden=
hydrazid **9** 2364
—, Nitro-methyl-, salicylidenhydrazid
9 2367
—, Nitro-methyl-, 9.10-seco-
ergostatetraenylester **9** 2360
—, Nitro-methyl-, [*p*-tolyl-
äthylidenhydrazid] **9** 2366
—, Nitro-methyl-, [trimethyl-
norbornylidenhydrazid] **9** 2365
—, Nitro-methyl-*tert*-butyl- **9** 2558
—, Nitro-methyl-*tert*-butyl-, nitril
9 2558
—, Nitro-methylmercapto- **10** 415
—, Nitro-methylmercapto-, amid **10** 418
—, Nitro-methylmercapto-, chlorid
10 417
—, Nitro-methylmercapto-,
[diäthylamino-äthylester] **10** 417
—, Nitro-methylmercapto-, methylester
10 416
—, Nitro-[methylsulfon-methyl-phenoxy]-
10 377
—, Nitro-naphthyl- **9** 3548
—, Nitro-naphthyl-, äthylester **9** 3550
—, Nitro-[nitro-benzoyl]- **10** 3306
—, Nitro-[nitro-benzoyl]-, methylester
10 3306
—, Nitro-[nitro-benzoyl]-, nitril
10 3304
—, Nitro-[nitro-phenäthyloxy]-, nitril
10 380
—, Nitro-[nitro-phenoxy]- **10** 198, 263
—, Nitro-[nitryloxy-äthoxy]-, nitril
10 204
—, Nitro-octyl- **9** 2611
—, Nitro-pentyloxy-, nitril **10** 206
—, Nitro-phenoxy- **10** 190, 198
—, [Nitro-phenoxy]- **10** 99, 247, 289, 290
—, [Nitro-phenoxy]-, äthylester **10** 304
—, [Nitro-phenoxy]-, amid **10** 157, 343
—, [Nitro-phenoxy]-, butylester **10** 307
—, [Nitro-phenoxy]-, chlorid **10** 339
—, [Nitro-phenoxy]-, [diäthylamino-
äthylester] **10** 331
—, [Nitro-phenoxy]-methyl- **10** 494,
505, 517
—, [Nitro-phenoxy]-methyl-,
methylester **10** 507
—, [Nitro-phenoxymethyl]-,
äthylester **10** 528
—, [Nitro-phenoxymethyl]-,
[diäthylamino-äthylester] **10** 529
—, [Nitro-phenoxymethyl]-, nitril
10 531
—, Nitro-phenylmercapto- **10** 237
—, [Nitro-phenylmercapto]-, amid
10 232
—, [Nitro-phenylmercapto]-, chlorid **10** 232

Benzoesäure, [Nitro-phenylsulfon]- **10** 387
—, [Nitro-phenylsulfon]-, amid **10** 232
—, [Nitro-phenylsulfon]-, nitril
10 405
—, Nitro-propylmercapto- **10** 415
—, Nitro-propylmercapto-, amid **10** 418
—, Nitro-propylmercapto-, chlorid
10 417
—, Nitro-propylmercapto-, methylester
10 416
—, Nitro-propyloxy-, amid **10** 203, 380
—, Nitro-propyloxy-, methylester
10 378
—, Nitro-propyloxy-, nitril **10** 204,
205, 380
—, Nitro-salicyloyl- **10** 4428
—, Nitro-salicyloyl-, methylester
10 4429
—, Nitro-selenocyanato-, äthylester
10 241
—, Nitro-selenocyanato-, methylester
10 241
—, Nitroso- **9** 1462, 1465
—, Nitroso-, äthylester **9** 1462, 1465
—, Nitroso-, [hydroxy-bis-
hydroxymethyl-propylester]
9 1464
—, Nitroso-, [hydroxy-cyclohexylester]
9 1463
—, Nitroso-, isopropylester **9** 1465
—, Nitroso-, methylester **9** 1462, 1465
—, Nitroso-dimethoxy-, äthylester
10 1440
—, Nitroso-hydroxy- **10** 3537
—, Nitroso-hydroxy-, methylester
10 3537
—, Nitroso-nitro- **9** 1775
—, Nitro-[sulfino-methyl-phenoxy]-
10 238, 416
—, Nitrosyloxy-, methylester **10** 113
—, Nitro-*p*-toluoyl- **10** 3318, 3319
—, Nitro-*p*-tolylmercapto- **10** 238
—, Nitro-*p*-tolylmercapto-, nitril
10 237, 415
—, Nitro-*p*-tolyloxy- **10** 377
—, Nitro-*p*-tolyloxy-, äthylester
10 378
—, Nitro-*p*-tolylsulfon- **10** 237, 414
—, Nitro-*p*-tolylsulfon-, nitril
10 237, 415
—, Nitro-trifluormethyl-, nitril
9 2367
—, Nitro-trimethoxy- **10** 2096
—, Nitro-trimethyl- **9** 2500
—, [Nitro-vinyl]-, äthylester **9** 2754, 2756
—, [Nitro-vinyl]-, methylester **9** 2754, 2756
—, [Nitro-vinyl]-, [methylester-imin]
9 2754
—, [Nitro-vinyl]-, nitril **9** 2754

Benzoesäure, Nonyl- 9 2623
—, Nonyloxy- 10 246, 286
—, [Octahydro-anthracencarbonyl]-
10 3424
—, [Octahydro-phenanthrencarbonyl]-
10 3424
—, [Octahydro-phenanthrylmethyl]- 9 3546
—, Octyl- 9 2611
—, [Octyl-benzoyl]- 10 3366
—, Octyloxy- 10 246, 285
—, Octyloxy-, nitril 10 345
—, Octylsulfon-, nitril 10 404
—, Oxal- s. *Glyoxylsäure, [Carboxy-*
phenyl]-
—, [Oxo-äthylmercapto]- 10 219
—, [Oxo-äthyl-(methoxy-phenyl)-äthyl]-
10 4454
—, [Oxo-äthyl-(methoxy-phenyl)-äthyl]-,
nitril 10 4454, 4455
—, [Oxo-äthyl-phenyl-äthyl]- 10 3344
—, [Oxo-äthyl-phenyl-äthyl]-,
äthylester 10 3344
—, [Oxo-äthyl-phenyl-äthylmercapto]-
10 221
—, [Oxo-benzyl-propylsulfon]-,
äthylester 10 397
—, [Oxo-butyryl]- 10 3551
—, [Oxo-butyryl]-, äthylester 10 3551
—, [Oxo-dihydro-benzo[*a*]fluorendiyl]-
di- 10 4041
—, [Oxo-dimethyl-phenyl-äthyl]-
10 3344
—, [Oxo-dimethyl-propyl]- 10 3086
—, [Oxo-diphenyl-äthyl]- 10 3458
—, [Oxo-diphenyl-äthylmercapto]-
10 221, 270
—, Oxo-[diphenyl-propylmercapto]-
10 221, 270
—, [Oxo-fluorencarbonyl]- 10 3675
—, [Oxo-indanylmethyl]- 10 3391
—, [Oxo-methyl-(methoxy-phenyl)-äthyl]-,
nitril 10 4449
—, [Oxo-methyl-phenyl-äthylmercapto]-
10 220
—, [Oxo-methyl-propyl]- 10 3072
—, [Oxo-methyl-propylsulfon]-,
äthylester 10 397
—, [Oxo-phenyl-(äthoxy-phenyl)-
äthylmercapto]- 10 222
—, [Oxo-phenyl-benzyl-äthylmercapto]-
10 221
—, [Oxo-phenyl-indenyl]- 10 3488
—, [Oxo-phenyl-indenyl]-, äthylester
10 3488
—, [Oxo-phenyl-indenyl]-, amid 10 3488
—, [Oxo-phenyl-indenyl]-, methylester
10 3488
—, [Oxo-phenyl-indenyl]-, nitril
10 3487, 3488

Benzoesäure, [Oxo-phenyl-(methoxy-methyl-
phenyl)-äthylmercapto]- 10 222
—, [Oxo-phenyl-(methoxy-naphthyl)-
äthylmercapto]- 10 222
—, [Oxo-phenyl-(nitro-methoxy-phenyl)-
äthylmercapto]- 10 222
—, [Oxo-phenyl-propyl]- 10 3329
—, [Oxo-phenyl-*p*-tolyl-äthylmercapto]-
10 221, 270
—, [Oxo-propyl-(methoxy-phenyl)-äthyl]-,
nitril 10 4458
—, Oxy-di- 10 106, 248, 249, 295, 296
—, Oxy-di-, dimethylester 10 299
—, Oxydimethyl-di- 10 501, 528
—, Palmitoyloxy- 10 105
—, Pentabrom- 9 1432
—, Pentachlor- 9 1383
—, Pentadeuterio- 9 380
—, Pentamethyl- 9 2564
—, Pentaphenyl- 9 3696
—, Pentaphenyl-, äthylester 9 3697
—, Pentaphenyl-, methylester 9 3697
—, Pentaphenyl-, nitril 9 3697
—, Pentenyloxy- 10 287
—, Pentenyloxy-, äthylester 10 303
—, Pentenyloxy-methyl- 10 505
—, Pentenyloxy-methyl-, methylester
10 506
—, Pentyl- 9 2551
—, [Pentyl-benzoyl]- 10 3359
—, Pentyloxy- 10 246, 284
—, Pentyloxy-, äthylester 10 251, 302
—, Pentyloxy-, [butylamino-äthylester]
10 330
—, Pentyloxy-, [butylamino-
isobutylester] 10 334
—, Pentyloxy-, chlorid 10 254, 338
—, Pentyloxy-, methylester 10 298
—, Pentyloxy-, [pentylamino-
isobutylester] 10 335
—, Pentyloxy-, [propylamino-
isobutylester] 10 334
—, Pentyloxymethyl- 10 500
—, Pentyloxymethyl-, anhydrid 10 501
—, Pentyloxymethyl-, [diäthylamino-
äthylester] 10 501
—, Pentyloxymethyl-, nitril 10 502
—, Pentylsulfon-, nitril 10 404
—, Perylencarbonyl- 10 3508
—, Phenacyl- s. *Bibenzyl-carbonsäure, Oxo-*
—, Phenacylmercapto- 10 220, 270
—, Phenacylsulfon-, phenacylester
10 229
—, Phenäthyl- s. *Bibenzyl-carbonsäure*
—, Phenäthyloxy- 10 248, 291
—, Phenäthyloxy-, äthylester 10 117
—, Phenäthyloxy-, chlorid 10 339
—, Phenäthyloxy-, [diäthylamino-
äthylester] 10 331

Benzoesäure, Phenäthyloxy-, [dimethyl-amino-propylester] 10 332
—, Phenäthyloxy-, nitril 10 346
—, Phenäthyloxy-methyl- 10 512
—, Phenäthyloxy-methyl-, chlorid 10 514
—, Phenäthylsulfon- 10 388
—, Phenäthylsulfon-, äthylester 10 395
—, Phenanthrencarbonyl- 10 3489
—, Phenanthrencarbonyl-, chlorid 10 3489
—, Phenanthrylmethyl- 9 3653
—, Phenoxy- 10 99, 247, 289
—, Phenoxy-, äthylester 10 117, 304
—, Phenoxy-, amid 10 157, 255, 342
—, Phenoxy-, [amid-imin] 10 350
—, Phenoxy-, chlorid 10 151, 254, 339
—, Phenoxy-, [diäthylamino-äthylester] 10 331
—, Phenoxy-, nitril 10 255, 346
—, [(Phenoxy-benzhydryloxycarbonyl)-methyl]- 9 4267
—, [Phenoxy-benzyl]- 10 1182
—, Phenoxymethyl- 10 528
—, Phenoxymethyl-, chlorid 10 530
—, Phenoxymethyl-, [diäthylamino-propylester] 10 530
—, Phenoxyvanadyloxy-, methylester 10 115
—, Phenyl- s. Biphenyl-carbonsäure
—, Phenylacetoxy- 10 105
—, Phenylacetoxy-, äthylester 10 118
—, Phenylacetoxy-, methylester 10 112
—, Phenylacetyl- s. Bibenzyl-carbonsäure, Oxo-
—, [Phenyl-äthyl]- 9 3343
—, [Phenyl-äthyl]-, nitril 9 3343
—, [Phenyl-äthylsulfon]- 10 387
—, Phenyl-benzoyl- 10 3455
—, [Phenyl-benzoyl-vinylmercapto]- 10 221
—, [Phenyl-cyan-propionyl]- 10 4013
—, p-Phenylendimercapto-di- 10 217
—, o-Phenylen-di- 9 4686
—, [(Phenyl-hexyl)-benzoyl]- 10 3469
—, Phenylmercapto-, [diäthylamino-äthylester] 10 399
—, [Phenylmercapto-äthylsulfon]- 10 389
—, [Phenylmercapto-äthylsulfon]-, methylester 10 393
—, [Phenylmercapto-p-tolylsulfon-äthylsulfon]- 10 392
—, [Phenylmercapto-p-tolylsulfon-äthylsulfon]-, äthylester 10 398
—, [Phenylmercapto-p-tolylsulfon-methylsulfon]- 10 391
—, [Phenylmercapto-p-tolylsulfon-methylsulfon]-, äthylester 10 398
—, [Phenyl-propionyloxy]-, methylester 10 112

Benzoesäure, [Phenyl-propyloxy]- 10 248, 292
—, [Phenyl-propylsulfon]- 10 388
—, [Phenylsulfin-äthylmercapto]- 10 216
—, Phenylsulfon-, äthylester 10 395
—, Phenylsulfon-, [amid-imin] 10 411
—, Phenylsulfon-, nitril 10 405
—, [Phenylsulfon-äthylmercapto]- 10 216
—, [Phenylsulfon-äthylsulfon]- 10 390
—, [Phenylsulfon-äthylsulfon]-, äthylester 10 396
—, [Phenylsulfon-äthylsulfon]-, methylester 10 394
—, [Phenyl-vinyl]- 9 3443
—, Phosphonooxy- 10 106, 249
—, Phosphonooxy-, anhydrid 10 148
—, Phosphonooxy-, cholesterylester 10 312
—, Phosphonooxy-, phenylester 10 131
—, Propandiyldioxy-di- 10 292
—, Propionohydrazonoyl-, nitril 10 3055
—, Propionyl- 10 3052
—, Propionyl-, methylester 10 3053
—, Propionyloxy-, methylester 10 111
—, Propyl- 9 2479
—, Propyl-, äthylester 9 2479
—, Propyl-, amid 9 2479
—, Propyl-, chlorid 9 2479
—, Propyl-, methylamid 9 2479
—, Propyl-, nitril 9 2478
—, [Propyl-allyloxy]- 10 288
—, [Propyl-allyloxy]-, äthylester 10 304
—, [Propyl-(hydroxy-phenyl)-pentenyl]- s. Stilben-carbonsäure, Hydroxy-dipropyl-
—, Propyliden-di- 9 4564
—, Propylmercapto- 10 214, 266, 386
—, Propylmercapto-, [äthylester-imin] 10 402
—, Propylmercapto-, amid 10 401
—, Propylmercapto-, [amid-imin] 10 410
—, Propylmercapto-, [amid-oxim] 10 414
—, Propylmercapto-, chlorid 10 231, 274
—, Propylmercapto-, [diäthylamino-äthylester] 10 230, 273
—, Propylmercapto-, [diäthylamino-propylester] 10 230, 274
—, Propylmercapto-, [dibutylamino-äthylester] 10 230
—, Propylmercapto-, nitril 10 403
—, Propylmercurioseleno- 10 240, 420
—, Propyloxy- 10 98, 245, 283
—, Propyloxy-, äthylester 10 117, 301
—, Propyloxy-, [butylamino-äthylester] 10 148, 328
—, Propyloxy-, [butylamino-butylester] 10 333
—, Propyloxy-, [butylamino-isobutylester] 10 333

Benzoesäure, Propyloxy-, chlorid 10 338
—, Propyloxy-, [diäthylamino-
   äthylester] 10 253, 327
—, Propyloxy-, [dipropylamino-
   äthylester] 10 327
—, Propyloxy-, [hexylamino-butylester]
   10 333
—, Propyloxy-, [hexylamino-
   isobutylester] 10 334
—, Propyloxy-, methylester 10 109
—, Propyloxy-, nitril 10 345
—, Propyloxy-, [pentylamino-
   isobutylester] 10 334
—, Propyloxy-, propylester 10 306
—, Propyloxy-äthyl-, chlorid 10 574
—, Propyloxy-äthyl-, [diäthylamino-
   äthylester] 10 574
—, Propyloxy-allyl- 10 868
—, Propyloxy-allyl-, [diäthylamino-
   äthylester] 10 868
—, Propyloxy-[carboxy-phenoxy]- 10 1410
—, Propyloxy-oxy-di- 10 1410
—, Propylsulfon- 10 386
—, Propylsulfon-, [amid-imin] 10 410
—, Propylsulfon-, nitril 10 403
—, Protocatechuoyloxy- 10 1422
—, Pyrencarbonyl- 10 3501
—, Pyrendicarbonyl-di- 10 4102
—, Pyrenyl- 9 3674
—, Pyrenyl-methyl- 9 3675
—, Pyridyl-, methylester 9 4189
—, Salicyloyl- 10 4427
—, Salicyloyloxy- 10 147, 295
—, Selenocyanato-, methylester 10 240,
   277, 421
—, [Selenocyanato-phenoxy]- 10 293
—, [Semicarbazono-äthyl]- 10 3030
—, [Semicarbazono-äthyl]-, äthylester
   10 3026
—, [Semicarbazono-äthyl]-, nitril
   10 3027
—, [Semicarbazono-äthylmercapto]-
   10 220
—, Semicarbazonomethyl-, äthylester
   10 2989
—, Semicarbazonomethyl-, methylester
   10 2988
—, [Semicarbazono-pentyl]-,
   methylester 10 3085
—, Stearoyloxy-, methylester 10 112
—, Styryl- 9 3432; s. a. *Stilben-carbonsäure*
—, Succinyl-di- 10 4076
—, Succinyl-di-, bis-[nitro-
   benzylester] 10 4077
—, Succinyl-di-, diäthylester 10 4076
—, Succinyl-di-, dimethylester 10 4077
—, Sulfinyl-di-, diäthylester 10 398
—, Sulfonyl-di- 10 392
—, Sulfonyl-di-, diäthylester 10 398

Benzoesäure, Sulfonyl-di-, dichlorid 10 401
—, Sulfonyl-di-, dimethylester 10 394
—, Sulfooxy- 10 106, 249, 296
—, Terephthaloyl-di- 10 4093
—, Terephthaloyl-di-, diäthylester
   10 4093
—, Terephthaloyl-di-, dichlorid 10 4094
—, Tetrabrom-acetoxy- 10 186
—, [Tetrabrom-diacetoxy-benzhydryl]-
   10 2014
—, [Tetrabrom-dihydroxy-benzhydryl]-
   10 2014
—, [Tetrabrom-dihydroxy-benzhydryl]-,
   äthylester 10 2014
—, [Tetrabrom-dihydroxy-benzhydryl]-,
   butylester 10 2015
—, [Tetrabrom-dihydroxy-benzhydryl]-,
   methylester 10 2014
—, Tetrabrom-hydroxy- 10 186
—, [Tetrabrom-trihydroxy-benzhydryl]-,
   äthylester 10 2400
—, Tetrachlor- 9 1381
—, Tetrachlor-, [äthyl-hexylester]
   9 1382
—, Tetrachlor-, allylester 9 1382
—, Tetrachlor-, amid 9 1383
—, Tetrachlor-, benzylester 9 1382
—, Tetrachlor-, butylester 9 1382
—, Tetrachlor-, [butyloxy-äthylester]
   9 1383
—, Tetrachlor-, chlorid 9 1383
—, Tetrachlor-, decylester 9 1382
—, Tetrachlor-, hexylester 9 1382
—, Tetrachlor-, methylester 9 1381
—, Tetrachlor-, octylester 9 1382
—, Tetrachlor-, pentylester 9 1382
—, Tetrachlor-, [phenoxy-äthylester]
   9 1383
—, Tetrachlor-, propylester 9 1382
—, Tetrachlor-[äthyl-benzoyl]- 10 3331
—, Tetrachlor-benzoyl- 10 3299
—, Tetrachlor-biphenylcarbonyl- 10 3456
—, Tetrachlor-[chlor-biphenylcarbonyl]-
   10 3456
—, Tetrachlor-dichloracetyl- 10 3027
—, Tetrachlor-[dichlor-äthoxy-vinyl]-
   10 3141
—, Tetrachlor-[dichlor-äthoxy-vinyl]-,
   äthylester 10 3141
—, Tetrachlor-[dihydroxy-benzoyl]-
   10 4669
—, Tetrachlor-[dimethyl-benzoyl]-
   10 3333, 3334
—, Tetrachlor-dithio-di- 10 236
—, Tetrachlor-[heptyl-benzoyl]- 10 3364
—, Tetrachlor-hydrazodicarbonyl-di-
   9 4204
—, Tetrachlor-[methoxy-benzoyl]-
   10 4431

Benzoesäure, Tetrachlor-[methoxy-
naphthoyl]- 10 4481
—, Tetrachlor-naphthoyl- 10 3427
—, Tetrahydro- s. *Cyclohexen-carbonsäure*
—, [Tetrahydro-fluoranthen-
carbohydroximoyl]- 10 3494
—, [Tetrahydro-fluoranthencarbonyl]-
10 3494
—, [Tetrahydro-naphthoyl]- 10 3395
—, [Tetrahydro-naphthylmethyl]- 9 3478
—, Tetramethoxy- 10 2418
—, Tetramethoxy-, nitril 10 2418
—, Tetramethoxy-carbonyl-di- 10 4864
—, Tetramethoxy-carbonyl-di-,
dimethylester 10 4864
—, Tetramethoxy-dithio-di- 10 2059, 2065
—, Tetramethyl- 9 2535, 2536
—, Tetramethyl-, amid 9 2535
—, Tetramethyl-, chlorid 9 2535, 2536
—, Tetramethyl-, methylester 9 2536
—, Tetramethyl-, *p*-tolylester
9 2536
—, [Tetramethyl-benzoyl]- 10 3355
—, Tetrathio-di- 10 225, 271, 393
—, Tetrathio-di-, diäthylester 10 227, 399
—, Thiocyanato- 10 270, 392
—, Thiocyanato-, nitril 10 406
—, Thio-di- 10 392
—, Thio-di-, dichlorid 10 400
—, *p*-Toluhydroximoyl- 10 3317
—, *o*-Toluoyl- 10 3315
—, *o*-Toluoyl-, methylester 10 3315
—, *p*-Toluoyl- 10 3317
—, *p*-Toluoyl-, [äthoxy-äthylester]
10 3318
—, *p*-Toluoyl-, benzylester 10 3318
—, *p*-Toluoyl-, butylester 10 3318
—, *p*-Toluoyl-, cyclohexylester 10 3318
—, *p*-Toluoyl-, isopentylester 10 3318
—, *p*-Toluoyl-, isopropylester 10 3317
—, [*o*-Toluoyl-benzoyl]- 10 3673
—, Tolyl- s. *Biphenyl-carbonsäure,
Methyl-*
—, *p*-Tolylmercapto- 10 387
—, *p*-Tolylmercapto-, nitril 10 405
—, [*p*-Tolylmercapto-acetonylsulfon]-,
äthylester 10 396
—, [*p*-Tolylmercapto-äthylsulfon]-
10 390
—, [*p*-Tolylmercapto-äthylsulfon]-,
äthylester 10 396
—, [*p*-Tolylmercapto-äthylsulfon]-,
chlorid 10 400
—, [*p*-Tolylmercapto-äthylsulfon]-,
methylester 10 394
—, [*p*-Tolylmercapto-methylsulfon]-
10 388
—, [*p*-Tolylmercapto-methylsulfon]-,
äthylester 10 395

Benzoesäure, *p*-Tolylmercapto-*p*-tolylsulfon-,
nitril 10 1383, 1384
—, *p*-Tolyloxy- 10 100, 290
—, *p*-Tolyloxy-, äthylester 10 304
—, *p*-Tolyloxymethyl- 10 528
—, *p*-Tolyloxymethyl-, chlorid 10 530
—, *p*-Tolyloxymethyl-, [diäthylamino-
propylester] 10 530
—, *p*-Tolyloxymethyl-, nitril 10 531
—, [*p*-Tolylsulfon-äthylmercapto]-
10 216
—, [*p*-Tolylsulfon-äthylsulfon]-
10 390
—, [*p*-Tolylsulfon-äthylsulfon]-,
äthylester 10 396
—, [*p*-Tolylsulfon-äthylsulfon]-,
methylester 10 394
—, [*p*-Tolylsulfon-methylsulfon]-
10 389
—, [*p*-Tolylsulfon-methylsulfon]-,
äthylester 10 395
—, [*p*-Tolylsulfon-phenäthylsulfon]-
10 391
—, [*p*-Tolylsulfon-phenäthylsulfon]-,
äthylester 10 396
—, Triacetoxy- 10 2058, 2075
—, Triacetoxy-, chlorid 10 2090
—, Triacetoxy-, diäthylamid 10 2093
—, Triacetoxy-, [dihydroxy-formyl-
phenylester] 10 2086
—, Triacetoxy-bis-carboxymethyl-
10 2626
—, Triacetoxy-[dichlor-äthyl]- 10 2125
—, Triacetoxy-[dichlor-vinyl]- 10 2205
—, Triacetoxy-dimethyl- 10 2125
—, Triacetoxy-dimethyl-, äthylester
10 2127
—, Triacetoxy-dimethyl-, butylester
10 2128
—, Triacetoxy-dimethyl-, isobutylester
10 2128
—, Triacetoxy-dimethyl-,
isopentylester 10 2128
—, Triacetoxy-dimethyl-,
isopropylester 10 2128
—, Triacetoxy-dimethyl-, methylester
10 2126
—, Triacetoxy-dimethyl-, propylester
10 2127
—, Triacetoxy-methyl- 10 2106
—, Triacetoxy-methyl-, [acetoxy-methyl-
formyl-phenylester] 10 2108
—, Triacetoxy-methyl-, [hydroxy-methyl-
formyl-phenylester] 10 2108
—, Triacetoxy-methyl-, methylester
10 2107
—, Triacetoxy-methyl-, nitril 10 2111
—, Triäthoxy- 10 2073
—, Triäthoxy-, amid 10 2093

Benzoesäure, Triäthoxy-, azid **10** 2096
—, Triäthoxy-, chlorid **10** 2089
—, Triäthoxy-, hydrazid **10** 2095
—, Triäthoxy-, isopropylidenhydrazid
    10 2095
—, Triäthoxy-, methylester **10** 2077
—, Triäthoxy-, nitril **10** 2094
—, Triäthoxy-, salicylidenhydrazid
    10 2095
—, Triäthoxy-, [triäthoxy‌benzylidenhydrazid] **10** 2095
—, Triäthyl- **9** 2593
—, Triäthyl-, amid **9** 2594
—, Triäthyl-, butylester **9** 2594
—, Triäthyl-, chlorid **9** 2594
—, Triäthyl-, methylester **9** 2593
—, Triäthyl-, nitril **9** 2594
—, Triäthyl-, p-tolylester **9** 2594
—, [Triäthylammonio-äthoxy]-,
    äthylester **10** 305
—, [Triäthylammonio-äthoxy]-,
    [triäthylammonio-äthylester] **10** 331
—, [Triäthyl-benzoyl]- **10** 3362
—, Tribenzoyloxy-, chlorid **10** 2090
—, [Tribenzyl-benzoyloxy]-,
    benzylester **10** 2086
—, Tribenzyloxy- **10** 2074
—, Tribenzyloxy-, benzylester **10** 2081
—, Tribenzyloxy-, chlorid **10** 2090
—, Tribenzyloxy-, dodecylester **10** 2080
—, Tribenzyloxy-, hexadecylester
    10 2080
—, Tribenzyloxy-, hexylester **10** 2079
—, Tribenzyloxy-, hydrazid **10** 2095
—, Tribenzyloxy-, methylester **10** 2077
—, Tribenzyloxy-, octadecylester
    10 2080
—, Tribenzyloxy-, octylester **10** 2079
—, Tribenzyloxy-, tetradecylester
    10 2080
—, Tribrom- **9** 1430, 1431
—, Tribrom-, chlorid **9** 1430, 1432
—, Tribrom-, cinnamylester **9** 1431
—, Tribrom-, methylester **9** 1430
—, Tribrom-, nitril **9** 1430
—, Tribrom-, [phenyl-allylester]
    9 1431
—, Tribrom-acetoxy- **10** 185
—, Tribrom-acetyl- **10** 3029
—, Tribrom-acetyl-, nitril **10** 3029
—, Tribrom-bromacetyl- **10** 3029
—, Tribrom-brommethyl- **9** 2330
—, Tribrom-dibromacetyl- **10** 3029
—, Tribrom-dichloracetyl- **10** 3029
—, Tribrom-dimethoxy- **10** 1440
—, Tribrom-dimethoxy-, methylester
    10 1451
—, Tribrom-hydroxy- **10** 185
—, Tribrom-hydroxy-methoxy- **10** 1439

Benzoesäure, Tribrom-methoxy- **10** 261
—, Tribrom-methoxy-acetoxy-, nitril
    10 1440
—, Tribrom-methyl- **9** 2329
—, Tribrom-methyl-, amid **9** 2330
—, Tribrom-methyl-, nitril **9** 2330
—, Tribrom-nitro- **9** 1771
—, Tribrom-tribromacetyl- **10** 3029
—, Tribrom-trichloracetyl- **10** 3029
—, Trichlor- **9** 1380, 1381
—, Trichlor-, chlorid **9** 1380, 1381
—, Trichlor-, [methyl-(trichlor-phenyl)-
    äthylester] **8** 1377
—, Trichlor-, nitril **9** 1380, 1381
—, Trichlor-acetoxy- **10** 174
—, Trichloracetoxy- **10** 104
—, Trichloracetyl- **10** 3031
—, Trichloracetyl-, methylester **10** 3031
—, [Trichlor-äthyliden]-di- **9** 4541
—, Trichlor-brom-acetoxy- **10** 180
—, Trichlor-brom-hydroxy- **10** 180
—, [Trichlor-(chlor-phenyl)-äthyl]- **9** 3346
—, Trichlor-dimethoxy- **10** 1434
—, Trichlor-hydroxy- **10** 174
—, [Trichlor-hydroxy-äthyl]-,
    isopropylester **10** 580
—, [Trichlor-hydroxy-methoxy-äthyl]-,
    methylester **10** 3031
—, Trichlor-methoxy- **10** 363
—, Trichlormethyl- **9** 2357
—, Trichlormethyl-, chlorid **9** 2328, 2357
—, Trichlormethyl-trichloracetyl-,
    äthylester **10** 3059
—, Trichlormethyl-trichloracetyl-,
    methylester **10** 3058, 3059
—, [Trichlor-p-tolyl-äthyl]- **9** 3369
—, Trideuterio- **9** 380
—, Trifluormethyl- **9** 2308, 2327, 2355
—, Trifluormethyl-, äthylester **9** 2355
—, Trifluormethyl-, amid **9** 2309
—, Trifluormethyl-, chlorid **9** 2309, 2327
—, Trifluormethyl-, fluorid **9** 2309,
    2327, 2355
—, Trifluormethyl-, methylester **9** 2309
—, Trifluormethyl-, nitril **9** 2327
—, Trihydroxy- **10** 2057, 2065, 2070
—, Trihydroxy-, amid **10** 2091
—, Trihydroxy-, butylester **10** 2078
—, Trihydroxy-, diäthylamid **10** 2091
—, Trihydroxy-, dodecylester **10** 2079
—, Trihydroxy-, hexadecylester **10** 2080
—, Trihydroxy-, hexylester **10** 2079
—, Trihydroxy-, hydrazid **10** 2059
—, Trihydroxy-, isobutylester **10** 2079
—, Trihydroxy-, isopentylester **10** 2079
—, Trihydroxy-, isopropylidenhydrazid
    10 2094
—, Trihydroxy-, methylester **10** 2058,
    2069, 2076

Benzoesäure, Trihydroxy-, octadecenylester
10 2080
—, Trihydroxy-, octadecylester 10 2080
—, Trihydroxy-, octylester 10 2079
—, Trihydroxy-, pentylester 10 2079
—, Trihydroxy-, [phenyl-phenacylester]
10 2086
—, Trihydroxy-, [phenyl-propylester]
10 2081
—, Trihydroxy-, propylester 10 2078
—, Trihydroxy-, salicylidenhydrazid
10 2059, 2094
—, Trihydroxy-, tetradecylester 10 2080
—, [Trihydroxy-benzoyl]- 10 4765
—, [Trihydroxy-benzhydryl]- 10 2399, 2400
—, Trihydroxy-bis-carboxymethyl-
10 2626
—, Trihydroxy-[dichlor-äthyl]- 10 2125
—, Trihydroxy-[dichlor-äthyl]-,
methylester 10 2125
—, Trihydroxy-[dichlor-vinyl]- 10 2204
—, Trihydroxy-[dichlor-vinyl]-,
methylester 10 2205
—, Trihydroxy-dimethyl- 10 2125
—, Trihydroxy-dimethyl-, äthylester
10 2127
—, Trihydroxy-dimethyl-, butylester
10 2128
—, Trihydroxy-dimethyl-, isobutylester
10 2128
—, Trihydroxy-dimethyl-,
isopentylester 10 2128
—, Trihydroxy-dimethyl-,
isopropylester 10 2127
—, Trihydroxy-dimethyl-, methylester
10 2126
—, Trihydroxy-dimethyl-, propylester
10 2127
—, Trihydroxy-formyl- 10 4718
—, Trihydroxy-formyl-, methylester
10 4718
—, Trihydroxy-methyl- 10 2105, 2111,
2115, 2118
—, Trihydroxy-methyl-, äthylester
10 2107, 2112
—, Trihydroxy-methyl-, butylester
10 2108, 2112
—, Trihydroxy-methyl-, isobutylester
10 2108, 2113
—, Trihydroxy-methyl-, isopropylester
10 2108, 2112
—, Trihydroxy-methyl-, methylester
10 2106, 2112, 2114, 2116, 2118
—, Trihydroxy-methyl-, propylester
10 2107, 2112
—, Trihydroxy-methyl-oxy-di- 10 2060
—, [Trihydroxy-oxo-methyl-phthalanyloxy]-
dimethyl-formyl- 10 4721
—, Trihydroxy-pentyl- 10 2136

Benzoesäure, Trihydroxy-semicarbazono-
methyl-, methylester 10 4718
—, Trihydroxy-[trihydroxy-trityl]-
10 2623
—, Trihydroxy-[tris-(hydroxy-phenyl)-
methyl]- 10 2623
—, Triisopropyl- 9 2624, 2625
—, Triisopropyl-, amid 9 2625
—, Triisopropyl-, chlorid 9 2625
—, Triisopropyl-, methylester 9 2624
—, Triisopropyl-, nitril 9 2625
—, Triisopropyl-, p-tolylester 9 2624
—, Trijod- 9 1456, 1457
—, Trijod-, [äthoxy-äthylester] 9 1460
—, Trijod-, äthylester 9 1457
—, Trijod-, [äthyl-propylester] 9 1458
—, Trijod-, allylester 9 1459
—, Trijod-, benzylester 9 1459
—, Trijod-, [benzyloxy-äthylester]
9 1461
—, Trijod-, butylester 9 1457
—, Trijod-, sec-butylester 9 1457
—, Trijod-, [butyloxy-äthylester] 9 1460
—, Trijod-, chlorid 9 1456, 1461
—, Trijod-, cyclohexylester 9 1459
—, Trijod-, decylester 9 1459
—, Trijod-, dodecylester 9 1459
—, Trijod-, heptylester 9 1458
—, Trijod-, hexadecylester 9 1459
—, Trijod-, hexylester 9 1458
—, Trijod-, isobutylester 9 1457
—, Trijod-, isopentylester 9 1458
—, Trijod-, isopropylester 9 1457
—, Trijod-, [isopropyloxy-äthylester]
9 1460
—, Trijod-, [methoxy-äthylester]
9 1460
—, Trijod-, [methyl-butylester] 9 1458
—, Trijod-, methylester 9 1456, 1457
—, Trijod-, [methyl-hexylester] 9 1458
—, Trijod-, [methyl-pentylester] 9 1458
—, Trijod-, nonylester 9 1459
—, Trijod-, octadecylester 9 1459
—, Trijod-, octylester 9 1459
—, Trijod-, pentylester 9 1458
—, Trijod-, phenäthylester 9 1460
—, Trijod-, [phenoxy-äthylester]
9 1460
—, Trijod-, [phenyl-propylester]
9 1460
—, Trijod-, propylester 9 1457
—, Trijod-, tetradecylester 9 1459
—, Trijod-benzoyl- 10 3301
—, Trimethoxy- 10 2058, 2060, 2064,
2065, 2069, 2073
—, Trimethoxy-, [acetyl-naphthylester]
10 2086
—, Trimethoxy-, [äthoxy-äthylester]
10 2082

Benzoesäure. Trimethoxy-, äthylester
10 2064, 2078
—, Trimethoxy-, amid 10 2068, 2091
—, Trimethoxy-, anhydrid 10 2088
—, Trimethoxy-, azid 10 2095
—, Trimethoxy-, chlorid 10 2089
—, Trimethoxy-, [diäthoxy-
phenäthylidenamid] 10 2091
—, Trimethoxy-, [diäthoxy-styrylamid]
10 2091
—, Trimethoxy-, diäthylamid 10 2091
—, Trimethoxy-, [diäthylamino-
äthylester] 10 2089
—, Trimethoxy-, dimethylamid 10 2091
—, Trimethoxy-, hydrazid 10 2094
—, Trimethoxy-, [hydroxy-äthylester]
10 2082
—, Trimethoxy-, [hydroxy-phenylester]
10 2082, 2083
—, Trimethoxy-, isopropylidenhydrazid
10 2095
—, Trimethoxy-, [methoxy-äthylester]
10 2082
—, Trimethoxy-, [methoxy-isopropyloxy-
phenäthylidenamid] 10 2092
—, Trimethoxy-, [methoxy-isopropyloxy-
styrylamid] 10 2092
—, Trimethoxy-, [methoxy-phenylester]
10 2082, 2083
—, Trimethoxy-, [methoxy-propyloxy-
phenäthylidenamid] 10 2092
—, Trimethoxy-, [methoxy-propyloxy-
styrylamid] 10 2092
—, Trimethoxy-, methylester 10 2059,
2062, 2064, 2070, 2077
—, Trimethoxy-, nitril 10 2059, 2068, 2093
—, Trimethoxy-, [nitro-phenylester]
10 2081
—, Trimethoxy-, phenylester 10 2080
—, Trimethoxy-, *m*-tolylester 10 2081
—, Trimethoxy-, *o*-tolylester 10 2081
—, Trimethoxy-, *p*-tolylester 10 2081
—, Trimethoxy-, [trimethoxy-
benzylester] 10 2085
—, Trimethoxy-acetyl- 10 4720
—, [Trimethoxy-benzoyl]- 10 4765
—, [Trimethoxy-benzoyl]-, nitril 10 4766
—, [Trimethoxy-benzoyloxy]- 10 2086
—, Trimethoxy-bis-[oxo-heptyl]-oxy-di-
10 4730
—, Trimethoxy-bis-[oxo-heptyl]-oxy-di-,
dimethylester 10 4730
—, Trimethoxy-chlormethyl-,
methylester 10 2105
—, Trimethoxy-[dichlor-äthyl]- 10 2125
—, Trimethoxy-[dichlor-dimethoxy-
methyl-benzoyl]- 10 4851
—, Trimethoxy-[dichlor-dimethoxy-
methyl-benzoyl]-, methylester 10 4851

Benzoesäure, Trimethoxy-[dichlor-vinyl]-
10 2204
—, Trimethoxy-methyl- 10 2105
—, Trimethoxy-methyl-, methylester
10 2107, 2115
—, [Trimethoxy-methyl-benzoyl]- 10 4768
—, Trimethoxy-[methyl-carboxy-äthoxy]-
acetyl- 10 4799
—, Trimethoxy-[methyl-methoxycarbonyl-
äthoxy]-acetyl-, methylester
10 4799
—, Trimethoxy-methyl-methylen-di-,
dimethylester 10 2587
—, Trimethoxy-methyl-oxy-di- 10 2061
—, Trimethoxy-methyl-oxy-di-,
dimethylester 10 2063
—, Trimethoxy-methyl-oxy-di-,
methylester 10 2063
—, Trimethoxy-pentyl-valeryl-oxy-di-,
dimethylester 10 4562
—, Trimethoxy-tetramethyl-oxy-di-,
dimethylester 10 2127
—, Trimethoxy-trimethyl-formyl-oxy-di-,
dimethylester 10 4722
—, Trimethoxy-trimethyl-oxy-di-,
dimethylester 10 2118
—, Trimethoxy-trimethyl-oxy-di-,
methylester 10 2118
—, Trimethyl- 9 2489, 2501
—, Trimethyl-, äthylamid 9 2497
—, Trimethyl-, [äthyl-butenylester]
9 2492
—, Trimethyl-, äthylester 9 2491
—, Trimethyl-, allylester 9 2491
—, Trimethyl-, amid 9 2501
—, Trimethyl-, anhydrid 9 2496
—, Trimethyl-, benzylester 9 2494
—, Trimethyl-, bibenzylylester 9 2494
—, Trimethyl-, [brom-phenacylester]
9 2501
—, Trimethyl-, butenylester 9 2492
—, Trimethyl-, butylamid 9 2497
—, Trimethyl-, *sec*-butylamid 9 2497
—, Trimethyl-, butylester 9 2491
—, Trimethyl-, *tert*-butylester
9 2491
—, Trimethyl-, chlorid 9 2496
—, Trimethyl-, [dibutylamid-imin]
9 2497
—, Trimethyl-, [dichlor-phenylester]
9 2492
—, Trimethyl-, [diphenyl-äthylester]
9 2494
—, Trimethyl-, isopropylamid 9 2497
—, Trimethyl-, isopropylester 9 2491
—, Trimethyl-, [methyl-allylester]
9 2492
—, Trimethyl-, methylamid 9 2497
—, Trimethyl-, methylester 9 2490

Benzoesäure, Trimethyl-, naphthylester
9 2494
—, Trimethyl-, nitril 9 2497
—, Trimethyl-, phenäthylester 9 2494
—, Trimethyl-, phenylester 9 2492
—, Trimethyl-, m-tolylester 9 2493
—, Trimethyl-, p-tolylester 9 2493
—, Trimethyl-, [tribrom-phenylester]
9 2492
—, Trimethyl-, [triphenyl-
propenylester] 9 2495
—, Trimethyl-acetyl- 10 3091
—, [Trimethylammonio-acetoxy]-,
methylester 10 299
—, [Trimethyl-benzhydryl]- 9 3617
—, [Trimethyl-benzhydryl]-,
methylester 9 3617
—, Trimethyl-benzoyl-, nitril 10 3346
—, [Trimethyl-benzoyl]- 10 3347
—, [Trimethyl-benzoyl]-, methylester
10 3347
—, Trimethyl-dibromacetyl- 10 3091
—, Trimethyl-dijodacetyl- 10 3091
—, [Trimethyl-norbornancarbonyl]-
10 3244
—, [Trimethyl-norbornyl]- 9 3112
—, Trimethyl-tribromacetyl- 10 3091
—, Trimethyl-trichloracetyl- 10 3091
—, Trinitro- 9 1956
—, Trinitro-, äthylester 9 1957
—, Trinitro-, allylester 9 1959
—, Trinitro-, azid 9 1960
—, Trinitro-, benzylester 9 1960
—, Trinitro-, butylester 9 1958
—, Trinitro-, chlorid 9 1960
—, Trinitro-, decylester 9 1959
—, Trinitro-, [dihydroxy-propylester]
9 1960
—, Trinitro-, [dinitro-phenylester]
9 1959
—, Trinitro-, [dinitryloxy-propylester]
9 1960
—, Trinitro-, heptylester 9 1959
—, Trinitro-, hexylester 9 1958
—, Trinitro-, isobutylester 9 1958
—, Trinitro-, isohexylester 9 1958
—, Trinitro-, isopentylester 9 1958
—, Trinitro-, isopropylester 9 1957
—, Trinitro-, [methyl-butylester]
9 1958
—, Trinitro-, methylester 9 1957
—, Trinitro-, [methyl-heptylester]
9 1959
—, Trinitro-, [methyl-pentylester]
9 1958
—, Trinitro-, [nitro-phenylester]
9 1959
—, Trinitro-, nonylester 9 1959
—, Trinitro-, octylester 9 1959

Benzoesäure, Trinitro-, pentylester 9 1958
—, Trinitro-, phenylester 9 1959
—, Trinitro-, propylester 9 1957
—, Trinitro-, [trinitro-phenylester]
9 1960
—, Trinitro-hydroxy- 10 265
—, Trinitro-hydroxy-, methylester
10 265
—, Trinitro-hydroxy-methyl- 10 516
—, Trinitro-methyl- 9 2334
—, Triphenyl- 9 3675
—, Triphenylencarbonyl- 10 3505
—, Triphenylmethyl- 9 3677
—, Triphenylmethyl-, methylester
9 3677
—, Tris-äthoxycarbonyloxy-methyl-
10 2106, 2112
—, Tris-äthoxycarbonyloxy-methyl-,
[hydroxy-methyl-formyl-
phenylester] 10 2108, 2113
—, [Tris-äthoxycarbonyloxy-methyl-
benzoyloxy]-äthoxycarbonyloxy-
methyl- 10 2110
—, [Tris-äthoxycarbonyloxy-methyl-
benzoyloxy]-äthoxycarbonyloxy-
methyl-, [äthoxycarbonyloxy-
methyl-formyl-phenylester]
10 2111
—, [Tris-äthoxycarbonyloxy-methyl-
benzoyloxy]-äthoxycarbonyloxy-
methyl-, [hydroxy-methyl-formyl-
phenylester] 10 2110
—, [(Tris-äthoxycarbonyloxy-methyl-
benzoyloxy)-äthoxycarbonyloxy-
methyl-benzoyloxy]-
äthoxycarbonyloxy-methyl- 10 2111
—, [(Tris-äthoxycarbonyloxy-methyl-
benzoyloxy)-äthoxycarbonyloxy-
methyl-benzoyloxy]-
äthoxycarbonyloxy-methyl-,
methylester 10 2111
—, Tris-äthoxycarbonyloxy-pentyl-
10 2137
—, Tris-methoxycarbonyloxy- 10 2075
—, Tris-[nitro-benzoyloxy]- 10 2075
—, Trithio-di- 10 225, 271, 393
—, Trithio-di-, diäthylester 10 227,
272, 398
—, Valeryl- 10 3085
—, Valeryl-, amid 10 3086
—, Valeryl-, methylester 10 3085
—, Valeryloxy-, methylester 10 111
—, Vanilloyl- 10 4669
—, Veratroyl- 10 4670
—, Veratroyl-, methylester 10 4670
—, Veratroyloxy- 10 1422
—, Veratryl- 10 1959
—, Veratryl-, methylester 10 1959
—, Vinyl- 9 2753, 2755

Benzoesäure, Vinyl-, äthylester 9 2755
—, Vinyl-, amid 9 2752, 2753
—, Vinyl-, *sec*-butylester 9 2755
—, Vinyl-, methylester 9 2755
—, Vinyl-, nitril 9 2752, 2753, 2755
—, Vinylen-di- 9 4595; s. a. *Stilben-dicarbonsäure*
—, Vinylendimercapto-di- 10 217
—, [3.5]Xylyloxy-selenocyanato-
  10 1445
[α-^{13}C]Benzoesäure 9 380
[α-^{14}C]Benzoesäure 9 380
Benzoesäure-acetonylamid 9 1105
— [acetoxy-diäthyl-butylamid] 9 1086
— [acetoxymethyl-phenylester] 9 567
— [acetyl-cyclohexenylester] 9 725
— [acetyl-hexylester] 9 723
— [acetyl-hydrazid] 9 1317
— [acetylmercapto-methylamid] 9 1091
— [acetyl-phenylester] 9 729, 730
— [äthoxy-äthylester] 9 533, 717
— [äthoxy-allyl-phenylester] 9 587
— [äthoxy-benzhydrylamid] 9 1101
— [äthoxy-biphenylylester] 9 620
Benzoesäure-[äthoxycarbonylmethyl-phenyl-acetimidsäure]-anhydrid
  9 2251
Benzoesäure-[äthoxy-cholestatrienylester]
  9 617
— [äthoxy-cholestenylester] 9 594,
  596, 599
— [äthoxy-ergostadienylester] 9 607
— [äthoxymethoxy-propenyl-phenylester]
  9 585, 586
— [äthoxy-oxo-acetyl-butenylamid]
  9 1111
— [äthoxy-oxo-acetyl-butylamid]
  9 1111
— [äthoxy-oxo-acetyl-butylidenamid]
  9 1111
— [äthoxy-phenylester] 9 552
— [äthoxy-propenyl-phenylester] 9 585
— [äthoxy-styrylester] 9 719
— äthylamid 9 1068
— [äthylamid-äthylimin] 9 1268
— [äthylamid-imin] 9 1267
— [äthylamid-methylimin] 9 1268
— [äthyl-butenylester] 9 403
— [äthyl-di-*tert*-butyl-phenylester]
  9 447
— äthylester 9 384
— [äthylester-imin] 9 1250
— [äthylester-oxim] 9 1311
— [äthyl-heptylamid] 9 1075
— [äthyl-hexylester] 9 399
— [äthyliden-cholestenylester] 9 484
— [äthyl-naphthylester] 9 494, 495
— [äthyl-pentylamid] 9 1074

Benzoesäure-allylester 9 402
— allyloxyamid 9 1305
— [allyloxy-tetramethyl-phenylester]
  9 577
— [allyl-phenylester] 9 454
— amid 9 1064
— [amid-äthylimin] 9 1267
— [amid-(benzoyl-oxim)] 9 1310
— [amid-(carbamoyl-oxim)] 9 1311
— [amid-(heptyl-oxim)] 9 1310
— [amid-imin] 9 1264
— [amid-methylimin] 9 1266
— [amid-oxim] 9 1308
— [amino-äthylamid] 9 1209
— [amino-äthylester] 9 876
— [amino-butylamid] 9 1214
— [amino-butylester] 9 883
— [(amino-hydroxyimino-äthylamid)-oxim]
  9 1309
— [amino-isobutylester] 9 884
— [amino-isopentylamid] 9 1097
— [amino-methylamid] 9 1090
— [aminomethyl-pentylester] 9 889
— [amino-pentylamid] 9 1219
— [amino-phenäthylamid] 9 1099
— [amino-propylamid] 9 1213
— androstanylester 9 447
— androstenylester 9 457
— anhydrid 9 852
— anthrylamid 9 1103
— anthrylester 9 520
— anthrylidenamid 9 1103
— azid 9 1324
— [azid-(benzoyl-oxim)] 9 1324
— [azid-benzylidenhydrazon] 9 1324
— [azid-oxim] 9 1324
— benzhydrylidenamid 9 1102
— benzhydrylidenhydrazid 9 1315
— [benzoyl-acenaphthylenylester] 9 776
— [benzoylamid-(methyl-oxim)] 9 1310
— [benzoyl-biphenylylester] 9 775
— [benzoyl-naphthylester] 9 771, 772
Benzoesäure-[benzoyloxy-benzimidsäure]-anhydrid 9 1311
Benzoesäure-[benzoyl-phenylester]
  9 761
— [benzoyl-propylester] 9 733
— benzylester 9 428
— [benzylidenamino-benzylamid] 9 1098
— benzylidenhydrazid 9 1314
— [benzylmercapto-äthylamid] 9 1080
— [benzylmercapto-androstadienylester]
  9 605
— [benzyloxy-acetyl-phenylester] 9 785
— [benzyl-phenylester] 9 506
— [benzyl-propylester] 9 437
— biphenylylester 9 502, 503
— [bis-(äthoxycarbonyl-äthyl)-amid]
  9 1147

Benzoesäure-[bis-(äthyl-propyl)-hydrazid]
  9 1313
— [bis-(brom-äthyl)-amid] 9 1070
— [bis-carbamoylmethyl-amid] 9 1141
— [bis-carboxymethyl-amid] 9 1141
— [bis-(chlor-äthyl)-amid] 9 1069
— [bis-(chlor-butenyl)-amid] 9 1078
— [bis-(cyan-äthyl)-amid] 9 1147
— [bis-diäthylamino-isopropylester]
  9 882
— [bis-dimethylamino-isobutylester]
  9 885
— [bis-(dimethylamino-methyl-propyl)-
  amid] 9 1219
— [bis-dimethylamino-neopentylester]
  9 889
— [bis-naphthyloxymethyl-amid] 9 1092
— [bis-(trimethyl-phenyl)-äthylester]
  9 514
— [brom-äthylamid] 9 1069
— [brom-äthylester] 9 389
— [brom-äthylidenamid] 9 1096
— bromamid 9 1248
— [brom-anthrylester] 9 520
— [brom-benzhydrylidenamid] 9 1102
Benzoesäure-[brom-benzoesäure]-anhydrid
  9 1416
Benzoesäure-[brom-benzoyl-
  naphthylester] 9 772, 774
— [brom-benzylester] 9 430
— [brom-benzyl-phenylester] 9 507, 509
— [brom-biphenylylester] 9 504
— [brom-bornylester] 9 413
— [brom-butylester] 9 394
— [brom-cholestenylester] 9 462
— [brom-cyclohexylester] 9 405
— [brom-dijod-phenylester] 9 421, 422
— [brom-dimethoxy-äthoxy-
  phenanthrylester] 9 699
— [brom-dimethoxy-phenylester] 9 670
— [brom-dinitro-methyl-phenylester]
  9 426, 427
— [brom-dinitro-phenylester] 9 423
— [brom-diphenyl-äthylester] 9 510
— [brom-hexylester] 9 398
— [brom-hydroxy-acetyl-phenylester]
  9 784
— [brom-hydroxy-phenylester] 9 556
— bromid 9 1064
— [bromid-imin] 9 1254
— [brom-indanylester] 9 454
— [brom-isopropylester] 9 392
— [brom-jod-methyl-phenylester]
  9 424, 428
— [brom-jod-phenylester] 9 421
— [brom-methoxy-diäthoxy-
  phenanthrylester] 9 699
— [brom-methoxy-dioxo-dihydro-
  anthrylester] 9 827

Benzoesäure-[brom-methoxy-formyl-
  phenylester] 9 782
— [brom-methoxy-phenylester] 9 556
— [brom-methyl-acetyl-phenylester]
  9 732
— [brom-methyl-äthyl-phenylester]
  9 436
— [brommethylen-hydrazid] 9 1316
— [brom-methyl-isopropyl-benzoyl-
  phenylester] 9 766
— [brom-methyl-isopropyl-
  phenanthrylester] 9 522
— [brom-methyl-phenylester] 9 423,
  425, 427
— [brommethyl-phenylester] 9 428
— [brom-naphthylester] 9 493
— [brom-nitro-benzoyl-naphthylester]
  9 772
— [brom-nitro-phenylester] 9 422
— [brom-nitroso-phenylester] 9 422
— [brom-oleanenylester] 9 488
— [brom-pentylester] 9 396
— [brom-phenylester] 9 418
— [brom-propylamid] 9 1070
— [brom-propylester] 9 391
— [brom-trimethoxy-phenanthrylester]
  9 699
— [brom-trimethyl-norbornylester]
  9 413
— [brom-ursadienylester] 9 500
— [brom-ursenylester] 9 487
— [brom-vinylamid] 9 1096
— butadienylester 9 410
— [butyl-allylester] 9 405
— butylamid 9 1071
— *sec*-butylamid 9 1071
— *tert*-butylamid 9 1072
— [butylamino-äthylamid] 9 1210
— [butylamino-äthylester] 9 878
— [*sec*-butylamino-äthylester] 9 879
— [butylamino-isobutylester] 9 884
— [*tert*-butyl-butylester] 9 400
— [*tert*-butyl-di-*tert*-pentyl-
  phenylester] 9 448
— butylester 9 392
— *sec*-butylester 9 394
— *tert*-butylester 9 395
— [butylester-(butyl-oxim)] 9 1311
— [butylester-imin] 9 1252
— [butyloxy-äthylester] 9 533
— butyloxyamid 9 1305
— [butyloxy-benzhydrylamid] 9 1102
— [butyloxymethyl-benzylester] 9 569
— butyloxymethylester 9 715
— [butyloxy-phenäthylester] 9 569
— [*tert*-butyl-*tert*-pentyl-
  phenylester] 9 445
— [butyl-phenylester] 9 436
— [*tert*-butyl-phenylester] 9 437

Benzoesäure-[butyl-propinylester] 9 410
— [butyl-vinylester] 9 403
— [butyryl-phenylester] 9 732
— [(chlor-acetonyl)-naphthylester]
  9 756
— [chlor-acetyl-phenylester] 9 730
— [chloracetyl-phenylester] 9 730
— [chlor-äthylamid] 9 1069
— [chlor-äthylester] 9 388
— [chlor-äthyl-phenylester] 9 431
— chloramid 9 1248
Benzoesäure-[chlor-benzoesäure]-
  anhydrid 9 1361
Benzoesäure-[chlor-benzoyl-phenylester]
  9 761
— [chlor-benzylester] 9 430
— [chlor-benzyl-phenylester] 9 506, 508
— [chlor-biphenylylester] 9 502, 503
— [chlor-brom-phenylester] 9 418
— [chlor-butenylamid] 9 1077
— [chlor-butylamid] 9 1071
— [chlor-butylester] 9 393
— [chlor-(chlor-phenoxy)-phenylester]
  9 560
— [chlor-cholestenylester] 9 459,
  462, 464, 466
— [chlor-cyclohexylester] 9 404
— [chlor-dibrom-hydroxy-butylamid]
  9 1097
— [chlor-dibrom-nitro-methyl-
  phenylester] 9 424
— [chlor-dibrom-phenylester] 9 419
— [chlor-dichlorjod-phenylester] 9 421
— [chlor-dichlormethyl-phenylester]
  9 425
— [chlor-dijod-phenylester] 9 421
— [chlor-dinitro-dimethyl-phenylester]
  9 434
— [chlor-dinitro-methyl-phenylester]
  9 426
— [chlor-formyl-phenylester] 9 728
— [chlor-hydroxy-benzylidenamid]
  9 1108
— [chlor-hydroxy-cholestanylester]
  9 580
— chlorid 9 1058
— [chlorid-äthylimin] 9 1253
— [chlorid-benzylidenhydrazon] 9 1323
— [chlorid-butylimin] 9 1254
— [chlorid-imin] 9 1253
— [chlorid-methylimin] 9 1253
— [chlorid-octylimin] 9 1254
— [chlorid-oxim] 9 1312
— [chlor-isobutylester] 9 395
— [chlor-isopropylester] 9 392
— [chlor-jod-phenylester] 9 420, 421
— [chlor-methyl-cyclohexylester] 9 406
— [chlormethyl-cyclohexylester] 9 406
— chlormethylester 9 716

Benzoesäure-[chlor-methyl-phenylester]
  9 424, 427
— [chlor-methyl-propylester] 9 394
— [chlor-naphthylester] 9 491, 492
— [chlor-nitro-phenylester] 9 422
— [chlor-nitroso-phenylester] 9 422
— [chlor-östratrienylester] 9 497
— chloromercuriomethylester 9 717
— [chlor-pentylamid] 9 1072
— [chlor-pentylester] 9 396
— [chlor-phenoxy-phenylester] 9 560
— [chlor-phenyl-äthylidenhydrazid]
  9 1314
— [chlor-phenylester] 9 417
— [chlor-propionyl-phenylester] 9 731
— [chlor-propylamid] 9 1070
— [chlor-propylester] 9 390
— [chlor-semicarbazonomethyl-
  phenylester] 9 729
— cholestadienylester 9 476, 477,
  478, 479
— cholestanylester 9 448, 451
— cholestenylester 9 459, 460, 464,
  465, 466
— cholesterylester 9 460
— chrysenylester 9 527
— cinnamylester 9 453
— [(cyan-methylamid)-oxim] 9 1309
— [cyclohexyl-äthylester] 9 407
— cyclohexylester 9 404
— [cyclohexylester-imin] 9 1253
— [cyclohexyl-phenylester] 9 455, 456
— cyclopentylester 9 403
— [cyclopentylester-imin] 9 1252
— [decahydro-naphthylester] 9 412
— decylester 9 400
— decyloxymethylester 9 716
— desylester 9 762
— [(diäthoxy-propyl)-(oxo-butyl)-amid]
  9 1106
— diäthylamid 9 1069
— [diäthylamid-äthylimin] 9 1269
— [diäthylamid-imin] 9 1268
— [diäthylamid-methylimin] 9 1269
— [diäthylamino-äthylamid] 9 1210
— [diäthylamino-äthylester] 9 878
— [(diäthylamino-äthylmercapto)-
  äthylamid] 9 1080
— [diäthylamino-butenylester] 9 890
— [diäthylamino-butinylester] 9 891
— [diäthylamino-butylester] 9 883
— [diäthylamino-tert-butylester]
  9 885
— [diäthylamino-methylamid] 9 1090
— [(diäthylamino-methyl-butylamid)-
  oxim] 9 1309
— [diäthylamino-methyl-butylester]
  9 886
— [diäthylamino-methylester] 9 716

Benzoesäure-[diäthylamino-neopentylester]
9 888
— [diäthylamino-pentylester] 9 885
— [diäthylamino-phenoxymethyl-
butylester] 9 892
— [diäthylamino-propyl-butinylester]
9 891
— [diäthylamino-propylester] 9 888
— [diäthylamino-p-tolyloxymethyl-
butylester] 9 892
— [diäthyl-bibenzylylester] 9 513
— [diäthyl-hydrazid] 9 1313
— [diäthylsulfon-phenyl-vinylester]
9 741
— [diamino-butylamid] 9 1225
Benzoesäure-[dibenzoyloxy-benzoesäure]-
anhydrid 10 1422
Benzoesäure-[dibrom-acetoxy-äthylamid]
9 1095
— [dibrom-äthylidenamid] 9 1096
— [dibrom-benzoyl-naphthylester] 9 772
— [dibrom-biphenylylester] 9 504
— [dibrom-cholestanylester] 9 450
— [dibrom-cholestenylester] 9 465
— [(dibrom-fluorenyliden)-methylester]
9 521
— [dibrom-hydroxy-äthylamid] 9 1094
— [dibrom-hydroxy-benzylester] 9 567
— [dibrom-hydroxymethyl-phenyl-
propylester] 9 575
— [dibrom-hydroxy-phenylester] 9 556
— [dibrom-isopropylester] 9 392
— [dibrom-lanostenylester] 9 472
— [dibrom-mesityl-vinylester] 9 455
— [dibrom-methoxy-äthylamid] 9 1094
— [dibrom-methoxy-phenylester] 9 552,
556
— [dibrom-methyl-phenylester] 9 426, 428
— [dibrom-nitro-hydroxy-phenylester]
9 557
— [dibrom-nitro-methoxy-phenylester]
9 554
— [dibrom-nitro-phenylester] 9 423
— [dibrom-oleanenylester] 9 488
— [dibrom-phenylester] 9 419
— [dibrom-propionyl-phenylester] 9 731
— [dibrom-propylamid] 9 1070
— [dibrom-propylester] 9 391
— [dibrom-stigmastenylester] 9 470
— [dibrom-vinylamid] 9 1096
— [dibutylamid-imin] 9 1269
— [dibutylamino-äthylester] 9 879
— [dibutylamino-methylester] 9 716
— [dibutylamino-propylester] 9 882
— [di-tert-butyl-benzyl-phenylester]
9 515
— [di-tert-butyl-biphenylylester] 9 514
— [di-tert-butyl-cyclohexyl-
phenylester] 9 457, 458

Benzoesäure-[di-tert-butyl-tert-pentyl-
phenylester] 9 447
— [di-tert-butyl-phenylester] 9 445
— [dichlor-acetoxy-äthylamid] 9 1093
— [dichlor-äthylester] 9 717
— [dichlor-äthylidenamid] 9 1096
— [dichlor-benzyl-phenylester] 9 508
— [dichlor-biphenylylester] 9 504
— [dichlor-brom-äthylamid] 9 1093
— [dichlor-brom-hydroxy-äthylamid]
9 1094
— [dichlor-brom-hydroxy-butylamid]
9 1097
— [dichlor-brom-phenylester] 9 419
— [dichlor-cholestanylester] 9 449
— [dichlor-dimethyl-phenylester] 9 434
— [dichlor-hydroxy-äthylamid] 9 1092
— [dichlor-hydroxy-naphthylester]
9 611
— [dichlor-hydroxy-propylamid] 9 1081
— [dichlor-isopropylester] 9 392
— [dichlor-jod-phenylester] 9 421
— [dichlorjod-phenylester] 9 420
— [dichlor-methoxy-äthylamid] 9 1092
— dichlormethylenamid 9 1122
— [dichlor-methyl-phenylester] 9 425
— [dichlor-phenylester] 9 417
— [dichlor-propylester] 9 390
— [dichlor-stigmastanylester] 9 452
— [dichlor-stigmastenylester] 9 471
— [dichlor-vinylamid] 9 1096
— [dichlor-vinylester] 9 402
— [dihydroxy-acetyl-phenylester] 9 812
— [dihydroxy-androstanylester] 9 676
— [dihydroxy-benzoyl-phenylester]
9 822
— [dihydroxy-butyryl-phenylester]
9 817
— [dihydroxy-cholestanylester] 9 678
— [dihydroxy-ergostadienylester] 9 681
— [dihydroxy-formyl-phenylester]
9 808, 809
— [dihydroxy-D-homo-androstanylester]
9 677
— [dihydroxy-hydroxymethyl-
nonadecylamid] 9 1089
— [dihydroxy-isopropylamid] 9 1087
— [dihydroxy-isopropylester] 9 663
— [dihydroxy-lumistadienylester] 9 681
— [dihydroxy-methoxy-phenacylester]
9 836
— [dihydroxy-methyl-formyl-phenylester]
9 816
— [dihydroxy-östratrienylester] 9 684
— [dihydroxy-oxo-dihydro-anthrylester]
9 823
— [dihydroxy-pentyl-formyl-phenylester]
9 817
— [dihydroxy-phenacylester] 9 813

Benzoesäure-[dihydroxy-phenylester] **9** 669
— [dihydroxy-propionyl-phenylester]
  9 816
— [dihydroxy-propylester] **9** 662
— [diisopentylamino-methylester] **9** 716
— [dijod-biphenylylester] **9** 505
— [dijod-methyl-isopropyl-phenylester]
  9 438
— [dimesityl-äthylester] **9** 514
— [dimesityl-vinylester] **9** 520
— [dimethoxy-acetyl-phenylester]
  9 810, 811, 812, 813
— [dimethoxy-äthoxy-phenanthrylester]
  9 699
— [dimethoxy-äthyl-phenylester] **9** 672
— [dimethoxy-allyl-phenylester] **9** 680
— [dimethoxy-benzoyl-phenylester]
  9 822
— [dimethoxy-butyryl-phenylester]
  9 817
— [dimethoxy-diazoacetyl-phenylester]
  9 839
— [dimethoxy-dioxo-dihydro-
  phenanthrylester] **9** 844
— [dimethoxy-formyl-phenylester] **9** 809
— [dimethoxy-glykoloyl-phenylester]
  9 837
— [dimethoxy-isopropylester] **9** 663
— [dimethoxy-isovaleryl-phenylester]
  9 817
— [dimethoxy-methyl-formyl-phenylester]
  9 815
— [dimethoxy-pentyl-phenylester] **9** 675
— [dimethoxy-phenäthylidenamid] **9** 1110
— [dimethoxy-phenanthrylester] **9** 686
— [dimethoxy-phenylester] **9** 669, 670
— [dimethoxy-propenyl-phenylester]
  9 679
— [dimethoxy-propionyl-phenylester]
  9 817
— [dimethoxy-propyl-phenylester] **9** 673
— [dimethoxy-styrylamid] **9** 1110
— dimethylamid **9** 1068
— [dimethylamid-äthylimin] **9** 1268
— [dimethylamid-imin] **9** 1267
— [dimethylamid-methylimin] **9** 1267
— [dimethylamino-äthylester] **9** 876
— [dimethylamino-butylester] **9** 883
— [dimethylamino-*tert*-butylester]
  9 885
— [dimethylamino-dimethyl-äthyl-
  propylester] **9** 890
— [dimethylamino-dimethyl-butylester]
  9 889
— [dimethylamino-dimethyl-propylester]
  9 887
— [dimethylamino-isobutylester] **9** 885
— [dimethylamino-methyl-äthyl-
  butenylester] **9** 891

Benzoesäure-[dimethylamino-methyl-
  propylamid] **9** 1218
— [dimethylamino-methyl-propylester]
  9 883
— [dimethylamino-neopentylester] **9** 888
— [dimethylamino-pentylester] **9** 885
— [dimethylamino-phenoxymethyl-
  butylester] **9** 891
— [dimethyl-benzylester] **9** 436
— [dimethyl-bicyclo[3.3.1]nonylester]
  9 414
— [dimethyl-butenylester] **9** 403
— [dimethyl-butylamid] **9** 1073
— [dimethyl-*tert*-butyl-phenylester]
  9 441
— [dimethyl-indanylester] **9** 455
— [dimethyl-naphthylester] **9** 496
— [dimethyl-norpinanylmethylester]
  9 413
— [dimethyl-octadienylester] **9** 412
— [dimethyl-phenäthylester] **9** 438
— [dimethyl-phenanthrylester] **9** 522
— [dimethyl-phenyl-benzoyl-
  cyclohexenylester] **9** 771
— [dimethyl-phenylester] **9** 434
— [dimethyl-propylester] **9** 397
— [dimethyl-tetrahydro-naphthylester]
  9 456
Benzoesäure-[dinitro-benzoesäure]-
  anhydrid **9** 1933
Benzoesäure-[dinitro-biphenylylester]
  9 502, 505
— [dinitro-cyclohexyl-phenylester]
  9 456
— [dinitro-dimethyl-phenylester]
  9 434, 435
— [dinitro-hydroxy-phenylester] **9** 554
— [dinitro-methoxy-biphenylylester]
  9 619
— [dinitro-methyl-isopropyl-
  phenanthrylester] **9** 523
— [dinitro-methyl-isopropyl-
  phenylester] **9** 438
— [dinitro-methyl-phenylester] **9** 424, 426
— [(dinitro-phenyl)-(trinitro-phenyl)-
  äthylester] **9** 511
— [dinitro-stilbenylester] **9** 517
— 27.28-dinor-oleanatrienylester
  9 515
— 27.28-dinor-ursatrienylester **9** 515
— [dioctadecyl-amid] **9** 1077
— [dioxo-dihydro-anthrylester] **9** 805
— [dioxo-dihydro-chrysenylester] **9** 807
— [dioxo-dihydro-pleiadenylester]
  9 807
— [dioxo-indanylester] **9** 796
— [dioxo-isopropylamid] **9** 1109
— [dioxo-methyl-dihydro-naphthylester]
  9 798

Benzoesäure-[dioxo-methyl-isopropyl-
   dihydro-phenanthrylester] 9 806
— [di-*tert*-pentyl-cyclohexyl-
   phenylester] 9 458
— [diphenyl-äthylester] 9 511
— [diphenyl-äthylidenamid] 9 1102
— [diphenyl-mesityl-propenylester]
   9 529
— [diphenyl-vinylamid] 9 1102
— [diphenyl-vinylester] 9 517
— dipropylamid 9 1071
— [dipropylamino-methylester] 9 716
Benzoesäure-dithiocarbamidsäure-
   anhydrid 9 1973
Benzoesäure-[dithiokohlensäure-
   äthylester]-anhydrid 9 1973
Benzoesäure-dodecylamid 9 1076
— dodecylester 9 400
— ergostadienylester 9 479, 480, 481, 482
— ergostanylester 9 452
— ergostatrienylester 9 498, 499
— ergostenylester 9 467, 468
— fluorenylester 9 516
— [fluorenyliden-methylester] 9 521
— [fluorenyl-methylester] 9 517
— fluorid 9 1058
— [fluor-methyl-phenylester] 9 427
— [fluor-phenäthylester] 9 433
— [formyl-hydrazid] 9 1316
— [formyl-phenylester] 9 728, 729
— friedelanylester 9 472
— friedelenylester 9 489
— geranylester 9 412
— [heptamethyl-stilbenylester] 9 520
— [heptanoyl-phenylester] 9 735
— heptinylester 9 410
— [heptylamino-äthylester] 9 880
— heptylester 9 399
— [heptyl-phenylester] 9 441
α-Benzoesäurehexachlorid 9 34
—, Chlor- 9 35
β-Benzoesäurehexachlorid 9 33
—, Chlor- 9 35
γ-Benzoesäurehexachlorid 9 33
δ-Benzoesäurehexachlorid 9 33
ε-Benzoesäurehexachlorid 9 33
γ-Benzoesäurehexachlorid-anhydrid
   9 34
Benzoesäure-hexadecylester 9 400
— [hexahydro-4.7-methano-
   indenylester] 9 438
— [hexamethyl-benzhydrylester] 9 514
— [hexamethyl-stilbenylester] 9 519
— [hexanoyl-phenylester] 9 734
— hexenylester 9 403
— [hexylamino-äthylester] 9 880
— hexylester 9 398
— [hexyl-phenylester] 9 440
— hydrazid 9 1312

Benzoesäure-[hydroxy-acenaphthylenylester]
   9 760
— [hydroxy-acetyl-butenylamid] 9 1109
— [hydroxy-acetyl-phenylester] 9 783
— [hydroxy-äthinyl-cyclohexylester]
   9 550
— [hydroxy-äthoxy-acetyl-butenylamid]
   9 1111
— [hydroxy-äthoxyacetyl-butenylamid]
   9 1111
— [hydroxy-äthylamid] 9 1078
— [hydroxy-äthyl-diphenyl-äthylester]
   9 626
— [hydroxy-äthylester] 9 532
— [hydroxy-äthyl-heptylamid] 9 1086
— [hydroxy-äthyl-pentylamid] 9 1085
— hydroxyamid 9 1304
— [hydroxyamid-imin] 9 1308
— [hydroxy-androstanylester] 9 578, 579
— [hydroxy-androstenylester] 9 590
— [hydroxy-anthrylester] 9 767
— [(hydroxy-benzhydryl)-
   benzhydrylidenamid] 9 1109
— [hydroxy-benzoyl-phenylester] 9 799
— [hydroxy-benzylidenamid] 9 1108
— [hydroxy-benzyloxy-formyl-
   phenylester] 9 809
— [hydroxy-butylamid] 9 1082
— [hydroxy-*tert*-butylamid] 9 1083
— [hydroxy-butylester] 9 540
— [hydroxy-chloracetyl-phenylester]
   9 786
— [hydroxy-cholenylester] 9 593
— [hydroxy-cholestanylester] 9 581
— [hydroxy-cholestenylester] 9 595,
   596, 597, 598, 602
— [hydroxy-chrysenylester] 9 653
— [hydroxy-cyclohexylester] 9 543, 544
— [hydroxy-cyclohexylmethylester]
   9 546
— [hydroxy-diäthyl-butylamid] 9 1086
— [hydroxy-diäthyl-stilbenylester] 9 638
— [hydroxy-dimethoxy-phenacylester]
   9 836
— [hydroxy-dimethyl-phenylester]
   9 569, 570, 571
— [hydroxy-dimethyl-propylamid] 9 1084
— [hydroxy-dioxo-dihydro-naphthylester]
   9 822
— [hydroxy-diphenyl-äthylester] 9 623
— [hydroxy-diphenyl-propylester] 9 625
— [hydroxy-ergostenylester] 9 603
— [hydroxy-formyl-phenylester] 9 781, 782
— [hydroxy-formyl-vinylamid] 9 1109
— [hydroxy-heptyl-nonylamid] 9 1087
— [hydroxy-D-homo-androstanylester]
   9 579
— [hydroxy-hydroxymethyl-
   heptadecenylamid] 9 1088

Benzoesäure-[hydroxy-hydroxymethyl-
  heptadecylamid] 9 1088
— [hydroxyimino-cyclodecylester] 9 724
— [hydroxyimino-cyclohexylester] 9 724
— [hydroxyimino-propylamid] 9 1106
— [hydroxy-indanylester] 9 587
— [hydroxy-isopropylamid] 9 1081
— [hydroxy-methoxy-cholestanylester]
  9 678
— [hydroxy-methoxy-cinnamylester]
  9 680
— [hydroxy-methoxy-ergostadienylester]
  9 682
— [hydroxy-methoxy-formyl-phenylester]
  9 809
— [hydroxy-methoxy-methyl-formyl-
  phenylester] 9 815
— [hydroxy-methoxy-phenylester] 9 670
— [hydroxy-methyl-äthyl-pentylamid]
  9 1086
— [hydroxy-methylamid] 9 1089
— [hydroxy-methyl-androstenylester]
  9 592, 593
— [hydroxy-methyl-cholestanylester]
  9 583
— [hydroxy-methyl-cholestenylester]
  9 603
— [hydroxymethyl-cyclohexylester]
  9 545
— [hydroxymethyl-phenyl-allylester]
  9 587
— [hydroxy-methyl-phenylester] 9 564, 565
— [hydroxymethyl-propylamid] 9 1082
— [hydroxy-methyl-propyl-pentylamid]
  9 1087
Benzoesäure-[hydroxy-B-nor-cholesten-
  carbonsäure]-anhydrid 10 980
Benzoesäure-[hydroxy-19-nor-
  pregnapentaenylester] 9 651
— [hydroxy-19-nor-
  pregnatetraenylester] 9 632
— [hydroxy-19-nor-
  pregnatrieninylester] 9 642
— [hydroxy-octahydro-phenanthrylester]
  9 605
— [hydroxy-octylamid] 9 1085
— [hydroxy-östrapentaenylester] 9 640
— [hydroxy-östratrienylester] 9 613, 614
— [hydroxy-oxo-indenylester] 9 796
— [hydroxy-pentylamid] 9 1083
— [hydroxy-phenäthylamid] 9 1099
— [hydroxy-phenanthrylester] 9 645
— [hydroxy-phenylacetyl-phenylester]
  9 800
— [hydroxy-phenyl-cholestenylester]
  9 645
— [hydroxy-phenyl-23.24-dinor-
  cholenylester] 9 643
— [hydroxy-phenylester] 9 551, 555, 558

Benzoesäure-[hydroxy-phenyl-p-tolyl-
  äthylester] 9 626
— [hydroxy-propenyl-phenylester] 9 584
— [hydroxy-propylamid] 9 1080
— [hydroxy-propylester] 9 538, 539
— [hydroxy-propyl-pentylamid] 9 1085,
  1086
— [hydroxy-stigmastadienylester] 9 607
— [hydroxy-stilbenylester] 9 634
— [hydroxy-tetramethyl-phenylester]
  9 576
— [hydroxy-m-tolyl-p-tolyl-
  äthylester 9 627
— [hydroxy-o-tolyl-p-tolyl-
  äthylester] 9 627
— [hydroxy-trimethyl-phenylester]
  9 573
— [hydroxy-triphenylmethoxy-
  propylester] 9 663
— [hydroxy-trityloxy-propylester]
  9 663
— indanylester 9 454
— [isobutylamino-äthylester] 9 879
— [isobutylamino-isobutylester] 9 884
— isobutylester 9 394
— [isobutyliden-cholestenylester]
  9 491
— isobutyloxymethylester 9 716
— [isobutyryl-hydrazid] 9 1317
— [isopentylamino-butylamid] 9 1214
— [isopentyl-cholestanylester] 9 453
— isopentylester 9 397
— [isopentyloxy-phenylester] 9 558
— isopropenylester 9 402
— [isopropylamid-methylimin] 9 1269
— [isopropylamino-äthylester] 9 878
— [isopropyl-cyclohexylidenhydrazid]
  9 1313
— isopropylester 9 391
— isopropylidenhydrazid 9 1313
— [isopropyl-naphthylester] 9 496
— [isopropyl-podocarpatrienylester]
  9 476
— [isovaleryl-phenylester] 9 734
— [jod-äthylester] 9 389
— [jod-biphenylylester] 9 505
— [jod-butylamid] 9 1071
— [jod-butylester] 9 394
— [jod-cholestenylester] 9 463
— [jod-cyclohexylester] 9 405
— [jod-dinitro-phenylester] 9 423
— jodid 9 1064
— [jodid-imin] 9 1255
— [jod-methoxy-formyl-phenylester]
  9 783
— [jodmethyl-cyclohexylester] 9 406
— [jod-methyl-isopropyl-phenylester]
  9 438
— [jod-pentylamid] 9 1072

Benzoesäure-[jod-phenylester] 9 420
— [jod-propylester] 9 391
Benzoesäure-[kohlensäure-äthylester]-
   anhydrid 9 854
Benzoesäure-lanostadienylester 9 485, 486
— lanostatrienylester 9 500
— lanostenylester 9 471
— [lauroyl-phenylester] 9 736
— linalylester 9 412
— lupanylester 9 473
— lupenylester 9 490
— menthylester 9 407
— [mercapto-äthylamid] 9 1079
— [mercapto-äthylester] 9 536
— [mercapto-phenylester] 9 560
— methallylester 9 402
— [methansulfonyloxy-phenylester]
   9 552
— [methoxy-acetyl-phenylester] 9 783,
   785, 786
— [methoxy-äthoxy-benzylester] 9 672
— [methoxy-äthylester] 9 533
— [methoxy-äthyl-phenylester] 9 568
— [methoxy-allyl-phenylester] 9 587
— [methoxyamid-benzoylimin] 9 1310
— [methoxy-benzhydrylester] 9 622
Benzoesäure-[methoxy-benzoesäure]-
   anhydrid 10 147
Benzoesäure-[methoxy-biphenylylester] 9 620
— [methoxy-bromacetyl-phenylester]
   9 787
— [methoxy-butyryl-phenylester] 9 789
— [methoxy-chlormethyl-phenylester]
   9 566
— [methoxy-cholestenylester] 9 599
— [methoxy-diäthoxy-phenanthrylester]
   9 699
— [methoxy-diäthyl-bibenzylylester]
   9 629
— [methoxy-dibenzoyl-naphthylester]
   9 832
— [methoxy-dibenzoyl-phenylester]
   9 828
— [methoxy-dibrommethyl-phenylester]
   9 566
— [methoxy-dimethyl-phenylester] 9 571
— [methoxy-dioxo-methyl-dihydro-
   anthrylester] 9 828
— [methoxy-formyl-phenylester] 9 781, 782
— [methoxy-hexanoyl-phenylester] 9 790
— [methoxy-hexyl-phenylester] 9 577
— [methoxy-isopropyl-phenylester]
   9 572
— [methoxymethoxy-propenyl-phenylester]
   9 585, 586
— [methoxymethoxy-propyl-phenylester]
   9 572
— [methoxy-methyl-äthyl-phenylester]
   9 573

Benzoesäure-[methoxy-methyl-biphenylyl-
   ester] 9 622
— methoxymethylester 9 715
— [methoxy-methyl-phenylester] 9 564, 566
— [methoxy-naphthylester] 9 609
— [methoxy-östratrienylester] 9 614
— [methoxy-phenanthrylester] 9 646
— [methoxy-phenylester] 9 551, 555, 558
— [methoxy-propenyl-phenylester] 9 584
— [methoxy-propionyl-phenylester]
   9 787
— [methoxy-propyl-phenylester] 9 571
— [methoxy-stilbenylester] 9 634
— [methoxy-triphenylmethyl-propenyl-
   phenylester] 9 659, 660
— [methoxy-valeryl-phenylester] 9 789
— [methoxy-vinyl-phenylester] 9 583
— [methyl-acetyl-cyclohexenylester]
   9 726
— [methyl-acetyl-phenylester] 9 732
— [methyl-äthinyl-cyclohexylester]
   9 414
— [(methyl-äthyl-amid)-äthylimin]
   9 1269
— [(methyl-äthyl-amino)-methylimin]
   9 1268
— [methyl-äthyl-isopropyl-phenylester]
   9 441
— [methyl-äthyl-phenanthrylester]
   9 522
— [methyl-äthyl-phenylester] 9 436
— [(methyl-äthyl-valeryl)-hydrazid]
   9 1317
— [methyl-allylidenamid] 9 1098
— methylamid 9 1068
— [methylamid-äthylimin] 9 1268
— [methylamid-imin] 9 1266
— [methylamid-isopropylimin] 9 1269
— [methylamid-methylimin] 9 1267
— [methylamid-pentylimin] 9 1270
— [methylamid-propylimin] 9 1269
— [methylamino-benzylidenhydrazid]
   9 1323
— [methylamino-neopentylester] 9 888
— [methylamino-pentylamid] 9 1220
— [methyl-benzoyl-phenylester] 9 762
— [methyl-benzylester] 9 434, 435
— [methyl-benzyl-phenylester] 9 511, 512
— [methyl-bibenzylylester] 9 512
— [methyl-biphenylylester] 9 510
— [methyl-bromacetyl-phenylester]
   9 732
— [methyl-butenylester] 9 402
— [methyl-butylester] 9 396
— [methyl-*tert*-butyl-*tert*-pentyl-
   phenylester] 9 446
— [methyl-cyclohexenylester] 9 410
— [methyl-cyclohexylester] 9 406
— [methyl-cyclohexyl-pentylester] 9 409

Benzoesäure-[methyl-6.10-cyclo-19-nor-
  ergostatrienylester] 9 515
— [methyl-6.10-cyclo-19-nor-
  ergostenylester] 9 482
— [methyl-decyl-amid] 9 1076
— [methyl-decylamid] 9 1076
— [methyl-dibenzyl-phenylester] 9 527
— [methyl-di-*sec*-butyl-phenylester]
  9 446
— [methyl-di-*tert*-butyl-phenylester]
  9 446
Benzoesäure-methyldithiocarbamidsäure-
  anhydrid 9 1973
Benzoesäure-[methylen-allylamid] 9 1098
— [methylen-cholestenylester] 9 482
— [methylen-lanostenylester] 9 491
— methylester 9 381
— [methylester-imin] 9 1249
— [methylester-(methyl-oxim)] 9 1311
— [methyl-formyl-butylester] 9 722
— [methyl-gonatetraenylester] 9 513
— [methyl-heptyl-amid] 9 1073
— [methyl-heptylamid] 9 1075
— [methyl-hexanoyl-phenylester] 9 735
— [methyl-hexylamid] 9 1074
— [methyl-(hydroxyimino-neopentyl)-
  amid] 9 1107
— [methyl-hydroxymethyl-propylamid]
  9 1084
— [methyl-indanylester] 9 455
— [(methyl-isobutyl-hexanoyl)-hydrazid]
  9 1317
— [methyl-isopropenyl-
  cyclohexenylidenhydrazid] 9 1314
— [methyl-isopropenyl-cyclohexylester]
  9 412
— [methyl-isopropyl-benzoyl-
  phenylester] 9 765
— [methyl-isopropyl-cyclohexylester]
  9 408
— [methyl-isopropyl-phenanthrylester]
  9 522
— [methyl-isopropyl-propenylester]
  9 406
— [methyl-isopropyl-propylamid] 9 1074
— [methyl-isopropyl-propylester] 9 399
— [methyl-lanostenylester] 9 473
— [methylmercapto-äthylamid] 9 1079
— [methylmercapto-äthylester] 9 537
— [methylmercapto-methyl-phenacylester]
  9 788
— [methyl-mesityl-propenylester] 9 456
— [methyl-(methyl-undecyl)-amid]
  9 1076
— [methyl-naphthylester] 9 493, 494
— [methyl-nonadecylester] 9 401
— [methyl-(oxo-neopentyl)-amid] 9 1107
— [methyl-pentylamid] 9 1073
— [methyl-pentylester] 9 398

Benzoesäure-[methyl-phenanthrylester]
  9 521
— [methyl-phenyl-butylester] 9 440
— [methyl-phenyl-mesityl-vinylester]
  9 518
— [methyl-phenyl-pentylester] 9 440
— [methyl-phenyl-propylester] 9 437
— [methyl-propinylester] 9 410
— [methyl-(semicarbazono-neopentyl)-
  amid] 9 1107
— [methylsulfin-phenylester] 9 558
— [methylsulfon-isopropylamid] 9 1082
— [(methyl-valeryl)-hydrazid] 9 1317
— [methyl-valeryl-phenylester] 9 734
Benzoesäure-naphthoesäure-anhydrid
  9 3143, 3184
Benzoesäure-naphthylester 9 491, 492
— neomenthylester 9 408
— neopentylamid 9 1073
— neopentylester 9 398
— nitril 9 1255
— [nitro-äthylester] 9 389
Benzoesäure-[nitro-benzoesäure]-
  anhydrid 9 1475, 1510, 1684
Benzoesäure-[nitro-benzoyl-naphthylester]
  9 772, 774
— [nitro-benzylester] 9 430, 431
— [nitro-benzyliden-hydrazid] 9 1314
— [nitro-biphenylylester] 9 503, 505
— [nitro-hydroxy-phenylester] 9 553, 557
— [nitro-methoxy-acetyl-phenylester]
  9 785
— [nitro-methoxy-äthyl-phenylester]
  9 568
— [nitro-methoxy-phenacylester] 9 787
— [nitro-methyl-benzylester] 9 434
— [nitro-methyl-isopropyl-benzoyl-
  phenylester] 9 766
— [nitro-methyl-isopropyl-
  phenanthrylester] 9 523
— [nitro-methyl-phenylester] 9 428
— [nitro-methyl-stilbenylester] 9 517
— [nitro-naphthylester] 9 491
— [nitro-pentylamid] 9 1072
— [nitro-pentylester] 9 396
— [nitro-phenacyl-phenylester] 9 762
— [nitro-phenäthylester] 9 433
— [(nitro-phenoxy)-äthylamid] 9 1078
— [nitro-phenylester] 9 422
— [nitro-propylester] 9 391
— [nitryloxy-äthylamid] 9 1079
— nonadecylamid 9 1077
— nonadienylester 9 411
— [nonanoyl-phenylester] 9 735
— nonenylester 9 407
— [nonyl-phenylester] 9 445
— norbornenyl-methylester 9 414
— norbornylester 9 411
— 27-nor-cholestadienylester 9 476

Benzoesäure-B-nor-cholestenylester 9 459
— 27-nor-cholestenylester 9 458
— 19-nor-ergostatetraenylester 9 515
— 28-nor-oleanadienylester 9 500
— 24-nor-ursadienylester 9 499
— 24-nor-ursatrienylester 9 516
— octadecylamid 9 1077
— octadecylester 9 401
— octadienylester 9 411
— [octahydro-anthrylester] 9 475
— [octahydro-phenanthrylester] 9 475
— [octanoyl-phenylester] 9 735
— octylamid 9 1075
— [octylamino-äthylester] 9 880
— [octylamino-isobutylester] 9 884
— octylester 9 399
— [octyloxy-methylamid] 9 1090
— [octyl-phenylester] 9 442
— östratetraenylester 9 513
— östratrienylester 9 497
— oleanadienylester 9 501
— oleanatrienylester 9 516
— oleanenylester 9 487, 489
— [oxo-acenaphthenylester] 9 760
— [oxo-acetyl-butylamid] 9 1109
— [oxo-äthylamid] 9 1105
— [oxo-äthylester] 9 720
— [oxo-benzyl-butenylester] 9 742
— [oxo-bornylidenmethylester] 9 727
— [oxo-butenylester] 9 723
— [oxo-butylamid] 9 1106
— [oxo-butylester] 9 721
— [oxo-cyclodecylester] 9 724
— [oxo-cyclohexylester] 9 723, 724
— [oxo-dihydro-anthrylester] 9 767
— [oxo-dihydro-naphthylidenmethylester]
    9 751
— [oxo-dimesityl-propenylester] 9 770
— [oxo-dimethyl-cyclohexyliden-
    methylester] 9 726
— [oxo-dimethyl-isopropyliden-
    octahydro-naphthylester] 9 735
— [oxo-dimethyl-norbornyliden-
    methylester] 9 727
— [oxo-dimethyl-phenyl-butylester]
    9 734
— [oxo-dimethyl-propylester] 9 722
— [oxo-diphenyl-cyclopentenylester]
    9 771
— [oxo-diphenyl-propenylamid] 9 1105
— [oxo-diphenyl-propenylester] 9 768
— [oxo-diphenyl-propylidenamid] 9 1105
— [oxo-indanylester] 9 742
— [oxo-p-menthenylester] 9 726
— [oxo-mesityl-benzyliden-äthylester]
    9 768
— [oxo-methyl-butenylester] 9 723
— [oxo-methyl-cyclohexyliden-
    methylester] 9 725

Benzoesäure-[oxo-methyl-phenyl-äthylester]
    9 731
— [oxo-methyl-phenyl-mesityl-
    propenylester] 9 769
— [oxo-methyl-phenyl-
    propylidenhydrazid] 9 1315
— [oxo-methyl-propylamid] 9 1106
— [oxo-methyl-propylester] 9 721
— [oxo-octahydro-chrysenylester] 9 769
— [oxo-octahydro-naphthylester] 9 727
— [oxo-pentadienylester] 9 725
— [oxo-pentylamid] 9 1106
— [oxo-pentylester] 9 722
— [oxo-phenalenylamid] 9 1104
— [oxo-phenalenylester] 9 767
— [oxo-phenalenylidenamid] 9 1104
— [oxo-phenyl-benzhydryliden-
    äthylester] 9 777
— [oxo-phenyl-benzoyl-äthylester]
    9 804
— [oxo-phenyl-benzoyl-pentylester]
    9 805
— [oxo-phenyl-benzoyl-propenylester]
    9 806
— [oxo-phenyl-mesityl-äthylester]
    9 765
— [oxo-phenyl-mesityl-propenylester]
    9 768
— [oxo-phenyl-pentenylester] 9 742
— [oxo-phenyl-propenylester] 9 741, 742
— [oxo-phenyl-propylester] 9 732
— [oxo-phenyl-propylidenhydrazid]
    9 1315
— [oxo-propylester] 9 721
— [oxo-tetrahydro-naphthylester] 9 733
— [oxo-tetrahydro-phenanthrylester]
    9 763
— [oxo-tetramethyl-norbornyliden-
    methylester] 9 728
— [oxo-tetratriacontylester] 9 723
— [oxo-trichlormethyl-butylester]
    9 722
— [oxo-trimethyl-norbornylmethylester]
    9 726
— [oxo-triphenyl-cyclopentadienylester]
    9 777, 778
— [oxo-triphenyl-propylester] 9 77
— [pentadecyl-phenylester] 9 448
— [pentamethyl-phenylester] 9 440
— tert-pentylamid 9 1072
— [pentylamid-methylimin] 9 1270
— [pentylamid-pentylimin] 9 1270
— [pentylamino-äthylester] 9 879
— [pentylamino-isobutylester] 9 884
— pentylester 9 396
— tert-pentylester 9 397
— [pentyl-phenylester] 9 439
— [tert-pentyl-phenylester] 9 439
— phenacylester 9 730

Benzoesäure-[phenacyl-phenylester] 9 761
— phenäthylester 9 433
— phenäthylidenamid 9 1100
— [phenäthyl-naphthylester] 9 524
— phenanthrylester 9 520
— [phenoxy-äthylester] 9 533
— [phenoxy-benzhydrylester] 9 622
— [phenoxy-cholestenylester] 9 600
— [phenoxy-phenylester] 9 552, 558
— [phenyl-acenaphthylenylester] 9 527
— [phenylacetyl-naphthylester] 9 774
— [phenyl-äthylester] 9 431
— [phenyl-bis-(trimethyl-phenyl)-
  vinylester] 9 529
— [phenyl-butinylester] 9 474
— [phenyl-butylester] 9 437
— [phenyl-cyclohexylester] 9 456
— [phenyl-dihydro-phenalenylester]
  9 526
— [phenyl-dimesityl-vinylester] 9 529
— [phenyldithio-phenylester] 9 561
— phenylester 9 415
— [phenyl-formyl-äthylester] 9 732
— [phenylmercapto-benzhydrylester]
  9 720
— [phenylmercapto-fluorenylester]
  9 720
— [phenyl-mesityl-vinylester] 9 518
— [phenyl-naphthylester] 9 523
— [phenyl-(nitro-trimethyl-phenyl)-
  äthylidenamid] 9 1103
— [phenyl-(nitro-trimethyl-phenyl)-
  vinylamid] 9 1103
— [phenyl-norbornylester] 9 474
— [phenyl-pentylester] 9 439
— [phenyl-phenacylester] 9 763
— [phenyl-phenäthylester] 9 512
— [phenyl-phenanthrylester] 9 530
— [phenyl-propenylamid] 9 1101
— [phenyl-propinylester] 9 473
— [phenyl-propylester] 9 435
— [phenyl-propylidenamid] 9 1101
— [phenylsulfon-allylester] 9 541
— [phenylsulfon-isopropylester] 9 539
— [phenylsulfon-propylester] 9 539
— [phenyl-(tetramethyl-phenyl)-mesityl-
  propenylester] 9 530
— [phenyl-(trimethyl-phenyl)-
  vinylester] 9 518
— [phosphino-äthylester] 9 896
Benzoesäure-phthalsäure-dianhydrid
  9 4187
Benzoesäure-pregnenylester 9 458
— propargylester 9 409
— [propenyl-phenylester] 9 453
— propinylester 9 409
— [propionyl-phenylester] 9 730
— propylamid 9 1070
— [propylamid-methylimin] 9 1269

Benzoesäure-[propyl-biphenylylester] 9 513
— [propyl-butenylester] 9 405
— [propyl-butylamid] 9 1074
— [propyl-butylester] 9 399
— [propyl-cyclohexylester] 9 407
— propylester 9 389
— [propyl-heptylamid] 9 1074
— [propyl-pentylamid] 9 1075
— [propyl-phenylester] 9 435
— 9.10-seco-ergostatetraenylester 9 498
— 9.10-seco-ergostatrienylester
  9 479
Benzoesäure-selenobenzoesäure-anhydrid
  9 2000
Benzoesäure-[semicarbazono-äthylester]
  9 721
— [semicarbazono-butylamid] 9 1106
— [semicarbazono-butylester] 9 721, 722
— [semicarbazono-cyclohexylester]
  9 724
— [semicarbazonomethyl-isopropyl-
  phenylester] 9 733
— [semicarbazonomethyl-phenylester]
  9 728
— [semicarbazono-methyl-propylester]
  9 721
— [stearoyl-phenylester] 9 739
— stigmastadienylester 9 482, 483, 484
— stigmastanylester 9 452
— stigmastatrienylester 9 499
— stigmastenylester 9 469, 470
— stilbenylester 9 516
— styrylamid 9 1100
— [sulfamoyl-äthylamid] 9 1209
— [sulfamoyl-butylamid] 9 1209
— [sulfooxy-phenylester] 9 560
— taraxastenylester 9 486, 487
— taraxeranylester 9 473
— taraxerenylester 9 489
— m-terphenylylester 9 525
— p-terphenylylester 9 525
— [tetrabrom-phenylester] 9 420
— [tetradecahydro-benzo-
  cyclohexadecenylester] 9 458
— [tetrahydro-hexylester] 9 702
— [tetrahydro-naphthylester] 9 454
— [tetramethyl-äthoxymethyl-
  phenylester] 9 577
— [tetramethyl-butylamid] 9 1075
— [tetramethyl-tert-butyl-butylester]
  9 400
— [tetramethyl-phenylester] 9 438
— [tetraphenyl-äthylester] 9 531
— [tetraphenyl-propenylester] 9 531
Benzoesäure-thiobenzoesäure-anhydrid
  9 1973
Benzoesäure-[thiocyanato-äthylester] 9 538
— [thiosemicarbazono-propylamid]
  9 1106

Benzoesäure-*m*-tolylester 9 424
— *o*-tolylester 9 423
— *p*-tolylester 9 427
— [*m*-tolyloxy-phenylester] 9 559
— [*o*-tolyloxy-phenylester] 9 559
— [*p*-tolyloxy-phenylester] 9 559
— [*p*-tolylsulfon-äthylamid] 9 1079
— [*p*-tolylsulfon-allylester] 9 542
— [*p*-tolylsulfon-mesityl-vinylester] 9 588
— [*p*-tolylsulfon-oxo-diphenyl-propenylester] 9 805
— [*p*-tolylsulfon-(trimethyl-phenyl)-vinylester] 9 588
— [tribrom-acetamino-äthylester] 9 718
— [tribrom-acetoxy-äthylamid] 9 1095
— [tribrom-äthylester] 9 389
— [tribrom-butyrylamino-äthylester] 9 718
— [tribrom-formylamino-äthylester] 9 718
— [tribrom-heptanoylamino-äthylester] 9 719
— [tribrom-hexanoylamino-äthylester] 9 719
— [tribrom-hydroxy-äthylamid] 9 1095
— [tribrom-hydroxy-butylamid] 9 1097
— [tribrom-hydroxy-phenylester] 9 557
— [tribrom-isobutyrylamino-äthylester] 9 719
— [tribrom-isovalerylamino-äthylester] 9 719
— [tribrom-methoxy-äthylamid] 9 1095
— [tribrom-methoxy-phenylester] 9 553
— [tribrom-methyl-phenylester] 9 426, 428
— [tribrom-nitro-methoxy-phenylester] 9 554
— [tribrom-nonanoylamino-äthylester] 9 719
— [tribrom-octanoylamino-äthylester] 9 719
— [tribrom-phenyl-äthylester] 9 432
— [tribrom-phenylester] 9 420
— [tribrom-propionylamino-äthylester] 9 718
— [tribrom-*p*-tolyl-äthylester] 9 436
— [tri-*tert*-butyl-phenylester] 9 447
— [trichlor-acetamino-äthylester] 9 717
— [trichlor-acetoxy-äthylamid] 9 1094
— [trichlor-äthylamid] 9 1093
— [trichlor-äthylester] 9 389
— [trichlor-biphenylylester] 9 504
— [trichlor-brom-phenylester] 9 419
— [trichlor-butyrylamino-äthylester] 9 717
— [trichlor-cyclohexyl-äthylester] 9 407

Benzoesäure-[trichlor-dibrom-phenylester] 9 419, 420
— [trichlor-hydroxy-äthyl-propylamid] 9 1084
— [trichlor-hydroxy-methyl-propylamid] 9 1082
— [trichlor-hydroxy-propylamid] 9 1081
— [trichlor-methyl-phenylester] 9 425
— [trichlor-naphthylester] 9 493
— [trichlor-phenyl-äthylester] 9 432
— [trichlor-phenylester] 9 417, 418
— [trichlor-*p*-tolyl-äthylester] 9 436
— tridecylamid 9 1077
— [trihydroxy-anthrylester] 9 823
— [trihydroxy-phenacylester] 9 836
— [trihydroxy-pregnanylester] 9 693
— [triisopropyl-phenylester] 9 446
— [trimethoxy-acetyl-phenylester] 9 834, 835
— [trimethoxy-hydroxymethyl-pentylester] 9 703
— [trimethoxy-methoxymethyl-pentylester] 9 703
— [trimethoxy-phenanthrylester] 9 698
— [trimethoxy-phenylester] 9 691
— [trimethyl-benzhydryl-norbornenylester] 9 524
— [trimethyl-cyclohexenylester] 9 411
— [trimethyl-fluorenylester] 9 518
— [trimethyl-isopropyl-octahydro-phenanthrylester] 9 476
— [trimethyl-naphthylester] 9 496
— [trimethyl-norbornylester] 9 413
— [trimethyl-phenylester] 9 436
— [trimethyl-propylamid] 9 1073
— [trimethyl-propylester] 9 398
— [trimethyl-tridecylamid] 9 1077
— [trinitro-biphenylylester] 9 506
— [triphenyl-äthylester] 9 526
— [triphenyl-äthylidenamid] 9 1104
— [triphenyl-benzhydrylester] 9 532
— [triphenyl-indenylester] 9 532
— [triphenylmethoxy-äthylester] 9 534
— [triphenylmethoxy-diäthylmercapto-isopropylester] 9 780
— triphenylmethylester 9 525
— [triphenyl-propenylester] 9 528
— [triphenyl-propylester] 9 526
— [triphenyl-vinylamid] 9 1104
— [triphenyl-vinylester] 9 528
— undecylamid 9 1076
— ureid 9 1115
— [ureido-äthylester] 9 881
— [ureid-oxim] 9 1309
— ursadienylester 9 500, 501
— ursenylester 9 486
— [valeryl-phenylester] 9 734
— vinylester 9 401

Benzoesäure-[vinyl-hexenylester] **9** 411
[¹⁴C]Benzoesäure-äthylester **9** 388
[¹⁸O]Benzoesäure-methylester **9** 384
Benzo[*j*]fluoranthen, Benzoyloxy-
  benzoyl- **8** 1748
Benzo[*k*]fluoranthen-carbamid, Cyan-
  9 4713
Benzo[*k*]fluoranthen-carbonsäure,
  Cyan-, amid **9** 4713
Benzo[*k*]fluoranthen-dicarbamid 9 4713
Benzo[*k*]fluoranthen-dicarbonsäure-
  amid-nitril **9** 4713
— diamid **9** 4713
Benzo[*a*]fluoren, Benzoyloxy-oxo-
  9 775
—, Brom-benzoyloxy-oxo-phenyl- **9** 778
—, Oxo-bis-[carboxy-phenyl]-
  dihydro- **10** 4041
—, Oxo-bis-[methoxycarbonyl-phenyl]-
  dihydro- **10** 4042
Benzo[*a*]fluoren-carbonsäure, Oxo-
  10 3447
—, Oxo-, methylester **10** 3447
Benzo[*b*]fluoren-carbonsäure, Hydroxy-
  10 1322
Benzo[*c*]fluoren-carbonsäure, Dimethoxy-
  oxo- **10** 4707
—, Dimethoxy-oxo-, methylester
  10 4706, 4707
—, Oxo- **10** 3447, 3448
—, Oxo-, methylester **10** 3447
—, Oxo-phenyl- **10** 3499
—, Oxo-tetrahydro- **10** 3412
—, Tetramethoxy- **10** 2543
—, Tetramethoxy-, methylester **10** 2544
Benzo[3.4]fluoreno[9.1-*bc*]furan,
  Hydroxy-oxo-dihydro- **10** 3447
—, Hydroxy-oxo-hexahydro- **10** 3412
Benzo[5.6]fluoreno[9.1-*bc*]furan,
  Hydroxy-oxo-dihydro- **10** 3447
Benzo[*a*]fluorenon, Benzoyloxy- **9** 775
—, Brom-benzoyloxy-phenyl- **9** 778
Benzofuran, Hydroxy-dioxo-dimethyl-
  [dioxo-dimethyl-cyclohexyl]-
  octahydro- **10** 4060
—, Hydroxy-dioxo-dimethyl-octahydro-
  10 3520
—, Hydroxy-dioxo-octahydro- **10** 3517
—, Hydroxy-dioxo-tetrahydro- **10** 3537
—, Hydroxy-oxo-dimethyl-hexahydro-
  10 2906
—, Hydroxy-oxo-dimethyl-octahydro-
  10 2854, 2857, 2858
—, Hydroxy-oxo-dimethyl-vinyl-
  isopropenyl-hexahydro- **10** 3112
—, Hydroxy-oxo-dimethyl-vinyl-
  isopropyliden-hexahydro- **10** 3111
—, Hydroxy-oxo-methyl-octahydro-
  10 2836, 2837, 2838, 2839

Benzofuran, Hydroxy-oxo-[nitro-benzoyl-
  hydrazono]-octahydro- **10** 3517
—, Hydroxy-oxo-octahydro- **10** 2820
—, Hydroxy-oxo-phenyl-octahydro-
  10 3190
Benzofuran-carbonsäure, Hydroxy-oxo-
  methyl-[methylmercapto-äthyl]-
  hexahydro-, methylester **10** 4715
—, Hydroxy-oxo-methyl-octahydro-
  10 3904
—, Hydroxy-oxo-octahydro- **10** 3893
—, Nitro-hydroxy-dioxo-trimethyl-
  hexahydro-, äthylester **10** 4056
Benzohydrazid 9 1312; *Derivate s. unter*
  Benzoesäure
Benzohydrazidin, Methoxy-bis-[methoxy-
  benzyliden]- **10** 358
—, Methoxy-[methoxy-benzyliden]-
  10 358
Benzohydrazonoylazid, Benzyliden-
  9 1324
—, Methoxy-[methoxy-benzyliden]- **10** 358
—, Nitro-[nitro-benzyliden]- **9** 1537, 1759
Benzohydrazonoylchlorid, Benzyliden-
  9 1323
—, Chlor-[chlor-benzyliden]- **9** 1344
—, Methoxy-[methoxy-benzyliden]- **10** 357
—, Nitro-[nitro-benzyliden]- **9** 1536, 1758
Benzohydroxamsäure 9 1304
—, Acetyl- **9** 1306
—, Allyl- **9** 1305
—, Benzoyl- **9** 1306
—, Brom- **9** 1388, 1399, 1421
—, [Brom-benzoyl]- **9** 1388
—, Brom-[chlor-benzoyl]- **9** 1388,
  1400, 1421
—, Butyl- **9** 1305
—, Carboxymethyl- **9** 1306
—, Chlor- **9** 1340, 1349, 1367
—, Chlor-benzoyl- **9** 1340
—, [Chlor-benzoyl]- **9** 1340
—, Chlor-[chlor-benzoyl]- **9** 1340,
  1350, 1367
—, [Chlor-nitro-benzyl]- **9** 3320
—, Dibrom-hydroxy- **10** 185
—, Dihydroxy- **10** 1377
—, Dihydroxy-acetyl **10** 1377
—, Dinitro-heptyl- **9** 1945
—, Fluor- **9** 1326
—, [Fluor-benzoyl]- **9** 1327
—, Fluor-[chlor-benzoyl]- **9** 1340
—, Methoxy- **10** 160, 256, 353
—, Methoxy-benzoyl- **10** 160, 257, 353
—, Methoxy-[nitro-benzoyl]- **10** 353
—, Methyl- **9** 2325, 2350
—, Nitro- **9** 1481, 1522
—, [Nitro-benzoyl]- **9** 1480, 1522
—, Nitro-[nitro-benzoyl]- **9** 1523, 1751

Benzohydroxamsäure, Phenylacetyl- 9 2256
—, [Phenyl-propionyl]- 9 2395
—, o-Toluoyl- 9 2307
Benzohydroxamsäure-allylester 9 1305
— butylester 9 1305
Benzohydroximoylchlorid 9 1312
—, Chlor-methoxy- 10 362
—, Dichlor-methoxy- 10 363
—, Methoxy- 10 354
Benzohydroximsäure, Chlor-methoxy-, chlorid 10 362
—, Dichlor-methoxy-, chlorid 10 363
—, Methoxy-, chlorid 10 354
—, Methyl-, äthylester 9 2351
Benzohydroximsäure-äthylester 9 1311
— azid 9 1324
— chlorid 9 1312
Benzoin, Diphenylacetyl- 9 3295
—, Phenylacetyl- 9 2188
Benzoin-[benzoyl-oxim] 9 1294
— [cinnamoyl-oxim] 9 2723
— [mandeloyl-hydrazon] 10 476
— [(trimethyl-benzoyl)-oxim] 9 2499
Benzol, Acetoxy-benzoyloxy-dibenzoyl- 9 828, 830
—, Acetoxy-benzoylseleno- 9 2000
—, Acetoxy-cinnamoyloxy- 9 2698
—, Acetoxy-dibenzoyloxy- 9 670
—, Acetoxy-[diphenyl-acryloyloxy]- 9 3416
—, Acetoxy-[phenyl-propionyloxy]- 9 2389
—, Acetoxy-tribenzoyloxy- 9 692
—, Äthoxy-benzoyloxy- 9 552
—, Äthoxy-benzoyloxy-allyl- 9 587
—, Äthoxy-benzoyloxy-propenyl- 9 585
—, Äthoxymethoxy-benzoyloxy-propenyl- 9 585, 586
—, Äthoxy-[nitro-benzoyloxy]-äthyl- 9 1505
—, Äthoxy-[nitro-benzoyloxy]-butyl- 9 1506
—, Äthoxy-[nitro-benzoyloxy]-propyl- 9 1506
—, Allophanoyl- 9 1115
—, Allyloxy-benzoyloxy-tetramethyl- 9 577
—, [Benzoyloxy-äthoxy]-benzoyloxy- 9 555
—, [Benzoyloxy-äthoxy]-dimethyl-benzoyloxymethyl- 9 574
—, Benzoyloxy-äthyl-di-tert-butyl- 9 447
—, Benzoyloxy-[äthyl-propenyl]- 9 455
—, Benzoyloxy-[äthyl-vinyl]- 9 454
—, Benzoyloxy-allyl- 9 454
—, Benzoyloxy-benzoylmercapto- 9 1968
—, Benzoyloxy-[benzoyloxy-propenyl]- 9 586

Benzol, Benzoyloxy-benzyl- 9 506
—, Benzoyloxy-benzyloxycarbonyloxy- 9 559
—, Benzoyloxy-bis-benzoyloxymethyl-[tetramethyl-butyl]- 9 676
—, Benzoyloxy-[brom-benzyl]- 9 507, 509
—, Benzoyloxy-butyl- 9 436
—, Benzoyloxy-tert-butyl- 9 437
—, Benzoyloxy-tert-butyl-di-tert-pentyl- 9 448
—, Benzoyloxy-tert-butyl-tert-pentyl- 9 445
—, Benzoyloxy-[chlor-benzyl]- 9 506, 508
—, Benzoyloxy-cyclohexyl- 9 455, 456
—, Benzoyloxy-[diäthyl-butyl]- 9 443
—, Benzoyloxy-[diäthyl-propyl]- 9 442
—, Benzoyloxy-di-tert-butyl- 9 445
—, Benzoyloxy-di-tert-butyl-benzyl- 9 515
—, Benzoyloxy-di-tert-butyl-cyclohexyl- 9 457, 458
—, Benzoyloxy-di-tert-butyl-tert-pentyl- 9 447
—, Benzoyloxy-[dichlor-äthyl]- 9 431
—, Benzoyloxy-[dimethyl-äthyl-butyl]- 9 444
—, Benzoyloxy-[dimethyl-äthyl-propyl]- 9 442
—, Benzoyloxy-[dimethyl-butyl]- 9 440
—, Benzoyloxy-dimethyl-tert-butyl- 9 441
—, Benzoyloxy-[dimethyl-hexyl]- 9 442
—, Benzoyloxy-[dimethyl-pentyl]- 9 441
—, Benzoyloxy-di-tert-pentyl-cyclohexyl- 9 458
—, Benzoyloxy-[diphenyl-propyl]- 9 526
—, Benzoyloxy-heptanoyl- 9 735
—, Benzoyloxy-heptyl- 9 441
—, Benzoyloxy-hexanoyl- 9 734
—, Benzoyloxy-hexyl- 9 440
—, Benzoyloxy-methyl-äthyl- 9 436
—, Benzoyloxy-[methyl-äthyl-butyl]- 9 442
—, Benzoyloxy-methyl-äthyl-isopropyl- 9 441
—, Benzoyloxy-[methyl-äthyl-pentyl]- 9 443
—, Benzoyloxy-[methyl-äthyl-propyl]- 9 440
—, Benzoyloxy-methyl-[benzoyloxyimino-benzyl]- 9 1295
—, Benzoyloxy-methyl-benzyl- 9 511, 512
—, Benzoyloxy-methyl-tert-butyl-tert-pentyl- 9 446
—, Benzoyloxy-[methyl-diäthyl-propyl]- 9 445
—, Benzoyloxy-methyl-dibenzyl- 9 527
—, Benzoyloxy-methyl-di-sec-butyl- 9 446

Benzol, Benzoyloxy-methyl-
di-*tert*-butyl- **9** 446
—, Benzoyloxy-methyl-hexanoyl- **9** 735
—, Benzoyloxy-methyl-[methyl-
cyclohexenyl]- **9** 474
—, Benzoyloxy-methylsulfin- **9** 558
—, Benzoyloxy-methyl-[trichlor-
benzoyloxy-äthyl]- **9** 573
—, Benzoyloxy-naphthyl- **9** 523, 524
—, Benzoyloxy-[nitro-phenyldithio]-
9 562
—, Benzoyloxy-[nitro-phenylmercapto]-
9 561
—, Benzoyloxy-nonanoyl- **9** 735
—, Benzoyloxy-nonyl- **9** 445
—, Benzoyloxy-octanoyl- **9** 735
—, Benzoyloxy-octyl- **9** 442
—, Benzoyloxy-pentadecyl- **9** 448
—, Benzoyloxy-pentamethyl- **9** 440
—, Benzoyloxy-pentyl- **9** 439
—, Benzoyloxy-*tert*-pentyl- **9** 439
—, [Benzoyloxy-phenoxy]-dibenzoyloxy-
9 670
—, Benzoyloxy-[phenyl-butyl]- **9** 513
—, Benzoyloxy-phenyldithio- **9** 561
—, Benzoyloxy-propenyl- **9** 453
—, Benzoyloxy-propyl- **9** 435
—, Benzoyloxy-[tetrahydro-naphthyl]-
9 518
—, Benzoyloxy-tetramethyl- **9** 438
—, Benzoyloxy-tetramethyl-äthoxymethyl-
9 577
—, Benzoyloxy-[tetramethyl-butyl]-
9 444, 445
—, Benzoyloxy-[tetramethyl-butyl]-di-
tert-butyl- **9** 448
—, Benzoyloxy-[tetramethyl-propyl]-
9 442
—, Benzoyloxy-*m*-tolyldithio- **9** 562
—, Benzoyloxy-*o*-tolyldithio- **9** 562
—, Benzoyloxy-*p*-tolyldithio- **9** 562
—, Benzoyloxy-tri-*tert*-butyl- **9** 447
—, Benzoyloxy-triisopropyl- **9** 446
—, Benzoyloxy-trimethyl- **9** 436
—, Benzoyloxy-[trimethyl-äthyl-propyl]-
9 445
—, Benzoyloxy-[trimethyl-butyl]- **9** 442
—, Benzoyloxy-[trimethyl-pentyl]-
9 443
—, Benzoyloxy-[trimethyl-propyl]-
9 441
—, Bis-[acetoxycarbonyl-vinyl]- **9** 4435
—, Bis-[äthoxycarbonyl-äthyl]-
9 4322, 4324
—, Bis-[äthoxycarbonyl-benzoyl]- **10** 4093
—, Bis-[äthoxycarbonyl-butyl]- **9** 4358, 4359
—, Bis-äthoxycarbonylmethyl- **9** 4294, 4295
—, Bis-[äthoxycarbonyl-vinyl]- **9** 4435,
4436, 4438

Benzol, Bis-allyloxycarbonylmethyl-
9 4294, 4295
—, Bis-[azidocarbonyl-vinyl]- **9** 4439
—, Bis-benzoyloxyacetyl- **9** 820
—, Bis-[benzoyloxy-äthoxy]- **9** 535
—, Bis-[benzoyloxy-äthyl]- **9** 576
—, Bis-[bis-äthoxycarbonyl-äthyl]-
9 4878, 4879
—, Bis-[bis-äthoxycarbonyl-vinyl]-
9 4886
—, Bis-[(brom-benzoyloxy)-benzoyl]-
9 1397
—, Bis-[brom-benzoyloxy]-trimethyl-
[hydroxy-butyl]- **9** 1412
—, Bis-[brom-benzoyloxy]-trimethyl-
[hydroxy-isopentyl]- **9** 1412
—, Bis-[brom-benzoyloxy]-trimethyl-
[hydroxy-methyl-nonadecyl]-
9 1413
—, Bis-[brom-benzoyloxy]-trimethyl-
[hydroxy-tetramethyl-hexadecyl]-
9 1413
—, Bis-[brom-benzoyloxy]-trimethyl-
[hydroxy-tetramethyl-pentadecyl]-
9 1412
—, Bis-[brom-carboxy-vinyl]- **9** 4436, 4437
—, Bis-[brom-methoxycarbonyl-vinyl]-
9 4437
—, Bis-[carbamimidoyl-benzyloxy]-
10 532
—, Bis-[carbamimidoyl-phenoxymethyl]-
10 352
—, Bis-[carbamoyl-äthyl]- **9** 4322
—, Bis-carbamoylmethyl- **9** 4294
—, Bis-[carbamoylmethyl-cyclopentyl]-
9 4458
—, Bis-[carbamoyl-vinyl]- **9** 4438
—, Bis-[carbazoyl-vinyl]- **9** 4438
—, Bis-carboxyacetyl- **10** 4064
—, Bis-carboxyäthinyl- **9** 4495
—, Bis-[carboxy-äthyl]- **9** 4322, 4323, 4324
—, Bis-[carboxy-äthyl]-isopropyl-
9 4350
—, Bis-[carboxy-benzoyl]- **10** 4093
—, Bis-[(carboxy-benzoyl)-benzoyl]-
10 4159
—, Bis-[carboxy-butyl]- **9** 4358
—, Bis-[carboxy-hexyl]- **9** 4367
—, Bis-carboxymethyl- **9** 4293, 4294, 4295
—, Bis-[carboxymethyl-cyclopentyl]-
9 4457
—, Bis-[carboxy-pentyl]- **9** 4363
—, Bis-[carboxy-phenylmercapto]- **10** 217
—, Bis-[carboxy-vinyl]- **9** 4434, 4436, 4437
—, Bis-[chlorcarbonyl-benzoyl]- **10** 4094
—, Bis-[chlorcarbonyl-vinyl]- **9** 4435, 4438
—, Bis-[chlor-(chlor-
benzylidenhydrazono)-diphenyl-
äthoxy]- **10** 1180

Benzol, Bis-[chlor-nitro-cyan-styryl]-
  9 4709
—, Bis-[cyan-äthyl]- **9** 4323, 4324
—, Bis-[cyan-benzyloxy]- **10** 531
—, Bis-cyancarbonyl- **10** 4063
—, Bis-[cyan-cyclohexyl]- **9** 149
—, Bis-cyanmethyl- **9** 4293, 4294, 4295
—, Bis-[cyan-phenoxymethyl]- **10** 347
—, Bis-[diacetoxy-(trimethoxy-
  benzoyloxy)-benzoyloxy]- **10** 2087
—, Bis-[dibrom-äthoxycarbonyl-äthyl]-
  9 4323
—, Bis-[dibrom-carboxy-äthyl]- **9** 4323
—, Bis-[dibrom-methoxycarbonyl-äthyl]-
  9 4322, 4324
—, Bis-[dicarboxy-äthyl]- **9** 4878
—, Bis-[dichlor-nitro-cyan-phenäthyl]-
  9 4693
—, Bis-[dihydroxy-äthoxycarbonyl-24-nor-
  cholanyloxycarbonyloxy]- **10** 2173
—, Bis-[dihydroxy-dimethyl-(methyl-
  äthoxycarbonyl-propyl)-
  hexadecahydro-cyclopenta[a]-
  phenanthrenyloxycarbonyloxy]-
  10 2173
—, Bis-[dimethyl-carboxy-äthyl]-
  9 4359
—, Bis-[dinitro-benzoyloxy]- **9** 1904, 1905
—, Bis-[dinitro-benzoyloxy]-pentyl-
  9 1909
—, Bis-[dinitro-benzoyloxy]-pentyl-
  p-menthadienyl- **9** 1916
—, Bis-[dinitro-benzoyloxy]-pentyl-
  [methyl-isopropenyl-cyclohexyl]- **9** 1916
—, Bis-[dinitro-benzoyloxy]-propyl-
  9 1907
—, Bis-[(dinitro-phenyl)-propionyloxy]-
  9 2415
—, Bis-[diphenyl-acryloyloxy]-
  9 3416, 3417
—, Bis-[hydroxy-carboxy-vinyl]- **10** 4064
—, Bis-[hydroxy-methoxycarbonyl-vinyl]-
  10 4065
—, Bis-[(methoxy-benzoyloxy)-
  benzoyloxy]- **10** 324
—, Bis-methoxycarbonylacetyl- **10** 4065
—, Bis-methoxycarbonyläthinyl- **9** 4495
—, Bis-[methoxycarbonyl-äthyl]-
  9 4323
—, Bis-[methoxycarbonyl-hexyl]- **9** 4367
—, Bis-[methoxycarbonyl-vinyl]-
  9 4435, 4436, 4438
—, Bis-[methoxy-cinnamoyloxy]- **10** 851
—, Bis-{methoxy-[(methoxy-benzoyloxy)-
  benzoyloxy]-benzoyloxy}- **10** 1418
—, Bis-[methoxy-veratroyloxy-benzoyloxy]-
  10 1423
—, Bis-[nitro-benzoyloxy]- **9** 1504,
  1637, 1638

Benzol, Bis-[nitro-benzoyloxy]-äthyl-
  9 1640
—, Bis-[(nitro-benzoyloxy)-äthyl]-
  9 1644, 1645
—, Bis-[nitro-benzoyloxy]-sec-butyl-
  9 1644
—, Bis-[nitro-benzoyloxy]-diäthyl-
  9 1644
—, Bis-[nitro-benzoyloxy]-dimethyl-
  äthyl- **9** 1645
—, Bis-[nitro-benzoyloxy]-dimethyl-
  sec-butyl- **9** 1646
—, Bis-[nitro-benzoyloxy]-dimethyl-
  diäthyl- **9** 1646
—, Bis-[nitro-benzoyloxy]-methyl-äthyl-
  9 1641, 1642
—, Bis-[nitro-benzoyloxy]-methyl-sec-
  butyl- **9** 1645
—, Bis-[nitro-benzoyloxy]-methyl-
  diäthyl- **9** 1646
—, Bis-[nitro-benzoyloxy]-[(nitro-
  benzoyloxy)-äthyl]- **9** 1663
—, Bis-[nitro-benzoyloxy]-tetramethyl-
  9 1645
—, Bis-[nitro-benzoyloxy]-[tetramethyl-
  butyl]- **9** 1647
—, Bis-[nitro-benzoyloxy]-
  trifluormethyl- **9** 1638, 1639
—, Bis-[nitro-benzoyloxy]-trimethyl-
  9 1642, 1643
—, Bis-[nitro-cinnamoyloxy]- **9** 2746
—, Bis-[nitro-cyan-styryl]- **9** 4709
—, Bis-[nitro-phenylacetoxy]- **9** 2288
—, Bis-[(nitro-phenyl)-äthoxycarbonyl-
  vinyl]- **9** 4708
—, Bis-[(nitro-phenyl)-carbamoyl-vinyl]-
  9 4707
—, Bis-[(nitro-phenyl)-carboxy-vinyl]-
  9 4707, 4708
—, Bis-[(nitro-phenyl)-cyan-vinyl]-
  9 4707
—, Bis-[oxo-äthoxycarbonyl-butenyl]-
  10 4073
—, Bis-[oxo-äthoxycarbonyl-butyryl]-
  10 4153
—, Bis-[oxo-pyrazolidinyl]- **9** 4438
—, Bis-[phenyl-carboxy-äthylmercapto]-
  10 553
—, Bis-[phenyl-carboxy-äthylsulfon]-
  10 553
—, Bis-[phenyl-carboxy-vinylmercapto]-
  10 856, 858
—, Bis-[semicarbazono-carboxy-äthyl]-
  10 4064
—, Bis-[triacetoxy-benzoyloxy]- **10** 2083
—, Bis-[trimethoxy-benzoyloxy]-
  10 2082, 2083
—, Bis-[veratroyloxy-benzoyloxy]-
  10 1423

Benzol, [Brom-äthoxy]-benzoyloxy-
9 558
—, Brom-benzoyloxy- 9 418
—, Brom-benzoyloxy-benzyl- 9 507, 509
—, Brom-benzoyloxy-methyl-äthyl-
9 436
—, Brom-dibenzoyloxy- 9 556
—, Brom-dibenzoyloxy-trimethyl- 9 574
—, Brom-dijod-benzoyloxy- 9 421, 422
—, Brom-dimethoxy-benzoyloxy- 9 670
—, Brom-dinitro-benzoyloxy- 9 423
—, Brom-jod-benzoyloxy- 9 421
—, Brom-methoxy-benzoyloxy- 9 556
—, Brom-methoxy-[nitro-benzoyloxy]-
[(nitro-benzoyloxy)-methyl]-
[(nitro-benzoyloxy)-propyl]-
9 1668
—, Brom-nitro-benzoyloxy- 9 422
—, Brom-[nitro-benzoyloxy]-äthyl-
9 1587
—, Brom-nitroso-benzoyloxy- 9 422
—, Brom-phenoxy-[dinitro-benzoyloxy]-
9 1904
—, Butyloxy-[nitro-benzoyloxy]-äthyl-
9 1505
—, [Carbamimidoyl-benzyloxy]-
carbamimidoylmethyl- 10 532
—, [Carboxy-äthyl]-[carboxy-äthyl]-
isopropyl- 9 4350
—, Chlor-benzoyloxy- 9 417
—, Chlor-benzoyloxy-äthyl- 9 431
—, Chlor-benzoyloxy-benzyl- 9 506, 508
—, Chlor-benzoyloxy-[chlor-benzyl]-
9 507
—, [Chlor-benzoyloxy]-[diäthyl-propyl]-
9 1335
—, [Chlor-benzoyloxy]-[dimethyl-äthyl-
propyl]- 9 1335
—, [Chlor-benzoyloxy]-[dimethyl-
diphenyl-propyl]- 9 1358
—, [Chlor-benzoyloxy]-[dimethyl-pentyl]-
9 1334
—, [Chlor-benzoyloxy]-[diphenyl-pentyl]-
9 1358
—, Chlor-benzoyloxy-indenyl- 9 521
—, [Chlor-benzoyloxy]-[methyl-äthyl-
butyl]- 9 1334
—, [Chlor-benzoyloxy]-[tetramethyl-
propyl]- 9 1335
—, [Chlor-benzoyloxy]-[trimethyl-butyl]-
9 1334, 1335
—, Chlor-bis-carboxymethyl- 9 4296
—, Chlor-brom-benzoyloxy- 9 418
—, Chlor-[chlor-phenoxy]-benzoyloxy-
9 560
—, Chlor-dibenzoyloxy- 9 552, 555, 560
—, Chlor-dibenzoyloxy-cyclohexyl-
9 589
—, Chlor-dibrom-benzoyloxy- 9 419

Benzol, Chlor-dichlorjod-benzoyloxy-
9 421
—, Chlor-dijod-benzoyloxy- 9 421
—, Chlor-jod-benzoyloxy- 9 420, 421
—, Chlor-methoxy-bis-[carboxy-vinyl]-
10 2288
—, Chlor-naphthoyloxy-äthyl- 9 3140
—, Chlor-naphthoyloxy-butyl- 9 3141
—, Chlor-naphthoyloxy-heptyl- 9 3141
—, Chlor-naphthoyloxy-hexyl- 9 3141
—, Chlor-naphthoyloxy-pentyl- 9 3141
—, Chlor-naphthoyloxy-propyl- 9 3141
—, Chlor-nitro-benzoylmercapto- 9 1965
—, Chlor-nitro-benzoyloxy- 9 422
—, Chlor-nitroso-benzoyloxy- 9 422
—, Chlor-phenoxy-benzoyloxy- 9 560
—, Chlor-salicyloyloxy-cyclohexyl-
10 135
—, Cyan- s. *Benzonitril*
—, [Cyan-benzyloxy]-cyanmethyl- 10 531
—, Dibenzoyloxy- 9 552, 555, 559
—, Dibenzoyloxy-äthyl- 9 568
—, Dibenzoyloxy-allyl- 9 587
—, Dibenzoyloxy-bis-[dichlor-äthyl]-
9 576
—, Dibenzoyloxy-bis-[trichlor-
benzoyloxy-äthyl]- 9 692
—, Dibenzoyloxy-butyl- 9 574
—, Dibenzoyloxy-cyclohexyl- 9 589
—, Dibenzoyloxy-diacetyl- 9 820
—, Dibenzoyloxy-dibenzhydryl- 9 662
—, Dibenzoyloxy-dibenzoyl- 9 828,
829, 830
—, Dibenzoyloxyjod- 9 1055
—, Dibenzoyloxy-methyl-diacetyl- 9 820
—, Dibenzoyloxy-methyl-dibenzoyl-
9 831
—, Dibenzoyloxy-methyl-isopropyl-
dibenzoyl- 9 831
—, Dibenzoyloxy-phenylseleno- 9 671
—, Dibenzoyloxy-propenyl- 9 586
—, Dibenzoyloxy-tetramethyl- 9 576
—, Dibenzoyloxy-[tetramethyl-butyl]-
9 577
—, Dibenzoyloxy-trimethyl- 9 573
—, Dibenzoyloxy-trimethyl-[oxo-butyl]-
9 790
—, Dibrom-benzoyloxy- 9 419
—, Dibrom-benzoyloxy-[brom-benzyl]-
9 508, 510
—, Dibrom-dibenzoyloxy- 9 556
—, Dibrom-dibenzoyloxy-dibenzoyl-
9 829, 830
—, Dibrom-methoxy-benzoyloxy- 9 552, 556
—, Dibrom-nitro-benzoyloxy- 9 423
—, Dibrom-[nitro-benzoyloxy]-äthyl-
9 1587
—, Dibrom-nitro-methoxy-benzoyloxy-
9 554

Benzol, Dichlor-benzoylmercapto-
 9 1965
—, Dichlor-benzoyloxy- 9 417
—, Dichlor-[benzoyloxy-äthyl]- 9 432
—, Dichlor-benzoyloxy-benzyl- 9 507, 508
—, Dichlor-benzoyloxy-[chlor-benzyl]-
 9 507, 509
—, Dichlor-brom-benzoyloxy- 9 419
—, Dichlor-brom-dibenzoyloxy- 9 560
—, Dichlor-jod-benzoyloxy- 9 421
—, Dichlorjod-benzoyloxy- 9 420
—, Dihydroxy-bis-[äthoxycarbonyl-cyan-
 methyl]- 10 2632
—, Dihydroxy-bis-äthoxycarbonylmethyl-
 10 2458
—, Dihydroxy-bis-[carbamoyl-cyan-
 methyl]- 10 2632
—, Dihydroxy-bis-carboxymethyl- 10 2458
—, Dihydroxy-bis-dicyanmethyl- 10 2633
—, Dihydroxy-dimethyl-bis-[bis-
 äthoxycarbonyl-methyl]- 10 2633
—, Dimethoxy-benzoyloxy- 9 669, 670
—, Dimethoxy-benzoyloxy-äthyl- 9 672
—, Dimethoxy-benzoyloxy-allyl- 9 680
—, Dimethoxy-benzoyloxy-[hydroxyimino-
 äthyl]- 9 815
—, Dimethoxy-benzoyloxy-pentyl- 9 675
—, Dimethoxy-benzoyloxy-propenyl-
 9 679
—, Dimethoxy-benzoyloxy-propyl- 9 673
—, Dimethoxy-[benzoyloxy-propyl]-
 9 673
—, Dimethoxy-bis-äthoxycarbonylmethyl-
 10 2458
—, Dimethoxy-bis-carboxymethyl- 10 2458
—, Dimethoxy-bis-[carboxymethyl-
 carboxy-vinyl]- 10 2634
—, Dimethoxy-bis-cyanmethyl- 10 2458
—, Dimethoxy-dibenzoyloxy- 9 691
—, Dimethoxy-dimethyl-bis-
 carboxymethyl- 10 2462
—, Dimethoxy-dimethyl-bis-cyanmethyl-
 10 2462
—, Dimethoxy-[dinitro-benzoyloxy]-
 allyl- 9 1920
—, Dimethoxy-[nitro-benzoyloxy]-äthyl-
 9 1662
—, Dimethoxy-veratroyloxy-[oxo-äthyl-
 propyl]- 10 1420
—, Dimethoxy-veratroyloxy-
 [semicarbazono-äthyl-propyl]-
 10 1421
—, Dimethyl-benzoyloxymethyl- 9 436
—, Dimethyl-bis-[äthoxycarbonylmethyl-
 cyclopentyl]- 9 4459
—, Dimethyl-bis-carboxymethyl- 9 4327
—, Dimethyl-bis-[carboxymethyl-
 cyclopentyl]- 9 4460
—, Dimethyl-bis-cyanmethyl- 9 4327

Benzol, Dimethyl-bis-[(hydroxy-
 dimethoxy-phenyl)-carboxy-vinyl]-
 10 2636
—, Dimethyl-bis-methoxycarbonylmethyl-
 9 4327
—, Dimethyl-bis-[(nitro-dimethoxy-
 phenyl)-carboxy-vinyl]- 10 2623
—, Dimethyl-bis-[(nitro-phenyl)-
 carboxy-vinyl]- 9 4711
—, Dinitro-benzoylmercapto- 9 1965
—, [Dinitro-benzoyloxy]-[äthyl-propyl]-
 9 1855
—, Dinitro-benzoyloxy-cyclohexyl-
 9 456
—, [Dinitro-benzoyloxy]-[dimethyl-
 butyl]- 9 1779
—, [Dinitro-benzoyloxy]-[dimethyl-
 isopropyl-propyl]- 9 1858
—, [Dinitro-benzoyloxy]-[(dinitro-
 benzoyloxy)-propyl]- 9 1908
—, [Dinitro-benzoyloxy]-[diphenyl-
 butyl]- 9 1890
—, [Dinitro-benzoyloxy]-methyl-äthyl-
 9 1851, 1852
—, [Dinitro-benzoyloxy]-[methyl-äthyl-
 propyl]- 9 1856
—, [Dinitro-benzoyloxy]-methyl-
 dibenzhydryl- 9 1890
—, [Dinitro-benzoyloxy]-methyl-
 dipropyl- 9 1857
—, [Dinitro-benzoyloxy]-[methyl-
 isopropyl-butyl]- 9 1858
—, [Dinitro-benzoyloxy]-methyl-[methyl-
 butyl]- 9 1857
—, [Dinitro-benzoyloxy]-[methyl-propyl-
 butyl]- 9 1856
—, [Dinitro-benzoyloxy]-[oxo-butyl]-
 9 1928
—, [Dinitro-benzoyloxy]-[phenyl-propyl]-
 9 1885
—, Dinitro-bis-äthoxycarbonylmethyl-
 9 4294
—, Dinitro-bis-[äthoxycarbonyl-vinyl]-
 9 4437
—, Dinitro-bis-[benzoyloxy-äthoxy]-
 9 535
—, Dinitro-bis-[benzoyloxy-
 äthoxycarbonyl-propenyl]- 10 2478
—, Dinitro-bis-[benzoyloxy-äthyl]-
 9 576
—, Dinitro-bis-[benzoyloxy-propenyl]-
 9 604
—, Dinitro-bis-[bis-äthoxycarbonyl-
 äthyl]- 9 4878
—, Dinitro-bis-carbamoylmethyl- 9 4295
—, Dinitro-bis-carboxymethyl- 9 4294
—, Dinitro-bis-[carboxy-vinyl]- 9 4437
—, Dinitro-bis-[chlor-bis-
 äthoxycarbonyl-äthyl]- 9 4879

Benzol, Dinitro-bis-chlorcarbonylmethyl-
9 4295
—, Dinitro-bis-[methoxycarbonyl-äthyl]-
9 4324
—, Dinitro-bis-methoxycarbonylmethyl-
9 4294
—, Dinitro-bis-[oxo-äthoxycarbonyl-
propyl]- 10 4066
—, Dinitro-bis-[oxo-phenyl-
äthoxycarbonyl-äthyl]- 10 4094
—, Dinitro-bis-[phenyl-carboxy-vinyl]-
9 4708
—, Dinitro-bis-[phenyl-methoxycarbonyl-
vinyl]- 9 4708
—, Di-p-toluoyloxy-di-p-toluoyl- 9 2340
—, Di-p-toluoyloxy-o-toluoyl-
p-toluoyl- 9 2340
—, Di-p-tolyloxy-dibenzoyloxy-
9 692
—, [Guanyl-benzyloxy]-guanylmethyl-
10 532
—, Hexabenzoyloxy- 9 713
—, Hexakis-[chlor-benzoyloxy]- 9 1360
—, Hexakis-phenylacetoxy- 9 2187
—, Hexa-p-toluoyloxy- 9 2339
—, Hydroxy-bis-[carboxy-äthyl]-
[hydroxy-isopropyl]- 10 2464
—, Isopentyloxy-benzoyloxy- 9 558
—, Isopropyl-bis-[carboxy-äthyl]-
9 4350
—, Isopropyl-[carboxy-äthyl]-[carboxy-
äthyl]- 9 4350
—, Jod-benzoyloxy- 9 420
—, Jod-dibenzoyloxy- 9 557
—, Jod-dinitro-benzoyloxy- 9 423
—, [Jod-phenoxy]-benzoyloxy- 9 559
—, Methansulfonyloxy-benzoyloxy- 9 552
—, Methoxy-äthoxymethoxy-propenyl-
10 1406, 1407
—, Methoxy-allyloxy-[dinitro-
benzoyloxy]- 9 1917, 1918
—, Methoxy-[(benzamino-carboxy-vinyl)-
phenoxy]-[benzamino-carboxy-vinyl]-
10 4524
—, Methoxy-[(benzoylimino-carboxy-
äthyl)-phenoxy]-[benzoylimino-
carboxy-äthyl]- 10 4524
—, Methoxy-benzoyloxy- 9 551, 555, 558
—, Methoxy-[benzoyloxy-äthoxy]- 9 535
—, Methoxy-benzoyloxy-äthyl- 9 568
—, Methoxy-benzoyloxy-allyl- 9 587
—, Methoxy-benzoyloxy-[benzoyloxy-
propyl]- 9 674
—, Methoxy-benzoyloxy-[brom-propyl]-
9 572
—, Methoxy-benzoyloxy-[chlor-äthyl]-
9 568
—, Methoxy-benzoyloxy-[chlor-propyl]-
9 572

Benzol, Methoxy-benzoyloxy-dibenzoyl-
9 828
—, Methoxy-benzoyloxy-[dichlor-äthyl]-
9 568
—, Methoxy-benzoyloxy-hexanoyl- 9 790
—, Methoxy-benzoyloxy-hexyl- 9 577
—, Methoxy-benzoyloxy-methyl-äthyl-
9 573
—, Methoxy-benzoyloxy-[nitro-butenyl]-
9 587
—, Methoxy-benzoyloxy-[nitro-propenyl]-
9 586
—, Methoxy-benzoyloxy-[oxo-butyl]-
9 789
—, Methoxy-benzoyloxy-propenyl- 9 584
—, Methoxy-benzoyloxy-propenyl-trityl-
9 659, 660
—, Methoxy-benzoyloxy-propyl- 9 571
—, Methoxy-benzoyloxy-triphenylmethyl-
propenyl- 9 659, 660
—, Methoxy-bis-[äthoxycarbonyl-äthyl]-
10 2236
—, Methoxy-bis-[äthoxycarbonyl-äthyl]-
acetyl- 10 4745
—, Methoxy-bis-[äthoxycarbonyl-cyan-
vinyl]- 10 2629
—, Methoxy-bis-[carbamoyl-cyan-vinyl]-
10 2629
—, Methoxy-bis-[carboxy-äthyl]-
10 2236
—, Methoxy-bis-[carboxy-cyan-vinyl]-
10 2629
—, Methoxy-bis-cyanmethyl- 10 2220
—, Methoxy-bis-[dicyan-vinyl]- 10 2629
—, Methoxy-bis-[nitro-benzoyloxy]-
9 1660, 1661
—, Methoxy-bis-[nitro-benzoyloxy]-
trifluormethyl- 9 1661
—, Methoxy-[(carboxy-propionyl)-
phenoxy]-[carboxy-propionyl]-
10 4547
—, Methoxy-cinnamoyloxy-propyl-
9 2699
—, Methoxy-cyclopentylacetoxy-propenyl-
9 41
—, Methoxy-[dinitro-benzoyloxy]-äthyl-
9 1906
—, Methoxy-[dinitro-benzoyloxy]-allyl-
9 1911
—, Methoxy-[dinitro-benzoyloxy]-butyl-
9 1908
—, Methoxy-[dinitro-benzoyloxy]-
dimethyl-heptadecyl- 9 1909
—, Methoxy-[dinitro-benzoyloxy]-
dipropyl- 9 1909
—, Methoxy-[dinitro-benzoyloxy]-
propenyl- 9 1910
—, Methoxy-[dinitro-benzoyloxy]-propyl-
9 1907

Benzol, Methoxy-[(hydroxy-carboxy-vinyl)-phenoxy]-[hydroxy-carboxy-vinyl]- 10 4522

—, Methoxy-[(hydroxy-oxo-tetrahydro-furyl)-phenoxy]-[hydroxy-oxo-tetrahydro-furyl]- 10 4547

—, Methoxymethoxy-benzoyloxy-propenyl- 9 585, 586

—, Methoxymethoxy-benzoyloxy-propyl- 9 572

—, Methoxymethoxy-cinnamoyloxy-propyl- 9 2699

—, Methoxy-[nitro-benzoyloxy]-äthoxymethyl-[(nitro-benzoyloxy)-propyl]- 9 1668

—, Methoxy-[nitro-benzoyloxy]-äthyl- 9 1639, 1640

—, Methoxy-[nitro-benzoyloxy]-allyl- 9 1647

—, Methoxy-[nitro-benzoyloxy]-methyl-äthyl- 9 1642

—, Methoxy-[nitro-benzoyloxy]-methyl-allyl- 9 1647

—, Methoxy-[nitro-benzoyloxy]-methyl-sec-butyl- 9 1645

—, Methoxy-[nitro-benzoyloxy]-methyl-[(nitro-benzoyloxy)-äthyl]- 9 1664

—, Methoxy-[nitro-benzoyloxy]-[(nitro-benzoyloxy)-propyl]- 9 1663

—, Methoxy-[nitro-benzoyloxy]-[(nitro-benzoyloxy)-propyl]-propenyl- 9 1665

—, Methoxy-[nitro-benzoyloxy]-propenyl- 9 1647

—, Methoxy-[nitro-benzoyloxy]-propyl- 9 1640

—, Methoxy-[nitro-benzoyloxy]-trifluormethyl- 9 1638

—, Methoxy-[(oxo-carboxy-äthyl)-phenoxy]-[oxo-carboxy-äthyl]- 10 4522

—, Methoxy-tribenzoyloxy- 9 692

—, Methyl-bis-[carbamoylmethyl-cyclopentyl]- 9 4458

—, Methyl-bis-[carboxymethyl-cyclopentyl]- 9 4458

—, Nitro-benzoyloxy- 9 422

—, [Nitro-benzoyloxy]-dimethyl-isobutyl- 9 1596

—, [Nitro-benzoyloxy]-dimethyl-[(methoxy-dimethyl-benzyloxy)-methyl]- 9 1643

—, [Nitro-benzoyloxy]-dimethyl-[(nitro-benzoyloxy)-methyl]- 9 1643

—, [Nitro-benzoyloxy]-methallyl- 9 1602

—, [Nitro-benzoyloxy]-methyl-äthyl- 9 1592

—, [Nitro-benzoyloxy]-methyl-bis-methoxymethyl- 9 1509

Benzol, [Nitro-benzoyloxy]-methyl-cyclohexenyl- 9 1500, 1501

—, [Nitro-benzoyloxy]-methyl-cyclohexyl- 9 1498, 1499

—, [Nitro-benzoyloxy]-methyl-diisobutyl- 9 1597, 1598

—, [Nitro-benzoyloxy]-methyl-isopropyl-isobutyl- 9 1597

—, [Nitro-benzoyloxy]-methyl-methallyl- 9 1604

—, [Nitro-benzoyloxy]-methyl-[methyl-propenyl]- 9 1604

—, [Nitro-benzoyloxy]-[methyl-propenyl]- 9 1602

—, [Nitro-benzoyloxy]-[phenyl-äthyl]- 9 1615

—, Nitro-benzoyloxy-[tetramethyl-butyl]- 9 444

—, [Nitro-benzoyloxy]-[tetramethyl-butyl]- 9 1597

—, Nitro-bis-äthoxycarbonylmethyl- 9 4296

—, Nitro-bis-[äthoxycarbonyl-vinyl]- 9 4439

—, Nitro-bis-[bis-äthoxycarbonyl-äthyl]- 9 4878

—, Nitro-bis-[bis-äthoxycarbonyl-vinyl]- 9 4886

—, Nitro-bis-[carboxy-vinyl]- 9 4436, 4437, 4439

—, Nitro-bis-[isopentyloxycarbonyl-vinyl]- 9 4439

—, Nitro-bis-[methoxycarbonyl-vinyl]- 9 4435, 4436, 4437, 4439

—, Nitro-dibenzoyloxy- 9 55

—, Nitro-dibenzoyloxy-dibenzoyl- 9 829

—, Nitro-methoxy-benzoyloxy-äthyl- 9 568

—, Nitro-methoxy-bis-[carboxy-äthyl]- 10 2237

—, Nitro-methyl-benzoyloxymethyl- 9 434

—, Nitroso-benzoyloxy- 9 422

—, Nitroso-dibenzoyloxy- 9 1297

—, Phenoxy-benzoyloxy- 9 552, 558

—, [Phenyl-äthoxycarbonyl-methyl]-[diphenyl-äthoxycarbonyl-methyl]- 9 4723

—, [Phenyl-carboxy-methyl]-[diphenyl-äthoxycarbonyl-methyl]- 9 4723

—, [Phenyl-carboxy-methyl]-[diphenyl-carboxy-methyl]- 9 4723

—, [Phenyl-cyan-methyl]-[diphenyl-cyan-methyl]- 9 4723

—, Propyloxy-[nitro-benzoyloxy]-äthyl- 9 1505

—, Propyloxy-[nitro-benzoyloxy]-butyl- 9 1506

—, Salicyloyloxy-methyl-[methyl-butyl]- 10 135

Benzol, Salicyloyloxy-methyl-pentyl-
10 134, 135
—, Sulfooxy-benzoyloxy- 9 560
—, Tetrabenzoyloxy- 9 692
—, Tetrabrom-benzoyloxy- 9 420
—, Tetrabrom-dibenzoyloxy- 9 553
—, Tetranitroso-dibenzoyloxy- 9 1293
—, *m*-Tolyloxy-benzoyloxy- 9 559
—, *o*-Tolyloxy-benzoyloxy- 9 559
—, *p*-Tolyloxy-benzoyloxy- 9 559
—, Tribenzoyloxy-diacetyl- 9 839
—, Tribrom-benzoyloxy- 9 420
—, Tribrom-methoxy-benzoyloxy- 9 553
—, Tribrom-nitro-methoxy-benzoyloxy-
9 554
—, Tribrom-nitro-methoxy-[nitro-
benzoyloxy]- 9 1504
—, Trichlor-benzoylmercapto- 9 1965
—, Trichlor-benzoyloxy- 9 417, 418
—, Trichlor-[benzoyloxy-äthyl]- 9 432
—, Trichlor-brom-benzoyloxy- 9 419
—, Trichlor-dibrom-benzoyloxy- 9 419, 420
—, Trimethoxy-benzoyloxy- 9 691
—, [Trimethylammonio-äthoxy]-
benzoyloxy- 9 560
—, Trimethyl-bis-cyanacetyl- 10 4066
—, Trimethyl-bis-[dibrom-cyan-acetyl]-
10 4066
—, Trimethyl-bis-[dichlor-cyan-acetyl]-
10 4066
—, Trimethyl-bis-[hydroxy-cyan-vinyl]-
10 4066
—, Trinitro-bis-[bis-äthoxycarbonyl-
äthyl]- 9 4879
—, Tris-[carboxy-phenylmercapto]-
10 219
—, Tris-cyanmethyl- 9 4803
—, Tris-[diacetoxy-(trimethoxy-
benzoyloxy)-benzoyloxy]- 10 2087
—, Tris-[dinitro-benzoyloxy]- 9 1918
—, Tris-[nitro-benzoyloxy]- 9 1508,
1660, 1661
—, Tris-[triacetoxy-benzoyloxy]-
10 2084
—, Tris-[trimethoxy-benzoyloxy]-
10 2084
Benzol-hexacarbonsäure 9 4914
Benzol-hexacarbonsäure-hexachlorid
9 4915
— hexamethylester 9 4915
Benzol-hexacarbonylchlorid 9 4915
Benzol-pentacarbonsäure 9 4908
Benzol-pentacarbonsäure-
pentamethylester 9 4908
Benzol-sulfonsäure, Dimethyl-cyan-
10 582
—, [Oxo-methyl-*p*-tolyl-indenyl]-
10 1330
Benzol-tetracarbonsäure 9 4872, 4873

Benzol-tetracarbonsäure, Dinitro-
9 4872, 4873
—, Dinitro-, tetraäthylester 9 4874
—, Methoxy- 10 2626
—, Methyl- 9 4874
—, Methyl-, dimethylester 9 4874
—, Methyl-, methylester 9 4874
—, Methyl-, tetramethylester 9 4874
Benzol-tetracarbonsäure-dimethylester
9 4872
— tetrachlorid 9 4873
— tetrakis-[trimethyl-hexylester]
9 4873
— tetramethylester 9 4872, 4873
— tetraphenylester 9 4873
— trimethylester 9 4872
Benzol-tetracarbonylchlorid 9 4873
Benzol-tricarbamid 9 4794
Benzol-tricarbonitril 9 4794
Benzol-tricarbonsäure 9 4791, 4792, 4793
—, Acetoxy-methyl- 10 2573
—, Acetoxy-methyl-, dimethylester
10 2573
—, Acetoxy-methyl-, trimethylester
10 2573
—, Benzoyl- 10 4140
—, Chlor- 9 4793
—, Dichlor- 9 4792
—, Dihydroxy-, äthylester-
[äthoxycarbonyl-äthylamid]-nitril
10 2602
—, Dihydroxy-, äthylester-äthylamid-
nitril 10 2602
—, Dihydroxy-, äthylester-amid-nitril
10 2602
—, Dihydroxy-, äthylester-methylamid-
nitril 10 2602
—, Dihydroxy-, bis-methylamid-nitril
10 2602
—, Dihydroxy-, diäthylester-amid
10 2601
—, Dihydroxy-, diäthylester-[chlor-
äthylamid] 10 2601
—, Dihydroxy-, diäthylester-[hydroxy-
äthylamid] 10 2601
—, Dihydroxy-, diäthylester-nitril 10 2601
—, Dihydroxy-, triäthylester 10 2601
—, Dimethoxy-isopropyl-,
trimethylester 10 2603
—, Dimethyl-, äthylester 9 4798
—, Hydroxy- 10 2570, 2571, 2572
—, Hydroxy-, trimethylester 10 2570
—, Hydroxy-benzyl- 10 2590
—, [Hydroxy-isopropyl]- 10 2576
—, [Hydroxy-isopropyl]-,
trimethylester 10 2576
—, Hydroxy-methyl- 10 2572, 2573
—, Hydroxy-methyl-, trimethylester
10 2573

Benzol-tricarbonsäure, [Hydroxy-phenyl-äthyl]-, lacton **9** 4839
—, Methoxalyl-, trimethylester **10** 4166
—, Methoxy- **10** 2570, 2571, 2572
—, Methoxy-, dimethylester-äthylester **10** 2571
—, Methoxy-, triäthylester **10** 2571
—, Methoxy-, trimethylester **10** 2570, 2571, 2572
—, Methoxy-äthoxy-, dimethylester-nitril **10** 2600
—, Methoxy-methyl- **10** 2572, 2573
—, Methoxy-methyl-, dimethylester **10** 2573
—, Methoxy-methyl-, methylester **10** 2573, 2574
—, Methoxy-methyl-, trimethylester **10** 2573, 2574
—, Methyl- **9** 4796
—, [Methyl-carboxy-äthyl]- **9** 4875, 4876
—, Nitro- **9** 4792
—, Nitro-, trimethylester **9** 4792
—, Nitro-methyl- **9** 4796
—, Nitro-methyl-, trimethylester **9** 4796
—, [Phenyl-äthyl]- **9** 4839
—, Tribenzoyl- **10** 4169
—, Tris-[trihydroxy-benzhydryl]- **10** 2640
Benzol-tricarbonsäure-methylester **9** 4791
— triäthylester **9** 4793, 4794
— triamid **9** 4794
— trichlorid **9** 4792, 474
— trimethylester **9** 4791, 4794
— trinitril **9** 4794
— tris-[triäthylammonio-äthylester] **9** 4794
— tris-[trimethylammonio-äthylester] **9** 4792
Benzol-tricarbonylchlorid 9 4792, 4794
Benzo[de]naphthacen-carbonsäure, Oxo- **10** 3496
Benzonitril 9 1255
—, Acenaphthenyl- **9** 3584
—, Acetonylsulfon- **10** 405
—, [Acetoxy-äthyl]- **10** 580
—, Acetoxy-dimethyl- **10** 583
—, Acetoxy-methyl- **10** 495, 496, 523
—, Acetoxymethyl- **10** 531
—, Acetyl- **10** 3026, 3028, 3030
—, Äthentetrayl-tetra- **9** 4901
—, Äthindiyl-di- **9** 4647
—, Äthinyl- **9** 3068
—, Äthoxy- **10** 255, 344
—, Äthoxy-acetoxy- **10** 1430
—, Äthoxy-mercapto- **10** 1382
—, [Äthoxy-phenylmercapto]- **10** 405
—, Äthoxy-thiocyanato- **10** 1382

Benzonitril, Äthyl- **9** 2425, 2429, 2431
—, Äthylendioxy-di- **10** 346
—, Äthylmercapto- **10** 403
—, Äthylmercaptomethyl- **10** 533
—, Äthylsulfon- **10** 275, 403
—, Allyloxy- **10** 346
—, Allylsulfon- **10** 405
—, Anthryl- **9** 3647
—, Benzhydryl- **9** 3590
—, Benzoyl- **10** 3296
—, Benzoyloxymethyl- **10** 531
—, [Benzoyloxy-(nitro-phenyl)-propionyl]- **10** 4449
—, Benzyl- **9** 3318, 3320
—, [Benzyl-benzoyl]- **10** 3459
—, Benzyliden-di- **9** 4688
—, Benzylsulfon- **10** 405
—, Bis-chlormethyl- **9** 2445
—, [Bis-(methoxy-phenyl)-vinyl]- **10** 2018
—, Brom- **9** 1387, 1399, 1420
—, Bromacetyl- **10** 3028
—, [Brom-äthoxy]- **10** 345
—, [Brom-äthyl]- **9** 2432
—, Brom-[cyan-phenoxy]- **10** 365
—, Brom-dimethoxy- **10** 1367, 1368
—, Brom-dimethyl- **9** 2436, 2440, 2443, 2446
—, [Brom-hexyloxy]- **10** 345
—, Brom-hydroxy- **10** 363, 365
—, Brom-hydroxy-methoxy- **10** 1435, 1437
—, Brom-methoxy- **10** 259
—, Brom-methoxy-acetoxy- **10** 1435, 1438
—, Brom-methoxy-äthyl- **10** 571
—, Brom-methyl- **9** 2311, 2312, 2329, 2358
—, Brommethyl- **9** 2312, 2358
—, Brom-nitro- **9** 1770
—, Brom-nitro-methyl- **9** 2333
—, Brom-oxy-di- **10** 365
—, Brom-pentandiyldioxy-di- **10** 365
—, [Brom-pentyloxy]- **10** 345
—, Brom-propandiyldioxy-di- **10** 365
—, [Brom-propyl]- **9** 2479
—, [Brom-propyloxy]- **10** 345
—, [Brom-vinyl]- **9** 2753, 2756
—, Butadiendiyl-di- **9** 4656
—, Butandiyldioxy-di- **10** 346
—, sec-Butyl- **9** 2522
—, Butylmercapto- **10** 404
—, Butyloxy- **10** 345
—, Butyloxymethyl- **10** 502
—, sec-Butyloxymethyl- **10** 531
—, Butylsulfon- **10** 404
—, sec-Butylsulfon- **10** 404
—, Carbonyl-di- **10** 4010
—, Chlor- **9** 1339, 1349, 1366
—, Chlor-acetyl- **10** 3027
—, Chloracetyl- **10** 3028
—, Chlor-brom-methoxy-acetoxy- **10** 1438, 1439

Benzonitril, Chlor-chlormethyl- **9** 2357
—, Chlor-[cyan-phenoxy]- **10** 361
—, Chlor-dimethoxy- **10** 1432, 1449
—, Chlor-hydroxy- **10** 361
—, Chlor-[hydroxy-oxo-phthalanyl]-
　10 4009
—, Chlor-mercapto-methyl- **10** 499
—, Chlor-methoxy- **10** 164, 168
—, Chlor-methoxy-acetoxy- **10** 1432, 1433
—, Chlor-methyl- **9** 2310, 2355, 2356
—, Chlormethyl- **9** 2310, 2328, 2357
—, Chlor-nitro- **9** 1763, 1765, 1766, 1768
—, Chlor-nitro-hydroxy- **10** 206
—, Chlor-nitro-methyl- **9** 2368
—, Chlor-oxy-di- **10** 361
—, [Chlor-phenoxy]- **10** 346
—, Chlor-thiocyanato-methyl- **10** 499
—, Chlor-*p*-tolylmercapto- **10** 235, 414
—, Chlor-*p*-tolylsulfon- **10** 235, 414
—, Chlor-trifluormethyl- **9** 2328
—, Cyanmethylsulfon- **10** 406
—, [(Cyan-phenoxy)-äthyl]- **10** 580
—, [(Cyan-phenoxy)-methyl]- **10** 531
—, Cyclohexyl- **9** 2844, 2847
—, Decandiyldioxy-di- **10** 347
—, Diacetoxymethyl- **10** 2988
—, Diäthoxy- **10** 1430
—, Diäthyl- **9** 2532
—, Dibrom-äthoxy- **10** 260
—, [Dibrom-äthyl]- **9** 2426, 2429
—, Dibrom-dimethyl- **9** 2440
—, Dibrom-hydroxy- **10** 367
—, Dibrom-hydroxy-methoxy- **10** 1439
—, Dibrom-methoxy-acetoxy- **10** 1439
—, Dibrommethyl- **9** 2312
—, Dibrom-pentandiyldioxy-di- **10** 365
—, Dibrom-propandiyldioxy-di- **10** 365
—, Dichlor- **9** 1376, 1377, 1378, 1379
—, Dichlor-dimethoxy-methyl- **10** 1511
—, Dichlor-hexandiyldioxy-di- **10** 361
—, Dichlor-hydroxy- **10** 362
—, Dichlorjod- **9** 1446
—, Dichlor-methoxy-acetoxy- **10** 1434
—, Dichlor-methoxy- **10** 363
—, Dichlor-methyl- **9** 2310
—, Dichlor-nitro- **9** 1769
—, Dichlor-pentandiyldioxy-di- **10** 361
—, Difluor-propandiyldioxy-di- **10** 359
—, [Dihydro-phenalenyl]- **9** 3594, 3595
—, Dihydroxy- **10** 1366, 1388
—, Dihydroxy-allyl- **10** 1857
—, [Dihydroxy-phenylsulfon]- **10** 405
—, Diisopropyl- **9** 2590
—, Dijod-[difluor-methoxy-phenoxy]-
　10 374
—, Dijod-[dijod-(methoxy-phenoxy)-
　phenoxy]- **10** 374
—, Dijod-[fluor-methoxy-phenoxy]-
　10 374

Benzonitril, Dijod-hexandiyldioxy-di-
　10 368
—, Dijod-hydroxy- **10** 373
—, Dijod-[methoxy-phenoxy]- **10** 374
—, [Dijod-methoxy-phenoxy]- **10** 347
—, Dijod-[methoxy-phenylmercapto]-
　10 414
—, Dijod-oxy-di- **10** 368
—, Dijod-pentandiyldioxy-di- **10** 368
—, Dijod-propandiyldioxy-di- **10** 368, 373
—, Dimethoxy- **10** 1366, 1377, 1449
—, Dimethoxy-acetoxy- **10** 2094
—, Dimethoxy-äthyl- **10** 1527
—, Dimethoxy-[brom-vinyl]- **10** 1851
—, Dimethoxy-[hydroxy-methoxy-benzoyl]-
　10 4815
—, Dimethoxy-methyl- **10** 1503, 1506, 1508
—, Dimethoxy-pentandiyldioxy-di-
　10 1430
—, Dimethoxy-propyl- **10** 1565
—, Dimethoxy-sulfonyl-di- **10** 1395, 1444
—, Dimethyl- **9** 2434, 2436, 2437,
　2439, 2442, 2445
—, Dimethyl-*tert*-butyl- **9** 2592
—, Dimethyl-carbonyl-di- **10** 4013
—, Dimethyl-diisopropyl-methylen-di-
　9 4587
—, Dimethyl-dithio-di- **10** 498
—, Dimethyl-hexandiyldioxy-di- **10** 514
—, Dimethyl-pentandiyldioxy-di- **10** 514
—, Dinitro- **9** 1777, 1779, 1944
—, Dinitro-dimethyl-*tert*-butyl-
　9 2593
—, Dinitro-[dinitryloxy-propyloxy]-
　10 211
—, Dinitro-dithio-di- **10** 238, 418
—, Dinitro-methoxy- **10** 384
—, Dinitro-[nitryloxy-äthoxy]- **10** 210
—, Dinitro-oxy-di- **10** 381
—, Dinitro-pentandiyldioxy-di- **10** 381
—, Dinitro-thio-di- **10** 238
—, Dinitro-triäthyl- **9** 2595
—, [Diphenyl-äthyl]- **9** 3605
—, Dipropyloxy- **10** 1402
—, Dithio-di- **10** 275, 407
—, Fluor- **9** 1326
—, Fluor-hydroxy- **10** 359
—, Fluor-methoxy- **10** 359
—, Formyl- **10** 2988, 2989, 2990
—, Heptandiyldioxy-di- **10** 347
—, Heptylsulfon- **10** 404
—, Hexadecylsulfon- **10** 404
—, Hexandiyldioxy-di- **10** 347
—, Hexyloxy- **10** 345
—, Hexylsulfon- **10** 404
—, [Hydrazono-äthyl]- **10** 3030
—, Hydroxy- **10** 255, 344; s. a. *Salicylonitril,*
　Hydroxy-
—, Hydroxy-acetoxy- **10** 1367

Benzonitril, [Hydroxy-äthoxy]- 10 346
—, [Hydroxy-äthyl]- 10 572, 580
—, Hydroxy-allyl- 10 868
—, Hydroxy-benzoyloxy- 10 1367
—, [Hydroxy-bis-(methoxy-phenyl)-äthyl]-
     10 2018
—, Hydroxy-dimethoxy- 10 2068, 2093
—, Hydroxy-dimethyl- 10 583, 585, 586
—, Hydroxy-methoxy- 10 1366, 1377,
     1402, 1429
—, Hydroxy-methoxy-methyl- 10 1503
—, Hydroxy-methyl- 10 495, 496, 497,
     516, 523
—, Hydroxymethylen-di- 10 2347
—, Hydroxy-methyl-isopropyl- 10 631, 632
—, [Hydroxy-(nitro-phenyl)-propionyl]-
     10 4448
—, Hydroxy-oxy-di- 10 1430
—, Isobutyloxy- 10 345
—, Isopentyloxymethyl- 10 502
—, Isopropenyl- 9 2771
—, Isopropylsulfon- 10 404
—, Jod- 9 1436, 1445
—, Jod-[cyan-phenoxy]- 10 368
—, Jod-hexandiyldioxy-di- 10 368
—, Jod-hydroxy- 10 367
—, Jod-methoxy- 10 187, 262
—, Jodoso- 9 1446
—, Jodosyl- 9 1446
—, Jod-oxy-di- 10 368
—, Jod-pentandiyldioxy-di- 10 368
—, Jod-propandiyldioxy-di- 10 368
—, [Jod-propyl]- 9 2479
—, Jodyl- 9 1446
—, Mercapto-methyl- 10 498
—, Methoxy- 10 159, 255, 344
—, Methoxy-acetoxy- 10 1367, 1430
—, Methoxy-acetoxy-formyl- 10 4517
—, Methoxy-acetyl- 10 4228
—, Methoxy-äthoxy- 10 1429
—, Methoxy-äthyl- 10 571
—, Methoxy-äthyl-propionyl- 10 4268
—, Methoxy-allyloxy- 10 1366
—, Methoxy-benzyloxy- 10 1367
—, Methoxy-bis-[carboxy-äthyl]-
     10 2578
—, Methoxy-butyl- 10 624
—, Methoxy-cyclohexyl- 10 905
—, Methoxy-[dimethoxy-methyl-phenoxy]-
     10 1377, 1402
—, Methoxy-dimethyl- 10 583, 584
—, Methoxy-formyl- 10 4207
—, Methoxy-heptyl- 10 655
—, Methoxy-isopropyl- 10 606
—, Methoxy-methyl- 10 510, 518
—, Methoxymethyl- 10 530
—, Methoxy-methyl-äthyl- 10 613
—, Methoxy-naphthyl- 10 1314
—, Methoxy-oxy-di- 10 1430

Benzonitril, [Methoxy-phenoxy]- 10 347
—, Methoxy-[tetrahydro-naphthyl]-
     10 1280
—, Methoxy-trifluormethyl- 10 523
—, Methyl- 9 2307, 2324, 2348
—, Methyl-äthyl- 9 2486
—, Methyl-benzoyl- 10 3319, 3320
—, Methyl-brommethyl- 9 2446
—, Methyl-chlormethyl- 9 2445
—, Methylen-di- 9 4527
—, Methylendioxy-di- 10 348
—, Methylmercapto- 10 402
—, Methylmercaptomethyl- 10 533
—, [Methyl-phenyl-äthyl]- 9 3367
—, [Methyl-propenyliden]-di- 9 4620
—, Methylsulfon- 10 234, 275, 403
—, Methylsulfonmethyl- 10 533
—, Naphthalindicarbonyl-di- 10 4097
—, Naphthyl- 9 3550
—, Naphthylmethyl- 9 3555
—, Nitro- 9 1479, 1521, 1748
—, Nitro-[acetoxy-äthoxy]- 10 204
—, Nitro-acetyl- 10 3029, 3031
—, Nitro-äthoxy- 10 204, 376, 380
—, [Nitro-benzylsulfon]- 10 405
—, Nitro-brommethyl- 9 2315
—, Nitro-butyloxy- 10 205
—, Nitro-sec-butyloxy- 10 206
—, Nitro-chlormethyl- 9 2315
—, [Nitro-cinnamoyl]- 10 3381
—, Nitro-[cyan-phenoxy]- 10 381
—, Nitro-[diacetoxy-propyloxy]- 10 205
—, Nitro-[dihydroxy-propyloxy]- 10 204
—, Nitro-diisopropyl- 9 2590
—, Nitro-dimethoxy- 10 1442
—, Nitro-dimethyl- 9 2439, 2441
—, Nitro-[dinitryloxy-propyloxy]-
     10 205
—, Nitro-formyl- 10 2990
—, Nitro-hexyloxy- 10 206
—, Nitro-hydroxy- 10 197, 203, 380
—, Nitro-[hydroxy-äthoxy]- 10 204
—, Nitro-hydroxy-methyl- 10 515
—, Nitro-isopropyloxy- 10 205
—, Nitro-methoxy- 10 194, 197, 203,
     205, 376, 380
—, Nitro-methyl- 9 2313, 2314, 2332
—, Nitro-methyl-tert-butyl- 9 2558
—, Nitro-[nitro-benzoyl]- 10 3304
—, Nitro-[nitro-phenäthyloxy]- 10 380
—, Nitro-[nitryloxy-äthoxy]- 10 204
—, Nitro-oxy-di- 10 381
—, Nitro-pentyloxy- 10 206
—, [Nitro-phenoxymethyl]- 10 531
—, [Nitro-phenylsulfon]- 10 405
—, Nitro-propandiyldioxy-di- 10 381
—, Nitro-propyloxy- 10 204, 205, 380
—, Nitro-p-tolylmercapto- 10 237, 415
—, Nitro-p-tolylsulfon- 10 237, 415

Benzonitril, Nitro-trifluormethyl- **9** 2367
—, [Nitro-vinyl]- **9** 2754
—, Octyloxy- **10** 345
—, Octylsulfon- **10** 404
—, [Oxo-äthyl-(methoxy-phenyl)-äthyl]-
    10 4454, 4455
—, [Oxo-methyl-(methoxy-phenyl)-äthyl]-
    10 4449
—, [Oxo-phenyl-indenyl]- **10** 3488
—, [Oxo-propendiyl]-di- **10** 4022
—, [Oxo-propyl-(methoxy-phenyl)-äthyl]-
    10 4458
—, Oxy-di- **10** 348
—, Pentandiyldioxy-di- **10** 346
—, Pentaphenyl- **9** 3697
—, Pentyloxymethyl- **10** 502
—, Pentylsulfon- **10** 404
—, Phenäthyl- s. *Bibenzyl-carbonitril*
—, Phenäthyloxy- **10** 346
—, Phenoxy- **10** 255, 346
—, Phenyl- s. *Biphenyl-carbonitril*
—, [Phenyl-äthyl]- **9** 3343
—, [*p*-Phenylendioxydimethyl]-di-
    10 531
—, Phenylsulfon- **10** 405
—, Propandiyl-di- **9** 4556
—, Propandiyldioxy-di- **10** 346
—, Propenyliden-di- **9** 4611
—, Propionohydrazonoyl- **10** 3055
—, Propyl- **9** 2478
—, Propylmercapto- **10** 403
—, Propyloxy- **10** 345
—, Propylsulfon- **10** 403
—, [Semicarbazono-äthyl]- **10** 3027
—, Styryl- s. *Stilben-carbonitril*
—, Sulfinyl-di- **10** 406
—, Sulfonyl-di- **10** 406
—, Tetramethoxy- **10** 2418
—, Thiocyanato- **10** 406
—, Thio-di- **10** 406
—, Tolyl- s. *Biphenyl-carbonitril,
    Methyl-*
—, *p*-Tolylmercapto- **10** 405
—, *p*-Tolylmercapto-*p*-tolylsulfon-
    10 1383, 1384
—, *p*-Tolyloxymethyl- **10** 531
—, Triacetoxy-methyl- **10** 2111
—, Triäthoxy- **10** 2094
—, Triäthyl- **9** 2594
—, Tribrom- **9** 1430
—, Tribrom-acetyl- **10** 3029
—, Tribrom-methoxy-acetoxy- **10** 1440
—, Tribrom-methyl- **9** 2330
—, Trichlor- **9** 1380, 1381
—, Trifluormethyl- **9** 2327
—, Triisopropyl- **9** 2625
—, Trimethoxy- **10** 2059, 2068, 2093
—, [Trimethoxy-benzoyl]- **10** 4766
—, Trimethyl- **9** 2497

Benzonitril, Trimethyl-benzoyl- **10** 3346
—, Vinyl- **9** 2752, 2753, 2755
—, Vinyliden-di- **9** 4601
—, *p*-Xylylendioxy-di- **10** 347
α-Benzonitrilhexachlorid 9 35
—, Chlor- **9** 36
β-Benzonitrilhexachlorid 9 35
Benzonitriloxid 9 1263
Benzonitrolsäure 9 1312
—, Chlor- **9** 1341, 1350, 1367
—, Methoxy- **10** 161
—, Methyl- **9** 2308
—, Nitro- **9** 1481, 1523
**2.3-Benzo-norcaradien-carbonsäure
    9** 3217
Benzo[*fg*]pentacen-carbonsäure,
    Trioxo-dihydro- **10** 4039
Benzo[*fg*]pentacen-dicarbonsäure, Oxo-
    10 4039
Benzo[*fg*]pentaphen-carbonsäure,
    Trioxo-dihydro- **10** 4039
Benzo[*ghi*]perylen-carbonsäure 9 3684
**Benzo[*ghi*]perylen-dicarbonsäure
    9** 4727
**Benzo[*c*]phenanthren-carbamid
    9** 3621, 3622
**Benzo[*c*]phenanthren-carbonitril
    9** 3621
**Benzo[*c*]phenanthren-carbonsäure
    9** 3620, 3621
—, Dihydro- **9** 3584
—, Dihydro-, äthylester **9** 3584
—, Methyl- **9** 3628, 3629
—, Oxo-methyl-tetrahydro- **10** 3442
**Benzo[*c*]phenanthren-carbonsäure-
    äthylester 9** 3622
— amid **9** 3621, 3622
— chlorid **9** 3621
— methylester **9** 3621
— nitril **9** 3621
**Benzo[*c*]phenanthren-carbonylchlorid
    9** 3621
Benzo[*c*]phenanthren-dicarbonsäure,
    Methyl-isopropyl- **9** 4701
—, Methyl-isopropyl-dihydro-,
    dimethylester **9** 4694
Benzo[*h*]phenanthro[1.10.9-*cde*]chromen,
    Hydroxy-oxo-dihydro- **10** 3678
**Benzo[*rst*]phenanthro[10.1.2-*cde*]-
    pentaphen-chinon,** Bis-[nitro-
    benzoyloxy]- **9** 1682
Benzophenon, Acetoxy-benzoyloxy-
    9 800
—, Benzoyloxy- **9** 761
—, Benzoyloxy-methyl- **9** 762
—, Benzoyloxy-methyl-, [benzoyl-oxim]
    9 1295
—, Benzoyloxy-methyl-, oxim **9** 762
—, Benzoyloxy-methyl-isopropyl- **9** 765

Benzophenon, Benzoyloxy-phenyl- 9 775
—, Bis-äthoxycarbonyl- 10 4008
—, Bis-butyloxycarbonyl- 10 4009
—, Bis-[carboxy-benzoyl]- 10 4143
—, Bis-chlorcarbonyl- 10 4010
—, Bis-[hydroxy-oxo-phthalanyl]-
    10 4143
—, Bis-methoxycarbonyl- 10 4008, 4009
—, Brom-, benzoylimin 9 1102
—, Brom-benzoyloxy-methyl-isopropyl-
    9 766
—, Chlor-, [benzoyl-oxim] 9 1283
—, Chlor-, [(trimethyl-benzoyl)-oxim]
    9 2498
—, Chlor-benzoyloxy- 9 761
—, Chlor-dicarboxy- 10 4009
—, Chlor-methoxy-dicarboxy- 10 4780
—, Dibenzoyloxy- 9 799, 800
—, Dibenzoyloxy-methyl- 9 801, 802
—, Dicarbamimidoyl- 10 4011
—, Dicarboxy- 10 4009, 4010
—, Dichlor-dicarboxy- 10 3305, 4010
—, Dichlor-methoxy-dicarboxy- 10 4781
—, Dichlor-tetramethoxy-dicarboxy-
    10 4864
—, Dicyan- 10 4010
—, Diguanyl- 10 4011
—, Dihydroxy-benzoyloxy- 9 822
—, Dihydroxy-tetracarboxy- 10 4871
—, Dimethoxy-benzoyloxy- 9 822
—, Dimethoxy-tetracarboxy- 10 4872
—, Dimethoxy-tetracarboxy-, oxim
    10 4872
—, Dimethoxy-tetrakis-methoxycarbonyl-
    10 4872
—, Dimethyl-dicarboxy- 10 4013
—, Dimethyl-dicyan- 10 4013
—, Dinitro-dihydroxy-dicarboxy- 10 4825
—, Disalicyloyloxy- 10 146
—, [Hydroxy-benzhydryl]-, benzoylimin
    9 1109
—, Hydroxy-benzoyloxy- 9 799
—, Hydroxy-bis-methoxycarbonyl- 10 4780
—, Hydroxy-dicarboxy- 10 4779, 4781
—, Hydroxy-methoxy-dicarboxy- 10 4824
—, Hydroxy-methyl-, [benzoyl-oxim]
    9 1295
—, Hydroxy-methyl-, [(trimethyl-
    benzoyl)-oxim] 9 2499
—, Hydroxy-methyl-bis-methoxycarbonyl-
    10 4783
—, Hydroxy-methyl-dicarboxy- 10 4782
—, Methoxy-, [benzoyl-oxim] 9 1294
—, Methoxy-, [(trimethyl-benzoyl)-oxim]
    9 2498
—, Methoxy-bis-methoxycarbonyl- 10 4780
—, Methoxy-dicarboxy- 10 4779, 4780
—, Methoxy-methyl-bis-methoxycarbonyl-
    10 4783

Benzophenon, Methoxy-methyl-dicarboxy-
    10 4782
—, Nitro-benzoyloxy-methyl-isopropyl-
    9 766
—, Salicyloyloxy- 10 146
—, Tetramethoxy-bis-methoxycarbonyl-
    10 4864
—, Tetramethoxy-dicarboxy- 10 4864
—, Tribenzoyloxy- 9 822
—, [Trimethyl-benzoyloxy]-tetramethyl-
    9 2495
Benzophenon-benzoylhydrazon 9 1315
— benzoylimin 9 1102
— [benzoyl-oxim] 9 1282
— [brom-benzoylhydrazon] 9 1402, 1424
— [chlor-benzoylhydrazon] 9 1343,
    1353, 1371
— [dinitro-benzoylhydrazon] 9 1948
— [dinitro-methyl-benzoylhydrazon]
    9 2376
— [nitro-benzoylhydrazon] 9 1486, 1531
— [(nitro-benzoyl)-oxim] 9 1480
— [nitro-dimethyl-benzoylhydrazon]
    9 2449
— [nitro-methyl-benzoylhydrazon]
    9 2367
— [(trimethyl-benzoyl)-oxim] 9 2498
Benzophenon-carbonsäure 10 3289, 3304,
    3305; *Derivate s. unter Benzoesäure*
Benzophenon-dicarbonsäure 10 4007; s. a.
    Phthalsäure, Benzoyl- und Isophthalsäure,
    Benzoyl- sowie Benzophenon, Dicarboxy-
Benzophenon-tricarbonsäure 10 4140
Benzo[a]pyren s. *Benzo*[def]*chrysen*
Benzothiosäure s. *Thiobenzoesäure*
Benzo[1.2-c:3.4-c′:5.6-c″]trifuran,
    Trihydroxy-trioxo-triphenyl-
    hexahydro- 10 4169
Benzo[b]triphenylen-carbamid, Cyan-
    9 4718
Benzo[b]triphenylen-carbonsäure,
    Cyan-, amid 9 4718
—, Dihydro- 9 3669
—, Dihydro-, methylester 9 3669
—, Dioxo-dihydro- 10 3678
Benzo[b]triphenylen-dicarbamid 9 4718
Benzo[b]triphenylen-dicarbonitril
    9 4718
Benzo[b]triphenylen-dicarbonsäure,
    Dihydro- 9 4716
—, Dihydro-, dimethylester 9 4716
Benzo[b]triphenylen-dicarbonsäure-
    amid-nitril 9 4718
— diamid 9 4718
— dinitril 9 4718
Benzo[a]xanthen-carbonsäure, Dibrom-oxo-
    10 4482
Benzoylazid 9 1324
—, Acetoxy- 10 162

Benzoylazid, Äthoxy- 10 358
—, Azidocarbonylmethoxy- 10 162
—, Brom- 9 1391, 1403, 1426
—, Brom-dinitro- 9 1954, 1955
—, Chlor- 9 1345, 1354, 1374
—, Chlor-dinitro- 9 1953
—, Dimethoxy- 10 1449
—, Dimethoxy-methyl- 10 1514
—, Dinitro- 9 1778, 1950
—, Dinitro-methyl- 9 2378
—, Fluor- 9 1326
—, Jod- 9 1442, 1451
—, Methoxy- 10 257, 358
—, Nitro- 9 1489, 1536, 1758
—, Nitro-, azin 9 1537, 1759
—, Nitro-methyl- 9 2367
—, Triäthoxy- 10 2096
—, Trimethoxy- 10 2095
—, Trinitro- 9 1960
Benzoylbromid 9 1064
—, Brom- 9 1399
—, Dibrommethyl- 9 2312
—, Dinitro-trimethyl- 9 2502
—, Methyl- 9 2304, 2322, 2343
—, Nitro- 9 1710
Benzoylchinovasäure-bis-benzoesäure-
   anhydrid 10 2309
Benzoylchlorid 9 1058
—, Acetoxy- 10 151, 254, 340
—, Acetoxy-methyl- 10 510
—, Acetoy-äthyl- 10 570
—, Acetyl- 10 3026
—, Äthoxy- 10 151, 337
—, [Äthoxy-äthoxy]- 10 339
—, Äthoxy-methyl- 10 495, 509, 513
—, Äthyl- 9 2425, 2431
—, Äthylmercapto- 10 231, 274, 400
—, Allylmercapto- 10 275
—, Allyloxy- 10 339
—, Benzhydryl- 9 3590
—, Benzoyl- 10 3295, 3305, 3306
—, Benzoyloxy- 10 340
—, Benzyl- 9 3319
—, Benzyloxy- 10 339
—, Bis-methoxycarbonyloxy-äthyl-
   10 1533
—, Bis-trichlormethyl- 9 2445
—, Bis-trifluormethyl- 9 2440
—, Brom- 9 1387, 1399, 1418
—, [Brom-allyloxy]- 10 339
—, Brom-benzoyl- 10 3299
—, [Brom-benzoyl]- 10 3300
—, Brom-dimethyl- 9 2436, 2438
—, Brom-dinitro- 9 1954, 1955
—, Brom-methyl- 9 2311
—, Brom-nitro-dimethoxy- 10 1442
—, Brom-trimethyl- 9 2500
—, Butyl- 9 2520
—, sec-Butyl- 9 2522

Benzoylchlorid, tert-Butyl- 9 2526
—, Butylmercapto- 10 231, 274, 400
—, Butyloxy- 10 253, 338
—, Butyloxy-methyl- 10 513
—, Carbonyl-di- 10 4010
—, Chlor- 9 1338, 1348, 1362
—, Chlor-, azin 9 1345
—, [Chlor-äthyl]- 9 2426
—, [Chlor-benzoyl]- 10 3297
—, Chlor-[chlor-phenoxy]- 10 361
—, [Chlor-dimethoxy-benzyl]- 10 1959
—, Chlor-dinitro- 9 1953
—, Chlor-methyl- 9 2310, 2328, 2355
—, Chlormethyl- 9 2310, 2328, 2356
—, Chlor-nitro- 9 1763, 1764, 1765
—, Chlor-phenoxy- 10 165
—, [Chlor-phenoxy]- 10 339
—, Chlor-trichlormethyl- 9 2329, 2357
—, Chlor-trifluormethyl- 9 2310
—, Chrysencarbonyl- 10 3505
—, Cyan- 9 4243, 4255
—, Cyclohexyl- 9 2847
—, Cyclohexylmercapto- 10 275
—, Diacetoxy- 10 1426, 1449
—, Diacetoxy-[diacetoxy-(trimethoxy-
   benzoyloxy)-benzoyloxy]- 10 2091
—, Diacetoxy-hexyl- 10 1585
—, Diacetoxy-methyl- 10 1499
—, Diacetoxy-[triacetoxy-benzoyloxy]-
   10 2091
—, Diacetoxy-[trimethoxy-benzoyloxy]-
   10 2090
—, Diäthoxy- 10 1426
—, [Diäthylamino-äthoxy]- 10 340
—, Dibenzoyloxy- 10 1426
—, Dibenzyloxy- 10 1387
—, Dibrom- 9 1429
—, Dichlor- 9 1375, 1376, 1377, 1379
—, Dichlor-nitro- 9 1769
—, Dichlorphosphinyloxy- 10 151
—, Dihydroxy- 10 1376
—, Dijod- 9 1454, 1455
—, Dijod-acetoxy- 10 189, 372
—, Dijod-methoxy- 10 372
—, Dijod-[methoxy-phenoxy]- 10 372
—, Dimethoxy- 10 1376, 1402
—, Dimethoxy-acetoxy- 10 2090
—, Dimethoxy-äthoxy- 10 2059
—, Dimethoxy-benzoyloxy- 10 2090
—, [Dimethoxy-benzyl]- 10 1958
—, Dimethoxy-benzyloxy- 10 2064
—, Dimethoxy-butyloxy- 10 2089
—, Dimethoxy-methyl- 10 1499, 1514
—, Dimethyl- 9 2434, 2435, 2437,
   2439, 2441, 2444
—, Dimethyl-tert-butyl- 9 2592
—, Dinitro- 9 1777, 1779, 1936
—, Dinitro-äthoxy- 10 211
—, Dinitro-dimethyl-tert-butyl- 9 2593

Benzoylchlorid, Dinitro-methoxy- **10** 209
—, Dinitro-[methoxy-phenoxy]- **10** 384
—, Dinitro-methyl- **9** 2316, 2371
—, Dinitro-naphthyl- **9** 3549
—, Dinitro-trimethyl- **9** 2502
—, [Dioxo-dihydro-anthryloxy]- **10** 340
—, Dodecyloxy- **10** 339
—, Fluor- **9** 1325, 1330
—, Fluoranthencarbonyl- **10** 3500
—, Fluor-nitro- **9** 1760, 1762
—, Formyl- **10** 2990
—, Heptyloxy- **10** 338
—, Hexahydro- **9** 27
—, Hexylmercapto- **10** 274
—, Hexyloxy- **10** 338
—, Isobutyloxy- **10** 338
—, Isopentyloxy- **10** 338
—, Isopropyl- **9** 2483
—, Isopropylmercapto- **10** 274, 400
—, Isopropyloxy- **10** 338
—, Isopropyloxy-methyl- **10** 513
—, Jod- **9** 1436, 1439, 1445
—, Jod-nitro- **9** 1774
—, Mercapto- **10** 231
—, Methoxy- **10** 151, 253, 337
—, Methoxy-acetoxy- **10** 1366, 1448
—, Methoxy-acetoxy-methyl- **10** 1499
—, Methoxy-äthoxy- **10** 1426
—, Methoxy-äthyl- **10** 570
—, Methoxy-allyl- **10** 869
—, Methoxy-bis-methoxycarbonyloxy-
   10 2090
—, Methoxy-diacetoxy- **10** 2090
—, Methoxy-dibenzyloxy- **10** 2089
—, Methoxy-[(methoxy-benzoyloxy)-
   benzoyloxy]- **10** 1427
—, Methoxy-methoxycarbonyloxy-methyl-
   10 1500
—, Methoxy-[methoxy-veratroyloxy-
   benzoyloxy]- **10** 1427
—, Methoxy-methyl- **10** 494, 496, 528
—, Methoxy-oxy-di- **10** 1426
—, Methoxy-[trichlor-äthyl]- **10** 575
—, Methoxy-trimethyl- **10** 615
—, Methoxy-veratroyloxy- **10** 1427
—, Methyl- **9** 2304, 2321, 2342
—, Methyl-äthyl- **9** 2486
—, [Methyl-heptylmercapto]- **10** 274
—, [Methyl-heptyloxy]- **10** 338
—, Methylmercapto- **10** 274, 399
—, Methylmercapto-methyl- **10** 515
—, Methylsulfon- **10** 400
—, Nitro- **9** 1477, 1514, 1709
—, Nitro-, azin **9** 1536
—, Nitro-acetoxy- **10** 379
—, Nitro-acetyl- **10** 3028
—, Nitro-äthoxy- **10** 196
—, Nitro-äthylmercapto- **10** 417
—, Nitro-benzylmercapto- **10** 418

Benzoylchlorid, Nitro-chlormethyl- **9** 2315
—, Nitro-dimethoxy- **10** 1440, 1441
—, Nitro-diphenyl- **9** 3579
—, Nitro-hydroxy- **10** 201
—, Nitro-methoxy- **10** 192, 201, 205,
   262, 375
—, Nitro-methyl- **9** 2313, 2331, 2332, 2363
—, Nitro-methylmercapto- **10** 417
—, [Nitro-phenoxy]- **10** 339
—, Nitro-propylmercapto- **10** 417
—, Pentyloxy- **10** 254, 338
—, Phenäthyl- s. *Bibenzyl-
   carbonylchlorid*
—, Phenäthyloxy- **10** 339
—, Phenäthyloxy-methyl- **10** 514
—, Phenoxy- **10** 151, 254, 339
—, Phenoxymethyl- **10** 530
—, Phenyl- s. *Biphenyl-carbonylchlorid*
—, Propyl- **9** 2479
—, Propylmercapto- **10** 231, 274
—, Propyloxy- **10** 338
—, Propyloxy-äthyl- **10** 574
—, Styryl- s. *Stilben-carbonylchlorid*
—, Tetrachlor- **9** 1383
—, Tetramethyl- **9** 2535, 2536
—, [*p*-Tolylmercapto-äthylsulfon]-
   10 400
—, *p*-Tolyloxymethyl- **10** 530
—, Triacetoxy- **10** 2090
—, Triäthoxy- **10** 2089
—, Triäthyl- **9** 2594
—, Tribenzoyloxy- **10** 2090
—, Tribenzyloxy- **10** 2090
—, Tribrom- **9** 1430, 1432
—, Trichlor- **9** 1380, 1381
—, Trichlormethyl- **9** 2328, 2357
—, Trifluormethyl- **9** 2309, 2327
—, Triisopropyl- **9** 2625
—, Trijod- **9** 1456, 1461
—, Trimethoxy- **10** 2089
—, Trimethyl- **9** 2496
—, Trinitro- **9** 1960
α-**Benzoylchloridhexachlorid,** Chlor-
   9 35
β-**Benzoylchloridhexachlorid,** Chlor-
   9 36
δ-**Benzoylchloridhexachlorid 9** 34
γ-**Benzoylchloridhexachlorid 9** 34
Benzoylcyanid 10 2976
Benzoylfluorid 9 1058
—, Bis-trifluormethyl- **9** 2445
—, Methyl- **9** 2303, 2321, 2342
—, Trifluormethyl- **9** 2309, 2327, 2355
Benzoylhydroperoxid 9 1049
—, Carboxy- **9** 4189
Benzoylhypobromit 9 1054
Benzoylhypojodit 9 1055
—, Brom- **9** 1398, 1418
—, Chlor- **9** 1362

Benzoylhypojodit, Dichlor- 9 1375
—, Dinitro- 9 1936
—, Fluor- 9 1327, 1329
—, Jod- 9 1439, 1445
—, Nitro- 9 1477, 1514, 1709
Benzoylisocyanat 9 1121
—, Nitro- 9 1726
Benzoylisothiocyanat 9 1122
—, Brom- 9 1419
—, Chlor- 9 1364
—, Methoxy- 10 342
—, Nitro- 9 1517
Benzoyljodid 9 1064
[Benzoyloxy-benzoyloxyimino-phenyl-
acetimidsäure]-benzoesäure-
anhydrid 10 2979
[Benzoyloxy-hexamethyl-octadecahydro-
picen-dicarbonsäure]-benzoesäure-
dianhydrid 10 2309
[Benzoyloxy-hydroxyimino-phenyl-
acetimidsäure]-benzoesäure-
anhydrid 10 2979
[Benzoyloxy-ursendisäure]-benzoesäure-
dianhydrid 10 2309
Benzureidoxim 9 1309
Benzylalkohol, Äthoxy-
dimethoxyphosphinyl- 9 1056
—, Methoxy-dimethoxyphosphinyl- 9 1056
—, [Nitro-benzoyloxy]-dimethyl- 9 1643
—, Propyloxy-dimethoxyphosphinyl-
9 1056
Benzylbenzoat 9 428
Benzylbromid, Benzoyloxy- 9 428
—, Dibenzoyloxy- 9 565
Benzylchlorid, Methoxy-benzoyloxy- 9 566
Benzylcinnamat 9 2691
Benzylcyanid 9 2252; *Derivate s. unter*
Acetonitril
Benzyldithiobenzoat 9 1998
Benzylidendiamin, Acetyl-cinnamoyl-
9 2715
—, Benzyliden-benzoyl- 9 1098
—, Bis-cinnamoyl- 9 2715
—, Bis-[nitro-methyl-benzoyl]-
9 2314, 2331, 2332, 2363
—, Chlor-bis-cinnamoyl- 9 2715
—, Chlor-dibenzoyl- 9 1099
—, Chlor-dimethoxy-dibenzoyl- 9 1109
—, Chlor-hydroxy-bis-cinnamoyl- 9 2716
—, Chlor-hydroxy-bis-phenylacetyl-
9 2205
—, Chlor-hydroxy-dibenzoyl- 9 1107
—, Dibenzoyl- 9 1098
—, Dichlor-hydroxy-bis-cinnamoyl-
9 2716
—, Dichlor-hydroxy-bis-phenylacetyl-
9 2206
—, Dichlor-hydroxy-dibenzoyl- 9 1108
—, Methoxy-bis-phenylacetyl- 9 2205, 2206

Benzylidendiamin, Methoxy-dibenzoyl-
9 1107, 1108
—, Methyl-bis-phenylacetyl- 9 2202
—, Methyl-dibenzoyl- 9 1100
—, Nitro-bis-[nitro-methyl-benzoyl]-
9 2314
—, Nitro-bis-phenylacetyl- 9 2202
—, Nitro-dibenzoyl- 9 1099
Benzylidendibromid, Methoxy-benzoyloxy-
9 566
Benzylidendichlorid, Chlor-benzoyloxy-
9 425
Benzylidendicyclohexan-dicarbonitril,
Dioxo-hexaphenyl- 10 4104
Benzylidendimercaptodicyclopenten-
dicarbonsäure 10 52
—, Methoxy- 10 53
—, Methoxy-, äthylester 10 53
Benzylidendimercaptodicyclopenten-
dicarbonsäure-diäthylester 10 53
Benzylidynaminoxid 9 1263
Benzylpenaldinsäure, Acetoxy-,
diäthylacetal 10 437
—, Acetoxy-, methylester-diäthylacetal
10 438
—, Brom-, diäthylacetal 9 2278
—, Chlor-, äthylester-diäthylacetal
9 2270
—, Chlor-, diäthylacetal 9 2269
—, Chlor-, methylester-diäthylacetal
9 2269
—, Hydroxy-, diäthylacetal 10 435
—, Methoxy-, methylester 9 2229
—, Nitroso-, methylester-diäthylacetal
9 2250
Benzylpenaldinsäure-äthylester 9 2231
— äthylester-semicarbazon 9 2232
— amid-diäthylacetal 9 2237
— azid-diäthylacetal 9 2238
— benzylester 9 2232
— butylester 9 2232
— diäthylacetal 9 2235
— diäthylmercaptal 9 2238
— dibutylacetal 9 2235
— dimethylacetal 9 2234
— hydrazid-diäthylacetal 9 2238
— hydrazid-dimethylacetal 9 2238
— methylester 9 2230
— methylester-diäthylacetal 9 2236
— methylester-dibutylacetal 9 2236
— methylester-dimethylacetal 9 2235
— nitril 9 2233
— nitril-diäthylacetal 9 2237
Benzylpenilloaldehyd 9 2204
—, Hydroxy- 10 435
Benzylsalicylat 10 132
Benzylthiopenaldinsäure-benzylester
9 2234
Berensäure 9 3351

Bernsteinaldehydsäure
  s. *Succinaldehydsäure*
Bernsteinsäure, [Acetoxy-benzhydryl]-
  benzhydryliden- **10** 2405
—, [Acetoxy-dimethyl-hexadecahydro-
  cyclopenta[*a*]phenanthrenyl]-,
  methylester **10** 2250
—, [Acetoxy-dimethyl-tetradecahydro-
  cyclopenta[*a*]phenanthrenyl]-,
  methylester **10** 2279
—, [Acetoxy-phenyl]-, äthylester-
  nitril **10** 2213
—, [Acetoxy-phenyl]-, dimethylester
  10 2213
—, Acetyl-benzoyl-, diäthylester
  10 4065
—, Acetyl-[dimethoxy-benzoyl]-,
  diäthylester **10** 4846
—, Acetyl-[dimethoxy-naphthoyl]-,
  diäthylester **10** 4852
—, Acetyl-veratroyl-, diäthylester
  10 4846
—, [Äthoxycarbonyl-cyclohexyl]-,
  diäthylester **9** 4755
—, [Äthoxycarbonyl-cyclohexyl]-cyan-,
  diäthylester **9** 4755
—, [Äthoxycarbonyl-cyclopentyl]-,
  diäthylester **9** 4752
—, [Äthoxycarbonyl-cyclopentyl]-cyan-,
  diäthylester **9** 4850
—, [Äthoxycarbonylmethyl-benzoyl-amino]-,
  diäthylester **9** 1189
—, Äthyl-, [benzoyl-hydrazid] **9** 1319
—, Äthyl-, bis-[benzoyl-hydrazid]
  9 1319
—, [Äthyl-phenyl-allyl]- **9** 4417
—, Amino-benzoylimino-, dinitril
  9 1246
—, Anthryl- **9** 4658
—, Benzamino- **9** 1188
—, Benzamino-, amid **9** 1189
—, Benzamino-, carboxymethylamid
  9 1189
—, [Benzamino-acetamino]- **9** 1135
—, [Benzamino-acetamino]-, amid **9** 1135
—, Benzamino-imino-, dinitril **9** 1246
—, Benz[*de*]anthracenyl- **9** 4689
—, Benzhydryliden- **9** 4610
—, Benzhydryliden-, äthylester **9** 4611
—, Benzhydryliden-, *tert*-butylester
  9 4611
—, Benzhydryliden-, diäthylester
  9 4611
—, Benzhydryliden-, dimethylester
  9 4610
—, Benzhydryliden-, methylester **9** 4610
—, Benzimidoylmercapto- **9** 1985
—, Benzo[*fg*]naphthacenyl- **9** 4717
—, Benzoyl-, diäthylester **10** 3962

Bernsteinsäure, Benzoylmercapto- **9** 1974
—, Benzoylmercapto-, amid **9** 1975
—, Benzyl- **9** 4299
—, Benzyl-, äthylester-nitril **9** 4301
—, Benzyl-, bis-benzylidenhydrazid
  9 4301
—, Benzyl-, bis-isopropylidenhydrazid
  9 4301
—, Benzyl-, dihydrazid **9** 4301
—, Benzyl-, dimethylester **9** 4300
—, Benzyl-, nitril **9** 4300
—, Benzyl-acetyl-, diäthylester
  10 3969
—, Benzyl-benzyliden- **9** 4615
—, Benzyl-benzyliden-, dimethylester
  9 4616
—, Benzyl-cyan-, äthylester **9** 4801
—, Benzyl-cyan-, diäthylester **9** 4800
—, Benzyliden-fluorenyliden- **9** 4716
—, Benzyl-[methoxy-benzyl]- **10** 2360
—, Benzyl-[methoxy-benzyliden]- **10** 2389
—, Bicyclohexylyl- **9** 4036
—, Bicyclohexylyl-, äthylester-amid
  9 4036
—, Bis-[benzoyloxy-benzyliden]-,
  diäthylester **10** 2539
—, Bis-benzoyloxyimino-, dinitril **9** 1304
—, Bis-[brom-phenyl]-diacetyl-,
  dinitril **10** 4080
—, Bis-cyclohexancarbonyloxy-,
  diäthylester **9** 27
—, Bis-[dihydroxy-phenyl]- **10** 2610
—, Bis-[dimethoxy-benzyl]- **10** 2612
—, Bis-[dimethoxy-benzyl]-,
  diäthylester **10** 2613
—, Bis-[dimethoxy-benzyl]-,
  dimethylester **10** 2613
—, Bis-[dinitro-benzamino]- **9** 1944
—, Bis-[hydroxy-benzyliden]- **10** 2539
—, Bis-[hydroxy-benzyliden]-,
  diäthylester **10** 4076
—, Bis-[hydroxy-cinnamyliden]-,
  diäthylester **10** 4092
—, Bis-[hydroxy-cinnamyliden]-,
  dimethylester **10** 4091
—, Bis-[hydroxy-methoxy-benzyl]-
  10 2611
—, Bis-[hydroxy-methoxy-benzyl]-,
  dimethylester **10** 2613
—, Bis-[hydroxy-methoxy-cinnamyliden]-,
  diäthylester **10** 4857
—, Bis-[hydroxy-methoxy-phenyl]-,
  dinitril **10** 2610
—, Bis-[hydroxy-methyl-benzyliden]-,
  diäthylester **10** 4079
—, Bis-[hydroxy-phenäthyliden]-,
  diäthylester **10** 4079
—, Bis-[hydroxy-phenyl-pentadienyliden]-,
  dimethylester **10** 4095

Bernsteinsäure, Bis-[methoxy-acetoxy-benzyl]-
10 2613
—, Bis-[methoxy-benzoyloxy]- 10 325
—, Bis-[methoxy-benzyliden]- 10 2539
—, Bis-[methoxy-benzyloxy-benzyl]-
10 2612
—, Bis-[methoxy-cinnamoyl]-,
diäthylester 10 4857
—, Bis-[methoxy-phenyl]-, dinitril
10 2508
—, Bis-[methyl-benzyliden]- 9 4664
—, Bis-[nitro-phenyl]-, amid 9 4535
—, Bis-[nitro-phenyl]-, diamid 9 4535
—, Bis-phenylacetyl-, diäthylester
10 4079
—, Bis-[phenyl-butyliden]- 9 4670
—, Bis-[phenyl-butyliden]-,
diäthylester 9 4670
—, Bis-[phenyl-pentadienoyl]-,
dimethylester 10 4095
—, Bis-[trimethyl-phenyl]- 9 4586
—, Bis-triphenylmethyl- 9 4742
—, Bis-triphenylmethyl-, dimethylester
9 4742
—, [Brom-anthryl]- 9 4658
—, [Brom-dimethoxy-phenyl]- 10 2455
—, [Brom-dimethoxy-phenyl]-,
dimethylester 10 2455
—, [Carboxy-cyclohexyl]- 9 4755
—, [Carboxy-cyclohexyl]-, anilid
9 4755
—, [Carboxy-cyclohexyl]-, imid 9 4755
—, [Carboxy-cyclohexyl]-, phenylimid-
anilid 9 4755
—, [Carboxy-cyclohexyl]-, *p*-tolylimid-
p-toluidid 9 4755
—, [Carboxy-cyclopentyl]- 9 4752
—, [Carboxy-cyclopentyl]-, phenylimid-
anilid 9 4752
—, [Carboxy-cyclopentyl]-, *p*-tolylimid-
p-toluidid 9 4752
—, [Chlor-benzyl]- 9 4301
—, [Chlor-benzyl]-acetyl-,
diäthylester 10 3969
—, Chlor-[chlor-phenyl]-,
dimethylester 9 4283
—, [Chlor-phenyl]- 9 4282, 4283
—, [Chlor-phenyl]-, amid 9 4282
—, [Chlor-phenyl]-, methylamid 9 4282
—, Cinnamoyloxy- 9 2706
—, Cinnamoyloxy-, dimethylester 9 2707
—, Cinnamyl- 9 4404
—, Cinnamyl-, diamid 9 4404
—, [Cyan-cyclohexyl]-cyan-,
diäthylester 9 4851
—, [Cyan-cyclopentyl]-cyan-,
diäthylester 9 4850
—, Cycloheptenyl- 9 3993
—, Cycloheptenyl-, äthylester 9 3993

Bernsteinsäure, Cycloheptyliden- 9 3993
—, Cyclohexenyl- 9 3974, 3975
—, Cyclohexenyl-, äthylester 9 3975
—, Cyclohexenyl-, dimethylester 9 3975
—, Cyclohexenyl-, methylester 9 3974
—, Cyclohexenylmethyl- 9 3994
—, Cyclohexyl- 9 3857
—, Cyclohexyl-, diäthylester 9 3858
—, Cyclohexyl-, dimethylester 9 3857
—, Cyclohexyl-cyan-, diäthylester
9 4755
—, Cyclohexyliden- 9 3975
—, Cyclopentenyl- 9 3963
—, Cyclopentyl- 9 3840
—, Cyclopentyl-, diäthylester 9 3840
—, Cyclopentyl-formyl-, diäthylester
10 3908
—, Cyclopentyl-hydroxymethylen-,
diäthylester 10 3908
—, Diacetoxy-[acetoxy-benzyl]-,
dimethylester 10 2563
—, Diäthyl-bis-[hydroxy-phenyl]-,
dinitril 10 2523
—, Diäthyl-bis-[nitro-phenyl]-,
dinitril 9 4583
—, Diäthyl-diphenyl-, dinitril 9 4582
—, Dibenzhydryliden- 9 4733
—, Dibenzoyl-, diäthylester 10 4076
—, Dibenzoyloxy- 9 869
—, Dibenzoyloxy-, bis-[nitro-
benzylester] 9 871, 872
—, Dibenzoyloxy-, diäthylester 9 871
—, Dibenzoyloxy-, dibutylester 9 871
—, Dibenzoyloxy-, dimethylester 9 870
—, Dibenzoyloxy-, dipropylester 9 871
—, Dibenzyl- 9 4567
—, Dibenzyliden- 9 4656
—, Dibenzyliden-, diäthylester 9 4656
—, Dibrom-bis-[brom-phenyl-butyl]-
9 4670
—, [Dibrom-methoxy-phenyl]- 10 2214
—, Dichlor-diphenyl-, dinitril 9 4534
—, [Dichlor-methoxy-phenyl]- 10 2214
—, Dicinnamoyl-, diäthylester 10 4092
—, Dicinnamoyl-, dimethylester 10 4091
—, Dicyclohexyl- 9 4035
—, Dicyclohexyl-, diäthylester 9 4035
—, Dicyclohexyl-, dimethylester 9 4035
—, Difluorenyliden- 9 4738
—, Difluorenyliden-, dimethylester
9 4738
—, [Dihydro-anthryl]- 9 4637
—, [Dihydro-benzocycloheptenyl]-,
äthylester 9 4449
—, [Dihydro-naphthyl]- 9 4446
—, [Dihydro-naphthyl]-, äthylester
9 4446
—, [Dihydro-naphthyl]-, diäthylester
9 4446

Bernsteinsäure, [Dihydro-naphthyl]-cyan-, diäthylester 9 4831

—, [Dihydro-phenanthryl]- 9 4638

—, [Dihydro-phenanthryl]-, äthylester 9 4638

—, Dihydroxy-[acetoxy-benzyl]-, dimethylester 10 2563

—, Dihydroxy-[benzyloxy-benzyl]-, dimethylester 10 2563

—, [Dihydroxy-dimethyl-tetradecahydro-cyclopenta[a]phenanthrenyl]-, diäthylester 10 2477

—, Dihydroxy-[hydroxy-benzyl]- 10 2562

—, Dihydroxy-[hydroxy-benzyl]-, äthylester 10 2563

—, Dihydroxy-[hydroxy-benzyl]-, dimethylester 10 2562

—, Dihydroxy-[hydroxy-benzyl]-, methylester 10 2562

—, Dihydroxy-[methoxy-benzyl]-, dimethylester 10 2563

—, [Dihydroxy-methyl-carboxy-hexadecahydro-cyclopenta[a]phenanthrenyl]- 10 2604

—, [Dihydroxy-methyl-methoxycarbonyl-hexadecahydro-cyclopenta[a]phenanthrenyl]-, dimethylester 10 2604

—, Dimesityl- 9 4586

—, [Dimethoxy-benzhydryliden]-, dimethylester 10 2533

—, [Dimethoxy-benzhydryliden]-, methylester-äthylester 10 2534

—, [Dimethoxy-benzoyl]-, diäthylester 10 4803

—, [Dimethoxy-benzyliden]- 10 2471

—, [Dimethoxy-phenyl]- 10 2454, 2455

—, [Dimethoxy-phenyl]-, diäthylester 10 2455

—, [Dimethoxy-phenyl]-, dimethylester 10 2454, 2455

—, [Dimethoxy-phenyl]-, methylester 10 2454

—, [Dimethyl-anthryl]- 9 4666

—, Dimethyl-bis-[dimethoxy-benzoyl]-, diäthylester 10 4870

—, [Dimethyl-carboxymethyl-carboxy-cyclohexyl]- 9 4856

—, [Dimethyl-dimethylen-bicyclo[7.2.0]-undecyl]- 9 4366

—, [Dimethyl-dimethylen-decahydro-cyclobutacyclononenyl]- 9 4366

—, Dimethyl-diphenyl- 9 4574

—, Dimethyl-diveratroyl-, diäthylester 10 4870

—, [Dimethyl-hexadecahydro-cyclopenta[a]phenanthrenyl]- 9 4370

—, [Dimethyl-hexadecahydro-cyclopenta[a]phenanthrenyl]-, dimethylester 9 4370

Bernsteinsäure, [Dimethyl-methoxycarbonylmethyl-carboxy-cyclohexyl]-, dimethylester 9 4857

—, [Dimethyl-methoxycarbonylmethyl-carboxy-cyclohexyl]-, methylester 9 4856

—, [Dimethyl-methoxycarbonylmethyl-methoxycarbonyl-cyclohexyl]-, dimethylester 9 4857

—, Dimethyl-phenyl- 9 4318

—, Dimethyl-phenyl-, äthylester-nitril 9 4318

—, Dimethyl-phenyl-, amid 9 4319

—, Dimethyl-phenyl-, nitril 9 4319

—, Dimethyl-phenyl-cyan-, diäthylester 9 4809

—, Dinaphthyl- 9 4710

—, Dinaphthyl-, diäthylester 9 4710

—, [Dinitro-benzamino]- 9 1942

—, [Dinitro-benzamino]-, amid 9 1942

—, Dinitro-diphenyl-, dinitril 9 4535

—, Diphenyl- 9 4529, 4538

—, Diphenyl-, äthylester 9 4530, 4539

—, Diphenyl-, äthylester-amid 9 4540, 4541

—, Diphenyl-, äthylester-nitril 9 4541

—, Diphenyl-, amid 9 4532, 4540

—, Diphenyl-, bis-methylamid 9 4533

—, Diphenyl-, butylester 9 4531

—, Diphenyl-, diäthylamid 9 4540

—, Diphenyl-, diäthylamid-nitril 9 4541

—, Diphenyl-, diäthylester 9 4531, 4539

—, Diphenyl-, diamid 9 4532

—, Diphenyl-, dibutylester 9 4532

—, Diphenyl-, dichlorid 9 4532

—, Diphenyl-, dimethylester 9 4530, 4538

—, Diphenyl-, dinitril 9 4533

—, Diphenyl-, methylester 9 4538

—, Diphenyl-, methylester-äthylester 9 4539

—, Diphenyl-, methylester-amid 9 4540

—, Diphenyl-, methylester-diäthylamid 9 4540

—, Diphenyl-, methylester-nitril 9 4541

—, Diphenyl-, nitril 9 4541

—, [Diphenyl-äthyl]- 9 4569

—, [Diphenyl-äthyl]-, dimethylester 9 4569

—, [Diphenyl-allyliden]-benzhydryliden- 9 4735

—, Diphenyl-bis-biphenylyl-, dinitril 9 4742

—, Diphenyl-phenanthryl- 7 3011

—, [Diphenyl-propenyl]- 9 4640

—, [Diphenyl-propyliden]-benzhydryliden- 9 4734

—, [Diphenyl-vinyl]- 9 4617

Bernsteinsäure, [Diphenyl-vinyl]-,
diäthylester 9 4617
—, Di-*p*-toluoyl-, diäthylester 10 4079
—, Di-*p*-toluoyloxy- 9 2341
—, Di-*p*-tolyl-bis-[methyl-phenacyl]-
10 4100
—, Ditrityl- 9 4742
—, Ditrityl-, dimethylester 9 4742
—, Divanillyl- 10 2611
—, Divanillyl-, dimethylester 10 2613
—, Diveratryl- 10 2612
—, Diveratryl-, diäthylester 10 2613
—, Diveratryl-, dimethylester 10 2613
—, Fluorenyl- 9 4614
—, Fluorenyl-, äthylester 9 4614
—, Fluorenyl-, dimethylester 9 4614
—, Fluorenyl-, methylester-äthylester
9 4614
—, Fluorenyliden- 9 4655
—, Fluorenyliden-, äthylester 9 4655
—, Fluorenyliden-, diäthylester
9 4656
—, Fluorenyliden-, methylester 9 4655
—, Fluorenyliden-, methylester-
äthylester 9 4655
—, Hexyl-phenyl- 9 4356
—, Hexyl-phenyl-, diamid 9 4357
—, Hexyl-phenyl-, nitril 9 4357
—, Hydroxy-acetoxy-[acetoxy-benzyl]-,
äthylester 10 2563
—, [Hydroxy-äthoxycarbonyl-
cyclopentenyl]-, diäthylester 10 4106
—, Hydroxy-äthyl-phenyl-, amid 10 2235
—, Hydroxy-äthyl-phenyl-, nitril
10 2235
—, [Hydroxy-benzhydryl]-, äthylester
10 2357
—, Hydroxy-benzoyloxy- 9 869
—, [Hydroxy-benzyliden]-, diäthylester
10 3962
—, Hydroxy-benzyl-[methoxy-benzyl]-,
anhydrid 10 2389
—, Hydroxy-benzyl-phenäthyl- 10 2371
—, Hydroxy-benzyl-phenäthyl-, amid
10 2371
—, Hydroxy-benzyl-phenäthyl-,
dimethylester 10 2371
—, Hydroxy-benzyl-phenäthyl-,
methylamid 10 2371
—, Hydroxy-benzyl-phenäthyl-,
methylester-amid 10 2371
—, Hydroxy-[cyclohexyl-äthyl]- 10 2043
—, Hydroxy-[cyclohexyl-äthyl]-, bis-
[brom-phenacylester] 10 2044
—, [Hydroxy-dimethoxy-benzyliden]-,
diäthylester 10 4803
—, [Hydroxy-dimethyl-hexadecahydro-
cyclopenta[*a*]phenanthrenyl]-
10 2249

Bernsteinsäure, [Hydroxy-dimethyl-
hexadecahydro-cyclopenta[*a*]⸗
phenanthrenyl]-, dimethylester 10 2250
—, [Hydroxy-dimethyl-hexadecahydro-
cyclopenta[*a*]phenanthrenyl]-,
methylester 10 2249, 2250
—, [Hydroxy-dimethyl-(trimethyl-
hexenyl)-dodecahydro-cyclopenta[*a*]⸗
phenanthrenyl]- 10 2339
—, Hydroxy-diphenyl-, nitril 10 2352
—, [Hydroxy-ergostatrienyl]- 10 2339
—, Hydroxyimino-benzoyloxyimino-,
dinitril 9 1304
—, Hydroxy-isobutyl-phenyl-, amid
10 2240
—, Hydroxy-isobutyl-phenyl-, nitril
10 2240
—, [Hydroxy-methoxy-benzyliden]-,
diäthylester 10 4742
—, Hydroxy-methoxy-[methoxy-benzyl]-
10 2562
—, Hydroxy-methoxy-[methoxy-benzyl]-,
diamid 10 2564
—, Hydroxy-methoxy-[methoxy-benzyl]-,
dimethylester 10 2563
—, [Hydroxy-(methoxy-naphthyl)-
methylen]-, dimethylester 10 4769
—, Hydroxy-methyl-phenyl-, amid 10 2230
—, Hydroxy-methyl-phenyl-, nitril
10 2231
—, [(Hydroxy-naphthyl)-äthyliden]-
10 2353
—, [Hydroxy-naphthylmethylen]- 10 2348
—, [Hydroxy-oxo-methyl-methoxycarbonyl-
hexadecahydro-cyclopenta[*a*]⸗
phenanthrenyl]-, dimethylester 10 4849
—, Hydroxy-phenyl- 10 2214
—, Hydroxy-phenyl-, amid-nitril 10 2214
—, Hydroxy-phenyl-, dinitril 10 2214
—, [Hydroxy-phenyl]- 10 2211, 2212
—, [Hydroxy-phenyl]-, diäthylester
10 2211
—, [Hydroxy-phenyl]-, dimethylester
10 2211, 2212
—, Hydroxy-phenyl-benzyl-, amid 10 2355
—, Hydroxy-phenyl-benzyl-, nitril
10 2355
—, Hydroxy-phenyl-phenäthyl-, amid
10 2359
—, Hydroxy-phenyl-phenäthyl-, nitril
10 2360
—, Hydroxy-propyl-phenyl-, amid 10 2238
—, Hydroxy-propyl-phenyl-, nitril
10 2238
—, Indanyl- 9 4409
—, *p*-Menthadienyl- 9 4071
—, [Methoxy-benzamino]- 10 342
—, [Methoxy-benzoyl]-, diäthylester
10 4742

Bernsteinsäure, [Methoxy-benzyl]- 10 2225
—, [Methoxy-benzyl]-, nitril 10 2225
—, [Methoxy-benzyl]-acetyl-,
  diäthylester 10 4744
—, [Methoxy-benzyl]-phenäthyl- 10 2370
—, [Methoxy-methyl-phenyl]- 10 2232
—, [Methoxy-methyl-phenyl]-,
  äthylester 10 2232, 2233
—, [Methoxy-methyl-phenyl]-,
  diäthylester 10 2232, 2233
—, [Methoxy-methyl-phenyl]-,
  dimethylester 10 2232
—, [Methoxy-naphthoyl]-, dimethylester
  10 4769
—, [(Methoxy-naphthyl)-propyl]- 10 2329
—, [Methoxy-phenyl]- 10 2211, 2212
—, [Methoxy-phenyl]-, äthylester
  10 2213
—, [Methoxy-phenyl]-, äthylester-
  nitril 10 2213
—, [Methoxy-phenyl]-, amid 10 2213
—, [Methoxy-phenyl]-, diäthylester
  10 2211, 2212, 2213
—, [Methoxy-phenyl]-, dimethylester
  10 2211, 2212
—, [Methoxy-phenyl]-, dinitril 10 2213
—, [Methoxy-phenyl]-, methylamid
  10 2213
—, [(Methoxy-phenyl)-cyan-methyl]-cyan-,
  diäthylester 10 2627
—, [Methyl-äthoxycarbonyl-benzyl]-,
  diäthylester 9 4810
—, [Methyl-äthoxycarbonyl-cyclohexyl]-,
  diäthylester 9 4763, 4764, 4765
—, [Methyl-äthoxycarbonyl-cyclohexyl]-
  cyan-, diäthylester 9 4765
—, [Methyl-äthoxycarbonyl-
  cyclopentenyl]-, diäthylester 9 4761
—, [Methyl-äthoxycarbonyl-cyclopentyl]-,
  diäthylester 9 4761
—, [Methyl-äthoxycarbonyl-cyclopentyl]-
  cyan-, diäthylester 9 4761
—, [Methyl-äthoxycarbonyl-
  cyclopentyliden]-, diäthylester
  9 4761
—, Methyl-benzoyl-, diäthylester
  10 3967
—, [Methyl-benzyl]- 9 4319
—, [Methyl-benzyliden]- 9 4397
—, [Methyl-(carboxy-äthyl)-dodecahydro-
  cyclopenta[a]naphthalinyl]-
  9 4785
—, [Methyl-carboxy-benzyl]- 9 4810
—, [Methyl-carboxy-cyclohexyl]-
  9 4763, 4764
—, [Methyl-carboxy-cyclohexyl]-,
  dianilid 9 4764
—, [Methyl-carboxy-cyclohexyl]-,
  phenylimid-anilid 9 4764

Bernsteinsäure, [Methyl-carboxy-
  cyclohexyl]-, p-tolyimid-p-toluidid
  9 4763, 4764
—, [Methyl-carboxy-cyclopentyl]-
  9 4761
—, [Methyl-carboxy-cyclopentyl]-,
  p-tolylimid-p-toluidid 9 4761
—, [Methyl-cyan-cyclohexyl]-cyan-,
  diäthylester 9 4763, 4764
—, [Methyl-cyan-cyclopentyl]-cyan-,
  diäthylester 9 4853
—, [Methyl-cyclohexenyl]- 9 3996
—, [Methyl-cyclohexenyl]-, äthylester
  9 3996
—, [(Methyl-cyclohexenyl)-allyl]-
  9 4071
—, [Methyl-cyclohexyl]- 9 3903
—, [(Methyl-cyclohexyl)-propyl]-
  9 4071
—, [Methyl-dihydro-phenanthryliden]-
  9 4641
—, [Methyl-dihydro-phenanthryliden]-,
  methylester 9 4641
—, Methyl-[dimethyl-phenacyl]- 10 3973
—, Methyl-[dimethyl-phenäthyl]-
  9 4349
—, [Methyl-(hydroxy-isopropyl)-phenyl]-
  9 4071
—, [Methyl-isopropenyl-cyclohexenyl]-
  9 4071
—, [Methyl-isopropyl-cyclohexyl]-
  9 4071
—, [Methyl-(methoxycarbonyl-äthyl)-
  dodecahydro-cyclopenta[a]-
  naphthalinyl]-, dimethylester
  9 4786
—, Methyl-[methoxy-dimethyl-phenacyl]-
  10 4746
—, Methyl-[methoxy-dimethyl-phenacyl]-,
  dimethylester 10 4746
—, Methyl-[methoxy-dimethyl-phenäthyl]-
  10 2242
—, Methyl-[methyl-äthoxycarbonyl-
  cyclohexyl]-, diäthylester
  9 4770
—, Methyl-[methyl-äthoxycarbonyl-
  cyclohexyl]-cyan-, diäthylester
  9 4770
—, [Methyl-(methyl-äthoxycarbonyl-
  propyl)-carboxy-cyclopentyl]-,
  diäthylester 9 4859
—, [Methyl-(methyl-carbazoyl-propyl)-
  methoxycarbonyl-cyclopentyl]-,
  dihydrazid 9 4859
—, [Methyl-(methyl-carboxy-propyl)-
  carboxy-cyclopentyl]- 9 4857
—, [Methyl-(methyl-carboxy-propyl)-
  carboxy-cyclopentyl]-[methyl-
  carboxy-cyclohexyl]- 9 4904

Bernsteinsäure, [Methyl-(methyl-carboxy-propyl)-methoxycarbonyl-cyclopentyl]- 9 4858
—, Methyl-[methyl-(dimethyl-hexyl)-carboxy-hexahydro-indanyl]- 9 4780
—, Methyl-[methyl-(dimethyl-hexyl)-carboxy-hexahydro-indanyl]-, methylester 9 4781
—, [Methyl-(methyl-methoxycarbonyl-propyl)-carboxy-cyclopentyl]-, dimethylester 9 4858
—, [Methyl-(methyl-methoxycarbonyl-propyl)-carboxy-cyclopentyl]-, methylester 9 4858
—, [Methyl-(methyl-methoxycarbonyl-propyl)-methoxycarbonyl-cyclopentyl]-, dimethylester 9 4859
—, Methyl-[methyl-(methyl-carboxy-propyl)-carboxy-hexahydro-indanyl]- 9 4866
—, Methyl-[methyl-(methyl-methoxycarbonyl-propyl)-methoxycarbonyl-hexahydro-indanyl]-, dimethylester 9 4866
—, Methyl-phenyl- 9 4304, 4305
—, Methyl-phenyl-, diamid 9 4306
—, Methyl-phenyl-, nitril 9 4306
—, [Methyl-phenyl-äthyl]- 9 4335
—, [Methyl-phenyl-allyl]- 9 4411
—, Methyl-phenyl-cyan-, diäthylester 9 4802
—, [Methyl-phenyl-propyl]- 9 4342
—, Naphtho[2.1.8.7-defg]naphthacenyl- 9 4727
—, Naphthyl- 9 4475
—, Naphthyl-, nitril 9 4475
—, [Naphthyl-äthyliden]- 9 4546
—, [Naphthyl-äthyliden]-, äthylester 9 4547, 4548
—, [Naphthyl-äthyliden]-, diäthylester 9 4548
—, Naphthyl-cyan-, diäthylester 9 4835
—, Naphthylmethylen- 9 4528
—, [Nitro-benzamino]- 9 1737
—, [Nitro-benzyliden]-benzhydryliden- 9 4707
—, [Nitro-dimethoxy-benzyliden]- 10 2471
—, [Nitro-phenyl]- 9 4283
—, Oxo- s. Essigsäure, Oxal-
—, [Oxo-äthoxycarbonyl-cyclopentyl]-, diäthylester 10 4106
—, [Oxo-cyclohexyl]- 10 3901
—, [Oxo-cyclopentyl]- 10 3896
—, [Oxo-cyclopentyl]-, diäthylester 10 3896

Bernsteinsäure, [Oxo-dimethyl-hexadecahydro-cyclopenta[a]phenanthrenyl]- 10 3976
—, [Oxo-methyl-carboxy-hexadecahydro-cyclopenta[a]phenanthrenyl]- 10 4133
—, Phenäthyl- 9 4312
—, Phenäthyl-, dimethylester 9 4313
—, Phenäthyl-[methoxy-benzyliden]- 10 2392
—, [Phenanthryl-äthyl]- 9 4667
—, [Phenanthryl-äthyliden]- 9 4679
—, Phenyl- 9 4276
—, Phenyl-, äthylester 9 4277, 4278
—, Phenyl-, äthylester-nitril 9 4280
—, Phenyl-, amid 9 4278
—, Phenyl-, bis-äthoxycarbonylamid 9 4279
—, Phenyl-, bis-[äthoxycarbonylamino-methylamid] 9 4279
—, Phenyl-, bis-[äthoxycarbonyl-methylamid] 9 4279
—, Phenyl-, bis-äthylamid 9 4279
—, Phenyl-, bis-[azidocarbonyl-methylamid] 9 4280
—, Phenyl-, bis-[benzylidencarbazoyl-methylamid] 9 4280
—, Phenyl-, bis-benzylidenhydrazid 9 4281
—, Phenyl-, bis-[carbazoyl-methylamid] 9 4279
—, Phenyl-, bis-isopropylidenhydrazid 9 4281
—, Phenyl-, diäthylester 9 4278
—, Phenyl-, diamid 9 4279
—, Phenyl-, diazid 9 4281
—, Phenyl-, dihydrazid 9 4281
—, Phenyl-, dimethylester 9 4277
—, Phenyl-, dinitril 9 4281
—, Phenyl-, methylamid 9 4278
—, Phenyl-, nitril 9 4280
—, [Phenyl-acetamino]-, amid 9 2225
—, [Phenyl-äthyl]- 9 4315
—, [Phenyl-äthyl]-, diäthylester 9 4316
—, [Phenyl-äthyliden]- 9 4395
—, [Phenyl-äthyliden]-, äthylester 9 4396
—, Phenyl-benzyl- 9 4551, 4557
—, Phenyl-benzyl-, äthylester 9 4557
—, Phenyl-benzyl-, äthylester-nitril 9 4558
—, Phenyl-benzyl-, diäthylester 9 4558
—, Phenyl-benzyl-, diamid 9 4552
—, Phenyl-benzyl-, dimethylester 9 4552, 4557
—, Phenyl-benzyl-, methylester 9 4557
—, Phenyl-benzyl-, nitril 9 4558

Bernsteinsäure, Phenyl-[brom-phenyl]-, diamid **9** 4534
—, Phenyl-[brom-phenyl]-, dinitril **9** 4535
—, [Phenyl-butenyl]- **9** 4410
—, [Phenyl-butyl]- **9** 4340
—, [Phenyl-butyl]-, dimethylester **9** 4341
—, Phenyl-[chlor-phenyl]- **9** 4533, 4534
—, Phenyl-[chlor-phenyl]-, diamid **9** 4533, 4534
—, Phenyl-[chlor-phenyl]-, dinitril **9** 4534
—, Phenyl-[chlor-phenyl]-, nitril **9** 4533
—, Phenyl-cyan-, äthylester **9** 4797
—, Phenyl-cyan-, diäthylester **9** 4796, 4797
—, [Phenyl-cyan-methyl]-, diäthylester **9** 4800
—, [Phenyl-cyan-methyl]-, dimethylester **9** 4800
—, [Phenyl-cyan-methyl]-cyan-, diäthylester **9** 4875
—, Phenyl-mesityl- **9** 4581
—, Phenyl-[methoxy-phenyl]- **10** 2351
—, Phenyl-[methoxy-phenyl]-, äthylester **10** 2351
—, Phenyl-[methoxy-phenyl]-, diäthylester **10** 2351
—, Phenyl-[methoxy-phenyl]-, dinitril **10** 2352
—, [Phenyl-naphthyl-methyl]- **9** 4679
—, [Phenyl-naphthyl-methylen]- **9** 4688
—, [Phenyl-naphthyl-methylen]-, dimethylester **9** 4689
—, [Phenyl-propionyloxy]- **9** 2391
—, [Phenyl-propyl]- **9** 4331
—, [Phenyl-propyl]-, dimethylester **9** 4331
—, [Phenyl-(tetrahydro-naphthyl)-methylen]- **9** 4668
—, Phenyl-p-tolyl- **9** 4561
—, Phenyl-p-tolyl-, diäthylester **9** 4561
—, Phenyl-p-tolyl-, diamid **9** 4561
—, Phenyl-p-tolyl-, dinitril **9** 4561
—, Phenyl-[triisopropyl-phenyl]- **9** 4587
—, Phenyl-[trimethyl-phenyl]- **9** 4581
—, Semicarbazono-cyclopentyl-, diäthylester **10** 3896
—, Semicarbazono-phenyl-, diäthylester **10** 3957
—, Succinylo-, diäthylester **10** 4047
—, Tetrakis-[methoxy-phenyl]-, dinitril **10** 2624
—, [Tetramethoxy-benzhydryl]- **10** 2610
—, [Tetramethoxy-benzhydryliden]- **10** 2616

Bernsteinsäure, [Tetramethyl-bicyclo[7.2.0]-undecyl]- **9** 4038
—, [Tetramethyl-decahydro-cyclobutacyclononenyl]- **9** 4038
—, Tetranaphthyl-, dinitril **9** 4743
—, Tetraphenyl- **9** 4722
—, Tetraphenyl-, diäthylester **9** 4722
—, Tetraphenyl-, dinitril **9** 4722
—, Thiobenzamino- **9** 1981
—, Thiobenzamino-, amid **9** 1982
—, p-Toluoylamino- **9** 2347
—, o-Tolyl- **9** 4308
—, Veratroyl-, diäthylester **10** 4803
—, Veratryliden- **10** 2471
Bernsteinsäure-[benzoyloxy-cholestenylester] **9** 602
— [benzoyloxy-dimethyl-(dimethyl-hexyl)-tetradecahydro-cyclopenta[a]-phenanthrenylester] **9** 602
— bis-[(nitro-benzoyloxy)-äthylester] **9** 1621
— methylester-[methoxycarbonyl-phenylester] **10** 113
— methylester-[oxo-methoxycarbonyl-androstanylester] **10** 4293, 4297
— methylester-[oxo-methoxycarbonyl-androstenylester] **10** 4360
Betol 10 136
Betulansäure 9 2930
—, Dihydro- **9** 2930
Betulenolsäure 9 3899
Betulin, Bis-[brom-benzoyl]- **9** 1408
Betulinsäure 10 1059
—, Acetyl- **10** 1060
—, Acetyl-, äthylester **10** 1063
—, Acetyl-, methylester **10** 1062
—, Acetyl-brom-, methylester **10** 1060
—, Benzoyl- **10** 1061
—, Benzoyl-, methylester **10** 1062
—, Brom- **10** 1060
—, Dihydro- **10** 985
—, [Nitro-benzoyl]- **10** 1061
Betulinsäure-äthylester **10** 1063
— bromlacton **10** 1060
— methylester **10** 1061
Betulolsäure 9 3899
Betulonsäure 10 3263
—, Dihydro- **10** 3228
Betulonsäure-methylester **10** 3263
— methylester-oxim **10** 3263
— semicarbazon **10** 3263
Biacetyl-bis-benzoylhydrazon **9** 1315
— bis-[benzoyl-oxim] **9** 1284
— bis-[nitro-benzoylhydrazon] **9** 1532
— bis-[phenylacetyl-hydrazon] **9** 2258
— [phenylacetyl-hydrazon] **9** 2257
[9.9']Bianthryl, Dimethoxy-tetrabenzoyloxy-dioxo-dimethyl-tetrahydro- **8** 4417
[1.1']Bianthryl-dicarbamid 9 4737

[1.1']Bianthryl-dicarbonitril 9 4738
[2.2']Bianthryl-dicarbonitril, Tetraoxo-
tetrahydro- 10 4158
[1.1']Bianthryl-dicarbonsäure 9 4736
—, Tetrahydro- 9 4733
—, Tetraoxo-tetrahydro- 10 4156, 4157
—, Tetraoxo-tetrahydro-, amid 10 4157
—, Tetraoxo-tetrahydro-, bis-[methyl-
isopropyl-cyclohexylester]
10 4158
—, Tetraoxo-tetrahydro-, diäthylester
10 4157
—, Tetraoxo-tetrahydro-,
dimethylester 10 4158
[1.1']Bianthryl-dicarbonsäure-diamid
9 4737
— dichlorid 9 4737
— dinitril 9 4738
[2.2']Bianthryl-dicarbonsäure, Dinitro-
tetraoxo-tetrahydro- 10 4158
—, Dinitro-tetraoxo-tetrahydro-,
diäthylester 10 4159
—, Dinitro-tetraoxo-tetrahydro-,
dimethylester 10 4158
—, Tetraoxo-tetrahydro- 10 4158
—, Tetraoxo-tetrahydro-, dimethylester
10 4158
—, Tetraoxo-tetrahydro-, dinitril
10 4158
[9.9']Bianthryl-dicarbonsäure 9 4738
Hexahydroxy- 10 4871
—, Tetrahydroxy-dioxo-tetrahydro-
10 4871
[1.1']Bianthryl-dicarbonylchlorid
9 4737
[1.1']Bianthryl-dichinon, Dimethoxy-
dibenzoyloxy- 9 851
[2.2']Bianthryl-dichinon,
Tetrabenzoyloxy- 9 851
Bibenzoesäure s. Biphenyl-dicarbonsäure
Bibenzyl, Benzoylimino- 9 1102
—, Benzoyloxy-diäthyl- 9 513
—, Benzoyloxy-methyl- 9 512
—, Bis-benzoyloxyimino- 9 1289
—, Bis-[carbamoyl-propionyl]- 10 4082
—, Bis-carboxymethyl- 9 4575
—, Bis-[carboxy-propionyl]- 10 4081
—, Bis-cyanmethyl- 9 4575
—, Bis-[hydroxy-oxo-tetrahydro-furyl]-
10 4081
—, Bis-[methoxycarbonyl-propionyl]-
10 4081
—, Bis-[nitro-benzoylhydrazono]-
9 1532
—, Bis-[nitro-benzoyloxy]-methyl-
9 1651
—, Bis-[phenylacetyl-hydrazono]- 9 2258
—, Brom-benzoyloxy- 9 510
—, Brom-[nitro-benzoyloxy]- 9 1615

Bibenzyl, Chlor-[nitro-benzoyloxy]-
9 1615
—, Dibenzoyloxy- 9 622
—, Dibenzoyloxy-äthyl-äthyliden- 9 638
—, Dibenzoyloxy-bis-[methyl-propenyl]-
9 649
—, Dibenzoyloxy-diäthyl- 9 629
—, Dibenzoyloxy-diäthyl-diallyl-
9 650
—, Dibenzoyloxy-diäthyl-dibenzyl-
9 658
—, Dibenzoyloxy-diäthyl-dicyclohexenyl-
9 652
—, Dibenzoyloxy-diäthyl-dicyclohexyl-
9 650
—, Dibenzoyloxy-diäthyl-diphenyl-
9 658
—, Dibenzoyloxy-diäthyliden- 9 646
—, Dibenzoyloxy-dibenzyl-diäthyliden-
9 661
—, Dibenzoyloxy-dicyclohexyl-
diäthyliden- 9 652
—, Dibenzoyloxy-dimethyl- 9 626
—, Dibenzoyloxy-dimethyl-diäthyl-
9 631
—, Dibenzoyloxy-dimethyl-diäthyl-
diisopropyl- 9 633
—, Dibenzoyloxy-dimethyl-diäthyliden-
9 648
—, Dibenzoyloxy-dimethyl-diisopropyl-
diäthyliden- 9 650
—, Dibenzoyloxy-diphenyl-diäthyliden-
9 661
—, Dibenzoyloxy-isopropyl- 9 627
—, Dibenzoyloxy-tetramethyl-diäthyl-
9 632
—, Dibenzoyloxy-tetramethyl-
diäthyliden- 9 649
—, Dibenzoyloxy-trimethyl- 9 627
—, Dimethoxy-[nitro-benzoylimino]-
9 1724
—, Dimethoxy-[nitro-benzoyloxy]-
9 1667
—, Dimethoxy-[nitro-benzoyloxy]-
diäthyl- 9 1667
—, Dinaphthoyloxy-hexadecyl- 9 3182
—, [Dinitro-benzoyloxy]-cyclohexyl-
9 1889
—, [Dinitro-benzoyloxy]-cyclopentyl-
9 1888
—, Dinitro-benzoyloxyimino- 9 1283
—, Dinitro-cinnamoyloxyimino- 9 2722
—, Hydroxy-benzoyloxyimino- 9 1294
—, Hydroxy-cinnamoyloxyimino- 9 2723
—, Hydroxy-methoxy-benzoyloxy- 9 684
—, Methoxy-benzoyloxy-diäthyl- 9 629
—, Methoxy-bis-benzoyloxyimino- 9 1298
—, Methoxy-[dinitro-benzoyloxy]-oxo-
äthyl- 9 1932

Bibenzyl, Methoxyimino-benzoyloxyimino-
  9 1289
—, Methoxy-tribenzoyloxy- **9** 694
—, [Nitro-benzoyloxy]-dimethyl- **9** 1615
—, Pentanitro-benzoyloxy- **9** 510
—, Tetrabenzoyloxy-diäthyl- **9** 696
—, [Trimethyl-benzoyloxy]- **9** 2494
Bibenzyl-carbamid 9 3337
—, Oxo- **10** 3311
Bibenzyl-carbonitril 9 3337
—, Dihydroxy-oxo- **10** 4672, 4673
—, Hydroxy-methoxy- **10** 1967
—, Hydroxy-methoxy-äthyl- **10** 1977
—, Hydroxy-methoxy-diäthyl- **10** 1984,
  1985
—, Hydroxy-methoxy-dipropyl- **10** 1986
—, Methoxy-oxo- **10** 4435, 4436
—, Oxo- **10** 3312
—, Trihydroxy-oxo- **10** 4766, 4767
Bibenzyl-carbonsäure 9 3337; s. a. *Propion-*
  säure, Diphenyl-
—, Acetoxy-diäthyl- **10** 1241
—, Acetoxy-diäthyl-, methylester
  10 1241
—, Äthyl- s. a. *Valeriansäure, Diphenyl-*
—, Chlor-dibrom-, methylester **9** 3337, 3338
—, Dibrom-, äthylester **9** 3338
—, Dibrom-, methylester **9** 3338
—, Dihydroxy-, methylester **10** 1967
—, Dihydroxy-diäthyl- **10** 1984
—, Dihydroxy-methoxy-oxo- **10** 4766
—, Dihydroxy-methoxy-oxo-, methylester
  10 4766
—, Dihydroxy-oxo- **10** 4672
—, Dihydroxy-oxo-, methylester **10** 4673
—, Dihydroxy-oxo-, nitril **10** 4672, 4673
—, Dimethoxy-oxo- **10** 4672, 4673
—, [Dinitro-phenylhydrazono]- **10** 3312
—, Dioxo- **10** 3625
—, Dioxo-, methylester **10** 3625
—, Dioxo-methyl- **10** 3626
—, Hydroxy-diäthyl- **10** 1240
—, Hydroxy-diäthyl-, methylester
  10 1241
—, Hydroxy-dimethoxy-carboxymethoxy-
  [methyl-carboxy-äthoxy]-oxo-
  10 4850
—, Hydroxyimino- **10** 3311
—, Hydroxy-methoxy- **10** 1967
—, Hydroxy-methoxy-, nitril **10** 1967
—, Hydroxy-methoxy-äthyl-, nitril
  10 1977
—, Hydroxy-methoxy-diäthyl- **10** 1985
—, Hydroxy-methoxy-diäthyl-, nitril
  10 1984, 1985
—, Hydroxy-methoxy-dipropyl-, nitril
  10 1986
—, Hydroxy-oxo- **10** 4434
—, Hydroxy-oxo-dimethyl- **10** 4455, 4456

Bibenzyl-carbonsäure, Hydroxy-oxo-methyl-
  10 4449
—, Hydroxy-oxo-methyl-isopropyl-
  10 4460
—, Hydroxy-trimethoxy- **10** 2489
—, Methoxy-diäthyl- **10** 1241
—, Methoxy-diäthyl-, azid **10** 1242
—, Methoxy-oxo- **10** 4434, 4435
—, Methoxy-oxo-, methylester **10** 4435
—, Methoxy-oxo-, nitril **10** 4435, 4436
—, Methyl- s. a. *Buttersäure, Diphenyl-*
—, Oxo- **10** 3311, 3312
—, Oxo-, äthylester **10** 3312
—, Oxo-, amid **10** 3311
—, Oxo-, methylester **10** 3311, 3312
—, Oxo-, nitril **10** 3312
—, Oxo-methyl- **10** 3330
—, Tetramethoxy-, methylester **10** 2490
—, Tribrom-, methylester **9** 3338
—, Trihydroxy-oxo- **10** 4767
—, Trihydroxy-oxo-, nitril **10** 4766, 4767
—, Trimethoxy- **10** 2324
—, Trimethoxy-oxo- **10** 4766
Bibenzyl-carbonsäure-äthylester **9** 3337
— amid **9** 3337
— chlorid **9** 3337
— nitril **9** 3337
Bibenzyl-carbonylazid, Methoxy-diäthyl-
  10 1242
Bibenzyl-carbonylchlorid 9 3337
Bibenzyl-dicarbamid-dioxim **9** 4537
Bibenzyl-dicarbamidin 9 4537
—, Diäthyl- **9** 4584
—, Dimethyl- **9** 4574, 4575
Bibenzyl-dicarbonitril 9 4537
—, Diäthyl- **9** 4584
—, Dibrom- **9** 4538
—, Dichlor- **9** 4537
—, Dimethyl- **9** 4574
—, Dioxo-dimethyl- **10** 4077
—, Oxo- **10** 4011
—, Trichlor- **9** 4537
Bibenzyl-dicarbonsäure 9 4529
—, Diäthyl-, dimethylester **9** 4583
—, Diäthyl-, dinitril **9** 4584
—, Dibrom-, dinitril **9** 4538
—, Dichlor-, dinitril **9** 4537
—, Dimethyl- **9** 4575
—, Dimethyl-, dinitril **9** 4574
—, Dioxo- **10** 4075
—, Dioxo-, dimethylester **10** 4075
—, Dioxo-dimethyl- **10** 4077
—, Dioxo-dimethyl-, dinitril **10** 4077
—, Oxo-, diamidin **10** 4011
—, Oxo-, dinitril **10** 4011
—, Trichlor-, dinitril **9** 4537
Bibenzyl-dicarbonsäure-bis-[amid-imin]
  9 4537
— bis-[amid-oxim] **9** 4537

Bibenzyl-dicarbonsäure-bis-[diäthylamino-
  äthylester] 9 4536
— bis-[dibutylamino-äthylester]
  9 4536
— bis-[dimethylamino-äthylester]
  9 4536
— dimethylester 9 4536
— dinitril 9 4537
Bibenzyldiol, Dibenzoyloxy-diäthyl-
  9 696
Bibenzyldiyldibenzoat 9 622
Bibenzyldiyl-difluoren-dicarbonsäure 9 4743
Bicarbamidsäure, Benzoyl-,
  dimethylester 9 1322
—, Cinnamoyl-, dimethylester 9 2724
[7.7']Bicholestadienyl, Dibenzoyloxy- 9 653
[6.6']Bicholestanyl, Dibrom-
  dibenzoyloxy- 9 450
[6.6']Bichromanyldion, Dihydroxy-
  hexakis-[carboxy-äthyl]-
  dodecahydro- 10 4181
Bicyclo[1.1.0]butan-tetracarbonsäure,
  Bis-dicarboxymethyl- 9 4919
—, Bis-dicarboxymethyl-,
  hexaäthylester 9 4919
—, Bis-dicarboxymethyl-,
  octaäthylester 9 4919
Bicyclo[4.3.1]decen-carbonsäure,
  Oxo-methyl- 10 2959
—, Oxo-methyl-, äthylester 10 2959
—, Semicarbazono-methyl-, äthylester
  10 2959
Bicycloekasantalsäure 9 335
Bicycloekasantalsäure-methylester 9 336
Bicycloeksantalsäure 9 335
—, Dihydro- 9 259
—, Hydrochlor-, methylester 9 260
α-Bicyclofarnesylsäure 9 345
Bicyclo[4.1.0]heptadien-carbonsäure-
  amid 9 2381
Bicyclo[2.2.1]heptan s. Norbornan
Bicyclo[3.1.1]heptan s. Norpinan
Bicyclo[4.1.0]heptan s. Norcaran
Bicyclo[3.2.0]heptan-carbonsäure,
  Dimethyl-[carboxy-äthyl]- 9 4018
Bicyclo[3.2.0]hepten-carbonsäure,
  Dimethyl-[carboxy-äthyl]- 9 4069
Bicyclo[10.3.1]hexadecen-carbonsäure,
  Oxo-methyl-, methylester 10 2966
Bicyclo[2.2.0]hexan, Dimethyl-bis-
  [bis-äthoxycarbonyl-methyl]-
  9 4864
Bicyclo[3.1.0]hexan, [Carboxy-
  benzoyloxy]-isopropyl-methylen-
  9 4155
—, [Dinitro-benzoyloxy]-isopropyl-
  9 1824
—, [Dinitro-benzoyloxy]-isopropyl-
  methylen- 9 1841

Bicyclo[3.1.0]hexan, [Dinitro-benzoyloxy]-
  methyl-isopropyl- 9 1831
—, [Nitro-benzoylhydrazono]-methyl-
  isopropyl- 9 1484, 1754
—, [Nitro-benzoyloxyimino]-methyl-
  isopropyl- 9 1750
—, [Nitro-benzoyloxy]-isopropyl-
  9 1567
—, [Nitro-benzoyloxy]-isopropyl-
  methylen- 9 1578
—, [Nitro-benzoyloxy]-methyl-isopropyl-
  9 1572
Bicyclo[2.1.1]hexan-carbonsäure,
  Oxo-dimethyl- 10 2904
Bicyclo[3.1.0]hexan-carbonsäure,
  Hydroxy-isopropyl- 10 59
—, Methyl-isopropyl- 9 236
Bicyclo[2.1.1]hexan-dicarbonsäure,
  Dimethyl- 9 3991
Bicyclo[2.2.0]hexen-dicarbonsäure,
  Oxo-dimethyl-, diäthylester
  10 4051
—, Semicarbazono-dimethyl-,
  diäthylester 10 4051
[1.1']Bicyclohexenyl-carbonitril
  9 2595
[1.1']Bicyclohexenyl-carbonsäure-
  nitril 9 2595
[4.4']Bicyclohexenyl-carbonsäure,
  Methyl-cyan-, butylester 9 4352
—, Pentamethyl-cyan-, butylester
  9 4366
—, Pentamethyl-cyan-, methylester
  9 4365
Bicyclohexenyl-dicarbonsäure,
  Dimethyl- 9 58
[4.4']Bicyclohexenyl-dicarbonsäure,
  Methyl-, butylester-nitril 9 4352
—, Pentamethyl-, butylester-nitril
  9 4366
—, Pentamethyl-, methylester-nitril
  9 4365
[3.3']Bicyclohexenyl-tetracarbonsäure,
  Diphenyl- 9 4900
—, Diphenyl-, tetrachlorid 9 4900
[4.4']Bicyclohexenyl-tetracarbonsäure,
  Dihydroxy-dioxo-, tetraäthylester
  10 4180
[3.3']Bicyclohexenyl-tetracarbonylchlorid,
  Diphenyl- 9 4900
Bicyclohexyl, Dimethyl-bis-
  [äthoxycarbonyl-cyan-methyl]-
  9 4865
Bicyclohexyl-carbamid 9 261, 262
Bicyclohexyl-carbonitril 9 261, 262
Bicyclohexyl-carbonsäure 9 260, 261
—, Carboxymethyl- s. Essigsäure, [Carboxy-
    bicyclohexylyl]-
—, Dioxo-, äthylester 10 3532, 3533

Bicyclohexyl-carbonsäure, Hydroxy-cyan-,
  äthylester 10 2054
—, Hydroxyimino- 10 2942
—, Hydroxyimino-, äthylester 10 2943
—, Oxo- 10 2942
—, Oxo-, äthylester 10 2942, 2943
—, Oxo-, methylester 10 2943
—, Oxo-[oxo-butyl]-, methylester
  10 3535
—, Tetrabrom-pentamethyl-cyan-,
  methylester 9 4038
Bicyclohexyl-carbonsäure-amid 9 261, 262
— chlorid 9 260, 262
— [diäthylamino-äthylester] 9 260,
  261, 262
— [dimethylamino-äthylester] 9 261
— nitril 9 261, 262
Bicyclohexyl-carbonylchlorid 9 260, 262
Bicyclohexyl-dicarbonitril 9 4019
Bicyclohexyl-dicarbonsäure 9 4019,
  4020, 4025
—, Dihydroxy- 10 2416
—, Dimethyl-äthoxycarbonylmethyl-,
  diäthylester 9 4778
—, Hydroxy-, äthylester-nitril 10 2054
—, Oxo-dimethyl-, diäthylester 10 3941
Bicyclohexyl-dicarbonsäure-diäthylester
  9 4024
— dimethylester 9 4023, 4025
— dinitril 9 4019
— methylester 9 4022
Bicyclohexyldion, Octakis-
  [äthoxycarbonyl-äthyl]- 10 4181
—, Octakis-[carboxy-äthyl]- 10 4181
—, Octakis-[cyan-äthyl]- 10 4181
—, Octakis-[octadecylcarbamoyl-äthyl]-
  10 4181
Bicyclohexylon, Benzimidoyloxy- 9 1253
—, Tetrakis-[carboxy-äthyl]- 10 4165
—, Tetrakis-[cyan-äthyl]- 10 4165
Bicyclohexylon-[(nitro-benzoyl)-oxim]
  9 1751
Bicyclohexyl-tetracarbonsäure, Tetraoxo-,
  tetraäthylester 10 4180
Bicyclohexyl-tricarbonsäure,
  Oxo-dimethyl-, triäthylester
  10 4115
Bicyclo[3.3.1]nonadien-carbonsäure,
  Oxo-dimethyl- 10 3091
—, Oxo-dimethyl-, äthylester 10 3091
Bicyclo[3.2.2]nonadien-dicarbonsäure,
  Trimethyl- 9 4346
Bicyclo[3.3.1]nonadien-dicarbonsäure,
  Dihydroxy-, dimethylester 10 4055
Bicyclo[3.3.1]nonan, Benzoyloxy-
  dimethyl- 9 414
Bicyclo[3.3.1]nonan-carbonsäure,
  Oxo-methyl- 10 2924
Bicyclo[3.2.2]nonan-dicarbonsäure 9 4003

Bicyclo[3.2.2]nonan-dicarbonsäure, Dioxo-
  10 4055
—, Dioxo-, diäthylester 10 4055
—, Disemicarbazono- 10 4055
—, Disemicarbazono-, diäthylester
  10 4056
Bicyclo[3.3.1]nonan-dicarbonsäure,
  Dioxo-, dimethylester 10 4055
Bicyclo[3.3.1]nonan-pentacarbonsäure,
  Oxo-, pentamethylester 10 4177
Bicyclo[3.3.1]nonen-carbonsäure,
  Oxo-methyl- 10 2957
—, Oxo-methyl-, äthylester 10 2957
Bicyclo[3.2.2]nonen-dicarbonsäure,
  Oxo-trimethyl-, diäthylester
  10 3943
—, Oxo-trimethyl-, dimethylester
  10 3943
—, Trimethyl- 9 4346
Bicyclo[3.2.1]octan, [Dinitro-
  benzoyloxy]-dimethyl- 9 1832
—, [Nitro-benzoyloxy]-dimethyl- 9 1572
Bicyclo[2.2.2]octan-carbonsäure
  9 189
—, Dioxo- 10 3528
Bicyclo[2.2.2]octan-carbonsäure-
  äthylester 9 189
Bicyclo[3.2.1]octan-carbonsäure
  9 187
—, Oxo-methyl-, äthylester 10 2911
Bicyclo[2.2.2]octan-dicarbonsäure
  9 3991, 3992
—, Bis-hydroxyimino-, diäthylester
  10 4055
—, Brom-hydroxy- 10 2051
—, Dibrom- 9 3992
—, Dihydroxy-, diäthylester 10 2415
—, Dioxo- 10 4054
—, Dioxo-, diäthylester 10 4055
—, Dioxo-dimethyl- 10 4057
—, Dioxo-dimethyl-, dimethylester
  10 4057
—, Disemicarbazono- 10 4055
—, Disemicarbazono-, diäthylester
  10 4055
—, Hydroxy-oxo-methyl-isopropyl-
  10 4715
—, Hydroxy-oxo-methyl-isopropyl-,
  methylester 10 4716
—, Methyl- 9 4004
—, Methyl-isopropyl- 9 4030
—, Methyl-isopropyl-, dimethylester
  9 4030
—, Tetrahydroxy-dimethyl-, dilacton
  10 4057
Bicyclo[2.2.2]octan-dicarbonsäure-
  diäthylester 9 3992
— dimethylester 9 3992
Bicyclo[3.2.1]octan-dicarbonsäure 9 3991

Bicyclo[3.2.1]octan-dicarbonsäure-
diäthylester 9 3991
Bicyclo[4.2.0]octan-dicarbonsäure,
Oxo-dimethyl- 10 3935
Bicyclo[2.2.2]octan-tetracarbonsäure-
tetramethylester 9 4862
Bicyclo[2.2.2]octen-carbonsäure,
Methyl-isopropyl-benzoyl- 10 3287
Bicyclo[2.2.2]octen-carbonsäure-
äthylester 9 304
Bicyclo[3.2.1]octen-carbonsäure,
Hydroxy-methyl-, äthylester
10 2911
—, Trimethyl-acetyl- 10 2964
Bicyclo[2.2.2]octen-dicarbonsäure
9 4054
—, [Dimethoxycarbonyl-äthyl]-,
dimethylester 9 4870
—, Dimethyl-diphenyl- 9 4682
—, Methyl-, diäthylester 9 4056
—, Methyl-[äthoxycarbonyl-äthyl]-
phenäthyl-, anhydrid 9 3258
—, Methyl-isopropyl- 9 4075
—, Methyl-isopropyl-, dimethylester
9 4030
—, Oxo-tetramethyl- 10 3944
—, Oxo-tetramethyl-, anhydrid
10 3944
Bicyclo[2.2.2]octen-dicarbonsäure-
dimethylester 9 4054
Bicyclo[3.2.1]octen-dicarbonsäure,
Trimethyl- 9 4069
Bicyclo[3.2.1]octenon,
[Nitro-benzoyloxy]-trimethyl-
9 1673
Bicyclo[2.2.2]octen-pentacarbonsäure,
Dimethyl- 9 4908
—, Dimethyl-, pentamethylester 9 4908
Bicyclo[2.2.2]octen-pentacarbonsäure-
pentamethylester 9 4907
Bicyclo[2.2.2]octen-tetracarbonsäure,
Dimethyl- 9 4870
—, Dimethyl-, tetramethylester 9 4870
—, Diphenyl-, tetramethylester 9 4899
—, Methyl- 9 4869
Bicyclo[2.2.2]octen-tetracarbonsäure-
tetramethylester 9 4869
Bicyclo[2.1.0]pentan-tricarbonsäure,
Oxo-dimethyl-, triäthylester
10 4114
—, Oxo-trimethyl-, triäthylester
10 4114
[7.7']Bi[cyclopenta[a]phenanthrenyl],
Dibenzoyloxy-tetramethyl-bis-
[dimethyl-hexyl]-tetracosahydro-
9 653
Bicyclopentyl, Benzoyloxyimino- 9 1276
—, Dimethyl-bis-[äthoxycarbonyl-cyan-
methyl]- 9 4865

Bicyclopentyl-carbonsäure 9 232
—, Äthyl- 9 263
—, Brom-, chlorid 9 232
Bicyclopentyl-dicarbonsäure, Dihydroxy-
10 2416
—, Dihydroxy-, diäthylester 10 2416
—, Oxo-dimethyl-[carboxy-äthyl]-
[methyl-carboxy-propyl]- 10 4163
—, Oxo-dimethyl-[methoxycarbonyl-äthyl]-
[methyl-methoxycarbonyl-propyl]-,
dimethylester 10 4164
Bicyclopentylon-[benzoyl-oxim] 9 1276
Bicyclopentyl-tetracarbonsäure, Hydroxy-
dimethyl-[carboxy-äthyl]-[methyl-
carboxy-propyl]- 10 2639
Bicyclopropyl-dicarbonsäure 9 3954
Bicyclopropyliden-tetracarbonsäure,
Bis-[nitro-phenyl]-,
tetramethylester 9 4898
Bicyclo[5.3.1]undecen-carbonsäure,
Oxo-methyl- 10 2962
—, Oxo-methyl-, methylester 10 2962
[6.6']Bi[dibenz[c.e]azepinyl],
Nitro-tetraoxo-tetrahydro-
9 4507, 4508
—, Tetraoxo-tetrahydro- 9 4500
[9.9']Bifluorenyl-carbonsäure-
äthylester 9 3690
[9.9']Bifluorenyl-dicarbamid 9 4731
[9.9']Bifluorenyl-dicarbamidin
9 4732
[9.9']Bifluorenyl-dicarbimidsäure-
diäthylester 9 4732
[9.9']Bifluorenyl-dicarbonitril
9 4731
[9.9']Bifluorenyl-dicarbonsäure
9 4730, 4731
[9.9']Bifluorenyl-dicarbonsäure-
diäthylester 9 4730, 4731
— diamid 9 4731
— dichlorid 9 4731
— dinitril 9 4731
[9.9']Bifluorenyl-dicarbonylchlorid
9 4731
[3.3']Bifuryl, Dihydroxy-dioxo-diphenyl-
octahydro- 10 4079
—, Dihydroxy-dioxo-tetra-p-tolyl-
octahydro- 10 4100
[3.3']Bifuryliden, Dihydroxy-dioxo-bis-
[brom-phenyl]-tetrahydro- 10 4090
—, Dihydroxy-dioxo-diphenyl-tetrahydro-
10 4089
—, Dihydroxy-dioxo-di-p-tolyl-
tetrahydro- 10 4091
—, Dioxo-dipyrenyl- 10 3458
[2.2']Biindanyl, Bis-[äthoxycarbonyl-
cyan-methyl]-dodecahydro- 9 4061
[2.2']Biindanyl-dicarbonsäure, Tetraoxo-,
diäthylester 10 4156

[1.2']Biindanyliden, Dibenzoyloxy-oxo- 8 399
[3.3']Biindenyl, Bis-äthoxalyl- 10 4094
—, Bis-[hydroxy-äthoxycarbonyl-
    methylen]- 10 4094
[1.1']Biindenyl-dicarbonsäure,
    Diphenyl-, diäthylester 9 4739
Biisophthalsäure s. *Biphenyl-
    tetracarbonsäure*
Biliansäure 10 4146
—, Pernitroso- 10 4147
Biliansäure-dioxim 10 4148
— disemicarbazon 10 4148
— trimethylester 10 4149
Bilisoidansäure 10 4168
Biloidansäure 9 4911
Biloidansäure-äthylester 9 4912
— hexamethylester 9 4912
— methylester 9 4912
— triäthylester 9 4912
— trimethylester 9 4912
β-Biloidansäure 9 4911
Binaphthoesäure s. *Binaphthyl-
    dicarbonsäure*
[1.1']Binaphthyl, Dibenzoyloxy- 9 655
—, Tetrabenzoyloxy- 9 700
[2.2']Binaphthyl, Bis-[carboxy-phenyl]-
    9 4741
[1.1']Binaphthyl-carbonsäure 9 3649, 3650
[1.1']Binaphthyl-carbonsäure-
    äthylester 9 3650
[1.2']Binaphthyl-carbonsäure 9 3651
—, Chlor-, äthylester 9 3651
[1.2']Binaphthyl-carbonsäure-
    äthylester 9 3651
[1.1']Binaphthyl-dicarbonsäure 9 4702
—, Dibrom- 9 4702
—, Dibrom-, dimethylester 9 4702, 4704
—, Dichlor- 9 4704
—, Dichlor-, dimethylester 9 4704
—, Dihydroxy- 10 2545, 2546
—, Dihydroxy-, diäthylester 10 2546
—, Dimethoxy- 10 2547
—, Dinitro- 9 4704, 4705
—, Dinitro-, dimethylester 9 4705
—, Hexahydroxy- 10 2635
—, Hexahydroxy-, diäthylester 10 2635
—, Hexamethoxy- 10 2636
—, Hexamethoxy-, dimethylester 10 2636
[1.1']Binaphthyl-dicarbonsäure-
    äthylester 9 4703
[1.1']Binaphthyl-dicarbonsäure-bis-
    [essigsäure-anhydrid] 9 4704
[1.1']Binaphthyl-dicarbonsäure-
    dimethylester 9 4702, 4703
[2.2']Binaphthyl-dicarbonsäure 9 4705
—, Acetoxy-octamethyl-eicosahydro-
    10 2252
—, Acetoxy-octamethyl-eicosahydro-,
    dimethylester 10 2252

[2.2']Binaphthyl-dicarbonsäure, Dihydroxy-
    heptamethyl-hydroxymethyl-eicosahydro-
    10 2570
—, Dihydroxy-hexamethoxy-dimethyl-
    diisopropyl- 10 2637
—, Dihydroxy-tetramethoxy-dimethyl-
    diisopropyl- 10 2636
—, Dinitro-tetramethoxy-tetraoxo-
    dimethyl-tetrahydro- 10 4872
—, Hexamethoxy-dimethyl-diisopropyl-,
    dimethylester 10 2637
—, Hydroxy-octamethyl-eicosahydro-,
    dimethylester 10 2252
—, Oxo-octamethyl-eicosahydro-,
    dimethylester 10 3977
—, Tetraäthoxy-tetraoxo-dimethyl-
    diisopropyl-tetrahydro- 10 4873
—, Tetramethoxy-tetraoxo-dimethvl-
    diisopropyl-tetrahydro- 10 4873
[2.2']Binaphthyl-dicarbonsäure-
    dimethylester 9 4705
[2.2']Binaphthyldiol, Tetrabenzoyloxy-
    dimethyl-diisopropyl- 9 714
—, Tetramethyl-bis-
    [carboxy-äthyl]-octahydro- 10 2541
[1.1']Binaphthyldiyldibenzoat 9 655
[1.1']Binaphthyl-tetracarbonsäure
    10 4098
[1.1']Binaphthyltetrayl-tetrabenzoat 9 700
[2.2']Binaphthyltetrol, Tetramethyl-
    bis-[carboxy-äthyl]-
    octahydro- 10 2621
[2.2']Binaphthyl-tricarbonsäure,
    Oxo-heptamethyl-octadecahydro-,
    trimethylester 10 4136
[1.1']Biphenanthryl, Tetramethoxy-
    dibenzoyloxy- 9 714
Biphenyl, Äthoxy-benzoyloxy- 9 620
—, Benzoyloxy- 9 502, 503
—, Benzoyloxy-acetyl- 9 763
—, Benzoyloxy-bromacetyl- 9 763
—, Benzoyloxy-di-*tert*-butyl- 9 514
—, Benzoyloxy-methyl- 9 510
—, Benzoyloxy-propyl- 9 513
—, Benzyloxy-[nitro-benzoyloxy]-methyl-
    pentyl-isopropenyl- 9 1653
—, Bis-äthoxycarbonylmethyl- 9 4543, 4544
—, Bis-carbamimidoylmethyl- 9 4544
—, Bis-carboxymethyl- 9 4543
—, Bis-[carboxy-phenylmercapto]- 10 218
—, Bis-cyanacetyl- 10 4077
—, Bis-cyanmethyl- 9 4544
—, Bis-guanylmethyl- 9 4544
—, Bis-[hydroxy-naphthoyloxy]- 10 1088
—, Bis-[nitro-benzoyloxy]- 9 1507
—, Bis-[phenyl-cyan-vinyl]- 9 4733
—, Brom-benzoyloxy- 9 504
—, Brom-dihydroxy-tetramethyl-
    dicarboxymethyl- 10 2524

Biphenyl, Chlor-benzoyloxy- **9** 502, 503
—, Diacetoxy-bis-carboxymethyl- **10** 2511
—, Dibenzoyloxy- **9** 619, 620
—, Dibenzoyloxy-diallyl- **9** 647
—, Dibenzoyloxy-dimethyl- **9** 624
—, Dibenzoyloxy-dipropenyl- **9** 647
—, Dibenzoyloxy-dipropyl- **9** 630
—, Dibrom-benzoyloxy- **9** 504
—, Dichlor-benzoyloxy- **9** 504
—, Dihydroxy-bis-carboxymethyl-
    10 2511
—, Dihydroxy-dimethoxy-bis-[carboxy-
    äthyl]- **10** 2614
—, Dihydroxy-dimethoxy-bis-[carboxy-
    vinyl]- **10** 2619
—, Dijod-benzoyloxy- **9** 505
—, Dimethoxy-bis-[nitro-benzoyloxy]-
    diallyl- **9** 1669
—, Dimethoxy-diacetoxy-bis-[carboxy-
    äthyl]- **10** 2615
—, Dimethoxy-diacetoxy-bis-[carboxy-
    vinyl]- **10** 2619
—, Dimethoxy-dibenzoyloxy-dimethyl-
    9 695
—, Dinitro-benzoyloxy- **9** 502, 505
—, Dinitro-methoxy-benzoyloxy- **9** 619
—, Hexamethoxy-bis-[carboxy-äthyl]-
    10 2634
—, Jod-benzoyloxy- **9** 505
—, Methoxy-benzoyloxy- **9** 620
—, Methoxy-benzoyloxy-methyl- **9** 622
—, Nitro-benzoyloxy- **9** 503, 505
—, Nitro-[nitro-benzoyloxy]- **9** 1614
—, Tetrakis-[nitro-benzoyloxy]-
    dipentyl- **9** 1669
—, Tetramethoxy-bis-[carboxy-äthyl]-
    10 2615
—, Tetramethoxy-bis-[carboxy-vinyl]-
    10 2619
—, Tetramethoxy-bis-[methoxycarbonyl-
    vinyl]- **10** 2620
—, Tetranitro-bis-[äthoxy-benzoyloxy]-
    10 252, 316
—, Tetranitro-bis-[brom-benzoyloxy]-
    9 1408
—, Tetranitro-bis-[chlor-benzoyloxy]-
    9 1360
—, Tetranitro-bis-[methoxy-benzoyloxy]-
    10 316
—, Tetranitro-bis-[nitro-benzoyloxy]-
    9 1650
—, Tetranitro-bis-phenylacetoxy-
    9 2186
—, Tetranitro-dibenzoyloxy- **9** 619
—, Trichlor-benzoyloxy- **9** 504
—, Trinitro-benzoyloxy- **9** 506
Biphenyl-bis-thiocarbamid 9 4522
Biphenyl-bis-thiocarbonsäure-diamid
    9 4522

Biphenyl-carbamid 9 3268, 3279
—, Brom- **9** 3281
—, Chlor- **9** 3270, 3280
—, Methyl- **9** 3323
—, Trimethoxy- **10** 2318
Biphenyl-carbamidin, Cyan- **9** 4514
Biphenyl-carbonitril 9 3269, 3279
—, Chlor- **9** 3280
—, Diäthoxy-methyl- **10** 1961
—, Dimethoxy-methyl- **10** 1961
—, Dimethoxy-methyl-pentyl- **10** 1985
—, Formyl- **10** 3307
—, Jod- **9** 3281
—, Methoxy- **10** 1152
—, Methyl- **9** 3322, 3323
—, Nitro- **9** 3272, 3273, 3282
—, Propionyl- **10** 3335
—, Semicarbazonomethyl- **10** 3307
—, [Semicarbazono-propyl]- **10** 3335
Biphenyl-carbonsäure 9 3268, 3274, 3276
—, Acetoxy- **10** 1160, 1161
—, Acetoxy-äthyl- **10** 1201
—, Acetoxy-propyl- **10** 1211
—, Äthoxy- **10** 1160, 1161
—, Äthoxy-, [diäthylamino-äthylester]
    10 1160, 1162
—, Äthoxy-, [dibutylamino-propylester]
    10 1162
—, [Äthoxy-benzoyl]- **10** 4491
—, [Äthyl-propenyl]- **9** 3478
—, Allylcarbamoyl- **9** 4499
—, Azidocarbonyl- **9** 4501
—, Benzhydryl- **9** 3678
—, Benzoyl- **10** 3455
—, Benzoyloxy- **10** 1160, 1161
—, Benzyloxy-, äthylester **10** 1160
—, Biphenylyloxy- **10** 1163
—, Brom- **9** 3270, 3271, 3274, 3275,
    3280, 3281
—, Brom-, amid **9** 3281
—, Brom-, methylester **9** 3271, 3281
—, Brom-methoxy- **10** 1165
—, Brom-methoxy-, methylester **10** 1165
—, Brom-nitro-methoxy- **10** 1156, 1157
—, Brom-nitro-methoxy-, methylester
    10 1158
—, Brom-nitro-methyl- **9** 3327
—, Butyloxy- **10** 1161
—, Butyloxy-, [diäthylamino-äthylester]
    10 1162
—, Carbamoyl- **9** 4499
—, [Carboxy-äthyl]- s. *Propionsäure,*
    [Carboxy-biphenylyl]-
—, [Carboxy-benzoyl]- **10** 4031
—, Carboxymethyl- s. *Essigsäure,*
    [Carboxy-biphenylyl]-
—, [Carboxy-vinyl]- s. *Zimtsäure,*
    [Carboxy-phenyl]-
—, Chlor- **9** 3269, 3270, 3274, 3279, 3280

Biphenyl-carbonsäure, Chlor-,
  amid **9** 3270, 3280
—, Chlor-, benzylester **9** 3274
—, Chlor-, chlorid **9** 3280
—, Chlor-, methylester **9** 3269, 3274
—, Chlor-, nitril **9** 3280
—, Chlorcarbonyl-, methylester **9** 4499
—, Chlor-dimethyl- **9** 3351
—, Chlor-methoxy- **10** 1164
—, Chlor-methoxy-, methylester **10** 1164
—, Chlor-nitro-methoxy- **10** 1155, 1156
—, Chlor-nitro-methyl- **9** 3326
—, Cyan- **9** 4500
—, Cyan-, chlorid **9** 4500
—, Cyanmethyl- **9** 4528
—, Cyclohexyl- **9** 3484
—, Cyclohexyl-, chlorid **9** 3484
—, Cyclohexyl-, methylester **9** 3484
—, [Diäthoxy-benzhydryl]- **10** 2021
—, Diäthoxy-methyl-, nitril **10** 1961
—, Dibrom-carbamoyl- **9** 4505
—, Dibrom-carbamoyl-, äthylester **9** 4506
—, Dibrom-carbamoyl-, methylester
  9 4506
—, Dichlor- **9** 3270
—, [Dichlor-benzhydryl]- **9** 3678
—, [Difluor-benzhydryl]- **9** 3678
—, Dihydroxy- **10** 1952, 1954
—, Dihydroxy-carboxymethyl- **10** 2507
—, Dimethoxy- **10** 1953
—, [Dimethoxy-benzhydryl]- **10** 2021
—, Dimethoxy-formyl- **10** 4672
—, Dimethoxy-methyl-, nitril **10** 1961
—, Dimethoxy-methyl-pentyl- **10** 1985
—, Dimethoxy-methyl-pentyl-, nitril
  10 1985
—, Dimethyl- **9** 3351
—, [Dimethyl-benzhydryl]- **9** 3682
—, [Dimethyl-benzoyl]- **10** 3463, 3464
—, [Dinaphthyl-methyl]- **9** 3695
—, Dinitro- **9** 3273, 3283
—, Dinitro-, äthylester **9** 3273
—, Dinitro-carbamoyl- **9** 4511
—, Dinitro-chlorcarbonyl-, [trimethyl-
  norbornylester] **9** 4510
—, Dinitro-dimethoxy- **10** 1953
—, Dinitro-[dimethyl-benzoyl]- **10** 3463
—, Dinitro-methoxy- **10** 1158, 1159
—, Dinitro-methyl- **9** 3325, 3327
—, Dinitro-methyl-, äthylester
  9 3325, 3327
—, Dinitro-methyl-, methylester **9** 3325
—, Dinitro-[trimethyl-benzoyl]- **10** 3468
—, [Diphenyl-benzhydryl]- **9** 3697
—, Fluor- **9** 3279
—, Fluorenyl- **9** 3686
—, Fluor-nitro-methoxy- **10** 1154
—, Fluor-nitro-methyl- **9** 3326
—, Formyl-, nitril **10** 3307

Biphenyl-carbonsäure, Hydroxy- **10** 1152,
  1159, 1161, 1162, 1163, 1164
—, Hydroxy-, äthylester **10** 162, 163, 1164
—, Hydroxy-, [butyloxy-äthylester] **10** 1160
—, Hydroxy-, [diäthylamino-äthylester]
  10 1162
—, Hydroxy-, methylester **10** 1160,
  1161, 1164
—, Hydroxy-, phenylester **10** 1160
—, Hydroxy-, propylester **10** 1163
—, Hydroxy-äthyl- **10** 1201
—, [Hydroxy-äthyl-propyl]- **10** 1227
—, [Hydroxy-benzhydryl]- **10** 1347
—, [Hydroxy-benzoyl]- **10** 4491
—, [Hydroxy-dimethyl-benzoyl]- **10** 4493
—, Hydroxy-hexyl- **10** 1242
—, [Hydroxy-isopropyl]- **10** 1212
—, Hydroxy-methoxy-dimethyl- **10** 1969,
  1971
—, Hydroxy-methoxy-dimethyl-, [methoxy-
  dimethyl-biphenylylester]
  10 1969, 1970
—, Hydroxy-methoxy-methyl- **10** 1960
—, Hydroxy-methoxy-methyl-, [methoxy-
  methyl-biphenylylester] **10** 1960
—, Hydroxy-methyl- **10** 1185
—, [Hydroxy-methyl-benzoyl]- **10** 4492,
  4493
—, [Hydroxy-methyl-isopropyl-benzoyl]-
  10 4495
—, [Hydroxy-oxo-phthalanyl]- **10** 4031
—, [Hydroxy-phenyl-benzyl-äthyl]-
  10 1348
—, Hydroxy-propyl- **10** 1211
—, [Hydroxy-propyl-butyl]- **10** 1245
—, Jod- **9** 3271, 3275, 3281
—, Jod-, äthylester **9** 3271
—, Jod-, methylester **9** 3281
—, Jod-, nitril **9** 3281
—, Methoxy- **10** 1152, 1161, 1162, 1164
—, Methoxy-, äthylester **10** 1163
—, Methoxy-, methylester **10** 1152,
  1163, 1164
—, Methoxy-, nitril **10** 1152
—, Methoxy-acetoxy-dimethyl- **10** 1970
—, [Methoxy-benzoyl]- **10** 4491
—, Methoxy-dimethyl- **10** 2588
—, Methoxy-methyl-isopropyl- **10** 1220
—, Methyl- **9** 3323, 3328
—, Methyl-, amid **9** 3323
—, Methyl-, methylester **9** 3328
—, Methyl-, nitril **9** 3322, 3323
—, Methyl-isopropyl-carbamoyl- **9** 4577
—, Methyl-isopropyl-cyan- **9** 4577
—, Methyl-isopropyl-methylcarbamoyl-
  9 4577
—, Naphthoyl- **10** 3497
—, Nitro- **9** 3271, 3272, 3275, 3276,
  3281, 3282

Biphenyl-carbonsäure, Nitro-,
   äthylester **9** 3275, 3283
—, Nitro-, chlorid **9** 3283
—, Nitro-, [diäthylamino-äthylester]
   9 3283
—, Nitro-, methylester **9** 3271
—, Nitro-, nitril **9** 3272, 3273, 3282
—, Nitro-äthoxy- **10** 1153, 1162
—, Nitro-butyloxy- **10** 1154, 1162
—, Nitro-carbamoyl- **9** 4507
—, Nitro-dimethoxy- **10** 1951, 1952
—, Nitro-hydroxy-methyl- **10** 1185
—, Nitro-methoxy- **10** 1152, 1153, 1154
—, Nitro-methoxy-methyl- **10** 1185, 1186
—, Nitro-methyl- **9** 3322, 3323, 3324
—, Nitro-methyl-, chlorid **9** 3324
—, Nitro-pentyloxy- **10** 1154
—, Nitro-propyloxy- **10** 1154
—, Pentanitro- **9** 3276
—, Phenoxy- **10** 1163
—, Propionyl- **10** 3335
—, Propionyl-, nitril **10** 3335
—, Semicarbazonomethyl-, nitril **10** 3307
—, [Semicarbazono-propyl]-, nitril **10** 3335
—, Tetramethoxy- **10** 2485
—, Tetramethoxy-, hydrazid **10** 2486
—, Tetramethoxy-, methylester **10** 2485
—, [Trihydroxy-benzhydryl]- **10** 2405
—, Trimethoxy- **10** 2318
—, Trimethoxy-, amid **10** 2318
—, Trimethoxy-, methylester **10** 2318
—, Trimethyl- **9** 3370
—, [Trimethyl-benzoyl]- **10** 3468
Biphenyl-carbonsäure-äthylester **9** 3268, 3277
— amid **9** 3268, 3279
— chlorid **9** 3279
— [chlor-methyl-phenylester] **9** 3277
— cholestanylester **9** 3278
— cholesterylester **9** 3278
— [dimethyl-phenylester] **9** 3277
— menthylester **9** 3268
— [methyl-äthyl-phenylester] **9** 3278
— methylamid **9** 3279
— methylester **9** 3268
— nitril **9** 3269, 3279
— *p*-tolylester **9** 3277
— triphenylmethylester **9** 3278
— tritylester **9** 3278
— [3.5]xylylester **9** 3277
Biphenyl-carbonylchlorid 9 3279
—, Chlor- **9** 3280
—, Cyan- **9** 4500
—, Cyclohexyl- **9** 3484
—, Nitro- **9** 3283
—, Nitro-methyl- **9** 3324
Biphenyl-dicarbaldehyd, Dibenzoyloxy-
   9 823
Biphenyl-dicarbamid 9 4514, 4519
—, Dinitro- **9** 4515

Biphenyl-dicarbamid-dioxim **9** 4520
Biphenyl-dicarbamidin 9 4519
—, Dimethyl- **9** 4520
—, Tetraäthyl- **9** 4520
Biphenyl-dicarbonitril 9 4516, 4519
—, Dimethoxy-diacetoxy- **10** 2608
—, Dimethyl- **9** 4545
—, Dinitro- **9** 4522
—, Nitro- **9** 4514, 4516
Biphenyl-dicarbonsäure 9 4495, 4496,
   4514, 4515, 4516, 4517, 4518, 4519;
   s. a. *Diphensäure*
—, Acetoxy- **10** 2343
—, Acetoxy-methyl- **10** 2348
—, Bis-methoxycarbonyloxy- **10** 2498
—, *tert*-Butyl- **9** 4576
—, Chlor-oxal- **10** 4141
—, Diacetoxy- **10** 2497
—, Diacetoxy-, dimethylester **10** 2498
—, Dibenzoyl- **7** 4822
—, Dibrom- **9** 4520
—, Dibrom-dimethoxy- **10** 2497
—, Dichlor- **9** 4496
—, Dichlor-tetramethoxy- **10** 2606
—, Difluor-dimethoxy- **10** 2498
—, Difluor-dinitro-dimethyl- **9** 4545
—, Difluor-dinitro-dimethyl-,
   dimethylester **9** 4546
—, Dihydroxy- **10** 2496, 2497
—, Dihydroxy-, dimethylester **10** 2498
—, Dihydroxy-dimethoxy- **10** 2607
—, Dihydroxy-dimethoxy-, dimethylester
   10 2607
—, Dihydroxy-dimethyl-diisobutyryl-
   10 4854
—, Dijod- **9** 4521
—, Dijod-, diäthylester **9** 4522
—, Dimethoxy- **10** 2493, 2496
—, Dimethoxy-, dimethylester **10** 2496,
   2497, 2498
—, Dimethoxy-diacetoxy- **10** 2607
—, Dimethoxy-diacetoxy-, dinitril
   10 2608
—, Dimethoxy-dimethyl-diisobutyryl-
   10 4854
—, Dimethoxy-dimethyl-diisobutyryl-,
   dimethylester **10** 4854
—, Dimethyl- **9** 4544
—, Dimethyl-, anhydrid **9** 4839
—, Dimethyl-, diäthylester **9** 4544
—, Dimethyl-, dinitril **9** 4545
—, Dimethyl-oxal- **10** 4141
—, Dinitro- **9** 4515, 4517
—, Dinitro-, bis-[diäthylamino-
   äthylester] **9** 4518
—, Dinitro-, diäthylester **9** 4522
—, Dinitro-, diamid **9** 4515
—, Dinitro-, dimethylester **9** 4518
—, Dinitro-, dinitril **9** 4522

Biphenyl-dicarbonsäure, Dinitro-
dihydroxy- 10 2498
—, Dinitro-dimethoxy-, dimethylester
10 2498
—, Di-p-toluoyl- 7 4825
—, Hexachlor- 9 4517
—, Hexanitro- 9 4518
—, Hydroxy- 10 2341, 2343
—, Hydroxy-, diäthylester 10 2341
—, Hydroxy-methyl- 10 2348
—, Hydroxy-methyl-, diäthylester
10 2347, 2348
—, Methoxy- 10 2342, 2343
—, Methoxy-methyl- 10 2347
—, Methoxy-methyl-, äthylester 10 2347
—, Methoxy-methyl-, diäthylester
10 2348
—, Nitro- 9 4514, 4516
—, Nitro-, dinitril 9 4514, 4516
—, Oxal- 10 4140, 4141
—, [Semicarbazono-carboxy-methyl]-
10 4141
—, Tetraacetoxy-, diäthylester 10 2608
—, Tetraacetoxy-, dimethylester 10 2608
—, Tetraacetoxy-, dipropylester 10 2608
—, Tetrachlor- 9 4520
—, Tetrachlor-, dimethylester 9 4520
—, Tetrafluor-dichlor- 9 4517
—, Tetrahydroxy- 10 2606
—, Tetrahydroxy-, diäthylester 10 2608
—, Tetrahydroxy-, dimethylester 10 2607
—, Tetrahydroxy-, dipropylester 10 2608
—, Tetramethoxy- 10 2606, 2607
—, Tetramethoxy-, diäthylester 10 2608
—, Tetramethoxy-, dimethylester 10 2607
—, Tetranitro-, dimethylester 9 4522
Biphenyl-dicarbonsäure-bis-[amid-imin]
9 4519
— bis-[amid-oxim] 9 4520
— bis-[diäthylamid-imin] 9 4520
— diäthylester 9 4515
— diamid 9 4514, 4519
— dichlorid 9 4514, 4519
— dimethylester 9 4495, 4514, 4515,
4517, 4519
— dinitril 9 4516, 4519
— nitril-[amid-imin] 9 4514
Biphenyl-dicarbonylchlorid 9 4514, 4519
Biphenyldiol, Bis-[dihydroxy-dimethyl-
dicarboxy-benzhydryl]- 10 2640
—, Tetrabenzoyloxy-dimethyl- 9 713
Biphenyldiyldibenzoat 9 619, 620
Biphenyl-tetracarbonsäure 9 4891, 4892
—, Methyl- 9 4893
—, Methyl-, tetramethylester 9 4893
—, Trihydroxy- 10 2637
Biphenyl-tetracarbonsäure-methylester
9 4891
— tetramethylester 9 4891, 4892

Biphenyl-tricarbonitril 9 4838
Biphenyl-tricarbonsäure 9 4837, 4838
—, Chlor- 9 4838
—, Dimethyl- 9 4839
—, [Hydroxy-isopropyl]- 10 2590
—, Methoxy- 10 2588
—, Methyl-isopropyl- 9 4841,
10 4024
Biphenyl-tricarbonsäure-trimethylester
9 4838
— trinitril 9 4838
Biphenylylbenzoat 9 502, 503
Biphenylylcinnamat 9 2695
[1.1']Biphthalanyldion, Dihydroxy-
10 4075
[5.5']Biphthalanyldion, Dihydroxy-
dimethoxy-dimethyl-diisopropyl-
10 4854
—, Tetrahydroxy-dimethyl-diisopropyl-
10 4854
Biphthalsäure s. Biphenyl-
tetracarbonsäure
[3.3']Bipyrroliden, Dioxo-diphenyl-
tetrahydro- 10 3037
Bis- s. a. Di-
Bis-benzoylcyanid 10 2204
α-Bisdehydrodoisynolsäure 10 1228
β-Bisdehydrodoisynolsäure 10 1229
Bisdehydromarrianolsäure 10 2363
Bismutin, Tris-[butyloxycarbonyl-
phenylmercapto]- 10 228
—, Tris-[isopentyloxycarbonyl-
phenylmercapto]- 10 228
Bisnorallocholansäure 9 2650
Bisnorcholansäure 9 2650
Bisnorcholsäure 10 2157
Bisnordesoxycholsäure 10 1617
Bisnorfriedelendicarbonsäure-
dimethylester 9 4429
Bisnorlithocholsäure 10 679
Bisnorlupansäure, Dioxy- 10 1899
Bisnorsterocholansäure, Dioxy-keto-
10 4598
—, Trioxy- 10 2188
Biterephthalsäure s. Biphenyl-
tetracarbonsäure
Biuret, Benzoyl- 9 1116
—, [Nitro-benzoyl]- 9 1516, 1726
—, [Nitro-benzoyl]-äthoxycarbonyl-
9 1516
—, Phenylacetyl- 9 2208
—, [Phenyl-butyryl]- 9 2467
—, p-Toluoyl- 9 2346
Blei, Triäthyl-, [carboxy-thiophenolat]
10 213
Boletol 10 4828
—, synthetisches 10 4828
Boninaldehyd 10 1562
Boninsäure 10 2138

Boninsäure, Äthoxycarbonyl- **10** 2138
Boninsäure-methylester **10** 2139
Boran, [Chlor-benzoyloxy]-diäthyl-
  9 1338
—, Tribenzoyloxy- **9** 1057
—, Tricinnamoyloxy- **9** 2710
Bornadien-dicarbonsäure 9 4328
Bornadien-dicarbonsäure-dimethylester
  9 4328
Bornan, Benzoylmercapto- **9** 1964
—, Bis-[nitro-benzoyloxy]- **9** 1636
—, Brom-benzoyloxy- **9** 413
—, [Carboxy-benzoyloxy]- **9** 4152
—, Cinnamoyloxy- **9** 2689
—, Dibenzoyloxy- **9** 548
—, [Dinitro-benzoyloxy]- **9** 1833, 1834
—, Mandeloyloxy- **10** 464
—, Naphthoyloxy- **9** 3140, 3178
—, Naphthylglyoxyloyloxy- **10** 3265
—, [Nitro-benzoyloxy]- **9** 1471, 1496, 1574
—, Phenylglyoxyloyloxy- **10** 2975
—, [Phenyl-*p*-tolyl-acetoxy]- **9** 3345
—, [Tetrachlor-carboxy-benzoyloxy]-
  9 4211
—, *p*-Tolylglyoxyloyloxy- **10** 3032
—, [Triphenyl-propionyloxy]- **9** 3601
Bornanamid, Acetoxy- **10** 60
Bornan-carbonsäure 9 239, 244
Bornan-dicarbonsäure 9 4011
Bornandiyldibenzoat 9 548
Bornanol, [Nitro-benzoyloxy]- **9** 1635
Bornanon, [Dinitro-benzoyloxy]-
  9 1924, 1925
—, [Nitro-benzoyloxy]- **9** 1673
Bornanon-[dinitro-methyl-
  benzoylhydrazon] **9** 2374
— [jod-benzoylhydrazon] **9** 1449
— [nitro-dimethyl-benzoylhydrazon]
  9 2448
— [nitro-methyl-benzoylhydrazon]
  9 2365
Bornanonitril, Brom-hydroxy- **10** 60
Bornanoylchlorid, Acetoxy- **10** 60
Bornansäure 9 220, 221
—, Acetoxy- **10** 60, 62
—, Acetoxy-, amid **10** 60
—, Acetoxy-, anhydrid **10** 63
—, Acetoxy-, chlorid **10** 60, 63
—, Acetoxy-, methylester **10** 62
—, Brom-hydroxy-, nitril **10** 60
—, Chlor- **10** 4888
—, Chlor- **9** 221
—, Dioxo- **10** 3528
—, Hydrazono- **10** 2915
—, Hydroxy- **10** 60, 61
—, Hydroxy-, methylester **10** 62
—, Nitryloxy- **10** 60
—, Oxo- **10** 2913, 2914
—, Oxo-, chlorid **10** 2917

Bornansäure, Oxo-, methylester **10** 2913,
  2916
—, Oxo-, [(oxo-dimethyl-norbornyl)-
  methylester] **10** 2914
—, Oxo-hydrazono- **10** 3528
—, Semicarbazono- **10** 2915
—, Semicarbazono-, methylester **10** 2913,
  2916
Bornansäure-amid 9 220
— [dimethyl-norbornylester] **9** 220
Bornen, Benzoylmercapto- **9** 1964
—, Nitroso-benzoylmercapto- **9** 1964
Bornen-dicarbonsäure 9 4063
Borneol, [Carboxy-benzoyl]- **9** 4152
—, Cinnamoyl- **9** 2689
—, [Dinitro-benzoyloxy]- **9** 1833
—, Mandeloyl- **10** 464
—, Naphthoyl- **9** 3140, 3178
—, Naphthylglyoxyloyl- **10** 3265
—, [Nitro-benzoyl]- **9** 1471, 1496, 1574
—, Phenylglyoxyloyl- **10** 2975
—, [Phenyl-*p*-tolyl-acetyl]- **9** 3345
—, [Tetrachlor-carboxy-benzoyl]-
  9 4211
—, *p*-Tolylglyoxyloyl- **10** 3032
Borneol-carbonsäure 10 69
Bornylen-carbonsäure 9 324
Bornylen-carbonsäure-methylester **9** 325
Borsäure, Dibenzoyl- **9** 1057
Borsäure-benzoesäure-anhydrid 9 1057
Borsäure-salicylsäure-anhydrid 10 107
Borsäure-tris-[carboxy-phenylester]
  10 107
Bortribenzoat 9 1057
Bortricinnamat 9 2710
Bortrisalicylat 10 107
Bortrisalicylsäure 10 107
β-**Boswellansäure**-methylester **9** 3132
β-**Boswellendionsäure**-methylester
  10 3615
β-**Boswellenonolsäure,** Acetyl-,
  methylester **10** 4391
β-**Boswellenonolsäure**-methylester
  10 4391
α-**Boswellinsäure 10** 1057
—, Acetyl- **10** 1058
—, Acetyl-, chlorid **10** 1058
—, Acetyl-, methylester **10** 1058
—, Formyl- **10** 1058
α-**Boswellinsäure**-methylester **10** 1058
β-**Boswellinsäure 10** 1044
—, Acetyl- **10** 1046
—, Acetyl-, chlorid **10** 1047
—, Acetyl-, methylester **10** 1047
—, Formyl- **10** 1046
β-**Boswellinsäure**-methylester **10** 1046
β-**Boswellonsäure**-methylester **10** 3258
— methylester-oxim **10** 3259
Brasilinsäure 10 4815

Brassicastanol, [Dinitro-benzoyl]-
    9 1859
—, [Nitro-benzoyl]- 9 1598
Brassicasterin, Benzoyl- 9 480
—, [Dinitro-benzoyl]- 9 1875
Breïn, Dibenzoyl- 9 608
Brenzanhydrochinovasäure 9 3264
Brenzanthropocholoidansäure 9 4906
Brenzcatechin, Äthyl-benzoyl- 9 552
—, Benzoyl- 9 551
—, Benzoyloxy- 9 669
—, Bis-[dinitro-benzoyl]- 9 1904
—, Bis-[nitro-benzoyl]- 9 1504, 1637
—, Bis-[nitro-phenylacetyl]- 9 2288
—, Bis-[trimethoxy-benzoyl]- 10 2082
—, Dibenzoyl- 9 552
—, Methansulfonyl-benzoyl- 9 552
—, Methyl-benzoyl- 9 551
—, Methyl-cinnamoyl- 9 2698
—, Methyl-[dinitro-benzoyl]- 9 1904
—, Methyl-[nitro-benzoyl]- 9 1504, 1637
—, Methyl-[nitro-phenylacetyl]-
    9 2288
—, Methyl-phenylacetyl- 9 2186
—, [Nitro-benzoyl]- 9 1636
—, [Nitro-benzoyloxy]- 9 1660
—, Phenyl-benzoyl- 9 552
Brenzchinovadiensäure 10 1141
Brenzchinovasäure 10 1032
—, Acetyl- 10 1032
—, Diacetyl- 10 1033
Brenzchinovasäure-methylester 10 1033
Brenzchinovatriensäure 10 1248
—, Acetyl-, methylester 10 1248
Brenzchinovatriensäure-methylester
    10 1248
Brenzchollepidansäure, offene 10 4166
Brenzcholoidansäure, offene 10 4118
Brenzdesoxybiliansäure 10 3570
—, Oxy-keto- 10 4757
—, Tetrahydro- 10 1628
—, Tetrahydro-, methylester 10 1628
Brenzdesoxybiliansäure-anhydrid
    10 3571
— methylester 10 3570
Brenzdesoxybiliensäure 10 3600
Brenzisodesoxybiliansäure 10 3571
Brenzisolithobiliansäure 10 3130
Brenzlithobiliansäure 10 3129
Brenznorcholoidansäure 10 4117
Brenzoxostadensäure 10 3570
Brenzsolannellsäure 10 4163
Brenzstadensäure 10 3130
Brenztraubenaldehyd, Hydroxy-,
    bis-benzoylhydrazon 9 1316
Brenztraubenaldehyd-bis-benzoylhydrazon
    9 1315
— bis-[benzoyl-oxim] 9 1284
— bis-[nitro-benzoylhydrazon] 9 1532

Brenztraubensäure: O-Derivate
    s. unter *Propionsäure und Acrylsäure*
    bzw. Zimtsäure
—, [Äthoxy-phenyl]- 10 4213, 4214, 4217
—, Benzoyl- 10 3546
—, Benzoyl-, äthylester 10 3547
—, Benzoyl-, bis-[methyl-
    isothiosemicarbazon] 10 3547
—, Benzoyl-, bis-thiosemicarbazon
    10 3547
—, Benzoyl-, methylester 10 3547
—, Benzoyl-, propylester 10 3547
—, Benzyliden- 10 3141
—, [Benzyloxy-phenyl]- 10 4213, 4214, 4217
—, [Benzyloxy-phenyl]-, methylester
    10 4220
—, [Brom-dimethoxy-phenyl]- 10 4528, 4529
—, [Brom-hydroxy-methoxy-phenyl]-
    10 4528
—, [Brom-methoxy-benzyliden]-brom-
    10 4329
—, [Brom-methoxy-phenyl]- 10 4214
—, [Brom-naphthyl]- 10 3268
—, [Brom-naphthyl]-cyan-, äthylester
    10 4003
—, Brom-phenyl- 10 3017
—, [Brom-phenyl]-, oxim 10 3016, 3017
—, [Carboxymethoxy-phenyl]- 10 4213
—, [Chlor-hydroxy-methoxy-phenyl]-
    10 4526
—, [Chlor-nitro-phenyl]- 10 3021
—, [Chlor-nitro-phenyl]-, semicarbazon
    10 3022
—, [Chlor-phenyl]- 10 3016
—, [Chlor-phenyl]-, oxim 10 3016
—, [Cyan-phenyl]- 10 3960
—, [Diäthoxy-phenyl]- 10 4522
—, [Dijod-(dijod-hydroxy-phenoxy)-
    phenyl]- 10 4223
—, [Dijod-(hydroxy-phenoxy)-phenyl]-
    10 4223
—, [Dijod-(methoxy-phenoxy)-phenyl]-
    10 4223
—, [Dimethoxy-äthyl-phenyl]- 10 4558
—, [Dimethoxy-carboxymethoxy-phenyl]-
    10 4719
—, [Dimethoxy-methyl-phenyl]- 10 4551
—, [Dimethoxy-phenyl]- 10 4519, 4520,
    4521
—, [Dimethoxy-phenyl]-, oxim 10 4521,
    4525
—, [Dimethoxy-propyl-phenyl]- 10 4563
—, Diphenyl-, äthylester 10 3312
—, Diphenyl-, hydrazon 10 3312
—, Diphenyl-, methylester 10 3312
—, [Hydroxy-methoxy-phenyl]- 10 4521
—, [Hydroxy-methoxy-phenyl]-, oxim
    10 4525
—, [Hydroxy-naphthyl]- 10 4407

Brenztraubensäure, [Hydroxy-phenyl]-
10 4214, 4217
—, [Hydroxy-phenyl]-, methylester 10 4220
—, [Hydroxy-phenyl]-, oxim 10 4213, 4219
—, [Jod-hydroxy-methoxy-phenyl]-
10 4530
—, [Methoxy-äthoxy-phenyl]- 10 4521
—, [Methoxy-äthoxy-phenyl]-, oxim
10 4525
—, [Methoxy-benzyloxy-phenyl]- 10 4522
—, [Methoxy-benzyloxy-phenyl]-,
methylester 10 4525
—, [Methoxy-carboxymethoxy-phenyl]-
10 4519, 4520
—, [Methoxy-methyl-phenyl]- 10 4242
—, [Methoxy-phenyl]- 10 4213, 4217
—, [Methoxy-phenyl]-, oxim 10 4214, 4220
—, [Methoxy-phenyl]-, semicarbazon
10 4220
—, [Methoxy-phenyl]-, thiosemicarbazon
10 4220
—, [Methoxy-phenyl]-cyan-, äthylester
10 4740
—, Naphthyl- 10 3267, 3268
—, Naphthyl-cyan-, äthylester 10 4003
—, [Nitro-äthoxy-phenyl]- 10 4215
—, [Nitro-benzal]- 10 3143
—, [Nitro-benzyloxy-phenyl]- 10 4215,
4216, 4224
—, [Nitro-benzyloxy-phenyl]-, oxim
10 4215, 4224
—, [Nitro-diacetoxy-phenyl]- 10 4531
—, [Nitro-dihydroxy-phenyl]- 10 4531
—, [Nitro-dimethoxy-phenyl]- 10 4531
—, [Nitro-hydroxy-methoxy-phenyl]-
10 4530
—, [Nitro-hydroxy-phenyl]- 10 4215
—, [Nitro-hydroxy-phenyl]-, oxim
10 4216
—, [Nitro-methoxy-phenyl]- 10 4215, 4224
—, [Nitro-methoxy-phenyl]-, äthylester
10 4216
—, [Nitro-methoxy-phenyl]-, oxim 10 4216
—, [Nitro-methyl-phenyl]- 10 3054, 3057
—, [Nitro-phenyl]- 10 3017
—, [Nitro-phenyl]-, äthylester 10 3020
—, [Nitro-phenyl]-, äthylester-oxim
10 3018
—, [Nitro-phenyl]-, oxim 10 3018
—, [Nitro-phenyl]-cyan-, äthylester 10 3958
—, [Oxo-dimethyl-cyclohexenyl]-,
äthylester 10 3528
—, [Oxo-isopropyl-cyclohexenyl]-,
äthylester 10 3530
—, Phenyl- 10 3000
—, Phenyl-, äthylester 10 3006
—, Phenyl-, äthylester-[äthyl-oxim]
10 3007
—, Phenyl-, äthylester-oxim 10 3007

Brenztraubensäure, Phenyl-, [äthyl-oxim]
10 3004
—, Phenyl-, [äthyl-thiosemicarbazon]
10 3005
—, Phenyl-, [benzyl-oxim] 10 3004
—, Phenyl-, chlorid-[äthyl-oxim]
10 3007
—, Phenyl-, chlorid-[benzyl-oxim]
10 3007
—, Phenyl-, [dimethyl-
isothiosemicarbazon] 10 3005
—, Phenyl-, [dimethyl-semicarbazon]
10 3005
—, Phenyl-, hydrazon 10 3004
—, Phenyl-, methylester 10 3005
—, Phenyl-, [methyl-
isothiosemicarbazon] 10 3005
—, Phenyl-, [methyl-thiosemicarbazon]
10 3005
—, Phenyl-, oxim 10 3004
—, Phenyl-, semicarbazon 10 3004
—, Phenyl-, thiosemicarbazon 10 3004
—, Phenyl-cyan-, äthylester 10 3957
—, Phenyl-cyan-, butylester 10 3957
—, Phenyl-cyan-, heptylester 10 3958
—, Phenyl-cyan-, hexylester 10 3957
—, Phenyl-cyan-, methylester 10 3957
—, Phenyl-cyan-, octylester 10 3958
—, Phenyl-cyan-, pentylester 10 3957
—, Phenyl-cyan-, propylester 10 3957
—, Stilbenyl-, benzoylimin 10 3385
—, o-Tolyl-cyan-, äthylester 10 3964
—, p-Tolyl-cyan-, äthylester 10 3964
—, [Trimethoxy-phenyl]- 10 4719
Brenzursodesoxybiliansäure 10 3569
Brenzursodesoxybiliansäure-methylester
10 3569
Bromcamphorensäure 9 199
Bromhydroelemonsäure 10 3226
Bufocholansäure 9 2657
Bufocholansäure-äthylester 9 2659
Bufodesoxycholsäure 10 3586
Bufolithobiliansäure 10 3586
Bufolithobiliansäure-triäthylester
10 3586
Bufosterocholansäure 9 2667
—, Diketo- 10 3587
—, Oxy-diketo- 10 4628
—, Trihydroxy- 10 2189
—, Trihydroxy-, methylester 10 2189
—, Triketo- 10 3996
—, Triketo-, methylester 10 3997
Bufosterocholansäure-methylester
9 2667
Bufosterocholensäure 9 2923
—, Diketo- 10 3604
—, Trihydroxy- 10 2251
—, Trihydroxy-, methylester 10 2251
—, Triketo- 10 4001

Bufosterocholensäure, Triketo-, äthylester
  10 4001
—, Triketo-, methylester 10 4001
Bufosterocholensäure-methylester
  9 2924
Bulnesol, [Carboxy-benzoyl]- 9 4156
Butadien, Benzamino- 9 1098
—, Benzoyloxy- 9 410
—, Bis-[carbamimidoyl-phenyl]- 9 4657
—, Bis-[cyan-phenyl]- 9 4656
—, Dibenzoyloxy-bis-[trimethyl-phenyl]-
  9 648
—, Dibenzoyloxy-dimesityl- 9 648
Butadienoylchlorid, Diphenyl-naphthyl-
  9 3685
Butadiensäure, Diphenyl-naphthyl-
  9 3684
—, Diphenyl-naphthyl-, chlorid 9 3685
—, Diphenyl-naphthyl-, methylester
  9 3684, 3685
Butan, Acetamino-benzamino- 9 1215
—, Acetoxy-benzoyloxy- 9 540
—, [Äthyl-propylamino]-diphenylacetoxy-
  9 3299
—, [Äthyl-propylamino]-[nitro-
  benzoyloxy]- 9 1698
—, Amino-benzamino- 9 1214
—, Amino-benzamino-methyl- 9 1097
—, Amino-benzoyloxy- 9 883
—, Amino-[isopentyl-benzoyl-amino]-
  9 1216
—, [(Benzamino-acetamino)-
  propionylamino]-
  benzyloxycarbonylamino-methyl-
  9 1131
—, Benzamino-[äthyl-benzoyl-amino]-
  9 1217
—, Benzamino-benzoyloxy-methyl- 9 1084
—, Benzamino-benzyloxycarbonylamino-
  methyl- 9 1097
—, Benzamino-dibenzoyloxy- 9 1087
—, Benzamino-dimethyl- 9 1073
—, Benzamino-[(hydroxymethyl-propyl)-
  benzoyl-amino]- 9 1217
—, Benzamino-[isopentyl-benzoyl-amino]-
  9 1216
—, Benzamino-[isopentyl-guanidino]-
  9 1215
—, Benzoyloxy-dimethyl- 9 398
—, Benzoyloxy-methyl- 9 396, 397
—, Benzoyloxy-methyl-phenyl- 9 440
—, [Benzoyloxymethyl-propylamino]-
  benzamino- 9 1217
—, Benzoyloxy-phenyl- 9 437
—, Bis-[äthoxycarbonyl-phenylmercapto]-
  10 272
—, Bis-[äthoxycarbonyl-phenylsulfon]-
  10 272
—, Bis-benzamino- 9 1215, 1217, 1218

Butan, Bis-benzamino-dibenzoyloxy-
  9 1225
—, Bis-benzamino-dimethyl- 9 1222
—, Bis-benzamino-methyl- 9 1097, 1222
—, Bis-[benzamino-propyloxy]- 9 1082
—, Bis-benzoylhydrazono- 9 1315
—, Bis-benzoyloxyimino- 9 1284
—, Bis-benzoyloxyimino-phenyl- 9 1287
—, Bis-[benzoyloxy-phenyl]- 9 626, 627
—, Bis-[brom-benzoyloxy]- 9 1395, 1406
—, Bis-[carbamimidoyl-phenoxy]- 10 351
—, Bis-[carbamimidoyl-phenyl]-
  9 4574, 4575
—, Bis-[carboxy-phenoxy]- 10 293
—, Bis-[carboxy-phenylmercapto]- 10 268
—, Bis-[carboxy-phenylsulfon]- 10 268
—, Bis-[(carboxy-vinyl)-phenoxy]-
  10 848
—, Bis-[cyan-phenoxy]- 10 346
—, Bis-[cyan-phenyl]- 9 4574
—, Bis-[dinitro-benzoyloxy]- 9 1893
—, Bis-[guanyl-phenoxy]- 10 351
—, Bis-[methoxy-benzoyloxy]- 10 315
—, Bis-[nitro-benzamino]- 9 1520, 1745
—, Bis-[nitro-benzamino]-dimethyl-
  9 1746
—, Bis-[nitro-benzamino]-methyl-
  9 1745
—, Bis-[nitro-benzoylhydrazono]-
  9 1532
—, Bis-[nitro-benzoyloxy]- 9 1502,
  1626, 1627
—, Bis-[nitro-benzoyloxy]-äthyl-
  9 1629
—, Bis-[nitro-benzoyloxy]-butyl-
  9 1630
—, Bis-[nitro-benzoyloxy]-isobutyl-
  9 1630
—, Bis-[phenylacetyl-hydrazono]-
  9 2258
—, Brom-benzoyloxy- 9 394
—, Brom-[dinitro-benzoyloxy]- 9 1783
—, [Butyl-pentylamino]-[nitro-
  benzoyloxy]- 9 1699
—, [Carboxy-benzoyloxy]-[dimethoxy-
  methyl-phenyl]- 9 4184
—, [Carboxy-benzoyloxy]-[methoxy-
  phenyl]- 9 4179
—, [Carboxy-benzoyloxy]-phenyl- 9 4160
—, [Carboxy-benzoyloxy]-[trimethyl-
  cyclohexyl]- 9 4138
—, Chlor-benzamino- 9 1071
—, Chlor-benzimidoyloxy- 9 1252
—, Chlor-benzoyloxy- 9 393, 394
—, Chlor-cyclohexancarbonyloxy- 9 17
—, Chlor-[dinitro-benzoyloxy]-
  cyclohexyl- 9 1813
—, Diacetoxy-bis-[brom-benzoyloxy]-
  9 1415

Butan, Diäthylamino-[äthoxy-
benzoyloxy]-methyl- 10 336
—, Diäthylamino-benzamino- 9 1216
—, Diäthylamino-benziloyloxy- 10 1177
—, Diäthylamino-benzoylmercapto-
9 1977
—, Diäthylamino-benzoyloxy- 9 883
—, Diäthylamino-benzoyloxy-methyl-
9 887
—, Diäthylamino-diphenylacetoxy-
9 3299
—, Diäthylamino-naphthoylmercapto-
9 3171
—, Diäthylamino-[nitro-benzoyloxy]-
methyl- 9 1513, 1703
—, Dibenzoylamino-benzoyloxy-methyl-
9 1113
—, Dibenzoylmercapto- 9 1968
—, Dibenzoyloxy- 9 540
—, Dibenzoyloxy-[dimethylamino-methyl]-
9 892
—, Dibrom-bis-benzamino- 9 1218
—, Dimethylamino-[acetoxy-benzoyloxy]-
methyl- 10 150, 253, 336
—, Dimethylamino-[acetoxy-methyl-
benzoyloxy]-methyl- 10 509, 523
—, Dimethylamino-benzamino- 9 1218
—, Dimethylamino-benziloyloxy-dimethyl-
10 1177
—, Dimethylamino-benzoyloxy- 9 883
—, Dimethylamino-benzoyloxy-
[dimethylamino-methyl]- 9 887
—, Dimethylamino-benzoyloxy-methyl-
9 886, 887
—, Dimethylamino-[hydroxy-benzoyloxy]-
methyl- 10 253, 336
—, Dimethylamino-[hydroxy-methoxy-
benzoyloxy]-methyl- 10 1366
—, Dimethylamino-[methoxy-acetoxy-
benzoyloxy]-methyl- 10 1366, 1426
—, Dimethylamino-[nitro-benzoyloxy]-
methyl- 9 1476, 1513, 1703
—, Dimethylamino-[nitro-naphthoyloxy]-
methyl- 9 3161
—, Dimethylamino-salicyloyloxy-methyl-
10 150
—, Dimethylamino-vanilloyloxy-methyl-
10 1426
—, [Dinitro-benzoyloxy]-dimethyl-
9 1787, 1788
—, [Dinitro-benzoyloxy]-[dinitro-
benzoyloxymethyl]- 9 1895
—, [Dinitro-benzoyloxy]-methyl- 9 1784
—, [Dinitro-benzoyloxy]-methyl-äthyl-
9 1790
—, [Dinitro-benzoyloxy]-methyl-
[dimethoxy-trimethyl-phenyl]- 9 1919
—, [Dinitro-benzoyloxy]-methyl-
[trimethyl-phenyl]- 9 1858

Butan, [Dinitro-benzoyloxy]-naphthyl-
9 1878
—, [Dinitro-benzoyloxy]-[tetrahydro-
naphthyl]- 9 1865
—, [Dinitro-benzoyloxy]-[trimethyl-
cyclohexyl]- 9 1818
—, Dodecylamino-benzamino- 9 1217
—, Guanidino-[hydroxy-dimethoxy-
benzoyloxy]- 10 2089
—, Isopentylamino-benzamino- 9 1214
—, [Isopentyl-benzoyl-amino]-guanidino-
9 1216
—, Jod-benzamino- 9 1071
—, Jod-benzoyloxy- 9 394
—, Methoxy-[dinitro-benzoyloxy]- 9 1893
—, [Methoxy-naphthyl]-[hydroxy-oxo-
tetrahydro-furyl]- 10 4422
—, Methoxy-[nitro-benzoyloxy]-dimethyl-
9 1629
—, Methoxy-[nitro-benzoyloxy]-methyl-
9 1628
—, [Methyl-äthyl-amino]-benzoyloxy-
9 883
—, Methyl-bis-[benzoyloxy-phenyl]-
9 627
—, [Methyl-diäthyl-ammonio]-
benziloyloxy- 10 1177
—, [Methyl-isobutyl-butylamino]-[nitro-
benzoyloxy]- 9 1699
—, [Methyl-(nitro-benzoyl)-amino]-
[nitro-benzoyloxy]- 9 1718
—, [Nitro-benzoyloxy]-äthyl-phenyl-
9 1596
—, [Nitro-benzoyloxy]-[dimethoxy-
dimethyl-phenyl]- 9 1665
—, [Nitro-benzoyloxy]-[dimethoxy-
methyl-phenyl]- 9 1664
—, [Nitro-benzoyloxy]-[dimethylamino-
methyl]- 9 1703
—, [Nitro-benzoyloxy]-[methoxy-phenyl]-
9 1644
—, [Nitro-benzoyloxy]-methyl-
[dimethoxy-methyl-phenyl]-
10 1528
—, [Nitro-benzoyloxy]-methyl-
[dimethylamino-methyl]- 9 1513, 1704
—, [Nitro-benzoyloxy]-methyl-phenyl-
9 1595
—, [Nitro-benzoyloxy]-[nitro-
benzoyloxymethyl]- 9 1628
—, [Nitro-carboxy-benzoyloxy]-phenyl-
9 4225
—, Nitro-dibenzoyloxy-benzoyloxymethyl-
9 667
—, Nitro-[dinitro-benzoyloxy]-methyl-
9 1784
—, Nitro-[nitro-benzoyloxy]- 9 1545
—, [Phenoxy-äthylamino]-benzamino-
9 1214

Butan, [Phenoxy-propylamino]-
benzamino- **9** 1215
—, [Phenyl-acetamino]-diäthoxy-
9 2205
—, [Propyl-butylamino]-[nitro-
benzoyloxy]- **9** 1698
—, Tetrabenzoyloxy- **9** 687
—, Tetrachlor-tetrakis-benzamino-
9 1104
—, Tetragalloyloxy- **10** 2084
—, Trichlor-bis-[hydroxy-methyl-
carboxy-phenyl]- **10** 2523, 2524
—, Trichlor-[nitro-benzoyloxy]- **9** 1545
—, Tris-benzoyloxyimino-diphenyl-
9 1292
—, Tris-benzoyloxyimino-phenyl- **9** 1292
Butan-carbonsäure, Dicyclohexyl- **9** 282
Butan-dicarbonsäure, Phenyl-,
diäthylester-nitril **9** 4805
Butandiol, Bis-benzamino- **9** 1225
—, Dibenzoyloxy- **9** 687
—, Dibenzoyloxy-phenyl- **9** 692
Butandion, Benzoyloxy-bis-[trimethyl-
phenyl]- **9** 805
—, [Benzoyloxy-methyl-phenyl]-, imin
9 793
—, Bis-[äthoxycarbonyl-phenyl]-
10 4076
—, Bis-[carboxy-phenyl]- **10** 4076
—, Bis-[methoxycarbonyl-phenyl]-
10 4077
—, Bis-[nitro-benzoyloxy]-diphenyl-
9 1682
—, Bis-[(nitro-benzyloxycarbonyl)-
phenyl]- **10** 4077
—, Brom-bis-[äthoxycarbonyl-phenyl]-
10 4076
—, Brom-bis-[methoxycarbonyl-phenyl]-
10 4077
—, Dibenzoyloxy-bis-[trimethyl-phenyl]-
9 827
—, Dibenzoyloxy-dimesityl- **9** 827
—, Phenyl-, benzoylhydrazon **9** 1315
—, Phenyl-, [benzoyl-oxim] **9** 1287
—, Phenyl-, bis-[benzoyl-oxim] **9** 1287
—, Phenyl-, [nitro-benzoylhydrazon]
9 1487
—, Phenyl-, [phenylacetyl-hydrazon]
9 2258
—, Phenyl-, *m*-toluoylhydrazon
9 2326
—, Phenyl-, *o*-toluoylhydrazon **9** 2308
—, Phenyl-, *p*-toluoylhydrazon **9** 2353
Butandiyldiamin, Acetyl-benzoyl- **9** 1215
—, Benzoyl- **9** 1214
—, Bis-[nitro-benzoyl]- **9** 1745
—, Dibenzoyl- **9** 1215
—, [Dihydroxy-cinnamoyl]- **10** 1841
—, Diisobutyl-dibenzoyl- **9** 1224

Butandiyldiamin, Dimethyl-dibenzoyl-
9 1222
—, Isopentyl-benzoyl- **9** 1214, 1216
—, Isopentyl-benzoyl-carbamimidoyl-
9 1215, 1216
—, Isopentyl-benzoyl-guanyl- **9** 1215, 1216
—, Isopentyl-dibenzoyl- **9** 1216
—, Isopropyl-dibenzoyl- **9** 1223
—, Methyl-diäthyl-[amino-benzyliden]-
9 1272
—, Methyl-diäthyl-benzimidoyl- **9** 1272
—, [Phenoxy-äthyl]-benzoyl- **9** 1214
—, [Phenoxy-propyl]-benzoyl- **9** 1215
Butandiyldibenzoat 9 540
Butanol, Benzamino- **9** 1082
—, Benzamino-methyl- **9** 1084
—, Benzoyloxy- **9** 540
—, Benzoyloxy-diphenyl- **9** 626
—, [Benzoyloxy-phenyl]- **9** 575
—, Bis-[benzoyloxy-phenyl]- **9** 685
—, [Bis-(brom-benzoyloxy)-trimethyl-
phenyl]- **9** 1412
—, [Carboxy-benzoyloxy]- **9** 4174
—, Chlor-dibrom-benzamino- **9** 1097
—, [Dibenzoyloxy-trimethyl-phenyl]-
9 676
—, Dibrom-benzoyloxy-phenyl- **9** 575
—, Dichlor-brom-benzamino- **9** 1097
—, [Dihydroxy-methyl-carboxy-phenyl]-
10 2139
—, [Methoxy-benzoyloxy-phenyl]-
9 675
—, Methyl-[bis-(brom-benzoyloxy)-
trimethyl-phenyl]- **9** 1412
—, [Nitro-benzamino]- **9** 1719
—, [Nitro-benzamino]-dimethyl- **9** 1724
—, [Phenyl-acetamino]- **9** 2198
—, [Phenyl-acetamino]-äthyl- **9** 2199
—, Phenylacetoxy-diphenyl- **9** 2186
—, Tribenzoyloxy- **9** 687
—, Tribrom-benzamino- **9** 1097
—, Trichlor-benzamino- **9** 1082
Butanon, Benzamino- **9** 1106
—, Benzamino-, semicarbazon **9** 1106
—, Benzamino-methyl-, [benzoyl-oxim]
9 1107
—, Benzoylhydrazono-phenyl- **9** 1315
—, Benzoyloxy- **9** 721
—, Benzoyloxy-, semicarbazon **9** 721, 722
—, [Benzoyloxy-cyclohexyl]-[methoxy-
phenyl]- **9** 793
—, Benzoyloxy-dimethyl-phenyl- **9** 734
—, Benzoyloxyimino-phenyl- **9** 1287
—, Benzoyloxy-methyl- **9** 722
—, Benzoyloxy-methyl-benzoyloxymethyl-
9 781
—, Benzoyloxy-[nitro-phenyl]- **9** 733
—, Benzoyloxy-phenyl- **9** 733
—, [Benzoyloxy-phenyl]- **9** 732

Butanon, Bis-benzamino- 9 1226
—, Bis-benzoyloxymethyl- 9 781
—, Bis-[benzoyloxy-phenyl]- 9 802
—, Bis-[brom-benzoyloxy]-[brom-
   benzoyloxymethyl]- 9 1416
—, Bis-[nitro-benzoyloxymethyl]-
   9 1678
—, Bis-[nitro-benzoyloxy]-[nitro-
   benzoyloxymethyl]- 9 1680
—, Chlor-benzoyloxy-benzoyloxymethyl-
   9 781
—, Chlor-[nitro-benzoyloxy]-[nitro-
   benzoyloxymethyl]- 9 1677
—, [(Diäthoxy-propyl)-benzoyl-amino]-
   9 1106
—, Dibenzoyloxy- 9 780
—, [Dibenzoyloxy-phenyl]- 9 788
—, [Dibenzoyloxy-trimethyl-phenyl]-
   9 790
—, [Dihydroxy-benzoyloxy-phenyl]-
   9 817
—, [Dimethoxy-benzoyloxy-phenyl]-
   9 817
—, Dimethyl-, [chlor-benzoylhydrazon]
   9 1342, 1351, 1369
—, Dimethyl-, [nitro-benzoylhydrazon]
   9 1525
—, [(Dinitro-benzoyloxy)-phenyl]-
   9 1928
—, [Dinitro-benzoyloxy]-[trimethyl-
   cyclohexenyl]- 9 1926
—, Imino-[benzoyloxy-methyl-phenyl]-
   9 793
—, [Methoxy-benzoyloxy-phenyl]- 9 789
—, [Methoxy-phenyl]-[(dinitro-
   benzoyloxy)-phenyl]- 9 1932
—, Methyl-[benzoyloxy-phenyl]- 9 734
—, Methyl-[dimethoxy-benzoyloxy-phenyl]-
   9 817
—, [Nitro-benzoylhydrazono]- 9 1486
—, [Nitro-benzoylhydrazono]-phenyl-
   9 1487
—, [Nitro-benzoyloxy]-dimethyl- 9 1671
—, [Nitro-benzoyloxy]-diphenyl- 9 1677
—, [Nitro-benzoyloxy]-methyl- 9 1671
—, [Nitro-benzoyloxy]-methyl-[nitro-
   benzoyloxymethyl]- 9 1678
—, [Nitro-benzoyloxy]-methyl-phenyl-
   9 1675
—, [Nitro-benzoyloxy]-phenyl- 9 1674, 1675
—, [Phenylacetyl-hydrazono]- 9 2257
—, [Phenylacetyl-hydrazono]-phenyl-
   9 2258
—, m-Toluoylhydrazono-phenyl-
   9 2326
—, o-Toluoylhydrazono-phenyl-
   9 2308
—, p-Toluoylhydrazono-phenyl-
   9 2353

Butanon-[chlor-benzoylhydrazon] 9 1341,
   1368
— [dinitro-methyl-benzoylhydrazon]
   9 2372
— [jod-benzoylhydrazon] 9 1440, 1447
— [nitro-benzoylhydrazon] 9 1482,
   1525, 1752
— [nitro-dimethyl-benzoylhydrazon]
   9 2447
— [nitro-methyl-benzoylhydrazon]
   9 2364
Butan-pentacarbonsäure, Phenyl-,
   pentaäthylester 9 4908
Butan-tetracarbonsäure, Dibrom-diphenyl-,
   tetraäthylester 9 4894
—, Diphenyl- 9 4894
—, Diphenyl-, tetraäthylester 9 4894
—, Diphenyl-, tetramethylester 9 4894
—, [Methoxy-phenyl]-, diäthylester-
   dinitril 10 2628
—, Phenyl- 9 4876
—, Phenyl-, diäthylester-dinitril
   9 4876
—, Phenyl-, tetraäthylester 9 4876, 4877
—, Phenyl-, tetramethylester 9 4876
Butan-tricarbonsäure, Benzyl- 9 4812, 4814
—, Benzyl-, diäthylester-nitril
   9 4812
—, Benzyl-, triäthylester 9 4814
—, Cyclopentyl- 9 4767
—, Cyclopentyl-, methylester-
   diäthylester 9 4767
—, Diphenyl- 9 4840
—, Diphenyl-, trimethylester 9 4841
—, [Methoxy-phenyl]- 10 2577
—, [Methoxy-phenyl]-, triäthylester
   10 2577
—, Methyl-[methyl-(dimethyl-hexyl)-
   carboxy-hexahydro-indanyl]- 9 4868
—, Methyl-[methyl-(dimethyl-hexyl)-
   carboxy-hexahydro-indanyl]-,
   dimethylester 9 4868
—, Methyl-[methyl-(methyl-carboxy-
   propyl)-carboxy-hexahydro-indanyl]-
   9 4906
—, Phenyl- 9 4803, 4804, 4805, 4806,
   4807, 4809
—, Phenyl-, äthylester-amid 9 4807
—, Phenyl-, diäthylester-nitril
   9 4805, 4808, 4809
—, Phenyl-, dimethylester 9 4805
—, Phenyl-, nitril 9 4808
—, Phenyl-, triäthylester 9 4804,
   4806, 4807, 4809
—, Phenyl-, trimethylester 9 4804, 4806
Butantriol, [Dihydroxy-methyl-
   benzoyloxy]- 10 1484
Butantrion, Diphenyl-, tris-[benzoyl-
   oxim] 9 1292

Butantrion, [Methoxy-phenyl]-,
  tris-[benzoyl-oxim] **9** 1298
—, Phenyl-, tris-[benzoyl-oxim] **9** 1292
Buten, Benzoylimino- **9** 1098
—, Benzoylmercapto-methyl- **9** 1964
—, Benzoyloxy-benzoyloxyimino-phenyl-
  7 3488
—, Benzoyloxyimino-phenyl- **9** 1281
—, Bis-[äthoxycarbonyl-benzoyloxy]-
  9 4175
—, Bis-benzamino-dimethyl- **9** 1224
—, Bis-[benzoyloxy-phenyl]- **9** 636
—, Bis-[dinitro-benzoyloxy]- **9** 1897
—, Bis-[methoxycarbonyl-benzoyloxy]-
  9 4175
—, Bis-[nitro-benzoyloxy]-äthyl-phenyl-
  9 1648
—, Bis-[nitro-benzoyloxy]-methyl-
  phenyl- **9** 1648
—, Chlor-benzamino- **9** 1077
—, Chlor-bis-[dinitro-benzoyloxy]-
  9 1897
—, Chlor-dibenzoyloxy-chloromercurio-
  9 897
—, Chlor-[dinitro-benzoyloxy]-
  9 1798, 1799
—, Diäthylamino-benzoyloxy- **9** 890
—, Dibenzoyloxy- **9** 542
—, Dibenzoyloxy-dimethyl-phenyl- **9** 589
—, Dichlor-[nitro-benzoyloxy]-methyl-
  9 1551
—, [Dinitro-benzoyloxy]- **9** 1798
—, [Dinitro-benzoyloxy]-[äthoxy-phenyl]-
  9 1911
—, [Dinitro-benzoyloxy]-cyclohexyl-
  9 1826
—, [Dinitro-benzoyloxy]-methyl- **9** 1800
—, [Dinitro-benzoyloxy]-naphthyl-
  9 1884
—, [Dinitro-benzoyloxy]-phenyl- **9** 1861
—, [Dioxo-dihydro-anthracencarbonyloxy]-
  methyl-[trimethyl-cyclohexenyl]-
  10 3642
—, [Dioxo-dihydro-anthracencarbonyloxy]-
  [trimethyl-cyclohexenyl]- **10** 3642
—, Diphenylacetoxy- **9** 3293
— Methoxy-[dinitro-benzoyloxy]-
  9 1896, 1897
—, [Nitro-benzoyloxy]-methyl- **9** 1551
—, [(Nitro-benzoyloxy)-methyl]-phenyl-
  9 1604
—, [Nitro-benzoyloxy]-phenyl- **9** 1601, 1602
—, [Nitro-benzoyloxy]-[trimethyl-
  cyclohexenyl]- **9** 1580, 1581
—, [Phenyl-acetamino]-methyl- **9** 2196
—, [Trimethyl-benzoyloxy]- **9** 2492
Butenamid, Allyl-phenyl- **9** 2757
—, Amino-oxo-methyl-p-tolyl- **10** 3553
—, Amino-oxo-p-tolyl- **10** 3553

Butenamid, Hydroxy-methyl-phenyl-
  10 877
—, Hydroxy-phenyl- **10** 862
Butendinitril, Bis-[methoxy-naphthyl]-
  10 2548
Butendion, Benzoyloxy-bis-[trimethyl-
  phenyl]- **9** 806
—, Benzoyloxy-dimesityl- **9** 806
—, Benzoyloxy-diphenyl- **9** 806
—, Bis-[methoxycarbonyl-phenyl]-
  10 4087
—, Bis-[trimethyl-benzoyloxy]-diphenyl-
  9 2495
—, Triphenyl-, [benzoyl-oxim] **9** 1291
Butendisäure, Amino-benzamino-,
  dinitril **9** 1246
—, Benzoyloxy-äthoxymethyl-,
  äthylester-nitril **9** 872
—, Benzyl- **9** 4388
—, Benzyl-[methoxy-benzyl]-,
  dimethylester **10** 2390
—, Bis-[acetoxy-phenanthryl]- **10** 2552
—, Bis-[hydroxy-methyl-styryl]- **10** 4091
—, Bis-[hydroxy-phenanthryl]- **10** 2551
—, Bis-[hydroxy-phenyl]- s. *Stilben-
  dicarbonsäure, Dihydroxy-*
—, Bis-[hydroxy-styryl]- **10** 4089
—, Bis-[methoxy-naphthyl]-, dinitril
  10 2548
—, Bis-[methyl-phenacyl]- **10** 4091
—, [Brom-anthryl]- **9** 4676
—, [Chlor-phenyl]- **9** 4378
—, Dibenzoyl-, diäthylester **10** 4087
—, Dibenzyl-, dimethylester **9** 4616
—, [Dimethyl-dimethylen-bicyclo[7.2.0]-
  undecyl]- **9** 4428
—, [Dimethyl-dimethylen-bicyclo[7.2.0]-
  undecyl]-, dimethylester **9** 4428
—, [Dimethyl-dimethylen-decahydro-
  cyclobutacyclononenyl]- **9** 4428
—, Diphenacyl- **10** 4089
—, Diphenyl- s. *Stilben-dicarbonsäure*
—, [Methoxy-benzyl]-phenäthyl-,
  dimethylester **10** 2392
—, Naphthoylmethyl-phenacyl- **10** 4094
—, Phenyl- **9** 4378
—, Phenyl-benzyl-, dimethylester
  9 4608
—, Phenyl-[methoxy-styryl]- **10** 2395
—, Phenyl-styryl- **9** 4656
Butendiyldiamin, Dimethyl-dibenzoyl-
  9 1224
Butendiyldibenzoat 9 542
Butennitril, Benzoyloxy- **9** 860
—, Benzoyloxy-methyl- **9** 861
—, Chlor-phenyl- **9** 2757
—, Methyl-diphenyl- **9** 3470
—, Phenyl- **9** 2757
Butenol, Benzoyloxy-phenyl- **9** 587

Butenon, Amino-[benzoyloxy-methyl-
    phenyl]- **9** 793
—, Benzoyloxy- **9** 723
—, Benzoyloxy-benzyl- **9** 742
—, Benzoyloxyimino-triphenyl- **9** 1291
—, Benzoyloxy-methyl- **9** 723
—, [Methoxy-benzoyloxy-phenyl]-, *
    [benzoyl-oxim] **9** 1297
—, [(Nitro-benzoyl)-hydrazino]- **9** 1486
—, Phenyl-, [benzoyl-oxim] **9** 1281
—, Phenyl-, [brom-benzoylhydrazon]
    9 1390
—, Phenyl-, [chlor-benzoylhydrazon]
    9 1343, 1353, 1371
—, Phenyl-, [dinitro-benzoylhydrazon]
    9 1948
—, Phenyl-, [dinitro-methyl-
    benzoylhydrazon] **9** 2375
—, Phenyl-, [jod-benzoylhydrazon]
    9 1450
—, Phenyl-, [nitro-benzoylhydrazon]
    9 1486, 1531, 1756
—, Phenyl-, [nitro-methyl-
    benzoylhydrazon] **9** 2366
—, [Trimethyl-cyclohexenyl]-,
    [chlor-benzoylhydrazon] **9** 1369
—, [Trimethyl-cyclohexenyl]-,
    [nitro-benzoylhydrazon] **9** 1528, 1529
Butenon-benzoylimin **9** 1098
Butensäure s. a. *Crotonsäure*
—, Acetoxy-[trimethyl-phenyl]- **10** 3101
—, Acetoxy-triphenyl-, methylester
    10 1338
—, Äthoxy-oxo-phenyl-, äthylester
    10 4335
—, Allyl-phenyl-cyan-, äthylester **9** 4444
—, Amino-hydroxy-*p*-tolyl- **10** 4257
—, Amino-oxo-*p*-tolyl- **10** 3552
—, Amino-oxo-*p*-tolyl-, amid **10** 3553
—, Amino-oxo-*p*-tolyl-, methylamid
    10 3553
—, Amino-*p*-tolyl-dicyanmethylen-
    10 4136
—, Benzoyloxy-, nitril **9** 860
—, Benzoyloxy-methyl-, nitril **9** 861
—, Benzyl- **9** 2787
—, Benzyliden- s. *Acrylsäure, Vinyl-
    phenyl-*
—, Bis-[dimethoxy-phenyl]- **10** 2509
—, Bis-[dimethoxy-phenyl]-,
    methylester **10** 2509
—, Bis-[methoxy-phenyl]- **10** 1998
—, Bis-[methoxy-phenyl]-, äthylester
    10 1973
—, Bis-[methoxy-phenyl]-, methylester
    10 1999
—, Brom-oxo-[äthoxy-phenyl]- **10** 4332
—, Brom-oxo-[äthoxy-phenyl]-,
    äthylester **10** 4333

Butensäure, Brom-oxo-[äthoxy-phenyl]-,
    methylester **10** 4332
—, Brom-oxo-[brom-dimethoxy-phenyl]-
    10 4601
—, Brom-oxo-[brom-methoxy-phenyl]-
    10 4329, 4331
—, Brom-oxo-[brom-methoxy-phenyl]-,
    methylester **10** 4331
—, Brom-oxo-[brom-phenyl]- **10** 3142
—, Brom-oxo-[brom-phenyl]-,
    methylester **10** 3143
—, Brom-oxo-[dimethoxy-phenyl]- **10** 4601
—, Brom-oxo-[methoxy-phenyl]- **10** 4330,
    4332
—, Brom-oxo-[methoxy-phenyl]-,
    methylester **10** 4330
—, Brom-oxo-phenyl- **10** 3142
—, Brom-oxo-*p*-tolyl- **10** 3164
—, Chlor-phenyl-, nitril **9** 2757
—, [Chlor-phenyl]- **9** 2757
—, [Dimethoxy-benzyliden]-[dimethoxy-
    benzoyl]- **10** 4833
—, [Dimethoxy-benzyliden]-[methoxy-
    äthoxy-benzoyl]- **10** 4834
—, Dimethoxy-[methoxy-phenyl]-,
    methylester **10** 4330
—, Dimethyl-[methoxy-naphthyl]- **10** 1213
—, Dimethyl-naphthyl- **9** 3371
—, Diphenyl- **9** 3449, 3453, 3456
—, Diphenyl-, äthylester **9** 3453, 3457
—, Diphenyl-, [diäthylamino-äthylester]
    9 3457
—, Diphenyl-[trimethyl-benzoyl]-
    10 3487
—, Hydrazono-phenyl- **10** 3141
—, [Hydroxy-benzyl]- s. *Propionsäure,
    Hydroxy-vinyl-phenyl-*
—, Hydroxy-[dimethoxy-benzoyl]-,
    äthylester **10** 4741
—, Hydroxyimino-[nitro-phenyl]- **10** 3143
—, Hydroxy-methyl-phenyl- **10** 876
—, Hydroxy-methyl-phenyl-, amid **10** 877
—, Hydroxy-oxo-[brom-phenyl]- **10** 3548
—, Hydroxy-oxo-[chlor-phenyl]-,
    äthylester **10** 3548
—, Hydroxy-oxo-cyclopropyl-,
    äthylester **10** 3517
—, Hydroxy-oxo-[dimethoxy-phenyl]-
    10 4739
—, Hydroxy-oxo-[dimethoxy-phenyl]-,
    äthylester **10** 4740
—, Hydroxy-oxo-diphenyl-, äthylester
    10 3626
—, Hydroxy-oxo-[hydroxy-phenyl]-,
    äthylester **10** 4603
—, Hydroxy-oxo-[methoxy-phenyl]-
    10 4603
—, Hydroxy-oxo-[methoxy-phenyl]-,
    äthylester **10** 4603

Butensäure, Hydroxy-oxo-[methoxy-phenyl]-,
  amid **10** 4603
—, Hydroxy-oxo-naphthyl- **10** 3620
—, Hydroxy-oxo-[nitro-methoxy-phenyl]-
  10 4603
—, Hydroxy-oxo-[nitro-phenyl]- **10** 3548
—, Hydroxy-oxo-phenyl- **10** 3546
—, Hydroxy-oxo-phenyl-, äthylester
  10 3548
—, Hydroxy-oxo-*o*-tolyl- **10** 3552
—, Hydroxy-oxo-*p*-tolyl- **10** 3552
—, Hydroxy-oxo-*p*-tolyl-, äthylester **10** 3552
—, Hydroxy-oxo-*p*-tolyl-, methylester
  10 3552
—, Hydroxy-phenyl- **10** 862
—, Hydroxy-phenyl-, amid **10** 862
—, [Hydroxy-phenyl]-acetyl- **10** 4343
—, Hydroxy-[phenyl-anthryl]- **10** 3492
—, Hydroxy-[phenyl-anthryl]-,
  äthylester **10** 3493
—, Hydroxy-[phenyl-anthryl]-,
  benzylester **10** 3493
—, Hydroxy-[phenyl-anthryl]-,
  methylester **10** 3492
—, Hydroxy-triphenyl- **10** 1338
—, Hydroxy-triphenyl-, methylester
  10 1338
—, [Methoxy-äthoxy-benzyliden]-
  [dimethoxy-benzoyl]- **10** 4833
—, [Methoxy-äthoxy-benzyliden]-
  veratroyl- **10** 4833
—, Methoxy-methyl-[brom-phenyl]- **10** 876
—, [Methoxy-naphthyl]- **10** 1187
—, [Methoxy-naphthyl]-, methylester
  10 1187
—, [Methoxy-phenyl]-acetyl- **10** 4343
—, [Methoxy-phenyl]-acetyl-,
  äthylester **10** 4344
—, Methyl-äthyl-phenyl-cyan-,
  äthylester **9** 4411
—, Methyl-benzyl-cyan- **9** 4406
—, Methyl-benzyliden- s. *Acrylsäure,*
  Isopropenyl-phenyl-
—, Methyl-diphenyl- **9** 3468
—, Methyl-diphenyl-, nitril **9** 3470
—, Methyl-phenyl- **9** 2783
—, Methyl-phenyl-, äthylester **9** 2788
—, [Nitro-phenyl]- **9** 2757
—, [Nitro-phenyl]-acetyl- **10** 3171
—, [Nitro-phenyl]-benzyliden- **9** 3516
—, [Nitro-phenyl]-benzyliden-acetyl-
  10 3414
—, Oxo-[acetoxy-dimethyl-phenyl]-
  10 4345
—, Oxo-[acetoxy-dimethyl-phenyl]-,
  methylester **10** 4345
—, Oxo-[äthoxy-phenyl]- **10** 4332
—, Oxo-[äthoxy-phenyl]-, äthylester
  10 4332

Butensäure, Oxo-[äthoxy-phenyl]-,
  methylester **10** 4332
—, Oxo-[benzyloxy-dimethyl-phenyl]-
  10 4344
—, Oxo-[brom-phenyl]- **10** 3142
—, Oxo-[brom-phenyl]-, äthylester
  10 3142
—, Oxo-[brom-phenyl]-, methylester
  10 3142
—, Oxo-[dihydroxy-phenyl]- **10** 4600
—, Oxo-[dimethoxy-phenyl]- **10** 4599, 4600
—, Oxo-[dimethoxy-phenyl]-, äthylester
  10 4601
—, Oxo-[dimethoxy-phenyl]-,
  methylester **10** 4599, 4600
—, Oxo-[hydroxy-dimethyl-phenyl]-
  10 4344
—, Oxo-[hydroxy-methoxy-phenyl]-
  10 4600
—, Oxo-[hydroxy-phenyl]- **10** 4329, 4331
—, Oxo-[methoxy-dimethyl-phenyl]-
  10 4344
—, Oxo-[methoxy-dimethyl-phenyl]-,
  methylester **10** 4345
—, Oxo-[methoxy-phenyl]- **10** 4330, 4331
—, Oxo-[methoxy-phenyl]-, methylester
  10 4330
—, Oxo-[nitro-phenyl]- **10** 3143, 3144
—, Oxo-phenyl- **10** 3141
—, Oxo-phenyl-, methylester **10** 3142
—, Oxo-*p*-tolyl- **10** 3164
—, Oxo-*p*-tolyl-, äthylester **10** 3164
—, Oxo-*p*-tolyl-, methylester **10** 3164
—, Phenyl- **9** 2756, 2764
—, Phenyl-, äthylester **9** 2756
—, Phenyl-, allylamid **9** 2757
—, Phenyl-, nitril **9** 2757
—, Phenyl-[acetoxy-benzyl]- **10** 1272
—, Phenyl-[acetoxy-benzyl]-,
  isopropylester **10** 1272
—, Phenyl-[acetoxy-benzyl]-,
  methylester **10** 1272
—, Phenyl-acetyl- **10** 3170
—, Phenyl-benzyliden- **9** 3515
—, Phenyl-benzyliden-acetyl- **10** 3414
—, Phenyl-[brom-benzyl]- **9** 3465
—, Phenyl-[brom-benzyl]-, methylester
  9 3466
—, Phenyl-[chlor-benzyl]- **9** 3465
—, Phenyl-[chlor-benzyl]-, methylester
  9 3465
—, Phenyl-cyan-, äthylester **9** 4389
—, Phenyl-[dimethoxy-benzoyl]- **10** 4692
—, Phenyl-[hydroxy-benzyl]- **10** 1271
—, Phenyl-[hydroxy-benzyl]-,
  methylester **10** 1272
—, Phenyl-[hydroxy-phenyl]- **10** 1265
—, Phenyl-[nitro-benzyliden]- **9** 3515
—, Phenyl-veratroyl- **10** 4692

Butensäure, Semicarbazono-[hydroxy-
   dimethyl-phenyl]- 10 4344
—, *p*-Tolyl- 9 2788, 2789
—, *m*-Tolyl-cyan- 9 4397
—, Triphenyl- 9 3635
—, Triphenyl-, äthylester 9 3635
—, Triphenyl-, methylester 9 3635
—, Veratryliden-[methoxy-äthoxy-
   benzoyl]- 10 4834
—, Veratryliden-veratroyl- 10 4833
Buten-tetracarbonsäure, Diphenyl-,
   dinitril 9 4896
Buten-tricarbonsäure, Imino-*p*-tolyl-,
   dinitril 10 4136
—, Methyl-phenyl-, diäthylester-nitril
   9 4823
—, Phenyl-, diäthylester-nitril 9 4822
—, Phenyl-, triäthylester 9 4821, 4822
Butin, Benzoyloxy- 9 410
—, Benzoyloxy-phenyl- 9 474
—, Bis-[dinitro-benzoyloxy]- 9 1902
—, Diäthylamino-benzoyloxy- 9 891
—, Dibenzoyloxy- 9 548
—, [Dinitro-benzoyloxy]-cyclopentenyl-
   9 1853
—, [Dinitro-benzoyloxy]-diphenyl-
   9 1889
—, [Nitro-benzoyloxy]-phenyl- 9 1608
Butinamid, Hydroxy-diphenyl- 10 1306
Butindiyldibenzoat 9 548
Butinsäure, Hydroxy-diphenyl- 10 1305,
   1306
—, Hydroxy-diphenyl-, äthylester
   10 1306
—, Hydroxy-diphenyl-, amid 10 1306
—, Hydroxy-phenyl- 10 990
—, Hydroxy-phenyl-, methylester 10 990
—, [Methyl-cyclohexyl]- 9 317
—, Oxo-phenyl-, methylester 10 3230
—, Triphenyl-, methylester 9 3652
Buttersäure, Acenaphthenyl- 9 3375
—, Acenaphthenyl-, äthylester 9 3376
—, Acenaphthenyl-, amid 9 3376
—, Acenaphthenyl-, chlorid 9 3375, 3376
—, Acenaphthenyl-, methylester 9 3375
—, [Acetoxy-cyclohexyl]- 10 37
—, [Acetoxy-cyclohexyl]-, chlorid
   10 37
—, Acetoxy-[diacetoxy-dimethyl-
   hexadecahydro-cyclopenta[*a*]-
   phenanthrenyl]-, methylester
   10 2159
—, Acetoxy-dibenzoyloxy-diphenyl-,
   methylester 10 2327
—, [Acetoxy-dimethyl-hexadecahydro-
   cyclopenta[*a*]phenanthrenyl]- 10 683
—, [Acetoxy-dimethyl-hexadecahydro-
   cyclopenta[*a*]phenanthrenyl]-,
   chlorid 10 685

Buttersäure, [Acetoxy-dimethyl-hexadeca-
   hydro-cyclopenta[*a*]phenanthrenyl]-,
   methylester 10 684
—, [Acetoxy-dimethyl-tetradecahydro-
   cyclopenta[*a*]phenanthrenyl]-
   10 956, 957
—, [Acetoxy-dimethyl-tetradecahydro-
   cyclopenta[*a*]phenanthrenyl]-,
   chlorid 10 957
—, [Acetoxy-dimethyl-tetradecahydro-
   cyclopenta[*a*]phenanthrenyl]-,
   methylester 10 957, 958
—, [Acetoxy-oxo-dimethyl-hexadecahydro-
   cyclopenta[*a*]phenanthrenyl]-
   10 4307
—, [Acetoxy-oxo-dimethyl-hexadecahydro-
   cyclopenta[*a*]phenanthrenyl]-,
   methylester 10 4306, 4307
—, [Acetoxy-oxo-dimethyl-
   tetradecahydro-cyclopenta[*a*]-
   phenanthrenyl]- 10 4365
—, [Acetoxy-oxo-dimethyl-
   tetradecahydro-cyclopenta[*a*]-
   phenanthrenyl]-, methylester 10 4365
—, [Acetoxy-phenyl]- 10 589, 596
—, Äthoxy-[äthoxy-äthyl]-phenyl-,
   nitril 10 1576
—, [Äthoxy-äthyl]-phenyl- 10 637
—, [Äthoxy-äthyl]-phenyl-, amid 10 638
—, [(Äthoxycarbonyl-äthyl)-cyclopentyl]-,
   äthylester 9 3925
—, [(Äthoxycarbonyl-äthyliden)-
   cyclopentyl]-, äthylester 9 4007
—, [Äthoxycarbonyl-cyclopentenyl]-cyan-,
   äthylester 9 4777
—, [Äthoxycarbonyl-cyclopentyl]-,
   äthylester 9 3870
—, [Äthoxycarbonyl-cyclopentyl]-phenyl-
   cyan-, äthylester 9 4824
—, Äthoxy-[dimethoxy-phenyl]-, nitril
   10 2130
—, Äthoxymethoxy-[äthoxymethoxy-äthyl]-
   phenyl-, nitril 10 1576
—, Äthoxy-oxo-benzaminomethyl-,
   äthylester 9 1207
—, Äthoxy-oxo-[chlor-phenyl]- 10 4236
—, Äthoxy-oxo-[chlor-phenyl]-,
   äthylester 10 4236
—, Äthoxy-phenyl- 10 592
—, Äthoxy-phenyl-, nitril 10 600
—, [Äthoxy-phenyl]- 10 588
—, [Äthoxy-phenyl]-, amid 10 589
—, [Äthoxy-phenyl]-, nitril 10 589
—, [Äthoxy-phenyl]-[methoxy-methyl-
   phenyl]- 10 1978, 1979
—, [Äthoxy-phenyl]-[methoxy-methyl-
   phenyl]-, äthylester 10 1978, 1979
—, [Äthoxy-phenyl]-[methoxy-methyl-
   phenyl]-, methylester 10 1978

Buttersäure, [Äthoxy-phenyl]-*p*-tolyl-
10 1218

—, [Äthoxy-phenyl]-*p*-tolyl-,
äthylester 10 1219

—, [Äthoxy-phenyl]-*p*-tolyl-,
methylester 10 1219

—, [Äthoxy-tetrahydro-naphthyl]-
10 913, 914, 916

—, [Äthoxy-tetrahydro-naphthyl]-,
äthylester 10 914, 916

—, Äthoxythiocarbonylmercapto-oxo-
phenyl- 10 4237

—, Äthyl-[brom-methoxy-phenyl]-,
nitril 10 640

—, Äthyl-[*tert*-butyl-phenyl]- 9 2624

—, Äthyl-[*tert*-butyl-phenyl]-, amid
9 2624

—, Äthyl-[*tert*-butyl-phenyl]-,
chlorid 9 2624

—, Äthyl-cyclohexenyl-, nitril 9 253

—, Äthyl-cyclohexyl-, äthylamid 9 113

—, Äthyl-cyclohexyl-, amid 9 113

—, Äthyl-cyclohexyl-, butylamid 9 113

—, Äthyl-cyclohexyl-, [hydroxy-
äthylamid] 9 113

—, Äthyl-cyclohexyl-, methylamid 9 113

—, Äthyl-cyclohexyl-, ureid 9 113

—, Äthyl-[dimethoxy-phenyl]- 10 1575

—, Äthyl-[methoxy-methyl-isopropyl-
phenyl]- 10 660

—, Äthyl-[methoxy-methyl-isopropyl-
phenyl]-, amid 10 660

—, Äthyl-[methoxy-phenyl]- 10 637, 638

—, Äthyl-[methoxy-phenyl]-, amid 10 637

—, Äthyl-[methoxy-phenyl]-, chlorid
10 637, 638

—, Äthyl-[methoxy-phenyl]-, nitril
10 638

—, Äthyl-[methoxy-phenyl]-cyan-,
äthylester 10 2240

—, Äthyl-[methoxy-phenyl]-[methoxy-
benzyl]-, nitril 10 1984

—, Äthyl-[methoxy-phenyl]-[methoxy-
benzyl]-cyan-, äthylester 10 2523

—, Äthyl-naphthyl- 9 3247

—, Äthyl-naphthyl-,
[brom-phenacylester] 9 3247

—, [Äthyl-naphthyl]- 9 3249, 3250

—, Äthyl-phenyl- 9 2542, 2544, 2545

—, Äthyl-phenyl-, äthylamid 9 2543

—, Äthyl-phenyl-, amid 9 2543, 2546, 2549

—, Äthyl-phenyl-, chlorid 9 2543,
2544, 2545

—, Äthyl-phenyl-, diäthylamid 9 2549

—, Äthyl-phenyl-, [diäthylamino-
äthylamid] 9 2549

—, Äthyl-phenyl-, methylamid 9 2543

—, Äthyl-phenyl-, nitril 9 2545, 2549

—, Äthyl-phenyl-, ureid 9 2543

Buttersäure, [Äthyl-phenyl]- 9 2555

—, [Äthyl-phenyl]-, äthylester 9 2555

—, [Äthyl-phenyl]-, chlorid 9 2555

—, [Äthyl-phenyl]-, nitril 9 2555

—, [Äthyl-tetrahydro-naphthyl]-
9 2895

—, Äthyl-*o*-tolyl- 9 2578, 2579

—, Äthyl-*o*-tolyl-, chlorid 9 2578, 2579

—, Äthyl-[trimethoxy-phenyl]- 10 2135,
2136

—, Äthyl-[trimethoxy-phenyl]-,
methylester 10 2135

—, [Äthyl-veratroyl-amino]-,
diäthylamid 10 1428

—, Allyl-[*tert*-butyl-phenyl]-
9 2895

—, Amino-benzamino- 9 1229

—, Amino-benzoyloxy- 9 893

—, Amino-benzoyloxy-, methylester
9 893

—, [Amino-carboxy-äthylmercapto]-oxo-
[hydroxy-methyl-phenyl]- 10 4557

—, [Amino-carboxy-äthylmercapto]-oxo-
[hydroxy-phenyl]- 10 4548

—, [Amino-carboxy-äthylmercapto]-oxo-
phenyl- 10 4237

—, Anthracendiyl-di- 9 4668

—, Anthracendiyl-di-, diäthylester
9 4669

—, Anthracendiyl-di-, dihydrazid
9 4669

—, Anthracendiyl-di-, dimethylester
9 4669

—, Anthryl- 9 3523

—, Azido-phenyl- 9 2456, 2460

—, Azido-phenyl-, äthylester 9 2456

—, Benzamino- 9 1147, 1148, 1149

—, Benzamino-, äthylester 9 1148

—, Benzamino-, amid 9 1148, 1149

—, Benzamino-, methylester 9 1148 ,1149

—, Benzamino-, nitril 9 1149

—, Benzamino-acetoxy- 9 1175

—, Benzamino-äthoxycarbonylmethyl-
mercapto-, äthylester 9 1178

—, Benzamino-aminooxy- 9 1178

—, Benzamino-[benzamino-carboxy-
äthylmercapto]- 9 1179

—, Benzamino-benzaminooxy- 9 1307

—, Benzamino-benzoyloxy- 9 1176,
1178, 1181

—, Benzamino-benzylmercapto- 9 1177

—, Benzamino-benzylseleno- 9 1181, 1878

—, Benzamino-[dibenzoyl-guanidinooxy]-
9 1308

—, Benzamino-dihydroxy- 9 1185

—, Benzamino-dimethoxymethyl-, azid
9 1207

—, Benzamino-dimethoxymethyl-,
hydrazid 9 1207

Buttersäure, Benzamino-dimethoxymethyl-,
  methylester 9 1206
—, Benzamino-formyl-, methylester
  9 1206
—, Benzamino-hydroxy- 9 1173, 1178, 1181
—, Benzamino-hydroxy-, äthylester 9 1176
—, Benzamino-hydroxy-, methylester
  9 1176
—, Benzamino-hydroxyimino-, äthylester
  9 1206
—, Benzamino-imino-cyan-, äthylester
  9 1208
—, Benzamino-methoxy- 9 1175
—, Benzamino-methyl- 9 1152
—, Benzamino-methyl-äthyl- 9 1163
—, Benzamino-methyl-isopropyl-,
  äthylester 9 1164
—, Benzamino-methylmercapto- 9 1178
—, Benzamino-methylmercapto-,
  äthylester 9 1180
—, Benzamino-oxo- 9 1205
—, Benzamino-oxo-, äthylester 9 1205, 1206
—, Benzaminooxy- 9 1307
—, Benzamino-semicarbazono-,
  äthylester 9 1205
—, Benzamino-trimethyl- 9 1163
—, Benzhydryl- s. *Propionsäure, Äthyl-
  diphenyl-*
—, Benzoyl- s. *Propionsäure, Oxo-äthyl-
  phenyl-*
—, Benzoyl-cyan-, äthylester 10 3966
—, Benzoylimino- 9 1193
—, Benzoylimino-, äthylester 9 1194
—, Benzoylimino-, methylester 9 1193
—, Benzoyloxy-, nitril 9 859
—, Benzoyloxy-diäthylaminomethyl-,
  benzylester 9 894
—, Benzoyloxy-diäthylaminomethyl-
  äthyl-, äthylester 9 895
—, Benzoyloxy-diäthylaminomethyl-
  allyl-, äthylester 9 896
—, Benzoyloxy-diäthylaminomethyl-
  isopentyl-, äthylester 9 896
—, Benzoyloxy-diäthylaminomethyl-
  propyl-, äthylester 9 895
—, Benzoyloxy-dimethylaminomethyl-
  äthyl-, äthylester 9 895
—, Benzoyloxy-dimethylaminomethyl-
  isopentyl-, äthylester 9 896
—, Benzoyloxy-methyl-diäthylamino-
  methyl-, äthylester 9 895
—, Benzoyloxy-methyl-dimethylamino-
  methyl-, äthylester 9 894
—, Benzoyloxy-oxo-, äthylester 9 876
—, Benzyl- 9 2509
—, Benzyl- s. a. *Propionsäure, Äthyl-
  phenyl-*
—, Benzylmercapto-hydroxyimino-phenyl-
  10 4238

Buttersäure, Benzylmercapto-oxo-phenyl-
  10 4237, 4238
—, [Benzyl-phenyl]- 9 3387
—, Bicyclohexylyl- 9 280
—, Bicyclohexylyl-, amid 9 281
—, Bicyclohexylyl-, chlorid 9 281
—, Bicyclohexylyl-, methylester 9 280
—, Biphenylyl- 9 3370
—, Biphenylyl-, [diäthylamino-
  äthylester] 9 3370
—, Biphenylyl-, [diäthylamino-
  propylester] 9 3370
—, Biphenylyl-, methylester 9 3370
—, Bis-[äthoxy-phenyl]- 10 1974
—, Bis-[äthoxy-phenyl]-, äthylester
  10 1974
—, Bis-[äthoxy-phenyl]-, methylester
  10 1974
—, Bis-benzamino-äthylendimercapto-di-
  9 1179
—, Bis-benzamino-dithio-di- 9 1180
—, Bis-benzamino-oxo-, äthylester
  9 1247
—, Bis-benzoyloxyimino-, nitril 9 1304
—, Bis-[dimethoxy-phenyl]- 10 2492
—, Bis-[methoxy-methyl-phenyl]- 10 1980
—, Bis-[methoxy-methyl-phenyl]-,
  äthylester 10 1980
—, Bis-[methoxy-phenyl]- 10 1973, 1974
—, Bis-[methoxy-phenyl]-, äthylester
  10 1975
—, Bis-[methoxy-phenyl]-, methylester
  10 1973, 1974
—, Bis-[methyl-isothiosemicarbazono]-
  phenyl- 10 3547
—, Bis-[nitro-benzoyloxy]-
  methoxalyloxy-, methylester
  9 1686
—, Bis-[nitro-dimethoxy-phenyl]-
  10 2492
—, Bis-thiosemicarbazono-phenyl-
  10 3547
—, Brom-[acetoxy-dimethyl-
  hexadecahydro-cyclopenta[*a*]-
  phenanthrenyl]-, methylester
  10 685
—, [Brom-acetoxy-oxo-dimethyl-
  hexadecahydro-cyclopenta[*a*]-
  phenanthrenyl]-, methylester
  10 4306
—, Brom-benzaminooxy- 9 1307
—, [Brom-benzoylhydrazono]-,
  äthylester 9 1425
—, Brom-[brom-äthyl]-phenyl- 9 2549
—, Brom-[brom-äthyl]-phenyl-,
  äthylester 9 2550
—, Brom-[brom-äthyl]-phenyl-,
  methylester 9 2550
—, [Brom-dimethoxy-phenyl]- 10 1552

Buttersäure, [Brom-dimethoxy-phenyl]-,
 äthylester **10** 1552
—, [Brom-dioxo-dimethyl-hexadecahydro-
 cyclopenta[*a*]phenanthrenyl]-,
 methylester **10** 3569
—, Brom-diphenyl-, nitril **9** 3366
—, [Brom-hydroxy-acetoxy-dimethyl-
 hexadecahydro-cyclopenta[*a*]₌
 phenanthrenyl]-, methylester
 10 1624
—, [Brom-hydroxy-oxo-dimethyl-
 hexadecahydro-cyclopenta[*a*]₌
 phenanthrenyl]-, methylester
 10 4305, 4306
—, [Brom-methoxy-phenyl]- **10** 596, 597
—, [Brom-methoxy-phenyl]-, amid **10** 596
—, [Brom-methoxy-phenyl]-, nitril
 10 596
—, Brom-oxo-acenaphthenyl-,
 methylester **10** 3338, 3339
—, Brom-oxo-[äthoxy-phenyl]- **10** 4235
—, Brom-oxo-[äthyl-phenyl]- **10** 3087
—, Brom-oxo-bis-[brom-dimethoxy-phenyl]-
 10 4821
—, Brom-oxo-bis-[brom-dimethoxy-phenyl]-,
 methylester **10** 4821
—, Brom-oxo-[chlor-phenyl]- **10** 3041
—, Brom-oxo-*p*-cumenyl- **10** 3099
—, Brom-oxo-[dimethyl-phenyl]-
 10 3087, 3088
—, Brom-oxo-diphenyl- **10** 3327
—, Brom-oxo-diphenyl-, methylester
 10 3328
—, Brom-oxo-[isopropyl-phenyl]- **10** 3099
—, Brom-oxo-[methoxy-dimethyl-phenyl]-,
 äthylester **10** 4267
—, Brom-oxo-[methoxy-dimethyl-phenyl]-,
 methylester **10** 4267
—, Brom-oxo-[methoxy-phenyl]- **10** 4235
—, Brom-oxo-[methyl-isopropyl-dihydro-
 phenanthryl]-, methylester **10** 3405
—, Brom-oxo-[methyl-naphthyl]-,
 methylester **10** 3275
—, Brom-oxo-methyl-phenyl- **10** 3067
—, Brom-oxo-naphthyl- **10** 3269, 3270
—, Brom-oxo-[nitro-phenyl]- **10** 3043
—, Brom-oxo-phenyl- **10** 3041
—, Brom-oxo-phenyl-, methylester
 10 3041
—, Brom-oxo-phenyl-[chlor-phenyl]-,
 methylester **10** 3328
—, Brom-oxo-phenyl-[methoxy-phenyl]-
 10 4445
—, Brom-oxo-*p*-tolyl- **10** 3071
—, Brom-oxo-[2.4]xylyl- **10** 3088
—, Brom-oxo-[3.4]xylyl- **10** 3087
—, Brom-phenyl- **9** 2455, 2460, 2469
—, Brom-phenyl-, äthylamid **9** 2455
—, Brom-phenyl-, bromid **9** 2470

Buttersäure, Brom-phenyl-, chlorid
 9 2455
—, [Brom-phenyl]- **9** 2454, 2466, 2469
—, [Brom-phenyl]-, chlorid **9** 2455
—, Brom-phenyl-*p*-tolyl-, nitril
 9 3383
—, Butyl-cyclohexyl-, äthylamid **9** 125
—, Butyl-cyclohexyl-, amid **9** 125
—, Butyl-cyclohexyl-, [hydroxy-
 äthylamid] **9** 126
—, Butyl-cyclohexyl-, methylamid
 9 125
—, [Butyl-cyclohexyl]- **9** 126
—, [Butyl-cyclohexyl]-, methylester
 9 126
—, [*sec*-Butyl-cyclohexyl]- **9** 126
—, [*tert*-Butyl-naphthyl]- **9** 3258
—, [*tert*-Butyl-naphthyl]-,
 methylester **9** 3258
—, [Butyloxy-äthyl]-phenyl- **10** 637
—, [Butyloxy-äthyl]-phenyl-, amid **10** 638
—, Butyl-phenyl- **9** 2597
—, Butyl-phenyl-, äthylamid **9** 2597
—, Butyl-phenyl-, amid **9** 2597
—, Butyl-phenyl-, butylamid **9** 2597
—, Butyl-phenyl-, chlorid **9** 2597
—, Butyl-phenyl-, [diäthylamino-
 äthylester] **9** 2597
—, Butyl-phenyl-, [hydroxy-äthylamid]
 9 2597
—, Butyl-phenyl-, methylamid **9** 2597
—, Butyl-phenyl-, [triäthylammonio-
 äthylester] **9** 2597
—, Butyl-phenyl-, ureid **9** 2598
—, [Butyl-phenyl]- **9** 2602
—, [Butyl-phenyl]-, methylester **9** 2602
—, *sec*-Butyl-phenyl- **9** 2598
—, *sec*-Butyl-phenyl-, amid **9** 2598
—, *sec*-Butyl-phenyl-, chlorid **9** 2598
—, [*sec*-Butyl-phenyl]- **9** 2603
—, [*sec*-Butyl-phenyl]-, methylester
 9 2603
—, [*tert*-Butyl-phenyl]- **9** 2603
—, [*tert*-Butyl-phenyl]-, äthylester
 9 2603
—, [*tert*-Butyl-phenyl]-, amid
 9 2603
—, [*tert*-Butyl-phenyl]-, chlorid
 9 2603
—, [(Carboxy-äthyl)-cyclopentyl]-
 9 3924, 3925
—, [(Carboxy-äthyl)-isopropyl-
 cyclopentyl]- **9** 3930
—, [(Carboxy-benzoyl)-phenyl]- **10** 4015
—, [(Carboxy-benzyl)-phenyl]- **9** 4576
—, [Carboxy-cyclohexyl]- **9** 3903
—, [Carboxy-cyclopentenyl]- **9** 3985
—, [Carboxy-cyclopentyl]- **9** 3869, 3870
—, [Carboxy-cyclopentyl]-phenyl- **9** 4423

Buttersäure, [Carboxy-cyclopentyl]-phenyl-
cyan- **9** 4824

—, [Carboxy-fluorenyl]- **9** 4639

—, [Carboxymethoxy-methyl-phenyl]-
10 626

—, [Carboxymethyl-cyclopentyl]- **9** 3914

—, [Carboxymethylmercapto]-oxo-phenyl-
10 4237

—, [Carboxy-naphthyl]- **9** 4481

—, [Carboxy-phenyl]- **9** 4308

—, [(Carboxy-propionyloxy)-oxo-
dimethyl-hexadecahydro-cyclopenta-
[*a*]phenanthrenyl]- **10** 4307

—, [Chlor-äthoxy-phenyl]- **10** 590

—, Chlor-äthyl-phenyl-, nitril **9** 2549

—, Chlor-benzamino-, äthylester
9 1148

—, [Chlor-benzoylhydrazono]-,
äthylester **9** 1373

—, Chlor-benzoylimino-, äthylester
9 1195

—, [Chlor-butenyl]-naphthyl- **9** 3396

—, [Chlor-butenyl]-*m*-tolyl- **9** 2879

—, Chlor-butyl-phenyl-, nitril **9** 2600

—, Chlor-[chlor-äthyl]-phenyl-, nitril
9 2549

—, Chlor-[chlor-äthyl]-*o*-tolyl-,
nitril **9** 2581

—, Chlor-[chlor-phenyl]-, äthylester
9 2459

—, Chlor-[dichlor-phenyl]- **9** 2460

—, Chlor-[dichlor-phenyl]-,
methylester **9** 2460

—, Chlor-dihydroxy-diphenyl-,
methylester **10** 1972

—, [Chlor-dimethoxy-phenyl]- **10** 1551

—, [Chlor-dimethoxy-phenyl]-,
äthylester **10** 1551

—, [Chlor-dimethyl-hexadecahydro-
cyclopenta[*a*]phenanthrenyl]-
9 2654

—, [Chlor-dimethyl-hexadecahydro-
cyclopenta[*a*]phenanthrenyl]-,
methylester **9** 2654

—, Chlor-diphenyl-, nitril **9** 3366

—, Chlor-hydroxy-cyclohexyl-,
äthylester **10** 37

—, [Chlor-hydroxy-dimethoxy-oxo-
dihydro-benzofuranyl]- **10** 4804

—, Chlor-hydroxy-phenyl-, äthylester
10 595

—, [Chlor-[hydroxy-phenyl]- **10** 588

—, [Chlor-methoxy-naphthyl]- **10** 1117,
1119

—, [Chlor-methoxy-naphthyl]-,
methylester **10** 1118

—, [Chlor-methoxy-phenyl]- **10** 590

—, Chlor-methyl-[chlor-tetramethyl-
decahydro-naphthyl]- **9** 294

Buttersäure, Chlor-methyl-diphenyl-,
nitril **9** 3382

—, Chlor-methyl-phenyl-, nitril **9** 2516

—, [Chlor-methyl-phenyl]- **9** 2520

—, Chlor-[nitro-phenyl]-, methylester
9 2460

—, Chlor-oxo-[brom-phenyl]- **10** 3041

—, Chlor-oxo-mesityl-, methylester
10 3101

—, Chlor-oxo-[methoxy-dimethyl-phenyl]-,
äthylester **10** 4267

—, Chlor-oxo-phenyl- **10** 3039

—, Chlor-oxo-[trimethyl-phenyl]-,
methylester **10** 3101

—, Chlor-phenyl-, äthylester **9** 2459

—, Chlor-phenyl-, nitril **9** 2469

—, [Chlor-phenyl]- **9** 2454, 2468

—, [Chlor-phenyl]-, nitril **9** 2469

—, [Chlor-phenyl]-, ureid **9** 2469

—, [Chlor-phenyl-acetamino]-oxo-,
äthylester **9** 2270

—, Chlor-propyl-phenyl-, nitril **9** 2575

—, Chrysenyl- **9** 3640

—, Chrysenyl-, methylester **9** 3640, 3641

—, Cinnamoylamino-methylmercapto-
9 2719

—, *p*-Cumenyl- **9** 2583

—, *p*-Cumenyl-, [phenyl-phenacylester]
9 2583

—, [(Cyan-äthyl)-phenyl]-, nitril **9** 4338

—, [Cyan-phenyl]- **9** 4308

—, Cyclohexenyl- **9** 190, 192

—, Cyclohexenyl-, chlorid **9** 190, 191

—, Cyclohexenyl-, [diäthylamino-
äthylester] **9** 192

—, Cyclohexenyl-, methylester **9** 191, 192

—, Cyclohexenyl-, nitril **9** 192

—, Cyclohexenyl-, [phenyl-
phenacylester] **9** 190, 191

—, Cyclohexenyl-cyan-, äthylester
9 3995

—, Cyclohexenyl-cyan-, amid **9** 3995

—, Cyclohexenyl-cyan-, methylester
9 3995

—, Cyclohexenyl-cyan-, ureid **9** 3995

—, Cyclohexenyl-phenyl- **9** 3105

—, Cyclohexenyl-phenyl-, [diäthylamino-
äthylester] **9** 3105

—, Cyclohexyl- **9** 78, 80, 81

—, Cyclohexyl-, äthylester **9** 79, 80

—, Cyclohexyl-, amid **9** 81

—, Cyclohexyl-, anhydrid **9** 79

—, Cyclohexyl-, [brom-phenacylester]
9 79

—, Cyclohexyl-, chlorid **9** 79, 80

—, Cyclohexyl-, [diäthylamino-
äthylester] **9** 81

—, Cyclohexyl-, [hydroxy-äthylamid]
9 79

Buttersäure, Cyclohexyl-, methylester
9 79
—, [Cyclohexyl-äthyl]-cyclohexyl-
9 292
—, [Cyclohexyl-äthyl]-cyclohexyl-,
äthylamid 9 293
—, [Cyclohexyl-äthyl]-cyclohexyl-, amid
9 293
—, [Cyclohexyl-äthyl]-cyclohexyl-,
[diäthylamino-äthylester] 9 292
—, [Cyclohexyl-äthyl]-cyclohexyl-,
methylamid 9 293
—, [Cyclohexyl-äthyl]-cyclohexyl-,
ureid 9 293
—, Cyclohexyl-cyclohexenyl- 9 347
—, Cyclohexyl-cyclohexenyl-,
[diäthylamino-äthylester] 9 347
—, Cyclohexyl-cyclopentenyl- 9 344
—, Cyclohexyl-cyclopentenyl-,
[diäthylamino-äthylester] 9 344
—, Cyclohexylmethyl-cyclohexyl- 9 282
—, Cyclohexyl-phenäthyl- 9 2899
—, Cyclohexyl-phenäthyl-, amid 9 2899
—, Cyclohexyl-phenäthyl-, chlorid
9 2899
—, Cyclohexyl-phenäthyl-, ureid
9 2900
—, Cyclohexyl-phenyl- 9 2891
—, Cyclohexyl-phenyl-, chlorid 9 2891
—, Cyclohexyl-phenyl-, [diäthylamino-
äthylester] 9 2891
—, Cyclohexyl-phenyl-, [dimethylamino-
äthylester] 9 2891
—, Cyclohexyl-phenyl-, nitril 9 2891
—, [Cyclohexyl-phenyl]- 9 2892
—, [Cyclohexyl-phenyl]-, amid 9 2892
—, [Cyclohexyl-phenyl]-, chlorid
9 2892
—, [Cyclohexyl-phenyl]-, methylester
9 2892
—, Cyclopenta[def]phenanthrenyl-
9 3563, 3564
—, Cyclopenta[def]phenanthrenyl-,
methylester 9 3564
—, Cyclopentenyl- 9 184
—, Cyclopentenyl-, äthylester 9 184
—, Cyclopentenyl-, chlorid 9 185
—, Cyclopentenyl-, [diäthylamino-
äthylester] 9 185
—, Cyclopentenyl-, isobutylester
9 185
—, Cyclopentenyl-, isopentylester
9 185
—, Cyclopentenyl-, methylester 9 184
—, Cyclopentenyl-, phenäthylester 9 185
—, Cyclopentenyl-diphenyl-, nitril
9 3544
—, Cyclopentenyl-[methoxy-phenyl]-
10 1003

Buttersäure, Cyclopentenyl-phenyl-
9 3101
—, Cyclopentenyl-phenyl-,
[diäthylamino-äthylester] 9 3101
—, Cyclopentyl- 9 72, 73
—, Cyclopentyl-, äthylester 9 73
—, Cyclopentyl-, benzylester 9 73
—, Cyclopentyl-, chlorid 9 73
—, Cyclopentyl-, [diäthylamino-
äthylester] 9 73
—, Cyclopentyl-cyclohexyl- 9 272
—, Cyclopentyl-cyclohexyl-,
[diäthylamino-äthylester] 9 272
—, Cyclopentyl-[methoxy-phenyl]- 10 920
—, Cyclopentyl-phenyl- 9 2884
—, Cyclopentyl-phenyl-, nitril 9 2885
—, [Cyclopentyl-phenyl]- 9 2885
—, [Cyclopentyl-phenyl]-, amid 9 2885
—, [Decahydro-naphthyl]- 9 269
—, [Decahydro-naphthyl]-, amid 9 270
—, [Decahydro-naphthyl]-, chlorid 9 269
—, [Decahydro-naphthyl]-, methylester
9 269
—, [Diacetoxy-dimethyl-hexadecahydro-
cyclopenta[a]phenanthrenyl]-
10 1622, 1623, 1624, 1625
—, [Diacetoxy-dimethyl-hexadecahydro-
cyclopenta[a]phenanthrenyl]-,
methylester 10 1624, 1626
—, [Diacetoxy-oxo-dimethyl-
hexadecahydro-cyclopenta[a]-
phenanthrenyl]- 10 4581
—, Diäthoxy-phenyl-, nitril 10 3050
—, [Diäthoxy-phenyl]- 10 1550
—, Diäthylamino-benzoyloxy-methyl-,
benzylester 9 894
—, Diäthyl-[methoxy-phenyl]-, nitril
10 654
—, Diäthyl-[methoxy-phenyl]-cyan-,
äthylester 10 2241
—, Diäthyl-phenyl- 9 2600
—, Diäthyl-phenyl-, äthylester 9 2600
—, Dibrom-hydroxy-oxo-phenyl- 10 4238
—, Dibrom-[methoxy-phenyl]-, amid
10 594
—, Dibrom-[nitro-phenyl]-acetyl-
10 3082
—, Dibrom-oxo-[äthoxy-phenyl]- 10 4237
—, Dibrom-oxo-[äthoxy-phenyl]-,
methylester 10 4237
—, Dibrom-oxo-[brom-phenyl]- 10 3046
—, Dibrom-oxo-[brom-phenyl]-,
methylester 10 3046
—, Dibrom-oxo-[dimethoxy-phenyl]-
10 4546, 4548, 4549
—, Dibrom-oxo-[methoxy-methyl-phenyl]-
10 4252, 4256
—, Dibrom-oxo-[methoxy-naphthyl]-
10 4413

Buttersäure, Dibrom-oxo-[methoxy-phenyl]-
10 4237
—, Dibrom-oxo-phenyl- 10 3041, 3046
—, Dibrom-oxo-phenyl-, äthylester
10 3046
—, Dibrom-oxo-phenyl-, methylester
10 3042, 3046
—, Dibrom-oxo-phenyl-[chlor-phenyl]-,
methylester 10 3328
—, Dibrom-oxo-p-tolyl- 10 3072
—, Dibrom-oxo-p-tolyl-, methylester
10 3072
—, [Dicarboxy-dihydro-naphthyliden]-
9 4831
—, [Dicarboxy-phenyl]- 9 4802
—, [Dichlor-dimethoxy-phenyl]- 10 1551
—, Dicyclohexyl- 9 280
—, Dicyclohexyl-, [diäthylamino-
äthylester] 9 280
—, [Diformyloxy-dimethyl-hexadecahydro-
cyclopenta[a]phenanthrenyl]- 10 1625
—, [Dihydro-anthryl]- 9 3481
—, [Dihydro-cyclopenta[def]-
phenanthrenyl]- 9 3538
—, [Dihydro-cyclopenta[def]-
phenanthrenyl]-, methylester 9 3538
—, [Dihydro-naphthyl]- 9 3095, 3096
—, [Dihydro-phenanthryl]- 9 3481
—, [Dihydro-dihydro-naphthyl]-
10 1906
—, [Dihydroxy-dimethyl-hexadecahydro-
cyclopenta[a]phenanthrenyl]-
10 1622, 1623, 1625
—, [Dihydroxy-dimethyl-hexadecahydro-
cyclopenta[a]phenanthrenyl]-,
äthylester 10 1623
—, [Dihydroxy-dimethyl-hexadecahydro-
cyclopenta[a]phenanthrenyl]-,
methylester 10 1623, 1624, 1626
—, Dihydroxy-diphenyl-oxy-di-, diamid
10 3045
—, Dihydroxy-methoxy-diphenyl- 10 2326
—, [Dihydroxy-oxo-dimethyl-
hexadecahydro-cyclopenta[a]-
phenanthrenyl]- 10 4580
—, Dihydroxy-oxo-diphenyl- 10 4678
—, [Dihydroxy-phenyl]- 10 1550, 1556
—, [Dihydroxy-phenyl]-, methylester
10 1550
—, [Dijod-benzamino]- 9 1455
—, [Dijod-hydroxy-phenyl]- 10 590
—, [Dimethoxy-äthyl-phenyl]- 10 1584
—, [Dimethoxy-carboxy-phenyl]- 10 2460
—, [Dimethoxy-methyl-phenyl]- 10 1573
—, [Dimethoxy-naphthyl]- 10 1943, 1944
—, [Dimethoxy-naphthyl]-, äthylester
10 1944
—, [Dimethoxy-naphthyl]-, methylester
10 1944

Buttersäure, Dimethoxy-phenyl-,
methylester 10 3050
—, [Dimethoxy-phenyl]- 10 1550, 1551,
1553, 1554
—, [Dimethoxy-phenyl]-, äthylester
10 1551
—, [Dimethoxy-phenyl]-, amid 10 1553,
1554
—, [Dimethoxy-phenyl]-, nitril 10 1555
—, [Dimethoxy-phenyl]-benzyl- 10 1976
—, Dimethyl-[acetoxy-dioxo-hexamethyl-
hexadecahydro-chrysenyl]- 10 4646
—, Dimethyl-[acetoxy-dioxo-hexamethyl-
hexadecahydro-chrysenyl]-,
methylester 10 4646
—, [Dimethyl-anthryl]- 9 3541
—, [Dimethyl-anthryl]-, äthylester
9 3541
—, [Dimethyl-anthryl]-, hydrazid
9 3541
—, [Dimethyl-anthryl]-, methylester
9 3541
—, Dimethyl-bis-biphenylyl- 9 3682
—, Dimethyl-[brom-dimethoxy-phenyl]-
10 1575
—, [Dimethyl-carboxy-cyclobutyl]-
9 3919, 3920
—, Dimethyl-[carboxy-phenyl]- 9 4337
—, Dimethyl-cyclohexyl- 9 114
—, Dimethyl-cyclohexyl-, amid 9 114
—, [Dimethyl-2.6-cyclo-norbornyl]-
9 341
—, [Dimethyl-2.6-cyclo-norbornyl]-,
methylester 9 342
—, Dimethyl-[diacetoxy-hexamethyl-
hexadecahydro-chrysenyl]- 10 1901
—, Dimethyl-[diacetoxy-hexamethyl-
hexadecahydro-chrysenyl]-,
methylester 10 1902
—, Dimethyl-[dihydroxy-hexamethyl-
hexadecahydro-chrysenyl]- 10 1901
—, Dimethyl-[dimethoxy-phenyl]- 10 1575
—, Dimethyl-[dinitro-phenyl]- 9 2548
—, Dimethyl-[dinitro-phenyl]-, chlorid
9 2548
—, Dimethyl-diphenyl- 9 3392
—, [Dimethyl-hexadecahydro-cyclopenta-
[a]phenanthrenyl]- 9 2652
—, [Dimethyl-hexadecahydro-cyclopenta-
[a]phenanthrenyl]-, äthylester
9 2653
—, [Dimethyl-hexadecahydro-cyclopenta-
[a]phenanthrenyl]-, methylester
9 2653
—, Dimethyl-[hydroxy-dioxo-hexamethyl-
hexadecahydro-chrysenyl]- 10 4645
—, Dimethyl-[hydroxy-dioxo-hexamethyl-
hexadecahydro-chrysenyl]-,
methylester 10 4646

Buttersäure, Dimethyl-[hydroxy-dioxo-
pentamethyl-hexadecahydro-chrysenyl]-
10 4643
—, Dimethyl-indanyl- 9 2888
—, Dimethyl-[methoxy-naphthyl]- 10 1127
—, Dimethyl-[methoxy-phenyl]- 10 640
—, Dimethyl-[methoxy-phenyl]-, amid
10 640
—, Dimethyl-[methyl-cyclohexyl]-, amid
9 123
—, Dimethyl-[methyl-naphthyl]- 9 3254
—, Dimethyl-naphthyl- 9 3247, 3248, 3249
—, Dimethyl-naphthyl-, äthylester
9 3248
—, Dimethyl-naphthyl-, amid 9 3248
—, [Dimethyl-naphthyl]- 9 3250, 3251
—, [(Dimethyl-naphthyl)-äthyl]-
[dimethyl-naphthyl]- 9 3661
—, Dimethyl-phenanthryl- 9 3542
—, Dimethyl-phenyl- 9 2546, 2547, 2550
—, Dimethyl-phenyl-, äthylester
9 2547
—, Dimethyl-phenyl-, amid 9 2548
—, Dimethyl-phenyl-, chlorid 9 2547
—, Dimethyl-phenyl-, methylester
9 2550
—, [Dimethyl-phenyl]- 9 2556, 2557
—, [Dimethyl-phenyl]-, äthylester
9 2558
—, [Dimethyl-phenyl]-, amid 9 2557
—, [Dimethyl-phenyl]-, chlorid 9 2556,
2557
—, [Dimethyl-phenyl]-, methylester
9 2557
—, [Dimethyl-phenyl]-, nitril 9 2557
—, Dimethyl-phenyl-cyan-, äthylester
9 4335, 4336
—, Dimethyl-p-phenylen-di- 9 4359
—, [Dimethyl-tetrahydro-anthryl]-
9 3403
—, Dimethyl-o-tolyl- 9 2580
—, Dimethyl-o-tolyl-, äthylester
9 2580
—, Dimethyl-o-tolyl-, amid 9 2580
—, Dimethyl-o-tolyl-, chlorid
9 2580
—, Dimethyl-p-tolyl- 9 2580, 2581
—, Dimethyl-p-tolyl-, äthylester
9 2580, 2581
—, Dimethyl-p-tolyl-, chlorid
9 2580
—, [Dimethyl-tricyclo[2.2.1.0$^{2.6}$]-
heptyl]- 9 341
—, [Dimethyl-tricyclo[2.2.1.0$^{2.6}$]-
heptyl]-, methylester 9 342
—, Dinaphthyl- 9 3660
—, Dinaphthyl-, nitril 9 3660
—, [Dinitro-benzamino]-hydroxy- 9 1941
—, [Dinitro-benzamino]-methyl- 9 1939

Buttersäure, [Dinitro-benzamino]-
methylmercapto- 9 1942
—, [Dinitro-benzoylhydrazono]-,
äthylester 9 1949
—, [Dinitro-methyl-benzoylhydrazono]-,
äthylester 9 2377
—, [Dinitro-phenylhydrazono]-methyl-
[dimethoxy-phenyl]-, methylester
10 4556
—, Dioxo-bibenzyldiyl-di- 10 4081
—, Dioxo-bibenzyldiyl-di-, diamid
10 4082
—, Dioxo-bibenzyldiyl-di-,
dimethylester 10 4081
—, Dioxo-[brom-phenyl]- 10 3548
—, Dioxo-[chlor-phenyl]-, äthylester
10 3548
—, [Dioxo-cyclohexadienyl]- 10 3538
—, Dioxo-cyclopropyl-, äthylester
10 3517
—, [Dioxo-dihydro-anthryl]- 10 3658
—, [Dioxo-dihydro-anthryl]-,
methylester 10 3658
—, [Dioxo-dihydro-naphthyl]- 10 3609
—, Dioxo-[dimethoxy-phenyl]- 10 4739
—, Dioxo-[dimethoxy-phenyl]-,
äthylester 10 4740
—, [Dioxo-dimethyl-hexadecahydro-
cyclopenta[a]phenanthrenyl]-
10 3568, 3569
—, [Dioxo-dimethyl-hexadecahydro-
cyclopenta[a]phenanthrenyl]-,
methylester 10 3568
—, Dioxo-diphenyl-, äthylester 10 3626
—, Dioxo-diphenyl-[tetrahydro-
4.7-methano-indendiyl]-di-
10 4095
—, [Dioxo-hexahydro-naphthyl]- 10 1906
—, Dioxo-[hydroxy-dimethyl-
tetradecahydro-cyclopenta[a]-
phenanthrenyl]- 10 4640
—, Dioxo-[hydroxy-phenyl]-, äthylester
10 4603
—, Dioxo-[methoxy-phenyl]- 10 4603
—, Dioxo-[methoxy-phenyl]-, äthylester
10 4603
—, Dioxo-[methoxy-phenyl]-, amid
10 4603
—, [Dioxo-methyl-dihydro-naphthyl]-
10 3610
—, Dioxo-naphthyl- 10 3620
—, Dioxo-[nitro-methoxy-phenyl]-
10 4603
—, [Dioxo-nitro-phenyl]- 10 3548
—, Dioxo-phenyl- 10 3546
—, Dioxo-phenyl-, äthylester 10 3548
—, Dioxo-o-tolyl- 10 3552
—, Dioxo-p-tolyl- 10 3552
—, Dioxo-p-tolyl-, äthylester 10 3552

Buttersäure, Dioxo-*p*-tolyl-, methylester
10 3552
—, Diphenyl- 9 3355, 3362, 3364, 3365
—, Diphenyl-, äthylester 9 3365
—, Diphenyl-, amid 9 3363, 3365
—, Diphenyl-, chlorid 9 3364
—, Diphenyl-, [diäthylamino-äthylester]
9 3356, 3365
—, Diphenyl-, [diäthylamino-
isopropylester] 9 3366
—, Diphenyl-, [diäthylamino-
propylester] 9 3365
—, Diphenyl-, [dimethylamino-
äthylester] 9 3365
—, Diphenyl-, [dimethylamino-
isopropylester] 9 3366
—, Diphenyl-, methylester 9 3364
—, Diphenyl-, nitril 9 3356, 3363, 3366
—, Diphenyl-, [trimethylammonio-
äthylester] 9 3365
—, Diphenyl-azino-di- 10 3045
—, Diphenyl-benzyl- 9 3614
—, Diphenyl-benzyl-, amid 9 3615
—, Diphenyl-benzyl-, nitril 9 3615
—, Diphenyl-cyan- 9 4558, 4559, 4563
—, Diphenyl-cyan-, äthylester 9 4550,
4558, 4559, 4560, 4561, 4563
—, Diphenyl-naphthyl- 9 3672
—, Diphenyl-naphthyl-, äthylester
9 3672
—, [Dodecyl-cyclohexyl]-, methylester
9 139
—, Fluorenyl- 9 3475
—, Fluorenyl-, amid 9 3475
—, Fluorenyl-, anhydrid 9 3475
—, Fluorenyl-, nitril 9 3476
—, [Fluor-phenyl]- 9 2454
—, [Formyloxy-dimethyl-hexadecahydro-
cyclopenta[*a*]phenanthrenyl]- 10 683
—, [Formyloxy-dimethyl-hexadecahydro-
cyclopenta[*a*]phenanthrenyl]-,
chlorid 10 685
—, [Hexahydro-acephenanthrylenyl]-
9 3489
—, [Hexahydro-indanyl]-, äthylester
9 264
—, [Hexahydro-pyrenyl]- 9 3489
—, [Hexyl-cyclohexyl]- 9 129
—, [Hexyl-phenyl]- 9 2623
—, [Hexyl-phenyl]-, methylester 9 2623
—, Hydrazono-phenyl- 10 3045
—, Hydrazono-phenyl-[hydrazono-
phenäthyl]-, äthylester 10 3628
—, Hydroxy-[acetoxy-dimethyl-
hexadecahydro-cyclopenta[*a*]-
phenanthrenyl]-, methylester 10 1628
—, [Hydroxy-acetoxy-dimethyl-
hexadecahydro-cyclopenta[*a*]-
phenanthrenyl]- 10 1625

Buttersäure, [Hydroxy-acetoxy-dimethyl-
hexadecahydro-cyclopenta[*a*]-
phenanthrenyl]-, amid 10 1627
—, [Hydroxy-acetoxy-dimethyl-
hexadecahydro-cyclopenta[*a*]-
phenanthrenyl]-, methylester
10 1624, 1626
—, Hydroxy-[acetoxy-dimethyl-
tetradecahydro-cyclopenta[*a*]-
phenanthrenyl]-, methylester
10 1882
—, [Hydroxy-äthoxycarbonyl-cyclohexyl]-,
äthylester 10 2041
—, Hydroxy-äthyl-diphenyl- 10 1226
—, Hydroxy-äthyl-diphenyl-,
methylester 10 1226
—, Hydroxy-äthyl-phenyl-, äthylester
10 639
—, [Hydroxy-anthryl]- 10 3397, 3398
—, [Hydroxy-anthryl]-, methylester
10 3398
—, Hydroxy-benzoylimino-, äthylester
9 1205
—, Hydroxy-benzyl- 10 621
—, Hydroxy-benzyl-, äthylester 10 621
—, [Hydroxy-benzyl]- 10 621; s. a.
Propionsäure, Hydroxy-äthyl-phenyl-
—, Hydroxy-biphenylyl- 10 1211
—, Hydroxy-biphenylyl-, [diäthylamino-
äthylester] 10 1211
—, Hydroxy-biphenylyl-, [diäthylamino-
propylester] 10 1211
—, Hydroxy-bis-[brom-phenyl]-*m*-tolyl-
10 1329
—, Hydroxy-bis-[brom-phenyl]-*p*-tolyl-
10 1330
—, Hydroxy-bis-[chlor-phenyl]-[brom-
phenyl]- 10 1328
—, Hydroxy-bis-[chlor-phenyl]-*m*-tolyl-
10 1329
—, Hydroxy-bis-[chlor-phenyl]-*p*-tolyl-
10 1330
—, Hydroxy-bis-[dimethoxy-benzyl]-
10 2585
—, Hydroxy-bis-[hydroxy-methoxy-benzyl]-
10 2584
—, Hydroxy-bis-[isopropyl-phenyl]-
m-tolyl- 10 1333
—, Hydroxy-bis-[isopropyl-phenyl]-
p-tolyl- 10 1333
—, Hydroxy-bis-[methoxy-phenyl]-
10 2326
—, Hydroxy-bis-[nitro-benzoyloxy]-,
methylester 10 1685
—, Hydroxy-butyl-diphenyl- 10 1245
—, Hydroxy-[butyloxy-phenyl]- 10 1552
—, [Hydroxy-(carboxy-propionyloxy)-
dimethyl-hexadecahydro-cyclopenta-
[*a*]phenanthrenyl]- 10 1626

Buttersäure, Hydroxy-[chlor-methoxy-
phenyl]-, äthylester **10** 1554
—, Hydroxy-[chlor-phenyl]- **10** 599
—, Hydroxy-[chlor-phenyl-acetylimino]-,
äthylester **9** 2270
—, [Hydroxy-cyan-cyclopentyl]-,
methylester **10** 2037
—, Hydroxy-cyclohexyl- **10** 37, 38
—, Hydroxy-cyclohexyl-, äthylester
10 38
—, [Hydroxy-cyclohexyl]- **10** 36, 37, 38
—, [Hydroxy-cyclohexyl]-, äthylester
10 38
—, [Hydroxy-cyclohexyl]-, methylester
10 37
—, Hydroxy-cyclohexylmethyl-,
äthylester **10** 44
—, [Hydroxy-decahydro-naphthyl]- **10** 76
—, Hydroxy-diäthoxy-cyclohexyl-,
äthylester **10** 4185
—, Hydroxy-diäthoxy-phenyl- **10** 4238
—, Hydroxy-diäthoxy-phenyl-,
äthylester **10** 4239
—, Hydroxy-diäthoxy-phenyl-,
methylester **10** 4238
—, Hydroxy-dibenzoyloxy-, äthylester
9 864, 865
—, Hydroxy-dibenzoyloxy-,
isopropylester **9** 865
—, Hydroxy-dibenzoyloxy-diphenyl-,
methylester **10** 2327
—, Hydroxy-[dihydroxy-dimethyl-
hexadecahydro-cyclopenta[a]⁓
phenanthrenyl]- **10** 2158
—, Hydroxy-[dihydroxy-dimethyl-
hexadecahydro-cyclopenta[a]⁓
phenanthrenyl]-, methylester
10 2159
—, Hydroxy-dimethoxy-diphenyl- **10** 2326
—, Hydroxy-[dimethoxy-phenyl]- **10** 2129
—, Hydroxy-[dimethoxy-phenyl]-,
hydrazid **10** 2129
—, [Hydroxy-dimethoxy-phenyl]- **10** 2129
—, [Hydroxy-dimethyl-hexadecahydro-
cyclopenta[a]phenanthrenyl]-
10 682
—, [Hydroxy-dimethyl-hexadecahydro-
cyclopenta[a]phenanthrenyl]-,
äthylester **10** 685
—, [Hydroxy-dimethyl-hexadecahydro-
cyclopenta[a]phenanthrenyl]-,
methylester **10** 683
—, Hydroxy-[dimethyl-methoxycarbonyl-
cyclobutyl]-, methylester **10** 2043
—, Hydroxy-dimethyl-phenyl- **10** 640
—, Hydroxy-[dimethyl-phenyl]- **10** 646
—, Hydroxy-[dimethyl-phenyl]-,
äthylester **10** 645, 646
—, [Hydroxy-dimethyl-phenyl]- **10** 644

Buttersäure, [Hydroxy-dimethyl-tetradeca⁓
hydro-cyclopenta[a]phenanthrenyl]-
10 956
—, [Hydroxy-dimethyl-tetradecahydro-
cyclopenta[a]phenanthrenyl]-,
methylester **10** 957, 958
—, [Hydroxy-dioxo-dihydro-naphthyl]-
10 4656
—, [Hydroxy-dioxo-dihydro-naphthyl]-,
methylester **10** 4656
—, [Hydroxy-dioxo-dimethyl-
hexadecahydro-cyclopenta[a]⁓
phenanthrenyl]-, methylester
10 4616
—, Hydroxy-diphenyl- **10** 1204, 1205,
1206, 1207, 1208, 1209
—, Hydroxy-diphenyl-, äthylester
10 1205, 1206, 1207
—, Hydroxy-diphenyl-, amid **10** 1208
—, Hydroxy-diphenyl-, methylester
10 1208
—, Hydroxy-diphenyl-benzyl- **10** 1328
—, Hydroxy-diphenyl-[brom-phenyl]-
10 1328
—, Hydroxy-diphenyl-*m*-tolyl- **10** 1329
—, Hydroxy-diphenyl-*p*-tolyl- **10** 1329
—, Hydroxy-di-*m*-tolyl-*p*-tolyl- **10** 1332
—, Hydroxy-di-*o*-tolyl-*m*-tolyl- **10** 1331
—, Hydroxy-di-*o*-tolyl-*p*-tolyl- **10** 1331
—, Hydroxy-[hydroxy-äthyl]-phenyl-,
nitril **10** 1576
—, Hydroxy-[hydroxy-äthyl]-*o*-tolyl-,
nitril **10** 1586
—, Hydroxy-[hydroxy-dimethyl-
hexadecahydro-cyclopenta[a]⁓
phenanthrenyl]- **10** 1628
—, Hydroxy-[hydroxy-dimethyl-
hexadecahydro-cyclopenta[a]⁓
phenanthrenyl]-, methylester **10** 1628
—, Hydroxy-[hydroxy-dimethyl-
tetradecahydro-cyclopenta[a]⁓
phenanthrenyl]- **10** 1882
—, Hydroxy-[hydroxy-dimethyl-
tetradecahydro-cyclopenta[a]⁓
phenanthrenyl]-, methylester **10** 1882
—, Hydroxy-[hydroxy-methoxy-benzyl]-
[dimethoxy-benzyl]- **10** 2584
—, Hydroxy-[hydroxy-phenyl-carbamoyl-
propyloxy]-phenyl- **10** 3045
—, Hydroxyimino-acenaphthenyl-,
methylester **10** 3339
—, Hydroxyimino-[äthoxy-tetrahydro-
naphthyl]- **10** 4352, 4353
—, [Hydroxyimino-cyclohexyl]- **10** 2852
—, Hydroxyimino-dibenzyl-, äthylester
10 3350
—, [Hydroxyimino-dimethyl-(dimethyl-
hexyl)-dodecahydro-cyclopenta[a]⁓
naphthalinyl]- **10** 2971

Buttersäure, Hydroxyimino-diphenyl-,
nitril 10 3323, 3325
—, Hydroxyimino-fluorenyl-,
methylester 10 3393
—, Hydroxyimino-[methyl-isopropyl-
phenanthryl]- 10 3423
—, Hydroxyimino-[methyl-isopropyl-
phenanthryl]-, äthylester 10 3423
—, Hydroxyimino-[methyl-isopropyl-
phenanthryl]-, methylester 10 3423
—, Hydroxyimino-methyl-[methoxy-phenyl]-
10 4246
—, Hydroxyimino-methyl-[methyl-
isopropyl-phenanthryl]-,
methylester 10 3425
—, Hydroxyimino-phenanthryl- 10 3408
—, Hydroxyimino-[phenoxy-phenyl]-
10 4233
—, Hydroxyimino-phenyl- 10 3036
—, Hydroxy-imino-p-tolyl- 10 4257
—, Hydroxy-[isobutyloxy-phenyl]-
10 1552
—, Hydroxy-isopentyl-diphenyl- 10 1247
—, Hydroxy-[isopentyloxy-phenyl]-
10 1552
—, Hydroxy-methoxy-cyclohexyl- 10 1354
—, Hydroxy-methoxy-cyclohexyl-,
äthylester 10 1354
—, Hydroxy-methoxy-cyclohexyl-,
[brom-phenacylester] 10 1354
—, Hydroxy-methoxy-cyclopentyl- 10 1353
—, Hydroxy-methoxy-cyclopentyl-,
äthylester 10 1354
—, Hydroxy-methoxy-cyclopentyl-,
[brom-phenacylester] 10 1354
—, Hydroxy-methoxy-[methoxy-cyclohexyl]
äthylester 10 2024
—, Hydroxy-methoxy-[methoxy-naphthyl]-,
äthylester 10 2289
—, Hydroxy-methoxy-[methoxy-phenyl]-
10 2130
—, Hydroxy-methoxy-[methoxy-phenyl]-,
äthylester 10 2130
—, Hydroxy-[methoxy-methyl-phenyl]-
10 1573
—, [Hydroxy-methoxy-oxo-dimethyl-
hexadecahydro-cyclopenta[a]
phenanthrenyl]- 10 4581
—, Hydroxy-methoxy-phenyl- 10 1555
—, Hydroxy-methoxy-phenyl-, äthylester
10 1555
—, Hydroxy-methoxy-phenyl-,
[brom-phenacylester] 10 1555
—, Hydroxy-[methoxy-phenyl]- 10 1552,
1555, 1556
—, Hydroxy-[methoxy-phenyl]-, amid
10 1555
—, Hydroxy-[methoxy-phenyl]-,
methylester 10 1552

Buttersäure, Hydroxy-[methoxy-phenyl]-,
nitril 10 1555, 1556
—, [Hydroxy-methoxy-phenyl]- 10 1550
—, [Hydroxy-methoxy-phenyl]-,
äthylester 10 1551
—, [Hydroxy-methyl-carboxy-cyclohexyl]-
10 2044
—, [Hydroxy-methyl-cyclohexyl]-,
methylester 10 44
—, Hydroxy-methyl-cyclopentenyl- 10 58
—, Hydroxy-methyl-cyclopentenyl-,
äthylester 10 58
—, Hydroxy-methyl-[dimethoxy-phenyl]-,
äthylester 10 2135
—, Hydroxy-methyl-[hydroxy-tetramethyl-
decahydro-naphthyl]- 10 1359
—, Hydroxy-methyl-[hydroxy-tetramethyl-
decahydro-naphthyl]-, methylester
10 1359
—, Hydroxy-[methyl-isopropyl-dihydro-
phenanthryl]- 10 1297
—, Hydroxy-[methyl-isopropyl-
phenanthryl]- 10 1311
—, Hydroxy-[methyl-isopropyl-
phenanthryl]-, methylester 10 1311
—, [Hydroxy-methyl-methoxycarbonyl-
cyclohexyl]-, methylester 10 2044
—, Hydroxy-methyl-[methoxy-methyl-
phenyl]-, äthylester 10 1584
—, Hydroxy-methyl-[methoxy-phenyl]-
10 1570
—, Hydroxy-methyl-[methyl-isopropyl-
phenyl]-, äthylester 10 658
—, Hydroxy-methyl-naphthyl-,
äthylester 10 1122
—, Hydroxy-methyl-phenyl- 10 623
—, Hydroxy-methyl-phenyl-, äthylester
10 620
—, Hydroxy-methyl-phenyl-, methylester
10 620
—, Hydroxy-methyl-p-tolyl- 10 643
—, Hydroxy-naphthyl- 10 1120
—, Hydroxy-naphthyl-, [diäthylamino-
äthylester] 10 1120
—, Hydroxy-naphthyl-, [diäthylamino-
propylester] 10 1120
—, [Hydroxy-naphthyl]- 10 1116, 1118
—, [Hydroxy-oxo-dimethyl-hexadecahydro-
cyclopenta[a]phenanthrenyl]- 10 4307
—, [Hydroxy-oxo-dimethyl-hexadecahydro-
cyclopenta[a]phenanthrenyl]-,
methylester 10 4305, 4306, 4307
—, [Hydroxy-oxo-dimethyl-
tetradecahydro-cyclopenta[a]
phenanthrenyl]- 10 4365
—, [Hydroxy-oxo-dimethyl-
tetradecahydro-cyclopenta[a]
phenanthrenyl]-, methylester
10 4364, 4365

Buttersäure, Hydroxy-oxo-diphenyl-
10 4446
—, Hydroxy-oxo-diphenyl-, methylester
10 4447
—, [Hydroxy-oxo-(methoxy-phenyl)-
tetrahydro-furyl]- 10 4745
—, Hydroxy-oxo-methyl-[brom-phenyl]-
10 4246
—, Hydroxy-oxo-methyl-diphenyl-,
methylester 10 4454
—, [Hydroxy-oxo-methyl-phenyl-
tetrahydro-pyranyl]- 10 3973
—, Hydroxy-oxo-phenyl-benzyl- 10 4453
—, Hydroxy-oxo-phenyl-[methoxy-phenyl]-
10 4678
—, [(Hydroxy-oxo-phthalanyl)-phenyl]-
10 4015
—, Hydroxy-phenanthryl-, methylester
10 1310
—, Hydroxy-phenyl- 10 591, 592, 594,
595, 597, 598, 599
—, Hydroxy-phenyl-, äthylester 10 595, 598
—, Hydroxy-phenyl-, amid 10 591, 598, 599
—, Hydroxy-phenyl-, [diäthylamino-
äthylester] 10 598
—, Hydroxy-phenyl-, menthylester
10 592, 595
—, Hydroxy-phenyl-, methylester 10 592,
597
—, Hydroxy-phenyl-, [methyl-isopropyl-
cyclohexylester] 10 592, 595
—, Hydroxy-phenyl-, nitril 10 599
—, Hydroxy-phenyl-, [trimethylammonio-
äthylester] 10 598
—, [Hydroxy-phenyl]- 10 586, 589, 596
—, [Hydroxy-phenyl]-, äthylester 10 596
—, [Hydroxy-phenyl]-, methylester 10 587
—, Hydroxy-phenylacetylimino-,
äthylester 9 2238
—, Hydroxy-phenyl-bis-[brom-phenyl]-
10 1328
—, Hydroxy-phenyl-bis-[chlor-phenyl]-
10 1327
—, Hydroxy-phenyl-bis-[isopropyl-
phenyl]- 10 1333
—, Hydroxy-phenyl-di-p-cumenyl-
10 1333
—, Hydroxy-phenyl-dinaphthyl- 10 1352
—, Hydroxy-phenyl-di-m-tolyl- 10 1331
—, Hydroxy-phenyl-di-o-tolyl- 10 1330
—, Hydroxy-phenyl-di-p-tolyl- 10 1331
—. Hydroxy-phenyl-[methoxy-phenyl]-
10 1973
—, Hydroxy-phenyl-[methoxy-phenyl]-,
methylester 10 1973
—, Hydroxy-propyl-diphenyl- 10 1240
—, Hydroxy-[propyloxy-phenyl]- 10 1552
—, Hydroxy-propyl-phenyl-, äthylester
10 648

Buttersäure, [Hydroxy-tetrahydro-
naphthyl]- 10 913, 915, 916
—, [Hydroxy-tetrahydro-naphthyl]-,
methylester 10 916
—, Hydroxy-p-tolyl-, äthylester 10 626
—, Hydroxy-m-tolyl-di-p-cumenyl-
10 1333
—, Hydroxy-p-tolyl-di-p-cumenyl-
10 1333
—, Hydroxy-m-tolyl-di-p-tolyl- 10 1332
—, Hydroxy-[trihydroxy-dimethyl-
hexadecahydro-cyclopenta[a]-
phenanthrenyl]- 10 2424
—, Hydroxy-[trimethyl-cyclopentenyl]-
10 72
—, Hydroxy-[trimethyl-cyclopentenyl]-,
äthylester 10 72
—, Hydroxy-triphenyl- 10 1327
—, Hydroxy-tri-m-tolyl- 10 1332
—, Hydroxy-tri-p-tolyl- 10 1333
—, Hydroxy-vanillyl-veratryl- 10 2584
—, Hydroxy-[2.4]xylyl- 10 646
—, Hydroxy-[2.4]xylyl-, äthylester
10 646
—, Hydroxy-[2.5]xylyl-, äthylester
10 645
—, Imino-bis-[dimethoxy-phenyl]-,
nitril 10 4820
—, Imino-diphenyl-, nitril 10 3323
—, Imino-phenyl-cyan-, äthylester
10 3963
—, Indanyl- 9 2858
—, Indanyl-, chlorid 9 2858
—, Isobutyl-phenyl- 9 2599
—, Isobutyl-phenyl-, amid 9 2599
—, Isobutyl-phenyl-, chlorid 9 2599
—, Isobutyl-phenyl-, ureid 9 2599
—, [Isopentyl-cyclohexyl]- 9 127
—, Isopentyl-phenyl- 9 2610
—, [Isopentyl-phenyl]- 9 2612
—, [Isopropyl-acetyl-cyclopentyl]- 10 2892
—, [Isopropyl-acetyl-cyclopentyl]-,
[phenyl-phenacylester] 10 2892
—, [Isopropyl-cyclopentandiyl]-di-
9 3931
—, Isopropyl-[dimethyl-naphthyl]-
9 3260
—, Isopropyl-[dimethyl-tetrahydro-
naphthyl]- 9 2902
—, Isopropyl-naphthyl- 9 3253
—, Isopropyl-phenyl- 9 2574
—, Isopropyl-phenyl-, amid 9 2574
—, Isopropyl-phenyl-, chlorid 9 2574
—, Isopropyl-phenyl-, [hydroxy-
äthylamid] 9 2574
—, Isopropyl-phenyl-, ureid 9 2575
—, [Isopropyl-phenyl]- 9 2583
—, [Isopropyl-phenyl]-, [phenyl-
phenacylester] 9 2583

Buttersäure, Isopropyl-[tetrahydro-
    naphthyl]- **9** 3253
—, Isopropyl-*o*-tolyl- **9** 2601
—, Jod-benzamino-, äthylester **9** 1148
—, [Jod-benzoylhydrazono]-, äthylester
    9 1451
—, [Jod-methoxy-phenyl]- **10** 590
—, [Jod-phenyl]- **9** 2455
—, [Jod-phenyl]-, äthylester **9** 2456
—, Mesityl- **9** 2591
—, [Methoxy-acetoxy-oxo-dimethyl-
    hexadecahydro-cyclopenta[*a*]-
    phenanthrenyl]- **10** 4581
—, [Methoxy-äthyl]-phenyl- **10** 637
—, [Methoxy-biphenylyl]- **10** 1210, 1211
—, [Methoxy-*tert*-butyl-phenyl]- **10** 655
—, [Methoxy-*tert*-butyl-phenyl]-, amid
    10 656
—, [Methoxycarbonyl-cyclopentenyl]-,
    dimethylester **9** 3985
—, [Methoxycarbonyl-cyclopentyl]-,
    methylester **9** 3870
—, [Methoxy-carboxy-dihydro-naphthyl]-
    10 2289
—, [Methoxy-carboxy-indenyl]- **10** 2289
—, [Methoxy-carboxy-phenyl]- **10** 2231
—, [Methoxy-carboxy-tetrahydro-
    naphthyl]- **10** 2272
—, [Methoxy-carboxy-tetrahydro-
    phenanthryl]- **10** 2372
—, [Methoxy-cyclohexyl]- **10** 38
—, [Methoxy-cyclohexyl]-, äthylester
    10 38
—, [Methoxy-dihydro-naphthyl]- **10** 998,
    999
—, [Methoxy-dihydro-naphthyl]-,
    methylester **10** 999
—, [Methoxy-dihydro-naphthyliden]-
    10 999
—, [Methoxy-dihydro-naphthyliden]-,
    methylester **10** 999
—, [Methoxy-dimethyl-phenyl]- **10** 643,
    644, 645
—, [Methoxy-(hydroxy-oxo-tetrahydro-
    furyl)-naphthyl]- **10** 4776
—, [Methoxy-isopropyl-naphthyl]-
    10 1129
—, [Methoxy-methoxycarbonyl-indenyl]-,
    methylester **10** 2289
—, [Methoxy-methoxycarbonyl-tetrahydro-
    phenanthryl]-, methylester **10** 2372
—, Methoxymethoxy-[methoxymethoxy-
    äthyl]-phenyl-, nitril **10** 1576
—, [Methoxy-methyl-äthyl-phenyl]-
    10 652, 653
—, [Methoxy-methyl-*tert*-butyl-phenyl]-
    10 658
—, [Methoxy-methyl-cyclohexenyl]-
    10 64

Buttersäure, [Methoxy-methyl-dihydro-
    naphthyl]- **10** 1004
—, [Methoxy-methyl-isopropyl-phenyl]-
    10 656
—, [Methoxy-methyl-isopropyl-phenyl]-,
    amid **10** 656
—, [Methoxy-methyl-isopropyl-phenyl]-,
    chlorid **10** 656
—, [Methoxy-methyl-methoxycarbonyl-
    tetrahydro-phenanthryl]-,
    methylester **10** 2378, 2379
—, [Methoxy-methyl-naphthyl]- **10** 1123
—, [Methoxy-methyl-naphthyl]-,
    methylester **10** 1123
—, [Methoxy-methyl-phenyl]- **10** 624, 625
—, [Methoxy-methyl-phenyl]-,
    äthylester **10** 626
—, [Methoxy-methyl-phenyl]-[methoxy-
    methyl-phenyl]- **10** 1980
—, [Methoxy-methyl-phenyl]-[methoxy-
    methyl-phenyl]-, äthylester **10** 1981
—, [Methoxy-methyl-phenyl]-[methoxy-
    methyl-phenyl]-, methylester
    10 1981
—, [Methoxy-methyl-phenyl]-*p*-tolyl-
    10 1226
—, [Methoxy-methyl-phenyl]-*p*-tolyl-,
    äthylester **10** 1226
—, [Methoxy-methyl-phenyl]-*p*-tolyl-,
    methylester **10** 1226
—, [Methoxy-naphthyl]- **10** 1116, 1117,
    1118
—, [Methoxy-naphthyl]-, äthylester
    10 1116, 1117
—, [Methoxy-naphthyl]-acetyl-,
    äthylester **10** 4418
—, Methoxy-oxo-[brom-phenyl]- **10** 4236
—, Methoxy-oxo-[brom-phenyl]-,
    methylester **10** 4236
—, [Methoxy-oxo-cyclohexyl]- **10** 4185
—, [Methoxy-oxo-cyclohexyl]-,
    äthylester **10** 4185
—, Methoxy-oxo-diphenyl- **10** 4446
—, Methoxy-oxo-diphenyl-, methylester
    10 4447
—, [Methoxy-oxo-tetrahydro-naphthyl]-
    10 4353
—, [Methoxy-phenyl]- **10** 587, 588, 589,
    593, 594, 595, 596
—, [Methoxy-phenyl]-, äthylester
    10 587, 588, 590, 593, 594
—, [Methoxy-phenyl]-, amid **10** 588,
    593, 594, 597
—, [Methoxy-phenyl]-, chlorid **10** 587,
    590, 593
—, [Methoxy-phenyl]-, methylester
    10 587
—, [Methoxy-phenyl]-, nitril **10** 588,
    589, 590, 597

Buttersäure, [Methoxy-phenyl]-, [phenyl-
phenacylester] 10 587
—, [Methoxy-phenyl]-[äthoxy-phenyl]-
10 1974
—, [Methoxy-phenyl]-[äthoxy-phenyl]-,
äthylester 10 1975
—, [Methoxy-phenyl]-[äthoxy-phenyl]-,
methylester 10 1975
—, [Methoxy-phenyl]-benzyl- 10 1216
—, [Methoxy-phenyl]-cyan- 10 2225
—, [Methoxy-phenyl]-cyan-, äthylester
10 2230
—, [Methoxy-phenyl]-cyan-, amid 10 2230
—, [Methoxy-phenyl]-[dimethoxy-phenyl]-
10 2325
—, [Methoxy-phenyl]-[dimethoxy-phenyl]-,
methylester 10 2325
—, [Methoxy-phenyl]-[methoxy-benzyl]-
10 1976
—, [Methoxy-phenyl]-[methoxy-methyl-
phenyl]- 10 1978
—, [Methoxy-phenyl]-[methoxy-methyl-
phenyl]-, äthylester 10 1978
—, [Methoxy-phenyl]-[methoxy-methyl-
phenyl]-, methylester 10 1978, 1979
—, [Methoxy-phenyl]-[methoxy-phenyl]-
10 1971, 1974
—, [Methoxy-phenyl]-[methoxy-phenyl]-,
äthylester 10 1974
—, [Methoxy-phenyl]-[methoxy-phenyl]-,
nitril 10 1971
—, [Methoxy-phenyl]-naphthyl- 10 1320
—, [Methoxy-phenyl]-p-tolyl- 10 1217, 1218
—, [Methoxy-phenyl]-p-tolyl-,
äthylester 10 1219
—, [Methoxy-phenyl]-p-tolyl-,
methylester 10 1219
—, [Methoxy-semicarbazono-cyclohexyl]-
10 4185
—, [Methoxy-tetrahydro-naphthyl]-
10 914, 915
—, Methyl- s. a. *Isovaleriansäure*
—, [Methyl-äthoxycarbonylmethyl-
cyclopentyl]-, äthylester 9 3926
—, [Methyl-äthoxycarbonylmethylen-
cyclopentyl]-, äthylester 9 4007
—, [Methyl-äthoxycarbonyl-phenyl]-,
äthylester 9 4325
—, Methyl-äthyl-naphthyl- 9 3253
—, Methyl-äthyl-naphthyl-, amid
9 3253
—, Methyl-äthyl-phenyl- 9 2574
—, Methyl-[äthyl-phenyl]- 9 2582
—, Methylamino-hydroxy-triphenyl-
10 3461
—, [Methyl-anthryl]- 9 3530
—, Methyl-benzoyl- s. *Propionsäure,
Oxo-isopropyl-phenyl-*
—, [Methyl-benzoyl-amino]- 9 1150

Buttersäure, [Methyl-benzoyl-amino]-,
nitril 9 1149
—, [Methyl-benzoyl-amino]-hydroxy-
dimethyl-, nitril 9 1185
—, Methyl-benzyl- s. *Propionsäure,
Isopropyl-phenyl-* und *Propionsäure,
Methyl-äthyl-phenyl-*
—, [Methyl-benzyl]- 9 2553
—, Methyl-benzyl-acetyl-
s. *Acetessigsäure, Isopropyl-
benzyl-*
—, Methyl-[brom-methoxy-naphthyl]-
10 1122
—, Methyl-[brom-phenyl]- 9 2515
—, [Methyl-*tert*-butyl-phenyl]-
9 2613, 2614
—, [Methyl-*tert*-butyl-phenyl]-, amid
9 2614
—, [Methyl-*tert*-butyl-phenyl]-,
chlorid 9 2614
—, [Methyl-carboxy-cyclohexyl]- 9 3921
—, [Methyl-carboxymethyl-cyclopentyl]-
9 3925
—, Methyl-[carboxy-naphthyl]- 9 4484
—, [Methyl-carboxy-octahydro-
pentalenyl]- 9 4029
—, Methyl-[carboxy-phenyl]- 9 4320
—, [Methyl-carboxy-phenyl]- 9 4325
—, Methyl-[chlor-phenyl]- 9 2514
—, Methyl-p-cumenyl-, äthylester
9 2602
—, Methyl-cyclohexenyl- 9 226
—, Methyl-cyclohexenyl-, [phenyl-
phenacylester] 9 226
—, [Methyl-cyclohexenyl]- 9 226
—, [Methyl-cyclohexenyl]-, äthylester
9 227
—, [Methyl-cyclohexenyl]-, bis-[dimethyl-
amino-phenyl]-ureid 9 226
—, [Methyl-cyclohexenyl]-,
[brom-phenacylester] 9 227
—, [Methyl-cyclohexenyl]-, methylester
9 227
—, [Methyl-cyclohexenyl]-, [phenyl-
phenacylester] 9 227
—, Methyl-cyclohexyl- 9 104, 105
—, Methyl-cyclohexyl-, äthylester
9 104, 105
—, Methyl-cyclohexyl-, amid 9 105
—, Methyl-cyclohexyl-, chlorid 9 105
—, [Methyl-cyclohexyl]- 9 106
—, Methyl-cyclopentyl- 9 95
—, [Methyl-cyclopentyl]- 9 95
—, [Methyl-cyclopentyl]-phenyl- 9 2893
—, Methyl-[dicarboxy-phenyl]- 9 4810
—, Methyl-[dimethoxy-phenyl]- 8 2372,
10 1571
—, Methyl-[dimethoxy-phenyl]-,
äthylester 10 1571

Buttersäure, Methyl-[dimethoxy-phenyl]-, amid 10 1571
—, Methyl-[dimethoxy-phenyl]-, [brom-phenacylester] 10 1570
—, Methyl-[dimethoxy-phenyl]-, methylester 8 2372, 10 1570
—, Methyl-[dimethyl-carboxy-norbornenyl]- 9 4078
—, Methyl-[dimethyl-naphthyl]- 9 3256
—, Methyl-[dimethyl-phenyl]- 9 2585, 2586, 2588
—, Methyl-[dimethyl-phenyl]-, äthylester 9 2586
—, Methyl-[dimethyl-phenyl]-, chlorid 9 2585
—, Methyl-[dimethyl-phenyl]-, methylester 9 2586
—, Methyl-[dimethyl-tetrahydro-naphthyl]- 9 3256
—, Methyl-[dinitro-carboxy-phenyl]- 9 4320
—, Methyl-[dinitro-dimethyl-phenyl]- 9 2587
—, Methyl-[dinitro-dimethyl-phenyl]-, methylester 9 2587
—, Methyl-[dinitro-phenyl]- 9 2515
—, Methyl-[dinitro-trimethyl-phenyl]-, methylester 9 2606
—, Methyl-diphenyl- 9 3383
—, Methyl-diphenyl-, chlorid 9 3383
—, Methyl-diphenyl-, nitril 9 3382
—, Methyl-[fluor-phenyl]- 9 2514
—, [Methyl-(hydroxy-benzhydryl)-octahydro-pentalenyl]- 10 1312
—, Methyl-[hydroxy-dimethoxy-phenyl]- 10 2135
—, Methyl-[hydroxy-dioxo-dihydro-naphthyl]- 10 4657
—, Methyl-[hydroxy-dioxo-dihydro-naphthyl]-, methylester 10 4657
—, Methyl-[hydroxy-dioxo-hexamethyl-hexadecahydro-chrysenyl]- 10 4644
—, Methyl-[hydroxy-methyl-cyclohexyl]-, methylester 10 47
—, Methyl-[hydroxy-phenyl]- 10 622
—, [Methyl-isopropyl-dihydro-phenanthryl]- 9 3490, 3491
—, [Methyl-isopropyl-dihydro-phenanthryl]-, anhydrid 9 3491
—, [Methyl-isopropyl-dihydro-phenanthryl]-, methylester 9 3490
—, [Methyl-isopropyl-indanyl]- 9 2899
—, [Methyl-isopropyl-phenanthryl]- 9 3544, 3545
—, [Methyl-isopropyl-phenanthryl]-, methylester 9 3544, 3545
—, Methyl-isopropyl-phenyl-, nitril 9 2601
—, Methyl-[isopropyl-phenyl]-, äthylester 9 2602

Buttersäure, [Methyl-isopropyl-phenyl]- 9 2605
—, [Methyl-isopropyl-phenyl]-, chlorid 9 2605
—, Methyl-isopropyl-o-tolyl-, äthylester 9 2612
—, Methyl-[jod-phenyl]- 9 2515
—, Methyl-[jod-phenyl]-, äthylester 9 2515
—, Methylmercapto-oxo-phenyl- 10 4236
—, [Methylmercapto-phenyl]- 10 591
—, [Methyl-methoxycarbonyl-cyclohexyl]-, methylester 9 3921
—, [Methyl-methoxycarbonylmethyl-cyclopentyl]-, methylester 9 3926
—, Methyl-[methoxy-dimethyl-phenyl]- 10 652
—, Methyl-[methoxy-dimethyl-phenyl]-, chlorid 10 652
—, Methyl-[methoxy-methyl-phenyl]- 10 642
—, Methyl-[methoxy-naphthyl]- 10 1122
—, Methyl-[methoxy-naphthyl]-, amid 10 1122
—, Methyl-[methoxy-naphthyl]-acetyl-, äthylester 10 4420
—, Methyl-[methoxy-naphthyl]-acetyl-, methylester 10 4419
—, Methyl-[methoxy-naphthyl]-propionyl-, äthylester 10 4423
—, Methyl-[methoxy-naphthyl]-propionyl-, methylester 10 4423
—, Methyl-[methoxy-phenyl]- 10 619, 622
—, Methyl-[methoxy-phenyl]-, äthylester 10 622
—, Methyl-[methoxy-phenyl]-, amid 10 620, 622
—, Methyl-[methoxy-phenyl]-, butylester 10 622
—, Methyl-[methoxy-phenyl]-, nitril 10 623
—, Methyl-[methoxy-tetrahydro-naphthyl]- 10 921
—, Methyl-[methoxy-tetrahydro-naphthyl]-, amid 10 921
—, Methyl-[methyl-cyclohexenyl]- 9 253
—, Methyl-[methyl-isopropyl-cyclohexyl]- 9 128
—, Methyl-[methyl-isopropyl-phenanthryl]- 9 3546
—, Methyl-[methyl-isopropyl-phenyl]- 9 2613
—, Methyl-[methyl-isopropyl-phenyl]-, chlorid 9 2613
—, Methyl-naphthyl- 9 3239, 3240
—, Methyl-naphthyl-, methylester 9 3240
—, [Methyl-naphthyl]- 9 3241
—, [Methyl-naphthyl]-, methylester 9 3241

Buttersäure, Methyl-naphthylmethyl-
s. *Propionsäure, Methyl-äthyl-naphthyl-*
—, Methyl-naphthyl-propionyl-,
methylester **10** 3283
—, Methyl-[nitro-dimethyl-phenyl]-
9 2586
—, Methyl-[nitro-dimethyl-phenyl]-,
methylester **9** 2587
—, Methyl-[nitro-phenyl]- **9** 2515
—, [Methyl-octahydro-naphthyl]- **9** 344
—, [Methyl-octahydro-naphthyl]-,
[brom-phenacylester] **9** 344
—, Methyl-phenäthyl- s. *Buttersäure,
Isopropyl-phenyl-*
—, Methyl-phenanthryl- **9** 3532, 3533
—, [Methyl-phenanthryl]- **9** 3534, 3535
—, Methyl-phenyl- **9** 2508, 2511, 2513,
2515, 2516, 2518
—, Methyl-phenyl-, äthylester **9** 2509,
2512, 2517
—, Methyl-phenyl-, amid **9** 2509, 2512,
2516, 2518
—, Methyl-phenyl-, butylester **9** 2514
—, Methyl-phenyl-, chlorid **9** 2509,
2512, 2514, 2517
—, Methyl-phenyl-, methylester **9** 2508,
2514
—, Methyl-phenyl-, [phenyl-
phenacylester] **9** 2512
—, Methyl-phenyl-, ureid **9** 2518
—, Methyl-phenyl-cyan-, äthylester
9 4315, 4317, 4318
—, Methyl-phenyl-o-tolyl- **9** 3392
—, Methyl-phenyl-o-tolyl-, amid
9 3392
—, Methyl-phenyl-o-tolyl-, nitril
9 3393
—, Methyl-pyrenyl- **9** 3607
—, [Methylsulfon-phenyl]-, amid **10** 591
—, [Methylsulfon-phenyl]-, [amid-imin]
10 591
—, [Methylsulfon-phenyl]-, nitril
10 591
—, Methyl-[tetrahydro-naphthyl]-
9 2887
—, Methyl-[tetrahydro-naphthyl]-,
methylester **9** 2888
—, [Methyl-tetrahydro-phenanthryl]-
9 3401
—, Methyl-o-tolyl- **9** 2553, 2554
—, Methyl-o-tolyl-, chlorid **9** 2553
—, Methyl-p-tolyl- **9** 2553, 2554
—, Methyl-p-tolyl-, amid **9** 2553
—, Methyl-p-tolyl-, butylester **9** 2554
—, Methyl-p-tolyl-, chlorid **9** 2553
—, Methyl-[trimethyl-phenyl]- **9** 2606, 2607
—, Methyl-[trimethyl-phenyl]-,
methylester **9** 2606

Buttersäure, Methyl-[trinitro-dimethyl-
phenyl]- **9** 2587
—, Methyl-[trinitro-dimethyl-phenyl]-,
methylester **9** 2587
—, Methyl-triphenyl- **9** 3616
—, Methyl-triphenyl-,
[brom-phenacylester] **9** 3616
—, [Methyl-veratroyl-amino]-,
diäthylamid **10** 1428
—, Methyl-[2.3]xylyl- **9** 2585
—, Methyl-[2.4]xylyl- **9** 2585
—, Methyl-[2.5]xylyl- **9** 2586
—, Methyl-[3.4]xylyl- **9** 2588
—, Methyl-[3.5]xylyl- **9** 2586
—, Methyl-[3.5]xylyl-, äthylester
9 2586
—, Methyl-[3.5]xylyl-, methylester
9 2586
—, Naphthyl- **9** 3229, 3230, 3231
—, Naphthyl-, äthylester **9** 3230
—, Naphthyl-, chlorid **9** 3230
—, Naphthyl-, [diäthylamino-äthylester]
9 3231
—, Naphthyl-, [diäthylamino-
propylester] **9** 3231
—, Naphthyl-, methylester **9** 3229, 3230
—, Naphthyl-, nitril **9** 3231
—, Naphthyl-cyan-, äthylester **9** 4480
—, [Nitro-benzamino]-hydroxy- **9** 1736
—, [Nitro-benzamino]-methylmercapto-
9 1736
—, [(Nitro-benzamino)-methyl-
valerylamino]- **9** 1734
—, [Nitro-benzoylhydrazono]-,
äthylester **9** 1488, 1535, 1758
—, [(Nitro-benzoyl)-leucylamino]-
9 1734
—, [Nitro-benzoyloxy]-[diäthylamino-
methyl]-äthyl-, äthylester **9** 1706
—, [Nitro-benzoyloxy]-[dimethylamino-
methyl]-äthyl-, äthylester **9** 1706
—, [Nitro-benzoyloxy]-hydroxyimino-,
äthylester **9** 1511, 1687
—, [Nitro-benzoyloxy]-methyl-
[diäthylamino-methyl]-,
äthylester **9** 1706
—, [Nitro-benzoyloxy]-methyl-
[dimethylamino-methyl]-,
äthylester **9** 1706
—, [Nitro-benzoyloxy]-oxo-, äthylester
9 1476, 1511, 1686
—, [Nitro-benzoyloxy]-phenyl-,
äthylester **10** 599
—, [Nitro-dimethyl-benzoylhydrazono]-,
äthylester **9** 2449
—, Nitro-dimethyl-[brom-phenyl]-,
nitril **9** 2551
—, Nitro-dimethyl-naphthyl-, nitril
9 3249

Buttersäure, Nitro-dimethyl-phenyl-,
nitril 9 2550
—, Nitro-diphenyl-, nitril 9 3363
—, Nitro-methyl-phenyl-, nitril 9 2518
—, [Nitro-phenyl]- 9 2456, 2470
—, [Nitro-phenyl]-, äthylester 9 2471
—, [Nitro-phenyl]-, nitril 9 2471
—, Nitro-phenyl-benzoyl-, äthylester
10 3342
—, [Nitroso-phenyl]- 9 2470
—, [Octahydro-anthryl]- 9 3115
—, [Octahydro-anthryl]-, amid 9 3115
—, [Octahydro-naphthyl]- 9 343
—, [Octahydro-phenanthryl]- 9 3116
—, Octyl-cyclohexyl- 9 133
—, [Octyl-cyclohexyl]- 9 133
—, [Octyl-phenyl]- 9 2632
—, Oxo- s. a. *Acetessigsäure* und
Succinaldehydsäure
—, Oxo-acenaphthenyl- 10 3338
—, Oxo-acenaphthenyl-, methylester
10 3338
—, Oxo-[acetoxy-dimethyl-hexadecahydro-
cyclopenta[*a*]phenanthrenyl]-,
methylester 10 4305
—, Oxo-[acetoxy-dimethyl-
tetradecahydro-cyclopenta[*a*]⸗
phenanthrenyl]-, methylester
10 4364
—, Oxo-[(äthoxycarbonyl-äthyl)-phenyl]-
10 3970
—, [Oxo-äthoxycarbonyl-cyclohexyl]-,
äthylester 10 3914
—, [Oxo-äthoxycarbonyl-cyclopentyl]-,
äthylester 10 3908, 3909
—, [Oxo-äthoxycarbonyl-cyclopentyl]-,
nitril 10 3908
—, Oxo-[äthoxy-carboxy-phenyl]-
10 4742
—, Oxo-[äthoxy-methyl-phenyl]- 10 4248,
4250, 4253
—, Oxo-[äthoxy-methyl-phenyl]-,
äthylester 10 4249, 4252, 4255
—, Oxo-[äthoxy-methyl-phenyl]-,
methylester 10 4248, 4251, 4254
—, Oxo-[äthoxy-naphthyl]- 10 4412, 4415
—, Oxo-[äthoxy-phenyl]- 10 4232
—, Oxo-[äthoxy-phenyl]-, äthylester
10 4234
—, Oxo-[äthoxy-phenyl]-[äthoxy-
phenacyl]- 10 4784
—, Oxo-[äthoxy-tetrahydro-naphthyl]-
10 4351, 4352
—, Oxo-[äthoxy-tetrahydro-naphthyl]-,
äthylester 10 4352, 4353
—, Oxo-[äthoxy-tetrahydro-naphthyl]-,
methylester 10 4352
—, Oxo-äthyl-[methoxy-methyl-phenyl]-
10 4271

Buttersäure, Oxo-äthyl-[methoxy-phenyl]-
10 4262
—, Oxo-äthyl-[methoxy-phenyl]-,
methylester 10 4262
—, Oxo-äthyl-naphthyl- 10 3277
—, Oxo-[äthyl-naphthyl]- 10 3279
—, Oxo-[äthyl-naphthyl]-, methylester
10 3279
—, Oxo-[äthyl-phenyl]- 10 3087
—, Oxo-[(äthyl-propyl)-phenyl]-
10 3109
—, [Oxo-äthyl-tetrahydro-naphthyl]-
10 3207
—, Oxo-anthryl- 10 3407
—, Oxo-anthryl-, äthylester 10 3407
—, Oxo-anthryl-, methylester 10 3407
—, Oxo-benzaminomethyl-, äthylester
9 1206
—, [Oxo-benz[*de*]anthracenyl]-, nitril
10 3460
—, Oxo-benzoylhydrazono-phenyl-,
äthylester 10 3547
—, Oxo-benzoyloxyimino-, nitril 9 1303
—, Oxo-[benzyl-phenyl]- 10 3345
—, Oxo-bibenzylyl- 10 3353
—, Oxo-bicyclohexylyl-phenyl- 10 3248
—, Oxo-bicyclohexylyl-phenyl-,
äthylester 10 3248
—, Oxo-biphenylyl- 10 3334
—, Oxo-bis-[dimethoxy-phenyl]-
10 4820, 4821
—, Oxo-bis-[dimethoxy-phenyl]-, amid
10 4821
—, Oxo-bis-[dimethoxy-phenyl]-,
methylester 10 4820, 4822
—, Oxo-bis-[dimethoxy-phenyl]-, nitril
10 4821
—, Oxo-bis-[hydroxy-phenyl]- 10 4677
—, Oxo-bis-[methoxy-phenyl]- 10 4677,
4679
—, Oxo-bis-[methoxy-phenyl]-,
äthylester 10 4677, 4679
—, Oxo-bis-[methoxy-phenyl]-,
methylester 10 4677
—, Oxo-[brom-dihydroxy-phenyl]- 10 4544
—, Oxo-[brom-dimethoxy-phenyl]- 10 4545
—, Oxo-[brom-hydroxy-methoxy-phenyl]-
10 4545
—, Oxo-[brom-methoxy-naphthyl]- 10 4415
—, Oxo-[brom-methoxy-naphthyl]-acetyl-,
äthylester 10 4679
—, Oxo-[brom-methoxy-naphthyl]-
propionyl-, äthylester 10 4687
—, Oxo-[brom-methoxy-phenyl]-*p*-tolyl-,
nitril 10 4454
—, Oxo-[brom-phenyl]- 10 3040
—, Oxo-[brom-phenyl]-, amid 10 3040
—, Oxo-[brom-phenyl]-, dimethylamid
10 3040

Buttersäure, Oxo-[brom-phenyl]-,
methylester **10** 3040

—, Oxo-[brom-phenyl]-, nitril **10** 3040

—, Oxo-[butylmercapto-dioxo-methyl-
dihydro-naphthyl]-, methylester
10 4769

—, Oxo-[sec-butyl-naphthyl]- **10** 3284

—, Oxo-[sec-butyl-naphthyl]-,
methylester **10** 3284

—, Oxo-[tert-butyl-naphthyl]- **10** 3284

—, Oxo-[butyloxy-methyl-phenyl]-
10 4248, 4251, 4253

—, Oxo-[butyloxy-methyl-phenyl]-,
äthylester **10** 4249, 4252, 4255

—, Oxo-[butyloxy-methyl-phenyl]-,
methylester **10** 4249, 4252, 4254

—, Oxo-[butyloxy-phenyl]- **10** 4232

—, Oxo-[butyloxy-phenyl]-, äthylester
10 4234

—, Oxo-[butyloxy-phenyl]-, methylester
10 4234

—, Oxo-[butyl-phenyl]- **10** 3106

—, Oxo-[sec-butyl-phenyl]- **10** 3106

—, Oxo-[tert-butyl-phenyl]- **10** 3106

—, Oxo-[(carboxy-äthyl)-phenyl]-
10 3970

—, Oxo-{[(chlor-äthoxy)-äthoxy]-
phenyl}- **10** 4233

—, Oxo-[chlor-äthoxy-phenyl]- **10** 4235

—, Oxo-[chlor-methoxy-naphthyl]-
10 4415

—, Oxo-[chlor-methoxy-naphthyl]-,
methylester **10** 4415

—, Oxo-[chlor-methoxy-naphthyl]-
propionyl-, äthylester **10** 4686

—, Oxo-[chlor-methoxy-phenyl]- **10** 4235

—, Oxo-[chlor-methoxy-phenyl]-p-tolyl-,
nitril **10** 4453

—, Oxo-[chlor-methyl-phenyl]- **10** 3070

—, Oxo-[chlor-phenyl]- **10** 3039

—, Oxo-[chlor-phenyl]-, allylester
10 3039

—, Oxo-[chlor-phenyl]-, methylester
10 3039

—, Oxo-[chlor-phenyl]-, nitril **10** 3039

—, Oxo-chrysenyl- **10** 3475, 3476

—, Oxo-chrysenyl-, äthylester **10** 3476

—, Oxo-chrysenyl-, methylester **10** 3476

—, Oxo-p-cumenyl- **10** 3099

—, Oxo-p-cumenyl-, [phenyl-
phenacylester] **10** 3099

—, Oxo-[(cyan-äthyl)-phenyl]- **10** 3970

—, Oxo-cyclohexenyl-, methylester
10 2904

—, [Oxo-cyclohexenyl]- **10** 4713

—, [Oxo-cyclohexenyl]-, anhydrid
10 4713

—, Oxo-cyclohexyl- **10** 2853, 2854

—, Oxo-cyclohexyl-, äthylester **10** 2853

Buttersäure, [Oxo-cyclohexyl]- **10** 2852,
2853, 2854

—, [Oxo-cyclohexyl]-, äthylester
10 2852

—, [Oxo-cyclohexyl]-, [phenyl-
phenacylester] **10** 2853

—, Oxo-[cyclohexyl-phenyl]- **10** 3204

—, Oxo-cyclopenta[def]phenanthrenyl-
10 3437

—, Oxo-cyclopenta[def]phenanthrenyl-,
methylester **10** 3437

—, Oxo-cyclopentyl- **10** 2843

—, [Oxo-cyclopentyl]- **10** 2842, 2843

—, [Oxo-cyclopentyl]-, äthylester
10 2843

—, [Oxo-cyclopentyl]-, methylester
10 2842

—, [Oxo-cyclopentyl]-, [phenyl-
phenacylester] **10** 2843

—, Oxo-[cyclopentyl-phenyl]- **10** 3199

—, Oxo-[cyclopentyl-phenyl]-,
methylester **10** 3199

—, [Oxo-decahydro-naphthyl]- **10** 2947

—, Oxo-[diäthoxy-phenyl]- **10** 4545

—, Oxo-diäthyl-[methoxy-phenyl]-,
methylester **10** 4275

—, Oxo-diäthyl-phenyl- **10** 3104

—, Oxo-diäthyl-phenyl-, methylester
10 3104

—, Oxo-[dihydro-anthryl]- **10** 3398

—, [Oxo-dihydro-anthryl]- **10** 3397, 3398

—, [Oxo-dihydro-anthryl]-, methylester
10 3398

—, Oxo-[dihydro-cyclopenta[def]=
phenanthrenyl]- **10** 3420

—, Oxo-[dihydro-cyclopenta[def]=
phenanthrenyl]-, methylester
10 3420

—, Oxo-[dihydro-phenanthryl]- **10** 3398

—, Oxo-[dihydro-phenanthryl]-,
methylester **10** 3399

—, Oxo-[dihydroxy-dimethyl-
hexadecahydro-cyclopenta[a]=
phenanthrenyl]- **10** 4581

—, Oxo-[dihydroxy-dimethyl-
hexadecahydro-cyclopenta[a]=
phenanthrenyl]-, methylester
10 4582

—, Oxo-[dihydroxy-methyl-phenyl]-
10 4558

—, Oxo-[dihydroxy-phenyl]- **10** 4543

—, Oxo-[dihydroxy-phenyl]-, äthylester
10 4544

—, Oxo-[dihydroxy-phenyl]-,
methylester **10** 4544

—, Oxo-[dimethoxy-äthyl-phenyl]-
10 4562, 4563

—, Oxo-[dimethoxy-butyl-phenyl]-
10 4568

Buttersäure, Oxo-[dimethoxy-butyl-phenyl]-, äthylester 10 4568

—, Oxo-[dimethoxy-hexyl-phenyl]- 10 4571

—, Oxo-[dimethoxy-hexyl-phenyl]-, äthylester 10 4571

—, Oxo-[dimethoxy-methyl-phenyl]- 10 4557, 4558

—, Oxo-[dimethoxy-methyl-phenyl]-, äthylester 10 4557, 4558

—, Oxo-[dimethoxy-methyl-phenyl]-, methylester 10 4557

—, Oxo-[dimethoxy-naphthyl]- 10 4655

—, Oxo-[dimethoxy-naphthyl]-, äthylester 10 4655

—, Oxo-[dimethoxy-naphthyl]-, methylester 10 4655, 4656

—, Oxo-[dimethoxy-phenyl]- 10 4544, 4545, 4546, 4548

—, Oxo-[dimethoxy-phenyl]-, äthylester 10 4544, 4546, 4547

—, Oxo-[dimethoxy-phenyl]-, methylester 10 4545, 4547

—, Oxo-[dimethoxy-phenyl]-, nitril 10 4547

—, Oxo-[dimethoxy-phenyl]-benzyl- 10 1976, 4680

—, Oxo-[dimethoxy-phenyl]-benzyl-, methylester 10 4681

—, Oxo-[dimethoxy-phenyl]-[dimethoxy-benzoyl]-, äthylester 10 4851

—, Oxo-[dimethoxy-phenyl]-[dimethoxy-benzyl]- 10 4823

—, Oxo-[dimethoxy-phenyl]-formyl-, äthylester 10 4741

—, Oxo-[dimethoxy-phenyl]-veratroyl-, äthylester 10 4851

—, Oxo-[dimethoxy-phenyl]-veratryl- 10 4823

—, Oxo-[dimethoxy-propyl-phenyl]- 10 4564

—, Oxo-[dimethoxy-propyl-phenyl]-, äthylester 10 4564

—, Oxo-[dimethyl-anthryl]- 10 3420

—, Oxo-[dimethyl-anthryl]-, methylester 10 3420

—, Oxo-dimethyl-biphenylyl- 10 3356

—, Oxo-dimethyl-biphenylyl-, methylester 10 3356

—, Oxo-[dimethyl-carboxymethyl-cyclobutyl]- 10 3922

—, Oxo-[dimethyl-carboxymethyl-cyclobutyl]-, dimethylester 10 3922

—, Oxo-dimethyl-[dimethoxy-phenyl]- 10 4560

—, [Oxo-dimethyl-(dimethyl-hexyl)-dodecahydro-cyclopenta[a]-naphthalinyl]- 10 2971

Buttersäure, Oxo-dimethyl-diphenyl- 10 3350, 3352

—, [Oxo-dimethyl-hexadecahydro-cyclopenta[a]phenanthrenyl]- 10 3128, 3129

—, [Oxo-dimethyl-hexadecahydro-cyclopenta[a]phenanthrenyl]-, methylester 10 3129

—, Oxo-dimethyl-indanyl- 10 3201

—, Oxo-dimethyl-indanyl-, methylester 10 3201

—, Oxo-dimethyl-mesityl- 10 3111

—, Oxo-[dimethyl-(methoxycarbonyl-äthyl)-cyclobutyl]-, methylester 10 3923

—, Oxo-dimethyl-[methyl-naphthyl]- 10 3281

—, Oxo-dimethyl-[methyl-naphthyl]-, methylester 10 3281

—, Oxo-dimethyl-naphthyl- 10 3277, 3278

—, Oxo-[dimethyl-naphthyl]- 10 3280

—, Oxo-[dimethyl-naphthyl]-, methylester 10 3280

—, Oxo-[dimethyl-(oxo-butyl)-cyclobutyl]- 10 3526

—, Oxo-[dimethyl-(oxo-butyl)-cyclobutyl]-, methylester 10 3526

—, Oxo-dimethyl-phenanthryl- 10 3420

—, Oxo-dimethyl-phenyl- 10 3083, 3084

—, Oxo-dimethyl-phenyl-, methylester 10 3084

—, Oxo-[dimethyl-phenyl]- 10 3087, 3088

—, Oxo-[dimethyl-phenyl]-, methylester 10 3087, 3088

—, [Oxo-dimethyl-tetradecahydro-cyclopenta[a]phenanthrenyl]- 10 3218

—, [Oxo-dimethyl-tetradecahydro-cyclopenta[a]phenanthrenyl]-, methylester 10 3219

—, Oxo-dimethyl-p-tolyl- 10 3098

—, Oxo-dimethyl-p-tolyl-, methylester 10 3098

—. Oxo-dimethyl-[trimethyl-phenyl]- 10 3111

—. Oxo-[dioxo-dihydro-anthryl]- 10 4026

—. Oxo-[dioxo-methyl-dihydro-naphthyl]- 10 4004

—, Oxo-[dioxo-methyl-dihydro-naphthyl]-, methylester 10 4004

—. Oxo-diphenyl- 10 3324, 3329

—. Oxo-diphenyl-, amid 10 3325

—. Oxo-diphenyl-, [brom-phenacylester] 10 3330

—, Oxo-diphenyl-, methylester 10 3324

—. Oxo-diphenyl-, nitril 10 3325

—. Oxo-di-p-tolyl- 10 3352

—, Oxo-[dodecyl-phenyl]- 10 3127

—, Oxo-fluorenyl- 10 3392, 3393

Buttersäure, Oxo-fluorenyl-, methylester
10 3392
—, Oxo-[fluor-phenyl]- 10 3039
—, Oxo-[heptyloxy-methyl-phenyl]-
10 4254
—, Oxo-[heptyloxy-methyl-phenyl]-,
äthylester 10 4256
—, Oxo-[heptyloxy-methyl-phenyl]-,
methylester 10 4255
—, Oxo-hexadecyl-[methoxy-phenyl]-
10 4329
—, Oxo-hexadecyl-[methoxy-phenyl]-,
äthylester 10 4329
—, Oxo-hexadecyl-[methoxy-phenyl]-,
methylester 10 4329
—, Oxo-[hexahydro-acephenanthrylenyl]-
10 3403
—, Oxo-[hexahydro-acephenanthrylenyl]-,
methylester 10 3404
—, [Oxo-hexahydro-naphthyl]- 10 3108
—, Oxo-[hexahydro-pyrenyl]- 10 3404
—, Oxo-hexyl-[methoxy-phenyl]- 10 4282
—, Oxo-[hexyloxy-methyl-phenyl]-
10 4248, 4251, 4254
—, Oxo-[hexyloxy-methyl-phenyl]-,
äthylester 10 4255
—, Oxo-[hexyloxy-methyl-phenyl]-,
methylester 10 4255
—, Oxo-[hexyloxy-phenyl]- 10 4233
—, Oxo-[hexyl-phenyl]- 10 3113
—, Oxo-[hydroxy-acetoxy-dimethyl-
hexadecahydro-cyclopenta[*a*]₌
phenanthrenyl]-, methylester
10 4580
—, Oxo-[hydroxy-äthyl-phenyl]- 10 4247
—, Oxo-[hydroxy-diacetoxy-dimethyl-
hexadecahydro-cyclopenta[*a*]₌
phenanthrenyl]- 10 4734
—, Oxo-[hydroxy-dimethoxy-phenyl]-
10 4724
—, Oxo-[hydroxy-dimethoxy-phenyl]-,
äthylester 10 4724
—, Oxo-[hydroxy-dimethoxy-phenyl]-,
methylester 10 4724
—, Oxo-[hydroxy-dimethyl-hexadecahydro-
cyclopenta[*a*]phenanthrenyl]-
10 4304
—, Oxo-[hydroxy-dimethyl-hexadecahydro-
cyclopenta[*a*]phenanthrenyl]-,
methylester 10 4305
—, Oxo-[hydroxy-dimethyl-phenyl]-
10 4266
—, Oxo-[hydroxy-dimethyl-
tetradecahydro-cyclopenta[*a*]₌
phenanthrenyl]- 10 4364
—, Oxo-[hydroxy-dimethyl-
tetradecahydro-cyclopenta[*a*]₌
phenanthrenyl]-, methylester
10 4364

Buttersäure, Oxo-[hydroxy-dioxo-dimethyl-
hexadecahydro-cyclopenta[*a*]₌
phenanthrenyl]-, methylester
10 4757
—, Oxo-[hydroxy-methoxy-methyl-phenyl]-
10 4557
—, Oxo-[hydroxy-methoxy-naphthyl]-
10 4655
—, Oxo-[hydroxy-methoxy-phenyl]-
10 4543, 4546
—, Oxo-[hydroxy-methoxy-phenyl]-,
äthylester 10 4544, 4547
—, Oxo-[hydroxy-methyl-carboxy-
dodecahydro-cyclopenta[*a*]₌
phenanthrenyl]- 10 4762
—, Oxo-[hydroxy-methyl-dodecahydro-
cyclopenta[*a*]phenanthrenyl]-
10 4663
—, Oxo-[hydroxy-methyl-isopropyl-
phenyl]- 10 4277
—, Oxo-[hydroxy-methyl-isopropyl-
phenyl]-, amid 10 4277
—, Oxo-[hydroxy-methyl-phenyl]-
10 4250, 4253, 4256
—, Oxo-[hydroxy-methyl-phenyl]-,
äthylester 10 4250, 4255
—, Oxo-[hydroxy-methyl-phenyl]-, amid
10 4252
—, Oxo-[hydroxy-methyl-phenyl]-,
methylester 10 4250, 4254
—, Oxo-[hydroxy-naphthyl]- 10 4413, 4414
—, Oxo-[hydroxy-naphthyl]-,
methylester 10 4414
—, Oxo-[hydroxy-phenyl]- 10 4229, 4231
—, Oxo-[hydroxy-phenyl]-, äthylester
10 4230, 4234
—, Oxo-[hydroxy-phenyl]-, amid 10 4230,
4234
—, Oxo-[hydroxy-phenyl]-, nitril
10 4231, 4235
—, Oxo-imino-*p*-tolyl- 10 3552
—, Oxo-imino-*p*-tolyl-, amid 10 3553
—, Oxo-imino-*p*-tolyl-, methylamid
10 3553
—, Oxo-indanyl- 10 3186
—, Oxo-indanyl-, äthylester 10 3186
—, Oxo-[isobutyloxy-methyl-phenyl]-
10 4248, 4251, 4253
—, Oxo-[isobutyloxy-methyl-phenyl]-,
äthylester 10 4249, 4252, 4255
—, Oxo-[isobutyloxy-methyl-phenyl]-,
methylester 10 4249, 4252, 4254
—, Oxo-[isobutyloxy-phenyl]- 10 4232
—, Oxo-[isopentyloxy-methyl-phenyl]-
10 4248, 4251, 4254
—, Oxo-[isopentyloxy-methyl-phenyl]-,
äthylester 10 4249, 4255
—, Oxo-[isopentyloxy-methyl-phenyl]-,
methylester 10 4249, 4255

Buttersäure, Oxo-[isopentyloxy-phenyl]-
10 4233

—, Oxo-isopentyl-phenyl- 10 3108

—, Oxo-[isopentyl-phenyl]- 10 3109

—, Oxo-[isopropyl-naphthyl]- 10 3282

—, Oxo-[isopropyl-naphthyl]-,
methylester 10 3282

—, Oxo-[isopropyloxy-methyl-phenyl]-
10 4253

—, Oxo-[isopropyl-phenyl]- 10 3099

—, Oxo-[isopropyl-phenyl]-, [phenyl-
phenacylester] 10 3099

—, Oxo-[jod-phenyl]- 10 3042

—, Oxo-[jod-phenyl]-, äthylester
10 3042

—, Oxo-[jod-phenyl]-, methylester
10 3042

—, Oxo-mesityl- 10 3100

—, Oxo-[methoxy-äthoxy-phenyl]-
10 4546

—, Oxo-[methoxy-äthyl-phenyl]- 10 4266

—, Oxo-[methoxy-biphenylyl]- 10 4450

—, Oxo-[methoxy-biphenylyl]-,
methylester 10 4450

—, Oxo-[methoxy-butyl-phenyl]- 10 4276

—, Oxo-[methoxy-*tert*-butyl-phenyl]-
10 4277

—, Oxo-methoxycarbonylhydrazono-phenyl-,
äthylester 10 3547

—, Oxo-[methoxy-carbonyl-phenyl]-,
methylester 10 3964

—, Oxo-{methoxy-[(carboxy-propionyl)-
phenoxy]-phenyl}- 10 4547

—, Oxo-[methoxy-(carboxy-propyl)-
naphthyl]- 10 4776

—, Oxo-[methoxy-(carboxy-propyl)-
tetrahydro-naphthyl]- 10 4757

—, Oxo-[methoxy-dimethyl-phenyl]-
10 4266, 4267

—, Oxo-[methoxy-dimethyl-phenyl]-,
äthylester 10 4267

—, Oxo-[methoxy-dimethyl-phenyl]-,
methylester 10 4266

—, Oxo-[methoxy-heptyl-phenyl]- 10 4283

—, Oxo-[methoxy-heptyl-phenyl]-,
äthylester 10 4283

—, Oxo-[methoxy-hexyl-phenyl]- 10 4282

—, Oxo-[methoxy-hexyl-phenyl]-,
äthylester 10 4282

—, Oxo-[methoxy-hexyl-phenyl]-,
methylester 10 4282

—, Oxo-[methoxy-isopropyl-naphthyl]-
10 4420

—, Oxo-[methoxy-methyl-äthyl-phenyl]-
10 4273

—, Oxo-[methoxy-methyl-isopropyl-
phenyl]- 10 4277

—, Oxo-[methoxy-methyl-naphthyl]-
10 4417

Buttersäure, Oxo-[methoxy-methyl-phenyl]-
10 4247, 4250, 4253, 4256

—, Oxo-[methoxy-methyl-phenyl]-,
äthylester 10 4257

—, Oxo-[methoxy-methyl-phenyl]-,
methylester 10 4257

—, Oxo-[methoxy-naphthalindiyl]-di-
10 4776

—, Oxo-[methoxy-naphthyl]- 10 4411,
4412, 4413, 4414

—, Oxo-[methoxy-naphthyl]-, äthylester
10 4412, 4413, 4415

—, Oxo-[methoxy-naphthyl]-,
methylester 10 4412, 4414, 4415

—, Oxo-[methoxy-pentyl-phenyl]- 10 4278

—, Oxo-[methoxy-phenyl]- 10 4230,
4231, 4238, 4240

—, Oxo-[methoxy-phenyl]-, äthylester
10 4230, 4234

—, Oxo-[methoxy-phenyl]-, allylester
10 4234

—, Oxo-[methoxy-phenyl]-, amid 10 4234,
4238

—, Oxo-[methoxy-phenyl]-, methylester
10 4230, 4234

—, Oxo-[methoxy-phenyl]-, nitril
10 4231, 4235

—, Oxo-[methoxy-phenyl]-benzyl- 10 4452

—, Oxo-[methoxy-phenyl]-[dimethoxy-
phenyl]- 10 4769, 4770, 4771,
4772, 4773, 4774

—, Oxo-[methoxy-phenyl]-[dimethoxy-
phenyl]-, äthylester 10 4770,
4771, 4773, 4774

—, Oxo-[methoxy-phenyl]-[dimethoxy-
phenyl]-, amid 10 4771, 4774

—, Oxo-[methoxy-phenyl]-[dimethoxy-
phenyl]-, methylester 10 4771,
4773, 4774

—, Oxo-[methoxy-phenyl]-[dimethoxy-
phenyl]-, nitril 10 4772, 4775

—, Oxo-[methoxy-phenyl]-[hydroxy-
methoxy-phenyl]- 10 4769, 4772

—, Oxo-[methoxy-phenyl]-[hydroxy-
methoxy-phenyl]-, äthylester
10 4770, 4773

—, Oxo-[methoxy-phenyl]-[hydroxy-
methoxy-phenyl]-, methylester 10 4773

—, Oxo-[methoxy-phenyl]-[methoxy-
methyl-phenyl]- 10 4681, 4682,
4683, 4684, 4685

—, Oxo-[methoxy-phenyl]-[methoxy-
methyl-phenyl]-, äthylester
10 4682, 4683, 4684, 4685

—, Oxo-[methoxy-phenyl]-[methoxy-
methyl-phenyl]-, methylester
10 4682, 4683, 4684, 4685

—, Oxo-[methoxy-phenyl]-[methoxy-
naphthyl]- 10 4706

Buttersäure, Oxo-[methoxy-phenyl]-
[methoxy-naphthyl]-, äthylester 10 4706
—, Oxo-[methoxy-phenyl]-[methoxy-
naphthyl]-, methylester 10 4706
—, Oxo-[methoxy-phenyl]-[methoxy-
phenyl]- 10 4676
—, Oxo-[methoxy-phenyl]-[methoxy-
phenyl]-, äthylester 10 4676
—, Oxo-[methoxy-phenyl]-[methoxy-
phenyl]-, amid 10 4677
—, Oxo-[methoxy-phenyl]-[methoxy-
phenyl]-, methylester 10 4676
—, Oxo-[methoxy-phenyl]-[methoxy-
phenyl]-, nitril 10 4677
—, Oxo-[methoxy-phenyl]-naphthyl-
10 4486
—, Oxo-[methoxy-phenyl]-naphthyl-,
nitril 10 4486
—, Oxo-[methoxy-phenyl]-p-tolyl-
10 4453, 4455
—, Oxo-[methoxy-phenyl]-p-tolyl-,
nitril 10 4453
—, Oxo-[methoxy-propyl-phenyl]- 10 4272
—, Oxo-[methoxy-propyl-phenyl]-,
äthylester 10 4272
—, Oxo-[methoxy-tetrahydro-
naphthalindiyl]-di- 10 4757
—, Oxo-[methoxy-tetrahydro-naphthyl]-
10 4352
—, [Oxo-methyl-äthoxycarbonyl-
cyclopentyl]-, äthylester 10 3919
—, Oxo-methyl-äthyl-naphthyl- 10 3281
—, Oxo-methyl-[äthyl-naphthyl]-
10 3282
—, Oxo-methyl-äthyl-phenyl- 10 3096
—, Oxo-methyl-[brom-methoxy-naphthyl]-
10 4416
—, Oxo-methyl-[brom-methoxy-naphthyl]-,
methylester 10 4416
—, Oxo-methyl-[brom-phenyl]- 10 3064,
3065
—, Oxo-methyl-[brom-phenyl]-,
äthylester 10 3065
—, Oxo-methyl-[brom-phenyl]-,
methylester 10 3064, 3067
—, Oxo-[methyl-carboxy-cyclopentyl]-
10 3918
—, Oxo-[methyl-cyclohexenyl]-,
methylester 10 2918
—, Oxo-methyl-cyclohexyl- 10 2875
—, [Oxo-methyl-cyclohexyl]-,
äthylester 10 2875
—, [Oxo-methyl-cyclopentyl]- 10 2861
—, [Oxo-methyl-cyclopentyl]-,
äthylester 10 2861
—, Oxo-methyl-decyl-phenyl- 10 3125
—, Oxo-methyl-[dihydroxy-dimethyl-
(carboxy-äthyl)-hexadecahydro-
cyclopenta[a]phenanthrenyl]- 10 4806

Buttersäure, Oxo-methyl-[dihydroxy-
dimethyl-(methoxycarbonyl-äthyl)-
hexadecahydro-cyclopenta[a]-
phenanthrenyl]-, methylester
10 4806
—, Oxo-methyl-[dimethoxy-phenyl]-
10 4556
—, Oxo-methyl-[dimethoxy-phenyl]-,
methylester 10 4556
—, Oxo-methyl-hexyl-phenyl- 10 3114
—, Oxo-methyl-[hydroxy-acetoxy-
dimethyl-(methoxycarbonyl-äthyl)-
hexadecahydro-cyclopenta[a]-
phenanthrenyl]-, methylester
10 4806
—, Oxo-methyl-[hydroxy-dimethoxy-
phenyl]- 10 4728, 4729
—, Oxo-methyl-[hydroxy-methoxy-phenyl]-
10 4556
—, Oxo-methyl-[hydroxy-phenyl]- 10 4246
—, Oxo-methylimino-[methoxy-phenyl]-,
nitril 10 4603
—, Oxo-methylimino-p-tolyl-, nitril
10 3553
—, Oxo-[methyl-isopropyl-dihydro-
phenanthryl]- 10 3405
—, Oxo-[methyl-isopropyl-dihydro-
phenanthryl]-, methylester 10 3405
—, Oxo-methyl-[isopropyl-naphthyl]-
10 3284
—, Oxo-methyl-[isopropyl-naphthyl]-,
methylester 10 3284
—, Oxo-[methyl-isopropyl-phenanthryl]-
10 3422, 3423
—, Oxo-[methyl-isopropyl-phenanthryl]-,
äthylester 10 3423
—, Oxo-[methyl-isopropyl-phenanthryl]-,
methylester 10 3423
—, Oxo-[methyl-isopropyl-phenyl]-
10 3107
—, Oxo-[methylmercapto-phenyl]- 10 4236
—, Oxo-[methyl-methoxycarbonyl-
cyclopentyl]-, methylester 10 3919
—, Oxo-methyl-[methoxy-dimethyl-phenyl]-
10 4273
—, Oxo-methyl-[methoxy-methyl-phenyl]-
10 4264, 4265
—, Oxo-methyl-[methoxy-methyl-phenyl]-,
äthylester 10 4264, 4265
—, Oxo-methyl-[methoxy-methyl-phenyl]-,
methylester 10 4264, 4265
—, Oxo-methyl-[methoxy-phenyl]-
10 4246, 4247
—, Oxo-methyl-[methoxy-phenyl]-,
äthylester 10 4247
—, Oxo-methyl-[methoxy-phenyl]-,
methylester 10 4247
—, Oxo-methyl-[methyl-carboxy-
cyclopentyl]- 10 3922

Buttersäure, Oxo-methyl-[methyl-isopropyl-
phenanthryl]- **10** 3424
—, Oxo-methyl-[methyl-isopropyl-
phenanthryl]-, methylester **10** 3425
—, Oxo-methyl-[methyl-isopropyl-phenyl]-
10 3110
—, Oxo-methyl-[methyl-methoxycarbonyl-
cyclopentyl]-, methylester **10** 3922
—, Oxo-methyl-[methyl-naphthyl]-
10 3278, 3279
—, Oxo-methyl-[methyl-naphthyl]-,
methylester **10** 3278, 3279
—, Oxo-methyl-naphthyl- **10** 3273
—, Oxo-methyl-naphthyl-, methylester
10 3273
—, Oxo-[methyl-naphthyl]- **10** 3273,
3274, 3275
—, Oxo-[methyl-naphthyl]-, methylester
10 3274, 3275
—, Oxo-methyl-phenanthryl- **10** 3415, 3416
—, Oxo-methyl-phenanthryl-,
methylester **10** 3415, 3416
—, Oxo-[methyl-phenanthryl]- **10** 3416,
3417
—, Oxo-methyl-phenyl- **10** 3064, 3067
—, Oxo-methyl-phenyl-benzoyl-,
äthylester **10** 3629
—, Oxo-methyl-pyrenyl- **10** 3460
—, Oxo-methyl-pyrenyl-, methylester
10 3460
—, Oxo-[methyl-tetrahydro-phenanthryl]-
10 3361
—, Oxo-methyl-*p*-tolyl- **10** 3086
—, Oxo-methyl-*p*-tolyl-, methylester
10 3086
—, Oxo-methyl-[trimethoxy-phenyl]-
10 4729
—, Oxo-naphthyl- **10** 3268, 3269
—, Oxo-naphthyl-, äthylester **10** 3270
—, Oxo-naphthyl-, methylester **10** 3269
—, Oxo-naphthyl-, nitril **10** 3269, 3270
—, Oxo-naphthyl-acetyl-, äthylester **10** 3621
—, Oxo-naphthyl-naphthyl-, nitril
10 3493
—, Oxo-naphthyl-propionyl-, äthylester
10 3622
—, Oxo-[neopentyl-phenyl]- **10** 3109
—, Oxo-[nitro-äthoxy-phenyl]- **10** 4236
—, Oxo-[nitro-dimethoxy-phenyl]-
10 4545, 4548
—, Oxo-[nitro-dimethoxy-phenyl]-,
methylester **10** 4548
—, Oxo-[nitro-methoxy-phenyl]- **10** 4235
—, Oxo-[nitro-methyl-phenyl]- **10** 3071
—, Oxo-[nitro-methyl-phenyl]-,
methylester **10** 3072
—, Oxo-[nitro-phenyl]- **10** 3042
—, Oxo-[nitro-phenyl]-, methylester
10 3043

Buttersäure, Oxo-[nitro-phenyl]-*p*-tolyl-
10 3344
—, Oxo-[(nitro-propyl)-phenyl]- **10** 3098
—, Oxo-[octahydro-anthryl]- **10** 3245
—, Oxo-[octahydro-phenanthryl]-
10 3245, 3246
—, Oxo-[octyl-cyclopentenyl]-,
methylester **10** 2953
—, Oxo-[octyl-phenyl]- **10** 3117
—, Oxo-[oxo-fluorenyl]- **10** 3657
—, Oxo-pentyl-[methoxy-methyl-phenyl]-
10 4282
—, Oxo-pentyl-[methoxy-methyl-phenyl]-,
äthylester **10** 4282
—, Oxo-pentyl-[methoxy-phenyl]- **10** 4277
—, Oxo-pentyl-[methoxy-phenyl]-,
methylester **10** 4277
—, Oxo-perylenyl- **10** 3498
—, Oxo-perylenyl-, äthylester **10** 3498
—, Oxo-perylenyl-, methylester **10** 3498
—, Oxo-phenanthryl- **10** 3407, 3408
—, Oxo-phenanthryl-, methylester
10 3408
—, Oxo-[phenoxy-phenyl]- **10** 4233
—, Oxo-phenyl- **10** 3035, 3044, 3050
—, Oxo-phenyl-, äthylamid **10** 3038
—, Oxo-phenyl-, äthylester **10** 3037, 3047
—, Oxo-phenyl-, allylester **10** 3037
—, Oxo-phenyl-, amid **10** 3037
—, Oxo-phenyl-, menthylester **10** 3048
—, Oxo-phenyl-, methylamid **10** 3038
—, Oxo-phenyl-, methylester **10** 3037
—, Oxo-phenyl-, nitril **10** 3038, 3050
—, Oxo-phenyl-, propylamid **10** 3038
—, Oxo-[phenyl-anthryl]- **10** 3492
—, Oxo-[phenyl-anthryl]-, äthylester
10 3493
—, Oxo-[phenyl-anthryl]-, benzylester
10 3493
—, Oxo-[phenyl-anthryl]-, methylester
10 3492
—, Oxo-phenyl-benzoyl-, äthylester
10 3627
—, Oxo-phenyl-benzyl- **10** 3341
—, Oxo-phenyl-benzyliden-
s. *Acrylsäure, Phenyl-phenacyl*-
und *Butensäure, Phenyl-benzoyl*-
—, Oxo-phenyl-biphenylyl- **10** 3463
—, Oxo-phenyl-biphenylyl-, methylester
10 3463
—, Oxo-phenyl-biphenylyl-, nitril
10 3463
—, Oxo-phenyl-[brom-phenyl]- **10** 3326
—, Oxo-phenyl-[brom-phenyl]-,
methylester **10** 3327
—, Oxo-phenyl-[brom-phenyl]-, nitril
10 3327
—, Oxo-phenyl-[chlor-methyl-phenyl]-,
methylester **10** 3343

Buttersäure, Oxo-phenyl-[chlor-methyl-phenyl]-, nitril **10** 3343
—, Oxo-phenyl-[chlor-phenyl]- **10** 3326, 3330
—, Oxo-phenyl-[chlor-phenyl]-, äthylester **10** 3326
—, Oxo-phenyl-[chlor-phenyl]-, methylester **10** 3326
—, Oxo-phenyl-[chlor-phenyl]-benzyl- **10** 3467
—, Oxo-phenyl-cyan- **10** 3962
—, Oxo-phenyl-cyan-, äthylester **10** 3963
—, Oxo-phenyl-[dimethoxy-phenyl]- **10** 4677
—, Oxo-phenyl-[dimethoxy-phenyl]-, methylester **10** 4678
—, Oxo-phenyl-[fluor-phenyl]- **10** 3325
—, Oxo-phenyl-[fluor-phenyl]-, methylester **10** 3326
—, Oxo-phenyl-[fluor-phenyl]-, nitril **10** 3326
—, Oxo-phenyl-mesityl- **10** 3359
—, Oxo-phenyl-mesityl-, methylester **10** 3359
—, Oxo-phenyl-[methoxycarbonyl-phenyl]-, methylester **10** 4013
—, Oxo-phenyl-[methoxy-phenyl]- **10** 4444, 4445
—, Oxo-phenyl-[methoxy-phenyl]-, amid **10** 4445
—, Oxo-phenyl-[methoxy-phenyl]-, methylester **10** 4444, 4445
—, Oxo-phenyl-[methoxy-phenyl]-, nitril **10** 4445
—, Oxo-phenyl-methylen- **10** 3163; s. a. *Acrylsäure, Phenacyl-*
—, Oxo-phenyl-naphthyl- **10** 3438
—, Oxo-phenyl-naphthyl-, nitril **10** 3437, 3438
—, Oxo-phenyl-[nitro-dimethoxy-phenyl]- **10** 4678
—, Oxo-phenyl-[nitro-phenyl]- **10** 3328, 3330
—, Oxo-phenyl-[nitro-phenyl]-, methylester **10** 3329
—, Oxo-phenyl-[nitro-phenyl]-, nitril **10** 3329
—, Oxo-phenyl-phenacyl- **10** 3628
—, Oxo-phenyl-[phenyl-acetimidoyl]-, äthylester **10** 3628
—, Oxo-phenyl-pivaloyl- **10** 3558
—, Oxo-phenyl-*p*-tolyl- **10** 3343, 3344
—, Oxo-phenyl-*p*-tolyl-, methylester **10** 3344
—, Oxo-phenyl-*p*-tolyl-, nitril **10** 3344
—, Oxo-phenyl-[trimethyl-phenyl]- **10** 3359
—, Oxo-phenyl-[trimethyl-phenyl]-, methylester **10** 3359

Buttersäure, Oxo-phenyl-[trimethyl-phenyl]-, nitril **10** 3359
—, Oxo-propyl-[methoxy-methyl-phenyl]- **10** 4276
—, Oxo-propyl-[methoxy-phenyl]- **10** 4270
—, Oxo-[propyloxy-methyl-phenyl]- **10** 4248, 4251, 4253
—, Oxo-[propyloxy-methyl-phenyl]-, äthylester **10** 4249, 4252, 4255
—, Oxo-[propyloxy-methyl-phenyl]-, methylester **10** 4249, 4252, 4254
—, Oxo-[propyl-naphthyl]- **10** 3282
—, Oxo-[propyloxy-phenyl]- **10** 4232
—, Oxo-[propyloxy-phenyl]-, methylester **10** 4234
—, Oxo-[propyl-phenyl]- **10** 3098
—, Oxo-[propyl-phenyl]-, [phenyl-phenacylester] **10** 3098
—, Oxo-pyrenyl- **10** 3457
—, Oxo-pyrenyl-, äthylester **10** 3458
—, Oxo-pyrenyl-, methylester **10** 3458
—, Oxo-[spiro[cyclohexan-1.1′-indan]yl]- **10** 3244
—, Oxo-tetradecyl-[methoxy-phenyl]- **10** 4308
—, Oxo-tetradecyl-[methoxy-phenyl]-, methylester **10** 4308
—, Oxo-[tetrahydro-benzocycloheptenyl]- **10** 3199
—, Oxo-[tetrahydro-benzocycloheptenyl]-, methylester **10** 3200
—, Oxo-[tetrahydro-naphthyl]- **10** 3193
—, Oxo-[tetrahydro-naphthyl]-, äthylester **10** 3194
—, Oxo-[tetrahydro-naphthyl]-, methylester **10** 3193
—, [Oxo-tetrahydro-naphthyl]- **10** 3194
—, [Oxo-tetrahydro-naphthyl]-, methylester **10** 3194
—, Oxo-[tetrahydro-phenanthryl]- **10** 3358
—, Oxo-tetramethyl-[methoxy-phenyl]- **10** 4275
—, Oxo-tetramethyl-[methoxy-phenyl]-, methylester **10** 4276
—, Oxo-[tetramethyl-naphthyl]- **10** 3284
—, Oxo-[tetramethyl-phenyl]- **10** 3107
—, Oxo-*m*-tolyl- **10** 3070
—, Oxo-*o*-tolyl- **10** 3070
—, Oxo-*p*-tolyl- **10** 3070
—, Oxo-*p*-tolyl-, äthylester **10** 3071
—, Oxo-*p*-tolyl-, allylester **10** 3071
—, Oxo-*p*-tolyl-, amid **10** 3071
—, Oxo-*p*-tolyl-, methylester **10** 3071
—, Oxo-*p*-tolyl-, nitril **10** 3071
—, Oxo-*p*-tolyl-[methyl-phenacyl]- **10** 3632
—, Oxo-[trihydroxy-dimethyl-hexadecahydro-cyclopenta[*a*]phenanthrenyl]- **10** 4735

Buttersäure, Oxo-[trihydroxy-dimethyl-
hexadecahydro-cyclopenta[*a*]⸗
phenanthrenyl]-, methylester
10 4735
—, Oxo-[trihydroxy-methyl-
methoxycarbonyl-hexadecahydro-
cyclopenta[*a*]phenanthrenyl]-
10 4843
—, Oxo-[trihydroxy-methyl-
methoxycarbonyl-hexadecahydro-
cyclopenta[*a*]phenanthrenyl]-,
methylester 10 4844
—, Oxo-[trimethoxy-phenyl]- 10 4724
—, Oxo-[trimethoxy-phenyl]-,
äthylester 10 4724
—, Oxo-[trimethoxy-phenyl]-,
methylester 10 4725
—, Oxo-[trimethoxy-phenyl]-, nitril
10 4725
—, Oxo-trimethyl-phenyl- 10 3096
—, Oxo-trimethyl-phenyl-, methylester
10 3096, 3097
—, Oxo-[trimethyl-phenyl]- 10 3100
—, Oxo-triphenyl- 10 3461
—, Oxo-triphenyl-, äthylester 10 3462
—, Oxo-triphenyl-, methylester 10 3462
—, Oxo-[2.4]xylyl- 10 3088
—, Oxo-[2.4]xylyl-, methylester 10 3088
—, Oxo-[2.5]xylyl- 10 3088
—, Oxo-[3.4]xylyl- 10 3087
—, Oxo-[3.4]xylyl-, methylester 10 3087
—, [*tert*-Pentyl-phenyl]- 9 2612
—, Phenanthryl- 9 3523, 3524, 3525, 3526
—, Phenanthryl-, methylester 9 3525, 3526
—, Phenoxy-äthyl-benzyl-, nitril 10 649
—, [Phenoxy-äthyl]-phenyl- 10 637
—, [Phenoxy-äthyl]-phenyl-, amid 10 638
—, Phenoxy-benzyl- 10 621
—, Phenoxy-benzyl-, amid 10 622
—, Phenoxy-phenyl- 10 599
—, Phenoxy-phenyl-, amid 10 599
—, [Phenoxy-phenyl]- 10 589
—, Phenyl- 9 2451, 2456, 2461
—, Phenyl-, äthylamid 9 2466
—, Phenyl-, [äthylamino-äthylester]
9 2463
—, Phenyl-, äthylester 9 2453, 2458, 2462
—, Phenyl-, amid 9 2453, 2459, 2465
—, Phenyl-, [amino-äthylamid] 9 2454
—, Phenyl-, [butylamino-isobutylester]
9 2464
—, Phenyl-, chlorid 9 2453, 2459, 2465
—, Phenyl-, diäthylamid 9 2466
—, Phenyl-, [diäthylamino-äthylester]
9 2463
—–, Phenyl-, [diäthylamino-dimethyl-
propylester] 9 2464
—, Phenyl-, [diäthylamino-methyl-
butylester] 9 2464

Buttersäure, Phenyl-, [diäthylamino-
propylester] 9 2464
—, Phenyl-, dodecylamid 9 2453
—, Phenyl-, [hexylamino-isobutylester]
9 2464
—, Phenyl-, [hydroxy-äthylamid]
9 2453, 2459
—, Phenyl-, [isopropylamino-äthylester]
9 2463
—, Phenyl-, menthylester 9 2458, 2463
—, Phenyl-, methylester 9 79, 2458, 2463
—, Phenyl-, methylester 9 79, 2458, 2462
—, Phenyl-, [methylester-imin] 9 2468
—, Phenyl-, nitril 9 2454, 2468
—, Phenyl-, [propylamino-isobutylester]
9 2464
—, Phenyl-, ureid 9 2453, 2466
—, Phenyl-, vinylester 9 2458
—, [Phenyl-acetamino]- 9 2216
—, [Phenyl-acetamino]-, methylester
9 2216
—, [Phenyl-acetamino]-diäthoxy-
9 2239
—, [Phenyl-acetamino]-dimethoxymethyl-,
hydrazid 9 2241
—, [Phenyl-acetamino]-dimethoxymethyl-,
methylester 9 2240
—, [Phenyl-acetamino]-hydroxyimino-,
äthylester 9 2240
—, [Phenyl-acetamino]-methyl-cyan-,
methylester 9 2227
—, [Phenyl-acetamino]-methylmercapto-
cyan-, methylester 9 2228
—, [Phenyl-acetamino]-oxo- 9 2239
—, [Phenyl-acetamino]-oxo-, äthylester
9 2238, 2239
—, [Phenyl-acetamino]-semicarbazono-,
äthylester 9 2239
—, Phenyl-acetyl- s. *Acetessigsäure,*
Phenäthyl- und *Acetessigsäure,*
[Phenyl-äthyl]-
—, Phenyl-[äthoxy-phenyl]- 10 1209
—, Phenyl-[äthoxy-phenyl]-, äthylester
10 1209
—, Phenyl-[äthoxy-phenyl]-,
methylester 10 1209
—, Phenyl-benzyl- 9 3377, 3379
—, Phenyl-benzyl-, [diäthylamino-
äthylester] 9 3377
—, Phenyl-biphenylyl- 9 3613
—, Phenyl-[*tert*-butyl-phenyl]-
9 3402
—, [Phenyl-carboxy-äthoxy]-phenyl-
10 593
—, Phenyl-[chlor-phenyl]- 9 3356, 3362
—, Phenyl-cyan- 9 4299, 4300
—, Phenyl-cyan-, äthylester 9 4299,
4301, 4302, 4305
—, Phenyl-cyan-, benzylidenhydrazid
9 4302

Buttersäure, Phenyl-cyan-, hydrazid
9 4302
—, Phenyl-cyan-, [methoxy-
benzylidenhydrazid] 9 4302
—, Phenyl-cyan-, methylamid 9 4305
—, Phenyl-cyan-, methylester 9 4299
—, Phenyl-[cyclohexyl-phenyl]- 9 3490
—, Phenyl-[cyclohexyl-phenyl]-, amid
9 3490
—, Phenyl-dicyan-, äthylester 9 4798, 4802
—, Phenyl-[dijod-hydroxy-phenyl]-
10 1205
—, Phenyl-[dimethoxy-phenyl]- 10 1972
—, Phenyl-[dimethyl-*tert*-butyl-
phenyl]-, nitril 9 3405
—, Phenyl-[hydroxy-benzyl]- 10 1216
—, Phenyl-[hydroxy-indanyl]- 10 1292
—, Phenyl-[hydroxy-oxo-(carboxy-äthyl)-
phenyl-tetrahydro-pyranyl]-
10 4142
—, Phenyl-[hydroxy-phenyl]- 10 1205
—, Phenylmercapto-oxo-phenyl- 10 4236
—, Phenyl-[methoxy-methyl-phenyl]-
10 1218
—, Phenyl-[methoxy-methyl-phenyl]-,
äthylester 10 1218
—, Phenyl-[methoxy-methyl-phenyl]-,
methylester 10 1218
—, Phenyl-[methoxy-phenyl]- 10 1204, 1208
—, Phenyl-[methoxy-phenyl]-,
äthylester 10 1209
—, Phenyl-[methoxy-phenyl]-,
methylester 10 1209
—, Phenyl-[methoxy-phenyl]-cyan-
10 2356
—, Phenyl-[methoxy-phenyl]-cyan-,
äthylester 10 2356
—, Phenyl-naphthyl- 9 3564, 3565
—, Phenyl-naphthyl-, amid 9 3564, 3565
—, Phenyl-naphthyl-, [diäthylamino-
äthylester] 9 3564
—, Phenyl-naphthyl-, [(methyl-diäthyl-
ammonio)-äthylester] 9 3564
—, Phenyl-naphthyl-, nitril 9 3565
—, Phenyl-phenäthyl- 9 3391
—, Phenyl-phenäthyl-, amid 9 3391
—, Phenyl-phenäthyl-, butylamid 9 3392
—, Phenyl-phenäthyl-, chlorid 9 3391
—, Phenyl-phenäthyl-, [diäthylamino-
äthylester] 9 3391
—, Phenyl-phenäthyl-, methylamid
9 3392
—, Phenyl-phenäthyl-, [triäthylammonio-
äthylester] 9 3391
—, Phenyl-phenäthyl-, ureid 9 3392
—, Phenyl-phenäthyl-naphthyl-, amid
9 3673
—, Phenyl-propionyl- s. *Valeriansäure,*
Oxo-phenäthyl-

Buttersäure, Phenylsulfon-oxo-mesityl-
10 4273
—, Phenylsulfon-oxo-[trimethyl-phenyl]-
10 4273
—, Phenyl-*p*-tolyl- 9 3378, 3383, 10 3344
—, Phenyl-*p*-tolyl-, chlorid 9 3383
—, [Propyl-cyclohexyl]- 9 123
—, Propyl-naphthyl- 9 3253
—, Propyl-phenyl- 9 2569, 2572
—, Propyl-phenyl-, äthylamid 9 2569
—, Propyl-phenyl-, amid 9 2569
—, Propyl-phenyl-, butylamid 9 2570
—, Propyl-phenyl-, chlorid 9 2569
—, Propyl-phenyl-, [hydroxy-äthylamid]
9 2570
—, Propyl-phenyl-, methylamid 9 2569
—, Propyl-phenyl-, ureid 9 2570
—, [Propyl-phenyl]- 9 2582
—, [Propyl-phenyl]-, methylester
9 2582
—, [Propyl-phenyl]-, [phenyl-
phenacylester] 9 2582
—, Pyrenyl- 9 3597
—, Pyrenyl-, äthylester 9 3597
—, Pyrenyl-, amid 9 3597
—, Pyrenyl-, methylester 9 3597
—, Salicyloyloxy-, äthylester 10 147
—, [Semicarbazono-äthoxycarbonyl-
cyclopentyl]-, äthylester 10 3909
—, Semicarbazono-[äthoxy-methyl-phenyl]-
10 4248, 4251, 4253
—, Semicarbazono-[äthoxy-phenyl]-
10 4232
—, [(Semicarbazono-äthyl)-isopropyl-
cyclopentyl]- 10 2892
—, Semicarbazono-äthyl-[methoxy-methyl-
phenyl]- 10 4271
—, Semicarbazono-äthyl-[methoxy-phenyl]-
10 4262
—, Semicarbazono-bis-[dimethoxy-phenyl]-
10 4820
—, Semicarbazono-[butyloxy-methyl-
phenyl]- 10 4248, 4251, 4253
—, Semicarbazono-[butyloxy-phenyl]-
10 4232
—, Semicarbazono-[*tert*-butyl-phenyl]-
10 3106
—, Semicarbazono-[carboxymethyl-
cyclohexyl]-, äthylester 10 3920
—, Semicarbazono-chrysenyl- 10 3476
—, Semicarbazono-*p*-cumenyl- 10 3099
—, Semicarbazono-cyclohexenyl-,
methylester 10 2904
—, [Semicarbazono-cyclohexenyl]-
10 4713
—, Semicarbazono-cyclohexyl-,
methylester 10 2853
—, [Semicarbazono-cyclohexyl]-
10 2852, 2853, 2854

Buttersäure, [Semicarbazono-cyclohexyl]-, äthylester **10** 2852
—, Semicarbazono-cyclopentyl- **10** 2843
—, [Semicarbazono-cyclopentyl]- **10** 2842
—, [Semicarbazono-cyclopentyl]-, äthylester **10** 2843
—, [Semicarbazono-decahydro-naphthyl]- **10** 2947
—, Semicarbazono-diäthyl-phenyl- **10** 3104
—, Semicarbazono-[dihydro-anthryl]- **10** 3398
—, Semicarbazono-[dimethoxy-phenyl]- **10** 4544, 4545, 4546, 4548
—, [Semicarbazono-dimethyl-(dimethyl-hexyl)-dodecahydro-cyclopenta[*a*]-naphthalinyl]- **10** 2972
—, [Semicarbazono-dimethyl-hexadecahydro-cyclopenta[*a*]-phenanthrenyl]- **10** 3128, 3129
—, Semicarbazono-dimethyl-phenyl- **10** 3084
—, Semicarbazono-[dimethyl-phenyl]-, methylester **10** 3087
—, Semicarbazono-dimethyl-*p*-tolyl- **10** 3098
—, Semicarbazono-[heptyloxy-methyl-phenyl]- **10** 4254
—, Semicarbazono-hexadecyl-[methoxy-phenyl]- **10** 4329
—, [Semicarbazono-hexahydro-naphthyl]- **10** 3108
—, Semicarbazono-[hexahydro-pyrenyl]- **10** 3404
—, Semicarbazono-hexyl-[methoxy-phenyl]- **10** 4282
—, Semicarbazono-[hexyloxy-methyl-phenyl]- **10** 4248, 4254
—, Semicarbazono-[hexyloxy-phenyl]- **10** 4233
—, Semicarbazono-[hydroxy-dimethoxy-phenyl]- **10** 4724
—, Semicarbazono-[hydroxy-methoxy-phenyl]- **10** 4544
—, Semicarbazono-[hydroxy-methyl-phenyl]- **10** 4256
—, Semicarbazono-[hydroxy-phenyl]- **10** 4231
—, Semicarbazono-indanyl-, äthylester **10** 3187
—, Semicarbazono-[isobutyloxy-methyl-phenyl]- **10** 4248, 4251, 4253
—, Semicarbazono-[isobutyloxy-phenyl]- **10** 4233
—, Semicarbazono-[isopentyloxy-methyl-phenyl]- **10** 4248, 4254
—, Semicarbazono-[isopentyloxy-phenyl]- **10** 4233
—, Semicarbazono-[isopropyl-phenyl]- **10** 3099

Buttersäure, Semicarbazono-[isopropyl-phenyl]-, nitril **10** 3100
—, Semicarbazono-[methoxy-methyl-äthyl-phenyl]- **10** 4273
—, Semicarbazono-[methoxy-methyl-phenyl]- **10** 4256
—, Semicarbazono-[methoxy-naphthyl]-, methylester **10** 4415
—, Semicarbazono-[methoxy-phenyl]- **10** 4231, 4232, 4238
—, Semicarbazono-[methoxy-phenyl]-, amid **10** 4238
—, Semicarbazono-[methoxy-phenyl]-[dimethoxy-phenyl]- **10** 4772, 4773, 4774
—, Semicarbazono-[methoxy-phenyl]-[hydroxy-methoxy-phenyl]- **10** 4772
—, Semicarbazono-[methoxy-phenyl]-[methoxy-methyl-phenyl]- **10** 4685
—, [Semicarbazono-methyl-cyclopentyl]-, äthylester **10** 2861
—, Semicarbazono-methyl-[hydroxy-dimethoxy-phenyl]- **10** 4729
—, Semicarbazono-methyl-[methoxy-methyl-phenyl]- **10** 4264, 4265
—, Semicarbazono-methyl-[methoxy-phenyl]- **10** 4247
—, Semicarbazono-[methyl-naphthyl]- **10** 3274
—, Semicarbazono-methyl-phenanthryl- **10** 3416
—, Semicarbazono-methyl-phenyl- **10** 3064
—, Semicarbazono-[octahydro-phenanthryl]- **10** 3245
—, Semicarbazono-[octahydro-phenanthryl]-, methylester **10** 3246
—, Semicarbazono-pentyl-[methoxy-phenyl]- **10** 4277
—, Semicarbazono-phenanthryl- **10** 3408
—, Semicarbazono-phenyl- **10** 3036, 3045
—, Semicarbazono-phenyl-, äthylester **10** 3037, 3044, 3047
—, Semicarbazono-phenyl-, methylester **10** 3037
—, Semicarbazono-phenyl-[methoxy-phenyl]- **10** 4444
—, Semicarbazono-propyl-[methoxy-methyl-phenyl]- **10** 4276
—, Semicarbazono-propyl-[methoxy-phenyl]- **10** 4271
—, Semicarbazono-[propyloxy-methyl-phenyl]- **10** 4248, 4251, 4253
—, Semicarbazono-[propyloxy-phenyl]- **10** 4232
—, Semicarbazono-[propyl-phenyl]- **10** 3098
—, Semicarbazono-pyrenyl- **10** 3458
—, Semicarbazono-[spiro[cyclohexan-1.1'-indan]yl]-, methylester **10** 3245

Buttersäure, Semicarbazono-[tetrahydro-naphthyl]-, methylester 10 3193
—, Semicarbazono-*m*-tolyl- 10 3070
—, Semicarbazono-[3.4]xylyl-, methylester 10 3087
—, [Spiro[cyclohexan-1.1'-indan]yl]- 9 3115
—, Tetrabrom-oxo-perylenyl- 10 3498
—, [Tetrahydro-anthracendiyl]-di- 9 4586
—, [Tetrahydro-anthracendiyl]-di-, diäthylester 9 4586
—, [Tetrahydro-anthracendiyl]-di-, dihydrazid 9 4586
—, [Tetrahydro-anthracendiyl]-di-, dimethylester 9 4586
—, [Tetrahydro-benzocycloheptenyl]- 9 2886
—, [Tetrahydro-naphthyl]- 9 2875, 2876
—, [Tetrahydro-naphthyl]-, äthylester 9 2875, 2876
—, [Tetrahydro-naphthyl]-, amid 9 2876
—, [Tetrahydro-naphthyl]-, chlorid 9 2875, 2876
—, [Tetrahydro-naphthyl]-, methylester 9 2875
—, [Tetramethyl-naphthyl]- 9 3259
—, [Tetrahydro-phenanthryl]- 9 3397, 3398
—, Tetraphenyl- 9 3681
—, Tetraphenyl-, äthylester 9 3682
—, Tetraphenyl-, methylester 9 3681
—, Thio- s. *Thiobuttersäure*
—, Thiosemicarbazono-[methoxy-phenyl]- 10 4238
—, *o*-Tolyl- 9 2519
—, *o*-Tolyl-, äthylester 9 2520
—, *o*-Tolyl-, chlorid 9 2520
—, *m*-Tolyl- 9 2520
—, *p*-Tolyl- 9 2521, 2523
—, *p*-Tolyl-, äthylester 9 2521
—, *p*-Tolyl-, chlorid 9 2521, 2523
—, *p*-Tolyl-cyan-, äthylester 9 4321
—, *p*-Tolylmercapto-hydroxyimino-phenyl- 10 4238
—, *p*-Tolylmercapto-oxo-phenyl- 10 4238
—, [Triacetoxy-dimethyl-hexadecahydro-cyclopenta[*a*]phenanthrenyl]- 10 2158
—, [Triacetoxy-dimethyl-hexadecahydro-cyclopenta[*a*]phenanthrenyl]-, methylester 10 2158
—, Triacetoxy-diphenyl-, methylester 10 2327
—, Tribenzoyloxy- 9 864
—, Tribenzoyloxy-, äthylester 9 865
—, Tribenzoyloxy-, amid 9 866
—, Tribenzoyloxy-, chlorid 9 866
—, Tribenzoyloxy-, isopropylester 9 865

Buttersäure, [Trihydroxy-cholanoyl-hydrazono]-, äthylester 10 2182
—, [Trihydroxy-dimethyl-hexadecahydro-cyclopenta[*a*]phenanthrenyl]- 10 2157
—, [Trihydroxy-dimethyl-hexadecahydro-cyclopenta[*a*]phenanthrenyl]-, äthylester 10 2158
—, [Trihydroxy-dimethyl-hexadecahydro-cyclopenta[*a*]phenanthrenyl]-, methylester 10 2158
—, Trihydroxy-diphenyl- 10 2326
—, Trihydroxy-diphenyl-, lacton 10 2326
—, Trihydroxy-diphenyl-, methylester 10 2327
—, Trihydroxy-oxo-phenyl- 10 4604
—, [Trijod-benzamino]- 9 1462
—, [Trimethoxy-carboxy-phenyl]- 10 2564
—, [Trimethoxy-phenyl]- 10 2129
—, [Trimethoxy-phenyl]-, äthylester 10 2129
—, Trimethyl-[nitro-phenyl]- 9 2577
—, Trimethyl-phenyl- 9 2576, 2577
—, Trimethyl-phenyl-, äthylester 9 2577
—, Trimethyl-phenyl-, anhydrid 9 2577
—, Trimethyl-phenyl-, methylester 9 2577
—, [Trimethyl-phenyl]- 9 2590, 2591
—, [Trimethyl-phenyl]-, nitril 9 2591
—, Trimethyl-*p*-tolyl- 9 2601
—, [Trioxo-dimethyl-hexadecahydro-cyclopenta[*a*]phenanthrenyl]- 10 3985
—, [Trioxo-dimethyl-hexadecahydro-cyclopenta[*a*]phenanthrenyl]-, methylester 10 3986
—, Triphenyl- 9 3607, 3608, 3611, 3612
—, Triphenyl-, äthylester 9 3609, 3611
—, Triphenyl-, amid 9 3610
—, Triphenyl-, [brom-phenacylester] 9 3612
—, Triphenyl-, methylester 9 3609, 3611
—, Triphenyl-, nitril 9 3610
—, Triphenylmethyl- s. *Propionsäure, Äthyl-triphenyl-*
—, Vinyloxy-[vinyloxy-äthyl]-phenyl-, nitril 10 1576
—, Vinyloxy-[vinyloxy-äthyl]-*o*-tolyl-, nitril 10 1586
—, [2.3]Xylyl- 9 2556
—, [2.4]Xylyl- 9 2557
—, [2.4]Xylyl-, äthylester 9 2557
—, [2.4]Xylyl-, methylester 9 2558
—, [2.5]Xylyl- 9 2556, 2557
—, [3.4]Xylyl- 9 2556

Butylbenzoat 9 392
sec-**Butylbenzoat** 9 394
tert-**Butylbenzoat** 9 395

Butylcinnamat 9 2685
tert-**Butylcinnamat** 9 2685
Butylsalicylat 10 121
Butyraldehyd, Benzoyloxy- 9 721
—, Methyl-benzoyloxymethyl- 9 722
—, Oxo-, [nitro-benzoylhydrazon]
    9 1486
Butyraldehyd-[brom-benzoylhydrazon]
    9 1389, 1400, 1422
— [chlor-benzoylhydrazon] 9 1341,
    1351, 1368
— [dinitro-benzoylhydrazon] 9 1946
— [dinitro-methyl-benzoylhydrazon]
    9 2372
— [jod-benzoylhydrazon] 9 1439, 1447
— naphthoylhydrazon 9 3188
— [nitro-benzoylhydrazon] 9 1482,
    1524, 1752
— [nitro-dimethyl-benzoylhydrazon]
    9 2447
— [nitro-methyl-benzoylhydrazon]
    9 2364
Butyramid, Acenaphthenyl- 9 3376
—, [Äthoxy-äthyl]-phenyl- 10 638
—, [Äthoxy-phenyl]- 10 589
—, Äthyl-butyl-cyclohexyl- 9 113
—, Äthyl-butyl-phenyl- 9 2597
—, Äthyl-[*tert*-butyl-phenyl]- 9 2624
—, Äthyl-cyclohexyl- 9 113
—, Äthyl-[cyclohexyl-äthyl]-cyclohexyl-
    9 293
—, Äthyl-[diäthylamino-äthyl]-phenyl-
    9 2549
—, Äthyl-[hydroxy-äthyl]-cyclohexyl-
    9 113
—, Äthyl-[methoxy-methyl-isopropyl-
    phenyl]- 10 660
—, Äthyl-[methoxy-phenyl]- 10 637
—, Äthyl-phenyl- 9 2466, 2543, 2546, 2549
—, Äthyl-propyl-phenyl- 9 2569
—, [Amino-äthyl]-phenyl- 9 2454
—, Benzamino- 9 1148, 1149
—, Bicyclohexylyl- 9 281
—, Brom-äthyl-phenyl- 9 2455
—, [Brom-methoxy-phenyl]- 10 596
—, [Butyloxy-äthyl]-phenyl- 10 638
—, Butyl-phenyl- 9 2597
—, *sec*-Butyl-phenyl- 9 2598
—, [*tert*-Butyl-phenyl]- 9 2603
—, Butyl-phenyl-phenäthyl- 9 3392
—, Cyclohexyl- 9 81
—, [Cyclohexyl-äthyl]-cyclohexyl-
    9 293
—, Cyclohexyl-phenäthyl- 9 2899
—, [Cyclohexyl-phenyl]- 9 2892
—, [Cyclopentyl-phenyl]- 9 2885
—, [Decahydro-naphthyl]- 9 270
—, Diäthyl-cyclohexyl- 9 113
—, Diäthyl-phenyl- 9 2466, 2543

Butyramid, Dibrom-[methoxy-phenyl]-
    10 594
—, Dibutyl-phenyl- 9 2597
—, [Dimethoxy-phenyl]- 10 1553, 1554
—, Dimethyl-cyclohexyl- 9 114
—, Dimethyl-[methoxy-phenyl]- 10 640
—, Dimethyl-[methyl-cyclohexyl]- 9 123
—, Dimethyl-naphthyl- 9 3248
—, Dimethyl-phenyl- 9 2548
—, [Dimethyl-phenyl]- 9 2557
—, Dimethyl-*o*-tolyl- 9 2580
—, Dioxo-[methoxy-phenyl]- 10 4603
—, Diphenyl- 9 3363, 3365
—, Diphenyl-benzyl- 9 3615
—, Dodecyl-phenyl- 9 2453
—, Fluorenyl- 9 3475
—, [Hydroxy-äthyl]-butyl-phenyl-
    9 2597
—, [Hydroxy-äthyl]-cyclohexyl- 9 79
—, [Hydroxy-äthyl]-isopropyl-phenyl-
    9 2574
—, [Hydroxy-äthyl]-phenyl- 9 2453, 2459
—, [Hydroxy-äthyl]-propyl-phenyl-
    9 2570
—, Hydroxy-diphenyl- 10 1208
—, Hydroxy-[methoxy-phenyl]- 10 1555
—, Hydroxy-phenyl- 10 591, 598, 599
—, Isobutyl-phenyl- 9 2599
—, Isopropyl-phenyl- 9 2574
—, [Methoxy-*tert*-butyl-phenyl]- 10 656
—, [Methoxy-methyl-isopropyl-phenyl]-
    10 656
—, [Methoxy-phenyl]- 10 588, 593, 594, 597
—, Methyl-äthyl-cyclohexyl- 9 113
—, Methyl-äthyl-naphthyl- 9 3253
—, Methyl-äthyl-phenyl- 9 2543
—, Methyl-butyl-phenyl- 9 2597
—, [Methyl-*tert*-butyl-phenyl]-
    9 2614
—, Methyl-cyclohexyl- 9 105
—, Methyl-[cyclohexyl-äthyl]-
    cyclohexyl- 9 293
—, Methyl-[dimethoxy-phenyl]- 10 1571
—, Methyl-[methoxy-naphthyl]- 10 1122
—, Methyl-[methoxy-phenyl]- 10 620, 622
—, Methyl-[methoxy-tetrahydro-naphthyl]-
    10 921
—, Methyl-phenyl- 9 2509, 2512, 2516, 2518
—, Methyl-phenyl-cyan- 9 4305
—, Methyl-phenyl-phenäthyl- 9 3392
—, Methyl-phenyl-*o*-tolyl- 9 3392
—, Methyl-propyl-phenyl- 9 2569
—, [Methylsulfon-phenyl]- 10 591
—, Methyl-*p*-tolyl- 9 2553
—, [Octahydro-anthryl]- 9 3115
—, Oxo-äthyl-phenyl- 10 3038
—, Oxo-bis-[dimethoxy-phenyl]- 10 4821
—, Oxo-[brom-phenyl]- 10 3040
—, Oxo-dimethyl-[brom-phenyl]- 10 3040

Butyramid, Oxo-diphenyl- **10** 3325
—, Oxo-[hydroxy-methyl-isopropyl-
   phenyl]- **10** 4277
—, Oxo-[hydroxy-methyl-phenyl]- **10** 4252
—, Oxo-[hydroxy-phenyl]- **10** 4230, 4234
—, Oxo-imino-methyl-*p*-tolyl- **10** 3553
—, Oxo-imino-*p*-tolyl- **10** 3553
—, Oxo-[methoxy-phenyl]- **10** 4234, 4238
—, Oxo-[methoxy-phenyl]-[dimethoxy-
   phenyl]- **10** 4771, 4774
—, Oxo-[methoxy-phenyl]-[methoxy-
   phenyl]- **10** 4677
—, Oxo-methyl-phenyl- **10** 3038
—, Oxo-phenyl- **10** 3037
—, Oxo-phenyl-acetyl- **10** 3038
—, Oxo-phenyl-[methoxy-phenyl]- **10** 4445
—, Oxo-propyl-phenyl- **10** 3038
—, Oxo-*p*-tolyl- **10** 3071
—, [Phenoxy-äthyl]-phenyl- **10** 638
—, Phenoxy-benzyl- **10** 622
—, Phenoxy-phenyl- **10** 599
—, Phenyl- **9** 2453, 2459, 2465
—, Phenyl-[cyclohexyl-phenyl]- **9** 3490
—, Phenyl-naphthyl- **9** 3564, 3565
—, Phenyl-phenäthyl- **9** 3391
—, Phenyl-phenäthyl-naphthyl- **9** 3673
—, Propyl-butyl-phenyl- **9** 2570
—, Propyl-phenyl- **9** 2569
—, Pyrenyl- **9** 3597
—, [Tetrahydro-naphthyl]- **9** 2876
—, Triäthyl-phenyl- **9** 2549
—, Tribenzoyloxy- **9** 866
—, Triphenyl- **9** 3610
—, [2.4]Xylyl- **9** 2557
Butyramidin, [Methylsulfon-phenyl]- **10** 591
Butyrimidoylchlorid, Oxo-phenyl- **10** 3038
Butyrimidsäure, Oxo-[methoxy-phenyl]-,
   äthylester **10** 4234
—, Oxo-methylimino-*p*-tolyl-,
   äthylester **10** 3553
—, Oxo-phenyl-, äthylester **10** 3038
—, Oxo-phenyl-, chlorid **10** 3038
—, Oxo-phenyl-, methylester **10** 3038
—, Phenyl-, methylester **9** 2468
Butyrohydrazid s. *Buttersäure-hydrazid*
Butyrolacton, Benzamino-hydroxy- **9** 1205
Butyronitril, Äthoxy-[äthoxy-äthyl]-
   phenyl- **10** 1576
—, [Äthoxycarbonyl-fluorenyl]- **9** 4640
—, Äthoxy-[dimethoxy-phenyl]- **10** 2130
—, Äthoxymethoxy-[äthoxymethoxy-äthyl]-
   phenyl- **10** 1576
—, Äthoxy-phenyl- **10** 600
—, [Äthoxy-phenyl]- **10** 589
—, Äthyl-[brom-methoxy-phenyl]- **10** 640
—, Äthyl-cyclohexenyl- **9** 253
—, Äthyl-[methoxy-phenyl]- **10** 638
—, Äthyl-[methoxy-phenyl]-[methoxy-
   benzyl]- **10** 1984

Butyronitril, Äthyl-phenyl- **9** 2545, 2549
—, [Äthyl-phenyl]- **9** 2555
—, Benzamino- **9** 1149
—, Benzoyloxy- **9** 859
—, Bis-benzoyloxyimino- **9** 1304
—, Brom-diphenyl- **9** 3366
—, [Brom-methoxy-phenyl]- **10** 596
—, Brom-phenyl-*p*-tolyl- **9** 3383
—, [Carboxy-fluorenyl]- **9** 4639
—, Chlor-äthyl-phenyl- **9** 2549
—, Chlor-butyl-phenyl- **9** 2600
—, Chlor-[chlor-äthyl]-phenyl- **9** 2549
—, Chlor-[chlor-äthyl]-*o*-tolyl-
   9 2581
—, Chlor-diphenyl- **9** 3366
—, Chlor-methyl-diphenyl- **9** 3382
—, Chlor-methyl-phenyl- **9** 2516
—, Chlor-phenyl- **9** 2469
—, [Chlor-phenyl]- **9** 2469
—, Chlor-propyl-phenyl- **9** 2575
—, [(Cyan-äthyl)-phenyl]- **9** 4338
—, Cyclohexenyl- **9** 192
—, Cyclohexyl-phenyl- **9** 2891
—, Cyclopentenyl-diphenyl- **9** 3544
—, Cyclopentyl-phenyl- **9** 2885
—, Diäthoxy-phenyl- **10** 3050
—, Diäthyl-[methoxy-phenyl]- **10** 654
—, [Dimethoxy-phenyl]- **10** 1555
—, [Dimethyl-phenyl]- **9** 2557
—, Dinaphthyl- **9** 3660
—, Diphenyl- **9** 3356, 3363, 3366
—, Diphenyl-benzyl- **9** 3615
—, Diphenyl-methylendioxy-di- **10** 600
—, Fluorenyl- **9** 3476
—, Hydroxy-[hydroxy-äthyl]-phenyl-
   10 1576
—, Hydroxy-[hydroxy-äthyl]-*o*-tolyl-
   10 1586
—, Hydroxyimino-diphenyl- **10** 3323, 3325
—, Hydroxy-[methoxy-phenyl]- **10** 1555,
   1556
—, Hydroxy-phenyl- **10** 595, 599
—, Imino-bis-[dimethoxy-phenyl]-
   10 4820
—, Imino-diphenyl- **10** 3323
—, Mesityl- **9** 2591
—, [Methoxycarbonyl-fluorenyl]- **9** 4639
—, Methoxymethoxy-[methoxymethoxy-
   äthyl]-phenyl- **10** 1576
—, [Methoxy-phenyl]- **10** 588, 589, 590, 597
—, [Methoxy-phenyl]-[methoxy-phenyl]-
   10 1971
—, [Methyl-benzoyl-amino]- **9** 1149
—, [Methyl-benzoyl-amino]-hydroxy-
   dimethyl- **9** 1185
—, Methyl-diphenyl- **9** 3382
—, Methyl-isopropyl-phenyl- **9** 2601
—, Methyl-[methoxy-phenyl]- **10** 623
—, Methyl-phenyl-*o*-tolyl- **9** 3393

Butyronitril, [Methylsulfon-phenyl]-
10 591
—, Naphthyl- **9** 3231
—, Nitro-dimethyl-[brom-phenyl]-
9 2551
—, Nitro-dimethyl-naphthyl- **9** 3249
—, Nitro-dimethyl-phenyl- **9** 2550
—, Nitro-diphenyl- **9** 3363
—, Nitro-methyl-phenyl- **9** 2518
—, [Nitro-phenyl]- **9** 2471
—, [Oxo-äthoxycarbonyl-cyclopentyl]-
10 3908
—, [Oxo-benz[de]anthracenyl]- 10 3460
—, Oxo-benzoyloxyimino- **9** 1303
—, Oxo-bis-[dimethoxy-phenyl]- 10 4821
—, Oxo-[brom-methoxy-phenyl]-p-tolyl-
10 4454
—, Oxo-[brom-phenyl]- 10 3040
—, Oxo-[chlor-methoxy-phenyl]-p-tolyl-
10 4453
—, Oxo-[chlor-phenyl]- 10 3039
—, Oxo-[dimethoxy-phenyl]- 10 4547
—, Oxo-diphenyl- 10 3325
—, Oxo-[hydroxy-phenyl]- 10 4231, 4235
—, Oxo-[methoxy-phenyl]- 10 4231, 4235
—, Oxo-[methoxy-phenyl]-[dimethoxy-
phenyl]- 10 4772, 4775
—, Oxo-[methoxy-phenyl]-[methoxy-
phenyl]- 10 4677
—, Oxo-[methoxy-phenyl]-naphthyl-
10 4486
—, Oxo-[methoxy-phenyl]-p-tolyl-
10 4453
—, Oxo-methylimino-[methoxy-phenyl]-
10 4603
—, Oxo-methylimino-p-tolyl- 10 3553
—, Oxo-naphthyl- 10 3269, 3270
—, Oxo-naphthyl-naphthyl- 10 3493
—, Oxo-phenyl- 10 3038, 3050
—, Oxo-phenyl-biphenylyl- 10 3463
—, Oxo-phenyl-[brom-phenyl]- 10 3327
—, Oxo-phenyl-[chlor-methyl-phenyl]-
10 3343
—, Oxo-phenyl-[fluor-phenyl]- 10 3326
—, Oxo-phenyl-mesityl- 10 3359
—, Oxo-phenyl-[methoxy-phenyl]- 10 4445
—, Oxo-phenyl-naphthyl- 10 3437, 3438
—, Oxo-phenyl-[nitro-phenyl]- 10 3329
—, Oxo-phenyl-p-tolyl- 10 3344
—, Oxo-p-tolyl- 10 3071
—, Oxo-[trimethoxy-phenyl]- 10 4725
—, Phenoxy-äthyl-benzyl- 10 649
—, Phenyl- **9** 2454, 2468
—, Phenyl-[dimethyl-tert-butyl-
phenyl]- **9** 3405
—, Phenyl-naphthyl- **9** 3565
—, Semicarbazono-p-cumenyl- 10 3100
—, Semicarbazono-[isopropyl-phenyl]-
10 3100

Butyronitril, [Trimethyl-phenyl]- **9** 2591
—, Triphenyl- **9** 3610
—, Vinyloxy-[vinyloxy-äthyl]-phenyl-
10 1576
—, Vinyloxy-[vinyloxy-äthyl]-o-tolyl-
10 1586
—, [2.4]Xylyl- **9** 2557
Butyrophenon, Benzoyloxy- **9** 732, 733
—, Dibenzoyloxy- **9** 788
—, Dihydroxy-benzoyloxy- **9** 817
—, Dimethoxy-benzoyloxy- **9** 817
—, Methoxy-benzoyloxy- **9** 789
—, Methoxy-[benzoyloxy-cyclohexyl]-
9 793
—, [Nitro-benzoyloxy]- **9** 1674
Butyrospermol, Benzoyl- **9** 485
—, Benzoyl-dihydro- **9** 471
Butyrothiosäure s. *Thiobuttersäure*
Butyrylbromid, Brom-phenyl- **9** 2470
Butyrylchlorid, Acenaphthenyl- **9** 3375, 3376
—, [Acetoxy-cyclohexyl]- 10 37
—, Äthyl-[tert-butyl-phenyl]- **9** 2624
—, Äthyl-[methoxy-phenyl]- 10 637, 638
—, Äthyl-phenyl- **9** 2543, 2544, 2545
—, [Äthyl-phenyl]- **9** 2555
—, Äthyl-o-tolyl- **9** 2578, 2579
—, Bicyclohexylyl- **9** 281
—, Brom-phenyl- **9** 2455
—, [Brom-phenyl]- **9** 2455
—, Butyl-phenyl- **9** 2597
—, sec-Butyl-phenyl- **9** 2598
—, [tert-Butyl-phenyl]- **9** 2603
—, Cyclohexenyl- **9** 190, 191
—, Cyclohexyl- **9** 79, 80
—, Cyclohexyl-phenäthyl- **9** 2899
—, Cyclohexyl-phenyl- **9** 2891
—, [Cyclohexyl-phenyl]- **9** 2892
—, Cyclopentenyl- **9** 185
—, Cyclopentyl- **9** 73
—, [Decahydro-naphthyl]- **9** 269
—, Dimethyl-[dinitro-phenyl]- **9** 2548
—, Dimethyl-phenyl- **9** 2547
—, [Dimethyl-phenyl]- **9** 2556, 2557
—, Dimethyl-o-tolyl- **9** 2580
—, Dimethyl-p-tolyl- **9** 2580
—, Diphenyl- **9** 3364
—, Indanyl- **9** 2858
—, Isobutyl-phenyl- **9** 2599
—, Isopropyl-phenyl- **9** 2574
—, [Methoxy-methyl-isopropyl-phenyl]-
10 656
—, [Methoxy-phenyl]- 10 587, 590, 593
—, [Methyl-tert-butyl-phenyl]- **9** 2614
—, Methyl-cyclohexyl- **9** 105
—, Methyl-[dimethyl-phenyl]- **9** 2585
—, Methyl-diphenyl- **9** 3383
—, [Methyl-isopropyl-phenyl]- **9** 2605
—, Methyl-[methoxy-dimethyl-phenyl]-
10 652

Butyrylchlorid, Methyl-[methyl-isopropyl-phenyl]- 9 2613
—, Methyl-phenyl- 9 2509, 2512, 2514, 2517
—, Methyl-o-tolyl- 9 2553
—, Methyl-p-tolyl- 9 2553
—, Methyl-[2.3]xylyl- 9 2585
—, Methyl-[2.4]xylyl- 9 2585
—, Naphthyl- 9 3230
—, Phenyl- 9 2453, 2459, 2465
—, Phenyl-phenäthyl- 9 3391
—, Phenyl-p-tolyl- 9 3383
—, Propyl-phenyl- 9 2569
—, [Tetrahydro-naphthyl]- 9 2875, 2876
—, o-Tolyl- 9 2520
—, p-Tolyl- 9 2521, 2523
—, Tribenzoyloxy- 9 866
—, [2.3]Xylyl- 9 2556
—, [2.4]Xylyl- 9 2557
—, [2.5]Xylyl- 9 2556
Butyrylisocyanat, Phenyl- 9 2467

C

Cadaverin s. *Pentandiyldiamin*
α-Cadinol, [Nitro-benzoyl]- 9 1581
Calameonsäure 10 2045
Campestanol, [Dinitro-benzoyl]- 9 1860
Campesterol, Benzoyl- 9 467
—, [Dinitro-benzoyl]- 9 1866
Camphan-carbonsäure 9 244
Camphenansäure 9 222
Camphencamphersäure 9 3870
Camphen-carbonsäure 9 321, 322, 327
Camphenhydrat, [Dinitro-benzoyl]- 9 1835
—, [Nitro-benzoyl]- 9 1575
Camphenhydrat-carbonsäure 10 67, 71
Camphenilansäure 9 222
Camphenilol, [Carboxy-benzoyl]- 9 4143
—, [Dinitro-benzoyl]- 9 1825
—, [Nitro-benzoyl]- 9 1568
—, [Nitro-benzoyl]-methyl- 9 1574
Camphenlauronolsäure 9 185
Camphenonsäure 10 2912
Camphenonsäure-amid 10 2912
— chlorid 10 2912
Camphensäure 9 3870
Campher, [Benzoyloxy-benzyliden]- 9 756
—, Benzoyloxymethyl- 9 726
—, Benzoyloxymethylen- 9 727
—, [Benzoyloxy-phenyl]- 9 751
—, [Dinitro-benzoyloxy]- 9 1924, 1925
—, Methyl-benzoyloxymethylen- 9 728
—, [Nitro-benzoyloxy]- 9 1673
—, Phenyl-benzoyloxymethylen- 9 757
Campher-[dinitro-methyl-benzoylhydrazon] 9 2374
— [jod-benzoylhydrazon] 9 1440, 1449
— [nitro-dimethyl-benzoylhydrazon] 9 2448

Campher-[nitro-methyl-benzoylhydrazon] 9 2365
Campher-carbonsäure 10 2925, 2931
Campher-dithiocarbonsäure-methylester 10 2931
Camphersäure 9 3876
—, Brom- 9 3896
—, Brom-, diäthylester 9 3896
—, Brom-, dimethylester 9 3896
—, Diketo-, dimethylester 10 4051
—, Methyl- 9 3917
—, Oxy- 10 2040
—, Phenyl- 9 4423
Camphersäure-[äthoxy-acetoxymercurio-propylamid] 9 3889
— äthylamid-diäthylamid 9 3892
— [äthylamino-äthylamid] 9 3887
— äthylester 9 3880
— äthylester-amid 9 3890
— amid 9 3886, 3887
— amid-nitril 9 3879, 3894, 3895
— bis-benzylidenhydrazid 9 3895
— bis-diäthylamid 9 3892
— bis-[diäthylamino-äthylester] 9 3884
— bis-dibutylamid 9 3893
— bis-diisopentylamid 9 3893
— bis-dimethylamid 9 3890
— bis-[methoxy-äthylester] 9 3882
— bis-[methoxy-phenylester] 9 3883
— bis-[methyl-äthyl-amid] 9 3891
— [chlor-dimethyl-phenylester] 9 3881
— chlorid-nitril 9 3894
— [chlor-methyl-phenylester] 9 3881
— [chlor-phenylester] 9 3880
— diäthylamid 9 3888
— diamid 9 3890
— diazid 9 3895
— dichlorid 9 3886
— dicholesterylester 9 3882
— dihydrazid 9 3895
— dimethylamid-diäthylamid 9 3891
— dimethylamid-[methyl-äthyl-amid] 9 3890, 3891
— dimethylester 9 3880
— dinitril 9 3895
— [hydroxy-acetoxymercurio-propylamid] 9 3888
— [hydroxy-methyl-propylester] 9 3882
— [methoxy-hydroxymercurio-propylamid] 9 3889
— [methoxy-phenylester] 9 3883
— [methyl-äthyl-amid] 9 3888
— [methyl-äthyl-amid]-diäthylamid 9 3892
— methylamid 9 3886, 3888
— methylamid-diäthylamid 9 3891
— [methylamino-äthylamid] 9 3887
— methylester 9 3879
— methylester-amid 9 3889, 3890

Camphersäure-methylester-chlorid **9** 3885
— methylester-[methoxy-phenylester]
  9 3883
— methylester-nitril **9** 3894
— nitril **9** 3893
— [*p*-tolyl-äthylester] **9** 3881
Camphoceensäure 9 185
Camphoceensäure-amid **9** 186
— nitril **9** 186
Campholalkohol, [Phenyl-propionyl]-
  9 2387
α-**Campholansäure 9** 98
Campholensäure, Oxo- **10** 2909
—, Phenyl- **9** 3107
α-**Campholensäure 9** 208
—, Dihydro- **9** 98
—, Dioxydihydro- **10** 1355
—, Methyl-, nitril **9** 23
α-**Campholensäure**-amid **9** 208
— nitril **9** 209
β-**Campholensäure 9** 207
—, Dioxydihydro- **10** 1355
α-**Campholonsäure 10** 2865
Campholsäure 9 98
—, Benzoyl- **10** 3210
—, Dimethyl- **9** 120
—, Hydroxy- **10** 42
β-**Campholsäure 9** 99
α-**Campholytsäure 9** 187
—, Dihydro- **9** 76
β-**Campholytsäure 9** 186
Camphonansäure 9 75
Camphononsäure 10 2847
Camphononsäure-äthylester **10** 2848
— methylester **10** 2847
— methylester-semicarbazon **10** 2847
— oxim **10** 2847
— semicarbazon **10** 2847
Camphorensäure 9 198
—, Brom- **9** 199
Camphoroylchlorid 9 3886
Camphosäure 9 4754
Camphotricarbonsäure 9 4754
α-**Camphylsäure 9** 302
β-**Camphylsäure 9** 301
—, Dibrom-dihydro- **9** 187
γ-**Camphylsäure,** Brom- **9** 301
Canalin, Benzoyl- **9** 1178
—, Dibenzoyl- **9** 1307
Canarsäure 9 3130
Canavanin, Benzoyl- **9** 1308
Cannabidiol, Bis-[dinitro-benzoyl]-
  9 1916
Capacin 10 440
Caprinsäure s. *Decansäure*
Capronsäure s. *Hexansäure*
Caprylsäure s. *Octansäure*
Caran-carbonsäure 9 236;
  Derivate s. unter Norcaran-carbonsäure

Carbamidsäure, [Benzamino-acetyl]-,
  äthylester **9** 1129
—, [Benzamino-isopentyl]-, benzylester
  9 1097
—, Benzaminomethyl-, äthylester
  9 1091
—, [Benzamino-phenäthyl]-, benzylester
  9 1100
—, Benzamino-propandiyl-di-,
  dibenzylester **9** 1226
—, Benzoyl-, äthylester **9** 1114
—, Benzoyl-, methylester **9** 1114
—, Benzoyl-, nitril **9** 1117
—, Hippuroyl-, äthylester **9** 1129
—, {[(Hippuroyl-alanyl)-amino]-
  isopentyl}-, benzylester **9** 1131
—, {[(Hippuroyl-alanyl)-leucyl]-amino}-
  propandiyl-di-, dibenzylester
  9 1133
—, [Hippuroylamino-äthyl]-,
  benzylester **9** 1128
—, [Hydroxy-phenyl-propionyl]- **10** 555
—, Mandeloyl-, äthylester **10** 470
—, Mandeloyl-, pentylester **10** 470
—, Methyl-[hydroxy-phenyl-propionyl]-
  10 555
—, [Nitro-benzoyl]-, äthylester
  9 1725
—, [(Nitro-phenyl)-acetyl]-,
  äthylester **9** 2289
—, [Nitro-phthaloyl]-di-, diäthylester
  9 4234
—, [Phenyl-acetaminomethyl]-,
  äthylester **9** 2200
—, Phenylacetyl-, äthylester **9** 2207
—, Phenylacetyl-, chlorid **9** 2208
—, Phenylmalonyl-di-, diäthylester
  9 4262
—, Phenylsuccinyl-di-, diäthylester
  9 4279
—, *p*-Toluoyl-, nitril **9** 2346
—, [Trichlor-benzoyloxy-äthyl]-,
  äthylester **9** 717
—, [Trichlor-benzoyloxy-äthyl]-,
  isobutylester **9** 718
—, [Trichlor-benzoyloxy-äthyl]-,
  methylester **9** 717
—, [Trichlor-benzoyloxy-äthyl]-,
  propylester **9** 718
Carbamoylchlorid, Phenylacetyl- **9** 2208
Carbazinsäure, Acetyl-benzoyl-, nitril
  9 1322
—, Benzoyl-, nitril **9** 1320
Carbenium, Bis-[hydroxy-methoxy-phenyl]-
  [hydroxy-carboxy-phenyl]- **10** 2623
Carbinol, Camphoyl-, benzoat **9** 724
—, Isobutyl-styryl-,
  [nitro-benzoat] **9** 1605
—, [Phenyl-propionyl]-camphoyl- **9** 2389

Carbonyl-difluoren-dicarbonsäure-
diäthylester 10 4039
Carminazarin 10 4810
Carminazarinchinon 10 4814
Carminsäure 10 4874
Caronsäure 9 3810
Caronsäure-diäthylester 9 3811
α-Carotin, Bis-[nitro-benzoyloxy]-
9 1654, 10 4889
—, Dibenzoyloxy- 9 655, 10 4889
β-Carotin, Bis-[nitro-benzoyloxy]-
9 1654
Carvacrol, [Nitro-benzoyl]- 9 1594
p-Carvacrotinsäure 10 632
Carvenolensäure 9 205
Carvenolensäure-methylester 9 205
Carvenolsäure 9 96
Carvenolsäure-amid 9 97
Carveol, [Carboxy-benzoyl]- 9 4155
—, [Dinitro-benzoyl]- 9 1840
—, [Dinitro-benzoyl]-dihydro- 9 1829
—, [Nitro-benzoyl]- 9 1471, 1578
—, [Nitro-benzoyl]-dihydro- 9 1570
Carvomenthol, [Carboxy-benzoyl]- 9 4135
—, [Dinitro-benzoyl]- 9 1815
—, [Nitro-benzoyl]- 9 1560
—, [Phenyl-crotonoyl]- 9 2759
Carvomenthon-[benzoyl-oxim] 9 1274
— [(dinitro-benzoyl)-oxim] 9 1945
— [naphthoyl-oxim] 9 3147
— [(nitro-benzoyl)-oxim] 9 1749
Carvon, Cyan-dihydro- 10 2919
Carvon-[nitro-benzoylhydrazon] 9 1484,
1528
Carvotanacetol, [Dinitro-benzoyl]- 9 1826
—, [Nitro-benzoyl]- 9 1568
Caryophyllencyclopropancarbonsäure
9 2629
Caryophyllencyclopropancarbonsäure-
äthylester 9 2629
Caryophyllensäure 9 3850
—, Brom- 9 3851
—, Dibrom- 9 3851
—, Hydroxy- 9 3851
—, Hydroxy-, dimethylester 9 3851
Caryophyllensäure-bis-[phenyl-
phenacylester] 9 3851
— dimethylester 9 3851
Cassaidin 10 1592
—, Dihydro- 10 1362
Cassaidinsäure 10 1591
—, Dihydro- 10 1361
Cassaidinsäure-methylester 10 1592
Cassain 10 4285
—, Acetyl- 10 4286
—, Dihydro- 10 4200
Cassain-oxim 10 4286
Cassainsäure 10 4284
—, Acetyl-, methylester 10 4285

Cassainsäure, Acetyl-, methylester-
semicarbazon 10 4285
—, Acetyl-dihydro-, methylester 10 4199
—, Dihydro- 10 4198
—, Dihydro-, methylester 10 4199
Cassainsäure-methylester 10 4284
Cassamin 10 3975
Cassansäure 9 355
—, Dihydroxy- 10 1361
—, Dihydroxy-, methylester 10 1362
—, Diketo- 10 3542
—, Diketo-, methylester 10 3542
—, Oxy-keto- 10 4198
—, Oxy-keto-, methylester 10 4199
Cassansäure-methylester 9 356
Cassensäure, Diketo- 10 3561; *Derivate*
s. unter Dehydrocassainsäure
Cassinsäure 10 4789; *Derivate s. unter*
Anthracen-carbonsäure
Cativinsäure 9 350
Cativinsäure-methylester 9 351
Cativsäure 9 350
Cativsäure-methylester 9 351
Caulosapogenin 10 1923
Ceanothsäure 10 2313
—, Acetyl-, dimethylester 10 2313
Ceanothsäure-dimethylester 10 2313
Cedrencarbonsäure 9 2619
Cedrencarbonsäure-methylester 9 2619
Cedrendicarbonsäure 9 4030
Cedrenketosäure 10 2951
Cedrol, [Dinitro-benzoyl]- 9 1845
Celastrol 10 4476
—, Dihydro- 10 4476
Centsäure 10 2281
Chalkon, Benzoyloxy- 9 768
—, Benzoyloxy-hexamethyl- 9 770
—, Benzoyloxy-p-tolylsulfon- 9 805
—, Benzoyloxy-trimethyl- 9 768
—, [Brom-benzoyloxy]-p-tolylsulfon-
9 1416
—, Chlor-, [benzoyl-oxim] 9 1283
—, Dibenzoyloxy- 9 803
—, Dicarbamimidoyl- 10 4022
—, Dicyan- 10 4022
—, Dihydroxy-benzoyloxy- 9 826
—, Dihydroxy-dibenzoyloxy- 9 842, 843
—, Dihydroxy-methoxy-benzoyloxy- 9 843
—, Dihydroxy-methoxy-[methoxy-
benzoyloxy]- 10 322
—, Hydroxy-benzoyloxy- 9 804
—, Hydroxy-dimethoxy-veratroyloxy-
10 1421
—, Methoxy-, [benzoyl-oxim] 9 1296, 1297
—, Methoxy-dibenzoyloxy- 9 824
—, Methoxy-tetrabenzoyloxy- 9 848
—, Methoxy-tribenzoyloxy- 9 840, 841
—, Nitro-dihydroxy-[nitro-benzoyloxy]-
9 1681

Chalkon, Pentabenzoyloxy- **9** 847, 848
—, Tetrabenzoyloxy- **9** 840, 841, 842
—, Tetrabenzoyloxy-methyl- **9** 843
—, Tribenzoyloxy- **9** 824, 825, 826
Chalkon-[brom-benzoylhydrazon] **9** 1424
— [dinitro-benzoylhydrazon] **9** 1948
— [dinitro-methyl-benzoylhydrazon]
   9 2376
— [jod-benzoylhydrazon] **9** 1450
— [nitro-benzoylhydrazon] **9** 1756
Chaulmoograsäure 9 284
—, Dihydro- **9** 134
—, Tetrahydroxy-dihydro- **10** 2410
Chaulmoograsäure-äthylester **9** 285
— amid **9** 291
— chlorid **9** 290
— methylester **9** 285
— nitril **9** 291
Chavibetol, Benzoyl- **9** 587
Chavicol, Benzoyl- **9** 454
—, [Dinitro-benzoyl]- **9** 1861
Chenocholadiensäure 9 3125
Chenocholensäure 10 1636
Chenocholoidansäure 9 4906
Chenodesoxybiliansäure 10 4125
Chenodesoxycholsäure 10 1635
Chinasäure 10 2407
—, Tetraacetyl-, amid **10** 2410
Chinasäure-amid **10** 2409
— methylester **10** 2409
Chinit, Dibenzoyl- **9** 545
Chinizarin, [Methoxycarbonyl-phenoxy]-
   10 299
Chinizarin-carbonitril 10 4789
Chinizarin-carbonsäure 10 4787; *O-Derivate
   s. unter Anthracen-carbonsäure*
Chinizarin-carbonsäure-äthylester
   10 4788
— amid **10** 4788
Chinochromin 10 2307
—, Dihydro- **10** 2307
Chinovalacton, Trichlor- **10** 2307
Chinovasäure 10 2307
—, Acetyl- **10** 2308
—, Acetyl-, dichlorid **10** 2309
—, Acetyl-, dimethylester **10** 2308
—, Benzoyl-, chlorid **10** 2309
—, Benzoyl-, dichlorid **10** 2310
—, Benzoyl-, dimethylester **10** 2308
—, Benzoyl-, methylester **10** 2308
—, Triacetyl- **10** 2309
—, Tribenzoyl- **10** 2309
Chinovasäure-dimethylester **10** 2308
Chinovatrienalkohol, Benzoyl- **9** 515
Chinovenondisäure-dimethylester
   10 4002
— dimethylester-semicarbazon **10** 4002
[Chlor-benzoesäure]-äthylxanthogensäure-
   anhydrid **9** 1989

[Chlor-benzoesäure]-[chlor-
   thiobenzoesäure]-anhydrid 9 1989
[Chlor-benzoesäure]-[dithiokohlensäure-
   äthylester]-anhydrid 9 1989
Chlorodithioantimonigsäure-bis-[carboxy-
   phenylester] **10** 226
Chlorogeninsäure 10 4750
—, Diacetyl- **10** 4750
—, Diacetyl-, methylester **10** 4751
Chlorogensäure 10 2408
—, Pentamethyl-, methylester **10** 2409
Choladiensäure 9 3125, 3126, 3127,
   10 968, 3221
—, Acetoxy-, methylester **10** 1031
—, Acetoxy-oxo- **10** 4387, 4388
—, Diacetoxy-, methylester **10** 1912, 1914
—, Diacetoxy-oxo- **10** 4641
—, Dihydroxy- **10** 1887, 1913, 1914
—, Dihydroxy-, methylester **10** 1914
—, Hydroxy- **10** 1030
—, Hydroxy-acetoxy- **10** 1913
—, Hydroxy-oxo- **10** 4387, 4388
—, Methoxy- **10** 1030
—, Oxo- **10** 3251
—, Oxo-, methylester **10** 3250, 3251
—, Semicarbazono-, methylester **10** 3250
—, Tetrahydroxy-, äthylester **10** 4750
—, Tetrahydroxy-, methylester **10** 4749
Choladiensäure-äthylester **9** 3125
— methylester **9** 3126, 3127, **10** 3221
α-Choladiensäure, Dihydroxy- **10** 1913
β-Choladiensäure, Dihydroxy- **10** 1914
Cholalsäure 10 2162
Cholamidin 10 2180
Cholanamid 9 2660
—, Dihydroxy- **10** 1654
—, Dihydroxy-[diäthylamino-äthyl]-
   10 1656
—, Dihydroxy-dimethyl- **10** 1655
—, Dihydroxy-[dimethylamino-äthyl]-
   10 1656
—, Triformyloxy- **10** 2178
—, Trihydroxy- **10** 2174
—, Trihydroxy-äthyl- **10** 2175
—, Trihydroxy-allyl- **10** 2175
—, Trihydroxy-dimethyl- **10** 2175
—, Trihydroxy-methyl- **10** 2175
—, Trihydroxy-propyl- **10** 2175
Cholanamidin, Trihydroxy- **10** 2180
Cholan-carbonitril, Dihydroxy- **10** 1660
—, Hydroxy-acetoxy- **10** 1660
Cholan-carbonsäure, Dihydroxy-, nitril
   10 1660
—, Hydroxy-acetoxy-, nitril **10** 1660
—, Hydroxy-dioxo- **10** 4625
—, Hydroxy-dioxo-, amid **10** 4625
—, Trihydroxy- **10** 2186
—, Trihydroxy-, methylester **10** 2186

Cholannitril, Hydroxy-diacetoxy- **10** 2185
—, Triformyloxy- **10** 2180
—, Trihydroxy- **10** 2179
—, Trioxo- **10** 3991
—, Tris-hydroxyimino- **10** 3991
Cholanohydroxamsäure, Dihydroxy-hydroxyimino- **10** 4590
Cholanon, Triacetoxy-benzoyloxymethyl-**9** 838
Cholanoylazid 9 2661
—, Dihydroxy- **10** 1657
—, Trihydroxy- **10** 2182
Cholanoylchlorid 9 2660
—, Diformyloxy- **10** 1654
—, Formyloxy- **10** 692
—, Formyloxy-oxo- **10** 4326
—, Triformyloxy- **10** 2174
—, Trioxo- **10** 3990
Cholansäure 9 2656, 2657
—, Acetoxy- **10** 687, 690, 697
—, Acetoxy-, äthylester **10** 692
—, Acetoxy-, methylester **10** 691
—, Acetoxy-benzoyloxy-, methylester **10** 1652
—, Acetoxy-[dinitro-benzoyloxy]-oxo-, äthylester **10** 4590
—, Acetoxy-dioxo- **10** 4620, 4621, 4622
—, Acetoxy-dioxo-, äthylester **10** 4619, 4621, 4624
—, Acetoxy-dioxo-, methylester **10** 4617, 4618, 4623
—, Acetoxy-hydroxyimino-, methylester **10** 4315
—, Acetoxy-[nitro-benzoyloxy]-oxo-, äthylester **10** 4589
—, Acetoxy-oxo- **10** 4310, 4314, 4316, 4318, 4323
—, Acetoxy-oxo-, äthylester **10** 4326
—, Acetoxy-oxo-, methylester **10** 4308, 4311, 4315, 4317, 4318, 4325
—, Acetoxy-semicarbazono- **10** 4324
—, Acetoxy-semicarbazono-, methylester **10** 4315
—, Äthoxycarbonyloxy-dioxo-, methylester **10** 4624
—, Benzoyloxy-, methylester **10** 697
—, Benzoyloxy-dioxo-, äthylester **10** 4624
—, Benzoyloxy-dioxo-, methylester **10** 4623
—, Benzoyloxy-disemicarbazono-, methylester **10** 4623
—, Benzoyloxy-oxo-, methylester **10** 4311, 4325
—, Benzoyloxy-semicarbazono-, methylester **10** 4325
—, Bis-carboxymethylmercapto-dioxo-**10** 3992
—, Bis-hydroxyimino- **10** 3579, 3581
—, Bis-hydroxyimino-, äthylester **10** 3582

Cholansäure, Bis-hydroxyimino-, methylester **10** 3574, 3582
—, Bis-methansulfonyloxy-oxo-, methylester **10** 4593
—, Bis-methoxycarbonylmethylmercapto-dioxo-, methylester **10** 3992
—, Brom-acetoxy-dioxo-, methylester **10** 4625
—, Brom-acetoxy-oxo- **10** 4312, 4319, 4327
—, Brom-acetoxy-oxo-, methylester **10** 4312, 4320, 4327
—, Brom-diacetoxy-oxo- **10** 4584, 4595
—, Brom-diacetoxy-oxo-, äthylester **10** 4590
—, Brom-dihydroxy- **10** 1657
—, Brom-dioxo- **10** 3580, 3585
—, Brom-dioxo-, methylester **10** 3577
—, Brom-hydroxy-acetoxy-, methylester **10** 1639, 1657
—, Brom-hydroxy-oxo- **10** 4319, 4327
—, Brom-hydroxy-oxo-, methylester **10** 4309, 4312, 4319
—, Brom-[methoxycarbonyl-propionyloxy]-oxo-, methylester **10** 4320
—, Brom-oxo- **10** 3132, 3135, 3137
—, Brom-oxo-, methylester **10** 3137
—, Brom-trioxo- **10** 3991
—, Brom-trioxo-, äthylester **10** 3992
—, Brom-trioxo-, methylester **10** 3991
—, [Carboxy-propionyloxy]-dioxo-, methylester **10** 4618, 4623
—, [Carboxy-propionyloxy]-oxo- **10** 4323
—, Chlor- **9** 2661
—, Chlor-, methylester **9** 2662
—, Chlor-diacetoxy-, methylester **10** 1634
—, Chlor-dihydroxy- **10** 1659
—, Chlor-dihydroxy-, methylester **10** 1629, 1634
—, Chlor-hydroxy-, methylester **10** 698
—, Chlor-hydroxy-acetoxy-, methylester **10** 1629
—, Chlor-hydroxy-benzoyloxy-, methylester **10** 1629
—, Diacetoxy- **10** 1632, 1637, 1649
—, Diacetoxy-, methylester **10** 1633, 1637, 1639, 1651, 1659, 1660
—, Diacetoxy-hydroxyimino- **10** 4594
—, Diacetoxy-hydroxyimino-, methylester **10** 4584, 4588, 4597
—, Diacetoxy-oxo- **10** 4582, 4593
—, Diacetoxy-oxo-, methylester **10** 4583, 4585, 4587, 4592, 4595, 4597
—, Diacetoxy-semicarbazono-, methylester **10** 4587
—, Diäthylmercapto- **10** 3133
—, Diäthylmercapto-dioxo-, äthylester **10** 3992
—, Dibenzoyloxy-, methylester **10** 1652

Cholansäure, Dibrom- **9** 2662, 2663
—, Dibrom-, methylester **9** 2664
—, Dibrom-acetoxy- **10** 693
—, Dibrom-acetoxy-, methylester **10** 693
—, Dibrom-dioxo-, methylester **10** 3577
—, Dibrom-hydroxy- **10** 693
—, Dibrom-hydroxy-, methylester **10** 693
—, Dibrom-oxo- **10** 3133
—, Dibrom-oxo-, methylester **10** 3132, 3133
—, Dichlor-bis-hydroxyimino-,
    methylester **10** 3583
—, Dichlor-dioxo- **10** 3582
—, Dichlor-dioxo-, methylester **10** 3583
—, Diformyloxy- **10** 1636, 1648
—, Diformyloxy-, chlorid **10** 1654
—, Diformyloxy-, methylester **10** 1637, 1651
—, Diformyloxy-hydroxyimino-,
    methylester **10** 4588
—, Diformyloxy-oxo- **10** 4582, 4585, 4591
—, Diformyloxy-oxo-, methylester **10** 4587
—, Dihydroxy- **10** 1630, 1635, 1637,
    1640, 1658, 1659
—, Dihydroxy-, äthylester **10** 1653
—, Dihydroxy-, amid **10** 1654
—, Dihydroxy-, azid **10** 1657
—, Dihydroxy-, benzylidenhydrazid
    10 1656
—, Dihydroxy-, [diäthylamino-äthylamid]
    10 1656
—, Dihydroxy-, [diäthylamino-
    äthylester] **10** 1654
—, Dihydroxy-, dimethylamid **10** 1655
—, Dihydroxy-, [dimethylamino-
    äthylamid] **10** 1656
—, Dihydroxy-, [dimethylamino-
    äthylester] **10** 1654
—, Dihydroxy-, hydrazid **10** 1656
—, Dihydroxy-, [methoxy-
    benzylidenhydrazid] **10** 1657
—, Dihydroxy-, methylamid **10** 1655
—, Dihydroxy-, methylenhydrazid **10** 1656
—, Dihydroxy-, methylester **10** 1632,
    1638, 1650, 1658, 1659
—, Dihydroxy-, [trimethylammonio-
    äthylester] **10** 1654
—, Dihydroxy-acetoxy- **10** 2160, 2184
—, Dihydroxy-acetoxy-, methylester
    10 2161, 2162, 2169
—, Dihydroxy-äthoxycarbonyloxy-,
    methylester **10** 2171
—, Dihydroxy-benzyloxyimino- **10** 4586
—, Dihydroxy-bis-carboxymethylmercapto-
    10 4584
—, Dihydroxy-carbamoyloxy-, äthylester
    10 2173
—, Dihydroxy-carbamoyloxy-,
    methylester **10** 2171
—, Dihydroxy-[carboxy-propionyloxy]-,
    methylester **10** 2171

Cholansäure, Dihydroxy-chlorcarbonyloxy-,
    äthylester **10** 2173
—, Dihydroxy-chlorcarbonyloxy-,
    methylester **10** 2171
—, Dihydroxy-formyloxy-, methylester
    10 4588
—, Dihydroxy-hydrazono-, hydrazid
    10 4590, 4597
—, Dihydroxy-hydrazono-, methylester
    10 4584
—, Dihydroxy-hydroxyimino- **10** 4583,
    4586, 4594, 4596
—, Dihydroxy-hydroxyimino-, äthylester
    10 4590
—, Dihydroxy-hydroxyimino-,
    hydroxyamid **10** 4590
—, Dihydroxy-hydroxyimino-,
    methylester **10** 4588, 4595
—, Dihydroxy-methoxy- **10** 2159, 2160
—, Dihydroxy-methoxy-, methylester
    10 2160, 2161
—, Dihydroxy-[methoxy-benzoyloxy]-,
    methylester **10** 2172
—, Dihydroxy-naphthyloxycarbonyloxy-,
    äthylester **10** 2172
—, Dihydroxy-[nitro-benzoyloxy]-,
    methylester **10** 2171
—, Dihydroxy-oxo- **10** 4582, 4585, 4591,
    4593, 4595
—, Dihydroxy-oxo-, äthylester **10** 4584,
    4589, 4595
—, Dihydroxy-oxo-, methylester **10** 4583,
    4587, 4591, 4594, 4596
—, Dihydroxy-phenoxycarbonyloxy-,
    äthylester **10** 2172
—, Dihydroxy-semicarbazono- **10** 4585
—, Dihydroxy-semicarbazono-,
    methylester **10** 4587
—, Dimethoxy-dioxo-, methylester
    10 3989
—, [Dinitro-benzoyloxy]-dioxo-,
    äthylester **10** 4620
—, Dinitryloxy-hydroxyimino-,
    methylester **10** 4589
—, Dinitryloxy-oxo- **10** 4586
—, Dinitryloxy-oxo-, äthylester
    10 4590
—, Dinitryloxy-oxo-, methylester
    10 4588
—, Dioxo- **10** 3572, 3576, 3577, 3581, 3584
—, Dioxo-, äthylester **10** 3574, 3576,
    3580, 3582
—, Dioxo-, methylester **10** 3573, 3576,
    3579, 3581, 3585
—, Dioxo-[äthoxycarbonyl-cyan-methylen]-,
    äthylester **10** 4153
—, Dioxo-äthoxycarbonylmethylen-,
    äthylester **10** 4071
—, Dioxo-carboxymethylen- **10** 4071

Cholansäure, Dioxo-[methoxy-benzyliden]-
　　10 4703
—, Dioxo-nitrimino- 10 3988
—, Diphenylmercapto-dioxo- 10 3992
—, Disemicarbazono- 10 3573, 3576, 3579
—, Disemicarbazono-, methylester
　　10 3574
—, Formyloxy- 10 690, 697
—, Formyloxy-, chlorid 10 692
—, Formyloxy-oxo- 10 4309, 4322
—, Formyloxy-oxo-, chlorid 10 4326
—, Hexabrom-, methylester 9 2665
—, Hydroxy- 10 687, 694, 695, 696, 698
—, Hydroxy-, äthylester 10 692, 698
—, Hydroxy-, benzylester 10 692
—, Hydroxy-, methylester 10 690, 695,
　　696, 697, 699
—, Hydroxy-acetoxy- 10 1632, 1649, 1651
—, Hydroxy-acetoxy-, methylester
　　10 1633, 1638, 1650, 1651
—, Hydroxy-acetoxy-[carboxy-
　　propionyloxy]-, methylester
　　10 2162
—, Hydroxy-acetoxy-hydrazono-,
　　hydrazid 10 4598
—, Hydroxy-acetoxy-oxo- 10 4591, 4593
—, Hydroxy-acetoxy-oxo-, äthylester
　　10 4589
—, Hydroxy-acetoxy-oxo-, hydrazid
　　10 4593
—, Hydroxy-acetoxy-oxo-, lacton 10 4591
—, Hydroxy-acetoxy-oxo-, methylester
　　10 4583, 4585, 4587, 4594, 4596
—, Hydroxy-äthoxycarbonyloxy-oxo-,
　　methylester 10 4588
—, Hydroxy-benzoyloxy- 10 1649
—, Hydroxy-benzoyloxy-, methylester
　　10 1652
—, Hydroxy-benzoyloxy-oxo- 10 4586
—, Hydroxy-benzoyloxy-oxo-, äthylester
　　10 4589
—, Hydroxy-benzoyloxy-oxo-,
　　methylester 10 4587
—, Hydroxy-benzoyloxy-semicarbazono-,
　　methylester 10 4588
—, Hydroxy-bis-hydroxyimino- 10 4619,
　　4622
—, Hydroxy-bis-hydroxyimino-,
　　äthylester 10 4619, 4624
—, Hydroxy-bis-hydroxyimino-,
　　methylester 10 4619, 4621, 4623
—, Hydroxy-carbamoyloxy-, methylester
　　10 1653
—, Hydroxy-[carboxy-propionyloxy]-
　　10 1650
—, Hydroxy-[carboxy-propionyloxy]-oxo-,
　　methylester 10 4592
—, Hydroxy-chlorcarbonyloxy-,
　　äthylester 10 1653

Cholansäure, Hydroxy-chlorcarbonyloxy-,
　　methylester 10 1653
—, Hydroxy-diacetoxy- 10 1891, 2168
—, Hydroxy-diacetoxy-, methylester
　　10 2161, 2170, 2184, 2185
—, Hydroxy-diacetoxy-, nitril 10 2185
—, Hydroxy-dioxo- 10 4617, 4618, 4620,
　　4621, 4625
—, Hydroxy-dioxo-, äthylester 10 4619,
　　4621, 4624
—, Hydroxy-dioxo-, methylester 10 3223,
　　4617, 4619, 4621, 4622
—, Hydroxy-dioxo-äthoxycarbonylmethyl-,
　　äthylester 10 4070
—, Hydroxy-disemicarbazono-,
　　methylester 10 4619
—, Hydroxy-formyloxy- 10 1636
—, Hydroxy-formyloxy-, methylester
　　10 1651
—, Hydroxy-hydroxyimino- 10 4310, 4323
—, Hydroxy-hydroxyimino-, äthylester
　　10 4326
—, Hydroxyimino- 10 3131, 3134, 3136
—, Hydroxyimino-, methylester 10 3132
—, Hydroxy-methoxy-acetoxy-,
　　methylester 10 2161
—, Hydroxy-[methoxycarbonyl-
　　propionyloxy]-, methylester
　　10 1653
—, Hydroxy-[methoxycarbonyl-
　　propionyloxy]-oxo-, methylester
　　10 4592
—, Hydroxy-oxo- 10 4308, 4309, 4310,
　　4312, 4316, 4317, 4320, 4321, 4328
—, Hydroxy-oxo-, äthylester 10 4315, 4326
—, Hydroxy-oxo-, isopropylester 10 4326
—, Hydroxy-oxo-, methylester 10 4311,
　　4314, 4317, 4318, 4321, 4324, 4328
—, Hydroxy-oxo-hydrazono-, hydrazid
　　10 4618
—, Hydroxy-semicarbazono- 10 4314,
　　4323, 4328
—, Hydroxy-trioxo- 10 4758
—, Jod-dioxo- 10 3583
—, Jod-dioxo-, methylester 10 3583
—, Methansulfonyloxy-acetoxy-
　　[methoxycarbonyl-propionyloxy]-,
　　methylester 10 2162
—, [Methoxycarbonyl-propionyloxy]-
　　dioxo-, methylester 10 4624
—, [Methoxycarbonyl-propionyloxy]-oxo-,
　　methylester 10 4319
—, Methoxy-diacetoxy-, methylester
　　10 2161
—, [Nitro-benzoyloxy]-dioxo-,
　　äthylester 10 4619
—, [Nitro-benzoyloxy]-dioxo-,
　　methylester 10 4623
—, Nitro-dioxo- 10 3585

Cholansäure, Oxo- 10 3130, 3133, 3134, 3135
—, Oxo-, äthylester 10 3136
—, Oxo-, methylester 10 3131, 3134, 3135, 3136
—, Oxo-nitrimino- 10 3579
—, Oxo-semicarbazono-, methylester 10 3576
—, Semicarbazono- 10 3131
—, Tetrabrom- 9 2664
—, Tetrabrom-, methylester 9 2665
—, Tetrahydroxy- 10 1891, 2424, 2425, 2426
—, Triacetoxy-, methylester 10 2162, 2170, 2185
—, Trideuterio-hydroxy- 10 687
—, Triformyloxy- 10 2168
—, Triformyloxy-, amid 10 2178
—, Triformyloxy-, chlorid 10 2174
—, Triformyloxy-, methylester 10 2169
—, Triformyloxy-, nitril 10 2180
—, Trihydroxy- 10 2159, 2162, 2182
—, Trihydroxy-, äthylamid 10 2175
—, Trihydroxy-, äthylester 10 2172
—, Trihydroxy-, allylamid 10 2175
—, Trihydroxy-, amid 10 2174
—, Trihydroxy-, azid 10 2182
—, Trihydroxy-, benzylidenhydrazid 10 2180
—, Trihydroxy-, butylidenhydrazid 10 2180
—, Trihydroxy-, cinnamylidenhydrazid 10 2181
—, Trihydroxy-, [diäthylamino-äthylester] 10 2174
—, Trihydroxy-, dimethylamid 10 2175
—, Trihydroxy-, [dimethylamino-äthylester] 10 2174
—, Trihydroxy-, hydrazid 10 2180
—, Trihydroxy-, [methoxy-benzylidenhydrazid] 10 2182
—, Trihydroxy-, [methyl-äthoxycarbonyl-äthylidenhydrazid] 10 2182
—, Trihydroxy-, methylamid 10 2175
—, Trihydroxy-, methylenhydrazid 10 2180
—, Trihydroxy-, methylester 10 2160, 2168, 2182, 2184
—, Trihydroxy-, nitril 10 2179
—, Trihydroxy-, phenäthylidenhydrazid 10 2181
—, Trihydroxy-, propylamid 10 2175
—, Trihydroxy-, salicylidenhydrazid 10 2181
—, Trihydroxy-, [trimethylammonio-äthylester] 10 2174
—, Trioxo- 10 3986
—, Trioxo-, äthylester 10 3989
—, Trioxo-, chlorid 10 3990
—, Trioxo-, [diäthylamino-äthylester] 10 3990

Cholansäure, Trioxo-, [diäthylamino-propylester] 10 3990
—, Trioxo-, methylester 10 3988
—, Trioxo-, nitril 10 3991
—, Trioxo-bis-[chlor-benzyliden]- 10 4037
—, Trioxo-dibenzyliden- 10 4037
—, Trisemicarbazono- 10 3988
—, Tris-hydroxyimino- 10 3988
—, Tris-hydroxyimino-, methylester 10 3989
—, Tris-hydroxyimino-, nitril 10 3991
Cholansäure-[acetyl-hydrazid] 9 2661
— äthylester 9 2658
— amid 9 2660
— azid 9 2661
— benzylidenhydrazid 9 2661
— butylester 9 2659
— chlorid 9 2660
— hydrazid 9 2660
— methylenhydrazid 9 2660
— methylester 9 2658
— propylester 9 2659
— [trimethylammonio-äthylester] 9 2660
Cholanthiosäure, Acetoxy-, äthylester 10 694, 698
—, Diformyloxy-, äthylester 10 1657
—, Formyloxy-, äthylester 10 694, 698
—, Hydroxy-, äthylester 10 694
Cholanthren-carbonitril, Methyl- 9 3657
Cholanthren-carbonsäure 9 3652
—, Dimethyl- 7 2888
—, Methyl-, nitril 9 3657
—, Methyl-dihydro- 9 3641
—, Methyl-dihydro-, methylester 9 3641
—, Tetrahydro- 9 3570
—, Tetrahydro-, äthylester 9 3570
Cholanthren-carbonsäure-methylester 9 3652
Cholanthren-dicarbonsäure, Methyl- 9 4700
—, Methyl-, dimethylester 9 4700
Cholapentaensäure, Hydroxy-, äthylester 10 3368
—, Hydroxy-, methylester 10 3367
—, Methoxy-, methylester 10 1298
—, [Nitro-benzoyloxy]-, methylester 10 1298
Cholatetraensäure, Dihydroxy-, methylester 10 1987
—, Hydroxy-methoxy- 10 1987
—, Hydroxy-methoxy-, methylester 10 1987
—, Oxo-, äthylester 10 3368
—, Oxo-, methylester 10 3367
Cholatriensäure 9 3262, 3263
Cholatriensäure-äthylester 9 3262
— methylester 9 3262, 3263, 3264

α-Cholatriensäure 9 3262
α-Cholatriensäure-I 9 3262
α-Cholatriensäure-II 9 3263
β-Cholatriensäure 9 3263
Cholecalciferol, [Dinitro-benzoyl]-
9 1871
—, [Dinitro-methyl-benzoyl]- 9 2369
—, [Methoxy-benzoyl]- 10 313
—, [Nitro-benzoyl]- 9 1609
Cholecamphersäure 9 4905
Choleinsäure 10 1643
Cholen, Acetoxy-benzoyloxy- 9 594
—, Dibenzoyloxy-phenyl- 9 644
Cholenamid, Acetoxy- 10 966
—, Acetoxy-diäthyl- 10 966
—, Formyloxy- 10 965
—, Hydroxy-diäthyl- 10 965
Cholen-carbamid, Acetoxy- 10 978
—, Hydroxy- 10 977
Cholen-carbonitril, Hydroxy-acetoxy-
10 1897, 1898
—, Hydroxy-formyloxy- 10 1897
Cholen-carbonsäure, Acetoxy- 10 977
—, Acetoxy-, amid 10 978
—, Hydroxy- 10 976
—, Hydroxy-, äthylester 10 977
—, Hydroxy-, amid 10 977
—, Hydroxy-, methylester 10 977
Cholendisäure, Acetoxy-trimethyl-
10 2279
Cholenol, Benzoyloxy- 9 593
Cholenoylchlorid, Acetoxy- 10 965
—, Formyloxy- 10 965
Cholensäure, 9 2915, 2917,
2918, 2919, 2920
—, Acetoxy- 10 962, 969, 975
—, Acetoxy-, äthylester 10 964
—, Acetoxy-, amid 10 966
—, Acetoxy-, chlorid 10 965
—, Acetoxy-, diäthylamid 10 966
—, Acetoxy-, methylester 10 963, 970, 973
—, Acetoxy-dioxo-, methylester 10 4642
—, Acetoxy-[methoxycarbonyl-
propionyloxy]-, methylester 10 1885
—, Acetoxy-oxo- 10 4366, 4367, 4369, 4371
—, Acetoxy-oxo-, methylester 10 4366,
4367, 4368, 4370
—, Acetoxy-trimethyl- 10 979
—, Acetoxy-trimethyl-, methylester
10 979
—, Äthoxy- 10 961
—, Benzoyloxy-dioxo-trimethyl- 10 4642
—, Benzoyloxy-dioxo-trimethyl-,
methylester 10 4643
—, Benzyloxy- 10 962
—, Benzyloxy-, benzylester 10 964
—, Benzyloxy-, methylester 10 963
—, Bis-[dinitro-benzoyloxy]-,
methylester 10 1897

Cholensäure, Bis-hydroxyimino- 10 3604
—, Bis-hydroxyimino-, äthylester
10 3601
—, Bis-hydroxyimino-, methylester
10 3603
—, Brom- 9 2663
—, Brom-acetoxy-oxo-, methylester
10 4366
—, Brom-dioxo-, methylester 10 3602
—, Brom-hydroxy-, methylester 10 971
—, Brom-oxo-, methylester 10 3222
—, [Carboxy-propionyloxy]- 10 973
—, [Carboxy-propionyloxy]-oxo- 10 4369
—, Chlor- 5 1141, 9 2916
—, Chlor-, methylester 9 2917
—, Chlor-acetoxy-, methylester 10 971
—, Chlor-bis-hydroxyimino-,
methylester 10 3602
—, Chlor-dioxo- 10 3601
—, Chlor-dioxo-, methylester 10 3602
—, Chlor-hydroxy-, methylester 10 970
—, Chlor-oxo- 10 3219
—, Chlor-oxo-, methylester 10 3219
—, Diacetoxy-, methylester 10 1884,
1885, 1886, 1891, 1895, 1897
—, Diacetoxy-oxo-, methylester 10 4617
—, Dibenzoyloxy-, methylester 10 1885
—, Dibrom-, methylester 9 3127
—, Dihydroxy- 9 2916, 10 1882, 1883,
1884, 1885, 1886, 1887, 1891, 1895
—, Dihydroxy-, hydrazid 10 1891
—, Dihydroxy-, methylester 10 1883,
1884, 1886, 1890, 1892, 1896
—, Dihydroxy-oxo- 10 4617
—, Dihydroxy-oxo-, methylester 10 4617
—, Dioxo- 10 3601, 3602, 3603, 3604
—, Dioxo-, äthylester 10 3601
—, Dioxo-, methylester 10 3602,
3603, 3604
--, Dioxo-äthoxycarbonylmethyl-,
äthylester 10 4071
—, Dioxo-carboxymethyl- 10 4070
—, Formyloxy- 10 962
—, Formyloxy-, amid 10 965
—, Formyloxy-, chlorid 10 965
—, Formyloxy-oxo- 10 4369
—, Hydroxy- 10 960, 961, 967, 968,
969, 972, 975
—, Hydroxy-, äthylester 10 964
—, Hydroxy-, benzhydrylester 10 964
—, Hydroxy-, benzylester 10 964
—, Hydroxy-, diäthylamid 10 965
—, Hydroxy-, [diäthylamino-äthylester]
10 965
—, Hydroxy-, [dimethylamino-äthylester]
10 965
—, Hydroxy-, methylester 10 960, 962,
969, 973
—, Hydroxy-acetoxy- 10 1883, 1892

Cholensäure, Hydroxy-acetoxy-, methylester
10 1884, 1886, 1894, 1895
—, Hydroxy-acetoxy-oxo-, methylester
10 4617
—, Hydroxy-[carboxy-propionyloxy]-oxo-,
methylester 10 4618
—, Hydroxy-dioxo-trimethyl- 10 4642
—, Hydroxy-dioxo-trimethyl-,
methylester 10 4643
—, Hydroxy-methoxy- 10 1892
—, Hydroxy-methoxy-, methylester
10 1893
—, Hydroxy-oxo- 10 3584, 4365, 4367,
4368, 4369
—, Hydroxy-oxo-, methylester 10 4366,
4368, 4370
—, Hydroxy-semicarbazono- 10 4367, 4369
—, Hydroxy-trimethyl- 10 978
—, Hydroxy-trimethyl-, methylester
10 979
—, Methoxy- 10 961, 971
—, Methoxy-, methylester 10 963, 972
—, Methoxy-acetoxy-, methylester
10 1894
—, Methoxy-dioxo-, methylester 10 4641
—, Methoxy-oxo-, methylester 10 4368
—, Nitro-acetoxy-, methylester 10 966
—, Oxo- 10 695, 968, 3220, 3221, 3222,
3223
—, Oxo-, äthylester 10 3220
—, Oxo-, methylester 10 3220, 3221, 3223
—, Semicarbazono-, methylester 10 3221,
3224
—, Tetrabrom- 9 3262
—, Tetrabrom-, methylester 9 3262
—, Trihydroxy-oxo-, äthylester 10 4750
—, Trihydroxy-oxo-, methylester 10 4749
—, Trioxo-trimethyl- 10 3999
—, Trioxo-trimethyl-, methylester
10 4000
—, Triphenylmethoxy-, methylester
10 963
—, Trityloxy-, methylester 10 963
Cholensäure-methylester 9 2918, 2919, 2920
α-Cholensäure 9 2916
β-Cholensäure 9 2919
γ-Cholensäure 9 2918
γ-Cholensäure-methylester 9 2919
δ-Cholensäure 10 968
Cholensäureoxid, Isodioxo- 10 1887
Cholenthiosäure, Acetoxy-, äthylester
10 966, 975
—, Acetoxy-, benzylester 10 967
—, Acetoxy-, tert-butylester 10 967
—, Acetoxy-, hexylester 10 967
—, Acetoxy-, isopropylester 10 967
—, Acetoxy-, phenylester 10 967
—, Benzoyloxy-, äthylester 10 967
—, Chlor-, äthylester 9 2918

Cholenthiosäure, Formyloxy-, äthylester
10 966
—, Hydroxy-, äthylester 10 966
Cholestadien, Benzoyloxy- 9 476, 477,
478, 479
—, Bis-[dinitro-benzoyloxy]- 9 1914
—, Dibenzoyloxy- 9 606
—, [Dinitro-benzoyloxy]- 9 1872, 1874
—, [Dinitro-methyl-benzoyloxy]- 9 2370
—, [Nitro-benzoyloxy]- 9 1609, 1610
—, [Nitro-methyl-benzoyloxy]- 9 2360
Cholestadiendiyldibenzoat 9 606
Cholestadienon, Benzoyloxy- 9 753
Cholestan, Acetoxy-benzoyloxy- 9 580,
581, 582
—, Benzoyloxy- 9 448, 451
—, Benzoyloxy-isopentyl- 9 453
—, Biphenylcarbonyloxy- 9 3278
—, Bis-[dinitro-benzoyloxy]-methyl- 9 1910
—, [Carboxy-benzoyloxy]- 9 4164, 4165
—, Carboxymethylen- 7 1332
—, Chlor-acetoxy-benzoyloxy- 9 582
—, Chlor-dibenzoyloxy- 9 582
—, Cinnamoyloxy- 9 2692
—, Cyclohexancarbonyloxy- 9 19
—, Dibenzoyloxy- 9 581, 583
—, Dibenzoyloxy-methyl- 9 583
—, Dibrom-benzoyloxy- 9 450
—, Dibrom-[dibrom-phenyl-propionyloxy]-
9 2408
—, [Dibrom-phenyl-propionyloxy]-
9 2408
—, Dibrom-salicyloyloxy- 10 136
—, Dichlor-benzoyloxy- 9 449
—, [Dinitro-benzoyloxy]- 9 1859
—, [Methoxy-benzoyloxy]- 10 312
—, [Nitro-benzoyloxy]- 9 1598
—, Nitro-cyan- 5 1329
—, [Phenyl-crotonoyloxy]- 9 2760
—, o-Toluoyloxy- 9 2302
—, p-Toluoyloxy- 9 2338
—, Tribenzoyloxy- 9 679
—, Tris-[nitro-benzoyloxy]- 9 1665
Cholestan-carbamid, Dipropyl- 9 2669
Cholestan-carbonitril, Acetoxy- 10 700
—, Hydroxy- 10 699
Cholestan-carbonsäure 9 2668
—, Acetoxy-, nitril 10 700
—, Hydroxy-, nitril 10 699
Cholestan-carbonsäure-äthylester 9 2669
— dipropylamid 9 2669
— methylester 9 2668
Cholestandiol, Benzoyloxy- 9 678
α₂-i-Cholestandisäure 9 4087
Cholestandiyldibenzoat 9 581, 583
Cholestanol, Acetoxy-benzoyloxy- 9 678
—, Benzoyloxy- 9 581
—, Benzoyloxy-methyl- 9 583
—, Chlor-benzoyloxy- 9 580, 582

Cholestanol, Dibenzoyloxy- **9** 679
—, Methoxy-benzoyloxy- **9** 678
Cholestanon, Benzoyloxy- **9** 740, 741
—, Benzoyloxy-, semicarbazon **9** 741
—, Dibenzoyloxy- **8** 663
—, Dimethoxy-benzoyloxy- **9** 820
—, [Dinitro-benzoyloxy]- **9** 1929
—, Hydroxy-benzoyloxy- **9** 792
Cholestanon-cyanhydrin 10 699
Cholestansäure, Acetoxy-dioxo- **10** 4627
—, Acetoxy-trioxo-, methylester **10** 4760
—, Benzoyloxy-dioxo-, methylester
   10 4628
—, Brom-trioxo- **10** 3995
—, Chlor-dihydroxy-bis-hydroxyimino-,
   methylester **10** 4760
—, Chlor-dihydroxy-dioxo-, methylester
   10 4760
—, Chlor-hydroxy-trioxo- **10** 4759
—, Chlor-hydroxy-trioxo-, methylester
   10 4760
—, Diacetoxy-dioxo- **10** 4750
—, Diacetoxy-dioxo-, methylester
   10 4751
—, Diacetoxy-oxo- **10** 4598
—, Dihydroxy-dioxo- **10** 4750
—, Dihydroxy-oxo- **10** 4598
—, Dioxo- **10** 3586
—, Dioxo-, methylester **10** 3587
—, Hydroxy-diacetoxy- **10** 2188
—, Hydroxy-dioxo- **10** 4626, 4627
—, Hydroxy-dioxo-, äthylester **10** 4628
—, Hydroxy-dioxo-, methylester **10** 4627
—, Hydroxy-trioxo- **10** 4759
—, Hydroxy-trioxo-, methylester **10** 4759
—, Tetrahydroxy- **10** 2426, 2427
—, Tetrahydroxy-, methylester **10** 2426
—, Tetraoxo- **10** 4071
—, Tetraoxo-, methylester **10** 4072
—, Trihydroxy- **10** 2188
—, Trioxo- **10** 3992, 3994
—, Trioxo-, äthylester **10** 3993
—, Trioxo-, methylester **10** 3993, 3994
—, Tris-hydroxyimino-, äthylester
   10 3994
—, Tris-hydroxyimino-, methylester
   10 3993
Cholestantriyltribenzoat 9 679
Cholestatetraen, [Dinitro-benzoyloxy]-
   9 1887
Cholestatrien, Äthoxy-benzoyloxy-
   9 617
—, Dibenzoyloxy- **9** 618
—, [Dinitro-benzoyloxy]- **9** 1880
—, [Nitro-benzoyloxy]- **9** 1613
Cholestatriendiyldibenzoat 9 618
Cholesten, Acetoxy-benzoyloxy- **9** 595,
   596, 600
—, Acetoxy-dibenzoyloxy- **9** 681

Cholesten, [Acetoxy-methyl-benzoyloxy]-
   10 508
—, Äthoxy-benzoyloxy- **9** 594, 596, 599
—, Äthoxy-[dinitro-benzoyloxy]-
   9 1913
—, Benzoylmercapto- **9** 1966
—, Benzoyloxy- **9** 459, 460, 464, 465, 466
—, Benzoyloxy-äthoxycarbonyloxy-
   9 597
—, Benzoyloxy-äthyliden- **9** 484
—, Benzoyloxy-[carboxy-benzoyloxy]-
   9 4180
—, Benzoyloxy-[dinitro-benzoyloxy]-
   9 1913
—, Benzoyloxy-isobutyliden- **9** 491
—, Benzoyloxy-methylen- **9** 482
—, Biphenylcarbonyloxy- **9** 3278
—, Bis-[dinitro-benzoyloxy]- **9** 1913, 1914
—, Brom-benzoyloxy- **9** 462
—, [Carboxy-benzoyloxy]- **9** 4168
—, Carboxymethyl- **7** 1332
—, Chlor-benzoyloxy- **9** 459, 462, 464, 466
—, Cinnamoylmercapto- **9** 2750
—, Cinnamoyloxy- **9** 2693
—, [Cyclopentenyl-acetoxy]- **9** 157
—, [Cyclopentenyl-tridecanoylmercapto]-
   9 291
—, [Cyclopentenyl-tridecanoyloxy]-
   9 288
—, [Cyclopentenyl-undecanoylmercapto]-
   9 279
—, [Cyclopentenyl-undecanoyloxy]-
   9 276
—, [Cyclopentyl-tridecanoyloxy]- **9** 135
—, Dibenzoyloxy- **9** 595, 597, 601
—, Dibrom-benzoyloxy- **9** 465
—, [Dinitro-benzoyloxy]- **9** 1866
—, [Dinitro-benzoyloxy]-methylen-
   9 1876
—, [Dioxo-dihydro-anthracencarbonyloxy]-
   10 3643
—, Diphenylacetoxy- **9** 3294
—, Hippuroyloxy- **9** 1126
—, [Isopropyl-podocarpadienoyloxy]-
   9 2909
—, Jod-benzoyloxy- **9** 463
—, Methoxy-benzoyloxy- **9** 599
—, [Methoxy-benzoyloxy]- **10** 312
—, [Methyl-phenyl-acryloyloxy]- **9** 2765
—, Naphthoyloxy- **9** 3180
—, [Nitro-benzoyloxy]- **9** 1473, 1499, 1607
—, [Nitro-dioxo-dihydro-
   anthracencarbonyloxy]- **10** 3653
—, [Oxo-trimethyl-norbornancarbonyloxy]-
   10 2928
—, Phenoxy-benzoyloxy- **9** 600
—, Phenylacetoxy- **9** 2183
—, [Phenyl-pentadienoyloxy]- **9** 3071
—, Phenylpropioloyloxy- **9** 3064

Cholesten, [Phenyl-propionyloxy]- 9 2388
—, [Phosphonooxy-benzoyloxy]- 10 312
—, Salicyloyloxy- 10 136
—, o-Toluoyloxy- 9 2303
—, p-Toluoyloxy- 9 2339
—, Tribenzoyloxy- 9 681
Cholesten-bromid, Pyridinio-benzoyloxy-
     9 463
Cholesten-carbamid 9 2926
—, Diäthyl- 9 2926
—, Dipropyl- 9 2926
Cholesten-carbonitril 9 2924
Cholesten-carbonsäure 9 2924
Cholesten-carbonsäure-äthylester 9 2925
— amid 9 2926
— chlorid 9 2925
— diäthylamid 9 2926
— dipropylamid 9 2926
— methylester 9 2925
— nitril 9 2924
Cholesten-carbonylchlorid 9 2925
Cholesten-chlorid, Pyridinio-benzoyloxy-
     9 460
Cholestendion, Dibenzoyloxy- 9 821
Cholestendiyldibenzoat 9 595, 597, 601
—, Dioxo- 9 821
Cholestenol, Benzoyloxy- 9 595, 596,
     597, 598, 602
—, Benzoyloxy-methyl- 9 603
—, Benzoyloxy-phenyl- 9 645
—, [Carboxy-benzoyloxy]- 9 4179
—, Dibenzoyloxy- 9 680
Cholestenon, Acetoxy-benzoyloxy- 9 796
—, Benzoyloxy- 9 748, 749
—, Dibenzoyloxy- 9 796
Cholestensäure, Hydroxy-tris-
     hydroxyimino-, lacton 10 4072
—, Trioxo- 10 3999
—, Trioxo-, methylester 10 3999
Cholestentriyltribenzoat 9 681
Cholesterin, [Acetoxy-methyl-benzoyl]-
     10 508
—, Benzoyl- 9 460
—, Biphenylcarbonyl- 9 3278
—, [Carboxy-benzoyl]- 9 4168
—, Cinnamoyl- 9 2693
—, [Dinitro-benzoyl]- 9 1866
—, Diphenylacetyl- 9 3294
—, Hippuroyl- 9 1126
—, [Methoxy-benzoyl]- 10 312
—, [Methyl-phenyl-acryloyloxy]- 9 2765
—, Naphthoyl- 9 3180
—, [Nitro-benzoyl]- 9 1473, 1499, 1607
—, [Oxo-trimethyl-norbornancarbonyl]-
     10 2928
—, Phenylacetyl- 9 2183
—, [Phenyl-pentadienoyl]- 9 3071
—, Phenylpropioloyl- 9 3064
—, [Phenyl-propionyl]- 9 2388

Cholesterin, [Phosphonooxy-benzoyl]- 10 312
—, Salicyloyl- 10 136
—, o-Toluoyl- 9 2303
—, p-Toluoyl- 9 2339
Cholesterylbenzoat 9 460
i-Cholesterylessigsäure 9 2928
Cholin, [Acetoxy-benzoyl]- 10 149
—, [Äthoxy-phenyl-acetyl]- 10 467
—, Benziloyl- 10 1172
—, Benzoyl- 9 877
—, [Benzoyloxy-phenyl]- 9 560
—, Cholanoyl- 9 2660
—, [Dihydroxy-cholanoyl]- 10 1654
—, [Hydroxy-dimethoxy-cinnamoyl]-
     10 2201
—, [Hydroxy-phenyl-butyryl]- 10 598
—, [Hydroxy-phenyl-heptanoyl]- 10 648
—, [Hydroxy-phenyl-hexanoyl]- 10 635
—, [Hydroxy-phenyl-pentenoyl]- 10 876
—, [Hydroxy-phenyl-propionyl]- 10 562,
     565
—, [Hydroxy-phenyl-valeryl]- 10 619
—, Mandeloyl- 10 466
—, [Methoxy-phenyl-acetyl]- 10 466
—, [Methoxy-phenyl-propionyl]- 10 566
—, Naphthylacetyl- 9 3207
—, Phenylacetyl- 9 2190
—, [Propyloxy-phenyl-acetyl]- 10 467
—, Salicyloyl- 10 148
—, [Trihydroxy-cholanoyl]- 10 2174
Chollepidansäure 9 4913
Chollepidansäure-hexamethylester
     9 4913
Choloidansäure 9 4905
Choloidansäure-diäthylester 9 4906
— pentamethylester 9 4906
β-Choloidansäure 9 4905
β-Choloidansäure-pentamethylester
     9 4905
Cholsäure 10 2162, 2176
—, Triacetyl- 10 2168
—, Triacetyl-, methylester 10 2170
—, Triformyl- 10 2168
—, Triformyl-, amid 10 2178
—, Triformyl-, chlorid 10 2174
—, Triformyl-, methylester 10 2169
—, Triformyl-, nitril 10 2180
Cholsäure-äthylamid 10 2175
— äthylester 10 2172
— allylamid 10 2175
— amid 10 2174
— anhydrid 10 2164
— azid 10 2182
— benzylidenhydrazid 10 2180
— butylidenhydrazid 10 2180
— carboxymethylamid 10 2176
— cinnamylidenhydrazid 10 2181
— [diäthylamino-äthylester] 10 2174
— dimethylamid 10 2175

Cholsäure-[dimethylamino-äthylester]
   10 2174
— hydrazid 10 2180
— [methoxy-benzylidenhydrazid] 10 2182
— methylamid 10 2175
— methylenhydrazid 10 2180
— methylester 10 2168
— nitril 10 2179
— phenäthylidenhydrazid 10 2181
— propylamid 10 2175
— salicylidenhydrazid 10 2181
— [sulfo-äthylamid] 10 2177
Chondrillasterol, Benzoyl- 9 484
Chroman, Hydroxy-dioxo-hexahydro-
   10 3519
—, Hydroxy-dioxo-trimethyl-dihydro-
   10 3539
Chroman-carbonsäure, Hydroxy-oxo-,
   äthylester 10 4603
—, Hydroxy-oxo-hexahydro- 10 3901, 3902
—, Hydroxy-oxo-[methoxy-phenyl]-
   hexahydro- 10 4754
—, Hydroxy-oxo-phenyl-hexahydro- 10 3982
Chromanol, Dimethoxy-methyl-[dimethoxy-
   phenyl]-acetyl- 10 1420
Chromanon, Hydroxy-äthyl-hexahydro-
   10 2876
—, Hydroxy-benzoyloxy-naphthyl- 9 828
—, Hydroxy-benzoyloxy-phenyl- 9 826
—, Hydroxy-bis-[carboxy-äthyl]-
   cyclohexenyl-hexahydro- 10 4116
—, Hydroxy-cyclohexenyl-hexahydro-
   10 2965
—, Hydroxy-dibenzoyloxy-phenyl- 9 842,
   843
—, Hydroxy-hexahydro- 10 2833
—, Hydroxy-[methoxy-benzoyloxy]-
   [methoxy-phenyl]- 10 322
—, Hydroxy-methoxy-benzoyloxy-phenyl-
   9 843
—, Hydroxy-[methoxy-phenyl]-hexahydro-
   10 4354
—, Hydroxy-methyl-hexahydro- 10 2855
—, Hydroxy-methyl-isopropenyl-
   hexahydro- 10 2941
—, Hydroxy-methyl-isopropyl-hexahydro-
   10 2890
—, Hydroxy-methyl-tetrahydro- 10 2904
—, Hydroxy-methyl-tris-[carboxy-äthyl]-
   hexahydro- 10 4162
—, Hydroxy-[nitro-benzoyloxy]-[nitro-
   phenyl]- 9 1681
—, Hydroxy-phenyl-hexahydro- 10 3197
—, Hydroxy-tris-[carboxy-äthyl]-
   cyclohexyl-hexahydro- 10 4165
—, Hydroxy-tris-[carboxy-äthyl]-
   hexahydro- 10 4161
—, Hydroxy-tris-[carboxy-äthyl]-
   tert-pentyl-hexahydro- 10 4162

Chromanon, Hydroxy-tris-[carboxy-äthyl]-
   [tetramethyl-butyl]-hexahydro-
   10 4163
—, Hydroxy-veratroyloxy-[dimethoxy-
   phenyl]- 10 1421
Chromen-carbonsäure, Hydroxy- 10 4329
—, Methoxy-imino- 10 2468
Chrysanthemum-carbonsäure 9 210
Chrysanthemum-dicarbonsäure 9 3987
Chrysanthemum-dicarbonsäure-bis-[phenyl-
   phenacylester] 9 3989
— methylester 9 3988
Chrysanthemumsäure 9 210
—, Dihydro- 9 101
Chrysanthemumsäure-äthylester 9 212
— amid 9 217
— butylester 9 212
— *sec*-butylester 9 212
— *tert*-butylester 9 213
— chlorid 9 217
— decylester 9 213
— dodecylester 9 213
— hexacosylester 9 213
— hexadecylester 9 213
— hexylester 9 213
— isobutylester 9 213
— isopentylester 9 213
— isopropylester 9 212
— [methoxy-formyl-phenylester] 9 213
— [methyl-decylester] 9 213
— methylester 9 212
— naphthylester 9 213
— [nitro-benzylester] 9 213
— octylester 9 213
— pentylester 9 213
— *tert*-pentylester 9 213
— [phenyl-phenacylester] 9 216
— propylester 9 212
— tetradecylester 9 213
Chrysen, Acetoxy-benzoyloxy-dimethyl-
   octadecahydro- 9 580
—, Benzoyloxy- 9 527
—, Benzoyloxy-oxo-dimethyl-
   octadecahydro- 9 738
—, Benzoyloxy-oxo-methyl-dodecahydro-
   9 760
—, Benzoyloxy-oxo-octahydro- 9 769
—, Dihydroxy-benzoyloxy-dimethyl-
   octadecahydro- 9 677
—, Hydroxy-acetoxy-benzoyloxy-dimethyl-
   octadecahydro- 9 677
—, Hydroxy-benzoyloxy-dimethyl-
   octadecahydro- 9 579
—, Hydroxy-benzoyloxy-oxo-dimethyl-
   octadecahydro- 9 791
—, Methoxy-[nitro-benzoyloxy]-methyl-
   dodecahydro- 9 1650
—, Tribenzoyloxy- 9 686
Chrysen-carbonitril 9 3623

Chrysen-carbonitril, Acetoxy- 10 1334
—, Benzoyl- 10 3505
—, Hydroxy- 10 1334
—, Nitro- 9 3623
Chrysen-carbonsäure 9 3622
—, Acetoxy- 10 1334
—, Acetoxy-, nitril 10 1334
—, Acetoxy-benzoyloxy-methyl-
    dodecahydro-, nitril 10 1948
—, Benzoyl- 10 3505
—, Benzoyl-, nitril 10 3505
—, Brom- 9 3622
—, Dimethoxy- 10 2015
—, Dimethyl- 9 3634
—, Dioxo-dihydro- 10 3670
—, Heptamethyl-hexadecahydro- 9 2922
—, Heptamethyl-hexadecahydro-,
    äthylester 9 2922
—, Heptamethyl-hexadecahydro-,
    methylester 9 2922
—, Hydroxy- 10 1334
—, Hydroxy-, nitril 10 1334
—, Hydroxy-acetoxy-methyl-dodecahydro-,
    nitril 10 1948
—, Hydroxy-benzoyloxy-methyl-
    dodecahydro-, nitril 10 1948
—, Hydroxy-dihydro-, methylester
    10 3437
—, Hydroxy-hexahydro- 10 1293
—, Hydroxy-methoxy-hexahydro-,
    methylester 10 4468
—, Hydroxy-methoxy-methyl-hexahydro-,
    methylester 10 4471
—, Methoxy- 10 1334
—, Methoxy-, methylester 10 1334
—, Methoxy-hexahydro- 10 1293
—, Methoxy-hexahydro-, äthylester
    10 1293
—, Methoxy-oxo-methyl-octahydro-,
    methylester 10 4471
—, Methoxy-oxo-octahydro-, methylester
    10 4468
—, Methoxy-tetrahydro- 10 1311
—, Methoxy-tetrahydro-, äthylester
    10 1311
—, Nitro-, nitril 9 3623
—, Nitro-pentamethyl-carboxymethyl-
    [methyl-carboxy-äthyl]-
    tetradecahydro- 9 4830
—, Nitro-pentamethyl-
    methoxycarbonylmethyl-[methyl-
    methoxycarbonyl-äthyl]-
    tetradecahydro-, methylester
    9 4830
—, Oxo-methyl-tetrahydro-, methylester
    10 3442, 3443
—, Oxo-pentamethyl-carboxymethyl-
    [carboxy-äthyl]-tetradecahydro-
    10 4138

Chrysen-carbonsäure, Oxo-
    pentamethyl-methoxycarbonylmethyl-
    [methoxycarbonyl-äthyl]-
    tetradecahydro-, methylester
    10 4138
—, Oxo-tetrahydro-, methylester
    10 3417, 3437
—, Pentamethyl-carboxymethyl-[carboxy-
    äthyl]-tetradecahydro- 9 4828
—, Pentamethyl-carboxymethyl-[methyl-
    carboxy-äthyl]-tetradecahydro-
    9 4829
—, Pentamethyl-methoxycarbonylmethyl-
    [methoxycarbonyl-äthyl]-
    tetradecahydro-, methylester
    9 4828
—, Pentamethyl-methoxycarbonylmethyl-
    [methyl-methoxycarbonyl-äthyl]-
    tetradecahydro- 9 4829
—, Pentamethyl-methoxycarbonylmethyl-
    [methyl-methoxycarbonyl-äthyl]-
    tetradecahydro-, methylester
    9 4829
—, Tetrahydro-, äthylester 9 3537
—, Tetramethyl-carboxymethyl-[methyl-
    carboxy-äthyl]-dodecahydro-
    9 4833
—, Tetramethyl-methoxycarbonylmethyl-
    [methyl-methoxycarbonyl-äthyl]-
    dodecahydro-, methylester 9 4834
Chrysen-carbonsäure-äthylester 9 3623
— amid 9 3623
— chlorid 9 3623
— methylester 9 3622
— nitril 9 3623
Chrysen-carbonylchlorid 9 3623
Chrysen-chinon, Benzoyloxy- 9 807
Chrysen-dicarbamid 9 4697
Chrysen-dicarbonitril 9 4698
Chrysen-dicarbonsäure 9 4697
—, Nitro-pentamethyl-[methyl-carboxy-
    äthyl]-tetradecahydro- 9 4827
—, Nitro-pentamethyl-[methyl-
    methoxycarbonyl-äthyl]-
    tetradecahydro-, dimethylester
    9 4828
—, Oxo-pentamethyl-[carboxy-äthyl]-
    hexadecahydro- 10 4135
—, Oxo-pentamethyl-[methoxycarbonyl-
    äthyl]-hexadecahydro-,
    dimethylester 10 4136
—, Oxo-pentamethyl-[methyl-
    methoxycarbonyl-äthyl]-
    tetradecahydro-, dimethylester
    10 4138
—, Pentamethyl-[carboxy-äthyl]-
    tetradecahydro- 9 4825
—, Pentamethyl-[carboxy-äthyl]-
    tetradecahydro-, dimethylester 9 4826

Chrysen-dicarbonsäure, Pentamethyl-
[methoxycarbonyl-äthyl]-tetradecahydro-
9 4826
—, Pentamethyl-[methoxycarbonyl-äthyl]-
tetradecahydro-, dimethylester
9 4826
—, Pentamethyl-[methyl-carboxy-äthyl]-
tetradecahydro- 9 4826
—, Pentamethyl-[methyl-carboxy-äthyl]-
tetradecahydro-, dimethylester
9 4827
—, Pentamethyl-[methyl-methoxycarbonyl-
äthyl]-tetradecahydro-,
dimethylester 9 4827
Chrysen-dicarbonsäure-diäthylester
9 4697
— diamid 9 4697
— dichlorid 9 4697
— dinitril 9 4698
Chrysen-dicarbonylchlorid 9 4697
Chryseno[5.6][1.3]dioxol, Hydroxy-
phenyl- 9 653
Chrysenol, Benzoyloxy- 9 653
Chrysenon, Benzoyloxy-hexahydro- 9 769
α-Chrysensäure 9 3550
Chrysen-tetracarbonsäure, Hexadecahydro-,
tetramethylester 9 4884
—, Tetradecahydro- 9 4887
—, Tetradecahydro-, tetraäthylester
9 4888
—, Tetradecahydro-, tetramethylester
9 4887
Chrysentriyltribenzoat 9 686
Chrysenylbenzoat 9 527
Ciliansäure 10 4869
Ciliansäure-oxim 10 4869
— tetramethylester 10 4869
Ciloidansäure 10 2639
Ciloxansäure 10 4061
Ciloxansäure-äthylester-dioxim 10 4061
— dimethylester 10 4061
— dimethylester-dioxim 10 4061
— dioxim 10 4061
Cinerin-I 9 214
Cinerin-II 9 3988
Cinerolon, [Dinitro-benzoyl]- 9 1926
—, [Dinitro-benzoyl]-dihydro- 9 1924
Cinnamamid 9 2711
—, Acetamino- 10 3008
—, [Acetamino-äthyl]- 9 2719
—, [Acetamino-cinnamoylamino]- 10 3012
—, Acetyl- 9 2716
—, Äthyl-[(diäthylamino-äthylmercapto)-
äthyl]- 9 2714
—, Allyl- 9 2713
—, Amino- 10 2994, 3008
—, Amino-äthoxy- 10 4211
—, Amino-äthyl- 10 3074
—, Amino-methyl- 10 3054, 3055

Cinnamamid, Benzamino- 10 2994, 3009
—, [Benzamino-cinnamoylamino]- 10 3013
—, [Benzamino-cinnamoylamino]-hydroxy-
10 4221
—, Benzamino-diäthyl- 10 3009
—, Benzamino-dimethyl- 10 3009
—, Benzamino-hydroxy- 10 4221
—, [Benzyloxycarbonyl-glycylamino]-
10 3009
—, Brom- 9 2733, 2735
—, Brom-dimethoxy-methyl- 10 1846
—, Carbamoyl- 9 4385
—, [Chlor-acetamino]- 10 3008
—, Chlor-äthyl- 9 2728
—, Chlor-benzamino-dimethoxy- 10 4528
—, Chlor-benzyloxymethyl- 9 2726
—, Chlor-brom-carboxymethyl-triäthyl-
9 2879
—, Chlor-hydroxymethyl- 9 2726
—, Cyan- 9 4386
—, Diäthyl- 9 2712
—, [(Diäthylamino-äthylmercapto)-äthyl]-
9 2714
—, Dihydroxy-[amino-butyl]- 10 1841
—, Dimethyl- 9 2712
—, Dodecyl- 9 2713
—, [Hydroxy-äthyl]- 9 2714
—, [Hydroxy-äthyl]-isobutyl- 9 2715
—, Isobutyl- 9 2713
—, Isopentyl- 9 2713
—, Methoxy-äthoxy- 10 1842
—, Methoxy-benzoyloxy-isopentyl-
10 1842
—, Methoxy-diäthyl- 10 853
—, Methoxy-diisopropyl- 10 853
—, Methyl- 9 2712
—, Nitro-[brom-äthyl]- 9 2743
—, Octadecenyl- 9 2714
—, Octadecyl- 9 2713
—, *tert*-Pentyl- 9 2713
—, Phenäthyliden- 9 2716
—, Phenyl- 9 3443
—, Styryl- 9 2716
—, Trimethyl- 9 2816
Cinnamamidin, Dibutyl- 9 2722
—, Hydroxy- 10 2995
Cinnamamidoxim, Benzamino- 10 2996
—, Carbamoyl- 9 2724
Cinnamamidrazon, Benzamino- 10 2996
Cinnamimidoylchlorid 9 2720
—, Chlor-äthyl- 9 2728
Cinnamimidoyljodid 9 2720
Cinnamimidsäure, Äthoxycarbonylmethyl-,
äthylester 9 2719
—, Chlor-äthyl-, chlorid 9 2728
Cinnamimidsäure-chlorid 9 2720
— jodid 9 2720
Cinnamohydrazid 9 2724
Cinnamohydroxamsäure 9 2723

Cinnamohydroxamsäure, Benzamino- 10 3014
—, Benzamino-äthoxy- 10 4221
—, Benzamino-benzyl- 10 3014
—, Benzoyl- 9 2723
—, Hydroxy- 10 837
Cinnamohydroximoylchlorid 9 2724
Cinnamohydroximsäure-chlorid 9 2724
Cinnamonitril 9 2720; s. a. *Acrylonitril, Phenyl-*
—, Acetoxy- 10 856
—, Äthoxy- 10 856
—, Amino- 10 2995
—, Amino-äthoxy- 10 4210, 4212
—, Amino-äthyl- 10 3075
—, Amino-methoxy- 10 4212
—, Amino-methyl- 10 3053, 3054, 3056
—, Brom- 9 2733, 2735
—, Brom-hydroxy- 10 2998
—, Brom-methoxy- 10 856
—, Chlor- 9 2729
—, Chlor-hydroxy- 10 2996
—, Cyan- 9 4386
—, Dichlor-hydroxy- 10 2997
—, Dihydroxy-methoxy- 10 4518
—, Dimethoxy- 10 1830
—, Hydroxy- 10 2994
—, Hydroxy-äthoxy- 10 4210, 4212
—, Hydroxy-äthyl- 10 3075
—, Hydroxy-benzyloxy- 10 4210
—, Hydroxy-dimethoxy- 10 4518
—, Hydroxy-dimethyl- 10 3075
—, Hydroxy-methoxy- 10 1842, 4210, 4211
—, Hydroxy-methoxy-acetoxy- 10 4518
—, Hydroxy-methyl- 10 3053, 3054, 3055
—, Hydroxy-methylmercapto- 10 4213
—, Hydroxy-propyloxy- 10 4210
—, Hydroxy-triäthoxy- 10 4719
—, Hydroxy-trimethoxy- 10 4718
—, Jod-hydroxy- 10 2998
—, Methoxy- 10 855
—, Methoxy-trimethyl- 10 894
—, Methyl- 9 2770
—, Nitro- 9 2743, 2747
—, Nitro-hydroxy- 10 2999
—, Phenyl- s. unter *Acrylonitril*
Cinnamoylazid, Benzamino- 10 3015
—, Benzamino-methoxy- 10 4222
—, Nitro- 9 2741, 2747
—, Nitro-benzamino- 10 3018, 3020, 3021
Cinnamoylchlorid 9 2710
—, Brom- 9 2732
—, Chlor- 9 2728, 2729
—, Cyan- 9 4386
—, Dibrom- 9 2737
—, Dimethoxy- 10 1841
—, Dimethyl- 9 2791
—, Jod- 9 2738
—, Nitro- 9 2740, 2743, 2746

Cinnamoylchlorid, Phenyl- 9 3443;
s. a. unter *Acryloylchlorid*
Cinnamoylhydroperoxid 9 2709
Cinnamylbenzoat 9 453
Cinnamylcinnamat 9 2693
Cinnamylidendiamin, Bis-phenylacetyl-
9 2203
—, Dibenzoyl- 9 1101
Cinnamylidendimercaptodicyclopenten-
dicarbonsäure 10 52
Citral-[dinitro-methyl-benzoylhydrazon]
9 2373
— [jod-benzoylhydrazon] 9 1448
— [nitro-benzoylhydrazon] 9 1528
— [nitro-dimethyl-benzoylhydrazon]
9 2448
Citronensäure, Benzoyl- 9 873
Citrullin, Benzoyl- 9 1230
—, Benzoyl-, amid 9 1232
—, Benzoyl-, methylester 9 1231
—, Dibenzoyl-, benzoylamid 9 1233
Clionasterol, Benzoyl- 9 469
—, [Dinitro-benzoyl]- 9 1868
—, [Jod-benzoyl]- 9 1435
Clovensäure 9 4033
Clovensäure-diäthylester 9 4034
— dimethylester 9 4034
α-Coccinsäure 10 2209
β-Coccinsäure 10 2207; *Derivate s. unter Phthalsäure*
γ-Coccinsäure 10 2208; *Derivate s. unter Phthalsäure*
Cochenillesäure 10 2573
—, Acetyl- 10 2573
—, Acetyl-, dimethylester 10 2573
—, Acetyl-, trimethylester 10 2573
—, Methyl- 10 2573
—, Methyl-, dimethylester 10 2573
—, Methyl-, methylester 10 2573
—, Methyl-, trimethylester 10 2573
Cochenillesäure-trimethylester 10 2573
Collatoldisäure, Dimethyl- 10 4730
—, Dimethyl-, dimethylester 10 4730
Confluentin 10 4567
Confluentinsäure 10 4567
Confluentinsäure-methylester 10 4567
Conidendreinsäure-dimethyläther 10 2618
Copaendicarbonsäure 9 4030
Copaenketosäure 10 2951
Coriariasäure 10 2070
Cornicularsäure, Dihydro- 10 3340
Cortison, [Nitro-benzoyl]- 9 1683
Coumingidin 10 4287
—, Acetyl- 10 4287
—, Acetyl-dihydro- 10 4200
—, Dihydro- 10 4200
—, Nitroso- 10 4287
—, Phenylthiocarbamoyl- 10 4287

Coumingin 10 4287
—, Dihydro- 10 4200
Coumingin-oxim 10 4287
Couminginsäure 10 4284
Couminginsäure-methylester 10 4285
— methylester-oxim 10 4285
Crotonaldehyd-cyclohexancarbonyl-
hydrazon 9 30
— [nitro-benzoylhydrazon] 9 1484,
1526, 1753
Crotonamid, Benzamino-methyl- 9 1196
—, Benzyl- 9 2786
—, Cyclohexyl- 9 191
—, [Methoxy-phenyl]- 10 864
—, Methyl-benzyl- 9 2812
—, Naphthyl- 9 3329
—, Nitro-[brom-phenyl]- 9 2764
—, Oxo-[brom-phenyl]- 10 3149
—, Oxo-dimethyl-[brom-phenyl]-
10 3149, 3161
—, Oxo-mesityl- 10 3180
—, Oxo-methyl-[brom-phenyl]- 10 3161
—, Oxo-trimethyl-[brom-phenyl]- 10 3161
—, Phenyl- 9 2761, 2763
—, [Tetrahydro-naphthyl]- 9 3096
Crotonimidsäure, Methylamino-oxo-
p-tolyl-, äthylester 10 3553
Crotonohydrazid s. Crotonsäure-hydrazid
Crotononitril, Amino-bis-[dimethoxy-
phenyl]- 10 4820
—, Amino-diphenyl- 10 3323
—, Benzoyloxy- 9 861
—, Methoxy-mesityl- 10 904
—, Methoxy-[trimethyl-phenyl]- 10 904
—, Methyl-äthyl-phenyl- 9 2833
—, Methylamino-oxo-[methoxy-phenyl]-
10 4603
—, Methylamino-oxo-p-tolyl- 10 3553
—, Phenyl- 9 2758, 2763
Crotonoylazid, Benzamino-methyl- 9 1197
Crotonoylchlorid, Dibrom-oxo-mesityl-
10 3180
—, Dibrom-oxo-phenyl- 10 3152
—, Oxo-[brom-phenyl]- 10 3149
—, Oxo-methyl-[brom-phenyl]- 10 3160,
3163
—, Phenyl- 9 2760, 2763
Crotonsäure, Acetoxy-benzoyl-,
äthylester 10 4337
—, [Acetoxy-dimethyl-hexadecahydro-
cyclopenta[a]phenanthrenyl]-,
methylester 10 959
—, [Acetoxy-dimethyl-tetradecahydro-
cyclopenta[a]phenanthrenyl]-,
methylester 10 1029
—, Äthoxy-benzoyloxy-cyan-, äthylester
9 872
—, [Äthoxycarbonylmethoxy-methyl-
phenyl]- 10 881

Crotonsäure, [Äthoxycarbonylmethoxy-
methyl-phenyl]-, äthylester 10 881
—, Äthyl-[äthoxycarbonylmethoxy-methyl-
phenyl]- 10 901
—, Äthyl-[äthoxycarbonylmethoxy-methyl-
phenyl]-, äthylester 10 902
—, Äthyl-[carboxymethoxy-methyl-phenyl]-
10 901
—, Äthyl-[dimethoxy-phenyl]- 10 1863
—, Äthyl-[methoxy-dimethyl-phenyl]-
10 909
—, Äthyl-[methoxy-methyl-phenyl]-
10 901
—, Äthyl-[methoxy-phenyl]-cyan-,
äthylester 10 2269
—, Äthyl-phenyl-, äthylester 9 2811
—, [Äthyl-phenyl]-, äthylester 9 2814
—, Äthyl-triphenyl- 9 3646
—, Äthyl-triphenyl-, methylester 9 3646
—, Amino-benzamino-cyan-, äthylester
9 1208
—, Amino-bis-[dimethoxy-phenyl]-,
nitril 10 4820
—, Amino-diphenyl-, nitril 10 3323
—, Amino-phenyl-cyan-, äthylester
10 3963
—, Amino-phenyl-phenacyl-, äthylester
10 3628
—, Benzamino- 9 1193
—, Benzamino-, äthylester 9 1194
—, Benzamino-, methylester 9 1193
—, Benzamino-hydroxy-, äthylester
9 1205
—, Benzamino-methyl- 9 1195
—, Benzamino-methyl-, amid 9 1196
—, Benzamino-methyl-, azid 9 1197
—, Benzamino-methyl-,
benzylidenhydrazid 9 1196
—, Benzamino-methyl-, hydrazid 9 1196
—, Benzamino-methyl-, methylester
9 1195
—, Benzoyl- s. Crotonsäure, Oxo-benzyl-
—, Benzoylmercapto-äthyl-, äthylester
9 1974
—, Benzoyloxy-, äthylester 9 860
—, Benzoyloxy-, nitril 9 861
—, Benzoyloxy-methyl-, nitril 9 862
—, Benzyl- 9 2786
—, Benzyl-, äthylester 9 2786
—, Benzyl-, amid 9 2786
—, Biphenylyl- 9 3458
—, Bis-benzamino-hydroxy-, äthylester
9 1247
—, [(Brom-benzoyl)-hydrazino]-,
äthylester 9 1425
—, Brom-dihydroxy-[brom-methoxy-
phenyl]-, lacton 10 4330, 4331
—, Brom-dihydroxy-[methoxy-phenyl]-,
lacton 10 4330

Crotonsäure, Brom-hydroxy-methoxy-
[brom-methoxy-phenyl]-, lacton 10 4331
—, Brom-hydroxy-methoxy-[methoxy-
phenyl]-, lacton 10 4331
—, [Brom-methoxy-phenyl]-, äthylester
10 863
—, Brom-oxo-[chlor-phenyl]- 10 3151
—, Brom-oxo-diphenyl-, methylester
10 3380
—, Brom-oxo-phenyl- 10 3150, 3151
—, Brom-oxo-phenyl-, methylester
10 3150, 3151
—, Brom-phenyl-, äthylester 9 2761
—, [Carboxymethoxy-methyl-phenyl]-
10 881
—, Chlor-benzamino-, äthylester
9 1195
—, [(Chlor-benzoyl)-hydrazino]-,
äthylester 9 1373
—, [Chlor-benzylidenamino]-,
äthylester 9 1254
—, [Chlor-hydroxy-dimethyl-phenyl]-
10 892
—, Chlor-[hydroxy-naphthyl]- 10 1188
—, [Chlor-methoxy-dimethyl-phenyl]-
10 893
—, [Chlor-methoxy-methyl-phenyl]-,
äthylester 10 878, 879, 881
—, [Chlor-methoxy-phenyl]-, äthylester
10 863
—, Chlor-oxo-[chlor-phenyl]- 10 3147
—, Chlor-oxo-phenyl- 10 3146
—, Chlor-oxo-phenyl-, methylester
10 3151
—, Chlor-phenyl-, äthylester 9 2761
—, [Chlor-phenyl]- 9 2761
—, [Chlor-phenyl-acetamino]-hydroxy-,
äthylester 9 2270
—, [Chlor-vinyl]-[dimethoxy-phenyl]-
10 1905
—, [Chlor-vinyl]-[trimethoxy-phenyl]-
10 2264
—, Cinnamoyloxy-, äthylester 9 2705
—, p-Cumenyl-, äthylester 9 2837
—, Cyclohexyl- 9 191
—, Cyclohexyl-, äthylester 9 191
—, Cyclohexyl-, amid 9 191
—, Cyclohexyliden- 9 307
—, Cyclohexyliden-, äthylester 9 307
—, Cyclohexyliden-, methylester 9 307
—, Dibenzoyloxy-[dinitro-phenylen-di-,
diäthylester 10 2478
—, Dibrom-oxo-[brom-phenyl]-,
methylester 10 3152
—, Dibrom-oxo-mesityl- 10 3180
—, Dibrom-oxo-mesityl-, methylester
10 3180
—, Dibrom-oxo-phenyl- 10 3151
—, Dibrom-oxo-phenyl-, chlorid 10 3152

Crotonsäure, Dibrom-oxo-phenyl-,
methylester 10 3151
—, Dibrom-oxo-[trimethyl-phenyl]-
10 3180
—, Dibrom-oxo-[trimethyl-phenyl]-,
chlorid 10 3180
—, Dibrom-oxo-[trimethyl-phenyl]-,
methylester 10 3180
—, [Dichlor-phenyl]- 9 2761
—, [Dihydro-phenanthryl]- 9 3524
—, [Dihydro-phenanthryl]-, methylester
9 3524
—, [Dihydroxy-acetyl-phenyl]- 10 4607
—, [Dihydroxy-äthyl-acetyl-phenyl]-
10 4611
—, [Dihydroxy-äthyl-carboxy-phenyl]-
10 1864
—, [Dihydroxy-äthyl]-[hydroxy-dimethyl-
hydroxymethyl-methylen-decahydro-
naphthyl]- 10 2421
—, [Dihydroxy-butyryl-phenyl]- 10 4610
—, [Dihydroxy-methyl-acetyl-phenyl]-
10 4609
—, [Dihydroxy-phenyl]- 10 1851
—, [Dihydroxy-propionyl-phenyl]-
10 4609
—, [Dihydroxy-valeryl-phenyl]- 10 4611
—, [Dimethoxy-acetyl-phenyl]- 10 4608
—, [Dimethoxy-acetyl-phenyl]-,
methylester 10 4608
—, [Dimethoxy-äthyl-phenyl]- 10 1863
—, [Dimethoxy-carboxy-phenyl]- 10 2473
—, [Dimethoxy-methyl-phenyl]- 10 1860
—, [Dimethoxy-phenyl]- 10 1851, 1852,
1853
—, [Dimethoxy-phenyl]-, äthylester
10 1851, 1852, 1853
—, [Dimethyl-carboxy-cyclobutyl]- 9 4001
—, [Dimethyl-methoxycarbonyl-
cyclobutyl]-, methylester 9 4001
—, Dimethyl-phenyl-, äthylester
9 2812
—, [Dimethyl-phenyl]- 9 2815
—, [Dimethyl-phenyl]-, äthylester
9 2815
—, Dimethyl-p-tolyl-, äthylester
9 2836
—, [(Dinitro-benzoyl)-hydrazino]-,
äthylester 9 1949
—, [Dinitro-benzoyloxy]-methyl-,
äthylester 9 1934
—, [(Dinitro-methyl-benzoyl)-hydrazino]-,
äthylester 9 2377
—, Diphenyl- 9 3453, 3454, 3456
—, Diphenyl-, äthylester 9 3454
—, Diphenyl-, [diäthylamino-äthylester]
9 3457
—, Hydroxy-äthoxy-benzaminomethyl-,
äthylester 9 1207

Crotonsäure, Hydroxy-äthoxy-benzoyliminomethyl-, äthylester 9 1207
—, Hydroxy-benzaminomethyl-, äthylester 9 1206
—, Hydroxy-benzoyloxy-, äthylester 9 876
—, [Hydroxy-cyclohexyl]- 10 56
—, [Hydroxy-decahydro-naphthyl]-, methylester 10 81
—, Hydroxy-[dihydroxy-dimethyl-hexadecahydro-cyclopenta[*a*]-phenanthrenyl]- 10 2249
—, Hydroxy-[dimethoxy-methyl-naphthylmethyl]-, äthylester 10 4658
—, [Hydroxy-dimethyl-hexadecahydro-cyclopenta[*a*]phenanthrenyl]- 10 958
—, [Hydroxy-dimethyl-hexadecahydro-cyclopenta[*a*]phenanthrenyl]-, methylester 10 959
—, [Hydroxy-dimethyl-phenyl]- 10 892
—, [Hydroxy-dimethyl-tetradecahydro-cyclopenta[*a*]phenanthrenyl]- 10 1028
—, [Hydroxy-dimethyl-tetradecahydro-cyclopenta[*a*]phenanthrenyl]-, methylester 10 1029
—, Hydroxy-diphenyl- 10 1265, 1267
—, Hydroxy-diphenyl-, [brom-phenacylester] 10 1266
—, Hydroxyimino-phenyl-[chlor-phenyl]- 10 3379
—, Hydroxyimino-phenyl-[chlor-phenyl]-, methylester 10 3380
—, [Hydroxy-methoxy-acetyl-phenyl]- 10 4607
—, [Hydroxy-methoxy-äthyl-phenyl]- 10 1864
—, [Hydroxy-methoxy-carboxy-phenyl]- 10 2472
—, Hydroxy-[(methoxy-naphthyl)-äthyl]-, äthylester 10 4418
—, [Hydroxy-methoxy-phenyl]- 10 1851
—, Hydroxy-[(methoxy-phenyl)-propyl]-, äthylester 10 4271
—, [Hydroxy-methyl-cyclohexyl]-, methylester 10 64
—, [Hydroxy-methyl-decahydro-naphthyl]-, methylester 10 82
—, [Hydroxy-methyl-methoxycarbonyl-cyclohexyl]-, methylester 10 2053
—, [Hydroxy-methyl-phenyl]- 10 880
—, [Hydroxy-naphthyl]- 10 1187
—, Hydroxy-[nitro-benzoyloxy]-, äthylester 9 1476, 1511, 1686
—, Hydroxy-[oxo-(brom-methoxy-naphthyl)-äthyl]-, äthylester 10 4679
—, Hydroxy-oxo-[brom-phenyl]- 10 3548

Crotonsäure, Hydroxy-oxo-[chlor-phenyl]-, äthylester 10 3548
—, Hydroxy-oxo-cyclopropyl-, äthylester 10 3517
—, Hydroxy-oxo-[dimethoxy-phenyl]- 10 4739
—, Hydroxy-oxo-[dimethoxy-phenyl]-, äthylester 10 4740
—, Hydroxy-oxo-diphenyl-, äthylester 10 3626
—, Hydroxy-[oxo-diphenyl-(nitro-phenyl)-propyl]-, äthylester 10 3674
—, Hydroxy-oxo-[hydroxy-phenyl]-, äthylester 10 4603
—, Hydroxy-oxo-[methoxy-phenyl]- 10 4603
—, Hydroxy-oxo-[methoxy-phenyl]-, äthylester 10 4603
—, Hydroxy-oxo-[methoxy-phenyl]-, amid 10 4603
—, Hydroxy-[oxo-(methoxy-phenyl)-butyl]-, äthylester 10 4610
—, Hydroxy-oxo-naphthyl- 10 3620
—, Hydroxy-[oxo-naphthyl-äthyl]-, äthylester 10 3621
—, Hydroxy-oxo-[nitro-methoxy-phenyl]- 10 4603
—, Hydroxy-oxo-[nitro-phenyl]- 10 3548
—, Hydroxy-oxo-phenyl- 10 3546
—, Hydroxy-oxo-phenyl-, äthylester 10 3548
—, Hydroxy-oxo-*o*-tolyl- 10 3552
—, Hydroxy-oxo-*p*-tolyl- 10 3552
—, Hydroxy-oxo-*p*-tolyl-, äthylester 10 3552
—, Hydroxy-oxo-*p*-tolyl-, methylester 10 3552
—, Hydroxy-phenyl- 10 863
—, Hydroxy-phenyl-, äthylester 10 3047
—, Hydroxy-phenyl-, menthylester 10 3048
—, [Hydroxy-phenyl]- 10 864
—, Hydroxy-[phenyl-propionyl]-, äthylester 10 3557
—, Hydroxy-[(trimethyl-cyclohexenyl)-methyl]-, äthylester 10 2946
—, [Isopropyl-phenyl]-, äthylester 9 2837
—, [(Jod-benzoyl)-hydrazino]-, äthylester 9 1451
—, Methoxycarbonyloxy-benzoyl-, methylester 10 4337
—, [Methoxy-dihydro-naphthyliden]- 10 1119
—, [Methoxy-dihydro-naphthyliden]-, methylester 10 1119
—, [Methoxy-dimethyl-phenyl]- 10 892, 893
—, [Methoxy-methyl-phenyl]- 10 879, 880
—, [Methoxy-methyl-phenyl]-, äthylester 10 878, 879, 880

Crotonsäure, [Methoxy-naphthyl]- **10** 1188
—, [Methoxy-naphthyl]-, äthylester
   10 1188
—, [Methoxy-naphthyl]-, methylester
   10 1188
—, Methoxy-oxo-phenyl- **10** 4334
—, Methoxy-phenyl- **10** 863
—, Methoxy-phenyl-, äthylester **10** 865
—, [Methoxy-phenyl]- **10** 864
—, [Methoxy-phenyl]-, äthylester
   10 863, 864
—, [Methoxy-phenyl]-, amid **10** 864
—, [Methoxy-phenyl]-, [diäthylamino-
   äthylester] **10** 864
—, Methoxy-[trimethyl-phenyl]-, nitril
   10 904
—, Methyl-äthyl-phenyl-, nitril
   9 2833
—, Methylamino-oxo-[methoxy-phenyl]-,
   nitril **10** 4603
—, Methylamino-oxo-p-tolyl-, nitril
   10 3553
—, [Methyl-benzoyl-aminomethyl]-
   9 1168
—, Methyl-benzyl-, amid **9** 2812
—, Methyl-[brom-methoxy-phenyl]-,
   äthylester **10** 878
—, [Methyl-carboxy-cyclohexyliden]-
   9 4057
—, Methyl-[carboxy-phenyl]- **9** 4397
—, Methyl-[chlor-methoxy-dimethyl-
   phenyl]- **10** 903
—, Methyl-[chlor-methoxy-methyl-phenyl]-,
   äthylester **10** 891
—, Methyl-cyclopentenyl- **9** 311
—, Methyl-cyclopentenyl-, äthylester
   9 311
—, Methyl-cyclopentenyl-, amid **9** 311
—, Methyl-cyclopentenyl-, chlorid **9** 311
—, Methyl-[dimethoxy-acetyl-phenyl]-
   10 4609
—, Methyl-[dimethoxy-phenyl]- **10** 1859
—, Methyl-[dimethoxy-phenyl]-,
   äthylester **10** 1859, 1860
—, Methyl-[dimethyl-carboxy-
   norbornenyl]- **9** 4353
—, Methyl-[dimethyl-phenyl]-,
   äthylester **9** 2837, 2838
—, [Methyl-isopropyl-dihydro-
   phenanthryl]- **9** 3545
—, [Methyl-isopropyl-phenanthryl]-
   9 3571
—, Methyl-[methoxy-dimethyl-phenyl]-
   10 903, 904
—, Methyl-[methoxy-methyl-phenyl]-
   10 891
—, Methyl-[methoxy-phenyl]- **10** 878
—, Methyl-[methyl-isopropyl-phenyl]-
   9 2879

Crotonsäure, Methyl-[nitro-methoxy-
   dimethyl-phenyl]- **10** 903
—, Methyl-phenyl- **9** 2785, 2787
—, Methyl-phenyl-, äthylester **9** 2786, 2788
—, Methyl-phenyl-[chlor-methoxy-methyl-
   phenyl]-, äthylester **10** 1283
—, Methyl-phenyl-[chlor-methoxy-phenyl]-,
   äthylester **10** 1274
—, Methyl-phenyl-cyan-, äthylester
   9 4396
—, Methyl-phenyl-[methoxy-methyl-
   phenyl]-, äthylester **10** 1283
—, Methyl-o-tolyl-, äthylester
   9 2813
—, Methyl-p-tolyl-, äthylester
   9 2814
—, Methyl-triphenyl- **9** 3644
—, Methyl-triphenyl-, methylester
   9 3644
—, Methyl-[2.4]xylyl-, äthylester
   9 2838
—, Methyl-[2.5]xylyl-, äthylester
   9 2837
—, Naphthyl- **9** 3328, 3329
—, Naphthyl-, äthylester **9** 3328, 3329
—, Naphthyl-, amid **9** 3329
—, [(Nitro-benzoyl)-hydrazino]-,
   äthylester **9** 1488, 1535, 1758
—, [Nitro-benzoyloxy]-, äthylester
   9 1685
—, [Nitro-benzoyloxy]-, methylester
   9 1685
—, Nitro-[brom-phenyl]-, amid **9** 2764
—, [Nitro-dimethoxy-phenyl]- **10** 1853
—, [(Nitro-dimethoxy-benzoyl)-hydrazino]-,
   äthylester **9** 2449
—, [Nitro-hydroxy-methoxy-phenyl]-
   10 1853
—, [Nitro-hydroxy-naphthyl]- **10** 1187
—, [Nitro-methoxy-dimethyl-phenyl]-
   10 893
—, [Nitro-phenyl]- **9** 2763
—, [Nitro-phenyl]-, methylester **9** 2762
—, [Octahydro-naphthyliden]-,
   methylester **9** 2609
—, Oxo-acenaphthenyl- **10** 3383
—, Oxo-acenaphthenyl-, methylester
   10 3384
—, Oxo-[acetoxy-methyl-phenyl]- **10** 4338
—, Oxo-[äthoxy-phenyl]- **10** 4334
—, Oxo-[äthyl-phenyl]- **10** 3173
—, Oxo-anthryl-, methylester **9** 4660
—, Oxo-biphenylyl- **10** 3382
—, Oxo-[brom-nitro-phenyl]- **10** 3153
—, Oxo-[brom-phenyl]- **10** 3147
—, Oxo-[brom-phenyl]-, amid **10** 3149
—, Oxo-[brom-phenyl]-, chlorid **10** 3149
—, Oxo-[brom-phenyl]-, dimethylamid
   10 3149

Crotonsäure, Oxo-[brom-phenyl]-,
   methylester **10** 3148
—, Oxo-[butyl-phenyl]- **10** 3187
—, Oxo-[*tert*-butyl-phenyl]- **10** 3187
—, Oxo-{[(chlor-äthoxy)-äthoxy]-
   phenyl}- **10** 4334
—, Oxo-[chlor-hydroxy-methyl-phenyl]-
   10 4340
—, Oxo-[chlor-hydroxy-phenyl]- **10** 4333
—, Oxo-[chlor-methyl-phenyl]- **10** 3163
—, Oxo-[chlor-methyl-phenyl]-,
   äthylester **10** 3163
—, Oxo-[chlor-methyl-phenyl]-,
   [diäthylamino-äthylester] **10** 3164
—, Oxo-[chlor-phenyl]- **10** 3146
—, Oxo-[chlor-phenyl]-, äthylester
   10 3146
—, Oxo-*p*-cumenyl- **10** 3179
—, Oxo-[cyclohexyl-phenyl]- **10** 3240
—, Oxo-[decyl-phenyl]- **10** 3212
—, Oxo-[dibrom-hydroxy-phenyl]- **10** 4333
—, Oxo-[di-*tert*-butyl-phenyl]-,
   methylester **10** 3210
—, Oxo-[dichlor-phenyl]- **10** 3147
—, Oxo-[dichlor-phenyl]-, äthylester
   10 3147
—, Oxo-[dihydroxy-phenyl]- **10** 4601
—, Oxo-[dimethoxy-phenyl]- **10** 4601, 4602
—, Oxo-[dimethoxy-phenyl]-, äthylester
   10 4602
—, Oxo-[dimethoxy-phenyl]-,
   methylester **10** 4601, 4602
—, Oxo-dimethyl-biphenylyl- **10** 3393
—, Oxo-dimethyl-biphenylyl-,
   methylester **10** 3394
—, Oxo-dimethyl-[brom-phenyl]- **10** 3172
—, Oxo-dimethyl-[brom-phenyl]-,
   methylester **10** 3172
—, Oxo-dimethyl-mesityl- **10** 3195
—, Oxo-dimethyl-mesityl-, äthylester
   10 3195
—, Oxo-dimethyl-mesityl-, methylester
   10 3195
—, Oxo-dimethyl-phenyl- **10** 3171
—, Oxo-dimethyl-phenyl-, äthylester
   10 3172
—, Oxo-dimethyl-phenyl-, methylester
   10 3171
—, Oxo-[dimethyl-phenyl]- **10** 3173
—, Oxo-dimethyl-[trimethyl-phenyl]-
   10 3195
—, Oxo-dimethyl-[trimethyl-phenyl]-,
   äthylester **10** 3195
—, Oxo-dimethyl-[trimethyl-phenyl]-,
   methylester **10** 3195
—, Oxo-diphenyl- **10** 3378
—, Oxo-diphenyl-benzyl- **10** 3477
—, Oxo-diphenyl-benzyl-, chlorid
   10 3477

Crotonsäure, Oxo-diphenyl-[chlor-benzyl]-
   10 3477
—, Oxo-diphenyl-cyan- **10** 4022
—, Oxo-diphenyl-cyan-, äthylester
   10 4022
—, Oxo-[dodecyl-phenyl]- **10** 3217
—, Oxo-[heptyl-phenyl]- **10** 3208
—, Oxo-[hexyloxy-phenyl]- **10** 4334
—, Oxo-[hexyl-phenyl]- **10** 3201
—, Oxo-[hydroxy-dimethyl-phenyl]-
   10 4345
—, Oxo-[hydroxy-methyl-isopropyl-
   phenyl]- **10** 4350
—, Oxo-[hydroxy-methyl-phenyl]-
   10 4337, 4338, 4339, 4340
—, Oxo-[hydroxy-methyl-phenyl]-,
   äthylester **10** 4339
—, Oxo-[hydroxy-methyl-phenyl]-,
   methylester **10** 4338, 4339, 4340
—, Oxo-[hydroxy-phenyl]- **10** 4333, 4334
—, Oxo-[isopropyl-phenyl]- **10** 3179
—, Oxo-[jod-phenyl]- **10** 3152
—, Oxo-mesityl- **10** 3179
—, Oxo-mesityl-, äthylester **10** 3179
—, Oxo-mesityl-, amid **10** 3180
—, Oxo-mesityl-, benzylester **10** 3179
—, Oxo-mesityl-, [chlor-äthylester]
   10 3179
—, Oxo-mesityl-, [diäthylamino-
   äthylester] **10** 3180
—, Oxo-mesityl-, methylester **10** 3179
—, Oxo-[methoxy-dimethyl-phenyl]-
   10 4345
—, Oxo-[methoxy-methyl-phenyl]-
   10 4338, 4339
—, Oxo-[methoxy-methyl-phenyl]-,
   äthylester **10** 4338, 4339, 4340
—, Oxo-[methoxy-methyl-phenyl]-,
   methylester **10** 4338, 4339
—, Oxo-[methoxy-naphthyl]- **10** 4433
—, Oxo-[methoxy-phenyl]- **10** 4334
—, Oxo-methyl-[brom-phenyl]- **10** 3159,
   3162
—, Oxo-methyl-[brom-phenyl]-,
   äthylester **10** 3160
—, Oxo-methyl-[brom-phenyl]-, amid
   10 3161
—, Oxo-methyl-[brom-phenyl]-, chlorid
   10 3160, 3163
—, Oxo-methyl-[brom-phenyl]-,
   dimethylamid **10** 3161
—, Oxo-methyl-[brom-phenyl]-,
   methylamid **10** 3161
—, Oxo-methyl-[brom-phenyl]-,
   methylester **10** 3160, 3162
—, Oxo-methyl-diphenyl- **10** 3385
—, Oxo-[methyl-isopropyl-dihydro-
   phenanthryl]-, methylester **10** 3422
—, Oxo-methyl-mesityl- **10** 3188

Crotonsäure, Oxo-methyl-phenyl- 10 3162
—, Oxo-methyl-[trimethyl-phenyl]-
  10 3188
—, Oxo-naphthyl- 10 3307
—, Oxo-naphthyl-, methylester 10 3309
—, Oxo-[nitro-phenyl]- 10 3152, 3153
—, Oxo-[nonyl-phenyl]- 10 3212
—, Oxo-[octyl-phenyl]- 10 3210
—, Oxo-[pentyl-phenyl]- 10 3195
—, Oxo-phenyl- 10 3144, 3153
—, Oxo-phenyl-, äthylester 10 3145, 3153
—, Oxo-phenyl-, allylester 10 3146
—, Oxo-phenyl-, anhydrid 10 3146
—, Oxo-phenyl-, [brom-äthylester]
  10 3146
—, Oxo-phenyl-, [chlor-äthylester]
  10 3146
—, Oxo-phenyl-, methylester 10 3145
—, Oxo-phenyl-benzyl-biphenylyl-
  10 3506
—, Oxo-phenyl-benzyl-mesityl- 10 3487
—, Oxo-phenyl-[brom-phenyl]-benzyl-
  10 3479
—, Oxo-phenyl-[carboxy-phenyl]-benzyl-
  10 4033
—, Oxo-phenyl-[chlor-phenyl]- 10 3378
—, Oxo-phenyl-[chlor-phenyl]-,
  methylester 10 3379
—, Oxo-phenyl-[chlor-phenyl]-benzyl-
  10 3478
—, Oxo-phenyl-[chlor-phenyl]-benzyl-,
  methylester 10 3478
—, Oxo-phenyl-[chlor-phenyl]-[chlor-
  benzyl]- 10 3478
—, Oxo-phenyl-[methoxycarbonyl-phenyl]-
  benzyl- 10 4033
—, Oxo-phenyl-[methoxy-phenyl]-benzyl-
  10 4497, 4498
—, Oxo-phenyl-[methoxy-phenyl]-[chlor-
  benzyl]- 10 4497
—, Oxo-phenyl-[methoxy-phenyl]-
  [methoxy-benzyl]- 10 4708
—, Oxo-phenyl-[nitro-phenyl]-cyan-
  10 4022b
—, Oxo-phenyl-p-tolyl-benzyl- 10 3484
—, Oxo-phenyl-[trimethyl-phenyl]-
  benzyl- 10 3487
—, Oxo-[propyl-phenyl]- 10 3178
—, Oxo-[tetrahydro-naphthyl]- 10 3235
—, Oxo-p-tolyl- 10 3165
—, Oxo-[triäthyl-phenyl]- 10 3201
—, Oxo-[trimethyl-phenyl]- 10 3179
—, Oxo-[trimethyl-phenyl]-, äthylester
  10 3179
—, Oxo-[trimethyl-phenyl]-, amid 10 3180
—, Oxo-[trimethyl-phenyl]-,
  benzylester 10 3179
—, Oxo-[trimethyl-phenyl]-,
  [chlor-äthylester] 10 3179

Crotonsäure, Oxo-[trimethyl-phenyl]-,
  [diäthylamino-äthylester] 10 3180
—, Oxo-[trimethyl-phenyl]-,
  methylester 10 3179
—, Oxo-[2.4]xylyl- 10 3173
—, Oxo-[2.5]xylyl- 10 3173
—, Phenanthryl- 9 3557, 3558
—, Phenanthryl-, äthylester 9 3558
—, Phenanthryl-, methylester 9 3558
—, Phenyl- 9 2757, 2758, 2762
—, Phenyl-, äthylester 9 2759, 2762
—, Phenyl-, amid 9 2761, 2763
—, Phenyl-, carvomenthylester 9 2759
—, Phenyl-, chlorid 9 2760, 2763
—, Phenyl-, cholestanylester 9 2760
—, Phenyl-, [diäthylamino-äthylester]
  9 2760
—, Phenyl-, menthylester 9 2759
—, Phenyl-, methylester 9 2758
—, Phenyl-, neocarvomenthylester
  9 2759
—, Phenyl-, nitril 9 2758, 2763
—, Phenyl-, [nitro-benzylester] 9 2762
—, Phenyl-, ureid 9 2763
—, [Phenyl-acetamino]-hydroxy-,
  äthylester 9 2238
—, [Phenyl-acetamino]-methyl- 9 2229
—, Phenyl-[äthoxy-methyl-phenyl]-,
  äthylester 10 1274
—, [Phenyl-carbamoyl-propenyloxy]-
  phenyl- 10 863
—, Phenyl-[chlor-methoxy-methyl-phenyl]-,
  äthylester 10 1274
—, Phenyl-[chlor-methoxy-phenyl]-,
  äthylester 10 1265
—, Phenyl-cyan-, äthylester 9 4388,
  4389, 4390
—, Phenyl-[dimethoxy-methyl-phenyl]-
  10 1999
—, Phenyl-[dimethoxy-phenyl]- 10 1998
—, Phenyl-[methoxy-methyl-phenyl]-,
  äthylester 10 1274
—, Phenyl-[trimethoxy-phenyl]- 10 2351
—, Propyl-phenyl-, äthylester 9 2833
—, Pyrenyl- 9 3629
—, Pyrenyl-, methylester 9 3629
—, Semicarbazono-phenyl- 10 3145
—, Semicarbazono-phenyl-, äthylester
  10 3153
—, [Tetrahydro-naphthyl]- 9 3096
—, [Tetrahydro-naphthyl]-, äthylester
  9 3096
—, [Tetrahydro-naphthyl]-, amid 9 3096
—, o-Tolyl-, äthylester 9 2789
—, p-Tolyl- 9 2789
—, p-Tolyl-, äthylester 9 2789
—, o-Tolyl-cyan-, äthylester 9 4397
—, Trichlor-salicyloyl- 10 4337
—, [Trimethoxy-phenyl]- 10 2210

Crotonsäure, [2.5]Xylyl- **9** 2815
—, [2.5]Xylyl-, äthylester **9** 2815
Crotophorbolon, Benzoyl- **9** 840
—, [Nitro-benzoyl]- **9** 1683
Cryptol, [Carboxy-benzoyl]-
  9 4140
—, [Dinitro-benzoyl]- **9** 1823
—, [Nitro-benzoyl]- **9** 1565
Culmorin, Bis-[brom-benzoyl]-
  9 1407
m-Cumarsäure **10** 840
o-Cumarsäure **10** 833
p-Cumarsäure **10** 844
α-Cumidinsäure **9** 4298
Cuminsäure **9** 2482
—, Dihydro- **9** 308
—, Hexahydro- **9** 84
o-Cuminsäure **9** 2481
p-Cuminsäure **9** 2482
Cumol, Dibenzoyloxy- **9** 573
—, Methoxy-benzoyloxy- **9** 572
Curcumasäure **9** 2523
β-Curcumenylsäure **5** 1078
Cyanamid, *p*-Toluoyl- **9** 2346
Cyanessigsäure s. *Essigsäure, Cyan-*
2.5-Cyclo-benzocyclohepten, Bis-[brom-
  benzoyloxy]-tetramethyl-decahydro-
  9 1407
—, [Dinitro-benzoyloxy]-tetramethyl-
  decahydro- **9** 1845
2.5-Cyclo-benzocyclohepten-
  carbonsäure, Trimethyl-decahydro-
  9 345
—, Trimethyl-decahydro-, methylester
  9 347
Cyclobutacyclopenten-carbonsäure,
  Dimethyl-[carboxy-äthyl]-
  hexahydro- **9** 4018
—, Dimethyl-[carboxy-äthyl]-tetrahydro-
  9 4069
Cyclobuta[*a*]cyclopropa[*e*]cyclononen-
  carbonsäure, Trimethyl-methylen-
  dodecahydro- **9** 2629
—, Trimethyl-methylen-dodecahydro-,
  äthylester **9** 2629
Cyclobutadien-carbonsäure, Acetoxy-
  [acetoxy-phenyl]- **10** 1930
—, Acetoxy-[methoxy-methyl-phenyl]-
  10 1939
—, Acetoxy-[methoxy-phenyl]-
  10 1930
—, Chlor-[acetoxy-phenyl]- **10** 1066
—, Chlor-[hydroxy-phenyl]-
  10 1066
—, Chlor-[methoxy-methyl-phenyl]-
  10 1102
—, Chlor-[methoxy-phenyl]-
  10 1066
—, Methyl-phenyl-acetyl- **10** 3268

Cyclobuta[*c*]furan, Hydroxy-oxo-methyl-
  diphenyl-hexahydro- **10** 3401
—, Hydroxy-oxo-phenyl-hexahydro-
  10 3174
Cyclobuta[*b*]furan-carbonsäure, Hydroxy-
  oxo-dimethyl-hexahydro- **10** 3900
Cyclobutan, Bis-acetoxycarbonyl-
  9 3804
—, Bis-[carboxy-äthyl]-diphenyl-
  9 4645
—, Bis-[dicarboxy-äthyl]-diphenyl-
  9 4897
—, Bis-[dicarboxy-vinyl]-diphenyl-
  9 4898
—, Dimethyl-bis-acetoxycarbonylmethyl-
  9 3900
—, Dimethyl-bis-äthoxycarbonylmethyl-
  9 3900
—, Dimethyl-bis-carboxymethyl- **9** 3900
—, Dimethyl-bis-cyanmethyl- **9** 3900
—, Dimethyl-[carboxy-äthyl]-
  [methyl-carboxy-propyl]- **9** 3930
—, Dimethyl-[methoxycarbonyl-äthyl]-
  [methyl-methoxycarbonyl-propyl]-,
  methylester **9** 3930
—, Tetrakis-[carbamimidoyl-phenyl]-
  9 4903
—, Tetrakis-[carboxy-phenyl]- **9** 4902
—, Tetrakis-[methoxycarbonyl-phenyl]-
  9 4903
Cyclobutan-carbamid, Methyl- **9** 14
—, Methyl-phenyl- **9** 2824, 2825
—, Pentyloxy- **10** 5
—, Phenyl- **9** 2792
—, Tetrafluor- **9** 9
Cyclobutan-carbimidsäure, Methyl-phenyl-,
  äthylester **9** 2825
—, Phenyl-, äthylester **9** 2793
Cyclobutan-carbonitril **9** 8
—, Difluor-diäthoxy- **10** 2807
—, Difluor-imino- **10** 2807
—, Difluor-methylimino- **10** 2807
—, Methyl- **9** 15
—, Methyl-phenyl- **9** 2824, 2825
—, Phenyl- **9** 2793
—, Tetrafluor- **9** 9
Cyclobutan-carbonsäure **9** 6
—, Benzoyl- **10** 3174
—, Bis-[nitro-phenyl]-carbamoyl-dicyan-,
  äthylester **9** 4896
—, Brom- **9** 9
—, Brom-dimethyl-, methylester **9** 46
—, Brom-hydroxy- **10** 5
—, [Carboxy-äthyl]- s. *Propionsäure,*
  [Carboxy-cyclobutyl]-
—, [Carboxy-butyl]- s. *Valeriansäure,*
  [Carboxy-cyclobutyl]-
—, Carboxymethyl- s. *Essigsäure,*
  [Carboxy-cyclobutyl]-

Cyclobutan-carbonsäure, [Carboxy-pentyl]-
   s. *Hexansäure, [Carboxy-cyclobutyl]-*
—, [Carboxy-propyl]- s. *Buttersäure,*
   [Carboxy-cyclobutyl]-
—, [Carboxy-vinyl]- s. *Acrylsäure,*
   [Carboxy-cyclobutyl]-
—, Cyclohexyl-, [diäthylamino-
   äthylester] 9 232
—, Dibrom- 9 10
—, Dibutyloxy- 10 1353
—, Difluor-diäthoxy-, nitril 10 2807
—, Difluor-imino-, nitril 10 2807
—, Difluor-methylimino-, nitril 10 2807
—, Dimethyl- 9 46
—, Dimethyl-, methylester 9 46
—, Dimethyl-, [phenyl-phenacylester]
   9 46
—, Dimethyl-acetohydroximoyl- 10 2850
—, Dimethyl-acetonyl- 10 2870
—, Dimethyl-acetonyl-, äthylester
   10 2870
—, Dimethyl-acetyl- 10 2849
—, Dimethyl-acetyl-, methylester
   10 2850
—, Dimethyl-brommethyl-, äthylester
   9 63
—, Dimethyl-carbamoyl- 9 3830
—, Dimethyl-carbamoylmethyl-,
   äthylester 9 3854
—, Dimethyl-carbamoylmethyl-,
   methylester 9 3852
—, Dimethyl-[carboxy-äthyl]- 9 3899
—, Dimethyl-chlorcarbonylmethyl-,
   äthylester 9 3854
—, Dimethyl-chlorcarbonylmethyl-,
   methylester 9 3852
—, Dimethyl-cyanmethyl-, äthylester
   9 3854
—, Dimethyl-[hydroxy-carboxy-methyl]-
   10 2035
—, Dimethyl-hydroxymethyl- 10 32
—, Dimethyl-[oxo-butyl]- 10 2884
—, Dimethyl-[oxo-butyl]-, methylester
   10 2884
—, Dimethyl-[semicarbazono-äthyl]-
   10 2850
—, Dimethyl-[semicarbazono-äthyl]-,
   methylester 10 2850
—, Dimethyl-[semicarbazono-butyl]-
   10 2884
—, Dimethyl-[semicarbazono-propyl]-
   10 2870
—, Dimethyl-[semicarbazono-propyl]-,
   äthylester 10 2870
—, Dioxo-diäthyl-, äthylester 10 3520
—, Dioxo-dimethyl-, äthylester 10 3516
—, Dioxo-dimethyl-, methylester 10 3517
—, Diphenyl- 9 3471, 3472
—, Diphenyl-, amid 9 3473

Cyclobutan-carbonsäure, Diphenyl-,
   methylester 9 3473
—, Diphenyl-acetyl- 10 3401
—, Diphenyl-benzoyl- 10 3484
—, Diphenyl-benzoyl-, äthylester 10 3484
—, Diphenyl-benzoyl-, chlorid 10 3484
—, Diphenyl-benzoyl-, methylester
   10 3484
—, Diphenyl-carbamoyl- 9 4624, 4629
—, Diphenyl-carbamoyl-, äthylester
   9 4624, 4630
—, Diphenyl-carbamoyl-, butylester
   9 4630
—, Diphenyl-carbamoyl-, methylester
   9 4624, 4629
—, Diphenyl-carbamoyl-, propylester
   9 4630
—, Diphenyl-carbamoyl-dicyan-,
   äthylester 9 4896
—, Diphenyl-chlorcarbonyl- 9 4623
—, Diphenyl-chlorcarbonyl-,
   methylester 9 4628
—, Diphenyl-[hydroxy-benzhydryl]-
   10 1349
—, Diphenyl-[hydroxy-benzhydryl]-,
   methylester 10 1351
—, Diphenyl-[hydroxy-benzyl]- 10 1340
—, Diphenyl-isopropyliden- 9 3540
—, Diphenyl-isopropyliden-,
   methylester 9 3540
—, Diphenyl-methylcarbamoyl-dicyan-,
   äthylester 9 4896
—, Hydroxy- 10 5
—, Hydroxy-, [brom-phenacylester]
   9 1636
—, [Hydroxy-äthyl-propyl]-diphenyl-
   10 1297
—, [Hydroxy-äthyl-propyl]-diphenyl-,
   methylester 10 1297
—, Hydroxy-dimethyl- 10 22
—, [Hydroxy-isopropyl]-diphenyl-
   10 1293, 1294
—, [Hydroxy-isopropyl]-diphenyl-,
   äthylester 10 1295
—, [Hydroxy-isopropyl]-diphenyl-,
   methylester 10 1295
—, Isopropenyl-diphenyl- 9 3539
—, Methyl-, amid 9 14
—, Methyl-, nitril 9 15
—, [Methyl-carboxy-äthyl]-
   s. *Buttersäure, [Carboxy-*
   cyclobutyl]-
—, [Methyl-carboxy-vinyl]-
   s. *Crotonsäure, [Carboxy-*
   cyclobutyl]-
—, Methyl-phenyl- 9 2824
—, Methyl-phenyl-, amid 9 2824, 2825
—, Methyl-phenyl-, [diäthylamino-
   äthylester] 9 2824

Cyclobutan-carbonsäure, Methyl-phenyl-,
    nitril 9 2824, 2825
—, Oxo-[carboxy-äthyl]-diphenyl- 10 4025
—, Oxo-dimethyl-carboxymethyl- 10 3900
—, Oxo-diphenyl- 10 3385
—, Oxo-diphenyl-, methylester 10 3386
—, Pentyloxy-, amid 10 5
—, Phenyl- 9 2792
—, Phenyl-, [äthylester-imin] 9 2793
—, Phenyl-, amid 9 2792
—, Phenyl-, [diäthylamino-äthylester]
    9 2792
—, Phenyl-, nitril 9 2793
—, [Semicarbazono-äthyl]-diphenyl-
    10 3402
—, Tetrafluor- 9 8
—, Tetrafluor-, amid 9 9
—, Tetrafluor-, anhydrid 9 9
—, Tetrafluor-, chlorid 9 9
—, Tetrafluor-, nitril 9 9
—, Tetrafluor-, vinylester 9 9
—, Tetrafluor-chlor-, methylester 9 9
—, Tetrafluor-methyl- 9 14
—, Tetrafluor-methyl-, methylester 9 14
Cyclobutan-carbonsäure-äthylester 9 7
— butylester 9 7
— tert-butylester 9 7
— chlorid 9 8
— cyclobutylester 9 8
— isopropylester 9 7
— methylester 9 6
— nitril 9 8
— [oxo-androstenylester] 9 8
— pentylester 9 7
— propylester 9 7
Cyclobutan-carbonylchlorid 9 8
—, Diphenyl-benzoyl- 10 3484
—, Tetrafluor- 9 9
Cyclobutan-dicarbamid 9 3800
—, Dimethyl- 9 3830
—, Diphenyl- 9 4625, 4630
—, Pentyloxy- 10 2026
Cyclobutan-dicarbonitril 9 3800
—, Brom-tetraphenyl- 9 3418
—, Diphenyl- 9 4630, 4636
Cyclobutan-dicarbonsäure 9 3797, 3798, 3801
—, Bis-[brom-benzoyl]- 10 4090
—, Bis-[dimethoxy-phenyl]- 10 2617
—, Bis-[dinitro-phenyl]- 9 4632
—, Bis-[dinitro-phenyl]-, äthylester
    9 4633
—, Bis-[dinitro-phenyl]-, diäthylester
    9 4633
—, Bis-[dinitro-phenyl]-,
    dimethylester 9 4633
—, Bis-[hydroxy-methoxy-phenyl]-
    10 2617
—, Bis-[hydroxy-methoxy-phenyl]-,
    dimethylester 10 2617

Cyclobutan-dicarbonsäure, Bis-[nitro-
    phenyl]- 9 4620, 4631
—, Bis-[nitro-phenyl]-, diäthylester
    9 4632
—, Bis-[nitro-phenyl]-, dimethylester
    9 4632
—, Bis-[nitro-phenyl]-, methylester
    9 4632
—, Bis-[nitro-phenyl]-dicyan-,
    äthylester-amid 9 4896
—, Cyan-, diäthylester 9 4747
—, Cyan-, dimethylester 9 4747
—, Dibrom-, diäthylester 9 3801
—, Dibrom-, dimethylester 9 3801
—, Dibrom-dimethyl- 9 3828
—, Dicyclohexyl- 9 4081
—, Dicyclohexyl-, diäthylester 9 4081
—, Dimethyl- 9 3826, 3828, 3830
—, Dimethyl-, amid 9 3830
—, Dimethyl-, diäthylester 9 3829
—, Dimethyl-, diamid 9 3830
—, Dimethyl-, dichlorid 9 3830
—, Dimethyl-, dimethylester 9 3828, 3829
—, Dimethyl-, methylester 9 3829
—, Dimethyl-bis-[carboxy-propyl]- 9 4860
—, Dimethyl-carboxymethyl-[carboxy-
    äthyl]- 9 4854, 4855
—, Diphenyl- 9 4620, 4625, 4635
—, Diphenyl-, äthylester 9 4622, 4627
—, Diphenyl-, äthylester-amid 9 4624, 4630
—, Diphenyl-, amid 9 4624, 4629
—, Diphenyl-, butylester 9 4628
—, Diphenyl-, butylester-amid 9 4630
—, Diphenyl-, chlorid 9 4623
—, Diphenyl-, diäthylester 9 4627
—, Diphenyl-, diamid 9 4625, 4630
—, Diphenyl-, dibutylester 9 4628
—, Diphenyl-, dichlorid 9 4623, 4629
—, Diphenyl-, dimethylester 9 4622, 4626
—, Diphenyl-, dinitril 9 4630
—, Diphenyl-, methylester 9 4621, 4625
—, Diphenyl-, methylester-amid 9 4624,
    4629
—, Diphenyl-, methylester-chlorid 9 4628
—, Diphenyl-, propylester 9 4628
—, Diphenyl-, propylester-amid 9 4630
—, Diphenyl-dicyan-, äthylester-amid
    9 4896
—, Diphenyl-dicyan-, äthylester-
    methylamid 9 4896
—, Hydroxy- 10 2025
—, Methoxy-, diäthylester 10 2026
—, Methyl-cyan-, diäthylester 9 4748
—, [Nitro-phenyl]-[nitro-phenyl]-
    9 4631
—, [Nitro-phenyl]-[nitro-phenyl]-,
    anhydrid 9 4631
—, [Nitro-phenyl]-[nitro-phenyl]-,
    dimethylester 9 4631

Cyclobutan-dicarbonsäure, [Nitro-phenyl]-
    [nitro-phenyl]-, methylester 9 4631
—, Pentyloxy-, diamid 10 2026
—, Pentyloxy-, dichlorid 10 2026
—, Pentyloxymethoxy- 10 2025
—, Pentyloxymethoxy-, diäthylester
    10 2026
—, Phenyl- 9 4882
Cyclobutan-dicarbonsäure-diäthylester
    9 3798, 3799, 3802
— diamid 9 3800
— dibutylester 9 3798
— dihydrazid 9 3801
— dimethylester 9 3797, 3799, 3802
— dinitril 9 3800
— dipropylester 9 3798
Cyclobutan-dicarbonylchlorid, Dimethyl-
    9 3830
—, Diphenyl- 9 4623, 4629
—, Pentyloxy- 10 2026
Cyclobutan-hexacarbonsäure-
    hexaäthylester 9 4910
Cyclobutan-tetracarbamid, Phenyl-
    9 4882
Cyclobutan-tetracarbonsäure 9 4846
—, Bis-[bis-äthoxycarbonyl-methyl]-,
    tetraäthylester 9 4918
—, Bis-[bis-methoxycarbonyl-methyl]-,
    tetramethylester 9 4918
—, Bis-[nitro-phenyl]-, äthylester-
    amid-dinitril 9 4896
—, Dimethyl- 9 4849
—, Diphenyl-, äthylester-amid-dinitril
    9 4896
—, Diphenyl-, äthylester-methylamid-
    dinitril 9 4896
—, Hydroxy- 10 2625
—, Oxo-, tetraäthylester 10 2625
—, Phenyl-, tetraamid 9 4882
—, Phenyl-, tetramethylester 9 4882
Cyclobutan-tetracarbonsäure-
    tetraäthylester 9 4846
Cyclobutan-tricarbonsäure 9 4747
—, Dimethyl- 9 4751
—, Methyl-, diäthylester-nitril
    9 4748
Cyclobutan-tricarbonsäure-diäthylester-
    nitril 9 4747
— dimethylester-nitril 9 4747
Cyclobuta[l]phenanthren-carbonsäure,
    Tetrahydro- 9 3521
Cyclobuta[b]pyran-carbonsäure, Hydroxy-
    oxo-diphenyl-hexahydro- 10 4025
Cyclobuten-carbonitril, Difluor-amino-
    10 2807
—, Difluor-methylamino- 10 2807
Cyclobuten-carbonsäure 9 140
—, Difluor-äthoxy-, nitril 10 52
—, Difluor-amino-, nitril 10 2807

Cyclobuten-carbonsäure, Difluor-methyl-
    amino-, nitril 10 2807
—, Hydroxy-oxo-diäthyl-, äthylester
    10 3520
—, Hydroxy-oxo-dimethyl-, äthylester
    10 3516
—, Hydroxy-oxo-dimethyl-, methylester
    10 3517
—, Oxo-[acetoxy-phenyl]- 10 4375
—, Oxo-hydroxyimino-[acetoxy-phenyl]-
    10 4653
—, Oxo-hydroxyimino-[hydroxy-phenyl]-
    10 4653
—, Oxo-[hydroxy-phenyl]- 10 4375
—, Oxo-[methoxy-methyl-phenyl]- 10 4376
—, Oxo-[methoxy-phenyl]- 10 4375
—, Phenylhydrazono-[hydroxy-phenyl]-
    10 4375
—, Phenylhydrazono-[methoxy-methyl-
    phenyl]- 10 4376
—, Phenylhydrazono-[methoxy-phenyl]-
    10 4376
—, Semicarbazono-[acetoxy-phenyl]-
    10 4375
—, Semicarbazono-[hydroxy-phenyl]-
    10 4375
—, Semicarbazono-[methoxy-methyl-
    phenyl]- 10 4376
—, Semicarbazono-[methoxy-phenyl]-
    10 4375
Cyclobuten-dicarbonsäure, Dimethyl-
    9 3954
Cyclobuten-dicarbonsäure-diäthylester
    9 3934
— dimethylester 9 3934
Cyclobut[a]inden-carbamid, Oxo-phenyl-
    tetrahydro- 10 3411
Cyclobut[a]inden-carbonsäure,
    Hydroxyimino-phenyl-tetrahydro-
    10 3409, 3410
—, Oxo-phenyl-tetrahydro- 10 3409
—, Oxo-phenyl-tetrahydro-, amid 10 3411
—, Oxo-phenyl-tetrahydro-, methylester
    10 3409, 3411
—, Semicarbazono-phenyl-tetrahydro-
    10 3411
Cyclocamphanol, [Dinitro-benzoyl]-
    9 1842
3.5-Cyclo-cholansäure, Methoxy-,
    methylester 10 976
16.23-Cyclo-cholestansäure, Diacetoxy-,
    methylester 10 1898
—, Dihydroxy- 10 1898
16.23-Cyclo-cholestensäure, Acetoxy-oxo-,
    methylester 10 4389
—, Dioxo- 10 3613
—, Hydroxy-oxo- 10 4388
β-Cyclocitral-[nitro-benzoylhydrazon]
    9 1528

α-Cyclocitrylidenessigsäure 9 328
β-Cyclocitrylidenessigsäure 9 328
1.4-Cyclo-cyclobuta[3.4]cyclobuta[1.2-*a*]
   benzen-dicarbonsäure,
   Dibrom-decahydro- 9 4401
—, Dibrom-decahydro-, dimethylester
   9 4401
5.8-Cyclo-cyclopenta[*a*]phenanthren,
   [Dinitro-benzoyloxy]-dimethyl-
   [trimethyl-hexenyl]-dodecahydro-
   9 1883
6.10-Cyclo-cyclopenta[*a*]phenanthren,
   Benzoyloxy-dimethyl-[trimethyl-
   hexenyl]-dodecahydro- 9 515
—, Benzoyloxy-dimethyl-[trimethyl-
   hexyl]-tetradecahydro- 9 482
Cyclodecan, Bis-[nitro-benzoyloxy]-
   9 1633
—, Dibenzoyloxy- 9 547
Cyclodecan-carbonsäure, Oxo-,
   methylester 10 2874
—, Oxo-[oxo-butyl]-, methylester 10 3526
Cyclodecandiyldibenzoat 9 547
Cyclodecanon, Benzoyloxy- 9 724
—, Benzoyloxy-, oxim 9 724
—, [Nitro-benzoyloxy]- 9 1672
—, [Nitro-benzoyloxy]-, semicarbazon
   9 1672
Cyclodecen-carbonsäure, Hydroxy-,
   methylester 10 2874
Cyclodocosadien-dicarbonitril, Diamino-
   10 4052
Cyclodocosadien-dicarbonsäure, Diamino-,
   dinitril 10 4052
Cyclodocosan-dicarbonitril, Diimino-
   10 4052
Cyclodocosan-dicarbonsäure, Diimino-,
   dinitril 10 4052
Cycloeicosadien-dicarbonitril, Diamino-
   10 4052
Cycloeicosadien-dicarbonsäure, Diamino-,
   dinitril 10 4052
Cycloeicosan-dicarbonitril, Diimino-
   10 4052
Cycloeicosan-dicarbonsäure, Diimino-,
   dinitril 10 4052
5.8-Cyclo-ergostadien, [Dinitro-
   benzoyloxy]- 9 1883
Cyclogallipharsäure 10 678
Cyclogallipharsäure-äthylester 10 679
— methylester 10 678
Cyclogeraniumsäure 9 200
—, Dihydro- 9 88
Cyclogeraniumsäure-äthylester 9 200
α-Cyclogeraniumsäure 9 199
β-Cyclogeraniumsäure 9 199
—, Oxy- 10 57
Cycloheptadecadien-carbonsäure, Hydroxy-,
   methylester 10 2953

Cycloheptadecan-carbamid 9 132
—, Hydroxy- 10 50
Cycloheptadecan-carbonitril, Imino-
   10 2896
—, Oxo- 10 2896
Cycloheptadecan-carbonsäure 9 132
—, Hydroxy-, amid 10 50
—, Imino-, nitril 10 2896
—, Oxo-, nitril 10 2896
Cycloheptadecan-carbonsäure-amid 9 132
Cycloheptadecandion, [Dinitro-
   benzoyloxy]- 9 1931
Cycloheptadecen-carbonitril, Amino-
   10 2896
—, Hydroxy- 10 2896
Cycloheptadecen-carbonsäure, Amino-,
   nitril 10 2896
—, Oxo-, methylester 10 2953
Cycloheptadien-carbamid, Dimethyl-
   9 307
Cycloheptadien-carbonsäure, Dihydroxy-
   dioxo- 10 4716
—, Dimethyl- 9 304, 305, 306
—, Dimethyl-, äthylester 9 306
—, Dimethyl-, amid 9 307
—, Dimethyl-, chlorid 9 306, 307
Cycloheptadien-carbonylchlorid,
   Dimethyl- 9 306, 307
Cycloheptadien-octacarbonsäure-
   hexamethylester-diäthylester
   9 4920
— octamethylester 9 4919, 4920
Cyclohepta[*b*]furan, Hydroxy-oxo-
   octahydro- 10 2833
Cycloheptan, Bis-carboxymethyl- 9 3902
—, Bis-[(phenyl-phenacyloxycarbonyl)-
   methyl]- 9 3902
Cycloheptan-carbamid 9 47
—, Dimethyl- 9 78
—, Hydroxy-trimethyl- 10 43
—, Trimethyl- 9 102
Cycloheptan-carbonitril, Hydroxy- 10 22
—, Hydroxy-trimethyl- 10 44
—, Imino- 10 2820
—, Oxo- 10 2819
—, Oxo-dimethyl- 10 2852
—, Semicarbazono- 10 2820
Cycloheptan-carbonsäure 9 47
—, [Carboxy-äthyl]- s. *Propionsäure*,
   [Carboxy-cycloheptyl]-
—, [Carboxy-butyl]- s. *Valeriansäure*,
   [Carboxy-cycloheptyl]-
—, Carboxymethyl- s. *Essigsäure*,
   [Carboxy-cycloheptyl]-
—, Dimethyl- 9 77
—, Dimethyl-, äthylester 9 78
—, Dimethyl-, amid 9 78
—, Dimethyl-, [brom-phenacylester] 9 78
—, Dimethyl-, chlorid 9 78

Cycloheptan-carbonsäure, Hydroxy- 10 22
—, Hydroxy-, methylester 10 22
—, Hydroxy-, nitril 10 22
—, Hydroxy-dioxo- 10 4506
—, Hydroxy-trimethyl-, amid 10 43
—, Hydroxy-trimethyl-, methylester 10 43
—, Hydroxy-trimethyl-, nitril 10 44
—, Imino-, äthylester 10 2819
—, Imino-, nitril 10 2820
—, Oxo-, äthylester 10 2819
—, Oxo-, nitril 10 2819
—, Oxo-[chlor-butenyl]-, äthylester
    10 2932
—, Oxo-dimethyl-, nitril 10 2852
—, Oxo-[oxo-butyl]-, methylester
    10 3523
—, Oxo-[phenoxy-äthyl]-, äthylester
    10 4184
—, Phenyl-, [diäthylamino-äthylester]
    9 2861
—, Semicarbazono-, nitril 10 2820
—, Trimethyl- 9 102
—, Trimethyl-, amid 9 102
Cycloheptan-carbonsäure-amid 9 47
Cycloheptan-carbonylchlorid, Dimethyl-
    9 78
Cycloheptan-dicarbonsäure, Dimethyl-
    9 3902
—, Dimethyl-, diäthylester 9 3903
—, Dimethyl-dicarbamoyl- 9 4853
—, Dimethyl-dicyan- 9 4853
—, Oxo-methyl- 10 4056
Cycloheptan-tetracarbonsäure, Dimethyl-
    9 4853
—, Dimethyl-, diamid 9 4853
—, Dimethyl-, dinitril 9 4853
—, Dimethyl-, tetraäthylester 9 4853
Cyclohepta[*b*]pyran, Hydroxy-oxo-
    decahydro- 10 2851
Cycloheptatrien-carbamid, Dimethyl-
    9 2451
Cycloheptatrien-carbonsäure 9 2169
—, Brom-dihydroxy-oxo- 10 4507
—, Brom-dimethoxy-oxo-, methylester
    10 4508
—, Diacetoxy-oxo- 10 4507
—, Dihydroxy-oxo- 10 4506
—, Dimethoxy-oxo-, methylester 10 4507
—, Dimethyl- 9 2450
—, Dimethyl-, äthylester 9 2451
—, Dimethyl-, amid 9 2451
—, Dimethyl-, chlorid 9 2451
—, Dimethyl-, methylester 9 2451
—, Hydroxy-methoxy-oxo- 10 4506
—, Hydroxy-methoxy-oxo-, methylester
    10 4507
—, Hydroxy-oxo-carboxymethyl- 10 4739
—, Tetramethyl- 9 2536
—, Trihydroxy-oxo- 10 4716

Cycloheptatrien-carbonsäure, Trimethoxy-
    oxo-, methylester 10 4717
Cycloheptatrien-carbonylchlorid,
    Dimethyl- 9 2451
Cyclohepten-carbonitril, Amino- 10 2820
—, Hydroxy- 10 2819
—, Hydroxy-dimethyl- 10 2852
Cyclohepten-carbonsäure, Amino-,
    äthylester 10 2819
—, Amino-, nitril 10 2820
—, Dimethyl- 9 190
—, Hydroxy-, äthylester 10 2819
—, Hydroxy-trioxo- 10 4716
—, Trimethyl- 9 223
—, Trimethyl-, chlorid 9 224
—, Trimethyl-, methylester 9 223
—, Trimethyl-, [trimethyl-
    cycloheptylmethylester] 9 224
Cyclohexadecadien-dicarbonitril,
    Dihydroxy- 10 4051
Cyclohexadecan-carbonsäure, Oxo-,
    äthylester 10 2895
Cyclohexadecan-dicarbonitril, Dioxo-
    10 4051
Cyclohexadecan-dicarbonsäure, Dioxo-,
    dinitril 10 4051
Cyclohexadecen-carbonsäure, Hydroxy-,
    äthylester 10 2895
Cyclohexadien-carbamid, Methyl- 9 298
Cyclohexadien-carbonitril, Trimethyl-
    9 309
Cyclohexadien-carbonsäure 9 297
—, Dioxo-methyl-, methylester 10 3538
—, Dioxo-triphenyl- 10 3678
—, Dioxo-triphenyl-, äthylester
    10 3678
—, Hydroxy-äthoxy-dimethyl-,
    äthylester 10 4188
—, Hydroxy-äthoxy-methyl-, äthylester
    10 4187
—, Hydroxy-[brom-methoxy-phenyl]-
    p-tolyl-, äthylester 10 4480
—, Hydroxy-[chlor-methoxy-phenyl]-
    p-tolyl-, äthylester 10 4480
—, Hydroxy-[chlor-phenyl]-[methoxy-
    styryl]-, äthylester 10 4488
—, Hydroxy-[hydroxy-phenyl]-[chlor-
    styryl]-, äthylester 10 4488, 4489
—, Hydroxy-[hydroxy-phenyl]-[methoxy-
    naphthyl]-, äthylester 10 4709
—, Hydroxy-[methoxy-phenyl]-[chlor-
    styryl]-, äthylester 10 4489
—, Hydroxy-[methoxy-phenyl]-naphthyl-,
    äthylester 10 4499
—, Hydroxy-[methoxy-phenyl]-*p*-tolyl-,
    äthylester 10 4480
—, Hydroxy-methyl-, äthylester
    10 2899, 2900
—, Hydroxy-phenyl-, äthylester 10 3233

Cyclohexadien-carbonsäure, Hydroxy-
phenyl-[hydroxy-naphthyl]-, äthylester
10 4498
—, Hydroxy-phenyl-[methoxy-phenyl]-,
äthylester 10 4498
—, Hydroxy-phenyl-naphthyl-,
äthylester 10 3480
—, Hydroxy-phenyl-p-tolyl-, äthylester
10 3420
—, Hydroxy-trimethyl-, äthylester 10 2908
—, Isopropenyl- 9 2484
—, Isopropyl- 9 308
—, Methyl- 9 298
—, Methyl-, amid 9 298
—, Oxo-[dihydroxy-dicarboxy-
benzhydryliden]- 10 4866
—, Oxo-[dihydroxy-dimethoxy-
benzhydryliden]- 10 4835
—, Oxo-[hydroxy-carboxy-benzyliden]-
10 4781
—, Oxo-hydroxyimino- 10 3537
—, Oxo-hydroxyimino-, methylester
10 3537
—, Oxo-methyl-[dichlor-hydroxy-methyl-
carboxy-benzhydryliden]- 10 4795
—, Trimethyl- 9 309
—, Trimethyl-, [brom-phenacylester]
9 309
—, Trimethyl-, nitril 9 309
Cyclohexadien-carbonsäure-äthylester
9 297
Cyclohexadien-dicarbonitril, Dihydroxy-
dioxo- 10 4841
—, Diphenyl- 9 4678
Cyclohexadien-dicarbonsäure 9 4041,
4042, 4043
—, Bis-äthylimino-, diäthylester
10 4058
—, Bis-biphenylyloxy-dioxo-,
diäthylester 10 4840
—, Bis-[chlor-phenoxy]-dioxo-,
diäthylester 10 4838
—, Bis-[dimethyl-phenoxy]-dioxo-,
diäthylester 10 4839
—, Bis-[hydroxy-biphenylyloxy]-dioxo-,
diäthylester 10 4840
—, Bis-[methoxy-phenoxy]-dioxo-,
diäthylester 10 4840
—, Chlor-acetoxy-dioxo-, diäthylester
10 4801
—, Chlor-hydroxy-dioxo-, diäthylester
10 4801
—, Diäthoxy-dioxo-, diäthylester
10 4838
—, Dibenzyloxy-dioxo-, diäthylester
10 4839
—, Dibrom-dioxo-, diäthylester 10 4058
—, Dibrom-hydroxy-methyl-,
diäthylester 10 3926

Cyclohexadien-dicarbonsäure, Dihydroxy-,
diäthylester 10 4046
—, Dihydroxy-, dibutylester 10 4047
—, Dihydroxy-, dimethylester 10 4046
—, Dihydroxy-[acetoxy-phenyl]-,
diäthylester 10 4812
—, Dihydroxy-äthoxycarbonylmethyl-
[acetoxy-phenyl]-, diäthylester
10 4863
—, Dihydroxy-dimethyl-, diäthylester
10 4050
—, Dihydroxy-dimethyl-phenyl-,
diäthylester 10 4070
—, Dihydroxy-dioxo-, dinitril 10 4841
—, Dihydroxy-methyl-, diäthylester
10 4049
—, Dihydroxy-oxo-dimethyl-,
diäthylester 10 4113
—, Dimethoxy-, dimethylester 10 2419
—, Dimethoxy-dioxo-, diäthylester
10 4838
—, Dimethyl- 9 4050, 4051, 4052
—, Dimethyl-diäthyl-dicyan- 9 4870
—, Dimethyl-diphenyl-, diäthylester
9 4681
—, Dimethyl-diphenyl-, dimethylester
9 4680
—, Dimethyl-dipropyl-dicyan- 9 4871
—, Dinaphthyloxy-dioxo-, diäthylester
10 4839, 4840
—, Diphenoxy-dioxo-, diäthylester
10 4838
—, Diphenyl- 9 4677, 4678
—, Diphenyl-, diäthylester 9 4677
—, Diphenyl-, dimethylester 9 4677
—, Diphenyl-, dinitril 9 4678
—, Diphenylmercapto-dioxo-,
diäthylester 10 4841
—, Di-m-tolyloxy-dioxo-, diäthylester
10 4839
—, Di-o-tolyloxy-dioxo-, diäthylester
10 4839
—, Di-p-tolyloxy-dioxo-, diäthylester
10 4839
—, Di-[3.5]xylyloxy-dioxo-,
diäthylester 10 4839
—, Hydroxy-äthoxy- 10 4713
—, Hydroxy-äthoxy-, äthylester 10 4713
—, Hydroxy-äthoxycarbonylmethyl-,
diäthylester 10 4113
—, Hydroxy-carboxymethyl-, äthylester
10 4113
—, Hydroxy-dimethyl-, diäthylester
10 3929
—, Hydroxy-methoxy- 10 4713
—, Hydroxy-methyl-, diäthylester
10 3926
—, Hydroxy-methyl-[dimethoxy-phenyl]-,
diäthylester 10 4813

Cyclohexadien-dicarbonsäure, Hydroxy-
methyl-hydroxymethyl-, diäthylester
10 4714
—, Hydroxy-methyl-[methoxy-phenyl]-,
diäthylester 10 4761
—, Hydroxy-methyl-*m*-tolyl-,
diäthylester 10 3998
—, Hydroxy-oxo-methyl-, diäthylester
10 4053
—, Hydroxy-phenoxy-dioxo-,
diäthylester 10 4838
—, Methyl- 9 4043
—, Tetramethyl-dicyan- 9 4869
—, Tetraphenyl-, dimethylester 9 4735
Cyclohexadien-dicarbonsäure-äthylester
9 4042
— dimethylester 9 4042, 4043
— methylester 9 4042
Cyclohexadiendiol, Methyl-[brom-
trimethyl-phenyl]-bis-
[äthoxycarbonyl-cyan-methylen]-
10 4173
Cyclohexadienol, Bis-[carboxy-äthyl]-
isopropyl- 10 2142
Cyclohexadienon, Benzoyloxy-
benzoyloxyimino- 9 1297
—, Benzoyloxy-bicyclohexylidenyliden-
9 757
—, Benzoyloxy-[dimethyl-butenyliden]-
9 743
—, Benzoyloxyimino- 9 1285
—, Benzoyloxy-[methyl-äthyl-
pentenyliden]- 9 744
—, Brom-benzoyloxyimino- 9 1286
—, Chlor-benzoyloxyimino- 9 1285, 1286
—, Dibrom-benzoyloxyimino- 9 1287
—, Dichlor-benzoyloxyimino- 9 1286
—, Jod-benzoyloxyimino- 9 1287
—, [Nitro-benzoyloxy-benzhydryliden]-
9 775
Cyclohexadien-pentacarbonsäure, Hydroxy-
äthoxy-, tetramethylester-
äthylester 9 4920
—, Hydroxy-methoxy-, pentamethylester
9 4919, 4920
—, Oxo-, trimethylester-äthylester-
amid 10 4177
—, Oxo-, trimethylester-diamid 10 4177
Cyclohexadien-tetracarbonsäure,
[Cyan-pentadienylidenamino]-oxo-,
trimethylester-äthylester 10 4178
—, Dimethyl-diäthyl-, dinitril 9 4870
—, Dimethyl-dipropyl-, dinitril 9 4871
—, Oxo-carbamoyl-, trimethylester-
äthylester 10 4177
—, Tetramethyl-, dinitril 9 4869
Cyclohexadien-tricarbonsäure,
[Cyan-pentadienylidenamino]-oxo-
cyan-, trimethylester 10 4178

Cyclohexadien-tricarbonsäure, Hydroxy-
äthoxycarbonylmethyl-acetonyl-,
triäthylester 10 4170
—, Methyl- 9 4783
—, Methyl-, dimethylester-[chlor-
äthylester] 9 4783
—, Oxo-dicarbamoyl-, trimethylester
10 4177
Cyclohexan, Acetoxy-[dinitro-benzoyloxy]-
9 1900
—, Benzoyloxy-acetoxymethyl- 9 546
—, Benzoyloxy-benzoyloxymethyl- 9 545,
546
—, Benzoyloxy-chlormethyl- 9 406
—, Benzoyloxy-[dinitro-benzoyloxy]-
9 1898, 1899
—, Benzoyloxy-hydroxymethyl- 9 545
—, Benzoyloxyimino-dimethyl- 9 1274
—, Benzoyloxyimino-methyl- 9 1274
—, Benzoyloxyimino-[methyl-benzyliden]-
9 1282
—, Benzoyloxyimino-methyl-isopropyl-
9 1274
—, Benzoyloxyimino-methyl-[methyl-
benzyliden]- 9 1282
—, Benzoyloxy-jodmethyl- 9 406
—, Benzoyloxy-methyl- 9 406
—, Benzoyloxy-methyl-äthinyl- 9 414
—, Benzoyloxy-methyl-isopropenyl- 9 412
—, Benzoyloxy-methyl-isopropyl- 9 407, 408
—, Benzoyloxy-[nitro-benzoyloxy]-
9 1503, 1631, 1632
—, Benzoyloxy-[nitroso-benzoyloxy]-
9 1463
—, Benzoyloxy-phenyl- 9 456
—, Benzoyloxy-propyl- 9 407
—, [Biphenyl-carbonyloxy]-methyl-
isopropyl- 9 3268
—, Bis-[acetoxy-carboxy-phenyl] 10 2536
—, Bis-äthoxycarbonylmethyl- 9 3862
—, Bis-benzoyloxyimino-methyl- 9 1284
—, Bis-benzoyloxymethyl- 9 547
—, Bis-[benzoyloxy-methyl-phenyl]-
9 641
—, Bis-[benzoyloxy-naphthyl]- 9 657
—, Bis-[benzoyloxy-phenyl]- 9 639
—, Bis-[carboxy-benzoyloxy]- 9 4175
—, Bis-[carboxy-benzoyloxy]-
tetramethyl- 9 4176
—, Bis-[carboxy-benzoyloxy]-trimethyl-
9 4176
—, Bis-carboxymethyl- 9 3861, 3862
—, Bis-[carboxy-phenylmercapto]- 10 268
—, Bis-[carboxy-phenylsulfon]- 10 269
—, Bis-[dinitro-benzoyloxy]- 9 1898
—, Bis-[dinitro-benzoyloxy]-methyl-
9 1901
—, Bis-[dinitro-benzoyloxy]-methyl-
isopropyl- 9 1902

Cyclohexan, Bis-[dinitro-benzoyloxy]-
vinyl- **9** 1903
—, Bis-[hydroxy-carboxy-phenyl]-
10 2536
—, Bis-[hydroxy-methyl-carboxy-phenyl]-
10 2536
—, Bis-[methoxy-benzoyloxy-phenyl]-
9 698
—, Bis-methoxycarbonylmethyl- **9** 3862
—, Bis-[nitro-benzoyloxy]- **9** 1504, 1632
—, Bis-[nitro-benzoyloxy]-methyl-
isopropyl- **9** 1634
—, Bis-[nitro-benzoylperoxy]- **9** 1708
—, Bis-phenylacetoxy- **9** 2185
—, Brom-benzoyloxy- **9** 405
—, Brom-[dinitro-benzoyloxy]-dimethyl-
9 1810
—, Brom-[dinitro-benzoyloxy]-methyl-
9 1804
—, Brom-[nitro-benzoyloxy]-methyl-
9 1554
—, [Carboxy-äthyl]-[carboxy-äthyliden]-
s. *Propionsäure, [(Carboxy-äthyl)-*
cyclohexyliden]-
—, [Carboxy-äthyl]-carboxymethylen-
s. *Propionsäure, [Carboxymethylen-*
cyclohexyl]-
—, [Carboxy-benzoyloxy]-cyclohexenyl-
9 4156
—, Carboxymethyl-äthoxycarbonylmethyl-
9 3862
—, Chlor-benzoyloxy- **9** 404
—, Chlor-benzoyloxy-methyl- **9** 406
—, [Chlor-benzoyloxy]-methyl-isopropyl-
9 1334
—, [Chlor-dinitro-benzoyloxy]-methyl-
isopropyl- **9** 1951
—, Cinnamoyloxy-methyl-isopropyl-
9 2688
—, Cyclohexancarbonyloxy-
cyclohexancarbonyloxymethyl- **9** 20
—, Dibenzoyloxy- **9** 543, 544, 545
—, Dibenzoyloxy-methyl- **9** 545
—, Dibenzoyloxy-tetramethyl- **9** 548
—, Dibenzoyloxy-trimethyl- **9** 547
—, Dibenzoylperoxy- **9** 1051
—, Dicinnamoyloxy- **9** 2697
—, Dimethyl-bis-äthoxycarbonylmethyl-
9 3924
—, Dimethyl-bis-carboxymethyl- **9** 3923
—, Dimethyl-bis-cyanmethylen- **9** 4059
—, Dimethyl-bis-methoxycarbonylmethyl-
9 3923
—, [Dinitro-benzoyloxy]-[cyclohexyl-
äthyl]- **9** 1837
—, [Dinitro-benzoyloxy]-[cyclohexyl-
propyl]- **9** 1838
—, [Dinitro-benzoyloxy]-dimethyl-
äthinyl- **9** 1841

Cyclohexan, [Dinitro-benzoyloxy]-
[methoxy-phenäthyl]- **9** 1912
—, [Dinitro-benzoyloxy]-methyl-äthinyl-
9 1840
—, [Dinitro-benzoyloxy]-methyl-
isopropenyl- **9** 1829, 1830
—, [Dinitro-benzoyloxy]-methyl-
isopropyl- **9** 1814, 1815
—, [Dinitro-benzoyloxy]-methyl-
[naphthyl-äthyl]- **9** 1887
—, [Dinitro-benzoyloxy]-methyl-vinyl-
9 1824
—, [Dinitro-benzoyloxy]-naphthyl-
9 1886
—, [Dinitro-benzoyloxy]-[tetrahydro-
naphthyl]- **9** 1870
—, [Dinitro-benzoyloxy]-[(tetrahydro-
naphthyl)-äthyl]- **9** 1870
—, [Dinitro-benzoyloxy]-trimethyl-
äthinyl- **9** 1843
—, [Dinitro-benzoyloxy]-undecenyl-
9 1838
—, Hexabenzoyloxy- **9** 713
—, Hexakis-[dinitro-benzoyloxy]-
9 1922
—, Hexakis-[nitro-benzoyloxy]-
9 1669
—, Jod-benzoyloxy- **9** 405
—, Methoxy-[dinitro-benzoyloxy]-
äthinyl- **9** 1903
—, Methoxy-[dinitro-benzoyloxy]-äthyl-
9 1901
—, Methoxy-[nitro-benzoyloxy]-äthinyl-
9 1636
—, Methyl-äthoxycarbonylmethyl-
[äthoxycarbonyl-äthyl]- **9** 3922
—, Methyl-äthoxycarbonylmethyl-
[brom-äthoxycarbonyl-methyl]-
9 3908, 3909
—, Methyl-äthoxycarbonylmethyl-[brom-
carboxy-methyl]- **9** 3908, 3909
—, Methyl-[benzoyloxy-isopropyl]-vinyl-
isopropenyl- **9** 415
—, Methyl-[benzoyloxy-phenyl]-
propionyl- **9** 744
—, Methyl-bis-äthoxycarbonylmethyl-
9 3907, 3909
—, Methyl-bis-[benzoyloxy-phenyl]-
9 640
—, Methyl-bis-[brom-äthoxycarbonyl-
methyl]- **9** 3908, 3910
—, Methyl-bis-[brom-carboxy-methyl]-
9 3910
—, Methyl-bis-carboxymethyl- **9** 3906,
3907, 3908
—, Methyl-bis-[methoxy-benzoyloxy-
phenyl]- **9** 698
—, Methyl-bis-methoxycarbonylmethyl-
9 3906, 3907, 3909

Cyclohexan, Methyl-[brom-carboxy-methyl]-
[brom-äthoxycarbonyl-methyl]-
9 3908, 3910
—, Methyl-carboxymethyl-
äthoxycarbonylmethyl- **9** 3907, 3909
—, Methyl-[methyl-(benzoyloxy-phenyl)-
äthyl]-[benzoyloxy-phenyl]-
9 642
—, Methyl-{methyl-[(brom-benzoyloxy)-
phenyl]-äthyl}-[(brom-benzoyloxy)-
phenyl]- **9** 1409
—, Naphthoyloxyimino-methyl-isopropyl-
9 3147
—, Naphthoyloxy-methyl-isopropyl-
9 3139, 3177
—, [Nitro-benzoyloxy]-bromäthinyl-
9 1577
—, [Nitro-benzoyloxy]-methyl-äthinyl-
9 1577
—, [Nitro-benzoyloxy]-methyl-
isopropenyl- **9** 1570
—, [Nitro-benzoyloxy]-methyl-isopropyl-
9 1471, 1495, 1560, 1561
—, [Nitro-benzoyloxy]-methyl-vinyl-
9 1566
—, [Nitro-benzoyloxy]-[(nitro-
benzoyloxy)-methyl]- **9** 1633
—, Pentabenzoyloxy- **9** 704
—, [Phenyl-butyryloxy]-methyl-
isopropyl- **9** 2458, 2463
—, [Phenyl-crotonoyloxy]-methyl-
isopropyl- **9** 2759
—, Tetrabenzoyloxy- **9** 690
—, Tribenzoyloxy- **9** 667
—, Trimethyl-[benzoyloxy-butyl]- **9** 409
—, [Triphenyl-propionyloxy]-methyl-
isopropyl- **9** 3601
Cyclohexan-carbamid 9 28
—, Benzoyloxy- **9** 1299
—, Chlor- **9** 31, 32
—, Chlor-äthyl- **9** 31
—, Chlor-trimethyl-äthyl- **9** 91
—, *p*-Cumenyl- **9** 2893
—, [Diäthylamino-äthyl]-phenyl- **9** 2843
—, Dichlor- **9** 32
—, Dimethyl- **9** 28, 53
—, Heptachlor- **9** 36
—, Hexachlor- **9** 34
—, Hydroxy- **10** 11, 16
—, [Hydroxy-äthyl]- **9** 28
—, Hydroxy-methyl- **10** 29, 31
—, Hydroxy-trimethoxy- **10** 2410
—, Isopropyl- **9** 85
—, [Isopropyl-phenyl]- **9** 2893
—, Methyl- **9** 28, 52, 53, 57
—, Methyl-äthyl- **9** 54
—, Methyl-äthyl-[dimethylcarbamoyl-
äthyl]- **9** 57
—, Methyl-butyl- **9** 54

Cyclohexan-carbamid, Methyl-diäthyl-
9 54
—, Methyl-isopropyl- **9** 108
—, Methyl-phenyl- **9** 2870
—, Methyl-propyl- **9** 54
—, Phenyl- **9** 2842, 2846
—, Tetraacetoxy- **10** 2410
—, Tetrahydroxy- **10** 2409
—, Tetramethyl- **9** 109
—, Trimethyl- **9** 54, 88, 90, 93
—, Trimethyl-äthyl- **9** 90
Cyclohexan-carbamidin 9 29
—, Nitroso- **9** 38
Cyclohexan-carbimidsäure,
Chlor-trimethyl-äthyl-, chlorid
9 91
Cyclohexan-carbohydrazid 9 30
—, Tetramethyl- **9** 110
Cyclohexan-carbohydroxamsäure, Benzoyl-
9 1299
Cyclohexan-carbonitril 9 29
—, Acetoxy- **10** 13
—, Acetoxy-diphenyl- **10** 1290
—, Acetoxy-isopropyl- **10** 39
—, [Äthyl-butyl]- **9** 123
—, [Äthyl-propyl]- **9** 116
—, Benzyl- **9** 2865
—, Butyl- **9** 106
—, Chlor- **9** 32
—, Chlor-diphenyl- **9** 3483
—, Chlor-hydroxy- **10** 14
—, [Cyclohexyl-äthyl]- **9** 271
—, Dimethoxy-triphenyl- **10** 3486
—, Dioxo-[methoxy-phenyl]- **10** 4632
—, Dioxo-methyl-[methoxy-phenyl]-
10 4634
—, Heptachlor- **9** 36
—, Heptyl- **9** 126
—, Hexachlor- **9** 35
—, Hexyl- **9** 122
—, Hydroxy- **10** 11, 17
—, [Hydroxy-cyclohexyloxy]- **10** 13
—, Hydroxy-dimethyl- **10** 35
—, Hydroxy-diphenyl- **10** 1290
—, Hydroxyimino- **10** 2815
—, Hydroxyimino-triphenyl- **10** 3486
—, Hydroxy-methyl- **10** 27, 28, 29, 31
—, Hydroxy-methyl-[äthoxy-äthyl]-
10 1355
—, Hydroxy-methyl-triphenyl- **10** 1341
—, Hydroxy-phenyl- **10** 905
—, Hydroxy-tetraphenyl-benzoyl- **10** 4502
—, Hydroxy-trimethyl- **10** 40
—, Imino-[äthoxy-äthyl]-[dimethoxy-
phenyl]- **10** 4747
—, Imino-[dimethoxy-phenyl]- **10** 4609
—, Isobutyl- **9** 107
—, Isopentyl- **9** 116
—, Methoxy-diphenyl- **10** 1290

Cyclohexan-carbonitril, Methyl-
  9 54
—, [Methyl-butyl]- 9 115
—, [Methyl-cyclohexyloxy]-methyl-
  10 29
—, [Methyl-pentyl]- 9 122
—, Methyl-phenyl- 9 2870
—, Naphthyl- 9 3389
—, Octyl- 9 127
—, Oxo- 10 2815, 2816
—, Oxo-[äthoxy-äthyl]-[dimethoxy-
  phenyl]- 10 4747
—, Oxo-cyclopentenyl- 10 2958
—, Oxo-dimethyl- 10 2840
—, Oxo-dimethyl-allyl- 10 2934
—, Oxo-methyl- 10 2823, 2825
—, Oxo-methyl-äthyl- 10 2858
—, Oxo-methyl-benzyl- 10 3198
—, Oxo-methyl-isobutyl- 10 2887
—, Oxo-methyl-isopropenyl- 10 2919
—, Oxo-methyl-isopropyl- 10 2877
—, Oxo-methyl-phenyl- 10 3192
—, Oxo-methyl-propyl- 10 2876
—, Oxo-trimethyl- 10 2860
—, Oxo-triphenyl- 10 3486
—, Oxo-triphenyl-benzoyl- 10 3680
—, Oxo-triphenyl-dibenzyliden- 10 3513
—, Oxo-triphenyl-[hydroxy-benzyliden]-
  10 3680
—, Pentyl- 9 115
—, Phenyl- 9 149, 2843
—, Propyl- 9 82
—, Semicarbazono-methyl- 10 2823
—, Tetraacetoxy- 10 2410
—, Trimethyl- 9 90, 92, 93
Cyclohexan-carbonsäure 9 15
—, Acetohydroximoyl- 10 2838
—, Acetonyl- 10 2855
—, Acetoxy- 10 10, 15, 18
—, Acetoxy-, methylester 10 19
—, Acetoxy-, nitril 10 13
—, Acetoxy-diphenyl-, nitril 10 1290
—, Acetoxy-isopropyl-, nitril 10 39
—, [Acetoxy-phenyl]- 10 906
—, [Acetoxy-phenyl]-, [diäthylamino-
  äthylester] 10 907
—, [Acetoxy-phenyl]-, [dimethylamino-
  äthylester] 10 907
—, [Acetoxy-phenyl]-, methylester
  10 906
—, Acetyl- 10 2837
—, Acetyl-, äthylester 10 2838
—, Äthoxy- 10 15
—, Äthoxy-dioxo-dimethyl-, äthylester
  10 4504
—, Äthyl- 9 67
—, Äthyl-, äthylester 9 67
—, Äthyl-, allylester 9 67
—, Äthyl-, ureid 9 67

Cyclohexan-carbonsäure, [Äthyl-butyl]-
  9 122
—, [Äthyl-butyl]-, [diäthylamino-
  äthylester] 9 122
—, [Äthyl-butyl]-, nitril 9 123
—, [Äthyl-phenacyl]- 10 3208
—, [Äthyl-phenacyl]-, methylester
  10 3208
—, [Äthyl-phenäthyl]- 9 2897
—, [Äthyl-phenäthyl]-, äthylester
  9 2897
—, [Äthyl-propyl]- 9 116
—, [Äthyl-propyl]-, [diäthylamino-
  äthylester] 9 116
—, [Äthyl-propyl]-, nitril 9 116
—, Benzoyl- 10 3188
—, Benzoyl-, [diäthylamino-äthylester]
  10 3188
—, Benzoyloxy- 10 18
—, Benzoyloxy-, methylester 10 19
—, Benzyl- 9 2865, 2866
—, Benzyl-, [diäthylamino-äthylester]
  9 2865, 2866
—, Benzyl-, nitril 9 2865
—, Brom- 9 36, 37, 38
—, Brom-, äthylester 9 36, 37, 38
—, Brom-, chlorid 9 36
—, Brom-, thioureid 9 37
—, [Brom-benzoyl]- 10 3189
—, [Brom-benzoyl]-, methylester 10 3189
—, Brom-[brom-benzoyl]- 10 3190
—, Brom-[brom-benzoyl]-, methylester
  10 3190
—, Brom-isopropyl- 9 85
—, Brom-methyl- 9 55
—, Brom-oxo-methyl-, äthylester
  10 2823
—, Butyl- 9 106
—, Butyl-, [diäthylamino-äthylester]
  9 106
—, Butyl-, nitril 9 106
—, Butyryl- 10 2875
—, Carbamoyl- 9 3814
—, Carbamoyl-, methylester 9 3815
—, [Carboxy-äthyl]- s. *Propionsäure,*
  [Carboxy-cyclohexyl]-
—, [Carboxy-allyliden]-
  s. *Crotonsäure, [Carboxy-*
  cyclohexyliden]-
—, Carboxymethyl- s. *Essigsäure,*
  [Carboxy-cyclohexyl]-
—, Carboxymethylen- s. *Essigsäure,*
  [Carboxy-cyclohexyliden]-
—, [Carboxymethyl-phenyl]- 9 4419
—, [Carboxy-phenyl]- 9 4412, 4413;
  s. a. *Benzoesäure, [Carboxy-*
  cyclohexyl]-
—, [Carboxy-propyl]- s. *Buttersäure,*
  [Carboxy-cyclohexyl]-

Cyclohexan-carbonsäure, Chlor-,
  äthylamid **9** 31
—, Chlor-, amid **9** 31, 32
—, Chlor-, chlorid **9** 31
—, Chlor-, nitril **9** 32
—, Chlor-cyan-, äthylester **9** 3816
—, Chlor-diphenyl-, nitril **9** 3483
—, Chlor-hydroxy- **10** 13
—, Chlor-hydroxy-, nitril **10** 14
—, Chlor-methyl-, äthylester **9** 55
—, Chlor-methyl-, methylester **9** 55
—, Chlormethyl-, chlorid **9** 52
—, Chlor-oxo-methyl-[chlor-isopropyl]-,
  methylester **10** 2878
—, [Chlor-phenyl]- **9** 2843
—, [Chlor-phenyl]-, [diäthylamino-
  äthylester] **9** 2843
—, Chlor-trimethyl-, äthylamid **9** 91
—, p-Cumenyl- **9** 2892
—, p-Cumenyl-, [diäthylamino-
  äthylester] **9** 2892
—, Cyan- **9** 3815
—, Cyan-, äthylester **9** 3816
—, [Cyan-cyclohexenyl]-, äthylester
  9 4073
—, Cyclohexancarbonyl-, [diäthylamino-
  äthylester] **10** 2946
—, [Cyclohexyl-äthyl]- **9** 271
—, [Cyclohexyl-äthyl]-, [diäthylamino-
  äthylester] **9** 271
—, [Cyclohexyl-äthyl]-, [dimethylamino-
  äthylester] **9** 271
—, [Cyclohexyl-äthyl]-, nitril **9** 271
—, Cyclohexylmethyl-, äthylester **9** 267
—, Diacetoxy-diphenyl- **10** 2002
—, Diäthoxymethyl-, äthylester **10** 2824
—, Diäthyl- **9** 108
—, [Diäthylamino-äthoxy]-,
  [diäthylamino-äthylester] **10** 11
—, Dibrom- **9** 38
—, Dibrom-dimethyl-[dibrom-propyl]-
  cyan-, methylester **9** 4067
—, Dibrom-methyl- **9** 55, 58
—, Dibrom-methyl-, äthylester **9** 58
—, Dibrom-methyl-, methylester **9** 58
—, Dibrom-trihydroxy- **10** 2024
—, Dibrom-trimethyl-, methylester
  9 91
—, Dichlor-, amid **9** 32
—, Dichlor-, chlorid **9** 32
—, Dihydroxy-, methylester **10** 2029
—, Dihydroxy-dimethyl-methoxymethyl-
  10 2025
—, Dihydroxy-diphenyl- **10** 2002
—, Dihydroxy-methoxy- **10** 2023
—, Dihydroxy-methoxy-, methylester
  10 2024
—, [Dijod-hydroxy-benzyl]- **10** 911
—, Dimethoxy-triphenyl-, nitril **10** 3486

Cyclohexan-carbonsäure, Dimethyl-
  9 70, 71, 72
—, Dimethyl-äthoxycarbonylmethyl-
  9 3911
—, Dimethyl-carbamoylmethyl- **9** 3913
—, Dimethyl-[dihydroxy-methyl-carboxy-
  butyl]- **10** 2414
—, Dimethyl-fluormethyl-, methylester
  9 94
—, Dimethyl-phenyl- **9** 2884
—, Dimethyl-phenyl-, chlorid **9** 2884
—, [Dimethyl-phenyl]-, [äthyl-
  (diäthylamino-äthyl)-amid]
  9 2883
—, [Dinitro-benzoyloxy]-methyl-
  isopropylester **10** 26
—, [Dinitro-phenylhydrazono]-methyl-
  10 2826
—, [Dinitro-phenylhydrazono]-methyl-,
  [methyl-cyclohexylester] **10** 2825
—, Dioxo-, äthylester **10** 3515
—, Dioxo-[methoxy-phenyl]-, nitril
  10 4632
—, Dioxo-methyl-, äthylester **10** 3518
—, Dioxo-methyl-[methoxy-phenyl]-,
  äthylester **10** 4634
—, Dioxo-methyl-[methoxy-phenyl]-,
  nitril **10** 4634
—, Dioxo-methyl-phenyl-, äthylester
  10 3593
—, Dioxo-pentyl-, äthylester **10** 3524
—, Dioxo-phenyl-benzyl-, äthylester
  10 3661
—, Dioxo-trimethyl-, äthylester
  10 3520
—, Formyl-, methylester **10** 2827
—, Heptachlor- **9** 35
—, Heptachlor-, amid **9** 36
—, Heptachlor-, chlorid **9** 35
—, Heptachlor-, nitril **9** 36
—, Heptyl- **9** 126
—, Heptyl-, [diäthylamino-äthylester]
  9 126
—, Heptyl-, nitril **9** 126
—, Hexachlor- **9** 33
—, Hexachlor-, amid **9** 34
—, Hexachlor-, anhydrid **9** 34
—, Hexachlor-, chlorid **9** 34
—, Hexachlor-, nitril **9** 35
—, Hexyl- **9** 121
—, Hexyl-, [diäthylamino-äthylester]
  9 122
—, Hexyl-, nitril **9** 122
—, Hydroxy- **10** 9, 14, 17, 18
—, Hydroxy-, äthylester **10** 16, 17, 19
—, Hydroxy-, amid **10** 11, 16
—, Hydroxy-, [chlor-äthylester] **10** 10
—, Hydroxy-, cyclohexenylester **10** 13
—, Hydroxy-, cyclohexylester **10** 16

Cyclohexan-carbonsäure, Hydroxy-,
cyclopentylester **10** 10
—, Hydroxy-, [diäthylamino-dimethyl-
propylester] **10** 11
—, Hydroxy-, hydrazid **10** 17
—, Hydroxy-, methylester **10** 10, 15, 18
—, Hydroxy-, nitril **10** 11, 17
—, Hydroxy-äthyl-cyclopentenyl-,
äthylester **10** 81
—, [Hydroxy-benzyl]- **10** 911
—, Hydroxy-[brom-benzoyl]- **10** 4350
—, Hydroxy-[brom-benzoyl]-,
methylester **10** 4350
—, [Hydroxy-carboxy-äthyl]- **10** 2035
—, [Hydroxy-carboxy-methyl]- **10** 2032
—, Hydroxy-cyan-, äthylester **10** 2030
—, [Hydroxy-cyclohexancarbonyloxy]-
10 10
—, [Hydroxy-cyclohexancarbonyloxy]-,
äthylester **10** 16
—, [Hydroxy-cyclohexyloxy]- **10** 9
—, [Hydroxy-cyclohexyloxy]-, nitril **10** 13
—, Hydroxy-dimethyl-, nitril **10** 35
—, Hydroxy-dimethyl-cyan-, äthylester
10 2037
—, [Hydroxy-dimethyl-hexyl]- **10** 49
—, Hydroxy-[dimethyl-phenäthyl]-,
äthylester **10** 925
—, [Hydroxy-dioxo-dihydro-naphthyl]-
10 4687
—, Hydroxy-diphenyl- **10** 1290, 1291
—, Hydroxy-diphenyl-, nitril **10** 1290
—, Hydroxy-diphenyl-cyan- **10** 2393
—, Hydroxy-hydroxyimino-phenyl-,
äthylester **10** 4348
—, Hydroxyimino- **10** 2816
—, Hydroxyimino-, nitril **10** 2815
—, Hydroxyimino-[chlor-phenyl]- **10** 3182
—, Hydroxyimino-cyclopentenyl-, nitril
10 2958
—, Hydroxyimino-fluorenyl-, äthylester
10 3421
—, Hydroxyimino-methyl- **10** 2827
—, Hydroxyimino-phenyl- **10** 3181
—, Hydroxyimino-phenyl-, äthylester
10 3181
—, Hydroxyimino-triphenyl-, nitril
10 3486
—, Hydroxy-isopropyl-[methyl-phenäthyl]-,
äthylester **10** 927
—, Hydroxy-methyl- **10** 26, 28, 30, 31
—, Hydroxy-methyl-, amid **10** 29, 31
—, Hydroxy-methyl-, cyclohexenylester
10 29
—, Hydroxy-methyl-, isopropylester **10** 26
—, Hydroxy-methyl-, [methyl-
cyclohexenylester] **10** 30
—, Hydroxy-methyl-, methylester **10** 27,
28, 30

Cyclohexan-carbonsäure, Hydroxy-methyl-,
nitril **10** 27, 28, 29, 31
—, Hydroxy-methyl-[äthoxy-äthyl]-,
nitril **10** 1355
—, Hydroxy-methyl-[äthoxy-butyl]-,
äthylester **10** 1356
—, Hydroxy-methyl-[äthoxy-propyl]-,
äthylester **10** 1356
—, Hydroxy-methyl-äthyl-, äthylester
10 39
—, Hydroxy-methyl-äthyl-[methoxy-
phenyl]-, methylester **10** 1005
—, Hydroxy-methyl-[carboxy-propyl]-
10 2044
—, Hydroxy-methyl-cyan-, äthylester
10 2033
—, Hydroxy-methyl-cyan-, methylester
10 2033
—, Hydroxy-methyl-[methoxy-propyl]-,
äthylester **10** 1356
—, Hydroxy-methyl-[methyl-phenäthyl]-,
äthylester **10** 926
—, Hydroxy-methyl-naphthyl-,
äthylester **10** 1227
—, Hydroxy-methyl-propyl-, äthylester
10 44
—, Hydroxy-methyl-triphenyl-, nitril
10 1341
—, [Hydroxy-oxo-cyclohexenyl]-,
äthylester **10** 3533
—, Hydroxy-oxo-diphenyl- **10** 4468
—, Hydroxy-oxo-diphenyl-, äthylester
10 4468
—, Hydroxy-oxo-methyl-[hydroxy-
methoxycarbonyl-methyl]- **10** 4798
—, Hydroxy-oxo-methyl-[methoxy-phenyl]-,
äthylester **10** 4634
—, Hydroxy-oxo-phenyl-, äthylester
10 4348
—, Hydroxy-oxo-tetramethyl-,
äthylester **10** 4186
—, [Hydroxy-pentyl]- **10** 46
—, Hydroxy-phenäthyl-, äthylester
10 919
—, Hydroxy-phenyl-, nitril **10** 905
—, [Hydroxy-phenyl]- **10** 906
—, [Hydroxy-phenyl]-, methylester **10** 906
—, Hydroxy-semicarbazono-diphenyl-
10 4468
—, Hydroxy-tetraphenyl-benzoyl-,
nitril **10** 4502
—, Hydroxy-trimethoxy-, amid **10** 2410
—, Hydroxy-trimethyl- **10** 40
—, Hydroxy-trimethyl-, nitril **10** 40
—, Imino-, äthylester **10** 2815
—, Imino-[äthoxy-äthyl]-[dimethoxy-
phenyl]-, nitril **10** 4747
—, Imino-[dimethoxy-phenyl]-, nitril
10 4609

Cyclohexan-carbonsäure, Isobutyl- 9 107
—, Isobutyl-, [diäthylamino-äthylester]
    9 107
—, Isobutyl-, nitril 9 107
—, Isobutyloxy- 10 9
—, Isobutyloxy-, isobutylester 10 10
—, Isopentyl- 9 116
—, Isopentyl-, [diäthylamino-
    äthylester] 9 116
—, Isopentyl-, nitril 9 116
—, Isopropyl- 9 83, 84
—, Isopropyl-, äthylester 9 84
—, Isopropyl-, amid 9 85
—, Isopropyl-, [brom-phenacylester]
    9 85
—, Isopropyl-, [chlor-phenacylester]
    9 85
—, Isopropyl-, methylester 9 84
—, Isopropyliden- 9 194
—, Isopropyliden-, äthylester 9 194
—, [Isopropyl-phenyl]- 9 2892
—, [Isopropyl-phenyl]-, amid 9 2893
—, [Isopropyl-phenyl]-, [diäthylamino-
    äthylester] 9 2892
—, Methoxy- 10 14
—, Methoxy-, äthylester 10 19
—, Methoxy-, methylester 10 15
—, Methoxycarbonylmethyl- 9 3836
—, Methoxy-diphenyl- 10 1290
—, Methoxy-diphenyl-, nitril 10 1290
—, Methoxy-heptadecyl-, methylester
    10 56113
—, Methoxy-oxo-, äthylester 10 4182
—, Methoxy-oxo-[cyan-propyl]-,
    äthylester 10 4713
—, [Methoxy-phenacyl]- 10 4354
—, [Methoxy-phenacyl]-, methylester
    10 4354
—, [Methoxy-phenyl]- 10 904, 906
—, [Methoxy-phenyl]-, methylester
    10 906
—, Methoxy-triacetoxy- 10 2408
—, Methyl- 9 50, 52, 56
—, Methyl-, äthylamid 9 54
—, Methyl-, äthylester 9 51, 56
—, Methyl-, amid 9 52, 53, 57
—, Methyl-, [brom-phenacylester]
    9 51, 57
—, Methyl-, butylamid 9 54
—, Methyl-, chlorid 9 53
—, Methyl-, [chlor-phenacylester]
    9 57
—, Methyl-, diäthylamid 9 54
—, Methyl-, dimethylamid 9 54
—, Methyl-, methylamid 9 53
—, Methyl-, methylester 9 51, 53, 56
—, Methyl-, nitril 9 54
—, Methyl-, propylamid 9 54
—, Methyl-acetyl-, äthylester 10 2857

Cyclohexan-carbonsäure, Methyl-[äthoxy-
    äthyl]-cyan-, methylester 10 2042
—, Methyl-[äthoxy-butyl]-, äthylester
    10 47
—, Methyl-[äthoxy-propyl]-, äthylester
    10 45
—, Methyl-äthyl-[hydroxy-isopropyl]-
    10 48
—, [Methyl-butyl]- 9 115
—, [Methyl-butyl]-, [diäthylamino-
    äthylester] 9 115
—, [Methyl-butyl]-, nitril 9 115
—, Methyl-carbamoylmethyl- 9 3867
—, [Methyl-carboxy-äthyl]- 9 3903
—, [Methyl-carboxy-butyl]-
    s. Propionsäure, Isopropyl-
    [carboxy-cyclohexyl]-
—, Methyl-carboxymethyl- 9 3867
—, Methyl-[carboxy-phenyl]- 6 2561
—, [Methyl-carboxy-propyl]- s. Valerian-
    säure, [Carboxy-cyclohexyl]-
—, [Methyl-cyclohexyloxy]-methyl-,
    nitril 10 29
—, Methyl-[hydroxy-äthyl]-,
    methylester 10 39
—, Methyl-[hydroxy-carboxy-methyl]-
    10 2036
—, Methyl-[hydroxyimino-phenyl-butyl]-
    10 3211
—, Methyl-[hydroxy-propyl]-,
    äthylester 10 44
—, Methyl-isopropenyl-acetyl- 10 2941
—, Methyl-isopropyl- 9 108
—, Methyl-isopropyl-, amid 9 108
—, Methyl-isopropyl-[carboxy-phenyl]-
    9 4427
—, Methyl-[jod-propyl]-, äthylester
    9 107
—, Methyl-[methoxy-phenyl]- 10 912
—, Methyl-[methoxy-phenyl]-,
    methylester 10 912
—, Methyl-[methoxy-propyl]-,
    äthylester 10 45
—, Methyl-[methyl-hydroxymethyl-
    (dimethyl-hexyl)-hexahydro-
    indanyl]- 10 85
—, Methyl-naphthyl- 9 3397
—, Methyl-naphthyl-, äthylester 9 3397
—, Methyl-[oxo-phenyl-butyl]- 10 3211
—, Methyl-[oxo-phenyl-butyl]-,
    methylester 10 3211
—, [Methyl-pentyl]- 9 122
—, [Methyl-pentyl]-, [diäthylamino-
    äthylester] 9 122
—, [Methyl-pentyl]-, nitril 9 122
—, Methyl-phenacyl- 10 3202
—, [Methyl-phenacyl]- 10 3203
—, [Methyl-phenacyl]-, methylester
    10 3203

Cyclohexan-carbonsäure, Methyl-phenäthyl-
9 2890
—, [Methyl-phenäthyl]- 9 2891
—, [Methyl-phenäthyl]-, äthylester
9 2891
—, Methyl-phenyl- 9 2870
—, Methyl-phenyl-, amid 9 2870
—, Methyl-phenyl-, [diäthylamino-
äthylester] 9 2869
—, Methyl-phenyl-, nitril 9 2870
—, Methyl-[semicarbazono-phenäthyl]-
10 3203
—, Methyl-[semicarbazono-phenyl-butyl]-
10 3211
—, Naphthoyl- 10 3357
—, Naphthyl-, [diäthylamino-äthylester]
9 3388
—, Naphthyl-, nitril 9 3389
—, Naphthylmethyl- 9 3397
—, [Nitro-benzoyloxy]-, äthylester
10 16
—, [Nitro-phenyl]- 9 2844, 2849
—, [Nitro-phenyl]-, äthylester 9 2844
—, [Nitro-phenyl]-, [diäthylamino-
äthylester] 9 2844
—, [Nitro-phenyl]-, methylester 9 2849
—, Nitroso-, [amid-imin] 9 38
—, Octyl- 9 127
—, Octyl-, [diäthylamino-äthylester]
9 127
—, Octyl-, nitril 9 127
—, Oxal- 10 3894
—, Oxo- 10 2812, 2816
—, Oxo-, äthylester 10 2813, 2816
—, Oxo-, methylester 10 2813
—, Oxo-, nitril 10 2815, 2816
—, Oxo-[acenaphthenyl-äthyl]-,
äthylester 10 3404
—, Oxo-acetoxymethyl-, äthylester
10 4184
—, Oxo-[äthoxy-äthyl]-[dimethoxy-
phenyl]-, nitril 10 4747
—, Oxo-[äthoxy-propyl]-, äthylester
10 4185
—, Oxo-äthyl-, äthylester 10 2836,
2837, 2839
—, Oxo-allyl-, äthylester 10 2904, 2905
—, Oxo-benzyl-, äthylester 10 3188
—, Oxo-bis-[äthoxycarbonyl-äthyl]-,
äthylester 10 4111
—, Oxo-bis-äthoxycarbonylmethyl-,
äthylester 10 4108
—, Oxo-bis-[carboxy-äthyl]- 10 4111
—, Oxo-butenyl-, äthylester 10 2918
—, Oxo-butyl-, äthylester 10 2875
—, Oxo-[chlor-butenyl]-, äthylester 10 2918
—, Oxo-[chlor-phenyl]- 10 3182
—, Oxo-[chlor-phenyl]-, [diäthylamino-
äthylester] 10 3182

Cyclohexan-carbonsäure, Oxo-[cyan-
propyl]-, äthylester 10 3914
—, Oxo-cyclopentenyl-, äthylester
10 2958
—, Oxo-cyclopentenyl-, nitril 10 2958
—, Oxo-[cyclopentyl-undecyl]-,
äthylester 10 2954
—, Oxo-dimethyl- 10 2840, 2841, 2842,
3913
—, Oxo-dimethyl-, äthylester 10 2839,
2840, 2841, 2842
—, Oxo-dimethyl-, methylester 10 2840
—, Oxo-dimethyl-, nitril 10 2840
—, Oxo-dimethyl-allyl-, nitril 10 2934
—, [Oxo-dimethyl-hexyl]- 10 2893
—, Oxo-[dimethyl-phenäthyl]-,
äthylester 10 3209
—, Oxo-diphenyl-cyan- 10 4024
—, Oxo-diphenyl-cyan-, äthylester
10 4025
—, Oxo-diphenyl-dibenzoyl-, äthylester
10 4040
—, Oxo-diphenyl-[hydroxy-benzyliden]-
benzoyl-, äthylester 10 4040
—, Oxo-fluorenyl-, äthylester 10 3421
—, Oxo-heptyl-, äthylester 10 2891
—, Oxo-hydroxymethyl-, äthylester
10 4183, 4184
—, Oxo-isopropyl-, äthylester 10 2855, 2856
—, Oxo-isopropyl-[methyl-phenäthyl]-,
äthylester 10 3212
—, Oxo-[isopropyl-phenyl]- 9 2892
—, Oxo-[(methoxy-naphthyl)-äthyl]-,
äthylester 10 4461
—, Oxo-[methoxy-phenäthyl]-,
äthylester 10 4353
—, Oxo-methyl- 10 2823, 2824, 2825,
2826, 2827
—, Oxo-methyl-, äthylester 10 2823,
2824, 2825, 2826
—, Oxo-methyl-, [methyl-
cyclohexylester] 10 2825
—, Oxo-methyl-, methylester 10 2822,
2823, 2824, 2827
—, Oxo-methyl-, nitril 10 2823, 2825
—, Oxo-methyl-äthyl- 10 2857
—, Oxo-methyl-äthyl-, methylester
10 2858
—, Oxo-methyl-äthyl-, nitril 10 2858
—, Oxo-methyl-benzyl-, nitril 10 3198
—, Oxo-methyl-bis-äthoxycarbonylmethyl-,
äthylester 10 4110
—, Oxo-methyl-[brom-isopropyl]-,
methylester 10 2878
—, Oxo-methyl-[carboxy-äthyl]-[methyl-
(methyl-carboxy-propyl)-carboxy-
cyclopentyl]- 10 4164
—, Oxo-methyl-cyan-, äthylester
10 3895

Cyclohexan-carbonsäure, Oxo-[methyl-cyclopentenyl]-, äthylester 10 2961
—, Oxo-methyl-diphenyl-dibenzoyl-, äthylester 10 4041
—, Oxo-methyl-diphenyl-[hydroxy-benzyliden]-benzoyl-, äthylester 10 4041
—, Oxo-methylen-, äthylester 10 2899
—, Oxo-methyl-isobutyl-, methylester 10 2887
—, Oxo-methyl-isobutyl-, nitril 10 2887
—, Oxo-methyl-isopropenyl- 10 2919
—, Oxo-methyl-isopropenyl-, nitril 10 2919
—, Oxo-methyl-isopropyl-, äthylester 10 2877, 2878
—, Oxo-methyl-isopropyl-, methylester 10 2877, 2878
—, Oxo-methyl-isopropyl-, nitril 10 2877
—, Oxo-methyl-[methoxy-phenyl]-, äthylester 10 4351
—, Oxo-methyl-[methyl-phenäthyl]-, äthylester 10 3208, 3209
—, Oxo-methyl-phenäthyl-, äthylester 10 3202, 3203
—, Oxo-methyl-phenyl-, äthylester 10 3191
—, Oxo-methyl-phenyl-, methylester 10 3191
—, Oxo-methyl-phenyl-, nitril 10 3192
—, Oxo-methyl-propyl-, methylester 10 2876
—, Oxo-methyl-propyl-, nitril 10 2876
—, Oxo-[naphthyl-äthyl]-, äthylester 10 3360
—, Oxo-naphthylmethyl-, äthylester 10 3357
—, Oxo-[oxo-butyl]-, äthylester 10 3522
—, Oxo-pentyl-, äthylester 10 2886
—, Oxo-phenäthyl-, äthylester 10 3196
—, Oxo-phenanthrylmethyl-, äthylester 10 3446
—, Oxo-phenyl- 10 3181
—, Oxo-phenyl-, äthylester 10 3181, 3182
—, Oxo-phenyl-, [diäthylamino-äthylester] 10 3181
—, Oxo-phenyl-, [(methyl-diäthyl-ammonio)-propylester] 10 3182
—, Oxo-phenyl-, methylester 10 3181
—, Oxo-propyl-, äthylester 10 2855
—, Oxo-trimethyl- 10 2859
—, Oxo-trimethyl-, äthylester 10 2859, 2860
—, Oxo-trimethyl-, methylester 10 2859
—, Oxo-trimethyl-, nitril 10 2860
—, Oxo-triphenyl-, nitril 10 3486
—, Oxo-triphenyl-benzoyl-, nitril 10 3680

Cyclohexan-carbonsäure, Oxo-triphenyl-dibenzyliden-, nitril 10 3513
—, Oxy-di-, dimethylester 10 15
—, Pentamethyl- 9 119
—, Pentyl- 9 114
—, Pentyl-, [diäthylamino-äthylester] 9 115
—, Pentyl-, nitril 9 115
—, Phenacyl- 10 3196
—, Phenacyl-, methylester 10 3197
—, Phenäthyl- 9 2880
—, Phenäthyl-, äthylester 9 2881
—, Phenoxy-oxo-, äthylester 10 4182
—, Phenoxy-oxo-methyl-, äthylester 10 4183
—, Phenyl- 9 2840, 2844, 2847
—, Phenyl-, [äthyl-(diäthylamino-äthyl)-amid] 9 2843
—, Phenyl-, [äthyl-(dimethylamino-äthyl)-amid] 9 2843
—, Phenyl-, äthylester 9 2841, 2845
—, Phenyl-, amid 9 2842, 2846
—, Phenyl-, [amino-dihydroxy-isobutylester] 9 2842
—, Phenyl-, [bis-diäthylamino-isopropylester] 9 2842
—, Phenyl-, [brom-hexylester] 9 2841
—, Phenyl-, [chlor-äthylester] 9 2841
—, Phenyl-, chlorid 9 2842, 2845, 2848
—, Phenyl-, [diäthylamino-äthylamid] 9 2843
—, Phenyl-, [diäthylamino-äthylester] 9 2841, 2845, 2848
—, Phenyl-, [diäthylamino-propylester] 9 2842
—, Phenyl-, [(dimethylamino-äthoxy)-äthylester] 9 2841
—, Phenyl-, [dimethylamino-äthylester] 9 2841
—, Phenyl-, [(methyl-diäthyl-ammonio)-äthylester] 9 2841
—, Phenyl-, methylester 9 2848
—, Phenyl-, nitril 9 2843
—, Phenyl-, [phenyl-cyclohexylester] 9 2848
—, Phenyl-, [triäthylammonio-äthylester] 9 2842
—, Phenylacetyl- 10 3197
—, Phosphonooxy- 10 10
—, Propionyloxy- 10 10
—, Propyl- 9 82
—, Propyl-, [diäthylamino-äthylester] 9 82
—, Propyl-, nitril 9 82
—, Semicarbazono- 10 2816
—, Semicarbazono-äthyl-, äthylester 10 2837
—, [Semicarbazono-äthyl]- 10 2838
—, [Semicarbazono-äthyl]-, äthylester 10 2838

Cyclohexan-carbonsäure, [Semicarbazono-
äthyl-phenäthyl]- **10** 3208
—, Semicarbazono-allyl-, äthylester
10 2904
—, Semicarbazono-benzyl-, äthylester
10 3188
—, Semicarbazono-butyl-, äthylester
10 2875
—, Semicarbazono-[chlor-phenyl]-
10 3182
—, Semicarbazono-[cyan-propyl]-,
äthylester **10** 3914
—, Semicarbazono-cyclopentenyl-,
äthylester **10** 2958
—, Semicarbazono-cyclopentenyl-,
nitril **10** 2958
—, Semicarbazono-[cyclopentyl-undecyl]-,
äthylester **10** 2954
—, Semicarbazono-dimethyl- **10** 2840,
2841, 2842
—, Semicarbazono-dimethyl-, äthylester
10 2839, 2841
—, Semicarbazono-heptyl-, äthylester
10 2891
—, Semicarbazono-isopropyl-,
äthylester **10** 2855
—, Semicarbazono-methyl- **10** 2824,
2826, 2827
—, Semicarbazono-methyl-, äthylester
10 2824
—, Semicarbazono-methyl-, [methyl-
cyclohexylester] **10** 2825
—, Semicarbazono-methyl-, methylester
10 2826
—, Semicarbazono-methyl-, nitril
10 2823
—, Semicarbazono-methyl-cyan-,
äthylester **10** 3895
—, [Semicarbazono-methyl-phenäthyl]-
10 3203
—, Semicarbazono-methyl-phenyl-,
äthylester **10** 3191
—, Semicarbazono-pentyl-, äthylester
10 2886
—, [Semicarbazono-pentyl]- **10** 2886
—, [Semicarbazono-phenäthyl]- **10** 3197
—, [Semicarbazono-phenäthyl]-,
methylester **10** 3197
—, Semicarbazono-phenyl- **10** 3181
—, Semicarbazono-phenyl-, methylester
10 3181
—, [Semicarbazono-propyl]- **10** 2855
—, Semicarbazono-trimethyl- **10** 2859
—, Tetraacetoxy-, amid **10** 2410
—, Tetraacetoxy-, nitril **10** 2410
—, [(Tetrahydro-naphthyl)-methyl]-
9 3115
—, Tetrahydroxy- **10** 2407
—, Tetrahydroxy-, amid **10** 2409

Cyclohexan-carbonsäure, Tetrahydroxy-,
methylester **10** 2409
—, Tetramethyl- **9** 108, 110
—, Tetramethyl-, amid **9** 109
—, Tetramethyl-, chlorid **9** 109
—, Tetramethyl-, hydrazid **9** 110
—, Thioxo- **10** 2815
—, Thioxo-, äthylester **10** 2815
—, p-Tolyl-, [diäthylamino-
äthylester] **9** 2870
—, Triacetoxy- **10** 2023
—, Triacetoxy-, anhydrid **10** 2024
—, Tribrom-, methylester **9** 145
—, Trihydroxy- **10** 2023
—, Trihydroxy-, hydrazid **10** 2024
—, Trihydroxy-, methylester **10** 2023
—, Trihydroxy-[dihydroxy-cinnamoyloxy]-
10 2408
—, Trihydroxy-[(dihydroxy-phenyl)-
propionyloxy]- **10** 2408
—, Trimethoxy-[dimethoxy-cinnamoyloxy]-,
methylester **10** 2409
—, Trimethyl- **9** 88, 91, 92, 94
—, Trimethyl-, äthylamid **9** 90
—, Trimethyl-, äthylester **9** 89
—, Trimethyl-, amid **9** 88, 90, 93
—, Trimethyl-, chlorid **9** 90, 93
—, Trimethyl-, methylester **9** 89,
92, 93
—, Trimethyl-, nitril **9** 90, 92, 93
—, Trimethyl-, phenylester **9** 89
—, Trimethyl-, [phenyl-phenacylester]
9 92
—, Valeryl- **10** 2886
—, [3.4]Xylyl-, [äthyl-(diäthylamino-
äthyl)-amid] **9** 2883
Cyclohexan-carbonsäure-äthylester
9 17
— äthylidenhydrazid **9** 30
— allylester **9** 18
— amid **9** 28
— [amid-imin] **9** 29
— androstanylester **9** 19
— androstenylester **9** 19
— anhydrid **9** 27
— benzoyloxyamid **9** 1299
— benzylidenhydrazid **9** 30
— [brom-oxo-androstadienylester] **9** 26
— [brom-oxo-androstanylester] **9** 22
— [brom-oxo-androstenylester] **9** 24, 25
— butenylidenhydrazid **9** 30
— [chlor-butylester] **9** 17
— chlorid **9** 27
— cholestanylester **9** 19
— cyclohexylester **9** 18
— cyclohexylidenhydrazid **9** 30
— cyclohexylmethylester **9** 18
— [diäthylamino-äthylester] **9** 27
— [dibrom-oxo-androstanylester] **9** 23

Cyclohexan-carbonsäure-[dibrom-oxo-
androstenylester] 9 24
— dimethylamid 9 28
— ergostanylester 9 19
— ergostenylester 9 20
— hydrazid 9 30
— [hydroxy-äthylamid] 9 28
— [hydroxy-androstanylester] 9 21
— [hydroxy-benzylidenhydrazid] 9 31
— isopropylester 9 17
— isopropylidenhydrazid 9 30
— [methoxy-benzylidenhydrazid] 9 31
— [methyl-äthyl-propinylester] 9 18
— methylamid 9 28
— methylester 9 16
— [methyl-isobutyl-propinylester]
9 18
— nitril 9 29
— octinylester 9 18
— [oxo-androstadienylester] 9 26
— [oxo-androstanylester] 9 21
— [oxo-androstenylester] 9 24, 25
— [phenyl-äthylidenhydrazid] 9 30
— [phenyl-phenacylester] 9 27
— propylester 9 17
— salicylidenhydrazid 9 31
Cyclohexan-carbonylchlorid 9 27
—, Brom- 9 36
—, Chlor- 9 31
—, Chlormethyl- 9 52
—, Dichlor- 9 32
—, Dimethyl-phenyl- 9 2884
—, Heptachlor- 9 35
—, Hexachlor- 9 34
—, Methyl- 9 53
—, Phenyl- 9 2842, 2845, 2848
—, Trimethyl- 9 90, 93
Cyclohexan-dicarbamid 9 3820
—, Oxo- 10 3891
Cyclohexan-dicarbohydroxamsäure 9 3820
Cyclohexan-dicarbonitril 9 3816, 3820
—, Hydroxy-methyl-isopropenyl- 10 2053
Cyclohexan-dicarbonsäure 9 3811, 3812,
3817, 3818
—, Acetoxy- 10 2030
—, Acetoxy-methyl- 10 2033
—, Äthyl- 9 3868
—, Äthyl-, diäthylester 9 3863
—, Brom- 9 3816
—, Brom-hydroxy- 10 2031
—, Chlor-, äthylester-nitril 9 3816
—, Chlor-acetoxy- 10 2030
—, Chlor-hydroxy- 10 2030
—, Cyan-, diäthylester 9 4749
—, Diacetoxy- 10 2412
—, Diäthyl- 9 3923
—, Diäthyl-, diäthylester 9 3923
—, Dibrom-oxo-methyl-phenyl-,
diäthylester 10 3981

Cyclohexan-dicarbonsäure, Dihydroxy-
10 2411
—, Dihydroxy-, diäthylester 10 2412
—, Dihydroxy-bis-[äthyl-isoureido]-,
diäthylester 10 4047
—, Dihydroxy-dimethyl- 10 2412
—, Dijod- 9 3817
—, [Dimethoxy-phenyl]- 10 2475
—, [Dimethoxy-phenyl]-, dimethylester
10 2476
—, Dimethyl- 9 3868
—, Dimethyl-äthoxycarbonylmethyl-,
diäthylester 9 4766
—, Dimethyl-äthoxycarbonylmethylen-,
diäthylester 9 4766
—, Dimethyl-carboxymethyl- 9 4765
—, Dimethyl-carboxymethyl-, anhydrid
9 4767
—, Dimethyl-isobutyl- 9 3929
—, Dimethyl-methoxycarbonylmethyl-,
dimethylester 9 4766
—, Dimethyl-methoxycarbonylmethyl-,
methylester 9 4766
—, Dioxo-, diäthylester 10 4046
—, Dioxo-, dibutylester 10 4047
—, Dioxo-, dimethylester 10 4046
—, Dioxo-[acetoxy-phenyl]-,
diäthylester 10 4812
—, Dioxo-äthoxycarbonylmethyl-[acetoxy-
phenyl]-, diäthylester 10 4863
—, Dioxo-dimethyl-, diäthylester
10 4050
—, Dioxo-dimethyl-phenyl-,
diäthylester 10 4070
—, Dioxo-methyl-, dimethylester
10 4049
—, Dioxo-methyl-, diäthylester 10 4049
—, Disemicarbazono-dimethyl-,
nitril 10 2037
—, Hydroxy- 10 2030
—, Hydroxy-, äthylester-nitril 10 2030
—, Hydroxy-, diäthylester 10 2031
—, Hydroxy-dimethyl-, äthylester-nitril
10 2037
—, Hydroxy-dimethyl-äthoxycarbonyl-
methyl-, diäthylester 10 2554
—, Hydroxy-diphenyl-, nitril 10 2393
—, Hydroxy-hydroxyimino-methyl-benzyl-,
diäthylester 10 4755
—, Hydroxy-hydroxyimino-methyl-
[methoxy-phenyl]-, diäthylester
10 4808
—, Hydroxy-hydroxyimino-methyl-
naphthyl-, diäthylester 10 4785
—, Hydroxy-methyl- 10 2033
—, Hydroxy-methyl-, äthylester-nitril
10 2033
—, Hydroxy-methyl-, methylester-nitril
10 2033

Cyclohexan-dicarbonsäure, Hydroxy-methyl-isopropenyl-, dinitril **10** 2053
—, Hydroxy-oxo-dimethyl-, diäthylester **10** 4712
—, Hydroxy-oxo-methyl-, diäthylester **10** 4712
—, Hydroxy-oxo-methyl-benzyl-, diäthylester **10** 4754
—, Hydroxy-oxo-methyl-[dimethoxy-phenyl]-, diäthylester **10** 4847
—, Hydroxy-oxo-methyl-[dimethyl-phenyl]-, diäthylester **10** 4756
—, Hydroxy-oxo-methyl-[hydroxy-phenyl]-, diäthylester **10** 4808
—, Hydroxy-oxo-methyl-[methoxy-phenyl]-, diäthylester **10** 4808, 4809
—, Hydroxy-oxo-methyl-naphthyl-, diäthylester **10** 4785
—, Hydroxy-oxo-methyl-phenyl-, diäthylester **10** 4753
—, Hydroxy-oxo-methyl-styryl-, diäthylester **10** 4762
—, Hydroxy-oxo-methyl-*m*-tolyl-, diäthylester **10** 4755
—, Hydroxy-oxo-methyl-[3.5]xylyl-, diäthylester **10** 4756
—, Isobutyl- **9** 3922
—, Isobutyl-, diäthylester **9** 3922
—, Isopropyl-, diäthylester **9** 3905
—, Methyl- **9** 3838, 3839, 3840
—, Methyl-, diäthylester **9** 3838, 3840
—, Methyl-, dimethylester **9** 3839
—, Methyl-, methylester **9** 3839
—, Methyl-[äthoxy-äthyl]-, methylester-nitril **10** 2042
—, Methyl-[äthoxycarbonyl-äthyl]-, diäthylester **9** 4765
—, Methyl-[brom-äthyl]-, diäthylester **9** 3912
—, Methyl-[carboxy-äthyl]- **9** 4765
—, Methyl-[carboxy-äthyl]-[methyl-(methyl-carboxy-propyl)-carboxy-cyclopentyl]- **9** 4905
—, Methyl-carboxymethyl-[methyl-(methyl-carboxy-propyl)-carboxy-cyclopentyl]- **9** 4904
—, Methyl-carboxymethyl-[methyl-(methyl-carboxy-propyl)-carboxy-cyclopentyl]-, dimethylester **9** 4904
—, Methyl-carboxymethyl-[oxo-dimethyl-hexahydro-indanyl]- **10** 4117
—, Methyl-[methoxycarbonyl-äthyl]-, dimethylester **9** 4765
—, Methyl-propyl- **9** 3922, 3923
—, Naphthyl- **9** 4578
—, Naphthyl-, dimethylester **9** 4578
—, Oxo- **10** 3890
—, Oxo-, diäthylester **10** 3891

Cyclohexan-dicarbonsäure, Oxo-, diamid **10** 3891
—, Oxo-, dimethylester **10** 3891
—, Oxo-bis-[methoxycarbonyl-äthyl]-, dimethylester **10** 4161
—, Oxo-dimethyl-, diäthylester **10** 3907, 3908
—, Oxo-diphenyl-, äthylester-nitril **10** 4025
—, Oxo-diphenyl-, nitril **10** 4024
—, Oxo-[methoxycarbonyl-äthyl]-, dimethylester **10** 4107
—, Oxo-methyl-, äthylester-nitril **10** 3895
—, Oxo-methyl-, diäthylester **10** 3895, 3896
—, Oxo-methyl-äthyl-, diäthylester **10** 3917
—, Oxo-methyl-isopropyl-, diäthylester **10** 3921
—, Oxo-methyl-isopropyl-[oxo-butyl]-, diäthylester **10** 4051
—, Oxo-methyl-[methoxy-phenyl]-, diäthylester **10** 4754
—, Oxo-methyl-phenyl-, diäthylester **10** 3982
—, Oxo-phenyl-, diäthylester **10** 3980
—, Oxo-trimethyl-, diäthylester **10** 3918
—, Phenyl- **9** 4414
—, Propyl-, diäthylester **9** 3904
—, Semicarbazono- **10** 3890
—, Semicarbazono-methyl-, diäthylester **10** 3895
—, Trimethyl-, dimethylester **9** 3913
—, Trioxo-dimethyl-, diäthylester **10** 4113
Cyclohexan-dicarbonsäure-äthylester-nitril 9 3816
— amid **9** 3814
— bis-[(dimethyl-äthyl-ammonio)-äthylester] **9** 3814
— bis-[dimethylamino-äthylester] **9** 3814
— bis-hydroxyamid **9** 3820
— bis-isopropylidenhydrazid **9** 3818
— bis-[trimethylammonio-äthylester] **9** 3814
— diäthylester **9** 3812, 3813, 3817
— diamid **9** 3820
— dibutylester **9** 3814
— dichlorid **9** 28, 3814, 3819
— dihydrazid **9** 3817
— diisopropylester **9** 3814
— dimethylester **9** 3812, 3817, 3819
— dinitril **9** 3816, 3820
— methylester **9** 3813, 3819
— methylester-amid **9** 3815
— nitril **9** 3815
Cyclohexan-dicarbonylchlorid 9 3814, 3819

Cyclohexandion, Methyl-, bis-[benzoyl-
oxim] **9** 1284
Cyclohexan-dithiocarbonsäure 9 39
Cyclohexan-dithiocarbonsäure-äthylester
9 39
— butylester **9** 39
— methylester **9** 39
— propylester **9** 39
Cyclohexandiyldibenzoat 9 543, 544, 545
Cyclohexan-hexacarbonsäure, Trimethyl-,
hexamethylester **9** 4910
Cyclohexan-hexacarbonsäure-
hexamethylester **9** 4910
Cyclohexanol, [Äthyl-(benzoyloxy-phenyl)-
butyl]- **9** 589
—, Benzoyloxy- **9** 543, 544
—, Benzoyloxy-äthinyl- **9** 550
—, Benzoyloxymethyl- **9** 546
—, [Benzoyloxy-propinyl]- **9** 551
—, Bis-äthoxycarbonylmethyl- **10** 2035
—, Bis-äthoxycarbonylmethyl-phenyl-
10 2275
—, [Dinitro-benzoyloxy]- **9** 1899
—, [Nitro-benzoyloxy]-methyl-isopropyl-
9 1634
—, [Nitroso-benzoyloxy]- **9** 1463
—, [Phenylazo-benzoyloxy]- **9** 1463
Cyclohexanon, [Äthoxycarbonyl-
benzoyloxy]- **9** 4185
—, [Äthyl-(benzoyloxy-phenyl)-butyl]-
9 744
—, Benzoyloxy- **9** 723, 724
—, Benzoyloxy-, oxim **9** 724
—, Benzoyloxy-, semicarbazon **9** 724
—, Bis-[äthoxycarbonyl-äthyl]- **10** 3921
—, Bis-äthoxycarbonylmethyl- **10** 3904
—, Bis-[carboxy-äthyl]- **10** 3920
—, Bis-carboxymethyl- **10** 3903
—, Bis-[cyan-äthyl]- **10** 3920
—, [Carboxy-benzoyloxy]-tetramethyl-
9 4186
—, Dimethyl-, [benzoyl-oxim] **9** 1274
—, Dimethyl-benzoyloxymethylen- **9** 726
—, [Dinitro-benzoyloxy]-methyl- **9** 1923
—, Isopropyl-, benzoylhydrazon **9** 1313
—, Methyl-, [benzoyl-oxim] **9** 1274
—, Methyl-, [nitro-benzoylhydrazon]
9 1527
—, Methyl-, [(nitro-benzoyl)-oxim] **9** 1749
—, Methyl-benzoyloxymethylen- **9** 725
—, [Methyl-benzyliden]-, [benzoyl-oxim]
9 1282
—, Methyl-bis-äthoxycarbonylmethyl-
10 3916, 3917
—, Methyl-bis-carboxymethyl- **10** 3916
—, Methyl-isopropyl-, [benzoyl-oxim]
9 1274
—, Methyl-isopropyl-, [(dinitro-
benzoyl)-oxim] **9** 1945

Cyclohexanon, Methyl-isopropyl-,
[naphthoyl-oxim] **9** 3147
—, Methyl-isopropyl-,
[nitro-benzoylhydrazon] **9** 1527
—, Methyl-isopropyl-, [(nitro-benzoyl)-
oxim] **9** 1749
—, Methyl-[methyl-benzyliden]-,
[benzoyl-oxim] **9** 1282
—, Methyl-tetrakis-[carboxy-äthyl]-
10 4162
—, Methyl-tetrakis-[cyan-äthyl]-
10 4162
—, Methyl-tris-[cyan-äthyl]- **10** 4112
—, Methyl-tris-[cyan-äthyl]-isopropyl-
10 4112
—, [Nitro-benzoyloxy]-methyl- **9** 1672
—, [Nitro-benzoyloxy]-methyl-isopropyl-
9 1672
—, Pentabenzoyloxy- **9** 846
—, Tetrakis-[carboxy-äthyl]- **10** 4161
—, Tetrakis-[carboxy-äthyl]-
tert-pentyl- **10** 4162
—, Tetrakis-[carboxy-äthyl]-
[tetramethyl-butyl]- **10** 4162
—, Tetrakis-[cyan-äthyl]- **10** 4161
—, Tetrakis-[cyan-äthyl]-*tert*-pentyl-
10 4162
—, Tetrakis-[cyan-äthyl]-[tetramethyl-
butyl]- **10** 4163
—, Tris-[carboxy-äthyl]-cyclohexenyl-
10 4116
—, Tris-[cyan-äthyl]-cyclohexenyl-
10 4116
Cyclohexanon-[benzoyl-oxim] **9** 1273
— [chlor-benzoylhydrazon] **9** 1351
— cyclohexancarbonylhydrazon **9** 30
— [dinitro-methyl-benzoylhydrazon]
9 2373
— [jod-benzoylhydrazon] **9** 1448
— [nitro-benzoylhydrazon] **9** 1527
— [nitro-dimethyl-benzoylhydrazon]
9 2447
— [nitro-methyl-benzoylhydrazon]
9 2365
Cyclohexan-tetracarbonsäure 9 4848, 4849
—, Dimethyl-, dimethylester **9** 4851
—, Dimethyl-, tetraäthylester **9** 4851
—, Dimethyl-, tetramethylester **9** 4852
—, Dimethyl-bis-methoxycarbonylmethyl-,
tetramethylester **9** 4910
—, Oxo- **10** 4160
—, Oxo-, tetraäthylester **10** 4160
Cyclohexan-tetracarbonsäure-
tetraäthylester **9** 4848
— tetramethylester **9** 4849
Cyclohexantetrayltetrabenzoat 9 690
Cyclohexan-thiocarbamid, Imino-methyl-
isopropenyl- **10** 2920
—, Oxo-methyl-isopropenyl- **10** 2920

Cyclohexan-thiocarbamid, Thioxo-methyl-
isopropenyl- **10** 2920
Cyclohexan-thiocarbonsäure,
Imino-methyl-isopropenyl-, amid
10 2920
—, Oxo-methyl-isopropenyl-, amid
10 2920
—, Phenyl-, [diäthylamino-äthylester]
9 2844
—, Thioxo-methyl-isopropenyl-, amid
10 2920
Cyclohexan-tricarbonsäure 9 4749
—, Brom-dimethyl-, dimethylester
9 4757
—, [Carboxy-äthyl]-[methyl-(methyl-
carboxy-propyl)-carboxy-
cyclopentyl]- **9** 4913
—, Dihydroxy-äthoxycarbonylmethyl-
isopropyl-, triäthylester **10** 4867
—, Dimethyl- **9** 4757
—, Dimethyl-, dimethylester **9** 4758
—, Dimethyl-, methylester **9** 4758
—, Dimethyl-, trimethylester **9** 4759
—, Hydroxy-oxo-äthoxycarbonylmethyl-,
triäthylester **10** 4867
—, Hydroxy-oxo-äthoxycarbonylmethyl-
hexyl-, triäthylester **10** 4868
—, Hydroxy-oxo-äthoxycarbonylmethyl-
isobutyl-, triäthylester **10** 4868
—, Hydroxy-oxo-äthoxycarbonylmethyl-
isopropyl-, triäthylester **10** 4867
—, Hydroxy-oxo-methoxycarbonylmethyl-
phenyl-, trimethylester **10** 4869
—, Hydroxy-oxo-methyl-
äthoxycarbonylmethyl-,
triäthylester **10** 4867
—, Hydroxy-oxo-methyl-
methoxycarbonylmethyl-,
trimethylester **10** 4867
—, Oxo-, triäthylester **10** 4105
—, Oxo-dimethyl-, triäthylester
10 4108
Cyclohexan-tricarbonsäure-diäthylester-
nitril **9** 4749
— trimethylester **9** 4749
Cyclohexantriyltribenzoat 9 667
Cyclohexen, Benzoyloxy-acetyl- **9** 725
—, Benzoyloxy-dimethyl-phenyl-benzoyl-
9 771
—, Benzoyloxyimino-dimethyl- **9** 1275
—, Benzoyloxyimino-methyl-äthyl-
9 1275
—, Benzoyloxy-methyl- **9** 410
—, Benzoyloxy-methyl-acetyl- **9** 726
—, Benzoyloxy-trimethyl- **9** 411
—, Bis-carboxymethyl- **9** 3980
—, Bis-[nitro-benzoyloxy]-methyl-
isopropyl- **9** 1635
—, Dibenzoyloxy- **9** 548

Cyclohexen, Dimethyl-bis-[dinitro-
benzoyloxymethyl]-[methyl-(trimethyl-
cyclohexenyl)-butadienyl]-
[methyl-(trimethyl-cyclohexenyl)-
hexatrienyl]- **9** 1917
—, [Dinitro-benzoyloxy]-isopropyl-
9 1823
—, [Dinitro-benzoyloxy]-methyl- **9** 1822
—, [Dinitro-benzoyloxy]-methyl-
isopropenyl- **9** 1840
—, [Dinitro-benzoyloxy]-methyl-
isopropyl- **9** 1826, 1828
—, Methyl-äthyl-[hydroxy-propyl]-
[(nitro-benzoyloxy)-phenyl]-
9 1649
—, Methyl-[benzoyloxy-phenyl]- **9** 474
—, Methyl-bis-[carbamoyl-cyan-methyl]-
9 4863
—, [Nitro-benzoylhydrazono]-methyl-
isopropenyl- **9** 1528
—, [Nitro-benzoyloxy]-isopropyl-
9 1565
—, [Nitro-benzoyloxy]-methyl-
isopropenyl- **9** 1471, 1578
—, [Nitro-benzoyloxy]-methyl-isopropyl-
9 1568, 1569, 1570
—, [Nitro-benzoyloxy]-trimethyl-
9 1566
—, Tetrabenzoyloxy- **9** 691
—, Trimethyl-[benzoyloxy-butenyl]-
9 415
—, Trimethyl-[benzoyloxy-butyl]- **9** 414
Cyclohexen-carbaldehyd, Trimethyl-,
[nitro-benzoylhydrazon] **9** 1528
Cyclohexen-carbamid 9 145, 147
—, Chlor- **9** 146, 148
—, Chlor-methyl- **9** 165
—, [Hydroxy-äthyl]- **9** 145
—, Methyl- **9** 164, 165, 166, 167, 168,
170, 171
—, [Oxo-dimethyl-hexyl]- **10** 2950
—, Phenyl- **9** 3083
—, Trimethyl- **9** 201
Cyclohexen-carbamidoxim, Isopropenyl-
9 308
Cyclohexen-carbonitril 9 146, 147, 149
—, Acetoxy- **10** 55
—, Äthoxy- **10** 55
—, Äthoxy-dimethyl- **10** 56
—, Äthoxy-methyl- **10** 56
—, Amino-[äthoxy-äthyl]-[dimethoxy-
phenyl]- **10** 4747
—, Brom- **9** 147, 150
—, Chlor- **9** 147, 148, 150
—, Cyclohexyl- **9** 338
—, Dimethyl- **9** 183
—, Dimethyl-[methyl-propenyl]- **9** 337
—, [Dimethyl-phenyl]- **9** 3100
—, Diphenyl- **9** 3528

Cyclohexen-carbonitril, Hydroxy- 10 2815
—, Hydroxy-[äthoxy-äthyl]-[dimethoxy-
phenyl]- 10 4747
—, Hydroxy-methyl- 10 2825
—, Hydroxy-methyl-isopropyl- 10 2877
—, Hydroxy-oxo-[methoxy-phenyl]-
10 4632
—, Hydroxy-oxo-methyl-[methoxy-phenyl]-
10 4634
—, Hydroxy-triphenyl-benzoyl- 10 3680
—, Isopropenyl- 9 308
—, Isopropyl- 9 196
—, Methoxy- 10 55
—, Methoxy-oxo-[methoxy-phenyl]-
10 4633
—, Methoxy-oxo-methyl-[methoxy-phenyl]-
10 4634
—, [Methoxy-phenyl]- 10 995
—, Methyl- 9 164, 167, 169, 170, 171
—, Methyl-[äthoxy-äthyl]- 10 57
—, Methyl-benzyl- 9 3098
—, Phenyl- 9 3084, 3085
—, Trimethyl- 9 201
—, Vinyl- 9 300
—, [3.4]Xylyl- 9 3100
Cyclohexen-carbonsäure 9 144, 147, 148
—, Acetoxy- 10 54
—, Acetoxy-, nitril 10 55
—, Acetylmercapto-, äthylester 10 54
—, Äthoxy-, nitril 10 55
—, Äthoxy-dimethyl-, nitril 10 56
—, Äthoxy-dimethyl-acetyl-, äthylester
10 4188
—, Äthoxy-methyl-, nitril 10 56
—, Äthoxy-oxo- 10 4186
—, Äthoxy-oxo-dimethyl-, äthylester
10 4188
—, Äthoxy-oxo-dimethyl-[cyan-äthyl]-,
äthylester 10 4714
—, Äthoxy-oxo-methyl-, äthylester
10 4187
—, Äthyl-cyclopentenyl-, äthylester
9 2609
—, Äthylmercapto- 10 54
—, Äthylmercapto-, äthylester 10 54
—, Amino-, äthylester 10 2815
—, Amino-[äthoxy-äthyl]-[dimethoxy-
phenyl]-, nitril 10 4747
—, Benzhydryl- 9 3539
—, Benzoyl- 10 3234
—, Benzoyl-, [diäthylamino-äthylester]
10 3234
—, Brom- 9 150
—, Brom-, nitril 9 147, 150
—, [Brom-isopropyl]- 9 197
—, Brom-trimethyl- 9 199
—, [Carboxy-äthyl]- s. *Propionsäure,*
[Carboxy-cyclohexenyl]-
—, [Carboxy-cyclohexyl]- 9 4073

Cyclohexen-carbonsäure, Carboxymethyl-
s. *Essigsäure, [Carboxy-cyclohexenyl]-*
—, [Carboxy-vinyl]- s. *Acrylsäure,*
[Carboxy-cyclohexenyl]-
—, Chlor- 9 146, 147, 149
—, Chlor-, amid 9 146, 148
—, Chlor-, chlorid 9 146, 147
—, Chlor-, methylester 9 150
—, Chlor-, nitril 9 147, 148, 150
—, Chlor-hydroxy-methyl-[chlor-
isopropyl]-, methylester 10 2878
—, Chlor-methyl- 9 165
—, Chlor-methyl-, amid 9 165
—, Chlor-methyl-, chlorid 9 165
—, Chlor-methyl-, methylester 9 165
—, Cyan-, äthylester 9 3940
—, [Cyan-äthyl]-, äthylester 9 3978
—, Cyclohexancarbonyl-, [diäthylamino-
äthylester] 10 2963
—, Cyclohexyl-, [diäthylamino-
äthylester] 9 338
—, Cyclohexyl-, nitril 9 338
—, Diäthylcarbamoyl-, methylester
9 3947
—, Dibrom-diphenyl-benzoyl-,
methylester 10 3495
—, Dihydroxy-benzoyloxy-, methylester
10 2029
—, Dihydroxy-diphenyl-, äthylester
10 4468
—, Dihydroxy-methoxy- 10 2028
—, Dihydroxy-phenyl-, äthylester
10 4348
—, [Dimethoxy-methyl-phenyl]- 10 1906
—, [Dimethoxy-phenyl]- 10 1906
—, [Dimethoxy-phenyl]-, äthylester
10 1906
—, Dimethyl- 9 183, 184
—, Dimethyl-, nitril 9 183
—, Dimethyl-acetyl- 10 2921
—, Dimethyl-benzoyl- 10 3239
—, Dimethyl-benzoyl-, äthylester
10 3240
—, Dimethyl-benzoyl-, methylester
10 3240
—, Dimethyl-biphenylyl- 9 3543
—, Dimethyl-[chlor-phenyl]- 9 3100
—, Dimethyl-cyan-, äthylester 9 3982
—, Dimethyl-[dimethoxy-methyl-phenyl]-
10 1908, 1909
—, Dimethyl-[dimethyl-benzoyl]-
10 3243, 3244
—, Dimethyl-[dimethyl-benzoyl]-,
äthylester 10 3243
—, Dimethyl-diphenyl-benzoyl- 10 3495
—, Dimethyl-diphenyl-benzoyl-,
methylester 10 3495
—, Dimethyl-fluormethyl-, methylester
9 202

Cyclohexen-carbonsäure, Dimethyl-
[hydroxy-phenyl]- **10** 1002
—, Dimethyl-[isopropyl-phenäthyl]-,
äthylester **9** 3120
—, Dimethyl-[methoxy-benzoyl]- **10** 4381
—, Dimethyl-[methoxy-benzoyl]-,
äthylester **10** 4381
—, Dimethyl-[methoxy-methyl-phenyl]-
10 1006
—, Dimethyl-[methoxy-phenäthyl]-,
äthylester **10** 1007
—, Dimethyl-[methoxy-phenyl]- **10** 1002,
1003
—, Dimethyl-[methoxy-phenyl]-,
methylester **10** 1003
—, Dimethyl-methylen- **9** 309
—, Dimethyl-[methyl-propenyl]-, nitril
9 337
—, Dimethyl-[nitro-dimethoxy-phenyl]-,
methylester **10** 1907
—, Dimethyl-phenäthyl- **9** 3111
—, Dimethyl-phenäthyl-, äthylester
9 3111
—, Dimethyl-phenyl- **9** 3099
—, Dimethyl-phenyl-, äthylester
9 3100
—, [Dimethyl-phenyl]-, nitril **9** 3100
—, Dimethyl-propenyl-cyan-,
methylester **9** 4067
—, Dimethyl-*p*-toluoyl- **10** 3243
—, Dimethyl-*p*-tolyl- **9** 3106
—, [Dinitro-phenylhydrazono]-diphenyl-
10 3414
—, [Dinitro-phenylhydrazono]-methyl-
[methoxy-phenyl]-, äthylester **10** 4378
—, Diphenyl- **9** 3528
—, Diphenyl-, nitril **9** 3528
—, Diphenyl-acetyl- **10** 3421
—, Diphenyl-benzoyl-, methylester
10 3495
—, Formyloxy-trimethyl- **10** 57
—, Hydroxy- **10** 2812
—, Hydroxy-, äthylester **10** 2813
—, Hydroxy-, methylester **10** 54, 2813
—, Hydroxy-äthoxy-oxo-dimethyl-,
äthylester **10** 4504
—, Hydroxy-äthyl-, äthylester **10** 2837,
2839
—, Hydroxy-allyl-, äthylester **10** 2905
—, [Hydroxy-benzyl]- **10** 997
—, Hydroxy-butenyl-, äthylester
10 2918
—, Hydroxy-cyclohexyl-, methylester
10 2943
—, Hydroxy-dimethyl-, äthylester
10 2840, 2841, 2842
—, [Hydroxy-dimethyl-hexyl]- **10** 76
—, [Hydroxy-dimethyl-hexyl]-,
methylester **10** 76

Cyclohexen-carbonsäure, Hydroxy-diphenyl-
dibenzoyl-, äthylester **10** 4040
—, Hydroxyimino-[hydroxy-phenyl]-
[methoxy-naphthyl]-, äthylester
10 4709
—, Hydroxyimino-isopropyl- **10** 2906
—, Hydroxy-isopropyl-, äthylester
10 2856
—, Hydroxy-methoxy-, äthylester
10 4182
—, Hydroxy-methyl- **10** 2826
—, Hydroxy-methyl-, äthylester
10 2824, 2825, 2826
—, Hydroxy-methyl-, [methyl-
cyclohexylester] **10** 2825
—, Hydroxy-methyl-[brom-isopropyl]-,
methylester **10** 2878
—, Hydroxy-methyl-diphenyl-dibenzoyl-,
äthylester **10** 4041
—, Hydroxy-methyl-isopropyl-,
äthylester **10** 2877, 2878
—, Hydroxy-methyl-isopropyl-,
methylester **10** 2878
—, Hydroxy-oxo-, äthylester **10** 3515
—, Hydroxy-oxo-äthoxycarbonylmethyl-
[methoxy-phenyl]- **10** 4813
—, Hydroxy-oxo-methyl-, äthylester
10 3518
—, Hydroxy-oxo-methyl-äthoxalyl- **10** 4800
—, Hydroxy-oxo-methyl-
äthoxycarbonylmethyl-[methoxy-
phenyl]- **10** 4814
—, Hydroxy-oxo-methyl-methoxalyl-
10 4800
—, Hydroxy-oxo-methyl-methoxalyl-,
methylester **10** 4800
—, Hydroxy-oxo-methyl-phenyl-,
äthylester **10** 3593
—, Hydroxy-oxo-pentyl-, äthylester
10 3524
—, Hydroxy-oxo-phenyl-benzyl-,
äthylester **10** 3661
—, Hydroxy-oxo-trimethyl-, äthylester
10 3520
—, Hydroxy-phenoxy-, äthylester
10 4182
—, Hydroxy-phenyl-, äthylester **10** 3182
—, Hydroxy-trimethyl- **10** 57
—, Hydroxy-trimethyl-, äthylester **10** 57,
2860
—, Hydroxy-trimethyl-, methylester **10** 57
—, Isopropenyl- **9** 308
—, Isopropenyl-, [amid-oxim] **9** 308
—, Isopropenyl-, nitril **9** 308
—, Isopropyl- **9** 195, 197
—, Isopropyl-, [brom-phenacylester]
9 196
—, Isopropyl-, [chlor-phenacylester]
9 196

Cyclohexen-carbonsäure, Isopropyl-, nitril
9 196
—, Isopropyl-, [nitro-benzylester]
9 196
—, Mercapto- 10 2815
—, Mercapto-, äthylester 10 2815
—, Methoxy-, nitril 10 55
—, Methoxy-oxo-[methoxy-phenyl]-,
nitril 10 4633
—, Methoxy-oxo-methyl-[methoxy-phenyl]-,
nitril 10 4634
—, [Methoxy-phenyl]-, nitril 10 995
—, Methyl- 9 163, 165, 166, 168, 169, 170
—, Methyl-, äthylester 9 165, 168,
170, 171
—, Methyl-, amid 9 164, 165, 166,
167, 168, 170, 171
—, Methyl-, chlorid 9 164, 166, 171
—, Methyl-, methylester 9 164, 167, 171
—, Methyl-, nitril 9 164, 167, 169,
170, 171
—, Methyl-acetyl- 10 2907
—, Methyl-acetyl-, äthylester 10 2907
—, Methyl-[äthoxy-äthyl]-, nitril 10 57
—, Methyl-[äthoxy-butyl]-, äthylester
10 48
—, Methyl-[äthoxy-propyl]-, äthylester
10 45
—, Methyl-äthyl- 9 198
—, Methyl-äthyl-[methoxy-phenyl]-
10 1005
—, Methyl-benzoyl- 10 3237
—, Methyl-benzyl-, nitril 9 3098
—, Methyl-[brom-naphthyl]- 9 3479
—, Methyl-chlorcarbonyl-,
[chlor-äthylester] 9 3962
—, Methyl-cyan-, äthylester 9 3958
—, Methyl-diäthylcarbamoyl-,
[diäthylamino-äthylester] 9 3962
—, Methyl-[dimethoxy-pentyl-phenyl]-
10 1867, 1911
—, Methyl-[dimethoxy-pentyl-phenyl]-,
methylester 10 1912
—, Methyl-[dimethyl-phenyl]- 9 3107
—, Methyl-[methoxy-phenyl]- 10 998
—, Methyl-naphthyl- 9 3478, 3479
—, Methyl-naphthyl-, äthylester
9 3478
—, Methyl-phenäthyl- 9 3106
—, Methyl-phenäthyl-, äthylester
9 3106
—, Methyl-phenyl- 9 3093, 3094
—, Methyl-propyl- 9 228
—, Methyl-p-tolyl- 9 3100
—, Methyl-[2.4]xylyl- 9 3107
—, Naphthoyl- 10 3395
—, Naphthyl- 9 3471
—, Oxal- s. Glyoxylsäure, [Carboxy-
cyclohexenyl]-

Cyclohexen-carbonsäure, Oxo-, äthylester
10 2897
—, Oxo-[brom-methoxy-phenyl]-p-tolyl-,
äthylester 10 4480
—, Oxo-[chlor-methoxy-phenyl]-p-tolyl-,
äthylester 10 4480
—, Oxo-[chlor-phenyl]-[methoxy-styryl]-,
äthylester 10 4488
—, Oxo-dimethyl- 10 2902
—, Oxo-dimethyl-, äthylester 10 2901, 2902
—, Oxo-dimethyl-äthyl-, äthylester
10 2920
—, Oxo-dimethyl-butyl-, äthylester
10 2942
—, [Oxo-dimethyl-hexyl]- 10 2949
—, [Oxo-dimethyl-hexyl]-, amid 10 2950
—, [Oxo-dimethyl-hexyl]-, methylester
10 2950
—, Oxo-diphenyl- 10 3414
—, Oxo-[hydroxy-phenyl]-[chlor-styryl]-,
äthylester 10 4488, 4489
—, Oxo-[hydroxy-phenyl]-[methoxy-
naphthyl]-, äthylester 10 4709
—, Oxo-isopropyl- 10 2906
—, Oxo-[methoxy-phenyl]-[chlor-styryl]-,
äthylester 10 4489
—, Oxo-[methoxy-phenyl]-naphthyl-,
äthylester 10 4499
—, Oxo-[methoxy-phenyl]-p-tolyl-,
äthylester 10 4480
—, Oxo-methyl-, äthylester 10 2898,
2899, 2900
—, Oxo-methyl-, methylester 10 2899
—, Oxo-methyl-äthyl-, äthylester 10 2907
—, Oxo-methyl-bis-äthoxycarbonylmethyl-,
äthylester 10 4114
—, Oxo-methyl-[chlor-butenyl]-,
äthylester 10 2957
—, Oxo-methyl-[dimethyl-octyl]-,
äthylester 10 2953
—, Oxo-methyl-hexyl-, äthylester
10 2946
—, Oxo-methyl-isopropyl-, äthylester
10 2919
—, Oxo-methyl-[methoxy-phenäthyl]-,
äthylester 10 4380
—, Oxo-methyl-[methoxy-phenyl]-,
äthylester 10 4378
—, Oxo-methyl-[oxo-butyl]-, äthylester
10 3530
—, Oxo-methyl-phenäthyl-, äthylester
10 3239
—, Oxo-methyl-propyl-, äthylester
10 2918
—, Oxo-phenyl-, äthylester 10 3233
—, Oxo-phenyl-[hydroxy-naphthyl]-,
äthylester 10 4498
—, Oxo-phenyl-[methoxy-phenyl]-,
äthylester 10 4478

Cyclohexen-carbonsäure, Oxo-phenyl-
naphthyl-, äthylester 10 3480
—, Oxo-phenyl-*p*-tolyl-, äthylester
10 3420
—, Oxo-tetramethyl-, äthylester
10 2921
—, Oxo-trimethyl- 10 2907, 2908
—, Oxo-trimethyl-, äthylester 10 2908
—, Oxo-trimethyl-, methylester 10 2908
—, Pentachlor- 9 33
—, Pentaphenyl- 9 3695
—, Phenyl- 9 3084, 3086
—, Phenyl-, äthylester 9 3085
—, Phenyl-, amid 9 3083
—, Phenyl-, methylester 9 3085
—, Phenyl-, nitril 9 3084, 3085
—, [Phenyl-acetohydroximoyl]- 10 3236
—, Phenylacetyl- 10 3236
—, Phenylhydrazono-trimethyl-,
methylester 10 2908
—, Semicarbazono-dimethyl-, äthylester
10 2902
—, [Semicarbazono-dimethyl-hexyl]-
10 2949
—, Semicarbazono-diphenyl- 10 3414
—, Semicarbazono-[hydroxy-phenyl]-
[methoxy-naphthyl]-, äthylester
10 4709
—, Semicarbazono-isopropyl- 10 2906
—, Semicarbazono-methyl-äthyl-,
äthylester 10 2907
—, Semicarbazono-methyl-[chlor-butenyl]-,
äthylester 10 2957
—, Semicarbazono-methyl-[dimethyl-
octyl]-, äthylester 10 2954
—, [Semicarbazono-pentyl]- 10 2933
—, Semicarbazono-tetramethyl-,
äthylester 10 2921
—, Semicarbazono-trimethyl- 10 2908
—, Semicarbazono-trimethyl-,
äthylester 10 2908
—, Semicarbazono-trimethyl-,
methylester 10 2908
—, Tetrachlor-dioxo-methyl-,
methylester 10 3527
—, Tetrachlor-methoxy-oxo-methyl-,
methylester 10 4187
—, Tetramethyl- 9 229
—, Tetramethyl-, äthylester 9 229
—, Tetramethyl-, methylester 9 229
—, Tetramethyl-, [phenyl-phenacylester]
9 230
—, Tetraphenyl-benzoyl- 10 3513
—, Tetraphenyl-benzoyl-, äthylester
10 3513
—, [Thiosemicarbazono-dimethyl-hexyl]-
10 2949
—, *p*-Toluoyl- 10 3237
—, Triacetoxy- 10 2028

Cyclohexen-carbonsäure, Tribenzoyloxy-
10 2029
—, Trihydroxy- 10 2027
—, Trihydroxy-, methylester 10 2029
—, Trimethyl- 9 198, 199, 201, 202
—, Trimethyl-, äthylester 9 200, 202
—, Trimethyl-, amid 9 201
—, Trimethyl-, [brom-phenacylester]
9 199
—, Trimethyl-, chlorid 9 200
—, Trimethyl-, methylester 9 202
—, Trimethyl-, nitril 9 201
—, Trimethyl-acetyl-, äthylester
10 2934
—, Trimethyl-äthyl- 9 254
—, Trimethyl-cyan-, äthylester 9 4000
—, Trimethyl-[methyl-carboxy-phenyl]-
9 4454
—, Trimethyl-[methyl-methoxycarbonyl-
phenyl]-, methylester 9 4455
—, Valeryl- 10 2933
—, Valeryl-, methylester 10 2933
—, Vinyl-, nitril 9 300
Cyclohexen-carbonsäure-äthylester
9 145, 149
— amid 9 145, 147
— chlorid 9 145
— cyclohexylmethylester 9 149
— [hydroxy-äthylamid] 9 145
— isobutylester 9 145
— methylester 9 144, 148
— nitril 9 146, 147, 149
Cyclohexen-carbonylchlorid 9 145
—, Chlor- 9 146, 147
—, Chlor-methyl- 9 165
—, Methyl- 9 164, 166, 171
—, Trimethyl- 9 200
Cyclohexen-dicarbonitril 9 3947
—, Dimethyl- 9 3983
—, Dimethyl-[methyl-propenyl]- 9 4073
—, Dimethyl-phenyl- 9 4451
—, Vinyl- 9 4051
Cyclohexen-dicarbonsäure 9 3939, 3940,
3941, 3942, 3949, 3950
—, Acetoxy- 10 2046
—, [Acetoxy-äthyl]- 10 2049
—, [Acetoxy-äthyl]-, äthylester 10 2049
—, [Acetoxy-äthyl]-, dimethylester
10 2049
—, Äthinyl- 9 4296
—, Äthoxy- 10 2045
—, Äthoxy-, dimethylester 10 2046
—, [Äthoxy-äthyl]- 10 2049
—, Äthoxy-oxo- 10 4713
—, Äthoxy-oxo-, äthylester 10 4713
—, Äthyl- 9 3981
—, Äthyl-, diäthylester 9 3981
—, Äthyliden- 9 4051
—, Äthylmercapto-methyl- 10 2047

Cyclohexen-dicarbonsäure, Allyl-phenyl-
9 4488
—, Allyl-o-tolyl- 9 4490
—, Brom- 9 3949
—, Brom-methyl- 9 3962
—, tert-Butyl- 9 4006
—, tert-Butyl-phenyl- 9 4454
—, tert-Butylsulfon-methyl- 10 2047
—, Chlor- 9 3947
—, Chlor-, bis-[methoxy-äthylester]
9 3949
—, Chlor-, diäthylester 9 3948
—, Chlor-, menthylester 9 3948
—, Chlor-, [methyl-isopropyl-
cyclohexylester] 9 3948
—, Chlor-, phenylester 9 3948
—, Chlor-dimethyl-, diäthylester 9 3984
—, Chlor-dimethyl-, dimethylester
9 3984
—, Chlor-methoxymethyl- 10 2047
—, Chlor-methyl- 9 3961
—, Dibrom-hydroxy-methyl-phenyl-,
diäthylester 10 3981
—, Dibrom-oxo-methyl-, diäthylester
10 3926
—, Di-tert-butyl- 9 4034
—, Dichlor- 9 3949
—, Dihydroxy-dimethyl-, diäthylester
10 4712
—, Dihydroxy-methyl-, diäthylester
10 4712
—, Dihydroxy-methyl-benzyl-,
diäthylester 10 4754
—, Dihydroxy-methyl-[dimethoxy-phenyl]-,
diäthylester 10 4847
—, Dihydroxy-methyl-[dimethyl-phenyl]-,
diäthylester 10 4756
—, Dihydroxy-methyl-[hydroxy-phenyl]-,
diäthylester 10 4808
—, Dihydroxy-methyl-[methoxy-phenyl]-,
diäthylester 10 4808, 4809
—, Dihydroxy-methyl-naphthyl-,
diäthylester 10 4785
—, Dihydroxy-methyl-phenyl-,
diäthylester 10 4753
—, Dihydroxy-methyl-styryl-,
diäthylester 10 4762
—, Dihydroxy-methyl-m-tolyl-,
diäthylester 10 4755
—, Diisopropyl- 9 4018
—, [Dimethoxy-phenyl]- 10 2478
—, [Dimethoxy-phenyl]-, dimethylester
10 2478
—, Dimethyl- 9 3982, 3983, 3984
—, Dimethyl-, äthylester-nitril
9 3982
—, Dimethyl-, diäthylester 9 3983, 3984
—, Dimethyl-, diallylester 9 3983, 3984
—, Dimethyl-, dinitril 9 3983

Cyclohexen-dicarbonsäure Dimethyl-,
methylester 9 3982
—, Dimethyl-äthyl-, diäthylester
9 4006
—, Dimethyl-isopropyl-, diäthylester
9 4012
—, Dimethyl-[methyl-propenyl]- 9 4072
—, Dimethyl-[methyl-propenyl]-, bis-
[äthyl-butylester] 9 4073
—, Dimethyl-[methyl-propenyl]-,
dinitril 9 4073
—, Dimethyl-phenyl- 9 4451
—, Dimethyl-phenyl-, diäthylester
9 4451
—, Dimethyl-phenyl-, dinitril 9 4451
—, Dioxo-methyl-, diäthylester 10 4053
—, Diphenyl- 9 4665
—, Diphenyl-, dichlorid 9 4665
—, Fluor-methyl- 9 3961
—, Hydroxy- 10 2046
—, Hydroxy-, diäthylester 10 3891
—, Hydroxy-, diamid 10 3891
—, Hydroxy-, dimethylester 10 3891
—, Hydroxy-dimethyl-, diäthylester
10 3907, 3908
—, Hydroxy-dioxo-dimethyl-,
diäthylester 10 4113
—, Hydroxy-[methoxycarbonyl-äthyl]-,
dimethylester 10 4107
—, Hydroxy-methyl-, diäthylester
10 3895, 3896
—, Hydroxy-methyl-isopropyl-,
diäthylester 10 3921
—, Hydroxy-methyl-[methoxy-phenyl]-,
diäthylester 10 4754
—, Hydroxy-methyl-phenyl-,
diäthylester 10 3982
—, [Hydroxy-methyl-propyl]- 10 2053
—, Hydroxy-oxo-dimethyl-, diäthylester
10 4050
—, Hydroxy-oxo-methyl-, dimethylester
10 4049
—, Hydroxy-oxo-methyl-
methoxycarbonylmethyl-acetyl-,
dimethylester 10 4859
—, Hydroxy-phenyl-, diäthylester
10 3980
—, Hydroxy-trimethyl-, diäthylester
10 3918
—, Isobutyl-, diäthylester 9 4006
—, Isopropyl-, diäthylester 9 3998
—, Isopropylmercapto-methyl- 10 2047
—, Isopropylmercapto-methyl-, anhydrid
10 2047
—, Jod- 9 3949
—, [Methoxy-äthyl]- 10 2049
—, Methoxy-[dinitro-phenylhydrazono]-
10 4714
—, Methoxy-oxo- 10 4713

Cyclohexen-dicarbonsäure, Methyl- **9** 3958,
   3959, 3960, 3962, 3963
—, Methyl-, äthylester-nitril **9** 3958
—, Methyl-, [chlor-äthylester]-chlorid
   9 3962
—, Methyl-, [diäthylamino-äthylester]-
   diäthylamid **9** 3962
—, Methyl-, diäthylester **9** 3959, 3960
—, Methyl-, diallylester **9** 3960, 3961
—, Methyl-, dibutylester **9** 3959, 3960
—, Methyl-, di-*sec*-butylester
   9 3959, 3961
—, Methyl-, di-*tert*-butylester **9** 3961
—, Methyl-, dichlorid **9** 3962
—, Methyl-, diisobutylester **9** 3959, 3961
—, Methyl-, dimethylester **9** 3958,
   3959, 3960
—, Methyl-, dipentylester **9** 3959, 3961
—, Methyl-, methylester **9** 3958
—, Methyl-, methylester-äthylester
   9 3962
—, Methyl-acetyl-, diäthylester
   10 3932
—, Methyl-äthyl-isopropyl- **9** 4018
—, Methyl-[dimethyl-allyl]- **9** 4071
—, Methyl-[dimethyl-phenyl]- **9** 4454
—, Methylmercapto-methyl- **10** 2047
—, [Methylmercapto-methyl]-,
   diäthylester **10** 2046
—, Methyl-[methyl-butenyl]- **9** 4071
—, [Methyl-pentenyl]- **9** 4070
—, [Methyl-pentenyl]-, dimethylester
   9 4070
—, Methyl-phenyl- **9** 4448
—, Methyl-propenyl- **9** 4057, 4058
—, Methyl-propenyl-, bis-[diäthylamino-
   äthylester] **9** 4058
—, Methyl-propenyl-, dimethylester
   9 4057, 4058, 4059
—, Methyl-[semicarbazono-äthyl]-,
   diäthylester **10** 3932
—, Methyl-*p*-tolyl- **9** 4451
—, Methyl-[2.4]xylyl- **9** 4454
—, Naphthyl- **9** 4633, 4634
—, Naphthyl-, dimethylester **9** 4634
—, Oxo-äthoxycarbonylmethyl-,
   diäthylester **10** 4113
—, Oxo-carboxymethyl-, äthylester
   10 4113
—, Oxo-dimethyl-, diäthylester **10** 3929
—, Oxo-methyl-, diäthylester **10** 3926
—, Oxo-methyl-[dimethoxy-phenyl]-,
   diäthylester **10** 4813
—, Oxo-methyl-hydroxymethyl-,
   diäthylester **10** 4714
—, Oxo-methyl-[methoxy-phenyl]-,
   diäthylester **10** 4761
—, Oxo-methyl-*m*-tolyl-, diäthylester
   10 3998

Cyclohexen-dicarbonsäure, Phenäthyl- **9** 4450
—, Phenäthyl-, dimethylester **9** 4450
—, Phenäthyl-, methylester **9** 4450
—, Phenoxy-trioxo-, diäthylester
   10 4838
—, Phenyl- **9** 4445
—, Phenyl-biphenylyl- **9** 4712
—, Phenylmercapto-methyl- **10** 2048
—, Phenyl-styryl- **9** 4680
—, Propyl-, diäthylester **9** 3998
—, Propylmercapto-methyl- **10** 2047
—, Tetrabrom-dimethyl-diphenyl-,
   dimethylester **9** 4668
—, Thiocyanato- **10** 2046
—, Trimethyl- **9** 3999
—, Trimethyl-, äthylester-nitril
   9 4000
—, Trimethyl-, diäthylester **9** 4000
—, Trimethyl-, dimethylester **9** 4000
—, Trimethyl-isobutyl- **9** 4031
—, Triphenyl-benzoyl-, diäthylester
   10 4040
—, Vinyl- **9** 4050, 4051
—, Vinyl-, äthylester **9** 4051
—, Vinyl-, diäthylester **9** 4051
—, Vinyl-, dinitril **9** 4051
Cyclohexen-dicarbonsäure-allylester
   9 3945
— [benzyloxy-äthylester] **9** 3947
— bis-[chlor-äthylester] **9** 3943
— bis-[chlor-allylester] **9** 3945
— bis-[chlor-isopropylester] **9** 3944
— bis-[chlor-propylester] **9** 3944
— bis-[dichlor-isopropylester] **9** 3944
— bis-[dimethyl-octadienylester]
   9 3946
— bis-[methyl-butylester] **9** 3945
— bis-[nitro-benzylester] **9** 3950
— bis-[trimethyl-hexylester] **9** 3945
— [chlor-äthylester] **9** 3943
— cinnamylester **9** 3946
— diäthylester **9** 3939, 3940, 3943, 3950
— diallylester **9** 3945
— dibutylester **9** 3944
— di-*sec*-butylester **9** 3944
— dichlorid **9** 3942, 3947
— diisopropylester **9** 3944
— dimethallylester **9** 3945
— dimethylester **9** 3941, 3943, 3950, 3951
— dinitril **9** 3947
— dipentylester **9** 3945
— dipropylester **9** 3944
— isobutylester **9** 3944
— menthylester **9** 3946
— methylester-diäthylamid **9** 3947
— [methyl-isopropyl-cyclohexylester]
   9 3946
Cyclohexen-dicarbonylchlorid 9 3942, 3947
—, Diphenyl- **9** 4665

Cyclohexen-dicarbonylchlorid, Methyl- 9 3962
Cyclohexendion, Bis-benzoyloxyimino-
9 1293
—, Dibrom-, [benzoyl-oxim] 9 1285
—, Dichlor-, [benzoyl-oxim] 9 1285
—, Dinitroso-bis-benzoyloxyimino-
9 1293
Cyclohexendiyldibenzoat 9 548
Cyclohexenon, Benzoyloxy-methyl-
isopropyl- 9 726
—, Dibrom-benzoyloxyimino- 9 1285
—, Dichlor-benzoyloxyimino- 9 1285
—, Dimethyl-, [benzoyl-oxim] 9 1275
—, Methyl-äthyl-, [benzoyl-oxim]
9 1275
—, Methyl-bis-carboxymethyl- 10 3931
—, Methyl-bis-carboxymethyl-,
semicarbazon 10 3931
—, Methyl-bis-[(phenyl-
phenacyloxycarbonyl)-methyl]-
10 3932
—, Methyl-isopropenyl-,
benzoylhydrazon 9 1314
—, Methyl-isopropenyl-,
[nitro-benzoylhydrazon] 9 1484, 1528
—, Trimethyl-äthyl-, [(nitro-benzoyl)-
oxim] 9 1750
Cyclohexen-tetracarbonsäure, Dimethyl-,
tetraäthylester 9 4861
Cyclohexen-tetracarbonsäure-
tetraäthylester 9 4861
— tetramethylester 9 4861
Cyclohexentetrayltetrabenzoat 9 691
Cyclohexentetron, Dinitroso-, bis-
[benzoyl-oxim] 9 1293
Cyclohexentetron-bis-[benzoyl-oxim]
9 1293
Cyclohexen-tricarbonsäure, Dihydroxy-
äthoxycarbonylmethyl-,
triäthylester 10 4867
—, Dihydroxy-äthoxycarbonylmethyl-
hexyl-, triäthylester 10 4868
—, Dihydroxy-äthoxycarbonylmethyl-
isobutyl-, triäthylester 10 4868
—, Dihydroxy-methyl-äthoxycarbonyl-
methyl-, triäthylester 10 4867
—, Dihydroxy-methoxycarbonylmethyl-
phenyl-, trimethylester 10 4869
—, Dihydroxy-methyl-
methoxycarbonylmethyl-,
trimethylester 10 4867
—, Hydroxy-, triäthylester 10 4105
—, Hydroxy-dimethyl-, triäthylester
10 4108
—. Methyl- 9 4775
—, Methyl-, triäthylester 9 4775
—, Oxo-äthoxycarbonylmethyl-acetonyl-,
triäthylester 10 4170
Cyclohexylbenzoat 9 404

Cyclohexylcinnamat 9 2687
3.5-Cyclo-isoketopinsäure 10 2955
3.5-Cyclo-ketopinsäure 10 2955
Cyclononan-carbonsäure, Oxo-,
methylester 10 2851
—, Oxo-[oxo-butyl]-, methylester
10 3525
Cyclononen-carbonsäure, Hydroxy-,
methylester 10 2851
2.6-Cyclo-norbornan, Dimethyl-[(nitro-
benzoyloxy)-methyl]- 9 1580
—, [Dinitro-benzoyloxy]-trimethyl-
9 1842
2.6-Cyclo-norbornan-carbonsäure,
Dimethyl- 9 315
—, Dimethyl-, methylester 9 315
—, Oxo-dimethyl- 10 2955
—, Semicarbazono-dimethyl- 10 2955
—, Trimethyl- 9 327
6.10-Cyclo-19-nor-ergostatrien,
Benzoyloxy-methyl- 9 515
6.10-Cyclo-19-nor-ergosten,
Benzoyloxy-methyl- 9 482
Cyclooctadecadien-dicarbonitril,
Diamino- 10 4052
Cyclooctadecadien-dicarbonsäure,
Diamino-, dinitril 10 4052
Cyclooctadecan-dicarbonitril, Diimino-
10 4052
Cyclooctadecan-dicarbonsäure, Diimino-,
dinitril 10 4052
Cyclooctan-carbamid 9 63
—, Acetoxy- 10 32
Cyclooctan-carbonitril, Acetoxy- 10 33
—, Hydroxy- 10 33
—, Imino- 10 2833
—, Oxo- 10 2832
—, Semicarbazono- 10 2833
Cyclooctan-carbonsäure 9 63
—, Acetoxy-, amid 10 32
—, Acetoxy-, nitril 10 33
—, Hydroxy-, nitril 10 33
—, Imino-, nitril 10 2833
—, Oxo-, methylester 10 2832
—, Oxo-, nitril 10 2832
—, Oxo-[chlor-butenyl]-, methylester
10 2941
—, Oxo-[oxo-butyl]-, methylester
10 3525
—, Semicarbazono-, nitril 10 2833
Cyclooctan-carbonsäure-amid 9 63
-- chlorid 9 63
Cyclooctan-carbonylchlorid 9 63
—, Hydroxy- 10 2832
Cyclooctatrien-dicarbonsäure 9 4276
Cycloocten-carbonitril, Amino- 10 2833
—, Hydroxy- 10 2833
Cycloocten-carbonsäure, Amino-, nitril
10 2833

Cycloocten-carbonsäure, Hydroxy-,
    methylester 10 2832
Cyclopent[e]acenaphthylen-carbonsäure,
    Oxo-tetrahydro- 10 3384
Cyclopent[j]acephenanthrylen-
    carbonsäure, Hexahydro-,
    äthylester 9 3569
Cyclopenta[c]chromen, Hydroxy-oxo-
    methyl-dodecahydro- 10 2943
Cyclopenta[a]chrysen, Acetoxy-
    pentamethyl-benzoyloxymethyl-
    isopropenyl-eicosahydro- 9 609
—, Benzoyloxy-hexamethyl-
    [formohydroximoyl-vinyl]-
    eicosahydro- 9 755
—, Benzoyloxy-hexamethyl-[formyl-vinyl]-
    eicosahydro- 9 755
—, Benzoyloxy-hexamethyl-isopropenyl-
    eicosahydro- 9 490
—, Benzoyloxy-hexamethyl-isopropyl-
    eicosahydro- 9 473
—, [Brom-benzoyloxy]-pentamethyl-
    [(brom-benzoyloxy)-methyl]-
    isopropenyl-eicosahydro- 9 1408
—, Cinnamoyloxy-hexamethyl-isopropenyl-
    eicosahydro- 9 2694
—, [Nitro-benzoyloxy]-pentamethyl-
    [(nitro-benzoyloxy)-methyl]-
    isopropenyl-eicosahydro- 9 1507
Cyclopenta[a]chrysen-carbonsäure,
    Acetoxy-hexamethyl-eicosahydro-
    10 981
—, Acetoxy-hexamethyl-eicosahydro-,
    methylester 10 981
—, Acetoxyimino-pentamethyl-isopropyl-
    eicosahydro- 10 3229
—, Acetoxy-pentamethyl-acetoxymethyl-
    eicosahydro-, methylester 10 1899
—, Acetoxy-pentamethyl-acetyl-
    eicosahydro- 10 4371
—, Acetoxy-pentamethyl-acetyl-
    eicosahydro-, methylester 10 4372
—, Acetoxy-pentamethyl-[formyl-vinyl]-
    eicosahydro- 10 4403
—, Acetoxy-pentamethyl-glyoxyloyl-
    eicosahydro-, methylester 10 4645
—, Acetoxy-pentamethyl-[hydroxy-äthyl]-
    eicosahydro- 10 1900
—, Acetoxy-pentamethyl-isopropenyl-
    eicosahydro- 10 1060
—, Acetoxy-pentamethyl-isopropenyl-
    eicosahydro-, äthylester 10 1063
—, Acetoxy-pentamethyl-isopropenyl-
    eicosahydro-, methylester 10 1062
—, Acetoxy-pentamethyl-isopropyl-
    eicosahydro- 10 985
—, Acetoxy-pentamethyl-isopropyl-
    eicosahydro-, äthylester 10 986

Cyclopenta[a]chrysen-carbonsäure,
    Acetoxy-pentamethyl-isopropyl-
    eicosahydro-, methylester 10 986
—, Benzoyloxy-pentamethyl-isopropenyl-
    eicosahydro- 10 1061
—, Benzoyloxy-pentamethyl-isopropenyl-
    eicosahydro-, methylester 10 1062
—, Dioxo-heptamethyl-octadecahydro-
    10 3614
—, Hexamethyl-eicosahydro- 9 2926
—, Hexamethyl-eicosahydro-,
    methylester 9 2926
—, Hydroxy-hexamethyl-eicosahydro-
    10 980
—, Hydroxy-hexamethyl-eicosahydro-,
    methylester 10 981
—, Hydroxyimino-heptamethyl-
    octadecahydro-, methylester
    10 3254
—, Hydroxyimino-pentamethyl-
    isopropenyl-eicosahydro-,
    methylester 10 3263
—, Hydroxyimino-pentamethyl-isopropyl-
    eicosahydro- 10 3229
—, Hydroxyimino-pentamethyl-isopropyl-
    eicosahydro-, methylester 10 3230
—, Hydroxy-pentamethyl-acetyl-
    eicosahydro-, methylester 10 4372
—, Hydroxy-pentamethyl-hydroxymethyl-
    eicosahydro- 10 1899
—, Hydroxy-pentamethyl-hydroxymethyl-
    eicosahydro-, methylester 10 1899
—, Hydroxy-pentamethyl-isopropenyl-
    eicosahydro- 10 1059
—, Hydroxy-pentamethyl-isopropenyl-
    eicosahydro-, äthylester 10 1063
—, Hydroxy-pentamethyl-isopropenyl-
    eicosahydro-, methylester 10 1061
—, Hydroxy-pentamethyl-isopropyl-
    eicosahydro- 10 985
—, Hydroxy-pentamethyl-isopropyl-
    eicosahydro-, äthylester 10 986
—, Hydroxy-pentamethyl-isopropyl-
    eicosahydro-, methylester 10 986
—, [Nitro-benzoyloxy]-pentamethyl-
    isopropenyl-eicosahydro- 10 1061
—, [Nitro-benzoyloxy]-pentamethyl-
    isopropenyl-eicosahydro-,
    methylester 10 1063
—, Nitro-hydroxyimino-heptamethyl-
    octadecahydro-, methylester
    10 3255
—, Nitro-oxo-heptamethyl-octadecahydro-,
    methylester 10 3254
—, Octamethyl-eicosahydro- 9 2931
—, Octamethyl-eicosahydro-,
    methylester 9 2932
—, Oxo-heptamethyl-octadecahydro-
    10 3253

Cyclopenta[a]chrysen-carbonsäure, Oxo-
heptamethyl-octadecahydro-,
methylester 10 3254
—, Oxo-hexamethyl-hexadecahydro-
10 3287
—, Oxo-hexamethyl-hexadecahydro-,
methylester 10 3288
—, Oxo-pentamethyl-isopropenyl-
eicosahydro- 10 3263
—, Oxo-pentamethyl-isopropenyl-
eicosahydro-, methylester
10 3263
—, Oxo-pentamethyl-isopropyl-
eicosahydro- 10 3228
—, Oxo-pentamethyl-isopropyl-
eicosahydro-, methylester 10 3229
—, Pentamethyl-isopropenyl-
eicosahydro-, methylester 9 3134
—, Pentamethyl-isopropyl-eicosahydro-
9 2930
—, Pentamethyl-isopropyl-eicosahydro-,
methylester 9 2930
—, Pentamethyl-isopropyl-hexadecahydro-,
methylester 9 3266
—, Pentamethyl-isopropyliden-
octadecahydro- 9 3265, 3266
—, Pentamethyl-isopropyliden-
octadecahydro-, methylester
9 3266, 3267
—, Pentamethyl-isopropyl-octadecahydro-
9 3135
—, Pentamethyl-isopropyl-octadecahydro-,
methylester 9 3135
—, Semicarbazono-pentamethyl-
isopropenyl-eicosahydro- 10 3263
—, Semicarbazono-pentamethyl-isopropyl-
eicosahydro- 10 3229
—, Tetramethyl-isopropyl-
hexadecahydro- 9 3264
—, Trioxo-hexamethyl-octadecahydro-
10 4005
—, Trioxo-hexamethyl-octadecahydro-,
methylester 10 4006
Cyclopenta[hi]chrysen-carbonsäure,
Hexahydro-, äthylester 9 3571
Cyclopenta[a]chrysen-dicarbonsäure,
Acetoxy-pentamethyl-eicosahydro-,
dimethylester 10 2280
—, Hydroxy-pentamethyl-eicosahydro-,
dimethylester 10 2279
—, Hydroxy-pentamethyl-eicosahydro-,
methylester 10 2279
—, Oxo-tetramethyl-hexahydro-,
dimethylester 10 4000
—, Tetramethyl-isopropyliden-
hexadecahydro-, dimethylester
9 4493
—, Tetramethyl-isopropyl-
tetradecahydro- 9 4493

Cyclopentadecan-carbonitril, Imino-
10 2895
Cyclopentadecan-carbonsäure, [Carboxy-
äthyl]- s. Propionsäure, [Carboxy-
cyclopentadecyl]-
—, Imino-, äthylester 10 2895
—, Imino-, methylester 10 2894
—, Imino-, nitril 10 2895
—, Oxo- 10 2894
—, Oxo-, methylester 10 2894
—, Oxo-[acetyl-allyl]-, methylester
10 3536
—, Oxo-methyl-, methylester 10 2896
—, Oxo-[oxo-butyl]-, methylester 10 3527
Cyclopentadecen-carbonitril, Amino-
10 2895
Cyclopentadecen-carbonsäure, Amino-,
äthylester 10 2895
—, Amino-, methylester 10 2894
—, Amino-, nitril 10 2895
—, Hydroxy- 10 2894
—, Hydroxy-, methylester 10 2894
—, Hydroxy-methyl-, methylester 10 2896
Cyclopentadien, Dibenzoyloxy-triphenyl-
9 657
—, Hexakis-[carboxy-äthyl]- 9 4914
—, Hexakis-[cyan-äthyl]- 9 4914
Cyclopentadien-carbonsäure,
Brom-trimethyl- 9 301
—, Diphenyl- 9 3553
—, Hydroxy-dimethyl-isopropyl-,
methylester 10 2922
—, Hydroxy-[methoxy-naphthyl]-,
methylester 10 4464
—, Hydroxy-methyl-butenyl-, äthylester
10 2955, 2956
—, Hydroxy-methyl-butyl-, äthylester
10 2921
—, Hydroxy-methyl-butyl-, amid 10 2921
—, Hydroxy-methyl-butyl-, methylester
10 2921
—, Hydroxy-methyl-pentenyl-,
methylester 10 2957
—, Trimethyl- 9 301, 302
—, Trimethyl-, methylester 9 301, 302
Cyclopentadien-carbonsäure-methylester
9 297
Cyclopentadien-dicarbonsäure, Dihydroxy-,
diäthylester 10 4045
—, Dihydroxy-[brom-methoxy-phenyl]-,
diäthylester 10 4811
—, Dihydroxy-[chlor-methoxy-phenyl]-,
diäthylester 10 4811
—, Dihydroxy-[dibrom-methoxy-phenyl]-,
diäthylester 10 4812
—, Dihydroxy-[dichlor-methoxy-phenyl]-,
diäthylester 10 4811
—, Dihydroxy-dimethyl-, dimethylester
10 4050

Cyclopentadien-dicarbonsäure, Dihydroxy-[jod-methoxy-phenyl]-, diäthylester
10 4812
—, Dihydroxy-[methoxy-phenyl]-, diäthylester 10 4811
—, Dihydroxy-methyl-, diäthylester
10 4048
—, Dihydroxy-methyl-, dimethylester
10 4048
—, Dihydroxy-oxo-, diäthylester
10 4112
—, Hydroxy-trimethyl-, diäthylester
10 3930
Cyclopentadienon, Benzoyloxy-triphenyl-
9 777, 778
Cyclopentadien-pentacarbonsäure- pentamethylester 9 4907
— tetramethylester-nitril 9 4907
Cyclopentadien-tetracarbonsäure, Cyan-, tetramethylester 9 4907
Cyclopentadien-tricarbonsäure, Dihydroxy-methyl-, trimethylester
10 4144
—, Hydroxy-[äthoxycarbonyl-cyan-methylen]-, trimethylester 10 4178
—, Hydroxy-dicyanmethylen-, trimethylester 10 4178
—, Hydroxy-dimethyl-, triäthylester
10 4114
—, Oxo-[äthoxycarbonyl-cyan-methyl]-, trimethylester 10 4178
—, Oxo-dicyanmethyl-, trimethylester
10 4178
Cyclopenta[*a*]fluoren, Benzoyloxy-dimethyl-[dimethyl-hexyl]-tetradecahydro- 9 459
Cyclopenta[*a*]fluoren-carbonsäure, Acetoxy-dimethyl-[dimethyl-hexyl]-tetradecahydro- 10 979
—, Acetoxy-dimethyl-[dimethyl-hexyl]-tetradecahydro-, äthylester
10 980
—, Hydroxy-dimethyl-[dimethyl-hexyl]-tetradecahydro- 10 979
—, Hydroxy-dimethyl-[dimethyl-hexyl]-tetradecahydro-, äthylester
10 980
Cyclopenta[*b*]furan, Dihydroxy-oxo-diphenyl-tetrahydro- 10 4478
—, Hydroxy-dioxo-dimethyl-hexahydro-
10 3519
—, Hydroxy-dioxo-tetramethyl-hexahydro-
10 3523
—, Hydroxy-oxo-[äthyl-phenyl]-tetrahydro- 10 3237
—, Hydroxy-oxo-biphenylyl-tetrahydro-
10 3414
—, Hydroxy-oxo-[chlor-methoxy-naphthyl]-tetrahydro- 10 4467

Cyclopenta[*b*]furan, Hydroxy-oxo-[cyclohexyl-phenyl]-tetrahydro- 10 3286
—, Hydroxy-oxo-dimethyl-hexahydro-
10 2845
—, Hydroxy-oxo-hexahydro- 10 2817
—, Hydroxy-oxo-[hydroxy-naphthyl]-tetrahydro- 10 4466
—, Hydroxy-oxo-[isopropyl-phenyl]-tetrahydro- 10 3240
—, Hydroxy-oxo-[methoxy-naphthyl]-hexahydro- 10 4456
—, Hydroxy-oxo-[methoxy-naphthyl]-tetrahydro- 10 4466
—, Hydroxy-oxo-[methoxy-phenyl]-tetrahydro- 10 4377, 4378
—, Hydroxy-oxo-[(methyl-butyl)-phenyl]-tetrahydro- 10 3244
—, Hydroxy-oxo-methyl-hexahydro-
10 2828, 2829, 2830, 2831
—, Hydroxy-oxo-methylhydrazono-hexahydro- 10 3516
—, Hydroxy-oxo-methyl-isopropyl-hexahydro- 10 2880
—, Hydroxy-oxo-[methyl-naphthyl]-tetrahydro- 10 3397
—, Hydroxy-oxo-methyl-tetrahydro-
10 2900
—, Hydroxy-oxo-[methyl-tetrahydro-naphthyl]-tetrahydro- 10 3284
—, Hydroxy-oxo-naphthyl-hexahydro-
10 3348
—, Hydroxy-oxo-naphthyl-tetrahydro-
10 3390
—, Hydroxy-oxo-phenyl-hexahydro-
10 3182
—, Hydroxy-oxo-phenyl-tetrahydro-
10 3233
—, Hydroxy-oxo-*p*-tolyl-tetrahydro-
10 3235
—, Hydroxy-oxo-trimethyl-hexahydro-
10 2867
—, Hydroxy-oxo-trimethyl-[methoxy-naphthyl]-hexahydro- 10 4463
—, Hydroxy-oxo-trimethyl-tetrahydro-
10 2909
Cyclopenta[*c*]furan, Hydroxy-oxo-dimethyl-hexahydro- 10 2846
—, Hydroxy-oxo-naphthyl-hexahydro-
10 3347
Cyclopenta[*c*]furan-carbonsäure, Brom-dihydroxy-oxo-hexahydro-
10 4711
Cyclopentan, [Äthoxycarbonyl-äthyl]-[methyl-äthoxycarbonyl-äthyl]-
9 3925
—, Benzoyloxy-[triphenylmethoxy-äthyl]-
9 547
—, Benzoyloxy-[trityloxy-äthyl]-
9 547

Cyclopentan, Bis-äthoxycarbonylmethyl-
9 3843, 3844
—, Bis-[benzoyloxy-phenyl]- 9 637
—, Bis-[carbamoyl-äthyl]- 9 3914
—, Bis-[carboxy-äthyl]- 9 3914
—, Bis-[carboxy-äthyl]-isopropyl- 9 3929
—, Bis-carboxymethyl- 9 3843
—, Bis-carboxymethylen- 9 4043
—, Bis-[(dinitro-benzoyloxy)-äthyl]-
9 1901
—, Bis-[dinitro-benzoyloxy]-methyl-
9 1900
—, Bis-methoxycarbonylmethyl- 9 3843
—, Bis-[methyl-carboxy-äthyl]-
isopropyl- 9 3931
—, Bis-[nitro-benzoyloxy]- 9 1631
—, Bis-[(phenyl-phenacyloxycarbonyl)-
äthyl]-isopropyl- 9 3929
—, [Carboxy-äthyl]-[methyl-carboxy-
äthyl]- s. Buttersäure, [(Carboxy-
äthyl)-cyclopentyl]-
—, Carboxymethyl-äthoxycarbonylmethyl-
9 3843
—, Dibenzoyloxy- 9 542
—, Dibenzoyloxy-methyl- 9 545
—, [Dinitro-benzoyloxy]-dimethyl-
isopropyl- 9 1817
—, [Dinitro-benzoyloxy]-methyl-
[(dihydroxy-naphthyl)-äthyl]- 9 1878
—, [Dinitro-benzoyloxy]-methyl-
isopropyl- 9 1812
—, [Dinitro-benzoyloxy]-methyl-
[naphthyl-äthyl]- 9 1886
—, [Dinitro-benzoyloxy]-[naphthyl-
äthyl]- 9 1886
—, Methyl-äthoxycarbonylmethyl-[brom-
äthoxycarbonyl-methyl]- 9 3873
—, Methyl-bis-äthoxycarbonylmethyl-
9 3873
—, Methyl-bis-[brom-äthoxycarbonyl-
methyl]- 9 3874
—, Methyl-bis-[brom-carboxy-methyl]-
9 3874
—, Methyl-bis-[carboxy-äthyl]- 9 3926
—, Methyl-bis-carboxymethyl- 9 3872,
3873, 3875
—, Methyl-bis-methoxycarbonylmethyl-
9 3873
—, Methyl-[brom-carboxy-methyl]-[brom-
äthoxycarbonyl-methyl]- 9 3874
—, [Methyl-carboxy-äthyl]-[carboxy-
äthyliden]- s. Buttersäure,
[(Carboxy-äthyliden)-cyclopentyl]-
—, Methyl-carboxymethyl-
äthoxycarbonylmethyl- 9 3873
—, Methyl-[hydroxy-carboxy-methyl]-
[methoxy-carboxy-methyl]- 10 2413
—, [Nitro-benzoyloxy]-methyl-isopropyl-
9 1559, 4133

Cyclopentan, Tetramethyl-benzoyloxymethyl-
9 409
—, Trimethyl-[(nitro-benzoyloxy)-
methyl]-[(nitro-benzoyloxy)-
propyl]- 9 1634
Cyclopenta[a]naphthalin, Benzoyloxy-
dimethyl-bis-carboxymethyl-
[dimethyl-hexyl]-dodecahydro-
10 2187
—, Brom-oxo-dimethyl-bis-carboxymethyl-
[dimethyl-hexyl]-dodecahydro-
10 3954
—, Cyclohexancarbonyloxy-dimethyl-bis-
carboxymethyl-dodecahydro-
10 2145
—, Dimethyl-bis-carboxymethyl-acetyl-
dodecahydro- 10 3950
—, Dimethyl-bis-carboxymethyl-[dimethyl-
äthyl-hexyl]-dodecahydro- 9 4093
—, Dimethyl-bis-carboxymethyl-
[dimethyl-hexyl]-dodecahydro-
9 4089
—, Dimethyl-bis-carboxymethyl-
dodecahydro- 9 4084
—, Dimethyl-bis-carboxymethyl-
[trimethyl-hexyl]-dodecahydro-
9 4091
—, Dimethyl-bis-methoxycarbonylmethyl-
[dimethyl-äthyl-hexyl]-dodecahydro-
9 4093
—, Dimethyl-bis-methoxycarbonylmethyl-
[dimethyl-hexyl]-dodecahydro-
9 4090
—, Dimethyl-bis-methoxycarbonylmethyl-
dodecahydro- 9 4084
—, Dimethyl-bis-methoxycarbonylmethyl-
[trimethyl-hexyl]-dodecahydro-
9 4092
—, Hydroxy-dimethyl-bis-carboxymethyl-
dodecahydro- 10 2145
—, Hydroxy-oxo-dimethyl-bis-
carboxymethyl-[dimethyl-hexyl]-
dodecahydro- 10 4738
—, Oxo-dimethyl-bis-carboxymethyl-
[dimethyl-äthyl-hexyl]-
dodecahydro- 10 3955
—, Oxo-dimethyl-bis-carboxymethyl-
[dimethyl-hexyl]-dodecahydro-
10 3953
—, Oxo-dimethyl-bis-
methoxycarbonylmethyl-[dimethyl-
äthyl-hexyl]-dodecahydro-
10 3955
—, Oxo-dimethyl-bis-
methoxycarbonylmethyl-[dimethyl-
hexyl]-dodecahydro- 10 3954
Cyclopenta[b]naphthalin, Benzoyloxy-
oxo-phenyl- 9 766
—, Benzoyloxy-phenyl- 9 776

Cyclopenta[a]naphthalin-carbonsäure 9 3414
—, Acetoxy-dimethyl-[carboxy-äthyl]-[methyl-carboxy-propyl]-dodecahydro- 10 2569
—, Bis-hydroxyimino-dimethyl-[carboxy-äthyl]-[methyl-carboxy-propyl]-dodecahydro- 10 4148
—, Brom-dioxo-dimethyl-[carboxy-äthyl]-[methyl-carboxy-propyl]-dodecahydro- 10 4150
—, Brom-oxo-dimethyl-[carboxy-äthyl]-[methyl-carboxy-propyl]-decahydro- 10 4133
—, Brom-oxo-dimethyl-[carboxy-äthyl]-[methyl-carboxy-propyl]-dodecahydro- 10 4124
—, Brom-oxo-dimethyl-[methoxycarbonyl-äthyl]-[methyl-methoxycarbonyl-propyl]-decahydro-, methylester 10 4133
—, Carboxymethyl- s. Essigsäure, [Carboxy-cyclopenta[a]-naphthalinyl]-
—, Dibrom-dioxo-dimethyl-[carboxy-äthyl]-[methyl-carboxy-propyl]-dodecahydro- 10 4150
—, Dibrom-oxo-dimethyl-[carboxy-äthyl]-[methyl-carboxy-propyl]-dodecahydro- 10 4124
—, Dichlor-oxo-dimethyl-[carboxy-äthyl]-[methyl-carboxy-propyl]-dodecahydro- 10 4124
—, Dihydroxy-oxo-dimethyl-[carboxy-äthyl]-[methyl-carboxy-propyl]-dodecahydro- 10 4861
—, Dihydroxy-oxo-dimethyl-[methoxycarbonyl-äthyl]-[methyl-methoxycarbonyl-propyl]-dodecahydro-, methylester 10 4861
—, Dimethyl-bis-carboxymethyl-dodecahydro- 9 4784
—, Dimethyl-bis-carboxymethyl-dodecahydro-, methylester 9 4784
—, Dimethyl-bis-methoxycarbonylmethyl-dodecahydro-, methylester 9 4785
—, Dimethyl-[carboxy-äthyl]-[methyl-carboxy-propyl]-decahydro- 9 4817
—, Dimethyl-[carboxy-äthyl]-[methyl-carboxy-propyl]-dodecahydro- 9 4788
—, Dimethyl-[dimethyl-hexyl]-dodecahydro- 9 357
—, Dimethyl-[dimethyl-hexyl]-dodecahydro-, methylester 9 358
—, Dimethyl-isobutyl-dodecahydro-, methylester 10 2968
—, Dimethyl-isobutyrohydroximoyl-octahydro- 10 3213

Cyclopenta[a]naphthalin-carbonsäure,
Dimethyl-isobutyryl-dodecahydro- 10 2968
—, Dimethyl-isobutyryl-octahydro- 10 3213
—, Dimethyl-[methoxycarbonyl-äthyl]-[methyl-methoxycarbonyl-propyl]-decahydro-, methylester 9 4817
—, Dimethyl-[methoxycarbonyl-äthyl]-[methyl-methoxycarbonyl-propyl]-dodecahydro-, methylester 9 4788
—, Dimethyl-[methyl-propionohydroximoyl]-dodecahydro- 10 2968
—, Dimethyl-[semicarbazono-methyl-propyl]-dodecahydro- 10 2968
—, Dimethyl-[trimethyl-hexenyl]-[acetoxy-methyl-cyclohexenyl]-decahydro-, anhydrid 6 3088
—, Dimethyl-[trimethyl-hexenyl]-[acetoxy-methyl-cyclohexenyl]-octahydro-, anhydrid 6 3088
—, Dioxo-dimethyl-[äthoxycarbonyl-äthyl]-[methyl-äthoxycarbonyl-propyl]-dodecahydro- 10 4149
—, Dioxo-dimethyl-[carboxy-äthyl]-[methyl-carboxy-propyl]-dodecahydro- 10 4145, 4146
—, Dioxo-dimethyl-[methoxycarbonyl-äthyl]-[methyl-methoxycarbonyl-propyl]-dodecahydro-, methylester 10 4146, 4149
—, Disemicarbazono-dimethyl-[carboxy-äthyl]-[methyl-carboxy-propyl]-dodecahydro- 10 4148
—, Dodecahydro-, äthylester 9 343
—, Hexahydro-, äthylester 9 3097
—, Hydroxy-dimethyl-[carboxy-äthyl]-[methyl-carboxy-propyl]-dodecahydro- 10 2568, 2569
—, Hydroxy-dimethyl-isobutyryl-octahydro- 10 3562
—, Hydroxy-dimethyl-[methoxycarbonyl-äthyl]-[methyl-methoxycarbonyl-propyl]-dodecahydro-, methylester 10 2568, 2569
—, Hydroxy-dioxo-dimethyl-[carboxy-äthyl]-[methyl-carboxy-propyl]-dodecahydro- 10 4863
—, Hydroxy-dioxo-dimethyl-[methoxycarbonyl-äthyl]-[methyl-methoxycarbonyl-propyl]-dodecahydro-, methylester 10 4863
—, Hydroxyimino-dimethyl-[carboxy-äthyl]-[methyl-carboxy-propyl]-dodecahydro- 10 4122
—, Hydroxy-methoxy-, methylester 10 4434
—, Hydroxy-methoxy-dimethyl-tetrahydro-, methylester 10 4382

Cyclopenta[a]naphthalin-carbonsäure,
　Hydroxy-methoxy-methyl-äthinyl-
　　dihydro-, methylester 10 2008
—, Hydroxy-methoxy-methyl-äthyl-
　　dihydro-, methylester 10 1979
—, Hydroxy-methoxy-methyl-tetrahydro-,
　　methylester 10 4380
—, Hydroxy-methyl-äthyl-dihydro- 10 1224
—, Hydroxy-methyl-äthyl-dihydro-,
　　methylester 10 1225
—, Hydroxy-methyl-decahydro-,
　　methylester 10 2965
—, Hydroxy-methyl-tetrahydro-,
　　methylester 10 3238
—, Hydroxy-nitryloxy-oxo-dimethyl-
　　[carboxy-äthyl]-[methyl-carboxy-
　　propyl]-dodecahydro- 10 4861
—, Hydroxy-oxo-dimethyl-[carboxy-äthyl]-
　　[methyl-carboxy-propyl]-
　　dodecahydro- 10 4844
—, Methoxy-methyl-äthyl-dihydro- 10 1224
—, Methoxy-methyl-äthyl-dihydro-,
　　methylester 10 1225
—, Methoxy-methyl-äthyliden-dihydro-
　　10 1282
—, Methoxy-methyl-äthyliden-dihydro-,
　　methylester 10 1282
—, Methoxy-oxo-dihydro-, methylester
　　10 4434
—, Methoxy-oxo-dimethyl-hexahydro-,
　　methylester 10 2274, 4382
—, Methoxy-oxo-methyl-dihydro-,
　　methylester 10 4444
—, Methoxy-oxo-methyl-hexahydro-,
　　methylester 10 4380
—, Nitrimino-dimethyl-[carboxy-äthyl]-
　　[methyl-carboxy-propyl]-
　　dodecahydro- 10 4122
—, Nitro-dioxo-dimethyl-[carboxy-äthyl]-
　　[methyl-carboxy-propyl]-
　　dodecahydro- 10 4151
—, Nitro-oxo-dimethyl-[carboxy-äthyl]-
　　[methyl-carboxy-propyl]-decahydro-
　　10 4134
—, Nitroso-oxo-dimethyl-[carboxy-äthyl]-
　　[methyl-carboxy-propyl]-decahydro-
　　10 4134
—, Oxo-dihydro- 10 3308
—, Oxo-dihydro-, methylester 10 3308,
　　3309
—, Oxo-dimethyl-[äthoxycarbonyl-äthyl]-
　　[methyl-äthoxycarbonyl-propyl]-
　　dodecahydro- 10 4123
—, Oxo-dimethyl-[äthoxycarbonyl-äthyl]-
　　[methyl-äthoxycarbonyl-propyl]-
　　dodecahydro-, äthylester 10 4124
—, Oxo-dimethyl-[carboxy-äthyl]-
　　[methyl-carboxy-propyl]-
　　dodecahydro- 10 4120, 4125

Cyclopenta[a]naphthalin-carbonsäure,
　Oxo-dimethyl-[carboxy-äthyl]-
　　[methyl-carboxy-propyl]-
　　dodecahydro-, äthylester 10 4123
—, Oxo-dimethyl-[carboxy-äthyl]-
　　[methyl-carboxy-propyl]-
　　dodecahydro-, methylester 10 4123
—, Oxo-dimethyl-[carboxy-äthyl]-
　　[methyl-methoxycarbonyl-propyl]-
　　dodecahydro- 10 4122
—, Oxo-dimethyl-carboxymethyl-[methyl-
　　carboxy-propyl]-dodecahydro-
　　10 4119
—, Oxo-dimethyl-[dimethyl-hexyl]-
　　dodecahydro- 10 2969
—, Oxo-dimethyl-[dimethyl-hexyl]-
　　dodecahydro-, methylester 10 2970
—, Oxo-dimethyl-[hydroxy-isobutyliden]-
　　decahydro- 10 3562
—, Oxo-dimethyl-isobutyryl-decahydro-
　　10 3562
—, Oxo-dimethyl-[methoxycarbonyl-äthyl]-
　　[methyl-methoxycarbonyl-propyl]-
　　dodecahydro- 10 4123
—, Oxo-dimethyl-[methoxycarbonyl-äthyl]-
　　[methyl-methoxycarbonyl-propyl]-
　　dodecahydro-, methylester
　　10 4123, 4125, 4126
—, Oxo-hexahydro-, methylester 10 3235
—, Oxo-hydroxyimino-dimethyl-[carboxy-
　　äthyl]-[methyl-carboxy-propyl]-
　　dodecahydro- 10 4147
—, Oxo-methyl-dodecahydro-,
　　methylester 10 2965
—, Oxo-methyl-hexahydro-, methylester
　　10 3238
—, Oxo-nitrimino-dimethyl-[carboxy-
　　äthyl]-[methyl-carboxy-propyl]-
　　dodecahydro- 10 4147
—, Oxo-tetrahydro-, äthylester 10 3271
—, Oxo-trimethyl-dodecahydro-,
　　methylester 10 2966
—, Semicarbazono-dimethyl-[carboxy-äthyl]-
　　[methyl-carboxy-propyl]-dodecahydro-
　　10 4122
—, Semicarbazono-dimethyl-[dimethyl-
　　hexyl]-dodecahydro- 10 2969
—, Semicarbazono-tetrahydro-,
　　äthylester 10 3272
—, Tetrahydro-, äthylester 9 3237
Cyclopenta[a]naphthalin-dicarbonsäure,
　Trimethyl-[carboxy-äthyl]-
　　dodecahydro- 9 4786
Cyclopenta[b]naphthalinon, Benzoyloxy-
　phenyl- 9 776
Cyclopentan-carbamid 9 13
—, Chlor-methyl-äthyl- 9 45
—, Chlor-trimethyl- 9 62
—, Dimethyl- 9 61, 62

Cyclopentan-carbamid, [Dimethylamino-
   äthyl]-butyl-phenyl- **9** 2822
—, Isopropyl- **9** 74
—, Isopropyliden- **9** 186
—, Methyl- **9** 44, 46
—, Methyl-äthyl- **9** 44, 74
—, Methyl-isopropyl- **9** 44, 97
—, Methyl-isopropyliden- **9** 206
—, Phenyl- **9** 2821, 2822, 2823
—, Propyl-isopropyl- **9** 119
—, Tetramethyl- **9** 100
—, Trimethyl- **9** 62, 76
—, Trimethyl-benzoyl- **10** 3205
—, Trimethyl-cyan- **9** 3894, 3895
—, Trimethyl-isopropyl- **9** 120
Cyclopentan-carbimidsäure, Tetramethyl-
   äthyl-, chlorid **9** 99
Cyclopentan-carbonitril 9 13
—, Acetoacetylimino- **10** 2811
—, Acetylimino- **10** 2810
—, Acetylimino-methyl-phenyl- **10** 3183
—, Benzyl- **9** 2850
—, Chloracetylimino- **10** 2811
—, Dioxo-phenyl- **10** 3590
—, Hydroxy- **10** 6, 8
—, Hydroxy-methyl- **10** 21, 22
—, Imino- **10** 2810
—, Imino-methyl-phenyl- **10** 3183
—, Isopropyliden- **9** 186
—, Methyl-isopropyliden- **9** 206
—, Methyl-phenyl- **9** 2852
—, Naphthyl- **9** 3372
—, [Oxo-dimethyl-propyl]- **10** 2879
—, Phenyl- **9** 2822
—, Propionylimino- **10** 2811
—, Tetramethyl- **9** 100
—, Trimethyl-acetyl- **10** 2883
—, Trimethyl-benzoyl- **10** 3205
—, Trimethyl-[hydroxy-benzhydryl]-
   10 1296
—, Trimethyl-[semicarbazono-äthyl]-
   10 2884
Cyclopentan-carbonsäure 9 11
—, Acetoacetylimino-, nitril **10** 2811
—, Acetoxy-methyl-isopropyl-,
   äthylester **10** 41
—, Acetyl- **10** 2830
—, Acetyl-, äthylester **10** 2829
—, Acetyl-, methylester **10** 2830
—, Acetylimino-, nitril **10** 2810
—, Acetylimino-methyl-phenyl-, nitril
   10 3183
—, Äthyl- **9** 60
—, Äthyl-, äthylester **9** 60
—, Äthyl-, chlorid **9** 60
—, [Äthyl-phenacyl]- **10** 3204
—, [Äthyl-phenacyl]-, methylester
   10 3205
—, [Äthyl-phenäthyl]- **9** 2893

Cyclopentan-carbonsäure, [Äthyl-phenäthyl]-,
   äthylester **9** 2893
—, [(Allylcarbamoyl-cyclopentyl)-äthyl]-
   9 4026
—, Benzhydryl- **9** 3484
—, Benzoyloxy-methyl-isopropyl-,
   äthylester **10** 41
—, Benzyl-, [diäthylamino-äthylester]
   9 2850
—, Benzyl-, nitril **9** 2850
—, [(Benzyloxycarbonyl-cyclopentyl)-
   äthyl]- **9** 4025
—, Brom- **9** 13
—, Brom-, äthylester **9** 13
—, Brom-äthyl-, chlorid **9** 60
—, [Brom-äthyl]-, äthylester **9** 59
—, Brom-cyclohexyl-, chlorid **9** 255
—, Brom-trimethyl- **9** 76
—, [Carboxy-äthyl]- s. *Propionsäure,*
   [Carboxy-cyclopentyl]-
—, [Carboxy-decyl]- s. *Undecansäure,*
   [Carboxy-cyclopentyl]-
—, [Carboxy-dodecyl]- s. *Tridecansäure,*
   [Carboxy-cyclopentyl]-
—, Carboxymethyl- s. *Essigsäure,*
   [Carboxy-cyclopentyl]-
—, [Carboxymethyl-cyclohexyl]-
   s. *Essigsäure, [(Carboxy-*
   cyclopentyl)-cyclohexyl]-
—, Carboxymethylen- s. *Essigsäure,*
   [Carboxy-cyclopentyliden]-
—, [Carboxy-phenyl]- **9** 4409
—, [Carboxy-propenyl]- s. *Acrylsäure,*
   Methyl-[carboxy-cyclopentyl]-
—, [Carboxy-propionyl]-
   s. *Buttersäure, Oxo-[carboxy-*
   cyclopentyl]-
—, [Carboxy-propyl]- s. *Buttersäure,*
   [Carboxy-cyclopentyl]-
—, [Carboxy-vinyl]- s. *Acrylsäure,*
   [Carboxy-cyclopentyl]-
—, Chloracetylimino-, nitril **10** 2811
—, Chlorcarbonyl-, methylester **9** 3809
—, Chlor-dimethyl-, methylamid **9** 62
—, Chlor-methyl-, äthylamid **9** 45
—, Cyan-, äthylester **9** 14
—, Cyanmethyl-, äthylester **9** 3822
—, Cyclohexyl- **9** 255
—, Cyclohexyl-, chlorid **9** 255
—, Cyclohexyl-, [diäthylamino-
   äthylester] **9** 255
—, [Cyclopentyl-äthyl]- **9** 4025
—, Dibenzoyloxy-benzhydryl-,
   äthylester **10** 2004
—, Dibrom- **9** 14
—, Dibrom-dimethyl- **9** 63
—, Dibrom-methyl-isopropyl- **9** 205
—, Dichlor-dioxo- **10** 3515
—, Dichlor-hydroxy-oxo- **10** 1357, 4182

Cyclopentan-carbonsäure, Dichlor-hydroxy-
oxo-, methylester 10 4182
—, Dihydroxy- 10 1353
—, Dihydroxy-benzhydryl- 10 2002
—, Dihydroxy-benzhydryl-, äthylester
10 2003
—, Dihydroxy-benzhydryl-,
[brom-phenacylester] 10 2004
—, Dihydroxy-benzhydryl-, methylester
10 2003
—, Dihydroxy-diphenyl- 10 2001
—, Dihydroxy-diphenyl-, methylester
10 2001
—, Dihydroxy-hydroxymethyl-heptadienyl-
10 2054
—, Dihydroxy-hydroxymethyl-heptyl-
10 2025
—, [Dimethoxy-phenyl]-, [diäthylamino-
äthylester] 10 1864
—, Dimethyl- 9 61
—, Dimethyl-, amid 9 61, 62
—, Dimethyl-, chlorid 9 62
—, Dimethyl-, methylamid 9 62
—, Dimethyl-, methylester 9 62
—, Dimethyl-acetyl- 10 2864
—, Dimethyl-acetyl-, äthylester
10 2864, 2865
—, Dimethyl-carbamoyl- 9 3848
—, Dimethyl-cyan- 9 3848
—, Dimethyl-cyanmethyl- 9 3875
—, Dimethyl-isopropyliden- 9 231
—, Dimethyl-phenyl-, [diäthylamino-
äthylester] 9 2873
—, [Dimethyl-phenyl]-, [diäthylamino-
äthylamid] 9 2874
—, [Dimethyl-phenyl]-, [diäthylamino-
äthylester] 9 2874
—, [Dimethyl-phenyl]-, [dimethylamino-
äthylamid] 9 2874
—, [Dimethyl-phenyl]-, [dimethylamino-
propylester 9 2874
—, Dimethyl-[semicarbazono-äthyl]-
10 2864, 2865
—, Dimethyl-[semicarbazono-äthyl]-,
äthylester 10 2864, 2865
—, [Dinitro-benzoyloxy]-, äthylester 10 7
—, Dioxo-, äthylester 10 3515
—, Dioxo-[nitro-benzoyl]-, äthylester
10 3515
—, Dioxo-phenyl-, nitril 10 3590
—, Dodecyl- 9 136
—, Heptyl- 9 124
—, Hydroxy- 10 5, 6
—, Hydroxy-, äthylester 10 6, 7
—, Hydroxy-, hydrazid 10 8
—, Hydroxy-, methylester 10 6
—, Hydroxy-, nitril 10 6, 8
—, [Hydroxy-carboxy-methyl]- 10 2031
—, Hydroxy-cyan-, äthylester 10 2029

Cyclopentan-carbonsäure, Hydroxyimino-
äthyl-, äthylester 10 2829
—, Hydroxyimino-trimethyl- 10 2847
—, [Hydroxy-isopropyl]-, methylester
10 35
—, Hydroxy-methyl- 10 21
—, Hydroxy-methyl-, nitril 10 21, 22
—, Hydroxy-methyl-[carboxymethylen-
cyclohexyl]- s. *Essigsäure,*
[(Hydroxy-methyl-carboxy-
cyclopentyl)-cyclohexyliden]-
—, Hydroxy-methyl-cyan-, äthylester
10 2031
—, Hydroxy-methyl-isopropyl- 10 40,
41, 42
—, Hydroxy-methyl-isopropyl-,
äthylester 10 41
—, Hydroxy-methyl-isopropyl-,
methylester 10 42
—, Hydroxy-methyl-[naphthyl-äthyl]-,
methylamid 10 1242
—, Hydroxy-methyl-[naphthyl-äthyl]-,
methylester 10 1242
—, Hydroxy-phenäthyl-, äthylester
10 913
—, Hydroxy-tetraphenyl- 10 1349
—, Hydroxy-tetraphenyl-, methylester
10 1349
—, Hydroxy-trimethyl- 10 35, 36
—, Imino-, äthylester 10 2810
—, Imino-, nitril 10 2810
—, Imino-methyl-phenyl-, nitril 10 3183
—, [Indanyl-äthyl]- 9 3112
—, Isopentyl- 9 111
—, Isopropyl- 9 74
—, Isopropyl-, amid 9 74
—, Isopropyliden- 9 185
—, Isopropyliden-, amid 9 186
—, Isopropyliden-, methylester 9 186
—, Isopropyliden-, nitril 9 186
—, [(Methoxycarbonyl-cyclopentyl)-
äthyl]- 9 4025
—, [Methoxy-phenyl]-, [diäthylamino-
äthylamid] 10 896
—, [Methoxy-phenyl]-, [diäthylamino-
äthylester] 10 895, 896
—, [Methoxy-phenyl]-, [dimethylamino-
äthylamid] 10 896
—, Methyl- 9 43, 45
—, Methyl-, äthylamid 9 44
—, Methyl-, äthylester 9 43
—, Methyl-, amid 9 44, 46
—, Methyl-, chlorid 9 43, 44
—, Methyl-, isopropylamid 9 44
—, Methyl-, methylester 9 45
—, Methyl-, [phenyl-phenacylester]
9 43, 45
—, Methyl-acetyl- 10 2846
—, Methyl-acetyl-, äthylester 10 2845

Cyclopentan-carbonsäure, Methyl-acetyl-, methylester **10** 2846
—, Methyl-äthyl-, amid **9** 74
—, Methyl-benzyl- **9** 2871
—, Methyl-[carboxy-äthyl]-[methyl-carboxy-propyl]- **9** 4773
—, Methyl-cyclohexyl-, [diäthylamino-äthylester] **9** 263
—, Methyl-[dibrom-carboxy-äthyl]-[methyl-carboxy-propyl]- **9** 4773
—, Methyl-[dicarbazoyl-äthyl]-[methyl-carbazoyl-propyl]-, methylester **9** 4859
—, Methyl-[hydroxy-methyl-vinyl]- **10** 58
—, Methyl-[hydroxy-oxo-tetrahydro-furyl]- **10** 3918
—, Methyl-[hydroxy-sulfo-isopropyl]- **10** 2862
—, Methyl-isopropyl- **9** 95, 96
—, Methyl-isopropyl-, äthylester **9** 95, 96
—, Methyl-isopropyl-, amid **9** 97
—, Methyl-isopropyl-, chlorid **9** 97
—, Methyl-isopropyl-, [diäthylamino-äthylester] **9** 96
—, Methyl-isopropyl-, methylester **9** 96, 97
—, Methyl-isopropyliden- **9** 206, 207
—, Methyl-isopropyliden-, amid **9** 206
—, Methyl-isopropyliden-, nitril **9** 206
—, Methyl-[methoxy-methyl-vinyl]-, methylester **10** 58
—, Methyl-[methyl-carboxy-propyl]-[acetoxy-methyl-carboxy-decahydro-naphthyl]- **10** 2567
—, Methyl-[methyl-carboxy-propyl]-[brom-vinyl]- **9** 4019
—, Methyl-[methyl-carboxy-propyl]-[dioxo-methyl-carboxy-hexahydro-indanyl]- **10** 4145
—, Methyl-[methyl-carboxy-propyl]-[dioxo-methyl-hexahydro-indanyl]- **10** 4061
—, Methyl-[methyl-carboxy-propyl]-[hydroxy-methyl-carboxy-decahydro-naphthyl]- **10** 2567
—, Methyl-[methyl-carboxy-propyl]-[hydroxy-oxo-methyl-carboxy-hexahydro-indanyl]- **10** 4843
—, Methyl-[methyl-carboxy-propyl]-[(methyl-carboxy-cyclohexyl)-propionyl]- **10** 4115
—, Methyl-[methyl-carboxy-propyl]-[methyl-carboxy-decahydro-naphthyl]- **9** 4786
—, Methyl-[methyl-carboxy-propyl]-[oxo-dicarboxy-hexahydro-indanyl]- **10** 4166

Cyclopentan-carbonsäure, Methyl-[methyl-carboxy-propyl]-[oxo-methyl-carboxy-hexahydro-indanyl]- **10** 4118
—, Methyl-[methyl-carboxy-propyl]-[oxo-methyl-carboxy-hexahydro-indenyl]- **10** 4132
—, Methyl-[methyl-methoxycarbonyl-äthyl]-[oxo-methyl-methoxycarbonyl-decahydro-naphthyl]-, methylester **10** 4118
—, Methyl-[methyl-methoxycarbonyl-propyl]-[acetoxy-methyl-carboxy-decahydro-naphthyl]- **10** 2567
—, Methyl-[methyl-phenacyl]- **10** 3205
—, Methyl-[methyl-phenäthyl]- **9** 2893
—, [(Methyl-naphthyl)-äthyl]- **9** 3400
—, [(Methyl-naphthyl)-äthyl]-, methylester **9** 3400
—, Methyl-[oxo-cyclohexyl]- **10** 2943
—, Methyl-[oxo-cyclohexyl]-, äthylester **10** 2943
—, Methyl-[oxo-isopropyl]- **10** 2862
—, Methyl-[oxo-isopropyl]-, methylester **10** 2863
—, Methyl-phenacyl- **10** 3198
—, [Methyl-phenacyl]- **10** 3199
—, [Methyl-phenacyl]-, methylester **10** 3199
—, Methyl-phenäthyl- **9** 2884
—, [Methyl-phenäthyl]- **9** 2884
—, [Methyl-phenäthyl]-, äthylester **9** 2885
—, Methyl-phenyl-, [diäthylamino-äthylester] **9** 2852
—, Methyl-phenyl-, [dimethylamino-äthylester] **9** 2852
—, Methyl-phenyl-, nitril **9** 2852
—, Methyl-[semicarbazono-äthyl]- **10** 2846
—, Methyl-[semicarbazono-äthyl]-, äthylester **10** 2846
—, Methyl-[semicarbazono-äthyl]-, methylester **10** 2847
—, Methyl-[semicarbazono-isopropyl]- **10** 2862
—, Methyl-[semicarbazono-isopropyl]-, methylester **10** 2863
—, Naphthoyl- **10** 3347
—, Naphthyl-, [diäthylamino-äthylester] **9** 3371
—, Naphthyl-, nitril **9** 3372
—, [Naphthyl-äthyl]- **9** 3397
—, Naphthylmethyl- **9** 3389
—, Oxal- s. *Glyoxylsäure, [Carboxy-cyclopentyl]*-
—, Oxo- **10** 2808, 2812
—, Oxo-, äthylester **10** 2808, 2812
—, Oxo-, methylester **10** 2808, 2812
—, Oxo-acetoxymethyl-, äthylester **10** 4183

Cyclopentan-carbonsäure, Oxo-acetyl-,
äthylester **10** 3518
—, Oxo-äthyl-, äthylester **10** 2828, 2830
—, Oxo-allyl-, äthylester **10** 2902
—, Oxo-benzyl-, äthylester **10** 3182
—, [(Oxo-benzyliden-cyclohexyl)-äthyl]-
10 3287
—, Oxo-bis-[äthoxycarbonyl-äthyl]-,
äthylester **10** 4110
—, Oxo-bis-äthoxycarbonylmethyl-,
äthylester **10** 4107
—, Oxo-butyl-, äthylester **10** 2861
—, Oxo-[chlor-butenyl]-, äthylester
10 2909
—, Oxo-[chlor-dioxo-dihydro-naphthyl]-,
äthylester **10** 4012
—, Oxo-cyclohexyl-, äthylester **10** 2934
—, [(Oxo-cyclohexyl)-äthyl]- **10** 2947
—, Oxo-diäthyl-, äthylester **10** 2863
—, Oxo-dimethyl- **10** 2831, 2832
—, Oxo-dimethyl-, äthylester **10** 2831, 2832
—, Oxo-[dimethyl-hexyl]-, äthylester
10 2891, 2892
—, Oxo-[dimethyl-hexyl]-
[äthoxycarbonylmethyl-cyclohexyl]-,
äthylester **10** 3942
—, [Oxo-dimethyl-propyl]- **10** 2878
—, [Oxo-dimethyl-propyl]-, methylester
10 2879
—, [Oxo-dimethyl-propyl]-, nitril
10 2879
—, Oxo-hydrazono-, äthylester **10** 3515
—, Oxo-hydrazono-, hydrazid **10** 3515
—, Oxo-hydroxymethyl-, äthylester
10 4183
—, [Oxo-indanyl-äthyl]- **10** 3243
—, [Oxo-indanyl-äthyl]-, methylester
10 3243
—, Oxo-isopropyl-, äthylester **10** 2844, 2845
—, Oxo-[methoxy-benzyl]-, äthylester
10 4348
—, Oxo-[(methoxy-naphthyl)-äthyl]-,
äthylester **10** 4459
—, Oxo-[methoxy-phenäthyl]-,
äthylester **10** 4351
—, Oxo-[methoxy-phenyl]- **10** 4345
—, Oxo-[(methoxy-phenyl)-propyl]-,
äthylester **10** 4354, 4355
—, Oxo-methyl- **10** 2817, 2818
—, Oxo-methyl-, äthylester **10** 2817, 2818
—, Oxo-methyl-, diäthylamid **10** 2813
—, Oxo-methyl-, methylester **10** 2818
—, Oxo-methyl-[äthoxy-propyl]-,
äthylester **10** 4185
—, Oxo-methyl-äthyl- **10** 2845, 2846
—, Oxo-methyl-äthyl-, äthylester
10 2846
—, Oxo-methyl-allyl-, äthylester
10 2909

Cyclopentan-carbonsäure, Oxo-methyl-
benzyl-, äthylester **10** 3193
—, Oxo-methyl-butyl-, äthylester
10 2880
—, Oxo-methyl-[dimethyl-hexyl]-,
äthylester **10** 2893, 2894
—, Oxo-methyl-hydroxymethyl-,
äthylester **10** 4503
—, Oxo-methyl-isopropyl-, äthylester
10 2861, 2862
—, Oxo-[methylmercapto-oxo-pentyl]-,
äthylester **10** 4504
—, Oxo-methyl-[(methoxy-naphthyl)-
äthyl]-, äthylester **10** 4461
—, Oxo-methyl-[naphthyl-äthyl]-,
äthylester **10** 3360, 3361
—, [Oxo-(methyl-naphthyl)-äthyl]-
10 3361
—, [Oxo-(methyl-naphthyl)-äthyl]-,
methylester **10** 3361
—, Oxo-methyl-propyl-, äthylester
10 2861
—, Oxo-[naphthyl-äthyl]-, äthylester
10 3357
—, [Oxo-naphthyl-äthyl]- **10** 3357, 3358
—, [Oxo-naphthyl-äthyl]-, methylester
10 3358
—, Oxo-naphthylmethyl-, äthylester
9 4488, 4489
—, Oxo-octyl-, äthylester **10** 2891
—, Oxo-[oxo-butyl]-, äthylester
10 3521
—, Oxo-[oxo-pentenyl]-, äthylester
10 3529
—, Oxo-[oxo-phenyl-butyl]-, äthylester
10 3597
—, Oxo-phenäthyl-, äthylester **10** 3192
—, Oxo-[phenoxy-äthyl]-, äthylester
10 4184
—, Oxo-phenyl- **10** 3173
—, Oxo-phenyl-, äthylester **10** 3173
—, Oxo-propyl-, äthylester **10** 2844
—, Oxo-semicarbazono-, äthylester
10 3515
—, [Oxo-tetrahydro-naphthyl]- **10** 3240
—, [Oxo-tetrahydro-naphthyl]-,
methylester **10** 3241
—, Oxo-trimethyl- **10** 2847, 2848
—, Oxo-trimethyl-, äthylester **10** 2848, 2849
—, Oxo-trimethyl-, methylester **10** 2847,
2848
—, Phenacyl- **10** 3192
—, Phenacyl-, methylester **10** 3193
—, Phenäthyl- **9** 2871
—, Phenäthyl-, äthylester **9** 2871
—, Phenyl- **9** 2819, 2822, 2823
—, Phenyl-, äthylester **9** 2819
—, Phenyl-, amid **9** 2821, 2822, 2823
—, Phenyl-, [chlor-äthylamid] **9** 2821

Cyclopentan-carbonsäure, Phenyl-, [chlor-äthylester] **9** 2819
—, Phenyl-, chlorid **9** 2821, 2823
—, Phenyl-, [diäthylamino-äthylamid] **9** 2821
—, Phenyl-, [diäthylamino-äthylester] **9** 2820
—, Phenyl-, [dimethylamino-äthylamid] **9** 2821
—, Phenyl-, [(dimethylamino-äthyl)-butyl-amid] **9** 2822
—, Phenyl-, [dimethylamino-äthylester] **9** 2819
—, Phenyl-, [dimethylamino-propylester] **9** 2820
—, Phenyl-, [hydroxy-äthylamid] **9** 2821
—, Phenyl-, [methyl-(diäthylamino-äthyl)-amid] **9** 2822
—, Phenyl-, [methyl-(dimethylamino-äthyl)-amid] **9** 2821
—, Phenyl-, methylester **9** 2823
—, Phenyl-, [(methyl-isopropyl-amino)-äthylester] **9** 2820
—, Phenyl-, nitril **9** 2822
—, Phenyl-, [triäthylammonio-äthylester] **9** 2820
—, Propionylimino-, nitril **10** 2811
—, [(Propylcarbamoyl-cyclopentyl)-äthyl]- **9** 4026
—, Propyl-isopropyl-, amid **9** 119
—, Semicarbazono- **10** 2812
—, Semicarbazono-, äthylester **10** 2810
—, Semicarbazono-, methylester **10** 2808
—, Semicarbazono-äthyl-, äthylester **10** 2829
—, [Semicarbazono-äthyl]- **10** 2830
—, [Semicarbazono-äthyl]-, methylester **10** 2830
—, [Semicarbazono-äthyl-phenäthyl]- **10** 3205
—, [(Semicarbazono-cyclohexyl)-äthyl]- **10** 2947
—, Semicarbazono-dimethyl- **10** 2831, 2832
—, Semicarbazono-dimethyl-, äthylester **10** 2831
—, [Semicarbazono-dimethyl-propyl]- **10** 2879
—, [Semicarbazono-dimethyl-propyl]-, methylester **10** 2879
—, Semicarbazono-[methoxy-benzyl]-, äthylester **10** 4348
—, Semicarbazono-[methoxy-phenyl]- **10** 4346
—, Semicarbazono-[(methoxy-phenyl)-propyl]-, äthylester **10** 4355
—, Semicarbazono-methyl-, äthylester **10** 2818
—, Semicarbazono-methyl-[äthoxy-propyl]-, äthylester **10** 4185

Cyclopentan-carbonsäure, Semicarbazono-methyl-äthyl- **10** 2845, 2846
—, Semicarbazono-methyl-äthyl-, äthylester **10** 2846
—, Semicarbazono-[methylmercapto-semicarbazono-pentyl]-, äthylester **10** 4505
—, Semicarbazono-methyl-[(methoxy-naphthyl)-äthyl]-, äthylester **10** 4461
—, [Semicarbazono-methyl-phenäthyl]- **10** 3199
—, Semicarbazono-octyl-, äthylester **10** 2891
—, Semicarbazono-phenäthyl-, äthylester **10** 3192
—, [Semicarbazono-phenäthyl]- **10** 3192
—, Semicarbazono-phenyl-, äthylester **10** 3174
—, Semicarbazono-propyl-, äthylester **10** 2844
—, Semicarbazono-[semicarbazono-butyl]-, äthylester **10** 3521
—, Semicarbazono-trimethyl- **10** 2847, 2848
—, Semicarbazono-trimethyl-, äthylester **10** 2849
—, Semicarbazono-trimethyl-, methylester **10** 2847
—, [Tetrahydro-naphthyl]- **9** 3108
—, Tetramethyl- **9** 98, 99, 100
—, Tetramethyl-, äthylester **9** 100
—, Tetramethyl-, amid **9** 100
—, Tetramethyl-, methylester **9** 100
—, Tetramethyl-, nitril **9** 100
—, Tetramethyl-carbamoyl- **9** 3919
—, Thioxo- **10** 2811
—, Thioxo-, äthylester **10** 2812
—, *m*-Tolyl-, [diäthylamino-äthylester] **9** 2853
—, *m*-Tolyl-, [dimethylamino-propylester] **9** 2854
—, *m*-Tolyl-, [methyl-(diäthylamino-äthyl)-amid] **9** 2854
—, *o*-Tolyl-, [äthyl-(diäthylamino-äthyl)-amid] **9** 2853
—, *o*-Tolyl-, [diäthylamino-äthylester] **9** 2853
—, *o*-Tolyl-, [dimethylamino-äthylester] **9** 2853
—, *o*-Tolyl-, [dimethylamino-propylester] **9** 2853
—, *p*-Tolyl-, [diäthylamino-äthylamid] **9** 2854
—, *p*-Tolyl-, [diäthylamino-äthylester] **9** 2854
—, *p*-Tolyl-, [dimethylamino-propylester] **9** 2854
—, Trichlor-hydroxy-oxo- **10** 1357, 4182
—, Trichlor-hydroxy-oxo-, methylester **10** 4182

Cyclopentan-carbonsäure, Trimethyl-
9 75, 76
—, Trimethyl-, amid 9 76
—, Trimethyl-, chlorid 9 76
—, Trimethyl-, methylester 9 75
—, Trimethyl-, [phenyl-phenacylester]
9 75, 76
—, Trimethyl-acetoxymethyl- 10 43
—, Trimethyl-acetyl- 10 2881, 2883
—, Trimethyl-acetyl-, äthylester 10 2883
—, Trimethyl-acetyl-, methylester
10 2882, 2883
—, Trimethyl-acetyl-, nitril 10 2883
—, Trimethyl-äthoxycarbonylmethyl-
9 3916
—, Trimethyl-[(äthylamino-äthyl)-
carbamoyl]- 9 3887
—, Trimethyl-benzohydroximoyl- 10 3206
—, Trimethyl-benzoyl- 10 3205, 3206
—, Trimethyl-benzoyl-, amid 10 3205
—, Trimethyl-benzoyl-, nitril 10 3205
—, Trimethyl-[brom-propyl]- 9 120
—, Trimethyl-[tert-butyl-phenyl]-,
methylester 9 2902
—, Trimethyl-carbamoyl- 9 3886, 3887
—, Trimethyl-carbamoyl-, äthylester
9 3890
—, Trimethyl-carbamoyl-, methylester
9 3889, 3890
—, Trimethyl-carbamoylmethyl- 9 3917
—, Trimethyl-chloracetyl-, methylester
10 2883
—, Trimethyl-chlorcarbonyl-,
methylester 9 3885
—, Trimethyl-cyan- 9 3893
—, Trimethyl-cyan-, amid 9 3894, 3895
—, Trimethyl-cyan-, chlorid 9 3894
—, Trimethyl-cyan-, methylester 9 3894
—, Trimethyl-cyanmethyl- 9 3917
—, Trimethyl-diäthylcarbamoyl- 9 3888
—, Trimethyl-formohydroximoyl-
10 2867, 2868
—, Trimethyl-formyl- 10 2867, 2868
—, Trimethyl-formyl-, äthylester
10 2868, 2869
—, Trimethyl-formyl-, benzylester 10 2869
—, Trimethyl-formyl-, methylester
10 2868
—, Trimethyl-hydroperoxycarbonyl-
9 3884
—, Trimethyl-[hydroxy-äthyl]- 10 45
—, Trimethyl-[hydroxy-benzhydryl]-,
nitril 10 1296
—, Trimethyl-[hydroxy-benzyl]- 10 925
—, Trimethyl-[hydroxy-butyl]- 10 49
—, Trimethyl-[hydroxy-carbamoyl-methyl]-
10 2042
—, Trimethyl-[hydroxy-carboxy-methyl]-
10 2042

Cyclopentan-carbonsäure, Trimethyl-
[hydroxy-carboxy-propyl]- 10 2044
—, Trimethyl-[hydroxy-cyan-methyl]-,
äthylester 10 2043
—, Trimethyl-[hydroxy-cyan-methyl]-,
methylester 10 2043
—, Trimethyl-hydroxymethyl- 10 42, 43
—, Trimethyl-[hydroxy-(oxo-bornyliden)-
äthyl]- 10 3543
—, Trimethyl-[hydroxy-phenäthyl]-
10 926, 927
—, Trimethyl-[hydroxy-propyl]- 10 48
—, Trimethyl-[hydroxy-propyl-butyl]-
10 50
—, Trimethyl-isopropenyl- 9 254
—, Trimethyl-isopropyl- 9 120
—, Trimethyl-isopropyl-, amid 9 120
—, Trimethyl-isopropyl-, chlorid
9 120
—, Trimethyl-isopropyliden- 9 254
—, Trimethyl-methoxycarbonyl-,
anhydrid 9 3884
—, Trimethyl-[methyl-äthyl-carbamoyl]-
9 3888
—, Trimethyl-[(methylamino-äthyl)-
carbamoyl]- 9 3887
—, Trimethyl-methylcarbamoyl- 9 3886,
3888
—, Trimethyl-methylperoxycarbonyl-,
methylester 9 3885
—, Trimethyl-[oxo-(hydroxy-bornenyl)-
äthyl]- 10 3543
—, Trimethyl-[oxo-(oxo-trimethyl-
norbornyl)-äthyl]- 10 3543
—, Trimethyl-phenacyl- 10 3210
—, Trimethyl-[phenyl-benzyl-äthyliden]-
9 3546
—, Trimethyl-[phenyl-benzyl-vinyl]-
9 3546
—, Trimethyl-[semicarbazono-äthyl]-
10 2882, 2883
—, Trimethyl-[semicarbazono-äthyl]-,
äthylester 10 2883
—, Trimethyl-[semicarbazono-äthyl]-,
methylester 10 2882
—, Trimethyl-[semicarbazono-äthyl]-,
nitril 10 2884
—, Trimethyl-semicarbazonomethyl-
10 2868
—, Trimethyl-semicarbazonomethyl-,
äthylester 10 2869
—, Trimethyl-semicarbazonomethyl-,
methylester 10 2869
—, [3.4]Xylyl-, [diäthylamino-
äthylamid] 9 2874
—, [3.4]Xylyl-, [diäthylamino-
äthylester] 9 2874
—, [3.4]Xylyl-, [dimethyl-amino-
äthylamid] 9 2874

Cyclopentan-carbonsäure, [3.4]Xylyl-,
  [dimethylamino-propylester] 9 2874
Cyclopentan-carbonsäure-[äthoxycarbonyl-
  äthylester] 9 12
— äthylester 9 11
— amid 9 13
— anhydrid 9 12
— butylester 9 12
— tert-butylester 9 12
— chlorid 9 13
— cyclohexylester 9 12
— [diäthylamino-äthylester] 9 13
— isopropylester 9 12
— methylester 9 11
— nitril 9 13
— propylester 9 11
Cyclopentan-carbonylchlorid 9 13
—, Äthyl- 9 60
—, Brom-äthyl- 9 60
—, Brom-cyclohexyl- 9 255
—, Cyclohexyl- 9 255
—, Dimethyl- 9 62
—, Methyl- 9 43, 44
—, Methyl-isopropyl- 9 97
—, Phenyl- 9 2821, 2823
—, Trimethyl- 9 76
—, Trimethyl-cyan- 9 3894
—, Trimethyl-isopropyl- 9 120
Cyclopentan-dicarbamid, Dihydroxy-
  diphenyl- 10 2536
—, Dimethyl- 9 3848
—, Trimethyl- 9 3890
Cyclopentan-dicarbonitril, Trimethyl-
  9 3895
Cyclopentan-dicarbonsäure 9 3806, 3808
—, Acetoxy-trimethyl- 10 2038, 2041
—, Acetoxy-trimethyl-, dimethylester
  10 2040
—, Acetoxy-trimethyl-, methylester
  10 2039
—, Brom-dimethyl- 9 3848
—, Brom-dimethyl-, diäthylester 9 3849
—, Brom-hydroxy-formyl- 10 4711
—, Brom-hydroxy-formyl-, dimethylester
  10 4711
—, Brom-methyl- 9 3825
—, Brom-trimethyl- 9 3896
—, Brom-trimethyl-, dimethylester
  9 3885
—, Chlor-tetramethyl-, anhydrid 9 3919
—, Cyan-, diäthylester 9 4748
—, Diacetyl-, diäthylester 7 3244
—, Dibenzhydryl- 9 4728, 4729
—, Dibrom-, diäthylester 9 3809
—, Dibrom-trioxo-, diäthylester
  10 4112
—, Dihydroxy-diphenyl- 10 2535
—, Dihydroxy-diphenyl-, diäthylester
  10 2535

Cyclopentan-dicarbonsäure, Dihydroxy-
  diphenyl-, diamid 10 2536
—, Dihydroxy-diphenyl-, dimethylester
  10 2535
—, Dihydroxy-diphenyl-, dipropylester
  10 2535
—, Dimethyl- 9 3847, 3849
—, Dimethyl-, amid 9 3848
—, Dimethyl-, diäthylester 9 3846,
  3848, 3850
—, Dimethyl-, diamid 9 3848
—, Dimethyl-, nitril 9 3848
—, Dimethyl-brommethyl- 9 3896
—, Dimethyl-brommethyl-, diäthylester
  9 3896
—, Dimethyl-brommethyl-, dimethylester
  9 3896
—, Dimethyl-hydroxymethyl- 10 2040
—, Dimethyl-methylen- 9 3986
—, Dioxo-, diäthylester 10 4045
—, Dioxo-bis-[hydroxy-phenyl]-,
  dimethylester 10 4856
—, Dioxo-[brom-methoxy-phenyl]-,
  diäthylester 10 4811
—, Dioxo-[chlor-methoxy-phenyl]-,
  diäthylester 10 4811
—, Dioxo-[dibrom-methoxy-phenyl]-,
  diäthylester 10 4812
—, Dioxo-[dichlor-methoxy-phenyl]-,
  diäthylester 10 4811
—, Dioxo-dimethyl- 10 4049
—, Dioxo-dimethyl-, diäthylester 10 4050
—, Dioxo-dimethyl-, dimethylester
  10 4049, 4050
—, Dioxo-[jod-methoxy-phenyl]-,
  diäthylester 10 4812
—, Dioxo-[methoxy-phenyl]-,
  diäthylester 10 4811
—, Dioxo-methyl-, diäthylester 10 4048
—, Dioxo-methyl-, dimethylester 10 4048
—, Dioxo-trimethyl-, dimethylester
  10 4051
—, Hydrazono-methyl-äthyl-, dihydrazid
  10 3912
—, Hydroxy-, äthylester-nitril 10 2029
—, Hydroxy-, diäthylester 10 2029
—, Hydroxy-dimethyl- 9 3849, 10 2034
—, Hydroxy-dimethyl-, diäthylester
  10 2034
—, Hydroxy-methyl- 10 2032
—, Hydroxy-methyl-, äthylester-nitril
  10 2031
—, Hydroxy-methyl-, diäthylester
  10 2032
—, Hydroxy-trimethyl- 10 2037, 2040
—, Hydroxy-trimethyl-, äthylester
  10 2040
—, Hydroxy-trimethyl-, diäthylester
  10 2041

Cyclopentan-dicarbonsäure, Hydroxy-trimethyl-, dimethylester 10 2039
—, Hydroxy-trimethyl-, methylester 10 2038, 2039
—, Methyl- 9 3823, 3824, 3825
—, Methyl-, diäthylester 9 3824
—, Methyl-, dimethylester 9 3823
—, Methyl-, methylester 9 3824
—, Methyl-carboxymethyl-[carboxy-äthyl]- 9 4854
—, Methyl-cyan-, diäthylester 9 4750
—, Methyl-[methyl-carboxy-propyl]- 9 4770
—, Methyl-[methyl-methoxycarbonyl-propyl]-, dimethylester 9 4771
—, Methyl-[methyl-methoxycarbonyl-propyl]-, methylester 9 4771
—, Oxo- 10 3889
—, Oxo-, diäthylester 10 3890
—, Oxo-, dimethylester 10 3889, 3890
—, Oxo-[äthoxycarbonyl-äthyl]-, diäthylester 10 4106
—, Oxo-äthoxycarbonylmethyl-, diäthylester 10 4105
—, Oxo-äthyl-, diäthylester 10 3898
—, Oxo-dimethyl-, diäthylester 10 3899, 3900
—, Oxo-dimethyl-äthoxycarbonylmethyl-, diäthylester 10 4109
—, Oxo-[methoxy-phenyl]-, diäthylester 10 4752
—, Oxo-methyl- 10 3892
—, Oxo-methyl-, diäthylester 10 3893
—, Oxo-methyl-, dimethylester 10 3892
—, Oxo-methyl-[äthoxycarbonyl-äthyl]-, diäthylester 10 4109
—, Oxo-methyl-äthoxycarbonylmethyl-, diäthylester 10 4107
—, Oxo-methyl-äthyl-, diäthylester 10 3910, 3911
—, Oxo-phenyl-, diäthylester 10 3979
—, Oxo-phenyl-, dimethylester 10 3979
—, Oxo-trimethyl-, äthylester 10 3912
—, Oxo-trimethyl-, diäthylester 10 3912, 3913
—, Oxo-trimethyl-, dimethylester 10 3912
—, Semicarbazono-, dimethylester 10 3889
—, Semicarbazono-methyl-, dimethylester 10 3892
—, Semicarbazono-trimethyl-, äthylester 10 3912
—, Tetramethyl- 9 3917, 3919
—, Tetramethyl-, äthylester 9 3918
—, Tetramethyl-, amid 9 3919
—, Tetramethyl-, diäthylester 9 3918
—, Tetramethyl-, dichlorid 9 3918
—, Tetramethyl-, dimethylester 9 3918

Cyclopentan-dicarbonsäure, Tetramethyl-, methylester 9 3918
—, Trimethyl- 9 3876, 3897, 3898
—, Trimethyl-, äthylamid-diäthylamid 9 3892
—, Trimethyl-, [äthylamino-äthylamid] 9 3887
—, Trimethyl-, äthylester 9 3880
—, Trimethyl-, äthylester-amid 9 3890
—, Trimethyl-, amid 9 3886, 3887
—, Trimethyl-, amid-nitril 9 3894, 3895
—, Trimethyl-, bis-benzylidenhydrazid 9 3895
—, Trimethyl-, bis-diäthylamid 9 3892
—, Trimethyl-, bis-[diäthylamino-äthylester] 9 3884
—, Trimethyl-, bis-dibutylamid 9 3893
—, Trimethyl-, bis-diisopentylamid 9 3893
—, Trimethyl-, bis-dimethylamid 9 3890
—, Trimethyl-, bis-[dimethyl-(dimethyl-hexyl)-tetradecahydro-cyclopenta-[a]phenanthrenylester] 9 3882
—, Trimethyl-, bis-[methoxy-äthylester] 9 3882
—, Trimethyl-, bis-[methoxy-phenylester] 9 3883
—, Trimethyl-, bis-[methyl-äthyl-amid] 9 3891
—, Trimethyl-, [chlor-dimethyl-phenylester] 9 3881
—, Trimethyl-, chlorid-nitril 9 3894
—, Trimethyl-, [chlor-methyl-phenylester] 9 3881
—, Trimethyl-, [chlor-phenylester] 9 3880
—, Trimethyl-, diäthylamid 9 3888
—, Trimethyl-, diamid 9 3890
—, Trimethyl-, diazid 9 3895
—, Trimethyl-, dichlorid 9 3886
—, Trimethyl-, dicholestenylester 9 3882
—, Trimethyl-, dihydrazid 9 3895
—, Trimethyl-, dimethylamid-diäthylamid 9 3891
—, Trimethyl-, dimethylamid-[methyl-äthyl-amid] 9 3890, 3891
—, Trimethyl-, dimethylester 9 3880
—, Trimethyl-, dinitril 9 3895
—, Trimethyl-, [hydroxy-methyl-propylester] 9 3882
—, Trimethyl-, [methoxy-phenylester] 9 3883
—, Trimethyl-, [methyl-äthyl-amid] 9 3888
—, Trimethyl-, [methyl-äthyl-amid]-diäthylamid 9 3892
—, Trimethyl-, methylamid 9 3886, 3888
—, Trimethyl-, methylamid-diäthylamid 9 3891

Cyclopentan-dicarbonsäure, Trimethyl-,
[methylamino-äthylamid] 9 3887
—, Trimethyl-, methylester 9 3879
—, Trimethyl-, methylester-amid
9 3889, 3890
—, Trimethyl-, methylester-chlorid 9 3885
—, Trimethyl-, methylester-[methoxy-
phenylester] 9 3883
—, Trimethyl-, methylester-nitril
9 3894
—, Trimethyl-, nitril 9 3893
—, Trimethyl-, [p-tolyl-äthylester]
9 3881
—, Trimethyl-phenyl- 9 4423, 4424
—, Trimethyl-propyl- 9 3928
—, Trioxo-, diäthylester 10 4112
Cyclopentan-dicarbonsäure-bis-
diäthylamid 9 3807
— diäthylester 9 3807, 3809
— dichlorid 9 3808
— dimethylester 9 3806, 3808
— methylester 9 3808
— methylester-chlorid 9 3809
Cyclopentan-dicarbonylchlorid 9 3808
—, Tetramethyl- 9 3918
—, Trimethyl- 9 3886
Cyclopentandiyldibenzoat 9 542
Cyclopentan-hexacarbonsäure,
[Bis-methoxycarbonyl-methyl]-,
hexamethylester 9 4918
—, Dicarboxymethyl- 9 4918
—, Dicarboxymethyl-, hexamethylester
9 4918
—, Methoxy-[bis-methoxycarbonyl-methyl]-,
hexamethylester 10 2641
Cyclopentanol, Bis-äthoxycarbonylmethyl-
10 2034
Cyclopentanon, [Benzoyloxy-benzyl]-
9 743
—, [Benzoyloxy-benzyl]-, oxim 9 743
—, [Benzoyloxy-phenäthyl]- 9 743
—, [Benzoyloxy-phenyl]- 9 743
—, Bis-[äthoxycarbonyl-äthyl]- 10 3918
—, Bis-äthoxycarbonylmethyl- 10 3898
—, Bis-[carboxy-äthyl]- 10 3918
—, Bis-carboxymethyl- 10 3898
—, Bis-methoxalyl- 10 4113
—, Bis-[(nitro-benzoyloxy)-methyl]-
9 1678
—, Tetrakis-[carboxy-äthyl]- 10 4161
—, Tetrakis-[cyan-äthyl]- 10 4161
Cyclopentanon-[brom-benzoylhydrazon]
9 1389, 1401
— [chlor-benzoylhydrazon] 9 1351
— [dinitro-benzoylhydrazon] 9 1947
— [dinitro-methyl-benzoylhydrazon]
9 2373
— [nitro-benzoylhydrazon] 9 1484,
1526, 1753

Cyclopentan-pentacarbonsäure, Hydroxy-
äthoxycarbonylmethyl-,
pentaäthylester 10 2638
—, Hydroxy-carboxymethyl-,
tetraäthylester 10 2638
—, Hydroxy-carboxymethyl-,
tetramethylester 10 2638
—, Hydroxy-methoxycarbonylmethyl-,
pentamethylester 10 2638
Cyclopentan-peroxycarbonsäure,
Trimethyl-carboxy- 9 3884
—, Trimethyl-methoxycarbonyl- 9 3885
—, Trimethyl-methoxycarbonyl-,
methylester 9 3885
Cyclopentan-tetracarbonsäure 9 4846, 4847
—, Benzyl- 9 4883
—, Benzyl-, anhydrid 9 4884
—, Benzyl-, dianhydrid 9 4884
—, Oxo-, tetraäthylester 10 4160
Cyclopentan-tetracarbonsäure-
dimethylester 9 4847
— tetramethylester 9 4847
Cyclopentan-thiocarbonsäure 9 14
Cyclopentan-tricarbamid,
Carbamoylmethyl- 9 4849
Cyclopentan-tricarbonsäure,
Carbamoylmethyl-, triamid 9 4849
—, Carboxymethyl- 9 4849
—, Dimethyl- 9 4754
—, Dioxo-methyl-, trimethylester
10 4144
—, Hydroxy- 10 2554
—, Hydroxy-, triäthylester 10 2554
—, Hydroxy-äthoxycarbonylmethyl-,
triäthylester 10 2625
—, Hydroxy-carboxymethyl- 10 2625
—, Hydroxy-methoxycarbonylmethyl-,
trimethylester 10 2625
—, Methyl-, diäthylester-nitril 9 4750
—, Oxo-, triäthylester 10 4105
—, Oxo-cyan-, trimethylester 10 4160
—, Oxo-methyl-, triäthylester 10 4105, 4106
Cyclopentan-tricarbonsäure-diäthylester-
nitril 9 4748
Cyclopenta[cd]phenalen-carbonsäure,
Oxo-tetrahydro- 10 3384
Cyclopenta[a]phenanthren, Acetoxy-
benzoyloxy-dimethyl-acetyl-
tetradecahydro- 9 794
—, Acetoxy-benzoyloxy-dimethyl-äthinyl-
tetradecahydro- 9 617
—, Acetoxy-benzoyloxy-dimethyl-
[dimethyl-hexyl]-hexadecahdyro-
9 580, 581, 582
—, Acetoxy-benzoyloxy-dimethyl-
[dimethyl-hexyl]-tetradecahydro-
9 594, 595, 596, 600
—, Acetoxy-benzoyloxy-dimethyl-
dodecahydro- 9 605

Cyclopentan[a]phenanthren, Acetoxy-
benzoyloxy-dimethyl-hexadecahydro-
9 579
—, Acetoxy-benzoyloxy-dimethyl-
tetradecahydro- 9 591
—, Acetoxy-benzoyloxy-methyl-decahydro-
9 615
—, Acetoxy-benzoyloxy-oxo-dimethyl-
[dimethyl-hexyl]-tetradecahydro-
9 796
—, Acetoxy-benzoyloxy-oxo-dimethyl-
hexadecahydro- 9 791
—, Acetoxy-benzoyloxy-trimethyl-
tetradecahydro- 9 593
—, Acetoxy-cyclohexancarbonyloxy-
dimethyl-hexadecahydro- 9 21
—, Acetoxy-dibenzoyloxy-dimethyl-
[dimethyl-hexyl]-tetradecahydro-
9 681
—, Acetoxy-dimethyl-[benzoyloxy-methyl-
butyl]-tetradecahydro- 9 594
—, Acetoxy-dimethyl-[benzoyloxy-methyl-
phenyl-äthyl]-tetradecahydro- 9 643
—, Acetoxy-[dioxo-dihydro-
anthracencarbonyloxy]-dimethyl-
acetyl-hexadecahydro- 10 3645
—, [Acetoxy-methyl-benzoyloxy]-
dimethyl-[dimethyl-hexyl]-
tetradecahydro- 10 508
—, Acetoxy-[nitro-benzoyloxy]-dimethyl-
tetradecahydro- 9 1473
—, Acetoxy-oxo-dimethyl-[benzoyloxy-
äthyl]-hexadecahydro- 9 792
—, Äthoxy-benzoyloxy-dimethyl-
[dimethyl-hexyl]-decahydro- 9 617
—, Äthoxy-benzoyloxy-dimethyl-
[dimethyl-hexyl]-tetradecahydro-
9 594, 596, 599
—, Äthoxy-benzoyloxy-dimethyl-
[trimethyl-hexenyl]-
tetradecahydro- 9 607
—, Äthoxy-[dinitro-benzoyloxy]-
dimethyl-[dimethyl-hexyl]-
tetradecahydro- 9 1913
—, Äthoxy-[dinitro-benzoyloxy]-
dimethyl-[trimethyl-hexenyl]-
tetradecahydro- 9 1915
—, Benzoylmercapto-dimethyl-[dimethyl-
hexyl]-tetradecahydro- 9 1966
—, [Benzoyloxy-äthylmercapto]-oxo-
dimethyl-dodecahydro- 9 538
—, Benzoyloxy-[benzoyloxy-
äthylmercapto]-dimethyl-
dodecahydro- 9 605
—, Benzoyloxy-benzylmercapto-dimethyl-
dodecahydro- 9 605
—, Benzoyloxy-decahydro- 9 497
—, Benzoyloxy-dimethyl-acetyl-
dodecahydro- 9 752

Cyclopentan[a]phenanthren, Benzoyloxy-
dimethyl-acetyl-hexadecahydro-
9 739
—, Benzoyloxy-dimethyl-acetyl-
tetradecahydro- 9 747
—, Benzoyloxy-dimethyl-äthyl-
tetradecahydro- 9 458
—, Benzoyloxy-dimethyl-[benzoyloxy-
äthyl]-hexadecahydro- 9 580
—, Benzoyloxy-dimethyl-[benzoyloxy-
isopropyl]-tetradecahydro- 9 593
—, Benzoyloxy-dimethyl-[benzoyloxy-
methyl-phenyl-äthyl]-
tetradecahydro- 9 644
—, Benzoyloxy-dimethyl-[benzoyloxy-
methyl-phenyl-butyl]-
tetradecahydro- 9 644
—, Benzoyloxy-dimethyl-[chlor-dimethyl-
hexyl]-tetradecahydro- 9 466
—, Benzoyloxy-dimethyl-[dibrom-
dimethyl-äthyl-hexyl]-
tetradecahydro- 9 470
—, Benzoyloxy-dimethyl-[dibrom-
dimethyl-hexyl]-tetradecahydro-
9 465
—, Benzoyloxy-dimethyl-[dimethyl-äthyl-
hexenyl]-dodecahydro- 9 499
—, Benzoyloxy-dimethyl-[dimethyl-äthyl-
hexenyl]-hexadecahydro- 9 470
—, Benzoyloxy-dimethyl-[dimethyl-äthyl-
hexenyl]-tetradecahydro- 9 483, 484
—, Benzoyloxy-dimethyl-[dimethyl-äthyl-
hexyl]-dodecahydro- 9 482
—, Benzoyloxy-dimethyl-[dimethyl-äthyl-
hexyl]-hexadecahydro- 9 452
—, Benzoyloxy-dimethyl-[dimethyl-äthyl-
hexyl]-tetradecahydro- 9 469, 470
—, Benzoyloxy-dimethyl-[dimethyl-
hexenyl]-tetradecahydro- 9 478, 479
—, Benzoyloxy-dimethyl-[dimethyl-hexyl]-
äthyliden-tetradecahydro- 9 484
—, Benzoyloxy-dimethyl-[dimethyl-hexyl]-
dodecahydro- 9 476, 478
—, Benzoyloxy-dimethyl-[dimethyl-hexyl]-
hexadecahydro- 9 448, 451
—, Benzoyloxy-dimethyl-[dimethyl-hexyl]-
isobutyliden-tetradecahydro-
9 491
—, Benzoyloxy-dimethyl-[dimethyl-hexyl]-
methylen-tetradecahydro- 9 482
—, Benzoyloxy-dimethyl-[dimethyl-hexyl]-
tetradecahydro- 9 459, 460, 464
465, 466
—, Benzoyloxy-dimethyl-hexadecahydro-
9 447
—, Benzoyloxy-dimethyl-[hydroxy-methyl-
butyl]-tetradecahydro- 9 593
—, Benzoyloxy-dimethyl-isopentyl-
[dimethyl-hexyl]-hexadecahydro- 9 453

Cyclopenta[a]phenanthren, Benzoyloxy-dimethyl-[methyl-hexyl]-dodecahydro- 9 476

—, Benzoyloxy-dimethyl-[methyl-hexyl]-tetradecahydro- 9 458

—, Benzoyloxy-dimethyl-[methyl-isopropyl-hexenyl]-tetradecahydro- 9 483

—, Benzoyloxy-dimethyl-[methyl-isopropyl-pentenyl]-tetradecahydro- 9 480, 481, 482

—, Benzoyloxy-dimethyl-[oxo-methyl-hexyl]-tetradecahydro- 9 747

—, Benzoyloxy-dimethyl-[oxo-methyl-(trimethyl-phenyl)-äthyl]-tetradecahydro- 9 771

—, Benzoyloxy-dimethyl-tetradecahydro- 9 457

—, Benzoyloxy-dimethyl-[trimethyl-hexenyl]-dodecahydro- 9 498, 499

—, Benzoyloxy-dimethyl-[trimethyl-hexenyl]-hexadecahdryo- 9 468

—, Benzoyloxy-dimethyl-[trimethyl-hexenyl]-tetradecahydro- 9 480, 482

—, Benzoyloxy-dimethyl-[trimethyl-hexyl]-dodecahydro- 9 479, 480, 481

—, Benzoyloxy-dimethyl-[trimethyl-hexyl]-hexadecahydro- 9 452

—, Benzoyloxy-dimethyl-[trimethyl-hexyl]-tetradecahydro- 9 467, 468

—, Benzoyloxy-[dinitro-benzoyloxy]-dimethyl-[dimethyl-äthyl-hexenyl]-tetradecahydro- 9 1915

—, Benzoyloxy-[dinitro-benzoyloxy]-dimethyl-[dimethyl-hexyl]-tetradecahydro- 9 1913

—, Benzoyloxy-dioxo-dimethyl-hexadecahydro- 9 794

—, Benzoyloxy-dioxo-dimethyl-tetradecahydro- 9 797

—, Benzoyloxy-methyl-decahydro- 9 497

—, Benzoyloxy-methyl-hexahydro- 9 518

—, Benzoyloxy-methyl-octahydro- 9 513

—, Benzoyloxy-methyl-[trimethyl-hexenyl]-decahydro- 9 515

—, Benzoyloxy-oxo-dimethyl-acetyl-hexadecahydro- 9 795

—, Benzoyloxy-oxo-dimethyl-acetyl-tetradecahydro- 9 797

—, Benzoyloxy-oxo-dimethyl-[benzoyloxy-oxo-dimethyl-hexyl]-tetradecahydro- 9 821

—, Benzoyloxy-oxo-dimethyl-[dimethyl-hexyl]-dodecahydro- 9 753

—, Benzoyloxy-oxo-dimethyl-[dimethyl-hexyl]-hexadecahydro- 9 740, 741

—, Benzoyloxy-oxo-dimethyl-[dimethyl-hexyl]-tetradecahydro- 9 748, 749

Cyclopentan[a]phenanthren, Benzoyloxy-oxo-dimethyl-dodecahydro- 9 751, 752

—, Benzoyloxy-oxo-dimethyl-hexadecahydro- 9 736, 737

—, Benzoyloxy-oxo-dimethyl-isopropyliden-tetradecahydro- 9 752

—, Benzoyloxy-oxo-dimethyl-tetradecahydro- 9 745, 746, 747

—, Benzoyloxy-oxo-methyl-decahydro- 9 757, 760

—, Benzoyloxy-oxo-methyl-hexahydro- 9 769

—, Benzoyloxy-oxo-methyl-octahydro- 9 766, 767

—, Benzoyloxy-oxo-trimethyl-tetradecahydro- 9 747

—, Benzoyloxy-pentamethyl-[dibrom-dimethyl-hexyl]-tetradecahydro- 9 472

—, Benzoyloxy-pentamethyl-[dimethyl-hexenyl]-dodecahydro- 9 500

—, Benzoyloxy-pentamethyl-[dimethyl-hexenyl]-tetradecahydro- 9 484, 486

—, Benzoyloxy-pentamethyl-[dimethyl-hexyl]-tetradecahydro- 9 471

—, Benzoyloxy-pentamethyl-[methyl-isopropyl-pentenyl]-tetradecahydro- 9 491

—, Benzoyloxy-pentamethyl-[trimethyl-hexyl]-tetradecahydro- 9 473

—, Benzoyloxy-semicarbazono-dimethyl-[dimethyl-hexyl]-hexadecahydro- 9 741

—, Benzoyloxy-semicarbazono-methyl-decahydro- 9 758

—, Biphenylcarbonyloxy-dimethyl-[dimethyl-hexyl]-hexadecahydro- 9 3278

—, Biphenylcarbonyloxy-dimethyl-[dimethyl-hexyl]-tetradecahydro- 9 3278

—, Bis-[dinitro-benzoyloxy]-dimethyl-[dimethyl-äthyl-hexenyl]-tetradecahydro- 9 1915

—, Bis-[dinitro-benzoyloxy]-dimethyl-[dimethyl-äthyl-hexyl]-hexadecahydro- 9 1910

—, Bis-[dinitro-benzoyloxy]-dimethyl-[dimethyl-hexyl]-dodecahydro- 9 1914

—, Bis-[dinitro-benzoyloxy]-dimethyl-[dimethyl-hexyl]-tetradecahydro- 9 1913, 1914

—, Bis-[dinitro-benzoyloxy]-oxo-dimethyl-tetradecahydro- 9 1932

—, Bis-[dinitro-benzoyloxy]-trimethyl-[dimethyl-hexyl]-hexadecahydro- 9 1910

Cyclopenta[a]phenanthren, Bis-[dioxo-
dihydro-anthracencarbonyloxy]-dimethyl-
acetyl-hexadecahydro- 10 3646
—, Bis-[nitro-benzoyloxy]-dimethyl-
tetradecahydro- 9 1649
—, Bis-[nitro-benzoyloxy]-methyl-
hexahydro- 9 1652
—, Brom-benzoyloxy-dimethyl-[dimethyl-
hexyl]-tetradecahydro- 9 462
—, Brom-benzoyloxy-oxo-dimethyl-
tetradecahydro- 9 745, 746
—, [Brom-benzoyloxy]-oxo-methyl-
decahydro- 9 1397
—, Brom-cyclohexancarbonyloxy-oxo-
dimethyl-dodecahydro- 9 26
—, Brom-cyclohexancarbonyloxy-oxo-
dimethyl-hexadecahydro- 9 22
—, Brom-cyclohexancarbonyloxy-oxo-
dimethyl-tetradecahydro- 9 24, 25
—, Brom-[dinitro-benzoyloxy]-dimethyl-
[dimethyl-hexyl]-decahydro- 9 1880
—, Butyryloxy-benzoyloxy-methyl-
decahydro- 9 616
—, Chlor-acetoxy-benzoyloxy-dimethyl-
[dimethyl-hexyl]-hexadecahydro-
9 582
—, Chlor-benzoyloxy-dimethyl-[dimethyl-
hexyl]-tetradecahydro- 9 459,
462, 464
—, Chlor-benzoyloxy-methyl-decahydro-
9 497
—, Chlor-benzoyloxy-oxo-methyl-
decahydro- 9 758
—, Chlor-dibenzoyloxy-dimethyl-
[dimethyl-hexyl]-hexadecahydro-
9 582
—, [Chlor-dinitro-benzoyloxy]-dimethyl-
[trimethyl-hexenyl]-dodecahydro-
9 1952
—, Chlor-hydroxy-benzoyloxy-dimethyl-
[dimethyl-hexyl]-hexadecahydro-
9 580, 582
—, Cinnamoylmercapto-dimethyl-
[dimethyl-hexyl]-tetradecahydro-
9 2750
—, Cinnamoyloxy-dimethyl-[dimethyl-
äthyl-hexenyl]-tetradecahydro-
9 2694
—, Cinnamoyloxy-dimethyl-[dimethyl-
äthyl-hexyl]-tetradecahydro-
9 2693
—, Cinnamoyloxy-dimethyl-[dimethyl-
hexyl]-hexadecahydro- 9 2692
—, Cinnamoyloxy-dimethyl-[dimethyl-
hexyl]-tetradecahydro- 9 2693
—, Cinnamoyloxy-dimethyl-[trimethyl-
hexenyl]-dodecahydro- 9 2694
—, Cinnamoyloxy-dimethyl-[trimethyl-
hexyl]-hexadecahydro- 9 2693

Cyclopenta[a]phenanthren, Cyclobutan-
carbonyloxy-oxo-dimethyl-
tetradecahydro- 9 8
—, Cyclohexancarbonyloxy-dimethyl-
[dimethyl-hexyl]-hexadecahydro-
9 19
—, Cyclohexancarbonyloxy-dimethyl-
hexadecahydro- 9 19
—, Cyclohexancarbonyloxy-dimethyl-
tetradecahydro- 9 19
—, Cyclohexancarbonyloxy-dimethyl-
[trimethyl-hexyl]-hexadecahydro-
9 19
—, Cyclohexancarbonyloxy-dimethyl-
[trimethyl-hexyl]-tetradecahydro-
9 20
—, Cyclohexancarbonyloxy-oxo-dimethyl-
dodecahydro- 9 26
—, Cyclohexancarbonyloxy-oxo-dimethyl-
hexadecahydro- 9 21
—, Cyclohexancarbonyloxy-oxo-dimethyl-
tetradecahydro- 9 24, 25
—, [Cyclopentenyl-acetoxy]-dimethyl-
[dimethyl-hexyl]-tetradecahydro-
9 157
—, [Cyclopentenyl-tridecanoylmercapto]-
dimethyl-[dimethyl-hexyl]-
tetradecahydro- 9 291
—, [Cyclopentenyl-tridecanoyloxy]-
dimethyl-[dimethyl-hexyl]-
tetradecahydro- 9 288
—, [Cyclopentenyl-undecanoylmercapto]-
dimethyl-[dimethyl-hexyl]-
tetradecahydro- 9 279
—, [Cyclopentenyl-undecanoyloxy]-
dimethyl-[dimethyl-hexyl]-
tetradecahydro- 9 276
—, [Cyclopentyl-tridecanoyloxy]-
dimethyl-[dimethyl-hexyl]-
tetradecahydro- 9 135
—, Cyclopropancarbonyloxy-oxo-dimethyl-
tetradecahydro- 9 5
—, Dibenzoyloxy-dimethyl-acetyl-
hexadecahydro- 9 792
—, Dibenzoyloxy-dimethyl-[benzoyloxy-
äthyl]-hexadecahydro- 9 677
—, Dibenzoyloxy-dimethyl-[benzoyloxy-
dimethyl-hexyl]-hexadecahydro-
9 679
—, Dibenzoyloxy-dimethyl-[benzoyloxy-
dimethyl-hexyl]-tetradecahydro-
9 681
—, Dibenzoyloxy-dimethyl-[dimethyl-
äthyl-hexenyl]-tetradecahydro-
9 607
—, Dibenzoyloxy-dimethyl-[dimethyl-
äthyl-hexyl]-tetradecahydro- 9 603
—, Dibenzoyloxy-dimethyl-[dimethyl-
hexyl]-decahydro- 9 618

Cyclopenta[*a*]phenanthren, Dibenzoyloxy-dimethyl-[dimethyl-hexyl]-dodecahydro- 9 606

—, Dibenzoyloxy-dimethyl-[dimethyl-hexyl]-hexadecahydro- 9 581, 583

—, Dibenzoyloxy-dimethyl-[dimethyl-hexyl]-tetradecahydro- 9 594, 595, 597, 601

—, Dibenzoyloxy-dimethyl-dodecahydro- 9 605, 606

—, Dibenzoyloxy-dimethyl-tetradecahydro- 9 592

—, Dibenzoyloxy-dimethyl-[trimethyl-hexyl]-tetradecahydro- 9 603

—, Dibenzoyloxy-methyl-decahydro- 9 616

—, Dibenzoyloxy-methyl-octahydro- 9 631

—, Dibenzoyloxy-oxo-dimethyl-[dimethyl-hexyl]-tetradecahydro- 9 796

—, Dibenzoyloxy-oxo-dimethyl-tetradecahydro- 9 793, 794

—, Dibenzoyloxy-trimethyl-[dimethyl-hexyl]-hexadecahydro- 9 583

—, Dibrom-benzoyloxy-dimethyl-[dimethyl-hexyl]-hexadecahydro- 9 450

—, Dibrom-benzoyloxy-oxo-dimethyl-hexadecahydro- 9 737, 738

—, Dibrom-cyclohexancarbonyloxy-oxo-dimethyl-hexadecahydro- 9 23

—, Dibrom-cyclohexancarbonyloxy-oxo-dimethyl-tetradecahydro- 9 24

—, Dibrom-[dibrom-phenyl-propionyloxy]-dimethyl-[dimethyl-hexyl]-hexadecahydro- 9 2408

—, [Dibrom-phenyl-propionyloxy]-dimethyl-[dimethyl-hexyl]-hexadecahydro- 9 2408

—, Dichlor-benzoyloxy-dimethyl-[dimethyl-äthyl-hexenyl]-hexadecahydro- 9 471

—, Dichlor-benzoyloxy-dimethyl-[dimethyl-äthyl-hexyl]-hexadecahydro- 9 452

—, Dichlor-benzoyloxy-dimethyl-[dimethyl-hexyl]-hexadecahydro- 9 449

—, Dihydroxy-benzoyloxy-dimethyl-[dimethyl-hexyl]-hexadecahydro- 9 678

—, Dihydroxy-benzoyloxy-dimethyl-hexadecahydro- 9 676

—, Dihydroxy-benzoyloxy-dimethyl-[trimethyl-hexenyl]-tetradecahydro- 9 681

—, Dihydroxy-benzoyloxy-methyl-decahydro- 9 684

—, Dihydroxy-benzoyloxy-oxo-dimethyl-hexadecahydro- 9 818

Cyclopenta[*a*]phenanthren, Dimethoxy-benzoyloxy-oxo-dimethyl-[dimethyl-hexyl]-hexadecahydro- 9 820

—, Dimethyl-benzoyloxyacetyl-hexadecahydro- 9 739

—, [Dimethyl-isopropyl-decahydro-phenanthren-carbonyloxy]-dimethyl-[dimethyl-hexyl]-tetradecahydro- 9 2909

—, Dinaphthoyloxy-methyl-decahydro- 9 3141

—, [Dinitro-benzoyloxy]-dimethyl-[dimethyl-äthyl-hexenyl]-tetradecahydro- 9 1876, 1877

—, [Dinitro-benzoyloxy]-dimethyl-[dimethyl-äthyl-hexyl]-hexadecahydro- 9 1860

—, [Dinitro-benzoyloxy]-dimethyl-[dimethyl-äthyl-hexyl]-tetradecahydro- 9 1868

—, [Dinitro-benzoyloxy]-dimethyl-[dimethyl-hexyl]-decahydro- 9 1879, 1880

—, [Dinitro-benzoyloxy]-dimethyl-[dimethyl-hexyl]-dodecahydro- 9 1872, 1874

—, [Dinitro-benzoyloxy]-dimethyl-[dimethyl-hexyl]-hexadecahydro- 9 1859

—, [Dinitro-benzoyloxy]-dimethyl-[dimethyl-hexyl]-methylen-tetradecahydro- 9 1876

—, [Dinitro-benzoyloxy]-dimethyl-[dimethyl-hexyl]-octahydro- 9 1887

—, [Dinitro-benzoyloxy]-dimethyl-[dimethyl-hexyl]-tetradecahydro- 9 1866

—, [Dinitro-benzoyloxy]-dimethyl-[trimethyl-hexenyl]-decahydro- 9 1888

—, [Dinitro-benzoyloxy]-dimethyl-[trimethyl-hexenyl]-dodecahydro- 9 1882

—, [Dinitro-benzoyloxy]-dimethyl-[trimethyl-hexenyl]-tetradecahydro- 9 1875

—, [Dinitro-benzoyloxy]-dimethyl-[trimethyl-hexyl]-dodecahydro- 9 1875, 1876

—, [Dinitro-benzoyloxy]-dimethyl-[trimethyl-hexyl]-hexadecahydro- 9 1859

—, [Dinitro-benzoyloxy]-dimethyl-[trimethyl-hexyl]-tetradecahydro- 9 1866, 1867

—, [Dinitro-benzoyloxy]-dimethyl-[trimethyl-hexyl]-tetradecahydro- 9 1868

Cyclopenta[a]phenanthren, [Dinitro-
benzoyloxy]-methyl-[dimethyl-allyl]-
decahydro- **9** 1887
—, [Dinitro-benzoyloxy]-methyl-
[dimethyl-hexyl]-decahydro-
9 1879
—, [Dinitro-benzoyloxy]-methyl-
[trimethyl-hexenyl]-decahydro-
9 1887
—, [Dinitro-benzoyloxy]-methyl-
[trimethyl-hexenyl]-hexahydro-
9 1889
—, [Dinitro-benzoyloxy]-methyl-
[trimethyl-hexyl]-decahydro-
9 1879
—, [Dinitro-benzoyloxy]-oxo-dimethyl-
[dimethyl-hexyl]-hexadecahydro-
9 1929
—, [Dinitro-benzoyloxy]-oxo-methyl-
decahydro- **9** 1930
—, [Dinitro-benzoyloxy]-pentamethyl-
[dimethyl-hexenyl]-tetradecahydro-
9 1877
—, [Dinitro-benzoyloxy]-pentamethyl-
[dimethyl-hexyl]-tetradecahydro-
9 1869
—, [Dinitro-methyl-benzoyloxy]-
dimethyl-[dimethyl-hexyl]-
dodecahydro- **9** 2370
—, [Dinitro-methyl-benzoyloxy]-
dimethyl-[trimethyl-hexenyl]-
dodecahydro- **9** 2370
—, [Dinitro-methyl-benzoyloxy]-
dimethyl-[trimethyl-hexyl]-
hexadecahydro- **9** 2369
—, [Dioxo-dihydro-
anthracencarbonyloxy]-dimethyl-
acetyl-tetradecahydro- **10** 3645
—, [Dioxo-dihydro-anthracencarbonyloxy]-
dimethyl-[dimethyl-hexyl]-
tetradecahydro- **10** 3643
—, [Dioxo-dihydro-anthracencarbonyloxy]-
dimethyl-[trimethyl-hexenyl]-
dodecahydro- **10** 3644
—, [Dioxo-dihydro-anthracencarbonyloxy]-
dioxo-dimethyl-hexadecahydro-
10 3646
—, [Dioxo-dihydro-anthracencarbonyloxy]-
oxo-dimethyl-acetyl-hexadecahydro-
10 3646
—, [Dioxo-dihydro-anthracencarbonyloxy]-
pentamethyl-[dimethyl-hexyl]-
tetradecahydro- **10** 3643
—, Dioxo-dimethyl-[benzoyloxy-äthyl]-
hexadecahydro- **9** 795
—, Diphenylacetoxy-dimethyl-[dimethyl-
hexyl]-tetradecahydro- **9** 3294
—, Diphenylacetoxy-dimethyl-[trimethyl-
hexenyl]-dodecahydro- **9** 3294

Cyclopenta[a]phenanthren, Hippuroyloxy-
dimethyl-[dimethyl-hexyl]-
tetradecahydro- **9** 1126
—, Hippuroyloxy-dimethyl-[trimethyl-
hexenyl]-dodecahydro- **9** 1126
—, Hydroxy-acetoxy-benzoyloxy-dimethyl-
[dimethyl-hexyl]-hexadecahydro-
9 678
—, Hydroxy-acetoxy-benzoyloxy-dimethyl-
hexadecahydro- **9** 676
—, Hydroxy-acetoxy-benzoyloxy-dimethyl-
[trimethyl-hexenyl]-tetradecahydro-
9 682
—, Hydroxy-acetoxy-benzoyloxy-oxo-
dimethyl-hexadecahydro- **9** 818
—, Hydroxy-acetoxy-oxo-dimethyl-
[benzoyloxy-äthyl]-hexadecahydro-
9 819
—, Hydroxy-benzoyloxy-dimethyl-acetyl-
hexadecahydro- **9** 792
—, Hydroxy-benzoyloxy-dimethyl-
[benzoyloxy-dimethyl-hexyl]-
hexadecahydro- **9** 679
—, Hydroxy-benzoyloxy-dimethyl-
[dihydroxy-äthyl]-hexadecahydro-
9 693
—, Hydroxy-benzoyloxy-dimethyl-
[dimethyl-äthyl-hexenyl]-
tetradecahydro- **9** 607
—, Hydroxy-benzoyloxy-dimethyl-
[dimethyl-hexyl]-hexadecahydro- **9** 581
—, Hydroxy-benzoyloxy-dimethyl-
[dimethyl-hexyl]-phenyl-
tetradecahydro- **9** 645
—, Hydroxy-benzoyloxy-dimethyl-
[dimethyl-hexyl]-tetradecahydro-
9 595, 596, 597, 598, 602
—, Hydroxy-benzoyloxy-dimethyl-
hexadecahydro- **9** 578, 579
—, Hydroxy-benzoyloxy-dimethyl-
tetradecahydro- **9** 590
—, Hydroxy-benzoyloxy-dimethyl-
[trimethyl-hexyl]-tetradecahydro-
9 603
—, Hydroxy-benzoyloxy-dioxo-dimethyl-
hexadecahydro- **9** 821
—, Hydroxy-benzoyloxy-methyl-äthinyl-
decahydro- **9** 642
—, Hydroxy-benzoyloxy-methyl-äthinyl-
hexahydro- **9** 651
—, Hydroxy-benzoyloxy-methyl-decahydro-
9 613, 614
—, Hydroxy-benzoyloxy-methyl-hexahydro-
9 640
—, Hydroxy-benzoyloxy-methyl-vinyl-
decahydro- **9** 632
—, Hydroxy-benzoyloxy-[nitro-
benzoyloxy]-dimethyl-[trimethyl-
hexenyl]-tetradecahydro- **9** 1666

Cyclopenta[*a*]phenanthren, Hydroxy-benzoyl*
oxy-oxo-dimethyl-[dimethyl-hexyl]-
hexadecahydro- **9** 792
—, Hydroxy-benzoyloxy-oxo-dimethyl-
hexadecahydro- **9** 790
—, Hydroxy-benzoyloxy-oxo-dimethyl-
[trimethyl-hexenyl]-
tetradecahydro- **9** 797
—, Hydroxy-benzoyloxy-oxo-methyl-
decahydro- **9** 799
—, Hydroxy-benzoyloxy-trimethyl-
[dimethyl-hexyl]-hexadecahydro- **9** 583
—, Hydroxy-benzoyloxy-trimethyl-
[dimethyl-hexyl]-tetradecahydro- **9** 603
—, Hydroxy-benzoyloxy-trimethyl-
tetradecahydro- **9** 592, 593
—, Hydroxy-bis-[nitro-benzoyloxy]-
dimethyl-[trimethyl-hexenyl]-
dodecahydro- **9** 1666
—, Hydroxy-bis-[nitro-benzoyloxy]-
dimethyl-[trimethyl-hexenyl]-
tetradecahydro- **9** 1666
—, Hydroxy-[brom-benzoyloxy]-methyl-
decahydro- **9** 1395
—, Hydroxy-cyclohexancarbonyloxy-
dimethyl-hexadecahydro- **9** 20
—, Hydroxy-dibenzoyloxy-dimethyl-
[dimethyl-äthyl-hexyl]-
hexadecahydro- **9** 679
—, Hydroxy-dibenzoyloxy-dimethyl-
[dimethyl-hexyl]-tetradecahydro-
9 680
—, Hydroxy-dibenzoyloxy-dimethyl-
[trimethyl-hexenyl]-
tetradecahydro- **9** 682
—, Hydroxy-dimethyl-benzoyloxyacetyl-
tetradecahydro- **9** 794
—, Hydroxy-dimethyl-[benzoyloxy-methyl-
butyl]-tetradecahydro- **9** 593
—, Hydroxy-dimethyl-[benzoyloxy-methyl-
phenyl-äthyl]-tetradecahydro-
9 643
—, Hydroxy-[dinitro-benzoyloxy]-oxo-
dimethyl-hexadecahydro- **9** 1932
—, Hydroxy-[dioxo-dihydro-
anthracencarbonyloxy]-dimethyl-
acetyl-hexadecahydro- **10** 3645
—, Hydroxy-dioxo-dimethyl-[(nitro-
benzoyloxy)-acetyl]-tetradecahydro-
9 1683
—, Hydroxy-methoxy-benzoyloxy-dimethyl-
[dimethyl-hexyl]-hexadecahydro-
9 678
—, Hydroxy-methoxy-benzoyloxy-dimethyl-
[trimethyl-hexenyl]-
tetradecahydro- **9** 682
—, Hydroxy-oxo-dimethyl-
benzoyloxyacetyl-tetradecahydro-
9 821

Cyclopenta[*a*]phenanthren, Hydroxy-oxo-
dimethyl-[benzoyloxy-äthyl]-
hexadecahydro- **9** 791
—, Hydroxy-oxo-dimethyl-[dibenzoyloxy-
propyl]-tetradecahydro- **9** 821
—, [Jod-benzoyloxy]-dimethyl-[dimethyl-
äthyl-hexenyl]-tetradecahydro-
9 1435
—, Jod-benzoyloxy-dimethyl-[dimethyl-
äthyl-hexyl]-tetradecahydro-
9 1435
—, [Jod-benzoyloxy]-dimethyl-[dimethyl-
hexyl]-tetradecahydro- **9** 463
—, [Methoxy-benzoyloxy]-dimethyl-
[dimethyl-äthyl-hexenyl]
tetradecahydro- **10** 313
—, [Methoxy-benzoyloxy]-dimethyl-
[dimethyl-hexyl]-hexadecahydro-
10 312
—, [Methoxy-benzoyloxy]-dimethyl-
[dimethyl-hexyl]-tetradecahydro-
10 312
—, Methoxy-benzoyloxy-dimethyl-
[dimethyl-hexyl]-tetradecahydro-
9 599
—, Methoxy-benzoyloxy-methyl-decahydro-
9 614
—, Methoxy-[nitro-benzoyloxy]-
hexahydro- **9** 1651
—, [Methyl-phenyl-acryloyloxy]-
dimethyl-[dimethyl-hexyl]-
tetradecahydro- **9** 2765
—, Naphthoyloxy-dimethyl-[dimethyl-
äthyl-hexyl]-tetradecahydro-
9 3180
—, Naphthoyloxy-dimethyl-[dimethyl-
hexyl]-tetradecahydro- **9** 3180
—, Naphthoyloxy-dimethyl-[trimethyl-
hexenyl]-dodecahydro- **9** 3182
—, Naphthoyloxy-oxo-methyl-decahydro-
9 3142, 3184
—, [Nitro-benzoyloxy]-dimethyl-acetyl-
hexadecahydro- **9** 1675
—, [Nitro-benzoyloxy]-dimethyl-
[dimethyl-äthyl-hexenyl]-
tetradecahydro- **9** 1611
—, [Nitro-benzoyloxy]-dimethyl-
[dimethyl-äthyl-hexyl]-
hexadecahydro- **9** 1599
—, [Nitro-benzoyloxy]-dimethyl-
[dimethyl-äthyl-hexyl]-
tetradecahydro- **9** 1500, 1608
—, [Nitro-benzoyloxy]-dimethyl-
[dimethyl-hexyl]-decahydro-
9 1613
—, [Nitro-benzoyloxy]-dimethyl-
[dimethyl-hexyl]-dodecahydro-
9 1609, 1610

Cyclopenta[*a*]phenanthren, [Nitro-
benzoyloxy]-dimethyl-[dimethyl-hexyl]-
hexadecahydro- **9** 1598

—, [Nitro-benzoyloxy]-dimethyl-
[dimethyl-hexyl]-tetradecahydro-
9 1473, 1499, 1607

—, [Nitro-benzoyloxy]-dimethyl-
[trimethyl-hexenyl]-dodecahydro-
9 1502, 1613

—, [Nitro-benzoyloxy]-dimethyl-
[trimethyl-hexenyl]-
tetradecahydro- **9** 1610

—, [Nitro-benzoyloxy]-dimethyl-
[trimethyl-hexyl]-hexadecahydro-
9 1598

—, [Nitro-benzoyloxy]-dimethyl-
[trimethyl-hexyl]-tetradecahydro-
9 1499, 1500, 1607

—, [Nitro-dioxo-dihydro-
anthracencarbonyloxy]-
dimethyl-[dimethyl-hexyl]-
tetradecahydro- **10** 3653

—, [Nitro-methyl-benzoyloxy]-
dimethyl-[dimethyl-hexyl]-
dodecahydro- **9** 2360

—, [Nitro-methyl-benzoyloxy]-dimethyl-
[trimethyl-hexenyl]-dodecahydro-
9 2361

—, Oxo-dimethyl-benzoyloxyacetyl-
tetradecahydro- **9** 797

—, Oxo-dimethyl-[benzoyloxy-methyl-
phenyl-äthyl]-tetradecahydro- **9** 770

—, Phenoxy-benzoyloxy-dimethyl-
[dimethyl-hexyl]-tetradecahydro-
9 600

—, Phenylacetoxy-dimethyl-[dimethyl-
hexyl]-tetradecahydro- **9** 2183

—, Phenylacetoxy-oxo-dimethyl-
tetradecahydro- **9** 2188

—, [Phenyl-crotonoyloxy]-dimethyl-
[dimethyl-hexyl]-hexadecahydro-
9 2760

—, [Phenyl-pentadienoyloxy]-dimethyl-
[dimethyl-hexyl]-tetradecahydro-
9 3071

—, Phenylpropioloyloxy-dimethyl-
[dimethyl-hexyl]-tetradecahydro-
9 3064

—, [Phenyl-propionyloxy]-dimethyl-
[dimethyl-hexyl]-tetradecahydro-
9 2388

—, [Phosphonooxy-benzoyloxy]-dimethyl-
[dimethyl-hexyl]-tetradecahydro-
10 312

—, Propionyloxy-benzoyloxy-methyl-
decahydro- **9** 615

—, Salicyloyloxy-dimethyl-[dimethyl-
äthyl-hexenyl]-tetradecahydro-
10 136

Cyclopenta[*a*]phenanthren, Salicyloyloxy-
dimethyl-[dimethyl-hexyl]-
tetradecahydro- **10** 136

—, *o*-Toluoyloxy-dimethyl-[dimethyl-
hexyl]-hexadecahydro- **9** 2302

—, *p*-Toluoyloxy-dimethyl-[dimethyl-
hexyl]-hexadecahydro- **9** 2338

—, *o*-Toluoyloxy-dimethyl-[dimethyl-
hexyl]-tetradecahydro- **9** 2303

—, *p*-Toluoyloxy-dimethyl-[dimethyl-
hexyl]-tetradecahydro- **9** 2339

—, Triacetoxy-dimethyl-[benzoyloxy-oxo-
methyl-pentyl]-hexadecahydro-
9 838

—, Tribenzoyloxy-dimethyl-[dimethyl-
hexyl]-tetradecahydro- **9** 681

—, Tribenzoyloxy-dimethyl-
tetradecahydro- **9** 680

—, Trihydroxy-[nitro-benzoyloxy]-
methyl-decahydro- **9** 1669

—, Tris-[nitro-benzoyloxy]-dimethyl-
[dimethyl-hexyl]-hexadecahydro-
9 1665

—, Valeryloxy-benzoyloxy-methyl-
decahydro- **9** 616

Cyclopenta[*def*]phenanthren, Bis-
[carboxy-äthyl]- **9** 4680

—, Bis-[chlorcarbonyl-äthyl]- **9** 4680

Cyclopenta[*l*]phenanthren,
Phenylpropioloyloxy-oxo-diphenyl-
dihydro- **9** 3064

Cyclopenta[*l*]phenanthren-carbonitril,
Tetradecahydro- **9** 2902

Cyclopenta[*a*]phenanthren-carbonsäure,
Acetoxy-dimethyl-decahydro-,
methylester **10** 1137, 1138, 1139

—, Acetoxy-dimethyl-decahydro-, nitril
10 1140

—, Acetoxy-dimethyl-[dimethyl-hexyl]-
hexadecahydro-, nitril **10** 700

—, Acetoxy-dimethyl-dodecahydro-
10 1021, 1023

—, Acetoxy-dimethyl-dodecahydro-,
methylester **10** 1020, 1021, 1023

—, Acetoxy-dimethyl-dodecahydro-,
nitril **10** 1022, 1024

—, Acetoxy-dimethyl-hexadecahydro-
10 665

—, Acetoxy-dimethyl-hexadecahydro-,
methylester **10** 669, 672

—, Acetoxy-dimethyl-tetradecahydro-
10 930, 932

—, Acetoxy-dimethyl-tetradecahydro-,
äthylester **10** 934

—, Acetoxy-dimethyl-tetradecahydro-,
anhydrid **10** 935

—, Acetoxy-dimethyl-tetradecahydro-,
chlorid **10** 935

Cyclopenta[a]phenanthren-carbonsäure,
Acetoxy-dimethyl-tetradecahydro-,
methylester **10** 933, 936, 937,
938, 939, 940
—, Acetoxy-dimethyl-tetradecahydro-,
nitril **10** 935, 941
—, Acetoxy-dioxo-dimethyl-
hexadecahydro-, methylester
10 4613, 4614, 4615
—, Acetoxy-dioxo-dimethyl-
tetradecahydro- **10** 4639
—, Acetoxy-[methoxycarbonyl-
propionyloxy]-dimethyl-
tetradecahydro-, methylester
10 1871
—, Acetoxy-[methoxycarbonyl-
propionyloxy]-oxo-dimethyl-
hexadecahydro-, methylester
10 4573, 4574, 4578
—, Acetoxy-methyl-acetoxymethyl-
hexadecahydro-, methylester **10** 1611
—, Acetoxy-methyl-decahydro-,
methylester **10** 1137
—, Acetoxy-methyl-octahydro-, nitril
10 1245
—, Acetoxy-methyl-tetradecahydro-
10 928
—, Acetoxy-oxo-dimethyl-dodecahydro-,
methylester **10** 4387
—, Acetoxy-oxo-dimethyl-hexadecahydro-
10 4293, 4296
—, Acetoxy-oxo-dimethyl-
hexadecahydro-, methylester
10 4289, 4292, 4295, 4296
—, Acetoxy-oxo-dimethyl-tetradecahydro-
10 4359, 4360
—, Acetoxy-oxo-dimethyl-tetradecahydro-,
methylester **10** 4357, 4359, 4360, 4361
—, Acetoxy-trimethyl-dodecahydro-,
methylester **10** 1026
—, Acetoxy-trimethyl-hexadecahydro-
10 676
—, Acetoxy-trimethyl-hexadecahydro-,
methylester **10** 677
—, Acetoxy-trimethyl-tetradecahydro-
10 946
—, Acetoxy-trimethyl-tetradecahydro-,
anhydrid **10** 948
—, Acetoxy-trimethyl-tetradecahydro-,
chlorid **10** 949
—, Acetoxy-trimethyl-tetradecahydro-,
methylester **10** 947
—, Benzoylhydrazono-dimethyl-
hexadecahydro-, methylester
10 3121
—, Benzoyloxy-dimethyl-hexadecahydro-,
methylester **10** 671
—, Benzoyloxy-dimethyl-tetradecahydro-,
methylester **10** 934

Cyclopenta[a]phenanthren-carbonsäure,
Benzoyloxy-oxo-dimethyl-
hexadecahydro-, methylester
10 4290
—, Brom-acetoxy-oxo-dimethyl-
hexadecahydro-, methylester
10 4290, 4295
—, Brom-acetoxy-oxo-dimethyl-
tetradecahydro-, methylester
10 4357
—, Brom-diacetoxy-oxo-dimethyl-
hexadecahydro-, methylester
10 4574
—, Brom-dimethyl-hexadecahydro-,
methylester **9** 2647
—, Brom-dioxo-dimethyl-hexadecahydro-
10 3565
—, Brom-dioxo-dimethyl-hexadecahydro-,
methylester **10** 3564, 3565
—, Brom-dioxo-dimethyl-tetradecahydro-,
methylester **10** 3599
—, Brom-hydroxy-acetoxy-dimethyl-
hexadecahydro-, methylester
10 1600
—, Brom-hydroxy-oxo-dimethyl-
hexadecahydro-, methylester
10 4289
—, Brom-oxo-dimethyl-hexadecahydro-
10 3122
—, Brom-oxo-dimethyl-hexadecahydro-,
methylester **10** 3122
—, Brom-oxo-dimethyl-tetradecahydro-,
methylester **10** 3214, 3215
—, Chlor-dimethyl-tetradecahydro-,
äthylester **9** 2914
—, Chlor-dimethyl-tetradecahydro-,
chlorid **9** 2914
—, Chlor-dimethyl-tetradecahydro-,
hydrazid **9** 2914
—, Chlor-hydroxy-dimethyl-
hexadecahydro- **10** 672
—, Chlor-hydroxy-dimethyl-
hexadecahydro-, methylester **10** 673
—, Diacetoxy-dimethyl-hexadecahydro-
10 1596, 1601, 1608
—, Diacetoxy-dimethyl-hexadecahydro-,
methylester **10** 1595, 1597, 1599,
1604, 1607
—, Diacetoxy-dimethyl-hexadecahydro-,
nitril **10** 1592, 1611
—, Diacetoxy-dimethyl-tetradecahydro-
10 1871, 1873
—, Diacetoxy-dimethyl-tetradecahydro-,
methylester **10** 1870, 1871, 1872,
1874, 1877, 1878
—, Diacetoxy-dimethyl-tetradecahydro-,
nitril **10** 1876
—, Diacetoxy-methyl-decahydro-, nitril
10 1947

Cyclopenta[*a*]phenanthren-carbonsäure,
Dimethyl-hexadecahydro- 9 2644
—, Dimethyl-hexadecahydro-, äthylester
9 2647
—, Dimethyl-hexadecahydro-, chlorid
9 2647
—, Dimethyl-hexadecahydro-,
methylester 9 2646
—, Dimethyl-tetradecahydro- 9 2913
—, Dimethyl-tetradecahydro-,
methylester 9 2913
—, [Dioxo-dihydro-
anthracencarbonyloxy]-dimethyl-
hexadecahydro-, methylester
10 3646
—, Dioxo-dimethyl-dodecahydro-,
methylester 10 3612
—, Dioxo-dimethyl-hexadecahydro-
10 3563, 3564
—, Dioxo-dimethyl-hexadecahydro-,
methylester 10 3562, 3563, 3564
—, Dioxo-dimethyl-tetradecahydro-
10 3598, 3599
—, Dioxo-dimethyl-tetradecahydro-,
methylester 10 3598, 3599
—, Hexadecahydro-, äthylester 9 2632
—, Hydroxy-acetoxy-dimethyl-
hexadecahydro- 10 1601, 1605, 1608
—, Hydroxy-acetoxy-dimethyl-
hexadecahydro-, methylester
10 1593, 1595, 1598, 1599, 1603,
1604, 1606, 1609, 1612
—, Hydroxy-acetoxy-dimethyl-
hexadecahydro-, nitril 10 1610
—, Hydroxy-acetoxy-dimethyl-
tetradecahydro- 10 1873
—, Hydroxy-acetoxy-dimethyl-
tetradecahydro-, amid 10 1875
—, Hydroxy-acetoxy-dimethyl-
tetradecahydro-, methylester
10 1870, 1874, 1878
—, Hydroxy-acetoxy-dimethyl-
tetradecahydro-, nitril 10 1875
—, Hydroxy-acetoxy-[methoxycarbonyl-
propionyloxy]-dimethyl-
hexadecahydro-, methylester
10 2150, 2152
—, Hydroxy-acetoxy-methyl-
acetoxymethyl-hexadecahydro-,
äthylester 10 2148
—, Hydroxy-acetoxy-methyl-decahydro-,
nitril 10 1947
—, Hydroxy-acetoxy-methyl-
methansulfonyloxymethyl-
hexadecahydro-, methylester
10 2148
—, Hydroxy-acetoxy-oxo-dimethyl-
hexadecahydro-, methylester
10 4572, 4577

Cyclopenta[*a*]phenanthren-carbonsäure,
Hydroxy-acetoxy-oxo-dimethyl-
tetradecahydro-, methylester 10 4613
—, Hydroxy-benzoyloxy-dimethyl-
hexadecahydro-, methylester
10 1604
—, Hydroxy-[carboxy-propionyloxy]-
dimethyl-hexadecahydro- 10 1602
—, Hydroxy-diacetoxy-dimethyl-
hexadecahydro- 10 2152, 2154, 2155
—, Hydroxy-diacetoxy-dimethyl-
hexadecahydro-, methylester
10 2151, 2153, 2155
—, Hydroxy-dihydro-, methylester
10 3412
—, Hydroxy-dimethyl-decahydro-
10 1138
—, Hydroxy-dimethyl-decahydro-,
methylester 10 1139
—, Hydroxy-dimethyl-[dimethyl-hexyl]-
hexadecahydro-, nitril 10 699
—, Hydroxy-dimethyl-dodecahydro-
10 1020, 1022
—, Hydroxy-dimethyl-dodecahydro-,
methylester 10 1021, 1023
—, Hydroxy-dimethyl-dodecahydro-,
nitril 10 1022
—, Hydroxy-dimethyl-hexadecahydro-
10 664
—, Hydroxy-dimethyl-hexadecahydro-,
methylester 10 667, 672, 673
—, Hydroxy-dimethyl-tetradecahydro-
10 930, 931, 936, 938, 940
—, Hydroxy-dimethyl-tetradecahydro-,
azid 10 936
—, Hydroxy-dimethyl-tetradecahydro-,
hydrazid 10 935
—, Hydroxy-dimethyl-tetradecahydro-,
methylester 10 931, 932, 937, 940
—, Hydroxy-dimethyl-tetradecahydro-,
nitril 10 935, 941
—, Hydroxy-dioxo-dimethyl-
hexadecahydro- 10 4614
—, Hydroxy-dioxo-dimethyl-
hexadecahydro-, methylester
10 4614
—, Hydroxy-dioxo-dimethyl-
tetradecahydro- 10 4639
—, Hydroxy-hexahydro- 10 1287
—, Hydroxyimino-methyl-tetrahydro-,
äthylester 10 3418
—, Hydroxy-methoxy-äthyl-tetrahydro-,
methylester 10 4472, 4473
—, Hydroxy-methoxy-butyl-tetrahydro-,
methylester 10 4475
—, Hydroxy-[methoxycarbonyl-
propionyloxy]-dimethyl-
hexadecahydro-, methylester
10 1595, 1604

Cyclopenta[a]phenanthren-carbonsäure,
Hydroxy-[methoxycarbonyl-
propionyloxy]-oxo-dimethyl-
hexadecahydro-, methylester
10 4574, 4575
—, Hydroxy-methoxy-dimethyl-
tetradecahydro- **10** 1871
—, Hydroxy-methoxy-dimethyl-
tetradecahydro-, methylester **10** 1872
—, Hydroxy-methoxy-methyl-octahydro-,
methylester **10** 4423
—, Hydroxy-methoxy-methyl-tetrahydro-,
methylester **10** 4469, 4470
—, Hydroxy-methoxy-propyl-tetrahydro-,
methylester **10** 4474
—, Hydroxy-methoxy-tetrahydro-
10 4467
—, Hydroxy-methyl-decahydro- **10** 1136
—, Hydroxy-methyl-decahydro-,
methylester **10** 1137
—, Hydroxy-methyl-dihydro-,
methylester **10** 3419
—, Hydroxy-oxo-dimethyl-hexadecahydro-
10 4288, 4289, 4291, 4293, 4295
—, Hydroxy-oxo-dimethyl-hexadecahydro-,
methylester **10** 4288, 4289, 4291,
4294, 4296
—, Hydroxy-oxo-dimethyl-tetradecahydro-
10 4356, 4358, 4359, 4360
—, Hydroxy-oxo-dimethyl-tetradecahydro-,
methylester **10** 4357, 4358, 4361
—, Hydroxy-tetrahydro-, methylester
10 3400, 3401
—, Hydroxy-trimethyl-hexadecahydro-
10 676
—, Hydroxy-trimethyl-hexadecahydro-,
methylester **10** 676
—, Hydroxy-trimethyl-tetradecahydro-
10 946
—, Hydroxy-trimethyl-tetradecahydro-,
methylester **10** 947
—, Methansulfonyloxy-acetoxy-
[methoxycarbonyl-propionyloxy]-
dimethyl-hexadecahydro-,
methylester **10** 2150
—, Methansulfonyloxy-oxo-dimethyl-
hexadecahydro-, methylester
10 4290
—, Methoxy-acetoxy-dimethyl-
tetradecahydro- **10** 1871
—, Methoxy-acetoxy-dimethyl-
tetradecahydro-, methylester
10 1872
—, [Methoxycarbonyl-propionyloxy]-
dimethyl-tetradecahydro-,
methylester **10** 934
—, [Methoxycarbonyl-propionyloxy]-oxo-
dimethyl-hexadecahydro-,
methylester **10** 4293, 4297

Cyclopenta[a]phenanthren-carbonsäure,
[Methoxycarbonyl-propionyloxy]-oxo-
dimethyl-tetradecahydro-,
methylester **10** 4360
—, Methoxy-dimethyl-decahydro- **10** 1138
—, Methoxy-dimethyl-tetradecahydro-,
methylester **10** 933
—, Methoxy-hexahydro- **10** 1287
—, Methoxy-hexahydro-, äthylester
10 1287
—, Methoxy-methyl-decahydro **10** 1136
—, Methoxy-methyl-decahydro-,
methylester **10** 1137
—, Methoxy-oxo-äthyl-hexahydro-,
methylester **10** 4472, 4473
—, Methoxy-oxo-butyl-hexahydro-,
methylester **10** 4475
—, Methoxy-oxo-dimethyl-hexahydro-,
methylester **10** 4474
—, Methoxy-oxo-hexahydro-, methylester
10 4467
—, Methoxy-oxo-methyl-decahydro-,
methylester **10** 4423
—, Methoxy-oxo-methyl-hexahydro-,
methylester **10** 4469, 4470
—, Methoxy-oxo-methyl-octahydro-,
methylester **10** 4462
—, Methoxy-oxo-methyl-tetrahydro-
10 4479
—, Methoxy-oxo-methyl-tetrahydro-,
äthylester **10** 4479
—, Methoxy-oxo-methyl-tetrahydro-,
tert-butylester **10** 4479
—, Methoxy-oxo-methyl-tetrahydro-,
methylester **10** 4478
—, Methoxy-oxo-propyl-hexahydro-,
methylester **10** 4474
—, Methoxy-semicarbazono-methyl-
tetrahydro-, äthylester **10** 4479
—, Methoxy-semicarbazono-methyl-
tetrahydro-, methylester **10** 4479
—, Methoxy-tetrahydro- **10** 1310
—, Methoxy-tetrahydro-, äthylester **10** 1310
—, Methyl-acetoxymethyl-decahydro-,
methylester **10** 1138
—, Methyl-acetoxymethyl-hexadecahydro-,
methylester **10** 673
—, Methyl-hydroxymethyl-decahydro-,
äthylester **10** 1139
—, Methyl-hydroxymethyl-hexadecahydro-,
methylester **10** 673
—, Methyl-methansulfonyloxymethyl-
hexadecahydro-, methylester **10** 674
—, Oxo-dimethyl-dodecahydro- **10** 3247
—, Oxo-dimethyl-dodecahydro-,
methylester **10** 3246, 3247
—, Oxo-dimethyl-hexadecahydro- **10** 3119
—, Oxo-dimethyl-hexadecahydro-,
äthylester **10** 3119

Cyclopenta[*a*]phenanthren-carbonsäure,
Oxo-dimethyl-hexadecahydro-,
methylester **10** 3120, 3123, 3124
—, Oxo-dimethyl-tetradecahydro- **10** 3214
—, Oxo-dimethyl-tetradecahydro-,
methylester **10** 3213, 3214, 3216
—, Oxo-hexahydro-, methylester **10** 3400
—, Oxo-hydroxyimino-dimethyl-
tetradecahydro- **10** 3598
—, Oxo-hydroxyimino-methyl-tetrahydro-,
äthylester **10** 3664
—, Oxo-methyl-decahydro-, methylester
10 3286
—, Oxo-methyl-hexahydro-, methylester
10 3403
—, Oxo-methyl-octahydro- **10** 3362
—, Oxo-methyl-tetradecahydro- **10** 3212
—, Oxo-methyl-tetrahydro- **10** 3418
—, Oxo-methyl-tetrahydro-, äthylester
10 3418
—, Oxo-methyl-tetrahydro-, methylester
10 3419
—, Oxo-tetrahydro-, äthylester **10** 3411
—, Oxo-tetrahydro-, methylester **10** 3412
—, Oxo-trimethyl-hexadecahydro- **10** 3126
—, Oxo-trimethyl-hexadecahydro-,
methylester **10** 3126
—, Semicarbazono-dimethyl-
hexadecahydro-, methylester
10 3122
—, Semicarbazono-methyl-tetrahydro-,
äthylester **10** 3418
—, Semicarbazono-tetrahydro-,
äthylester **10** 3412
—, Tetrahydro- **9** 3527
—, Tetrahydro-, äthylester **9** 3528
—, Triacetoxy-dimethyl-hexadecahydro-,
methylester **10** 2149, 2151
—, Triacetoxy-oxo-dimethyl-
hexadecahydro-, methylester
10 4731, 4732
—, Trihydroxy-diacetoxy-methyl-
acetoxymethyl-hexadecahydro-,
methylester **10** 2593
—, Trihydroxy-dimethyl-hexadecahydro-
10 2150, 2152, 2153, 2154
—, Trihydroxy-dimethyl-hexadecahydro-,
methylester **10** 2146, 2149, 2150,
2153, 2154
—, Trihydroxy-methyl-hydroxymethyl-
hexadecahydro- **10** 2421
—, Trihydroxy-methyl-hydroxymethyl-
hexadecahydro-, äthylester
10 2423
—, Trihydroxy-methyl-hydroxymethyl-
hexadecahydro-, methylester **10** 2422
—, Trimethyl-carboxymethyl-[methyl-
carboxy-äthyl]-isopropyl-
hexadecahydro- **9** 4818

Cyclopenta[*a*]phenanthren-carbonsäure,
Trimethyl-methoxycarbonylmethyl-
[methyl-methoxycarbonyl-äthyl]-
isopropyl-hexadecahydro-,
methylester **9** 4818
—, Trioxo-dimethyl-hexadecahydro-
10 3985
—, Trioxo-dimethyl-hexadecahydro-,
methylester **10** 3984, 3985
Cyclopenta[*l*]phenanthren-carbonsäure,
Acetoxy-oxo-dihydro-, äthylester
10 4485
—, Äthoxy-oxo-dihydro-, äthylester **10** 4484
—, Hydroxy-oxo-dihydro- **10** 4485
—, Hydroxy-oxo-dihydro-, äthylester
10 4484, 4485
—, Propionyloxy-oxo-dihydro-,
äthylester **10** 4485
—, Tetradecahydro-, nitril **9** 2902
Cyclopenta[*a*]phenanthren-dicarbonsäure,
Diacetoxy-dimethyl-hexadecahydro-,
dinitril **10** 2467
—, Diacetoxy-methyl-hexadecahydro-
10 2466
—, Dihydroxy-acetoxy-methyl-
hexadecahydro-, dimethylester
10 2566
—, Dihydroxy-methyl-hexadecahydro-
10 2466
—, Dihydroxy-methyl-hexadecahydro-,
dimethylester **10** 2467
—, Dihydroxy-methyl-tetradecahydro-
10 2477
—, Dihydroxy-methyl-tetradecahydro-,
dimethylester **10** 2472
—, Hydroxy-acetoxy-methyl-
hexadecahydro- **10** 2466
—, Hydroxy-oxo-methyl-hexadecahydro-
10 4748
—, Methoxy-hexahydro- **10** 2393
—, Methoxy-methyl-hexahydro- **10** 2393
—, Trihydroxy-methyl-hexadecahydro-
10 2566
—, Trihydroxy-methyl-hexadecahydro-,
dimethylester **10** 2566
—, Trimethyl-[methyl-
carboxy-äthyl]-isopropyl-
hexadecahydro- **9** 4818
—, Trimethyl-[methyl-methoxycarbonyl-
äthyl]-isopropyl-hexadecahydro-,
dimethylester **9** 4818
Cyclopenta[*c*]phenanthren-
dicarbonsäure, Hexahydro- **9** 4643
Cyclopenta[*l*]phenanthrenon,
Phenylpropioloyloxy-diphenyl-
dihydro- **9** 3064
Cyclopenta[*a*]phenanthren-
tetracarbonsäure, Dodecahydro-
9 4887

Cyclopenta[a]phenanthren-tetracarbonsäure,
  Dodecahydro-, tetramethylester 9 4887
—, Methoxy-dodecahydro-,
  tetramethylester 10 2630
—, Tetradecahydro-, tetramethylester
  9 4884
Cyclopenta[a]phenanthren-
  thiocarbonsäure, Acetoxy-dimethyl-
  hexadecahydro-, methylester 10 671
—, Acetoxy-dimethyl-tetradecahydro-,
  methylester 10 936
Cyclopenta[b]pyran, Hydroxy-oxo-
  dimethyl-octahydro- 10 2861
—, Hydroxy-oxo-methyl-octahydro-
  10 2843
—, Hydroxy-oxo-octahydro- 10 2827
—, Hydroxy-oxo-trimethyl-octahydro-
  10 2881
—, Hydroxy-oxo-tris-[carboxy-äthyl]-
  octahydro- 10 4161
Cyclopenta[c]pyran, Hydroxy-oxo-
  dimethyl-octahydro- 10 2862, 2863
Cyclopenta[b]pyran-carbonsäure, Hydroxy-
  oxo-methyl-octahydro- 10 3910
—, Hydroxy-oxo-octahydro- 10 3896, 3897
Cyclopenta[c]pyran-carbonsäure,
  Diacetoxy-methyl-octahydro-,
  methylester 10 4503
—, Dihydroxy-methyl-octahydro-,
  methylester 10 4503
—, Hydroxy-oxo-methyl-hexahydro-,
  methylester 10 3929
—, Hydroxy-oxo-trimethyl-octahydro-
  10 3922
—, Methoxy-oxo-methyl-hexahydro-,
  methylester 10 3929
Cyclopenta[a]pyren-dicarbonsäure,
  Dihydroxy-dimethyl-[dimethyl-
  hexyl]-hexadecahydro- 10 2483
Cyclopenta[a]triphenylen-carbonsäure,
  Dihydro- 9 3657
—, Dihydro-, methylester 9 3657
Cyclopenten, Benzoyloxyimino-methyl-
  pentadienyl- 9 1281
—, Bis-[dinitro-benzoyloxy]- 9 1902
—, Dibenzoyloxy- 9 548
—, [Dinitro-benzoyloxy]-dimethyl-
  isopropyl- 9 1831
—, [Nitro-benzoyloxy]-dimethyl-
  isopropyl- 9 1570
Cyclopenten-carbamid 9 141, 143
—, Chlor- 9 142
—, [Hydroxy-äthyl]- 9 141
—, Hydroxy-oxo-methyl-butenyl- 10 4194
—, Hydroxy-oxo-methyl-butyl- 10 4188
—, Oxo-methyl-butyl- 10 2921
Cyclopenten-carbonitril 9 142, 143
—, Acetamino- 10 2810
—, Acetoacetylamino- 10 2811

Cyclopenten-carbonitril, Amino- 10 2810
—, Acetamino-methyl-phenyl- 10 3183
—, Amino-methyl-phenyl- 10 3183
—, [Chlor-acetamino]- 10 2811
—, Methyl- 9 160
—, Propionylamino- 10 2811
—, Trimethyl- 9 3894
—, Triphenyl-benzoyl- 10 3507
Cyclopenten-carbonsäure 9 140, 142, 143
—, Acetamino-, nitril 10 2810
—, Acetamino-methyl-phenyl-, nitril
  10 3183
—, Acetoacetylamino-, nitril 10 2811
—, Acetoxy-, äthylester 10 52
—, Acetoxy-hydroxyimino-methyl-
  10 4187
—, Acetoxy-oxo-methyl- 10 4186
—, Acetoxy-oxo-methyl-butenyl-,
  äthylester 10 4194
—, Acetoxy-oxo-methyl-butyl-,
  äthylester 10 4188
—, [Äthoxycarbonylmethoxy-methyl-
  phenyl]-, äthylester 10 996
—, [Äthoxycarbonyl-methylmercapto]-,
  äthylester 10 54
—, Äthylmercapto- 10 52
—, Äthylmercapto-, äthylester 10 53
—, Amino-, äthylester 10 2810
—, Amino-, nitril 10 2810
—, Amino-methyl-phenyl-, nitril 10 3183
—, Benzhydryl- 9 3529
—, Brom-methyl-, äthylester 9 159
—, Brom-trimethyl- 9 186
—, [Carboxy-äthyl]- s. Propionsäure,
  [Carboxy-cyclopentenyl]-
—, [Carboxy-decyl]- 9 4036
—, [Carboxymethoxy-methyl-phenyl]-
  10 996
—, Carboxymethyl- s. Essigsäure,
  [Carboxy-cyclopentenyl]-
—, [Carboxy-propyl]- s. Buttersäure,
  [Carboxy-cyclopentenyl]-
—, Chlor- 9 142
—, Chlor-, äthylester 9 142
—, Chlor-, amid 9 142
—, Chlor-, chlorid 9 142
—, [Chlor-acetamino]-, nitril 10 2811
—, Chlor-oxo-methyl-, methylester
  10 2898
—, Chlor-oxo-methyl-butyl-, äthylester
  10 2922
—, Cyan-, äthylester 9 3938
—, [Cyan-äthyl]-, äthylester 9 3965
—, Dibrom-trimethyl- 9 187
—, Dichlor-dihydroxy- 10 1357, 4182
—, Dichlor-dihydroxy-, amid 10 1357
—, Dichlor-dihydroxy-, methylester
  10 1357, 4182
—, Dichlor-hydroxy-oxo- 10 3515

Cyclopenten-carbonsäure, Dimethyl- **9** 174
—, Dimethyl-acetyl- **10** 2909
—, Dimethyl-isopropyl- **9** 231
—, Dimethyl-[semicarbazono-äthyl]-
   10 2909
—, [Dinitro-benzoyloxy]-oxo-methyl-,
   methylester **10** 4187
—, Hydroxy- **10** 52, 2808
—, Hydroxy-, äthylester **10** 2808
—, Hydroxy-, methylester **10** 2808
—, Hydroxy-äthyl-, äthylester **10** 2830
—, Hydroxy-[dimethyl-hexyl]-,
   äthylester **10** 2892
—, Hydroxy-hydroxyimino-methyl- **10** 4186
—, Hydroxyimino-methyl-, methylester
   10 2898
—, Hydroxyimino-trimethyl- **10** 2903
—, Hydroxy-isopropyl-, äthylester
   10 2844, 2845
—, Hydroxy-methyl-, äthylester **10** 55, 2818
—, Hydroxy-methyl-[dimethyl-hexyl]-,
   äthylester **10** 2894
—, Hydroxy-oxo-methyl- **10** 4186
—, Hydroxy-oxo-methyl-butenyl-, amid
   10 4194
—, Hydroxy-oxo-methyl-butyl-, amid
   10 4188
—, Hydroxy-trimethyl-, äthylester
   10 2849
—, Mercapto- **10** 2811
—, Mercapto-, äthylester **10** 2812
—, Methoxy-hydroxyimino-methyl-,
   methylester **10** 4187
—, Methoxy-oxo-methyl- **10** 4186
—, Methoxy-oxo-methyl-, methylester
   10 4187
—, Methyl- **9** 159, 160
—, Methyl-, äthylester **9** 159
—, Methyl-, nitril **9** 160
—, Methyl-cyan-, äthylester **9** 3954
—, Methyl-[dimethyl-hexyl]-cyan-,
   äthylester **9** 4035
—, Methyl-isopropyl- **9** 205, 206
—, Methyl-isopropyl-, äthylester
   9 205, 207
—, Methyl-isopropyl-, methylester
   9 205, 206
—, Methyl-[oxo-cyclohexyl]-,
   äthylester **10** 2961
—, [Nitro-benzoyloxy]-oxo-, äthylester
   10 3515
—, Oxo-dimethyl-, äthylester **10** 2901
—, Oxo-dimethyl-isopropyl-,
   methylester **10** 2922
—, Oxo-[methoxy-naphthyl]-,
   methylester **10** 4464
—, Oxo-methyl- **10** 2898
—, Oxo-methyl-, äthylester **10** 2897
—, Oxo-methyl-, methylester **10** 2898

Cyclopenten-carbonsäure, Oxo-methyl-
   butenyl-, äthylester **10** 2955, 2956
—, Oxo-methyl-butyl-, äthylester
   10 2921
—, Oxo-methyl-butyl-, amid **10** 2921
—, Oxo-methyl-butyl-, methylester
   10 2921
—, Oxo-methyl-[dimethyl-hexyl]-,
   äthylester **10** 2950
—, Oxo-methyl-pentenyl-, methylester
   10 2957
—, Oxo-trimethyl- **10** 2903
—, Propionylamino-, nitril **10** 2811
—, Semicarbazono-dimethyl-, äthylester
   10 2901
—, Semicarbazono-methyl-, methylester
   10 2898
—, Semicarbazono-trimethyl- **10** 2903
—, Trichlor-diacetoxy- **10** 1357
—, Trichlor-dihydroxy- **10** 1357, 4182
—, Trichlor-dihydroxy-, amid **10** 1357
—, Trichlor-dihydroxy-, methylester
   10 1357, 4182
—, Trimethyl- **9** 186, 187
—, Trimethyl-, äthylester **9** 187
—, Trimethyl-, methylester **9** 187
—, Triphenyl-benzoyl-, nitril **10** 3507
Cyclopenten-carbonsäure-äthylester
   9 141, 143
— amid **9** 141, 143
— chlorid **9** 141
— [hydroxy-äthylamid] **9** 141
— methylester **9** 141
— nitril **9** 142, 143
Cyclopenten-carbonylchlorid 9 141
—, Chlor- **9** 142
Cyclopenten-dicarbonsäure 9 3937,
   3938, 3939
—, Dimethyl- **9** 3967, 3968
—, Dimethyl-, diäthylester **9** 3968
—, Hydroxy-, diäthylester **10** 3890
—, Hydroxy-, dimethylester **10** 3889
—, Hydroxy-[äthoxycarbonyl-äthyl]-,
   diäthylester **10** 4106
—, Hydroxy-äthoxycarbonylmethyl-,
   diäthylester **10** 4105
—, Hydroxy-äthyl-, diäthylester **10** 3898
—, Hydroxy-dimethyl-, diäthylester
   10 3899, 3900
—, Hydroxy-dioxo-, diäthylester
   10 4112
—, Hydroxy-[methoxy-phenyl]-,
   diäthylester **10** 4752
—, Hydroxy-methyl-, diäthylester
   10 3893
—, Hydroxy-methyl-äthyl-, diäthylester
   10 3910, 3911
—, Hydroxy-oxo-, diäthylester **10** 4045
—, Hydroxy-oxo-dimethyl- **10** 4049

Cyclopenten-dicarbonsäure, Hydroxy-oxo-
dimethyl-, diäthylester 10 4050
—, Hydroxy-oxo-dimethyl-,
dimethylester 10 4049
—, Hydroxy-oxo-methyl-, diäthylester
10 4048
—, Hydroxy-oxo-trimethyl-,
dimethylester 10 4051
—, Hydroxy-phenyl-, diäthylester
10 3979
—, Hydroxy-phenyl-, dimethylester
10 3979
—, Hydroxy-trimethyl-, diäthylester
10 3913
—, Hydroxy-trimethyl-, dimethylester
10 3912
—, Methoxy-oxo-dimethyl-, diäthylester
10 4714
—, Methoxy-oxo-dimethyl-,
dimethylester 10 4714
—, Methyl- 9 3939, 3953, 3954
—, Methyl-, äthylester-nitril 9 3954
—, Methyl-, methylester 9 3954
—, Methyl-[dimethyl-hexyl]- 9 4035
—, Oxo-trimethyl-, diäthylester
10 3930
—, Trimethyl- 9 3986, 3987
Cyclopenten-dicarbonsäure-äthylester
9 3937
— äthylester-nitril 9 3938
— diäthylester 9 3938, 3939
Cyclopentendion, Diphenyl-, [benzoyl-
oxim] 9 1290
—, Triphenyl-, [benzoyl-oxim] 9 1291
Cyclopentendiyldibenzoat 9 548
Cyclopentenol, Bis-methoxalyl- 10 4113
Cyclopentenon, Benzoyloxy-diphenyl-
9 771
—, Benzoyloxyimino-diphenyl- 9 1290
—, Benzoyloxyimino-triphenyl- 9 1291
—, [Benzoyloxy-phenyl]- 9 750
—, [Dimethyl-isobutyl-
cyclopropancarbonyloxy]-methyl-
butenyl- 9 101
—, [Dimethyl-isobutyl-
cyclopropancarbonyloxy]-methyl-
pentadienyl- 9 102
—, [Dimethyl-(methoxycarbonyl-propenyl)-
cyclopropancarbonyloxy]-methyl-
butenyl- 9 3988
—, [Dimethyl-(methoxycarbonyl-propenyl)-
cyclopropancarbonyloxy]-methyl-
pentadienyl- 9 3988
—, [Dimethyl-(methoxycarbonyl-propenyl)-
cyclopropancarbonyloxy]-methyl-
pentadienyl-, semicarbazon 9 3989
—, [Dimethyl-(methoxycarbonyl-propyl)-
cyclopropancarbonyloxy]-methyl-
butenyl- 9 3901

Cyclopentenon, [Dimethyl-(methoxycarbonyl-
propyl)-cyclopropancarbonyloxy]-
methyl-pentadienyl- 9 3901
—, [Dimethyl-(methyl-propenyl)-
cyclopropancarbonyloxy]-methyl-
allyl- 9 214
—, [Dimethyl-(methyl-propenyl)-
cyclopropancarbonyloxy]-methyl-
butenyl- 9 214
—, [Dimethyl-(methyl-propenyl)-
cyclopropancarbonyloxy]-methyl-
methallyl- 9 215
—, [Dimethyl-(methyl-propenyl)-
cyclopropancarbonyloxy]-methyl-
pentadienyl- 9 215
—, [Dimethyl-(methyl-propenyl)-
cyclopropancarbonyloxy]-methyl-
pentyl- 9 213
—, [Dinitro-benzoyloxy]-methyl-allyl-
9 1926
—, [Dinitro-benzoyloxy]-methyl-butenyl-
9 1926, 1927
—, [Dinitro-benzoyloxy]-methyl-butenyl-,
semicarbazon 9 1927
—, [Dinitro-benzoyloxy]-methyl-butyl-
9 1924
—, [Dinitro-benzoyloxy]-methyl-
pentadienyl- 9 1929
—, [Dinitro-benzoyloxy]-methyl-pentyl-
9 1925
—, [Dinitro-benzoyloxy]-propyl- 9 1923
—, Methyl-pentadienyl-, [benzoyl-oxim]
9 1281
Cyclopenten-tricarbonsäure, Hydroxy-,
triäthylester 10 4105
—, Hydroxy-cyan-, trimethylester 10 4160
—, Hydroxy-methyl-, triäthylester
10 4105, 4106
—, Oxo-dimethyl-, äthylester 10 4114
—, Oxo-dimethyl-, diäthylester 10 4114
—, Oxo-dimethyl-, triäthylester
10 4114
—, Oxo-trimethyl-, triäthylester
10 4114
Cyclopentylbenzoat 9 403
8.12-Cyclo-podocarpensäure, Isopropyl-
9 2903
3.5-Cyclo-pregnansäure, Methoxy-methyl-
10 955
—, Methoxy-methyl-, methylester 10 956
Cyclopropabenzen-carbonsäure, Hexahydro-
9 175
Cyclopropacyclopenten, [Dinitro-
benzoyloxy]-isopropyl-hexahydro-
9 1824
—, [Nitro-benzoyloxy]-isopropyl-
hexahydro- 9 1567
Cyclopropa[c]furan, Hydroxy-oxo-phenyl-
tetrahydro- 10 3165

Cyclopropa[c]furan-carbonsäure, Hydroxy-oxo-phenyl-dihydro- **10** 3979

Cyclopropan, Methyl-bis-acetoxycarbonyl- **9** 3804

—, Nitro-dimethyl-[benzoyloxy-äthyl]- **9** 407

Cyclopropa[a]naphthalin-carbonsäure, Dihydro- **9** 3217

Cyclopropa[d]naphthalin-carbonsäure, Trimethyl-octahydro- **9** 2618

Cyclopropan-carbamid **9** 5

—, Äthyl-phenyl- **9** 2825

—, Benzyl- **9** 2793

—, Dimethyl-[methyl-propenyl]- **9** 217

—, Diphenyl- **9** 3458, 3459

—, Diphenyl-benzoyl- **10** 3479

—, Methoxy- **10** 3

—, Methyl- **9** 10

—, Naphthyl- **9** 3331

—, [Nitro-phenyl]- **9** 2773, 2775

—, Phenyl- **9** 2772, 2774

Cyclopropan-carbamidin **9** 6

Cyclopropan-carbimidsäure, Methyl-phenyl-, äthylester **9** 2794

—, Phenyl-, äthylester **9** 2772

Cyclopropan-carbimidsäure-äthylester **9** 5

Cyclopropan-carbonitril **9** 6

—, Äthyl-phenyl- **9** 2825

—, Diphenyl-benzoyl- **10** 3479

—, Methyl- **9** 10, 11

—, Methyl-phenyl- **9** 2794

—, Naphthyl- **9** 3331

—, [Nitro-phenyl]- **9** 2773

—, Phenyl- **9** 2772

—, Phenyl-[nitro-phenyl]-benzoyl- **10** 3480

Cyclopropan-carbonsäure **9** 3

—, Acetoxy- **10** 3

—, Äthoxy- **10** 3

—, Äthoxy-, äthylester **10** 4

—, Äthyl-phenyl- **9** 2825

—, Äthyl-phenyl-, amid **9** 2825

—, Äthyl-phenyl-, nitril **9** 2825

—, Benzoyl- **10** 3165

—, Benzoyl-, [brom-phenacylester] **10** 3165

—, Benzyl- **9** 2793

—, Benzyl-, äthylester **9** 2793

—, Benzyl-, amid **9** 2793

—, Brom-oxo-diphenyl-, äthylester **10** 3382

—, Butyloxy- **10** 4

—, Butyloxy-, äthylester **10** 4

—, Carbamoyl- **9** 3796

—, Carbamoyl-, äthylester **9** 3796

—, Carboxymethyl- s. *Essigsäure, [Carboxy-cyclopropyl]-*

—, Carboxymethylen- s. *Essigsäure, [Carboxy-cyclopropyliden]-*

—, Cyan-, äthylester **9** 3796

Cyclopropan-carbonsäure, Dimethyl-, methylester **9** 15

—, Dimethyl-[carboxy-propenyl]- **9** 3987

—, Dimethyl-[hydroxyimino-butyl]- **10** 2873

—, Dimethyl-isobutyl- **9** 101

—, Dimethyl-isobutyl-, [oxo-methyl-butenyl-cyclopentenylester] **9** 101

—, Dimethyl-isobutyl-, [oxo-methyl-pentadienyl-cyclopentenylester] **9** 102

—, Dimethyl-[methoxycarbonyl-propenyl]- **9** 3988

—, Dimethyl-[methoxycarbonyl-propenyl]-, [oxo-methyl-butenyl-cyclopentenylester] **9** 3988

—, Dimethyl-[methoxycarbonyl-propenyl]-, [oxo-methyl-pentadienyl-cyclopentenylester] **9** 3988

—, Dimethyl-[methoxycarbonyl-propenyl]-, [oxo-methyl-pentyl-cyclopentenylester] **9** 3989

—, Dimethyl-[methoxycarbonyl-propenyl]-, [semicarbazono-methyl-pentadienyl-cyclopentenylester] **9** 3989

—, Dimethyl-[methoxycarbonyl-propyl]-, [oxo-methyl-butenyl-cyclopentenylester] **9** 3901

—, Dimethyl-[methoxycarbonyl-propyl]-, [oxo-methyl-pentadienyl-cyclopentenylester] **9** 3901

—, Dimethyl-[methoxycarbonyl-propyl]-, [oxo-methyl-pentyl-cyclopentenylester] **9** 3989

—, Dimethyl-[methyl-propenyl]- **9** 210

—, Dimethyl-[methyl-propenyl]-, äthylester **9** 212

—, Dimethyl-[methyl-propenyl]-, amid **9** 217

—, Dimethyl-[methyl-propenyl]-, butylester **9** 212

—, Dimethyl-[methyl-propenyl]-, *sec*-butylester **9** 212

—, Dimethyl-[methyl-propenyl]-, *tert*-butylester **9** 213

—, Dimethyl-[methyl-propenyl]-, chlorid **9** 217

—, Dimethyl-[methyl-propenyl]-, decylester **9** 213

—, Dimethyl-[methyl-propenyl]-, dodecylester **9** 213

—, Dimethyl-[methyl-propenyl]-, hexacosylester **9** 213

—, Dimethyl-[methyl-propenyl]-, hexadecylester **9** 213

—, Dimethyl-[methyl-propenyl]-, hexylester **9** 213

—, Dimethyl-[methyl-propenyl]-, isobutylester **9** 213

Cyclopropan-carbonsäure, Dimethyl-[methyl-propenyl]-, isopentylester 9 213
—, Dimethyl-[methyl-propenyl]-, isopropylester 9 213
—, Dimethyl-[methyl-propenyl]-, [methoxy-formyl-phenylester] 9 213
—, Dimethyl-[methyl-propenyl]-, [methyl-decylester] 9 213
—, Dimethyl-[methyl-propenyl]-, methylester 9 212
—, Dimethyl-[methyl-propenyl]-, naphthylester 9 213
—, Dimethyl-[methyl-propenyl]-, [nitro-benzylester] 9 213
—, Dimethyl-[methyl-propenyl]-, octylester 9 213
—, Dimethyl-[methyl-propenyl]-, [oxo-methyl-allyl-cyclopentenylester] 9 214
—, Dimethyl-[methyl-propenyl]-, [oxo-methyl-butenyl-cyclopentenylester] 9 214
—, Dimethyl-[methyl-propenyl]-, [oxo-methyl-methallyl-cyclopentenylester] 9 215
—, Dimethyl-[methyl-propenyl]-, [oxo-methyl-pentadienyl-cyclopentenylester] 9 215
—, Dimethyl-[methyl-propenyl]-, [oxo-methyl-pentyl-cyclopentenylester] 9 213
—, Dimethyl-[methyl-propenyl]-, pentylester 9 213
—, Dimethyl-[methyl-propenyl]-, tert-pentylester 9 213
—, Dimethyl-[methyl-propenyl]-, [phenyl-phenacylester] 9 216
—, Dimethyl-[methyl-propenyl]-, propylester 9 212
—, Dimethyl-[methyl-propenyl]-, [semicarbazono-methyl-butenyl-cyclopentenylester] 9 214
—, Dimethyl-[methyl-propenyl]-, [semicarbazono-methyl-pentadienyl-cyclopentenylester] 9 215
—, Dimethyl-[methyl-propenyl]-, [semicarbazono-methyl-pentyl-cyclopentenylester] 9 213
—, Dimethyl-[methyl-propenyl]-, tetradecylester 9 213
—, Dimethyl-[oxo-butyl]- 10 2873
—, Dimethyl-[semicarbazono-butyl]- 10 2874
—, Diphenyl- 9 3458, 3459
—, Diphenyl-, äthylester 9 3458, 3459
—, Diphenyl-, amid 9 3458, 3459
—, Diphenyl-, [diäthylamino-äthylester] 9 3459
—, Diphenyl-benzoyl-, amid 10 3479
—, Diphenyl-benzoyl-, nitril 10 3479

Cyclopropan-carbonsäure, Hexyl- 9 101
—, Hydroxy- 10 3
—, Hydroxy-diphenyl- 10 1268
—, Isopropyl-acetohydroximoyl- 10 2851
—, Isopropyl-acetyl- 10 2851
—, Isopropyl-acetyl-, äthylester 10 2851
—, Isopropyl-[semicarbazono-äthyl]- 10 2851
—, Methoxy-, amid 10 3
—, Methoxy-, methylester 10 4
—, Methyl-, äthylester 9 10
—, Methyl-, amid 9 10
—, Methyl-, nitril 9 10, 11
—, Methyl-carbamoyl- 9 3805
—, Methylen-ureidocarbonyl- 9 3937
—, Methyl-phenyl- 9 2794
—, Methyl-phenyl-, äthylester 9 2794
—, Methyl-phenyl-, [diäthylamino-äthylester] 9 2794
—, Methyl-phenyl-, nitril 9 2794
—, Naphthyl- 9 3331
—, Naphthyl-, amid 9 3331
—, Naphthyl-, nitril 9 3331
—, Nitro-dimethyl- 9 15
—, [Nitro-phenyl]- 9 2772, 2775
—, [Nitro-phenyl]-, äthylester 9 2775
—, [Nitro-phenyl]-, amid 9 2773, 2775
—, [Nitro-phenyl]-, chlorid 9 2773, 2775
—, [Nitro-phenyl]-, methylester 9 2772, 2775
— [Nitro-phenyl]-, nitril 9 2773
—, [Nitro-phenyl]-[hydroxy-benzyl]- 10 1279
—, [Nitro-phenyl]-[hydroxy-benzyl]-, methylester 10 1279
—, [Nitro-phenyl]-[nitro-hydroxy-benzyl]- 10 1280
—, [Nitro-phenyl]-[nitro-hydroxy-benzyl]-, methylester 10 1280
—, Oxo-diphenyl-, äthylester 10 3382
—, Phenyl- 9 2771, 2773
—, Phenyl-, äthylester 9 2774
—, Phenyl-, [äthylester-imin] 9 2772
—, Phenyl-, amid 9 2772, 2774
—, Phenyl-, [brom-propylester] 9 2771
—, Phenyl-, chlorid 9 2771, 2774
—, Phenyl-, [diäthylamino-äthylester] 9 2771, 2774
—, Phenyl-, hydrazid 9 2774
—, Phenyl-, isopropylidenhydrazid 9 2775
—, Phenyl-, methylester 9 2773
—, Phenyl-, nitril 9 2772
—, Phenyl-benzoyl- 10 3386
—, Phenyl-benzoyl-, äthylester 10 3388
—, Phenyl-benzoyl-, isopropylester 10 3388
—, Phenyl-benzoyl-, methylester 10 3387
—, Phenyl-[hydroxy-benzyl]- 10 1276

Cyclopropan-carbonsäure, Phenyl-[hydroxy-benzyl]-, isopropylester 10 1279
—, Phenyl-[hydroxy-benzyl]-, methylester 10 1277
—, Phenyl-[nitro-phenyl]-benzoyl-, nitril 10 3480
—, Trimethyl- 9 46
—, Trimethyl-, methylester 9 46
Cyclopropan-carbonsäure-äthylester 9 3
— amid 9 5
— [amid-imin] 9 6
— anhydrid 9 5
— butylester 9 4
— tert-butylester 9 4
— chlorid 9 5
— isopropylester 9 4
— methylester 9 3
— nitril 9 6
— [oxo-androstenylester] 9 5
— pentylester 9 4
— propylester 9 4
Cyclopropan-carbonylchlorid 9 5
—, Dimethyl-[methyl-propenyl]- 9 217
—, [Nitro-phenyl]- 9 2773, 2775
—, Phenyl- 9 2771, 2774
Cyclopropan-dicarbamid 9 3796
Cyclopropan-dicarbonsäure 9 3795, 3796
—, Äthoxy-methyl- 10 2026
—, Äthoxy-methyl-, diäthylester 10 2027
—, Benzoyl- 10 3979
—, Benzoyl-, dimethylester 10 3979
—, Brom-brommethyl- 9 3805
—, Brom-brommethyl-, diäthylester 9 3806
—, Brom-brommethyl-, dimethylester 9 3806
—, Brom-brommethyl-, methylester-äthylester 9 3806
—, Brom-hydroxy-methyl- 10 2027
—, Brom-hydroxymethyl- 10 2027
—, Carbamoyl-, dimethylester 9 4746
—, [Carboxy-phenyl]- 9 4821
—, Dibrom-diphenyl-, dimethylester 9 4612
—, Dibrom-methyl- 9 3805
—, Dibrom-methyl-, diäthylester 9 3806
—, Dibrom-methyl-, dimethylester 9 3806
—, Dibrom-methyl-, methylester-äthylester 9 3806
—, Dibrom-phenyl-[nitro-phenyl]-, dimethylester 9 4612
—, Dimethyl- 9 3809, 3810
—, Dimethyl-, äthylester 9 3811
—, Dimethyl-, diäthylester 9 3810, 3811
—, Dimethyl-, dimethylester 9 3810
—, Dimethyl-, methylester 9 3811
—, Diphenyl- 9 4613
—, Diphenyl-, dimethylester 9 4613

Cyclopropan-dicarbonsäure, Formyl-, diäthylester 10 3889
—, Hydroxy-diäthyl- 10 2035
—, Hydroxy-diäthyl-, diäthylester 10 2035
—, Isobutyl- 9 3855
—, Isopropyl- 9 3830
—, Isopropyl-, äthylester 9 3832
—, Isopropyl-, [phenyl-phenacylester] 9 3832
—, Methoxycarbonylmethyl-, dimethylester 9 4747
—, Methoxy-methyl- 10 2026
—, Methoxy-methyl-, dimethylester 10 2027
—, Methoxy-methyl-, methylester 10 2027
—, Methyl- 9 3803, 3804
—, Methyl-, amid 9 3805
—, Methyl-, bis-[brom-phenacylester] 9 3804
—, Methyl-, diäthylester 9 3803
—, Methyl-, dihydrazid 9 3804, 3805
—, Methyl-, dimethylester 9 3803, 3805
—, Methyl-diphenyl- 9 4633
—, Methyl-diphenyl-, dimethylester 9 4633
—, Methylen- 9 3935
—, Methylen-, äthylester 9 3936
—, Methylen-, diäthylester 9 3937
—, Methylen-, dimethylester 9 3936
—, Methylen-, methylester 9 3936
—, Methylen-, methylester-äthylester 9 3936
—, Methylen-, ureid 9 3937
—, Nitro-diphenyl-, dimethylester 9 4612
—, Nitro-[nitro-phenyl]-, dimethylester 9 4392
—, Nitro-phenyl-[nitro-phenyl]-, dimethylester 9 4613
—, Phenyl-, dimethylester 9 4392
—, [(Phenyl-phenacyloxycarbonyl)-phenyl]-, bis-[phenyl-phenacylester] 9 4821
Cyclopropan-dicarbonsäure-äthylester-amid 9 3796
— äthylester-nitril 9 3796
— amid 9 3796
— bis-[brom-phenacylester] 9 3796
— bis-diäthylamid 9 3796
— diäthylester 9 3795
— diamid 9 3796
— dichlorid 9 3797
— dimethylester 9 3795
— dipropylester 9 3795
— methylester 9 3797
Cyclopropan-dicarbonylchlorid 9 3797
Cyclopropan-tetracarbonitril, Dimethyl- 9 4848

Cyclopropan-tetracarbonitril, Methyl- 9 4846
—, Methyl-äthyl- 9 4850
—, Methyl-benzyl- 9 4883
—, Methyl-hexyl- 9 4856
—, Methyl-phenyl- 9 4882
—, Phenyl- 9 4882
Cyclopropan-tetracarbonsäure, Dimethyl-,
   tetranitril 9 4848
—, Methyl-, tetranitril 9 4846
—, Methyl-äthyl-, tetranitril 9 4850
—, Methyl-benzyl-, tetranitril 9 4883
—, Methyl-hexyl-, tetranitril 9 4856
—, Methyl-phenyl-, tetranitril 9 4882
—, Phenyl-, tetranitril 9 4882
Cyclopropan-thiocarbonsäure, Phenyl-,
   [diäthylamino-äthylester] 9 2773
Cyclopropan-tricarbamid 9 4745
Cyclopropan-tricarbonitril 9 4746
Cyclopropan-tricarbonsäure 9 4745, 4746
—, Brom- 9 4747
—, Dimethyl-, triäthylester 9 4749
—, Isobutyl-, triäthylester 9 4754
—, Isopropyl-, triäthylester 9 4751
—, Methyl- 9 4748
—, Methyl-, trimethylester 9 4748
Cyclopropan-tricarbonsäure-
   dimethylester-amid 9 4746
— methylester 9 4745
— triäthylester 9 4745, 4746
— triamid 9 4745
— trimethylester 9 4745, 4746
— trinitril 9 4746
Cyclopropa[*l*]phenanthren-carbamid,
   Dihydro- 9 3512
Cyclopropa[*l*]phenanthren-carbonsäure,
   Dihydro- 9 3510
—, Dihydro-, amid 9 3512
—, Dihydro-, methylester 9 3511
—, Dihydro-, [nitro-benzylester]
   9 3511
—, Dihydro-, [phenyl-phenacylester]
   9 3511
Cycloprop[*e*]azulen, Hydroxy-tetramethyl-
   decahydro- 10 4877
Cyclopropen-carbonsäure, Diäthyl-,
   methylester 9 175
—, Diisobutyl-, methylester 9 255
—, Dipentyl-, methylester 9 265
—, Dipropyl-, äthylester 9 210
—, Dipropyl-, amid 9 210
—, Dipropyl-, methylester 9 210
—, Hydroxy-diphenyl-, äthylester
   10 3382
Cyclopropen-dicarbonsäure, Brom-methyl-
   9 3935
—, Diphenyl- 9 4653
—, Diphenyl-, dimethylester 9 4654
—, Methyl- 9 3935
—, Methyl-, äthylester 9 3936

Cyclopropen-dicarbonsäure, Methyl-,
   diäthylester 9 3937
—, Methyl-, dimethylester 9 3936
—, Methyl-, methylester 9 3936
—, Methyl-, ureid 9 3937
—, Phenyl-[nitro-phenyl]- 9 4654
—, Phenyl-[nitro-phenyl]-,
   dimethylester 9 4654
Cycloprop[*e*]inden-carbonsäure, Dimethyl-
   diformyl-hexahydro- 10 3559
Cycloprop[*c*]indeno[4.5-*c*]furan s.
   3a.8b-Methano-indeno[4.5-c]furan
3.5-Cyclo-6.7-seco-cholestandisäure
   9 4087, 4374
Cyclotetradecan-carbonitril, Imino-
   10 2893
Cyclotetradecan-carbonsäure, Imino-,
   nitril 10 2893
—, Oxo-, methylester 10 2893
—, Semicarbazono-, methylester 10 2893
Cyclotetradecen-carbonitril, Amino-
   10 2893
Cyclotetradecen-carbonsäure, Amino-,
   nitril 10 2893
—, Hydroxy-, methylester 10 2893
Cyclotriacontadien-dicarbonitril,
   Diamino- 10 4053
Cyclotriacontadien-dicarbonsäure,
   Diamino-, dinitril 10 4053
Cyclotriacontan, Dihydroxy-bis-
   äthoxycarbonylmethyl- 10 2414
Cyclotriacontan-dicarbonitril, Diimino-
   10 4053
Cyclotriacontan-dicarbonsäure, Diimino-,
   dinitril 10 4053
Cyclotridecan-carbonsäure, Oxo-,
   methylester 10 2891
—, Oxo-[chlor-butenyl]-, methylester
   10 2953
Cyclotrideca[*b*]pyran, Hydroxy-oxo-
   octadecahydro- 10 2896
Cyclotridecen-carbonsäure, Hydroxy-,
   methylester 10 2891
9.19-Cyclo-25.26.27-trinor-
   lanostansäure, Oxo- 10 3224
p-Cymol, [Acetoxy-benzoyloxy]-
   10 134
—, Chlor-salicyloyloxy- 10 133
—, Cyclopentylacetoxy- 9 41
—, Dibenzoyloxy- 9 575
—, Dichlor-salicyloyloxy- 10 133
—, Dijod-benzoyloxy- 9 438
—, Dinitro-benzoyloxy- 9 438
—, [Dinitro-benzoyloxy]- 9 1853
—, Jod-benzoyloxy- 9 438
—, [Nitro-benzoyloxy]- 9 1594
—, Salicyloyloxy- 10 133
α-Cyperol, [Dinitro-benzoyl]-dihydro-
   9 1844

Cystathionin, Dibenzoyl- **9** 1180
Cystein, Äthyl-[chlor-phenyl-acetyl]-
  9 2269
—, Äthyl-[dinitro-benzoyl]- **9** 1941
—, Benzoyl- **9** 1170
—, [Benzoyl-leucyl]- **9** 1161
—, [Benzoyl-leucyl]-, methylester
  9 1161
—, Benzyl-[dinitro-benzoyl]- **9** 1941
—, Carboxymethyl-benzoyl- **9** 1171
—, Cinnamoyl-, methylester **9** 2718
—, Dibenzoyl-methylen-di- **9** 1171
—, [Dinitro-benzoyl]- **9** 1997
—, Hippuroyl-, methylester **9** 1135
—, [Hydroxy-oxo-(hydroxy-methyl-phenyl)-
  tetrahydro-furyl]- **10** 4557
—, [Hydroxy-oxo-(hydroxy-phenyl)-
  tetrahydro-furyl]- **10** 4548
—, [Hydroxy-oxo-phenyl-tetrahydro-
  furyl]- **10** 4237
—, Methoxycarbonylmethyl-benzoyl-
  9 1171
—, Methoxycarbonylmethyl-benzoyl-,
  methylester **9** 1173
—, [Oxo-(hydroxy-methyl-phenyl)-
  carboxy-propyl]- **10** 4557
—, [Oxo-(hydroxy-phenyl)-carboxy-
  propyl]- **10** 4548
—, [Oxo-phenyl-carboxy-propyl]- **10** 4237
—, [(Phenyl-acetamino)-äthoxycarbonyl-
  acetyl]-, methylester **9** 2224
—, [(Phenyl-acetamino)-diäthoxy-
  propionyl]- **9** 2237
—, [(Phenyl-acetamino)-isobutyryl]-,
  methylester **9** 2216
—, [Phenylacetyl-glycyl]- **9** 2210
Cysteinoxid, Allyl-benzoyl- **9** 1171
—, Allyl-[nitro-benzoyl]- **9** 1735
Cystin, Bis-[acetamino-cinnamoyl]-
  10 3011
—, Bis-[(acetamino-cinnamoylamino)-
  cinnamoyl]- **10** 3013
—, Bis-[acetylimino-phenyl-propionyl]-
  10 3011
—, Bis-[(acetylimino-phenyl-
  propionylimino)-phenyl-propionyl]-
  10 3013
—, Bis-[carboxy-benzoyl]- **9** 4195
—, Bis-[dinitro-benzoyl]- **9** 1941
—, Bis-[nitro-benzoyl]- **9** 1735
—, Bis-phenylacetyl- **9** 2221
—, Bis-[triformyloxy-cholanoyl]-,
  dimethylester **10** 2179
—, Bis-[(triformyloxy-dimethyl-
  hexadecahydro-cyclopenta[a]∘
  phenanthrenyl)-valeryl]-,
  dimethylester **10** 2179
—, Bis-[trihydroxy-cholanoyl]- **10** 2179
—, Dibenzoyl- **9** 1172

Cystin, Dibenzoyl-, dimethylester **9** 1173
—, Dicinnamoyl-, dimethylester **9** 2719
—, Dimethyl-dibenzoyl- **9** 1173

D

Dammarolsäure 10 2281
—, Triacetyl- **10** 2282
—, Triacetyl-, methylester **10** 2283
Dammarolsäure-methylester **10** 2282
Decadiendiin, Dibenzoyloxy- **9** 604
Decadiendiyldibenzoat 9 604
Decadiensäure, Dimethyl-cyclohexyl-
  9 349
—, Dimethyl-cyclohexyl-, äthylester
  9 349
—, Dimethyl-cyclopentenyl- **9** 2628
—, Dimethyl-cyclopentenyl-, äthylester
  9 2629
—, Dimethyl-phenyl- **9** 3114
Decadiin, Bis-[dinitro-benzoyloxy]-
  9 1908
Decalin, Äthoxycarbonylmethyl-[brom-
  äthoxycarbonyl-methyl]- **9** 4028
—, Äthoxycarbonylmethyl-[brom-carboxy-
  methyl]- **9** 4028
—, Benzoyloxy- **9** 412
—, Benzoyloxyimino- **9** 1277
—, Benzoylperoxy- **9** 1050
—, Bis-äthoxycarbonylmethyl- **9** 4028
—, Bis-[brom-äthoxycarbonyl-methyl]-
  9 4029
—, Bis-[brom-carboxy-methyl]- **9** 4029
—, Bis-carboxymethyl- **9** 4027
—, Bis-methoxycarbonylmethyl- **9** 4027
—, Carboxymethyl-äthoxycarbonylmethyl-
  9 4028
—, Carboxymethyl-methoxycarbonylmethyl-
  9 4027
—, [Dinitro-benzoyloxy]-benzyl- **9** 1870
—, [Dinitro-benzoyloxy]-dimethyl-
  acetyl- **9** 1926
—, [Dinitro-benzoyloxy]-dimethyl-
  isopropenyl- **9** 1844, 1845
—, [Dinitro-benzoyloxy]-[methoxy-
  methyl-phenäthyl]- **9** 1914
—, [Dinitro-benzoyloxy]-methyl- **9** 1836
—, [Dinitro-benzoyloxy]-oxo-dimethyl-
  isopropenyl- **9** 1927
—, [Nitro-benzoyloxy]- **9** 1571
—, [Nitro-benzoyloxy]-äthinyl- **9** 1596
—, [Nitro-benzoyloxy]-äthyl- **9** 1576
—, [Nitro-benzoyloxy]-methyl- **9** 1575
—, [Nitro-benzoylperoxy]- **9** 1707
Decamethylendiamin s. *Decandiyldiamin*
Decan, Bis-[äthoxycarbimidoyl-phenoxy]-
  10 344
—, Bis-benzamino- **9** 1224
—, Bis-[carbamimidoyl-phenoxy]- **10** 352

Decan, Bis-[cyan-phenoxy]- 10 347
—, Bis-[guanyl-phenoxy]- 10 351
—, Bis-[nitro-benzamino]- 9 1746
Decanal-[dinitro-benzoylhydrazon]
    9 1947
— [dinitro-methyl-benzoylhydrazon]
    9 2373
— [jod-benzoylhydrazon] 9 1448
— [nitro-benzoylhydrazon] 9 1483
— [nitro-methyl-benzoylhydrazon]
    9 2365
Decandiamid, Dibenzoyloxy- 9 1300
Decandihydroxamsäure, Dibenzoyl-
    9 1300
Decandion, [Dinitro-benzoyloxy]- 9 1931
Decandisäure, Dihydroxy-bis-[methoxy-
    phenyl]- 10 2615
—, Diphenyl- 9 4585
Decandisäure-bis-benzoyloxyamid 9 1300
Decandiyldiamin, Bis-[nitro-benzoyl]-
    9 1746
—, Dibenzoyl- 9 1224
Decannitril, Benzamino- 9 1166
—, Phenyl- 9 2621
Decanoylchlorid, Phenyl- 9 2621
Decansäure, [Äthoxy-phenyl]- 10 659
—, Benzamino- 9 1165
—, Benzamino-, nitril 9 1166
—, [Brom-phenyl]- 9 2621
—, [Chlor-phenyl]- 9 2621
—, p-Cumenyl- 9 2633
—, p-Cumenyl-, äthylester 9 2633
—, Cyclobutylmethyl- 9 128
—, Cyclohexyl- 9 129
—, [Cyclohexyl-äthyl]- 9 133
—, [Cyclohexyl-äthyl]-, benzylester
    9 133
—, Cyclopentenyl- 9 270
—, Cyclopentenyl-, äthylester 9 270
—, Cyclopentyl- 9 128
—, [Dihydroxy-phenyl]- 10 1589
—, [Dihydroxy-phenyl]-, methylester
    10 1589
—, [Dijod-hydroxy-phenyl]- 10 660
—, Dimethyl-benzyl- 9 2633
—, Dimethyl-cyclohexyl- 9 133
—, Dimethyl-cyclopentyl- 9 131
—, Dimethyl-cyclopentyl-, benzylester
    9 132
—, Dimethyl-phenyl- 9 2631
—, [Dimethyl-phenyl]- 9 2632
—, [Dimethyl-phenyl]-, äthylester
    9 2632
—, [Hydroxymethyl-butyl-cyclohexyl]-
    10 51
—, [Hydroxy-phenyl]- 10 659
—, [Isopropyl-phenyl]- 9 2633
—, [Isopropyl-phenyl]-, äthylester
    9 2633

Decansäure, [Methoxy-phenyl]- 10 659
—, Oxo-[acetoxy-phenyl]-, anhydrid
    10 4281
—, Oxo-[äthoxy-phenyl]- 10 4281
—, Oxo-benzoyl-, äthylester 10 3560
—, Oxo-[brom-phenyl]- 10 3112
—, Oxo-[chlor-phenyl]- 10 3112
—, Oxo-p-cumenyl- 10 3117
—, Oxo-[dihydroxy-phenyl]- 10 4570
—, Oxo-[dihydroxy-phenyl]-,
    methylester 10 4570
—, Oxo-[dimethyl-phenyl]- 10 3117
—, Oxo-[hydroxy-dioxo-dihydro-naphthyl]-
    10 4776
—, Oxo-[hydroxy-dioxo-dihydro-naphthyl]-,
    methylester 10 4777
—, Oxo-[hydroxy-phenyl]- 10 4281
—, Oxo-[isopropyl-phenyl]- 10 3117
—, Oxo-[methoxy-phenyl]- 10 4281
—, Oxo-[phenoxy-phenyl]- 10 4281
—, Oxo-phenyl- 10 3112
—, Oxo-phenyl-, äthylester 10 3112
—, Oxo-phenyl-, methylester 10 3112
—, Oxo-[tetrahydro-naphthyl]- 10 3213
—, Oxo-[2.5]xylyl- 10 3117
—, [Phenoxy-phenyl]- 10 659
—, Phenyl- 9 2620, 2622
—, Phenyl-, äthylester 9 2620
—, Phenyl-, [brom-phenacylester]
    9 2622
—, Phenyl-, chlorid 9 2621
—, Phenyl-, nitril 9 2621
—, Tetraphenyl- 9 3682
—, Tetraphenyl-, methylester 9 3683
—, [2.5]Xylyl- 9 2632
—, [2.5]Xylyl-, äthylester 9 2632
Decapentaen-dicarbonitril, Diphenyl-
    9 4700
Decarboxyanhydroceanothsäure 9 3264
Decarboxythamnolsäure 10 2450
—, Trimethyl-, methylester 10 2451
Decarboxythamnolsäure-methylester
    10 2450
Decatetraensäure, Hydroxy-oxo-methyl-
    [trimethyl-cyclohexenyl]-,
    methylester 10 3597
Decatriensäure, Dioxo-methyl-[trimethyl-
    cyclohexenyl]-, methylester
    10 3597
Decen, Bis-[benzoyloxy-phenyl]- 9 642
Decendion, [Dinitro-benzoyloxy]- 9 1931
Decenin, Benzoyloxy-methyl-[trimethyl-
    cyclohexenyl]- 9 457
Decensäure, Dimethyl-cyclohexyl- 9 283
—, Dimethyl-cyclohexyl-, äthylester
    9 284
—, Dimethyl-cyclohexyl-, benzylester
    9 284
—, Dimethyl-cyclopentyl- 9 282

Decensäure, Dimethyl-cyclopentyl-,
    äthylester 9 282
Decylbenzoat 9 400
Decylcinnamat 9 2687
Decylsalicylat 10 124
Dehydroabietinol, [Dinitro-benzoyl]-
    9 1871
Dehydroabietinsäure 9 3121
—, Dinitro- 9 3124
Dehydroabietinsäure-methylester 9 3122
Dehydro-β-amyrin, Benzoyl- 9 501
Dehydroandrosteron-cyanhydrin 10 1875
Dehydroanhydrotigogeninsäure 10 3613
Dehydroanthropodesoxycholsäure 10 3574
Dehydroapochenodesoxycholsäure 10 3222
Dehydroapochenodesoxycholsäure-oxim
    10 3222
Dehydroapocholsäure 10 3603
Dehydroapofenchocamphersäure 9 3968
Dehydrobassiasäure-methylester 10 4664
α-Dehydrobufodesoxycholsäure 10 3586
α-Dehydrobufodesoxycholsäure-äthylester
    10 3586
— methylester 10 3586
β-Dehydrobufodesoxycholsäure-äthylester
    10 3586
i-Dehydrobufodesoxycholsäure 10 3586
Dehydrocassainsäure 10 3561
Dehydrocassainsäure-methylester 10 3561
— methylester-dioxim 10 3561
— methylester-disemicarbazon 10 3561
Dehydrochenodesoxycholsäure 10 3574
Dehydrocholsäure 10 3986
—, Dibrom- 10 3987
—, Dijod- 10 3987
—, Dijod-, methylester 10 3987
—, Jod- 10 3987
Dehydrocholsäure-äthylester 10 3989
— chlorid 10 3990
— [diäthylamino-äthylester] 10 3990
— [diäthylamino-propylester] 10 3990
— methylester 10 3988
— methylester-trioxim 10 3989
— nitril 10 3991
— trioxim 10 3988
— trisemicarbazon 10 3988
Dehydrodesoxoglycyrrhetinsäure 10 1149
Dehydrodesoxycholsäure 10 3577
Dehydro-dihydrocassainsäure 10 3542
Dehydro-dihydrocassainsäure-methylester
    10 3542
Dehydrodiketooleanolsäure 10 4688
α-Dehydro-doisynolsäure 10 1133
—, Methyl- 10 1133
—, Methyl-, methylester 10 1134
Dehydrogallodesoxycholsäure 10 3574
Dehydroglycyrrhetinsäure, Acetyl- 10 4426
—, Acetyl-, methylester 10 4426
Dehydrohederagenin 10 1949

Dehydrohomosantensäure 9 3986
Dehydrohomosantensäure-diäthylester
    9 3986
Dehydrohydroglycyrrhetinsäure 10 1147
Dehydrohyodesoxycholsäure 10 3572
Dehydroisofenchocamphersäure 9 3987
Dehydroisohomopinocamphersäure 9 4001
Dehydrolithocholsäure 10 3130
Dehydromethylsantensäure 9 3986
Dehydronorcaryophyllensäure 9 3954
Dehydronorcedrendicarbonsäure 9 4069
Dehydronordesoxycholsäure 10 3569
Dehydronorhyodesoxycholsäure 10 3568
Dehydronorlithocholsäure 10 3128
Dehydrooleanolsäure 10 1150
Dehydroperillasäure 9 2450
Dehydrophotosantonsäure 9 4350
Dehydrophyllodulcinsäure, Dimethyl-
    10 4766
Dehydrosantensäure 9 3967
Dehydrosantensäure-diäthylester 9 3967
Dehydrosarsasapogeninsäure 10 3994
Dehydrosumaresinonsäure, Acetyl-,
    methylester 10 4425
Dehydrotigogeninsäure 10 3994
Dehydroursansäure 9 3265
Dehydroursodesoxycholsäure 10 3574
Dehydroursolsäure 10 1144
—, Keto-acetyl-, methylester 10 1042
Dephanthansäure 9 4785
Dephanthansäure-trimethylester 9 4786
Dephanthsäure 9 4080
Dephanthsäure-dimethylester 9 4080
Dermatol 10 2072
Derrsäure 10 2097
Derrsäure-diäthylester 10 2097
— dimethylester 10 2097
Des-A-friedelen-carbonsäure 9 2922
Des-A-friedelen-carbonsäure-äthylester
    9 2923
— methylester 9 2922
α-Desmotroposantonigsäure 10 922
α-Desmotroposantonigsäure-äthylester
    10 923
— methylester 10 923
β-Desmotroposantonigsäure 10 921
—, Brom- 10 923
β-Desmotroposantonigsäure-methylester
    10 922
β-Desoxo-dihydrosiaresinonsäure-
    methylester 10 3228
Desoxo-α-elemonsäure 9 3129
—, Dihydro- 9 2929
Desoxo-β-elemonsäure 9 3130
—, Dihydro- 9 2929
Desoxoglycyrrhetinsäure 10 1047
β-Desoxosiaresinonsäure 10 3262
β-Desoxosiaresinonsäure-methylester
    10 3262

Desoxybenzoin, Benzoylmercapto- 9 1971
—, Benzoyloxy- 9 761, 762
—, Benzoyloxyimino- 9 1288
—, Benzoyloxy-trimethyl- 9 765
—, [Brom-benzoyloxyimino]- 9 1421
—, Cinnamoyloxyimino- 9 2722
—, Dibenzoyloxy- 9 801
—, Dibenzoyloxy-äthyl- 9 802
—, Dimethoxy-, [nitro-benzoylimin] 9 1724
—, Dinitro-, [benzoyl-oxim] 9 1283
—, Dinitro-, [cinnamoyl-oxim] 9 2722
—, Diphenylacetoxy- 9 3295
—, Diphenylacetoxy-, oxim 9 3295
—, Hydroxy-benzoyloxy- 9 800
—, Methoxy-benzoyloxyimino- 9 1298
—, Methoxy-[dinitro-benzoyloxy]-äthyl-
    9 1932
—, Nitro-benzoyloxy- 9 762
—, Phenylacetoxy- 9 2188
—, Tribenzoyloxy- 9 822
Desoxybenzoin-benzoylimin 9 1102
Desoxybenzoin-carbonsäure s. *Bibenzyl-
    carbonsäure, Oxo-*
Desoxybenzoin-dicarbonsäure s. *Bibenzyl-
    dicarbonsäure, Oxo-*
Desoxybiliansäure 10 4120
—, Pernitroso- 10 4122
Desoxybiliansäure-oxim 10 4122
— semicarbazon 10 4122
— triäthylester 10 4124
— trimethylester 10 4123
Desoxybrenzlithobiliansäure 9 2655
Desoxycantharidinsäure 9 3868
Desoxycarminsäure 10 4872
—, Heptaacetyl- 10 4872
Desoxycholsäure 10 1641
Desoxycholsäure-äthylester 10 1653
— amid 10 1654
— anhydrid 10 1642
— azid 10 1657
— benzylidenhydrazid 10 1656
— [diäthylamino-äthylamid] 10 1656
— [diäthylamino-äthylester] 10 1654
— dimethylamid 10 1655
— [dimethylamino-äthylamid] 10 1656
— [dimethylamino-äthylester] 10 1654
— hydrazid 10 1656
— [methoxy-benzylidenhydrazid] 10 1657
— methylamid 10 1655
— methylenhydrazid 10 1656
— methylester 10 1650
3-*epi*-Desoxycholsäure 10 1640
12-*epi*-Desoxycholsäure 10 1640
Desoxyciloxansäure 9 4086
Desoxycorticosteron, Benzoyl- 9 797
Desoxydesoxoglycyrrhetinsäure 9 3132
Desoxydoisynolsäure 9 3116
Desoxyechinocystsäure 10 1048
Desoxy-α-elemolsäure, Dihydro- 10 1036

Desoxyerythronsäure, Benzamino- 9 1185
1-Desoxy-galactit, Benzoyl- 9 702
—, Chlor-pentabenzoyl- 9 703
—, Pentabenzoyl- 9 703
—, Tetraacetyl-benzoyl- 9 703
2-Desoxy-glucit, Pentabenzoyl- 9 704
2-Desoxy-gluconsäure, Benzamino-,
    äthylester 9 1192
2-Desoxy-*epi*-inosit, Oxo-pentabenzoyl-
    9 846
1-Desoxy-*muco*-inosit, Pentabenzoyl- 9 704
1-Desoxy-*myo*-inosit, Pentabenzoyl- 9 704
2-Desoxy-*myo*-inosit, Oxo-pentabenzoyl-
    9 846
6-Desoxy-mannonsäure, Tetrabenzoyl-,
    nitril 9 869
Desoxyoleanolsäure 9 3265
Desoxyoleanolsäure-isolacton 10 1050
— methylester 9 3266
Desoxysarsasapogensäure 10 3586
Desoxyursolsäure 10 1039
Desoxyursoläure-isolacton 10 1039
— methylester 10 1041
Desthiobenzylpenicillosäure 9 2244
—, Formyl-, methylester 9 2246
—, Isobutyryl-, methylester 9 2247
Desthiobenzylpenicillosäure-äthylester
    9 2246
— dimethylester 9 2245
— methylester-amid 9 2246
Desthiobenzylpenillosäure 9 2243
Dextropimarsäure 9 2911
—, Dihydro- 9 2642
—, Dihydro-, methylester 9 2643
—, Dioxy-dihydro- 10 1591
—, Tetrahydro- 9 355
Di- s. a. *Bis-*
**5(4→3).25(10→5)-Diabeo-C.27-dinor-
    ursensäure,** Hydroxy- 10 1031
**5(4→3).25(10→5)-Diabeo-C-nor-
    ursandisäure,** Hydroxy- 10 2280
**4(3→2).19(10→9)-Diabeo-24.25.26.27-
    tetranor-lanostensäure,** Trihydroxy-
    dioxo- 10 4809
5(4→3).25(10→5)-Diabeo-ursadiendisäure
    9 4493
Diacetamid, Bis-[dimethoxy-phenyl]- 10 1463
—, Bis-[nitro-phenyl]- 9 2289
—, Diphenyl- 9 2207
—, [Naphthyl-phenyl]- 9 3556
—, Phenyl- 9 2207
**[Diacetoxy-dihydro-naphtho[2.3-*c*]-
    pentaphen-dicarbonsäure]-essigsäure-
    dianhydrid** 10 2553
Diäthyläther, Bis-[benzoyloxy-acetoxy]-
    9 855
—, Hexabrom-bis-benzamino- 9 1095
—, Hexabrom-bis-[phenyl-acetamino]-
    9 2201

Diäthyläther, Hexachlor-bis-*m*-toluoyl-
amino- 9 2323
—, Hexachlor-bis-*o*-toluoylamino-
9 2306
—, Hexachlor-bis-*p*-toluoylamino-
9 2345
—, Tetrabrom-bis-benzamino- 9 1095
—, Tetrachlor-bis-benzamino- 9 1093
**Diäthylborinsäure-[chlor-benzoesäure]-
anhydrid** 9 1338
Diäthyldisulfid, Bis-benzamino- 9 1080
—, Bis-[nitro-benzoyloxy]- 9 1623
Diäthylenglykol, Acetyl-benzoyl- 9 535
—, Äthyl-benzoyl- 9 534
—, Äthyl-[hydroxy-benzoyl]- 10 314
—, Äthyl-[nitro-benzoyl]- 9 1621
—, Äthyl-[trijod-benzoyl]- 9 1461
—, Benzoyl- 9 534
—, Bis-[benzoyloxy-acetyl]- 9 855
—, Bis-[chlor-benzoyl]- 9 1335, 1347, 1359
—, Bis-[dinitro-benzoyl]- 9 1890
—, Butyl-benzoyl- 9 534
—, Butyl-[nitro-benzoyl]- 9 1621
—, Butyl-salicyloyl- 10 139
—, Butyl-[trijod-benzoyl]- 9 1461
—, [Diäthylamino-äthyl]-[nitro-benzoyl]-
9 1621
—, Dibenzoyl- 9 535
—, Disalicyloyl- 10 139
—, Methyl-[trijod-benzoyl]- 9 1461
Diäthylentriamin, [Hydroxy-naphthoyl]-
10 1090
Diäthylsulfid, Bis-benzamino- 9 1080
—, Bis-[dinitro-benzoyloxy]- 9 1891
—, Bis-hippuroyloxy- 9 1127
—, Diäthylamino-[äthyl-benzoyl-amino]-
9 1080
—, Diäthylamino-benzamino- 9 1080
—, Disalicyloyloxy- 10 140
Diäthylsulfoxid, Bis-[dinitro-
benzoyloxy]- 9 1891
Diamidophosphorsäure, Tetramethyl-,
[äthoxycarbonyl-phenylester]
10 119
Dianhydrohexit, Dibenzoyl- 9 707
Dianhydrostrophanthidinsäure 10 4663
Diazen, Dibenzoyl- 9 1323
Dibenzamid, Allyl-dicarboxy- 9 4194
—, Benzoyloxy- 9 1306
—, [Diäthylamino-äthyl]- 9 1212
—, Dinitro- 9 1725
—, Hexamethyl- 9 2497
—, Methyl- 9 1113
—, [Methyl-benzoyloxymethyl-propyl]-
9 1113
—, Nitro-äthoxycarbonyl- 9 4197
—, Nitro-carboxy- 9 4194
—, [(Nitro-phenoxy)-äthyl]- 9 1113
Dibenzamid-[methyl-oxim] 9 1310

Dibenz[*a.c*]anthracen s. *Benzo[b]-
triphenylen*
Dibenz[*a.h*]anthracen-carbonsäure,
Dihydro- 9 3669
—, Dihydro-, methylester 9 3669
Dibenz[*a.kl*]anthracen-carbonsäure,
Dibrom-oxo-, methylester 10 3496
—, Oxo- 10 3496
—, Oxo-, methylester 10 3496
Dibenz[*a.h*]anthracen-dicarbonsäure,
Dihydro- 9 4716
—, Dihydro-, dimethylester 9 4716
—, Dimethyl- 9 4720
Dibenz[*a.h*]anthracen-dicarbonsäure,
Tetramethoxy-dimethyl- 10 2624
Dibenz[*a.j*]anthracen-dicarbonsäure
9 4718
**5.12:6.11-Di-*o*-benzeno-dibenzo[*a.e*]-
cycloocten-dicarbonitril,**
Diacetoxy- 10 2551
—, Diacetoxy-, nitril 10 2551
Dibenzhydroxamsäure 9 1306
Dibenz[*cd.g*]indol, Oxo-dihydro- 10 3635
Dibenzo[*def.mno*]chrysen, Dibenzoyloxy-
9 659
Dibenzo[*def.mno*]chrysen-chinon,
Benzoyloxy- 8 3107
—, Dibenzoyloxy- 9 833
Dibenzo[*def.mno*]chrysen-dicarbonitril,
Dioxo-dihydro- 10 4098
Dibenzo[*def.mno*]chrysen-dicarbonsäure,
Dioxo-dihydro- 10 4098
—, Dioxo-dihydro-, dinitril 10 4098
Dibenzo[*def.mno*]chrysendiyldibenzoat
9 659
Dibenzo[*bc.kl*]coronen-dicarbonsäure,
Hexahydro- 10 4159
—, Tetraoxo-tetrahydro- 10 4159
Dibenzo[*a.c*]cyclohepten-carbamid,
Oxo-dihydro- 10 3382
Dibenzo[*a.c*]cyclohepten-carbonitril,
Amino- 10 3382
—, Imino-dihydro- 10 3382
Dibenzo[*a.c*]cyclohepten-carbonsäure,
Amino-, nitril 10 3382
—, Dihydro- 9 3461
—, Hydroxy-, amid 10 3382
—, Imino-dihydro- 10 3382
—, Imino-dihydro-, nitril 10 3382
—, Oxo-dihydro-, amid 10 3382
Dibenzo[*a.e*]cycloocten-carbonsäure,
Carbamoyl- 9 4675
Dibenzo[*a.e*]cycloocten-dicarbonitril
9 4675
Dibenzo[*a.e*]cycloocten-dicarbonsäure
9 4674
**Dibenzo[*a.e*]cycloocten-dicarbonsäure-
äthylester** 9 4674
— amid 9 4675

Dibenzo[*a.e*]cycloocten-dicarbonsäure-
diäthylester 9 4674
— dinitril 9 4675
Dibenzo[*c.h*][1.6]dioxecin, Dihydroxy-
dioxo-tetrahydro- 10 3955
Dibenzo[*a.h*]fluoren-carbonsäure, Oxo-
10 3496
Dibenzo[*a.i*]fluoren-carbonsäure,
Dioxo-heptamethyl-eicosahydro-,
methylester 10 3605
Dibenzofuran, Hydroxy-oxo-hexahydro-
10 4747
Dibenzo[*fg.qr*]pentacen, Bis-[brom-
benzoyloxy]- 9 1409
Dibenzo[*a.j*]perylen, Bis-[brom-
benzoyloxy]- 9 1409
Dibenzo[*a.o*]perylen, Dibenzoyloxy-
9 662
Dibenzo[*a.o*]perylen-carbonsäure,
Dioxo-dihydro- 10 3680
Dibenzo[*a.o*]perylen-dicarbonsäure,
Dioxo-dihydro- 10 4101, 4102
Dibenzo[*a.o*]perylendiyldibenzoat
9 662
Dibenzo[*a.j*]perylen-tetracarbonsäure,
Dioxo-dihydro- 10 4175
Dibenzo[*b.g*]phenanthren-carbonsäure
s. *Naphth[1.2-a]anthracen-
carbonsäure*
Dibenzo[*c.g*]phenanthren-carbonsäure,
Dimethyl- 9 3677
—, Tetrahydro- 9 3660
Dibenzo[*c.g*]phenanthren-dicarbonsäure
9 4719
—, Octahydro- 9 4694
—, Octahydro-, dimethylester 9 4694
—, Tetrahydro- 9 4710
—, Tetrahydro-, dimethylester 9 4710
—, Tetramethyl- 9 4724
Dibenzo[*cd.mn*]pyren, Dibenzoyloxy-
9 657
Dibenzo[*cd.mn*]pyren-carbonsäure,
Dibenzoyloxy-oxo-dihydro- 10 4710
—, Hydroxy-dioxo- 10 4710
—, Trioxo-dihydro- 10 4710
Dibenzo[*cd.mn*]pyrendiyldibenzoat
9 657
Dibenzoyldiimid 9 1323
Dibenzyläther, Bis-[nitro-benzoyloxy]-
dimethyl-bis-[(nitro-benzoyloxy)-
methyl-benzyl]- 9 1667
—, Dibenzoyloxy- 9 567
—, Dibenzoyloxy-tropasantetramethyl- 9 574
—, Tetrachlor-dibenzoyloxy- 9 567
Dicadisäure 9 327
Dicamphocyclobutandion 10 2928
Dicamphoketon 10 2929
α-Dicamphylsäure 9 4428
Di-β-camphylsäure 9 4428

Di-β-camphylsäure-dimethylester 9 4428
α.γ-Dichaulmoogrin 9 289
Dichlorophosphorsäure-[chlorcarbonyl-
phenylester] 10 151
Dichlorothioantimonigsäure-[carboxy-
phenylester] 10 226
Dicyandiamid s. *Guanidin, Cyan-*
6.8:9.10b-Dicyclo-cyclobuta[*b*]chrysen-
carbonsäure, Dioxo-dimethyl-
isopropyl-octadecahydro-,
methylester 10 3623
Dicyclopentadien, Benzoyloxy-dihydro-
9 439
—, [Nitro-benzoyloxy]-dihydro- 9 1595
—, Salicyloyloxy-dihydro- 10 134
Dicyclopentadien-dicarbonsäure 9 4400
Dicyclopenta[*a.f*]naphthalin-carbonsäure,
Dihydroxy-oxo-pentamethyl-
[hydroxy-oxo-methyl-propyl]-
tetradecahydro- 10 4809
—, Dihydroxy-oxo-pentamethyl-[hydroxy-
oxo-methyl-propyl]-tetradecahydro-,
methylester 10 4810
Dicyclopenta[*a.i*]phenanthren-
carbonsäure, Hydroxyimino-
pentamethyl-isopropyl-
octadecahydro- 10 3225
—, Oxo-pentamethyl-isopropyl-
octadecahydro- 10 3224
—, Oxo-pentamethyl-isopropyl-
octadecahydro-, methylester
10 3225
—, Pentamethyl-isopropenyl-
hexadecahydro- 9 3264
Dicyclopenta[*a.i*]phenanthren-
dicarbonsäure, Acetoxy-
pentamethyl-isopropenyl-
octadecahydro-, dimethylester
10 2313
—, Hydroxy-pentamethyl-isopropenyl-
octadecahydro- 10 2313
—, Hydroxy-pentamethyl-isopropenyl-
octadecahydro-, dimethylester 10 2313
6.8:7.19-Dicyclo-9.10-seco-ergostadien,
Dibenzoyloxy- 9 656
—, [Dinitro-methyl-benzoyloxy]- 9 2371
Didehydro-β-carotin, Bis-
[nitro-benzoyloxy]- 9 1654
Didehydro-γ-carotinsäure 9 3661
Didehydro-γ-carotinsäure-methylester
9 3662
Di-α-desmotroposantonigsäure 10 2542
Di-β-desmotroposantonigsäure 10 2541
1.6-Didesoxy-galactit, Dichlor-tetrabenzoyl-
9 690
1.6-Didesoxy-glucit, Dijod-tetrabenzoyl-
9 690
1.6-Didesoxy-mannit, Dichlor-tetrabenzoyl-
9 689

1.6-Didesoxy-mannit, Dijod-tetrabenzoyl-
9 690
Didesoxyxylarsäure, Bis-benzamino-
9 1245
Dideuteriumphthalat 9 4098
Diels-Säure 9 4372
Dienöstrol, Dibenzoyl- **9** 646
Diffractasäure 10 1544
—, Acetyl-, äthylester **10** 1545
—, Acetyl-, butylester **10** 1546
—, Acetyl-, isobutylester **10** 1546
—, Acetyl-, isopentylester **10** 1547
—, Acetyl-, isopropylester **10** 1546
—, Acetyl-, pentylester **10** 1547
—, Acetyl-, propylester **10** 1545
Diffractasäure-äthylester **10** 1545
— butylester **10** 1546
— isobutylester **10** 1546
— isopentylester **10** 1547
— isopropylester **10** 1545
— methylester **10** 1544
— pentylester **10** 1546
— propylester **10** 1545
m-**Digallussäure 10** 2086
γ-**Digitoxanoldisäure 10** 2249
γ-**Digitoxanoldisäure-**dimethylester **10** 2250
Digitoxanondisäure 10 3976
Diglycerinsäure, Dibenzoyl- **9** 863
Diglykolsäure s. *Essigsäure, Oxy-di-*
—, Dimethyl- s. *Propionsäure, Oxy-di-*
Dihydnocarpin 9 277
Dihydroabietinsäure 9 2636, 2637, 2638
—, Chlor- **9** 2639
—, Dibrom-, äthylester **9** 354
—, Dibrom-, methylester **9** 354
—, Dichlor-, äthylester **9** 353
—, Dichlor-, methylester **9** 353
—, Hydroxy- **10** 663
Dihydroabietinsäure-B 9 2639
α-**Dihydroabietinsäure 9** 2637, 2638
β-**Dihydroabietinsäure 9** 2636
d-**Dihydroabietinsäure 9** 2641
l-**Dihydroabietinsäure 9** 2641
Dihydroagathendisäure-methylester **9** 4084
Dihydroalantolsäure 10 82
Dihydroallogibberinsäure 10 1135
Dihydroaposantonsäure 10 2948
Dihydroaposantonsäure-oxim **10** 2948
Dihydroartemisiasäure 10 1004
Dihydrobetulansäure 9 2930
Dihydrobetulinsäure 10 985
Dihydrobetulonsäure 10 3228
Dihydrobicycloeksantalsäure 9 259
Dihydrobutyrospermol, Benzoyl- **9** 471
Dihydro-*α*-campholensäure 9 98
Dihydro-*α*-campholytsäure 9 76
Dihydrocarveol, [Dinitro-benzoyl]-
9 1829
—, [Nitro-benzoyl]- **9** 1570

Dihydrocarvon, Cyan- **10** 2919
Dihydrocarvon-carbonsäure 10 2919
Dihydrocassaidin 10 1362
Dihydrocassaidinsäure 10 1361
Dihydrocassain 10 4200
Dihydrocassainsäure 10 4198
—, Acetyl-, methylester **10** 4199
Dihydrocassainsäure-methylester **10** 4199
Dihydrocelastrol 10 4476
Dihydrochaulmoograsäure 9 134
—, Tetrahydroxy- **10** 2410
Dihydrochinochromin 10 2307
Dihydrochlorogensäure 10 2408
Dihydrochrysanthemumsäure 9 101
Dihydrocinerolon, [Dinitro-benzoyl]-
9 1924
Dihydrocoumingidin 10 4200
—, Acetyl- **10** 4200
Dihydrocoumingin 10 4200
Dihydrocuminsäure 9 308
Dihydrocyclogeraniumsäure 9 88
Dihydro-desoxo-*α*-elemonsäure 9 2929, 2930
Dihydro-desoxo-*β*-elemonsäure 9 2929
Dihydro-desoxy-*α*-elemolsäure
9 2930, **10** 1036
Dihydrodextropimarsäure 9 2642
—, Dioxy- **10** 1591
Dihydrodextropimarsäure-methylester
9 2643
Dihydro-*α*-elemansäure 9 2929
Dihydro-*β*-elemansäure 9 2929
Dihydroelemol, [Dinitro-benzoyl]-
9 1838
—, [Nitro-benzoyl]- **9** 1576
Dihydro-*α*-elemolsäure 10 982
—, Acetyl- **10** 983
—, Acetyl-, methylester **10** 983
Dihydro-*β*-elemolsäure 10 984
—, Acetyl- **10** 985
Dihydro-*α*-elemonsäure 10 3225
Dihydroerdin 10 4818
Dihydroeremophilol, [Dinitro-benzoyl]-
9 1845
Dihydroergocalciferol-I, Benzoyl-
9 479
—, [Dinitro-benzoyl]- **9** 1874
Dihydroergocalciferol-II, [Dinitro-
benzoyl]- **9** 1875
Dihydroeuphol, Benzoyl- **9** 472
Dihydro-*α*-euphorbol, Benzoyl- **9** 473
Dihydrogeodin 10 4819
Dihydroginkgolsäure 10 678
Dihydrogitoxigeninsäure 10 2424
Dihydroguajol, [Dinitro-benzoyl]-
9 1838
Dihydrohederagenin, Keto- **10** 4629
Dihydrohedragenondisäure, Keto-,
dimethylester **10** 4068
Dihydrohydnocarpussäure 9 129

Dihydrohydnocarpussäure,
    [Methoxy-phenyl]- 10 949
—, [Methoxy-phenyl]-, äthylester
    10 949
Dihydroisoagathendisäure 9 4085
Dihydroisoalantolsäure 10 82
Dihydroisodextropimarsäure 9 2644
Dihydroisodextropimarsäure-methylester
    9 2644
Dihydroisolauronolsäure 9 75
Dihydroisonoragathensäure-methylester
    9 2634
Dihydroisopimarsäure 9 2644
Dihydroisopimarsäure-methylester
    9 2644
Dihydroisorosenonsäure-methylester
    10 4201
Dihydroisoteresantalsäure 9 221
Dihydroisoteresantalsäure-methylester
    9 221
Dihydro-α-jonol, Benzoyl- 9 414
Dihydrokawasäure 10 995
Dihydrolävopimarsäure 9 2637
Dihydrolävopimarsäure-methylester
    9 2638
α-Dihydrolanosterin, Benzoyl- 9 471
—, [Dinitro-benzoyl]- 9 1869
Dihydromelleinsäure 10 603
α-Dihydromiropinsäure 9 2644
β-Dihydromiropinsäure 9 2913
γ-Dihydromiropinsäure 9 2913
Dihydromyrtensäure 9 219
Dihydroneoabietinsäure 9 2637
Dihydropimarsäure 9 2642
Dihydropimarsäure-methylester 9 2643
Dihydropolyporensäure-A 10 1928
Dihydropseudoabietinsäure 9 2640, 2641
Dihydropseudosantonin 10 4195
Dihydropseudosantonin-methylester
    10 4195
— oxim 10 4195
Dihydroquillajasäure-methylester 10 2283
Dihydrosandaracopimarsäure 9 2642
Dihydro-α-santalylessigsäure 9 349
Dihydrosantolsäure 10 3940
Dihydrosantonsäure 10 4196
—, Diacetyl- 10 1588, 4196
—, Diacetyl-, methylester 10 1588, 4196
α-Dihydrosedanolsäure 10 47
β-Dihydrosedanolsäure 10 46
γ-Dihydrosedanolsäure 10 47
Dihydrosedanonsäure 10 2886
Dihydrosedanonsäure-semicarbazon
    10 2886
Dihydroshikimisäure 10 2023
—, Triacetyl- 10 2023
—, Triacetyl-, anhydrid 10 2024
Dihydroshonansäure 9 305, 307
—, Dihydroxy- 9 305

Dihydroshonansäure-amid 9 305
Dihydroskimmiol, Benzoyl- 9 473
Dihydroskimmioldisäure 9 4376
Dihydroskimmioldisäure-dimethylester
    9 4376
Dihydrosphingosin, Benzoyl- 9 1088
—, Tribenzoyl- 9 1088
Dihydrotaxinin 9 2391
Dihydroteresantalsäure 9 221
—, Keto- 10 2914
Dihydrovetivol, [Dinitro-benzoyl]-
    9 1844
α-Dihydrovitamin-D$_2$-acetat-maleinsäure-
    dimethylester 10 2314
β-Dihydrovitamin-D$_2$-acetat-maleinsäure-
    dimethylester 10 2314
β-Dihydrovitamin-D$_2$-maleinsäure 10 2314
α-Dihydroxycholadiensäure 10 1913
β-Dihydroxycholadiensäure 10 1914
4.9:5.8-Dimethano-cyclopenta[b]-
    naphthalin, [Nitro-benzoyloxy]-
    dodecahydro- 9 1606
1.4:5.8-Dimethano-naphthalin-
    carbonsäure, Carboxymethyl-
    s. Essigsäure, [Carboxy-
    1.4:5.8-dimethano-naphthalinyl]-
—, Methyl-tetrahydro-,
    äthylester 9 3097
1.4:5.8-Dimethano-naphthalin-
    dicarbonsäure, Decahydro- 9 4346
—, Decahydro-, dimethylester 9 4347
—, Methyl-octahydro-, diäthylester
    9 4421
—, Octahydro-, anhydrid 9 4346
[Dimethyl-benzoesäure]-[dimethyl-
    thiobenzoesäure]-anhydrid
    9 2443
Dimethylcarbat 9 4047
Dimethylglyoxim-dibenzoat 9 1284
Dinaphtho[1.2.3-cd:3'.2'.1'-lm]perylen-
    dicarbonsäure s. Anthra[9.1.2-cde]-
    benzo[rst]pentaphen-dicarbonsäure
Dinorchenodesoxycholsäure 10 1614
23.24-Dinor-choladiennitril, Hydroxy-
    10 1028
21.24-Dinor-choladiensäure, Dihydroxy-,
    äthylester 10 4362
23.24-Dinor-choladiensäure, Acetoxy-,
    methylester 10 1027
—, Acetoxy-, nitril 10 1028
—, Acetoxy-oxo- 10 3218
—, Äthoxy-, methylester 10 1027
—, Hydroxy-, methylester 10 1027, 1028
—, Hydroxy-, nitril 10 1028
23.24-Dinor-cholandisäure, Dihydroxy-
    10 2467
23.24-Dinor-cholannitril, Dihydroxy-
    acetoxy-oxo- 10 4733
—, Dihydroxy-oxo- 10 4579

23.24-Dinor-cholannitril, Hydroxy-acetoxy-dioxo- **10** 4748
—, Hydroxy-acetoxy-oxo- **10** 4580
—, Hydroxy-diacetoxy-oxo- **10** 4733
—, Hydroxy-dioxo- **10** 4616
23.24-Dinor-cholanoylazid, Acetoxy-oxo- **10** 4301
—, Diacetoxy- **10** 1621
23.24-Dinor-cholanoylchlorid, Acetoxy-oxo- **10** 4301
—, Diformyloxy- **10** 1621
23.24-Dinor-cholansäure 9 2650
—, Acetoxy- **10** 680
—, Acetoxy-, methylester **10** 681
—, Acetoxy-benzoyloxy-, methylester **10** 1621
—, Acetoxy-[dioxo-dihydro-anthracencarbonyloxy]-, methylester **10** 3647
—, Acetoxy-oxo- **10** 4300, 4302
—, Acetoxy-oxo-, azid **10** 4301
—, Acetoxy-oxo-, chlorid **10** 4301
—, Acetoxy-oxo-, methylester **10** 4299, 4300, 4303, 4304
—, Benzoyloxy-oxo-, methylester **10** 4299, 4303
—, Benzoyloxy-semicarbazono-, methylester **10** 4303
—, Bis-[dioxo-dihydro-anthracencarbonyloxy]-, methylester **10** 3647
—, Brom-acetoxy-oxo-, methylester **10** 4301
—, Brom-dioxo-, methylester **10** 3567
—, Brom-hydroxy-acetoxy-, methylester **10** 1616
—, Brom-hydroxy-oxo-, methylester **10** 4299
—, Brom-oxo- **10** 3128
—, [Carboxy-propionyloxy]-oxo- **10** 4302
—, Diacetoxy- **10** 1614, 1615, 1618
—, Diacetoxy-, azid **10** 1621
—, Diacetoxy-, methylester **10** 1614, 1616, 1620
—, Dibenzoyloxy-, methylester **10** 1621
—, Diformyloxy- **10** 1618
—, Diformyloxy-, chlorid **10** 1621
—, Dihydroxy- **10** 1613, 1614, 1615, 1616, 1622
—, Dihydroxy-, methylester **10** 1613, 1614, 1615, 1619
—, Dihydroxy-acetoxy-oxo-, nitril **10** 4733
—, Dihydroxy-[carboxy-butyryl]- **10** 4806
—, Dihydroxy-[methoxycarbonyl-butyryl]-, methylester **10** 4806
—, Dihydroxy-oxo-, methylester **10** 4301
—, Dihydroxy-oxo-, nitril **10** 4579
—, Dioxo- **10** 3566, 3567

23.24-Dinor-cholansäure, Dioxo-, methylester **10** 3566, 3567, 3568
—, Formyloxy- **10** 680
—, Hydroxy- **10** 679
—, Hydroxy-, methylester **10** 681
—, Hydroxy-acetoxy- **10** 4302
—, Hydroxy-acetoxy-, methylester **10** 1616, 1619, 1620
—, Hydroxy-acetoxy-dioxo-, nitril **10** 4748
—, Hydroxy-acetoxy-[methoxycarbonyl-butyryl]-, methylester **10** 4806
—, Hydroxy-acetoxy-oxo-, nitril **10** 4580
—, Hydroxy-[carboxy-propionyloxy]- **10** 1618
—, Hydroxy-diacetoxy-oxo-, nitril **10** 4733
—, Hydroxy-dioxo-, nitril **10** 4616
—, Hydroxy-[dioxo-dihydro-anthracencarbonyloxy]-, methylester **10** 3647
—, Hydroxy-hydroxyimino- **10** 4304
—, Hydroxy-oxo- **10** 4299, 4301, 4303
—, Hydroxy-oxo-, äthylester **10** 4304
—, Hydroxy-oxo-, methylester **10** 4298, 4300, 4302, 4304
—, Hydroxy-semicarbazono- **10** 4301, 4304
—, Oxo- **10** 3127
—, Oxo-, methylester **10** 3128
—, Trihydroxy- **10** 2157
—, Trihydroxy-, äthylester **10** 2157
—, Trihydroxy-, methylester **10** 2157
23.24-Dinor-cholenamid, Acetoxy- **10** 952
23.24-Dinor-cholennitril, Acetoxy-dioxo- **10** 4640
—, Acetoxy-oxo- **10** 4363
—, Dihydroxy-oxo- **10** 4615
—, Dioxo- **10** 3600
—, Hydroxy-acetoxy-oxo- **10** 4615
—, Hydroxy-dioxo- **10** 4640
23.24-Dinor-cholenoylazid, Acetoxy- **10** 952
23.24-Dinor-cholenoylchlorid, Acetoxy- **10** 952
21.24-Dinor-cholensäure, Hydroxy-oxo-, äthylester **10** 4362
23.24-Dinor-cholensäure, Acetoxy- **10** 950
—, Acetoxy-, amid **10** 952
—, Acetoxy-, azid **10** 952
—, Acetoxy-, chlorid **10** 952
—, Acetoxy-, methylester **10** 951, 953, 954
—, Acetoxy-dioxo- **10** 4639
—, Acetoxy-dioxo-, nitril **10** 4640
—, Acetoxy-oxo- **10** 4363
—, Acetoxy-oxo-, methylester **10** 4363
—, Acetoxy-oxo-, nitril **10** 4363
—, [Carboxy-propionyloxy]-, methylester **10** 955

23.24-Dinor-cholensäure, Dibrom-oxo-
    10 3217
—, Dihydroxy- 10 1880, 1881
—, Dihydroxy-, methylester 10 1881
—, Dihydroxy-oxo-, nitril 10 4615
—, Dioxo-, methylester 10 3600
—, Dioxo-, nitril 10 3600
—, Hydroxy- 10 949
—, Hydroxy-, methylester 10 951, 954,
    1617
—, Hydroxy-acetoxy-, methylester
    10 1881
—, Hydroxy-acetoxy-, nitril 10 1881
—, Hydroxy-acetoxy-oxo-, nitril 10 4615
—, Hydroxy-dioxo-, nitril 10 4640
—, Hydroxy-oxo- 10 4362
—, Hydroxy-oxo-, methylester 10 4362,
    4363
—, Methoxy- 10 950
—, Methoxy-, methylester 10 951
—, Oxo- 10 3217, 3218
—, Oxo-, methylester 10 3217, 3218
23.24-Dinor-cholenthiosäure, Acetoxy-,
    äthylester 10 952
—, Acetoxy-, benzylester 10 953
—, Methoxy-, äthylester 10 952
26.27-Dinor-cholestansäure, Dihydroxy-,
    nitril 10 1660
—, Hydroxy-acetoxy-, nitril 10 1660
—, Hydroxy-dioxo- 10 4625
—, Hydroxy-dioxo-, amid 10 4625
—, Trihydroxy- 10 2186
—, Trihydroxy-, methylester 10 2186
26.27-Dinor-cholestensäure, Acetoxy- 10 977
—, Acetoxy-, amid 10 978
—, Hydroxy- 10 976
—, Hydroxy-, äthylester 10 977
—, Hydroxy-, amid 10 977
—, Hydroxy-, methylester 10 977
—, Hydroxy-acetoxy-, nitril 10 1897, 1898
—, Hydroxy-formyloxy-, nitril 10 1897
23.24-Dinor-3.5-cyclo-cholansäure,
    Methoxy- 10 955
—, Methoxy-, methylester 10 956
Dinorhyodesoxycholsäure 10 1613
15.20-Dinor-labdantrisäure, [Dinitro-
    phenylhydrazono]-methyl- 10 4115
—, Oxo-methyl- 10 4115
—, Semicarbazono-methyl- 10 4115
29.30-Dinor-lupandisäure, Acetoxy-
    10 2280
—, Acetoxy-, dimethylester 10 2280
—, Acetoxy-, methylester 10 2280
—, Hydroxy-, dimethylester 10 2279
—, Hydroxy-, methylester 10 2279
29.30-Dinor-lupansäure, Acetoxy- 10 981
—, Acetoxy-, methylester 10 981
—, Diacetoxy-, methylester 10 1899
—, Dihydroxy- 10 1899

29.30-Dinor-lupansäure, Dihydroxy-,
    methylester 10 1899
—, Hydroxy- 10 980
—, Hydroxy-, methylester 10 981
27.28-Dinor-oleanatrien, Benzoyloxy-
    9 515
A.27-Dinor-ursadiensäure, Oxo- 10 3287
—, Oxo-, methylester 10 3288
27.28-Dinor-ursatrien, Benzoyloxy-
    9 515
26.27-Dinor-ursatriensäure, Hydroxy-
    methyl- 10 1248
—, Oxo-methyl- 10 1248
A.27-Dinor-ursensäure, Trioxo- 10 4005
—, Trioxo-, methylester 10 4006
p-Diorsellinsäure 10 1486
7.14-Dioxa-dispiro[5.1.5.2]-
    pentadecanon, Dimethyl- 10 29, 30
—, Methyl- 10 29
[Dioxo-dihydro-anthracen-dicarbonsäure]-
    essigsäure-dianhydrid 10 4084
Diperoxyphthalsäure-di-tert-
    butylester 9 4190
Diperoxyterephthalsäure-
    diisopropylester 9 4252
— dimethylester 9 4252
— dipropylester 9 4252
Diphenamid, Bis-thiocarbamoyl- 9 4499
—, Dibrom- 9 4506
—, Dimethoxy- 10 2494
—, Dimethoxy-diäthyl- 10 2495
—, Dimethoxy-dimethyl- 10 2495
—, Dimethoxy-tetraäthyl- 10 2496
—, Dimethoxy-tetramethyl- 10 2495
—, Dinitro-dithiocarbamoyl- 9 4511
Diphenamidsäure 9 4499
—, Allyl- 9 4499
—, Dibrom- 9 4505
—, Dibrom-, äthylester 9 4506
—, Dibrom-, methylester 9 4506
—, Dinitro- 9 4511
—, Nitro- 9 4507
Diphenanthro[2.3.4-cd:4'.3'.2'-lm]-
    perylen-dicarbonsäure,
    Dioxo-dihydro- 10 4104
Diphenonitril 9 4500
Diphenoylchlorid, Dibrom- 9 4505
—, Dinitro- 9 4511
Diphensäure 9 4496
—, Acetyl-, [acetoxy-phenanthrylester]
    9 4499
—, Decahydro- 9 4413
—, Dibrom- 9 4504
—, Dibrom-, äthylester 9 4505
—, Dibrom-, äthylester-amid 9 4506
—, Dibrom-, amid 9 4505
—, Dibrom-, diamid 9 4506
—, Dibrom-, dichlorid 9 4505
—, Dibrom-, dimethylester 9 4504

Diphensäure, Dibrom-, methylester 9 4505
—, Dibrom-, methylester-äthylester
   9 4505
—, Dibrom-, methylester-amid 9 4506
—, Dichlor- 9 4502, 4503
—, Dichlor-, äthylester 9 4503
—, Dichlor-, methylester 9 4503
—, Difluor- 9 4502
—, Difluor-, diäthylester 9 4502
—, Difluor-, dimethylester 9 4502
—, Dihydroxy-tetragalloyloxy- 10 2633
—, Dimethoxy- 10 2493
—, Dimethoxy-, bis-[acetyl-hydrazid]
   10 2496
—, Dimethoxy-, bis-äthylamid 10 2495
—, Dimethoxy-, bis-diäthylamid 10 2496
—, Dimethoxy-, bis-dimethylamid 10 2495
—, Dimethoxy-, bis-methylamid 10 2495
—, Dimethoxy-, [diacetyl-dihydrazid]
   10 2496
—, Dimethoxy-, diamid 10 2494
—, Dimethoxy-, dihydrazid 10 2496
—, Dimethoxy-, dimethylester 10 2494
—, Dimethoxy-benzoyloxy- 10 2586
—, Dimethoxy-benzoyloxy-,
   dimethylester 10 2586
—, Dimethoxy-dibenzoyloxy- 10 2606
—, Dimethoxy-dibenzoyloxy-,
   dimethylester 10 2606
—, Dimethyl- 9 4544, 4545
—, Dimethyl-, anhydrid 9 4839
—, Dinitro- 9 4511
—, Dinitro-, amid 9 4511
—, Dinitro-, bis-[diäthylamino-
   äthylester] 9 4511
—, Dinitro-, bis-menthylester 9 4509
—, Dinitro-, bis-[methyl-isopropyl-
   cyclohexylester] 9 4509
—, Dinitro-, bis-[trimethyl-
   norbornylester] 9 4510
—, Dinitro-, bornylester 9 4509
—, Dinitro-, bornylester-chlorid
   9 4511
—, Dinitro-, dibornylester 9 4510
—, Dinitro-, dichlorid 9 4511
—, Dinitro-, dimethylester 9 4509, 4512
—, Dinitro-, dithioureid 9 4511
—, Dinitro-, menthylester 9 4509
—, Dinitro-, [methyl-isopropyl-
   cyclohexylester] 9 4509
—, Dinitro-, [trimethyl-norbornylester]
   9 4509
—, Dinitro-, [trimethyl-norbornylester]-
   chlorid 9 4510
—, Dodecahydro- 9 4020
—, Dodecahydro-, diäthylester 9 4024
—, Dodecahydro-, dimethylester 9 4023
—, Dodecahydro-, methylester 9 4022
—, Hexahydro- 9 4413

Diphensäure, Hexamethoxy- 10 2633
—, Methoxy- 10 2342
—, Methyl- 9 4528
—, Methyl-äthyl-isopropyl- 9 4584
—, Methyl-isopropyl- 9 4576
—, Methyl-isopropyl-, äthylester
   9 4577
—, Methyl-isopropyl-, amid 9 4577
—, Methyl-isopropyl-, dimethylester
   9 4577
—, Methyl-isopropyl-, methylamid
   9 4577
—, Methyl-isopropyl-, methylester
   9 4577
—, Methyl-isopropyl-, nitril 9 4577
—, Methyl-isopropyl-acetyl- 10 4017, 4018
—, Nitro- 9 4506, 4508
—, Nitro-, amid 9 4507
—, Nitro-, dihydrazid 9 4508, 4509
—, Nitro-, dimethylester 9 4507, 4508
—, Nitro-, hydrazid 9 4507
—, Tetrabrom- 9 4506
—, Tetrachlor- 9 4504
—, Tetramethoxy- 10 2605, 2606
—, Tetramethoxy-, diäthylester 10 2605
—, Tetramethoxy-, dimethylester
   10 2605, 2606
—, Tetranitro- 9 4513
—, Tetranitro-, diäthylester 9 4514
—, Tetranitro-, dimethylester 9 4513
—, Trimethoxy- 10 2586
—, Trimethoxy-, dimethylester 10 2586
—, Trinitro- 9 4512

[Diphensäure-(acetoxy-phenanthrylester)]-
   essigsäure-anhydrid 9 4499
Diphensäure-allylamid 9 4499
— amid 9 4499
— azid 9 4501
— bis-[brom-phenylester] 9 4498
— bis-[chlor-phenylester] 9 4498
— bis-[nitro-benzylester] 9 4498
— butylester 9 4498
— chlorid-nitril 9 4500
— diazid 9 4501
— dihydrazid 9 4501
— dimethylester 9 4497
— dinitril 9 4500
— dithioureid 9 4499
— hydrazid 9 4500
— hydrazid-azid 9 4501
— [hydroxy-phenanthrylester] 9 4499
— isobutylester 9 4498
— isopropylester 9 4497
— [(methoxy-phenyl)-naphthyl-
   methylester] 9 4499
— methylester 9 4497
— methylester-chlorid 9 4499
— nitril 9 4500
— [phenoxy-benzhydrylester] 9 4498

Diphensäure-phenylester 9 4498
— propylester 9 4497
Diphenyl-adipinsäure-bis-[essigsäure-anhydrid] 9 4571
Diphenyläther, Methoxy-dicarboxy- 6 4314
—, Tribenzoyloxy- 9 670
[Diphenyl-bernsteinsäure-methylester]-essigsäure-anhydrid 9 4539
Diphenylcarbonsäure s. *Biphenyl-carbonsäure*
Diphenyldisulfid, Tetrabenzoyloxy-9 671
[Diphenyl-dithio-malonsäure-methylester]-benzoesäure-anhydrid 9 4526
Diphenylenglykolsäure 10 1251
[Diphenyl-methoxycarbonyl-dithioessigsäure]-benzoesäure-anhydrid 9 4526
Diphenylselenid, Dibenzoyloxy- 9 554, 563
Diphenylsulfon, Dibenzoyloxy-tetramethyl- 9 570, 571
Diphthalylsäure 10 4075
Diphthalylsäure-dimethylester 10 4075
Diplosal 10 147
Diploschistessäure 10 2113
—, Tetraacetyl- 10 2113
—, Tetraacetyl-, methylester 10 2113
—, Tetrakis-äthoxycarbonyl- 10 2113
Disalicylsäure 10 106
Dischwefeldiamid, Bis-thiobenzoyl-9 1985
3.4:11.12-Diseco-cholanhexasäure 9 4913
2.3:6.7-Diseco-cholanpentasäure 9 4906
3.4:6.7-Diseco-cholanpentasäure 9 4906
3.4:11.12-Diseco-cholanpentasäure 9 4905
6.7:11.12-Diseco-cholanpentasäure 9 4904
2.3:11.12-Diseco-cholantetrasäure, Oxo-10 4845
3.4:14.15-Diseco-cholantetrasäure, Dioxo- 10 4171
—, Dioxo-, tetramethylester 10 4171
2.3:6.7-Diseco-cholestantetrasäure 9 4868
3.4:5.6-Diseco-cholestantrisäure, Dioxo- 10 4144
4.5:5.6-Diseco-cholestantrisäure 9 4782
3.5:5.6-Diseco-A.B-dinor-cholantetrasäure 9 4866
—, Oxo- 10 4164
—, Oxo-, tetramethylester 10 4164
3.5:5.6-Diseco-A.B-dinor-cholantetrasäure-nitril 9 4867
— tetramethylester 9 4867

3.5:11.12-Diseco-A.B-dinor-cholantetrasäure, Oxo- 10 4163
—, Oxo-, tetramethylester 10 4164
3.5:5.6-Diseco-A.B-dinor-cholestantrisäure 9 4781
—, Hydroxyimino- 10 4115
—, Oxo- 10 4115
—, Trinitro- 9 4781
7.8:8.12-Diseco-C.C-dinor-podocarpansäure 9 4856
2.3:11.12-Diseco-A-nor-cholanpentasäure 9 4904
3.5:5.6-Diseco-A-nor-cholantetrasäure 9 4868
—, Dioxo- 10 4170
—, Oxo- 10 4165
3.5:6.7-Diseco-A-nor-cholantetrasäure 9 4867
—, Dioxo- 10 4170
—, Hydroxy-oxo-, lacton 10 4805
3.5:11.12-Diseco-A-nor-cholantetrasäure, Oxo- 10 4164
8.9:9.11-Diseco-A-nor-cholantrisäure, Oxo- 10 4115
3.5:5.6-Diseco-A-nor-cholestantrisäure 9 4782
—, Oxo- 10 4116
3.5:6.7-Diseco-A-nor-cholestantrisäure, Oxo- 10 4116
2.5:5.6-Diseco-A.A.B-trinor-cholantetrasäure 9 4866
2.5:5.6-Diseco-A.A.B-trinor-cholantetrasäure-tetramethylester 9 4866
3.5:5.6-Diseco-A.B.24-trinor-cholantetrasäure 9 4865
2.5:5.6-Diseco-A.A.B-trinor-cholestantrisäure 9 4780
2.5:5.6-Diseco-A.A.B-trinor-cholestantrisäure-methylester 9 4781
Diselenid, Bis-[acetoxy-methoxycarbonyl-phenyl]- 10 1397
—, Bis-[carboxy-phenyl]- 10 277, 421
—, Bis-[(dichlor-phenoxy)-carboxy-phenyl]- 10 1446
—, Bis-[(dimethyl-phenoxy)-carboxy-phenyl]- 10 1446
—, Bis-[hydroxy-carboxy-phenyl]-10 1396
—, Bis-[hydroxy-methoxycarbonyl-phenyl]-10 1397
—, Bis-[methoxycarbonyl-phenyl]-10 241, 277, 421
—, Bis-[phenyl-carboxy-methyl]-10 493
—, Bis-[[3.5]xylyloxy-carboxy-phenyl]-10 1446
—, Dibenzoyl- 9 2001

Dishydroxyisophotosantonsäure
   10 2464
Disiloxan, Tetramethyl-bis-[dinitro-
   benzoyloxymethyl]- 9 1922
Dispiro[fluoren-9.2′-furan-5′.9″-
fluoren], Dioxo-dihydro- 9 3411
Distyrinsäure 9 3472
Distyrinsäure-amid 9 3473
— methylester 9 3473
Disulfid, [Acetoxy-phenyl]-[benzoyloxy-
   phenyl]- 9 563
—, [Benzoyloxy-phenyl]-[dioxo-dihydro-
   anthryl]- 9 563
—, [Benzoyloxy-phenyl]-*m*-tolyl- 9 562
—, [Benzoyloxy-phenyl]-*o*-tolyl-
   9 562
—, [Benzoyloxy-phenyl]-*p*-tolyl-
   9 562
—, Bis-[acetoxy-benzoyl]- 10 239
—, Bis-[äthoxalyl-naphthyl]- 10 4404
—, Bis-[äthoxalyl-phenyl]- 10 4204
—, Bis-[äthoxy-äthoxalyl-phenyl]-
   10 4509
—, Bis-[äthoxycarbonyl-phenyl]- 10 398
—, Bis-[äthoxy-methoxalyl-phenyl]-
   10 4509
—, Bis-[äthoxy-oxal-phenyl]- 10 4508
—, Bis-[äthylcarbamoyl-phenyl]- 10 234
—, Bis-[benzamino-äthyl]- 9 1080
—, Bis-[benzamino-carboxy-äthyl]-
   9 1172
—, Bis-[benzamino-carboxy-propyl]-
   9 1180
—, Bis-[benzamino-methoxycarbonyl-
   äthyl]- 9 1173
—, Bis-[benzoyl-benzoyl]- 10 3306
—, Bis-[benzoylcarbamoyl-phenyl]-
   10 234
—, Bis-[benzoyloxy-naphthyl]- 9 610
—, Bis-[benzoyloxy-phenyl]- 9 563
—, Bis-biphenylcarbonyl- 9 3283
—, Bis-[brom-benzoyl]- 9 1990
—, Bis-[carbamimidoyl-phenyl]- 10 413
—, Bis-[carbamoyl-phenyl]- 10 233,
   275, 402
—, Bis-[(carboxy-benzamino)-carboxy-
   äthyl]- 9 4195
—, Bis-[carboxy-benzyl]- 10 504
—, Bis-[carboxymethyl-phenyl]- 10 428
—, Bis-[carboxy-naphthyl]- 10 1084
—, Bis-[carboxy-phenyl]- 10 225, 270, 393
—, Bis-[(carboxy-phenylmercapto)-äthyl]-
   10 217
—, Bis-[chlorcarbonyl-phenyl]- 10 231
—, Bis-[chlor-carboxy-phenyl]- 10 236
—, Bis-[chlor-hydroxy-carboxy-phenyl]-
   10 1370
—, Bis-[chlor-nitro-carboxy-phenyl]-
   10 418

Disulfid, Bis-[(chlor-phenyl)-carboxy-vinyl]-
   10 858
—, Bis-[cinnamoylamino-methoxycarbonyl-
   äthyl]- 9 2719
—, Bis-[cyan-phenyl]- 10 275, 407
—, Bis-[cyclopentyl-carboxy-dodecyl]-
   10 51
—, Bis-[dibenzoyloxy-phenyl]- 9 671
—, Bis-[dichlor-carboxy-phenyl]- 10 236
—, Bis-[dimethoxy-carboxy-phenyl]-
   10 2059, 2065
—, Bis-[(dimethoxy-phenyl)-carboxy-
   vinyl]- 10 4532
—, Bis-[dimethyl-benzoyl]- 9 2443
—, Bis-[(dinitro-benzamino)-carboxy-
   äthyl]- 9 1941
—, Bis-[(dinitro-benzoyloxy)-propyl]-
   9 1892
—, Bis-diphenylacetyl- 9 3316
—, Bis-[diphenyl-carboxy-methyl]-
   10 1182
—, Bis-[diphenyl-methoxycarbonyl-
   thioacetyl]- 9 4526
—, Bis-[guanyl-phenyl]- 10 413
—, Bis-[hydroxy-carboxy-naphthyl]-
   10 1934, 1935
—, Bis-[hydroxy-methyl-carboxy-phenyl]-
   10 1507
—, Bis-[jod-carboxy-phenyl]- 10 237
—, Bis-[methoxalyl-naphthyl]- 10 4405
—, Bis-[methoxalyl-phenyl]- 10 4204
—, Bis-[methoxy-benzoyl]- 10 419
—, Bis-[methoxycarbonyl-phenyl]- 10 227
—, Bis-[methoxy-carboxy-phenyl]-
   10 1402, 1445, 1452
—, Bis-[methyl-äthoxalyl-phenyl]-
   10 4229
—, Bis-[(methyl-benzoyl-amino)-carboxy-
   äthyl]- 9 1173
—, Bis-[methylcarbamoyl-phenyl]- 10 233
—, Bis-[methyl-carboxy-phenyl]- 10 498
—, Bis-[methyl-cyan-phenyl]- 10 498
—, Bis-[methylsulfon-benzoyl]- 10 420
—, Bis-[nitro-äthoxycarbonyl-phenyl]-
   10 417
—, Bis-[(nitro-benzamino)-carboxy-
   äthyl]- 9 1735
—, Bis-[nitro-benzoyl]- 9 1995
—, Bis-[(nitro-benzoyloxy)-äthyl]-
   9 1623
—, Bis-[(nitro-carboxy-phenoxy)-methyl-
   phenyl]- 10 198, 377
—, Bis-[nitro-carboxy-phenyl]- 10 276, 416
—, Bis-[nitro-chlorcarbonyl-phenyl]-
   10 418
—, Bis-[nitro-cyan-phenyl]- 10 238, 418
—, Bis-[nitro-methoxy-carboxy-phenyl]-
   10 1383
—, Bis-[nitro-naphthoyl]- 9 3173

Disulfid, Bis-[nitro-tetrahydro-naphthoyl]-
9 2799, 2800
—, Bis-[(oxo-dimethyl-phenyl-
propionylamino)-äthyl]- 10 3069
—, Bis-{[(phenyl-acetamino)-acetamino]-
dimethyl-carboxy-äthyl}- 9 2212
—, Bis-[(phenyl-acetamino)-carboxy-
äthyl]- 9 2221
—, Bis-{[(phenyl-acetamino)-cyan-
äthylidenamino]-dimethyl-carboxy-
äthyl}- 9 2249
—, Bis-{[(phenyl-acetamino)-cyan-
vinylamino]-dimethyl-carboxy-
äthyl}- 9 2249
—, Bis-[(phenylacetylimino-cyan-
äthylamino)-dimethyl-carboxy-äthyl]-
9 2249
—, Bis-[phenyl-benzoyl]- 9 3283
—, Bis-[phenyl-carboxy-methyl]- 10 490
—, Bis-[phenyl-carboxy-vinyl]- 10 858
—, Bis-[propyloxyoxalyl-phenyl]-
10 4204
—, Bis-[tetrahydro-naphthoyl]-
9 2799, 2804
—, Bis-thiobenzamino- 9 1985
—, Diäthyl- s. *Diäthyldisulfid*
—, Dibenzoyl- 9 1977
—, Dinaphthoyl- 9 3171, 3205
—, Diphenyl- s. *Diphenyldisulfid*
—, Disalicyloyl- 10 239
—, Dithionaphthoyl- 9 3174
—, Di-*m*-toluoyl- 9 2334
—, Di-*o*-toluoyl- 9 2317
—, Di-*p*-toluoyl- 9 2378
—, Diveratroyl- 10 1445
—, [Hydroxy-phenyl]-[benzoyloxy-phenyl]-
9 563
—, [Nitro-phenyl]-[benzoyloxy-phenyl]-
9 562
—, Phenyl-[benzoyloxy-phenyl]- 9 561
Disulfon, Dibenzoyl- 9 1978
Disulfoxid, Bis-[(oxo-dimethyl-phenyl-
propionylamino)-äthyl]- 10 3069
Dithioacrylsäure, Triphenyl- 9 3631
Dithioantimonigsäure-bis-[carboxy-
phenylester]-chlorid 10 226
Dithiobenzoesäure 9 1997
—, Brom- 9 1999
—, Chlor- 9 1999
—, Methyl- 9 2318, 2379
—, Methyl-, äthylester 9 2380
—, Methyl-, butylester 9 2380
—, Methyl-, methylester 9 2380
—, Methyl-, [nitro-benzylester] 9 2381
Dithiobenzoesäure-äthylester 9 1998
— anhydrid 9 1998
— benzylester 9 1998
— [brom-propylester] 9 1998
— methylester 9 1998

Dithiocarbamidsäure, Benzoyl-,
äthylester 9 1120
—, Benzoyl-, [brom-phenacylester]
9 1121
—, Benzoyl-, [chlor-phenacylester]
9 1121
—, Benzoyl-, [nitro-phenacylester]
9 1121
—, Benzoyl-, phenacylester 9 1120
—, Methyl-, benzaminomethylester
9 1092
—, Methyl-benzoyl- 9 1973
Dithiodibenzoesäure s. *Benzoesäure,
Dithio-di-*
Dithiodibuttersäure s. *Buttersäure,
Dithio-di-*
Dithiodiisovaleriansäure s. *Isovaleriansäure,
Dithio-di-*
Dithiodipropionsäure s. *Propionsäure,
Dithio-di-*
Dithioessigsäure, Diphenyl- 9 3317
—, Diphenyl-, phenylester 9 3317
—, Phenyl- 9 2298
—, Phenyl-, methylester 9 2298
Dithiokohlensäure, Benzoyl-, äthylester
9 1973
—, Benzoyl-, azid 9 1974
—, [Brom-benzoyl]-, azid 9 1990
—, [Chlor-benzoyl]-, äthylester
9 1989
—, [Nitro-benzoyl]-, äthylester
9 1993
Dithiomalonsäure, Diphenyl-,
methylester 9 4525
Dithionaphthoesäure 9 3173, 3206
—, Äthoxycarbonylmethoxy- 10 1068
—, Carbamoylmethoxy- 10 1068
—, Carboxymethoxy- 10 1068
—, Hydroxy- 10 1067
—, Hydroxy-, carbamoylester 10 1068
—, Hydroxy-, hydroxymethylester 10 1068
—, Methoxy- 10 1070
Dithionaphthoesäure-methylester 9 3174
Dithiophosphorsäure, Cinnamoyl-, bis-
[dimethyl-(dimethyl-hexyl)-
tetradecahydro-cyclopenta[*a*]-
phenanthrenylester] 9 2751
—, Cinnamoyl-, dicholesterylester
9 2751
Dithiophthalsäure-bis-
dimethylthiocarbamidsäure-
anhydrid 9 4239
Dithioterephthalamid 9 4260
Dithioterephthalsäure-diamid 9 4260
Dithio-*o*-toluylsäure 9 2318
Dithio-*p*-toluylsäure 9 2379
Dithio-*p*-toluylsäure-äthylester
9 2380
— butylester 9 2380

Dithio-*p*-toluylsäure-methylester **9** 2380
— [nitro-benzylester] **9** 2381
Dithiourethan, Benzoyl- **9** 1973
Divanadin(IV)-säure-methylester-
[butyloxycarbonyl-phenylester]
10 121
— methylester-[isopentyloxycarbonyl-
phenylester] **10** 123
Divaricatinsäure 10 1559
—, Oxy- **10** 2131
Divaricatsäure 10 1562
—, Bis-äthoxycarbonyl- **10** 1564
—, Diacetyl- **10** 1563
—, Diacetyl-, äthylester **10** 1563
—, Diacetyl-, butylester **10** 1564
—, Diacetyl-, isopropylester **10** 1564
—, Diacetyl-, pentylester **10** 1564
—, Diacetyl-, propylester **10** 1564
—, Dimethyl-, methylester **10** 1563
Divaricatsäure-äthylester **10** 1562
— butylester **10** 1563
— methylester **10** 1562
— pentylester **10** 1563
— propylester **10** 1563
Divarsäure 10 1558
Dixgeninsäure 10 4581
Djenkolsäure, Dibenzoyl- **9** 1171
Docosansäure, Oxo-phenyl- **10** 3138
—, Phenyl- **9** 2666
—, Phenyl-, äthylester **9** 2667
Dodecan, Bis-[amino-benzylidenaminooxy]-
9 1310
Dodecandisäure, Oxo-cyclopentenyl-
acetyl-, diäthylester **10** 4058
Dodecannitril, Naphthyl- **9** 3262
Dodecanon, [Benzoyloxy-phenyl]- **9** 736
Dodecansäure, Äthyl-phenyl- **9** 2636
—, Benzoyl- s. *Valeriansäure,*
Oxo-octyl-phenyl-
—, Cyclobutylmethyl- **9** 132
—, Cyclohexyl- **9** 133
—, Cyclopentenyl- **9** 281
—, Cyclopentyl- **9** 131
—, Cyclopropylmethyl- **9** 130
—, Methyl-benzyl- **9** 2635
—, Methyl-[cyclohexyl-äthyl]-,
äthylester **9** 138
—, Methyl-phenacyl- **10** 3125
—, Naphthyl- **9** 3261
—, Naphthyl-, [diäthylamino-äthylester]
9 3261
—, Naphthyl-, nitril **9** 3262
—, Oxo-phenyl- **10** 3116
—, Oxo-phenyl-, methylester **10** 3116
—, Phenyl- **9** 2630, 2631
—, Phenyl-, äthylester **9** 2630
—, Phenyl-, [brom-phenacylester]
9 2630, 2631
—, Phenyl-, methylester **9** 2630

Dodecansäure, Phenyl-acetyl- s. *Hexansäure,*
Oxo-octyl-phenyl-
—, [Trimethoxy-benzoyl]-, äthylester
10 4731
Dodecapentaenon, Dimethyl-[trimethyl-
cyclohexenyl]-,
[chlor-benzoylhydrazon] **9** 1371
Dodecylbenzoat 9 400
Dodecylsalicylat 10 124
Doisynoestrol 10 1230
Doisynolsäure 10 1014
—, Methyl- **10** 1018
Doisynolsäure-methylester **10** 1016
Dracosäure 10 4679
Drimansäure 9 273
—, Hydroxy- **10** 77
—, Hydroxy-, methylester **10** 77
—, Oxo-, methylester **10** 2951
Drimansäure-methylester **9** 274
Drimensäure 9 345
Dulcit, Bis-acetoxymethyl-diacetyl-
dibenzoyl- **9** 708
—, Dibenzoyl- **9** 706, 707
—, Dibenzoyl-bis-[nitroso-benzoyl]-
9 1464
—, Disalicyloyl- **10** 143
—, Hexabenzoyl- **9** 712
—, Pentamethyl-benzoyl- **9** 706
—, Tetraacetyl-dibenzoyl- **9** 708, 709
—, Tetrabenzoyl- **9** 711
—, Tetrabenzoyl-bis-[nitroso-benzoyl]-
9 1465
—, Tetramethyl-benzoyl- **9** 706
—, Tetramethyl-dibenzoyl- **9** 708
Dulcitdisalicylat 10 143
Durylsäure 9 2501

E

Eburicadiensäure, Acetoxy- **10** 1064
—, Acetoxy-, methylester **10** 1065
—, Diacetoxy-, methylester **10** 1929
—, Diformyloxy-, methylester **10** 1928
—, Dihydroxy- **10** 1928, 1929
—, Dihydroxy-, methylester **10** 1928
—, Hydroxy- **10** 1064
—, Hydroxy-, methylester **10** 1065
—, Hydroxy-acetoxy- **10** 1929
Eburicatriensäure, Hydroxy-oxo- **10** 4427
—, Hydroxy-oxo-, methylester **10** 4427
Eburicosäure 10 1064
—, Acetyl- **10** 1064
—, Acetyl-, methylester **10** 1065
Eburicosäure-methylester **10** 1065
Ecballiumsäure 10 4809
Ecballiumsäure-methylester **10** 4810
Echinocystsäure 10 1918
—, Bis-methansulfonyl-, methylester
10 1920

Echinocystsäure, Diacetyl- 10 1919
—, Diacetyl-, chlorid 10 1920
—, Diacetyl-, methylester 10 1920
Echinocystsäure-methylester 10 1919
Eicosan, Benzoyloxy- 9 401
—, Benzoyloxyimino- 9 1273
Eicosanon-[benzoyl-oxim] 9 1273
Eicosansäure, Hydroxy-[methoxy-phenyl]-
    10 1661
—, Hydroxy-[methoxy-phenyl]-,
    äthylester 10 1661
—, [Trimethoxy-benzoyl]-, äthylester
    10 4738
Eicosantriol, Benzamino- 9 1089
Eicosenamid, Phenyl- 9 2921
Eicosensäure, Cyclopentenyl- 9 358
—, [Methoxy-phenyl]- 10 978
—, [Methoxy-phenyl]-, äthylester 10 978
—, Phenyl- 9 2921
—, Phenyl-, amid 9 2921
Elemadienolsäure 10 1035
Elemadienonsäure 10 3256
Elemadiensäure 9 3130
—, Hydroxy- 10 1035
α-Elemansäure 9 3129
—, Dihydro- 9 2929
β-Elemansäure 9 3130
—, Dihydro- 9 2929
Elemenonsäure 10 3227
Elemensäure 9 2929
Elemisäure, Tetrahydro- 10 3227
α-Elemisäure 10 1035
β-Elemisäure 10 1036 Anm.
δ-Elemisäure 10 3256 Anm.
γ-Elemisäure 10 1035
Elemol, Benzoyl- 9 415
—, [Dinitro-benzoyl]- 9 1844
—, [Dinitro-benzoyl]-dihydro- 9 1838
—, [Dinitro-benzoyl]-tetrahydro-
    9 1818
—, [Nitro-benzoyl]- 9 1581
—, [Nitro-benzoyl]-dihydro- 9 1576
—, [Nitro-benzoyl]-tetrahydro- 9 1564
α-Elemolsäure 10 1035
—, Acetyl- 10 1037
—, Acetyl-, methylester 10 1037
—, Acetyl-dihydro- 10 983
—, Acetyl-dihydro-, methylester 10 983
—, Brom- 10 1037
—, Dibrom- 10 984
—, Dihydro- 10 982
α-Elemolsäure-äthylester 10 1037
— methyläther 10 1037
— methylester 10 1037
β-Elemolsäure 10 1038
—, Acetyl- 10 1038
—, Acetyl-dihydro- 10 985
—, Dihydro- 10 984
α-Elemonsäure 10 3255

α-Elemonsäure, Brom- 10 3256
—, Dibrom- 10 3226
—, Dihydro- 10 3225
α-Elemonsäure-[dinitro-phenylhydrazon]
    10 3256
— methyläther 10 3255
— methylester 10 3256
— methylester-oxim 10 3256
— oxim 10 3255
β-Elemonsäure 10 3256
—, Brom- 10 3257
—, Dibrom- 10 3228
—, Dihydro- 10 3227
β-Elemonsäure-azin 10 3257
— methylester 10 3257
— oxim 10 3257
Ellagen 10 2071
Ellagsäure, Tetragalloyl- 10 2633
Emodinsäure 10 4829
—, Triacetyl- 10 4829
—, Triacetyl-, methylester 10 4830
—, Trimethyl- 10 4829
—, Trimethyl-, amid 10 4830
—, Trimethyl-, chlorid 10 4830
Emodinsäure-methylester 10 4829
Endocrocin 10 4831
—, Triacetyl- 10 4831
—, Trimethyl- 10 4831
—, Trimethyl-, methylester 10 4831
Epiborneol, [Dinitro-benzoyl]- 9 1834
Epicampher, [Dinitro-benzoyloxy]-
    9 1925
Epicholesterin, Benzoyl- 9 461
Epi-dihydro-α-elemolsäure 10 981
Epi-dihydro-α-elemolsäure-methylester
    10 983
Epi-elemadienolsäure 10 1038
Epi-elemenolsäure 10 984, 4890
Epi-α-elemolsäure-methylester 10 3255
Epifriedelinol, Benzoyl- 9 472
Epi-hederagenin-methylester 10 1927
Epiiso-acetyl-elemenolsäure 10 982
Epiisoborneol, [Dinitro-benzoyl]-
    9 1835
Epiisofenchon-[benzoyl-oxim] 9 1279
Epilupanol, Benzoyl- 9 473
Epineoergosterin, [Dinitro-benzoyl]-
    9 1887
Epioleanensäure 9 3134
Epioleanonsäure-methylester 10 3262
Epischellolsäure 10 2465
Epitruxillsäure 9 4625
Epitruxillsäure-amid 9 4629
— diamid 9 4630
— dichlorid 9 4629
— dimethylester 9 4627
— dinitril 9 4631
— methylester 9 4626
— methylester-amid 9 4630

Epitruxonsäure 10 3410
Epitruxonsäure-methylester 10 3411
— oxim 10 3410
Epoxy-abietansäure, Diacetoxy-
 10 2417
8.14-Epoxy-cholansäure, Diacetoxy-,
 methylester 10 1891
3a.5a-Epoxy-naphtho[2.1-c][1.2]-
 dioxepin-carbonsäure, Trimethyl-
 dodecahydro-, methylester 9 4368
14.21-Epoxy-24-nor-cholandisäure,
 Trihydroxy-, dimethylester 10 4844
—, Trihydroxy-, methylester 10 4843
14.21-Epoxy-24-nor-cholansäure,
 Dihydroxy- 10 4581
—, Dihydroxy-, methylester 10 4582
16.21-Epoxy-24-nor-cholansäure,
 Trihydroxy- 10 4735
9.11-Epoxy-18.19-seco-oleanansäure,
 Diacetoxy-, methylester 10 1902
Epoxy-tricyclo[4.2.2.0²·⁵]decen-
 dicarbonsäure-dimethylester
 9 4401
Erdin, Dihydro- 10 4818
Erdinhydrat 10 2061
Eremophilol, [Dinitro-benzoyl]-dihydro-
 9 1845
Eremophilon, Hydroxy-benzoyl- 9 735
Ergocalciferol, Benzoyl- 9 498
—, [Chlor-dinitro-benzoyl]- 9 1952
—, [Cyclopentenyl-tridecanoyl]- 9 289
—, [Dinitro-benzoyl]- 9 1881
—, [Dinitro-methyl-benzoyl]- 9 2370
—, [Jod-nitro-benzoyl]- 9 1772
—. [Methoxy-benzoyl]- 10 313
—, Naphthoyl- 9 3182
—. [Nitro-benzoyl]- 9 1613
—, [Nitro-methyl-benzoyl]- 9 2360
Ergocalciferol-I, Benzoyl-dihydro-
 9 479
Ergostadien, Äthoxy-benzoyloxy-
 9 607
—, Äthoxy-[dinitro-benzoyloxy]-
 9 1915
—, Benzoyloxy- 9 479, 480, 481, 482
—, [Dinitro-benzoyloxy]- 9 1875, 1876
—, [Nitro-benzoyloxy]- 9 1610
Ergostadiendiol, Benzoyloxy- 9 681
Ergostadienol, Acetoxy-benzoyloxy-
 9 682
—, Benzoyloxy-[nitro-benzoyloxy]-
 9 1666
—, Bis-[nitro-benzoyloxy]- 9 1666
—, Dibenzoyloxy- 9 682
—, Methoxy-benzoyloxy- 9 682
Ergostadienon, Hydroxy-benzoyloxy-
 9 798
Ergostan, Benzoyloxy- 9 452
—, Cinnamoyloxy- 9 2693

Ergostan, Cyclohexancarbonyloxy-
 9 19
—, [Dinitro-benzoyloxy]- 9 1859
—, [Dinitro-methyl-benzoyloxy]-
 9 2369
—, [Nitro-benzoyloxy]- 9 1598
Ergostansäure 9 2667
—, Dioxo- 10 3587
—, Hydroxy-bis-hydroxyimino-
 10 4628
—, Hydroxy-dioxo- 10 4628
—, Trihydroxy- 10 2188, 2189
—, Trihydroxy-, methylester 10 2189
—, Trioxo- 10 3996
—, Trioxo-, methylester 10 3996, 3997
—, Tris-hydroxyimino-, methylester
 10 3996
Ergostansäure-methylester 9 2667, 2668
Ergostatetraen, [Dinitro-benzoyloxy]-
 9 1888
Ergostatrien, Benzoyloxy- 9 498, 499
—, [Carboxy-benzoyloxy]- 9 4171
—, [Chlor-dinitro-benzoyloxy]- 9 1952
—, Cinnamoyloxy- 9 2694
—, [Dinitro-benzoyloxy]- 9 1882
—, [Dinitro-methyl-benzoyloxy]- 9 2370
—, [Dioxo-dihydro-anthracencarbonyloxy]-
 10 3644
—, Diphenylacetoxy- 9 3294
—, Hippuroyloxy- 9 1126
—, Naphthoyloxy- 9 3182
—, [Nitro-benzoyloxy]- 9 1502, 1613
—, [Nitro-methyl-benzoyloxy]- 9 2361
Ergostatrienol, Bis-[nitro-benzoyloxy]-
 9 1666
Ergosten, Benzoyloxy- 9 467, 468
—, [Carboxy-benzoyloxy]- 9 4169
—, Cyclohexancarbonyloxy- 9 20
—, Dibenzoyloxy- 9 603
—, [Dinitro-benzoyloxy]- 9 1866,
 1867, 1868
—, [Nitro-benzoyloxy]- 9 1499,
 1500, 1607
Ergostendiyldibenzoat 9 603
Ergostenol, Benzoyloxy- 9 603
α-Ergostenol, Benzoyl- 9 468
—, [Dinitro-benzoyl]- 9 1867
—, [Nitro-benzoyl]- 9 1499, 1607
β-Ergostenol, Benzoyl- 9 468
—, [Dinitro-benzoyl]- 9 1868
—, [Nitro-benzoyl]- 9 1500, 1607
γ-Ergostenol, Benzoyl- 9 467
—, [Dinitro-benzoyl]- 9 1867
Ergostensäure 9 2923
—, Dioxo- 10 3604
—, Trihydroxy- 10 2250, 2251
—. Trihydroxy-, methylester 10 2251
—. Trioxo- 10 4000, 4001
—, Trioxo-, äthylester 10 4001

Ergostensäure, Trioxo-, methylester 10 4001
—, Tris-hydroxyimino-, äthylester
10 4002
—, Tris-hydroxyimino-, methylester
10 4001
Ergostensäure-methylester 9 2923, 2924
Ergosterin, Benzoyl- 9 498
—, [Carboxy-benzoyl]- 9 4171
—, [Chlor-dinitro-benzoyl]- 9 1952
—, Cinnamoyl- 9 2694
—, [Dinitro-benzoyl]- 9 1883
—, [Dinitro-methyl-benzoyl]- 9 2370
—, Diphenylacetyl- 9 3294
—, Hippuroyl- 9 1126
—, Naphthoyl- 9 3182
—, [Nitro-benzoyl]- 9 1502, 1613
—, [Nitro-methyl-benzoyl]- 9 2361
Ergosterin-D, Benzoyl- 9 499
Eriochromazurol-B 10 4795
Erythrarsäure, Dibenzoyl- 9 869
Erythrin 10 1487
—, Hexaacetyl- 10 1494
Erythrit, Diacetyl-bis-[brom-benzoyl]-
9 1415
—, Dibenzoyl- 9 687
—, [Dihydroxy-methyl-benzoyl]- 10 1484
—, Tetrabenzoyl- 9 687
—, Tetragalloyl- 10 2084
—, Tribenzoyl- 9 687
Erythronsäure, Bis-[nitro-benzoyl]-,
methylester 9 1685
—, Tribenzoyl- 9 864
—, Tribenzoyl-, äthylester 9 865
—, Tribenzoyl-, amid 9 866
—, Tribenzoyl-, chlorid 9 866
Erythrophlamin 10 4748
—, Acetyl- 10 4748
Eschscholtzxanthin, Bis-[nitro-benzoyl]-
9 1654
—, Dibenzoyl- 9 656
Essigsäure, Acenaphthenyl- 9 3332, 3333
—, Acenaphthenyl-, [hydroxy-äthylamid]
9 3332
—, Acenaphthenyl-, methylester 9 3332
—, [Acenaphthenyl-äthyl]-oxal-,
diäthylester 10 4016
—, [Acenaphthenyl-cyclopentyl]-,
äthylester 9 3488
—, [Acetonyl-cyclohexyl]- 10 2875
—, [Acetonyl-hexahydro-indanyl]-
10 2947
—, [Acetonyl-hexahydro-indanyl]-,
äthylester 10 2948
—, Acetoxy-[acetoxy-phenyl]- 10 1471
—, Acetoxy-[äthyl-phenyl]-, äthylester
10 610
—, [Acetoxy-benzamino]- 10 158
—, Acetoxy-[benzoyl-cyclohexenyliden]-,
äthylester 10 4416

Essigsäure, [Acetoxy-benzoyloxy]- 10 147
—, Acetoxy-biphenylyl- 10 1184
—, Acetoxy-biphenylyl-, äthylester
10 1184
—, [Acetoxy-cholestenyliden]- 10 1032
—, Acetoxy-cyclohexyl- 10 26
—, Acetoxy-[cyclohexyl-phenyl]-,
äthylester 10 912
—, Acetoxy-[diäthoxy-phenyl]-,
methylester 10 2101
—, Acetoxy-[diäthoxy-phenyl]-, nitril
10 2103
—, Acetoxy-[dimethoxy-phenyl]-,
äthylester 10 2101
—, Acetoxy-[dimethoxy-phenyl]-,
methylester 10 2101
—, Acetoxy-[dimethoxy-phenyl]-, nitril
10 2103
—, [Acetoxy-dimethyl-äthoxycarbonyl-
dodecahydro-phenanthryl]- 10 2246
—, [Acetoxy-dimethyl-carboxy-
dodecahydro-phenanthryl]- 10 2244
—, [Acetoxy-dimethyl-carboxy-
dodecahydro-phenanthryl]-, nitril
10 2247
—, [Acetoxy-dimethyl-carboxy-
tetradecahydro-phenanthryl]-
10 2144
—, [Acetoxy-dimethyl-(dimethyl-hexyl)-
tetradecahydro-cyclopenta[*a*]-
phenanthrenyliden]- 10 1032
—, [Acetoxy-dimethyl-hexadecahydro-
cyclopenta[*a*]phenanthrenyl]-
10 674
—, [Acetoxy-dimethyl-hexadecahydro-
cyclopenta[*a*]phenanthrenyl]-,
methylester 10 675
—, [Acetoxy-dimethyl-hexadecahydro-
cyclopenta[*a*]phenanthrenyliden]-
10 944
—, [Acetoxy-dimethyl-hexadecahydro-
cyclopenta[*a*]phenanthrenyliden]-,
methylester 10 945
—, [Acetoxy-dimethyl-methoxycarbonyl-
dodecahydro-phenanthryl]- 10 2245
—, [Acetoxy-dimethyl-methoxycarbonyl-
dodecahydro-phenanthryl]-, amid
10 2247
—, [Acetoxy-dimethyl-methoxycarbonyl-
dodecahydro-phenanthryl]-,
chlorid 10 2246
—, [Acetoxy-dimethyl-methoxycarbonyl-
dodecahydro-phenanthryl]-,
methylester 10 2246
—, [Acetoxy-dimethyl-methoxycarbonyl-
tetradecahydro-phenanthryl]- 10 2144
—, [Acetoxy-dimethyl-methoxycarbonyl-
tetradecahydro-phenanthryl]-,
methylester 10 2145

Essigsäure, Acetoxy-[dimethyl-phenyl]-
10 612, 613
—, [Acetoxy-dimethyl-tetradecahydro-
cyclopenta[*a*]phenanthrenyl]-
10 943
—, [Acetoxy-dimethyl-tetradecahydro-
cyclopenta[*a*]phenanthrenyl]-,
anhydrid 10 944
—, [Acetoxy-dimethyl-tetradecahydro-
cyclopenta[*a*]phenanthrenyl]-,
chlorid 10 944
—, [Acetoxy-dimethyl-tetradecahydro-
cyclopenta[*a*]phenanthrenyl]-,
methylester 10 943
—, [Acetoxy-dimethyl-tetradecahydro-
cyclopenta[*a*]phenanthrenyliden]-,
chlorid 10 1026
—, [Acetoxy-dimethyl-tetradecahydro-
cyclopenta[*a*]phenanthrenyliden]-,
methylester 10 1026
—, Acetoxy-diphenyl- 10 1170
—, Acetoxy-diphenyl-, chlorid 10 1178
—, Acetoxy-diphenyl-, [diäthylamino-
äthylamid] 10 1179
—, Acetoxy-diphenyl-, methylester 10 1171
—, [Acetoxy-hexahydro-indanyl]- 10 66
—, Acetoxyimino-, [amid-(benzoyl-oxim)]
9 1302
—, Acetoxyimino-phenyl-, [amid-
(benzoyl-oxim)] 10 2983
—, Acetoxy-[methoxy-acetoxy-phenyl]-
10 2101
—, Acetoxy-[methoxy-acetoxy-phenyl]-,
chlorid 10 2101
—, Acetoxy-[methoxy-acetoxy-phenyl]-,
nitril 10 2103, 2104
—, [Acetoxy-methoxycarbonyl-decahydro-
1.4:5.8-dimethano-naphthalinyl]-,
methylester 10 2243
—, Acetoxy-[methoxy-phenyl]-,
methylester 10 1475
—, Acetoxy-[methoxy-phenyl]-, nitril
10 1477
—, [Acetoxy-methyl-carboxy-phenyl]-
10 2222
—, [(Acetoxy-methyl-decyl)-phenyl]-,
nitril 10 662
—, [Acetoxy-methyl-naphthyl]-,
methylester 10 1115
—, [Acetoxy-naphthyl]-, äthylester
10 1106
—, [Acetoxy-naphthylmethylen]-oxal-,
diäthylester 10 4781
—, Acetoxy-[nitro-phenyl]- 10 481
—, [Acetoxy-oxo-methyl-podocarpanyl]-,
methylester 10 4199
—, [Acetoxy-oxo-methyl-
podocarpanyliden]-,
[dimethylamino-äthylester] 10 4286

Essigsäure, [Acetoxy-oxo-methyl-
podocarpanyliden]-, methylester
10 4285
—, [Acetoxy-oxo-tetramethyl-
dodecahydro-phenanthryliden]-,
[dimethylamino-äthylester] 10 4286
—, [Acetoxy-oxo-tetramethyl-
dodecahydro-phenanthryliden]-,
methylester 10 4285
—, [Acetoxy-oxo-tetramethyl-
tetradecahydro-phenanthryl]-,
methylester 10 4199
—, [Acetoxy-oxo-trimethyl-
methoxycarbonyl-dodecahydro-
phenanthryliden]-, [dimethylamino-
äthylester] 10 4748
—, [Acetoxy-oxo-trimethyl-norbornyl]-,
äthylester 10 4191
—, [Acetoxy-phenäthylidenamino]-,
äthylester 9 2251
—, Acetoxy-phenyl- 10 453
—, Acetoxy-phenyl-, äthylester 10 458
—, Acetoxy-phenyl-, benzylidenamid
10 472
—, Acetoxy-phenyl-, [dimethylamino-
dimethyl-propylester] 10 468
—, Acetoxy-phenyl-, methylester 10 455
—, Acetoxy-phenyl-, [sulfamoyl-
äthylamid] 10 473
—, Acetoxy-phenyl-, [sulfo-äthylester]
10 466
—, [Acetoxy-phenyl]- 10 432
—, [Acetoxy-phenyl]-, chlorid 10 434
—, [Acetoxy-phenyl]-, [diäthoxy-
äthylamid] 10 437
—, [Acetoxy-phenyl]-, nitril 10 439
—, [Acetoxy-phenyl]-, [oxo-äthylamid]
10 437
—, [Acetoxy-phenyl-acetamino]-cyan-,
äthylester 10 473
—, [Acetoxy-tetramethyl-decahydro-
naphthyl]- 10 78
—, Acetoxy-*p*-tolyl- 10 581
—, Acetoxy-*p*-tolyl-, äthylester 10 581
—, Acetoxy-[trimethoxy-phenyl]-,
methylester 10 2418
—, Acetoxy-[trimethoxy-phenyl]-,
nitril 10 2419
—, [(Acetoxy-undecyl)-phenyl]-, nitril
10 662
—, Acetoxy-[2.4]xylyl- 10 613
—, Acetoxy-[2.5]xylyl- 10 612
—, [Acetyl-cyclohexyl]- 10 2855
—, [Acetyl-cyclohexyl]-, äthylester
10 2857
—, [Acetyl-cyclohexyl]-, methylester
10 2856
—, [Acetyl-cyclohexyl]-phenyl-, nitril
10 3203

Essigsäure, [Acetyl-hexahydro-indanyl]-
10 2944

—, [Acetyl-hexahydro-indanyl]-,
äthylester 10 2944

—, Acetylhydrazono-[hydroxy-
cyclopentenyl]-, äthylester
10 3516

—, Acetylhydrazono-[oxo-cyclopentyl]-,
äthylester 10 3516

—, [Acetyl-phenyl]- 10 3057

—, [Acetyl-phenyl]-, äthylester
10 3057

—, Äthoxalyloxyimino-phenyl-, nitril
10 2977

—, [(Äthoxy-äthyl)-phenyl-cyclohexenyl]-
10 1005

—, [(Äthoxy-äthyl)-phenyl-cyclohexyl]-
10 924

—, [(Äthoxy-äthyl)-phenyl-
cyclohexyliden]- 10 1005

—, [Äthoxy-benzylidenamino]-,
äthylester 9 1251

—, [Äthoxy-carbamoyl-phenylmercapto]-
10 1382

—, [(Äthoxycarbonyl-äthyl)-
cyclohexenyl]-cyan-, äthylester
9 4777

—, [(Äthoxycarbonyl-äthyl)-
cyclohexyliden]-cyan-, äthylester
9 4778

—, [(Äthoxycarbonyl-äthyl)-cyclopentyl]-
cyan-, äthylester 9 4760

—, [(Äthoxycarbonyl-äthyl)-
cyclopentyliden]-cyan-,
äthylester 9 4760

—, [Äthoxycarbonyl-cyclohexenyl]-,
äthylester 9 3958

—, [Äthoxycarbonyl-cyclohexenyl]-cyan-,
äthylester 9 4774

—, [Äthoxycarbonyl-cyclohexyl]-,
äthylester 9 3837

—, [Äthoxycarbonyl-cyclohexyl]-cyan-,
äthylester 9 4772

—, [(Äthoxycarbonyl-cyclohexyl)-
cyclohexenyl]- 9 4077

—, [Äthoxycarbonyl-cyclohexyliden]-
cyan-, äthylester 9 4775

—, [Äthoxycarbonyl-cyclopentenyl]-,
äthylester 9 3953

—, [Äthoxycarbonyl-cyclopentenyl]-cyan-,
äthylester 9 4774

—, [Äthoxycarbonyl-cyclopentyl]-,
äthylester 9 3822

—, [Äthoxycarbonyl-cyclopentyl]-cyan-,
äthylester 9 4750

—, [Äthoxycarbonyl-cyclopentyliden]-
cyan-, äthylester 9 4774

—, [Äthoxycarbonyl-cyclopropyliden]-,
äthylester 9 3934

Essigsäure, [Äthoxycarbonyl-hexahydro-
indanyl]-, äthylester 9 4010

—, [Äthoxycarbonylmethoxy-phenyl]-,
äthylester 10 424

—, [Äthoxycarbonylmethyl-cyclopentyl]-
cyan-, äthylester 9 4753

—, [Äthoxycarbonylmethyl-
cyclopentyliden]-cyan-,
äthylester 9 4776

—, Äthoxycarbonyloxy-[chlor-phenyl]-,
nitril 10 478

—, Äthoxycarbonyloxy-[methoxy-phenyl]-,
nitril 10 1478

—, [Äthoxycarbonyloxy-phenyl]- 10 432

—, [Äthoxycarbonyl-phenyl]-,
äthylester 9 4267, 4269

—, [(Äthoxycarbonyl-propyl)-
cyclopentyl]-cyan-, äthylester 9 4767

—, [(Äthoxycarbonyl-propyl)-
cyclopentyliden]-cyan-,
äthylester 9 4767

—, Äthoxy-[carboxymethyl-phenanthryl]-
10 2397

—, Äthoxy-[chlor-phenyl]- 10 479

—, Äthoxy-[chlor-phenyl]-, äthylester
10 479

—, [Äthoxy-cinnamylidenamino]-,
äthylester 9 2719

—, [Äthoxy-cyan-phenylmercapto]-
10 1382

—, [Äthoxy-cyclohexenyl]- 10 55

—, [Äthoxy-cyclohexenyl]-, äthylester
10 56

—, [Äthoxy-cyclohexenyl]-, amid 10 56

—, [Äthoxy-cyclohexyl]- 10 24

—, [Äthoxy-cyclohexyl]-, äthylester
10 24

—, [Äthoxy-cyclohexyl]-, amid 10 24

—, Äthoxy-diphenyl- 10 1170

—, Äthoxy-[methoxycarbonylmethyl-
phenanthryl]-, methylester 10 2397

—, [Äthoxy-oxo-methyl-indanyliden]-
10 4376

—, [Äthoxy-oxo-methyl-indanyliden]-,
äthylester 10 4377

—, [Äthoxy-oxo-methyl-indenyl]-
10 4377

—, [Äthoxy-oxo-methyl-indenyl]-,
äthylester 10 4377

—, [Äthoxy-phenäthylidenamino]-,
äthylester 9 2251

—, Äthoxy-phenanthrendiyl-di- 10 2397

—, Äthoxy-phenanthrendiyl-di-,
dimethylester 10 2397

—, Äthoxy-phenyl-, äthylester 10 458

—, Äthoxy-phenyl-, [dimethylamino-
äthylester] 10 466

—, Äthoxy-phenyl-, [trimethylammonio-
äthylester] 10 467

Essigsäure, [Äthoxy-phenyl]- **10** 431
—, [Äthoxy-phenyl]-, äthylester **10** 433
—, [Äthoxy-phenyl]-, [hydroxy-
  äthylamid] **10** 436
—, [Äthoxy-phenyl]-, nitril **10** 430
—, [Äthoxy-semicarbazono-methyl-
  indanyliden]- **10** 4377
—, [Äthoxy-semicarbazono-methyl-
  indanyliden]-, äthylester **10** 4377
—, Äthoxythiocarbonylmercapto-phenyl-
  10 489
—, [Äthyl-acenaphthenyl]- **9** 3376
—, [Äthyl-(acetoxy-benzoyl)-amino]-,
  diäthylamid **10** 158
—, [Äthyl-benzimidoylmercapto]-
  9 1985
—, Äthyl-benzyl- **9** 2510
—, [Äthyl-*tert*-butyl-phenyl]- **9** 2605
—, [Äthyl-*tert*-butyl-phenyl]-, nitril
  9 2606
—, [Äthyl-butyryloxy]-phenyl- **10** 453
—, [Äthylcarbamoyl-phenylmercapto]-
  10 233
—, [Äthyl-cyclohexenyl]- **9** 198
—, [Äthyl-cyclohexyl]- **9** 86
—, [Äthylmercuriomercapto-phenyl]-
  10 444
—, [Äthyl-naphthyl]- **9** 3234
—, [Äthyl-naphthyl]-, amid **9** 3235
—, [Äthyl-naphthyl]-, nitril **9** 3235
—, [Äthyl-phenanthryl]- **9** 3526
—, [Äthyl-phenanthryl]-, amid **9** 3527
—, [Äthyl-phenyl]- **9** 2484
—, [Äthyl-phenyl]-, äthylester **9** 2485
—, [Äthyl-phenyl]-, amid **9** 2485
—, [Äthyl-phenyl]-, nitril **9** 2485
—, [Äthyl-phenylacetyl-amino]-,
  dimethylamid **9** 2213
—, Äthyl-phenyl-oxal-, äthylester-
  nitril **10** 3967
—, Äthyl-phenyl-oxal-, diäthylester
  10 3967
—, [Äthyl-tetrahydro-phenanthryl]-
  9 3398
—, [Äthyl-tetrahydro-phenanthryl]-,
  amid **9** 3398
—, [Äthyl-veratroyl-amino]-,
  diäthylamid **10** 1428
—, [(Allylcarbamoyl-methyl)-phenoxy]-
  10 438
—, [Allylcarbamoyl-phenoxy]- **10** 158
—, [Allyl-cyclohexyliden]-, nitril
  9 317
—, [Allyl-cyclohexyliden]-cyan-,
  äthylester **9** 4057
—, Allyl-diphenyl- s. *Pentensäure,
  Diphenyl-*
—, [Allyl-indanyliden]-cyan-,
  äthylester **9** 4482

Essigsäure, [Allyloxy-phenyl]- **10** 432
—, [Allyloxy-phenyl]-, äthylester **10** 433
—, [Allyloxy-phenyl]-, [hydroxy-
  äthylamid] **10** 436
—, Azido-[dimethoxy-phenyl]-, amid
  10 1469
—, Azido-[methoxy-acetoxy-phenyl]-,
  amid **10** 1469
—, Azido-phenyl- **9** 2294
—, Azido-*p*-tolyl- **9** 2433
—, Azido-*p*-tolyl-, äthylester **9** 2434
—, Benzamino- **9** 1123; s. a. *Hippursäure*
—, Benzamino-, äthylester **9** 1125
—, Benzamino-, [äthylester-imin]
  9 1138
—, Benzamino-, amid **9** 1128
—, Benzamino-, [amid-imin] **9** 1138
—, Benzamino-, [amid-oxim] **9** 1139
—, Benzamino-, benzylester **9** 1126
—, Benzamino-, [brom-phenacylester]
  9 1127
—, Benzamino-, chlorid **9** 1128
—, Benzamino-, [dihydroxy-propylester]
  9 1127
—, Benzamino-, hydroxyamid **9** 1139
—, Benzamino-, isopentylamid **9** 1128
—, Benzamino-, methylester **9** 1125
—, Benzamino-, nitril **9** 1138
—, Benzamino-, [phenyl-phenacylester]
  9 1127
—, [Benzamino-acetamino]- **9** 1129
—, [Benzamino-acetamino]-, äthylester
  9 1129
—, [Benzamino-acetamino]-, benzylester
  9 1129
—, Benzamino-cyan-, äthylester **9** 1187
—, Benzamino-cyan-, benzylester **9** 1188
—, Benzamino-cyclohexyliden- **10** 2822
—, [Benzamino-methyl-crotonoylamino]-,
  äthylester **9** 1196
—, [Benzamino-methyl-valerylamino]-
  9 1159
—, Benzaminooxy- **9** 1306
—, Benz[*a*]anthracenyl- **9** 3625, 3626
—, Benz[*a*]anthracenyl-, äthylester
  9 3625
—, Benz[*a*]anthracenyl-, azid **9** 3626
—, Benz[*a*]anthracenyl-, [bis-(chlor-
  äthyl)-amid] **9** 3625
—, Benz[*a*]anthracenyl-, [bis-
  (hydroxy-äthyl)-amid] **9** 3626
—, Benz[*a*]anthracenyl-, methylester
  9 3626
—, Benz[*a*]anthracenyl-, nitril
  9 3626
—, Benzimidoylmercapto- **9** 1984
—, Benzimidoyloxy-diphenyl- **10** 1170
—, Benz[*e*]indenyl- s. *Essigsäure,
  Cyclopenta[a]naphthalinyl-*

Essigsäure, Benzo[*def*]chrysenyl- **9** 3665
—, Benzo[*def*]chrysenyl-, äthylester
9 3665
—, Benzo[*a*]fluorenyl- **9** 3584
—, Benzo[*a*]fluorenyl-, äthylester
9 3584
—, Benzo[*a*]fluorenyl-, amid **9** 3585
—, Benzohydrazonoylmercapto-, amid
9 1988
—, Benzo[*a*]pyrenyl- s. *Essigsäure,
Benzo[def]chrysenyl-*
—, Benzoyl- **10** 2990; *Derivate s. a. unter
Propionsäure*
—, Benzoyl-, äthylester **10** 2991
—, Benzoyl-, amid **10** 2994
—, Benzoyl-, butenylester **10** 2993
—, Benzoyl-, butylester **10** 2993
—, Benzoyl-, isopropylester **10** 2993
—, Benzoyl-, [methyl-allylester] **10** 2993
—, Benzoyl-, methylester **10** 2991
—, [Benzoyl-cyclohexyl]- **10** 3196
—, [Benzoyl-cyclohexyl]-, methylester
10 3197
—, [Benzoyl-cyclopentyl]- **10** 3192
—, [Benzoyl-cyclopentyl]-, methylester
10 3193
—, Benzoylhydrazono-[hydroxy-dihydro-
naphthyl]-, äthylester **10** 3591
—, Benzoylhydrazono-[oxo-tetrahydro-
naphthyl]-, äthylester **10** 3591
—, Benzoylimino-cyclohexyl- **10** 2822
—, Benzoylimino-di- **9** 1141
—, Benzoylimino-di-, diamid **9** 1141
—, [Benzoylimino-isovalerylamino]-,
äthylester **9** 1196
—, Benzoylmercapto- **9** 1974
—, Benzoylmercapto-, amid **9** 1974
—, [Benzoyl-*aci*-nitro]-phenyl-, nitril
10 2978
—, Benzoyloxy- **9** 854
—, Benzoyloxy-, äthylester **9** 854
—, Benzoyloxy-, amid **9** 856
—, Benzoyloxy-, [amid-imin] **9** 856
—, Benzoyloxy-, anhydrid **9** 855
—, Benzoyloxy-, benzylester **9** 855
—, Benzoyloxy-, nitril **9** 856
—, Benzoyloxy-, phenylester **9** 855
—, Benzoyloxy-[benzoyloxy-phenyl]-,
nitril **10** 1473, 1474, 1478
—, Benzoyloxy-[dimethoxy-phenyl]-,
nitril **10** 2104
—, Benzoyloxyimino-, [amid-(acetyl-
oxim)] **9** 1301
—, Benzoyloxyimino-, [amid-(benzoyl-
oxim)] **9** 1302
—, Benzoyloxyimino-, [amid-oxim]
9 1301
—, Benzoyloxyimino-, [chlorid-(acetyl-
oxim)] **9** 1300

Essigsäure, Benzoyloxyimino-, [chlorid-
(benzoyl-oxim)] **9** 1301
—, Benzoyloxyimino-, [chlorid-oxim]
9 1300
—, Benzoyloxyimino-naphthyl-, nitril
10 3266
—, Benzoyloxyimino-[nitro-phenyl]-,
nitril **10** 2985
—, Benzoyloxyimino-phenyl-, [amid-
(acetyl-oxim)] **10** 2983
—, Benzoyloxyimino-phenyl-, [amid-
(benzoyl-oxim)] **10** 2984
—, Benzoyloxyimino-phenyl-, [amid-oxim]
10 2982
—, Benzoyloxyimino-phenyl-,
[benzoylamid-(benzoyl-oxim)]
10 2984
—, Benzoyloxyimino-phenyl-, [(hydroxy-
benzoyl-amid)-methylimin] **10** 2984
—, Benzoyloxyimino-phenyl-,
[methylamid-(benzoyl-oxim)]
10 2984
—, Benzoyloxyimino-phenyl-, nitril
10 2977
—, Benzoyloxyimino-*o*-tolyl-, nitril
10 3028
—, Benzoyloxyimino-*p*-tolyl-, nitril
10 3033
—, Benzoyloxy-[methoxy-benzoyloxy-
phenyl]-, amid **10** 2102
—, Benzoyloxy-[methoxy-benzoyloxy-
phenyl]-, nitril **10** 2104
—, Benzoyloxy-[methoxy-phenyl]-,
nitril **10** 1477
—, [Benzoyloxy-methyl-carboxy-phenyl]-
10 2222
—, [Benzoyloxy-methyl-methoxycarbonyl-
octahydro-phenanthryl]-,
methylester **10** 2303
—, [Benzoyloxy-naphthyl]- **10** 1106
—, [Benzoyloxy-naphthyl]-, chlorid
10 1106
—, Benzoyloxy-[nitro-phenyl]-,
äthylester **10** 482, 484
—, Benzoyloxy-[nitro-phenyl]-, nitril
10 485
—, [Benzoyloxy-phenäthylidenamino]-,
äthylester **9** 2251
—, Benzoyloxy-phenyl- **10** 454
—, Benzoyloxy-phenyl-, äthylester **10** 459
—, Benzoyloxy-phenyl-, methylester
10 455
—, Benzoyloxy-phenyl-, nitril **10** 474
—, [Benzoyloxy-phenyl]- **10** 423, 432
—, [Benzoyl-phenyl]- **10** 3313
—, [Benzoyl-thioureido]- **9** 1120
—, [Benzoyl-thioureido]-, äthylester
9 1120
—, [Benzoyl-thioureido]-, amid **9** 1120

Essigsäure, [Benzoyl-ureido]- 9 1117
—, [Benzoyl-ureido]-, äthylester
 9 1117
—, Benzyl- 9 2382
—, [Benzyl-cyclohexenyl]-, methylester
 9 3098
—, [Benzyl-cyclohexyliden]-,
 methylester 9 3098
—, [Benzyl-cyclopentyl]- 9 2871
—, [Benzyl-cyclopentyliden]-cyan-,
 äthylester 9 4449
—, [Benzyliden-cyclohexyliden]- 9 3237
—, [Benzyloxy-methyl-carboxy-octahydro-
 phenanthryl]- 10 2299
—, [Benzyloxy-methyl-carboxy-
 tetrahydro-phenanthryl]- 10 2364
—, [Benzyloxy-phenyl]- 10 423, 429, 432
—, [Benzyloxy-phenyl]-, amid 10 436
—, [Benzyloxy-phenyl]-, chlorid 10 434
—, [Benzyloxy-phenyl]-, [diäthoxy-
 äthylamid] 10 437
—, [Benzyloxy-phenyl]-, methylester
 10 433
—, [Benzyloxy-phenyl]-, nitril 10 425
—, [Benzyloxy-phenyl]-, [oxo-äthylamid]
 10 436
—, [Benzyl-phenyl]- 9 3346
—, Benzyl-vinyl- 9 2779
—, Bibenzylyl-di- 9 4575
—, Bicyclofarnesyl- 9 348
—, Bicyclo[2.2.1]heptenyl- 9 302
—, [1.1′]Bicyclohexenylyl- 9 2609
—, [1.1′]Bicyclohexenylyl-,
 äthylester 9 2609
—, [1.1′]Bicyclohexenylyl-, nitril
 9 2609
—, Bicyclohexylyl- 9 267, 268
—, Bicyclohexylyl-, äthylester 9 267, 268
—, Bicyclohexylyl-, amid 9 268
—, Bicyclohexylyl-, methylester 9 268
—, [2.2′]Binaphthylyl- 9 3656
—, [2.2′]Binaphthylyl-, methylester
 9 3656
—, Biphenyldiyl-di- 9 4543
—, Biphenyldiyl-di-, diäthylester
 9 4543, 4544
—, Biphenylyl- 9 3320, 3321
—, Biphenylyl-, äthylester 9 3320, 3321
—, Biphenylyl-, amid 9 3321
—, Biphenylyl-, [diäthylamino-
 äthylamid] 9 3322
—, Biphenylyl-, [diäthylamino-
 äthylester] 9 3320, 3321
—, Biphenylyl-, [diäthylamino-
 propylester] 9 3321
—, Biphenylyl-, [hydroxy-äthylamid]
 9 3322
—, Biphenylyl-, methylester 9 3321
—, Biphenylyl-, nitril 9 3322

Essigsäure, Bis-acetamino-phenyl-
 10 2973
—, [Bis-benzamino-propionylamino]-
 9 1192
—, Bis-biphenylyl- 9 3678
—, Bis-biphenylyl-, chlorid 9 3679
—, [Bis-(brom-benzamino)-hexanoylamino]-
 9 1419
—, Bis-[brom-phenyl]- 9 3313
—, Bis-[carboxy-äthylmercapto]-phenyl-
 10 2986
—, Bis-[chlor-phenyl]- 9 3310, 3311
—, Bis-[chlor-phenyl]-, äthylester
 9 3310, 3311
—, Bis-[chlor-phenyl]-, amid 9 3312
—, Bis-[chlor-phenyl]-, anhydrid
 9 3312
—, Bis-[chlor-phenyl]-, chlorid 9 3312
—, Bis-[chlor-phenyl]-, diäthylamid
 9 3312
—, Bis-[chlor-phenyl]-, [hydroxy-
 äthylamid] 9 3312
—, Bis-[chlor-phenyl]-, methylamid
 9 3312
—, Bis-[chlor-phenyl]-, methylester
 9 3311
—, Bis-[chlor-phenyl]-, nitril 9 3312
—, Bis-[chlor-phenyl]-, phenacylester
 9 3312
—, Bis-[dimethoxy-phenyl]- 10 2486
—, Bis-[dimethoxy-phenyl]-, nitril
 10 2487
—, Bis-[dimethyl-phenyl]- 9 3395
—, Bis-[dimethyl-phenyl]-, nitril
 9 3395
—, Bis-[dinitro-phenyl]-, äthylester
 9 3315
—, Bis-[dioxo-dimethyl-cyclohexyl]-
 10 4060
—, [Bis-hydroxyimino-indanyl]-
 10 3589, 3590
—, [Bis-hydroxyimino-methyl-
 podocarpanyliden]-, methylester
 10 3561
—, [Bis-hydroxyimino-tetramethyl-
 dodecahydro-phenanthryliden]-,
 methylester 10 3561
—, Bis-[hydroxy-oxo-dimethyl-
 cyclohexenyl]- 10 4060
—, Bis-[jod-phenyl]- 9 3313
—, [Bis-methoxycarbonyl-cyclopropyl]-,
 methylester 9 4747
—, [Bis-methoxycarbonyl-tetrahydro-
 phenanthryl]-, methylester 9 4840
—, Bis-[methoxy-phenyl]- 10 1954
—, Bis-[methoxy-phenyl]-, äthylester
 10 1954
—, Bis-[methoxy-phenyl]-, methylester
 10 1954

Essigsäure, Bis-[methoxy-phenyl]-[acetoxy-
methyl-phenyl]- 10 2401
—, Bis-[methoxy-phenyl]-[acetoxy-
phenyl]- 10 2399
—, Bis-[methoxy-phenyl]-[dimethoxy-
phenyl]- 10 2544
—, Bis-[methoxy-phenyl]-[hydroxy-
methyl-phenyl]- 10 2400, 2401
—, Bis-[methoxy-phenyl]-[methoxy-
methyl-phenyl]-, methylester
10 2401
—, Bis-[nitro-phenyl]- 9 3314
—, Bis-[nitro-phenyl]-, chlorid 9 3315
—, Bis-[nitro-phenyl]-, methylester
9 3314
—, Bis-[trimethyl-phenyl]- 9 3402
—, Bis-[trimethyl-phenyl]-, äthylester
9 3402
—, Bis-[trimethyl-phenyl]-, chlorid
9 3402
—, Bis-[trimethyl-phenyl]-,
methylester 9 3402
—, [Brom-äthoxy-carbamoyl-
phenylmercapto]- 10 1382
—, [Brom-äthyl-butyryloxy]-phenyl-
10 453
—, [Brom-benzamino]- 9 1387
—, [(Brom-benzoyloxy)-phenyl]-,
methylester 10 423
—, [Brom-benzyl-phenyl]- 9 3346
—, Brom-[brom-decahydro-naphthyl]-
9 257
—, Brom-[brom-hexahydro-indanyl]-
9 235
—, Brom-[carboxy-cyclohexyl]- 9 3836
—, [Brom-carboxy-cyclohexyl]- 9 3838
—, Brom-[carboxy-cyclopentyl]- 9 3821
—, Brom-[carboxy-hexahydro-indanyl]-
9 4011
—, [Brom-cinnamylidenamino]-,
benzoyloxyamid 9 1304
—, [Brom-cinnamylidenamino]-,
[benzoyloxy-benzoyl-amid] 9 1307
—, Brom-cyclohexyl- 9 50
—, Brom-cyclohexyl-, äthylester 9 50
—, [Brom-cyclohexyl]-, äthylester 9 50
—, [Brom-cyclohexyliden]-,
methylester 9 162
—, Brom-cyclopentyl- 9 42
—, Brom-cyclopentyl-, chlorid 9 43
—, [Brom-cyclopentyl]-, äthylester
9 42
—, Brom-dicyclopentyl-, bromid 9 256
—, [Brom-dihydroxy-tetramethyl-
biphenyldiyl]-di- 10 2524
—, [Brom-dimethoxy-dimethyl-phenyl]-
10 1568
—, [Brom-dimethoxy-dimethyl-phenyl]-,
nitril 10 1569

Essigsäure, [Brom-dimethoxy-phenäthyl]-
oxal-, diäthylester 10 4804
—, [Brom-dimethoxy-phenyl]- 10 1458, 1466
—, [Brom-dimethoxy-phenyl]-, amid
10 1466
—, [Brom-dimethoxy-phenyl]-, nitril
10 1466
—, Brom-[dimethyl-carboxy-cyclobutyl]-
9 3855
—, Brom-[dimethyl-carboxy-cyclopentyl]-
9 3876
—, [Brom-dinitro-phenyl]- 9 2293
—, [Brom-dioxo-dihydro-naphthyl]-,
äthylester 10 3608
—, [Brom-dioxo-dihydro-naphthyl]-,
methylamid 10 3608
—, Brom-[hexahydro-indandiyl]-di-,
äthylester 9 4920
—, Brom-[hexahydro-indandiyl]-di-,
diäthylester 9 4015
—, [Brom-hexahydro-indanyl]- 9 235
—, Brom-[hydroxy-dimethyl-
hexadecahydro-cyclopenta[a]*
phenanthrenyliden]- 10 946
—, [Brom-hydroxy-methyl-phenyl]- 10 578
—, [Brom-hydroxy-phenyl]- 10 441
—, [Brom-hydroxy-phenyl]-, methylester
10 441
—, [Brom-methoxy-cyan-phenylmercapto]-
10 1383
—, Brom-[methoxy-methyl-naphthyl]-
10 1115
—, Brom-[methoxy-methyl-naphthyl]-,
methylester 10 1115
—, [Brom-methoxy-naphthyl]- 10 1107
—, [Brom-methoxy-naphthyl]-, nitril
10 1107
—, [Brom-methoxy-oxo-
cyclohexadienyliden]-, nitril 10 4206
—, [Brom-methoxy-phenyl]- 10 426, 441
—, [Brom-methoxy-phenyl]-, äthylester
10 427
—, [Brom-methoxy-phenyl]-, amid 10 427
—, [Brom-methoxy-phenyl]-, anhydrid
10 427
—, [Brom-methoxy-phenyl]-, benzylester
10 427
—, [Brom-methoxy-phenyl]-, methylester
10 427, 441
—, [Brom-methoxy-phenyl]-, nitril
10 427, 442
—, [Brom-methoxy-phenyl]-, propylester
10 427
—, Brom-[methyl-äthoxycarbonylmethyl-
cyclohexyl]- 9 3908, 3909
—, Brom-[methyl-carboxy-cyclohexyl]-
9 3866, 3867
—, Brom-[methyl-cyclohexandiyl]-di-,
äthylester 9 3908, 3909

Essigsäure, Brom-[methyl-cyclohexandiyl]-
di-, diäthylester 9 3908, 3909
—, Brom-[methyl-cyclopentandiyl]-di-,
diäthylester 9 3873
—, [Brom-methyl-phenyl]- 9 2428, 2430
—, [Brom-methyl-phenyl]-, amid 9 2428,
2430
—, [Brommethyl-phenyl]-, nitril 9 2428
—, Brom-naphthyl-, nitril 9 3211
—, [Brom-naphthyl]- 9 3211, 3213, 3214
—, [Brom-naphthyl]-, amid 9 3211
—, [Brom-naphthyl]-, [hydroxy-
äthylamid] 9 3213, 3214
—, [Brom-naphthyl]-, methylester
9 3214
—, [Brom-naphthyl]-, nitril 9 3214
—, [Brom-naphthyl]-oxal-, äthylester-
nitril 10 4003
—, Brom-[octahydro-naphthalindiyl]-di-,
äthylester 9 4028
—, Brom-[octahydro-naphthalindiyl]-di-,
diäthylester 9 4028
—, [Brom-oxo-methyl-äthoxycarbonyl-
cyclohexyl]-, äthylester 10 3928
—, [(Brom-phenacyloxycarbonyl)-
cyclohexyl]-, [brom-phenacylester]
9 3836
—, Brom-phenanthryl- 9 3510
—, Brom-phenyl- 9 2276
—, Brom-phenyl-, acetonylamid 9 2278
—, Brom-phenyl-, äthylester 9 2276
—, Brom-phenyl-, amid 9 2277
—, Brom-phenyl-, benzylester 9 2277
—, Brom-phenyl-, bromid 9 2277
—, Brom-phenyl-, chlorid 9 2277
—, Brom-phenyl-, diäthylamid 9 2278
—, Brom-phenyl-, hexylester 9 2277
—, Brom-phenyl-, isopropylester 9 2277
—, Brom-phenyl-, methylamid 9 2277
—, Brom-phenyl-, methylester 9 2276
—, Brom-phenyl-, nitril 9 2278
—, [Brom-phenyl]- 9 2273, 2274, 2275
—, [Brom-phenyl]-, äthylester 9 2273,
2274, 2275
—, [Brom-phenyl]-, amid 9 274
—, [Brom-phenyl]-, [hydroxy-äthylamid]
9 2274, 2275
—, [Brom-phenyl]-, nitril 9 2274, 2275
—, [Brom-phenyl]-, [nitro-benzylester]
9 2274, 2275
—, Brom-[triäthyl-phenyl]-, bromid
9 2608
—, Brom-[trimethyl-phenyl]-, bromid
9 2534
—, [Brom-trimethyl-phenyl]- 9 2534
—, [Brom-trimethyl-phenyl]-, amid
9 2534
—, [Brom-trimethyl-phenyl]-, chlorid
9 2534

Essigsäure, [Brom-trimethyl-phenyl]-,
nitril 9 2534
—, Brom-[trimethyl-phenyl]-oxal-,
äthylester-amid 10 3970
—, [Brom-trioxo-[1.2']biindanylidenyl]-,
äthylester 10 4030
—, [tert-Butyl-naphthyl]- 9 3250
—, [tert-Butyl-naphthyl]-, amid
9 3250
—, Butyloxy-[methoxy-phenyl]-,
butylester 10 1476
—, Butyloxy-[methoxy-phenyl]-, nitril
10 1477
—, Butyloxy-phenyl- 10 452
—, Butyloxy-phenyl-, äthylester 10 458
—, [Butyloxy-phenyl]- 10 432
—, [Butyl-phenyl]-, amid 9 2554
—, [tert-Butyl-phenyl]- 9 2555
—, [tert-Butyl-phenyl]-, äthylester
9 2555
—, [tert-Butyl-phenyl]-, [hydroxy-
äthylamid] 9 2555
—, [tert-Butyl-phenyl]-, nitril
9 2556
—, [Carbamimidoyl-phenyl]-, [amid-imin]
9 4270
—, [Carbamoyl-cyclohexyl]-, amid
9 3837
—, [Carbamoyl-naphthylmercapto]-
10 1084
—, Carbamoyloxy-phenyl- 10 454
—, [Carbamoyl-phenoxy]- 10 158
—, [Carbamoyl-phenoxy]-, äthylester
10 158
—, [Carbamoyl-phenyl]-, amid 9 4269
—, [Carbamoyl-phenylmercapto]- 10 232
—, [Carbamoyl-phenylmercapto]-,
äthylester 10 232
—, [Carbamoyl-phenylsulfin]- 10 233
—, [Carbamoyl-phenylsulfon]- 10 233
—, [Carboxy-bicyclohexylyl]- 9 4031
—, [Carboxy-biphenylyl]- 9 4527
—, [Carboxy-cyan-phenyl]- 9 4795
—, [Carboxy-cyclohexenyl]- 9 3838, 3957
—, [Carboxy-cyclohexyl]- 9 3836,
3837, 3838
—, [Carboxy-cyclohexyl]-, methylester
9 3836
—, [(Carboxy-cyclohexyl)-cyclohexenyl]-
9 4077
—, [Carboxy-cyclohexyliden]- 9 3838
—, [(Carboxy-cyclohexyl)-phenyl]-
9 4419
—, [Carboxy-cyclopentenyl]- 9 3953
—, [Carboxy-cyclopentyl]- 9 3821,
3822, 3823
—, [Carboxy-decahydro-1.4:5.8-
dimethano-naphthalinyl]- 9 4354
—, [Carboxy-decahydro-naphthyl]- 9 4013

Essigsäure, [Carboxy-dihydro-9.10-äthano-
anthracenyl]- 9 4663
—, [Carboxy-hexahydro-indanyl]- 9 4009
—, [Carboxy-hexahydro-indanyl]-,
methylester 9 4010
—, [Carboxymethoxy-phenyl]- 10 423
—, [Carboxymethyl-cycloheptyliden]-
9 3993
—, [Carboxymethyl-cyclohexyliden]-
9 3980
—, [Carboxymethyl-cyclopentyliden]-
9 3966
—, [Carboxymethyl-dihydro-naphthyliden]-
9 4447
—, [Carboxymethyl-dihydro-naphthyliden]-,
methylester 9 4447
—, Carboxymethylmercapto-diphenyl-
10 1181
—, Carboxymethylmercapto-phenyl- 10 490
—, [Carboxy-naphthyl]- 9 4474
—, [Carboxy-naphthyloxy]- 10 1076
—, [Carboxy-norbornenyl]- 9 4053
—, [Carboxy-norbornyl]- 9 3991
—, [Carboxy-phenyl]- 9 4266, 4269
—, [Carboxy-phenyl]-, [(methoxy-phenyl)-
naphthyl-methylester] 9 4267
—, [Carboxy-phenyl]-, methylester
9 4266
—, [Carboxy-phenyl]-, [phenoxy-
benzhydrylester] 9 4267
—, [(Carboxy-phenyl)-cyclohexyl]-
9 4418, 4419
—, [Carboxy-o-phenylen]-di- 9 4798
—, [Carboxy-tetrahydro-phenanthryl]-
9 4565
—, Carvacryl- 9 2559
—, Chlor-, [carbamoyl-phenylester]
10 157
—, [Chlor-äthoxy-carbamoyl-
phenylmercapto]- 10 1382
—, [Chlor-benzamino]- 9 1364
—, [(Chlor-benzamino)-methyl-
valerylamino]- 9 1338
—, [Chlor-benzoylhydrazono]- 9 1344, 1373
—, [Chlor-benzoyloxy]-, äthylester
9 1337
—, Chlor-[benzyloxy-phenyl]-,
äthylester 10 441
—, Chlor-bis-biphenylyl-, chlorid
9 3679
—, [Chlor-brom-methyl-carbamoyl-
phenylmercapto]- 10 499
—, [Chlor-brom-methyl-cyan-
phenylmercapto]- 10 500
—, [Chlor-brom-phenyl]- 9 2279
—, [Chlor-brom-phenyl]-, [hydroxy-
äthylamid] 9 2279
—, [Chlor-brom-phenyl]-, methylester
9 2279

Essigsäure, [Chlor-brom-triäthyl-
cinnamoylamino]- 9 2879
—, [Chlor-brom-trimethyl-
cinnamoylamino]- 9 2818
—, [Chlor-carbamoyl-phenylmercapto]-
10 235
—, [Chlorcarbonyl-cyclopentyl]-,
methylester 9 3821
—, [Chlorcarbonylmethyl-cyclohexyl]-,
äthylester 9 3862
—, [Chlorcarbonylmethyl-cyclopentyl]-,
äthylester 9 3843
—, Chlorcarbonyloxy-phenyl-,
äthylester 10 459
—, [Chlor-carboxymethoxy-phenyl]-
10 426
—, [Chlor-(chlor-isopropyl)-cyclohexyl]-
9 107
—, Chlor-[chlor-phenyl]- 9 2272
—, Chlor-[chlor-phenyl]-, amid 9 2272,
2273
—, Chlor-[chlor-phenyl]-, chlorid 9 2273
—, [Chlor-cyanmethyl-phenoxy]- 10 426
—, [Chlor-cyclohexenyl]- 9 162
—, [Chlor-cyclohexenyl]-, äthylester
9 162, 163
—, Chlor-cyclohexyliden-, äthylester
9 163
—, Chlor-[dimethoxy-phenyl]-, amid
10 1465
—, [Chlor-dinitro-phenyl]- 9 2293
—, [Chlor-dinitro-phenyl]-cyan-,
äthylester 9 4265
—, Chlor-diphenyl- 9 3307
—, Chlor-diphenyl-, äthylamid 9 3309
—, Chlor-diphenyl-, äthylester 9 3307
—, Chlor-diphenyl-, amid 9 3308
—, Chlor-diphenyl-, chlorid 9 3308
—, Chlor-diphenyl-, [diäthylamino-
äthylester] 9 3307
—, Chlor-diphenyl-, [diäthylamino-
methyl-propylester] 9 3308
—, Chlor-diphenyl-, dichloramid 9 3309
—, Chlor-diphenyl-, dimethylamid
9 3308
—, Chlor-diphenyl-, methylamid 9 3308
—, Chlor-diphenyl-, methylester 9 3307
—, Chlor-diphenyl-, propylamid 9 3309
—, [Chlor-diphenyl-acetoxy]-diphenyl-,
chlorid 10 1178
—, Chlor-[hydroxy-cyclohexyl]-,
äthylester 10 23
—, Chlor-[hydroxy-cyclopentyl]-,
äthylester 10 20
—, [Chlor-hydroxy-phenyl]- 10 440
—, Chlor-[methoxy-acetoxy-phenyl]-,
amid 10 1465
—, [Chlor-methoxy-cyan-phenylmercapto]-
10 1403

Essigsäure, Chlor-[methoxy-naphthyl]-,
  nitril **10** 1102
—, Chlor-[methoxy-phenyl]-, äthylester
  10 441
—, Chlor-[methoxy-phenyl]-, nitril
  10 426, 441
—, [Chlor-methoxy-phenyl]- **10** 440
—, [Chlor-methoxy-phenyl]-, nitril
  10 440
—, [Chlor-methyl-(brom-trimethyl-
  phenyl)-acryloylamino]- **9** 2839
—, [Chlor-methyl-carbamoyl-
  phenylmercapto]- **10** 498
—, [Chlor-methyl-(chlor-isopropyl)-
  cyclohexyl]-, methylester **9** 117
—, [Chlor-methyl-cyan-phenylmercapto]-
  10 496, 499
—, [Chlormethyl-phenyl]- **9** 2427
—, [Chlormethyl-phenyl]-, äthylester
  9 2427
—, Chlor-naphthyl- **9** 3210
—, Chlor-naphthyl-, äthylester **9** 3210
—, Chlor-naphthyl-, menthylester
  9 3210
—, Chlor-naphthyl-, [methyl-isopropyl-
  cyclohexylester] **9** 3210
—, [Chlor-naphthyl]- **9** 3209, 3210, 3213
—, [Chlor-naphthyl]-, [hydroxy-
  äthylamid] **9** 3213
—, [Chlor-naphthyl]-, methylester
  9 3213
—, Chlor-[nitro-dimethoxy-phenyl]-,
  amid **10** 1469
—, Chlor-[nitro-methoxy-acetoxy-phenyl]-,
  amid **10** 1469
—, [Chlor-nitro-phenyl]- **9** 2292
—, [Chlor-phenoxy]-[chlor-phenyl]-
  10 479
—, Chlor-phenyl- **9** 2265
—, Chlor-phenyl-, äthylester **9** 2266
—, Chlor-phenyl-, amid **9** 2267
—, Chlor-phenyl-, chlorid **9** 2266
—, Chlor-phenyl-, [diäthoxy-äthylamid]
  9 2268
—, Chlor-phenyl-, diäthylamid **9** 2267
—, Chlor-phenyl-, dimethylamid
  9 2267
—, Chlor-phenyl-, methylester **9** 2265
—, Chlor-phenyl-, nitril **9** 2270
—, Chlor-phenyl-, ureid **9** 2268
—, [Chlor-phenyl]- **9** 2262, 2263, 2264
—, [Chlor-phenyl]-, äthylester
  9 2262, 2264
—, [Chlor-phenyl]-, chlorid **9** 2264
—, [Chlor-phenyl]-, [hydroxy-äthylamid]
  9 2263, 2265
—, [Chlor-phenyl]-, methylester **9** 2264
—, [Chlor-phenyl]-, nitril **9** 2263,
  2264, 2265

Essigsäure, [Chlor-phenyl]-, [nitro-
  benzylester] **9** 2262, 2263, 2264
—, [Chlor-phenyl-acetamino]-cyan-,
  äthylester **9** 2269
—, Chlor-phenyl-biphenylyl-, chlorid
  9 3593
—, [Chlor-phenyl]-[chlor-phenyl]-
  9 3310
—, [Chlor-phenyl]-[chlor-phenyl]-,
  äthylester **9** 3310
—, [Chlor-phenyl]-[chlor-phenyl]-,
  methylester **9** 3310
—, [Chlor-*p*-phenylen]-di- **9** 4296
—, Chlor-phenyl-naphthyl-, chlorid
  9 3554
—, [Chlor-phenyl]-*p*-tolyl- **9** 3346
—, Chlorsulfinyloxy-phenyl-,
  äthylester **10** 457
—, Chlor-[tetrachlor-
  cyclopentadienyliden]-,
  chlorid **9** 2001
—, Chlor-[tetrachlor-
  cyclopentadienyliden]-,
  diäthylamid **9** 2001
—, Chlor-[tetrachlor-
  cyclopentadienyliden]-,
  methylester **9** 2001
—, Chlor-[trimethyl-phenyl]-, chlorid
  9 2533
—, Cholestadienyl- **9** 3128
—, Cholestenyl- **9** 2928
—, Cholestenyl-, methylester **9** 2927
—, Cholestenyliden- **9** 3128
—, Chrysenyl- **9** 3629
—, Chrysenyl-, methylester **9** 3629
—, Cinnamoylamino- **9** 2717
—, Cinnamoylamino-, benzylester **9** 2718
—, Cinnamoyloxy- **9** 2704
—, Cinnamoyloxy-, chlorid **9** 2704
—, Cinnamoyloxy-, [cyclopentenyl-
  tridecylester] **9** 2704
—, Cinnamoyloxy-, [cyclopentenyl-
  undecylester] **9** 2704
—, Cinnamoyloxy-, nitril **9** 2705
—, Cinnamoyloxy-phenyl-,
  [cyclopentenyl-tridecylester] **10** 465
—, Cinnamyliden- **9** 3070
—, *p*-Cumenyl- **9** 2528
—, *p*-Cumenyl-, äthylester **9** 2529
—, *p*-Cumenyl-, butylester **9** 2529
—, [Cyan-cyclohexyl]-, nitril **9** 3836
—, [Cyan-cyclohexyl]-cyan-, äthylester
  9 4751
—, [Cyan-hexahydro-indanyl]-, nitril
  9 4011
—, [Cyan-hexahydro-indanyl]-cyan-
  9 4778
—, [Cyan-hexahydro-indanyl]-cyan-,
  äthylester **9** 4778

Essigsäure, [Cyanmethyl-phenoxy]-
10 425
—, [Cyanmethyl-phenoxy]-, äthylester
10 426
—, [Cyanmethyl-phenoxy]-, methylester
10 425
—, Cyanoxyimino-phenyl-, nitril 10 2977
—, [Cyan-phenoxy]- 10 160, 256, 348
—, [Cyan-phenyl]- 9 4269, 4270
—, [Cyan-phenyl]-, chlorid 9 4270
—, [Cyan-phenyl]-, nitril 9 4268
—, [Cyan-phenylmercapto]- 10 234
—, [Cyan-phenylsulfon]-, amid 10 406
—, [(Cyan-vinyl)-phenoxy]- 10 836
—, [(Cyan-vinyl)-phenoxy]-, äthylester
10 836
—, 3.5-Cyclo-cholestanyl- 9 2928
—, Cycloheptadecenyliden-cyan-,
äthylester 9 4084
—, Cycloheptadecyl- 9 137
—, Cycloheptadecyl-, amid 9 137
—, Cycloheptandiyl-di- 9 3902
—, Cycloheptandiyl-di-, bis-[phenyl-
phenacylester] 9 3902
—, Cyclohexadienyl-, amid 9 298
—, Cyclohexancarbonylamino- 9 28
—, Cyclohexandiyl-di- 9 3861, 3862
—, Cyclohexandiyl-di-, äthylester
9 3862
—, Cyclohexandiyl-di-, äthylester-
chlorid 9 3862
—, Cyclohexandiyl-di-, diäthylester
9 3862
—, Cyclohexandiyl-di-, dimethylester
9 3862
—, Cyclohexendiyl-di- 9 3980
—, Cyclohexenyl- 9 160
—, Cyclohexenyl-, äthylester 9 160, 161
—, Cyclohexenyl-, methylester 9 160
—, Cyclohexenyl-, nitril 9 161
—, Cyclohexenyl-cyan- 9 3955
—, Cyclohexenyl-cyan-, äthylester
9 3955
—, [Cyclohexenyl-cyclohexyliden]-cyan-,
äthylester 9 4352
—, Cyclohexenyl-indanyl- 9 3256
—, Cyclohexenyl-indanyl-,
[diäthylamino-äthylester] 9 3256
—, Cyclohexenyl-oxal-, diäthylester
10 3928
—, Cyclohexenyl-phenyl- 9 3091
—, Cyclohexenyl-phenyl-, äthylester
9 3091
—, Cyclohexenyl-phenyl-, amid 9 3092
—, Cyclohexenyl-phenyl-, chlorid
9 3092
—, Cyclohexenyl-phenyl-, [diäthylamino-
äthylester] 9 3092
—, Cyclohexyl- 9 47

Essigsäure, Cyclohexyl-, äthylester
9 47
—, Cyclohexyl-, amid 9 48
—, Cyclohexyl-, chlorid 9 48
—, Cyclohexyl-, [diäthylamino-
äthylester] 9 48
—, Cyclohexyl-, [diäthylamino-dimethyl-
propylester] 9 48
—, Cyclohexyl-, [hydroxy-äthylamid]
9 48
—, Cyclohexyl-, methylamid 9 48
—, Cyclohexyl-, methylester 9 47
—, Cyclohexyl-, nitril 9 50
—, [Cyclohexyl-äthyl]-oxal-,
diäthylester 10 3920
—, Cyclohexyl-biphenylyl- 9 3488
—, Cyclohexyl-biphenylyl-,
[diäthylamino-äthylester] 9 3488
—, Cyclohexyl-biphenylyl-,
[diäthylamino-propylester] 9 3488
—, Cyclohexyl-cyan- 9 3834
—, Cyclohexyl-cyan-, [äthoxy-
äthylester] 9 3835
—, Cyclohexyl-cyan-, äthylester
9 3834
—, Cyclohexyl-cyan-, allylester 9 3835
—, Cyclohexyl-cyan-, benzylester
9 3835
—, Cyclohexyl-cyan-, hydrazid 9 3835
—, Cyclohexyl-cyan-, isopropylester
9 3835
—, Cyclohexyl-cyan-, [methoxy-
benzylidenhydrazid] 9 3835
—, Cyclohexyl-cyan-, propylester
9 3835
—, Cyclohexyl-cyclohexenyl- 9 342
—, Cyclohexyl-cyclohexenyl-,
[diäthylamino-äthylester] 9 342
—, [Cyclohexyl-cyclohexenyl]-,
äthylester 9 342
—, Cyclohexyl-cyclopentenyl- 9 339
—, Cyclohexyl-cyclopentenyl-,
[diäthylamino-äthylester] 9 339
—, Cyclohexyliden- 9 162
—, Cyclohexyliden-, äthylester 9 163
—, Cyclohexyliden-, chlorid 9 163
—, Cyclohexyliden-, methylester 9 162
—, Cyclohexyliden-, nitril 9 163
—, Cyclohexyliden-cyan- 9 3956
—, Cyclohexyliden-cyan-, [äthoxy-
äthylester] 9 3835
—, Cyclohexyliden-cyan-, äthylester
9 3956
—, Cyclohexyliden-cyan-, allylester
9 3835
—, Cyclohexyliden-cyan-, benzylester
9 3835
—, Cyclohexyliden-cyan-,
isopropylester 9 3835

Essigsäure, Cyclohexyliden-cyan-,
methylester 9 3956
—, Cyclohexyliden-cyan-, propylester
9 3835
—, Cyclohexyliden-cyan-, ureid 9 3957
—, Cyclohexyl-indanyl- 9 3111
—, Cyclohexyl-indanyl-, [diäthylamino-
äthylester] 9 3111
—, Cyclohexyl-[methoxy-phenyl]- 10 910
—, Cyclohexyl-naphthyl-, nitril 9 3396
—, Cyclohexyl-[nitro-phenyl]- 9 2864
—, Cyclohexyl-[nitro-phenyl]-,
[diäthylamino-äthylester] 9 2864
—, Cyclohexyl-[nitro-phenyl]-,
methylester 9 2864
—, Cyclohexyl-phenyl- 9 2861
—, Cyclohexyl-phenyl-, äthylester
9 2861
—, Cyclohexyl-phenyl-, amid 9 2864
—, Cyclohexyl-phenyl-, anhydrid 9 2862
—, Cyclohexyl-phenyl-, chlorid 9 2863
—, Cyclohexyl-phenyl-, [diäthylamino-
äthylamid] 9 2864
—, Cyclohexyl-phenyl-, [diäthylamino-
äthylester] 9 2862
—, Cyclohexyl-phenyl-, [(diäthylamino-
äthylmercapto)-äthylester]
9 2862
—, Cyclohexyl-phenyl-, [(diäthylamino-
äthylmercapto)-propylester]
9 2862
—, Cyclohexyl-phenyl-, [diäthylamino-
propylester] 9 2863
—, Cyclohexyl-phenyl-, [(diäthylamino-
propylmercapto)-isopropylester]
9 2862
—, Cyclohexyl-phenyl-, [dimethylamino-
äthylester] 9 2862
—, Cyclohexyl-phenyl-, [dimethylamino-
propylester] 9 2863
—, Cyclohexyl-phenyl-, [(methyl-
butylamino)-äthylester] 9 2863
—, Cyclohexyl-phenyl-, methylester
9 2861
—, Cyclohexyl-phenyl-, nitril 9 2864
—, Cyclohexyl-phenyl-,
[triäthylammonio-äthylester] 9 2863
—, [Cyclohexyl-phenyl]- 9 2868
—, [Cyclohexyl-phenyl]-, amid 9 2868
—, [Cyclohexyl-phenyl]-, chlorid
9 2868
—, [Cyclohexyl-phenyl]-, nitril 9 2868
—, Cyclohexyl-[tetrahydro-naphthyl]-,
nitril 9 3114
—, [Cyclohexyl-vinyl]-oxal- 10 3933
—, [Cyclohexyl-vinyl]-oxal-,
äthylester 10 3933
—, [Cyclohexyl-vinyl]-oxal-,
äthylester-[brom-phenacylester] 10 3934

Essigsäure, [Cyclohexyl-vinyl]-oxal-,
diäthylester 10 3933
—, Cyclooctenyl- 9 189
—, Cyclooctenyl-, äthylester 9 189
—, Cyclooctenyl-, amid 9 189
—, Cyclooctyl- 9 77
—, Cyclooctyl-, äthylester 9 77
—, Cyclopentandiyl-di- 9 3843
—, Cyclopentandiyl-di-, äthylester
9 3843
—, Cyclopentandiyl-di-, äthylester-
chlorid 9 3843
—, Cyclopentandiyl-di-, diäthylester
9 3843, 3844
—, Cyclopentandiyl-di-, dimethylester
9 3843
—, Cyclopentandiyliden-di- 9 4043
—, Cyclopentandiyliden-di-,
hydroxyamid 9 4043
—, Cyclopentendiyl-di- 9 3966
—, Cyclopentenyl- 9 150, 152
—, Cyclopentenyl-, äthylester 9 151, 152
—, Cyclopentenyl-, allylester 9 153
—, Cyclopentenyl-, amid 9 158
—, Cyclopentenyl-, benzylester 9 151, 156
—, Cyclopentenyl-, bornylester 9 155
—, Cyclopentenyl-, *sec*-butylester
9 152
—, Cyclopentenyl-, *tert*-butylester
9 153
—, Cyclopentenyl-, chaulmoogrylester
9 156
—, Cyclopentenyl-, chlorid 9 158
—, Cyclopentenyl-, cholesterylester
9 157
—, Cyclopentenyl-, cinnamylester
9 157
—, Cyclopentenyl-, cyclohexylester
9 151, 153
—, Cyclopentenyl-, [cyclopentenyl-
äthylester] 9 154
—, Cyclopentenyl-, [cyclopentenyl-
tridecylester] 9 156
—, Cyclopentenyl-, [dimethyl-
octadienylester] 9 155
—, Cyclopentenyl-, [dimethyl-
octenylester] 9 154
—, Cyclopentenyl-, geranylester 9 155
—, Cyclopentenyl-, isobornylester
9 155
—, Cyclopentenyl-, isobutylester
9 152
—, Cyclopentenyl-, isopentylester
9 153
—, Cyclopentenyl-, isopropylester
9 152
—, Cyclopentenyl-, *p*-menthenylester
9 155
—, Cyclopentenyl-, menthylester 9 154

Essigsäure, Cyclopentenyl-, [methoxy-
allyl-phenylester] 9 158
—, Cyclopentenyl-, [methoxy-formyl-
phenylester] 9 158
—, Cyclopentenyl-, [methoxy-
phenylester] 9 158
—, Cyclopentenyl-, [methoxy-propenyl-
phenylester] 9 158
—, Cyclopentenyl-, [methyl-
cyclohexylester] 9 153, 154
—, Cyclopentenyl-, methylester 9 150, 152
—, Cyclopentenyl-, [methyl-heptylester]
9 153
—, Cyclopentenyl-, [methyl-isopropyl-
cyclohexylester] 9 154
—, Cyclopentenyl-, [methyl-isopropyl-
phenylester] 9 157
—, Cyclopentenyl-, [methyl-(methyl-
cyclohexenyl)-äthylester] 9 155
—, Cyclopentenyl-, nitril 9 151
—, Cyclopentenyl-, octadecenylester
9 154
—, Cyclopentenyl-, phenäthylester
9 151, 156
—, Cyclopentenyl-, phenylester 9 156
—, Cyclopentenyl-, propylester 9 152
—, Cyclopentenyl-, m-tolylester 9 156
—, Cyclopentenyl-, p-tolylester 9 156
—, Cyclopentenyl-, [trimethyl-
norbornylester] 9 155
—, Cyclopentenyl-acenaphthenyl- 9 3537
—, Cyclopentenyl-acenaphthenyl-,
[diäthylamino-äthylester] 9 3537
—, Cyclopentenyl-cyclohexenyl- 9 2595
—, Cyclopentenyl-cyclohexenyl-,
[diäthylamino-äthylester] 9 2595
—, [Cyclopentenyl-cyclohexyl]- 9 339
—, [Cyclopentenyl-cyclohexyl]-,
amid 9 339
—, [Cyclopentenyl-cyclohexyliden]-
9 2595
—, [Cyclopentenyl-cyclohexyliden]-,
äthylester 9 2596
—, Cyclopentenyl-indanyl- 9 3251
—, Cyclopentenyl-indanyl-,
[diäthylamino-äthylester] 9 3251
—, Cyclopentenyl-naphthyl-, nitril
9 3472
—, Cyclopentenyl-phenyl- 9 3086
—, Cyclopentenyl-phenyl-, äthylester
9 3086
—, Cyclopentenyl-phenyl-, benzylester
9 3086
—, Cyclopentenyl-phenyl-, methylester
9 3086
—, Cyclopentenyl-phenyl-, nitril
9 3086
—, Cyclopentenyl-[tetrahydro-naphthyl]-,
nitril 9 3256

Essigsäure, [Cyclopentenyl-tridecanoyloxy]-,
[cyclopentenyl-undecylester]
9 290
—, Cyclopentyl- 9 39
—, Cyclopentyl-, äthylester 9 40
—, Cyclopentyl-, amid 9 42
—, Cyclopentyl-, benzylester 9 41
—, Cyclopentyl-, sec-butylester 9 40
—, Cyclopentyl-, chlorid 9 42
—, Cyclopentyl-, cinnamylester 9 41
—, Cyclopentyl-, cyclohexylester 9 40
—, Cyclopentyl-, [cyclopentenyl-
undecylester] 9 41
—, Cyclopentyl-, [dimethyl-
octadienylester] 9 40
—, Cyclopentyl-, [dimethyl-vinyl-
hexenylester] 9 40
—, Cyclopentyl-, geranylester 9 40
—, Cyclopentyl-, [hydroxy-äthylamid]
9 42
—, Cyclopentyl-, linalylester 9 40
—, Cyclopentyl-, [methoxy-propenyl-
phenylester] 9 41
—, Cyclopentyl-, [methyl-isopropyl-
phenylester] 9 41
—, Cyclopentyl-, nitril 9 42
—, Cyclopentyl-, phenäthylester 9 41
—, Cyclopentyl-, [phenyl-phenacylester]
9 42
—, Cyclopentyl-, propylester 9 40
—, [Cyclopentyl-benzyl]- 9 2871
—, Cyclopentyl-cyan-, äthylester 9 3821
—, Cyclopentyl-cyclohexenyl- 9 339
—, Cyclopentyl-cyclohexenyl-,
[diäthylamino-äthylester] 9 339
—, Cyclopentyl-cyclohexyl- 9 262
—, Cyclopentyl-cyclohexyl-,
[diäthylamino-äthylester] 9 262
—, [Cyclopentyl-cyclohexyl]- 9 263
—, [Cyclopentyl-cyclohexyl]-,
äthylester 9 263
—, [Cyclopentyl-cyclohexyliden]- 9 339
—, [Cyclopentyl-cyclohexyliden]-,
äthylester 9 340
—, [Cyclopentyl-cyclohexyliden]-,
[brom-phenacylester] 9 339
—, Cyclopentyl-cyclohexyl-phenyl-,
nitril 9 3118
—, Cyclopentyl-cyclopentenyl- 9 329
—, Cyclopentyl-cyclopentenyl-,
[diäthylamino-äthylester] 9 329
—, Cyclopentyliden- 9 159
—, Cyclopentyliden-, äthylester 9 159
—, Cyclopentyliden-, methylester
9 159
—, Cyclopentyliden-cyan-, äthylester
9 3952
—, Cyclopentyliden-cyan-, methylester
9 3952

Essigsäure, Cyclopentyl-phenyl-
9 2849
—, Cyclopentyl-phenyl-, amid 9 2849
—, Cyclopentyl-phenyl-, chlorid 9 2849
—, Cyclopentyl-phenyl-, [diäthylamino-
äthylester] 9 2849
—, Cyclopentyl-phenyl-, nitril 9 2850
—, [Cyclopentyl-phenyl]- 9 2855
—, [Cyclopentyl-phenyl]-, methylester
9 2855
—, Cyclopropyl- 9 10
—, Cyclopropyliden-, nitril 9 140
—, [Decahydro-benz[a]anthracenyl]- 9 3403
—, [Decahydro-benz[a]anthracenyliden]-
9 3403
—, [Decahydro-cyclopenta[a]-
phenanthrenyl]- 9 3260
—, [Decahydro-naphthyl]- 9 257
—, [Decyl-cyclohexyl]-cyan-,
äthylester 9 3932
—, Deuterio-phenyl-p-tolyl- 9 3346
—, [Diacetoxy-äthoxycarbonyl-
biphenylyl]-, äthylester 10 2507
—, Diacetoxy-biphenyldiyl-di- 10 2511
—, [Diacetoxy-carboxy-biphenylyl]-
10 2507
—, [Diacetoxy-dimethyl-tetradecahydro-
cyclopenta[a]phenanthrenyl]-
10 1879
—, [Diacetoxy-dimethyl-tetradecahydro-
cyclopenta[a]phenanthrenyl]-,
methylester 10 1880
—, [Diacetoxy-methyl-naphthyl]- 10 1943
—, [Diacetoxy-methyl-naphthyl]-,
methylester 10 1943
—, [Diacetoxy-methyl-podocarpanyliden]-
10 1592
—, [Diacetoxy-naphthyl]- 10 1940
—, [(Diäthoxy-äthoxy)-phenyl]- 10 423
—, [(Diäthoxy-äthoxy)-phenyl]-,
äthylester 10 424
—, [(Diäthoxy-äthoxy)-phenyl]-,
nitril 10 425
—, [Diäthoxy-phenyl]- 10 1460
—, [Diäthoxy-phenyl]-, äthylester
10 1462
—, [Diäthoxy-phenyl]-, methylester
10 1462
—, [Diäthoxy-phenyl]-, nitril 10 1465
—, [Diäthylamino-äthoxy]-diphenyl-,
äthylester 10 1171
—, [Diäthylamino-äthoxy]-diphenyl-,
methylester 10 1171
—, [Diäthylamino-äthoxy]-diphenyl-,
propylester 10 1172
—, [Diäthylamino-äthoxy]-phenyl-,
äthylester 10 460
—, [Diäthylamino-äthoxy]-phenyl-,
benzylester 10 465

Essigsäure, [Diäthylamino-äthoxy]-phenyl-,
[diäthylamino-äthylester] 10 467
—, [Diäthylamino-äthoxy]-phenyl-,
hexylester 10 462
—, [Diäthylamino-äthoxy]-phenyl-,
isopropylester 10 460
—, [Diäthylamino-äthoxy]-phenyl-,
methylester 10 456
—, [(Diäthylamino-äthoxy)-phenyl]-,
amid 10 424
—, [Diäthylamino-propyloxy]-diphenyl-,
äthylester 10 1171
—, [Diäthylamino-propyloxy]-phenyl-,
[diäthylamino-propylester] 10 468
—, [Diäthylamino-propyloxy]-phenyl-,
hexylester 10 462
—, [(Diäthylamino-propyloxy)-phenyl]-,
äthylester 10 434
—, [(Diäthylamino-propyloxy)-phenyl]-,
[hydroxy-äthylamid] 10 438
—, Dibenzo[a.g]fluorenyl- 9 3669
—, Dibenzo[a.g]fluorenyl-,
methylester 9 3670
—, Dibenzoyl-, äthylester 10 3625
—, Dibenzoyl-, methylester 10 3625
—, [Dibenzoyloxy-pentyl-telluro]-,
äthylester 9 1055
—, [Dibenzoyloxy-phenyl]- 10 1457
—, [Dibenzoyloxy-phenyl]-, äthylester
10 1457
—, Dibenzyl- s. Propionsäure, Phenyl-
benzyl-
—, [Dibenzyloxy-carboxy-phenyl]- 10 2442
—, [Dibenzyloxy-methoxycarbonyl-phenyl]-
10 2443
—, [Dibenzyloxy-methoxycarbonyl-phenyl]-,
methylester 10 2442, 2443
—, [Dibenzyloxy-phenyl]- 10 1460
—, [Dibrom-carboxy-cyclohexyl]- 9 3838
—, [Dibrom-decahydro-naphthyl]- 9 257
—, [Dibrom-dihydroxy-phenyl]-,
äthylester 10 1458
—, Dibrom-[hexahydro-indandiyl]-di-
9 4015
—, Dibrom-[hexahydro-indandiyl]-di-,
diäthylester 9 4015
—, [Dibrom-hexahydro-indanyl]- 9 235
—, [Dibrom-hydroxy-phenyl]- 10 442
—, [Dibrom-hydroxy-phenyl]-, [hydroxy-
äthylamid] 10 442
—, [Dibrom-hydroxy-phenyl]-,
methylester 10 442
—, [Dibrom-methoxy-phenyl]- 10 442
—, [Dibrom-methoxy-phenyl]-,
methylester 10 442
—, Dibrom-[methyl-cyclohexandiyl]-di-
9 3910
—, Dibrom-[methyl-cyclohexandiyl]-di-,
äthylester 9 3908

Essigsäure, Dibrom-[methyl-cyclohexandiyl]-
di-, diäthylester **9** 3908, 3910

—, Dibrom-[methyl-cyclopentandiyl]-di-
9 3874

—, Dibrom-[methyl-cyclopentandiyl]-di-,
äthylester **9** 3874

—, Dibrom-[methyl-cyclopentandiyl]-di-,
diäthylester **9** 3874

—, Dibrom-[octahydro-naphthalindiyl]-
di- **9** 4029

—, Dibrom-[octahydro-naphthalindiyl]-
di-, äthylester **9** 4029

—, [Dibrom-phenyl]- **9** 2279

—, [Dibrom-phenyl]-, [hydroxy-
äthylamid] **9** 2279

—, [Dibrom-phenyl]-, methylester **9** 2279

—, [Dibrom-phenyl]-, nitril **9** 2279

—, [Dibutylamino-äthoxy]-phenyl-,
benzylester **10** 465

—, [Dibutylamino-äthyoxy]-phenyl-,
[dibutylamino-äthylester] **10** 467

—, [Dibutylamino-äthoxy]-phenyl-,
hexylester **10** 462

—, [Dibutylamino-äthoxy]-phenyl-,
isopropylester **10** 461

—, [Dicarboxy-phenyl]- **9** 4795

—, [Dichlor-äthoxy]-diphenyl- **10** 1170

—, [Dichlor-äthoxy]-[methoxy-methyl-
carboxy-phenyl]- **10** 2459

—, [Dichlor-äthoxy]-phenyl- **10** 452

—, [Dichlor-hydroxy-anthryl]- **10** 3382

—, [Dichlorjod-phenyl]- **9** 2280

—, [Dichlor-methyl-carbamoyl-
phenylmercapto]- **10** 499

—, [Dichlor-methyl-isopropyl-
cyclohexyl]-, methylester **9** 117

—, [Dichlor-oxo-dihydro-anthryl]-
10 3382

—, [Dichlor-phenoxy]-[chlor-phenyl]-
10 479

—, [Dichlor-phenyl]- **9** 2271, 2272

—, [Dichlor-phenyl]-, äthylester
9 2271, 2272

—, [Dichlor-phenyl]-, amid **9** 2271

—, [Dichlor-phenyl]-, [hydroxy-
äthylamid] **9** 2271, 2272

—, [Dichlor-phenyl]-, nitril
9 2271, 2272

—, Dichlorphosphinooxy-phenyl-,
äthylester **10** 456

—, [Dichlor-vinyloxy]-diphenyl- **10** 1170

—, [Dichlor-vinyloxy]-[methoxy-methyl-
carboxy-phenyl]- **10** 2459

—, Dicyan-[dihydroxy-*p*-phenylen]-di-,
diäthylester **10** 2632

—, Dicyan-[dihydroxy-*p*-phenylen]-di-,
diamid **10** 2632

—, Dicyan-[dimethyl-bicyclohexyldiyl]-
di-, diäthylester **9** 4865

Essigsäure, Dicyan-[dimethyl-
bicyclopentyldiyl]-di-, diäthylester
9 4865

—, Dicyan-[dioxo-methyl-(brom-
trimethyl-phenyl)-
cyclohexadiendiyl]-di-,
diäthylester **10** 4173

—, Dicyan-[methyl-cyclohexendiyl]-di-,
diamid **9** 4863

—, Dicyclohexenyl- **9** 2608

—, Dicyclohexenyl-, [diäthylamino-
äthylester] **9** 2608

—, Dicyclohexenyl-cyan-, äthylester
9 4351

—, Dicyclohexyl- **9** 265

—, Dicyclohexyl-, äthylester **9** 266

—, Dicyclohexyl-, [diäthylamino-
äthylamid] **9** 267

—, Dicyclohexyl-, [diäthylamino-
äthylester] **9** 266

—, Dicyclohexyl-phenyl- **9** 3120

—, Dicyclohexyl-phenyl-, nitril **9** 3120

—, Dicyclopentenyl- **9** 2564

—, Dicyclopentenyl-, äthylester
9 2564

—, Dicyclopentenyl-, chlorid **9** 2565

—, Dicyclopentenyl-, [diäthylamino-
äthylester] **9** 2565

—, Dicyclopentenyl-, isobutylester
9 2565

—, Dicyclopentenyl-, methylester
9 2564

—, Dicyclopentyl- **9** 256

—, Dicyclopentyl-, äthylester **9** 256

—, Dicyclopentyl-, amid **9** 256

—, Dicyclopentyl-, chlorid **9** 256

—, Dicyclopentyl-, nitril **9** 256

—, Dicyclopentyl-phenyl-, nitril
9 3114

—, Dideuterio-phenyl- **9** 2174

—, [Dihydro-anthryl]- **9** 3461

—, [Dihydro-anthryl]-, diäthylamid
9 3461

—, [Dihydro-benz[*a*]anthracenyl]-
9 3595, 3596

—, [Dihydro-benz[*a*]anthracenyl]-,
methylester **9** 3596

—, [Dihydro-benz[*a*]anthracenyliden]-
9 3595, 3596

—, [Dihydro-benz[*a*]anthracenyliden]-,
methylester **9** 3596

—, [Dihydro-benzo[*def*]chrysenyl]-,
äthylester **9** 3658

—, [Dihydro-benzo[*def*]chrysenyliden]-,
äthylester **9** 3658

—, [Dihydro-benzo[*b*]fluorenyl]-
9 3563

—. [Dihydro-[2.2']binaphthylyl]-
9 3639

Essigsäure, [Dihydro-[2.2']binaphthyl⸗
yliden]- **9** 3639
—, [Dihydro-naphthyl]- **9** 3081, 3082
—, [Dihydro-naphthyl]-, äthylester
9 3082
—, [Dihydro-naphthyl]-cyan-,
äthylester **9** 4442
—, [Dihydro-naphthyliden]- **9** 3082
—, [Dihydro-naphthyliden]-cyan-,
äthylester **9** 4442
—, [Dihydro-phenanthryl]- **9** 3462
—, [Dihydro-phenanthryl]-, äthylester
9 3462
—, [Dihydro-phenanthryl]-, methylester
9 3463
—, [Dihydro-phenanthryliden]- **9** 3462
—, Dihydro-α-santalyl- **9** 349
—, [Dihydroxy-äthoxycarbonyl-phenyl]-
10 2440, 2445
—, [Dihydroxy-äthoxycarbonyl-phenyl]-,
äthylester **10** 2441, 2445
—, Dihydroxy-biphenyldiyl-di- **10** 2511
—, [Dihydroxy-carboxy-biphenylyl]-
10 2507
—, [Dihydroxy-carboxy-phenyl]-
10 2440, 2441, 2444
—, [Dihydroxy-carboxy-phenyl]-,
äthylester **10** 2441, 2445
—, [Dihydroxy-carboxy-phenyl]-,
methylester **10** 2442
—, [Dihydroxy-cholanoylamino]-
10 1634, 1637, 1655
—, [Dihydroxy-cholanoylamino]-,
methylester **10** 1634
—, [Dihydroxy-cholestenyl]- **10** 1899
—, [Dihydroxy-cholestenyl]-,
methylester **10** 1900
—, [Dihydroxy-cyclotriacontandiyl]-di-,
diäthylester **10** 2414
—, [Dihydroxy-dimethyl-(dimethyl-hexyl)-
tetradecahydro-cyclopenta[a]⸗
phenanthrenyl]- **10** 1899
—, [Dihydroxy-dimethyl-(dimethyl-hexyl)-
tetradecahydro-cyclopenta[a]⸗
phenanthrenyl]-, methylester
10 1900
—, [Dihydroxy-dimethyl-hexadecahydro-
cyclopenta[a]phenanthrenyl]-
10 1612
—, [Dihydroxy-dimethyl-hexadecahydro-
cyclopenta[a]phenanthrenyl]-,
methylester **10** 1612
—, [(Dihydroxy-dimethyl-hexadecahydro-
cyclopenta[a]phenanthrenyl)-
valerylamino]- **10** 1634, 1637, 1655
—, [(Dihydroxy-dimethyl-hexadecahydro-
cyclopenta[a]phenanthrenyl)-
valerylamino]-, methylester
10 1634

Essigsäure, [Dihydroxy-dimethyl-phenyl]-,
äthylester **10** 1569
—, [Dihydroxy-dimethyl-tetradecahydro-
cyclopenta[a]phenanthrenyl]-
10 1879
—, [Dihydroxy-dimethyl-tetradecahydro-
cyclopenta[a]phenanthrenyl]-,
methylester **10** 1879
—, [Dihydroxy-dioxo-dihydro-anthryl]-
10 4791
—, [Dihydroxy-methoxycarbonyl-phenyl]-,
methylester **10** 2443, 2444
—, [Dihydroxy-methoxy-carboxy-phenyl]-
10 2559
—, [Dihydroxy-methoxy-methoxycarbonyl-
phenyl]-, methylester **10** 2560
—, [Dihydroxy-methoxy-phenyl]-, amid
10 2097
—, [Dihydroxy-methyl-podocarpanyl]-
10 1361
—, [Dihydroxy-methyl-podocarpanyl]-,
[dimethylamino-äthylester] **10** 1362
—, [Dihydroxy-methyl-podocarpanyl]-,
methylester **10** 1362
—, [Dihydroxy-methyl-podocarpanyliden]-
10 1591
—, [Dihydroxy-methyl-podocarpanyliden]-,
[dimethylamino-äthylester] **10** 1592
—, [Dihydroxy-methyl-podocarpanyliden]-,
methylester **10** 1592
—, [Dihydroxy-naphthalindiyl]-di-
10 2488
—, [Dihydroxy-naphthyl]-, nitril **10** 1940
—, Dihydroxy-[nitro-dioxo-
hydroxymethyl-dihydro-phenanthryl]-
10 4792
—, [Dihydroxy-phenyl]- **10** 1456, 1458
—, [Dihydroxy-phenyl]-, äthylester
10 1457
—, [Dihydroxy-phenyl]-, methylester
10 1457
—, [Dihydroxy-p-phenylen]-di- **10** 2458
—, [Dihydroxy-p-phenylen]-di-,
diäthylester **10** 2458
—, [(Dihydroxy-propyloxy)-phenyl]-,
äthylester **10** 434
—, [(Dihydroxy-propyloxy)-phenyl]-,
[hydroxy-äthylamid] **10** 437
—, [Dihydroxy-tetramethyl-dodecahydro-
phenanthryliden]- **10** 1591
—, [Dihydroxy-tetramethyl-dodecahydro-
phenanthryliden]-, [dimethylamino-
äthylester] **10** 1592
—, [Dihydroxy-tetramethyl-dodecahydro-
phenanthryliden]-, methylester
10 1592
—, [Dihydroxy-tetramethyl-
tetradecahydro-phenanthryl]-
10 1361

Essigsäure, [Dihydroxy-tetramethyl-
tetradecahydro-phenanthryl]-,
[dimethylamino-äthylester] 10 1362
—, [Dihydroxy-tetramethyl-
tetradecahydro-phenanthryl]-,
methylester 10 1362
—, [Dihydroxy-trimethyl-cyclopentyl]-
10 1355
—, [Dihydroxy-trimethyl-cyclopentyl]-,
äthylester 10 1355
—, [Dihydroxy-trimethyl-phenyl-
cyclopentyl]- 10 1868
—, [Dijod-(acetoxy-phenoxy)-benzamino]-,
äthylester 10 373
—, [Dijod-benzamino]- 9 1453, 1454, 1455
—, [Dijod-(dijod-hydroxy-phenoxy)-
benzamino]- 10 373
—, [Dijod-(hydroxy-phenoxy)-benzamino]-
10 373
—, [Dijod-hydroxy-phenyl]- 10 427
—, [Dijod-hydroxy-phenyl]-, [hydroxy-
äthylamid] 10 442
—, [Dijod-phenyl]- 9 2281
—, Dimesityl- 9 3402
—, [Dimethoxy-acetoxy-carboxy-phenyl]-
10 2560
—, [Dimethoxy-äthoxycarbonylmethoxy-
phenyl]-, äthylester 10 2097
—, [Dimethoxy-äthoxycarbonyl-phenyl]-
10 2440
—, [Dimethoxy-äthoxycarbonyl-phenyl]-,
äthylester 10 2441
—, [Dimethoxy-äthyl-phenyl]-, nitril
10 1567
—, [Dimethoxy-benzoyloxy-phenyl]-
10 2099
—, [Dimethoxy-benzoyloxy-phenyl]-,
nitril 10 2099
—, [Dimethoxy-carboxymethoxy-phenyl]-
10 2097
—, [Dimethoxy-carboxy-naphthyl]-
10 2486
—, [Dimethoxy-carboxy-phenyl]-
10 2440, 2441, 2445
—, [Dimethoxy-carboxy-phenyl]-,
methylester 10 2443
—, [Dimethoxy-cyanmethyl-phenoxy]-
10 2098
—, [Dimethoxy-cyanmethyl-phenoxy]-,
methylester 10 2098
—, [Dimethoxy-cyclopenta[a]-
naphthalinyl]-, äthylester
10 1997
—, [Dimethoxy-cyclopenta[a]-
phenanthrenyl]-, äthylester
10 2012
—, [Dimethoxy-cyclopenta[a]-
phenanthrenyliden]-, äthylester
10 2012

Essigsäure, [Dimethoxy-dihydro-
cyclopenta[a]naphthalinyliden]-,
äthylester 10 1997
—, [Dimethoxy-dihydro-cyclopenta[a]-
phenanthrenyl]- 10 2012
—, [Dimethoxy-dihydro-cyclopenta[a]-
phenanthrenyl]-, äthylester 10 2012
—, [Dimethoxy-(dimethoxy-phenyl)-
indanyl]- 10 2516
—, [Dimethoxy-dimethyl-phenyl]- 10 1567
—, [Dimethoxy-dimethyl-phenyl]-,
nitril 10 1568
—, [Dimethoxy-dimethyl-p-phenylen]-di-
10 2462
—, [Dimethoxy-dioxo-tetrahydro-
phenanthryl]-, nitril 10 4775
—, [Dimethoxy-formyl-benzoyloxy]-,
äthylester 10 4512
—, [Dimethoxy-hexahydro-cyclopenta[a]-
naphthalinyl]- 10 1908
—, [Dimethoxy-methoxycarbonylmethoxy-
phenyl]-, methylester 10 2097
—, [Dimethoxy-methoxycarbonyl-phenyl]-
10 2442, 2444
—, [Dimethoxy-methoxycarbonyl-phenyl]-,
methylester 10 2443, 2445, 2446
—, [Dimethoxy-(methoxy-phenyl)-dihydro-
naphthyl]- 10 2390
—, [Dimethoxy-(methoxy-phenyl)-
tetrahydro-naphthyl]- 10 2361
—, [Dimethoxy-methyl-phenyl]- 10 1528
—, [Dimethoxy-methyl-phenyl]-,
äthylester 10 1528
—, [Dimethoxy-methyl-phenyl]-, amid
10 1528
—, [Dimethoxy-methyl-phenyl]-, nitril
10 1528
—, [Dimethoxy-oxo-(dimethoxy-phenyl)-
indenyl]- 10 4831
—, [Dimethoxy-phenyl]- 10 1453, 1455,
1457, 1459, 1470
—, [Dimethoxy-phenyl]-, äthylester
10 1457, 1462
—, [Dimethoxy-phenyl]-, amid 10 1453,
1463
—, [Dimethoxy-phenyl]-, chlorid
10 1453, 1463
—, [Dimethoxy-phenyl]-, hydrazid
10 1465
—, [Dimethoxy-phenyl]-, [hydroxy-
äthylamid] 10 1454, 1463
—, [Dimethoxy-phenyl]-, methylester
10 1461
—, [Dimethoxy-phenyl]-, nitril 10 1454,
1456, 1457, 1464, 1470
—, [Dimethoxy-phenyl]-, phenacylester
10 1463
—, [(Dimethoxy-phenyl)-acetamino]-
10 1463

Essigsäure, [Dimethoxy-phenyl]-bis-
[methoxy-methyl-phenyl]-
10 2544
—, [Dimethoxy-phenyl]-cyan-,
äthylester 10 2440
—, [Dimethoxy-phenyl]-cyan-, amid
10 2440
—, [Dimethoxy-phenyl-dihydro-naphthyl]-,
äthylester 10 2008
—, [Dimethoxy-phenyl-dihydro-
naphthyliden]-, äthylester
10 2008
—, [Dimethoxy-phenyl]-[dimethoxy-
indanyliden]-, nitril 10 2534
—, [Dimethoxy-*p*-phenylen]-di- 10 2458
—, [Dimethoxy-*p*-phenylen]-di-,
diäthylester 10 2458
—, [Dimethoxy-phenyl]-[methoxy-äthoxy-
carboxymethyl-phenyl]- 10 2610
—, [Dimethoxy-propyl-phenyl]- 10 1573
—, [Dimethoxy-semicarbazono-(dimethoxy-
phenyl)-indenyl]- 10 4832
—, [Dimethoxy-semicarbazonomethyl-
benzoyloxy]-, äthylester 10 4513
—, [Dimethoxy-trimethyl-phenyl]-
10 1573
—, [Dimethoxy-trimethyl-phenyl]-,
äthylester 10 1574
—, [Dimethoxy-trimethyl-phenyl]-,
amid 10 1573
—, [Dimethoxy-trimethyl-phenyl]-,
nitril 10 1574
—, [Dimethyl-acetohydroximoyl-
cyclobutyl]- 10 2871
—, [Dimethyl-acetyl-cyclobutyl]-
10 2870
—, [Dimethyl-acetyl-cyclobutyl]-,
methylester 10 2872
—, [Dimethyl-äthoxycarbonyl-cyclobutyl]-
9 3853
—, [Dimethyl-äthoxycarbonyl-cyclobutyl]-,
äthylester 9 3853
—, [Dimethyl-äthoxycarbonyl-cyclobutyl]-,
amid 9 3854
—, [Dimethyl-äthoxycarbonyl-cyclobutyl]-,
chlorid 9 3854
—, [Dimethyl-äthoxycarbonyl-
cyclohexenyl]- 9 3999
—, [Dimethyl-äthoxycarbonyl-
cyclohexenyl]-, äthylester
9 3999
—, [Dimethyl-äthoxycarbonyl-cyclohexyl]-,
äthylester 9 3911
—, [Dimethyl-äthoxycarbonyl-
cyclohexyliden]- 9 3999
—, [Dimethyl-äthoxycarbonyl-
cyclohexyliden]-, äthylester 9 3999
—, [Dimethyl-äthoxycarbonyl-
cyclopentyl]-, äthylester 9 3875

Essigsäure, [Dimethyl-äthoxycarbonyl-
cyclopentyl]-cyan-, äthylester
9 4762
—, [Dimethyl-äthoxycarbonyl-
cyclopentyliden]-, äthylester
9 3986
—, [Dimethyl-äthoxycarbonyl-
cyclopentyliden]-cyan-,
äthylester 9 4762
—, [Dimethyl-äthoxycarbonyl-
cyclopropyl]-, äthylester 9 3833
—, [Dimethyl-äthyl-indanyl]- 9 2889
—, [Dimethylamino-äthoxy]-diphenyl-,
[diäthylamino-äthylester] 10 1175
—, [Dimethylamino-äthoxy]-diphenyl-,
[dimethylamino-äthylester] 10 1175
—, [Dimethylamino-äthoxy]-phenyl-,
äthylester 10 460
—, [Dimethylamino-äthoxy]-phenyl-,
benzylester 10 465
—, [Dimethylamino-äthoxy]-phenyl-,
[dimethylamino-äthylester] 10 467
—, [Dimethylamino-äthoxy]-phenyl-,
hexylester 10 462
—, [Dimethylamino-äthoxy]-phenyl-,
isopropylester 10 460
—, [Dimethylamino-äthoxy]-phenyl-,
methylester 10 455
—, [Dimethylamino-diäthyl-propionyloxy]-
phenyl-, methylester 10 456
—, [(Dimethylamino-methyl)-äthyl-
butyryloxy]-phenyl-, methylester
10 456
—, [Dimethylamino-propyloxy]-phenyl-,
isopropylester 10 461
—, [Dimethyl-(benzoyloxy-äthyliden)-
cyclobutyl]-, methylester 10 58
—, [Dimethyl-biphenylyl]- 7 1708
—, [Dimethyl-bis-äthoxycarbonyl-
bicyclohexylyl]-, äthylester
9 4778
—, [Dimethyl-butyloxycarbonyl-
cyclobutyl]-, butylester 9 3854
—, [Dimethyl-*tert*-butyl-phenyl]-
9 2607
—, [Dimethyl-*tert*-butyl-phenyl]-,
amid 9 2607
—, [Dimethyl-*tert*-butyl-phenyl]-,
nitril 9 2607
—, [Dimethyl-carbamoyl-cyclobutyl]-,
amid 9 3854
—, [Dimethyl-carbamoyl-cyclohexyl]-
9 3913
—, [Dimethyl-carbamoyl-cyclohexyl]-,
äthylester 9 3911
—, [Dimethyl-carbamoyl-phenylmercapto]-
10 584
—, [Dimethyl-carboxy-cyclobutyl]-
9 3850, 3852

Essigsäure, [Dimethyl-carboxy-
cyclohexenyl]- **9** 3999
—, [Dimethyl-carboxy-cyclohexyl]-
9 3910, 3911, 3912, 3913
—, [Dimethyl-carboxy-cyclohexyl]-,
äthylester **9** 3911
—, [Dimethyl-carboxy-cyclohexyl]-,
amid **9** 3913
—, [Dimethyl-carboxy-cyclohexyliden]-
9 3999
—, [Dimethyl-carboxy-cyclopentyl]-
9 3875, 3876
—, [Dimethyl-carboxy-cyclopentyliden]-
9 3986
—, [Dimethyl-carboxy-cyclopropyl]-
9 3832
—, [Dimethyl-carboxy-tetradecahydro-
phenanthryl]- **9** 4081
—, [Dimethyl-chlorcarbonyl-cyclobutyl]-,
chlorid **9** 3854
—, [Dimethyl-cyan-cyclohexyl]-cyan-,
äthylester **9** 4765
—, [Dimethyl-cyan-phenylmercapto]-
10 582, 583, 585
—, [Dimethyl-cyclobutandiyl]-di-
9 3900
—, [Dimethyl-cyclobutandiyl]-di-,
diäthylester **9** 3900
—, [Dimethyl-cyclohexandiyl]-di-
9 3923
—, [Dimethyl-cyclohexandiyl]-di-,
diäthylester **9** 3924
—, [Dimethyl-cyclohexandiyl]-di-,
dimethylester **9** 3923
—, [Dimethyl-cyclohexyl]- **9** 86, 87
—, [Dimethyl-cyclohexyl]-, äthylester
9 86
—, [Dimethyl-cyclohexyl]-, methylester
9 87
—, [Dimethyl-cyclohexyl]-, [phenyl-
phenacylester] **9** 86, 87
—, [Dimethyl-cyclohexyliden]- **9** 198
—, [Dimethyl-cyclohexyliden]-cyan-,
äthylester **9** 3998, 3999
—, [Dimethyl-2.6-cyclo-norbornyl]-
9 327
—, [Dimethyl-cyclopentyl]- **9** 74
—, [Dimethyl-cyclopentyl]-, amid **9** 74
—, [Dimethyl-decahydro-phenanthryliden]-
9 2900
—, [Dimethyl-dicarboxy-cyclohexyl]-
9 4765
—, [Dimethyl-dihydro-naphthyl]- **9** 3097
—, [Dimethyl-dihydro-naphthyl]-,
äthylester **9** 3097
—, [Dimethyl-dihydro-naphthyliden]-
9 3097
—, [Dimethyl-dihydro-phenanthryl]-
9 3482

Essigsäure, [Dimethyl-(dimethyl-hexyl)-
carboxy-dodecahydro-cyclopenta[*a*]⹊
naphthalinyl]- **9** 4086
—, [Dimethyl-(dimethyl-hexyl)-
dodecahydro-cyclopenta[*a*]⹊
naphthalinyl]- **9** 358
—, [Dimethyl-(dimethyl-hexyl)-
dodecahydro-cyclopenta[*a*]⹊
phenanthrenyl]- **9** 3128
—, [Dimethyl-(dimethyl-hexyl)-
hexadecahydro-3.5-cyclo-
cyclopenta[*a*]phenanthrenyl]-
9 2928
—, [Dimethyl-(dimethyl-hexyl)-
tetradecahydro-cyclopenta[*a*]⹊
phenanthrenyl]- **9** 2927, 2928
—, [Dimethyl-(dimethyl-hexyl)-
tetradecahydro-cyclopenta[*a*]⹊
phenanthrenyl]-, methylester **9** 2927
—, [Dimethyl-(dimethyl-hexyl)-
tetradecahydro-cyclopenta[*a*]⹊
phenanthrenyliden]- **9** 3128
—, [Dimethyl-hexadecahydro-cyclopenta⹊
[*a*]phenanthrenyl]- **9** 2649
—, [Dimethyl-hexadecahydro-cyclopenta⹊
[*a*]phenanthrenyl]-, methylester
9 2649
—, [Dimethyl-hexadecahydro-cyclopenta⹊
[*a*]phenanthrenyliden]- **9** 2914
—, [Dimethyl-(hydroxy-äthyl)-
cyclobutyl]- **10** 43
—, [Dimethyl-(hydroxy-äthyliden)-
cyclobutyl]- **10** 58
—, [Dimethyl-(hydroxy-isopropyl)-
cyclobutyl]- **10** 45
—, [Dimethyl-(hydroxy-isopropyl)-
cyclobutyl]-, äthylester **10** 46
—, [Dimethyl-(hydroxy-oxo-tetrahydro-
furyl)-cyclobutyl]- **10** 3922
—, [Dimethylimonio-benzylmercapto]-
9 1985
—, [Dimethyl-isopropyloxycarbonyl-
cyclobutyl]-, isopropylester
9 3853
—, [Dimethyl-methoxycarbonyl-
cyclobutyl]- **9** 3851
—, [Dimethyl-methoxycarbonyl-
cyclobutyl]-, amid **9** 3852
—, [Dimethyl-methoxycarbonyl-
cyclobutyl]-, chlorid **9** 3852
—, [Dimethyl-methoxycarbonyl-
cyclobutyl]-, methylester **9** 3851
—, [Dimethyl-methoxycarbonyl-
cyclohexyl]-, methylester
9 3910, 3912
—, [Dimethyl-naphthyl]- **9** 3235, 3236
—, [Dimethyl-naphthyl]-, amid **9** 3235, 3236
—, [Dimethyl-naphthyl]-, nitril
9 3235, 3236, 3237

Essigsäure, [Dimethyl-norbornyl]-
9 237
—, [Dimethyl-norbornyliden]- 9 321
—, [Dimethyl-norpinanyl]- 9 236
—, [Dimethyl-norpinenyl]- 9 320
—, [Dimethyl-norpinenyl]-, nitril
9 321
—, [Dimethyl-octadienyl]-cyclopentyl-
9 4080
—, [Dimethyl-octadienyl]-cyclopentyl-,
äthylester 9 4080
—, [Dimethyl-(oxo-methyl-hexyl)-
(dimethyl-hexyl)-dodecahydro-
cyclopenta[a]naphthalinyl]- 10 2972
—, Dimethyl-phenyl- 9 2476
—, [Dimethyl-phenyl]- 9 2485, 2486, 2488
—, [Dimethyl-phenyl]-, äthylester
9 2485, 2486, 2487
—, [Dimethyl-phenyl]-, amid 9 2488, 2489
—, [Dimethyl-phenyl]-, anhydrid 9 2488
—, [Dimethyl-phenyl]-, benzylester
9 2488
—, [Dimethyl-phenyl]-, butylester
9 2487
—, [Dimethyl-phenyl]-, chlorid 9 2488
—, [Dimethyl-phenyl]-, [hydroxy-
äthylamid] 9 2486
—, [Dimethyl-phenyl]-, methylester
9 2487
—, [Dimethyl-phenyl]-, nitril 9 2486,
2488, 2489
—, [Dimethyl-phenyl]-, phenylester
9 2487
—, [Dimethyl-phenyl]-, propylester
9 2487
—, [(Dimethyl-phenyl)-cyclopentyl]-
9 2885, 2886
—, [(Dimethyl-phenyl)-cyclopentyl]-,
äthylester 9 2886
—, [(Dimethyl-phenyl)-cyclopentyl]-,
amid 9 2886
—, [Dimethyl-p-phenylen]-di- 9 4327
—, [Dimethyl-p-phenylen]-di-,
dimethylester 9 4327
—, [Dimethyl-phenyl]-naphthyl- 9 3566
—, [Dimethyl-phenyl]-naphthyl-, nitril
9 3566
—, [Dimethyl-(phenyl-
phenacyloxycarbonyl)-cyclobutyl]-,
[phenyl-phenacylester] 9 3851
—, [Dimethyl-phenyl]-p-tolyl- 9 3386
—, [Dimethyl-phenyl]-p-tolyl-,
nitril 9 3386
—, [Dimethyl-(semicarbazono-äthyl)-
cyclobutyl]- 10 2871
—, [Dimethyl-(semicarbazono-methyl-
hexyl)-(dimethyl-hexyl)-
dodecahydro-cyclopenta[a]-
naphthalinyl]- 10 2972

Essigsäure, [Dimethyl-tetrahydro-benz[a]-
anthracenyl]- 9 3571
—, [Dimethyl-tetrahydro-naphthyl]-
9 2877
—, [Dimethyl-tetrahydro-naphthyl]-,
butylester 9 2877
—, [Dimethyl-tetrahydro-naphthyl]-,
nitril 9 2877
—, [Dimethyl-tetrahydro-phenanthryl]-
9 3399
—, Dimethyl-p-tolyl- 9 2525
—, [Dimethyl-tricyclo[2.2.1.0$^{2.6}$]-
heptyl]- 9 327
—, Dinaphthyl- 9 3655, 3656
—, Dinaphthyl-, [diäthylamino-
äthylester] 9 3655, 3656
—, Dinaphthyl-, nitril 9 3655
—, Dinaphthyl-azino-di- 10 3264
—, [Dinitro-benzamino]- 9 1937
—, [(Dinitro-benzamino)-acetamino]-
9 1938
—, [Dinitro-benzoylhydrazono]-
9 1949
—, [Dinitro-benzoylmercapto]- 9 1997
—, [Dinitro-carboxy-phenyl]- 9 4271
—, [Dinitro-methoxycarbonyl-phenyl]-,
methylester 9 4271
—, [Dinitro-methyl-naphthyl]- 9 3224
—, [Dinitro-phenyl]- 9 2292
—, [Dinitro-phenyl]-, äthylester 9 2292
—, [Dinitro-phenyl]-, benzylester
9 2293
—, [Dinitro-phenyl]-, hydrazid 9 2293
—, [Dinitro-phenyl]-, methylester
9 2292
—, [Dinitro-m-phenylen]-di- 9 4294
—, [Dinitro-m-phenylen]-di-,
diäthylester 9 4294
—, [Dinitro-m-phenylen]-di-, diamid
9 4295
—, [Dinitro-m-phenylen]-di-, dichlorid
9 4295
—, [Dinitro-m-phenylen]-di-,
dimethylester 9 4294
—, [Dinitro-trimethyl-phenyl]- 9 2535
—, [Dioxo-äthyl-dihydro-naphthyl]-
10 3609
—, [Dioxo-äthyl-indanyl]-, äthylester
10 3593
—, [Dioxo-butyl-indanyl]-, äthylester
10 1945
—, [Dioxo-carbamoyl-dihydro-
anthrylmercapto]- 10 4698
—, [Dioxo-cyan-dihydro-anthrylmercapto]-
10 4698
—, [Dioxo-cyan-dihydro-anthrylmercapto]-,
äthylester 10 4698
—, [Dioxo-cyan-dihydro-anthrylmercapto]-,
methylester 10 4698

Essigsäure, [Dioxo-cyclohexadiendiyl]-di-
10 4058
—, [Dioxo-cyclohexadienyl]- 10 3537
—, [(Dioxo-dihydro-anthracencarbonyl)-
amino]- 10 3634
—, [(Dioxo-dihydro-anthracencarbonyl)-
amino]-, äthylester 10 3634
—, [Dioxo-dihydro-benz[a]anthracenyl]-
10 3670
—, [Dioxo-dihydro-benz[a]anthracenyl]-,
methylester 10 3671
—, [Dioxo-dihydro-naphthyl]-, nitril
10 3607
—, [Dioxo-dihydro-naphthyl]-cyan-,
äthylester 10 4764
—, [(Dioxo-dimethyl-hexadecahydro-
cyclopenta[a]phenanthrenyl)-
valerylamino]- 10 3580
—, [Dioxo-indanyl]- 10 3589, 3590
—, [Dioxo-mesityl-dihydro-naphthyl]-
cyan-, äthylester 10 4092
—, [Dioxo-(methoxy-phenyl)-
äthoxycarbonyl-cyclohexyl]-,
äthylester 10 4813
—, [Dioxo-(methoxy-phenyl)-carboxy-
cyclohexyl]-, äthylester 10 4813
—, [Dioxo-(methoxy-phenyl)-cyclohexyl]-,
äthylester 10 4633
—, [Dioxo-methyl-(brom-trimethyl-
phenyl)-cyclohexadiendiyl]-di-
10 4074
—, [Dioxo-methyl-dihydro-benz[a]-
anthracenyl]- 10 3672
—, [Dioxo-methyl-dihydro-benz[a]-
anthracenyl]-, methylester 10 3673
—, [Dioxo-methyl-dihydro-naphthyl]-
10 3608
—, [Dioxo-methyl-dihydro-naphthyl]-,
methylester 10 3609
—, [Dioxo-methyl-hexahydro-benz[a]-
anthracenyl]- 10 3666
—, [Dioxo-methyl-indanyl]- 10 3592
—, [Dioxo-methyl-indanyl]-, äthylester
10 3592
—, [Dioxo-methyl-indanyl]-,
methylester 10 3592
—, [Dioxo-methyl-(methoxy-phenyl)-
äthoxycarbonyl-cyclohexyl]-,
äthylester 10 4814
—, [Dioxo-methyl-(methoxy-phenyl)-
carboxy-cyclohexyl]-, äthylester
10 4814
—, [Dioxo-methyl-(methoxy-phenyl)-
cyclohexyl]-, äthylester 10 4636
—, [Dioxo-methyl-podocarpanyl]- 10 3542
—, [Dioxo-methyl-podocarpanyl]-,
methylester 10 3542
—, [Dioxo-methyl-podocarpanyliden]-
10 3561

Essigsäure, [Dioxo-methyl-podocarpan-
yliden]-, methylester 10 3561
—, [Dioxo-methyl-tetrahydro-naphthyl]-
10 3593
—, [Dioxo-propyl-indanyl]-, äthylester
10 1944
—, [Dioxo-tetrahydro-cyclopent[a]-
anthracenyl]- 10 3664
—, [Dioxo-tetrahydro-phenanthryl]-,
nitril 10 3621
—, [Dioxo-tetramethyl-dodecahydro-
phenanthryliden]- 10 3561
—, [Dioxo-tetramethyl-dodecahydro-
phenanthryliden]-, methylester
10 3561
—, [Dioxo-tetramethyl-tetradecahydro-
phenanthryl]- 10 3542
—, [Dioxo-tetramethyl-tetradecahydro-
phenanthryl]-, methylester 10 3542
—, [Dioxo-(trimethyl-phenyl)-dihydro-
naphthyl]-cyan-, äthylester
10 4092
—, [Dioxo-triphenyl-cyclopentenyl]-,
äthylester 10 3677
—, Diphenäthyl- s. *Buttersäure, Phenyl-
phenäthyl-*
—, Diphenyl- 9 3290
—, Diphenyl-, [(äthyl-allyl-amino)-
äthylester] 9 3298
—, Diphenyl-, [äthyl-(diäthylamino-
äthyl)-amid] 9 3304
—, Diphenyl-, äthylester 9 3291
—, Diphenyl-, allylester 9 3293
—, Diphenyl-, amid 9 3301
—, Diphenyl-, anhydrid 9 3296
—, Diphenyl-, [bis-(hydroxy-äthyl)-
amid] 9 3302
—, Diphenyl-, [brom-hexylester] 9 3292
—, Diphenyl-, butenylester 9 3293
—, Diphenyl-, [sec-butylamino-
äthylester] 9 3298
—, Diphenyl-, [butylamino-
isobutylester] 9 3299
—, Diphenyl-, tert-butylester
9 3292
—, Diphenyl-, [chlor-äthylamid]
9 3301
—, Diphenyl-, [chlor-äthylester]
9 3292
—, Diphenyl-, [chlor-hexylester]
9 3292
—, Diphenyl-, chlorid 9 3300
—, Diphenyl-, cholesterylester 9 3294
—, Diphenyl-, desylester 9 3295
—, Diphenyl-, diäthylamid 9 3301
—, Diphenyl-, [diäthylamino-äthylamid]
9 3303
—, Diphenyl-, [diäthylamino-äthylester]
9 3297

Essigsäure, Diphenyl-, [(diäthylamino-
äthylmercapto)-äthylester]
9 3295
—, Diphenyl-, [(diäthylamino-
äthylmercapto)-propylester]
9 3295
—, Diphenyl-, [diäthylamino-dimethyl-
propylester] 9 3300
—, Diphenyl-, [diäthylamino-methyl-
propylester] 9 3299
—, Diphenyl-, [diäthylamino-propylamid]
9 3304
—, Diphenyl-, [diallylamino-äthylester]
9 3298
—, Diphenyl-, [dibutylamino-äthylamid]
9 3304
—, Diphenyl-, [dibutylamino-äthylester]
9 3298
—, Diphenyl-, [dichlor-phenylester]
9 3294
—, Diphenyl-, dimethylamid 9 3301
—, Diphenyl-, [dimethylamino-äthylamid]
9 3303
—, Diphenyl-, [dimethylamino-
äthylester] 9 3296
—, Diphenyl-, [(dimethylamino-
äthylmercapto)-äthylester]
9 3294
—, Diphenyl-, [(dimethylamino-
äthylmercapto)-isopropylester]
9 3295
—, Diphenyl-, [diphenyl-
äthylidenhydrazid] 9 3305
—, Diphenyl-, ergosterylester 9 3294
—, Diphenyl-, [hexylamino-
isobutylester] 9 3300
—, Diphenyl-, hydrazid 9 3305
—, Diphenyl-, [hydroxy-äthylamid]
9 3301
—, Diphenyl-, [hydroxy-hexylester]
9 3295
—, Diphenyl-, [hydroxyimino-diphenyl-
äthylester] 9 3295
—, Diphenyl-, [isobutylamino-
isobutylester] 9 3300
—, Diphenyl-, [isopentylamino-
isobutylester] 9 3300
—, Diphenyl-, [isopropylamino-
isopropylester] 9 3298
—, Diphenyl-, methallylester 9 3293
—, Diphenyl-, [(methyl-äthyl-amino)-
äthylester] 9 3296
—, Diphenyl-, [methyl-allylester]
9 3293
—, Diphenyl-, methylamid 9 3301
—, Diphenyl-, [(methyl-diäthyl-ammonio)-
äthylamid] 9 3304
—, Diphenyl-, [(methyl-diäthyl-ammonio)-
propylamid] 9 3304

Essigsäure, Diphenyl-, methylester
9 3291
—, Diphenyl-, [methyl-heptylester]
9 3293
—, Diphenyl-, nitril 9 3304
—, Diphenyl-, [pentylamino-
isobutylester] 9 3300
—, Diphenyl-, phenylester 9 3293
—, Diphenyl-, [phenyl-phenacylester]
9 3296
—, Diphenyl-, [propylamino-
isobutylester] 9 3299
—, Diphenyl-, [triäthylammonio-
äthylester] 9 3297
—, Diphenyl-, [triphenyl-naphthylester]
9 3294
—, Diphenyl-, ureid 9 3302
—, [Diphenyl-acetamino]- 9 3302
—, [Diphenyl-acetamino]-, äthylester
9 3302
—, Diphenyl-äthylendimercapto-di-
10 488
—, Diphenyl-äthylendisulfon-di- 10 489
—, Diphenyl-[äthyl-phenyl]- 9 3613
—, Diphenyl-azino-di- 10 2973
—, Diphenyl-[benzoyl-phenyl]- 10 3502
—, Diphenyl-[benzoyl-phenyl]-,
äthylester 10 3503
—, Diphenyl-[benzoyl-phenyl]-,
methylester 10 3503
—, Diphenyl-[benzoyl-phenyl]-, nitril
10 3503
—, Diphenyl-biphenylyl- 9 3678
—, Diphenyl-biphenylyl-, methylester
9 3678
—, Diphenyl-carbonyldioxy-di-,
dimethylester 10 459
—, Diphenyl-[carboxy-phenyl]- 9 4687
—, Diphenyl-cyan-, äthylester 9 4525
—, Diphenyl-[dimethyl-naphthyl]-
9 3673
—, Diphenyl-[dimethyl-naphthyl]-,
methylester 9 3673
—, Diphenyl-diseleno-di- 10 493
—, Diphenyl-dithio-di- 10 490
—, Diphenylen- s. *Fluoren-carbonsäure*
—, [Diphenyl-indanyl]- 9 3644
—, [Diphenyl-indanyl]-, amid 9 3645
—, [Diphenyl-indanyl]-, nitril 9 3645
—, [Diphenyl-indanyl]-,
[nitro-benzylester] 9 3644
—, [Diphenyl-indenyl]- 9 3658
—, [Diphenyl-indenyl]-, äthylester
9 3658
—, [Diphenyl-indenyl]-,
[nitro-benzylester] 9 3658
—, Diphenyl-[methyl-naphthyl]- 9 3671
—, Diphenyl-[methyl-naphthyl]-,
methylester 9 3671

Essigsäure, Diphenyl-naphthyl-
9 3670

—, Diphenyl-naphthyl-, methylester
9 3670

—, [Diphenyl-naphthyl]-, nitril 9 3671

—, [Diphenyl-naphthyl-butadienoyloxy]-
9 3685

—, [Diphenyl-naphthyl-butadienoyloxy]-,
methylester 9 3685

—, Diphenyl-oxy-di- 10 454

—, Diphenyl-oxy-di-, diäthylester 10 459

—, Diphenyl-phenanthryl- 9 3690

—, Diphenyl-seleninyl-di- 10 493

—, Diphenyl-seleno-di- 10 492

—, Diphenyl-sulfinyldioxy-di-,
diäthylester 10 460

—, Diphenyl-thio-di- 10 1181

—, Diphenyl-o-tolyl- 9 3604

—, Diphenyl-p-tolyl-, nitril 9 3605

—, [Disemicarbazono-methyl-
podocarpanyl]-, methylester 10 3542

—, [Disemicarbazono-methyl-
podocarpanyliden]-, methylester
10 3561

—, [Disemicarbazono-tetramethyl-
dodecahydro-phenanthryliden]-,
methylester 10 3561

—, [Dithio-diphenyl]-di- 10 428

—, Di-o-tolyl-, nitril 9 3368

—, Di-p-tolyl- 9 3368

—, Di-p-tolyl-, nitril 9 3368

—, Di-p-tolyl-azino-di- 10 3032

—, Di-[2.4]xylyl- 9 3395

—, [Dodecahydro-benz[a]anthracenyl]-
9 3261

—, Fluor-diphenyl-, äthylester 9 3306

—, Fluor-diphenyl-, methylester 9 3306

—, Fluorenyl- 9 3447, 3448

—, Fluorenyl-, amid 9 3448

—, Fluorenyl-, [diäthylamino-
äthylester] 9 3448

—, Fluorenyl-, [hydroxy-äthylamid]
9 3448

—, [Fluor-hydroxy-phenyl]- 10 440

—, [Fluor-methoxy-phenyl]- 10 440

—, [Fluor-methoxy-phenyl]-, nitril
10 440

—, [Fluor-naphthyl]- 9 3213

—, [Fluor-naphthyl]-, [hydroxy-
äthylamid] 9 3213

—, [Fluor-naphthyl]-, methylester
9 3213

—, Fluor-phenyl- 9 2262

—, Fluor-phenyl-, äthylester 9 2262

—, [Fluor-phenyl]- 9 2260, 2261

—, [Fluor-phenyl]-, äthylester
9 2260, 2261

—, [Fluor-phenyl]-, [hydroxy-äthylamid]
9 2260, 2261, 2262

Essigsäure, [Fluor-phenyl]-, nitril
9 2260, 2261, 2262

—, Formyl- s. Propionsäure, Oxo-

—, [Formyl-cyclopentyliden]-,
äthylester 10 2900

—, [Heptamethyl-acetohydroximoyl-
octadecahydro-chrysenyl]- 10 3139

—, [Heptamethyl-acetohydroximoyl-
octadecahydro-chrysenyl]-,
methylester 10 3139

—, [Heptamethyl-acetyl-octadecahydro-
chrysenyl]- 10 3138

—, [Heptamethyl-acetyl-octadecahydro-
chrysenyl]-, methylester 10 3139

—, [Heptamethyl-methoxycarbonyl-
hexadecahydro-chrysenyliden]-,
methylester 9 4429

—, [Hexahydro-benz[a]anthracenyl]-
9 3542

—, [Hexahydro-benz[a]anthracenyliden]-
9 3542

—, [Hexahydro-cyclopenta[a]-
naphthalinyl]- 9 3105

—, [Hexahydro-indandiyl]-di- 9 4014

—, [Hexahydro-indandiyl]-di-,
äthylester 9 4014

—, [Hexahydro-indandiyl]-di-,
diäthylester 9 4015

—, [Hexahydro-indandiyl]-di-,
dimethylester 9 4014

—, [Hexahydro-indandiyl]-di-,
methylester 9 4014

—, [Hexahydro-indanyl]- 9 234, 235

—, [Hexahydro-indanyl]-, äthylester
9 235

—, [Hexahydro-indanyl]-, amid 9 235

—, [Hexahydro-indanyl]-cyan-,
äthylester 9 4009

—, [Hexahydro-indanyliden]- 9 319

—, [Hexahydro-indanyliden]-,
äthylester 9 319

—, [Hexahydro-indanyliden]-, amid
9 320

—, [Hexahydro-indanyliden]-, anhydrid
9 319

—, [Hexahydro-indanyliden]-, chlorid
9 320

—, [Hexahydro-indanyliden]-cyan- 9 4060

—, [Hexahydro-indanyliden]-cyan-,
äthylester 9 4061

—, [Hexahydro-indanyliden]-cyan-, amid
9 4062

—, [Hexahydro-indenyl]- 9 318

—, [Hexahydro-indenyl]-, äthylester
9 318

—, [Hexahydro-indenyl]-, amid 9 318

—, [Hexahydro-indenyl]-, nitril 9 319

—, [Hexahydro-4.7-methano-indenyloxy]-
phenyl-, butylester 10 461

Essigsäure, Hydrazino-[oxo-trimethyl-
norbornyl]-, hydrazid 10 2960
—, Hydrazono-[benzhydryl-phenyl]-
10 3459
—, Hydrazono-naphthyl- 10 3264
—, Hydrazono-*p*-tolyl- 10 3032
—, Hydroapocampheryl- 9 3915
—, Hydroapocampheryl-, diäthylester
9 3916
—, [Hydroxy-acetoxy-cholestenyl]-,
methylester 10 1900
—, [Hydroxy-acetoxy-cyclohexyl]-,
äthylester 10 1353
—, [Hydroxy-acetoxy-dimethyl-(dimethyl-
hexyl)-tetradecahydro-cyclopenta[*a*]=
phenanthrenyl]-, methylester
10 1900
—, [Hydroxy-acetoxy-dimethyl-
tetradecahydro-cyclopenta[*a*]=
phenanthrenyl]- 10 1879
—, [Hydroxy-acetoxy-dimethyl-
tetradecahydro-cyclopenta[*a*]=
phenanthrenyl]-, methylester
10 1880
—, [Hydroxy-acetyl-phenyl]-, nitril
10 4242
—, Hydroxy-äthoxy-[brom-fluorenyl]-,
äthylester 10 3378
—, Hydroxy-äthoxy-[brom-fluorenyl]-,
methylester 10 3377
—, [Hydroxy-äthoxycarbonyl-
cyclohexenyl]-, äthylester
10 3895
—, Hydroxy-[äthoxycarbonyl-
cyclohexenyliden]- 10 3925
—, Hydroxy-[äthoxycarbonyl-
cyclohexenyliden]-, äthylester
10 3926
—, [Hydroxy-äthoxycarbonyl-
cyclopentenyl]-, äthylester 10 3892
—, [(Hydroxy-äthyl)-carbamoyl]-phenyl-,
[hydroxy-äthylamid] 9 4270
—, Hydroxy-[äthyl-phenyl]- 10 610
—, [Hydroxy-äthyl-phenyl]- 10 609
—, Hydroxyamino-hydroxy-[oxo-trimethyl-
norbornyl]- 10 3532
—, [Hydroxy-benzamino]- 10 254, 341
—, Hydroxy-benz[*a*]anthracenyl- 10 1335
—, Hydroxy-[benzoyl-cyclohexenyliden]-,
äthylester 10 3610
—, [Hydroxy-benzoyloxy-cholestenyl]-,
methylester 10 1900
—, [Hydroxy-benzoyloxy-dimethyl-
(dimethyl-hexyl)-tetradecahydro-
cyclopenta[*a*]phenanthrenyl]-,
methylester 10 1900
—, [Hydroxy-benzoyloxy-dimethyl-
tetradecahydro-cyclopenta[*a*]=
phenanthrenyl]-, methylester 10 1880

Essigsäure, [Hydroxy-benzoyloxy=
methylen-cyclohexyl]-, äthylester
10 1358
—, [Hydroxy-benzoyloxy-phenyl]- 10 1455
—, [(Hydroxy-benzyl)-cyclohexyliden]-
10 1001
—, [(Hydroxy-benzyl)-cyclohexyliden]-,
methylester 10 1001
—, [Hydroxy-benzyloxy-carboxy-phenyl]-
10 2442
—, [Hydroxy-benzyloxy-methoxycarbonyl-
phenyl]- 10 2443
—, [Hydroxy-benzyloxy-methoxycarbonyl-
phenyl]-, methylester 10 2444
—, Hydroxy-[benzyl-phenyl]- 10 1199
—, [Hydroxy-bicyclohexylyl]-,
äthylester 10 76
—, Hydroxy-biphenylyl- 10 1184
—, [Hydroxy-bis-äthoxycarbonyl-
cyclohexadienyl]- 10 4113
—, Hydroxy-bis-biphenylyl- 10 1347
—, Hydroxy-bis-[dihydroxy-phenyl]-
s. *Benzilsäure, Tetrahydroxy-*
—, Hydroxy-bis-[hydroxy-phenyl]-
s. *Benzilsäure, Dihydroxy-*
—, Hydroxy-[butyl-phenyl]- 10 643
—, Hydroxy-[*sec*-butyl-phenyl]- 10 643
—, Hydroxy-[*tert*-butyl-phenyl]- 10 643
—, [Hydroxycarbamoylmethylen-
cyclopentyliden]- 9 4043
—, Hydroxy-[carboxy-cyclohexenyliden]-
10 3925
—, Hydroxy-carboxy-cyclohexyl-
10 2032
—, Hydroxy-carboxy-cyclopentyl-
10 2031
—, [Hydroxy-carboxy-decahydro-
1.4:5.8-dimethano-naphthalinyl]-
10 2243
—, [Hydroxy-[carboxy-hexahydro-indanyl]-
10 2054
—, [Hydroxy-(carboxymethyl-phenoxy)-
phenyl]- 10 1461
—, [Hydroxy-carboxy-phenyl]- 10 2206,
2207
—, Hydroxy-[cinnamoyl-cyclohexenyliden]-,
äthylester 10 3621
—, Hydroxy-[cyan-cyclohexenyliden]-
10 3926
—, Hydroxy-[cyan-cyclohexenyliden]-,
äthylester 10 3926
—, [(Hydroxy-cyan-methyl)-phenoxy]-,
äthylester 10 1473
—, [Hydroxy-cyclohexandiyl]-di-,
diäthylester 10 2035
—, Hydroxy-cyclohexenyl- 10 55
—, [Hydroxy-cyclohexenyl-cyclohexyl]-,
äthylester 10 80
—, Hydroxy-cyclohexyl- 10 25

Essigsäure, Hydroxy-cyclohexyl-,
   nitril **10** 26
—, [Hydroxy-cyclohexyl]- **10** 22, 23,
   24, 25
—, [Hydroxy-cyclohexyl]-, äthylester
   10 23, 24, 25
—, [Hydroxy-cyclohexyl]-, amid **10** 24
—, [Hydroxy-cyclohexyl]-, diäthylamid
   10 23
—, [Hydroxy-cyclohexyl]-,
   diisopropylamid **10** 23
—, [Hydroxy-cyclohexyl]-, hydrazid
   10 23, 24
—, [Hydroxy-cyclohexyl]-, nitril **10** 23
—, Hydroxy-cyclohexyl-biphenylyl-
   10 1293
—, Hydroxy-cyclohexyl-phenyl- **10** 910
—, Hydroxy-cyclohexyl-phenyl-,
   äthylester **10** 910
—, Hydroxy-cyclohexyl-phenyl-,
   [diäthylamino-äthylester] **10** 911
—, Hydroxy-cyclohexyl-phenyl-,
   [(methyl-diäthyl-ammonio)-
   äthylester] **10** 911
—, Hydroxy-[cyclohexyl-phenyl]- **10** 912
—, [Hydroxy-cyclohexyl]-phenyl- **10** 910
—, [Hydroxy-cyclohexyl]-phenyl-,
   äthylester **10** 910
—, [Hydroxy-cyclooctyl]- **10** 36
—, [Hydroxy-cyclooctyl]-, äthylester
   10 36
—, [Hydroxy-cyclopentandiyl]-di-,
   diäthylester **10** 2034
—, [Hydroxy-cyclopentenyl-cyclohexyl]-,
   äthylester **10** 80
—, [Hydroxy-cyclopentyl]- **10** 20
—, [Hydroxy-cyclopentyl]-, äthylester
   10 19
—, [Hydroxy-cyclopentyl]-, diäthylamid
   10 20
—, [Hydroxy-cyclopentyl]-, hydrazid
   10 20
—, [Hydroxy-cyclopentyl]-, methylester
   10 20
—, [Hydroxy-decahydro-naphthyl]- **10** 72
—, [Hydroxy-decahydro-naphthyl]-,
   äthylester **10** 72
—, [Hydroxy-diacetoxymercurio-phenyl]-,
   [hydroxy-äthylamid] **10** 435
—, Hydroxy-[dibrom-fluorenyliden]-,
   äthylester **10** 3378
—, Hydroxy-dicyclohexyl- **10** 75
—, Hydroxy-dicyclohexyl-, äthylester **10** 76
—, Hydroxy-dicyclohexyl-,
   [diäthylamino-äthylester] **10** 76
—, [Hydroxy-dimethoxy-carboxy-phenyl]-
   10 2559
—, [Hydroxy-dimethoxy-carboxy-phenyl]-,
   methylester **10** 2560

Essigsäure, [Hydroxy-dimethoxy-
   methoxyacetyl-phenyl]- **10** 4799
—, Hydroxy-[dimethoxy-oxo-indanyliden]-
   10 4751
—, Hydroxy-[dimethoxy-oxo-indanyliden]-,
   äthylester **10** 4751
—, [Hydroxy-dimethoxy-phenyl]-
   10 2096, 2098
—, [Hydroxy-dimethyl-äthoxycarbonyl-
   cyclohexenyl]-, äthylester
   10 3917
—, [Hydroxy-dimethyl-äthoxycarbonyl-
   cyclohexyl]-, äthylester **10** 2042
—, [Hydroxy-dimethyl-äthoxycarbonyl-
   dodecahydro-phenanthryl]- **10** 2246
—, [Hydroxy-dimethyl-äthoxycarbonyl-
   dodecahydro-phenanthryl]-,
   äthylester **10** 2246
—, Hydroxy-[dimethyl-carboxy-
   cyclobutyl]- **10** 2035
—, [Hydroxy-dimethyl-carboxy-
   dodecahydro-phenanthryl]- **10** 2244
—, [Hydroxy-dimethyl-carboxy-
   dodecahydro-phenanthryl]-,
   methylester **10** 2244
—, [Hydroxy-dimethyl-carboxy-
   tetradecahydro-phenanthryl]-
   10 2143
—, [Hydroxy-dimethyl-carboxy-
   tetrahydro-naphthyl]-,
   methylester **10** 2274
—, Hydroxy-[dimethyl-cyclohexenyl]-
   10 56
—, [Hydroxy-dimethyl-cyclohexyl]-
   10 39
—, [Hydroxy-dimethyl-cyclohexyl]-,
   äthylester **10** 39
—, [Hydroxy-dimethyl-hexadecahydro-
   cyclopenta[*a*]phenanthrenyl]-
   10 674
—, [Hydroxy-dimethyl-hexadecahydro-
   cyclopenta[*a*]phenanthrenyl]-,
   methylester **10** 675
—, [Hydroxy-dimethyl-hexadecahydro-
   cyclopenta[*a*]phenanthrenyliden]-
   10 944
—, [Hydroxy-dimethyl-hexadecahydro-
   cyclopenta[*a*]phenanthrenyliden]-,
   methylester **10** 945
—, [Hydroxy-dimethyl-methoxycarbonyl-
   decahydro-naphthyl]-, methylester
   10 2055
—, [Hydroxy-dimethyl-methoxycarbonyl-
   dodecahydro-phenanthryl]- **10** 2245
—, [Hydroxy-dimethyl-methoxycarbonyl-
   dodecahydro-phenanthryl]-,
   methylester **10** 2245
—, [Hydroxy-dimethyl-methoxycarbonyl-
   tetradecahydro-phenanthryl]- **10** 2144

Essigsäure, [Hydroxy-dimethyl-
methoxycarbonyl-tetradecahydro-
phenanthryl]-, methylester
10 2144

—, [Hydroxy-dimethyl-methoxycarbonyl-
tetrahydro-naphthyl]- 10 2274

—, [Hydroxy-dimethyl-methoxycarbonyl-
tetrahydro-naphthyl]-,
methylester 10 2275

—, Hydroxy-[dimethyl-phenyl]- 10 611,
612, 613

—, [Hydroxy-dimethyl-tetradecahydro-
cyclopenta[a]phenanthrenyl]-
10 943

—, [Hydroxy-dimethyl-tetradecahydro-
cyclopenta[a]phenanthrenyl]-,
methylester 10 943

—, [Hydroxy-dimethyl-tetradecahydro-
cyclopenta[a]phenanthrenyliden]-
10 1025

—, [Hydroxy-dimethyl-tetradecahydro-
cyclopenta[a]phenanthrenyliden]-,
methylester 10 1025

—, Hydroxy-dinaphthyl- 10 1342, 1343

—, [Hydroxy-dinaphthyl-, [diäthylamino-
äthylester] 10 1343

—, [Hydroxy-dioxo-carboxy-dihydro-
phenanthryl]- 10 4835

—, [Hydroxy-dioxo-dihydro-anthryl]-
10 4701

—, Hydroxy-diphenyl- 10 1168

—, [Hydroxy-diphenyl-indanyl]-,
äthylester 10 1340

—, Hydroxy-di-o-tolyl- 10 1209

—, Hydroxy-fluorenyliden- 10 1305, 3376

—, Hydroxy-fluorenyliden-, äthylester
10 3377

—, Hydroxy-fluorenyliden-, methylester
10 3377

—, [Hydroxy-hexahydro-indanyl]- 10 65

—, [Hydroxy-hexahydro-indanyl]-,
äthylester 10 66

—, Hydroxy-[hydroxy-dioxo-(phenoxy-
äthyl)-cyclopentenyliden]-,
äthylester 10 4799

—, [Hydroxy-hydroxyimino-methyl-
podocarpanyl]-, methylester
10 4199

—, Hydroxy-[hydroxy-methoxycarbonyl-
cyclopentenyliden]-, methylester
10 4047

—, Hydroxy-[hydroxy-methyl-carboxy-
phenyl]- 10 2458

—, Hydroxy-[hydroxy-oxo-methyl-carboxy-
cyclohexyl]-, methylester 10 4798

—, Hydroxy-[hydroxy-phenyl]- 10 1471,
1474

—, Hydroxy-[hydroxy-tetrahydro-
naphthyl]- 10 1866

Essigsäure, Hydroxyimino-, [amid-
(benzoyl-oxim)] 9 1301

—, Hydroxyimino-[brom-dimethoxy-
phenyl]- 10 4508

—, Hydroxyimino-[chlor-phenyl]-,
nitril 10 2984

—, Hydroxyimino-cyclohexenyl-,
äthylester 10 2898

—, [Hydroxyimino-cyclohexyl]-,
äthylester 10 2821

—, [Hydroxyimino-cyclohexyl]-
[äthoxycarbonylmethyl-
cyclohexyliden]-, äthylester 10 3945

—, [Hydroxyimino-(methyl-tetrahydro-
naphthyl)-cyclopentenyl]- 10 3285

—, Hydroxyimino-naphthyl-, nitril
10 3266

—, Hydroxyimino-[nitro-carboxy-phenyl]-,
methylester 10 3956

—, Hydroxyimino-[nitro-phenyl]-,
nitril 10 2985, 2986

—, Hydroxyimino-phenyl-, [amid-
(benzoyl-oxim)] 10 2983

—, Hydroxyimino-phenyl-, [amid-oxim]
10 2981

—, Hydroxyimino-phenyl-, hydroxyamid
10 2978

—, Hydroxyimino-phenyl-, [methylamid-
oxim] 10 2982

—, Hydroxyimino-phenyl-, nitril 10 2976

—, [Hydroxyimino-phenyl-tetrahydro-
naphthyl]- 10 3397

—, [Hydroxyimino-semicarbazono-indanyl]-
10 3589

—, Hydroxyimino-o-tolyl-, nitril
10 3028

—, Hydroxyimino-p-tolyl-, hydroxyamid
10 3033

—, [Hydroxyimino-trimethyl-cyclopentyl]-
10 2866, 2867

—, [Hydroxy-indanyl]- 10 888

—, [Hydroxy-indenyl]- 10 3590

—, Hydroxy-[isopentyl-phenyl]- 10 651

—, Hydroxy-[isopropyl-indanyl]-,
äthylester 10 918

—, Hydroxy-[isopropyl-phenyl]- 10 629

—, [(Hydroxy-isovaleryloxy)-oxo-methyl-
podocarpanyl]-, [dimethylamino-
äthylester] 10 4200

—, [(Hydroxy-isovaleryloxy)-oxo-methyl-
podocarpanyl]-,
[methylamino-äthylester] 10 4200

—, [(Hydroxy-isovaleryloxy)-oxo-methyl-
podocarpanyl]-, methylester 10 4199

—, [(Hydroxy-isovaleryloxy)-oxo-methyl-
podocarpanyliden]- 10 4284

—, [(Hydroxy-isovaleryloxy)-oxo-methyl-
podocarpanyliden]-,
[dimethylamino-äthylester] 10 4287

Essigsäure, [(Hydroxy-isovaleryloxy)-
  oxo-methyl-podocarpanyliden]-,
  [methylamino-äthylester]
  10 4287
—, [(Hydroxy-isovaleryloxy)-oxo-methyl-
  podocarpanyliden]-, methylester
  10 4285
—, [(Hydroxy-isovaleryloxy)-oxo-
  tetramethyl-dodecahydro-
  phenanthryliden]- 10 4284
—, [(Hydroxy-isovaleryloxy)-oxo-
  tetramethyl-dodecahydro-
  phenanthryliden]-, [dimethylamino-
  äthylester] 10 4287
—, [(Hydroxy-isovaleryloxy)-oxo-
  tetramethyl-dodecahydro-
  phenanthryliden]-, [methylamino-
  methylester] 10 4287
—, [(Hydroxy-isovaleryloxy)-oxo-
  tetramethyl-dodecahydro-
  phenanthryliden]-, methylester
  10 4285
—, [(Hydroxy-isovaleryloxy)-oxo-tetra-
  methyl-tetradecahydro-phenanthryl]-,
  [dimethylamino-äthylester] 10 4200
—, [(Hydroxy-isovaleryloxy)-oxo-
  tetramethyl-tetradecahydro-
  phenanthryl]-, [methylamino-
  äthylester] 10 4200
—, [(Hydroxy-isovaleryloxy)-oxo-
  tetramethyl-tetradecahydro-
  phenanthryl]-, methylester 10 4199
—, Hydroxy-mesityl- 10 632
—, [Hydroxy-methoxy-acetoxy-phenyl]-,
  amid 10 2098
—, [Hydroxy-methoxy-äthyl-
  methoxycarbonyl-tetrahydro-
  phenanthryl]-, methylester
  10 2522, 2523
—, [Hydroxy-methoxy-allyl-phenyl]-
  10 1861
—, [Hydroxy-(methoxy-benzoyloxy)-
  phenyl]-, methylester 10 1455
—, Hydroxy-methoxy-[brom-fluorenyl]-,
  äthylester 10 3377
—, Hydroxy-methoxy-[brom-fluorenyl]-,
  methylester 10 3377
—, [Hydroxy-methoxy-butyl-
  methoxycarbonyl-tetrahydro-
  phenanthryl]-, methylester 10 2525
—, Hydroxy-[methoxycarbonyl-
  cyclopentyl]-, methylester 10 4048
—, [Hydroxy-methoxycarbonyl-
  cyclopentyl]-, methylester 10 4048
—, [Hydroxy-methoxycarbonyl-decahydro-
  1.4:5.8-dimethano-naphthalinyl]-,
  methylester 10 2243
—, [Hydroxy-methoxy-carboxy-phenyl]-
  10 2441

Essigsäure, [Hydroxy-methoxy-
  carboxy-phenyl]-, methylester
  10 2443
—, [Hydroxy-methoxy-dimethyl-
  methoxycarbonyl-tetrahydro-
  naphthyl]-, methylester 10 2476
—, Hydroxy-methoxy-[hexahydro-
  indandiyl]-di- 10 2416
—, [Hydroxy-methoxy-methoxycarbonyl-
  phenyl]-, methylester 10 2443
—, Hydroxy-methoxy-[methyl-
  cyclopentandiyl]-di- 10 2413
—, [Hydroxy-methoxy-methyl-
  methoxycarbonyl-hexahydro-
  phenanthryl]-, methylester 10 2492
—, [Hydroxy-methoxy-methyl-
  methoxycarbonyl-octahydro-
  phenanthryl]-, methylester
  10 2480, 2481
—, [Hydroxy-methoxy-methyl-
  methoxycarbonyl-tetrahydro-
  phenanthryl]-, methylester
  10 2520, 2521
—, [Hydroxy-methoxy-methyl-tetrahydro-
  naphthyl]- 10 1867
—, Hydroxy-[methoxy-naphthyl]-, nitril
  10 1940
—, Hydroxy-[methoxy-oxo-cyclohexyliden]-,
  äthylester 10 4504
—, Hydroxy-[methoxy-oxo-dihydro-
  cyclopenta[a]naphthalinyliden]-,
  methylester 10 4689
—, Hydroxy-[methoxy-oxo-dihydro-
  naphthyliden]-, methylester 10 4631
—, Hydroxy-[methoxy-oxo-dihydro-
  phenanthryliden]-, methylester
  10 4690
—, Hydroxy-[methoxy-oxo-dimethyl-
  dihydro-naphthyliden]-,
  äthylester 10 4635
—, Hydroxy-[methoxy-oxo-hexahydro-
  phenanthryliden]-, äthylester
  10 4659
—, Hydroxy-[methoxy-oxo-hexahydro-
  phenanthryliden]-, methylester
  10 4658
—, Hydroxy-[methoxy-oxo-methyl-dihydro-
  naphthyliden]-, methylester
  10 4633
—, Hydroxy-[methoxy-oxo-tetrahydro-
  phenanthryliden]-, äthylester
  10 4679
—, [Hydroxy-methoxy-phenyl]- 10 1453,
  1455, 1458
—, [Hydroxy-methoxy-phenyl]-,
  äthylester 10 1455
—, [Hydroxy-methoxy-propyl-
  methoxycarbonyl-tetrahydro-
  phenanthryl]-, methylester 10 2525

Essigsäure, [Hydroxy-methoxy-tetrahydro-naphthyl]- 10 1865
—, [Hydroxy-methoxy-tetrahydro-naphthyl]-, äthylester 10 1865
—, [Hydroxy-methoxy-tetrahydro-naphthyl]-, hydrazid 10 1865
—, [Hydroxy-methoxy-tetrahydro-phenanthryl]-, äthylester 10 1975
—, Hydroxy-[methyl-(äthoxy-äthyl)-cyan-cyclohexenyliden]-, äthylester 10 4715
—, [Hydroxy-methyl-äthoxycarbonyl-cyclohexenyl]-, äthylester 10 3906, 3907
—, [Hydroxy-methyl-äthoxycarbonyl-cyclohexyl]-, äthylester 10 2036
—, [Hydroxy-methyl-äthoxycarbonyl-cyclopentenyl]-, äthylester 10 3899
—, [Hydroxy-methyl-äthoxycarbonyl-cyclopentyl]-, äthylester 10 2034
—, [(Hydroxy-methyl-äthoxycarbonyl-cyclopentyl)-cyclohexyl]-, äthylester 10 2055
—, [(Hydroxy-methyl-äthoxycarbonyl-cyclopentyl)-cyclohexyliden]-, äthylester 10 2142
—, [Hydroxy-methyl-carbamoyl-cyclohexenyl]- 10 3904
—, Hydroxy-[methyl-carboxy-cyclohexyl]- 9 3866, 10 2036
—, [Hydroxy-methyl-carboxy-octahydro-phenanthryl]- 10 2298
—, [Hydroxy-methyl-carboxy-phenyl]- 10 2221, 2222, 2223
—, [Hydroxy-methyl-carboxy-tetrahydro-phenanthryl]- 10 2363
—, [Hydroxy-methyl-chromanyl]- 10 4262
—, [Hydroxy-methyl-cyan-cyclohexenyl]- 10 3905
—, [Hydroxy-methyl-cyan-cyclohexenyl]-, äthylester 10 3905
—, [Hydroxy-methyl-cyan-cyclohexenyl]-, methylester 10 3905
—, Hydroxy-[methyl-cyan-cyclohexenyliden]-, äthylester 10 3928
—, [Hydroxy-methyl-cyan-cyclopentyl]-, methylester 10 2034
—, [Hydroxy-methyl-cyclohexyl]-, diäthylamid 10 35
—, [Hydroxymethyl-cyclohexyl]-, lacton 10 3518
—, [Hydroxy-methyl-cyclopentyl]- 10 32
—, [Hydroxy-methyl-cyclopentyl]-, äthylester 10 32
—, [Hydroxy-methyl-cyclopentyl]-, methylester 10 32
—, [Hydroxy-methyl-(dichlor-äthyl)-carboxy-phenyl]- 10 2237

Essigsäure, [Hydroxy-methyl-(dichlor-vinyl)-carboxy-phenyl]- 10 2266
—, Hydroxy-[methyl-(dimethyl-phenyl)-cyclohexenyl]- 10 1007
—, Hydroxy-[methyl-(dimethyl-phenyl)-cyclohexenyl]-, amid 10 1008
—, Hydroxy-[methyl-(dimethyl-phenyl)-cyclohexyl]- 10 926
—, [Hydroxymethylen-cyclopentyliden]-, äthylester 10 2900
—, {Hydroxy-methyl-[hydroxy-methyl-(dimethyl-hexyl)-hexahydro-indanyl]-cyclohexyl}- 10 1362
—, [Hydroxy-methyl-isopropyl-cyclohexyl]- 10 48
—, [Hydroxy-methyl-isopropyl-cyclohexyl]-, äthylester 10 48
—, Hydroxy-[methyl-isopropyl-phenyl]- 10 646
—, [Hydroxy-methyl-methoxycarbonyl-octahydro-phenanthryl]- 10 2300
—, [Hydroxy-methyl-methoxycarbonyl-octahydro-phenanthryl]-, methylester 10 2296, 2301
—, [Hydroxy-methyl-methoxycarbonyl-phenyl]-, methylester 10 2223
—, [Hydroxy-methyl-methoxycarbonyl-tetrahydro-naphthyl]-, methylester 10 2271
—, [Hydroxy-methyl-methoxycarbonyl-tetrahydro-phenanthryl]- 10 2365
—, [Hydroxy-methyl-methoxycarbonyl-tetrahydro-phenanthryl]-, methylester 10 2362, 2366
—, [Hydroxy-methyl-naphthyl]- 10 1114
—, [Hydroxy-methyl-naphthyl]-, methylester 10 1114
—, [Hydroxy-methyl-(oxo-methyl-cyclopentyl)-octahydro-naphthyliden]- 10 4283
—, Hydroxy-[methyl-phenyl-cyclohexenyl]- 10 1002
—, Hydroxy-[methyl-phenyl-cyclohexenyl]-, amid 10 1002
—, Hydroxy-[methyl-phenyl-cyclohexyl]- 10 920
—, [Hydroxy-methyl-phenyl-cyclohexyl]- 10 919
—, [Hydroxy-methyl-phenyl-cyclohexyl]-, äthylester 10 920
—, Hydroxy-[methyl-*p*-tolyl-cyclohexenyl]- 10 1005
—, Hydroxy-[methyl-*p*-tolyl-cyclohexenyl]-, amid 10 1006
—, Hydroxy-[methyl-*p*-tolyl-cyclohexyl]- 10 924

Essigsäure, [Hydroxy-methyl-(trimethyl-
  hexenyl)-(acetoxy-oxo-methyl-
  cyclohexyl)-hexahydro-indanyl]-,
  methylester **10** 4599
—, [Hydroxy-methyl-(trimethyl-
  hexenyl)-(hydroxy-oxo-methyl-
  cyclohexyl)-hexahydro-indanyl]-
  10 4599
—, [Hydroxy-methyl-(trimethyl-
  hexenyl)-(hydroxy-oxo-methyl-
  cyclohexyl)-hexahydro-indanyl]-,
  methylester **10** 4599
—, Hydroxy-[methyl-[2.4]xylyl-
  cyclohexenyl]- **10** 1007
—, Hydroxy-[methyl-[2.4]xylyl-
  cyclohexenyl]-, amid **10** 1008
—, Hydroxy-[methyl-[2.4]xylyl-
  cyclohexyl]- **10** 926
—, Hydroxy-naphthyl- **10** 1103, 1107
—, Hydroxy-naphthyl-, äthylester
  10 1104
—, Hydroxy-naphthyl-, butylester
  10 1104
—, Hydroxy-naphthyl-, isobutylester
  10 1104
—, Hydroxy-naphthyl-, menthylester
  10 1105
—, Hydroxy-naphthyl-, methylester
  10 1103
—, Hydroxy-naphthyl-, [methyl-
  isopropyl-cyclohexylester]
  10 1105
—, [Hydroxy-naphthyl]- **10** 1102, 1106
—, [Hydroxy-naphthyl]-, [hydroxy-
  äthylamid] **10** 1107
—, [Hydroxy-naphthyl]-, methylester
  10 1107
—, [Hydroxy-naphthylmethylen]-oxal-,
  diäthylester **10** 4781
—, [Hydroxy-octahydro-naphthyl]-,
  äthylester **10** 73
—, [Hydroxy-octahydro-naphthyl]-,
  hydrazid **10** 73
—, Hydroxy-[oxo-äthyl-dihydro-
  naphthyliden]-, methylester **10** 3594
—, Hydroxy-[oxo-äthyl-dihydro-
  phenanthryliden]-, methylester
  10 3630
—, Hydroxy-[oxo-benzyl-dihydro-
  naphthyliden]-, methylester
  10 3659
—, Hydroxy-[oxo-bicyclohexylyliden]-
  10 3533
—, Hydroxy-[oxo-bicyclohexylyliden]-,
  methylester **10** 3534
—, [Hydroxy-oxo-(brom-phenyl)-(brom-
  phenacyl)-dihydro-furyl]- **10** 4090
—, [Hydroxy-oxo-carboxy-
  cycloheptatrienyl]- **10** 4739

Essigsäure, Hydroxy-[oxo-cholestenyliden]-
  10 3605
—, Hydroxy-[oxo-cyclohexyliden]-
  10 3517
—, Hydroxy-[oxo-cyclohexyliden]-,
  äthylester **10** 3518
—, Hydroxy-[oxo-cyclopentyliden]-,
  äthylester **10** 3516
—, Hydroxy-[oxo-dihydro-benz[a]
  anthracenyliden]-, methylester
  10 3667
—, Hydroxy-[oxo-dihydro-benzo[def]
  chrysenyliden]-, methylester
  10 3676
—, Hydroxy-[oxo-dihydro-chrysenyliden]-,
  methylester **10** 3667
—, Hydroxy-[oxo-dihydro-naphthyliden]-
  10 3590, 3591
—, Hydroxy-[oxo-dihydro-naphthyliden]-,
  äthylester **10** 3591
—, Hydroxy-[oxo-dihydro-naphthyliden]-,
  methylester **10** 3591
—, Hydroxy-[oxo-dihydro-
  phenanthryliden]-, äthylester
  10 3627
—, Hydroxy-[oxo-dihydro-
  phenanthryliden]-, methylester
  10 3626, 3627
—, Hydroxy-[oxo-dimethyl-
  cyclohexyliden]- **10** 3520
—, Hydroxy-[oxo-dimethyl-
  cyclopentyliden]- **10** 3519
—, [Hydroxy-oxo-dimethyl-hexadecahydro-
  cyclopenta[a]phenanthrenyl]-,
  methylester **10** 4297
—, [(Hydroxy-oxo-dimethyl-
  hexadecahydro-cyclopenta[a]
  phenanthrenyl)-valerylamino]-
  10 4317
—, [Hydroxy-oxo-dimethyl-
  tetradecahydro-cyclopenta[a]
  phenanthrenyl]- **10** 4361
—, [Hydroxy-oxo-diphenyl-cyclopentenyl]-
  10 4478
—, [Hydroxy-oxo-diphenyl-tetrahydro-
  furyl]- **10** 4015
—, Hydroxy-[oxo-hexahydro-anthryliden]-
  10 3611
—, Hydroxy-[oxo-hexahydro-anthryliden]-,
  methylester **10** 3611
—, [Hydroxy-oxo-hexahydro-cyclopenta[b]
  furanyl]- **10** 3896, 3898
—, Hydroxy-[oxo-hexahydro-cyclopenta[a]
  phenanthrenyliden]-, methylester
  10 3660
—, Hydroxy-[oxo-hexahydro-
  phenanthryliden]-, methylester
  10 3611
—, [Hydroxy-oxo-indanyl]- **10** 4342

Essigsäure, [Hydroxy-oxo-(methoxy-phenyl)-
äthoxycarbonyl-cyclohexenyl]-,
äthylester **10** 4813

—, [Hydroxy-oxo-(methoxy-phenyl)-
cyclohexenyl]-, äthylester
10 4633

—, Hydroxy-[oxo-methyl-cyclohexyliden]-
10 3519

—, Hydroxy-[oxo-methyl-cyclopentyliden]-,
äthylester **10** 3518

—, Hydroxy-[oxo-methyl-decahydro-
phenanthryliden]-, methylester
10 3560

—, Hydroxy-[oxo-methyl-dihydro-benz[a]=
anthracenyliden]-, methylester
10 3668

—, [Hydroxy-oxo-methyl-dihydro-
cyclopenta[a]naphthalinyl]-
10 4451

—, Hydroxy-[oxo-methyl-dihydro-
phenanthryliden]-, methylester
10 3628

—, [Hydroxy-oxo-methyl-hexahydro-
benzofuranyl]- **10** 3931

—, Hydroxy-[oxo-methyl-isopropyl-
indanyliden]- **10** 3596

—, Hydroxy-[oxo-methyl-isopropyl-
indanyliden]-, äthylester **10** 3596

—, [Hydroxy-oxo-methyl-(methoxy-phenyl)-
cyclohexenyl]-, äthylester
10 4636

—, [Hydroxy-oxo-methyl-octahydro-
benzofuranyl]- **10** 3916

—, [Hydroxy-oxo-methyl-octahydro-
cyclopenta[b]pyranyl]- **10** 3919

—, Hydroxy-[oxo-methyl-phenyl-
cyclohexyliden]-, methylester
10 3595

—, [Hydroxy-oxo-methyl-podocarpanyl]-
10 4198, 4286

—, [Hydroxy-oxo-methyl-podocarpanyl]-,
[dimethylamino-äthylester]
10 4199

—, [Hydroxy-oxo-methyl-podocarpanyl]-,
methylester **10** 4199

—, [Hydroxy-oxo-methyl-
podocarpanyliden]- **10** 4284

—, [Hydroxy-oxo-methyl-
podocarpanyliden]-, [diäthylamino-
äthylester] **10** 4286

—, [Hydroxy-oxo-methyl-
podocarpanyliden]-,
[dimethylamino-äthylester] **10** 4285

—, [Hydroxy-oxo-methyl-
podocarpanyliden]-, methylester
10 4284

—, Hydroxy-[oxo-methyl-tetrahydro-
cyclopenta[a]phenanthrenyliden]-,
methylester **10** 3666

Essigsäure, [Hydroxy-oxo-methyl-tetrahydro-
phenanthryl]- **10** 4457

—, [Hydroxy-oxo-methyl-tetrahydro-
phenanthryl]-, methylester
10 4458

—, [Hydroxy-oxo-naphthyliden]-cyan-,
äthylester **10** 4764

—, [Hydroxy-oxo-octahydro-benzofuranyl]-
10 3901, 3903

—, [Hydroxy-oxo-octahydro-cyclopenta[b]=
pyranyl]- **10** 3909

—, Hydroxy-[oxo-octahydro-naphthyliden]-,
äthylester **10** 3531

—, [Hydroxy-oxo-phenyl-tetrahydro-
furylmercapto]- **10** 4237

—, Hydroxy-[oxo-tetrahydro-benz[a]=
anthracenyliden]-, methylester
10 3665

—, [Hydroxy-oxo-tetrahydro-naphtho=
[1.2-b]furanyl]- **10** 3981

—, [Hydroxy-oxo-tetrahydro-naphthyl]-
10 4346

—, [Hydroxy-oxo-tetrahydro-phenanthryl]-,
nitril **10** 4418

—, [Hydroxy-oxo-tetramethyl-
dodecahydro-phenanthryliden]-
10 4284

—, [Hydroxy-oxo-tetramethyl-
dodecahydro-phenanthryliden]-,
[diäthylamino-äthylester] **10** 4286

—, [Hydroxy-oxo-tetramethyl-
dodecahydro-phenanthryliden]-,
[dimethylamino-äthylester] **10** 4285

—, [Hydroxy-oxo-tetramethyl-
dodecahydro-phenanthryliden]-,
methylester **10** 4284

—, [Hydroxy-oxo-tetramethyl-
tetradecahydro-phenanthryl]- **10** 4198

—, [Hydroxy-oxo-tetramethyl-
tetradecahydro-phenanthryl]-,
[dimethylamino-äthylester] **10** 4199

—, [Hydroxy-oxo-tetramethyl-
tetradecahydro-phenanthryl]-,
methylester **10** 4199

—, Hydroxy-[oxo-trimethyl-dihydro-
naphthyliden]-, methylester
10 3596

—, [Hydroxy-oxo-trimethyl-
methoxycarbonyl-dodecahydro-
phenanthryliden]-, [dimethylamino-
äthylester] **10** 4748

—, [Hydroxy-oxo-trimethyl-norbornyl]-
10 4191

—, [Hydroxy-oxo-trimethyl-norbornyl]-,
äthylester **10** 4191

—, Hydroxy-[oxo-trimethyl-
norbornyliden]- **10** 3531

—, [Hydroxy-oxo-trimethyl-phenyl-
cyclopentyl]-, lacton **10** 1868

Essigsäure, Hydroxy-[pentamethyl-phenyl]-
　10 654
—, Hydroxy-[pentyl-phenyl]- 10 651
—, Hydroxy-[*tert*-pentyl-phenyl]-
　10 651
—, [Hydroxy-phenäthyl-cyclohexyl]-,
　äthylester 10 924
—, Hydroxy-phenanthryl- 10 1306
—, [Hydroxy-phenoxy-methyl-
　äthoxycarbonyl-cyclohexyl]-,
　äthylester 10 2412
—, Hydroxy-phenyl- 10 445; *Derivate
　s. bei Mandelsäure*
—, [Hydroxy-phenyl]- 10 422, 428, 430
—, [Hydroxy-phenyl]-, äthylester 10 423
—, [Hydroxy-phenyl]-, [äthylester-imin]
　10 438
—, [Hydroxy-phenyl]-, allylamid 10 435
—, [Hydroxy-phenyl]-, amid 10 434
—, [Hydroxy-phenyl]-, [amid-imin]
　10 439
—, [Hydroxy-phenyl]-, [amid-methylimin]
　10 439
—, [Hydroxy-phenyl]-, [diäthoxy-
　äthylamid] 10 435
—, [Hydroxy-phenyl]-, [hydroxy-
　äthylamid] 10 424, 429, 435
—, [Hydroxy-phenyl]-, [methylamid-imin]
　10 439
—, [Hydroxy-phenyl]-, methylester
　10 423, 433
—, [Hydroxy-phenyl]-, nitril 10 425, 438
—, [Hydroxy-phenyl]-, [oxo-äthylamid]
　10 435
—, [Hydroxy-phenyl-äthoxycarbonyl-
　cyclohexyl]-, äthylester 10 3894
—, [Hydroxy-phenyl-äthoxycarbonyl-
　cyclopentyl]-, äthylester 10 2270
—, Hydroxy-phenyl-[benzhydryl-phenyl]-
　10 1348
—, Hydroxy-phenyl-[benzoyl-phenyl]-
　10 4492
—, Hydroxy-phenyl-biphenylyl- 10 1325
—, [Hydroxy-phenyl]-bis-[methoxy-
　phenyl]- 10 2399
—, [Hydroxy-phenyl-cyclohexandiyl]-di-,
　diäthylester 10 2275
—, [Hydroxy-phenyl-cyclohexyl]- 10 911
—, [Hydroxy-phenyl-cyclohexyl]-,
　äthylester 10 912
—, [Hydroxy-phenyl-cyclopenta[*a*]-
　naphthalinyl]- 10 1337
—, [Hydroxy-phenyl-cyclopenta[*a*]-
　naphthalinyl]-, methylester
　10 1338
—, Hydroxy-phenyl-[dihydroxy-phenyl]-
　s. *Benzilsäure, Dihydroxy-*
—, Hydroxy-phenyl-naphthyl- 10 1315,
　1316

Essigsäure, Hydroxy-phenyl-naphthyl-,
　[diäthylamino-propylester]
　10 1316
—, Hydroxy-phenyl-naphthyl-,
　[(dimethyl-äthyl-ammonio)-
　äthylester] 10 1316
—, Hydroxy-phenyl-*p*-tolyl- 10 1199
—, Hydroxy-phenyl-[trimethyl-phenyl]-
　10 1219
—, Hydroxy-[propyl-phenyl]- 10 629
—, [Hydroxy-(semicarbazono-äthyl)-
　phenyl]-, nitril 10 4242
—, [Hydroxy-spiro[4.5]decyl]-,
　äthylester 10 72
—, [Hydroxy-tetrahydro-benz[*a*]-
　anthracenyl]-, methylester 10 1321
—, [Hydroxy-tetrahydro-benzo[*def*]-
　chrysenyl]-, äthylester 10 1339
—, [Hydroxy-tetrahydro-
　benzocycloheptenyl]- 10 908
—, [Hydroxy-tetrahydro-
　benzocycloheptenyl]-, äthylester
　10 908
—, [Hydroxy-tetrahydro-naphthyl]-
　10 897, 898
—, [Hydroxy-tetrahydro-naphthyl]-,
　äthylester 10 897
—, [Hydroxy-tetramethyl-decahydro-
　naphthyl]- 10 78
—, Hydroxy-[tetramethyl-phenyl]- 10 647
—, [Hydroxy-thionaphthoylmercapto]-
　10 1068
—, [Hydroxy-thionaphthoylmercapto]-,
　äthylester 10 1068
—, Hydroxy-*m*-tolyl- 10 578
—, Hydroxy-*o*-tolyl- 10 574
—, Hydroxy-*p*-tolyl- 10 580
—, Hydroxy-[triäthyl-phenyl]- 10 656
—, Hydroxy-[trihydroxy-dimethyl-
　hexadecahydro-cyclopenta[*a*]-
　phenanthrenyl]- 10 2423
—, Hydroxy-[triisopropyl-phenyl]-
　10 661
—, Hydroxy-[trimethyl-carboxy-
　cyclopentyl]- 10 2042
—, Hydroxy-[trimethyl-carboxy-
　cyclopentyl]-, amid 10 2042
—, [Hydroxy-trimethyl-cyclohexyl]-
　10 45
—, [Hydroxy-trimethyl-cyclohexyl]-,
　äthylester 10 45
—, [Hydroxy-trimethyl-cyclopentyl]-,
　äthylester 9 97
—, [Hydroxy-trimethyl-dicyan-norbornyl]-
　cyan-, äthylester 10 2626
—, Hydroxy-[trimethyl-phenyl]- 10 632, 633
—, Hydroxy-[trioxo-methyl-
　cyclopentyliden]-, äthylester
　10 4053

Essigsäure, Indanyl- 9 2805
—, Indanyl-, äthylester 9 2805
—, Indanyl-, nitril 9 2806
—, Indanyl-cyan- 9 4399
—, Indanyl-cyan-, äthylester 9 4400
—, Indanyliden-, äthylester 9 3077
—, Indanyliden-, nitril 9 3077
—, Indanyliden-cyan-, äthylester
    9 4441
—, Indenyl- 9 3077
—, Indenyl-, äthylester 9 3077
—, Indenyl-, nitril 9 3077
—, Indenyl-cyan-, äthylester 9 4441
—, Isopentyloxy-[methoxy-phenyl]-,
    isopentylester 10 1476
—, [Isopropyl-acetohydroximoyl-
    cyclopropyl]- 10 2872
—, [Isopropyl-acetyl-cyclopropyl]-
    10 2872
—, [Isopropyl-acetyl-cyclopropyl]-,
    äthylester 10 2873
—, [Isopropyl-carboxy-cyclopropyl]-
    9 3855, 3856
—, [Isopropyl-dicarboxy-phenyl]-
    9 4811
—, [Isopropyl-naphthyl]- 9 3242
—, [Isopropyl-naphthyl]-, amid 9 3242
—, [Isopropyl-naphthyl]-, chlorid
    9 3242
—, [Isopropyl-naphthyl]-, nitril 9 3242
—, [Isopropyl-(oxo-isopropyl)-
    cyclopropyl]- 10 2885
—, Isopropyloxy-[brom-phenyl]- 10 480
—, Isopropyloxy-[brom-phenyl]-,
    [phenyl-phenacylester] 10 480
—, [Isopropyloxycarbonyl-phenyl]-,
    isopropylester 9 4267
—, Isopropyloxy-mesityl- 10 632
—, Isopropyloxy-phenyl- 10 452
—, Isopropyloxy-phenyl-, [phenyl-
    phenacylester] 10 465
—, Isopropyloxy-p-tolyl- 10 581
—, Isopropyloxy-p-tolyl-, [phenyl-
    phenacylester] 10 582
—, Isopropyloxy-[trimethyl-phenyl]-
    10 632
—, [Isopropyl-phenanthryl]- 9 3535
—, [Isopropyl-phenyl]- 9 2528
—, [Isopropyl-phenyl]-, äthylester
    9 2529
—, [Isopropyl-phenyl]-, amid 9 2529
—, [Isopropyl-phenyl]-, butylester
    9 2529
—, [Isopropyl-phenyl]-, chlorid 9 2529
—, [Isopropyl-phenyl]-, [hydroxy-
    äthylamid] 9 2529
—, [Isopropyl-phenyl]-, nitril 9 2529
—, [Isopropyl-(semicarbazono-äthyl)-
    cyclopropyl]- 10 2872

Essigsäure, [Isopropyl-(semicarbazono-
    isopropyl)-cyclopropyl]- 10 2885
—, Isovaleryloxy-phenyl-, amid 10 473
—, Jod-, [carbamoyl-phenylester]
    10 157
—, [Jod-benzoyloxy]-, äthylester
    9 1436
—, [Jod-dinitro-phenyl]- 9 2293
—, [(Jod-dioxo-dimethyl-hexadecahydro-
    cyclopenta[a]phenanthrenyl)-
    valerylamino]- 10 3583
—, [Jod-hydroxy-benzamino]- 10 187, 188
—, [Jod-nitro-phenyl]- 9 2292
—, Jod-phenyl-, amid 9 2281
—, [Jod-phenyl]- 9 2280, 2281
—, [Jod-phenyl]-, äthylester 9 2280
—, [Jod-phenyl]-, [hydroxy-äthylamid]
    9 2281
—, [Jod-phenyl]-, nitril 9 2280
—, [Jod-phenyl]-cyan-, äthylester
    9 4264
—, [(Jod-phenyl)-propionyloxy]-,
    äthylester 9 2412
—, [Jod-tetramethoxy-carboxy-
    biphenylyl]- 10 2609
—, [Jod-tetramethoxy-methoxycarbonyl-
    biphenylyl]-, methylester 10 2610
—, β-Jonolyl-, äthylester 10 81
—, α-Jonyliden- 9 2616
—, β-Jonyliden- 9 2614
—, α-Jonyliden-cyan- 9 4361
—, β-Jonyliden-cyan- 9 4360
—, p-Menthenyl-, äthylester 9 253
—, p-Menthyliden-, äthylester 9 253
—, Mercapto-diphenyl- 10 1181
—, Mercapto-phenyl- 10 486
—, [Mercapto-phenyl]- 10 444
—, Mesityl- 9 2532
—, Mesityl-, äthylester 9 2532
—, [Mesityl-cyclopentyl]- 9 2894
—, [(Methoxy-acetoxymercurio-
    propylcarbamoyl)-phenoxy]- 10 159
—, [Methoxy-acetoxy-phenyl]- 10 1460
—, [Methoxy-acetoxy-phenyl]-, amid
    10 1464
—, [Methoxy-acetoxy-phenyl]-, nitril
    10 1465
—, [Methoxy-acetyl-phenyl]-, nitril
    10 4242
—, [Methoxy-äthoxycarbonylmethoxy-
    phenyl]-, äthylester 10 1453, 1456
—, [Methoxy-(äthoxycarbonylmethyl-
    phenoxy)-phenyl]-, äthylester 10 1462
—, [Methoxy-äthoxycarbonyloxy-phenyl]-
    10 1461
—, [Methoxy-äthoxycarbonyl-phenyl]-,
    äthylester 10 2206
—, [Methoxy-äthoxy-carboxy-phenyl]-
    10 2442

Essigsäure, [Methoxy-äthoxy-phenyl]-
10 1459, 1460
—, [Methoxy-äthoxy-phenyl]-, nitril
10 1454, 1464
—, [Methoxy-äthyl-carboxy-dihydro-
phenanthryliden]- 10 2392
—, [Methoxy-äthyl-carboxy-tetrahydro-
phenanthryl]- 10 2375, 2377
—, [Methoxy-äthyl-methoxycarbonyl-
tetrahydro-phenanthryl]- 10 2376, 2377
—, [Methoxy-äthyl-methoxycarbonyl-
tetrahydro-phenanthryl]-,
methylester 10 2376, 2377
—, [Methoxy-äthyl-naphthyl]-,
methylester 10 1120
—, [Methoxy-äthyl-phenyl]- 10 610
—, [Methoxy-äthyl-phenyl]-, amid 10 610
—, [Methoxy-äthyl-phenyl]-, chlorid
10 610
—, [Methoxy-äthyl-phenyl]-, nitril 10 610
—, [Methoxy-benzamino]- 10 255, 342
—, [(Methoxy-benzoyl)-cyclohexyl]-
10 4354
—, [(Methoxy-benzoyl)-cyclohexyl]-,
methylester 10 4354
—, [Methoxy-benzoyloxy-phenyl]- 10 1461
—, [Methoxy-benzoyloxy-phenyl]-,
nitril 10 1465
—, [(Methoxy-benzoyl)-phenyl]- 10 4436
—, [(Methoxy-benzyl)-cyclohexyl]- 10 919
—, [Methoxy-benzyloxycarbonyloxy-
phenyl]- 10 1461
—, [Methoxy-benzyloxy-carboxy-phenyl]-
10 2442
—, [Methoxy-benzyloxy-methoxycarbonyl-
phenyl]- 10 2443
—, [Methoxy-benzyloxy-methoxycarbonyl-
phenyl]-, methylester 10 2442, 2444
—, [Methoxy-benzyloxy-phenyl]- 10 1460
—, [Methoxy-benzyloxy-phenyl]-,
chlorid 10 1463
—, [Methoxy-benzyloxy-phenyl]-, nitril
10 1465
—, [Methoxy-butyl-carboxy-tetrahydro-
phenanthryl]- 10 2382
—, [Methoxy-butyl-methoxycarbonyl-
tetrahydro-phenanthryl]- 10 2383
—, [Methoxy-butyl-methoxycarbonyl-
tetrahydro-phenanthryl]-,
methylester 10 2383
—, [Methoxy-(carbamoylmethyl-phenoxy)-
phenyl]-, amid 10 1464
—, [Methoxy-carbamoyl-phenylmercapto]-
10 1382
—, [(Methoxycarbonyl-äthyl)-cyclohexyl]-
cyan-, methylester 9 4763
—, [(Methoxycarbonyl-äthyl)-
cyclohexyliden]-cyan-,
methylester 9 4763

Essigsäure, Methoxycarbonyl-
bicyclohexylyl]-, methylester
9 4032
—, [Methoxycarbonyl-biphenylyl]-,
methylester 9 4528
—, [Methoxycarbonyl-cyan-phenyl]-,
methylester 9 4795
—, [Methoxycarbonyl-decahydro-
1.4:5.8-dimethano-naphthalinyl]-,
methylester 9 4355
—, [Methoxycarbonyl-hexahydro-indanyl]-
9 4010
—, [Methoxycarbonyl-hexahydro-indanyl]-,
methylester 9 4010
—, [Methoxycarbonylmethyl-
cycloheptyliden]-, methylester 9 3994
—, [Methoxycarbonyl-phenyl]-,
methylester 9 4266, 4269
—, [Methoxycarbonyl-tetrahydro-
phenanthryl]-, methylester 9 4565
—, [Methoxy-carboxymethoxy-phenyl]-
10 1453, 1455
—, [Methoxy-(carboxymethyl-phenoxy)-
phenyl]- 10 1461
—, Methoxy-carboxy-phenyl]- 10 2205,
2206, 2207
—, [Methoxy-(chlor-cyan-methyl)-
phenoxy]-, äthylester 10 1454
—, [Methoxy-cyanmethyl-phenoxy]-
10 1454, 1456, 1457
—, [Methoxy-cyanmethyl-phenoxy]-,
äthylester 10 1454, 1458
—, [Methoxy-cyanmethyl-phenoxy]-,
methylester 10 1456, 1457
—, [Methoxy-cyclohexyl]- 10 25
—, [Methoxy-cyclopenta[*a*]naphthalinyl]-
10 1264
—, [Methoxy-cyclopenta[*a*]naphthalinyl]-,
äthylester 10 1264
—, [Methoxy-cyclopenta[*a*]phenanthrenyl]-,
äthylester 10 1324
—, [Methoxy-decahydro-cyclopenta[*a*]
phenanthrenyl]-, äthylester
10 1136
—, [Methoxy-(diäthoxy-äthoxy)-phenyl]-
10 1455
—, [Methoxy-(diäthoxy-äthoxy)-phenyl]-,
äthylester 10 1455
—, [Methoxy-dibenzyloxy-phenyl]-
10 2098
—, [Methoxy-dihydro-cyclopenta[*a*]
naphthalinyl]- 10 1204
—, [Methoxy-dihydro-cyclopenta[*a*]
phenanthrenyl]- 10 1320
—, [Methoxy-dihydro-cyclopenta[*a*]
phenanthrenyliden]-, äthylester
10 1324
—, [Methoxy-dihydro-naphthyl]- 10 993,
994

Essigsäure, [Methoxy-dihydro-naphthyl]-,
    äthylester 10 994
—, [Methoxy-dihydro-naphthyliden]-
    10 994, 995
—, [Methoxy-dihydro-naphthyliden]-,
    äthylester 10 994
—, [Methoxy-dihydro-phenanthryl]-
    10 1214
—, [Methoxy-dihydro-phenanthryl]-,
    äthylester 10 1268
—, [Methoxy-dihydro-phenanthryliden]-
    10 1214
—, [Methoxy-dihydro-phenanthryliden]-,
    äthylester 10 1268
—, Methoxy-[dimethoxy-phenyl]-, amid
    10 2102
—, [Methoxy-dimethyl-carboxy-dihydro-
    naphthyliden]- 10 2476
—, [Methoxy-dimethyl-carboxy-
    tetrahydro-naphthyl]- 10 2273
—, [Methoxy-dimethyl-dihydro-naphthyl]-
    10 1001
—, [Methoxy-dimethyl-methoxycarbonyl-
    dihydro-naphthyliden]-,
    methylester 10 2290
—, [Methoxy-dimethyl-methoxycarbonyl-
    tetrahydro-naphthyl]- 10 2274
—, [Methoxy-dimethyl-methoxycarbonyl-
    tetrahydro-naphthyl]-,
    methylester 10 2275
—, [(Methoxy-dimethyl-phenyl)-
    crotonoylamino]- 10 892
—, [Methoxy-dimethyl-tetrahydro-
    naphthyl]- 10 917
—, Methoxy-diphenyl- 10 1169
—, Methoxy-diphenyl-, [diäthylamino-
    äthylester] 10 1175
—, Methoxy-diphenyl-, methylester
    10 1170
—, Methoxy-fluorenyliden-, methylester
    10 1305
—, [Methoxy-(hydroxy-cyan-methyl)-
    phenoxy]-, äthylester 10 1454, 2100
—, [Methoxy-(hydroxy-dimethoxy-oxo-
    phthalanyl)-phenoxy]- 10 4815
—, [Methoxy-mercapto-phenyl]- 10 1470
—, [Methoxy-(methoxycarbonylmethyl-
    phenoxy)-phenyl]-, methylester
    10 1462
—, [Methoxy-methoxycarbonyl-phenyl]-,
    methylester 10 2206, 2207
—, [Methoxy-methyl-äthyl-tetrahydro-
    phenanthryl]- 10 1244
—, [Methoxy-methyl-äthyl-tetrahydro-
    phenanthryl]-, methylester 10 1244
—, [Methoxy-methyl-carboxy-dihydro-
    naphthyliden]- 10 2272
—, [Methoxy-methyl-carboxy-dihydro-
    phenanthryliden]- 10 2391

Essigsäure, [Methoxy-methyl-carboxy-
    hexahydro-phenanthryl]-
    10 2334
—, [Methoxy-methyl-carboxy-hexahydro-
    phenanthryliden]- 10 2336
—, [Methoxy-methyl-carboxy-octahydro-
    phenanthryl]- 10 2297, 2298
—, [Methoxy-methyl-carboxy-phenyl]-
    10 2221, 2222, 2223
—, [Methoxy-methyl-carboxy-tetrahydro-
    phenanthryl]- 10 2362, 2363, 2368
—, [Methoxy-methyl-(dichlor-äthyl)-
    carboxy-phenyl]- 10 2237
—, [Methoxy-methyl-(dichlor-vinyl)-
    carboxy-phenyl]- 10 2266
—, [Methoxy-methyl-formyl-octahydro-
    phenanthryl]- 10 4385
—, [Methoxy-methyl-methoxycarbonyl-
    dihydro-phenanthryliden]- 10 2391
—, [Methoxy-methyl-methoxycarbonyl-
    dihydro-phenanthryliden]-,
    methylester 10 2391, 2392
—, [Methoxy-methyl-methoxycarbonyl-
    hexahydro-phenanthryl]- 10 2334, 2335
—, [Methoxy-methyl-methoxycarbonyl-
    hexahydro-phenanthryl]-,
    methylester 10 2335
—, [Methoxy-methyl-methoxycarbonyl-
    hexahydro-phenanthryliden]-
    10 2336
—, [Methoxy-methyl-methoxycarbonyl-
    hexahydro-phenanthryliden]-,
    methylester 10 2336
—, [Methoxy-methyl-methoxycarbonyl-
    octahydro-phenanthryl]- 10 2296,
    2297, 2300
—, [Methoxy-methyl-methoxycarbonyl-
    octahydro-phenanthryl]-,
    methylester 10 2296, 2297, 2301
—, [Methoxy-methyl-methoxycarbonyl-
    phenyl]-, methylester 10 2223
—, [Methoxy-methyl-methoxycarbonyl-
    tetrahydro-naphthyl]- 10 2271
—, [Methoxy-methyl-methoxycarbonyl-
    tetrahydro-naphthyl]-,
    methylester 10 2271
—, [Methoxy-methyl-methoxycarbonyl-
    tetrahydro-phenanthryl]- 10 2361,
    2363, 2365, 2369
—, [Methoxy-methyl-methoxycarbonyl-
    tetrahydro-phenanthryl]-,
    menthylester 10 2367
—, [Methoxy-methyl-methoxycarbonyl-
    tetrahydro-phenanthryl]-,
    methylester 10 2362, 2363, 2366, 2369
—, [Methoxy-methyl-methoxycarbonyl-
    tetrahydro-phenanthryl]-, [methyl-
    isopropyl-cyclohexylester]
    10 2367

Essigsäure, [Methoxy-methyl-methoxy-
carbonyl-tetrahydro-phenanthryliden]-,
methylester **10** 2370
—, [Methoxy-methyl-naphthyl]- **10** 1114
—, [Methoxy-methyl-naphthyl]-,
methylester **10** 1114, 1115
—, [Methoxy-methyl-phenyl]- **10** 572,
577, 578
—, [Methoxy-methyl-phenyl]-,
äthylester **10** 577
—, [Methoxy-methyl-phenyl]-, amid
10 573, 578
—, [Methoxy-methyl-phenyl]-, chlorid
10 573
—, [Methoxy-methyl-phenyl]-,
methylester **10** 572
—, [Methoxy-methyl-phenyl]-, nitril
10 578
—, [Methoxymethyl-phenyl]- **10** 573
—, [Methoxymethyl-phenyl]-, amid
10 573
—, [Methoxymethyl-phenyl]-, chlorid
10 573
—, [Methoxymethyl-phenyl]-,
methylester **10** 573
—, [Methoxymethyl-phenyl]-, nitril
10 574
—, [Methoxy-methyl-semicarbazonomethyl-
octahydro-phenanthryl]-,
methylester **10** 4385
—, [Methoxy-methyl-tetrahydro-naphthyl]-
10 909
—, Methoxy-naphthyl- **10** 1104
—, [Methoxy-naphthyl]- **10** 1102, 1103,
1106
—, [Methoxy-naphthyl]-, [hydroxy-
äthylamid] **10** 1107
—, [Methoxy-naphthyl]-, methylester
10 1107
—, [Methoxy-naphthyl]-, nitril **10** 1102
—, [(Methoxy-naphthyl)-cyclopentenyl]-
10 1280
—, [Methoxy-(nitro-carboxy-
phenylmercapto)-phenyl]- **10** 1470
—, Methoxy-[nitro-phenyl]- **10** 481
—, [Methoxy-oxo-(brom-phenyl)-(brom-
phenacyl)-dihydro-furyl]-,
methylester **10** 4090
—, [Methoxy-oxo-cyclohexadienyliden]-,
nitril **10** 4206
—, [Methoxy-oxo-hydroxyimino-methyl-
indanyliden]- **10** 4654
—, [Methoxy-oxo-indanyl]- **10** 4342
—, [Methoxy-oxo-methoxycarbonyl-
cycloheptatrienyl]-, methylester
10 4739
—, [Methoxy-oxo-methoxycarbonyl-
tetrahydro-naphthyl]-, äthylester
10 4752

Essigsäure, [Methoxy-oxo-methyl-benzyliden-
indanyliden]-, äthylester **10** 4486
—, [Methoxy-oxo-methyl-hexahydro-
phenanthryl]- **10** 4420
—, [Methoxy-oxo-methyl-hexahydro-
phenanthryl]-, methylester **10** 4421
—, [Methoxy-oxo-methyl-indanyliden]-
10 4376
—, [Methoxy-oxo-methyl-indanyliden]-,
äthylester **10** 4377
—, [Methoxy-oxo-methyl-indenyl]-
10 4376
—, [Methoxy-oxo-methyl-indenyl]-,
äthylester **10** 4377
—, [Methoxy-oxo-methyl-octahydro-
phenanthryl]- **10** 4383
—, [Methoxy-oxo-methyl-octahydro-
phenanthryl]-, methylester **10** 4384
—, [Methoxy-oxo-methyl-tetrahydro-
phenanthryl]- **10** 4421, 4458
—, [Methoxy-oxo-methyl-tetrahydro-
phenanthryl]-, methylester
10 4422, 4458
—, [Methoxy-oxo-tetrahydro-naphthyl]-
10 4346
—, Methoxy-phenyl- **10** 451
—, Methoxy-phenyl-, äthylester **10** 458
—, Methoxy-phenyl-, amid **10** 471
—, Methoxy-phenyl-, chlorid **10** 468
—, Methoxy-phenyl-, [diäthylamino-
äthylamid] **10** 472
—, Methoxy-phenyl-, dimethylamid
10 471
—, Methoxy-phenyl-, [dimethylamino-
äthylester] **10** 466
—, Methoxy-phenyl-, [hydroxy-äthylamid]
10 472
—, Methoxy-phenyl-, methylester **10** 455
—, Methoxy-phenyl-, nitril **10** 474
—, Methoxy-phenyl-, [trimethylammonio-
äthylester] **10** 466
—, [Methoxy-phenyl]- **10** 422, 428, 431
—, [Methoxy-phenyl]-, äthylester
10 424, 429, 433
—, [Methoxy-phenyl]-, amid **10** 424,
429, 435
—, [Methoxy-phenyl]-, [amino-äthylamid]
10 436
—, [Methoxy-phenyl]-, chlorid **10** 434
—, [Methoxy-phenyl]-, [hydroxy-
äthylamid] **10** 424, 429, 436
—, [Methoxy-phenyl]-, methylester
10 433
—, [Methoxy-phenyl]-, nitril **10** 425,
429, 439
—, [Methoxy-phenyl]-,
[nitro-benzylester] **10** 434
—, [Methoxy-phenyl]-, pentylester
10 434

Essigsäure, [Methoxy-phenyl]-cyan-, äthylester 10 2202, 2203
—, [Methoxy-phenyl]-cyan-, amid 10 2203
—, [(Methoxy-phenyl)-cyclopentenyl]- 10 996
—, [(Methoxy-phenyl)-cyclopentyl]- 10 907
—, [Methoxy-phenyl]-cyclopentyliden-, nitril 10 995
—, [Methoxy-phenyl]-oxal-, äthylester-nitril 10 4740
—, [Methoxy-propyl-carboxy-tetrahydro-phenanthryl]- 10 2380
—, [Methoxy-propyl-methoxycarbonyl-tetrahydro-phenanthryl]- 10 2380, 2384
—, [Methoxy-propyl-methoxycarbonyl-tetrahydro-phenanthryl]-, methylester 10 2381
—, [Methoxy-semicarbazono-methyl-indanyliden]- 10 4376
—, [Methoxy-semicarbazono-methyl-indanyliden]-, äthylester 10 4377
—, [Methoxy-tetrahydro-cyclopenta[*a*]-naphthalinyl]- 10 1125
—, [Methoxy-tetrahydro-cyclopenta[*a*]-naphthalinyl]-, methylester 10 1125
—, [Methoxy-tetrahydro-naphthyl]- 10 897
—, [Methoxy-tetrahydro-phenanthryl]- 10 1213
—, [Methyl-acetonyl-cyclohexyl]- 10 2888
—, [Methyl-acetonyl-cyclohexyl]-, äthylester 10 2888, 2889
—, [Methyl-acetonyl-cyclohexyl]-, methylester 10 2888, 2889
—, [Methyl-acetonyl-cyclopentyl]- 10 2880
—, [Methyl-acetonyl-cyclopentyl]-, äthylester 10 2880
—, [Methyl-acetyl-carboxy-cyclopentenyl]- 10 3931
—, [Methyl-acetyl-cyclopentyl]- 10 2863
—, [Methyl-acetyl-cyclopentyl]-, äthylester 10 2863
—, [Methyl-(äthoxycarbonyl-äthyl)-cyclopentyl]-cyan-, äthylester 9 4768
—, [Methyl-(äthoxycarbonyl-äthyl)-cyclopentyliden]-cyan-, äthylester 9 4768
—, [Methyl-äthoxycarbonyl-cyclohexenyl]-, äthylester 9 3981
—, [Methyl-äthoxycarbonyl-cyclohexyl]- 9 3865
—, [Methyl-äthoxycarbonyl-cyclohexyl]-, äthylester 9 3865
—, [Methyl-äthoxycarbonyl-cyclohexyliden]- 9 3981

Essigsäure, [Methyl-äthoxycarbonyl-cyclohexyliden]-, äthylester 9 3981
—, [Methyl-äthoxycarbonyl-cyclohexyliden]-cyan-, äthylester 9 4777
—, [(Methyl-äthoxycarbonyl-cyclopentenyl)-cyclohexyl]-, äthylester 9 4077
—, [(Methyl-äthoxycarbonyl-cyclopentenyl)-cyclohexyliden]-, äthylester 9 4352
—, [Methyl-äthoxycarbonyl-cyclopentyl]-, äthylester 9 3845, 3846
—, [Methyl-äthoxycarbonyl-cyclopentyl]-cyan-, äthylester 9 3845, 4753
—, [(Methyl-äthoxycarbonyl-cyclopentyl)-cyclohexyl]-, äthylester 9 4032
—, [Methyl-äthoxycarbonyl-cyclopentyliden]-cyan-, äthylester 9 4753
—, [Methyl-äthoxycarbonylmethyl-cyclopentyl]-cyan-, äthylester 9 4761
—, [Methyl-äthoxycarbonylmethyl-cyclopentyliden]-cyan-, äthylester 9 4761
—, [Methyl-benz[*a*]anthracenyl]- 9 3633
—, [Methyl-benz[*a*]anthracenyl]-, äthylester 9 3633
—, [Methyl-benz[*a*]anthracenyl]-, amid 9 3634
—, [Methyl-benzimidoylmercapto]- 9 1985, 2379
—, [Methyl-benzo[*c*]phenanthrenyl]- 9 3634
—, [Methyl-benzo[*c*]phenanthrenyl]-, amid 9 3634
—, [Methyl-benzoyl-amino]- 9 1140
—, [Methyl-benzoyl-amino]-, äthylester 9 1141
—, [Methyl-benzoyl-amino]-, methylester 9 1140
—, [Methyl-benzoyl-amino]-, nitril 9 1141
—, [Methyl-benzoyl-cyclohexyl]- 10 3202
—, [Methyl-(benzoyloxy-neopentyl)-amino]-, äthylester 9 889
—, [Methyl-(benzoyloxy-propyl)-amino]-, methylester 9 882
—, Methyl-benzyl- 9 2472
—, [Methyl-benzyl-cyclohexyl]- 9 2890
—, [Methyl-biphenylyl]- 9 3350
—, [Methyl-biphenylyl]-, äthylester 9 3349, 3350
—, [Methyl-*tert*-butyl-phenyl]- 9 2588
—, [Methyl-*tert*-butyl-phenyl]-, nitril 9 2588

Essigsäure, [Methyl-butyryloxy]-phenyl-,
  amid **10** 473
—, [Methyl-carbamoyl-cyclohexyl]-
  9 3867
—, [Methylcarbamoyl-phenylmercapto]-
  10 233
—, [Methyl-carboxy-cyclohexenyl]-
  9 3980
—, [Methyl-carboxy-cyclohexyl]-
  9 3863, 3865, 3866, 3867, 3868
—, [Methyl-carboxy-cyclohexyl]-, amid
  9 3867
—, [Methyl-carboxy-cyclohexyliden]-
  9 3980
—, [Methyl-carboxy-cyclopentenyl]-
  9 3966
—, [Methyl-carboxy-cyclopentyl]-
  9 3845, 3846
—, [Methyl-carboxy-dihydro-
  naphthyliden]- **9** 4447
—, [Methyl-carboxy-dihydro-
  phenanthryliden]- **9** 4639
—, [Methyl-carboxy-dodecahydro-
  cyclopenta[a]naphthalinyl]-
  9 4080
—, [Methyl-carboxy-hexahydro-
  phenanthryliden]- **9** 4491
—, [Methyl-carboxymethyl-
  cyclopentyliden]-cyan-,
  äthylester **9** 3875
—, [Methyl-carboxy-octahydro-
  phenanthryl]- **9** 4455
—, [Methyl-carboxy-tetrahydro-naphthyl]-
  9 4415
—, [Methyl-carboxy-tetrahydro-
  phenanthryl]- **9** 4579
—, [Methyl-cyan-cyclohexyl]-cyan-,
  äthylester **9** 4756, 4757
—, [Methyl-cyan-cyclopentenyl]- **9** 3967
—, [Methyl-cyan-cyclopentyl]-, nitril
  9 3846
—, [Methyl-cyan-cyclopentyl]-cyan-,
  äthylester **9** 4753
—, [Methyl-cyan-phenylmercapto]-
  10 498, 527
—, [Methyl-cyclohexancarbonyl-amino]-
  9 29
—, [Methyl-cyclohexandiyl]-di-
  9 3906, 3907, 3908
—, [Methyl-cyclohexandiyl]-di-,
  äthylester **9** 3907, 3909
—, [Methyl-cyclohexandiyl]-di-,
  diäthylester **9** 3907, 3909
—, [Methyl-cyclohexandiyl]-di-,
  dimethylester **9** 3906, 3907, 3909
—, [Methyl-cyclohexenyl]- **9** 180, 181,
  3908, 3979
—, [Methyl-cyclohexenyl]-, äthylester
  9 180

Essigsäure, [Methyl-cyclohexenyl]-, amid
  9 180, 183, 3908
—, [Methyl-cyclohexenyl]-, chlorid
  9 180
—, [Methyl-cyclohexenyl]-, methylester
  9 181
—, [Methyl-cyclohexyl]- **9** 68, 69, 70
—, [Methyl-cyclohexyl]-, äthylester
  9 69
—, [Methyl-cyclohexyl]-, amid **9** 68, 70
—, [Methyl-cyclohexyl]-, butylester
  9 70
—, [Methyl-cyclohexyl]-, chlorid **9** 68
—, [Methyl-cyclohexyl]-, methylester
  9 69
—, [Methyl-cyclohexyl]-, propylester
  9 69
—, [Methyl-cyclohexyl]-cyan-,
  äthylester **9** 3860, 3861
—, [Methyl-cyclohexyliden]- **9** 181,
  182, 183
—, [Methyl-cyclohexyliden]-,
  äthylester **9** 182
—, [Methyl-cyclohexyliden]-, amid
  9 181, 182
—, [Methyl-cyclohexyliden]-, chlorid
  9 182
—, [Methyl-cyclohexyliden]-cyan-,
  äthylester **9** 3978, 3979
—, [Methyl-cyclopentandiyl]-di-
  9 3872, 3873, 3875
—, [Methyl-cyclopentandiyl]-di-,
  diäthylester **9** 3873
—, [Methyl-cyclopentandiyl]-di-,
  dimethylester **9** 3873
—, [Methyl-cyclopentenyl]- **9** 173
—, [Methyl-cyclopentenyl]-, äthylester
  9 174
—, [Methyl-cyclopentenyl]-, methylester
  9 173
—, [Methyl-cyclopentenyl]-, nitril
  9 174
—, [Methyl-cyclopentyl]- **9** 59, 60
—, [Methyl-cyclopentyl]-, äthylester
  9 61
—, [Methyl-cyclopentyl]-, amid **9** 61
—, [Methyl-cyclopentyl]-, chlorid
  9 61
—, [Methyl-cyclopentyl]-cyan-,
  äthylester **9** 3843
—, [Methyl-cyclopentyliden]- **9** 174
—, [Methyl-cyclopentyliden]-cyan-
  9 3965
—, [Methyl-cyclopentyliden]-cyan-,
  äthylester **9** 3965
—, [Methyl-cyclopentyliden]-cyan-,
  amid **9** 3966
—, [Methyl-dihydro-benz[a]-
  anthracenyl]- **9** 3606

Essigsäure, [Methyl-dihydro-benz[*a*]⸗
anthracenyl]-, methylester
9 3606
—, [Methyl-dihydro-benz[*a*]⸗
anthracenyliden]- 9 3606
—, [Methyl-dihydro-benz[*a*]⸗
anthracenyliden]-, methylester
9 3606
—, [Methyl-dihydro-naphthyl]- 9 3089
—, [Methyl-dihydro-naphthyl]-,
äthylester 9 3089
—, [Methyl-dihydro-naphthyliden]-,
methylester 9 3089
—, [Methyl-dihydro-pyrenyl]- 9 3563
—, [Methyl-(dimethyl-benzoyl)-phenyl]-
10 3354
—, [Methyl-(dimethyl-benzoyl)-phenyl]-,
methylester 10 3354
—, [Methyl-(dimethyl-hexyl)-(acetoxy-
oxo-methyl-cyclohexyl)-hexahydro-
indanyl]- 10 4202
—, [Methyl-(dimethyl-hexyl)-(acetoxy-
oxo-methyl-cyclohexyl)-hexahydro-
indanyl]-, methylester 10 4202
—, [Methyl-(dimethyl-hexyl)-(oxo-
methyl-cyclohexyl)-hexahydro-
indanyl]- 10 2971
—, [Methyl-(dimethyl-hexyl)-(oxo-
methyl-cyclohexyl)-hexahydro-
indanyl]-, methylester 10 2971
—, [Methyl-(dinitro-benzoyl)-amino]-
9 1938
—, [Methyl-formyl-dihydro-
phenanthrenyliden]- 10 3399
—, [Methyl-hexahydro-indanyl]- 9 259
—, [Methyl-hexahydro-indanyl]-,
äthylester 9 259
—, Methylhydrazono-[hydroxy-
cyclopentenyl]- 10 3516
—, Methylhydrazono-[oxo-cyclopentyl]-
10 3516
—, [Methyl-indanyl]- 9 2829
—, [Methyl-indanyl]-, äthylester
9 2829
—, [Methyl-indanyl]-, nitril 9 2831
—, [Methyl-isopropenyl-
cyclohexenyliden]- 9 2560
—, [Methyl-isopropyl-acetyl-norpinanyl]-
10 2951
—, [Methyl-isopropyl-acetyl-norpinanyl]-,
methylester 10 2952
—, [Methyl-isopropyl-carboxy-
norpinanyl]- 9 4030
—, [Methyl-isopropyl-carboxy-phenyl]-
9 4339
—, [Methyl-isopropyl-cyclohexenyl]-,
äthylester 9 253
—, [Methyl-isopropyl-cyclohexyl]-
9 117

Essigsäure, [Methyl-isopropyl-cyclohexyl]-,
äthylester 9 117
—, [Methyl-isopropyl-cyclohexyliden]-,
äthylester 9 253
—, [Methyl-isopropyl-phenyl]- 9 2559, 2560
—, [Methyl-isopropyl-phenyl]-,
äthylester 9 2559
—, [Methyl-isopropyl-phenyl]-, chlorid
9 2559
—, Methyl-isopropyl-phenyl]-,
[hydroxy-äthylamid] 9 2559
—, [Methyl-isopropyl-phenyl]-,
methylester 9 2559
—, [Methyl-isopropyl-phenyl]-, nitril
9 2560
—, [Methylmercapto-phenyl]- 10 428, 444
—, [Methylmercapto-phenyl]-, amid
10 428
—, [Methylmercapto-phenyl]-, [hydroxy-
äthylamid] 10 444
—, [Methylmercapto-phenyl]-,
methylester 10 444
—, [Methyl-methoxycarbonyl-cyclohexyl]-
9 3864
—, [Methyl-methoxycarbonyl-cyclohexyl]-,
methylester 9 3864
—, [Methyl-methoxycarbonyl-
cyclohexyliden]- 9 3980
—, [(Methyl-methoxycarbonyl-
cyclopentenyl)-cyclohexyl]-,
methylester 9 4078
—, [(Methyl-methoxycarbonyl-
cyclopentyl)-cyclohexyl]-,
methylester 9 4032
—, [Methyl-methoxycarbonyl-dihydro-
phenanthryliden]- 9 4639
—, [Methyl-methoxycarbonyl-dihydro-
phenanthryliden]-, methylester 9 4639
—, [Methyl-methoxycarbonyl-dodecahydro-
cyclopenta[*a*]naphthalinyl]-,
methylester 9 4080
—, [Methyl-methoxycarbonyl-octahydro-
phenanthryl]- 9 4455
—, [Methyl-methoxycarbonyl-octahydro-
phenanthryl]-, methylester 9 4456
—, [Methyl-methoxycarbonyl-tetrahydro-
naphthyl]- 9 4415
—, [Methyl-methoxycarbonyl-tetrahydro-
naphthyl]-, methylester 9 4416
—, [Methyl-methoxycarbonyl-tetrahydro-
phenanthryl]- 9 4579, 4580
—, [Methyl-methoxycarbonyl-tetrahydro-
phenanthryl]-, methylester 9 4580
—, [Methyl-(methoxy-phenyl)-
acryloylamino]- 10 867
—, [Methyl-naphthyl]- 9 3222, 3223,
3224, 3225
—, [Methyl-naphthyl]-, amid 9 3223,
3224, 3225

Essigsäure, [Methyl-naphthyl]-, chlorid
9 3223

—, [Methyl-naphthyl]-, nitril 9 3223,
3224, 3225

—, [Methyl-(naphthyl-acetyl)-amino]-
9 3208

—, [Methyl-(nitro-benzoyl)-amino]-
9 1730

—, [Methyl-*aci*-nitro]-phenyl-, nitril
10 2978

—, [Methyl-phenacyl-cyclopentyl]-
10 3204

—, [Methyl-phenanthryl]- 9 3519

—, [Methyl-phenyl-cyclohexenyl]-
9 3099

—, [Methyl-phenyl-cyclohexyl]-
9 2882, 2883

—, [Methyl-phenyl-cyclohexyl]-, amid
9 2883

—, [Methyl-phenyl-cyclohexyliden]-
9 3099

—, [Methyl-phenyl-cyclopentenyl]-
9 3095

—, [Methyl-phenyl-cyclopentyl]- 9 2872

—, [Methyl-phenyl-cyclopentyl]-,
äthylester 9 2872

—, [Methyl-phenyl-cyclopentyl]-, amid
9 2872

—, Methyl-phenyl-oxal-, äthylester-
nitril 10 3963

—, [Methyl-podocarpanyl]- 9 355

—, [Methyl-podocarpanyl]-, methylester
9 356

—, [Methyl-(semicarbazono-äthyl)-
cyclopentyl]- 10 2863

—, [Methyl-(semicarbazono-äthyl)-
cyclopentyl]-, äthylester 10 2863

—, [Methyl-(semicarbazono-äthyl)-
isopropyl-norpinanyl]- 10 2952

—, [Methyl-(semicarbazono-äthyl)-
isopropyl-norpinanyl]-,
methylester 10 2952

—, [Methyl-(semicarbazono-phenäthyl)-
cyclopentyl]- 10 3204

—, [Methyl-(semicarbazono-propyl)-
cyclohexyl]- 10 2888, 2889

—, [Methyl-(semicarbazono-propyl)-
cyclohexyl]-, äthylester 10 2888, 2889

—, [Methyl-(semicarbazono-propyl)-
cyclohexyl]-, methylester
10 2888, 2889

—, [Methyl-(semicarbazono-propyl)-
cyclopentyl]- 10 2880

—, [Methyl-(semicarbazono-propyl)-
cyclopentyl]-, äthylester 10 2881

—, [Methylsulfon-phenyl]- 10 444

—, [Methylsulfon-phenyl]-, äthylester
10 444

—, [Methylsulfon-phenyl]-, amid 10 444

Essigsäure, [Methylsulfon-phenyl]-,
[amid-imin] 10 445

—, [Methylsulfon-phenyl]-, nitril
10 445

—, [Methyl-tetrahydro-benz[*a*]-
anthracenyl]- 9 3569, 3570

—, [Methyl-tetrahydro-chrysenyl]-
9 3570

—, [(Methyl-tetrahydro-naphthyl)-
cyclopentyl]- 9 3115

—, [Methyl-tetrahydro-phenanthryl]-
9 3390

—, [Methyl-tetrahydro-phenanthryl]-,
amid 9 3390, 3391

—, [Methyl-*o*-tolyl-dihydro-naphthyl]-
9 3541

—, [Methyl-*o*-tolyl-tetrahydro-
naphthyl]- 9 3541

—, [Methyl-(trijod-benzoyl)-amino]-
9 1461

—, Naphthalindiyl-di- 9 4477, 4478

—, Naphthalindiyl-di-, dimethylester
9 4477, 4478

—, Naphthyl- 9 3206, 3211

—, Naphthyl-, äthylester 9 3207

—, Naphthyl-, amid 9 3208, 3212

—, Naphthyl-, [amid-imin] 9 3209

—, Naphthyl-, [brom-äthylamid] 9 3208

—, Naphthyl-, chlorid 9 3208

—, Naphthyl-, [diäthylamino-äthylester]
9 3207

—, Naphthyl-, [diäthylamino-
propylester] 9 3208

—, Naphthyl-, [hydroxy-äthylamid]
9 3208, 3212

—, Naphthyl-, [(methyl-diäthyl-ammonio)-
äthylester] 9 3207

—, Naphthyl-, methylester 9 3206

—, Naphthyl-, nitril 9 3209, 3212

—, Naphthyl-, [trimethylammonio-
äthylester] 9 3207

—, Naphthyl-, ureid 9 3208, 3212

—, [Naphthyl-acetamino]- 9 3208

—, Naphthyl-bis-biphenylyl- 9 3696

—, Naphthyl-cyan-, äthylester 9 4473

—, Naphthyl-cyan-, amid 9 4474

—, [Naphthyl-indenyl]- 9 3633

—, Naphthyl-oxal-, äthylester-nitril
10 4003

—, Naphthyl-oxal-, diäthylester
10 4003

—, [Naphthyl-phenyl]- 9 3555

—, [Naphthyl-phenyl]-, amid 9 3555

—, [Nitro-benzamino]- 9 1478, 1517, 1726

—, [Nitro-benzamino]-, äthylester
9 1726

—, [Nitro-benzamino]-, amid 9 1726

—, [(Nitro-benzamino)-acetamino]-
9 1727

Essigsäure, [(Nitro-benzamino)-acetamino]-,
amid **9** 1727

—, [(Nitro-benzamino)-acetamino]-,
hydrazid **9** 1729

—, [(Nitro-benzamino)-acetamino]-,
methylester **9** 1727

—, [(Nitro-benzamino)-methyl-
valerylamino]- **9** 1479, 1733

—, [Nitro-benzoylhydrazono]- **9** 1535

—, [Nitro-benzoylhydrazono]-[hydroxy-
cyclohexenyl]- **10** 3517

—, [Nitro-benzoylhydrazono]-[oxo-
cyclohexyl]- **10** 3517

—, [Nitro-benzoyloxyimino]-[chlor-
phenyl]-, nitril **10** 2984

—, [Nitro-benzoyloxyimino]-naphthyl-,
nitril **10** 3266

—, [Nitro-benzoyloxyimino]-[nitro-
phenyl]-, nitril **10** 2986

—, [Nitro-benzoyloxyimino]-phenyl-,
nitril **10** 2977

—, [Nitro-benzoyloxyimino]-o-tolyl-,
nitril **10** 3028

—, [Nitro-benzoyloxy]-phenyl-,
methylester **10** 455

—, [Nitro-benzyloxy-phenyl]- **10** 430

—, [Nitro-bis-äthoxycarbonyloxy-phenyl]-
10 1467

—, [Nitro-carboxy-phenyl]- **9** 4268

—, Nitro-cyclohexenyl-, äthylester
9 161

—, [Nitro-cyclohexyl]-[brom-phenyl]-,
nitril **9** 2865

—, Nitro-cyclohexyliden-, äthylester
9 163

—, [Nitro-dibenzyloxy-phenyl]- **10** 1467

—, [Nitro-dihydroxy-phenyl]- **10** 1466, 1467

—, [Nitro-dimethoxy-phenyl]- **10** 1466, 1468

—, [Nitro-dimethoxy-phenyl]-, amid
10 1469

—, [Nitro-dimethoxy-phenyl]-,
benzylester **10** 1469

—, [Nitro-dimethoxy-phenyl]-, nitril
10 1467

—, [Nitro-dioxo-trimethyl-cyclohexenyl]-,
äthylester **10** 3529

—, Nitro-diphenyl-, nitril **9** 3314

—, [Nitro-hydroxy-methoxy-phenyl]-
10 1466, 1467, 1468

—, [Nitro-hydroxy-phenyl]- **10** 430

—, [Nitro-hydroxy-phenyl]-, amid **10** 443

—, [Nitro-methoxy-äthoxycarbonyloxy-
phenyl]- **10** 1467

—, [Nitro-methoxy-äthoxy-phenyl]-
10 1468

—, [Nitro-methoxy-benzyloxy-phenyl]-
10 1467, 1468

—, [Nitro-methoxy-benzyloxy-phenyl]-,
benzylester **10** 1467

Essigsäure, [Nitro-methoxycarbonyl-
phenyl]-, methylester **9** 4268, 4270

—, [Nitro-methoxy-phenyl]- **10** 430, 442

—, [Nitro-methoxy-phenyl]-, äthylester
10 430, 443

—, [Nitro-methoxy-phenyl]-, amid
10 443

—, [Nitro-methoxy-phenyl]-, [hydroxy-
äthylamid] **10** 443

—, [Nitro-methoxy-phenyl]-,
methylester **10** 443

—, [Nitro-methoxy-phenyl]-, nitril
10 430, 443

—, [Nitro-methyl-biphenylyl]- **9** 3350

—, [Nitro-methyl-phenyl]- **9** 2428

—, [Nitro-methyl-phenyl]-, amid
9 2428

—, [Nitro-naphthyl]-, [hydroxy-
äthylamid] **9** 3214

—, Nitro-phenyl-, nitril **9** 2291

—, aci-Nitro-phenyl-, nitril **9** 2291

—, [Nitro-phenyl]- **9** 2282, 2283, 2284

—, [Nitro-phenyl]-, äthylamid **9** 2289

—, [Nitro-phenyl]-, äthylester
9 2282, 2284

—, [Nitro-phenyl]-, [äthylester-imin]
9 2290

—, [Nitro-phenyl]-, amid **9** 2283

—, [Nitro-phenyl]-, [amid-imin]
9 2283, 2291

—, [Nitro-phenyl]-, anhydrid **9** 2288

—, [Nitro-phenyl]-, benzylester **9** 2286

—, [Nitro-phenyl]-, butylester **9** 2285

—, [Nitro-phenyl]-, sec-butylester **9** 2285

—, [Nitro-phenyl]-, tert-butylester
9 2285

—, [Nitro-phenyl]-, chlorid **9** 2282, 2289

—, [Nitro-phenyl]-, [dimethylamino-
äthylamid] **9** 2290

—, [Nitro-phenyl]-, [dimethyl-
phenylester] **9** 2286, 2287

—, [Nitro-phenyl]-, heptylester **9** 2285

—, [Nitro-phenyl]-, hexylester **9** 2285

—, [Nitro-phenyl]-, [hydroxy-äthylamid]
9 2289

—, [Nitro-phenyl]-, isobutylester
9 2285

—, [Nitro-phenyl]-, isopentylamid
9 2289

—, [Nitro-phenyl]-, isopropylester
9 2285

—, [Nitro-phenyl]-, [methoxy-
phenylester] **9** 2288

—, [Nitro-phenyl]-, methylester
9 2282, 2284

—, [Nitro-phenyl]-, [methyl-isopropyl-
phenylester] **9** 2287

—, [Nitro-phenyl]-, naphthylester
9 2287

Essigsäure, [Nitro-phenyl]-, nitril
　　9 2283, 2291
—, [Nitro-phenyl]-, octylester 9 2286
—, [Nitro-phenyl]-, *tert*-pentylamid
　　9 2289
—, [Nitro-phenyl]-, pentylester 9 2285
—, [Nitro-phenyl]-, phenylester 9 2286
—, [Nitro-phenyl]-, propylester 9 2284
—, [Nitro-phenyl]-, *m*-tolylester
　　9 2286
—, [Nitro-phenyl]-, *o*-tolylester
　　9 2286
—, [Nitro-phenyl]-, *p*-tolylester
　　9 2286
—, [Nitro-phenyl]-, ureid 9 2289
—, [Nitro-phenyl]-, [2.4]xylylester
　　9 2287
—, [Nitro-phenyl]-, [2.5]xylylester
　　9 2287
—, [Nitro-phenyl]-, [2.6]xylylester
　　9 2287
—, [Nitro-phenyl]-, [3.4]xylylester
　　9 2286
—, [Nitro-*p*-phenylen]-di-,
　　diäthylester 9 4296
—, [Nitro-phenyl]-[nitro-phenyl]-
　　9 3314
—, [Nitro-phenyl]-[nitro-phenyl]-,
　　methylester 9 3314
—, [Nitro-phenyl]-oxal-, äthylester-
　　nitril 10 3958
—, [Nitroso-phenylacetyl-amino]-,
　　äthylester 9 2250
—, [Nitro-trioxo-[1.2′]biindanylidenyl]-,
　　äthylester 10 4031
—, Norbornenyl- 9 302
—, Norbornenyl-, nitril 9 302
—, Norbornyl- 9 187
—, Norbornyl-, amid 9 188
—, Norbornyl-, chlorid 9 187
—, Norbornyl-, nitril 9 188
—, [Octahydro-anthryl]- 9 3108
—, [Octahydro-anthryl]-, nitril 9 3108
—, [Octahydro-benz[*a*]anthracenyl]-
　　9 3489
—, [Octahydro-1.4:5.8-dimethano-
　　naphthalinyl]-, nitril 9 2878
—, [Octahydro-naphthalindiyl]-di-
　　9 4027
—, [Octahydro-naphthalindiyl]-di-,
　　äthylester 9 4028
—, [Octahydro-naphthalindiyl]-di-,
　　diäthylester 9 4028
—, [Octahydro-naphthalindiyl]-di-,
　　dimethylester 9 4027
—, [Octahydro-naphthalindiyl]-di-,
　　methylester 9 4027
—, [Octahydro-naphthyl]- 9 330
—, [Octahydro-naphthyl]-, äthylester 9 330

Essigsäure, [Octahydro-naphthyl]-, amid
　　9 331
—, [Octahydro-naphthyl]-, chlorid
　　9 330
—, [Octahydro-naphthyliden]- 9 329, 331
—, [Octahydro-naphthyliden]-,
　　äthylester 9 332
—, [Octahydro-naphthyliden]-, amid
　　9 332
—, [Octahydro-phenanthryl]- 9 3109, 3510
—, [Octahydro-phenanthryl]-,
　　äthylester 9 3109
—, Oxo- s. a. *Glyoxylsäure*
—, [Oxo-äthoxycarbonyl-cycloheptyl]-,
　　äthylester 10 3900
—, [Oxo-äthoxycarbonyl-cyclohexyl]-,
　　äthylester 10 3894, 3895
—, [Oxo-äthoxycarbonyl-cyclopentyl]-,
　　äthylester 10 3891, 3892
—, [Oxo-äthoxycarbonyl-cyclopentyl]-,
　　methylester 10 3891
—, [(Oxo-äthoxycarbonyl-cyclopentyl)-
　　cyclohexyl]-, äthylester 10 3938
—, [Oxo-äthoxycarbonyl-tetrahydro-
　　naphthyl]-, äthylester 10 3980
—, [Oxo-(äthyl-phenyl)-cyclopentenyl]-
　　10 3237
—, [Oxo-anthryliden]- 10 3405
—, Oxo-benz[*a*]anthracenyl- 10 3470
—, [Oxo-benz[*de*]anthracenyl]-, nitril
　　10 3454
—, Oxo-[benzhydryl-phenyl]- 10 3459
—, [Oxo-benzoyloxyimino-indanyl]-
　　10 3589
—, [Oxo-benzyliden-äthoxycarbonyl-
　　cyclopentyl]-, äthylester 10 3998
—, Oxo-biphenylyl- 10 3306
—, [Oxo-biphenylyl-cyclopentenyl]-
　　10 3414
—, [Oxo-bis-äthoxycarbonyl-
　　cyclohexenyl]- 10 4113
—, [Oxo-bornyliden]- 10 2959
—, [Oxo-bornyliden]-, äthylester 10 2960
—, [Oxo-bornyliden]-, methylester
　　10 2960
—, [Oxo-bornyliden]-, [oxo-bornyliden-
　　methylester] 10 2961
—, [Oxo-bornyliden]-, [oxo-bornyl-
　　methylester] 10 2960
—, [(Oxo-butyl)-cyclohexyl]- 10 2887
—, [(Oxo-butyl)-cyclohexyl]-,
　　äthylester 10 2887
—, [(Oxo-butyl)-cyclopentyl]- 10 2879
—, [(Oxo-butyl)-cyclopentyl]-,
　　äthylester 10 2879
—, [Oxo-carboxy-cycloheptyl]- 10 4056
—, [Oxo-carboxy-indanyl]- 10 3979
—, [Oxo-(chlor-methoxy-naphthyl)-
　　cyclopentenyl]- 10 4467

Essigsäure, [Oxo-*p*-cumenyl-cyclopentenyl]-
     10 3240
—, [Oxo-cycloheptyl]- **10** 2833
—, [Oxo-cycloheptyl]-, äthylester
     10 2833
—, Oxo-cyclohexandiyl-di- **10** 3903
—, [Oxo-cyclohexandiyl]-di- **10** 3903
—, [Oxo-cyclohexandiyl]-di-,
     diäthylester **10** 3904
—, Oxo-cyclohexyl- **10** 2822
—, [Oxo-cyclohexyl]- **10** 2820, 2821
—, [Oxo-cyclohexyl]-, äthylester
     10 2820, 2821
—, [Oxo-cyclohexyl]-, methylester
     10 2821
—, [Oxo-cyclohexyl]-
     [äthoxycarbonylmethyl-
     cyclohexyliden]-, äthylester
     10 3945
—, Oxo-[cyclohexyl-phenyl]- **10** 3191
—, [Oxo-(cyclohexyl-phenyl)-
     cyclopentenyl]- **10** 3286
—, [Oxo-cyclopentadecyl]- **10** 2895
—, [Oxo-cyclopentandiyl]-di- **10** 3898
—, [Oxo-cyclopentandiyl]-di-,
     diäthylester **10** 3898
—, [Oxo-cyclopentyl]- **10** 2817
—, [Oxo-cyclopentyl]-, äthylester
     10 2817
—, Oxo-cyclopropyl- **10** 2807
—, [Oxo-decahydro-naphthyl]- **10** 2935
—, [Oxo-dihydro-cyclopenta[*a*]-
     naphthalinyl]- **10** 3321
—, [Oxo-dihydro-naphthalindiyl]-di-
     10 3981
—, [Oxo-dihydro-naphthyliden]- **10** 3232
—, Oxo-[dihydroxy-äthyl-phenyl]-
     10 4551
—, Oxo-[dihydroxy-butyl-phenyl]-
     10 4562
—, Oxo-[dihydroxy-dodecyl-phenyl]-
     10 4571
—, Oxo-[dihydroxy-hexyl-phenyl]-
     10 4568
—, Oxo-[dihydroxy-methyl-äthyl-phenyl]-
     10 4559
—, Oxo-[dihydroxy-methyl-phenyl]-
     10 4534
—, Oxo-[dihydroxy-nonyl-phenyl]-
     10 4571
—, Oxo-[dihydroxy-octyl-phenyl]-
     10 4570
—, Oxo-[diisopropyl-phenyl]- **10** 3107
—, [Oxo-dimethyl-äthoxycarbonyl-
     cyclohexyl]-, äthylester **10** 3917
—, [Oxo-dimethyl-äthoxycarbonyl-
     cyclopentyl]-, äthylester **10** 3911
—, [Oxo-dimethyl-carboxy-cyclobutyl]-
     10 3900

Essigsäure, [Oxo-dimethyl-carboxy-
     dodecahydro-phenanthryl]- **10** 3974
—, [Oxo-dimethyl-carboxy-
     tetradecahydro-phenanthryl]-
     10 3947
—, [Oxo-dimethyl-cyclohexyl]- **10** 2857,
     2858
—, [Oxo-dimethyl-cyclohexyl]-,
     äthylester **10** 2857, 2858
—, [Oxo-dimethyl-hexadecahydro-
     cyclopenta[*a*]phenanthrenyl]-
     10 3125
—, [Oxo-dimethyl-hexadecahydro-
     cyclopenta[*a*]phenanthrenyl]-,
     methylester **10** 3126
—, [Oxo-dimethyl-(hydroxy-äthyl)-
     (dimethyl-hexyl)-dodecahydro-
     cyclopenta[*a*]naphthalinyl]-
     10 4202
—, [Oxo-dimethyl-indanyl]- **10** 3187
—, [Oxo-dimethyl-methoxycarbonyl-
     decahydro-naphthyl]- **10** 3939
—, [Oxo-dimethyl-methoxycarbonyl-
     decahydro-naphthyl]-, methylester
     10 3939
—, [Oxo-dimethyl-methoxycarbonyl-
     tetradecahydro-phenanthryl]-,
     methylester **10** 3947
—, [Oxo-dimethyl-norbornyl]- **10** 2925
—, [Oxo-dimethyl-phenyl-tetrahydro-
     furyl]- **10** 1868
—, [Oxo-dimethyl-pyruvoyl-
     tetradecahydro-phenanthryl]-
     10 3975
—, [Oxo-dimethyl-tetradecahydro-
     cyclopenta[*a*]phenanthrenyl]-,
     methylester **10** 3216
—, [Oxo-dimethyl-tetradecahydro-
     cyclopenta[*a*]phenanthrenyliden]-
     10 3248
—, [Oxo-dimethyl-tetradecahydro-
     cyclopenta[*a*]phenanthrenyliden]-,
     methylester **10** 3248
—, Oxo-[dinitro-*m*-phenylen]-di-,
     diäthylester **10** 3961
—, Oxo-[diphenyl-anthryl]- **10** 3507
—, Oxo-fluorenyl- **10** 3376
—, [Oxo-fluorenyl]- **10** 3376
—, [Oxo-fluorenyl]-, methylester **10** 3376
—, Oxo-[hexahydro-indandiyl]-di-
     10 3937
—, Oxo-[hexahydro-indandiyl]-di-,
     dimethylester **10** 3937
—, Oxo-[(hydroxy-äthyl)-phenyl]-
     10 4242
—, Oxo-[(hydroxy-cyclohexyl-acetyl)-
     phenyl]- **10** 4637
—, Oxo-[(hydroxy-cyclohexyl-hexanoyl)-
     phenyl]- **10** 4638

Essigsäure, Oxo-[(hydroxy-cyclohexyl-valeryl)-phenyl]- 10 4638
—, Oxo-[(hydroxy-dimethyl-decanoyl)-phenyl]- 10 4612
—, [Oxo-hydroxyimino-indanyl]- 10 3589
—, [Oxo-hydroxyimino-indanyl]-, äthylester 10 3589
—, Oxo-[(hydroxy-methyl-hexanoyl)-phenyl]- 10 4611
—, Oxo-[(hydroxy-methyl-hexenoyl)-phenyl]- 10 4635
—, Oxo-[(hydroxy-naphthyl-acetyl)-phenyl]- 10 4707
—, [Oxo-(hydroxy-naphthyl)-cyclopentenyl]- 10 4466
—, [Oxo-(hydroxy-naphthyl)-cyclopentenyl]-, methylester 10 4466
—, Oxo-[hydroxy-phenyl]- 10 4203
—, [Oxo-indanyl]- 10 3168
—, [Oxo-indanyl]-, äthylester 10 3168
—, [Oxo-indanyl]-, methylester 10 3168
—, [(Oxo-isopentyl)-cyclohexyl]- 10 2890
—, [(Oxo-isopentyl)-cyclopentyl]- 10 2889
—, [(Oxo-isopentyl)-cyclopentyl]-, äthylester 10 2890
—, [Oxo-(isopropyl-phenyl)-cyclopentenyl]- 10 3240
—, Oxo-[lactoyl-phenyl]- 10 4605
—, [Oxo-methoxycarbonyl-phenyl-cyclohexyl]-, methylester 10 3981
—, [Oxo-methoxycarbonyl-tetrahydro-naphthyl]-, methylester 10 3980
—, [Oxo-(methoxy-naphthyl)-cyclopentenyl]- 10 4466
—, [Oxo-(methoxy-naphthyl)-cyclopentenyl]-, äthylester 10 4467
—, [Oxo-(methoxy-naphthyl)-cyclopentenyl]-, methylester 10 4466
—, [Oxo-(methoxy-naphthyl)-cyclopentyl]- 10 4456
—, [Oxo-(methoxy-naphthyl)-cyclopentyl]-, methylester 10 4456
—, [Oxo-(methoxy-phenyl)-cyclopentenyl]- 10 4377, 4378
—, [Oxo-(methoxy-phenyl)-cyclopentenyl]-, methylester 10 4378
—, [Oxo-(methoxy-phenyl)-indenyl]- 10 4477
—, [Oxo-methyl-äthoxycarbonyl-cyclohexenyl]-, äthylester 10 3928
—, [Oxo-methyl-äthoxycarbonyl-cyclohexyl]-, äthylester 10 3905, 3906, 3907

Essigsäure, [Oxo-methyl-äthoxycarbonyl-cyclopentyl]-, äthylester 10 3898, 3899
—, {Oxo-[(methyl-butyl)-phenyl]-cyclopentenyl}- 10 3244
—, [Oxo-methyl-carbamoyl-cyclohexyl]- 10 3904
—, [Oxo-methyl-carboxy-cyclohexyl]- 10 3904
—, [Oxo-methyl-carboxy-octahydro-phenanthryl]- 10 3998
—, [Oxo-methyl-cyan-cyclohexyl]- 10 3905
—, [Oxo-methyl-cyan-cyclohexyl]-, äthylester 10 3905
—, [Oxo-methyl-cyan-cyclohexyl]-, methylester 10 3905
—, Oxo-[methyl-cyclohexandiyl]-di- 10 3915
—, Oxo-[methyl-cyclohexandiyl]-di-, dimethylester 10 3915
—, Oxo-[methyl-cyclohexandiyl]-di-, methylester 10 3916
—, [Oxo-methyl-cyclohexandiyl]-di- 10 3916
—, [Oxo-methyl-cyclohexandiyl]-di-, diäthylester 10 3916, 3917
—, [Oxo-methyl-cyclohexendiyl]-di- 10 3931
—, [Oxo-methyl-cyclohexendiyl]-di-, bis-[phenyl-phenacylester] 10 3932
—, [Oxo-methyl-cyclohexyl]- 10 2837, 2838, 2839
—, [Oxo-methyl-cyclohexyl]-, äthylester 10 2837, 2838, 2839
—, [Oxo-methyl-cyclohexyl]-cyan- 10 3905
—, [Oxo-methyl-cyclohexyl]-cyan-, äthylester 10 3905
—, [Oxo-methyl-cyclohexyl]-cyan-, methylester 10 3905
—, [Oxo-methyl-cyclopenta[a]-naphthalinyl]- 10 3383
—, [Oxo-methyl-cyclopenta[a]-naphthalinyl]-, äthylester 10 3383
—, Oxo-[methyl-cyclopentandiyl]-di- 10 3910
—, Oxo-[methyl-cyclopentandiyl]-di-, dimethylester 10 3910
—, [Oxo-methyl-cyclopentenyl]- 10 2900
—, Oxo-[methyl-cyclopentyl]- 10 2829
—, [Oxo-methyl-cyclopentyl]- 10 2829, 2830, 2831
—, [Oxo-methyl-cyclopentyl]-, äthylester 10 2829, 2831
—, [Oxo-methyl-cyclopentyl]-, methylester 10 2830
—, [Oxo-methyl-dihydro-cyclopenta[a]-naphthalinyl]-, äthylester 10 3337

Essigsäure, [Oxo-methyl-dodecahydro-
2.10a-äthano-phenanthrenyl]- **10** 3118
—, [Oxo-methyl-(methoxy-phenyl)-
äthoxycarbonyl-cyclohexyl]-,
äthylester **10** 4755
—, [Oxo-methyl-(methylmercapto-äthyl)-
methoxycarbonyl-cyclohexenyl]-
10 4715
—, [Oxo-(methyl-naphthyl)-
cyclopentenyl]- **10** 3397
—, {Oxo-methyl-[oxo-methyl-(dimethyl-
hexyl)-hexahydro-indanyl]-
cyclohexyl}-, methylester **10** 3544
—, [Oxo-methyl-phenyl-äthoxycarbonyl-
cyclohexyl]-, äthylester **10** 3983
—, [Oxo-methyl-phenyl-methoxycarbonyl-
cyclohexyl]-, methylester **10** 3983
—, [Oxo-methyl-tetradecahydro-
6a.9-methano-cyclohepta[*a*]=
naphthalinyl]- **10** 3118
—, [Oxo-methyl-tetrahydro-
acephenanthrylenyl]-, äthylester
10 3419
—, [Oxo-methyl-tetrahydro-
acephenanthrylenyl]-, methylester
10 3419
—, [Oxo-(methyl-tetrahydro-naphthyl)-
cyclopentenyl]- **10** 3284
—, [Oxo-methyl-tetrahydro-phenanthryl]-
10 3348
—, [Oxo-methyl-tetrahydro-phenanthryl]-,
methylester **10** 3348
—, Oxo-naphthyl- **10** 3264, 3265
—, [Oxo-naphthyl-cyclopentenyl]-
10 3390
—, [Oxo-naphthyl-cyclopentenyl]-,
methylester **10** 3390
—, [Oxo-naphthyl-cyclopentyl]- **10** 3347
—, [Oxo-naphthyl-cyclopentyl]-,
methylester **10** 3348
—, [Oxo-naphthyl-indenyl]- **10** 3472
—, [Oxo-naphthyl-indenyl]-,
methylester **10** 3473
—, [(Oxo-nonyl)-cyclohexyl]- **10** 2896
—, [Oxo-octahydro-anthryl]- **10** 3241
—, Oxo-[octahydro-naphthalindiyl]-di-
10 3938
—, Oxo-[octahydro-naphthalindiyl]-di-,
dimethylester **10** 3938
—, Oxo-[oxo-bicyclohexylyl]- **10** 3533
—, Oxo-[oxo-cyclohexyl]- **10** 3517
—, Oxo-[oxo-dimethyl-cyclohexyl]-
10 3520
—, Oxo-[oxo-dimethyl-cyclopentyl]-
10 3519
—, Oxo-[oxo-methyl-cyclohexyl]- **10** 3519
—, Oxo-[oxo-methyl-isopropyl-indanyl]-
10 3596
—, Oxo-[oxo-octahydro-anthryl]- **10** 3611

Essigsäure, Oxo-[oxo-tetrahydro-naphthyl]-
10 3590, 3591
—, Oxo-[oxo-trimethyl-norbornyl]-
10 3531
—, Oxo-phenyl- **10** 2972
—, [Oxo-phenyl-cyclohexyl]- **10** 3190, 3191
—, [Oxo-phenyl-cyclopenta[*a*]=
naphthalinyl]- **10** 3471
—, [Oxo-phenyl-cyclopenta[*a*]=
naphthalinyl]-, methylester **10** 3471
—, [Oxo-phenyl-cyclopentenyl]- **10** 3233
—, [Oxo-phenyl-cyclopentenyl]-,
äthylester **10** 3234
—, [Oxo-phenyl-cyclopentyl]- **10** 3182
—, [Oxo-phenyl-cyclopentyl]-,
äthylester **10** 3183
—, [Oxo-phenyl-indenyl]- **10** 3406
—, [Oxo-phenyl-indenyl]-, äthylester
10 3406
—, [Oxo-phenyl-tetrahydro-cyclopenta[*a*]=
naphthalinyl]- **10** 3445
—, [Oxo-phenyl-tetrahydro-cyclopenta[*b*]=
naphthalinyl]- **10** 3445
—, [Oxo-phenyl-tetrahydro-naphthyl]-
10 3396
—, [Oxo-phenyl-tetrahydro-naphthyl]-,
methylester **10** 3397
—, Oxo-[propionyl-phenyl]- **10** 3554
—, Oxo-[pyruvoyl-phenyl]- **10** 3977
—, [Oxo-tetrahydro-cyclopenta[*a*]=
naphthalinyl]- **10** 3276
—, [Oxo-tetrahydro-cyclopenta[*a*]=
phenanthrenyl]- **10** 3418
—, [Oxo-tetrahydro-cyclopenta[*a*]=
phenanthrenyl]-, methylester
10 3418
—, [Oxo-tetrahydro-naphthyl]-
10 3174
—, [Oxo-tetrahydro-naphthyl]-,
methylester **10** 3175
—, [Oxo-tetrahydro-phenanthryl]-
10 3335
—, [Oxo-tetrahydro-phenanthryl]-,
methylester **10** 3335, 3336
—, Oxo-*p*-tolyl- **10** 3031
—, [Oxo-*p*-tolyl-cyclopentenyl]-
10 3235
—, [Oxo-trimethyl-cyclopentenyl]-
10 2909
—, [Oxo-trimethyl-cyclopentyl]-
10 2865, 2867
—, [Oxo-trimethyl-cyclopentyl]-,
methylester **10** 2866
—, [Oxo-trimethyl-cyclopentyl]-,
nitril **10** 2867
—, [Oxo-trimethyl-methoxycarbonyl-
dodecahydro-phenanthryliden]-,
[dimethylamino-äthylester]
10 3975

Essigsäure, [Oxo-trimethyl-(methoxy-naphthyl)-cyclopentyl]- **10** 4463
—, [Oxo-trimethyl-norbornyl]- **10** 2937
—, [Oxo-trimethyl-norbornyl]-, amid **10** 2939
—, [Oxo-trimethyl-norbornyl]-, chlorid **10** 2939
—, [Oxo-trimethyl-norbornyl]-, hydrazid **10** 2939
—, [Oxo-trimethyl-norbornyl]-, [nitro-benzylidenhydrazid] **10** 2940
—, [Oxo-trimethyl-norbornyl]-, [(oxo-bornyliden)-methylester] **10** 2939
—, [Oxo-trimethyl-norbornyl]-, [(oxo-trimethyl-norbornyliden)-methylester] **10** 2939
—, [Oxo-trimethyl-norbornyl]-, [(oxo-trimethyl-norbornyl)-methylester] **10** 2938
—, [Oxo-trimethyl-norbornyliden]- **10** 2959
—, [Oxo-trimethyl-norbornyliden]-, äthylester **10** 2960
—, [Oxo-trimethyl-norbornyliden]-, methylester **10** 2960
—, [Oxo-trimethyl-norbornyliden]-, [oxo-trimethyl-norbornyliden-methylester] **10** 2961
—, [Oxo-trimethyl-norbornyliden]-, [oxo-trimethyl-norbornyl-methylester] **10** 2960
—, Oxo-[trimethyl-phenyl]- **10** 3076
—, [Oxy-diphenyl]-di- **10** 432
—, Pentadeuteriophenyl- **9** 2260
—, [*tert*-Pentyl-phenyl]- **9** 2582
—, [*tert*-Pentyl-phenyl]-, äthylester **9** 2582
—, [Phenacyl-cyclohexyl]- **10** 3202
—, [Phenacyl-cyclopentyl]- **10** 3198
—, [Phenäthyl-cyclohexyl]- **9** 2890
—, [Phenäthyl-cyclohexyl]-, [phenyl-phenacylester] **9** 2890
—, [Phenäthyl-cyclopentyl]- **9** 2884
—, Phenanthryl- **9** 3506, 3507, 3508
—, Phenanthryl-, amid **9** 3507
—, Phenanthryl-, chlorid **9** 3508
—, Phenanthryl-, [hydroxy-äthylamid] **9** 3507, 3508
—, Phenanthryl-, methylester **9** 3507, 3508
—, Phenanthryl-, nitril **9** 3507, 3508
—, Phenoxy-cyclohexyl-, [diäthylamino-äthylester] **10** 26
—, Phenoxy-cyclohexyl-, [dimethylamino-äthylester] **10** 26
—, Phenoxy-cyclopentyl-, [diäthylamino-äthylester] **10** 20
—, Phenoxy-cyclopentyl-, [dimethylamino-propylester] **10** 21

Essigsäure, Phenoxy-diphenyl-, methylester **10** 1171
—, [Phenoxy-methyl-äthoxycarbonyl-cyclohexyl]- **10** 2036
—, [Phenoxy-oxo-äthoxycarbonyl-cyclohexyl]-, äthylester **10** 4712
—, Phenoxy-phenyl- **10** 452
—, Phenoxy-phenyl-, äthylester **10** 458
—, Phenoxy-phenyl-, amid **10** 472
—, Phenoxy-phenyl-, dimethylamid **10** 472
—, Phenoxy-phenyl-, [dimethylamino-äthylester] **10** 467
—, [Phenoxy-phenyl]- **10** 433
—, [Phenoxy-phenyl]-, äthylester **10** 433
—, [Phenoxy-phenyl]-, [hydroxy-äthylamid] **10** 436
—, Phenyl- **9** 2169
—, Phenyl-, acetonylamid **9** 2205
—, Phenyl-, [äthoxy-äthylamid] **9** 2197
—, Phenyl-, [äthoxy-benzhydrylamid] **9** 2203
—, Phenyl-, äthylamid **9** 2194
—, Phenyl-, {[äthyl-(chlor-styryl)-amid]-äthylimin} **9** 2256
—, Phenyl-, äthylester **9** 2176
—, Phenyl-, [äthylester-imin] **9** 2250
—, Phenyl-, [äthyl-(hydroxy-äthyl)-amid] **9** 2197
—, Phenyl-, allylamid **9** 2196
—, Phenyl-, allylester **9** 2181
—, Phenyl-, amid **9** 2193
—, Phenyl-, [amid-imin] **9** 2255
—, Phenyl-, amidjodid **9** 2252
—, Phenyl-, [amid-methylimin] **9** 2256
—, Phenyl-, [amino-äthylamid] **9** 2242
—, Phenyl-, [amino-propylamid] **9** 2243
—, Phenyl-, anhydrid **9** 2190
—, Phenyl-, anthrylester **9** 2184
—, Phenyl-, benzhydrylester **9** 2184
—, Phenyl-, [benzoyl-naphthylester] **9** 2189
—, Phenyl-, benzylester **9** 2183
—, Phenyl-, benzylidenhydrazid **9** 2257
—, Phenyl-, [bis-(hydroxy-äthyl)-amid] **9** 2198
—, Phenyl-, [brom-äthylidenamid] **9** 2202
—, Phenyl-, [bromid-imin] **9** 2252
—, Phenyl-, [brom-phenacylester] **9** 2188
—, Phenyl-, [brom-vinylamid] **9** 2202
—, Phenyl-, butenylamid **9** 2196
—, Phenyl-, butylamid **9** 2195
—, Phenyl-, *tert*-butylamid **9** 2195
—, Phenyl-, [butylamino-isobutylester] **9** 2191
—, Phenyl-, butylester **9** 2177
—, Phenyl-, *sec*-butylester **9** 2180

Essigsäure, Phenyl-, *tert*-butylester
  9 2180
—, Phenyl-, butyloxymethylester 9 2187
—, Phenyl-, [chlor-äthylamid] 9 2194
—, Phenyl-, [chlor-äthylester] 9 2178
—, Phenyl-, chloramid 9 2250
—, Phenyl-, [chlor-butylester] 9 2177
—, Phenyl-, chlorid 9 2192
—, Phenyl-, [chlor-methyl-phenylester]
  9 2182
—, Phenyl-, cholesterylester 9 2183
—, Phenyl-, cyclohexenylester 9 2181
—, Phenyl-, cyclohexylester 9 2181
—, Phenyl-, desylester 9 2188
—, Phenyl-, [diäthoxy-äthylamid]
  9 2204
—, Phenyl-, [diäthoxy-methyl-
  propylamid] 9 2205
—, Phenyl-, [diäthylamino-äthylamid]
  9 2242
—, Phenyl-, [diäthylamino-äthylester]
  9 2191
—, Phenyl-, [diäthylamino-dimethyl-
  propylester] 9 2191
—, Phenyl-, [diäthylamino-hydroxy-
  propylester] 9 2191
—, Phenyl-, [diäthyl-propylester]
  9 2181
—, Phenyl-, [dibutyloxy-äthylamid]
  9 2204
—, Phenyl-, [dichlor-äthylidenamid]
  9 2201
—, Phenyl-, [dichlor-phenylester]
  9 2182
—, Phenyl-, [dichlor-vinylamid] 9 2201
—, Phenyl-, [dihydroxy-isopropylamid]
  9 2199
—, Phenyl-, [dihydroxy-propylamid]
  9 2199
—, Phenyl-, [dihydroxy-propylester]
  9 2187
—, Phenyl-, dimethylamid 9 2194
—, Phenyl-, [dimethyl-butylamid]
  9 2195
—, Phenyl-, [dioxo-isopropylamid]
  9 2207
—, Phenyl-, dodecylamid 9 2195
—, Phenyl-, dodecylester 9 2181
—, Phenyl-, friedelenylester 9 2183
—, Phenyl-, heptylester 9 2180
—, Phenyl-, hydrazid 9 2257
—, Phenyl-, [hydroxy-äthylamid]
  9 2196
—, Phenyl-, [hydroxy-äthyl-butylamid]
  9 2199
—, Phenyl-, [hydroxy-äthylester]
  9 2184
—, Phenyl-, [hydroxy-äthylmercapto-
  äthylamid] 9 2204

Essigsäure, Phenyl-, hydroxyamid 9 2256
—, Phenyl-, [hydroxy-benzylidenamid]
  9 2206
—, Phenyl-, [hydroxy-butylamid] 9 2198
—, Phenyl-, [hydroxy-*tert*-butylamid]
  9 2199
—, Phenyl-, [hydroxy-diphenyl-
  butylester] 9 2186
—, Phenyl-, [hydroxy-formyl-vinylamid]
  9 2207
—, Phenyl-, [hydroxy-isobutylamid]
  9 2199
—, Phenyl-, [hydroxy-isopropylamid]
  9 2198
—, Phenyl-, [hydroxy-isopropylester]
  9 2185
—, Phenyl-, [hydroxymethyl-propylamid]
  9 2198
—, Phenyl-, [hydroxy-phenylmercapto-
  äthylamid] 9 2204
—, Phenyl-, [hydroxy-propylamid]
  9 2198
—, Phenyl-, [hydroxy-propylester]
  9 2185
—, Phenyl-, isobutylester 9 2180
—, Phenyl-, isopropylester 9 2177
—, Phenyl-, [jodid-imin] 9 2252
—, Phenyl-, methallylamid 9 2196
—, Phenyl-, [methoxy-äthylamid]
  9 2197
—, Phenyl-, [methoxy-äthylidenamid]
  9 2205
—, Phenyl-, [methoxy-
  benzylidenhydrazid] 9 2258, 2259
—, Phenyl-, [methoxy-phenylester]
  9 2186
—, Phenyl-, [methoxy-vinylamid] 9 2205
—, Phenyl-, methylamid 9 2194
—, Phenyl-, [methylamid-imin] 9 2256
—, Phenyl-, [methyl-butenylamid]
  9 2196
—, Phenyl-, methylester 9 2175
—, Phenyl-, [methylester-imin] 9 2250
—, Phenyl-, [methyl-heptylester]
  9 2181
—, Phenyl-, naphthylester 9 2184
—, Phenyl-, nitril 9 2252
—, Phenyl-, [nitro-benzylester] 9 2183
—, Phenyl-, [nitroso-methyl-amid]
  9 2250
—, Phenyl-, octadecylamid 9 2196
—, Phenyl-, [oxo-äthylamid] 9 2204
—, Phenyl-, [oxo-äthylester] 9 2187
—, Phenyl-, [oxo-methyl-phenyl-
  propylidenhydrazid] 9 2258
—, Phenyl-, [oxo-methyl-
  propylidenhydrazid] 9 2257
—, Phenyl-, pentenylamid 9 2196
—, Phenyl-, *tert*-pentylamid 9 2195

Essigsäure, Phenyl-, [phenacyl-naphthylester]
9 2189
—, Phenyl-, [phenacyl-phenylester]
9 2188
—, Phenyl-, phenäthylester 9 2183
—, Phenyl-, phenylester 9 2182
—, Phenyl-, [phenyl-phenacylester]
9 2189
—, Phenyl-, [phenyl-propenylamid]
9 2203
—, Phenyl-, [phenyl-propylidenamid]
9 2203
—, Phenyl-, propylamid 9 2195
—, Phenyl-, [propylamino-isobutylester]
9 2191
—, Phenyl-, propylester 9 2178
—, Phenyl-, salicylidenamid 9 2206
—, Phenyl-, [semicarbazono-äthylester]
9 2188
—, Phenyl-, [semicarbazono-propylamid]
9 2205
—, Phenyl-, [tetramethyl-butylamid]
9 2195
—, Phenyl-, m-tolylester 9 2182
—, Phenyl-, o-tolylester 9 2182
—, Phenyl-, p-tolylester 9 2182
—, Phenyl-, [tribrom-hydroxy-äthylamid]
9 2200
—, Phenyl-, [tribrom-methoxy-äthylamid]
9 2201
—, Phenyl-, [trichlor-hydroxy-
äthylamid] 9 2200
—, Phenyl-, [trichlor-hydroxy-
propylamid] 9 2198
—, Phenyl-, ureid 9 2208
—, Phenyl-, veratrylidenhydrazid
9 2259
—, Phenyl-, vinylester 9 2181
—, [Phenyl-acetamino]- 9 2209
—, [Phenyl-acetamino]-, äthylester
9 2209
—, [Phenyl-acetamino]-, azid 9 2213
—, [Phenyl-acetamino]-,
benzylidenhydrazid 9 2213
—, [Phenyl-acetamino]-, tert-
butylamid 9 2209
—, [Phenyl-acetamino]-, butylester
9 2209
—, [Phenyl-acetamino]-, hydrazid
9 2213
—, [Phenyl-acetamino]-, [hydroxy-
äthylamid] 9 2210
—, [Phenyl-acetamino]-,
isopropylidenhydrazid 9 2213
—, [Phenyl-acetamino]-, methylester
9 2209
—, [Phenyl-acetamino]-, nitril 9 2212
—, [(Phenyl-acetamino)-acetamino]-
9 2210

Essigsäure, [Phenyl-acetamino]-cyan-
9 2224
—, [Phenyl-acetamino]-cyan-,
äthylester 9 2224
—, [Phenyl-acetamino]-cyan-,
benzylester 9 2224
—, [Phenyl-acetamino]-cyan-, hydrazid
9 2225
—, [Phenyl-acetamino]-cyan-,
methylester 9 2224
—, [Phenyl-acetimidoylmercapto]-
9 2298
—, [Phenylacetyl-äthoxalyl-amino]-,
methylester 9 2214
—, [Phenylacetyl-ureido]-, äthylester
9 2208
—, [Phenyl-äthoxycarbonyl-
cyclopentenyl]-, äthylester
9 4445
—, [Phenyl-äthoxycarbonyl-cyclopentyl]-,
äthylester 9 4414
—, [Phenyl-äthoxycarbonyl-
cyclopentyliden]-, äthylester
9 4445
—, [Phenyl-äthyliden]-oxal- 10 3978
—, Phenyl-[allyl-cyclohexyliden]-,
nitril 9 3252
—, Phenyl-[benzoyloxy-phenyl]- 10 1166
—, Phenyl-bibenzylyl- 9 3613
—, Phenyl-biphenylyl- 9 3591, 3592
—, Phenyl-biphenylyl-, amid 9 3592
—, Phenyl-biphenylyl-, chlorid 9 3592
—, Phenyl-biphenylyl-, [diäthylamino-
äthylester] 9 3592
—, Phenyl-biphenylyl-, [diäthylamino-
propylester] 9 3592
—, Phenyl-biphenylyl-, [dibutylamino-
äthylester] 9 3592
—, Phenyl-biphenylyl-, nitril 9 3592
—, Phenyl-bis-[dimethoxy-phenyl]-,
nitril 10 2544
—, Phenyl-bis-[trimethoxy-phenyl]-,
nitril 10 2622
—, Phenyl-[brom-phenyl]- 9 3313
—, Phenyl-[brom-phenyl]-, nitril
9 3313
—, Phenyl-[brom-trimethyl-phenyl]-
9 3386
—, Phenyl-[brom-trimethyl-phenyl]-,
chlorid 9 3386
—, Phenyl-[(carboxy-benzoyl)-phenyl]-
10 4032
—, [Phenyl-carboxy-cyclopentyl]-
9 4414
—, Phenyl-[carboxymethyl-phenyl]-
o-tolyl- 9 4692
—, Phenyl-[carboxy-phenyl]- 9 4526
—, Phenyl-[chlor-phenyl]- 9 3307
—, [Phenyl-crotonoylamino]- 9 2761

Essigsäure, Phenyl-cyan- **9** 4262
—, Phenyl-cyan-, äthylester **9** 4262
—, Phenyl-cyan-, amid **9** 4262
—, Phenyl-cyan-, benzylidenhydrazid
   9 4263
—, Phenyl-cyan-, hydrazid **9** 4263
—, Phenyl-cyan-, [hydroxy-äthylamid]
   9 4263
—, Phenyl-cyan-, methylamid **9** 4263
—, Phenyl-cyan-, methylester **9** 4262
—, [Phenyl-cyclohexenyl]- **9** 3093
—, [Phenyl-cyclohexenyl]-, äthylester
   9 3093
—, [Phenyl-cyclohexyl]- **9** 2866, 2868, 2869
—, [Phenyl-cyclohexyl]-, äthylester
   9 2867, 2869
—, [Phenyl-cyclohexyl]-, amid **9** 2867, 2869
—, [Phenyl-cyclohexyl]-, chlorid
   9 2867, 2869
—, Phenyl-cyclohexyliden- **9** 3092
—, Phenyl-cyclohexyliden-, äthylester
   9 3092
—, Phenyl-cyclohexyliden-, nitril
   9 3092
—, [Phenyl-cyclohexyliden]- **9** 3093
—, [Phenyl-cyclohexyliden]-cyan-,
   äthylester **9** 4448
—, [Phenyl-cyclopentenyl]- **9** 3087
—, [Phenyl-cyclopentyl]- **9** 2850, 2851
—, [Phenyl-cyclopentyl]-, äthylester
   9 2851, 2852
—, [Phenyl-cyclopentyl]-, amid **9** 2852
—, [Phenyl-cyclopentyl]-, chlorid
   9 2851
—, Phenyl-cyclopentyliden-, nitril
   9 3087
—, [Phenyl-dihydro-naphthyl]- **9** 3522
—, [Phenyl-dihydro-phenanthryl]-
   9 3638
—, [Phenyl-dihydro-phenanthryliden]-
   9 3638
—, Phenyl-[dijod-hydroxy-phenyl]-
   10 1166, 1167
—, Phenyl-[dimethyl-phenyl]- **9** 3368
—, Phenyl-[dimethyl-phenyl]-, nitril
   9 3368
—, Phenyl-[dimethyl-phenyl]-p-tolyl-,
   nitril **9** 3616
—, Phenyl-di-o-tolyl- **9** 3613
—, m-Phenylen-di- **9** 4294
—, m-Phenylen-di-, diäthylester
   9 4294
—, m-Phenylen-di-, diallylester
   9 4294
—, m-Phenylen-di-, diamid **9** 4294
—, o-Phenylen-di- **9** 4293
—, p-Phenylen-di- **9** 4295
—, p-Phenylen-di-, diäthylester
   9 4295

Essigsäure, p-Phenylen-di-, diallylester
   9 4295
—, Phenyl-fluorenyliden- **9** 3649
—, Phenyl-fluorenyliden-, amid **9** 3649
—, Phenyl-fluorenyliden-, nitril
   9 3649
—, Phenyl-[hydroxy-dimethyl-phenyl]-
   10 1209, 1210
—, Phenyl-[hydroxyimino-
   cyclohexadienyliden]-, nitril
   10 3289
—, Phenyl-[hydroxy-methyl-phenyl]-
   10 1198
—, Phenyl-[hydroxy-naphthyl]- **10** 1315
—, Phenyl-[hydroxy-oxo-phenyl-
   tetrahydro-furyl]- **10** 4015
—, Phenyl-[hydroxy-phenyl]- **10** 1167
—, Phenyl-[hydroxy-phenyl]-,
   äthylester **10** 1167
—, Phenyl-[hydroxy-phenyl]-, hydrazid
   10 1167
—, Phenyl-indanyl- **9** 3472
—, Phenylmercapto-phenyl- **10** 486
—, [Phenylmercapto-phenyl]- **10** 444
—, [Phenylmercapto-phenyl]-,
   äthylester **10** 444
—, [Phenylmercapto-phenyl]-, [hydroxy-
   äthylamid] **10** 445
—, Phenyl-mesityl- **9** 3385
—, Phenyl-[methoxycarbonylmethyl-
   phenyl]-o-tolyl-, methylester
   9 4692
—, Phenyl-[methoxy-phenyl]- **10** 1167
—, Phenyl-[methoxy-phenyl]-, nitril
   10 1166, 1167
—, Phenyl-[methoxy-phenyl]-[dimethyl-
   phenyl]-, nitril **10** 1328
—, Phenyl-naphthyl- **9** 3553
—, Phenyl-naphthyl-, amid **9** 3554
—, Phenyl-naphthyl-, chlorid **9** 3554
—, Phenyl-naphthyl-, [diäthylamino-
   äthylester] **9** 3553
—, Phenyl-naphthyl-, [diäthylamino-
   propylester] **9** 3553
—, Phenyl-naphthyl-, nitril **9** 3554
—, [Phenyl-naphthyl]- **9** 3557
—, Phenyl-[nitro-dioxo-dihydro-anthryl]-,
   nitril **10** 3676
—, Phenyl-[nitro-phenyl]-, nitril
   9 3314
—, Phenyl-[nitroso-phenyl]-, nitril
   10 3289
—, Phenyl-[nitro-trioxo-[1.2']-
   biindanylidenyl]-, äthylester
   10 4038
—, Phenyl-oxal-, äthylester-nitril
   10 3957
—, Phenyl-oxal-, butylester-nitril
   10 3957

Essigsäure, Phenyl-oxal-, diäthylester
10 3956

—, Phenyl-oxal-, diäthylester-
semicarbazon 10 3957

—, Phenyl-oxal-, heptylester-nitril
10 3958

—, Phenyl-oxal-, hexylester-nitril
10 3957

—, Phenyl-oxal-, methylester-nitril
10 3957

—, Phenyl-oxal-, octylester-nitril
10 3958

—, Phenyl-oxal-, pentylester-nitril
10 3957

—, Phenyl-oxal-, propylester-nitril
10 3957

—, Phenyl-[oxo-benz[*de*]anthracenyl]-,
nitril 10 3501

—, Phenyl-[oxo-benzyliden-indanyl]-
10 3492

—, Phenyl-[oxo-indanyl]- 10 3390

—, Phenyl-[oxo-indanyl]-, methylester
10 3390

—, Phenyl-[oxo-tetrahydro-naphthyl]-
10 3394

—, Phenyl-pentadeuteriophenyl- 9 3306

—, [Phenyl-pentadienoylamino]- 9 3072

—, [(Phenyl-phenacyloxycarbonyl)-
cyclohexyl]-, [phenyl-
phenacylester] 9 3837

—, Phenyl-[(phenyl-äthyl)-phenyl]-
9 3614

—, [Phenyl-propionylamino]- 9 2394

—, [(Phenyl-semicarbazono)-methyl-
cyclopentyl]- 10 2830

—, Phenylsulfin-phenyl- 10 487

—, Phenylsulfon-phenyl- 10 488

—, [Phenyl-tetrahydro-naphthyl]-
9 3479, 3480

—, [Phenyl-tetrahydro-naphthyl]-,
äthylester 9 3480

—, [Phenyl-tetrahydro-phenanthryl]-
9 3614

—, Phenyl-[tetramethyl-phenyl]- 9 3394

—, Phenyl-[tetramethyl-phenyl]-,
äthylester 9 3394

—, Phenyl-[tetramethyl-phenyl]-,
chlorid 9 3394

—, [Phenyl-thioacetamino]- 9 2295

—, [Phenyl-thioacetamino]-, äthylester
9 2295

—, [Phenyl-thioacetamino]-cyan-,
äthylester 9 2297

—, Phenyl-thio-di- 10 490

—, Phenyl-*m*-tolyl-, nitril 9 3344

—, Phenyl-*o*-tolyl-, nitril 9 3343

—, Phenyl-*p*-tolyl- 9 3344

—, Phenyl-*p*-tolyl-, bornylester
9 3345

Essigsäure, Phenyl-*p*-tolyl-, chlorid 9 3345

—, Phenyl-*p*-tolyl-, menthylester
9 3344

—, Phenyl-*p*-tolyl-, [methyl-
isopropyl-cyclohexylester]
9 3344

—, Phenyl-*p*-tolyl-, nitril 9 3345

—, Phenyl-*o*-tolyl-*o*-phenylen-di-
9 4692

—, Phenyl-*o*-tolyl-*o*-phenylen-di-,
dimethylester 9 4692

—, Phenyl-[trimethyl-phenyl]- 9 3385

—, Phenyl-[trimethyl-phenyl]-,
äthylester 9 3385

—, Phenyl-[trimethyl-phenyl]-, amid
9 3386

—, Phenyl-[trimethyl-phenyl]-,
butylester 9 3385

—, Phenyl-[trimethyl-phenyl]-, chlorid
9 3386

—, Phenyl-[trimethyl-phenyl]-,
isopropylester 9 3385

—, Phenyl-[trioxo-[1.2']-
biindanylidenyl]- 10 4037

—, Phenyl-[trioxo-[1.2']-
biindanylidenyl]-, äthylester
10 4037

—, Phenyl-[2.5]xylyl- 9 3368

—, Phthaloyldioxy-di- 9 4187

—, Pikryloxy-phenyl-, äthylester 10 458

—, Propionyloxy-biphenylyl- 10 1184

—, Propionyloxy-[dimethyl-phenyl]-
10 612

—, Propionyloxy-phenyl- 10 453

—, Propionyloxy-phenyl-,
[dimethylamino-dimethyl-
propylester] 10 468

—, Propionyloxy-[2.5]xylyl- 10 612

—, [Propyl-benzoyl-amino]- 9 1141

—, [Propyloxy-methyl-naphthyl]-,
propylester 10 1115

—, Propyloxy-phenyl- 10 452

—, Propyloxy-phenyl-, [dimethylamino-
äthylester] 10 467

—, Propyloxy-phenyl-,
[trimethylammonio-äthylester]
10 467

—, [Propyloxy-phenyl]- 10 432

—, [Propyloxy-phenyl]-, äthylester
10 433

—, [Propyl-phenyl]- 9 2527

—, [Propyl-phenyl]-, amid 9 2528

—, Pyrenyl- 9 3578

—, Pyrenyl-, amid 9 3578

—, [Pyrenyl-äthyl]-oxal-, diäthylester
10 4032

—, Salicyloylamino- 10 154

—, Salicyloylamino-, äthylester 10 155

—, Salicyloyloxy- 10 147

Essigsäure, Salicyloyloxy-, amid 10 147
—, α-Santalyl- 9 2630
—, [(Semicarbazono-äthyl)-cyclohexyl]-
10 2855
—, [(Semicarbazono-äthyl)-cyclohexyl]-,
äthylester 10 2857
—, [(Semicarbazono-äthyl)-cyclohexyl]-,
methylester 10 2856
—, [(Semicarbazono-butyl)-cyclohexyl]-
10 2887
—, [(Semicarbazono-butyl)-cyclohexyl]-,
äthylester 10 2887
—, [(Semicarbazono-butyl)-cyclopentyl]-
10 2879
—, [(Semicarbazono-butyl)-cyclopentyl]-,
äthylester 10 2879
—, Semicarbazono-[carboxymethyl-
decahydro-naphthyl]- 10 3938
—, Semicarbazono-[carboxymethyl-
hexahydro-indanyl]- 10 3937
—, [Semicarbazono-cycloheptyl]- 10 2833
—, Semicarbazono-cyclohexyl-,
äthylester 10 2822
—, [Semicarbazono-cyclohexyl]-
10 2820, 2822
—, [Semicarbazono-cyclohexyl]-,
äthylester 10 2821
—, [Semicarbazono-cyclohexyl]-,
methylester 10 2821
—, [Semicarbazono-cyclopentyl]- 10 2817
—, [Semicarbazono-cyclopentyl]-,
äthylester 10 2817
—, Semicarbazono-[dimethoxy-phenyl]-
10 4509
—, [Semicarbazono-dimethyl-cyclohexyl]-
10 2857, 2858
—, [Semicarbazono-dimethyl-cyclohexyl]-,
methylester 10 2858
—, [Semicarbazono-dimethyl-norbornyl]-
10 2925
—, Semicarbazono-[hydroxy-
cyclopentenyl]-, äthylester 10 3516
—, [Semicarbazono-indanyl]- 10 3168
—, [(Semicarbazono-isopentyl)-
cyclohexyl]- 10 2890
—, [(Semicarbazono-isopentyl)-
cyclopentyl]- 10 2889
—, Semicarbazono-[methoxy-
carbonylmethyl-hexahydro-
indanyl]-, methylester 10 3937
—, [Semicarbazono-(methoxy-naphthyl)-
cyclopentenyl]- 10 4466
—, [Semicarbazono-methyl-
äthoxycarbonyl-cyclohexyl]-,
äthylester 10 3906
—, {Semicarbazono-[(methyl-butyl)-
phenyl]-cyclopentenyl}- 10 3244
—, [Semicarbazono-methyl-carboxy-
octahydro-phenanthryl]- 10 3998

Essigsäure, [Semicarbazono-methyl-cyan-
cyclohexyl]-, methylester 10 3905
—, [Semicarbazono-methyl-
cyclohexendiyl]-di- 10 3931
—, [Semicarbazono-methyl-cyclohexyl]-
10 2837, 2839
—, [Semicarbazono-methyl-cyclohexyl]-,
äthylester 10 2837, 2838, 2839
—, [Semicarbazono-methyl-cyclopentenyl]-
10 2900
—, Semicarbazono-[methyl-cyclopentyl]-
10 2829
—, [Semicarbazono-methyl-cyclopentyl]-
10 2829, 2830, 2831
—, [Semicarbazono-methyl-cyclopentyl]-,
äthylester 10 2831
—, [Semicarbazonomethyl-
cyclopentyliden]-, äthylester
10 2900
—, [Semicarbazono-methyl-
methoxycarbonyl-cyclohexyl]-,
methylester 10 3904
—, Semicarbazono-naphthyl- 10 3265
—, [Semicarbazono-naphthyl-cyclopentyl]-
10 3348
—, Semicarbazono-[oxo-cyclopentyl]-,
äthylester 10 3516
—, [(Semicarbazono-phenäthyl)-
cyclohexyl]- 10 3202
—, [(Semicarbazono-phenäthyl)-
cyclopentyl]- 10 3198
—, Semicarbazono-phenyl- 10 2973
—, Semicarbazono-phenyl-, amid 10 2976
—, Semicarbazono-phenyl-, methylester
10 2973
—, [Semicarbazono-phenyl-cyclohexyl]-
10 3190
—, [Semicarbazono-phenyl-cyclopentenyl]-
10 3234
—, [Semicarbazono-phenyl-cyclopentyl]-
10 3183
—, Semicarbazono-[phenyl-norbornyl]-
10 3237
—, [Semicarbazono-phenyl-tetrahydro-
naphthyl]- 10 3396
—, [(Semicarbazono-propyl)-cyclohexyl]-
10 2876
—, [(Semicarbazono-propyl)-hexahydro-
indanyl]- 10 2947
—, [(Semicarbazono-propyl)-hexahydro-
indanyl]-, äthylester 10 2948
—, [Semicarbazono-tetrahydro-naphthyl]-
10 3174
—, [Semicarbazono-trimethyl-
cyclopentenyl]- 10 2909
—, [Semicarbazono-trimethyl-
cyclopentyl]- 10 2866, 2867
—, [Semicarbazono-trimethyl-
cyclopentyl]-, methylester 10 2866

Essigsäure, Stilbenyl- **9** 3454, 3455
—, Stilbenyl-, amid **9** 3454, 3455
—, Stilbenyl-, azid **9** 3455
—, Stilbenyl-, nitril **9** 3455
—, [Tetrafluor-cyclobutyl]-, nitril **9** 14
—, [Tetrahydro-benz[*a*]anthracenyl]-
　9 3568
—, [Tetrahydro-benz[*a*]anthracenyl]-,
　methylester **9** 3568
—, [Tetrahydro-benzo[*def*]chrysenyl]-
　9 3641
—, [Tetrahydro-benzo[*def*]chrysenyl]-,
　äthylester **9** 3642
—, [Tetrahydro-benzocycloheptenyliden]-
　9 3087
—, [Tetrahydro-benzocycloheptenyliden]-,
　äthylester **9** 3087
—, [Tetrahydro-benzocycloheptenyliden]-,
　amid **9** 3088
—, [Tetrahydro-benzo[*b*]fluorenyliden]-
　9 3563
—, [Tetrahydro-[2.2']binaphthylyl]-
　9 3614
—, [Tetrahydro-naphthalindiyl]-di-
　9 4415
—, [Tetrahydro-naphthyl]- **9** 2826,
　2827, 2828, 2829
—, [Tetrahydro-naphthyl]-, äthylester
　9 2826, 2828
—, [Tetrahydro-naphthyl]-, amid
　9 2827, 2828, 4409
—, [Tetrahydro-naphthyl]-, [hydroxy-
　äthylamid] **9** 2828
—, [Tetrahydro-naphthyl]-, methylester
　9 2827, 2828
—, [Tetrahydro-naphthyl]-, nitril
　9 2827, 2828, 2829
—, [Tetrahydro-naphthyl]-cyan-,
　äthylester **9** 4409
—, Tetrahydro-naphthyliden- **9** 3082
—, [Tetrahydro-phenalendiyliden]-di-,
　diäthylester **9** 4566
—, [Tetrahydro-phenanthryl]- **9** 3372, 3373
—, [Tetrahydro-phenanthryl]-, amid
　9 3372, 3373
—, [Tetrahydro-phenanthryl]-, chlorid
　9 3373
—, [Tetrahydro-phenanthryl]-,
　methylester **9** 3372, 3373
—, [Tetrahydro-phenanthryl]-, nitril
　9 3373
—, Tetrahydro-α-santalyl- **9** 283
—, [Tetramethoxy-carboxy-biphenylyl]-
　10 2609
—, [Tetramethyl-carboxy-cyclopentyl]-
　9 3927
—, [Tetramethyl-cyclohexyl]- **9** 118
—, [Tetramethyl-cyclohexyl]-,
　methylester **9** 118

Essigsäure, [Tetramethyl-cyclopentenyl]-
　9 231
—, [Tetramethyl-cyclopentenyl]-, amid
　9 231
—, [Tetramethyl-cyclopentenyl]-,
　nitril **9** 231
—, [Tetramethyl-decahydro-naphthyl]-
　9 281
—, [Tetramethyl-decahydro-naphthyl]-,
　anilid **9** 281
—, [Tetramethyl-phenyl]- **9** 2563, 2564
—, [Tetramethyl-phenyl]-, amid **9** 2564
—, [Tetramethyl-phenyl]-, nitril
　9 2563, 2564
—, [Tetramethyl-spiro[4.4]-
　nonadientetrayl]-tetra- **9** 4880
—, [Tetramethyl-spiro[4.4]-
　nonadientetrayl]-tetra-,
　tetraäthylester **9** 4881
—, [Tetramethyl-spiro[4.4]-
　nonadientetrayl]-tetra-,
　tetramethylester **9** 4880
—, [Tetramethyl-spiro[4.4]-
　nonantetrayliden]-tetra- **9** 4886
—, [Tetramethyl-tetradecahydro-
　phenanthryl]- **9** 355
—, [Tetramethyl-tetradecahydro-
　phenanthryl]-, methylester **9** 356
—, Tetraphenyl-dioxy-di-, diäthylester
　10 1172
—, Tetraphenyl-dioxy-di-,
　dimethylester **10** 1171
—, Tetraphenyl-dithio-di- **10** 1182
—, Thio- s. *Thioessigsäure*
—, Thiobenzamino- **9** 1981
—, Thiobenzamino-, äthylester **9** 1981
—, Thiobenzoylmercapto- **9** 1998
—, Thiocyanato-phenyl-, nitril **10** 491
—, Thiosemicarbazono-naphthyl- **10** 3265
—, Thioxo-cyclohexyl- **10** 2822
—, Toluimidoylmercapto- **9** 2334
—, *m*-Toluoylamino- **9** 2324
—, *m*-Tolyl- **9** 2429
—, *m*-Tolyl-, ureid **9** 2429
—, *o*-Tolyl- **9** 2426
—, *o*-Tolyl-, äthylester **9** 2426
—, *o*-Tolyl-, benzylester **9** 2427
—, *o*-Tolyl-, chlorid **9** 2427
—, *o*-Tolyl-, [hydroxy-äthylamid]
　9 2427
—, *o*-Tolyl-, nitril **9** 2427
—, *o*-Tolyl-, ureid **9** 2427
—, *p*-Tolyl- **9** 2432
—, *p*-Tolyl-, äthylester **9** 2433
—, *p*-Tolyl-, amid **9** 2433
—, *p*-Tolyl-, [hydroxy-äthylamid]
　9 2433
—, *p*-Tolyl-, nitril **9** 2433
—, *p*-Tolyl-, ureid **9** 2433

Essigsäure, o-Tolyl-cyan-, äthylester
9 4292
—, p-Tolyl-cyan-, äthylester 9 4293
—, p-Tolyl-cyan-, amid 9 4293
—, [o-Tolyl-cyclopentyl]- 9 2873
—, [o-Tolyl-cyclopentyl]-,
äthylester 9 2873
—, [p-Tolyl-cyclopentyl]- 9 2873
—, p-Tolylmercapto-diphenyl- 10 1181
—, p-Tolylmercapto-phenyl- 10 488
—, p-Tolyl-mesityl- 9 3394
—, o-Tolyl-oxal-, äthylester-nitril
10 3964
—, p-Tolyl-oxal-, äthylester-nitril
10 3964
—, m-Tolyloxy-cyclopentyl-,
[diäthylamino-äthylester] 10 21
—, o-Tolyloxy-cyclopentyl-,
[diäthylamino-äthylester] 10 21
—, p-Tolylsulfon-diphenyl-, äthylester
10 1182
—, p-Tolylsulfon-phenyl- 10 488
—, p-Tolylsulfon-phenyl-, äthylester
10 491
—, m-Tolyl-p-tolyl- 9 3368
—, o-Tolyl-p-tolyl- 9 3368
—, p-Tolyl-[2.5]xylyl- 9 3386
—, [Triacetoxy-carboxy-phenyl]- 10 2560
—, [Triacetoxy-(dichlor-äthyl)-carboxy-
phenyl]- 10 2564
—, [Triacetoxy-(dichlor-vinyl)-carboxy-
phenyl]- 10 2575
—, [Triäthyl-phenyl]- 9 2608
—, [Triäthyl-phenyl]-, amid 9 2608
—, [Triäthyl-phenyl]-, nitril 9 2608
—, [Tribrom-phenyl]-, [hydroxy-
äthylamid] 9 2280
—, [Tribrom-phenyl]-, methylester
9 2280
—, [Tribrom-phenyl]-, nitril 9 2280
—, [Tricarboxy-cyclopentyl]-
s. Cyclopentan-tricarbonsäure,
Carboxymethyl-
—, [Tricarboxy-indanyl]- 9 4883
—, [Trichlor-phenyl]- 9 2273
—, Tricyclohexyl- 9 351
—, [Trifluormethyl-phenyl]- 9 2430
—, [Trifluormethyl-phenyl]-,
methylester 9 2430
—, [Trihydroxy-äthoxycarbonyl-phenyl]-,
äthylester 10 2561
—, [Trihydroxy-carboxy-phenyl]- 10 2559
—, [(Trihydroxy-dimethyl-hexadecahydro-
cyclopenta[a]phenanthrenyl)-
valerylamino]- 10 2176
—, [Triisopropyl-phenyl]- 9 2628
—, [Triisopropyl-phenyl]-, amid 9 2628
—, [Triisopropyl-phenyl]-, nitril
9 2628

Essigsäure, [Trijod-benzamino]-
9 1456, 1461
—, [Trijod-phenyl]- 9 2282
—, [Trimethoxy-äthoxycarbonyl-phenyl]-,
äthylester 10 2561
—, [Trimethoxy-benzamino]- 10 2092
—, [Trimethoxy-benzamino]-, äthylester
10 2092
—, [Trimethoxy-benzamino]-, nitril
10 2093
—, [Trimethoxy-carboxy-phenyl]- 10 2560
—, [Trimethoxy-carboxy-phenyl]-,
methylester 10 2560
—, [Trimethoxy-dihydro-naphthyliden]-
10 2267
—, [Trimethoxy-dihydro-naphthyliden]-,
äthylester 10 2267
—, [Trimethoxy-methoxycarbonyl-phenyl]-,
methylester 10 2561
—, [Trimethoxy-naphthyl]- 10 2288
—, [Trimethoxy-naphthyl]-, äthylester
10 2288
—, [Trimethoxy-naphthyl]-, methylester
10 2288
—, [Trimethoxy-phenyl]- 10 2096, 2098
—, [Trimethoxy-phenyl]-, äthylester
10 2097
—, [Trimethoxy-phenyl]-, amid 10 2097,
2099
—, [Trimethoxy-phenyl]-, nitril
10 2098, 2099
—, [Trimethyl-acetonyl-methoxycarbonyl-
decahydro-naphthyl]- 10 3941
—, [Trimethyl-acetyl-hexahydro-
pentalenyl]- 10 2951
—, [Trimethyl-äthoxycarbonyl-
cyclopentyl]- 9 3916
—, [Trimethyl-äthoxycarbonyl-
cyclopentyl]-, äthylester 9 3916, 3917
—, [Trimethyl-äthoxycarbonyl-
cyclopentyl]-cyan-, äthylester
9 4768
—, [Trimethyl-äthoxycarbonyl-
cyclopentyliden]-cyan-,
äthylester 9 4768
—, [Trimethyl-benzoyloxy]-phenyl-
10 454
—, [Trimethyl-carboxy-cyclopentyl]-
9 3916, 3917
—, [Trimethyl-carboxy-cyclopentyl]-,
äthylester 9 3916
—, [Trimethyl-carboxy-cyclopentyl]-,
amid 9 3917
—, [Trimethyl-carboxy-hexahydro-
pentalenyl]- 9 4030
—, [Trimethyl-cyan-phenylmercapto]-
10 614
—, [Trimethyl-cycloheptyl]- 9 111
—, [Trimethyl-cyclohexenyl]- 9 228

Essigsäure, [Trimethyl-cyclohexenyl]-,
  methylester 9 228
—, [Trimethyl-cyclohexyl]- 9 108
—, [Trimethyl-cyclohexyliden]- 9 228
—, [Trimethyl-cyclopentenyl]- 9 207, 208
—, [Trimethyl-cyclopentenyl]-,
  äthylester-semicarbazon 9 208, 209
—, [Trimethyl-cyclopentenyl]-, amid
  9 207, 208
—, [Trimethyl-cyclopentenyl]-, nitril
  9 209
—, [Trimethyl-cyclopentenyl]-,
  [sulfo-äthylamid] 9 207, 209
—, [Trimethyl-cyclopentyl]- 9 97, 98
—, [Trimethyl-cyclopentyl]-, äthylester
  9 97
—, [Trimethyl-cyclopentyl]-, amid 9 98
—, [Trimethyl-cyclopentyl]-, anilid
  9 97
—, [Trimethyl-cyclopentyl]-, ureid 9 97
—, [Trimethyl-dihydro-phenanthryl]-
  9 3487
—, [Trimethyl-dihydro-phenanthryl]-,
  äthylester 9 3488
—, [Trimethyl-(hydroxy-dioxo-
  pentamethyl-dodecahydro-
  phenanthryl)-cyclohexyl]- 10 4645
—, [Trimethyl-methoxycarbonyl-
  decahydro-naphthalindiyl]-di- 9 4779
—, [Trimethyl-phenanthryl]- 9 3537
—, [Trimethyl-phenyl]- 9 2532, 2534
—, [Trimethyl-phenyl]-, äthylester
  9 2532
—, [Trimethyl-phenyl]-, amid 9 2533
—, [Trimethyl-phenyl]-, chlorid
  9 2533, 2534
—, [Trimethyl-phenyl]-, dimethylamid
  9 2535
—, [Trimethyl-phenyl]-, [hydroxy-
  äthylamid] 9 2533
—, [Trimethyl-phenyl]-, nitril 9 2533, 2535
—, [Trimethyl-phenyl-cyclopentenyl]-
  9 3107
—, [Trimethyl-phenyl-cyclopentenyl]-,
  äthylester 9 3107
—, [Trimethyl-phenyl-cyclopentenyl]-,
  amid 9 3107
—, [Trimethyl-phenyl-cyclopentenyl]-,
  methylester 9 3107
—, [Trimethyl-phenyl-cyclopentenyl]-,
  nitril 9 3108
—, [(Trimethyl-phenyl)-cyclopentyl]-
  9 2894
—, [(Trimethyl-phenyl)-cyclopentyl]-,
  äthylester 9 2894
—, [Trimethyl-phenyl]-p-tolyl- 9 3394
—, [Trimethyl-(semicarbazono-äthyl)-
  hexahydro-pentalenyl]-,
  methylester 10 2951

Essigsäure, [Trimethyl-(trioxo-
  pentamethyl-dodecahydro-
  phenanthryl)-cyclohexyl]- 10 4002
—, [Trioxo-[1.2′]biindanylidenyl]-
  10 4030
—, [Trioxo-[1.2′]biindanylidenyl]-,
  äthylester 10 4030
—, [(Trioxo-dimethyl-hexadecahydro-
  cyclopenta[a]phenanthrenyl)-
  valerylamino]- 10 3991
—, Triphenyl- 9 3585
—, Triphenyl-, äthylester 9 3586
—, Triphenyl-, allylester 9 3587
—, Triphenyl-, amid 9 3589
—, Triphenyl-, benzylester 9 3588
—, Triphenyl-, butylester 9 3586
—, Triphenyl-, sec-butylester
  9 3587
—, Triphenyl-, chlorid 9 3588
—, Triphenyl-, [chlorid-oxim] 9 3589
—, Triphenyl-, [chlorid-
  (triphenylmethyl-oxim)] 9 3590
—, Triphenyl-, [diäthylamino-äthylamid]
  9 3589
—, Triphenyl-, [diäthylamino-
  äthylester] 9 3588
—, Triphenyl-, hexylester 9 3587
—, Triphenyl-, isobutylester 9 3587
—, Triphenyl-, isopentylester 9 3587
—, Triphenyl-, isopropylester 9 3586
—, Triphenyl-, methoxyamid 9 3589
—, Triphenyl-, methylester 9 3586
—, Triphenyl-, [methyl-heptylester]
  9 3587
—, Triphenyl-, nitril 9 3589
—, Triphenyl-, pentylester 9 3587
—, Triphenyl-, phenäthylester 9 3588
—, Triphenyl-, phenylester 9 3587
—, Triphenyl-, propylester 9 3586
—, Triphenyl-p-phenylen-di- 9 4723
—, Triphenyl-p-phenylen-di-,
  äthylester 9 4723
—, Triphenyl-p-phenylen-di-,
  diäthylester 9 4723
—, Tris-[dimethyl-phenyl]- 9 3617
—, Tris-[methoxy-phenyl]-, methylester
  10 2399
—, Tritantriyl-tri- 9 4845
—, Tri-p-tolyl- 9 3616
—, Tri-[3.5]xylyl- 9 3617
—, Veratroylamino- 10 1428
—, [2.4]Xylyl- 9 2486
—, [2.4]Xylyl-, äthylester 9 2487
—, [2.4]Xylyl-, anhydrid 9 2488
—, [2.4]Xylyl-, benzylester 9 2488
—, [2.4]Xylyl-, butylester 9 2487
—, [2.4]Xylyl-, methylester 9 2487
—, [2.4]Xylyl-, phenylester 9 2487
—, [2.4]Xylyl-, propylester 9 2487

Essigsäure, [2.5]Xylyl- 9 2486
—, [2.5]Xylyl-, äthylester 9 2486
—, [3.4]Xylyl- 9 2485
—, [3.4]Xylyl-, äthylester 9 2485
—, [3.5]Xylyl- 9 2488
—, [[2.4]Xylyl-cyclopentyl]- 9 2885
—, [[2.5]Xylyl-cyclopentyl]- 9 2886
—, [[3.4]Xylyl-cyclopentyl]- 9 2886
—, [2.5]Xylyl-naphthyl- 9 3566
[2-¹³C]Essigsäure, Phenyl- 9 2174
[2-¹⁴C]Essigsäure, Phenyl- 9 2174
Essigsäure-[acetoxy-benzoesäure]-
    anhydrid 10 146
Essigsäure-[(acetoxy-dimethyl-
    hexadecahydro-cyclopenta[a]ₔ
    phenanthrenyliden)-essigsäure]-
    anhydrid 10 946
Essigsäure-[acetoxy-diphenyl-essigsäure]-
    anhydrid 10 1172
Essigsäure-[acetoxy-heptamethyl-
    octadecahydro-picen-carbonsäure]-
    anhydrid 10 1044, 1054
Essigsäure-[(acetoxy-hexamethyl-
    eicosahydro-cyclopenta[a]ₔ
    chrysenyl)-propionsäure]-anhydrid
    10 988
Essigsäure-[acetoxy-hexamethyl-
    octadecahydro-picen-carbonsäure]-
    anhydrid 10 1033
Essigsäure-[acetoxy-lupansäure]-
    anhydrid 10 988
Essigsäure-[acetoxy-lupensäure]-
    anhydrid 10 1063
Essigsäure-[(acetoxy-naphthyl)-
    benzoesäure]-anhydrid 10 1313
Essigsäure-[acetoxy-27-nor-ursensäure]-
    anhydrid 10 1033
Essigsäure-[acetoxy-oleanensäure]-
    anhydrid 10 1054, 1058
Essigsäure-[acetoxy-oxo-heptamethyl-
    octadecahydro-picen-carbonsäure]-
    anhydrid 10 4396
Essigsäure-[acetoxy-oxo-oleanensäure]-
    anhydrid 10 4396
Essigsäure-[acetoxy-pentamethyl-
    isopropenyl-eicosahydro-
    cyclopenta[a]chrysen-carbonsäure]-
    anhydrid 10 1063
Essigsäure-[acetoxy-pentaphen-
    carbonsäure]-anhydrid 10 1345
Essigsäure-[acetoxy-phenyl-essigsäure]-
    anhydrid 10 453
Essigsäure-[acetoxy-pregnensäure]-
    anhydrid 10 946
Essigsäure-[acetoxy-ursensäure]-
    anhydrid 10 1044, 1046
Essigsäure-[acetyl-oleanolsäure]-
    anhydrid 10 1054

Essigsäure-[äthoxycarbonylmethyl-phenyl-
    acetimidsäure]-anhydrid 9 2251
Essigsäure-benzoesäure-anhydrid 9 852
Essigsäure-[benzoyl-benzoesäure]-
    anhydrid 10 3295
Essigsäure-benzoyloxyamid 9 1299
Essigsäure-[bibenzyl-carbonsäure]-
    anhydrid 9 3337
Essigsäure-[(brom-benzoyl)-cyclohexan-
    carbonsäure]-anhydrid 10 4891
Essigsäure-[chlor-dioxo-dihydro-
    anthracen-carbonsäure]-anhydrid
    10 3635
Essigsäure-[cyclohexyl-buttersäure]-
    anhydrid 9 79
Essigsäure-[dioxo-bibenzyl-carbonsäure]-
    anhydrid 10 3625
Essigsäure-[diphenyl-methoxycarbonyl-
    propionsäure]-anhydrid 9 4539
Essigsäure-[hydroxy-(nitro-phenyl)-
    propionsäure]-anhydrid 10 552
Essigsäure-[jodoso-benzoesäure]-
    anhydrid 9 1435
Essigsäure-[jodoso-nitro-benzoesäure]-
    anhydrid 9 1774
Essigsäure-[jodosyl-benzoesäure]-
    anhydrid 9 1435
Essigsäure-[jodosyl-nitro-benzoesäure]-
    anhydrid 9 1774
Essigsäure-[(methoxy-phenyl)-
    (trimethoxy-phenyl)-acrylsäure]-
    anhydrid 10 2499
Essigsäure-[methoxy-triacetoxy-
    cyclohexan-carbonsäure]-anhydrid
    10 2409
Essigsäure-[methyl-benzoesäure]-
    anhydrid 9 2303, 2321, 2341
Essigsäure-[(methyl-crotonoyloxy)-oxo-
    heptamethyl-octadecahydro-picen-
    carbonsäure]-anhydrid 10 4398
Essigsäure-[(methyl-crotonoyloxy)-oxo-
    oleanensäure]-anhydrid 10 4398
Essigsäure-[methyl-cyclopropan-
    dicarbonsäure]-dianhydrid 9 3804
Essigsäure-naphthoesäure-anhydrid
    9 3143, 3184
Essigsäure-[oxo-dimethyl-phenyl-
    valeriansäure]-anhydrid 10 3097
Essigsäure-[oxo-diphenyl-benzyl-
    crotonsäure]-anhydrid 10 3477
Essigsäure-[oxo-methyl-isopropyl-
    fluoren-dicarbonsäure]-dianhydrid
    10 4024
Essigsäure-[phenäthyl-benzoesäure]-
    anhydrid 9 3337
Essigsäure-phenylessigsäure-anhydrid
    9 2190
Essigsäure-m-toluylsäure-anhydrid
    9 2321

Essigsäure-*o*-toluylsäure-anhydrid
  9 2303
Essigsäure-*p*-toluylsäure-anhydrid
  9 2341
Essigsäure-zimtsäure-anhydrid 9 2703
Ethiodan 9 2627
Eudesmadienamid, Hydroxy-oxo- 10 4280
Eudesmadiensäure, Acetoxy-oxo- 10 4280
—, Benzoyloxy-oxo- 10 4280
—, Dihydroxy-oxo- 10 4569, 4570
—, Dioxo- 10 3558
—, Dioxo-, methylester 10 3559
—, Hydroxy- 10 659
—, Hydroxy-oxo- 10 4278, 4279
—, Hydroxy-oxo-, äthylester 10 4280
—, Hydroxy-oxo-, amid 10 4280
—, Hydroxy-oxo-, methylester 10 4280
—, Stearoyloxy-oxo- 10 4280
Eudesmansäure 9 273
—, Dihydroxy- 10 1358
—, Dihydroxy-oxo- 10 4505
—, Dioxo- 10 3535
—, Hydroxy-, methylester 10 76
—, Hydroxy-hydroxyimino- 10 4193
—, Hydroxy-oxo- 10 4192, 4193
—, Hydroxy-oxo-, methylester 10 4193
Eudesmansäure-amid 9 273
Eudesmen, [Dinitro-benzoyloxy]- 9 1844
Eudesmensäure, Dihydroxy- 10 1360
—, [Dinitro-phenylhydrazono]- 10 4193
—, Hydroxy- 10 82
—, Hydroxy-, methylester 10 82
—, Hydroxy-hydroxyimino- 10 4195
—, Hydroxy-oxo- 10 4195
—, Hydroxy-oxo-, methylester 10 4195
—, Oxo- 10 4193
Eugenol, [Dinitro-benzoyl]- 9 1911
—, [Nitro-benzoyl]- 9 1647
Euphadien, Benzoyloxy- 9 485
Euphen, Benzoyloxy- 9 471
Euphol, Benzoyl- 9 485
—, Benzoyl-dihydro- 9 472
Eupholsäure 10 4642
Eupholsäure-methylester 10 4643
— methylester-oxim 10 4643
— oxim 10 4642
Euphorbadien, Benzoyloxy- 9 491
Euphorben, Benzoyloxy- 9 473
Euphorbol, Benzoyl- 9 491
α-Euphorbol, Benzoyl-dihydro- 9 473
Everninsäure 10 1480
Evernsäure 10 1488
—, Bis-äthoxycarbonyl- 10 1495
—, Diacetyl- 10 1491
—, Diacetyl-, äthylester 10 1491
—, Diacetyl-, butylester 10 1492
—, Diacetyl-, isobutylester 10 1492
—, Diacetyl-, isopentylester 10 1492
—, Diacetyl-, isopropylester 10 1492

Evernsäure, Diacetyl-, methylester 10 1491
—, Diacetyl-, pentylester 10 1492
—, Diacetyl-, propylester 10 1491
—, Diäthyl-, äthylester 10 1490
Evernsäure-äthylester 10 1488
— butylester 10 1488
— isobutylester 10 1489
— isopentylester 10 1489
— isopropylester 10 1488
— methylester 10 1488
— pentylester 10 1489
— propylester 10 1488
Evodionsäure 10 4720

F

Faecosterin, Benzoyl- 9 482
Fenchen-carbonsäure 9 324
α-Fenchocamphorol, [Carboxy-benzoyl]-
  9 4143
β-Fenchocamphorol, [Carboxy-benzoyl]-
  9 4143
α-Fenchocarbonsäure 10 68
α-Fenchol, [Carboxy-benzoyl]- 9 4150
—, [Dinitro-benzoyl]- 9 1833
—, [Nitro-benzoyl]- 9 1573
β-Fenchol, [Carboxy-benzoyl]- 9 4150
—, [Dinitro-benzoyl]- 9 1833
—, [Nitro-benzoyl]- 9 1573
α-Fencholensäure 9 204
α-Fencholensäure-amid 9 204
— nitril 9 204
β-Fencholensäure 9 206
β-Fencholensäure-amid 9 206
— nitril 9 206
γ-Fencholensäure 9 204
Fencholsäure 9 96
Fenchon-[benzoyl-oxim] 9 1278
— [dinitro-methyl-benzoylhydrazon]
  9 2374
— [jod-benzoylhydrazon] 9 1449
— [nitro-dimethyl-benzoylhydrazon]
  9 2448
— [nitro-methyl-benzoylhydrazon]
  9 2365
Fenchonitril 9 204
Fenchylen-carbonsäure 9 324
Fenocyclin 10 1230
Fenocylin 10 1230
Ferruginol, Benzoyl- 9 476
Ferulasäure 10 1834; *Derivate s. unter*
  Zimtsäure
Fesansäure, Diacetoxy-, methylester
  10 1898
—, Dihydroxy- 10 1898
Fesensäure, Acetoxy-oxo-, methylester
  10 4389
—, Dioxo- 10 3613
—, Hydroxy-oxo- 10 4388

Fluoranthen-carbamid 9 3574, 3575
Fluoranthen-carbonitril 9 3574
Fluoranthen-carbonsäure 9 3573, 3574, 3575
—, Dihydro- 9 3521
—, Dihydro-, äthylester 9 3521
—, Hydroxy- 10 1322
—, Oxo-tetrahydro- 10 3407
—, Tetrahydro- 9 3521
Fluoranthen-carbonsäure-äthylester
     9 3573, 3574
— amid 9 3574, 3575
— chlorid 9 3575
— hydrazid 9 3573, 3575
— methylester 9 3574
— nitril 9 3574
Fluoranthen-carbonylchlorid 9 3575
Fluoranthen-dicarbamid 9 4683
Fluoranthen-dicarbonitril 9 4684
Fluoranthen-dicarbonsäure 9 4683, 4684
—, Brom-tetrahydro-, dimethylester
     9 4659
—, Dibrom- 9 4683
—, Dimethyl-tetrahydro- 9 4667
—, Dimethyl-tetrahydro-, dimethylester
     9 4667
—, Diphenyl- 9 4736
—, Diphenyl-, dimethylester 9 4736
—, Tetrahydro-, dimethylester 9 4659
Fluoranthen-dicarbonsäure-diäthylester
     9 4684
— diamid 9 4683
— dichlorid 9 4683
— dimethylester 9 4683, 4684
— dinitril 9 4684
Fluoranthen-dicarbonylchlorid 9 4683
Fluoranthen-tricarbonitril 9 4844
Fluoranthen-tricarbonsäure 9 4844
Fluoranthen-tricarbonsäure-trinitril
     9 4844
Fluoren, [Benzoyl-nitro]- 9 1283
—, Benzoyloxy- 9 516
—, [Benzoyloxy-benzyl]- 9 528
—, [Benzoyloxy-benzyliden]- 9 530
—, Benzoyloxymethyl- 9 517
—, Benzoyloxymethylen- 9 521
—, Benzoyloxy-phenylmercapto- 9 720
—, Benzoyloxy-trimethyl- 9 518
—, Bis-[äthoxycarbonyl-äthyl]- 9 4642
—, Bis-[allyloxycarbonyl-äthyl]-
     9 4642
—, Bis-[butyloxycarbonyl-äthyl]-
     9 4642
—, Bis-[carbamoyl-äthyl]- 9 4643
—, Bis-[carboxy-äthyl]- 9 4642
—, Bis-[cyan-äthyl]- 9 4643
—, Bis-[cyclohexyloxycarbonyl-äthyl]-
     9 4643
—, Bis-[isopropyloxycarbonyl-äthyl]-
     9 4642

Fluoren, Bis-[methoxycarbonyl-äthyl]-
     9 4642
—, Bis-[nitro-benzoylperoxy]- 9 1708
—, Dibenzoylperoxy- 9 1051
—, Dibrom-benzoyloxymethylen- 9 521
—, Nitro-bis-[cyan-äthyl]- 9 4643
—, Nitro-[methoxy-benzoyloxy-
     benzyliden]- 9 655
Fluoren-carbamid 9 3406, 3410, 3413
—, Brom- 9 3408
—, Chlor- 9 3409
—, Dichlor-oxo- 10 3374, 3375
—, Oxo- 10 3369, 3373
—, Oxo-acetyl- 10 3656
Fluoren-carbamidin 9 3409
Fluoren-carbimidsäure-äthylester 9 3408
Fluoren-carbonitril 9 3406, 3409, 3410
—, Chlor- 9 3409
—, Oxo- 10 3369
Fluoren-carbonsäure 9 3406, 3408,
     3409, 3410
—, Äthyl-, [diäthylamino-äthylester]
     9 3464
—, Allyl- 9 3520
—, Benzoyl-, methylester 9 3472
—, [Benzoyl-phenyl]- 10 3506
—, Bis-[hydroxy-benzhydryl]- 10 2022
—, Bis-[hydroxy-phenyl]- 10 2021
—, Brom- 9 3407
—, Brom-, amid 9 3408
—, Brom-, chlorid 9 3407
—, Brom-, methylester 9 3407
—, Brom-oxo- 10 3370
—, Butyl- 9 3482
—, Butyl-, butylester 9 3482
—, [Carbamoyl-äthyl]-, methylester 9 4615
—, [Carboxy-äthyl]- 9 4614
—, Chlor- 9 3407
—, Chlor-, äthylester 9 3407, 3409
—, Chlor-, amid 9 3409
—, Chlor-, chlorid 9 3407, 3409
—, Chlor-, methylester 9 3407, 3409
—, Chlor-, nitril 9 3409
—, Chlor-hydroxy- 10 1249
—, [Cyan-äthyl]- 9 4615
—, [Cyan-äthyl]-, äthylester 9 4615
—, [Cyan-äthyl]-, methylester 9 4615
—, Cyclohexyl- 9 3542
—, Cyclohexyl-, [diäthylamino-
     äthylester] 9 3542
—, Dibrom- 9 3413
—, Dibrom-hydroxy- 10 1251
—, Dichlor-hydroxyimino- 10 3374, 3375
—, Dichlor-oxo- 10 3373, 3374, 3375
—, Dichlor-oxo-, amid 10 3374, 3375
—, Dichlor-oxo-, chlorid 10 3374, 3375
—, Dimethoxy-oxo-hexahydro- 10 4635
—, Dimethoxy-oxo-hexahydro-,
     methylester 10 4635

Fluoren-carbonsäure, Dinitro- 9 3413
—, Hydroxy- 10 1249, 1250, 1251
—, Hydroxy-, [diäthylamino-äthylamid]
     10 1251
—, Hydroxy-, [diäthylamino-äthylester]
     10 1251
—, Hydroxy-, isopropylester 10 1250
—, Hydroxy-, methylester 10 1251
—, [Hydroxy-benzhydryl]- 10 1348
—, Hydroxy-dihydro-, äthylester
     10 3272
—, Hydroxyimino- 10 3370
—, Hydroxyimino-, [diäthylamino-
     äthylester] 10 3371
—, Hydroxyimino-, [diäthylamino-
     propylester] 10 3371
—, Hydroxyimino-, methylester 10 3370
—, Hydroxyimino-methyl-isopropyl-
     10 3399, 3400
—, Hydroxyimino-methyl-isopropyl-,
     methylester 10 3400
—, Hydroxyimino-triphenyl- 10 3512
—, Hydroxy-methyl- 10 1264, 1265
—, Hydroxy-methyl-äthyl-tetrahydro-
     10 1131
—, Hydroxy-methyl-isopropyl-hexahydro-
     10 1018
—, Jod- 9 3408
—, Methoxy-dimethyl- 10 1269
—, Methoxy-dimethyl-tetrahydro- 10 1127
—, Methoxymethyl-, äthylester 10 1265
—, Methoxy-methyl-äthyliden-tetrahydro-
     10 1225
—, Methoxy-methyl-äthyl-tetrahydro-
     10 1131
—, Methoxy-methyl-äthyl-tetrahydro-,
     methylester 10 1132
—, Methoxy-methyl-methylen-tetrahydro-
     10 1215
—, Methoxy-oxo-methyl-tetrahydro-,
     methylester 10 4417
—, Methyl- 9 3448, 3449
—, Methyl-, methylester 9 3448, 3449
—, [Methyl-carboxy-äthyl]- 9 4639
—, [Methyl-cyan-äthyl]- 9 4639
—, [Methyl-cyan-äthyl]-, äthylester
     9 4640
—, [Methyl-cyan-äthyl]-, methylester
     9 4639
—, [Methyl-fluorenylmethyl]- 9 3691
—, [Methyl-fluorenylmethyl]-,
     methylester 9 3691
—, Nitro- 9 3413
—, Nitro-oxo- 10 3370, 3372
—, Nitro-oxo-, chlorid 10 3372
—, Nitro-oxo-, [diäthylamino-
     äthylester] 10 3372
—, Nitro-oxo-, [diäthylamino-
     propylester] 10 3372

Fluoren-carbonsäure, Nitro-oxo-,
     [dibutylamino-äthylester] 10 3372
—, Oxo- 10 3368, 3370, 3372
—, Oxo-, äthylester 10 3369, 3373
—, Oxo-, amid 10 3369, 3373
—, Oxo-, chlorid 10 3372, 3373
—, Oxo-, [diäthylamino-äthylester]
     10 3369, 3371, 3373
—, Oxo-, [diäthylamino-propylester]
     10 3369, 3371, 3373
—, Oxo-, [dibutylamino-äthylester]
     10 3371
—, Oxo-, [dimethylamino-äthylester]
     10 3371
—, Oxo-, [hydroxy-diäthylamino-
     propylester] 10 3371
—, Oxo-, isopropylester 10 3373
—, Oxo-, methylester 10 3369, 3370
—, Oxo-, nitril 10 3369
—, Oxo-acetyl- 10 3656
—, Oxo-acetyl-, amid 10 3656
—, Oxo-acetyl-, methylester 10 3656
—, Oxo-benzoyl- 10 3675
—, Oxo-benzoyl-, methylester 10 3676
—, Oxo-tert-butyl- 10 3399
—, Oxo-[carboxy-äthyl]- 10 4023
—, Oxo-methyl-, methylester 10 3378
—, Oxo-methyl-äthyl-isopropyl- 10 3403
—, Oxo-methyl-isopropyl- 10 3399, 3400
—, Oxo-methyl-isopropyl-, methylester
     10 3399, 3400
—, Oxo-methyl-isopropyl-acetyl-
     10 3661, 3662
—, Oxo-methyl-phenyl- 10 3472
—, Oxo-phenyl- 10 3470
—, Oxo-phenyl-, methylester 10 3470
—, Oxo-tetrahydro-, äthylester 10 3272
—, Oxo-triphenyl- 10 3512
—, Phenyl- 9 3625
—, Semicarbazono-, äthylester 10 3369
—, Tetramethoxy- 10 2499
Fluoren-carbonsäure-äthylester 9 3406, 3411
— [äthylester-imin] 9 3408
— allylester 9 3412
— amid 9 3406, 3410, 3413
— [amid-imin] 9 3409
— azid 9 3407
— [butyloxy-äthylester] 9 3412
— chlorid 9 3408, 3410
— [diäthylamino-äthylester] 9 3408, 3412
— [(diäthylamino-äthylmercapto)-
     äthylester] 9 3412
— [diäthylamino-propylester] 9 3412, 3413
— [dibutylamino-äthylester] 9 3412
— [(dimethylamino-äthylmercapto)-
     propylester] 9 3412
— hydrazid 9 3406
— [isobutylamino-äthylester] 9 3412
— methylester 9 3406, 3408, 3410, 3411

Fluoren-carbonsäure-nitril
  9 3406, 3409, 3410
Fluoren-carbonylazid 9 3407
Fluoren-carbonylchlorid 9 3408, 3410
—, Brom- 9 3407
—, Chlor- 9 3407, 3409
—, Dichlor-oxo- 10 3374, 3375
—, Nitro-oxo- 10 3372
—, Oxo- 10 3372, 3373
Fluoren-dicarbamid 9 4588
—, Oxo- 10 4021
Fluoren-dicarbonitril, Oxo- 10 4020
Fluoren-dicarbonsäure, Dimethyl-
  tetrahydro- 10 3285
—, Hydroxyimino- 10 4019
—, Oxo- 10 4018, 4019, 4020, 4021
—, Oxo-, diäthylester 10 4020
—, Oxo-, diamid 10 4021
—, Oxo-, dimethylester 10 4019, 4020, 4021
—, Oxo-, dinitril 10 4020
—, Oxo-, methylester 10 4018
—, Oxo-dimethyl- 10 4023
—, Oxo-methyl-isopropyl- 10 4024
—, Oxo-methyl-isopropyl-,
  dimethylester 10 4024
—, Salicyloyl- 10 4796
Fluoren-dicarbonsäure-diäthylester
  9 4588
— diamid 9 4588
— dimethylester 9 4588
Fluoreno[1.2-c]furan, Hydroxy-dioxo-
  phenyl-dihydro- 10 3675
Fluoreno[2.3-c]furan, Hydroxy-dioxo-
  phenyl-dihydro- 10 3676
Fluoreno[9.1-bc]furan, Brom-hydroxy-oxo-
  dihydro- 10 3370
—, Hydroxy-dimethoxy-oxo-octahydro-
  10 4635
—, Hydroxy-oxo-benzoyl-dihydro- 10 3675
—, Hydroxy-oxo-tert-butyl-dihydro-
  10 3399
—, Hydroxy-oxo-dihydro- 10 3368
—, Hydroxy-oxo-methyl-phenyl-dihydro-
  10 3472
—, Hydroxy-oxo-phenyl-dihydro- 10 3470
—, Hydroxy-oxo-triphenyl-dihydro-
  10 3512
—, Nitro-hydroxy-oxo-dihydro- 10 3370
Fluoreno[9.1-bc]furan-carbonsäure,
  Hydroxy-oxo-dihydro- 10 4018, 4019
—, Hydroxy-oxo-dimethyl-dihydro-
  10 4023
Fluorenon-[benzoyl-oxim-oxid] 9 1283
Fluorenon-carbonsäure 10 3368, 3370, 3372
Fluoren-thiocarbonsäure-[diäthylamino-
  äthylester] 9 3414
Fluorenylbenzoat 9 516
Formaldehyd-[bis-benzoyloxy-
  semicarbazono-isopropyl)-acetal] 9 779

Formaldehyd-[bis-(dibenzoyloxy-isopropyl)-
  acetal] 9 666
— [bis-(dibrom-benzoyloxy-benzyl)-
  acetal] 9 567
— bis-[phenyl-cyan-pentylacetal] 10 635
— bis-[phenyl-cyan-propylacetal] 10 600
— [nitro-benzoylhydrazon] 9 1751
— [nitro-methyl-benzoylhydrazon]
  9 2363
— thiobenzoylhydrazon 9 1986
Formamid, [Amino-methylsulfon-
  benzyliden]- 10 409
Formamidin, Benzoyloxy-acetyl-cyan-
  9 1299
Formaurin-dicarbonsäure 10 4781
Friedelan, Benzoyloxy- 9 472
Friedelen, Benzoyloxy- 9 489
—, [Jod-benzoyloxy]- 9 1444
—, Phenylacetoxy- 9 2183
—, [Phenyl-propionyloxy]- 9 2388
Friedelenon, Benzoyloxy- 9 754
Friedelinol, Benzoyl- 9 472
Friedonsäure 10 3139
Friedonsäure-methylester 10 3140
D-Friedo-oleanan, Benzoyloxy- 9 473
D:A-Friedo-oleanan, Benzoyloxy- 9 472
D-Friedo-oleanen, Benzoyloxy- 9 489
D:A-Friedo-oleanen, Benzoyloxy- 9 489
—, [Jod-benzoyloxy]- 9 1444
—, Phenylacetoxy- 9 2183
—, [Phenyl-propinyloxy]- 9 2388
D:A-Friedo-oleanenon, Benzoyloxy-
  9 754
D:A-Friedo-3.4-seco-oleanansäure s.
  3.4-Seco-friedelansäure
D-Friedo-ursadienon, Benzoyloxy-
  9 760
Fuchson, Hydroxy-[carboxy-phenyl]-,
  hydrat 10 2405
—, Nitro-benzoyloxy- 9 775
Fuchson-carbonsäure, Dihydroxy-
  dimethoxy- 10 4835
—, Hydroxy- 10 4490
—, Hydroxy-, hydrat 10 2400
—, Tetrabrom-äthoxy-, äthylester
  10 4491
—, Tetrabrom-hydroxy-, äthylester
  10 4490
—, Tetrabrom-hydroxy-, butylester
  10 4491
—, Tetrabrom-methoxy-, methylester
  10 4490
—, Tetranitro-hydroxy-, methylester
  10 4491
Fuchson-dicarbonsäure, Dichlor-hydroxy-
  dimethyl- 10 4795
Fuchson-tricarbonsäure, Dihydroxy-
  10 4866
Fucit, Pentabenzoyl- 9 703

Fucit, Tetraacetyl-benzoyl- **9** 703
Fucostandisäure 9 4093
Fucosterol, Benzoyl- **9** 483
Fulven-carbonsäure, Pentachlor-,
chlorid **9** 2001
—, Pentachlor-, diäthylamid **9** 2001
—, Pentachlor-, methylester **9** 2001
Fumaronitril, Bis-[acetoxy-phenyl]- **10** 2531
—, Bis-[brom-phenyl]- **9** 4590
—, Bis-[chlor-phenyl]- **9** 4589
—, Bis-[dimethoxy-phenyl]- **10** 2616
—, Bis-[hydroxy-phenyl]- **10** 2530
—, Bis-[methoxy-phenyl]- **10** 2530
—, Bis-[nitro-phenyl]- **9** 4590
—, Diphenyl- **9** 4589
Fumarsäure, Benzyl- **9** 4389
—, Bis-[acetoxy-phenyl]-, dinitril
10 2531
—, Bis-[brom-phenyl]-, dinitril **9** 4590
—, Bis-[chlor-phenyl]-, dinitril
9 4589
—, Bis-[dimethoxy-phenyl]-, dinitril
10 2616
—, Bis-[hydroxy-phenanthryl]- **10** 2552
—, Bis-[hydroxy-phenyl]-, dinitril
10 2530
—, Bis-[methoxy-phenyl]-, dinitril
10 2530
—, Bis-[methyl-phenacyl]- **10** 4091
—, Bis-[nitro-phenyl]-, dinitril
9 4590
—, [Chlor-phenyl]- **9** 4378
—, Dibenzoyl-, diäthylester **10** 4087
—, Diphenacyl- **10** 4089
—, Diphenyl-, dimethylester **9** 4589
—, Diphenyl-, dinitril **9** 4589
—, Naphthoylmethyl-phenacyl- **10** 4094
—, Phenyl- **9** 4378
Fumigacin 10 4777
Fumigacin-methylester **10** 4778
Fungisterin, Benzoyl- **9** 467
—, [Dinitro-benzoyl]- **9** 1867
Furan, Benzamino-hydroxy-oxo-tetrahydro-
9 1205
—, Brom-hydroxy-oxo-[äthoxy-phenyl]-
tetrahydro- **10** 4235
—, Brom-hydroxy-oxo-[äthyl-phenyl]-
tetrahydro- **10** 3087
—, Brom-hydroxy-oxo-bis-[brom-
dimethoxy-phenyl]-tetrahydro-
10 4821
—, Brom-hydroxy-oxo-[chlor-phenyl]-
tetrahydro- **10** 3041
—, Brom-hydroxy-oxo-[dimethyl-phenyl]-
tetrahydro- **10** 3087, 3088
—, Brom-hydroxy-oxo-diphenyl-
tetrahydro- **10** 3327
—, Brom-hydroxy-oxo-[isopropyl-phenyl]-
tetrahydro- **10** 3099

Furan, Brom-hydroxy-oxo-[methoxy-
phenyl]-tetrahydro- **10** 4235
—, Brom-hydroxy-oxo-methyl-[brom-nitro-
benzyl]-tetrahydro- **10** 3082
—, Brom-hydroxy-oxo-methyl-phenyl-
tetrahydro- **10** 3067
—, Brom-hydroxy-oxo-naphthyl-
tetrahydro- **10** 3269, 3270
—, Brom-hydroxy-oxo-[nitro-phenyl]-
tetrahydro- **10** 3043
—, Brom-hydroxy-oxo-phenyl-dihydro-
10 3150
—, Brom-hydroxy-oxo-phenyl-[methoxy-
phenyl]-tetrahydro- **10** 4445
—, Brom-hydroxy-oxo-phenyl-tetrahydro-
10 3041
—, Brom-hydroxy-oxo-*p*-tolyl-tetrahydro-
10 3071
—, Brom-methoxy-oxo-diphenyl-dihydro-
10 3380
—, Chlor-hydroxy-oxo-[brom-phenyl]-
tetrahydro- **10** 3041
—, Chlor-hydroxy-oxo-phenyl-tetrahydro-
10 3039
—, Dibrom-hydroxy-oxo-[dimethoxy-
phenyl]-tetrahydro- **10** 4546, 4548
—, Dibrom-hydroxy-oxo-[methoxy-methyl-
phenyl]-tetrahydro- **10** 4252, 4256
—, Dibrom-hydroxy-oxo-[methoxy-
naphthyl]-tetrahydro- **10** 4413
—, Dibrom-hydroxy-oxo-phenyl-dihydro-
10 3151
—, Dibrom-hydroxy-oxo-phenyl-
tetrahydro- **10** 3041
—, Dibrom-hydroxy-oxo-[trimethyl-
phenyl]-dihydro- **10** 3180
—, Dihydroxy-oxo-dibenzyl-tetrahydro-
10 4458
—, Dihydroxy-oxo-diphenyl-tetrahydro-
10 4446
—, Dihydroxy-oxo-methyl-benzyl-
tetrahydro- **10** 4261
—, Dihydroxy-oxo-methyl-[brom-phenyl]-
tetrahydro- **10** 4246
—, Dihydroxy-oxo-phenyl-benzyl-
tetrahydro- **10** 4453
—, Dihydroxy-oxo-phenyl-[methoxy-
phenyl]-tetrahydro- **10** 4678
—, Hydroxy-äthoxy-oxo-[chlor-phenyl]-
tetrahydro- **10** 4236
—, Hydroxy-äthoxythiocarbonylmercapto-
oxo-phenyl-tetrahydro- **10** 4237
—, Hydroxy-benzylmercapto-oxo-phenyl-
tetrahydro- **10** 4237
—, Hydroxy-dioxo-benzyl-tetrahydro-
10 3549
—, Hydroxy-dioxo-[brom-phenyl]-
tetrahydro- **10** 3548

Furan, Hydroxy-dioxo-[dimethoxy-phenyl]-
tetrahydro- **10** 4739

—, Hydroxy-dioxo-[methoxy-phenyl]-
tetrahydro- **10** 4603

—, Hydroxy-dioxo-[methoxy-styryl]-
tetrahydro- **10** 4630

—, Hydroxy-dioxo-naphthyl-tetrahydro-
10 3620

—, Hydroxy-dioxo-[nitro-methoxy-phenyl]-
tetrahydro- **10** 4603

—, Hydroxy-dioxo-[nitro-phenyl]-
tetrahydro- **10** 3548

—, Hydroxy-dioxo-phenäthyl-tetrahydro-
10 3554

—, Hydroxy-dioxo-phenyl-tetrahydro-
10 3546

—, Hydroxy-dioxo-*o*-tolyl-tetrahydro-
10 3552

—, Hydroxy-dioxo-*p*-tolyl-tetrahydro-
10 3552

—, Hydroxy-methoxy-oxo-[brom-phenyl]-
tetrahydro- **10** 4236

—, Hydroxy-methoxy-oxo-diphenyl-
tetrahydro- **10** 4446

—, Hydroxy-methoxy-oxo-phenyl-dihydro-
10 4334

—, Hydroxy-methylmercapto-oxo-phenyl-
tetrahydro- **10** 4236

—, Hydroxy-oxo-acenaphthenyl-
tetrahydro- **10** 3338

—, Hydroxy-oxo-[äthoxy-methyl-phenyl]-
tetrahydro- **10** 4248, 4250, 4253

—, Hydroxy-oxo-[äthoxy-naphthyl]-
tetrahydro- **10** 4412, 4415

—, Hydroxy-oxo-[äthoxy-phenyl]-[äthoxy-
phenacyl]-tetrahydro- **10** 4784

—, Hydroxy-oxo-[äthoxy-phenyl]-
tetrahydro- **10** 4232

—, Hydroxy-oxo-[äthoxy-tetrahydro-
naphthyl]-tetrahydro- **10** 4351,
4352

—, Hydroxy-oxo-äthyl-[methoxy-methyl-
phenyl]-tetrahydro- **10** 4271

—, Hydroxy-oxo-äthyl-[methoxy-phenyl]-
tetrahydro- **10** 4262

—, Hydroxy-oxo-äthyl-naphthyl-
tetrahydro- **10** 3277

—, Hydroxy-oxo-[äthyl-naphthyl]-
tetrahydro- **10** 3279

—, Hydroxy-oxo-[äthyl-phenyl]-
tetrahydro- **10** 3087

—, Hydroxy-oxo-[(äthyl-propyl)-phenyl]-
tetrahydro- **10** 3109

—, Hydroxy-oxo-anthryl-tetrahydro-
10 3407

—, Hydroxy-oxo-benzhydryl-tetrahydro-
10 3345

—, Hydroxy-oxo-benzyl-benzyliden-
tetrahydro- **10** 3393

Furan, Hydroxy-oxo-[benzyl-phenyl]-
tetrahydro- **10** 3345

—, Hydroxy-oxo-benzyl-tetrahydro- **10** 3061

—, Hydroxy-oxo-bibenzylyl-tetrahydro-
10 3353

—, Hydroxy-oxo-bicyclohexylyl-phenyl-
tetrahydro- **10** 3248

—, Hydroxy-oxo-biphenylyl-tetrahydro-
10 3334

—, Hydroxy-oxo-bis-[dimethoxy-phenyl]-
tetrahydro- **10** 4820, 4821

—, Hydroxy-oxo-bis-[hydroxy-phenyl]-
tetrahydro- **10** 4677

—, Hydroxy-oxo-bis-[methoxy-phenyl]-
tetrahydro- **10** 4677, 4679

—, Hydroxy-oxo-[brom-dihydroxy-phenyl]-
tetrahydro- **10** 4544

—, Hydroxy-oxo-[brom-dimethoxy-phenyl]-
tetrahydro- **10** 4545

—, Hydroxy-oxo-[brom-hydroxy-methoxy-
phenyl]-tetrahydro- **10** 4545

—, Hydroxy-oxo-[brom-methoxy-naphthyl]-
tetrahydro- **10** 4415

—, Hydroxy-oxo-[brom-phenyl]-dihydro-
10 3147

—, Hydroxy-oxo-[brom-phenyl]-
tetrahydro- **10** 3040

—, Hydroxy-oxo-[*sec*-butyl-naphthyl]-
tetrahydro- **10** 3284

—, Hydroxy-oxo-[*tert*-butyl-naphthyl]-
tetrahydro- **10** 3284

—, Hydroxy-oxo-[butyloxy-methyl-phenyl]-
tetrahydro- **10** 4248, 4251, 4253

—, Hydroxy-oxo-[butyloxy-phenyl]-
tetrahydro- **10** 4232

—, Hydroxy-oxo-[butyl-phenyl]-
tetrahydro- **10** 3106

—, Hydroxy-oxo-[*sec*-butyl-phenyl]-
tetrahydro- **10** 3106

—, Hydroxy-oxo-[*tert*-butyl-phenyl]-
tetrahydro- **10** 3106

—, Hydroxy-oxo-{[(chlor-äthoxy)-äthoxy]-
phenyl}-tetrahydro- **10** 4233

—, Hydroxy-oxo-[chlor-äthoxy-phenyl]-
tetrahydro- **10** 4235

—, Hydroxy-oxo-[chlor-methoxy-naphthyl]-
tetrahydro- **10** 4415

—, Hydroxy-oxo-[chlor-methoxy-phenyl]-
tetrahydro- **10** 4235

—, Hydroxy-oxo-[chlor-methyl-phenyl]-
tetrahydro- **10** 3070

—, Hydroxy-oxo-[chlor-phenyl]-
tetrahydro- **10** 3039

—, Hydroxy-oxo-chrysenyl-tetrahydro-
10 3476

—, Hydroxy-oxo-cyclohexylmethyl-
tetrahydro- **10** 2874

—, Hydroxy-oxo-[cyclohexyl-phenyl]-
tetrahydro- **10** 3204

Furan, Hydroxy-oxo-cyclohexyl-tetrahydro-
10 2853, 2854
—, Hydroxy-oxo-cyclopenta[*def*]₌
phenanthrenyl-tetrahydro- 10 3437
—, Hydroxy-oxo-cyclopentylmethyl-
tetrahydro- 10 2860
—, Hydroxy-oxo-[cyclopentyl-phenyl]-
tetrahydro- 10 3199
—, Hydroxy-oxo-cyclopentyl-tetrahydro-
10 2843
—, Hydroxy-oxo-[diäthoxy-phenyl]-
tetrahydro- 10 4545
—, Hydroxy-oxo-diäthyl-phenyl-
tetrahydro- 10 3104
—, Hydroxy-oxo-dibenzyliden-styryl-
tetrahydro- 10 3498
—, Hydroxy-oxo-[dibrom-nitro-phenäthyl]-
tetrahydro- 10 3078, 3079
—, Hydroxy-oxo-[dihydro-anthryl]-
tetrahydro- 10 3398
—, Hydroxy-oxo-[dihydro-cyclopenta[*def*]₌
phenanthrenyl]-tetrahydro-
10 3420
—, Hydroxy-oxo-[dihydro-phenanthryl]-
tetrahydro- 10 3398
—, Hydroxy-oxo-[dihydroxy-methyl-
phenyl]-tetrahydro- 10 4558
—, Hydroxy-oxo-[dihydroxy-phenyl]-
tetrahydro- 10 4543
—, Hydroxy-oxo-[dihydroxy-styryl]-
tetrahydro- 10 4606
—, Hydroxy-oxo-[dimethoxy-äthyl-phenyl]-
tetrahydro- 10 4562, 4563
—, Hydroxy-oxo-[dimethoxy-benzyl]-
tetrahydro- 10 4555
—, Hydroxy-oxo-[dimethoxy-butyl-phenyl]-
tetrahydro- 10 4568
—, Hydroxy-oxo-[dimethoxy-hexyl-phenyl]-
tetrahydro- 10 4571
—, Hydroxy-oxo-[dimethoxy-methyl-
phenyl]-tetrahydro- 10 4557, 4558
—, Hydroxy-oxo-[dimethoxy-naphthyl]-
tetrahydro- 10 4655
—, Hydroxy-oxo-[dimethoxy-phenyl]-
benzyliden-tetrahydro- 10 4692
—, Hydroxy-oxo-[dimethoxy-phenyl]-
benzyl-tetrahydro- 10 4680
—, Hydroxy-oxo-[dimethoxy-phenyl]-
[brom-dimethoxy-benzyliden]-
tetrahydro- 10 4826
—, Hydroxy-oxo-[dimethoxy-phenyl]-
[dimethoxy-benzyliden]-tetrahydro-
10 4826
—, Hydroxy-oxo-[dimethoxy-phenyl]-
[dimethoxy-benzyl]-tetrahydro-
10 4823
—, Hydroxy-oxo-[dimethoxy-phenyl]-
[hydroxy-methoxy-benzyliden]-
tetrahydro- 10 4825

Furan, Hydroxy-oxo-[dimethoxy-phenyl]-
[methoxy-äthoxy-benzyliden]-
tetrahydro- 10 4826
—, Hydroxy-oxo-[dimethoxy-phenyl]-
[methoxy-benzyliden]-tetrahydro-
10 4784
—, Hydroxy-oxo-[dimethoxy-phenyl]-
[methyl-benzyliden]-tetrahydro-
10 4693
—, Hydroxy-oxo-[dimethoxy-phenyl]-
methylen-[dimethoxy-benzyliden]-
tetrahydro- 10 4833
—, Hydroxy-oxo-[dimethoxy-phenyl]-
methylen-[methoxy-äthoxy-
benzyliden]-tetrahydro- 10 4833
—, Hydroxy-oxo-[dimethoxy-phenyl]-
[nitro-benzyliden]-tetrahydro- 10 4692
—, Hydroxy-oxo-[dimethoxy-phenyl]-
tetrahydro- 10 4544, 4545, 4546, 4548
—, Hydroxy-oxo-[dimethoxy-propyl-
phenyl]-tetrahydro- 10 4564
—, Hydroxy-oxo-[dimethyl-anthryl]-
tetrahydro- 10 3420
—, Hydroxy-oxo-dimethyl-biphenylyl-
dihydro- 10 3393
—, Hydroxy-oxo-dimethyl-biphenylyl-
tetrahydro- 10 3356
—, Hydroxy-oxo-dimethyl-[brom-phenyl]-
dihydro- 10 3172
—, Hydroxy-oxo-dimethyl-[dimethoxy-
phenyl]-tetrahydro- 10 4560
—, Hydroxy-oxo-dimethyl-diphenyl-
tetrahydro- 10 3350, 3352
—, Hydroxy-oxo-dimethyl-indanyl-
tetrahydro- 10 3201
—, Hydroxy-oxo-dimethyl-[methyl-
naphthyl]-tetrahydro- 10 3281
—, Hydroxy-oxo-dimethyl-naphthyl-
tetrahydro- 10 3277, 3278
—, Hydroxy-oxo-[dimethyl-naphthyl]-
tetrahydro- 10 3280
—, Hydroxy-oxo-[dimethyl-(oxo-butyl)-
cyclobutyl]-tetrahydro- 10 3526
—, Hydroxy-oxo-dimethyl-phenanthryl-
tetrahydro- 10 3420
—, Hydroxy-oxo-dimethyl-phenyl-dihydro-
10 3171
—, Hydroxy-oxo-dimethyl-phenyl-
tetrahydro- 10 3083, 3084, 3085
—, Hydroxy-oxo-[dimethyl-phenyl]-
tetrahydro- 10 3087, 3088
—, Hydroxy-oxo-dimethyl-*p*-tolyl-
tetrahydro- 10 3098
—, Hydroxy-oxo-dimethyl-[trimethyl-
phenyl]-tetrahydro- 10 3111
—, Hydroxy-oxo-[dioxo-dihydro-anthryl]-
tetrahydro- 10 4026
—, Hydroxy-oxo-diphenyl-benzyl-dihydro-
10 3476, 3477

Furan, Hydroxy-oxo-diphenyl-
[chlor-benzyl]-dihydro 10 3477
—, Hydroxy-oxo-diphenyl-dihydro-
10 3378
—, Hydroxy-oxo-diphenyl-tetrahydro-
10 3324, 3329
—, Hydroxy-oxo-di-*p*-tolyl-tetrahydro-
10 3352
—, Hydroxy-oxo-[dodecyl-phenyl]-
tetrahydro- 10 3127
—, Hydroxy-oxo-fluorenyl-tetrahydro-
10 3392, 3393
—, Hydroxy-oxo-[fluor-phenyl]-
tetrahydro- 10 3039
—, Hydroxy-oxo-[heptyloxy-methyl-
phenyl]-tetrahydro- 10 4254
—, Hydroxy-oxo-hexadecyl-[methoxy-
phenyl]-tetrahydro- 10 4329
—, Hydroxy-oxo-[hexahydro-
acephenanthrylenyl]-tetrahydro-
10 3403
—, Hydroxy-oxo-[hexahydro-pyrenyl]-
tetrahydro- 10 3404
—, Hydroxy-oxo-hexyl-[methoxy-phenyl]-
tetrahydro- 10 4282
—, Hydroxy-oxo-[hexyloxy-methyl-phenyl]-
tetrahydro- 10 4248, 4251, 4254
—, Hydroxy-oxo-[hexyloxy-phenyl]-
tetrahydro- 10 4233
—, Hydroxy-oxo-[hexyl-phenyl]-
tetrahydro- 10 3113
—, Hydroxy-oxo-[hydroxy-dimethoxy-
phenyl]-tetrahydro- 10 4724
—, Hydroxy-oxo-[hydroxy-dimethyl-
phenyl]-tetrahydro- 10 4266
—, Hydroxy-oxo-[hydroxy-methoxy-methyl-
phenyl]-tetrahydro- 10 4557
—, Hydroxy-oxo-[hydroxy-methoxy-
naphthyl]-tetrahydro- 10 4655
—, Hydroxy-oxo-[hydroxy-methoxy-
phenyl]-tetrahydro- 10 4543, 4546
—, Hydroxy-oxo-[hydroxy-methoxy-styryl]-
tetrahydro- 10 4606
—, Hydroxy-oxo-[hydroxy-methyl-
isopropyl-phenyl]-tetrahydro-
10 4277
—, Hydroxy-oxo-[hydroxy-methyl-phenyl]-
tetrahydro- 10 4247, 4250, 4253, 4256
—, Hydroxy-oxo-[hydroxy-naphthyl]-
tetrahydro- 10 4413, 4414
—, Hydroxy-oxo-[hydroxy-phenyl]-
tetrahydro- 10 4229, 4231
—, Hydroxy-oxo-[hydroxy-styryl]-
tetrahydro- 10 4342, 4343
—, Hydroxy-oxo-indanyl-tetrahydro-
10 3186
—, Hydroxy-oxo-[isobutyloxy-methyl-
phenyl]-tetrahydro- 10 4248,
4251, 4253

Furan, Hydroxy-oxo-[isobutyloxy-phenyl]-
tetrahydro- 10 4232
—, Hydroxy-oxo-[isopentyloxy-methyl-
phenyl]-tetrahydro- 10 4248,
4251, 4254
—, Hydroxy-oxo-[isopentyloxy-phenyl]-
tetrahydro- 10 4233
—, Hydroxy-oxo-isopentyl-phenyl-
tetrahydro- 10 3108
—, Hydroxy-oxo-[isopentyl-phenyl]-
tetrahydro- 10 3109
—, Hydroxy-oxo-[isopropyl-naphthyl]-
tetrahydro- 10 3282
—, Hydroxy-oxo-[isopropyloxy-methyl-
phenyl]-tetrahydro- 10 4253
—, Hydroxy-oxo-[isopropyl-phenyl]-
tetrahydro- 10 3099
—, Hydroxy-oxo-[jod-phenyl]-tetrahydro-
10 3042
—, Hydroxy-oxo-[methoxy-äthoxy-phenyl]-
[dimethoxy-benzyliden]-tetrahydro-
10 4826
—, Hydroxy-oxo-[methoxy-äthoxy-phenyl]-
methylen-[dimethoxy-benzyliden]-
tetrahydro- 10 4834
—, Hydroxy-oxo-[methoxy-äthoxy-
phenyl]-tetrahydro- 10 4546
—, Hydroxy-oxo-[methoxy-äthyl-phenyl]-
tetrahydro- 10 4266
—, Hydroxy-oxo-[methoxy-biphenylyl]-
tetrahydro- 10 4450
—, Hydroxy-oxo-[methoxy-butyl-phenyl]-
tetrahydro- 10 4276
—, Hydroxy-oxo-[methoxy-*tert*-butyl-
phenyl]-tetrahydro- 10 4277
—, Hydroxy-oxo-[methoxy-dimethyl-
phenyl]-tetrahydro- 10 4266, 4267
—, Hydroxy-oxo-[methoxy-heptyl-phenyl]-
tetrahydro- 10 4283
—, Hydroxy-oxo-[methoxy-hexyl-phenyl]-
tetrahydro- 10 4282
—, Hydroxy-oxo-[methoxy-isopropyl-
naphthyl]-tetrahydro- 10 4420
—, Hydroxy-oxo-[methoxy-methyl-äthyl-
phenyl]-tetrahydro- 10 4273
—, Hydroxy-oxo-[methoxy-methyl-
isopropyl-phenyl]-tetrahydro- 10 4277
—, Hydroxy-oxo-[methoxy-methyl-
naphthyl]-tetrahydro- 10 4417
—, Hydroxy-oxo-[methoxy-methyl-phenyl]-
tetrahydro- 10 4247, 4250, 4253, 4256
—, Hydroxy-oxo-[methoxy-methyl-naphthyl]-
tetrahydro- 10 4411, 4412, 4413, 4414
—, Hydroxy-oxo-[methoxy-pentyl-phenyl]-
tetrahydro- 10 2478
—, Hydroxy-oxo-[methoxy-phenyl]-
benzyliden-tetrahydro- 10 4465
—, Hydroxy-oxo-[methoxy-phenyl]-benzyl-
tetrahydro- 10 4452

Furan, Hydroxy-oxo-[methoxy-phenyl]-
[dimethoxy-phenyl]-tetrahydro-
10 4769, 4770, 4771, 4772, 4773, 4774

—, Hydroxy-oxo-[methoxy-phenyl]-
[hydroxy-benzyliden]-tetrahydro-
10 4691

—, Hydroxy-oxo-[methoxy-phenyl]-
[hydroxy-methoxy-benzyliden]-
tetrahydro- **10** 4783

—, Hydroxy-oxo-[methoxy-phenyl]-
[hydroxy-methoxy-phenyl]-
tetrahydro- **10** 4770, 4772

—, Hydroxy-oxo-[methoxy-phenyl]-
[methoxy-benzyliden]-tetrahydro-
10 4691

—, Hydroxy-oxo-[methoxy-phenyl]-
[methoxy-methyl-phenyl]-
tetrahydro- **10** 4681, 4682, 4683,
4684, 4685

—, Hydroxy-oxo-[methoxy-phenyl]-
[methoxy-naphthyl]-tetrahydro-
10 4706

—, Hydroxy-oxo-[methoxy-phenyl]-
[methoxy-phenyl]-tetrahydro- **10** 4676

—, Hydroxy-oxo-[methoxy-phenyl]-
naphthyl-tetrahydro- **10** 4486

—, Hydroxy-oxo-[(methoxy-phenyl)-
propyl]-tetrahydro- **10** 4270

—, Hydroxy-oxo-[methoxy-phenyl]-
tetrahydro- **10** 4230, 4231, 4240

—, Hydroxy-oxo-[methoxy-phenyl]-
p-tolyl-tetrahydro- **10** 4453, 4455

—, Hydroxy-oxo-[methoxy-propyl-phenyl]-
tetrahydro- **10** 4272

—, Hydroxy-oxo-[methoxy-tetrahydro-
naphthyl]-tetrahydro- **10** 4352

—, Hydroxy-oxo-methyl-äthyl-naphthyl-
tetrahydro- **10** 3281

—, Hydroxy-oxo-methyl-[äthyl-naphthyl]-
tetrahydro- **10** 3282

—, Hydroxy-oxo-methyl-äthyl-phenyl-
tetrahydro- **10** 3096

—, Hydroxy-oxo-methyl-benzyl-dihydro-
10 3170

—, Hydroxy-oxo-methyl-benzyliden-
[nitro-benzyliden]-tetrahydro-
10 3414

—, Hydroxy-oxo-methyl-benzyliden-
tetrahydro- **10** 3170

—, Hydroxy-oxo-methyl-benzyl-
tetrahydro- **10** 3081

—, Hydroxy-oxo-methyl-[brom-methoxy-
naphthyl]-tetrahydro- **10** 4416

—, Hydroxy-oxo-methyl-[brom-phenyl]-
dihydro- **10** 3159, 3162

—, Hydroxy-oxo-methyl-[brom-phenyl]-
tetrahydro- **10** 3064, 3067

—, Hydroxy-oxo-methyl-cinnamyliden-
tetrahydro- **10** 3234

Furan, Hydroxy-oxo-methyl-cyclohexyl-
tetrahydro- **10** 2875

—, Hydroxy-oxo-methyl-decyl-phenyl-
tetrahydro- **10** 3125

—, Hydroxy-oxo-methyl-dibenzyliden-
tetrahydro- **10** 3414

—, Hydroxy-oxo-methyl-[dimethoxy-
phenyl]-tetrahydro- **10** 4556

—, Hydroxy-oxo-methyl-hexyl-phenyl-
tetrahydro- **10** 3114

—, Hydroxy-oxo-methyl-[hydroxy-
benzyliden]-tetrahydro- **10** 4343

—, Hydroxy-oxo-methyl-[hydroxy-
dimethoxy-phenyl]-tetrahydro-
10 4728, 4729

—, Hydroxy-oxo-methyl-[hydroxy-phenyl]-
tetrahydro- **10** 4246

—, Hydroxy-oxo-methyl-[methyl-isopropyl-
dihydro-phenanthryl]-tetrahydro-
10 3405

—, Hydroxy-oxo-methyl-[isopropyl-
naphthyl]-tetrahydro- **10** 3284

—, Hydroxy-oxo-[methyl-isopropyl-
phenanthryl]-tetrahydro- **10** 3422, 3423

—, Hydroxy-oxo-[methyl-isopropyl-
phenyl]-tetrahydro- **10** 3107

—, Hydroxy-oxo-[methylmercapto-phenyl]-
tetrahydro- **10** 4236

—, Hydroxy-oxo-methyl-[methoxy-
benzyliden]-tetrahydro- **10** 4343

—, Hydroxy-oxo-methyl-[methoxy-
dimethyl-phenyl]-tetrahydro-
10 4273

—, Hydroxy-oxo-methyl-[methoxy-methyl-
phenyl]-tetrahydro- **10** 4264, 4265

—, Hydroxy-oxo-methyl-[methoxy-phenyl]-
tetrahydro- **10** 4246, 4247

—, Hydroxy-oxo-methyl-[methyl-
isopropyl-phenanthryl]-tetrahydro-
10 3424

—, Hydroxy-oxo-methyl-[methyl-
isopropyl-phenyl]-tetrahydro-
10 3110

—, Hydroxy-oxo-methyl-[methyl-naphthyl]-
tetrahydro- **10** 3278, 3279

—, Hydroxy-oxo-[methyl-naphthyl-propyl]-
tetrahydro- **10** 3283

—, Hydroxy-oxo-methyl-naphthyl-
tetrahydro- **10** 3273

—, Hydroxy-oxo-[methyl-naphthyl]-
tetrahydro- **10** 3273, 3274, 3275

—, Hydroxy-oxo-methyl-[nitro-
benzyliden]-tetrahydro- **10** 3171

—, Hydroxy-oxo-methyl-phenanthryl-
tetrahydro- **10** 3415, 3416

—, Hydroxy-oxo-[methyl-phenanthryl]-
tetrahydro- **10** 3416, 3417

—, Hydroxy-oxo-methyl-phenyl-benzyl-
tetrahydro- **10** 3350

Furan, Hydroxy-oxo-methyl-phenyl-
tetrahydro- **10** 3063, 3064, 3067
—, Hydroxy-oxo-methyl-pyrenyl-
tetrahydro- **10** 3460
—, Hydroxy-oxo-[methyl-tetrahydro-
phenanthryl]-tetrahydro- **10** 3361
—, Hydroxy-oxo-methyl-*p*-tolyl-
tetrahydro- **10** 3086
—, Hydroxy-oxo-methyl-[trimethoxy-
phenyl]-tetrahydro- **10** 4729
—, Hydroxy-oxo-[naphthyl-propyl]-
tetrahydro- **10** 3280
—, Hydroxy-oxo-naphthyl-tetrahydro-
10 3268, 3269
—, Hydroxy-oxo-[neopentyl-phenyl]-
tetrahydro- **10** 3109
—, Hydroxy-oxo-[nitro-äthoxy-phenyl]-
tetrahydro- **10** 4236
—, Hydroxy-oxo-[nitro-dimethoxy-phenyl]-
tetrahydro- **10** 4545, 4548
—, Hydroxy-oxo-[nitro-methoxy-phenyl]-
tetrahydro- **10** 4235
—, Hydroxy-oxo-[nitro-methyl-phenyl]-
tetrahydro- **10** 3071
—, Hydroxy-oxo-[nitro-phenyl]-
tetrahydro- **10** 3042, 3169
—, Hydroxy-oxo-[nitro-phenyl]-*p*-tolyl-
tetrahydro- **10** 3344
—, Hydroxy-oxo-[(nitro-propyl)-phenyl]-
tetrahydro- **10** 3098
—, Hydroxy-oxo-[nitro-styryl]-
benzyliden-tetrahydro- **10** 3414
—, Hydroxy-oxo-[octahydro-anthryl]-
tetrahydro- **10** 3245
—, Hydroxy-oxo-[octahydro-phenanthryl]-
tetrahydro- **10** 3245, 3246
—, Hydroxy-oxo-[octyl-phenyl]-
tetrahydro- **10** 3117
—, Hydroxy-oxo-[oxo-fluorenyl]-
tetrahydro- **10** 3657
—, Hydroxy-oxo-[oxo-tetrahydro-
naphthylmethyl]-tetrahydro-
10 3596
—, Hydroxy-oxo-pentyl-[methoxy-methyl-
phenyl]-tetrahydro- **10** 4282
—, Hydroxy-oxo-pentyl-[methoxy-phenyl]-
tetrahydro- **10** 4277
—, Hydroxy-oxo-perylenyl-tetrahydro-
10 3498
—, Hydroxy-oxo-phenäthyl-tetrahydro-
10 3078
—, Hydroxy-oxo-phenanthryl-tetrahydro-
10 3407, 3408
—, Hydroxy-oxo-[phenoxy-phenyl]-
tetrahydro- **10** 4233
—, Hydroxy-oxo-phenyläthinyl-dihydro-
10 3263
—, Hydroxy-oxo-phenyläthinyl-
tetrahydro- **10** 3232

Furan, Hydroxy-oxo-[phenyl-anthryl]-
tetrahydro- **10** 3492
—, Hydroxy-oxo-phenyl-benzyl-
biphenylyl-dihydro- **10** 3506
—, Hydroxy-oxo-phenyl-benzyl-
tetrahydro- **10** 3340, 3341
—, Hydroxy-oxo-phenyl-biphenylyl-
tetrahydro- **10** 3463
—, Hydroxy-oxo-phenyl-[brom-phenyl]-
benzyl-dihydro- **10** 3479
—, Hydroxy-oxo-phenyl-[brom-phenyl]-
tetrahydro- **10** 3326
—, Hydroxy-oxo-phenyl-[chlor-phenyl]-
benzyl-dihydro- **10** 3478
—, Hydroxy-oxo-phenyl-[chlor-phenyl]-
benzyl-tetrahydro- **10** 3467
—, Hydroxy-oxo-phenyl-[chlor-phenyl]-
[chlor-benzyl]-dihydro- **10** 3478
—. Hydroxy-oxo-phenyl-[chlor-phenyl]-
dihydro- **10** 3378
—, Hydroxy-oxo-phenyl-[chlor-phenyl]-
tetrahydro- **10** 3326, 3330
—, Hydroxy-oxo-phenyl-dihydro- **10** 3144
—, Hydroxy-oxo-phenyl-[dimethoxy-
benzyliden]-tetrahydro- **10** 4691
—, Hydroxy-oxo-phenyl-[dimethoxy-
phenyl]-tetrahydro- **10** 4677
—, Hydroxy-oxo-phenyl-[fluor-phenyl]-
tetrahydro- **10** 3325
—, Hydroxy-oxo-phenyl-[methoxy-
benzyliden]-tetrahydro- **10** 4464
—, Hydroxy-oxo-phenyl-[methoxy-phenyl]-
benzyl-dihydro- **10** 4497, 4498
—, Hydroxy-oxo-phenyl-[methoxy-phenyl]-
[chlor-benzyl]-dihydro- **10** 4497
—, Hydroxy-oxo-phenyl-[methoxy-phenyl]-
[methoxy-benzyl]-dihydro- **10** 4708
—, Hydroxy-oxo-phenyl-[methoxy-phenyl]-
tetrahydro- **10** 4444, 4445
—, Hydroxy-oxo-phenyl-methylen-
tetrahydro- **10** 3163
—, Hydroxy-oxo-phenyl-naphthyl-
tetrahydro- **10** 3438
—, Hydroxy-oxo-phenyl-[nitro-dimethoxy-
phenyl]-tetrahydro- **10** 4678
—, Hydroxy-oxo-phenyl-[nitro-phenyl]-
tetrahydro- **10** 3328, 3330
—, Hydroxy-oxo-phenyl-phenacyl-
tetrahydro- **10** 3628
—, Hydroxy-oxo-phenyl-phenäthyl-
tetrahydro- **10** 3350
—, Hydroxy-oxo-phenyl-tetrahydro-
10 3035, 3050
—, Hydroxy-oxo-phenyl-*p*-tolyl-benzyl-
dihydro- **10** 3484
—, Hydroxy-oxo-phenyl-*p*-tolyl-
tetrahydro- **10** 3343, 3344
—, Hydroxy-oxo-phenyl-[trimethyl-
phenyl]-tetrahydro- **10** 3359

Furan, Hydroxy-oxo-pivaloyl-phenyl-
tetrahydro- **10** 3558
—, Hydroxy-oxo-propyl-[methoxy-methyl-
phenyl]-tetrahydro- **10** 4276
—, Hydroxy-oxo-propyl-[methoxy-phenyl]-
tetrahydro- **10** 4270
—, Hydroxy-oxo-[propyl-naphthyl]-
tetrahydro- **10** 3282
—, Hydroxy-oxo-[propyloxy-methyl-
phenyl]-tetrahydro- **10** 4248,
4251, 4253
—, Hydroxy-oxo-[propyloxy-phenyl]-
tetrahydro- **10** 4232
—, Hydroxy-oxo-[propyl-phenyl]-
tetrahydro- **10** 3098
—, Hydroxy-oxo-pyrenyl-tetrahydro-
10 3457
—, Hydroxy-oxo-styryl-benzyliden-
tetrahydro- **10** 3413
—, Hydroxy-oxo-styryl-cinnamyliden-
tetrahydro- **10** 3443
—, Hydroxy-oxo-styryl-[nitro-
benzyliden]-tetrahydro- **10** 3413
—, Hydroxy-oxo-styryl-tetrahydro- **10** 3168
—, Hydroxy-oxo-tetradecyl-[methoxy-
phenyl]-tetrahydro- **10** 4308
—, Hydroxy-oxo-[tetrahydro-
benzocycloheptenyl]-tetrahydro-
10 3199
—, Hydroxy-oxo-[tetrahydro-naphthyl]-
tetrahydro- **10** 3193
—, Hydroxy-oxo-[tetrahydro-phenanthryl]-
tetrahydro- **10** 3358
—, Hydroxy-oxo-tetramethyl-[methoxy-
phenyl]-tetrahydro- **10** 4275
—, Hydroxy-oxo-[tetramethyl-naphthyl]-
tetrahydro- **10** 3284
—, Hydroxy-oxo-[tetramethyl-phenyl]-
tetrahydro- **10** 3107
—, Hydroxy-oxo-*p*-tolyl-[methyl-
phenacyl]-tetrahydro- **10** 3632
—, Hydroxy-oxo-*m*-tolyl-tetrahydro-
10 3070
—, Hydroxy-oxo-*o*-tolyl-tetrahydro-
10 3070
—, Hydroxy-oxo-*p*-tolyl-tetrahydro-
10 3070
—, Hydroxy-oxo-[trimethoxy-phenyl]-
tetrahydro- **10** 4724
—, Hydroxy-oxo-trimethyl-phenyl-
tetrahydro- **10** 3096
—, Hydroxy-oxo-[trimethyl-phenyl]-
tetrahydro- **10** 3100
—, Hydroxy-oxo-triphenyl-tetrahydro-
10 3461
—, Hydroxy-oxo-veratryl-tetrahydro-
10 4555
—, Hydroxy-phenylmercapto-oxo-phenyl-
tetrahydro- **10** 4236

Furan, Hydroxy-phenylsulfon-oxo-
[trimethyl-phenyl]-tetrahydro- **10** 4273
—, Oxo-[chlor-phenyl]-dihydro- **10** 3039
—, Oxo-perylenyl-dihydro- **10** 3498
—, Trihydroxy-oxo-diphenyl-tetrahydro-
10 4678
Furan-carbonitril, Hydroxy-oxo-diphenyl-
dihydro- **10** 4022
—, Hydroxy-oxo-phenyl-[nitro-phenyl]-
dihydro- **10** 4022
—, Hydroxy-oxo-phenyl-tetrahydro-
10 3962
Furan-carbonsäure, Dihydroxy-oxo-phenyl-
benzyl-tetrahydro- **10** 4784
—, Hydroxy-oxo-phenyl-benzyl-
tetrahydro- **10** 4013
—, Hydroxy-oxo-phenyl-tetrahydro-
10 3962
—, Hydroxy-oxo-[trimethoxy-phenyl]-
tetrahydro- **10** 4842

G

Galactarsäure, Tetrabenzoyl- **9** 875
—, Tetrabenzoyl-, diäthylester **9** 875
Galactit, Bis-acetoxymethyl-diacetyl-
dibenzoyl- **9** 708
—, Dibenzoyl- **9** 706, 707
—, Dibenzoyl-bis-[nitroso-benzoyl]-
9 1464
—, Hexabenzoyl- **9** 712
—, Pentamethyl-benzoyl- **9** 706
—, Tetraacetyl-dibenzoyl- **9** 708, 709
—, Tetrabenzoyl- **9** 711
—, Tetrabenzoyl-bis-[nitroso-benzoyl]-
9 1465
—, Tetramethyl-benzoyl- **9** 706
—, Tetramethyl-dibenzoyl- **9** 708
Galactonsäure, Pentabenzoyl-, nitril
9 873
Gallamid 10 2091
—, Diäthyl- **10** 2091
Gallussäure 10 2070
Gallussäure-amid **10** 2091
— butylester **10** 2078
— diäthylamid **10** 2091
— dodecylester **10** 2079
— hexadecylester **10** 2080
— hexylester **10** 2079
— isobutylester **10** 2079
— isopentylester **10** 2079
— isopropylidenhydrazid **10** 2094
— methylester **10** 2076
— octadecenylester **10** 2080
— octadecylester **10** 2080
— octylester **10** 2079
— pentylester **10** 2079
— [phenyl-phenacylester] **10** 2086
— [phenyl-propylester] **10** 2081

Gallussäure-propylester 10 2078
— salicylidenhydrazid 10 2094
— tetradecylester 10 2080
Gamabufotalinsäure-äthylester 10 4750
— methylester 10 4749
Gentisinsäure 10 1384
Geodin, Dihydro- 10 4819
Geodinhydrat 10 2063
Geraniol, Benzoyl- 9 412
—, [Dinitro-benzoyl]- 9 1825
—, [Nitro-benzoyl]- 9 1568
Germanicol, Benzoyl- 9 489
Gibbatrien-carbonsäure, Hydroxy-
    dimethyl- 10 1135
—, Hydroxyimino-dimethyl- 10 3285
—, Hydroxy-methyl-methylen- 10 1239
—, Oxo-dimethyl- 10 3285
—, Oxo-dimethyl-, methylester 10 3286
Gibberellin-B 10 1239
Gibbersäure 10 3285
Gibbersäure-methylester 10 3286
— oxim 10 3285
Ginkgolsäure 10 949
—, Dihydro- 10 678
—, Methyl-, methylester 10 949
Githagonolsäure 10 2311
Gitoxigeninsäure, Dihydro- 10 2424
Gladiolsäure 10 4604
Glomelliferin 10 4562
Glomellifersäure 10 4562
Glucarsäure, Tetrabenzoyl- 9 874
Glucit, Bis-triphenylmethyl-
    tetrabenzoyl- 9 711
—, Dibenzoyl- 9 707
—, Hexabenzoyl- 9 712
—, Hexagalloyl- 10 2085
—, Hexakis-[triacetoxy-benzoyl]-
    10 2085
—, Tetraacetyl-dibenzoyl- 9 708
—, Tribenzoyl- 9 710
Gluconsäure, Benzoyloxymethyl-benzoyl-,
    nitril 9 874
—, Pentabenzoyl-, nitril 9 873
Glucosaminsäure, Benzoyl-, äthylester
    9 1192
Glutaconsäure s. Pentendisäure
Glutamin, [Dinitro-benzoyl]- 9 1943
—, Phenylacetyl- 9 2227
Glutaminsäure, [(Acetamino-
    cinnamoylamino)-cinnamoyl]-
    10 3013
—, [(Acetylimino-phenyl-propionylimino)-
    phenyl-propionyl]- 10 3013
—, {Äthyl-[äthyl-(nitro-benzoyl)-
    glutamyl]-glutamyl}-,
    diäthylester 9 1741, 1742
—, {Äthyl-[(nitro-benzoyl)-glutamyl]-
    glutamyl}-, diäthylester 9 1740
—, Benzoyl- 9 1190

Glutaminsäure, Benzoyl-, diazid
    9 1190
—, Benzoyl-, dihydrazid 9 1190
—, Benzoyl-, dimethylester 9 1190
—, [Benzoyl-benzyloxycarbonyl-lysyl]-
    9 1240
—, [Benzoyl-benzyloxycarbonyl-lysyl]-,
    diäthylester 9 1241
—, [Benzoyl-lysyl]- 9 1238
—, [Bis-(brom-benzoyl)-lysyl]→
    glycyl→glycyl→ 9 1419
—, [(Benzyloxycarbonyl-glycylimino)-
    phenyl-propionyl]- 10 3011
—, [Bis-(brom-benzoyl)-lysyl]→
    glycyl→glycyl→ 9 1419
—, [(Brom-benzoyl)-glycyl]- 9 1419
—, [Carboxy-benzoyl]-, diäthylester
    9 4196
—, [(Chlor-acetamino)-cinnamoyl]-
    10 3011
—, [Chloracetylimino-phenyl-propionyl]-
    10 3011
—, [Dinitro-benzoyl]- 9 1942
—, [Glycylamino-cinnamoyl]- 10 3011
—, [Glycylimino-phenyl-propionyl]-
    10 3011
—, [(Hippuroyl-alanyl)-leucyl]- 9 1132
—, [(Hippuroyl-alanyl)-leucyl]-,
    dihydrazid 9 1132
—, [(Hippuroyl-alanyl)-leucyl]-,
    dimethylester 9 1132
—, Hydroxy-benzoyl- 9 1191
—, [Hydroxy-cinnamoyl]- 10 3008
—, Hydroxy-[dinitro-benzoyl]- 9 1943
—, [Jod-benzoyl]- 9 1436, 1445
—, [Nitro-benzoyl]- 9 1737
—, [Nitro-benzoyl]-, äthylester
    9 1738
—, [Nitro-benzoyl]-, bis-[bis-
    äthoxycarbonyl-propylamid] 9 1742
—, [Nitro-benzoyl]-, diäthylester
    9 1738
—, [Nitro-benzoyl]-, dihydrazid 9 1743
—, [Nitro-benzoyl]-, dimethylester 9 1738
—, [Nitro-benzoyl]-, hydrazid 9 1743
—, [(Nitro-benzoyl)-glutamoyl]-di-,
    tetraäthylester 9 1742
—, [(Nitro-benzoyl)-glutamyl]-
    9 1738, 1739
—, [(Nitro-benzoyl)-glutamyl]-,
    äthylester 9 1739
—, [(Nitro-benzoyl)-glutamyl]-,
    diäthylester 9 1740
—, [(Nitro-benzoyl)-glutamyl]-,
    hydrazid 9 1741
—, {[(Nitro-benzoyl)-glutamyl]-
    glutamyl}-, äthylester 9 1740
—, Phenylacetyl- 9 2227
—, Phenylpyruvoyl- 10 3008

Glutaminsäure, Phenylthioacetyl- 9 2297
—, Thiobenzoyl- 9 1982
Glutamoylazid, Benzoyl- 9 1190
Glutaraldehyd, Bis-benzamino-hydroxy-
9 1227
Glutaramid, Cyclopentyl- 9 3869
—, Cyclopentyl-dicyan- 9 4852
—, Dipentyl-phenyl- 9 4303
—, Diphenyl- 9 4564
—, [Hydroxy-(hydroxy-dimethyl-
cyclohexyl)-äthyl]- 10 2413
—, Hydroxy-oxo-benzyl-phenäthyl-
10 4786
—, [Nitro-benzamino]-bis-[bis-
äthoxycarbonyl-propyl]- 9 1742
Glutaramidsäure, Benzamino- 9 1190
—, [Dinitro-benzamino]- 9 1943
—, Diphenyl- 9 4559, 4563
—, Diphenyl-, äthylester 9 4563
—, [Hydroxy-(hydroxy-dimethyl-
cyclohexyl)-äthyl]- 10 2413
—, Hydroxy-oxo-benzyl-phenäthyl-
10 4785
—, [Nitro-phenyl]-acetyl-cyan-,
äthylester 10 4130
—, [Nitro-phenyl]-[hydroxy-äthyliden]-
cyan-, äthylester 10 4130
—, Phenyl- 9 4298
—, [Phenyl-acetamino]- 9 2227
—, Phenyl-acetyl-cyan-, äthylester
10 4129
—, Phenyl-[hydroxy-äthyliden]-cyan-,
äthylester 10 4129
—, Styryl-acetyl-cyan-, äthylester
10 4137
—, Styryl-[hydroxy-äthyliden]-cyan-,
äthylester 10 4137
Glutaronitril, [Äthoxy-äthyl]-
[dimethoxy-phenyl]- 10 2565
—, Äthyl-[dimethoxy-phenyl]- 10 2463
—, Dioxo-[hydroxy-phenyl]- 10 4807
—, Diphenyl- 9 4560
—, Methyl-phenyl- 9 4315
—, Oxo-diphenyl- 10 4012
—, Phenyl- 9 4299, 4303
—, Phenyl-[methoxy-phenyl]- 10 2356, 2357
Glutaroylchlorid, Phenyl- 9 4303
Glutarsäure, [Acetoxy-pentamethyl-
tetradecahydro-cyclopenta[a]-
phenanthrenyl]-, dimethylester
10 2279
—, Acetyl-benzoyl-, diäthylester
10 4065
—, [Äthoxy-äthyl]-[dimethoxy-phenyl]-,
dinitril 10 2565
—, [Äthoxy-äthyl]-[dimethoxy-phenyl]-,
methylester-nitril 10 2565
—, [Äthoxycarbonyl-cyclohexyl]-,
diäthylester 9 4762

Glutarsäure, [Äthoxycarbonyl-cyclopentyl]-,
diäthylester 9 4759
—, [Äthoxycarbonyl-methyl]-[methoxy-
methyl-phenyl]-cyan-,
diäthylester 10 2578
—, Äthyl-[dimethoxy-phenyl]-,
[brom-phenacylester]-nitril
10 2463
—, Äthyl-[dimethoxy-phenyl]-, dinitril
10 2463
—, Äthyl-[dimethoxy-phenyl]-,
methylester-nitril 10 2463
—, Äthyl-[dimethoxy-phenyl]-, nitril
10 2463
—, Äthyl-phenyl- 9 4334
—, Äthyl-phenyl-, diäthylester 9 4334
—, [Amino-benzamino-hexanoylamino]-
9 1238
—, Benzamino- 9 1190
—, Benzamino-, amid 9 1190
—, Benzamino-, diazid 9 1190
—, Benzamino-, dihydrazid 9 1190
—, Benzamino-, dimethylester 9 1190
—, [Benzamino-benzyloxycarbonylamino-
hexanoylamino]- 9 1240
—, [Benzamino-benzyloxycarbonylamino-
hexanoylamino]-, diäthylester
9 1241
—, Benzamino-hydroxy- 9 1191
—, Benzhydryl- 9 4575
—, Benzhydryl-, dimethylester 9 4576
—, Benzoyl-, äthylester-nitril 10 3966
—, Benzyl- 9 4314
—, Benzyl-cyan-, diäthylester 9 4805, 4807
—, Benzyl-diacetyl-, diäthylester
10 4067
—, Benzyl-dicyan- 9 4878
—, Benzyliden-, diäthylester 9 4394
—, Bis-[acetoxy-phenyl]- 10 2513
—, Bis-[acetoxy-phenyl]-, diäthylester
10 2514
—, Bis-[acetoxy-phenyl]-,
dimethylester 10 2514
—, Bis-[äthoxy-methyl-phenyl]-,
diäthylester 10 2522
—, Bis-[äthoxy-methyl-phenyl]-,
dimethylester 10 2522
—, Bis-[äthoxy-phenyl]- 10 2513
—, Bis-benzamino- 9 1244
—, Bis-benzamino-, diäthylester
9 1244
—, Bis-benzamino-, dimethylester
9 1244
—, Bis-benzamino-acetoxy-,
dimethylester 9 1245
—, Bis-benzamino-hydroxy- 9 1245
—, Bis-benzamino-hydroxy-,
dimethylester 9 1245
—, Bis-[benzoyloxy-phenyl]- 10 2513

Glutarsäure, Bis-[benzoyloxy-phenyl]-,
  dimethylester **10** 2514
—, Bis-[brom-hydroxy-phenyl]- **10** 2514
—, Bis-[dibrom-hydroxy-phenyl]- **10** 2514
—, Bis-[dibrom-hydroxy-phenyl]-,
  dimethylester **10** 2514
—, Bis-[dihydroxy-phenyl]- **10** 2611
—, Bis-[hydroxy-äthyl]-phenyl-,
  diäthylester **10** 2464
—, Bis-[hydroxy-benzyliden]-,
  diäthylester **10** 4078
—, Bis-[hydroxy-methyl-phenyl]- **10** 2521
—, Bis-[hydroxy-phenyl]- **10** 2512
—, Bis-[hydroxy-phenyl]-, diäthylester
  10 2514
—, Bis-[hydroxy-phenyl]-,
  dimethylester **10** 2514
—, Bis-[methoxy-methyl-phenyl]-
  10 2521, 2522
—, Bis-[methoxy-phenyl]- **10** 2513
—, Bis-[methoxy-phenyl]-,
  dimethylester **10** 2514
—, Bis-[nitro-hydroxy-phenyl]- **10** 2515
—, [(Brom-benzamino)-acetamino]-
  9 1419
—, Brom-[hydroxy-phenyl]-,
  diäthylester **10** 2228
—, Brom-[methoxy-phenyl]-,
  diäthylester **10** 2228
—, [Brom-methoxy-phenyl]- **10** 2228
—, [Brom-methoxy-phenyl]-,
  diäthylester **10** 2228
—, [Brom-methoxy-phenyl]-,
  dimethylester **10** 2228
—, [Brom-methoxy-phenyl]-,
  diphenacylester **10** 2228
—, Brom-oxo-methyl- **10** 2027
—, [Carboxy-benzamino]-, diäthylester
  9 4196
—, [Carboxy-cyclohexyl]- **9** 4762
—, [Carboxy-cyclohexyl]-, äthylester-
  anhydrid **9** 4762
—, [Carboxy-cyclopentyl]- **9** 4759
—, Carboxymethyl-[methoxy-methyl-
  phenyl]- **10** 2578
—, [Chlor-methoxy-phenyl]- **10** 2227
—, [Chlor-methoxy-phenyl]-,
  diäthylester **10** 2227
—. [Chlor-methoxy-phenyl]-,
  dimethylester **10** 2227
—, [Cyan-cyclohexyl]-cyan-,
  diäthylester **9** 4853
—, [Cyan-cyclopentyl]-cyan-,
  diäthylester **9** 4852
—, Cyclohexylmethyl-äthyl-,
  diäthylester **9** 3929
—, Cyclopentyl- **9** 3868, 3869
—, Cyclopentyl-, diamid **9** 3869
—, Cyclopentyl-, dichlorid **9** 3869

Glutarsäure, Cyclopentyl-dicyan-, diamid
  9 4852
—, Dibenzoyl-, diäthylester **10** 4078
—, Dibrom-[methoxy-methyl-phenyl]-
  10 2236
—, Dibrom-[methoxy-phenyl]- **10** 2229
—, [Dibrom-methoxy-phenyl]- **10** 2228
—, [Dibrom-methoxy-phenyl]-,
  diäthylester **10** 2229
—, [Dibrom-methoxy-phenyl]-,
  dimethylester **10** 2229
—, [Dichlor-methoxy-phenyl]- **10** 2227
—, [Dichlor-methoxy-phenyl]-,
  diäthylester **10** 2227
—, [Dichlor-methoxy-phenyl]-,
  dimethylester **10** 2227
—, [Dichlor-methoxy-phenyl]-,
  diphenacylester **10** 2227
—, [Dihydro-naphthyl]-cyan-,
  diäthylester **9** 4831
—, Dihydroxy-phenyl-benzyl- **10** 2516
—, Dihydroxy-phenyl-benzyl-,
  dimethylester **10** 2516
—, [(Dimethoxy-phenyl)-äthyliden]-
  10 2474
—, [Dimethoxy-phenyl]-diacetyl-,
  diäthylester **10** 4847
—, [Dimethyl-äthoxycarbonyl-cyclohexyl]-,
  diäthylester **9** 4772
—, [Dimethyl-carboxy-cyclohexyl]-
  9 4772
—, Dimethyl-carboxymethyl-phenyl-
  9 4816
—, [Dimethyl-cyan-cyclohexyl]-cyan-,
  diäthylester **9** 4772
—, Dimethyl-[methyl-phenyl-äthyl]-
  9 4359
—, Dimethyl-phenyl- **9** 4336
—, Dimethyl-phenyl-, äthylester-nitril
  9 4335
—, Dimethyl-phenyl-, diäthylester
  9 4335, 4336
—. [Dimethyl-phenyl]- **9** 4338
—, [Dimethyl-phenyl]-diacetyl-,
  diäthylester **10** 4067
—, [Dinitro-benzamino]- **9** 1942
—, [Dinitro-benzamino]-, amid **9** 1943
—, [Dinitro-benzamino]-hydroxy- **9** 1943
—, Dioxo-[hydroxy-phenyl]-, dinitril
  10 4807
—, Diphenyl- **9** 4558, 4562, 4563
—, Diphenyl-, äthylester **9** 4562, 4563
—, Diphenyl-, äthylester-amid **9** 4563
—, Diphenyl-, äthylester-nitril
  9 4559, 4560, 4563
—, Diphenyl-, amid **9** 4559, 4563
—, Diphenyl-, diäthylester **9** 4558,
  4563, 4564
—, Diphenyl-, diamid **9** 4564

Glutarsäure, Diphenyl-, dimethylester
9 4562, 4564
—, Diphenyl-, dinitril 9 4560
—, Diphenyl-, methylester 9 4562
—, Diphenyl-, nitril 9 4559, 4563
—, Hydroxy-äthyl-diphenyl- 10 2371
—, Hydroxy-chlormethyl-diphenyl-
10 2360
—, Hydroxy-diphenyl-benzyl- 10 2403
—, Hydroxy-diphenyl-[brom-phenyl]-
10 2403
—, Hydroxy-diphenyl-phenäthyl- 10 2403
—, [Hydroxy-(hydroxy-dimethyl-
cyclohexyl)-äthyl]-, amid 10 2413
—, [Hydroxy-(hydroxy-dimethyl-
cyclohexyl)-äthyl]-, bis-[brom-
phenacylester] 10 2413
—, [Hydroxy-(hydroxy-dimethyl-
cyclohexyl)-äthyl]-, diamid
10 2413
—, Hydroxy-isobutyl-diphenyl- 10 2382
—, Hydroxy-isopropyl-diphenyl- 10 2378
—, Hydroxy-methyl-diphenyl- 10 2360
—, Hydroxy-oxo-benzyl-phenäthyl-, amid
10 4785
—, Hydroxy-oxo-benzyl-phenäthyl-,
diamid 10 4786
—, Hydroxy-oxo-phenyl-benzyl- 10 4784
—, [Hydroxy-phenyl]- 10 2226
—, [Hydroxy-phenyl]-, diäthylester
10 2226
—, [Hydroxy-phenyl]-cyan-,
diäthylester 10 2576
—, [Hydroxy-phenyl]-diacetyl-,
diäthylester 10 4809
—, [Hydroxy-phenyl]-dicyan-,
diäthylester 10 2627
—, [Hydroxy-phenyl]-[hydroxy-phenyl]-
10 2513
—, Hydroxy-propyl-diphenyl- 10 2378
—, Hydroxy-triphenyl- 10 2402
—, [Jod-benzamino]- 9 1436, 1445
—, [Jod-methoxy-phenyl]- 10 2229
—, [Jod-methoxy-phenyl]-, diäthylester
10 2229
—, [Jod-methoxy-phenyl]-,
dimethylester 10 2229
—, [Jod-methoxy-phenyl]-,
diphenacylester 10 2229
—, [Methoxy-methyl-phenyl]- 10 2236
—, [Methoxy-methyl-phenyl]-,
diäthylester 10 2236
—, [Methoxy-phenyl]- 10 2226
—, [Methoxy-phenyl]-, äthylester
10 2226
—, [Methoxy-phenyl]-, diäthylester
10 2226
—, [Methoxy-phenyl]-, diphenacylester
10 2227

Glutarsäure, [Methoxy-phenyl]-cyan-,
diäthylester 10 2576
—, [(Methoxy-phenyl)-cyan-methyl]-cyan-,
diäthylester 10 2628
—, [Methoxy-phenyl]-diacetyl-,
diäthylester 10 4808, 4809
—, [Methoxy-phenyl]-[methoxy-phenyl]-
10 2512
—, [Methyl-(äthoxycarbonyl-äthyl)-
cyclopentyl]-, diäthylester
9 4773
—, [Methyl-(äthoxycarbonyl-äthyl)-
cyclopentyl]-cyan-, diäthylester
9 4773
—, [Methyl-äthoxycarbonyl-cyclohexyl]-,
diäthylester 9 4769, 4770
—, [Methyl-äthoxycarbonyl-cyclopentyl]-,
diäthylester 9 4767, 4768
—, [Methyl-äthoxycarbonyl-cyclopentyl]-
cyan-, diäthylester 9 4854
—, Methyl-benzyl- 9 4334
—, Methyl-benzyl-cyan-, diäthylester
9 4812
—, Methyl-benzyliden- 9 4404
—, [Methyl-(carboxy-äthyl)-cyclopentyl]-
9 4773
—, [Methyl-carboxy-cyclohexyl]-
9 4768, 4769
—, [Methyl-carboxy-cyclohexyl]-,
äthylester-anhydrid 9 4769
—, [Methyl-carboxy-cyclopentyl]-
9 4767, 4768
—, [Methyl-cyan-cyclohexyl]-cyan-,
diäthylester 9 4855
—, [Methyl-cyan-cyclopentyl]-cyan-,
diäthylester 9 4854
—, Methyl-cyclopentyl- 9 3913
—, Methyl-diacetyl-, diäthylester
10 4712
—, Methyl-[methyl-carboxymethyl-
(methyl-carboxy-propyl)-hexahydro-
indanyl]- 9 4868
—, Methyl-[methyl-(dimethyl-hexyl)-
carboxy-hexahydro-indanyl]-
9 4781
—, Methyl-[methyl-(dimethyl-hexyl)-
carboxymethyl-hexahydro-indanyl]-
9 4782
—, Methyl-[methyl-(dimethyl-hexyl)-
oxal-hexahydro-indanyl]- 10 4116
—, Methyl-[methyl-(methyl-carboxy-
äthyl)-carboxy-hexahydro-indanyl]-
9 4865
—, Methyl-[methyl-(methyl-carboxy-
propyl)-carboxy-hexahydro-indanyl]-
9 4866
—, Methyl-[methyl-(methyl-cyan-propyl)-
carboxy-hexahydro-indanyl]-
9 4867

Glutarsäure, Methyl-[methyl-(methyl-methoxycarbonyl-propyl)-methoxycarbonyl-hexahydro-indanyl]-, dimethylester **9** 4867
—, Methyl-[methyl-(oxo-dimethyl-hexyl)-carboxy-hexahydro-indanyl]- **10** 4115
—, Methyl-[methyl-(trinitro-dimethyl-hexyl)-carboxy-hexahydro-indanyl]- **9** 4781
—, Methyl-[oxo-methyl-carboxymethyl-(methyl-carboxy-propyl)-hexahydro-indanyl]- **10** 4165
—, Methyl-[oxo-methyl-(methyl-carboxy-propyl)-carboxy-hexahydro-indanyl]- **10** 4164
—, Methyl-[oxo-methyl-(methyl-carboxy-propyl)-oxal-hexahydro-indanyl]- **10** 4170
—, Methyl-[oxo-methyl-(methyl-methoxycarbonyl-propyl)-methoxycarbonyl-hexahydro-indanyl]-, dimethylester **10** 4164
—, Methyl-phenacyl- **10** 3971
—, Methyl-phenyl- **9** 4317, 4318
—, Methyl-phenyl-, äthylester-nitril **9** 4315
—, Methyl-phenyl-, diäthylester **9** 4315
—, Methyl-phenyl-, dinitril **9** 4315
—, Methyl-phenyl-carbamoyl-, äthylester **9** 4807
—, Methyl-phenyl-cyan- **9** 4808
—, Methyl-phenyl-cyan-, diäthylester **9** 4808, 4809
—, Methyl-[semicarbazono-phenyl-äthyl]- **10** 3971
—, Methyl-triphenyl- **9** 4693
—, Naphthyl- **9** 4479
—, Naphthyl-diacetyl-, diäthylester **10** 4074, 4785
—, [Nitro-benzamino]- **9** 1737
—, [Nitro-benzamino]-, äthylester **9** 1738
—, [Nitro-benzamino]-, diäthylester **9** 1738
—, [Nitro-benzamino]-, dihydrazid **9** 1743
—, [Nitro-benzamino]-, dimethylester **9** 1738
—, [Nitro-benzamino]-, hydrazid **9** 1743
—, [(Nitro-benzamino)-carboxy-butyrylamino]- **9** 1738, 1739
—, [(Nitro-benzamino)-carboxy-butyrylamino]-, äthylester **9** 1739
—, [(Nitro-benzamino)-carboxy-butyrylamino]-, diäthylester **9** 1740

Glutarsäure, [(Nitro-benzamino)-carboxy-butyrylamino]-, hydrazid **9** 1741
—, [Nitro-phenyl]- **9** 4303
—, Oxo-cinnamoyl-, äthylester **10** 4069
—, Oxo-cinnamoyl-, diäthylester **10** 4069
—, Oxo-dibenzyliden-, dimethylester **10** 4027
—, Oxo-diphenyl-, dinitril **10** 4012
—, [Oxo-diphenyl-propyl]-diphenyl-, äthylester-nitril **10** 4038
—, Oxo-[methoxy-cinnamoyl]-, diäthylester **10** 4812
—, [Oxo-pentamethyl-tetradecahydro-cyclopenta[a]phenanthrenyl]-, dimethylester **10** 3995
—, Oxo-pentamethyl-tetradecahydro-cyclopenta[a]phenanthrenyl]-, methylester **10** 3995
—, Phenyl- **9** 4298, 4302
—, Phenyl-, äthylester-nitril **9** 4299
—, Phenyl-, amid **9** 4298
—, Phenyl-, bis-pentylamid **9** 4303
—, Phenyl-, diäthylester **9** 4303
—, Phenyl-, dichlorid **9** 4303
—, Phenyl-, dimethylester **9** 4298
—, Phenyl-, dinitril **9** 4299, 4303
—, Phenyl-, methylester-nitril **9** 4299
—, Phenyl-, nitril **9** 4299
—, [Phenyl-acetamino]- **9** 2227
—, [Phenyl-acetamino]-, amid **9** 2227
—, [Phenyl-äthyl]- **9** 4334
—, [Phenyl-äthyl]-cyan-, diäthylester **9** 4814
—, Phenyl-benzoyl- **10** 4015
—, Phenyl-cyan-, diäthylester **9** 4798, 4801
—, [Phenyl-cyan-methyl]-cyan-, diäthylester **9** 4876
—, Phenyl-diacetyl-, diäthylester **10** 4066
—, Phenyl-[methoxy-phenyl]-, äthylester-nitril **10** 2356
—, Phenyl-[methoxy-phenyl]-, dinitril **10** 2356, 2357
—, Phenyl-[methoxy-phenyl]-, nitril **10** 2356
—, [Phenyl-thioacetamino]- **9** 2297
—, Styryl-diacetyl-, diäthylester **10** 4070
—, Thiobenzamino- **9** 1982
—, m-Tolyl- **9** 4320
—, m-Tolyl-diacetyl-, diäthylester **10** 4067
—, [(Trimethoxy-phenyl)-äthyliden]- **10** 2577
—, [Triphenyl-äthyl]- **9** 4695
—, [3.5]Xylyl- **9** 4338
—, [3.5]Xylyl-diacetyl-, diäthylester **10** 4067

Glutathion, [Nitro-benzoyl]- **9** 1738
Glycerin, Acetyl-bis-[nitro-benzoyl]-
　9 1658
—, Benzoyl- **9** 662, 663
—, Benzoyl-bis-[brom-benzoyl]- **9** 1411
—, Benzoyl-bis-[nitro-benzoyl]-
　9 1474, 1507, 1659
—, Benzoyl-[brom-benzoyl]-[nitro-
　benzoyl]- **9** 1658
—, Benzoyl-[nitroso-benzoyl]- **9** 1463
—, Bis-[nitro-benzoyl]-[nitro-benzoyl]-
　9 1507, 1659
—, Bis-phenylacetyl- **9** 2187
—, [Brom-benzoyl]- **9** 1410
—, Butyryl-disalicyloyl- **10** 142
—, [Chlor-hydroxy-benzoyl]- **10** 361
—, [Chlor-hydroxy-methyl-benzoyl]-
　10 524
—, Decanoyl-bis-[nitro-benzoyl]-
　9 1658
—, Dibenzoyl- **9** 665
—, Dibenzoyl-benzyloxycarbonyl- **9** 666
—, Dibenzoyl-[brom-benzoyl]- **9** 1411
—, Dibenzoyl-[nitro-benzoyl]- **9** 1658
—, Dibutyryl-salicyloyl- **10** 142
—, Diisovaleryl-salicyloyl- **10** 142
—, Dimethyl-benzoyl- **9** 663
—, Dimethyl-[nitro-benzoyl]- **9** 1655
—, [Dinitro-phenyl]-dibenzoyl- **9** 665
—, Dinitro-[trinitro-benzoyl]- **9** 1960
—, Dipalmitoyl-benzoyl- **9** 663
—, Dipalmitoyl-[brom-benzoyl]- **9** 1411
—, Dipalmitoyl-[nitro-benzoyl]- **9** 1656
—, Distearoyl-benzoyl- **9** 664
—, Distearoyl-[nitro-benzoyl]- **9** 1656
—, Ditrityl-[nitro-benzoyl]- **9** 1656
—, Hexadecyl-bis-[nitro-benzoyl]-
　9 1656
—, [Hydroxy-benzoyl]- **10** 317
—, [Hydroxy-methyl-benzoyl]- **10** 495,
　518, 523
—, Isovaleryl-disalicyloyl- **10** 143
—, [Jod-hydroxy-benzoyl]- **10** 189
—, Methyl-bis-[nitro-benzoyl]- **9** 1656
—, [Nitro-benzoyl]- **9** 1655
—, Octadecyl-bis-[nitro-benzoyl]-
　9 1657
—, Octanoyl-bis-[nitro-benzoyl]-
　9 1658
—, Palmitoyl-disalicyloyl- **10** 143
—, Phenylacetyl- **9** 2187
—, Phosphono-benzoyl- **9** 667
—, Phosphono-trityl-benzoyl- **9** 667
—, Salicyloyl- **10** 142
—, Stearoyl-benzoyl- **9** 663, 664
—, Stearoyl-dibenzoyl- **9** 666
—, Tribenzoyl- **9** 666
—, Tricinnamoyl- **9** 2700
—, Trigalloyl- **10** 2084

Glycerin, [Trinitro-benzoyl]- **9** 1960
—, Tris-[benzoyloxy-acetyl]- **9** 855
—, Tris-[hydroxy-benzoyl]- **10** 318
—, Tris-[hydroxy-methyl-benzoyl]- **10** 523
—, Tris-[(jod-phenyl)-valeryl]- **9** 2504
—, Tris-[nitro-benzoyl]- **9** 1508, 1659
—, Tris-phenylacetyl- **9** 2187
—, Tris-[phenyl-propionyl]- **9** 2389
—, Trityl-benzoyl- **9** 663
—, Trityl-benzoyl-[brom-benzoyl]-
　9 1411
—, Trityl-[brom-benzoyl]- **9** 1380
—, Trityl-dibenzoyl- **9** 665
—, Trityl-[nitro-benzoyl]- **9** 1655
—, Trityl-stearoyl-benzoyl- **9** 664
Glycerinaldehyd, Dibenzoyl- **9** 779
—, Dibenzoyl-, semicarbazon **9** 780
—, Trityl-benzoyl-, diäthylmercaptal
　9 780
Glycerinsäure s. unter *Propionsäure*
Glycerogalactoheptonsäure, Hexabenzoyl-,
　nitril **9** 873
Glyceroguloheptit, Heptabenzoyl- **9** 715
Glyceroidoheptit, Heptabenzoyl- **9** 715
Glycin, [Acetamino-cinnamoyl]- **10** 3009
—, [(Acetamino-cinnamoylamino)-
　cinnamoyl]- **10** 3012
—, [(Acetamino-cinnamoyl)-glycyl]-
　10 3010
—, [Acetoxy-benzoyl]- **10** 158
—, [Acetoxy-phenäthyliden]-,
　äthylester **9** 2251
—, [Acetylimino-phenyl-propionyl]-
　10 3009
—, [(Acetylimino-phenyl-propionyl)-
　glycyl]- **10** 3010
—, [(Acetylimino-phenyl-propionylimino)-
　phenyl-propionyl]- **10** 3012
—, Acetyl-phenylacetyl-, äthylester
　9 2251
—, [Äthoxy-benzyliden]-, äthylester
　9 1251
—, [Äthoxy-cinnamyliden]-, äthylester
　9 2719
—, [Äthoxy-phenäthyliden]-, äthylester
　9 2251
—, [Äthoxy-phenäthyliden]-, nitril
　9 2251
—, Äthyl-[acetoxy-benzoyl]-,
　diäthylamid **10** 158
—, Äthyl-phenylacetyl-, dimethylamid
　9 2213
—, Äthyl-veratroyl-, diäthylamid
　10 1428
—, [Benzamino-cinnamoyl]- **10** 3010
—, [Benzamino-cinnamoyl]-, äthylester
　10 3010
—, [Benzamino-methyl-crotonoyl]-,
　äthylester **9** 1196

Glycin, Benzohydroximoyl-, [amid-oxim]
9 139
—, Benzohydroximoyl-, nitril 9 1309
—, Benzoyl- 9 1123
—, Benzoyl-, äthylester 9 1125
—, Benzoyl-, amid 9 1128
—, Benzoyl-, benzylester 9 1126
—, Benzoyl-, [brom-phenacylester]
9 1127
—, Benzoyl-, [dihydroxy-propylester]
9 1127
—, Benzoyl-, isopentylamid 9 1128
—, Benzoyl-, methylester 9 1125
—, Benzoyl-, nitril 9 1138
—, Benzoyl-, [phenyl-phenacylester]
9 1127
—, [(Benzoyl-alanyl)-glycyl]- 9 1144
—, [Benzoyl-β-aspartyl]- 9 1189
—, [Benzoyl-carbamoyl]- 9 1117
—, [Benzoyl-carbamoyl]-, äthylester
9 1117
—, Benzoyl→diglycyl→ 9 1130
—, [Benzoyl-glycyl]- 9 1129
—, [Benzoyl-glycyl]-, äthylester 9 1129
—, [Benzoyl-glycyl]-, benzylester
9 1129
—, [(Benzoyl-glycyl)-glycyl]- 9 1130
—, {[(Benzoyl-glycyl)-glycyl]-
glutamyl}-, äthylester 9 1131
—, [(Benzoyl-glycyl)-glycyl]-glycyl}-
9 1130
—, {[(Benzoyl-glycyl)-glycyl]-leucyl}-
9 1130
—, Benzoyl→heptaglycyl→ 9 1130
—, Benzoyl→hexaglycyl→ 9 1130
—, [Benzoylimino-isovaleryl]-,
äthylester 9 1196
—, [Benzoylimino-phenyl-propionyl]-
10 3010
—, [Benzoylimino-phenyl-propionyl]-,
äthylester 10 3010
—, [Benzoyl-leucyl]- 9 1159
—, [(Benzoyl-leucyl)-glycyl]- 9 1160
—, [(Benzoyl-leucyl)-leucyl]- 9 1160
—, [Benzoyloxy-phenäthyliden]-,
äthylester 9 2251
—, [Benzoyl-thiocarbamoyl]- 9 1120
—, [Benzoyl-thiocarbamoyl]-,
äthylester 9 1120
—, Benzoyl→triglycyl→ 9 1130
—, Benzyloxycarbonyl-, [benzoyl-
hydrazid] 9 1322
—, [Benzyloxycarbonyl-hippuroyl-lysyl]-,
äthylester 9 1137
—, [Bis-benzamino-propionyl]- 9 1192
—, [Bis-(brom-benzoyl)-lysyl]- 9 1419
—, [Brom-benzoyl]- 9 1387
—, [Brom-phenyl-propionyl]→diglycyl→
9 2403

Glycin, {[Brom-phenyl-propionyl)-glycyl]-
glycyl}- 9 2403
—, [Carboxy-benzoyl]-, amid 9 4195
—, [(Chlor-acetamino)-cinnamoyl]-
10 3009
—, [Chloracetylimino-phenyl-propionyl]-
10 3009
—, [Chlor-benzoyl]- 9 1364
—, {[(Chlor-benzoyl)-alanyl]-glycyl}-
9 1364
—, [(Chlor-benzoyl)-leucyl]- 9 1338
—, {[(Chlor-benzoyl)-leucyl]-glycyl}-
9 1365
—, [Chlor-brom-triäthyl-cinnamoyl]-
9 2879
—, [Chlor-brom-trimethyl-cinnamoyl]-
9 2818
—, [Chlor-methyl-(brom-trimethyl-
phenyl)-acryloyl]- 9 2839
—, Cinnamoyl- 9 2717
—, Cinnamoyl-, benzylester 9 2718
—, Cyclohexancarbonyl- 9 28
—, [Dihydroxy-cholanoyl]- 10 1634,
1637, 1655
—, [Dihydroxy-cholanoyl]-, methylester
10 1634
—, [Dijod-(acetoxy-phenoxy)-benzoyl]-,
äthylester 10 373
—, [Dijod-benzoyl]- 9 1453, 1454, 1455
—, [Dijod-(dijod-hydroxy-phenoxy)-
benzoyl]- 10 373
—, [Dijod-(hydroxy-phenoxy)-benzoyl]-
10 373
—, [(Dimethoxy-phenyl)-acetyl]- 10 1463
—, [Dinitro-benzoyl]- 9 1937
—, [Dinitro-benzoyl]→diglycyl→ 9 1938
—, [(Dinitro-benzoyl)-glycyl]- 9 1938
—, {[(Dinitro-benzoyl)-glycyl]-glycyl}-
9 1938
—, [Dioxo-cholanoyl]- 10 3580
—, [Dioxo-dihydro-anthracencarbonyl]-
10 3634
—, [Dioxo-dihydro-anthracencarbonyl]-,
äthylester 10 3634
—, Diphenylacetyl- 9 3302
—, Diphenylacetyl-, äthylester 9 3302
—, [Glycylamino-cinnamoyl]- 10 3010
—, [Glycylimino-phenyl-propionyl]-
10 3010
—, Hippuroyl- 9 1129
—, Hippuroyl-, äthylester 9 1129
—, Hippuroyl-, benzylester 9 1129
—, [Hippuroyl-glycyl]- 9 1130
—, [(Hippuroyl-glycyl)-glutamyl]-,
äthylester 9 1131
—, [(Hippuroyl-glycyl)-glycyl]- 9 1130
—, [(Hippuroyl-glycyl)-leucyl]- 9 1130
—, Hippuroyl→hexaglycyl→ 9 1130
—, [Hippuroyl-leucyl]- 9 1133

Glycin, [Hippuroyl-leucyl]-, methylester
9 1134
—, [Hippuroyl-lysyl]-, äthylester
9 1137
—, Hippuroyl→pentaglycyl→ 9 1130
—, [Hydroxy-benzoyl]- 10 254, 341
—, [Hydroxy-cinnamoyl]- 10 3007
—, [Hydroxyimino-phenyl-propionyl]-
10 3013
—, [Hydroxy-oxo-cholanoyl]- 10 4317
—, [Jod-dioxo-cholanoyl]- 10 3583
—, [Jod-hydroxy-benzoyl]- 10 187, 188
—, [Methoxy-benzoyl]- 10 342
—, [(Methoxy-dimethyl-phenyl)-
crotonoyl]- 10 892
—, [Methoxy-phenäthyliden]-, nitril
9 2250
—, Methyl-benzoyl- 9 1140
—, Methyl-benzoyl-, äthylester 9 1141
—, Methyl-benzoyl-, methylester 9 1140
—, Methyl-benzoyl-, nitril 9 1141
—, [Methyl-benzoyl]- 10 255
—, Methyl-cyclohexancarbonyl- 9 29
—, Methyl-[dinitro-benzoyl]- 9 1938
—, [Methyl-(methoxy-phenyl)-acryloyl]-
10 867
—, Methyl-[naphthyl-acetyl]- 9 3208
—, Methyl-[nitro-benzoyl]- 9 1730
—, Methyl-[trijod-benzoyl]- 9 1461
—, [Naphthyl-acetyl]- 9 3208
—, [Nitro-benzoyl]- 9 1478, 1517, 1726
—, [Nitro-benzoyl]-, äthylester
9 1726
—, [Nitro-benzoyl]-, amid 9 1726
—, {[(Nitro-benzoyl)-alanyl]-glycyl}-
9 1730
—, [Nitro-benzoyl]→diglycyl→ 9 1727
—, [Nitro-benzoyl]→giglycyl→
leucyl→glycyl→ 9 1728
—, {[(Nitro-benzoyl)-glutamyl]-
cysteinyl}- 9 1738
—, [(Nitro-benzoyl)-glycyl]- 9 1727
—, [(Nitro-benzoyl)-glycyl]-, amid
9 1727
—, [(Nitro-benzoyl)-glycyl]-, hydrazid
9 1729
—, [(Nitro-benzoyl)-glycyl]-,
methylester 9 1727
—, {[(Nitro-benzoyl)-glycyl]-glycyl}-
9 1727
—, [Nitro-benzoyl]→glycyl→
glycyl→leucyl→glycyl→ 9 1728
—, [Nitro-benzoyl]→glycyl→
glycyl→leucyl→glycyl→, amid
9 1729
—, [Nitro-benzoyl]→glycyl→
glycyl→leucyl→glycyl→,
methylester 9 1729
—, {[(Nitro-benzoyl)-glycyl]-leucyl}- 9 1730

Glycin, [Nitro-benzoyl]→glycyl→
leucyl→glycyl→ 9 1730
—, [(Nitro-benzoyl)-leucyl]- 9 1479, 1733
—, {[(Nitro-benzoyl)-leucyl]-glycyl}-
9 1733
—, {[(Nitro-benzoyl)-leucyl]-glycyl}-,
amid 9 1733
—, {[(Nitro-benzoyl)-leucyl]-glycyl}-,
methylester 9 1733
—, [(Nitro-benzoyl)-leucyl]→triglycyl→
9 1733
—, [Nitro-benzoyl]→tetraglycyl→
9 1727
—, [Nitro-benzoyl]→triglycyl→ 9 1727
—, [Nitro-benzoyl]→trileucyl→glycyl→
9 1734
—, Nitroso-phenylacetyl-, äthylester
9 2250
—, Phenylacetyl- 9 2209
—, Phenylacetyl-, äthylester 9 2209
—, Phenylacetyl-, [äthylester-imin]
9 2212
—, Phenylacetyl-, azid 9 2213
—, Phenylacetyl-, benzylidenhydrazid
9 2213
—, Phenylacetyl-, *tert*-butylamid
9 2209
—, Phenylacetyl-, butylester 9 2209
—, Phenylacetyl-, hydrazid 9 2213
—, Phenylacetyl-, [hydroxy-äthylamid]
9 2210
—, Phenylacetyl-, isopropylidenhydrazid
9 2213
—, Phenylacetyl-, methylester 9 2209
—, Phenylacetyl-, [methylester-imin]
9 2212
—, Phenylacetyl-, nitril 9 2212
—, Phenylacetyl-äthoxalyl-,
methylester 9 2214
—, Phenylacetyl-benzoyl-, äthylester
9 2251
—, [Phenylacetyl-glycyl]- 9 2210
—, [Phenyl-crotonoyl]- 9 2761
—, [Phenyl-pentadienoyl]- 9 3072
—, [Phenyl-propionyl]- 9 2394
—, Phenylpyruvoyl- 10 3007
—, Phenylsuccinyl-bis-,
bis-benzylidenhydrazid 9 4280
—, Phenylsuccinyl-bis-, diäthylester
9 4279
—, Phenylsuccinyl-bis-, diazid 9 4280
—, Phenylsuccinyl-bis-, dihydrazid
9 4279
—, Phenylthioacetyl- 9 2295
—, Phenylthioacetyl-, äthylester
9 2295
—, Phenylthioacetyl-, nitril 9 2295
—, Propyl-benzoyl- 9 1141
—, Salicyloyl- 10 154

Glycin, Salicyloyl-, äthylester 10 155
—, Thiobenzoyl- 9 1981
—, Thiobenzoyl-, äthylester 9 1981
—, *m*-Toluoyl- 9 2324
—, [Trihydroxy-cholanoyl]- 10 2176
—, [Trijod-benzoyl]- 9 1456, 1461
—, [Trimethoxy-benzoyl]- 10 2092
—, [Trimethoxy-benzoyl]-, äthylester
    10 2092
—, [Trimethoxy-benzoyl]-, nitril
    10 2093
—, [Trioxo-cholanoyl]- 10 3991
—, Veratroyl- 10 1428
[2-¹³C]Glycin, Benzoyl- 9 1125
Glycinamidin s. *Acetamidin, Amino-*
Glycinhydroxamsäure s. *Acetohydroxam=*
    säure, Amino-
Glycylchlorid, Benzoyl- 9 1128
Glycyrrhetinsäure 10 4392
—, Acetyl- 10 4393
—, Acetyl-, methylester 10 4394
Glycyrrhetinsäure-methylester 10 4393
Glykocholsäure 10 2176
Glykodehydrocholsäure 10 3991
Glykodehydrodesoxycholsäure 10 3580
Glykodesoxycholsäure 10 1655
Glykohyodesoxycholsäure 10 1634
Glykol, Diäthylen- s. *Diäthylenglykol*
Glykolsäure s. *Essigsäure, Hydroxy-*
Glykoursodesoxycholsäure 10 1637
Glyoxal, Methyl-, bis-benzoylhydrazon
    9 1315
Glyoxal-bis-[benzoyl-oxim] 9 1284
— bis-choloylhydrazon 10 2181
— bis-[nitro-benzoylhydrazon] 9 1531
— bis-[trihydroxy-cholanoylhydrazon]
    10 2181
— bis-[(trihydroxy-dimethyl-
    hexadecahydro-cyclopenta[*a*]=
    phenanthrenyl)-valerylhydrazon]
    10 2181
Glyoxalonitril, *p*-Phenylen-di- 10 4063
Glyoxylamid, [Methoxy-phenyl]- 10 4205
Glyoxylohydroximoylbromid, Phenyl-
    10 2980
Glyoxylohydroximoylchlorid, Biphenylyl-
    10 3307
—, [Chlor-phenyl]- 10 2985
—, [Dihydroxy-phenyl]- 10 4510
—, [Hydroxy-phenyl]- 10 4205
—, [Methoxy-phenyl]- 10 4206
—, Phenyl- 10 2979
—, *p*-Tolyl- 10 3033
Glyoxylohydroximsäure, Biphenylyl-,
    chlorid 10 3307
—, [Chlor-phenyl]-, chlorid 10 2985
—, [Dihydroxy-phenyl]-, chlorid 10 4510
—, [Hydroxy-phenyl]-, chlorid 10 4205
—, [Methoxy-phenyl]-, chlorid 10 4206

Glyoxylohydroximsäure, Phenyl-,
    bromid 10 2980
—, Phenyl-, chlorid 10 2979
—, *p*-Tolyl-, chlorid 10 3033
Glyoxylonitril, [Cyclohexyl-phenyl]-
    10 3191
—, [Dimethoxy-phenyl]- 10 4510
—, [Hydroxy-naphthyl]- 10 4404
—, [Methoxy-phenyl]- 10 4205
—, Naphthyl- 10 3265
—, Phenyl- 10 2976
—, *o*-Tolyl- 10 3028
Glyoxyloylchlorid, [Benzylmercapto-
    phenyl]- 10 4204
—, Phenyl- 10 2975
Glyoxylsäure: O-*Derivate s. a. unter*
    Essigsäure
—, [Äthoxycarbonyl-cyclohexenyl]- 10 3925
—, [Äthoxycarbonyl-cyclohexenyl]-,
    äthylester 10 3926
—, [Äthoxy-carboxymethylmercapto-
    phenyl]- 10 4508
—, [Äthoxy-mercapto-phenyl]-,
    äthylester 10 4509
—, [Äthoxy-methylmercapto-phenyl]-
    10 4508
—, [Äthoxy-phenyl]- 10 4204
—, [Äthyl-phenyl]-, äthylester 10 3057
—, Benz[*a*]anthracenyl- 10 3470
—, [Benzhydryl-phenyl]- 10 3459
—, [Benzhydryl-phenyl]-, äthylester
    10 3459
—, [Benzhydryl-phenyl]-, hydrazon
    10 3459
—, [Benzhydryl-phenyl]-, methylester
    10 3459
—, [Benzoyl-cyclohexenyl]-, äthylester
    10 3610
—, [Benzyl-fluorenyl]-, methylester
    10 3475
—, [Benzylmercapto-methyl-phenyl]-
    10 4229
—, [Benzylmercapto-phenyl]- 10 4203
—, [Benzylmercapto-phenyl]-, chlorid
    10 4204
—, [3.3′]Biindenyldiyl-di-,
    diäthylester 10 4094
—, Biphenylyl- 10 3306
—, Biphenylyl-, äthylester 10 3307
—, Biphenylyl-, methylester 10 3307
—, [Brom-dimethoxy-phenyl]- 10 4508
—, [Brom-fluorenyl]-, äthylester
    10 3377
—, [Brom-fluorenyl]-, methylester
    10 3377
—, [Brom-phenyl]- 10 2985
—, [(Carboxy-äthyl)-phenyl]- 10 3965
—, [Carboxy-cyclohexenyl]- 10 3925
—, [Carboxy-cyclohexyl]- 10 3894

Glyoxylsäure, [Carboxy-cyclopentyl]-
10 3892
—, [Carboxymethoxy-phenyl]- 10 4203
—, [Carboxymethyl-cyclohexyl]- 10 3903
—, [Carboxymethyl-decahydro-naphthyl]-
10 3938
—, [Carboxymethyl-hexahydro-indanyl]-
10 3937
—, [Carboxymethylmercapto-naphthyl]-
10 4404, 4405
—, [Carboxy-phenyl]- 10 3955, 3956
—, [Chlor-carboxymethylmercapto-methyl-
phenyl]- 10 4226, 4228
—, [(Chlor-cyclohexyl-valeryl)-phenyl]-
10 4386
—, [(Chlor-cyclohexyl-valeryl)-phenyl]-,
methylester 10 4386
—, [(Chlor-diphenyl-propionyl)-phenyl]-
10 4499
—, [(Chlor-diphenyl-propionyl)-phenyl]-,
methylester 10 4499
—, [(Chlor-hydroxy-cyclohexyl-pentenyl)-
phenyl]- 10 4386
—, [(Chlor-hydroxy-methyl-hexenyl)-
phenyl]- 10 4356
—, [(Chlor-methyl-hexanoyl)-phenyl]-
10 4356
—, [Chlor-phenyl]- 10 2985
—, [(Chlor-propionyl)-phenyl]- 10 3554
—, [Cinnamoyl-cyclohexenyl]-,
äthylester 10 3621
—, [Cyan-cyclohexenyl]- 10 3926
—, [Cyan-cyclohexenyl]-, äthylester
10 3926
—, Cyclohexenyl-, äthylester-oxim
10 2898
—, Cyclohexyl- 10 2822
—, Cyclohexyl-, äthylester 10 2822
—, Cyclohexyl-, äthylester-
semicarbazon 10 2822
—, Cyclohexyl-, benzoylimin 10 2822
—, Cyclohexyl-, hydrazid 10 2822
—, [Cyclohexyl-phenyl]- 10 3191
—, [Cyclohexyl-phenyl]-, äthylester
10 3191
—, [Cyclohexyl-phenyl]-, nitril 10 3191
—, Cyclopropyl- 10 2807
—, [Diacetoxy-methyl-(oxo-methyl-
propyl)-phenyl]- 10 4744
—, [Diäthoxy-phenyl]-, äthylester 10 4510
—, [Dibrom-fluorenyl]-, äthylester 10 3378
—, [Dicarboxy-phenyl]- 7 4166
—, [Dicarboxy-phenyl]-, trimethylester
7 4166
—, [Dihydroxy-äthyl-phenyl]- 10 4551
—, [Dihydroxy-benzoyloxy-methyl-
methoxycarbonyl-hexadecahydro-
cyclopenta[a]phenanthrenyl]-,
methylester 10 4842

Glyoxylsäure, {[Dihydroxy-(brom-phenyl)-
pentenyl]-phenyl}- 10 4694
—, [Dihydroxy-butyl-phenyl]- 10 4562
—, [(Dihydroxy-cyclohexyl-hexenyl)-
phenyl]- 10 4638
—, [(Dihydroxy-cyclohexyl-pentenyl)-
phenyl]- 10 4638
—, [(Dihydroxy-cyclohexyl-vinyl)-
phenyl]- 10 4637
—, [(Dihydroxy-dimethyl-decenyl)-
phenyl]- 10 4612
—, [Dihydroxy-dimethyl-hexadecahydro-
cyclopenta[a]phenanthrenyl]-
10 4578
—, [Dihydroxy-dimethyl-hexadecahydro-
cyclopenta[a]phenanthrenyl]-,
methylester 10 4579
—, [Dihydroxy-dodecyl-phenyl]- 10 4571
—, [Dihydroxy-hexyl-phenyl]- 10 4568
—, [Dihydroxy-methyl-äthyl-phenyl]-
10 4559
—, [Dihydroxy-methyl-äthyl-phenyl]-,
äthylester 10 4559
—, [(Dihydroxy-methyl-hexadienyl)-
phenyl]- 10 4635
—, [(Dihydroxy-methyl-hexenyl)-phenyl]-
10 4611
—, [Dihydroxy-methyl-phenyl]- 10 4534
—, [(Dihydroxy-naphthyl-vinyl)-phenyl]-
10 4707
—, [Dihydroxy-nonyl-phenyl]- 10 4571
—, [Dihydroxy-octyl-phenyl]- 10 4570
—, [Dihydroxy-oxo-methyl-
cyclopentadienyl]-, äthylester 10 4053
—, [Dihydroxy-oxo-(phenoxy-äthyl)-
cyclopentadienyl]-, äthylester
10 4799
—, {[Dihydroxy-(phenoxy-phenyl)-
pentenyl]-phenyl}- 10 4785
—, [Dihydroxy-phenyl]- 10 4508
—, [Dihydroxy-phenyl]-, äthylester
10 4508
—, [(Dihydroxy-propenyl)-phenyl]-
10 4605
—, [Diisopropyl-phenyl]- 10 3107
—, [Dimethoxy-carboxy-phenyl]-
10 4801, 4802
—, [Dimethoxy-methyl-phenyl]- 10 4532
—, [Dimethoxy-methyl-phenyl]-,
methylester 10 4532
—, [Dimethoxy-oxo-indanyl]- 10 4751
—, [Dimethoxy-oxo-indanyl]-,
äthylester 10 4751
—, [Dimethoxy-phenyl]- 10 4509
—, [Dimethoxy-phenyl]-, äthylester
10 4510
—, [Dimethoxy-phenyl]-, nitril 10 4510
—, [(Dimethoxy-phenyl)-norbornenyl]-,
methylester 10 4657

Glyoxylsäure, [Dimethyl-carboxy-phenyl]-
10 3966
—, [Dinitro-äthoxycarbonylmethyl-
phenyl]-, äthylester 10 3961
—, [Dioxo-methyl-cyclohexyl]-,
äthylester 10 3925
—, [Diphenyl-anthryl]- 10 3507
—, [Diphenyl-anthryl]-, äthylester 10 3507
—, Fluorenyl- 10 3376
—, Fluorenyl-, äthylester 10 3377
—, Fluorenyl-, methylester 10 3377
—, [Hydroxy-acetoxy-dimethyl-
hexadecahydro-cyclopenta[a]-
phenanthrenyl]-, methylester
10 4579
—, [Hydroxy-äthyl-dihydro-naphthyl]-,
methylester 10 3594
—, [Hydroxy-äthyl-dihydro-phenanthryl]-,
methylester 10 3630
—, [(Hydroxy-äthyl)-phenyl]- 10 4242
—, [Hydroxy-benzyl-dihydro-naphthyl]-,
methylester 10 3659
—, {[Hydroxy-(brom-phenyl)-valeryl]-
phenyl}- 10 4694
—, [Hydroxy-cholestadienyl]- 10 3605
—, [Hydroxy-cyclohexenyl]- 10 3517
—, [Hydroxy-cyclohexenyl]-, äthylester
10 3518
—, [(Hydroxy-cyclohexyl-acetyl)-phenyl]-
10 4637
—, [Hydroxy-cyclohexyl-cyclohexenyl]-
10 3533
—, [Hydroxy-cyclohexyl-cyclohexenyl]-,
methylester 10 3534
—, [(Hydroxy-cyclohexyl-hexanoyl)-
phenyl]- 10 4638
—, [(Hydroxy-cyclohexyl-valeryl)-
phenyl]- 10 4638
—, [(Hydroxy-cyclohexyl-valeryl)-
phenyl]-, methylester 10 4638
—, [Hydroxy-cyclopentenyl]-,
äthylester 10 3516
—, [Hydroxy-dihydro-benzo[def]-
chrysenyl]-, methylester 10 3676
—, [Hydroxy-dihydro-chrysenyl]-,
methylester 10 3667
—, [Hydroxy-dihydro-naphthyl]-
10 3590, 3591
—, [Hydroxy-dihydro-naphthyl]-,
äthylester 10 3591
—, [Hydroxy-dihydro-naphthyl]-,
methylester 10 3591
—, [Hydroxy-dihydro-phenanthryl]-,
äthylester 10 3627
—, [Hydroxy-dihydro-phenanthryl]-,
methylester 10 3626, 3627
—, [Hydroxy-dimethoxy-indenyl]- 10 4751
—, [Hydroxy-dimethoxy-indenyl]-,
äthylester 10 4751

Glyoxylsäure, [Hydroxy-dimethyl-
cyclohexenyl]- 10 3520
—, [Hydroxy-dimethyl-cyclopentenyl]-
10 3519
—, [(Hydroxy-dimethyl-decanoyl)-phenyl]-
10 4612
—, [Hydroxy-dimethyl-hexadecahydro-
cyclopenta[a]phenanthrenyl]-
10 4298
—, [Hydroxy-dimethyl-tetradecahydro-
cyclopenta[a]phenanthrenyl]-
10 4361
—, [Hydroxy-dimethyl-tetradecahydro-
cyclopenta[a]phenanthrenyl]-,
methylester 10 4361
—, [Hydroxy-dioxo-methyl-cyclopentenyl]-,
äthylester 10 4053
—, [Hydroxy-hexahydro-anthryl]- 10 3611
—, [Hydroxy-hexahydro-anthryl]-,
methylester 10 3611
—, [Hydroxy-hexahydro-phenanthryl]-,
methylester 10 3611
—, [Hydroxy-methoxycarbonyl-
cyclopentenyl]-, methylester
10 4047
—, [Hydroxy-methoxy-cyclohexenyl]-,
äthylester 10 4504
—, [Hydroxy-methoxy-cyclopenta[a]-
naphthalinyl]-, methylester
10 4689
—, [Hydroxy-methoxy-dihydro-naphthyl]-,
methylester 10 4631
—, [Hydroxy-methoxy-dihydro-
phenanthryl]-, methylester 10 4690
—, [Hydroxy-methoxy-dimethyl-dihydro-
naphthyl]-, äthylester 10 4634
—, [Hydroxy-methoxy-hexahydro-
phenanthryl]-, äthylester 10 4659
—, [Hydroxy-methoxy-hexahydro-
phenanthryl]-, methylester 10 4658
—, [Hydroxy-methoxy-methyl-dihydro-
naphthyl]-, methylester 10 4633
—, [Hydroxy-methoxy-phenyl]- 8 4245,
10 4509
—, [Hydroxy-methoxy-tetrahydro-
phenanthryl]-, äthylester 10 4679
—, [Hydroxy-methyl-cyclohexenyl]-
10 3519
—, [Hydroxy-methyl-cyclopentenyl]-,
äthylester 10 3518
—, [Hydroxy-methyl-decahydro-
phenanthryl]-, methylester 10 3560
—, [Hydroxy-methyl-dicarboxy-phenyl]-
10 4845
—, [Hydroxy-methyl-dihydro-benz[a]-
anthracenyl]-, methylester 10 3668
—, [Hydroxy-methyl-dihydro-cyclopenta[a]-
phenanthrenyl]-, methylester
10 3666

Glyoxylsäure, [Hydroxy-methyl-dihydro-
phenanthryl]-, methylester 10 3628
—, [(Hydroxy-methyl-hexanoyl)-phenyl]-
10 4611
—, [(Hydroxy-methyl-hexanoyl)-phenyl]-,
methylester 10 4611
—, [(Hydroxy-methyl-hexenoyl)-phenyl]-
10 4635
—, [(Hydroxy-methyl-hexenoyl)-phenyl]-,
methylester 10 4636
—, [Hydroxy-methyl-isopropyl-indenyl]-
10 3596
—, [Hydroxy-methyl-isopropyl-indenyl]-,
äthylester 10 3596
—, [Hydroxy-methyl-phenyl-cyclohexenyl]-,
methylester 10 3595
—, [Hydroxy-naphthyl]-, nitril 10 4404
—, [(Hydroxy-naphthyl-acetyl)-phenyl]-
10 4707
—, [Hydroxy-octahydro-naphthyl]-,
äthylester 10 3531
—, [Hydroxy-oxo-methyl-carboxy-
cyclohexenyl]-, äthylester 10 4800
—, [Hydroxy-oxo-methyl-carboxy-
cyclohexenyl]-, methylester
10 4800
—, [Hydroxy-oxo-methyl-cyclohexenyl]-,
äthylester 10 3925
—, [Hydroxy-oxo-methyl-methoxycarbonyl-
cyclohexenyl]-, methylester
10 4800
—, {[Hydroxy-(phenoxy-phenyl)-valeryl]-
phenyl}- 10 4785
—, [Hydroxy-phenyl]- 10 4203
—, [Hydroxy-tetrahydro-benz[a]≠
anthracenyl]-, methylester 10 3665
—, [Hydroxy-tetrahydro-cyclopenta[a]≠
phenanthrenyl]-, methylester
10 3660
—, [Hydroxy-trimethyl-dihydro-naphthyl]-,
methylester 10 3596
—, [Hydroxy-trimethyl-norbornenyl]-
10 3531
—, Indenyl-, äthylester 10 3231
—, [Isopropyl-indenyl]-, äthylester
10 3235
—, [Lactoyl-phenyl]- 10 4605
—, [Lactoyl-phenyl]-, äthylester
10 4606
—, [Lactoyl-phenyl]-, methylester
10 4605
—, [Mercapto-phenyl]- 10 4203
—, Mesityl- 10 3076
—, [Methoxycarbonylmethoxy-phenyl]-,
methylester 10 4203
—, [Methoxycarbonylmethyl-decahydro-
naphthyl]-, methylester 10 3938
—, [Methoxycarbonylmethyl-hexahydro-
indanyl]-, methylester 10 3937

Glyoxylsäure, [Methoxy-carboxy-phenyl]-
10 4739
—, [Methoxy-(methoxy-carboxy-phenoxy)-
methyl-phenyl]- 10 4532
—, [Methoxy-methyl-carboxy-
methoxycarbonyl-phenyl]- 10 4846
—, [Methoxy-methyl-phenyl]-,
äthylester 10 4228, 4229
—, [Methoxy-oxo-cyclohexyl]-,
äthylester 10 4504
—, [Methoxy-oxo-dihydro-cyclopenta[a]≠
naphthalinyl]-, methylester
10 4689
—, [Methoxy-oxo-dimethyl-tetrahydro-
naphthyl]-, äthylester 10 4634
—, [Methoxy-oxo-hexahydro-phenanthryl]-,
äthylester 10 4679
—, [Methoxy-oxo-methyl-tetrahydro-
naphthyl]-, methylester 10 4633
—, [Methoxy-oxo-octahydro-phenanthryl]-,
äthylester 10 4659
—, [Methoxy-oxo-octahydro-phenanthryl]-,
methylester 10 4658
—, [Methoxy-oxo-tetrahydro-naphthyl]-,
methylester 10 4631
—, [Methoxy-oxo-tetrahydro-phenanthryl]-,
methylester 10 4690
—, [Methoxy-phenyl]- 10 4204
—, [Methoxy-phenyl]-, äthylester
10 4204
—, [Methoxy-phenyl]-, amid 10 4205
—, [Methoxy-phenyl]-, menthylester
10 4205
—, [Methoxy-phenyl]-, [methyl-
isopropyl-cyclohexylester]
10 4205
—, [Methoxy-phenyl]-, nitril 10 4205
—, [Methoxy-propyl-(methoxy-phenyl)-
indenyl]-, äthylester 10 4702
—, [Methyl-(äthoxy-äthyl)-cyan-
cyclohexenyl]-, äthylester
10 4715
—, [Methyl-carboxymethyl-cyclohexyl]-
10 3915
—, [Methyl-carboxymethyl-cyclopentyl]-
10 3910
—, [Methyl-cyan-cyclohexenyl]-,
äthylester 10 3928
—, [Methyl-cyclopentyl]- 10 2829
—, [Methyl-cyclopentyl]-, semicarbazon
10 2829
—, [Methyl-methoxycarbonylmethyl-
cyclohexyl]-, methylester
10 3915, 3916
—, [Methyl-methoxycarbonylmethyl-
cyclopentyl]-, methylester 10 3910
—, Naphthyl-, 10 3264, 3265
—, Naphthyl-, äthylester 10 3264, 3265
—, Naphthyl-, azin 10 3264

Glyoxylsäure, Naphthyl-, bornylester
10 3265
—, Naphthyl-, hydrazon 10 3264
—, Naphthyl-, menthylester 10 3264
—, Naphthyl-, [methyl-isopropyl-
cyclohexylester] 10 3264
—, Naphthyl-, nitril 10 3265
—, Naphthyl-, semicarbazon 10 3265
—, Naphthyl-, thiosemicarbazon 10 3265
—, Naphthyl-, [trimethyl-
norbornylester] 10 3265
—, [(Nitro-benzoylhydrazono)-
cyclohexyl]- 10 3517
—, [Nitro-phenyl]- 10 2986
—, [Nitro-triisopropyl-phenyl]- 10 3114
—, [Oxo-äthyl-tetrahydro-naphthyl]-,
methylester 10 3594
—, [Oxo-äthyl-tetrahydro-phenanthryl]-,
methylester 10 3630
—, [Oxo-benzyl-tetrahydro-naphthyl]-,
methylester 10 3659
—, [Oxo-bicyclohexylyl]- 10 3533
—, [Oxo-bicyclohexylyl]-, methylester
10 3534
—, [Oxo-cholestenyl]- 10 3605
—, [Oxo-cyclohexyl]- 10 3517
—, [Oxo-cyclohexyl]-, äthylester
10 3518
—, [Oxo-cyclopentandiyl]-di-,
dimethylester 10 4113
—, [Oxo-cyclopentyl]-, äthylester
10 3516
—, [Oxo-cyclopentyl]-, methylhydrazon
10 3516
—, [Oxo-decahydro-naphthyl]-,
äthylester 10 3531
—, [Oxo-dimethyl-cyclohexyl]- 10 3520
—, [Oxo-dimethyl-cyclohexyl]-,
äthylester 10 3520
—, [Oxo-dimethyl-cyclopentyl]- 10 3519
—, [Oxo-dimethyl-cyclopentyl]-,
äthylester 10 3520
—, [Oxo-dimethyl-(dimethyl-hexyl)-
tetradecahydro-cyclopenta[a]-
phenanthrenyl]- 10 3605
—, [Oxo-hexahydro-benz[a]anthracenyl]-,
methylester 10 3665
—, [Oxo-hexahydro-cyclopenta[a]-
phenanthrenyl]-, methylester
10 3660
—, [Oxo-methoxycarbonyl-cyclopentyl]-,
methylester 10 4047
—, [Oxo-methyl-cyclohexyl]- 10 3519
—, [Oxo-methyl-cyclopentyl]-,
äthylester 10 3518
—, [Oxo-methyl-dodecahydro-phenanthryl]-,
methylester 10 3560
—, [Oxo-methyl-isopropyl-cyclohexenyl]-,
äthylester 10 3530

Glyoxylsäure, [Oxo-methyl-isopropyl-
indanyl]- 10 3596
—, [Oxo-methyl-isopropyl-indanyl]-,
äthylester 10 3596
—, [Oxo-methyl-phenyl-cyclohexyl]-,
methylester 10 3595
—, [Oxo-methyl-tetrahydro-benz[a]-
anthracenyl]-, methylester 10 3668
—, [Oxo-methyl-tetrahydro-cyclopenta[a]-
phenanthrenyl]-, methylester
10 3666
—, [Oxo-methyl-tetrahydro-phenanthryl]-,
methylester 10 3628
—, [Oxo-octahydro-anthryl]- 10 3611
—, [Oxo-octahydro-anthryl]-,
methylester 10 3611
—, [Oxo-octahydro-phenanthryl]-,
methylester 10 3611
—, [Oxo-tetrahydro-benzo[def]chrysenyl]-,
methylester 10 3676
—, [Oxo-tetrahydro-chrysenyl]-,
methylester 10 3667
—, [Oxo-tetrahydro-naphthyl]- 10 3590,
3591
—, [Oxo-tetrahydro-naphthyl]-,
äthylester 10 3591
—, [Oxo-tetrahydro-naphthyl]-,
äthylester-benzoylhydrazon
10 3591
—, [Oxo-tetrahydro-naphthyl]-,
methylester 10 3591
—, [Oxo-tetrahydro-phenanthryl]-,
äthylester 10 3627
—, [Oxo-tetrahydro-phenanthryl]-,
methylester 10 3626, 3627
—, [Oxo-trimethyl-cyclohexenyl]-,
äthylester 10 3528
—, [Oxo-trimethyl-cyclopentyl]-,
äthylester 10 3521
—, [Oxo-trimethyl-norbornyl]- 10 3531
—, [Oxo-trimethyl-tetrahydro-naphthyl]-,
methylester 10 3596
—, Phenyl- 10 2972
—, Phenyl-, äthylester 10 2974
—, Phenyl-, amid-semicarbazon 10 2976
—, Phenyl-, azin 10 2973
—, Phenyl-, bornylester 10 2975
—, Phenyl-, chlorid 10 2975
—, Phenyl-, isopropylester 10 2974
—, Phenyl-, menthylester 10 2975
—, Phenyl-, methylester 10 2973
—, Phenyl-, methylester-semicarbazon
10 2973
—, Phenyl-, [methyl-heptylester]
10 2974, 2975
—, Phenyl-, [methyl-isopropyl-
cyclohexylester] 10 2975
—, Phenyl-, nitril 10 2976
—, Phenyl-, semicarbazon 10 2973

Glyoxylsäure, Phenyl-, [trimethyl-
  norbornylester] 10 2975
—, [Phenyl-norbornyl]-, semicarbazon
  10 3237
—, [Propionyl-phenyl]- 10 3554
—, [Propyl-phenyl]-, äthylester
  10 3073
—, [Pyruvoyl-phenyl]- 10 3977
—, [Tetramethoxy-phenyl]- 10 4798
—, o-Tolyl-, äthylester 10 3028
—, o-Tolyl-, nitril 10 3028
—, p-Tolyl- 10 3031
—, p-Tolyl-, azin 10 3032
—, p-Tolyl-, bornylester 10 3032
—, p-Tolyl-, hydrazon 10 3032
—, p-Tolyl-, menthylester 10 3032
—, p-Tolyl-, [methyl-isopropyl-
  cyclohexylester] 10 3032
—, p-Tolyl-, [trimethyl-norbornylester]
  10 3032
—, [p-Tolyloxy-phenyl]-, methylester
  10 4204
—, [Trihydroxy-dimethyl-hexadecahydro-
  cyclopenta[a]phenanthrenyl]-
  10 4733
—, [Trihydroxy-dimethyl-hexadecahydro-
  cyclopenta[a]phenanthrenyl]-,
  methylester 10 4733
—, [Trihydroxy-methyl-carboxy-
  hexadecahydro-cyclopenta[a]=
  phenanthrenyl]- 10 4842
—, [Trihydroxy-methyl-methoxycarbonyl-
  hexadecahydro-cyclopenta[a]=
  phenanthrenyl]-, methylester
  10 4842
—, [Triisopropyl-phenyl]- 10 3114
—, [Trimethoxy-phenyl]- 10 4717
—, [Trimethyl-carboxy-cyclohexyl]-
  7 1233
—, [Trimethyl-carboxy-cyclopentyl]-
  10 3919
—, [Trimethyl-phenyl]- 10 3076
—, [Trioxo-methyl-cyclopentyl]-,
  äthylester 10 4053
—, [Trioxo-(phenoxy-äthyl)-cyclopentyl]-,
  äthylester 10 4799
Gonapentaen-carbonsäure, Methoxy-oxo-,
  methylester 10 4467
Gonatetraen, Benzoyloxy-methyl- 9 513
Gorlisäure 9 349
Gorlisäure-äthylester 9 350
— methylester 9 349
Gossylsäure, Tetramethyl- 10 2636
Gossypolonsäure, Tetramethyl- 10 4873
Gossypolonsäure-tetramethyläther 10 4873
Gossypolsäure 10 4854
—, Dimethyl- 10 4854
—, Dimethyl-, dimethylester 10 4854
Gratiolon 10 1059

Guajol, [Dinitro-benzoyl]- 9 1844
—, [Dinitro-benzoyl]-dihydro- 9 1838
Guanidin, Äthyl-dibenzoyl- 9 1118
—, [Benzamino-butyl]-isopentyl- 9 1215
—, Benzoyl- 9 1118
—, Benzoyl-carbamoyl- 9 1118
—, Benzoyl-cyan- 9 1119
—, Benzoyl-thiocarbamoyl- 9 1119
—, Bis-[dinitro-benzoyl]- 9 1937
—, [Carboxy-benzoyl]-carbamoyl- 9 4194
—, [Carboxy-benzoyl]-cyan- 9 4194
—, [Cyclohexenyl-cyan-butyryl]- 9 3995
—, [Cyclohexyliden-cyan-acetyl]-
  9 3957
—, Dibenzoyl- 9 1118
—, [Dihydro-anthracencarbonyl]- 9 3446
—, [Hydroxy-benzoyl]-carbamoyl- 10 340
—, [Hydroxy-benzoyl]-cyan- 10 340
—, [(Hydroxy-dimethoxy-benzoyloxy)-
  butyl]- 10 2089
—, [(Isopentyl-benzoyl-amino)-butyl]-
  9 1216
—, Isopropyl-[amino-benzyliden]-
  9 1271
—, Isopropyl-benzimidoyl- 9 1271
—, Methyl-[hydroxy-äthyl]-dibenzoyl-
  9 1118
—, [Nitro-benzoyl]-carbamoyl- 9 1726
—, [Nitro-benzoyl]-cyan- 9 1516, 1726
—, Phenylacetyl- 9 2208
Gulit, Tetraacetyl-dibenzoyl- 9 708
Gypsogenin 10 4402
—, Acetyl- 10 4402
—, Acetyl-, methylester 10 4402
Gypsogenin-methylester 10 4402
Gypsogeninsäure 10 2311
—, Acetyl- 10 2312
Gypsogeninsäure-dimethylester 10 2312
Gyrophorsäure 10 1496
—, Tetraacetyl- 10 1498
—, Tetraacetyl-, methylester 10 1499
—, Tetrachloracetyl- 10 1499
—, Tetrakis-äthoxycarbonyl- 10 1499
—, Tetramethyl-, methylester 10 1497

H

Hämatomminsäure 10 4536
—, Chlor- 10 4542
Hämatommsäure 10 4536; O-Derivate
  s. unter Benzoesäure
—, Chlor- 10 4541
Hämatommsäure-äthylester 10 4538
— butylester 10 4539
— isobutylester 10 4539
— isopropylester 10 4539
— methylester 10 4536
— propylester 10 4539
Hagemannscher Ester 10 2899

Haliclonastanol, Benzoyl- **9** 452
—, [Dinitro-benzoyl]- **9** 1859
Haliclonasterol, Benzoyl- **9** 467
—, [Dinitro-benzoyl]- **9** 1867
Harnstoff, [Äthoxy-benzoyloxy-
benzyliden]-dibenzoyl- **9** 1121
—, Äthyl-benzoyl- **9** 1115
—, [Äthyl-cyclohexancarbonyl]- **9** 67
—, [Äthyl-cyclohexyl-butyryl]- **9** 113
—, Äthyl-phenylacetyl- **9** 2208
—, [Äthyl-phenyl-acryloyl]- **9** 2784
—, [Äthyl-phenyl-butyryl]- **9** 2543
—, [Äthyl-phenyl-heptanoyl]- **9** 2610
—, [Äthyl-phenyl-hexanoyl]- **9** 2598
—, [Äthyl-phenyl-octanoyl]- **9** 2622
—, [Äthyl-phenyl-pentenoyl]- **9** 2833
—, [Äthyl-phenyl-propionyl]- **9** 2511
—, [Äthyl-phenyl-valeryl]- **9** 2571
—, Benzohydroximoyl- **9** 1309
—, Benzoyl- **9** 1115
—, [Benzoyl-carbamimidoyl]- **9** 1118
—, Benzoyl-glyoxyloyl- **9** 1117
—, [Benzoyl-guanyl]- **9** 1118
—, [Benzoyloxy-äthyl]- **9** 881
—, Benzyliden-benzoyl- **9** 1115
—, Bis-[benzamino-dimethoxymethyl-
propyl]- **9** 1226
—, Bis-[benzoyloxy-äthyl]- **9** 881
—, Bis-[hydroxy-phenyl-propionyl]-
10 558
—, Bis-[(nitro-benzoyloxy)-äthyl]- **9** 1692
—, Bis-[phenyl-butyryl]- **9** 2467
—, [(Brom-phenyl)-butyryl]- **9** 2466
—, [Brom-phenyl-propionyl]- **9** 2402
—, [Butyl-phenyl-butyryl]- **9** 2598
—, [Chlor-benzyliden]-benzoyl- **9** 1115
—, [Chlor-nitro-benzoyl]- **9** 1766
—, [Chlor-phenyl-acetyl]- **9** 2268
—, [(Chlor-phenyl)-butyryl]- **9** 2469
—, Cinnamoyl- **9** 2716
—, [Cinnamoyloxy-äthyl]-cinnamoyl-
9 2717
—, [Cinnamoyloxy-propyl]-cinnamoyl-
9 2717
—, Cinnamyliden-benzoyl- **9** 1116
—, [Cyclobutylmethyl-pentenoyl]- **9** 210
—, [Cyclohexenyl-cyan-butyryl]- **9** 3995
—, [(Cyclohexyl-äthyl)-cyclohexyl-
butyryl]- **9** 293
—, [Cyclohexyliden-cyan-acetyl]-
9 3957
—, [Cyclohexyl-phenäthyl-butyryl]-
9 2900
—, Dibenzoyl- **9** 1116
—, [Dibrom-phenyl-propionyl]- **9** 2409
—, [Dihydroxy-benzyliden]-benzoyl-
9 1116
—, [Dihydroxy-propyl]-[nitro-benzoyl]-
9 1725

Harnstoff, Dimethyl-bis-[hydroxy-phenyl-
propionyl]- **10** 558
—, Dimethyl-[phenyl-butyryl]- **9** 2467
—, Diphenylacetyl- **9** 3302
—, [Diphenyl-valeryl]- **9** 3379
—, [Hydroxy-äthyl]-[nitro-benzoyl]-
9 1725
—, [(Hydroxy-benzoyl)-carbamimidoyl]-
10 340
—, [(Hydroxy-benzoyl)-guanyl]- **10** 340
—, [Hydroxy-methoxy-benzyliden]-
benzoyl- **9** 1116
—, [Hydroxy-naphthoyl]- **10** 1089
—, [Isobutyl-phenyl-butyryl]- **9** 2599
—, [Isopropyl-benzyliden]-benzoyl-
9 1116
—, [Isopropyl-phenyl-acryloyl]- **9** 2812
—, [Isopropyl-phenyl-butyryl]- **9** 2575
—, [Jod-cinnamoyl]- **9** 2738
—, Mandeloyl- **9** 470
—, [Methoxy-benzoyl]- **10** 342
—, Methyl-[äthoxy-diphenyl-acetyl]-
10 1179
—, Methyl-[benzoyloxy-dimethyl-propyl]-
9 888
—, Methyl-[benzoyloxy-neopentyl]-
9 888
—, Methyl-[brom-phenyl-propionyl]-
9 2403
—, Methyl-[chlor-diphenyl-acetyl]- **9** 3309
—, Methyl-[chlor-phenyl-acetyl]- **9** 2268
—, Methyl-cinnamoyl- **9** 2717
—, Methyl-[cyclohexenyl-propionyl]-
9 179
—, Methyl-[dibrom-phenyl-propionyl]-
9 2409
—, Methyl-[hydroxy-phenyl-propionyl]-
10 557
—, Methyl-mandeloyl- **10** 470
—, [Methyl-phenäthyl-valeryl]- **9** 2599
—, [Methyl-phenyl-acryloyl]- **9** 2766
—, Methyl-[phenyl-butyryl]- **9** 2466
—, [Methyl-phenyl-butyryl]- **9** 2518
—, [Methyl-phenyl-propionyl]- **9** 2476
—, [Naphthyl-acetyl]- **9** 3208, 3212
—, [(Nitro-benzoyl)-carbamimidoyl]-
9 1726
—, [(Nitro-benzoyl)-guanyl]- **9** 1726
—, [(Nitro-benzoyloxy)-äthyl]- **9** 1692
—, [Nitro-benzyliden]-benzoyl- **9** 1115
—, [(Nitro-phenyl)-acetyl]- **9** 2289
—, [(Nitro-phenyl)-acetyl]-
äthoxycarbonyl- **9** 2290
—, [Pentyl-phenyl-acryloyl]- **9** 2859
—, [Phenäthyl-hexanoyl]- **9** 2598
—, [Phenäthyl-pentenoyl]- **9** 2833
—, [(Phenyl-acetamino)-dimethoxy-äthyl]-
[mercapto-methyl-methoxycarbonyl-
propyl]- **9** 2203

Harnstoff, Phenylacetyl- 9 2208
—, [Phenyl-benzyl-cyan-propionyl]-
   9 4553
—, [Phenyl-butyryl]- 9 2453, 2466
—, [Phenyl-crotonoyl]- 9 2763
—, [Phenyl-cyan-acryloyl]- 9 4380
—, [Phenyl-hexanoyl]- 9 2540
—, [Phenyl-pentenoyl]- 9 2782
—, [Phenyl-phenäthyl-butyryl]-
   9 3392
—, [Phenyl-propionyl]- 9 2394, 2421
—, [Phenyl-valeryl]- 9 2507
—, [Propyl-phenyl-butyryl]- 9 2570
—, Salicyliden-benzoyl- 9 1116
—, m-Tolylacetyl- 9 2429
—, o-Tolylacetyl- 9 2427
—, p-Tolylacetyl- 9 2433
—, Triphenyl-propionyl- 9 3604
—, Vanillyliden-benzoyl- 9 1116
Hazeinsäure 10 2582
Hederabetulin, Dibenzoyl- 9 608
Hederadiol, Dibenzoyl- 9 609
Hederagenin 10 1923
—, Acetyl- 10 1924
—, Brom-methyl- 10 1926
—, Chlorphosphinyliden- 10 1924
—, Diacetyl- 10 1924
—, Diacetyl-, chlorid 10 1926
—, Diacetyl-, methylester 10 1925
—, Dibenzoyl-, methylester 10 1926
—, Dibrom-, lacton 10 1925
—, Hydroxyphosphinyliden- 10 1924
—, Keto- 10 4650
—, Keto-dihydro- 10 4629
—, Sulfinyl-, äthylester 10 1926
—, Sulfinyl-, methylester 10 1926
—, Tribrom-, lacton 10 1925
Hederagenin-methylester 10 1924
Hederagenol, Dibenzoyl- 9 608
Hederagonsäure-methylester 10 4399
Hederagsäure 10 2311; Derivate s. unter
   Oleanendisäure
Hedragansäure 9 3128
Hedragansäure-methylester 9 3128
Hedragenin 10 1034
Hedragenin-methylester 10 1034
Hedragenondisäure 10 3997
—, Keto-dihydro-, dimethylester
   10 4068
Hedragenondisäure-dimethylester
   10 3997
Hedragentrisäure 9 4828
—, Keto- 10 4138
Hedragentrisäure-trimethylester 9 4828
Hedragon 10 3252
Hedragonsäure 10 3252
—, Keto- 10 3613
Hedragonsäure-methylester 10 3253
— methylester-oxim 10 3253

Hedragonsäure, methylester-semicarbazon
   10 3253
— oxim 10 3252
Hedratrisäure 9 4825
—, Keto- 10 4135
—, Keto-, trimethylester 10 4136
Hedratrisäure-trimethylester 9 4826
Helianthren, Dibenzoyloxy- 9 662
Helianthron-dicarbonsäure 10 4102
Helminthosporsäure 10 4830
—, Triacetyl- 10 4830
—, Triacetyl-, äthylester 10 4831
Helminthosporsäure-äthylester
   10 4830
Helvolinsäure 10 4777
Helvolsäure 10 4777
Helvolsäure-methylester 10 4778
— oxim 10 4777
— semicarbazon 10 477
Hemellitylsäure 9 2434; Derivate s. unter
   Benzoesäure
Hemimellithsäure 9 4791; s. a. Benzol-
   tricarbonsäure
Hemimellithsäure-methylester 9 4791
— trichlorid 9 4792
— trimethylester 9 4791
— tris-[trimethylammonio-äthylester]
   9 4792
Hemipinsäure 10 2427; Derivate s. unter
   Phthalsäure
Heneicosadecaensäure, Pentamethyl-
   [trimethyl-cyclohexenyl]- 9 3617
Heptadien, Bis-[benzoyloxy-phenyl]-
   9 648
—, [Carboxy-benzoyloxy]-methyl-[methyl-
   cyclohexenyl]- 9 4164
—, Dimethyl-[(dinitro-benzoyloxy)-
   methyl]- 9 1825
Heptadien-carbonsäure, Dioxo-bis-
   [dihydroxy-phenyl]- s. Penten-
   säure, Oxo-[dihydroxy-phenyl]-
   [dihydroxy-cinnamoyl]-
Heptadiendisäure, Methyl-styryl-,
   methylester 9 4483
Heptadieninsäure, Methyl-cyclohexenyl-
   9 3090
—, Methyl-cyclohexenyl-, methylester
   9 3090, 3091
Heptadiennitril, Benzoyloxy- 9 863
Heptadiensäure, Benzoyloxy-, nitril
   9 863
—, Hydroxy-methyl-[trimethyl-
   cyclohexenyl]-, äthylester 10 82
—, Hydroxy-methyl-[trimethyl-
   cyclohexenyl]-, methylester
   10 661
—, Methoxy-phenyl- 10 995
—, Methyl-[trimethyl-cyclohexenyliden]-
   9 2895

Heptadiensäure, Oxo-phenyl-, äthylester
10 3233
—, Oxo-phenyl-, methylester 10 3233
—, Oxo-phenyl-acetyl-, äthylester
10 3610
—, Oxo-phenyl-acetyl-, methylester
10 3609
—, Oxo-phenyl-[hydroxy-äthyliden]-,
äthylester 10 3610
—, Oxo-phenyl-[hydroxy-äthyliden]-,
methylester 10 3609
—, Oxo-phenyl-[hydroxy-methoxy-
methoxycarbonyloxy-cinnamyliden]-,
methylester 10 4794
—, Oxo-phenyl-[methoxy-
methoxycarbonyloxy-cinnamoyl]-,
methylester 10 4794
—, Oxo-phenyl-[phenyl-pentadienoyl]-,
äthylester 10 3673
—, Phenyl-cyan-, äthylester 9 4444
Heptaglycin, Benzoyl- 9 1130
Heptalen-carbonsäure, Hexahydro-
9 2855
Heptamethylendiamin s. *Heptandiyldiamin*
Heptan, Benzamino- 9 1074
—, Benzoyloxy- 9 399
—, Bis-benzamino- 9 1098, 1222
—, Bis-benzamino-bis-benzaminomethyl-
9 1224
—, Bis-benzamino-methyl- 9 1223
—, Bis-[benzoyloxy-phenyl]- 9 631
—, Bis-[brom-(nitro-benzoyloxy)-methyl-
phenyl]- 9 1651
—, Bis-[carbamimidoyl-phenoxy]- 10 351
—, Bis-cinnamoylamino- 9 2715
—, Bis-[cyan-phenoxy]- 10 347
—, Bis-[guanyl-phenoxy]- 10 351
—, Bis-[nitro-benzoyloxy]- 9 1630
—, Chlor-[dinitro-benzoyloxy]- 9 1788
—, Dibenzoyloxy- 9 541
—, Dimethylamino-benzoyloxy-dimethyl-
9 890
—, Dimethylamino-[nitro-benzoyloxy]-
dimethyl- 9 1705
—, [Dinitro-benzoyloxy]-methyl-
9 1791, 1792
—, [Dinitro-benzoyloxy]-tetramethyl-
9 1795
—, [Dinitro-benzoyloxy]-tetramethyl-
neopentyl- 9 1797
—, Heptabenzoyloxy- 9 715
—, [Nitro-benzoyloxy]-[(nitro-
benzoyloxy)-methyl]- 9 1630
—, Tetramethyl-[(dinitro-benzoyloxy)-
äthyl]- 9 1797
—, Tetramethyl-[(dinitro-benzoyloxy)-
methyl]- 9 1796
Heptanal-[brom-benzoylhydrazon] 9 1389,
1401, 1423

Heptanal, [chlor-benzoylhydrazon]
9 1342
— [dinitro-benzoylhydrazon] 9 1946
— [dinitro-methyl-benzoylhydrazon]
9 2373
— [jod-benzoylhydrazon] 9 1440, 1448
— naphthoylhydrazon 9 3188
— [nitro-benzoylhydrazon] 9 1483,
1526, 1753
— [nitro-dimethyl-benzoylhydrazon]
9 2447
— [nitro-methyl-benzoylhydrazon]
9 2364
Heptanamid, Äthyl-phenyl- 9 2610
—, [Hydroxy-dioxo-dihydro-naphthyl]-
10 4659
—, Hydroxy-phenyl- 10 648
—, Oxo-dimethyl-phenyl- 10 3109
—, Phenyl- 9 2565
Heptan-carbonitril, Dioxo-diphenyl-
10 3632
—, Dioxo-pentaphenyl- 10 3681
Heptan-carbonsäure, Dicyclohexyl-
9 295
Heptandiamid, Phenyl- 9 4333
Heptandinitril, Acetyl-benzoyl- 10 4067
—, [Äthoxy-äthyl]-[dimethoxy-phenyl]-
10 2566
—, [Cyan-äthyl]-benzoyl- 10 4131
—, [Cyan-äthyl]-biphenylcarbonyl-
10 4142
—, [Cyan-äthyl]-[brom-benzoyl]-
10 4131
—, [Cyan-äthyl]-[chlor-benzoyl]-
10 4131
—, [Cyan-äthyl]-[methoxy-benzoyl]-
10 4848
—, [Cyan-äthyl]-naphthoyl- 10 4139
—, [Cyan-äthyl]-*p*-toluoyl- 10 4132
—, [Cyan-äthyl]-[trimethyl-benzoyl]-
10 4132
—, [Dimethoxy-phenyl]- 10 2463
—, Methyl-benzoyl- 10 3972
—, Nitro-[brom-phenyl]- 9 4333
—, Phenyl- 9 4333
—, Phenyl-acetyl- 10 3973
—, Phenyl-benzoyl- 10 4017
—, Phenylsulfon-phenyl- 10 2239
Heptandisäure, [Acenaphthenyl-äthyl]-
9 4585
—, Acetyl-benzoyl-, dinitril 10 4067
—, [Äthoxy-äthyl]-[dimethoxy-phenyl]-,
dinitril 10 2566
—, [Äthoxycarbonyl-cyclohexyl]-,
diäthylester 9 4772
—, [Äthoxycarbonyl-cyclohexyl]-cyan-,
diäthylester 9 4772
—, Äthyl-phenyl- 9 4348
—, Benzamino- 9 1191

Heptandisäure, [Benzaminomethyl-
  carbamoyl]- **9** 1091
—, [Benzaminomethyl-carbamoyl]-,
  diäthylester **9** 1091
—, Benzyl- **9** 4340
—, [Carboxy-äthyl]-benzoyl- **10** 4131
—, [Carboxy-äthyl]-biphenylcarbonyl-
  10 4141
—, [Carboxy-äthyl]-[brom-benzoyl]-
  10 4131
—, [Carboxy-äthyl]-[chlor-benzoyl]-
  10 4131
—, [Carboxy-äthyl]-[methoxy-benzoyl]-
  10 4848
—, [Carboxy-äthyl]-naphthoyl- **10** 4139
—, [Carboxy-äthyl]-[phenyl-benzoyl]-
  10 4141
—, [Carboxy-äthyl]-*p*-toluoyl- **10** 4132
—, [Carboxy-cyclohexyl]- **9** 4772
—, Carboxymethyl-phenyl- **9** 4815
—, [Cyan-äthyl]-benzoyl-, dinitril
  10 4131
—, [Cyan-äthyl]-biphenylcarbonyl-,
  dinitril **10** 4142
—, [Cyan-äthyl]-[brom-benzoyl]-,
  dinitril **10** 4131
—, [Cyan-äthyl]-[chlor-benzoyl]-,
  dinitril **10** 4131
—, [Cyan-äthyl]-[methoxy-benzoyl]-,
  dinitril **10** 4848
—, [Cyan-äthyl]-naphthoyl-, dinitril
  10 4139
—, [Cyan-äthyl]-*p*-toluoyl-, dinitril
  10 4132
—, [Cyan-äthyl]-[trimethyl-benzoyl]-,
  dinitril **10** 4132
—, [Cyan-cyclohexyl]-cyan-,
  diäthylester **9** 4856
—, [Dimethoxy-phenyl]-, dinitril
  10 2463
—, [Dimethoxy-phenyl]-cyan- **10** 2604
—, Methoxycarbonylmethyl-phenyl-,
  dimethylester **9** 4816
—, [Methoxy-phenyl]- **10** 2238
—, [Methoxy-phenyl]-, diäthylester **10** 2238
—, Methyl-[acetoxy-oxo-dimethyl-
  dodecahydro-phenanthryl]-,
  dimethylester **10** 4749
—, Methyl-benzoyl- **10** 3972
—, Methyl-benzoyl-, dinitril **10** 3972
—, Methyl-[dioxo-dimethyl-(carboxy-
  äthyl)-carboxy-decahydro-naphthyl]-
  10 4171
—, Methyl-[dioxo-dimethyl-
  (methoxycarbonyl-äthyl)-
  methoxycarbonyl-decahydro-
  naphthyl]-, dimethylester **10** 4171
—, Methyl-diphenyl-benzoyl-,
  diäthylester **10** 4033

Heptandisäure, Methyl-[hydroxy-oxo-
  dimethyl-dodecahydro-phenanthryl]-
  10 4749
—, Naphthyl-carbamoyl- **9** 4836
—, Nitro-[brom-phenyl]-, dinitril
  9 4333
—, Oxo-[methoxy-phenäthyl]-,
  diäthylester **10** 4745
—, Phenäthyl- **9** 4347
—, Phenäthyl-, diäthylester **9** 4348
—, [Phenanthryl-äthyl]- **9** 4669
—, Phenyl- **9** 4330, 4333
—, Phenyl-, diamid **9** 4333
—, Phenyl-, dinitril **9** 4333
—, Phenyl-acetyl- **10** 3972
—, Phenyl-acetyl-, dinitril **10** 3973
—, Phenyl-benzoyl- **10** 4017
—, Phenyl-benzoyl-, dinitril **10** 4017
—, Phenyl-carbamoyl- **9** 4812
—, Phenyl-cyan-, diäthylester **9** 4811, 4813
—, Phenyl-[hydroxy-oxo-phenyl-
  tetrahydro-pyranyl]- **10** 4142
—, Phenylsulfon-phenyl-, dinitril
  10 223
Heptandisäure-[benzamino-methylamid]
  9 1090
Heptandiyldiamin, Dibenzoyl- **9** 1222
Heptannitril, Benzamino-methyl- **9** 1164
—, Hexabenzoyloxy- **9** 873
—, Oxo-dimethyl-diphenyl- **10** 3363
—, Oxo-dimethyl-phenyl-[nitro-phenyl]-
  10 3364
—, Oxo-dimethyl-phenyl-*p*-tolyl-
  10 3366
—, Oxo-[methoxy-phenyl]- **10** 4270
—, Oxo-methyl-phenyl- **10** 3105
Heptanol, Benzamino- **9** 1085
—, Benzaminomethyl- **9** 1086
—, Methyl-benzaminomethyl- **9** 1087
—, [Nitro-benzamino]-propyl- **9** 1724
Heptanon, [Benzoyloxy-phenyl]- **9** 735
—, [Nitro-benzoyloxy]- **9** 1672
Heptanoylchlorid, Äthyl-phenyl- **9** 2610
Heptansäure, Äthyl-benzoyl- **10** 3113
—, Äthyl-phenyl- **9** 2610
—, Äthyl-phenyl-, amid **9** 2610
—, Äthyl-phenyl-, chlorid **9** 2610
—, Äthyl-phenyl-, ureid **9** 2610
—, Benzamino- **9** 1162, 1163
—, Benzamino-, methylester **9** 1162
—, [Benzamino-äthyl]-, äthylester
  9 1165
—, [Benzamino-äthyl]-, nitril **9** 1165
—, Benzamino-methyl-, nitril **9** 1164
—, Benzoyl- s. *Propionsäure, Oxo-pentyl-
  phenyl-*
—, Benzyl- s. *Propionsäure, Pentyl-
  phenyl-*
—, Bis-benzamino- **9** 1243

Heptansäure, Bis-hydroxyimino-[methyl-
tetrahydro-naphthyl]- **10** 3597
—, Brom-methyl-[hydroxy-pentamethyl-
tetradecahydro-cyclopenta[*a*]=
phenanthrenyl]- **10** 984
—, Brom-methyl-[oxo-pentamethyl-
tetradecahydro-cyclopenta[*a*]=
phenanthrenyl]- **10** 3226, 3228
—, Chlor-hydroxymethyl-[trioxo-
dimethyl-hexadecahydro-cyclopenta=
[*a*]phenanthrenyl]- **10** 4759
—, Chlor-hydroxymethyl-[trioxo-
dimethyl-hexadecahydro-cyclopenta=
[*a*]phenanthrenyl]-, methylester
10 4760
—, Cyclohexyl- **9** 121
—, Cyclopentenyl- **9** 254
—, Cyclopropylmethyl- **9** 111
—, Dibrom-methyl-[hydroxy-pentamethyl-
tetradecahydro-cyclopenta[*a*]=
phenanthrenyl]- **10** 984
—, Dibrom-methyl-[oxo-pentamethyl-
tetradecahydro-cyclopenta[*a*]=
phenanthrenyl]- **10** 3226, 3228
—, Dimethyl-[dimethyl-hexadecahydro-
cyclopenta[*a*]phenanthrenyl]-
9 2667
—, Dimethyl-[dimethyl-hexadecahydro-
cyclopenta[*a*]phenanthrenyl]-,
methylester **9** 2668
—, Dimethyl-[trihydroxy-dimethyl-
hexadecahydro-cyclopenta[*a*]=
phenanthrenyl]- **10** 2188
—, Dimethyl-[trihydroxy-dimethyl-
hexadecahydro-cyclopenta[*a*]=
phenanthrenyl]-, methylester
10 2189
—, Dimethyl-[trioxo-dimethyl-
hexadecahydro-cyclopenta[*a*]=
phenanthrenyl]- **10** 3996
—, Dimethyl-[trioxo-dimethyl-
hexadecahydro-cyclopenta[*a*]=
phenanthrenyl]-, methylester
10 3996
—, Dioxo-[äthyl-phenyl]- **10** 3558
—, Dioxo-biphenylyl- **10** 3631
—, Dioxo-[chlor-methoxy-naphthyl]-
10 4686
—, Dioxo-*p*-cumenyl- **10** 3559
—, Dioxo-[cyclohexyl-phenyl]- **10** 3597
—, Dioxo-[dimethoxy-phenyl]- **10** 4743
—, Dioxo-[hydroxy-dimethoxy-phenyl]-
10 4805
—, Dioxo-[hydroxy-methoxy-phenyl]-
10 4743
—, Dioxo-[hydroxy-naphthyl]- **10** 4686
—, Dioxo-[isopropyl-phenyl]- **10** 3559
—, Dioxo-[methoxy-naphthyl]- **10** 4686
—, Dioxo-[methoxy-phenyl]- **10** 4608

Heptansäure, Dioxo-[methoxy-phenyl]-,
methylester **10** 4608
—, Dioxo-methyl-[acetoxy-oxo-dimethyl-
hexadecahydro-cyclopenta[*a*]=
phenanthrenyl]-, methylester
10 4760
—, Dioxo-[methyl-naphthyl]- **10** 3622
—, Dioxo-[methyl-tetrahydro-naphthyl]-
10 3597
—, Dioxo-naphthyl- **10** 3621
—, Dioxo-phenyl- **10** 3557
—, Dioxo-phenyl-, äthylester **10** 3557
—, Dioxo-phenyl-, methylester **10** 3557
—, Dioxo-*p*-tolyl- **10** 3558
—, Disemicarbazono-naphthyl- **10** 3622
—, Hexabenzoyloxy-, nitril **9** 873
—, [Hydroxy-dioxo-dihydro-naphthyl]-
10 4659
—, [Hydroxy-dioxo-dihydro-naphthyl]-,
amid **10** 4659
—, [Hydroxy-dioxo-dihydro-naphthyl]-,
methylester **10** 4659
—, Hydroxy-[methoxy-phenyl]- **10** 1584
—, Hydroxy-[methoxy-phenyl]-,
äthylester **10** 1584
—, Hydroxy-methyl-phenyl-benzyl-
10 1247
—, Hydroxy-methyl-[trihydroxy-dimethyl-
hexadecahydro-cyclopenta[*a*]=
phenanthrenyl]- **10** 2426, 2427
—, Hydroxy-methyl-[trihydroxy-dimethyl-
hexadecahydro-cyclopenta[*a*]=
phenanthrenyl]-, methylester
10 2426
—, Hydroxy-methyl-[trioxo-dimethyl-
hexadecahydro-cyclopenta[*a*]=
phenanthrenyl]- **10** 4759
—, Hydroxy-phenyl- **10** 648
—, Hydroxy-phenyl-, äthylester **10** 648
—, Hydroxy-phenyl-, amid **10** 648
—, Hydroxy-phenyl-, [diäthylamino-
äthylester] **10** 648
—, Hydroxy-phenyl-, [trimethylammonio-
äthylester] **10** 648
—, Hydroxy-phenyl-benzyl- **10** 1245
—, [Jod-phenyl]- **9** 2565
—, [Jod-phenyl]-, äthylester **9** 2566
—, Methyl-[acetoxy-dioxo-pentamethyl-
tetradecahydro-cyclopenta[*a*]=
phenanthrenyl]- **10** 4647
—, Methyl-[acetoxy-dioxo-pentamethyl-
tetradecahydro-cyclopenta[*a*]=
phenanthrenyl]-, methylester **10** 4647
—, Methyl-[acetoxy-pentamethyl-
dodecahydro-cyclopenta[*a*]=
phenanthrenyl]-, methylester **10** 1035
—, Methyl-[acetoxy-pentamethyl-
tetradecahydro-cyclopenta[*a*]=
phenanthrenyl]- **10** 982, 984

Heptansäure, Methyl-[acetoxy-pentamethyl-
tetradecahydro-cyclopenta[*a*]#
phenanthrenyl]-, chlorid **10** 985
—, Methyl-[acetoxy-pentamethyl-
tetradecahydro-cyclopenta[*a*]#
phenanthrenyl]-, methylester
10 983, 985
—, Methyl-cyclohexyl- **9** 125
—, Methyl-cyclopentyl- **9** 124
—, Methyl-cyclopentyl-, äthylester **9** 124
—, Methyl-[diacetoxy-oxo-dimethyl-
hexadecahydro-cyclopenta[*a*]#
phenanthrenyl]- **10** 4598
—, Methyl-[diacetoxy-pentamethyl-
tetradecahydro-cyclopenta[*a*]#
phenanthrenyl]-methylen-,
methylester **10** 1929
—, Methyl-[diformyloxy-pentamethyl-
tetradecahydro-cyclopenta[*a*]#
phenanthrenyl]-methylen-,
methylester **10** 1928
—, Methyl-[dihydroxy-oxo-dimethvl-
hexadecahydro-cyclopenta[*a*]#
phenanthrenyl]- **10** 4598
—, Methyl-[dihydroxy-pentamethyl-
tetradecahydro-cyclopenta[*a*]#
phenanthrenyl]-methylen- **10** 1928
—, Methyl-[dihydroxy-pentamethyl-
tetradecahydro-cyclopenta[*a*]#
phenanthrenyl]-methylen-,
methylester **10** 1928
—, Methyl-[dimethyl-2.6-cyclo-
norbornyl]- **9** 349
—, Methyl-[dimethyl-norbornyl]- **9** 283
—, Methyl-[dimethyl-norbornyl]-,
[brom-phenacylester] **9** 283
—, Methyl-[dimethyl-norbornyl]-,
[phenyl-phenacylester] **9** 283
—, Methyl-[dimethyl-tricyclo[2.2.1.0$^{2.6}$]#
heptyl]- **9** 349
—, Methyl-[hydroxy-diacetoxy-dimethyl-
hexadecahydro-cyclopenta[*a*]#
phenanthrenyl]- **10** 2188
—, Methyl-[hydroxy-dioxo-dihydro-
naphthyl]- **10** 4660, 4661
—, Methyl-[hydroxy-dioxo-dihydro-
naphthyl]-, methylester **10** 4661
—, Methyl-[hydroxy-dioxo-dimethyl-
hexadecahydro-cyclopenta[*a*]#
phenanthrenyl]- **10** 4626
—, Methyl-[hydroxy-dioxo-pentamethyl-
tetradecahydro-cyclopenta[*a*]#
phenanthrenyl]- **10** 4646
—, Methyl-[hydroxyimino-pentamethyl-
tetradecahydro-cyclopenta[*a*]#
phenanthrenyl]- **10** 3226, 3227
—, Methyl-[hydroxyimino-pentamethyl-
tetradecahydro-cyclopenta[*a*]#
phenanthrenyl]-, methylester **10** 3227

Heptansäure, Methyl-[hydroxy-pentamethyl-
tetradecahydro-cyclopenta[*a*]#
phenanthrenyl]- **10** 981, 984
—, Methyl-[hydroxy-pentamethyl-
tetradecahydro-cyclopenta[*a*]#
phenanthrenyl]-, methylester
10 983
—, Methyl-[oxo-pentamethyl-
tetradecahydro-cyclopenta[*a*]#
phenanthrenyl]- **10** 3225, 3227
—, Methyl-[oxo-pentamethyl-
tetradecahydro-cyclopenta[*a*]#
phenanthrenyl]-, methylester
10 3226, 3227
—, Methyl-[pentamethyl-tetradecahydro-
cyclopenta[*a*]phenanthrenyl]-
9 2928, 2929
—, Methyl-[pentamethyl-tetradecahydro-
cyclopenta[*a*]phenanthrenyl]-,
chlorid **9** 2930
—, Methyl-[pentamethyl-tetradecahydro-
cyclopenta[*a*]phenanthrenyl]-,
methylester **9** 2930
—, Methyl-phenyl- **9** 2596, 2599
—, Methyl-phenyl-, methylester **9** 2600
—, [Methyl-tetrahydro-naphthyl]-
9 2900
—, Methyl-[trihydroxy-dimethyl-
hexadecahydro-cyclopenta[*a*]#
phenanthrenyl]- **10** 2187
—, Methyl-[trimethyl-cyclohexyl]-
9 131
—, Methyl-[trioxo-dimethyl-
hexadecahydro-cyclopenta[*a*]#
phenanthrenyl]- **10** 3992
—, Methyl-[trioxo-dimethyl-
hexadecahydro-cyclopenta[*a*]#
phenanthrenyl]-, äthylester **10** 3993
—, Methyl-[trioxo-dimethyl-
hexadecahydro-cyclopenta[*a*]#
phenanthrenyl]-, methylester
10 3993
—, Methyl-[trioxo-pentamethyl-
tetradecahydro-cyclopenta[*a*]#
phenanthrenyl]- **10** 4002
—, Oxo-benzyliden- s. *Acrylsäure,
[Oxo-pentyl]-phenyl-*
—, Oxo-[brom-hydroxy-phenyl]- **10** 4269
—, Oxo-[chlor-hydroxy-phenyl]- **10** 4269
—, Oxo-[dihydroxy-phenyl]- **10** 4563
—, Oxo-[dihydroxy-phenyl]-,
methylester **10** 4563
—, Oxo-[dimethoxy-phenyl]- **10** 4564
—, Oxo-[dimethoxy-phenyl]-,
methylester **10** 4564
—, Oxo-[dimethyl-2.6-cyclo-norbornyl]-
10 2966
—, Oxo-[dimethyl-2.6-cyclo-norbornyl]-,
methylester **10** 2966

Heptansäure, Oxo-dimethyl-diphenyl-
10 3362
—, Oxo-dimethyl-diphenyl-, methylester
10 3362
—, Oxo-dimethyl-diphenyl-, nitril
10 3363
—, Oxo-dimethyl-phenyl- 10 3108, 3109
—, Oxo-dimethyl-phenyl-, äthylester
10 3109
—, Oxo-dimethyl-phenyl-, amid 10 3109
—, Oxo-dimethyl-phenyl-benzyl- 10 3365
—, Oxo-dimethyl-phenyl-[nitro-phenyl]-
10 3363
—, Oxo-dimethyl-phenyl-[nitro-phenyl]-,
äthylester 10 3364
—, Oxo-dimethyl-phenyl-[nitro-phenyl]-,
methylester 10 3363
—, Oxo-dimethyl-phenyl-[nitro-phenyl]-,
nitril 10 3364
—, Oxo-dimethyl-phenyl-[nitro-phenyl]-,
propylester 10 3364
—, Oxo-dimethyl-phenyl-*p*-tolyl- 10 3365
—, Oxo-dimethyl-phenyl-*p*-tolyl-,
äthylester 10 3366
—, Oxo-dimethyl-phenyl-*p*-tolyl-,
methylester 10 3365
—, Oxo-dimethyl-phenyl-*p*-tolyl-,
nitril 10 3366
—, Oxo-[dimethyl-tricyclo[2.2.1.0$^{2.6}$]$\circ$
heptyl]- 10 2966
—, Oxo-[dimethyl-tricyclo[2.2.1.0$^{2.7}$]$\circ$
heptyl]-, methylester 10 2966
—, Oxo-diphenyl-benzyl- 10 3469
—, Oxo-[hydroxy-methyl-phenyl]- 10 4276
—, Oxo-[hydroxy-phenyl]- 10 4269
—, Oxo-[hydroxy-phenyl]-, methylester
10 4269
—, Oxo-[methoxy-naphthyl]- 10 4419
—, Oxo-[methoxy-phenyl]- 10 4269, 4270
—, Oxo-[methoxy-phenyl]-, methylester
10 4270
—, Oxo-[methoxy-phenyl]-, nitril
10 4270
—, Oxo-methyl-[acetoxy-oxo-dimethyl-
hexadecahydro-cyclopenta[*a*]$\circ$
phenanthrenyl]- 10 4627
—, Oxo-methyl-[benzoyloxy-oxo-dimethyl-
hexadecahydro-cyclopenta[*a*]$\circ$
phenanthrenyl]-, methylester
10 4628
—, Oxo-methyl-[brom-dioxo-dimethyl-
hexadecahydro-cyclopenta[*a*]$\circ$
phenanthrenyl]- 10 3995
—, Oxo-methyl-[diacetoxy-oxo-dimethyl-
hexadecahydro-cyclopenta[*a*]$\circ$
phenanthrenyl]- 10 4750
—, Oxo-methyl-[diacetoxy-oxo-dimethyl-
hexadecahydro-cyclopenta[*a*]$\circ$
phenanthrenyl]-, methylester 10 4751

Heptansäure, Oxo-methyl-[diacetoxy-
pentamethyl-tetradecahydro-
cyclopenta[*a*]phenanthrenyl]-,
methylester 10 4628
—, Oxo-methyl-[dihydroxy-oxo-dimethyl-
hexadecahydro-cyclopenta[*a*]$\circ$
phenanthrenyl]- 10 4750
—, Oxo-methyl-[dihydroxy-oxo-dimethyl-
tetradecahydro-phenanthryl]-
10 4738
—, Oxo-methyl-[dioxo-dimethyl-
hexadecahydro-cyclopenta[*a*]$\circ$
phenanthrenyl]- 10 3994
—, Oxo-methyl-[dioxo-dimethyl-
hexadecahydro-cyclopenta[*a*]$\circ$
phenanthrenyl]-, methylester
10 3994
—, Oxo-methyl-[dioxo-dimethyl-
tetradecahydro-cyclopenta[*a*]$\circ$
phenanthrenyl]- 10 3999
—, Oxo-methyl-[dioxo-dimethyl-
tetradecahydro-cyclopenta[*a*]$\circ$
phenanthrenyl]-, methylester
10 3999
—, Oxo-methyl-[hydroxy-oxo-dimethyl-
hexadecahydro-cyclopenta[*a*]$\circ$
phenanthrenyl]- 10 4626
—, Oxo-methyl-[hydroxy-oxo-dimethyl-
hexadecahydro-cyclopenta[*a*]$\circ$
phenanthrenyl]-, äthylester
10 4628
—, Oxo-methyl-[hydroxy-oxo-dimethyl-
hexadecahydro-cyclopenta[*a*]$\circ$
phenanthrenyl]-, methylester
10 4627
—, Oxo-methyl-[methoxy-naphthyl]-
10 4422
—, Oxo-methyl-[methoxy-naphthyl]-,
methylester 10 4422
—, Oxo-methyl-naphthyl- 10 3283
—, Oxo-methyl-[oxo-dimethyl-bis-
carboxymethyl-dodecahydro-
cyclopenta[*a*]naphthalinyl]-
10 4152
—, Oxo-methyl-[oxo-dimethyl-bis-
methoxycarbonylmethyl-dodecahydro-
cyclopenta[*a*]naphthalinyl]-,
methylester 10 4153
—, Oxo-methyl-[oxo-dimethyl-
hexadecahydro-cyclopenta[*a*]$\circ$
phenanthrenyl]- 10 3586
—, Oxo-methyl-[oxo-dimethyl-
hexadecahydro-cyclopenta[*a*]$\circ$
phenanthrenyl]-, methylester 10 3587
—, Oxo-methyl-phenyl- 10 3104, 3105
—, Oxo-methyl-phenyl-, nitril 10 3105
—, Oxo-methyl-[trioxo-dimethyl-
hexadecahydro-cyclopenta[*a*]$\circ$
phenanthrenyl]- 10 4071

Heptansäure, Oxo-methyl-[trioxo-dimethyl-
hexadecahydro-cyclopenta[a]=
phenanthrenyl]-, methylester
10 4072
—, Oxo-naphthyl- 10 3280
—, Oxo-naphthyl-, methylester 10 3281
—, Oxo-phenyl- 10 3092, 3093
—, Oxo-phenyl-, äthylester 10 3092, 3094
—, Oxo-phenyl-, methylester 10 3092
—, Oxo-semicarbazono-[methoxy-phenyl]-
10 4608
—, Oxo-tetraphenyl-cyan-, äthylester
10 4038
—, Phenacyl- s. *Buttersäure, Oxo-pentyl-
phenyl-*
—, Phenyl- 9 2565, 2566, 2571
—, Phenyl-, äthylester 9 2571, 2572
—, Phenyl-, amid 9 2565
—, Phenyl-, [brom-phenacylester]
9 2572
—, Phenyl-, nitril 9 2566
—, *m*-Phenylen-di- 9 4367
—, *m*-Phenylen-di-, dimethylester
9 4367
—, Semicarbazono-[dimethoxy-phenyl]-
10 4564
—, Semicarbazono-[dimethyl-2.6-cyclo-
nornbornyl]-, methylester 10 2966
—, Semicarbazono-[dimethyl-tricyclo=
[2.2.1.0²·⁶]heptyl]-, methylester
10 2966
—, Semicarbazono-[methoxy-naphthyl]-
10 4419
—, Semicarbazono-[methoxy-phenyl]-
10 4270
—, Semicarbazono-naphthyl- 10 3281
—, Semicarbazono-phenyl- 10 3093
—, Tribrom-oxo-diphenyl-, äthylester
10 3359
Heptan-tetracarbonsäure, Dioxo-phenyl-,
tetramethylester 10 4173
—, Diphenyl-, tetraäthylester 9 4895
Heptan-tricarbonsäure, Oxo-[methoxy-
naphthyl]-, triäthylester 10 2592
—, Oxo-[methoxy-phenyl]-,
triäthylester 10 4848
—, Oxo-naphthyl-, triäthylester
7 2589
Heptatrien, [Dioxo-dihydro-
anthracencarbonyloxy]-methyl-
[trimethyl-cyclohexenyl]- 10 3643
Heptatriennitril, Phenyl- 9 3218
Heptatriensäure, Dimethyl-[trimethyl-
cyclohexenyl]-, äthylester
9 2899
—, Diphenyl-acetyl-, äthylester
10 3443
—, Hydroxy-phenyl-, äthylester 10 3233
—, Hydroxy-phenyl-, methylester 10 3233

Heptatriensäure, Hydroxy-phenyl-acetyl-,
äthylester 10 3610
—, Hydroxy-phenyl-acetyl-, methylester
10 3609
—, Hydroxy-phenyl-[methoxy-
methoxycarbonyloxy-cinnamoyl]-,
methylester 10 4794
—, Hydroxy-phenyl-[phenyl-pentadienoyl]-,
äthylester 10 3673
—, Methyl-phenyl- 9 3228
—, Methyl-[trimethyl-cyclohexenyl]-
9 2895, 2897
—, Methyl-[trimethyl-cyclohexenyl]-,
chlorid 9 2896
—, Methyl-[trimethyl-cyclohexenyl]-,
methylester 9 2896
—, Phenyl- 9 3217
—, Phenyl-, methylester 9 3218
—, Phenyl-, nitril 9 3218
—, Phenyl-cyan- 9 4475
Hepten, Benzoyloxy- 9 405
—, Benzoyloxy-tetramethyl-*tert*-butyl-
9 409
—, Bis-[benzoyloxy-phenyl]- 9 640
—, Dibrom-[dinitro-benzoyloxy]- 9 1803
—, [Nitro-benzoyloxy]- 9 1554
Heptendisäure, Hydroxy-[methoxy-
phenäthyl]-, diäthylester 10 4745
—, [Methoxy-phenyl]- 10 2268
—, [Methoxy-phenyl]-, diäthylester 10 2269
—, [Methoxy-phenyl]-, dimethylester
10 2269
—, Methyl-[äthoxycarbonyl-cyclohexyl]-
cyan-, diäthylester 9 4857
—, Methyl-[methoxy-phenyl]-cyan-,
diäthylester 10 2581
—, Methyl-phenyl-cyan-, diäthylester
9 4815
—, Oxo-methyl-[methoxy-phenyl]- 10 4752
—, Phenyl-cyan-, diäthylester 9 4812
Hepteninsäure, Hydroxy-methyl-
cyclohexenyl-, methylester
9 3090, 3091
Heptennitril, Benzoyloxy-äthyl- 9 862
—, Oxo-triphenyl- 10 3485
Heptenon, Methyl-,
[nitro-benzoylhydrazon] 9 1527
Heptensäure, Benzamino- 9 1168
—, Benzoyloxy-äthyl-, nitril 9 862
—, Brom-oxo-diphenyl-, äthylester
10 3401
—, Dimethyl-[dimethyl-hexadecahydro-
cyclopenta[a]phenanthrenyl]- 9 2923
—, Dimethyl-[dimethyl-hexadecahydro-
cyclopenta[a]phenanthrenyl]-,
methylester 9 2923
—, Dimethyl-[trihydroxy-dimethyl-
hexadecahydro-cyclopenta[a]=
phenanthrenyl]- 10 2250

Heptensäure, Dimethyl-[trihydroxy-
dimethyl-hexadecahydro-
cyclopenta[a]phenanthrenyl]-,
methylester **10** 2251
—, Dimethyl-[trioxo-dimethyl-
hexadecahydro-cyclopenta[a]-
phenanthrenyl]- **10** 4000
—, Dimethyl-[trioxo-dimethyl-
hexadecahydro-cyclopenta[a]-
phenanthrenyl]-, methylester
10 4001
—, Hydroxy-[methoxy-phenyl]-, nitril
10 4270
—, Hydroxy-phenyl-, äthylester **10** 3092
—, [Methoxy-phenyl]- **10** 899
—, [Methoxy-phenyl]-, anilid **10** 899
—, Methyl-[diacetoxy-dioxo-tetramethyl-
tetradecahydro-cyclopenta[a]-
phenanthrenyliden]- **10** 4777
—, Methyl-[diacetoxy-dioxo-tetramethyl-
tetradecahydro-cyclopenta[a]-
phenanthrenyliden]-, methylester
10 4778
—, Methyl-[dimethyl-2.6-cyclo-
norbornyl]- **9** 2630
—, Methyl-[dimethyl-tricyclo[2.2.1.0²·⁶]-
heptyl]- **9** 2630
—, Methyl-[hydroxy-pentamethyl-
tetradecahydro-cyclopenta[a]-
phenanthrenyl]- **10** 1035, 1038
—, Methyl-[oxo-pentamethyl-
tetradecahydro-cyclopenta[a]-
phenanthrenyl]- **10** 3255, 3256
—, Methyl-[oxo-pentamethyl-
tetradecahydro-cyclopenta[a]-
phenanthrenyl]-, methylester
10 3255, 3256
—, Methyl-[pentamethyl-tetradecahydro-
cyclopenta[a]phenanthrenyl]-
9 3129, 3130
—, Methyl-[pentamethyl-tetradecahydro-
cyclopenta[a]phenanthrenyl]-,
methylester **9** 3129, 3130
—, Methyl-[trimethyl-cyclohexenyl]-
acetyl-, äthylester **10** 2967
—, Methyl-[trimethyl-cyclohexenyl]-
[hydroxy-äthyliden]-, äthylester
10 2967
—, Oxo-diphenyl- **10** 3401
—, Oxo-triphenyl-, nitril **10** 3485
Heptin, Benzoyloxy- **9** 410
—, Diäthylamino-benzoyloxy- **9** 891
—, [Dinitro-benzoyloxy]- **9** 1820
Heptinsäure, Methyl-äthyl-diphenyl- **9** 3544
Heptonsäure, Hexabenzoyl-, nitril **9** 873
Heptylbenzoat 9 399
Heptylcinnamat 9 2686
Heptylidendiamin, Dibenzoyl- **9** 1098
—, Dicinnamoyl- **9** 2715

Heptylsalicylat 10 124
Hesperitinsäure 10 1835; *Derivate s. unter
Zimtsäure*
Heterobetulenol-bis-[brom-benzoat]
9 1408
Heterobetulenol-dibenzoat 9 618
Heterobetulin, Bis-[brom-benzoyl]-
9 1407
Heterolupensäure 9 3131
Hexadecan, [Dinitro-benzoyloxy]-
tetramethyl-[dimethoxy-trimethyl-
phenyl]- **9** 1919
Hexadecanol, Tetramethyl-[bis-(brom-
benzoyloxy)-trimethyl-phenyl]-
9 1413
Hexadecansäure, [Dihydroxy-phenyl]-
10 1613
—, [Dihydroxy-phenyl]-, methylester
10 1613
—, Oxo-[dihydroxy-phenyl]- **10** 4579
—, Oxo-[dihydroxy-phenyl]-,
methylester **10** 4579
—, Phenacyl- s. *Buttersäure,
Oxo-tetradecyl-phenyl-*
—, Phenyl- **9** 2649
—, Phenyl-, äthylester **9** 2650
—, Phenyl-, [brom-phenacylester] **9** 2650
Hexadecylbenzoat 9 400
Hexadecylsalicylat 10 125
Hexadien, Bis-[benzoyloxy-benzyl-phenyl]-
9 661
—, Bis-[benzoyloxy-biphenylyl]- **9** 661
—, Bis-[benzoyloxy-cyclohexyl-phenyl]-
9 652
—, Bis-[benzoyloxy-dimethyl-phenyl]-
9 649
—, Bis-[benzoyloxy-methyl-isopropyl-
phenyl]- **9** 650
—, Bis-[benzoyloxy-methyl-phenyl]-
9 648
—, Bis-[benzoyloxy-phenyl]- **9** 646
—, Bis-[nitro-benzoyloxy]-diphenyl-
9 1653
—, Dibenzoyloxy- **9** 548
—, Dibenzoyloxy-diphenyl- **9** 646
—, [Dinitro-benzoyloxy]-methyl- **9** 1821
Hexadienamid, Isobutyl-[methoxy-phenyl]-
10 993
Hexadiendisäure, Acetoxy-phenyl-,
diäthylester **10** 2287
—, Benzoyloxy-, diäthylester **9** 869
—, Dihydroxy-phenyl-[methoxy-phenyl]-,
dinitril **10** 4832
—, Diphenyl- **9** 4657
—, Diphenyl-, diäthylester **9** 4657
—, Diphenyl-, dimethylester **9** 4657
—, [Nitro-benzoyloxy]-methyl-,
diäthylester **9** 1686
—, Phenyl- **9** 4432

Hexadiensäure, Benzoyloxy-oxo-mesityl-,
  äthylester **10** 4379
—, Benzoyloxy-oxo-phenyl-, äthylester
  10 4376
—, Benzoyloxy-oxo-[trimethyl-phenyl]-,
  äthylester **10** 4379
—, Dimethyl-*tert*-butyl-phenyl- **9** 3114
—, Dimethyl-*tert*-butyl-phenyl-,
  methylester **9** 3114
—, Hydrazono-phenyl- **10** 3232
—, Hydroxy-oxo-[methoxy-phenyl]-
  10 4630
—, Hydroxy-oxo-[methoxy-phenyl]-,
  äthylester **10** 4631
—, Hydroxy-oxo-methyl-phenyl-,
  äthylester **10** 3592
—, Hydroxy-oxo-phenyl-, äthylester
  10 3590
—, Hydroxy-oxo-[trimethyl-cyclohexenyl]-,
  methylester **10** 3539
—, Hydroxy-oxo-[trimethyl-phenyl]-,
  äthylester **10** 3594
—, [Methoxy-phenyl]-, isobutylamid
  10 993
—, Oxo-[methoxy-phenyl]- **10** 4375
—, Oxo-phenyl- **10** 3232
—, Phenyl- **9** 3078, 3080
—, Phenyl-, methylester **9** 3078, 3080
—, Phenyl-acetyl- **10** 3234
—, Phenyl-cinnamoyl- **10** 3443
Hexahydroartemionsäure 10 4193
Hexahydrobenzoesäure s. *Cyclohexan-
  carbonsäure*
Hexahydromuscarufin 10 4866
Hexahydro-pseudosantonin 10 1358
Hexahydro-pseudosantonsäure
  10 1358
Hexamethylendiamin s. *Hexandiyldiamin*
Hexan, [Acetoxy-phenyl]-[carboxy-phenyl]-
  10 1241
—, [Acetoxy-phenyl]-[methoxycarbonyl-
  phenyl]- **10** 1241
—, Äthyl-bis-[benzoyloxy-phenyl]-
  9 631
—, Amino-benzoyloxy- **9** 889
—, Benzamino- **9** 1073
—, Benzamino-acetoxy-äthyl- **9** 1086
—, Benzoyloxy- **9** 398
—, Benzoyloxy-äthyl- **9** 399
—, Benzoyloxy-cyclohexyl- **9** 409
—, [Benzoyloxy-cyclohexyl]-[benzoyloxy-
  phenyl]- **9** 590
—, Benzoyloxy-dimethyl- **9** 400
—, Benzoyloxy-hexamethyl- **9** 400
—, Benzoyloxy-phenyl- **9** 440
—, Bis-acetoxymethoxy-diacetoxy-
  dibenzoyloxy- **9** 708
—, Bis-[amino-benzylidenaminooxy]-
  9 1310

Hexan, Bis-[benzoyloxy-allyl-phenyl]-
  9 650
—, Bis-[benzoyloxy-benzyl-phenyl]-
  9 658
—, Bis-[benzoyloxy-biphenylyl]- **9** 658
—, Bis-[benzoyloxy-cyclohexenyl-phenyl]-
  9 652
—, Bis-[benzoyloxy-cyclohexyl]- **9** 548
—, Bis-[benzoyloxy-cyclohexyl-phenyl]-
  9 650
—, Bis-[benzoyloxy-dimethyl-phenyl]-
  9 632
—, Bis-[benzoyloxy-methyl-isopropyl-
  phenyl]- **9** 633
—, Bis-[benzoyloxy-methyl-phenyl]-
  9 631
—, Bis-[benzoyloxy-phenyl]- **9** 629, 630
—, Bis-[carbamimidoyl-phenoxy]- **10** 351
—, Bis-[carbamimidoyl-phenyl]- **9** 4584
—, Bis-[chlor-carbamimidoyl-phenoxy]-
  10 362
—, Bis-[chlor-cyan-phenoxy]- **10** 361
—, Bis-[chlor-guanyl-phenoxy]- **10** 362
—, Bis-[cyan-phenoxy]- **10** 347
—, Bis-[cyan-phenyl]- **9** 4584
—, Bis-[dibenzoyloxy-phenyl]- **9** 696
—, Bis-[dinitro-benzoyloxy]- **9** 1895
—, Bis-[(dinitro-benzoyloxy)-
  cyclohexyl]- **9** 1903
—, Bis-diphenylacetoxy- **9** 3295
—, Bis-[guanyl-phenoxy]- **10** 351
—, Bis-[jod-carbamimidoyl-phenoxy]-
  10 369
—, Bis-[jod-cyan-phenoxy]- **10** 368
—, Bis-[jod-guanyl-phenoxy]- **10** 369
—, Bis-[methoxycarbonyl-phenyl]-
  9 4583
—, Bis-[methyl-carbamimidoyl-phenoxy]-
  10 514
—, Bis-[methyl-cyan-phenoxy]- **10** 514
—, Bis-[methyl-guanyl-phenoxy]- **10** 514
—, Bis-[nitro-benzamino]- **9** 1746
—, Bis-[(nitro-benzoyloxy)-phenyl]-
  9 1651
—, Bis-[nitro-benzoylperoxy]-dimethyl-
  9 1707
—, Bis-salicyloylamino- **10** 155
—, Brom-benzoyloxy- **9** 398
—, [Carbamimidoyl-phenoxy]-[jod-
  carbamimidoyl-phenoxy]- **10** 369
—, Chlor-[dinitro-benzoyloxy]- **9** 1785
—, Chlor-[dinitro-benzoyloxy]-methyl-
  9 1789
—, Chlor-pentabenzoyloxy- **9** 703
—, [Cyan-phenoxy]-[jod-cyan-phenoxy]-
  10 368
—, Diacetoxy-tetrabenzoyloxy- **9** 712
—, Dibenzoyloxy- **9** 541
—, Dibenzoylperoxy-dimethyl- **9** 1050

Hexan, Dichlor-tetrabenzoyloxy- **9** 689
—, Dijod-tetrabenzoyloxy- **9** 690
—, Dimethylamino-[butyloxy-methyl-
    benzoyloxy]-methyl- **10** 513
—, Dimethylamino-[nitro-benzoyloxy]-
    dimethyl- **9** 1705
—, [Dinitro-benzamino]-[dinitro-
    benzoyloxy]- **9** 1937
—, [Dinitro-benzoyloxy]-dimethyl- **9** 1793
—, [Dinitro-benzoyloxy]-dimethyl-
    neopentyl- **9** 1797
—, [Dinitro-benzoyloxy]-methyl- **9** 1789
—, [Dinitro-benzoyloxy]-[phenoxy-äthyl]-
    9 1896
—, [Guanyl-phenoxy]-[jod-guanyl-
    phenoxy]- **10** 369
—, Hexabenzoyloxy- **9** 712
—, Hexagalloyloxy- **10** 2085
—, Hexakis-[triacetoxy-benzoyloxy]-
    10 2085
—, [Hydroxy-cyclohexyl]-[benzoyloxy-
    phenyl]- **9** 589
—, [Hydroxy-phenyl]-[carboxy-phenyl]-
    10 1240
—, [Hydroxy-phenyl]-[methoxycarbonyl-
    phenyl]- **10** 1241
—, [Methoxy-phenyl]-[azidocarbonyl-
    phenyl]- **10** 1242
—, [Methoxy-phenyl]-[benzoyloxy-phenyl]-
    9 629
—, [Methoxy-phenyl]-[carboxy-phenyl]-
    10 1241
—, [Nitro-benzoyloxy]-bis-[methoxy-
    phenyl]- **9** 1667
—, [Nitro-benzoyloxy]-methyl-[methoxy-
    phenyl]- **9** 1646
—, [Nitro-benzoyloxy]-methyl-[nitro-
    benzoyloxymethyl]- **9** 1630
—, [Oxo-cyclohexyl]-[benzoyloxy-phenyl]-
    9 744
—, Pentabenzoyloxy- **9** 703, 704
—, Pentamethoxy-benzoyloxy- **9** 706
—, Pentamethyl-[dinitro-benzoyloxy-
    methyl]- **9** 1796
—, Phenyl-[benzoyloxy-phenyl]- **9** 513
—, Tetraacetoxy-benzoyloxy- **9** 703
—, Tetraacetoxy-dibenzoyloxy- **9** 708, 709
—, Tetrabenzoyloxy- **9** 689
—, Tetrabenzoyloxy-bis-[nitroso-
    benzoyloxy]- **9** 1465
—, Tetrachlor-dibenzoyloxy- **9** 541
—, Tetrakis-benzoyloxyimino- **9** 1292
—, Tetrakis-[benzoyloxy-phenyl]- **9** 701
—, Tetramethoxy-benzoyloxy- **9** 703
—, Tetramethoxy-dibenzoyloxy- **9** 708
—, Triphenylmethoxy-tribenzoyloxy-
    9 689
—, [Triphenyl-propionyloxy]-methyl-
    9 3600

Hexan, Tris-benzoyloxyimino- **9** 1291
—, Tris-benzoyloxyimino-methyl- **9** 1291
—, Trityloxy-tribenzoyloxy- **9** 689
Hexanal, Methyl-, [dinitro-
    benzoylhydrazon] **9** 1946
Hexanal-[brom-benzoylhydrazon] **9** 1389,
    1423
— [dinitro-benzoylhydrazon] **9** 1946
— [dinitro-methyl-benzoylhydrazon]
    9 2372
— [jod-benzoylhydrazon] **9** 1447
— naphthoylhydrazon **9** 3188
— [nitro-benzoylhydrazon] **9** 1483,
    1525, 1753
Hexanamid, Äthyl-cyclohexenyl- **9** 251
—, Äthyl-[cyclohexyl-äthyl]- **9** 125
—, Äthyl-phenyl- **9** 2598
—, Allyl-cyclohexenyl- **9** 251
—, Butyl-cyclohexenyl- **9** 251
—, Butyl-phenyl- **9** 2623
—, Cyclohexenyl- **9** 252
—, [Cyclohexyl-äthyl]- **9** 125
—, [Hydroxy-äthyl]-[chlor-phenyl]- **9** 2538
—, [Hydroxy-äthyl]-[cyclohexyl-äthyl]-
    9 126
—, Hydroxy-oxo-mesityl- **10** 4278
—, Hydroxy-phenyl- **10** 635
—, Methyl-[cyclohexyl-äthyl]- **9** 125
—, Methyl-[hydroxy-dioxo-dihydro-
    naphthyl]- **10** 4660
—, Methyl-phenyl- **9** 2573
—, Oxo-[hydroxy-phenyl]- **10** 4260
—, Oxo-methyl-phenyl- **10** 3094
—, Oxo-phenyl- **10** 3079
—, Pentyl-cyclohexenyl- **9** 251
—, [Phenoxy-phenyl]- **10** 634
—, Phenyl- **9** 2537, 2539, 2544
Hexanamidin, Äthyl-benzoyl- **9** 1113
—, Äthyl-dibenzoyl- **9** 1113
—, Benzamino- **9** 1157
Hexan-carbonsäure, Dicyclohexyl- **9** 294
Hexandiol, Bis-[benzoyloxy-methyl-
    phenyl]- **9** 697
—, Bis-[benzoyloxy-phenyl]- **9** 696
—, Dibenzoyloxy-bis-[nitroso-
    benzoyloxy]- **9** 1464
—, Tetrabenzoyloxy- **9** 710, 711
Hexandion, Benzoyloxy-diphenyl- **9** 805
—, Bis-[nitro-benzoyloxy]- **9** 1680
Hexandisäure s. *Adipinsäure*
Hexandiyldiamin, Bis-[nitro-benzoyl]-
    9 1746
—, Dimethyl-dibenzoyl- **9** 1223
—, Disalicyloyl- **10** 155
Hexandiyldibenzoat 9 541
Hexannitril, Benzamino-methyl-
    äthoxymethyl- **9** 1185
—, Benzamino-methyl-methoxymethyl-
    9 1185

Hexannitril, Benzamino-propyl- **9** 1165
—, Butyl-phenyl- **9** 2623
—, [Chlor-äthyl]-phenyl- **9** 2600
—, Chlor-phenyl- **9** 2540
—, Cyclohexenyl- **9** 252
—, Cyclopentyl- **9** 111
—, Cyclopentyl-phenyl- **9** 2898
—, Diphenyl-methylendioxy-di- **10** 635
—, Hydroxy-oxo-phenyl- **10** 4260
—, Hydroxy-phenyl- **10** 635
—, Oxo-äthyl-phenyl- **10** 3106
—, Oxo-[dihydroxy-phenyl]- **10** 4559
—, Oxo-dimethyl-phenyl- **10** 3105
—, Oxo-diphenyl- **10** 3352
—, Oxo-[hydroxy-phenyl]- **10** 4260
—, Oxo-[methoxy-phenyl]- **10** 4261
—, Oxo-methyl-[methoxy-phenyl]- **10** 4271
—, Oxo-methyl-phenyl- **10** 3094
—, Oxo-octyl-phenyl- **10** 3119
—, Oxo-[oxo-butyl]-phenyl- **10** 3559
—, Oxo-phenyl- **10** 3080, 3082
—, Oxo-phenyl-[phenyl-propionyl]-
    10 3633
—, Pentabenzoyloxy- **9** 872
—, Phenyl- **9** 2537, 2540, 2544
—, Semicarbazono-dimethyl-phenyl-
    10 3105
—, Tetrabenzoyloxy- **9** 869
—, Tetrahydroxy-benzoyloxy-
    benzoyloxymethyl- **9** 874
Hexanol, Benzamino-äthyl- **9** 1086
—, Bis-benzamino-tetraäthylmercapto-
    9 1228
—, Bis-[benzoyloxy-phenyl]- **9** 685
—, Diphenylacetoxy- **9** 3295
—, [Methoxy-benzoyloxy-phenyl]- **9** 675
—, Methyl-benzaminomethyl- **9** 1086
—, Tetramethoxy-benzoyloxy- **9** 706
—, Trimethoxy-benzoyloxy- **9** 703
Hexanon, [Benzoyloxy-methyl-phenyl]-
    9 735
—, [Benzoyloxy-phenyl]- **9** 734
—, Bis-[benzoyloxy-phenyl]- **9** 803
—, [Methoxy-benzoyloxy-phenyl]- **9** 790
—, [Nitro-benzoyloxy]- **9** 1671
—, [Nitro-benzoyloxy]-, semicarbazon
    9 1671
—, [Nitro-benzoyloxy]-phenyl- **9** 1675
Hexanon-[nitro-benzoylhydrazon] 9 1483
**A.19.24.25.26.27-Hexanor-lanosten-
carbonsäure,** Trihydroxy-dioxo-
methyl- **10** 4809
—, Trihydroxy-dioxo-methyl-,
methylester **10** 4810
A.C.23.24.25.27-Hexanor-ursensäure,
    Hydroxy-methyl-isopropyl- **10** 1031
Hexanoylchlorid, Äthyl-phenyl- **9** 2598
—, Brom-benzamino- **9** 1158
—, Methyl-phenyl- **9** 2573

Hexanoylchlorid, Phenyl-
    9 2537, 2539, 2540, 2544
—, p-Tolyl- **9** 2578
Hexansäure, [Acetoxy-dimethyl-
tetradecahydro-cyclopenta[a]-
phenanthrenyl]- **10** 977
—, [Acetoxy-dimethyl-tetradecahydro-
cyclopenta[a]phenanthrenyl]-,
amid **10** 978
—, Äthoxy-[dimethoxy-phenyl]-cyan-,
methylester **10** 2565
—, [Äthoxy-phenyl]- **10** 634
—, Äthyl-, [benzoylamid-benzoylimin]
    9 1113
—, Äthyl-, [benzoylamid-imin] **9** 1113
—, Äthyl-phenyl- **9** 2598, 2601
—, Äthyl-phenyl-, amid **9** 2598
—, Äthyl-phenyl-, chlorid **9** 2598
—, Äthyl-phenyl-, ureid **9** 2598
—, Amino-benzamino- **9** 1235, 1237
—, Amino-benzamino-, amid **9** 1236
—, Amino-[benzamino-acetamino]- **9** 1136
—, Amino-[benzamino-acetamino]-, amid
    9 1136
—, [Amino-hexanoylamino]-benzamino-
    9 1242
—, Amino-[methyl-benzoyl-amino]-
    9 1243
—, [Amino-methyl-valerylamino]-
benzamino- **9** 1242
—, [(Amino-methyl-valerylamino)-
propionylamino]-benzamino- **9** 1242
—, Amino-[nitro-benzamino]- **9** 1747
—, [Amino-propionylamino]-benzamino-
    9 1241
—, Azido-phenyl- **9** 2539
—, Benzamino- **9** 1156, 1157
—, Benzamino-, äthylester **9** 1156, 1157
—, Benzamino-, [amid-imin] **9** 1157
—, Benzamino-, methylester **9** 1156
—, Benzamino-, nitril **9** 1157
—, [Benzamino-acetamino]-
benzyloxycarbonylamino- **9** 1137
—, [Benzamino-acetamino]-
benzyloxycarbonylamino-, amid
    9 1137
—, [Benzamino-acetamino]-
benzyloxycarbonylamino-, hydrazid
    9 1137
—, [Benzamino-acetamino]-
benzyloxycarbonylamino-,
methylester **9** 1137
—, Benzamino-[acetyl-ureido]- **9** 1237
—, Benzamino-äthoxy-
thiocarbonylmercapto- **9** 1184
—, Benzamino-benzyloxycarbonylamino-
    9 1236, 1240
—, Benzamino-benzyloxycarbonylamino-,
amid **9** 1237

Hexansäure, Benzamino-benzyloxycarbonyl=
   amino-, hydrazid 9 1241
—, Benzamino-benzyloxycarbonylamino-,
   methylester 9 1237
—, Benzamino-dimethyl- 9 1164
—, Benzamino-guanidino- 9 1237
—, Benzamino-hydroxy- 9 1183, 1184
—, Benzamino-mercapto- 9 1184
—, Benzamino-methyl- 9 1163
—, Benzamino-methyl-äthoxymethyl-,
   nitril 9 1185
—, [Benzaminomethyl-carbamoyl]- 9 1090
—, Benzamino-methyl-methoxymethyl-,
   nitril 9 1185
—, [Benzamino-methyl-valerylamino]-
   benzamino- 9 1243
—, [Benzamino-propionylamino]-
   benzamino- 9 1242
—, Benzamino-propyl-, äthylester
   9 1165
—, Benzamino-propyl-, nitril 9 1165
—, Benzamino-tetrahydroxy-, äthylester
   9 1192
—, Benzamino-trimethylammonio- 9 1239
—, Benzamino-ureido- 9 1236
—, Benzoyl- s. *Propionsäure, Oxo-butyl-*
   phenyl-
—, Benzyl- s. a. *Propionsäure, Butyl-phenyl-*
   und *Buttersäure, Propyl-phenyl-*
—, Biphenylyl- 9 3395
—, Bis-benzamino- 9 1239
—, Bis-benzamino-malonyldiamino-di-
   9 1236, 1240
—, Bis-[dinitro-benzamino]- 9 1943
—, Brom-benzamino- 9 1157
—, Brom-benzamino-, äthylester 9 1158
—, Brom-benzamino-, chlorid 9 1158
—, Brom-benzamino-dimethyl- 9 1164
—, [Brom-hexanoylamino]-benzamino-
   9 1239
—, [Brom-methyl-valerylamino]-
   benzamino- 9 1239
—, [(Brom-methyl-valerylamino)-
   propionylamino]-benzamino- 9 1241
—, Brom-oxo-[brom-cyclohexyl]- 10 2886
—, Brom-oxo-mesityl- 10 3110
—, Brom-oxo-phenyl- 10 3078
—, Brom-oxo-[trimethyl-phenyl]- 10 3110
—, [Brom-phenyl]- 9 2538
—, [Brom-propionylamino]-benzamino-
   9 1239
—, Butyl-phenyl- 9 2623
—, Butyl-phenyl-, amid 9 2623
—, Butyl-phenyl-, nitril 9 2623
—, Chlor-benzamino- 9 1157
—, Chlor-phenyl-, nitril 9 2540
—, [Chlor-phenyl]- 9 2538
—, [Chlor-phenyl]-, [hydroxy-äthylamid]
   9 2538

Hexansäure, [Chlor-phenyl-, methylester
   9 2538
—, Cyclohexenyl- 9 249, 251, 252
—, Cyclohexenyl-, äthylamid 9 251
—, Cyclohexenyl-, äthylester 9 250
—, Cyclohexenyl-, allylamid 9 251
—, Cyclohexenyl-, allylester 9 250
—, Cyclohexenyl-, amid 9 252
—, Cyclohexenyl-, butylamid 9 251
—, Cyclohexenyl-, [*tert*-butyl-
   phenylester] 9 250
—, Cyclohexenyl-, [chlor-phenylester]
   9 250
—, Cyclohexenyl-, [cyclohexyl-
   phenylester] 9 251
—, Cyclohexenyl-, [diäthylamino-
   äthylester] 9 252
—, Cyclohexenyl-, isopropylester
   9 250
—, Cyclohexenyl-, methylester 9 250
—, Cyclohexenyl-, nitril 9 252
—, Cyclohexenyl-, pentylamid 9 251
—, Cyclohexenyl-, phenylester 9 250
—, Cyclohexenyl-, propylester 9 250
—, Cyclohexenyl-cyan-, äthylester
   9 4012
—, Cyclohexyl- 9 112, 114
—, Cyclohexyl-, äthylester 9 112, 114
—, Cyclohexyl-, [brom-phenacylester]
   9 112
—, Cyclohexyl-, [diäthylamino-
   äthylester] 9 112
—, [Cyclohexyl-äthyl]-cyclohexyl-
   9 295
—, Cyclohexyliden- 9 251
—, Cyclopentenyl- 9 230
—, Cyclopentenyl-, chlorid 9 230
—, Cyclopentenyl-, [diäthylamino-
   äthylester] 9 230
—, Cyclopentenyl-, isobutylester 9 230
—, Cyclopentenyl-, methylester 9 230
—, Cyclopentenyl-, propylester 9 230
—, Cyclopentyl- 9 110, 111
—, Cyclopentyl-, äthylester 9 110
—, Cyclopentyl-, benzylester 9 110
—, Cyclopentyl-, [diäthylamino-
   äthylester] 9 111
—, Cyclopentyl-, nitril 9 111
—, Cyclopentyl-phenyl-, nitril 9 2898
—, [Dibenzoyl-hydrazino]- 9 1322
—, Dibrom-oxo-[nitro-phenyl]- 10 3078,
   3079
—, [Dihydroxy-dihydro-naphthyl]-
   10 1909
—, [Dihydroxy-dihydro-naphthyl]-,
   äthylester 10 1909
—, [Dihydroxy-phenyl]- 10 1574
—, [Dihydroxy-phenyl]-, methylester
   10 1574

Hexansäure, [Dijod-hydroxy-phenyl]-
  10 634
—, [Dimethoxy-phenyl]-cyan- 10 2463
—, [Dimethoxy-phenyl]-cyan-,
  [brom-phenacylester] 10 2463
—, [Dimethoxy-phenyl]-cyan-,
  methylester 10 2463
—, Dimethylamino-benzamino- 9 1239
—, [Dimethyl-carboxy-cyclobutyl]-
  9 3928
—, Dimethyl-neopentyl-phenyl- 9 2633
—, [Dinitro-benzamino]- 9 1939
—, [Dioxo-cyclohexadienyl]- 10 3538
—, [Dioxo-dihydro-naphthyl]- 10 3611
—, [Dioxo-hexahydro-naphthyl]- 10 1909
—, Dioxo-phenyl- 10 3554
—, Dioxo-phenyl-, äthylester 10 3554
—, Hydroxy-[acetoxy-dimethyl-
  hexadecahydro-cyclopenta[a]◦
  phenanthrenyl]-, nitril 10 1660
—, Hydroxy-[acetoxy-dimethyl-
  tetradecahydro-cyclopenta[a]◦
  phenanthrenyl]-, nitril 10 1897, 1898
—, Hydroxy-benzyl-, äthylester 10 648
—, Hydroxy-biphenylyl- 10 1226
—, Hydroxy-biphenylyl-, [diäthylamino-
  äthylester] 10 1227
—, Hydroxy-biphenylyl-, [(methyl-
  diäthyl-ammonio)-propylester]
  10 1227
—, Hydroxy-bis-[methoxy-phenyl]-,
  äthylester 10 2333
—, Hydroxy-cyclohexenyl- 10 71
—, Hydroxy-cyclohexyl- 10 46
—, [Hydroxy-dimethyl-tetradecahydro-
  cyclopenta[a]phenanthrenyl]-
  10 976
—, [Hydroxy-dimethyl-tetradecahydro-
  cyclopenta[a]phenanthrenyl]-,
  äthylester 10 977
—, [Hydroxy-dimethyl-tetradecahydro-
  cyclopenta[a]phenanthrenyl]-,
  amid 10 977
—, [Hydroxy-dimethyl-tetradecahydro-
  cyclopenta[a]phenanthrenyl]-,
  methylester 10 977
—, [Hydroxy-dioxo-dihydro-naphthyl]-
  10 4657
—, [Hydroxy-dioxo-dihydro-naphthyl]-,
  methylester 10 4658
—, [Hydroxy-dioxo-dimethyl-
  hexadecahydro-cyclopenta[a]◦
  phenanthrenyl]- 10 4625
—, [Hydroxy-dioxo-dimethyl-
  hexadecahydro-cyclopenta[a]◦
  phenanthrenyl]-, amid 10 4625
—, Hydroxy-[formyloxy-dimethyl-
  tetradecahydro-cyclopenta[a]◦
  phenanthrenyl]-, nitril 10 1897

Hexansäure, Hydroxy-[hydroxy-dimethyl-
  hexadecahydro-cyclopenta[a]◦
  phenanthrenyl]-, nitril 10 1660
—, Hydroxy-hydroxyimino-phenyl- 10 4260
—, [Hydroxy-indanyl]- 10 923
—, Hydroxy-[methoxy-phenyl]- 10 1574
—, Hydroxy-[methoxy-phenyl]-,
  äthylester 10 1575
—, Hydroxy-naphthyl- 10 1125
—, Hydroxy-naphthyl-, [diäthylamino-
  äthylester] 10 1125
—, Hydroxy-naphthyl-, [diäthylamino-
  propylester] 10 1126
—, Hydroxy-oxo-[hydroxy-cyclohexyl]-
  10 4504
—, Hydroxy-oxo-mesityl- 10 4278
—, Hydroxy-oxo-mesityl-, methylester
  10 4278
—, Hydroxy-oxo-phenyl- 10 4260
—, Hydroxy-oxo-phenyl-, nitril 10 4260
—, Hydroxy-oxo-[trimethyl-phenyl]-
  10 3595, 4278
—, Hydroxy-oxo-[trimethyl-phenyl]-,
  amid 10 4278
—, Hydroxy-oxo-[trimethyl-phenyl]-,
  methylester 10 4278
—, Hydroxy-phenyl- 10 634, 635, 638
—, Hydroxy-phenyl-, äthylester 10 635
—, Hydroxy-phenyl-, amid 10 635
—, Hydroxy-phenyl-, nitril 10 635
—, Hydroxy-phenyl-, [trimethylammonio-
  äthylester] 10 635
—, [Hydroxy-phenyl]- 10 633, 634
—, Hydroxy-phenyl-benzyl- 10 1240
—, Hydroxy-propyl-[chlor-phenyl]-
  10 657
—, Hydroxy-propyl-phenyl- 10 657
—, Isopropyl-[dimethyl-hexadecahydro-
  cyclopenta[a]phenanthrenyl]-
  9 2667
—, Isopropyl-[dimethyl-hexadecahydro-
  cyclopenta[a]phenanthrenyl]-,
  methylester 9 2667
—, Isopropyl-[dioxo-dimethyl-
  hexadecahydro-cyclopenta[a]◦
  phenanthrenyl]- 10 3587
—, Isopropyl-[hydroxy-dioxo-dimethyl-
  hexadecahydro-cyclopenta[a]◦
  phenanthrenyl]- 10 4628
—, Isopropyl-[trihydroxy-dimethyl-
  hexadecahydro-cyclopenta[a]◦
  phenanthrenyl]- 10 2189
—, Isopropyl-[trihydroxy-dimethyl-
  hexadecahydro-cyclopenta[a]◦
  phenanthrenyl]-, methylester
  10 2189
—, Isopropyl-[trioxo-dimethyl-
  hexadecahydro-cyclopenta[a]◦
  phenanthrenyl]- 10 3996

Hexansäure, Isopropyl-[trioxo-dimethyl-hexadecahydro-cyclopenta[*a*]-phenanthrenyl]-, methylester 10 3997

—, [Jod-phenyl]- 9 2538
—, [Jod-phenyl]-, äthylester 9 2538
—, Mesityl- 9 2614
—, [Methoxy-phenyl]- 10 634
—, Methylamino-benzamino- 9 1238
—, Methyl-benzoyl- s. *Propionsäure, Oxo-isopentyl-phenyl-*
—, [Methyl-benzoyl-amino]- 9 1158
—, Methyl-cyclohexyl- 9 121
—, Methyl-cyclopentyl- 9 119
—, Methyl-cyclopentyl-, äthylester 9 119
—, Methyl-[diäthylamino-methyl]-[benzoyloxy-äthyl]-, äthylester 9 896
—, Methyl-[dimethylamino-methyl]-[benzoyloxy-äthyl]-, äthylester 9 896
—, Methyl-[hydroxy-benzyl]- s. *Propionsäure, Hydroxy-isopentyl-phenyl-*
—, Methyl-[hydroxy-dioxo-dihydro-naphthyl]- 10 4660
—, Methyl-[hydroxy-dioxo-dihydro-naphthyl]-, amid 10 4660
—, Methyl-[hydroxy-dioxo-dihydro-naphthyl]-, methylester 10 4659, 4660
—, Methyl-[methyl-naphthyl]- 9 3258
—, Methyl-[methyl-naphthyl]-, methylester 9 3258
—, Methyl-phenacyl- s. *Buttersäure, Oxo-isopentyl-phenyl-* und *Valeriansäure, Oxo-sec-butyl-phenyl-*
—, Methyl-phenäthyl- 9 2610
—, Methyl-phenyl- 9 2569, 2572, 2573
—, Methyl-phenyl-, äthylester 9 2569
—, Methyl-phenyl-, amid 9 2573
—, Methyl-phenyl-, chlorid 9 2573
—, Methyl-phenyl-, [diäthylamino-äthylester] 9 2573
—, Methyl-phenyl-, methylester 9 2573
—, Methyl-phenylacetyl- s. *Acetessigsäure, Isopentyl-phenyl-*
—, Methyl-phenyl-cyan-, äthylester 9 4343
—, Naphthyl- 9 3247
—, [Nitro-benzamino]- 9 1732
—, [Nitro-phenyl]- 9 2538
—, Oxo-[(acetoxy-dioxo-dihydro-naphthyl)-cyclohexyl]-, methylester 10 4786
—, Oxo-[acetoxy-phenyl]- 10 4260
—, Oxo-[äthoxycarbonyl-cyclohexyl]-, äthylester 10 3923

Hexansäure, Oxo-[äthoxycarbonyl-cyclohexyl]-cyan-, äthylester 10 4111

—, Oxo-[äthoxy-phenyl]- 10 4259
—, Oxo-äthyl-phenyl- 10 3105
—, Oxo-äthyl-phenyl-, nitril 10 3160
—, Oxo-benzyl- 10 3093, 3094
—, Oxo-benzyl-, [äthyl-hexylester] 10 3094
—, Oxo-[brom-phenyl]- 10 3077
—, Oxo-[brom-phenyl]-, äthylester 10 3078
—, Oxo-butyl-phenyl-cyan-, äthylester 10 3974
—, Oxo-[chlor-cyclohexenyl]-, äthylester 10 2933
—, Oxo-[chlor-hydroxy-phenyl]- 10 4258
—, Oxo-[chlor-methoxy-phenyl]- 10 4258
—, Oxo-[chlor-phenyl]- 10 3077
—, Oxo-[chlor-phenyl]-, äthylester 10 3077
—, Oxo-cyclohexenyl- 10 2932
—, Oxo-cyclohexenyl-, äthylester 10 2933
—, Oxo-cyclohexyl- 10 2885
—, Oxo-cyclohexyl-, äthylester 10 2886
—, Oxo-[dihydroxy-phenyl]- 10 4559
—, Oxo-[dihydroxy-phenyl]-, methylester 10 4559
—, Oxo-[dihydroxy-phenyl]-, nitril 10 4559
—, Oxo-dimethyl-phenyl- 10 3105
—, Oxo-dimethyl-phenyl-, nitril 10 3105
—, Oxo-diphenyl- 10 3350
—, Oxo-diphenyl-, nitril 10 3352
—, Oxo-[(hydroxy-dioxo-dihydro-naphthyl)-cyclohexyl]- 10 4786
—, Oxo-[(hydroxy-dioxo-dihydro-naphthyl)-cyclohexyl]-, methylester 10 4786
—, Oxo-[hydroxy-phenyl]- 10 4258,
—, Oxo-[hydroxy-phenyl]-, amid 10 4260 4259, 4262
—, Oxo-[hydroxy-phenyl]-, methylester 10 4260
—, Oxo-[hydroxy-phenyl]-, nitril 10 4260
—, Oxo-[jod-phenyl]- 10 3078
—, Oxo-[jod-phenyl]-, äthylester 10 3078
—, Oxo-mesityl- 10 3110
—, Oxo-mesityl-, [phenyl-phenacylester] 10 3110
—, Oxo-[methoxy-methyl-phenyl]- 10 4272
—, Oxo-[methoxy-phenyl]- 10 4258, 4259, 4261, 4262
—, Oxo-[methoxy-phenyl]-, äthylester 10 4261, 4262
—, Oxo-[methoxy-phenyl]-, nitril 10 4261

Hexansäure, Oxo-[methoxy-phenyl]-acetyl-,
   äthylester **10** 4610
—, Oxo-[methoxy-phenyl]-cyan-,
   äthylester **10** 4744
—, [Oxo-methyl-cyclopentenyl]- **10** 2934
—, [Oxo-methyl-cyclopentenyl]-,
   methylester **10** 2934
—, Oxo-methyl-[methoxy-phenyl]-,
   nitril **10** 4271
—, Oxo-methyl-phenyl-, amid **10** 3094
—, Oxo-methyl-phenyl-, nitril **10** 3094
—, Oxo-naphthyl- **10** 3276
—, Oxo-naphthyl-, methylester **10** 3277
—, Oxo-[nitro-äthoxy-phenyl]- **10** 4260
—, Oxo-[nitro-methoxy-phenyl]-
   10 4259, 4260
—, Oxo-octyl-phenyl- **10** 3118
—, Oxo-octyl-phenyl-, nitril **10** 3119
—, Oxo-[oxo-butyl]-phenyl-, nitril
   10 3559
—, Oxo-[phenoxy-phenyl]- **10** 4259
—, Oxo-phenyl- **10** 3076, 3078, 3079, 3082
—, Oxo-phenyl-, äthylester **10** 3077,
   3079, 3080, 3081
—, Oxo-phenyl-, allylester **10** 3077
—, Oxo-phenyl-, amid **10** 3079
—, Oxo-phenyl-, isopropylester **10** 3077
—, Oxo-phenyl-, methylester **10** 3078, 3079
—, Oxo-phenyl-, nitril **10** 3080, 3082
—, Oxo-phenyl-cyan-, äthylester
   10 3968, 3969
—, Oxo-phenyl-[phenyl-propionyl]-,
   nitril **10** 3633
—, Oxo-p-tolyl- **10** 3097
—, Oxo-[trimethyl-phenyl]- **10** 3110
—, Oxo-[trimethyl-phenyl]-, [phenyl-
   phenacylester] **10** 3110
—, Oxo-triphenyl- **10** 3468
—, Pentabenzoyloxy-, nitril **9** 872
—, Pentaphenyl- **9** 3694
—, Phenäthyl- s. *Buttersäure, Butyl-
   phenyl-*
—, [Phenoxy-phenyl]- **10** 634
—, [Phenoxy-phenyl]-, amid **10** 634
—, Phenyl- **9** 2537, 2539, 2543, 2544
—, Phenyl-, äthylester **9** 2537, 2539,
   2543, 2544
—, Phenyl-, amid **9** 2537, 2539, 2544
—, Phenyl-, chlorid **9** 2537, 2539,
   2540, 2544
—, Phenyl-, [diäthylamino-äthylester]
   9 2540
—, Phenyl-, [diäthylamino-methyl-
   butylester] **9** 2540
—, Phenyl-, nitril **9** 2537, 2540, 2544
—, Phenyl-, ureid **9** 2540
—, [Phenyl-acetamino]- **9** 2218
—, [Phenyl-acetamino]-diäthoxymethyl-
   9 2241

Hexansäure, [Phenyl-acetamino]-
   diäthoxymethyl-, äthylester **9** 2242
—, [Phenyl-acetamino]-diäthoxymethyl-,
   methylester **9** 2242
—, Phenylacetyl- s. *Acetessigsäure,
   Butyl-phenyl-*
—, Phenyl-acetyl- s. *Acetessigsäure,
   [Phenyl-butyl]-*
—, p-Phenylen-di- **9** 4363
—, [Phenyl-propyl]- **9** 2610
—, Semicarbazono-[äthoxycarbonyl-
   cyclohexyl]-cyan-, äthylester **10** 4112
—, Semicarbazono-benzyl- **10** 3093
—, Semicarbazono-cyclohexenyl- **10** 2932
—, Semicarbazono-cyclohexenyl-,
   äthylester **10** 2933
—, Semicarbazono-cyclohexyl- **10** 2885
—, Semicarbazono-dimethyl-phenyl-,
   nitril **10** 3105
—, Semicarbazono-[hydroxy-phenyl]-
   10 4259, 4262
—, Semicarbazono-[methoxy-methyl-
   phenyl]- **10** 4272
—, Semicarbazono-[methoxy-phenyl]-
   10 4259, 4262
—, Semicarbazono-[methoxy-phenyl]-,
   äthylester **10** 4261
—, Semicarbazono-[methoxy-phenyl]-cyan-,
   äthylester **10** 4744
—, Semicarbazono-naphthyl- **10** 3276
—, Semicarbazono-phenyl- **10** 3077,
   3079, 3082
—, Semicarbazono-phenyl-, äthylester
   10 3080
—, Semicarbazono-phenyl-, methylester
   10 3080
—, Semicarbazono-phenyl-cyan-,
   äthylester **10** 3968
—, Tetrabenzoyloxy-, nitril **9** 869
—, [Tetrahydro-naphthyl]- **9** 2894
—, [Tetrahydro-naphthyl]-, äthylester
   9 2894
—, Tetrahydroxy-benzoyloxy-
   benzoyloxymethyl-, nitril **9** 874
—, p-Tolyl- **9** 2577, 2578
—, p-Tolyl-, chlorid **9** 2578
—, p-Tolyl-, methylester **9** 2578
—, p-Tolyl-, [phenyl-phenacylester]
   9 2578
—, [Trihydroxy-dimethyl-hexadecahydro-
   cyclopenta[a]phenanthrenyl]-
   10 2186
—, [Trihydroxy-dimethyl-hexadecahydro-
   cyclopenta[a]phenanthrenyl]-,
   methylester **10** 2186
—, [Trimethyl-phenyl]- **9** 2614

Hexan-tetracarbonsäure, Methyl-[methyl-
   (methyl-carboxy-propyl)-carboxy-
   cyclopentyl]- **9** 4912

Hexantetrayltetrabenzoat 9 689
Hexantetrol, Benzoyloxy- 9 702
—, Dibenzoyloxy- 9 706
—, Disalicyloyloxy- 10 143
Hexantetron-tetrakis-[benzoyl-oxim]
    9 1292
Hexanthioamid, Benzamino- 9 1158
Hexanthiosäure, Benzamino-, amid
    9 1158
—, Methyl-phenyl- 9 2573
—, Methyl-phenyl-, [diäthylamino-
    äthylester] 9 2573
—, Phenyl-, [diäthylamino-äthylester]
    9 2541
Hexan-tricarbonsäure, Oxo-[methoxy-
    naphthyl]-, triäthylester 10 2591
—, Oxo-[methoxy-phenyl]-,
    triäthylester 10 4846
—, Oxo-methyl-phenyl-, triäthylester
    10 4130
—, Oxo-naphthyl-, triäthylester
    10 4139
—, Phenyl- 9 4814
—, Phenyl-, triäthylester 9 4814
—, Phenyl-, trimethylester 9 4815
—, Phenyl-cyan-, triäthylester 9 4815
Hexantriol, Tribenzoyloxy- 9 709
Hexantrion, Methyl-, tris-[benzoyl-oxim]
    9 1291
Hexantrion-tris-[benzoyl-oxim] 9 1291
Hexatrien-dicarbonitril, Bis-[methoxy-
    phenyl]- 10 2544
—, Diphenyl- 9 4677
—, Di-*p*-tolyl- 9 4680
Hexen, Benzoyloxy- 9 403
—, Bis-[benzoyloxy-allyl-phenyl]-
    9 651
—, Bis-[benzoyloxy-cyclohexenyl-phenyl]-
    9 654
—, Bis-[benzoyloxy-phenyl]- 9 637, 638
—, Bis-[naphthoyloxy-phenyl]- 9 3142, 3183
—, Bis-[phenylacetoxy-phenyl]- 9 2186
—, [Brom-phenyl]-[(nitro-benzoyloxy)-
    phenyl]- 9 1617
—, Dimethylamino-benzoyloxy-methyl-
    9 891
—, Dimethyl-bis-[benzoyloxy-phenyl]-
    9 640
—, [Dinitro-benzoyloxy]- 9 1801
—, [Dinitro-benzoyloxy]-[methoxy-
    phenyl]- 9 1911
—, [Dinitro-benzoyloxy]-methyl-
    isopropenyl- 9 1825
—, [Dinitro-benzoyloxy]-methyl-
    isopropyliden- 9 1825
—, [Dinitro-benzoyloxy]-methyl-
    [methoxy-phenyl]- 9 1912
—, [Dinitro-benzoyloxy]-methyl-phenyl-
    9 1864

Hexen, [Dinitro-benzoyloxy]-phenyl-
    9 1862
—, [Hydroxy-phenyl]-[benzoyloxy-phenyl]-
    9 638
—, [Methoxy-phenyl]-[(brom-benzoyloxy)-
    phenyl]- 9 1408
—, [Nitro-benzoyloxy]- 9 1552
—, [Nitro-benzoyloxy]-methyl-phenyl-
    9 1605
—, [Trimethyl-benzoyloxy]- 9 2492
Hexenal-[nitro-benzoylhydrazon] 9 1527
Hexenamid, Phenyl- 9 2808
Hexendinitril, Bis-[methoxy-benzyliden]-
    10 2544
—, Bis-[methyl-benzyliden]- 9 4680
—, Dibenzyliden- 9 4677
—, Dicinnamyliden- 9 4700
Hexendionsäure, Dichlor- 10 1357
Hexendisäure, Benzoyloxy-, äthylester-
    nitril 9 868
—, Bis-[methoxy-benzyliden]-, dinitril
    10 2544
—, Bis-[methoxy-phenyl]- 10 2534
—, Bis-[methyl-benzyliden]-, dinitril
    9 4680
—, Bis-[nitro-phenyl]- 9 4618
—, Bis-[nitro-phenyl]-, dimethylester
    9 4618
—, Dibenzyliden-, dinitril 9 4677
—, Dicinnamyliden-, dinitril 9 4700
—, Diphenyl- 9 4615, 4617
—, Diphenyl-, diäthylester 9 4618
—, Diphenyl-, dimethylester 9 4618
—, Diphenyl-dicyan- 9 4896
—, Hydroxy-[isopropyl-naphthyl-äthyl]-,
    diäthylester 10 4005
—, Hydroxy-[naphthyl-äthyl]-,
    dimethylester 10 4005
—, Hydroxy-phenäthyl-, dimethylester
    10 3971
—, [Methoxy-naphthyl]- 10 2353
—, Naphthyl- 9 4546
—, Phenyl- 9 4393
—, [Tetrahydro-naphthyl]- 9 4452
—, Tetraphenyl- 9 4728
—, Tetraphenyl-, dimethylester 9 4728
Hexenin, [Dinitro-benzoyloxy]- 9 1839
—, [Dinitro-benzoyloxy]-cyclohexenyl-
    9 1862
—, [Dinitro-benzoyloxy]-methyl- 9 1839
Hexeninsäure, Oxo-phenyl- 10 3263
Hexennitril, Phenyl- 9 2808
Hexenoylchlorid, Phenyl- 9 2811
Hexensäure, Benzamino- 9 1168
—, Benzamino-methyl- 9 1168
—, Benzyl-, äthylester 9 2833
—, Bis-[methoxy-phenyl]- 10 2001
—, Brom-hydroxy-phenyl-, methylester
    10 890

Hexensäure, Chlor-benzyl- **9** 2832
—, Chlor-cyclohexenyl-cyan-,
   äthylester **9** 4066
—, Chlor-[methyl-phenäthyl]- **9** 2879
—, Chlor-[naphthyl-äthyl]- **9** 3396
—, Chlor-phenäthyl- **9** 2860
—, Chlor-phenyl- **9** 2809
—, Cyclohexyl- **9** 252
—, Cyclohexyl-, [brom-phenacylester]
   9 252
—, [Dimethoxy-methyl-phenyl]- **10** 1866
—, [Dimethoxy-phenyl]- **10** 1863
—, Dioxo-mesityl-, äthylester **10** 3594
—, Dioxo-[methoxy-phenyl]- **10** 4630
—, Dioxo-[methoxy-phenyl]-, äthylester
   10 4631
—, Dioxo-methyl-phenyl-, äthylester
   10 3592
—, Dioxo-phenyl-, äthylester **10** 3590
—, Dioxo-[trimethyl-cyclohexenyl]-,
   methylester **10** 3539
—, Dioxo-[trimethyl-phenyl]-,
   äthylester **10** 3594
—, Diphenyl- **9** 3477
—, Hydroxy-cyclohexyl-, äthylester
   10 2886
—, Hydroxy-dimethyl-phenyl- **10** 909
—, Hydroxy-diphenyl-styryl- **10** 1344
—, Hydroxyimino-[methoxy-phenyl]-
   10 4343
—, Hydroxy-[methoxy-phenyl]-,
   äthylester **10** 4261
—, Hydroxy-[methoxy-phenyl]-, nitril
   10 4261
—, Hydroxy-methyl-[methoxy-phenyl]-,
   nitril **10** 4271
—, Hydroxy-methyl-phenyl-, amid **10** 3094
—, Hydroxy-oxo-phenyl- **10** 3554
—, Hydroxy-oxo-phenyl-, äthylester
   10 3554
—, Hydroxy-phenyl- **10** 889
—, Hydroxy-phenyl-, äthylester
   10 3079, 3081
—, Hydroxy-phenyl-, amid **10** 3079
—, Hydroxy-phenyl-, methylester **10** 890
—, Hydroxy-phenyl-*m*-tolyl-styryl-
   10 1344
—, Hydroxy-phenyl-*p*-tolyl-styryl-
   10 1344
—, Isopropyl-[acetoxy-pentamethyl-
   tetradecahydro-cyclopenta[*a*]₌
   phenanthrenyl]- **10** 1064
—, Isopropyl-[acetoxy-pentamethyl-
   tetradecahydro-cyclopenta[*a*]₌
   phenanthrenyl]-, methylester
   10 1065
—, Isopropyl-[dihydroxy-pentamethyl-
   tetradecahydro-cyclopenta[*a*]₌
   phenanthrenyl]- **10** 1929

Hexensäure, Isopropyl-[dimethyl-
   hexadecahydro-cyclopenta[*a*]₌
   phenanthrenyl]- **9** 2923
—, Isopropyl-[dimethyl-hexadecahydro-
   cyclopenta[*a*]phenanthrenyl]-,
   methylester **9** 2924
—, Isopropyl-[dioxo-dimethyl-
   hexadecahydro-cyclopenta[*a*]₌
   phenanthrenyl]- **10** 3604
—, Isopropyl-[hydroxy-acetoxy-
   pentamethyl-tetradecahydro-
   cyclopenta[*a*]phenanthrenyl]-
   10 1929
—, Isopropyl-[hydroxy-oxo-pentamethyl-
   dodecahydro-cyclopenta[*a*]₌
   phenanthrenyl]- **10** 4427
—, Isopropyl-[hydroxy-oxo-pentamethyl-
   dodecahydro-cyclopenta[*a*]₌
   phenanthrenyl]-, methylester
   10 4427
—, Isopropyl-[hydroxy-pentamethyl-
   tetradecahydro-cyclopenta[*a*]₌
   phenanthrenyl]- **10** 1064
—, Isopropyl-[hydroxy-pentamethyl-
   tetradecahydro-cyclopenta[*a*]₌
   phenanthrenyl]-, methylester
   10 1065
—, Isopropyl-[trihydroxy-dimethyl-
   hexadecahydro-cyclopenta[*a*]₌
   phenanthrenyl]- **10** 2251
—, Isopropyl-[trihydroxy-dimethyl-
   hexadecahydro-cyclopenta[*a*]₌
   phenanthrenyl]-, methylester
   10 2251
—, Isopropyl-[trioxo-dimethyl-
   hexadecahydro-cyclopenta[*a*]₌
   phenanthrenyl]- **10** 4001
—, Isopropyl-[trioxo-dimethyl-
   hexadecahydro-cyclopenta[*a*]₌
   phenanthrenyl]-, äthylester
   10 4001
—, Isopropyl-[trioxo-dimethyl-
   hexadecahydro-cyclopenta[*a*]₌
   phenanthrenyl]-, methylester **10** 4001
—, [Methoxy-naphthyl]- **10** 1212
—, [Methoxy-phenyl]- **10** 889
—, [Methoxy-phenyl]-, anilid **10** 889
—, Methyl-benzyl- **9** 2860
—, Methyl-[methyl-cyclohexyl]- **9** 265
—, Methyl-[methyl-cyclohexyl]-,
   [chlor-phenylester] **9** 265
—, Methyl-[methyl-naphthyl]-,
   methylester **9** 3396
—, Oxo-[dihydroxy-phenyl]- **10** 4606
—, Oxo-[hydroxy-methoxy-phenyl]-
   10 4606
—, Oxo-[hydroxy-phenyl]- **10** 4342, 4343
—, Oxo-[methoxy-methyl-phenyl]-
   10 4347, 4348

Hexensäure, Oxo-[methoxy-phenyl]-
    10 4343
—, Oxo-[nitro-phenyl]- 10 3169
—, Oxo-[nitro-phenyl]-benzyliden-
    10 3414
—, Oxo-phenyl- 10 3168, 3169, 3170
—, Oxo-phenyl-, äthylester 10 3169
—, Oxo-phenyl-benzyliden- 10 3413
—, Oxo-phenyl-dibenzyliden- 10 3498
—, Oxo-phenyl-[nitro-benzyliden]-
    10 3413
—, Oxo-triphenyl- 10 3483
—, Phenyl- 9 2807, 2808, 2809, 2810, 2811
—, Phenyl-, äthylester 9 2808
—, Phenyl-, amid 9 2808
—, Phenyl-, chlorid 9 2811
—, Phenyl-, [diäthylamino-äthylester]
    9 2811
—, Phenyl-, nitril 9 2808
—, Phenyl-cyan-, äthylester 9 4407
—, Phenylhydrazono-[methoxy-methyl-
    phenyl]- 10 4347, 4348
—, Phenylhydrazono-[methoxy-phenyl]-
    10 4343
—, Semicarbazono-[methoxy-methyl-
    phenyl]- 10 4347, 4348
—, Semicarbazono-[methoxy-phenyl]-
    10 4343
—, *p*-Tolyl- 9 2835, 2836
—, [Trimethoxy-phenyl]- 10 2234, 2235
Hexen-tetracarbonsäure, Phenyl-styryl-
    cyan-, tetramethylester 9 4432
Hexen-tricarbonsäure, Hydroxy-methyl-
    phenyl-, triäthylester 10 4130
—, Phenyl-, triäthylester 9 4823
Hexin, Äthoxy-dibenzoyloxy-methyl-
    9 668
—, Cyclohexancarbonyloxy-dimethyl-
    9 18
Hexinsäure, Dimethyl-[dimethyl-butinyl]-
    cyclohexyl- 9 2902
—, Dimethyl-diphenyl- 9 3539
—, Hydroxy-phenyl- 10 993
—, Oxo-phenyl- 10 3232
Hexylbenzoat 9 398
Hexylcinnamat 9 2686
Hexylsalicylat 10 123
Hiascinaldehyd, Pentaacetyl- 10 2110
—, Pentakis-äthoxycarbonyl- 10 2111
Hiascinsäure 10 2108
—, Pentaacetyl- 10 2110
—, Pentaacetyl-, methylester 10 2110
—, Pentakis-äthoxycarbonyl- 10 2111
—, Pentakis-äthoxycarbonyl-,
    methylester 10 2111
Hiascinsäure-methylester 10 2109
Hinokiol, Dibenzoyl- 9 606
Hinokisäure 9 2618
Hippuramid 9 1128

Hippuramidin 9 1138
Hippuramidoxim 9 1139
Hippurimidsäure-äthylester 9 1138
Hippurohydroxamsäure 9 1139
Hippuronitril 9 1138
Hippuroylchlorid 9 1128
Hippursäure 9 1123
—, Hexahydro- 9 28
—, Methyl- 9 1140
—, Methyl-, äthylester 9 1141
—, Methyl-, methylester 9 1140
—, Methyl-, nitril 9 1141
—, Propyl- 9 1141
Hippursäure-äthylester 9 1125
[¹⁵N]Hippursäure-äthylester 9 1126
Hippursäure-benzylester 9 1126
— [brom-phenacylester] 9 1127
— chlorid 9 1128
— cholesterylester 9 1126
— [dihydroxy-propylester] 9 1127
— ergosterylester 9 1126
— isopentylamid 9 1128
— methylester 9 1125
— nitril 9 1138
— [phenyl-phenacylester] 9 1127
D-Homo-androstadien-carbonsäure,
    Acetoxy-, methylester 10 1026
D-Homo-androstan, Acetoxy-benzoyloxy-
    9 580
D-Homo-androstandiol, Benzoyloxy- 9 677
D-Homo-androstanol, Acetoxy-
    benzoyloxy- 9 677
—, Benzoyloxy- 9 579
D-Homo-androstanon, Benzoyloxy-
    9 738
—, Hydroxy-benzoyloxy- 9 791
Homoapofenchocamphersäure 9 3876
Homoarginin, Benzoyl- 9 1237
Homoasaronsäure 10 2096; *Derivate s. unter*
    Essigsäure
Homocamphersäure 9 3916
Homocamphersäure-äthylester 9 3916
— diäthylester 9 3916
β-Homocamphersäure 9 3916
Homocampholsäure, Phenyl-oxy- 10 927
Homocaronsäure 9 3832
Homocaryophyllensäure 9 3899
Homocaryophyllensäure-dimethylester
    9 3899
Homocassain 10 4286
Homocitrullin, Acetyl-benzoyl- 9 1237
—, Benzoyl- 9 1236
Homocystin, Dibenzoyl- 9 1180
D-Homo-23.24-dinor-choladiensäure,
    Hydroxy- 10 1028
D-Homo-23.24-dinor-cholensäure, Acetoxy-,
    methylester 10 959
Homogentisinsäure s. *Essigsäure,*
    [Dihydroxy-phenyl]-

Homohydnocarpussäure 9 281
Homoisofenchocamphersäure 9 3917
Homoisophthalsäure 9 4269
—, Hexahydro- 9 3837
—, Tetrahydro- 9 3838
Homoisophthalsäure-diäthylester 9 4269
— diamid 9 4269
— dimethylester 9 4269
Homoisovanillinsäure s. *Essigsäure,*
[Hydroxy-methoxy-phenyl]-
Homomarrianolsäure, Methyl- 10 2305
Homonaphthalsäure 9 4474
D-Homo-östrapenten-carbonsäure, Methoxy-
oxo-, methylester 10 4471
D-Homo-östratrien-carbonitril,
Acetoxy-benzoyloxy- 10 1948
—, Hydroxy-acetoxy- 10 1948
—, Hydroxy-benzoyloxy- 10 1948
D-Homo-östratrien-carbonsäure, Acetoxy-
benzoyloxy-, nitril 10 1948
—, Hydroxy-acetoxy-, nitril 10 1948
—, Hydroxy-benzoyloxy-, nitril 10 1948
D-Homo-östratrienon, Benzoyloxy-
9 760
Homoöstrinsäure, Methyl- 10 2305
Homophthalsäure 9 4266; s. a.
Essigsäure, [Carboxy-phenyl]-
—, Benzyl- s. *Propionsäure, Phenyl-*
[carboxy-phenyl]-
—, Benzyliden- s. *Acrylsäure, Phenyl-*
[carboxy-phenyl]-
—, *tert*-Butyl- s. *Buttersäure,*
Dimethyl-[carboxy-phenyl]-
—, Hexahydro- 9 3836
—, Methoxy- 10 2205
—, Methyl- s. *Propionsäure, [Carboxy-*
phenyl]-
—, Phenyl- s. *Essigsäure, Phenyl-*
[carboxy-phenyl]-
Homophthalsäure-bis-[(methoxy-phenyl)-
naphthyl-methylester] 9 4267
— bis-[phenoxy-benzhydrylester] 9 4267
— diäthylester 9 4267
— diisopropylester 9 4267
— dimethylester 9 4266
— dinitril 9 4268
sym-Homopinsäure 9 3900
Homoprotocatechusäure s. *Essigsäure,*
[Dihydroxy-phenyl]-
Homosantensäure 9 3875
—, Brom- 9 3876
Homosekikasäure 10 2137; *Derivate s. unter*
Benzoesäure
Homoserin, Benzoyl- 9 1178
—, Dibenzoyl- 9 1178
Homosyringasäure 10 2098; *Derivate*
s. unter Essigsäure
Homoterephthalsäure 9 4269; s. a.
Essigsäure, [Carboxy-phenyl]-

Homoterephthalsäure, Benzyliden-
s. *Acrylsäure, Phenyl-[carboxy-phenyl]-*
—, Dimethyl- s. *Propionsäure, Methyl-*
[carboxy-phenyl]-
—, Hexahydro- 9 3838
Homoterephthalsäure-bis-[hydroxy-
äthylamid] 9 4270
— diamidin 9 4270
— dimethylester 9 4269
Homothujacampheraldehydsäure 10 2885
Homothujacamphersäure 9 3920
Homovanillinsäure s. *Essigsäure, [Hydroxy-*
methoxy-phenyl]-
Homoveratrumsäure s. *Essigsäure,*
[Dimethoxy-phenyl]-
Hydantoinsäure, Benzoyl- 9 1117
—, Benzoyl-, äthylester 9 1117
—, Phenylacetyl-, äthylester 9 2208
α-Hydnocarpin 9 277
Hydnocarpussäure 9 275
—, Dihydro- 9 129
—, [Methoxy-phenyl]-dihydro- 10 949
—, [Methoxy-phenyl]-dihydro-,
äthylester 10 949
Hydnocarpussäure-äthylester 9 276
— amid 9 278
— [dihydroxy-propylester] 9 277
— methylester 9 276
— nitril 9 278
Hydracrylsäure s. unter *Propionsäure*
Hydrangeasäure 10 1995
—, Dimethyl- 10 1996
—, Dimethyl-, methylester 10 1996
Hydratropasäure 9 2417; *Derivate s. unter*
Propionsäure
Hydrazin, Acetyl-[äthoxy-benzoyl]-
10 357
—, Acetyl-[äthoxy-diphenyl-acetyl]- 10 1180
—, Acetyl-[benzamino-diäthoxy-
propionyl]- 9 1203
—, Acetyl-benziloyl- 10 1179
—, Acetyl-benzoyl- 9 1317
—, Acetyl-benzoyl-cyan- 9 1322
—, Acetyl-bis-[methoxycarbonyl-
biphenylcarbonyl]- 9 4501
—, Acetyl-bis-[(methoxycarbonyl-phenyl)-
benzoyl]- 9 4501
—, Acetyl-[chlor-diphenyl-acetyl]- 9 3309
—, Acetyl-cholanoyl- 9 2661
—, Acetyl-cyclohexancarbonyl- 9 31
—, Acetyl-[dibrom-naphthoyl]- 9 3201
—, Acetyl-fluorencarbonyl- 9 3413
—, Acetyl-naphthoyl- 9 3190
—, Acetyl-pyrencarbonyl- 9 3577
—, [Äthoxy-benzyliden]-[äthoxy-benzoyl]-
10 357
—, Äthylen-[chlor-benzoyl]- 9 1350, 1368
—, Äthyliden-[brom-benzoyl]- 9 1388,
1400, 1422

Hydrazin, Äthyliden-[chlor-benzoyl]-
9 1341

—, Äthyliden-[dinitro-benzoyl]-
9 1945

—, Äthyliden-[dinitro-methyl-benzoyl]-
9 2371

—, Äthyliden-[jod-benzoyl]- 9 1439, 1446

—, Äthyliden-naphthoyl- 9 3187

—, Äthyliden-[nitro-benzoyl]- 9 1481,
1524, 1752

—, Äthyliden-[nitro-dimethyl-benzoyl]-
9 2446

—, Äthyliden-[nitro-methyl-benzoyl]-
9 2364

—, [(Äthyl-phenyl)-äthyliden]-[jod-
benzoyl]- 9 1441, 1450

—, [Äthyl-propyl]-dibenzoyl- 9 1318

—, Allyliden-[nitro-benzoyl]- 9 1483,
1526, 1753

—, [Amino-methylmercapto-methylen]-
benzoyl- 9 1321

—, [Amino-methylmercapto-methylen]-
[chlor-benzoyl]- 9 1373

—, [Amino-methylmercapto-methylen]-
[nitro-benzoyl]- 9 1758

—, Benzhydryliden-benzoyl- 9 1315

—, Benzhydryliden-[brom-benzoyl]-
9 1402, 1424

—, Benzhydryliden-[chlor-benzoyl]-
9 1343, 1353, 1371

—, Benzhydryliden-[dinitro-benzoyl]-
9 1948

—, Benzhydryliden-[dinitro-methyl-
benzoyl]- 9 2376

—, Benzhydryliden-[nitro-benzoyl]-
9 1486, 1531

—, Benzhydryliden-[nitro-dimethyl-
benzoyl]- 9 2449

—, Benzhydryliden-[nitro-methyl-
benzoyl]- 9 2367

—, Benzoyl- s. a. *Benzoesäure-hydrazid*

—, Benzoyl-äthylcarbamoyl- 9 1320

—, Benzoyl-benziloyl- 10 1180

—, Benzoyl-carbamoyl- 9 1319

—, Benzoyl-[chlor-benzoyl]- 9 1372

—, Benzoyl-cyan- 9 1320

—, Benzoyl-dimethylthiocarbamoyl-
9 1321

—, Benzoyl-fluorencarbonyl- 9 3413

—, Benzoyl-isopropylcarbamoyl- 9 1320

—, Benzoyl-isopropylthiocarbamoyl-
9 1321

—, Benzoyl-[methyl-benzimidoyl]-
9 1323

—, Benzoyl-methylcarbamoyl- 9 1319

—, Benzoyl-methylmercaptocarbonimidoyl-
9 1321

—, Benzoyl-[methylmercapto-isopropyl-
carbonimidoyl]- 9 1322

Hydrazin, Benzoyl-methylmercapto-methyl-
carbonimidoyl]- 9 1321

—, Benzoyl-methylthiocarbamoyl- 9 1320

—, Benzoyl-[nitro-benzoyl]- 9 1757

—, Benzoyl-propylcarbamoyl- 9 1320

—, Benzoyl-thiobenzoyl- 9 1987

—, Benzoyl-thiocarbamoyl- 9 1320

—, Benzoyl-p-toluoyl- 9 2353

—, Benzyliden-[äthoxy-benzoyl]- 10 356

—, Benzyliden-[azido-benzyliden]-
9 1324

—, Benzyliden-[benzamino-methyl-
crotonoyl]- 9 1196

—, Benzyliden-benzoyl- 9 1314

—, Benzyliden-[benzoyl-alanyl]- 9 1144

—, Benzyliden-[benzoylimino-isovaleryl]-
9 1196

—, Benzyliden-[brom-benzoyl]- 9 1390,
1401, 1423

—, Benzyliden-[chlor-benzoyl]-
9 1342, 1351, 1370

—, Benzyliden-[chlor-benzyliden]-
9 1323

—, Benzyliden-cinnamoyl- 9 2724

—, Benzyliden-[dibrom-naphthoyl]-
9 3201

—, Benzyliden-[dichlor-naphthoyl]-
9 3194

—, Benzyliden-[dinitro-benzoyl]-
9 1947

—, Benzyliden-[dinitro-methyl-benzoyl]-
9 2374

—, Benzyliden-[hydroxy-benzoyl]- 10 354

—, Benzyliden-[hydroxymethyl-benzoyl]-
10 502

—, Benzyliden-[jod-benzoyl]- 9 1440, 1449

—, Benzyliden-naphthoyl- 9 3189

—, Benzyliden-[nitro-benzoyl]-
9 1485, 1529, 1754

—, Benzyliden-[nitro-dimethyl-benzoyl]-
9 2448

—, Benzyliden-[nitro-methyl-benzoyl]-
9 2365

—, Benzyliden-phenylacetyl- 9 2257

—, Benzyliden-[phenyl-propionyl]-
9 2396

—, Benzyliden-salicyloyl- 10 161

—, Benzyliden-thiobenzoyl- 9 1987

—, Benzyliden-p-toluoyl- 9 2353

—, [Benzyloxycarbonylamino-acetyl]-
benzoyl- 9 1322

—, Bis-[(äthoxycarbonyl-phenoxy)-
acetyl]- 10 119

—, Bis-[äthyl-propyl]-benzoyl- 9 1313

—, Bis-[amino-benzyliden]- 9 1323

—, Bis-[amino-methyl-benzyliden]-
9 2354

—, Bis-[azido-methyl-benzyliden]-
9 2354

Hydrazin, Bis-benzaminoacetyl- **9** 1139

—, Bis-[benzamino-cinnamoyl]-
10 3015

—, Bis-benzimidoyl- **9** 1323

—, Bis-[benzoylimino-phenyl-propionyl]-
10 3015

—, Bis-[benzoyloxy-benzyliden]- **9** 729

—, Bis-[benzoyloxy-pentadienyliden]-
9 725

—, Bis-[(benzyloxy-phenyl)-propionyl]-
10 538

—, Bis-[carbazoyl-chrysencarbonyl]-
9 4698

—, Bis-[carboxy-benzoyl]- **9** 4201

—, Bis-[carboxy-biphenylcarbonyl]-
9 4500

—, Bis-[(carboxy-phenyl)-benzoyl]-
9 4500

—, Bis-[(carboxy-phenylmercapto)-
äthyliden]- 10 220

—, Bis-[chlor-benzoyl]- **9** 1372

—, Bis-[chlor-methyl-benzyliden]-
9 2353

—, Bis-[chlor-nitro-benzyliden]-
9 1536

—, Bis-[cyan-benzyliden]- 10 2990

—, Bis-cyclohexancarbonyl- **9** 31

—, Bis-[dichlor-benzyliden]- **9** 1345

—, Bis-[dichlor-carboxy-benzoyl]-
9 4204

—, Bis-[dichlor-naphthoyl]- **9** 3195

—, Bis-diphenylacetyl- **9** 3306

—, Bis-[hydroxy-dimethyl-propyl]-
dibenzoyl- **9** 1318

—, Bis-[jod-naphthoyl]- **9** 3202

—, Bis-[(methoxy-äthoxy-phenyl)-
propionyl]- 10 1521

—, Bis-[(methoxy-äthyl-cyan-phenyl)-
propyliden]- 10 4269

—, Bis-[methoxycarbonyl-benzoyl]-
9 4201

—, Bis-[methoxycarbonyl-
biphenylcarbonyl]- **9** 4501

—, Bis-[(methoxycarbonyl-phenyl)-
benzoyl]- **9** 4501

—, Bis-[methoxy-naphthoyl]- 10 1091

—, Bis-[naphthyl-carboxy-methylen]-
10 3264

—, Bis-[naphthyl-(carboxy-naphthyl)-
methylen]- 10 3490

—, Bis-[nitro-azido-benzyliden]-
9 1537, 1759

—, Bis-[nitro-benzoyl]- **9** 1534, 1757

—, Bis-[nitro-carboxy-benzoyl]- **9** 4234

—, Bis-[nitro-cinnamoyl]- **9** 2740, 2744

—, Bis-phenylacetyl- **9** 2259

—, Bis-[phenyl-butyryl]- **9** 2468

—, Bis-[phenyl-carboxy-methylen]-
10 2973

Hydrazin, Bis-[phenyl-carboxy-propyliden]-
10 3045

—, Bis-[tetramethoxy-biphenylcarbonyl]-
10 2486

—, Bis-[*p*-tolyl-carboxy-methylen]-
10 3032

—, Bis-[triäthoxy-benzoyl]- 10 2095

—, Bis-[(trimethoxy-phenyl)-propionyl]-
10 2121

—, Bornyliden-[dinitro-methyl-benzoyl]-
9 2374

—, Bornyliden-[nitro-dimethyl-benzoyl]-
9 2448

—, Bornyliden-[nitro-methyl-benzoyl]-
9 2365

—, Brommethylen-benzoyl- **9** 1316

—, [(Brom-phenyl)-äthyliden]-[jod-
benzoyl]- **9** 1441

—, [(Brom-phenyl)-äthyliden]-[nitro-
benzoyl]- **9** 1485, 1530

—, Butenyliden-[nitro-benzoyl]-
9 1484, 1526, 1753

—, *sec*-Butyl-dibenzoyl- **9** 1317

—, Butyliden-[brom-benzoyl]- **9** 1389,
1400, 1422

—, Butyliden-[chlor-benzoyl]- **9** 1341,
1351, 1368

—, *sec*-Butyliden-[chlor-benzoyl]-
9 1341, 1368

—, Butyliden-[dinitro-benzoyl]- **9** 1946

—, Butyliden-[dinitro-methyl-benzoyl]-
9 2372

—, *sec*-Butyliden-[dinitro-methyl-
benzoyl]- **9** 2372

—, Butyliden-[jod-benzoyl]- **9** 1439, 1447

—, *sec*-Butyliden-[jod-benzoyl]-
9 1440, 1447

—, Butyliden-naphthoyl- **9** 3188

—, Butyliden-[nitro-benzoyl]- **9** 1482,
1524, 1752

—, *sec*-Butyliden-[nitro-benzoyl]-
9 1482, 1525

—, Butyliden-[nitro-dimethyl-benzoyl]-
9 2447

—, *sec*-Butyliden-[nitro-dimethyl-
benzoyl]- **9** 2447

—, Butyliden-[nitro-methyl-benzoyl]-
9 2364

—, *sec*-Butyliden-[nitro-methyl-
benzoyl]- **9** 2364

—, [Carboxy-biphenylcarbonyl]-[nitro-
carboxy-biphenylcarbonyl]-
9 4507

—, [(Carboxy-phenyl)-benzoyl]-[nitro-
(carboxy-phenyl)-benzoyl]-
9 4507

—, [Chlor-benzoyl]-methyl-
mercaptocarbonimidoyl- **9** 1373

—, [Chlor-benzoyl]-thiocarbamoyl- **9** 1372

Hydrazin, [Chlor-benzyliden]-[dichlor-benzyliden]- **9** 1344

—, [Chlor-benzyliden]-[hydroxymethyl-benzoyl]- **10** 502

—, [Chlor-benzyliden]-[nitro-benzoyl]- **9** 1485, 1529, 1754

—, [Chlor-benzyliden]-[nitro-hydroxymethyl-benzoyl]- **10** 504

—, [Chlor-diphenyl-acetyl]-benzoyl- **9** 3309

—, [Chlor-diphenyl-äthyliden]-[chlor-benzyliden]- **9** 3306

—, [Chlor-fluorenylmethylen]-[chlor-benzyliden]- **9** 3413

—, [Chlor-phenyl-äthyliden]-benzoyl- **9** 1314

—, Cinnamyliden-[brom-benzoyl]- **9** 1402, 1424

—, Cinnamyliden-[chlor-benzoyl]- **9** 1352

—, Cinnamyliden-[dinitro-benzoyl]- **9** 1948

—, Cinnamyliden-[nitro-benzoyl]- **9** 1486, 1531, 1755

—, Cyclohexancarbonyl-benzoyl- **9** 1317

—, Cyclohexyliden-[chlor-benzoyl]- **9** 1351

—, Cyclohexyliden-[dinitro-methyl-benzoyl]- **9** 2373

—, Cyclohexyliden-[jod-benzoyl]- **9** 1448

—, Cyclohexyliden-[nitro-benzoyl]- **9** 1527

—, Cyclohexyliden-[nitro-dimethyl-benzoyl]- **9** 2447

—, Cyclohexyliden-[nitro-methyl-benzoyl]- **9** 2365

—, Cyclopentyliden-[brom-benzoyl]- **9** 1389, 1401

—, Cyclopentyliden-[chlor-benzoyl]- **9** 1351

—, Cyclopentyliden-[dinitro-benzoyl]- **9** 1947

—, Cyclopentyliden-[dinitro-methyl-benzoyl]- **9** 2373

—, Cyclopentyliden-[nitro-benzoyl]- **9** 1484, 1526, 1753

—, Decyliden-[dinitro-benzoyl]- **9** 1947

—, Decyliden-[dinitro-methyl-benzoyl]- **9** 2373

—, Decyliden-[jod-benzoyl]- **9** 1448

—, Decyliden-[nitro-benzoyl]- **9** 1483

—, Decyliden-[nitro-methyl-benzoyl]- **9** 2365

—, Diacetyl-diphenylacetyl- **9** 3305

—, Diäthyl-benzoyl- **9** 1313

—, Dibenzoyl- **9** 1318

—, [Dichlor-diphenyl-äthyliden]-[chlor-benzyliden]- **9** 3309

Hydrazin, Diheptyl-dibenzoyl- **9** 1318

—, Dihippuroyl- **9** 1139

—, [Dimethoxy-benzyliden]-[nitro-benzoyl]- **9** 1534

—, [Dimethoxy-benzyliden]-phenylacetyl- **9** 2259

—, Dimethyl-bis-[methoxycarbonyl-benzoyl]- **9** 4201

—, [Dimethyl-butyliden]-[nitro-benzoyl]- **9** 1525

—, [Dimethyl-hexenyliden]-[nitro-benzoyl]- **9** 1527

—, [Dimethyl-octadienyliden]-[dinitro-methyl-benzoyl]- **9** 2373

—, [Dimethyl-octadienyliden]-[jod-benzoyl]- **9** 1448

—, [Dimethyl-octadienyliden]-[nitro-benzoyl]- **9** 1528

—, [Dimethyl-octadienyliden]-[nitro-dimethyl-benzoyl]- **9** 2448

—, Dinaphthoyl- **9** 3147, 3190

—, Diphenylacetyl-benzoyl- **9** 3306

—, [Diphenyl-äthyliden]-diphenylacetyl- **9** 3305

—, [Diphenyl-allyliden]-[brom-benzoyl]- **9** 1424

—, [Diphenyl-allyliden]-[dinitro-benzoyl]- **9** 1948

—, [Diphenyl-allyliden]-[dinitro-methyl-benzoyl]- **9** 2376

—, [Diphenyl-allyliden]-[jod-benzoyl]- **9** 1450

—, [Diphenyl-allyliden]-[nitro-benzoyl]- **9** 1756

—, Dipyrencarbonyl- **9** 3577

—, Di-*p*-toluimidoyl- **9** 2354

—, Di-*m*-toluoyl- **9** 2326

—, Di-*o*-toluoyl- **9** 2308

—, Di-*p*-toluoyl- **9** 2353

—, Formyl-benzoyl- **9** 1316

—, Formyl-[carboxy-benzoyl]- **9** 4095

—, Formyl-[nitro-benzoyl]- **9** 1534

—, Heptyliden-[brom-benzoyl]- **9** 1389, 1401, 1423

—, Heptyliden-[chlor-benzoyl]- **9** 1342

—, Heptyliden-[dinitro-benzoyl]- **9** 1946

—, Heptyliden-[dinitro-methyl-benzoyl]- **9** 2373

—, Heptyliden-[jod-benzoyl]- **9** 1440, 1448

—, Heptyliden-naphthoyl- **9** 3188

—, Heptyliden-[nitro-benzoyl]- **9** 1483, 1526, 1753

—, Heptyliden-[nitro-dimethyl-benzoyl]- **9** 2447

—, Heptyliden-[nitro-methyl-benzoyl]- **9** 2364

—, Hexenyliden-[nitro-benzoyl]- **9** 1527

—, Hexyliden-[brom-benzoyl]- **9** 1389, 1423

Hydrazin, Hexyliden-[dinitro-benzoyl]-
9 1946
—, Hexyliden-[dinitro-methyl-benzoyl]-
9 2372
—, Hexyliden-[jod-benzoyl]- 9 1447
—, Hexyliden-naphthoyl- 9 3188
—, Hexyliden-[nitro-benzoyl]- 9 1483,
1525, 1753
—, [Hydroxy-benzyliden]-[brom-benzoyl]-
9 1391
—, [Hydroxy-benzyliden]-[chlor-benzoyl]-
9 1353
—, [Hydroxy-benzyliden]-[dinitro-
methyl-benzoyl]- 9 2377
—, [Hydroxy-benzyliden]-[jod-benzoyl]-
9 1450
—, [Hydroxy-benzyliden]-[nitro-benzoyl]-
9 1488
—, [Hydroxy-methoxy-benzyliden]-[nitro-
benzoyl]- 9 1534, 1757
—, [Hydroxy-methoxy-benzyliden]-[nitro-
cinnamoyl]- 9 2747
—, [Hydroxy-methyl-benzyliden]-[brom-
benzoyl]- 9 1391, 1403, 1425
—, [Hydroxy-methyl-benzyliden]-[chlor-
benzoyl]- 9 1372
—, [Hydroxy-methyl-benzyliden]-
[dinitro-benzoyl]- 9 1949
—, [Hydroxy-methyl-benzyliden]-
naphthoyl- 9 3190
—, [Hydroxy-methyl-benzyliden]-[nitro-
benzoyl]- 9 1533, 1757
—, [Hydroxymethylen-tetrahydro-
naphthyliden]-[nitro-benzoyl]-
9 1487
—, Isobutyliden-[chlor-benzoyl]-
9 1351, 1368
—, Isobutyliden-[dinitro-benzoyl]-
9 1946
—, Isobutyliden-[dinitro-methyl-
benzoyl]- 9 2372
—, Isobutyliden-[jod-benzoyl]-
9 1440, 1447
—, Isobutyliden-naphthoyl- 9 3188
—, Isobutyliden-[nitro-benzoyl]-
9 1525
—, Isobutyryl-benzoyl- 9 1317
—, Isohexyliden-[dinitro-methyl-
benzoyl]- 9 2372
—, Isohexyliden-[jod-benzoyl]-
9 1440, 1448
—, Isopentyliden-[dinitro-methyl-
benzoyl]- 9 2372
—, Isopentyliden-[jod-benzoyl]-
9 1440, 1447
—, Isopentyliden-[nitro-benzoyl]-
9 1482, 1525, 1752
—, Isopentyliden-[nitro-methyl-benzoyl]-
9 2364

Hydrazin, [Isopropylamino-methylmercapto-
methylen]-benzoyl- 9 1322
—, [Isopropyl-benzyliden]-[nitro-
benzoyl]- 9 1531, 1755
—, [Isopropyl-cyclohexyliden]-benzoyl-
9 1313
—, Isopropyliden-[äthoxy-benzoyl]-
10 356
—, Isopropyliden-benzoyl- 9 1313
—, Isopropyliden-[brom-benzoyl]-
9 1389, 1400, 1422
—, Isopropyliden-[chlor-benzoyl]-
9 1341, 1350, 1368
—, Isopropyliden-[dibrom-naphthoyl]-
9 3201
—, Isopropyliden-[dichlor-naphthoyl]-
9 3194
—, Isopropyliden-[dinitro-benzoyl]-
9 1946
—, Isopropyliden-[dinitro-methyl-
benzoyl]- 9 2371
—, Isopropyliden-[jod-benzoyl]-
9 1439, 1447
—, Isopropyliden-naphthoyl- 9 3188
—, Isopropyliden-[nitro-benzoyl]-
9 1482, 1524, 1752
—, Isopropyliden-[nitro-dimethyl-
benzoyl]- 9 2447
—, Isopropyliden-[nitro-methyl-benzoyl]-
9 2364
—, Isopropyliden-thiobenzoyl- 9 1987
—, [Methoxy-benzoyl]-
dimethylthiocarbamoyl- 10 355
—, [Methoxy-benzoyl]-methyl-
methylthiocarbamoyl- 10 356
—, [Methoxy-benzoyl]-
methylthiocarbamoyl- 10 355
—, [Methoxy-benzoyl]-thiocarbamoyl-
10 355
—, [Methoxy-benzyliden]-[äthoxy-
benzoyl]- 10 357
—, [Methoxy-benzyliden]-[azido-methoxy-
benzyliden]- 10 358
—, [Methoxy-benzyliden]-[chlor-methoxy-
benzyliden]- 10 357
—, [Methoxy-benzyliden]-[hydrazino-
methoxy-benzyliden]- 10 358
—, [Methoxy-benzyliden]-[(methoxy-
phenyl)-propionyl]- 10 542
—, [Methoxy-benzyliden]-[nitro-benzoyl]-
9 1533, 1756
—, [Methoxy-benzyliden]-[nitro-
cinnamoyl]- 9 2747
—, [Methoxy-benzyliden]-phenylacetyl-
9 2258, 2259
—, [(Methoxy-phenyl)-äthyliden]-[chlor-
benzoyl]- 9 1372
—, [(Methoxy-phenyl)-äthyliden]-[nitro-
benzoyl]- 9 1533

Hydrazin, [Methyl-äthyl-valeryl]-benzoyl-
9 1317
—, [Methylamino-methylmercapto-
methylen]-benzoyl- 9 1321
—, Methyl-benzoyl-methylthiocarbamoyl-
9 1322
—, [Methyl-benzyliden]-[chlor-methyl-
benzyliden]- 9 2353
—, [Methyl-benzyliden]-[nitro-benzoyl]-
9 1530
—, Methyl-benzyliden-thiobenzoyl-
9 1987
—, [Methyl-cyclohexyliden]-[nitro-
benzoyl]- 9 1527
—, Methyl-diisopropyl-[carboxy-benzoyl]-
9 4201
—, Methylen-[nitro-benzoyl]- 9 1751
—, Methylen-[nitro-methyl-benzoyl]-
9 2363
—, Methylen-thiobenzoyl- 9 1986
—, [Methyl-heptyliden]-[brom-benzoyl]-
9 1389, 1423
—, [Methyl-heptyliden]-[chlor-benzoyl]-
9 1369
—, [Methyl-heptyliden]-[dinitro-
benzoyl]- 9 1947
—, [Methyl-heptyliden]-[dinitro-methyl-
benzoyl]- 9 2373
—, [Methyl-heptyliden]-[jod-benzoyl]-
9 1448
—, [Methyl-heptyliden]-naphthoyl-
9 3188
—, [Methyl-heptyliden]-[nitro-benzoyl]-
9 1483, 1526, 1753
—, [Methyl-heptyliden]-[nitro-dimethyl-
benzoyl]- 9 2447
—, [Methyl-hexyliden]-[dinitro-benzoyl]-
9 1946
—, [Methyl-isobutyl-hexanoyl]-benzoyl-
9 1317
—, [Methyl-isopropenyl-
cyclohexenyliden]-benzoyl- 9 1314
—, [Methyl-isopropenyl-
cyclohexenyliden]-[nitro-benzoyl]-
9 1484
—, [Methyl-isopropyl-cyclohexyliden]-
[nitro-benzoyl]- 9 1527
—, Methyl-[methyl-benzyliden]-[thio-o-
toluoyl]- 9 2317
—, Methyl-[methyl-benzyliden]-[thio-p-
toluoyl]- 9 2379
—, Methyl-[naphthyl-methylen]-
thionaphthoyl- 9 3172, 3205
—, [Methyl-pentyliden]-[nitro-benzoyl]-
9 1483
—, [Methyl-phenyl-allyliden]-[brom-
benzoyl]- 9 1390
—, [Methyl-phenyl-allyliden]-[chlor-
benzoyl]- 9 1343, 1353, 1371

Hydrazin, [Methyl-phenyl-allyliden]-
[dinitro-benzoyl]- 9 1948
—, [Methyl-phenyl-allyliden]-[dinitro-
methyl-benzoyl]- 9 2375
—, [Methyl-phenyl-allyliden]-[jod-
benzoyl]- 9 1450
—, [Methyl-phenyl-allyliden]-[nitro-
benzoyl]- 9 1486, 1531, 1756
—, [Methyl-phenyl-allyliden]-[nitro-
methyl-benzoyl]- 9 2366
—, [Methyl-propyliden]-[nitro-benzoyl]-
9 1752
—, [Methyl-valeryl]-benzoyl- 9 1317
—, [Nitro-benzoyl]-methyl-
mercaptocarbonimidoyl- 9 1758
—, [Nitro-benzoyl]-thiocarbamoyl-
9 1757
—, [Nitro-benzyliden]-[äthoxy-benzoyl]-
10 356
—, [Nitro-benzyliden]-benzoyl- 9 1314
—, [Nitro-benzyliden]-[brom-benzoyl]-
9 1390, 1401, 1423
—, [Nitro-benzyliden]-[chlor-benzoyl]-
9 1342, 1352, 1370
—, [Nitro-benzyliden]-[chlor-nitro-
benzyliden]- 9 1536, 1758
—, [Nitro-benzyliden]-[dibrom-
naphthoyl]- 9 3201
—, [Nitro-benzyliden]-[dichlor-
naphthoyl]- 9 3194
—, [Nitro-benzyliden]-[dinitro-benzoyl]-
9 1947
—, [Nitro-benzyliden]-[hydroxymethyl-
benzoyl]- 10 503
—, [Nitro-benzyliden]-[methoxy-phenyl-
propionyl]- 10 550
—, [Nitro-benzyliden]-naphthoyl-
9 3189
—, [Nitro-benzyliden]-[nitro-azido-
benzyliden]- 9 1537, 1759
—, [Nitro-benzyliden]-[nitro-benzoyl]-
9 1485, 1529, 1754
—, [Nitro-benzyliden]-[nitro-
hydroxymethyl-benzoyl]- 10 504
—, [(Nitro-phenyl)-äthyliden]-[brom-
benzoyl]- 9 1424
—, [(Nitro-phenyl)-äthyliden]-[chlor-
benzoyl]- 9 1342, 1370
—, [(Nitro-phenyl)-äthyliden]-[nitro-
benzoyl]- 9 1530
—, Nonyliden-[dinitro-benzoyl]- 9 1947
—, Nonyliden-[dinitro-methyl-benzoyl]-
9 2373
—, Nonyliden-[jod-benzoyl]- 9 1448
—, Nonyliden-[nitro-benzoyl]- 9 1483,
1526, 1753
—, Octyliden-[dinitro-benzoyl]- 9 1946
—, Octyliden-[dinitro-methyl-benzoyl]-
9 2373

Hydrazin, Octyliden-[jod-benzoyl]-
9 1448

—, Octyliden-[nitro-benzoyl]- 9 1483,
1526, 1753

—, Octyliden-[nitro-methyl-benzoyl]-
9 2364

—, Pentyliden-[brom-benzoyl]- 9 1389,
1400, 1422

—, Pentyliden-[chlor-benzoyl]- 9 1351

—, Pentyliden-[dinitro-benzoyl]-
9 1946

—, Pentyliden-[dinitro-methyl-benzoyl]-
9 2372

—, Pentyliden-[jod-benzoyl]- 9 1447

—, Pentyliden-naphthoyl- 9 3188

—, Pentyliden-[nitro-benzoyl]-
9 1482, 1525, 1752

—, Phenylacetyl-benzoyl- 9 2259

—, Phenylacetyl-benzoyl-cyan- 9 2257

—, Phenylacetyl-carbamoyl- 9 2259

—, Phenylacetyl-cyan- 9 2257

—, [Phenyl-äthyliden]-[äthoxy-benzoyl]-
10 357

—, [Phenyl-äthyliden]-[brom-benzoyl]-
9 1390, 1401, 1424

—, [Phenyl-äthyliden]-[chlor-benzoyl]-
9 1352

—, [Phenyl-äthyliden]-[dichlor-
naphthoyl]- 9 3195

—, [Phenyl-äthyliden]-[dinitro-benzoyl]-
9 1947

—, [Phenyl-äthyliden]-[dinitro-methyl-
benzoyl]- 9 2374

—, [Phenyl-äthyliden]-[jod-benzoyl]-
9 1441, 1449

—, [Phenyl-äthyliden]-naphthoyl-
9 3189

—, [Phenyl-äthyliden]-[nitro-benzoyl]-
9 1485, 1530, 1754

—, [Phenyl-äthyliden]-[nitro-dimethyl-
benzoyl]- 9 2449

—, [Phenyl-äthyliden]-[nitro-methyl-
benzoyl]- 9 2366

—, [Phenyl-propionyl]-cyan- 9 2396

—, Propyliden-[brom-benzoyl]- 9 1388,
1400, 1422

—, Propyliden-[chlor-benzoyl]-
9 1341, 1350, 1368

—, Propyliden-[dinitro-benzoyl]- 9 1945

—, Propyliden-[dinitro-methyl-benzoyl]-
9 2371

—, Propyliden-[jod-benzoyl]- 9 1446

—, Propyliden-naphthoyl- 9 3188

—, Propyliden-[nitro-benzoyl]-
9 1482, 1524, 1752

—, Propyliden-[nitro-dimethyl-benzoyl]-
9 2446

—, Propyliden-[nitro-methyl-benzoyl]-
9 2364

Hydrazin, Salicyliden-[äthoxy-benzoyl]-
10 357

—, Salicyliden-[brom-benzoyl]-
9 1391, 1402

—, Salicyliden-[chlor-benzoyl]-
9 1343, 1353, 1372

—, Salicyliden-[dinitro-methyl-benzoyl]-
9 2376

—, Salicyliden-[jod-benzoyl]- 9 1441, 1450

—, Salicyliden-[nitro-benzoyl]-
9 1488, 1533, 1756

—, Salicyliden-[nitro-dimethyl-benzoyl]-
9 2449

—, Salicyliden-[nitro-methyl-benzoyl]-
9 2367

—, [p-Tolyl-äthyliden]-[brom-benzoyl]-
9 1390, 1402

—, [p-Tolyl-äthyliden]-[chlor-
benzoyl]- 9 1343, 1352, 1370

—, [p-Tolyl-äthyliden]-[dinitro-
methyl-benzoyl]- 9 2375

—, [p-Tolyl-äthyliden]-[jod-benzoyl]-
9 1441, 1449

—, [p-Tolyl-äthyliden]-naphthoyl-
9 3189

—, [p-Tolyl-äthyliden]-[nitro-
benzoyl]- 9 1485, 1531, 1755

—, [p-Tolyl-äthyliden]-[nitro-methyl-
benzoyl]- 9 2366

—, [Triäthoxy-benzyliden]-[nitro-
benzoyl]- 9 1534

—, Triäthyl-[carboxy-benzoyl]- 9 4200

—, [(Trimethyl-cyclohexenyl)-methylen]-
[nitro-benzoyl]- 9 1528

—, [Trimethyl-norbornyliden]-[dinitro-
methyl-benzoyl]- 9 2374

—, [Trimethyl-norbornyliden]-[jod-
benzoyl]- 9 1440, 1449

—, [Trimethyl-norbornyliden]-[nitro-
dimethyl-benzoyl]- 9 2448

—, [Trimethyl-norbornyliden]-[nitro-
methyl-benzoyl]- 9 2365

—, [Trimethyl-propyliden]-[chlor-
benzoyl]- 9 1342, 1351, 1369

—, [Trimethyl-propyliden]-[nitro-
benzoyl]- 9 1525

—, [Trinitro-benzyliden]-[nitro-
benzoyl]- 9 1530

Hydrazincarbonsäure s. *Carbazinsäure*

Hydrazin-dicarbonsäure, Benzoyl-,
dimethylester 9 1322

—, Cinnamoyl-, dimethylester 9 2724

Hydrazinium, Methyl-[carboxy-benzyliden]-
10 2987

Hydrazodicarbonsäure s. *Bicarbamidsäure*

Hydrindacen s. *Indacen, Hexahydro-*

Hydroapocampherylessigsäure 9 3915

Hydroapocampherylessigsäure-
diäthylester 9 3916

Hydrobenzoin, Dibenzoyl- 9 622
Hydrochinon, Acetyl-cinnamoyl- 9 2698
—, Acetyl-[phenyl-propionyl]- 9 2389
—, Benzoyl- 9 558
—, Benzyloxycarbonyl-benzoyl- 9 559
—, Bis-[dinitro-benzoyl]- 9 1905
—, Bis-[(dinitro-phenyl)-propionyl]-
    9 2415
—, Bis-[diphenyl-acryloyl]- 9 3417
—, Bis-[nitro-benzoyl]- 9 1504, 1638
—, Bis-[nitro-cinnamoyl]- 9 2746
—, Bis-[(nitro-phenyl)-acetyl]- 9 2288
—, Bis-[triacetoxy-benzoyl]- 10 2083
—, Bis-[trimethoxy-benzoyl]- 10 2083
—, Cinnamoyl- 9 2698
—, Dibenzoyl- 9 559
—, [Dinitro-benzoyl]- 9 1904
—, [(Dinitro-phenyl)-propionyl]-
    9 2415
—, [Diphenyl-acryloyl]- 9 3417
—, Isopentyl-benzoyl- 9 558
—, [Jod-phenyl]-benzoyl- 9 559
—, Methyl-benzoyl- 9 558
—, Methyl-[dinitro-benzoyl]- 9 1905
—, Methyl-[(dinitro-phenyl)-propionyl]-
    9 2415
—, Methyl-[nitro-benzoyl]- 9 1638
—, Methyl-[nitro-cinnamoyl]- 9 2745
—, [Nitro-benzoyl]- 9 1637
—, [Nitro-cinnamoyl]- 9 2745
—, Phenyl-benzoyl- 9 558
—, m-Tolyl-benzoyl- 9 559
—, o-Tolyl-benzoyl- 9 559
—, p-Tolyl-benzoyl- 9 559
Hydrochlor-bicycloeksantalsäure-
methylester 9 260
Hydrochlorteresantalsäure 9 221
Hydro-β-elemonsäure, Brom- 10 3228
Hydroferulasäure 10 1517
Hydroisoferulasäure 10 1517
Hydrokaffeesäure 10 1517
Hydrosantonsäure 10 4196
Hydrosantonsäure-methylester 10 4196
Hydrosinapinsäure 10 2120; *Derivate*
    s. unter Propionsäure
Hydroumbellsäure 10 1515
Hydroxyeremophilon, Benzoyl- 9 735
Hydroxylamin, Acetyl-benzoyl- 9 1299,
    1306
—, Acetyl-[dihydroxy-benzoyl]- 10 1377
—, [Äthoxy-methyl-benzyliden]-
    p-toluoyl- 9 2351
—, [Amino-benzyliden]-benzoyl- 9 1310
—, [Amino-benzyliden]-carbamoyl-
    9 1311
—, [Amino-cinnamyliden]-carbamoyl-
    9 2724
—, [Amino-methyl-benzyliden]-
    [äthoxycarbonyl-acetyl]- 9 2352

Hydroxylamin, [Amino-methyl-benzyliden]-
    [(nitro-phenyl)-acetyl]- 9 2352
—, [Amino-methyl-benzyliden]-
    phenylacetyl- 9 2352
—, Benzhydryliden-benzoyl- 9 1282
—, Benzhydryliden-[nitro-benzoyl]-
    9 1480
—, Benzhydryliden-[trimethyl-benzoyl]-
    9 2498
—, Benzoyl-[brom-benzoyl]- 9 1388
—, Benzoyl-[chlor-benzoyl]- 9 1340
—, Benzoyl-cinnamoyl- 9 2723
—, Benzoyl-[fluor-benzoyl]- 9 1327
—, Benzoyl-[methoxy-benzoyl]- 10 160,
    257, 353
—, Benzoyl-[nitro-benzoyl]- 9 1480, 1522
—, Benzoyl-oxamoyl- 9 1299
—, [Benzoyloxy-benzyliden]-benzoyl-
    9 1311
—, Benzoyl-m-toluoyl- 9 2326
—, Benzoyl-o-toluoyl- 9 2307, 2308
—, Benzoyl-p-toluoyl- 9 2350
—, Benzyliden-benzoyl- 9 1279
—, Bicyclohexylyliden-[nitro-benzoyl]-
    9 1751
—, Bis-[amino-methyl-benzyliden]-
    malonyl-bis- 9 2352
—, Bis-[chlor-benzoyl]- 9 1340
—, Bis-[methoxy-benzoyl]- 10 354
—, Bis-[nitro-benzoyl]- 9 1481
—, Bis-phenylacetyl- 9 2257
—, [(Brom-cinnamylidenamino)-acetyl]-
    dibenzoyl- 9 1307
—, [Chlor-benzhydryliden]-[trimethyl-
    benzoyl]- 9 2498
—, [Chlor-benzoyl]-[brom-benzoyl]-
    9 1388, 1400, 1421
—, [Chlor-benzoyl]-[chlor-benzoyl]-
    9 1350, 1367
—, Cyclohexancarbonyl-benzoyl- 9 1299
—, Cyclohexyliden-benzoyl- 9 1273
—, Diäthyl-benzoyl- 9 1273
—, Dibenzoyl- 9 1306
—, Dipropyl-benzoyl- 9 1273
—, Di-p-toluoyl- 9 2351
—, [Fluor-benzoyl]-[chlor-benzoyl]-
    9 1340
—, [Fluor-benzoyl]-m-toluoyl-
    9 2326
—, [Hydroxy-benzyliden]-acetyl- 9 1306
—, [Hydroxy-diphenyl-äthyliden]-
    [trimethyl-benzoyl]- 9 2499
—, [Hydroxy-methyl-benzhydryliden]-
    [trimethyl-benzoyl]- 9 2499
—, Isopropyliden-benzoyl- 9 1273
—, Isopropyliden-biphenylcarbonyl-
    9 3279
—, [Methoxy-benzhydryliden]-[trimethyl-
    benzoyl]- 9 2498

Hydroxylamin, [(Methoxy-phenyl)-acetyl]-
benzoyl- **10** 426, 439
—, [Methyl-cyclohexyliden]-[nitro-
benzoyl]- **9** 1749
—, [Methyl-isopropyl-cyclohexyliden]-
[dinitro-benzoyl]- **9** 1945
—, [Methyl-isopropyl-cyclohexyliden]-
[nitro-benzoyl]- **9** 1749
—, [Nitro-benzoyl]-[methoxy-benzoyl]-
10 353
—, [Nitro-benzoyl]-[nitro-benzoyl]-
9 1523, 1751
—, Phenylacetyl-benzoyl- **9** 2256
—, [Phenyl-propionyl]-benzoyl-
9 2395, 2396, 2422
—, Pinanyliden-[nitro-benzoyl]- **9** 1750
—, Tribenzoyl- **9** 1306
—, [Trimethyl-äthyl-cyclohexenyliden]-
[nitro-benzoyl]- **9** 1750
Hydrozimtsäure s. *Propionsäure, Phenyl-*
Hyocholadiensäure 9 3126
Hyocholansäure 9 2657
Hyodesoxybiliansäure 10 4127
Hyodesoxycholsäure 10 1631
α-Hyodesoxycholsäure 10 1631
β-Hyodesoxycholsäure 10 1630
Hypericin, Hexabenzoyl- **9** 851
—, Hexakis-[brom-benzoyl]- **9** 1416
Hypoparellinsäure 10 2116
—, Dimethyl- **10** 2117
—, Dimethyl-, methylester **10** 2117
Hypoparellinsäure-methylester 10 2117
Hyposalazinsäure, Pentamethyl- **10** 4722
Hyposantonigsäure 9 2888
Hypothamnolsäure 10 2453
—, Trimethyl-, dimethylester **10** 2454
Hypothamnolsäure-dimethylester 10 2453

I

Icaritolsäure 10 4799
Icterogenin 10 4649
Imbricarsäure 10 1579
—, Bis-äthoxycarbonyl- **10** 1580
—, Dimethyl-, methylester **10** 1580
Iminodiessigsäure s. *Essigsäure, Imino-di-*
Iminodipropionsäure s. *Propionsäure,*
Imino-di-
as-**Indacen-carbonsäure,** Brom-dihydroxy-
oxo-dimethyl-[carboxy-äthyl]-
[methyl-carboxy-propyl]-
dodecahydro- **10** 4860
—, Brom-dihydroxy-oxo-dimethyl-
[methoxycarbonyl-äthyl]-[methyl-
methoxycarbonyl-propyl]-
dodecahydro-, methylester **10** 4860
—, Brom-hydroxy-dioxo-dimethyl-
[carboxy-äthyl]-[methyl-carboxy-
propyl]-dodecahydro- **10** 4862

as-**Indacen-carbonsäure,** Brom-nitryloxy-
dioxo-dimethyl-[carboxy-äthyl]-
[methyl-carboxy-propyl]-
dodecahydro- **10** 4862
—, Brom-nitryloxy-dioxo-dimethyl-
[methoxycarbonyl-äthyl]-[methyl-
methoxycarbonyl-propyl]-
dodecahydro-, methylester **10** 4862
—, Decahydro-, methylester **9** 2596
—, Dihydroxy-oxo-dimethyl-[carboxy-
äthyl]-[methyl-carboxy-propyl]-
dodecahydro- **10** 4859
—, Dihydroxy-oxo-dimethyl-
[methoxycarbonyl-äthyl]-[methyl-
methoxycarbonyl-propyl]-
dodecahydro-, methylester **10** 4859
—, Dimethyl-[dimethyl-hexyl]-
dodecahydro- **9** 357, **10** 4888
—, Hexahydro- **9** 3090
—, Hexahydro-, methylester **9** 3090
—, Hydroxy-acetoxy-oxo-dimethyl-
[methoxycarbonyl-äthyl]-[methyl-
methoxycarbonyl-propyl]-dodecahydro-,
methylester **10** 4860
—, Hydroxy-dioxo-dimethyl-[carboxy-
äthyl]-[methyl-carboxy-propyl]-
dodecahydro- **10** 4861
—, Oxo-dimethyl-[dimethyl-hexyl]-
dodecahydro- **10** 2968
—, Oxo-dimethyl-[dimethyl-hexyl]-
dodecahydro-, methylester **10** 2968
—, Semicarbazono-dimethyl-[dimethyl-
hexyl]-dodecahydro- **10** 2968
—, Semicarbazono-dimethyl-[dimethyl-
hexyl]-dodecahydro-, methylester
10 2969
s-**Indacen-carbonsäure,** Hexahydro-
9 3090
—, Hexahydro-, methylester **9** 3090
as-**Indacen-dicarbonsäure,** Hydroxy-oxo-
dimethyl-[carboxy-äthyl]-[methyl-
carboxy-propyl]-dodecahydro-
10 4869
—, Hydroxy-oxo-dimethyl-
[methoxycarbonyl-äthyl]-[methyl-
methoxycarbonyl-propyl]-
dodecahydro-, dimethylester
10 4869
s-**Indacen-dicarbonsäure,** Dihydroxy-
dihydro-, dimethylester **10** 4073
—, Dioxo-hexahydro-, dimethylester
10 4073
Indan, Äthoxycarbonylmethyl-[brom-
äthoxycarbonyl-methyl]-hexahydro-
9 4015
—, Äthoxycarbonylmethyl-[brom-
carboxymethyl]-hexahydro- **9** 4015
—, Benzoyloxy- **9** 454
—, Benzoyloxy-dimethyl- **9** 455

Indan, Benzoyloxyimino- **9** 1281
—, Benzoyloxyimino-hexahydro- **9** 1275, 1276
—, Benzoyloxy-methyl- **9** 455
—, Bis-äthoxycarbonylmethyl-hexahydro- **9** 4015
—, Bis-benzoyloxyimino-dimethyl- **9** 1288
—, Bis-[brom-äthoxycarbonyl-methyl]-hexahydro- **9** 4015
—, Bis-[brom-carboxy-methyl]-hexahydro- **9** 4015
—, Bis-carboxymethyl-hexahydro- **9** 4014
—, Bis-[dinitro-benzoyloxy]-methyl-äthyl- **9** 1912
—, Bis-methoxycarbonylmethyl-hexahydro- **9** 4014
—, Brom-benzoyloxy- **9** 454
—, Brom-[nitro-benzoyloxy]- **9** 1600
—, Carboxymethyl-äthoxycarbonylmethyl-hexahydro- **9** 4014
—, Carboxymethyl-methoxycarbonylmethyl-hexahydro- **9** 4014
—, Dibenzoyloxy-dimethyl- **9** 588
—, [Dinitro-benzoyloxy]-dimethyl-isopropyl- **9** 1865
—, [Dinitro-benzoyloxy]-methyl-äthyl- **9** 1863
—, [Hydroxy-carboxy-methyl]-[methoxy-carboxy-methyl]-hexahydro- **10** 2416
—, Methyl-[benzoyloxy-(hydroxy-benzoyloxy-methyl-cyclohexyl)-äthyl]-[trimethyl-hexyl]-hexahydro- **9** 669
—, Methyl-[trimethyl-hexenyl]-[(benzoyloxy-methyl-cyclohexenyl)-äthyliden]-hexahydro- **9** 479
—, Methyl-[trimethyl-hexenyl]-[(benzoyloxy-methylen-cyclohexyliden)-äthyliden]-hexahydro- **9** 498
—, [Nitro-benzoyloxy]-hexahydro- **9** 1566, 1567
Indan-carbamid 9 2776, 2777
—, Dimethyl- **9** 2831
—, Hexahydro- **9** 218, 219
—, Methyl- **9** 2807
—, Methyl-phenyl- **9** 3473
—, Oxo- **10** 3154
Indan-carbonitril 9 2777
—, Äthyl- **9** 2829
—, Dimethyl- **9** 2831
—, Hydroxy- **10** 873
—, Hydroxy-hexahydro- **10** 59
—, Imino- **10** 3154
—, Isopropyl- **9** 2858
—, Methoxy-oxo- **10** 4335

Indan-carbonitril, Methoxy-semicarbazono- **10** 4335
—, Methyl- **9** 2806, 2807
—, Oxo- **10** 3155
—, Oxo-methyl- **10** 3168
—, Phenyl- **9** 3461
Indan-carbonsäure 9 2776, 2777
—, Äthyl-, nitril **9** 2829
—, Brom-dioxo-, äthylester **10** 3588
—, Brom-dioxo-, methylester **10** 3588
—, Brom-methyl-hexahydro-, äthylester **9** 236
—, Brom-oxo-phenyl-, äthylester **10** 3382
—, [Carboxy-äthyl]- s. *Propionsäure, [Carboxy-indanyl]-*
—, Carboxymethyl- s. *Essigsäure, [Carboxy-indanyl]-*
—, Chlor-acetoxy-oxo-isopentyl- **10** 4356
—, Chlor-acetoxy-oxo-isopentyl-, methylester **10** 4356
—, Chlor-dioxo-, äthylester **10** 3588
—, Chlor-hydroxy-oxo-benzhydryl- **10** 4499
—, Chlor-hydroxy-oxo-benzhydryl-, methylester **10** 4499
—, Chlor-hydroxy-oxo-[cyclohexyl-propyl]- **10** 4385
—, Chlor-hydroxy-oxo-[cyclohexyl-propyl]-, methylester **10** 4386
—, Chlor-hydroxy-oxo-isopentyl- **10** 4356
—, Chlor-hydroxy-oxo-isopentyl-, methylester **10** 4356
—, Cyan-, äthylester **9** 4393
—, Cyan-, benzylidenhydrazid **9** 4393
—, Cyan-, hydrazid **9** 4393
—, Dibrom-methoxy-dioxo-methyl-, methylester **10** 4630
—, Dihydroxy-oxo-[(brom-phenyl)-propyl]- **10** 4694
—, Dihydroxy-oxo-cyclohexyl- **10** 4637
—, Dihydroxy-oxo-[cyclohexyl-butyl]- **10** 4638
—, Dihydroxy-oxo-[cyclohexyl-propyl]- **10** 4638
—, Dihydroxy-oxo-[cyclohexyl-propyl]-, methylester **10** 4638
—, Dihydroxy-oxo-[dimethyl-octyl]- **10** 4612
—, Dihydroxy-oxo-isopentyl- **10** 4611
—, Dihydroxy-oxo-isopentyl-, methylester **10** 4611
—, Dihydroxy-oxo-methyl- **10** 4605
—, Dihydroxy-oxo-methyl-, methylester **10** 4605
—, Dihydroxy-oxo-[methyl-butenyl]- **10** 4635
—, Dihydroxy-oxo-[methyl-butenyl]-, methylester **10** 4636

Indan-carbonsäure, Dihydroxy-oxo-
   naphthyl- **10** 4707
—, Dihydroxy-oxo-[(phenoxy-phenyl)-
   propyl]- **10** 4785
—, Dimethyl- **9** 2831
—, Dimethyl-, amid **9** 2831
—, Dimethyl-, nitril **9** 2831
—, Dioxo-, äthylester **10** 3587
—, Dioxo-, butylester **10** 3588
—, Dioxo-, methylester **10** 3587
—, Dioxo-allyl-, äthylester **10** 3609
—, Dioxo-methyl-hexahydro-, äthylester
   10 3529
—, Diphenyl- **9** 3638
—, Diphenyl-, methylester **9** 3638
—, Hexahydro- **9** 218
—, Hexahydro-, amid **9** 218, 219
—, Hexahydro-, chlorid **9** 219
—, Hexahydro-, methylester **9** 219
—, Hydroxy- **10** 874
—, Hydroxy-, nitril **10** 873
—, [Hydroxy-carboxy-methyl]-hexahydro-
   10 2054
—, Hydroxy-dihydro-, äthylester **10** 2954
—, Hydroxy-hexahydro-, methylester **10** 59
—, Hydroxy-hexahydro-, nitril **10** 59
—, Hydroxyimino- **10** 3154
—, Hydroxyimino-dimethyl-äthyl-
   hexahydro- **10** 2948
—, Hydroxyimino-dimethyl-äthyliden-
   hexahydro- **10** 2964
—, Hydroxy-methyl-dihydro-, äthylester
   10 2956
—, Hydroxy-oxo-dimethyl-acetyl-
   hexahydro- **10** 4505
—, Hydroxy-oxo-methyl-tetrahydro-,
   äthylester **10** 3529
—, Hydroxy-tetrahydro-, äthylester
   10 2911
—, Hydroxy-tetrahydro-, methylester
   10 2911
—, Imino-, nitril **10** 3154
—, Isopropyl-, nitril **9** 2858
—, Methoxy-dioxo-methyl-, methylester
   10 4630
—, Methoxy-oxo-, nitril **10** 4335
—, Methoxy-semicarbazono-, nitril **10** 4335
—, Methyl- **9** 2806
—, Methyl-, amid **9** 2807
—, Methyl-, chlorid **9** 2806
—, Methyl-, nitril **9** 2806, 2807
—, Methyl-[carboxy-äthyl]-[dimethyl-
   hexyl]-hexahydro- **9** 4039
—, Methyl-[dimethyl-äthyl-hexyl]-
   [chlor-methyl-carboxy-cyclohexyl]-
   hexahydro- **9** 4092
—, Methyl-[dimethyl-äthyl-hexyl]-
   [methyl-carboxy-cyclohexyl]-
   hexahydro- **9** 4092

Indan-carbonsäure, Methyl-[dimethyl-hexyl]-
   [acetoxy-methyl-carboxy-cyclohexyl]-
   hexahydro- **10** 2187
—, Methyl-[dimethyl-hexyl]-[chlor-
   methyl-äthoxycarbonyl-cyclohexyl]-
   hexahydro-, äthylester **9** 4088
—, Methyl-[dimethyl-hexyl]-[chlor-
   methyl-carboxy-cyclohexyl]-
   hexahydro- **9** 4087
—, Methyl-[dimethyl-hexyl]-[hydroxy-
   methyl-carboxy-cyclohexyl]-
   hexahydro- **10** 2186
—, Methyl-[dimethyl-hexyl]-[methyl-
   carboxy-bicyclo[3.1.0]hexyl]-
   hexahydro- **9** 4374
—, Methyl-[dimethyl-hexyl]-[methyl-
   carboxy-cyclohexyl]-hexahydro-
   9 4086
—, Methyl-[dimethyl-hexyl]-[methyl-
   hydroxymethyl-cyclohexyl]-
   hexahydro- **10** 85
—, Methyl-[dimethyl-hexyl]-[oxo-methyl-
   carboxy-cyclohexenyl]-hexahydro-
   10 3976
—, Methyl-[dimethyl-hexyl]-[oxo-methyl-
   carboxy-cyclohexyl]-hexahydro-
   10 3953
—, Methyl-[dimethyl-hexyl]-[oxo-methyl-
   carboxy-cyclopentyl]-hexahydro-
   10 3952
—, Methyl-[dimethyl-hexyl]-[oxo-methyl-
   methoxycarbonyl-cyclohexenyl]-
   hexahydro-, methylester **10** 3976
—, Methyl-hexahydro- **9** 235
—, Methyl-hexahydro-, chlorid **9** 235
—, Methyl-[methyl-carboxy-propyl]-
   [methyl-carboxy-cyclohexyl]-
   hexahydro- **9** 4787
—, Methyl-[methyl-methoxycarbonyl-
   propyl]-[methyl-methoxycarbonyl-
   cyclohexyl]-hexahydro-,
   methylester **9** 4787
—, Methyl-phenyl- **9** 3472
—, Methyl-phenyl-, amid **9** 3473
—, Methyl-phenyl-, methylester **9** 3473
—, Methyl-tetrahydro- **9** 320
—, Methyl-triphenyl- **9** 3688
—, Nitro-dioxo-, äthylester **10** 3589
—, Nitro-dioxo-, methylester **10** 3588
—, Oxo- **10** 3154
—, Oxo-, äthylester **10** 3154
—, Oxo-, amid **10** 3154
—, Oxo-, nitril **10** 3155
—, Oxo-acetyl-, äthylester **10** 3591
—, Oxo-dimethyl-äthyl-hexahydro- **10** 2948
—, Oxo-dimethyl-äthyliden-hexahydro-
   10 2963
—, Oxo-dimethyl-[carboxy-äthyl]-
   hexahydro- **10** 3940

Indan-carbonsäure, Oxo-dimethyl-isopropyl-dihydro-, äthylester 10 2965
—, Oxo-hexahydro- 10 2910
—, Oxo-hexahydro-, äthylester 10 2910, 2911
—, Oxo-hexahydro-, methylester 10 2911
—, Oxo-methyl-, nitril 10 3168
—, Oxo-methyl-hexahydro- 10 2923
—, Oxo-methyl-hexahydro-, methylester 9 3905
—, Oxo-methyl-[methyl-äthoxycarbonyl-propyl]-[methyl-carboxy-cyclohexyl]-hexahydro- 10 4120
—, Oxo-methyl-[methyl-carboxy-propyl]-[methyl-carboxy-cyclohexyl]-hexahydro- 10 4119
—, Oxo-methyl-[methyl-methoxycarbonyl-propyl]-[methyl-carboxy-cyclohexyl]-hexahydro- 10 4120
—, Oxo-methyl-[methyl-methoxycarbonyl-propyl]-[methyl-methoxycarbonyl-cyclohexyl]-hexahydro-, methylester 10 4120
—, Oxo-methyl-tetrahydro-, äthylester 10 2956
—, Oxo-phenyl-, äthylester 10 3382
—, Oxo-tetrahydro-, äthylester 10 2954
—, Phenyl- 9 3460
—, Phenyl-, äthylester 9 3460
—, Phenyl-, [diäthylamino-äthylester] 9 3460
—, Phenyl-, methylester 9 3460
—, Phenyl-, nitril 9 3461
—, Semicarbazono-, äthylester 10 3154
—, Semicarbazono-hexahydro- 10 2910
—, Semicarbazono-hexahydro-, äthylester 10 2910
—, Semicarbazono-methyl-hexahydro- 10 2923
—, Tetramethyl- 9 2878
—, Trimethyl-[äthoxycarbonyl-phenyl]-, äthylester 9 4644
—, Trimethyl-[carboxy-phenyl]- 9 4644
Indan-carbonsäure-amid 9 2776, 2777
— [diäthylamino-äthylester] 9 2776
— methylester 9 2776
— nitril 9 2777
Indan-carbonylchlorid, Hexahydro- 9 219
—, Methyl- 9 2806
—, Methyl-hexahydro- 9 235
Indan-dicarbonsäure 9 4392
—, Brom-methoxy-dioxo-methyl-, dimethylester 10 4811
—, Chlor-methoxy-dioxo-methyl-, dimethylester 10 4811
—, Dibrom-tetramethyl-tetrahydro- 9 4078
—, Dichlor-brom-hydroxy-oxo- 10 4751
—, Hydroxy-, diäthylester 10 2264

Indan-dicarbonsäure, Hydroxy-methyl-tetrahydro-, diäthylester 10 3935
—, Methoxy-dioxo-methyl-, dimethylester 10 4810
—, Oxo-dimethyl-hexahydro-, diäthylester 10 3937
—, Oxo-hexahydro-, diäthylester 10 3932
—, Oxo-methyl-hexahydro-, diäthylester 10 3934, 3935
—, Phenyl- 9 4614
—, Phenyl-, dimethylester 9 4614
—, Tetrahydro- 9 4055
—, Tetramethyl-tetrahydro- 9 4078
Indan-dicarbonsäure-äthylester 9 4393
— äthylester-nitril 9 4393
— dimethylester 9 4393
— nitril-benzylidenhydrazid 9 4393
— nitril-hydrazid 9 4393
Indandion, Benzoyloxy- 9 796
—, Dimethyl-, [benzoyl-oxim] 9 1288
—, Dimethyl-, bis-[benzoyl-oxim] 9 1288
—, Methyl-, [benzoyl-oxim] 9 1288
Indanol, Benzoyloxy- 9 587
Indanon, Benzoyloxy- 9 742
—, Benzoyloxyimino-dimethyl- 9 1288
—, Benzoyloxyimino-methyl- 9 1288
—, Hexahydro-, [benzoyl-oxim] 9 1275
—, Tetrahydro-, [benzoyl-oxim] 9 1276
Indanon-[benzoyl-oxim] 9 1281
Indan-tricarbonsäure, Carboxymethyl- 9 4883
Indanylbenzoat 9 454
Inden, Benzoyloxy-methyl-äthyl-[benzoyloxy-phenyl]- 9 647
—, Benzoyloxy-triphenyl- 9 532
—, Bis-[cyan-äthyl]- 9 4450
—, [Chlor-benzoyloxy]-triphenyl- 9 1358
—, [Nitro-benzoyloxy]-methyl-äthyl-[(nitro-benzoyloxy)-phenyl]- 9 1653
—, Tris-[carboxy-äthyl]- 9 4832
—, Tris-[cyan-äthyl]- 9 4832
Inden-carbamid 9 3069
Inden-carbonitril, Amino- 10 3154
—, Hydroxy- 10 3155
—, Hydroxy-methoxy- 10 4335
—, Methoxy- 10 991
—, Oxo-diphenyl- 10 3488
Inden-carbonsäure 9 3068, 3069
—, Acetoxy-oxo-, äthylester 10 4375
—, Amino-, nitril 10 3154
—, Brom-diphenyl- 9 3652
—, Brom-hydroxy-oxo-, äthylester 10 3588
—, Chlor-hydroxy-oxo-, äthylester 10 3588

Inden-carbonsäure, Dimethyl-isopropyl-
9 3102
—, Diphenyl-, methylester 9 3652
—, Heptachlor-oxo-dihydro-, äthylester
10 3155
—, Heptachlor-oxo-dihydro-,
methylester 10 3155
—, Hexahydro- 9 312
—, Hydroxy- 10 990, 991, 3154
—, Hydroxy-[carboxy-propyl]-
s. *Buttersäure, [Hydroxy-carboxy-
indenyl]*-
—, Hydroxy-hexahydro-, äthylester
10 2911
—, Hydroxy-methoxy-oxo-methyl-,
methylester 10 4630
—, Hydroxy-oxo-, äthylester 10 3587
—, Hydroxy-oxo-, butylester 10 3588
—, Hydroxy-oxo-, methylester 10 3587
—, Hydroxy-phenyl-, äthylester 10 3382
—, Methoxy-, nitril 10 991
—, Methoxy-oxo- 10 4375
—, Methyl- 9 3078
—, Nitro-hydroxy-oxo-, äthylester
10 3589
—, Nitro-hydroxy-oxo-, methylester
10 3588
—, Oxo-cyclohexyl- 10 3280
—, Oxo-dimethyl-tetraphenyl-tetrahydro-
10 3511
—, Oxo-dimethyl-tetraphenyl-tetrahydro-,
äthylester 10 3511
—, Oxo-diphenyl-, nitril 10 3488
—, Oxo-methyl- 10 3231
—, Oxo-methyl-, methylester 10 3231
—, Oxo-tetraphenyl-tetrahydro- 10 3510
—, Oxo-tetraphenyl-tetrahydro-,
äthylester 10 3510
—, Oxo-tetraphenyl-tetrahydro-,
methylester 10 3510
—, Phenyl-, äthylester 9 3505
—, Phenyl-, methylester 9 3505
—, Semicarbazono-methyl- 10 3231
—, Tetraphenyl-tetrahydro- 9 3694
Inden-carbonsäure-amid 9 3069
— chlorid 9 3069
— [diäthylamino-äthylester] 9 3069
Inden-carbonylchlorid 9 3069
Inden-dicarbonsäure 9 4432
—, Hydroxy-hexahydro-, diäthylester
10 3932
—, Hydroxy-methoxy-oxo-methyl-,
methylester 10 4810
—, Hydroxy-methyl-hexahydro-,
diäthylester 10 3934
—, Phenyl-, dimethylester 9 4654
—, Tetramethyl-tetrahydro- 9 4353
Indeno[1.2-*b*]anthracen-carbonsäure,
Trioxo-dihydro- 10 3501, 4036

Indeno[5.4-*a*]anthracen-dicarbonsäure,
Hydroxy-dimethyl-[dimethyl-hexyl]-
tetradecahydro- 10 2386
—, Hydroxy-dimethyl-[dimethyl-hexyl]-
tetradecahydro-, diäthylester
10 2386
Indeno[1.2-*j*]fluoranthen-carbonsäure,
Hydroxyimino-phenyl- 10 3512
—, Oxo-phenyl- 10 3512
Indeno[1.2-*a*]fluoren-carbamid,
Dioxo-dihydro- 10 3677
Indeno[1.2-*a*]fluoren-carbonsäure,
Dioxo-dihydro- 10 3677
—, Dioxo-dihydro-, äthylester 10 3677
—, Dioxo-dihydro-, amid 10 3677
Indeno[1.2-*b*]furan, Hydroxy-dimethoxy-
dioxo-tetrahydro- 10 4751
—, Hydroxy-dimethoxy-oxo-[dimethoxy-
phenyl]-dihydro- 10 4832
—, Hydroxy-dioxo-methyl-tetrahydro-
10 3592
—, Hydroxy-dioxo-tetrahydro- 10 3590
—, Hydroxy-oxo-[dioxo-indanyliden]-
tetrahydro- 10 4030
—, Hydroxy-oxo-[methoxy-phenyl]-
dihydro- 10 4477
—, Hydroxy-oxo-methyl-[dioxo-
indanyliden]-tetrahydro- 10 4031
—, Hydroxy-oxo-naphthyl-dihydro-
10 3472
—, Hydroxy-oxo-phenyl-benzhydryliden-
dihydro- 10 3508
—, Hydroxy-oxo-phenyl-benzyliden-
dihydro- 10 3497
—, Hydroxy-oxo-phenyl-dihydro- 10 3406
—, Hydroxy-oxo-phenyl-[dioxo-
indanyliden]-tetrahydro- 10 4037
—, Hydroxy-oxo-phenyl-[diphenyl-
allyliden]-dihydro- 10 3509
Indeno[2.1-*b*]furan, Hydroxy-dioxo-
tetrahydro- 10 3589
Indeno[1.2.3-*de*]isochromen-carbonsäure,
Hydroxy-oxo-[hydroxy-phenyl]-
10 4796
Indenon, Hydroxy-benzoyloxy- 9 796
—, Phenyl-[benzoyloxy-phenyl]- 9 777
Indeno[1.2-*c*]phenanthren-carbonsäure
9 3665
Indeno[1.2-*l*]phenanthren-carbonsäure,
Phenyl- 9 3692
—, Tetrahydro- 9 3641
—, Tetrahydro-, äthylester 9 3641
Indeno[1.2-*a*]triphenylen-carbonsäure,
Oxo-phenyl- 10 3512
asym-Inosit, Hexabenzoyl- 9 713
myo-Inosit, Hexakis-[dinitro-benzoyl]-
9 1922
epi-Inosose, Pentabenzoyl- 9 846
myo-Inosose, Pentabenzoyl- 9 846

scyllo-Inosose, Pentabenzoyl- **9** 846
Ironsäure, Tetrahydro- **9** 124
Isäthionsäure, Phenylacetyl- **9** 2190
—, [Phenyl-propionyl]- **9** 2392
Isatronsäure 9 3516
α-**Isatropasäure 9** 4635
α-**Isatropasäure-**äthylester **9** 4635
β-**Isatropasäure 9** 4634
β-**Isatropasäure-**äthylester **9** 4635
Isoabietinsäure 9 2909
Iso-acetylsiaresinolsäure 10 1916
17-Iso-ätioallocholansäure 9 2645
Isoagathendisäure 9 4368
—, Dihydro- **9** 4085
Isoagathendisäure-diäthylester **9** 4369
— dimethylester **9** 4369
Isoagathensäure, Hydroxy-, methylester
　　10 663
Isoalantolsäure, Dihydro- **10** 82
Isoalantsäure 10 659
17-Iso-alloätiocholansäure 9 2645
Isoalloätiolithobiliansäure 9 4784
Isoallolithobiliansäure 9 4789
17-Iso-allopregnansäure 9 2649
Iso-α-amyradienonol, Benzoyl- **9** 760
Iso-α-amyrenonol, Benzoyl- **9** 753
Isoandrolsäure 10 1360
Isoaposantensäure 9 3825
Isoarctigeninsäure 10 2584
Isoarctigeninsäure-methyläther **10** 2585
Isoasparagin, Benzoyl- **9** 1189
Isobenihisäure 9 219
Isobenihisäure-amid **9** 220
Isobenzil 9 635
Isobenzofuran, Brom-hydroxy-oxo-[brom-
　　phenyl]-octahydro- **10** 3190
—, Dihydroxy-oxo-[brom-phenyl]-
　　octahydro- **10** 4350
—, Hydroxy-oxo-benzyl-hexahydro-
　　10 3236
—, Hydroxy-oxo-benzyl-octahydro-
　　10 3197
—, Hydroxy-oxo-[brom-phenyl]-octahydro-
　　10 3189
—, Hydroxy-oxo-butyl-hexahydro-
　　10 2933
—, Hydroxy-oxo-butyl-octahydro- **10** 2886
—, Hydroxy-oxo-dimethyl-[dimethyl-
　　phenyl]-hexahydro- **10** 3243, 3244
—, Hydroxy-oxo-dimethyl-[methoxy-
　　phenyl]-hexahydro- **10** 4381
—, Hydroxy-oxo-dimethyl-phenyl-
　　hexahydro- **10** 3239
—, Hydroxy-oxo-dimethyl-p-tolyl-
　　hexahydro- **10** 3243
—, Hydroxy-oxo-methyl-diphenyl-
　　hexahydro- **10** 3421
—, Hydroxy-oxo-methyl-phenyl-hexahydro-
　　10 3237

Isobenzofuran, Hydroxy-oxo-naphthyl-
　　hexahydro- **10** 3395
—, Hydroxy-oxo-naphthyl-octahydro-
　　10 3357
—, Hydroxy-oxo-phenyl-hexahydro-
　　10 3234
—, Hydroxy-oxo-phenyl-octahydro-
　　10 3188
—, Hydroxy-oxo-propyl-octahydro-
　　10 2875
—, Hydroxy-oxo-p-tolyl-hexahydro-
　　10 3237
—, Hydroxy-oxo-trimethyl-hexahydro-
　　10 2921
Iso-α-benzylcrotonsäure 9 2786
Isobernsteinsäure s. *Malonsäure, Methyl-*
Isobicycloeksantalsäure 9 335
Isobiliansäure 10 4151
Isobiliansäure-dioxim **10** 4151
— disemicarbazon **10** 4152
— trimethylester **10** 4152
Isoboletol 10 4828
Isoborneol, [Carboxy-benzoyl]- **9** 4152
—, [Dinitro-benzoyl]- **9** 1834
—, [Nitro-benzoyl]- **9** 1574
Isobufocholansäure 9 2656
—, Acetoxy- **10** 687
—, Hydroxy- **10** 687
Isobuttersäure s. a. *Propionsäure,*
　　Methyl-
—, [Äthyliden-cyclobutyl]- **9** 204
—, Benzamino- **9** 1150
—, Benzamino-, benzyloxyamid **9** 1150
—, Benzamino-, hydroxyamid **9** 1150
—, Benzamino-, methylamid **9** 1150
—, [Benzamino-propionylamino]- **9** 1144
—, [(Benzoyl-alanyl)-amino]- **9** 1144
—, Benzoyloxy-, methylester **9** 859
—, Benzoyloxy-, [naphthyl-methylester]
　　9 859
—, Benzyl- **9** 2518
—, Cinnamoyloxy-, [cyclopentenyl-
　　tridecylester] **9** 2705
—, Cyclohexenyl- **9** 192
—, Cyclohexyl- **9** 82
—, Cyclopentenyl- **9** 185
—, Cyclopentenyl-, amid **9** 186
—, Cyclopentenyl-, nitril **9** 186
—, Diäthylamino-benzoyloxy-,
　　benzylester **9** 894
—, Diäthylamino-benzoyloxy-,
　　isopropylester **9** 894
—, Diäthylamino-benzoyloxy-,
　　propylester **9** 894
—, Diäthylamino-[nitro-benzoyloxy]-,
　　benzylester **9** 1705
—, [Dimethyl-phenyl]- **9** 2558
—, Hydroxy-dibenzoyloxy- **9** 867
—, [Methyl-cyclopentenyl]- **9** 204

Isobuttersäure, Phenyl- 9 2476
—, [Phenyl-acetamino]- 9 2216
—, [Phenyl-acetamino]-, methylester 9 2216
—, [Phenyl-acetamino]-diäthoxy- 9 2240
—, [Phenyl-acetamino]-diäthoxy-, methylester 9 2240
—, [Phenyl-acetamino]-dimethoxy- 9 2240
—, [Phenyl-acetamino]-dimethoxy-, benzylester 9 2240
—, p-Tolyl- 9 2525
—, Tribenzoyloxy- 9 867
Isobutylbenzoat 9 394
Isobutylsalicylat 10 121
Isobutyraldehyd-[chlor-benzoylhydrazon] 9 1351, 1368
— [dinitro-benzoylhydrazon] 9 1946
— [dinitro-methyl-benzoylhydrazon] 9 2372
— [jod-benzoylhydrazon] 9 1440, 1447
— naphthoylhydrazon 9 3188
— [nitro-benzoylhydrazon] 9 1525
Isobutyramid, Benzamino-methyl- 9 1150
Isobutyrohydroxamsäure, Benzamino- 9 1150
—, Benzamino-, benzylester 9 1150
Isocamphenansäure 9 222
Isocamphenilansäure 9 222
Isocamphenilansäure-amid 9 223
— chlorid 9 222
— nitril 9 223
Isocamphersäure 9 3878; Derivate s. unter Cyclopentan-dicarbonsäure
Isocamphocamphersäure 9 3897
Isocapronsäure s. Valeriansäure, Methyl-
Isocarvomenthol, [Carboxy-benzoyl]- 9 4135
—, [Dinitro-benzoyl]- 9 1815
—, [Nitro-benzoyl]- 9 1560
Isocarvomenthon-[(nitro-benzoyl)-oxim] 9 1749
Isocassansäure 9 356
Isocassansäure-methylester 9 356
Isocedrendicarbonsäure 9 4030
Isocedrendicarbonsäure-dimethylester 9 4030
Isochaulmoograldehyd 9 284
Isochaulmoograsäure 9 284
Isochavibetol, Benzoyl- 9 584
Isochenocholoidansäure 9 4906
Isochinochromin 10 2307
Isochinovatrienalkohol, Benzoyl- 9 515, 10 2310
Isocholadiensäure, Dihydroxy- 10 1913
Isochollepidansäure 10 4121
Isochollepidansäure-hexamethylester 10 4121
β-Isocholoidansäure 9 4904

Isocholsäure 10 2167
Isochroman-carbonsäure, Oxo-dimethyl-[acetoxy-isopropyl]-hexahydro- 10 2414
Isochromandion, Hydroxy-acetyl- 10 3977
—, Hydroxy-äthyl- 10 3551, 3554
—, Hydroxy-[chlor-äthyl]- 10 3554
Isochromanon, Dihydroxy-diphenyl- 10 4492
—, Dihydroxy-[hydroxy-methoxy-(oxo-heptyl)-benzoyloxy]-pentyl- 10 4567
—, Dihydroxy-methoxy-pentyl- 10 4565
—, Hydroxy-[dihydroxy-phenyl]- 10 4672
—, Hydroxy-dimethoxy-methyl- 10 4550
—, Hydroxy-dimethoxy-pentyl- 10 4565
—, Hydroxy-[dimethoxy-phenyl]- 10 4673
—, Hydroxy-dimethoxy-propyl- 10 4562
—, Hydroxy-dimethyl- 10 3072
—, Hydroxy-dimethyl-phenyl- 10 3344, 3345
—, Hydroxy-diphenyl- 10 3458
—, Hydroxy-[hydroxy-dimethyl-phenyl]- 10 4455, 4456
—, Hydroxy-[hydroxy-methyl-isopropyl-phenyl]- 10 4460
—, Hydroxy-[hydroxy-methyl-phenyl]- 10 4449
—, Hydroxy-[hydroxy-phenyl]- 10 4434
—, Hydroxy-methoxy-[dimethoxy-phenyl]- 10 4766
—, Hydroxy-methoxy-[methoxy-phenyl]- 10 4672
—, Hydroxy-[methoxy-phenyl]- 10 4435, 4436
—, Hydroxy-methyl-[dimethyl-phenyl]- 10 3354
—, Hydroxy-methyl-diphenyl- 10 3463
—, Hydroxy-phenyl- 10 3311, 3313
—, Hydroxy-tetramethyl- 10 3100
—, Hydroxy-tetraphenyl- 10 3509
—, Hydroxy-p-tolyl- 10 3330
—, Hydroxy-trimethyl- 10 3086, 3088
—, Hydroxy-triphenyl- 10 3502
—, Tetrahydroxy-methyl- 10 4726
—, Trihydroxy-methyl- 10 4550
—, Trihydroxy-pentyl- 10 4565
Isochromen-carbonsäure, Hydroxy-diacetoxy-trimethyl- 10 4744
Isocinnamylidenessigsäure 9 3070
Isocochenillesäure 10 2573
Isocumarin, [Trihydroxy-phenyl]- 9 4268
Isocyclocamphanol, [Dinitro-benzoyl]- 9 1842
Isodehydroapocamphersäure 9 3968
Isodehydroergosterin, [Dinitro-benzoyl]- 6 3475
Isodehydrohederagenin 10 1949
Isodehydrooleanolsäure 10 1148
Isodehydroursolsäure 10 1144

Isodesoxybiliansäure 10 4126
—, Pernitroso- 10 4127
Isodextropimarsäure 9 2912
—, Dihydro- 9 2644
—, Dihydro-, methylester 9 2644
Iso-diacetylsiaresinolsäure 10 1916
Iso-diacetylsiaresinolsäure-methylester
　　10 1918
Isodigitoxigeninsäure 10 4581
Isodigitoxigeninsäure-methylester
　　10 4582
— methylester-semicarbazon 10 4582
Isodigoxigeninsäure 10 4735
Isodigoxigeninsäure-methylester 10 4735
Isodigoxigenonsäure-methylester 10 4757
Isodihydroabietinsäure 9 2636
Isodihydrocinerin-I 9 101
Isodihydrocinerin-II 9 3901
Isodihydropyrethrin-I 9 102
Isodihydropyrethrin-II 9 3901
Isodihydrotubasäure 10 1863
Isodihydroxycholadiensäure 10 1913
Isodioxycholadiensäure 10 1913
Isodioxycholensäure 10 1887
β-Isodioxycholensäure 10 1887
Isodioxycholensäureoxid 10 1887
Isodivaricatinsäure 10 1559
β-Isodurylsäure 9 2489
γ-Isodurylsäure 9 2489
Isoelemadienonsäure 10 3255
Isoelemadiensäure 9 3129
Isoelemensäure 9 2929
Isoelementrionsäure 10 4002
Isoelemonsäure 10 3225
Isoeugenol, Benzoyl- 9 584
—, [Dinitro-benzoyl]- 9 1910
—, [Nitro-benzoyl]- 9 1647
Isoeverninsäure 10 1480
Isoevernsäure 10 1489
Isofenchocamphersäure 9 3898
—, Methyl- 9 3919
—, Oxy- 10 2040
Isofenchocamphononsäure 10 2848
α-Isofenchocamphorol, [Carboxy-
　　benzoyl]- 9 4143
β-Isofenchocamphorol, [Carboxy-
　　benzoyl]- 9 4143
α-Isofenchol, Benzoyl- 9 413
—, [Carboxy-benzoyl]- 9 4151
β-Isofenchol, [Carboxy-benzoyl]- 9 4151
Isofenchol-carbonsäure 10 68
Isoferulasäure 10 1835; Derivate s. unter
　　Zimtsäure
Isogibbersäure 10 3285
Isogitoxigeninsäure 10 4735
Isogitoxigeninsäure-methylester 10 4735
Isoglutamin, Benzoyl- 9 1190
Isohämatommsäure 10 4534; O-Derivate
　　s. unter Benzoesäure

Isohämatommsäure-äthylester 10 4535
— butylester 10 4535
— isobutylester 10 4536
— isopropylester 10 4535
— methylester 10 4534
— propylester 10 4535
Isoharnstoff, Äthyl-[hydroxyimino-
　　phenyl-acetyl]- 10 2975
—, Äthyl-phenylglyoxyloyl- 10 2975
—, Äthyl-[semicarbazono-phenyl-acetyl]-
　　10 2976
Isohemipinsäure 10 2435; Derivate s. unter
　　Isophthalsäure
Isohomonorcamphersäure 9 3823
Isohomopinocamphersäure 9 3919
—, Oxy-, methylester 10 2043
Isohydrobenzoin, Dibenzoyl- 9 623
Isoindolinon, Hydroxy-äthyl-phenyl-
　　10 3295
—, Hydroxy-methyl- 10 3026
—, Hydroxy-phenyl- 10 3295
Isoisopulegol, [Dinitro-benzoyl]-
　　9 1830
Isoketodiacetylhederagenin 10 4648
Isoketopinsäure 10 2914;
　　Derivate s. unter Bornansäure
Isolauronolsäure 9 186
—, Dihydro- 9 75
Isolavandulol, [Dinitro-benzoyl]-
　　9 1825
Isoleucin, Benzoyl- 9 1161
—, [Dinitro-benzoyl]- 9 1940
—, [Nitro-benzoyl]- 9 1735
—, [(Nitro-phenyl)-acetyl]- 9 2290
—, Phenylacetyl- 9 2219
—, Phenylthioacetyl- 9 2296
Isolithobiliansäure 10 4786, 4789
Isolongifolsäure 9 346
Isolongifolsäure-methylester 9 347
Isolupanolsäure, Acetyl- 10 987
Isomagnolol, Dibenzoyl- 9 647
Isomenthol, [Carboxy-benzoyl]- 9 4136
—, [Dinitro-benzoyl]- 9 1816
—, Naphthoyl- 9 3178
—, [Nitro-benzoyl]- 9 1561, 1562
Isomyrtanol, Benzoyl- 9 413
—, [Carboxy-benzoyl]- 9 4150
Isomyrtansäure 9 219
Isomyrtansäure-amid 9 220
— methylester 9 219
Isonoragathensäure 9 2634
—, Dihydro-, methylester 9 350
Isonorcedrendicarbonsäure 5 1095
α-Iso-norcholsäure 10 2157
α-Iso-norcholsäure-methylester
　　10 2157
Isonorciliansäure 10 4171
Isooleanolsäure, Keto- 10 4391
Isoolivilsäure, Dimethyl- 10 2630

Isopentylbenzoat 9 397
Isopentylcinnamat 9 2686
Isopentylidendiamin, Benzoyl- 9 1097
—, Benzoyl-benzyloxycarbonyl- 9 1097
—, Dibenzoyl- 9 1097
—, [Hippuroylamino-propionyl]-
    benzyloxycarbonyl- 9 1131
Isopentylsalicylat 10 123
Isophenolphthalin 10 2013
α-Isophenylessigsäure 9 2169
β-Isophenylessigsäure 9 2169
γ-Isophenylessigsäure 9 2169
δ-Isophenylessigsäure 9 2169
Isophoroncarbonsäure-äthylester 10 2908
Isophotosantonsäure 10 4505
Isophthalaldehydsäure,
    Bis-äthoxycarbonylmethoxy-,
    methylester 10 4516
—, Bis-äthoxycarbonyloxy-methyl-,
    methylester 10 4538
—, Brom-dihydroxy-, methylester
    10 4516
—, Chlor-dihydroxy-methyl- 10 4541
—, Chlor-dihydroxy-methyl-, äthylester
    10 4542
—, Chlor-dihydroxy-methyl-,
    methylester 10 4542
—, Chlor-hydroxy- 10 4208, 4209
—, Chlor-hydroxy-, oxim 10 4208
—, Diacetoxy- 10 4517
—, Dibenzyloxy-, methylester 10 4515
—, Dibenzyloxy-methyl-, methylester
    10 4538
—, Dihydroxy- 10 4514, 4516
—, Dihydroxy-, methylester 10 4514, 4516
—, Dihydroxy-äthyl- 10 4552
—, Dihydroxy-äthyl-, methylester
—, Dihydroxy-dimethyl-, äthylester 10 4552
    10 4552
—, Dihydroxy-dimethyl-, butylester
    10 4553
—, Dihydroxy-dimethyl-, isobutylester
    10 4553
—, Dihydroxy-dimethyl-, isopentylester
    10 4553
—, Dihydroxy-dimethyl-, methylester
    10 4552, 4553, 4554
—, Dihydroxy-dimethyl-, propylester
    10 4553
—, Dihydroxy-hydroxymethyl- 10 4723
—, Dihydroxy-methoxy-, methylester
    10 4718
—, Dihydroxy-methyl- 10 4534, 4536
—, Dihydroxy-methyl-, äthylester
    10 4535, 4538
—, Dihydroxy-methyl-, butylester
    10 4535, 4539
—, Dihydroxy-methyl-, [dihydroxy-
    formyl-benzylester] 10 4539

Isophthalaldehydsäure, Dihydroxy-methyl-,
    isobutylester 10 4536, 4539
—, Dihydroxy-methyl-, isopropylester
    10 4535, 4539
—, Dihydroxy-methyl-, methylester
    10 4534, 4536, 4542
—, Dihydroxy-methyl-, propylester
    10 4535, 4539
—, Dimethoxy- 10 4514, 4517
—, Dimethoxy-, methylester 10 4515
—, Dimethoxy-methyl-, methylester
    10 4537, 4543
—, Hydroxy- 10 4209, 4211
—, Hydroxy-äthoxycarbonylmethoxy-,
    methylester 10 4515
—, Hydroxy-äthoxycarbonyloxy-methyl-,
    methylester 10 4538
—, Hydroxy-benzyloxy- 10 4514
—, Hydroxy-benzyloxy-, methylester
    10 4515
—, Hydroxy-benzyloxy-methyl-,
    methylester 10 4537, 4538
—, Hydroxy-carboxymethoxy- 10 4514
—, Hydroxy-methoxy- 10 4517
—, Hydroxy-methoxy-, methylester
    10 4515
—, Hydroxy-methoxy-methyl- 10 4534,
    4536
—, Hydroxy-methoxy-methyl-, [dihydroxy-
    methyl-formyl-phenylester]
    10 4539
—, Hydroxy-methoxy-methyl-,
    methylester 10 4534, 4535, 4537, 4543
—, Methoxy-acetoxy-, nitril 10 4517
—, Methoxy-äthoxycarbonyloxy-methyl-
    10 4536
—, Methoxy-äthoxycarbonyloxy-methyl-,
    methylester 10 4538, 4543
—, Methoxy-benzyloxy-methyl-,
    methylester 10 4538
—, Nitro-dihydroxy-, methylester
    10 4516
—, Trihydroxy- 10 4718
—, Trihydroxy-, methylester 10 4718
Isophthalaldehydsäure-äthylester 10 2988
— äthylester-semicarbazon 10 2989
— [chlor-äthylester] 10 2989
— methylester 10 2988
— nitril 10 2989
Isophthalamid, Chlor- 9 4245, 4246
—, Dihydroxy-dimethyl-cyan-
    10 2602
—, Dimethyl- 9 4298
—, Hydroxy- 10 2194
—, Methyl- 9 4275
—, Methyl-tetraäthyl- 9 4274
—, Nitro- 9 4248
—, Tetraäthyl- 9 4242
Isophthalamidsäure 9 4242

Isophthalonitril 9 4243
—, Dimethoxy- 10 2436
—, Dimethyl- 9 4298
—, Methoxy-acetoxy- 10 2436
—, Methyl- 9 4274, 4275
—, Nitro- 9 4248
—, Propandiyldioxy-di- 10 2195
Isophthaloylbromid, Bis-dibrommethyl-
  9 4298
Isophthaloylchlorid 9 4242
—, Chlor- 9 4245, 4246
—, Dimethyl- 9 4298
—, Dinitro- 9 4249
—, Fluor- 9 4245
—, Methoxy- 10 2194
—, Methyl- 9 4275
—, Nitro- 9 4247, 4248
—, Trichlormethyl- 9 4275
Isophthaloylfluorid, Trifluormethyl- 9 4275
Isophthalsäure 9 4240
—, Acetoxy-äthyl- 10 2221
—, Acetoxy-methyl-[oxo-(diacetoxy-
  methoxycarbonyl-phenyl)-propenyl]-,
  dimethylester 10 4870
—, Acetyl- 10 3962
—, Äthoxycarbonylmethyl- 9 4795
—, Äthyl- 9 4296
—, Anthrylmethyl- 9 4706
—, Benzoyl- 10 4007, 4008
—, Benzoyl-, dimethylester 10 4007, 4008
—, Bis-[carboxy-äthyl]- 9 4879
—, Bis-[carboxy-vinyl]- 9 4886
—, Bis-dibrommethyl-, dibromid 9 4298
—, Bis-[methoxycarbonyl-äthyl]-,
  dimethylester 9 4879
—, [Bis-methoxycarbonyl-benzhydryl]-,
  dimethylester 9 4900
—, Bis-[tetrahydro-naphthylmethyl]-
  9 4712
—, Brom- 9 4246, 4247
—, Brom-, dimethylester 9 4246
—, Brom-dimethoxy- 10 2436
—, Brom-dimethoxy-, diphenacylester
  10 2436
—, Brom-methoxy- 10 2193
—, sec-Butyl- 9 4325
—, tert-Butyl- 9 4326
—, tert-Butyl-, dimethylester
  9 4326
—, [Carboxy-benzoyl]- 10 4140
—, Carboxymethyl- 9 4795
—, Carboxymethyl-isopropyl- 9 4811
—, [Carboxy-phenyl]- 9 4837
—, [Carboxy-propyl]- 9 4802
—, Chlor- 9 4245, 4246
—, Chlor-, diäthylester 9 4246
—, Chlor-, diamid 9 4245, 4246
—, Chlor-, dichlorid 9 4245, 4246
—, Chlor-, dimethylester 9 4245, 4246

Isophthalsäure, Chlor-, nitril 9 4246
—, Chlor-hydroxy- 10 2192
—, Chlor-hydroxy-, diäthylester 10 2192
—, [Dicarboxy-benzhydryl]- 9 4900
—, Dichlor- 9 4246
—, Difluor-jod- 9 4247
—, Diformyl- 10 4064
—, Dihydroxy- 10 2433, 2434, 2436
—, Dihydroxy-, diäthylester 10 2437
—, Dihydroxy-, dimethylester 10 2435, 2437
—, Dihydroxy-, methylester 10 2435
—, Dihydroxy-äthoxy-, diäthylester
  10 2558
—, Dihydroxy-äthoxycarbonylmethyl-,
  äthylester 10 2603
—, Dihydroxy-äthoxycarbonylmethyl-,
  diäthylester 10 2603
—, Dihydroxy-carbamoyl-, diäthylester
  10 2601
—, Dihydroxy-carbonyl-di- 10 4871
—, Dihydroxy-carboxymethyl-,
  äthylester 10 2603
—, Dihydroxy-[chlor-äthylcarbamoyl]-,
  diäthylester 10 2601
—, Dihydroxy-cyan-, bis-methylamid
  10 2602
—, Dihydroxy-cyan-, diäthylester
  10 2601
—, Dihydroxy-[hydroxy-äthylcarbamoyl]-,
  diäthylester 10 2601
—, Dihydroxy-methylen-di- 10 2635
—, Dihydroxy-methylen-di-,
  tetramethylester 10 2635
—, Dimethoxy- 10 2433, 2434, 2435, 2436
—, Dimethoxy-, diäthylester 10 2437
—, Dimethoxy-, dimethylester 10 2434,
  2436, 2437
—, Dimethoxy-, dinitril 10 2436
—, Dimethoxy-, methylester 10 2433
—, Dimethoxy-, methylester-nitril
  10 2438
—, Dimethoxy-, nitril 10 2436
—, Dimethoxy-äthoxy- 10 2558
—, Dimethoxy-äthoxy-, dimethylester
  10 2557
—, Dimethoxy-carbonyl-di- 10 4872
—, Dimethoxy-carbonyl-di-,
  tetramethylester 10 4872
—, Dimethoxy-methyl- 10 2447
—, Dimethoxy-methyl-, dimethylester
  10 2449
—, Dimethoxy-methyl-, methylester
  10 2448
—, Dimethoxy-methyl-, methylester-
  [dihydroxy-methyl-methoxycarbonyl-
  phenylester] 10 2453
—, Dimethoxy-methyl-, methylester-
  [dimethoxy-dimethyl-
  methoxycarbonyl-phenylester] 10 2454

Isophthalsäure, Dimethoxy-methyl-,
    methylester-[dimethoxy-methyl-
    formyl-phenylester] 10 2451
—, Dimethoxy-methyl-, methylester-
    [hydroxy-methoxy-methyl-formyl-
    phenylester] 10 2450
—, Dimethoxy-methyl-, methylester-
    [methoxy-dimethyl-methoxycarbonyl-
    phenylester] 10 2452
—, Dimethoxy-[methyl-carboxy-äthoxy]-
    10 2557
—, Dimethoxy-methylen-di- 10 2635
—, Dimethyl- 9 4298
—, Dimethyl-, diamid 9 4298
—, Dimethyl-, dichlorid 9 4298
—, Dimethyl-, dinitril 9 4298
—, [Dimethyl-carboxy-äthyl]- 9 4810
—, [Dimethyl-methoxycarbonyl-äthyl]-,
    dimethylester 9 4811
—, Dinitro- 9 4248
—, Dinitro-, äthylester 9 4249
—, Dinitro-, diäthylester 9 4249
—, Dinitro-, dichlorid 9 4249
—, Dinitro-hydroxy-äthyl- 10 2221
—, Dinitro-methoxy-äthyl-,
    dimethylester 10 2221
—, [Dioxo-dihydro-anthracencarbonyl]-
    10 4142
—, Fluor- 9 4244
—, Fluor-, bis-[diäthylamino-
    äthylester] 9 4244
—, Fluor-, bis-[diäthylamino-
    propylester] 9 4244
—, Fluor-, bis-[dibutylamino-
    äthylester] 9 4244
—, Fluor-, bis-[dibutylamino-
    propylester] 9 4245
—, Fluor-, bis-[dipropylamino-
    äthylester] 9 4244
—, Fluor-, bis-[dipropylamino-
    propylester] 9 4245
—, Fluor-, dichlorid 9 4245
—, Formyl- 10 3956
—, Hexahydro- 9 3817
—, Hydroxy- 10 2192, 2193, 2195
—, Hydroxy-, diamid 10 2194
—, Hydroxy-, dimethylester 10 2193
—, Hydroxy-äthoxycarbonyloxy-methyl-,
    diäthylester 10 2449
—, Hydroxy-äthoxy-cyan-,
    bis-methylamid 10 2602
—, Hydroxy-äthyl- 10 2220
—, Hydroxy-äthyl-, dimethylester 10 2221
—, Hydroxy-äthyl-benzyl- 10 2357
—, Hydroxy-dimethoxy-, dimethylester
    10 2557
—, Hydroxy-dimethyl- 10 2223
—, Hydroxy-dimethyl-, diäthylester
    10 2223

Isophthalsäure, Hydroxy-isobutyl-benzyl-
    10 2371
—, [Hydroxy-isopropyl]- 10 2234
—, Hydroxy-methoxy- 10 2435
—, Hydroxy-methoxy-, dimethylester
    10 2435
—, Hydroxy-methoxy-, nitril 10 2437
—, Hydroxy-methoxy-methyl- 10 2447
—, Hydroxy-methoxy-methyl-, [dihydroxy-
    dimethyl-carboxy-phenylester]
    10 2453
—, Hydroxy-methoxy-methyl-, [dihydroxy-
    methyl-carboxy-phenylester]
    10 2452
—, Hydroxy-methoxy-methyl-, [dihydroxy-
    methyl-formyl-carboxy-phenylester]
    10 4722
—, Hydroxy-methoxy-methyl-, [dihydroxy-
    methyl-formyl-phenylester]
    10 2450
—, Hydroxy-methoxy-methyl-,
    dimethylester 10 2449
—, Hydroxy-methoxy-methyl-, [hydroxy-
    dimethyl-carboxy-phenylester]
    10 2451
—, Hydroxy-methoxy-methyl-,
    methylester 10 2448
—, Hydroxy-methoxy-methyl-,
    methylester-[dihydroxy-dimethyl-
    methoxycarbonyl-phenylester]
    10 2453
—, Hydroxy-methoxy-methyl-,
    methylester-[dihydroxy-methyl-
    carboxy-phenylester] 10 2452
—, Hydroxy-methoxy-methyl-,
    methylester-[dihydroxy-methyl-
    formyl-methoxycarbonyl-
    phenylester] 10 4722
—, Hydroxy-methoxy-methyl-,
    methylester-[dihydroxy-methyl-
    formyl-phenylester] 10 2450
—, Hydroxy-methoxy-methyl-,
    methylester-[dihydroxy-methyl-
    methoxycarbonyl-phenylester]
    10 2452
—, Hydroxy-methoxy-methyl-,
    methylester-[dimethoxy-methyl-
    formyl-phenylester] 10 2450
—, Hydroxy-methoxy-methyl-,
    methylester-[hydroxy-dimethyl-
    methoxycarbonyl-phenylester]
    10 2451
—, Hydroxy-methoxy-methyl-,
    methylester-[hydroxy-methoxy-
    methyl-methoxycarbonyl-
    phenylester] 10 2453
—, Hydroxy-methyl- 10 2209, 2210
—, Hydroxy-methyl-, diäthylester
    10 2209, 2210

Isophthalsäure, Hydroxy-methyl-,
dimethylester 10 2210
—, Hydroxy-methyl-, methylester 10 2210
—, Hydroxy-methyl-benzyl- 10 2353
—, Hydroxy-methyl-benzyl-,
diäthylester 10 2353
—, Hydroxy-[methyl-carboxy-äthoxy]-
10 2433
—, Hydroxy-methyl-[hydrazono-
(dihydroxy-methoxycarbonyl-phenyl)-
propenyl]-, dimethylester 10 4870
—, Hydroxy-methyl-[methoxy-benzyl]-
10 2511
—, Hydroxy-methyl-[methoxy-benzyl]-,
diäthylester 10 2511
—, Hydroxy-[methyl-methoxycarbonyl-
äthoxy]-, dimethylester 10 2434
—, Hydroxy-methyl-oxal- 10 4845
—, Hydroxy-methyl-[oxo-(dihydroxy-
methoxycarbonyl-phenyl)-propenyl]-,
dimethylester 10 4870
—, Hydroxy-methyl-phenyl- 10 2348
—, [Hydroxy-oxo-phthalanyl]- 10 4140
—, Hydroxy-pentadecyl- 10 2249
—, Hydroxy-pentadecyl-, diäthylester
10 2249
—, Isopropyl- 9 4311
—, Jod- 9 4247
—, Methoxy- 10 2192, 2193, 2195
—, Methoxy-, bis-[diäthylamino-
äthylester] 10 2194
—, Methoxy-, bis-[diäthylamino-
propylester] 10 2194
—, Methoxy-, bis-[dibutylamino-
äthylester] 10 2194
—, Methoxy-, bis-[dibutylamino-
propylester] 10 2194
—, Methoxy-, bis-[dipropylamino-
äthylester] 10 2194
—, Methoxy-, bis-[dipropylamino-
propylester] 10 2194
—, Methoxy-, diäthylester 10 2194
—, Methoxy-, dichlorid 10 2194
—, Methoxy-, dimethylester 10 2193, 2195
—, Methoxy-acetoxy- 10 2435
—, Methoxy-acetoxy-, dinitril 10 2436
—, Methoxy-äthoxycarbonyloxy-methyl-,
diäthylester 10 2450
—, Methoxy-äthoxycarbonyloxy-methyl-,
methylester 10 2448
—, Methoxy-äthoxycarbonyloxy-methyl-,
methylester-[dihydroxy-dimethyl-
methoxycarbonyl-phenylester] 10 2454
—, Methoxy-äthoxycarbonyloxy-methyl-,
methylester-[dihydroxy-methyl-
formyl-phenylester] 10 2450
—, Methoxy-äthyl- 10 2221
—, Methoxy-benzyloxy-methyl-,
dimethylester 10 2449

Isophthalsäure, Methoxy-benzyloxy-methyl-,
methylester 10 2448
—, Methoxycarbonylmethyl-,
dimethylester 9 4795
—, Methoxy-[carboxy-benzoyl]- 10 4852
—, Methoxy-carboxymethyl- 10 2572
—, Methoxy-[carboxy-phenoxy]- 10 2437
—, Methoxy-[hydroxy-oxo-phthalanyl]-
10 4852
—, Methoxy-methoxycarbonylmethyl-,
dimethylester 10 2572
—, Methoxy-[methoxy-formohydroximoyl-
carboxy-benzyl]- 10 4865
—, Methoxy-[methoxy-formyl-carboxy-
benzyl]- 10 4865
—, Methoxy-methyl- 10 2208
—, Methoxy-[methyl-methoxycarbonyl-
äthoxy]-, dimethylester 10 2434
—, Methoxy-methyl-oxal-, methylester
10 4846
—, Methoxy-oxal- 10 4845
—, Methyl- 9 4273, 4274
—, Methyl-, amid 9 4274
—, Methyl-, bis-diäthylamid 9 4274
—, Methyl-, diamid 9 4275
—, Methyl-, dichlorid 9 4275
—, Methyl-, dimethylester 9 4274
—, Methyl-, dinitril 9 4274, 4275
—, Methyl-, nitril 9 4274
—, [Methyl-butyl]- 9 4338
—, [Methyl-carboxy-äthyl]- 9 4802, 4803
—, Methyl-[isopropyl-carboxy-phenyl]-
9 4841
—, [Methyl-methoxycarbonyl-äthyl]-,
dimethylester 9 4802, 4803
—, Nitro-, amid-nitril 9 4248
—, Nitro-, diamid 9 4248
—, Nitro-, dichlorid 9 4247, 4248
—, Nitro-, dimethylester 9 4248
—, Nitro-, dinitril 9 4248
—, Nitro-, methylester-nitril 9 4248
—, Nitro-benzoyl- 10 4008
—, Nitro-benzoyl-, dimethylester
10 4008
—, Nitro-hydroxy- 10 2194
—, Nitro-hydroxy-, diäthylester
10 2193
—, Nitro-hydroxy-, dimethylester
10 2195
—, Oxal- 10 4128
—, *tert*-Pentyl- 9 4338
—, *tert*-Pentyl-, dimethylester
9 4338
—, Phenoxy- 10 2193
—, Phenyl- s. *Biphenyl-dicarbonsäure*
—, Tetrahydro- 9 3950
—, Tetrajod- 9 4247
—, Tetramethyl- 9 4327
—, Tetramethyl-, dimethylester 9 4328

Isophthalsäure, Triacetoxy-methyl-, diäthylester 10 2561
—, Tribrom- 9 4247
—, Trichloracetyl- 10 3962
—, Trichloracetyl-, äthylester 10 3962
—, Trichlormethyl-, dichlorid 9 4275
—, Trifluormethyl-, difluorid 9 4275
—, Trihydroxy-acetyl-, diäthylester 10 4842
—, Trihydroxy-formyl-, diäthylester 10 4841
—, Trihydroxy-methyl-, diäthylester 10 2561
—, Trimethoxy- 10 2558
—, Trimethoxy-, dimethylester 10 2557
—, Trimethyl- 9 4312
—, Trinitro- 9 4249
[1.3.5-14C]**Isophthalsäure**, Methyl- 9 4274
Isophthalsäure-äthylester 9 4241
— äthylester-nitril 9 4243
— amid 9 4242
— bis-benzylidenhydrazid 9 4244
— bis-[brom-phenacylester] 9 4241
— bis-diäthylamid 9 4242
— bis-[diäthylamino-äthylester] 9 4242
— bis-[(dimethyl-äthyl-ammonio)-äthylester] 9 4242
— bis-[dimethylamino-äthylester] 9 4241
— bis-isopropylidenhydrazid 9 4244
— bis-[oxo-bornylidenhydrazid] 9 4244
— bis-[oxo-trimethyl-norbornylidenhydrazid] 9 4244
— bis-[phenyl-äthylidenhydrazid] 9 4244
— bis-[triäthylammonio-äthylester] 9 4242
— bis-[trimethylammonio-äthylester] 9 4242
— [chlor-äthylester]-nitril 9 4243
— chlorid-nitril 9 4243
— diäthylester 9 4241
— dichlorid 9 4242
— dihydrazid 9 4244
— dimethylester 9 4241
— dinitril 9 4243
— diphenacylester 9 4241
— diphenylester 9 4241
— methylester-nitril 9 4243
— nitril 9 4243
Isopimarsäure 9 2912
—, Dihydro- 9 2644
—, Dihydro-, methylester 9 2644
—, Tetrahydro- 9 355
Isopimarsäure-methylester 9 2913
Isopinocampheol, [Carboxy-benzoyl]- 9 4147
Isopropenylbenzoat 9 402
Isopropylbenzoat 9 391

Isopropylcinnamat 9 2685
Isopropylsalicylat 10 120
Isopulegol, [Dinitro-benzoyl]- 9 1830
Isopurpurogallon 10 2635
Isopyrethrin-I 9 251
Isopyrocalciferol, [Dinitro-methyl-benzoyl]-hexahydro- 9 2369
Isopyroergocalciferol, [Dinitro-benzoyl]- 9 1882
Isopyrovitamin-D₃, [Dinitro-benzoyl]- 9 1872
—, [Nitro-benzoyl]- 9 1609
Isoreduktodehydrocholsäure 10 4621
Isorhizoninsäure s. *Benzoesäure, Hydroxy-methoxy-dimethyl-*
Isorosenonsäure 10 4288
—, Dihydro-, methylester 10 4201
Isorosenonsäure-methylester 10 4288
Isosantenensäure 9 3967
Isosantensäure 9 3847
Isosantonsäure 10 3541
Isoserin, Benzoyl- 9 1169
—, Dibenzoyl- 9 1170
Isoshonansäure 9 306
Isoshonansäure-amid 9 307
— chlorid 9 307
Isosiaresinolsäure, Acetyl- 10 1916
—, Diacetyl- 10 1916, 1918
—, Diacetyl-, methylester 10 1918
Isosiaresinolsäure-methylester 10 1916
Isoskimmiol, Benzoyl- 9 490
Isosphaerophorin 10 1587
Isosquamatsäure 10 2451
Isosterocholansäure 9 2667
—, Tetrahydroxy- 10 2426
—, Tetraketo- 10 4072
—, Trihydroxy- 10 2188
—, Trihydroxy-, lacton 10 2426
—, Trihydroxy-, methylester 10 2189
—, Triketo- 10 3996
—, Triketo-, methylester 10 3996
Isosterocholansäure-methylester 9 2668
Isosterocholensäure 9 2923
—, Trihydroxy- 10 2250
—, Trihydroxy-, methylester 10 2251
—, Triketo- 10 4000
—, Triketo-, methylester 10 4001
Isosterocholensäure-methylester 9 2923
Isosteviol 10 3124
α-**Isostrophanthidindisäure**-dimethylester 10 4844
— methylester 10 4843
— semicarbazon 10 4844
Isoteresantalsäure 9 314
—, Dihydro- 9 221
—, Dihydro-, methylester 9 221
Isoteresantalsäure-methylester 9 315
Isotetraketosterocholansäure 10 4072

Isothioharnstoff, [Acetoxy-äthyl]-bis-
[nitro-benzoyl]- **9** 1726
—, Äthyl-dibenzoyl- **9** 1123
—, Benzaminomethyl- **9** 1092
—, Benzoyl- **9** 1973
—, [(Chlor-cinnamoylamino)-methyl]-
9 2726
—, [Cyan-benzyl]- **10** 533
—, Methyl-dibenzoyl- **9** 1122
Isothiosemicarbazid, Dimethyl-benzoyl-
9 1321
—, Dimethyl-[methoxy-benzoyl]- **10** 355
—, Methyl-benzoyl- **9** 1321
—, Methyl-[chlor-benzoyl]- **9** 1373
—, Methyl-isopropyl-benzoyl- **9** 1322
—, Methyl-[methoxy-benzoyl]- **10** 355
—, Methyl-[nitro-benzoyl]- **9** 1758
Isothiuronium, Benzaminomethyl- **9** 1092
—, [Chlor-cinnamoylaminomethyl]-
9 2726
—, [Cyan-benzyl]- **10** 533
Isothujon-[nitro-benzoylhydrazon]
9 1484, 1754
— [(nitro-benzoyl)-oxim] **9** 1750
Iso-α-tocopherylhydrochinon, Bis-
[brom-benzoyl]- **9** 1413
Isoursocholoidansäure 9 4906
Isoursodesoxybiliansäure 10 4128
Isoursylensäure-methylester **9** 3266
Isovaleraldehyd-[dinitro-methyl-
benzoylhydrazon] **9** 2372
— [jod-benzoylhydrazon] **9** 1440, 1447
— [nitro-benzoylhydrazon] **9** 1482,
1525, 1752
— [nitro-methyl-benzoylhydrazon]
9 2364
Isovaleramid, Benzoylimino- **9** 1196
—, Phenyl- **9** 2518
Isovaleriansäure s. a. *Buttersäure, Methyl-*
—, [(Äthoxycarbonyloxy-phenyl)-
acetamino]- **10** 438
—, Benzamino- **9** 1152
—, Benzamino-, äthylester **9** 1152, 1153
—, Benzamino-, chlorid **9** 1153
—, Benzamino-, methylester **9** 1152
—, [Benzamino-acetamino]-mercapto-
9 1135
—, [Benzamino-äthoxycarbonyl-acetamino]-
mercapto-, methylester **9** 1187
—, Benzamino-benzylmercapto- **9** 1182
—, Benzamino-benzylmercapto-,
methylester **9** 1183
—, [Benzamino-diäthoxy-propionylamino]-
mercapto- **9** 1203
—, [Benzamino-diäthoxy-propionylamino]-
mercapto-, methylester **9** 1203
—, [Benzamino-dimethoxymethyl-
butyrylamino]-mercapto- **9** 1207
—, Benzamino-hydroxy- **9** 1182

Isovaleriansäure, [Benzamino-
isovalerylamino]- **9** 1153
—, [Benzamino-isovalerylamino]-,
äthylester **9** 1154
—, [Benzamino-isovalerylamino]-,
[phenyl-phenacylester] **9** 1155
—, Benzamino-mercapto- **9** 1182
—, Benzamino-methoxy-, methylester
9 1182
—, [Benzamino-methoxycarbonyl-
acetamino]-mercapto-, methylester
9 1186
—, Benzoylimino- **9** 1195
—, Benzoylimino-, amid **9** 1196
—, Benzoylimino-, azid **9** 1197
—, Benzoylimino-, benzylidenhydrazid
9 1196
—, Benzoylimino-, hydrazid **9** 1196
—, Benzoylimino-, methylester **9** 1195
—, Benzyloxy-, äthylester **9** 860
—, [(Benzyloxy-phenyl)-acetamino]-
10 437
—, Bis-benzamino- **9** 1235
—, [Bis-(chlor-phenyl)-propionylamino]-
9 3341
—, [Bis-(methoxy-phenyl)-butyrylamino]-
10 1973
—, Bis-[(phenyl-acetamino)-acetamino]-
dithio-di- **9** 2212
—, [(Brom-phenyl)-butyrylamino]-
9 2455
—, [Carboxy-benzamino]- **9** 4195
—, [Carboxy-cyclobutancarbonylamino]-
9 3800
—, [(Carboxy-phenylmercapto)-acetamino]-
10 224
—, [Chlor-benzamino]- **9** 1365
—, [(Chlor-benzamino)-propionylamino]-
9 1365
—, [(Chlor-phenyl)-acetamino]-
9 2263, 2265
—, Cinnamoylamino- **9** 2718
—, [(Cyan-phenyl)-acetamino]- **9** 4270
—, Cyclohexancarbonylamino- **9** 29
—, [Cyclohexylacetyl-amino]- **9** 49
—, [(Cyclohexylacetyl-amino)-
propionylamino]- **9** 49
—, [Dinitro-benzamino]- **9** 1939
—, [(Isopropyl-phenyl)-acetamino]-
9 2529
—, [(Jod-phenyl)-acetamino]- **9** 2281
—, [(Methoxy-phenyl)-acetamino]- **10** 436
—, [Methoxy-phenylacetylimino-
propionylamino]-mercapto-,
methylester **9** 2233
—, [Methyl-(brom-phenyl)-butyrylamino]-
9 2515
—, [Methyl-(nitro-phenyl)-butyrylamino]-
9 2515

Isovaleriansäure, [Methyl-phenylacetyl-
amino]- **9** 2218
—, [Nitro-benzamino]- **9** 1731
—, [Nitro-benzamino]-, äthylester
9 1731
—, [(Nitro-phenyl)-acetamino]-
9 2283, 2290
—, [(Nitro-phenyl)-butyrylamino]-
9 2456
—, Phenyl- **9** 2509, 2513, 2518
—, [Phenyl-acetamino]- **9** 2217
—, [Phenyl-acetamino]-, amid **9** 2218
—, [Phenyl-acetamino]-, methylester
9 2218
—, [(Phenyl-acetamino)-acetamino]-
9 2210
—, [(Phenyl-acetamino)-acetamino]-,
äthylester **9** 2210
—, [(Phenyl-acetamino)-acetamino]-,
methylester **9** 2210
—, [(Phenyl-acetamino)-acetamino]-
acetylmercapto- **9** 2211
—, [(Phenyl-acetamino)-acetamino]-
benzylmercapto- **9** 2211
—, [(Phenyl-acetamino)-acetamino]-
benzylmercapto-, methylester **9** 2212
—, [(Phenyl-acetamino)-acetamino]-
mercapto- **9** 2210
—, [(Phenyl-acetamino)-acetamino]-
mercapto-, methylester **9** 2212
—, [(Phenyl-acetamino)-äthoxycarbonyl-
acetamino]-mercapto-, methylester
9 2224
—, [(Phenyl-acetamino)-äthoxycarbonyl-
äthylamino]- **9** 2246
—, [(Phenyl-acetamino)-äthoxycarbonyl-
äthylidenamino]-benzylmercapto-
9 2248
—, [(Phenyl-acetamino)-äthoxycarbonyl-
vinylamino]-benzylmercapto-
9 2248
—, [(Phenyl-acetamino)-äthylamino]-
9 2243
—, [(Phenyl-acetamino)-äthylamino]-,
methylester **9** 2243
—, [Phenyl-acetamino]-benzylmercapto-
9 2222
—, [Phenyl-acetamino]-benzylmercapto-,
methylester **9** 2222
—, [(Phenyl-acetamino)-carbamoyl-
äthylamino]- **9** 2246
—, [(Phenyl-acetamino)-carboxy-
acetamino]-mercapto- **9** 2223
—, [(Phenyl-acetamino)-carboxy-
äthylamino]- **9** 2244
—, [(Phenyl-acetamino)-diäthoxy-
propionylamino]-mercapto- **9** 2237
—, [(Phenyl-acetamino)-dimethoxymethyl-
butyrylamino]-mercapto- **9** 2241

Isovaleriansäure, [(Phenyl-acetamino)-
dimethoxy-propionylamino]-
mercapto- **9** 2236
—, [(Phenyl-acetamino)-dimethoxy-
propionylamino]-mercapto-,
methylester **9** 2237
—, [Phenyl-acetamino]-hydroxy- **9** 2221
—, [Phenyl-acetamino]-mercapto- **9** 2221
—, [Phenyl-acetamino]-mercapto-,
methylester **9** 2222
—, [(Phenyl-acetamino)-methoxy-
acryloylamino]-mercapto-, methylester
9 2233
—, [(Phenyl-acetamino)-methoxycarbonyl-
äthylamino]-, methylester **9** 2245
—, [(Phenyl-acetamino)-methoxycarbonyl-
äthylamino]-mercapto- **9** 2247
—, [(Phenyl-acetamino)-methoxy-
propionylamino]- **9** 2220
—, [(Phenyl-acetamino)-methoxy-
propionylamino]-, methylester
9 2220
—, [(Phenyl-acetamino)-methoxy-
propionylamino]-benzylmercapto-
9 2220
—, [Phenyl-acetamino]-
phenylacetylmercapto- **9** 2294
—, [(Phenyl-acetamino)-propionylamino]-
9 2215
—, Phenylacetylimino- **9** 2229
—, [Phenylacetylimino-äthoxycarbonyl-
äthylamino]-benzylmercapto-
9 2248
—, [Phenyl-butyrylamino]- **9** 2454
—, [Phenyl-propionylamino]- **9** 2395
—, [Phenyl-thioacetamino]- **9** 2296
—, [(Phenyl-thioacetamino)-äthylamino]-
9 2298
—, [Phenyl-thioacetamino]-mercapto-
9 2296
—, [Phenyl-valerylamino]- **9** 2503
—, Thio- s. *Thioisovaleriansäure*
—, [(Trimethyl-phenyl)-acetamino]-
9 2533
Isovalerohydrazid s. *Isovaleriansäure-hydrazid*
Isovalerophenon, Benzoyloxy- **9** 734
—, Dimethoxy-benzoyloxy- **9** 817
Isovalerylazid, Benzamino- **9** 1197
Isovalerylchlorid, Benzamino- **9** 1153
Isovalin, Benzoyl- **9** 1152
—, [Dinitro-benzoyl]- **9** 1939
Isovanillinsäure 10 1404
Isovanillinsäure-methylester **10** 1410
Isoverbanon-[(nitro-benzoyl)-oxim]
9 1750
Isoviolanthrendion, Bis-[nitro-
benzoyloxy]- **9** 1682
Isozimtsäure 9 2670
Itaconsäure, Methyl-phenyl- **9** 4395

J

Javanicin, Dibenzoyl- **9** 846
Jegosapogenin, Tribenzoyl- **9** 704
Jegosapogenol, Tetrabenzoyl- **9** 705
Joniregentricarbonsäure 9 4802
Jonirigentricarbonsäure 9 4802
Jonol, Benzoyl-tetrahydro- **9** 409
—, [Carboxy-benzoyl]-tetrahydro-
     9 4138
—, [Dinitro-benzoyl]-tetrahydro- **9** 1818
α-Jonol, Benzoyl- **9** 415
—, Benzoyl-dihydro- **9** 414
—, [Nitro-benzoyl]- **9** 1581
β-Jonol, Benzoyl- **9** 415
—, [Nitro-benzoyl]- **9** 1580
β-Jonolylessigsäure-äthylester **10** 81
α-Jonon-[chlor-benzoylhydrazon]
     9 1369
— [nitro-benzoylhydrazon] **9** 1529
β-Jonon-[chlor-benzoylhydrazon]
     9 1369
— [nitro-benzoylhydrazon] **9** 1528
α-Jonylidencrotonsäure 9 2897
β-Jonylidencrotonsäure 9 2895
β-Jonylidencrotonsäure-chlorid **9** 2896
— methylester **9** 2896
Jophendylat 9 2627
Juniperol, [Dinitro-benzoyl]- **9** 1845
Juvabion 10 2950

K

Kaffeesäure 10 1834; *Derivate s. unter
     Zimtsäure*
Kalosapogenin 10 1923
Kaurensäure, Hydroxy- **10** 942
Kawasäure, Dihydro- **10** 995
Kermessäure 10 4853
—, Tetraacetyl- **10** 4853
γ-Keto-hederagenin 10 4629
Keton, [Benzoyloxy-dimethyl-phenyl-
     cyclohexenyl]-phenyl- **9** 771
—, Benzoyloxymethyl-[methoxy-
     tetrahydro-phenanthryl]- **9** 803
—, Benzyl-[benzoyloxy-naphthyl]- **9** 774
—, Benzyl-[cinnamoyloxy-naphthyl]-
     9 2702
—, Bis-[äthoxycarbonyl-fluorenyl]-
     10 4039
—, Bis-[dicarboxy-naphthyl]- **10** 4169
—, Brommethyl-[benzoyloxy-naphthyl]-
     9 755, 756
—, [Dinitro-benzoyloxymethyl]-
     cyclohexyl- **9** 1923
—, [Dinitro-benzoyloxymethyl]-
     cyclopentyl- **9** 1923
—, [Dinitro-benzoyloxymethyl]-
     [methyl-cyclopentyl]- **9** 1923

Keton, [Methoxy-phenyl]-[benzoyloxy-
     naphthyl]- **9** 807
—, Methyl-[benzoyloxy-acenaphthylenyl]-
     9 767
—, Methyl-[benzoyloxy-cyclohexenyl]-
     9 725
—, Methyl-[benzoyloxy-cyclohexenyl]-,
     semicarbazon **9** 725
—, Methyl-[benzoyloxy-methyl-
     cyclohexenyl]- **9** 726
—, Methyl-[benzoyloxy-methyl-
     cyclohexenyl]-, semicarbazon
     9 726
—, Methyl-[benzoyloxy-naphthyl]-
     9 755, 756
—, Methyl-[chlor-benzoyloxy-naphthyl]-
     9 756
—, Methyl-[cinnamoyloxy-naphthyl]-
     9 2701
—, Methyl-[nitro-benzoyloxy-naphthyl]-
     9 756
—, [Phenylacetoxy-naphthyl-methyl]-
     phenyl- **9** 2189
—, Phenyl-[benzoylmercapto-benzhydryl]-
     9 1972
—, Phenyl-[benzoyloxy-acenaphthylenyl]-
     9 776
—, Phenyl-[benzoyloxy-naphthyl]-
     9 771, 772
—, Phenyl-[brom-benzoyloxy-naphthyl]-
     9 772, 774
—, Phenyl-[brom-nitro-benzoyloxy-
     naphthyl]- **9** 772
—, Phenyl-[dibrom-benzoyloxy-naphthyl]-
     9 772
—, Phenyl-[nitro-benzoyloxy-naphthyl]-
     9 772, 774
—, Phenyl-[phenylacetoxy-naphthyl]-
     9 2189
—, [(Phenyl-propionyloxy)-methyl]-
     [tetramethyl-cyclopentyl]- **9** 2389
Ketopinsäure 10 2913; *Derivate s. unter
     Bornansäure*
Keto-β-santorsäure 10 3935
Keto-β-santorsäure-dimethylester **10** 3935
— dimethylester-oxim **10** 3935
— dimethylester-semicarbazon **10** 3935
— methylester **10** 3935
— oxim **10** 3935
Kitol, Bis-[dinitro-benzoyl]- **9** 1917
Kohlensäure, Benzoyl-, äthylester **9** 854
Kohlensäure-äthylester-[benzoyloxy-
     dimethyl-(dimethyl-hexyl)-
     tetradecahydro-cyclopenta[*a*]-
     phenanthrenylester] **9** 597
— äthylester-[phenyl-cyan-methylester]
     10 475
— [benzoyloxy-phenylester]-benzylester
     9 559

Kohlensäure-bis-[(äthoxy-äthoxycarbonyl)-
  phenylester] **10** 141, 315
— bis-[äthoxycarbonyl-phenylester]
  10 118
— bis-[allyloxycarbonyl-phenylester]
  10 125
— bis-[(butyloxy-äthoxycarbonyl)-
  phenylester] **10** 141
— bis-[(hydroxy-äthoxycarbonyl)-
  phenylester] **10** 140
— bis-[phenyl-äthoxycarbonyl-
  methylester] **10** 459
— bis-[propyloxycarbonyl-phenylester]
  10 120
— bis-[vinyloxycarbonyl-phenylester]
  10 125
— [methoxycarbonyl-phenylester]-
  cholesterylester **10** 113
— [methoxycarbonyl-phenylester]-
  [dimethyl-(dimethyl-hexyl)-
  tetradecahydro-cyclopenta[a]-
  phenanthrenylester] **10** 113
— methylester-[phenyl-cyan-methylester]
  10 474
— [phenoxycarbonyl-phenylester]-
  cholesterylester **10** 131
— [phenoxycarbonyl-phenylester]-
  [dimethyl-(dimethyl-hexyl)-
  tetradecahydro-cyclopenta[a]-
  phenanthrenylester] **10** 131
Koprostansäure, Trihydroxy- **10** 2188
Koprosterin, [Dinitro-benzoyl]- **9** 1859
Korksäure s. *Octandisäure*
Kresotsäure s. *Benzoesäure, Hydroxy-
  methyl-*
Kryptogenin, Dibenzoyl- **9** 821
Kryptosterin, Benzoyl- **9** 485

L

Labdadiendisäure 9 4367
Labdadiendisäure-dimethylester **9** 4368
— methylester **9** 4367
Labdadiensäure, Tetrahydroxy- **10** 2421
Labdendisäure-methylester **9** 4084
Labdensäure 9 350
—, Hydroxy-, methylester **10** 84
Labdensäure-methylester **9** 351
α-**Lactucerol**, Benzoyl- **9** 487
Lävopimarsäure 9 2903
—, Dihydro- **9** 2637
—, Dihydro-, methylester **9** 2638
—, Tetrahydro- **9** 351
Lävopimarsäure-methylester **9** 2904
Lävulinaldehyd-bis-[nitro-
  benzoylhydrazon] **9** 1532
α-**Lago-desoxycholsäure 10** 1648
β-**Lago-desoxycholsäure 10** 1648
Lanceol, [Carboxy-benzoyl]- **9** 4164

Lanostadien, Benzoyloxy- **9** 485, 486
—, [Dinitro-benzoyloxy]- **9** 1877
Lanostadiensäure 9 3129, 3130
—, Acetoxy-, methylester **10** 1035
—, Hydroxy- **10** 1035, 1038
—, Hydroxy-oxo-methylen- **10** 4427
—, Hydroxy-oxo-methylen-, methylester
  10 4427
—, Oxo- **10** 3255, 3256
—, Oxo-, methylester **10** 3255, 3256
Lanostadiensäure-methylester **9** 3129, 3130
Lanostatrien, Benzoyloxy- **9** 500
Lanosten, Benzoyloxy- **9** 471
—, Benzoyloxy-methyl- **9** 473
—, Benzoyloxy-methylen- **9** 491
—, Dibrom-benzoyloxy- **9** 472
—, [Dinitro-benzoyloxy]- **9** 1869
—, [Dioxo-dihydro-anthracencarbonyloxy]-
  10 3643
Lanostenoylchlorid 9 2930
—, Acetoxy- **10** 985
Lanostensäure 9 2928, 2929
—, Acetoxy- **10** 982, 983, 984
—, Acetoxy-, chlorid **10** 985
—, Acetoxy-, methylester **10** 983, 985
—, Acetoxy-dioxo- **10** 4647
—, Acetoxy-dioxo-, methylester **10** 4647
—, Acetoxy-methylen- **10** 1064
—, Acetoxy-methylen-, methylester
  10 1065
—, Brom-hydroxy- **10** 984
—, Brom-oxo- **10** 3226, 3228
—, Diacetoxy-methylen-, methylester
  10 1929
—, Diacetoxy-oxo-, methylester **10** 4628
—, Dibrom-hydroxy- **10** 984
—, Dibrom-oxo- **10** 3226, 3228
—, Diformyloxy-methylen-, methylester
  10 1928
—, Dihydroxy-methyl- **10** 1928
—, Dihydroxy-methylen- **10** 1928, 1929
—, Dihydroxy-methylen-, methylester
  10 1928
—, Hydroxy- **10** 981, 984
—, Hydroxy-, methylester **10** 983
—, Hydroxy-acetoxy-methylen- **10** 1929
—, Hydroxy-dioxo- **10** 4646
—, Hydroxyimino- **10** 3226, 3227
—, Hydroxyimino-, methylester **10** 3227
—, Hydroxy-methylen- **10** 1064
—, Hydroxy-methylen-, methylester
  10 1065
—, Oxo- **10** 3225, 3227
—, Oxo-, methylester **10** 3226, 3227
—, Trioxo- **10** 4002
Lanostensäure-chlorid **9** 2930
— methylester **9** 2930
Lanosterin, Benzoyl- **9** 485
—, [Dinitro-benzoyl]- **9** 1877

Lanosterin-dibromid, Benzoyl- **9** 472
Lantaden-A 10 4397
Lantaden-A-methylester **10** 4398
Lantaden-B 10 4397
Lantaden-B-methylester **10** 4398
Lanthionin, Dibenzoyl- **9** 1171
Laurinsäure s. *Dodecansäure*
Laurophenon, Benzoyloxy- **9** 736
Lavandulol, [Dinitro-benzoyl]- **9** 1825
—, [Dioxo-dihydro-anthracencarbonyl]-
    10 3641
Lecanoraldehyd, Trimethyl- **10** 1485
Lecanorsäure 10 1486
—, Triacetyl- **10** 1492
—, Triacetyl-, äthylester **10** 1493
—, Triacetyl-, butylester **10** 1493
—, Triacetyl-, isobutylester **10** 1493
—, Triacetyl-, isopentylester **10** 1494
—, Triacetyl-, isopropylester **10** 1493
—, Triacetyl-, methylester **10** 1492
—, Triacetyl-, pentylester **10** 1493
—, Triacetyl-, propylester **10** 1493
—, Triacetyl-, [triacetoxy-butylester]
    10 1494
—, Trimethyl- **10** 1490
—, Trimethyl-, methylester **10** 1490
—, Trimethyl-, [triacetoxy-butylester]
    10 1490
—, Trimethyl-, [trihydroxy-butylester]
    10 1490
—, Tris-äthoxycarbonyl- **10** 1495
Lecanorsäure-äthylester **10** 1486
— butylester **10** 1487
— isobutylester **10** 1487
— isopentylester **10** 1487
— isopropylester **10** 1486
— methylester **10** 1486
— pentylester **10** 1487
— propylester **10** 1486
— [trihydroxy-butylester] **10** 1487
Leonurin 10 2089
Leucin, [Acetamino-cinnamoyl]- **10** 3011
—, [(Acetamino-cinnamoylamino)-
    cinnamoyl]- **10** 3012
—, [Acetylimino-phenyl-propionyl]-
    10 3011
—, [(Acetylimino-phenyl-propionylimino)-
    phenyl-propionyl]- **10** 3012
—, Benzoyl- **9** 1159
—, Benzoyl-, amid **9** 1159
—, Benzoyl-, hydrazid **9** 1161
—, Benzoyl-, methylester **9** 1159
—, [(Benzoyl-leucyl)-glycyl]- **9** 1160
—, [(Brom-phenyl-propionyl)-glycyl]-
    9 2403
—, {[(Chlor-benzoyl)-leucyl]-glycyl}-
    9 1365
—, [Dinitro-benzoyl]- **9** 1939
—, [Hippuroyl-alanyl]-, amid **9** 1132

Leucin, [Hippuroyl-alanyl]-,
    [bis-benzyloxycarbonylamino-
    propylamid] **9** 1133
—, [Hippuroyl-alanyl]-, hydrazid
    9 1133
—, Hydroxy-benzoyl- **9** 1184
—, [Hydroxy-cinnamoyl]- **10** 3008
—, [Hydroxyimino-phenyl-propionyl]-
    10 3013
—, [Naphthyl-acetyl]- **9** 3209
—, [(Nitro-benzamino)-butyryl]- **9** 1731
—, [Nitro-benzoyl]- **9** 1479, 1732
—, [Nitro-benzoyl]-, amid **9** 1733
—, [Nitro-benzoyl]-, methylester
    9 1732
—, [Nitro-benzoyl]→diglycyl→ **9** 1728
—, [Nitro-benzoyl]→diglycyl→, amid
    9 1728
—, [Nitro-benzoyl]→diglycyl→,
    methylester **9** 1728
—, [(Nitro-benzoyl)-glycyl]- **9** 1729
—, [(Nitro-benzoyl)-glycyl]-, amid
    9 1730
—, [(Nitro-benzoyl)-glycyl]-,
    methylester **9** 1729
—, {[(Nitro-benzoyl)-glycyl]-glycyl}-
    9 1728
—, {[(Nitro-benzoyl)-glycyl]-glycyl}-,
    amid **9** 1728
—, {[(Nitro-benzoyl)-glycyl]-glycyl}-,
    methylester **9** 1728
—, [(Nitro-benzoyl)-leucyl]- **9** 1734
—, {[(Nitro-benzoyl)-leucyl]-glycyl}-
    9 1734
—, [Nitro-benzoyl]→tetraglycyl→
    9 1727
—, [Nitro-benzoyl]→tetraglycyl→, amid
    9 1728
—, [Nitro-benzoyl]→tetraglycyl→,
    methylester **9** 1728
—, [Nitro-benzoyl]→triglycyl→ **9** 1728
—, Phenylacetyl- **9** 2218
—, Phenylacetyl-, methylester **9** 2218
—, [Phenylacetyl-leucyl]- **9** 2219
—, Phenylpyruvoyl- **10** 3008
—, [Tetramethyl-cyclopentancarbonyl]-
    9 99
Leukomuscarufin 10 2631, 4866
—, Triacetyl- **10** 2631
Ligusticumsäure 10 3085
Ligusticumsäure-amid **10** 3086
— methylester **10** 3085
— methylester-semicarbazon **10** 3085
Linalool, Benzoyl- **9** 412
Lithobiliansäure 9 4788
Lithobiliensäure 9 4817
α-Lithocholensäure 9 2916
β-Lithocholensäure 9 2915
Lithocholsäure 10 687

Lithocholsäure-äthylester 10 692
— benzylester 10 692
— methylester 10 691
α-**Lithocholsäure** 10 687
β-**Lithocholsäure** 10 687
Lobariol 10 4560
—, Dimethyl- 10 4561
—, Dimethyl-, methylester 10 4561
Lobariol-methylester 10 4561
— oxim 10 4561
Lobariol-carbonsäure 10 4561
—, Dimethyl-, dimethylester 10 4562
Lobaritonsäure 10 4560
Longifolansäure 9 346
Longifolansäure-methylester 9 347
Longifolsäure 9 346
Longifolsäure-methylester 9 347
α-**Longiforsäure** 9 4033
α-**Longiforsäure**-dimethylester 9 4033
β-**Longiforsäure** 9 4032
Lumidehydro-β-boswellinsäure, Acetyl-,
  methylester 10 1145
Lumidehydroursolsäure, Acetyl-,
  methylester 10 1145
Lumidoisynolsäure 10 1015
Lumimarrianolsäure, Methyl- 10 2299
—, Methyl-, dimethylester 10 2302
Lumistadien, [Dinitro-benzoyloxy]-
  9 1875
Lumistadiendiol, Benzoyloxy- 9 681
Lumistan, [Dinitro-benzoyloxy]- 9 1859
Lumistatrien, [Dinitro-benzoyloxy]-
  9 1883
Lumisterin, [Dinitro-benzoyl]- 9 1883
Lupan, Benzoyloxy- 9 473
Lupandisäure, Acetoxy- 10 2284
—, Acetoxy-, dimethylester 10 2286
—, Acetoxy-, methylester 10 2285
—, Hydroxy- 10 2284
—, Hydroxy-, dimethylester 10 2285
—, Hydroxy-, methylester 10 2284
Lupannitril, Diacetoxy- 10 1903
Lupanol, Benzoyl- 9 473
Lupansäure 9 2930, 2931
—, Acetoxy- 10 985, 987
—, Acetoxy-, äthylester 10 986
—, Acetoxy-, methylester 10 986, 987
—, Acetoxyimino- 10 3229
—, Benzoyloxy- 10 987
—, Benzoyloxy-, methylester 10 988
—, Diacetoxy- 10 1902
—, Diacetoxy-, methylester 10 1903
—, Diacetoxy-, nitril 10 1903
—, Dihydroxy-, methylester 10 1902
—, Hydroxy- 10 985, 987
—, Hydroxy-, äthylester 10 986
—, Hydroxy-, methylester 10 986
—, Hydroxy-acetoxy-, methylester
  10 1903

Lupansäure, Hydroxyimino- 10 3229
—, Hydroxyimino-, methylester 10 3230
—, Oxo- 10 3228, 3230
—, Oxo-, methylester 10 3229, 3230
—, Semicarbazono- 10 3229
Lupansäure-methylester 9 2930, 2931
Lupeansäure 9 2931
Lupeansäure-methylester-I 9 2931
Lupeansäure-methylester-II 9 2931
Lupen, Acetoxy-benzoyloxy- 9 609
—, Benzoyloxy- 9 490
—, Bis-[brom-benzoyloxy]- 9 1408
—, Bis-[nitro-benzoyloxy]- 9 1507
—, Brom-benzoyloxy- 9 490
—, Cinnamoyloxy- 9 2694
Lupenal, Benzoyloxy- 9 755
—, Benzoyloxy-, oxim 9 755
Lupendisäure, Acetoxy- 10 2312
Lupennitril, Acetoxy- 10 1063
—, Diacetoxy- 10 1927
Lupenoldisäure, Acetyl- 10 2312
Lupensäure, Acetoxy- 10 1060
—, Acetoxy-, äthylester 10 1063
—, Acetoxy-, methylester 10 1062
—, Acetoxy-, nitril 10 1063
—, Acetoxy-oxo- 10 4403
—, Benzoyloxy- 10 1061
—, Benzoyloxy-, methylester 10 1062
—, Diacetoxy-, nitril 10 1927
—, Hydroxy- 10 1059
—, Hydroxy-, äthylester 10 1063
—, Hydroxy-, methylester 10 1061
—, Hydroxyimino-, methylester 10 3263
—, [Nitro-benzoyloxy]- 10 1061
—, [Nitro-benzoyloxy]-, methylester
  10 1063
—, Oxo- 10 3263
—, Oxo-, methylester 10 3263
—, Semicarbazono- 10 3263
Lupensäure-methylester 9 3135
Lupeol, Benzoyl- 9 490
—, Brom-benzoyl- 9 490
—, Cinnamoyl- 9 2694
Lysin, Benzoyl- 9 1235, 1237
—, Benzoyl-, amid 9 1236
—, Benzoyl-acetylcarbamoyl- 9 1237
—, Benzoyl-alanyl- 9 1241
—, Benzoyl-[benzoyl-alanyl]- 9 1242
—, Benzoyl-[benzoyl-leucyl]- 9 1243
—, Benzoyl-benzyloxycarbonyl- 9 1236,
  1240
—, Benzoyl-benzyloxycarbonyl-, amid
  9 1237
—, Benzoyl-benzyloxycarbonyl-,
  hydrazid 9 1241
—, Benzoyl-benzyloxycarbonyl-,
  methylester 9 1237
—, Benzoyl-[(brom-methyl-valeryl)-
  alanyl]- 9 1241

Lysin, Benzoyl-carbamimidoyl-
  9 1237
—, Benzoyl-carbamoyl- 9 1236
—, Benzoyl-guanyl- 9 1237
—, Benzoyl-leucyl- 9 1242
—, Benzoyl-[leucyl-alanyl]- 9 1242
—, Benzoyl-norleucyl- 9 1242
—, Benzyloxycarbonyl-hippuroyl- 9 1137
—, Benzyloxycarbonyl-hippuroyl-, amid
  9 1137
—, Benzyloxycarbonyl-hippuroyl-,
  hydrazid 9 1137
—, Benzyloxycarbonyl-hippuroyl-,
  methylester 9 1137
—, Bis-[dinitro-benzoyl]- 9 1943
—, [Brom-hexanoyl]-benzoyl- 9 1239
—, [Brom-methyl-valeryl]-benzoyl-
  9 1239
—, [Brom-propionyl]-benzoyl- 9 1239
—, Dibenzoyl- 9 1239
—, Dimethyl-benzoyl- 9 1239
—, Hippuroyl- 9 1136
—, Hippuroyl-, amid 9 1136
—, Methyl-benzoyl- 9 1238, 1243
—, [Nitro-benzoyl]- 9 1747
Lysursäure 9 1239
Lyxit, Dibenzoyl- 9 701
—, Pentagalloyl- 10 2085
—, Pentakis-[triacetoxy-benzoyl]-
  10 2085
—, Triacetyl-dibenzoyl- 9 702

M

Magnolaminsäure 10 2067
Magnolaminsäure-dimethylester 10 2068
Magnolol, Dibenzoyl- 9 647
Maleinsäure, Amino-benzamino-, dinitril
  9 1246
—, Benzyl- 9 4388
—, Benzyl-[methoxy-benzyl]-, anhydrid
  10 2390
—, Benzyl-[methoxy-benzyl]-,
  dimethylester 10 2390
—, Bis-[acetoxy-phenanthryl]- 10 2552
—, Bis-[brom-phenyl]-, dinitril 9 4590
—, Bis-[hydroxy-phenanthryl]- 10 2551
—, Bis-[nitro-phenyl]-, dinitril
  9 4590
—, [Chlor-phenyl]- 9 4378
—, Dibenzyl-, dimethylester 9 4616
—, Diphenacyl- 10 4089
—, Diphenyl-, dimethylester 9 4588
—, Diphenyl-, dinitril 9 4589
—, Isobutyl-phenyl-, anhydrid 10 2240
—, [Methoxy-benzyl]-phenäthyl-,
  dimethylester 10 2392
—, Phenyl- 9 4378
—, Phenyl-benzyl-, dimethylester 9 4608

Maleinsäure, Phenyl-[methoxy-styryl]-
  10 2395
—, Phenyl-styryl- 9 4656
Maleonitril s. *Maleinsäure-dinitril*
Malonaldehyd, Benzamino- 9 1109
—, [Phenyl-acetamino]- 9 2207
Malonaldehydamid, [Phenyl-acetamino]-,
  diäthylacetal 9 2237
Malonaldehydonitril, [Chlor-phenyl]-
  10 3025
—, [Methoxy-phenyl]- 10 4226
—, Phenyl- 10 3024
—, [Trimethoxy-phenyl]- 10 4720
—, [Trimethyl-phenyl]- 10 3091
Malonaldehydsäure: O-*Derivate* s. *unter*
  Propionsäure und Acrylsäure
—, Acetoxymethyl-phenyl-,
  äthylester 10 4241
—, [(Acetoxy-phenyl)-acetamino]-,
  diäthylacetal 10 437
—, [(Acetoxy-phenyl)-acetamino]-,
  methylester 10 438
—, [Äthoxy-benzylidenamino]-,
  äthylester 9 1251
—, [Äthoxy-cinnamylidenamino]-,
  äthylester 9 2720
—, [Amino-phenäthylidenamino]-,
  diäthylacetal 9 2256
—, Benzamino-, äthylester 9 1198
—, Benzamino-, benzylester 9 1199
—, [Benzamino-äthyl]-, hydrazid-
  dimethylacetal 9 1207
—, [Benzamino-äthyl]-, methylester-
  dimethylacetal 9 1206
—, [Brom-phenyl-acetamino]-,
  diäthylacetal 9 2278
—, [Chlor-phenyl]-, nitril 10 3025
—, [Chlor-phenyl-acetamino]-,
  äthylester-diäthylacetal 9 2270
—, [Chlor-phenyl-acetamino]-,
  diäthylacetal 9 2269
—, [Chlor-phenyl-acetamino]-,
  methylester-diäthylacetal 9 2269
—, Cinnamoylamino-, diäthylacetal 9 2719
—, Diphenyl-, äthylester 10 3313
—, [Diphenyl-acetamino]-, äthylester
  9 3303
—, [Diphenyl-acetamino]-, äthylester-
  diäthylacetal 9 3303
—, [Diphenyl-acetamino]-,
  diäthylacetal 9 3303
—, Hydroxymethyl-phenyl-, äthylester
  10 4241
—, [(Hydroxy-phenyl)-acetamino]-,
  diäthylacetal 10 435
—, Mesityl-, nitril 10 3091
—, [Methoxy-phenyl]-, nitril 10 4226
—, [Nitroso-phenylacetyl-amino]-,
  methylester-diäthylacetal 9 2250

Malonaldehydsäure, [Oxo-methyl-formyl-
cyclopentyl]-, methylester 10 3929
—, Phenyl-, äthylester 10 3023
—, Phenyl-, diäthylacetal 10 3023
—, Phenyl-, methylester 10 3005
—, Phenyl-, nitril 10 3024
—, [Phenyl-acetamino]-, äthylester 9 2231
—, [Phenyl-acetamino]-, äthylester-
semicarbazon 9 2232
—, [Phenyl-acetamino]-,
azid-dimethylacetal 9 2238
—, [Phenyl-acetamino]-, benzylester
9 2232
—, [Phenyl-acetamino]-, butylester
9 2232
—, [Phenyl-acetamino]-, diäthylacetal
9 2235
—, [Phenyl-acetamino]-,
diäthylmercaptal 9 2238
—, [Phenyl-acetamino]-, dibutylacetal
9 2235
—, [Phenyl-acetamino]-, dimethylacetal
9 2234
—, [Phenyl-acetamino]-, hydrazid-
diäthylacetal 9 2238
—, [Phenyl-acetamino]-, hydrazid-
dimethylacetal 9 2238
—, [Phenyl-acetamino]-, methylester
9 2230
—, [Phenyl-acetamino]-, methylester-
diäthylacetal 9 2236
—, [Phenyl-acetamino]-, methylester-
dibutylacetal 9 2236
—, [Phenyl-acetamino]-, methylester-
dimethylacetal 9 2235
—, [(Phenyl-acetamino)-äthyl]-,
hydrazid-dimethylacetal 9 2241
—, [(Phenyl-acetamino)-äthyl]-,
methylester-dimethylacetal 9 2240
—, [Phenyl-acetamino]-butyl-,
äthylester-diäthylacetal 9 2242
—, [Phenyl-acetamino]-butyl-,
diäthylacetal 9 2241
—, [Phenyl-acetamino]-butyl-,
methylester-diäthylacetal 9 2242
—, [Phenyl-acetamino]-methoxy-,
methylester 9 2229
—, [Phenyl-acetamino]-methyl-,
benzylester-dimethylacetal 9 2240
—, [Phenyl-acetamino]-methyl-,
diäthylacetal 9 2240
—, [Phenyl-acetamino]-methyl-,
dimethylacetal 9 2240
—, [Phenyl-acetamino]-methyl-,
methylester-diäthylacetal 9 2240
—, [Phenyl-acetimidoylamino]-,
diäthylacetal 9 2256
—, [Phenyl-propionylamino]-,
diäthylacetal 9 2395

Malonaldehydsäure, [Phenyl-thioacetamino]-,
benzylester 9 2297
—, [Phenyl-thioacetamino]-,
diäthylacetal 9 2297
—, [Phenyl-thioacetamino]-,
methylester-diäthylacetal 9 2297
—, [Trimethoxy-phenyl]-, nitril 10 4720
—, [Trimethyl-phenyl]-, nitril 10 3091
Malonamid, Acetamino-[(nitro-benzoyloxy)-
propyl]- 9 1706
—, Benzamino- 9 1187
—, Benzoyloxy-phenyl- 10 2204
—, Benzyl- 9 4285
—, [3.5-Cyclo-cholestanyl]- 9 4431
—, Cyclohexylmethyl-tetraäthyl-
9 3858
—, Diäthyl-phenyl- 9 4261
—, Dibenzoyloxy- 9 1300
—, [(Dinitro-benzoyloxy)-propyl]-
9 1934
—, Diphenyl- 9 4525
—, [Methoxy-phenyl]- 10 2202, 2203
—, Methyl-tetraäthyl-cyclohexenyl-
9 3976
—, Phenyl- 9 4261
—, Phenyl-äthoxycarbonyl-
phenylcarbamoyl- 9 4262
—, Tetraäthyl-cyclohexenyl- 9 3955
—, Tetraäthyl-cyclopentyliden- 9 3952
—, [(Tetrahydro-naphthyl)-butyl]-
9 4427
Malonamidsäure, [Äthoxy-benzylidenamino]-,
äthylester 9 1251
—, [Äthoxycarbonyl-cyclohexenyl]-,
äthylester 9 4775
—, [Äthoxycarbonyl-cyclopentenyl]-,
äthylester 9 4774
—, Äthyl-phenyl-carbamoyl- 9 4304
—, Äthyl-phenyl-methylcarbamoyl-
9 4304
—, Äthyl-phenyl-methylthiocarbamoyl-
9 4305
—, Benzamino-, äthylester 9 1187
—, Benzamino-[mercapto-methyl-
methoxycarbonyl-propyl]-,
äthylester 9 1187
—, Benzamino-[mercapto-methyl-
methoxycarbonyl-propyl]-,
methylester 9 1186
—, Benzyl- 9 4285
—, Bis-[oxo-phenyl-propyl]- 10 4080
—, Bis-[oxo-phenyl-propyl]-,
methylester 10 4080
—, Brom-benzyl-carbamoyl- 9 4288
—, Brom-benzyl-methylcarbamoyl- 9 4288
—, Brom-[brom-oxo-diphenyl-propyl]-,
methylester 10 4015
—, [Carbamoyl-cyclohexyl]-benzyl-,
äthylester 9 4824

Malonamidsäure, Cyclopentyl- **9** 3821
—, Dimethyl-cyclohexenyl-carbamoyl-
  9 3976
—, [Hydroxy-äthyl]-isopentyl-[amino-
  benzyliden]- **9** 1271
—, [Hydroxy-äthyl]-isopentyl-
  benzimidoyl- **9** 1271
—, Hydroxy-benzyl-carbamoyl- **10** 2216
—, Hydroxy-benzyl-methylcarbamoyl-
  10 2217
—, Hydroxy-[(oxo-cyclohexyl)-phenyl-
  methyl]-, äthylester **10** 3983
—, [Methoxy-benzyl]- **10** 2215
—, Methyl-cyclohexenyl-methylcarbamoyl-
  9 3976
—, [Methyl-cyclohexyl]- **9** 3860
—, [(Oxo-cyclohexyl)-phenyl-methyl]-,
  äthylester **10** 3983
—, [Phenyl-acetamino]-[mercapto-
  methoxycarbonyl-äthyl]-,
  äthylester **9** 2224
—, [Phenyl-acetamino]-[mercapto-methyl-
  carboxy-propyl]- **9** 2223
—, [Phenyl-acetamino]-[mercapto-methyl-
  methoxycarbonyl-propyl]-,
  äthylester **9** 2224
—, [Phenyl-acetamino]-methyl-,
  äthylester **9** 2226
Malonodihydroxamsäure, Dibenzoyl-
  9 1300
Malononitril s. a. *Malonsäure-dinitril*
—, [Äthoxy-benzyliden]- **10** 2258
—, [(Äthoxy-phenyl)-äthyliden]- **10** 2262
—, Äthyl-cyclohexenyl- **9** 3996
—, [(Äthyl-phenyl)-äthyliden]- **9** 4407
—, Allyl-cyclohexenyl- **9** 4056
—, [Allyl-cyclohexyliden]- **9** 4057
—, Benzoyloxy-phenyl- **10** 2204
—, Benzyliden- **9** 4380
—, [Biphenylyl-äthyliden]- **9** 4612
—, Bis-[oxo-phenyl-propyl]- **10** 4081
—, [Brom-benzyliden]- **9** 4382
—, [(*tert*-Butyl-phenyl)-äthyliden]-
  9 4418
—, [(Chlor-äthylmercapto)-benzyliden]-
  10 2258
—, [Chlor-benzyliden]- **9** 4381, 4382
—, [Chlor-nitro-benzyliden]- **9** 4384
—, [(Chlor-phenyl)-äthyliden]- **9** 4390
—, Cinnamyliden- **9** 4434
—, [*p*-Cumenyl-äthyliden]- **9** 4412
—, Cyclohexyliden- **9** 3957
—, [(Diäthyl-phenyl)-äthyliden]-
  9 4418
—, Dibenzyl- **9** 4553
—, [Dichlor-benzyliden]- **9** 4382
—, [Dihydro-naphthyliden]- **9** 4442
—, [Dihydroxy-*p*-phenylen]-di- **10** 2633
—, [(Dimethyl-phenyl)-äthyliden]- **9** 4408

Malononitril, Fluorenyliden- **9** 4653
—, [(Fluor-phenyl)-äthyliden]- **9** 4390
—, [Hydroxy-benzyliden]- **10** 2254, 2256
—, [(Isopropyl-phenyl)-äthyliden]-
  9 4412
—, [Nitro-cinnamyliden]- **9** 4434
—, [Nitro-benzyliden]- **9** 4384
—, [Methyl-benzyliden]- **9** 4390, 4391
—, [(Nitro-phenyl)-äthyliden]- **9** 4390
—, [Methoxymethyl-benzyliden]- **10** 2264
—, Naphthylmethylen- **9** 4523
—, [Jod-benzyliden]- **9** 4382
—, Phenyl- **9** 4263
—, [Phenyl-äthyliden]- **9** 4390
—, [Phenyl-butyliden]- **9** 4407
—, [Phenyl-hexyliden]- **9** 4417
—, [*p*-Tolyl-äthyliden]- **9** 4398
—, [Trichlor-hydroxy-benzyliden]-
  10 2256
—, [[2.5]Xylyl-äthyliden]- **9** 4408
Malonsäure, Acenaphthenyl- **9** 4528
—, [Acenaphthenyl-äthyl]-,
  diäthylester **9** 4567
—, Acetamino-[(dinitro-benzoyloxy)-
  isobutyl]-, diäthylester **9** 1935
—, Acetamino-[(dinitro-benzoyloxy)-
  propyl]-, diäthylester **9** 1935
—, Acetamino-[(nitro-benzoyloxy)-
  propyl]-, diäthylester **9** 1706
—, Acetamino-[(nitro-benzoyloxy)-
  propyl]-, diamid **9** 1706
—, [Acetonyl-hexahydro-indanyl]-
  10 3940
—, [Acetonyl-hexahydro-indanyl]-,
  diäthylester **10** 3940
—, Acetoxy-[acetoxy-benzoyl]-,
  diäthylester **10** 4802
—, [Acetoxy-benzyliden]- **10** 2253
—, [Acetoxy-benzyliden]-, diäthylester
  10 2257
—, Acetoxy-[diacetoxy-naphthyl]-,
  diäthylester **10** 2582
—, [Acetoxy-oxo-naphthyliden]-,
  diäthylester **10** 4764
—, [Acetoxy-phenyl-acetamino]-,
  äthylester-nitril **10** 473
—, Äthoxy-[acetoxy-benzoyl]-,
  diäthylester **10** 4802
—, [Äthoxy-äthyl]-phenäthyl- **10** 2239
—, [Äthoxy-äthyl]-phenäthyl-,
  diäthylester **10** 2239
—, Äthoxy-benzyl- **10** 2216
—, Äthoxy-benzyl-, diäthylester **10** 2216
—, [Äthoxy-benzyliden]- **10** 2253
—, [Äthoxy-benzyliden]-, äthylester-
  nitril **10** 2258
—, [Äthoxy-benzyliden]-, diäthylester
  10 2258
—, [Äthoxy-benzyliden]-, dinitril **10** 2258

Malonsäure, [Äthoxy-benzylidenamino]-,
äthylester-amid **9** 1251
—, [Äthoxy-benzylidenamino]-,
diäthylester **9** 1251
—, [(Äthoxycarbonyl-äthyl)-
cyclohexenyl]-, äthylester-nitril
9 4777
—, [(Äthoxycarbonyl-äthyl)-cyclopentyl]-,
äthylester-nitril **9** 4760
—, [Äthoxycarbonyl-benzyl]-,
diäthylester **9** 4797
—, [Äthoxycarbonyl-cyclohexenyl]-,
äthylester-amid **9** 4775
—, [Äthoxycarbonyl-cyclohexenyl]-,
äthylester-nitril **9** 4774
—, [Äthoxycarbonyl-cyclohexyl]-,
diäthylester **9** 4751
—, [Äthoxycarbonyl-cyclohexyliden]-,
äthylester-nitril **9** 4775
—, [Äthoxycarbonyl-cyclopentenyl]-,
äthylester-amid **9** 4774
—, [Äthoxycarbonyl-cyclopentenyl]-,
äthylester-nitril **9** 4774
—, [Äthoxycarbonyl-cyclopentyl]-,
äthylester-nitril **9** 4750
—, [Äthoxycarbonyl-cyclopentyl]-,
diäthylester **9** 4750
—, [(Äthoxycarbonyl-cyclopentyl)-äthyl]-,
diäthylester **9** 4760
—, [Äthoxycarbonylmethyl-cyclopentyl]-,
äthylester-nitril **9** 4753
—, [Äthoxycarbonylmethyl-
cyclopentyliden]-, äthylester-
nitril **9** 4776
—, [(Äthoxycarbonyl-propyl)-
cyclopentyl]-, äthylester-nitril
9 4767
—, Äthoxy-cinnamyl- **10** 2264
—, Äthoxy-cinnamyl-, diäthylester
10 2264
—, [Äthoxy-cyclohexenyl]- **10** 2046
—, Äthoxy-cyclohexyl- **10** 2032
—, Äthoxy-phenäthyl- **10** 2225
—, Äthoxy-phenäthyl-, diäthylester
10 2226
—, [(Äthoxy-phenyl)-äthyliden]-,
dinitril **10** 2262
—, [(Äthoxy-phenyl)-propyl]- **10** 2234
—, Äthyl-[äthoxycarbonyl-cyclopentenyl]-,
äthylester-nitril **9** 4777
—, Äthyl-[äthoxy-cyclohexenyl]-,
diäthylester **10** 2051
—, Äthyl-[äthyl-(methoxy-phenyl)-äthyl]-,
äthylester-nitril **10** 2241
—, Äthyl-benzyl- **9** 4316
—, Äthyl-benzyl-, diäthylester **9** 4316
—, Äthyl-benzyl-, dibenzylester
9 4316
—, [Äthyl-benzyl]- **9** 4322

Malonsäure, [Äthyl-benzyl]-,
diäthylester **9** 4322
—, Äthyl-[brom-cyclohexenyl]- **9** 3996
—, Äthyl-[brom-cyclohexenyl]-,
diäthylester **9** 3996
—, Äthyl-[brom-cyclohexenyl]-, diamid
9 3996
—, Äthyl-[brom-cyclopentenyl]-,
diäthylester **9** 3985
—, Äthyl-[*tert*-butyl-phenäthyl]-,
diäthylester **9** 4363
—, Äthyl-cinnamyl- **9** 4411
—, Äthyl-cinnamyl-, diäthylester
9 4411
—, Äthyl-cyclohexenyl-, äthylester-
nitril **9** 3995
—, Äthyl-cyclohexenyl-, amid-nitril
9 3995
—, Äthyl-cyclohexenyl-,
carbamimidoylamid-nitril **9** 3995
—, Äthyl-cyclohexenyl-, diäthylester
9 3996
—, Äthyl-cyclohexenyl-, dinitril
9 3996
—, Äthyl-cyclohexenyl-, methylester-
nitril **9** 3995
—, Äthyl-cyclohexenyl-, ureid-nitril
9 3995
—, Äthyl-cyclohexyl-, diäthylester
9 3903
—, Äthyl-[cyclohexyl-äthyl]-,
diäthylester **9** 3928
—, Äthyl-cyclopentenyl-, diäthylester
9 3985
—, Äthyl-[cyclopentenyl-äthyl]-,
diäthylester **9** 4007
—, Äthyl-cyclopentyl- **9** 3869
—, Äthyl-cyclopentyl-, diäthylester
9 3869
—, Äthyl-[cyclopropyl-äthyl]-,
diäthylester **9** 3901
—, Äthyl-[cyclopropyl-propyl]-,
diäthylester **9** 3920
—, Äthyl-[dimethyl-benzyl]-,
diäthylester **9** 4345
—, [Äthyl-hexyl]-cyclopentenyl-,
diäthylester **9** 4034
—, Äthyl-[hydroxy-methoxycarbonyl-
benzyl]-, diäthylester **10** 2577
—, Äthyl-[hydroxy-phenyl]-,
methylester-äthylester **10** 2230
—, Äthyl-[jod-benzyl]-, diäthylester
9 4316
—, [Äthylmercapto-äthyl]-phenyl-,
diäthylester **10** 2230
—, [Äthylmercapto-methyl]-cyclohexenyl-,
diäthylester **10** 2049
—, Äthylmercaptomethyl-phenyl-,
diäthylester **10** 2218

Malonsäure, Äthyl-[methoxy-benzyl]-
10 2236
—, Äthyl-[methoxy-cyclohexyl]-,
diäthylester 10 2041
—, Äthyl-[methoxy-methyl-isopropyl-
phenäthyl]-, diäthylester 10 2243
—, Äthyl-[methoxy-phenäthyl]- 10 2239
—, Äthyl-[methoxy-phenäthyl]-,
diäthylester 10 2239
—, Äthyl-[methoxy-phenyl]-, äthylester-
nitril 10 2230
—, Äthyl-[methoxy-phenyl]-,
amid-nitril 10 2230
—, Äthyl-[methoxy-phenyl]-,
diäthylester 10 2229, 2236
—, Äthyl-[methoxy-phenyl]-,
methylester-äthylester 10 2230
—, [Äthyl-(methoxy-phenyl)-äthyl]-,
äthylester-nitril 10 2240
—, [Äthyl-(methoxy-phenyl)-äthyliden]-,
äthylester-nitril 10 2269
—, [Äthyl-(methoxy-phenyl)-äthyl]-
[methoxy-benzyl]-, äthylester-
nitril 10 2523
—, Äthyl-[methyl-phenyl-butyl]-,
diäthylester 9 4358
—, Äthyl-[methyl-phenyl-vinyl]-,
äthylester-nitril 9 4411
—, Äthyl-naphthyl-, äthylester-nitril
9 4480
—, Äthyl-naphthyl-, diäthylester
9 4480
—, Äthyl-naphthyl-, dimethylester
9 4480
—, Äthyl-[naphthyl-äthyl]-,
diäthylester 9 4489
—, [Äthyl-naphthyl-äthyl]- 9 4489
—, [Äthyl-naphthyl-äthyl]-,
diäthylester 9 4490
—, [Äthyl-naphthylmethyl]- 9 4485
—, [Äthyl-naphthylmethyl]-,
diäthylester 9 4485
—, Äthyl-[nitro-(dimethoxy-phenyl)-
äthyl]-, diäthylester 10 2463
—, Äthyl-[nitro-phenyl]-, methylester-
äthylester 9 4305
—, Äthyl-phenäthyl- 9 4332
—, Äthyl-phenäthyl-, diäthylester
9 4332
—, [Äthyl-phenäthyl]- 9 4337
—, Äthyl-phenyl-, äthylester-nitril
9 4305
—, Äthyl-phenyl-, diäthylester 9 4304
—, Äthyl-phenyl-, methylamid-nitril
9 4305
—, Äthyl-phenyl-, methylester-
äthylester 9 4304
—, Äthyl-phenyl-, [methyl-thioureid]
9 4305

Malonsäure, Äthyl-phenyl-,
[methyl-ureid] 9 4304
—, Äthyl-phenyl-, ureid 9 4304
—, Äthyl-[phenyl-äthyl]-, diäthylester
9 4335
—, [(Äthyl-phenyl)-äthyliden]-,
dinitril 9 4407
—, Äthyl-[phenyl-butyl]- 9 4349
—, Äthyl-[phenyl-butyl]-, diäthylester
9 4349
—, Äthyl-[phenyl-hexyl]- 9 4362
—, Äthyl-[phenyl-hexyl]-, diäthylester
9 4362
—, Äthyl-[phenyl-pentyl]- 9 4357
—, Äthyl-[phenyl-pentyl]-,
diäthylester 9 4357
—, Äthyl-[phenyl-propenyl]-,
äthylester-nitril 9 4412
—, Äthyl-[phenyl-propyl]- 9 4342
—, Äthyl-[phenyl-propyl]-,
diäthylester 9 4343
—, Äthyl-p-tolyl-, äthylester-nitril
9 4321
—, Äthyl-p-tolyl-, diäthylester
9 4320
—, Äthyl-trityl- 9 4693
—, Allyl-benzhydryl- 9 4641
—, Allyl-benzhydryl-, diäthylester
9 4641
—, Allyl-benzyl-, dichlorid 9 4404
—, Allyl-[brom-cyclopentenyl]-,
diäthylester 9 4055
—, Allyl-[tert-butyl-benzyl]-,
diäthylester 9 4425
—, Allyl-[tert-butyl-phenäthyl]-
9 4427
—, Allyl-[tert-butyl-phenäthyl]-,
diäthylester 9 4427
—, Allyl-cyclohexenyl-, äthylester-
nitril 9 4056
—, Allyl-cyclohexenyl-, amid-nitril
9 4056
—, Allyl-cyclohexenyl-, diäthylester
9 4056
—, Allyl-cyclohexenyl-, dinitril
9 4056
—, Allyl-cyclohexyl- 9 4005
—, Allyl-cyclohexyl-, diäthylester
9 4005
—, [Allyl-cyclohexyliden]-, äthylester-
nitril 9 4057
—, [Allyl-cyclohexyliden]-, dinitril
9 4057
—, Allyl-cyclopentenyl-, diäthylester
9 4055
—, Allyl-cyclopentyl-, diäthylester
9 4001
—, Allyl-fluorenyl-, diäthylester
9 4663

Malonsäure, [Allyl-indanyliden]-,
   äthylester-nitril 9 4482
—, Allyl-indenyl-, äthylester-nitril
   9 4482
—, Allyl-[isopropyl-benzyl]- 9 4422
—, Allyl-[isopropyl-benzyl]-,
   diäthylester 9 4422
—, Allyl-[methoxy-benzyl]-,
   diäthylester 10 2269
—, Allyl-[methyl-benzyl]-,
   diäthylester 9 4412
—, Allyl-phenäthyl- 9 4411
—, Allyl-phenäthyl-, diäthylester
   9 4411
—, Allyl-[phenyl-benzyl]-,
   diäthylester 9 4641
—, Allyl-trityl- 9 4701
—, [Amino-benzamino-äthyliden]-,
   äthylester-nitril 9 1208
—, [Amino-benzamino-äthyliden]-,
   dinitril 9 1208
—, [Amino-phenyl-propyliden]-,
   äthylester-nitril 10 3966
—, Anthrylmethylen- 9 4675
—, Anthrylmethylen-, dimethylester
   9 4675
—, Benzamino-, äthylester 9 1186
—, Benzamino-, äthylester-amid 9 1187
—, Benzamino-, äthylester-nitril
   9 1187
—, Benzamino-, benzylester 9 1186
—, Benzamino-, benzylester-nitril
   9 1188
—, Benzamino-, diäthylester 9 1186
—, Benzamino-, diamid 9 1187
—, Benzamino-, dibenzylester 9 1186
—, Benzamino-, dimethylester 9 1186
—, Benzamino-, methylester 9 1185
—, [Benzamino-acetimidoyl]-,
   äthylester-nitril 9 1208
—, [Benzamino-acetimidoyl]-, dinitril
   9 1208
—, Benzamino-allyl-, diäthylester
   9 1191
—, Benzamino-methyl-, äthylester-
   nitril 9 1189
—, Benzamino-[oxo-äthyl]-,
   diäthylester 9 1208
—, [Benzaminooxy-äthyl]- 9 1308
—, [Benzamino-pentyl]- 9 1191
—, Benz[a]anthracenylmethyl- 9 4699
—, Benz[a]anthracenylmethyl-,
   diäthylester 9 4699
—, Benzhydryl-, äthylester-nitril 9 4538
—, Benzhydryl-[dimethyl-benzhydryl]-,
   diäthylester 9 4725
—, Benzhydryliden- 9 4601
—, Benzhydryliden-, äthylester-nitril
   9 4601

Malonsäure, Benzhydryliden-,
   diäthylester 9 4601
—, Benzhydryliden-, nitril 9 4601
—, Benzimidoyl-, äthylester-nitril
   10 3959
—, Benzoyl-, äthylester-nitril 10 3959
—, Benzoyl-, diäthylester 10 3958
—, Benzoyl-, diphenylester 10 3959
—, [Benzoyloxy-äthylidenamino]-,
   diäthylester 9 875
—, [Benzoyloxy-methyl-propyl]-,
   diäthylester 9 867
—, Benzoyloxy-naphthyl-, diäthylester
   10 2319
—, Benzoyloxy-phenyl-, diamid 10 2204
—, Benzoyloxy-phenyl-, dinitril 10 2204
—, Benzyl- 9 4283
—, Benzyl-, äthylester 9 4284
—, Benzyl-, äthylester-nitril 9 4286
—, Benzyl-, amid 9 4285
—, Benzyl-, benzylester-nitril 9 4286
—, Benzyl-, bis-[acetyl-hydrazid]
   9 4287
—, Benzyl-, bis-benzylidenhydrazid
   9 4287
—, Benzyl-, bis-isopropylidenhydrazid
   9 4286
—, Benzyl-, bis-[methoxy-
   benzylidenhydrazid] 9 4287
—, Benzyl-, diäthylester 9 4284
—, Benzyl-, diamid 9 4285
—, Benzyl-, dibutylester 9 4285
—, Benzyl-, dichlorid 9 4285
—, Benzyl-, dihydrazid 9 4286
—, Benzyl-, hydrazid-nitril 9 4286
—, Benzyl-, methylester-nitril 9 4286
—, Benzyl-, nitril 9 4285
—, Benzyl-benzhydryl-, diäthylester
   9 4691
—, Benzyl-[brom-benzyl]- 9 4554
—, Benzyl-[brom-benzyl]-, diäthylester
   9 4554
—, Benzyl-[chlor-benzyl]-,
   diäthylester 9 4554
—, [Benzyl-cyclopentyl]- 9 4419
—, [Benzyl-cyclopentyl]-, diäthylester
   9 4419
—, [Benzyl-cyclopentyliden]-,
   äthylester-nitril 9 4449
—, Benzyl-[fluor-benzyl]- 9 4553
—, Benzyl-[fluor-benzyl]-,
   diäthylester 9 4553
—, Benzyliden- 9 4378
—, Benzyliden-, äthylester-nitril
   9 4380
—, Benzyliden-, diäthylester 9 4379
—, Benzyliden-, diallylester 9 4379
—, Benzyliden-, diisopropylester
   9 4379

Malonsäure, Benzyliden-, dinitril **9** 4380
—, Benzyliden-, methylester-nitril **9** 4380
—, Benzyliden-, nitril **9** 4379
—, Benzyliden-, octylester-nitril **9** 4380
—, Benzyliden-, ureid-nitril **9** 4380
—, Benzyl-[nitro-benzyl]-, diäthylester **9** 4555
—, [Benzyl-propyl]- **9** 4334
—, [Benzyl-propyl]-, diäthylester **9** 4334
—, Bicyclohexylyl-, diäthylester **9** 4031
—, [Biphenylyl-äthyliden]-, dinitril **9** 4612
—, Bis-[benzamino-carboxy-pentyl]-, diamid **9** 1236, 1240
—, Bis-benzoyloxymethyl-, diäthylester **9** 872
—, Bis-[brom-benzyl]-, diäthylester **9** 4555
—, Bis-[chlor-benzyl]-, diäthylester **9** 4554
—, Bis-[chlor-benzyl]-, dimethylester **9** 4554
—, Bis-[dibrom-acetoxy-benzyl]-, diäthylester **10** 2512
—, Bis-[dibrom-hydroxy-benzyl]-, diäthylester **10** 2512
—, Bis-[dimethyl-benzhydryl]-, diäthylester **9** 4726
—, Bis-[methoxy-benzyl]- **10** 2512
—, Bis-[methoxy-benzyl]-, diäthylester **10** 2512
—, Bis-[methoxy-phenyl]-, diäthylester **10** 2507
—, Bis-[nitro-benzyl]-, diäthylester **9** 4555
—, Bis-[nitro-methyl-benzoyl]-, diäthylester **10** 4078, 4079
—, Bis-[octahydro-anthrylmethyl]-, diäthylester **9** 4695
—, Bis-[oxo-phenyl-propyl]-, amid **10** 4080
—, Bis-[oxo-phenyl-propyl]-, amid-nitril **10** 4081
—, Bis-[oxo-phenyl-propyl]-, dimethylester **10** 4080
—, Bis-[oxo-phenyl-propyl]-, dinitril **10** 4081
—, Bis-[oxo-phenyl-propyl]-, methylester-amid **10** 4080
—, Bis-[oxo-phenyl-propyl]-, methylester-nitril **10** 4081
—, Bis-[oxo-phenyl-propyl]-, nitril **10** 4081
—, Bis-[phenyl-propyl]- **9** 4584
—, Bis-[phenyl-propyl]-, diäthylester **9** 4585

Malonsäure, Brom-[benzaminooxy-äthyl]- **9** 1308
—, Brom-benzhydryl-, diäthylester **9** 4538
—, Brom-[benzoyloxy-methyl-propyl]-, diäthylester **9** 868
—, Brom-benzyl- **9** 4288
—, Brom-benzyl-, [methyl-ureid] **9** 4288
—, Brom-benzyl-, ureid **9** 4288
—, [Brom-benzyl]- **9** 4288
—, [Brom-benzyl]-, diäthylester **9** 4288
—, [Brom-benzyliden]- **9** 4382
—, [Brom-benzyliden]-, dinitril **9** 4382
—, Brom-[benzyl-propyl]- **9** 4334
—, Brom-[brom-oxo-diphenyl-propyl]-, methylester-amid **10** 4015
—, [Brom-cinnamyliden]-, äthylester-nitril **9** 4434
—, [Brom-cinnamyliden]-, methylester-nitril **9** 4434
—, [Brom-cyclohexenyl]-, diäthylester **9** 3956
—, Brom-cyclohexylmethyl- **9** 3858
—, Brom-cyclopentyl- **9** 3821
—, [Brom-diacetoxy-dimethyl-phenyl]-, diäthylester **10** 2461
—, [Brom-dihydroxy-dimethyl-benzyl]-, dimethylester **10** 2462
—, [Brom-dihydroxy-dimethyl-phenyl]-, diäthylester **10** 2461
—, [Brom-dinitro-phenyl]-, diäthylester **9** 4266
—, [Brom-dioxo-dihydro-naphthyl]-, diäthylester **10** 4073
—, [Brom-dioxo-dimethyl-cyclohexadienyl]-, diäthylester **10** 4059
—, [(Brom-dioxo-dimethyl-cyclohexadienyl)-methyl]-, dimethylester **10** 4059
—, [Brom-hexyl]-cyclopentenyl-, diäthylester **9** 4019
—, [Brom-hydroxy-benzyliden]- **10** 2254
—, [Brom-hydroxy-methoxy-benzyliden]- **10** 2470
—, [Brom-methoxy-benzyliden]-, äthylester-nitril **10** 2254
—, [Brom-methoxy-benzyliden]-, nitril **10** 2254
—, [Brom-methyl-benzyl]- **9** 4309
—, Brom-[methyl-phenyl-äthyl]- **9** 4317
—, Brom-[methyl-phenyl-propyl]- **9** 4333
—, [Brom-naphthyl]-, diäthylester **9** 4474
—, Brom-naphthylmethyl- **9** 4476
—, Brom-[nitro-diphenyl-äthyl]-, dimethylester **9** 4556
—, Brom-[nitro-methoxy-benzyl]-, dimethylester **10** 2216

Malonsäure, Brom-[nitro-(nitro-phenyl)-
   äthyl]-, diäthylester **9** 4307
—, Brom-[nitro-(nitro-phenyl)-äthyl]-,
   dimethylester **9** 4307
—, [Brom-nitro-(nitro-phenyl)-äthyl]-,
   dimethylester **9** 4307
—, Brom-[nitro-phenyl-äthyl]-,
   dimethylester **9** 4306
—, [Brom-nitro-phenyl-äthyl]-,
   dimethylester **9** 4306
—, Brom-[nitro-phenyl-(nitro-phenyl)-
   äthyl]-, dimethylester **9** 4556
—, Brom-phenyl- **9** 4264
—, [Brom-phenyl]- **9** 4264
—, Brom-[phenyl-benzyl]- **9** 4542
—, Brom-[phenyl-benzyl-äthyl]- **9** 4568
—, Brom-[phenyl-benzyl-propyl]- **9** 4581
—, [Brom-propyl]-phenyl-, diäthylester
   9 4315
—, Butenyl-phenyl-, diäthylester
   9 4404
—, Butyl-benzyl- **9** 4341
—, Butyl-benzyl-, diäthylester **9** 4341
—, Butyl-benzyl-, dibutylester **9** 4342
—, [tert-Butyl-benzyl]- **9** 4345
—, [tert-Butyl-benzyl]-,
   diäthylester **9** 4345
—, Butyl-cyclohexenyl-, äthylester-
   nitril **9** 4012
—, Butyl-cyclohexenyl-, diäthylester
   9 4012
—, Butyl-cyclohexyl-, diäthylester
   9 3928
—, Butyl-cyclopentenyl-, diäthylester
   9 4007
—, Butyl-cyclopentyl- **9** 3924
—, Butyl-cyclopentyl-, diäthylester
   9 3924
—, Butyl-[jod-benzyl]-, diäthylester
   9 4342
—, Butyl-naphthyl-, diäthylester
   9 4489
—, [tert-Butyl-naphthylmethyl]-,
   diäthylester **9** 4491
—, Butyl-[nitro-methyl-benzoyl]-,
   diäthylester **10** 3973
—, Butyl-[oxo-phenyl-butyl]-,
   äthylester-nitril **10** 3974
—, [Butyloxy-äthyl]-phenäthyl- **10** 2239
—, [Butyloxy-äthyl]-phenäthyl-,
   diäthylester **10** 2239
—, Butyl-phenäthyl- **9** 4348
—, Butyl-phenäthyl-, diäthylester
   9 4348
—, Butyl-phenyl- **9** 4332
—, Butyl-phenyl-, diäthylester **9** 4332
—, [(tert-Butyl-phenyl)-äthyliden]-,
   dinitril **9** 4418
—, [(tert-Butyl-phenyl)-propyl]- **9** 4358

Malonsäure, [(tert-Butyl-phenyl)-propyl]-,
   diäthylester **9** 4358
—, [Carbamoyl-cyclohexyl]-benzyl-,
   äthylester-amid **9** 4824
—, [Carboxy-benzamino]-[äthylmercapto-
   äthyl]- **9** 4196
—, [Carboxy-benzamino]-allyl- **9** 4196
—, [Carboxy-benzamino]-[benzylmercapto-
   äthyl]- **9** 4197
—, [Carboxy-benzamino]-butenyl- **9** 4196
—, [Carboxy-benzamino]-[methoxy-äthyl]-
   9 4196
—, [Carboxy-benzamino]-methoxymethyl-
   9 4196
—, [Carboxy-benzamino]-[methylmercapto-
   äthyl]- **9** 4196
—, [Carboxy-benzyl]- **9** 4797
—, [Carboxy-cyclopentyl]- **9** 4750
—, [Carboxy-cyclopentyl]-phenäthyl-,
   nitril **9** 4824
—, [Carboxymethoxy-benzyliden]-,
   nitril **10** 2254
—, [Carboxymethyl-phenyl]- **9** 4798
—, [(Chlor-äthylmercapto)-benzyliden]-,
   dinitril **10** 2258
—, [Chlor-anthrylmethylen]- **10** 4489
—, Chlor-[benzoyloxy-methyl-propyl]-,
   diäthylester **9** 868
—, [Chlor-benzyl]- **9** 4287
—, [Chlor-benzyl]-, diäthylester **9** 4287
—, [Chlor-benzyl]-, dimethylester
   9 4287
—, [Chlor-benzyl]-[brom-benzyl]-
   9 4554
—, [Chlor-benzyl]-[brom-benzyl]-,
   diäthylester **9** 4555
—, [Chlor-benzyliden]- **9** 4380, 4381
—, [Chlor-benzyliden]-, äthylester-
   nitril **9** 4381
—, [Chlor-benzyliden]-, diäthylester
   9 4381, 4382
—, [Chlor-benzyliden]-, dimethylester
   9 4381
—, [Chlor-benzyliden]-, dinitril
   9 4381, 4382
—, [Chlor-benzyliden]-, nitril **9** 4381
—, [Chlor-benzyl]-[methyl-benzyl]-
   9 4568
—, [Chlor-benzyl]-[methyl-benzyl]-,
   diäthylester **9** 4569
—, [Chlor-butenyl]-benzyl- **9** 4410
—, [Chlor-butenyl]-benzyl-,
   diäthylester **9** 4410
—, [Chlor-butenyl]-cyclohexenyl-,
   äthylester-nitril **9** 4066
—, [Chlor-butenyl]-[methyl-phenäthyl]-
   9 4421
—, [Chlor-butenyl]-[methyl-phenäthyl]-,
   diäthylester **9** 4421

Malonsäure, [Chlor-butenyl]-phenäthyl-
9 4417
—, [Chlor-butenyl]-phenäthyl-,
diäthylester 9 4417
—, [Chlor-butenyl]-phenyl-,
diäthylester 9 4404
—, [Chlor-cyclohexenyl]- 9 3956
—, [Chlor-cyclohexenyl]-, diäthylester
9 3956
—, [Chlor-cyclohexenyl]-, dihydrazid
—, [Chlor-dinitro-phenyl]-, äthylester-
nitril 9 4265
—, [Chlor-dinitro-phenyl]-,
diäthylester 9 4265
—, [Chlor-dioxo-dihydro-anthracen-
carbonyl]-, diäthylester 7 4646
—, Chlor-naphthyl-, diäthylester
9 4473
—, [Chlor-nitro-benzyliden]-,
äthylester-nitril 9 4384
—, [Chlor-nitro-benzyliden]-, dinitril
9 4384
—, Chlor-phenanthryl-, diäthylester
9 4655
—, Chlor-phenyl-, dimethylester 9 4264
—, [Chlor-phenyl]- 9 4263, 4264
—, [Chlor-phenyl-acetamino]-,
äthylester-nitril 9 2269
—, [Chlor-phenyl-acetamino]-,
diäthylester 9 2269
—, [(Chlor-phenyl)-äthyliden]-,
dinitril 9 4390
—, [(Chlor-phenyl)-(hydroxy-anthryl)-
methyl]-, diäthylester 10 4034
—, [(Chlor-phenyl)-(hydroxy-anthryl)-
methyl]-, dimethylester 10 4034
—, [(Chlor-phenyl)-(oxo-dihydro-
anthryl)-methyl]-, diäthylester
10 4034
—, [(Chlor-phenyl)-(oxo-dihydro-
anthryl)-methyl]-, dimethylester
10 4034
—, [Chlor-propyl]-phenyl-, äthylester-
nitril 9 4314
—, Cholestenyl- 9 4430
—, Cholestenyl-, dimethylester 9 4430
—, i-Cholesteryl- 9 4430
—, Cinnamoyl-, diäthylester 10 3978
—, Cinnamoyloxy-methyl- 9 2707
—, Cinnamyl- 9 4394
—, Cinnamyl-, diäthylester 9 4394
—, Cinnamyliden- 9 4432
—, Cinnamyliden-, äthylester-nitril
9 4433
—, Cinnamyliden-, chlorid-nitril
9 4433
— Cinnamyliden-, diäthylester 9 4432
—, Cinnamyliden-, dimethylester 9 4432
—, Cinnamyliden-, dinitril 9 4434

Malonsäure, Cinnamyliden-, methylester-
nitril 9 4433
—, Cinnamyliden-, nitril 9 4433
—, p-Cumenyl- 9 4324
—, [Cyan-äthyl]-benzyl-, diäthylester
9 4805
—, [Cyan-äthyl]-cyclopentyl-,
diäthylester 9 4759
—, [Cyan-benzyliden]-, äthylester-
nitril 9 4820
—, [Cyan-cyclohexyl]-, äthylester-
nitril 9 4751
—, [Cyan-cyclohexyl]-benzyl-,
äthylester-nitril 9 4824
—, [Cyan-cyclopentyl]-benzyl-,
äthylester-nitril 9 4823
—, [Cyan-hexahydro-indanyl]-,
äthylester-nitril 9 4778
—, [Cyan-hexahydro-indanyl]-, nitril
9 4778
—, Cyclobutylmethyl-, diäthylester
9 3826
—, Cyclobutylmethyl-äthyl-,
diäthylester 9 3898
—, Cyclobutylmethyl-allyl- 9 4001
—, Cyclobutylmethyl-allyl-,
diäthylester 9 4001
—, Cyclobutylmethyl-decyl-,
diäthylester 9 3932
—, Cyclobutylmethyl-dodecyl-,
diäthylester 9 3933
—, Cyclobutylmethyl-nonyl-,
diäthylester 9 3931
—, Cyclobutylmethyl-octyl-,
diäthylester 9 3931
—, Cyclobutylmethyl-undecyl-,
diäthylester 9 3933
—, 3.5-Cyclo-cholestanyl- 9 4430
—, 3.5-Cyclo-cholestanyl-, diamid
9 4431
—, 3.5-Cyclo-cholestanyl-,
dimethylester 9 4431
—, Cycloheptadecenyliden-, äthylester-
nitril 9 4084
—, Cyclohexancarbonyl-, diäthylester 7 84
—, Cyclohexenyl- 9 3955
—, Cyclohexenyl-, äthylester-nitril
9 3955
—, Cyclohexenyl-, bis-diäthylamid
9 3955
—, Cyclohexenyl-, diäthylester 9 3955
—, Cyclohexenyl-, nitril 9 3955
—, [Cyclohexenyl-äthyl]- 9 3994
—, [Cyclohexenyl-äthyl]-, diäthylester
9 3994, 3995
—, Cyclohexenyl-benzyl-, äthylester-
nitril 9 4450
—, Cyclohexenyl-benzyl-, diäthylester
9 4450

Malonsäure, [Cyclohexenyl-cyclohexyliden]-,
  äthylester-nitril 9 4352
—, Cyclohexenyl-indanyl-, diäthylester
  9 4491
—, Cyclohexenylmethyl- 9 3975
—, Cyclohexenylmethyl-, diäthylester
  9 3976
—, Cyclohexenyl-phenäthyl-,
  diäthylester 9 4452
—, Cyclohexenyl-phenyl-, diäthylester
  9 4447
—, Cyclohexenyl-phenyl-, dimethylester
  9 4447
—, Cyclohexyl-, [äthoxy-äthylester]-
  nitril 9 3835
—, Cyclohexyl-, äthylester 9 3833
—, Cyclohexyl-, äthylester-nitril
  9 3834
—, Cyclohexyl-, allylester-nitril
  9 3835
—, Cyclohexyl-, benzylester-nitril
  9 3835
—, Cyclohexyl-, butylester 9 3834
—, Cyclohexyl-, diäthylester 9 3834
—, Cyclohexyl-, dibutylester 9 3834
—, Cyclohexyl-, dimethylester 9 3833
—, Cyclohexyl-, dipropylester 9 3834
—, Cyclohexyl-, isopropylester-nitril
  9 3835
—, Cyclohexyl-, methylester 9 3833
—, Cyclohexyl-, nitril 9 3834
—, Cyclohexyl-, nitril-[methoxy-
  benzylidenhydrazid] 9 3835
—, Cyclohexyl-, propylester 9 3834
—, Cyclohexyl-, propylester-nitril
  9 3835
—, [Cyclohexyl-äthyl]-cyclohexenyl-,
  diäthylester 9 4079
—, [Cyclohexyl-äthyl]-cyclohexyl-,
  diäthylester 9 4037
—, [Cyclohexyl-äthyl]-cyclopentenyl-,
  diäthylester 9 4079
—, [Cyclohexyl-äthyl]-cyclopentyl-,
  diäthylester 9 4036
—, [Cyclohexyl-äthyl]-octyl-,
  diäthylester 9 3932
—, [Cyclohexyl-äthyl]-phenäthyl-
  9 4428
—, [Cyclohexyl-äthyl]-phenäthyl-,
  diäthylester 9 4428
—, Cyclohexyl-benzyl-, diäthylester
  9 4422
—, [Cyclohexyl-benzyl]- 9 4422
—, Cyclohexyl-cyclohexenyl-,
  diäthylester 9 4077
—, Cyclohexyl-cyclopentenyl-,
  diäthylester 9 4074
—, Cyclohexyliden-, äthylester-nitril
  9 3956

Malonsäure, Cyclohexyliden-, dinitril
  9 3957
—, Cyclohexyliden-, methylester-nitril
  9 3956
—, Cyclohexyliden-, nitril 9 3956
—, Cyclohexyliden-, ureid-nitril
  9 3957
—, Cyclohexyl-indanyl-, diäthylester
  9 4455
—, Cyclohexyl-[isopropyl-benzyl]-,
  diäthylester 9 2900
—, Cyclohexylmethyl- 9 3858
—, Cyclohexylmethyl-, bis-diäthylamid
  9 3858
—, Cyclohexylmethyl-, diäthylester
  9 3858
—, Cyclohexylmethyl-, dihydrazid
  9 3858
—, Cyclohexylmethyl-äthyl-,
  diäthylester 9 3921
—, Cyclohexylmethyl-cyclohexenyl-,
  diäthylester 9 4079
—, Cyclohexylmethyl-cyclopentenyl-,
  diäthylester 9 4077
—, Cyclohexylmethyl-cyclopentyl-,
  diäthylester 9 4032
—, [Cyclohexyl-phenäthyl]- 9 4426
—, [Cyclohexyl-phenäthyl]-,
  diäthylester 9 4426
—, Cyclohexyl-phenyl-, dimethylester
  9 4418
—, [Cyclohexyl-propyl]- 9 3920
—, Cyclopentenyl-, diäthylester
  9 3951
—, Cyclopentenyl-, methylester-
  äthylester 9 3951
—, Cyclopentenyl-acenaphthenyl-,
  diäthylester 9 4667
—, [Cyclopentenyl-äthyl]-,
  diäthylester 9 3985
—, Cyclopentenyl-benzyl-, äthylester-
  nitril 9 4448
—, Cyclopentenyl-benzyl-, diäthylester
  9 4449
—, [Cyclopentenyl-butyl]-,
  diäthylester 9 4007
—, Cyclopentenyl-cyclohexenyl-,
  diäthylester 9 4346
—, Cyclopentenyl-indanyl-,
  diäthylester 9 4490
—, Cyclopentenyl-[methoxy-phenäthyl]-,
  diäthylester 10 2291
—, Cyclopentenyl-phenäthyl- 9 4451
—, Cyclopentenyl-phenäthyl-,
  diäthylester 9 4451
—, Cyclopentenyl-phenyl-, diäthylester
  9 4445
—, [Cyclopentenyl-undecyl]-allyl-,
  diäthylester 9 4086

Malonsäure, [Cyclopentenyl-undecyl]-
benzyl-, diäthylester 9 4460
—, [Cyclopentenyl-undecyl]-
cyclohexenyl-, diäthylester 9 4372
—, [Cyclopentenyl-undecyl]-
cyclopentenyl-, diäthylester
9 4371
—, Cyclopentyl- 9 3820
—, Cyclopentyl-, äthylester-nitril
9 3821
—, Cyclopentyl-, amid 9 3821
—, Cyclopentyl-, diäthylester 9 3820
—, [Cyclopentyl-äthyl]- 9 3869
—, [Cyclopentyl-äthyl]-, diäthylester
9 3869
—, [Cyclopentyl-äthyl]-phenäthyl-,
diäthylester 9 4427
—, Cyclopentyl-benzyl-, diäthylester
9 4419
—, [Cyclopentyl-butyl]- 9 3924
—, [Cyclopentyl-butyl]- 9 3924
—, [Cyclopentyl-butyl]-, diäthylester
9 3924
—, Cyclopentyl-cyclohexenyl-,
diäthylester 9 4074
—, Cyclopentyl-cyclopentenyl-,
diäthylester 9 4067
—, Cyclopentyliden- 9 3952
—, Cyclopentyliden-, äthylester-nitril
9 3952
—. Cyclopentyliden-, bis-diäthylamid
9 3952
—, Cyclopentyliden-, diäthylester
9 3952
—. Cyclopentyliden-, methylester-
äthylester 9 3952
—. Cyclopentyliden-, methylester-
nitril 9 3952
—, Cyclopentyl-[methoxy-phenäthyl]-
10 2276
—, Cyclopentyl-[methoxy-phenäthyl]-,
diäthylester 10 2276
—. Cyclopentylmethyl-äthyl-,
diäthylester 9 3914
—. Cyclopentyl-phenäthyl- 9 4422
—, Cyclopentyl-phenäthyl-,
diäthylester 9 4423
—, [Cyclopentyl-propyl]-, diäthylester
9 3913
—, [Cyclopentyl-undecyl]-, nitril
9 3933
—, [Cyclopentyl-undecyl]-phenäthyl-,
diäthylester 9 4429
—. Cyclopropylmethyl-äthyl-,
diäthylester 9 3855
—. [Decyl-cyclohexyl]-, äthylester-
nitril 9 3932
—, [Diacetoxy-naphthyl]-, diäthylester
10 2486

Malonsäure, [Diacetoxy-trimethyl-benzyl]-,
diäthylester 10 2464
—, [Diäthoxy-benzyliden]-, nitril
10 2469
—, [Diäthyl-carbamoyl-methyl]-benzyl-,
diäthylester 9 4800
—, [(Diäthyl-phenyl)-äthyliden]-,
dinitril 9 4418
—, Dibenzhydryl-, äthylester-nitril
9 4724
—, Dibenzhydryl-, diäthylester 9 4724
—, Dibenzoyl-, diäthylester 10 4075
—, Dibenzyl- 9 4552
—, Dibenzyl-, benzylester-nitril 9 4553
—, Dibenzyl-, diäthylester 9 4552
—, Dibenzyl-, dinitril 9 4553
—, Dibenzyl-, methylester-nitril
9 4553
—, Dibenzyl-, nitril 9 4552
—, Dibenzyl-, nitril-hydrazid 9 4553
—, Dibenzyl-, ureid-nitril 9 4553
—, [Dibrom-dimethoxy-methyl-benzyl]-
10 2460
—, [Dibrom-dimethoxy-methyl-benzyl]-,
dimethylester 10 2460
—, [Dibrom-dimethoxy-methyl-benzyliden]-
10 2473
—, [Dibrom-dimethoxy-methyl-benzyliden]-,
dimethylester 10 2473
—, [Dibrom-phenyl-propyliden]-,
methylester-nitril 9 4395
—. [Dichlor-benzyliden]-, dinitril
9 4382
—, [Dichlor-dioxo-dihydro-anthracen-
carbonyl]-, diäthylester 7 4646
—, Dicyclohexenyl-, äthylester-nitril
9 4351
—, Dicyclohexenyl-, diäthylester
9 4351
—, Dicyclopentenyl-, diäthylester
9 4340
—, Dicyclopentyl-, diäthylester
9 4013
—. Dideuterio-benzyl- 9 4284
—. [Dihydro-naphthyliden]-, äthylester-
nitril 9 4442
—. [Dihydro-naphthyliden]-, dinitril
9 4442
—. [Dihydroxy-androstanyl]- 10 2467
—. [Dihydroxy-benzyliden]- 10 2469
—. [Dihydroxy-benzyliden]-,
diäthylester 10 2469
—, [Dihydroxy-dimethyl-hexadecahydro-
cyclopenta[a]phenanthrenyl]-
10 2467
—, [Dihydroxy-dimethyl-p-phenylen]-di-,
tetraäthylester 10 2633
—, [Dihydroxy-naphthyl]-, diäthylester
10 2486

Malonsäure, [Dimethoxy-benzhydryl]-
10 2509

—, [Dimethoxy-benzhydryl]-,
diäthylester 10 2509

—, [Dimethoxy-benzyl]-, diäthylester
10 2455

—, [Dimethoxy-benzyl]-, methylester-
nitril 10 2456

—, [Dimethoxy-benzyliden]- 10 2468

—, [Dimethoxy-benzyliden]-, äthylester-
nitril 10 2470

—, [Dimethoxy-benzyliden]-,
methylester-nitril 10 2470

—, [Dimethoxy-benzyliden]-, nitril
10 2468, 2469

—, [Dimethoxy-dimethyl-benzyliden]-
10 2473

—, [Dimethoxy-phenyl]-, äthylester-
nitril 10 2440

—, [Dimethoxy-phenyl]-, amid-nitril
10 2440

—, [Dimethoxy-phenyl]-, diäthylester
10 2439

—, [Dimethoxy-trimethyl-benzyliden]-
10 2474

—, [Dimethyl-äthoxycarbonyl-
cyclopentyl]-, äthylester-nitril
9 4762

—, [Dimethyl-benzhydryl]- 9 4576

—, [Dimethyl-benzhydryl]-,
diäthylester 9 4576

—, [Dimethyl-benzyl]- 9 4325, 4326

—, [Dimethyl-benzyl]-, diäthylester
9 4325, 4326

—, [Dimethyl-bicyclo[2.2.0]hexandiyl]-
di-, tetraäthylester 9 4864

—, [Dimethyl-tert-butyl-benzyl]-
9 4361

—, [Dimethyl-tert-butyl-benzyl]-,
diäthylester 9 4361

—, [Dimethyl-cyan-cyclohexyl]-,
äthylester-nitril 9 4765

—, [Dimethyl-cyclohexyliden]-,
äthylester-nitril 9 3998, 3999

—, [Dimethyl-(dimethyl-hexyl)-
hexadecahydro-3.5-cyclo-
cyclopenta[a]phenanthrenyl]-
9 4430

—, [Dimethyl-(dimethyl-hexyl)-
hexadecahydro-3.5-cyclo-
cyclopenta[a]phenanthrenyl]-,
diamid 9 4431

—, [Dimethyl-(dimethyl-hexyl)-
hexadecahydro-3.5-cyclo-
cyclopenta[a]phenanthrenyl]-,
dimethylester 9 4431

—, [Dimethyl-(dimethyl-hexyl)-
tetradecahydro-cyclopenta[a]-
phenanthrenyl]- 9 4430

Malonsäure, [Dimethyl-(dimethyl-hexyl)-
tetradecahydro-cyclopenta[a]-
phenanthrenyl]-, dimethylester
9 4430

—, [Dimethyl-naphthylmethyl]- 9 4485,
4486

—, [Dimethyl-naphthylmethyl]-
diäthylester 9 4485, 4486

—, [(Dimethyl-norpinanyl)-methyl]-,
diäthylester 9 4018

—, [(Dimethyl-norpinenyl)-methyl]-,
diäthylester 9 4070

—, [Dimethyl-octadienyl]-cyclohexyl-,
diäthylester 9 4081

—, [Dimethyl-octadienyl]-cyclopentyl-,
diäthylester 9 4080, 4363

—, [Dimethyl-octadienyl]-phenyl-,
diäthylester 9 4456

—, [Dimethyl-octenyl]-cyclohexyl-,
diäthylester 9 4037

—, [Dimethyl-octenyl]-cyclopentyl-,
diäthylester 9 4037

—, [Dimethyl-octyl]-benzyl-,
diäthylester 9 2633

—, [Dimethyl-octyl]-cyclopentyl-,
diäthylester 9 3932

—, [Dimethyl-octyl]-phenyl-,
diäthylester 9 2631, 4365

—, [Dimethyl-pentyl]-phenyl-,
diäthylester 9 4358

—, [Dimethyl-phenyl]- 9 4312

—, [(Dimethyl-phenyl)-äthyliden]-,
dinitril 9 4408

—, [Dimethyl-phenyl-propyl]-
9 4343, 4344

—, [Dimethyl-phenyl-propyl]-,
diäthylester 9 4344

—, [Dimethyl-tetrahydro-phenanthryl]-
9 4582

—, [(Dinitro-benzoyloxy)-propyl]-,
diäthylester 9 1934

—, [(Dinitro-benzoyloxy)-propyl]-,
diamid 9 1934

—, [(Dinitro-benzoyloxy)-propyl]-decyl-,
diäthylester 9 1935

—, [Dinitro-methyl-naphthyl]-,
diäthylester 9 4477

—, [Dinitro-naphthyl]-, diäthylester
9 4474

—, [Dinitro-phenyl]-, diäthylester
9 4265

—, [Dinitro-phenyl]-, dimethylester
9 4265

—, [Dioxo-dihydro-anthracencarbonyl]-,
diäthylester 7 4645

—, [Dioxo-dihydro-naphthyl]-,
äthylester-nitril 10 4764

—, [Dioxo-dihydro-naphthyl]-,
diäthylester 10 4764

Malonsäure, [Dioxo-dimethyl-cyclohexa-
diendiyl]-di-, tetraäthylester 10 4172
—, [Dioxo-dimethyl-(methyl-
äthoxycarbonyl-propyl)-
hexadecahydro-cyclopenta[*a*]-
phenanthrenyliden]-, äthylester-
nitril 10 4153
—, [Dioxo-dimethyl-tetrahydro-
phenanthryl]-, diäthylester
10 4074
—, [Dioxo-methyl-(brom-trimethyl-
phenyl)-cyclohexadiendiyl]-di-
10 4173
—, [Dioxo-(trimethyl-phenyl)-dihydro-
naphthyl]-, äthylester-nitril
10 4092
—, Diphenacyl-, diäthylester 10 4078
—, Diphenäthyl- 9 4580
—, Diphenyl- 9 4524
—, Diphenyl-, äthylester-nitril
9 4525
—, Diphenyl-, diäthylester 9 4525
—, Diphenyl-, diamid 9 4525
—, Diphenyl-, dimethylester 9 4525
—, Diphenyl-, methylester 9 4525
—, [Diphenyl-allyliden]-, nitril
9 4657
—, [Diphenyl-biphenylyl-methyl]-
9 4723
—, [Diphenyl-biphenylyl-methyl]-,
diäthylester 9 4724
—, [Diphenyl-indanyl]- 9 4700
—, [Diphenyl-indanyl]-, bis-[nitro-
benzylester] 9 4701
—, [Diphenyl-indanyl]-, diäthylester
9 4701
—, [Diphenyl-(methoxy-phenyl)-methyl]-
10 2402
—, [Diphenyl-(methoxy-phenyl)-methyl]-,
diäthylester 10 2402
—, [Diphenyl-naphthyl-methyl]- 9 4717
—, [Diphenyl-naphthyl-methyl]-,
diäthylester 9 4717
—, [Diphenyl-*o*-tolyl-methyl]-,
diäthylester 9 4691
—, [Diphenyl-*p*-tolyl-methyl]-,
diäthylester 9 4691
—, [Dibrom-hydroxy-benzyliden]- 10 2255
—, Di-*p*-tolyl-, diäthylester 9 4565
—, Fluorenyl-, diäthylester 9 4608
—, Fluorenyliden-, dinitril 9 4653
—, [(Fluor-phenyl)-äthyliden]-,
dinitril 9 4390
—, Heptyl-[cyclopentenyl-undecyl]-,
diäthylester 9 4040
—, Heptyl-phenyl-, äthylester-nitril
9 4356
—, Hexadecyl-benzyl-, dibutylester
9 4372

Malonsäure, Hexadecyl-cyclopentenyl-,
diäthylester 9 4039
—, Hexadecyl-phenyl-, diäthylester
9 4371
—, [Hexahydro-indanyl]- 9 4009
—, [Hexahydro-indanyl]-, äthylester-
nitril 9 4009
—, [Hexahydro-indanyl]-, dimethylester
9 4009
—, [Hexahydro-indanyliden]-,
äthylester-nitril 9 4061
—, [Hexahydro-indanyliden]-,
amid-nitril 9 4062
—, [Hexahydro-indanyliden]-, nitril
9 4060
—, Hexyl-cyclohexenyl-, äthylester-
nitril 9 4031
—, Hexyl-phenyl-, äthylester-nitril
9 4348
—, [Hydroxy-acetoxy-trimethyl-benzyl]-,
diäthylester 10 2464
—, Hydroxy-benzyl- 10 2216
—, Hydroxy-benzyl-, [methyl-ureid]
10 2217
—, Hydroxy-benzyl-, ureid 10 2216
—, [Hydroxy-benzyliden]-, äthylester-
nitril 10 2256, 2257
—, [Hydroxy-benzyliden]-, amid-nitril
10 2254
—, [Hydroxy-benzyliden]-, diäthylester
10 3958
—, [Hydroxy-benzyliden]-, dinitril
10 2254, 2256
—, [Hydroxy-benzyliden]-,
diphenylester 10 3959
—, [Hydroxy-benzyliden]-, methylester-
nitril 10 2256, 2257
—, [Hydroxy-benzyliden]-, nitril
10 2255, 2257
—, [Hydroxy-benzyliden]-di- s. *Propan-
tetracarbonsäure, [Hydroxy-phenyl]-*
—, Hydroxy-[benzyl-phenyl]-,
diäthylester 10 2353
—, Hydroxy-[chlor-hydroxy-benzyl]-,
nitril 10 2456
—, [Hydroxy-cinnamyliden]-,
diäthylester 10 3978
—, Hydroxy-cyclohexylmethyl- 10 2035
—, [Hydroxy-cyclopentyl]- 10 2031
—, [Hydroxy-cyclopentyl]-,
diäthylester 10 2031
—, [Hydroxy-dimethoxy-methyl-
benzyliden]-, nitril 10 2574
—, Hydroxy-[dimethyl-phenyl]-,
diäthylester 10 2233, 2234
—, Hydroxy-[dimethyl-phenyl]-,
dimethylester 10 2233
—, Hydroxy-[hydroxy-benzyl]-, nitril
10 2456

Malonsäure, [Hydroxy-indanyl]- 10 2268
—, Hydroxy-mesityl-, diäthylester
10 2237
—, [Hydroxy-methoxy-benzyl]-, nitril
10 2455
—, [Hydroxy-methoxy-benzyliden]-,
amid-[amid-imin] 10 2470
—, [Hydroxy-methoxy-benzyliden]-,
nitril 10 2467, 2468, 2469
—, [(Hydroxy-methoxycarbonyl-naphthyl)-
methylen]-, diäthylester 10 2588
—, [Hydroxy-methyl-benzyliden]-,
diäthylester 10 3965
—, Hydroxy-[(methyl-methoxycarbonyl-
cyclopentyl)-methylen]-,
diäthylester 10 4108
—, Hydroxy-naphthyl-, diäthylester
10 2319
—, Hydroxy-[oxo-cyclohexyl]-,
diäthylester 10 4712
—, [Hydroxy-oxo-naphthyliden]-,
äthylester-nitril 10 4764
—, [Hydroxy-oxo-naphthyliden]-,
diäthylester 10 4764
—, [Hydroxy-oxo-pregnenyl]- 10 4758
—, [Hydroxy-oxo-pregnenyl]-,
dimethylester 10 4758
—, [Hydroxy-phenäthyliden]-,
diäthylester 10 3963
—, Hydroxy-phenanthryl-, diäthylester
10 2395
—, Hydroxy-phenyl-, diäthylester
10 2203
—, [Hydroxy-phenyl-butyliden]-,
diäthylester 10 3969
—, [Hydroxy-styryl]- 10 2260
—, Hydroxy-o-tolyl-, diäthylester
10 2220
—, Hydroxy-p-tolyl-, diäthylester
10 2220
—, [Hydroxy-trimethoxy-benzyliden]-,
diäthylester 10 4841
—, [Hydroxy-trimethyl-benzyliden]-,
diäthylester 10 3971
—, [Hydroxy-(trimethyl-cyan-
cyclopentyl)-methylen]-,
diäthylester 10 4111
—, Hydroxy-[trimethyl-phenyl]-,
diäthylester 10 2237
—, Hydroxy-[2.4]xylyl-, diäthylester
10 2234
—, Hydroxy-[2.5]xylyl-, diäthylester
10 2233
—, Hydroxy-[3.4]xylyl-, diäthylester
10 2233
—, Indanyl-, äthylester-nitril 9 4400
—, Indanyl-, nitril 9 4399
—, Indanyliden-, äthylester-nitril
9 4441

Malonsäure, Indanylmethyl-, diäthylester
9 4410
—, Isobutyl-cyclopentenyl-,
diäthylester 9 4007
—, Isobutyl-phenäthyl- 9 4349
—, Isobutyl-phenäthyl-, diäthylester
9 4349
—, Isopentyl-cyclopentenyl-,
diäthylester 9 4013
—, Isopentyl-cyclopentyl-,
diäthylester 9 3928
—, Isopentyl-phenyl-, äthylester-
nitril 9 4343
—, Isopropenyl-benzhydryl-,
diäthylester 9 4641
—, Isopropenyl-benzyl-, diäthylester
9 4407
—, Isopropenyl-cyclopentenyl-,
diäthylester 9 4055
—, Isopropyl-benzoyl-, diäthylester
10 3970
—, Isopropyl-benzyl-, diäthylester
9 4336
—, [Isopropyl-benzyliden]-, nitril
9 4408
—, Isopropyl-[dimethyl-benzyl]-,
diäthylester 9 4350
—, [Isopropyl-naphthyl-äthyl]- 9 4491
—, [Isopropyl-naphthyl-äthyl]-,
diäthylester 9 4491
—, [Isopropyl-naphthylmethyl]- 9 4490
—, Isopropyl-phenäthyl- 9 4343
—, Isopropyl-phenäthyl-, diäthylester
9 4343
—, [Isopropyl-phenäthyl]-,
diäthylester 9 4344
—, Isopropyl-phenyl-, äthylester-
nitril 9 4318
—, [Isopropyl-phenyl]- 9 4324
—, [(Isopropyl-phenyl)-äthyliden]-,
dinitril 9 4412
—, [Jod-benzyl]- 9 4288
—, [Jod-benzyl]-, diäthylester 9 4289
—, [Jod-benzyliden]-, dinitril 9 4382
—, [Jod-phenyl]-, äthylester-nitril
9 4264
—, [Jod-phenyl]-, diäthylester 9 4264
—, Mesityl-, diäthylester 9 4327
—, [Mesityl-propyl]- 9 4351
—, [Mesityl-propyl]-, diäthylester
9 4351
—, Methallyl-cyclopentenyl-,
diäthylester 9 4059
—, [Methoxy-acetoxy-benzyliden]-,
nitril 10 2468
—, [Methoxy-äthoxy-benzyl]-,
methylester-nitril 10 2456
—, [Methoxy-äthoxy-benzyl]-, nitril
10 2455

Malonsäure, [Methoxy-äthoxy-benzyliden]-,
   nitril 10 2469
—, [Methoxy-äthyl]-phenäthyl- 10 2239
—, [Methoxy-äthyl]-phenäthyl-,
   diäthylester 10 2239
—, [Methoxy-benzhydryl]- 10 2352
—, [Methoxy-benzhydryl]-, diäthylester
   10 2352
—, [Methoxy-benzyl]-, amid 10 2215
—, [Methoxy-benzyl]-, amid-nitril
   10 2215
—, [Methoxy-benzyl]-, diäthylester
   10 2215
—, [Methoxy-benzyl]-, nitril 10 2215
—, [Methoxy-benzyl]-, nitril-hydrazid
   10 2215
—, [Methoxy-benzyliden]- 10 2256
—, [Methoxy-benzyliden]-, äthylester-
   nitril 10 2254, 2256, 2257
—, [Methoxy-benzyliden]-, diäthylester
   10 2253, 2257
—, [Methoxy-benzyliden]-, methylester-
   nitril 10 2256
—, [Methoxy-benzyliden]-, nitril
   10 2253, 2255
—, [Methoxy-benzyloxy-benzyl]-,
   methylester-nitril 10 2456
—, [Methoxy-benzyloxy-benzyliden]-,
   nitril 10 2470
—, [Methoxy-*tert*-butyl-phenäthyl]-
   10 2241
—, [Methoxy-*tert*-butyl-phenäthyl]-,
   diäthylester 10 2241
—, [(Methoxycarbonyl-äthyl)-cyclohexyl]-,
   methylester-nitril 9 4763
—, [Methoxy-cyclohexyl]-, diäthylester
   10 2032
—, [Methoxy-methyl-benzyl]-,
   diäthylester 10 604
—, [Methoxy-methyl-benzyliden]-,
   äthylester-nitril 10 2262, 2263
—, [Methoxy-methyl-benzyliden]-,
   methylester-nitril 10 2262, 2263
—, [Methoxy-methyl-benzyliden]-,
   nitril 10 2262, 2263
—, [Methoxymethyl-benzyliden]-,
   dinitril 10 2264
—, [Methoxy-methyl-*tert*-butyl-phenäthyl]-
   10 2243
—, [Methoxy-methyl-*tert*-butyl-phenäthyl]-,
   diäthylester 10 2243
—, [Methoxy-methyl-isopropyl-benzyl]-
   10 2241
—, [Methoxy-methyl-isopropyl-benzyl]-,
   diäthylester 10 2241
—, [Methoxy-methyl-isopropyl-phenäthyl]-
   10 2242
—, [Methoxy-methyl-isopropyl-phenäthyl]-,
   diäthylester 10 2242

Malonsäure, [(Methoxy-naphthyl)-äthyl]-
   10 2324
—, [(Methoxy-naphthyl)-äthyl]-,
   diäthylester 10 2324, 2325
—, [(Methoxy-naphthyl)-cyclopentenyl]-
   10 2390
—, [Methoxy-naphthylmethyl]- 10 2321,
   2322
— [Methoxy-naphthylmethyl]-,
   diäthylester 10 2321
—, [Methoxy-phenäthyl]-, diäthylester
   10 2225
—, [Methoxy-phenyl]- 10 2202, 2203
—, [Methoxy-phenyl]-, äthylester
   10 2202, 2203
—, [Methoxy-phenyl]-, äthylester-
   nitril 10 2202, 2203
—, [Methoxy-phenyl]-, amid-nitril
   10 2203
—, [Methoxy-phenyl]-, diäthylester
   10 2202, 2203
—, [Methoxy-phenyl]-, diamid 10 2202,
   2203
—, [(Methoxy-phenyl)-propyl]- 10 2234,
   2235
—, [(Methoxy-phenyl)-propyl]-,
   diäthylester 10 2235
—, [(Methoxy-tetrahydro-naphthyl)-
   äthyl]- 10 2272
—, [(Methoxy-tetrahydro-naphthyl)-
   äthyl]-, diäthylester 10 2272
—, [Methoxy-trityl]- 10 2402
—, [Methoxy-trityl]-, diäthylester
   10 2402
—, Methyl-[acetoxy-benzoyl]-,
   diäthylester 10 4742
—, [Methyl-(äthoxycarbonyl-äthyl)-
   cyclopentyl]-, äthylester-nitril
   9 4768
—, Methyl-[äthoxycarbonyl-cyclohexenyl]-,
   äthylester-nitril 9 4776
—, Methyl-[äthoxycarbonyl-cyclohexyl]-,
   diäthylester 9 4756
—, [Methyl-äthoxycarbonyl-
   cyclohexyliden]-, äthylester-
   nitril 9 4777
—, Methyl-[äthoxycarbonyl-
   cyclopentenyl]-, äthylester-
   nitril 9 4776
—, [Methyl-äthoxycarbonyl-cyclopentyl]-,
   äthylester-nitril 9 4753
—, Methyl-[äthoxycarbonylmethyl-
   cyclopentyl]-, äthylester-nitril
   9 4760
—, [Methyl-äthoxycarbonylmethyl-
   cyclopentyl]-, äthylester-nitril
   9 4761
—, Methyl-benzhydryl- 9 4561
—, Methyl-benzhydryl-, diäthylester 9 4561

Malonsäure, [Methyl-benzhydryl]-
9 4564
—, [Methyl-benzhydryl]-, diäthylester
9 4564
—, Methyl-benzyl- 9 4307
—, Methyl-benzyl-, äthylester 9 4308
—, [Methyl-benzyl]-, äthylester
9 4309
—, [Methyl-benzyl]-, azid 9 4309
—, [Methyl-benzyl]-,
benzylidenhydrazid 9 4309
—, [Methyl-benzyl]-, diäthylester
9 4308, 4309
—, [Methyl-benzyl]-, hydrazid 9 4309
—, [Methyl-benzyliden]- 9 4391
—, [Methyl-benzyliden]-, diäthylester
9 4391
—, [Methyl-benzyliden]-, dinitril
9 4390, 4391
—, Methyl-[brom-cyclohexenyl]-,
diäthylester 9 3977
—, Methyl-[brom-cyclopentenyl]-,
diäthylester 9 3964
—, Methyl-[brom-methyl-benzyl]- 9 4321
—, [Methyl-butenyl]-benzyl-,
diäthylester 9 4417
—, [Methyl-*tert*-butyl-phenäthyl]-,
diäthylester 9 4359, 4360
—, Methyl-[cyan-cyclohexyl]-,
äthylester-nitril 9 4755
—, [Methyl-cyan-cyclohexyl]-,
äthylester-nitril 9 4756, 4757
—, [Methyl-cyan-cyclohexyl]-,
diäthylester 9 4757
—, Methyl-[cyan-cyclopentyl]-,
äthylester-nitril 9 4753
—, [Methyl-cyan-cyclopentyl]-,
äthylester-nitril 9 4753
—, [Methyl-cyan-cyclopentyl]-benzyl-,
äthylester-nitril 9 4824
—, Methyl-cyclobutylmethyl-,
diäthylester 9 3850
—, Methyl-cyclohexenyl- 9 3976, 3977
—, Methyl-cyclohexenyl-, äthylester-
nitril 9 3976
—, Methyl-cyclohexenyl-, amid-nitril
9 3977
—, Methyl-cyclohexenyl-,
bis-diäthylamid 9 3976
—, Methyl-cyclohexenyl-, diäthylester
9 3976, 3977
—, Methyl-cyclohexenyl-, [methyl-ureid]
9 3976
—, [Methyl-cyclohexenyl]- 9 3978
—, [(Methyl-cyclohexenyl)-äthyl]-
9 4005
—, Methyl-[cyclohexenyl-äthyl]- 9 4005
—, Methyl-[cyclohexenyl-äthyl]-,
diäthylester 9 4005

Malonsäure, [(Methyl-cyclohexenyl)-
äthyl]-, diäthylester 9 4005
—, [Methyl-cyclohexenyl]-benzyl-,
äthylester-nitril 9 4453
—, [Methyl-cyclohexenylmethyl]-,
diäthylester 9 3997
—, [(Methyl-cyclohexenyl)-propyl]-,
diäthylester 9 4012
—, [Methyl-cyclohexyl]- 9 3860, 3861
—, [Methyl-cyclohexyl]-, äthylester-
nitril 9 3860, 3861
—, [Methyl-cyclohexyl]-, amid 9 3860
—, [Methyl-cyclohexyl]-, diäthylester
9 3861
—, [Methyl-cyclohexyliden]-,
äthylester-nitril 9 3978, 3979
—. Methyl-cyclohexylmethyl-,
diäthylester 9 3903
—, Methyl-cyclopentenyl-, diäthylester
9 3963
—, Methyl-[cyclopentenyl-äthyl]-,
diäthylester 9 4001
—, Methyl-[cyclopentenyl-tridecyl]-,
diäthylester 9 4039
—, Methyl-[cyclopentenyl-undecyl]-
9 4039
—, Methyl-cyclopentyl- 9 3841
—, Methyl-cyclopentyl-, diäthylester
9 3841
—, [Methyl-cyclopentyl]- 9 3842
—, [Methyl-cyclopentyl]-, äthylester-
nitril 9 3843
—, [Methyl-cyclopentyl]-, diäthylester
9 3842
—, [Methyl-cyclopentyliden]-,
äthylester-nitril 9 3965
—, [Methyl-cyclopentyliden]-,
amid-nitril 9 3966
—, [Methyl-cyclopentyliden]-, nitril
9 3965
—, [Methyl-cyclopentyl]-phenäthyl-
9 4426
—, [Methyl-cyclopentyl]-phenäthyl-,
diäthylester 9 4426
—. Methyl-[dimethoxy-benzyl]- 10 2459
—. Methyl-[dimethoxy-phenyl]-,
äthylester-nitril 10 2457
—. [Methyl-(dimethyl-2.6-cyclo-
norbornyl)-pentenyl]- 9 4364
—. [Methyl-(dimethyl-2.6-cyclo-
norbornyl)-pentenyl]-,
diäthylester 9 4364
—, Methyl-[dimethyl-phenäthyl]-,
diäthylester 9 4345
—, [Methyl-(dimethyl-tricyclo[2.2.1.0$^{2.6}$]-
heptyl)-pentenyl]- 9 4364
—, Methyl-[hexahydro-indenyl]-,
äthylester-nitril 9 4068
—, [Methyl-isopropyl-benzyl]- 9 4345

Malonsäure, [Methyl-isopropyl-benzyl]-,
diäthylester 9 4345
—, Methyl-[isopropyl-phenäthyl]-,
diäthylester 9 4349
—, [Methyl-methoxycarbonyl-
cyclopentancarbonyl]-,
diäthylester 10 4108
—, Methyl-[methoxy-phenyl]- 10 2217
—, Methyl-[methoxy-phenyl]-,
äthylester-nitril 10 2217
—, Methyl-[methoxy-phenyl]-,
amid-nitril 10 2217
—, Methyl-[methoxy-phenyl]-,
diäthylester 10 2217
—, Methyl-[(methoxy-tetrahydro-
naphthyl)-äthyl]- 10 2276
—, Methyl-[methyl-benzyl]- 9 4321
—, Methyl-[methyl-benzyl]-,
diäthylester 9 4321, 4322
—, Methyl-[methyl-cyclohexenyl]-,
äthylester-nitril 9 3997, 3998
—, Methyl-[methyl-cyclopentenyl]-,
äthylester-nitril 9 3986
—, Methyl-[methyl-(dimethyl-hexyl)-
carboxy-hexahydro-indanyl]-
9 4780
—, Methyl-[methyl-(dimethyl-hexyl)-
methoxycarbonyl-hexahydro-indanyl]-,
dimethylester 9 4780
—, Methyl-[methyl-isopropyl-benzyl]-
9 4350
—, Methyl-[methyl-isopropyl-benzyl]-,
diäthylester 9 4350
—, Methyl-[(methyl-isopropyl-
cyclohexyl)-äthyl]-, diäthylester
9 3931
—, [Methyl-(methyl-methylen-norbornyl)-
pentenyl]- 9 4364
—, [Methyl-(methyl-methylen-norbornyl)-
pentenyl]-, diäthylester 9 4364
—, Methyl-[methyl-naphthylmethyl]-,
diäthylester 9 4484
—, Methyl-[methyl-phenäthyl]- 9 4336, 4337
—, Methyl-[methyl-phenäthyl]-, bis-
[nitro-benzylester] 9 4337
—, Methyl-[methyl-phenäthyl]-,
diäthylester 9 4337
—, Methyl-[methyl-phenyl-äthyl]-,
äthylester-nitril 9 4336
—, Methyl-naphthyl-, diäthylester 9 4477
—, Methyl-[naphthyl-äthyl]- 9 4484
—, Methyl-[naphthyl-äthyl]-,
diäthylester 9 4484
—, [Methyl-naphthyl-äthyl]- 9 4483
—, [Methyl-naphthyl-äthyl]-,
diäthylester 9 4484
—, Methyl-naphthylmethyl- 9 4480
—, Methyl-naphthylmethyl-,
diäthylester 9 4480, 4481

Malonsäure, [Methyl-naphthylmethyl]-
9 4481
—, [Methyl-naphthylmethyl]-,
diäthylester 9 4481, 4482
—, [Methyl-naphthylmethyl]-allyl-
9 4578
—, [Methyl-naphthylmethyl-propyl]-
9 4491
—, [Methyl-naphthylmethyl-propyl]-,
diäthylester 9 4491
—, Methyl-[oxo-cyclohexenyl]-,
diäthylester 10 3928
—, Methyl-[(oxo-dimethyl-carboxy-
decahydro-naphthyl)-äthyl]-
10 4115
—, Methyl-[oxo-diphenyl-propyl]-,
diäthylester 10 4016
—, Methyl-[oxo-methyl-äthoxycarbonyl-
cyclohexyl]-, diäthylester 10 4109
—, Methyl-[oxo-methyl-triphenyl-
benzoyl-pentyl]-, diäthylester
10 4100
—, Methyl-[oxo-triphenyl-benzoyl-
pentyl]-, diäthylester 10 4099
—, [Methyl-phenacyl]-, diäthylester
10 3967
—, Methyl-phenäthyl-, diäthylester
9 4317
—, [Methyl-phenäthyl]- 9 4319
—, [Methyl-phenäthyl]-, diäthylester
9 4319, 4320
—, Methyl-phenyl- 9 4290
—, Methyl-phenyl-, äthylester-nitril
9 4290
—, Methyl-phenyl-, diäthylester
9 4290
—, [Methyl-phenyl-äthyl]- 9 4316
—, [Methyl-phenyl-äthyl]-, äthylester-
nitril 9 4317
—, [Methyl-phenyl-äthyl]-,
diäthylester 9 4316
—, [Methyl-phenyl-äthyliden]-,
äthylester-nitril 9 4396
—, [Methyl-phenyl-äthyliden]-,
diäthylester 9 4396
—, [Methyl-phenyl-allyliden]-,
methylester-nitril 9 4442
—, [Methyl-phenyl-butyl]- 9 4342
—, [Methyl-phenyl-butyl]-,
diäthylester 9 4343
—, Methyl-[phenyl-carbamoyl-äthyl]-,
äthylester 9 4807
—, [Methyl-phenyl-propinyl]-
9 4441
—, [Methyl-phenyl-propyl]- 9 4333
—, [Methyl-phenyl-propyl]-,
diäthylester 9 4333
—, [Methyl-phenyl-propyliden]-,
äthylester-nitril 9 4407

Malonsäure, Methyl-pyrenylmethyl-,
dimethylester **9** 4689
—, [Methyl-tetrahydro-chrysenyl]-
9 4681
—, Methyl-[tetrahydro-naphthyl]-,
diäthylester **9** 4414
—, [Methyl-(tetrahydro-naphthyl)-äthyl]-
9 4424
—, [Methyl-*p*-tolyl-äthyl]- **9** 4337
—, [Methyl-(trimethyl-cyclohexenyl)-
allyliden]-, nitril **9** 4360, 4361
—, [Methyl-(trimethyl-phenyl)-äthyl]-
9 4351
—, [Methyl-trityl]-, diäthylester
9 4691
—, Naphthyl- **9** 4473, 4474
—, Naphthyl-, äthylester-nitril
9 4473
—, Naphthyl-, amid-nitril **9** 4474
—, Naphthyl-, diäthylester **9** 4473
—, Naphthyl-, dimethylester **9** 4473
—, [Naphthyl-äthyl]- **9** 4479
—, [Naphthyl-äthyl]-, diäthylester
9 4479
—, [Naphthyl-äthyl]-allyl-,
diäthylester **9** 4578
—, [Naphthyl-äthyl]-butyl-,
diäthylester **9** 4492
—, [Naphthyl-äthyl]-[chlor-butenyl]-
9 4581
—, [Naphthyl-äthyl]-[chlor-butenyl]-,
diäthylester **9** 4581
—, [Naphthyl-äthyl]-propyl- **9** 4490
—, [Naphthyl-äthyl]-propyl-,
diäthylester **9** 4491
—, Naphthylmethyl- **9** 4475, 4476
—, Naphthylmethyl-, äthylester-nitril
9 4476
—, Naphthylmethyl-, diäthylester
9 4476
—, Naphthylmethyl-, nitril-[methoxy-
benzylidenhydrazid] **9** 4476
—, Naphthylmethyl-allyl-, diäthylester
9 4565
—, Naphthylmethylen- **9** 4522, 4523
—, Naphthylmethylen-, äthylester-
nitril **9** 4523
—, Naphthylmethylen-, dinitril **9** 4523
—, Naphthylmethylen-, nitril **9** 4522
—, [Naphthylmethyl-propyl]- **9** 4489
—, [Naphthylmethyl-propyl]-,
diäthylester **9** 4490
—, [Nitro-benzamino]-, diäthylester
9 1736
—, [Nitro-benzoyl]-, diäthylester **10** 3959
—, [Nitro-benzyl]-, äthylester **9** 4289
—, [Nitro-benzyl]-, azid **9** 4290
—, [Nitro-benzyl]-, benzylidenhydrazid
9 4289

Malonsäure, [Nitro-benzyl]-, diäthylester
9 4289
—, [Nitro-benzyl]-, hydrazid **9** 4289
—, [Nitro-benzyl]-,
isopropylidenhydrazid **9** 4289
—, [Nitro-benzyl]-, [phenyl-
äthylidenhydrazid] **9** 4289
—, [Nitro-benzyliden]-, äthylester-
nitril **9** 4383, 4384
—, [Nitro-benzyliden]-, diäthylester
9 4383
—, [Nitro-benzyliden]-, dimethylester
9 4383, 4384
—, [Nitro-benzyliden]-, dinitril
9 4384
—, [Nitro-benzyliden]-, methylester-
nitril **9** 4383
—, [Nitro-benzyliden]-, nitril **9** 4382, 4383
—, [Nitro-butyl]-phenyl-, diäthylester
9 4332
—, [Nitro-cinnamyliden]-, dinitril
9 4434
—, [Nitro-dimethoxy-benzoyl]-,
diäthylester **10** 4802
—, [Nitro-(dimethoxy-phenyl)-äthyl]-,
diäthylester **10** 2459
—, [Nitro-dioxo-dihydro-anthracen-
carbonyl]-, diäthylester **7** 4646
—, [Nitro-dioxo-trimethyl-cyclohexenyl]-,
äthylester **10** 4056
—, [Nitro-dioxo-trimethyl-cyclohexenyl]-,
diäthylester **10** 4056
—, [Nitro-dioxo-trimethyl-cyclohexenyl]-,
dimethylester **10** 4056
—, [Nitro-diphenyl-äthyl]-,
diäthylester **9** 4556
—, [Nitro-hydroxy-benzyliden]- **10** 2255
—, [Nitro-hydroxy-benzyliden]-,
diäthylester **10** 3959
—, [Nitro-hydroxy-dimethoxy-benzyliden]-,
diäthylester **10** 4802
—, [Nitro-hydroxy-methoxy-benzyliden]-,
diäthylester **10** 4740
—, [Nitro-hydroxy-methyl-benzyliden]-,
diäthylester **10** 3965
—, [Nitro-hydroxy-phenäthyliden]-,
diäthylester **10** 3963
—, [Nitro-hydroxy-phenäthyliden]-,
dimethylester **10** 3963
—, [Nitro-(hydroxy-phenyl)-äthyl]-,
diäthylester **10** 2231
—, [Nitro-methoxy-benzoyl]-,
diäthylester **10** 4740
—, [Nitro-methoxy-benzyl]-,
dimethylester **10** 2216
—, [Nitro-methoxy-benzyliden]-, nitril
10 2258
—, [Nitro-(methoxy-phenyl)-äthyl]-,
diäthylester **10** 2231

Malonsäure, [Nitro-methoxy-styryl]-,
dimethylester 10 2260
—, [Nitro-methyl-acetyl-phenyl]-,
diäthylester 10 3968
—, [Nitro-methyl-benzoyl]-,
diäthylester 10 3965, 4079
—, [Nitro-(nitro-benzoyloxy)-
benzyliden]-, diäthylester 10 2258
—, [Nitro-phenyl]- 9 4265
—, [Nitro-phenyl]-, dimethylester
9 4265
—, [(Nitro-phenyl)-acetyl]-,
diäthylester 10 3963
—, [(Nitro-phenyl)-acetyl]-,
dimethylester 10 3963
—, [(Nitro-phenyl)-äthyliden]-,
dinitril 9 4390
—, [(Nitro-phenyl)-(hydroxy-anthryl)-
methyl]-, diäthylester 10 4034
—, [(Nitro-phenyl)-(hydroxy-anthryl)-
methyl]-, dimethylester 10 4034
—, [Nitro-phenyl-(methoxy-phenyl)-
äthyl]-, diäthylester 10 2356
—, [Nitro-phenyl-(nitro-phenyl)-äthyl]-,
dimethylester 9 4556
—, [(Nitro-phenyl)-(oxo-dihydro-
anthryl)-methyl]-, diäthylester
10 4034
—, [(Nitro-phenyl)-(oxo-dihydro-
anthryl)-methyl]-, dimethylester
10 4034
—, Nonyl-cyclohexyl-, diäthylester
9 3932
—, Octadecenyl-phenyl-, diäthylester
9 4429
—, [Octahydro-anthrylmethyl]- 9 4455
—, [Octahydro-naphthyl]- 9 4067
—, [Oxo-butyl]-[äthoxycarbonyl-
cyclohexyl]-, äthylester-nitril
10 4111
—, [Oxo-butyl]-[methoxy-phenyl]-,
äthylester-nitril 10 4744
—, [Oxo-butyl]-[methoxy-phenyl]-,
diäthylester 10 4744
—, [Oxo-butyl]-phenyl-, äthylester-
nitril 10 3968
—, [Oxo-butyl]-phenyl-, diäthylester
10 3968
—, [Oxo-cyclohexyl]- 10 3893, 3894
—, [Oxo-cyclohexyl]-, diäthylester
10 3894
—, [Oxo-cyclohexyl]-benzyl-,
diäthylester 10 3982
—, [Oxo-cyclohexyliden]-, diäthylester
10 4712
—, [(Oxo-cyclohexyl)-(methoxy-phenyl)-
methyl]- 10 4754
—, [(Oxo-cyclohexyl)-methyl]-,
diäthylester 10 3901

Malonsäure, [(Oxo-cyclohexyl)-phenyl-
methyl]- 10 3982
—, [(Oxo-cyclohexyl)-phenyl-methyl]-,
äthylester-amid 10 3983
—, [(Oxo-cyclohexyl)-phenyl-methyl]-,
äthylester-hydroxyamid 10 3983
—, [(Oxo-cyclohexyl)-phenyl-methyl]-,
diäthylester 10 3982
—, [Oxo-cyclopentadecyl]- 10 3924
—, [Oxo-decahydro-naphthyl]- 10 3936
—, [Oxo-decahydro-naphthyl]-,
diäthylester 10 3936
—, [Oxo-dimethyl-cyclohexenyl]-,
diäthylester 10 3931
—, [Oxo-(dimethyl-phenyl)-propyl]-
10 3971
—, [Oxo-diphenyl-äthyliden]-,
äthylester-nitril 10 4022
—, [Oxo-diphenyl-äthyliden]-, nitril
10 4022
—, [Oxo-diphenyl-(methoxy-phenyl)-
propyl]-, diäthylester 10 4795
—, [Oxo-diphenyl-propyl]- 10 4013, 4014
—, [Oxo-diphenyl-propyl]-, amid-nitril
10 4015
—, [Oxo-diphenyl-propyl]-,
diäthylester 10 4014
—, [Oxo-diphenyl-propyl]-,
dimethylester 10 4014
—, [Oxo-(hydroxy-dimethyl-
tetradecahydro-cyclopenta[a]-
phenanthrenyl)-äthyl]- 10 4758
—, [Oxo-(hydroxy-dimethyl-
tetradecahydro-cyclopenta[a]-
phenanthrenyl)-äthyl]-,
dimethylester 10 4758
—, [Oxo-methyl-äthoxycarbonyl-
cyclohexyl]-, diäthylester
10 4107
—, [Oxo-methyl-cyclohexyl]-, amid
10 3904
—, [Oxo-methyl-mesityl-propyl]-,
diäthylester 10 3974
—, [Oxo-methyl-phenyl-pentyl]-,
diäthylester 10 3972
—, [Oxo-methyl-phenyl-propyl]- 10 3968
—, [Oxo-methyl-p-tolyl-propyl]-
10 3971
—, [Oxo-methyl-(trimethyl-phenyl)-
propyl]-, diäthylester 10 3974
—, [Oxo-methyl-triphenyl-benzoyl-
pentyl]-, diäthylester 10 4099
—, [Oxo-phenyl-benzoyl-propyl]-benzyl-,
diäthylester 10 4095
—. [Oxo-phenyl-butyl]- 10 3968
—, [Oxo-phenyl-butyl]-, äthylester-
nitril 10 3969
—, [Oxo-phenyl-butyl]-, diäthylester
10 3969

Malonsäure, [Oxo-phenyl-butyl]-, dimethylester **10** 3969
—, [Oxo-phenyl-(dinitro-methyl-phenyl)-propyl]-, diäthylester **10** 4016
—, [Oxo-phenyl-mesityl-propyl]-, dimethylester **10** 4018
—, [Oxo-phenyl-(nitro-phenyl)-äthyliden]-, nitril **10** 4022
—, [Oxo-phenyl-(nitro-phenyl)-propyl]-, diäthylester **10** 4015
—, [Oxo-phenyl-propyl]- **10** 3966
—, [Oxo-phenyl-propyl]-, dimethylester **10** 3966
—, [Oxo-phenyl-p-tolyl-propyl]- **10** 4016
—, [Oxo-phenyl-p-tolyl-propyl]-, amid-nitril **10** 4017
—, [Oxo-phenyl-p-tolyl-propyl]-, diäthylester **10** 4017
—. [Oxo-phenyl-p-tolyl-propyl]-, dimethylester **10** 4017
—, [Oxo-phenyl-(trimethyl-phenyl)-propyl]-, dimethylester **10** 4018
—, [Oxo-tetrahydro-naphthyl]- **10** 3980
—-, [Oxo-tetrahydro-naphthyl]-, dimethylester **10** 3980
—. [Oxo-triphenyl-benzoyl-pentyl]-, diäthylester **10** 4099
—, [Oxo-triphenyl-propyl]-, diäthylester **10** 4032
—, [Oxo-[2.5]xylyl-propyl]- **10** 3971
—, [tert-Pentyl-phenäthyl]-, diäthylester **9** 4359
—, [Pentyl-phenyl-allyliden]-, äthylester-nitril **9** 4452
—, Phenacyl- **10** 3962
—, Phenacyl-, nitril **10** 3962
—, Phenäthyl- **9** 4301
—, Phenäthyl-, äthylester-nitril **9** 4302
—, Phenäthyl-, diäthylester **9** 4301
—, Phenäthyl-, nitril **9** 4301
—, Phenäthyl-, nitril-benzylidenhydrazid **9** 4302
—, Phenäthyl-, nitril-hydrazid **9** 4302
—, Phenäthyl-, nitril-[methoxy-benzylidenhydrazid] **9** 4302
—, Phenäthyliden-, äthylester-nitril **9** 4389
—, Phenäthyliden-, diäthylester **9** 4389
—, Phenanthryl-, diäthylester **9** 4654
—, Phenanthrylmethyl- **9** 4658
—, [Phenoxy-äthyl]-phenäthyl- **10** 2239
—, [Phenoxy-äthyl]-phenäthyl-, diäthylester **10** 2239
—, [Phenoxy-äthyl]-phenyl- **10** 599
—, [Phenoxy-propyl]-phenäthyl- **10** 2240
—, [Phenoxy-propyl]-phenäthyl-, diäthylester **10** 2240

Malonsäure, Phenyl- **9** 4260
—, Phenyl-, äthoxycarbonylamid-[phenyl-ureid] **9** 4262
—, Phenyl-, äthylester **9** 4260
—, Phenyl-, äthylester-nitril **9** 4262
—, Phenyl-, amid-nitril **9** 4262
—, Phenyl-, bis-äthoxycarbonylamid **9** 4262
—, Phenyl-, bis-äthylamid **9** 4261
—, Phenyl-, diäthylester **9** 4260
—, Phenyl-, diamid **9** 4261
—, Phenyl-, dimethylester **9** 4260
—, Phenyl-, dinitril **9** 4263
—, Phenyl-, dipropylester **9** 4261
—, Phenyl-, [hydroxy-äthylamid]-nitril **9** 4263
—, Phenyl-, methylamid-nitril **9** 4263
—, Phenyl-, methylester-nitril **9** 4262
—, Phenyl-, nitril **9** 4262
—, Phenyl-, nitril-benzylidenhydrazid **9** 4263
—, Phenyl-, nitril-hydrazid **9** 4263
—, [Phenyl-acetamino]- **9** 2223
—, [Phenyl-acetamino]-, äthylester **9** 2223
—, [Phenyl-acetamino]-, äthylester-nitril **9** 2224
—, [Phenyl-acetamino]-, benzylester-nitril **9** 2224
—, [Phenyl-acetamino]-, diäthylester **9** 2223
—, [Phenyl-acetamino]-, diazid **9** 2225
—, [Phenyl-acetamino]-, dihydrazid **9** 2225
—, [Phenyl-acetamino]-, hydrazid **9** 2225
—, [Phenyl-acetamino]-, methylester-nitril **9** 2224
—, [Phenyl-acetamino]-, nitril **9** 2224
—, [Phenyl-acetamino]-, nitril-hydrazid **9** 2225
—, [Phenyl-acetamino]-allyl-, diäthylester **9** 2228
—, [Phenyl-acetamino]-isobutyl-, methylester-nitril **9** 2227
—, [Phenyl-acetamino]-isopropyl-, methylester-nitril **9** 2227
—, [Phenyl-acetamino]-methyl- **9** 2225
—, [Phenyl-acetamino]-methyl-, äthylester **9** 2226
—, [Phenyl-acetamino]-methyl-, äthylester-amid **9** 2226
—, [Phenyl-acetamino]-methyl-, äthylester-nitril **9** 2226
—, [Phenyl-acetamino]-methyl-, diäthylester **9** 2226
—, [Phenyl-acetamino]-[methylmercapto-äthyl]-, methylester-nitril **9** 2228

Malonsäure, [Phenyl-acetimidoyl]-,
  äthylester-nitril 10 3963
—, Phenylacetyl-, diäthylester 10 3963
—, [Phenyl-äthyl]- 9 4306
—, [Phenyl-äthyl]-, diäthylester
  9 4306
—, [Phenyl-äthyl]-allyl-, diäthylester
  9 4411
—, [Phenyl-äthyliden]-, äthylester-
  nitril 9 4390
—, [Phenyl-äthyliden]-, dinitril
  9 4390
—, [Phenyl-äthyl]-phenäthyl-,
  diäthylester 9 4581
—, [Phenyl-äthyl]-phenyl-, äthylester-
  nitril 9 4561
—, [Phenyl-benzhydryl]- 9 4690
—, [Phenyl-benzhydryl]-, diäthylester
  9 4690
—, [Phenyl-benzyl]- 9 4541, 4542
— [Phenyl-benzyl]-, diäthylester
  9 4542
—, [Phenyl-benzyl-äthyl]- 9 4568
—, [Phenyl-benzyl-äthyl]-,
  diäthylester 9 4568
—, [Phenyl-benzyl-allyl]- 9 4640
—, [Phenyl-benzyliden]- 9 4602
—, [Phenyl-benzyl-propyl]- 9 4581
—, [Phenyl-butyl]- 9 4331
—, [Phenyl-butyl]-, diäthylester
  9 4331, 4332
—, [Phenyl-butyliden]-, äthylester-
  nitril 9 4407
—, [Phenyl-butyliden]-, dinitril
  9 4407
—, Phenyl-[*tert*-butyl-phenäthyl]-,
  diäthylester 9 4585
—, [Phenyl-butyryl]-, diäthylester
  10 3969
—, [Phenyl-cyan-äthyl]-, diäthylester
  9 4801
—, [Phenyl-cyan-methyl]-, diäthylester
  9 4797
—, [Phenyl-cyan-methyl]-,
  dimethylester 9 4796
—, [Phenyl-cyan-methyl]-benzyl-,
  dimethylester 9 4840
—, [Phenyl-cyan-methylen]-,
  dimethylester 9 4820
—, [Phenyl-cyclohexyl]- 9 4418
—, [Phenyl-cyclohexyliden]-,
  äthylester-nitril 9 4448
—, Phenyl-[cyclohexyl-phenäthyl]-,
  diäthylester 9 4646
—, [Phenyl-cyclopentenyl]- 9 4445
—, [Phenyl-decyl]-, diäthylester
  9 4365
—, [Phenyl-dodecyl]-, diäthylester
  9 4369

Malonsäure, [Phenyl-heptatrienyliden]-,
  methylester-nitril 9 4529
—, [Phenyl-heptatrienyliden]-, nitril
  9 4529
—, [Phenyl-heptyl]- 9 4356
—, [Phenyl-heptyl]-, diäthylester
  9 4356
—, [Phenyl-hexadecyl]-, diäthylester
  9 4372
—, [Phenyl-hexyliden]-, äthylester-
  nitril 9 4417
—, [Phenyl-hexyliden]-, dinitril
  9 4417
—, [Phenyl-(hydroxy-anthryl)-methyl]-,
  diäthylester 10 4034
—, [Phenyl-naphthylmethyl]- 9 4678
—, [Phenyl-naphthylmethyl]-,
  diäthylester 9 4678
—, Phenyl-[nitro-benzoyl]-, äthylester-
  nitril 10 4011
—, Phenyl-[nitro-benzoyl]-,
  diäthylester 10 4011
—, [Phenyl-nonyl]-, diäthylester
  9 4363
—, [Phenyl-octyl]-, diäthylester 9 4362
—, [Phenyl-(oxo-dihydro-anthryl)-
  methyl]-, diäthylester 10 4034
—, [Phenyl-pentadienyliden]-, nitril
  9 4475
—, [Phenyl-pentenyliden]-, äthylester-
  nitril 9 4444
—, [Phenyl-pentyl]- 9 4341
—, [Phenyl-pentyl]-, diäthylester
  9 4341, 4343
—, Phenyl-phenäthyl-, äthylester-
  nitril 9 4550
—, [Phenyl-propantriyl]-tri-,
  hexamethylester 9 4915
—, [Phenyl-propenyl]- 9 4396
—, [Phenyl-propinyliden]- 9 4462
—. [Phenyl-propionimidoyl]-,
  äthylester-nitril 10 3966
—, [Phenyl-propyl]- 9 2502, 4313, 4317
—, [Phenyl-propyl]-, äthylester-nitril
  9 4313
—, [Phenyl-propyl]-, diäthylester
  9 4313, 4317
—, [Phenyl-propyl]-, nitril-hydrazid
  9 4313
—, [Phenyl-propyl]-, nitril-[methoxy-
  benzylidenhydrazid] 9 4314
—, [Phenyl-propyl]-butyl- 9 4357
—, [Phenyl-propyl]-butyl-,
  diäthylester 9 4357
—, [Phenyl-propyliden]- 9 4395, 4396
—. [Phenyl-propyliden]-, äthylester-
  nitril 9 4397
—, [Phenyl-tetradecyl]-, diäthylester
  9 4370

Malonsäure, [Phenyl-thioacetamino]-, äthylester-nitril **9** 2297
—, [Phenyl-thioacetamino]-, diäthylester **9** 2296
—, [Phenyl-tridecyl]-, diäthylester **9** 4369
—, [Phenyl-trityl]- **9** 4723
—, [Phenyl-trityl]-, diäthylester **9** 4724
—, [Phenyl-vinyl]-allyl-, äthylester-nitril **9** 4444
—, Pinanyl-, diäthylester **9** 4018
—, Pinenyl-, diäthylester **9** 4070
—, Propenyl-cyclopentenyl-, diäthylester **9** 4054
—, Propyl-benzyl-, diäthylester **9** 4332
—, Propyl-cyclohexenyl-, äthylester-nitril **9** 4004
—, Propyl-cyclohexenyl-, diäthylester **9** 4004
—, Propyl-cyclopentenyl-, diäthylester **9** 4000
—, Propyl-cyclopentyl- **9** 3913
—, Propyl-cyclopentyl-, diäthylester **9** 3913
—, Propyl-[dinitro-phenyl]-, diäthylester **9** 4315
—, Propyl-indanyl-, äthylester-nitril **9** 4421
—, Propyl-indanyl-, nitril **9** 4420
—, Propyl-naphthyl-, diäthylester **9** 4483
—, Propyl-phenäthyl- **9** 4342
—, Propyl-phenäthyl-, diäthylester **9** 4342
—, Pyrenylmethyl- **9** 4687
—, Pyrenylmethyl-, dimethylester **9** 4687
—, Pyrenylmethylen- **9** 4698
—, Pyrenylmethylen-, diäthylester **9** 4698
—, α-Santalyl- **9** 4364
—, β-Santalyl- **9** 4364
—, [Semicarbazono-butyl]-phenyl-, äthylester-nitril **10** 3968
—, [Semicarbazono-cyclohexyl]-, diäthylester **10** 3894
—, [Semicarbazono-cyclohexylmethyl]-, diäthylester **10** 3901
—, [Semicarbazono-diphenyl-propyl]-, dimethylester **10** 4014
—, [Semicarbazono-methyl-äthoxycarbonyl-cyclohexyl]-, diäthylester **10** 4107
—, [Semicarbazono-phenyl-butyl]-, dimethylester **10** 3969
—, [(Semicarbazono-propyl)-hexahydro-indanyl]-, diäthylester **10** 3940

Malonsäure, Styryl- **9** 4389
—, Styryl-, äthylester-nitril **9** 4389
—, [Tetrahydro-benz[a]anthracenyl]- **9** 4679
—, [Tetrahydro-naphthyl]-, äthylester-nitril **9** 4409
—, [Tetrahydro-naphthyl]-diäthylester **9** 4409
—, [(Tetrahydro-naphthyl)-äthyl]- **9** 4419
—, [(Tetrahydro-naphthyl)-äthyl]-, diäthylester **9** 4420
—, [(Tetrahydro-naphthyl)-butyl]- **9** 4426
—, [(Tetrahydro-naphthyl)-butyl]-, diäthylester **9** 4427
—, [(Tetrahydro-naphthyl)-butyl]-, diamid **9** 4427
—, [Tetrahydro-naphthylmethyl]- **9** 4414
—, [Tetrahydro-naphthylmethyl]-, diäthylester **9** 4414
—, [Tetrahydro-naphthylmethyl]-äthyl-, diäthylester **9** 4424
—, [Tetrahydro-naphthylmethyl]-allyl-, diäthylester **9** 4454
—, o-Toluoyl-, diäthylester **10** 3965
—, m-Tolyl- **9** 4292
—, o-Tolyl- **9** 4292
—, o-Tolyl-, äthylester-nitril **9** 4292
—, p-Tolyl- **9** 4293
—, p-Tolyl-, äthylester-nitril **9** 4293
—, p-Tolyl-, amid-nitril **9** 4293
—, p-Tolyl-, diäthylester **9** 4293
—, [o-Tolyl-äthyliden]-, äthylester-nitril **9** 4397
—, [p-Tolyl-äthyliden]-, dinitril **9** 4398
—, [p-Tolylsulfon-phenyl-äthyl]-, diäthylester **10** 2231
—, [Trichlor-hydroxy-benzyliden]-, dinitril **10** 2256
—, [Trimethoxy-benzoyl]-, diäthylester **10** 4841
—, [Trimethoxy-benzyl]- **10** 2561
—, [Trimethoxy-benzyl]-, diäthylester **10** 2561
—, [Trimethoxy-phenacyl]- **10** 4842
—, [Trimethyl-äthoxycarbonyl-cyclopentyl]-, äthylester-nitril **9** 4768
—, [Trimethyl-benzoyl]-, diäthylester **10** 3971
—, [Trimethyl-benzyl]- **9** 4339
—, [Trimethyl-benzyl]-, diäthylester **9** 4339
—, [Trimethyl-benzyliden]- **9** 4408
—, [Trimethyl-benzyliden]-, diäthylester **9** 4408, 4409

Malonsäure, [(Trimethyl-carboxy-cyclopentyl)-methyl]- **9** 4771
—, [Trimethyl-cyan-cyclopentancarbonyl]-, diäthylester **10** 4111
—, [Trimethyl-cyclohexenyl-methylen]-, nitril **9** 4066
—, [Trimethyl-cyclopentyl]-, äthylester-nitril **9** 98
—, [Trimethyl-cyclopentyliden]-, äthylester-nitril **9** 98
—, [Trimethyl-methoxycarbonyl-cyclopentylmethyl]-, dimethylester **9** 4771
—, [Trimethyl-phenyl]-, diäthylester **9** 4327
—, [(Trimethyl-phenyl)-propyl]- **9** 4351
—, [(Trimethyl-phenyl)-propyl]-, diäthylester **9** 4351
—, Triphenylmethyl-, diäthylester **9** 4689
—, Triphenylmethyl-äthyl- **9** 4693
—, Triphenylmethyl-allyl- **9** 4701
—, Trityl-, diäthylester **9** 4689
—, Vinyl-benzyl-, diäthylester **9** 4396
—, [3.5]Xylyl- **9** 4312
—, m-Xylylen-di-, tetraäthylester **9** 4878
—, o-Xylylen-di- **9** 4878
—, o-Xylylen-di-, tetraäthylester **9** 4878
—, p-Xylylen-di-, tetraäthylester **9** 4879
Malonsäure-bis-benzoyloxyamid **9** 1300
— dinitril s. a. *Malononitril*
Malonylazid, [Phenyl-acetamino]- **9** 2225
Malonylchlorid, Allyl-benzyl- **9** 4404
—, Benzyl- **9** 4285
Malonyldihexansäure s. *Hexansäure, Malonyl-di-*
Mandelamid 10 469
—, Äthoxy- **10** 1472
—, Chlor- **10** 478, 479
—, Dimethyl- **10** 469
—, [Hydroxy-äthyl]- **10** 469
—, Hydroxy-methoxy- **10** 2102
—, Methoxy- **10** 1476
—, Methoxy-benzyliden- **10** 1477
—, Methyl- **10** 469, 582
Mandelamidin, Chlor- **10** 478
—, Methoxy- **10** 1474
Mandelamidoxim 10 475
Mandelimidsäure, Chlor-, methylester **10** 478
—, Dimethoxy-, äthylester **10** 2102
—, Methoxy-, methylester **10** 1474
Mandelonitril 10 473
—, Äthoxy- **10** 1473
—, Brom- **10** 480
—, Brom-hydroxy-methoxy- **10** 2104

Mandelonitril, Chlor- **10** 478, 479
—, Diäthoxy- **10** 2103
—, Dihydroxy- **10** 2102
—, Dimethoxy- **10** 2099, 2103
—, Hydroxy- **10** 1472, 1474
—, Hydroxy-methoxy- **10** 2099, 2102
—, Methoxy- **10** 1472, 1477
—, Methoxy-äthoxycarbonyloxy- **10** 2104
—, Nitro- **10** 484
—, Trimethoxy- **10** 2419
—, Trimethyl- **10** 633
Mandelsäure 10 445
—, Äthoxy- **10** 1471
—, Äthoxy-, amid **10** 1472
—, Äthoxy-, methylester **10** 1472
—, Äthoxy-, nitril **10** 1473
—, Äthyl- **10** 610
—, Äthyl-, äthylester **10** 610
—, Benzoyloxy-methyl-carboxy- **10** 2459
—, Benzyl- **10** 1199
—, Benzyloxy-, äthylester **10** 1476
—, Brom- **10** 480
—, Brom-, nitril **10** 480
—, Brom-hydroxy-methoxy-, nitril **10** 2104
—, Butyl- **10** 643
—, sec-Butyl- **10** 643
—, tert-Butyl- **10** 643
—, Carboxy- s. a. *Essigsäure, Hydroxy-[carboxy-phenyl]-*
—, Carboxy-, amid **10** 2206
—, Chlor- **10** 477, 478, 479
—, Chlor-, amid **10** 478, 479
—, Chlor-, [amid-imin] **10** 478
—, Chlor-, methylester **10** 477, 478, 479
—, Chlor-, [methylester-imin] **10** 478
—, Chlor-, nitril **10** 478, 479
—, Cyclohexyl- **10** 912
—, Cyclohexyl-, äthylester **10** 912
—, Deuterio- **10** 447, 451
—, Diäthoxy- **10** 2100
—, Diäthoxy-, äthylester **10** 2101
—, Diäthoxy-, nitril **10** 2103
—, Dibrom-trimethyl- **10** 633
—, Dichlor- **10** 479
—, Dideuterio- **10** 451
—, Dihydroxy-, nitril **10** 2102
—, Dimethoxy- **10** 2099, 2100
—, Dimethoxy-, äthylester **10** 2101
—, Dimethoxy-, nitril **10** 2099, 2103
—, Dimethyl- **10** 611, 612, 613
—, Dinitro-hydroxy- **10** 1473
—, Fluor- **10** 477
—, Hexahydro- s. *Essigsäure, Hydroxy-cyclohexyl-*
—, Hydroxy- **10** 1471, 1474
—, Hydroxy-, acetylamid **10** 1476
—, Hydroxy-, äthylester **10** 1475
—, Hydroxy-, nitril **10** 1472, 1474

Mandelsäure, Hydroxy-äthoxy- 10 2100
—, Hydroxy-methoxy- 10 2100
—, Hydroxy-methoxy-, äthylester
    10 2101
—, Hydroxy-methoxy-, amid 10 2102
—, Hydroxy-methoxy-, nitril 10 2099, 2102
—, Isopentyl- 10 651
—, Isopropyl- 10 629
—, Jod- 10 480, 481
—, Methoxy- 10 1474
—, Methoxy-, äthylester 10 1472, 1473,
    1476
—, Methoxy-, amid 10 1476
—, Methoxy-, [amid-imin] 10 1474
—, Methoxy-, benzylidenamid 10 1477
—, Methoxy-, methylester 10 1472, 1475
—, Methoxy-, [methylester-imin] 10 1474
—, Methoxy-, nitril 10 1472, 1477
—, Methoxy-äthoxycarbonyloxy-,
    methylester 10 1459
—, Methoxy-äthoxycarbonyloxy-, nitril
    10 2104
—, Methoxy-carboxy- 10 2444
—, Methoxy-methyl- 10 1532, 1533
—, Methoxy-methyl-, äthylester 10 1533
—, Methyl- 10 574, 578, 580
—, Methyl-, äthylester 10 574, 581
—, Methyl-, amid 10 582
—, Methyl-, [chlor-butylester] 10 581
—, Methyl-isopropyl- 10 646
—, Methyl-isopropyl-, äthylester 10 646
—, Nitro- 10 481, 483, 485
—, Nitro-, äthylester 10 482, 484, 485
—, Nitro-, butylester 10 484, 486
—, Nitro-, [chlor-äthylester] 10 484, 486
—, Nitro-, isopropylester 10 484
—, Nitro-, menthylester 10 482
—, Nitro-, methylester 10 483, 485
—, Nitro-, [methyl-isopropyl-
    cyclohexylester] 10 482
—, Nitro-, nitril 10 484
—, Nitro-, propylester 10 484, 486
—, Pentamethyl- 10 654
—, Pentamethyl-, äthylester 10 654
—, Pentyl- 10 651
—, tert-Pentyl- 10 651
—, Phenyl- 10 1184
—, Propyl- 10 629
—, Propyl-, äthylester 10 629
—, Tetramethyl- 10 647
—, Tetramethyl-, äthylester 10 647
—, Triäthyl- 10 656
—, Trideutrio- 10 451
—, Triisopropyl- 10 661
—, Triisopropyl-, hydrazid 10 661
—, Triisopropyl-, methylester 10 661
—, Trimethoxy-, nitril 10 2419
—, Trimethyl- 10 632, 633
—, Trimethyl-, äthylester 10 632

Mandelsäure, Trimethyl-, butylester 10 633
—, Trimethyl-, isobutylester 10 633
—, Trimethyl-, isopropylester 10 633
—, Trimethyl-, methylester 10 632
—, Trimethyl-, nitril 10 633
[α-¹³C]-Mandelsäure 10 451
[α-¹⁴C]-Mandelsäure 10 451
Mandelsäure-äthylester 10 456
— amid 10 469
— [amid-oxim] 10 475
— benzylidenamid 10 469
— bornylester 10 464
— butylester 10 461
— sec-butylester 10 461
— [cyclopentenyl-tridecylester] 10 465
— [diäthylamino-äthylamid] 10 471
— [diäthylamino-äthylester] 10 466
— [diäthylamino-dimethyl-propylester]
    10 468
— [dibrom-hydroxy-benzylester] 10 465
— [dibutylamino-äthylester] 10 466
— [dibutylamino-propylester] 10 468
— dimethylamid 10 469
— [dimethylamino-dimethyl-propylester]
    10 468
— [dipropylamino-äthylester] 10 466
— hydrazid 10 475
— [hydroxy-äthylamid] 10 469
— [hydroxy-diphenyl-äthylidenhydrazid]
    10 476
— isobutylester 10 461
— isopropylester 10 460
— menthylester 10 462
— [methoxy-benzylidenamid] 10 470
— methylamid 10 469
— methylester 10 454
— [methyl-isopropyl-cyclohexylester] 10 462
— nitril 10 473
— [nitro-benzylidenamid] 10 470
— [phenyl-propylidenhydrazid] 10 476
— propylester 10 460
— [sulfamoyl-äthylamid] 10 471
— [trimethylammonio-äthylester] 10 466
— [trimethylammonio-dimethyl-
    propylester] 10 468
— [trimethyl-norbornylester] 10 464
— ureid 10 470
β-Manelemisäure 10 1036 Anm.
Maniladiol, Dibenzoyl- 9 608
Mannarsäure, Tetrabenzoyl- 9 875
Mannit, Bis-triphenylmethyl-
    tetrabenzoyl- 9 711
—, Diacetyl-tetrabenzoyl- 9 712
—, Dibenzoyl- 9 706
—, Hexabenzoyl- 9 712
—, Hexagalloyl- 10 2085
—, Tetraacetyl-dibenzoyl- 9 709
—, Tetrabenzoyl- 9 710, 711
—, Tribenzoyl- 9 709

Mannonsäure, Pentabenzoyl-, nitril
9 872
Mannozuckersäure, Tetrabenzoyl- 9 875
Marasminsäure 10 3559
Marrianolsäure 10 2298
—, Benzoyl-, dimethylester 10 2303
—, Benzyl- 10 2299
—, Methyl- 10 2298
—, Methyl-, dimethylester 10 2302
Marrianolsäure-dimethylester 10 2301
Matairesinolsäure 10 2584
—, Dimethyl- 10 2585
Matesterin 10 1038
Melaleucin 10 1060
Melilotsäure s. Propionsäure, [Hydroxy-
phenyl]-
Melleinsäure 10 867
—, Acetyl- 10 867
—, Dihydro- 10 603
Mellithsäure 9 4914
Mellithsäure-hexachlorid 9 4915
— hexamethylester 9 4915
Mellitsäure 9 4914
p-Menthadien, [Carboxy-benzoyloxy]-
9 4155
—, [Dinitro-benzoyloxy]- 9 1840
—, [Nitro-benzoyloxy]- 9 1471, 1578
p-Menthadienon-benzoylhydrazon
9 1314
— [nitro-benzoylhydrazon] 9 1528
p-Menthadiensäure 9 308
p-Menthadiensäure-[amid-oxim] 9 308
— nitril 9 308
p-Menthan, Benzoyloxy- 9 407, 408
—, Biphenylcarbonyloxy- 9 3268
—, Bis-[dinitro-benzoyloxy]- 9 1902
—, Bis-[nitro-benzoyloxy]- 9 1634
—, [Carboxy-benzoyloxy]- 9 4134, 4135,
4137
—, [Chlor-benzoyloxy]- 9 1334
—, [Chlor-dinitro-benzoyloxy]- 9 1951
—, Cinnamoyloxy- 9 2688
—, Dibrom-[nitro-benzoyloxy]- 9 1563
—, [Dinitro-benzoyloxy]- 9 1814,
1815, 1817
—, [Hydroxy-phenyl-butyryloxy]-
10 592, 595
—, [Hydroxy-phenyl-propionyloxy]-
10 556
—, Mandeloyloxy- 10 462
—, [Mercapto-benzoyloxy]- 10 228
—, [Methoxy-benzoyloxy]- 10 126
—, [(Methoxy-phenyl)-glyoxyloyloxy]-
10 4205
—, [Methylmercapto-benzoyloxy]- 10 228
—, [Methylsulfon-benzoyloxy]- 10 229
—, Naphthoyloxy- 9 3139, 3177
—, Naphthylglyoxyloyloxy-
10 3264

p-Menthan, [Nitro-benzoyloxy]-
9 1471, 1495, 1560, 1561, 1562, 1563
—, [Nitro-carboxy-benzoyloxy]- 9 4258
—, [Nitro-mandeloyloxy]- 10 482
—, [Phenyl-acetoacetoxy]- 10 3048
—, [Phenyl-butyryloxy]- 9 2458, 2463
—, [Phenyl-crotonoyloxy]- 9 2759
—, Phenyl-glyoxyloyloxy- 10 2975
—, Salicyloyloxy- 10 126
—, [Tetrachlor-carboxy-benzoyloxy]-
9 4210
—, p-Tolylglyoxyloyloxy- 10 3032
—, [Triphenyl-propionyloxy]- 9 3601
p-Menthanol, [Nitro-benzoyloxy]- 9 1634
p-Menthanon, [Nitro-benzoyloxy]-
9 1672
p-Menthanon-[benzoyl-oxim] 9 1274
— [(dinitro-benzoyl)-oxim] 9 1945
— [naphthoyl-oxim] 9 3147
— [(nitro-benzoyl)-oxim] 9 1749
m-Menthansäure 9 83
—, Oxo-, äthylester 10 2856
m-Menthansäure-äthylester 9 83
— methylester 9 83
— propylester 9 83
p-Menthansäure 9 84
—, Acetoxy-, nitril 10 39
—, Brom- 9 85
—, Hydroxy-, äthylester 10 39
—, Oxo-, äthylester 10 2856
p-Menthansäure-äthylester 9 84
— amid 9 85
— [brom-phenacylester] 9 85
— [chlor-phenacylester] 9 85
— methylester 9 84
p-Menthatriensäure 9 2484
p-Menthen, Benzoyloxy- 9 412
—, Bis-[nitro-benzoyloxy]- 9 1635
—, [Carboxy-benzoyloxy]- 9 4144
—, [Dinitro-benzoyloxy]- 9 1826,
1827, 1828, 1829, 1830
—, [Nitro-benzoyloxy]- 9 1568, 1569, 1570
p-Menthenon, Benzoyloxy- 9 726
m-Menthensäure 9 194
m-Menthensäure-äthylester 9 194
— methylester 9 194
— nitril 9 195
o-Menthensäure, Hydroxyimino- 10 2906
—, Oxo- 10 2906
—, Semicarbazono- 10 2906
o-Menthensäure-nitril 9 194
p-Menthensäure 9 195, 197
—, Brom- 9 197
—, Oxo- 10 2906
p-Menthensäure-äthylester 9 197, 198
— [brom-phenacylester] 9 196
— [chlor-phenacylester] 9 196
— nitril 9 198
— [nitro-benzylester] 9 196

Menthol, Benzoyl- **9** 407
—, [Carboxy-benzoyl]- **9** 4136
—, [Chlor-benzoyl]- **9** 1334
—, [Chlor-dinitro-benzoyl]- **9** 1951
—, Cinnamoyl- **9** 2688
—, [Dinitro-benzoyl]- **9** 1815
—, [Hydroxy-naphthyl-acetyl]- **10** 1105
—, Mandeloyl- **10** 462
—, [Mercapto-benzoyl]- **10** 228
—, [Methoxy-benzoyl]- **10** 126
—, [(Methoxy-phenyl)-glyoxyloyloxy]-
    10 4205
—, [Methylmercapto-benzoyl]- **10** 228
—, [Methylsulfon-benzoyl]- **10** 229
—, Naphthoyl- **9** 3139, 3177
—, Naphthylglyoxyloyl- **10** 3264
—, [Nitro-benzoyl]- **9** 1471, 1495, 1561
—, [Nitro-carboxy-benzoyl]- **9** 4258
—, [Phenyl-acetoacetyl]- **10** 3048
—, [Phenyl-butyryl]- **9** 2458, 2463
—, [Phenyl-crotonoyl]- **9** 2759
—, Phenylglyoxyloyl- **10** 2975
—, [Phenyl-*p*-tolyl-acetyl]- **9** 3344
—, Salicyloyl- **10** 126
—, [Tetrachlor-carboxy-benzoyl]-
    9 4210
—, *p*-Tolylglyoxyloyl- **10** 3032
—, [Triphenyl-propionyl]- **9** 3601
Merthiolat 10 213
Mesantensäure 9 3897
Mesitylensäure 9 2444
Mesotan 10 143
Mesoweinsäure, Dibenzoyl- **9** 869
Metahemipinsäure 10 2431; *Derivate
    s. unter Phthalsäure*
Metaopiansäure 10 4511
Metaphosphorigsäure-[chlorformyl-
    phenylester] **10** 150
Metaphosphorsäure-[chlorformyl-
    phenylester] **10** 150
Metasantonsäure 10 3540
Methallylbenzoat 9 402
Methallylcinnamat 9 2687
Methallylsalicylat 10 126
Methan, Acetoxy-salicyloyloxy- **10** 143
—, Amino-benzamino- **9** 1090
—, Benzamino-acetylmercapto- **9** 1091
—, Benzamino-äthoxycarbonylamino-
    9 1091
—, Benzamino-äthoxy-diphenyl- **9** 1101
—, Benzamino-butyloxy-diphenyl- **9** 1102
—, Benzamino-methylthiocarbamoyl⸗
    mercapto- **9** 1092
—, Benzamino-octyloxy- **9** 1090
—, Benzoylmercapto-triphenyl- **9** 1967
—, Benzoyloxy-bis-[trimethyl-phenyl]-
    9 514
—, [Benzoyloxy-dimethyl-phenyl]-
    [benzoyloxy-dimethyl-phenyl]- **9** 628

Methan, Benzoyloxy-fluorenyl- **9** 517
—, Benzoyloxy-fluorenyliden- **9** 521
—, Benzoyloxyimino-phenyl-[chlor-
    phenyl]- **9** 1283
—, Benzoyloxyimino-phenyl-[hydroxy-
    methyl-phenyl]- **9** 1295
—, Benzoyloxyimino-phenyl-[methoxy-
    phenyl]- **9** 1294
—, Benzoyloxy-[nitro-phenylmercapto]-
    diphenyl- **9** 720
—, [Benzoyloxy-phenyl]-[benzoyloxy-
    phenyl]- **9** 621
—, [Benzoyloxy-phenyl]-bis-[hydroxy-
    naphthyl]- **9** 687
—, [Benzoyloxy-phenyl]-[chlor-
    benzoyloxy-phenyl]- **9** 621
—, Benzoyloxy-phenyl-fluorenyl- **9** 528
—, Benzoyloxy-phenyl-fluorenyliden-
    9 530
—, Benzoyloxy-phenylmercapto-diphenyl-
    9 720
—, Benzoyloxy-phenyl-[methoxy-phenyl]-
    9 622
—, [Benzoyloxy-phenyl]-[nitro-
    fluorenyliden]- **9** 530
—, Benzoyloxy-phenyl-[phenoxy-phenyl]-
    9 622
—, Benzoyloxy-phenyl-[phenyl-*m*-
    terphenylyl]- **9** 532
—, Benzoyloxy-phenyl-[triphenyl-phenyl]-
    9 532
—, Benzoyloxy-triphenyl- **9** 525
—, Bis-[äthoxycarbonyl-
    cyclopentenylmercapto]- **10** 53
—, Bis-[allyloxycarbonyl-benzamino]-
    9 4197
—, Bis-[(amino-hydroxyimino-methyl)-
    phenyl]- **9** 4527
—, Bis-[amino-methyl-
    benzylidenaminooxycarbonyl]-
    9 2352
—, Bis-benzamino- **9** 1090
—, Bis-[benzamino-carboxy-
    äthylmercapto]- **9** 1171
—, Bis-[benzoyloxy-dimethyl-phenyl]-
    9 628
—, Bis-[benzoyloxy-methyl-isopropyl-
    phenyl]- **9** 632
—, Bis-[benzoyloxy-phenyl]- **9** 621
—, Bis-[benzoyloxy-semicarbazono-
    isopropyloxy]- **9** 779
—, Bis-[brom-benzoyloxy-phenyl]- **9** 621
—, Bis-[carbamimidoyl-phenoxy]- **10** 352
—, Bis-[carbamimidoyl-phenyl]- **9** 4527
—, Bis-[(carboxy-benzoyl)-phenyl]-
    10 4143
—, Bis-[carboxy-phenyl]- **9** 4526
—, Bis-[carboxy-phenylmercapto]-
    diphenyl- **10** 269

Methan, Bis-[chlor-benzoyloxy-phenyl]-
    9 621
—, Bis-[cyan-phenoxy]- 10 348
—, Bis-[cyan-phenyl]- 9 4527
—, Bis-[dibenzoyloxy-isopropyloxy]-
    9 666
—, Bis-[dibrom-benzoyloxy-benzyloxy]-
    9 567
—, Bis-[guanyl-phenoxy]- 10 352
—, Bis-[hydroxy-äthoxycarbonyl-
    cyclopentenyl]- 10 4057
—, Bis-[hydroxy-bis-methoxycarbonyl-
    phenyl]- 10 2635
—, Bis-[hydroxy-carboxy-phenyl]- 10 2507
—, Bis-[hydroxy-dicarboxy-phenyl]-
    10 2635
—, Bis-[hydroxy-dimethoxy-carboxy-
    phenyl]- 10 2634
—, Bis-[methoxy-benzoyloxy-phenyl]-
    9 694
—, Bis-[methoxy-carbamimidoyl-naphthyl]-
    10 2547
—, Bis-[methoxy-cyan-naphthyl]- 10 2547
—, Bis-[methoxy-dicarboxy-phenyl]-
    10 2635
—, Bis-[methylen-thiobenzoyl-hydrazino]-
    9 1987
—, Bis-[methyl-isopropyl-carboxy-
    phenyl]- 9 4586
—, Bis-[methyl-isopropyl-cyan-phenyl]-
    9 4587
—, Bis-[oxo-äthoxycarbonyl-cyclopentyl]-
    10 4057
—, Bis-[oxo-triphenyl-cyan-cyclohexyl]-
    phenyl- 10 4104
—, Bis-[phenyl-acetamino]- 9 2200
—, Bis-[(phenylacetamino-acetamino)-
    dimethyl-carboxy-äthylmercapto]-
    9 2211
—, Bis-[(trihydroxy-cholanoyl)-
    hydrazino]- 10 2180
—, [Carbamimidoyl-phenoxy]-
    [carbamimidoyl-phenyl]- 10 532
—, [Carboxy-benzoyloxy]-[dimethyl-
    cyclohexyl]- 9 4133
—, [Carboxy-benzoyloxy]-[methoxy-
    phenyl]-naphthyl- 9 4183
—, [Carboxy-benzoyloxy]-[methyl-
    cyclohexyl]- 9 4130, 4131
—, [Carboxy-benzoyloxy]-[methyl-
    norbornyl]- 9 4143
—, [Carboxy-benzoyloxy]-[tetramethoxy-
    dihydro-phenanthryl]- 9 4185
—, [Carboxy-benzoyloxy]-[trimethyl-
    norbornyl]- 9 4153
—, [Carboxy-phenyl]-[carboxy-phenyl]-
    9 4526
—, [Chlor-phenyl]-bis-[benzoyloxy-
    naphthyl]- 9 660, 661

Methan, Cinnamoyloxy-phenylacetyl-
    9 2702
—, [Cyan-phenoxy]-[cyan-phenyl]- 10 531
—, Diäthylamino-benzamino- 9 1090
—, Diäthylamino-benzoyloxy- 9 716
—, Dibenzoyloxy- 9 716
—, Dibutylamino-benzoyloxy- 9 716
—, Diisopentylamino-benzoyloxy- 9 716
—, [Dinitro-benzoyloxy]-[äthyl-propyl-
    phenyl]- 9 1857
—, [Dinitro-benzoyloxy-[brom-
    cyclohexyl]- 9 1806
—, [Dinitro-benzoyloxy]-[dimethyl-
    isopropyl-octahydro-phenanthryl]-
    9 1871
—, [Dinitro-benzoyloxy]-[dimethyl-
    norbornyl]- 9 1835
—, [Dinitro-benzoyloxy]-[dioxo-dihydro-
    anthryl]- 9 1933
—, [Dinitro-benzoyloxy]-fluorenyl-
    9 1888
—, [Dinitro-benzoyloxy]-[isopropyl-
    cyclohexenyl]- 9 1827
—, [Dinitro-benzoyloxy]-[isopropyl-
    cyclohexyl]- 9 1817
—, [Dinitro-benzoyloxy]-[methyl-
    cyclohexyl]- 9 1808, 1810
—, [Dinitro-benzoyloxy]-[methyl-
    cyclopropyl]- 9 1801
—, [Dinitro-benzoyloxy]-[methyl-
    isopropyl-phenyl]- 9 1855, 1856
—, [Dinitro-benzoyloxy]-[phenyl-
    cyclohexyl]- 9 1864
—, [Dinitro-benzoyloxy]-[trimethyl-
    cyclohexenyl]- 9 1831
—, [Dinitro-methyl-benzoylhydrazono]-
    naphthyl- 9 2375
—, Dipropylamino-benzoyloxy- 9 716
—, Hydroxy-bis-[carbamimidoyl-phenyl]-
    10 2347
—, Hydroxy-bis-[cyan-phenyl]- 10 2347
—, [Methoxy-benzoyloxy-phenyl]-[nitro-
    fluorenyliden]- 9 655
—, [Methoxy-formyl-carboxy-phenyl]-
    [methoxy-dicarboxy-phenyl]- 10 4865
—, [Nitro-benzoyloxy]-cyclohexenyl-
    9 1565
—, [Nitro-benzoyloxy]-cyclopentenyl-
    9 1564
—, [Nitro-benzoyloxy]-[dimethyl-2.6-
    cyclo-norbornyl]- 9 1580
—, [Nitro-benzoyloxy]-[dimethyl-
    norbornyl]- 9 1575
—, [Nitro-benzoyloxy]-[dimethyl-
    tricyclo[2.2.1.1.0$^{2.6}$]heptyl]- 9 1580
—, [Nitro-benzoyloxy]-[isopropyl-
    cyclohexenyl]- 9 1569
—, [Nitro-benzoyloxy]-[isopropyl-
    cyclohexyl]- 9 1562

Methan, [Nitro-benzoyloxy]-[methoxy-cyclohexenyl]- **9** 1635
—, [Nitro-benzoyloxy]-[methyl-cyclohexyl]- **9** 1557
—, [Nitro-benzoyloxy]-[methyl-cyclopentenyl]- **9** 1565
—, [Nitro-benzoyloxy]-[tetramethyl-cyclopentyl]- **9** 1563
—, [Nitro-benzoyloxy]-[trimethyl-norbornyl]- **9** 1576
—, [Oxo-tetrahydro-phenanthryl]-[hydroxy-oxo-tetrahydro-furyl]- **10** 3631
—, [Phenyl-acetamino]-acetoxy- **9** 2199
—, [Phenyl-acetamino]-äthoxycarbonylamino- **9** 2200
—, [Phenyl-acetamino]-äthoxy-diphenyl- **9** 2203
—, Phenyl-bis-[acetoxy-carboxy-naphthyl]- **10** 2551
—, Phenyl-bis-[carbamimidoyl-phenyl]- **9** 4688
—, Phenyl-bis-[carboxy-phenyl]- **9** 4687
—, Phenyl-bis-[cyan-phenyl]- **9** 4688
—, Phenyl-bis-[hydroxy-carboxy-naphthyl]- **10** 2550
—, [Phenyl-propionyloxy]-[dimethyl-norpinenyl]- **9** 2387
—, [Phenyl-propionyloxy]-[tetramethyl-cyclopentyl]- **9** 2387
—, Salicyloyloxy-norbornenyl- **10** 127
—, Salicyloyloxy-norbornyl- **10** 126
—, Tetrakis-benzaminomethyl- **9** 1222
—, Tetrakis-benzoyloxymethyl- **9** 688
—, Tris-[äthoxycarbonylmethyl-phenyl]- **9** 4845
—, Tris-benzaminomethyl- **9** 1219
—, Tris-benzaminomethyl-benzoyloxymethyl- **9** 1225
—, Tris-[carboxymethyl-phenyl]- **9** 4845
Methandisulfonsäure, Benzamino- **9** 1112
2.4a-Methano-1.8a-ätheno-naphthalin-tetracarbonsäure,
Dibrom-tetrahydro-, tetramethylester **9** 4890
—, Dihydro-, tetramethylester **9** 4893
—, Hexahydro-, tetramethylester **9** 4893
4a.7-Methano-1.4-ätheno-naphthalin-tetracarbonsäure, Dihydro-, tetramethylester **9** 4893
1.4-Methano-anthracen-carbonsäure,
Dihydroxy-trimethyl-dihydro-, methylester **10** 2009
—, Dioxo-trimethyl-hexahydro-, methylester **10** 2009
1.4-Methano-anthracen-dicarbonitril,
Trimethyl-tetrahydro- **9** 4645
1.4-Methano-anthracen-dicarbonsäure,
Trimethyl-tetrahydro-, dinitril **9** 4645

1.4-Methano-azulen, Bis-[brom-benzoyloxy]-tetramethyl-decahydro- **9** 1407
—, [Dinitro-benzoyloxy]-tetramethyl-decahydro- **9** 1845
3a.7-Methano-azulen, Benzoyloxy-dioxo-tetramethyl-hexahydro- **9** 793
—, [Dinitro-benzoyloxy]-tetramethyl-octahydro- **9** 1845
—, Hydroxy-[nitro-benzoyloxy]-oxo-tetramethyl-octahydro- **9** 1678
1.4-Methano-azulen-carbonsäure,
Trimethyl-decahydro- **9** 345
—, Trimethyl-decahydro-, methylester **9** 347
3a.6-Methano-azulen-carbonsäure,
Dimethyl-methylen-octahydro- **9** 2618
—, Dimethyl-methylen-octahydro-, methylester **9** 2619
3a.7-Methano-azulen-carbonsäure,
Trimethyl-hexahydro- **9** 2619
—, Trimethyl-hexahydro-, methylester **9** 2619
3a.7-Methano-azulen-dicarbonsäure,
Hydroxy-methyl-hydroxymethyl-hexahydro- **10** 2465
—, Hydroxy-methyl-hydroxymethyl-hexahydro-, dihydrazid **10** 2466
—, Hydroxy-methyl-hydroxymethyl-hexahydro-, dimethylester **10** 2465
3a.7-Methano-azulendion, Benzoyloxy-tetramethyl-hexahydro- **9** 793
3a.7-Methano-azulenon, Hydroxy-[nitro-benzoyloxy]-tetramethyl-octahydro- **9** 1678
7.9a-Methano-benz[*a*]azulen-carbonsäure,
Hydroxy-dimethyl-hexahydro- **10** 1135
—, Hydroxyimino-dimethyl-hexahydro- **10** 3285
—, Hydroxy-methyl-methylen-hexahydro- **10** 1239
—, Oxo-dimethyl-hexahydro- **10** 3285
—, Oxo-dimethyl-hexahydro-, methylester **10** 3286
1.4-Methano-9.10-*o*-benzeno-anthracen-dicarbonsäure, Octahydro-, anhydrid **9** 4693
—, Octahydro-, dimethylester **9** 4692
6.10-Methano-benzocyclodecen,
Triacetoxy-cinnamoyloxy-oxo-tetramethyl-methylen-dodecahydro- **9** 2703
—, Triacetoxy-[phenyl-propionyloxy]-oxo-pentamethyl-dodecahydro- **9** 2390
—, Triacetoxy-[phenyl-propionyloxy]-oxo-tetramethyl-methylen-dodecahydro- **9** 2391

5.8-Methano-chromen, Hydroxy-oxo-
trimethyl-hexahydro- **10** 2962
**3.5a-Methano-cyclobuta[*d*]naphthalin-
tetracarbonsäure,**
Dibrom-tetrahydro-,
tetramethylester **9** 4890
—, Dihydro-, tetramethylester **9** 4893
—, Hexahydro-, tetramethylester **9** 4893
**6a.9-Methano-cyclohepta[*a*]naphthalin-
carbonsäure,** Brom-hydroxy-acetoxy-
methyl-brommethyl-tetradecahydro-
10 1590
—, Diacetoxy-methyl-methylen-
tetradecahydro- **10** 1869
—, Dihydroxy-methyl-methylen-
tetradecahydro- **10** 1869
—, Hydroxy-dimethyl-methylen-
tetradecahydro- **10** 942
—, Oxo-trimethyl-tetradecahydro-
10 3124
1.4-Methano-fluoren, Benzoyloxy-
hexahydro- **9** 496
4.7-Methano-indan, [Nitro-benzoyloxy]-
hexahydro- **9** 1580
4.7-Methano-indan-dicarbonsäure,
Brom-hexahydro- **9** 4064
—, Hexahydro- **9** 4063
—, Hexahydro-, dimethylester **9** 4064
—, Hydroxy-hexahydro- **10** 2140
4.7-Methano-inden, Benzoyloxy-
hexahydro- **9** 438
—, Bis-[hydroxy-oxo-phenyl-tetrahydro-
furyl]-tetrahydro- **10** 4095
—, Bis-[oxo-phenyl-carboxy-propyl]-
tetrahydro- **10** 4095
—, [Nitro-benzoyloxy]-hexahydro-
9 1595
—, Salicyloyloxy-hexahydro- **10** 134
4.7-Methano-inden-dicarbonsäure,
Dichlor-tetrahydro- **9** 4400
—, Dimethyl-tetrahydro- **9** 4416
—, Hexamethyl-tetrahydro- **9** 4428
—, Hexamethyl-tetrahydro-,
dimethylester **9** 4428
—, Tetrahydro- **9** 4400
—, Tetrahydro-, dimethylester **9** 4400
**3a.8b-Methano-indeno[4.5-*c*]furan-
carbaldehyd,** Hydroxy-oxo-dimethyl-
tetrahydro- **10** 3559
4.7-Methano-isobenzofuran, Hydroxy-oxo-
[äthyl-phenyl]-octahydro- **10** 3243
—, Hydroxy-oxo-biphenylyl-octahydro-
10 3421
—, Hydroxy-oxo-phenyl-octahydro-
10 3237
—, Hydroxy-oxo-*p*-tolyl-octahydro-
10 3241
Methanol, Benzamino- **9** 1089
—, [Benzoyloxy-cyclohexyl]- **9** 545

1.8a-Methano-naphthalin-carbonsäure,
Trimethyl-hexahydro- **9** 2618
1.4-Methano-naphthalin-dicarbonsäure,
Diphenyl-octahydro-, anhydrid
9 4695
—, Diphenyl-octahydro-, dimethylester
9 4695
—, Methyl-octahydro- **9** 4346
—, Octahydro- **9** 4340
—, Tetrahydro- **9** 4443
—, Tetrahydro-, dimethylester **9** 4443
1.4-Methano-triphenylen-dicarbonsäure,
Oxo-diphenyl-tetrahydro- **10** 4043
Methanphosphonsäure s. *Phosphonsäure,
Methyl-*
Methansulfonsäure, Benzamino- **9** 1090
—, Hydroxy-dimethoxyphosphinyl-phenyl-
9 1056
Methantricarbonsäure, Phenyl-,
trimethylester **9** 4795
Methionin, Benzoyl- **9** 1178
—, Benzoyl-, äthylester **9** 1180
—, Cinnamoyl- **9** 2719
—, [Dinitro-benzoyl]- **9** 1942
—, [Nitro-benzoyl]- **9** 1736
Methionsäure, Benzamino- **9** 1112
**[Methoxy-äthoxycarbonyloxy-methyl-
isophthalsäure-methylester]-
[kohlensäure-äthylester]-anhydrid**
10 2451
Methoxymethylsalicylat 10 143
Methyl, Bis-[hydroxy-dimethyl-phenyl]-
[carboxy-naphthyl]-, betain-hydrat
10 2404
—, Bis-[hydroxy-methoxy-phenyl]-
[hydroxy-carboxy-phenyl]-,
betainhydrat **10** 2623
—, Bis-[hydroxy-naphthyl]-[carboxy-
naphthyl]-, betain-hydrat **10** 2406
—, Bis-[hydroxy-phenyl]-[carboxy-
biphenylyl]-, betain-hydrat **10** 2405
—, Bis-[hydroxy-phenyl]-[carboxy-
naphthyl]-, betain-hydrat **10** 2403
—, Bis-[hydroxy-phenyl]-[carboxy-
phenyl]-, betain-hydrat **10** 2400
Methyläthylglyoxim-dibenzoat 9 1284
Methylbenzoat 9 381
—, Butyloxy- **9** 715
—, Chlor- **9** 716
—, Decyloxy- **9** 716
—, Isobutyloxy- **9** 716
—, Methoxy- **9** 715
**[Methyl-benzoesäure]-[methyl-
thiobenzoesäure]-anhydrid 9** 2317, 2378
Methylcinnamat 9 2680
Methyldithiobenzoat 9 1998
Methylendiamin, Benzoyl- **9** 1090
—, Benzoyl-äthoxycarbonyl- **9** 1091
—, Bis-[allyloxycarbonyl-benzoyl]- **9** 4197

Methylendiamin, Bis-phenylacetyl- **9** 2200
—, Diäthyl-benzoyl- **9** 1090
—, Dibenzoyl- **9** 1090
Methylendibenzoat 9 716
Methylendibenzoesäure s. *Benzoesäure, Methylen-di-*
Methylendicyclopentan-dicarbonsäure, Dioxo-, diäthylester **10** 4057
Methylendimercaptodicyclopenten-dicarbonsäure-diäthylester **10** 53
Methylendimercaptodipropionsäure s. *Propionsäure, Methylen-dimercapto-di-*
Methylendiphthalamidsäure s. *Phthalamidsäure, Methylen-di-*
Methylsalicylat 10 107
Micromerol 10 1038
Mikanecinsäure 9 4050
Mikrophyllinsäure 10 4567
—, Dimethyl-, methylester **10** 4568
Mikrophyllinsäure-methylester **10** 4568
Milchsäure s. unter *Propionsäure*
Miropinsäure 9 2912
α-**Monodehydrodoisynolsäure 10** 1133
—, Methyl- **10** 1133
—, Methyl-, methylester **10** 1134
Monoperoxyphthalsäure 9 4189
Montagnetol 10 1484
Muconsäure, [Nitro-benzoyloxy]-methyl-, diäthylester **9** 1686
—, Phenyl- **9** 4432
Munjistin 10 4787
Muscarufin 10 4866
—, Hexahydro- **10** 4866
Myristinsäure s. *Tetradecansäure*
Myrtanol, [Carboxy-benzoyl]- **9** 4149
Myrtansäure 9 219
Myrtansäure-amid **9** 220
Myrtenol, [Carboxy-benzoyl]- **9** 4155
—, [Phenyl-propionyl]- **9** 2387
Myrtensäure 9 312
—, Dihydro- **9** 219
Myrtensäure-nitril **9** 312

N

Naphthacen, Diphenyl-bis-[carboxy-phenyl]- **9** 4744
Naphthacen-carbonitril, Dioxo-dihydro- **10** 3669
Naphthacen-carbonsäure, Dioxo-dihydro- **10** 3668
—, Dioxo-dihydro-, methylester **10** 3669
—, Dioxo-dihydro-, nitril **10** 3669
—, Trihydroxy-dioxo-dihydro- **10** 4836
—, Triphenyl- **9** 3698
—, Triphenyl-, äthylester **9** 3698

Naphthacen-dicarbonsäure, Diphenyl-, diäthylester **9** 4740
—, Tetraphenyl-dihydro- **9** 4743
Naphthalaldehydsäure 10 3266
Naphthalamid 9 4468
Naphthalamidsäure 9 4468
Naphthaldehyd, Benzoylhydrazono-tetrahydro- **9** 1316
—, [Hydroxy-dibenzoyloxy-dimethyl-benzhydryl]- **9** 832
—, [Nitro-benzoylhydrazono]-tetrahydro- **9** 1487
Naphthaldehyd-[dinitro-methyl-benzoylhydrazon] **9** 2375
— [methyl-thionaphthoyl-hydrazon] **9** 3172, 3205
Naphthalid, Hydroxy- **10** 3266
Naphthalin, Acetoxy-benzoyloxy-dibenzoyl- **9** 833
—, Äthoxy-[benzoyloxy-butyl]-tetrahydro- **9** 589
—, Äthoxycarbonylmethyl-[brom-äthoxycarbonyl-methyl]-decahydro- **9** 4028
—, Äthoxycarbonylmethyl-[brom-carboxy-methyl]-decahydro- **9** 4028
—, Benzoylmercapto- **9** 1967
—, Benzoyloxy- **9** 491, 492
—, Benzoyloxy-acetyl- **9** 755, 756
—, Benzoyloxy-äthyl- **9** 494, 495
—, Benzoyloxy-äthyl-[benzoyloxy-phenyl]-tetrahydro- **9** 639
—, Benzoyloxy-benzoyl- **9** 771, 772
—, Benzoyloxy-benzoylmercapto- **9** 1969, 1970
—, Benzoyloxy-[benzoyloxy-methyl-phenylsulfon]- **9** 610
—, Benzoyloxy-[benzoyloxy-phenäthyl]- **9** 650
—, Benzoyloxy-bromacetyl- **9** 755, 756
—, Benzoyloxy-[chlor-acetonyl]- **9** 756
—, Benzoyloxy-decahydro- **9** 412
—, Benzoyloxy-[diazo-acetonyl]- **9** 800
—, Benzoyloxy-dimethyl- **9** 496
—, Benzoyloxy-dimethyl-tetrahydro- **9** 456
—, Benzoyloxyimino-decahydro- **9** 1277
—, Benzoyloxyimino-octahydro- **9** 1279
—, Benzoyloxyimino-tetrahydro- **9** 1282
—, Benzoyloxy-isopropyl- **9** 496
—, Benzoyloxy-[methoxy-benzoyl]- **9** 807
—, Benzoyloxy-methyl- **9** 493, 494
—, Benzoyloxymethyl-diphenyl- **9** 531
—, Benzoyloxy-[nitro-phenylmercapto]- **9** 609
—, Benzoyloxy-oxo-[chlor-benzyliden]-dihydro- **9** 772
—, Benzoyloxy-oxo-dimethyl-isopropyliden-octahydro- **9** 735

Naphthalin, Benzoyloxy-oxo-hexahydro-
9 733
—, Benzoyloxy-oxo-octahydro- 9 727
—, Benzoyloxy-[oxo-phenyl-propyl]-
9 774
—, Benzoyloxy-phenyl- 9 523
—, [Benzoyloxy-phenyl]- 9 523
—, Benzoyloxy-phenylacetyl- 9 774
—, Benzoyloxy-[phenyl-äthyl]- 9 524
—, Benzoyloxy-[phenyl-propionyl]-
9 775
—, Benzoyloxy-tetrahydro- 9 454
—, Benzoyloxy-trimethyl- 9 496
—, Benzoylperoxy-decahydro- 9 1050
—, Bis-[äthoxycarbonyl-äthyl]- 9 4485
—, Bis-äthoxycarbonylmethyl-decahydro-
9 4028
—, Bis-[bis-äthoxycarbonyl-äthyl]-
9 4890
—, Bis-[brom-äthoxycarbonyl-methyl]-
decahydro- 9 4029
—, Bis-[brom-carboxy-methyl]-decahydro-
9 4029
—, Bis-[carboxy-äthyl]- 9 4485
—, Bis-[carboxy-benzoyl]- 10 4097
—, Bis-carboxymethyl- 9 4477, 4478
—, Bis-carboxymethyl-decahydro- 9 4027
—, Bis-carboxymethyl-tetrahydro-
9 4415
—, Bis-[carboxy-phenylmercapto]- 10 218
—, Bis-[cyan-benzoyl]- 10 4097
—, Bis-cyanmethyl- 9 4478
—, Bis-[dicarboxy-äthyl]- 9 4890
—, Bis-[dimethyl-benzoyloxy]-methyl-
9 2444
—, Bis-[dinitro-benzoyloxy]-methyl-
[tetramethyl-hexadecenyl]-
tetrahydro- 9 1916
—, Bis-[hydroxy-oxo-phthalanyl]-
10 4097
—, Bis-methoxycarbonylmethyl- 9 4477,
4478
—, Bis-methoxycarbonylmethyl-decahydro-
9 4027
—, Bis-[nitro-benzoyloxy]- 9 1649
—, Bis-[trimethyl-benzoyloxy]-methyl-
9 2495
—, Brom-benzoyloxy- 9 493
—, Brom-benzoyloxy-benzoyl- 9 772, 774
—, Brom-nitro-benzoyloxy-benzoyl-
9 772
—, Carboxymethyl-äthoxycarbonylmethyl-
decahydro- 9 4028
—, Carboxymethyl-carboxymethylen-
tetrahydro- s. *Essigsäure,*
[Carboxymethyl-dihydro-
naphthyliden]-
—, Carboxymethyl-methoxycarbonylmethyl-
decahydro- 9 4027

Naphthalin, Chlor-acetoxy-dibenzoyloxy-
9 683
—, Chlor-benzoyloxy- 9 491, 492
—, Chlor-benzoyloxy-acetyl- 9 756
—, Chlor-benzoyloxymethyl- 9 494
—, Chlor-nitro-benzoyloxy- 9 492
—, Chlor-tribenzoyloxy- 9 683
—, Cinnamoyloxy-acetyl- 9 2701
—, Diacetoxy-dioxo-dimethyl-tetrahydro-
10 4344
—, Dibenzoyloxy- 9 610, 611, 612
—, Dibenzoyloxy-äthyl- 9 613
—, Dibenzoyloxy-äthylmercapto-methyl-
9 683
—, Dibenzoyloxy-dibenzoyl- 9 832, 833
—, Dibenzoyloxy-isopentyl- 9 613
—, Dibenzoyloxy-methyl- 9 612
—, Dibenzoyloxy-methyl-phytyl- 9 634
—, Dibenzoyloxy-methyl-propionyl-
9 798
—, Dibenzoyloxy-methyl-[tetramethyl-
hexadecenyl]- 9 634
—, Dibenzoyloxy-tetrahydro- 9 588
—, Dibrom-acetoxy-benzoyloxy- 9 611
—, Dibrom-benzoyloxy-benzoyl- 9 772
—, Dibrom-dibenzoyloxy- 9 611
—, Dichlor-acetoxy-benzoyloxy- 9 611
—, Dicinnamoyloxy- 9 2699
—, Dihydroxy-bis-carboxymethyl- 10 2488
—, [Dimethoxy-benzoyloxy]-acetyl-
10 1376
—, [Dinitro-benzoyloxy]-benzyl-
decahydro- 9 1870
—, [Dinitro-benzoyloxy]-dimethyl-
acetyl-decahydro- 9 1926
—, [Dinitro-benzoyloxy]-dimethyl-
isopropenyl-decahydro- 9 1844, 1845
—, [Dinitro-benzoyloxy]-dimethyl-
isopropenyl-octahydro- 9 1858
—, [Dinitro-benzoyloxy]-[methoxy-
methyl-phenäthyl]-decahydro-
9 1914
—, [Dinitro-benzoyloxy]-methyl-
decahydro- 9 1836
—, [Dinitro-benzoyloxy]-methyl-
octahydro- 9 1843
—, [Dinitro-benzoyloxy]-oxo-dimethyl-
isopropenyl-decahydro- 9 1927
—, Diphenylacetoxy-oxo-triphenyl-
dihydro- 9 3296
—, Diphenylacetoxy-triphenyl- 9 3294
—, Hydroxy-acetoxy-dioxo-dimethyl-
tetrahydro- 10 4344
—, Methoxy-benzoyloxy- 9 609
—, [Methoxy-benzoyloxy]-acetyl- 10 145,
319
—, Methoxy-benzoyloxy-dibenzoyl- 9 832
—, [Methoxy-cinnamoyloxy]-acetyl-
10 852

Naphthalin, Methoxy-[nitro-benzoyloxy]-
tetrahydro- **9** 1648
—, Methyl-[carboxymethyl-cyclopentyl]-
tetrahydro- **9** 3115
—, [Methylmercapto-naphthyloxy]-
benzoyloxy- **9** 609
—, [Methylsulfon-naphthyloxy]-
benzoyloxy- **9** 609
—, Naphthoyloxy-acetyl- **9** 3142, 3183
—, [Nitro-benzoylhydrazono]-
hydroxymethylen-tetrahydro- **9** 1487
—, Nitro-benzoyloxy- **9** 491
—, Nitro-benzoyloxy-acetyl- **9** 756
—, [Nitro-benzoyloxy]-acetyl- **9** 1510, 1676
—, [Nitro-benzoyloxy]-äthinyl-
decahydro- **9** 1596
—, [Nitro-benzoyloxy]-äthyl-decahydro-
9 1576
—, Nitro-benzoyloxy-benzoyl- **9** 772, 774
—, [Nitro-benzoyloxy]-cyclohexenyl-
9 1616
—, [Nitro-benzoyloxy]-decahydro-
9 1571
—, [Nitro-benzoyloxy]-dimethyl-
isopropyl-octahydro- **9** 1581
—, [Nitro-benzoyloxy]-methyl-äthyl-
tetrahydro- **9** 1606
—, [Nitro-benzoyloxy]-methyl-decahydro-
9 1575
—, [Nitro-benzoyloxy]-[methyl-
isopropyl-cyclohexenyl]- **9** 1617
—, [Nitro-benzoyloxy]-[methyl-
isopropyl-cyclohexyl]- **9** 1616
—, [Nitro-benzoyloxy]-[methyl-
isopropyl-cyclohexyl]-tetrahydro-
9 1609
—, [Nitro-benzoyloxy]-[(nitro-
benzoyloxy)-phenäthyl]-dihydro-
9 1653
—, [Nitro-benzoyloxy]-[(nitro-
benzoyloxy)-phenäthyl]-tetrahydro-
9 1652
—, [Nitro-benzoyloxy]-tetrahydro-
9 1603
—, [Nitro-benzoylperoxy]-decahydro-
9 1707
—, Oxo-benzoyloxymethylen-tetrahydro-
9 751
—, Oxo-bis-[carboxy-äthyl]-tetrahydro-
10 3984
—, Oxo-bis-carboxymethyl-tetrahydro-
10 3981
—, Oxo-bis-[cyan-äthyl]-tetrahydro-
10 3984
—, Phenylacetoxy-benzoyl- **9** 2189
—, Phenylacetoxy-phenacyl- **9** 2189
—, Tetrabrom-dibenzoyloxy- **9** 611
—, Triacetoxy-oxo-dimethyl-dihydro-
10 4344

Naphthalin, Tribrom-dibenzoyloxy- **9** 611
—, Trichlor-benzoyloxy- **9** 493
—, [Trimethoxy-benzoyloxy]-acetyl-
10 2086
Naphthalin-carbonsäure, Dioxo-methyl-
tetrahydro-, cyclohexylester
10 3556
—, Dioxo-methyl-tetrahydro-,
methylester **10** 3556
—, Hydroxy-methyl-hexahydro-,
äthylester **10** 2958
—, Oxo-cyclohexyl-hexahydro-,
methylester **10** 3114
—, Oxo-hexahydro-, äthylester **10** 2956
—, Oxo-[methoxy-phenyl]-hexahydro-,
äthylester **10** 4420
—, Oxo-methyl-hexahydro-, äthylester
10 2958, 2959
—, Oxo-phenyl-hexahydro-, äthylester
10 3282
—, Semicarbazono-cyclohexyl-hexahydro-,
methylester **10** 3114
—, Semicarbazono-hexahydro-,
äthylester **10** 2956
—, Semicarbazono-methyl-hexahydro-,
äthylester **10** 2959
Naphthalin-dicarbamid, Dichlor- **9** 4464
—, Methoxy- **10** 2317
Naphthalin-dicarbamidin 9 4472, 4473
Naphthalin-dicarbonitril 9 4463, 4464,
4465, 4466, 4471, 4472
—, Dichlor- **9** 4464
—, Dimethyl- **9** 4479
—, Phenyl-tetrahydro- **9** 4636
Naphthalin-dicarbonsäure 9 4462, 4463,
4465, 4466, 4470, 4471; s. a.
Naphthalsäure
—, Acetoxy-[methyl-(trimethyl-hexenyl)-
tetrahydro-indanylidenmethyl]-
octahydro-, dimethylester **10** 2338
—, Acetoxy-[methyl-(trimethyl-hexyl)-
tetrahydro-indanylidenmethyl]-
octahydro-, dimethylester **10** 2314
—, Acetoxy-phenyl-, diäthylester
10 2396
—, Acetyl- **10** 4004
—, Äthyl-dihydro- **9** 4447
—, Bis-[dibrom-hydroxy-phenyl]-,
diäthylester **10** 2548
—, Brom-, dimethylester **9** 4469
—, Brom-hydroxy- **10** 2317
—, Brom-hydroxy-, diäthylester **10** 2317
—, Brom-methoxy- **10** 2317
—, Brom-nitro- **9** 4470
—, Brom-nitro-, dimethylester **9** 4470
—, [Carboxy-propyliden]-dihydro-
9 4831
—, Chlor-[chlor-phenyl]- **9** 4674
—, Chlor-hydroxy- **10** 2317

Naphthalin-dicarbonsäure, Chlor-hydroxy-,
diäthylester **10** 2317
—, Chlor-methoxy- **10** 2317
—, Dibenzoyl- **10** 4098
—, Dibenzoyl-, dichlorid **10** 4098
—, Dibrom- **9** 4464, 4469
—, Dichlor- **9** 4464, 4465, 4469
—, Dichlor-, diamid **9** 446
—, Dichlor-, dinitril **9** 4464
—, Dihydro- **9** 4439, 4440
—, Dihydro-, dimethylester **9** 4440
—, Dihydroxy- **10** 2485
—, Dihydroxy-, diäthylester **10** 2484
—, Dihydroxy-dioxo-methyl-dihydro-
10 4850
—, Dimethoxy- **10** 2485
—, Dimethoxy-, diäthylester **10** 2485
—, Dimethoxy-[äthoxy-äthyl]-dihydro-,
nitril **10** 2580
—, Dimethoxy-[äthoxy-äthyl]-tetrahydro-,
nitril **10** 2578
—, Dimethoxy-äthyl-dihydro-,
methylester- **10** 2479
—, Dimethoxy-äthyl-dihydro-, nitril
10 2479
—, Dimethoxy-äthyl-tetrahydro-, nitril
10 2476
—, Dimethoxy-[dimethoxy-phenyl]-
10 2621
—, Dimethoxy-[dimethoxy-phenyl]-,
diäthylester **10** 2621
—, Dimethoxy-[dimethoxy-phenyl]-,
dimethylester **10** 2621
—, Dimethoxy-[dimethoxy-phenyl]-
dihydro- **10** 2620
—, Dimethoxy-[dimethoxy-phenyl]-
dihydro-, dimethylester **10** 2620
—, Dimethoxy-[dimethoxy-phenyl]-
tetrahydro- **10** 2618
—, Dimethoxy-[dimethoxy-phenyl]-
tetrahydro-, diäthylester **10** 2619
—, Dimethoxy-[dimethoxy-phenyl]-
tetrahydro-, dimethylester **10** 2618
—, Dimethoxy-methyl- **10** 2486
—, Dimethoxy-methyl-tetrahydro- **10** 2474
—, Dimethoxy-methyl-tetrahydro-,
diäthylester **10** 2475
—, Dimethyl-, dimethylester **9** 4479
—, Dimethyl-, dinitril **9** 4479
—, Dimethyl-acetohydrazonoyl-,
diäthylester **10** 4005
—, Dimethyl-acetohydrazonoyl-,
dimethylester **10** 4004
—, Dimethyl-acetyl- **10** 4004
—, Dimethyl-acetyl-, diäthylester **10** 4004
—, Dimethyl-acetyl-, dimethylester **10** 4004
—, Dimethyl-[(brom-phenyl)-
acetohydrazonoyl]-, diäthylester
10 4005

Naphthalin-dicarbonsäure, Dimethyl-
octahydro- **9** 4074, 4075
—, Dimethyl-[oxo-methyl-pentyl]-
octahydro- **10** 3948
—, Dimethyl-tetrahydro- **9** 4416
—, Dinaphthyl- s. *Ternaphthalin-
dicarbonsäure*
—, Dinitro- **9** 4470
—, Dioxo-dimethyl-tetrahydro-,
diäthylester **10** 2484
—, Diphenyl- **9** 4715
—, Diphenyl-, amid-nitril **9** 4715
—, Diphenyl-, butylester **9** 4716
—, Diphenyl-, dimethylester **9** 4715
—, Hexahydro- **9** 4060
—, Hydroxy- **10** 2316, 2317, 2318
—, Hydroxy-, äthylester-methylamid
10 2316
—, Hydroxy-, diäthylester **10** 2316
—, Hydroxy-dimethoxy-[dimethoxy-phenyl]-
dihydro- **10** 2630
—, Hydroxyimino-phenyl-dihydro-,
diäthylester **10** 4023
—, Hydroxy-methoxy-, diäthylester
10 2484
—, Hydroxy-methoxy-[hydroxy-methoxy-
phenyl]-dihydro-, dimethylester
10 2620
—, Hydroxy-methyl-tetrahydro- **10** 2270
—, Hydroxy-{[methyl-(trimethyl-hexenyl)-
tetrahydro-indanyliden]-methyl}-
octahydro- **10** 2338
—, Hydroxy-{[methyl-(trimethyl-hexyl)-
tetrahydro-indanyliden]-methyl}-
octahydro- **10** 2313
—, Hydroxy-phenyl- **10** 2396
—, Hydroxy-tetrahydro- **10** 2268
—, Hydroxy-tetrahydro-, äthylester
10 2284
—, Hydroxy-tetrahydro-, diäthylester
10 2268
—, Methoxy- **10** 2316
—, Methoxy-, diamid **10** 2317
—, Methoxy-äthoxy-methyl-tetrahydro-
10 2475
—, Methoxy-äthoxy-methyl-tetrahydro-,
diäthylester **10** 2475
—, Methoxy-benzoyloxy-methyl-
tetrahydro-, diäthylester **10** 2475
—, Methoxy-[carboxy-propyliden]-
dihydro- **10** 2583
—, Methoxy-dihydro-, diäthylester
10 2289
—, Methoxy-[methoxy-phenyl]- **10** 2543
—, Methoxy-[methoxy-phenyl]-,
dimethylester **10** 2543
—, Methoxy-methyl-tetrahydro- **10** 2270
—, Methoxy-methyl-tetrahydro-,
anhydrid **10** 2270

Naphthalin-dicarbonsäure, Methoxy-
tetrahydro- **10** 2267
—, Methoxy-tetrahydro-, diäthylester
10 2267
—, Methyl- **9** 4474
—, Methyl-, dimethylester **9** 4474
—, Methyl-dihydro- **9** 4443
—, Methyl-octahydro- **9** 4068
—, Methyl-*p*-tolyl- **9** 4678
—, Nitro- **9** 4465, 4469, 4470, 4471
—, Nitro-[nitro-phenyl]- **9** 4674
—, Nitro-[nitro-phenyl]-, diäthylester
9 4674
—, Octahydro- **9** 4008, 4059
—, Octahydro-, äthylester **9** 4009
—, Octahydro-, diäthylester **9** 4009
—, Octahydro-, dimethylester **9** 4009
—, Octahydro-, diphenacylester **9** 4060
—, Oxo-methyl-decahydro- **10** 3936
—, Oxo-methyl-decahydro-, äthylester-
nitril **10** 3936
—, Oxo-methyl-octahydro- **10** 3943
—, Oxo-phenyl-dihydro- **10** 4023
—, Oxo-phenyl-dihydro-, diäthylester
10 4023
—, Oxo-tetrahydro- **10** 3979
—, Phenyl- **9** 4674
—, Phenyl-tetrahydro- **9** 4634, 4636, 4637
—, Phenyl-tetrahydro-, äthylester **9** 4635
—, Phenyl-tetrahydro-, dimethylester
9 4637
—, Phenyl-tetrahydro-, dinitril **9** 4636
—, Tetrahydro- **9** 4328, 4398
—, Tetrahydro-, dimethylester **9** 4328, 4399
—, Trimethoxy- **10** 2581
—, Trimethoxy-dihydro-, äthylester
10 2580
—, Trimethoxy-dihydro-, diäthylester
10 2580
—, Trimethyl-[carboxy-äthyl]-decahydro-,
methylester **9** 4779
—, Trimethyl-[oxo-butyl]-decahydro-,
methylester **10** 3941
Naphthalin-dicarbonsäure-bis-[amid-imin]
9 4472, 4473
— dibromid **9** 4472
— dichlorid **9** 4464, 4472
— dimethylester **9** 4463, 4465, 4466, 4471
— dinitril **9** 4463, 4464, 4465, 4466,
4471, 4472
— methylester **9** 4462
— nitril **9** 4471
— nitril-[amid-imin] **9** 4466
Naphthalin-dicarbonylbromid 9 4472
Naphthalin-dicarbonylchlorid 9 4464, 4472
—, Dibenzoyl- **10** 4098
Naphthalindiyldibenzoat 9 610, 611, 612
Naphthalinon, Benzoyloxy-[chlor-
benzyliden]- **9** 772

Naphthalinon, Benzoyloxy-dimethyl-
isopropyliden-hexahydro- **9** 735
—, Benzoyloxy-hexahydro- **9** 727
—, Benzoyloxymethylen-dihydro- **9** 751
—, Benzoyloxy-tetrahydro- **9** 733
—, Dihydro-, [benzoyl-oxim] **9** 1282
—, [Dinitro-benzoyloxy]-dimethyl-
isopropenyl-octahydro- **9** 1927
—, Diphenylacetoxy-triphenyl- **9** 3296
—, Hexahydro-, [benzoyl-oxim] **9** 1279
—, Hydroxymethylen-dihydro-,
[nitro-benzoylhydrazon] **9** 1847
—, Octahydro-, [benzoyl-oxim] **9** 1277
Naphthalin-tetracarbonsäure 9 4889
—, Chlor- **9** 4890
—, Decahydro- **9** 4864
—, Decahydro-, dianhydrid **9** 4864
—, Decahydro-, tetramethylester **9** 4864
—, Dimethyl-hexahydro- **9** 4880
—, Dimethyl-hexahydro-,
tetraäthylester **9** 4880
—, Hydroxy- **10** 2630
—, Tetrahydro- **9** 4883
Naphthalin-tetracarbonsäure-
dimethylester-anhydrid **9** 4889
Naphthalin-tricarbonsäure 9 4835
—, Acetyl- **10** 4139
—, Hydroxy-tetrahydro-, triäthylester
10 2580
Naphthalin-tricarbonsäure-
trimethylester **9** 4835
Naphthalonitril 9 4469
Naphthalsäure 9 4466; s. a.
Naphthalin-dicarbonsäure
—, Acetyl-, dimethylester **10** 4004
—, Brom-, dimethylester **9** 4469
—, Brom-nitro- **9** 4470
—, Brom-nitro-, dimethylester **9** 4470
—, Carbonyl-di- **10** 4169
—, Dibrom- **9** 4469
—, Dichlor- **9** 4469
—, Dimethoxy- **10** 2484
—, Dinitro- **9** 4470
—, Dinitro-dihydroxy- **10** 2484
—, Nitro- **9** 4469, 4470
—, Oxo-methyl-octahydro- **10** 3943
Naphthalsäure-amid 9 4468
— diäthylester **9** 4467
— diamid **9** 4468
— dichlorid **9** 4468
— dimethylester **9** 4467
— dinitril **9** 4469
— diphenylester **9** 4468
— menthylester **9** 4467
— methylester-menthylester **9** 4467
— methylester-[methyl-isopropyl-
cyclohexylester] **9** 4467
— [methyl-isopropyl-cyclohexylester]
9 4467

Naphthalylchlorid 9 4468
Naphthamid 9 3145
—, Brom- 9 3154, 3156, 3198
—, [Brom-äthyl]- 9 3145
—, Brom-dioxo-methyl-dihydro- 10 3607
—, Brom-hydroxy- 10 1094
—, Brom-jod- 9 3158
—, Brom-methoxy- 10 1093
—, Brom-nitro- 9 3166
—, Chlor- 9 3148, 3150, 3151, 3193
—, Chlor-methoxy- 10 1092
—, Chlor-nitro- 9 3165
—, Decahydro- 9 233, 234
—, Dibrom- 9 3200
—, Dichlor- 9 3194
—, Dihydro- 9 3075
—, Dimethoxy- 10 1938, 1939
—, Dimethoxy-tetrahydro- 10 1862
—, Diphenyl- 9 3666
—, Diphenyl-cyan- 9 4715
—, Dodecyl- 9 3145
—, Hydroxy-allyl- 10 1089
—, Hydroxy-[amino-äthyl]- 10 1090, 1099
—, Hydroxy-[(amino-äthylamino)-äthyl]-
    10 1090
—, Hydroxy-[amino-hexyl]- 10 1090
—, Hydroxy-diäthyl- 10 1078
—, Hydroxy-[diäthylamino-äthyl]-
    10 1090
—, Hydroxy-diäthyl-tetrahydro- 10 887
—, Hydroxy-[(di-*tert*-pentyl-phenoxy)-
    propyl]- 10 1078
—, Hydroxy-methyl-[dimethylamino-äthyl]-
    10 1090
—, Hydroxy-tetrahydro- 10 887
—, Jod- 9 3157, 3202, 3203
—, Mercapto- 10 1084
—, Methoxy- 10 1071, 1078, 1090
—, Methoxy-dihydro- 10 991
—, Methoxy-hydroxyimino-tetrahydro-
    10 4342
—, Methoxy-oxo-tetrahydro- 10 4341
—, Methoxy-tetrahydro- 10 888
—, Methyl- 9 3145, 3185, 3215, 3216
—, Nitro-[diäthylamino-äthyl]-
    9 3159, 3162
—, Nitro-[diäthylamino-propyl]-
    9 3162
—, Nitro-hydroxy- 10 1095, 1096
—, Nitro-tetrahydro- 9 2797
—, Octadecyl- 9 3145
—, Tetrahydro- 9 2795, 2802, 2803, 2805
Naphthamidin 9 3147, 3187
—, Brom-[diäthylamino-äthyl]- 9 3199
—, Cyan- 9 4466
—, [Diäthylamino-äthyl]- 9 3187
—, Dibutyl- 9 3147
—, Dimethoxy-methylen-bis- 10 2547
—, Hydroxy-[diäthylamino-äthyl]- 10 1100

Naphthamidin, Methoxy-[diäthylamino-
    äthyl]- 10 1100
—, Methoxy-dibutyl- 10 1067
—, Pentandiyldioxy-bis- 10 1100
—, Propandiyldioxy-bis- 10 1100
Naphthamidjodid 9 3146, 3186
Naphthamidrazon 9 3119
—, Triacetyl- 9 3191
Naphth[1.2-*a*]anthracen-carbonsäure
    9 3674
—, Tetrahydro- 9 3660
Naphth[3.2.1-*de*]anthracen-carbonsäure,
    Hydroxy-oxo- 10 4033
—, Oxo- 10 3496
Naphth[3.2.1-*de*]anthracen-sulfonsäure,
    Hydroxy-oxo- 9 4687
Naphth[3.2.1-*de*]anthracen-
    tricarbonsäure, Oxo-[dicarboxy-
    phenyl]- 10 4179
Naphthilsäure s. *Essigsäure, Hydroxy-*
    dinaphthyl-
Naphthimidoyljodid 9 3146, 3186
Naphthimidsäure, Brom-, äthylester
    9 3200
—, Methoxy-, äthylester 10 1099
Naphthimidsäure-hydrazid 9 3191
— jodid 9 3146, 3186
Naphth[2.1-*f*]indazol, Methoxy-
    diazoacetyl-hexahydro- 10 1202
Naphth[2″.1″:4′.5′]indeno[1′.2′:4.5]
    furo[3.2-*e*][1.2]oxazin, Dihydroxy-
    oxo-dimethyl-eicosahydro- 10 4736
Naphthochinon, Benzamino- 9 1110
—, Benzoyloxy-methyl- 9 798
—, Bis-[carboxy-phenyl]- 10 4096
—, Hydroxy-, benzoylimin 9 1110
—, Hydroxy-, [nitro-phenylhydrazon]
    10 3978
—, Hydroxy-benzoyloxy- 9 822
—, Methoxy-dibenzoyloxy-methyl-
    acetonyl- 9 846
—, Methyl-[hydroxy-oxo-tetrahydro-
    furyl]- 10 4004
Naphtho[1.2.3.4-*def*]chrysen,
    Dibenzoyloxy- 9 660
Naphtho[1.2.3.4-*def*]
    chrysendiyldibenzoat 9 660
Naphtho[2′.1′-4.5]cyclopenta[1.2-*b*]
    furan, Hydroxy-oxo-methyl-dihydro-
    10 3383
Naphtho[1.2-*c*:5.6-*c′*]difuran, Dihydroxy-
    dioxo-diphenyl-tetrahydro- 10 4098
Naphthoesäure 9 3136, 3174
—, Acetoxy- 10 1067, 1070, 1071, 1072,
    1076, 1086, 1097, 1098, 1101
—, Acetoxy-, äthylester 10 1086
—, Acetoxy-, anhydrid 10 1089
—, Acetoxy-, chlorid 10 1071, 1078,
    1089, 1097, 1099

Naphthoesäure, Acetoxy-, nitril **10** 1069, 1079, 1099
—, Acetoxy-allyl-, methylester **10** 1191
—, Acetoxy-formyl-, methylester **10** 4406
—, Acetoxy-methyl-[methyl-(methyl-methoxycarbonyl-propyl)-formyl-cyclopentyl]-decahydro-, anhydrid **10** 4737
—, Acetoxy-phenyl- **10** 1315
—, Acetoxy-phenyl-, äthylester **10** 1315
—, Acetoxy-tetrahydro- **10** 886
—, Acetoxy-tetrahydro-, chlorid **10** 887
—, Acetoxy-tetrahydro-, methylester **10** 887
—, Acetyl- **10** 3268
—, Acetyl-, methylester **10** 3268
—, Äthoxy- **10** 1073, 1098
—, Äthoxy-, chlorid **10** 1099
—, Äthoxycarbonylmethoxy-, äthylester **10** 1086
—, Äthoxycarbonylmethoxy-formyl-, methylester **10** 4406
—, Äthoxycarbonyloxy- **10** 1076
—, Äthyl- **9** 3222, 3224
—, Äthyl-, chlorid **9** 3222
—, Äthyl-, nitril **9** 3222
—, Äthyl-dihydro- **9** 3089
—, Äthylmercuriomercapto- **10** 1074
—, Allyloxy-allyl- **10** 1190
—, Benzhydryl- **9** 3670
—, Benzhydryl-, methylester **9** 3670
—, Benzoyl- **10** 3429, 3430, 3431, 3432, 3433
—, Benzoyl-, äthylester **10** 3432
—, Benzoyl-, chlorid **10** 3432
—, Benzoyl-, methylester **10** 3429, 3430, 3433
—, Benzoyl-, nitril **10** 3431
—, Benzyl- **9** 3555
—, Benzyloxy- **10** 1074
—, Brom- **9** 3152, 3153, 3154, 3195, 3196, 3199
—, Brom-, äthylester **9** 3154, 3155, 3195, 3199
—, Brom-, amid **9** 3154, 3156, 3198
—, Brom-, [amid-(diäthylamino-äthylimin)] **9** 3919
—, Brom-, azid **9** 3199
—, Brom-, [brom-methyl-phenylester] **9** 3198
—, Brom-, [brom-phenacylester] **9** 3154
—, Brom-, [brom-phenylester] **9** 3197
—, Brom-, chlorid **9** 3154, 3198
—, Brom-, [(diäthylamino-äthylamid)-imin] **9** 3199
—, Brom-, hydrazid **9** 3196, 3199
—, Brom-, methylester **9** 3153, 3154, 3155, 3195, 3196, 3199
—, Brom-, nitril **9** 3196, 3198, 3199

Naphthoesäure, Brom-, [nitro-phenylester] **9** 3197
—, Brom-, phenylester **9** 3197
—, Brom-, o-tolylester **9** 3198
—, Brom-, p-tolylester **9** 3198
—, Brom-carboxymethoxy- **10** 1081
—, Brom-dihydroxy-dioxo-methyl-dihydro- **10** 4761
—, Brom-dimethoxy-dihydro- **10** 1904
—, Brom-dimethoxy-dihydro-, methylester **10** 1905
—, Brom-dimethoxy-oxo-äthyl-tetrahydro-, nitril **10** 4610
—, Brom-dimethoxy-oxo-[brom-dimethoxy-phenyl]-tetrahydro-, äthylester **10** 4827
—, Brom-dimethoxy-tetrahydro- **10** 1862
—, Brom-dinitro- **9** 3169
—, Brom-dinitro-, äthylester **9** 3169
—, Brom-dinitro-, methylester **9** 3169
—, Brom-dioxo-dihydro-, äthylester **10** 3607
—, Brom-dioxo-dihydro-, methylamid **10** 3607
—, Brom-hydroxy- **10** 1070, 1074, 1081, 1094, 1097
—, Brom-hydroxy-, äthylester **10** 1081
—, Brom-hydroxy-, amid **10** 1094
—, Brom-hydroxy-, chlorid **10** 1082, 1093
—, Brom-hydroxy-, methylester **10** 1081
—, Brom-hydroxy-, naphthylester **10** 1082
—, Brom-hydroxy-, phenylester **10** 1081, 1093
—, Brom-hydroxy-, m-tolylester **10** 1093
—, Brom-hydroxy-, o-tolylester **10** 1093
—, Brom-hydroxy-phenyl- **10** 1315
—, Brom-jod- **9** 3158
—, Brom-jod-, äthylester **9** 3158
—, Brom-jod-, amid **9** 3158
—, Brom-jod-, methylester **9** 3158
—, Brom-methoxy- **10** 1067, 1073, 1081, 1101
—, Brom-methoxy-, äthylester **10** 1081
—, Brom-methoxy-, amid **10** 1093
—, Brom-methoxy-, chlorid **10** 1082
—, Brom-methoxy-, methylester **10** 1067, 1073, 1074, 1081, 1101
—, Brom-methoxy-, naphthylester **10** 1082
—, Brom-methoxy-, nitril **10** 1093
—, Brom-methoxy-, phenylester **10** 1082
—, Brom-[methoxycarbonyl-phenyl]-, methylester **9** 4673
—, Brom-methoxy-oxo-tetrahydro- **10** 4342
—, Brom-nitro- **9** 3165, 3166, 3167
—, Brom-nitro-, äthylester **9** 3166, 3167
—, Brom-nitro-, amid **9** 3166
—, Brom-nitro-, methylester **9** 3165, 3166, 3167
—, Brom-nitro-hydroxy- **10** 1096

Naphthoesäure, Brom-nitro-oxo-tetrahydro- 10 3168
—, Brom-oxo-dimethyl-[oxo-methyl-pentyl]-decahydro- 10 3536
—, Brom-oxo-methyl-tetrahydro- 10 3176
—, Brom-oxo-phenyl-tetrahydro- 10 3389
—, Brom-oxo-tetrahydro- 10 3167
—, Butyloxy- 10 1074
—, Carbamoyl- 9 4468
—, [Carbamoyl-phenyl]- 9 4671
—, [Carboxy-äthyl]- s. *Propionsäure, [Carboxy-naphthyl]-*
—, [Carboxy-butenyl]- s. *Pentensäure, [Carboxy-naphthyl]-*
—, [Carboxy-butyl]- 9 4484
—, Carboxymethoxy- 10 1067, 1076
—, Carboxymethyl- s. a. *Essigsäure, [Carboxy-naphthyl]-*
—, Carboxymethyl-decahydro- 9 4013
—, Carboxymethylmercapto- 10 1069, 1072, 1096
—, Carboxymethylmercapto-, amid 10 1084
—, [Carboxy-phenyl]- 9 4672, 4673
—, [Carboxy-phenyl]-, amid 9 4671
—, [Carboxy-phenyl]-, methylester 9 4672
—, [Carboxy-propyl]- 9 4481
—, Chlor- 9 3148, 3149, 3150, 3151, 3191, 3192, 3193
—, Chlor-, äthylester 9 3152, 3192
—, Chlor-, amid 9 3148, 3150, 3151, 3193
—, Chlor-, [brom-phenacylester] 9 3148, 3150, 3151
—, Chlor-, chlorid 9 3149, 3150, 3151, 3193
—, Chlor-, methylester 9 3148, 3149, 3150, 3151, 3152, 3191, 3192
—, Chlor-, nitril 9 3148, 3150, 3152, 3192, 3193
—, Chlor-acetoxy- 10 1079, 1092
—, [Chlor-benzoyl]- 10 3430, 3431, 3433
—, [Chlor-benzoyl]-, methylester 10 3433
—, Chlor-brom-oxo-tetrahydro- 10 3167
—, Chlor-carboxymethoxy- 10 1079
—, Chlor-dimethoxy-dihydro- 10 1904
—, Chlor-dimethoxy-dihydro-, methylester 10 1904
—, Chlor-hydroxy- 10 1079, 1091, 1092, 1093, 1097
—, Chlor-hydroxy-, äthylester 10 1080, 1092
—, Chlor-hydroxy-, chlorid 10 1080
—, Chlor-hydroxy-, methylester 10 1079, 1097
—, Chlor-hydroxy-, naphthylester 10 1080
—, Chlor-hydroxy-, phenylester 10 1080

Naphthoesäure, Chlor-methoxy- 10 1079, 1092, 1097, 1100
—, Chlor-methoxy-, äthylester 10 1080
—, Chlor-methoxy-, amid 10 1092
—, Chlor-methoxy-, chlorid 10 1080
—, Chlor-methoxy-, methylester 10 1080
—, Chlor-methoxy-, naphthylester 10 1080
—, Chlor-methoxy-, nitril 10 1092
—, Chlor-methoxy-, phenylester 10 1080
—, Chlor-methoxy-tetrahydro- 10 885
—, Chlor-nitro- 9 3165, 3205
—, Chlor-nitro-, amid 9 3165
—, Chlor-nitro-, methylester 9 3165
—, Chlor-oxo-dimethyl-[oxo-methyl-pentyl]-decahydro- 10 3536
—, Chlor-oxo-tetrahydro- 10 3167
—, [(Chlor-phenyl)-äthyl]- 9 3560, 3561
—, Cyan- 9 4471
—, Decahydro- 9 232, 233
—, Decahydro-, amid 9 233, 234
—, Decahydro-, chlorid 9 234
—, Diacetoxy- 10 1937
—, Diacetoxy-, chlorid 10 1934
—, Diacetoxy-benzyliden-di- 10 2551
—, Diacetoxy-methyl- 10 1942
—, Diacetoxy-methyl-, äthylester 10 1941
—, Diacetoxy-thio-di- 10 1933, 1935
—, [Diäthoxy-benzhydryl]- 10 2020
—, Dibrom- 9 3156, 3200
—, Dibrom-, äthylester 9 3156, 3200
—, Dibrom-, amid 9 3200
—, Dibrom-, azid 9 3201
—, Dibrom-, benzylidenhydrazid 9 3201
—, Dibrom-, chlorid 9 3200
—, Dibrom-, hydrazid 9 3201
—, Dibrom-, isopropylidenhydrazid 9 3201
—, Dibrom-, methylester 9 3156, 3200
—, Dibrom-, [nitro-benzylidenhydrazid] 9 3201
—, Dibrom-dihydroxy-methyl- 10 1942
—, Dibrom-dimethoxy-methyl-, methylester 10 1942
—, Dibrom-hydroxy- 10 1094
—, Dichlor- 7 1954, 9 3152, 3193
—, Dichlor-, amid 9 3194
—, Dichlor-, azid 9 3195
—, Dichlor-, benzylidenhydrazid 9 3194
—, Dichlor-, chlorid 9 3194
—, Dichlor-, hydrazid 9 3194
—, Dichlor-, isopropylidenhydrazid 9 3194
—, Dichlor-, methylester 9 3152, 3194
—, Dichlor-, [nitro-benzylidenhydrazid] 9 3194
—, Dichlor-, [phenyl-äthylidenhydrazid] 9 3195

Naphthoesäure, [Dichlor-benzhydryl]-
9 3671
—, Dichlor-hydroxy- 10 1093
—, Dichlor-oxo-dihydro-, äthylester
10 3231
—, [Difluor-benzhydryl]- 9 3670
—, Dihydro- 9 3075, 3076
—, Dihydro-, äthylester 9 3075
—, Dihydro-, amid 9 3075
—, Dihydro-, chlorid 9 3075
—, Dihydro-, [diäthylamino-äthylester]
9 3076
—, Dihydro-, hydrazid 9 3076
—, Dihydro-, methylester 9 3075
—, Dihydroxy- 10 1931, 1932, 1934, 1936
—, Dihydroxy-, äthylester 10 1932
—, Dihydroxy-, nitril 10 1931
—, Dihydroxy-äthyl-, äthylester 10 1943
—, Dihydroxy-äthylen-di- 10 2547, 2548
—, Dihydroxy-benzyliden-di- 10 2550
—, Dihydroxy-butyl-, äthylester 10 1945
—, Dihydroxy-dioxo-methyl-dihydro-
10 4761
—, Dihydroxy-dithio-di- 10 1934, 1935
—, Dihydroxy-methyl- 10 1941
—, Dihydroxy-methyl-, äthylester
10 1941
—, Dihydroxy-methyl-, methylester
10 1941, 1942
—, Dihydroxy-octahydro-, äthylester
10 4188
—, Dihydroxy-propyl-, äthylester
10 1944
—, Dihydroxy-tetrahydro- 10 1861, 1862
—, Dihydroxy-thio-di- 10 1933, 1935
—, Dimethoxy- 10 1930, 1931, 1932,
1934, 1937, 1939
—, Dimethoxy-, äthylester 10 1939
—, Dimethoxy-, amid 10 1938, 1939
—, Dimethoxy-, anhydrid 10 1937
—, Dimethoxy-, chlorid 10 1938
—, Dimethoxy-, methylester 10 1930,
1932, 1933, 1934, 1937, 1939
—, Dimethoxy-, nitril 10 1930, 1931
—, Dimethoxy-[äthoxy-äthyl]-cyan-
dihydro- 10 2580
—, Dimethoxy-[äthoxy-äthyl]-cyan-
tetrahydro- 10 2578
—, Dimethoxy-äthyl-cyan-dihydro-
10 2479
—, Dimethoxy-äthyl-cyan-dihydro-,
methylester 10 2479
—, Dimethoxy-äthyl-cyan-tetrahydro-
10 2476
—, [Dimethoxy-benzhydryl]- 10 2020
—, Dimethoxy-chlormethyl-[dimethoxy-
phenyl]- 10 2540
—, Dimethoxy-chlormethyl-[dimethoxy-
phenyl]-, methylester 10 2540

Naphthoesäure, Dimethoxy-dihydro-
10 1905
—, Dimethoxy-[dimethoxy-phenyl]-
10 2537, 2538
—, Dimethoxy-[dimethoxy-phenyl]-,
chlorid 10 2539
—, Dimethoxy-[dimethoxy-phenyl]-,
methylester 10 2538
—, Dimethoxy-[dimethoxy-phenyl]-
tetrahydro- 10 2515
—, Dimethoxy-[dimethoxy-phenyl]-
tetrahydro-, methylester 10 2515
—, Dimethoxy-[methoxy-phenyl]- 10 2394
—, Dimethoxy-[methoxy-phenyl]-,
methylester 10 2395
—, Dimethoxy-methyl- 10 1942
—, Dimethoxy-methyl-, hydrazid 10 1942
—, Dimethoxy-methyl-, methylester
10 1942
—, Dimethoxy-methyl-dihydro- 10 1905
—, Dimethoxy-methyl-dihydro-,
methylester 10 1905
—, Dimethoxy-methyl-[dimethoxy-phenyl]-
10 2539
—, Dimethoxy-methyl-[dimethoxy-phenyl]-,
methylester 10 2540
—, Dimethoxy-methyl-[dimethoxy-phenyl]-
dihydro- 10 2534
—, Dimethoxy-methyl-[dimethoxy-phenyl]-
tetrahydro- 10 2519
—, Dimethoxy-oxo-[äthoxy-äthyl]-
tetrahydro-, nitril 10 4745
—, Dimethoxy-oxo-äthyl-dihydro-,
nitril 10 4633
—, Dimethoxy-oxo-äthyl-tetrahydro-,
nitril 10 4609
—, Dimethoxy-oxo-[dimethoxy-phenyl]-
formyl-tetrahydro-, äthylester
10 4853
—, Dimethoxy-oxo-[dimethoxy-phenyl]-
hydroxymethylen-tetrahydro-,
äthylester 10 4853
—, Dimethoxy-oxo-[dimethoxy-phenyl]-
methylen-tetrahydro- 10 4834
—, Dimethoxy-oxo-[dimethoxy-phenyl]-
tetrahydro- 10 4827
—, Dimethoxy-oxo-[dimethoxy-phenyl]-
tetrahydro-, äthylester 10 4827
—, Dimethoxy-oxo-hydroxyimino-[äthoxy-
äthyl]-tetrahydro-, nitril 10 4807
—, Dimethoxy-phenyl- 10 2010
—, Dimethoxy-phenyl-, methylester
10 2011
—, Dimethoxy-semicarbazono-[dimethoxy-
phenyl]-tetrahydro- 10 4827
—, Dimethoxy-tetrahydro- 10 1862
—, Dimethoxy-tetrahydro-, amid 10 1862
—, Dimethyl- 9 3225, 3226, 3227, 3228
—, Dimethyl-, äthylester 9 3227

Naphthoesäure, Dimethyl-, allylester
9 3225

—, Dimethyl-, chlorid 9 3227

—, Dimethyl-, methylester 9 3226, 3228

—, Dimethyl-, nitril 9 3226, 3227, 3228

—, [Dimethyl-benzhydryl]- 9 3673

—, [Dimethyl-benzoyl]- 10 3438

—, Dimethyl-[hydroxy-methyl-pentyl]-
methylen-decahydro-, methylester
10 84

—, Dimethyl-isopropyl- 9 3251

—, Dimethyl-isopropyl-, methylester
9 3251

—, Dimethyl-[methyl-butenyl]-methylen-
decahydro-, methylester 9 2634

—, Dimethyl-[oxo-methyl-pentyl]-formyl-
octahydro- 10 3541

—, [Dimethyl-phenyl]- 9 3562

—, Dimethyl-tetrahydro- 9 2857, 2858

—, Dinitro- 9 3167, 3168

—, Dinitro-, äthylester 9 3168

—, Dinitro-, methylester 9 3167,
3168, 3169

—, Dinitro-diacetoxy-thio-di- 10 1935

—, Dioxo-äthyl-dihydro-, äthylester
10 3608

—, Dioxo-decahydro-, äthylester 10 3529

—, Dioxo-dihydro- 10 3606, 3607

—, Dioxo-dihydro-, äthylester 10 3606

—, Dioxo-dihydro-, methylester 10 3606

—, Dioxo-dihydro-, nitril 10 3606

—, [Dioxo-dihydro-phenanthrendiyl]-di-
10 4103

—, Dioxo-methyl-decahydro-, äthylester
10 3531

—, Dioxo-methyl-dihydro-, äthylester
10 3608

—, Dioxo-methyl-dihydro-, methylester
10 3608

—, Diphenyl- 9 3666, 3667

—, Diphenyl-, äthylester 9 3666

—, Diphenyl-, amid 9 3666

—, Diphenyl-, azid 9 3666

—, Diphenyl-, chlorid 9 3666

—, Diphenyl-, hydrazid 9 3666

—, Diphenyl-, methylester 9 3666

—, [Diphenyl-benzhydryl]- 9 3696

—, Diphenyl-cyan-, amid 9 4715

—, Diphenyl-tetrahydro- 9 3644

—, Dithio-di- 10 1084

—, Fluor- 9 3147

—, Formyl- 10 3266

—, Hydroxy- 10 1066, 1069, 1070, 1072,
1075, 1084, 1096, 1098, 1101

—, Hydroxy-, äthylester 10 1070, 1071,
1076, 1086

—, Hydroxy-, allylamid 10 1089

—, Hydroxy-, [amid-(diäthylamino-
äthylimin)] 10 1100

Naphthoesäure, Hydroxy-, [amino-
äthylamid] 10 1090, 1099

—, Hydroxy-, [(amino-äthylamino)-
äthylamid] 10 1090

—, Hydroxy-, [amino-hexylamid] 10 1090

—, Hydroxy-, benzylester 10 1077

—, Hydroxy-, butylester 10 1076

—, Hydroxy-, [chlor-butylester] 10 1098

—, Hydroxy-, chlorid 10 1078, 1089

—, Hydroxy-, [chlor-phenylester]
10 1077, 1087

—, Hydroxy-, diäthylamid 10 1078

—, Hydroxy-, [diäthylamino-äthylamid]
10 1090

—, Hydroxy-, [(diäthylamino-äthylamid)-
imin] 10 1100

—, Hydroxy-, [dimethyl-phenylester]
10 1077, 1087

—, Hydroxy-, [(di-*tert*-pentyl-phenoxy)-
propylamid] 10 1078

—, Hydroxy-, dodecylester 10 1086

—, Hydroxy-, hexadecylester 10 1077, 1087

—, Hydroxy-, hexylester 10 1077

—, Hydroxy-, hydrazid 10 1079, 1100

—, Hydroxy-, [hydroxy-dioxo-dihydro-
anthrylester] 10 1088

—, Hydroxy-, isobutylester 10 1076

—, Hydroxy-, isopropylester 10 1076

—, Hydroxy-, [methyl-(dimethylamino-
äthyl)-amid] 10 1090

—, Hydroxy-, methylester 10 1070,
1071, 1072, 1076, 1086, 1101

—, Hydroxy-, naphthylester 10 1088

—, Hydroxy-, nitril 10 1068, 1069,
1073, 1078, 1090, 1099

—, Hydroxy-, [nitro-phenylester]
10 1077, 1087

—, Hydroxy-, propylester 10 1076

—, Hydroxy-, *m*-tolylester 10 1087

—, Hydroxy-, *o*-tolylester 10 1087

—, Hydroxy-, [trichlor-phenylester]
10 1077, 1087

—, Hydroxy-, ureid 10 1089

—, Hydroxy-, [3.5]xylylester 10 1077, 1087

—, Hydroxy-acetohydroximoyl- 10 4409

—, Hydroxy-acetohydroximoyl-,
äthylester 10 4410

—, Hydroxy-acetohydroximoyl-,
methylester 10 4410

—, Hydroxy-acetyl- 10 4408, 4411

—, Hydroxy-acetyl-, äthylester 10 4410

—, Hydroxy-acetyl-, hydroxyamid 10 4411

—, Hydroxy-acetyl-, methylester 10 4409

—, Hydroxy-äthoxy- 10 1937

—, Hydroxy-äthyl-dihydro-, methylester
10 3186

—, Hydroxy-allyl- 10 1190

—, Hydroxy-allyl-, methylester 10 1190

—, [Hydroxy-benzoyl]- 10 4484

Naphthoesäure, Hydroxy-benzyl-
  10 1317
—, Hydroxy-benzyl-dihydro-,
  methylester 10 3396
—, [Hydroxy-bis-(benzoyloxy-naphthyl)-
  methyl]- 10 2406
—, [Hydroxy-bis-(hydroxy-naphthyl)-
  methyl]- 10 2406
—, Hydroxy-butylsulfon- 10 1938
—, Hydroxy-chlormethyl- 10 1108
—, Hydroxy-chlormethyl-, äthylester
  10 1108
—, Hydroxy-chlormethyl-, methylester
  10 1108
—, Hydroxy-cinnamyl-, methylester
  10 1325
—, Hydroxy-[cyan-äthyl]-dihydro-,
  methylester 10 3981
—, Hydroxy-decahydro-, nitril 10 65
—, [Hydroxy-dibenzoyloxy-tetramethyl-
  benzhydryl]- 10 2404
—, Hydroxy-dihydro-, äthylester
  10 3166
—, Hydroxy-dihydro-, methylester
  10 3166
—, Hydroxy-dihydro-, nitril 10 3166
—, [Hydroxy-dimethoxy-benzoyl]- 10 4793
—, Hydroxy-dimethoxy-[brom-dimethoxy-
  phenyl]-, äthylester 10 2591
—, Hydroxy-dimethoxy-[dimethoxy-
  phenyl]-, äthylester 10 2591
—, Hydroxy-dimethoxy-[dimethoxy-phenyl]-
  formyl-dihydro-, äthylester
  10 4853
—, Hydroxy-dimethoxy-hydroxymethyl-
  [dimethoxy-phenyl]-tetrahydro-
  10 2615
—, Hydroxy-dimethyl-decahydro- 10 75
—, Hydroxy-[dinitro-phenylsulfon]-
  10 1935
—, Hydroxy-dioxo-dihydro-, äthylester
  10 4654
—, Hydroxy-formyl- 10 4405, 4406
—, Hydroxy-formyl-, methylester
  10 4405, 4406
—, Hydroxy-hexahydro- 10 2956
—, Hydroxy-[hydroxy-carboxy-phenyl]-
  10 2542
—, Hydroxyimino-methyl-decahydro-,
  äthylester 10 2935
—, Hydroxyimino-phenyl-tetrahydro-,
  äthylester 10 3389
—, Hydroxy-lauroyl- 10 4424
—, Hydroxy-lauroyl-, methylester
  10 4424
—, Hydroxy-methoxy- 10 1932, 1934,
  1936, 1937, 1939
—, Hydroxy-methoxy-, äthylester
  10 1933

Naphthoesäure, Hydroxy-methoxy-,
  methylester 10 1933, 1934, 1937
—, Hydroxy-methoxy-, nitril 10 1930
—, Hydroxy-methoxy-dihydro-,
  methylester 10 4341
—, Hydroxy-methoxy-[dimethoxy-phenyl]-
  10 2537, 2538
—, Hydroxy-methoxy-[dimethoxy-phenyl]-,
  methylester 10 2537, 2538
—, Hydroxy-methoxy-dimethyl-dihydro-,
  äthylester 10 4349
—, Hydroxy-methoxy-[methoxy-phenyl]-
  10 2394
—, Hydroxy-methoxy-[methoxy-phenyl]-,
  methylester 10 2395
—, Hydroxy-methoxy-methyl-,
  methylester 10 1941
—, Hydroxy-methoxy-methyl-äthyl-
  tetrahydro-, methylester 10 1868
—, Hydroxy-methoxy-methyl-dihydro-,
  methylester 10 4346
—, Hydroxy-methoxy-phenyl- 10 2010
—, Hydroxy-[methoxy-phenyl]- 10 2011
—, Hydroxy-methoxy-tetrahydro-,
  methylester 10 1862
—, Hydroxy-methyl- 10 1107, 1108,
  1109, 1110
—, Hydroxy-methyl-, äthylester 10 1108
—, Hydroxy-methyl-, methylester
  10 1108, 1109
—, Hydroxy-methyl-, nitril 10 1110
—, Hydroxy-methyl-äthyl-tetrahydro-
  10 916, 917
—, Hydroxy-methylcarbamoyl-,
  äthylester 10 2316
—, Hydroxy-methyl-dihydro-, äthylester
  10 3175
—, Hydroxy-methyl-dihydro-,
  methylester 10 3175
—, Hydroxy-methyl-isopropyl-dihydro-,
  äthylester 10 3200
—, Hydroxy-methylmercapto- 10 1938
—, Hydroxy-methyl-octahydro-,
  methylester 10 2937
—, Hydroxy-methylsulfon- 10 1938
—, [Hydroxy-naphthoyl]- 10 4500
—, [Hydroxy-naphthoyloxy]- 10 1089
—, Hydroxy-octahydro- 10 2922
—, Hydroxy-octahydro-, äthylester 10 2923
—, Hydroxy-oxo-decahydro-, äthylester
  10 4188
—, Hydroxy-[oxo-methyl-acetimidoyl]-
  10 4408
—, Hydroxy-oxo-methyl-octahydro-,
  äthylester 10 3531
—, Hydroxy-oxo-octahydro-, äthylester
  10 3529
—, Hydroxy-[oxy-methyl-acetimidoyl]-,
  äthylester 10 4410

Naphthoesäure, Hydroxy-[oxy-methyl-acetimidoyl]-, methylester **10** 4410
—, Hydroxy-palmitoyl- **10** 4424
—, Hydroxy-palmitoyl-, methylester **10** 4425
—, Hydroxy-phenoxymethyl- **10** 1941
—, Hydroxy-phenyl- **10** 1314
—, Hydroxy-phenyl-, äthylester **10** 1315
—, Hydroxy-phenyl-, methylester **10** 1315
—, Hydroxy-[phenyl-(hydroxy-naphthyl)-methyl]- **10** 2022
—, Hydroxy-propionyl- **10** 4415
—, Hydroxy-propyl- **10** 1120
—, Hydroxy-semicarbazono-decahydro-, äthylester **10** 4189
—, Hydroxy-semicarbazonomethyl-, methylester **10** 4405, 4406
—, Hydroxy-stearoyl- **10** 4425
—, Hydroxy-stearoyl-, methylester **10** 4425
—, Hydroxy-tetrahydro- **10** 884, 885, 886
—, Hydroxy-tetrahydro-, äthylester **10** 887
—, Hydroxy-tetrahydro-, amid **10** 887
—, Hydroxy-tetrahydro-, azid **10** 886
—, Hydroxy-tetrahydro-, diäthylamid **10** 887
—, Hydroxy-tetrahydro-, methylester **10** 885
—, Hydroxy-tetramethyl-decahydro- **10** 77
—, Hydroxy-tetramethyl-decahydro-, methylester **10** 77
—, Hydroxy-tetraoxo-methyl-tetrahydro- **10** 4814
—, Hydroxy-thiocyanato- **10** 1934
—, Hydroxy-trimethyl-dihydro-, methylester **10** 3194
—, Hydroxy-trimethyl-tetrahydro-, methylester **10** 918
—, Indanyl- **9** 3595
—, Isopropyl- **9** 3139, 3234
—, Isopropyl-, methylester **9** 3234
—, [Isopropyl-benzoyl]- **10** 3443, 3444
—, [Isopropyl-benzyl]- **9** 3569
—, Jod- **9** 3156, 3157, 3201, 3202
—, Jod-, äthylester **9** 3157, 3158, 3202, 3203
—, Jod-, amid **9** 3157, 3202, 3203
—, Jod-, azid **9** 3202
—, Jod-, chlorid **9** 3157, 3203
—, Jod-, hydrazid **9** 3202
—, Jod-, methylester **9** 3202, 3203
—, Jod-, nitril **9** 3156, 3203
—, Jod-hydroxy- **10** 1082
—, Jod-oxo-dimethyl-[oxo-methyl-pentyl]-decahydro- **10** 3536
—, Jod-trimethoxy-, methylester **10** 2287
—, Menthyloxy- **10** 1074

Naphthoesäure, Mercapto- **10** 1069, 1072, 1074, 1096
—, Mercapto-, amid **10** 1084
—, Methoxy- **10** 1067, 1069, 1071, 1072, 1073, 1096, 1098, 1101
—, Methoxy-, [acetyl-naphthylester] **10** 177, 188
—, Methoxy-, äthylester **10** 1073, 1086
—, Methoxy-, amid **10** 1071, 1078, 1090
—, Methoxy-, [amid-(diäthylamino-äthylimin)] **10** 1100
—, Methoxy-, benzylidenhydrazid **10** 1091
—, Methoxy-, chlorid **10** 1067, 1071, 1073, 1078
—, Methoxy-, [(diäthylamino-äthylamid)-imin] **10** 1100
—, Methoxy-, [dibutylamid-imin] **10** 1067
—, Methoxy-, hydrazid **10** 1090
—, Methoxy-, [hydroxy-methoxy-benzylidenhydrazid] **10** 1091
—, Methoxy-, methylester **10** 1067, 1071, 1101
—, Methoxy-, nitril **10** 1067, 1069, 1072, 1079, 1099
—, Methoxy-, [nitro-benzylidenhydrazid] **10** 1091
—, Methoxy-acetoxy-, nitril **10** 1931
—, Methoxy-acetyl- **10** 4408
—, Methoxy-acetyl-, methylester **10** 4410
—, Methoxy-äthoxy-[dimethoxy-phenyl]- **10** 2538
—, Methoxy-äthoxy-[dimethoxy-phenyl]-, methylester **10** 2538
—, [Methoxy-benzoyl]- **10** 4484
—, Methoxycarbonylmethoxy-, methylester **10** 1086
—, [Methoxycarbonyl-phenyl]- **9** 4672
—, [Methoxycarbonyl-phenyl]-, amid **9** 4672
—, [Methoxycarbonyl-phenyl]-, methylester **9** 4672
—, Methoxy-[carboxy-phenyl]- **10** 2398
—, Methoxy-[cyan-butyl]- **10** 2328
—, Methoxy-dihydro- **10** 991, 992
—, Methoxy-dihydro-, äthylester **10** 992
—, Methoxy-dihydro-, amid **10** 991
—, Methoxy-dihydro-, hydrazid **10** 992
—, Methoxy-dihydro-, nitril **10** 992
—, Methoxy-hydroxyimino-tetrahydro-, amid **10** 4342
—, Methoxy-[methoxycarbonyl-phenyl]-, methylester **10** 2398
—, Methoxy-[methoxy-carboxy-phenyl]- **10** 2542
—, Methoxy-[methoxy-methoxycarbonyl-phenyl]-, methylester **10** 2542
—, Methoxy-[methoxy-phenyl]- **10** 2010
—, Methoxy-methyl- **10** 1107, 1109
—, Methoxy-methyl-, äthylester **10** 1109

Naphthoesäure, Methoxy-methyl-,
methylester **10** 1108, 1109
—, Methoxy-methyl-äthyliden-tetrahydro-
10 1000
—, Methoxy-methyl-äthyliden-tetrahydro-,
methylester **10** 1000
—, Methoxy-methyl-äthyl-tetrahydro-
10 917
—, Methoxy-methyl-tetrahydro- **10** 898
—, Methoxy-methyl-tetrahydro-,
äthylester **10** 898
—, Methoxy-methyl-tetrahydro-,
methylester **10** 898
—, [Methoxy-naphthoyl]- **10** 4500
—, [Methoxy-naphthoyloxy]- **10** 1097
—, Methoxy-oxo-dimethyl-tetrahydro-,
äthylester **10** 4349
—, Methoxy-oxo-dimethyl-tetrahydro-,
methylester **10** 4349
—, Methoxy-oxo-methyl-tetrahydro-,
methylester **10** 4346, 4347
—, Methoxy-oxo-tetrahydro- **10** 4341
—, Methoxy-oxo-tetrahydro-, amid
10 4341
—, Methoxy-oxo-tetrahydro-,
methylester **10** 4341
—, [(Methoxy-phenyl)-äthyl]- **10** 1319
—, Methoxy-tetrahydro- **10** 884, 885,
886, 887
—, Methoxy-tetrahydro-, amid **10** 888
—, Methoxy-tetrahydro-, chlorid **10** 885,
887
—, Methoxy-tetrahydro-, methylester
10 885, 887
—, Methyl- **9** 3214, 3215, 3216, 3217
—, Methyl-, amid **9** 3215, 3216
—, Methyl-, chlorid **9** 3214, 3215
—, Methyl-, methylester **9** 3216
—, Methyl-, nitril **9** 3215, 3216, 3217
—, Methyl-äthyl-isopropyl-tetrahydro-
9 2898
—, Methyl-äthyl-isopropyl-tetrahydro-,
äthylester **9** 2898
—, Methyl-benzoyl- **10** 3436
—, [Methyl-benzyl]- **9** 3561, 3562
—, Methyl-carboxymethylen-tetrahydro-
9 4447
—, Methyl-decahydro- **9** 258
—, Methyl-dihydro- **9** 3082
—, Methyl-isopropyl- **9** 3244
—, [Methyl-isopropyl-cyclohexyloxy]-
10 1074
—, Methyl-isopropyl-tetrahydro- **9** 2888
—, Methyl-tetrahydro- **9** 2829
—, Methyl-tetrahydro-, äthylester
9 2829
—, Naphthoyl- **10** 3490, 3491
—, Naphthoyloxy- **10** 1069
—, Naphthoyloxy-, methylester **10** 1069

Naphthoesäure, Naphthyl- s. *Binaphthyl-
carbonsäure*
—, [Naphthyl-äthyl]- **9** 3659
—, Naphthylmethyl- **9** 3656
—, Nitro- **9** 3158, 3160, 3162, 3164,
3203, 3204
—, Nitro-, chlorid **9** 3159, 3162,
3164, 3204
—, Nitro-, [(diäthylamino-äthoxy)-
äthylester] **9** 3160, 3163
—, Nitro-, [diäthylamino-äthylamid]
9 3159, 3162
—, Nitro-, [diäthylamino-äthylester]
9 3158, 3160, 3163, 3164, 3204
—, Nitro-, [diäthylamino-dimethyl-
propylester] **9** 3161, 3204
—, Nitro-, [diäthylamino-
isopropylester] **9** 3161
—, Nitro-, [diäthylamino-propylamid]
9 3162
—, Nitro-, [diäthylamino-propylester]
9 3159, 3160, 3161, 3163, 3204
—, Nitro-, [(dibutylamino-äthoxy)-
äthylester] **9** 3160, 3163
—, Nitro-, [dibutylamino-äthylester]
9 3159, 3160, 3163
—, Nitro-, [dibutylamino-propylester]
9 3159, 3161, 3163
—, Nitro-, [dimethylamino-dimethyl-
propylester] **9** 3159, 3161
—, Nitro-, isopropylester **9** 3160
—, Nitro-, methylester **9** 3162, 3164
—, Nitro-, nitril **9** 3159, 3162, 3165
—, Nitro-, propylester **9** 3160
—, Nitro-hydroxy- **10** 1074, 1082, 1094,
1095, 1098
—, Nitro-hydroxy-, äthylester **10** 1083,
1094
—, Nitro-hydroxy-, amid **10** 1095, 1096
—, Nitro-hydroxy-, chlorid **10** 1083, 1095
—, Nitro-hydroxy-, methylester **10** 1083,
1095, 1096
—, Nitro-hydroxy-, phenylester **10** 1083,
1095
—, Nitro-hydroxy-, propylester **10** 1083
—, Nitro-hydroxy-äthoxy- **10** 1938
—, Nitro-hydroxy-äthyl- **10** 1115
—, Nitro-hydroxy-butyloxy- **10** 1938
—, Nitro-hydroxy-methoxy- **10** 1936, 1938
—, Nitro-hydroxy-methyl- **10** 1110
—, Nitro-methoxy- **10** 1067, 1073, 1082
—, Nitro-methoxy-, äthylester **10** 1083
—, Nitro-methoxy-, chlorid **10** 1084
—, Nitro-methoxy-, methylester **10** 1083
—, Nitro-methoxy-, phenylester **10** 1083
—, Nitro-[methoxycarbonyl-phenyl]-,
methylester **9** 4673
—, Nitro-methyl- **9** 3217
—, Nitro-[nitro-phenyl]- **9** 3551

Naphthoesäure, Nitro-oxo-tetrahydro-
10 3167
—, [Nitro-phenoxy]- 10 1085
—, Nitroso-hydroxy- 10 3607
—, Nitroso-hydroxy-, methylester
10 3607
—, Nitro-tetrahydro- 9 2796, 2797
—, Nitro-tetrahydro-, äthylester
9 2796, 2797
—, Nitro-tetrahydro-, amid 9 2797
—, Nitro-tetrahydro-, chlorid 9 2796, 2797
—, Nitro-tetrahydro-, [diäthylamino-
äthylester] 9 2796
—, Nitro-tetrahydro-, [diäthylamino-
propylester] 9 2796
—, Nitro-tetrahydro-, [dimethylamino-
äthylester] 9 2796
—, Nitro-tetrahydro-, methylester
9 2796, 2797
—, Nitro-tetrahydro-, nitril 9 2797
—, Octahydro- 9 317
—, Octahydro-, nitril 9 317
—, Oxo-äthyl-tetrahydro-, methylester
10 3186
—, Oxo-benzyl-tetrahydro-, methylester
10 3396
—, [Oxo-butyl]- 10 3275
—, [Oxo-carboxy-butenyl]- s. *Acrylsäure,*
[Carboxy-naphthyl]-acetyl-
—, Oxo-[cyan-äthyl]-tetrahydro-,
methylester 10 3981
—, Oxo-[cyan-propyl]-tetrahydro-,
äthylester 10 3194
—, Oxo-cyclopentyl-tetrahydro-,
methylester 10 3241
—, Oxo-decahydro- 10 2922
—, Oxo-decahydro-, äthylester 10 2923
—, Oxo-dimethyl-[oxo-butyl]-decahydro-,
methylester 10 4197
—, Oxo-dimethyl-[oxo-methyl-pentyl]-
decahydro- 10 3535
—, Oxo-dimethyl-tetrahydro-,
methylester 10 3186
—, Oxo-hydroxyimino-dihydro- 10 3607
—, Oxo-hydroxyimino-dihydro-,
methylester 10 3607
—, Oxo-methyl-äthyl-isopropyl-
tetrahydro-, äthylester 10 3210
—, Oxo-methyl-benzyl-tetrahydro-,
methylester 10 3402
—, Oxo-methyl-cyan-decahydro-,
äthylester 10 3936
—, Oxo-methyl-decahydro- 10 2935, 2936
—, Oxo-methyl-decahydro-, äthylester
10 2935, 2936
—, Oxo-methyl-decahydro-, methylester
10 2937
—, Oxo-methyl-isopropyl-octahydro-,
äthylester 10 2965

Naphthoesäure, Oxo-methyl-isopropyl-
tetrahydro-, äthylester 10 3200
—, Oxo-methyl-octahydro-, äthylester
10 2958, 2959
—, Oxo-methyl-tetrahydro- 10 3175, 3176
—, Oxo-methyl-tetrahydro-, äthylester
10 3175, 3176
—, Oxo-methyl-tetrahydro-, methylester
10 3175, 3176
—, Oxo-octahydro- 10 2956
—, Oxo-phenyl-tetrahydro- 10 3388, 3389
—, Oxo-phenyl-tetrahydro-, äthylester
10 3388, 3389
—, Oxo-tetrahydro- 10 3166, 3167
—, Oxo-tetrahydro-, äthylester 10 3166
—, Oxo-tetrahydro-, methylester 10 3166
—, Oxo-tetrahydro-, nitril 10 3166
—, Oxo-tetramethyl-decahydro-,
methylester 10 2951
—, Oxo-tetramethyl-tetrahydro-,
methylester 10 3201
—, Oxo-trimethyl-tetrahydro-,
methylester 10 3194
—, Phenanthrencarbonyl- 10 3506
—, Phenanthrylmethyl- 9 3686
—, Phenoxy- 10 1074, 1085
—, Phenyl- 9 3551
—, Phenyl-, nitril 9 3551
—, [Phenyl-äthyl]- 9 3560
—, Phenyl-dihydro- 9 3516, 3517
—, Phenylmercapto- 10 1075
—, Phenyl-phenylglyoxyloyl- 10 3678
—, Phenylsulfin- 10 1075
—, Phenyl-tetrahydro- 9 3472
—, Phenyl-tetrahydro-, äthylester 9 3472
—, Propyloxy- 10 1074
—, Semicarbazono-methyl-decahydro-
10 2935
—, Semicarbazono-methyl-decahydro-,
äthylester 10 2935
—, Semicarbazono-methyl-decahydro-,
methylester 10 2937
—, Semicarbazono-methyl-tetrahydro-
10 3176
—, Semicarbazono-phenyl-tetrahydro-
10 3389
—, Semicarbazono-tetrahydro- 10 3166
—, Tetrachlor-oxo-tetrahydro-,
äthylester 10 3167
—, Tetrahydro- 9 2794, 2801, 2802, 2805
—, Tetrahydro-, äthylester 9 2795,
2801, 2803
—, Tetrahydro-, amid 9 2795, 2802,
2803, 2805
—, Tetrahydro-, chlorid 9 7925, 2803, 2805
—, Tetrahydro-, [diäthylamino-
äthylester] 9 2795, 2801, 2803
—, Tetrahydro-, methylester 9 2801,
2803, 2805

Naphthoesäure, Tetrahydro-, nitril
9 2795, 2803
—, Tetramethoxy-dimethyl-, nitril
10 2478
—, [Tetramethyl-benzoyl]- 10 3445
—, Tetramethyl-decahydro- 9 273, 274
—, Tetramethyl-decahydro-, methylester
9 274
—, Tetramethyl-octahydro- 9 345
—, Thiocyanato-, nitril 10 1084
—, o-Toluoyl- 10 3434
—, o-Toluoyl-, methylester 10 3434
—, p-Toluoyl- 10 3436
—, m-Tolyl- 9 3557
—, p-Tolyl- 9 3557
—, [o-Tolyl-äthyl]- 9 3566
—, Triacetoxy- 10 2287
—, Tribrom-hydroxy- 10 1094
—, Trihydroxy- 10 2286, 2287
—, [Trihydroxy-benzhydryl]- 10 2403
—, Trihydroxy-dioxo-methyl-dihydro-
10 4810
—, Trihydroxy-methyl-isopropyl-
decahydro- 10 2045
—, [Trihydroxy-tetramethyl-benzhydryl]-
10 2404
—, Trimethoxy- 10 2287
—, Trimethoxy-, methylester 10 2287
—, [Trimethyl-benzoyl]- 10 3444
—, [Trimethyl-benzoyl]-, nitril 10 3444
—, Trimethyl-bis-carboxymethyl-
decahydro-, methylester 9 4779
—, Trimethyl-isopentyl-decahydro-
9 294
—, Trimethyl-octahydro- 9 343
—, Triphenyl- 9 3692
—, Triphenyl-, äthylester 9 3692
—, [3.5]Xylyl- 9 3562
Naphthoesäure-[acetyl-naphthylester]
9 3142, 3183
— [acetyl-phenylester] 9 3142, 3183
— äthylester 9 3139, 3177
— äthylidenhydrazid 9 3187
— amid 9 3145
— [amid-hydrazon] 9 3191
— [amid-imin] 9 3147, 3187
— amid-jodid 9 3146, 3186
— anhydrid 9 3184
— azid 9 3191
— benzylidenhydrazid 9 3189
— bornylester 9 3140, 3178
— [brom-äthylamid] 9 3145
— [brom-methyl-phenylester] 9 3179, 3180
— [brom-naphthylester] 9 3181, 3182
— [(brom-phenyl)-äthylidenhydrazid]
9 3189
— [brom-phenylester] 9 3178
— butylidenhydrazid 9 3188
— [chlor-äthyl-phenylester] 9 3140

Naphthoesäure-[chlor-butyl-phenylester]
9 3141
— [chlor-heptyl-phenylester] 9 3141
— [chlor-hexyl-phenylester] 9 3141
— chlorid 9 3145, 3185
— [chlor-methyl-phenylester] 9 3140
— [chlor-pentyl-phenylester] 9 3141
— [chlor-propyl-phenylester] 9 3141
— cholesterylester 9 3180
— [diäthylamino-äthylester] 9 3144
— [diäthylamino-propylester] 9 3144
— [dibutylamid-imin] 9 3147
— dodecylamid 9 3145
— ergosterylester 9 3182
— heptylidenhydrazid 9 3188
— hexylidenhydrazid 9 3188
— hydrazid 9 3147, 3187
— [hydrazid-imin] 9 3191
— [hydroxy-methyl-benzylidenhydrazid]
9 3190
— isobutylidenhydrazid 9 3188
— isomenthylester 9 3178
— isopropylidenhydrazid 9 3188
— [jodid-imin] 9 3146, 3186
— menthylester 9 3139, 3177
— [(methoxy-phenyl)-äthylidenhydrazid]
9 3190
— methylamid 9 3145, 3185
— methylester 9 3138, 3176
— [methyl-heptylidenhydrazid] 9 3188
— naphthylester 9 3181
— neomenthylester 9 3178
— nitril 9 3146, 3186
— [nitro-benzylidenhydrazid] 9 3189
— [nitro-methoxy-acetyl-phenylester]
9 3143
— [nitro-phenylester] 9 3140, 3179
— octadecylamid 9 3145
— pentylidenhydrazid 9 3188
— [phenyl-äthylidenhydrazid] 9 3189
— phenylester 9 3140, 3178
— propylidenhydrazid 9 3188
— 9.10-seco-ergostatetraenylester
9 3182
— stigmastenylester 9 3180
**Naphthoesäure-thionaphthoesäure-
anhydrid** 9 3170, 3205
Naphthoesäure-[p-tolyl-äthylidenhydrazid]
9 3189
— m-tolylester 9 3180
— o-tolylester 9 3179
— p-tolylester 9 3140, 3180
— vinylester 9 3139, 3177
Naphtho[1.2-b]furan, Dihydroxy-oxo-
hexahydro- 10 4346
—, Dihydroxy-oxo-trimethyl-hexahydro-
10 4355
—, Hydroxy-dioxo-methyl-hexahydro-
10 3593

Naphtho[1.2-*b*]furan, Hydroxy-dioxo-
trimethyl-dodecahydro- 10 3534
—, Hydroxy-dioxo-trimethyl-octahydro-
10 3558
—, Hydroxy-methoxy-oxo-hexahydro-
10 4346
—, Hydroxy-methoxy-oxo-methyl-
hexahydro- 10 4348
—, Hydroxy-methoxy-oxo-trimethyl-
hexahydro- 10 4355
—, Hydroxy-oxo-äthyl-hexahydro-
10 3194
—, Hydroxy-oxo-hexahydro- 10 3174
—, Hydroxy-oxo-methyl-hexahydro-
10 3185
—, Hydroxy-oxo-phenyl-hexahydro-
10 3394, 3396
Naphtho[1.2-*c*]furan, Hydroxy-oxo-[chlor-
phenyl]-dihydro- 10 3430, 3431
—, Hydroxy-oxo-[dimethyl-phenyl]-
dihydro- 10 3438
—, Hydroxy-oxo-[isopropyl-phenyl]-
dihydro- 10 3443, 3444
—, Hydroxy-oxo-naphthyl-dihydro-
10 3490, 3491
—, Hydroxy-oxo-phenanthryl-dihydro-
10 3506
—, Hydroxy-oxo-phenyl-dihydro-
10 3429, 3430
—, Hydroxy-oxo-[tetramethyl-phenyl]-
dihydro- 10 3445
—, Hydroxy-oxo-*o*-tolyl-dihydro- 10 3434
—, Hydroxy-oxo-*p*-tolyl-dihydro-
10 3436
—, Hydroxy-oxo-[trimethyl-phenyl]-
dihydro- 10 3444
Naphtho[2.1-*c*]furan, Hydroxy-oxo-
[methoxy-phenyl]-dihydro-
10 4484
Naphtho[2.3-*c*]furan, Hydroxy-oxo-[chlor-
phenyl]-dihydro- 10 3433
—, Hydroxy-oxo-[hydroxy-dimethoxy-
phenyl]-dihydro- 10 4793
—, Hydroxy-oxo-[hydroxy-naphthyl]-
dihydro- 10 4500
—, Hydroxy-oxo-[isopropyl-phenyl]-
dihydro- 10 3444
—, Hydroxy-oxo-[methoxy-phenyl]-
dihydro- 10 4484
—, Hydroxy-oxo-naphthyl-dihydro-
10 3491
—, Hydroxy-oxo-phenyl-dihydro- 10 3432
—, Hydroxy-oxo-*p*-tolyl-dihydro-
10 3436
Naphtho[1.2-*b*]furan-carbonsäure,
Hydroxy-oxo-hexahydro- 10 3980
Naphtho[2.1-*b*]furan-carbonsäure,
Hydroxy-oxo-dimethyl-dodecahydro-.
methylester 10 3939

Naphtho[2.3-*b*]furan-carbonsäure,
Hydroxy-oxo-dodecahydro- 10 3936
Naphtho[1.2-*c*]furan-dicarbonsäure,
Hydroxy-oxo-methyl-dihydro-
10 4139
Naphthohydrazid 9 3147, 3187
Naphthohydroxamsäure, Hydroxy-acetyl-
10 4411
Naphtho[2.1-*f*]isochromen, Hydroxy-oxo-
methyl-tetrahydro- 10 3399
Naphthol, Dichlor-benzoyloxy- 9 611
**Naphtho[2.1.8.7-*defg*]naphthacen-
carbonsäure,** Oxo- 10 3504
—, Oxo-, methylester 10 3504
Naphthonitril 9 3146, 3186
—, Acetoxy- 10 1069, 1079, 1099
—, Äthyl- 9 3222
—, Benzoyl- 10 3431
—, Brom- 9 3196, 3198, 3199
—, Brom-dimethoxy-oxo-äthyl-tetrahydro-
10 4610
—, Brom-methoxy- 10 1093
—, Chlor- 9 3148, 3150, 3152, 3192, 3193
—, Chlor-methoxy- 10 1092
—, Dihydroxy- 10 1931
—, Dimethoxy- 10 1930, 1931
—, Dimethoxy-methylen-di- 10 2547
—, Dimethoxy-oxo-[äthoxy-äthyl]-
tetrahydro- 10 4745
—, Dimethoxy-oxo-äthyl-dihydro- 10 4633
—, Dimethoxy-oxo-äthyl-tetrahydro-
10 4609
—, Dimethoxy-oxo-hydroxyimino-[äthoxy-
äthyl]-tetrahydro- 10 4807
—, Dimethyl- 9 3226, 3227, 3228
—, Dinaphthyl- 9 3695
—, Dioxo-dihydro- 10 3606
—, Hydroxy- 10 1068, 1069, 1073, 1078,
1090, 1099
—, Hydroxy-decahydro- 10 65
—, Hydroxy-methoxy- 10 1930
—, Hydroxy-methyl- 10 1110
—, Jod- 9 3156, 3203
—, Methoxy- 10 1067, 1069, 1072, 1079,
1099
—, Methoxy-acetoxy- 10 1931
—, Methoxy-dihydro- 10 992
—, Methyl- 9 3215, 3216, 3217
—, Nitro- 9 3159, 3162, 3165
—, Nitro-tetrahydro- 9 2797
—, Octahydro- 9 317
—, Oxo-tetrahydro- 10 3166
—, Pentandiyldioxy-di- 10 1070, 1099
—, Phenyl- 9 3551
—, Propandiyldioxy-di- 10 1099
—, Tetrahydro- 9 2795, 2803
—, Tetramethoxy-dimethyl- 10 2478
—, Thiocyanato- 10 1084
—, [Trimethyl-benzoyl]- 10 3444

Naphtho[2.3-c]pentaphen-dicarbonsäure,
    Diacetoxy-dihydro- 10 2553
—, Dihydroxy-dihydro- 10 4101
—, Dioxo-hexahydro- 10 4101
—, Hexaoxo-hexahydro- 10 4176
Naphthothiosäure s. *Thionaphthoesäure*
Naphthoylazid 9 3191
—, Brom- 9 3199
—, Dibrom- 9 3201
—, Dichlor- 9 3195
—, Diphenyl- 9 3666
—, Hydroxy-tetrahydro- 10 886
—, Jod- 9 3202
Naphthoylchlorid 9 3145, 3185
—, Acetoxy- 10 1071, 1078, 1089, 1097,
    1099
—, Acetoxy-tetrahydro- 10 887
—, Äthoxy- 10 1099
—, Äthyl- 9 3222
—, Benzoyl- 10 3432
—, Brom- 9 3154, 3198
—, Brom-hydroxy- 10 1082, 1093
—, Brom-methoxy- 10 1082
—, Chlor- 9 3149, 3150, 3151, 3193
—, Chlor-hydroxy- 10 1080
—, Chlor-methoxy- 10 1080
—, Decahydro- 9 234
—, Diacetoxy- 10 1934
—, Dibrom- 9 3200
—, Dichlor- 9 3194
—, Dihydro- 9 3075
—, Dimethoxy- 10 1938
—, Dimethoxy-[dimethoxy-phenyl]-
    10 2539
—, Dimethyl- 9 3227
—, Diphenyl- 9 3666
—, Hydroxy- 10 1078, 1089
—, Jod- 9 3157, 3203
—, Methoxy- 10 1067, 1071, 1073, 1078
—, Methoxy-tetrahydro- 10 885, 887
—, Methyl- 9 3214, 3215
—, Nitro- 9 3159, 3162, 3164, 3204
—, Nitro-hydroxy- 10 1083, 1095
—, Nitro-methoxy- 10 1084
—, Nitro-tetrahydro- 9 2796, 2797
—, Tetrahydro- 9 2795, 2803, 2805
Naphthoylhydroperoxid 9 3144, 3185
Naphthoylhypojodit 9 3145
Naphthylbenzoat 9 491, 492
Necaron 10 2166
Nemoxynsäure 10 2137
—, Bis-äthoxycarbonyl- 10 2138
Nemoxynsäure-methylester 10 2139
Neoabietinsäure 9 2910
—, Dihydro- 9 2637
Neocarvomenthol, [Carboxy-benzoyl]-
    9 4134
—, [Dinitro-benzoyl]- 9 1814
—, [Nitro-benzoyl]- 9 1560

Neocarvomenthol, [Phenyl-crotonoyl]-
    9 2759
Neodihydrocarveol, [Dinitro-benzoyl]-
    9 1829
—, [Nitro-benzoyl]- 9 1570
A:B-Neo-C.27-dinor-ursensäure, Hydroxy-
    10 1031
Neoergosterin, Benzoyl- 9 515
—, [Dinitro-benzoyl]- 9 1887
Neohalbtruxinonsäure 10 3409
Neoisocarvomenthol, [Dinitro-benzoyl]-
    9 1814
—, [Nitro-benzoyl]- 9 1560
Neoisoisopulegol, [Dinitro-benzoyl]-
    9 1830
Neoisomenthol, [Carboxy-benzoyl]-
    9 4135
—, [Dinitro-benzoyl]- 9 1815
—, [Nitro-benzoyl]- 9 1561
Neoisopinocampheol, [Carboxy-benzoyl]-
    9 4148
Neoisopulegol, [Dinitro-benzoyl]-
    9 1830
Neoisoverbanol, [Nitro-benzoyl]- 9 1573,
    10 4889
Neolithobiliansäure 9 4786
Neomenthol, Benzoyl- 9 408
—, [Dinitro-benzoyl]- 9 1816
—, Naphthoyl- 9 3178
—, [Nitro-benzoyl]- 9 1562
A:B-Neo-27-nor-ursadiensäure 9 3264
A:B-Neo-C-nor-ursandisäure, Hydroxy-
    10 2280
A-Neo-oleanadiensäure 9 3265
A-Neo-oleanadiensäure-methylester
    9 3266
Neopentylbenzoat 9 398
Neopinocampheol, [Carboxy-benzoyl]-
    9 4148
Neospongosterol, Benzoyl- 9 469
Neotruxinsäure-äthylester 9 4623
— amid 9 4624
— amid-äthylester 9 4624, 4625
— amid-methylester 9 4624
— diamid 9 4625
— dichlorid 9 4623
— dimethylester 9 4622
— methylester 9 4621
A-Neo-ursadiendisäure-dimethylester
    9 4493
A:B-Neo-ursadiendisäure 9 4493
A-Neo-ursadiensäure 9 3266
A-Neo-ursadiensäure-methylester
    9 3266, 3267
A-Neo-ursensäure 9 3135
A-Neo-ursensäure-methylester 9 3135
Nepetalinsäure 9 3872
Nepetalsäure 10 2862
Nepetalsäure-methylester 10 2863

Nepetalsäure-methylester-semicarbazon
   10 2863
— semicarbazon 10 2862
Nepetonsäure 10 2846
Nepetsäure 9 3825
Neurosporaxanthin 9 3617
Nicousäure 10 2433
—, Methyl-, trimethylester 10 2434
Nicousäure-trimethylester 10 2434
Nipasol 10 306
[Nitro-benzoesäure]-äthylxanthogensäure-anhydrid 9 1993
[Nitro-benzoesäure]-[dithiokohlensäure-äthylester]-anhydrid 9 1993
Nitro-benzoesäure-[(nitro-benzoyloxy)-lupensäure]-anhydrid 10 1061
Nonadecanol, Methyl-[bis-(brom-benzoyloxy)-trimethyl-phenyl]-
   9 1413
Nonadecansäure, Benzoyl-
   s. a. *Propionsäure, Oxo-heptadecyl-phenyl-*
—, p-Toluoyl- s. *Propionsäure,*
   Oxo-heptadecyl-p-tolyl-
—, [Trimethoxy-benzoyl]-, äthylester
   10 4738
Nonadien, Benzoyloxy- 9 411
Nonan, Benzamino- 9 1075
—, Bis-[benzoyloxy-phenyl]- 9 632
—, [Dinitro-benzoyloxy]-methyl-
   9 1794, 1795
Nonanal-[dinitro-benzoylhydrazon]
   9 1947
— [dinitro-methyl-benzoylhydrazon]
   9 2373
— [jod-benzoylhydrazon] 9 1448
— [nitro-benzoylhydrazon] 9 1483,
   1526, 1753
Nonanamid, Benzamino- 9 1165
Nonandisäure, Oxo-[carboxy-äthyl]-
   diphenyl- 10 4142
Nonannitril, [Hydroxy-dioxo-dihydro-naphthyl]- 10 4662
—, [Triacetoxy-naphthyl]- 10 2303
Nonanol, Benzamino- 9 1086
—, Benzamino-heptyl- 9 1087
—, [Nitro-benzaminomethyl]- 9 1724
Nonanon, [Benzoyloxy-phenyl]- 9 735
Nonansäure, Acetamino-benzamino-
   9 1243
—, [Acetoxy-dioxo-dihydro-naphthyl]-
   10 4662
—, Benzamino- 9 1164
—, Benzamino-, amid 9 1165
—, Benzyl- s. *Propionsäure, Heptyl-phenyl-*
—, Cyclohexyl- 9 127
—, Cyclopentenyl- 9 265
—, Cyclopentyl- 9 127

Nonansäure, Cyclopropylmethyl- 9 125
—, Dimethyl-[trimethyl-cyclohexyl]-,
   methylester 9 138
—, [Dioxo-methyl-dihydro-naphthyl]-
   10 3611
—, [Dioxo-methyl-dihydro-naphthyl]-,
   äthylester 10 3612
—, [Hydroxy-dioxo-dihydro-naphthyl]-
   10 4662
—, [Hydroxy-dioxo-dihydro-naphthyl]-,
   äthylester 10 4662
—, [Hydroxy-dioxo-dihydro-naphthyl]-,
   methylester 10 4662
—, [Hydroxy-dioxo-dihydro-naphthyl]-,
   nitril 10 4662
—, Hydroxy-[methoxy-phenyl]- 10 1588
—, Hydroxy-[methoxy-phenyl]-,
   äthylester 10 1588
—, Hydroxy-phenyl- 10 657
—, Methyl-[cyclohexyl-äthyl]- 9 133
—, Methyl-[cyclohexyl-äthyl]-,
   äthylester 9 133
—, Methyl-phenacyl- 10 3116
—, Oxo-[hydroxy-dioxo-dihydro-naphthyl]-
   10 4776
—, Oxo-[hydroxy-dioxo-dihydro-naphthyl]-,
   methylester 10 4776
—, Phenacyl- s. *Valeriansäure,*
   Oxo-hexyl-phenyl-
—, Phenyl- 9 2610
—, Phenyl-cyan-, äthylester 9 4356
—, Tetraphenyl- 9 3682
—, [Triacetoxy-naphthyl]- 10 2303
—, [Triacetoxy-naphthyl]-, äthylester
   10 2303
—, [Triacetoxy-naphthyl]-, nitril 10 2303
—, Trimethyl-[hydroxy-oxo-dimethyl-tetradecahydro-phenanthryl]-,
   methylester 10 4202
Nonatetraen, Benzoyloxy-dimethyl-
   [trimethyl-cyclohexenyl]- 9 475
—, [Dioxo-dihydro-anthracencarbonyloxy]-
   dimethyl-[trimethyl-cyclohexenyl]-
   10 3644
—, Naphthoyloxy-dimethyl-[trimethyl-cyclohexenyl]- 9 3181
Nonatetraennitril, Phenyl- 9 3333
Nonatetraensäure, Dimethyl-[trimethyl-cyclohexenyl]- 9 3118
—, Dimethyl-[trimethyl-cyclohexenyl]-,
   äthylester 9 3119
—, Dimethyl-[trimethyl-cyclohexenyl]-,
   methylester 9 3118
—, Phenyl-, nitril 9 3333
—, Phenyl-cyan- 9 4529
—, Phenyl-cyan-, methylester 9 4529
Nonatrienin, [Dioxo-dihydro-anthracencarbonyloxy]-dimethyl-cyclohexenyl- 10 3644

Nonatrieninsäure, Dimethyl-cyclohexenyl-
 9 3251
—, Dimethyl-[dimethyl-cyclohexenyl]-
 9 3260
—, Dimethyl-[methyl-cyclohexenyl]-
 9 3257
—, Methyl-cyclohexenyl- **9** 3246
Nonatrienol, Benzoyloxy-dimethyl-
 [trimethyl-cyclohexenyl]- **9** 592
Nonatriensäure, Dimethyl-[trimethyl-
 cyclohexenyliden]-, äthylester
 9 3119
—, Hydroxy-dimethyl-[trimethyl-
 cyclohexenyl]-, äthylester **10** 929
—, Hydroxy-dimethyl-[trimethyl-
 cyclohexenyl]-, methylester
 10 928, 929
Nonen, Benzoyloxy- **9** 407
—, [Dinitro-benzoyloxy]-propyl- **9** 1857
—, [Nitro-benzoyloxy]- **9** 1558
Nonenin, [Dinitro-benzoyloxy]-methyl-
 9 1840
Nonensäure, [Methoxy-phenyl]- **10** 918
—, [Methoxy-phenyl]-, anilid **10** 918
—, Phenyl- **9** 2878
Nopinsäure 10 59
20-Nor-abietansäure, Dihydroxy-methyl-
 10 1361
—, Hydroxy-methyl- **10** 85
20-Nor-abietensäure, Methyl- **9** 2640, 2641
Noragathensäure, Tetrahydro- **9** 294
Noragathensäure-methylester **9** 2634
Norallocholansäure 9 2653
Norallohyodesoxycholsäure 10 1622
Norbarbatinsäure 10 1542
Norbarbatinsäure-methylester **10** 1542
Norbornadien-carbonsäure 9 2381
Norbornadien-dicarbamid 9 4276
Norbornadien-dicarbonitril 9 4276
—, Benzhydryliden- **9** 4699
Norbornadien-dicarbonsäure 9 4275
—, Benzhydryliden-, dinitril **9** 4699
—, Benzyl- **9** 4549
—, Diphenyl-, dimethylester **9** 4689
—, Hydroxy-pentaphenyl-, dimethylester
 10 2406
—, Trimethyl- **9** 4328
—, Trimethyl-, diäthylester **9** 4328
—, Trimethyl-, dimethylester **9** 4328
Norbornadien-dicarbonsäure-diamid
 9 4276
— dimethylester **9** 4275
— dinitril **9** 4276
Norbornadien-tricarbonsäure, Trimethyl-,
 trimethylester **9** 4811
Norbornan, Benzoylmercapto-trimethyl-
 9 1964
—, Benzoyloxy- **9** 411
—, Benzoyloxyimino-trimethyl- **9** 1278, 1279

Norbornan, Benzoyloxy-phenyl-
 9 474
—, Benzoyloxy-trimethyl- **9** 413
—, Bis-[nitro-benzoyloxy]-trimethyl-
 9 1636
—, Brom-benzoyloxy-trimethyl- **9** 413
—, [Chlor-äthoxy]-benzoyloxymethyl-
 9 414
—, Cinnamoyloxy-trimethyl- **9** 2689
—, Dibenzoyloxy-trimethyl- **9** 548
—, [Dinitro-benzoyloxy]-dimethyl-
 9 1825
—, [Dinitro-benzoyloxy]-trimethyl-
 9 1832, 1833, 1834, 1835
—, Naphthoyloxy-trimethyl- **9** 3140, 3178
—, [Nitro-benzoyloxy]-dimethyl- **9** 1568
—, [Nitro-benzoyloxy]-dimethyl-
 methylen- **9** 1579
—, [Nitro-benzoyloxy]-pentamethyl-
 9 1576
—, [Nitro-benzoyloxy]-trimethyl-
 9 1471, 1496, 1573, 1574
—, [Nitro-benzoyloxy]-trimethyl-
 benzhydryl- **9** 1617
—, [Phenyl-*p*-tolyl-acetoxy]-trimethyl-
 9 3345
—, [(Thio-cyanato-äthoxy)-äthoxy]-
 benzoyloxymethyl- **9** 414
—, [Triphenyl-propionyloxy]-trimethyl-
 9 3601
Norbornan-carbamid 9 177
—, Chlor-trimethyl- **9** 243, 247
—, Dimethyl- **9** 220, 223
—, Dimethyl-methylen- **9** 322, 323
—, Hydroxy-dimethyl-methylen- **10** 79
—, Hydroxy-oxo-trimethyl- **10** 4190
—, Hydroxy-trimethyl- **10** 68
—, Methyl- **9** 188
—, Oxo-dimethyl- **10** 2912
—, Oxo-trimethyl- **10** 2932
—, Trimethyl- **9** 237, 238, 243, 248
Norbornan-carbonitril, Brom-hydroxy-
 dimethyl- **10** 60
—, Brom-trimethyl- **9** 239
—, Dimethyl- **9** 223
—, Dimethyl-methylen- **9** 324
—, Dimethyl-nitromethyl- **9** 248
—, Hydroxy-trimethyl- **10** 67
—, Oxo-tetramethyl- **10** 2940
—, Oxo-trimethyl- **10** 2929
Norbornan-carbonsäure 9 175
—, Acetoxy-dimethyl- **10** 60, 62
—, Acetoxy-dimethyl-, amid **10** 60
—, Acetoxy-dimethyl-, anhydrid **10** 63
—, Acetoxy-dimethyl-, chlorid **10** 60, 63
—, Acetoxy-dimethyl-, methylester
 10 62
—, Acetoxymercuriooxy-dimethyl- **10** 62
—, Acetoxy-oxo-trimethyl- **10** 4190

Norbornan-carbonsäure, Acetoxy-trimethyl-
10 69, 70
—, [Äthyl-benzoyl]- 10 3243
—, Benzoyl- 10 3237
—, Biphenylcarbonyl- 10 3421
—, Brom-dioxo-trimethyl- 10 3530
—, Brom-oxo-trimethyl- 10 2929
—, Brom-oxo-trimethyl-, bromid 10 2930
—, Brom-trimethyl- 9 238, 239, 247, 249
—, Brom-trimethyl-, nitril 9 239
—, Carbamoyl- 9 3973
—, Chlor-dimethyl- 9 221
—, Chlor-trimethyl- 9 237, 243, 244, 247
—, Chlor-trimethyl-, amid 9 243, 247
—, Dimethyl- 9 220, 221, 222
—, Dimethyl-, amid 9 220, 223
—, Dimethyl-, chlorid 9 222
—, Dimethyl-, methylester 9 221
—, Dimethyl-, nitril 9 223
—, Dimethyl-methylen- 9 321, 322, 327
—, Dimethyl-methylen-, amid 9 322, 323
—, Dimethyl-methylen-, chlorid 9 323
—, Dimethyl-methylen-, nitril 9 324
—, Dimethyl-nitromethyl-, nitril 9 248
—, Dioxo- 10 3527
—, Dioxo-, methylester 10 3527
—, Dioxo-dimethyl- 10 3528
—, Dioxo-trimethyl- 10 3530
—, Disemicarbazono-, methylester
10 3527
—, Fluormethyl-, methylester 9 189
—, Hydrazono-dimethyl- 10 2915
—, Hydroxy-dimethyl- 10 60, 61, 63
—, Hydroxy-dimethyl-, methylester
10 62, 64
—, Hydroxy-dimethyl-methylen-, amid
10 79
—, Hydroxy-hydroxymethyl- 9 314
—, Hydroxyimino-dimethyl- 10 2912
—, Hydroxyimino-trimethyl-,
cholesterylester 10 2928
—, Hydroxy-oxo-trimethyl- 10 4189, 4190
—, Hydroxy-oxo-trimethyl-, amid 10 4190
—, Hydroxy-oxo-trimethyl-, methylester
10 4189
—, Hydroxy-semicarbazono-trimethyl-
10 4190
—, Hydroxy-trimethyl- 10 67, 68, 69,
70, 71
—, Hydroxy-trimethyl-, amid 10 68
—, Hydroxy-trimethyl-, methylester
10 67
—, Hydroxy-trimethyl-, nitril 10 67
—, Methyl- 9 188
—, Methyl-, amid 9 188
—, Methyl-, chlorid 9 188
—, Methyl-methylen- 9 313
—, Methyl-methylen-, methylester
9 314

Norbornan-carbonsäure, Nitryloxy-
dimethyl- 10 60
—, Oxo-, äthylester 10 2899
—, Oxo-dimethyl- 10 2912, 2913, 2914,
2917
—, Oxo-dimethyl-, äthylester 10 2913
—, Oxo-dimethyl-, amid 10 2912
—, Oxo-dimethyl-, chlorid 10 2912, 2917
—, Oxo-dimethyl-, methylester 10 2913,
2916
—, Oxo-dimethyl-, [(oxo-dimethyl-
norbornyl)-methylester] 10 2914
—, Oxo-hydrazono-dimethyl- 10 3528
—, Oxo-tetramethyl- 10 2940
—, Oxo-tetramethyl-, äthylester
10 2940
—, Oxo-tetramethyl-, methylester
10 2941
—, Oxo-tetramethyl-, nitril 10 2940
—, Oxo-trimethyl- 10 2925, 2931
—, Oxo-trimethyl-, äthylester 10 2925, 2927
—, Oxo-trimethyl-, amid 10 2932
—, Oxo-trimethyl-, butylester 10 2928
—, Oxo-trimethyl-, chlorid 10 2928
—, Oxo-trimethyl-, cholesterylester
10 2928
—, Oxo-trimethyl-, hexylester 10 2928
—, Oxo-trimethyl-, methylester 10 2925,
2927
—, Oxo-trimethyl-, nitril 10 2929
—, Oxo-trimethyl-[cyan-äthyl]-,
äthylester 10 3939
—, Phenylhydrazono-trimethyl-,
cholesterylester 10 2928
—, Semicarbazono-dimethyl- 10 2915
—, Semicarbazono-dimethyl-,
methylester 10 2913, 2916
—, Semicarbazono-trimethyl- 10 2927
—, Thioxo-trimethyl- 10 2930
—, Thioxo-trimethyl-, methylester
10 2930
—, p-Toluoyl- 10 3241
—, p-Toluoyl-, äthylester 10 3241
—, Trimethyl- 9 238, 239, 244, 248
—, Trimethyl-, äthylester 9 241
—, Trimethyl-, amid 9 237, 238,
243, 248
—, Trimethyl-, anhydrid 9 242, 248
—, Trimethyl-, benzhydrylester 9 242
—, Trimethyl-, chlorid 9 237, 242
—, Trimethyl-, methylester 9 240
—, Trimethyl-, [nitro-benzylester]
9 241
—, Trimethyl-,
[oxo-bornylidenmethylester] 9 246
—, Trimethyl-, [oxo-trimethyl-
norbornylidenmethylester] 9 246
—, Trimethyl-, [oxo-trimethyl-
norbornylmethylester] 9 244

Norbornan-carbonsäure-amid **9** 177
— chlorid **9** 176
— methylester **9** 176
Norbornan-carbonylbromid, Brom-oxo-
trimethyl- **10** 2930
Norbornan-carbonylchlorid 9 176
—, Acetoxy-dimethyl- **10** 63
—, Dimethyl- **9** 222
—, Dimethyl-methylen- **9** 323
—, Methyl- **9** 188
—, Oxo-dimethyl- **10** 2912, 2917
—, Oxo-trimethyl- **10** 2928
—, Trimethyl- **9** 237, 242
Norbornan-dicarbonitril 9 3973
—, Dichlor- **9** 3973
Norbornan-dicarbonsäure 9 3970
—, Benzyl- **9** 4452
—, Brom-hydroxy- **10** 2048
—, Brom-[hydroxy-cyclohexyl]- **10** 2143
—, Cyclohexyliden- **9** 4353
—, Cyclohexyliden-, äthylester **9** 4354
—, Cyclohexyliden-, dimethylester **9** 4354
—, Cyclohexyliden-, methylester **9** 4353
—, Cyclohexylmethyl- **9** 4079
—, Diacetoxy- **10** 2415
—, Dibrom- **9** 3973
—, Dicarboxymethyl- s. *Malonsäure,*
[Dicarboxy-norbornyl]-
—, Dichlor-, dinitril **9** 3973
—, Dihydroxy- **10** 2415
—, Dihydroxy-benzyl- **10** 2479
—, Dimethyl- **9** 4003
—, Dimethyl-, dimethylester **9** 4003
—, Dioxo-, diäthylester **10** 4054
—, Hydroxy- **10** 2048
—, Hydroxy-acetoxy- **10** 3927
—, Hydroxyimino- **10** 3927
—, Hydroxyimino-, dimethylester **10** 3927
—, Oxo- **10** 3926
—, Oxo-, dimethylester **10** 3927
—, Semicarbazono-, dimethylester **10** 3927
—, Trimethyl- **9** 4011
Norbornan-dicarbonsäure-amid **9** 3973
— bis-[äthyl-hexylester] **9** 3972
— dichlorid **9** 3972
— dihydrazid **9** 3973
— dimethylester **9** 3971
— dinitril **9** 3973
— methylester **9** 3971
Norbornan-dicarbonylchlorid 9 3972
Norbornan-dithiocarbonsäure,
Oxo-trimethyl- **10** 2930
—, Oxo-trimethyl-, methylester **10** 2931
—, Semicarbazono-trimethyl- **10** 2931
—, Thioxo-trimethyl- **10** 2931
—, Thioxo-trimethyl-, methylester
10 2931
Norbornanol, [Nitro-benzoyloxy]-
trimethyl- **9** 1635

Norbornanon, Dimethyl-
benzoyloxymethylen- **9** 727
—, [Dinitro-benzoyloxy]-trimethyl-
9 1924, 1925
—, [Nitro-benzoyloxy]-pentamethyl-
9 1673
—, [Nitro-benzoyloxy]-trimethyl-
9 1673
—, Tetramethyl-benzoyloxymethylen-
9 728
—, Trimethyl-, [benzoyl-oxim] **9** 1278, 1279
—, Trimethyl-, [dinitro-methyl-
benzoylhydrazon] **9** 2374
—, Trimethyl-, [jod-benzoylhydrazon]
9 1440, 1449
—, Trimethyl-, [nitro-dimethyl-
benzoylhydrazon] **9** 2448
—, Trimethyl-, [nitro-methyl-
benzoylhydrazon] **9** 2365
—, Trimethyl-[benzoyloxy-benzyliden]-
9 756
—, Trimethyl-benzoyloxymethyl- **9** 726
—, Trimethyl-benzoyloxymethylen- **9** 727
—, Trimethyl-[benzoyloxy-phenyl]-
9 751
Norbornen, Benzoylmercapto-trimethyl-
9 1964
—, Benzoyloxymethyl- **9** 414
—, Benzoyloxy-trimethyl-benzhydryl-
9 524
—, Nitroso-benzoylmercapto-trimethyl-
9 1964
Norbornen-carbamid, Methyl- **9** 303, 304
Norbornen-carbohydrazid, Trimethyl-
9 327
Norbornen-carbonitril 9 300
—, Hexachlor- **9** 300
—, Hydroxy-trimethyl- **10** 2929
—, Isopropyliden- **9** 2536
Norbornen-carbonsäure 9 299
—, Acetoxy-trimethyl-, methylester **10** 80
—, Carbamoyl- **9** 4049
—, Carboxymethyl- s. *Essigsäure,*
[Carboxy-norbornyl]-
—, Dimethyl- **9** 313
—, Fluormethyl-, methylester **9** 304
—, Hexachlor-, nitril **9** 300
—, Hydroxy-dimethyl- **10** 2912
—, Hydroxy-dimethyl-, äthylester
10 2913
—, Hydroxy-oxo-trimethyl- **10** 3530
—, Hydroxy-tetramethyl- **10** 2940
—, Hydroxy-tetramethyl-, äthylester
10 2940
—, Hydroxy-trimethyl- **10** 80, 2925
—, Hydroxy-trimethyl-, äthylester
10 2925, 2927
—, Hydroxy-trimethyl-, butylester
10 2928

Norbornen-carbonsäure Hydroxy-
trimethyl-, chlorid 10 2928
—, Hydroxy-trimethyl-,
cholesterylester 10 2928
—, Hydroxy-trimethyl-, hexylester
10 2928
—, Hydroxy-trimethyl-, methylester
10 2925, 2927
—, Isopropyliden-, nitril 9 2536
—, Mercapto-trimethyl- 10 2930
—, Mercapto-trimethyl-, methylester
10 2930
—, Methyl- 9 302, 303
—, Methyl-, amid 9 303, 304
—, Methyl-, methylester 9 303
—, Oxo-dimethyl-äthyl-diphenyl- 10 3446
—, Oxo-dimethyl-diphenyl-, methylester
10 3445
—, Oxo-trimethyl-, methylester 10 2957
—, Semicarbazono-trimethyl-,
methylester 10 2957
—, Trimethyl- 9 324
—, Trimethyl-, anhydrid 9 324
—, Trimethyl-, chlorid 9 324, 327
—, Trimethyl-, hydrazid 9 327
—, Trimethyl-, methylester 9 325
—, Trimethyl-,
[oxo-bornylidenmethylester] 9 326
—, Trimethyl-, [oxo-trimethyl-
norbornylidenmethylester] 9 326
—, Trimethyl-, [oxo-trimethyl-
norbornylmethylester] 9 325
Norbornen-carbonsäure-äthylester 9 300
— methylester 9 299
— nitril 9 300
Norbornen-carbonylchlorid, Trimethyl-
9 324, 327
Norbornen-dicarbamid 9 4049
Norbornen-dicarbonitril 9 4049
—, Benzhydryliden- 9 4691
—, Methyl- 9 4053
Norbornen-dicarbonsäure 9 4044
—, Benzhydryliden-, dinitril 9 4691
—, Benzyl- 9 4486, 4487
—, Benzyl-, methylester 9 4487
—, Cyclohexyliden-, äthylester 9 4421
—, Dibenzyl- 9 4681
—, Difluor-tetrachlor- 9 4049
—, Dimethoxy-diphenyl-, dimethylester
10 4027
—, Dimethyl- 9 4055
—, Hexachlor- 9 4049
—, Hexachlor-, diäthylester 9 4050
—, Hexachlor-, dimethylester 9 4050
—, Hydroxyimino-diphenyl- 10 4028
—, Methyl-, diäthylester 9 4053
—, Methyl-, dinitril 9 4053
—, Oxo-dimethyl-diphenyl-,
dimethylester 10 4028

Norbornen-dicarbonsäure, Oxo-diphenyl-
10 4027
—, Oxo-methyl-diphenyl- 10 4028
—, Oxo-tetraphenyl- 10 4042
—, Oxo-tetraphenyl-, dimethylester
10 4042
—, Tetrachlor-dimethoxy- 10 3942
—, Trimethyl- 9 4062, 4063
—, Trimethyl-, diäthylester 9 4062
—, Trimethyl-, dimethylester 9 4063
Norbornen-dicarbonsäure-amid 9 4049
— bis-[äthoxy-äthylester] 9 4048
— bis-[(chlor-äthoxy)-äthylester] 9 4048
— bis-[methoxy-äthylester] 9 4048
— diäthylester 9 4047
— diamid 9 4049
— dibutylester 9 4048
— dichlorid 9 4048
— dimethylester 9 4044, 4046
— dinitril 9 4049
— methylester 9 4044, 4046
Norbornen-dicarbonylchlorid 9 4048
Norbornen-dithiocarbonsäure, Hydroxy-
trimethyl- 10 2930
—, Hydroxy-trimethyl-, methylester
10 2931
—, Mercapto-trimethyl- 10 2931
—, Mercapto-trimethyl-, methylester
10 2931
Norbornen-tricarbonsäure, Trimethyl-,
methylester 9 4783, 4784
—, Trimethyl-, trimethylester 9 4783
Norcafestanonsäure 10 3118
Norcafestanonsäure-äthylester 10 3118
— methylester 10 3118
— methylester-[dinitro-phenylhydrazon]
10 3118
Norcamphersäure 9 3808
Norcaradien-carbonsäure-amid 9 2381
Norcaran-carbamid, Trimethyl- 9 236
Norcaran-carbonsäure 9 175
—, Trimethyl- 9 236
—, Trimethyl-, äthylester 9 236
—, Trimethyl-, amid 9 236
Norcaran-carbonsäure-äthylester 9 175
Norcaren-carbonsäure 9 298
—, Dimethyl- 9 312
Norcaryophyllensäure 9 3826
—, Carboxy- 9 4751
—, Cyan-, diäthylester 9 4751
Norcaryophyllensäure-dimethylester
9 3828
Norcassaidin 10 1592
Norcedrendicarbonsäure 9 4016
—, Brom- 9 4017
—, Oxy- 10 2054
Norcedrenketosäure 10 2948
Norcedrenketosäure-methylester 10 2948
— semicarbazon 10 2948

Norchenodesoxycholsäure 10 1623
Norchinovadienolsäure 10 1141
—, Acetyl- 10 1142
—, Acetyl-, methylester 10 1142
Norchinovadienolsäure-methylester
    10 1142
24-Nor-choladiendisäure, Hydroxy-oxo-
    10 4762
21-Nor-choladiensäure, Dihydroxy-oxo-
    10 4640
24-Nor-choladiensäure, Acetoxy-,
    methylester 10 1029
—, Hydroxy- 10 1028
—, Hydroxy-, methylester 10 1029
—, Hydroxy-dioxo- 10 4663
24-Nor-cholanamid, Hydroxy-acetoxy-
    10 1627
24-Nor-cholandisäure 9 4370
—, Acetoxy-, methylester 10 2250
—, Hydroxy- 10 2249
—, Hydroxy-, dimethylester 10 2250
—, Hydroxy-, methylester 10 2249, 2250
—, Oxo- 10 3976
—, Trihydroxy-oxo-, dimethylester
    10 4844
—, Trihydroxy-oxo-, methylester 10 4843
24-Nor-cholandisäure-dimethylester
    9 4370
24-Nor-cholanoylchlorid, Acetoxy- 10 685
—, Formyloxy- 10 685
A-Nor-cholansäure 9 2655
—, Brom-dioxo- 10 3571
—, Dibrom-dioxo- 10 3572
—, Dihydroxy- 10 1628
—, Dihydroxy-, methylester 10 1628
—, Dioxo- 10 3569, 3570, 3571
—, Dioxo-, anhydrid 10 3571
—, Dioxo-, methylester 10 3569, 3570
—, Dioxo-benzyliden- 10 3662
—, Dioxo-[chlor-benzyliden]- 10 3662
—, Dioxo-[methoxy-benzyliden]-
    10 4702, 4703
—, Dioxo-[nitro-benzyliden]-
    10 3663
—, Hydroxy-dioxo- 10 3571, 4616
—, Hydroxy-trioxo- 10 4757
—, Oxo- 10 3129, 3130
—, Oxo-, äthylester 10 3130
—, Oxo-, methylester 10 3129, 3130
A-Nor-cholansäure-methylester 9 2655
21-Nor-cholansäure, Acetoxy-oxo-,
    methylester 10 4305
—, Hydroxy-acetoxy-oxo-, methylester
    10 4580
—, Hydroxy-diacetoxy-oxo- 10 4734
—, Hydroxy-oxo- 10 4304
—, Hydroxy-oxo-, methylester 10 4305
24-Nor-cholansäure 9 2652
—, Acetoxy- 10 683

24-Nor-cholansäure, Acetoxy-, chlorid
    10 685
—, Acetoxy-, methylester 10 684
—, Acetoxy-methoxy-oxo- 10 4581
—, Acetoxy-oxo- 10 4307
—, Acetoxy-oxo-, methylester 10 4306, 4307
—, Brom-acetoxy-, methylester 10 685
—, Brom-acetoxy-oxo-, methylester
    10 4306
—, Brom-dioxo-, methylester 10 3569
—, Brom-hydroxy-acetoxy-, methylester
    10 1624
—, Brom-hydroxy-oxo-, methylester
    10 4305, 4306
—, [Carboxy-propionyloxy]-oxo- 10 4307
—, Chlor- 9 2654
—, Chlor-, methylester 9 2654
—, Diacetoxy- 10 1622, 1623, 1624, 1625
—, Diacetoxy-, methylester 10 1624, 1626
—, Diacetoxy-oxo- 10 4581
—, Diformyloxy- 10 1625
—, Dihydroxy- 10 1622, 1623, 1625, 1628
—, Dihydroxy-, äthylester 10 1623
—, Dihydroxy-, methylester 10 1623,
    1624, 1626, 1628
—, Dihydroxy-oxo- 10 4580, 4581
—, Dihydroxy-oxo-, methylester 10 4582
—, Dioxo- 10 3568, 3569
—, Dioxo-, methylester 10 3568
—, Formyloxy- 10 683
—, Formyloxy-, chlorid 10 685
—, Hydroxy- 10 682
—, Hydroxy-, äthylester 10 685
—, Hydroxy-, methylester 10 683
—, Hydroxy-acetoxy- 10 1625
—, Hydroxy-acetoxy-, amid 10 1627
—, Hydroxy-acetoxy-, methylester
    10 1624, 1626, 1628
—, Hydroxy-[carboxy-propionyloxy]-
    10 1626
—, Hydroxy-dioxo-, methylester 10 4616
—, Hydroxy-methoxy-oxo- 10 4581
—, Hydroxy-oxo- 10 4307
—, Hydroxy-oxo-, methylester 10 4305,
    4306, 4307
—, Hydroxy-semicarbazono- 10 4307
—, Hydroxy-trioxo-, methylester 10 4757
—, Oxo- 10 3128, 3129
—, Oxo-, methylester 10 3129
—, Semicarbazono- 10 3128, 3129
—, Tetrahydroxy- 10 2424
—, Tetrahydroxy-methoxy-, methylester
    10 4735
—, Triacetoxy- 10 2158
—, Triacetoxy-, methylester 10 2158, 2159
—, Trihydroxy- 10 2157, 2158
—, Trihydroxy-, äthylester 10 2158
—, Trihydroxy-, methylester 10 2158, 2159
—, Trihydroxy-oxo- 10 4735

24-Nor-cholansäure, Trihydroxy-oxo-,
    methylester 10 4735
—, Trioxo- 10 3985
—, Trioxo-, methylester 10 3986
24-Nor-cholansäure-äthylester 9 2653
— methylester 9 2653
24-Nor-cholanthiosäure, Chlor-acetoxy-,
    äthylester 10 686
—, Diacetoxy-, äthylester 10 1627
—, Diacetoxy-, benzylester 10 1627
—, Diacetoxy-, phenylester 10 1627
24-Nor-cholantrisäure, Dihydroxy-
    10 2604
—, Dihydroxy-, trimethylester 10 2604
—, Hydroxy-hydroxyimino-,
    trimethylester 10 4849
—, Hydroxy-oxo-, trimethylester 10 4849
—, Oxo- 10 4133
—, Oxo-, trimethylester 10 4133
19-Nor-cholatriensäure, Hydroxy-methyl-
    10 1141, 4890
24-Nor-cholendisäure, Acetoxy-,
    methylester 10 2279
—, Dihydroxy-, diäthylester 10 2477
24-Nor-cholenoylchlorid, Acetoxy- 10 957
A-Nor-cholensäure, Brom-dioxo- 10 3572
—, Dioxo- 10 3600
—, Hydroxy-dioxo- 10 3572
—, Oxo- 10 3219
21-Nor-cholensäure, Acetoxy-oxo-,
    methylester 10 4364
—, Hydroxy-dioxo- 10 4640
—, Hydroxy-oxo- 10 4364
—, Hydroxy-oxo-, methylester 10 4364
24-Nor-cholensäure, Acetoxy- 10 956, 957
—, Acetoxy-, chlorid 10 957
—, Acetoxy-, methylester 10 957, 958, 959
—, Acetoxy-oxo- 10 4365
—, Acetoxy-oxo-, methylester 10 4365
—, Dihydroxy- 10 1882
—, Dihydroxy-, methylester 10 1882
—, Hydroxy- 10 956, 958
—, Hydroxy-, methylester 10 957, 958, 959
—, Hydroxy-acetoxy-, methylester
    10 1882
—, Hydroxy-oxo- 10 4365
—, Hydroxy-oxo-, methylester 10 4364,
    4365
—, Oxo- 10 3218
—, Oxo-, methylester 10 3219
—, Trihydroxy- 10 2249
27-Nor-cholestadien, Benzoyloxy-
    9 476
B-Nor-cholestan-carbonsäure, Hydroxy-
    acetoxy- 8 2319
19-Nor-cholestatrien, Brom-[dinitro-
    benzoyloxy]-methyl- 9 1880
—, [Dinitro-benzoyloxy]- 9 1879
—, [Dinitro-benzoyloxy]-methyl- 9 1879

18-Nor-cholestatriensäure, Diacetoxy-
    dioxo-trimethyl- 10 4777
—, Diacetoxy-dioxo-trimethyl-,
    methylester 10 4778
B-Nor-cholesten, Benzoyloxy- 9 459
19-Nor-cholesten, Acetoxy-benzoyloxy-
    methyl- 9 594
—, Bis-[dinitro-benzoyloxy]-methyl-
    9 1913
—, Dibenzoyloxy-methyl- 9 594
27-Nor-cholesten, Benzoyloxy- 9 458
—, Brom-benzoyloxy- 6 2600
B-Nor-cholesten-carbonsäure, Acetoxy-
    10 979
—, Acetoxy-, äthylester 10 980
—, Benzoyloxy- 10 980
—, Hydroxy- 10 979
—, Hydroxy-, äthylester 10 980
27-Nor-cholestenon, Benzoyloxy- 9 747
Norcholoidansäure 9 4904
Norcholsäure 10 2157
Norciliansäure 10 4170
Norciliansäure-tetramethylester 10 4171
Nordesoxycholsäure 10 1625
27-Nor-5(4→3).25(10→5)-diabeo-
    ursadiensäure 9 3264
A-Nor-dihydrobetulonsäure 10 3224
Norechinocystadienol, Benzoyl- 9 500
Noreksantalsäure 9 327
19-Nor-ergostahexaen, [Dinitro-
    benzoyloxy]- 9 1889
19-Nor-ergostatetraen, Benzoyloxy-
    9 515
—, [Dinitro-benzoyloxy]- 9 1887
19-Nor-ergostatrien, [Dinitro-
    benzoyloxy]- 9 1879
13-Nor-eudesmanon, [Dinitro-
    benzoyloxy]- 9 1926
15-Nor-eudesmansäure 9 270
A-Nor-friedelan-carbonsäure 9 2931
A-Nor-friedelan-carbonsäure-
    methylester 9 2932
Norfriedelanylameisensäure 9 2931
Norfriedelanylameisensäure-methylester
    9 2932
24-Nor-friedelatetraensäure, Dihydroxy-
    10 4476
—, Hydroxy-oxo- 10 4476
—, Hydroxy-oxo-, methylester 10 4477
Norfriedonsäure 10 3138
Norfriedonsäure-methylester 10 3139
A-Nor-D:A-friedo-oleanan-
    carbonsäure 9 2931
A-Nor-D:A-friedo-oleanan-
    carbonsäure-methylester 9 2932
24-Nor-D:A-friedo-oleanatetraensäure,
    Hydroxy-oxo- 10 4476
—, Hydroxy-oxo-, methylester 10 4477
Norhyodesoxycholsäure 10 1622

Norhypothamnolsäure 10 2452
Norhypothamnolsäure-dimethylester
  10 2452
18-Nor-kauransäure, Dibrom-diacetoxy-
  10 1590
—, Dibrom-hydroxy-acetoxy- 10 1590
18-Nor-kaurensäure, Diacetoxy- 10 1869
—, Dihydroxy- 10 1869
15-Nor-labdadiensäure-methylester 9 2634
15-Nor-labdansäure 9 294
—, Dichlor- 9 294
—, Dihydroxy- 10 1359
—, Dihydroxy-, methylester 10 1359
Norleucin, Benzoyl- 9 1156
—, Benzoyl-, äthylester 9 1156
—, [Dinitro-benzoyl]- 9 1939
—, Hydroxy-benzoyl- 9 1183, 1184
—, Phenylacetyl- 9 2218
Norlithocholsäure 10 682
A-Nor-lupadiensäure 9 3264
Norlupandiolsäure, Acetyl- 10 1900
A-Nor-lupansäure, Hydroxyimino- 10 3225
—, Oxo- 10 3224
—, Oxo-, methylester 10 3225
30-Nor-lupansäure, Acetoxy-dioxo-,
  methylester 10 4645
—, Acetoxy-oxo- 10 4371
—, Acetoxy-oxo-, methylester 10 4372
—, Hydroxy-acetoxy- 10 1900
—, Hydroxy-oxo-, methylester 10 4372
—, Hydroxy-semicarbazono-, methylester
  10 4372
A-Nor-lupensäure, Hydroxy-carboxy-
  10 2313
Normetahemipinsäure 10 2431
Norobtusatsäure 10 1540
Norobtusatsäure-methylester 10 1540
28-Nor-oleanadien, Benzoyloxy- 9 500
24-Nor-oleanadiensäure, Dioxo- 10 3623
—, Dioxo-, methylester 10 3623, 3624
C-Nor-oleanansäure, Dioxo-, methylester
  10 3605
28-Nor-oleanen, Dibenzoyloxy- 9 608
27-Nor-oleanendisäure, Bis-[brom-
  benzoyloxy]-, äthylester 10 2482
—, Diacetoxy-, äthylester 10 2482
—, Diacetoxy-chlormethyl- 10 2483
—, Dihydroxy- 10 2481
—, Dihydroxy-, äthylester 10 2481
—, Dihydroxy-, methylester-äthylester
  10 2482
—, Dihydroxy-chlormethyl- 10 2482
—, Dihydroxy-chlormethyl-,
  dimethylester 10 2483
28-Nor-oleanendiyldibenzoat 9 608
A-Nor-oleanensäure, Dioxo- 10 3614
—, Hydroxyimino-, methylester 10 3254
—, Nitro-hydroxyimino-, methylester
  10 3255

A-Nor-oleanensäure, Nitro-oxo-,
  methylester 10 3254
—, Oxo- 10 3253
—, Oxo-, methylester 10 3254
24-Nor-oleanensäure 9 3128
—, Acetoxy- 10 1034
—, Acetoxy-, methylester 10 1034
—, Dioxo- 10 3613
—, Dioxo-, methylester 10 3613, 3614
—, Hydroxy- 10 1034
—, Hydroxy-, methylester 10 1034
—, Hydroxyimino- 10 3252
—, Hydroxyimino-, methylester 10 3253
—, Hydroxy-oxo-, methylester 10 3624
—, Oxo- 10 3252
—, Oxo-, methylester 10 3251, 3253
—, Semicarbazono-, methylester 10 3253
24-Nor-oleanensäure-methylester
  9 3128
17-Nor-phyllocladansäure, Oxo-methyl-
  10 3124
Norpinan, Dimethyl-benzoyloxymethyl-
  9 413
—, [Nitro-benzoyloxy]-dimethyl-
  methylen- 9 1579
—, [Nitro-benzoyloxy]-trimethyl-
  9 1573
Norpinan-carbamid, Dimethyl- 9 220
Norpinan-carbonsäure, Dimethyl- 9 219
—, Dimethyl-, amid 9 220
—, Dimethyl-, methylester 9 219
—, Hydroxy-dimethyl- 10 59
—, Hydroxy-trimethyl- 10 66
—, Methyl-carboxymethyl-isopropyl-
  9 4030
—, Oxo-trimethyl- 10 2924
Norpinanon, Trimethyl-, [(nitro-benzoyl)-
  oxim] 9 1750
Norpinen, [Nitro-benzoyloxy]-trimethyl-
  9 1578
Norpinen-carbonitril, Dimethyl- 9 312
Norpinen-carbonsäure, Dimethyl- 9 312
—, Dimethyl-, nitril 9 312
—, Hydroxy-trimethyl- 10 2924
—, Trimethyl- 9 321
—, Trimethyl-, amid 9 321
—, Trimethyl-, chlorid 9 321
Norpinsäure 9 3828
Norpinsäure-amid 9 3830
— diäthylester 9 3829
— diamid 9 3830
— dichlorid 9 3830
— dimethylester 9 3829
— methylester 9 3829
C-Nor-podocarpadiensäure,
  Isobutyrohydroximoyl- 10 3213
—, Isobutyryl- 10 3213
17-Nor-podocarpansäure, Hydroxy-methyl-
  [hydroxy-isopropyl]- 10 1361

17-Nor-podocarpansäure, Hydroxy-methyl-[hydroxy-isopropyl]-, methylester 10 1361
—, Hydroxy-methyl-isopropyl- 10 85
—, Hydroxy-methyl-isopropyl-, methylester 10 85
—, Hydroxy-oxo-dimethyl-äthyl-, methylester 10 4200
—, Hydroxy-oxo-dimethyl-vinyl-, methylester 10 4287
17-Nor-podocarpensäure, Methyl-isopropyl- 9 2640, 2641
21-Nor-pregnadiensäure, Acetoxy- 10 1021, 1023
—, Acetoxy-, methylester 10 1020, 1021, 1023
—, Acetoxy-, nitril 10 1022, 1024
—, Acetoxy-methyl-, methylester 10 1026
—, Acetoxy-oxo-, methylester 10 4387
—, Dihydroxy-acetoxy-, methylester 10 2277
—, Dioxo-, methylester 10 3612
—, Hydroxy- 10 1020, 1022
—, Hydroxy-, methylester 10 1021, 1023
—, Hydroxy-, nitril 10 1022
—, Oxo- 10 3247
—, Oxo-, methylester 10 3246, 3247
21-Nor-pregnandisäure, Diacetoxy- 10 2466
—, Dihydroxy- 10 2466
—, Dihydroxy-, dimethylester 10 2467
—, Dihydroxy-acetoxy-, dimethylester 10 2566
—, Hydroxy-acetoxy- 10 2466
—, Hydroxy-oxo- 10 4748
—, Trihydroxy- 10 2566
—, Trihydroxy-, dimethylester 10 2566
21-Nor-pregnansäure, Acetoxy- 10 665
—, Acetoxy-, methylester 10 669, 672, 673
—, Acetoxy-dioxo-, methylester 10 4613, 4614, 4615
—, Acetoxy-[methoxycarbonyl-propionyloxy]-oxo-, methylester 10 4573, 4574, 4578
—, Acetoxy-oxo- 10 4293, 4296
—, Acetoxy-oxo-, methylester 10 4288, 4289, 4292, 4295, 4296
—, Benzoylhydrazono-, methylester 10 3121
—, Benzoyloxy-, methylester 10 671
—, Benzoyloxy-oxo-, methylester 10 4290
—, Brom-acetoxy-oxo-, methylester 10 4290, 4295
—, Brom-diacetoxy-oxo-, methylester 10 4574
—, Brom-dioxo- 10 3565
—, Brom-dioxo-, methylester 10 3564, 3565
—, Brom-hydroxy-acetoxy-, methylester 10 1600
—, Brom-hydroxy-oxo-, methylester 10 4289

21-Nor-pregnansäure, Brom-oxo- 10 3122
—, Brom-oxo-, methylester 10 3122
—, Chlor-hydroxy- 10 672
—, Chlor-hydroxy-, methylester 10 673
—, Diacetoxy- 10 1596, 1601, 1608
—, Diacetoxy-, methylester 10 1595, 1597, 1599, 1604, 1607, 1611
—, Diacetoxy-, nitril 10 1611
—, Diacetoxy-oxo- 10 4577
—, Diacetoxy-oxo-, methylester 10 4572, 4573, 4574, 4575, 4576, 4578
—, Dibrom-oxo-, methylester 10 3123
—, Dihydroxy- 10 1594, 1596, 1597, 1600, 1605, 1608
—, Dihydroxy-, [dimethylamino-äthylester] 10 1605
—, Dihydroxy-, methylester 10 1593, 1594, 1596, 1598, 1602, 1606, 1609
—, Dihydroxy-, nitril 10 1609
—, Dihydroxy-acetoxy- 10 2146
—, Dihydroxy-acetoxy-, methylester 10 2147, 2149, 2151, 2154
—, Dihydroxy-diacetoxy-, methylester 10 2422
—, Dihydroxy-dibenzoyloxy-, methylester 10 2422
—, Dihydroxy-methansulfonyloxy-acetoxy-, methylester 10 2423
—, Dihydroxy-[methoxycarbonyl-propionyloxy]-, methylester 10 2152
—, Dihydroxy-oxo- 10 4575, 4576
—, Dihydroxy-oxo-, methylester 10 4572, 4573, 4575, 4576, 4577
—, Dihydroxy-tetraacetoxy- 10 2593
—, Dihydroxy-tetraacetoxy-, methylester 10 2593
—, Dimethoxy-acetoxy-oxo-, methylester 10 4613
—, Dimethoxy-benzoyloxy-, methylester 10 4290
—, Dioxo- 10 3563, 3564
—, Dioxo-, methylester 10 3562, 3563, 3564
—, Hydroxy- 10 664
—, Hydroxy-, methylester 10 667, 672, 673
—, Hydroxy-acetoxy- 10 1601, 1605, 1608
—, Hydroxy-acetoxy-, methylester 10 1593, 1595, 1598, 1599, 1603, 1604, 1606, 1609, 1612
—, Hydroxy-acetoxy-, nitril 10 1610
—, Hydroxy-acetoxy-[methoxycarbonyl-propionyloxy]-, methylester 10 2150, 2152
—, Hydroxy-acetoxy-oxo-, methylester 10 4572, 4577
—, Hydroxy-benzoyloxy-, methylester 10 1604
—, Hydroxy-[carboxy-propionyloxy]- 10 1602

21-Nor-pregnansäure, Hydroxy-diacetoxy-
10 2152, 2154, 2155
—, Hydroxy-diacetoxy-, äthylester
10 2148
—, Hydroxy-diacetoxy-, methylester
10 2151, 2153, 2155
—, Hydroxy-dioxo- 10 4614
—, Hydroxy-dioxo-, methylester 10 4614
—, Hydroxy-methansulfonyloxy-acetoxy-,
methylester 10 2148
—, Hydroxy-[methoxycarbonyl-
propionyloxy]-, methylester
10 1595, 1604
—, Hydroxy-[methoxycarbonyl-
propionyloxy]-oxo-, methylester
10 4574, 4575
—, Hydroxy-oxo- 10 4288, 4289, 4291,
4293, 4295
—, Hydroxy-oxo-, methylester 10 4288,
4289, 4291, 4294, 4296
—, Methansulfonyloxy-, methylester
10 674
—, Methansulfonyloxy-acetoxy-
[methoxycarbonyl-propionyloxy]-,
methylester 10 2150
—, Methansulfonyloxy-oxo-, methylester
10 4290
—, [Methoxycarbonyl-propionyloxy]-oxo-,
methylester 10 4293, 4297
—, Methyl- s. *Abeopregnansäure*
—, Oxo- 10 3119
—, Oxo-, methylester 10 3120, 3123, 3124
—, Semicarbazono-, methylester 10 3122
—, Tetrahydroxy- 10 2421
—, Tetrahydroxy-, äthylester 10 2423
—, Tetrahydroxy-, methylester 10 2422
—, Triacetoxy-, methylester 10 2149, 2151
—, Triacetoxy-oxo-, methylester
10 4731, 4732
—, Trihydroxy- 10 2148, 2150, 2152,
2153, 2154
—, Trihydroxy-, äthylester 10 2148
—, Trihydroxy-, methylester 10 2146,
2148, 2149, 2150, 2153, 2154
—, Trihydroxy-triacetoxy-, methylester
10 2593
—, Trioxo- 10 3985
—, Trioxo-, methylester 10 3984, 3985
21-Nor-pregnanthiosäure, Acetoxy-,
methylester 10 671
19-Nor-pregnapentaeninol, Benzoyloxy-
9 651
19-Nor-pregnatetraenol, Benzoyloxy-
9 632
19-Nor-pregnatrieninol, Benzoyloxy-
9 642
19-Nor-pregnatriensäure, Acetoxy-methyl-
10 1140
—, Acetoxy-methyl-, methylester 10 1141

19-Nor-pregnatriensäure, Hydroxy-methyl-
10 1140
—, Hydroxy-methyl-, methylester 10 1140
21-Nor-pregnatriensäure, Acetoxy-,
methylester 10 1138, 1139
—, Acetoxy-, nitril 10 1140
—, Hydroxy-, äthylester 10 1139
21-Nor-pregnendisäure, Dihydroxy-
10 2477
—, Dihydroxy-, dimethylester 10 2477
21-Nor-pregnensäure, Acetoxy- 10 932
—, Acetoxy-, äthylester 10 934
—, Acetoxy-, anhydrid 10 935
—, Acetoxy-, chlorid 10 935
—, Acetoxy-, methylester 10 933, 936,
937, 938, 939, 940
—, Acetoxy-, nitril 10 935, 941
—, Acetoxy-dioxo- 10 4639
—, Acetoxy-[methoxycarbonyl-
propionyloxy]-, methylester 10 1871
—, Acetoxy-oxo- 10 4359, 4360
—, Acetoxy-oxo-, methylester 10 4357,
4359, 4360, 4361
—, Benzoyloxy-, methylester 10 934
—, Brom-acetoxy-oxo-, methylester
10 4357
—, Brom-dioxo-, methylester 10 3599
—, Brom-oxo-, methylester 10 3214, 3215
—, Diacetoxy- 10 1871, 1873
—, Diacetoxy-, methylester 10 1870,
1871, 1872, 1874, 1877, 1878
—, Diacetoxy-, nitril 10 1876
—, Dibrom-acetoxy-, methylester 10 942
—, Dihydroxy- 10 1870, 1872, 1877, 1878
—, Dihydroxy-, amid 10 1875
—, Dihydroxy-, methylester 10 1874, 1877
—, Dihydroxy-, nitril 10 1875
—, Dihydroxy-acetoxy-, methylester
10 2248
—, Dihydroxy-oxo- 10 4612
—, Dihydroxy-oxo-, methylester 10 4612
—, Dioxo- 10 3598, 3599
—, Dioxo-, methylester 10 3598, 3599
—, Hydroxy- 10 931, 936, 938, 940
—, Hydroxy-, azid 10 936
—, Hydroxy-, hydrazid 10 935
—, Hydroxy-, methylester 10 932, 937, 940
—, Hydroxy-, nitril 10 935, 941
—, Hydroxy-acetoxy- 10 1873
—, Hydroxy-acetoxy-, amid 10 1875
—, Hydroxy-acetoxy-, methylester
10 1870, 1874, 1879
—, Hydroxy-acetoxy-, nitril 10 1875
—, Hydroxy-acetoxy-oxo-, methylester
10 4613
—, Hydroxy-dioxo- 10 4639
—, Hydroxy-methoxy- 10 1871
—, Hydroxy-methoxy-, methylester
10 1872

21-Nor-pregnensäure, Hydroxy-oxo-
  10 4356, 4358, 4359, 4360
—, Hydroxy-oxo-, methylester 10 4357,
  4358, 4361
—, Methoxy-, methylester 10 933
—, Methoxy-acetoxy- 10 1871
—, Methoxy-acetoxy-, methylester 10 1872
—, [Methoxycarbonyl-propionyloxy]-,
  methylester 10 934
—, [Methoxycarbonyl-propionyloxy]-oxo-,
  methylester 10 4360
—, Oxo- 10 3214
—, Oxo-, methylester 10 3213, 3214, 3216
—, Oxo-hydroxyimino- 10 3598
—, Trihydroxy-, äthylester 10 2248
21-Nor-pregnenthiosäure, Acetoxy-,
  methylester 10 936
Norsolannellsäure 9 4911
Norsterocholansäure, Tetrahydroxy-
  10 2167
Nor-α-tocopherylhydrochinon, Bis-
  [brom-benzoyl]- 9 1412
24-Nor-ursadien, Benzoyloxy- 9 499
27-Nor-ursadiensäure, Acetoxy- 10 1142
—, Acetoxy-, methylester 10 1142
—, Hydroxy- 10 1141
—, Hydroxy-, methylester 10 1142
—, Oxo- 10 3288
27-Nor-ursansäure, Acetoxy-dioxo- 10 4644
—, Hydroxy-dioxo- 10 4644
—, Hydroxy-trioxo- 10 4762
—, Hydroxy-trioxo-, methylester 10 4763
24-Nor-ursatrien, Benzoyloxy- 9 516
27-Nor-ursenoylchlorid, Acetoxy- 10 1033
27-Nor-ursensäure, Acetoxy- 10 1032
—, Acetoxy-, chlorid 10 1033
—, Acetoxy-dioxo- 10 4664
—, Acetoxy-dioxo-, methylester 10 4664
—, Hydroxy- 10 1032
—, Hydroxy-, methylester 10 1033
—, Hydroxy-dioxo- 10 4664
—, Trioxo- 10 4006
—, Trioxo-, methylester 10 4006
Norvalin, Benzoyl- 9 1150
—, Benzoyl-, äthylester 9 1151
—, [Dinitro-benzoyl]- 9 1939
—, Hydroxy-benzoyl- 9 1181
—, [Jod-benzoyl]- 9 1436
—, Phenylacetyl- 9 2217
—, Phenylacetyl-, butylester 9 2217
Nutriacholsäure 10 4316
Nutriaglykocholsäure 10 4317

O

Obtusataldehyd, Bis-äthoxycarbonyl-
  10 1538
Obtusatsäure 10 1540
—, Bis-äthoxycarbonyl- 10 1541

Obtusatsäure, Diacetyl- 10 1541
—, Diacetyl-, methylester 10 1541
—, Dimethyl-, methylester 10 1540
Obtusatsäure-methylester 10 1540
Ocellatsäure 10 4722
Octadecamethylendiamin
  s. *Octadecandiyldiamin*
Octadecan, Benzamino-dibenzoyloxy-
  9 1088
—, Bis-benzamino- 9 1224
—, Bis-[naphthoyloxy-phenyl]- 9 3182
Octadecanamid, Cyclopentenyl- 9 296
—, Phenyl- 9 2655
Octadecandiol, Benzamino- 9 1088
Octadecandiyldiamin, Dibenzoyl- 9 1224
Octadecanon, [Benzoyloxy-phenyl]- 9 739
Octadecanonaen, Tetramethyl-[benzoyloxy-
  trimethyl-cyclohexenyl]-
  [benzoyloxy-trimethyl-
  cyclohexenyl]- 9 655
—, Tetramethyl-bis-[(nitro-benzoyloxy)-
  trimethyl-cyclohexenyl]- 9 1654
—, Tetramethyl-[(nitro-benzoyloxy)-
  trimethyl-cyclohexenyl]-[(nitro-
  benzoyloxy)-trimethyl-
  cyclohexenyl]- 9 1654
Octadecansäure, Benzoyloxy-,
  methylester 9 860
—, Benzyl- 9 2665
—, [Chlor-methyl-phenyl]- 9 2666
—, Cyclopentenyl- 9 296
—, Cyclopentenyl-, amid 9 296
—, [Dimethyl-phenyl]- 9 2666
—, [Dinitro-benzoyloxy]-, methylester
  9 1934
—, Hydroxy-[methoxy-phenyl]- 10 1628
—, Hydroxy-[methoxy-phenyl]-,
  äthylester 10 1629
—, [Hydroxy-methyl-phenyl]- 10 699
—, Phenacyl- s. *Buttersäure,*
  Oxo-hexadecyl-phenyl-
—, Phenyl- 9 2655
—, Phenyl-, amid 9 2655
—, [2.5]Xylyl- 9 2666
—, [3.4]Xylyl- 9 2666
Octadecaoctaen, Tetramethyl-bis-
  [benzoyloxy-trimethyl-
  cyclohexenyliden]- 9 656
—, Tetramethyl-bis-[(nitro-benzoyloxy)-
  trimethyl-cyclohexenyliden]-
  9 1654
Octadecen, Benzamino-dibenzoyloxy-
  9 1089
—, Bis-[benzoyloxy-phenyl]- 9 644
—, Bis-[naphthoyloxy-phenyl]- 9 3183
—, Tetracosanoylamino-dibenzoyloxy-
  9 892
Octadecendiol, Benzamino- 9 1088

Octadecensäure, Benzoyloxy-,
  methylester 9 862
—, Cinnamoyloxy-, [cyclopentenyl-
  tridecylester] 9 2706
—, [Methoxy-phenyl]- 10 959
—, [Methoxy-phenyl]-, anilid 10 959
Octadecylbenzoat 9 401
Octadecylsalicylat 10 125
Octadien, Benzoyloxy- 9 411
—, Benzoyloxy-dimethyl- 9 412
—, Cyclopentylacetoxy-dimethyl- 9 40
—, Dimethyl-bis-[benzoyloxy-phenyl]-
  9 649
—, [Dinitro-benzoyloxy]-dimethyl-
  9 1825
—, [Nitro-benzoyloxy]-dimethyl- 9 1568
Octadienal, Dimethyl-, [dinitro-methyl-
  benzoylhydrazon] 9 2373
—, Dimethyl-, [jod-benzoylhydrazon]
  9 1448
—, Dimethyl-, [nitro-benzoylhydrazon]
  9 1528
—, Dimethyl-, [nitro-dimethyl-
  benzoylhydrazon] 9 2448
Octadienin, Dibenzoyloxy-dimethyl-
  9 574
—, [Dinitro-benzoyloxy]-methyl-
  cyclohexenyl- 9 1870
—, [Dioxo-dihydro-anthracencarbonyloxy]-
  dimethyl-[trimethyl-cyclohexenyl]-
  10 3643
Octadiensäure, Dioxo-methyl-[trimethyl-
  cyclohexenyl]-, methylester
  10 3560
Octaglycin, Benzoyl- 9 1130
Octamethylendiamin s. Octandiyldiamin
Octan, Acetamino-benzamino- 9 1223
—, Benzamino- 9 1075
—, Bis-benzamino- 9 1223
—, Bis-[benzoyloxy-phenyl]- 9 632
—, Bis-[dinitro-benzoyloxy]- 9 1896
—, Bis-[dinitro-benzoyloxy]-dimethyl-
  9 1896
—, Chlor-[dinitro-benzoyloxy]- 9 1791
—, Dimethyl-bis-benzaminomethyl-
  9 1224
—, [Dinitro-benzoyloxy]-dimethyl-
  9 1795
—, Methylamino-[nitro-benzoyloxy]-
  9 1705
—, [Nitro-benzamino]-methyl-äthyl-
  9 1714
Octanal-[dinitro-benzoylhydrazon]
  9 1946
— [dinitro-methyl-benzoylhydrazon]
  9 2373
— [jod-benzoylhydrazon] 9 1448
— [nitro-benzoylhydrazon] 9 1483,
  1526, 1753

Octanal-[nitro-methyl-benzoylhydrazon]
  9 2364
Octanamid, Äthyl-phenyl- 9 2622
—, Cyclohexenyl- 9 265
Octandinitril, Tetraphenyl- 9 4725
Octandisäure, Benzamino-
  äthoxycarbonylmethylmercapto-,
  diäthylester 9 1198
—, Benzamino-methoxy- 9 1197
—, Benzoylimino- 9 1197
—, Benzoylimino-, diäthylester 9 1198
—, Benzoyloxy-, diäthylester 9 868
—, Phenyl- 9 4341
—, Phenyl-, diäthylester 9 4341
—, Phenylhydrazono-, äthylester
  10 2819
—, Tetraphenyl-, dinitril 9 4725
Octandiyldiamin, Acetyl-benzoyl- 9 1223
—, Dibenzoyl- 9 1223
Octannitril, Cyclohexenyl- 9 265
—, Oxo-[methoxy-phenyl]- 10 4275
Octanol, Benzamino- 9 1085
Octanon, Benzoyloxy- 9 73
—, [Benzoyloxy-phenyl]- 9 735
—, [Nitro-benzoyloxy]- 9 1672
Octanon-[brom-benzoylhydrazon] 9 1389,
  1423
— [chlor-benzoylhydrazon] 9 1369
— [dinitro-benzoylhydrazon] 9 1947
— [dinitro-methyl-benzoylhydrazon]
  9 2373
— [jod-benzoylhydrazon] 9 1448
— naphthoylhydrazon 9 3188
— [nitro-benzoylhydrazon] 9 1483,
  1526, 1753
— [nitro-dimethyl-benzoylhydrazon]
  9 2447
Octanoylchlorid, Äthyl-phenyl- 9 2622
Octansäure, Äthyl-cyclopentenyl- 9 271
—, Äthyl-phenyl- 9 2622
—, Äthyl-phenyl-, amid 9 2622
—, Äthyl-phenyl-, chlorid 9 2622
—, Äthyl-phenyl-, ureid 9 2622
—, Benzamino- 9 1163
—, Cyclohexenyl- 9 264
—, Cyclohexenyl-, amid 9 265
—, Cyclohexenyl-, [diäthylamino-
  äthylester] 9 264
—, Cyclohexenyl-, nitril 9 265
—, Cyclohexenyl-cyan-, äthylester
  9 4031
—, Cyclohexyl- 9 125
—, Diphenyl- 9 3402
—, Diphenyl-, methylester 9 3402
—, [Hydroxy-dioxo-dihydro-naphthyl]-
  10 4660
—, [Hydroxy-dioxo-dihydro-naphthyl]-,
  methylester 10 4660
—, Methyl-benzyl- 9 2622

Octansäure, Methyl-phenacyl- **10** 3114
—, [Octyl-cyclopropenyl]- **9** 293
—, Oxo-[carboxy-cyclopentyl]- **10** 3924
—, Oxo-[dihydroxy-phenyl]- **10** 4564
—, Oxo-[dihydroxy-phenyl]-,
  methylester **10** 4565
—, Oxo-[methoxy-naphthyl]- **10** 4422
—, Oxo-[methoxy-phenyl]- **10** 4273, 4274
—, Oxo-[methoxy-phenyl]-, methylester
  10 4274
—, Oxo-[methoxy-phenyl]-, nitril **10** 4275
—, Oxo-naphthyl- **10** 3282
—, Oxo-naphthyl-, methylester **10** 3283
—, Oxo-phenyl- **10** 3102
—, Phenacyl- s. *Buttersäure, Oxo-hexyl-
  phenyl-*
—, Phenyl- **9** 2599
—, Phenyl-, äthylester **9** 2599
—, Phenyl-cyan-, äthylester **9** 4348
—, Semicarbazono-[carboxy-cyclopentyl]-
  10 3924
—, Semicarbazono-naphthyl-, **10** 3283
—, Semicarbazono-phenyl- **10** 3102
—, *p*-Toluoylamino-methyl- **9** 2347
—, [Triacetoxy-naphthyl]- **10** 2295
Octan-tetracarbonsäure,
  Dicyclopentenyl-,
  tetraäthylester **9** 4881
—, Diphenyl-, tetraäthylester **9** 4895
Octan-tricarbonsäure, Dicyclopentenyl-
  9 4817
—, Diphenyl- **9** 4842
Octatrien, Bis-[benzoyloxy-phenyl]-
  9 651
Octatriendisäure, Benzoyloxy-,
  diäthylester **9** 869
Octatriensäure, Hydroxy-oxo-methyl-
  [trimethyl-cyclohexenyl]-,
  methylester **10** 3560
Octen, Dibrom-[dinitro-benzoyloxy]-
  9 1806
—, [Dinitro-benzoyloxy]- **9** 1806
Octendisäure, Benzamino- **9** 1197
—, Benzamino-, diäthylester **9** 1198
—, Benzoyloxy-, äthylester-nitril **9** 868
—, Methyl-carboxy- **7** 3426
—, Phenyl-, diäthylester **9** 4410
Octensäure, Hydroxy-butenyl-phenyl-
  10 1013
—, Hydroxy-butenyl-*p*-tolyl- **10** 1018
—, Hydroxyimino-trimethyl-phenyl-
  10 3207
—, Hydroxy-[methoxy-phenyl]-, nitril
  10 4275
—, Oxo-trimethyl-phenyl- **10** 3207
—, Phenyl-cyan-, äthylester **9** 4417
Octin, Cyclohexancarbonyloxy- **9** 18
Octopinsäure, Benzoyl- **9** 1235
Octylbenzoat 9 399

Octylcinnamat 9 2686
Octylsalicylat 10 124
Ölsäure s. *Octadecensäure*
Önanthsäure s. *Heptansäure*
Önocarpol 10 1038, 1050
Östradiol, Benzoyl- **9** 613
—, Dibenzoyl- **9** 616
—, Dinaphthoyl- **9** 3141
Östrahexaen-carbonsäure, Hydroxy-,
  methylester **10** 3403
—, Methoxy-oxo- **10** 4479
Östran-dicarbonsäure, Diacetoxy- **10** 2466
—, Dihydroxy- **10** 2466
—, Dihydroxy-, dimethylester **10** 2467
—, Dihydroxy-acetoxy-, dimethylester
  10 2566
—, Hydroxy-acetoxy- **10** 2466
—, Hydroxy-oxo- **10** 4748
—, Trihydroxy- **10** 2566
—, Trihydroxy-, dimethylester **10** 2566
Östrapentaen, Bis-[nitro-benzoyloxy]-
  9 1652
Östrapentaen-carbonsäure, Hydroxy-
  methoxy-, methylester **10** 4462
—, Methoxy-oxo-, methylester **10** 4469,
  4470
—, Methoxy-oxo-äthyl-, methylester
  10 4474
—, Methoxy-oxo-methyl-, methylester
  10 4472, 4474
—, Oxo-, methylester **10** 3403
Östrapentaenol, Benzoyloxy- **9** 640
Östrapentaenon, Benzoyloxy- **9** 769
Östratetraen, Benzoyloxy- **9** 513
—, Dibenzoyloxy- **9** 631
Östratetraen-carbonitril, Acetoxy-
  10 1245
Östratetraen-carbonsäure, Acetoxy-,
  nitril **10** 1245
—, Hydroxy-, methylester **10** 3286
—, Methoxy-oxo-, methylester **10** 4463
Östratetraendiyldibenzoat 9 631
Östratetraenon, Benzoyloxy- **9** 766
Östratrien, Acetoxy-benzoyloxy- **9** 615
—, Benzoyloxy- **9** 497
—, Butyryloxy-benzoyloxy- **9** 616
—, Chlor-benzoyloxy- **9** 497
—, Dibenzoyloxy- **9** 616
—, Dinaphthoyloxy- **9** 3141
—, Methoxy-benzoyloxy- **9** 614
—, Propionyloxy-benzoyloxy- **9** 615
—, Valeryloxy-benzoyloxy- **9** 616
Östratrien-carbonitril, Diacetoxy-
  10 1947
—, Hydroxy-acetoxy- **10** 1947
Östratrien-carbonsäure, Acetoxy-,
  methylester **10** 1137
—, Acetoxy-methyl-, methylester
  10 1137, 1138

Östratrien-carbonsäure, Diacetoxy-,
  nitril 10 1947
—, Hydroxy- 10 1136
—, Hydroxy-, methylester 10 1137
—, Hydroxy-acetoxy-, nitril 10 1947
—, Hydroxy-methyl- 10 1138
—, Methoxy- 10 1136
—, Methoxy-, methylester 10 1137
—, Methoxy-methyl- 10 1138
—, Oxo-, methylester 10 3286
Östratriendiol, Benzoyloxy- 9 684
Östratriendiyldibenzoat 9 616
Östratrienol, Benzoyloxy- 9 613, 614
—, [Brom-benzoyloxy]- 9 1395
Östratrienon, Benzoyloxy- 9 757, 760
—, Benzoyloxy-, semicarbazon 9 758
—, [Brom-benzoyloxy]- 9 1397
—, Chlor-benzoyloxy- 9 759
—, [Dinitro-benzoyloxy]- 9 1930
—, Hydroxy-benzoyloxy- 9 799
—, Naphthoyloxy- 9 3143, 3184
Östratrientriol, [Nitro-benzoyloxy]- 9 1669
Östren-carbonsäure, Acetoxy- 10 928
—, Oxo- 10 3212
Östren-dicarbonsäure, Dihydroxy- 10 2477
—, Dihydroxy-, dimethylester 10 2477
Östrendion, Benzoyloxy-methyl- 9 797
Östrenon, Dibenzoyloxy-methyl- 9 793
Östrolsäure 10 1910
Östrolsäure-methylester 10 1910
Östron, Benzoyl- 9 757
—, [Brom-benzoyl]- 9 1397
—, [Dinitro-benzoyl]- 9 1930
—, Naphthoyl- 9 3143, 3184
Okanin, Pentabenzoyl- 9 848
Oleanadien, Benzoyloxy- 9 501
—, Dibenzoyloxy- 9 619
Oleanadiendion, Benzoyloxy- 9 803
Oleanadiendiyldibenzoat 9 619
Oleanadienon, Benzoyloxy- 9 760
Oleanadiensäure, Acetoxy- 10 1148, 1150
—, Acetoxy-, methylester 10 1147,
  1149, 1151
—, Acetoxy-dioxo-, methylester 10 4688,
  4689
—, Acetoxy-oxo- 10 4426
—, Acetoxy-oxo-, methylester 10 4425, 4426
—, Diacetoxy- 10 1949, 1950
—, Diacetoxy-, methylester 10 1949, 1950
—, Diacetoxy-dioxo-, methylester
  10 4778
—, Dihydroxy-, methylester 10 1950
—, Dihydroxy-dioxo- 10 4778
—, Dihydroxy-oxo-, methylester 10 4664
—, Dihydroxy-semicarbazono-,
  methylester 10 4665
—, Hydroxy- 10 1147, 1148, 1149, 1150
—, Hydroxy-, methylester 10 1147,
  1148, 1149, 1150

Oleanadiensäure, Hydroxy-acetoxy-dioxo-,
  methylester 10 4778
—, Hydroxy-dioxo- 10 4687, 4688
—, Hydroxy-dioxo-, methylester 10 4688,
  4689
—, Triacetoxy-, methylester 10 2311
—, Trihydroxy- 10 2310
—, Trihydroxy-, methylester 10 2311
Oleananon, Benzoyloxy- 9 750
Oleanansäure, Acetoxy-oxo- 10 4373
—, Acetoxy-oxo-, methylester 10 4374
—, Diacetoxy-oxo-, methylester 10 1925,
  4629
—, Dihydroxy-hydroxyimino-,
  methylester 10 4630
—, Dihydroxy-oxo- 10 4629
—, Dihydroxy-oxo-, methylester 10 4630
—, Dioxo- 10 3606
—, Dioxo-, methylester 10 3606
—, Hydroxy-oxo- 10 4373
—, Hydroxy-oxo-, methylester 10 4373
—, Oxo-, methylester 10 3228
—, Trihydroxy-dioxo- 10 1925
—, Trihydroxy-dioxo-, methylester
  10 1925
β-Oleanansäure 9 3134
γ-Oleanansäure 9 3133
Oleanatrien, Benzoyloxy- 9 516
Oleanen, Benzoyloxy- 9 487, 489
—, Brom-benzoyloxy- 9 488
—, Cinnamoyloxy- 9 2694
—, Dibenzoyloxy- 9 608, 609
—, Dibrom-benzoyloxy- 9 488
—, [Methoxy-benzoyloxy]- 10 313
—, Methoxy-dibenzoyloxy- 9 683
—, [Nitro-benzoyloxy]- 9 1501, 1611
—, Tetrabenzoyloxy- 9 693
—, Tribenzoyloxy- 9 683
—, Tris-[brom-benzoyloxy]- 9 1415
Oleanenamid, Hydroxy- 10 1055
Oleanendisäure, Acetoxy- 10 2312
—, Hydroxy- 10 2311
—, Hydroxy-, dimethylester 10 2312
Oleanendiyldibenzoat 9 608, 609
Oleanenol, Bis-[nitro-benzoyloxy]- 9 1666
—, Tetrabenzoyloxy- 9 705
—, Tetrakis-[dinitro-benzoyloxy]-
  9 1777
—, Tigloyloxy-tribenzoyloxy- 9 704
Oleanenon, Benzoyloxy- 9 754
Oleanenoylchlorid, Acetoxy- 10 1048,
  1055, 1058
—, Diacetoxy- 10 1920, 1926
Oleanensäure 9 3132, 3133, 3134
—, Acetoxy- 10 1047, 1049, 1051, 1058
—, Acetoxy-, äthylester 10 1054
—, Acetoxy-, chlorid 10 1048, 1055, 1058
—, Acetoxy-, methylester 10 1048,
  1053, 1058, 1059

Oleanensäure, Acetoxy-dioxo-, methylester
10 4665
—, Acetoxy-hydroxyimino-, methylester
10 4399
—, Acetoxy-methansulfonyloxy-,
methylester 10 1920
—, Acetoxy-[methyl-crotonoyloxy]-oxo-
10 4649
—, Acetoxy-oxo- 10 4391, 4393, 4400, 4402
—, Acetoxy-oxo-, methylester 10 4392,
4394, 4395, 4396, 4397, 4398,
4399, 4401, 4402, 4403
—, Acetoxy-semicarbazono-, methylester
10 4397, 4399
—, Acetoxy-trioxo-, methylester 10 4779
—, Benzoyloxy- 10 1052
—, Benzoyloxy-, methylester 10 1054, 1057
—, Bis-methansulfonyloxy-, methylester
10 1920
—, Brom-acetoxy-oxo-, methylester
10 4396
—, Brom-dihydroxy-, methylester 10 1926
—, Chlorphosphinylidendioxy- 10 1924
—, Diacetoxy- 10 1916, 1919, 1924
—, Diacetoxy-, chlorid 10 1920, 1926
—, Diacetoxy-, methylester 10 1918,
1920, 1922, 1925, 1927
—, Diacetoxy-dioxo-, methylester
10 4763
—, Diacetoxy-oxo- 10 4648, 4650, 4652
—, Diacetoxy-oxo-, methylester 10 4650,
4651, 4653
—, Dibenzoyloxy-, methylester 10 1926
—, Dibrom-trihydroxy-, methylester
10 2311
—, Dihydroxy- 10 1915, 1918, 1921, 1923
—, Dihydroxy-, äthylester 10 1918, 1922
—, Dihydroxy-, methylester 10 1916,
1919, 1922, 1924, 1927
—, Dihydroxy-oxo- 10 4650, 4652
—, Dihydroxy-oxo-, methylester 10 4649,
4651, 4653
—, Dioxo- 10 3616, 3618
—, Dioxo-, methylester 10 3615, 3616,
3617, 3618, 3619
—, Formyloxy- 10 1058
—, Hydroxy- 10 1047, 1048, 1049, 1057
—, Hydroxy-, äthylester 10 1054
—, Hydroxy-, amid 10 1055
—, Hydroxy-, benzhydrylester 10 1054
—, Hydroxy-, methylester 10 1048,
1049, 1052, 1057, 1058, 1059
—, Hydroxy-acetoxy- 10 1916, 1919
—, Hydroxy-acetoxy-, äthylester
10 1923
—, Hydroxy-acetoxy-, methylester
10 1917, 1919, 1920, 1922
—, Hydroxy-acetoxy-oxo-, methylester
10 4650

Oleanensäure, Hydroxyimino- 10 3260
—, Hydroxyimino-, methylester 10 3261
—, Hydroxy-[methyl-crotonoyloxy]-oxo-
10 4649
—, Hydroxy-oxo- 10 4391, 4392, 4396,
4399, 4402
—, Hydroxy-oxo-, methylester 10 4392,
4393, 4395, 4396, 4397, 4399,
4401, 4402, 4403
—, Hydroxyphosphinylidendioxy- 10 1924
—, Hydroxy-semicarbazono-, methylester
10 4399
—, [Methyl-crotonoyloxy]-oxo- 10 4397
—, [Methyl-crotonoyloxy]-oxo-,
methylester 10 4398
—, [Methyl-crotonoyloxy]-semicarbazono-
10 4397
—, Nitro-acetoxy- 10 1055
—, Nitro-acetoxy-, methylester 10 1056
—, Nitro-hydroxy- 10 1055
—, Nitro-hydroxy-, methylester 10 1056
—, Oxo- 10 3260, 3262
—, Oxo-, methylester 10 3259, 3261, 3262
—, Oxo-formyl-, methylester 10 3619
—, Oxo-hydroxyimino-, methylester
10 3616, 3617, 3618
—, Oxo-hydroxymethylen-, methylester
10 3619
—, Oxo-semicarbazono-, methylester
10 3616, 3617, 3618, 3619
—, Pentahydroxy- 10 2579
—, Semicarbazono- 10 3260
—, Semicarbazono-, methylester 10 3262
—, Sulfinyldioxy-, äthylester 10 1926
—, Sulfinyldioxy-, methylester 10 1926
—, Trihydroxy- 10 2283
—, Trihydroxy-, methylester 10 2283
Oleanensäure-methylester 9 3132, 3133, 3134
Oleanentetrayltetrabenzoat 9 693
Oleanenthiosäure, Acetoxy-, methylester
10 1057
—, Diacetoxy-, methylester 10 1921
Oleanenthiosäure-benzylester 9 3133
Oleanintrisäure 9 4826
Oleanintrisäure-trimethylester 9 4827
Oleanolsäure 10 1049
—, Acetyl- 10 1051
—, Acetyl-, äthylester 10 1054
—, Acetyl-, chlorid 10 1055
—, Acetyl-, methylester 10 1053
—, Benzoyl- 10 1052
—, Benzoyl-, methylester 10 1054
—, Brom-acetyl-, lacton 10 1151
—, Diacetyl- 10 1054
—, Keto-acetyl- 10 1052
—, Keto-acetyl-, lacton 10 1052
—, Nitro- 10 1055
—, Nitro-, methylester 10 1056
—, Nitro-acetyl- 10 1055

Oleanolsäure, Nitro-acetyl-, methylester
10 1056
Oleanolsäure-äthylester 10 1054
— amid 10 1055
— benzhydrylester 10 1054
— methylester 10 1052
Oleanoltrisäure 9 4829
Oleanoltrisäure-trimethylester 9 4829
Oleanonsäure 10 3260
Oleanonsäure-methylester 10 3261
— methylester-oxim 10 3261
— methylester-semicarbazon 10 3262
— oxim 10 3260
— semicarbazon 10 3260
Oleanylensäure-methylester 10 1051
Olivetol, Bis-[dinitro-benzoyl]- 9 1909
Olivetolcarbonsäure 10 1577
Olivetonsäure 10 4565; O-Derivate s. unter
Benzoesäure
Olivetonsäure-methylester 10 4566
Olivetorsäure 10 4566
—, Trimethyl-, methylester 10 4567
Olivetorsäure-methylester 10 4566
Onoceradien, Bis-[dinitro-benzoyloxy]-
9 1915
—, Bis-[methoxy-benzoyloxy]- 10 316
—, Dibenzoyloxy- 9 608
Onoceradiendiyldibenzoat 9 608
α-Onocerin, Bis-[dinitro-benzoyl]-
9 1915
—, Bis-[methoxy-benzoyl]- 10 316
—, Dibenzoyl- 9 608
Opiansäure 10 4511
—, Brom- 10 4513
—, Chlor- 10 4513
—, Nitro- 10 4513
Opiansäure-acetonylester 10 4512
— benzylester 10 4512
Ornithin, Benzoyl- 9 1230, 1234
—, Benzoyl-benzoylcarbamoyl-,
benzoylamid 9 1233
—, Benzoyl-carbamoyl- 9 1230
—, Benzoyl-carbamoyl-, amid 9 1232
—, Benzoyl-carbamoyl-, methylester
9 1231
—, [Carboxy-äthyl]-benzoyl- 9 1235
—, Dibenzoyl- 9 1234
Ornithursäure 9 1234
Orsellinsäure 10 1479
Orthobenzoat, Triäthyl- 9 389
Orthobenzoesäure-dinaphthylester-
anhydrid 9 854
— triäthylester 9 389
Orthoessigsäure, Brom-phenyl-,
trimethylester 9 2276
—, Phenyl-, äthylester-dibutylester
9 2177
—, Phenyl-, äthylester-diisobutylester
9 2180

Orthoessigsäure, Phenyl-, äthylester-
diisopentylester 9 2180
—, Phenyl-, äthylester-
diisopropylester 9 2177
—, Phenyl-, äthylester-dipropylester
9 2178
—, Phenyl-, dimethylester-äthylester
9 2178
—, Phenyl-, methylester-diäthylester
9 2178
—, Phenyl-, methylester-dibutylester
9 2177
—, Phenyl-, methylester-
diisobutylester 9 2180
—, Phenyl-, methylester-
diisopentylester 9 2180
—, Phenyl-, methylester-
diisopropylester 9 2177
—, Phenyl-, methylester-dipropylester
9 2178
—, Phenyl-, triäthylester 9 2178
—, Phenyl-, trimethylester 9 2175
Orthokieselsäure-benzoesäure-anhydrid
9 1057
Orthokieselsäure-tetrakis-
[methoxycarbonyl-phenylester]
10 115
— tetrakis-[pentyloxycarbonyl-
phenylester] 10 123
Orthopropionsäure, Phenyl-,
triäthylester 9 2386
—, Phenyl-, trimethylester 9 2419
[1.2.5]Osmadioxolan-carbonsäure-dioxid,
Phenyl- 10 1525
Ososäure 10 2060
—, Trimethyl- 10 2061
—, Trimethyl-, dimethylester 10 2063
Ostreasterol, Benzoyl- 9 480
7-Oxa-14-aza-dispiro[5.1.5.2]⸗
pentadecanon, Dimethyl- 10 29
3-Oxa-bicyclo[3.2.1]octanon, Hydroxy-
tetramethyl- 10 2881
—, Semicarbazido-tetramethyl- 10 2881
3-Oxa-2.4-disila-pentan, Bis-
[dinitro-benzoyloxy]-tetramethyl-
9 1922
Oxalessigsäure s. Essigsäure, Oxal-
Oxalimidsäure-bis-[benzoyl-hydrazid]
9 1319
— bis-[benzoyloxy-phenylester] 9 552
Oxalsäure, Benzoyloxy-acetyl-,
nitril-amidin 9 1299
—, [Hydroxy-methoxy-o-phenylen]-di-,
dimethylester 10 4845
Oxalsäure-amid-benzoyloxyamid 9 1299
— bis-[amid-benzoylhydrazon] 9 1319
— bis-[(benzoyl-hydrazid)-imin] 9 1319
— bis-[benzoyloxy-phenylester]-diimid
9 552

Oxalsäure-nitril-[acetylamid-(benzoyl-oxim)]
   9 1299
— nitril-[benzoylamid-(acetyl-oxim)] 9 1114
— nitril-[benzoylamid-oxim] 9 1114
— nitril-[benzoyloxyamid-acetylimin]
   9 1299
Oxalyl-difluoren-dicarbonsäure-
   diäthylester 10 4101
Oxamid, Benzoyloxy- 9 1299
—, Phenylacetyl- 9 2207
Oxamid-bis-benzoylhydrazon 9 1319
Oxamohydroxamsäure, Benzoyl- 9 1299
2-Oxa-norbornan-dicarbonsäure,
   Brom-hydroxy- 10 4711
—, Brom-hydroxy-, dimethylester 10 4711
2-Oxa-spiro[4.5]decan-carbonsäure,
   Hydroxy-oxo- 10 3903
—, Hydroxy-oxo-methyl- 10 3915
2-Oxa-spiro[4.5]decanon, Hydroxy-[äthyl-
   phenyl]- 10 3208
—, Hydroxy-methyl-phenyl- 10 3202
—, Hydroxy-phenyl- 10 3196
—, Hydroxy-p-tolyl- 10 3203
8-Oxa-spiro[4.5]decanon, Hydroxy-äthyl-
   10 4891
—, Hydroxy-dimethyl- 10 2880
—, Hydroxy-isopropyl- 10 2889
—, Hydroxy-methyl-phenyl- 10 3204
—, Hydroxy-phenyl- 10 3198
2-Oxa-spiro[4.4]nonan-carbonsäure,
   Hydroxy-oxo-methyl- 10 3910
2-Oxa-spiro[4.4]nonanon, Hydroxy-[äthyl-
   phenyl]- 10 3204
—, Hydroxy-dimethyl- 10 2863
—, Hydroxy-indanyl- 10 3243
—, Hydroxy-[methyl-naphthyl]- 10 3361
—, Hydroxy-methyl-phenyl- 10 3198
—, Hydroxy-methyl-p-tolyl- 10 3205
—, Hydroxy-naphthyl- 10 3357, 3358
—, Hydroxy-phenyl- 10 3192
—, Hydroxy-p-tolyl- 10 3199
8-Oxa-spiro[4.5]nonanon, Hydroxy-äthyl-
   10 2879, 4891
3-Oxa-spiro[5.5]undecanon, Hydroxy-
   äthyl- 10 2887
—, Hydroxy-dimethyl- 10 2888
—, Hydroxy-heptyl- 10 2896
—, Hydroxy-isopropyl- 10 2890
—, Hydroxy-phenyl- 10 3202
Oxazolidinon, Diphenyl- 10 469
—, Phenyl-[methoxy-phenyl]- 10 470
—, Phenyl-[nitro-phenyl]- 10 470
Oxid, Bis-thiobenzoyl- 9 1972
[Oxo-methyl-(oxo-dimethyl-
   cyclohexylmethyl)-pentensäure]-
   benzoesäure-anhydrid 10 3534
Oxy-dibenzoesäure s. Benzoesäure, Oxy-di-
Oxy-dipropionsäure s. Propionsäure, Oxy-di-
Oxyhomocampholsäure, Phenyl- 10 927

P

Pachymasäure 10 1929
—, Acetyl- 10 1930
—, Acetyl-, methylester 10 1930
Palitantinsäure 10 2054
—, Tetrahydro- 10 2025
Pannarindisäure 10 2114
Pannarindisäure-dimethylester 10 2114
Pantopaque 9 2627
Pantothensäure, [Nitro-benzoyl]- 9 1685
—, [Nitro-benzoyl]-, methylester
   9 1685
Paraglykocholsäure 10 2176
Paraorsellinsäure 10 1509
Parasantonsäure 10 3541
—, Dibrom- 10 3541
—, Dioxy- 10 4730
Parinsäure 10 2446
Parkeol, Benzoyl- 9 486
Paucin 10 1841
Pedicin, Dibenzoyl- 9 848
Pelandjausäure s. Benzoesäure, Hydroxy-
   heptadecadienyl-
—, Tetrahydro- s. Benzoesäure, Hydroxy-
   heptadecyl-
Pelargonsäure s. Nonansäure
Peltigerin 10 1497
—, Triacetyl- 10 1498
Peltigersäure 10 1497
Peltigronsäure 10 1497
Penaldinsäure, Aryl- s. Arylpenaldinsäure
Penicillamin, Acetyl-[phenylacetyl-
   glycyl]- 9 2211
—, [Benzamino-äthoxycarbonyl-acetyl]-,
   methylester 9 1187
—, [Benzamino-diäthoxy-propionyl]-
   9 1203
—, [Benzamino-diäthoxy-propionyl]-,
   methylester 9 1203
—, [Benzamino-dimethoxymethyl-butyryl]-
   9 1207
—, [Benzamino-methoxycarbonyl-acetyl]-,
   methylester 9 1186
—, Benzoyl- 9 1182
—, Benzyl-benzoyl- 9 1182
—, Benzyl-benzoyl-, methylester 9 1183
—, Benzyl-[methyl-phenylacetyl-seryl]-
   9 2220
—, Benzyl-[(phenyl-acetamino)-
   äthoxycarbonyl-äthyliden]-
   9 2248
—, Benzyl-phenylacetyl- 9 2222
—, Benzyl-phenylacetyl-, methylester
   9 2222
—, Benzyl-[phenylacetyl-glycyl]-
   9 2211
—, Benzyl-[phenylacetyl-glycyl]-,
   methylester 9 2212

Penicillamin, Bis-phenylacetyl- 9 2294
—, Bis-[phenylacetyl-glycyl]-
   methylendi- 9 2211
—, Hippuroyl- 9 1135
—, [Methoxy-phenylacetylimino-
   propionyl]-, methylester 9 2233
—, [(Phenyl-acetamino)-äthoxycarbonyl-
   acetyl]-, methylester 9 2224
—, [(Phenyl-acetamino)-äthoxycarbonyl-
   vinyl]-benzyl- 9 2248
—, [(Phenyl-acetamino)-carboxy-acetyl]-
   9 2223
—, [(Phenyl-acetamino)-diäthoxy-
   propionyl]- 9 2237
—, {[(Phenyl-acetamino)-dimethoxy-
   äthyl]-carbamoyl}-, methylester
   9 2203
—, [(Phenyl-acetamino)-dimethoxymethyl-
   butyryl]- 9 2241
—, [(Phenyl-acetamino)-dimethoxy-
   propionyl]- 9 2236
—, [(Phenyl-acetamino)-dimethoxy-
   propionyl]-, methylester 9 2237
—, [(Phenyl-acetamino)-methoxy-
   acryloyl]-, methylester 9 2233
—, [(Phenyl-acetamino)-methoxycarbonyl-
   äthyl]- 9 2247
—, Phenylacetyl- 9 2221
—, Phenylacetyl-, methylester 9 2222
—, [Phenylacetyl-glycyl]- 9 2210
—, [Phenylacetyl-glycyl]-, methylester
   9 2212
—, [Phenylacetylimino-äthoxycarbonyl-
   äthyl]-benzyl- 9 2248
—, Phenylthioacetyl- 9 2296
Penilloaldehyd, Aryl- s. *Arylpenilloaldehyd*
Pentacosadodecaensäure, Hexamethyl-
   [trimethyl-cyclohexenyl]- 9 3661
—, Hexamethyl-[trimethyl-cyclohexenyl]-,
   methylester 9 3662
Pentadecaheptaensäure, Trimethyl-
   [dihydroxy-trimethyl-cyclohexyl]-
   10 1988
—, Trimethyl-[dihydroxy-trimethyl-
   cyclohexyl]-, methylester 10 1988
Pentadecanamid, Dimethyl-cyclopentenyl-
   9 295
Pentadecanol, Benzaminomethyl- 9 1087
—, Tetramethyl-[bis-(brom-benzoyloxy)-
   trimethyl-phenyl]- 9 1412
Pentadecansäure, Dimethyl-cyclopentenyl-
   9 295
—, Dimethyl-cyclopentenyl-, amid
   9 295
—, Methyl-cyclopentenyl- 9 295
—, Methyl-cyclopentyl- 9 138
—, Oxo-phenyl- 10 3125
—, Oxo-phenyl-, äthylester 10 3125
—, Phenyl- 9 2648

Pentadecansäure, Phenyl-,
   [brom-phenacylester] 9 2648
—, Semicarbazono-phenyl- 10 3125
Pentadienal, Benzoyloxy- 9 725
—, Benzoyloxy-, azin 9 725
Pentadienamid, Phenyl- 9 3072
Pentadien-hexacarbonsäure-
   hexamethylester 9 4919
Pentadienimidoylchlorid, Phenyl- 9 3072
Pentadienimidsäure, Phenyl-, chlorid
   9 3072
Pentadiennitril, Brom-diphenyl- 9 3513
—, Diphenyl- 9 3513, 3516
—, Methyl-[trimethyl-cyclohexenyl]-
   9 2616, 2617
—, Nitro-phenyl-[brom-phenyl]-
   9 3514, 3515
—, Phenyl- 9 3072
—, Phenyl-[dimethoxy-phenyl]- 10 2007
Pentadienon, Diphenyl-bis-[benzoyloxy-
   phenyl]- 9 808
Pentadienoylchlorid, Methyl-[trimethyl-
   cyclohexenyl]- 9 2616
—, Phenyl-cyan- 9 4433
Pentadiensäure, Äthyl-phenyl- 9 3083
—, Bis-[nitro-phenyl]- 9 3515
—, Brom-diphenyl- 9 3516
—, Brom-diphenyl-, nitril 9 3513
—, Brom-phenyl- 9 3073
—, Brom-phenyl-, methylester 9 3073
—, Brom-phenyl-cyan-, äthylester
   9 4434
—, Brom-phenyl-cyan-, methylester
   9 4434
—, [Chlor-phenyl]- 9 3073
—, [Chlor-phenyl]-, methylester 9 3073
—, Dibrom-phenyl-, methylester 9 3074
—, Dihydroxy-p-phenylen-di-,
   diäthylester 10 4073
—, Diphenyl- 9 3512, 3516
—, Diphenyl-, äthylester 9 3516
—, Diphenyl-, [diäthylamino-äthylester]
   9 3512
—, Diphenyl-, methylester 9 3512
—, Diphenyl-, nitril 9 3513, 3516
—, Diphenyl-cyan- 9 4657
—, Diphenyl-[oxo-phenyl-indenyl]-
   10 3509
—, Hexanoylamino-phenyl- 10 3157
—, Hydroxy-[bis-methoxycarbonyloxy-
   phenyl]-, äthylester 10 4604
—, Hydroxy-[bis-methoxycarbonyloxy-
   phenyl]-[bis-methoxycarbonyloxy-
   cinnamoyl]-, äthylester 10 4856
—, Hydroxy-bis-[methoxy-phenyl]-
   10 4693
—, Hydroxy-bis-[methoxy-phenyl]-,
   methylester 10 4693
—, Hydroxy-cyclohexyl- 10 2917

Pentadiensäure, Hydroxy-[dimethyl-
decahydro-cyclopenta[a]phenanthrenyl]-,
äthylester 10 3368
—, Hydroxy-[dimethyl-decahydro-
cyclopenta[a]phenanthrenyl]-,
methylester 10 3367
—, [Hydroxy-dioxo-bis-(carboxy-phenyl)-
cyclohexadienyl]- 10 4866
—, Hydroxy-diphenyl-, äthylester
10 3385
—, Hydroxy-diphenyl-acetyl-,
äthylester 10 3659
—, Hydroxy-[methoxycarbonyloxy-phenyl]-,
äthylester 10 4336
—, Hydroxy-[methoxycarbonyloxy-phenyl]-
acetyl-, äthylester 10 4632
—, Hydroxy-[methoxycarbonyloxy-phenyl]-
cinnamoyl-, äthylester 10 4705
—, Hydroxy-[methoxycarbonyloxy-phenyl]-
[methoxycarbonyloxy-cinnamoyl]-,
äthylester 10 4793
—, Hydroxy-[methoxy-methoxycarbonyloxy-
phenyl]-, äthylester 10 4604
—, Hydroxy-[methoxy-phenyl]-,
äthylester 10 4336
—, Hydroxy-[methoxy-phenyl]-acetyl-,
äthylester 10 4632
—, Hydroxy-[methoxy-phenyl]-[methoxy-
methyl-isopropyl-phenyl]- 10 4696
—, Hydroxy-[methoxy-phenyl]-[methoxy-
methyl-phenyl]- 10 4694
—, Hydroxy-naphthyl-acetyl-,
äthylester 10 3627
—, Hydroxy-[nitro-phenyl]-, äthylester
10 3157
—, Hydroxy-[nitro-phenyl]-cinnamoyl-,
äthylester 10 3664
—, Hydroxy-[nitro-phenyl]-[nitro-
cinnamoyl]-, äthylester 10 3664
—, Hydroxy-phenyl- 10 3155
—, Hydroxy-phenyl-, äthylester 10 3156
—, Hydroxy-phenyl-, methylester 10 3156
—, Hydroxy-phenyl-, nitril 10 3156
—, Hydroxy-phenyl-[(äthoxy-
äthoxycarbonyl-äthyliden)-
carbamimidoyl]-, äthylester
10 3978
—, Hydroxy-phenyl-benzyl- 10 3393
—, Hydroxy-phenyl-cinnamoyl-,
äthylester 10 3664
—, Hydroxy-phenyl-[dinitro-phenyl]-,
äthylester 10 3384
—, Hydroxy-phenyl-[methoxycarbonyloxy-
cinnamoyl]-, äthylester 10 4705
—, Hydroxy-phenyl-[nitro-cinnamoyl]-,
äthylester 10 3664
—, Hydroxy-phenyl-[phenyl-propionyl]-,
äthylester 10 3660
—, Isopropenyl-phenyl- 9 3229

Pentadiensäure, Methoxy-[dimethyl-
decahydro-cyclopenta[a]phenanthrenyl]-,
methylester 10 1298
—, Methoxy-[hydroxy-dimethyl-
dodecahydro-cyclopenta[a]-
phenanthrenyl]- 10 1987
—, Methoxy-[hydroxy-dimethyl-
dodecahydro-cyclopenta[a]-
phenanthrenyl]-, methylester
10 1987
—, Methyl-phenyl- 9 3078, 3080
—, Methyl-phenyl-cyan-, methylester
9 4442
—, Methyl-[trimethyl-cyclohexenyl]-
9 2614, 2616
—, Methyl-[trimethyl-cyclohexenyl]-,
äthylester 9 2615, 2616
—, Methyl-[trimethyl-cyclohexenyl]-,
chlorid 9 2616
—, Methyl-[trimethyl-cyclohexenyl]-,
nitril 9 2616, 2617
—, Methyl-[trimethyl-cyclohexenyl]-
cyan- 9 4360, 4361
—, Methyl-[trimethyl-cyclohexenyl]-
cyan-, methylester 9 4360, 4361
—, [Nitro-benzoyloxy]-[dimethyl-
decahydro-cyclopenta[a]-
phenanthrenyl]-, methylester
10 1298
—, Nitro-diphenyl-, methylester 9 3514
—, Nitro-phenyl-[brom-phenyl]-, nitril
9 3514, 3515
—, Pentyl-phenyl-cyan-, äthylester
9 4452
—, Phenyl- 9 3070
—, Phenyl-, amid 9 3072
—, Phenyl-, anhydrid 9 3072
—, Phenyl-, [chlorid-imin] 9 3072
—, Phenyl-, cholesterylester 9 3071
—, Phenyl-, methylester 9 3071
—, Phenyl-, nitril 9 3072
—, [Phenyl-acetamino]-phenyl- 10 3158
—, Phenyl-[chlor-phenyl]- 9 3513
—, Phenyl-cyan- 9 4433
—, Phenyl-cyan-, äthylester 9 4433
—, Phenyl-cyan-, chlorid 9 4433
—, Phenyl-cyan-, methylester 9 4433
—, Phenyl-[dimethoxy-phenyl]-, nitril
10 2007
—, Phenyl-[methoxy-phenyl]- 10 1309
—, Phenyl-[nitro-phenyl]- 9 3513, 3514
—, Phenyl-[nitro-phenyl]-, methylester
9 3514
—, [Triacetoxy-dioxo-carboxy-dihydro-
phenanthryl]- 10 4865
—, [Trihydroxy-dioxo-carboxy-dihydro-
phenanthryl]- 10 4865
Pentaerythrit, Dibenzoyl- 9 688
—, Dimethyl-dibenzoyl- 9 688

Pentaerythrit, [Nitroso-benzoyl]- 9 1464
—, Tetrabenzoyl- 9 688
—, Tribenzoyl-[nitroso-benzoyl]-
9 1464
—, Trimethyl-[nitro-benzoyl]- 9 1668
Pentaglycin, [Nitro-benzoyl]- 9 1727
Pentalen-carbonsäure, Dihydroxy-
trimethyl-hexahydro-, methylester
10 1358
—, Dioxo-octahydro-, äthylester
10 3527
—, Hydroxy-hexahydro-, äthylester
10 2903
—, Hydroxy-oxo-hexahydro-, äthylester
10 3527
—, [Methyl-carboxy-propyl]-
s. Valeriansäure, [Carboxy-
pentalenyl]-
—, Methyl-[hydroxy-methyl-diphenyl-
butyl]-octahydro- 9 4033
—, Methyl-[methyl-carboxy-äthyl]-
octahydro- 9 4029
—, Oxo-methyl-octahydro- 10 2911
—, Oxo-methyl-octahydro-, äthylester
10 2911
—, Oxo-octahydro- 10 2903
—, Oxo-octahydro-, äthylester 10 2903
—, Semicarbazono-octahydro- 10 2903
—, Trimethyl-acetyl-hexahydro- 10 2948
—, Trimethyl-acetyl-hexahydro-,
methylester 10 2948
—, Trimethyl-carboxymethyl-octahydro-
9 4030
—, Trimethyl-hexahydro- 9 259
—, Trimethyl-[semicarbazono-äthyl]-
hexahydro- 10 2948
—, Trimethyl-tetrahydro- 9 334
—, Trimethyl-tetrahydro-, methylester
9 335
Pentalen-dicarbonsäure, Brom-trimethyl-
hexahydro- 9 4017
—, Brom-trimethyl-hexahydro-,
dimethylester 9 4018
—, Brom-trimethyl-hexahydro-,
methylester 9 4017
—, Dihydroxy-tetrahydro-, diäthylester
10 4054
—, Dioxo-octahydro-, diäthylester 10 4054
—, Hydroxy-hexahydro-, diäthylester
10 3930
—, Hydroxyimino-dimethyl-hexahydro-
10 3935
—, Hydroxyimino-dimethyl-hexahydro-,
dimethylester 10 3935
—, Hydroxy-methyl-hexahydro- 10 3933
—, Hydroxy-methyl-hexahydro-,
diäthylester 10 3933
—, Hydroxy-trimethyl-hexahydro-,
dimethylester 10 2054

Pentalen-dicarbonsäure, Octahydro- 9 3990
—, Oxo-dimethyl-hexahydro- 10 3935
—, Oxo-dimethyl-hexahydro-,
dimethylester 10 3935
—, Oxo-dimethyl-hexahydro-,
methylester 10 3935
—, Oxo-methyl-octahydro- 10 3933
—, Oxo-methyl-octahydro-, diäthylester
10 3933
—, Oxo-octahydro-, diäthylester
10 3930
—, Semicarbazono-dimethyl-hexahydro-,
dimethylester 10 3935
—, Semicarbazono-methyl-octahydro-
10 3933
—, Semicarbazono-methyl-octahydro-,
diäthylester 10 3933
—, Trimethyl-hexahydro- 9 4016
—, Trimethyl-hexahydro-, methylester
9 4017
—, Trimethyl-tetrahydro- 9 4069
—, Trimethyl-tetrahydro-,
dimethylester 9 4069
Pentalenol, Benzoyloxy-diphenyl-
octahydro- 9 648
Pentalen-tetracarbonsäure, Dihydrazono-
octahydro-, tetramethylester
10 4170
—, Dihydroxy-dihydro-,
tetramethylester 10 4171
—, Dihydroxy-tetrahydro-,
tetramethylester 10 4170
—, Dioxo-hexahydro-, tetramethylester
10 4171
—, Dioxo-octahydro-, tetramethylester
10 4170
Pentamethylendiamin s. Pentandiyldiamin
Pentan, Acetamino-benzamino- 9 1220
—, Amino-benzamino- 9 1219
—, Benzamino-benzoyloxy- 9 1083
—, Benzamino-dimethyl- 9 1074
—, Benzamino-[isopropyl-benzoyl-amino]-
methyl- 9 1222
—, Benzamino-methyl- 9 1073
—, Benzamino-methyl-benzaminomethyl-
9 1223
—, Benzamino-trimethyl- 9 1075
—, Benzoyloxy- 9 396
—, Benzoyloxy-dimethyl- 9 399
—, Benzoyloxy-methyl- 9 398
—, Benzoyloxy-phenyl- 9 439
—, Bis-[äthoxycarbimidoyl-phenoxy]-
10 344
—, Bis-[äthoxycarbonyl-phenylmercapto]-
10 391
—, Bis-benzamino- 9 1220, 1221
—, Bis-benzamino-dimethyl- 9 1223
—, Bis-benzamino-methyl- 9 1222
—, Bis-benzoyloxyimino- 9 1284

Pentan, Bis-benzoyloxyimino-diphenyl-
9 1290
—, Bis-[benzoyloxy-phenyl]- 9 628
—, Bis-[brom-carbamimidoyl-phenoxy]-
10 366
—, Bis-[brom-cyan-phenoxy]- 10 365
—, Bis-[brom-guanyl-phenoxy]- 10 366
—, Bis-[carbamimidoyl-naphthyloxy]-
10 1100
—, Bis-[carbamimidoyl-phenoxy]- 10 256,
351
—, Bis-[carboxy-phenylmercapto]-
10 268, 391
—, Bis-[carboxy-phenylsulfon]- 10 268, 391
—, Bis-[chlor-carbamimidoyl-phenoxy]-
10 361
—, Bis-[chlor-cyan-phenoxy]- 10 361
—, Bis-[chlor-guanyl-phenoxy]- 10 361
—, Bis-[cyan-naphthyloxy]- 10 1070, 1099
—, Bis-[cyan-phenoxy]- 10 346
—, Bis-[dibenzoyloxy-phenyl]- 9 696
—, Bis-[dinitro-benzoyloxy]- 9 1894
—, Bis-[dioxo-dihydro-
anthracencarbonyloxy]- 10 3645
—, Bis-[guanyl-phenoxy]- 10 256, 351
—, Bis-[hydroxy-äthoxycarbonyl-
phenylmercapto]- 10 1394
—, Bis-[hydroxy-äthoxycarbonyl-
phenylsulfon]- 10 1394
—, Bis-[hydroxy-carboxy-phenylmercapto]-
10 1391
—, Bis-[hydroxy-carboxy-phenylsulfon]-
10 1391
—, Bis-[jod-carbamimidoyl-phenoxy]-
10 369
—, Bis-[jod-cyan-phenoxy]- 10 368
—, Bis-[jod-guanyl-phenoxy]- 10 369
—, Bis-[methoxy-benzoyloxy-phenyl]-
9 696
—, Bis-[methoxy-carbamimidoyl-phenoxy]-
10 1431
—, Bis-[methoxy-cyan-phenoxy]- 10 1430
—, Bis-[methyl-carbamimidoyl-phenoxy]-
10 514
—, Bis-[methyl-cyan-phenoxy]- 10 514
—, Bis-[nitro-benzoylhydrazono]-
9 1532
—, Bis-[nitro-benzoyloxy]- 9 1628
—, Bis-[nitro-benzoyloxy]-methyl-
9 1629
—, Bis-[nitro-carbamimidoyl-phenoxy]-
10 381
—, Bis-[nitro-cyan-phenoxy]- 10 381
—, Bis-[nitro-guanyl-phenoxy]- 10 381
—, Brom-benzoyloxy- 9 396
—, [*tert*-Butyl-(nitro-benzoyl)-amino]-
[nitro-benzoyloxy]- 9 1723
—, [Carbamimidoyl-phenoxy]-[brom-
carbamimidoyl-phenoxy]- 10 366

Pentan, [Carbamimidoyl-phenoxy]-
[jod-carbamimidoyl-phenoxy]-
10 369
—, [Carboxy-benzoyloxy]-phenyl- 9 4163
—, Chlor-benzamino- 9 1072
—, Chlor-benzoyloxy- 9 396
—, Chlor-[dinitro-benzoyloxy]-phenyl-
9 1854
—, [Cyan-phenoxy]-[brom-cyan-phenoxy]-
10 365
—, [Cyan-phenoxy]-[jod-cyan-phenoxy]-
10 368
—, Diacetoxy-tribenzoyloxy- 9 702
—, Diäthylamino-[äthoxy-benzoyloxy]-
methyl- 10 36
—, Diäthylamino-[amino-benzylidenamino]-
9 13272
—, Diäthylamino-benzimidoylamino-
9 1272
—, Diäthylamino-benzohydroximoylamino-
9 1309
—, Diäthylamino-benzoyloxy- 9 885, 886
—, Diäthylamino-diphenylacetylmercapto-
9 3316
—, Diäthylamino-[nitro-benzoylmercapto]-
9 1995
—, Diäthylamino-phenoxy-benzoyloxy-
9 892
—, Diäthylamino-[phenyl-butyryloxy]-
9 2464
—, Diäthylamino-[phenyl-hexanoyloxy]-
9 2540
—, Diäthylamino-[phenyl-pentenoyloxy]-
9 2782
—, Diäthylamino-[phenyl-propionyloxy]-
9 2420
—, Diäthylamino-[phenyl-valeryloxy]-
9 2507
—, Diäthylamino-*p*-tolyloxy-
benzoyloxy- 9 892
—, Dibenzoyloxy- 9 541
—, Dibenzoyloxy-methyl- 9 541
—, Dimethoxy-bis-[carboxy-benzoyloxy]-
9 4186
—, Dimethoxy-[nitro-benzoyloxy]-
9 1660
—, Dimethylamino-benzoyloxy- 9 885
—, Dimethylamino-benzoyloxy-dimethyl-
9 890
—, Dimethylamino-benzoyloxy-methyl-
9 889
—, Dimethylamino-cinnamoyloxy-dimethyl-
9 2709
—, Dimethylamino-[nitro-benzoyloxy]-
dimethyl- 9 1705
—, Dimethylamino-[nitro-benzoyloxy]-
methyl- 9 1704
—, Dimethylamino-phenoxy-benzoyloxy-
9 891

Pentan, [Dinitro-benzoyloxy]-dimethyl-
9 1789, 1790
—, [Dinitro-benzoyloxy]-dimethyl-
neopentyl- 9 1796
—, [Dinitro-benzoyloxy]-methyl-
9 1785, 1786, 1787
—, [Dinitro-benzoyloxy]-methyl-
fluorenyl- 9 1888
—, [Dinitro-benzoyloxy]-phenyl- 9 1855
—, [Dinitro-benzoyloxy]-trimethyl-
tert-butyl- 9 1796
—, [Guanyl-phenoxy]-[brom-guanyl-
phenoxy]- 10 366
—, [Guanyl-phenoxy]-[jod-guanyl-
phenoxy]- 10 369
—, Jod-benzamino- 9 1072
—, Methoxy-[dinitro-benzoyloxy]-
9 1894
—, Methylamino-benzamino- 9 1220
—, Methyl-bis-[benzoyloxy-phenyl]-
9 630
—, Methyl-[(dinitro-benzoyloxy)-methyl]-
9 1790
—, Nitro-benzamino- 9 1072
—, Nitro-benzoyloxy- 9 396
—, [Nitro-benzoyloxy]-äthyl-phenyl-
9 1596
—, [Nitro-benzoyloxy]-benzyl- 9 1596
—, [Nitro-benzoyloxy]-methyl-[(nitro-
benzoyloxy)-methyl]- 9 1630
—, [Nitro-benzoyloxy]-methyl-phenyl-
9 1595
—, [Nitro-benzoyloxy]-[(nitro-
benzoyloxy)-methyl]- 9 1629
—, [Nitro-carboxy-benzoyloxy]-phenyl-
9 4227
—, Pentagalloyloxy- 10 2085
—, Pentakis-[triacetoxy-benzoyloxy]-
10 2085
—, [Phenoxy-äthylamino]-benzamino-
9 1220
—, Phenoxy-[dinitro-benzoyloxy]-propyl-
9 1896
—, [Phenoxy-propylamino]-benzamino-
9 1220
—, Tetrabenzoyloxy- 9 688
—, Tetradeuterio-[dinitro-benzoyloxy]-
9 1784
—, Triacetoxy-dibenzoyloxy- 9 702
—, Tris-benzoyloxyimino-phenyl- 9 1292
Pentan-carbonsäure, Dicyclohexyl-
9 292
Pentandion, Äthoxy-benzaminomethyl-
9 1111
—, Äthoxy-benzaminomethylen- 9 1111
—, Äthoxy-benzoyliminomethyl- 9 1111
—, Benzaminomethyl- 9 1109
—, Diphenyl-, bis-[benzoyl-oxim]
9 1290

Pentandion-bis-[benzoyl-oxim] 9 1284
Pentandiyldiamin, Acetyl-benzoyl-
9 1220
—, Benzoyl- 9 1219
—, Dibenzoyl- 9 1220
—, Methyl-benzoyl- 9 1220
—, [Phenoxy-äthyl]-benzoyl- 9 1220
—, [Phenoxy-propyl]-benzoyl- 9 1220
Pentanol, Benzamino- 9 1083
—, Benzamino-methyl-äthyl- 9 1086
—, Benzamino-methyl-propyl- 9 1087
—, Benzamino-propyl- 9 1086
—, [Methoxy-benzoyloxy-phenyl]- 9 675
—, [Nitro-benzamino]-dimethyl- 9 1724
—, [Nitro-benzamino]-methyl- 9 1724
—, [Nitro-benzoyloxy]-trimethyl- 9 1631
—, [(Phenyl-acetamino)-methyl]- 9 2199
—, Trichlor-benzamino- 9 1084
Pentanon, Benzamino- 9 1106
—, Benzoyloxy- 9 722
—, [Benzoyloxy-methyl-phenyl]- 9 734
—, [Benzoyloxy-phenyl]- 9 734
—, Bis-benzoyloxyimino- 9 1291
—, Bis-[dinitro-benzoyloxy]- 9 1931
—, Bis-[nitro-benzoyloxy]-dimethyl-
[(nitro-benzoyloxy)-methyl]-
9 1680
—, Bis-[nitro-benzoyloxy]-methyl-
9 1677
—, Bis-[(nitro-benzoyloxy)-methyl]-
9 1678
—, [Brom-benzoylhydrazono]- 9 1402
—, Dibenzoyloxy- 9 780
—, Dibenzoyloxy-dimethyl-
benzoyloxymethyl- 9 808
—, [Dinitro-benzoyloxy]-[methoxy-
phenyl]- 9 1932
—, [Dinitro-benzoyloxy]-methyl- 9 1922
—, [Dinitro-benzoyloxy]-phenyl- 9 1928
—, [Methoxy-benzoyloxy-phenyl]- 9 789
—, Methyl-, [nitro-benzoylhydrazon]
9 1525
—, [Nitro-benzoyloxy]- 9 1670
—, [Nitro-benzoyloxy]-, semicarbazon
9 1671
—, [Nitro-benzoyloxy]-[methoxy-phenyl]-
9 1680
—, [Nitro-benzoyloxy]-methyl- 9 1671
—, [Nitro-benzoyloxy]-methyl-[(nitro-
benzoyloxy)-methyl]- 9 1678
—, [Nitro-benzoyloxy]-trimethyl- 9 1672
—, Trichlor-benzoyloxy- 9 722
—, Tris-[(nitro-benzoyloxy)-methyl]-
9 1680
**A.24.25.26.27-Pentanor-cucurbiten-
carbonsäure,** Trihydroxy-dioxo-
10 4809
—, Trihydroxy-dioxo-, methylester
10 4810

A.23.24.25.27-Pentanor-ursadiensäure,
Methyl-isopropyl- 9 3264
A.C.23.24.25-Pentanor-ursandisäure,
Hydroxy-methyl-isopropyl- 10 2280
Pentan-tetracarbonsäure,
[Bis-methoxycarbonyl-methyl]-
phenyl-, tetramethylester 9 4915
—, Diphenyl-, tetraäthylester 9 4895
—, Methyl-[methyl-(methyl-carboxy-
propyl)-carboxy-cyclopentyl]-
9 4911
—, Phenyl-, tetraäthylester 9 4877, 4878
Pentan-tricarbonitril, [Chlor-phenyl]-
9 4813
—, p-Cumenyl- 9 4817
—, Cyclohexenyl- 9 4778
—, [Dimethoxy-phenyl]- 10 2604
—, [Isopropyl-phenyl]- 9 4817
—, Naphthyl- 9 4836
—, [Nitro-phenyl]- 9 4813
—, Phenyl- 9 4813
Pentan-tricarbonsäure, Benzoyl-,
äthylester-dinitril 10 4130
—, [Chlor-phenyl]- 9 4813
—, [Chlor-phenyl]-, trinitril 9 4813
—, p-Cumenyl- 9 4816
—, p-Cumenyl-, triäthylester 9 4816
—, [Cyan-cyclohexyl]-, diäthylester-
nitril 9 4856
—, Cyclohexenyl-, trinitril 9 4778
—, [Dimethoxy-phenyl]-, nitril 10 2604
—, [Dimethoxy-phenyl]-, trinitril
10 2604
—, Diphenyl- 9 4841
—, [Isopropyl-phenyl]- 9 4816
—, [Isopropyl-phenyl]-, triäthylester
9 4816
—, [Isopropyl-phenyl]-, trinitril
9 4817
—, Methyl-[äthoxycarbonyl-cyclohexyl]-,
triäthylester 9 4857
—, Methyl-[methoxy-phenyl]-,
triäthylester 10 2579
—, Methyl-phenyl- 9 4815
—, Methyl-phenyl-, triäthylester
9 4815
—, Naphthyl-, amid 9 4836
—, Naphthyl-, trinitril 9 4836
—, [Nitro-phenyl]- 9 4813
—, [Nitro-phenyl]-, trinitril 9 4813
—, Oxo-[methoxy-dimethyl-phenyl]-,
triäthylester 10 4848
—, Oxo-[nitro-phenyl]-, äthylester-
amid-nitril 10 4130
—, Oxo-phenyl-, äthylester-amid-nitril
10 4129
—, Oxo-phenyl-, äthylester-dinitril 10 4130
—, Oxo-styryl-, äthylester-amid-nitril
10 4137

Pentan-tricarbonsäure, Phenyl-
9 4811, 4812
—, Phenyl-, amid 9 4812
—, Phenyl-, diäthylester-nitril
9 4811, 4813
—, Phenyl-, triäthylester 9 4811, 4812
—, Phenyl-, trinitril 9 4813
Pentan-tricarbonsäure-[benzamino-
methylamid] 9 1091
— diäthylester-[benzamino-methylamid]
9 1091
Pentantriol, Dibenzoyloxy- 9 701
Pentantrion, Phenyl-, tris-[benzoyl-
oxim] 9 1292
Pentantrion-bis-[benzoyl-oxim] 9 1291
Pentaphen-carbonsäure, Acetoxy-
10 1345
—, Acetoxy-, anhydrid 10 1346
—, Hydroxy- 10 3497
—, Oxo-dihydro- 10 3497
—, Tetrahydro- 9 3659
—, Tetraoxo-tetrahydro- 10 4096
Penten, Benzoyloxy- 9 402
—, Benzoyloxy-dimethyl- 9 406
—, Benzoyloxy-methyl- 9 403
—, Bis-[benzoyloxy-phenyl]- 9 636
—, Bis-[nitro-benzoyloxy]-äthyl-phenyl-
9 1648
—, Bis-[nitro-benzoyloxy]-phenyl-
9 1648
—, [Carboxy-benzoyloxy]-methyl-
[dimethyl-tricyclo[2.2.1.0$^{2.6}$]=
heptyl]- 9 4164
—, [Carboxy-benzoyloxy]-methyl-[methyl-
methylen-norbornyl]- 9 4164
—, Chlor-[nitro-benzoyloxy]-äthyl-
phenyl- 9 1605
—, Chlor-[nitro-benzoyloxy]-methyl-
phenyl- 9 1604
—, [Dinitro-benzoyloxy]-dimethyl-
9 1804
—, [Dinitro-benzoyloxy]-[(dinitro-
benzoyloxy)-methyl]- 9 1898
—, [Dinitro-benzoyloxy]-methyl- 9 1802
—, [Dinitro-benzoyloxy]-phenyl- 9 1862
—, [Dinitro-benzoyloxy]-trimethyl-
9 1807
—, [Nitro-benzoyloxy]- 9 1470, 1494, 1551
—, [Nitro-benzoyloxy]-phenyl- 9 1603
—, [Nitro-benzoyloxy]-trimethyl-
9 1556
—, Nitro-[dinitro-benzoyloxy]- 9 1800
—, Veratroyloxy-[hydroxy-dimethoxy-
phenyl]- 10 1419
—, Veratroyloxy-[methansulfonyloxy-
dimethoxy-phenyl]- 10 1419
Pentenamid, Äthoxy-phenyl- 10 875
—, Äthyl-phenyl- 9 2833
—, Cyclohexenyl- 9 316

Pentenamid, Cyclohexyl- 9 224
—, Dimethyl-phenyl- 9 2835
—, Diphenyl- 9 3468, 3469
—, Methyl-phenyl- 9 2811
—, Oxo-triphenyl- 10 3477
—, Phenäthyl- 9 2833
—, Phenyl- 9 2781, 2782, 2787
—, [Tetrahydro-naphthyl]- 9 3101
Penten-bis-dithiosäure, Benzoyloxy-
    9 868
Pentendisäure, [Acetoxy-phenyl]-
    10 2260
—, [Äthoxy-methyl-phenyl]- 10 2265, 2266
—, [Äthoxy-phenyl]- 10 2261
—, [Äthoxy-phenyl]-, anilid 10 2261
—, Benzyl- 9 4393, 4394
—, Benzyl-, diäthylester 9 4394
—, Benzyl-äthyliden- 9 4444
—, Benzyl-äthyliden-, diäthylester
    9 4444
—, [Brom-benzoyl]-[brom-phenacyl]-
    10 4090
—, [Brom-benzoyl]-[brom-phenacyl]-,
    dimethylester 10 4090
—, [Chlor-phenyl]- 9 4388
—, [Diacetoxy-phenyl]-, diäthylester
    10 2472
—, [Dihydroxy-phenyl]- 10 2472
—, [Dihydroxy-phenyl]-, diäthylester
    10 2472
—, [Dimethoxy-phenyl]- 10 2472
—, [Dimethoxy-phenyl]-, dimethylester
    10 2472
—, [Dimethoxy-m-phenylen]-bis- 10 2634
—, Dimethyl-benzyl-, diäthylester 9 4412
—, Diphenyl- 9 4608, 4609
—, Diphenyl-, diäthylester 9 4609
—, Diphenyl-, dimethylester 9 4609
—, Hydroxy-cinnamoyl-, äthylester
    10 4069
—, Hydroxy-diphenyl-, dinitril 10 4012
—, Hydroxy-[hydroxy-cinnamyliden]-,
    äthylester 10 4069
—, Hydroxy-[hydroxy-cinnamyliden]-,
    diäthylester 10 4069
—, [Hydroxy-naphthyl]- 10 2348
—, Hydroxy-oxo-[hydroxy-phenyl]-,
    dinitril 10 4807
—, [Hydroxy-phenyl]- 10 2260
—, [Hydroxy-phenyl]-, anilid 10 2260
—, [Hydroxy-phenyl]-, diäthylester
    10 2261
—, [Hydroxy-phenyl]-cyan-,
    diäthylester 10 2579
—, [Methoxy-methyl-phenyl]- 10 2265, 2266
—, [Methoxy-methyl-phenyl]-acetyl-,
    äthylester 10 4753
—, [Methoxy-methyl-phenyl]-benzyliden-,
    äthylester 10 2398

Pentendisäure, [Methoxy-methyl-phenyl]-
    [hydroxy-äthyliden]-, äthylester 10 4753
—, [Methoxy-methyl-phenyl]-
    [semicarbazono-äthyl]-,
    äthylester 10 4753
—, [Methoxy-naphthyl]- 10 2349, 2350
—, [Methoxy-naphthyl]-, äthylester
    10 2350
—, [Methoxy-naphthyl]-, methylester
    10 2349
—, [Methoxy-phenyl]- 10 2261
—, [Methoxy-phenyl]-, äthylester
    10 2261
—, [Methoxy-phenyl]-, diäthylester 10 2262
—, [Methoxy-phenyl]-acetyl-,
    äthylester 10 4751
—, [Methoxy-phenyl]-benzyliden- 10 2395
—, [Methoxy-phenyl]-benzyliden-,
    äthylester 10 2396
—, [Methoxy-phenyl]-benzyliden-,
    diäthylester 10 2396
—, [Methoxy-phenyl]-cyan-,
    diäthylester 10 2579
—, [Methoxy-phenyl]-[hydroxy-äthyliden]-,
    äthylester 10 4751
—, [Methoxy-phenyl]-[semicarbazono-
    äthyl]-, äthylester 10 4752
—, Methyl-benzyl- 9 4405, 4406
—, Methyl-benzyl-, diäthylester
    9 4405, 4406
—, Methyl-benzyl-, nitril 9 4406
—, Methyl-benzyl-cyan-, diäthylester
    9 4823
—, Methyl-[methoxy-phenyl]- 10 2264
—, Methyl-[methoxy-phenyl]-,
    diäthylester 10 2264
—, Methyl-phenyl-cyan-, diäthylester
    9 4822
—, Naphthyl- 9 4528
—, Phenyl- 9 4387, 4389
—, Phenyl-, äthylester-nitril 9 4388
—, Phenyl-, diäthylester 9 4388, 4390
—, Phenyl-, dimethylester 9 4388
—, Phenyl-äthyliden- 9 4442
—, Phenyl-äthyliden-, diäthylester
    9 4442
—, Phenyl-cyan-, diäthylester 9 4821
—, Styryl-, methylester 9 4441
—, m-Tolyl-, nitril 9 4397
Pentenin, [Dinitro-benzoyloxy]-methyl-
    9 1839
Pentennitril, Äthyl-phenyl- 9 2834
—, Allyl-cyclohexenyl- 9 2600
—, [Allyl-cyclohexyliden]- 9 2602
—, Benzoyloxy- 9 861
—, Benzoyloxy-methyl- 9 862
—, Brom-diphenyl- 9 3470
—, Brom-nitro-methoxy-phenyl-[nitro-
    phenyl]- 10 1270

Pentennitril, Cyclohexenyl- **9** 316
—, Cyclohexenyl-phenyl- **9** 3252
—, Dibrom-diphenyl- **9** 3464
—, [Dichlor-benzoyloxy]- **9** 1376
—, Diphenyl- **9** 3469
—, Methyl-phenyl- **9** 2811
—, [Nitro-cyclohexyl]- **9** 224
—, Nitro-methoxy-phenyl-[nitro-phenyl]-
   10 1270
—, [Oxo-acetyl-cycloheptyl]- **10** 3533
—, [Oxo-acetyl-cyclohexyl]- **10** 3532
—, [Oxo-acetyl-cyclopentyl]- **10** 3531
—, [Oxo-butyryl-cyclohexyl]- **10** 3534
—, Oxo-phenyl- **10** 3156
—, [Oxo-propionyl-cyclohexyl]- **10** 3533
—, Phenyl- **9** 2781, 2782
Pentenon, Benzoyloxy-phenyl- **9** 742
—, [(Brom-benzoyl)-hydrazino]- **9** 1402
—, Hydroxy-äthoxy-benzaminomethyl-
   9 1111
—, Hydroxy-benzaminomethyl- **9** 1109
—, [Nitro-benzoyloxy]-methyl-phenyl-
   9 1676
Pentenoylchlorid, Cyclobutylmethyl-
   9 210
—, Cyclopentenyl- **9** 311
—, Phenäthyl- **9** 2832
Pentensäure, Acetoxy-[brom-dimethoxy-
   phenyl]- **10** 2224
—, Acetoxy-[chlor-dimethoxy-phenyl]-
   10 2224
—, [Acetoxy-dimethyl-hexadecahydro-
   cyclopenta[a]phenanthrenyl]-
   10 975
—, Acetoxy-[methoxy-phenyl]- **10** 1858
—, Acetoxy-phenyl- **10** 876
—, Äthoxy-phenyl- **10** 874
—, Äthoxy-phenyl-, amid **10** 875
—, Äthyl-[acetoxy-phenyl]-, äthylester
   10 899
—, Äthyl-[hydroxy-phenyl]- **10** 899
—, Äthyl-[methoxy-phenyl]- **10** 899
—, [Äthyl-naphthyl]- **9** 3388
—, Äthyl-phenyl- **9** 2833, 2834
—, Äthyl-phenyl-, amid **9** 2833
—, Äthyl-phenyl-, chlorid **9** 2833
—, Äthyl-phenyl-, nitril **9** 2834
—, Äthyl-phenyl-, ureid **9** 2833
—, Äthyl-phenyl-cyan-, äthylester
   9 4412
—, Allyl-cyclohexenyl-, nitril **9** 2600
—, [Allyl-cyclohexyliden]-, nitril
   9 2602
—, Amino-phenyl-cyan-, äthylester
   10 3966
—, Amino-phenyl-phenacyl-, äthylester
   10 3630
—, Benzamino- **9** 1167
—, Benzamino-, äthylester **9** 1167

Pentensäure, Benzamino-methyl- **9** 1168
—, Benzhydryl- **9** 3477
—, Benzoyloxy-, nitril **9** 861
—, Benzoyloxy-methyl-, nitril **9** 862
—, Benzyl-, äthylester **9** 2811
—, Brom-äthyl-[methoxy-phenyl]- **10** 900
—, Brom-diphenyl-, nitril **9** 3470
—, Brom-hydroxy-phenyl- **10** 874
—, Brom-nitro-methoxy-diphenyl-,
   methylester **10** 1269
—, Brom-nitro-methoxy-phenyl-[nitro-
   phenyl]-, nitril **10** 1270
—, Brom-phenyl-, [diäthylamino-
   dimethyl-propylester] **9** 2783
—, Brom-phenyl-[methoxy-phenyl]-
   10 1269
—, [tert-Butyl-benzyl]- **9** 2889
—, [sec-Butyl-naphthyl]- **9** 3400
—, [tert-Butyl-phenäthyl]- **9** 2895
—, Chlor-benzamino- **9** 1167
—, [Chlor-phenyl]-, äthylester **9** 2779
—, Cyclobutylmethyl- **9** 210
—, Cyclobutylmethyl-, chlorid **9** 210
—, Cyclobutylmethyl-, thioureid **9** 210
—, Cyclobutylmethyl-, ureid **9** 210
—, Cyclohexenyl- **9** 316
—, Cyclohexenyl-, amid **9** 316
—, Cyclohexenyl-, nitril **9** 316
—, Cyclohexenyl-cyan-, äthylester **9** 4056
—, Cyclohexenyl-cyan-, amid **9** 4056
—, Cyclohexenyl-phenyl-, nitril **9** 3252
—, Cyclohexyl- **9** 224, 225, 226
—, Cyclohexyl-, äthylester **9** 225
—, Cyclohexyl-, amid **9** 224
—, Cyclohexyl-, [brom-phenacylester]
   9 225
—, Cyclopentenyl- **9** 310
—, Cyclopentenyl-, äthylester **9** 310
—, Cyclopentenyl-, allylester **9** 311
—, Cyclopentenyl-, benzylester **9** 311
—, Cyclopentenyl-, chlorid **9** 311
—, Cyclopentenyl-, cinnamylester
   9 311
—, Cyclopentenyl-, [diäthylamino-
   äthylester] **9** 311
—, Cyclopentenyl-, isobutylester
   9 310
—, Cyclopentenyl-, isopentylester
   9 310
—, Cyclopentenyl-, isopropylester
   9 310
—, Cyclopentenyl-, methylester **9** 310
—, Cyclopentenyl-, propylester **9** 310
—, [Cyclopentenyl-undecyl]- **9** 357
—, [Cyclopentenyl-undecyl]-,
   äthylester **9** 357
—, Cyclopentyl- **9** 203
—, Cyclopentyl-, [diäthylamino-
   äthylester] **9** 204

Pentensäure, [Diäthylamino-methyl]-
[benzoyloxy-äthyl]-, äthylester **9** 896
—, Dibrom-diphenyl-, nitril **9** 3464
—, Dibrom-phenyl-cyan-, äthylester
9 4434
—, Dibrom-phenyl-cyan-, methylester
9 4395
—, Dibrom-phenyl-[nitro-phenyl]-,
methylester **9** 3464
—, [Dichlor-benzoyloxy]-, nitril
9 1376
—, [Dihydro-phenanthryl]- **9** 3531
—, Dihydroxy-[di-sec-butyl-
cyclopentenyl]- **10** 4194
—, [Dimethoxy-phenyl]-, äthylester
10 1859
—, Dimethyl-[methoxy-naphthyl]- **10** 1221
—, Dimethyl-[methoxy-naphthyl]-,
äthylester **10** 1221
—, Dimethyl-[methoxy-naphthyl]-,
methylester **10** 1221
—, Dimethyl-[methoxy-tetrahydro-
naphthyl]-, methylester **10** 1008
—, Dimethyl-naphthyl- **9** 3387
—, Dimethyl-naphthyl-, äthylester
9 3387
—, [Dimethyl-naphthyl]- **9** 3388
—, Dimethyl-phenyl- **9** 2834, 2835
—, Dimethyl-phenyl-, äthylester
9 2835
—, Dimethyl-phenyl-, amid **9** 2835
—, Dimethyl-phenyl-, methylester
9 2835
—, [Dimethyl-phenyl]- **9** 2837
—, Dioxo-p-phenylen-di-, diäthylester
10 4073
—, Diphenyl- **9** 3466, 3469
—, Diphenyl-, amid **9** 3468, 3469
—, Diphenyl-, [dimethylamino-
äthylester] **9** 3469
—, Diphenyl-, nitril **9** 3469
—, Fluorenyl- **9** 3527
—, Hexanoylimino-phenyl- **10** 3157
—, Hydroxy-bis-[dimethoxy-phenyl]-,
amid **10** 4822
—, Hydroxy-bis-[dimethoxy-phenyl]-,
nitril **10** 4822
—, Hydroxy-[chlor-phenyl]-, äthylester
10 875
—, Hydroxy-cyclohexyl- **10** 64
—, Hydroxy-cyclohexyl-, äthylester
10 64, 2874
—, Hydroxy-cyclopentenyl-, äthylester
10 79
—, Hydroxy-cyclopentyl- **10** 57
—, Hydroxy-cyclopentyl-, äthylester
10 58
—, Hydroxy-dimethyl-phenacyl- **10** 3558
—, Hydroxy-diphenyl- **10** 1271

Pentensäure, Hydroxy-diphenyl-,
äthylester **10** 1273, 3339
—, Hydroxy-diphenyl-, amid **10** 3339
—, Hydroxy-diphenyl-, nitril **10** 3339
—, Hydroxy-[methoxy-phenyl]-,
äthylester **10** 4245
—, Hydroxy-[methoxy-phenyl]-, nitril
10 4245
—, Hydroxy-methyl-bis-[brom-dimethoxy-
phenyl]-, amid **10** 4824
—, Hydroxy-methyl-bis-[brom-dimethoxy-
phenyl]-, nitril **10** 4824
—, Hydroxy-methyl-bis-[dimethoxy-
phenyl]-, amid **10** 4823
—, Hydroxy-methyl-bis-[methoxy-äthoxy-
phenyl]-, amid **10** 4823
—, Hydroxy-methyl-phenyl- **10** 889
—, Hydroxy-methyl-[trimethyl-
cyclohexenyl]-, äthylester **10** 81
—, Hydroxy-methyl-[trimethyl-
cyclohexenyliden]- **10** 658
—, Hydroxy-[nitro-phenyl]-[nitro-
cinnamoyl]-, äthylester **10** 3665
—, Hydroxy-[oxo-(brom-methoxy-naphthyl)-
äthyl]-, äthylester **10** 4687
—, Hydroxy-[oxo-(chlor-methoxy-
naphthyl)-äthyl]-, äthylester **10** 4686
—, Hydroxy-[oxo-naphthyl-äthyl]-,
äthylester **10** 3622
—, Hydroxy-oxo-phenyl- **10** 3549
—, Hydroxy-oxo-phenyl-, äthylester
10 3550
—, Hydroxy-[oxo-phenyl-butyl]-phenyl-,
nitril **10** 3633
—, Hydroxy-phenyl- **10** 874, 875, 876
—, Hydroxy-phenyl-, äthylester **10** 874,
875, 3062, 3063
—, Hydroxy-phenyl-, amid **10** 3063
—, Hydroxy-phenyl-, methylester **10** 875
—, Hydroxy-phenyl-, nitril **10** 3062, 3063
—, Hydroxy-phenyl-, [trimethylammonio-
äthylester] **10** 876
—, Hydroxy-phenyl-acetyl-, äthylester
10 3557
—, Hydroxy-phenyl-benzoyl- **10** 3629
—, Hydroxy-phenyl-benzoyl-, äthylester
10 3629
—, Hydroxy-phenyl-benzyl-, [phenyl-
phenacylester] **10** 1282
—, Hydroxy-phenyl-[chlor-phenyl]-
10 1273
—, Hydroxy-phenyl-[chlor-phenyl]-,
methylester **10** 1273
—, Hydroxy-phenyl-cinnamoyl-,
äthylester **10** 3660
—, Hydroxy-phenyl-[dimethoxy-phenyl]-,
amid **10** 4680
—, Hydroxy-phenyl-[dimethoxy-phenyl]-,
nitril **10** 4680

Pentensäure, Indenyl-cyan-, äthylester
9 4482
—, [Isopropyl-benzyl]- 9 2888
—, [Isopropyl-naphthyl]- 9 3396
—, [(Isopropyl-naphthyl)-methyl]-
9 3400
—, Isopropyl-p-tolyl-, äthylester
9 2879
—, [Methoxy-benzyl]- 10 889
—, [Methoxy-methyl-phenyl]-benzyliden-
10 2398
—, [Methoxy-naphthyl]- 10 1201
—, [Methoxy-phenyl]- 10 877
—, [Methyl-benzyl]- 9 2835
—, Methyl-[brom-methoxy-naphthyl]-
10 1212
—, Methyl-[chlor-methoxy-methyl-phenyl]-,
äthylester 10 902
—, Methyl-[chlor-methoxy-phenyl]-,
äthylester 10 890
—, Methyl-cyclopentenyl- 9 317
—, Methyl-cyclopentenyl-,
[diäthylamino-äthylester] 9 317
—, Methyl-[dimethyl-2.6-cyclo-
norbornyl]-, methylester 9 2620
—, Methyl-[dimethyl-2.6-cyclo-
norbornyl]-, nitril 9 2620
—, Methyl-[dimethyl-methylen-carboxy-
decahydro-naphthyl]- 9 4367
—, Methyl-[dimethyl-methylen-
methoxycarbonyl-decahydro-
naphthyl]- 9 4367
—, Methyl-[dimethyl-methylen-
methoxycarbonyl-decahydro-
naphthyl]-, methylester 9 4368
—, Methyl-[dimethyl-tricyclo[2.2.1.0$^{2.6}$]=
heptyl]- 9 2619
—, Methyl-[dimethyl-tricyclo[2.2.1.0$^{2.6}$]=
heptyl]-, methylester 9 2620
—, Methyl-[dimethyl-tricyclo[2.2.1.0$^{2.6}$]=
heptyl]-, nitril 9 2620
—, Methyl-diphenyl- 9 3477
—, Methyl-[isopropyl-naphthyl]- 9 3400
—, Methyl-[methoxy-naphthyl]- 10 1213
—, Methyl-[methyl-methylen-norbornyl]-
9 2618
—, Methyl-[methyl-methylen-norbornyl]-,
methylester 9 2618
—, Methyl-[methyl-naphthyl]- 7 2256,
9 3388
—, Methyl-naphthyl- 9 3371
—, [Methyl-naphthyl]- 9 3371
—, [Methyl-naphthylmethyl]- 9 3387
—, Methyl-phenyl- 9 2810, 2811, 2812
—, Methyl-phenyl-, amid 9 2811
—, Methyl-phenyl-, nitril 9 2811
—, Methyl-phenyl-cyan-, äthylester
9 4407
—, Methyl-p-tolyl- 9 2836

Pentensäure, Methyl-p-tolyl-, äthylester
9 2836, 2837
—, Methyl-[trimethyl-cyclohexenyliden]-,
äthylester 9 2615
—, Naphthyl- 9 3351
—, Naphthylmethyl- 9 3371
—, [Nitro-cyclohexyl]-, nitril 9 224
—, Nitro-methoxy-phenyl-[nitro-phenyl]-,
nitril 10 1270
—, [Oxo-acetyl-cycloheptyl]-, nitril
10 3533
—, [Oxo-acetyl-cyclohexyl]-, nitril 10 3532
—, [Oxo-acetyl-cyclopentyl]-, nitril
10 3531
—, Oxo-benzyl- 10 3170
—, Oxo-bis-[äthoxy-methyl-phenyl]-
10 4695
—, Oxo-bis-[äthoxy-methyl-phenyl]-,
äthylester 10 4696
—, Oxo-[bis-methoxycarbonyloxy-phenyl]-,
äthylester 10 4604
—, Oxo-[bis-methoxycarbonyloxy-phenyl]-
[bis-methoxycarbonyloxy-cinnamoyl]-,
äthylester 10 4856
—, Oxo-bis-[methoxy-methyl-phenyl]-
10 4695
—, Oxo-bis-[methoxy-methyl-phenyl]-,
äthylester 10 4695
—, Oxo-bis-[methoxy-phenyl]- 10 4693
—, Oxo-bis-[methoxy-phenyl]-,
methylester 10 4693
—, Oxo-[brom-phenyl]-[methoxy-phenyl]-
10 4465
—, [Oxo-butyryl-cyclohexyl]-, nitril
10 3534
—, Oxo-cyclohexyl- 10 2917
—, Oxo-[dihydroxy-methoxycarbonyl-
phenyl]-acetyl-, äthylester
10 4849
—, Oxo-[dihydroxy-methoxycarbonyl-
phenyl]-acetyl-, methylester
10 4849
—, Oxo-[dihydroxy-methoxycarbonyl-
phenyl]-[hydroxy-äthyliden]-,
äthylester 10 4849
—, Oxo-[dihydroxy-methoxycarbonyl-
phenyl]-[hydroxy-äthyliden]-,
methylester 10 4849
—, Oxo-[dimethyl-decahydro-cyclopenta[a]=
phenanthrenyl]-, äthylester
10 3368
—, Oxo-[dimethyl-decahydro-cyclopenta[a]=
phenanthrenyl]-, methylester
10 3367
—, Oxo-diphenyl-, äthylester 10 3385
—, Oxo-diphenyl-acetyl-, äthylester
10 3659
—, Oxo-diphenyl-[hydroxy-äthyliden]-,
äthylester 10 3659

Pentensäure, Oxo-[methoxycarbonyloxy-
phenyl]-, äthylester 10 4336
—, Oxo-[methoxycarbonyloxy-phenyl]-
acetyl-, äthylester 10 4632
—, Oxo-[methoxycarbonyloxy-phenyl]-
cinnamoyl-, äthylester 10 4705
—, Oxo-[methoxycarbonyloxy-phenyl]-
[hydroxy-äthyliden]-, äthylester
10 4632
—, Oxo-[methoxycarbonyloxy-phenyl]-
[methoxycarbonyloxy-cinnamoyl]-,
äthylester 10 4793
—, Oxo-[methoxy-methoxycarbonyloxy-
phenyl]-, äthylester 10 4604
—, Oxo-[methoxy-phenyl]-, äthylester
10 4336
—, Oxo-[methoxy-phenyl]-acetyl-,
äthylester 10 4632
—, Oxo-[methoxy-phenyl]-[hydroxy-
äthyliden]-, äthylester 10 4632
—, Oxo-[methoxy-phenyl]-[methoxy-
methyl-isopropyl-phenyl]- 10 4696
—, Oxo-[methoxy-phenyl]-[methoxy-
methyl-phenyl]- 10 4694
—, Oxo-naphthyl-acetyl-, äthylester
10 3627
—, Oxo-naphthyl-[hydroxy-äthyliden]-,
äthylester 10 3627
—, Oxo-[(nitro-benzoyl)-hydrazino]-,
äthylester 9 1489
—, Oxo-[nitro-phenyl]-, äthylester
10 3157
—, Oxo-[nitro-phenyl]-cinnamoyl-,
äthylester 10 3664
—, Oxo-[nitro-phenyl]-[nitro-cinnamoyl]-,
äthylester 10 3664, 3665
—, Oxo-phenyl- 10 3155, 3158
—, Oxo-phenyl-, äthylester 10 3156
—, Oxo-phenyl-, methylester 10 3156
—, Oxo-phenyl-, nitril 10 3156
—, Oxo-phenyl-[(äthoxy-äthoxycarbonyl-
äthyliden)-carbamimidoyl]-,
äthylester 10 3978
—, Oxo-phenyl-benzyl- 10 3393
—, Oxo-phenyl-cinnamoyl-, äthylester
10 3664
—, Oxo-phenyl-[cinnamoyloxy-äthyliden]-,
methylester 10 4377
—, Oxo-phenyl-[dinitro-phenyl]-,
äthylester 10 3384
—, Oxo-phenyl-[methoxy-phenyl]- 10 4465
—, Oxo-phenyl-[phenyl-propionyl]-,
äthylester 10 3660
—, [Oxo-propionyl-cyclohexyl]-, nitril
10 3533
—, Oxo-[trihydroxy-dimethyl-
hexadecahydro-cyclopenta[a]⸗
phenanthrenyl]-, äthylester
10 4750

Pentensäure, Oxo-[trihydroxy-dimethyl-
hexadecahydro-cyclopenta[a]⸗
phenanthrenyl]-, methylester
10 4749
—, Oxo-triphenyl- 10 3476
—, Oxo-triphenyl-, amid 10 3477
—, Phenäthyl- 9 2832
—, Phenäthyl-, amid 9 2833
—, Phenäthyl-, chlorid 9 2832
—, Phenäthyl-, ureid 9 2833
—, Phenanthryl- 9 3563
—, Phenyl- 9 2777, 2779, 2780, 2781, 2787
—, Phenyl-, äthylester 9 2780
—, Phenyl-, amid 9 2781, 2782, 2787
—, Phenyl-, [diäthylamino-äthylester]
9 2781
—, Phenyl-, [diäthylamino-methyl-
butylester] 9 2782
—, Phenyl-, [diäthylamino-propylester]
9 2781
—, Phenyl-, methylester 9 2778, 2780
—, Phenyl-, nitril 9 2781, 2782
—, Phenyl-, ureid 9 2782
—, [Phenyl-acetamino]- 9 2219
—, [Phenyl-acetamino]-, äthylester 9 2219
—, Phenyl-acetyl- s. a.
   Acetessigsäure, Cinnamyl- und
   Acetessigsäure, [Phenyl-allyl]-
—, Phenyl-acetyl-, äthylester 10 3178
—, Phenylacetyl- s. *Acetessigsäure,*
   Allyl-phenyl-
—, Phenylacetylimino-phenyl- 10 3158
—, Phenyl-benzyl- 9 3476
—, Phenyl-cinnamyl-acetyl-, äthylester
10 3422
—, Phenyl-cyan-, äthylester 9 4397
—, Phenyl-[dimethoxy-phenyl]- 10 1999
—, Phenyl-[methoxy-phenyl]- 10 1270, 1271
—, Semicarbazono-bis-[äthoxy-methyl-
phenyl]- 10 4695
—, Semicarbazono-bis-[äthoxy-methyl-
phenyl]-, äthylester 10 4696
—, Semicarbazono-bis-[methoxy-methyl-
phenyl]- 10 4695
—, Semicarbazono-bis-[methoxy-methyl-
phenyl]-, äthylester 10 4696
—, Semicarbazono-[brom-phenyl]-
[methoxy-phenyl]- 10 4465
—, Semicarbazono-phenyl-[methoxy-
phenyl]- 10 4465
—, [Tetrahydro-naphthyl]- 9 3101
—, [Tetrahydro-naphthyl]-, amid 9 3101
—, p-Tolyl- 9 2813
—, p-Tolyl-, äthylester 9 2813
—, Tribrom-phenyl- 9 2779
—, Tribrom-phenyl-, methylester 9 2779
—, Triphenyl- 9 3642
—, Triphenylmethyl- s. *Crotonsäure,*
   Äthyl-triphenyl-

Pentensäure, Tris-benzamino-, methylester
9 1247
—, [2.4]Xylyl- 9 2837
—, [3.4]Xylyl- 9 2837
Penten-tricarbonsäure, Methyl-[methoxy-
phenyl]-, diäthylester-nitril
10 2581
—, Phenyl-, triäthylester 9 4822, 4823
Pentin, Bis-[nitro-benzoyloxy]-methyl-
9 1634
—, [Brom-benzoyloxy]-dimethyl- 9 1406
—, Brom-[nitro-benzoyloxy]-äthyl-
9 1564
—, Cyclohexancarbonyloxy-methyl- 9 18
—, [Dinitro-benzoyloxy]- 9 1819
—, [Dinitro-benzoyloxy]-dimethyl-
9 1822
—, [Nitro-benzoyloxy]-äthyl- 9 1564
—, Tribenzoyloxy- 9 668
Pentinol, [Carboxy-benzoyloxy]-methyl-
phenyl- 9 4180
Pentinsäure, [Methyl-cyclohexyl]-,
methylester 9 328
—, Methyl-[methoxy-phenyl]- 10 993
—, Methyl-phenyl- 9 3078
Pentylbenzoat 9 396
tert-**Pentylbenzoat** 9 397
Pentylcinnamat 9 2686
Pentylsalicylat 10 122
Peperinsäure 10 2906
Perbenzoesäure 9 1049
Perillasäure 9 308
Perillasäure-nitril 9 308
Peritruxillsäure-amid 9 4629
— methylester-amid 9 4629
Peritruxonsäure 10 3410
Perlatolinsäure 10 1580
—, Bis-äthoxycarbonyl- 10 1582
Perlatolinsäure-methylester 10 1581
Pernaphthoesäure 9 3144, 3185
Peroxid, Acetyl-benzoyl- 9 1051
—, Benzoyl-*p*-anisoyl- 10 337
—, Benzoyl-biphenylcarbonyl- 9 3278
—, Benzoyl-[chlor-benzoyl]- 9 1337, 1362
—, Benzoyl-cinnamoyl- 9 2709
—, Benzoyl-[methoxy-benzoyl]- 10 337
—, Benzoyl-naphthoyl- 9 3144
—, Benzoyl-[nitro-benzoyl]- 9 1708
—, Benzoyl-[phenyl-benzoyl]- 9 3278
—, Bis-[acetoxy-benzoyl]- 10 150
—, Bis-[benzoylperoxy-cyclohexyl]-
9 1051
—, Bis-[benzoylperoxy-fluorenyl]- 9 1051
—, Bis-[brom-benzoyl]- 9 1387, 1398, 1417
—, Bis-[*sec*-butyl-benzoyl]- 9 2522
—, Bis-[carboxy-benzoyl]- 9 4189
—, Bis-[chlor-benzoyl]- 9 1337, 1362
—, Bis-[chlor-(chlor-benzylidenhydrazono)-
diphenyl-äthyl]- 10 1180

Peroxid, Bis-[cyclohexyl-butyryl]-
9 80
—, Bis-[cyclopentenyl-tridecanoyl]-
9 290
—, Bis-[dimethyl-norbornancarbonyl]-
9 220
—, Bis-[diphenyl-äthoxycarbonyl-methyl]-
10 1172
—, Bis-[diphenyl-methoxycarbonyl-
methyl]- 10 1171
—, Bis-[fluor-benzoyl]- 9 1329
—, Bis-[menthyloxycarbonyl-benzoyl]-
9 4189
—, Bis-[methoxy-benzoyl]- 10 337
—, Bis-[methoxycarbonyl-benzoyl]-
9 4189
—, Bis-[(methyl-isopropyl-
cyclohexyloxycarbonyl)-benzoyl]-
9 4189
—, Bis-[nitro-benzoyl]- 9 1477, 1514, 1708
—, Bis-[nitro-methoxycarbonyl-benzoyl]-
9 4238
—, Bis-phenylacetyl- 9 2192
—, Bis-[phenyl-benzoyl]- 9 3278
—, Bis-[phenyl-cyclohexancarbonyl]-
9 2848
—, Bis-[phenyl-propionyl]- 9 2393
—, Bis-[tribrom-benzoyl]- 9 1431
—, Bis-[trimethyl-carboxy-
cyclopentancarbonyl]- 9 3884
—, Bis-[trimethyl-methoxycarbonyl-
cyclopentancarbonyl]- 9 3885
—, *tert*-Butyl-benzoyl- 9 1049
—, Cyclohexancarbonyl-benzoyl- 9 1052
—, Di-*p*-anisoyl- 10 337
—, Dibenzoyl- 9 1052
—, Di-bicyclohexylcarbonyl- 7 3928
—, Di-biphenylcarbonyl- 9 3278
—, Dibornanoyl- 9 220
—, Dicinnamoyl- 9 2709
—, Dicyclohexancarbonyl- 9 27
—, Di-indancarbonyl- 9 2776
—, Dinaphthoyl- 9 3144, 3185
—, Di-*p*-toluoyl- 9 2342
—, [Octahydro-naphthyl]-benzoyl-
9 1050
—, *tert*-Pentyl-benzoyl- 9 1050
—, Phenylacetyl-benzoyl- 9 2192
—, [Phenyl-propionyl]-benzoyl-
9 2392
—, Triphenylmethyl-benzoyl- 9 1050
Peroxybenzoesäure 9 1049
—, Methoxy- 10 337
—, Nitro- 9 1513, 1706
—, Nitro-, [äthyl-cyclohexylester]
9 1707
—, Nitro-, *tert*-butylester 9 1707
—, Nitro-, [diäthyl-propylester]
9 1707

Peroxybenzoesäure, Nitro-, [methyl-
cyclohexylester] 9 1707
—, Nitro-, [octahydro-naphthylester]
9 1707
—, Nitro-, [trimethyl-propylester] 9 1707
Peroxybenzoesäure-tert-butylester
9 1049
— [octahydro-naphthylester] 9 1050
— tert-pentylester 9 1050
— triphenylmethylester 9 1050
— tritylester 9 1050
Peroxynaphthoesäure 9 3144, 3185
Peroxyphthalsäure 9 4189
Peroxyzimtsäure 9 2709
Perylen, Bis-[brom-benzoyloxy]- 9 1409
—, Bis-[methoxy-benzoyloxy]- 10 317
—, Dibenzoyloxy- 9 656
—, Dibenzoyloxy-dibenzoyl- 9 844
—, Dibrom-dibenzoyloxy- 9 657
—, Dichlor-dibenzoyloxy- 9 656
—, Tetrabenzoyloxy- 9 701
Perylen-carbonsäure 9 3664
—, Dihydroxy- 10 2546
—, Dioxo-dihydro- 10 2546
Perylen-carbonsäure-[äthoxy-äthylester]
9 3665
— äthylester 9 3664
— butylester 9 3664
— cyclohexylester 9 3664
— dodecylester 9 3664
— [hydroxy-äthylester] 9 3665
— isobutylester 9 3664
— methylester 9 3664
— octadecenylester 9 3664
— octadecylester 9 3664
— phenylester 9 3665
Perylen-chinon, Dibenzoyloxy- 9 831
Perylen-dicarbonsäure 9 4713
—, Brom- 9 4714
—, Dibrom-, diäthylester 9 4715
—, Tetrabrom- 9 4715
Perylen-dicarbonsäure-diäthylester
9 4713
— dichlorid 9 4714, 4715
— dicyclohexylester 9 4714
— didodecylester 9 4714
— diheptylester 9 4714
— diisobutylester 9 4714
— diisopropylester 9 4714
— dimethylester 9 4713
— dioctylester 9 4714
Perylen-dicarbonylchlorid 9 4714, 4715
Perylendiyldibenzoat 9 656
Perylen-tetracarbonsäure 9 4901
Perylentetrayltetrabenzoat 9 701
Phellandrensäure 9 195
Phellandrol, [Carboxy-benzoyl]- 9 4144
—, [Dinitro-benzoyl]- 9 1827
—, [Nitro-benzoyl]- 9 1569

Phenacetursäure 9 2209
Phenacetursäure-äthylester 9 2209
— azid 9 2213
— benzylidenhydrazid 9 2213
— tert-butylamid 9 2209
— butylester 9 2209
— hydrazid 9 2213
— [hydroxy-äthylamid] 9 2210
— isopropylidenhydrazid 9 2213
— methylester 9 2209
— nitril 9 2212
Phenacylbromid, Benzoyloxy-methyl-
9 732
—, Methoxy-benzoyloxy- 9 787
Phenacylchlorid, Benzoyloxy- 9 730
—, Hydroxy-benzoyloxy- 9 786
Phenäthylamin, Dijod- 9 2252
Phenäthylbenzoat 9 433
Phenäthylcinnamat 9 2692
Phenäthylidendiamin, Benzoyl- 9 1099
—, Benzoyl-benzyloxycarbonyl- 9 1100
Phenäthylidendichlorid, Methoxy-
benzoyloxy- 9 568
Phenäthylpenaldinsäure-diäthylacetal
9 2395
Phenalen, Benzoyloxy-phenyl-dihydro-
9 526
—, Bis-äthoxycarbonylmethylen-
hexahydro- 9 4566
Phenalen-carbonsäure, Brom-oxo-
10 3376
—, Dihydro- 9 3332
—, Dioxo-dihydro- 10 3624
—, Dioxo-dihydro-, äthylester 10 3624
—, Hydroxy-oxo- 10 3624
—, Hydroxy-oxo-, äthylester 10 3624
—, Oxo- 10 3375
—, Oxo-, chlorid 10 3375
—, Oxo-dihydro- 10 3309
Phenalen-carbonylchlorid, Oxo- 10 3375
Phenalenon, Benzamino- 9 1104
—, Benzoylimino-dihydro- 9 1104
—, Benzoyloxy- 9 767
Phenanthren, Benzoylmercapto- 9 1967
—, Benzoylmercapto-methyl-isopropyl-
9 1967
—, Benzoylmercapto-methyl-isopropyl-
dihydro- 9 1967
—, Benzoyloxy- 9 520
—, Benzoyloxy-dimethyl- 9 522
—, Benzoyloxy-dimethyl-
benzoyloxymethyl-[benzoyloxy-
äthyl]-dodecahydro- 9 676
—, Benzoyloxy-methyl- 9 521
—, Benzoyloxy-methyl-äthyl- 9 522
—, Benzoyloxy-methyl-isopropyl- 9 522
—, Benzoyloxy-octahydro- 9 475
—, Benzoyloxy-oxo-chlormethyl-dihydro-
9 768

Phenanthren, Benzoyloxy-oxo-tetrahydro-
9 763
—, Benzoyloxy-oxo-trimethyl-isopropyl-
octahydro- 9 752
—, Benzoyloxy-phenyl- 9 530
—, Benzoyloxy-trimethyl-isopropyl-
octahydro- 9 476
—, Bis-benzoyloxymethyl- 9 646
—, Bis-[dinitro-benzoyloxy]-dimethyl-
tetradecahydro- 9 1903
—, Bis-[dinitro-benzoyloxy]-octahydro-
9 1914
—, Brom-benzoyloxy-methyl-isopropyl-
9 522
—, Brom-dimethoxy-äthoxy-benzoyloxy-
9 699
—, Brom-methoxy-diäthoxy-benzoyloxy-
9 699
—, Brom-trimethoxy-benzoyloxy- 9 699
—, Dibenzoyloxy- 9 645
—, Dibenzoyloxy-dihydro- 9 636
—, Dibenzoyloxy-methyl-isopropyl- 9 647
—, Dibenzoyloxy-tetradecahydro- 9 551
—, Dibenzoyloxy-trimethyl-isopropyl-
octahydro- 9 606
—, Dimethoxy-äthoxy-benzoyloxy- 9 699
—, Dimethoxy-benzoyloxy- 9 686
—, [Dinitro-benzoyloxy]-methyl-
dodecahydro- 9 1859
—, Dinitro-benzoyloxy-methyl-isopropyl-
9 523
—, [Dinitro-benzoyloxy]-octahydro-
9 1869, 1870
—, [Dinitro-benzoyloxy]-oxo-dimethyl-
dodecahydro- 9 1929
—, [Dinitro-benzoyloxy]-oxo-dimethyl-
tetradecahydro- 9 1928
—, [Dinitro-benzoyloxy]-tetradecahydro-
9 1843
—, [Dinitro-benzoyloxy]-tetrahydro-
9 1885
—, Methoxy-benzoyloxy- 9 646
—, Methoxy-benzoyloxyacetyl-tetrahydro-
9 803
—, Methoxy-benzoyloxy-oxo-trimethyl-
isopropyl-octahydro- 9 797
—, Methoxy-diäthoxy-benzoyloxy- 9 699
—, Nitro-benzoyloxy-methyl-isopropyl-
9 523
—, [Nitro-benzoyloxy]-methyl-isopropyl-
9 1617
—, Trimethoxy-benzoyloxy- 9 698
Phenanthren-carbamid 9 3496, 3498,
3499, 3502
—, Chlor- 9 3503
—, Dihydro- 9 3447
—, Dimethoxy- 10 2006
—, Methyl-isopropyl- 9 3536
—, Methyl-isopropyl-dihydro- 9 3487

Phenanthren-carbonitril 9 3496, 3498,
3499, 3502
—, Acetyl- 10 3407
—, Benzoyloxy-tetrahydro- 10 1203
—, Chlor- 9 3503
—, Dimethoxy- 10 2006
—, Dioxo-dihydro- 10 3654
—, Hydroxy-dihydro- 10 3320, 3321
—, Hydroxy-methoxy- 10 2005
—, Hydroxy-methoxy-dihydro- 10 4443
—, Hydroxy-methoxy-methyl-tetrahydro-
10 1975
—, Hydroxy-octahydro- 10 1004
—, Hydroxy-tetrahydro- 10 1203
—, Methoxy-acetoxy- 10 2005
—, Methoxy-methyl-äthyl-tetrahydro-
10 1238
—, Methoxy-octahydro- 10 1004
—, Methoxy-oxo-methyl-tetrahydro-
10 4451
—, Methoxy-oxo-tetrahydro- 10 4443
—, Methoxy-tetrahydro- 10 1202
—, Methyl-isopropyl- 9 3536
—, Oxo-methyl-tetrahydro- 10 3336
—, Oxo-tetrahydro- 10 3320, 3321
—, Tetrahydro- 9 3354
—, Tetramethoxy-dihydro- 10 2508
Phenanthren-carbonsäure 9 3496, 3497,
3498, 3500, 3501
—, Acetoxy- 10 1300, 1303, 1304
—, Acetoxy-dimethyl-äthyl-dodecahydro-,
methylester 10 663
—, Acetoxy-dimethyl-äthyl-
tetradecahydro-, methylester 10 84
—, Acetoxy-dimethyl-[diazo-acetonyl]-
tetradecahydro-, methylester
10 4572
—, Acetoxy-dimethyl-isopropyl-
octahydro- 10 1020
—, Acetoxy-dimethyl-octahydro- 10 1009
—, Acetoxy-dimethyl-[oxo-äthyl]-
dodecahydro-, methylester 10 4284
—, Acetoxy-dimethyl-[oxo-äthyl]-
tetradecahydro-, methylester
10 4198
—, Acetoxy-dimethyl-[oxo-butyl]-
tetradecahydro- 10 4201
—, Acetoxy-methyl- 10 1307
—, Acetoxy-methyl-, äthylester 10 1307
—, Acetoxy-methyl-äthyl-octahydro-,
methylester 10 1017
—, Acetoxy-methyl-äthyl-tetrahydro-
10 1232
—, Acetyl- 10 3406
—, Acetyl-, nitril 10 3407
—, Äthoxy-methyl-äthyl-tetrahydro-
10 1231
—, Äthoxy-methyl-äthyl-tetrahydro-,
methylester 10 1234

Phenanthren-carbonsäure, Äthoxy-
tetrahydro-, methylester **10** 1124
—, Äthyl- **9** 3520
—, Äthyl-tetrahydro- **9** 3390
—, Allyloxy-methyl-äthyl-tetrahydro-
10 1232
—, Allyloxy-methyl-äthyl-tetrahydro-,
methylester **10** 1235
—, Benzoyl- **10** 3489
—, Benzoyl-dodecahydro- **10** 3367
—, Benzoyl-dodecahydro-, methylester
10 3367
—, Benzoyloxy-dimethyl-octahydro-,
methylester **10** 1010
—, Benzoyloxy-methyl-äthyl-octahydro-,
methylester **10** 1018
—, Benzoyloxy-methyl-äthyl-tetrahydro-,
methylester **10** 1235
—, Benzoyloxy-tetrahydro-, nitril **10** 1203
—, Brom- **9** 3497, 3500
—, Brom-, anhydrid **9** 3504
—, Brom-, chlorid **9** 3504
—, Brom-, methylester **9** 3497, 3500
—, Brom-dimethoxy- **10** 2006
—, Brom-dimethoxy-, methylester
10 2006, 2007
—, Brom-dimethoxy-äthoxy-tetrahydro-,
methylester **10** 2290
—, Brom-dimethoxy-dimethyl-tetrahydro-,
methylester **10** 1946
—, Brom-dimethoxy-[dinitro-
phenylhydrazono]-hexahydro-,
methylester **10** 4637
—, Brom-dimethoxy-hexahydro- **10** 1908
—, Brom-dimethoxy-hexahydro-,
methylester **10** 1908
—, Brom-dimethoxy-hydroxyimino-
hexahydro-, methylester **10** 4637
—, Brom-dimethoxy-oxo-hexahydro-,
methylester **10** 4637
—, Brom-dimethoxy-tetrahydro- **10** 1945
—, Brom-dimethoxy-tetrahydro-,
methylester **10** 1945
—, Brom-dimethyl-[brom-isopropyl]-
tetradecahydro- **9** 354
—, Brom-dimethyl-[brom-isopropyl]-
tetradecahydro-, äthylester
9 354
—, Brom-dimethyl-[brom-isopropyl]-
tetradecahydro-, methylester
9 354
—, Brom-dimethyl-isopropyl-octahydro-
9 3123
—, Brom-dimethyl-isopropyl-octahydro-,
methylester **9** 3123
—, Brom-trihydroxy-dimethyl-isopropyl-
tetradecahydro- **10** 2056
—, Butyloxy-methyl-äthyl-tetrahydro-
10 1231

Phenanthren-carbonsäure, Butyloxy-methyl-
äthyl-tetrahydro-, methylester **10** 1234
—, [Carboxy-äthyl]- s. *Propionsäure,*
[Carboxy-phenanthryl]-
—, Carboxymethyl- s. a. *Essigsäure,*
[Carboxy-phenanthryl]-
—, Carboxymethylen-dihydro-
s. *Essigsäure, [Carboxy-*
phenanthryliden]-
—, [Carboxy-phenyl]- **9** 4706
—, Chlor- **9** 3496, 3500, 3503
—, Chlor-, amid **9** 3503
—, Chlor-, chlorid **9** 3503
—, Chlor-, methylester **9** 3497, 3500
—, Chlor-, nitril **9** 3503
—, [Chlor-benzoyl]- **10** 3490
—, Chlor-dimethoxy- **10** 2005
—, Chlor-dimethoxy-äthoxy-tetrahydro-,
methylester **10** 2290
—, Chlor-dimethoxy-[dinitro-
phenylhydrazono]-hexahydro-,
methylester **10** 4637
—, Chlor-dimethoxy-hydroxyimino-
hexahydro-, methylester **10** 4637
—, Chlor-dimethoxy-oxo-hexahydro-,
methylester **10** 4636
—, Chlor-dimethyl-[chlor-isopropyl]-
tetradecahydro- **9** 353
—, Chlor-dimethyl-[chlor-isopropyl]-
tetradecahydro-, äthylester
9 353
—, Chlor-dimethyl-[chlor-isopropyl]-
tetradecahydro-, methylester
9 353
—, Chlor-trihydroxy-dimethyl-isopropyl-
tetradecahydro- **10** 2056
—, Chlor-trimethyl-äthyl-dodecahydro-,
methylester **9** 2642
—, Cyan- **9** 4653
—, [Diäthylamino-äthoxy]-methyl-äthyl-
tetrahydro-, [diäthylamino-
äthylester] **10** 1237
—, [Diäthylamino-äthoxy]-methyl-äthyl-
tetrahydro-, methylester **10** 1236
—, Dibrom- **9** 3505
—, Dichlor- **9** 3504
—, Dichlor-, chlorid **9** 3504
—, Dihydro- **9** 3446, 3447
—, Dihydro-, äthylester **9** 3447
—, Dihydro-, amid **9** 3447
—, Dihydro-, chlorid **9** 3447
—, Dihydroxy- **10** 2005
—, Dihydroxy-dimethyl-[hydroxy-
isopropyl]-tetradecahydro-
10 2057
—, Dihydroxy-dimethyl-isopropyl-
dodecahydro- **10** 1590, 1591
—, Dihydroxy-dimethyl-isopropyl-
tetradecahydro- **10** 1360

Phenanthren-carbonsäure, Dimethoxy-
10 2005, 2006
—, Dimethoxy-, amid 10 2006
—, Dimethoxy-, hydrazid 10 2006
—, Dimethoxy-, methylester 10 2006
—, Dimethoxy-, nitril 10 2006
—, Dimethoxy-äthoxy- 10 2387
—, Dimethoxy-diäthoxy- 10 2526, 2529,
2530
—, Dimethoxy-dimethyl- 10 2007
—, Dimethoxy-hexahydro- 10 1907
—, Dimethoxy-hexahydro-, methylester
10 1907
—, Dimethyl- 9 3520
—, Dimethyl-äthyl-isopropyl-octahydro-,
methylester 9 3125
—, Dimethyl-carbamimidoylmercapto-
methyl-isopropyl-octahydro- 10 1025
—, Dimethyl-[chlor-isopropyl]-
dodecahydro- 9 2639
—, Dimethyl-[chlor-isopropyl]-
dodecahydro-, äthylester 9 2639
—, Dimethyl-[chlor-isopropyl]-
dodecahydro-, methylester 9 2639
—, Dimethyl-chlormethyl-isopropyl-
octahydro-, methylester 9 3124
—, Dimethyl-hexahydro- 9 3113
—, Dimethyl-hexahydro-, äthylester
9 3113
—, Dimethyl-[hydroxy-isopropyl]-
dodecahydro- 10 663
—, Dimethyl-hydroxymethyl-isopropyl-
octahydro- 10 1024
—, Dimethyl-isopropyl-acetohydroximoyl-
octahydro-, methylester 10 3249
—, Dimethyl-isopropyl-acetyl-octahydro-
10 3249
—, Dimethyl-isopropyl-acetyl-octahydro-,
methylester 10 3249, 3250
—, Dimethyl-isopropyl-decahydro-
9 2903, 2904
—, Dimethyl-isopropyl-decahydro-,
äthylester 9 2908
—, Dimethyl-isopropyl-decahydro-,
methylester 9 2904, 2907
—, Dimethyl-isopropyl-decahydro-,
triphenylmethylester 9 2909
—, Dimethyl-isopropyl-decahydro-,
vinylester 9 2908
—, Dimethyl-isopropyl-dodecahydro-
9 2636, 2637, 2638, 2640, 2641
—, Dimethyl-isopropyl-dodecahydro-,
methylester 9 2638
—, Dimethyl-isopropyliden-dodecahydro-
9 2909, 2910
—, Dimethyl-isopropyliden-
tetradecahydro- 9 2640
—, Dimethyl-isopropyliden-
tetradecahydro-, methylester 9 2640

Phenanthren-carbonsäure, Dimethyl-
isopropyl-methylcarbamoyl-octahydro-
9 4459
—, Dimethyl-isopropyl-octahydro- 9 3120
—, Dimethyl-isopropyl-octahydro-,
methylester 9 3122
—, Dimethyl-isopropyl-tetradecahydro-
9 351
—, Dimethyl-isopropyl-tetradecahydro-,
methylester 9 352
—, Dimethyl-octahydro- 9 3113
—, Dimethyl-octahydro-, methylester
9 3113
—, Dimethyl-tetrahydro- 9 3256, 3391
—, Dimethyl-tetrahydro-, äthylester
9 3257
—, Dinitro-dimethyl-isopropyl-
octahydro- 9 3124
—, Dinitro-dimethyl-isopropyl-
octahydro-, methylester 9 3124
—, Dioxo-dihydro- 10 3654
—, Dioxo-dihydro-, nitril 10 3654
—, Dioxo-methyl-[hydroxy-isopropyl]-
dihydro- 10 4701
—, Dioxo-methyl-isopropyl-dihydro-
10 3659, 3660
—, Dioxo-methyl-isopropyl-dihydro-,
methylester 10 3659, 3660
—, Dioxo-octahydro-, äthylester
10 3610
—, Formyl- 10 3405
—, Hexahydro- 9 3103, 3246
—, Hexahydro-, äthylester 9 3104
—, Hydroxy- 10 1300, 1301, 1302, 1304,
1305
—, Hydroxy-, methylester 10 1300,
1302, 1303
—, Hydroxy-äthyl-dihydro-, methylester
10 3349
—, Hydroxy-äthyl-propyl-tetrahydro-
10 1245
—, Hydroxy-äthyl-propyl-tetrahydro-,
methylester 10 1246
—, Hydroxy-diäthyl-tetrahydro- 10 1243
—, Hydroxy-diäthyl-tetrahydro-,
methylester 10 1243
—, Hydroxy-dihydro- 10 1263, 1264
—, Hydroxy-dihydro-, äthylester
10 1263
—, Hydroxy-dihydro-, methylester
10 1263, 3320, 3321
—, Hydroxy-dimethyl-äthyl-dodecahydro-
10 662
—, Hydroxy-dimethyl-äthyl-dodecahydro-,
methylester 10 663
—, Hydroxy-dimethyl-äthyl-octahydro-
10 1018
—, Hydroxy-dimethyl-äthyl-
tetradecahydro- 10 83

Phenanthren-carbonsäure, Hydroxy-
dimethyl-äthyl-tetradecahydro-,
methylester **10** 84
—, Hydroxy-dimethyl-[hydroxy-äthyl]-
dodecahydro- **10** 1589
—, Hydroxy-dimethyl-[hydroxy-isopropyl]-
tetradecahydro- **10** 1361
—, Hydroxy-dimethyl-[hydroxy-isopropyl]-
tetradecahydro-, methylester **10** 1361
—, Hydroxy-dimethyl-isopropyl-
decahydro- **10** 930
—, Hydroxy-dimethyl-isopropyl-
decahydro-, methylester **10** 930
—, Hydroxy-dimethyl-isopropyl-
octahydro-, methylester **10** 1019
—, Hydroxy-dimethyl-isopropyl-
tetradecahydro- **10** 85
—, Hydroxy-dimethyl-isopropyl-
tetradecahydro-, methylester
10 85
—, Hydroxy-dimethyl-octahydro- **10** 1008
—, Hydroxy-dimethyl-octahydro-,
äthylester **10** 1011
—, Hydroxy-dimethyl-octahydro-,
methylester **10** 1010
—, Hydroxy-dimethyl-octahydro-,
[nitro-benzylester] **10** 1011
—, Hydroxy-dimethyl-tetrahydro- **10** 1222
—, Hydroxy-dimethyl-tetrahydro-,
methylester **10** 1223
—, Hydroxy-dioxo-carboxymethyl-dihydro-
10 4835
—, Hydroxy-hexahydro-, methylester
10 3238
—, Hydroxyimino-methyl-octahydro-,
äthylester **10** 3242
—, Hydroxy-methoxy-, nitril **10** 2005
—, Hydroxy-methoxy-äthyl-propyl-
tetrahydro-, methylester **10** 1986
—, Hydroxy-methoxy-diäthyl-tetrahydro-,
äthylester **10** 1986
—, Hydroxy-methoxy-diäthyl-tetrahydro-,
methylester **10** 1986
—, Hydroxy-methoxy-dihydro- **10** 1997
—, Hydroxy-methoxy-dihydro-,
methylester **10** 4443, 4444
—, Hydroxy-methoxy-dimethyl- **10** 2007
—, Hydroxy-methoxy-hexahydro-,
äthylester **10** 4379
—, Hydroxy-methoxy-hexahydro-,
methylester **10** 4379
—, Hydroxy-methoxy-methyl-äthinyl-
hexahydro-, methylester **10** 2002
—, Hydroxy-methoxy-methyl-äthinyl-
octahydro-, methylester **10** 1982
—, Hydroxy-methoxy-methyl-äthinyl-
tetrahydro-, äthylester **10** 1983
—, Hydroxy-methoxy-methyl-äthinyl-
tetrahydro-, methylester **10** 2008

Phenanthren-carbonsäure, Hydroxy-
methoxy-methyl-äthyl-hexahydro-,
methylester **10** 1946
—, Hydroxy-methoxy-methyl-äthyl-
octahydro-, methylester **10** 1910
—, Hydroxy-methoxy-methyl-äthyl-
tetrahydro-, äthylester **10** 1983
—, Hydroxy-methoxy-methyl-äthyl-
tetrahydro-, methylester **10** 1983
—, Hydroxy-methoxy-methyl-tetrahydro-,
nitril **10** 1975
—, Hydroxy-methyl- **10** 1306
—, Hydroxy-methyl-, äthylester **10** 1307
—, Hydroxymethyl-, äthylester **10** 1308
—, Hydroxy-methyl-äthyl-hexahydro-
10 1133
—, Hydroxy-methyl-äthyliden-hexahydro-,
methylester **10** 1238
—, Hydroxy-methyl-äthyliden-tetrahydro-
10 1285
—, Hydroxy-methyl-äthyliden-tetrahydro-,
methylester **10** 1286
—, Hydroxy-methyl-äthyl-octahydro-
10 1014
—, Hydroxy-methyl-äthyl-octahydro-,
methylester **10** 1016
—, Hydroxy-methyl-äthyl-tetrahydro-
10 1228
—, Hydroxy-methyl-äthyl-tetrahydro-,
methylester **10** 1232
—, Hydroxy-methyl-dihydro-,
methylester **10** 3336
—, Hydroxy-methyl-tetrahydro- **10** 1214,
1215
—, Hydroxy-octahydro-, nitril **10** 1004
—, Hydroxy-oxo-dimethyl-tetradecahydro-,
methylester **10** 4196
—, Hydroxy-oxo-hexahydro-, äthylester
10 3610
—, Hydroxy-oxo-pentamethyl-[trimethyl-
methoxycarbonyl-cyclohexyl]-
dodecahydro-, methylester **10** 4760
—, Hydroxy-oxo-trimethyl-äthyl-
tetradecahydro-, methylester
10 4200
—, Hydroxy-oxo-trimethyl-vinyl-
tetradecahydro-, methylester **10** 4287
—, [(Hydroxy-phenyl)-carboxy-vinyl]-
10 2404
—, Hydroxy-tetrahydro- **10** 1203
—, Hydroxy-tetrahydro-, nitril **10** 1203
—, Hydroxy-trimethyl-dodecahydro-,
methylester **10** 662
—, Isopentyloxy-methyl-äthyl-
tetrahydro- **10** 1231
—, Isopentyloxy-methyl-äthyl-
tetrahydro-, methylester **10** 1234
—, Jod-hydroxy-tetramethoxy-,
methylester **10** 2589

Phenanthren-carbonsäure, Jod-trihydroxy-dimethyl-isopropyl-tetradecahydro- **10** 2057

—, Methoxy- **10** 1300, 1301, 1302, 1303, 1304, 1305

—, Methoxy-, hydrazid **10** 1303, 1304, 1305

—, Methoxy-, methylester **10** 1300, 1301, 1302, 1303, 1304, 1305

—, Methoxy-acetoxy-dimethyl- **10** 2007

—, Methoxy-äthyl-äthyliden-tetrahydro- **10** 1292

—, Methoxy-äthyl-äthyliden-tetrahydro-, äthylester **10** 1292

—, Methoxy-äthyl-äthyliden-tetrahydro-, methylester **10** 1292

—, Methoxy-äthyl-methylen-tetrahydro- **10** 1285

—, Methoxy-äthyl-propyl-tetrahydro- **10** 1246

—, Methoxy-äthyl-propyl-tetrahydro-, methylester **10** 1247

—, Methoxy-äthyl-tetrahydro- **10** 1222

—, Methoxy-äthyl-tetrahydro-, methylester **10** 1222

—, Methoxy-diäthyl-tetrahydro- **10** 1243

—, Methoxy-diäthyl-tetrahydro-, methylester **10** 1244

—, Methoxy-dihydro- **10** 1263, 1264

—, Methoxy-dihydro-, chlorid **10** 1263

—, Methoxy-dihydro-, methylester **10** 1263, 1264

—, Methoxy-dimethyl-acetyl-octahydro-, methylester **10** 4386

—, Methoxy-dimethyl-äthyl-tetrahydro- **10** 1244

—, Methoxy-dimethyl-hexahydro- **10** 1013, 1129

—, Methoxy-dimethyl-hexahydro-, methylester **10** 1130

—, Methoxy-dimethyl-[hydroxy-isopropyl]-octahydro-, methylester **10** 1912

—, Methoxy-dimethyl-isopropenyl-octahydro-, methylester **10** 1137

—, Methoxy-dimethyl-isopropyl-octahydro- **10** 1018

—, Methoxy-dimethyl-isopropyl-octahydro-, chlorid **10** 1020

—, Methoxy-dimethyl-isopropyl-octahydro-, methylester **10** 1019

—, Methoxy-dimethyl-octahydro- **10** 1009, 1011, 1012

—, Methoxy-dimethyl-octahydro-, äthylester **10** 1011

—, Methoxy-dimethyl-octahydro-, chlorid **10** 1011

—, Methoxy-dimethyl-octahydro-, methylester **10** 1010

—, Methoxy-dimethyl-octahydro-, [nitro-benzylester] **10** 1011

Phenanthren-carbonsäure, Methoxy-dimethyl-tetrahydro- **10** 1130, 1131, 1223

—, Methoxy-dimethyl-tetrahydro-, äthylester **10** 1131

—, Methoxy-dimethyl-tetrahydro-, methylester **10** 1224

—, Methoxy-hexahydro- **10** 1004, 1124

—, Methoxy-hexahydro-, methylester **10** 1124

—, Methoxy-methyl- **10** 1306, 1307, 1308

—, Methoxy-methyl-, äthylester **10** 1307

—, Methoxy-methyl-, methylester **10** 1307

—, Methoxy-methyl-acetonyl-tetrahydro-, methylester **10** 4462

—, Methoxy-methyl-äthyl-hexahydro- **10** 1133

—, Methoxy-methyl-äthyl-hexahydro-, methylester **10** 1134

—, Methoxy-methyl-äthyliden-hexahydro- **10** 1238

—, Methoxy-methyl-äthyliden-hexahydro-, methylester **10** 1239

—, Methoxy-methyl-äthyliden-octahydro- **10** 1134

—, Methoxy-methyl-äthyliden-tetrahydro- **10** 1286

—, Methoxy-methyl-äthyliden-tetrahydro-, methylester **10** 1286

—, Methoxy-methyl-äthyl-octahydro- **10** 1015

—, Methoxy-methyl-äthyl-octahydro-, methylester **10** 1017

—, Methoxy-methyl-äthyl-phenyl-tetrahydro- **10** 1331

—, Methoxy-methyl-äthyl-tetrahydro- **10** 1228, 1229

—, Methoxy-methyl-äthyl-tetrahydro-, äthylester **10** 1236

—, Methoxy-methyl-äthyl-tetrahydro-, amid **10** 1237

—, Methoxy-methyl-äthyl-tetrahydro-, azid **10** 1238

—, Methoxy-methyl-äthyl-tetrahydro-, butylester **10** 1236

—, Methoxy-methyl-äthyl-tetrahydro-, chlorid **10** 1237

—, Methoxy-methyl-äthyl-tetrahydro-, [diäthylamino-äthylester] **10** 1237

—, Methoxy-methyl-äthyl-tetrahydro-, methylester **10** 1232, 1236

—, Methoxy-methyl-äthyl-tetrahydro-, [methyl-isopropyl-cyclohexylester] **10** 1236

—, Methoxy-methyl-äthyl-tetrahydro-, nitril **10** 1238

—, Methoxy-methyl-äthyl-tetrahydro-, propylester **10** 1236

—, Methoxy-methyl-carbamoylmethyl-tetrahydro-, methylester **10** 2368

Phenanthren-carbonsäure, Methoxy-methyl-
[carboxy-äthyl]-hexahydro- **10** 2337
—, Methoxy-methyl-[chlor-acetonyl]-
tetrahydro-, methylester **10** 4462
—, Methoxy-methyl-chlorcarbonylmethyl-
tetrahydro-, methylester **10** 2367
—, Methoxy-methyl-diäthyl-tetrahydro-
10 1247
—, Methoxy-methyl-[diazo-acetonyl]-
octahydro-, methylester **10** 4663
—, Methoxy-methyl-[diazo-acetonyl]-
tetrahydro-, methylester **10** 4696
—, Methoxy-methyl-diazoacetyl-
hexahydro-, methylester **10** 4687
—, Methoxy-methyl-diazoacetyl-
octahydro-, methylester **10** 4661
—, Methoxy-methyl-diazoacetyl-
tetrahydro-, methylester **10** 4694
—, Methoxy-methyl-dihydro- **10** 1268
—, Methoxy-methyl-dihydro-,
methylester **10** 1268
—, Methoxy-methyl-[diphenyl-vinyl]-
octahydro-, methylester **10** 1345
—, Methoxy-methyl-[diphenyl-vinyl]-
tetrahydro-, methylester **10** 1351
—, Methoxy-methyl-hexahydro- **10** 1127
—, Methoxy-methyl-hexahydro-,
methylester **10** 1127
—, Methoxy-methyl-[hydroxyimino-propyl]-
tetrahydro-, methylester **10** 4462
—, Methoxy-methyl-methylen-hexahydro-
10 1224
—, Methoxy-methyl-methylen-tetrahydro-
10 1281
—, Methoxy-methyl-methylen-tetrahydro-,
methylester **10** 1281
—, Methoxy-methyl-octahydro- **10** 1006
—, Methoxy-methyl-[oxo-äthyl]-
hexahydro-, methylester **10** 4423
—, Methoxy-methyl-[oxo-äthyl]-
octahydro-, methylester **10** 4384
—, Methoxy-methyl-[oxo-äthyl]-
tetrahydro-, methylester **10** 4460
—, Methoxy-methyl-phenacyl-tetrahydro-,
methylester **10** 4495
—, Methoxy-methyl-propyl-tetrahydro-
10 1242
—, Methoxy-methyl-[semicarbazono-
propyl]-tetrahydro-, methylester
10 4462
—, Methoxy-methyl-tetrahydro- **10** 1214,
1215
—, Methoxy-methyl-tetrahydro-,
methylester **10** 1214, 1215
—, Methoxy-octahydro-, nitril **10** 1004
—, Methoxy-oxo-äthyl-tetrahydro-
10 4457
—, Methoxy-oxo-äthyl-tetrahydro-,
methylester **10** 4457

Phenanthren-carbonsäure, Methoxy-oxo-
butyl-tetrahydro-, methylester **10** 4461
—, Methoxy-oxo-methyl-hexahydro-,
methylester **10** 4418
—, Methoxy-oxo-methyl-octahydro-,
äthylester **10** 4382
—, Methoxy-oxo-methyl-octahydro-,
methylester **10** 4381, 4382
—, Methoxy-oxo-methyl-tetrahydro-,
methylester **10** 4450, 4451
—, Methoxy-oxo-methyl-tetrahydro-,
nitril **10** 4451
—, Methoxy-oxo-octahydro-, äthylester
10 4379
—, Methoxy-oxo-octahydro-, methylester
10 4379
—, Methoxy-oxo-propyl-tetrahydro-,
methylester **10** 4459
—, Methoxy-oxo-tetrahydro-,
methylester **10** 4443, 4444
—, Methoxy-oxo-tetrahydro-, nitril
10 4443
—, Methoxy-propyl-äthyliden-tetrahydro-
10 1295
—, Methoxy-propyl-äthyliden-tetrahydro-,
methylester **10** 1296
—, Methoxy-semicarbazono-methyl-
octahydro-, äthylester **10** 4382
—, Methoxy-tetrahydro- **10** 1124, 1125,
1202, 1203, 1204
—, Methoxy-tetrahydro-, äthylester
10 1125
—, Methoxy-tetrahydro-, chlorid **10** 1204
—, Methoxy-tetrahydro-, methylester
10 1202, 1203
—, Methoxy-tetrahydro-, nitril **10** 1202
—, Methyl- **9** 3509
—, Methyl-, methylester **9** 3509
—, Methyl-äthyl- **9** 3527
—, Methyl-äthyliden-tetrahydro-
9 3482
—, Methyl-äthyliden-tetrahydro-,
methylester **9** 3482
—, Methyl-äthyl-tetrahydro- **9** 3398
—, Methyl-carboxymethylen-octahydro-
9 4491
—, Methyl-dihydro- **9** 3463
—, Methyl-dodecahydro- **9** 2626
—, Methyl-isopropyl- **9** 3535, 3536
—, Methyl-isopropyl-, amid **9** 3536
—, Methyl-isopropyl-, methylester
9 3535, 3536
—, Methyl-isopropyl-, nitril **9** 3536
—, Methyl-isopropyl-dihydro- **9** 3487
—, Methyl-isopropyl-dihydro-, amid
9 3487
—, Methyl-isopropyl-dihydro-,
methylester **9** 3487
—, Methyl-isopropyl-hexahydro- **9** 3487

Phenanthren-carbonsäure, Methyl-isopropyl-hexahydro-, methylester 9 3487
—, Methyl-isopropyl-octahydro- 9 3118
—, Methyl-isopropyl-tetrahydro- 9 3401
—, Methyl-isopropyl-tetrahydro-, methylester 9 3401
—, Methyl-octahydro- 9 3109, 3110
—, Methyl-octahydro-, methylester 9 3109, 3110
—, Methyl-tetrahydro- 9 3374, 3375
—, Methyl-tetrahydro-, methylester 9 3374
—, Nitro- 9 3505
—, Nitro-dimethyl-isopropyl-octahydro-, methylester 9 3123
—, Octahydro- 9 3103, 3104
—, Octahydro-, methylester 9 3104
—, Oxo-[acetyl-allyl]-tetrahydro-, methylester 10 3661
—, Oxo-äthyl-tetrahydro-, methylester 10 3349
—, Oxo-dimethyl-äthyl-dodecahydro- 10 3117
—, Oxo-dimethyl-äthyl-dodecahydro-, methylester 10 3117
—, Oxo-dimethyl-äthyl-tetradecahydro- 10 2967
—, Oxo-dimethyl-äthyl-tetradecahydro-, methylester 10 2967
—, Oxo-dimethyl-dodecahydro- 10 3115
—, Oxo-dimethyl-dodecahydro-, methylester 10 3115, 3116
—, Oxo-dimethyl-isopropyl-octahydro- 10 3246
—, Oxo-hexahydro-, methylester 10 3238, 3276
—, Oxo-methyl-äthyl-tetrahydro-, methylester 10 3359
—, Oxo-methyl-dodecahydro-, äthylester 10 3114
—, Oxo-methyl-dodecahydro-, methylester 10 3116
—, Oxo-methyl-hexahydro-, äthylester 10 3280
—, Oxo-methyl-octahydro- 10 3242
—, Oxo-methyl-octahydro-, äthylester 10 3242
—, Oxo-methyl-octahydro-, methylester 10 3242
—, Oxo-methyl-tetrahydro-, methylester 10 3336
—, Oxo-methyl-tetrahydro-, nitril 10 3336
—, Oxo-octahydro-, methylester 10 3238
—, Oxo-[oxo-butyl]-tetrahydro-, methylester 10 3631
—, Oxo-[oxo-methyl-butyl]-tetrahydro-, methylester 10 3632, 3633
—, Oxo-phenyl-tetrahydro- 10 3459

Phenanthren-carbonsäure, Oxo-tetrahydro-, methylester 10 3320, 3321
—, Oxo-tetrahydro-, nitril 10 3320, 3321
—, Phenyl- 9 3649
—, Phenyl-dihydro- 9 3631
—, Phenyl-dihydro-, äthylester 9 3632
—, Phenyl-dodecahydro- 9 3404, 3405
—, Phenyl-dodecahydro-, äthylester 9 3404
—, Phenyl-dodecahydro-, methylester 9 3404
—, Propionyloxy-methyl-äthyl-tetrahydro-, methylester 10 1235
—, Propyloxy-methyl-äthyl-tetrahydro- 10 1231
—, Propyloxy-methyl-äthyl-tetrahydro-, methylester 10 1234
—, Semicarbazono-dimethyl-dodecahydro-, methylester 10 3116
—, Tetrahydro- 9 3245, 3353, 3354
—, Tetrahydro-, äthylester 9 3246
—, Tetrahydro-, methylester 9 3353, 3354
—, Tetrahydro-, nitril 9 3354
—, Tetrahydroxy-dimethyl-isopropyl-tetradecahydro- 10 2417
—, Tetrahydroxy-dimethyl-isopropyl-tetradecahydro-, methylester 10 2417
—, Tetramethoxy- 10 2526, 2527, 2528, 2529
—, Tetramethoxy-, äthylester 10 2527
—, Tetramethoxy-, azid 10 2527
—, Tetramethoxy-, hydrazid 10 2527, 2528
—, Tetramethoxy-, methylester 10 2527, 2528
—, Tetramethoxy-dihydro- 10 2508
—, Tetramethoxy-dihydro-, methylester 10 2508
—, Tetramethoxy-dihydro-, nitril 10 2508
—, Tetramethyl- 9 3537
—, Tetramethyl-dodecahydro- 9 2634, 2635
—, Tetramethyl-dodecahydro-, methylester 9 2634, 2635
—, Tetramethyl-hydroxymethyl-dodecahydro-, methylester 10 663
—, Tetramethyl-tetradecahydro-, methylester 9 350
—, p-Toluoyl- 10 3492
—, Trihydroxy-dimethyl-isopropyl-tetradecahydro- 10 2055
—, Trihydroxy-dioxo-[carboxy-butadienyl]-dihydro- 10 4865
—, Trimethoxy- 10 2386, 2387
—, Trimethoxy-, azid 10 2387
—, Trimethoxy-, hydrazid 10 2387
—, Trimethoxy-, methylester 10 2387
—, Trimethoxy-äthoxy- 10 2526, 2528, 2529
—, Trimethoxy-dihydro- 10 2350

Phenanthren-carbonsäure, Trimethoxy-
dihydro-, hydrazid **10** 2351
—, Trimethoxy-dihydro-, methylester
10 2351
—, Trimethyl-acetyl-dodecahydro-
10 2967
—, Trimethyl-äthyl-dodecahydro-
9 2642, 2644
—, Trimethyl-äthyl-dodecahydro-,
methylester **9** 2643, 2644
—, Trimethyl-äthyl-tetradecahydro-
9 355
—, Trimethyl-decahydro- **9** 2901
—, Trimethyl-decahydro-, methylester
9 2901
—, Trimethyl-[dihydroxy-äthyl]-
dodecahydro- **10** 1591
—, Trimethyl-octahydro- **9** 3117
—, Trimethyl-octahydro-, chlorid
9 3117
—, Trimethyl-octahydro-, methylester
9 3117
—, Trimethyl-[semicarbazono-äthyl]-
dodecahydro- **10** 2967
—, Trimethyl-vinyl-dodecahydro-
9 2910, 2912
—, Trimethyl-vinyl-dodecahydro-,
methylester **9** 2912, 2913
Phenanthren-carbonsäure-äthylester
9 3498, 3499, 3501
— amid **9** 3496, 3498, 3499, 3502
— azid **9** 3503
— chlorid **9** 3498, 3499, 3502
— [diäthylamino-äthylester] **9** 3499, 3502
— [dichlor-phenylester] **9** 3502
— dimethylamid **9** 3499, 3502
— methylamid **9** 3496, 3498, 3499, 3502
— methylester **9** 3496, 3497, 3499, 3501
— nitril **9** 3496, 3498, 3499, 3502
Phenanthren-carbonylazid 9 3503
—, Tetramethoxy- **10** 2527
—, Trimethoxy- **10** 2387
Phenanthren-carbonylchlorid 9 3498,
3499, 3502
—, Brom- **9** 3504
—, Chlor- **9** 3503
—, Dichlor- **9** 3504
—, Dihydro- **9** 3447
—, Methoxy-dihydro- **10** 1263
—, Methoxy-tetrahydro- **10** 1204
Phenanthren-chinon, Benzoyloxy-methyl-
isopropyl- **9** 806
—, Bis-[carboxy-naphthyl]- **10** 4103
—, Dimethoxy-benzoyloxy- **9** 844
—, Dimethoxy-dibenzoyloxy- **9** 849
—, [Nitro-benzoyloxy]-methyl-isopropyl-
9 1680
Phenanthrenchinon-carbonsäure 10 3654
Phenanthren-dicarbamid 9 4651

Phenanthren-dicarbamidin 9 4652
Phenanthren-dicarbonitril 9 4652
Phenanthren-dicarbonsäure 9 4650,
4651, 4652, 4653
—, Dihydro- **9** 4607
—, Dihydro-, dimethylester **9** 4606, 4607
—, Dihydroxy-dihydro- **10** 2533
—, Dimethoxy-, dimethylester **10** 2537
—, Dimethoxy-dihydro-, dimethylester
10 2533
—, Dimethoxy-hexahydro-, dimethylester
10 2479
—, Dimethyl-hexahydro- **9** 4456
—, Dimethyl-isopropyl-octahydro- **9** 4458
—, Dimethyl-isopropyl-octahydro-,
methylamid **9** 4459
—, Dimethyl-isopropyl-octahydro-,
methylester **9** 4459
—, Dimethyl-tetrahydro- **9** 4492
—, Dimethyl-tetrahydro-, dimethylester
9 4492
—, Dimethyl-tetrahydro-, methylester
9 4492
—, Dioxo-dihydro- **10** 4087
—, Dodecahydro- **9** 4362
—, Dodecahydro-, äthylester **9** 4362
—, Hexahydro- **9** 4488
—, Hexahydro-, dimethylester **9** 4488
—, Hydroxy- **10** 2394
—, Hydroxy-octahydro- **10** 2291
—, Hydroxy-octahydro-, dimethylester
10 2291
—, Hydroxy-tetrahydro- **10** 2354
—, Methoxy- **10** 2394
—, Methoxy-, dimethylester **10** 2394
—, Methoxy-äthoxy-, diäthylester
10 2537
—, Methoxycarbonylmethyl-tetrahydro-,
dimethylester **9** 4840
—, Methoxy-[carboxy-äthyl]-dihydro-
10 2590
—, Methoxy-[carboxy-äthyliden]-dihydro-
10 2591
—, Methoxy-[carboxy-propyl]-dihydro-
10 2590
—, Methoxy-[carboxy-propyliden]-
dihydro- **10** 2592
—, Methoxy-dihydro- **10** 2389
—, Methoxy-dihydro-, dimethylester
10 2389
—, Methoxy-hexahydro- **10** 2328
—, Methoxy-hexahydro-, dimethylester
10 2329
—, Methoxy-[methoxycarbonyl-äthyliden]-
dihydro-, dimethylester **10** 2591
—, Methoxy-[methoxycarbonyl-propyliden]-
dihydro-, dimethylester **10** 2592
—, Methoxy-methyl-hexahydro- **10** 2329,
2330, 2332

Phenanthren-dicarbonsäure, Methoxy-methyl-
hexahydro-, dimethylester
10 2330, 2331, 2333
—, Methoxy-methyl-hexahydro-,
methylester 10 2331, 2332
—, Methoxy-methyl-octahydro- 10 2293
—, Methoxy-methyl-octahydro-,
dimethylester 10 2292, 2294
—, Methoxy-methyl-octahydro-,
methylester 10 2292, 2293, 2294
—, Methoxy-methyl-tetrahydro- 10 2333,
2357, 2358
—, Methoxy-methyl-tetrahydro-,
dimethylester 10 2332, 2358, 2359
—, Methoxy-methyl-tetrahydro-,
methylester 10 2358, 2359
—, Methoxy-octahydro- 10 2291
—, Methoxy-octahydro-, dimethylester
10 2291
—, Methoxy-tetrahydro- 10 2354
—, Methoxy-tetrahydro-, dimethylester
10 2354, 2355
—, Methoxy-tetrahydro-, methylester
10 2354
—, Methyl-isopropyl-dihydro- 9 4644
—, Methyl-tetrahydro- 9 4565
—, Methyl-tetrahydro-, dimethylester
9 4566
—, Methyl-tetrahydro-, methylester 9 4566
—, Tetrahydro- 9 4549
—, Tetrahydro-, dimethylester 9 4550
—, Tetramethyl-dodecahydro- 9 4368
—, Tetramethyl-dodecahydro-,
diäthylester 9 4369
—, Tetramethyl-dodecahydro-,
dimethylester 9 4369
—, Tetramethyl-tetradecahydro- 9 4085
—, Tetramethyl-tetradecahydro-,
dimethylester 9 4085
—, Trimethyl-dodecahydro- 9 4082, 4366
—, Trimethyl-tetradecahydro- 9 4082
Phenanthren-dicarbonsäure-diäthylester
9 4650, 4653
— diamid 9 4651
— dimethylester 9 4650, 4651, 4652, 4653
— dinitril 9 4652
— nitril 9 4653
Phenanthrendiyldibenzoat 9 645
—, Tetradecahydro- 9 551
Phenanthrenon, Benzoyloxy-chlormethyl-
9 768
—, Benzoyloxy-dihydro- 9 763
—, [Dinitro-benzoyloxy]-dimethyl-
decahydro- 9 1929
—, [Dinitro-benzoyloxy]-dimethyl-
dodecahydro- 9 1928
Phenanthren-tetracarbonsäure 9 4897
Phenanthren-tetracarbonsäure-
tetramethylester 9 4897

Phenanthren-thiocarbonsäure, Methoxy-
methyl-äthyl-tetrahydro-,
methylester 10 1238
Phenanthro[9.10][1.3]dioxol, Hydroxy-
[isopropyl-phenyl]- 9 2482
—, Hydroxy-methyl-isopropyl-[methoxy-
phenyl]- 10 317
Phenanthro[9'.10'-3.4]fluoreno[9.1-bc]furan,
Hydroxy-oxo-dihydro- 10 3512
Phenanthro[1.2-b]furan, Dihydroxy-oxo-
methyl-hexahydro- 10 4457
—, Hydroxy-methoxy-oxo-methyl-
decahydro- 10 4383
—, Hydroxy-methoxy-oxo-methyl-
hexahydro- 10 4458
—, Hydroxy-methoxy-oxo-methyl-
octahydro- 10 4420
—, Hydroxy-oxo-hexahydro- 10 3335
—, Hydroxy-oxo-methyl-hexahydro-
10 3348
Phenanthro[1.10a-b]furan, Hydroxy-
methoxy-oxo-methyl-hexahydro-
10 4421
Phenanthro[3.4-c]furan, Hydroxy-oxo-
methyl-dihydro- 10 3406
Phenanthro[4.3-b]furan, Hydroxy-oxo-
hexahydro- 10 3335
Phenanthro[9.10-c]furan, Hydroxy-oxo-
[chlor-phenyl]-dihydro- 10 3490
—, Hydroxy-oxo-phenyl-dihydro-
10 3489, 3490
—, Hydroxy-oxo-p-tolyl-dihydro-
10 3492
Phenanthrol, Benzoyloxy- 9 645
—, Benzoyloxy-dihydro- 9 636
—, Benzoyloxy-octahydro- 9 605
—, [Isopropyl-benzoyloxy]- 9 2482
—, [Methoxy-benzoyloxy]-methyl-
isopropyl- 10 317
Phenanthro[4.5-cde]oxepin, Hydroxy-oxo-
dihydro- 10 3405
Phenanthro[1.10.9.8-opqra]perylen,
Octabenzoyloxy-dimethyl- 8 4422
Phenanthro[1.10.9.8-opqra]perylen-
carbonsäure, Dioxo-dihydro-
10 3680
Phenanthro[1.10.9.8-opqra]perylen-
chinon, Hexabenzoyloxy-dimethyl-
9 851
—, Hexakis-[brom-benzoyloxy]-
dimethyl- 9 1416
Phenanthrylbenzoat 9 520
Phenol, Benzoyloxy- 9 551, 555, 558
—, [Benzoyloxy-äthoxy]-äthyl- 9 535
—, Benzoyloxy-dimethyl- 9 569, 570, 571
—, Benzoyloxy-methyl- 9 564, 565
—, Benzoyloxy-propenyl- 9 584
—, Benzoyloxy-tetramethyl- 9 576
—, Benzoyloxy-[tetramethyl-butyl]- 9 577

Phenol, Benzoyloxy-trimethyl- 9 573
—, Brom-benzoyloxy- 9 556
—, Brom-benzoyloxy-[tetramethyl-butyl]-
    9 578
—, Chlor-benzoyloxy-[tetramethyl-butyl]-
    9 578
—, Chlor-[bis-benzamino-methyl]-
    9 1107
—, Chlor-[bis-cinnamoylamino-methyl]-
    9 2716
—, Chlor-[bis-(phenyl-acetamino)-
    methyl]- 9 2205
—, Cinnamoyloxy- 9 2698
—, Cinnamoyloxy-methyl- 9 2698
—, Cyan- s. *Benzonitril, Hydroxy-*
—, Dibrom-benzoyloxy- 9 556
—, Dibrom-benzoyloxymethyl- 9 567
—, Dibrom-cinnamoyloxymethyl- 9 2698
—, Dibrom-nitro-benzoyloxy- 9 557
—, Dibrom-[(nitro-benzoyloxy)-methyl]-
    9 1639
—, Dichlor-[bis-benzamino-methyl]-
    9 1108
—, Dichlor-[bis-cinnamoylamino-methyl]-
    9 2716
—, Dichlor-[bis-(phenyl-acetamino)-
    methyl]- 9 2206
—, Dinitro-benzoyloxy- 9 554
—, [Dinitro-benzoyloxy]- 9 1904
—, Dinitro-benzoyloxy-[tetramethyl-
    butyl]- 9 578
—, [Diphenyl-acryloyloxy]- 9 3416, 3417
—, Methoxy-benzoyloxy- 9 670
—, Methoxy-[benzoyloxy-propenyl]-
    9 680
—, Methoxy-dimethoxalyl- 10 4845
—, Methyl-bis-benzoyloxymethyl-
    9 675
—, Nitro-benzoyloxy- 9 553, 557
—, [Nitro-benzoyloxy]- 9 1636, 1637
—, Nitro-benzoyloxy-[tetramethyl-butyl]-
    9 578
—, [Nitro-cinnamoyloxy]- 9 2745
—, Tribenzoyloxy- 9 692
—, Tribrom-benzoyloxy- 9 557
Phenol-carbonsäure s. *Benzoesäure,*
    Hydroxy- und *Salicylsäure*
Phenolmellitein 10 2640
Phenolphthaleinsäure 10 2400; *Derivate*
    s. *unter Benzoesäure*
Phenolphthalin 10 2013
—, Tetrabrom- 10 2014
Phenolpyromellitein 9 4873
Phenolthymolphthalin 10 2015
Phenylbenzoat 9 415
Phenylcinnamat 9 2689
Phenylcyanid s. *Benzonitril*
o-**Phenylen-diacrylsäure-bis-[essigsäure-
    anhydrid]** 9 4435

m-**Phenylendibenzoat** 9 555
—, Brom- 9 556
—, Chlor- 9 555
—, Dibrom- 9 556
—, Jod- 9 557
—, Nitroso- 9 1297
o-**Phenylendibenzoat** 9 552
—, Chlor- 9 552
—, Dimethoxy- 9 691
—, Nitro- 9 553
—, Tetrabrom- 9 553
—, Tetranitroso- 9 553
p-**Phenylendibenzoat** 9 559
—, Chlor- 9 560
—, Dichlor-brom- 9 560
—, Di-*p*-tolyloxy- 9 692
—, Phenylseleno- 9 671
Phenylessigsäure s. *Essigsäure, Phenyl-*
Phenyllithium, [Methyl-heptyloxy]-
    10 285
Phenylmercaptan, Benzoyloxy- 9 560
Phenylpenaldinsäure, Methyl-,
    äthylester 9 1201
—, Methyl-, methylester 9 1201
—, Nitro-, diäthylacetal 9 1743
Phenylpenaldinsäure-äthylester 9 1198
— äthylester-diäthylacetal 9 1202
— benzylester 9 1199
— benzylester-diäthylacetal 9 1202
— diäthylacetal 9 1202
— diäthylmercaptal 9 1204
— hydrazid-diäthylacetal 9 1203
Phenylsalicylat 10 127
Phenylthiopenaldinsäure-äthylester 9 1201
— äthylester-diäthylmercaptal 9 1204
— benzylester 9 1201
— benzylester-dibenzylmercaptal 9 1204
Phloretinsäure s. *Propionsäure, [Hydroxy-*
    phenyl]-
Phloroglucin, Dimethyl-[nitro-benzoyl]-
    9 1660
—, Methyl-bis-[nitro-benzoyl]- 9 1661
—, Tris-[dinitro-benzoyl]- 9 1918
—, Tris-[nitro-benzoyl]- 9 1661
—, Tris-[triacetoxy-benzoyl]- 10 2084
—, Tris-[trimethoxy-benzoyl]- 10 2084
Phocaecholsäure 10 2182
Phocaecholsäure-methylester 10 2182
α-**Phocaecholsäure** 10 2424
β-**Phocaecholsäure** 10 2182
β-**Phocaecholsäure-**methylester 10 2182
α-**Phocaetaurocholsäure** 10 2425
Phosphat, Benzoyl- 9 1056
—, Benzoyl-dihydrogen- 9 1056
—, Dibenzoyl- 9 1057
—, Dibenzoyl-hydrogen- 9 1057
—, [(Dinitro-benzamino)-äthyl]-
    [dipalmitoyloxy-isopropyl]-
    hydrogen- 9 1936

Phosphin, [Benzoyloxy-äthyl]- **9** 896
Phosphinoxid, Tris-benzoyloxymethyl-
  9 716
Phosphonsäure, Benzoyl-, diäthylester
  9 1055
—, Benzoyl-, dimethylester **9** 1055
—, [Hydroxy-äthoxy-benzyl]-,
  dimethylester **9** 1056
—, [Hydroxy-methoxy-benzyl]-,
  dimethylester **9** 1056
—, [Hydroxy-phenyl-cyan-methyl]-,
  dimethylester **10** 2976
—, [Hydroxy-propyloxy-benzyl]-,
  dimethylester **9** 1056
—, [Hydroxy-sulfo-benzyl]-,
  dimethylester **9** 1056
—, Methyl-, äthylester-[äthoxycarbonyl-
  phenylester] **10** 119, 305
Phosphorigsäure-bis-[phenyl-
  äthoxycarbonyl-methylester]
  10 456
— tris-[phenyl-äthoxycarbonyl-
  methylester] **10** 457
Phosphorsäure, Benzoyl- **9** 1056
—, Benzoyl-, phenylester **9** 1056
—, Dibenzoyl- **9** 1057
—, Phenyl-benzoyl- **9** 1056
Phosphorsäure-[äthoxycarbonyl-
  phenylester]-bis-dimethylamid
  10 119
— äthylester-[äthoxycarbonyl-
  phenylester]-dimethylamid **10** 119
— [*tert*-butyl-phenylester]-bis-
  [methoxycarbonyl-phenylester]
  10 114
— [carboxy-cyclohexylester] **10** 10
— [carboxy-naphthylester] **10** 1095
— [carboxy-phenylester] **10** 106, 249
— [chlor-phenylester]-bis-
  [methoxycarbonyl-phenylester]
  10 114
— diäthylester-[äthoxycarbonyl-
  phenylester] **10** 119, 305
— diäthylester-[nitro-äthoxycarbonyl-
  phenylester] **10** 199
— dimethylester-[phenyl-cyan-
  methylester] **10** 475
— [(dinitro-benzamino)-äthylester]-
  [dipalmitoyloxy-isopropylester]
  9 1936
— diphenylester-[methoxycarbonyl-
  phenylester] **10** 114
— [hydroxy-benzoyloxy-isopropylester]
  9 667
— [hydroxy-(cyclopentenyl-
  tridecanoyloxy)-isopropylester] **9** 290
— [hydroxy-(cyclopentenyl-
  undecanoyloxy)-isopropylester]
  9 278

Phosphorsäure-[hydroxy-(cyclopentenyl-
  undecanoyloxy)-isopropylester]-
  [trimethylammonio-äthylester]-
  betain **9** 278
— [isobutyloxycarbonyl-phenylester]-
  bis-biphenylylester **10** 122
— [methoxycarbonyl-phenylester]-bis-
  biphenylylester **10** 114
— [phenoxycarbonyl-phenylester]
  10 131
— phenylester-bis-[methoxycarbonyl-
  phenylester] **10** 114
— phenylester-[carboxy-phenylester]
  10 106
— tris-[hexyloxycarbonyl-phenylester]
  10 309
— tris-[methoxycarbonyl-phenylester]
  10 114
— [trityloxy-benzoyloxy-isopropylester]
  9 667
Photodehydroergosterin, Benzoyl-
  9 515
Photoisopyrocalciferol, [Dinitro-
  benzoyl]- **9** 1883
Photopyrocalciferol, [Dinitro-benzoyl]-
  9 1884
Photosantonsäure 10 2142
Phthalaldehydsäure 10 2986;
  O-Derivate s. unter Benzoesäure
—, Brom-dimethoxy- **10** 4513
—, Brom-dimethoxy-, methylester
  10 4513
—, Chlor- **10** 2988
—, Chlor-dimethoxy- **10** 4513
—, Dihydroxy- **10** 4511, 4512
—, Dihydroxy-, methylester **10** 4511
—, Dimethoxy- **10** 4510, 4511
—, Dimethoxy-, acetonylester **10** 4512
—, Dimethoxy-, benzylester **10** 4512
—, Methoxy- **10** 4207
—, Methoxy-, nitril **10** 4207
—, Nitro- **10** 2988
—, Nitro-dimethoxy- **10** 4513
Phthalaldehydsäure-imin **10** 2987
— methylester **10** 2987
— methylester-semicarbazon **10** 2988
— nitril **10** 2988
Phthalamid 9 4197
—, Äthyl- **9** 4198
—, Äthyl-vinyl- **9** 4198
—, Bis-äthoxycarbonyl- **9** 4198
—, Bis-methoxycarbimidoyl- **9** 4199
—, Chlor- **9** 4203
—, Diäthyl- **9** 4198
—, Diallyl- **9** 4198
—, Dimethyl- **9** 4198
—, Dimethyl-tetraäthyl- **9** 4297
—, Methyl- **9** 4198
—, Nitro- **9** 4233, 4239

Phthalamid, Nitro-bis-äthoxycarbonyl-
9 4234
—, Nitro-bis-[chlor-äthyl]- 9 4234
—, Nitro-tetrakis-[chlor-äthyl]-
9 4234
—, Tetraäthyl- 9 4198
Phthalamidsäure 9 4191
—, Äthoxycarbonyl- 9 4194
—, Äthyl- 9 4192
—, [Äthylmercapto-dicarboxy-propyl]-
9 4196
—, Allyl- 9 4193
—, [Benzylmercapto-dicarboxy-propyl]-
9 4197
—, [Benzylsulfon-allyl]- 9 4193
—, [Bis-äthoxycarbonyl-propyl]-
9 4196
—, Bis-[cyan-äthyl]- 9 4195
—, sec-Butyl- 9 4192
—, Carbamoyl- 9 4194
—, [Carbamoyl-carbamimidoyl]- 9 4194
—, Carbamoylmethyl- 9 4195
—, [Cyan-carbamimidoyl]- 9 4194
—, Diäthyl- 9 4192
—, [Dibrom-nitro-propyl]- 9 4192
—, Dibutyl- 9 4192
—, [Dicarboxy-butenyl]- 9 4196
—, [Dicarboxy-pentenyl]- 9 4196
—, Dihexyl- 9 4193
—, Dimethyl- 9 4192
—, Dimethyl-diäthyl- 9 4297
—, Dodecyl- 9 4193
—, [Methoxy-dicarboxy-äthyl]- 9 4196
—, [Methoxy-dicarboxy-propyl]- 9 4196
—, [(Methoxy-phenoxy)-propyl]- 9 4193
—, Methyl- 9 4191
—, [Methyl-carboxy-propyl]- 9 4195
—, Methylen-di-, diallylester 9 4197
—, [Methylmercapto-dicarboxy-propyl]-
9 4196
—, [Nitro-benzoyl]- 9 4194
—, [Nitro-benzoyl]-, äthylester
9 4197
—, [Nitro-propyl]- 9 4192
—, Octadecyl- 9 4193
—, Octyl- 9 4193
—, Tetrachlor-octadecyl-, [äthyl-
hexylester] 9 4212
Phthalamidsäure-cyclohexylester 9 4197
— hydrazid 9 4202
Phthalan-carbaldehyd, Hydroxy-methoxy-
oxo-methyl- 10 4604
Phthalan-carbonsäure, Chlor-hydroxy-oxo-
[carboxy-phenyl]- 10 4141
—, Hydroxy-dimethoxy-oxo- 10 4801, 4802
—, Hydroxy-methoxy-oxo- 10 4739
—, Hydroxy-oxo- 10 3955, 3956
—, Hydroxy-oxo-[carboxy-phenyl]-
10 4140, 4141

Phthalan-carbonsäure, Hydroxy-oxo-
dimethyl- 10 3966
—, Hydroxy-oxo-dimethyl-[carboxy-
phenyl]- 10 4141
—, Hydroxy-oxo-[dioxo-dihydro-anthryl]-
10 4142
—, Hydroxy-oxo-methyl- 10 3961, 3962
—, Hydroxy-oxo-phenyl- 10 4007, 4008
—, Hydroxy-oxo-trichlormethyl-
10 3961, 3962
—, Hydroxy-phenyl- 10 4438
—, Nitro-hydroxy-oxo-phenyl- 10 4008
Phthalan-dicarbonsäure, Hydroxy-methoxy-
oxo- 10 4845
—, Hydroxy-oxo- 10 4128
—, Hydroxy-oxo-phenyl- 10 4140
—, Oxo-methyl-phenyl- 9 4839
Phthalat s. a. *Phthalsäure-ester*
—, Diäthyl- 9 4099
—, Diallyl- 9 4120
—, Dibutyl- 9 4102
—, Di-sec-butyl- 9 4104
—, Dicholesteryl- 9 4169
—, Dicyclohexyl- 9 4123
—, Dicyclopentyl- 9 4122
—, Diheptyl- 9 4109
—, Dihexyl- 9 4107
—, Diisobutyl- 9 4105
—, Diisopentyl- 9 4107
—, Dimethyl- 9 4098
—, Dioctyl- 9 4112
—, Dipentyl- 9 4105
—, Diphenyl- 9 4157
—, Dipropyl- 9 4101
—, Ditetradecyl- 9 4118
Phthalid, Acetoxy-dimethoxy-[dichlor-
dimethoxy-methyl-phenyl]- 10 4819
—, Amino- 10 2987
—, Biphenylyloxy-phenyl- 10 3294
—, Brom-hydroxy-[brom-hydroxy-naphthyl]-
10 4482
—, Brom-hydroxy-[brom-phenyl]- 10 3301
—, Brom-hydroxy-[chlor-phenyl]- 10 3300
—, Brom-hydroxy-dimethoxy- 10 4513
—, Brom-hydroxy-phenyl- 10 3299
—, [Brom-phenoxy]-phenyl- 10 3293
—, Chlor-hydroxy- 10 2988
—, Chlor-hydroxy-[brom-phenyl]- 10 3301
—, Chlor-hydroxy-[chlor-hydroxy-methyl-
phenyl]- 10 4442
—, Chlor-hydroxy-[chlor-methoxy-methyl-
phenyl]- 10 4442
—, Chlor-hydroxy-[chlor-methyl-phenyl]-
10 3315, 3316
—, Chlor-hydroxy-[chlor-phenyl]-
10 3297, 3298
—, Chlor-hydroxy-dimethoxy- 10 4513
—, Chlor-hydroxy-[hydroxy-methyl-
phenyl]- 10 4440

Phthalid, Chlor-hydroxy-[methoxy-methyl-phenyl]- 10 4441
—, Chlor-hydroxy-phenyl- 10 3296
—, Chlor-methyl- 10 3026
—, Dichlor-hydroxy-acenaphthenyl- 10 3457
—, Dichlor-hydroxy-[chlor-biphenylyl]- 10 3456
—, Dichlor-hydroxy-[chlor-methyl-phenyl]- 10 3316
—, Dichlor-hydroxy-[chlor-phenyl]- 10 3298
—, Dichlor-hydroxy-[dichlor-phenyl]- 10 3299
—, Dichlor-hydroxy-[dihydroxy-phenyl]- 10 4671
—, Dichlor-hydroxy-[dimethyl-phenyl]- 10 3334
—, Dichlor-hydroxy-fluorenyl- 10 3472
—, Dichlor-hydroxy-[hydroxy-methyl-phenyl]- 10 4439
—, Dichlor-hydroxy-[methoxy-methyl-phenyl]- 10 4440
—, Dichlor-hydroxy-naphthyl- 10 3427
—, Dichlor-hydroxy-[octahydro-phenanthryl]- 10 3424
—, Dichlor-hydroxy-phenyl- 10 3297
—, Dichlor-hydroxy-pyrenyl- 10 3501
—, Dihydroxy-[hydroxy-methyl-phenyl]- 10 4673, 4674, 4675
—, Dihydroxy-[hydroxy-phenyl]- 10 4667
—, Dihydroxy-methoxy-butyl- 10 4560
—, Dihydroxy-methoxy-[dichlor-dihydroxy-methyl-phenyl]- 10 4818
—, Dihydroxy-methoxy-[dihydroxy-methyl-phenyl]- 10 4817
—, Dihydroxy-[methoxy-phenyl]- 10 4666, 4667
—, Dihydroxy-*p*-tolyl- 10 4441
—, Dijod-hydroxy-phenyl- 10 3301
—, Dinitro-hydroxy-*p*-tolyl- 10 3319
—, Hydroxy- 10 2986
—, Hydroxy-acenaphthenyl- 10 3456
—, Hydroxy-acetoxy-[acetoxy-phenyl]- 10 4667
—, Hydroxy-[äthoxy-methyl-naphthyl]- 10 4486
—, Hydroxy-äthyl- 10 3052
—, Hydroxy-[äthyl-phenyl]- 10 3331
—, Hydroxy-benzoyl- 10 3625
—, Hydroxy-[benzoyl-naphthyl]- 10 3679
—, Hydroxy-[benzoyl-phenyl]- 10 3671, 3672
—, Hydroxy-[benzyl-phenyl]- 10 3459
—, Hydroxy-biphenylyl- 10 3455
—, Hydroxy-[brom-dihydroxy-phenyl]- 10 4669
—, Hydroxy-[brom-hydroxy-methyl-phenyl]- 10 4442

Phthalid, Hydroxy-[brom-hydroxy-naphthyl]- 10 4483
—, Hydroxy-brommethyl- 10 3027
—, Hydroxy-[brom-methylmercapto-naphthyl]- 10 4483
—, Hydroxy-[brom-naphthyl]- 10 3428
—, Hydroxy-[brom-nitro-naphthyl]- 10 3428
—, Hydroxy-[brom-phenyl]- 10 3300
—, Hydroxy-butyl- 10 3085
—, Hydroxy-[butyl-phenyl]- 10 3353
—, Hydroxy-[*tert*-butyl-phenyl]- 10 3353
—, Hydroxy-{[(chlor-äthoxy)-äthoxy]-methyl-phenyl}- 10 4440
—, Hydroxy-{[(chlor-äthoxy)-äthoxy]-naphthyl}- 10 4483
—, Hydroxy-{[(chlor-äthoxy)-äthoxy]-phenyl}- 10 4429
—, Hydroxy-[(chlor-äthoxy)-phenyl]- 10 4429
—, Hydroxy-[(chlor-benzoyl)-naphthyl]- 10 3679
—, Hydroxy-[chlor-biphenylyl]- 10 3456
—, Hydroxy-{chlor-[(chlor-äthoxy)-äthoxy]-phenyl}- 10 4430
—, Hydroxy-[chlor-diacetoxy-phenyl]- 10 4668
—, Hydroxy-[chlor-dihydroxy-phenyl]- 10 4668
—, Hydroxy-[chlor-hydroxy-naphthyl]- 10 4483
—, Hydroxy-[chlor-hydroxy-phenyl]- 10 4428, 4430
—, Hydroxy-[chlor-methoxy-methyl-phenyl]- 10 4440, 4442
—, Hydroxy-[chlor-methoxy-phenyl]- 10 4428, 4430
—, Hydroxy-[chlor-methyl-phenyl]- 10 3318
—, Hydroxy-[chlor-naphthyl]- 10 3426, 3427, 3429
—, Hydroxy-[chlor-nitro-methyl-phenyl]- 10 3315, 3319
—, Hydroxy-[chlor-nitro-naphthyl]- 10 3428
—, Hydroxy-[chlor-phenyl]- 10 3296
—, Hydroxy-chrysenyl- 10 3504
—, Hydroxy-[cyclohexyl-phenyl]- 10 3403
—, Hydroxy-[decahydro-pyrenyl]- 10 3446
—, Hydroxy-[diäthyl-phenyl]- 10 3354
—, Hydroxy-[dibrom-naphthyl]- 10 3428
—, Hydroxy-[dichlor-hydroxy-phenyl]- 10 4430
—, Hydroxy-[dichlor-methyl-phenyl]- 10 3316
—, Hydroxy-[dichlor-naphthyl]- 10 3427, 3429
—, Hydroxy-[dichlor-nitro-phenyl]- 10 3303

Phthalid, Hydroxy-[dichlor-phenyl]-
10 3298

—, Hydroxy-[dicyclohexyl-phenyl]-
10 3425

—, Hydroxy-[dihydroxy-naphthyl]-
10 4705

—, Hydroxy-[dihydroxy-phenyl]-
10 4667, 4669

—, Hydroxy-dimethoxy- 10 4510, 4511

—, Hydroxy-[dimethoxy-acetyl-naphthyl]-
10 4793

—, Hydroxy-dimethoxy-äthyl- 10 4550

—, Hydroxy-[dimethoxy-benzyl]- 10 4672

—, Hydroxy-dimethoxy-[brom-dimethoxy-
phenyl]- 10 4816

—, Hydroxy-dimethoxy-[brom-hydroxy-
methyl-phenyl]- 10 4768

—, Hydroxy-dimethoxy-butyl- 10 4560

—, Hydroxy-dimethoxy-[dibrom-hydroxy-
methyl-phenyl]- 10 4769

—, Hydroxy-dimethoxy-[dichlor-
dimethoxy-methyl-phenyl]- 10 4819

—, Hydroxy-dimethoxy-[dimethoxy-methyl-
phenyl]- 10 4817

—, Hydroxy-dimethoxy-[dimethoxy-phenyl]-
10 4815

—, Hydroxy-dimethoxy-[hydroxy-
dimethoxy-phenyl]- 10 4850

—, Hydroxy-dimethoxy-[hydroxy-methoxy-
methyl-phenyl]- 10 4817

—, Hydroxy-dimethoxy-[hydroxy-methoxy-
phenyl]- 10 4814

—, Hydroxy-dimethoxy-[hydroxy-methyl-
phenyl]- 10 4768

—, Hydroxy-dimethoxy-[methoxy-äthoxy-
phenyl]- 10 4816

—, Hydroxy-dimethoxy-[methoxy-methyl-
phenyl]- 10 4767, 4768

—, Hydroxy-dimethoxy-[methoxy-
naphthyl]- 10 4792

—, Hydroxy-[dimethoxy-methyl-phenyl]-
10 4674

—, Hydroxy-dimethoxy-naphthyl- 10 4705

—, Hydroxy-[dimethoxy-naphthyl]-
10 4704, 4705

—, Hydroxy-dimethoxy-phenyl- 10 4666

—, Hydroxy-[dimethoxy-phenyl]-
10 4668, 4669, 4670

—, Hydroxy-dimethoxy-[trimethoxy-
phenyl]- 10 4850

—, Hydroxy-dimethyl- 10 3058

—, Hydroxy-dimethyl-[dimethyl-phenyl]-
10 3354, 3355, 3356

—, Hydroxy-dimethyl-[methoxy-phenyl]-
10 4449

—, Hydroxy-[dimethyl-naphthyl]-
10 3438, 3439, 3440, 3441

—, Hydroxy-[dimethyl-phenyl]- 10 3332,
3333, 3334

Phthalid, Hydroxy-dimethyl-*p*-tolyl-
10 3346

—, Hydroxy-dimethyl-[trimethyl-phenyl]-
10 3360

—, Hydroxy-[dinitro-naphthyl]- 10 3429

—, Hydroxy-[dioxo-dihydro-benz[*a*]-
anthracenyl]- 10 4038

—, Hydroxy-diphenyl- 10 3455

—, Hydroxy-diphenyl-[acetoxy-naphthyl]-
10 4501

—, Hydroxy-[diphenyl-äthyl]- 10 3462

—, Hydroxy-diphenyl-[brom-phenyl]-
10 3502

—, Hydroxy-diphenyl-[hydroxy-naphthyl]-
10 4501

—, Hydroxy-diphenyl-[methoxy-naphthyl]-
10 4502

—, Hydroxy-diphenyl-[methoxy-phenyl]-
10 4501

—, Hydroxy-diphenyl-naphthyl- 10 3508

—, Hydroxy-[dodecyl-phenyl]- 10 3368

—, Hydroxy-fluoranthenyl- 10 3499, 3500

—, Hydroxy-fluorenyl- 10 3471, 3472

—, Hydroxy-[fluor-nitro-phenyl]-
10 3302

—, Hydroxy-[heptyl-phenyl]- 10 3364

—, Hydroxy-[hexahydro-pyrenyl]- 10 3485

—, Hydroxy-[hydroxy-biphenylyl]-
10 4492

—, Hydroxy-[hydroxy-dimethyl-phenyl]-
10 4449

—, Hydroxy-[hydroxy-methoxy-methyl-
phenyl]- 10 4674

—, Hydroxy-[hydroxy-methoxy-naphthyl]-
10 4704, 4705

—, Hydroxy-[hydroxy-methoxy-phenyl]-
10 4668

—, Hydroxy-[hydroxy-methyl-isopropyl-
phenyl]- 10 4458

—, Hydroxy-[hydroxy-methyl-phenyl]-
10 4441

—, Hydroxy-[hydroxy-naphthyl]-
10 4480, 4482

—, Hydroxy-[hydroxy-phenyl]- 10 4427,
4429

—, Hydroxy-[isobutyl-phenyl]- 10 3353

—, Hydroxy-[isopropyl-naphthyl]- 10 3444

—, Hydroxy-methoxy- 10 4207

—, Hydroxy-methoxy-äthoxy-[dichlor-
diäthoxy-methyl-phenyl]- 10 4819

—, Hydroxy-methoxy-äthoxy-[dimethoxy-
phenyl]- 10 4815

—, Hydroxy-methoxy-äthoxy-[methoxy-
äthoxy-phenyl]- 10 4816

—, Hydroxy-[methoxy-benzyl]- 10 4434

—, Hydroxy-{methoxy-[(chlor-äthoxy)-
äthoxy]-phenyl}- 10 4670

—, Hydroxy-methoxy-[dihydroxy-pentyl-
phenoxy]-butyl- 10 4560

Phthalid, Hydroxy-methoxy-[dimethoxy-pentyl-phenoxy]-butyl- **10** 4561
—, Hydroxy-[methoxy-dimethyl-naphthyl]- **10** 4487
—, Hydroxy-[methoxy-dimethyl-phenyl]- **10** 4450
—, Hydroxy-methoxy-[methoxy-phenyl]- **10** 4667
—, Hydroxy-methoxy-methyl-[hydroxy-methoxy-phenyl]- **10** 4767
—, Hydroxy-[methoxy-methyl-isopropyl-phenyl]- **10** 4459
—, Hydroxy-methoxy-methyl-phenyl]- **10** 4439, 4440, 4441
—, Hydroxy-methoxy-naphthyl- **10** 4482
—, Hydroxy-[methoxy-naphthyl]- **10** 4481, 4483
—, Hydroxy-methoxy-phenyl- **10** 4427
—, Hydroxy-[methoxy-phenyl]- **10** 4428, 4429
—, Hydroxy-methyl- **10** 3025
—, Hydroxy-methyl-[chlor-hydroxy-phenyl]- **10** 4436, 4437, 4438, 4439
—, Hydroxy-methyl-[chlor-phenyl]- **10** 3315
—, Hydroxy-methyl-[hydroxy-phenyl]- **10** 4436, 4438
—, Hydroxy-[methyl-isopropyl-phenyl]- **10** 3354
—, Hydroxy-[methylmercapto-naphthyl]- **10** 4482
—, Hydroxy-methyl-naphthyl- **10** 3433, 3434
—, Hydroxy-[methyl-naphthyl]- **10** 3434, 3435
—, Hydroxy-methyl-phenyl- **10** 3313, 3314
—, Hydroxy-methyl-o-tolyl- **10** 3332, 3334
—, Hydroxy-naphthyl- **10** 3425, 3429
—, Hydroxy-[nitro-äthylmercapto-phenyl]- **10** 4432
—, Hydroxy-[nitro-dimethoxy-phenyl]- **10** 4671
—, Hydroxy-[nitro-diphenyl-äthyl]- **10** 3461
—, Hydroxy-[nitro-hydroxy-phenyl]- **10** 4432
—, Hydroxy-[nitro-phenyl]- **10** 3302
—, Hydroxy-[octahydro-anthryl]- **10** 3424
—, Hydroxy-[octahydro-phenanthryl]- **10** 3424
—, Hydroxy-[octyl-phenyl]- **10** 3366
—, Hydroxy-[oxo-fluorenyl]- **10** 3675
—, Hydroxy-[pentyl-phenyl]- **10** 3359
—, Hydroxy-perylenyl- **10** 3508
—, Hydroxy-phenanthryl- **10** 3489
—, Hydroxy-phenyl- **10** 3289
—, Hydroxy-phenyl-benzoyl- **10** 3672
—, Hydroxy-[(phenyl-hexyl)-phenyl]- **10** 3469

Phthalid, Hydroxy-propionohydroximoyl- **10** 3551
—, Hydroxy-propionyl- **10** 3551
—, Hydroxy-propyl- **10** 3069
—, Hydroxy-pyrenyl- **10** 3501
—, Hydroxy-[tetrahydro-fluoranthenyl]- **10** 3494
—, Hydroxy-[tetrahydro-naphthyl]- **10** 3395
—, Hydroxy-[tetramethyl-phenyl]- **10** 3355
—, Hydroxy-p-toluoyl- **10** 3626
—, Hydroxy-[o-toluoyl-phenyl]- **10** 3673
—, Hydroxy-o-tolyl- **10** 3315
—, Hydroxy-p-tolyl- **10** 3317
—, Hydroxy-[triäthyl-phenyl]- **10** 3362
—, Hydroxy-trimethoxy-[dichlor-dimethoxy-methyl-phenyl]- **10** 4851
—, Hydroxy-[trimethoxy-phenyl]- **10** 4765
—, Hydroxy-trimethyl- **10** 3076
—, Hydroxy-[trimethyl-phenyl]- **10** 3347
—, Hydroxy-triphenyl- **10** 3502
—, Hydroxy-triphenylenyl- **10** 3505
—, Naphthyloxy-phenyl- **10** 3293, 3294
—, Nitro-hydroxy- **10** 2988
—, Nitro-hydroxy-[acetoxy-phenyl]- **10** 4428
—, Nitro-hydroxy-[chlor-methyl-phenyl]- **10** 3317
—, Nitro-hydroxy-[chlor-phenyl]- **10** 3303
—, Nitro-hydroxy-dimethoxy- **10** 4513
—, Nitro-hydroxy-[hydroxy-methyl-phenyl]- **10** 4439, 4441, 4442
—, Nitro-hydroxy-[hydroxy-phenyl]- **10** 4428
—, Nitro-hydroxy-[methoxy-phenyl]- **10** 4431, 4432
—, Nitro-hydroxy-methyl- **10** 3027
—, Nitro-hydroxy-phenyl- **10** 3301, 3302
—, Nitro-hydroxy-p-tolyl- **10** 3318, 3319
—, Phenoxy-phenyl- **10** 3292
—, Phenylmercapto-phenyl- **10** 3304
—, Tetrachlor-hydroxy-[äthyl-phenyl]- **10** 3331
—, Tetrachlor-hydroxy-biphenylyl- **10** 3456
—, Tetrachlor-hydroxy-[chlor-biphenylyl]- **10** 3456
—, Tetrachlor-hydroxy-dichlormethyl- **10** 3027
—, Tetrachlor-hydroxy-[dihydroxy-phenyl]- **10** 4669
—, Tetrachlor-hydroxy-[dimethyl-phenyl]- **10** 3333, 3334
—, Tetrachlor-hydroxy-[heptyl-phenyl]- **10** 3364
—, Tetrachlor-hydroxy-[methoxy-naphthyl]- **10** 4481

Phthalid, Tetrachlor-hydroxy-[methoxy-phenyl]- **10** 4431
—, Tetrachlor-hydroxy-naphthyl- **10** 3427
—, Tetrachlor-hydroxy-phenyl- **10** 3299
—, Trihydroxy- **10** 4511
—, Trihydroxy-acetyl- **10** 4740
—, Trihydroxy-[dihydroxy-methyl-phenyl]- **10** 4816
—, Ureido- **10** 2987
Phthalimidin s. *Isoindolinon*
Phthalonitril **9** 4199
—, Äthoxy- **10** 2190
—, Benzoyl- **10** 4010
—, Biphenylcarbonyl- **10** 4031
—, Chlor- **9** 4203
—, [Chlor-benzoyl]- **10** 4010
—, [Cyan-phenyl]- **9** 4838
—, Diacetoxy- **10** 2431
—, Diacetoxy-methyl- **10** 2447
—, Dichlor- **9** 4205
—, Dichlor-dihydroxy- **10** 2431
—, Dihydroxy- **10** 2430
—, Dihydroxy-methyl- **10** 2447
—, Dimethoxy- **10** 2431
—, Dimethoxy-methyl- **10** 2447
—, Naphthoyl- **10** 4027
—, Nitro- **9** 4234, 4239
—, Phenyl- **9** 4516
—, *p*-Toluoyl- **10** 4011
Phthalonsäure **10** 3955; *Derivate s. unter Glyoxylsäure oder Essigsäure*
Phthalopersäure **9** 4189
Phthaloylbromid **9** 4191
Phthaloylchlorid **9** 4190
—, Brom- **9** 4213
—, Dichlor- **9** 4204
Phthaloylfluorid **9** 4190
Phthalsäure **9** 4094
—, Acetyl- **10** 3961
—, Acetyl-, methylester-nitril **10** 3961
—, Äthoxy-, dinitril **10** 2190
—, Benzoyl- **10** 4007, 4010
—, Benzoyl-, dinitril **10** 4010
—, Biphenylcarbonyl-, dinitril **10** 4031
—, Brom- **9** 4212, 4213
—, Brom-, äthylester **9** 4213
—, Brom-, dichlorid **9** 4213
—, Brom-, dimethylester **9** 4213
—, Brom-dimethoxy- **10** 2429, 2432
—, Brom-dimethoxy-, dimethylester **10** 2433
—, Brom-hydroxy- **10** 2190
—, Brom-hydroxy-, dimethylester **10** 2191
—, Brom-hydroxy-methoxy- **10** 2432
—, Brom-hydroxy-methoxy-, dimethylester **10** 2433
—, Brom-methoxy- **10** 2191
—, Brom-methoxy-, dimethylester **10** 2191

Phthalsäure, Brom-methoxy-äthoxy- **10** 2432
—, Brom-methoxy-äthoxy-, äthylester **10** 2433
—, Brom-methoxy-äthoxy-, dimethylester **10** 2433
—, *tert*-Butyl- **9** 4326
—, *tert*-Butyl-phenyl- **9** 4576
—, [Carboxy-benzoyl]- **10** 4140
—, [Carboxy-benzyl]- **9** 4838
—, [Carboxy-phenyl]- **9** 4837
—, Chlor- **9** 4202
—, Chlor-, äthylester **9** 4202, 4203
—, Chlor-, äthylester-nitril **9** 4203
—, Chlor-, diäthylester **9** 4202
—, Chlor-, diamid **9** 4203
—, Chlor-, dimethylester **9** 4203
—, Chlor-, dinitril **9** 4203
—, Chlor-, methylester **9** 4202
—, [Chlor-benzoyl]-, dinitril **10** 4010
—, Chlor-dimethoxy- **10** 2428
—, Chlor-nitro- **9** 4239
—, Diacetoxy-, dinitril **10** 2431
—, Diacetoxy-methyl-, dinitril **10** 2447
—, Diäthoxy- **10** 2430
—, Diäthoxy-, äthylester **10** 2430
—, Dibrom- **9** 4213, 4214
—, Dibrom-, dimethylester **9** 4214
—, Dibrom-acetoxy- **10** 2191
—, Dibrom-hydroxy-methyl- **10** 2208, 2209
—, Dichlor- **9** 4204, 4205
—, Dichlor-, äthylester **9** 4203, 4205
—, Dichlor-, diäthylester **9** 4204, 4205
—, Dichlor-, dichlorid **9** 4204
—, Dichlor-, dihydrazid **9** 4204
—, Dichlor-, dimethylester **9** 4204, 4205
—, Dichlor-, dinitril **9** 4205
—, Dichlor-, hydrazid **9** 4204
—, Dichlor-, methylester **9** 4205
—, Dichlor-dihydroxy-, dinitril **10** 2431
—, Dichlor-dimethoxy- **10** 2429
—, Dichlor-dimethoxy-, dimethylester **10** 2429
—, Dichlor-dimethyl- **9** 4296
—, Dideuterio- **9** 4098
—, Dihydro- **9** 4041, 4042
—, Dihydroxy- **10** 2429, 2430, 2431
—, Dihydroxy-, diäthylester **10** 2430
—, Dihydroxy-, dimethylester **10** 2430
—, Dihydroxy-, dinitril **10** 2430
—, Dihydroxy-methyl-, dinitril **10** 2447
—, Dimethoxy- **10** 2427, 2429, 2431
—, Dimethoxy-, äthylester **10** 2428
—, Dimethoxy-, dimethylester **10** 2430, 2432
—, Dimethoxy-, dinitril **10** 2431
—, Dimethoxy-äthoxy- **10** 2555, 2556
—, Dimethoxy-äthoxy-, methylester-äthylester **10** 2557

Phthalsäure, Dimethoxy-butyl- 10 2462
—, Dimethoxy-[carboxy-phenoxy]- 10 2555
—, Dimethoxy-isopropyl- 10 2460
—, Dimethoxy-isopropyl-, dimethylester
    10 2460
—, Dimethoxy-[methoxy-bis-
    methoxycarbonyl-phenoxy]-,
    dimethylester 10 2556
—, Dimethoxy-[methoxycarbonyl-phenoxy]-,
    dimethylester 10 2556
—, Dimethoxy-[methoxy-dicarboxy-
    phenoxy]- 10 2555
—, Dimethoxy-methyl- 10 2446, 2447
—, Dimethoxy-methyl-, dimethylester
    10 2447
—, Dimethoxy-methyl-, dinitril 10 2447
—, Dimethoxy-methyl-, methylester
    10 2446
—, Dimethyl- 9 4296, 4297
—, Dimethyl-, bis-diäthylamid 9 4297
—, Dimethyl-, diäthylamid 9 4297
—, Dimethyl-, dimethylester 9 4297
—, Dimethyl-[carboxy-phenyl]- 9 4839
—, Dimethyl-phenyl-, anhydrid 9 4839
—, Dimethyltriazeno-, diäthylester
    9 4515
—, [(Dimethyl-vinyl-carboxy-cyclohexyl)-
    äthyl]-isopropyl- 9 4832
—, Dinitro- 9 4239
—, Dinitro-hydroxy- 10 2190
—, Diphenyl- s. a. *Terphenyl-*
    dicarbonsäure
—, Fluor-brom- 9 4213
—, Hexahydro- 9 3812
—, Hydroxy- 10 2189, 2190
—, Hydroxy-dimethoxy- 10 2556
—, Hydroxy-dimethoxy-, dimethylester
    10 2556, 2557
—, Hydroxy-dimethoxy-, methylester
    10 2556
—, [Hydroxy-isopropyl]- 10 2233
—, [(Hydroxy-isopropyl)-carboxy-phenyl]-
    10 2590
—, Hydroxy-methoxy- 10 2429, 2431
—, Hydroxy-methoxy-, dimethylester
    10 2432
—, Hydroxy-methoxy-butyl- 10 2461
—, Hydroxy-methoxy-methyl-,
    dimethylester 10 2446
—, Hydroxy-methoxy-methyl-,
    methylester 10 2446
—, Hydroxy-methyl- 10 2207, 2208, 2222
—, Hydroxy-methyl-, methylester 10 2208
—, [Hydroxy-oxo-phthalanyl]- 10 4140
—, Isopropyl- 9 4311
—, Jod- 9 4215
—, Jod-, äthylester 9 4215
—, Jod-methoxy- 10 2191
—, Jod-methoxy-, dimethylester 10 2191

Phthalsäure, Methoxy- 10 2189
—, Methoxy-, dimethylester 10 2190
—, Methoxy-, methylester 10 2189
—, Methoxy-äthoxy- 10 2428, 2431
—, Methoxy-äthoxy-, methylester-nitril
    10 2428
—, Methoxy-äthoxy-[carboxy-phenoxy]-
    10 2555
—, Methoxy-[äthoxy-carboxy-phenoxy]-
    10 2432
—, Methoxy-äthoxy-cyan-, dimethylester
    10 2600
—, [Methoxycarbonyl-benzyl]-,
    dimethylester 9 4839
—, Methoxy-[dihydroxy-methyl-formyl-
    phenoxy]-methyl- 10 2446
—, Methoxy-[methoxy-carboxy-phenoxy]-
    10 2432
—, Methoxy-methyl- 10 2207, 2208
—, Methoxy-methyl-, äthylester 10 2208
—, Methoxy-methyl-, dimethylester
    10 2209
—, Methoxy-methyl-carboxymethyl-
    10 2575
—, Methoxy-methyl-methoxycarbonyl-
    methyl-acetyl-, dimethylester
    10 4846
—, Methyl- 9 4271, 4272
—, Methyl-, äthylester 9 4271
—, Methyl-, diäthylester 9 4272
—, Methyl-, dimethylester 9 4271
—, Methyl-, methylester 9 4271, 4272
—, Methyl-, methylester-nitril 9 4272
—, Methyl-, nitril 9 4271
—, Methyl-*tert*-butyl- 9 4339
—, Methyl-propyl- 9 4326
—, Naphthoyl-, dinitril 10 4027
—, Naphthyl- 9 4671
—, Naphthyl-, dimethylester 9 4671
—, Nitro- 9 4215, 4234
—, Nitro-, [äthoxy-äthylester] 9 4229
—, Nitro-, äthylester 9 4216, 4235
—, Nitro-, äthylester-[diäthylamino-
    äthylester] 9 4230, 4237
—, Nitro-, äthylester-[dipropylamino-
    äthylester] 9 4237
—, Nitro-, [äthyl-hexylester] 9 4219
—, Nitro-, [äthyl-pentylester] 9 4219
—, Nitro-, [äthyl-phenyl-propylester]
    9 4227
—, Nitro-, [äthyl-propylester] 9 4217
—, Nitro-, allylester 9 4220
—, Nitro-, benzylester 9 4223, 4224
—, Nitro-, bis-äthoxycarbonylamid
    9 4234
—, Nitro-, bis-[bis-(chlor-äthyl)-amid]
    9 4234
—, Nitro-, bis-[chlor-äthylamid]
    9 4234

Phthalsäure, Nitro-, bis-[phenyl-
  phenacylester] **9** 4237
—, Nitro-, [brom-äthylester] **9** 4216, 4235
—, Nitro-, butylester **9** 4216
—, Nitro-, *sec*-butylester **9** 4216, 4236
—, Nitro-, *tert*-butylester **9** 4217
—, Nitro-, [butyloxy-äthylester]
  9 4229
—, Nitro-, [chlor-äthylester] **9** 4235
—, Nitro-, cyclohexylester **9** 4221
—, Nitro-, cyclohexylmethylester
  9 4222
—, Nitro-, decylester **9** 4219
—, Nitro-, [diäthylamino-äthylester]
  9 4230
—, Nitro-, [diäthylamino-äthylester]-
  butylester **9** 4231, 4238
—, Nitro-, [diäthylamino-äthylester]-
  sec-butylester **9** 4231, 4238
—, Nitro-, [diäthylamino-äthylester]-
  dodecylester **9** 4232
—, Nitro-, [diäthylamino-äthylester]-
  hexylester **9** 4232
—, Nitro-, [diäthylamino-äthylester]-
  isobutylester **9** 4232, 4238
—, Nitro-, [diäthylamino-äthylester]-
  isopropylester **9** 4231, 4238
—, Nitro-, [diäthylamino-äthylester]-
  octadecylester **9** 4232
—, Nitro-, [diäthylamino-äthylester]-
  pentylester **9** 4232
—, Nitro-, [diäthylamino-äthylester]-
  propylester **9** 4230, 4231, 4237
—, Nitro-, diäthylester **9** 4216, 4236
—, Nitro-, diamid **9** 4233, 4239
—, Nitro-, didodecylester **9** 4236
—, Nitro-, diisopropylester **9** 4236
—, Nitro-, [(dimethyl-cyclohexyl)-
  methylester] **9** 4223
—, Nitro-, [dimethyl-octadienylester]
  9 4223
—, Nitro-, [dimethyl-pentylester]
  9 4219
—, Nitro-, dinitril **9** 4234, 4239
—, Nitro-, dodecylester **9** 4220
—, Nitro-, farnesylester **9** 4223
—, Nitro-, geranylester **9** 4223
—, Nitro-, heptadecylester **9** 4220
—, Nitro-, heptylester **9** 4218
—, Nitro-, hexadecylester **9** 4220
—, Nitro-, hexylester **9** 4218
—, Nitro-, hydrazid **9** 4234
—, Nitro-, [hydroxy-androstenylester]
  9 4237
—, Nitro-, [hydroxy-dimethyl-
  teradecahydro-cyclopenta[*a*]-
  phenanthrenylester] **9** 4237
—, Nitro-, [hydroxy-methyl-butylester]
  9 4230

Phthalsäure, Nitro-, isobutylester
  9 4217, 4236
—, Nitro-, isohexylester **9** 4218
—, Nitro-, isopentylester **9** 4217
—, Nitro-, isopropylester **9** 4216, 4236
—, Nitro-, [(isopropyl-tetrahydro-
  azulenyl)-methylester] **9** 4228
—, Nitro-, [(methoxy-äthoxy)-
  äthylester] **9** 4230
—, Nitro-, [methoxy-äthylester] **9** 4229
—, Nitro-, [methyl-äthyl-propylester]
  9 4218
—, Nitro-, [methyl-benzylester]
  9 4224, 4225
—, Nitro-, [methyl-butenylester]
  9 4220, 4221
—, Nitro-, [methyl-butylester] **9** 4217
—, Nitro-, [methyl-cyclohexylester]
  9 4221, 4222
—, Nitro-, [(methyl-diäthyl-ammonio)-
  äthylester]-hexylester **9** 4232
—, Nitro-, [(methyl-diäthyl-ammonio)-
  äthylester]-isobutylester **9** 4232
—, Nitro-, methylester **9** 4216, 4235
—, Nitro-, methylester-äthylester
  9 4235
—, Nitro-, methylester-benzylester
  9 4224
—, Nitro-, methylester-chlorid **9** 4233
—, Nitro-, methylester-
  cyclohexylmethylester **9** 4222
—, Nitro-, methylester-[diäthylamino-
  äthylester] **9** 4230, 4237
—, Nitro-, methylester-[methyl-
  cyclohexylester] **9** 4221, 4222
—, Nitro-, [methyl-hexylester] **9** 4218, 4219
—, Nitro-, [methyl-isopropyl-
  propylester] **9** 4219
—, Nitro-, [methyl-pentylester] **9** 4218
—, Nitro-, [methyl-phenyl-butylester]
  9 4227
—, Nitro-, [methyl-phenyl-propylester]
  9 4225
—, Nitro-, naphthylmethylester **9** 4229
—, Nitro-, nonylester **9** 4219
—, Nitro-, octadecylester **9** 4220
—, Nitro-, octylester **9** 4219
—, Nitro-, pentadecylester **9** 4220
—, Nitro-, pentylester **9** 4217
—, Nitro-, phenäthylester **9** 4224
—, Nitro-, [phenoxy-äthylester]
  9 4229
—, Nitro-, [phenyl-propylester] **9** 4225
—, Nitro-, phytylester **9** 4223
—, Nitro-, propylester **9** 4216, 4236
—, Nitro-, propylester-[dimethylamino-
  dimethyl-propylester] **9** 4233
—, Nitro-, propylester-[(methyl-
  dibutyl-ammonio)-propylester] **9** 4233

Phthalsäure, Nitro-, propylester-
[trimethylammonio-dimethyl-
propylester] 9 4233
—, Nitro-, tetradecylester 9 4220
—, Nitro-, [tetramethyl-
hexadecenylester] 9 4223
—, Nitro-, tridecylester 9 4220
—, Nitro-, [trimethyl-
dodecatrienylester] 9 4223
—, Nitro-, undecylester 9 4220
—, Nitro-*tert*-butyl- 9 4326
—, Nitro-methoxy- 10 2190, 2192
—, Nitro-methoxy-, dimethylester
10 2192
—, Nitro-methoxy-, methylester 10 2192
—, Nitro-methoxy-äthoxy-,
dimethylester 10 2429
—, [Nitroso-acetyl-amino]-,
diäthylester 9 4515
—, Phenoxy- 10 2190
—, Phenyl- s. *Biphenyl-dicarbonsäure*
—, Tetrabrom-, äthylester 9 4214
—, Tetrabrom-, *tert*-butylester 9 4214
—, Tetrabrom-, methylester 9 4214
—, Tetrachlor- 9 4205
—, Tetrachlor-, äthylester 9 4206
—, Tetrachlor-, [äthyl-hexylester]-
octadecylamid 9 4212
—, Tetrachlor-, [äthyl-propylester]
9 4207
—, Tetrachlor-, benzhydrylester 9 4212
—, Tetrachlor-, benzylester 9 4211
—, Tetrachlor-, bis-[äthyl-hexylester]
9 4209
—, Tetrachlor-, bis-[phenyl-
phenacylester] 9 4212
—, Tetrachlor-, bornylester 9 4211
—, Tetrachlor-, butylester 9 4206
—, Tetrachlor-, *sec*-butylester
9 4207
—, Tetrachlor-, *tert*-butylester
9 4207
—, Tetrachlor-, cyclohexylester 9 4210
—, Tetrachlor-, [diäthyl-butylester]
9 4209
—, Tetrachlor-, [diäthyl-propylester]
9 4209
—, Tetrachlor-, diallylester 9 4210
—, Tetrachlor-, dibutylester 9 4207
—, Tetrachlor-, [dibutyl-pentylester]
9 4210
—, Tetrachlor-, didecylester 9 4209
—, Tetrachlor-, dihexylester 9 4208
—, Tetrachlor-, [dimethyl-butylester]
9 4208
—, Tetrachlor-, dioctylester 9 4209
—, Tetrachlor-, dipentylester 9 4207
—, Tetrachlor-, [dipentyl-hexylester]
9 4210

Phthalsäure, Tetrachlor-, [dipropyl-butylester]
9 4210
—, Tetrachlor-, dipropylester 9 4206
—, Tetrachlor-, heptylester 9 4209
—, Tetrachlor-, hexylester 9 4208
—, Tetrachlor-, isobutylester 9 4207
—, Tetrachlor-, isopentylester 9 4208
—, Tetrachlor-, isopropylester 9 4206
—, Tetrachlor-, menthylester 9 4210
—, Tetrachlor-, [methyl-äthyl-
butylester] 9 4209
—, Tetrachlor-, [methyl-butylester]
9 4207, 4208
—, Tetrachlor-, methylester 9 4206
—, Tetrachlor-, [methyl-isopropyl-
cyclohexylester] 9 4210
—, Tetrachlor-, [methyl-pentylester]
9 4208
—, Tetrachlor-, [naphthyl-äthylester]
9 4211
—, Tetrachlor-, [naphthyl-propylester]
9 4212
—, Tetrachlor-, neopentylester 9 4208
—, Tetrachlor-, pentylester 9 4207
—, Tetrachlor-, *tert*-pentylester
9 4208
—, Tetrachlor-, phenäthylester 9 4211
—, Tetrachlor-, [phenyl-propylester]
9 4211
—, Tetrachlor-, propylester 9 4206
—, Tetrachlor-, [trimethyl-
norbornylester] 9 4211
—, Tetrahydro- 9 3939, 3940, 3941, 3942
—, Tetrajod-, äthylester 9 4215
—, Tetrajod-, methylester 9 4215
—, Tetrajod-, propylester 9 4215
—, Tetraphenyl- 9 4739
—, Tetraphenyl-, diäthylester 9 4739
—, Tetraphenyl-, dimethylester 9 4739
—, *p*-Toluoyl-, dinitril 10 4011
—, Tribrom- 9 4214
—, Trihydroxy- 10 2556
—, Trimethoxy- 10 2555
—, Trimethoxy-oxy-di- 10 2556
—, Trimethoxy-oxy-di-,
tetramethylester 10 2556
—, Triphenyl- 9 4719
Phthalsäure-[äthinyl-butenylester]
9 4155
— [äthoxy-äthylester]-[äthyl-
butylester] 9 4173
— äthoxycarbonylmethylester-äthylester
9 4187
— [äthyl-allylester] 9 4120, 4121
— äthylamid 9 4192
— äthylamid-vinylamid 9 4198
— [äthyl-butenylester] 9 4122
— [äthyl-butylester] 9 4108, 4109
— [äthyl-cyclopentylester] 9 4128

Phthalsäure-äthylester 9 4099
— äthylester-acetonylester 9 4185
— äthylester-[amino-äthylester] 9 4188
— äthylester-benzylester 9 4158
— äthylester-{[(chlor-äthoxy)-äthoxy]-
   äthylester} 9 4173
— äthylester-[(chlor-äthoxy)-
   äthylester] 9 4173
— äthylester-[hexahydro-4.7-methano-
   indenylester] 9 4162
— äthylester-nitril 9 4199
— äthylester-[nitro-benzoylamid]
   9 4197
— äthylester-[nitro-isobutylester]
   9 4104
— äthylester-[nitro-methyl-butylester]
   9 4107
— äthylester-[oxo-cyclohexylester]
   9 4185
— äthylester-phenäthylester 9 4159
— äthylester-phenylester 9 4157
— äthylester-vinylester 9 4119
— [äthyl-heptylester] 9 4116
— [äthyl-hexylester] 9 4113, 4114
— [äthyl-pentenylester] 9 4125
— [äthyl-pentylester] 9 4110
— [äthyl-phenyl-allylester] 9 4168
— [äthyl-phenyl-propylester] 9 4163
— [äthyl-propinylester] 9 4138
— allylamid 9 4193
— [allyl-butenylester] 9 4138
— allylester-[hexahydro-4.7-methano-
   indenylester] 9 4162
— amid 9 4191
— amid-äthylamid 9 4198
— amid-hydrazid 9 4202
— amid-methylamid 9 4198
— amid-nitril 9 4199
— benzhydrylester 9 4171
— [benzoyloxy-cholestenylester] 9 4180
— [benzoyloxy-dimethyl-(dimethyl-hexyl)-
   tetradecahydro-cyclopenta[a]-
   phenanthrenylester] 9 4180
— [benzyl-propylester] 9 4160
— [benzylsulfon-allylamid] 9 4193
— bicyclo[3.2.1]octylester 9 4139
— bicyclopentylylester 9 4144
— bis-[(äthoxy-äthoxy)-äthylester]
   9 4174
— bis-äthoxycarbonylamid 9 4198
— bis-[äthoxy-hexylester] 9 4174
— bis-äthylamid 9 4198
— bis-[äthyl-butylester] 9 4109
— bis-[(äthyl-butyloxy)-äthylester]
   9 4173
— bis-[äthyl-hexylester] 9 4114
— bis-[(äthyl-hexyloxy)-äthylester]
   9 4174
— bis-allylamid 9 4198

Phthalsäure-bis-[benzoyloxy-phenylester]
   9 4177
— bis-[benzyl-phenylester] 9 4171
— bis-[brom-phenacylester] 9 4186
— bis-[tert-butyl-phenylester] 9 4162
— bis-carbamoylmethylester 9 4188
— bis-carboxymethylester 9 4187
— bis-[chlor-äthylester] 9 4101
— bis-[chlor-allylester] 9 4120
— bis-[chlor-butylester] 9 4103
— [bis-(cyan-äthyl)-amid] 9 4195
— bis-cyclohexylmethylester 9 4128
— bis-diäthylamid 9 4198
— bis-[diäthylamino-äthylester] 9 4188
— bis-[dibrom-phenylester] 9 4158
— bis-[dichlor-isopropylester] 9 4101
— bis-[dichlor-phenylester] 9 4157
— bis-[dimethylamino-äthylester]
   9 4188
— bis-[dimethyl-cyclohexylester]
   9 4131
— bis-[dimethyl-(dimethyl-hexyl)-
   tetradecahydro-cyclopenta[a]-
   phenanthrenylester] 9 4169
— bis-[jod-cyclohexylester] 9 4124
— bis-[methoxy-äthylester] 9 4173
— bis-[methoxy-benzhydrylester] 9 4180
— bis-[methoxycarbimidoyl-amid] 9 4199
— bis-[methoxycarbonyl-phenylester]
   10 113
— bis-[methoxy-isopropyl-
   benzhydrylester] 9 4183
— bis-[methoxy-methyl-benzhydrylester]
   9 4182
— bis-[(methoxy-phenyl)-äthylester]
   9 4178
— bis-[methoxy-phenylester] 9 4176
— bis-[(methoxy-phenyl)-naphthyl-
   methylester] 9 4183, 4184
— bis-methylamid 9 4198
— bis-[methyl-isopropyl-
   cyclohexylester] 9 4136
— bis-[methyl-isopropyl-propylester]
   9 4111
— bis-[nitro-isobutylester] 9 4105
— bis-[phenoxy-benzhydrylester] 9 4182
— bis-[phenyl-phenacylester] 9 4186
— bis-[triäthylammonio-äthylester]
   9 4188
— bis-[trimethylammonio-äthylester]
   9 4188
— bis-[trimethyl-butylester] 9 4111
— bis-[trimethyl-norbornylester]
   9 4152
— bornylester 9 4152
— bornylmethylester 9 4153
— sec-butylamid 9 4192
— [tert-butyl-butenylester] 9 4129
— [tert-butyl-butylester] 9 4115

Phthalsäure-[butyl-cyclohexylester] 9 4134
— butylester 9 4101
— *sec*-butylester 9 4104
— *tert*-butylester 9 4105
— butylester-acetonylester 9 4185
— butylester-benzylester 9 4158
— butylester-[hexahydro-4.7-methano-
   indenylester] 9 4162
— butylester-[nitro-isobutylester]
   9 4105
— butylester-[nitro-methyl-butylester]
   9 4107
— butyloxycarbonylmethylester-
   butylester 9 4187
— [*tert*-butyl-pentenylester] 9 4132
— [butyl-pentylester] 9 4116
— [carbamoyl-methylamid] 9 4195
— carvomenthylester 9 4135
— [(chlor-äthoxy)-äthylester]-
   butylester 9 4173
— [chlor-benzhydrylester] 9 4172
— cholestanylester 9 4164, 4165
— cholesterylester 9 4168
— cinnamylester 9 4165
— cycloheptadecenylester 9 4154
— [cyclohexenyl-cyclohexylester]
   9 4156
— [cyclohexyl-äthylester] 9 4130
— [cyclohexyl-butylester] 9 4134
— cyclohexylester 9 4123
— cyclohexylester-amid 9 4197
— cyclohexylmethylester 9 4128
— [cyclohexyl-pentylester] 9 4137
— [cyclohexyl-propylester] 9 4132
— cyclopentenylmethylester 9 4138
— [cyclopentyl-äthylester] 9 4130
— [decahydro-azulenylester] 9 4144
— [decahydro-naphthylester] 9 4145
— decylester 9 4117
— diäthylamid 9 4192
— [diäthylamino-äthylester] 9 4188
— [diäthyl-butylester] 9 4116
— diäthylester 9 4099
— diallylester 9 4120
— diamid 9 4197
— dibenzylester 9 4158
— dibornylester 9 4152
— [dibrom-hydroxy-benzylester] 9 4177
— dibromid 9 4191
— [dibrom-nitro-propylamid] 9 4192
— dibutylamid 9 4192
— dibutylester 9 4102
— di-*sec*-butylester 9 4104
— dichlorid 9 4190
— dicholesterylester 9 4169
— dicyclohexylester 9 4123
— dicyclohexylmethylester 9 4154
— dicyclopentylester 9 4122
— difluorid 9 4190

Phthalsäure-diheptylester 9 4109
— dihexylamid 9 4193
— dihexylester 9 4107
— [dihydro-dicyclopentadienylester]
   9 4162
— diisobutylester 9 4105
— diisopentylester 9 4107
— dimenthylester 9 4136
— [dimethyl-äthyl-butylester] 9 4115
— [dimethyl-äthyl-norpinanylester]
   9 4153
— dimethylamid 9 4192
— [dimethyl-bicyclo[3.2.1]octylester]
   9 4147
— [dimethyl-butenylester] 9 4123
— [dimethyl-butylester] 9 4109
— [dimethyl-*tert*-butyl-propylester]
   9 4117
— [dimethyl-cycloheptylester] 9 4132
— [dimethyl-cyclohexylester] 9 4130
— [(dimethyl-cyclohexyl)-methylester]
   9 4133
— [dimethyl-(dimethyl-hexyl)-
   hexadecahydro-cyclopenta[*a*]*
   phenanthrenylester] 9 4164, 4165
— [dimethyl-(dimethyl-hexyl)-
   tetradecahydro-cyclopenta[*a*]*
   phenanthrenylester] 9 4168
Phthalsäure-dimethyldithiocarbamidsäure-
   dianhydrid 9 4239
Phthalsäure-dimethylester 9 4098
— [dimethyl-methylen-norpinanylester]
   9 4156
— [dimethyl-norbornylester] 9 4142, 4143
— [(dimethyl-norbornyl)-methylester]
   9 4147
— [(dimethyl-norpinanyl)-methylester]
   9 4149
— [(dimethyl-norpinenyl)-methylester]
   9 4155
— [dimethyl-octenylester] 9 4134
— [dimethyl-propylester] 9 4107
— [dimethyl-phenyl-propylester] 9 4163
— [dimethyl-propyl-norpinanylester]
   9 4153
— [dimethyl-(trimethyl-hexenyl)-
   dodecahydro-cyclopenta[*a*]*
   phenanthrenylester] 9 4171
— [dimethyl-(trimethyl-hexyl)-
   tetradecahydro-cyclopenta[*a*]*
   phenanthrenylester] 9 4169
— dinitril 9 4199
— dioctylester 9 4112
— dipentylester 9 4105
— diphenacylester 9 4186
— diphenylester 9 4157
— [dipropyl-cyclohexylester] 9 4137
— dipropylester 9 4101
— ditetradecylester 9 4118

Phthalsäure-dodecylamid **9** 4193
— dodecylester **9** 4118
— eicosylester **9** 4119
— ergostenylester **9** 4169
— ergosterylester **9** 4171
— [formyl-hydrazid] **9** 4095
— heptadecylester **9** 4118
— heptylester **9** 4109
— hexadecylester **9** 4118
— [hexahydro-indanylester] **9** 4141, 4142
— [hexahydro-4.7-methano-
    indenylester] **9** 4162
— hexenylester **9** 4122
— hexylester **9** 4107
— [hydroxy-äthoxy-propylester]-
    butylester **9** 4184
— [hydroxy-cholestenylester] **9** 4179
— [hydroxy-dimethyl-(dimethyl-hexyl)-
    tetradecahydro-cyclopenta[a]-
    phenanthrenylester] **9** 4179
— [hydroxy-methyl-phenyl-pentinylester]
    9 4180
— [hydroxy-methyl-propylester] **9** 4174
— indanylester **9** 4166
— isobornylester **9** 4152
— isobutylester **9** 4104
— [isobutyl-hexylester] **9** 4117
— [isobutyl-pentylester] **9** 4117
— isocarvomenthylester **9** 4135
— isomenthylester **9** 4136
— isopentylester **9** 4107
— [isopropyl-benzylester] **9** 4162
— [isopropyl-butenylester] **9** 4126
— [isopropyl-butylester] **9** 4110
— [isopropyl-cyclohexenylester] **9** 4140
— [(isopropyl-cyclohexenyl)-
    methylester] **9** 4144
— [isopropyl-cyclohexylester] **9** 4132
— [(isopropyl-cyclohexyl)-methylester]
    9 4137
— isopropylester **9** 4101
— [isopropyl-hexylester] **9** 4116
— [isopropyl-pentylester] **9** 4113
— [isopropyl-podocarpatrienylester]
    9 4170
— p-menthadienylester **9** 4155
— p-menthenylester **9** 4144
— menthylester **9** 4136
— [methoxy-äthylester] **9** 4172
— [methoxy-benzhydrylester] **9** 4180
— [methoxy-benzylester] **9** 4177
— [methoxy-isopropyl-benzhydrylester]
    9 4183
— [methoxy-methyl-benzhydrylester]
    9 4182
— [(methoxy-phenoxy)-propylamid]
    9 4193
— [(methoxy-phenyl)-äthylester]
    9 4177

Phthalsäure-[(methoxy-phenyl)-naphthyl-
    methylester] **9** 4183
— [(methoxy-phenyl)-propylester]
    9 4178
— [methyl-äthyl-butylester] **9** 4111, 4112
— [methyl-äthyl-pentenylester] **9** 4129
— [methyl-äthyl-propylester] **9** 4108
— methylamid **9** 4191
— [methyl-butenylester] **9** 4121
— [methyl-butylester] **9** 4106
— [methyl-cycloheptylester] **9** 4129
— [methyl-cyclohexylester] **9** 4126, 4127
— [(methyl-cyclohexyl)-methylester]
    9 4130, 4131
— [methyl-diisopropyl-hydrazid] **9** 4201
— [methyl-(dimethoxy-methyl-phenyl)-
    propylester] **9** 4184
— [methyl-(dimethyl-2.6-cyclo-
    norbornyl)-pentenylester] **9** 4164
— [methyl-(dimethyl-octahydro-azulenyl)-
    äthylester] **9** 4156
— [methyl-(dimethyl-tricyclo[2.2.1.0$^{2.6}$]-
    heptyl)-pentenylester] **9** 4164
— methylester **9** 4098
— methylester-[äthoxycarbonyl-
    äthylester] **9** 4188
— methylester-äthoxycarbonylmethylester
    9 4187
— methylester-[(chlor-äthoxy)-
    äthylester] **9** 4172
— methylester-chlorid **9** 4190
— methylester-[decahydro-naphthylester]
    9 4146
— methylester-[hexahydro-indanylester]
    9 4142
— methylester-[hexahydro-4.7-methano-
    indenylester] **9** 4162
— methylester-[methyl-heptylester]
    9 4113
— methylester-nitril **9** 4199
— methylester-[nitro-isobutylester]
    9 4104
— methylester-[nitro-methyl-butylester]
    9 4106
— methylester-[oxo-dimethyl-
    propylester] **9** 4185
— methylester-phenylester **9** 4157
— [methyl-heptylester] **9** 4112
— [methyl-hexylester] **9** 4110
— [methyl-isopropenyl-
    cyclohexenylester] **9** 4155
— [methyl-isopropyl-cyclohexylester]
    9 4134, 4135
— [methyl-isopropyl-cyclopentylester]
    9 4133
— [methyl-isopropyliden-
    cyclohexylester] **9** 4144
— [methyl-(methoxy-phenyl)-propylester]
    9 4179

Phthalsäure-[methyl-(methyl-cyclohexenyl)-
    heptadienylester] 9 4164
— [methyl-(methyl-methylen-norbornyl)-
    pentenylester] 9 4164
— [methyl-nonadecylester] 9 4119
— [methyl-nonylester] 9 4117
— [methyl-norbornylester] 9 4140
— [(methyl-norbornyl)-methylester] 9 4143
— [methyl-pentadienylester] 9 4138
— [methyl-pentenylester] 9 4122
— [methyl-pentylester] 9 4108
— [methyl-phenyl-äthylester] 9 4159
— [methyl-phenyl-allylester] 9 4166
— [methyl-phenyl-butylester] 9 4163
— [methyl-phenyl-propylester] 9 4160
— [methyl-propyl-butylester] 9 4113, 4114
— [methyl-(trimethyl-cyclohexyl)-
    propylester] 9 4138
— [naphthyl-äthylester] 9 4170
— naphthylmethylester 9 4170
— neocarvomenthylester 9 4134
— neoisomenthylester 9 4135
— neopentylester 9 4107
— nitril 9 4199
— [nitro-isobutylester] 9 4104
— [nitro-methyl-butylester] 9 4106
— [nitro-propylamid] 9 4192
— nonadecylester 9 4119
— [nonyl-eicosylester] 9 4119
— nonylester 9 4116
— norbornylester 9 4139
— norbornylmethylester 9 4140
— octadecylamid 9 4193
— octadecylester 9 4119
— octylamid 9 4193
— octylester 9 4112
— octylester-vinylester 9 4119
— [oxo-tetramethyl-cyclohexylester]
    9 4186
— pentadecylester 9 4118
— [pentamethyl-norbornylester] 9 4154
— [pentyl-allylester] 9 4129
— pentylester 9 4105
— phenäthylester 9 4159
— [phenoxy-benzhydrylester] 9 4181
— [phenyl-äthylester] 9 4158
— [phenyl-allylester] 9 4165
— [phenyl-butenylester] 9 4167
— [phenyl-butylester] 9 4160, 4161
— [phenyl-propinylester] 9 4170
— pinanylester 9 4147, 4149
— pinenylester 9 4155, 4156
— [propyl-butenylester] 9 4124, 4125
— [propyl-butylester] 9 4110
— [propyl-cyclohexylester] 9 4132
— [propyl-pentylester] 9 4113
— tetradecylester 9 4118
— [(tetramethoxy-dihydro-phenanthryl)-
    methylester] 9 4185

Phthalsäure-[tetramethyl-norbornylester]
    9 4153
— [tetrapropyl-cyclohexylester] 9 4138
— thujenylester 9 4155
— [triäthyl-hydrazid] 9 4200
— tridecylester 9 4118
— [trimethyl-butylester] 9 4111
— [trimethyl-cyclohexylester] 9 4133
— [trimethyl-isopropyl-octahydro-
    phenanthrylester] 9 4170
— [(trimethyl-norbornyl)-äthylester]
    9 4154
— [trimethyl-norbornylester] 9 4150,
    4151, 4152
— [(trimethyl-norbornyl)-methylester]
    9 4153
— [trimethyl-norpinanylester] 9 4147, 4149
— undecylester 9 4118
— ureid 9 4194
Phyllodulcinsäure, Trimethyl-,
    methylester 10 2490
Phyllomeronsäure 10 1941
—, Dibrom- 10 1942
C₂₀-Phytosphingosin, Benzoyl- 9 1089
Picen, Benzoyloxy-dioxo-octamethyl-
    octadecahydro- 9 803
—, Benzoyloxy-heptamethyl-
    benzoyloxymethyl-eicosahydro- 9 609
—, Benzoyloxy-heptamethyl-
    benzoyloxymethyl-octadecahydro-
    9 618, 619
—, Benzoyloxy-heptamethyl-
    hexadecahydro- 9 516
—, Benzoyloxy-heptamethyl-methylen-
    docosahydro- 9 487
—, Benzoyloxy-heptamethyl-
    octadecahydro- 9 499, 50
—, Benzoyloxy-hexamethyl-
    benzoyloxymethyl-eicosahydro-
    9 608
—, Benzoyloxy-hexamethyl-hexadecahydro-
    9 515
—, Benzoyloxy-octamethyl-docosahydro-
    9 472, 473
—, Benzoyloxy-octamethyl-eicosahydro-
    9 486, 487, 489
—, Benzoyloxy-octamethyl-hexadecahydro-
    9 516
—, Benzoyloxy-octamethyl-octadecahydro-
    9 500, 501
—, Benzoyloxy-oxo-octamethyl-
    docosahydro- 9 749, 750
—, Benzoyloxy-oxo-octamethyl-
    eicosahydro- 9 753, 754
—, Benzoyloxy-oxo-octamethyl-
    octadecahydro- 9 760
—, Bis-[brom-benzoyloxy]-heptamethyl-
    [(brom-benzoyloxy)-methyl]-
    eicosahydro- 9 1415

Picen, [Brom-benzoyloxy]-heptamethyl-
[(brom-benzoyloxy)-methyl]-
eicosahydro- **9** 1407
—, [Brom-benzoyloxy]-heptamethyl-
[(brom-benzoyloxy)-methyl]-
octadecahydro- **9** 1408
—, Brom-benzoyloxy-octamethyl-
eicosahydro- **9** 487, 488
—, Brom-benzoyloxy-octamethyl-
octadecahydro- **9** 500
—, Brom-benzoyloxy-oxo-octamethyl-
docosahydro- **9** 750
—, Cinnamoyloxy-octamethyl-eicosahydro-
9 2694
—, Dibenzoyloxy-heptamethyl-
benzoyloxymethyl-eicosahydro-
9 683
—, Dibenzoyloxy-heptamethyl-methylen-
docosahydro- **9** 608
—, Dibenzoyloxy-octamethyl-eicosahydro-
9 608
—, Dibrom-benzoyloxy-octamethyl-
eicosahydro- **9** 488
—, [Dinitro-benzoyloxy]-octamethyl-
eicosahydro- **9** 1877
—, Heptamethyl-benzoyloxymethyl-
eicosahydro- **9** 486
—, Hydroxy-[methyl-crotonoyloxy]-
dibenzoyloxy-heptamethyl-
benzoyloxymethyl-eicosahydro- **9** 704
—, Hydroxy-[nitro-benzoyloxy]-
heptamethyl-[(nitro-benzoyloxy)-
methyl]-eicosahydro- **9** 1666
—, Hydroxy-tribenzoyloxy-heptamethyl-
benzoyloxymethyl-eicosahydro-
9 705
—, Hydroxy-tris-[dinitro-benzoyloxy]-
heptamethyl-[(dinitro-benzoyloxy)-
methyl]-eicosahydro- **9** 1777
—, [Jod-benzoyloxy]-octamethyl-
eicosahydro- **9** 1444
—, Methoxy-benzoyloxy-heptamethyl-
benzoyloxymethyl-eicosahydro-
9 683
—, [Methoxy-benzoyloxy]-octamethyl-
eicosahydro- **10** 313
—, [Nitro-benzoyloxy]-heptamethyl-
methylen-docosahydro- **9** 1611
—, [Nitro-benzoyloxy]-octamethyl-
eicosahydro- **9** 1501, 1611
—, Phenylacetoxy-octamethyl-
eicosahydro- **9** 2183
—, [Phenyl-propionyloxy]-octamethyl-
eicosahydro- **9** 2388
—, Tribenzoyloxy-heptamethyl-
benzoyloxymethyl-eicosahydro- **9** 693
Picen-carbonsäure, Acetoxy-dioxo-
heptamethyl-hexadecahydro-,
methylester **10** 4689

Picen-carbonsäure, Acetoxy-dioxo-
heptamethyl-octadecahydro-,
methylester **10** 4665, 4688
—, Acetoxy-dioxo-hexamethyl-
acetoxymethyl-octadecahydro-,
methylester **10** 4763
—, Acetoxy-dioxo-hexamethyl-
eicosahydro- **10** 4644
—, Acetoxy-dioxo-hexamethyl-
octadecahydro- **10** 4664
—, Acetoxy-dioxo-hexamethyl-
octadecahydro-, methylester
10 4664
—, Acetoxy-heptamethyl-eicosahydro-
10 1046, 1047, 1058
—, Acetoxy-heptamethyl-eicosahydro-,
chlorid **10** 1047, 1048, 1058
—, Acetoxy-heptamethyl-eicosahydro-,
methylester **10** 1047, 1048, 1058, 1059
—, Acetoxy-heptamethyl-hexadecahydro-
10 1143, 1144, 1146, 1148, 1150
—, Acetoxy-heptamethyl-hexadecahydro-,
methylester **10** 1143, 1144, 1146,
1147, 1149, 1151
—, Acetoxy-heptamethyl-octadecahydro-
10 1040, 1044, 1047, 1049, 1051, 1148
—, Acetoxy-heptamethyl-octadecahydro-,
äthylester **10** 1042, 1054
—, Acetoxy-heptamethyl-octadecahydro-,
butylester **10** 1043
—, Acetoxy-heptamethyl-octadecahydro-,
chlorid **10** 1044, 1055
—, Acetoxy-heptamethyl-octadecahydro-,
heptylester **10** 1043
—, Acetoxy-heptamethyl-octadecahydro-,
hexylester **10** 1043
—, Acetoxy-heptamethyl-octadecahydro-,
methylester **10** 1041, 1044, 1053,
1059, 1145, 1149
—, Acetoxy-heptamethyl-octadecahydro-,
octylester **10** 1043
—, Acetoxy-heptamethyl-octadecahydro-,
pentylester **10** 1043
—, Acetoxy-heptamethyl-octadecahydro-,
phenylester **10** 1043
—, Acetoxy-heptamethyl-octadecahydro-,
propylester **10** 1042
—, Acetoxy-hexamethyl-acetoxymethyl-
hexadecahydro- **10** 1949, 1950
—, Acetoxy-hexamethyl-acetoxymethyl-
hexadecahydro-, methylester
10 1949, 1950
—, Acetoxy-hexamethyl-acetoxymethyl-
octadecahydro- **10** 1924
—, Acetoxy-hexamethyl-acetoxymethyl-
octadecahydro-, chlorid **10** 1926
—, Acetoxy-hexamethyl-acetoxymethyl-
octadecahydro-, methylester
10 1925, 1927

Picen-carbonsäure, Acetoxy-hexamethyl-
formyl-octadecahydro- **10** 4402
—, Acetoxy-hexamethyl-formyl-
octadecahydro-, methylester
10 4402
—, Acetoxy-hexamethyl-hexadecahydro-
10 1142
—, Acetoxy-hexamethyl-hexadecahydro-,
methylester **10** 1142
—, Acetoxy-hexamethyl-octadecahydro-
10 1032, 1034
—, Acetoxy-hexamethyl-octadecahydro-,
chlorid **10** 1033
—, Acetoxy-hexamethyl-octadecahydro-,
methylester **10** 1034
—, Acetoxy-oxo-heptamethyl-eicosahydro-
10 4372, 4373, 4393
—, Acetoxy-oxo-heptamethyl-eicosahydro-,
methylester **10** 4373, 4374, 4391, 4394
—, Acetoxy-oxo-heptamethyl-
hexadecahydro- **10** 4426
—, Acetoxy-oxo-heptamethyl-
hexadecahydro, methylester
10 4425
—, Acetoxy-oxo-heptamethyl-
octadecahydro- **10** 4390, 4391,
4400, 4426
—, Acetoxy-oxo-heptamethyl-
octadecahydro-, äthylester
10 4390
—, Acetoxy-oxo-heptamethyl-
octadecahydro-, methylester
10 4390, 4392, 4395, 4396, 4397,
4398, 4399, 4401, 4403, 4426
—, Acetoxy-oxo-hexamethyl-
acetoxymethyl-octadecahydro-
10 4648, 4650
—, Acetoxy-oxo-hexamethyl-
acetoxymethyl-octadecahydro-,
methylester **10** 4648, 4651, 4653
—, Acetoxy-trioxo-heptamethyl-
octadecahydro-, methylester
10 4779
—, Benzoyloxy-heptamethyl-
hexadecahydro-, methylester
10 1145
—, Benzoyloxy-heptamethyl-
octadecahydro- **10** 1052
—, Benzoyloxy-heptamethyl-
octadecahydro-, methylester
10 1042, 1054
—, Benzoyloxy-hexamethyl-
benzoyloxymethyl-octadecahydro-,
methylester **10** 1926
—, Benzoyloxy-hexamethyl-hydroxymethyl-
octadecahydro-, methylester
10 1915
—, Benzoyloxy-hexamethyl-jodmethyl-
octadecahydro-, methylester **10** 1044

Picen-carbonsäure, Bis-methansulfonyloxy-
heptamethyl-octadecahydro-,
methylester **10** 1920
—, Brom-hydroxy-hexamethyl-
hydroxymethyl-octadecahydro-,
methylester **10** 1926
—, [Carboxy-benzoyloxy]-heptamethyl-
octadecahydro- **10** 1040
—, [Carboxy-benzoyloxy]-heptamethyl-
octadecahydro-, methylester **10** 1042
—, Diacetoxy-dioxo-heptamethyl-
hexadecahydro-, methylester
10 4778
—, Diacetoxy-heptamethyl-hexadecahydro-,
methylester **10** 1949
—, Diacetoxy-heptamethyl-octadecahydro-
10 1916, 1919
—, Diacetoxy-heptamethyl-octadecahydro-,
chlorid **10** 1920
—, Diacetoxy-heptamethyl-octadecahydro-,
methylester **10** 1918, 1920, 1922
—, Diacetoxy-hexamethyl-acetoxymethyl-
hexadecahydro-, methylester
10 2311
—, Diacetoxy-hexamethyl-acetoxymethyl-
octadecahydro- **10** 2282
—, Diacetoxy-hexamethyl-acetoxymethyl-
octadecahydro-, methylester
10 2283
—, Diacetoxy-hexamethyl-formyl-
octadecahydro- **10** 4652
—, Diacetoxy-oxo-heptamethyl-
eicosahydro-, methylester **10** 4629
—, Diacetoxy-oxo-heptamethyl-
octadecahydro-, methylester
10 4650
—, Dihydroxy-dioxo-heptamethyl-
hexadecahydro- **10** 4778
—, Dihydroxy-heptamethyl-octadecahydro-
10 1915, 1918, 1921
—, Dihydroxy-heptamethyl-octadecahydro-,
äthylester **10** 1918, 1922
—, Dihydroxy-heptamethyl-octadecahydro-,
methylester **10** 1916, 1919, 1922
—, Dihydroxy-hexamethyl-formyl-
hexadecahydro-, methylester
10 4664
—, Dihydroxy-hexamethyl-formyl-
octadecahydro- **10** 4652
—, Dihydroxy-hexamethyl-formyl-
octadecahydro-, methylester
10 4653
—, Dihydroxy-hexamethyl-hydroxymethyl-
hexadecahydro- **10** 2310
—, Dihydroxy-hexamethyl-hydroxymethyl-
hexadecahydro-, methylester
10 2311
—, Dihydroxy-hexamethyl-hydroxymethyl-
octadecahydro- **10** 2281, 2283

Picen-carbonsäure, Dihydroxy-hexamethyl-hydroxymethyl-octadecahydro-, methylester 10 2282, 2283
—, Dihydroxy-oxo-heptamethyl-eicosahydro- 10 4629
—, Dihydroxy-oxo-heptamethyl-octadecahydro-, methylester 10 4649
—, Dioxo-heptamethyl-eicosahydro-, methylester 10 3606, 3615
—, Dioxo-heptamethyl-octadecahydro- 10 3618
—, Dioxo-heptamethyl-octadecahydro-, methylester 10 3614, 3616, 3617, 3618, 3619
—, Dioxo-hexamethyl-hexadecahydro- 10 3623
—, Dioxo-hexamethyl-hexadecahydro-, methylester 10 3623, 3624
—, Dioxo-hexamethyl-octadecahydro- 10 3613
—, Dioxo-hexamethyl-octadecahydro-, methylester 10 3613, 3614
—, Formyloxy-heptamethyl-eicosahydro- 10 1046, 1058
—, Formyloxy-heptamethyl-octadecahydro- 10 1040
—, Heptamethyl-eicosahydro- 9 3131, 3132
—, Heptamethyl-eicosahydro-, methylester 9 3131, 3132
—, Heptamethyl-eicosahydro-, nitril 9 3131
—, Heptamethyl-hexadecahydro- 9 3265
—, Heptamethyl-hexadecahydro-, methylester 9 3265
—, Heptamethyl-octadecahydro- 9 3131, 3133, 3134
—, Heptamethyl-octadecahydro-, methylester 9 3132, 3133, 3134
—, Hexamethyl-benzoyloxymethyl-octadecahydro-, methylester 10 1057
—, Hexamethyl-hydroxymethyl-octadecahydro-, methylester 10 1057
—, Hexamethyl-octadecahydro- 9 3128
—, Hexamethyl-octadecahydro-, methylester 9 3128
—, Hydroxy-acetoxy-dioxo-heptamethyl-hexadecahydro-, methylester 10 4778
—, Hydroxy-acetoxy-heptamethyl-octadecahydro- 10 1916, 1919
—, Hydroxy-acetoxy-heptamethyl-octadecahydro-, äthylester 10 1923
—, Hydroxy-acetoxy-heptamethyl-octadecahydro-, methylester 10 1917, 1919, 1920, 1922

Picen-carbonsäure, Hydroxy-acetoxy-hexamethyl-acetoxymethyl-octadecahydro- 10 2282
—, Hydroxy-acetoxy-oxo-heptamethyl-octadecahydro-, methylester 10 4650
—, Hydroxy-diacetoxy-heptamethyl-octadecahydro-, methylester 10 2281
—, Hydroxy-dioxo-heptamethyl-hexadecahydro- 10 4688
—, Hydroxy-dioxo-heptamethyl-hexadecahydro-, methylester 10 4689
—, Hydroxy-dioxo-heptamethyl-octadecahydro- 10 4687
—, Hydroxy-dioxo-heptamethyl-octadecahydro-, methylester 10 4688
—, Hydroxy-dioxo-hexamethyl-eicosahydro- 10 4644
—, Hydroxy-dioxo-hexamethyl-octadecahydro- 10 4664
—, Hydroxy-heptamethyl-eicosahydro- 10 1044, 1047, 1057
—, Hydroxy-heptamethyl-eicosahydro-, methylester 10 1046, 1048, 1058, 1059
—, Hydroxy-heptamethyl-hexadecahydro- 10 1142, 1144, 1146, 1148, 1150
—, Hydroxy-heptamethyl-hexadecahydro-, methylester 10 1143, 1146, 1147, 1148, 1150
—, Hydroxy-heptamethyl-octadecahydro- 10 1038, 1044, 1048, 1049, 1145, 1147, 1149
—, Hydroxy-heptamethyl-octadecahydro-, äthylester 10 1054
—, Hydroxy-heptamethyl-octadecahydro-, amid 10 1055
—, Hydroxy-heptamethyl-octadecahydro-, benzhydrylester 10 1054
—, Hydroxy-heptamethyl-octadecahydro-, methylester 10 1040, 1044, 1049, 1052, 1148, 1149
—, Hydroxy-heptamethyl-octadecahydro-, phenacylester 10 1044
—, Hydroxy-hexamethyl-formyl-octadecahydro- 10 4402
—, Hydroxy-hexamethyl-formyl-octadecahydro-, methylester 10 4402
—, Hydroxy-hexamethyl-hexadecahydro- 10 1141
—, Hydroxy-hexamethyl-hexadecahydro-, methylester 10 1142
—, Hydroxy-hexamethyl-hydroxymethyl-hexadecahydro- 10 1949
—, Hydroxy-hexamethyl-hydroxymethyl-hexadecahydro-, methylester 10 1950

Picen-carbonsäure, Hydroxy-hexamethyl-
hydroxymethyl-octadecahydro-
10 1923

—, Hydroxy-hexamethyl-hydroxymethyl-
octadecahydro-, methylester
10 1924, 1927

—, Hydroxy-hexamethyl-octadecahydro-
10 1032, 1034

—, Hydroxy-hexamethyl-octadecahydro-,
methylester 10 1033, 1034

—, Hydroxy-hexamethyl-tetradecahydro-
10 1248

—, Hydroxyimino-heptamethyl-
eicosahydro-, methylester 10 3259

—, Hydroxyimino-heptamethyl-
hexadecahydro- 10 3288

—, Hydroxyimino-heptamethyl-
hexadecahydro-, methylester
10 3289

—, Hydroxyimino-heptamethyl-
octadecahydro- 10 3258, 3260

—, Hydroxyimino-heptamethyl-
octadecahydro-, methylester
10 3258, 3261

—, Hydroxyimino-hexamethyl-
octadecahydro- 10 3252

—, Hydroxyimino-hexamethyl-
octadecahydro-, methylester
10 3253

—, Hydroxy-methoxy-hexamethyl-
hydroxymethyl-octadecahydro-,
methylester 10 2283

—, Hydroxy-oxo-heptamethyl-eicosahydro-
10 4373, 4392

—, Hydroxy-oxo-heptamethyl-eicosahydro-,
methylester 10 4373, 4391, 4393

—, Hydroxy-oxo-heptamethyl-
octadecahydro- 10 4389, 4391,
4396, 4399, 4402

—, Hydroxy-oxo-heptamethyl-
octadecahydro-, methylester
10 4390, 4392, 4395, 4396, 4397,
4401, 4403

—, Hydroxy-oxo-hexamethyl-
hydroxymethyl-eicosahydro-
10 4629

—, Hydroxy-oxo-hexamethyl-
hydroxymethyl-eicosahydro-,
methylester 10 4630

—, Hydroxy-oxo-hexamethyl-
hydroxymethyl-octadecahydro-
10 4650

—, Hydroxy-oxo-hexamethyl-
hydroxymethyl-octadecahydro-,
methylester 10 4651

—, Hydroxy-oxo-hexamethyl-
tetradecahydro- 10 4476

—, Hydroxy-oxo-hexamethyl-
tetradecahydro-, methylester 10 4477

Picen-carbonsäure, Hydroxy-trioxo-
hexamethyl-eicosahydro- 10 4762

—, Methansulfonyloxy-acetoxy-
heptamethyl-octadecahydro-,
methylester 10 1920

—, [Methyl-crotonoyloxy]-oxo-
heptamethyl-octadecahydro-
10 4397

—, [Methyl-crotonoyloxy]-oxo-
heptamethyl-octadecahydro-,
methylester 10 4398

—, [Methyl-crotonoyloxy]-oxo-
hexamethyl-acetoxymethyl-
octadecahydro- 10 4649

—, [Methyl-crotonoyloxy]-oxo-
hexamethyl-hydroxymethyl-
octadecahydro- 10 4649

—, Nitro-acetoxy-heptamethyl-
octadecahydro- 10 1055

—, Nitro-acetoxy-heptamethyl-
octadecahydro-, methylester
10 1056

—, Nitro-hydroxy-heptamethyl-
octadecahydro- 10 1055

—, Nitro-hydroxy-heptamethyl-
octadecahydro-, methylester 10 1056

—, Oxo-heptamethyl-eicosahydro-,
methylester 10 3228, 3258, 3259

—, Oxo-heptamethyl-formyl-
octadecahydro-, methylester
10 3619

—, Oxo-heptamethyl-hexadecahydro-
10 3288

—, Oxo-heptamethyl-hexadecahydro-,
methylester 10 3289

—, Oxo-heptamethyl-octadecahydro-
10 3257, 3260, 3262

—, Oxo-heptamethyl-octadecahydro-,
methylester 10 3258, 3259, 3261, 3262

—, Oxo-hexamethyl-hexadecahydro-
10 3288

—, Oxo-hexamethyl-hydroxymethyl-
octadecahydro-, methylester
10 4399

—, Oxo-hexamethyl-octadecahydro-
10 3252

—, Oxo-hexamethyl-octadecahydro-,
methylester 10 3251, 3253

—, Oxo-hydroxyimino-heptamethyl-
eicosahydro-, methylester 10 3616

—, Oxo-hydroxyimino-heptamethyl-
octadecahydro-, methylester
10 3614, 3616, 3617, 3618

—, Oxo-semicarbazono-heptamethyl-
eicosahydro-, methylester
10 3615, 3616

—, Oxo-semicarbazono-heptamethyl-
octadecahydro-, methylester
10 3617, 3618, 3619

Picen-carbonsäure, Semicarbazono-
heptamethyl-octadecahydro-
10 3258, 3260
—, Semicarbazono-heptamethyl-
octadecahydro-, methylester
10 3262
—, Semicarbazono-hexamethyl-
octadecahydro-, methylester
10 3253
—, Trihydroxy-heptamethyl-
octadecahydro- 10 2280, 2281
—, Trihydroxy-heptamethyl-
octadecahydro-, methylester
10 2281
—, Trihydroxy-pentamethyl-bis-
hydroxymethyl-octadecahydro-
10 2579
—, Trioxo-hexamethyl-octadecahydro-
10 4006
—, Trioxo-hexamethyl-octadecahydro-,
methylester 10 4006
Picen-dicarbonsäure 9 4719
—, Acetoxy-hexamethyl-octadecahydro-
10 2308, 2312
—, Acetoxy-hexamethyl-octadecahydro-,
dichlorid 10 2309
—, Acetoxy-hexamethyl-octadecahydro-,
dimethylester 10 2308
—, Acetoxy-oxo-hexamethyl-
octadecahydro-, dimethylester
10 4763
—, Benzoyloxy-hexamethyl-octadecahydro-,
chlorid 10 2309
—, Benzoyloxy-hexamethyl-octadecahydro-,
dichlorid 10 2310
—, Benzoyloxy-hexamethyl-octadecahydro-,
dimethylester 10 2308
—, Benzoyloxy-hexamethyl-octadecahydro-,
methylester 10 2308
—, Bis-[brom-benzoyloxy]-pentamethyl-
octadecahydro-, äthylester
10 2482
—, Diacetoxy-pentamethyl-chlormethyl-
octadecahydro- 10 2483
—, Diacetoxy-pentamethyl-octadecahydro-,
äthylester 10 2482
—, Dihydroxy-pentamethyl-chlormethyl-
octadecahydro- 10 2482
—, Dihydroxy-pentamethyl-chlormethyl-
octadecahydro-, dimethylester 10 2483
—, Dihydroxy-pentamethyl-octadecahydro-
10 2481
—, Dihydroxy-pentamethyl-octadecahydro-,
äthylester 10 2481
—, Dihydroxy-pentamethyl-octadecahydro-,
methylester-äthylester 10 2482
—, Hexamethyl-octadecahydro- 9 4461
—, Hydroxy-hexamethyl-octadecahydro-
10 2307, 2311

Picen-dicarbonsäure, Hydroxy-hexamethyl-
octadecahydro-, dimethylester
10 2308, 2312
—, Oxo-hexamethyl-octadecahydro-,
dimethylester 10 4002
Piceno[3.4][1.3.2]dioxaphosphorin-
carbonsäure, Chlor-oxido-
hexamethyl-octadecahydro- 10 1924
—, Hydroxy-oxido-hexamethyl-
octadecahydro- 10 1924
Piceno[3.4][1.3.2]dioxathiin-
carbonsäure, Oxido-hexamethyl-
octadecahydro-, äthylester
10 1926
—, Oxido-hexamethyl-octadecahydro-,
methylester 10 1926
Picensäure 9 3651
Picen-thiocarbonsäure, Acetoxy-
heptamethyl-octadecahydro-,
methylester 10 1057
—, Benzoyloxy-hexamethyl-
methoxycarbonyl-octadecahydro-,
methylester 10 2310
—, Diacetoxy-heptamethyl-octadecahydro-,
methylester 10 1921
—, Heptamethyl-eicosahydro-,
benzylester 9 3133
Pikroerythrin 10 1484
β-Pimarabietinsäure 9 2904
Pimaradiensäure 9 2910, 2912
Pimaransäure 9 355; s. a. unter
Podocarpansäure
Pimarensäure 9 2642, 2644; s. a. unter
Podocarpensäure
—, Dihydroxy- 10 1591
Pimarensäure-methylester 9 2643
Pimarsäure 9 2911; s. a. unter
Podocarpensäure
—, Dihydro- 9 2642
—, Dihydro-, methylester 9 2643
—, Tetrahydro- 9 355
Pimarsäure-methylester 9 2912
α-Pimarsäure 9 2911
Pimelinsäure s. Heptandisäure
Pinakolin s. Butanon, Dimethyl-
Pinakolon s. Butanon, Dimethyl-
Pinan, Benzoyloxy- 9 413
—, [Carboxy-benzoyloxy]- 9 4147, 4149
—, [Nitro-benzoyloxy]- 9 1573,
10 4889
Pinanon-[(nitro-benzoyl)-oxim] 9 1750
Pinansäure 9 219
—, Hydroxy- 10 59
Pinansäure-amid 9 220
— methylester 9 219
Pinen, [Carboxy-benzoyloxy]- 9 4155, 4156
—, [Nitro-benzoyloxy]- 9 1578, 1579
—, [Phenyl-propionyloxy]- 9 2387
Pinen-carbonsäure 9 321

Pinen-carbonsäure-amid **9** 321
— chlorid **9** 321
Pinensäure **9** 312
Pinensäure-nitril **9** 312
Pinocampheol, [Carboxy-benzoyl]- **9** 4148
Pinocamphersäure **9** 3900
Pinocarveol, [Carboxy-benzoyl]- **9** 4156
—, [Nitro-benzoyl]- **9** 1579
Pinolsäure **10** 43
Pinononsäure **10** 2849
Pinononsäure-methylester **10** 2850
— methylester-semicarbazon **10** 2850
— oxim **10** 2850
— semicarbazon **10** 2850
Pinonsäure **10** 2870
Pinonsäure-methylester **10** 2872
— oxim **10** 2871
— semicarbazon **10** 2871
Pinosylvin, Acetyl-benzoyl- **9** 634
—, Benzoyl- **9** 634
—, Dibenzoyl- **9** 634
—, Methyl-benzoyl- **9** 634
Pinsäure **9** 3852
—, Brom- **9** 3855
—, Keto- **10** 2913; *Derivate s. unter*
  Bornansäure
—, Oxy- **10** 2035
Pinsäure-diäthylester **9** 3853
— diamid **9** 3854
— dibutylester **9** 3854
— dichlorid **9** 3854
— diisopropylester **9** 3853
— dimethylester **9** 3853
Piperitolensäure **9** 206
Piperitolensäure-äthylester **9** 207
— methylester **9** 206
Piperitolsäure-methylester **9** 97
Piperovatin **10** 993
α-Pipitzol, Benzoyl- **9** 793
β-Pipitzol, Benzoyl- **9** 793
Piscidsäure **10** 2562
—, Triacetyl-, dimethylester **10** 2563
Piscidsäure-äthylester **10** 2563
— dimethylester **10** 2562
— methylester **10** 2562
Pivalinsäure s. *Propionsäure, Dimethyl-*
Platanin **10** 1060
Platanol **10** 1060
Platanolsäure **10** 1060
Platycodigenin **10** 2579
Pleiaden, Benzoyloxy-dioxo-dihydro **9** 807
Pleiaden-carbonsäure, Hydroxy-dioxo-
  dihydro- **10** 4707
Pleiaden-dicarbonsäure, Dioxo-dihydro-
  10 4093
Pleiadendion, Benzoyloxy- **9** 807
Podocarpadiensäure, Hydroxy-isopropyl-
  10 930
—, Hydroxy-isopropyl-, methylester **10** 930

Podocarpadiensäure, Isopropyl-
  9 2903, 2904
—, Isopropyl-, äthylester **9** 2908
—, Isopropyl-, cholestenylester **9** 2909
—, Isopropyl-, methylester **9** 2904, 2907
—, Isopropyl-, triphenylmethylester
  9 2909
—, Isopropyl-, tritylester **9** 2909
—, Isopropyl-, vinylester **9** 2908
—, Methyl- **9** 2901
—, Methyl-, methylester **9** 2901
—, [Nitro-phenylazo]-isopropyl- **9** 2906
Podocarpan-carbonsäure, Acetyl- **10** 2967
Podocarpan-dicarbonsäure **9** 4082
Podocarpansäure, Acetoxy-isopropyl-
  10 1591
—, Acetoxy-isopropyl-, methylester
  10 1591
—, Acetoxy-oxo-methyl-[(dimethylamino-
  äthoxycarbonyl)-methylen]-,
  methylester **10** 4748
—, Brom-[brom-isopropyl]- **9** 354
—, Brom-[brom-isopropyl]-, äthylester
  9 354
—, Brom-[brom-isopropyl]-, methylester
  9 354
—, Brom-trihydroxy-isopropyl- **10** 2056
—, Chlor-[chlor-isopropyl]- **9** 353
—, Chlor-[chlor-isopropyl]-,
  äthylester **9** 353
—, Chlor-[chlor-isopropyl]-,
  methylester **9** 353
—, Chlor-trihydroxy-isopropyl- **10** 2056
—, Chlor-trihydroxy-isopropyl-,
  methylester **10** 2056
—, Dihydroxy-[hydroxy-isopropyl]-
  10 2057
—, Dihydroxy-isopropyl- **10** 1360, 1591
—, Dihydroxy-isopropyl-, methylester
  10 1361, 1591
—, Dimethyl-, methylester **9** 350
—, Dimethyl-carboxy- **9** 4085
—, Dimethyl-methoxycarbonyl-,
  methylester **9** 4085
—, Hydroxy-acetoxy-isopropyl- **10** 1361,
  1591
—, Hydroxy-acetoxy-isopropyl-,
  methylester **10** 1591
—, Hydroxy-oxo-, methylester **10** 4196
—, Hydroxy-oxo-methyl-[(dimethylamino-
  äthoxycarbonyl)-methylen]-,
  methylester **10** 4748
—, Isopropyl- **9** 351
—, Isopropyl-, methylester **9** 352
—, Isopropyliden- **9** 2640
—, Isopropyliden-, methylester **9** 2640
—, Jod-trihydroxy-isopropyl- **10** 2057
—, Methyl-äthyl- **9** 355
—, Methyl-carboxy- **9** 4082

Podocarpansäure, Oxo-methyl-
  [(dimethylamino-äthoxycarbonyl)-
  methylen]-, methylester **10** 3975
—, Tetrahydroxy-isopropyl- **10** 2417
—, Tetrahydroxy-isopropyl-,
  methylester **10** 2417
—, Trihydroxy-isopropyl- **10** 2055
Podocarpatrien, Benzoyloxy-isopropyl-
  9 476
—, [Carboxy-benzoyloxy]-isopropyl-
  9 4170
—, Dibenzoyloxy-isopropyl- **9** 606
—, [Dinitro-benzoyloxy]-isopropyl-
  9 1871
Podocarpatrienon, Benzoyloxy-isopropyl-
  9 752
—, Methoxy-benzoyloxy-isopropyl- **9** 797
Podocarpatrienoylchlorid, Methoxy-
  10 1011
—, Methoxy-isopropyl- **10** 1020
Podocarpatriensäure, Acetoxy- **10** 1009
—, Acetoxy-isopropyl- **10** 1020
—, Äthyl-isopropyl-, methylester
  9 3125
—, Benzoyloxy-, methylester **10** 1010
—, Brom-isopropyl- **9** 3123
—, Brom-isopropyl-, chlorid **9** 3123
—, Brom-isopropyl-, methylester **9** 3123
—, Carbamimidoylmercaptomethyl-
  isopropyl- **10** 1025
—, Chlormethyl-isopropyl- **9** 3124
—, Chlormethyl-isopropyl-, methylester
  9 3124
—, Dinitro-isopropyl- **9** 3124
—, Dinitro-isopropyl-, methylester
  9 3124
—, Hydroxy- **10** 1008
—, Hydroxy-, äthylester **10** 1011
—, Hydroxy-, methylester **10** 1010
—, Hydroxy-, [nitro-benzylester]
  10 1011
—, Hydroxy-isopropyl-, methylester
  10 1019
—, Hydroxymethyl-isopropyl- **10** 1024
—, Isopropyl- **9** 3120
—, Isopropyl-, methylester **9** 3122
—, Isopropyl-acetohydroximoyl-,
  methylester **10** 3249
—, Isopropyl-acetyl- **10** 3249
—, Isopropyl-acetyl-, methylester
  10 3249, 3250
—, Isopropyl-carboxy- **9** 4458
—, Mercaptomethyl-isopropyl- **10** 1025
—, Methoxy- **10** 1009
—, Methoxy-, äthylester **10** 1011
—, Methoxy-, chlorid **10** 1011
—, Methoxy-, methylester **10** 1010
—, Methoxy-, [nitro-benzylester]
  10 1011

Podocarpatriensäure, Methoxy-
  acetohydroximoyl-, methylester **10** 4386
—, Methoxy-acetyl-, methylester **10** 4386
—, Methoxy-[hydroxy-isopropyl]-,
  methylester **10** 1912
—, Methoxy-isopropenyl-, methylester
  10 1137
—, Methoxy-isopropyl- **10** 1019
—, Methoxy-isopropyl-, chlorid **10** 1020
—, Methoxy-isopropyl-, methylester
  10 1019
—, Methyl- **9** 3117
—, Methyl-, chlorid **9** 3117
—, Methyl-, methylester **9** 3117
—, Nitro-isopropyl-, methylester
  9 3123
—, Oxo-isopropyl- **10** 3246
Podocarpensäure, [Chlor-isopropyl]-
  9 2639
—, [Chlor-isopropyl]-, äthylester
  9 2639
—, [Chlor-isopropyl]-, methylester
  9 2639
—, Chlor-methyl-äthyl-, methylester
  9 2642
—, Dihydroxy-isopropyl- **10** 1590, 1591
—, Dimethyl- **9** 2634, 2635
—, Dimethyl-, methylester **9** 2634, 2635
—, Dimethyl-carboxy- **9** 4368
—, Dimethyl-hydroxymethyl-,
  methylester **10** 663
—, Hydroxy-dimethyl-, methylester
  10 663
—, [Hydroxy-isopropyl]- **10** 663
—, Hydroxy-methyl-, methylester **10** 662
—, Isopropyl- **9** 2636, 2637, 2638
—, Isopropyl-, methylester **9** 2638
—, Isopropyliden- **9** 2909, 2910
—, Methyl-äthyl- **9** 2642, 2644
—, Methyl-äthyl-, methylester **9** 2643, 2644
—, Methyl-carboxy- **9** 4366
—, Methyl-[dihydroxy-äthyl]- **10** 1591
—, Methyl-vinyl- **9** 2910, 2912
—, Methyl-vinyl-, methylester **9** 2912, 2913
—, Oxo- **10** 3115
—, Oxo-, methylester **10** 3115
—, Semicarbazono-, methylester **10** 3116
Podocarpinsäure 10 1008
Podocarpsäure 10 1008
Polygalasäure 10 2481
Polygalsäure 10 2481; *Derivate s. unter*
  Picen-dicarbonsäure
Polyporensäure-A 10 1928
—, Diformyl-, methylester **10** 1928
—, Dihydro- **10** 1928
—, Dihydro-, methylester **10** 1928
—, Diacetyl-, methylester **10** 1929
Polyporensäure-A-methylester **10** 1928
Polyporensäure-B 10 1929

Polyporensäure-B-methylester 10 1929
Polyporensäure-C 10 4427
Polyporensäure-C-methylester 10 4427
Poriferastanol, [Dinitro-benzoyl]- 9 1860
Poriferasterol, Benzoyl- 9 483
—, [Dinitro-benzoyl]- 9 1876
—, [Jod-benzoyl]- 9 1435
Prächolecalciferol, [Dinitro-benzoyl]-
     9 1871
Präergocalciferol, [Dinitro-benzoyl]-
     9 1881
Pregnadienon, Benzoyloxy- 9 752
Pregnadienoylchlorid, Acetoxy- 10 1026
Pregnadiensäure, Acetoxy-, chlorid 10 1026
—, Acetoxy-, methylester 10 1026
—, Acetoxy-methyl-, methylester 10 1027
—, Äthoxy-methyl-, methylester 10 1027
—, Hydroxy- 10 1025
—, Hydroxy-, methylester 10 1025
—, Hydroxy-methyl-, methylester
     10 1027, 1028
—, Hydroxy-methyl-, nitril 10 1028
—, Oxo- 10 3248
—, Oxo-, methylester 10 3248
Pregnan, Dibenzoyloxy- 9 580
—, Tribenzoyloxy- 9 677
Pregnandion, Benzoyloxy- 9 795, 796
—, [Dioxo-dihydro-anthracencarbonyloxy]-
     10 3646
Pregnandisäure, Dihydroxy-benzoyloxy-
     dimethylester 10 4842
—, Trihydroxy-hydroxyimino-,
     oxo-, dimethylester 10 4842
—, Trihydroxy-oxo- 10 4842
—, Trihydroxy-oxo-, dimethylester
     10 4842
Pregnandiyldibenzoat 9 580
Pregnanon, Acetoxy-benzoyloxy- 9 792
—, Acetoxy-[dioxo-dihydro-
     anthracencarbonyloxy]- 10 3645
—, Benzoyloxy- 9 739
—, Bis-[dioxo-dihydro-
     anthracencarbonyloxy]- 10 3646
—, Dibenzoyloxy- 9 792
—, Hydroxy-acetoxy-benzoyloxy- 9 819
—, Hydroxy-benzoyloxy- 9 791, 792
—, Hydroxy-[dioxo-dihydro-
     anthracencarbonyloxy]- 10 3645
—, Hydroxy-oxo-methyl-tetrahydro-
     pyranyl]- 10 3586
—, [Nitro-benzoyloxy]- 9 1675
Pregnansäure 9 2649
—, Acetoxy- 10 674
—, Acetoxy-, methylester 10 675
—, Acetoxy-benzoyloxy-methyl-,
     methylester 10 1621
—, Acetoxy-[dioxo-dihydro-
     anthracencarbonyloxy]-methyl-,
     methylester 10 3647

Pregnansäure, Acetoxy-methyl- 10 680
—, Acetoxy-methyl-, methylester 10 681
—, Acetoxy-oxo-methyl- 10 4300, 4302
—, Acetoxy-oxo-methyl-, azid 10 4301
—, Acetoxy-oxo-methyl-, chlorid 10 4301
—, Acetoxy-oxo-methyl-, methylester
     10 4299, 4300, 4303, 4304
—, Benzoyloxy-oxo-methyl-, methylester
     10 4299, 4303
—, Bis-[dioxo-dihydro-
     anthracencarbonyloxy]-methyl-,
     methylester 10 3647
—, Brom-acetoxy-oxo-methyl-,
     methylester 10 4301
—, Brom-dioxo-methyl-, methylester
     10 3567
—, Brom-hydroxy-acetoxy-methyl-,
     methylester 10 1616
—, Brom-hydroxy-oxo-methyl-,
     methylester 10 4299
—, Brom-oxo-methyl- 10 3128
—, [Carboxy-propionyloxy]-oxo-methyl-
     10 4302
—, Chlor-methyl- 9 2652
—, Chlor-methyl-, methylester 9 2652
—, Diacetoxy-methyl- 10 1614, 1615, 1618
—, Diacetoxy-methyl-, azid 10 1621
—, Diacetoxy-methyl-, methylester
     10 1614, 1616, 1620
—, Dibenzoyloxy-methyl-, methylester
     10 1621
—, Diformyloxy-methyl- 10 1618
—, Diformyloxy-methyl-, chlorid 10 1621
—, Dihydroxy- 10 1612
—, Dihydroxy-, methylester 10 1612
—, Dihydroxy-acetoxy-glyoxyloyloxy-oxo-,
     methylester 10 4800
—, Dihydroxy-methyl- 10 1613, 1614,
     1615, 1616, 1622
—, Dihydroxy-methyl-, methylester
     10 1613, 1614, 1615, 1619
—, Dihydroxy-oxo- 10 4578
—, Dihydroxy-oxo-, methylester 10 4579
—, Dihydroxy-oxo-acetoxymethyl-,
     nitril 10 4733
—, Dihydroxy-oxo-methyl-, nitril
     10 4579
—, Dioxo-methyl- 10 3566, 3567
—, Dioxo-methyl-, methylester 10 3566,
     3567, 3568
—, Formyloxy-methyl- 10 680
—, Hydroxy- 10 674
—, Hydroxy-, methylester 10 675
—, Hydroxy-acetoxy-methyl-,
     methylester 10 1616, 1619, 1620
—, Hydroxy-acetoxy-oxo-, methylester
     10 4579
—, Hydroxy-acetoxy-oxo-acetoxymethyl-,
     nitril 10 4733

Pregnansäure, Hydroxy-acetoxy-oxo-
methyl-, nitril **10** 4580
—, Hydroxy-[carboxy-propionyloxy]-
methyl- **10** 1618
—, Hydroxy-dioxo-acetoxymethyl-,
nitril **10** 4748
—, Hydroxy-[dioxo-dihydro-
anthracencarbonyloxy]-methyl-,
methylester **10** 3647
—, Hydroxy-dioxo-methyl-, nitril
10 4616
—, Hydroxy-methyl- **10** 679
—, Hydroxy-methyl-, methylester **10** 681
—, Hydroxy-oxo- **10** 4298
—, Hydroxy-oxo-, methylester **10** 4297
—, Hydroxy-oxo-methyl- **10** 4299, 4301,
4303
—, Hydroxy-oxo-methyl-, äthylester
10 4304
—, Hydroxy-oxo-methyl-, methylester
10 4298, 4300, 4302, 4304
—, Methyl- **9** 2650
—, Methyl-, äthylester **9** 2651
—, Methyl-, methylester **9** 2651
—, Oxo- **10** 3125
—, Oxo-, methylester **10** 3126
—, Oxo-methyl- **10** 3127
—, Oxo-methyl-, methylester **10** 3128
—, Tetrahydroxy- **10** 2423
—, Trihydroxy-acetoxy-oxo-,
methylester **10** 4800
—, Trihydroxy-methyl- **10** 2157
—, Trihydroxy-methyl-, äthylester **10** 2157
—, Trihydroxy-methyl-, methylester
10 2157
—, Trihydroxy-oxo- **10** 4733
—, Trihydroxy-oxo-, methylester **10** 4733
Pregnansäure-methylester **9** 2649
Pregnantriol, Benzoyloxy- **9** 693
Pregnantriyltribenzoat 9 677
Pregnen, Acetoxy-benzoyloxy-methyl-
phenyl- **9** 643
—, Benzoyloxy- **9** 458
—, Dibenzoyloxy-methyl- **9** 593
—, Dibenzoyloxy-methyl-phenyl- **9** 644
Pregnen-carbonsäure, Hydroxy-oxo-,
äthylester **10** 4362
Pregnendion, Benzoyloxy- **9** 797
—, Hydroxy-benzoyloxy- **9** 821
Pregnenin, Acetoxy-benzoyloxy- **9** 617
Pregnenol, Benzoyloxy-methyl-phenyl-
9 643
Pregnenon, Acetoxy-benzoyloxy- **9** 794
—, Benzoyloxy- **9** 747
—, Benzoyloxy-methyl-phenyl- **9** 770
—, Benzoyloxy-methyl-[trimethyl-phenyl]-
9 771
—, [Dioxo-dihydro-anthracencarbonyloxy]-
10 3645, 3646

Pregnenon, Hydroxy-benzoyloxy- **9** 794
—, Hydroxy-benzoyloxy-benzoyloxymethyl-
9 821
Pregnenoylchlorid, Acetoxy- **10** 944
Pregnensäure 9 2913
—, Acetoxy- **10** 943, 944
—, Acetoxy-, anhydrid **10** 944
—, Acetoxy-, chlorid **10** 944
—, Acetoxy-, methylester **10** 943, 945
—, Acetoxy-dioxo-methyl- **10** 4639
—, Acetoxy-methyl- **10** 950
—, Acetoxy-methyl-, amid **10** 952
—, Acetoxy-methyl-, azid **10** 952
—, Acetoxy-methyl-, chlorid **10** 952
—, Acetoxy-methyl-, methylester **10** 951,
953, 954
—, Acetoxy-oxo-methyl- **10** 4363
—, Acetoxy-oxo-methyl-, methylester
10 4363
—, Acetoxy-oxo-methyl-, nitril **10** 4363
—, Brom-hydroxy- **10** 946
—, [Carboxy-propionyloxy]-methyl-,
methylester **10** 955
—, Diacetoxy- **10** 1879
—, Diacetoxy-, methylester **10** 1880
—, Dibrom-oxo-methyl- **10** 3217
—, Dihydroxy- **10** 1879
—, Dihydroxy-, methylester **10** 1879
—, Dihydroxy-methyl- **10** 1880
—, Dihydroxy-methyl-, methylester
10 1881
—, Dioxo-acetoxymethyl-, nitril **10** 4640
—, Dioxo-hydroxymethyl-, nitril **10** 4640
—, Dioxo-methyl-, methylester **10** 3600
—, Dioxo-methyl-, nitril **10** 3600
—, Hydroxy- **10** 943, 944
—, Hydroxy-, methylester **10** 943, 945
—, Hydroxy-acetoxy- **10** 1879
—, Hydroxy-acetoxy-, methylester
10 1880
—, Hydroxy-acetoxy-methyl-,
methylester **10** 1881
—, Hydroxy-acetoxy-methyl-, nitril
10 1881
—, Hydroxy-benzoyloxy-, methylester
10 1880
—, Hydroxy-methyl- **10** 949
—, Hydroxy-methyl-, methylester **10** 951,
954
—, Hydroxy-oxo- **10** 4361
—, Hydroxy-oxo-, methylester **10** 4361
—, Hydroxy-oxo-acetoxymethyl-, nitril
10 4615
—, Hydroxy-oxo-hydroxymethyl-, nitril
10 4615
—, Hydroxy-oxo-methyl- **10** 4362
—, Hydroxy-oxo-methyl-, methylester
10 4362, 4363
—, Methoxy-methyl- **10** 950

Pregnensäure, Methoxy-methyl-,
  methylester **10** 951
—, Oxo-, methylester **10** 3216
—, Oxo-methyl- **10** 3217, 3218
—, Oxo-methyl-, methylester **10** 3217, 3218
Pregnenthiosäure, Acetoxy-methyl-,
  äthylester **10** 952
—, Acetoxy-methyl-, benzylester **10** 953
—, Methoxy-methyl-, äthylester **10** 952
Pregnentrion, Hydroxy-[nitro-benzoyloxy]-
  9 1683
Prehnitylsäure 9 2489
Pristimerin 10 4477
Progesteron, Benzoyloxy- **9** 797
Propan, Acetamino-benzamino- **9** 1213
—, Acetoxy-bis-[nitro-benzoyloxy]-
  9 1658
—, Äthylamino-[butyloxy-benzoyloxy]-
  methyl- **10** 334
—, [Äthyl-isopropyl-amino]-benzoyloxy-
  9 888
—, [Äthyl-propylamino]-diphenylacetoxy-
  9 3299
—, [Äthyl-propylamino]-[nitro-
  benzoyloxy]- **9** 1693, 1695
—, [Äthyl-propylamino]-[nitro-
  benzoyloxy]-methyl- **9** 1702
—, Amino-acetoxyimino-benzoyloxyimino-
  9 1303
—, Amino-benzamino- **9** 1213
—, Amino-benzoyloxy-methyl- **9** 884
—, Amino-bis-benzoyloxyimino- **9** 1303
—, Amino-diäthylamino-[nitro-
  benzoyloxy]- **9** 1697
—, Amino-hydroxyimino-benzoyloxyimino-
  9 1303
—, Amino-[nitro-benzoyloxy]-methyl-
  9 1699
—, Benzamino-benzoyloxy- **9** 1081
—, Benzamino-benzoyloxy-bis-
  benzaminomethyl- **9** 1225
—, Benzamino-bis-benzyloxycarbonyl-
  amino- **9** 1226
—, Benzamino-[butyl-benzoyl-amino]-
  methyl- **9** 1219
—, Benzamino-methylsulfon- **9** 1082
—, Benziloyloxy-[diäthylamino-
  äthylmercapto]- **10** 1172
—, Benzoylimino-phenyl- **9** 1101
—, Benzoyloxy-bis-[brom-benzoyloxy]-
  9 1412
—, Benzoyloxy-bis-[dimethylamino-
  methyl]- **9** 889
—, Benzoyloxy-bis-[nitro-benzoyloxy]-
  9 1474, 1507, 1659
—, Benzoyloxy-[brom-benzoyloxy]-[nitro-
  benzoyloxy]- **9** 1658
—, Benzoyloxy-[dimethylamino-
  äthylmercapto]- **9** 539

Propan, Benzoyloxyimino-[dinitro-
  phenyl]- **9** 1281
—, Benzoyloxyimino-phenyl-[trimethyl-
  phenyl]- **9** 1283
—, Benzoyloxy-methyl-phenyl- **9** 437
—, Benzoyloxy-[nitroso-benzoyloxy]-bis-
  benzoyloxymethyl- **9** 1464
—, Benzoyloxy-phenyl- **9** 435
—, Benzoyloxy-phenylsulfon- **9** 539
—, Benzoyloxy-triphenyl- **9** 526
—, Bis-[äthoxycarbimidoyl-phenoxy]-
  10 343
—, [Bis-äthoxycarbimidoyl-phenoxy]-
  [äthoxycarbimidoyl-cyan-phenoxy]-
  10 2195
—, Bis-[äthoxycarbonyl-phenylmercapto]-
  10 272, 396
—, Bis-[äthoxycarbonyl-phenylsulfon]-
  10 272, 396
—, Bis-benzamino- **9** 1213, 1214
—, Bis-[(benzamino-äthyl)-benzoyl-
  amino]- **9** 1213
—, Bis-benzamino-benzaminomethyl-
  9 1219
—, Bis-benzamino-bis-benzaminomethyl-
  9 1222
—, Bis-benzamino-dimethyl- **9** 1222
—, Bis-benzamino-methyl- **9** 1219
—, Bis-benzamino-[methyl-benzoyl-amino]-
  9 1214
—, Bis-benzamino-phenyl- **9** 1100
—, Bis-benzoylhydrazono- **9** 1315
—, Bis-benzoyloxyimino- **9** 1284
—, Bis-benzoyloxyimino-diphenyl- **9** 1290
—, Bis-[benzoyloxy-phenyl]- **9** 625
—, Bis-benzyloxycarbonylamino-
  {[(hippuroyl-alanyl)-leucyl]-amino}-
  9 1133
—, Bis-[bis-(nitro-benzoyloxy)-
  propyloxy]-[nitro-benzoyloxy]-
  9 1657
—, Bis-[brom-carbamimidoyl-phenoxy]-
  10 366
—, Bis-[brom-cyan-phenoxy]- **10** 365
—, Bis-[brom-guanyl-phenoxy]- **10** 366
—, Bis-[carbamimidoyl-naphthyloxy]-
  10 1100
—, Bis-[carbamimidoyl-phenoxy]- **10** 256,
  350
—, Bis-[carbamimidoyl-phenyl]- **9** 4556
—, Bis-[carboxy-phenoxy]- **10** 292
—, Bis-[carboxy-phenyl]- **9** 4564
—, Bis-[carboxy-phenylmercapto]-
  10 267, 390
—, Bis-[carboxy-phenylsulfon]- **10** 267, 391
—, Bis-[(carboxy-vinyl)-phenoxy]-
  10 847
—, Bis-[chlor-benzoyloxy]- **9** 1336,
  1347, 1348, 1359

Propan, Bis-[(cinnamoyloxy-äthoxy)-
phenyl]- 9 2696
—, Bis-[cyan-naphthyloxy]- 10 1099
—, Bis-[cyan-phenoxy]- 10 346
—, Bis-[cyan-phenyl]- 9 4556
—, Bis-diäthylamino-benzoyloxy- 9 882
—, Bis-diäthylamino-[nitro-benzamino]-
9 1745
—, Bis-diäthylamino-[nitro-benzoyloxy]-
9 1698
—, Bis-dibutylamino-[nitro-benzoyloxy]-
9 1698
—, Bis-[dicyan-phenoxy]- 10 2195
—, Bis-dimethylamino-[äthoxy-
benzoyloxy]-äthyl- 10 336
—, Bis-dimethylamino-benzoyloxy-äthyl-
9 887
—, Bis-dimethylamino-benzoyloxymethyl-
9 885
—, Bis-dimethylamino-[butyloxy-
benzoyloxy]-äthyl- 10 336
—, Bis-dimethylamino-[nitro-benzoyloxy]-
9 1697
—, Bis-[dinitro-benzoylmercapto]-
9 1996
—, Bis-[dinitro-benzoyloxy]- 9 1892
—, Bis-[dinitro-benzoyloxy]-äthyl-
9 1895
—, Bis-[dinitro-benzoyloxy]-allyl-
9 1898
—, Bis-[dinitro-benzoyloxy]-
chlormethylen- 9 1897
—, Bis-[dinitro-benzoyloxy]-[dimethoxy-
phenyl]- 9 1921
—, Bis-dipropylamino-[nitro-benzoyloxy]-
9 1698
—, Bis-[fluor-carbamimidoyl-phenoxy]-
10 359
—, Bis-[fluor-cyan-phenoxy]- 10 359
—, Bis-[fluor-guanyl-phenoxy]- 10 359
—, Bis-[guanyl-phenoxy]- 10 256, 350
—, Bis-[hydroxy-äthoxycarbonyl-
phenylmercapto]- 10 1393
—, Bis-[hydroxy-äthoxycarbonyl-
phenylsulfon]- 10 1394
—, Bis-[hydroxy-carboxy-phenylmercapto]-
10 1390
—, Bis-[hydroxy-carboxy-phenylsulfon]-
10 1391
—, Bis-[jod-carbamimidoyl-phenoxy]-
10 369
—, Bis-[jod-cyan-phenoxy]- 10 368
—, Bis-[jod-guanyl-phenoxy]- 10 369
—, Bis-[methoxy-benzoyloxy-phenyl]-
9 695
—, Bis-[nitro-benzamino]- 9 1520
—, Bis-[nitro-benzamino]-methyl-
9 1521
—, Bis-[nitro-benzoylhydrazono]- 9 1532

Propan, Bis-[nitro-benzoylmercapto]-
9 1993
—, Bis-[nitro-benzoyloxy]- 9 1624, 1626
—, Bis-[nitro-benzoyloxy]-äthyl- 9 1628
—, Bis-[nitro-benzoyloxy]-benzyl-
9 1644
—, Bis-[nitro-benzoyloxy]-bis-
brommethyl- 9 1628
—, Bis-[nitro-benzoyloxy]-sec-butyl-
9 1630
—, Bis-[nitro-benzoyloxy]-methyl-
9 1503, 1628
—, Bis-[nitro-benzoyloxy]-methyl-
acetyl- 9 1678
—, Bis-[nitro-benzoyloxy]-methyl-
propionyl- 9 1678
—, Bis-[nitro-benzoyloxy]-[nitro-
benzoyloxy]- 9 1507, 1659
—, Bis-[nitro-benzoyloxy]-phenyl-
9 1641
—, Bis-[nitro-carboxy-phenyl]- 9 4565
—, Bis-triphenylmethoxy-[nitro-
benzoyloxy]- 9 1656
—, Brom-benzamino- 9 1070
—, [Brom-benzamino]-[brom-benzoyloxy]-
9 1418
—, Brom-benzimidoylmercapto- 9 1983
—, Brom-benzimidoyloxy- 9 1252
—, Brom-benzoylmercapto- 9 1963
—, Brom-benzoyloxy- 9 391, 392
—, Brom-[dinitro-benzoyloxy]- 9 1782
—, Brom-methoxy-[dinitro-benzoyloxy]-
9 1892
—, Brom-thiobenzoyloxy- 9 1963
—, Butylamino-[äthoxy-benzoyloxy]-
methyl- 10 150, 253
—, Butylamino-benzoyloxy-methyl- 9 884
—, Butylamino-[butyloxy-benzoyloxy]-
methyl- 10 150, 334
—, Butylamino-cinnamoyloxy-methyl-
9 2708
—, Butylamino-diphenylacetoxy-methyl-
9 3299
—, Butylamino-[heptyloxy-benzoyloxy]-
methyl- 10 335
—, Butylamino-[hexyloxy-benzoyloxy]-
methyl- 10 335
—, Butylamino-[methoxy-benzoyloxy]-
methyl- 10 333
—, sec-Butylamino-[nitro-benzoyloxy]-
9 1695
—, Butylamino-[nitro-benzoyloxy]-
methyl- 9 1512, 1700
—, sec-Butylamino-[nitro-benzoyloxy]-
methyl- 9 1700
—, Butylamino-[nitro-methyl-benzoyloxy]-
methyl- 9 2362
—, Butylamino-[pentyloxy-benzoyloxy]-
methyl- 10 334

Propan, Butylamino-phenylacetoxy-
methyl- 9 2191
—, Butylamino-[phenyl-butyryloxy]-
methyl- 9 2464
—, Butylamino-[phenyl-propionyloxy]-
methyl- 9 2392
—, Butylamino-[propyloxy-benzoyloxy]-
methyl- 10 333
—, [Butyl-pentylamino]-[nitro-
benzoyloxy]- 9 1693, 1696
—, Butyryloxy-disalicyloyloxy- 10 142
—, [Carbamimidoyl-phenoxy]-[brom-
carbamimidoyl-phenoxy]- 10 365
—, [Carbamimidoyl-phenoxy]-[dijod-
carbamimidoyl-phenoxy]- 10 374
—, [Carbamimidoyl-phenoxy]-[jod-
carbamimidoyl-phenoxy]- 10 369
—, [Carbamimidoyl-phenoxy]-[nitro-
carbamimidoyl-phenoxy]- 10 381
—, [Carboxy-benzoyloxy]-[dimethyl-
octahydro-azulenyl]- 9 4156
—, [Carboxy-benzoyloxy]-[methoxy-
phenyl]- 9 4178
—, Chlor-amino-[nitro-benzoyloxy]-
9 1697
—, Chlor-benzamino- 9 1070
—, Chlor-benzimidoyloxy- 9 1252
—, Chlor-benzoylmercapto- 9 1963
—, Chlor-benzoyloxy- 9 390, 392
—, Chlor-benzoyloxy-methyl- 9 395
—, Chlor-bis-benzoyloxyimino- 9 1302
—, Chlor-bis-[nitro-benzoyloxy]-
9 1624
—, Chlor-bis-[nitro-benzoyloxy]-acetyl-
9 1677
—, Chlor-cinnamoyloxy-methyl- 9 2685
—, Chlor-diäthylamino-[nitro-benzamino]-
9 1745
—, Chlor-dibenzoyloxy- 9 539
—, Chlor-[dinitro-benzoyloxy]-
cyclohexyl- 9 1811
—, Chlor-[dinitro-benzoyloxy]-phenyl-
9 1851
—, Chlor-hydroxyimino-benzoyloxyimino-
9 1302
—, Chlor-hydroxy-salicyloyloxy- 10 141
—, Chlor-[nitro-benzoyloxy]-bis-
[(nitro-benzamino)-methyl]- 9 1747
—, Chlor-[nitro-benzoyloxy]-phenyl-
9 1590
—, Chlor-thiobenzoyloxy- 9 1963
—, [Cinnamoyl-ureido]-cinnamoyloxy-
9 2717
—, [Cyan-phenoxy]-[brom-cyan-phenoxy]-
10 365
—, [Cyan-phenoxy]-[dijod-cyan-phenoxy]-
10 373
—, [Cyan-phenoxy]-[jod-cyan-phenoxy]-
10 368

Propan, [Cyan-phenoxy]-[nitro-cyan-
phenoxy]- 10 381
—, [Cyclohexyl-phenyl-acetoxy]-
[diäthylamino-äthylmercapto]-
9 2862
—, [Cyclohexyl-phenyl-acetoxy]-
[diäthylamino-propylmercapto]-
9 2862
—, Decanoyloxy-bis-[nitro-benzoyloxy]-
9 1658
—, Diäthylamino-[äthoxy-benzoyloxy]-
dimethyl- 10 336
—, Diäthylamino-[amino-methylsulfon-
benzylidenamino]- 10 410
—, Diäthylamino-benziloyloxy-dimethyl-
10 1177
—, Diäthylamino-benzoylmercapto- 9 1976
—, Diäthylamino-benzoyloxy- 9 881
—, Diäthylamino-benzoyloxy-dimethyl-
9 888
—, Diäthylamino-benzoyloxy-methyl-
9 885
—, Diäthylamino-bis-phenylacetoxy-
9 2191
—, Diäthylamino-cyclohexylacetoxy-
dimethyl- 9 48
—, Diäthylamino-diphenylacetoxy-
dimethyl- 9 3300
—, Diäthylamino-[diphenyl-butyryloxy]-
9 3366
—, Diäthylamino-[hydroxy-
cyclohexancarbonyloxy]-dimethyl-
10 11
—, Diäthylamino-mandeloyloxy-dimethyl-
10 468
—, Diäthylamino-[methylsulfon-
benzimidoylamino]- 10 410
—, Diäthylamino-[nitro-benzoyloxy]-
dimethyl- 9 1704
—, Diäthylamino-[nitro-benzoyloxy]-
methyl- 9 1513, 1699, 1702
—, Diäthylamino-[nitro-naphthoyloxy]-
dimethyl- 9 3161, 3204
—, Diäthylamino-phenylacetoxy-dimethyl-
9 2191
—, Diäthylamino-[phenyl-butyryloxy]-
dimethyl- 9 2464
—, [Diäthylamino-propylamino]-[nitro-
benzamino]- 9 1745
—, Diamino-benzamino- 9 1225
—, Dibenzoylmercapto- 9 1968
—, Dibenzoyloxy- 9 539
—, Dibenzoyloxy-benzyloxycarbonyloxy-
9 666
—, Dibenzoyloxy-bis-benzoyloxymethyl-
9 688
—, Dibenzoyloxy-bis-brommethyl- 9 541
—, Dibenzoyloxy-bis-[dimethylamino-
methyl]- 9 892

Propan, Dibenzoyloxy-bis-
methoxymethyl- **9** 688
—, Dibenzoyloxy-[brom-benzoyloxy]-
9 1411
—, Dibenzoyloxy-diphenyl- **9** 626
—, Dibenzoyloxy-methyl- **9** 540
—, Dibenzoyloxy-[nitro-benzoyloxy]-
9 1658
—, Dibenzoyloxy-phenyl- **9** 572
—, Dibenzoyloxy-*p*-tolylsulfon-
9 667
—, Dibrom-benzamino- **9** 1070
—, Dibrom-benzoyloxy- **9** 391, 392
—, Dibutylamino-benzoyloxy- **9** 882
—, Dibutyryloxy-salicyloyloxy- **10** 142
—, [Dicarbamimidoyl-phenoxy]-
[carbamimidoyl-cyan-phenoxy]-
10 2195
—, Dichlor-benzamino-benzoyloxy-
9 1081
—, Dichlor-benzoyloxy- **9** 390, 392
—, Dideuterio-[dinitro-benzoyloxy]-
phenyl- **9** 1851
—, Diisovaleryloxy-salicyloyloxy-
10 142
—, Dijod-[nitro-benzoyloxy]- **9** 1543
—, Dimethoxy-benzoyloxy- **9** 663
—, [Dimethoxy-phenyl]-[hydroxy-oxo-
tetrahydro-furyl]- **10** 4564
—, [Dimethyl-äthyl-ammonio]-
benziloyloxy- **10** 1176
—, [Dimethyl-äthyl-ammonio]-
benziloyloxy-dimethyl- **10** 1177
—, Dimethylamino-benziloyloxy-dimethyl-
10 1177
—, Dimethylamino-benzoylmercapto-
9 1976
—, Dimethylamino-benzoyloxy-äthyl-
9 886
—, Dimethylamino-benzoyloxy-dimethyl-
9 888
—, Dimethylamino-benzoyloxy-isopropyl-
9 890
—, Dimethylamino-benzoyloxy-methyl-
9 885
—, Dimethylamino-benzoyloxy-methyl-
pentyl- **9** 890
—, Dimethylamino-[diphenyl-butyryloxy]-
9 3366
—, Dimethylamino-mandeloyloxy-dimethyl-
10 468
—, Dimethylamino-[nitro-benzamino]-
dimethyl- **9** 1746
—, Dimethylamino-[nitro-
benzoylmercapto]- **9** 1994
—, Dimethylamino-[nitro-benzoyloxy]-
äthyl- **9** 1703
—, Dimethylamino-[nitro-benzoyloxy]-
dimethyl- **9** 1703

Propan, Dimethylamino-[nitro-benzoyloxy]-
[dimethylamino-methyl]- **9** 1701
—, Dimethylamino-[nitro-benzoyloxy]-
isopropyl- **9** 1704
—, Dimethylamino-[nitro-benzoyloxy]-
methyl- **9** 1476, 1513, 1701
—, Dimethylamino-[nitro-benzoyloxy]-
methyl-äthyl- **9** 1513
—, Dimethylamino-[nitro-benzoyloxy]-
methyl-[dimethylamino-methyl]-
9 1704
—, Dimethylamino-[nitro-benzoyloxy]-
methyl-nonyl- **9** 1513
—, Dimethylamino-[nitro-naphthoyloxy]-
dimethyl- **9** 3159, 3161
—, [Dimethyl-butylamino]-[nitro-
benzoyloxy]- **9** 1696
—, [Dimethyl-2.6-cyclo-norbornyl]-
[hydroxy-oxo-tetrahydro-furyl]-
10 2966
—, [Dinitro-benzoyloxy]-[diäthylamino-
äthylmercapto]- **9** 1892
—, [Dinitro-benzoyloxy]-[dimethyl-
decahydro-azulenyl]- **9** 1838
—, [Dinitro-benzoyloxy]-[dimethyl-
octahydro-azulenyl]- **9** 1844
—, [Dinitro-benzoyloxy]-[dinitro-
benzoylmercapto]- **9** 1996
—, [Dinitro-benzoyloxy]-diphenyl-
fluorenyl- **9** 1890
—, [Dinitro-benzoyloxy]-mesityl-
9 1857
—, [Dinitro-benzoyloxy]-[methoxy-
phenyl]- **9** 1907
—, [Dinitro-benzoyloxy]-[methyl-äthyl-
isopropenyl-cyclohexyl]- **9** 1838
—, [Dinitro-benzoyloxy]-[methyl-äthyl-
isopropyl-cyclohexyl]- **9** 1818
—, [Dinitro-benzoyloxy]-[methyl-
cyclohexenyl]- **9** 1828, 1829
—, [Dinitro-benzoyloxy]-[methyl-vinyl-
isopropenyl-cyclohexyl]- **9** 1844
—, [Dinitro-benzoyloxy]-naphthyl-
9 1878
—, [Dinitro-benzoyloxy]-phenylsulfon-
9 1892
—, [Dinitro-benzoyloxy]-[tetrahydro-
naphthyl]- **9** 1865
—, [Dinitro-benzoyloxy]-[trimethyl-
phenyl]- **9** 1857
—, [Dinitro-phenoxy]-dibenzoyloxy-
9 665
—, Dinitryloxy-[trinitro-benzoyloxy]-
9 1960
—, Dipalmitoyloxy-benzoyloxy- **9** 663
—, Dipalmitoyloxy-[brom-benzoyloxy]-
9 1411
—, Dipalmitoyloxy-[nitro-benzoyloxy]-
9 1656

Propan, Diphenylacetoxy-[diäthylamino-
äthylmercapto]- 9 3295

—, Diphenylacetoxy-[dimethylamino-
äthylmercapto]- 9 3295

—, Diphenyl-[benzoyloxy-phenyl]- 9 526

—, Diphenyl-bis-[benzoyloxy-phenyl]-
9 658

—, Disalicyloyloxy- 10 141

—, Distearoyloxy-benzoyloxy- 9 664

—, Distearoyloxy-[nitro-benzoyloxy]-
9 1656

—, Fluorencarbonyloxy-[dimethylamino-
äthylmercapto]- 9 3412

—, [Guanyl-phenoxy]-[brom-guanyl-
phenoxy]- 10 365

—, [Guanyl-phenoxy]-[dijod-guanyl-
phenoxy]- 10 374

—, [Guanyl-phenoxy]-[jod-guanyl-
phenoxy]- 10 369

—, [Guanyl-phenoxy]-[nitro-guanyl-
phenoxy]- 10 381

—, [Heptyl-octylamino]-[nitro-
benzoyloxy]- 9 1697

—, Hexadecyloxy-bis-[nitro-benzoyloxy]-
9 1656

—, Hexylamino-[äthoxy-benzoyloxy]-
methyl- 10 333

—, Hexylamino-[butyloxy-benzoyloxy]-
methyl- 10 334

—, Hexylamino-diphenylacetoxy-methyl-
9 3300

—, Hexylamino-[heptyloxy-benzoyloxy]-
methyl- 10 335

—, Hexylamino-[phenyl-butyryloxy]-
methyl- 9 2464

—, Hexylamino-[phenyl-propionyloxy]-
methyl- 9 2392

—, Hexylamino-[propyloxy-benzoyloxy]-
methyl- 10 334

—, [Hexyl-heptylamino]-[nitro-
benzoyloxy]- 9 1696

—, Isobutylamino-benzoyloxy-methyl-
9 884

—, Isobutylamino-diphenylacetoxy-
methyl- 9 3300

—, Isobutylamino-[nitro-benzoyloxy]-
methyl- 9 1512, 1700

—, Isobutylamino-[nitro-methyl-
benzoyloxy]-methyl- 9 2362

—, Isopentylamino-diphenylacetoxy-
methyl- 9 3300

—, Isopentylamino-[nitro-benzoyloxy]-
9 1695

—, Isopentylamino-[nitro-benzoyloxy]-
methyl- 9 1701, 1702

—, [Isopentyl-(nitro-benzoyl)-amino]-
[nitro-benzoyloxy]-methyl- 9 1722

—, Isopropylamino-diphenylacetoxy-
9 3298

Propan, Isopropylamino-[nitro-
benzoyloxy]- 9 1695

—, Isopropylamino-[nitro-benzoyloxy]-
methyl- 9 1702

—, Isopropyloxy-[nitro-benzoyloxy]-
phenyl- 9 1641

—, Isovaleryloxy-disalicyloyloxy- 10 143

—, Jod-benzoyloxy- 9 391

—, Jod-bis-benzoyloxyimino- 9 1303

—, Jod-bis-[nitro-benzoyloxy]- 9 1624

—, Methoxy-bis-[nitro-benzoyloxy]-
9 1656

—, [Methoxy-naphthyl]-[hydroxy-oxo-
tetrahydro-furyl]- 10 4419

—, [Methoxy-naphthyl]-[hydroxy-oxo-
tetrahydro-pyranyl]- 10 4422

—, Methoxy-[nitro-benzoyloxy]-bis-
methoxymethyl- 9 1668

—, [Methoxy-phenyl]-[hydroxy-oxo-
tetrahydro-furyl]- 10 4270

—, [Methoxy-phenyl]-[hydroxy-oxo-
tetrahydro-pyranyl]- 10 4274

—, [Methyl-äthoxycarbonylmethyl-amino]-
benzoyloxy-dimethyl- 9 889

—, [Methyl-äthyl-amino]-benzoyloxy-
9 881

—, Methylamino-benzoyloxy-dimethyl-
9 888

—, Methylamino-[nitro-benzoyloxy]-
dimethyl- 9 1703

—, [Methyl-benzoyl-amino]-benzoyloxy-
dimethyl- 9 1085

—, [Methyl-*sec*-butyl-amino]-
benzoyloxy- 9 882

—, [Methyl-*sec*-butyl-amino]-[nitro-
benzoyloxy]- 9 1694

—, [Methyl-diäthyl-ammonio]-
benziloyloxy-dimethyl- 10 1177

—, [Methyl-diäthyl-ammonio]-[brom-
phenyl-pentenoyloxy]-dimethyl-
9 2783

—, [Methyl-diäthyl-ammonio]-[phenyl-
butyryloxy]- 9 2464

—, [Methyl-diäthyl-ammonio]-[phenyl-
pentenoyloxy]- 9 2782

—, [Methyl-diäthyl-ammonio]-[phenyl-
propionyloxy]- 9 2420

—, [Methyl-diäthyl-ammonio]-[phenyl-
valeryloxy]- 9 2507

—, [Methyl-dibutyl-ammonio]-[phenyl-
butyryloxy]- 9 2464

—, [Methyl-(dimethyl-butyl)-amino]-
[nitro-benzoyloxy]- 9 1694

—, [Methyl-heptylamino]-benzoyloxy-
methyl- 9 884

—, [Methyl-heptylamino]-[nitro-
benzoyloxy]- 9 1695

—, [Methyl-heptylamino]-[nitro-
benzoyloxy]-methyl- 9 1702

Propan, [Methyl-heptylamino]-[nitro-
methyl-benzoyloxy]-methyl- **9** 2363
—, [Methyl-hexylamino]-[nitro-
benzoyloxy]- **9** 1695
—, [Methyl-hexylamino]-[nitro-
benzoyloxy]-methyl- **9** 1701, 1702
—, [Methyl-isobutyl-butylamino]-
diphenylacetoxy- **9** 3299
—, [Methyl-isobutyl-butylamino]-[nitro-
benzoyloxy]- **9** 1693, 1695, 1696
—, [Methyl-isopentyl-pentylamino]-
[nitro-benzoyloxy]- **9** 1696
—, [Methyl-(nitro-benzoyl)-amino]-
[nitro-benzoyloxy]-dimethyl-
9 1723
—, [Methyl-ureido]-benzoyloxy-dimethyl-
9 888
—, [Nitro-benzamino]-[diäthylamino-
äthoxy]- **9** 1718
—, [Nitro-benzamino]-[diäthylamino-
äthylmercapto]- **9** 1718
—, [Nitro-benzamino]-[diäthylamino-
propylmercapto]- **9** 1718
—, [Nitro-benzamino]-[diäthylamino-
propyloxy]- **9** 1718
—, [Nitro-benzamino]-[nitro-benzoyloxy]-
chlormethyl-[(nitro-benzamino)-
methyl]- **9** 1747
—, Nitro-benzoyloxy- **9** 391
—, [Nitro-benzoyloxy]-bis-
[dimethylamino-methyl]- **9** 1704
—, [Nitro-benzoyloxy]-cyclohexyl-
9 1559
—, [Nitro-benzoyloxy]-cyclopentyl-
phenyl- **9** 1606
—, [Nitro-benzoyloxy]-[diäthylamino-
äthylmercapto]- **9** 1626
—, [Nitro-benzoyloxy]-[dibrom-methyl-
cyclohexyl]- **9** 1563
—, [Nitro-benzoyloxy]-[dimethoxy-äthyl-
phenyl]- **9** 1665
—, Nitro-benzoyloxy-[dimethoxy-phenyl]-
9 673
—, [Nitro-benzoyloxy]-[dimethylamino-
äthylmercapto]- **9** 1625
—, [Nitro-benzoyloxy]-diphenyl- **9** 1615
—, [Nitro-benzoyloxy]-[methyl-äthyl-
isopropenyl-cyclohexyl]- **9** 1576
—, [Nitro-benzoyloxy]-[methyl-äthyl-
isopropyl-cyclohexyl]- **9** 1564
—, [Nitro-benzoyloxy]-[methyl-
cyclohexenyl]- **9** 1569
—, [Nitro-benzoyloxy]-[methyl-
cyclohexyl]- **9** 1563
—, [Nitro-benzoyloxy]-[methyl-vinyl-
isopropenyl-cyclohexyl]- **9** 1581
—, [Nitro-benzoyloxy]-[(nitro-
benzoyloxy)-äthylmercapto]-
9 1625, 1626

Propan, [Nitro-benzoyloxy]-phenyl-
9 1590, 1591
—, [Nitro-benzoyloxy]-phenylmercapto-
9 1624
—, [Nitro-benzoyloxy]-phenylsulfon-
9 1625
—, [Nitro-benzoyloxy]-phenyl-o-tolyl-
9 1615
—, Nitro-bis-[nitro-benzoyloxy]-
äthoxymethyl- **9** 1660
—, Nitro-[methoxy-benzoyloxy]-
[dimethoxy-phenyl]- **10** 318
—, Nitro-veratroyloxy-[dimethoxy-
phenyl]- **10** 1418
—, [Nonyl-decylamino]-[nitro-
benzoyloxy]- **9** 1697
—, Octadecyloxy-bis-[nitro-benzoyloxy]-
9 1657
—, Octanoyloxy-bis-[nitro-benzoyloxy]-
9 1658
—, Octylamino-benzoyloxy-methyl- **9** 884
—, Octylamino-[nitro-benzoyloxy]-
methyl- **9** 1701
—, Palmitoyloxy-disalicyloyloxy- **10** 143
—, Pentylamino-[äthoxy-benzoyloxy]-
methyl- **10** 253, 333
—, Pentylamino-benzoyloxy-methyl- **9** 884
—, Pentylamino-cinnamoyloxy-methyl-
9 2708
—, Pentylamino-diphenylacetoxy-methyl-
9 3300
—, Pentylamino-[heptyloxy-benzoyloxy]-
methyl- **10** 335
—, Pentylamino-[nitro-benzoyloxy]-
methyl- **9** 1512, 1700, 1721
—, Pentylamino-[nitro-methyl-
benzoyloxy]-methyl- **9** 2362
—, Pentylamino-[pentyloxy-benzoyloxy]-
methyl- **10** 335
—, Pentylamino-[phenyl-propionyloxy]-
methyl- **9** 2392
—, Pentylamino-[propyloxy-benzoyloxy]-
methyl- **10** 334
—, [Pentyl-hexylamino]-[nitro-
benzoyloxy]- **9** 1696
—, [Phenyl-acetamino]-acetoxy-methyl-
9 2199
—, Phosphonooxy-triphenylmethoxy-
benzoyloxy- **9** 667
—, Phosphonooxy-trityloxy-benzoyloxy-
9 667
—, Propylamino-[butyloxy-benzoyloxy]-
methyl- **10** 334
—, Propylamino-cinnamoyloxy-methyl-
9 2708
—, Propylamino-diphenylacetoxy-methyl-
9 3299
—, Propylamino-[heptyloxy-benzoyloxy]-
methyl- **10** 335

Propan, Propylamino-[nitro-benzoyloxy]-
    methyl- 9 1699
—, Propylamino-[pentyloxy-benzoyloxy]-
    methyl- 10 334
—, Propylamino-phenylacetoxy-methyl-
    9 2191
—, Propylamino-[phenyl-butyryloxy]-
    methyl- 9 2464
—, Propylamino-[phenyl-propionyloxy]-
    methyl- 9 2392
—, [Propyl-butylamino]-diphenylacetoxy-
    9 3299
—, [Propyl-butylamino]-[nitro-
    benzoyloxy]- 9 1693, 1695, 1696
—, Stearoyloxy-dibenzoyloxy- 9 666
—, [Tetrachlor-carboxy-benzoyloxy]-
    naphthyl- 9 4212
—, Tribenzoyloxy- 9 666
—, Tribenzoyloxy-phenyl- 9 674
—, [Trichlor-benzoyloxy]-[trichlor-
    phenyl]- 9 1381
—, Trichlor-[diphenyl-acetamino]-
    diphenylacetoxy- 9 3302
—, Trichlor-[nitro-benzamino]-[nitro-
    benzoyloxy]- 9 1717
—, Trichlor-nitro-[nitro-benzoyloxy]-
    9 1543
—, Tricinnamoyloxy- 9 2700
—, Trifluor-benzamino-benzoyloxy-
    9 1081
—, Trigalloyloxy- 10 2084
—, Trimethylammonio-benzoylmercapto-
    9 1977
—, Trimethylammonio-[nitro-
    benzoylmercapto]- 9 1994
—, Triphenylmethoxy-benzoyloxy-[brom-
    benzoyloxy]- 9 1411
—, Triphenylmethoxy-benzoyloxy-
    diäthylmercapto- 9 780
—, Triphenylmethoxy-dibenzoyloxy-
    9 665
—, Triphenylmethoxy-stearoyloxy-
    benzoyloxy- 9 664
—, Tris-[benzoyloxy-acetoxy]- 9 855
—, Tris-cyclopropancarbonyloxy- 9 5
—, Tris-[hydroxy-benzoyloxy]- 10 318
—, Tris-[hydroxy-methyl-benzoyloxy]-
    10 523
—, Tris-[(jod-phenyl)-valeryloxy]-
    9 2504
—, Tris-[nitro-benzoyloxy]- 9 1508, 1659
—, Tris-[nitro-benzoyloxy]-acetyl-
    9 1680
—, Tris-phenylacetoxy- 9 2187
—, Tris-[phenyl-propionyloxy]- 9 2389
Propandiol, Amino-[(phenyl-
    cyclohexancarbonyloxy)-methyl]-
    9 2842
—, Benzamino- 9 1087

Propandiol, Benzoyloxy- 9 662, 663
—, Benzoyloxy-diphenyl- 9 684
—, Bis-benzoyloxymethyl- 9 688
—, [Brom-benzoyloxy]- 9 1410
—, Hippuroyloxy- 9 1127
—, [Hydroxy-benzoyloxy]- 10 317
—, [Hydroxy-methyl-benzoyloxy]- 10 495,
    518, 523
—, Hydroxymethyl-[(nitroso-benzoyloxy)-
    methyl]- 9 1464
—, [Nitro-benzoyloxy]- 9 1655
—, Phenylacetoxy- 9 2187
—, Salicyloyloxy- 10 142
—, [Trinitro-benzoyloxy]- 9 1960
Propandion, Benzoyloxy-diphenyl- 9 804
—, [Benzoyloxy-phenyl]-, oxim 9 792
—, [Dimethoxy-phenyl]-[hydroxy-
    veratroyloxy-phenyl]- 10 1421
—, Diphenyl-, bis-[benzoyl-oxim]
    9 1290
—, [Hydroxy-benzoyloxy-phenyl]-
    naphthyl- 9 828
—, [Methoxy-phenyl]-[hydroxy-(methoxy-
    benzoyloxy)-phenyl]- 10 322
—, [Nitro-phenyl]-[hydroxy-(nitro-
    benzoyloxy)-phenyl]- 9 1681
—, Phenyl-[hydroxy-benzoyloxy-phenyl]-
    9 826
—, Phenyl-[hydroxy-dibenzoyloxy-phenyl]-
    9 842, 843
—, Phenyl-[hydroxy-methoxy-benzoyloxy-
    phenyl]- 9 843
—, Phenyl-[hydroxy-trimethoxy-phenyl]-
    9 844
—, Phenyl-[trimethyl-phenyl]-,
    [benzoyl-oxim] 9 1290
Propandiyldiamin, [Äthoxy-benzoyloxy]-
    tetramethyl-äthyl- 10 336
—, Benzoyl- 9 1213
—, Bis-[nitro-benzoyl]- 9 1520
—, [Butyloxy-benzoyloxy]-tetramethyl-
    äthyl- 10 336
—, Chlor-diäthyl-[nitro-benzoyl]-
    9 1745
—, Chlormethyl-[(nitro-benzoyloxy)-
    methyl]-bis-[nitro-benzoyl]-
    9 1747
—, Diäthyl-diphenylacetyl- 9 3304
—, Diäthyl-[nitro-benzoyl]- 9 1744
—, Diäthyl-[nitro-naphthoyl]- 9 3162
—, Dibenzoyl- 9 1213
—, Dimethyl-diäthyl-benziloyl- 10 1179
—, Dimethyl-dibenzoyl- 9 1221, 1222
—, Dimethyl-[nitro-benzoyl]- 9 1744
—, Methyl-bis-[nitro-benzoyl]- 9 1521
—, Methyl-dibenzoyl- 9 1218, 1219
—, [Nitro-benzoyloxy]-diäthyl- 9 1697
—, [Nitro-benzoyloxy]-tetraäthyl-
    9 1698

Propandiyldiamin, [Nitro-benzoyloxy]-
tetrabutyl- **9** 1698
—, [Nitro-benzoyloxy]-tetramethyl-
9 1697
—, [Nitro-benzoyloxy]-tetrapropyl-
9 1698
—, Pentamethyl-[(nitro-benzoyloxy)-
methyl]- **9** 1704
—, Phenylacetyl- **9** 2243
—, [Phenyl-cyclohexancarbonyloxy]-
tetraäthyl- **9** 2842
—, Tetramethyl-dibenzoyl- **9** 1223
—, Tetramethyl-[nitro-benzoyl]- **9** 1746
—, Tetramethyl-[(nitro-benzoyloxy)-
methyl]- **9** 1701
—, Trimethyl-benzoyl- **9** 1218
—, Trimethyl-dibenzoyl- **9** 1222
—, Trimethyl-isopropyl-dibenzoyl-
9 1222

Propandiyldibenzoat 9 539
Propandiyldicarbamidsäure
s. *Carbamidsäure, Propandiyl-di-*

Propanol, Acetoxy-[nitro-
benzoylhydrazono]- **9** 1533
—, Benzamino- **9** 1080
—, Benzamino-benzoyloxy- **9** 1087
—, Benzamino-methyl- **9** 1083
—, Benzoyloxy- **9** 538, 539
—, Benzoyloxy-diphenyl- **9** 625
—, Benzoyloxy-[nitroso-benzoyloxy]-
9 1463
—, Bis-benzaminoacetoxy- **9** 1127
—, Bis-benzaminomethylmercapto- **9** 1091
—, Bis-benzoylhydrazono- **9** 1316
—, Bis-[cyclopentenyl-tridecanoyloxy]-
9 289
—, Bis-[cyclopentenyl-undecanoyloxy]-
9 277
—, Bis-hippuroyloxy- **9** 1127
—, Bis-phenylacetoxy- **9** 2187
—, Chlor-[nitro-benzamino]- **9** 1717
—, Chlor-[nitro-benzoyloxy]- **9** 1624
—, Diäthylamino-[nitro-benzamino]- **9** 1746
—, Diäthylamino-phenylacetoxy- **9** 2191
—, Diäthylamino-[phenyl-benzyl-
propionyloxy]- **9** 3358
—, Diäthylamino-[phenyl-benzyl-
propionyloxy]-methyl- **9** 3358
—, Dibenzoyloxy- **9** 665
—, Dibutylamino-[nitro-benzamino]-
9 1746
—, Dibutylamino-[phenyl-benzyl-
propionyloxy]- **9** 3358
—, Dichlor-benzamino- **9** 1081
—, [Hydroxy-(trimethylammonio-äthoxy)-
phosphinyloxy]-[cyclopentenyl-
undecanoyloxy]-, betain **9** 278
—, {Methyl-äthyl-[(nitro-benzoyloxy)-
phenyl]-cyclohexenyl}- **9** 1649

Propanol, [Nitro-benzamino]-bis-[(nitro-
benzamino)-methyl]- **9** 1479
—, [Nitro-benzamino]-methyl- **9** 1516, 1719
—, [Phenyl-acetamino]-methyl- **9** 2199
—, Phenylacetoxy- **9** 2185
—, Phosphonooxy-benzoyloxy- **9** 667
—, Stearoyloxy-benzoyloxy- **9** 663, 664
—, Trichlor-benzamino- **9** 1081
—, [Trichlor-benzoyloxy]-[trichlor-phenyl]-
8 1377
—, Trichlor-[nitro-benzamino]- **9** 1717
—, Trichlor-[phenyl-acetamino]- **9** 2198
—, Triphenylmethoxy-benzoyloxy- **9** 663
—, Triphenylmethoxy-[brom-benzoyloxy]-
9 1410
—, Triphenylmethoxy-[nitro-benzoyloxy]-
9 1655

Propanon, Äthoxy-[dimethoxy-(nitro-
benzoyloxy)-phenyl]- **9** 1683
—, [Äthyl-phenyl]-[hydroxy-oxo-
tetrahydro-furyl]- **10** 3558
—, Benzoylhydrazono-phenyl- **9** 1315
—, Benzoylimino-diphenyl- **9** 1105
—, Benzoylmercapto-diphenyl- **9** 1972
—, Benzoyloxy-[benzoyloxy-phenyl]-
9 788
—, Benzoyloxy-[brom-phenyl]-[nitro-
phenyl]- **9** 764
—, Benzoyloxy-[chlor-phenyl]- **9** 731
—, Benzoyloxy-[chlor-phenyl]-[nitro-
phenyl]- **9** 763
—, Benzoyloxy-diphenyl-[trimethyl-
phenyl]- **9** 775
—, Benzoyloxyimino-phenyl-mesityl-
9 1290
—, Benzoyloxyimino-phenyl-[trimethyl-
phenyl]- **9** 1290
—, Benzoyloxy-[jod-phenyl]-[nitro-
phenyl]- **9** 764
—, Benzoyloxy-[nitro-phenyl]-[brom-
nitro-phenyl]- **9** 765
—, Benzoyloxy-[nitro-phenyl]-[dimethyl-
phenyl]- **9** 765
—, Benzoyloxy-[nitro-phenyl]-[methoxy-
phenyl]- **9** 802
—, Benzoyloxy-[nitro-phenyl]-*p*-tolyl-
9 765
—, Benzoyloxy-phenyl- **9** 731
—, [Benzoyloxy-phenyl]- **9** 730
—, Benzoyloxy-phenyl-[nitro-phenyl]-
9 763
—, Biphenylyl-[hydroxy-oxo-tetrahydro-
furyl]- **10** 3631
—, Brom-[benzoyloxy-phenyl]- **9** 731
—, [Chlor-benzoyloxy-phenyl]- **9** 731
—, [Chlor-methoxy-naphthyl]-[hydroxy-
oxo-tetrahydro-furyl]- **10** 4686
—, [Cyclohexyl-phenyl]-[hydroxy-oxo-
tetrahydro-furyl]- **10** 3597

Propanon, [Dibenzoyloxy-methyl-
naphthyl]- 9 798
—, [Dibenzoyloxy-phenyl]- 9 787
—, [Dibrom-benzoyloxy-phenyl]- 9 731
—, Dibrom-phenyl-[trimethoxy-
dibenzoyloxy-phenyl]- 9 847
—, [Dihydroxy-benzoyloxy-phenyl]-
9 816
—, [Dimethoxy-benzoyloxy-phenyl]-
9 817
—, [Dimethoxy-phenyl]-[hydroxy-oxo-
tetrahydro-furyl]- 10 4743
—, Hydroxy-benzoyloxy-diphenyl- 9 802
—, [Hydroxy-dimethoxy-phenyl]-[hydroxy-
oxo-tetrahydro-furyl]- 10 4805
—, Hydroxyimino-[benzoyloxy-phenyl]-
9 792
—, [Hydroxy-methoxy-phenyl]-[hydroxy-
oxo-tetrahydro-furyl]- 10 4743
—, [Hydroxy-naphthyl]-[hydroxy-oxo-
tetrahydro-furyl]- 10 4686
—, [Isopropyl-phenyl]-[hydroxy-oxo-
tetrahydro-furyl]- 10 3559
—, [Methoxy-benzoyloxy-phenyl]- 9 787
—, [Methoxy-naphthyl]-[hydroxy-oxo-
tetrahydro-furyl]- 10 4686
—, [Methoxy-phenyl]-[hydroxy-oxo-
tetrahydro-furyl]- 10 4608
—, [Methyl-(benzoyloxy-phenyl)-
cyclohexyl]- 9 744
—, [Methyl-naphthyl]-[hydroxy-oxo-
tetrahydro-furyl]- 10 3622
—, [Methyl-tetrahydro-naphthyl]-
[hydroxy-oxo-tetrahydro-furyl]-
10 3597
—, Naphthyl-[hydroxy-oxo-tetrahydro-
furyl]- 10 3621
—, [Nitro-benzoylhydrazono]-phenyl-
9 1487
—, [Nitro-benzoyloxy]-[methoxy-phenyl]-
9 1679
—, Phenyl-[benzoyloxy-naphthyl]-
9 774, 775
—, Phenyl-[dibenzoyloxy-phenyl]- 9 802
—, Phenyl-[hydroxy-oxo-tetrahydro-
furyl]- 10 3557
—, [Salicyloyloxy-phenyl]- 10 145
—, p-Tolyl-[hydroxy-oxo-tetrahydro-
furyl]- 10 3558
**4a.10a-Propano-phenanthren-
carbonsäure,** Hexahydro- 9 3259
Propan-sulfonsäure, Benzamino- 9 1209
—, Benzamino-hydroxy- 9 1209
—, Hydroxy-dibenzoyloxy- 9 779
—, [Trihydroxy-cholanoylamino]-hydroxy-
10 2178
—, [(Trihydroxy-dimethyl-hexadecahydro-
cyclopenta[a]phenanthrenyl)-
valerylamino]-hydroxy- 10 2178

Propan-tetracarbonsäure, Benzyl-,
dinitril 9 4878
—, Cyclopentyl-, diamid-dinitril
9 4852
—, Diphenyl- 9 4894
—, Diphenyl-, tetraäthylester 9 4894
—, [Hydroxy-phenyl]-, diäthylester-
dinitril 10 2627
—, [Methoxy-phenyl]-, diäthylester-
dinitril 10 2627
—, [Methoxy-phenyl]-, tetraäthylester
10 2627
—, [Nitro-benzyliden]-,
tetramethylester 9 4882
—, Phenyl-, diäthylester-dinitril
9 4875
—, Phenyl-, tetraäthylester 9 4875
Propan-tricarbonsäure, Benzamino-,
triäthylester 9 1192
—, Benzoyloxy- 9 873
—, Benzyl- 9 4806
—, Benzyl-, diäthylester-nitril
9 4807
—, [Cyan-cyclohexyl]-, diäthylester-
nitril 9 4853
—, [Cyan-cyclopentyl]-, diäthylester-
nitril 9 4852
—, Cyclopentyl-, diäthylester-nitril
9 4759
—, Cyclopentyl-, triäthylester 9 4759
—, [Dihydro-naphthyl]-, diäthylester-
nitril 9 4831
—, Diphenyl-, dimethylester-nitril
9 4840
—, Diphenyl-, triäthylester 9 4839
—, [Hydroxy-phenyl]-, diäthylester-
nitril 10 2576
—, [Methoxy-phenyl]- 10 2575
—, [Methoxy-phenyl]-, diäthylester-
nitril 10 2576
—, [Methoxy-phenyl]-, triäthylester
10 2576
—, [Methyl-äthoxycarbonyl-cyclopentyl]-,
diäthylester-nitril 9 4854
—, [Methyl-cyan-cyclohexyl]-,
diäthylester-nitril 9 4855
—, [Methyl-cyan-cyclopentyl]-,
diäthylester-nitril 9 4854
—, Methyl-phenyl-, diäthylester-nitril
9 4809
—, [Nitro-phenyl]-, trimethylester
9 4801
—, Phenyl- 9 4799, 4801
—, Phenyl-, äthylester-dinitril
9 4798, 4802
—, Phenyl-, diäthylester-diäthylamid
9 4800
—, Phenyl-, diäthylester-nitril
9 4798, 4800, 4801, 4802

Propan-tricarbonsäure, Phenyl-,
dimethylester-nitril **9** 4800
—, Phenyl-, triäthylester **9** 4799,
4800, 4801, 4802
—, Phenyl-, trimethylester **9** 4799
—, [Phenyl-äthyl]- **9** 4814
—, [Phenyl-äthyl]-, diäthylester-
nitril **9** 4814
—, o-Tolyl-, triäthylester **9** 4810
Propen, Benzamino-phenyl- **9** 1101
—, Benzoyloxy-diphenyl-[trimethyl-
phenyl]- **9** 529
—, Benzoyloxyimino-phenyl-[methoxy-
phenyl]- **9** 1296, 1297
—, Benzoyloxy-methyl-[dibrom-trimethyl-
phenyl]- **9** 457
—, Benzoyloxy-methyl-[trimethyl-phenyl]-
9 456
—, Benzoyloxy-phenyl- **9** 453
—, [Benzoyloxy-phenyl]-[dibenzoyloxy-
phenyl]- **9** 685
—, Benzoyloxy-phenylsulfon- **9** 541
—, Benzoyloxy-phenyl-[trimethyl-
phenyl]- **9** 518
—, Benzoyloxy-phenyl-[trimethyl-phenyl]-
[tetramethyl-phenyl]- **9** 530
—, Benzoyloxy-tetraphenyl- **9** 531
—, Benzoyloxy-p-tolylsulfon- **9** 542
—, Benzoyloxy-triphenyl- **9** 528
—, Benzoyloxy-triphenyl-[brom-phenyl]-
9 532
—, Bis-benzamino-phenyl- **9** 1101
—, Bis-[benzoyloxy-phenyl]- **9** 636
—, Bis-[carbamimidoyl-phenyl]- **9** 4612
—, Bis-[carboxy-cyclopentenylmercapto]-
phenyl- **10** 52
—, Bis-[cyan-phenyl]- **9** 4611
—, Bis-[guanyl-phenyl]- **9** 4612
—, Bis-[phenyl-acetamino]-phenyl- **9** 2203
—, [Brom-benzoyloxy]-tetraphenyl-
9 1406
—, Brom-[nitro-benzoyloxy]-phenyl-
9 1600
—, Chlor-benzoyloxyimino-diphenyl-
9 1283
—, Chlor-[dinitro-benzoyloxy]-
[(dinitro-benzoyloxy)-methyl]-
9 1897
—, Chlor-[dinitro-benzoyloxy]-methyl-
9 1799
—, Chlor-[nitro-benzoyloxy]-phenyl-
9 1599
—, Cinnamoyloxy-methyl- **9** 2687
—, Dibenzoyloxy-diphenyl-mesityl-
9 654
—, Dibenzoyloxy-diphenyl-[trimethyl-
phenyl]- **9** 654
—, Dichlor-[nitro-benzoyloxy]-methyl-
9 1550

Propen, Diphenylacetoxy-methyl- **9** 3293
—, Methyl-bis-[carbamimidoyl-phenyl]-
9 4620
—, Methyl-bis-[cyan-phenyl]- **9** 4620
—, [Nitro-benzoyloxy]-äthyl-phenyl-
9 1604
—, [Nitro-benzoyloxy]-[chlor-phenyl]-
9 1599
—, [Nitro-benzoyloxy]-[methoxy-phenyl]-
9 1647
—, [Nitro-benzoyloxy]-naphthyl- **9** 1614
—, [Nitro-benzoyloxy]-phenyl- **9** 1599, 1600
—, [Nitro-benzoyloxy]-phenyl-[methoxy-
phenyl]- **9** 1651
—, [Nitro-benzoyloxy]-m-tolyl-
9 1603
—, [Nitro-benzoyloxy]-p-tolyl-
9 1603
—, [Phenyl-acetamino]-phenyl- **9** 2203
—, [Trimethyl-benzoyloxy]-methyl-
[dibrom-trimethyl-phenyl]-
9 2494
—, [Trimethyl-benzoyloxy]-triphenyl-
9 2495
Propenon, Benzamino-diphenyl- **9** 1105
—, Benzoylimino-diphenyl- **10** 1258
—, Benzoyloxy-bis-[trimethyl-phenyl]-
9 770
—, Benzoyloxy-[brom-phenyl]- **9** 742
—, Benzoyloxy-diphenyl- **9** 768
—, Benzoyloxy-methyl-phenyl-[trimethyl-
phenyl]- **9** 769
—, Benzoyloxy-phenyl- **9** 741
—, [Benzoyloxy-phenyl]-anthryl- **9** 778
—, [Benzoyloxy-phenyl]-[benzoyloxy-
phenyl]- **9** 804
—, [Benzoyloxy-phenyl]-[dibenzoyloxy-
phenyl]- **9** 824, 825, 826
—, [Benzoyloxy-phenyl]-[methoxy-
benzoyloxy-phenyl]- **9** 824
—, [Benzoyloxy-phenyl]-[tribenzoyloxy-
phenyl]- **9** 842
—, Benzoyloxy-phenyl-[trimethyl-phenyl]-
9 768
—, Benzoyloxy-p-tolylsulfon-diphenyl-
9 805
—, Benzoyloxy-triphenyl- **9** 777
—, Bis-[benzoyloxy-phenyl]- **9** 803
—, Bis-[cyan-phenyl]- **10** 4022
—, [Brom-benzoyloxy]-p-tolylsulfon-
diphenyl- **9** 1416
—, Chlor-diphenyl-, [benzoyl-oxim]
9 1283
—, [Dibenzoyloxy-phenyl]-anthryl-
9 807, 808
—, [Dibenzoyloxy-phenyl]-[dibenzoyloxy-
methyl-phenyl]- **9** 843
—, [Dibenzoyloxy-phenyl]-[dibenzoyloxy-
phenyl]- **9** 840, 841

Propenon, [Dibenzoyloxy-phenyl]-
[tribenzoyloxy-phenyl]- **9** 847, 848
—, Diphenyl-, [brom-benzoylhydrazon]
9 1424
—, Diphenyl-, [dinitro-benzoylhydrazon]
9 1948
—, Diphenyl-, [dinitro-methyl-
benzoylhydrazon] **9** 2376
—, Diphenyl-, [jod-benzoylhydrazon]
9 1450
—, Diphenyl-, [nitro-benzoylhydrazon]
9 1756
—, Hydroxy-benzoyloxy-diphenyl- **9** 804
—, Hydroxy-[hydroxy-benzoyloxy-phenyl]-
naphthyl- **9** 828
—, Hydroxy-[nitro-phenyl]-[hydroxy-
(nitro-benzoyloxy)-phenyl]-
9 1681
—, Hydroxy-phenyl-[hydroxy-benzoyloxy-
phenyl]- **9** 826
—, Hydroxy-phenyl-[hydroxy-
dibenzoyloxy-phenyl]- **9** 842, 843
—, Hydroxy-phenyl-[hydroxy-methoxy-
benzoyloxy-phenyl]- **9** 843
—, [Methoxy-benzoyloxy-phenyl]-
[dibenzoyloxy-phenyl]- **9** 840, 841
—, [Methoxy-benzoyloxy-phenyl]-
[tribenzoyloxy-phenyl]- **9** 847
—, [Methoxy-phenyl]-[dibenzoyloxy-
phenyl]- **9** 825
—, [(Nitro-benzoyl)-hydrazino]-phenyl-
9 1487
—, Phenyl-[methoxy-phenyl]-, [benzoyl-
oxim] **9** 1296, 1297
—, Phenyl-[trimethoxy-dibenzoyloxy-
phenyl]- **9** 848
—, [Tribenzoyloxy-phenyl]-anthryl-
9 831
Propen-tricarbonsäure, [Chlor-phenyl]-,
triäthylester **9** 2264
—, [Hydroxy-phenyl]-, diäthylester-
nitril **10** 2579
—, [Methoxy-phenyl]-, diäthylester-
nitril **10** 2579
—, Phenyl-, diäthylester-nitril **9** 4821
—, Phenyl-, triäthylester **9** 4820
Propin, Benzoyloxy- **9** 409
—, Benzoyloxy-phenyl- **9** 473
—, Bis-[(dinitro-benzoyloxy)-
cyclohexyl]- **9** 1909
—, [Nitro-benzoyloxy]-[(nitro-
benzoyloxy)-cyclohexyl]- **9** 1636
Propinsäure s. *Propiolsäure*
Propiolamid, Äthyl-phenyl- **9** 3065
—, [Hydroxy-cyclohexyl]- **10** 79
—, Isopentyl-phenyl- **9** 3065
—, Phenyl- **9** 3065
Propiolonitril, Phenyl- **9** 3065
—, *p*-Tolyl- **9** 3068

Propioloylchlorid, Phenyl- **9** 3065
Propiolsäure, Biphenylyl- **9** 3492
—, [Brom-nitro-phenyl]- **9** 3067
—, [Brom-phenyl]- **9** 3066, 3067
—, [Brom-phenyl]-, methylester **9** 3067
—, [Brom-trimethyl-phenyl]- **9** 3081
—, [Brom-trimethyl-phenyl]-,
methylester **9** 3081
—, [Chlor-methoxy-dimethyl-phenyl]-
10 991
—, [Chlor-methoxy-dimethyl-phenyl]-,
methylester **10** 991
—, [Chlor-nitro-phenyl]- **9** 3067
—, [Chlor-phenyl]- **9** 3066
—, Cyclohexenyl- **9** 2381
—, Cyclohexenyl-, methylester **9** 2381
—, [Dimethoxy-phenyl]- **10** 1904
—, [Hydroxy-cyclohexyl]- **10** 79
—, [Hydroxy-cyclohexyl]-, äthylester
10 79
—, [Hydroxy-cyclohexyl]-, amid **10** 79
—, [Hydroxy-cyclohexyl]-, methylester
10 79
—, Mesityl- **9** 3081
—, [Methoxy-phenyl]- **10** 989
—, Naphthyl- **9** 3406
—, [Nitro-methoxy-phenyl]- **10** 989
—, [Nitro-phenyl]- **9** 3067
—, [Nitro-phenyl]-, äthylester **9** 3067
—, Phenyl- **9** 3061
—, Phenyl-, äthylamid **9** 3065
—, Phenyl-, äthylester **9** 3063
—, Phenyl-, amid **9** 3065
—, Phenyl-, anhydrid **9** 3065
—, Phenyl-, benzylester **9** 3064
—, Phenyl-, butylester **9** 3063
—, Phenyl-, chlorid **9** 3065
—, Phenyl-, cholesterylester **9** 3064
—, Phenyl-, cyclohexylester **9** 3063
—, Phenyl-, [diäthylamino-äthylester]
9 3065
—, Phenyl-, isopentylamid **9** 3065
—, Phenyl-, methylester **9** 3062
—, Phenyl-, nitril **9** 3065
—, Phenyl-, propylester **9** 3063
—, *m*-Phenylen-di- **9** 4495
—, *m*-Phenylen-di-, diäthylester **9** 4495
—, *m*-Phenylen-di-, dimethylester
9 4495
—, [Tetramethyl-phenyl]- **9** 3083
—, *p*-Tolyl-, nitril **9** 3068
—, [Trimethyl-phenyl]- **9** 3081
Propionaldehyd, Benzoyloxy- **9** 721
—, Benzoyloxy-isopropyl- **9** 722
—, Benzoyloxy-phenyl- **9** 732
—, Dibenzoyloxy- **9** 779
—, Dibenzoyloxy-, semicarbazon **9** 780
—, Hydroxy-benzoylhydrazono-,
benzoylhydrazon **9** 1316

Propionaldehyd, [Methyl-benzoyl-amino]-
dimethyl- **9** 1107
—, [Methyl-benzoyl-amino]-dimethyl-,
oxim **9** 1107
—, [Methyl-benzoyl-amino]-dimethyl-,
semicarbazon **9** 1107
—, Oxo-phenyl-, benzoylhydrazon **9** 1315
—, Oxo-phenyl-, [nitro-benzoylhydrazon]
9 1487
—, Phenyl-, benzoylimin **9** 1101
—, Phenyl-, [mandeloyl-hydrazon]
10 476
—, Phenyl-, phenylacetylimin **9** 2203
Propionaldehyd-[brom-benzoylhydrazon]
9 1388, 1400, 1422
— [chlor-benzoylhydrazon] **9** 1341,
1350, 1368
— [dinitro-benzoylhydrazon] **9** 1945
— [dinitro-methyl-benzoylhydrazon]
9 2371
— [jod-benzoylhydrazon] **9** 1446
— naphthoylhydrazon **9** 3188
— [nitro-benzoylhydrazon] **9** 1482,
1524, 1752
— [nitro-dimethyl-benzoylhydrazon]
9 2446
— [nitro-methyl-benzoylhydrazon]
9 2364
Propionamid, Acenaphthenyl- **9** 3355
—, Acetoxy-dimethyl-phenyl- **10** 570
—, Acetylimino-phenyl- **10** 3008
—, [Acetylimino-phenyl-propionylimino]-
phenyl- **10** 3012
—, [Äthoxy-phenyl]- **10** 535, 538, 542
—, Äthoxy-[tetrahydro-naphthyl]- **10** 909
—, [Äthyl-naphthyl]- **9** 3242
—, Äthyl-octyl-phenyl- **9** 2394
—, Äthyl-phenyl- **9** 2510
—, Benzoylimino-[chlor-dimethoxy-
phenyl]- **10** 4528
—, Benzoylimino-diäthyl-phenyl-
10 3009
—, Benzoylimino-dimethyl-phenyl-
10 3009
—, Benzoylimino-diphenyl- **10** 3310
—, Benzoylimino-[hydroxy-phenyl]-
10 4221
—, Benzoylimino-phenyl- **10** 2994, 3009
—, [Benzoylimino-phenyl-propionylimino]-
[hydroxy-phenyl]- **10** 4221
—, [Benzoylimino-phenyl-propionylimino]-
phenyl- **10** 3013
—, Benzoyloxy- **9** 858
—, Benzoyloxy-dimethyl- **9** 858
—, Benzoyloxy-phenyl- **9** 2396, 2422
—, Benzoyloxy-phenylacetylimino-
9 2233
—, [Benzyloxycarbonyl-glycylimino]-
phenyl- **10** 3009

Propionamid, Bicyclohexylyl- **9** 272
—, Bis-benzamino- **9** 1192
—, [Brom-phenyl]- **9** 2401
—, [Brom-phenyl]-[brom-benzyl]- **9** 3361
—, Butyl-[brom-phenyl]- **9** 2568
—, Butyl-phenyl- **9** 2567
—, [tert-Butyl-phenyl]- **9** 2584
—, Chloracetylimino-phenyl- **10** 3008
—, Chlor-hydroxy-diphenyl- **10** 1194
—, Chlor-phenyl- **9** 2399
—, [Chlor-phenyl]- **9** 2397
—, [Chlor-phenyl]-benzyl- **9** 3360
—, p-Cumenyl- **9** 2556
—, [Cyan-biphenylyl]- **9** 4543
—, [Cyan-phenyl]- **9** 4291
—, Cyclohexenyl- **9** 177, 178, 179
—, Cyclohexyl- **9** 65, 67
—, [Cyclohexyl-phenyl]- **9** 2882
—, Cyclopentandiyl-di- **9** 3914
—, Cyclopentyl- **9** 58, 59
—, [Cyclopentyl-phenyl]- **9** 2873
—, [Diäthoxy-phenyl]- **10** 1520
—, [Diäthylamino-äthyl]-phenyl- **9** 2395
—, Diäthyl-[hydroxy-cyclohexyl]- **10** 34
—, Diäthyl-[hydroxy-naphthyl]- **10** 1111
—, Diäthyl-phenyl- **9** 2575
—, Dibrom-diäthyl-[methoxy-phenyl]-
10 543
—, Dibrom-diäthyl-phenyl- **9** 2409
—, Dibrom-diisopropyl-[methoxy-phenyl]-
10 543
—, Dibrom-[methoxy-phenyl]- **10** 543
—, Dibrom-oxo-phenyl- **10** 2998
—, Dihydroxy-diphenyl- **10** 1966
—, [Dimethoxy-phenyl]- **10** 1515, 1517,
1520
—, [Dimethoxy-trimethyl-phenyl]-
10 1584
—, Dimethyl-[tert-butyl-phenyl]-
9 2613
—, [Dimethyl-tert-butyl-phenyl]-
9 2617
—, Dimethyl-cyclohexyl- **9** 106
—, Dimethyl-[cyclohexyl-phenyl]-
9 2898
—, [Dimethyl-decahydro-naphthyl]-
9 273
—, Dimethyl-[dimethyl-tert-butyl-
phenyl]- **9** 2628
—, Dimethyl-indanyl- **9** 2878
—, Dimethyl-[methyl-cyclohexyl]- **9** 117
—, Dimethyl-[methyl-naphthyl]- **9** 3249
—, Dimethyl-naphthyl- **9** 3240
—, [Dimethyl-naphthyl]- **9** 3243, 3244
—, [Dimethyl-norpinanyl]- **9** 259
—, [Dimethyl-norpinenyl]- **9** 335
—, Dimethyl-phenyl- **9** 2519
—, [Dinitro-trimethyl-phenyl]- **9** 2562
—, Dioxo-[brom-phenyl]- **10** 3546

Propionamid, Dioxo-[chlor-phenyl]- **10** 3546
—, Diphenyl- **9** 3334, 3339, 3342
—, Diphenyl-benzyl- **9** 3611
—, [Diphenyl-naphthyl]- **9** 3672
—, Dodecyl-phenyl- **9** 2394
—, Fluorenyl- **9** 3463
—, [Fluor-phenyl]- **9** 2397
—, Heptyl-phenyl- **9** 2621
—, [Hexahydro-indanyl]- **9** 258
—, [Hexahydro-indanyliden]- **9** 334
—, [Hexahydro-indenyl]- **9** 333
—, [Hydroxy-äthyl]-diphenyl- **9** 3340
—, [Hydroxy-äthyl]-di-*p*-tolyl-
   9 3384
—, [Hydroxy-äthyl]-[hydroxy-naphthyl]-
   10 1111
—, [Hydroxy-äthyl]-naphthyl- **9** 3220
—, Hydroxy-äthyl-phenyl- **10** 569, 621
—, [Hydroxy-äthyl]-phenyl-benzyl-
   9 3358
—, Hydroxy-allyl-phenyl- **10** 569
—, Hydroxy-[diäthylamino-äthyl]-phenyl-
   10 569
—, Hydroxy-diäthyl-diphenyl- **10** 1196
—, Hydroxy-diäthyl-phenyl- **10** 550, 569
—, Hydroxy-dibutyl-phenyl- **10** 569
—, Hydroxy-dimethyl-äthyl-phenyl-
   10 623
—, Hydroxy-dimethyl-phenyl- **10** 569
—, Hydroxy-isobutyl-phenyl- **10** 648
—, Hydroxy-isopentyl-phenyl- **10** 654
—, Hydroxy-methyl-phenyl- **10** 557, 602
—, [Hydroxy-naphthyl]- **10** 1111
—, Hydroxy-phenyl- **10** 549, 557, 563, 569
—, [Hydroxy-phenyl]- **10** 559
—, Imino-[äthoxy-phenyl]- **10** 4211
—, Imino-[äthyl-phenyl]- **10** 3074
—, Imino-phenyl- **10** 2994, 3008
—, Imino-*m*-tolyl- **10** 3054
—, Imino-*p*-tolyl- **10** 3055
—, Isopentyl-phenyl- **9** 2394
—, [Isopropyl-phenyl]- **9** 2556
—, Mesityl- **9** 2561, 2563
—, [Methoxy-äthoxy-phenyl]- **10** 1515, 1520
—, [Methoxy-benzyloxy-phenyl]- **10** 1520
—, Methoxy-dimethyl-phenyl- **10** 563
—, [Methoxy-methyl-isopropyl-phenyl]-
   10 653
—, [Methoxy-methyl-phenyl]- **10** 605
—, [Methoxy-naphthyl]- **10** 1112
—, [Methoxy-phenyl]- **10** 535, 537, 541, 560
—, [Methoxy-phenyl]-[methoxy-benzyl]-
   10 1972
—, Methyl-äthyl-[*tert*-butyl-naphthyl]-
   9 3261
—, Methyl-äthyl-[methyl-naphthyl]-
   9 3254
—, Methyl-äthyl-naphthyl- **9** 3247
—, Methyl-äthyl-phenyl- **9** 2546

Propionamid, Methyl-*p*-cumenyl- **9** 2583
—, [Methyl-cyclohexenyl]- **9** 193
—, [Methyl-cyclopentyl]- **9** 74
—, Methyl-decyl-phenyl- **9** 2394
—, Methyl-[dimethoxy-phenyl]- **10** 1556,
   1557
—, Methyl-[dimethyl-phenyl]- **9** 2558
—, Methyl-diphenyl- **9** 3362
—, Methyl-[hydroxy-methyl-phenyl]-
   10 628
—, Methyl-[isopropyl-phenyl]- **9** 2583
—, [Methyl-isopropyl-phenyl]- **9** 2589
—, Methyl-[methoxy-phenyl]- **10** 600, 601
—, Methyl-[methyl-cyclopentenyl]-
   9 204
—, Methyl-[methyl-naphthyl]- **9** 3242
—, Methyl-naphthyl- **9** 3232
—, [Methyl-naphthyl]- **9** 3233, 3234
—, Methyl-phenyl- **9** 2474, 2476
—, Methyl-phenyl-[methoxy-phenyl]-
   10 1207
—, Methyl-phenyl-naphthyl- **9** 3560
—, [Methylsulfon-phenyl]- **10** 545
—, Methyl-*o*-tolyl- **9** 2523
—, Methyl-*p*-tolyl- **9** 2527
—, Methyl-[trimethoxy-phenyl]- **10** 2131
—, Methyl-[3.5]xylyl- **9** 2558
—, Naphthyl- **9** 3220, 3222
—, Nitro-hydroxyimino- **10** 3000
—, [Nitro-phenyl]-[oxo-dihydro-anthryl]-
   10 3482
—, [Octahydro-naphthyl]- **9** 340
—, [Octahydro-naphthyliden]- **9** 341
—, Oxo-[äthoxy-phenyl]- **10** 4209, 4211
—, Oxo-äthyl-phenyl- **10** 3066
—, Oxo-[äthyl-phenyl]- **10** 3074
—, Oxo-butyl-phenyl- **10** 3092
—, [Oxo-cyclohexyl]- **10** 2835
—, Oxo-dimethyl-[mercapto-äthyl]-
   phenyl- **10** 3069
—, Oxo-diphenyl- **10** 3309
—, Oxo-isobutyl-phenyl- **10** 3095
—, Oxo-isopentyl-phenyl- **10** 3103
—, Oxo-isopropyl-phenyl- **10** 3084
—, Oxo-mesityl- **10** 3089
—, Oxo-methyl-phenyl- **10** 3051
—, Oxo-[nitro-phenyl]- **10** 2999
—, Oxo-phenyl- **10** 2994
—, Oxo-propyl-phenyl- **10** 3080
—, Oxo-*m*-tolyl- **10** 3053
—, Oxo-*p*-tolyl- **10** 3055
—, Phenanthryl- **9** 3518
—, Phenyl- **9** 2393, 2420
—, [Phenyl-acetamino]-diäthoxy-
   9 2237
—, Phenyl-[äthoxy-benzyloxy-phenyl]-
   10 1964
—, Phenyl-benzyl- **9** 3358
—, Phenyl-[benzyloxy-phenyl]- **10** 1192

Propionamid, [Phenyl-cyclohexyl]- 9 2881
—, Phenyl-dibenzyl- 9 3615
—, Phenyl-[dimethoxy-phenyl]- 10 1964
—, Phenyl-fluorenyl- 9 3639
—, Phenyl-indanyl- 9 3481
—, Phenyl-[methoxy-benzyloxy-phenyl]-
    10 1964
—, Phenyl-[methoxy-phenyl]- 10 1192
—, Phenyl-[oxo-dihydro-anthryl]-
    10 3481
—, Phenyl-[tetrahydro-naphthyl]-
    9 3486
—, Phenyl-[trimethyl-phenyl]- 9 3393
—, Propyl-diphenyl- 9 3393
—, Propyl-phenyl- 9 2541
—, Pyrenyl- 9 3585
—, m-Tolyl-benzyl- 9 3378
—, [Trifluormethyl-phenyl]- 9 2478
—, [Trimethoxy-phenyl]- 10 2119, 2120,
    2121
—, [Trimethyl-phenyl]- 9 2561, 2562, 2563
—, Triphenyl- 9 3602, 3604
Propionamidin, Äthyl-butyl-phenyl-
    9 2611
—, Benzamino- 9 1146
—, Benzoyloxy- 9 859
—, [Methylsulfon-phenyl]- 10 545
—, Oxo-phenyl- 10 2995
Propionamidoxim, Acetoxyimino-benzoyl-
    9 1303
—, Benzoylimino-phenyl- 10 2996
—, Benzoyloxyimino-benzoyl- 9 1303
—, Bis-hydroxyimino-phenyl- 10 3546
—, Hydroxyimino-benzoyl- 9 1303
—, Oxo-hydroxyimino-phenyl- 10 3545
Propionamidrazon, Benzoylimino-phenyl-
    10 2996
Propionimidoylchlorid, Benzoyloxy-
    benzoyloxyimino- 9 1302
Propionimidoyljodid, Benzoyloxy-
    benzoyloxyimino- 9 1303
Propionimidsäure, Benzoyloxy-,
    äthylester 9 858
—, Benzoyloxy-benzoyloxyimino-,
    chlorid 9 1302
—, Benzoyloxy-benzoyloxyimino-, jodid
    9 1303
—, Phenyl-, methylester 9 2421
Propionitril, Acenaphthenyl- 9 3355
—, Acetoxy-cyclopropyl- 10 8
—, Acetoxy-phenyl- 10 564
—, [Acetyl-phenyl]- 10 3074
—, [Äthoxycarbonyl-cyclohexenyl]-
    9 3978
—, [Äthoxycarbonyl-cyclopentenyl]-
    9 3965
—, [Äthoxycarbonyl-fluorenyl]- 9 4615
—, Äthyl-butyl-phenyl- 9 2611
—, Benzamino- 9 1144, 1146

Propionitril, Benzoylimino-di- 9 1147
—, Benzoyloxy- 9 858
—, [Benzoyl-phenyl]- 10 3331
—, Bis-acetoxyimino-phenyl- 10 3545
—, Bis-benzamino- 9 1229
—, Bis-benzoyloxyimino- 9 1303
—, Bis-benzoyloxyimino-phenyl- 10 3545
—, Bis-[chlor-phenyl]- 9 3335
—, Bis-hydroxyimino-phenyl- 10 3545
—, Bis-[methoxy-phenyl]- 10 1963
—, Brom-[brom-fluorenyl]- 9 3464
—, [Brom-methoxy-phenyl]- 10 560
—, Brom-phenyl- 9 2403
—, Butyl-phenyl- 9 2567
—, [Carboxy-fluorenyl]- 9 4615
—, Chlor-benzoyloxy- 9 859
—, Chlor-[carboxy-phenyl]- 9 4292
—, Chlor-[chlor-phenyl]- 9 2399
—, Chlor-hydroxy-phenyl-benzyl- 10 1206
—, Chlor-[methoxy-phenyl]- 10 535, 542
—, Chlor-[nitro-phenyl]- 9 2413
—, Chlor-phenyl- 9 2399
—, Chlor-p-tolyl- 9 2480
—, [Cyan-biphenylyl]- 9 4543
—, [Cyan-phenyl]- 9 4291
—, Cyclohexenyl- 9 179
—, Cyclohexyl- 9 67
—, Cyclohexyliden- 9 179
—, Cyclohexyl-phenyl- 9 2881
—, [Cyclopentyl-phenyl]- 9 2873
—, Diäthyl-phenyl- 9 2576
—, Dibrom-oxo-[dinitro-trimethyl-
    phenyl]- 10 3090
—, Dibrom-oxo-[trimethyl-phenyl]-
    10 3090
—, Dibrom-phenyl- 9 2409
—, Dichlor-oxo-[trimethyl-phenyl]- 10 3090
—, Dichlor-m-toluoylimino- 9 2324
—, Dichlor-p-toluoylimino- 9 2347
—, [Dihydro-fluoranthenyl]- 9 3538
—, Dihydroxy-phenyl-benzyl- 10 1972
—, Dimethoxy-phenyl- 10 2995
—, [Dimethoxy-phenyl]- 10 1521, 1526
—, Dimethyl-phenyl- 9 2519
—, Dinaphthyl- 9 3659
—, Dioxo-biphenyldiyl-di- 10 4077
—, Dioxo-[trimethyl-m-phenylen]-di-
    10 4066
—, Diphenyl- 9 3335, 3340, 3343
—, Diphenyl-benzyl- 9 3611
—, Fluorendiyl-di- 9 4643
—, Fluorenyl- 9 3464
—, Fluorenyliden- 9 3510
—, [Hexahydro-indanyliden]- 9 334
—, Hydroxy-cyclopropyl- 10 8
—, Hydroxy-[dimethoxy-phenoxy]-
    [dimethoxy-benzyl]- 10 2420
—, Hydroxy-[(dimethoxy-phenoxy)-methyl]-
    [dimethoxy-phenyl]- 10 2420

Propionitril, Hydroxy-diphenyl- 10 1197
—, [Hydroxy-fluorenyl]- 10 1269
—, Hydroxyimino-diphenyl- 10 3310
—, Hydroxyimino-phenyl-formyl- 10 3549
—, Hydroxy-[methoxy-phenoxy]-
    [dimethoxy-benzyl]- 10 2420
—, Hydroxy-[(methoxy-phenoxy)-methyl]-
    [dimethoxy-phenyl]- 10 2420
—, Hydroxy-[methoxy-phenyl]- 10 1524
—, [Hydroxy-methoxy-phenyl]- 10 1520
—, Hydroxy-methyl-diphenyl- 10 1208
—, [Hydroxy-naphthyl]- 10 1111
—, Hydroxy-naphthyloxy-phenyl- 10 1526
—, [(Hydroxy-oxo-tetrahydro-furyl)-
    phenyl]- 10 3970
—, Hydroxy-phenyl- 10 550, 558
—, Hydroxy-phenylacetylimino- 9 2233
—, Hydroxy-[trimethoxy-phenoxy]-
    [methoxy-phenyl]- 10 2124
—, Hydroxy-[trimethyl-cyclopentenyl]-
    10 65
—, Hydroxy-triphenyl- 10 1326
—, Imino-[äthoxy-phenyl]- 10 4210, 4212
—, Imino-[äthyl-phenyl]- 10 3075
—, Imino-[chlor-phenyl]- 10 3025
—, Imino-[methoxy-phenyl]- 10 4212, 4226
—, Imino-phenyl- 10 2995, 3024
—, Imino-m-tolyl- 10 3054
—, Imino-o-tolyl- 10 3053
—, Imino-p-tolyl- 10 3056
—, Indendiyl-di- 9 4450
—, Indentriyl-tri- 9 4832
—, [Isopropenyl-indenyl]- 9 3245
—, [Isopropyliden-indenyl]- 9 3245
—, Mesityl- 9 2563
—, [Methoxycarbonyl-fluorenyl]- 9 4615
—, [Methoxy-methyl-phenyl]- 10 608
—, [Methoxy-phenyl]- 10 535, 542, 560
—, [Methoxy-phenyl]-[methoxy-phenyl]-
    10 1962
—, [Methoxy-phenyl]-[trimethoxy-phenyl]-
    10 2489
—, [Methyl-cyan-cyclohexyl]-phenyl-
    9 4426
—, [Methyl-cyclohexyliden]- 9 194,
    195, 198
—, [Methyl-cyclopentyliden]- 9 186
—, Methyl-[dimethoxy-phenyl]- 10 1558
—, Methyl-[dimethyl-phenyl]- 9 2559
—, Methyl-diphenyl- 9 3362
—, Methylmercapto-oxo-phenyl- 10 4213
—, Methyl-[methoxy-phenyl]- 10 603
—, Methyl-[methyl-cyclopentenyl]-
    9 204
—, Methyl-naphthyl- 9 3233
—, Methyl-phenyl- 9 2475, 2476
—, Methyl-phenyl-benzyl- 9 3378
—, Methyl-phenyl-[methoxy-phenyl]-
    10 1207

Propionitril, [Methylsulfon-phenyl]- 10 545
—, Methyl-m-tolyl- 9 2525
—, Methyl-p-tolyl- 9 2527
—, Methyl-[3.5]xylyl- 9 2559
—, [Nitro-benzamino]- 9 1731
—, [Nitro-benzoyloxy]- 9 1684
—, [Nitro-cyclohexyl]- 9 66
—, [Nitro-fluorendiyl]-di- 9 4643
—, [Nitro-methoxy-phenyl]-[trimethoxy-
    phenyl]- 10 2488
—, [Nitro-oxo-dihydro-anthryl]- 10 3392
—, Nitro-triphenyl- 9 3603
—, Oxo-acenaphthenyl- 10 3321
—, Oxo-acetoxyimino-phenyl- 10 3545
—, [Oxo-acetyl-cyclohexyl]- 10 3522
—, [Oxo-acetyl-cyclopentyl]- 10 3521
—, [Oxo-äthoxycarbonyl-cyclohexyl]-
    10 3902
—, Oxo-[äthoxy-phenyl]- 10 4210, 4212
—, Oxo-äthyl-phenyl- 10 3066
—, Oxo-[äthyl-phenyl]- 10 3075
—, [Oxo-anthracendiyl]-di- 10 4025
—, [Oxo-benz[de]anthracenyl]- 10 3457
—, Oxo-benzoyloxyimino-phenyl- 10 3545
—, Oxo-[benzyloxy-phenyl]- 10 4210
—, [Oxo-bibenzylyl]- 10 3345
—, [Oxo-bicyclohexyltetrayl]-tetra-
    10 4165
—, Oxo-bis-[nitro-phenyl]- 10 3311
—, [Oxo-bornyliden]- 10 2962
—, [Oxo-brom-phenyl]- 10 2998
—, [Oxo-butyryl-cyclohexyl]- 10 3525
—, [Oxo-butyryl-cyclopentyl]- 10 3525
—, Oxo-[chlor-acenaphthenyl]- 10 3322
—, [Oxo-chlor-phenyl]- 10 2996
—, [Oxo-cyclohexandiyl]-di- 10 3920
—, [Oxo-cyclohexantetrayl]-tetra-
    10 4161
—, [Oxo-cyclohexenyl-benzyliden-
    cyclohexyl]- 10 3366
—, [Oxo-cyclohexenyl-cyclohexantriyl]-
    tri- 10 4116
—, [Oxo-cyclohexenyl-cyclohexyl]-
    10 2965
—, Oxo-cyclohexyl- 10 2836
—, [Oxo-cyclohexyl]- 10 2835
—, [Oxo-cyclopentantetrayl]-tetra-
    10 4161
—, Oxo-[dichlor-phenyl]- 10 2997
—, [Oxo-dihydro-naphthalindiyl]-di-
    10 3984
—, Oxo-[dimethoxy-phenyl]- 10 4518
—, Oxo-[dimethyl-phenyl]- 10 3075
—, Oxo-[dinitro-trimethyl-phenyl]-
    10 3090
—, Oxo-diphenyl- 10 3310
—, Oxo-hydroxyimino-phenyl- 10 3544
—, Oxo-[hydroxy-methoxy-phenyl]-
    10 4518

Propionitril, Oxo-[jod-phenyl]- 10 2998
—, Oxo-[methoxy-acetoxy-phenyl]-
  10 4518
—, Oxo-[methoxy-naphthyl]- 10 4408
—, Oxo-[methoxy-phenyl]- 10 4210, 4211
—, Oxo-methyl-[brom-phenyl]- 10 3052
—, [Oxo-methyl-cyclohexantetrayl]-
  tetra- 10 4162
—, [Oxo-methyl-cyclohexantriyl]-tri-
  10 4112
—, Oxo-methyl-[dimethoxy-phenyl]-
  10 4549
—, [Oxo-methyl-isopropyl-
  cyclohexantriyl]-tri- 10 4112
—, Oxo-methyl-mesityl- 10 3101
—, Oxo-[methyl-naphthyl]- 10 3271
—, Oxo-methyl-phenyl- 10 3052
—, Oxo-methyl-[trimethyl-phenyl]-
  10 3101
—, Oxo-naphthyl- 10 3267
—, Oxo-[nitro-benzoyloxyimino]-phenyl-
  10 3545
—, Oxo-[nitro-phenyl]- 10 2999
—, [Oxo-tert-pentyl-cyclohexantetrayl]-
  tetra- 10 4162
—, Oxo-phenyl- 10 2994
—, Oxo-phenyl-benzoyl- 10 3626
—, Oxo-phenyl-[benzoyl-phenyl]- 10 3673
—, [Oxo-phenyl-benzyliden-cyclohexyl]-
  10 3422
—, [Oxo-phenyl-cyclohexyl]- 10 3198
—, Oxo-phenyl-formyl- 10 3549
—, [Oxo-propionyl-cyclohexyl]- 10 3524
—, [Oxo-propionyl-cyclopentyl]- 10 3523
—, Oxo-[propyloxy-phenyl]- 10 4210
—, Oxo-propyl-phenyl- 10 3080
—, Oxo-[tetrahydro-naphthyl]- 10 3185
—, [Oxo-(tetramethyl-butyl)-
  cyclohexantetrayl]-tetra- 10 4163
—, Oxo-m-tolyl- 10 3054
—, Oxo-o-tolyl- 10 3053
—, Oxo-p-tolyl- 10 3055
—, Oxo-[triäthoxy-phenyl]- 10 4719
—, Oxo-[trimethoxy-phenyl]- 10 4718
—, Oxo-[trimethyl-phenyl]- 10 3089
—, Oxo-[2.4]xylyl- 10 3075
—, Phenyl- 9 2395, 2421
—, [Phenyl-acetamino]-diäthoxy-
  9 2237
—, {[(Phenylacetyl-phenyl)-acetyl]-
  phenyl}- 10 3345
—, Phenyl-benzyl- 9 3359
—, Phenyl-benzyl-naphthyl- 9 3672
—, [Phenyl-cyclohexyl]- 9 2882, 2883
—, Phenyl-dibenzyl- 9 3615
—, m-Phenylen-di- 9 4323
—, p-Phenylen-di- 9 4324
—, Phenyl-fluorenyl- 9 3639
—, [Phenyl-fluorenyl]- 9 3639

Propionitril, Phenyl-naphthyl- 9 3559
—, Phenyl-[trimethyl-phenyl]- 9 3393
—, Tetrabrom-dioxo-[trimethyl-
  m-phenylen]-di- 10 4066
—, Tetrachlor-dioxo-[trimethyl-
  m-phenylen]-di- 10 4066
—, [Trimethyl-cyclopentenyl]- 9 230
—, [Trimethyl-fluoranthenyl]- 9 3572
—, [Trimethyl-phenyl]- 9 2560, 2563
—, Triphenyl- 9 3598, 3603, 3604
Propionohydrazid s. Propionsäure-
  hydrazid
Propionohydroxamsäure, Benzoylimino-
  [äthoxy-phenyl]- 10 4221
—, Benzoylimino-phenyl- 10 3014
—, Benzoylimino-phenyl-benzyl- 10 3014
—, [Brom-tetramethoxy-biphenylyl]-
  10 2491
—, Methyl-p-tolyl- 9 2527
—, Phenyl- 9 2422
—, Phenyl-benzoyl- 9 2396, 2422
Propionohydroximoylchlorid,
  Benzoyloxyimino- 9 1302
—, Methyl-phenyl- 9 2477
Propionohydroximsäure, Benzoyloxyimino-,
  chlorid 9 1302
—, Methyl-phenyl-, chlorid 9 2477
Propionorthosäure s. Orthopropionsäure
Propionothiosäure s. Thiopropionsäure
Propionsäure, Acenaphthenyl- 9 3354
—, Acenaphthenyl-, amid 9 3355
—, Acenaphthenyl-, chlorid 9 3355
—, Acenaphthenyl-, methylester 9 3354
—, Acenaphthenyl-, nitril 9 3355
—, Acetamino-benzamino- 9 1192
—, Acetamino-benzoyloxy- 9 893
—, [Acetohydroximoyl-phenyl]- 10 3074
—, [Acetoxy-benzoyloxy-dimethyl-
  hexadecahydro-cyclopenta[a]-
  phenanthrenyl]-, methylester
  10 1621
—, [Acetoxy-carboxy-pentamethyl-
  eicosahydro-cyclopenta[a]-
  chrysenyl]-, methylester 10 2285
—, Acetoxy-cyclopropyl-, nitril 10 8
—, [Acetoxy-dimethyl-acetyl-
  dodecahydro-phenanthryl]- 10 4297
—, [Acetoxy-dimethyl-acetyl-
  tetradecahydro-phenanthryl]-
  10 4201
—, [Acetoxy-dimethyl-acetyl-
  tetradecahydro-phenanthryl]-,
  methylester 10 4201
—, [Acetoxy-dimethyl-dodecahydro-
  cyclopenta[a]phenanthrenyl]-,
  methylester 10 1027
—, [Acetoxy-dimethyl-hexadecahydro-
  cyclopenta[a]phenanthrenyl]-
  10 680

Propionsäure, [Acetoxy-dimethyl-
hexadecahydro-cyclopenta[a]-
phenanthrenyl]-, methylester 10 681
—, [Acetoxy-dimethyl-methoxycarbonyl-
dodecahydro-phenanthryl]-, amid
10 2248
—, [Acetoxy-dimethyl-methoxycarbonyl-
tetradecahydro-phenanthryl]-,
methylester 10 2146
—, [Acetoxy-dimethyl-tetradecahydro-
cyclopenta[a]phenanthrenyl]-
10 950
—, [Acetoxy-dimethyl-tetradecahydro-
cyclopenta[a]phenanthrenyl]-,
amid 10 952
—, [Acetoxy-dimethyl-tetradecahydro-
cyclopenta[a]phenanthrenyl]-,
azid 10 952
—, [Acetoxy-dimethyl-tetradecahydro-
cyclopenta[a]phenanthrenyl]-,
chlorid 10 952
—, [Acetoxy-dimethyl-tetradecahydro-
cyclopenta[a]phenanthrenyl]-,
methylester 10 951, 953, 954
—, [Acetoxy-(dioxo-dihydro-
anthracencarbonyloxy)-dimethyl-
hexadecahydro-cyclopenta[a]-
phenanthrenyl]-, methylester
10 3647
—, Acetoxy-[dioxo-dimethyl-
hexadecahydro-cyclopenta[a]-
phenanthrenyliden]-, nitril
10 4640
—, [Acetoxy-dioxo-dimethyl-
tetradecahydro-cyclopenta[a]-
phenanthrenyl]- 10 4639
—, [Acetoxy-hexamethyl-eicosahydro-
cyclopenta[a]chrysenyl]- 10 987
—, [Acetoxy-hexamethyl-eicosahydro-
cyclopenta[a]chrysenyl]-,
methylester 10 987
—, Acetoxy-[hydroxy-oxo-dimethyl-
hexadecahydro-cyclopenta[a]-
phenanthrenyliden]-, nitril
10 4615
—, Acetoxyimino-, [amid-(benzoyl-oxim)]
9 1303
—, [Acetoxy-methyl-decahydro-
cyclopenta[a]phenanthrenyl]-
10 1140
—, [Acetoxy-methyl-decahydro-
cyclopenta[a]phenanthrenyl]-,
methylester 10 1141
—, [Acetoxy-oxo-dimethyl-hexadecahydro-
cyclopenta[a]phenanthrenyl]-
10 4300, 4302
—, [Acetoxy-oxo-dimethyl-hexadecahydro-
cyclopenta[a]phenanthrenyl]-,
azid 10 4301

Propionsäure, [Acetoxy-oxo-dimethyl-
hexadecahydro-cyclopenta[a]-
phenanthrenyl]-, chlorid 10 4301
—, [Acetoxy-oxo-dimethyl-hexadecahydro-
cyclopenta[a]phenanthrenyl]-,
methylester 10 4299, 4300, 4303, 4304
—, [Acetoxy-oxo-dimethyl-hexadecahydro-
cyclopenta[a]phenanthrenyliden]-,
nitril 10 4363
—, [Acetoxy-oxo-dimethyl-hexahydro-
naphthyl]- 10 4280
—, [Acetoxy-oxo-dimethyl-
tetradecahydro-cyclopenta[a]-
phenanthrenyl]- 10 4363
—, [Acetoxy-oxo-dimethyl-
tetradecahydro-cyclopenta[a]-
phenanthrenyl]-, methylester
10 4363
—, [Acetoxy-pentamethyl-acetoxymethyl-
eicosahydro-cyclopenta[a]-
chrysenyl]- 10 1902
—, [Acetoxy-pentamethyl-acetoxymethyl-
eicosahydro-cyclopenta[a]-
chrysenyl]-, methylester 10 1903
—, [Acetoxy-pentamethyl-acetoxymethyl-
eicosahydro-cyclopenta[a]-
chrysenyl]-, nitril 10 1903
—, [Acetoxy-pentamethyl-carboxy-
eicosahydro-cyclopenta[a]-
chrysenyl]- 10 2284
—, [Acetoxy-pentamethyl-hydroxymethyl-
eicosahydro-cyclopenta[a]-
chrysenyl]-, methylester 10 1903
—, [Acetoxy-pentamethyl-
methoxycarbonyl-eicosahydro-
cyclopenta[a]chrysenyl]- 10 2285
—, [Acetoxy-pentamethyl-
methoxycarbonyl-eicosahydro-
cyclopenta[a]chrysenyl]-,
methylester 10 2286
—, Acetoxy-phenyl- 10 546, 555
—, Acetoxy-phenyl-, äthylester 10 548, 562
—, Acetoxy-phenyl-, [diäthylamino-
dimethyl-propylester] 10 567, 568
—, Acetoxy-phenyl-, dimethylamid
10 570
—, Acetoxy-phenyl-, [dimethylamino-
dimethyl-propylester] 10 563
—, Acetoxy-phenyl-, methylester 10 561
—, Acetoxy-phenyl-, nitril 10 564
—, [Acetoxy-phenyl-acetamino]- 10 472
—, [(Acetoxy-phenyl)-acetamino]-
diäthoxy- 10 437
—, [(Acetoxy-phenyl)-acetamino]-
diäthoxy-, methylester 10 438
—, Acetoxy-phenylacetylimino-,
äthylester 9 2232
—, [Acetoxy-phenyl]-cyan-, äthylester
10 2213

Propionsäure, Acetoxy-phenyl-formyl-,
   äthylester 10 4241
—, [Acetyl-cyclohexyl]- 10 2876
—, Acetylimino-[acetoxy-phenyl]-
   10 4219
—, Acetylimino-[brom-dimethoxy-phenyl]-
   10 4529
—, Acetylimino-[brom-hydroxy-methoxy-
   phenyl]- 10 4528
—, Acetylimino-[chlor-hydroxy-methoxy-
   phenyl]- 10 4527
—, Acetylimino-[diacetoxy-phenyl]-
   10 4524
—, Acetylimino-[dimethoxy-phenyl]-
   10 4523
—, Acetylimino-[hydroxy-phenyl]-
   10 4217
—, Acetylimino-[jod-hydroxy-methoxy-
   phenyl]- 10 4530
—, Acetylimino-[methoxy-phenyl]-
   10 4218
—, [Acetylimino-methyl-valerylimino]-
   phenyl- 10 3002
—, Acetylimino-phenyl- 10 3001
—, Acetylimino-phenyl-, äthylester
   10 3006
—, Acetylimino-phenyl-, amid 10 3008
—, Acetylimino-phenyl-, methylester
   10 3006
—, [Acetylimino-phenyl-propionylimino]-
   [hydroxy-phenyl]- 10 4218
—, [Acetylimino-phenyl-propionylimino]-
   phenyl- 10 3012
—, [Acetylimino-phenyl-propionylimino]-
   phenyl-, amid 10 3012
—, Acetylmercapto-phenyl- 10 553
—, [Acetyl-phenyl]- 10 3073
—, [Acetyl-phenyl]-, äthylester
   10 3074
—, [Acetyl-phenyl]-, methylester
   10 3074
—, [Acetyl-phenyl]-, nitril 10 3074
—, Äthoxy-benzoylimino-, äthylester
   9 1199
—, Äthoxy-benzoylimino-, benzylester
   9 1199
—, Äthoxy-benzoyloxy-acetylimino-,
   äthylester 9 875
—, [Äthoxy-benzylidenamino]-oxo-,
   äthylester 9 1251
—, [(Äthoxycarbonyl-äthyl)-
   cyclohexyliden]-, äthylester
   9 4005
—, [Äthoxycarbonyl-cyclohexenyl]-,
   äthylester 9 3978
—, [Äthoxycarbonyl-cyclohexenyl]-cyan-,
   äthylester 9 4776
—, [Äthoxycarbonyl-cyclohexyl]-,
   äthylester 9 3859

Propionsäure, [Äthoxycarbonyl-
   cyclopentenyl]-, äthylester 9 3964, 3965
—, [Äthoxycarbonyl-cyclopentenyl]-cyan-,
   äthylester 9 4776
—, [Äthoxycarbonyl-cyclopentyl]-,
   äthylester 9 3841
—, Äthoxycarbonylimino-[nitro-phenyl]-,
   äthylester 10 3018
—, Äthoxycarbonylmethylamino-
   benzoylimino-, äthylester 9 1246
—, Äthoxycarbonylmethylamino-
   phenylacetylimino-, äthylester
   9 2248
—, [Äthoxycarbonylmethyl-cyclopentyl]-
   cyan-, äthylester 9 4760
—, [Äthoxycarbonylmethyl-isopropyl-
   cyclopropyl]-, äthylester 9 3920
—, Äthoxycarbonylmethylmercapto-phenyl-,
   äthylester 10 554
—, [Äthoxycarbonylmethyl-phenyl]-,
   äthylester 9 4311
—, [Äthoxycarbonyloxy-phenyl]- 10 540
—, [Äthoxy-cinnamylidenamino]-oxo-,
   äthylester 9 2720
—, [Äthoxy-dimethyl-dodecahydro-
   cyclopenta[a]phenanthrenyl]-,
   methylester 10 1027
—, Äthoxyimino-phenyl- 10 3004
—, Äthoxyimino-phenyl-, äthylester
   10 3007
—, Äthoxyimino-phenyl-, chlorid
   10 3007
—, [Äthoxymethyl-phenyl]- 10 604
—, Äthoxy-phenyl- 10 555, 565
—, Äthoxy-phenyl-, äthylester 10 547
—, Äthoxy-phenyl-, chlorid 10 568
—, Äthoxy-phenyl-, [dimethylamino-
   äthylester] 10 566
—. Äthoxy-phenyl-, methylester 10 565
—, [Äthoxy-phenyl]-, äthylester 10 537
—, [Äthoxy-phenyl]-, amid 10 535, 538, 542
—, [Äthoxy-phenyl]-, chlorid 10 535
—, [Äthoxy-phenyl]-, [propylamino-
   isobutylester] 10 535
—, Äthoxy-phenylacetylimino- 9 2229
—, Äthoxy-[tetrahydro-naphthyl]-
   10 908
—, Äthoxy-[tetrahydro-naphthyl]-, amid
   10 909
—. Äthoxy-[tetrahydro-naphthyl]-,
   chlorid 10 909
—, [Äthyl-(acetoxy-benzoyl)-amino]-,
   diäthylamid 10 158
—, Äthyl-butyl-phenyl-, [amid-imin]
   9 2611
—, Äthyl-butyl-phenyl-, nitril 9 2611
—, [Äthyl-cyclohexancarbonyl-amino]-,
   dimethylamid 9 29
—, [Äthyl-dihydro-phenanthryl]- 9 3486

Propionsäure, Äthyl-diphenyl- 9 3379
—, Äthyl-[hydroxy-äthyl]-phenyl-
  s. *Buttersäure, Hydroxy-äthyl-*
  benzyl-
—, [Äthyl-isopropyl-phenyl]- 9 2606
—, Äthyl-[jod-phenyl]-, äthylester
  9 2511
—, Äthylmercapto-benzoylimino- 9 1200
—, Äthylmercapto-benzoylimino-,
  hydrazid 9 1200
—, Äthylmercapto-phenylacetylimino-
  9 2234
—, Äthyl-[methoxy-methyl-phenyl]-
  10 642
—, Äthyl-[methoxy-phenyl]- 10 620
—, Äthyl-[methoxy-phenyl]-,
  pentylester 10 620
—, [Äthyl-(methyl-cyclohexancarbonyl)-
  amino]-, dimethylamid 9 57
—, [Äthyl-naphthyl]- 9 3242
—, [Äthyl-naphthyl]-, amid 9 3242
—, Äthyl-phenyl- 9 2510
—, Äthyl-phenyl-, äthylester 9 2510
—, Äthyl-phenyl-, amid 9 2510
—, Äthyl-phenyl-, isoamylester 9 2510
—, Äthyl-phenyl-, [phenyl-
  phenacylester] 9 2510
—, Äthyl-phenyl-, ureid 9 2511
—, [Äthyl-phenyl]- 9 2527, 2528
—, [Äthyl-phenyl]-, äthylester 9 2527
—, [Äthyl-phenyl]-, amylester 9 2528
—, [Äthyl-thiosemicarbazono]-phenyl-
  10 3005
—, Äthyl-*o*-tolyl- 9 2553
—, Äthyl-[trimethoxy-phenyl]- 10 2134
—, Äthyl-triphenyl- 9 3616
—, [Äthyl-veratroyl-amino]-,
  diäthylamid 10 1428
—, Alanylimino-phenyl- 10 3003
—, Allyl-[*tert*-butyl-phenyl]- 9 2889
—, Allyl-cyclobutyl- 9 210
—, Allyl-diphenyl- s. *Pentensäure,*
  Benzhydryl-
—, Allyl-[hydroxy-phenyl]-
  s. *Pentensäure, [Hydroxy-benzyl]-*
—, Allyl-[isopropyl-naphthyl]- 9 3400
—, Allyl-[methyl-naphthyl]- 9 3387
—, Allyl-naphthyl- 9 3371
—, Allyl-*o*-tolyl- 9 2835
—, Amino-benzamino- 9 1228
—, Amino-benzamino-, methylester
  9 1228
—, Amino-benzoyloxy- 9 893
—, Amino-benzoyloxy-, methylester
  9 893
—, Amino-[dinitro-benzoylmercapto]-
  9 1997
—, [Amino-phenäthylidenamino]-diäthoxy-
  9 2256

Propionsäure, Amino-[phenyl-acetamino]-
  9 2244
—, Anthracendiyl-di- 9 4665
—, Anthracendiyl-di-, dichlorid 9 4666
—, Azido-hydroxy-phenyl- 10 558
—, Benzamino- 9 1141, 1146
—, Benzamino-, äthylester 9 1142
—, Benzamino-, amid 9 1143, 1146
—, Benzamino-, [amid-imin] 9 1146
—, Benzamino-, benzylester 9 1143
—, Benzamino-, [benzyliden-hydrazid]
  9 1144
—, Benzamino-, hydrazid 9 1144
—, Benzamino-, isopropylester 9 1142
—, Benzamino-, methylester 9 1142
—, Benzamino-, [methyl-isopropyl-
  cyclohexylester] 9 1143
—, Benzamino-, naphthylester 9 1143
—, Benzamino-, nitril 9 1144, 1146
—, Benzamino-, phenylester 9 1143
—, [Benzamino-acetamino]-, amid 9 1131
—, [Benzamino-acetamino]-, hydrazid
  9 1133
—, [Benzamino-acetamino]-benzoyloxy-
  9 1134
—, [Benzamino-acetamino]-hydroxy-
  9 1134
—, [Benzamino-acetamino]-mercapto-,
  methylester 9 1135
—, Benzaminoacetoxy-phenyl- 10 556
—, Benzamino-äthoxy- 9 1169
—, Benzamino-äthoxycarbonylmethylimino-,
  äthylester 9 1246
—, Benzamino-äthyl-, amid 9 1144
—, Benzamino-allylsulfin- 9 1171
—, Benzamino-benzoyloxy- 9 1170
—, Benzamino-benzyloxycarbonylamino-
  9 1228
—, Benzamino-benzyloxycarbonylamino-,
  methylester 9 1228
—, Benzamino-[carboxymethyl-benzoyl-
  amino]- 9 1229
—, Benzamino-[carboxymethyl-
  benzyloxycarbonyl-amino]- 9 1229
—, Benzamino-carboxymethylmercapto-
  9 1171
—, Benzamino-cyan-, äthylester 9 1189
—, Benzamino-diäthoxy- 9 1202
—, Benzamino-diäthoxy-, [acetyl-
  hydrazid] 9 1203
—, Benzamino-diäthoxy-, äthylester
  9 1202
—, Benzamino-diäthoxy-, azid 9 1203
—, Benzamino-diäthoxy-, benzylester
  9 1202
—, Benzamino-diäthoxy-, hydrazid
  9 1203
—, Benzamino-diäthylmercapto- 9 1204
—, Benzamino-dimethyl- 9 1155

Propionsäure, Benzamino-dimethyl-, amid
9 1155
—, Benzamino-dimethyl-, nitril 9 1156
—, Benzamino-hydroxy- 9 1169
—, Benzamino-hydroxy-, äthylester
9 1170
—, Benzamino-mercapto- 9 1170
—, Benzamino-methoxy- 9 1169
—, Benzamino-methoxycarbonyl-
methylmercapto- 9 1171
—, Benzamino-methoxycarbonyl-
methylmercapto-, methylester
9 1173
—, [Benzamino-methyl-crotonoylamino]-
9 1196
—, [Benzamino-methyl-valerylamino]-
benzoyloxy- 9 1161
—, [Benzamino-methyl-valerylamino]-
hydroxy- 9 1160
—, [Benzamino-methyl-valerylamino]-
mercapto- 9 1161
—, [Benzamino-methyl-valerylamino]-
mercapto-, methylester 9 1161
—, Benzamino-oxo-, äthylester 9 1198
—, Benzamino-oxo-, benzylester 9 1199
—, Benz[a]anthracenyl- 9 3633
—, Benzoylimino- 9 1192
—, Benzoylimino-[äthoxy-phenyl]-,
hydroxamid 10 4221
—, Benzoylimino-[benzylmercapto-phenyl]-
10 4225
—, Benzoylimino-[brom-dimethoxy-phenyl]-
10 4529
—, Benzoylimino-[brom-dimethoxy-phenyl]-,
methylester 10 4529
—, Benzoylimino-[brom-hydroxy-methoxy-
phenyl]- 10 4528
—, Benzoylimino-[brom-hydroxy-methoxy-
phenyl]-, äthylester 10 4529
—, Benzoylimino-[brom-hydroxy-methoxy-
phenyl]-, methylester 10 4529
—, Benzoylimino-[chlor-dimethoxy-
phenyl]- 10 4527
—, Benzoylimino-[chlor-dimethoxy-
phenyl]-, äthylester 10 4527
—, Benzoylimino-[chlor-dimethoxy-
phenyl]-, amid 10 4528
—, Benzoylimino-[chlor-dimethoxy-
phenyl]-, methylester 10 4527
—, Benzoylimino-[chlor-hydroxy-methoxy-
phenyl]- 10 4527
—, Benzoylimino-di-, diäthylester
9 1147
—, Benzoylimino-[difluor-methoxy-
phenyl]- 10 4223
—, Benzoylimino-[dihydroxy-phenyl]-
10 4520, 4522
—, Benzoylimino-[dihydroxy-phenyl]-,
äthylester 10 4526

Propionsäure, Benzoylimino-[dijod-(fluor-
methoxy-phenoxy)-phenyl]- 10 4224
—, Benzoylimino-[dijod-(methoxy-
phenoxy)-phenyl]- 10 4224
—, Benzoylimino-[(dijod-methoxy-
phenoxy)-phenyl]- 10 4219
—, Benzoylimino-[dijod-(methoxy-
phenylmercapto)-phenyl]- 10 4225
—, Benzoylimino-[dimethoxy-phenyl]-
10 4520, 4523
—, Benzoylimino-[dimethoxy-phenyl]-,
äthylester 10 4526
—, Benzoylimino-[dinitro-hydroxy-
phenyl]- 10 4214
—, Benzoylimino-diphenyl-, amid 10 3310
—, Benzoylimino-[fluor-methoxy-phenyl]-
10 4223
—, Benzoylimino-[fluor-phenyl]-
10 3015, 3016
—, Benzoylimino-[hydroxy-methoxy-
phenyl]- 10 4522
—, Benzoylimino-[hydroxy-naphthyl]-
10 4407
—, Benzoylimino-[hydroxy-phenyl]-
10 4215, 4217
—, Benzoylimino-[hydroxy-phenyl]-,
amid 10 4221
—, Benzoylimino-[hydroxy-phenyl]-,
methylester 10 4220
—, [Benzoylimino-isovalerylamino]-
9 1196
—, Benzoylimino-[jod-hydroxy-methoxy-
phenyl]- 10 4530
—, Benzoylimino-[(jod-phenoxy)-phenyl]-
10 4219
—, Benzoylimino-[methoxy-benzyloxy-
phenyl]- 10 4524
—, Benzoylimino-[methoxy-naphthyl]-
10 4407
—, Benzoylimino-[methoxy-phenyl]-
10 4213, 4215, 4218
—, Benzoylimino-[methoxy-phenyl]-,
äthylidenhydrazid 10 4222
—, Benzoylimino-[methoxy-phenyl]-,
azid 10 4222
—, Benzoylimino-[methoxy-phenyl]-,
benzylidenhydrazid 10 4222
—, Benzoylimino-[methoxy-phenyl]-,
hydrazid 10 4221
—, Benzoylimino-[methoxy-phenyl]-,
[methoxy-benzylidenhydrazid]
10 4222
—, Benzoylimino-[methoxy-phenyl]-,
methylenhydrazid 10 4222
—, Benzoylimino-[methoxy-phenyl]-,
methylester 10 4220
—, Benzoylimino-[methylsulfon-phenyl]-
10 4224
—, Benzoylimino-naphthyl- 10 3268

Propionsäure, Benzoylimino-naphthyl-,
  methylester 10 3268
—, Benzoylimino-[nitro-benzyloxy-
  phenyl]- 10 4216
—, Benzoylimino-[nitro-dimethoxy-
  phenyl]- 10 4531
—, Benzoylimino-[nitro-hydroxy-methoxy-
  phenyl]- 10 4531
—, Benzoylimino-[nitro-methoxy-acetoxy-
  phenyl]-, äthylester 10 4531
—, Benzoylimino-[nitro-methoxy-phenyl]-
  10 4216
—, Benzoylimino-[(nitro-phenoxy)-
  phenyl]- 10 4219
—, Benzoylimino-[nitro-phenyl]-
  10 3017, 3019, 3020
—, Benzoylimino-[nitro-phenyl]-,
  [acetyl-hydrazid] 10 3018, 3020, 3021
—, Benzoylimino-[nitro-phenyl]-, azid
  10 3018, 3020, 3021
—, Benzoylimino-[nitro-phenyl]-,
  benzylidenhydrazid 10 3018, 3019, 3021
—, Benzoylimino-[nitro-phenyl]-,
  hydrazid 10 3018, 3019, 3021
—, Benzoylimino-[nitro-phenyl]-,
  methylester 10 3019, 3020
—, Benzoylimino-[phenoxy-phenyl]- 10 4219
—, Benzoylimino-phenyl- 10 3002
—, Benzoylimino-phenyl-, [acetyl-
  hydrazid] 10 3015
—, Benzoylimino-phenyl-, äthylester
  10 3006
—, Benzoylimino-phenyl-, amid 10 2994,
  3009
—, Benzoylimino-phenyl-, azid 10 3015
—, Benzoylimino-phenyl-,
  benzylidenhydrazid 10 3015
—, Benzoylimino-phenyl-, benzyloxyamid
  10 3014
—, Benzoylimino-phenyl-, diäthylamid
  10 3009
—, Benzoylimino-phenyl-, dimethylamid
  10 3009
—, Benzoylimino-phenyl-, hydrazid
  10 3014
—, Benzoylimino-phenyl-, hydroxyamid
  10 3014
—, Benzoylimino-phenyl-, methylester
  10 3006
—, Benzoylimino-[phenylmercapto-phenyl]-
  10 4225
—, [Benzoylimino-phenyl-propionylimino]-
  [hydroxy-phenyl]- 10 4218
—, [Benzoylimino-phenyl-propionylimino]-
  [hydroxy-phenyl]-, amid 10 4221
—, [Benzoylimino-phenyl-propionylimino]-
  phenyl- 10 3013
—, [Benzoylimino-phenyl-propionylimino]-
  phenyl-, amid 10 3013

Propionsäure, Benzoylimino-[phenylsulfon-
  phenyl]- 10 4225
—, Benzoylimino-stilbenyl- 10 3385
—, Benzoylimino-p-tolyl-, [acetyl-
  hydrazid] 10 3057
—, Benzoylimino-p-tolyl-, hydrazid
  10 3056
—, Benzoylimino-p-tolyl-, methylester
  10 3056
—, Benzoylimino-[trimethoxy-phenyl]-
  10 4719
—, Benzoyloxy- 9 856
—, Benzoyloxy-, [acetoxy-äthylester]
  9 857
—, Benzoyloxy-, äthylester 9 857
—, Benzoyloxy-, allylester 9 857
—, Benzoyloxy-, amid 9 858
—, Benzoyloxy-, [amid-imin] 9 859
—, Benzoyloxy-, chlorid 9 857
—, Benzoyloxy-, dimethylamid 9 858
—, Benzoyloxy-, nitril 9 858
—, [Benzoyloxy-äthylmercapto]-,
  methylester 9 538
—, Benzoyloxy-benzyloxycarbonylimino-,
  äthylester 9 876
—, Benzoyloxy-diphenyl-, äthylester
  10 1194
—, [Benzoyloxy-hexamethyl-eicosahydro-
  cyclopenta[a]chrysenyl]- 10 987
—, [Benzoyloxy-hexamethyl-eicosahydro-
  cyclopenta[a]chrysenyl]-,
  methylester 10 988
—, Benzoyloxyimino-, [amid-(benzoyl-
  oxim)] 9 1303
—, Benzoyloxyimino-, [chlorid-(benzoyl-
  oxim)] 9 1302
—, Benzoyloxyimino-, [chlorid-oxim]
  9 1302
—, Benzoyloxyimino-, [jodid-(benzoyl-
  oxim)] 9 1303
—, [Benzoyloxy-oxo-dimethyl-
  dodecahydro-cyclopenta[a]-
  naphthalinyl]- 10 4197
—, [Benzoyloxy-oxo-dimethyl-
  hexadecahydro-cyclopenta[a]-
  phenanthrenyl]-, methylester
  10 4299, 4303
—, [Benzoyloxy-oxo-dimethyl-hexahydro-
  naphthyl]- 10 4280
—, Benzoyloxy-phenyl-, äthylester 10 562
—, Benzoyloxy-phenyl-, methylester
  10 561
—, Benzoyloxy-phenylacetylimino-
  9 2230
—, Benzoyloxy-phenylacetylimino-, amid
  9 2233
—, Benzoyloxy-phenylacetylimino-,
  methylester 9 2230
—, [Benzoyl-phenyl]- 10 3330

Propionsäure, [Benzoyl-phenyl]-, methylester
  10 3331
—, [Benzoyl-phenyl]-, nitril 10 3331
—, Benzylmercapto-benzoylimino- 9 1200
—, Benzylmercapto-[nitro-benzoylimino]-
  9 1743
—, [Benzyloxycarbonyl-glycylimino]-
  phenyl- 10 3003
—, [Benzyloxycarbonyl-glycylimino]-
  phenyl-, amid 10 3009
—, Benzyloxycarbonylimino-phenyl-
  10 3002
—, Benzyloxyimino-phenyl- 10 3004
—, Benzyloxyimino-phenyl-, chlorid
  10 3007
—, [Benzyloxy-phenyl]-, äthylester
  10 537
—, [Benzyloxy-phenyl]-, azid 10 538
—, [Benzyloxy-phenyl]-, benzylester
  10 537
—, [Benzyloxy-phenyl]-, hydrazid
  10 538
—, [Benzoyloxy-propionyloxy]- 9 857
—, Bibenzylyl- 9 3380
—, Bibenzylyl-, chlorid 9 3380
—, Bicyclohexylyl- 9 272
—, Bicyclohexylyl-, amid 9 272
—, Bicyclohexylyl-, chlorid 9 272
—, Biphenylyl- 9 3347, 3349
—, Biphenylyl-, [diäthylamino-
  äthylester] 9 3349
—, Biphenylyl-, [diäthylamino-
  propylester] 9 3349
—, Bis-acetoxyimino-phenyl-, nitril
  10 3545
—, Bis-benzamino- 9 1192, 1229
—, Bis-benzamino-, äthylester 9 1192
—, Bis-benzamino-, amid 9 1192
—, Bis-benzamino-, nitril 9 1229
—, Bis-benzamino-dithio-di- 9 1172
—, Bis-benzamino-dithio-di-,
  dimethylester 9 1173
—, Bis-benzamino-methylendimercapto-di-
  9 1171
—, Bis-benzamino-thio-di- 9 1171
—, Bis-benzoyloxyimino-, nitril 9 1303
—, Bis-benzoyloxyimino-phenyl-, nitril
  10 3545
—, Bis-benzyloxycarbonylamino-phenyl-
  10 3003
—, Bis-[brom-phenyl]- 9 3341
—, Bis-[brom-phenyl]-, [diäthylamino-
  äthylester] 9 3342
—, Bis-[carboxy-benzamino]-dithio-di-
  9 4195
—, Bis-[chlor-phenyl]- 9 3335, 3341
—, Bis-[chlor-phenyl]-, nitril 9 3335
—, Bis-cinnamoylamino-dithio-di-,
  dimethylester 9 2719

Propionsäure, Bis-[dijod-hydroxy-phenyl]-
  10 1963
—, Bis-[dinitro-benzamino]-dithio-di-
  9 1941
—, [Bis-(dioxo-dihydro-
  anthracencarbonyloxy)-dimethyl-
  hexadecahydro-cyclopenta[a]-
  phenanthrenyl]-, methylester
  10 3647
—, Bis-[fluor-phenyl]- 9 3340
—, Bis-[fluor-phenyl]-, [diäthylamino-
  äthylester] 9 3340
—, Bis-hydroxyimino-phenyl-, nitril
  10 3545
—, Bis-[hydroxy-phenyl]- 10 1963, 1968
—, Bis-[methoxy-phenyl]- 10 1968
—, Bis-[methoxy-phenyl]-, nitril
  10 1963
—, Bis-[methyl-benzoyl-amino]-dithio-
  di- 9 1173
—, Bis-[nitro-benzamino]-dithio-di-
  9 1735
—, Bis-[nitro-benzoyloxy]-phenyl-,
  äthylester 10 1525
—, Bis-[nitro-methyl-phenyl]- 9 3384
—, Bis-[nitro-methyl-phenyl]-, chlorid
  9 3384
—, Bis-[phenyl-acetamino]- 9 2228
—, Bis-[phenyl-acetamino]-dithio-di-
  9 2221
—, [Brom-acetoxy-oxo-dimethyl-
  hexadecahydro-cyclopenta[a]-
  phenanthrenyl]-, methylester
  10 4301
—, Brom-äthoxy-[brom-dimethoxy-phenyl]-
  10 2122
—, Brom-äthoxy-[brom-dimethoxy-phenyl]-,
  äthylester 10 2123
—, Brom-äthoxy-[brom-dimethoxy-phenyl]-,
  methylester 10 2122
—, Brom-äthoxy-[methoxy-phenyl]-
  10 1524
—, Brom-biphenylyl- 9 3348
—, Brom-[brom-decahydro-naphthyl]-
  9 264
—, Brom-[brom-fluorenyl]- 9 3464
—, Brom-[brom-fluorenyl]-, nitril
  9 3464
—, Brom-[brom-hexahydro-indanyl]-
  9 258
—, Brom-[brom-phenyl]- 9 2404
—, Brom-[carboxy-cyclohexyl]- 9 3859
—, Brom-[chlor-phenyl]- 9 2403
—, Brom-cyclohexyl- 9 66
—, Brom-[dimethyl-phenyl]- 9 2792
—, [Brom-dioxo-dimethyl-hexadecahydro-
  cyclopenta[a]phenanthrenyl]-,
  methylester 10 3567
—, Brom-diphenyl- 9 3343

Propionsäure, [Brom-hydroxy-acetoxy-dimethyl-hexadecahydro-cyclopenta[a]-phenanthrenyl]-, methylester 10 1616

—, Brom-hydroxy-[dimethoxy-phenyl]- 10 2124

—, Brom-hydroxy-[dimethoxy-phenyl]-, methylester 10 2124

—, [Brom-hydroxy-dimethyl-tetrahydro-naphthyl]- 10 923

—, [Brom-hydroxy-methoxy-tetrahydro-naphthyl]-, lacton 10 997

—, Brom-hydroxy-[nitro-phenyl]- 10 552

—, Brom-hydroxy-[nitro-phenyl]-, äthylester 10 553

—, [Brom-hydroxy-oxo-dimethyl-hexadecahydro-cyclopenta[a]-phenanthrenyl]-, methylester 10 4299

—, Brom-hydroxy-phenyl- 10 551

—, Brom-hydroxy-phenyl-, methylester 10 552

—, Brom-hydroxy-p-tolyl- 10 609

—, Brom-hydroxy-p-tolyl-, methylester 10 609

—, [Brom-jod-trimethoxy-phenyl]- 10 2122

—, Brom-methoxy-[brom-dimethoxy-phenyl]-10 2122

—, Brom-methoxy-[brom-dimethoxy-phenyl]-, äthylester 10 2123

—, Brom-methoxy-[brom-dimethoxy-phenyl]-, methylester 10 2122

—, Brom-methoxy-phenyl- 10 551

—, [Brom-methoxy-phenyl]- 10 535, 538

—, [Brom-methoxy-phenyl]-, chlorid 10 536

—, [Brom-methoxy-phenyl]-, nitril 10 560

—, [Brom-oxo-dimethyl-hexadecahydro-cyclopenta[a]phenanthrenyl]- 10 3128

—, Brom-oxo-diphenyl-, äthylester 10 3310

—, [Brom-oxo-fluorenyl]- 10 3383

—, Brom-oxo-methyl-phenyl-, äthylester 10 3052

—, Brom-oxo-phenyl- 10 3017

—, Brom-oxo-phenyl-, äthylester 10 2998

—, Brom-phenyl- 9 2401, 2402, 2423

—, Brom-phenyl-, äthylester 9 2402

—, Brom-phenyl-, amid 9 2402

—, Brom-phenyl-, chlorid 9 2402

—, Brom-phenyl-, nitril 9 2403

—, Brom-phenyl-, ureid 9 2402

—, [Brom-phenyl]- 9 2400, 2401

—, [Brom-phenyl]-, amid 9 2401

—, [Brom-phenyl]-, chlorid 9 2401

Propionsäure, [Brom-phenyl]-, methylester 9 2401

—, [Brom-phenyl-acetamino]- 9 2278

—, [Brom-phenyl-acetamino]-äthoxy- 9 2278

—, [Brom-phenyl-acetamino]-diäthoxy- 9 2278

—, [Brom-phenyl]-[acetoxy-indanyl]- 10 1284

—, [Brom-phenyl]-benzyl- 9 3360, 3361

—, [Brom-phenyl]-[brom-benzyl]- 9 3361

—, [Brom-phenyl]-[brom-benzyl]-, amid 9 3361

—, [Brom-phenyl]-[chlor-benzyl]- 9 3361

—, Brom-phenyl-[chlor-phenyl]-, methylester 9 3335

—, [Brom-phenyl]-[hydroxy-indanyl]- 10 1284

—, [Brom-phenyl]-[hydroxy-phenyl]- 10 1191

—, [Brom-phenyl]-[hydroxy-phenyl]-, methylester 10 1191

—, [Brom-tetramethoxy-biphenylyl]- 10 2491

—, [Brom-tetramethoxy-biphenylyl]-, chlorid 10 2491

—, [Brom-tetramethoxy-biphenylyl]-, hydroxyamid 10 2491

—, [Brom-tetramethoxy-biphenylyl]-, methylester 10 2491

—, Brom-trichlormethyl-phenyl-, äthylester 9 2475

—, [Brom-trimethoxy-phenyl]- 10 2121

—, Butyl-[brom-phenyl]- 9 2567, 2568

—, Butyl-[brom-phenyl]-, amid 9 2568

—, Butyl-[carboxy-phenyl]- 9 4344

—, Butyl-[jod-phenyl]-, äthylester 9 2569

—, [tert-Butyl-naphthyl]- 9 3255

—, [Butyloxy-phenyl]- 10 540

—, [Butyloxy-phenyl]-, [butylamino-isobutylester] 10 541

—, [Butyloxy-phenyl]-, chlorid 10 541

—, Butyl-phenyl- 9 2566

—, Butyl-phenyl-, äthylester 9 2567

—, Butyl-phenyl-, amid 9 2567

—, Butyl-phenyl-, benzylester 9 2567

—, Butyl-phenyl-, nitril 9 2567

—, [tert-Butyl-phenyl]- 9 2584

—, [tert-Butyl-phenyl]-, amid 9 2584

—, [Carbamimidoyl-hydrazono]-phenyl-, äthylester 10 2993

—, Carbamoyloxy-phenyl- 10 555

—, [(Carboxy-äthyl)-cyclohexyliden]-s. Propionsäure, [(Carboxy-äthyliden)-cyclohexyl]-

—, [Carboxy-biphenylyl]- 9 4542

Propionsäure, [Carboxy-cyclohexenyl]-
9 3977
—, [Carboxy-cyclohexyl]- 9 3858,
3859, 3860
—, [Carboxy-cyclohexyl]-phenyl- 9 4422
—, [Carboxy-cyclopentenyl]- 9 3964
—, [Carboxy-cyclopentyl]- 9 3841, 3842
—, [Carboxy-cyclopentyl]-phenyl-
9 4419
—, [Carboxy-dihydro-phenanthryl]-
9 4638
—, [Carboxy-fluorenyl]- 9 4614
—, [Carboxymethoxy-phenyl]- 10 534, 559
—, [Carboxymethyl-amino]-benzamino-
9 1228
—, [Carboxymethyl-cyclohexyl]- 9 3904
—, [Carboxymethyl-cyclopentyl]- 9 3871
—, [Carboxymethyl-dihydro-naphthyl]-
9 4449
—, [Carboxymethylen-cyclohexyl]-phenyl-
9 4453
—, [Carboxymethyl-isopropyl-
cyclopropyl]- 9 3920
—, Carboxymethylmercapto-phenyl- 10 554
—, [Carboxymethyl-naphthyl]- 9 4482
—, [Carboxymethyl-phenyl]- 9 4311
—, [Carboxymethyl-tetrahydro-naphthyl]-
9 4420
—, [Carboxy-naphthyl]-
s. *Naphthoesäure, [Carboxy-äthyl]-*
—, [Carboxy-norbornyl]- s. *Norbornan-
carbonsäure, [Carboxy-äthyl]-*
—, [Carboxy-phenyl]- 9 4290
—, [Carboxy-phenyl]-benzyl- 9 4555
—, [(Carboxy-propionyloxy)-dimethyl-
tetradecahydro-cyclopenta[*a*]-
phenanthrenyl]-, methylester
10 955
—, [(Carboxy-propionyloxy)-oxo-
dimethyl-hexadecahydro-cyclopenta-
[*a*]phenanthrenyl]- 10 4302
—, [Chloracetyl-glycylimino]-phenyl-
10 3003
—, Chloracetylimino-phenyl- 10 3001
—, Chloracetylimino-phenyl-, amid
10 3008
—, Chlor-äthoxy-äthyl-diphenyl-,
äthylester 10 1218
—, Chlor-benzamino- 9 1145
—, Chlor-benzamino-, äthylester
9 1145
—, Chlor-benzamino-, methylester
9 1145
—, Chlor-benzoyloxy-, nitril 9 859
—, [Chlor-benzoyloxy]-
phenylacetylimino-, methylester
9 2231
—, Chlor-brom-phenyl- 9 2404
—, Chlor-[chlor-phenyl]- 9 2399

Propionsäure, Chlor-[chlor-phenyl]-, nitril
9 2399
—, [Chlor-cyclopentyl]-, äthylester
9 59
—, [Chlor-dimethyl-hexadecahydro-
cyclopenta[*a*]phenanthrenyl]-
9 2652
—, [Chlor-dimethyl-hexadecahydro-
cyclopenta[*a*]phenanthrenyl]-,
methylester 9 2652
—, [Chlor-dimethyl-norbornyl]-,
methylester 9 260
—, [Chlor-dinitro-phenyl]-, äthylester
9 2416
—, Chlor-hydroxy-äthyl-diphenyl-,
äthylester 10 1218
—, Chlor-hydroxy-diphenyl-, amid
10 1194
—, Chlor-hydroxy-methyl-phenyl- 10 602
—, Chlor-hydroxy-methyl-phenyl-,
äthylester 10 602
—, Chlor-hydroxy-phenyl- 10 550, 564
—, Chlor-hydroxy-phenyl-, äthylester
10 551
—, Chlor-hydroxy-phenyl-, propylester
10 564
—, Chlor-hydroxy-phenyl-benzyl-,
nitril 10 1206
—, Chlor-methoxy-äthyl-diphenyl-
10 1217
—, Chlor-methoxy-äthyl-diphenyl-,
äthylester 10 1218
—, Chlor-methoxy-phenyl- 10 550
—, Chlor-methoxy-phenyl-, methylester
10 551
—, Chlor-[methoxy-phenyl]-, nitril
10 535, 542
—, [Chlor-methyl-phenyl]- 9 2480
—, Chlor-nitro-phenyl- 9 2413
—, Chlor-[nitro-phenyl]-, nitril 9 2413
—, [Chlor-oxo-dimethyl-äthoxycarbonyl-
tetrahydro-1.5-cyclo-indanyl]-,
äthylester 10 3944
—, [Chlor-oxo-dimethyl-carboxy-
tetrahydro-1.5-cyclo-indanyl]-
10 3944
—, Chlor-oxo-phenyl-, äthylester
10 2997
—, Chlor-phenyl- 9 2398, 2423
—, Chlor-phenyl-, äthylester 9 2398,
2399, 2423
—, Chlor-phenyl-, amid 9 2399
—, Chlor-phenyl-, methylester 9 2399, 2423
—, Chlor-phenyl-, nitril 9 2399
—, [Chlor-phenyl]- 9 2397, 2422
—, [Chlor-phenyl]-, amid 9 2397
—, [Chlor-phenyl]-, chlorid 9 2397
—, Chlor-[phenyl-acetamino]-,
methylester 9 2215

Propionsäure, [Chlor-phenyl-acetamino]-
9 2268

—, [Chlor-phenyl-acetamino]-,
methylester 9 2268

—, [Chlor-phenyl-acetamino]-äthoxy-
9 2268

—, [Chlor-phenyl-acetamino]-
äthylmercapto- 9 2269

—, [Chlor-phenyl-acetamino]-diäthoxy-
9 2269

—, [Chlor-phenyl-acetamino]-diäthoxy-,
äthylester 9 2270

—, [Chlor-phenyl-acetamino]-diäthoxy-,
methylester 9 2269

—, [Chlor-phenyl]-benzyl- 9 3359, 3360

—, [Chlor-phenyl]-benzyl-, amid 9 3360

—, Chlor-phenyl-[chlor-phenyl]-,
methylester 9 3335

—, [Chlor-phenyl]-[hydroxy-anthryl]-
10 3481

—, [Chlor-phenyl]-[oxo-dihydro-anthryl]-
10 3481

—, [(Chlor-phenylsulfon)-phenyl]-
10 544

—, [Chlor-propionylimino]-phenyl-
10 3001

—, Chlor-*p*-tolyl-, methylester
9 2480

—, Chlor-*p*-tolyl-, nitril 9 2480

—, Cinnamoylamino- 9 2718

—, Cinnamoylamino-diäthoxy- 9 2719

—, Cinnamoylamino-mercapto-,
methylester 9 2718

—, Cinnamoyloxy-, äthylester 9 2705

—, Cinnamoyloxy-, [cyclopentenyl-
tridecylester] 9 2705

—, *p*-Cumenyl- 9 2556

—, [Cyan-biphenylyl]- 9 4543

—, [Cyan-biphenylyl]-, amid 9 4543

—, [Cyan-biphenylyl]-, nitril 9 4543

—, [Cyan-biphenylyl]-,
[nitro-benzylester] 9 4543

—, [Cyan-cyclohexyl]-cyan-, äthylester
9 4755

—, [Cyan-cyclohexyl]-phenyl-cyan-,
äthylester 9 4824

—, [Cyan-cyclopentenyl]-, äthylester
9 3964

—, [Cyan-cyclopentyl]-cyan-,
äthylester 9 4753

—, [Cyan-cyclopentyl]-phenyl-cyan-,
äthylester 9 4823

—, [Cyan-phenyl]- 9 4291

—, [Cyan-phenyl]-, amid 9 4291

—, [Cyan-phenyl]-, chlorid 9 4291

—, [Cyan-phenyl]-, methylester 9 4291

—, [Cyan-phenyl]-, nitril 9 4291

—, Cyclohexancarbonylamino- 9 29

—, Cyclohexenyl- 9 177, 178, 179

Propionsäure, Cyclohexenyl-, äthylester
9 178

—, Cyclohexenyl-, amid 9 177, 178, 179

—, Cyclohexenyl-, [brom-phenacylester]
9 177

—, Cyclohexenyl-, chlorid 9 177

—, Cyclohexenyl-, [diäthylamino-
äthylester] 9 178

—, Cyclohexenyl-, [methyl-ureid]
9 179

—, Cyclohexenyl-, nitril 9 179

—, Cyclohexenyl-cyan-, äthylester
9 3976

—, Cyclohexenyl-cyan-, amid 9 3977

—, Cyclohexenyl-phenyl- 9 3097

—, Cyclohexenyl-phenyl-, [diäthylamino-
äthylester] 9 3098

—, Cyclohexenyl-phenyl-cyan-,
äthylester 9 4450

—, Cyclohexyl- 9 64, 66

—, Cyclohexyl-, äthylester 9 64, 66

—, Cyclohexyl-, amid 9 65, 67

—, Cyclohexyl-, anhydrid 9 65

—, Cyclohexyl-, benzylester 9 64

—, Cyclohexyl-, [brom-phenacylester]
9 65

—, Cyclohexyl-, chlorid 9 65, 67

—, Cyclohexyl-, [cyclohexyl-äthylester]
9 64

—, Cyclohexyl-, cyclohexylester 9 64

—, Cyclohexyl-, [methyl-
cyclohexylester] 9 64

—, Cyclohexyl-, nitril 9 67

—, Cyclohexyl-, phenäthylester 9 65

—, Cyclohexyl-, phenylester 9 64

—, Cyclohexyl-, [phenyl-propylester]
9 65

—, [Cyclohexylacetyl-amino]- 9 48

—, [Cyclohexylacetyl-amino]-, [methyl-
carboxy-propylamid] 9 49

—, [Cyclohexylacetyl-amino]-diäthoxy-
9 49

—, [Cyclohexylacetyl-amino]-diäthoxy-,
äthylester 9 49

—, [Cyclohexylacetyl-amino]-hydroxy-
9 49

—, Cyclohexyl-*p*-cumenyl- 9 2900

—, Cyclohexyl-*p*-cumenyl-,
[diäthylamino-äthylester] 9 2900

—, Cyclohexyl-cyclohexenyl- 9 343

—, Cyclohexyl-cyclohexenyl-,
[diäthylamino-äthylester] 9 344

—, Cyclohexyl-cyclopentenyl- 9 342

—, Cyclohexyl-cyclopentenyl-,
[diäthylamino-äthylester] 9 342

—, Cyclohexyl-[dijod-hydroxy-phenyl]-
10 919

—, Cyclohexyl-[dimethyl-cyclohexyl]-,
methylester 9 282

Propionsäure, Cyclohexyl-[hydroxy-phenyl]-
10 918
—, Cyclohexyliden- 9 177, 179
—, Cyclohexyliden-, äthylester 9 177, 180
—, Cyclohexyl-[isopropyl-phenyl]-
9 2900
—, Cyclohexyl-[isopropyl-phenyl]-,
[diäthylamino-äthylester] 9 2900
—, Cyclohexly-[isopropyl-phenyl]-,
[triäthylammonio-äthylester]
9 2900
—, Cyclohexylmethyl-cyclohexyl- 9 280
—, Cyclohexyl-[oxo-cyclohexyl]-,
äthylester 10 2950
—, Cyclohexyl-phenyl- 9 2880, 2881
—, Cyclohexyl-phenyl-, [diäthylamino-
äthylester] 9 2880
—, Cyclohexyl-phenyl-, nitril 9 2881
—, [Cyclohexyl-phenyl]- 9 2882
—, [Cyclohexyl-phenyl]-, amid 9 2882
—, [Cyclohexyl-phenyl]-, chlorid
9 2882
—, Cyclohexyl-[semicarbazono-
cyclohexyl]-, äthylester 10 2950
—, Cyclopentancarbonyloxy-, äthylester
9 12
—, Cyclopentandiyl-di- 9 3914
—, Cyclopentandiyl-di-, diamid 9 3914
—, Cyclopenta[def]phenanthrendiyl-di-
9 4680
—, Cyclopenta[def]phenanthrendiyl-di-,
dichlorid 9 4680
—, Cyclopentenyl- 9 172
—, Cyclopentenyl-, äthylester 9 172
—, Cyclopentenyl-, benzylester 9 173
—, Cyclopentenyl-, isobutylester 9 173
—, Cyclopentenyl-[methoxy-phenyl]-
10 998
—, Cyclopentenyl-[methoxy-phenyl]-,
amid 10 998
—, Cyclopentenyl-phenyl- 9 3095
—, Cyclopentenyl-phenyl-,
[diäthylamino-äthylester] 9 3095
—, Cyclopentenyl-phenyl-cyan-,
äthylester 9 4448
—, Cyclopentyl- 9 58, 59
—, Cyclopentyl-, äthylester 9 58
—, Cyclopentyl-, amid 9 58, 59
—, Cyclopentyl-, chlorid 9 58, 59
—, Cyclopentyl-, methylester 9 59
—, Cyclopentyl-cyclohexyl- 9 268
—, Cyclopentyl-cyclohexyl-,
[diäthylamino-äthylester] 9 269
—, Cyclopentyl-[dijod-hydroxy-phenyl]-
10 913
—, Cyclopentyl-[hydroxy-phenyl]- 10 913
—, Cyclopentyliden- 9 173
—, Cyclopentyliden-, äthylester 9 173
—, Cyclopentyl-phenyl- 9 2871

Propionsäure, Cyclopentyl-phenyl-,
[diäthylamino-äthylester] 9 2871
—, [Cyclopentyl-phenyl]- 9 2873
—, [Cyclopentyl-phenyl]-, amid 9 2873
—, [Cyclopentyl-phenyl]-, nitril
9 2873
—, [Decahydro-naphthyl]- 9 263
—, [Decahydro-naphthyl]-, methylester
9 264
—, Decyl-cyclobutyl- 9 132
—, Decyl-cyclopropyl- 9 130
—, Deuterio-phenyl- 9 2384, 2396
—, [Diacetoxy-dimethyl-hexadecahydro-
cyclopenta[a]phenanthrenyl]-
10 1614, 1615, 1618
—, [Diacetoxy-dimethyl-hexadecahydro-
cyclopenta[a]phenanthrenyl]-,
azid 10 1621
—, [Diacetoxy-dimethyl-hexadecahydro-
cyclopenta[a]phenanthrenyl]-,
methylester 10 1614, 1616, 1620
—, [Diacetoxy-dimethyl-hexahydro-
1.5-cyclo-azulenyl]- 10 1588, 4196
—, [Diacetoxy-dimethyl-hexahydro-
1.5-cyclo-azulenyl]-, methylester
10 1588
—, [Diacetoxy-dimethyl-octahydro-
3.6-cyclo-cyclobuta[cd]indenyl]-
10 4196
—, Diacetylmercapto-phenyl- 10 3000
—, Diäthoxy-phenyl- 10 3023
—, Diäthoxy-phenyl-, äthylester 10 2992
—, [Diäthoxy-phenyl]- 10 1518
—, [Diäthoxy-phenyl]-, amid 10 1520
—, [Diäthoxy-phenyl]-, methylester
10 1519
—, Diäthylamino-benzoylimino-,
äthylester 9 1246
—, Diäthylamino-benzoylimino-,
methylester 9 1245
—, Diäthylamino-benzoyloxy-äthyl-,
benzylester 9 894
—, Diäthyl-phenyl-, amid 9 2575
—, Diäthyl-phenyl-, nitril 9 2576
—, Dibenzoyloxy- 9 863
—, [Dibenzoyloxy-dimethyl-
hexadecahydro-cyclopenta[a]-
phenanthrenyl]-, methylester 10 1621
—, Dibenzoyloxy-oxy-di- 9 863
—, Dibenzyl- s. Propionsäure, Methyl-
phenyl-benzyl-
—, Dibenzyliden- s. Butensäure, Phenyl-
benzyliden-
—, [Dibenzyloxy-phenyl]-, äthylester
10 1521
—, [Dibenzyloxy-phenyl]-, hydrazid
10 1521
—, Dibrom-[äthoxymethyl-phenyl]-
10 604

Propionsäure, Dibrom-äthyl-phenyl-
9 2511

—, Dibrom-[äthyl-phenyl]- 9 2528

—, Dibrom-[azido-phenyl]- 9 2416

—, Dibrom-biphenylyl- 9 3348

—, Dibrom-biphenylyl-, äthylester
9 3349

—, Dibrom-biphenylyl-, methylester
9 3348

—, Dibrom-[brom-dimethoxy-phenyl]-
10 1515, 1522

—, Dibrom-[brom-dimethoxy-phenyl]-,
äthylester 10 1516

—, Dibrom-[brom-dimethoxy-phenyl]-,
methylester 10 1516

—, Dibrom-[brom-methoxy-phenyl]- 10 539

—, Dibrom-[brom-nitro-naphthyl]-
9 3221

—, Dibrom-[brom-nitro-naphthyl]-,
methylester 9 3221

—, Dibrom-[brom-nitro-phenyl]- 9 2414

—, Dibrom-[brom-phenyl]- 9 2411, 2731

—, Dibrom-[brom-phenyl]-, methylester
9 2411

—, Dibrom-butyl-phenyl- 9 2568

—, Dibrom-[chlor-nitro-phenyl]- 9 2414

—, Dibrom-[chlor-phenyl]- 9 2410

—, Dibrom-[cyan-phenyl]- 9 4291, 4292

—, Dibrom-[dichlor-phenyl]- 9 2410, 2411

—, Dibrom-[dimethoxy-carboxy-phenyl]-
10 2457

—, Dibrom-[dimethoxy-phenyl]-,
äthylester 10 1522

—, Dibrom-[dinitro-trimethyl-phenyl]-
9 2561

—, [Dibrom-dioxo-dimethyl-octahydro-
1.6-cyclo-azulenyl]- 10 3541

—, Dibrom-diphenyl- 9 3336

—, Dibrom-diphenyl-, äthylester
9 3336

—, Dibrom-diphenyl-, methylester
9 3336

—, Dibrom-[fluor-phenyl]- 9 2409

—, Dibrom-hydroxy-phenyl- 10 564

—, [Dibrom-hydroxy-phenyl]- 10 536

—, Dibrom-[jod-phenyl]- 9 2412

—, Dibrom-mesityl-, äthylester 9 2561

—, Dibrom-[methoxy-phenyl]- 10 538, 542

—, Dibrom-[methoxy-phenyl]-,
äthylester 10 539, 543

—, Dibrom-[methoxy-phenyl]-, amid
10 543

—, Dibrom-[methoxy-phenyl]-,
diäthylamid 10 543

—, Dibrom-[methoxy-phenyl]-,
diisopropylamid 10 543

—, [Dibrom-methyl-cyclohexyl]- 9 82

—, Dibrom-methyl-[methoxy-phenyl]-
10 601

Propionsäure, Dibrom-methyl-[nitro-
phenyl]-, äthylester 9 2476

—, Dibrom-methyl-phenyl- 9 2475

—, Dibrom-naphthyl- 9 3220

—, Dibrom-[nitro-dimethoxy-phenyl]-
10 1522

—, Dibrom-[nitro-methoxy-phenyl]-
10 539

—, Dibrom-[nitro-phenyl]- 9 2413, 2414

—, [Dibrom-oxo-dimethyl-tetradecahydro-
cyclopenta[a]phenanthrenyl]-
10 3217

—, Dibrom-oxo-[dinitro-trimethyl-
phenyl]-, nitril 10 3090

—, Dibrom-oxo-mesityl-, nitril 10 3090

—, Dibrom-oxo-phenyl-, äthylester
10 2998

—, Dibrom-oxo-phenyl-, amid 10 2998

—, Dibrom-pentyl-phenyl- 9 2596
phenylester] 9 2407

—, Dibrom-phenyl- 9 2404

—, Dibrom-phenyl-, äthylester 9 2406

—, Dibrom-phenyl-, benzylester 9 2407

—, Dibrom-phenyl-, cholestanylester
9 2408

—, Dibrom-phenyl-, diäthylamid 9 2409

—, Dibrom-phenyl-, [diäthylamino-
propylester] 9 2408

—, Dibrom-phenyl-, [dibrom-
cholestanylester] 9 2408

—, Dibrom-phenyl-, [dichlor-dibrom-
äthylester] 9 2407

—, Dibrom-phenyl-, [dichlorjod-

—, Dibrom-phenyl-, [jod-phenylester]
9 2407

—, Dibrom-phenyl-, methylester 9 2406

—, Dibrom-phenyl-, nitril 9 2409

—, Dibrom-phenyl-, ureid 9 2409

—, Dibrom-phenyl-[carboxy-phenyl]-
9 4536

—, Dibrom-propyl-phenyl- 9 2541

—, Dibrom-p-tolyl- 9 2480

—, Dibrom-p-tolyl-, methylester 9 2481

—, [Dibrom-trimethoxy-phenyl]- 10 2121

—, Dibrom-[trimethyl-phenyl]-,
äthylester 9 2561

—, [Dicarboxy-cyclohexyl]-
s. Cyclohexan-dicarbonsäure,
[Carboxy-äthyl]-

—, [Dicarboxy-m-phenylen]-di- 9 4879

—, Dichlor-äthyl-diphenyl-, äthylester
9 3381

—, Dichlor-biphenylyl- 9 3348

—, Dichlor-[brom-methoxy-benzoylimino]-
10 180

—, Dichlor-[chlor-methoxy-benzoylimino]-
10 168

—, Dichlor-[dibrom-methoxy-
benzoylimino]- 10 184

Propionsäure, Dichlor-[dichlor-methoxy-
benzoylimino]- 10 173
—, [Dichlor-hydroxy-anthryl]- 10 3391,
3392
—, Dichlor-[methoxy-phenyl]- 10 542
—, [Dichlor-oxo-dihydro-anthryl]-
10 3391, 3392
—, Dichlor-oxo-mesityl-, nitril 10 3090
—, Dichlor-phenyl- 9 2400
—, Dichlor-phenyl-, [dichlorjod-
phenylester] 9 2400
—, Dichlor-phenyl-, [jod-phenylester]
9 2400
—, Dichlor-phenyl-, methylester 9 2400
—, Dichlor-m-toluoylimino- 9 2324
—, Dichlor-p-toluoylimino- 9 2347
—, Dicyclohexyl- 9 271
—, Dicyclohexyl-, chlorid 9 271
—, [Diformyloxy-dimethyl-hexadecahydro-
cyclopenta[a]phenanthrenyl]-
10 1618
—, [Diformyloxy-dimethyl-hexadecahydro-
cyclopenta[a]phenanthrenyl]-,
chlorid 10 1621
—, [Dihydro-fluoranthenyl]- 9 3538
—, [Dihydro-fluoranthenyl]-, nitril
9 3538
—, [Dihydro-naphthyl]- 9 3088
—, [Dihydro-naphthyl]-, äthylester
9 3088
—, [Dihydro-phenalenyl]- 9 3375
—, [Dihydro-phenanthryl]- 9 3473, 3474
—, [Dihydro-phenanthryl]-, äthylester
9 3474
—, [Dihydro-phenanthryl]-, hydrazid
9 3474
—, [Dihydroxy-benzoyl-phenyl]- 10 4679
—, [Dihydroxy-carboxy-phenyl]- 10 2457
—, Dihydroxy-[chlor-phenyl]-cyan-
10 2456
—, [Dihydroxy-dimethoxy-biphenyldiyl]-
di- 10 2614
—, [Dihydroxy-dimethyl-decahydro-
naphthyl]- 10 1358
—, [Dihydroxy-dimethyl-hexadecahydro-
cyclopenta[a]phenanthrenyl]-
10 1613, 1614, 1615, 1616, 1622
—, [Dihydroxy-dimethyl-hexadecahydro-
cyclopenta[a]phenanthrenyl]-,
methylester 10 1613, 1614, 1615, 1619
—, [Dihydroxy-dimethyl-hexahydro-
1.5-cyclo-azulenyl]- 10 1588
—, [Dihydroxy-dimethyl-octahydro-
3.6-cyclo-cyclobuta[cd]indenyl]-
10 4196
—, [Dihydroxy-dimethyl-octahydro-
naphthyl]- 10 1359
—, [Dihydroxy-dimethyl-tetradecahydro-
cyclopenta[a]phenanthrenyl]- 10 1880

Propionsäure, [Dihydroxy-dimethyl-tetra-
decahydro-cyclopenta[a]phenanthrenyl]-,
methylester 10 1881
—, [Dihydroxy-dimethyl-tetradecahydro-
phenanthryl]- 10 1360
—, [Dihydroxy-dimethyl-tetradecahydro-
phenanthryl]-, methylester 10 1360
—, Dihydroxy-diphenyl- 10 1965, 1968
—, Dihydroxy-diphenyl-, äthylester
10 1968
—, Dihydroxy-diphenyl-, amid 10 1966
—, Dihydroxy-diphenyl-, methylester
10 1966, 1968
—, [Dihydroxy-methyl-acetyl-phenyl]-
10 4563
—, [Dihydroxy-methyl-äthyl-isopropyl-
cyclohexyl]- 10 1356
—, [Dihydroxy-methyl-äthyl-isopropyl-
cyclohexyl]-, methylester 10 1356
—, Dihydroxy-methyl-p-cumenyl- 10 1586
—, Dihydroxy-methyl-[isopropyl-phenyl]-
10 1586
—, [Dihydroxy-methyl-octahydro-
phenanthryl]- 10 1910
—, [Dihydroxy-methyl-octahydro-
phenanthryl]-, methylester 10 1910
—, [Dihydroxy-methyl-tetrahydro-
phenanthryl]- 10 1981
—, Dihydroxy-naphthyl- 10 1942
—, [Dihydroxy-oxo-dimethyl-decahydro-
naphthyl]- 10 4505
—, [Dihydroxy-oxo-dimethyl-hexahydro-
naphthyl]- 10 4569
—, Dihydroxy-phenyl- 10 1526
—, [Dihydroxy-phenyl]- 10 1515, 1517
—, [Dihydroxy-phenyl]-, äthylester
10 1519
—, Dihydroxy-phenyl-benzyl-, nitril
10 1972
—, Dihydroxy-phenyl-cyan- 10 2456
—, [(Dihydroxy-phenylsulfon)-phenyl]-
10 544
—, [Dihydroxy-tetramethyl-octahydro-
binaphthyldiyl]-di- 10 2541
—, [Dijod-benzamino]- 9 1455
—, [Dijod-hydroxy-phenyl]-benzyl- 10 1205
—, [Dijod-hydroxy-phenyl]-naphthyl-
10 1318
—, [Dimethoxy-äthoxy-phenyl]- 10 2119
—, [Dimethoxy-äthyl-phenyl]- 10 1573
—, [Dimethoxy-benzoylimino]-[dimethoxy-
phenyl]-, methylester 10 4525
—, [Dimethoxy-carboxy-dihydro-
phenanthryl]- 10 2534
—, [Dimethoxy-carboxy-phenanthryl]-
10 2540
—, [Dimethoxy-carboxy-phenyl]- 10 2457
—, [Dimethoxy-carboxy-tetrahydro-
phenanthryl]- 10 2519

Propionsäure, [Dimethoxy-cyan-tetrahydro-
naphthyl]- 10 2476
—, [Dimethoxy-cyclopenta[*a*]-
naphthalinyl]- 10 1999
—, [Dimethoxy-cyclopenta[*a*]-
naphthylinyl]-, äthylester
10 1999
—, [Dimethoxy-diacetoxy-biphenyldiyl]-
di- 10 2615
—, [Dimethoxy-hydroxyimino-cyan-
naphthyl]- 10 4808
—, [Dimethoxy-methoxycarbonyl-
phenanthryl]-, methylester 10 2541
—, [Dimethoxy-methoxycarbonyl-phenyl]-,
methylester 10 2457
—, [Dimethoxy-methyl-naphthyl]-acetyl-,
äthylester 10 4658
—, [Dimethoxy-methyl-phenyl]- 10 1565
—, [Dimethoxy-oxo-carbamoyl-tetrahydro-
naphthyl]- 10 4807
—, [Dimethoxy-oxo-cyan-tetrahydro-
naphthyl]- 10 4807
—, Dimethoxy-phenyl-, methylester
10 2991
—, Dimethoxy-phenyl-, nitril 10 2995
—, [Dimethoxy-phenyl]- 10 1516, 1517,
1526
—, [Dimethoxy-phenyl]-, äthylester
10 1515, 1516, 1519
—, [Dimethoxy-phenyl]-, amid 10 1515,
1517, 1520
—, [Dimethoxy-phenyl]-, azid 10 1521
—, [Dimethoxy-phenyl]-, chlorid 10 1520
—, [Dimethoxy-phenyl]-, hydrazid
10 1517, 1521
—, [Dimethoxy-phenyl]-, methylester
10 1518
—, [Dimethoxy-phenyl]-, nitril 10 1521,
1526
—, [(Dimethoxy-phenyl)-acetylimino]-
[dimethoxy-phenyl]-, methylester
10 4526
—, [Dimethoxy-phenyl]-[carboxy-phenyl]-
10 2508
—, [Dimethoxy-phenyl]-cyan-,
äthylester 10 2457
—, [Dimethoxy-phenyl]-cyan-,
methylester 10 2456
—, [Dimethoxy-phenyl]-[dimethoxy-
phenyl]- 10 2490
—, [Dimethoxy-trimethyl-phenyl]-
10 1584
—, [Dimethoxy-trimethyl-phenyl]-, amid
10 1584
—, [Dimethyl-(acetoxy-äthyl)-carboxy-
dodecahydro-cyclopenta[*a*]-
naphthalinyl]- 10 2156
—, [Dimethyl-acetyl-bicyclo[3.2.0]-
heptenyl]- 10 2964

Propionsäure, [Dimethyl-acetyl-bicyclo-
[3.2.0]heptenyl]-, methylester 10 2964
—, [Dimethyl-acetyl-carboxy-
dodecahydro-cyclopenta[*a*]-
naphthalinyl]- 10 3949
—, [Dimethyl-acetyl-methoxycarbonyl-
dodecahydro-cyclopenta[*a*]-
naphthalinyl]-, methylester
10 3950
—, [Dimethyl-acetyl-tetrahydro-
cyclobutacyclopentenyl]- 10 2964
—, [Dimethyl-acetyl-tetrahydro-
cyclobutacyclopentenyl]-,
methylester 10 2964
—, [Dimethyl-äthoxycarbonyl-cyclobutyl]-,
äthylester 9 3899
—, [Dimethyl-äthyl-carboxy-dodecahydro-
cyclopenta[*a*]naphthalinyl]-
9 4085
—, [Dimethyl-äthyl-dodecahydro-
cyclopenta[*a*]naphthalinyl]-
9 356
—, [Dimethyl-äthyl-methoxycarbonyl-
dodecahydro-cyclopenta[*a*]-
naphthalinyl]-, methylester
9 4085
—, [Dimethyl-anthryl]- 9 3530
—, [Dimethyl-(benzoyloxy-propyl)-
ammonio]-, äthylester 9 882
—, Dimethyl-[*tert*-butyl-phenyl]-,
amid 9 2613
—, [Dimethyl-*tert*-butyl-phenyl]-
9 2617
—, [Dimethyl-*tert*-butyl-phenyl]-,
amid 9 2617
—, [Dimethyl-*tert*-butyl-phenyl]-,
chlorid 9 2617
—, [Dimethyl-carboxy-bicyclo[3.2.0]-
heptenyl]- 9 4069
—, [Dimethyl-carboxy-bicyclo[3.2.0]-
heptyl]- 9 4018
—, [Dimethyl-carboxy-cyclobutyl]-
9 3899, 3900
—, [Dimethyl-carboxy-cyclopentyl]-
9 3915
—, [Dimethyl-carboxy-cyclopropyl]-
9 3856
—, [Dimethyl-carboxy-dodecahydro-
cyclopenta[*a*]naphthalinyl]-
9 4082, 4083
—, Dimethyl-cyclohexyl-, amid 9 106
—, Dimethyl-[cyclohexyl-phenyl]-, amid
9 2898
—, [Dimethyl-2.6-cyclo-norbornyl]-
9 336
—, [Dimethyl-2.6-cyclo-norbornyl]-,
methylester 9 337
—, [Dimethyl-decahydro-naphthyl]-
9 273

Propionsäure, [Dimethyl-decahydro-
naphthyl]-, amid 9 273
—, [Dimethyl-dihydro-naphthyl]- 9 3102
—, [Dimethyl-dihydro-naphthyliden]-
9 3102
—, [Dimethyl-(dimethyl-äthyl-hexyl)-
carboxy-dodecahydro-
cyclopenta[a]naphthalinyl]-
9 4093
—, [Dimethyl-(dimethyl-äthyl-hexyl)-
methoxycarbonyl-dodecahydro-
cyclopenta[a]naphthalinyl]-,
methylester 9 4093
—, Dimethyl-[dimethyl-tert-butyl-
phenyl]-, amid 9 2628
—, [Dimethyl-(dimethyl-hexyl)-carboxy-
decahydro-cyclopenta[a]-
naphthalinyl]- 9 4372
—, [Dimethyl-(dimethyl-hexyl)-carboxy-
decahydro-cyclopenta[a]-
naphthalinyl]-, äthylester
9 4374
—, [Dimethyl-(dimethyl-hexyl)-carboxy-
decahydro-cyclopenta[a]-
naphthalinyl]-, methylester
9 4373
—, [Dimethyl-(dimethyl-hexyl)-carboxy-
dodecahydro-cyclopenta[a]-
naphthalinyl]- 9 4088
—, [Dimethyl-(dimethyl-hexyl)-
dodecahydro-cyclopenta[a]-
naphthalinyl]- 9 359
—, [Dimethyl-(dimethyl-hexyl)-
methoxycarbonyl-decahydro-
cyclopenta[a]naphthalinyl]-,
methylester 9 4374
—, [Dimethyl-(dimethyl-hexyl)-
methoxycarbonyl-dodecahydro-
cyclopenta[a]naphthalinyl]-,
methylester 9 4089
—, [Dimethyl-hexadecahydro-cyclopenta-
[a]phenanthrenyl]- 9 2650, 2651
—, [Dimethyl-hexadecahydro-cyclopenta-
[a]phenanthrenyl]-, äthylester
9 2651
—, [Dimethyl-hexadecahydro-cyclopenta[a]-
phenanthrenyl]-, methylester 9 2651
—, [Dimethyl-(hydroxy-äthyl)-carboxy-
dodecahydro-cyclopenta[a]-
naphthalinyl]- 10 2155
—, Dimethyl-indanyl-, amid 9 2878
—, [Dimethyl-isothiosemicarbazono]-
phenyl- 10 3005
—, [Dimethyl-methoxycarbonyl-
cyclobutyl]-, methylester 9 3899
—, [Dimethyl-methoxycarbonyl-
dodecahydro-cyclopenta[a]-
naphthalinyl]-, methylester
9 4083

Propionsäure, Dimethyl-[methoxy-
naphthyl]- 10 1123
—, Dimethyl-[methyl-cyclohexyl]-, amid
9 117
—, Dimethyl-[methyl-naphthyl]-, amid
9 3249
—, Dimethyl-naphthyl- 9 3240
—, Dimethyl-naphthyl-, amid 9 3240
—, [Dimethyl-naphthyl]- 9 3243, 3244, 3245
—, [Dimethyl-naphthyl]-, amid 9 3243, 3244
—, [Dimethyl-naphthyl]-, chlorid
9 3243, 3244, 3245
—, Dimethyl-[nitro-phenyl]- 9 2519
—, Dimethyl-[nitro-phenyl]-, chlorid
9 2519
—, [Dimethyl-norbornyl]- 9 259
—, Dimethyl-norbornyliden- 9 335
—, [Dimethyl-norpinanyl]- 9 259
—, [Dimethyl-norpinanyl]-, amid 9 259
—, [Dimethyl-norpinenyl]- 9 335
—, [Dimethyl-norpinenyl]-, amid 9 335
—, Dimethyl-phenyl- 9 2518
—, Dimethyl-phenyl-, äthylester
9 2519
—, Dimethyl-phenyl-, amid 9 2519
—, Dimethyl-phenyl-, nitril 9 2519
—, [Dimethyl-phenyl]- 9 2530
—, [Dimethyl-phenyl]-, chlorid 9 2530
—, Dimethyl-phenyl-cyan- 9 4319
—, [Dimethyl-semicarbazono]-phenyl-
10 3005
—, [Dimethyl-tetrahydro-naphthyl]-
9 2888
—, [Dimethyl-tetrahydro-naphthyl]-,
äthylester 9 2888
—, [Dimethyl-tricyclo[2.2.1.0$^{2.6}$]-
heptyl]- 9 336
—, [Dimethyl-tricyclo[2.2.1.0$^{2.6}$]-
heptyl]-, methylester 9 337
—, Dinaphthyl-, nitril 9 3659
—, [Dinitro-benzamino]- 9 1938
—, [Dinitro-benzamino]-äthylmercapto-
9 1941
—, [Dinitro-benzamino]-benzylmercapto-
9 1941
—, [Dinitro-benzamino]-hydroxy- 9 1940
—, [Dinitro-benzoylhydrazono]- 9 1949
—, [Dinitro-hydroxy-phenyl]-,
äthylester 10 543
—, [Dinitro-(methoxy-phenoxy)-phenyl]-,
äthylester 10 544
—, [Dinitro-phenyl]-, chlorid 9 2415
—, [Dinitro-phenyl]-, [hydroxy-
phenylester] 9 2415
—, [Dinitro-phenyl]-, [methoxy-
phenylester] 9 2415
—, [Dinitro-phenyl]-, methylester
9 2415
—, [Dinitro-phenyl]-, phenylester 9 2415

Propionsäure, [Dinitro-*m*-phenylen]-di-,
dimethylester **9** 4324

—, [Dinitro-trimethyl-phenyl]- **9** 2562

—, [Dinitro-trimethyl-phenyl]-, amid
9 2562

—, [Dinitro-trimethyl-phenyl]-,
methylester **9** 2562

—, [Dioxo-acetyl-methoxycarbonyl-
cyclohexenyliden]-acetyl-,
methylester **10** 4153

—, [Dioxo-bicyclohexyloctayl]-octa-
10 4181

—, Dioxo-[brom-phenyl]-, amid **10** 3546

—, Dioxo-[chlor-phenyl]-, amid **10** 3546

—, [Dioxo-cyclohexyl]- **10** 3519

—, {Dioxo-[dimethoxy-(carboxy-äthyl)-
phenyl]-cyclohexadienyl}- **10** 4852

—, [Dioxo-dimethyl-decahydro-naphthyl]-
10 3534

—, [Dioxo-dimethyl-hexadecahydro-
cyclopenta[*a*]phenanthrenyl]-
10 3566, 3567

—, [Dioxo-dimethyl-hexadecahydro-
cyclopenta[*a*]phenanthrenyl]-,
methylester **10** 3566, 3567, 3568

—, [Dioxo-dimethyl-hexadecahydro-
cyclopenta[*a*]phenanthrenyliden]-,
nitril **10** 3600

—, [Dioxo-dimethyl-hexahydro-
1.4-äthano-pentalenyl]- **10** 3541

—, [Dioxo-dimethyl-hexahydro-
1.4-methano-indanyl]- **10** 3540

—, [Dioxo-dimethyl-hexahydro-naphthyl]-
10 3558

—, [Dioxo-dimethyl-hexahydro-naphthyl]-,
methylester **10** 3559

—, [Dioxo-dimethyl-methoxycarbonyl-
dodecahydro-cyclopenta[*a*]-
naphthalinyl]- **10** 4060

—, [Dioxo-dimethyl-octahydro-1.5-cyclo-
azulenyl]- **10** 3540

—, [Dioxo-dimethyl-octahydro-1.6-cyclo-
azulenyl]- **10** 3541

—, [Dioxo-dimethyl-tetradecahydro-
cyclopenta[*a*]phenanthrenyl]-,
methylester **10** 3600

—, Dioxo-diphenyl-[dinitro-*m*-phenylen]-
di-, diäthylester **10** 4094

—, [Dioxo-methyl-cyclopentyl]- **10** 3519

—, [Dioxo-methyl-dihydro-naphthyl]-
10 3609

—, Dioxo-phenyl-, äthylester **10** 3544

—, Dioxo-*m*-phenylen-di- **10** 4064

—, Dioxo-*m*-phenylen-di-, dimethylester
10 4065

—, [Dioxo-phenyl-indanyl]-, äthylester
10 3657

—, [Dioxo-trimethyl-cyclohexadienyl]-
10 3539

Propionsäure, [Dioxo-trimethyl-cyclo-
hexadienyl]-, äthylester **10** 3539

—, [Dioxo-trimethyl-cyclohexadienyl]-,
methylester **10** 3539

—, Diphenyl- **9** 3333, 3338, 3342

—, Diphenyl-, äthylester **9** 3334

—, Diphenyl-, allylester **9** 3342

—, Diphenyl-, amid **9** 3334, 3339, 3342

—, Diphenyl-, benzylester **9** 3334

—, Diphenyl-, *tert*-butylester
9 3339

—, Diphenyl-, chlorid **9** 3334, 3339, 3342

—, Diphenyl-, [diäthylamino-äthylester]
9 3334, 3339

—, Diphenyl-, [diäthylamino-
propylester] **9** 3339

—, Diphenyl-, [dibutylamino-
propylester] **9** 3339

—, Diphenyl-, [dimethylamino-
äthylester] **9** 3342

—, Diphenyl-, [diphenyl-äthylester]
9 3339

—, Diphenyl-, [hydroxy-äthylamid]
9 3340

—, Diphenyl-, methylester **9** 3334

—, Diphenyl-, nitril **9** 3335, 3340, 3343

—, [Diphenyl-acetamino]-diäthoxy-
9 3303

—, [Diphenyl-acetamino]-diäthoxy-,
äthylester **9** 3303

—, [Diphenyl-acetamino]-oxo-,
äthylester **9** 3303

—, Diphenyl-benzhydryl-cyan-,
äthylester **9** 4724

—, Diphenyl-benzoyl- **10** 3460

—, Diphenyl-benzyl- **9** 3608, 3610

—, Diphenyl-benzyl-, amid **9** 3611

—, Diphenyl-benzyl-, nitril **9** 3611

—, Diphenyl-biphenylyl- **9** 3681

—, Diphenyl-cyan- **9** 4541

—, Diphenyl-cyan-, äthylester **9** 4538, 4541

—, Diphenyl-cyan-, diäthylamid **9** 4541

—, Diphenyl-cyan-, methylester **9** 4541

—, [Diphenyl-cyclobutandiyl]-di-
9 4645

—, Diphenyl-[methoxy-phenyl]- **10** 1327,
2402

—, Diphenyl-naphthyl- **9** 3671

—, [Diphenyl-naphthyl]- **9** 3671

—, [Diphenyl-naphthyl]-, äthylester
9 3672

—, [Diphenyl-naphthyl]-, amid **9** 3672

—, [Diphenyl-naphthyl]-, azid **9** 3672

—, [Diphenyl-naphthyl]-, hydrazid
9 3672

—, Diphenyl-phenanthryl- **9** 3691

—, Diphenyl-*m*-phenylendisulfon-di-
10 553

—, Diphenyl-*o*-tolyl- **9** 3612

Propionsäure, Diphenyl-p-tolyl- 9 3612
—, Disemicarbazono-m-phenylen-di-
10 4064
—, Di-o-tolyl- 9 3384
—, Di-p-tolyl- 9 3384
—, Di-p-tolyl-, chlorid 9 3384, 3385
—, Di-p-tolyl-, [diäthylamino-
äthylester] 9 3384, 3385
—, Di-p-tolyl-, [hydroxy-äthylamid]
9 3384
—, Dodecyl-cyclobutyl- 9 138
—, Dodecyl-cyclopropyl- 9 137
—, Fluorendiyl-di- 9 4642
—, Fluorendiyl-di-, diäthylester
9 4642
—, Fluorendiyl-di-, diallylester
9 4642
—, Fluorendiyl-di-, diamid 9 4643
—, Fluorendiyl-di-, dibutylester
9 4642
—, Fluorendiyl-di-, dicyclohexylester
9 4643
—, Fluorendiyl-di-, diisopropylester
9 4642
—, Fluorendiyl-di-, dimethylester
9 4642
—, Fluorenyl- 9 3463
—, Fluorenyl-, amid 9 3463
—, Fluorenyl-, nitril 9 3464
—, Fluorenyliden- 9 3509
—, Fluorenyliden-, [diäthylamino-
äthylester] 9 3509
—, Fluorenyliden-, nitril 9 3510
—, [Fluor-phenyl]- 9 2396, 2397
—, [Fluor-phenyl]-, amid 9 2397
—, [Fluor-phenyl]-benzyl- 9 3359
—, [Fluor-phenyl]-p-tolyl- 9 3367
—, Formamino-[phenyl-acetamino]-
9 2244
—, [Formyloxy-dimethyl-hexadecahydro-
cyclopenta[a]phenanthrenyl]-
10 680
—, Formyloxy-phenyl-, äthylester 10 548
—, [Formyl-phenyl]- 10 3055
—, [Glycyl-glycylimino]-phenyl- 10 3003
—, Glycylimino-phenyl- 10 3002
—, [Heptamethyl-acetyl-octadecahydro-
chrysenyl]- 10 3139
—, [Heptamethyl-acetyl-octadecahydro-
chrysenyl]-, methylester 10 3140
—, [Heptamethyl-carboxymethyl-
octadecahydro-chrysenyl]- 9 4376
—, [Heptamethyl-methoxycarbonylmethyl-
octadecahydro-chrysenyl]-,
methylester 9 4377
—, Heptyl-cyclopropyl- 9 125
—, Heptyl-phenyl- 9 2621
—, Heptyl-phenyl-, amid 9 2621
—, Heptyl-phenyl-, methylester 9 2621

Propionsäure, Hexadecyl-phenyl- 9 2665
—, [Hexahydro-indanyl]- 9 258
—, [Hexahydro-indanyl]-, amid 9 258
—, [Hexahydro-indanyl]-, chlorid
9 258
—, [Hexahydro-indanyliden]- 9 333
—, [Hexahydro-indanyliden]-,
äthylester 9 333
—, [Hexahydro-indanyliden]-, amid
9 334
—, [Hexahydro-indanyliden]-, chlorid
9 334
—, [Hexahydro-indanyliden]-,
methylester 9 333
—, [Hexahydro-indanyliden]-, nitril
9 334
—, [Hexahydro-indenyl]- 9 332
—, [Hexahydro-indenyl]-, äthylester
9 333
—, [Hexahydro-indenyl]-, amid 9 333
—, [Hexahydro-indenyl]-cyan-,
äthylester 9 4068
—, [Hexamethoxy-biphenyldiyl]-di-
10 2634
—, [Hexamethyl-eicosahydro-cyclopenta=
[a]chrysenyl]- 9 2931
—, [Hexamethyl-eicosahydro-cyclopenta=
[a]chrysenyl]-, methylester
9 2931
—, Hexanoylimino-phenyl- 10 3002
—, Hexyl-phenyl-cyan- 9 4357
—, Hippuroyloxy-phenyl- 10 556
—, Hydrazono-diphenyl- 10 3312
—, Hydrazono-phenyl- 10 3004
—, Hydroxy-acetoxy-[acetoxy-oxo-
dimethyl-hexadecahydro-cyclopenta=
[a]phenanthrenyl]-, nitril
10 4733
—, [Hydroxy-acetoxy-dimethyl-
hexadecahydro-cyclopenta[a]=
phenanthrenyl]-, methylester
10 1616, 1619, 1620
—, Hydroxy-[acetoxy-dimethyl-
tetradecahydro-cyclopenta[a]=
phenanthrenyl]-, nitril 10 1881
—, [Hydroxy-acetoxy-dimethyl-
tetradecahydro-cyclopenta[a]=
phenanthrenyl]-, methylester
10 1881
—, Hydroxy-acetoxy-[dioxo-dimethyl-
hexadecahydro-cyclopenta[a]=
phenanthrenyl]-, nitril 10 4748
—, Hydroxy-acetoxy-[hydroxy-oxo-
dimethyl-hexadecahydro-cyclopenta=
[a]phenanthrenyl]-, nitril
10 4733
—, Hydroxy-[acetoxy-oxo-dimethyl-
hexadecahydro-cyclopenta[a]=
phenanthrenyl]-, nitril 10 4580

Propionsäure, [Hydroxy-äthoxycarbonyl-cyclohexenyl]- **10** 3903
—, [Hydroxy-äthoxycarbonyl-cyclohexenyl]-, äthylester **10** 3902
—, [Hydroxy-äthoxycarbonyl-cyclopentenyl]-, äthylester **10** 3897
—, [Hydroxy-äthoxy-oxo-phthalanyl]- **10** 4742
—, Hydroxy-äthyl-diphenyl-, äthylester **10** 1217
—, Hydroxy-äthyl-phenyl- **10** 621
—, Hydroxy-äthyl-phenyl-, amid **10** 621
—, Hydroxy-äthyl-phenyl-, methylester **10** 621
—, [Hydroxy-äthyl]-phenyl-
    s. *Buttersäure, Hydroxy-benzyl-*
—, [(Hydroxy-äthyl)-phenyl]- **10** 629, 3073
—, [(Hydroxy-äthyl)-phenyl]-, chlorid **10** 629
—, Hydroxy-äthyl-phenyl-cyan- **10** 2235
—, Hydroxy-äthyl-*o*-tolyl-, äthylester **10** 642
—, [Hydroxy-allyl-cyclohexyl]-phenyl-, äthylester **10** 1013
—, Hydroxy-anthryl- **10** 3391
—, Hydroxy-benzoylimino-, äthylester **9** 1198
—, Hydroxy-benzoylimino-, benzylester **9** 1199
—, Hydroxy-[benzyloxy-methyl-phenyl]- **10** 1566
—, Hydroxy-[benzyloxy-methyl-phenyl]-, hydrazid **10** 1566
—, Hydroxy-biphenylyl- **10** 1200
—, Hydroxy-biphenylyl-, [diäthylamino-äthylester] **10** 1200
—, Hydroxy-biphenylyl-, [diäthylamino-propylester] **10** 1201
—, Hydroxy-bis-[brom-phenyl]-, äthylester **10** 1197
—, Hydroxy-bis-[butyloxy-phenyl]- **10** 2323
—, Hydroxy-bis-[chlor-phenyl]-, äthylester **10** 1197
—, Hydroxy-bis-[methoxy-phenyl]- **10** 2323
—, Hydroxy-[carbamoyl-phenyl]- **10** 2218
—, [Hydroxy-carboxy-cyclohexenyl]- **10** 3903
—, Hydroxy-[carboxy-cyclohexyl]- **10** 2035
—, [Hydroxy-(carboxy-propionyloxy)-dimethyl-hexadecahydro-cyclopenta-[*a*]phenanthrenyl]- **10** 1618
—, Hydroxy-[chlor-methoxy-phenyl]-, äthylester **10** 1523
—, [Hydroxy-chromenyl]- **10** 4342

Propionsäure, [Hydroxy-cyan-cyclopentyl]-, äthylester **10** 2033
—, Hydroxy-cyclohexyl- **10** 34, 35
—, [Hydroxy-cyclohexyl]- **10** 33, 34
—, [Hydroxy-cyclohexyl]-, äthylester **10** 33, 34
—, [Hydroxy-cyclohexyl]-, [brom-phenacylester] **10** 33
—, [Hydroxy-cyclohexyl]-, diäthylamid **10** 34
—, Hydroxy-cyclohexyl-phenyl- **10** 919
—, Hydroxy-cyclohexyl-phenyl-, äthylester **10** 919
—, Hydroxy-cyclopentyl-, äthylester **10** 31
—, Hydroxy-cyclopentyl-, hydrazid **10** 32
—, Hydroxy-cyclopropyl-, nitril **10** 8
—, [Hydroxy-decahydro-naphthyl]- **10** 74
—, [Hydroxy-decahydro-naphthyl]-, äthylester **10** 75
—, [Hydroxy-decahydro-naphthyl]-, lacton **10** 74
—, [Hydroxy-decahydro-naphthyl]-, methylester **10** 74
—, Hydroxy-[diäthoxy-phenyl]- **10** 2123
—, Hydroxy-[diäthoxy-phenyl]-, hydrazid **10** 2123
—, [Hydroxy-dihydro-phenalenyl]-, methylester **10** 1215
—, Hydroxy-[dihydroxy-phenyl]-[dihydroxy-phenyl]- **10** 2582
—, Hydroxy-[dijod-(dijod-hydroxy-phenoxy)-phenyl]- **10** 1525
—, Hydroxy-[dijod-hydroxy-phenyl]- **10** 1524, 1525
—, Hydroxy-[dimethoxy-phenoxy]-[dimethoxy-benzyl]- **10** 2420
—, Hydroxy-[(dimethoxy-phenoxy)-methyl]-[dimethoxy-phenyl]- **10** 2420
—, Hydroxy-[(dimethoxy-phenoxy)-methyl]-[dimethoxy-phenyl]-, nitril **10** 2420
—, Hydroxy-[dimethoxy-phenyl]-, äthylester **10** 2123
—, Hydroxy-[dimethoxy-phenyl]-, hydrazid **10** 2123
—, [Hydroxy-dimethoxy-phenyl]- **10** 2118, 2119, 2120
—, [Hydroxy-dimethoxy-phenyl]-, äthylester **10** 2121
—, Hydroxy-[dimethoxy-phenyl]-[dimethoxy-phenyl]- **10** 2583
—, Hydroxy-[dimethoxy-phenyl]-[dimethoxy-phenyl]-, methylester **10** 2583
—, [Hydroxy-dimethyl-acetyl-dodecahydro-phenanthryl]- **10** 4297
—, [Hydroxy-dimethyl-anthryl]- **10** 3402

Propionsäure, [Hydroxy-dimethyl-carboxy-
dodecahydro-phenanthryl]-
10 2247
—, [Hydroxy-dimethyl-carboxy-
dodecahydro-phenanthryl]-, amid
10 2248
—, [Hydroxy-dimethyl-decahydro-
naphthyl]-, methylester 10 76
—, [Hydroxy-dimethyl-dihydro-naphthyl]-
10 1004
—, [Hydroxy-dimethyl-dodecahydro-
cyclopenta[a]phenanthrenyl]-,
methylester 10 1027, 1028
—, [Hydroxy-dimethyl-hexadecahydro-
cyclopenta[a]phenanthrenyl]-
10 679
—, [Hydroxy-dimethyl-hexadecahydro-
cyclopenta[a]phenanthrenyl]-,
methylester 10 681
—, [Hydroxy-dimethyl-methoxycarbonyl-
dodecahydro-phenanthryl]- 10 2247
—, Hydroxy-[dimethyl-nobornyl]- 10 74
—, Hydroxy-[dimethyl-norbornyl]-,
äthylester 10 74
—, Hydroxy-[dimethyl-norpinanyl]-,
äthylester 10 74
—, [Hydroxy-dimethyl-octahydro-benz[c]-
acridinyl]- 10 4193
—, [Hydroxy-dimethyl-octahydro-
naphthyl]- 10 82
—, Hydroxy-dimethyl-phenyl- 10 623
—, Hydroxy-dimethyl-phenyl-, äthylamid
10 623
—, Hydroxy-dimethyl-phenyl-,
äthylester 10 623
—, [Hydroxy-dimethyl-tetradecahydro-
cyclopenta[a]phenanthrenyl]-
10 949
—, [Hydroxy-dimethyl-tetradecahydro-
cyclopenta[a]phenanthrenyl]-,
methylester 10 951, 954
—, [Hydroxy-dimethyl-tetradecahydro-
cyclopenta[a]phenanthrenyliden]-,
nitril 10 1028
—, [Hydroxy-dimethyl-tetrahydro-
naphthyl]- 10 921
—, [Hydroxy-dimethyl-tetrahydro-
naphthyl]-, äthylester 10 923
—, [Hydroxy-dimethyl-tetrahydro-
naphthyl]-, methylester 10 922
—, [Hydroxy-(dioxo-dihydro-
anthracencarbonyloxy)-dimethyl-
hexadecahydro-cyclopenta[a]-
phenanthrenyl]-, methylester
10 3647
—, [Hydroxy-dioxo-dihydro-naphthyl]-
10 4654
—, [Hydroxy-dioxo-dihydro-naphthyl]-,
äthylester 10 4655

Propionsäure, [Hydroxy-dioxo-dihydro-
naphthyl]-, methylester 10 4654
—, Hydroxy-[dioxo-dimethyl-
hexadecahydro-cyclopenta[a]-
phenanthrenyl]-, nitril 10 4616
—, Hydroxy-[dioxo-dimethyl-
hexadecahydro-cyclopenta[a]-
phenanthrenyliden]-, nitril 10 4640
—, Hydroxy-diphenyl- 10 1193, 1196
—, Hydroxy-diphenyl-, äthylester
10 1194
—, Hydroxy-diphenyl-, diäthylamid
10 1196
—, Hydroxy-diphenyl-, [diäthylamino-
äthylester] 10 1193, 1196
—, Hydroxy-diphenyl-, [diäthylamino-
propylester] 10 1196
—, Hydroxy-diphenyl-, [dimethylamino-
dimethyl-propylester] 10 1196
—, Hydroxy-diphenyl-, [dipropylamino-
äthylester] 10 1196
—, Hydroxy-diphenyl-, methylester
10 1193
—, Hydroxy-diphenyl-, nitril 10 1197
—, Hydroxy-diphenylacetylimino-,
äthylester 9 3303
—, Hydroxy-diphenyl-[chlor-phenyl]-
10 1326, 1327
—, Hydroxy-diphenyl-p-cumenyl- 10 1331
—, Hydroxy-diphenyl-cyan- 10 2352
—, Hydroxy-diphenyl-[dimethoxy-phenyl]-
10 2400
—, Hydroxy-diphenyl-[isopropyl-phenyl]-
10 1331
—, Hydroxy-diphenyl-naphthyl- 10 1344
—, Hydroxy-[dipropyl-cyclopentenyl]-,
äthylester 10 75
—, Hydroxy-di-p-tolyl- 10 1219
—, Hydroxy-di-p-tolyl-, äthylester
10 1219
—, [Hydroxy-fluorenyl]-, nitril 10 1269
—, [Hydroxy-hexahydro-indanyl]- 10 73
—, [Hydroxy-hexahydro-indanyl]-,
äthylester 10 73
—, [Hydroxy-hexahydro-indanyl]-,
methylester 10 73
—, [Hydroxy-hexamethyl-eicosahydro-
cyclopenta[a]chrysenyl]- 10 987
—, [Hydroxy-D-homo-androstanyliden]-
10 958
—, [Hydroxy-D-homo-androstanyliden]-,
methylester 10 959
—, Hydroxy-[hydroxy-dimethoxy-phenyl]-
[trimethoxy-phenyl]- 10 2628
—, [Hydroxy-hydroxyimino-dimethyl-
dodecahydro-cyclopenta[a]-
naphthalinyl]- 10 4198
—, [Hydroxy-hydroxyimino-dimethyl-
octahydro-naphthyl]- 10 4195

Propionsäure, Hydroxy-[hydroxy-isopropyl]-[dimethyl-carboxy-cyclohexyl]- 10 2414

—, [Hydroxy-(hydroxy-isopropyl)-(oxo-isopropyl)-cyclohexadienyl]- 10 4505

—, [Hydroxy-(hydroxy-isopropyl)-m-phenylen]-di- 10 2464

—, Hydroxy-[hydroxy-methoxy-phenyl]- 10 2124

—, Hydroxy-[hydroxy-methoxy-phenyl]-, methylester 10 2124

—, Hydroxy-[hydroxy-methoxy-phenyl]-[dimethoxy-phenyl]- 10 2582

—, Hydroxy-[hydroxy-methyl-formyl-cyclopentyl]-, methylester 10 4503

—, Hydroxy-[hydroxy-oxo-dimethyl-hexadecahydro-cyclopenta[a]-phenanthrenyl]-, nitril 10 4579

—, Hydroxy-[hydroxy-oxo-dimethyl-hexadecahydro-cyclopenta[a]-phenanthrenyliden]-, nitril 10 4615

—, Hydroxy-[hydroxy-oxo-dimethyl-hexahydro-naphthyl]- 10 4570

—, Hydroxy-[hydroxy-phenyl]- 10 1524

—, Hydroxyimino-, [amid-(benzoyl-oxim)] 9 1303

—, [Hydroxyimino-bicyclo[2.2.2]octyl]-, methylester 10 2932

—, Hydroxyimino-[brom-dimethoxy-phenyl]- 10 4528, 4530

—, Hydroxyimino-[brom-hydroxy-methoxy-phenyl]- 10 4528

—, Hydroxyimino-[brom-phenyl]- 10 3016, 3017

—, Hydroxyimino-[carboxymethoxy-phenyl]- 10 4213

—, Hydroxyimino-[chlor-hydroxy-methoxy-phenyl]- 10 4526

—, Hydroxyimino-[chlor-phenyl]- 10 3016

—, [Hydroxyimino-cyclohexyl]-[methoxy-phenyl]-, äthylester 10 4354

—, [Hydroxyimino-cyclohexyl]-phenyl-, äthylester 10 3197

—, [Hydroxyimino-dihydro-fluoranthenyl]- 10 3419

—, Hydroxyimino-[dimethoxy-äthyl-phenyl]- 10 4559

—, Hydroxyimino-[dimethoxy-carboxymethoxy-phenyl]- 10 4719

—, Hydroxyimino-[dimethoxy-phenyl]- 10 4520, 4521, 4525

—, [Hydroxyimino-dimethyl-(dimethyl-hexyl)-dodecahydro-cyclopenta[a]-naphthalinyl]- 10 2970

—, Hydroxyimino-diphenyl-, nitril 10 3310

—, Hydroxyimino-[hydroxy-methoxy-phenyl]- 10 4525

Propionsäure, Hydroxyimino-[hydroxy-phenyl]- 10 4213, 4219

—, Hydroxyimino-[jod-hydroxy-methoxy-phenyl]- 10 4530

—, Hydroxyimino-[methoxy-äthoxy-phenyl]- 10 4525

—, Hydroxyimino-[methoxy-carboxymethoxy-phenyl]- 10 4519, 4520

—, Hydroxyimino-[methoxy-phenyl]- 10 4214, 4220

—, Hydroxyimino-[nitro-benzyloxy-phenyl]- 10 4215, 4224

—, Hydroxyimino-[nitro-dihydroxy-phenyl]- 10 4531

—, Hydroxyimino-[nitro-hydroxy-phenyl]- 10 4216

—, Hydroxyimino-[nitro-methoxy-phenyl]- 10 4216

—, Hydroxyimino-[nitro-phenyl]- 10 3018

—, Hydroxyimino-[nitro-phenyl]-, äthylester 10 3018

—, Hydroxyimino-phenyl- 10 3004

—, Hydroxyimino-phenyl-, äthylester 10 3007

—, Hydroxyimino-phenyl-formyl-, nitril 10 3549

—, [Hydroxy-indanyl]- 10 898, 899

—, Hydroxy-isobutyl-phenyl-, amid 10 648

—, Hydroxy-isobutyl-phenyl-cyan- 10 2240

—, Hydroxy-isopentyl-phenyl-, amid 10 654

—, [Hydroxy-isopropyl-cyclohexadiendiyl]-di- 10 2142

—, Hydroxy-mesityl- 10 646

—, Hydroxy-mesityl-, äthylester 10 647

—, Hydroxy-mesityl-, isobutylester 10 647

—, Hydroxy-[methoxy-benzyloxy-phenyl]- 10 2124

—, Hydroxy-[methoxy-benzyloxy-phenyl]-, methylester 10 2124

—, Hydroxy-methoxy-diphenyl-, amid 10 1966

—, [Hydroxy-methoxy-(methyl-butenyl)-phenyl]- 10 1867

—, [Hydroxy-methoxy-methyl-octahydro-phenanthryl]- 10 1910

—, [Hydroxy-methoxy-methyl-octahydro-phenanthryl]-, methylester 10 1910

—, Hydroxy-[methoxy-methyl-phenyl]-, äthylester 10 1566

—, [Hydroxy-methoxy-methyl-tetrahydro-phenanthryl]- 10 1981

—, Hydroxy-[methoxy-phenoxy]-benzyl- 10 1558

—, Hydroxy-[(methoxy-phenoxy)-methyl]-[dimethoxy-phenyl]-, nitril 10 2420

Propionsäure, Hydroxy-[methoxy-phenyl]-
  10 1526
—, Hydroxy-[methoxy-phenyl]-, nitril
  10 1524
—, [Hydroxy-methoxy-phenyl]- 10 1514,
  1517
—, [Hydroxy-methoxy-phenyl]-,
  äthylester 10 1519
—, [Hydroxy-methoxy-phenyl]-,
  methylester 10 1518
—, [Hydroxy-methoxy-phenyl]-, nitril
  10 1520
—, Hydroxy-[methoxy-phenyl]-[äthoxy-
  phenyl]- 10 2323
—, [Hydroxy-methoxy-phenyl]-cyan-
  10 2455
—, Hydroxy-[methoxy-phenyl]-[dimethoxy-
  phenyl]- 10 2489
—, [Hydroxy-methoxy-phenyl]-[dimethoxy-
  phenyl]-, äthylester 10 2490
—, Hydroxy-[methoxy-phenyl]-p-tolyl-
  10 1973
—, [Hydroxy-methoxy-tetrahydro-
  naphthyl]- 10 1866
—, [Hydroxy-methoxy-tetrahydro-
  naphthyl]-, äthylester 10 1866
—, [Hydroxy-methyl-äthoxycarbonyl-
  cyclohexenyl]-, äthylester 10 3914
—, [Hydroxy-methyl-
  äthoxycarbonylmethyl-cyclohexyl]-,
  äthylester 10 2044
—, [Hydroxy-methyl-äthoxycarbonyl-
  tetrahydro-indanyl]-, äthylester
  10 3939
—, Hydroxy-[methyl-carboxymethyl-
  (hydroxy-isopropyl)-cyclohexyl]-
  10 2414
—, [Hydroxy-methyl-cyclohexyl]-,
  äthylester 10 39
—, [Hydroxy-methyl-cyclohexyl]-phenyl-
  10 924
—, [Hydroxy-methyl-cyclohexyl]-phenyl-,
  äthylester 10 923
—, [Hydroxy-methyl-decahydro-
  cyclopenta[a]phenanthrenyl]- 10 1140
—, [Hydroxy-methyl-decahydro-
  cyclopenta[a]phenanthrenyl]-,
  methylester 10 1140
—, Hydroxy-methyl-diphenyl-,
  äthylester 10 1208
—, Hydroxy-methyl-diphenyl-,
  methylester 10 1208
—, Hydroxy-methyl-diphenyl-, nitril 10 1208
—, [Hydroxy-methyl-isopropenyl-
  äthoxycarbonyl-cyclohexenyl]-,
  äthylester 10 3937
—, [Hydroxy-methyl-isopropyl-
  äthoxycarbonyl-cyclohexenyl]-,
  äthylester 10 3923

Propionsäure, [Hydroxy-methyl-isopropyl-
  indanyl]-, äthylester 10 925
—, Hydroxy-methyl-[methoxy-phenyl]-,
  äthylester 10 1558
—, [Hydroxy-methyl-methylen-decahydro-
  naphthyl]- 10 82
—, [Hydroxy-methyl-methylen-decahydro-
  naphthyl]-, methylester 10 82
—, [Hydroxy-methyl-octahydro-
  phenanthryl]- 10 1014
—, [Hydroxy-methyl-phenäthyl-
  cyclohexenyl]- 10 1013
—, Hydroxy-methyl-phenyl- 10 601
—, Hydroxy-methyl-phenyl-, äthylester
  10 602
—, Hydroxy-methyl-phenyl-, amid 10 602
—, Hydroxy-methyl-phenyl-, bromamid
  10 602
—, [Hydroxy-methyl-phenyl]- 10 605
—, Hydroxy-methyl-phenyl-cyan- 10 2231
—, [Hydroxy-methyl-tetrahydro-
  phenanthryl]- 10 1227
—, Hydroxy-methyl-p-tolyl-, äthylester
  10 626
—, Hydroxy-methyl-[trimethyl-carboxy-
  cyclopentyl]- 10 2044
—, Hydroxy-naphthyl- 10 1113
—, Hydroxy-naphthyl-, äthylester 10 1113
—, Hydroxy-naphthyl-, [diäthylamino-
  äthylester] 10 1114
—, Hydroxy-naphthyl-, isobutylester
  10 1113
—, Hydroxy-naphthyl-, [(methyl-diäthyl-
  ammonio)-propylester] 10 1114
—, [Hydroxy-naphthyl]- 10 1110, 1113
—, [Hydroxy-naphthyl]-, amid 10 1111
—, [Hydroxy-naphthyl]-, diäthylamid
  10 1111
—, [Hydroxy-naphthyl]-, [hydroxy-
  äthylamid] 10 1111
—, [Hydroxy-naphthyl]-, methylester
  10 1111
—, [Hydroxy-naphthyl]-, nitril 10 1111
—, Hydroxy-naphthyloxy-phenyl-, nitril
  10 1526
—, [Hydroxy-(nitro-benzoyloxy)-
  dimethyl-butyrylamino]- 9 1685
—, [Hydroxy-(nitro-benzoyloxy)-
  dimethyl-butyrylamino]-,
  methylester 9 1685
—, Hydroxy-[oxo-bicyclohexylyl]-,
  äthylester 10 4191
—, [Hydroxy-oxo-carboxy-hexahydro-
  chromanyl]- 10 4111
—, [Hydroxy-oxo-cyclohexenyl]- 10 3519
—, Hydroxy-[oxo-cyclohexyl]-,
  äthylester 10 4184
—, Hydroxy-[oxo-decahydro-naphthyl]-,
  äthylester 10 4191

Propionsäure, [Hydroxy-oxo-dimethyl-
carboxy-octahydro-1.4-methano-
pentalenyl]- 10 4730
—, [Hydroxy-oxo-dimethyl-carboxy-
tetrahydro-1.5-cyclo-indanyl]-
10 4730
—, [Hydroxy-oxo-dimethyl-decahydro-
naphthyl]- 10 4192, 4193
—, [Hydroxy-oxo-dimethyl-decahydro-
naphthyl]-, methylester 10 4193
—, [Hydroxy-oxo-dimethyl-dodecahydro-
cyclopenta[a]naphthalinyl]- 10 4197
—, [Hydroxy-oxo-dimethyl-hexadecahydro-
cyclopenta[a]phenanthrenyl]-
10 4299, 4301, 4303
—, [Hydroxy-oxo-dimethyl-hexadecahydro-
cyclopenta[a]phenanthrenyl]-,
äthylester 10 4304
—, [Hydroxy-oxo-dimethyl-hexadecahydro-
cyclopenta[a]phenanthrenyl]-,
methylester 10 4298, 4300, 4302, 4304
—, [Hydroxy-oxo-dimethyl-hexahydro-
cyclobuta[c]pyranyl]- 10 3922
—, [Hydroxy-oxo-dimethyl-hexahydro-
1.4-methano-indanyl]- 10 4196
—, [Hydroxy-oxo-dimethyl-hexahydro-
naphthyl]- 10 4278, 4279
—, [Hydroxy-oxo-dimethyl-hexahydro-
naphthyl]-, äthylester 10 4280
—, [Hydroxy-oxo-dimethyl-hexahydro-
naphthyl]-, amid 10 4280
—, [Hydroxy-oxo-dimethyl-hexahydro-
naphthyl]-, methylester 10 4280
—, [Hydroxy-oxo-dimethyl-(hydroxy-
äthyl)-hexahydro-benzofuranyliden]-,
amid 10 4716
—, [Hydroxy-oxo-dimethyl-octahydro-
1.5-cyclo-azulenyl]- 10 4196
—, [Hydroxy-oxo-dimethyl-octahydro-
naphthyl]- 10 4195
—, [Hydroxy-oxo-dimethyl-octahydro-
naphthyl]-, methylester 10 4195
—, [Hydroxy-oxo-(dimethyl-phenyl)-
tetrahydro-furyl]- 10 3973
—, [Hydroxy-oxo-dimethyl-
tetradecahydro-cyclopenta[a]-
phenanthrenyl]- 10 4362
—, [Hydroxy-oxo-dimethyl-
tetradecahydro-cyclopenta[a]-
phenanthrenyl]-, methylester
10 4362, 4363
—, [Hydroxy-oxo-dimethyl-tetrahydro-
naphthyl]- 10 4355
—, [Hydroxy-oxo-dimethyl-tetrahydro-
naphthyl]-, methylester 10 4356
—, [Hydroxy-oxo-diphenyl-tetrahydro-
pyranyl]- 10 4017
—, [Hydroxy-oxo-hexahydro-benzo[b]-
chromenyl]- 10 3984

Propionsäure, [Hydroxy-oxo-hexahydro-
chromanyl]- 10 3920
—, [Hydroxy-oxo-hexahydro-cyclopenta[b]-
furanyl]- 10 3909
—, [Hydroxy-oxo-(methoxy-dimethyl-
phenyl)-tetrahydro-furyl]-
10 4746
—, [Hydroxy-oxo-methyl-cyclopentenyl]-
10 3519
—, [Hydroxy-oxo-methyl-hexahydro-
cyclopenta[b]furanyl]- 10 3919
—, [Hydroxy-oxo-methyl-hexahydro-
cyclopenta[c]furanyl]- 10 3918
—, [Hydroxy-oxo-methyl-phenyl-
tetrahydro-furyl]- 10 3971
—, [Hydroxy-oxo-methyl-phenyl-
tetrahydro-pyranyl]- 10 3972
—, [Hydroxy-oxo-methyl-tetrahydro-
naphtho[1.2-b]furanyl]- 10 3984
—, [Hydroxy-oxo-octahydro-cyclopenta[b]-
pyranyl]- 10 3918
—, Hydroxy-oxo-phenyl-benzyl- 10 4448
—, [(Hydroxy-oxo-tetrahydro-furyl)-
phenyl]- 10 3970
—, [(Hydroxy-oxo-tetrahydro-furyl)-
phenyl]-, äthylester 10 3970
—, [Hydroxy-pentamethyl-carboxy-
eicosahydro-cyclopenta[a]-
chrysenyl]- 10 2284
—, [Hydroxy-pentamethyl-hydroxymethyl-
eicosahydro-cyclopenta[a]-
chrysenyl]-, methylester 10 1902
—, [Hydroxy-pentamethyl-
methoxycarbonyl-eicosahydro-
cyclopenta[a]chrysenyl]- 10 2284
—, [Hydroxy-pentamethyl-
methoxycarbonyl-eicosahydro-
cyclopenta[a]chrysenyl]-,
methylester 10 2285
—, Hydroxy-phenoxy-benzyl- 10 1558
—, Hydroxy-phenoxy-benzyl-,
methylester 10 1558
—, [(Hydroxy-phenoxy)-phenyl]- 10 540
—, [(Hydroxy-phenoxy)-phenyl]-,
äthylester 10 541
—, Hydroxy-phenyl- 10 545, 554, 560, 564
—, Hydroxy-phenyl-, äthylamid 10 569
—, Hydroxy-phenyl-, äthylester
10 547, 561
—, Hydroxy-phenyl-, allylamid 10 569
—, Hydroxy-phenyl-, amid 10 549, 557,
563, 569
—, Hydroxy-phenyl-, cyanamid 10 558
—, Hydroxy-phenyl-, diäthylamid
10 550, 569
—, Hydroxy-phenyl-, [diäthylamino-
äthylamid] 10 569
—, Hydroxy-phenyl-, [diäthylamino-
äthylester] 10 549, 562, 565

Propionsäure, Hydroxy-phenyl-,
[diäthylamino-dimethyl-propylester]
10 549, 557, 563, 567
—, Hydroxy-phenyl-, dibutylamid **10** 569
—, Hydroxy-phenyl-, [dibutylamino-
äthylester] **10** 562
—, Hydroxy-phenyl-, [dibutylamino-
propylester] **10** 562
—, Hydroxy-phenyl-, dimethylamid
10 569
—, Hydroxy-phenyl-, [dimethylamino-
dimethyl-propylester] **10** 562, 567
—, Hydroxy-phenyl-, menthylester **10** 556
—, Hydroxy-phenyl-, methylamid **10** 557
—, Hydroxy-phenyl-, [methyl-cyan-amid]
10 558
—, Hydroxy-phenyl-, [(methyl-diäthyl-
ammonio)-äthylester] **10** 566
—, Hydroxy-phenyl-, [(methyl-dibutyl-
ammonio)-äthylester] **10** 549, 566
—, Hydroxy-phenyl-, [(methyl-dibutyl-
ammonio)-propylester] **10** 549, 566
—, Hydroxy-phenyl-, methylester **10** 556,
561, 565
—, Hydroxy-phenyl-, [methyl-isopropyl-
cyclohexylester] **10** 556
—, Hydroxy-phenyl-, nitril **10** 550, 558
—, Hydroxy-phenyl-, [trimethylammonio-
äthylester] **10** 562, 565
—, Hydroxy-phenyl-, [trimethylammonio-
dimethyl-propylester] **10** 549, 557
—, [Hydroxy-phenyl]- **10** 534, 536, 539, 559
—, [Hydroxy-phenyl]-, äthylester **10** 541
—, [Hydroxy-phenyl]-, amid **10** 559
—, [(Hydroxy-phenyl)-acetamino]-
diäthoxy- **10** 435
—, Hydroxy-phenyl-acetonyl- **10** 4261
—, [Hydroxy-phenyl]-acetyl-
s. *Acetessigsäure, [Hydroxy-
benzyl]-*
—, Hydroxy-phenylacetylimino-,
äthylester **9** 2231
—, Hydroxy-phenylacetylimino-,
benzylester **9** 2232
—, Hydroxy-phenylacetylimino-,
butylester **9** 2232
—, Hydroxy-phenylacetylimino-,
methylester **9** 2230
—, Hydroxy-phenyl-benzyl- **10** 1206
—, [Hydroxy-phenyl]-benzyl- **10** 1205
—, Hydroxy-phenyl-benzyl-cyan- **10** 2355
—, Hydroxy-phenyl-[benzyl-phenyl]-
10 1328
—, Hydroxy-phenyl-[brom-phenyl]-,
äthylester **10** 1197
—, Hydroxy-phenyl-[chlor-phenyl]-
10 1193, 1194, 1197
—, Hydroxy-phenyl-[chlor-phenyl]-,
äthylester **10** 1197

Propionsäure, Hydroxy-phenyl-cyan-,
amid **10** 2214
—, Hydroxy-phenyl-[dimethoxy-phenyl]-
10 2323
—, Hydroxy-phenyl-[dimethoxy-phenyl]-,
äthylester **10** 2324
—, Hydroxy-phenyl-di-*p*-tolyl- **10** 1330
—, Hydroxy-phenyl-[fluor-phenyl]-,
äthylester **10** 1197
—, Hydroxy-phenyl-formyl-, äthylester
10 4241
—, Hydroxy-phenyl-[hydroxy-methoxy-
phenyl]- **10** 2323
—, Hydroxy-phenyl-[hydroxy-phenyl]-
10 1964
—, Hydroxy-phenyl-[jod-phenyl]-,
äthylester **10** 1198
—, Hydroxy-phenyl-[methoxy-phenyl]-
10 1964, 1965
—, Hydroxy-phenyl-naphthyl- **10** 1318,
1319
—, Hydroxy-phenyl-naphthyl-,
äthylester **10** 1319
—, [Hydroxy-phenyl]-naphthyl- **10** 1317,
1318
—, Hydroxy-phenyl-phenäthyl- **10** 1216
—, Hydroxy-phenyl-phenäthyl-cyan- **10** 2360
—, [Hydroxy-phenyl-propionyloxy]-
phenyl- **10** 548
—, Hydroxy-phenyl-styryl-
s. *Butensäure, Phenyl-[hydroxy-
benzyl]-*
—, [Hydroxy-phenyl-tetrahydro-naphthyl]-,
äthylester **10** 1292
—, [Hydroxy-phenyl]-[tetrahydro-
naphthyl]- **10** 1291
—, Hydroxy-[phenyl-thioacetylimino]-,
benzylester **9** 2297
—, Hydroxy-[propyl-cyclopentenyl]-,
äthylester **10** 64
—, Hydroxy-propyl-phenyl-cyan- **10** 2238
—, [Hydroxy-tetramethyl-decahydro-
naphthyl]-, hydrazid **10** 78
—, Hydroxy-*o*-tolyl-, äthylester **10** 607
—, Hydroxy-*p*-tolyl- **10** 606, 609
—, Hydroxy-*p*-tolyl-, äthylester **10** 609
—, Hydroxy-[trimethoxy-phenoxy]-
[methoxy-phenyl]-, nitril **10** 2124
—, Hydroxy-[trimethoxy-phenyl]-,
äthylester **10** 2419
—, Hydroxy-[trimethoxy-phenyl]-
[trimethoxy-phenyl]- **10** 2628
—, Hydroxy-[trimethoxy-phenyl]-
[trimethoxy-phenyl]-, methylester
10 2628
—, Hydroxy-[trimethyl-cyclohexenyl]-
10 71
—, Hydroxy-[trimethyl-cyclohexenyl]-,
äthylester **10** 71

Propionsäure, Hydroxy-[trimethyl-
cyclopentenyl]-, nitril **10** 65
—, Hydroxy-[trimethyl-phenyl]- **10** 646
—, Hydroxy-[trimethyl-phenyl]-,
äthylester **10** 647
—, Hydroxy-[trimethyl-phenyl]-,
isobutylester **10** 647
—, Hydroxy-triphenyl- **10** 1325, 1326
—, Hydroxy-triphenyl-, äthylester
10 1326
—, Hydroxy-triphenyl-, methylester
10 1326
—, Hydroxy-triphenyl-, nitril **10** 1326
—, Hydroxy-vinyl-phenyl-, methylester
10 877
—, Imino-[äthoxy-phenyl]-, amid
10 4211
—, Imino-[äthoxy-phenyl]-, nitril
10 4210, 4212
—, Imino-[äthyl-phenyl]-, amid **10** 3074
—, Imino-[äthyl-phenyl]-, nitril
10 3075
—, Imino-[chlor-phenyl]-, nitril
10 3025
—, Imino-[methoxy-phenyl]-, nitril
10 4212, 4226
—, Imino-phenyl-, äthylester **10** 3024
—, Imino-phenyl-, amid **10** 2994, 3008
—, Imino-phenyl-, nitril **10** 2995, 3024
—, Imino-phenyl-cyan-, äthylester
10 3959
—, Imino-*m*-tolyl-, amid **10** 3054
—, Imino-*m*-tolyl-, nitril **10** 3054
—, Imino-*o*-tolyl-, nitril **10** 3053
—, Imino-*p*-tolyl-, amid **10** 3055
—, Imino-*p*-tolyl-, nitril **10** 3056
—, Indanyl- **9** 2829
—, Indentriyl-tri- **9** 4832
—, Indenyl- **9** 3083
—, Isobutyrylimino-dimethyl-[methoxy-
naphthyl]- **10** 4416
—, Isobutyrylimino-dimethyl-[methoxy-
naphthyl]-, äthylester **10** 4417
—, Isobutyrylimino-dimethyl-[methoxy-
naphthyl]-, methylester **10** 4416
—, Isobutyrylimino-dimethyl-phenyl-,
äthylester **10** 3068
—, Isobutyrylimino-dimethyl-phenyl-,
methylester **10** 3068
—, [Isopropenyl-indenyl]-, nitril
9 3245
—, [Isopropyl-carboxy-dihydro-
phenanthryl]- **9** 4645
—, [Isopropyl-carboxy-dihydro-
phenanthryl]-, methylester **9** 4645
—, [Isopropyl-cyclopentandiyl]-di-
9 3929
—, [Isopropyl-cyclopentandiyl]-di-,
bis-[phenyl-phenacylester] **9** 3929

Propionsäure, Isopropyl-[dimethyl-carboxy-
cyclohexyl]- **9** 3930
—, Isopropyl-[dimethyl-phenyl]- **9** 2604
—, Isopropyl-[dimethyl-phenyl]-,
chlorid **9** 2604
—, [Isopropyliden-indenyl]-, nitril
9 3245
—, [Isopropyl-methoxycarbonyl-dihydro-
phenanthryl]-, methylester **9** 4645
—, [Isopropyl-naphthyl]- **9** 3250
—, Isopropyl-phenyl- **9** 2547
—, Isopropyl-phenyl-, chlorid **9** 2547
—, Isopropyl-phenyl-, [diäthylamino-
äthylester] **9** 2547
—, [Isopropyl-phenyl]- **9** 2556
—, [Isopropyl-phenyl]-, amid **9** 2556
—, [Isopropyl-*m*-phenylen]-di-
9 4350
—, Isopropyl-[2.5]xylyl- **9** 2604
—, [Jod-dimethyl-(dimethyl-hexyl)-
carboxy-decahydro-cyclopenta[*a*]-
naphthalinyl]- **9** 4374
—, [Jod-phenyl]- **9** 2411
—, [Jod-phenyl]-,
äthoxycarbonylmethylester **9** 2412
—, [Jod-phenyl]-, äthylester **9** 2412
—, [Jod-trimethoxy-phenyl]- **10** 2121
—, [Jod-trimethoxy-phenyl]-,
methylester **10** 2122
—, Mandeloylamino- **10** 471
—, Mercapto-phenyl- **10** 553, 559
—, Mesityl- **9** 2561, 2563
—, Mesityl-, äthylester **9** 2561
—, [Methoxy-acetyl-*m*-phenylen]-di-,
diäthylester **10** 4745
—, [Methoxy-äthoxy-carboxy-phenanthryl]-
10 2540
—, [Methoxy-äthoxy-carboxy-tetrahydro-
phenanthryl]- **10** 2520
—, [Methoxy-äthoxy-methoxycarbonyl-
phenanthryl]-, methylester **10** 2541
—, [Methoxy-äthoxy-methyl-phenyl]-
10 1564, 1565
—, [Methoxy-äthoxy-phenyl]- **10** 1514,
1515, 1518
—, [Methoxy-äthoxy-phenyl]-,
äthylester **10** 1519
—, [Methoxy-äthoxy-phenyl]-, amid
10 1515, 1520
—, [Methoxy-äthoxy-phenyl]-, azid
10 1522
—, [Methoxy-äthoxy-phenyl]-, hydrazid
10 1521
—, [Methoxy-äthoxy-phenyl]-,
methylester **10** 1519
—, [Methoxy-äthoxy-phenyl]-cyan-
10 2455
—, [Methoxy-äthoxy-phenyl]-cyan-,
methylester **10** 2456

Propionsäure, [Methoxy-äthyl-methoxy-
carbonyl-tetrahydro-phenanthryl]-,
methylester 10 2381, 2382

—, Methoxy-benzoylimino-, methylester
9 1198

—, [Methoxy-benzyloxy-phenyl]- 10 1518

—, [Methoxy-benzyloxy-phenyl]-,
äthylester 10 1519

—, [Methoxy-benzyloxy-phenyl]-, amid
10 1520

—, [Methoxy-benzyloxy-phenyl]-,
hydrazid 10 1521

—, [Methoxy-benzyloxy-phenyl]-,
methylester 10 1519

—, [Methoxy-benzyloxy-phenyl]-cyan-,
methylester 10 2456

—, [Methoxy-benzyloxy-phenyl]-
[dimethoxy-phenyl]- 10 2490

—, [Methoxy-butyl-methoxycarbonyl-
tetrahydro-phenanthryl]-,
methylester 10 2384

—, [Methoxycarbonyl-biphenylyl]-,
methylester 9 4542

—, [Methoxycarbonyl-dihydro-
phenanthryl]-, methylester 9 4638

—, [Methoxycarbonyl-fluorenyl]-, amid
9 4615

—, [Methoxycarbonylmethyl-dihydro-
naphthyl]- 9 4449

—, [Methoxycarbonylmethylen-cyclohexyl]-
phenyl-, methylester 9 4453

—, [Methoxycarbonyl-phenanthryl]-,
methylester 9 4659

—, [Methoxycarbonyl-tetrahydro-
phenanthryl]-, methylester 9 4579

—, {Methoxy-[(carboxy-äthyl)-phenoxy]-
phenyl}- 10 1518

—, [Methoxy-carboxy-naphthyl]- 10 2322

—, [Methoxy-carboxy-octahydro-
phenanthryl]- 10 2295

—, [Methoxy-carboxy-phenyl]- 10 2218

—, [Methoxy-carboxy-tetrahydro-
phenanthryl]- 10 2361

—, [Methoxy-cyan-*m*-phenylen]-di-
10 2578

—, Methoxy-cyclohexyl- 10 35

—, Methoxy-cyclohexyl-, methylester
10 35

—, [Methoxy-dihydro-naphthyl]- 10 996,
997

—, [Methoxy-dihydro-naphthyl]-,
methylester 10 997

—, [Methoxy-dihydro-phenanthryl]-
10 1222, 1281

—, [Methoxy-dihydro-phenanthryl]-,
hydrazid 10 1281

—, [Methoxy-dihydro-phenanthryl]-,
methylester 10 1281

Propionsäure, [Methoxy-dimethyl-hexadeca-
hydro-3.5-cyclo-cyclopenta[*a*]-
phenanthrenyl]- 10 955

—, [Methoxy-dimethyl-hexadecahydro-
3.5-cyclo-cyclopenta[*a*]-
phenanthrenyl]-, methylester
10 956

—, [Methoxy-dimethyl-methoxycarbonyl-
tetrahydro-naphthyl]-,
methylester 10 2274, 2277

—, [Methoxy-dimethyl-tetradecahydro-
cyclopenta[*a*]phenanthrenyl]-
10 950

—, [Methoxy-dimethyl-tetradecahydro-
cyclopenta[*a*]phenanthrenyl]-,
methylester 10 951

—, [Methoxy-(hydroxy-oxo-tetrahydro-
pyranyl)-naphthyl]- 10 4775

—, Methoxy-[hydroxy-phenyl]- 10 1523

—, [Methoxy-methoxycarbonyl-naphthyl]-,
methylester 10 2322

—, [Methoxy-methoxycarbonyl-tetrahydro-
phenanthryl]-, methylester 10 2361

—, Methoxy-[methoxy-phenyl]- 10 1523

—, [Methoxy-methyl-carboxy-hexahydro-
phenanthryl]- 10 2337

—, [Methoxy-methyl-carboxy-octahydro-
phenanthryl]- 10 2303, 2304

—, [Methoxy-methyl-dihydro-phenanthryl]-
10 1284

—, [Methoxy-methyl-dihydro-phenanthryl]-,
methylester 10 1285

—, [Methoxy-methyl-dihydro-
phenanthryliden]- 10 1285

—, [Methoxy-methyl-dihydro-
phenanthryliden]-, methylester 10 1285

—, [Methoxy-methyl-hexahydro-
phenanthryl]-, äthylester 10 1132

—, [Methoxy-methyl-isopropyl-phenyl]-
10 653

—, [Methoxy-methyl-isopropyl-phenyl]-,
amid 10 653

—, [Methoxy-methyl-isopropyl-phenyl]-,
chlorid 10 653

—, [Methoxy-methyl-isopropyl-phenyl]-,
methylester 10 653

—, [Methoxy-methyl-methoxycarbonyl-
octahydro-phenanthryl]- 10 2304

—, [Methoxy-methyl-methoxycarbonyl-
octahydro-phenanthryl]-,
methylester 10 2304, 2306

—, [Methoxy-methyl-methoxycarbonyl-
tetrahydro-naphthyl]-,
methylester 10 2273

—, [Methoxy-methyl-methoxycarbonyl-
tetrahydro-phenanthryl]- 10 2373, 2374

—, [Methoxy-methyl-methoxycarbonyl-
tetrahydro-phenanthryl]-,
methylester 10 2372, 2373, 2375

Propionsäure, Methoxy-methyl-phenyl-
10 601
—, Methoxy-methyl-phenyl-, äthylester
10 602
—, [Methoxy-methyl-phenyl]- 10 604,
605, 606
—, [Methoxy-methyl-phenyl]-, amid
10 605
—, [Methoxy-methyl-phenyl]-, chlorid
10 605
—, [Methoxy-methyl-phenyl]-,
methylester 10 605
—, [Methoxy-methyl-phenyl]-, nitril 10 608
—, [Methoxymethyl-phenyl]- 10 604
—, [Methoxy-methyl-tetrahydro-
phenanthryl]- 10 1227
—, [Methoxy-naphthyl]- 10 1111, 1112,
1113
—, [Methoxy-naphthyl]-, amid 10 1112
—, Methoxy-[nitro-methoxy-phenyl]-
10 1523
—, Methoxy-[nitro-phenyl]- 10 552
—, [Methoxy-oxo-dimethyl-tetrahydro-
naphthyl]- 10 4355
—, [Methoxy-oxo-tetrahydro-naphthyl]-
10 4348
—, [(Methoxy-phenoxy)-phenyl]-,
methylester 10 540
—, Methoxy-phenyl- 10 546, 561, 564
—, Methoxy-phenyl-, äthylester 10 547
—, Methoxy-phenyl-, [äthyl-hexylester]
10 548
—, Methoxy-phenyl-, chlorid 10 549, 568
—, Methoxy-phenyl-, dimethylamid
10 563
—, Methoxy-phenyl-, [dimethylamino-
äthylester] 10 566
—, Methoxy-phenyl-, heptadecylester
10 548
—, Methoxy-phenyl-, hydrazid 10 550
—, Methoxy-phenyl-, methylester 10 561
—, Methoxy-phenyl-,
[nitro-benzylidenhydrazid] 10 550
—, Methoxy-phenyl-, tetradecylester
10 548
—, Methoxy-phenyl-, [trimethylammonio-
äthylester] 10 566
—, [Methoxy-phenyl]- 10 534, 536, 539,
559, 560
—, [Methoxy-phenyl]-, äthylester
10 534, 537, 541
—, [Methoxy-phenyl]-, amid 10 535,
537, 541, 560
—, [Methoxy-phenyl]-, chlorid 10 535, 560
—, [Methoxy-phenyl]-, hydrazid 10 542
—, [Methoxy-phenyl]-, [methoxy-
benzylidenhydrazid] 10 542
—, [Methoxy-phenyl]-, methylester
10 534, 537, 540

Propionsäure, [Methoxy-phenyl]-, nitril
10 535, 542, 560
—, Methoxy-phenylacetylimino- 9 2229
—, Methoxy-phenylacetylimino-,
methylester 9 2230
—, [Methoxy-phenyl]-benzyl-,
[diäthylamino-äthylester] 10 1205
—, [Methoxy-phenyl]-[carboxy-phenyl]-
10 2352
—, [Methoxy-phenyl]-cyan- 10 2215
—, [Methoxy-phenyl]-cyan-, äthylester
10 2213, 2217
—, [Methoxy-phenyl]-cyan-, amid
10 2215, 2217
—, [Methoxy-phenyl]-cyan-, hydrazid
10 2215
—, [Methoxy-phenyl]-dicyan-,
äthylester 10 2574
—, [Methoxy-*m*-phenylen]-di- 10 2236
—, [Methoxy-*m*-phenylen]-di-,
diäthylester 10 2236
—, [Methoxy-phenyl]-[methoxy-benzyl]-
10 1972
—, [Methoxy-phenyl]-[methoxy-benzyl]-,
äthylester 10 1972
—, [Methoxy-phenyl]-[methoxy-benzyl]-,
amid 10 1972
—, [Methoxy-phenyl]-[methoxy-phenyl]-
10 1962
—, [Methoxy-phenyl]-[methoxy-phenyl]-,
nitril 10 1962
—, [Methoxy-phenyl]-phenäthyl- 10 1216
—, [(Methoxy-phenylsulfon)-phenyl]-
10 544
—, [Methoxy-phenyl]-[trimethoxy-phenyl]-
10 2489
—, [Methoxy-phenyl]-[trimethoxy-phenyl]-,
nitril 10 2489
—, [Methoxy-phenyl]-[trimethoxy-phenyl]-,
[phenyl-phenacylester] 10 2489
—, [Methoxy-propyl-methoxycarbonyl-
tetrahydro-phenanthryl]-,
methylester 10 2384
—, [Methoxy-tetrahydro-naphthyl]-
10 908
—, [Methoxy-tetrahydro-phenanthryl]-
10 1221
—, Methyl- s. a. *Isobuttersäure*
—, Methyl-[acetoxy-oxo-trimethyl-
octadecahydro-pentaleno[2.1-*a*]=
phenanthrenyl]-, methylester
10 4389
—, Methyl-[acetyl-fluorenyl]- 10 3402
—, [Methyl-acetyl-methoxycarbonyl-
cyclohexyl]-, methylester 10 3524
—, [Methyl-äthoxycarbonyl-cyclohexenyl]-,
äthylester 9 3998
—, [Methyl-äthoxycarbonyl-cyclopentyl]-,
äthylester 9 3872

Propionsäure, [Methyl-äthoxycarbonyl‹
methyl-cyclohexyl]-, äthylester
9 3922
—, [Methyl-äthoxycarbonylmethylen-
cyclohexyl]-, äthylester 9 4006
—, [Methyl-äthoxycarbonyl-phenyl]-,
äthylester 9 4311
—, Methyl-äthyl-[*tert*-butyl-naphthyl]-,
amid 9 3261
—, Methyl-äthyl-[methyl-naphthyl]-,
amid 9 3254
—, Methyl-äthyl-naphthyl-, amid
9 3247
—, Methyl-äthyl-phenyl-, äthylester
9 2546
—, Methyl-äthyl-phenyl-, allylester
9 2546
—, Methyl-äthyl-phenyl-, amid 9 2546
—, [Methyl-alanylimino]-phenyl- 10 3003
—, [Methylamino-acetylimino]-phenyl-
10 3003
—, Methyl-[benzhydryl-phenyl]- 7 2845
—, [Methyl-benzoyl-amino]- 9 1146
—, [Methyl-benzoyl-amino]-, äthylester
9 1147
—, [Methyl-benzoyl-amino]-[methyl-
methoxycarbonyl-propenylimino]-,
äthylester 9 1204
—, [Methyl-benzoyl-amino]-oxo-,
äthylester 9 1201
—, [Methyl-benzoyl-amino]-oxo-,
methylester 9 1201
—, [Methyl-(benzoyloxy-propyl)-amino]-,
äthylester 9 882
—, Methyl-[benzoyl-phenyl]- 10 3345
—, Methyl-bis-[dimethoxy-phenyl]-
10 2492
—, Methyl-[brom-dimethoxy-phenyl]-
10 1557
—, Methyl-[brom-dimethoxy-phenyl]-,
methylester 10 1557
—, Methyl-[brom-methyl-phenyl]- 9 2524
—, Methyl-[brom-methyl-phenyl]-,
chlorid 9 2524
—, Methylcarbamoyloxy-phenyl- 10 555
—, [Methyl-carboxy-cyclohexyl]-
9 3904, 3905
—, [Methyl-carboxy-cyclohexyl]-phenyl-
9 4425
—, Methyl-[carboxy-cyclopentyl]-
9 3870
—, [Methyl-carboxy-cyclopentyl]-
9 3871, 3872
—, [Methyl-carboxy-cyclopentyl]-phenyl-
9 4423
—, [Methyl-carboxy-(dimethyl-hexyl)-
hexahydro-indanyl]- 9 4039
—, [Methyl-carboxymethyl-cyclohexyl]-
9 3922

Propionsäure, Methyl-[carboxy-phenyl]-
9 4310
—, [Methyl-carboxy-phenyl]- 9 4311
—, [Methyl-carboxy-propylamino]-
[phenyl-acetamino]- 9 2244
—, [Methyl-carboxy-propylamino]-
[phenyl-acetamino]-, äthylester
9 2246
—, [Methyl-carboxy-tetrahydro-
phenanthryl]- 9 4582
—, Methyl-*p*-cumenyl- 9 2583
—, Methyl-*p*-cumenyl-, methylester
9 2583
—, [Methyl-cyan-cyclohexyl]-phenyl-,
nitril 9 4426
—, [Methyl-cyan-cyclohexyl]-phenyl-
cyan-, äthylester 9 4425, 4426
—, [Methyl-cyan-cyclopentyl]-phenyl-
cyan-, äthylester 9 4824
—, Methyl-cyclohexenyl- 9 192
—, [Methyl-cyclohexenyl]- 9 193, 194
—, [Methyl-cyclohexenyl]-, äthylester
9 193, 197, 198
—, [Methyl-cyclohexenyl]-, amid 9 193
—, [Methyl-cyclohexenyl]-,
[brom-phenacylester] 9 193
—, [Methyl-cyclohexenyl]-, chlorid
9 193
—, [Methyl-cyclohexenyl]-, methylester
9 193
—, [Methyl-cyclohexenyl]-cyan-,
äthylester 9 3997, 3998
—, [Methyl-cyclohexenyl]-phenyl-
9 3105
—, [Methyl-cyclohexenyl]-phenyl-cyan-,
äthylester 9 4453
—, Methyl-cyclohexyl- 9 81, 82
—, Methyl-cyclohexyl-, äthylester 9 81
—, [Methyl-cyclohexyl]- 9 83
—, [Methyl-cyclohexyl]-, äthylester
9 83
—, [Methyl-cyclohexyl]-, methylester
9 83
—, [Methyl-cyclohexyl]-, propylester
9 83
—, [Methyl-cyclohexyliden]-,
äthylester 9 194
—, [Methyl-cyclohexyliden]-, nitril
9 194, 195, 198
—, [Methyl-cyclopentandiyl]-di- 9 3926
—, Methyl-cyclopentenyl- 9 185
—, [Methyl-cyclopentenyl]-cyan-,
äthylester 9 3986
—, [Methyl-cyclopentyl]- 9 73
—, [Methyl-cyclopentyl]-, amid 9 74
—, [Methyl-cyclopentyl]-, chlorid
9 74
—, [Methyl-cyclopentyliden]-, nitril
9 186

Propionsäure, [Methyl-decahydro-naphthyl]-
9 270

—, Methyl-[diacetoxy-trimethyl-
eicosahydro-pentaleno[2.1-*a*]⸗
phenanthrenyl]-, methylester
10 1898

—, Methyl-[dihydro-fluoranthenyl]-
9 3543

—, [Methyl-dihydro-phenanthryl]-
9 3481

—, Methyl-[dihydroxy-trimethyl-
eicosahydro-pentaleno[2.1-*a*]⸗
phenanthrenyl]- 10 1898

—, Methyl-[dimethoxy-phenyl]- 10 1556,
1557, 1558

—, Methyl-[dimethoxy-phenyl]-, amid
10 1556, 1557

—, Methyl-[dimethoxy-phenyl]-,
methylester 10 1557

—, Methyl-[dimethoxy-phenyl]-, nitril
10 1558

—, Methyl-[dimethyl-carboxy-
cyclopropyl]-, methylester 9 3989

—, Methyl-[dimethyl-chlorcarbonyl-
cyclopropyl]-, methylester 9 3989

—, Methyl-[dimethyl-phenyl]- 9 2558

—, Methyl-[dimethyl-phenyl]-, amid
9 2558

—, Methyl-[dimethyl-phenyl]-, nitril
9 2559

—, Methyl-[dinitro-carboxy-phenyl]-
9 4310

—, Methyl-[dioxo-dimethyl-cyclopentyl]-
10 3523

—, Methyl-[dioxo-trimethyl-
octadecahydro-pentaleno[2.1-*a*]⸗
phenanthrenyl]- 10 3613

—, Methyl-diphenyl- 9 3364

—, Methyl-diphenyl-, äthylester 10 3364

—, Methyl-diphenyl-, amid 9 3362

—, Methyl-diphenyl-, nitril 9 3362

—, [Methylen-cyclohexyl]-phenyl-
9 3106

—, [Methyl-hexahydro-phenanthryl]-
9 3259

—, [Methyl-hexahydro-phenanthryl]-,
äthylester 9 3259

—, Methyl-[hexamethyl-carboxymethyl-
octadecahydro-chrysenyl]- 9 4376

—, Methyl-[hexamethyl-
methoxycarbonylmethyl-
octadecahydro-chrysenyl]-,
methylester 9 4376

—, Methyl-[hydroxy-acetoxy-cyclohexyl]-,
äthylester 10 1354

—, [Methyl-(hydroxy-benzhydryl)-
octahydro-pentalenyl]- 10 1312

—, Methyl-[hydroxy-cyclohexyl]-,
äthylester 10 38

Propionsäure, Methyl-[hydroxy-methyl-
cyclopentyl]-, äthylester 10 40

—, Methyl-[hydroxy-methyl-phenyl]-
10 627, 628

—, Methyl-[hydroxy-methyl-phenyl]-,
amid 10 628

—, Methyl-[hydroxy-oxo-dimethyl-
cyclopentenyl]- 10 3523

—, Methyl-[hydroxy-oxo-trimethyl-
octadecahydro-pentaleno[2.1-*a*]⸗
phenanthrenyl]- 10 4388

—, Methyl-[hydroxy-phenyl]- 10 603

—, Methylimino-phenyl-, äthylester
10 2992, 3024

—, [Methyl-isopropyl-cyclohexyl]-,
äthylester 9 123

—, [Methyl-isopropyl-cyclohexyl]-,
nitril 9 123

—, [Methyl-isopropyl-cyclopentyl]-
9 119

—, [Methyl-isopropyl-cyclopentyl]-,
äthylester 9 119

—, [Methyl-isopropyl-indanyliden]-,
äthylester 9 3108

—, Methyl-[isopropyl-phenyl]- 9 2583

—, Methyl-[isopropyl-phenyl]-, amid
9 2583

—, Methyl-[isopropyl-phenyl]-,
methylester 9 2583

—, [Methyl-isopropyl-phenyl]- 9 2588, 2589

—, [Methyl-isopropyl-phenyl]-, amid
9 2589

—, [Methyl-isopropyl-phenyl]-, chlorid
9 2588, 2589

—, [Methyl-isopropyl-phenyl]-,
methylester 9 2588

—, [Methyl-isothiosemicarbazono]-
phenyl- 10 3005

—, Methylmercapto-oxo-phenyl-, nitril
10 4213

—, [Methylmercapto-phenyl]- 10 544

—, Methyl-[methoxy-äthoxy-phenyl]-
10 1557

—, Methyl-[methoxy-äthoxy-phenyl]-,
methylester 10 1557

—, [Methyl-methoxycarbonyl-cyclohexyl]-,
methylester 9 3905

—, [Methyl-methoxycarbonylmethyl-
cyclohexyl]-, methylester 9 3922

—, [Methyl-methoxycarbonyl-octahydro-
phenanthryl]-, methylester 9 4457

—, [Methyl-methoxycarbonyl-propylamino]-
[cyclohexylacetyl-amino]-,
äthylester 9 49

—, [Methyl-methoxycarbonyl-propylamino]-
[phenyl-acetamino]-, amid 9 2246

—, [Methyl-methoxycarbonyl-propylamino]-
[phenyl-acetamino]-, methylester
9 2245

Propionsäure, [Methyl-methoxycarbonyl-
propylamino]-phenylacetylimino-,
äthylester **9** 2248
—, [(Methyl-methoxycarbonyl-propyl)-
formyl-amino]-[phenyl-acetamino]-
9 2246
—, [Methyl-methoxycarbonyl-tetrahydro-
naphthyl]- **9** 4420
—, [Methyl-methoxycarbonyl-tetrahydro-
phenanthryl]-, methylester **9** 4582,
10 3403
—, Methyl-[methoxy-methyl-phenyl]-
10 628
—, Methyl-[methoxy-naphthyl]-propionyl-,
methylester **10** 4419
—, [Methyl-(methoxy-phenäthyl)-
cyclohexadienyl]-, äthylester
10 1132
—, Methyl-[methoxy-phenyl]- **10** 600,
601, 603
—, Methyl-[methoxy-phenyl]-,
äthylester **10** 601
—, Methyl-[methoxy-phenyl]-, amid
10 600, 601
—, Methyl-[methoxy-phenyl]-, chlorid
10 601
—, Methyl-[methoxy-phenyl]-, nitril
10 603
—, Methyl-[methyl-äthoxycarbonyl-
bicyclo[3.3.1]nonyl]-,
äthylester **9** 4034
—, Methyl-[methyl-carboxy-bicyclo-
[3.3.1]nonyl]- **9** 4033
—, Methyl-[methyl-carboxy-cyclopentyl]-
9 3915
—, Methyl-[methyl-cyclopentenyl]-
9 204
—, Methyl-[methyl-cyclopentenyl]-,
äthylester **9** 204
—, Methyl-[methyl-cyclopentenyl]-,
amid **9** 204
—, Methyl-[methyl-cyclopentenyl]-,
nitril **9** 204
—, Methyl-[methyl-cyclopentyl]- **9** 95
—, Methyl-[methyl-cyclopentyl]-,
äthylester **9** 95
—, Methyl-[methylen-cyclopentyl]- **9** 204
—, [Methyl-methylen-norbornyl]- **9** 335
—, [Methyl-methylen-norbornyl]-,
methylester **9** 336
—, Methyl-[methyl-isopropyl-phenyl]-
9 2605
—, Methyl-[methyl-isopropyl-phenyl]-,
methylester **9** 2605
—, Methyl-[methyl-methoxycarbonyl-
bicyclo[3.3.1]nonyl]-,
methylester **9** 4034
—, Methyl-[methyl-methoxycarbonyl-
cyclopentyl]-, methylester **9** 3915

Propionsäure, Methyl-[methyl-naphthyl]-
9 3242
—, Methyl-[methyl-naphthyl]-, amid
9 3242
—, Methyl-naphthyl- **9** 3232
—, Methyl-naphthyl-, amid **9** 3232
—, Methyl-naphthyl-, chlorid **9** 3232
—, Methyl-naphthyl-, nitril **9** 3233
—, [Methyl-naphthyl]- **9** 3233, 3234
—, [Methyl-naphthyl]-, amid **9** 3233, 3234
—, [Methyl-naphthyl]-, chlorid
9 3233, 3234
—, Methyl-[nitro-carboxy-phenyl]-
9 4310
—, Methyl-[nitro-methoxy-methyl-phenyl]-
10 628
—, [Methyl-octahydro-anthryl]- **9** 3116
—, Methyl-[oxo-cyclohexyl]- **10** 2854
—, Methyl-[pentamethyl-methoxycarbonyl-
tetradecahydro-chrysenyl]-,
methylester **9** 4460
—, [Methyl-phenäthyl-cyclohexadienyl]-
9 3258
—, [Methyl-phenäthyl-cyclohexadienyl]-,
äthylester **9** 3258
—, [Methyl-phenanthryl]- **9** 3526
—, Methyl-phenyl- **9** 2472, 2476
—, Methyl-phenyl-, äthylester **9** 2473
—, Methyl-phenyl-, amid **9** 2474, 2476
—, Methyl-phenyl-, chlorid **9** 2474, 2476
—, Methyl-phenyl-, [chlorid-oxim]
9 2477
—, Methyl-phenyl-, methylester **9** 2473
—, Methyl-phenyl-, nitril **9** 2475, 2476
—, Methyl-phenyl-, [phenyl-
phenacylester] **9** 2473
—, Methyl-phenyl-, ureid **9** 2476
—, Methyl-phenyl-benzyl-, nitril
9 3378
—, Methyl-phenyl-cyan- **9** 4306
—, Methyl-phenyl-[methoxy-phenyl]-
10 1207
—, Methyl-phenyl-[methoxy-phenyl]-,
amid **10** 1207
—, Methyl-phenyl-[methoxy-phenyl]-,
nitril **10** 1207
—, Methyl-pyrenyl- **9** 3598
—, Methylsulfon-oxo-phenyl-,
äthylester **10** 4212
—, [Methylsulfon-phenyl]- **10** 544
—, [Methylsulfon-phenyl]-, amid **10** 545
—, [Methylsulfon-phenyl]-, [amid-imin]
10 545
—, [Methylsulfon-phenyl]-, nitril
10 545
—, Methyl-[tetrahydro-naphthyl]-
9 2876
—, [Methyl-tetrahydro-phenanthryl]-
9 3259

Propionsäure, Methyl-[tetramethyl-
  carboxymethyl-isopropyl-hexadecahydro-
  cyclopenta[a]phenanthrenyl]-
  9 4377
—, [Methyl-thiosemicarbazono]-phenyl-
  10 3005
—, Methyl-*m*-tolyl- **9** 2524, 2525
—, Methyl-*m*-tolyl-, amid **9** 2525
—, Methyl-*m*-tolyl-, chlorid **9** 2524
—, Methyl-*o*-tolyl- **9** 2523
—, Methyl-*o*-tolyl-, amid **9** 2523
—, Methyl-*o*-tolyl-, chlorid **9** 2523
—, Methyl-*p*-tolyl- **9** 2524, 2525, 2526
—, Methyl-*p*-tolyl-, äthylester
  9 2524
—, Methyl-*p*-tolyl-, amid **9** 2527
—, Methyl-*p*-tolyl-, chlorid **9** 2525
—, Methyl-*p*-tolyl-, hydroxyamid
  9 2527
—, Methyl-*p*-tolyl-, nitril **9** 2527
—, Methyl-*o*-tolyl-acetyl-
  s. *Acetessigsäure, Methyl-[methyl-
  benzyl]-*
—, Methyl-[trimethoxy-phenyl]- **10** 2130
—, Methyl-[trimethoxy-phenyl]-, amid
  10 2131
—, Methyl-[trimethyl-carboxy-
  cyclopentyl]- **9** 4013
—, Methyl-[trimethyl-carboxymethyl-
  (dimethyl-hexyl)-decahydro-
  cyclopenta[a]naphthalinyl]-
  9 4375
—, Methyl-[trimethyl-
  methoxycarbonylmethyl-(dimethyl-
  hexyl)-decahydro-cyclopenta[a]≠
  naphthalinyl]-, methylester
  9 4375
—, Methyl-[trimethyl-nitryloxymethyl-
  carboxymethyl-isopropyl-
  hexadecahydro-cyclopenta[a]≠
  phenanthrenyl]- **10** 2252
—, Methyl-[2.4]xylyl- **9** 2558
—, Methyl-[3.5]xylyl- **9** 2558
—, Naphthalindiyl-di- **9** 4485
—, Naphthalindiyl-di-, diäthylester
  9 4485
—, Naphthyl- **9** 3219, 3221, 3222
—, Naphthyl-, äthylester **9** 3219
—, Naphthyl-, amid **9** 3220, 3222
—, Naphthyl-, chlorid **9** 3220
—, Naphthyl-, [diäthylamino-äthylester]
  9 3220, 3222
—, Naphthyl-, [diäthylamino-
  propylester] **9** 3222
—, Naphthyl-, [hydroxy-äthylamid]
  9 3220
—, Naphthyl-, [(methyl-diäthyl-ammonio)-
  äthylester] **9** 3220
—, Naphthyl-, methylester **9** 3219

Propionsäure, Naphthyl-acetyl-
  s. *Acetessigsäure, Naphthylmethyl-*
—, Naphthyl-cyan- **9** 4475
—, Naphthyl-cyan-, äthylester **9** 4476
—, Naphthyl-cyan-, [methoxy-
  benzylidenhydrazid] **9** 4476
—, [Nitro-benzamino]- **9** 1478, 1517, 1730
—, [Nitro-benzamino]-, äthylester
  9 1518
—, [Nitro-benzamino]-, amid **9** 1519
—, [Nitro-benzamino]-, methylester
  9 1518, 1731
—, [Nitro-benzamino]-, nitril **9** 1731
—, [Nitro-benzamino]-allylsulfin-
  9 1735
—, [Nitro-benzamino]-allylsulfin-,
  methylester **9** 1736
—, [Nitro-benzamino]-diäthoxy- **9** 1743
—, [Nitro-benzamino]-hydroxy- **9** 1735
—, [Nitro-benzoylhydrazono]- **9** 1535
—, [Nitro-benzoyloxy]-, äthylester
  9 1684
—, [Nitro-benzoyloxy]-, nitril **9** 1684
—, [Nitro-benzoyloxy]-
  phenylacetylimino-, methylester
  9 2231
—, [Nitro-cyclohexyl]-, nitril **9** 66
—, [Nitro-dimethoxy-phenyl]- **10** 1522
—, Nitro-hydroxyimino-phenyl- **10** 2999
—, Nitro-hydroxyimino-phenyl-, amid
  10 3000
—, [Nitro-methoxy-*m*-phenylen]-di-
  10 2237
—, [Nitro-methoxy-phenyl]-[trimethoxy-
  phenyl]-, nitril **10** 2488
—, [Nitro-oxo-dihydro-anthryl]-,
  nitril **10** 3392
—, [Nitro-phenyl]- **9** 2412, 2424
—, [Nitro-phenyl]-, äthylester **9** 2413
—, [Nitro-phenyl]-, benzylester **9** 2425
—, [Nitro-phenyl]-, chlorid **9** 2413
—, [Nitro-phenyl]-azidocarbonyl-
  9 4290
—, [Nitro-phenyl]-benzoyl-, äthylester
  10 3329
—, [Nitro-phenyl]-[hydroxy-anthryl]-
  10 3481, 3482
—, [Nitro-phenyl]-[hydroxy-anthryl]-,
  äthylester **10** 3481, 3482
—, [Nitro-phenyl]-[hydroxy-anthryl]-,
  amid **10** 3482
—, [Nitro-phenyl]-[hydroxy-anthryl]-,
  chlorid **10** 3482
—, [Nitro-phenyl]-[hydroxy-anthryl]-,
  methylester **10** 3482
—, [Nitro-phenyl]-[hydroxy-oxo-dihydro-
  anthryl]- **10** 4500
—, [Nitro-phenyl]-[oxo-dihydro-anthryl]-
  10 3481, 3482

Propionsäure, [Nitro-phenyl]-[oxo-dihydro-anthryl]-, äthylester
10 3481, 3482

—, [Nitro-phenyl]-[oxo-dihydro-anthryl]-, amid 10 3482

—, [Nitro-phenyl]-[oxo-dihydro-anthryl]-, chlorid 10 3482

—, [Nitro-phenyl]-[oxo-dihydro-anthryl]-, methylester 10 3482

—, [Nitroso-phenyl]- 9 2424

—, [Nitroso-phenylacetyl-amino]-diäthoxy-, methylester 9 2250

—, [Nitro-tetramethoxy-biphenylyl]-10 2491

—, [Nitro-trioxo-[1.2']biindanylidenyl]-, äthylester 10 4032

—. Nitro-triphenyl-, nitril 9 3603

—, Nonyl-cyclobutyl- 9 130

—, Nonyl-cyclopropyl- 9 128

—, [Octahydro-anthryl]- 9 3112

—, [Octahydro-1.4-methano-pentalenyl]- s. *Propionsäure, [Tetrahydro-1.5-cyclo-indanyl]-*

—, [Octahydro-naphthyl]- 9 340

—, [Octahydro-naphthyl]-, äthylester 9 340

—, [Octahydro-naphthyl]-, amid 9 340

—, [Octahydro-naphthyliden]- 9 341

—, [Octahydro-naphthyliden]-, äthylester 9 341

—, [Octahydro-naphthyliden]-, amid 9 341

—, [Octahydro-phenanthryl]- 9 3112

—, [Octahydro-phenanthryl]-, methylester 9 3113

—, Octyl-cyclobutyl- 9 128

—, [Oxal-phenyl]- 10 3965

—, Oxo- s. a. *Brenztraubensäure und Malonaldehydsäure*

—, Oxo-acenaphthenyl-, nitril 10 3321

—, Oxo-acetoxyimino-phenyl-, nitril 10 3545

—, [Oxo-acetyl-cycloheptyl]-, methylester 10 3523

—, [Oxo-acetyl-cyclohexyl]-, methylester 10 3522

—, [Oxo-acetyl-cyclohexyl]-, nitril 10 3522

—, [Oxo-acetyl-cyclopentyl]-, methylester 10 3521

—, [Oxo-acetyl-cyclopentyl]-, nitril 10 3521

—, [Oxo-äthoxycarbonyl-cycloheptyl]-, äthylester 10 3913

—, [Oxo-äthoxycarbonyl-cyclohexyl]-10 3903

—, [Oxo-äthoxycarbonyl-cyclohexyl]-, äthylester 10 3901, 3902, 3903

—, [Oxo-äthoxycarbonyl-cyclohexyl]-, nitril 10 3902

Propionsäure, [Oxo-äthoxycarbonyl-cyclopentadecyl]-, äthylester 10 3925

—, [Oxo-äthoxycarbonyl-cyclopentyl]-, äthylester 10 3896, 3897

—, [Oxo-äthoxycarbonylmethyl-äthoxycarbonyl-cyclopentyl]-, äthylester 10 4108, 4109

—, [Oxo-äthoxycarbonylmethyl-cyclopentyl]-, äthylester 10 3909

—, Oxo-[äthoxy-phenyl]-, äthylester 10 4211

—, Oxo-[äthoxy-phenyl]-, amid 10 4209, 4211

—, Oxo-[äthoxy-phenyl]-, nitril 10 4210, 4212

—, [Oxo-äthyl-äthoxycarbonyl-cyclohexyl]-, äthylester 10 3921

—, [Oxo-äthyl-cyclohexyl]- 10 2876

—, [Oxo-äthyl-cyclohexyl]-, äthylester 10 2876

—, Oxo-äthyl-naphthyl-, äthylester 10 3272

—, Oxo-äthyl-phenyl- 10 3065

—, Oxo-äthyl-phenyl-, äthylester 10 3065

—, Oxo-äthyl-phenyl-, amid 10 3066

—, Oxo-äthyl-phenyl-, butylester 10 3065

—, Oxo-äthyl-phenyl-, methylester 10 3065

—, Oxo-äthyl-phenyl-, nitril 10 3066

—, Oxo-[äthyl-phenyl]-, amid 10 3074

—, Oxo-[äthyl-phenyl]-, nitril 10 3075

—, [Oxo-anthracendiyl]-di- 10 4025

—, [Oxo-benz[*de*]anthracenyl]-, nitril 10 3457

—, Oxo-benzoyloxyimino-phenyl-, nitril 10 3545

—, Oxo-[benzyloxy-phenyl]-, nitril 10 4210

—, [Oxo-bibenzylyl]- 10 3345

—, [Oxo-bibenzylyl]-, äthylester 10 3345

—, [Oxo-bibenzylyl]-, nitril 10 3345

—, [Oxo-bicyclohexyltetrayl]-tetra-10 4165

—, [Oxo-bicyclo[2.2.2]octyl]- 10 2932

—, Oxo-bis-[cyan-äthyl]-phenyl-, äthylester 10 4130

—, Oxo-bis-[nitro-phenyl]-, nitril 10 3311

—, [Oxo-bornyliden]- 10 2962

—, [Oxo-bornyliden]-, methylester 10 2962

—, Oxo-[brom-phenyl]- 10 2997

—, Oxo-[brom-phenyl]-, äthylester 10 2997

—, Oxo-[brom-phenyl]-, methylester 10 2997

Propionsäure, Oxo-[brom-phenyl]-, nitril
10 2998

—, Oxo-[brom-triäthyl-phenyl]- 10 3111

—, Oxo-[brom-trimethyl-phenyl]- 10 3090

—, Oxo-butyl-phenyl-, äthylester
10 3092

—, Oxo-butyl-phenyl-, amid 10 3092

—, [Oxo-butyl]-phenyl- s. *Hexansäure,*
Oxo-benzyl-

—, [Oxo-butyryl-cyclohexyl]-,
äthylester 10 3525

—, [Oxo-butyryl-cyclohexyl]-, nitril
10 3525

—, [Oxo-butyryl-cyclopentyl]-,
äthylester 10 3524

—, [Oxo-butyryl-cyclopentyl]-, nitril
10 3525

—, Oxo-[carbamoyl-phenyl]- 10 3960

—, Oxo-[carbamoyl-phenyl]-,
methylester 10 3960

—, [Oxo-carboxy-cyclohexyl]- 10 3902, 3903

—, [Oxo-carboxy-cyclopentyl]- 10 3897

—, [Oxo-carboxy-fluorenyl]- 10 4023

—, [Oxo-carboxymethyl-cyclopentyl]-
10 3909

—, Oxo-[chlor-acenaphthenyl]-, nitril
10 3322

—, Oxo-[chlor-äthoxy-dimethyl-phenyl]-
10 4258

—, Oxo-[chlor-dioxo-dihydro-anthryl]-,
äthylester 10 4026

—, Oxo-[chlor-methoxy-dimethyl-phenyl]-
10 4258

—, Oxo-[chlor-nitro-phenyl]- 10 3021

—, Oxo-[chlor-phenyl]- 10 3016

—, Oxo-[chlor-phenyl]-, äthylester
10 2996

—, Oxo-[chlor-phenyl]-, nitril 10 2996

—, Oxo-cyclobutyl-, äthylester 10 2818

—, [Oxo-cycloheptyl]- 10 2851

—, [Oxo-cycloheptyl]-, äthylester
10 2852

—, [Oxo-cyclohexandiyl]-di- 10 3920

—, [Oxo-cyclohexandiyl]-di-,
diäthylester 10 3921

—, [Oxo-cyclohexantetrayl]-tetra-
10 4161

—, [Oxo-cyclohexenyl]-, äthylester
10 3928

—, [Oxo-cyclohexenyl-benzyliden-
cyclohexyl]-, nitril 10 3366

—, [Oxo-cyclohexenyl-cyclohexantriyl]-
tri- 10 4116

—, [Oxo-cyclohexenyl-cyclohexyl]-
10 2965

—, [Oxo-cyclohexenyl-cyclohexyl]-,
nitril 10 2965

—, Oxo-cyclohexyl-, äthylester 10 2835

—, Oxo-cyclohexyl-, nitril 10 2836

Propionsäure, [Oxo-cyclohexyl]- 10 2833,
2835, 2836

—, [Oxo-cyclohexyl]-, äthylester
10 2834

—, [Oxo-cyclohexyl]-, [äthyl-
hexylester] 10 2834

—, [Oxo-cyclohexyl]-, amid 10 2835

—, [Oxo-cyclohexyl]-, benzylester
10 2835

—, [Oxo-cyclohexyl]-, butylester
10 2834

—, [Oxo-cyclohexyl]-, [butyloxy-
äthylester] 10 2835

—, [Oxo-cyclohexyl]-, cyclohexylester
10 2834

—, [Oxo-cyclohexyl]-, [dimethyl-
butylester] 10 2834

—, [Oxo-cyclohexyl]-, methylester
10 2834

—, [Oxo-cyclohexyl]-, nitril 10 2835

—, [Oxo-cyclohexyl]-acetyl-,
äthylester 10 4189

—, [Oxo-cyclohexyl]-[methoxy-phenyl]-
10 4354

—, [Oxo-cyclohexyl]-phenyl- 10 3197

—, [Oxo-cyclohexyl]-phenyl-,
äthylester 10 3196

—, [Oxo-cyclopentadecyl]- 10 2896

—, [Oxo-cyclopentadecyl]-, äthylester
10 2896

—, [Oxo-cyclopentandiyl]-di- 10 3918

—, [Oxo-cyclopentandiyl]-di-,
diäthylester 10 3918

—, [Oxo-cyclopentantetrayl]-tetra-
10 4161

—, Oxo-cyclopentyl-, äthylester
10 2828

—, [Oxo-cyclopentyl]- 10 2827, 2828

—, [Oxo-cyclopentyl]-, äthylester
10 2827, 2828

—, [Oxo-cyclopentyl]-, [äthyl-
hexylester] 10 2828

—, [Oxo-cyclopentyl]-, butylester
10 2828

—, Oxo-cyclopropyl-, äthylester
10 2812

—, Oxo-decyl-phenyl- s. *Dodecansäure,*
Benzoyl-

—, Oxo-diäthyl-phenyl-, äthylester
10 3096

—, Oxo-[dichlor-phenyl]-, nitril
10 2997

—, [Oxo-dihydro-anthryl]- 10 3391

—, [Oxo-dihydro-fluoranthenyl]- 10 3419

—, [Oxo-dihydro-fluoranthenyl]-,
äthylester 10 3419

—, [Oxo-dihydro-naphthalindiyl]-di-
10 3984

—, [Oxo-dihydro-phenalenyl]- 10 3337

Propionsäure, [Oxo-dihydro-phenalenyl]-,
äthylester 10 3337
—, [Oxo-dihydro-phenalenyl]-,
methylester 10 3337
—, Oxo-[dimethoxy-methyl-phenyl]-,
äthylester 10 4551
—, Oxo-[dimethoxy-phenyl]-, äthylester
10 4518, 4519
—, Oxo-[dimethoxy-phenyl]-, nitril
10 4518
—, [Oxo-dimethyl-acetyl-dodecahydro-
cyclopenta[a]naphthalinyl]-
10 3542
—, [Oxo-dimethyl-acetyl-tetradecahydro-
phenanthryl]- 10 3543
—, [Oxo-dimethyl-acetyl-tetradecahydro-
phenanthryl]-, methylester 10 3543
—, [Oxo-dimethyl-anthracendiyl]-di-
10 4026
—, [Oxo-dimethyl-bis-carboxymethyl-
dodecahydro-cyclopenta[a]⸗
naphthalinyl]- 10 4117
—, [Oxo-dimethyl-bis-
methoxycarbonylmethyl-dodecahydro-
cyclopenta[a]naphthalinyl]-,
methylester 10 4118
—, [Oxo-dimethyl-carboxy-hexahydro-
indanyl]- 10 3940
—, [Oxo-dimethyl-carboxymethyl-
tetradecahydro-phenanthryl]-
10 3948
—, [Oxo-dimethyl-carboxy-tetrahydro-
indanyl]- 10 3944
—, Oxo-dimethyl-[dibrom-trimethyl-
phenyl]- 10 3107
—, [Oxo-dimethyl-dihydro-anthryl]-
10 3402
—, [Oxo-dimethyl-(dimethyl-hexyl)-
carboxy-decahydro-cyclopenta[a]⸗
naphthalinyl]- 10 3976
—, [Oxo-dimethyl-(dimethyl-hexyl)-
carboxy-dodecahydro-cyclopenta[a]⸗
naphthalinyl]- 10 3953
—, [Oxo-dimethyl-(dimethyl-hexyl)-
carboxy-dodecahydro-cyclopenta[a]⸗
naphthalinyl]-, methylester
10 3953
—, [Oxo-dimethyl-(dimethyl-hexyl)-
dodecahydro-cyclopenta[a]⸗
naphthalinyl]- 10 2970
—, [Oxo-dimethyl-hexadecahydro-
cyclopenta[a]phenanthrenyl]- 10 3127
—, [Oxo-dimethyl-hexadecahydro-
cyclopenta[a]phenanthrenyl]-,
methylester 10 3128
—, Oxo-dimethyl-mesityl- 10 3107
—, [Oxo-dimethyl-methoxycarbonyl-
dodecahydro-cyclopenta[a]⸗
naphthalinyl]- 10 3948

Propionsäure, [Oxo-dimethyl-methoxy⸗
carbonylmethyl-tetradecahydro-
phenanthryl]-, methylester 10 3949
—, Oxo-dimethyl-[methoxy-naphthyl]-,
äthylester 10 4417
—, Oxo-dimethyl-naphthyl-, äthylester
10 3273
—, Oxo-dimethyl-phenyl-, äthylester
10 3068
—, Oxo-dimethyl-phenyl-,
tert-butylester 10 3069
—, Oxo-dimethyl-phenyl-,
[chloromercuriomercapto-äthylamid]
10 3069
—, Oxo-dimethyl-phenyl-, [mercapto-
äthylamid] 10 3069
—, Oxo-dimethyl-phenyl-, methylester
10 3068
—, Oxo-[dimethyl-phenyl]-, äthylester
10 3075
—, Oxo-[dimethyl-phenyl]-, nitril
10 3075
—, [Oxo-dimethyl-tetradecahydro-
cyclopenta[a]phenanthrenyl]-
10 3217, 3218
—, [Oxo-dimethyl-tetradecahydro-
cyclopenta[a]phenanthrenyl]-,
methylester 10 3217, 3218
—, Oxo-dimethyl-[trimethyl-phenyl]-
10 3107
—, Oxo-[dinitro-trimethyl-phenyl]-,
nitril 10 3090
—, Oxo-diphenyl-, äthylester 10 3309
—, Oxo-diphenyl-, amid 10 3309
—, Oxo-diphenyl-, nitril 10 3310
—, [Oxo-diphenyl-carboxy-cyclobutyl]-
10 4025
—, Oxo-dodecyl-phenyl-
s. Tetradecansäure, Benzoyl-
—, [Oxo-fluorenyl]- 10 3383
—, Oxo-fluorenyl-acetyl-
s. Acetessigsäure, Fluorencarbonyl-
—, Oxo-heptadecyl-[dimethoxy-methyl-
phenyl]-, äthylester 10 4598
—, Oxo-heptadecyl-phenyl-
s. a. Nonadecansäure, Benzoyl-
—, Oxo-heptadecyl-p-tolyl-, äthylester
10 3138
—, [Oxo-hexamethyl-eicosahydro-
cyclopenta[a]chrysenyl]- 10 3230
—, [Oxo-hexamethyl-eicosahydro-
cyclopenta[a]chrysenyl]-,
methylester 10 3230
—, Oxo-[hydroxy-dimethyl-
tetradecahydro-cyclopenta[a]⸗
phenanthrenyl]-, äthylester
10 4362
—, Oxo-[hydroxy-dioxo-dihydro-naphthyl]-
10 4763

Propionsäure, Oxo-hydroxyimino-[methoxy-naphthyl]-, methylester **10** 4665
—, Oxo-hydroxyimino-naphthyl- **10** 3620
—, Oxo-hydroxyimino-naphthyl-, äthylester **10** 3620
—, Oxo-hydroxyimino-phenyl-, äthylester **10** 3544
—, Oxo-hydroxyimino-phenyl-, nitril **10** 3544
—, Oxo-[hydroxy-methoxy-phenyl]-, nitril **10** 4518
—, Oxo-[hydroxy-naphthyl]- **10** 4406, 4407
—, Oxo-[hydroxy-phenyl]- **10** 4214, 4217
—, [Oxo-indanyl]- **10** 3176, 3177
—, [Oxo-indanyl]-, methylester **10** 3177
—, Oxo-isobutyl-phenyl-, äthylester **10** 3095
—, Oxo-isobutyl-phenyl-, amid **10** 3095
—, Oxo-isopentyl-[dimethoxy-methyl-phenyl]-, äthylester **10** 4569
—, Oxo-isopentyl-phenyl-, äthylester **10** 3103
—, Oxo-isopentyl-phenyl-, amid **10** 3103
—, [Oxo-isopropyl-cyclopentyl]- **10** 2880
—, [Oxo-isopropyl-cyclopentyl]-, äthylester **10** 2880
—, Oxo-isopropyl-phenyl-, äthylester **10** 3084
—, Oxo-isopropyl-phenyl-, amid **10** 3084
—, Oxo-[jod-phenyl]-, nitril **10** 2998
—, [Oxo-*p*-menthenyl]- **10** 2941
—, [Oxo-*p*-menthenyl]-, äthylester **10** 2941
—, Oxo-mesityl- **10** 3089
—, Oxo-mesityl-, äthylester **10** 3089
—, Oxo-mesityl-, nitril **10** 3089
—, Oxo-[methoxy-acetoxy-phenyl]-, nitril **10** 4518
—, Oxo-[methoxy-äthoxy-phenyl]-, äthylester **10** 4518
—, [Oxo-methoxycarbonyl-fluorenyl]-, methylester **10** 4023
—, Oxo-[methoxy-methyl-phenyl]- **10** 4242
—, Oxo-[methoxy-naphthyl]-, methylester **10** 4408
—, Oxo-[methoxy-naphthyl]-, nitril **10** 4408
—, Oxo-[methoxy-phenyl]- **10** 4211
—, Oxo-[methoxy-phenyl]-, äthylester **10** 4209, 4210, 4211
—, Oxo-[methoxy-phenyl]-, nitril **10** 4210, 4211
—, [Oxo-methyl-acetyl-cyclohexyl]-, methylester **10** 3524
—, [Oxo-methyl-äthoxycarbonyl-cyclohexenyl]-, äthylester **10** 3931
—, [Oxo-methyl-äthoxycarbonyl-cyclohexyl]-, äthylester **10** 3914, 3915

Propionsäure, [Oxo-methyl-äthoxycarbonyl-cyclopentyl]-, äthylester **10** 3910
—, [Oxo-methyl-äthoxycarbonyl-decahydro-4a.7-methano-benzocycloheptenyl]- **10** 3946
—, [Oxo-methyl-äthoxycarbonyl-decahydro-4a.7-methano-benzocycloheptenyl]-, äthylester **10** 3946
—, [Oxo-methyl-äthoxycarbonyl-decahydro-4a.7-methano-benzocycloheptenyl]-, methylester **10** 3946
—, [Oxo-methyl-äthoxycarbonyl-hexahydro-indanyl]-, äthylester **10** 3939
—, [Oxo-methyl-äthoxycarbonylmethyl-äthoxycarbonyl-cyclopentyl]-, äthylester **10** 4110
—, [Oxo-methyl-äthoxycarbonylmethyl-cyclopentyl]-, äthylester **10** 3919
—, [Oxo-methyl-äthyl-isopropyl-cyclohexyliden]- **10** 2950
—, Oxo-methyl-äthyl-phenyl-, äthylester **10** 3083
—, Oxo-methyl-[brom-phenyl]-, nitril **10** 3052
—, Oxo-methyl-[brom-triäthyl-phenyl]- **10** 3113
—, Oxo-methyl-[brom-trimethyl-phenyl]- **10** 3102
—, Oxo-methyl-[brom-trimethyl-phenyl]-, methylester **10** 3102
—, [Oxo-methyl-carboxy-cyclopentyl]- **10** 3910
—, [Oxo-methyl-carboxy-decahydro-4a.7-methano-benzocycloheptenyl]- **10** 3945
—, [Oxo-methyl-carboxymethyl-cyclopentyl]- **10** 3919
—, Oxo-methyl-[chlor-äthoxy-dimethyl-phenyl]- **10** 4268
—, Oxo-methyl-[chlor-methoxy-dimethyl-phenyl]- **10** 4268
—, [Oxo-methyl-cyclohexantetrayl]-tetra- **10** 4162
—, [Oxo-methyl-cyclohexenyl]- **10** 2904, 2905
—, [Oxo-methyl-cyclohexenyl]-, äthylester **10** 2905
—, [Oxo-methyl-cyclohexyl]- **10** 2855
—, [Oxo-methyl-cyclohexyl]-, äthylester **10** 2855, 2856
—, [Oxo-methyl-cyclohexyliden]- **10** 2906
—, [Oxo-methyl-cyclopentyl]- **10** 2845
—, [Oxo-methyl-cyclopentyl]-, äthylester **10** 2844, 2845
—, Oxo-methyl-[dimethoxy-phenyl]-, äthylester **10** 4549

Propionsäure, Oxo-methyl-[dimethoxy-phenyl]-, nitril 10 4549
—, Oxo-methyl-[dimethyl-phenyl]-, äthylester 10 3088
—, [Oxo-methyl-hexahydro-indanyl]- 10 2943
—, [Oxo-methyl-hexahydro-indanyl]-, äthylester 10 2943
—, [Oxo-methyl-(hydroxy-äthyl)-(carbamoyl-äthyliden)-cyclohexyl]- 10 4716
—, [Oxo-methyl-isopropenyl-äthoxycarbonyl-cyclohexyl]-, äthylester 10 3937
—, [Oxo-methyl-isopropenyl-cyclohexyl]- 10 2941, 2942
—, [Oxo-methyl-isopropenyl-cyclohexyl]-, äthylester 10 2941
—, [Oxo-methyl-isopropyl-äthoxycarbonyl-cyclohexyl]-, äthylester 10 3923
—, [Oxo-methyl-isopropyl-cyclohexyl]- 10 2890
—, [Oxo-methyl-isopropyl-cyclohexyl]-, äthylester 10 2890
—, Oxo-methyl-mesityl- 10 3101
—, [Oxo-methyl-methoxycarbonyl-cyclohexenyl]-, methylester 10 3930
—, [Oxo-methyl-methoxycarbonyl-decahydro-4a.7-methano-benzocycloheptenyl]- 10 3945
—, [Oxo-methyl-methoxycarbonyl-decahydro-4a.7-methano-benzocycloheptenyl]-, äthylester 10 3946
—, [Oxo-methyl-methoxycarbonyl-decahydro-4a.7-methano-benzocycloheptenyl]-, methylester 10 3945
—, Oxo-methyl-[methoxy-dimethyl-phenyl]- 10 4268
—, Oxo-methyl-[methoxy-phenyl]-, äthylester 10 4241
—, [Oxo-methyl-(methoxy-phenyl)-äthoxycarbonyl-cyclohexyl]-, äthylester 10 4756
—, [Oxo-methyl-(methyl-butenyl)-cyclopentyliden]- 10 2963
—, Oxo-methyl-[methyl-naphthyl]- 10 3275
—, Oxo-methyl-naphthyl-, äthylester 10 3270, 3271
—, Oxo-[methyl-naphthyl]- 10 3271
—, Oxo-[methyl-naphthyl]-, nitril 10 3271
—, [Oxo-methyl-norbornyl]- 10 2924
—, [Oxo-methyl-norbornyl]-, methylester 10 2924

Propionsäure, Oxo-methyl-phenyl-, äthylester 10 3051
—, Oxo-methyl-phenyl-, amid 10 3051
—, Oxo-methyl-phenyl-, *tert*-butylester 10 3051
—, Oxo-methyl-phenyl-, isopropylester 10 3051
—, Oxo-methyl-phenyl-, methylester 10 3050
—, Oxo-methyl-phenyl-, nitril 10 3052
—, [Oxo-methyl-phenyl-äthoxycarbonyl-cyclohexyl]-, äthylester 10 3984
—, Oxo-[methylsulfon-phenyl]-, äthylester 10 4212
—, Oxo-methyl-*m*-tolyl-, äthylester 10 3073
—, Oxo-methyl-*o*-tolyl-, äthylester 10 3072
—, Oxo-methyl-*p*-tolyl-, äthylester 10 3073
—, Oxo-methyl-[trimethoxy-phenyl]-, äthylester 10 4726
—, Oxo-methyl-[trimethyl-phenyl]- 10 3101
—, Oxo-methyl-[trimethyl-phenyl]-, nitril 10 3101
—, [Oxo-methyl-vinyl-isopropenyl-cyclohexyliden]- 10 3112
—, [Oxo-methyl-vinyl-isopropyliden-cyclohexenyl]- 10 3111
—, Oxo-methyl-[2.4]xylyl-, äthylester 10 3088
—, Oxo-naphthyl- 10 3267, 3268
—, Oxo-naphthyl-, äthylester 10 3266, 3267
—, Oxo-naphthyl-, nitril 10 3267
—, Oxo-[nitro-benzoyloxyimino]-phenyl-, nitril 10 3545
—, Oxo-[nitro-dimethoxy-phenyl]- 10 4518
—, Oxo-[nitro-dimethoxy-phenyl]-, äthylester 10 4519
—, Oxo-[nitro-phenyl]- 10 2999, 3017
—, Oxo-[nitro-phenyl]-, äthylester 10 3020
—, Oxo-[nitro-phenyl]-, amid 10 2999
—, Oxo-[nitro-phenyl]-, nitril 10 2999
—, Oxo-[nitro-phenyl]-, oxim 10 3020
—, Oxo-[nitro-phenyl]-benzoyl-, äthylester 10 3626
—, Oxo-nonyl-phenyl- s. *Undecansäure,* *Benzoyl-*
—, Oxo-octadecyl-phenyl- s. *Eicosansäure, Benzoyl-*
—, Oxo-[oxo-indanyl]-, äthylester 10 3591
—, [Oxo-pentamethyl-acetyl-methoxycarbonyl-hexadecahydro-chrysenyl]-, methylester 10 4072
—, [Oxo-pentamethyl-acetyl-methoxycarbonyl-octadecahydro-chrysenyl]-, methylester 10 4068

Propionsäure, [Oxo-*tert*-pentyl-cyclohexan⹀
tetrayl]-tetra- 10 4162
—, Oxo-pentyl-[trimethoxy-phenyl]-,
äthylester 10 4729
—, Oxo-phenyl- 10 2990, 3000
—, Oxo-phenyl-, äthylester 10 2991, 3006
—, Oxo-phenyl-, amid 10 2994
—, Oxo-phenyl-, butenylester 10 2993
—, Oxo-phenyl-, butylester 10 2993
—, Oxo-phenyl-, isopropylester 10 2993
—, Oxo-phenyl-, [methyl-allylester]
10 2993
—, Oxo-phenyl-, methylester 10 2991, 3005
—, Oxo-phenyl-, nitril 10 2994
—, Oxo-phenyl-acetyl-
s. *Acetessigsäure, Benzoyl-*
—, Oxo-phenyl-benzhydryl- 10 3460
—, Oxo-phenyl-benzhydryl-, äthylester
10 3460
—, Oxo-phenyl-benzoyl-, äthylester
10 3625
—, Oxo-phenyl-benzoyl-, methylester
10 3625
—, Oxo-phenyl-benzoyl-, nitril 10 3626
—, Oxo-phenyl-[benzoyl-phenyl]-,
nitril 10 3673
—, Oxo-phenyl-benzyl-, äthylester 10 3329
—, Oxo-[phenyl-benzyl]-naphthyl-,
äthylester 10 3267
—, [Oxo-phenyl-benzyliden-cyclohexyl]-,
nitril 10 3422
—, Oxo-phenyl-cyan-, äthylester 10 3959
—, [Oxo-phenyl-cyclohexyl]-, nitril
10 3198
—, Oxo-phenyl-formyl-, äthylester
10 3548
—, Oxo-phenyl-formyl-, nitril 10 3549
—, Oxo-phenyl-[nitro-benzyl]-,
äthylester 10 3329
—, Oxo-phenyl-[nitro-phenyl]-cyan-,
äthylester 10 4011
—, [Oxo-propionyl-cyclohexyl]-,
butylester 10 3524
—, [Oxo-propionyl-cyclohexyl]-, nitril
10 3524
—, [Oxo-propionyl-cyclopentyl]-,
butylester 10 3522
—, [Oxo-propionyl-cyclopentyl]-,
nitril 10 3523
—, Oxo-propyl-[dimethoxy-phenyl]-,
äthylester 10 4559
—, Oxo-[propyloxy-phenyl]-, nitril
10 4210
—, Oxo-propyl-phenyl-, äthylester
10 3080
—, Oxo-propyl-phenyl-, amid 10 3080
—, Oxo-propyl-phenyl-, nitril 10 3080
—, Oxo-propyl-[trimethoxy-phenyl]-,
äthylester 10 4729

Propionsäure, Oxo-[tetrahydro-naphthyl]-,
nitril 10 3185
—, [Oxo-tetrahydro-naphthyl]- 10 3185
—, [Oxo-(tetramethyl-butyl)-
cyclohexantetrayl]-tetra- 10 4162
—, Oxo-[tetramethyl-phenyl]- 10 3102
—, Oxo-*m*-tolyl-, äthylester 10 3053
—, Oxo-*m*-tolyl-, amid 10 3053
—, Oxo-*m*-tolyl-, nitril 10 3054
—, Oxo-*o*-tolyl-, äthylester 10 3053
—, Oxo-*o*-tolyl-, nitril 10 3053
—, Oxo-*p*-tolyl-, äthylester 10 3055
—, Oxo-*p*-tolyl-, amid 10 3055
—, Oxo-*p*-tolyl-, nitril 10 3055
—, Oxo-*p*-tolyl-, propylester 10 3055
—, Oxo-[triäthoxy-phenyl]-, nitril
10 4719
—, Oxo-[trifluormethyl-phenyl]-,
äthylester 10 3054
—, Oxo-[trimethoxy-phenyl]-,
äthylester 10 4718
—, Oxo-[trimethoxy-phenyl]-, nitril
10 4718
—, [Oxo-trimethyl-carboxy-bicyclo⹀
[4.2.0]octyl]- 10 3944
—, [Oxo-trimethyl-cyclopentyl]- 10 2881
—, [Oxo-trimethyl-cyclopentyl]-,
äthylester 10 2881
—, [Oxo-trimethyl-norbornyl]- 10 2944
—, [Oxo-trimethyl-norbornyl]-, chlorid
10 2946
—, [Oxo-trimethyl-norbornyl]-,
[(oxo-bornyliden)-methylester]
10 2945
—, [Oxo-trimethyl-norbornyl]-,
[(oxo-trimethyl-norbornyliden)-
methylester] 10 2945
—, [Oxo-trimethyl-norbornyl]-,
[(oxo-trimethyl-norbornyl)-
methylester] 10 2944
—, [Oxo-trimethyl-norbornyliden]-
10 2962
—, [Oxo-trimethyl-norbornyliden]-,
methylester 10 2962
—, [Oxo-trimethyl-norbornyliden]-,
nitril 10 2962
—, Oxo-[trimethyl-phenyl]- 10 3089
—, Oxo-[trimethyl-phenyl]-, äthylester
10 3089
—, Oxo-[trimethyl-phenyl]-, amid
10 3089
—, Oxo-triphenyl-, äthylester 10 3458
—, Oxo-triphenyl-, methylester 10 3458
—, Oxo-undecyl-phenyl-
s. *Tridecansäure, Benzoyl-*
—, Oxo-[2.4]xylyl-, äthylester 10 3075
—, [Pentamethyl-acetyl-carboxy-
hexadecahydro-chrysenyl]-,
methylester 10 3997

Propionsäure, [Pentamethyl-acetyl-
methoxycarbonyl-hexadecahydro-
chrysenyl]-, methylester **10** 3997
—, Pentaphenyl-, methylester **9** 3694
—, Pentyl-cyclopropyl- **9** 111
—, Phenanthryl- **9** 3517, 3518, 3519
—, Phenanthryl-, amid **9** 3518
—, Phenanthryl-, hydrazid **9** 3518
—, Phenanthryl-, methylester **9** 3517,
3518, 3519
—, Phenanthrylmethyl-phenanthryl-
9 3694
—, Phenanthrylmethyl-phenanthryl-,
methylester **9** 3694
—, Phenoxy-acetoxy-benzyl- **10** 1558
—, Phenoxy-cyclohexyl-, [diäthylamino-
äthylester] **10** 34
—, Phenoxy-cyclopentyl-, [diäthylamino-
äthylester] **10** 32
—, Phenoxy-[hydroxy-phenyl]- **10** 1524
—, Phenoxy-oxo-methyl-phenyl- **10** 4241
—, Phenoxy-phenyl-, [diäthylamino-
äthylester] **10** 557
—, Phenoxy-o-tolyl-, [diäthylamino-
äthylester] **10** 604
—, Phenoxy-p-tolyl-, [diäthylamino-
äthylester] **10** 606
—, Phenyl- **9** 2382, 2417
—, Phenyl-, [acetyl-phenylester]
9 2390
—, Phenyl-, äthylester **9** 2385, 2419
—, Phenyl-, [äthyl-octyl-amid] **9** 2394
—, Phenyl-, amid **9** 2393, 2420
—, Phenyl-, benzylidenhydrazid **9** 2396
—, Phenyl-, [brom-äthylester] **9** 2386
—, Phenyl-, [butylamino-isobutylester]
9 2392
—, Phenyl-, butylester **9** 2386
—, Phenyl-, chlorid **9** 2393, 2420, 2425
—, Phenyl-, cholesterylester **9** 2388
—, Phenyl-, cyclohexylester **9** 2387
—, Phenyl-, [cyclohexyl-phenylester]
9 2388
—, Phenyl-, [cyclopentyl-undecylester]
9 2387
—, Phenyl-, [diäthylamino-äthylamid]
9 2395
—, Phenyl-, [diäthylamino-äthylester]
9 2392
—, Phenyl-, [diäthylamino-methyl-
butylester] **9** 2420
—, Phenyl-, [diäthylamino-propylester]
9 2419
—, Phenyl-, dodecylamid **9** 2394
—, Phenyl-, friedelenylester **9** 2388
—₉ Phenyl-, [hexylamino-isobutylester]
9 2392
—, Phenyl-, hydrazid **9** 2396
—, Phenyl-, hydroxyamid **9** 2422

Propionsäure, Phenyl-, isopentylamid
9 2394
—, Phenyl-, [methyl-decyl-amid] **9** 2394
—, Phenyl-, methylester **9** 2384, 2418
—, Phenyl-, [methylester-imin] **9** 2421
—, Phenyl-, nitril **9** 2395, 2421
—, Phenyl-, [pentylamino-isobutylester]
9 2392
—, Phenyl-, phenylester **9** 2387
—, Phenyl-, [phenyl-phenacylester]
9 2390
—, Phenyl-, [phenyl-propylester] **9** 2388
—, Phenyl-, pinenylester **9** 2387
—, Phenyl-, [propylamino-isobutylester]
9 2392
—, Phenyl-, propylester **9** 2386
—, Phenyl-, [trimethyl-hexylester]
9 2387
—, Phenyl-, ureid **9** 2394, 2421
[3-¹⁴C]Propionsäure, Phenyl- **9** 2384
Propionsäure, [Phenyl-acetamino]- **9** 2214
—, [Phenyl-acetamino]-, amid **9** 2214
—, [Phenyl-acetamino]-, chlorid **9** 2214
—, [Phenyl-acetamino]-, hydrazid
9 2215
—, [Phenyl-acetamino]-, isobutylamid
9 2214
—, [Phenyl-acetamino]-, methylester
9 2214
—, [(Phenyl-acetamino)-acetamino]-
mercapto- **9** 2210
—, [(Phenyl-acetamino)-äthoxycarbonyl-
acetamino]-mercapto-, methylester
9 2224
—, [Phenyl-acetamino]-
äthoxycarbonylmethylimino-,
äthylester **9** 2248
—, [Phenyl-acetamino]-benzamino-
9 2244, 2247
—, [Phenyl-acetamino]-
benzyloxycarbonylamino- **9** 2244
—, [Phenyl-acetamino]-cyan-,
äthylester **9** 2226
—, [Phenyl-acetamino]-diäthoxy-
9 2235
—, [Phenyl-acetamino]-diäthoxy-, amid
9 2237
—, [Phenyl-acetamino]-diäthoxy-,
hydrazid **9** 2238
—, [Phenyl-acetamino]-diäthoxy-,
methylester **9** 2236
—, [Phenyl-acetamino]-diäthoxy-,
nitril **9** 2237
—, [(Phenyl-acetamino)-diäthoxy-
propionylamino]-mercapto- **9** 2237
—, [Phenyl-acetamino]-diäthylmercapto-
9 2238
—, [Phenyl-acetamino]-dibutyloxy-
9 2235

Propionsäure, [Phenyl-acetamino]-
dibutyloxy-, methylester 9 2236
—, [Phenyl-acetamino]-dimethoxy-
9 2234
—, [Phenyl-acetamino]-dimethoxy-, azid
9 2238
—, [Phenyl-acetamino]-dimethoxy-,
hydrazid 9 2238
—, [Phenyl-acetamino]-dimethoxy-,
methylester 9 2235
—, [Phenyl-acetamino]-hydroxy- 9 2219
—, [(Phenyl-acetamino)-isobutyrylamino]-
mercapto-, methylester 9 2216
—, [Phenyl-acetamino]-methoxy- 9 2220
—, [Phenyl-acetamino]-methoxy-,
hydrazid 9 2221
—, [Phenyl-acetamino]-methoxy-,
methylester 9 2220
—, [Phenyl-acetamino]-methoxy-oxo-,
methylester 9 2229
—, [Phenyl-acetamino]-[methyl-
methoxycarbonyl-propylimino]-,
äthylester 9 2248
—, [Phenyl-acetamino]-[(methyl-
methoxycarbonyl-propyl)-
isobutyryl-amino]- 9 2247
—, [Phenyl-acetamino]-oxo-, äthylester
9 2231
—, [Phenyl-acetamino]-oxo-,
benzylester 9 2232
—, [Phenyl-acetamino]-oxo-, butylester
9 2232
—, [Phenyl-acetamino]-oxo-,
methylester 9 2230
—, [Phenyl-acetamino]-oxo-, nitril
9 2233
—, [Phenyl-acetamino]-semicarbazono-,
äthylester 9 2232
—, [Phenyl-acetimidoylamino]-diäthoxy-
9 2256
—, Phenyl-acetonyl- 10 3081
—, Phenylacetoxy-, äthylester 9 2190
—, Phenyl-[acetoxy-indanyl]- 10 1283
—, Phenyl-acetyl- s. Acetessigsäure,
Benzyl-
—, [Phenylacetyl-hydrazono]- 9 2259
—, Phenylacetylimino- 9 2228
—, Phenylacetylimino-, methylester
9 2228
—, {[(Phenylacetyl-phenyl)-acetyl]-
phenyl}-, äthylester 10 3345
—, Phenyl-[äthoxy-benzyloxy-phenyl]-
10 1964
—, Phenyl-[äthoxy-benzyloxy-phenyl]-,
amid 10 1964
—, Phenyl-[allyl-cyclohexyliden]-,
äthylester 9 3258
—, Phenyl-anthryl- 9 3659
—, Phenyl-[benzoyl-phenyl]- 10 3463

Propionsäure, Phenyl-benzyl- 9 3356
—, Phenyl-benzyl-, äthylester 9 3356
—, Phenyl-benzyl-, amid 9 3358
—, Phenyl-benzyl-, benzylester 9 3357
—, Phenyl-benzyl-, [diäthylamino-
äthylester] 9 3357
—, Phenyl-benzyl-, [(diäthylamino-
äthylmercapto)-äthylester]
9 3357
—, Phenyl-benzyl-, [diäthylamino-
hydroxy-isobutylester] 9 3358
—, Phenyl-benzyl-, [diäthylamino-
hydroxy-propylester] 9 3358
—, Phenyl-benzyl-, [diäthylamino-
propylester] 9 3358
—, Phenyl-benzyl-, [(diäthylamino-
propylmercapto)-äthylester]
9 3357
—, Phenyl-benzyl-, [dibutylamino-
hydroxy-propylester] 9 3358
—, Phenyl-benzyl-, [dimethylamino-
äthylester] 9 3357
—, Phenyl-benzyl-, [hydroxy-äthylamid]
9 3358
—, Phenyl-benzyl-, nitril 9 3359
—, Phenyl-benzyl-, [triäthylammonio-
äthylester] 9 3357
—, Phenyl-benzyl-cyan- 9 4552
—, Phenyl-benzyl-cyan-, benzylester
9 4553
—, Phenyl-benzyl-cyan-, hydrazid
9 4553
—, Phenyl-benzyl-cyan-, methylester
9 4553
—, Phenyl-benzyl-cyan-, ureid 9 4553
—, Phenyl-benzyl-naphthyl-, nitril
9 3672
—, Phenyl-[benzyloxy-phenyl]- 10 1192
—, Phenyl-[benzyloxy-phenyl]-, amid
10 1192
—, Phenyl-[benzyl-phenyl]- 9 3613, 3614
—, Phenyl-biphenylyl- 9 3605
—, Phenyl-brom-naphthyl- 9 3559
—, Phenyl-[brom-phenyl]- 9 3341
—, Phenyl-[brom-phenyl]-, methylester
9 3341
—, [Phenyl-butyrylamino]- 9 2454
—, Phenyl-[carboxy-phenyl]- 9 4536, 4541
—, Phenyl-[chlor-phenyl]- 9 3341
—, Phenyl-[chlor-phenyl]-cyan- 9 4533
—, Phenyl-cyan- 9 4280, 4285
—, Phenyl-cyan-, äthylester 9 4280,
4286, 4290
—, Phenyl-cyan-, benzylester 9 4286
—, Phenyl-cyan-, hydrazid 9 4286
—, Phenyl-cyan-, methylester 9 4286
—, [Phenyl-cyclohexyl]- 9 2881, 2882
—, [Phenyl-cyclohexyl]-, äthylester
9 2882

Propionsäure, [Phenyl-cyclohexyl]-, amid
9 2881
—, [Phenyl-cyclopentyl]- 9 2872
—, [Phenyl-cyclopentyl]-, äthylester
9 2872
—, [Phenyl-cyclopentyl]-, chlorid
9 2872
—, Phenyl-dibenzyl-, amid 9 3615
—, Phenyl-dibenzyl-, nitril 9 3615
—, Phenyl-dicyan-, äthylester 9 4796, 4797
—, Phenyl-dicyan-, methylester 9 4797
—, [Phenyl-dihydro-naphthyl]- 9 3530
—, Phenyl-[dijod-hydroxy-phenyl]-
10 1191, 1193, 1196, 1198
—, Phenyl-[dijod-phenyl]- 9 3336
—, Phenyl-[dimethoxy-phenyl]- 10 1963,
1968
—, Phenyl-[dimethoxy-phenyl]-,
äthylester 10 1968
—, Phenyl-[dimethoxy-phenyl]-, amid
10 1964
—, Phenyl-[dimethyl-phenyl]- 9 3383
—, Phenyl-[dimethyl-phenyl]-, chlorid
9 3383
—, Phenyl-[dimethyl-phenyl]-,
methylester 9 3383
—, m-Phenylen-di- 9 4323
—, m-Phenylen-di-, dimethylester
9 4323
—, o-Phenylen-di- 9 4322
—, o-Phenylen-di-, diäthylester
9 4322
—, o-Phenylen-di-, diamid 9 4322
—, p-Phenylen-di- 9 4324
—, p-Phenylen-di-, diäthylester 9 4324
—, Phenyl-fluorenyl- 9 3639
—, Phenyl-fluorenyl-, amid 9 3639
—, Phenyl-fluorenyl-, methylester
9 3639
—, Phenyl-fluorenyl-, nitril 9 3639
—, [Phenyl-fluorenyl]- 9 3639
—, [Phenyl-fluorenyl]-, methylester
9 3639
—, [Phenyl-fluorenyl]-, nitril 9 3639
—, Phenyl-fluorenyliden- 9 3655
—, Phenyl-fluorenyliden-, äthylester
9 3655
—, Phenyl-[fluor-phenyl]- 9 3340
—, Phenyl-[fluor-phenyl]-,
[diäthylamino-äthylester] 9 3340
—, Phenyl-[hydroxy-äthoxy-phenyl]-
10 1963
—, Phenyl-[hydroxy-anthryl]- 10 3480
—, Phenyl-[hydroxy-anthryl]-,
äthylester 10 3480
—, Phenyl-[hydroxy-anthryl]-, amid
10 3481
—, Phenyl-[hydroxy-anthryl]-, chlorid
10 3481

Propionsäure, Phenyl-[hydroxy-anthryl]-,
methylester 10 3480
—, Phenyl-[hydroxy-indanyl]- 10 1283
—, Phenyl-[hydroxy-methoxy-phenyl]-
10 1963
—, Phenyl-[hydroxy-naphthyl]- 10 1318
—, Phenyl-[hydroxy-oxo-dihydro-anthryl]-
10 4500
—, Phenyl-[hydroxy-phenyl]- 10 1191,
1192, 1195, 1198
—, Phenyl-indanyl- 9 3480
—, Phenyl-indanyl-, amid 9 3481
—, Phenylmercapto-[hydroxy-phenyl]-
10 1525
—, Phenyl-mesityl- 9 3393
—, Phenyl-[methoxy-benzyloxy-phenyl]-
10 1964
—, Phenyl-[methoxy-benzyloxy-phenyl]-,
amid 10 1964
—, Phenyl-[methoxy-naphthyl]- 10 1318
—, Phenyl-[methoxy-phenyl]- 10 1191,
1192, 1195
—, Phenyl-[methoxy-phenyl]-, amid
10 1192
—, Phenyl-[methoxy-phenyl]-,
methylester 10 1192
—, Phenyl-[methyl-cyclohexyliden]-,
äthylester 9 3105
—, Phenyl-naphthyl- 9 3558, 3559
—, Phenyl-naphthyl-, methylamid 9 3560
—, Phenyl-naphthyl-, nitril 9 3559
—, Phenyl-[oxo-dihydro-anthryl]-
10 3480
—, Phenyl-[oxo-dihydro-anthryl]-,
äthylester 10 3480
—, Phenyl-[oxo-dihydro-anthryl]-, amid
10 3481
—, Phenyl-[oxo-dihydro-anthryl]-,
chlorid 10 3481
—, Phenyl-[oxo-dihydro-anthryl]-,
methylester 10 3480
—, Phenyl-[(phenyl-carboxy-methyl)-
phenyl]- 9 4692
—, [Phenyl-propionylamino]- 9 2394
—, [Phenyl-propionylamino]-diäthoxy-
9 2395
—, Phenylsulfon-phenyl- 10 553
—, [Phenylsulfon-phenyl]- 10 544
—, Phenyl-[tetrahydro-naphthyl]-
9 3484, 3485
—, Phenyl-[tetrahydro-naphthyl]-,
äthylester 9 3485
—, Phenyl-[tetrahydro-naphthyl]-, amid
9 3486
—, [Phenyl-tetrahydro-naphthyl]-
9 3486
—, [Phenyl-thioacetamino]- 9 2296
—, [Phenyl-thioacetamino]-diäthoxy-
9 2297

Propionsäure, [Phenyl-thioacetamino]-
diäthoxy-, methylester **9** 2297
—, [Phenyl-thioacetamino]-oxo-,
benzylester **9** 2297
—, Phenyl-*p*-tolyl- **9** 3366, 3367
—, Phenyl-*p*-tolyl-, chlorid **9** 3366
—, Phenyl-[trijod-phenyl]- **9** 3336
—, Phenyl-[trimethoxy-phenyl]- **10** 2322
—, Phenyl-[trimethoxy-phenyl]-,
[phenyl-phenacylester] **10** 2322
—, Phenyl-[trimethyl-phenyl]- **9** 3393
—, Phenyl-[trimethyl-phenyl]-, amid
9 3393
—, Phenyl-[trimethyl-phenyl]-, nitril
9 3393
—, Phenyl-[2.4]xylyl- **9** 3383
—, Propyl-diphenyl- **9** 3393
—, Propyl-diphenyl-, amid **9** 3393
—, Propyl-[methoxy-phenyl]- **10** 636
—, Propyloxy-phenyl- **10** 565
—, Propyloxy-phenyl-, chlorid **10** 568
—, Propyloxy-phenyl-, [dimethylamino-
äthylester] **10** 566
—, Propyloxy-phenyl-, methylester
10 565
—, [Propyloxy-phenyl]- **10** 540
—, [Propyloxy-phenyl]-, [butylamino-
isobutylester] **10** 541
—, [Propyloxy-phenyl]-, chlorid **10** 541
—, Propyl-phenyl- **9** 2541
—, Propyl-phenyl-, äthylester **9** 2541
—, Propyl-phenyl-, amid **9** 2541
—, Propyl-phenyl-, methylester **9** 2541
—, Pyrencarbonylamino- **9** 3576
—, Pyrencarbonylamino-, methylester
9 3576
—, Pyrenyl- **9** 3585
—, Pyrenyl-, amid **9** 3585
—, Pyrenyl-, methylester **9** 3585
—, Salicyloylamino- **10** 155
—, Salicyloyloxy-, äthylester **10** 147
—, Sarkosylimino-phenyl- **10** 3003
—, Semicarbazono-[brom-hydroxy-methoxy-
phenyl]- **10** 4528
—, Semicarbazono-[chlor-nitro-phenyl]-
10 3022
—, [Semicarbazono-cycloheptyl]- **10** 2851
—, [Semicarbazono-cyclohexyl]-
10 2834, 2835, 2836
—, [Semicarbazono-cyclohexyl]-phenyl-,
äthylester **10** 3196
—, [Semicarbazono-cyclopentyl]-
10 2827, 2828
—, [Semicarbazono-cyclopentyl]-,
äthylester **10** 2828
—, [Semicarbazono-dihydro-phenalenyl]-
10 3337
—, [Semicarbazono-isopropyl-
cyclopentyl]-, äthylester **10** 2880

Propionsäure, [Semicarbazono-*p*-menthenyl]-
10 2941
—, Semicarbazono-[methoxy-phenyl]-
10 4220
—, [Semicarbazono-methyl-carboxy-
cyclopentyl]- **10** 3910
—, [Semicarbazono-methyl-cyclohexenyl]-
10 2905
—, [Semicarbazono-methyl-cyclohexenyl]-,
äthylester **10** 2905
—, [Semicarbazono-methyl-cyclohexyl]-,
äthylester **10** 2856
—, [Semicarbazono-methyl-cyclopentyl]-,
äthylester **10** 2844
—, [Semicarbazono-methyl-hexahydro-
indanyl]- **10** 2943
—, [Semicarbazono-methyl-hexahydro-
indanyl]-, äthylester **10** 2943
—, [Semicarbazono-methyl-isopropenyl-
äthoxycarbonyl-cyclohexyl]-,
äthylester **10** 3937
—, [Semicarbazono-methyl-isopropenyl-
cyclohexyl]- **10** 2941, 2942
—, [Semicarbazono-methyl-isopropyl-
äthoxycarbonyl-cyclohexyl]-,
äthylester **10** 3924
—, [Semicarbazono-methyl-isopropyl-
cyclohexyl]- **10** 2890
—, [Semicarbazono-methyl-
methoxycarbonyl-cyclohexenyl]-,
methylester **10** 3931
—, [Semicarbazono-methyl-(methyl-
butenyl)-cyclopentyliden]-
10 2963
—, [Semicarbazono-methyl-norbornyl]-,
methylester **10** 2924
—, Semicarbazono-methyl-phenyl-,
äthylester **10** 3051
—, Semicarbazono-phenyl- **10** 3004
—, [Semicarbazono-trimethyl-
cyclopentyl]- **10** 2881
—, [Stearoyloxy-oxo-dimethyl-hexahydro-
naphthyl]- **10** 4280
—, [Sulfooxy-phenyl]- **10** 536, 540
—, Tetrabrom-*m*-phenylen-di-
9 4323
—, Tetrabrom-*m*-phenylen-di-,
dimethylester **9** 4324
—, Tetrabrom-*o*-phenylen-di-,
diäthylester **9** 4323
—, Tetrabrom-*o*-phenylen-di-,
dimethylester **9** 4322
—, [Tetrahydro-1.4-methano-indanyl]-
s. *[Hexahydro-1.5-cyclo-azulenyl]-*
—, [Tetrahydro-naphthyl]- **9** 2855, 2856
—, [Tetrahydro-naphthyl]-, chlorid
9 2856, 2857
—, [Tetrahydro-naphthyl]-, methylester
9 2856, 2857

Propionsäure, [Tetrahydro-phenanthyrl]-
9 3389, 3390
—, [Tetrahydro-phenanthryl]-,
methylester 9 3390
—, [Tetrahydroxy-tetramethyl-octahydro-
[2.2']binaphthyldiyl]-di- 10 2621
—, [Tetramethoxy-biphenyldiyl]-di-
10 2615
—, [Tetramethoxy-biphenylyl]- 10 2490
—, [Tetramethyl-cyclohexyl]- 9 124
—, [Tetramethyl-decahydro-naphthyl]-
9 282
—, [Tetramethyl-diisopropenyl-
hexadecahydro-cyclopenta[a]-
phenanthrenyl]- 9 3130
—, [Tetramethyl-octahydro-naphthyl]-
9 348
—, [Tetramethyl-octahydro-naphthyl]-,
methylester 9 348
—, Tetraphenyl-, äthylester 9 3681
—, Tetraphenyl-, methylester 9 3680, 3681
—, Thio- s. *Thiopropionsäure*
—, Thiobenzamino- 9 1981
—, Thiobenzoylhydrazono- 9 1988
—, Thiosemicarbazono-[methoxy-phenyl]-
10 4220
—, Thiosemicarbazono-phenyl- 10 3004
—, Thioxo-[brom-phenyl]- 10 3022
—, Thioxo-[chlor-phenyl]- 10 3022
—, Thioxo-[dimethoxy-phenyl]- 10 4519,
4521, 4532
—, Thioxo-[hydroxy-methoxy-phenyl]-
10 4532
—, Thioxo-[hydroxy-phenyl]- 10 4226
—, Thioxo-[methoxy-phenyl]- 10 4214
—, Thioxo-phenyl- 10 3022
—, *p*-Toluoylamino- 9 2346
—, *m*-Tolyl- 9 2478
—, *o*-Tolyl- 9 2477
—, *o*-Tolyl-, äthylester 9 2477
—, *o*-Tolyl-, chlorid 9 2477
—, *p*-Tolyl- 9 2479
—, *p*-Tolyl-, methylester 9 2480
—, *m*-Tolyl-azidocarbonyl- 9 4309
—, *m*-Tolyl-benzyl-, amid 9 3378
—, *p*-Tolyl-[chlor-benzyl]- 9 3378
—, *p*-Tolylmercapto-phenyl-,
methylester 10 553
—, *p*-Tolylsulfon-diphenyl- 10 1198
—, *p*-Tolylsulfon-phenyl-, amid 10 559
—, Trichlor-hydroxy-, [trichlor-
benzoyloxy-äthylamid] 9 718
—, [Trifluormethyl-cyclohexyl]- 9 82
—, [Trifluormethyl-cyclohexyl]-,
chlorid 9 83
—, [Trifluormethyl-phenyl]- 9 2478
—, [Trifluormethyl-phenyl]-, amid 9 2478
—, [Trifluormethyl-phenyl]-, chlorid
9 2478

Propionsäure, [Trihydroxy-cholanoylamino]-
sulfo- 10 2179
—, [Trihydroxy-dimethyl-hexadecahydro-
cyclopenta[a]phenanthrenyl]-
10 2157
—, [Trihydroxy-dimethyl-hexadecahydro-
cyclopenta[a]phenanthrenyl]-,
äthylester 10 2157
—, [Trihydroxy-dimethyl-hexadecahydro-
cyclopenta[a]phenanthrenyl]-,
methylester 10 2157
—, [Trimethoxy-benzoylimino]-[diäthoxy-
phenyl]- 10 4523
—, [Trimethoxy-benzoylimino]-[methoxy-
isopropyloxy-phenyl]- 10 4524
—, [Trimethoxy-benzoylimino]-[methoxy-
propyloxy-phenyl]- 10 4523
—, [Trimethoxy-methyl-phenyl]- 10 2133
—, [Trimethoxy-phenyl]- 10 2118, 2119,
2120
—, [Trimethoxy-phenyl]-, äthylester
10 2121
—, [Trimethoxy-phenyl]-, amid 10 2119,
2120, 2121
—, [Trimethoxy-phenyl]-, hydrazid
10 2120
—, [Trimethoxy-phenyl]-, [methoxy-
benzylidenhydrazid] 10 2120
—, [Trimethoxy-phenyl]-, methylester
10 2119, 2120
—, [Trimethyl-carboxy-cyclopentyl]-
9 3926, 3927
—, [Trimethyl-chlorcarbonyl-
cyclopentyl]-, chlorid 9 3927
—, [Trimethyl-cyclohexenyl]-acetyl-,
äthylester 10 2946
—, [Trimethyl-cyclohexyl]- 9 118
—, [Trimethyl-cyclopentenyl]-, nitril
9 230
—, [Trimethyl-fluoranthenyl]- 9 3571
—, [Trimethyl-fluoranthenyl]-, nitril
9 3572
—, [Trimethyl-methoxycarbonyl-
cyclopentyl]-, methylester 9 3926
—, [Trimethyl-phenyl]- 9 2560, 2561,
2562, 2563
—, [Trimethyl-phenyl]-, äthylester
9 2561, 2562
—, [Trimethyl-phenyl]-, amid 9 2561,
2562, 2563
—, [Trimethyl-phenyl]-, methylester
9 2562
—, [Trimethyl-phenyl]-, nitril 9 2560, 2563
—, [Trioxo-[1.2']biindanylidenyl]-
10 4031
—, [Trioxo-[1.2']biindanylidenyl]-,
äthylester 10 4031
—, Triphenyl- 9 3598, 3603
—, Triphenyl-, äthylester 9 3598, 3603

Propionsäure, Triphenyl-, [äthyl-
propylester] 9 3599
—, Triphenyl-, allylester 9 3601
—, Triphenyl-, amid 9 3602, 3604
—, Triphenyl-, benzylester 9 3602
—, Triphenyl-, bornylester 9 3601
—, Triphenyl-, butylester 9 3599, 3604
—, Triphenyl-, chlorid 9 3602, 3604
—, Triphenyl-, decylester 9 3601
—, Triphenyl-, [diphenyl-äthylester]
9 3602
—, Triphenyl-, dodecylester 9 3601
—, Triphenyl-, heptylester 9 3600
—, Triphenyl-, hexadecylester 9 3601
—, Triphenyl-, hexylester 9 3600
—, Triphenyl-, isobutylester 9 3599
—, Triphenyl-, isopentylester 9 3600
—, Triphenyl-, isopropylester 9 3599
—, Triphenyl-, menthylester 9 3601
—, Triphenyl-, [methyl-äthyl-
butylester] 9 3600
—, Triphenyl-, [methyl-butylester]
9 3599
—, Triphenyl-, methylester 9 3598, 3603
—, Triphenyl-, [methyl-isopropyl-
cyclohexylester] 9 3601
—, Triphenyl-, nitril 9 3598, 3603, 3604
—, Triphenyl-, nonylester 9 3600
—, Triphenyl-, octadecylester 9 3601
—, Triphenyl-, octylester 9 3600
—, Triphenyl-, pentylester 9 3599
—, Triphenyl-, phenylester 9 3602
—, Triphenyl-, propylester 9 3599
—, Triphenyl-, [trimethyl-
norbornylester] 9 3601
—, Triphenyl-, undecylester 9 3601
—, Triphenyl-, ureid 9 3604
—, Undecyl-cyclobutyl- 9 137
—, Undecyl-cyclopropyl- 9 132
—, Veratroylimino-[dimethoxy-phenyl]-,
methylester 10 4525
—, [2.4]Xylyl- 9 2530
—, [2.5]Xylyl- 9 2530
—, [3.5]Xylyl- 9 2530
Propionylazid, Benzoylimino-[methoxy-
phenyl]- 10 4222
—, Benzoylimino-[nitro-phenyl]-
10 3018, 3020, 3021
—, Benzoylimino-phenyl- 10 3015
—, [Benzyloxy-phenyl]- 10 538
—, [Dimethoxy-phenyl]- 10 1521
—, [Diphenyl-naphthyl]- 9 3672
—, [Methoxy-äthoxy-phenyl]- 10 1522
Propionylchlorid, Acenaphthenyl- 9 3355
—, Äthoxyimino-phenyl- 10 3007
—, Äthoxy-phenyl- 10 568
—, [Äthoxy-phenyl]- 10 535
—, Äthoxy-[tetrahydro-naphthyl]- 10 909
—, Benzoyloxy- 9 857

Propionylchlorid, Benzyloxyimino-phenyl-
10 3007
—, Bibenzylyl- 9 3380
—, Bicyclohexylyl- 9 272
—, [Brom-methoxy-phenyl]- 10 536
—, Brom-phenyl- 9 2402
—, [Brom-phenyl]- 9 2401
—, [Brom-tetramethoxy-biphenylyl]-
10 2491
—, [Butyloxy-phenyl]- 10 541
—, [Chlor-phenyl]- 9 2397
—, [Cyan-phenyl]- 9 4291
—, Cyclohexyl- 9 65, 67
—, [Cyclohexyl-phenyl]- 9 2882
—, Cyclopentyl- 9 58, 59
—, Dicyclohexyl- 9 271
—, [Dimethoxy-phenyl]- 10 1520
—, [Dimethyl-*tert*-butyl-phenyl]-
9 2617
—, [Dimethyl-naphthyl]- 9 3243, 3244, 3245
—, Dimethyl-[nitro-phenyl]- 9 2519
—, [Dimethyl-phenyl]- 9 2530
—, [Dinitro-phenyl]- 9 2415
—, Diphenyl- 9 3334, 3339, 3342
—, Di-*p*-tolyl- 9 3384, 3385
—, [Hexahydro-indanyl]- 9 258
—, [Hexahydro-indanyliden]- 9 334
—, [(Hydroxy-äthyl)-phenyl]- 10 629
—, Isopropyl-[dimethyl-phenyl]- 9 2604
—, Isopropyl-phenyl- 9 2547
—, Isopropyl-[2.5]xylyl- 9 2604
—, [Methoxy-methyl-isopropyl-phenyl]-
10 653
—, [Methoxy-methyl-phenyl]- 10 605
—, Methoxy-phenyl- 10 549, 568
—, [Methoxy-phenyl]- 10 535, 560
—, Methyl-[brom-methyl-phenyl]- 9 2524
—, [Methyl-cyclohexenyl]- 9 193
—, [Methyl-cyclopentyl]- 9 74
—, [Methyl-isopropyl-phenyl]- 9 2588, 2589
—, Methyl-[methoxy-phenyl]- 10 601
—, Methyl-naphthyl- 9 3232
—, [Methyl-naphthyl]- 9 3233, 3234
—, Methyl-phenyl- 9 2474, 2476
—, Methyl-*m*-tolyl- 9 2524
—, Methyl-*o*-tolyl- 9 2523
—, Methyl-*p*-tolyl- 9 2525
—, Naphthyl- 9 3220
—, [Nitro-phenyl]- 9 2413
—, [Nitro-phenyl]-[oxo-dihydro-anthryl]-
10 3482
—, [Oxo-fluorenyl]- 10 3383
—, [Oxo-trimethyl-norbornyl]- 10 2946
—, Phenyl- 9 2393, 2420
—, [Phenyl-cyclopentyl]- 9 2872
—, Phenyl-[dimethyl-phenyl]- 9 3383
—, Phenyl-[oxo-dihydro-anthryl]-
10 3481
—, Phenyl-*p*-tolyl- 9 3366

Propionylchlorid, Propyloxy-phenyl- 10 568
—, [Propyloxy-phenyl]- 10 541
—, [Tetrahydro-naphthyl]- 9 2856, 2857
—, o-Tolyl- 9 2477
—, [Trifluormethyl-cyclohexyl]- 9 83
—, [Trifluormethyl-phenyl]- 9 2478
—, [Trimethyl-chlorcarbonyl-
  cyclopentyl]- 9 3927
—, Triphenyl- 9 3602, 3604
—, [2.4]Xylyl- 9 2530
—, [2.5]Xylyl- 9 2530
Propiophenon, Benzoyloxy- 9 730, 731
—, Benzoyloxy-hydroxyimino- 9 792
—, Brom-benzoyloxy- 9 731
—, Chlor-benzoyloxy- 9 731
—, Dibenzoyloxy- 9 787, 788
—, Dibrom-benzoyloxy- 9 731
—, Dihydroxy-benzoyloxy- 9 816
—, Dimethoxy-äthoxy-[nitro-benzoyloxy]-
  9 1683
—, Dimethoxy-benzoyloxy- 9 817
—, Methoxy-benzoyloxy- 9 787
—, Methoxy-[nitro-benzoyloxy]- 9 1679
—, Salicyloyloxy- 10 145
Propylbenzoat 9 389
Propylcinnamat 9 2684
Propylen, Benzoyloxy-triphenyl- 9 528
Propylendiamin, Acetyl-benzoyl- 9 1213
—, Dibenzoyl- 9 1214
Propylendibenzoat 9 539
Propylidendiamin, Phenyl-dibenzoyl-
  9 1100
Propylsalicylat 10 119
Prosolannellsäure 10 4164
Protocatechualdehyd-cyanhydrin 10 2102
Protocatechuamid, Allyl- 10 1427
—, Diäthyl- 10 1427
—, Undecenyl- 10 1427
Protocatechusäure 10 1403
Protocatechusäure-äthylester 10 1413
— allylamid 10 1427
— allylester 10 1416
— diäthylamid 10 1427
— methylester 10 1410
— propylester 10 1413
— undecenylamid 10 1427
— undecenylester 10 1416
o-Protocatechusäure 10 1363
Pseudoabietinsäure, Dihydro- 9 2640, 2641
Pseudochaulmoograsäure 9 292
Pseudochaulmoograsäure-äthylester 9 292
— amid 9 292
Pseudocholesterin, Benzoyl- 9 460
Pseudodesoxybiliansäure 10 4119
Pseudohydnocarpussäure 9 279
Pseudohydnocarpussäure-äthylester 9 279
— amid 9 279
Pseudoketohederagenin 10 4650
Pseudoketooleanolsäure 10 4399

Pseudolongifolsäure 9 346
Pseudoopiansäure 10 4510
Pseudopurpurin 10 4828
Pseudosantonin, Dihydro- 10 4195
—, Dihydro-, methylester 10 4195
—, Dihydro-, oxim 10 4195
—, Hexahydro- 10 1358
—, Tetrahydro- 10 1360
Pseudosantonsäure 10 4278
—, Hexahydro- 10 1358
—, Tetrahydro- 10 4192
Pseudosantonsäure-oxim 10 4279
Pseudotaraxasterol, Benzoyl- 9 486
Puberulsäure 10 4716
—, Diacetyl- 10 4717
—, Dimethyl- 10 4716, 4717
—, Methyl- 10 4717
—, Methyl-diacetyl-, methylester
  10 4717
—, Trimethyl- 10 4717
—, Trimethyl-, methylester 10 4717
Pulegensäure 9 207
Purpurin-carbonsäure 10 4828
Purpurogallin, Tribenzoyl- 9 840
Purpurogallon 10 2287
Putrescin s. Butandiyldiamin
Pyran, Brom-hydroxy-oxo-[brom-
  cyclopentyl]-tetrahydro- 10 2860
—, Brom-hydroxy-oxo-diphenyl-
  tetrahydro- 10 3342
—, Brom-hydroxy-oxo-phenyl-tetrahydro-
  10 3061
—, Dihydroxy-oxo-diphenyl-tetrahydro-
  10 4453
—, Dihydroxy-oxo-(hydroxy-cyclopentyl)-
  tetrahydro- 10 4503
—, Hydroxy-benzoyloxy-oxo-phenyl-
  tetrahydro- 10 4244
—, Hydroxy-dioxo-phenyl-tetrahydro-
  10 3549
—, Hydroxy-oxo-acenaphthenyl-
  tetrahydro- 10 3349
—, Hydroxy-oxo-[äthoxy-phenyl]-
  tetrahydro- 10 4243
—, Hydroxy-oxo-äthyl-phenyl-tetrahydro-
  10 3093
—, Hydroxy-oxo-äthyl-propyl-phenyl-
  tetrahydro- 10 3113
—, Hydroxy-oxo-bis-[carboxy-äthyl]-
  biphenylyl-tetrahydro- 10 4141
—, Hydroxy-oxo-bis-[carboxy-äthyl]-
  [brom-phenyl]-tetrahydro- 10 4131
—, Hydroxy-oxo-bis-[carboxy-äthyl]-
  [chlor-phenyl]-tetrahydro- 10 4131
—, Hydroxy-oxo-bis-[carboxy-äthyl]-
  [methoxy-phenyl]-tetrahydro-
  10 4848
—, Hydroxy-oxo-bis-[carboxy-äthyl]-
  naphthyl-tetrahydro- 10 4139

Pyran, Hydroxy-oxo-bis-[carboxy-äthyl]-phenyl-tetrahydro- **10** 4131

—, Hydroxy-oxo-bis-[carboxy-äthyl]-p-tolyl-tetrahydro- **10** 4132

—, Hydroxy-oxo-bis-[methoxy-phenyl]-tetrahydro- **10** 4681

—, Hydroxy-oxo-sec-butyl-[dimethoxy-äthyl-phenyl]-tetrahydro- **10** 4571

—, Hydroxy-oxo-tert-butyl-diphenyl-tetrahydro- **10** 3362

—, Hydroxy-oxo-tert-butyl-phenyl-[nitro-phenyl]-tetrahydro- **10** 3363

—, Hydroxy-oxo-tert-butyl-phenyl-tetrahydro- **10** 3109

—, Hydroxy-oxo-tert-butyl-phenyl-p-tolyl-tetrahydro- **10** 3365

—, Hydroxy-oxo-cyclohexenyl-tetrahydro- **10** 2917

—, Hydroxy-oxo-cyclohexyl-tetrahydro- **10** 2874

—, Hydroxy-oxo-cyclopentenyl-tetrahydro- **10** 2908

—, Hydroxy-oxo-[cyclopentyl-phenyl]-tetrahydro- **10** 3206

—, Hydroxy-oxo-cyclopentyl-tetrahydro- **10** 2860

—, Hydroxy-oxo-[dihydroxy-phenyl]-tetrahydro- **10** 4554

—, Hydroxy-oxo-[dimethoxy-phenyl]-tetrahydro- **10** 4554, 4555

—, Hydroxy-oxo-dimethyl-[methyl-propenyl]-phenyl-tetrahydro- **10** 3207

—, Hydroxy-oxo-dimethyl-[phenyl-benzyl-äthyl]-tetrahydro- **10** 3365

—, Hydroxy-oxo-dimetnyl-phenyl-tetrahydro- **10** 3094, 3095

—, Hydroxy-oxo-[dimethyl-phenyl]-tetrahydro- **10** 3100

—, Hydroxy-oxo-diphenyl-benzhydryl-tetrahydro- **10** 3503

—, Hydroxy-oxo-diphenyl-benzyl-tetrahydro- **10** 3468

—, Hydroxy-oxo-diphenyl-[nitro-phenyl]-tetrahydro- **10** 3466

—, Hydroxy-oxo-diphenyl-tetrahydro- **10** 3340, 3342

—, Hydroxy-oxo-diphenyl-p-tolyl-tetrahydro- **10** 3468

—, Hydroxy-oxo-[hydroxy-dimethoxy-phenyl]-tetrahydro- **10** 4727

—, Hydroxy-oxo-[hydroxy-methoxy-phenyl]-tetrahydro- **10** 4554

—, Hydroxy-oxo-indanyl-tetrahydro- **10** 3194

—, Hydroxy-oxo-isopropyl-phenyl-tetrahydro- **10** 3104, 3105

—, Hydroxy-oxo-[methoxy-methyl-phenyl]-tetrahydro- **10** 4263

Pyran, Hydroxy-oxo-[methoxy-phenyl]-tetrahydro- **10** 4243

—, Hydroxy-oxo-methyl-äthyl-phenyl-tetrahydro- **10** 3104, 3105

—, Hydroxy-oxo-methyl-benzyl-tetrahydro- **10** 3093, 3094

—, Hydroxy-oxo-methyl-butyl-phenyl-tetrahydro- **10** 3113

—, Hydroxy-oxo-methyl-hexyl-phenyl-tetrahydro- **10** 3116

—, Hydroxy-oxo-methyl-[hydroxy-phenyl]-tetrahydro- **10** 4262

—, Hydroxy-oxo-[methylmercapto-phenyl]-tetrahydro- **10** 4244

—, Hydroxy-oxo-methyl-[methoxy-methyl-phenyl]-tetrahydro- **10** 4272

—, Hydroxy-oxo-methyl-[methoxy-phenyl]-tetrahydro- **10** 4261, 4262

—, Hydroxy-oxo-methyl-octyl-phenyl-tetrahydro- **10** 3118

—, Hydroxy-oxo-methyl-phenyl-tetrahydro- **10** 3079, 3081, 3082

—, Hydroxy-oxo-methyl-p-tolyl-tetrahydro- **10** 3097

—, Hydroxy-oxo-methyl-[trimethyl-phenyl]-tetrahydro- **10** 3111

—, Hydroxy-oxo-methyl-triphenyl-tetrahydro- **10** 3468

—, Hydroxy-oxo-[naphthyl-propyl]-tetrahydro- **10** 3282

—, Hydroxy-oxo-[nitro-äthoxy-phenyl]-tetrahydro- **10** 4244

—, Hydroxy-oxo-[nitro-methoxy-phenyl]-tetrahydro- **10** 4244

—, Hydroxy-oxo-[oxo-tetrahydro-naphthyl]-tetrahydro- **10** 3595

—, Hydroxy-oxo-[phenoxy-phenyl]-tetrahydro- **10** 4244

—, Hydroxy-oxo-phenyl-benzoyl-tetrahydro- **10** 3629

—, Hydroxy-oxo-[phenyl-benzyl-äthyl]-phenyl-tetrahydro- **10** 3469

—, Hydroxy-oxo-phenyl-[dinitro-methyl-phenyl]-tetrahydro- **10** 3351

—, Hydroxy-oxo-phenyl-styryl-tetrahydro- **10** 3401

—, Hydroxy-oxo-phenyl-tetrahydro- **10** 3059

—, Hydroxy-oxo-phenyl-p-tolyl-tetrahydro- **10** 3351

—, Hydroxy-oxo-[tetrahydro-benzocycloheptenyl]-tetrahydro- **10** 3207

—, Hydroxy-oxo-[tetrahydro-naphthyl]-tetrahydro- **10** 3200

—, Hydroxy-oxo-p-tolyl-tetrahydro- **10** 3086

—, Hydroxy-oxo-[trihydroxy-phenyl]-tetrahydro- **10** 4728

Pyran, Hydroxy-oxo-[trimethoxy-phenyl]-
tetrahydro- **10** 4727, 4728
—, Hydroxy-oxo-trimethyl-phenyl-
tetrahydro- **10** 3105
—, Hydroxy-oxo-triphenyl-tetrahydro-
10 3464
Pyran-carbonitril, Hydroxy-oxo-[oxo-
phenyl-propyl]-phenyl-tetrahydro-
10 4081
—, Hydroxy-phenyl-tetrahydro- **10** 4260
Pyran-carbonsäure, Hydroxy-dioxo-styryl-
tetrahydro-, äthylester **10** 4069
—, Hydroxy-oxo-[dimethyl-phenyl]-
tetrahydro- **10** 3971
—, Hydroxy-oxo-diphenyl-tetrahydro-
10 4014
—, Hydroxy-oxo-methyl-[dimethyl-phenyl]-
tetrahydro- **10** 3973
—, Hydroxy-oxo-methyl-[methoxy-
dimethyl-phenyl]-tetrahydro- **10** 4746
—, Hydroxy-oxo-methyl-[methoxy-methyl-
phenyl]-dihydro-, äthylester
10 4753
—, Hydroxy-oxo-methyl-[methoxy-phenyl]-
dihydro-, äthylester **10** 4751
—, Hydroxy-oxo-methyl-phenyl-
tetrahydro- **10** 3968
—, Hydroxy-oxo-methyl-*p*-tolyl-
tetrahydro- **10** 3971
—, Hydroxy-oxo-[oxo-phenyl-propyl]-
phenyl-tetrahydro-, amid **10** 4080
—, Hydroxy-oxo-phenyl-tetrahydro-
10 3966
—, Hydroxy-oxo-phenyl-*p*-tolyl-
tetrahydro- **10** 4016
—, Hydroxy-phenyl-tetrahydro- **10** 4260
—, Hydroxy-[trimethyl-phenyl]-
tetrahydro- **10** 4278
—, Hydroxy-[trimethyl-phenyl]-
tetrahydro-, amid **10** 4278
—, Hydroxy-[trimethyl-phenyl]-
tetrahydro-, methylester **10** 4278
—, Oxo-methyl-phenyl-dihydro-,
äthylester **9** 2705
Pyran-dicarbonsäure, Hydroxy-diphenyl-
dihydro-, diäthylester **10** 4078
Pyrandiol, Bis-benzamino-tetrahydro-
9 1226
Pyranthren-chinon, Dibenzoyloxy- **9** 833
Pyrantriol, Bis-benzamino-tetrahydro-
9 1227
Pyrazolin, Benzoylmercapto-phenyl-
9 1971
Pyrazolin-carbonitril, Methyl- **9** 10
Pyren, Bis-[carboxy-benzoyl]- **10** 4102
—, Bis-[hydroxy-oxo-phthalanyl]-
10 4102
—, Dibrom-tetrabenzoyloxy- **9** 700
—, Tetrabenzoyloxy- **9** 700

Pyren-carbamid 9 3576
Pyren-carbonitril 9 3576, 3577
Pyren-carbonsäure 9 3575, 3576
—, Benzoyl- **9** 4685
—, Hexahydro- **9** 3476
—, Nitro- **9** 3575
Pyren-carbonsäure-äthylester **9** 3575,
3577
— amid **9** 3576, 3577
— chlorid **9** 3575, 3577
— hydrazid **9** 3577
— methylester **9** 3577
— nitril **9** 3576, 3577
Pyren-carbonylchlorid 9 3575, 3577
Pyren-dicarbamid 9 4685
Pyren-dicarbonitril 9 4685
—, Hexahydro- **9** 4640
Pyren-dicarbonsäure 9 4684, 4685
—, Dihydro- **9** 4685
—, Hexahydro- **9** 4640
—, Hexahydro-, dinitril **9** 4640
Pyren-dicarbonsäure-diamid **9** 4585
— dichlorid **9** 4684, 4685
— dinitril **9** 4685
Pyren-dicarbonylchlorid 9 4684, 4685
Pyren-tetracarbonitril 9 4900
Pyren-tetracarbonsäure 9 4899
Pyren-tetracarbonsäure-tetraäthylester
9 4899
— tetrachlorid **9** 4899
— tetranitril **9** 4900
Pyren-tetracarbonylchlorid 9 4899
Pyrentetrayltetrabenzoat 9 700
Pyrethrin-I 9 215
—, Tetrahydro- **9** 213
Pyrethrin-II 9 3988
—, Tetrahydro- **9** 3989
Pyrethrin-II-semicarbazon **9** 3989
Pyrethrolon, [Dinitro-benzoyl]- **9** 1929
—, [Dinitro-benzoyl]-
tetrahydro- **9** 1925
Pyrethron-[benzoyl-oxim] **9** 1281
Pyrethrumsäure 9 3988
Pyroanhydrochinovasäure 9 3264
Pyrochinovasäure 10 1032
Pyroergocalciferol, [Dinitro-benzoyl]-
9 1883
Pyrogallol, Acetyl-dibenzoyl- **9** 670
—, Benzoyl- **9** 669
—, Dimethyl-benzoyl- **9** 669, 670
—, Dimethyl-[dinitro-benzoyl]- **9** 1917
—, Methyl-allyl-[dinitro-benzoyl]-
9 1917, 1918
—, [Nitro-benzoyl]- **9** 1660
—, Tris-[dinitro-benzoyl]- **9** 1918
—, Tris-[nitro-benzoyl]- **9** 1660
Pyrolumidehydroursolsäure, Acetyl-,
methylester **10** 1145
Pyromellithsäure 9 4873

Pyromellithsäure-tetrachlorid 9 4873
— tetrakis-[trimethyl-hexylester] 9 4873
— tetramethylester 9 4873
— tetraphenylester 9 4873
Pyrophotosantonsäure 9 2606
Pyrovitamin-D$_3$, [Dinitro-benzoyl]-
  9 1873
—, [Nitro-benzoyl]- 9 1610
Pyruvaldehyd s. *Brenztraubenaldehyd*

Q

p-Quaterphenyl, Bis-[nitro-benzoyloxy]-
  9 1474
[4'.4'']Quaterphenyl, Bis-[nitro-
  benzoyloxy]- 9 1474
p-Quaterphenyl-carbonsäure, Methyl-
  9 3679
[4'.4'']Quaterphenyl-carbonsäure,
  Methyl- 9 3679
p-Quaterphenyl-dicarbonsäure 9 4719
p-Quaterphenyl-dicarbonsäure-
  dimethylester 9 4719
[4'.4'']Quaterphenyl-dicarbonsäure
  9 4719
[4'.4'']Quaterphenyl-dicarbonsäure-
  dimethylester 9 4719
Quecksilber, Äthyl-, [äthyl-
  mercuriomercapto-benzoat] 10 213
—, Benzoyloxymethyl-, chlorid 9 717
—, [(Carboxy-benzamino)-methoxy-propyl]-
  9 4193
—, [Chlor-benzoyloxy-benzyloxymethyl-
  propenyl]-, chlorid 9 897
—, Salicyloyloxymethyl-, chlorid 10 143
—, [(Trimethyl-carboxy-
  cyclopentancarbonylamino)-äthoxy-
  propyl]- 9 3889
—, [(Trimethyl-carboxy-
  cyclopentancarbonylamino)-hydroxy-
  propyl]- 9 3888
—, [(Trimethyl-carboxy-
  cyclopentancarbonylamino)-methoxy-
  propyl]- 9 3889
Quercit, Pentabenzoyl- 9 704
Quillajasäure 10 4652
—, Diacetyl- 10 4652
—, Dihydro- 10 2283
—, Dihydro-, methylester 10 2283
Quillajasäure-methylester 10 4653
— methylester-semicarbazon 10 4653

R

Ramalinolsäure 10 2137
—, Trimethyl-, methylester 10 2139
Ramalsäure s. *Benzoesäure, Hydroxy-*
  [hydroxy-methoxy-dimethyl-
  benzoyloxy]-methyl-

Reduktodehydrocholsäure 10 4621
Rehmannsäure 10 4397
α-Resodicarbonsäure 10 2436; *Derivate*
  s. unter Isophthalsäure
β-Resodicarbonsäure 10 2439; *Derivate*
  s. unter Terephthalsäure
Resorcin, Acetyl-[diphenyl-acryloyl]-
  9 3416
—, Benzoyl- 9 555
—, [Benzoyloxy-äthyl]-benzoyl- 9 555
—, Bis-[dinitro-benzoyl]- 9 1904
—, Bis-[diphenyl-acryloyl]- 9 3416
—, Bis-[methoxy-cinnamoyl]- 10 851
—, Bis-[nitro-benzoyl]- 9 1504, 1637
—, Bis-[(nitro-phenyl)-acetyl]- 9 2288
—, Bis-[trimethoxy-benzoyl]- 10 2083
—, Dibenzoyl- 9 555
—, [Diphenyl-acryloyl]- 9 3416
—, Methyl-benzoyl- 9 555
—, Methyl-cinnamoyl- 9 2698
—, [Nitro-benzoyl]- 9 1637
α-Resorcylsäure 10 1446; *Derivate s. unter*
  Benzoesäure
β-Resorcylsäure 10 1370; *Derivate s. unter*
  Benzoesäure
γ-Resorcylsäure 10 1401; *Derivate s. unter*
  Benzoesäure
Reten-α-carbonsäure 9 3535
Retendiphensäure 9 4576
Retenmonocarbonsäure 9 3535
Retinol, Benzoyl- 9 475
—, [Dioxo-dihydro-anthracencarbonyl]-
  10 3644
—, Naphthoyl- 9 3181
Retinsäure 9 3118
Retinsäure-äthylester 9 3119
— methylester 9 3118
Retrojonylidenessigsäure-äthylester 9 2615
Retro-östratetraenolbenzoat 9 513
Rhamnit, Tetramethyl-benzoyl- 9 703
—, Trimethyl-benzoyl- 9 703
Rhamnonsäure, Tetrabenzoyl-, nitril
  9 869
Rhapontigenin, Tribenzoyl- 9 697
Rhein 10 4789; *Derivate s. a. unter*
  Anthracen-carbonsäure
—, Diacetyl- 10 4790
—, Dimethyl- 10 4790
Rhein-methylester 10 4790
Rhizoninsäure s. *Benzoesäure, Hydroxy-*
  methoxy-dimethyl-
Rhizonsäure s. *Benzoesäure, Hydroxy-*
  [hydroxy-methoxy-dimethyl-
  benzoyloxy]-dimethyl-
Rhodocladonsäure 10 4864
Ricinolsäure, Benzoyl-, methylester
  9 862
Rissäure 10 2066
Rissäure-dimethylester 10 2068

S

α-Sabinaketol, [Dinitro-benzoyl]-
9 1824
—, [Nitro-benzoyl]- 9 1567
Sabinensäure 10 59
Sabinol, [Carboxy-benzoyl]- 9 4155
—, [Dinitro-benzoyloxy]- 9 1841
—, [Nitro-benzoyl]- 9 1578
Safransäure 9 309
Salacetol 10 144
Salicylaldehyd, Benzoyloxy- 9 781, 782
—, Benzyloxy-benzoyloxy- 9 809
—, Bis-[acetoxy-benzoyloxy]- 10 321
—, Dibenzoyloxy- 9 810
—, Methoxy-benzoyloxy- 9 809
—, Methoxy-benzoyloxy-methyl- 9 815
Salicylaldehyd-[äthoxy-benzoylhydrazon]
10 357
— [brom-benzoylhydrazon] 9 1391, 1402
— [chlor-benzoylhydrazon] 9 1343,
1353, 1372
— cyclohexancarbonylhydrazon 9 31
— [dinitro-methyl-benzoylhydrazon]
9 2376
— galloylhydrazon 10 2094
— [jod-benzoylhydrazon] 9 1441, 1450
— [nitro-benzoylhydrazon] 9 1488,
1533, 1756
— [nitro-dimethyl-benzoylhydrazon]
9 2449
— [nitro-methyl-benzoylhydrazon]
9 2367
— phenylacetylimin 9 2206
— [triäthoxy-benzoylhydrazon] 10 2095
— [trihydroxy-benzoylhydrazon]
10 2059
Salicylamid 10 152; Derivate s. a. unter
Benzamid
—, [Acetamino-äthyl]- 10 155
—, Äthyl- 10 152
—, [Brom-isovaleryl]- 10 154
—, Butyl- 10 152
—, Chloracetyl- 10 154
—, Diäthyl- 10 152
—, [Dibrom-äthyliden]- 10 154
—, [Dibrom-vinyl]- 10 154
—, Dodecyl- 10 153
—, [Hydroxy-äthyl]- 10 153
—, Jodacetyl- 10 154
—, Lauroyl- 10 154
—, Methyl- 10 152
—, Octadecyl- 10 153
—, [Tribrom-hydroxy-äthyl]- 10 154
—, [Trichlor-hydroxy-äthyl]- 10 153
Salicylamidin 10 160
Salicylimidsäure-äthylester 10 159
Salicylohydrazid 10 161
Salicylohydroxamsäure 10 160

Salicylonitril 10 159; Derivate s. a. unter
Benzonitril
Salicyloylchlorid 10 150
Salicylsäure 10 87; Derivate s. a. unter
Benzoesäure
—, Bor-tri- 10 107
—, Brom- 10 174, 176
—, Brom-nitro- 10 207
—, [Carboxy-benzoyl]- 10 4779
—, Chlor- 10 163, 164, 165
—, [Chlor-nitro-benzylsulfon]-
10 1389, 1390
—, Dibrom- 10 181
—, Dichlor- 10 169, 174
—, Dijod- 10 189
—, Dinitro- 10 207
—, Fluor- 10 162
—, Jod- 10 186, 188
—, Jod- [dihydroxy-propylester] 10 189
—, Mercapto- 10 1389
—, Nitro- 10 190, 194, 197, 205
—, [Nitro-methyl-benzylsulfon]- 10 1390
—, [Nitro-phenylsulfon-phenylsulfon]-
10 1390
—, Nitroso- 10 3537
—, Phenylseleno- 10 1396
—, Phenylsulfon- 10 1389
—, Tetrabrom- 10 186
—, Tribrom- 10 185
—, Trichlor- 10 174
—, Trichlor-brom- 10 180
Salicylsäure-acetonylester 10 144
— [acetoxy-äthylester] 10 139, 144
— acetoxymethylester 10 143
— [acetyl-phenylester] 10 144
— [äthoxy-äthylester] 10 139, 144
— äthylamid 10 152
— [äthyl-butylester] 10 124
— äthylester 10 115
— [äthylester-imin] 10 159
— [äthyl-hexylester] 10 124
— allylester 10 125
— amid 10 152
— [amid-imin] 10 160
— [amino-äthylester] 10 148
— [benzoyl-phenylester] 10 146
— benzylester 10 132
— benzylidenhydrazid 10 161
— biphenylylester 10 136, 138
— [brom-allylester] 10 125
— [brom-benzylester] 10 132
— butylamid 10 152
— butylester 10 121
— [(butyloxy-äthoxy)-äthylester] 10 139
— [butyloxy-äthylester] 10 139, 144
— [tert-butyl-phenylester] 10 133
— [chlor-äthylester] 10 116
— [chlor-biphenylylester] 10 137
— [chlor-cyclohexyl-phenylester] 10 135

Salicylsäure-[chlor-hydroxy-propylester]
10 141
— chlorid 10 150
— [chlor-isobutylester] 10 122
— [chlor-methyl-isopropyl-phenylester]
10 133
— chloromercuriomethylester 10 143
— [chlor-phenylester] 10 129
— cholesterylester 10 136
— [cyclohexyl-phenylester] 10 135
— [cyclopentenyl-tridecylester] 10 127
— decylester 10 124
— diäthylamid 10 152
— [diäthylamino-äthylester] 10 148
— [dibrom-äthylidenamid] 10 154
— [dibrom-hydroxy-benzylester] 10 142
— [dibrom-vinylamid] 10 154
— [dibutyryloxy-propylester] 10 142
— [dichlor-isopropylester] 10 120
— [dichlor-methyl-isopropyl-
phenylester] 10 133
— [dichlor-propylester] 10 120
— [dihydroxy-propylester] 10 142
— [diisovaleryloxy-isopropylester]
10 142
— [dimethylamino-methyl-äthyl-
äthylester] 10 150
— dodecylamid 10 153
— dodecylester 10 124
— [formyloxy-äthylester] 10 139
— heptylester 10 124
— hexadecylester 10 125
— [hexahydro-4.7-methano-
indenylester] 10 134
— hexylester 10 123
— hydrazid 10 161
— [hydroxy-acenaphthylenylester] 10 145
— [hydroxy-äthylamid] 10 153
— [hydroxy-äthylester] 10 138
— hydroxyamid 10 160
— [hydroxy-benzylester] 10 142
— isobutylester 10 121
— isopentylester 10 123
— isopropylester 10 120
— [isovaleryloxy-äthylester] 10 140
— menthylester 10 126
— methallylester 10 126
— [methoxy-äthylester] 10 139
— methoxymethylester 10 143
— methylamid 10 152
— [methyl-butylester] 10 123
— [methyl-dimethylaminomethyl-
propylester] 10 150
— methylester 10 107
— [methyl-isopropyl-cyclohexylester]
10 126
— [methyl-isopropyl-phenylester] 10 133
— [methyl-(methyl-butyl)-phenylester]
10 135

Salicylsäure-[methyl-pentyl-phenylester]
10 134, 135
— naphthylester 10 136
— nitril 10 159
— [(nitro-phenoxy)-äthylester] 10 139
— [nitro-phenylester] 10 130
— norbornenylmethylester 10 127
— norbornylmethylester 10 126
— octadecylamid 10 153
— octadecylester 10 125
— octylester 10 124
— [oxo-acenaphthenylester] 10 145
— pentylester 10 122
— *tert*-pentylester 10 123
— [pentyl-phenylester] 10 134
— phenanthrylester 10 138
— [phenoxy-phenylester] 10 141
— phenylester 10 127
— [phenyl-phenacylester] 10 146
— [propionyl-phenylester] 10 145
— propylester 10 119
— stigmasterylester 10 136
— tetradecylester 10 124
— thymylester 10 133
— *m*-tolylester 10 131
— *o*-tolylester 10 131
— *p*-tolylester 10 132
— [triäthylammonio-propylester] 10 149
— [tribrom-hydroxy-äthylamid] 10 154
— [trichlor-äthylidenamid] 10 153
— [trichlor-hydroxy-äthylamid] 10 153
— [trichlor-phenylester] 10 130
— [trimethylammonio-äthylester] 10 148
— [trimethylammonio-propylester] 10 149
— vinylester 10 125
Salicylursäure 10 154
Salol 10 127
Salpetersäure-[benzamino-äthylester]
9 1079
— [nitro-cyan-cholestanylester] 6 2665
Salysal 10 147
Sandaracopimarsäure 9 2910
—, Dihydro- 9 2642
—, Tetrahydro- 9 355
Sanguisorbigenin 10 1142
Sanguisorbigenon 10 3288
Sanguisorbigenon-methylester 10 3289
— methylester-oxim 10 3289
— oxim 10 3289
α-**Santalol,** [Carboxy-benzoyl]- 9 4164
β-**Santalol,** [Carboxy-benzoyl]- 9 4164
α-**Santalsäure** 9 2619
α-**Santalsäure-**methylester 9 2620
— nitril 9 2620
β-**Santalsäure** 9 2618
β-**Santalsäure-**methylester 9 2618
α-**Santalylessigsäure** 9 2630
—, Dihydro- 9 349
—, Tetrahydro- 9 283

Santenensäure 9 3967
Santenoncarbonsäure 10 2912
Santenoncarbonsäure-äthylester 10 2913
Santensäure 9 3847
—, Brom- 9 3848
—, Brom-, diäthylester 9 3849
—, Dimethyl- 9 3919
—, Oxy- 9 3849
Santensäure-diäthylester 9 3848
— diamid 9 3848
Santinsäure 9 3245
Santolsäure 10 3944
—, Dihydro- 10 3940
Santonansäure 10 4192
Santonigsäure 10 922
—, Brom- 10 923
Santonigsäure-äthylester 10 923
— methylester 10 923
Santoninsäure 10 4279
—, Acetyl- 10 4280
—, Benzoyl- 10 4280
—, Hydroxy- 10 4570
—, Stearoyl- 10 4280
Santoninsäure-äthylester 10 4280
— amid 10 4280
— methylester 10 4280
Santonsäure 10 3540
—, Diacetyl-dihydro- 10 1588, 4196
—, Diacetyl-dihydro-, methylester
    10 1588, 4196
—, Dihydro- 10 4196
—, Oxy- 10 3540
α-Santorsäure 9 4854
β-Santorsäure 9 4855
Sapocholsäure 10 1063
—, Acetyl- 10 1063
—, Acetyl-, methylester 10 1064
Sapocholsäure-methylester 10 1063
Sarkosin, Benzoyl- 9 1140
—, Benzoyl-, äthylester 9 1141
—, Benzoyl-, methylester 9 1140
—, Benzoyl-, nitril 9 1141
—, [Benzoyloxy-dimethyl-propyl]-,
    äthylester 9 889
—, [Benzoyloxy-neopentyl]-, äthylester
    9 889
—, [Benzoyloxy-propyl]-, methylester
    9 882
—, Cyclohexancarbonyl- 9 29
—, [Dinitro-benzoyl]- 9 1938
—, Naphthylacetyl- 9 3208
—, [Nitro-benzoyl]- 9 1730
—, [Trijod-benzoyl]- 9 1461
Sarsasapogeninsäure 10 4626
—, Acetyl- 10 4627
—, Benzoyl-, methylester 10 4628
Sarsasapogeninsäure-dioxim 10 4626
— methylester 10 4627
— methylester-dioxim 10 4628

Schellolsäure 10 2465
Schellolsäure-dihydrazid 10 2466
— dimethylester 10 2465
Schleimsäure, Tetrabenzoyl- 9 875
—, Tetrabenzoyl-, diäthylester
    9 875
Schwefelsäure, Benzoyl- 9 1055
—, [Benzoyloxy-phenyl]- 9 560
Schwefelsäure-[(carboxy-äthyl)-
    phenylester] 10 536, 540
— [carboxy-phenylester] 10 106,
    249, 296
— [(carboxy-vinyl)-phenylester]
    10 841
Schwefelsäure-[nitro-benzoesäure]-
    anhydrid 9 1709
Schwefligsäure, Benzaminomethyl-
    9 1090
Schwefligsäure-[benzamino-methylester]
    9 1090
— bis-[chlor-(nitro-benzamino)-
    isopropylester] 9 1717
— bis-[phenyl-äthoxycarbonyl-
    methylester] 10 460
Scillansäure, Oxy- 10 698
α-Scillansäure 9 2657
Scillaridin-A-säure, Methyl- 10 1987
—, Methyl-, methylester 10 1987
Scillaridin-A-säure-methylester 10 1987
Sclareolsäure 10 1359
Sclareolsäure-methylester 10 1359
Sebacinsäure s. Decandisäure
2.3-Seco-5(6→7)-abeo-cholantetrasäure,
    Hydroxy-oxo-, lacton 10 4168
9.10-Seco-6.19-äthano-ergostadien-
    dicarbonsäure, Hydroxy- 10 2313
9.10-Seco-6.19-äthano-ergostatrien-
    dicarbonsäure, Hydroxy- 10 2338
2.3-Seco-androstandisäure 9 4084
—, Carboxy- 9 4784
—, Cyclohexancarbonyloxy- 10 2145
—, Hydroxy- 10 2145
2.3-Seco-androstandisäure-dimethylester
    9 4084
3.4-Seco-androstandisäure 9 4083
—, Methyl-carboxy- 9 4786
16.17-Seco-androstandisäure 9 4081
—, Acetoxy- 10 2144
—, Acetoxy-, dimethylester 10 2145
—, Acetoxy-, methylester 10 2144
—, Hydroxy- 10 2143
—, Hydroxy-, dimethylester 10 2144
—, Hydroxy-, methylester 10 2144
—, Oxo- 10 3947
—, Oxo-, dimethylester 10 3947
—, Semicarbazono-, dimethylester
    10 3947
13.17-Seco-androstansäure, Acetoxy-
    acetyl- 10 4201

13.17-Seco-androstansäure, Acetoxy-
    acetyl-, methylester **10** 4201
—, Acetoxy-[semicarbazono-äthyl]-,
    methylester **10** 4210
—, Dihydroxy- **10** 1360
—, Dihydroxy-, methylester **10** 1360
—, Oxo-acetyl- **10** 3543
—, Oxo-acetyl-, methylester **10** 3543
16.17-Seco-androstansäure, Acetoxy-,
    methylester **10** 84
—, Acetoxy-oxo-, methylester **10** 4198
—, Acetoxy-semicarbazono-, methylester
    10 4198
—, Hydroxy- **10** 83
—, Hydroxy-, methylester **10** 84
—, Oxo- **10** 2967
—, Oxo-, methylester **10** 2967
16.17-Seco-androsten, Tribenzoyloxy-
    9 676
16.17-Seco-androstendisäure, Acetoxy-
    10 2244
—, Acetoxy-, äthylester **10** 2246
—, Acetoxy-, dimethylester **10** 2246
—, Acetoxy-, methylester **10** 2245
—, Acetoxy-, methylester-amid **10** 2247
—, Acetoxy-, methylester-chlorid
    10 2246
—, Acetoxy-, nitril **10** 2247, 4888
—, Hydroxy- **10** 2244
—, Hydroxy-, äthylester **10** 2246
—, Hydroxy-, diäthylester **10** 2246
—, Hydroxy-, dimethylester **10** 2245
—, Hydroxy-, methylester **10** 2244, 2245
—, Hydroxyimino- **10** 3975
—, Oxo- **10** 3974
—, Semicarbazono- **10** 3975
12.13-Seco-androstensäure, Hydroxy-oxo-
    10 4283
13.17-Seco-androstensäure, Acetoxy-
    acetyl- **10** 4297
—, Hydroxy-acetohydroximoyl- **10** 4297
—, Hydroxy-acetyl- **10** 4297
16.17-Seco-androstensäure, Acetoxy-,
    methylester **10** 663
—, Acetoxy-hydroxyimino-, methylester
    10 4284
—, Acetoxy-oxo-, methylester **10** 4284
—, Dihydroxy- **10** 1589
—, Hydroxy- **10** 662
—, Hydroxy-, methylester **10** 663
—, Oxo- **10** 3117
—, Oxo-, methylester **10** 3117
16.17-Seco-androstentriyltribenzoat
    9 676
11.12-Seco-cholandisäure, Acetoxy-
    hydroxyimino-, dimethylester
    10 4737
—, Acetoxy-hydroxyimino-, methylester-
    anhydrid **10** 4737

11.12-Seco-cholandisäure, Acetoxy-oxo-,
    dimethylester **10** 4737
—, Acetoxy-oxo-, methylester **10** 4737
—, Acetoxy-oxo-, methylester-anhydrid
    10 4737
—, Acetoxy-oxo-, methylester-chlorid
    10 4737
—, Hydroxy-oxo- **10** 4736
—, Hydroxy-oxo-, dimethylester **10** 4737
—, Hydroxy-oxo-, methylester **10** 4736
14.15-Seco-cholandisäure, Hydroxy-
    acetoxy-, methylester-lacton **10** 4749
14.15-Seco-cholansäure, Dihydroxy-dioxo-
    10 4738
2.3-Seco-cholantrisäure 9 4789
—, Bis-hydroxyimino- **10** 4151
—, Brom-oxo- **10** 4127
—, Dihydroxy- **10** 2600
—, Dioxo- **10** 4151
—, Dioxo-, trimethylester **10** 4152
—, Disemicarbazono- **10** 4152
—, Hydroxyimino- **10** 4127
—, Hydroxy-oxo- **10** 4844
—, Nitrimino- **10** 4127
—, Oxo- **10** 4126, 4127, 4128
—, Oxo-, triäthylester **10** 4127
—, Oxo-, trimethylester **10** 4127, 4128
—, Trioxo- **10** 4168
2.3-Seco-cholantrisäure-
    trimethylester **9** 4790
3.4-Seco-cholantrisäure 9 4788
—, Acetoxy- **10** 2569
—, Bis-hydroxyimino- **10** 4148
—, Bis-hydroxyimino-, hydroxyamid
    10 4150
—, Brom-dioxo- **10** 4150
—, Brom-oxo- **10** 4124
—, Dibrom-dioxo- **10** 4150
—, Dibrom-oxo- **10** 4124
—, Dichlor-oxo- **10** 4124
—, Dihydroxy-oxo- **10** 4861
—, Dihydroxy-oxo-, trimethylester
    10 4861
—, Dioxo- **10** 4145, 4146
—, Dioxo-, diäthylester **10** 4149
—, Dioxo-, hydroxyamid **10** 4149
—, Dioxo-, trimethylester **10** 4146, 4149
—, Disemicarbazono- **10** 4148
—, Hydroxy- **10** 2568, 2569
—, Hydroxy-, trimethylester **10** 2568, 2569
—, Hydroxy-dioxo- **10** 4863
—, Hydroxy-dioxo-, trimethylester
    10 4863
—, Hydroxyimino- **10** 4122
—, Hydroxy-nitryloxy-oxo- **10** 4861
—, Hydroxy-oxo- **10** 4844, 4861
—, Hydroxy-oxo-, dimethylester **10** 4844
—, Hydroxy-oxo-, trimethylester **10** 4844
—, Nitrimino- **10** 4122

3.4-Seco-cholantrisäure, Nitro-dioxo-
   10 4151
—, Oxo- 10 4120, 4125
—, Oxo-, äthylester 10 4123
—, Oxo-, diäthylester 10 4123
—, Oxo-, dimethylester 10 4123
—, Oxo-, methylester 10 4122, 4123
—, Oxo-, triäthylester 10 4124
—, Oxo-, trimethylester 10 4123, 4125, 4126
—, Oxo-hydroxyimino- 10 4147
—, Oxo-hydroxyimino-, hydroxyamid
   10 4149
—, Oxo-nitrimino- 10 4147
—, Semicarbazono- 10 4122
3.4-Seco-cholantrisäure-
   trimethylester 9 4788
6.7-Seco-cholantrisäure 9 4787
—, Hydroxyimino- 10 4120
—, Oxo- 10 4119
—, Oxo-, äthylester 10 4120
—, Oxo-, äthylester-anhydrid 10 4120
—, Oxo-, methylester 10 4120
—, Oxo-, trimethylester 10 4120
6.7-Seco-cholantrisäure-trimethylester
   9 4787
11.12-Seco-cholantrisäure 9 4786
—, Acetoxy- 10 2567
—, Acetoxy-, methylester 10 2567
—, Hydroxy- 10 2567
14.15-Seco-cholendisäure, Acetoxy-oxo-,
   dimethylester 10 4749
—, Hydroxy-oxo- 10 4749
2.3-Seco-cholentrisäure, Nitro-oxo-
   10 4135
—, Nitroso-oxo- 10 4135
—, Nitryloxy-oxo- 10 4135
3.4-Seco-cholentrisäure 9 4817
—, Brom-oxo- 10 4133
—, Brom-oxo-, trimethylester 10 4133
—, Hydroxy-oxo- 10 4145
—, Nitro-oxo- 10 4134
—, Nitroso-oxo- 10 4134
—, Nitryloxy-oxo- 10 4149
3.4-Seco-cholentrisäure-
   trimethylester 9 4817
2.3-Seco-cholestandisäure 9 4089
—, Benzoyloxy- 10 2187
—, Brom-oxo- 10 3954
—, Hydroxyimino-, dimethylester
   10 3954
—, Hydroxy-oxo- 10 4738
—, Oxo- 10 3953
—, Oxo-, anhydrid 10 3954
—, Oxo-, dimethylester 10 3954
—, Semicarbazono- 10 3954
2.3-Seco-cholestandisäure-dimethylester
   9 4090
3.4-Seco-cholestandisäure 9 4088
—, Hydroxyimino- 10 3953

3.4-Seco-cholestandisäure, Oxo- 10 3953
—, Oxo-, methylester 10 3953
3.4-Seco-cholestandisäure-
   dimethylester 9 4089
6.7-Seco-cholestandisäure 9 4086
—, Acetoxy- 10 2187
—, Acetoxy-, dimethylester 10 2187
—, Chlor- 9 4087
—, Chlor-, diäthylester 9 4088
—, Hydroxy- 10 2186
—, Hydroxy-, dimethylester 10 2187
—, Hydroxyimino- 10 3953
—, Oxo- 10 3953
2.3-Seco-cholestansäure, Hydroxy-
   hydroxyimino-, methylester 10 4202
—, Hydroxy-oxo- 7 3583, 10 4202
—, Hydroxy-oxo-, methylester 10 4202
—, Oxo-isopentyl- 10 2972
—, Semicarbazono-isopentyl- 10 2972
4.5-Seco-cholestansäure, Hydroxyimino-
   10 2971
—, Oxo- 10 2971
—, Semicarbazono- 10 2972
5.6-Seco-cholestansäure, Acetoxy-oxo-
   10 4202
—, Acetoxy-oxo-, methylester 10 4202
—, Oxo- 10 2971
—, Oxo-, methylester 10 2971
6.7-Seco-cholestansäure, Hydroxy- 10 85
7.8-Seco-cholestansäure, Dihydroxy-
   10 1362
—, Dioxo-, methylester 10 3544
2.3-Seco-cholestantrisäure, Dioxo-
   10 4152
—, Dioxo-, trimethylester 10 4153
9.10-Seco-cholestatrien, [Dinitro-
   benzoyloxy]- 9 1871
—, [Dinitro-methyl-benzoyloxy]- 9 2369
—, [Methoxy-benzoyloxy]- 10 313
—, [Nitro-benzoyloxy]- 9 1609
2.3-Seco-cholestendisäure, Oxo- 10 3976
3.4-Seco-cholestendisäure 9 4372
—, Jod- 9 4374
—, Oxo- 10 3976
—, Oxo-, methylester 10 3977
3.4-Seco-cholestendisäure-äthylester
   9 4374
— dimethylester 9 4374
— methylester 9 4373
6.7-Seco-cholestendisäure, Oxo- 10 3976
—, Oxo-, dimethylester 10 3976
22.23-Seco-16.23-cyclo-cholestandisäure
   s. 22.23-*Seco-fesandisäure*
2.3-Seco-A.A-dinor-cholandisäure,
   Dioxo- 10 3572
3.5-Seco-A.B-dinor-cholandisäure
   9 4086
—, Dioxo- 10 4061
—, Oxo- 10 3950

2.3-Seco-23.24-dinor-cholantrisäure,
Oxo- 10 4117
—, Oxo-, trimethylester 10 4118
2.3-Seco-A.23-dinor-friedelendisäure 9 4429
2.3-Seco-A.23-dinor-friedelendisäure-
dimethylester 9 4429
2.3-Seco-A.23-dinor-D:A-friedo-
oleanendisäure 9 4429
2.3-Seco-A.23-dinor-D:A-friedo-
oleanendisäure-dimethylester 9 4429
1.2-Seco-A.28-dinor-
oleanadiendisäure-dimethylester
9 4460
3.4-Seco-23.24-dinor-oleanantrisäure,
Hydroxyimino-, trimethylester
10 4136
—, Oxo- 10 4135
—, Oxo-, trimethylester 10 4136
3.4-Seco-23.24-dinor-oleanentrisäure 9 4825
3.4-Seco-23.24-dinor-oleanentrisäure-
dimethylester 9 4826
— methylester 9 4826
— trimethylester 9 4826
3.5-Seco-A.21-dinor-pregnandisäure
9 4082
—, Dioxo-, methylester 10 4060
—, Oxo-, methylester 10 3948
3.5-Seco-A.21-dinor-pregnandisäure-
dimethylester 9 4083
9.10-Seco-ergostan, [Dinitro-
benzoyloxy]- 9 1846
2.3-Seco-ergostandisäure 9 4091
2.3-Seco-ergostandisäure-
dimethylester 9 4092
9.10-Seco-ergostanol, Dibenzoyloxy-
9 669
14.15-Seco-ergostansäure, Acetoxy-oxo-,
methylester 10 4203
—, Hydroxy-oxo-, methylester 10 4202
9.10-Seco-ergostatetraen,
Benzoyloxy- 9 498
—, [Chlor-dinitro-benzoyloxy]-
9 1952
—, [Dinitro-benzoyloxy]- 9 1881
—, [Dinitro-methyl-benzoyloxy]- 9 2370
—, [Jod-nitro-benzoyloxy]- 9 1772
—, [Methoxy-benzoyloxy]- 10 313
—, Naphthoyloxy- 9 3182
—, [Nitro-benzoyloxy]- 9 1613
—, [Nitro-methyl-benzoyloxy]- 9 2360
9.10-Seco-ergostatrien, Benzoyloxy- 9 479
—, Diacetoxy-[dinitro-benzoyloxy]-
9 1920
—, [Dinitro-benzoyloxy]- 9 1874, 1875
5.6-Seco-ergostensäure, Dihydroxy-oxo-
10 4599
—, Dihydroxy-oxo-, methylester 10 4599
—, Hydroxy-acetoxy-oxo-, methylester
10 4599

5.6-Seco-ergostensäure, Trihydroxy-, lacton
10 4599
22.23-Seco-fesandisäure, Dihydroxy-oxo-
10 4806
—, Dihydroxy-oxo-, dimethylester
10 4806
—, Hydroxy-acetoxy-oxo-, dimethylester
10 4806
2.3-Seco-friedelandisäure 9 4376
2.3-Seco-friedelandisäure-
dimethylester 9 4377
3.4-Seco-friedelansäure, Oxo- 10 3139
—, Oxo-, methylester 10 3140
2.3-Seco-D:A-friedo-oleanandisäure
9 4376
14.15-Seco-D-friedo-ursensäure, Hydroxy-
dioxo- 10 4645
—, Trioxo- 10 4002
8.14-Seco-gammaceradien, Bis-[methoxy-
benzoyloxy]- 10 316
16.17-Seco-D-homo-androstandisäure,
Oxo-methyl- 10 3948
—, Oxo-methyl-, dimethylester 10 3949
17.17a-Seco-D-homo-androstandisäure,
Acetoxy-, dimethylester 10 2146
17.17a-Seco-D-homo-androstansäure,
Acetoxy-oxo-diazo-, methylester
10 4572
17.17a-Seco-D-homo-androstendisäure,
Acetoxy-, methylester-amid 10 2248
—, Hydroxy- 10 2247
—, Hydroxy-, amid 10 2248
—, Hydroxy-, methylester 10 2247
16.17-Seco-D-homo-östrapentaendisäure,
Methoxy- 10 2375
—, Methoxy-, dimethylester 10 2376
—, Methoxy-, methylester 10 2376
17.17a-Seco-D-homo-östrapentaendisäure,
Methoxy-, dimethylester 10 2373, 2375
—, Methoxy-, methylester 10 2373, 2374
17.17a-Seco-D-homo-östratetraendisäure,
Methoxy- 10 2337
17.17a-Seco-D-homo-östratriendisäure,
Methoxy- 10 2304
—, Methoxy-, dimethylester 10 2306
17.17a-Seco-D-homo-östratriensäure,
Methoxy-oxo-diazo-, methylester
10 4663
2.3-Seco-lanostendisäure 9 4375
2.3-Seco-lanostendisäure-
dimethylester 9 4375
2.3-Seco-lumistandisäure 9 4091
2.3-Seco-lumistandisäure-
dimethylester 9 4092
3.4-Seco-lupadiensäure 9 3130
2.3-Seco-lupandisäure 9 4377
—, Nitryloxy- 10 2252
2.3-Seco-lupantrisäure 9 4818
2.3-Seco-lupantrisäure-trimethylester 9 4819

3.5-Seco-A-nor-androstansäure,
  Benzoyloxy-oxo- 10 4197
—, Carboxy- 9 4082
—, Hydroxy-hydroxyimino- 10 4198
—, Hydroxy-oxo- 10 4197
3.5-Seco-A-nor-cholandisäure, Dioxo-
  10 4062
—, Dioxo-, dimethylester 10 4063
—, Hydroxy-dioxo- 10 4805
—, Oxo- 10 3951, 3952
—, Oxo-, dimethylester 10 3952
—, Tribrom-dioxo- 10 4062
9.11-Seco-C-nor-cholandisäure, Brom-oxo-
  10 3951
—, Hydroxy-oxo- 10 4734
—, Methoxy-oxo- 10 4734
—, Oxo- 10 3951
11.12-Seco-A-nor-cholantetrasäure, Oxo-
  10 4166
—, Oxo-, tetramethylester 10 4166
2.3-Seco-A-nor-cholantrisäure, Oxo-
  10 4119
3.4-Seco-B-nor-cholantrisäure,
  Brom-dihydroxy-oxo- 10 4860
—, Brom-dihydroxy-oxo-, trimethylester
  10 4860
—, Brom-hydroxy-dioxo- 10 4862
—, Brom-nitryloxy-dioxo- 10 4862
—, Brom-nitryloxy-dioxo-,
  trimethylester 10 4862
—, Dihydroxy-oxo- 10 4859
—, Dihydroxy-oxo-, trimethylester 10 4859
—, Hydroxy-acetoxy-oxo-,
  trimethylester 10 4860
—, Hydroxy-dioxo- 10 4861
11.12-Seco-A-nor-cholantrisäure,
  Brom-oxo- 10 4119
—. Dibrom-oxo- 10 4119
—, Dioxo- 10 4145
—, Hydroxy-oxo- 10 4843
—, Oxo- 10 4118
11.12-Seco-24-nor-cholantrisäure, Oxo-,
  trimethylester 10 4118
3.5-Seco-A-nor-cholendisäure,
  Brom-dioxo- 10 4068
—, Brom-nitro-dioxo- 10 4068
—, Dioxo- 10 4067
11.12-Seco-A-nor-cholentrisäure,
  Hydroxy-oxo- 10 4145
—, Oxo- 10 4132
2.3-Seco-A-nor-cholestandisäure
  9 4086
6.7-Seco-A-nor-cholestandisäure, Oxo-
  10 3952
3.5-Seco-A-nor-cholestansäure 9 359
—, Hydroxyimino- 10 2970
—, Oxo- 10 2970
3.5-Seco-A-nor-cholestensäure, Oxo-
  10 3138

2.3-Seco-A-nor-friedelansäure,
  Hydroxyimino- 10 3139
—, Hydroxyimino-, methylester 10 3139
—, Oxo- 10 3138
—, Oxo-, methylester 10 3139
2.3-Seco-23-nor-friedelansäure, Oxo-
  10 3138
1.2-Seco-A-nor-lupantrisäure 9 4818
1.2-Seco-A-nor-lupantrisäure-
  trimethylester 9 4818
6.8-Seco-B-nor-östratriensäure,
  Diacetoxy-oxo- 10 4637
18.19-Seco-28-nor-oleanadiensäure,
  Dihydroxy-oxo- 10 4643
18.19-Seco-30-nor-oleanadiensäure,
  Dihydroxy-oxo- 10 4644
3.4-Seco-24-nor-oleanandisäure,
  Bis-hydroxyimino-, dimethylester
  10 4069
—, Dioxo-, dimethylester 10 4068
2.3-Seco-24-nor-oleanantrisäure, Oxo-
  10 3252
3.4-Seco-24-nor-oleanendisäure, Dioxo-,
  dimethylester 10 4073
—, Hydroxyimino-, methylester 10 3997
—, Oxo-, dimethylester 10 3997
—, Oxo-, methylester 10 3997
15.16-Seco-28-nor-oleanendisäure,
  Acetoxy-oxo-, anhydrid 10 4779
18.19-Seco-28-nor-oleanensäure, Hydroxy-
  dioxo- 10 4643
—, Hydroxy-dioxo-, methylester 10 4643
18.19-Seco-30-nor-oleanensäure, Hydroxy-
  dioxo- 10 4644
—, Hydroxy-dioxo-, methylester 10 4644
1.2-Seco-A-nor-oleanentrisäure
  9 4826
—, Nitro- 9 4827
—, Nitro-, trimethylester 9 4828
—, Oxo-, trimethylester 10 4138
1.2-Seco-A-nor-oleanentrisäure-
  dimethylester 9 4827
— trimethylester 9 4827
2.3-Seco-24-nor-oleanentrisäure
  9 4828
—, Oxo- 10 4138
—, Oxo-, trimethylester 10 4138
2.3-Seco-24-nor-oleanentrisäure-
  trimethylester 9 4828
3.5-Seco-A-nor-pregnansäure 9 356
—, Dioxo- 10 3542
2.3-Seco-21-nor-pregnantrisäure
  9 4784
2.3-Seco-21-nor-pregnantrisäure-
  methylester 9 4785
— trimethylester 9 4785
3.4-Seco-21-nor-pregnantrisäure,
  Methyl- 9 4786
2.3-Seco-27-nor-ursadientrisäure 9 4833

2.3-Seco-27-nor-ursadientrisäure-
    trimethylester 9 4834
16.17-Seco-östrahexaensäure, Methoxy-
    diphenyl-, methylester 10 1351
16.17-Seco-östrapentaenamid, Methoxy-
    10 1237
16.17-Seco-östrapentaendisäure,
    Benzyloxy- 10 2364
—, Hydroxy- 10 2363
—, Hydroxy-, dimethylester 10 2366
—, Hydroxy-, methylester 10 2365
—, Methoxy- 10 2363, 2368
—, Methoxy-, dimethylester 10 2366, 2369
—, Methoxy-, methylester 10 2365, 2369
—, Methoxy-, methylester-amid 10 2368
—, Methoxy-, methylester-chlorid
    10 2367
—, Methoxy-, methylester-menthylester
    10 2367
—, Methoxy-äthyl- 10 2380
—, Methoxy-methyl- 10 2375
16.17-Sexo-östrapentaennitril, Methoxy-
    10 1238
16.17-Seco-östrapentaenoylazid, Methoxy-
    10 1238
16.17-Seco-östrapentaenoylchlorid,
    Methoxy- 10 1237
13.17-Seco-östrapentaensäure, Dihydroxy-
    10 1981
16.17-Seco-östrapentaensäure, Acetoxy-
    10 1232
—, Äthoxy- 10 1231
—, Äthoxy-, methylester 10 1234
—, Allyloxy- 10 1232
—, Allyloxy-, methylester 10 1235
—, Benzoyloxy-, methylester 10 1235
—, Butyloxy- 10 1231
—, Butyloxy-, methylester 10 1234
—, [Diäthylamino-äthoxy]-,
    [diäthylamino-äthylester] 10 1237
—, [Diäthylamino-äthoxy]-, methylester
    10 1236
—, Hydroxy- 10 1228
—, Hydroxy-, methylester 10 1232
—, Isopentyloxy- 10 1231
—, Isopentyloxy-, methylester 10 1234
—, Methoxy- 10 1229
—, Methoxy-, äthylester 10 1236
—, Methoxy-, amid 10 1237
—, Methoxy-, azid 10 1238
—, Methoxy-, butylester 10 1236
—, Methoxy-, chlorid 10 1237
—, Methoxy-, [diäthylamino-äthylester]
    10 1237
—, Methoxy-, menthylester 10 1236
—, Methoxy-, methylester 10 1232
—, Methoxy-, nitril 10 1238
—, Methoxy-, propylester 10 1236
—, Methoxy-oxo-, methylester 10 4460

16.17-Seco-östrapentaensäure, Methoxy-
    oxo-phenyl-, methylester 10 4495
—, Methoxy-semicarbazono-, methylester
    10 4460
—, Propionyloxy-, methylester 10 1235
—, Propyloxy- 10 1231
—, Propyloxy-, methylester 10 1234
16.17-Seco-östrapentaenthiosäure,
    Methoxy-, methylester 10 1238
15.16-Seco-östratetraendisäure, Methoxy-
    10 2334
—, Methoxy-, dimethylester 10 2334
16.17-Seco-östratetraendisäure, Methoxy-,
    dimethylester 10 2335, 2336
—. Methoxy-, methylester 10 2335
16.17-Seco-östratetraensäure, Hydroxy-
    10 1133
—, Methoxy- 10 1133, 1134
—, Methoxy-, methylester 10 1134
—, Methoxy-diphenyl-, methylester
    10 1345
—, Methoxy-oxo-, methylester 10 4423
—, Methoxy-semicarbazono-, methylester
    10 4423
16.17-Seco-östratriendisäure,
    Benzoyloxy-, dimethylester 10 2303
—, Benzyloxy- 10 2299
—, Hydroxy- 10 2298
—, Hydroxy-, dimethylester 10 2301
—, Hydroxy-, methylester 10 2300
—, Hydroxy-methoxy-, dimethylester
    10 2480
—, Methoxy- 10 2298
—, Methoxy-, dimethylester 10 2301
—, Methoxy-, methylester 10 2300
16.17-Seco-östratrieninsäure, Hydroxy-
    methoxy-, methylester 10 1982
13.17-Seco-östratriensäure, Dihydroxy-
    10 1910
—, Dihydroxy-, methylester 10 1910
—, Hydroxy- 10 1014
—, Hydroxy-methoxy- 10 1910
—, Hydroxy-methoxy-, methylester
    10 1910
16.17-Seco-östratriensäure 9 3116
—, Acetoxy-, methylester 10 1017
—, Benzoyloxy-, methylester 10 1018
—, Hydroxy- 10 1014
—, Hydroxy-, methylester 10 1016
—, Hydroxy-methoxy-, methylester
    10 1910
—, Hydroxy-methyl- 10 1018
—, Methoxy- 10 1015
—, Methoxy-, methylester 10 1017
—, Methoxy-oxo- 10 4385
—, Methoxy-oxo-, methylester 10 4384
—, Methoxy-semicarbazono- 10 4385
—, Methoxy-semicarbazono-, methylester
    10 4385

18.19-Seco-oleanadiensäure, Dihydroxy-
    oxo- 10 4645
—, Dihydroxy-oxo-, methylester 10 4646
—, Hydroxy-acetoxy-oxo- 10 4646
—, Hydroxy-acetoxy-oxo-, methylester
    10 4646
11.12-Seco-oleanandisäure, Acetoxy-
    10 2252
—, Acetoxy-, dimethylester 10 2252
—, Triacetoxy- 10 2570
18.19-Seco-oleanansäure, Diacetoxy-oxo-
    10 1901
—, Diacetoxy-oxo-, methylester 10 1901
11.12-Seco-oleanantrisäure, Oxo-,
    trimethylester 10 4136
18.19-Seco-oleanensäure, Acetoxy-dioxo-
    10 4646
—, Acetoxy-dioxo-, methylester 10 4646
—, Diacetoxy- 10 1901
—, Diacetoxy-, methylester 10 1902
—, Dihydroxy- 10 1901
—, Dioxo- 10 1901
—, Hydroxy-dioxo- 10 4645
—, Hydroxy-dioxo-, methylester 10 4646
2.3-Seco-oleanentrisäure 9 4829
—, Nitro- 9 4830
—, Nitro-, trimethylester 9 4830
2.3-Seco-oleanentrisäure-dimethylester
    9 4829
— trimethylester 9 4829
8.14-Seco-podocarpansäure,
    Dioxo-dimethyl- 10 3535
13.14-Seco-podocarpendisäure,
    Hydroxyimino-isopropyl- 10 3948
—, Oxo-isopropyl- 10 3948
13.14-Seco-podocarpensäure,
    Bis-hydroxyimino-isopropyl-
    10 3541
—, Dioxo-isopropyl- 10 3541
2.3-Seco-pregnandisäure, Hydroxy-
    10 2156
—, Oxo- 10 3949, 3950
3.4-Seco-pregnandisäure 9 4085
—, Acetoxy- 10 2156
—, Hydroxy- 10 2155
—, Oxo- 10 3949
—, Oxo-, dimethylester 10 3950
3.4-Seco-pregnandisäure-dimethylester
    9 4085
16.17-Seco-pregnansäure, Trioxo-
    10 3975
2.3-Seco-pregnantrisäure, Oxo-methyl-
    10 4117
—, Oxo-methyl-, trimethylester 10 4118
2.3-Seco-stigmastandisäure 9 4093
—, Oxo- 10 3955
—, Oxo-, dimethylester 10 3955
2.3-Seco-stigmastandisäure-
    dimethylester 9 4093

3.4-Seco-stigmastandisäure 9 4093
3.4-Seco-stigmastandisäure-
    dimethylester 9 4093
6.7-Seco-stigmastandisäure 9 4092
—, Chlor- 9 4092
2.3-Seco-taraxerandisäure 9 4376
2.3-Seco-taraxerandisäure-
    dimethylester 9 4376
1.5-Seco-A.A.A-trinor-cholandisäure,
    Oxo- 10 3949
1.5-Seco-A.A.A-trinor-cholestansäure,
    Oxo- 10 2969
3.4-Seco-17.18.19-trinor-kaurandisäure,
    Oxo-, äthylester 10 3946
—, Oxo-, diäthylester 10 3946
—, Oxo-, dimethylester 10 3945
—, Oxo-, methylester 10 3945
—, Oxo-, methylester-äthylester 10 3946
—, Semicarbazono-, dimethylester
    10 3946
11.12-Seco-ursandisäure, Hydroxy-,
    dimethylester 10 2252
—, Oxo-, dimethylester 10 3977
8.14-Seco-ursatriensäure, Acetoxy-,
    methylester 10 1145
15.16-Seco-ursendisäure, Hydroxy-oxo-,
    dimethylester 10 4761
Sedanolsäure, Dihydro- 10 46, 47
Sedanonsäure 10 2933
—, Dihydro- 10 2886
—, Dihydro-, semicarbazon 10 2886
Sedanonsäure-methylester 10 2933
— semicarbazon 10 2933
Sekikaaldehyd, Bis-äthoxycarbonyl-
    10 1561
—, Dimethyl- 10 1561
Sekikasäure 10 2131
—, Bis-äthoxycarbonyl- 10 2132
—, Diacetyl- 10 2132
—, Dimethyl- 10 2131
—, Dimethyl-, methylester 10 2132
Sekikasäure-methylester 10 2132
Selen, Dibrom-bis-[hydroxy-
    äthoxycarbonyl-phenyl]- 10 1398
—, Dibrom-bis-[hydroxy-
    butyloxycarbonyl-phenyl]- 10 1400
—, Dibrom-bis-[hydroxy-
    isopentyloxycarbonyl-phenyl]-
    10 1400
—, Dibrom-bis-[hydroxy-
    isopropyloxycarbonyl-phenyl]-
    10 1399
—, Dibrom-bis-[hydroxy-methoxycarbonyl-
    phenyl]- 10 1397
—, Dibrom-bis-[hydroxy-phenoxycarbonyl-
    phenyl]- 10 1401
—, Dibrom-bis-[hydroxy-
    propyloxycarbonyl-phenyl]-
    10 1398

Selen, Dichlor-bis-[hydroxy-äthoxycarbonyl-phenyl]- **10** 1398
—, Dichlor-bis-[hydroxy-butyloxycarbonyl-phenyl]- **10** 1399
—, Dichlor-bis-[hydroxy-isopentyloxycarbonyl-phenyl]- **10** 1400
—, Dichlor-bis-[hydroxy-isopropyloxycarbonyl-phenyl]- **10** 1399
—, Dichlor-bis-[hydroxy-methoxycarbonyl-phenyl]- **10** 1397
—, Dichlor-bis-[hydroxy-phenoxycarbonyl-phenyl]- **10** 1401
—, Dichlor-bis-[hydroxy-propyloxycarbonyl-phenyl]- **10** 1398
—, Dihydroxy-bis-[hydroxy-äthoxycarbonyl-phenyl]- **10** 1398
—, Dihydroxy-bis-[hydroxy-butyloxycarbonyl-phenyl]- **10** 1399
—, Dihydroxy-bis-[hydroxy-isopentyloxycarbonyl-phenyl]- **10** 1400
—, Dihydroxy-bis-[hydroxy-isopropyloxycarbonyl-phenyl]- **10** 1399
—, Dihydroxy-bis-[hydroxy-methoxycarbonyl-phenyl]- **10** 1397
—, Dihydroxy-bis-[hydroxy-phenoxycarbonyl-phenyl]- **10** 1400
—, Dihydroxy-bis-[hydroxy-propyloxycarbonyl-phenyl]- **10** 1398
—, Dijod-bis-[hydroxy-äthoxycarbonyl-phenyl]- **10** 1398
—, Dijod-bis-[hydroxy-butyloxycarbonyl-phenyl]- **10** 1400
—, Dijod-bis-[hydroxy-isopentyloxycarbonyl-phenyl]- **10** 1400
—, Dijod-bis-[hydroxy-isopropyloxycarbonyl-phenyl]- **10** 1399
—, Dijod-bis-[hydroxy-methoxycarbonyl-phenyl]- **10** 1397
—, Dijod-bis-[hydroxy-phenoxycarbonyl-phenyl]- **10** 1401
—, Dijod-bis-[hydroxy-propyloxycarbonyl-phenyl]- **10** 1398
Selenid, [Benzoyloxy-phenyl]-[benzoyloxy-phenyl]- **9** 563
—, Bis-[benzoyloxy-phenyl]- **9** 554, 563, 564
—, Bis-[hydroxy-äthoxycarbonyl-phenyl]- **10** 1397
—, Bis-[hydroxy-butyloxycarbonyl-phenyl]- **10** 1399

Selenid, Bis-[hydroxy-isopentyloxycarbonyl-phenyl]- **10** 1400
—, Bis-[hydroxy-isopropyloxycarbonyl-phenyl]- **10** 1399
—, Bis-[hydroxy-methoxycarbonyl-phenyl]- **10** 1396
—, Bis-[hydroxy-phenoxycarbonyl-phenyl]- **10** 1400
—, Bis-[hydroxy-propyloxycarbonyl-phenyl]- **10** 1398
—, Bis-[phenyl-carboxy-methyl]- **10** 492
—, Bis-[phenyl-carboxy-vinyl]- **10** 858
—, Bis-[phenyl-methoxycarbonyl-vinyl]- **10** 858
—, Dibenzoyl- **9** 2000
—, Diphenyl- s. *Diphenylselenid*
—, Phenyl-[dibenzoyloxy-phenyl]- **9** 671
Selenobenzoesäure 9 1999
Selenobenzoesäure-[acetoxy-phenylester] **9** 2000
— benzylester **9** 2000
— phenylester **9** 2000
Selenoharnstoff, Benzoyl- **9** 1121
—, Diäthyl-benzoyl- **9** 1121
Selenosalicylsäure s. *Benzoesäure, Hydroseleno-*
Selenoxid, Bis-[hydroxy-äthoxycarbonyl-phenyl]-, hydrat **10** 1398
—, Bis-[hydroxy-butyloxycarbonyl-phenyl]-, hydrat **10** 1399
—, Bis-[hydroxy-isopentyloxycarbonyl-phenyl]-, hydrat **10** 1400
—, Bis-[hydroxy-isopropyloxycarbonyl-phenyl]-, hydrat **10** 1399
—, Bis-[hydroxy-methoxycarbonyl-phenyl]-, hydrat **10** 1397
—, Bis-[hydroxy-phenoxycarbonyl-phenyl]-, hydrat **10** 1400
—, Bis-[hydroxy-propyloxycarbonyl-phenyl]-, hydrat **10** 1398
—, Bis-[phenyl-carboxy-methyl]- **10** 493
Semicarbazid, Äthyl-benzoyl- **9** 1320
—, Benzoyl- **9** 1319
—, Cyclohexanthiocarbonyl- **9** 39
—, Isopropyl-benzoyl- **9** 1320
—, Methyl-benzoyl- **9** 1319
—, Phenylacetyl- **9** 2259
—, Propyl-benzoyl- **9** 1320
Senegenin 10 2482
—, Diacetyl- **10** 2483
Senegenin-dimethylester **10** 2483
Senegeninsäure 10 2482 Anm.
Senegensäure 10 2481; *Derivate s. unter Picen-dicarbonsäure*
Sennidin-A 10 4871
Sennidin-B 10 4871
Serin, Acetyl-benzoyl- **9** 893
—, Äthyl-benzoyl- **9** 1169

Serin, Äthyl-[brom-phenyl-acetyl]-
  9 2278
—, Äthyl-[chlor-phenyl-acetyl]-
  9 2268
—, Benzoyl- 9 893, 1169
—, Benzoyl-, äthylester 9 1170
—, Benzoyl-, methylester 9 893
—, Benzoyl-[benzoyl-leucyl]- 9 1161
—, Benzoyl-hippuroyl- 9 1134
—, [Benzoyl-leucyl]- 9 1160
—, Cyclohexylacetyl- 9 49
—, Dibenzoyl- 9 1170
—, [Dinitro-benzoyl]- 9 1940
—, Hippuroyl- 9 1134
—, Methyl-benzoyl- 9 1169
—, Methyl-phenylacetyl- 9 2220
—, Methyl-phenylacetyl-, hydrazid
  9 2221
—, Methyl-phenylacetyl-, methylester
  9 2220
—, [Nitro-benzoyl]- 9 1735
—, Phenylacetyl- 9 2219
Shikimisäure 10 2027
—, Dihydro- 10 2023
—, Triacetyl- 10 2028
—, Triacetyl-dihydro- 10 2023
—, Triacetyl-dihydro-, anhydrid
  10 2024
—, Tribenzoyl- 10 2029
Shikimisäure-dibromid 10 2024
Shikimisäure-methylester 10 2029
Shonansäure 9 305
—, Dihydro- 9 305, 307
—, Dihydro-, amid 9 305
—, Dihydroxy-dihydro- 9 305
—, Tetrahydro- 9 77
Shonansäure-äthylester 9 306
— amid 9 306
— chlorid 9 306
— dibromid 9 305
— methylester 9 306
— phenylester 9 306
Siaresinolsäure 10 1915
Siaresinolsäure-äthylester 10 1918
— methylester 10 1916
α-Siaresinonsäure-methylester 10 3616
β-Siaresinonsäure 10 3618
Silan, Tetrabenzoyloxy- 9 1057
—, Tetrakis-[methoxycarbonyl-phenoxy]-
  10 115
—, Tetrakis-[pentyloxycarbonyl-phenoxy]-
  10 123
—, Trimethyl-[(dinitro-benzoyloxy)-
  methyl]- 9 1922
Silicium-tetrabenzoat 9 1057
Sinapin 10 2201
Sinapinsäure 10 2200
Sinomenoldinon, Dibenzoyl- 9 848
Sitostandisäure 9 4093

(β-)Sitosterin, Benzoyl- 9 469
—, [Dinitro-benzoyl]- 9 1868
—, Naphthoyl- 9 3180
—, [Nitro-benzoyl]- 9 1500
Skimmiol, Benzoyl- 9 489
—, Benzoyl-dihydro- 9 473
Skimmioldisäure, Dihydro- 9 4376
—, Dihydro-, dimethylester 9 4376
Sojasapogenol-A, Tetrabenzoyl-
  9 693
—, Tribenzoyl- 9 693
Sojasapogenol-B, Tribenzoyl- 9 683
—, Tris-[brom-benzoyl]- 9 1415
Sojasapogenol-C, Dibenzoyl- 9 619
Sojasapogenol-D, Dibenzoyl- 9 683
α-Solanellsäure 9 4912
β-Solanellsäure 9 4913
Sorbinsäure s. Hexadiensäure
Sorbit, Dibenzoyl- 9 707
—, Ditrityl-tetrabenzoyl- 9 711
—, Hexabenzoyl- 9 712
—, Hexagalloyl- 10 2085
—, Hexakis-[triacetoxy-benzoyl]-
  10 2085
—, Tribenzoyl- 9 710
Sparassol 10 1481
—, Brom- 10 1502
Sphaerophorin 10 1586
—, Diacetyl- 10 1587
—, Dimethyl-, methylester 10 1587
Sphaerophorolcarbonsäure 10 1586
Sphingosin, Benzoyl- 9 1088
—, Benzoyl-dihydro- 9 1088
—, Tetracosanoyl-dibenzoyl- 9 892
—, Tribenzoyl- 9 1089
—, Tribenzoyl-dihydro- 9 1088
α-Spinastenol, Benzoyl- 9 470
—, [Nitro-benzoyl]- 9 1608
β-Spinastenol, [Nitro-benzoyl]-
  9 1608
γ-Spinastenol, Benzoyl- 9 470
α-Spinasterol, Benzoyl- 9 484
—, [Dinitro-benzoyl]- 9 1877
—, [Nitro-benzoyl]- 9 1611
δ-Spinasterol, Benzoyl- 9 484
Spinostandisäure 9 4093
Spiro[benzofuran-3.1'-cyclopentan]-
  dicarbonsäure, Methyl-,
  diäthylester 10 996
[1.1']Spirobiindan, Bis-[nitro-
  benzoyloxy]-hexamethyl- 9 1654
—, Dibenzoyloxy-hexamethyl- 9 650
—, Hexabenzoyloxy-tetramethyl- 9 714
—, Tetrabenzoyloxy-tetramethyl- 9 700
—, Tetrakis-[chlor-benzoyloxy]-
  tetramethyl- 9 1360
Spiro[cyclohexan-1.1'-indan],
  Benzoyloxy- 9 475
—, [Dinitro-benzoyloxy]- 9 1869

Spiro[cyclohexan-1.1'-indan]-
carbonsäure 9 3102
Spiro[cyclohexan-1.2'-indan]-
carbonsäure, Dioxo-hexahydro-,
äthylester 10 3540
Spiro[cyclohexan-1.1'-naphthalin]-
tricarbonitril, Amino-tetrahydro-
10 4132
—, Imino-hexahydro- 10 4132
Spiro[cyclohexan-1.1'-naphthalin]-
tricarbonsäure, Imino-hexahydro-,
trinitril 10 4132
Spiro[cyclohexen-1.2'-indan]-
carbonsäure, Hydroxy-oxo-
hexahydro-, äthylester 10 3540
Spiro[cyclopentadien-1.2'-indan]-
dicarbonsäure, Dihydroxy-
hexahydro-, dimethylester 10 4060
Spiro[cyclopentan-1.2'-indan]-
dicarbonsäure, Dioxo-hexahydro-,
dimethylester 10 4060
Spiro[cyclopropan-1.9'-fluoren]-
carbonsäure 9 3510
Spiro[cyclopropan-1.9'-fluoren]-
carbonsäure-äthylester 9 3510
Spiro[cyclopropan-1.2'-indan]-
dicarbonsäure, Hexahydro- 9 4070
—, Hydroxy-hexahydro- 10 2140
—, Methoxy-hexahydro- 10 2141
Spiro[cyclopropan-1.2'-naphthalin]-
dicarbonsäure, Methoxy-octahydro-
10 2142
—, Octahydro- 9 4076
Spiro[cycloprop[a]inden-1.4'-inden],
[Dinitro-methyl-benzoyloxy]-
methyl-[trimethyl-hexenyl]-
tetradecahydro- 9 2371
Spiro[4.5]decan, [Dinitro-benzoyloxy]-
dimethyl-isopropyl- 9 1838
—, [Dinitro-benzoyloxy]-dimethyl-
isopropyliden- 9 1844
Spiro[4.5]decan-carbonsäure, Methyl-
9 256
—, Oxo- 10 2922
—, Oxo-, äthylester 10 2922
—, Oxo-methyl- 10 2935
—, Oxo-methyl-, äthylester 10 2934, 2935
—, Semicarbazono-, äthylester 10 2922
—, Semicarbazono-methyl- 10 2935
—, Semicarbazono-methyl-, äthylester
10 2935
Spiro[4.5]decan-dicarbonsäure, Oxo-,
diäthylester 10 3934
—, Oxo-dimethyl-, diäthylester 10 3938
—, Oxo-methyl-, diäthylester 10 3935
Spiro[4.5]decanon, [Nitro-benzoyloxy]-
dimethyl-isopropyl- 9 1673
Spiro[4.5]decen-dicarbonsäure, Hydroxy-,
diäthylester 10 3934

Spiro[4.5]decen-dicarbonsäure, Hydroxy-
dimethyl-, diäthylester 10 3938
—, Hydroxy-methyl-, diäthylester
10 3935
Spiro[fluoren-9.1'-inden]-
carbonitril, Phenyl- 9 3691
Spiro[fluoren-9.1'-inden]-
carbonsäure, Phenyl-, nitril 9 3691
Spiro[fluoren-9.4'-isochroman], Hydroxy-
oxo-phenyl- 10 3506
Spiro[furan-3.2'-indan], Hydroxy-oxo-
methyl-octahydro- 10 2944
Spiro[furan-3.2'-indan]-carbonsäure,
Hydroxy-oxo-octahydro- 10 3937
Spiro[furan-3.2'-naphthalin]-
carbonsäure, Hydroxy-oxo-
decahydro- 10 3938
Spiro[3.3]heptan, Bis-[carboxy-
benzoyloxymethyl]- 9 4176
Spiro[3.3]heptan-dicarbamid 9 3969
—, Dibrom- 9 3970
Spiro[2.4]heptan-dicarbonsäure, Methoxy-
methyl- 10 2050
—, Methyl- 9 3990
Spiro[3.3]heptan-dicarbonsäure,
Dibrom- 9 3969
—, Dibrom-, diäthylester 9 3969
—, Dibrom-, diamid 9 3970
—, Dibrom-, di-tert-butylester
9 3970
—, Dibrom-, dichlorid 9 3970
—, Dibrom-, dimethylester 9 3969
—, Dibrom-, diphenylester 9 3970
—, Dihydroxy- 10 2415
Spiro[3.3]heptan-dicarbonsäure-diamid
9 3969
— dichlorid 9 3969
— dimethylester 9 3969
— diphenylester 9 3969
Spiro[3.3]heptan-dicarbonylchlorid
9 3969
—, Dibrom- 9 3970
Spiro[3.3]heptan-tetracarbonsäure
9 4861
Spiro[indan-2.4'-pyran], Hydroxy-oxo-
methyl-decahydro- 10 2947
Spiro[indan-2.4'-pyran]-carbonsäure,
Hydroxy-oxo-methyl-decahydro-
10 3940
Spiro[4.4]nonadien, Tetramethyl-
tetrakis-äthoxycarbonylmethyl-
9 4881
—, Tetramethyl-tetrakis-carboxymethyl-
9 4880
—, Tetramethyl-tetrakis-
methoxycarbonylmethyl- 9 4880
Spiro[4.4]nonadien-dicarbonsäure,
Dihydroxy-methyl-, dimethylester
10 4056

Spiro[4.4]nonan, Tetramethyl-tetrakis-
carboxymethylen- 9 4886
Spiro[3.5]nonan-carbonsäure,
Methyl-carbamoyl-dicyan- 9 4863, 4864
Spiro[4.4]nonan-carbonsäure, Oxo-
10 2909
—, Oxo-, äthylester 10 2910
—, Semicarbazono- 10 2910
Spiro[3.5]nonan-dicarbonsäure 9 4001
—, Dicarbamoyl- 9 4863
—, Methyl- 9 4008
—, Oxo-, diäthylester 10 3932
—, Oxo-methyl-, diäthylester 9 4764
Spiro[4.4]nonan-dicarbonsäure,
Dioxo-methyl-, dimethylester
10 4056
—, Oxo-, diäthylester 10 3932
—, Oxo-methyl-, diäthylester 10 3934
Spiro[3.5]nonan-tetracarbonsäure
9 4863
—, Methyl- 9 4863, 4864
—, Methyl-, amid-dinitril 9 4863, 4864
Spiro[3.5]nonan-tetracarbonsäure-
diamid 9 4863
Spiro[4.4]nonen-carbonsäure, Hydroxy-,
äthylester 10 2910
Spiro[3.5]nonen-dicarbonsäure, Hydroxy-,
diäthylester 10 3932
Spiro[4.4]nonen-dicarbonsäure, Hydroxy-,
diäthylester 10 3932
—, Hydroxy-methyl-, diäthylester
10 3934
Spiro[3.4]octan-carbonsäure,
Carbamoyl-dicyan- 9 4862
Spiro[2.5]octan-dicarbonsäure,
Dicyan- 9 4862
—, Methoxy-methyl- 10 2051, 2052
—, Methyl- 9 4002
Spiro[2.5]octan-tetracarbonitril
9 4862
Spiro[2.5]octan-tetracarbonsäure-
dinitril 9 4862
— tetranitril 9 4862
Spiro[3.4]octan-tetracarbonsäure
9 4862
Spiro[3.4]octan-tetracarbonsäure-amid-
dinitril 9 4862
Spirosal 10 138
Spiro[5.5]undecan-carbonsäure,
Dioxo-methyl-, äthylester 10 3533
Spiro[5.5]undecen-carbonsäure, Hydroxy-
oxo-methyl-, äthylester 10 3533
Spongosterin, Benzoyl- 9 469
Squamatsäure 10 2451
—, Dimethyl-, dimethylester
10 2452
Squamatsäure-dimethylester 10 2451
Stadensäure 9 4789
—, Oxo- 10 4127

Stearinsäure s. *Octadecansäure*
Stearophenon, Benzoyloxy- 9 739
Sterculsäure 9 293
Sterocholansäure, Hydroxy-trioxo-
10 4759
—, Tetrahydroxy- 10 2426
—, Tetrahydroxy-, methylester
10 2426
—, Tetraketo- 10 4072
—, Tetraketo-, lacton-trioxim 10 4072
—, Tetraketo-, methylester 10 4072
Steviol 10 942
Stibin, Chlor-bis-[carboxy-
phenylmercapto]- 10 226
—, Tris-[methoxycarbonyl-
phenylmercapto]- 10 227
Stictininsäure 10 4721
Stigmastadien, Benzoyloxy- 9 482, 483, 484
—, Benzoyloxy-[dinitro-benzoyloxy]-
9 1915
—, Bis-[dinitro-benzoyloxy]- 9 1915
—, Cinnamoyloxy- 9 2694
—, Dibenzoyloxy- 9 607
—, [Dinitro-benzoyloxy]- 9 1876, 1877
—, [Jod-benzoyloxy]- 9 1435
—, [Methoxy-benzoyloxy]- 10 313
—, [Nitro-benzoyloxy]- 9 1611
—, Salicyloyloxy- 10 136
Stigmastadiendiyldibenzoat 9 607
Stigmastadienol, Benzoyloxy- 9 607
Stigmastan, Benzoyloxy- 9 452
—, Bis-[dinitro-benzoyloxy]- 9 1910
—, Dichlor-benzoyloxy- 9 452
—, [Dinitro-benzoyloxy]- 9 1860
—, [Nitro-benzoyloxy]- 9 1599
Stigmastanol, Dibenzoyloxy- 9 679
Stigmastatrien, Benzoyloxy- 9 499
Stigmasten, Benzoyloxy- 9 469, 470
—, Cinnamoyloxy- 9 2693
—, Dibenzoyloxy- 9 603
—, Dibrom-benzoyloxy- 9 470
—, Dichlor-benzoyloxy- 9 471
—, [Dinitro-benzoyloxy]- 9 1868, 1869
—, [Jod-benzoyloxy]- 9 1435
—, Naphthoyloxy- 9 3180
—, [Nitro-benzoyloxy]- 9 1500, 1608
Stigmastendiyldibenzoat 9 603
α-Stigmastenol, Benzoyl- 9 470
—, [Dinitro-benzoyl]- 9 1868, 1869
—, [Nitro-benzoyl]- 9 1608
β-Stigmastenol, [Dinitro-benzoyl]-
9 1868
—, [Nitro-benzoyl]- 9 1608
Stigmasterin, Benzoyl- 9 483
—, Cinnamoyl- 9 2694
—, [Dinitro-benzoyl]- 9 1876
—, [Methoxy-benzoyl]- 10 313
—, [Nitro-benzoyl]- 9 1611
—, Salicyloyl- 10 136

Stigmasterin-dibromid, Benzoyl- **9** 470
Stilbamidin 9 4598
Stilben, Acetoxy-benzoyloxy- **9** 634
—, Benzamino- **9** 1102
—, Benzoyloxy- **9** 516
—, Benzoyloxy-heptamethyl- **9** 520
—, Benzoyloxy-hexamethyl- **9** 519
—, Bis-[dinitro-benzoyloxy]-pentyl-
    hexadecyl- **9** 1916
—, Bis-phenylacetoxy-diäthyl- **9** 2186
—, Brom-[nitro-benzoyloxy]-diäthyl-
    9 1617
—, Dibenzoyloxy- **9** 634, 635
—, Dibenzoyloxy-äthyl- **9** 636
—, Dibenzoyloxy-äthyl-propenyl- **9** 648
—, Dibenzoyloxy-äthyl-propyl- **9** 640
—, Dibenzoyloxy-diäthyl- **9** 638
—, Dibenzoyloxy-diäthyl-diallyl-
    9 651
—, Dibenzoyloxy-diäthyl-dicyclohexenyl-
    9 654
—, Dibenzoyloxy-dibutyl- **9** 642
—, Dibenzoyloxy-diisopropyl- **9** 640
—, Dibenzoyloxy-dipropenyl- **9** 651
—, Dibenzoyloxy-hexaäthyl- **9** 642
—, Dibenzoyloxy-hexadecyl- **9** 644
—, Dibenzoyloxy-hexamethyl- **9** 641
—, Dibenzoyloxy-methyl- **9** 636
—, Dibenzoyloxy-methyl-äthyl- **9** 636
—, Dibenzoyloxy-methyl-propyl- **9** 637
—, Dibenzoyloxy-tetramethyl- **9** 639
—, Dibenzoyloxy-trimethyl- **9** 637
—, Dibrom-dibenzoyloxy-hexaäthyl-
    9 643
—, Dibrom-dibenzoyloxy-tetramethyl-
    9 639
—, Dinaphthoyloxy-diäthyl- **9** 3142, 3183
—, Dinaphthoyloxy-hexadecyl- **9** 3183
—, Dinitro-benzoyloxy- **9** 517
—, Di-*p*-toluoyloxy- **9** 2339
—, Methoxy-benzoyloxy- **9** 634
—, Methoxy-[brom-benzoyloxy]-diäthyl-
    9 1408
—, Methoxy-tribenzoyloxy- **9** 697
—, [Nitro-benzamino]-dimethoxy-
    9 1724
—, Nitro-benzoyloxy-methyl- **9** 517
—, Nitro-dibenzoyloxy- **9** 635
—, Tetrabenzoyloxy- **9** 697
—, Tetrabenzoyloxy-[dimethyl-
    octadienyl]- **9** 700
—, Tribenzoyloxy-methyl- **9** 685
Stilben-carbamid 9 3434
—, Carbamimidoyl- **9** 4597
—, Dinitro- **9** 3430, 3431
—, Nitro- **9** 3429, 3432, 3435
Stilben-carbamidin 9 3434
—, Carbamoyl- **9** 4597
—, Cyan- **9** 4594

Stilben-carbamidin, Hydroxy- **10** 1261
—, Nitro- **9** 3436
Stilben-carbimidsäure, Cyan-,
    äthylester **9** 4593
Stilben-carbonitril 9 3434
—, Brom- **9** 3435
—, Brom-methyl- **9** 3456
—, Brom-nitro-methoxy- **10** 1260
—, Chlor-nitro- **9** 3436
—, Dinitro- **9** 3437
—, Hydroxy- **10** 1261
—, Methoxy- **10** 1261
—, Methoxy-äthyl- **10** 1275
—, Methoxy-diäthyl- **10** 1288, 1289
—, Methoxy-dimethyl- **10** 1276
—, Methoxy-dipropyl- **10** 1296
—, Nitro- **9** 3429, 3435
—, Nitro-formyl- **10** 3381
—, Nitro-methoxy- **10** 1258, 1260, 1262
—, Nitro-methyl- **9** 3456
Stilben-carbonsäure 9 3429, 3432;
    s. a. *Acrylsäure, Diphenyl-*
—, Acetoxy- **10** 1261
—, Acetoxy-diäthyl- **10** 1289
—, Brom-, methylester **9** 3434
—, Brom-, nitril **9** 3435
—, Brom-methyl-, nitril **9** 3456
—, Brom-nitro-methoxy-, nitril **10** 1260
—, Chlor-, methylester **9** 3432, 3434
—, Chlor-dinitro- **9** 3431, 3437
—, Chlor-dinitro-, äthylester **9** 3437
—, Chlor-dinitro-, methylester **9** 3431
—, Chlor-nitro- **9** 3436
—, Chlor-nitro-, nitril **9** 3436
—, Cyan- **9** 4592, 4593
—, Cyan-, äthylester **9** 4593
—, Cyan-, [äthylester-imin] **9** 4593
—, Cyan-, [amid-imin] **9** 4594
—, Diäthyl- **9** 3483
—, Diäthyl-, amid **9** 3483
—, Dihydroxy- **10** 1991, 1993, 1995;
    s. a. *Acrylsäure, Phenyl-[dihydroxy-*
    phenyl]-
—, Dihydroxy-methoxy- **10** 2346
—, Dihydroxy-methyl s. *Acrylsäure,*
    [Dihydroxy-phenyl]-p-tolyl-
—, Dimethoxy- **10** 1996
—, Dimethoxy-, methylester **10** 1996
—, Dinitro- **9** 3429, 3430, 3431, 3436
—, Dinitro-, äthylester **9** 3436
—, Dinitro-, amid **9** 3430, 3431
—, Dinitro-, methylester **9** 3430
—, Dinitro-, nitril **9** 3437
—, Dinitro-methoxy- **10** 1259, 1260
—, Dinitro-methoxy-, äthylester
    10 1260
—, Dinitro-methoxy-, methylester
    10 1259
—, Dinitro-methyl- **9** 3455

Stilben-carbonsäure, Dinitro-methyl-,
    methylester 9 3455
—, Hydroxy- 10 1252, 1255, 1261; s. a.
    Acrylsäure, Phenyl-[hydroxy-phenyl]-
—, Hydroxy-, [amid-imin] 10 1261
—, Hydroxy-, nitril 10 1261
—, Hydroxy-äthyl- 10 1275
—, Hydroxy-diäthyl- 10 1288
—, Hydroxy-diäthyl-, methylester 10 1289
—, Hydroxy-dimethyl- 10 1275
—, Hydroxy-dimethyl-, methylester
    10 1275
—, Hydroxy-dipropyl- 10 1296
—, Hydroxy-methoxy- 10 1995
—, Methoxy- 10 1258
—, Methoxy-, nitril 10 1261
—, Methoxy-äthyl-, nitril 10 1275
—, Methoxy-diäthyl- 10 1288
—, Methoxy-diäthyl-, nitril 10 1289
—, Methoxy-dimethyl-, nitril 10 1276
—, Methyl- s. a. *Crotonsäure, Diphenyl-*
—, Nitro- 9 3429, 3435
—, Nitro-, amid 9 3429, 3432, 3435
—, Nitro-, [amid-imin] 9 3436
—, Nitro-, nitril 9 3429, 3435
—, Nitro-cyan- 9 4592
—, Nitro-formyl-, nitril 10 3381
—, Nitro-methoxy- 10 1259
—, Nitro-methoxy-, äthylester 10 1259
—, Nitro-methoxy-, nitril 10 1258,
    1260, 1262
—, Nitro-methyl-, nitril 9 3456
—, Tetramethoxy- 10 2506
—, Trimethoxy- 10 2346
—, Trimethoxy-, methylester 10 2346
—, Trinitro- 9 3437, 3438
—, Trinitro-, äthylester 9 3437, 3438
Stilben-carbonsäure-äthylester 9 3429, 3433
— amid 9 3434
— [amid-imin] 9 3434
— chlorid 9 3433
— [diäthylamino-äthylester] 9 3433
— hydrazid 9 3429
— methylester 9 3433
— nitril 9 3434
Stilben-carbonylchlorid 9 3433
Stilben-dicarbamid 9 4596
Stilben-dicarbamid-dioxim 9 4599
Stilben-dicarbamidin 9 4598
—, Äthyl- 9 4618
—, Brom- 9 4600
—, Chlor- 9 4599
—, Diäthyl- 9 4644
—, Dihydroxy- 10 2532
—, Dimethyl- 9 4619, 4620
—, Hydroxy- 10 2388
—, Jod- 9 4600
—, Methoxy- 10 2388
—, Methyl- 9 4609, 4610

Stilben-dicarbimidsäure, Diäthyl-,
    diäthylester 9 4643
—, Dimethyl-, äthylester 9 4619
Stilben-dicarbimidsäure-diäthylester
    9 4596
— dimethylester 9 4595
Stilben-dicarbonitril 9 4589, 4592,
    4594, 4597
—, Äthyl- 9 4618
—, Brom- 9 4599, 4600
—, Chlor- 9 4599
—, Diacetoxy- 10 2531
—, Diäthyl- 9 4644
—, Dibrom- 9 4590, 4600
—, Dichlor- 9 4589
—, Dihydroxy- 10 2530, 2531
—, Dimethoxy- 10 2530, 2532
—, Dimethyl- 9 4619
—, Dinitro- 9 4590, 4593, 4601
—, Hydroxy- 10 2388
—, Jod- 9 4600
—, Methoxy- 10 2388
—, Methyl- 9 4609, 4610
—, Nitro- 9 4600
—, Tetramethoxy- 10 2616
Stilben-dicarbonsäure 9 4591, 4592,
    4593, 4595
—, Äthyl-, dinitril 9 4618
—, Brom-, dinitril 9 4599, 4600
—, Chlor- 9 4591
—, Chlor-, dinitril 9 4599
—, Cyan- 9 4843
—, Diacetoxy-, dinitril 10 2531
—, Diäthyl-, bis-[äthylester-imin]
    9 4643
—, Diäthyl-, dinitril 9 4644
—, Dibrom-, dinitril 9 4590, 4600
—, Dichlor-, dinitril 9 4589
—, Dihydroxy- 10 2531
—, Dihydroxy-, dinitril 10 2530, 2531
—, Dimethoxy- 10 2531
—, Dimethoxy-, dinitril 10 2530, 2532
—, Dimethyl-, bis-[amid-imin] 9 4619
—, Dimethyl-, dinitril 9 4619
—, Dinitro- 9 4594
—, Dinitro-, dinitril 9 4590, 4593, 4601
—, Hydroxy-, dinitril 10 2388
—, Hydroxy-methoxy- 10 2531
—, Jod-, dinitril 9 4600
—, Methoxy- 10 2387
—, Methoxy-, dinitril 10 2388
—, Methyl-, dinitril 9 4609, 4610
—, Nitro- 9 4591, 4592
—, Nitro-, dinitril 9 4600
—, Tetramethoxy-, dinitril 10 2616
Stilben-dicarbonsäure-amid-[amid-imin]
    9 4597
— bis-[äthylester-imin] 9 4596
— bis-[amid-imin] 9 4598

Stilben-dicarbonsäure-bis-[amid-oxim]
9 4599
— bis-[chlor-äthylester] 9 4595
— bis-[diäthylamino-äthylester] 9 4596
— bis-[dibutylamino-äthylester]
9 4596
— bis-[dibutylamino-propylester] 9 4596
— bis-[dimethylamino-äthylester]
9 4596
— diäthylester 9 4593, 4595
— diamid 9 4596
— dichlorid 9 4596
— dimethylester 9 4588, 4589, 4595
— dinitril 9 4589, 4592, 4594, 4597
Stilben-dicarbonylchlorid 9 4596
Stilbendiyldibenzoat 9 634, 635
—, Hexaäthyl- 9 642
Stilbenol, Benzoyloxy- 9 634
—, Benzoyloxy-diäthyl- 9 638
Stilbentetrayltetrabenzoat 9 697
Stilben-tricarbonitril 9 4843
Stilben-tricarbonsäure 9 4843
Stilben-tricarbonsäure-trinitril
9 4843
Stilbenylbenzoat 9 516
Stipitatsäure 10 4506; *Derivate s. unter*
Cycloheptatrien-carbonsäure,
Dihydroxy-oxo-
Stovain 9 886
Styracin 9 2693
Styraxinolsäure 10 2133
Styraxinolsäure-[brom-phenacylester]
10 2133
Styraxsäure-methylester 10 2555
Styrol, Äthoxy-benzoyloxy- 9 719
—, Benzamino- 9 1100
—, Benzamino-dimethoxy- 9 1110
—, Benzoylmercapto- 9 1966
—, Benzoyloxy-*p*-tolylsulfon-
trimethyl- 9 588
—, Dibrom-benzoyloxy-trimethyl- 9 455
—, Methoxy-benzoyloxy- 9 583
—, Methoxy-[dinitro-benzoyloxy]-
9 1910
—, Methoxy-[nitro-benzoyloxy]- 9 1647
Styrylpenaldinsäure-diäthylacetal
9 2719
Succinaldehydsäure: *Derivate*
s. a. unter Buttersäure
—, Benzamino- 9 1205
—, Benzamino-, äthylester 9 1206
—, Benzamino-, äthylester-oxim 9 1206
—, Cyclohexyl- 10 2853, 2854
—, Cyclohexyl-, äthylester 10 2853
—, Cyclopentyl- 10 2843
—, Hydroxy-cyclohexyl-, äthylester-
diäthylacetal 10 4185
—. [Methoxy-phenyl]- 10 4240
—, Phenyl- 10 3050

Succinaldehydsäure, Phenyl-, äthylester
10 3047
—, Phenyl-, nitril 10 3050
—, [Phenyl-acetamino]- 9 2239
—, [Phenyl-acetamino]-, äthylester
9 2239
—, [Phenyl-acetamino]-, äthylester-
oxim 9 2240
Succinamid, Bis-äthoxycarbonyl-
aminomethyl-phenyl- 9 4279
—, Bis-äthoxycarbonylmethyl-phenyl-
9 4279
—, Bis-azidocarbonylmethyl-phenyl-
9 4280
—, Bis-benzylidencarbazoylmethyl-
phenyl- 9 4280
—, Bis-carbazoylmethyl-phenyl- 9 4279
—, Bis-[nitro-phenyl]- 9 4535
—, Cinnamyl- 9 4404
—, Diäthyl-phenyl- 9 4279
—, Dimethyl-diphenyl- 9 4533
—, Diphenyl- 9 4532
—, Hexyl-phenyl- 9 4357
—, Hydroxy-methoxy-[methoxy-benzyl]-
10 2564
—, Methyl-phenyl- 9 4306
—, Phenyl- 9 4279
—, Phenyl-benzyl- 9 4552
—, Phenyl-bis-äthoxycarbonyl- 9 4279
—, Phenyl-[brom-phenyl]- 9 4534
—, Phenyl-[chlor-phenyl]- 9 4533, 4534
—, Phenyl-*p*-tolyl- 9 4561
Succinamidsäure, Benzamino- 9 1189
—, Benzamino-carboxymethyl- 9 1189
—, Benzoylmercapto- 9 1975
—, Bicyclohexylyl-, äthylester 9 4036
—, Bis-[nitro-phenyl]- 9 4535
—, Brom-oxo-mesityl-, äthylester 10 3970
—, [Chlor-phenyl]- 9 4282
—, Diäthyl-diphenyl- 9 4540
—, Diäthyl-diphenyl-, methylester
9 4540
—, Dimethyl-phenyl- 9 4319
—, [Dinitro-benzamino]- 9 1942
—, Diphenyl- 9 4532, 4540
—, Diphenyl-, äthylester 9 4540, 4541
—, Diphenyl-, methylester 9 4540
—, Hippuroylamino- 9 1135
—, Hydroxy-äthyl-phenyl- 10 2235
—, Hydroxy-isobutyl-phenyl- 10 2240
—, Hydroxy-methyl-phenyl- 10 2230
—, Hydroxy-phenyl-benzyl- 10 2355
—, Hydroxy-phenyl-phenäthyl- 10 2359
—, Hydroxy-propyl-phenyl- 10 2238
—, [Methoxy-phenyl]- 10 2213
—, Methyl-[chlor-phenyl]- 9 4282
—, Methyl-[methoxy-phenyl]- 10 2213
—, Methyl-phenyl- 9 4278
—, Phenyl- 9 4278

Succinamidsäure, [Phenyl-acetamino]-
9 2225
—, Thiobenzamino- 9 1982
Succinonitril s. *Bernsteinsäure-dinitril*
—, Bis-[brom-phenyl]-diacetyl- 10 4080
—, Bis-[hydroxy-methoxy-phenyl]-
10 2610
—, Bis-[methoxy-phenyl]- 10 2508
—, Diäthyl-bis-[hydroxy-phenyl]-
10 2523
—, Diäthyl-bis-[nitro-phenyl]- 9 4583
—, Diäthyl-diphenyl- 9 4582
—, Dichlor-diphenyl- 9 4534
—, Dinitro-diphenyl- 9 4535
—, Diphenyl- 9 4533
—, Diphenyl-bis-biphenylyl- 9 4742
—, Hydroxy-phenyl- 10 2214
—, [Methoxy-phenyl]- 10 2213
—, Phenyl- 9 4281
—, Phenyl-[brom-phenyl]- 9 4535
—, Phenyl-[chlor-phenyl]- 9 4534
—, Phenyl-[methoxy-phenyl]- 10 2352
—, Phenyl-*p*-tolyl- 9 4561
—, Tetrakis-[methoxy-phenyl]- 10 2624
—, Tetranaphthyl- 9 4743
—, Tetraphenyl- 9 4722
Succinylazid, Phenyl- 9 4281
Succinylchlorid, Diphenyl- 9 4532
Succinylobernsteinsäure-diäthylester
10 4047
Sugiol, Benzoyl- 9 752
Sulfamidsäure, Benzoyl- 9 1249
Sulfat, Bis-[nitro-benzoyl]- 9 1709
Sulfid, Benzoyl-äthoxythiocarbonyl- 9 1973
—, Benzoyl-azidothiocarbonyl- 9 1974
—, Benzoyl-methyldithiocarbamoyl-
9 1973
—, Benzoyl-thiocarbamoyl- 9 1973
—, Bis-[acetoxy-äthoxycarbonyl-phenyl]-
10 1394
—, Bis-[acetoxy-carboxy-naphthyl]-
10 1933, 1935
—, Bis-[acetoxy-carboxy-phenyl]- 10 1392
—, Bis-[acetoxy-methoxycarbonyl-phenyl]-
10 1393
—, Bis-[acetoxy-methyl-carboxy-phenyl]-
10 1508
—, Bis-[acetoxy-methyl-methoxycarbonyl-
phenyl]- 10 1508
—, Bis-[acetoxy-phenoxycarbonyl-phenyl]-
10 1395
—, Bis-[benzaminoacetoxy-äthyl]-
9 1127
—, Bis-[benzamino-äthyl]- 9 1080
—, Bis-[benzamino-carboxy-äthyl]-
9 1171
—, Bis-[benzoylmercapto-äthyl]- 9 1968
—, Bis-[benzoyloxy-carboxy-phenyl]-
10 1392

Sulfid, Bis-[benzoyloxy-methoxycarbonyl-
phenyl]- 10 1393
—, Bis-[benzoyloxy-methyl-carboxy-
phenyl]- 10 1508
—, Bis-[benzoyloxy-methyl-
methoxycarbonyl-phenyl]- 10 1508
—, Bis-[benzoyloxy-propionyl-naphthyl]-
9 798
—, Bis-[brom-acetoxy-carboxy-phenyl]-
10 1395
—, Bis-[brom-hydroxy-carboxy-phenyl]-
10 1395
—, Bis-[brom-hydroxy-methoxycarbonyl-
phenyl]- 10 1395
—, Bis-[brom-hydroxy-methyl-carboxy-
phenyl]- 10 1509
—, Bis-[carbamimidoyl-benzyl]- 10 534
—, Bis-[carbamimidoyl-phenyl]- 10 412
—, Bis-[carboxy-phenyl]- 10 392
—, Bis-[chlor-benzoyl]- 9 1989
—, Bis-[chlorcarbonyl-phenyl]- 10 400
—, Bis-[cyan-phenyl]- 10 406
—, Bis-[(dibenzoyl-guanidino)-äthyl]-
9 1118
—, Bis-[dimethyl-benzoyl]- 9 2443
—, Bis-[(dinitro-benzoylmercapto)-
äthyl]- 9 1996
—, Bis-[(dinitro-benzoyloxy)-äthyl]-
9 1891
—, Bis-[guanyl-benzyl]- 10 643
—, Bis-[guanyl-phenyl]- 10 412
—, Bis-[hippuroyloxy-äthyl]- 9 1127
—, Bis-[hydroxy-äthoxycarbonyl-phenyl]-
10 1394
—, Bis-[hydroxy-carbamoyl-phenyl]-
10 1395
—, Bis-[hydroxy-carboxy-naphthyl]-
10 1933, 1935
—, Bis-[hydroxy-carboxy-phenyl]- 10 1391
—, Bis-[hydroxy-methoxy-carbamoyl-
phenyl]- 10 2069
—, Bis-[hydroxy-methoxycarbonyl-phenyl]-
10 1393
—, Bis-[hydroxy-methoxy-carboxy-phenyl]-
10 2068
—, Bis-[hydroxy-methoxy-
methoxycarbonyl-phenyl]- 10 2069
—, Bis-[hydroxy-methyl-carbamoyl-
phenyl]- 10 1509
—, Bis-[hydroxy-methyl-carboxy-phenyl]-
10 1505, 1508
—, Bis-[hydroxy-methyl-methoxycarbonyl-
phenyl]- 10 1505, 1508
—, Bis-[hydroxy-phenoxycarbonyl-phenyl]-
10 1394
—, Bis-[methoxy-acetoxy-
methoxycarbonyl-phenyl]- 10 2069
—, Bis-[methoxy-benzoyloxy-
methoxycarbonyl-phenyl]- 10 2069

Sulfid, Bis-[methoxy-carboxy-
    phenyl]- **10** 1392
—, Bis-[nitro-acetoxy-carboxy-naphthyl]-
    10 1935
—, Bis-[(nitro-benzoylmercapto)-äthyl]-
    9 1993
—, Bis-[nitro-cyan-phenyl]- **10** 238
—, Bis-[phenyl-cyan-methyl]- **10** 491
—, Bis-[salicyloyloxy-äthyl]- **10** 140
—, Bis-thiobenzoyl- **9** 1998
—, Bis-[*p*-tolyl-carboxy-vinyl]- **10** 871
—, Bis-[*p*-tolyl-methoxycarbonyl-vinyl]-
    10 871
—, [Brom-benzoyl]-azidothiocarbonyl-
    9 1990
—, [Chlor-benzoyl]-äthoxythiocarbonyl-
    9 1989
—, Diäthyl- s. *Diäthylsulfid*
—, Dibenzoyl- **9** 1973
—, [Dibenzoyloxy-perylenyl]-[brom-
    dibenzoyloxy-perylenyl]- **8** 3086
—, Dinaphthoyl- **9** 3170, 3205
—, Diphenyl- s. *Diphenylsulfid*
—, Di-*o*-toluoyl- **9** 2317
—, Di-*p*-toluoyl- **9** 2378
—, Methyl-[bis-methylsulfon-phenäthyl]-
    9 2298
—, [Nitro-benzoyl]-äthoxythiocarbonyl-
    9 1993
Sulfimin, Dibenzyl-benzoyl- **9** 1078
Sulfon, [Benzoyloxy-methyl-phenyl]-
    [benzoyloxy-naphthyl]- **9** 610
—, [Benzoyloxy-phenyl]-[benzoyloxy-
    methyl-phenyl]- **9** 565
—, [Benzoyloxy-phenyl]-[benzoyloxy-
    phenyl]- **9** 561
—, Bis-[äthoxycarbonyl-phenyl]- **10** 398
—, Bis-[äthoxy-carboxy-phenyl]-
    10 1392
—, Bis-[äthoxy-methoxycarbonyl-phenyl]-
    10 1393
—, Bis-[benzoyloxy-dimethyl-phenyl]-
    9 570, 571
—, Bis-[benzoyloxy-methyl-phenyl]-
    9 565
—, Bis-[benzoyloxy-phenyl]- **9** 561
—, Bis-[carbamimidoyl-phenyl]- **10** 412
—, Bis-[carboxy-phenyl]- **10** 392
—, Bis-[(carboxy-phenylmercapto)-äthyl]-
    10 217
—, Bis-[chlorcarbonyl-phenyl]- **10** 401
—, Bis-[cyan-phenyl]- **10** 406
—, Bis-[guanyl-phenyl]- **10** 412
—, Bis-[hydroxy-carboxy-phenyl]- **10** 1392
—, Bis-[methoxycarbonyl-phenyl]- **10** 394
—, Bis-[methoxy-carboxy-phenyl]-
    10 1369, 1392, 1444
—, Bis-[methoxy-cyan-phenyl]- **10** 1395,
    1444

Sulfon, Bis-[nitro-äthoxycarbonyl-
    phenyl]- **10** 417
—, [Dichlor-diphenyl]-äthyl]-*p*-tolyl-
    9 3316
—, Diphenyl- s. *Diphenylsulfon*
—, [Methoxy-carboxy-phenyl]-[methoxy-
    carboxy-phenyl]- **10** 1443, 1444
—, [Methoxy-cyan-phenyl]-[methoxy-cyan-
    phenyl]- **10** 1444
—, *p*-Tolyl-benzoyl- **9** 1965
Sulfonium, Dimethyl-[benzamino-äthyl]-
    9 1079
—, Dimethyl-[benzoyloxy-äthyl]- **9** 537
—, Dimethyl-[methyl-carboxy-phenyl]-
    10 520
—, Tris-[benzoyloxy-methyl-phenyl]-
    9 566
—, Tris-[benzoyloxy-phenyl]- **9** 561
—, Tris-[chlor-benzoyloxy-phenyl]-
    9 554
—, Tris-[methoxy-benzoyloxy-phenyl]-
    9 671
Sulfoxid, Bis-[äthoxycarbonyl-phenyl]-
    10 398
—, Bis-[carbamimidoyl-phenyl]- **10** 412
—, Bis-[(carboxy-phenylmercapto)-äthyl]-
    10 216
—, Bis-[cyan-phenyl]- **10** 406
—, Bis-[(dinitro-benzoyloxy)-äthyl]-
    9 1891
—, Bis-[guanyl-phenyl]- **10** 412
—, Dibenzyl-, benzoylimin **9** 1078
—, Methyl-[benzoyloxy-phenyl]-
    9 558
Sulochrin 10 4817
Sumaresinolsäure 10 1921
—, Diacetyl-, methylester **10** 1922
Sumaresinolsäure-äthylester **10** 1922
— methylester **10** 1922
Suprastanol-II, [Dinitro-benzoyl]-
    6 3127
Suprasterin₂-II, [Dinitro-methyl-
    benzoyl]- **9** 2371
—, [Dinitro-benzoyl]-tetrahydro- **6** 3127
Sylvinsäure 9 2904
Syringasäure 10 2073
Syringasäure-methylester **10** 2077
— nitril **10** 2093

T

Tachysterin₂, [Dinitro-methyl-benzoyl]-
    9 2370
Tachysterin₃, [Dinitro-methyl-benzoyl]-
    9 2369
Taraxastadien, Bis-[brom-benzoyloxy]-
    9 1408
—, Dibenzoyloxy- **9** 618
Taraxastadienyldibenzoat 9 618

Taraxasten, Benzoyloxy- 9 486, 487
—, Bis-[brom-benzoyloxy]- 9 1407
—, Dibenzoyloxy- 9 608
—, [Nitro-benzoyloxy]- 9 1611
Taraxastendiyldibenzoat 9 608
Taraxastensäure 9 3131
Taraxastensäure-methylester 9 3131
— nitril 9 3131
Taraxasterol, Benzoyl- 9 487
—, [Nitro-benzoyl]- 9 1611
Taraxeran, Benzoyloxy- 9 473
Taraxeren, Benzoyloxy- 9 489
Taraxerol, Benzoyl- 9 489
Tartronsäure s. *Malonsäure, Hydroxy-*
Tartrophthalsäure 10 2411
Taurin, [Acetoxy-phenyl-acetyl]- 10 473
—, Benzoyl- 9 1208
—, Benzoyl-, amid 9 1209
—, Cyclohexancarbonyl- 9 29, 146
—, [Cyclohexenyl-acetyl]- 9 161
—, Cyclopentancarbonyl- 9 13
—, Cyclopentencarbonyl- 9 142
—, [Cyclopentenyl-acetyl]- 9 151
—, [Dihydroxy-cholanoyl]- 10 1655
—, [Dijod-benzoyl]- 9 1454, 1455
—, [Dijod-hydroxy-benzoyl]- 10 190, 373
—, [Dijod-methoxy-benzoyl]- 10 373
—, [Dinitro-benzoyl]- 9 1943
—, [Hydroxy-cholenoyl]- 10 969
—, Mandeloyl-, amid 10 471
—, [Nitro-benzoyl]-, amid 9 1744
—, Phenylacetyl- 9 2242
—, [Phenyl-propionyl]- 9 2395
—, [Tetrahydroxy-cholanoyl]- 10 2425
—, [Trihydroxy-cholanoyl]- 10 2177
—, [Trihydroxy-cholanoyl]-, [methoxy-phenylester] 10 2178
—, [Trijod-benzoyl]- 9 1456, 1457, 1462
—, [(Trimethyl-cyclopentenyl)-acetyl]- 9 207, 209
Tauroapochenodesoxycholsäure 10 969
Taurocholsäure 10 2177
Taurocholsäure-[methoxy-phenylester] 10 2178
Taurodesoxycholsäure 10 1655
Taurylchlorid, Benzoyl- 9 1209
Taxadienon, Triacetoxy-cinnamoyloxy- 9 2703
—, Triacetoxy-[phenyl-propionyloxy]- 9 2391
Taxenon, Triacetoxy-[phenyl-propionyloxy]- 9 2390
Taxinin 9 2703
—, Dihydro- 9 2391
—, Tetrabrom- 9 2703
—, Tetrahydro- 9 2390
Tellur, Dibenzoyloxy-äthoxycarbonyl-methyl-pentyl- 9 1055

Tenuifolsäure 10 2482; *Derivate s. unter Picen-dicarbonsäure*
Tenuiorin 10 1497
Terephthalaldehydsäure 10 2989; s. a. *Benzoesäure, Formyl-*
—, Nitro-, nitril 10 2990
Terephthalaldehydsäure-äthylester 10 2989
— [chlor-äthylester] 10 2989
— chlorid 10 2990
— methylester 10 2989
— nitril 10 2990
Terephthalamid 9 4253
—, Bis-[diäthylamino-äthyl]- 9 4253
—, Bis-hydroxymethyl- 9 4253
—, Bis-[hydroxy-propyl]- 9 4253
—, Chlor- 9 4257
—, Tetraäthyl- 9 4253
—, Tetrachlor- 9 4257
Terephthalamidsäure 9 4253
—, Chlor- 9 4257
Terephthalamidsäure-methylester 9 4253
Terephthalonitril 9 4255
—, Methyl- 9 4273
Terephthalonsäure 10 3956; *Derivate s. unter Benzoesäure*
Terephthaloylbromid 9 4253
Terephthaloylchlorid 9 4252
—, Chlor- 9 4256
—, Diacetoxy- 10 2439
—, Tetrachlor- 9 4257
Terephthalsäure, Acetyl- 10 3961
—, Benzoyl- 10 4008
—, Benzoyl-naphthoyl- 10 4097
—, Benzoyl-[octahydro-phenanthrencarbonyl]- 10 4096
—, Bis-[äthoxycarbonyl-cyan-vinyl]- 9 4915
—, Bis-[brom-benzoyl]- 10 4094
—, Bis-formohydroximoyl- 10 4064
—, Bis-[hydroxy-benzyl]- 10 2545
—, Bis-[hydroxy-naphthoyl]- 10 4858
—, Bis-naphthyloxy-diacetoxy-, diäthylester 10 2599
—, Bis-[phenyl-cyan-vinyl]- 9 4901
—, Brom- 9 4258
—, Brom-hydroxy- 10 2196
—, Brom-methoxy- 10 2196
—, Brom-nitro- 9 4259
—, Carboxymethylmercapto- 10 2196
—, Chlor- 9 4256
—, Chlor-, amid 9 4257
—, Chlor-, diamid 9 4257
—, Chlor-, dichlorid 9 4256
—, Chlor-, dimethylester 9 4256
—, Chlor-, nitril 9 4257
—, Chlor-dihydroxy-acetoxy-, diäthylester 10 2559
—, Chlor-nitro- 9 4259

Terephthalsäure, Chlor-triacetoxy-,
diäthylester 10 2559
—, Chlor-trihydroxy-, diäthylester
10 2559
—, Diacetoxy- 10 2438
—, Diacetoxy-, dichlorid 10 2439
—, Diacetoxy-diphenylmercapto-,
diäthylester 10 2600
—, Diacetoxy-diphenylsulfon-,
diäthylester 10 2600
—, Diäthoxy-diacetoxy-, diäthylester
10 2599
—, Diäthoxy-dibenzoyloxy- 10 2596
—, Dibrom- 9 4258
—, Dibrom-dihydroxy-, diäthylester
10 2439
—, Dichlor- 9 4257
—, Dichlor-dimethoxy- 10 2439
—, Diformyl- 10 4063
—, Dihydro- 9 4042, 4043
—, Dihydroxy- 10 2438, 2439
—, Dihydroxy-, diäthylester 10 2439
—, Dihydroxy-, dimethylester 10 2438
—, Dihydroxy-bis-biphenylyloxy- 10 2595
—, Dihydroxy-bis-biphenylyloxy-,
diäthylester 10 2598
—, Dihydroxy-bis-[chlor-phenoxy]-
10 2594
—, Dihydroxy-bis-[chlor-phenoxy]-,
diäthylester 10 2597
—, Dihydroxy-bis-[dimethyl-phenoxy]-
10 2595
—, Dihydroxy-bis-[dimethyl-phenoxy]-,
diäthylester 10 2598
—, Dihydroxy-bis-[hydroxy-
biphenylyloxy]- 10 2596
—, Dihydroxy-bis-[hydroxy-
biphenylyloxy]-, diäthylester
10 2598
—, Dihydroxy-bis-[methoxy-phenoxy]-
10 2596
—, Dihydroxy-bis-[methoxy-phenoxy]-,
diäthylester 10 2598
—, Dihydroxy-bis-naphthyloxy- 10 2595
—, Dihydroxy-bis-naphthyloxy-,
diäthylester 10 2598
—, Dihydroxy-diäthoxy- 10 2594
—, Dihydroxy-diäthoxy-, diäthylester
10 2597
—, Dihydroxy-dimethoxy-, diäthylester
10 2596
—, Dihydroxy-diphenoxy- 10 2594
—, Dihydroxy-diphenoxy-, diäthylester
10 2597
—, Dihydroxy-diphenylmercapto- 10 2599
—, Dihydroxy-diphenylmercapto-,
diäthylester 10 2599
—, Dihydroxy-diphenylsulfon-,
diäthylester 10 2599

Terephthalsäure, Dihydroxy-di-*m*-tolyloxy-
10 2595
—, Dihydroxy-di-*m*-tolyloxy-,
diäthylester 10 2597
—, Dihydroxy-di-*o*-tolyloxy- 10 2594
—, Dihydroxy-di-*o*-tolyloxy-,
diäthylester 10 2597
—, Dihydroxy-di-*p*-tolyloxy- 10 2595
—, Dihydroxy-di-*p*-tolyloxy-,
diäthylester 10 2597
—, Dihydroxy-di-[3.5]xylyloxy- 10 2595
—, Dihydroxy-di-[3.5]xylyloxy-,
diäthylester 10 2598
—, Dimethoxy- 10 2438, 2439
—, Dimethoxy-, dimethylester 10 2439
—, Dimethyl- 9 4297
—, Dimethyl-, methylester-chlorid
9 4297
—, Dinitro- 9 4259
—, Dinitro-, dimethylester 9 4259
—, Diphenoxy-diacetoxy-, diäthylester
10 2599
—, Hexahydro- 9 3818
—, Hydroxy- 10 2195
—, Hydroxy-, diäthylester 10 2196
—, Hydroxy-, dimethylester 10 2196
—, Hydroxy-, nitril 10 2196
—, Hydroxy-methyl- 10 2209
—, Hydroxy-methyl-, diäthylester
10 2209
—, Hydroxy-methyl-, dimethylester
10 2209
—, Hydroxy-methyl-carboxymethyl-
10 2575
—, Hydroxy-methyl-oxal- 10 4845
—, Jodoso- 9 4258
—, Jodosyl- 9 4258
—, Methoxy- 10 2196
—, Methoxy-methyl-oxal-, methylester
10 4846
—, Methyl- 9 4272
—, Methyl-, äthylester-nitril 9 4273
—, Methyl-, dimethylester 9 4273
—, Methyl-, dinitril 9 4273
—, Methyl-, methylester-nitril 9 4273
—, Methyl-, nitril 9 4273
—, Methyl-[isopropyl-carboxy-phenyl]-
9 4841
—, Naphthyl- 9 4671
—, Nitro- 9 4258
—, Nitro-, menthylester 9 4258
—, Nitro-, [methyl-isopropyl-
cyclohexylester] 9 4258
—, Nitro-, nitril 9 4258
—, [Octahydro-phenanthrylmethyl]-
benzyl- 9 4712
—, Phenoxy-triacetoxy-, diäthylester
10 2599
—, Phenyl- s. *Biphenyl-dicarbonsäure*

Terephthalsäure, Tetrachlor- **9** 4257
—, Tetrachlor-, diamid **9** 4257
—, Tetrachlor-, dichlorid **9** 4257
—, Tetrachlor-, dimethylester **9** 4257
—, Tetrahydro- **9** 3950
—, Tetrahydroxy-, diäthylester **10** 2596
—, Tetraphenyl- **9** 4739
—, Tetraphenyl-, dimethylester **9** 4739
—, Triacetoxy-, diäthylester **10** 2558
—, Trichloracetyl- **10** 3961
—, Trihydroxy- **10** 2558
—, Trihydroxy-, diäthylester **10** 2558
—, Trihydroxy-phenoxy- **10** 2594
—, Trihydroxy-phenoxy-, diäthylester
    10 2597
Terephthalsäure-äthylester **9** 4250
— äthylester-[äthylester-imin] **9** 4254
— äthylester-[amid-imin] **9** 4255
— äthylester-nitril **9** 4254
— amid **9** 4253
— amid-[amid-imin] **9** 4255
— amid-nitril **9** 4255
— bis-benzylidenhydrazid **9** 4256
— bis-[brom-phenacylester] **9** 4251
— bis-[butyloxy-pentylester] **9** 4251
— bis-diäthylamid **9** 4253
— bis-[diäthylamino-äthylamid] **9** 4253
— bis-[diäthylamino-äthylester] **9** 4252
— bis-[dimethylamino-äthylester] **9** 4251
— bis-[hydroxy-methylamid] **9** 4253
— bis-[hydroxy-propylamid] **9** 4253
— bis-isopropylidenhydrazid **9** 4256
— bis-[oxo-bornylidenhydrazid] **9** 4256
— bis-[oxo-trimethyl-
    norbornylidenhydrazid] **9** 4256
— bis-[triäthylammonio-äthylester]
    9 4252
— bis-[trimethylammonio-äthylester]
    9 4251
— bis-[trimethyl-hexylester] **9** 4251
— [chlor-äthylester]-nitril **9** 4254
— chlorid-nitril **9** 4255
— diäthylester **9** 4250
— diamid **9** 4253
— dibromid **9** 4253
— dibutylester **9** 4251
— dichlorid **9** 4252
— dihexylester **9** 4251
— dihydrazid **9** 4256
— dimethylester **9** 4250
— dinitril **9** 4255
— diphenacylester **9** 4251
— methylester **9** 4250
— methylester-amid **9** 4253
— methylester-chlorid **9** 4252
— methylester-nitril **9** 4254
— nitril **9** 4254
— [nitro-benzylester]-nitril **9** 4254
— [phenyl-phenacylester]-nitril **9** 4254

Teresantalsäure 9 315
—, Dihydro- **9** 221
—, Hydrochlor- **9** 221
—, Keto-dihydro- **10** 2914; *Derivate*
    s. unter Bornansäure
Teresantalsäure-hydrochlorid 9 221
Teresantalsäure-methylester **9** 315
[1.1':4'.1'']Ternaphthalin-
    carbonitril 9 3695
[1.1':4'.1'']Ternaphthalin-carbonsäure-
    nitril 9 3695
[1.1':4'.1'']Ternaphthalin-
    dicarbonsäure-diäthylester **9** 4741
m-**Terphenyl,** Benzoyloxy- **9** 525
—, [Nitro-benzoyloxy]- **9** 1618
p-**Terphenyl,** Benzoyloxy- **9** 525
—, [Nitro-benzoyloxy]- **9** 1618
m-**Terphenyl-carbamid,** Phenyl- **9** 3676
o-**Terphenyl-carbamid 9** 3579
p-**Terphenyl-carbamid 9** 3580
m-**Terphenyl-carbonsäure 9** 3579
—, Hydroxy- **10** 1322
—, Hydroxy-, äthylester **10** 1322
—, Methoxy- **10** 1322
—, Methoxy-, äthylester **10** 1322
—, Nitro- **9** 3579
—, Nitro-, äthylester **9** 3579
—, Nitro-, amid **9** 3579
—, Nitro-, chlorid **9** 3579
—, Nitro-, methylester **9** 3579
—, Nitro-, propylester **9** 3579
—, Phenyl- **9** 3675
—, Phenyl-, amid **9** 3676
—, Phenyl-, methylester **9** 3675
o-**Terphenyl-carbonsäure 9** 3578, 3579
—, Benzhydryl- **9** 3693
—, Benzhydryl-, methylester **9** 3693
—, Benzoyl- **10** 3502
—, Dimethyl-, methylester **9** 3606
—, Methyl- **9** 3593
—, [Oxo-diphenyl-äthyl]- **10** 3509
—, Sulfo- **9** 3578
o-**Terphenyl-carbonsäure-**amid **9** 3579
— methylester **9** 3578
p-**Terphenyl-carbonsäure 9** 3579
—, [Acetoxy-naphthoyl]- **10** 4501
—, Benzoyl- **10** 3502
—, [Brom-benzoyl]- **10** 3502
—, Dimethyl- **9** 3606
—, [Hydroxy-methoxy-naphthoyl]-
    10 4710
—, [Hydroxy-naphthoyl]- **10** 4501
—, [Methoxy-benzoyl]- **10** 4501
—, [Methoxy-benzoyl]-, methylester
    10 4501
—, [Methoxy-naphthoyl]- **10** 4502
—, [Methoxy-naphthoyl]-, methylester
    10 4501, 4502
—, Naphthoyl- **10** 3508

p-Terphenyl-carbonsäure-amid 9 3580
— methylester 9 3580
o-Terphenyl-dicarbonsäure 9 4686
—, Dimethyl-, diäthylester 9 4691
—, Dimethyl-, dimethylester 9 4690
—, Methyl-, dimethylester 9 4688
p-Terphenyl-dicarbonsäure 9 4686
—, Triacetoxy-[carboxy-butadienyl]-
10 2631
—, Triacetoxy-[carboxy-butyl]- 10 2631
—, Trihydroxy-[carboxy-butadienyl]-
10 2631
—, Trihydroxy-[carboxy-butyl]- 10 2631
p-Terphenyl-dicarbonsäure-
dimethylester 9 4686
p-Terphenyl-tricarbonsäure 9 4845
m-Terphenylylbenzoat 9 525
p-Terphenylylbenzoat 9 525
α-Terpineol, [Dinitro-benzoyl]-
9 1828
—, [Nitro-benzoyl]- 9 1569
Testosteron, Benzoyl- 9 745
—, Cyclobutancarbonyl- 9 8
—, Cyclohexancarbonyl- 9 25
—, Cyclopropancarbonyl- 9 5
—, Phenylacetyl- 9 2188
Tetrabenzo[*a.fg.ij.o*]pentaphen,
Tribenzoyloxy-dihydro- 9 660
Tetracyclo[4.4.0.0².⁵.0³·⁸]decan-
dicarbonsäure, Dibrom-,
dimethylester 9 4401
Tetradecan, [Dinitro-benzoyloxy]-
dimethyl- 9 1797
Tetradecansäure, [Benzamino-acetamino]-
9 1134
—, Cyclobutylmethyl- 9 138
—, Cyclohexyl- 9 138
—, Cyclopropylmethyl- 9 137
—, Hippuroylamino- 9 1134
—, Phenyl- 9 2635
—, Phenyl-, [brom-phenacylester] 9 2635
—, [Trimethoxy-benzoyl]-, äthylester
10 4733
Tetradecylsalicylat 10 124
Tetraglycin, Benzoyl- 9 1130
—, [Nitro-benzoyl]- 9 1727
—, [(Nitro-benzoyl)-leucyl]- 9 1733
Tetrahydroabietinsäure 9 352
—, Dibrom- 9 354
—, Dichlor- 9 353
—, Hydroxy- 10 85
—, Tetraoxy- 10 2417
Tetrahydroalantolsäure-methylester 10 76
Tetrahydroanacardsäure 10 678
Tetrahydroartemionsäure 10 3535
Tetrahydroartemisinsäure 10 4505
Tetrahydrobrenzdesoxybiliansäure 10 1628
Tetrahydrobrenzdesoxybiliansäure-
methylester 10 1628

Tetrahydrodextropimarsäure 9 355
Tetrahydroelemisäure 10 3227
Tetrahydroelemol, [Dinitro-benzoyl]-
9 1818
—, [Nitro-benzoyl]- 9 1564
Tetrahydroironsäure 9 124
Tetrahydroironsäure-methylester 9 124
Tetrahydroisopimarsäure 9 355
Tetrahydrojonol, Benzoyl- 9 409
—, [Carboxy-benzoyl]- 9 4138
—, [Dinitro-benzoyl]- 9 1818
Tetrahydrolävopimarsäure 9 351
α-Tetrahydromiropinsäure 9 355
β-Tetrahydromiropinsäure 9 355
Tetrahydronoragathensäure 9 294
Tetrahydropalitantinsäure 10 2025
Tetrahydropelandjausäure 10 686
Tetrahydropimarsäure 9 355
Tetrahydropseudosantonin 10 1360
Tetrahydropseudosantonsäure 10 4192
Tetrahydropyrethrin-I 9 213
Tetrahydropyrethrin-II 9 3989
Tetrahydropyrethrolon, [Dinitro-benzoyl]-
9 1925
Tetrahydrosandaracopimarsäure 9 355
Tetrahydro-α-santalylessigsäure
9 283
Tetrahydroshonansäure 9 77
Tetrahydrotaxinin 9 2390
Tetrahydrotubasäure 10 1582
Tetrahydroverbenalol 10 4503
Tetra-*o*-kresotid 10 505
Tetra-*p*-kresotid 10 516
Tetralin, Äthoxy-[benzoyloxy-butyl]-
9 589
—, Benzoyloxy- 9 454
—, Benzoyloxy-äthyl-[benzoyloxy-phenyl]-
9 639
—, Benzoyloxy-dimethyl- 9 456
—, Benzoyloxyimino- 9 1282
—, Bis-[dinitro-benzoyloxy]-methyl-
phytyl- 9 1916
—, Cyan- 9 2795
—, Dibenzoyloxy- 9 588
—, Methoxy-[nitro-benzoyloxy]- 9 1648
—, [Nitro-benzoylhydrazono]-
hydroxymethylen- 9 1487
—, [Nitro-benzoyloxy]- 9 1603
—, [Nitro-benzoyloxy]-methyl-äthyl-
9 1606
—, [Nitro-benzoyloxy]-[methyl-
isopropyl-cyclohexyl]- 9 1609
—, [Nitro-benzoyloxy]-[(nitro-
benzoyloxy)-phenäthyl]- 9 1652
—, Oxo-benzoyloxymethylen- 9 751
Tetramethylendiamin s. *Butandiyldiamin*
13.14.15.16-Tetranor-labdansäure
9 281
—, Acetoxy- 10 78

13.14.15.16-Tetranor-labdansäure, Hydroxy-
10 78
13.14.15.16-Tetranor-labdansäure-
anilid 9 281
A.23.24.25-Tetranor-ursadiendisäure,
Methyl-isopropyl- 9 4493
7.9.17.18-Tetraoxa-8-arsa-trispiro=
[5.1.1.5.2.2]nonadecandion,
Butyl- 10 11
—, Methyl- 10 11
Tetrasulfid, Bis-[äthoxycarbonyl-phenyl]-
10 227, 399
—, Bis-[carboxy-phenyl]- 10 225, 271, 393
—, Bis-[hydroxy-äthoxycarbonyl-phenyl]-
10 1394
—, Bis-[hydroxy-carboxy-phenyl]-
10 1392
3.6.9.12-Tetrathia-tetradecan,
Dibenzoyloxy- 9 537
Tetrathioglutaconsäure, Benzoyloxy-
9 868
Tetratriacontanon, Benzoyloxy- 9 723
Thamnolsäure 10 4722
Thamnolsäure-dimethylester 10 4722
Thelephorsäure 10 4865
Thilobiliansäure 9 4787
Thimerosal 10 213
Thioacetamid, Acetoxy-phenyl- 10 491
—, Benzamino- 9 1140
—, Benzoyloxy- 9 856
—, Benzoyloxy-phenyl- 10 492
—, Cyanmethyl-phenyl- 9 2295
—, [Diäthoxy-äthyl]-phenyl- 9 2295
—, Dimethyl-[dimethoxy-phenyl]- 10 1470
—, Methyl-[dimethoxy-phenyl]- 10 1470
—, Methyl-propyl-phenyl- 9 2295
—, Phenyl- 9 2294
Thioacetamidoxid, Benzamino- 9 1140
Thioacrylsäure, Benzamino-hydroxy-,
äthylester 9 1201
—, Benzamino-hydroxy-, benzylester
9 1201
—, [Phenyl-acetamino]-hydroxy-,
benzylester 9 2234
Thioäpfelsäure, Benzoyl- 9 1974
Thioalanin, Benzoyl-, amid 9 1145
—, Benzoyl-, phenylester 9 1145
β-Thioalanin, Benzoyl-, amid 9 1146
Thioameisensäure, Benzoyl-, azid
9 1974
—, Benzoylmercapto-, äthylester
9 1973
—, [Brom-benzoyl]-, azid 9 1990
—, [Chlor-benzoylmercapto]-,
äthylester 9 1989
—, [Nitro-benzoylmercapto]-,
äthylester 9 1993
Thioantimonigsäure-[carboxy-phenylester]-
dichlorid 10 226

Thiobenzamid 9 1978
—, Äthoxy- 10 276, 419
—, Äthyl- 9 1980
—, Cyan- 9 4239
—, Diäthyl- 9 1980
—, Dihydroxy- 10 1396, 1445
—, Dimethoxy- 10 1445
—, Dimethyl- 9 1979
—, Dodecyl- 9 1980
—, Hydroxy- 10 419
—, [Hydroxy-äthyl]- 9 1980
—, Isobutyl- 9 1980
—, Isopropyl- 9 1980
—, Methyl- 9 1979, 2379
—, Methylmercapto-dimethyl- 10 239
—, Methylmercapto-methyl- 10 239
—, Methylsulfon- 10 420
—, Octyl- 9 1980
Thiobenzamidoxid 9 1979
Thiobenzimidsäure, Isopropyl-,
benzylester 9 1984
—, Methylmercapto-methyl-, methylester
10 239
Thiobenzimidsäure-äthylester 9 1982
— benzylester 9 1984
— [brom-propylester] 9 1983
— butylester 9 1983
— tert-butylester 9 1983
— isobutylester 9 1983
— isopentylester 9 1984
— isopropylester 9 1983
— methylester 9 1982
— pentylester 9 1983
— phenylester 9 1984
— propylester 9 1982
Thiobenzoesäure 9 1961
—, Äthoxy-, amid 10 276, 419
—, Äthoxy-, [brom-äthylester] 10 419
—, Äthoxy-, [diäthylamino-äthylester]
10 419
—, Benzoyl-, phenylester 10 3304
—, Butyloxy-, [diäthylamino-äthylester]
10 419
—, Dihydroxy-, amid 10 1396, 1445
—, Dimethoxy-, amid 10 1445
—, Dimethyl- 9 2443
—, Dinitro-, allylester 9 1995
—, Dinitro-, tert-butylester 9 1995
—, Dinitro-, cinnamylester 9 1996
—, Dinitro-, [diphenyl-allylester] 9 1996
—, Dinitro-, isopropylester 9 1995
—, Fluor- 9 1988
—, Fluor-, äthylester 9 1988
—, Fluor-, butylester 9 1988
—, Fluor-, [chlor-äthylester] 9 1988
—, Fluor-, [diäthylamino-äthylester]
9 1988
—, Fluor-, [diäthylamino-propylester]
9 1989

Thiobenzoesäure, Fluor-, [dibutylamino-äthylester] **9** 1989
—, Fluor-, [dibutylamino-propylester] **9** 1989
—, Fluor-, [dipropylamino-äthylester] **9** 1989
—, Fluor-, [dipropylamino-propylester] **9** 1989
—, Fluor-, propylester **9** 1988
—, Hexyloxy-, [diäthylamino-äthylester] **10** 419
—, Hydroxy-, amid **10** 419
—, Hydroxy-, cyclohexylester **10** 239
—, Methoxy- **10** 418
—, Methyl- **9** 2317, 2378
—, Methyl-, amid **9** 2379
—, Methyl-, [methyl-(methyl-benzyliden)-hydrazid] **9** 2317, 2379
—, Methylmercapto-, dimethylamid **10** 239
—, Methylmercapto-, methylamid **10** 239
—, Methylmercapto-, [methylester-methylimin] **10** 239
—, Methylsulfon-, amid **10** 420
—, Nitro- **9** 1990
—, Nitro-, acetonylester **9** 1993
—, Nitro-, äthylester **9** 1990
—, Nitro-, benzylester **9** 1992
—, Nitro-, [brom-propylester] **9** 1991
—, Nitro-, butylester **9** 1991
—, Nitro-, [chlor-äthylester] **9** 1990
—, Nitro-, [chlor-phenylester] **9** 1992
—, Nitro-, [chlor-propylester] **9** 1991
—, Nitro-, [diäthylamino-äthylester] **9** 1994
—, Nitro-, [diäthylamino-butylester] **9** 1995
—, Nitro-, [diäthylamino-methyl-butylester] **9** 1995
—, Nitro-, [diäthylamino-propylester] **9** 1994
—, Nitro-, [dimethylamino-äthylester] **9** 1994
—, Nitro-, [dimethylamino-isopropylester] **9** 1994
—, Nitro-, dodecylester **9** 1991
—, Nitro-, isopropylester **9** 1991
—, Nitro-, methylester **9** 1990
—, Nitro-, octadecenylester **9** 1992
—, Nitro-, octylester **9** 1991
—, Nitro-, [phenyl-propylester] **9** 1992
—, Nitro-, propylester **9** 1991
—, Nitro-butyloxy-, [diäthylamino-äthylester] **10** 420
—, Nitro-methyl-, benzylester **9** 2317
—, Propyloxy-, [diäthylamino-äthylester] **10** 419
—, Trimethoxy-, isopropylester **10** 2096

Thiobenzoesäure-acetonylester **9** 1971
— äthylamid **9** 1980
— äthylester **9** 1962
— [äthylester-imin] **9** 1982
— amid **9** 1978
— amid-oxid **9** 1979
— anhydrid **9** 1972
— [benzoyloxy-dimethyl-phenylester] **9** 1969
— [benzoyloxy-naphthylester] **9** 1968, 1970
— [benzoyloxy-phenylester] **9** 1968
— benzylester **9** 1966
— [benzylester-imin] **9** 1984
— [benzylester-isopropylimin] **9** 1984
— benzylidenhydrazid **9** 1987
— bornenylester **9** 1964
— bornylester **9** 1964
— [brom-propylester] **9** 1963
— butylester **9** 1963
— *tert*-butylester **9** 1963
— [butylester-imin] **9** 1983
— [*tert*-butylester-imin] **9** 1983
— [chlor-nitro-phenylester] **9** 1965
— [chlor-propylester] **9** 1963
— cholesterylester **9** 1966
— cyclohexylester **9** 1964
— desylester **9** 1971
— diäthylamid **9** 1980
— [diäthylamino-äthylester] **9** 1975
— [diäthylamino-butylester] **9** 1977
— [diäthylamino-propylester] **9** 1976
— [dichlor-phenylester] **9** 1965
— dimethylamid **9** 1979
— [dimethylamino-äthylester] **9** 1975
— [dimethylamino-isopropylester] **9** 1976
— [dinitro-phenylester] **9** 1965
— dodecylamid **9** 1980
— dodecylester **9** 1964
— hydrazid **9** 1986
— [hydroxy-äthylamid] **9** 1980
— [hydroxy-äthylester] **9** 1967
— isobutylamid **9** 1980
— [isobutylester-imin] **9** 1983
— [isopentylester-imin] **9** 1984
— isopropylamid **9** 1980
— [isopropylester-imin] **9** 1983
— isopropylidenhydrazid **9** 1987
— [methoxy-methyl-phenylester] **9** 1969
— methylamid **9** 1979
— [methyl-benzyliden-hydrazid] **9** 1987
— [methyl-butenylester] **9** 1964
— methylenhydrazid **9** 1986
— methylester **9** 1962
— [methylester-imin] **9** 1982
— [methyl-isopropyl-dihydro-phenanthrylester] **9** 1967
— [methyl-isopropyl-phenanthrylester] **9** 1967
— naphthylester **9** 1967

Thiobenzoesäure-[nitro-methyl-phenylester]
9 1965
— [nitroso-bornenylester] 9 1964
— octylamid 9 1980
— [oxo-diphenyl-äthylester] 9 1971
— [oxo-diphenyl-propylester] 9 1972
— [oxo-phenyl-propylester] 9 1971
— [oxo-propenylester] 9 1971
— [oxo-triphenyl-äthylester] 9 1972
— [pentylester-imin] 9 1983
— phenanthrylester 9 1967
— phenylester 9 1964
— [phenylester-imin] 9 1984
— [propylester-imin] 9 1982
— styrylester 9 1966
— [trichlor-phenylester] 9 1965
— triphenylmethylester 9 1967
— [triphenyl-vinylester] 9 1967
— tritylester 9 1967
Thiobenzoesäurethioamid 9 1986
Thiobenzohydrazid 9 1986
Thiobuttersäure, Benzoyloxy-, amid 9 859
—, [Chlor-acetoxy-dimethyl-
hexadecahydro-cyclopenta[a]-
phenanthrenyl]-, äthylester
10 686
—, [Diacetoxy-dimethyl-hexadecahydro-
cyclopenta[a]phenanthrenyl]-,
äthylester 10 1627
—, [Diacetoxy-dimethyl-hexadecahydro-
cyclopenta[a]phenanthrenyl]-,
benzylester 10 1627
—, [Diacetoxy-dimethyl-hexadecahydro-
cyclopenta[a]phenanthrenyl]-,
phenylester 10 1627
—, [Methyl-benzoyl-amino]-, amid
9 1149
—, Methyl-phenyl- 9 2518
—, Methyl-phenyl-, [diäthylamino-
äthylester] 9 2518
—, Phenyl- 9 2471
—, Phenyl-, [diäthylamino-äthylester]
9 2471
Thiobutyramid, Benzoyloxy- 9 859
—, [Methyl-benzoyl-amino]- 9 1149
Thiocarbamidsäure, Benzoyl-,
[chlor-äthylester] 9 1120
—, [Brom-benzoyl]-, äthylester 9 1419
Thiocarbimid, [Nitro-benzoyl]- 9 1517
Thiocarbimidsäure, Benzoyl-,
diäthylester 9 1122
—, Benzoyl-, dimethylester 9 1122
Thiochaulmoograsäure-cholesterylester
9 291
Thiocholansäure s. *Cholanthiosäure*
Thiocholesterin, Benzoyl- 9 1966
Thiocinnamamid 9 2751
Thiocrotonsäure, Benzamino-methyl-,
benzylester 9 1197

Thio-dibenzoesäure s. *Benzoesäure,
Thio-di-*
Thiodipropionsäure s. *Propionsäure, Thio-di-*
Thioessigsäure, Acetoxy-phenyl-, amid
10 491
—, Benzamino-, amid 9 1140
—, Benzamino-, benzylester 9 1140
—, Benzamino-, methylester 9 1139
—, Benzoyloxy-, amid 9 856
—, Benzoyloxy-phenyl-, amid 10 492
—, Cyclopentenyl-phenyl-,
[diäthylamino-äthylester] 9 3087
—, Cyclopentyl-phenyl-, [diäthylamino-
äthylester] 9 2850
—, [Dimethoxy-phenyl]-, dimethylamid
10 1470
—, [Dimethoxy-phenyl]-, methylamid
10 1470
—, Diphenyl- 9 3315
—, Diphenyl-, [chlor-äthylester]
9 3315
—, Diphenyl-, [diäthylamino-äthylester]
9 3315
—, Diphenyl-, [diäthylamino-methyl-
butylester] 9 3316
—, Diphenyl-, [diäthylamino-
propylester] 9 3316
—, Diphenyl-, phenylester 9 3315
—, Phenoxy-phenyl-, [diäthylamino-
äthylester] 10 491
—, Phenyl-, amid 9 2294
—, Phenyl-, amid-oxid 9 2294
—, Phenyl-, benzylester 9 2294
—, Phenyl-, [diäthoxy-äthylamid]
9 2295
—, Phenyl-, [methyl-propyl-amid]
9 2295
—, [Trimethyl-cyclopentenyl]-,
äthylester 9 208, 209
Thioglycin, Benzoyl-, benzylester
9 1140
—, Benzoyl-, methylester 9 1139
Thioglykolsäure s. *Essigsäure, Mercapto-*
Thioharnstoff, Benzoyl- 9 1120
—, [Benzoyl-carbamimidoyl]- 9 1119
—, Benzoylguanyl- 9 1119
—, [Brom-cyclohexancarbonyl]- 9 37
—, [Cyclobutylmethyl-pentenoyl]- 9 210
—, [Hydroxy-äthyl]-benzoyl- 9 1120
—, Methyl-[phenyl-butyryl]- 9 2467
Thiohexansäure s. *Hexanthiosäure*
Thiohippursäure s. *Thioglycin, Benzoyl-*
Thiohydantoinsäure, Benzoyl- 9 1120
Thiohydnocarpussäure-cholesterylester
9 279
Thiohydroxylamin, Methyl-*tert*-butyl-
[nitro-benzoyl]- 9 1523
—, [Nitro-phenyl]-[dimethyl-benzoyl]-
9 2442

Thioisobuttersäure, [Phenyl-acetamino]-,
  benzylester **9** 2216
Thioisovaleriansäure, Benzamino-
  benzylmercapto-, benzylester
  9 1183
—, Benzamino-mercapto- **9** 1183
—, Benzoylimino-, benzylester **9** 1197
Thiokohlensäure-diäthylester-
  benzoylimid **9** 1122
— dimethylester-benzoylimid **9** 1122
Thiomalonamidsäure, Phenyl-, äthylester
  9 4266
—, [Phenyl-acetamino]-, äthylester **9** 2225
—, [Phenyl-acetamino]-methyl-,
  äthylester **9** 2226
Thiomalonsäure, Phenyl-, äthylester
  9 4266
—, Phenyl-, äthylester-amid **9** 4266
—, [Phenyl-acetamino]-, äthylester-
  amid **9** 2225
—, [Phenyl-acetamino]-methyl-,
  äthylester-[äthylester-imin]
  9 2227
—, [Phenyl-acetamino]-methyl-,
  äthylester-amid **9** 2226
—, [Phenyl-acetamino]-methyl-,
  äthylester-[methylester-imin] **9** 2226
Thionaphthamid 9 3171
Thionaphthoesäure 9 3169, 3205
—, Hydroxy-, anhydrid **10** 1068
—, Nitro- **9** 3172
—, Nitro-, äthylester **9** 3172
—, Nitro-, [chlor-äthylester] **9** 3172
—, Nitro-, [diäthylamino-äthylester]
  9 3173
—, Nitro-, [diäthylamino-butylester]
  9 3173
—, Nitro-, [diäthylamino-methyl-
  propylester] **9** 3173
—, Nitro-, [diäthylamino-propylester]
  9 3173
—, Nitro-, methylester **9** 3172
—, Nitro-, propylester **9** 3172
—, Nitro-tetrahydro- **9** 2799, 2800
—, Nitro-tetrahydro-, äthylester **9** 2799
—, Nitro-tetrahydro-,
  [chlor-äthylester] **9** 2800
—, Nitro-tetrahydro-, [diäthylamino-
  äthylester] **9** 2800
—, Nitro-tetrahydro-, [diäthylamino-
  propylester] **9** 2799, 2800
—, Tetrahydro- **9** 2798, 2804
—, Tetrahydro-, äthylester **9** 2798, 2804
—, Tetrahydro-, [chlor-äthylester]
  9 2798, 2804
—, Tetrahydro-, [chlor-propylester]
  9 2798, 2804
—, Tetrahydro-, [diäthylamino-
  äthylester] **9** 2798, 2804

Thionaphthoesäure, Tetrahydro-, [diäthyl-
  amino-propylester] **9** 2798, 2804
—, Tetrahydro-, propylester **9** 2798
Thionaphthoesäure-äthylester **9** 3170
— amid **9** 3171
— [chlor-äthylester] **9** 3170
— [chlor-propylester] **9** 3171
— [diäthylamino-äthylester] **9** 3171
— [diäthylamino-methyl-propylester]
  9 3171
— [diäthylamino-propylester] **9** 3171
— methylester **9** 3170
— [methyl-naphthylmethylen-hydrazid]
  9 3172, 3205
— naphthylester **9** 3170
— phenylester **9** 3170
Thiooleanansäure s. *Oleananthiosäure*
Thiopenaldinsäure, Aryl-
  s. *Arylthiopenaldinsäure*
Thiopenicillamin, Benzoyl- **9** 1183
—, Benzyl-benzoyl-, benzylester **9** 1183
Thioperimidsäure, Benzyl- **9** 2294
—, Phenyl- **9** 1979
Thiophenol, Benzoyloxy- **9** 560
—, Dibenzoyloxy- **9** 671
Thiophosphorsäure-diäthylester-
  [äthoxycarbonyl-phenylester]
  10 272
Thiophthalsäure-amid-nitril **9** 4239
Thiopropiolamid, Allyl-phenyl- **9** 3068
—, Methyl-phenyl- **9** 3067
Thiopropiolsäure, Phenyl-, allylamid
  9 3068
—, Phenyl-, methylamid **9** 3067
Thiopropionamid, Benzoyloxy- **9** 859
—, Dimethyl-[brom-phenyl]- **9** 2417
—, Dimethyl-[chlor-phenyl]- **9** 2417
—, Dimethyl-[dimethoxy-phenyl]- **10** 1523
—, Dimethyl-[fluor-phenyl]- **9** 2417
—, Dimethyl-[jod-phenyl]- **9** 2417
—, Dimethyl-[methoxy-methyl-phenyl]-
  10 605
—, Dimethyl-[methoxy-phenyl]- **10** 545
—, Dimethyl-[methylmercapto-phenyl]-
  10 545
—, Dimethyl-*p*-tolyl- **9** 2481
Thiopropionimidsäure, [Phenyl-acetamino]-
  äthoxycarbonyl-, äthylester **9** 2227
—, [Phenyl-acetamino]-äthoxycarbonyl-,
  methylester **9** 2226
Thiopropionsäure, [Acetoxy-dimethyl-
  tetradecahydro-cyclopenta[*a*]-
  phenanthrenyl]-, äthylester
  10 952
—, [Acetoxy-dimethyl-tetradecahydro-
  cyclopenta[*a*]phenanthrenyl]-,
  benzylester **10** 953
—, Äthylmercaptothiocarbonylimino-
  phenyl-, benzylester **10** 3023

Thiopropionsäure, [Äthyl-phenyl]-, dimethylamid **9** 2528
—, Benzamino-, amid **9** 1145, 1146
—, Benzamino-, phenylester **9** 1145
—, Benzamino-diäthylmercapto-, äthylester **9** 1204
—, Benzamino-dibenzylmercapto-, benzylester **9** 1204
—, Benzamino-oxo-, äthylester **9** 1201
—, Benzamino-oxo-, benzylester **9** 1201
—, Benzamino-phenylmercapto-phenyl-, phenylester **10** 3023
—, Benzoyloxy-, amid **9** 859
—, [Brom-phenyl]-, dimethylamid **9** 2417
—, [Chlor-phenyl]-, dimethylamid **9** 2417
—, [Dimethoxy-phenyl]-, dimethylamid **10** 1523
—, [Fluor-phenyl]-, dimethylamid **9** 2417
—, Hydroxy-benzoylimino-, äthylester **9** 1201
—, Hydroxy-benzoylimino-, benzylester **9** 1201
—, Hydroxy-phenylacetylimino-, benzylester **9** 2234
—, [Jod-phenyl]-, dimethylamid **9** 2417
—, [Methoxy-dimethyl-tetradecahydro-cyclopenta[*a*]phenanthrenyl]-, äthylester **10** 952
—, [Methoxy-methyl-phenyl]-, dimethylamid **10** 605
—, [Methoxy-naphthyl]-, dimethylamid **10** 1112
—, [Methoxy-phenyl]-, dimethylamid **10** 545
—, [Methylmercapto-phenyl]-, dimethylamid **10** 545
—, Phenyl- **9** 2425
—, [Phenyl-acetamino]-oxo-, benzylester **9** 2234
—, *p*-Tolyl-, dimethylamid **9** 2481
Thiosalicylsäure s. *Benzoesäure, Mercapto-*
Thiosemicarbazid, Benzoyl- **9** 1320
—, Bis-[chlor-benzoyl]- **9** 1372
—, Bis-[methoxy-benzoyl]- **10** 355
—, [Chlor-benzoyl]- **9** 1372
—, Dibenzoyl- **9** 1321
—, Dimethyl-benzoyl- **9** 1321, 1322
—, Dimethyl-[methoxy-benzoyl]- **10** 355, 356
—, Isopropyl-benzoyl- **9** 1321
—, [Methoxy-benzoyl]- **10** 355
—, Methyl-benzoyl- **9** 1320
—, Methyl-[methoxy-benzoyl]- **10** 355
—, [Nitro-benzoyl]- **9** 1757
Thio-*p*-toluamid 9 2379
Thio-*o*-toluylsäure 9 2317

Thio-*o*-toluylsäure-[methyl-(methyl-benzyliden)-hydrazid] **9** 2317
Thio-*p*-toluylsäure 9 2378
Thio-*p*-toluylsäure-amid **9** 2379
— hydrazid **9** 2380 Anm.
— [methyl-(methyl-benzyliden)-hydrazid] **9** 2379
Thioundecansäure s. *Undecanthiosäure*
Thioursendisäure, Benzoyloxy-, dimethylester **10** 2310
—, Benzoyloxy-, methylester **10** 2310
Thiovaleriansäure, [Acetoxy-dimethyl-hexadecahydro-cyclopenta[*a*]phenanthrenyl]-, äthylester **10** 694, 698
—, [Acetoxy-dimethyl-tetradecahydro-cyclopenta[*a*]phenanthrenyl]-, äthylester **10** 966, 975
—, [Acetoxy-dimethyl-tetradecahydro-cyclopenta[*a*]phenanthrenyl]-, benzylester **10** 967
—, [Acetoxy-dimethyl-tetradecahydro-cyclopenta[*a*]phenanthrenyl]-, *tert*-butylester **10** 967
—, [Acetoxy-dimethyl-tetradecahydro-cyclopenta[*a*]phenanthrenyl]-, hexylester **10** 967
—, [Acetoxy-dimethyl-tetradecahydro-cyclopenta[*a*]phenanthrenyl]-, isopropylester **10** 967
—, [Acetoxy-dimethyl-tetradecahydro-cyclopenta[*a*]phenanthrenyl]-, phenylester **10** 967
—, [Benzoyloxy-dimethyl-tetradecahydro-cyclopenta[*a*]phenanthrenyl]-, äthylester **10** 967
—, [Chlor-dimethyl-tetradecahydro-cyclopenta[*a*]phenanthrenyl]-, äthylester **9** 2918
—, [Diformyloxy-dimethyl-hexadecahydro-cyclopenta[*a*]phenanthrenyl]-, äthylester **10** 1657
—, [Formyloxy-dimethyl-hexadecahydro-cyclopenta[*a*]phenanthrenyl]-, äthylester **10** 694, 698
—, [Formyloxy-dimethyl-tetradecahydro-cyclopenta[*a*]phenanthrenyl]-, äthylester **10** 966
—, [Hydroxy-dimethyl-hexadecahydro-cyclopenta[*a*]phenanthrenyl]-, äthylester **10** 694
—, [Hydroxy-dimethyl-tetradecahydro-cyclopenta[*a*]phenanthrenyl]-, äthylester **10** 966
—, Phenyl- **9** 2508
—, Phenyl-, [diäthylamino-äthylester] **9** 2508
Thiozimtsäure, [Äthylmercapto-thiocarbonyl-amino]-, benzylester **10** 3023

Thiozimtsäure-amid 9 2751
— cholesterylester 9 2750
— [cyclopentenyl-tridecylester] 9 2750
— [diäthylamino-äthylester] 9 2750
— [diäthylamino-butylester] 9 2750
— [diäthylamino-propylester] 9 2750
— [dimethylamino-äthylester] 9 2750
— methylester 9 2749
Threarsäure s. *Weinsäure*
Threonin, Acetyl-benzoyl- 9 1176
—, Benzoyl- 9 893, 1174
—, Benzoyl-, äthylester 9 1177
—, Benzoyl-, methylester 9 893, 1176
—, Dibenzoyl- 9 1176
—, [Dinitro-benzoyl]- 9 1941
—, [Nitro-benzoyl]- 9 1736
Threonsäure, Bis-[nitro-benzoyl]-,
    methylester 9 1686
—, Bis-[nitro-benzoyl]-methoxalyl-,
    methylester 9 1686
—, Dibenzoyl-, äthylester 9 864, 865
—, Dibenzoyl-, isopropylester 9 865
—, Tribenzoyl- 9 864
—, Tribenzoyl-, äthylester 9 865
—, Tribenzoyl-, amid 9 866
—, Tribenzoyl-, chlorid 9 866
—, Tribenzoyl-, isopropylester 9 865
α-Thujadicarbonsäure 9 3856
α-Thujaketonsäure 10 2872
α-Thujaketonsäure-äthylester 10 2873
— oxim 10 2872
— semicarhazon 10 2872
Thujan, [Dinitro-benzoyloxy]- 9 1831
—, [Nitro-benzoyloxy]- 9 1572
Thujan-carbonsäure 9 236
—, Oxo-, äthylester 9 3920
Thujan-carbonsäure-äthylester 9 236
Thujanon-[nitro-benzoylhydrazon]
    9 1484, 1754
— [(nitro-benzoyl)-oxim] 9 1750
Thujansäure, Hydroxy- 10 59
Thujasäure 9 2450
—, Hexahydro- 9 77
Thujen, [Carboxy-benzoyloxy]- 9 4155
—, [Dinitro-benzoyloxy]- 9 1841
—, [Nitro-benzoyloxy]- 9 1578
Thujinsäure 9 2450
Thujon-[(nitro-benzoyl)-oxim] 9 1750
Thymol, [Dinitro-benzoyl]- 9 1853
—, [Nitro-benzoyl]- 9 1594
o-**Thymotinsäure** 10 629
p-**Thymotinsäure** 10 631
Tigogeninsäure 10 4627
Tigogeninsäure-äthylester 10 4628
— oxim 10 4627
Tirucalladien, Benzoyloxy- 9 485
Tirucalladiensäure 9 3129, 3130
—, Acetoxy-, methylester 10 1035
—, Brom-hydroxy- 10 1037

Tirucalladiensäure, Brom-oxo-
    10 3256, 3257
—, Hydroxy- 10 1035, 1038
—, Oxo- 10 3255, 3256
—, Oxo-, methylester 10 3255, 3256
Tirucalladiensäure-methylester 9 3129, 3130
Tirucallensäure 9 2928, 2929
—, Acetoxy- 10 982, 983, 984
—, Acetoxy-, chlorid 10 985
—, Acetoxy-, methylester 10 983, 985
—, Acetoxy-dioxo- 10 4647
—, Acetoxy-dioxo-, methylester 10 4647
—, Brom-hydroxy- 10 984
—, Brom-oxo- 10 3226, 3228
—, Dibrom-hydroxy- 10 984
—, Dibrom-oxo- 10 3226, 3228
—, Hydroxy- 10 981, 984
—, Hydroxy-, methylester 10 983
—, Hydroxy-dioxo- 10 4646
—, Hydroxyimino- 10 3226, 3227
—, Hydroxyimino-, methylester 10 3227
—, Hydroxyimino-methoxy- 10 3255
—, Hydroxy-methoxy- 10 1037
—, Oxo- 10 3225, 3227
—, Oxo-, methylester 10 3226, 3227
—, Oxo-methoxy- 10 3255
—, Trioxo- 10 4002
Tirucallensäure-chlorid 9 2930
— methylester 9 2930
Tirucallol, Benzoyl- 9 485
Tocamphyl 9 3882
α-Tocopherylhydrochinon, Bis-[brom-
    benzoyl]- 9 1413
Todomatsusäure 10 2949
Todomatsusäure-methylester 10 2950
Tolan-dicarbonitril 9 4647
p-**Tolualdehyd-**[methyl-(thio-*p*-
    toluoyl)-hydrazon] 9 2379
Toluamid s. a. unter *Benzamid*
m-**Toluamid** 9 2322
—, Benzoyloxy- 9 2326
—, [Dichlor-cyan-äthyliden]- 9 2324
—, [Dichlor-cyan-vinyl]- 9 2324
—, Dodecyl- 9 2322
—, [Fluor-benzoyloxy]- 9 2326
—, Octadecyl- 9 2322
—, [Tetrachlor-äthyl]- 9 2324
—, [Trichlor-acetoxy-äthyl]- 9 2323
—, [Trichlor-äthoxy-äthyl]- 9 2323
—, [Trichlor-amino-äthyl]- 9 2324
—, [Trichlor-benzoyloxy-äthyl]-
    9 2324
—, [Trichlor-hydroxy-äthyl]- 9 2322
—, [Trichlor-methoxy-äthyl]- 9 2323
—, [Trichlor-phenoxy-äthyl]- 9 2323
—, [Trichlor-*o*-tolyloxy-äthyl]-
    9 2323
o-**Toluamid** 9 2304
—, Benzoyloxy- 9 2308

o-**Toluamid,** Diäthyl- 9 2305
—, Dodecyl- 9 2305
—, Octadecyl- 9 2305
—, *tert*-Pentyl- 9 2305
—, [Tetrachlor-äthyl]- 9 2306
—, [Trichlor-acetoxy-äthyl]- 9 2306
—, [Trichlor-äthoxy-äthyl]- 9 2305
—, [Trichlor-amino-äthyl]- 9 2306
—, [Trichlor-benzoyloxy-äthyl]-
    9 2306
—, [Trichlor-hydroxy-äthyl]- 9 2305
—, [Trichlor-methoxy-äthyl]- 9 2305
—, [Trichlor-phenoxy-äthyl]- 9 2305
p-**Toluamid,** 9 2343
—, Äthyl- 9 2344
—, [Amino-äthyl]- 9 2347
—, Benzoyloxy- 9 2350
—, Brom- 9 2348
—, [Brom-äthyliden]- 9 2346
—, [Brom-vinyl]- 9 2346
—, Cyan- 9 2346
—, [Dichlor-äthyliden]- 9 2344
—, [Dichlor-cyan-äthyliden]- 9 2347
—, [Dichlor-cyan-vinyl]- 9 2347
—, [Dichlor-vinyl]- 9 2344
—, Methyl- 9 2344
—, [Nitro-benzoyloxy]- 9 2350
—, *tert*-Pentyl- 9 2344
—, [Tetrachlor-äthyl]- 9 2345
—, *p*-Toluoyloxy- 9 2351
—, [Tribrom-hydroxy-äthyl]- 9 2346
—, [Trichlor-acetoxy-äthyl]- 9 2345
—, [Trichlor-äthoxy-äthyl]- 9 2345
—, [Trichlor-amino-äthyl]- 9 2345
—, [Trichlor-hydroxy-äthyl]- 9 2344
—, [Trichlor-methoxy-äthyl]- 9 2344
—, [Trichlor-phenoxy-äthyl]- 9 2345
p-**Toluamid**-azin 9 2354
m-**Toluamidin** 9 2325
—, Bis-[hydroxy-hydroxyimino-methyl-
    propyl]- 9 2325
o-**Toluamidin,** Dibutyl- 9 2307
p-**Toluamidin** 9 2350
—, Malonyldioxy-bis- 9 2352
—, Thio-*p*-toluoyl- 9 2379
p-**Toluamidoxim,** [Äthoxycarbonyl-
    acetyl]- 9 2352
—, [(Nitro-phenyl)-acetyl]- 9 2352
—, Phenylacetyl- 9 2352
m-**Toluhydrazid** 9 2326
o-**Toluhydrazid** 9 2308
p-**Toluhydrazid** 9 2352
p-**Toluhydrazonoylchlorid,** [Methyl-
    benzyliden]- 9 2353
m-**Toluhydroxamsäure** 9 2325
—, Benzoyl- 9 2326
—, [Fluor-benzoyl]- 9 2326
o-**Toluhydroxamsäure** 9 2308
—, Benzoyl- 9 2308

p-**Toluhydroxamsäure** 9 2350
—, Benzoyl- 9 2350
—, [Nitro-benzoyl]- 9 2350
—, *p*-Toluoyl- 9 2351
p-**Toluhydroximsäure**-äthylester
    9 2351
p-**Toluimidoylbromid** 9 2348
p-**Toluimidoylchlorid** 9 2348
—, Methyl- 9 2348
p-**Toluimidoyljodid** 9 2348
p-**Toluimidsäure,** Methyl-, chlorid 9 2348
—, *p*-Toluoyloxy-, äthylester 9 2351
p-**Toluimidsäure**-äthylester 9 2348
— bromid 9 2348
— chlorid 9 2348
— jodid 9 2348
m-**Tolunitril** 9 2324
o-**Tolunitril** 9 2307
p-**Tolunitril** 9 2348
o-**Tolunitrolsäure** 9 2308
Toluol, Acetamino-cinnamoylamino-
    9 2715
—, Acetoxy-benzoyloxy- 9 567
—, Acetoxy-dibenzoyloxy- 9 672
—, Äthoxy-[nitro-benzoyloxy]- 9 1505
—, Benzoyloxy-benzoyloxyimino- 9 1311
—, Benzoyloxy-[benzoyloxy-phenylsulfon]-
    9 565
—, Benzylidenamino-benzamino- 9 1098
—, Bis-[äthoxycarbonyl-
    cyclopentenylmercapto]- 10 53
—, Bis-benzamino- 9 1098
—, Bis-benzamino-methoxy- 9 1107, 1108
—, Bis-[benzyliden-thiobenzoyl-
    hydrazino]- 9 1987
—, Bis-[carboxy-cyclopentenylmercapto]-
    10 52
—, Bis-cinnamoylamino- 9 2715
—, Bis-[cyan-benzyloxy]- 10 470
—, Bis-[dinitro-benzoyloxy]- 9 1906
—, Bis-[nitro-benzoyloxy]- 9 1638
—, Bis-[nitro-methyl-benzamino]-
    9 2314, 2331, 2332, 2363
—, Bis-[phenyl-acetamino]-methoxy-
    9 2205, 2206
—, Brom-benzoyloxy- 9 423, 425, 427, 430
—, [Brom-benzoyloxy]-bis-
    methoxycarbonyloxy- 9 1412
—, Brom-dibenzoyloxy- 9 565
—, Brom-dimethoxy-[nitro-benzoyloxy]-
    9 1662
—, Brom-dinitro-benzoyloxy- 9 426, 427
—, Brom-jod-benzoyloxy- 9 424, 428
—, Brom-[nitro-benzoyloxy]- 9 1584
—, Chlor-benzoyloxy- 9 424, 427, 430
—, Chlor-benzoyloxyimino- 9 1279
—, Chlor-bis-benzamino- 9 1099
—, Chlor-bis-benzamino-dimethoxy-
    9 1109

Toluol, Chlor-bis-cinnamoylamino-
9 2715
—, Chlor-bis-diäthylthiocarbamoyl꞊
mercapto- 9 1999
—, Chlor-bis-[phenyl-acetamino]-
hydroxy- 9 2205
—, Chlor-dibrom-nitro-benzoyloxy-
9 424
—, Chlor-[dichlor-methyl-phenoxy]-
benzoyloxy- 9 566
—, Chlor-dinitro-benzoyloxy- 9 426
—, Chlor-methoxy-benzoyloxy- 9 566
—, Chlor-[nitro-benzoyloxy]- 9 1497,
1583, 1585
—, Chlor-nitro-hydroxyimino- 9 1341,
1350, 1367
—, Chlor-nitroso-methoxy- 10 354
—, Chlor-phenylacetoxy- 9 2182
—, Diacetoxy-[dinitro-benzoyloxy]-
9 1776
—, Diacetoxy-[nitro-benzoyloxy]-
9 1661
—, Dibenzoylmercapto- 9 1971
—, Dibenzoyloxy- 9 564, 565, 566, 568
—, Dibenzoylseleno- 9 2000
—, Dibrom-benzoyloxy- 9 426, 428
—, Dibrom-hydroxy-[hydroxy-benzoyloxy]-
10 316
—, Dibrom-hydroxy-[nitro-benzoyloxy]-
9 1639
—, Dibrom-hydroxy-salicyloyloxy- 10 142
—, Dibrom-methoxy-benzoyloxy- 9 566
—, Dibrom-[nitro-benzoyloxy]- 9 1497,
1584, 1585
—, Dichlor-benzoyloxy- 9 425
—, Dichlor-bis-[phenyl-acetamino]-
hydroxy- 9 2206
—, Dinitro-benzoyloxy- 9 424, 426
—, Dinitro-benzoyloxyimino- 9 1523
—, Dinitro-hydroxyimino- 9 1481, 1523
—, Dioxo-azo- 9 1323
—, Fluor-benzoyloxy- 9 427
—, Hydroxy-methoxy-bis-[äthoxycarbonyl-
cyclopentenylmercapto]- 10 53
—, Methoxy-äthoxy-benzoyloxy- 9 672
—, Methoxy-benzoylmercapto- 9 1969
—, Methoxy-benzoyloxy- 9 564, 566
—, Methoxy-benzoyloxyimino- 9 1293, 1294
—, Methoxy-bis-[äthoxycarbonyl-
cyclopentenylmercapto]- 10 53
—, Methoxy-bis-[carboxy-
cyclopentenylmercapto]- 10 53
—, Methoxy-bis-[(methoxy-phenyl)-cyan-
methoxy]- 10 1477
—, Methoxy-[dinitro-benzoyloxy]-
9 1905
—, Methoxy-[nitro-benzoyloxy]- 9 1638
—, Methylmercapto-dimethylsulfon-
9 1999

Toluol, Nitro-benzoylmercapto- 9 1965
—, Nitro-benzoyloxy- 9 428, 430, 431
—, [Nitro-benzoyloxy]-bis-
methoxycarbonyloxy- 9 1661, 1662
—, Nitro-benzoyloxyimino- 9 1280
—, Nitro-bis-benzamino- 9 1099
—, Nitro-bis-[nitro-methyl-benzamino]-
9 2314
—, Nitro-bis-[phenyl-acetamino]-
9 2202
—, Nitro-hydroxyimino- 9 1312
—, Nitro-methoxy-hydroxyimino- 10 161
—, Nitro-[nitro-benzoyloxy]- 9 1584
—, p-Tolylsulfon-oxo- 9 1965
—, Triäthylmercapto- 9 1999
—, Tribenzoyloxy- 9 672
—, Tribrom-benzoyloxy- 9 426, 428
—, Tribrom-[nitro-benzoyloxy]-
9 1497, 1585
—, Trichlor-benzoyloxy- 9 425
—, Trifluor-bis-[nitro-benzoyloxy]-
9 1638, 1639
—, Trifluor-methoxy-bis-[nitro-benzoyl]-
9 1661
—, Trifluor-methoxy-[nitro-benzoyloxy]-
9 1638
—, Trimethylsulfon- 9 1999
Toluol-phosphonsäure, Oxo-,
diäthylester 9 1055
—, Oxo-, dimethylester 9 1055
Toluol-sulfensäure, Imino- 9 1979
Toluol-sulfinsäure, [Nitro-carboxy-
phenoxy]- 10 238
Toluol-sulfonsäure, Hydroxy-
dimethoxyphosphinyl- 9 1056
p-**Toluoylazid** 9 2354
p-**Toluoylazid**-azin 9 2354
m-**Toluoylbromid** 9 2322
o-**Toluoylbromid** 9 2304
p-**Toluoylbromid** 9 2343
m-**Toluoylchlorid** 9 2321
o-**Toluoylchlorid** 9 2304
p-**Toluoylchlorid** 9 2342
p-**Toluoylchlorid**-azin 9 2353
p-**Toluoylcyanamid** 9 2346
m-**Toluoylfluorid** 9 2321
o-**Toluoylfluorid** 9 2303
p-**Toluoylfluorid** 9 2342
m-**Toluoylhypojodit** 9 2321
Tolusäure s. *Toluylsäure*
o-**Toluylaldehyd**-[methyl-(thio-*o*-
toluoyl)-hydrazon] 9 2317
p-**Toluylaldehyd**-[benzoyl-oxim]
9 1280
— [nitro-benzoylhydrazon] 9 1530
Toluylsäure s. a. *Benzoesäure, Methyl-*
—, Hydroxy- s. *Benzoesäure,*
Hydroxymethyl-
—, Phenyl- s. *Benzoesäure, Benzyl-*

Toluylsäure-amid s. *Toluamid*
— bromid s. *Toluoylbromid*
— chlorid s. *Toluoylchlorid*
— fluorid s. *Toluoylfluorid*
— nitril s. *Toluunitril*
m-Toluylsäure 9 2318
m-Toluylsäure-äthylester 9 2320
— anhydrid 9 2321
— benzylester 9 2321
— hydrazid 9 2326
— hydroxyamid 9 2325
— methylester 9 2320
— [methyl-heptylester] 9 2321
— phenylester 9 2321
— [phenyl-phenacylester] 9 2321
o-Toluylsäure 9 2298
o-Toluylsäure-äthylester 9 2301
— allylester 9 2302
— anhydrid 9 2303
— benzylester 9 2302
— [brom-benzylester] 9 2302
— cholestanylester 9 2302
— cholesterylester 9 2303
— isopropylester 9 2301
— [methyl-butylester] 9 2301
— methylester 9 2301
— [methyl-heptylester] 9 2302
— [phenyl-phenacylester] 9 2303
p-Toluylsäure 9 2334
p-Toluylsäure-[äthylamino-äthylester]
   9 2342
— äthylester 9 2337
— anhydrid 9 2341
— azid 9 2354
— benzylester 9 2338
— benzylidenhydrazid 9 2353
— [brom-benzylester] 9 2338
— [butylamino-äthylester] 9 2342
— cholestanylester 9 2338
— cholesterylester 9 2339
— hydrazid 9 2352
— [isobutylamino-äthylester] 9 2342
— methylester 9 2337
— [methyl-heptylester] 9 2337
— phenylester 9 2338
— [phenyl-phenacylester] 9 2340
— propylester 9 2337
o-Toluylsäure-[thio-*o*-toluylsäure]-
   anhydrid 9 2317
p-Toluylsäure-[thio-*p*-toluylsäure]-
   anhydrid 9 2378
p-Toluylsäure-*p*-tolylester 9 2338
— triphenylmethylester 9 2339
— tritylester 9 2339
m-Tolylbenzoat 9 424
o-Tolylbenzoat 9 423
p-Tolylbenzoat 9 427
m-Tolylcinnamat 9 2691
o-Tolylcinnamat 9 2691

p-Tolylcinnamat 9 2691
Tolylsäure s. *Toluylsäure*
m-Tolylsalicylat 10 131
o-Tolylsalicylat 10 131
p-Tolylsalicylat 10 132
Tomentosolsäure 10 1142
—, Acetyl- 10 1143
—, Acetyl-, methylester 10 1143
Tomentosolsäure-methylester 10 1143
Torularhodin 9 3662
Torularhodin-methylester 9 3662
Totarol, [Carboxy-benzoyl]- 9 4170
Toxisterol₂-A, [Dinitro-benzoyl]-
   6 3102
Trasentin 9 3297
Traubensäure, Dibenzoyl- 9 870
Triäthylentetramin, [Hydroxy-naphthoyl]-
   10 1090
—, Tetrabenzoyl- 9 1212
[1.3.5]Triazin, Trinaphthyl- 9 3146
Tribenzamid 9 1114
α-Tribenzhydroxylamin 9 1311
β-Tribenzhydroxylamin 9 1306
γ-Tribenzhydroxylamin 9 1306, 1311 Anm.
Tribenzoin 9 666
Tricosen, Bis-[(dinitro-benzoyloxy)-
   phenyl]- 9 1916
Tricyclensäure 9 315
Tricyclo[4.2.2.0²·⁵]decadien-
   carbonsäure 9 2807
Tricyclo[4.2.2.0²·⁵]decadien-
   carbonsäure-methylester 9 2807
Tricyclo[4.2.2.0²·⁵]decadien-
   dicarbonsäure 9 4400
—, Diacetoxy-, dimethylester
   10 2474
—, Dibrom- 9 4403
—, Dibrom-, dimethylester 9 4403
—, Dichlor-, dimethylester 9 4402
Tricyclo[4.2.2.0²·⁵]decadien-
   dicarbonsäure-diäthylester 9 4402
— dibutylester
   9 4402
— diisobutylester 9 4402
— diisopentylester 9 4402
— dimethylester 9 4401
Tricyclo[3.3.1.1³·⁷]decan
   s. *Adamantan*
Tricyclo[4.2.2.0²·⁵]decan-carbonsäure
   9 327
Tricyclo[4.2.2.0²·⁵]decan-dicarbonsäure
   9 4064
—, Diacetoxy-, dimethylester 10 2420
—, Dibrom-, dimethylester 9 4066
Tricyclo[4.2.2.0²·⁵]decan-
   dicarbonsäure-diäthylester 9 4065
— dibutylester 9 4065
— dimethylester 9 4065
— methylester 9 4065

Tricyclo[4.2.2.0²·⁵]decatrien-
  dicarbonsäure 9 4441
Tricyclo[4.2.2.0²·⁵]decen-
  dicarbonsäure 9 4239
—, Dichlor-, dimethylester 9 4330
Tricyclo[4.2.2.0²·⁵]decen-
  dicarbonsäure-diäthylester 9 4329
— dibutylester 9 4330
— dimethylester 9 4329
Tricycloekasantalsäure 9 336
Tricycloekasantalsäure-methylester 9 337
Tricyclo[2.2.1.0²·⁶]heptan, [Dinitro-
  benzoyloxy]-trimethyl- 9 1842
Tricyclo[2.2.1.0²·⁶]heptan-carbonsäure,
—, Dimethyl- 9 315
—, Oxo-dimethyl- 10 2955
—, Semicarbazono-dimethyl- 10 2955
—, Trimethyl- 9 327
Tricyclol, [Nitro-benzoyl]- 9 1580
Tricyclo[3.2.2.0²·⁴]nonen-
  dicarbonsäure 9 4312
Tricyclo[3.2.1.0²·⁷]octan-dicarbonsäure,
  · Hydroxy- 10 2133
—, Hydroxy-, diäthylester 10 2133
Tricyclopentadien, [Nitro-benzoyloxy]-
  tetrahydro- 9 1606
Tridecahexaensäure, Phenyl- 9 3528
Tridecan, Benzamino-trimethyl- 9 1077
—, Bis-benzamino- 9 1224
—, [Brom-cinnamoyloxy]-cyclopentenyl-
  9 2732
—, Cinnamoylmercapto-cyclopentenyl-
  9 2750
—, Cinnamoyloxyacetoxy-cyclopentenyl-
  9 2704
—, [Cinnamoyloxy-isobutyryloxy]-
  cyclopentenyl- 9 2705
—, [Cinnamoyloxy-octadecenoyloxy]-
  cyclopentenyl- 9 2706
—, [Cinnamoyloxy-propionyloxy]-
  cyclopentenyl- 9 2705
—, Salicyloyloxy-cyclopentenyl- 10 127
Tridecanamid, Cyclopentenyl- 9 291
—, Cyclopentyl-phenäthyl- 9 2920
—, Dimethyl-cyclopentenyl- 9 294
—, Jod-cyclopentyl- 9 136
Tridecanamidoxim, Cyclopentyl- 9 135
Tridecandisäure, Cyclopentenyl- 9 4037
—, Phenyl- 9 4364
Tridecandiyldiamin, Dibenzoyl- 9 1224
Tridecannitril, Cyclopentenyl- 9 291
—, Cyclopentyl- 9 135
Tridecanoylchlorid, Cyclopentenyl-
  9 290
—, Cyclopentyl- 9 135
Tridecansäure, Allyl-cyclopentenyl-
  9 357
—, Benzamino- 9 1166
—, Brom-cyclopentyl- 9 135

Tridecansäure, Brom-cyclopentyl-,
  äthylester 9 136
—, Cyclobutylmethyl- 9 137
—, Cyclohexyl- 9 137
—, Cyclopentenyl- 9 284
—, Cyclopentenyl-, äthylester 9 285
—, Cyclopentenyl-, amid 9 291
—, Cyclopentenyl-, [brom-äthylester]
  9 286
—, Cyclopentenyl-, [brom-phenylester]
  9 288
—, Cyclopentenyl-, butenylester 9 286
—, Cyclopentenyl-, chlorid 9 290
—, Cyclopentenyl-, [chlor-phenylester]
  9 287
—, Cyclopentenyl-, cholestenylester
  9 288
—, Cyclopentenyl-, cinnamylester
  9 288
—, Cyclopentenyl-, [cyclopentenyl-
  äthylester] 9 286
—, Cyclopentenyl-, [cyclopentenyl-
  tridecylester] 9 287
—, Cyclopentenyl-, [cyclopentenyl-
  undecylester] 9 287
—, Cyclopentenyl-, [dimethyl-
  octadienylester] 9 286
—, Cyclopentenyl-, [dimethyl-
  octenylester] 9 286
—, Cyclopentenyl-, [dimethyl-vinyl-
  hexenylester] 9 287
—, Cyclopentenyl-, geranylester 9 286
—, Cyclopentenyl-, [hydroxy-
  phosphonooxy-propylester] 9 290
—, Cyclopentenyl-, linalylester 9 287
—, Cyclopentenyl-, methylester 9 285
—, Cyclopentenyl-, naphthylester
  9 288, 289
—, Cyclopentenyl-, nitril 9 291
—, Cyclopentenyl-, octadecenylester
  9 286
—, Cyclopentenyl-, [9.10-seco-
  ergostatetraenylester] 9 289
—, Cyclopentenyl-, [tribrom-
  phenylester] 9 288
—, Cyclopentenyl-benzyl- 9 3127
—, Cyclopentenyl-benzyl-, methylester
  9 3127
—, Cyclopentenyl-cyclohexenyl-
  9 2655
—, Cyclopentyl- 9 134, 136
—, Cyclopentyl-, äthylester 9 134
—, Cyclopentyl-, benzylester 9 134
—, Cyclopentyl-, chlorid 9 135
—, Cyclopentyl-, cholesterylester
  9 135
—, Cyclopentyl-, nitril 9 135
—, Cyclopentyl-, octadecenylester
  9 134

Tridecansäure, Cyclopentyl-cyan-
9 3933
—, Cyclopentyl-cyclohexyl- 9 296
—, Cyclopentyl-phenäthyl- 9 2921
—, Cyclopentyl-phenäthyl-, amid
9 2922
—, Cyclopropylmethyl- 9 132
—, Dicyclopentenyl- 9 2652
—, Dicyclopentyl- 9 296
—, Dicyclopentyl-dithio-di- 10 51
—, Dihydroxy-[dihydroxy-cyclopentyl]-
10 2410
—, Dimethyl-cyclopentenyl-, amid
9 294
—, Heptyl-cyclopentenyl- 9 296
—, Hydroxy-cyclopentyl- 10 50
—, [(Hydroxy-methyl-phenyl)-
cyclopentyl]- 10 976
—, [(Hydroxy-methyl-phenyl)-
cyclopentyl]-, methylester 10 976
—, [(Hydroxy-phenyl)-cyclopentyl]-
10 960
—, [(Hydroxy-phenyl)-cyclopentyl]-,
methylester 10 960
—, Jod-cyclopentyl- 9 136
—, Jod-cyclopentyl-, amid 9 136
—, Mercapto-cyclopentyl- 10 51
—, Methyl-cyclopentenyl- 9 293
—, Methyl-cyclopentyl- 9 137
—, [Oxo-äthoxycarbonyl-cyclopentyl]-,
äthylester 10 3925
—, [Oxo-cyclopentenyl]- 10 2954
—, [Oxo-cyclopentyl]- 10 2897
—, [Semicarbazono-cyclopentenyl]-
10 2954
—, [Semicarbazono-cyclopentyl]- 10 2897
—, [p-Tolyloxy-cyclopentyl]- 10 50
—, [p-Tolyloxy-cyclopentyl]-,
methylester 10 50
—, [Trimethoxy-benzoyl]-, äthylester
10 4731
Tridecanthiosäure, Cyclopentenyl-,
cholestenylester 9 291
Tridecenamid, Cyclopentyl- 9 292
Tridecensäure, Cyclopentenyl- 9 349
—, Cyclopentenyl-, äthylester 9 350
—, Cyclopentenyl-, methylester 9 349
—, Cyclopentyl- 9 292
—, Cyclopentyl-, amid 9 292
Tridecylsäure s. Tridecansäure
Triglycin, Benzoyl- 9 1130
—, [Brom-phenyl-propionyl]- 9 2403
—, [Dinitro-benzoyl]- 9 1938
—, [Nitro-benzoyl]- 9 1727
Trimellithsäure 9 4792; s. a.
Benzol-tricarbonsäure
Trimellithsäure-triäthylester 9 4793
Trimesinsäure 9 4793
—, Hexahydro- 9 4749

Trimesinsäure-triäthylester 9 4794
— triamid 9 4794
— trichlorid 9 4794
— trimethylester 9 4794
— trinitril 9 4794
— tris-[triäthylammonio-äthylester]
9 4794
Trimethylendiamin s. Propandiyldiamin
Trinaphthylen, Hexakis-[chlor-
benzoyloxy]- 9 1336
19.23.24-Trinor-cholatriensäure,
Acetoxy- 10 1140
—, Acetoxy-, methylester 10 1141
—, Hydroxy- 10 1140
—, Hydroxy-, methylester 10 1140
A.19.24-Trinor-cholen-carbonsäure,
Trihydroxy-dioxo-tetramethyl-
10 4809
25.26.27-Trinor-cycloartansäure,
Hydroxyimino- 10 3224
—, Oxo- 10 3224
—, Semicarbazono- 10 3224
25.26.27-Trinor-euphensäure, Hydroxy-
dioxo- 10 4642
—, Hydroxy-dioxo-, methylester 10 4643
—, Trioxo- 10 3999
—, Trioxo-, methylester 10 4000
14.15.16-Trinor-labdansäure 9 282
—, Hydroxy-, hydrazid 10 78
14.15.16-Trinor-labdensäure 9 348
14.15.16-Trinor-labdensäure-
methylester 9 348
25.26.27-Trinor-lanostendisäure, Oxo-,
dimethylester 10 3995
—, Oxo-, methylester 10 3995
25.26.27-Trinor-lanostensäure, Acetoxy-
10 979
—, Acetoxy-, methylester 10 979
—, Benzoyloxy-dioxo- 10 4642
—, Benzoyloxy-dioxo-, methylester
10 4643
—, Hydroxy- 10 978
—, Hydroxy-, methylester 10 979
—, Hydroxy-dioxo- 10 4642
—, Hydroxy-dioxo-, methylester 10 4643
—, Trioxo- 10 3999
—, Trioxo-, methylester 10 4000
A.23.24-Trinor-oleanensäure,
Isopropyliden- 9 3265
—, Isopropyliden-, methylester 9 3266
25.26.27-Trinor-tirucallendisäure,
Oxo-, dimethylester 10 3995
—, Oxo-, methylester 10 3995
A.23.24-Trinor-ursadiensäure,
Isopropyl-, methylester 9 3266
A.23.24-Trinor-ursendisäure,
Isopropyliden-, dimethylester
9 4493
—, Oxo-, dimethylester 10 4000

A.23.24-Trinor-ursensäure, Isopropyl-
  9 3135
—, Isopropyl-, methylester **9** 3135
—, Isopropyliden- **9** 3266
—, Isopropyliden-, methylester **9** 3267
p-**Triorsellinsäure 10** 1496
Trioseredukton, Bis-[nitro-benzoyl]-
  9 1678
Triphenylen-carbamid 9 3624
Triphenylen-carbonsäure 9 3623
—, Hydroxy- **10** 1334
—, Triphenyl- **9** 3698
Triphenylen-carbonsäure-amid 9 3624
— methylester **9** 3623
Triphenylen-dicarbonsäure, Diphenyl-
  9 4741
—, Tetrahydro- **9** 4679
3.5:5.6:11.12-Triseco-A.B-dinor-
  cholanhexasäure 9 4911
3.5:5.6:11.12-Triseco-A-nor-
  cholanhexasäure 9 4912
Tris-nor-α-tritelemenoldisäure,
  Acetyl-, dimethylester **10** 2279
Trisulfid, Bis-[acetoxy-carboxy-phenyl]-
  10 1392
—, Bis-[äthoxycarbonyl-phenyl]-
  10 227, 272, 398
—, Bis-[carboxy-phenyl]- **10** 225, 271, 393
—, Bis-[hydroxy-äthoxycarbonyl-phenyl]-
  10 1394
—, Bis-[hydroxy-carboxy-phenyl]-
  10 1392
Trithioantimonigsäure-[carboxy-
  phenylester]-äthylenester **10** 271
— tris-[methoxycarbonyl-phenylester]
  10 227
Trithioarsenigsäure-tris-[carboxy-
  phenylester] **10** 226
Trithiodiäthylenglykol, Bis-[dinitro-
  benzoyl]- **9** 1996
—, Bis-[nitro-benzoyl]- **9** 1993
—, Dibenzoyl- **9** 1968
Trithioorthobenzoesäure-triäthylester
  9 1999
Tritylbenzoat 9 525
Tropasäure 10 564
Tropasäure-äthylamid **10** 569
— allylamid **10** 569
— amid **10** 569
— diäthylamid **10** 569
— [diäthylamino-äthylamid] **10** 569
— [diäthylamino-äthylester] **10** 565
— [diäthylamino-dimethyl-propylester]
  10 567
— dibutylamid **10** 569
— dimethylamid **10** 569
— [dimethylamino-dimethyl-propylester]
  10 567
— methylester **10** 565

Truxillsäure 9 4625
α-**Truxillsäure 9** 4625
—, Dinitro- **9** 4631, 4632
—, Dodecahydro-, diäthylester **9** 4081
α-**Truxillsäure-**äthylester **9** 4627
— dimethylester **9** 4627
— dinitril **9** 4631
— methylester **9** 4626
γ-**Truxillsäure,** Dinitro- **9** 4631
—, Dinitro-, diäthylester **9** 4632
—, Dinitro-, dimethylester **9** 4632
γ-**Truxillsäure-**äthylester **9** 4627
— äthylester-amid **9** 4630
— butylester **9** 4628
— butylester-amid **9** 4630
— diäthylester **9** 4627
— dibutylester **9** 4628
— dimethylester **9** 4626
— dinitril **9** 4630
— methylester **9** 4625
— methylester-amid **9** 4629
— methylester-chlorid **9** 4628
— propylester **9** 4628
— propylester-amid **9** 4630
ε-**Truxillsäure-**dinitril **9** 4631
— methylester **9** 4626
Truxinsäure 9 4620
β-**Truxinsäure 9** 4620
β-**Truxinsäure-**äthylester **9** 4622
— amid **9** 4624
δ-**Truxinsäure 9** 4620
—, Dinitro- **9** 4620
δ-**Truxinsäure-**diamid **9** 4625
— methylester **9** 4621
μ-**Truxinsäure 9** 4620
μ-**Truxinsäure-**chlorid **9** 4623
— dimethylester **9** 4622
— methylester **9** 4621
ζ-**Truxinsäure 9** 4620
ζ-**Truxinsäure-**äthylester **9** 4622
— methylester **9** 4622
ω-**Truxinsäure 9** 4620
ω-**Truxinsäure-**chlorid **9** 4623
— dimethylester **9** 4622
α-**Truxonsäure 10** 3409
α-**Truxonsäure-**methylester **10** 3411
γ-**Truxonsäure 10** 3410
γ-**Truxonsäure-**amid **10** 3411
— methylester **10** 3411
— oxim **10** 3410
— semicarbazon **10** 3411
Tubasäure, Tetrahydro- **10** 1582
Tumulosäure 10 1929

U

Umbellularsäure 9 3830
Umbellularsäure-äthylester **9** 3832
— bis-[phenyl-phenacylester] **9** 3832

Umbellulonsäure 10 2851
Umbellulonsäure-äthylester 10 2851
— oxim 10 2851
— semicarbazon 10 2851
Umbilicarinsäure 10 1489
—, Bis-äthoxycarbonyl- 10 1494
Umbilicarinsäure-methylester 10 1489
Umbilicarsäure 10 1497
—, Triacetyl- 10 1498
—, Triacetyl-, methylester 10 1498
—, Tris-äthoxycarbonyl- 10 1499
Undecan, Benzamino- 9 1076
—, Bis-[benzoyloxy-phenyl]- 9 633
—, Cinnamoyloxyacetoxy-cyclopentenyl-
   9 2704
—, Cyclopentylacetoxy-cyclopentenyl-
   9 41
—, [Methoxy-cinnamoyloxy]-
   cyclopentenyl- 10 851
—, [Methyl-benzoyl-amino]-methyl-
   9 1076
—, [Nitro-benzoyloxy]-methyl-
   [dimethylamino-methyl]- 9 1513
Undecanamid, Cyclopentenyl- 9 278
—, [Hydroxy-äthyl]-phenyl- 9 2627
—, Phenyl- 9 2626
Undecannitril, Benzamino- 9 1166
—, Cyclopentenyl- 9 278
—, Cyclopentyl- 9 130
—, [Hydroxy-dioxo-dihydro-naphthyl]-
   10 4663
—, p-Tolyl- 9 2632
—, [Triacetoxy-naphthyl]- 10 2306
Undecanon, [Dibenzoyloxy-phenyl]- 9 790
Undecanoylchlorid, Cyclopentyl- 9 129
Undecansäure, [Äthyl-cyclopentenyl]-
   9 292
—, Benzamino- 9 1166
—, Benzamino-, nitril 9 1166
—, Brom-cyclopentyl- 9 130
—, Brom-cyclopentyl-, äthylester 9 130
—, [Brom-phenyl]-, äthylester 9 2626
—, [Carboxy-cyclopentenyl]- 9 4036
—, [Cyanmethyl-phenyl]- 9 4365
—, Cyclobutylmethyl- 9 130
—, Cyclohexyl- 9 130
—, Cyclohexyl-, äthylester 9 131
—, Cyclohexyl-, benzylester 9 131
—, Cyclopentenyl- 9 275
—, Cyclopentenyl-, äthylester 9 276
—, Cyclopentenyl-, amid 9 278
—, Cyclopentenyl-, cholestenylester
   9 276
—, Cyclopentenyl-, [diäthylamino-
   äthylester] 9 278
—, Cyclopentenyl-, [dihydroxy-
   propylester] 9 277
—, Cyclopentenyl-, [hydroxy-äthylester]
   9 277

Undecansäure, Cyclopentenyl-, [hydroxy-
   phosphonooxy-propylester] 9 278
—, Cyclopentenyl-, methylester 9 276
—, Cyclopentenyl-, nitril 9 278
—, Cyclopentyl- 9 129, 130
—, Cyclopentyl-, äthylester 9 129
—, Cyclopentyl-, chlorid 9 129
—, Cyclopentyl-, nitril 9 130
—, Cyclopropylmethyl- 9 128
—, Dimethyl-[trimethyl-cyclohexyl]-
   9 139
—, [Hydroxy-äthoxycarbonyl-
   cyclopentenyl]-, äthylester
   10 3924
—, Hydroxy-cyclopentyl- 10 50
—, [Hydroxy-dioxo-dihydro-naphthyl]-,
   nitril 10 4663
—, [Hydroxy-methyl-phenyl]- 10 661
—, [Hydroxy-phenyl]- 10 660
—, [Jod-phenyl]-, äthylester 9 2627
—, [Methoxy-phenyl]- 10 660
—, [Methoxy-phenyl]-, äthylester 10 660
—, [(Methoxy-phenyl)-cyclopentyl]-
   10 949
—, [Oxo-äthoxycarbonyl-cyclopentyl]-,
   äthylester 10 3924
—, Oxo-cyclopentenyl- 10 2952
—, [Oxo-cyclopentenyl]- 10 2952
—, [Oxo-cyclopentyl]- 10 2895
—, [Oxo-cyclopentyl]-, äthylester
   10 2895
—, Phenyl- 9 2626, 2627
—, Phenyl-, äthylester 9 2626, 2627
—, Phenyl-, amid 9 2626
—, Phenyl-, [brom-phenacylester]
   9 2627
—, Phenyl-, [hydroxy-äthylamid]
   9 2627
—, [Phenyl-cyclopentyl]- 9 2915
—, [Semicarbazono-äthoxycarbonyl-
   cyclopentyl]-, äthylester 10 3924
—, Semicarbazono-cyclopentenyl- 10 2952
—, [Semicarbazono-cyclopentenyl]-
   10 2952
—, [Semicarbazono-cyclopentyl]- 10 2895
—, p-Tolyl- 9 2631, 2632
—, p-Tolyl-, äthylester 9 2631, 2632
—, p-Tolyl-, nitril 9 2632
—, [Triacetoxy-naphthyl]-, nitril
   10 2306
—, [Trimethoxy-benzoyl]-, äthylester
   10 4731
Undecanthioamid, Benzamino- 9 1166
Undecanthiosäure, Benzamino-, amid
   9 1166
—, Cyclopentenyl-, cholestenylester
   9 279
Undecan-tricarbonsäure, Cyclopentenyl-,
   triäthylester 9 4779

Undecatetraen-carbonsäure,
Dioxo-diphenyl-, äthylester
10 3673
Undecenamid, Cyclopentyl- 9 279
Undecensäure, Cyclopentyl- 9 279
—, Cyclopentyl-, amid 9 279
Undecylsäure s. *Undecansäure*
Ungulinsäure 10 1928
Urethan, Benzoyl- 9 1114
—, Phenylacetyl- 9 2207
Ursadien, Benzoyloxy- 9 500, 501
—, Bis-[brom-benzoyloxy]- 9 1408
—, Brom-benzoyloxy- 9 500
—, Dibenzoyloxy- 9 618
Ursadiensäure 9 3265
—, Acetoxy- 10 1143, 1144, 1146
—, Acetoxy-, methylester 10 1143,
1144, 1146
—, Benzoyloxy-, methylester 10 1145
—, Hydroxy- 10 1142, 1144, 1145, 1146
—, Hydroxy-, methylester 10 1143, 1146
—, Hydroxyimino- 10 3289
—, Hydroxyimino-, methylester 10 3289
—, Oxo- 10 3288
—, Oxo-, methylester 10 3289
Ursadiensäure-methylester 9 3265
Ursanon, Benzoyloxy- 9 749
—, Brom-benzoyloxy- 9 750
Ursansäure, Acetoxy-oxo- 10 4372
—, Acetoxy-oxo-, methylester 10 4373
—, Dihydroxy-diacetoxy-, lacton 10 2280
Ursen, Benzoyloxy- 9 486, 487
—, Bis-[brom-benzoyloxy]- 9 1407
—, Brom-benzoyloxy- 9 487
—, Dibenzoyloxy- 9 608
—, [Dinitro-benzoyloxy]- 9 1877
—, [Methoxy-benzoyloxy]- 10 313
—, [Nitro-benzoyloxy]- 9 1501, 1611
Ursendisäure 9 4461
—, Acetoxy- 10 2308
—. Acetoxy-, dichlorid 10 2309
—, Acetoxy-, dimethylester 10 2308
—, Acetoxy-oxo-, dimethylester 10 4763
—, Benzoyloxy-, chlorid 10 2309
—, Benzoyloxy-, dichlorid 10 2310
—, Benzoyloxy-, dimethylester 10 2308
—, Benzoyloxy-, methylester 10 2308
—, Hydroxy- 10 2307
—, Hydroxy-, dimethylester 10 2308
—, Oxo-, dimethylester 10 4002
—, Semicarbazono-, dimethylester
10 4002
Ursendiyldibenzoat 9 608
Ursenon, Benzoyloxy- 9 753
Ursenoylchlorid, Acetoxy- 10 1044, 1047
Ursensäure 9 3131, 3135
—, Acetoxy- 10 1040, 1044, 1046
—, Acetoxy-, äthylester 10 1042
—, Acetoxy-, butylester 10 1043

Ursensäure, Acetoxy-, chlorid 10 1044, 1047
—, Acetoxy-, heptylester 10 1043
—, Acetoxy-, hexylester 10 1043
—, Acetoxy-, methylester 10 1041,
1044, 1047
—, Acetoxy-, octylester 10 1043
—, Acetoxy-, pentylester 10 1043
—, Acetoxy-, phenylester 10 1043
—, Acetoxy-, propylester 10 1042
—, Acetoxy-oxo- 10 4390
—, Acetoxy-oxo-, äthylester 10 4390
—, Acetoxy-oxo-, methylester 10 4390, 4391
—, Benzoyloxy-, methylester 10 1042
—, [Carboxy-benzoyloxy]- 10 1040
—, [Carboxy-benzoyloxy]-, methylester
10 1042
—, Diacetoxy-oxo- 10 4648
—, Diacetoxy-oxo-, methylester 10 4648
—, Dihydro-methoxy-, methylester
10 2283
—, Dioxo-, methylester 10 3614, 3615
—, Formyloxy- 10 1040, 1046
—, Hydroxy- 10 1038, 1044
—, Hydroxy-, methylester 10 1041,
1044, 1046
—, Hydroxy-, phenacylester 10 1044
—, Hydroxy-benzoyloxy-, methylester
10 1915
—, Hydroxy-diacetoxy- 10 2282
—, Hydroxy-diacetoxy-, methylester
10 2281
—, Hydroxyimino- 10 3258
—, Hydroxyimino-, methylester 10 3258,
3259
—, Hydroxy-oxo- 10 4389
—, Hydroxy-oxo-, methylester 10 4390,
4391
—, Jod-benzoyloxy-, methylester 10 1044
—, Oxo- 10 3257
—, Oxo-, methylester 10 3258
—, Oxo-hydroxyimino-, methylester
10 3614
—, Oxo-semicarbazono-, methylester
10 3615
—, Semicarbazono- 10 3258
—, Triacetoxy- 10 2282
—, Triacetoxy-, methylester 10 2283
—, Trihydroxy- 10 2280, 2281
—, Trihydroxy-, methylester 10 2281, 2282
Ursensäure-methylester 9 3131, 3132, 3135
— nitril 9 3131
Ursocholadiensäure 9 3125
Ursocholansäure 9 2656
Ursocholoidansäure 9 4906
Ursodesoxybiliansäure 10 4125
Ursodesoxycholsäure 10 1635
Ursolsäure 10 1038
—, Acetyl- 10 1040
—, Acetyl-, äthylester 10 1042

Ursolsäure, Acetyl-, butylester **10** 1043
—, Acetyl-, chlorid **10** 1044
—, Acetyl-, heptylester **10** 1043
—, Acetyl-, hexylester **10** 1043
—, Acetyl-, methylester **10** 1041
—, Acetyl-, octylester **10** 1043
—, Acetyl-, pentylester **10** 1043
—, Acetyl-, phenylester **10** 1043
—, Acetyl-, propylester **10** 1042
—, Benzoyl-, methylester **10** 1042
—, Diacetyl- **10** 1044
—, Formyl- **10** 1040
—, Keto- **10** 4389
—, Keto-, methylester **10** 1042
—, Keto-acetyl- **10** 1040
—, Keto-acetyl-, methylester **10** 1042
Ursolsäure-methylester **10** 1041
— phenacylester **10** 1044
α-Ursolsäure 10 1038
Urson 10 1038
Ursonsäure 10 3257
—, Keto-, methylester **10** 1042
Ursonsäure-methylester **10** 3258
— methylester-oxim **10** 3258
— oxim **10** 3258
— semicarbazon **10** 3258
Ursylensäure 9 3266
Ursylensäure-methylester **9** 3267
Ustilaginoidin 10 4834
Uvitinsäure 9 4274

V

Valeraldehyd, Bis-benzamino-dihydroxy-
9 1226
—, Bis-benzamino-trihydroxy- **9** 1227
—, Bis-[dinitro-benzoyloxy]- **9** 1930
—, Methyl-, [dinitro-methyl-
benzoylhydrazon] **9** 2372
—, Methyl-, [jod-benzoylhydrazon]
9 1440, 1448
Valeraldehyd-[brom-benzoylhydrazon]
9 1389, 1400, 1422
— [chlor-benzoylhydrazon] **9** 1351
— [dinitro-benzoylhydrazon] **9** 1946
— [dinitro-methyl-benzoylhydrazon]
9 2372
— [jod-benzoylhydrazon] **9** 1447
— naphthoylhydrazon **9** 3188
— [nitro-benzoylhydrazon] **9** 1482,
1525, 1752
Valeramid, Äthyl-cyclopropyl- **9** 101
—, Äthyl-phenyl- **9** 2570
—, Benzamino-methyl- **9** 1159
—, Cyclohexyl- **9** 103
—, Cyclopentyl- **9** 94
—, [Cyclopentyl-phenyl]- **9** 2894
—, Dimethyl-phenyl- **9** 2575
—, [Dimethyl-phenyl]- **9** 2585

Valeramid, Diphenyl- **9** 3379
—, Dodecyl-phenyl- **9** 2503
—, [Hydroxy-dioxo-dihydro-naphthyl]-
10 4657
—, Hydroxy-methyl-phenyl- **10** 639
—, Hydroxy-oxo-diphenyl- **10** 4453
—, Hydroxy-oxo-triphenyl- **10** 4494
—, Hydroxy-phenyl- **10** 619
—, Indanyl- **9** 2877
—, Mesityl- **9** 2606
—, [Methoxy-methyl-phenyl]- **10** 641
—, [Methoxy-phenyl]- **10** 618
—, [Methylmercapto-phenyl]- **10** 617
—, Methyl-phenyl- **9** 2545
—, Oxo-bis-[dimethoxy-phenyl]- **10** 4822
—, Oxo-diphenyl- **10** 3339
—, Oxo-diphenyl-cyan- **10** 4015
—, Oxo-methyl-bis-[brom-dimethoxy-
phenyl]- **10** 4824
—, Oxo-methyl-bis-[dimethoxy-phenyl]-
10 4823
—, Oxo-methyl-bis-[methoxy-äthoxy-
phenyl]- **10** 4823
—, Oxo-phenyl- **10** 3060, 3063
—, Oxo-phenyl-[dimethoxy-phenyl]- **10** 4680
—, Oxo-phenyl-p-tolyl-cyan- **10** 4017
—, Phenanthryl- **9** 3531
—, Phenyl- **9** 2503, 2507
—, [Tetrahydro-naphthyl]- **9** 2887
—, p-Tolyl- **9** 2551
—, [Trimethyl-phenyl]- **9** 2606
—, [2.4]Xylyl- **9** 2585
Valeriansäure, [Acetoxy-benzoyloxy-
dimethyl-hexadecahydro-cyclopenta[a]-
phenanthrenyl]-, methylester **10** 1652
—, [Acetoxy-dimethyl-dodecahydro-
cyclopenta[a]phenanthrenyl]-,
methylester **10** 1031
—, [Acetoxy-dimethyl-hexadecahydro-
cyclopenta[a]phenanthrenyl]-
10 690, 697
—, [Acetoxy-dimethyl-hexadecahydro-
cyclopenta[a]phenanthrenyl]-,
äthylester **10** 692
—, [Acetoxy-dimethyl-hexadecahydro-
cyclopenta[a]phenanthrenyl]-,
methylester **10** 691
—, [Acetoxy-dimethyl-tetradecahydro-
cyclopenta[a]phenanthrenyl]-
10 962, 969
—, [Acetoxy-dimethyl-tetradecahydro-
cyclopenta[a]phenanthrenyl]-,
äthylester **10** 964
—, [Acetoxy-dimethyl-tetradecahydro-
cyclopenta[a]phenanthrenyl]-,
amid **10** 966
—, [Acetoxy-dimethyl-tetradecahydro-
cyclopenta[a]phenanthrenyl]-,
chlorid **10** 965

Valeriansäure, [Acetoxy-dimethyl-tetradeca=
hydro-cyclopenta[a]phenanthrenyl]-,
diäthylamid **10** 966
—, [Acetoxy-dimethyl-tetradecahydro-
cyclopenta[a]phenanthrenyl]-,
methylester **10** 963, 970, 973
—, [Acetoxy-(dinitro-benzoyloxy)-oxo-
dimethyl-hexadecahydro-cyclopenta=
[a]phenanthrenyl]-, äthylester
10 4590
—, [Acetoxy-dioxo-dimethyl-
hexadecahydro-cyclopenta[a]=
phenanthrenyl]- **10** 4620, 4621, 4622
—, [Acetoxy-dioxo-dimethyl-
hexadecahydro-cyclopenta[a]=
phenanthrenyl]-, äthylester
10 4619, 4621, 4624
—, [Acetoxy-dioxo-dimethyl-
hexadecahydro-cyclopenta[a]=
phenanthrenyl]-, methylester
10 4617, 4618, 4623
—, [Acetoxy-dioxo-dimethyl-
tetradecahydro-cyclopenta[a]=
phenanthrenyl]-, methylester
10 4642
—, [Acetoxy-hydroxyimino-dimethyl-
hexadecahydro-cyclopenta[a]=
phenanthrenyl]-, methylester
10 4315
—, [Acetoxy-(methoxycarbonyl-
propionyloxy)-dimethyl-
tetradecahydro-cyclopenta[a]=
phenanthrenyl]-, methylester
10 1885
—, [Acetoxy-(nitro-benzoyloxy)-oxo-
dimethyl-hexadecahydro-cyclopenta=
[a]phenanthrenyl]-, äthylester
10 4589
—, [Acetoxy-oxo-dimethyl-dodecahydro-
cyclopenta[a]phenanthrenyl]-
10 4387, 4388
—, [Acetoxy-oxo-dimethyl-hexadecahydro-
cyclopenta[a]phenanthrenyl]-
10 4310, 4314, 4316, 4318, 4323
—, [Acetoxy-oxo-dimethyl-hexadecahydro-
cyclopenta[a]phenanthrenyl]-,
äthylester **10** 4326
—, [Acetoxy-oxo-dimethyl-hexadecahydro-
cyclopenta[a]phenanthrenyl]-,
methylester **10** 4308, 4311, 4315,
4317, 4318, 4325
—, [Acetoxy-oxo-dimethyl-
tetradecahydro-cyclopenta[a]=
phenanthrenyl]- **10** 4366, 4367,
4369, 4371
—, [Acetoxy-oxo-dimethyl-
tetradecahydro-cyclopenta[a]=
phenanthrenyl]-, methylester
10 4366, 4367, 4368, 4370

Valeriansäure, Acetoxy-oxo-phenyl-,
methylester **10** 4245
—, Acetoxy-oxo-triphenyl-, äthylester
10 4493
—, Acetoxy-oxo-triphenyl-, methylester
10 4494
—, [Acetoxy-pentamethyl-tetradecahydro-
cyclopenta[a]phenanthrenyl]- **10** 979
—, [Acetoxy-pentamethyl-tetradecahydro-
cyclopenta[a]phenanthrenyl]-,
methylester **10** 979
—, [Acetoxy-semicarbazono-dimethyl-
hexadecahydro-cyclopenta[a]=
phenanthrenyl]- **10** 4324
—, [Acetoxy-semicarbazono-dimethyl-
hexadecahydro-cyclopenta[a]=
phenanthrenyl]-, methylester
10 4315
—, [Äthoxycarbonyloxy-dioxo-dimethyl-
hexadecahydro-cyclopenta[a]=
phenanthrenyl]-, methylester
10 4624
—, [Äthoxy-dimethyl-tetradecahydro-
cyclopenta[a]phenanthrenyl]-
10 961
—, [Äthoxy-phenyl]- **10** 616
—, [Äthoxy-phenyl]-, äthylester **10** 616
—, Äthyl-benzoyl- s. *Buttersäure,
Oxo-diäthyl-phenyl-*
—, Äthyl-bis-[methoxy-phenyl]-, nitril
10 1984
—, Äthyl-cyclopropyl- **9** 100
—, Äthyl-cyclopropyl-, amid **9** 101
—, Äthyl-cyclopropyl-, chlorid **9** 100
—, Äthyl-diphenyl-, nitril **9** 3399
—, Äthyl-[hydroxy-benzyl]-
s. *Buttersäure, Diäthyl-[hydroxy-
phenyl]-*
—, Äthyl-[jod-phenyl]-, äthylester
9 2570
—, Äthyl-[methoxy-phenyl]- **10** 649
—, [Äthyl-naphthyl]- **9** 3255
—, Äthyl-phenyl- **9** 2570, 2575
—, Äthyl-phenyl-, äthylester **9** 2570
—, Äthyl-phenyl-, amid **9** 2570
—, Äthyl-phenyl-, chlorid **9** 2570
—, Äthyl-phenyl-, ureid **9** 2571
—, [Äthyl-phenyl]- **9** 2581
—, [Äthyl-phenyl]-, chlorid **9** 2581
—, Äthyl-phenyl-[methoxy-phenyl]-,
nitril **10** 1240
—, Äthyl-propyl-, amid **7** 1279
—, Amino-benzamino- **9** 1230, 1234
—, Benzamino- **9** 1150, 1151
—, Benzamino-, äthylester **9** 1151
—, [Benzamino-acetamino]-guanidino-,
amid **9** 1135
—, [Benzamino-acetamino]-[nitro-
guanidino]- **9** 1136

Valeriansäure, [Benzamino-acetamino]-
[nitro-guanidino]-, amid 9 1136
—, [(Benzamino-acetamino)-
propionylamino]-methyl-, amid
9 1132
—, [(Benzamino-acetamino)-
propionylamino]-methyl-, hydrazid
9 1133
—, Benzamino-äthyl- 9 1163
—, Benzamino-[benzoyl-guanidino]-
9 1231
—, Benzamino-[benzoyl-guanidino]-,
methylester 9 1231
—, Benzamino-benzylmercapto- 9 1182
—, Benzamino-guanidino- 9 1230
—, Benzamino-guanidino-, äthylester
9 1232
—, Benzamino-guanidino-, amid 9 1233
—, Benzamino-guanidino-, benzylester
9 1232
—. Benzamino-guanidino-,
cyclohexylester 9 1232
—, Benzamino-guanidino-,
isopropylester 9 1232
—, Benzamino-guanidino-, methylester
9 1231
—, Benzamino-hydroxy- 9 1181
—, Benzamino-hydroxy-methyl- 9 1184
—, Benzamino-methyl- 9 1159, 1161, 1162
—, Benzamino-methyl-, hydrazid 9 1161
—, Benzamino-methyl-, methylester
9 1159
—, Benzamino-ureido- 9 1230
—, Benzamino-ureido-, amid 9 1232
—, Benzamino-ureido-, methylester
9 1231
—, Benzoyl- s. *Propionsäure, Oxo-propyl-
phenyl-*
—, [Benzoyloxy-dimethyl-hexadecahydro-
cyclopenta[a]phenanthrenyl]-,
methylester 10 697
—. [Benzoyloxy-dioxo-dimethyl-
hexadecahydro-cyclopenta[a]-
phenanthrenyl]-, äthylester
10 4624
—, [Benzoyloxy-dioxo-dimethyl-
hexadecahydro-cyclopenta[a]-
phenanthrenyl]-, methylester
10 4623
—, [Benzoyloxy-dioxo-pentamethyl-
tetradecahydro-cyclopenta[a]-
phenanthrenyl]- 10 4642
—, [Benzoyloxy-dioxo-pentamethyl-
tetradecahydro-cyclopenta[a]-
phenanthrenyl]-, methylester
10 4643
—, [Benzoyloxy-oxo-dimethyl-
hexadecahydro-cyclopenta[a]-
phenanthrenyl]-, methylester 10 4325

Valeriansäure, Benzoyloxy-oxo-phenyl-
10 4244
—, [Benzoyloxy-semicarbazono-dimethyl-
hexadecahydro-cyclopenta[a]-
phenanthrenyl]-, methylester
10 4325
—, Benzoyloxy-semicarbazono-phenyl-
10 4245
—, Benzyl- s. *Buttersäure, Äthyl-phenyl-
und Propionsäure, Propyl-phenyl-*
—, [Benzyloxy-dimethyl-tetradecahydro-
cyclopenta[a]phenanthrenyl]-
10 962
—, [Benzyloxy-dimethyl-tetradecahydro-
cyclopenta[a]phenanthrenyl]-,
benzylester 10 964
—, [Benzyloxy-dimethyl-tetradecahydro-
cyclopenta[a]phenanthrenyl]-,
methylester 10 963
—, Biphenylyl- 9 3387
—, Biphenylyl-, [diäthylamino-
äthylester] 9 3387
—, Biphenylyl-, [diäthylamino-
propylester] 9 3387
—, Bis-benzamino- 9 1234
—, Bis-benzamino-benzoylimino-,
methylester 9 1247
—, [Bis-carboxymethylmercapto-dioxo-
dimethyl-hexadecahydro-cyclopenta-
[a]phenanthrenyl]- 10 3992
—, [Bis-(dinitro-benzoyloxy)-dimethyl-
tetradecahydro-cyclopenta[a]-
phenanthrenyl]-, methylester
10 1897
—, [Bis-hydroxyimino-dimethyl-bis-
carboxymethyl-dodecahydro-
cyclopenta[a]naphthalinyl]-
10 4151
—, [Bis-hydroxyimino-dimethyl-(carboxy-
äthyl)-hydroxycarbamoyl-
dodecahydro-cyclopenta[a]-
naphthalinyl]- 10 4150
—, [Bis-hydroxyimino-dimethyl-
hexadecahydro-cyclopenta[a]-
phenanthrenyl]- 10 3579, 3581
—, [Bis-hydroxyimino-dimethyl-
hexadecahydro-cyclopenta[a]-
phenanthrenyl]-, äthylester
10 3582
—, [Bis-hydroxyimino-dimethyl-
hexadecahydro-cyclopenta[a]-
phenanthrenyl]-, methylester
10 3574, 3582
—, [Bis-hydroxyimino-dimethyl-
tetradecahydro-cyclopenta[a]-
phenanthrenyl]- 10 3604
—, [Bis-hydroxyimino-dimethyl-
tetradecahydro-cyclopenta[a]-
phenanthrenyl]-, äthylester 10 3601

Valeriansäure, [Bis-hydroxyimino-dimethyl-
tetradecahydro-cyclopenta[*a*]‑
phenanthrenyl]-, methylester
10 3603
—, [Bis-methansulfonyloxy-oxo-dimethyl-
hexadecahydro-cyclopenta[*a*]‑
phenanthrenyl]-, methylester
10 4593
—, Bis-[methoxy-benzyl]-cyan-,
äthylester 10 2523
—, [Bis-methoxycarbonylmethylmercapto-
dioxo-dimethyl-hexadecahydro-
cyclopenta[*a*]phenanthrenyl]-,
methylester 10 3992
—, Bis-[methoxy-phenyl]- 10 1976, 1977
—, Bis-[methoxy-phenyl]-, methylester
10 1977
—, Bis-[methoxy-phenyl]-, nitril
10 1977
—, [Brom-acetoxy-dioxo-dimethyl-
hexadecahydro-cyclopenta[*a*]‑
phenanthrenyl]-, methylester
10 4625
—, [Brom-acetoxy-oxo-dimethyl-
hexadecahydro-cyclopenta[*a*]‑
phenanthrenyl]- 10 4312, 4319, 4327
—, [Brom-acetoxy-oxo-dimethyl-
hexadecahydro-cyclopenta[*a*]‑
phenanthrenyl]-, methylester
10 4312, 4320, 4327
—, [Brom-acetoxy-oxo-dimethyl-
tetradecahydro-cyclopenta[*a*]‑
phenanthrenyl]-, methylester 10 4366
—, Brom-äthyliden-[methoxy-phenyl]-
10 900
—, [Brom-benzoylhydrazono]- 9 1403, 1425
—, [Brom-benzoylhydrazono]-,
äthylester 9 1391, 1425
—, [Brom-benzoylhydrazono]-,
benzylester 9 1403, 1426
—, [Brom-diacetoxy-oxo-dimethyl-
hexadecahydro-cyclopenta[*a*]‑
phenanthrenyl]- 10 4584, 4595
—, [Brom-diacetoxy-oxo-dimethyl-
hexadecahydro-cyclopenta[*a*]‑
phenanthrenyl]-, äthylester 10 4590
—, [Brom-dihydroxy-dimethyl-
hexadecahydro-cyclopenta[*a*]‑
phenanthrenyl]- 10 1657
—, Brom-dimethyl-phenyl- 9 2576
—, [Brom-dioxo-dimethyl-(carboxy-äthyl)-
decahydro-cyclopenta[*a*]‑
naphthalinyl]- 10 4068
—, [Brom-dioxo-dimethyl-hexadecahydro-
cyclopenta[*a*]phenanthrenyl]-
10 3580, 3585
—, [Brom-dioxo-dimethyl-hexadecahydro-
cyclopenta[*a*]phenanthrenyl]-,
methylester 10 3577

Valeriansäure, [Brom-dioxo-dimethyl-hexa‑
decahydro-dicyclopenta[*a.f*]naphthalinyl]-
10 3571
—, [Brom-dioxo-dimethyl-tetradecahydro-
cyclopenta[*a*]phenanthrenyl]-,
methylester 10 3602
—, Brom-diphenyl-, nitril 9 3382
—, [Brom-hydroxy-acetoxy-dimethyl-
hexadecahydro-cyclopenta[*a*]‑
phenanthrenyl]-, methylester
10 1639, 1657
—, [Brom-hydroxy-dimethyl-
tetradecahydro-cyclopenta[*a*]‑
phenanthrenyl]-, methylester
10 971
—, [Brom-hydroxy-oxo-dimethyl-
hexadecahydro-cyclopenta[*a*]‑
phenanthrenyl]- 10 4319, 4327
—, [Brom-hydroxy-oxo-dimethyl-
hexadecahydro-cyclopenta[*a*]‑
phenanthrenyl]-, methylester
10 4309, 4312, 4319
—, Brom-hydroxy-phenyl- 10 617
—, Brom-hydroxy-phenyl-, äthylester
10 617
—, [Brom-(methoxycarbonyl-propionyloxy)-
oxo-hexadecahydro-cyclopenta[*a*]‑
phenanthrenyl]-, methylester
10 4320
—, [Brom-methoxy-phenyl]-, nitril
10 618
—, Brom-[nitro-benzamino]- 9 1519
—, [Brom-nitro-dioxo-dimethyl-(carboxy-
äthyl)-decahydro-cyclopenta[*a*]‑
naphthalinyl]- 10 4068
—, Brom-oxo-[brom-cyclopentyl]- 10 2860
—, [Brom-oxo-dimethyl-bis-
carboxymethyl-dodecahydro-
cyclopenta[*a*]naphthalinyl]-
10 4127
—, [Brom-oxo-dimethyl-hexadecahydro-
cyclopenta[*a*]phenanthrenyl]-
10 3132, 3135, 3137
—, [Brom-oxo-dimethyl-hexadecahydro-
cyclopenta[*a*]phenanthrenyl]-,
methylester 10 3137
—, [Brom-oxo-dimethyl-tetradecahydro-
cyclopenta[*a*]phenanthrenyl]-,
methylester 10 3222
—, Brom-oxo-diphenyl- 10 3342
—, Brom-oxo-phenyl- 10 3061
—, Brom-oxo-phenyl-, äthylester
10 3061
—, Brom-oxo-phenyl-, methylester
10 3061
—, Brom-oxo-triphenyl-, methylester
10 3465
—, Brom-phenyl- 9 2508
—, Brom-phenyl-, chlorid 9 2503

Valeriansäure, [(Brom-phenyl-propionyl=
amino)-acetamino]-methyl- **9** 2403
—, [Brom-trioxo-dimethyl-hexadecahydro-
cyclopenta[*a*]phenanthrenyl]-
10 3991
—, [Brom-trioxo-dimethyl-hexadecahydro-
cyclopenta[*a*]phenanthrenyl]-,
äthylester **10** 3992
—, [Brom-trioxo-dimethyl-hexadecahydro-
cyclopenta[*a*]phenanthrenyl]-,
methylester **10** 3991
—, *sec*-Butyl-[dimethoxy-äthyl-phenyl]-
10 1589
—, [*sec*-Butyl-naphthyl]- **9** 3260
—, Butyl-phenyl- **9** 2610
—, [*tert*-Butyl-phenyl]- **9** 2612
—, [*tert*-Butyl-phenyl]-, chlorid
9 2612
—, [Carboxy-äthylamino]-benzamino-
9 1235
—, [(Carboxy-propionyloxy)-dimethyl-
tetradecahydro-cyclopenta[*a*]=
phenanthrenyl]- **10** 973
—, [(Carboxy-propionyloxy)-dioxo-
dimethyl-hexadecahydro-cyclopenta=
[*a*]phenanthrenyl]-, methylester
10 4618, 4623
—, [(Carboxy-propionyloxy)-oxo-
dimethyl-hexadecahydro-cyclopenta=
[*a*]phenanthrenyl]- **10** 4323
—, [(Carboxy-propionyloxy)-oxo-
dimethyl-tetradecahydro-
cyclopenta[*a*]phenanthrenyl]-
10 4369
—, [Chlor-acetoxy-dimethyl-
tetradecahydro-cyclopenta[*a*]=
phenanthrenyl]-, methylester
10 971
—, [Chlor-benzoylhydrazono]- **9** 1344,
1353, 1373
—, [Chlor-benzoylhydrazono]-,
äthylester **9** 1344, 1374
—, [Chlor-benzoylhydrazono]-,
benzylester **9** 1374
—, [Chlor-bis-hydroxyimino-dimethyl-
tetradecahydro-cyclopenta[*a*]=
phenanthrenyl]-, methylester
10 3602
—, [Chlor-diacetoxy-dimethyl-
hexadecahydro-cyclopenta[*a*]=
phenanthrenyl]-, methylester
10 1634
—, [Chlor-dihydroxy-dimethyl-
hexadecahydro-cyclopenta[*a*]=
phenanthrenyl]- **10** 1659
—, [Chlor-dihydroxy-dimethyl-
hexadecahydro-cyclopenta[*a*]=
phenanthrenyl]-, methylester
10 1629, 1634

Valeriansäure, [Chlor-dimethyl-hexadeca=
hydro-cyclopenta[*a*]phenanthrenyl]-
9 2661
—, [Chlor-dimethyl-hexadecahydro-
cyclopenta[*a*]phenanthrenyl]-,
methylester **9** 2662
—, [Chlor-dimethyl-tetradecahydro-
cyclopenta[*a*]phenanthrenyl]-
9 2916
—, [Chlor-dimethyl-tetradecahydro-
cyclopenta[*a*]phenanthrenyl]-,
methylester **9** 2917
—, [Chlor-dioxo-dimethyl-
tetradecahydro-cyclopenta[*a*]=
phenanthrenyl]- **10** 3601
—, [Chlor-dioxo-dimethyl-
tetradecahydro-cyclopenta[*a*]=
phenanthrenyl]-, methylester
10 3602
—, Chlor-diphenyl-, nitril **9** 3381
—, [Chlor-hydroxy-acetoxy-dimethyl-
hexadecahydro-cyclopenta[*a*]=
phenanthrenyl]-, methylester
10 1629
—, [Chlor-hydroxy-benzoyloxy-dimethyl-
hexadecahydro-cyclopenta[*a*]=
phenanthrenyl]-, methylester
10 1629
—, [Chlor-hydroxy-dimethyl-
hexadecahydro-cyclopenta[*a*]=
phenanthrenyl]-, methylester
10 698
—, [Chlor-hydroxy-dimethyl-
tetradecahydro-cyclopenta[*a*]=
phenanthrenyl]-, methylester
10 970
—, Chlor-hydroxy-phenyl- **10** 617
—, Chlor-hydroxy-phenyl-, lacton
9 2778
—, Chlor-nitroso-phenyl- **9** 2504
—, [Chlor-oxo-dimethyl-tetradecahydro-
cyclopenta[*a*]phenanthrenyl]-
10 3219
—, [Chlor-oxo-dimethyl-tetradecahydro-
cyclopenta[*a*]phenanthrenyl]-,
methylester **10** 3219
—, Chlor-phenyl-cyan-, äthylester
9 4314
—, *p*-Cumenyl- **9** 2602
—, Cycloheptenyl- **9** 249
—, Cycloheptenyl-, methylester **9** 249
—, Cyclohexenyl- **9** 224, 225
—, Cyclohexenyl-, [diäthylamino-
äthylester] **9** 225
—, Cyclohexenyl-, nitril **9** 225
—, Cyclohexenyl-cyan-, äthylester
9 4004
—, Cyclohexenyl-phenyl-, nitril **9** 3111
—, Cyclohexyl- **9** 102, 103, 104, 106

Valeriansäure, Cyclohexyl-, äthylester
9 103, 104, 106
—, Cyclohexyl-, amid 9 103
—, Cyclohexyl-, chlorid 9 103, 104
—, Cyclohexyl-, [diäthylamino-
äthylester] 9 104
—, [Cyclohexyl-äthyl]-cyclohexyl- 9 294
—, Cyclohexyl-phenyl-, nitril 9 2898
—, [Cyclohexyl-propyl]-cyclohexyl-
9 295
—, Cyclopentenyl- 9 202, 203
—, Cyclopentenyl-, äthylester 9 203
—, Cyclopentenyl-, chlorid 9 203
—, Cyclopentenyl-, [diäthylamino-
äthylester] 9 203
—, Cyclopentenyl-, isobutylester 9 203
—, Cyclopentenyl-, methylester 9 203
—, Cyclopentenyl-, propylester 9 203
—, Cyclopentyl- 9 94
—, Cyclopentyl-, amid 9 94
—, Cyclopentyl-, chlorid 9 94
—, Cyclopentyl-, [diäthylamino-
äthylester] 9 95
—, Cyclopentyl-, methylester 9 94
—, Cyclopentyl-phenyl-, nitril 9 2893
—, [Cyclopentyl-phenyl]- 9 2894
—, [Cyclopentyl-phenyl]-, amid 9 2894
—, [Decahydro-naphthyl]- 9 273
—, [Diacetoxy-dimethyl-dodecahydro-
cyclopenta[a]phenanthrenyl]-,
methylester 10 1912, 1914
—, [Diacetoxy-dimethyl-hexadecahydro-
cyclopenta[a]phenanthrenyl]-
10 1632, 1637, 1649
—, [Diacetoxy-dimethyl-hexadecahydro-
cyclopenta[a]phenanthrenyl]-,
methylester 10 1633, 1637, 1639,
1651, 1659, 1660
—, [Diacetoxy-dimethyl-tetradecahydro-
cyclopenta[a]phenanthrenyl]-,
methylester 10 1884, 1885, 1886,
1891, 1895, 1897
—, [Diacetoxy-hydroxyimino-dimethyl-
hexadecahydro-cyclopenta[a]-
phenanthrenyl]- 10 4594
—, [Diacetoxy-hydroxyimino-dimethyl-
hexadecahydro-cyclopenta[a]-
phenanthrenyl]-, methylester
10 4584, 4588
—, [Diacetoxy-oxo-dimethyl-dodecahydro-
cyclopenta[a]phenanthrenyl]-
10 4641
—, [Diacetoxy-oxo-dimethyl-
hexadecahydro-cyclopenta[a]-
phenanthrenyl]- 10 4582, 4593
—, [Diacetoxy-oxo-dimethyl-
hexadecahydro-cyclopenta[a]-
phenanthrenyl]-, methylester
10 4583, 4585, 4587, 4592, 4595, 4597

Valeriansäure, [Diacetoxy-oxo-dimethyl-
tetradecahydro-cyclopenta[a]-
phenanthrenyl]-, methylester
10 4617
—, Diäthylaminomethyl-[benzoyloxy-
äthyl]-, äthylester 9 895
—, [Diäthylmercapto-dimethyl-
hexadecahydro-cyclopenta[a]-
phenanthrenyl]- 10 3133
—, [Diäthylmercapto-dioxo-dimethyl-
hexadecahydro-cyclopenta[a]-
phenanthrenyl]-, äthylester 10 3992
—, Dibenzoyloxy-, nitril 9 863
—, [Dibenzoyloxy-dimethyl-
hexadecahydro-cyclopenta[a]-
phenanthrenyl]-, methylester
10 1652
—, [Dibenzoyloxy-dimethyl-
tetradecahydro-cyclopenta[a]-
phenanthrenyl]-, methylester
10 1885
—, [Dibrom-acetoxy-dimethyl-
hexadecahydro-cyclopenta[a]-
phenanthrenyl]- 10 693
—, [Dibrom-acetoxy-dimethyl-
hexadecahydro-cyclopenta[a]-
phenanthrenyl]-, methylester 10 693
—, [Dibrom-dimethyl-hexadecahydro-
cyclopenta[a]phenanthrenyl]-
9 2662, 2663
—, [Dibrom-dimethyl-hexadecahydro-
cyclopenta[a]phenanthrenyl]-,
methylester 9 2664
—, [Dibrom-dioxo-dimethyl-
hexadecahydro-cyclopenta[a]-
phenanthrenyl]-, methylester
10 3577
—, Dibrom-diphenyl-, nitril 9 3382
—, [Dibrom-hydroxy-dimethyl-
hexadecahydro-cyclopenta[a]-
phenanthrenyl]- 10 693
—, [Dibrom-hydroxy-dimethyl-
hexadecahydro-cyclopenta[a]-
phenanthrenyl]-, methylester
10 693
—, [Dibrom-oxo-dimethyl-hexadecahydro-
cyclopenta[a]phenanthrenyl]-
10 3133
—, [Dibrom-oxo-dimethyl-hexadecahydro-
cyclopenta[a]phenanthrenyl]-,
methylester 10 3132, 3133
—, [Dibrom-oxo-methyl-carboxy-
octahydro-pentalenyl]- 10 3941
—, Dibrom-phenyl-[methoxy-phenyl]-
10 1216, 1271
—, Dichlor-benzamino- 9 1151
—, [Dichlor-bis-hydroxyimino-dimethyl-
hexadecahydro-cyclopenta[a]-
phenanthrenyl]-, methylester 10 3583

Valeriansäure, [Dichlor-dioxo-dimethyl-
hexadecahydro-cyclopenta[a]•
phenanthrenyl]- 10 3582
—, [Dichlor-dioxo-dimethyl-
hexadecahydro-cyclopenta[a]•
phenanthrenyl]-, methylester
10 3583
—, Dichlor-diphenyl-, nitril 9 3382
—, [Diformyloxy-dimethyl-hexadecahydro-
cyclopenta[a]phenanthrenyl]-
10 1636, 1648
—, [Diformyloxy-dimethyl-hexadecahydro-
cyclopenta[a]phenanthrenyl]-,
chlorid 10 1654
—, [Diformyloxy-dimethyl-hexadecahydro-
cyclopenta[a]phenanthrenyl]-,
methylester 10 1637, 1651
—, [Diformyloxy-hydroxyimino-dimethyl-
hexadecahydro-cyclopenta[a]•
phenanthrenyl]-, methylester
10 4588
—, [Diformyloxy-oxo-dimethyl-
hexadecahydro-cyclopenta[a]•
phenanthrenyl]- 10 4582, 4585, 4591
—, [Diformyloxy-oxo-dimethyl-
hexadecahydro-cyclopenta[a]•
phenanthrenyl]-, methylester
10 4587
—, [Dihydro-phenanthryl]- 9 3486
—, [Dihydroxy-acetoxy-dimethyl-
hexadecahydro-cyclopenta[a]•
phenanthrenyl]- 10 2160, 2184
—, [Dihydroxy-acetoxy-dimethyl-
hexadecahydro-cyclopenta[a]•
phenanthrenyl]-, methylester
10 2161, 2162, 2169
—, [Dihydroxy-äthoxycarbonyloxy-
dimethyl-hexadecahydro-cyclopenta•
[a]phenanthrenyl]-, methylester
10 2171
—, [Dihydroxy-benzoyloxyimino-
hexadecahydro-cyclopenta[a]•
phenanthrenyl]- 10 4586
—, [Dihydroxy-bis-
carboxymethylmercapto-dimethyl-
hexadecahydro-cyclopenta[a]•
phenanthrenyl]- 10 4584
—, [Dihydroxy-carbamoyloxy-dimethyl-
hexadecahydro-cyclopenta[a]•
phenanthrenyl]-, äthylester
10 2173
—, [Dihydroxy-carbamoyloxy-dimethyl-
hexadecahydro-cyclopenta[a]•
phenanthrenyl]-, methylester
10 2171
—, [Dihydroxy-(carboxy-propionyloxy)-
dimethyl-hexadecahydro-cyclopenta•
[a]phenanthrenyl]-, methylester
10 2171

Valeriansäure, [Dihydroxy-chlorcarbonyloxy-
dimethyl-hexadecahydro-cyclopenta•
[a]phenanthrenyl]-, äthylester
10 2173
—, [Dihydroxy-chlorcarbonyloxy-
dimethyl-hexadecahydro-cyclopenta•
[a]phenanthrenyl]-, methylester
10 2171
—, [Dihydroxy-dimethyl-bis-
carboxymethyl-dodecahydro-
cyclopenta[a]naphthalinyl]- 10 2600
—, [Dihydroxy-dimethyl-dodecahydro-
cyclopenta[a]phenanthrenyl]-
10 1913, 1914
—, [Dihydroxy-dimethyl-dodecahydro-
cyclopenta[a]phenanthrenyl]-,
methylester 10 1914
—, [Dihydroxy-dimethyl-hexadecahydro-
cyclopenta[a]phenanthrenyl]-
10 1630, 1635, 1637, 1640, 1658, 1659
—, [Dihydroxy-dimethyl-hexadecahydro-
cyclopenta[a]phenanthrenyl]-,
äthylester 10 1653
—, [Dihydroxy-dimethyl-hexadecahydro-
cyclopenta[a]phenanthrenyl]-, amid
10 1654
—, [Dihydroxy-dimethyl-hexadecahydro-
cyclopenta[a]phenanthrenyl]-,
azid 10 1657
—, [Dihydroxy-dimethyl-hexadecahydro-
cyclopenta[a]phenanthrenyl]-,
benzylidenhydrazid 10 1656
—, [Dihydroxy-dimethyl-hexadecahydro-
cyclopenta[a]phenanthrenyl]-,
[diäthylamino-äthylamid] 10 1656
—, [Dihydroxy-dimethyl-hexadecahydro-
cyclopenta[a]phenanthrenyl]-,
[diäthylamino-äthylester] 10 1654
—, [Dihydroxy-dimethyl-hexadecahydro-
cyclopenta[a]phenanthrenyl]-,
dimethylamid 10 1655
—, [Dihydroxy-dimethyl-hexadecahydro-
cyclopenta[a]phenanthrenyl]-,
[dimethylamino-äthylamid] 10 1656
—, [Dihydroxy-dimethyl-hexadecahydro-
cyclopenta[a]phenanthrenyl]-,
[dimethylamino-äthylester] 10 1654
—, [Dihydroxy-dimethyl-hexadecahydro-
cyclopenta[a]phenanthrenyl]-,
hydrazid 10 1656
—, [Dihydroxy-dimethyl-hexadecahydro-
cyclopenta[a]phenanthrenyl]-,
[methoxy-benzylidenhydrazid] 10 1657
—, [Dihydroxy-dimethyl-hexadecahydro-
cyclopenta[a]phenanthrenyl]-,
methylamid 10 1655
—, [Dihydroxy-dimethyl-hexadecahydro-
cyclopenta[a]phenanthrenyl]-,
methylenhydrazid 10 1656

Valeriansäure, [Dihydroxy-dimethyl-hexa=
decahydro-cyclopenta[*a*]phenanthrenyl]-,
methylester 10 1632, 1638, 1650,
1658, 1659
—, [Dihydroxy-dimethyl-hexadecahydro-
cyclopenta[*a*]phenanthrenyl]-,
[trimethylammonio-äthylester]
10 1654
—, [Dihydroxy-dimethyl-hexadecahydro-
dicyclopenta[*a.f*]naphthalinyl]-
10 1628
—, [Dihydroxy-dimethyl-hexadecahydro-
dicyclopenta[*a.f*]naphthalinyl]-,
methylester 10 1628
—, [Dihydroxy-dimethyl-tetradecahydro-
cyclopenta[*a*]phenanthrenyl]-
10 1882, 1883, 1884, 1885, 1886,
1887, 1891, 1895
—, [Dihydroxy-dimethyl-tetradecahydro-
cyclopenta[*a*]phenanthrenyl]-,
hydrazid 10 1891
—, [Dihydroxy-dimethyl-tetradecahydro-
cyclopenta[*a*]phenanthrenyl]-,
methylester 10 1883, 1884, 1886,
1890, 1892, 1896
—, [Dihydroxy-hydrazono-dimethyl-
hexadecahydro-cyclopenta[*a*]=
phenanthrenyl]-, hydrazid
10 4590, 4597
—, [Dihydroxy-hydrazono-dimethyl-
hexadecahydro-cyclopenta[*a*]=
phenanthrenyl]-, methylester
10 4584
—, [Dihydroxy-hydroxyimino-dimethyl-
hexadecahydro-cyclopenta[*a*]=
phenanthrenyl]- 10 4583, 4586, 4594
—, [Dihydroxy-hydroxyimino-dimethyl-
hexadecahydro-cyclopenta[*a*]=
phenanthrenyl]-, äthylester
10 4590
—, [Dihydroxy-hydroxyimino-dimethyl-
hexadecahydro-cyclopenta[*a*]=
phenanthrenyl]-, methylester
10 4588, 4595
—, [Dihydroxy-(methoxy-benzoyloxy)-
dimethyl-hexadecahydro-cyclopenta=
[*a*]phenanthrenyl]-, methylester
10 2172
—, [Dihydroxy-methoxy-dimethyl-
hexadecahydro-cyclopenta[*a*]=
phenanthrenyl]- 10 2159, 2160
—, [Dihydroxy-methoxy-dimethyl-
hexadecahydro-cyclopenta[*a*]=
phenanthrenyl]-, methylester
10 2160, 2161
—, [Dihydroxy-naphthyloxycarbonyloxy-
dimethyl-hexadecahydro-cyclopenta=
[*a*]phenanthrenyl]-, äthylester
10 2172

Valeriansäure, [Dihydroxy-(nitro-
benzoyloxy)-dimethyl-hexadecahydro-
cyclopenta[*a*]phenanthrenyl]-,
methylester 10 2171
—, [Dihydroxy-oxo-dimethyl-
hexadecahydro-cyclopenta[*a*]=
phenanthrenyl]- 10 4582, 4585,
4591, 4593, 4595
—, [Dihydroxy-oxo-dimethyl-
hexadecahydro-cyclopenta[*a*]=
phenanthrenyl]-, äthylester
10 4584, 4589, 4595
—, [Dihydroxy-oxo-dimethyl-
hexadecahydro-cyclopenta[*a*]=
phenanthrenyl]-, methylester
10 4583, 4587, 4591, 4594, 4596
—, [Dihydroxy-phenoxycarbonyloxy-
dimethyl-hexadecahydro-cyclopenta=
[*a*]phenanthrenyl]-, äthylester
10 2172
—, [Dihydroxy-phenyl]- 10 1569
—, [Dihydroxy-phenyl]-, methylester
10 1570
—, [Dijod-hydroxy-phenyl]- 10 616
—, [Dimethoxy-dioxo-dimethyl-
hexadecahydro-cyclopenta[*a*]=
phenanthrenyl]-, methylester
10 3989
—, [Dimethoxy-phenyl]- 10 1570, 1571
—, [Dimethyl-bis-carboxymethyl-
dodecahydro-cyclopenta[*a*]=
naphthalinyl]- 9 4789
—, [Dimethyl-bis-methoxycarbonylmethyl-
dodecahydro-cyclopenta[*a*]=
naphthalinyl]-, methylester 9 4790
—, Dimethyl-[brom-methoxy-naphthyl]-
10 1129
—, [Dimethyl-(carboxy-äthyl)-
cyclobutyl]- 9 3930
—, [Dimethyl-(carboxy-äthyl)-
dodecahydro-*as*-indacenyl]-
9 4086
—, [Dimethyl-carboxy-cyclobutyl]-
9 3927
—, [Dimethyl-decahydro-cyclopenta[*a*]=
phenanthrenyl]- 9 3262, 3263
—, [Dimethyl-decahydro-cyclopenta[*a*]=
phenanthrenyl]-, methylester
9 3263, 3264
—, [Dimethyl-dodecahydro-cyclopenta[*a*]=
phenanthrenyl]- 9 3125, 3126, 3127
—, [Dimethyl-dodecahydro-cyclopenta[*a*]=
phenanthrenyl]-, methylester
9 3126
—, [Dimethyl-hexadecahydro-cyclopenta=
[*a*]phenanthrenyl]- 9 2656
—, [Dimethyl-hexadecahydro-cyclopenta=
[*a*]phenanthrenyl]-, [acetyl-
hydrazid] 9 2661

Valeriansäure, [Dimethyl-hexadecahydro-
cyclopenta[*a*]phenanthrenyl]-,
äthylester **9** 2658
—, [Dimethyl-hexadecahydro-cyclopenta‑
[*a*]phenanthrenyl]-, amid **9** 2660
—, [Dimethyl-hexadecahydro-cyclopenta‑
[*a*]phenanthrenyl]-, azid **9** 2661
—, [Dimethyl-hexadecahydro-cyclopenta‑
[*a*]phenanthrenyl]-,
benzylidenhydrazid **9** 2661
—, [Dimethyl-hexadecahydro-cyclopenta‑
[*a*]phenanthrenyl]-, butylester
9 2659
—, [Dimethyl-hexadecahydro-cyclopenta‑
[*a*]phenanthrenyl]-, chlorid
9 2660
—, [Dimethyl-hexadecahydro-cyclopenta‑
[*a*]phenanthrenyl]-, hydrazid
9 2660
—, [Dimethyl-hexadecahydro-cyclopenta‑
[*a*]phenanthrenyl]-,
methylenhydrazid **9** 2660
—, [Dimethyl-hexadecahydro-cyclopenta‑
[*a*]phenanthrenyl]-, methylester
9 2658
—, [Dimethyl-hexadecahydro-cyclopenta‑
[*a*]phenanthrenyl]-, propylester
9 2659
—, [Dimethyl-hexadecahydro-cyclopenta‑
[*a*]phenanthrenyl]-,
[trimethylammonio-äthylester] **9** 2660
—, [Dimethyl-hexadecahydro-
dicyclopenta[*a.f*]naphthalinyl]-
9 2655
—, [Dimethyl-hexadecahydro-
dicyclopenta[*a.f*]naphthalinyl]-,
methylester **9** 2655
—, Dimethyl-[hydroxy-naphthyl]- **10** 1127
—, [Dimethyl-(methoxycarbonyl-äthyl)-
cyclobutyl]-, methylester **9** 3930
—, Dimethyl-[methoxy-dihydro-naphthyl]-,
methylester **10** 1008
—, Dimethyl-[methoxy-naphthyl]- **10** 1128
—, Dimethyl-[methoxy-naphthyl]-,
äthylester **10** 1129
—, Dimethyl-[methoxy-naphthyl]-,
chlorid **10** 1129
—, Dimethyl-[methoxy-naphthyl]-,
methylester **10** 1129
—, Dimethyl-[methoxy-tetrahydro-
naphthyl]- **10** 927
—, Dimethyl-[methoxy-tetrahydro-
naphthyl]-, methylester **10** 927
—, Dimethyl-[methyl-benzyl]-,
äthylester **9** 2612
—, Dimethyl-naphthyl- **9** 3254
—, [Dimethyl-naphthyl]- **9** 3255
—, [Dimethyl-(oxo-butyl)-cyclobutyl]-
10 2894

Valeriansäure, [Dimethyl-(oxo-butyl)-
cyclobutyl]-, methylester **10** 2894
—, Dimethyl-phenyl- **9** 2574, 2575, 2576
—, Dimethyl-phenyl-, amid **9** 2575
—, Dimethyl-phenyl-, nitril **9** 2576
—, [Dimethyl-phenyl]- **9** 2584, 2585
—, [Dimethyl-phenyl]-, amid **9** 2585
—, [Dimethyl-phenyl]-, chlorid **9** 2584, 2585
—, [Dimethyl-tetradecahydro-
cyclopenta[*a*]phenanthrenyl]-
9 2915, 2917, 2918, 2919, 2920
—, [Dimethyl-tetradecahydro-
cyclopenta[*a*]phenanthrenyl]-,
methylester **9** 2919, 2920
—, [Dinitro-benzamino]- **9** 1939
—, [Dinitro-benzamino]-[(dinitro-
benzoyl)-guanidino]- **9** 1943
—, [Dinitro-benzamino]-methyl- **9** 1940
—, [Dinitro-benzoylhydrazono]- **9** 1949
—, [Dinitro-benzoylhydrazono]-,
äthylester **9** 1949
—, [Dinitro-benzoylhydrazono]-,
benzylester **9** 1950
—, [(Dinitro-benzoyloxy)-dioxo-
dimethyl-hexadecahydro-cyclopenta‑
[*a*]phenanthrenyl]-, äthylester
10 4620
—, [Dinitro-benzoyloxy]-oxo-isopropyl-,
methylester **9** 1935
—, [Dinitro-methyl-benzoylhydrazono]-
9 2377
—, [Dinitro-methyl-benzoylhydrazono]-,
äthylester **9** 2377
—, [Dinitro-methyl-benzoylhydrazono]-,
methylester **9** 2377
—, [Dinitryloxy-hydroxyimino-dimethyl-
hexadecahydro-cyclopenta[*a*]
phenanthrenyl]-, methylester
10 4589
—, [Dinitryloxy-oxo-dimethyl-
hexadecahydro-cyclopenta[*a*]
phenanthrenyl]- **10** 4586
—, [Dinitryloxy-oxo-dimethyl-
hexadecahydro-cyclopenta[*a*]
phenanthrenyl]-, äthylester
10 4590
—, [Dinitryloxy-oxo-dimethyl-
hexadecahydro-cyclopenta[*a*]
phenanthrenyl]-, methylester
10 4588
—, [Dioxo-dimethyl-
äthoxycarbonylmethylen-
hexadecahydro-cyclopenta[*a*]
phenanthrenyl]-, äthylester
10 4071
—, [Dioxo-dimethyl-
äthoxycarbonylmethyl-
tetradecahydro-cyclopenta[*a*]
phenanthrenyl]-, äthylester **10** 4071

Valeriansäure, [Dioxo-dimethyl-benzyliden-hexadecahydro-dicyclopenta[*a.f*]naphthalinyl]- **10** 3662

—, [Dioxo-dimethyl-bis-carboxymethyl-dodecahydro-cyclopenta[*a*]naphthalinyl]- **10** 4151

—, [Dioxo-dimethyl-bis-methoxycarbonylmethyl-dodecahydro-cyclopenta[*a*]naphthalinyl]-, methylester **10** 4152

—, [Dioxo-dimethyl-(carboxy-äthyl)-decahydro-cyclopenta[*a*]naphthalinyl]- **10** 4067

—, [Dioxo-dimethyl-(carboxy-äthyl)-dodecahydro-cyclopenta[*a*]naphthalinyl]- **10** 4062

—, [Dioxo-dimethyl-(carboxy-äthyl)-dodecahydro-*as*-indacenyl]- **10** 4061

—, [Dioxo-dimethyl-(carboxy-äthyl)-hydroxycarbamoyl-dodecahydro-cyclopenta[*a*]naphthalinyl]- **10** 4149

—, [Dioxo-dimethyl-carboxymethylen-hexadecahydro-cyclopenta[*a*]phenanthrenyl]- **10** 4071

—, [Dioxo-dimethyl-carboxymethyl-tetradecahydro-cyclopenta[*a*]phenanthrenyl]- **10** 4070

—, [Dioxo-dimethyl-(chlor-benzyliden)-hexadecahydro-dicyclopenta[*a.f*]naphthalinyl]- **10** 3662

—, [Dioxo-dimethyl-hexadecahydro-cyclopenta[*a*]phenanthrenyl]- **10** 3572, 3574, 3576, 3577, 3581, 3584, 3586

—, [Dioxo-dimethyl-hexadecahydro-cyclopenta[*a*]phenanthrenyl]-, äthylester **10** 3574, 3576, 3580, 3582

—, [Dioxo-dimethyl-hexadecahydro-cyclopenta[*a*]phenanthrenyl]-, methylester **10** 3573, 3576, 3579, 3581, 3584

—, [Dioxo-dimethyl-hexadecahydro-dicyclopenta[*a.f*]naphthalinyl]- **10** 3569, 3570, 3571

—, [Dioxo-dimethyl-hexadecahydro-dicyclopenta[*a.f*]naphthalinyl]-, anhydrid **10** 3571

—, [Dioxo-dimethyl-hexadecahydro-dicyclopenta[*a.f*]naphthalinyl]-, methylester **10** 3569, 3570

—, [Dioxo-dimethyl-(methoxy-benzyliden)-hexadecahydro-cyclopenta[*a*]phenanthrenyl]- **10** 4703

—, [Dioxo-dimethyl-(methoxy-benzyliden)-hexadecahydro-dicyclopenta[*a.f*]naphthalinyl]- **10** 4702

—, [Dioxo-dimethyl-(methoxycarbonyl-äthyl)-dodecahydro-cyclopenta[*a*]naphthalinyl]-, methylester **10** 4063

Valeriansäure, [Dioxo-dimethyl-(nitro-benzyliden)-hexadecahydro-dicyclopenta[*a.f*]naphthalinyl]- **10** 3662

—, [Dioxo-dimethyl-tetradecahydro-cyclopenta[*a*]phenanthrenyl]- **10** 3601, 3602, 3603, 3604

—, [Dioxo-dimethyl-tetradecahydro-cyclopenta[*a*]phenanthrenyl]-, äthylester **10** 3601

—, [Dioxo-dimethyl-tetradecahydro-cyclopenta[*a*]phenanthrenyl]-, methylester **10** 3602, 3603, 3604

—, [Dioxo-dimethyl-tetradecahydro-dicyclopenta[*a.f*]naphthalinyl]- **10** 3600

—, Dioxo-methyl-[chlor-hydroxy-dimethoxy-phenyl]- **10** 4804

—, Dioxo-phenyl- **10** 3549

—, Dioxo-phenyl-, äthylester **10** 3550

—, Diphenyl- **9** 3376, 3377, 3379, 3380, 3381, 3382

—, Diphenyl-, äthylester **9** 3379

—, Diphenyl-, amid **9** 3379

—, Diphenyl-, [diäthylamino-äthylester] **9** 3376

—, Diphenyl-, [dimethylamino-äthylester] **9** 3381

—, Diphenyl-, methylester **9** 3377, 3379

—, Diphenyl-, nitril **9** 3377, 3381

—, Diphenyl-, ureid **9** 3379

—, [Diphenylmercapto-dioxo-dimethyl-hexadecahydro-cyclopenta[*a*]phenanthrenyl]- **10** 3992

—, [Disemicarbazono-dimethyl-bis-carboxymethyl-dodecahydro-cyclopenta[*a*]naphthalinyl]- **10** 4152

—, [Disemicarbazono-dimethyl-hexadecahydro-cyclopenta[*a*]phenanthrenyl]- **10** 3573, 3576, 3579

—, [Disemicarbazono-dimethyl-hexadecahydro-cyclopenta[*a*]phenanthrenyl]-, methylester **10** 3574

—, Di-*p*-tolyl- **9** 3399

—, Di-*p*-tolyl-, äthylester **9** 3399

—, Di-*p*-tolyl-, methylester **9** 3399

—, [Formyloxy-dimethyl-hexadecahydro-cyclopenta[*a*]phenanthrenyl]- **10** 690, 697

—, [Formyloxy-dimethyl-hexadecahydro-cyclopenta[*a*]phenanthrenyl]-, chlorid **10** 692

—, [Formyloxy-dimethyl-tetradecahydro-cyclopenta[*a*]phenanthrenyl]- **10** 962

—, [Formyloxy-dimethyl-tetradecahydro-cyclopenta[*a*]phenanthrenyl]-, amid **10** 965

Valeriansäure, [Formyloxy-dimethyl-
tetradecahydro-cyclopenta[a]=
phenanthrenyl]-, chlorid **10** 965
—, [Formyloxy-oxo-dimethyl-
hexadecahydro-cyclopenta[a]=
phenanthrenyl]- **10** 4309, 4322
—, [Formyloxy-oxo-dimethyl-
hexadecahydro-cyclopenta[a]=
phenanthrenyl]-, chlorid **10** 4326
—, [Formyloxy-oxo-dimethyl-
tetradecahydro-cyclopenta[a]=
phenanthrenyl]- **10** 4369
—, [Hexabrom-dimethyl-hexadecahydro-
cyclopenta[a]phenanthrenyl]-,
methylester **9** 2665
—, [Hydroxy-acetoxy-(carboxy-
propionyloxy)-dimethyl-
hexadecahydro-cyclopenta[a]=
phenanthrenyl]-, methylester
10 2162
—, [Hydroxy-acetoxy-dimethyl-
dodecahydro-cyclopenta[a]=
phenanthrenyl]- **10** 1913
—, [Hydroxy-acetoxy-dimethyl-
hexadecahydro-cyclopenta[a]=
phenanthrenyl]- **10** 1632, 1649
—, [Hydroxy-acetoxy-dimethyl-
hexadecahydro-cyclopenta[a]=
phenanthrenyl]-, methylester
10 1633, 1638, 1651
—, [Hydroxy-acetoxy-dimethyl-
tetradecahydro-cyclopenta[a]=
phenanthrenyl]- **10** 1883, 1892
—, [Hydroxy-acetoxy-dimethyl-
tetradecahydro-cyclopenta[a]=
phenanthrenyl]-, methylester
10 1884, 1886, 1894, 1895
—, [Hydroxy-acetoxy-hydrazono-dimethyl-
hexadecahydro-cyclopenta[a]=
phenanthrenyl]-, hydrazid **10** 4598
—, [Hydroxy-acetoxy-oxo-dimethyl-
hexadecahydro-cyclopenta[a]=
phenanthrenyl]- **10** 4593
—, [Hydroxy-acetoxy-oxo-dimethyl-
hexadecahydro-cyclopenta[a]=
phenanthrenyl]-, äthylester **10** 4589
—, [Hydroxy-acetoxy-oxo-dimethyl-
hexadecahydro-cyclopenta[a]=
phenanthrenyl]-, hydrazid **10** 4593
—, [Hydroxy-acetoxy-oxo-dimethyl-
hexadecahydro-cyclopenta[a]=
phenanthrenyl]-, methylester
10 4583, 4585, 4587, 4594, 4596
—, [Hydroxy-äthoxycarbonyl-oxo-
dimethyl-hexadecahydro-cyclopenta=
[a]phenanthrenyl]-, methylester
10 4588
—, Hydroxy-äthyl-[acetoxy-phenyl]-,
äthylester **10** 1585

Valeriansäure, Hydroxy-äthyl-[methoxy-
phenyl]-, äthylester **10** 1585
—, [Hydroxy-benzoyloxy-dimethyl-
hexadecahydro-cyclopenta[a]=
phenanthrenyl]- **10** 1649
—, [Hydroxy-benzoyloxy-dimethyl-
hexadecahydro-cyclopenta[a]=
phenanthrenyl]-, methylester **10** 1652
—, [Hydroxy-benzoyloxy-oxo-dimethyl-
hexadecahydro-cyclopenta[a]=
phenanthrenyl]- **10** 4586
—, [Hydroxy-benzoyloxy-oxo-dimethyl-
hexadecahydro-cyclopenta[a]=
phenanthrenyl]-, äthylester
10 4589
—, [Hydroxy-benzoyloxy-oxo-dimethyl-
hexadecahydro-cyclopenta[a]=
phenanthrenyl]-, methylester
10 4587
—, Hydroxy-biphenylyl- **10** 1220
—, Hydroxy-biphenylyl-, [diäthylamino-
äthylester] **10** 1220
—, Hydroxy-biphenylyl-, [(methyl-
diäthyl-ammonio)-propylester]
10 1220
—, [Hydroxy-carbamoyloxy-dimethyl-
hexadecahydro-cyclopenta[a]=
phenanthrenyl]-, methylester
10 1653
—, [Hydroxy-(carboxy-propionyloxy)-
dimethyl-hexadecahydro-cyclopenta=
[a]phenanthrenyl]- **10** 1650
—, [Hydroxy-(carboxy-propionyloxy)-oxo-
dimethyl-hexadecahydro-cyclopenta=
[a]phenanthrenyl]-, methylester
10 4592
—, [Hydroxy-chlorcarbonyloxy-dimethyl-
hexadecahydro-cyclopenta[a]=
phenanthrenyl]-, äthylester
10 1653
—, [Hydroxy-chlorcarbonyloxy-dimethyl-
hexadecahydro-cyclopenta[a]=
phenanthrenyl]-, methylester
10 1653
—, [Hydroxy-cycloheptyl]- **10** 46
—, [Hydroxy-cycloheptyl]-, methylester
10 46
—, Hydroxy-[diacetoxy-dimethyl-
hexadecahydro-cyclopenta[a]=
phenanthrenyl]-, nitril **10** 2185
—, [Hydroxy-diacetoxy-dimethyl-
hexadecahydro-cyclopenta[a]=
phenanthrenyl]- **10** 2168
—, [Hydroxy-diacetoxy-dimethyl-
hexadecahydro-cyclopenta[a]=
phenanthrenyl]-, methylester
10 2161, 2170, 2184, 2185
—, Hydroxy-[dihydro-phenanthryl]-
10 1292

Valeriansäure, Hydroxy-[dihydroxy-
dimethyl-hexadecahydro-cyclopenta[a]=
phenanthrenyl]- 10 2182
—, Hydroxy-[dihydroxy-dimethyl-
hexadecahydro-cyclopenta[a]=
phenanthrenyl]-, methylester 10 2182
—, [Hydroxy-dimethoxy-phenyl]- 10 2134
—, Hydroxy-[dimethoxy-phenyl]-
[dimethoxy-benzyl]- 10 2584
—, [Hydroxy-dimethyl-decahydro-
cyclopenta[a]phenanthrenyl]-
10 1141
—, [Hydroxy-dimethyl-dodecahydro-
cyclopenta[a]phenanthrenyl]-
10 1030
—, Hydroxy-[dimethyl-hexadecahydro-
cyclopenta[a]phenanthrenyl]-,
methylester 10 699
—, [Hydroxy-dimethyl-hexadecahydro-
cyclopenta[a]phenanthrenyl]-
10 687, 694, 695, 696, 698
—, [Hydroxy-dimethyl-hexadecahydro-
cyclopenta[a]phenanthrenyl]-,
äthylester 10 692, 698
—, [Hydroxy-dimethyl-hexadecahydro-
cyclopenta[a]phenanthrenyl]-,
benzylester 10 692
—, [Hydroxy-dimethyl-hexadecahydro-
cyclopenta[a]phenanthrenyl]-,
methylester 10 690, 695, 696, 697
—, Hydroxy-dimethyl-[methoxy-naphthyl]-,
äthylester 10 1946
—, Hydroxy-dimethyl-phenyl- 10 649
—, Hydroxy-dimethyl-phenyl-,
äthylester 10 649
—, [Hydroxy-dimethyl-tetradecahydro-
cyclopenta[a]phenanthrenyl]-
10 960, 961, 967, 968, 969, 972, 975
—, [Hydroxy-dimethyl-tetradecahydro-
cyclopenta[a]phenanthrenyl]-,
äthylester 10 964
—, [Hydroxy-dimethyl-tetradecahydro-
cyclopenta[a]phenanthrenyl]-,
benzhydrylester 10 964
—, [Hydroxy-dimethyl-tetradecahydro-
cyclopenta[a]phenanthrenyl]-,
benzylester 10 964
—, [Hydroxy-dimethyl-tetradecahydro-
cyclopenta[a]phenanthrenyl]-,
diäthylamid 10 965
—, [Hydroxy-dimethyl-tetradecahydro-
cyclopenta[a]phenanthrenyl]-,
[diäthylamino-äthylester] 10 965
—, [Hydroxy-dimethyl-tetradecahydro-
cyclopenta[a]phenanthrenyl]-,
[dimethylamino-äthylester] 10 965
—, [Hydroxy-dimethyl-tetradecahydro-
cyclopenta[a]phenanthrenyl]-,
methylester 10 960, 962, 969

Valeriansäure, [Hydroxy-dioxo-dihydro-
naphthyl]- 10 4656
—, [Hydroxy-dioxo-dihydro-naphthyl]-,
äthylester 10 4657
—, [Hydroxy-dioxo-dihydro-naphthyl]-,
amid 10 4657
—, [Hydroxy-dioxo-dihydro-naphthyl]-,
methylester 10 4656
—, [Hydroxy-dioxo-dimethyl-(carboxy-
äthyl)-dodecahydro-cyclopenta[a]=
naphthalinyl]- 10 4805
—, [Hydroxy-dioxo-dimethyl-
hexadecahydro-cyclopenta[a]=
phenanthrenyl]- 10 4617, 4618,
4620, 4621, 4625
—, [Hydroxy-dioxo-dimethyl-
hexadecahydro-cyclopenta[a]=
phenanthrenyl]-, äthylester
10 4619, 4621, 4624
—, [Hydroxy-dioxo-dimethyl-
hexadecahydro-cyclopenta[a]=
phenanthrenyl]-, methylester
10 4617, 4619, 4621, 4622
—, [Hydroxy-dioxo-dimethyl-
hexadecahydro-dicyclopenta[a.f]=
naphthalinyl]- 10 4616
—, [Hydroxy-dioxo-dimethyl-
tetradecahydro-cyclopenta[a]=
phenanthrenyl]- 10 4641
—, [Hydroxy-dioxo-pentamethyl-
tetradecahydro-cyclopenta[a]=
phenanthrenyl]- 10 4642
—, [Hydroxy-dioxo-pentamethyl-
tetradecahydro-cyclopenta[a]=
phenanthrenyl]-, methylester
10 4643
—, Hydroxy-diphenyl- 10 1216, 1217, 1218
—, Hydroxy-diphenyl-, äthylester
10 1216
—, [Hydroxy-formyloxy-dimethyl-
hexadecahydro-cyclopenta[a]=
phenanthrenyl]- 10 1636
—, [Hydroxy-hydroxyimino-dimethyl-
hexadecahydro-cyclopenta[a]=
phenanthrenyl]- 10 4310, 4323
—, [Hydroxy-hydroxyimino-dimethyl-
hexadecahydro-cyclopenta[a]=
phenanthrenyl]-, äthylester
10 4326
—, Hydroxyimino-[äthoxy-phenyl]-
10 4244
—, Hydroxyimino-bis-[methoxy-phenyl]-
10 4681
—, [Hydroxyimino-dimethyl-bis-
carboxymethyl-dodecahydro-
cyclopenta[a]naphthalinyl]- 10 4127
—, [Hydroxyimino-dimethyl-
hexadecahydro-cyclopenta[a]=
phenanthrenyl]- 10 3131, 3134, 3136

Valeriansäure, [Hydroxyimino-dimethyl-
hexadecahydro-cyclopenta[a]=
phenanthrenyl]-, methylester
10 3132
—, Hydroxyimino-diphenyl- 10 3341, 3342
—, Hydroxyimino-[methoxy-phenyl]-
10 4243, 4245
—, Hydroxyimino-methyl-triphenyl-
10 3468
—, Hydroxyimino-phenyl- 10 3062
—, Hydroxy-isopropyl-*p*-tolyl-,
äthylester 10 657
—, [Hydroxy-methoxy-acetoxy-dimethyl-
hexadecahydro-cyclopenta[a]=
phenanthrenyl]-, methylester
10 2161
—, [Hydroxy-(methoxycarbonyl-
propionyloxy)-dimethyl-
hexadecahydro-cyclopenta[a]=
phenanthrenyl]-, methylester
10 1653
—, [Hydroxy-(methoxycarbonyl-
propionyloxy)-oxo-hexadecahydro-
cyclopenta[a]phenanthrenyl-,
methylester 10 4592
—, [Hydroxy-methoxy-dimethyl-
tetradecahydro-cyclopenta[a]=
phenanthrenyl]- 10 1892
—, [Hydroxy-methoxy-dimethyl-
tetradecahydro-cyclopenta[a]=
phenanthrenyl]-, methylester
10 1893
—, Hydroxy-[methoxy-phenyl]- 10 1570
—, Hydroxy-methyl-[chlor-methoxy-
methyl-phenyl]-, äthylester
10 1586
—, Hydroxy-methyl-[chlor-methoxy-
phenyl]-, äthylester 10 1576
—, Hydroxy-methyl-[dimethyl-2.6-
cyclo-norbornyl]-, methylester
10 83
—, Hydroxy-methyl-[methoxy-phenyl]-,
äthylester 10 1575
—, Hydroxy-methyl-phenyl- 10 639
—, Hydroxy-methyl-phenyl-, äthylester
10 639, 640
—, Hydroxy-methyl-phenyl-, amid 10 639
—, Hydroxy-methyl-phenyl-, methylester
10 636
—, Hydroxy-methyl-*p*-tolyl-, äthylester
10 651
—, Hydroxy-methyl-[dimethyl-tricyclo=
[2.2.1.0²·⁶]heptyl]-,
methylester 10 83
—, Hydroxy-methyl-[trimethyl-
cyclohexyl]-, äthylester 10 49
—, Hydroxy-naphthyl- 10 1121
—, Hydroxy-naphthyl-, [diäthylamino-
äthylester] 10 1121

Valeriansäure, Hydroxy-naphthyl-,
[diäthylamino-propylester] 10 1121
—, Hydroxy-oxo-benzyl- 10 4261
—, Hydroxy-[oxo-cyclohexyliden]-,
methylester 10 3522
—, Hydroxy-oxo-[di-*sec*-butyl-
cyclopentenyl]- 10 4194
—, Hydroxy-[oxo-dihydro-naphthyliden]-
10 3595
—, Hydroxy-[oxo-dihydro-naphthyliden]-,
äthylester 10 3595
—, [Hydroxy-oxo-dimethyl-bis-
carboxymethyl-dodecahydro-
cyclopenta[a]naphthalinyl]- 10 4844
—, [Hydroxy-oxo-dimethyl-dodecahydro-
cyclopenta[a]phenanthrenyl]-
10 4387, 4388
—, [Hydroxy-oxo-dimethyl-hexadecahydro-
cyclopenta[a]phenanthrenyl]-
10 4308, 4309, 4310, 4312, 4316,
4317, 4320, 4321, 4328
—, [Hydroxy-oxo-dimethyl-hexadecahydro-
cyclopenta[a]phenanthrenyl]-,
äthylester 10 4315, 4326
—, [Hydroxy-oxo-dimethyl-hexadecahydro-
cyclopenta[a]phenanthrenyl]-,
isopropylester 10 4326
—, [Hydroxy-oxo-dimethyl-hexadecahydro-
cyclopenta[a]phenanthrenyl]-,
methylester 10 4311, 4314, 4317,
4318, 4321, 4324, 4328
—, [Hydroxy-oxo-dimethyl-
tetradecahydro-cyclopenta[a]=
phenanthrenyl]- 10 3584, 4365,
4367, 4368, 4369
—, [Hydroxy-oxo-dimethyl-
tetradecahydro-cyclopenta[a]=
phenanthrenyl]-, methylester
10 4366, 4368, 4370
—, Hydroxy-oxo-diphenyl- 10 4453
—, Hydroxy-oxo-diphenyl-, amid 10 4453
—, [Hydroxy-oxo-hydrazono-dimethyl-
hexadecahydro-cyclopenta[a]=
phenanthrenyl]-, hydrazid 10 4618
—, Hydroxy-oxo-[hydroxy-cyclopentyl]-
10 4503
—, [Hydroxy-oxo-7-oxa-spiro[4.5]decyl]-
10 3924
—, Hydroxy-oxo-phenyl-benzyl- 10 4458
—, Hydroxy-oxo-triphenyl-, äthylester
10 4493
—, Hydroxy-oxo-triphenyl-, amid 10 4494
—, Hydroxy-oxo-triphenyl-, methylester
10 4493
—, [Hydroxy-pentamethyl-tetradecahydro-
cyclopenta[a]phenanthrenyl]- 10 978
—, [Hydroxy-pentamethyl-tetradecahydro-
cyclopenta[a]phenanthrenyl]-,
methylester 10 979

Valeriansäure, Hydroxy-phenyl-
10 617, 618
—, Hydroxy-phenyl-, äthylester 10 617, 619
—, Hydroxy-phenyl-, amid 10 619
—, Hydroxy-phenyl-, [diäthylamino-
äthylester] 10 619
—, Hydroxy-phenyl-, [trimethylammonio-
äthylester] 10 619
—, [Hydroxy-phenyl]- 10 615
—, Hydroxy-phenyl-benzyl- 10 1226
—, [Hydroxy-semicarbazono-dimethyl-
hexadecahydro-cyclopenta[a]=
phenanthrenyl]- 10 4314, 4323
—, Hydroxy-p-tolyl-, äthylester 10 642
—, Hydroxy-[trihydroxy-dimethyl-
hexadecahydro-cyclopenta[a]=
phenanthrenyl]- 10 2424, 2426
—, [Hydroxy-trioxo-dimethyl-
hexadecahydro-cyclopenta[a]=
phenanthrenyl]- 10 4758
—, [Hydroxy-trioxo-dimethyl-
hexadecahydro-dicyclopenta[a.f]=
naphthalinyl]- 10 4757
—, Hydroxy-triphenyl- 10 1329
—, [Imino-phenäthyl]-, äthylester
10 3630
—, Imino-phenyl-cyan-, äthylester
10 3966
—, Imino-phenyl-phenacyl-, äthylester
10 3630
—, Indanyl- 9 2877
—, Indanyl-, amid 9 2877
—, Indanyl-, chlorid 9 2877
—, Indanyl-cyan- 9 4420
—, Indanyl-cyan-, äthylester 9 4421
—, [Isopropyl-phenyl]- 9 2602
—, [Isopropyl-phenyl]-, chlorid 9 2602
—, Isopropyl-p-tolyl- 9 2611
—, Isopropyl-p-tolyl-, chlorid 9 2612
—, [Jod-benzamino]- 9 1436
—, [Jod-benzoylhydrazono]- 9 1441, 1451
—, [Jod-benzoylhydrazono]-, äthylester
9 1451
—, [Jod-benzoylhydrazono]-,
methylester 9 1442, 1451
—, [Jod-dioxo-dimethyl-hexadecahydro-
cyclopenta[a]phenanthrenyl]-
10 3583
—, [Jod-dioxo-dimethyl-hexadecahydro-
cyclopenta[a]phenanthrenyl]-,
methylester 10 3583
—, [Jod-methoxy-phenyl]- 10 616
—, [Jod-phenyl]- 9 2503
—, [Jod-phenyl]-, äthylester 9 2504
—, Mesityl- 9 2606
—, [Methansulfonyloxy-acetoxy-(methoxy=
carbonyl-propionyloxy)-dimethyl-
hexadecahydro-cyclopenta[a]phenan=
threnyl]- 10 2162

Valeriansäure, [Methansulfonyloxy-
acetoxy-(methoxycarbonyl-
propionyloxy)-dimethyl-
hexadecahydro-cyclopenta[a]=
phenanthrenyl]-, methylester 10 2162
—, [Methoxy-acetoxy-
dimethyl-tetradecahydro-
cyclopenta[a]phenanthrenyl]-,
methylester 10 1894
—, [(Methoxycarbonyl-propionyloxy)-
dioxo-dimethyl-hexadecahydro-
cyclopenta[a]phenanthrenyl]-,
methylester 10 4624
—, [(Methoxycarbonyl-propionyloxy)-oxo-
dimethyl-hexadecahydro-cyclopenta=
[a]phenanthrenyl]-, methylester
10 4319
—, [Methoxy-diacetoxy-dimethyl-
hexadecahydro-cyclopenta[a]=
phenanthrenyl]-, methylester
10 2161
—, [Methoxy-dimethyl-dodecahydro-
cyclopenta[a]phenanthrenyl]-
10 1030
—, [Methoxy-dimethyl-hexadecahydro-
3.5-cyclo-cyclopenta[a]=
phenanthrenyl]-, methylester
10 976
—, [Methoxy-dimethyl-tetradecahydro-
cyclopenta[a]phenanthrenyl]-
10 961, 971
—, [Methoxy-dimethyl-tetradecahydro-
cyclopenta[a]phenanthrenyl]-,
methylester 10 963, 972
—, [Methoxy-dioxo-dimethyl-
tetradecahydro-cyclopenta[a]=
phenanthrenyl]-, methylester
10 4641
—, [Methoxy-methyl-isopropyl-phenyl]-
10 658
—, [Methoxy-methyl-phenyl]- 10 641
—, [Methoxy-methyl-phenyl]-, amid
10 641
—, [Methoxy-methyl-phenyl]-, nitril
10 642
—, [Methoxy-naphthyl]- 10 1121
—, [Methoxy-oxo-dimethyl-
tetradecahydro-cyclopenta[a]=
phenanthrenyl]-, methylester
10 4368
—, [Methoxy-phenyl]- 10 615, 617, 618
—, [Methoxy-phenyl]-, äthylester 10 616
—, [Methoxy-phenyl]-, amid 10 618
—, [Methoxy-phenyl]-, chlorid 10 616
—, [Methoxy-phenyl]-acetyl-,
äthylester 10 4271
—, [Methyl-(acetoxy-methyl-carboxy-
decahydro-naphthyl)-formyl-
cyclopentyl]-, methylester 10 4737

Valeriansäure, [Methyl-(acetoxy-methyl-
chlorcarbonyl-decahydro-naphthyl)-
formyl-cyclopentyl]-, methylester
10 4737
—, [Methyl-(acetoxy-methyl-
methoxycarbonyl-decahydro-
naphthyl)-formyl-cyclopentyl]-,
methylester 10 4737
—, Methyl-äthyl-phenyl- 9 2600
—, Methyl-benzoyl- s. *Propionsäure,
Oxo-isobutyl-phenyl-*
—, [Methyl-benzyl]- s. *Buttersäure,
Äthyl-tolyl-*
—, Methyl-bis-[acetoxy-phenyl]- 10 1980
—, Methyl-bis-[hydroxy-phenyl]- 10 1980
—, Methyl-bis-[methoxy-phenyl]- 10 1980
—, Methyl-[brom-methoxy-phenyl]-,
nitril 10 639
—, [Methyl-(brom-oxo-methyl-decahydro-
naphthyl)-carboxy-cyclopentyl]-
10 3951
—, Methyl-butyl-phenyl- 9 2622
—, [Methyl-carboxy-octahydro-
pentalenyl]- 9 4033
—, [Methyl-cyclohexenyl]- 9 253
—, Methyl-cyclohexyl- 9 112
—, Methyl-cyclohexyl-, äthylester 9 113
—, Methyl-[dimethyl-methylen-
methoxycarbonyl-decahydro-
naphthyl]- 9 4084
—, Methyl-[dimethyl-phenyl]- 9 2603, 2604
—, Methyl-[dimethyl-phenyl]-, chlorid
9 2604
—, [Methyl-(dioxo-methyl-hexahydro-
indanyl)-carboxy-cyclopentyl]- 10 4061
—, Methyl-hexyl-cyclohexyl- 9 133
—, Methyl-[hydroxy-benzyl]-
s. *Propionsäure, Hydroxy-isobutyl-
phenyl-*
—, Methyl-[hydroxy-dioxo-dihydro-
naphthyl]- 10 4658
—, Methyl-[hydroxy-dioxo-dihydro-
naphthyl]-, methylester 10 4658
—, [Methyl-(hydroxy-methyl-carboxy-
decahydro-naphthyl)-formyl-
cyclopentyl]- 10 4736
—, [Methyl-(hydroxy-methyl-carboxy-
decahydro-naphthyl)-formyl-
cyclopentyl]-, methylester 10 4736
—, [Methyl-(hydroxy-methyl-
methoxycarbonyl-decahydro-
naphthyl)-formyl-cyclopentyl]- 10 4736
—, [Methyl-(hydroxy-methyl-
methoxycarbonyl-decahydro-
naphthyl)-formyl-cyclopentyl]-,
methylester 10 4737
—, [Methyl-(hydroxy-oxo-methyl-
decahydro-naphthyl)-carboxy-
cyclopentyl]- 10 4734

Valeriansäure, [Methylmercapto-phenyl]-
10 616
—, [Methylmercapto-phenyl]-, amid
10 617
—, [Methyl-methoxycarbonyl-octahydro-
pentalenyl]-, methylester 9 4033
—, Methyl-[methoxy-methyl-phenyl]-
10 651, 652
—, Methyl-[methoxy-naphthyl]- 10 1126
—, [Methyl-(methoxy-oxo-methyl-
decahydro-naphthyl)-carboxy-
cyclopentyl]- 10 4734
—, Methyl-[methoxy-phenyl]- 10 636,
639, 640
—, Methyl-[methyl-benzyl]- 9 2601
—, Methyl-naphthylmethyl- 9 3253
—, Methyl-octyl-phenyl- 9 2635
—, [Methyl-(oxo-methyl-decahydro-
naphthyl)-carboxy-cyclopentyl]-
10 3951
—, Methyl-phenäthyl- s. *Buttersäure,
sec-Butyl-phenyl-* und
Buttersäure, Isobutyl-phenyl-
—, Methyl-phenanthryl- 9 3542
—, Methyl-phenyl- 9 2541, 2542, 2545,
2546, 2548
—, Methyl-phenyl-, äthylester 9 2542
—, Methyl-phenyl-, amid 9 2545
—, Methyl-phenyl-, chlorid 9 2546
—, Methyl-phenyl-, nitril 9 2545, 2548
—, Methyl-phenyl-, [phenyl-
phenacylester] 9 2542
—, Methyl-phenylacetyl- s.
*Acetessigsäure, Isobutyl-
phenyl-*
—, Methyl-[tetramethyl-octahydro-
naphthyl]- 9 350
—, Methyl-o-tolyl- 9 2579
—, Methyl-o-tolyl-, chlorid 9 2579
—, Methyl-p-tolyl- 9 2579, 2581
—, Methyl-p-tolyl-, äthylester
9 2581
—, Methyl-p-tolyl-, chlorid 9 2579, 2581
—, Methyl-[trimethyl-cyclohexyl]-
9 128
—, Methyl-[trimethyl-cyclohexyl]-,
äthylester 9 128
—, [Methyl-vinyl-carboxy-cyclopentyl]-
s. *Cyclopentan-carbonsäure,
Methyl-[methyl-carboxy-propyl]-
vinyl-*
—, Methyl-[2.4]xylyl- 9 2604
—, Methyl-[2.5]xylyl- 9 2604
—, Methyl-[3.4]xylyl- 9 2603
—, Naphthoylhydrazono- 9 3190
—, Naphthoylhydrazono-, äthylester
9 3190
—, Naphthoylhydrazono-, benzylester
9 3191

Valeriansäure, Naphthyl- **9** 3238, 3239
—, Naphthyl-, methylester **9** 3238
—, [Naphthyl-acetamino]-methyl- **9** 3209
—, [Naphthyl-äthyl]- **9** 3253
—, Naphthylmethyl- s. *Buttersäure, Äthyl-naphthyl-*
—, [Nitrimino-dimethyl-bis-carboxymethyl-dodecahydro-cyclopenta[*a*]naphthalinyl]- **10** 4127
—, [Nitro-acetoxy-dimethyl-tetradecahydro-cyclopenta[*a*]-phenanthrenyl]-, methylester **10** 966
—, [Nitro-benzamino]- **9** 1519
—, [(Nitro-benzamino)-acetamino]-methyl- **9** 1729
—, [(Nitro-benzamino)-acetamino]-methyl-, amid **9** 1730
—, [(Nitro-benzamino)-acetamino]-methyl-, methylester **9** 1729
—, [(Nitro-benzamino)-butyrylamino]-methyl- **9** 1731
—, [Nitro-benzamino]-guanidino- **9** 1747
—, [Nitro-benzamino]-methyl- **9** 1479, 1519, 1732, 1735
—, [Nitro-benzamino]-methyl-, amid **9** 1733
—, [Nitro-benzamino]-methyl-, methylester **9** 1732
—, [(Nitro-benzamino)-methyl-valerylamino]-methyl- **9** 1734
—, [Nitro-benzoylhydrazono]- **9** 1488, 1535
—, [Nitro-benzoylhydrazono]-, äthylester **9** 1488, 1536
—, [(Nitro-benzoyloxy)-dioxo-dimethyl-hexadecahydro-cyclopenta[*a*]-phenanthrenyl]-, äthylester **10** 4619
—, [(Nitro-benzoyloxy)-dioxo-dimethyl-hexadecahydro-cyclopenta[*a*]-phenanthrenyl]-, methylester **10** 4623
—, [Nitro-cyclohexyl]-, nitril **9** 103
—, [Nitro-dimethyl-benzoylhydrazono]- **9** 2450
—, [Nitro-dimethyl-benzoylhydrazono]-, äthylester **9** 2450
—, [Nitro-dioxo-dimethyl-hexadecahydro-cyclopenta[*a*]phenanthrenyl]- **10** 3585
—, Nitro-diphenyl-, nitril **9** 3380
—, Nitro-methoxy-methyl-phenyl-, nitril **10** 636
—, [Nitro-methyl-benzoylhydrazono]- **9** 2367
—, Nitro-methyl-phenyl-, nitril **9** 2545
—, [Nitro-oxo-dimethyl-bis-carboxymethyl-decahydro-cyclopenta[*a*]naphthalinyl]- **10** 4135

Valeriansäure, [Nitro-phenyl]- **9** 2505
—, [(Nitro-phenyl)-acetamino]-methyl- **9** 2290
—, Nitro-phenyl-[brom-phenyl]-, nitril **9** 3380
—, [Nitroso-oxo-dimethyl-bis-carboxymethyl-decahydro-cyclopenta[*a*]naphthalinyl]- **10** 4135
—, Oxo-acenaphthenyl- **10** 3349
—, Oxo-acenaphthenyl-, methylester **10** 3349
—, [Oxo-äthoxycarbonyl-cycloheptyl]-, äthylester **10** 3922
—, Oxo-[äthoxy-phenyl]- **10** 4243
—, Oxo-äthyl- s. *Buttersäure, Propionyl-*
—, Oxo-äthyl-propyl-phenyl- **10** 3113
—, Oxo-benzyl- **10** 3081; s. a. *Buttersäure, Acetyl-phenyl-*
—, Oxo-bis-[dimethoxy-phenyl]-, amid **10** 4822
—, Oxo-bis-[dimethoxy-phenyl]-, nitril **10** 4822
—, Oxo-bis-[methoxy-phenyl]- **10** 4681
—, Oxo-bis-[oxo-(brom-methoxy-naphthyl)-äthyl]-, äthylester **10** 4837
—, Oxo-[brom-dimethoxy-phenyl]- **10** 4556
—, Oxo-[brom-dimethoxy-phenyl]-, äthylester **10** 4556
—, Oxo-*sec*-butyl-[dimethoxy-äthyl-phenyl]- **10** 4571
—, Oxo-[chlor-dimethoxy-phenyl]- **10** 4555
—, [Oxo-cycloheptyl]- **10** 2885
—, [Oxo-cycloheptyl]-, äthylester **10** 2885
—, [Oxo-cycloheptyl]-, methylester **10** 2885
—, Oxo-cyclohexenyl- **10** 2917
—, Oxo-cyclohexenyl-, methylester **10** 2917
—, Oxo-cyclohexyl- **10** 2874
—, Oxo-cyclohexyl-, äthylester **10** 2874
—, Oxo-cyclopentenyl- **10** 2908
—, Oxo-cyclopentenyl-, methylester **10** 2909
—, Oxo-cyclopentyl- **10** 2860
—, Oxo-cyclopentyl-, äthylester **10** 2860
—, Oxo-[cyclopentyl-phenyl]- **10** 3206
—, Oxo-[cyclopentyl-phenyl]-, äthylester **10** 3206
—, Oxo-[dihydroxy-phenyl]- **10** 4554
—, Oxo-[dihydroxy-phenyl]-, methylester **10** 4554
—, Oxo-[dimethoxy-phenyl]- **10** 4554, 4555
—, Oxo-[dimethoxy-phenyl]-, äthylester **10** 4554, 4555

Valeriansäure, Oxo-[dimethoxy-phenyl]-,
phenacylester **10** 4555
—, [Oxo-dimethyl-bis-
äthoxycarbonylmethyl-
dodecahydro-cyclopenta[*a*]-
naphthalinyl]-, äthylester
10 4127
—, [Oxo-dimethyl-bis-carboxymethyl-
dodecahydro-cyclopenta[*a*]-
naphthalinyl]- **10** 4126, 4127, 4128
—, [Oxo-dimethyl-bis-
methoxycarbonylmethyl-dodecahydro-
cyclopenta[*a*]naphthalinyl]-,
methylester **10** 4127, 4128
—, [Oxo-dimethyl-(carboxy-äthyl)-
dodecahydro-cyclopenta[*a*]-
naphthalinyl]- **10** 3951, 3952
—, [Oxo-dimethyl-(carboxy-äthyl)-
dodecahydro-*as*-indacenyl]- **10** 3950
—, [Oxo-dimethyl-carboxy-dodecahydro-
cyclopenta[*a*]naphthalinyl]-
10 3949
—, Oxo-dimethyl-[dioxo-dimethyl-spiro-
[2.5]octyl]- **10** 3945
—, Oxo-dimethyl-[dioxo-trimethyl-spiro-
[2.5]octyl]- **10** 3947
—, [Oxo-dimethyl-dodecahydro-
cyclopenta[*a*]phenanthrenyl]-
10 3251
—, [Oxo-dimethyl-dodecahydro-
cyclopenta[*a*]phenanthrenyl]-,
methylester **10** 3250, 3251
—, [Oxo-dimethyl-hexadecahydro-
cyclopenta[*a*]phenanthrenyl]-
10 3130, 3133, 3134, 3135
—, [Oxo-dimethyl-hexadecahydro-
cyclopenta[*a*]phenanthrenyl]-,
äthylester **10** 3136
—, [Oxo-dimethyl-hexadecahydro-
cyclopenta[*a*]phenanthrenyl]-,
methylester **10** 3131, 3134, 3135, 3136
—, [Oxo-dimethyl-hexadecahydro-
dicyclopenta[*a.f*]naphthalinyl]-
10 3129, 3130
—, [Oxo-dimethyl-hexadecahydro-
dicyclopenta[*a.f*]naphthalinyl]-,
äthylester **10** 3130
—, [Oxo-dimethyl-hexadecahydro-
dicyclopenta[*a.f*]naphthalinyl]-,
methylester **10** 3129, 3130
—, [Oxo-dimethyl-(methoxycarbonyl-
äthyl)-dodecahydro-cyclopenta[*a*]-
naphthalinyl]-, methylester
10 3952
—, Oxo-dimethyl-phenacyl- **10** 3558
—, Oxo-dimethyl-phenyl- **10** 3094, 3095,
3097
—, Oxo-dimethyl-phenyl-, nitril **10** 3095
—, Oxo-[dimethyl-phenyl]- **10** 3100

Valeriansäure, [Oxo-dimethyl-tetradeca-
hydro-cyclopenta[*a*]phenanthrenyl]-
10 3219, 3220, 3221, 3222, 3223
—, [Oxo-dimethyl-tetradecahydro-
cyclopenta[*a*]phenanthrenyl]-,
äthylester **10** 3220
—, [Oxo-dimethyl-tetradecahydro-
cyclopenta[*a*]phenanthrenyl]-,
methylester **10** 3220, 3221, 3223
—, [Oxo-dimethyl-tetradecahydro-
dicyclopenta[*a.f*]naphthalinyl]-
10 3219
—, Oxo-diphenyl- **10** 3340, 3341, 3342, 3345
—, Oxo-diphenyl-, äthylester **10** 3339, 3342
—, Oxo-diphenyl-, amid **10** 3339
—, Oxo-diphenyl-, methylester **10** 3340,
3341
—, Oxo-diphenyl-, nitril **10** 3339
—, Oxo-diphenyl-acetyl-, äthylester
10 3631
—, Oxo-diphenyl-benzhydryl- **10** 3503
—, Oxo-diphenyl-benzoyl-, äthylester
10 3674
—, Oxo-diphenyl-cyan-, amid **10** 4015
—, Oxo-diphenyl-[nitro-phenyl]- **10** 3466
—, Oxo-diphenyl-[nitro-phenyl]-,
äthylester **10** 3466
—, Oxo-diphenyl-[nitro-phenyl]-,
butylester **10** 3467
—, Oxo-diphenyl-[nitro-phenyl]-,
methylester **10** 3466
—, Oxo-diphenyl-[nitro-phenyl]-,
nitril **10** 3467
—, Oxo-diphenyl-[nitro-phenyl]-acetyl-,
äthylester **10** 3674
—, Oxo-diphenyl-*p*-tolyl- **10** 3468
—, Oxo-diphenyl-*p*-tolyl-, äthylester
10 3469
—, Oxo-diphenyl-*p*-tolyl-, methylester
10 3469
—, Oxo-diphenyl-*p*-tolyl-, nitril **10** 3469
—, Oxo-[hydroxy-cyclohexenyl]-,
methylester **10** 3522
—, Oxo-[hydroxy-dihydro-naphthyl]-
10 3595
—, Oxo-[hydroxy-dihydro-naphthyl]-,
äthylester **10** 3595
—, Oxo-[hydroxy-dimethoxy-phenyl]-
10 4727
—, [Oxo-hydroxyimino-dimethyl-(carboxy-
äthyl)-hydroxycarbamoyl-
dodecahydro-cyclopenta[*a*]-
naphthalinyl]- **10** 4149
—, Oxo-[hydroxy-methoxy-phenyl]-
10 4554
—, Oxo-indanyl- **10** 3194
—, Oxo-indanyl-, äthylester **10** 3195
—, Oxo-[methoxy-(carboxy-äthyl)-
naphthyl]- **10** 4775

Valeriansäure, Oxo-[methoxy-(carboxy-äthyl)-tetrahydro-naphthyl]-
10 4756

—, Oxo-[methoxy-(methoxycarbonyl-propyl)-phenyl]-, methylester
10 4746

—, Oxo-[methoxy-methyl-phenyl]- 10 4263

—, Oxo-[methoxy-methyl-phenyl]-, äthylester 10 4263

—, Oxo-[methoxy-methyl-phenyl]-, phenacylester 10 4264

—, Oxo-[methoxy-phenyl]- 10 4243, 4245

—, Oxo-[methoxy-phenyl]-, äthylester 10 4244, 4245

—, Oxo-[methoxy-phenyl]-, nitril 10 4245

—, Oxo-[methoxy-phenyl]-, phenacylester 10 4244

—, [Oxo-methyl-äthoxycarbonyl-cyclohexyl]-, äthylester 10 3923

—, Oxo-methyl-äthyl-phenyl- 10 3104

—, Oxo-methyl-benzyliden-
s. *Acrylsäure, Phenyl-isobutyryl-*

—, Oxo-methyl-bis-[brom-dimethoxy-phenyl]-, amid 10 4824

—, Oxo-methyl-bis-[brom-dimethoxy-phenyl]-, nitril 10 4824

—, Oxo-methyl-bis-[dimethoxy-phenyl]-, amid 10 4823

—, Oxo-methyl-bis-[methoxy-äthoxy-phenyl]-, amid 10 4823

—, Oxo-methyl-butyl-phenyl- 10 3113

—, Oxo-methyl-butyl-phenyl-, nitril 10 3113

—, [Oxo-methyl-carboxy-octahydro-pentalenyl]- 10 3940

—, [Oxo-methyl-cyclohexyl]- 10 2886

—, Oxo-methyl-hexyl-phenyl- 10 3116

—, Oxo-methyl-hexyl-phenyl-, äthylester 10 3116

—, Oxo-[methylmercapto-phenyl]- 10 4244

—, Oxo-methyl-mesityl- 10 3111

—, [Oxo-methyl-methoxycarbonyl-octahydro-pentalenyl]-, methylester 10 3940

—, Oxo-methyl-[methoxy-phenäthyl]-, methylester 10 4275

—, Oxo-methyl-[methoxy-phenyl]-acetyl-, äthylester 10 4610

—, Oxo-methyl-octyl-phenyl- 10 3118

—, Oxo-methyl-octyl-phenyl-, nitril 10 3118

—, Oxo-methyl-phenyl- 10 3081, 3085

—, Oxo-methyl-phenyl-, äthylester 10 3085

—, Oxo-methyl-*p*-tolyl- 10 3097

—, Oxo-methyl-[trimethyl-phenyl]-
10 3111

—, Oxo-methyl-triphenyl- 10 3468

Valeriansäure, Oxo-[nitro-äthoxy-phenyl]-
10 4244

—, Oxo-[nitro-benzoylhydrazono]-, äthylester 9 1489

—, Oxo-[nitro-methoxy-phenyl]- 10 4244

—, Oxo-[oxo-äthyl]- s. *Buttersäure, Oxo-propionyl-*

—, Oxo-[oxo-cyclohexyl]-, methylester
10 3522

—, Oxo-[oxo-diphenyl-propyl]-triphenyl-, nitril 10 3681

—, Oxo-[oxo-phenyl-propyl]-phenyl-, nitril 10 3632

—, Oxo-[oxo-phenyl-propyl]-phenyl-bromcarbimidoyl-, methylester
10 4080

—, Oxo-[oxo-phenyl-propyl]-phenyl-cyan-
10 4081

—, Oxo-[oxo-phenyl-propyl]-phenyl-cyan-, amid 10 4081

—, Oxo-[oxo-phenyl-propyl]-phenyl-cyan-, methylester 10 4081

—, Oxo-[oxo-tetrahydro-naphthyl]-
10 3595, 3596

—, Oxo-[oxo-tetrahydro-naphthyl]-, äthylester 10 3595

—, Oxo-[oxo-tetrahydro-phenanthryl]-
10 3631

—, Oxo-[phenoxy-phenyl]- 10 4244

—, Oxo-phenyl- 10 3059, 3061, 3062, 3063

—, Oxo-phenyl-, äthylester 10 3060, 3062, 3063, 3064

—, Oxo-phenyl-, amid 10 3060, 3063

—, Oxo-phenyl-, methylester 10 3060, 3064

—, Oxo-phenyl-, nitril 10 3060, 3062, 3063

—, Oxo-phenyl-acetyl-, äthylester
10 3557, 4348

—, Oxo-phenyl-benzoyl- 10 3629

—, Oxo-phenyl-benzoyl-, äthylester
10 3629

—, Oxo-phenyl-benzyl- 10 3350

—, Oxo-phenyl-benzyl-, methylester
10 3350

—, Oxo-phenyl-cyan-, äthylester
10 3967

—, Oxo-phenyl-[dimethoxy-phenyl]-, amid 10 4680

—, Oxo-phenyl-[dimethoxy-phenyl]-, nitril 10 4680

—, Oxo-phenyl-[dinitro-methyl-phenyl]-
10 3351

—, Oxo-phenyl-[methoxy-phenyl]- 10 4452

—, Oxo-phenyl-[methoxy-phenyl]-, methylester 10 4452

—, Oxo-phenyl-phenacyl-, äthylester
10 3630

—, Oxo-phenyl-*p*-tolyl- 10 3351

—, Oxo-phenyl-*p*-tolyl-cyan-, amid
10 4017

Valeriansäure, [Oxo-semicarbazono-
  dimethyl-hexadecahydro-cyclopenta[a]ᵉ
  phenanthrenyl]-, methylester
  10 3576
—, Oxo-[semicarbazono-phenyl-propyl]-
  phenyl-, nitril 10 3632
—, Oxo-[tetrahydro-benzocycloheptenyl]-
  10 3207
—, Oxo-[tetrahydro-benzocycloheptenyl]-,
  äthylester 10 3207
—, Oxo-[tetrahydro-naphthyl]- 10 3200
—, Oxo-[tetrahydro-naphthyl]-,
  äthylester 10 3200
—, Oxo-[tetrahydro-naphthyl]-,
  methylester 10 3200
—, [Oxo-tetramethyl-tetradecahydro-
  9.10-methano-cyclopenta[a]ᵉ
  phenanthrenyl]- 10 3224
—, Oxo-p-tolyl- 10 3086
—, Oxo-p-tolyl-, methylester 10 3086
—, Oxo-[trihydroxy-phenyl]- 10 4728
—, Oxo-[trimethoxy-phenyl]- 10 4727, 4728
—, Oxo-[trimethoxy-phenyl]-,
  äthylester 10 4728
—, Oxo-[trimethoxy-phenyl]-,
  methylester 10 4728
—, Oxo-triphenyl- 10 3464
—, Oxo-triphenyl-, äthylester 10 3465
—, Oxo-triphenyl-, methylester 10 3464
—, Oxo-triphenyl-phenacyl-, nitril
  10 3679
—, Oxo-[2.5]xylyl- 10 3100
—, Phenacyl- s. *Buttersäure, Oxo-propyl-*
  phenyl-
—, Phenäthyl- s. *Buttersäure, Propyl-*
  phenyl-
—, Phenanthryl- 9 3531, 3532, 3533
—, Phenanthryl-, amid 9 3531
—, Phenoxy-phenyl-, nitril 10 619
—, [Phenoxy-phenyl]- 10 616
—, Phenyl- 9 2502, 2505, 2512
—, Phenyl-, äthylester 9 2503, 2505, 2513
—, Phenyl-, amid 9 2503, 2507
—, Phenyl-, amylester 9 2513
—, Phenyl-, [chlor-äthylester] 9 2506
—, Phenyl-, chlorid 9 2503, 2507
—, Phenyl-, [diäthylamino-äthylester]
  9 2506
—, Phenyl-, [diäthylamino-methyl-
  butylester] 9 2507
—, Phenyl-, [diäthylamino-propylester]
  9 2506
—, Phenyl-, dodecylamid 9 2503
—, Phenyl-, methylester 9 2505
—, Phenyl-, nitril 9 2503, 2507
—, Phenyl-, ureid 9 2507
—, [Phenyl-acetamino]- 9 2217
—, [Phenyl-acetamino]-, butylester
  9 2217

Valeriansäure, [Phenyl-acetamino]-äthyl-
  9 2219
—, [Phenyl-acetamino]-methyl- 9 2218, 2219
—, [Phenyl-acetamino]-methyl-,
  methylester 9 2218
—, [Phenyl-acetamino]-methyl-cyan-,
  methylester 9 2227
—, [(Phenyl-acetamino)-methyl-
  valerylamino]-methyl- 9 2219
—, Phenyl-acetyl- s. *Hexansäure,*
  Oxo-benzyl- und Acetessigsäure,
  [Phenyl-propyl]-
—, Phenylacetyl- s. *Acetessigsäure,*
  Propyl-phenyl-
—, [Phenylacetyl-hydrazono]- 9 2260
—, Phenyl-benzyl- 9 3392; s. a. *Propionᵉ*
  säure, Propyl-diphenyl-
—, Phenyl-cyan-, äthylester 9 4313
—, Phenyl-cyan-, hydrazid 9 4313
—, Phenyl-cyan-, [methoxy-
  benzylidenhydrazid] 9 4314
—, Phenyl-[dimethoxy-phenyl]-, nitril
  10 1975
—, m-Phenylen-di- 9 4358
—, m-Phenylen-di-, diäthylester
  9 4358
—, o-Phenylen-di- 9 4358
—, p-Phenylen-di-, diäthylester
  9 4359
—, [Phenyl-propyl]-phenyl- 9 3401
—, [Phenyl-thioacetamino]-methyl-
  9 2296
—, Pyrenyl- 9 3607
—, Semicarbazono-bis-[methoxy-phenyl]-
  10 4681
—, [Semicarbazono-cycloheptyl]- 10 2885
—, Semicarbazono-cyclopentyl- 10 2860
—, Semicarbazono-[dimethoxy-phenyl]-
  10 4554, 4555
—, [Semicarbazono-dimethyl-dodecahydro-
  cyclopenta[a]phenanthrenyl]-,
  methylester 10 3250
—, [Semicarbazono-dimethyl-
  hexadecahydro-cyclopenta[a]ᵉ
  phenanthrenyl]- 10 3131
—, Semicarbazono-dimethyl-phenyl-
  10 3095, 3096
—, [Semicarbazono-dimethyl-
  tetradecahydro-cyclopenta[a]ᵉ
  phenanthrenyl]-, methylester
  10 3221, 3224
—, Semicarbazono-diphenyl- 10 3340, 3342
—, Semicarbazono-diphenyl-,
  methylester 10 3340
—, Semicarbazono-diphenyl-, nitril
  10 3339
—, Semicarbazono-indanyl- 10 3195
—, Semicarbazono-[methoxy-methyl-
  phenyl]- 10 4263

Valeriansäure, Semicarbazono-[methoxy-phenyl]- **10** 4243

—, Semicarbazono-[methoxy-phenyl]-, äthylester **10** 4244

—, Semicarbazono-methyl-äthyl-phenyl- **10** 3104

—, [Semicarbazono-methyl-cyclohexyl]- **10** 2886

—, Semicarbazono-[methylmercapto-phenyl]- **10** 4244

—, Semicarbazono-phenyl- **10** 3060, 3064

—, Semicarbazono-phenyl-, äthylester **10** 3064

—, Semicarbazono-phenyl-, nitril **10** 3061

—, Semicarbazono-phenyl-[methoxy-phenyl]- **10** 4452

—, Semicarbazono-phenyl-[methoxy-phenyl]-, methylester **10** 4452

—, Semicarbazono-phenyl-p-tolyl- **10** 3351

—, Semicarbazono-[semicarbazono-phenyl-propyl]-phenyl-cyan-, methylester **10** 4081

—, Semicarbazono-[tetrahydro-benzocycloheptenyl]- **10** 3207

—, Semicarbazono-[tetrahydro-naphthyl]- **10** 3200

—, Semicarbazono-p-tolyl- **10** 3086

—, [Tetrabrom-dimethyl-hexadecahydro-cyclopenta[a]phenanthrenyl]- **9** 2665

—, [Tetrabrom-dimethyl-hexadecahydro-cyclopenta[a]phenanthrenyl]-, methylester **9** 2665

—, [Tetrahydro-naphthyl]- **9** 2887

—, [Tetrahydro-naphthyl]-, amid **9** 2887

—, [Tetrahydro-naphthyl]-, chlorid **9** 2887

—, [Tetrahydro-naphthyl]-, methylester **9** 2887

—, [Tetrahydroxy-dimethyl-hexadecahydro-cyclopenta[a]phenanthrenyl]- **10** 2425

—, [Tetramethyl-cyclopentancarbonyl-amino]-methyl- **9** 99

—, o-Tolyl- **9** 2551

—, p-Tolyl- **9** 2551

—, p-Tolyl-, äthylester **9** 2552

—, p-Tolyl-, amid **9** 2551

—, p-Tolyl-, chlorid **9** 2553

—, p-Tolyl-, methylester **9** 2552

—, p-Tolyl-, [phenyl-phenacylester] **9** 2552

—, [Triacetoxy-dimethyl-hexadecahydro-cyclopenta[a]phenanthrenyl]-, methylester **10** 2162, 2170, 2185

—, [Tribrom-dioxo-dimethyl-(carboxy-äthyl)-dodecahydro-cyclopenta[a]-naphthalinyl]- **10** 4062

Valeriansäure, [Triformyloxy-dimethyl-hexadecahydro-cyclopenta[a]-phenanthrenyl]- **10** 2168

—, [Triformyloxy-dimethyl-hexadecahydro-cyclopenta[a]phenanthrenyl]-, amid **10** 2178

—, [Triformyloxy-dimethyl-hexadecahydro-cyclopenta[a]-phenanthrenyl]-, chlorid **10** 2174

—, [Triformyloxy-dimethyl-hexadecahydro-cyclopenta[a]-phenanthrenyl]-, methylester **10** 2169

—, [Triformyloxy-dimethyl-hexadecahydro-cyclopenta[a]-phenanthrenyl]-, nitril **10** 2180

—, [Trihydroxy-benzyl]- s. *Buttersäure, Äthyl-[trihydroxy-phenyl]-*

—, Trihydroxy-[di-sec-butyl-cyclopentenyl]- **10** 2045

—, [Trihydroxy-dimethyl-hexadecahydro-cyclopenta[a]phenanthrenyl]- **10** 2159, 2162, 2182

—, [Trihydroxy-dimethyl-hexadecahydro-cyclopenta[a]phenanthrenyl]-, äthylamid **10** 2175

—, [Trihydroxy-dimethyl-hexadecahydro-cyclopenta[a]phenanthrenyl]-, äthylester **10** 2172

—, [Trihydroxy-dimethyl-hexadecahydro-cyclopenta[a]phenanthrenyl]-, allylamid **10** 2175

—, [Trihydroxy-dimethyl-hexadecahydro-cyclopenta[a]phenanthrenyl]-, amid **10** 2174

—, [Trihydroxy-dimethyl-hexadecahydro-cyclopenta[a]phenanthrenyl]-, [amid-imin] **10** 2180

—, [Trihydroxy-dimethyl-hexadecahydro-cyclopenta[a]phenanthrenyl]-, azid **10** 2182

—, [Trihydroxy-dimethyl-hexadecahydro-cyclopenta[a]phenanthrenyl]-, benzylidenhydrazid **10** 2180

—, [Trihydroxy-dimethyl-hexadecahydro-cyclopenta[a]phenanthrenyl]-, butylidenhydrazid **10** 2180

—, [Trihydroxy-dimethyl-hexadecahydro-cyclopenta[a]phenanthrenyl]-, cinnamylidenhydrazid **10** 2181

—, [Trihydroxy-dimethyl-hexadecahydro-cyclopenta[a]phenanthrenyl]-, [diäthylamino-äthylester] **10** 2174

—, [Trihydroxy-dimethyl-hexadecahydro-cyclopenta[a]phenanthrenyl]-, dimethylamid **10** 2175

—, [Trihydroxy-dimethyl-hexadecahydro-cyclopenta[a]phenanthrenyl]-, [dimethylamino-äthylester] **10** 2174

Valeriansäure, [Trihydroxy-dimethyl-hexadecahydro-cyclopenta[a]phenanthrenyl]-,
hydrazid **10** 2180
—, [Trihydroxy-dimethyl-hexadecahydro-
cyclopenta[a]phenanthrenyl]-,
[hydroxy-benzylidenhydrazid]
10 2181
—, [Trihydroxy-dimethyl-hexadecahydro-
cyclopenta[a]phenanthrenyl]-,
[methoxy-benzylidenhydrazid]
10 2182
—, [Trihydroxy-dimethyl-hexadecahydro-
cyclopenta[a]phenanthrenyl]-,
[methyl-äthoxycarbonyl-
äthylidenhydrazid] **10** 2182
—, [Trihydroxy-dimethyl-hexadecahydro-
cyclopenta[a]phenanthrenyl]-,
methylamid **10** 2175
—, [Trihydroxy-dimethyl-hexadecahydro-
cyclopenta[a]phenanthrenyl]-,
methylenhydrazid **10** 2180
—, [Trihydroxy-dimethyl-hexadecahydro-
cyclopenta[a]phenanthrenyl]-,
methylester **10** 2160, 2168, 2184
—, [Trihydroxy-dimethyl-hexadecahydro-
cyclopenta[a]phenanthrenyl]-,
nitril **10** 2179
—, [Trihydroxy-dimethyl-hexadecahydro-
cyclopenta[a]phenanthrenyl]-,
phenäthylidenhydrazid **10** 2181
—, [Trihydroxy-dimethyl-hexadecahydro-
cyclopenta[a]phenanthrenyl]-,
propylamid **10** 2175
—, [Trihydroxy-dimethyl-hexadecahydro-
cyclopenta[a]phenanthrenyl]-,
[trimethylammonio-äthylester]
10 2174
—, [Trihydroxy-dioxo-dihydro-anthryl]-
10 4834
—, [Trimethoxy-phenyl]- **10** 2134
—, Trimethylammonio-[benzoyl-guanidino]-
9 1119
—, [Trimethyl-phenyl]- **9** 2606
—, [Trimethyl-phenyl]-, amid **9** 2606
—, [Trioxo-dimethyl-bis-carboxymethyl-
dodecahydro-cyclopenta[a]
naphthalinyl]- **10** 4168
—, [Trioxo-dimethyl-bis-(chlor-
benzyliden)-hexadecahydro-
cyclopenta[a]phenanthrenyl]- **10** 4037
—, [Trioxo-dimethyl-dibenzyliden-
hexadecahydro-cyclopenta[a]
phenanthrenyl]- **10** 4037
—, [Trioxo-dimethyl-hexadecahydro-
cyclopenta[a]phenanthrenyl]-
10 3986
—, [Trioxo-dimethyl-hexadecahydro-
cyclopenta[a]phenanthrenyl]-,
äthylester **10** 3989

Valeriansäure, [Trioxo-dimethyl-hexadecahydro-cyclopenta[a]phenanthrenyl]-,
chlorid **10** 3990
—, [Trioxo-dimethyl-hexadecahydro-
cyclopenta[a]phenanthrenyl]-,
[diäthylamino-äthylester] **10** 3990
—, [Trioxo-dimethyl-hexadecahydro-
cyclopenta[a]phenanthrenyl]-,
[diäthylamino-propylester]
10 3990
—, [Trioxo-dimethyl-hexadecahydro-
cyclopenta[a]phenanthrenyl]-,
methylester **10** 3988
—, [Trioxo-dimethyl-hexadecahydro-
cyclopenta[a]phenanthrenyl]-,
nitril **10** 3991
—, [Trioxo-pentamethyl-tetradecahydro-
cyclopenta[a]phenanthrenyl]-
10 3999
—, [Trioxo-pentamethyl-tetradecahydro-
cyclopenta[a]phenanthrenyl]-,
methylester **10** 4000
—, Triphenyl- **9** 3615
—, Triphenyl-benzoyl- **10** 3503
—, [Triphenylmethoxy-dimethyl-
tetradecahydro-cyclopenta[a]
phenanthrenyl]-, methylester
10 963
—, [Trisemicarbazono-dimethyl-
hexadecahydro-cyclopenta[a]
phenanthrenyl]- **10** 3988
—, [Tris-hydroxyimino-dimethyl-
hexadecahydro-cyclopenta[a]
phenanthrenyl]- **10** 3988
—, [Tris-hydroxyimino-dimethyl-
hexadecahydro-cyclopenta[a]
phenanthrenyl]-, methylester
10 3989
—, [Tris-hydroxyimino-dimethyl-
hexadecahydro-cyclopenta[a]
phenanthrenyl]-, nitril **10** 3991
—, [2.4]Xylyl- **9** 2585
—, [2.5]Xylyl- **9** 2584
—, [3.4]Xylyl- **9** 2584

Valerohydroxamsäure, [Dihydroxy-
hydroxyimino-dimethyl-
hexadecahydro-cyclopenta[a]
phenanthrenyl]- **10** 4590
—, Oxo-dimethyl-phenyl- **10** 3097

Valeronitril, Äthyl-bis-[methoxy-phenyl]-
10 1984
—, Äthyl-diphenyl- **9** 3399
—, Äthyl-phenyl-[methoxy-phenyl]-
10 1240
—, Bis-[methoxy-benzyl]- **10** 1984
—, Bis-[methoxy-phenyl]- **10** 1977
—, Brom-diphenyl- **9** 3382
—, [Brom-methoxy-phenyl]- **10** 618
—, [Chlor-äthyl]-phenyl- **9** 2575

Valeronitril, Chlor-diphenyl- **9** 3381
—, Cyclohexenyl- **9** 225
—, Cyclohexenyl-phenyl- **9** 3111
—, Cyclohexyl-phenyl- **9** 2898
—, Cyclopentyl-phenyl- **9** 2893
—, Dibenzoyloxy- **9** 863
—, Dibrom-diphenyl- **9** 3382
—, Dichlor-diphenyl- **9** 3382
—, Dimethyl-phenyl- **9** 2576
—, Diphenyl- **9** 3377, 3381
—, [Methoxy-methyl-phenyl]- **10** 642
—, Methyl-[brom-methoxy-phenyl]- **10** 639
—, Methyl-phenyl- **9** 2545, 2548
—, [Nitro-cyclohexyl]- **9** 103
—, Nitro-diphenyl- **9** 3380
—, Nitro-methoxy-methyl-phenyl- **10** 636
—, Nitro-methyl-phenyl- **9** 2545
—, Nitro-phenyl-[brom-phenyl]- **9** 3380
—, Oxo-bis-[dimethoxy-phenyl]- **10** 4822
—, Oxo-dimethyl-phenyl- **10** 3095
—, Oxo-diphenyl- **10** 3339
—, Oxo-diphenyl-[nitro-phenyl]- **10** 3467
—, Oxo-diphenyl-*p*-tolyl- **10** 3469
—, Oxo-[methoxy-phenyl]- **10** 4245
—, Oxo-methyl-bis-[brom-dimethoxy-
    phenyl]- **10** 4824
—, Oxo-methyl-butyl-phenyl- **10** 3113
—, Oxo-methyl-octyl-phenyl- **10** 3118
—, Oxo-[oxo-diphenyl-propyl]-triphenyl-
    10 3681
—, Oxo-[oxo-phenyl-propyl]-phenyl-
    10 3632
—, Oxo-phenyl- **10** 3060, 3062, 3063
—, Oxo-phenyl-[dimethoxy-phenyl]-
    10 4680
—, Oxo-[semicarbazono-phenyl-propyl]-
    phenyl- **10** 3632
—, Oxo-triphenyl-phenacyl- **10** 3679
—, Phenoxy-phenyl- **10** 619
—, Phenyl- **9** 2503, 2507
—, Phenyl-[dimethoxy-phenyl]- **10** 1975
—, Semicarbazono-diphenyl- **10** 3339
—, Semicarbazono-phenyl- **10** 3061
Valerophenon, Benzoyloxy- **9** 734
—, Benzoyloxy-methyl- **9** 734
—, Methoxy-benzoyloxy- **9** 789
Valerylchlorid, Äthyl-cyclopropyl-
    9 100
—, Äthyl-phenyl- **9** 2570
—, [Äthyl-phenyl]- **9** 2581
—, Brom-phenyl- **9** 2503
—, [*tert*-Butyl-phenyl]- **9** 2612
—, *p*-Cumenyl- **9** 2602
—, Cyclohexyl- **9** 103, 104
—, Cyclopentenyl- **9** 203
—, Cyclopentyl- **9** 94
—, Dimethyl-[methoxy-naphthyl]- **10** 1129
—, [Dimethyl-phenyl]- **9** 2584, 2585
—, Indanyl- **9** 2877

Valerylchlorid, [Isopropyl-phenyl]- **9** 2602
—, Isopropyl-*p*-tolyl- **9** 2612
—, [Methoxy-phenyl]- **10** 616
—, Methyl-[dimethyl-phenyl]- **9** 2604
—, Methyl-phenyl- **9** 2546
—, Methyl-*o*-tolyl- **9** 2579
—, Methyl-*p*-tolyl- **9** 2579, 2581
—, Methyl-[2.4]xylyl- **9** 2604
—, Methyl-[2.5]xylyl- **9** 2604
—, Phenyl- **9** 2503, 2507
—, [Tetrahydro-naphthyl]- **9** 2887
—, *p*-Tolyl- **9** 2553
—, [2.4]Xylyl- **9** 2585
—, [2.5]Xylyl- **9** 2584
Valin, [(Äthoxycarbonyloxy-phenyl)-
    acetyl]- **10** 438
—, Benzoyl- **9** 1152
—, Benzoyl-, äthylester **9** 1153
—, Benzoyl-, methylester **9** 1152
—, [Benzoyl-valyl]-, äthylester **9** 1154
—, [Benzoyl-valyl]-, [phenyl-
    phenacylester] **9** 1155
—, [(Benzyloxy-phenyl)-acetyl]- **10** 437
—, [Bis-(chlor-phenyl)-propionyl]-
    9 3341
—, [Bis-(methoxy-phenyl)-butyryl]-
    10 1973
—, [(Brom-phenyl)-butyryl]- **9** 2455
—, [Carboxy-benzoyl]- **9** 4195
—, [Carboxy-cyclobutancarbonyl]-
    9 3800
—, [(Carboxy-phenylmercapto)-acetyl]-
    10 224
—, [Chlor-benzoyl]- **9** 1365
—, [(Chlor-benzoyl)-alanyl]- **9** 1365
—, [(Chlor-phenyl)-acetyl]- **9** 2263, 2265
—, Cinnamoyl- **9** 2718
—, *p*-Cumenyl-acetyl- **9** 2529
—, [(Cyan-phenyl)-acetyl]- **9** 4270
—, Cyclohexancarbonyl- **9** 29
—, Cyclohexylacetyl- **9** 49
—, [Cyclohexylacetyl-alanyl]- **9** 49
—, [Dinitro-benzoyl]- **9** 1939
—, Hydroxy-benzoyl- **9** 1182
—, Hydroxy-benzoyl-, methylester
    9 1182
—, Hydroxy-phenylacetyl- **9** 2221
—, [(Isopropyl-phenyl)-acetyl]- **9** 2529
—, [(Jod-phenyl)-acetyl]- **9** 2281
—, Mesitylacetyl- **9** 2533
—, [(Methoxy-phenyl)-acetyl]- **10** 436
—, [Methyl-(brom-phenyl)-butyryl]-
    9 2515
—, [Methyl-(nitro-phenyl)-butyryl]-
    9 2515
—, Methyl-phenylacetyl- **9** 2218
—, [Methyl-phenylacetyl-seryl]- **9** 2220
—, [Methyl-phenylacetyl-seryl]-,
    methylester **9** 2220

Valin, [Nitro-benzoyl]- **9** 1731
—, [Nitro-benzoyl]-, äthylester
    9 1731
—, [(Nitro-phenyl)-acetyl]- **9** 2283, 2290
—, [(Nitro-phenyl)-butyryl]- **9** 2456
—, [(Phenyl-acetamino)-äthoxycarbonyl-
    äthyl]- **9** 2246
—, [(Phenyl-acetamino)-äthyl]- **9** 2243
—, [(Phenyl-acetamino)-äthyl]-,
    methylester **9** 2243
—, [(Phenyl-acetamino)-carbamoyl-äthyl]-,
    methylester **9** 2246
—, [(Phenyl-acetamino)-carboxy-äthyl]-
    9 2244
—, [(Phenyl-acetamino)-methoxycarbonyl-
    äthyl]-, methylester **9** 2245
—, Phenylacetyl- **9** 2217
—, Phenylacetyl-, amid **9** 2218
—, Phenylacetyl-, methylester **9** 2218
—, [Phenylacetyl-alanyl]- **9** 2215
—, [Phenylacetyl-glycyl]- **9** 2210
—, [Phenylacetyl-glycyl]-, äthylester
    9 2210
—, [Phenylacetyl-glycyl]-, methylester
    9 2210
—, [Phenyl-butyryl]- **9** 2454
—, [Phenyl-propionyl]- **9** 2395
—, [(Phenyl-thioacetamino)-äthyl]-
    9 2298
—, Phenylthioacetyl- **9** 2296
—, [Phenyl-valeryl]- **9** 2503
—, [(Trimethyl-phenyl)-acetyl]- **9** 2533
Valylchlorid, Benzoyl- **9** 1153
Vanadin(IV)-säure-äthylester-
    [methoxycarbonyl-phenylester]
    10 115
— bis-[methoxycarbonyl-phenylester]
    10 115
— isopentylester-[äthoxycarbonyl-
    phenylester] **10** 119
— isopentylester-[isopentyloxycarbonyl-
    phenylester] **10** 123
— isopentylester-[methoxycarbonyl-
    phenylester] **10** 115
— isopentylester-[naphthyloxycarbonyl-
    phenylester] **10** 136
— isopentylester-[phenoxycarbonyl-
    phenylester] **10** 131
— methylester-[methoxycarbonyl-
    phenylester] **10** 115
— phenylester-[methoxycarbonyl-
    phenylester] **10** 115
Vanguerigenin 10 1143
Vanguerolsäure 10 1146
—, Acetyl- **10** 1146
—, Acetyl-, methylester **10** 1146
Vanguerolsäure-methylester
    10 1146
Vanillamid 10 1427

Vanillimidsäure-butylester **10** 1429
Vanillin-cyanhydrin 10 2102
Vanillin-[methoxy-naphthoyl-hydrazon]
    10 1091
— [nitro-benzoylhydrazon] **9** 1534, 1757
— [nitro-cinnamoylhydrazon] **9** 2747
Vanillinsäure 10 1403
Vanillinsäure-[(äthoxy-äthoxy)-
    äthylester] **10** 1417
— [äthoxy-äthylester] **10** 1417
— [äthyl-butylester] **10** 1415
— [(äthyl-butyloxy)-äthylester] **10** 1417
— äthylester **10** 1413
— [äthyl-propylester] **10** 1415
— amid **10** 1427
— benzylester **10** 1416
— butylester **10** 1414
— *sec*-butylester **10** 1414
— *tert*-butylester **10** 1415
— [butyloxy-äthylester] **10** 1417
— [chlor-äthylester] **10** 1413
— [chlor-propylester] **10** 1414
— [diäthylamino-äthylester] **10** 1425
— [dichlor-isopropylester] **10** 1414
— [dichlor-propylester] **10** 1414
— hexylester **10** 1415
— [hydroxy-äthylester] **10** 1416
— [hydroxy-propylester] **10** 1418
— isobutylester **10** 1415
— isopentylester **10** 1415
— isopropylester **10** 1414
— [(methoxy-äthoxy)-äthylester] **10** 1417
— [methoxy-äthylester] **10** 1416
— [methoxy-phenylester] **10** 1418
— [methyl-butylester] **10** 1415
— methylester **10** 1410
— nitril **10** 1429
— pentylester **10** 1415
— [phenoxy-äthylester] **10** 1417
— phenylester **10** 1416
— propylester **10** 1414
— [trichlor-*tert*-butylester] **10** 1415
o-**Vanillinsäure 10** 1363
Vanillonitril 10 1429
Vanillylidendimercaptodicyclopenten-
    dicarbonsäure-diäthylester
    10 53
Veratramid 10 1427
—, Diäthyl- **10** 1428
—, Dimethyl- **10** 1428
Veratramidin 10 1430
—, Dibutyl- **10** 1430
Veratrilsäure 10 2582
Veratrimidsäure-äthylester **10** 1429
Veratrumaldehyd-cyanhydrin 10 2103
Veratrumaldehyd-[nitro-benzoylhydrazon]
    9 1534
— [phenylacetyl-hydrazon] **9** 2259
— veratroylhydrazon **10** 1431

Veratrumsäure 10 1404
Veratrumsäure-äthylester 10 1413
— amid 10 1427
— diäthylamid 10 1428
— dimethylamid 10 1428
— [dimethylamino-äthylester] 10 1425
— [formyl-phenylester] 10 1419
— hydrazid 10 1431
— [methoxy-acetyl-phenylester] 10 1420
— [methoxy-formyl-phenylester] 10 1420
— methylester 10 1411
— [nitro-benzylester] 10 1416
— propylester 10 1414
— [tetramethoxy-acetyl-phenylester]
    10 1421
— veratrylidenhydrazid 10 1431
o-**Veratrumsäure** 10 1363
Verbanol-carbonsäure 10 66
Verbanon-carbonsäure 10 2924
Verbenalol 10 3929
—, Tetrahydro- 10 4503
Verbenol, [Nitro-benzoyl]- 9 1578
β-**Vetivanol**, [Dinitro-benzoyl]-
    9 1838
Vetivensäure 9 2618
Vetivensäure-methylester 9 2619
Vetivol, [Dinitro-benzoyl]-dihydro-
    9 1844
Vinylbenzoat 9 401
Vinylmercaptan, Phenylmercapto-diphenyl-
    9 3317
Vinylsalicylat 10 125
Violanthren-dicarbonsäure, Dioxo-
    10 4103
α-**Vitamin-D₂-acetat-maleinsäure**-
    dimethylester 10 2338
β-**Vitamin-D₂-acetat-maleinsäure**-
    dimethylester 10 2339
α-**Vitamin-D₂-maleinsäure** 10 2338
β-**Vitamin-D₂-maleinsäure** 10 2338
β-**Vitamin-D₂-maleinsäure**-dimethylester
    10 2339
Vitamin-A-säure 9 3118
Vitamin-A₁-säure 9 3118
Vitin 10 1038, 1050

W

Weinsäure, Benzoyl- 9 869
—, Bis-[methoxy-benzoyl]- 10 325
—, Dibenzoyl-, bis-[nitro-benzylester]
    9 871, 872
—, Dibenzoyl-, diäthylester 9 871
—, Dibenzoyl-, dibutylester 9 871
—, Dibenzoyl-, dimethylester 9 870
—, Dibenzoyl-, dipropylester 9 871
—, Di-*p*-toluoyl- 9 2341
Weyland-Säure 10 4322
Weyland-Säure-methylester 10 4322

X

Xanthen-carbonsäure, Dichlor-oxo-
    10 165
Xanthophansäure, Diäthyl- 10 4153
—, Dimethyl- 10 4153
—, Methyl- 10 4153
—, Methyl-äthyl- 10 4153
Xanthophyll, Bis-[nitro-benzoyl]-
    9 1654
—, Dibenzoyl- 9 655
Xylarsäure, Bis-benzamino-didesoxy-
    9 1245
m-**Xylol**, Benzoyloxy- 9 434, 435
—, Benzoyloxy-benzoylmercapto-
    9 1969
—, Benzoyloxy-dibenzoylmercapto-
    9 1970
—, Bis-benzamino- 9 1100
—, Bis-[phenyl-acetamino]- 9 2202
—, Chlor-dinitro-benzoyloxy- 9 434
—, Dibrom-dibenzoyloxy- 9 570
—, Dinitro-benzoyloxy- 9 434
—, Methoxy-benzoyloxy- 9 571
—, Trijod-[nitro-benzoyloxy]-
    9 1498
o-**Xylol**, Benzoyloxy- 9 434
—, Bis-[brom-benzoyloxy]- 9 1407
—, Dibenzoyloxy- 9 570
—, Dichlor-benzoyloxy- 9 434
—, Nitro-hydroxyimino- 9 2308
p-**Xylol**, Benzoyloxy- 9 435
—, Benzoyloxyimino- 9 1280
—, Bis-[carbamimidoyl-phenoxy]-
    10 352
—, Bis-[cyan-phenoxy]- 10 347
—, Bis-[guanyl-phenoxy]- 10 352
—, Dibenzoyloxy- 9 571
—, Dinitro-benzoyloxy- 9 435
Xylylendimalonsäure s. *Malonsäure,*
    Xylylen-di-

Z

Zeaxanthin, Bis-[nitro-benzoyl]-
    9 1654
Zimtaldehyd, Benzoyloxy- 9 741
Zimtaldehyd-[brom-benzoylhydrazon]
    9 1402, 1424
— [chlor-benzoylhydrazon] 9 1352
— [dinitro-benzoylhydrazon] 9 1948
— [nitro-benzoylhydrazon] 9 1486,
    1531, 1755
Zimtamid s. *Cinnamamid*
Zimthydroxamsäure 9 2723
Zimthydroximsäure-chlorid
    9 2724
Zimtimidsäure s. *Cinnamimidsäure*

Zimtsäure 9 2670; *die durch Substitution des α-ständigen H-Atoms durch C-Substituenten abgeleiteten Zimtsäure-Derivate s. unter Acrylsäure; die durch Substitution des β-ständigen H-Atoms durch C-Substituenten abgeleiteten Zimtsäure-Derivate s. unter der betreffenden Alkensäure*
—, Acetamino- 10 3001
—, Acetamino-, äthylester 10 3006
—, Acetamino-, amid 10 3008
—, Acetamino-, methylester 10 3006
—, Acetamino-acetoxy- 10 4219
—, [Acetamino-cinnamoylamino]- 10 3012
—, [Acetamino-cinnamoylamino]-, amid 10 3012
—, [Acetamino-cinnamoylamino]-hydroxy- 10 4218
—, Acetamino-diacetoxy- 10 4524
—, Acetamino-dimethoxy- 10 4523
—, Acetamino-hydroxy- 10 4217
—, Acetamino-methoxy- 10 4218
—, [Acetamino-methyl-pentenoylamino]- 10 3002
—, Acetoxy- 10 834, 848
—, Acetoxy-, nitril 10 856
—, Acetoxy-methyl- 10 871
—, Acetyl- 10 3165
—, Äthoxy- 10 834, 841, 845
—, Äthoxy-, äthylester 10 842, 850, 855
—, Äthoxy-, nitril 10 856
—, [Äthoxycarbonyl-äthyl]-, äthylester 9 4398
—, Äthoxycarbonylmethoxy-, äthylester 10 836
—, Äthoxycarbonyloxy- 10 835, 841
—, Äthoxymethyl- 10 867
—, Äthoxymethyl-, äthylester 10 867
—, Äthyl- 9 2791
—, Äthylendioxy-di- 10 847
—, Alanylamino- 10 3003
—, Amino-, amid 10 2994, 3008
—, Amino-, nitril 10 2995
—, Amino-äthoxy-, amid 10 4211
—, Amino-äthoxy-, nitril 10 4210, 4212
—, Amino-äthyl-, amid 10 3074
—, Amino-äthyl-, nitril 10 3075
—, Amino-methoxy-, nitril 10 4212
—, Amino-methyl-, amid 10 3054, 3055
—, Amino-methyl-, nitril 10 3053, 3054, 3056
—, Azido- 9 2749
—, Benzamino- 10 3002
—, Benzamino-, [acetyl-hydrazid] 10 3015
—, Benzamino-, äthylester 10 3006
—, Benzamino-, amid 10 2994, 3009
—, Benzamino-, azid 10 3015
—, Benzamino-, benzylidenhydrazid 10 3015

Zimtsäure, Benzamino-, benzyloxyamid 10 3014
—, Benzamino-, diäthylamid 10 3009
—, Benzamino-, dimethylamid 10 3009
—, Benzamino-, hydrazid 10 3014
—, Benzamino-, hydroxyamid 10 3014
—, Benzamino-, methylester 10 3006
—, Benzamino-äthoxy-, hydroxamid 10 4221
—, Benzamino-benzylmercapto- 10 4225
—, [Benzamino-cinnamoylamino]- 10 3013
—, [Benzamino-cinnamoylamino]-, amid 10 3013
—, [Benzamino-cinnamoylamino]-hydroxy- 10 4218
—, [Benzamino-cinnamoylamino]-hydroxy-, amid 10 4221
—, Benzamino-dihydroxy- 10 4520, 4522
—, Benzamino-dihydroxy-, äthylester 10 4526
—, Benzamino-[dijod-methoxy-phenoxy]- 10 4219
—, Benzamino-dimethoxy- 10 4520, 4523
—, Benzamino-dimethoxy-, äthylester 10 4526
—, Benzamino-hydroxy- 10 4215, 4217
—, Benzamino-hydroxy-, amid 10 4221
—, Benzamino-hydroxy-, methylester 10 4220
—, Benzamino-hydroxy-methoxy- 10 4522
—, Benzamino-[jod-phenoxy]- 10 4219
—, Benzamino-methoxy- 10 4213, 4215, 4218
—, Benzamino-methoxy-, äthylidenhydrazid 10 4222
—, Benzamino-methoxy-, azid 10 4222
—, Benzamino-methoxy-, benzylidenhydrazid 10 4222
—, Benzamino-methoxy-, hydrazid 10 4221
—, Benzamino-methoxy-, [methoxy-benzylidenhydrazid] 10 4222
—, Benzamino-methoxy-, methylenhydrazid 10 4222
—, Benzamino-methoxy-, methylester 10 4220
—, Benzamino-methoxy-benzyloxy- 10 4524
—, Benzamino-methyl-, [acetyl-hydrazid] 10 3057
—, Benzamino-methyl-, hydrazid 10 3056
—, Benzamino-methyl-, methylester 10 3056
—, Benzamino-methylsulfon- 10 4224
—, Benzamino-[nitro-phenoxy]- 10 4219
—, Benzamino-phenoxy- 10 4219
—, Benzamino-phenylmercapto- 10 4225
—, Benzamino-phenylsulfon- 10 4225
—, Benzamino-styryl- 10 3385
—, Benzamino-trimethoxy- 10 4719
—, Benzoyloxy- 10 848

Zimtsäure, Benzoyloxy-, äthylester
10 855

—, Benzoyloxy-, methylester 10 850

—, Benzoyloxy-methyl- 10 869

—, Benzyloxycarbonylamino- 10 3002

—, [(Benzyloxycarbonyl-glycyl)-amino]-
10 3003

—, [(Benzyloxycarbonyl-glycyl)-amino]-,
amid 10 3009

—, Bis-benzamino-dimethoxy-oxy-di-
10 4524

—, Bis-benzamino-dimethoxy-oxy-di-,
diäthylester 10 4526

—, Bis-benzamino-methoxy-oxy-di- 10 4524

—, Bis-methoxycarbonyloxy- 10 1832

—, Brom- 9 2731, 2732, 2734

—, Brom-, äthylester 9 2733, 2734

—, Brom-, amid 9 2733, 2735

—, Brom-, chlorid 9 2732

—, Brom-, [cyclopentenyl-tridecylester]
9 2732

—, Brom-, methylester 9 2733, 2734

—, Brom-, nitril 9 2733, 2735

—, Brom-acetamino-dimethoxy- 10 4529

—, Brom-acetamino-hydroxy-methoxy-
10 4528

—, Brom-äthoxy- 10 853

—, Brom-äthoxy-, methylester 10 853

—, Brom-benzamino-dimethoxy- 10 4529

—, Brom-benzamino-dimethoxy-,
methylester 10 4529

—, Brom-benzamino-hydroxy-methoxy-
10 4528

—, Brom-benzamino-hydroxy-methoxy-,
äthylester 10 4529

—, Brom-benzamino-hydroxy-methoxy-,
methylester 10 4529

—, [Brom-benzoyloxy]- 10 848, 849

—, Brom-carboxy-äthinyl- 9 4462

—, Brom-cyan- 9 4386

—, Brom-dimethoxy- 10 1845, 1846

—, Brom-dimethoxy-, äthylester 10 1846

—, Brom-dimethoxy-, methylamid 10 1846

—, Brom-dimethoxy-, methylester
10 1845, 1846

—, Brom-hydroxy- 10 837, 2997, 3017

—, Brom-hydroxy-, äthylester 10 2997, 2998

—, Brom-hydroxy-, methylester 10 2997

—, Brom-hydroxy-methoxy- 10 1844, 1845

—, Brom-hydroxy-methoxy-, äthylester
10 1845

—, Brom-hydroxy-triäthyl- 10 3111

—, Brom-hydroxy-trimethyl- 10 3090

—, Brom-mercapto- 10 3022

—, Brom-methoxy- 10 838, 842

—, Brom-methoxy-, methylester 10 842, 843

—, Brom-methoxy-, nitril 10 856

—, Brom-methoxy-acetoxy- 10 1844,
1845, 1846

Zimtsäure, Brom-methoxy-diacetoxy-
10 2202

—, Brom-methoxy-trimethyl- 10 895

—, Brom-methoxy-trimethyl-,
methylester 10 895

—, Brom-methyl- 9 2768, 2770

—, Brom-methyl-, methylester 9 2770

—, Brom-nitro- 9 2748

—, Brom-nitro-, methylester 9 2748

—, Brom-nitro-dimethoxy- 10 1849

—, Brom-trimethoxy- 10 2201

—, Brom-trimethyl- 9 2817

—, Butandiyldioxy-di- 10 848

—, Butyloxy- 10 834, 846

—, Butyloxy-, [butylamino-
isobutylester] 10 852

—, Butyloxy-, [propylamino-
isobutylester] 10 852

—, Carbamoyl- 9 4385

—, Carbamoyl-, amid 9 4385

—, Carboxy- 9 4384

—, [Carboxy-äthyl]- 9 4398

—, Carboxymethoxy- 10 835

—, [Carboxy-phenyl]- 9 4602

—, Chlor- 9 2725, 2727, 2728, 2729

—, Chlor-, äthylamid 9 2728

—, Chlor-, äthylester 9 2726, 2727

—, Chlor-, [benzyloxy-methylamid] 9 2726

—, Chlor-, [chlorid-äthylimin] 9 2728

—, Chlor-, [hydroxy-methylamid] 9 2726

—, Chlor-, nitril 9 2729

—, [Chlor-acetamino]- 10 3001

—, [Chlor-acetamino]-, amid 10 3008

—, Chlor-acetamino-hydroxy-methoxy-
10 4527

—, [Chloracetyl-glycylamino]- 10 3003

—, Chlor-benzamino-dimethoxy- 10 4527

—, Chlor-benzamino-dimethoxy-,
äthylester 10 4527

—, Chlor-benzamino-dimethoxy-, amid
10 4528

—, Chlor-benzamino-dimethoxy-,
methylester 10 4527

—, Chlor-benzamino-hydroxy-methoxy-
10 4527

—, [Chlor-benzoyloxy]- 10 848

—, Chlor-brom-methoxy-dimethyl- 10 883

—, Chlor-brom-triäthyl- 9 2879

—, Chlor-brom-trimethyl- 9 2817

—, Chlor-dimethoxy- 10 1842, 1844

—, Chlor-dimethoxy-, äthylester 10 1843

—, Chlor-dimethoxy-,
[brom-phenacylester] 10 1844

—, Chlor-dimethoxy-,
[chlor-phenacylester] 10 1844

—, Chlor-dimethoxy-,
[fluor-phenacylester] 10 1843

—, Chlor-dimethoxy-, methylester
10 1843

Zimtsäure, Chlor-dimethoxy-, phenacylester
  10 1843
—, Chlor-dimethoxy-dimethyl- 10 1861
—, Chlor-dimethoxy-dimethyl-,
  methylester 10 1861
—, Chlor-dinitro- 9 2748, 2749
—, Chlor-hydroxy- 10 837, 3016
—, Chlor-hydroxy-, äthylester 10 2996,
  2997
—, Chlor-hydroxy-äthoxy-dimethyl-
  10 4258
—, Chlor-hydroxy-methoxy- 10 1842
—, Chlor-hydroxy-methoxy-dimethyl-
  10 4258
—, Chlor-jod-methoxy-dimethyl- 10 884
—, Chlor-mercapto- 10 3022
—, Chlor-methoxy- 10 837
—, Chlor-methoxy-, äthylester 10 837
—, Chlor-methoxy-acetoxy- 10 1843
—, Chlor-methoxy-methylmercapto-
  dimethyl- 10 1861
—, Chlor-methyl- 9 2770
—, Chlor-nitro- 9 2748
—, Chlor-nitro-, methylester 9 2748
—, Chlor-nitro-dimethoxy- 10 1849
—, Chlor-nitro-hydroxy- 10 3021
—, [Chlor-phenylsulfon]- 10 854
—, [Chlor-propionylamino]- 10 3001
—, Chlor-tetramethyl- 9 2840
—, Chlor-trimethyl- 9 2817
—, Cyan- 9 4385, 4387
—, Cyan-, amid 9 4386
—, Cyan-, chlorid 9 4386
—, Cyan-, nitril 9 4386
—, [Cyan-phenyl]- 9 4602
—, [Cyan-phenyl]-, [nitro-benzylester]
  9 4602
—, Cyclohexenyl- 9 3237
—, Cyclohexyl- 9 3098
—, Decyloxy- 10 847
—, Diacetoxy- 10 1837
—, Diacetoxy-, methylester 10 1838
—, Diäthoxy- 10 1836
—, Diäthoxy-, äthylester 10 1839
—, Diäthoxy-, methylester 10 1838
—, Diäthyl-, nitril 9 2834
—, Dibrom- 9 2735, 2736
—, Dibrom-, äthylester 9 2736
—, Dibrom-, chlorid 9 2737
—, Dibrom-, methylester 9 2736
—, Dibrom-dimethoxy- 10 1846, 1847
—, Dibrom-dimethoxy-, methylester
  10 1847
—, Dibrom-hydroxy- 10 838
—, Dibrom-hydroxy-methoxy- 10 1847
—, Dibrom-methoxy- 10 843
—, Dibrom-methoxy-, methylester 10 843
—, Dibrom-methoxy-acetoxy- 10 1847
—, Dibrom-trimethyl- 9 2818

Zimtsäure, Dichlor- 9 2730, 2731
—, Dichlor-äthoxy-dimethyl- 10 883
—, Dichlor-dithio-di- 10 858
—, Dichlor-hydroxy- 10 837
—, Dichlor-methoxy-dimethyl- 10 883
—, Dichlor-nitro- 9 2748
—, Dicyan-, äthylester 9 4820
—, Dicyan-, methylester 9 4820
—, Difluor-benzamino-methoxy- 10 4223
—, Dihydroxy- 10 1830, 1833, 1834
—, Dihydroxy-, äthylester 10 1838
—, Dihydroxy-, [amino-butylamid]
  10 1841
—, Dihydroxy-, butylester 10 1839
—, Dihydroxy-, methylester 10 1837
—, Dihydroxy-, propylester 10 1839
—, Dihydroxy-dimethyl-acetyl- 10 4609
—, Dihydroxy-methoxy- 10 2197
—, Dihydroxy-methyl- 10 1851, 1858
—, Dihydroxy-methyl-, methylester
  10 1858
—, Dihydroxy-methyl-acetyl- 10 4607
—, Dihydroxy-methyl-äthyl-acetyl-
  10 4611
—, Dihydroxy-methyl-butyryl- 10 4610
—, Dihydroxy-methyl-propionyl- 10 4609
—, Dihydroxy-methyl-valeryl- 10 4611
—, [Dihydroxy-phenylsulfon]- 10 855
—, Dijod-benzamino-[fluor-methoxy-
  phenoxy]- 10 4224
—, Dijod-benzamino-[methoxy-phenoxy]-
  10 4224
—, Dijod-benzamino-[methoxy-
  phenylmercapto]- 10 4225
—, Dijod-hydroxy-, methylester 10 854
—, Dijod-methoxy- 10 843
—, Dimethoxy- 10 1829, 1831, 1833, 1835
—, Dimethoxy-, [äthyl-
  (dimethylcarbamoyl-äthyl)-amid]
  10 1841
—, Dimethoxy-, äthylester 10 1830,
  1832, 1839
—, Dimethoxy-, chlorid 10 1841
—, Dimethoxy-, [diäthylamino-
  äthylester] 10 1839
—, Dimethoxy-, [diäthylamino-
  propylester] 10 1840
—, Dimethoxy-, [dibutylamino-
  äthylester] 10 1840
—, Dimethoxy-, [dibutylamino-
  propylester] 10 1840
—, Dimethoxy-, [dipropylamino-
  äthylester] 10 1840
—, Dimethoxy-, [dipropylamino-
  propylester] 10 1840
—, Dimethoxy-, methylester 10 1832, 1838
—, Dimethoxy-, nitril 10 1830
—, Dimethoxy-acetoxy- 10 2201
—, Dimethoxy-äthoxy- 10 2197, 2198, 2199

Zimtsäure, Dimethoxy-äthoxy-, äthylester
10 2200
—, Dimethoxy-äthoxy-, methylester
10 2199
—, Dimethoxy-äthoxy-methyl- 10 2219
—, Dimethoxy-äthoxy-methyl-,
methylester 10 2219
—, Dimethoxy-äthyl- 10 1860
—, Dimethoxy-äthyl-, methylester
10 1861
—, [Dimethoxy-benzamino]-dimethoxy-,
methylester 10 4525
—, Dimethoxy-carboxy- 10 2471
—, Dimethoxy-cyan- 10 2471
—, Dimethoxy-[dimethyl-octadienyl]-
10 1947
—, Dimethoxy-[dimethyl-octadienyloxy]-
10 2200
—, Dimethoxy-geranyloxy- 10 2200
—, Dimethoxy-mercapto- 10 4519, 4521,
4532
—, Dimethoxy-methyl- 10 1855, 1856, 1858
—, Dimethoxy-methyl-, methylester
10 1855
—, Dimethoxy-[methyl-butenyl]- 10 1906
—, Dimethoxy-pentyl- 10 1867
—, [(Dimethoxy-phenyl)-acetamino]-
dimethoxy-, methylester 10 4526
—, Dimethyl- 9 2791, 2792
—, Dimethyl-, äthylester 9 2791
—, Dimethyl-, chlorid 9 2791
—, Dimethyl-thio-di- 10 871
—, Dimethyl-thio-di-, dimethylester
10 871
—, Dinitro- 9 2748
—, Dinitro-benzamino-hydroxy- 10 4214
—, Dinitro-hydroxy-trimethyl-, nitril
10 3090
—, Dinitro-trimethyl- 9 2818, 2819
—, Dinitro-trimethyl-, äthylester
9 2819
—, Dithio-di- 10 858
—, Dodecyloxy- 10 847
—, Fluor- 9 2725
—, Fluor-, äthylester 9 2725
—, Fluor-benzamino- 10 3015, 3016
—, Fluor-benzamino-methoxy- 10 4223
—, Fluor-chlor- 9 2729
—, Formyl- 10 991, 3153
—, Glycylamino- 10 3002
—, [(Glycyl-glycyl)-amino]- 10 3003
—, Heptyloxy- 10 846
—, Hexadecyloxy- 10 847
—, Hexanoylamino- 10 3002
—, Hexyloxy- 10 846
—, Hydroxy- 10 833, 840, 844, 855,
857, 2990, 3000
—, Hydroxy-, äthylester 10 835, 2991, 3006
—, Hydroxy-, amid 10 2994

Zimtsäure, Hydroxy-, butenylester
10 2993
—, Hydroxy-, butylester 10 2993
—, Hydroxy-, hydroxyamid 10 837
—, Hydroxy-, isopropylester 10 2993
—, Hydroxy-, [methyl-allylester]
10 2993
—, Hydroxy-, methylester 10 849, 2991,
3005
—, Hydroxy-acetoxy- 10 1836
—, Hydroxy-äthoxy-, äthylester 10 4211
—, Hydroxy-äthoxy-, amid 10 4209, 4211
—, Hydroxy-äthyl-, amid 10 3074
—, Hydroxy-benzoyl- 10 4464
—, Hydroxycarbamoyl- 9 4386
—, Hydroxy-carboxy- 10 2259
—, Hydroxy-dimethoxy- 10 2197, 2198,
2199, 2200
—, Hydroxy-dimethoxy-, äthylester
10 2198, 4518, 4519
—, Hydroxy-dimethoxy-,
[trimethylammonio-äthylester]
10 2201
—, Hydroxy-dimethoxy-carboxymethoxy-
10 4719
—, Hydroxy-dimethoxy-[dihydroxy-
isopentyl]- 10 2565
—, Hydroxy-dimethyl-, äthylester
10 3075
—, Hydroxy-formyl- 10 4335
—, Hydroxyiminomethyl- 10 3154
—, Hydroxy-mercapto- 10 4226
—, Hydroxy-methoxy- 10 1829, 1831,
1833, 1834, 1835, 4211
—, Hydroxy-methoxy-, äthylester
10 1832, 1838, 4209, 4210, 4211
—, Hydroxy-methoxy-, methylester
10 1829, 1832, 1838
—, Hydroxy-methoxy-, nitril 10 1842
—, Hydroxy-methoxy-, propylester
10 1839
—, Hydroxy-methoxy-äthoxy-, äthylester
10 4518
—, Hydroxy-methoxy-mercapto- 10 4532
—, Hydroxy-methoxy-propyl- 10 1864
—, Hydroxy-methyl- 10 870, 871
—, Hydroxy-methyl-, äthylester
10 3053, 3055
—, Hydroxy-methyl-, amid 10 3053, 3055
—, Hydroxy-methyl-, propylester 10 3055
—, Hydroxy-methyl-formyl- 10 4340
—, Hydroxy-methyl-formyl-, methylester
10 4340
—, Hydroxy-methylsulfon-, äthylester
10 4212
—, Hydroxy-phenoxy- 10 1850
—, Hydroxy-phenylmercapto- 10 1850
—, Hydroxy-semicarbazonomethyl- 10 4335
—, Hydroxy-tetramethyl- 10 3102

Zimtsäure, Hydroxy-trifluormethyl-,
   äthylester **10** 3054
—, Hydroxy-trimethoxy- **10** 4719
—, Hydroxy-trimethoxy-, äthylester
   10 4718
—, Hydroxy-trimethyl- **10** 3089
—, Hydroxy-trimethyl-, äthylester
   10 3089
—, Hydroxy-trimethyl-, amid **10** 3089
—, Hydroxy-trimethyl-, nitril **10** 3089
—, Isopropenyl- **9** 3080
—, Isopropyl- **9** 2814
—, Jod- **9** 2737, 2738
—, Jod-, äthylester **9** 2738
—, Jod-, benzylester **9** 2738
—, Jod-, chlorid **9** 2738
—, Jod-, ureid **9** 2738
—, Jod-acetamino-hydroxy-methoxy-
   10 4530
—, Jod-benzamino-hydroxy-methoxy-
   10 4530
—, Jod-dimethoxy- **10** 1848
—, Jod-hydroxy- **10** 838
—, Jod-methoxy- **10** 853
—, Jod-nitro-dimethoxy- **10** 1850
—, Jod-tetramethyl- **9** 2840
—, Mercapto- **10** 857, 3022
—, Methoxy- **10** 833, 840, 845, 857
—, Methoxy-, [acetyl-naphthylester]
   10 852
—, Methoxy-, [äthylamino-isobutylester]
   10 852
—, Methoxy-, äthylester **10** 836, 842, 850
—, Methoxy-, [brom-phenacylester]
   10 836
—, Methoxy-, [cyclopentenyl-
   undecylester] **10** 851
—, Methoxy-, diäthylamid **10** 853
—, Methoxy-, [diäthylamino-propylester]
   10 852
—, Methoxy-, diisopropylamid **10** 853
—, Methoxy-, [dimethoxy-phenylester]
   10 851
—, Methoxy-, [hydroxy-phenylester]
   10 851
—, Methoxy-, isopentylester **10** 850
—, Methoxy-, [methoxy-phenylester]
   10 851
—, Methoxy-, methylester **10** 835, 841,
   849, 855
—, Methoxy-, naphthylester **10** 851
—, Methoxy-, nitril **10** 855
—, Methoxy-, propylester **10** 850
—, Methoxy-acetoxy- **10** 1829, 1836
—, Methoxy-acetoxy-, äthylester **10** 1839
—, Methoxy-acetoxy-, [diäthylamino-
   äthylester] **10** 1840
—, Methoxy-acetoxy-, [diäthylamino-
   propylester] **10** 1841

Zimtsäure, Methoxy-acetoxy-,
   [dibutylamino-äthylester] **10** 1840
—, Methoxy-acetoxy-, [dibutylamino-
   propylester] **10** 1841
—, Methoxy-acetoxy-, [dipropylamino-
   äthylester] **10** 1840
—, Methoxy-acetoxy-, [dipropylamino-
   propylester] **10** 1841
—, Methoxy-äthoxy- **10** 1829, 1831,
   1834, 1835, 1836
—, Methoxy-äthoxy-, amid **10** 1842
—, Methoxy-äthoxycarbonylmethoxy-,
   äthylester **10** 1830
—, Methoxy-äthoxycarbonyloxy- **10** 1837
—, Methoxy-äthoxy-methyl- **10** 1855, 1856
—, Methoxy-benzoyloxy-, isopentylamid
   10 1842
—, Methoxy-benzyloxy- **10** 1836
—, Methoxycarbonyl- **9** 4385
—, Methoxy-carboxy- **10** 2259
—, Methoxy-carboxymethoxy- **10** 1829
—, Methoxy-[(carboxy-vinyl)-phenoxy]-
   10 1837
—, Methoxy-cyan- **10** 2259
—, Methoxy-dimethyl- **10** 882
—, Methoxy-dimethyl-, methylester
   10 882
—, Methoxy-hexyl- **10** 918
—, Methoxy-hydroxymethyl- **10** 1857
—, Methoxy-mercapto- **10** 4214
—, Methoxy-methoxymethyl- **10** 1857
—, Methoxy-methyl- **10** 869, 870
—, Methoxy-methyl-, äthylester **10** 869
—, Methoxy-methyl-, methylester **10** 869
—, Methoxy-oxy-di- **10** 1837
—, [Methoxy-phenoxy]- **10** 848
—, [Methoxy-phenoxy]-, methylester
   10 849
—, [Methoxy-phenylsulfon]- **10** 854
—, Methoxy-trimethyl-, nitril **10** 894
—, Methyl- **9** 2768, 2769
—, Methyl-, äthylester **9** 2768
—, Methyl-, methylester **9** 2770
—, Methyl-, nitril **9** 2770
—, Methyl-äthyl-, äthylester
   9 2813, 2814
—, [(Methyl-alanyl)-amino]- **10** 3003
—, Methylamino-, äthylester **10** 2992
—, Methyl-isopropyl- **9** 2837, 2838
—, Methylmercapto-methyl- **10** 869
—, Methylsulfon- **10** 854
—, Nitro- **9** 2739, 2741, 2744
—, Nitro-, [acetyl-phenylester] **9** 2742
—, Nitro-, äthylester **9** 2739, 2742, 2744
—, Nitro-, anhydrid **9** 2743
—, Nitro-, azid **9** 2741, 2747
—, Nitro-, [brom-äthylamid] **9** 2743
—, Nitro-, [brom-benzylester]
   9 2740, 2745

Zimtsäure, Nitro-, [brom-phenacylester]
　9 2740, 2742, 2746
—, Nitro-, chlorid 9 2740, 2743, 2746
—, Nitro-, hydrazid 9 2747
—, Nitro-, [hydroxy-phenylester]
　9 2745
—, Nitro-, [methoxy-benzylidenhydrazid]
　9 2747
—, Nitro-, [methoxy-phenylester]
　9 2745
—, Nitro-, methylester 9 2739, 2742, 2744
—, Nitro-, nitril 9 2743, 2747
—, Nitro-, phenacylester 9 2740,
　2742, 2746
—, Nitro-, phenylester 9 2745
—, Nitro-, [phenyl-phenacylester]
　9 2740, 2743, 2746
—, Nitro-, vanillylidenhydrazid 9 2747
—, Nitro-acetoxy- 10 839
—, Nitro-äthoxycarbonylamino-,
　äthylester 10 3018
—, Nitro-benzamino- 10 3017, 3019, 3020
—, Nitro-benzamino-, [acetyl-hydrazid]
　10 3018, 3020, 3021
—, Nitro-benzamino-, azid 10 3018,
　3020, 3021
—, Nitro-benzamino-,
　benzylidenhydrazid 10 3018, 3019,
　3021
—, Nitro-benzamino-, hydrazid 10 3018,
　3019, 3021
—, Nitro-benzamino-, methylester
　10 3019, 3020
—, Nitro-benzamino-benzyloxy- 10 4216
—, Nitro-benzamino-dimethoxy- 10 4531
—, Nitro-benzamino-hydroxy-methoxy-
　10 4531
—, Nitro-benzamino-methoxy- 10 4216
—, Nitro-benzamino-methoxy-acetoxy-,
　äthylester 10 4531
—, [Nitro-benzoyloxy]- 10 849
—, [Nitro-benzoyloxy]-, methylester
　10 850
—, Nitro-dimethoxy- 10 1830, 1848
—, Nitro-dimethoxy-, chlorid 10 1849
—, Nitro-dimethoxy-, methylester
　10 1849
—, Nitro-hydroxy- 10 838, 843, 844,
　2999, 3017
—, Nitro-hydroxy-, äthylester 10 839, 3020
—, Nitro-hydroxy-, amid 10 2999
—, Nitro-hydroxy-, methylester 10 839
—, Nitro-hydroxy-dimethoxy- 10 4518
—, Nitro-hydroxy-dimethoxy-,
　äthylester 10 4519
—, Nitro-hydroxy-methoxy- 10 1848
—, Nitro-isopentyl- 9 2860
—, Nitro-methoxy- 10 838, 843, 844, 854
—, Nitro-methoxy-, äthylester 10 840

Zimtsäure, Nitro-methoxy-, methylester
　10 839, 843, 844
—, Nitro-methoxy-acetoxy- 10 1848
—, Nitro-methyl- 9 2768, 2769, 2770
—, Nitro-methyl-, methylester 9 2769
—, [Nitro-phenylsulfon]- 10 854
—, Nitro-triacetoxy- 10 2202
—, Nonyloxy- 10 846
—, Octyloxy- 10 846
—, Oxy-di- 10 857
—, Oxy-di-, diäthylester 10 857
—, Oxy-di-, dimethylester 10 857
—, Pentachlor- 9 2731
—, Pentyloxy- 10 846
—, Phenacyl- 10 3384
—, Phenäthyl- 9 3468
—, Phenoxy- 10 841, 847, 857
—, Phenoxy-, [diäthylamino-äthylester]
　10 852
—, Phenyl- 9 3443, 3444
—, Phenyl-, äthylester 9 3443, 3444
—, Phenyl-, amid 9 3443
—, Phenyl-, chlorid 9 3443
—, Phenyl-, methylester 9 3443, 3444
—, m-Phenylendithio-di- 10 856, 858
—, Phenylmercapto- 10 857
—, Phenylsulfon- 10 854
—, Propandiyldioxy-di- 10 847
—, Propenyl- 9 3080
—, Propyloxy- 10 846
—, Sarkosylamino- 10 3003
—, Selenocyanato- 10 840
—, Seleno-di- 10 858
—, Seleno-di-, dimethylester 10 858
—, Sulfooxy- 10 841
—, Tetramethyl-, äthylester 9 2838
—, Triacetoxy- 10 2201
—, Tribrom- 9 2737
—, Tribrom-, methylester 9 2737
—, Trichlor- 9 2731
—, Trihydroxy- 10 2200
—, Trimethoxy- 10 2197, 2198, 2200
—. Trimethoxy-, methylester 10 2197,
　2199, 2201
—, [Trimethoxy-benzamino]-diäthoxy-
　10 4523
—, [Trimethoxy-benzamino]-methoxy-
　isopropyloxy- 10 4524
—, [Trimethoxy-benzamino]-methoxy-
　propyloxy- 10 4523
—, Trimethoxy-[methoxy-phenyl]- 10 2507
—, Trimethoxy-methyl- 10 2219
—, Trimethyl- 9 2816, 2819
—, Trimethyl-, äthylester 9 2813, 2814, 2816
—. Trimethyl-, amid 9 2816
—, Tris-methoxycarbonyloxy- 10 2201
—, Veratroylamino-dimethoxy-,
　methylester 10 4525
—, Vinyl- 9 3074

Zimtsäure-[acetyl-naphthylester]
  9 2701
— [acetyl-phenylester] 9 2700
— äthylester 9 2681
— allylamid 9 2713
— amid 9 2711; s. a. *Cinnamamid*
— [amid-(carbamoyl-oxim)] 9 2724
— anhydrid 9 2703
— benzhydrylester 9 2695
— [benzoyloxy-amid] 9 2723
— benzylester 9 2691
— benzylidenhydrazid 9 2724
— biphenylylester 9 2695
— bornylester 9 2689
— [brom-äthylester] 9 2684
— [brom-benzylester] 9 2692
— [butylamino-isobutylester] 9 2708
— butylester 9 2685
— *tert*-butylester 9 2685
— [chlor-äthylester] 9 2684
— [chlor-allylester] 9 2687
— [chlor-biphenylylester] 9 2695
— chlorid 9 2710
— [chlorid-imin] 9 2720
— [chlorid-oxim] 9 2724
— [chlor-isobutylester] 9 2685
— [chlor-phenylester] 9 2690
— [chlor-propylester] 9 2685
— cholestanylester 9 2692
— cholesterylester 9 2693
— cinnamylester 9 2693
— cyclohexylester 9 2687
— [cyclopentyl-äthylester] 9 2688
— [cyclopentyl-butylester] 9 2688
— [cyclopentyl-hexylester] 9 2689
— [cyclopentyl-tridecylester] 9 2689
— [cyclopentyl-undecylester] 9 2689
— decylester 9 2687
— diäthylamid 9 2712
— [diäthylamino-äthylester] 9 2707
— [diäthylamino-methylester] 9 2700
— [diäthylamino-propylester] 9 2708
— [dibrom-hydroxy-benzylester] 9 2698
— [dibutylamid-imin] 9 2722
— [dibutylamino-methylester] 9 2700
— [dichlorjod-phenylester] 9 2691
— [dichlor-vinylester] 9 2687
— [diisopentylamino-methylester]
  9 2700
— dimethylamid 9 2712
— [dimethylamino-äthylester] 9 2707
— [dimethylamino-dimethyl-äthyl-
  propylester] 9 2709
— [dipropylamino-methylester]
  9 2700
— dodecylamid 9 2713
— ergostanylester 9 2693
— ergosterylester 9 2694
— heptylester 9 2686

Zimtsäure-hexylester 9 2686
— hydrazid 9 2724
— [hydroxy-acetyl-phenylester] 9 2702
— [hydroxy-äthylamid] 9 2714
— [(hydroxy-äthyl)-isobutyl-amid]
  9 2715
— hydroxyamid 9 2723
— [hydroxy-methyl-phenylester] 9 2698
— [hydroxy-phenylester] 9 2698
— isobutylamid 9 2713
— [isobutylamino-äthylester] 9 2708
— isopentylamid 9 2713
— isopentylester 9 2686
— isopropylester 9 2685
— [jod-benzylester] 9 2692
— [jodid-imin] 9 2720
— [jod-phenylester] 9 2690
— lupenylester 9 2694
— menthylester 9 2688
— methallylester 9 2687
— [methoxy-acetyl-phenylester] 9 2702
— [methoxymethoxy-propyl-phenylester]
  9 2699
— [methoxy-phenylester] 9 2698
— [methoxy-propyl-phenylester] 9 2699
— methylamid 9 2712
— methylester 9 2680
— [methyl-heptylester] 9 2687
— nitril 9 2720; s. a. *Cinnamonitril*
— octadecenylamid 9 2714
— octadecylamid 9 2713
— octylester 9 2686
— oleanenylester 9 2694
— [oxo-acenaphthenylester] 9 2701
— *tert*-pentylamid 9 2713
— [pentylamino-isobutylester] 9 2708
— pentylester 9 2686
— phenäthylester 9 2692
— phenäthylidenamid 9 2716
— [phenoxy-äthylester] 9 2695
— [phenylacetyl-naphthylester] 9 2702
— phenylester 9 2689
— [phenyl-phenacylester] 9 2701
— [propylamino-isobutylester] 9 2708
— [propyl-biphenylylester] 9 2695
— [propyl-cyclohexylester] 9 2688
— propylester 9 2684
— stigmastenylester 9 2693
— stigmasterylester 9 2694
— styrylamid 9 2716
— *m*-tolylester 9 2691
— *o*-tolylester 9 2691
— *p*-tolylester 9 2691
— [triäthylammonio-triäthylester] 9 2707
— ureid 9 2716
— ureidoxim 9 2724

Zuckersäure, Tetrabenzoyl- 9 874
Zymosterin, Benzoyl- 9 478
Zymosterin-dibromid, Benzoyl- 9 465

Ergänzungen zu Band I

1. Teil

Butan, Tribrom- **9** 6
Penten, Jod-methyl- **9** 4

2. Teil

Butanol, Dimethyl- **9** 399

3. Teil

Butadien, Amino- **9** 1098

Ergänzungen zu Band II

2. Teil

Adipinsäure, Cyan- **9** 149

Hexan-tricarbonsäure, Dimethyl- **10** 3917
—, Dimethyl-, triäthylester **10** 3917

Ergänzungen zu Band III

1. Teil

Milchsäure-[acetoxy-äthylester] **9** 857

Ergänzungen zu Band IV

2. Teil

Buttersäure, Leucylamino- **9** 1734

Leucin, [Amino-butyryl]- **9** 1731

Ergänzungen zu Band V [1])

Äthylen, [Dimethyl-cyclopentyl]-
   diphenyl- **9** 74
Alloaromadendran **10** 4875
Alloaromadendren **10** 4876
—, Dihydro- **10** 4875
Aromadendran **10** 4875
Aromadendren **10** 4876
—, Dihydro- **10** 4875
5(4→3)-Abeo-25-nor-ursatrien,
   Methyl- **10** 4876

Benzol, Methyl-[dimethyl-hexenyl]-
   10 4876
Benzylbromid, Dibrom- **9** 2279
—, Dichlor- **9** 2272

Biphenyl, Chlor-amino-dimethyl- **10** 4876
—, Chlor-dimethyl- **10** 4876
o.m'-Bitolyl, Chlor- **10** 4876
Butan, Brom-methyl-
   [dimethyl-phenyl]- **9** 2604

α-Curcumen **10** 4876
γ-Curcumen **10** 4876
2.5-Cyclo-benzocyclohepten,
   Tetramethyl-decahydro-
   9 346 Anm.
Cycloheptan, Trimethyl- **9** 77
Cyclohexadien, Methyl-[dimethyl-hexenyl]-
   10 4876
Cyclohexen, Hexachlor- **9** 35

Cyclohexen, Pentachlor- **9** 34
Cyclopentan, Dibrom-phenyl- **9** 4445
Cycloprop[e]azulen, Tetramethyl-
 decahydro- **10** 4875
—, Tetramethyl-octahydro- **10** 4876
—, Trimethyl-methylen-decahydro-
 10 4876

Desoxyledol **10** 4875
Dihydro-alloaromadendren **10** 4875
Dihydroaromadendren **10** 4875
Dihydroleden **10** 4875
Dihydroshonanen **9** 306
Dihydroshonanylchlorid **9** 306
Driman **9** 273 Anm.

Fichtelit **10** 4875
Fluoren, Dimethyl- **10** 3285

Gibberen **10** 3285

Inden, Methyl-diphenyl- **9** 4561

Leden **10** 4876
—, Dihydro- **10** 4875
Longifolan **9** 346 Anm.
1.4-Methano-azulen, Tetramethyl-
 decahydro- **9** 346 Anm.

Naphthalin, Pentamethyl-decahydro-
 9 273 Anm.
10-Nor-5(4→3)-abeo-ursatrien, Methyl-
 10 4876
18-Nor-abietan **10** 4875

Palustren **10** 4876
Phenanthren, Dimethyl-isopropyl-
 tetradecahydro- **10** 4875
—, Trimethyl-tetrahydro- **10** 1362
—, Brommethyl-isopropyl- **9** 3535

Schellan **10** 2465
Shonanen, Dihydro- **9** 306
Shonanylchlorid, Dihydro- **9** 306

Tricyclooctan, Diphenyl- **9** 3070

Ergänzungen zu Band VI [1])

Äthan, Triphenylsulfon- **10** 4878
Äthanol, [Methoxy-phenyl]- **9** 4178
Alantoglykol, Tetrahydro- **10** 4880
Alloaromadendrandiol **10** 4880
Alloaromadendrenglykol **10** 4880
Andromedol **10** 4883
Andromedotoxin **10** 4883
Anisol, Methyl-[brom-propyl]- **10** 4878
—, Methyl-[jod-methyl-propyl]- **10** 642
Apoaromadendrol **10** 4877
Aromadendrandiol **10** 4880
Aromadendrenglykol **10** 4880
Asebotoxin **10** 4883

Benzol, Äthoxymethoxy-äthoxy-
 propenyl- **10** 1407
—, Dimethyl-bis-[hydroxy-dimethoxy-
 styryl]- **10** 2636
—, Methoxy-äthoxymethoxy-propenyl-
 10 1406, 1407
[3.3']Biandrostenyl, Dihydroxy- **10** 930
Bibenzyl, Dimethoxy- **10** 428

δ-Cadinol **10** 4877
Calamendiol **10** 4880
Calameon **10** 4880
—, Dihydro- **10** 4881
Carbenium-thiocyanat, Triphenyl- **10** 4879
α-Carotindiol **10** 4882
β-Carotindiol **10** 4880

Cedron **10** 4882
Cyclopentanol, Äthyl-propyl- **9** 210
Cycloprop[e]azulen, Hydroxy-tetramethyl-
 decahydro- **10** 4877
—, Hydroxy-trimethyl-decahydro- **10** 4877
—, Hydroxy-trimethyl-hydroxymethyl-
 decahydro- **10** 4880

Decalin, Chlor-dihydroxy-dimethyl-
 isopropyl- **10** 4880
—, Hydroxy-dimethyl-[hydroxy-isopropyl]-
 10 4880
Dihydrocalameon **10** 4881
Dihydroshonanylalkohol **9** 306
23.24-Dinor-cholandiol, Diphenyl- **10** 667
Dithioameisensäure, Azido-,
 benzhydrylester **10** 4879
—, Azido-, benzylester **10** 4878
—, Azido-, triphenylmethylester **10** 4881
—, Azido-, tritylester **10** 4881
Dithiokohlensäure-benzhydrylester-azid
 10 4879
— benzylester-azid **10** 4878
— diphenylmethylester-azid **10** 4879
— triphenylmethylester-azid **10** 4879
— tritylester-azid **10** 4881

Epiglobulol **10** 4877
Epiledol **10** 4877
Eudesman, Dihydroxy- **10** 4880

---

[1]) Gesamtregister s. Band VI, 9. Teil S. 7181—7776.

Globulol 10 4877
Grayanotoxin-I 10 4883
Grayanotoxin-III 10 4883

Hederabetulin 10 1923
Himbaccol 10 4877

Isotetrahydroalantoglykol 10 4880

Ledol 10 4878
Ledumcampher 10 4878

Malonsäure, Amino-, dibenzylester 9 1186
7.9a-Methano-cyclopenta[*b*]heptalen,
　　Hexahydroxy-tetramethyl-
　　tetradecahydro- 10 4883
—, Pentahydroxy-acetoxy-tetramethyl-
　　tetradecahydro- 10 4883
Methanol, [Dipropyl-cyclopropyl]- 9 210
Methyl-isothiocyanat, Triphenyl- 10 4879
Methyl-thiocyanat, Triphenyl- 10 4879

Naphthalindiol, Chlor-dimethyl-
　　isopropyl-octahydro- 10 4880
—, Dimethyl-isopropyl-octahydro- 10 4881
—, Methyl-isopropyl-methylen-octahydro-
　　10 4880
24-Nor-cholandiol, Diphenyl- 10 681
28-Nor-oleanendiol 10 1923
28-Nor-ursadienol 10 1146

Palustrol 10 4878
Pentalen, Methyl-[hydroxy-methyl-
　　diphenyl-butyl]-[hydroxy-
　　benzhydryl]-octahydro- 9 4033
Pentenol, Chlor-äthyl-phenyl- 9 1605

Pentenol, Methyl-[methyl-methylen-
　　norbornyl]- 10 4879
Phenol, Äthoxymethoxy-propenyl- 10 4881
Podocarpenol, Dimethyl-hydroxymethyl-
　　10 4880
Propanol, [Methoxy-methyl-phenyl]-
　　10 4880

Resorcin, Dibrom-methyl- 10 4880
Rhodotoxin 10 4883

Sabinol 9 1578 Anm.
β-Santalol 10 4879
—, Acetyl- 10 4879
—, Allophanoyl- 10 4879
Sesquibenihiol, Tetrahydro- 9 273
Shonanylalkohol, Dihydro- 9 306
Stilbenol, Methoxy- 10 543
Sulfonium, Tris-[chlor-hydroxy-phenyl]-
　　9 554
—, Tris-[hydroxy-methyl-phenyl]- 9 566

Tetrahydroalantoglykol 10 4880
Tetrahydrosesquibenihiol 9 273
Trityl-isothiocyanat 10 4879
Trityl-thiocyanat 10 4879
Thujenol 9 1578 Anm.
Toluol, Brom-trihydroxy- 10 2116
—, Dibrom-dihydroxy- 10 4880
—, Dibrom-dimethoxy- 10 4880

Vanguerol 10 1146
Viridiflorol 10 4877

Xanthophyll 10 4882

Zeaxanthin 10 4880

Ergänzungen zu Band VII und Band VIII [1])

Äthanon, [Chlor-methyl-isopropyl-
　　phenanthryl]-, oxim 10 4885
—, [Chlor-nitro-hydroxy-methoxy-phenyl]-
　　10 4519
—, Methyl-[chlor-methyl-isopropyl-
　　phenanthryl]-, oxim 10 4885
Alloapoaromadendron 10 4884
Androstendion, Acetoxy-, oxim 10 4888
Androstenon, Acetoxy-hydroxyimino-
　　10 2247
Anisol, [Chlor-nitroso-methyl]- 10 357
Anthracen-carbaldehyd-[acetyl-oxim]
　　10 4885
— oxim 10 4885
Apoaromadendron 10 4883

α-Apoaromadendron 10 4884
8-Apo-α-carotinal 10 4885
8-Apo-α-carotinal-oxim 10 4885
8'-Apo-α-carotinal 10 4885
8'-Apo-α-carotinal-oxim 10 4885
4-Aza-A-homo-friedelanon 10 4884
Atlanton 10 4884

Benzaldehyd, Benzyloxy-dimethyl- 10 4344
—, Trimethoxy-acetyl- 10 4720
Benzol, Brom-pyruvoyl- 10 4886
Benzo[*b*]perylen, Dioxo-tetrahydro-
　　10 3498
Bicyclo[6.2.0]decanon, Trimethyl-
　　9 3930

[1]) Gesamtregister für Band VII und Band VIII s. Band VIII, 5. Teil S. 4641—5336.

Bicyclo[6.2.0]decanon, Trimethyl-,
   semicarbazon 9 3930
Bicyclo[2.2.0]hexenon, Dimethyl- 10 4051
—, Dimethyl-, semicarbazon 10 4051
Bornanon, Brom-sulfinyl- 10 2915

Chalkon, Hydroxy-trimethoxy- 10 4888
Cholestenon-oxim 10 4884
Citreorosein 10 4888
Citrorosein 10 4888
Cyclobutan, Dibenzoyl- 9 3799
Cyclohepta[de]naphthalin, Methoxy-oxo-
   tetrahydro- 10 1118
Cyclohexen-carbaldehyd, Tetramethyl-
   9 229
Cyclopentenon, Dibrom-hydroxy-methyl-
   10 4886
Cycloprop[e]azulen, Oxo-trimethyl-
   decahydro- 10 4883, 4884

Dihydroshonanylaldehyd 9 306
Dihydroshonanylaldehyd-semicarbazon 9 306
24.28-Dinor-oleanadiendion 10 3623

Fluoren, Oxo-tetrahydro- 10 3272

Gibbatetraenon, Dimethyl- 10 3285
Gibberon 10 3285
Glyoxal, [Propionyl-phenyl]- 10 3556

Indanon, Brom-[chlor-benzyl]- 9 3361
—, Chlor-benzyl- 9 3359
—, [Chlor-benzyl]- 9 3359
—, Chlor-[brom-benzyl]- 9 3361
—, Chlor-[methyl-benzyl]- 9 3378
—, Fluor-benzyl- 9 3359
—, [Fluor-benzyl]- 9 3359
—, Methoxy-methyl- 10 605
—, Methoxy-methyl-, semicarbazon 10 605
—, Methyl-[chlor-benzyl]- 9 3378

Indenon, Nitro-[brom-phenyl]- 9 3426
Isochaulmoograldehyd 9 284

Naphthalin, Dihydroxy-oxo-methyl-
   isopropyl-decahydro- 10 4887
—, Oxo-methyl-isopropyl-hexahydro-
   10 4884
Naphthochinon, Methoxy-dimethyl-
   10 4344

Pentandion, Methyl-[dimethoxy-phenyl]-
   [hydroxy-dimethoxy-phenyl]-
   10 1419
Pentanon, Diazo-[methoxy-phenyl]-
   9 1680
Pregnanon, Dihydroxy-acetoxy- 10 1594
—, Hydroxy-diacetoxy- 10 1594
Pregnenon, Hydroxy-diacetoxy- 10 1594
Propan, Dioxo-[brom-phenyl]- 10 4886
Propandion, [Acetyl-phenyl]- 10 3556
Propanon, [Dimethoxy-methyl-phenyl]-
   10 1506
—, [Methoxy-methyl-äthyl-phenyl]-
   10 1506
Propionaldehyd, [Dimethoxy-methyl-
   phenyl]- 10 1528
—, [Dimethoxy-methyl-phenyl]-,
   semicarbazon 10 1528
—, Methyl-[dimethoxy-methyl-phenyl]-
   10 1528

16.17-Seco-androstendisäure, Acetoxy-,
   nitril 10 4888
Shonanylaldehyd, Dihydro- 9 306
—, Dihydro-, semicarbazon 9 306

Tetralin, Hydroxy-dimethoxy-oxo-äthyl-
   10 2135
Tridecanal, Cyclopentenyl- 9 284
A.27.28-Trinor-ursen, Trioxo- 10 4006

Subject Index

The compound names contained in this index are presented in an inverted form. This means, all prefixes denoting substituents or the degree of hydrogenation of a compound in a systematic way (i. e. according to international nomenclature) have been placed behind the "trunk name" which comprises all or most of the residual parts of a name. Labels and prefixes which denote the configuration in a systematic way (e. g. *cis*, *seqtrans*, *meso*, *exo*) have been omitted from the compound names in this index.

Examples: *meso*-3,4-Bis(benzyloxy)-1,6-diphenylhexa-1,5-diene is indexed as
Hexa-1,5-diene, 3,4-bis(benzyloxy)-1,6-diphenyl-,
(±)-*cis*-1,2-Dichloro-5-phenyl-1,2,3,4-tetrahydronaphthalene is indexed as
Naphthalene, 1,2-dichloro-5-phenyl-1,2,3,4-tetrahydro-.

The following parts of a compound name belong to the trunk name:
1. All prefixes except those mentioned above, particularly
   Fusion prefixes (e. g. cyclopenta in Cyclopenta[*a*]phenanthrene),
   Bridge prefixes (e. g. methano in 1.4-Methanonaphthalene; cyclo in 2.5-Cyclo=
   benzocycloheptene),
   Addition prefixes (e. g. homo in *D*-Homoandrost-5-ene),
   Subtraction prefixes (e. g. nor in *A*-Nor-5α-cholestane; deoxy in 2-Deoxy=
   glucose),
   Skeleton modification prefixes (e. g. bicyclo in Bicyclo[2.2.2]octane; spiro in
   Spiro[4.5]octane; seco in 5.6-Secocholestan-5-one),
   Replacement prefixes (e. g. oxa and aza in 3.9-Dioxa-6-azaundecane; thio in
   Thioacetic acid).
2. The stem (i. e. cyclopent in 2-Hydroxycyclopentanone).
3. Endings (e. g. -ane, -ene, -yne denoting the saturation state of a hydrocarbon;
   -ole, -ine, -oline, -olidine denoting the ring size and saturation state in a
   heterocycle; -yl denoting the valence in a free radical).
4. The function suffix denoting the principal function (e. g. -ol, -one, -oic acid).
5. Addition suffixes (e. g. -oxide in ethylene oxide).

Suffixes denoting modifications of the principal function do <u>not</u> belong to the trunk name; they appear behind inverted prefixes.

Examples: 5-Chloro-7,8-dimethoxy-3,4-dihydronaphthalene-1(2*H*)one oxime is indexed as
Naphthalene-1(2*H*)-one, 5-chloro-7,8-dimethoxy-3,4-dihydro-, oxime,
Dodecahydro-3a*H*-cyclopenta[*a*]naphthalene-3a-carboxylic acid ethyl ester is
indexed as **3a*H*-Cyclopenta[*a*]naphthalene-3a-carboxylic acid**, dodecahydro-, ethyl
ester.

If, in a radicofunctional name (a name formed from the name of a radical and the name of a functional class or an ion, e. g. -ether, -ketone, -mercaptane, -chloride, -cyanate, -phosphate, -mercury), the functional group or the ion is im= mediately connected to no more than one radical, the trunk name comprises the name of that radical <u>and</u> the name of the functional class or the ion. In the radico= functional name of a bifunctional (or polyfunctional) compound the trunk name comprises the name of the multivalent radical, the multiplying affix, and the name of the functional groups or ions. If, in a compound with radicofunctional

name, there is only one functional group or ion and if this is immediately connected to more than one univalent radical, the trunk name is represented by the name of the functional class or the ion exclusively.

Examples: Ethyl bromide and Butylamine are indexed unchanged,
4-Methylbenzhydryl chloride is indexed as **Benzhydryl chloride**, 4-methyl-,
4-Methylbenzylamine is indexed as **Benzylamine**, 4-methyl-,
N,N-Diethylethylenediamine is indexed as **Ethylenediamine**, *N,N*-diethyl-,
2-Chloro-*p*-phenylendiamine is indexed as *p*-**Phenylendiamine**, 2-chloro-,
Bis(2-chloroethyl) ether is indexed as **Ether,** bis(2-chloroethyl)-,
1-Methyl-2-naphthyl phenyl ketone is indexed as **Ketone**, 1-methyl-2-naphthyl phenyl,
Triethylmethylammonium is indexed as **Ammonium**, triethylmethyl-.

A

21(20→23)Abeochol-5-ene-21,24-dioic acid,
—, 3-hydroxy-20-oxo- **10** 4758
2H-10(1→2)Abeolup-20(29)-ene-
1,28-dioic acid,
—, 3-hydroxy- **10** 4758
Abietanoic acid
see also *Podocarpanoic acid, 13-isopropyl-*
Abietan-18-oic acid 9 351, 352
　　　methylester **9** 352
—, 8,15-dibromo- **9** 354
　　ethylester **9** 354
　　methylester **9** 354
—, 8,15-dichloro- **9** 353
　　ethylester **9** 353
　　methylester **9** 353
Abieta-8,11,13-triene,
—, 12-(benzoyloxy)- **9** 476
—, 3,12-bis(benzoyloxy)- **9** 606
Abieta-8,11,13-trien-7-one,
—, 12-(benzoyloxy)- **9** 752
—, 3-(benzoyloxy)-12-methoxy- **9** 797
Abietic acid,
—, dihydro- **9** 2636, 2637, 2638, 2641
Aceconitic acid 9 4746
Acenaphthene-3-carbonyl chloride 9 3289
Acenaphthene-3-carboxamide 9 3289
Acenaphthene-5-carboxamide 9 3290
Acenaphthene-3-carboxylic acid 9 3289
Acenaphthene-5-carboxylic acid 9 3289
—, 6-nitro- **9** 3290
**Acenaphthene-1,5-dicarboxylic acid
9** 4523
　　　dimethyl ester **9** 4523
**Acenaphthene-3,6-dicarboxylic acid
9** 4524
—, 1,1-dimethyl-2-oxo- **10** 4012
　　　dimethyl ester **10** 4012
—, 2-(hydroxyimino)-1,1-dimethyl-
10 4012
**Acenaphthene-3,8-dicarboxylic acid
9** 4524
**Acenaphthene-5,6-dicarboxylic acid
9** 4524
—, 3-chloro- **9** 4524
—, 4-chloro- **9** 4524
Acenaphthen-1-one,
—, 2-(p-anisoyloxy)- **10** 319
—, 2-(benzoyloxy)- **9** 760
—, 2-(benzoyloxymethyl)- **9** 761
—, 2-(cinnamoyloxy)- **9** 2701
—, 2-(salicyloyloxy)- **10** 145
1H-Acenaphtho[1,8-bc]furan-6-carboxylic
acid,
—, 2a-hydroxy-3,3-dimethyl-1-oxo-
2a,3-dihydro- **10** 4012
Acenaphthylene,
—, 1-(benzoyloxy)-2-phenyl- **9** 527

Acenaphthylen-1-ol,
—, 2-(p-anisoyloxy)- **10** 319
—, 2-(benzoyloxy)- **9** 760
—, 2-(salicyloyloxy)- **10** 145
Acephenanthrene-4-carboxylic acid,
—, 4,5-dihydroxy-6-nitro-3,8-dioxo-
3,8-dihydro- **10** 4792
Acephenanthrene-7,8-dicarboxylic acid,
—, 9,10-dihydro-,
　　diethyl ester **9** 4659
Acetaldehyde,
—, (benzoyloxy)- **9** 720
　　semicarbazone **9** 721
—, [4-(benzoyloxy)-3,5-dimethoxyphenyl]-,
　　oxime **9** 815
—, (phenylacetoxy)- **9** 2187
　　semicarbazone **9** 2188
Acetamide,
—, (acenaphthen-1-yl)-N-
　　(2-hydroxyethyl)- **9** 3332
—, N-acetonyl-2-bromo-2-phenyl-
　　9 2278
—, N-acetonyl-2-phenyl- **9** 2205
—, 2-acetoxy-N-benzylidene-2-phenyl-
　　10 472
—, 2-acetoxy-N-[2-(diethylamino)ethyl]-
　　2,2-diphenyl- **10** 1179
—, N-(2-acetoxyethyl)-2-phenyl- **9** 2197
—, 2-(5-acetoxy-2-hydroxy-
　　4-methoxyphenyl)- **10** 2098
—, 2-(acetoxyimino)-2-phenyl-,
　　O-benzoyloxime **10** 2983
—, 2-(5-acetoxy-4-methoxy-
　　2-nitrophenyl)-2-chloro- **10** 1469
—, 2-(3-acetoxy-4-methoxyphenyl)-
　　10 1464
—, 2-(3-acetoxy-4-methoxyphenyl)-
　　2-azido- **10** 1469
—, 2-(3-acetoxy-4-methoxyphenyl)-
　　2-chloro- **10** 1465
—, N-(acetoxymethyl)-2-phenyl- **9** 2199
—, N-(3-acetoxy-2-methylpropyl)-
　　2-phenyl- **9** 2199
—, 2-(p-acetoxyphenyl)-N-
　　(2,2-diethoxyethyl)- **10** 437
—, 2-(p-acetoxyphenyl)-N-(2-oxoethyl)-
　　10 437
—, 2-acetoxy-2-phenyl-N-
　　(sulfamoylethyl)- **10** 473
—, N-(1-acetoxy-2,2,2-tribromoethyl)-
　　2-phenyl- **9** 2201
—, N-(1-acetoxy-2,2,2-trichloroethyl)-
　　2-phenyl- **9** 2200
—, N-allyl-2-(p-hydroxyphenyl)- **10** 435
—, 2-[p-(allyloxy)phenyl]-N-
　　(2-hydroxyethyl)- **10** 436
—, N-allyl-2-phenyl- **9** 2196
—, N-(2-aminoethyl)-2-(p-methoxyphenyl)-
　　10 436

Acetamide *(continued)*
—, N-(2-aminoethyl)-2-phenyl- **9** 2242
—, N-(3-aminopropyl)-2-phenyl- **9** 2243
—, 2-azido-2-(3,4-dimethoxyphenyl)-
  10 1469
—, 2-(benz[*a*]anthracen-7-yl)-N,N-
  bis(2-chloroethyl)- **9** 3625
—, 2-(benz[*a*]anthracen-7-yl)-N,N-
  bis(2-hydroxyethyl)- **9** 3626
—, 2-(11*H*-benzo[*a*]fluoren-11-yl)-
  9 3585
—, 2-(benzohydrazonoylthio)- **9** 1988
—, 2-(benzohydroximoylamino)-,
  oxime **9** 1309
—, 2-benzoyl- **10** 2994
—, N-benzoyl-N-(benzoyloxy)-2-
  (β-bromocinnamylideneamino)-
  9 1307
—, N-benzoyl-2-(benzoyloxyimino)-
  2-phenyl-,
  O-benzoyloxime **10** 2984
—, 2-(benzoyloxy)- **9** 856
—, 2-(benzoyloxy)-2-[4-(benzoyloxy)-
  3-methoxyphenyl]- **10** 2102
—, N-(benzoyloxy)-2-
  (β-bromocinnamylideneamino)-
  9 1304
—, 2-(benzoyloxyimino)-N-methyl-
  2-phenyl-,
  O-benzoyloxime **10** 2984
—, 2-(benzoyloxyimino)-2-phenyl-,
  O-acetyloxime **10** 2983
  O-benzoyloxime **10** 2984
—, N-(benzoyloxy)-2-(*o*-methoxyphenyl)-
  10 426
—, N-(benzoyloxy)-2-(*p*-methoxyphenyl)-
  10 439
—, N-(benzoyloxy)-2-phenyl- **9** 2256
—, N-[1-(benzoyloxy)-
  2,2,2-tribromoethyl]-2-phenyl-
  9 2201
—, N-[1-(benzoyloxy)-
  2,2,2-trichloroethyl]-2-phenyl-
  9 2200
—, 2-(benzoylthio)- **9** 1974
—, 2-(3-benzoylthioureido)- **9** 1120
—, 2-[*p*-(benzyloxy)phenyl]- **10** 436
—, 2-[*p*-(benzyloxy)phenyl]-N-
  (2,2-diethoxyethyl)- **10** 437
—, 2-[*p*-(benzyloxy)phenyl]-N-
  (2-oxoethyl)- **10** 436
—, 2-(bicyclohexyl-2-yl)- **9** 268
—, 2-(biphenyl-4-yl)- **9** 3321
—, 2-(biphenyl-4-yl)-N-[2-
  (diethylamino)ethyl]- **9** 3322
—, 2-(biphenyl-4-yl)-N-(2-hydroxyethyl)-
  9 3322
—, 2-(biphenyl-4-yl)-2-phenyl- **9** 3592
—, 2,2-bis(*p*-chlorophenyl)- **9** 3312

—, 2,2-bis(*p*-chlorophenyl)-N,N-diethyl-
  9 3312
—, 2,2-bis(*p*-chlorophenyl)-N-
  (2-hydroxyethyl)- **9** 3312
—, 2,2-bis(*p*-chlorophenyl)-N-methyl-
  9 3312
—, N,N-bis(2-hydroxyethyl)-
  2,2-diphenyl- **9** 3302
—, N,N-bis(2-hydroxyethyl)-2-phenyl-
  9 2198
—, 2-(4-bromo-3-chlorophenyl)-N-
  (2-hydroxyethyl)- **9** 2279
—, 2-bromo-N,N-diethyl-2-phenyl-
  9 2278
—, 2-(2-bromo-4,5-dimethoxyphenyl)-
  10 1466
—, 2-(3-bromo-1,4-dioxo-1,4-dihydro-
  2-naphthyl)-N-methyl- **10** 3608
—, N-(2-bromoethylidene)-2-phenyl-
  9 2202
—, N-(2-bromoethyl)-2-(1-naphthyl)-
  9 3208
—, 2-(3-bromomesityl)- **9** 2534
—, 2-(5-bromo-2-methoxyphenyl)- **10** 427
—, 2-bromo-N-methyl-2-phenyl- **9** 2277
—, 2-(4-bromo-1-naphthyl)- **9** 3211
—, 2-(1-bromo-2-naphthyl)-N-
  (2-hydroxyethyl)- **9** 3213
—, 2-(6-bromo-2-naphthyl)-N-
  (2-hydroxyethyl)- **9** 3214
—, 2-bromo-2-phenyl- **9** 2277
—, 2-(*o*-bromophenyl)- **9** 2274
—, 2-(*m*-bromophenyl)-N-(2-hydroxyethyl)-
  9 2275
—, 2-(*o*-bromophenyl)-N-(2-hydroxyethyl)-
  9 2274
—, 2-(*p*-bromophenyl)-N-(2-hydroxyethyl)-
  9 2275
—, 2-(4-bromo-*o*-tolyl)- **9** 2428
—, 2-(6-bromo-*m*-tolyl)- **9** 2430
—, N-(2-bromovinyl)-2-phenyl- **9** 2202
—, N-(but-2-enyl)-2-phenyl- **9** 2196
—, 2-(2-*tert*-butyl-1-naphthyl)- **9** 3250
—, N-butyl-2-phenyl- **9** 2195
—, N-*tert*-butyl-2-phenyl- **9** 2195
—, 2-(*p*-butylphenyl)- **9** 2554
—, N-*tert*-butyl-2-(2-phenylacetamido)-
  9 2209
—, 2-(*p*-*tert*-butylphenyl)-N-
  (2-hydroxyethyl)- **9** 2555
—, 2-(4-*tert*-butyl-2,6-xylyl)- **9** 2607
—, 2-(5-*tert*-butyl-2,4-xylyl)- **9** 2607
—, N-[2-(butyryloxy)ethyl]-2-phenyl-
  9 2197
—, 2-(3-carbamoylcyclohexyl)- **9** 3837
—, 2-(3-carbamoyl-
  2,2-dimethylcyclobutyl)- **9** 3854
—, 2-{3-[*p*-(carbamoylmethyl)phenoxy]-
  4-methoxyphenyl}- **10** 1464

Acetamide *(continued)*

—, 2-chloro-*N,N*-diethyl-2-(tetrachlorocyclopenta-2,4-dien-1-ylidene)- **9** 2001

—, 2-chloro-*N,N*-dimethyl-2,2-diphenyl- **9** 3308

—, 2-chloro-2-(*o*-chlorophenyl)- **9** 2272

—, 2-chloro-2-(*p*-chlorophenyl)- **9** 2273

—, 2-chloro-*N*-(2,2-diethoxyethyl)-2-phenyl- **9** 2268

—, 2-chloro-*N,N*-diethyl-2-phenyl- **9** 2267

—, 2-chloro-2-(4,5-dimethoxy-2-nitrophenyl)- **10** 1469

—, 2-chloro-2-(3,4-dimethoxyphenyl)- **10** 1465

—, 2-chloro-*N,N*-dimethyl-2-phenyl- **9** 2267

—, 2-chloro-2,2-diphenyl- **9** 3308

—, 2-chloro-2,2-diphenyl-*N*-propyl- **9** 3309

—, *N*-(2-chloroethyl)-2,2-diphenyl- **9** 3301

—, 2-chloro-*N*-ethyl-2,2-diphenyl- **9** 3309

—, *N*-(2-chloroethyl)-2-phenyl- **9** 2194

—, 2-chloro-*N*-methyl-2,2-diphenyl- **9** 3308

—, 2-(3-chloro-2-naphthyl)-*N*-(2-hydroxyethyl)- **9** 3213

—, *N*-chloro-2-phenyl- **9** 2250

—, 2-chloro-2-phenyl- **9** 2267

—, 2-(*m*-chlorophenyl)-*N*-(2-hydroxyethyl)- **9** 2263

—, 2-(*o*-chlorophenyl)-*N*-(2-hydroxyethyl)- **9** 2263

—, 2-(*p*-chlorophenyl)-*N*-(2-hydroxyethyl)- **9** 2265

—, *N,N'*-(5-chlorosalicylidene)bis(2-phenyl- **9** 2205

—, *N,N'*-cinnamylidenebis(2-phenyl- **9** 2203

—, 2-*p*-cumenyl- **9** 2529

—, *N*-(1-cyano-2,2-diethoxyethyl)-2-phenyl- **9** 2237

—, 2-cyano-2-(3,4-dimethoxyphenyl)- **10** 2440

—, 2-cyano-2-(hexahydroindan-2-ylidene)- **9** 4062

—, *N*-(1-cyano-2-hydroxyethylidene)-2-phenyl- **9** 2233

—, 2-cyano-*N*-(2-hydroxyethyl)-2-phenyl- **9** 4263

—, *N*-(1-cyano-2-hydroxyvinyl)-2-phenyl- **9** 2233

—, 2-cyano-2-(*o*-methoxyphenyl)- **10** 2203

—, 2-cyano-2-(*p*-methoxyphenyl)- **10** 2203

—, 2-cyano-2-(3-methylcyclopentylidene)- **9** 3966

—, *N*-(cyanomethyl)-2-phenyl- **9** 2212

—, 2-cyano-*N*-methyl-2-phenyl- **9** 4263

—, 2-cyano-2-(1-naphthyl)- **9** 4474

—, *N*-(1-cyano-2-oxoethyl)-2-phenyl- **9** 2233

—, 2-cyano-2-phenyl- **9** 4262

—, 2-(*p*-cyanophenylsulfonyl)- **10** 406

—, 2-cyano-2-*p*-tolyl- **9** 4293

—, 2-cycloheptadecyl- **9** 137

—, 2-(cyclohexa-2,4-dien-1-yl)- **9** 298

—, 2-(cyclohex-2-en-1-yl)-2-phenyl- **9** 3092

—, 2-cyclohexyl- **9** 48

—, 2-cyclohexyl-*N*-[2-(diethylamino)ethyl]-2-phenyl- **9** 2864

—, 2-cyclohexyl-*N*-(2-hydroxyethyl)- **9** 48

—, 2-cyclohexyl-*N*-methyl- **9** 48

—, 2-cyclohexyl-2-phenyl- **9** 2864

—, 2-(*p*-cyclohexylphenyl)- **9** 2868

—, 2-(cyclooct-1-en-1-yl)- **9** 189

—, 2-(cyclopent-2-en-1-yl)- **9** 158

—, 2-cyclopentyl- **9** 42

—, 2-cyclopentyl-*N*-(2-hydroxyethyl)- **9** 42

—, 2-cyclopentyl-2-phenyl- **9** 2849

—, 2-(3,5-dibromo-4-hydroxyphenyl)-*N*-(2-hydroxyethyl)- **10** 442

—, 2-(3,4-dibromophenyl)-*N*-(2-hydroxyethyl)- **9** 2279

—, *N*-(2,2-dibutoxyethyl)-2-phenyl- **9** 2204

—, *N*-[2-(dibutylamino)ethyl]-2,2-diphenyl- **9** 3304

—, *N*-(2,2-dichloroethylidene)-2-phenyl- **9** 2201

—, 2-(2,5-dichlorophenyl)- **9** 2271

—, 2-(2,4-dichlorophenyl)-*N*-(2-hydroxyethyl)- **9** 2271

—, 2-(3,4-dichlorophenyl)-*N*-(2-hydroxyethyl)- **9** 2272

—, *N,N'*-(3,5-dichlorosalicylidene)bis(2-phenyl- **9** 2206

—, *N*-(2,2-dichlorovinyl)-2-phenyl- **9** 2201

—, 2,2'-dicyano-2,2'-(2,5-dihydroxy-*p*-phenylene)bis- **10** 2632

—, 2,2-dicyclohexyl-*N*-[2-(diethylamino)ethyl]- **9** 267

—, 2,2-dicyclopentyl- **9** 256

—, *N*-(2,2-diethoxyethyl)-(*p*-hydroxyphenyl)- **10** 435

—, *N*-(2,2-diethoxyethyl)-2-phenyl- **9** 2204

—, *N*-(3,3-diethoxy-1-methylpropyl)-2-phenyl- **9** 2205

Acetamide *(continued)*

—, 2-{*o*-[2-(diethylamino)ethoxy]-phenyl}- **10** 424

—, *N*-[2-(diethylamino)ethyl]-2,2-diphenyl- **9** 3303

—, *N*-[2-(diethylamino)ethyl]-*N*-ethyl-2,2-diphenyl- **9** 3304

—, *N*-[2-(diethylamino)ethyl]-2-methoxy-2-phenyl- **10** 472

—, *N*-[2-(diethylamino)ethyl]-2-phenyl-**9** 2242

—, *N*-{2-[2-(diethylamino)ethylthio]-ethyl}-2,2-diphenyl- **9** 3302

—, *N*-[2-(diethylamino)ethyl]-2,2,2-triphenyl- **9** 3589

—, 2-{*p*-[3-(diethylamino)propoxy]-phenyl}-*N*-(2-hydroxyethyl)-**10** 438

—, *N*-[3-(diethylamino)propyl]-2,2-diphenyl- **9** 3304

—, *N,N*-diethyl-2,2-diphenyl- **9** 3301

—, *N,N*-diethyl-2-(1-hydroxycyclohexyl)-**10** 23

—, *N,N*-diethyl-2-(1-hydroxycyclopentyl)-**10** 20

—, *N,N*-diethyl-2-(1-hydroxy-4-methylcyclohexyl)- **10** 35

—, 2-(9,10-dihydro-9-anthryl)-*N,N*-diethyl- **9** 3461

—, 2-(2,5-dihydroxy-4-methoxyphenyl)-**10** 2097

—, 2-[*p*-(2,3-dihydroxypropoxy)phenyl]-*N*-(2-hydroxyethyl)- **10** 437

—, *N*-(2,3-dihydroxypropyl)-2-phenyl-**9** 2199

—, 2-(3,5-diiodo-4-hydroxyphenyl)-*N*-(2-hydroxyethyl)- **10** 442

—, 2-(4,5-dimethoxy-2-nitrophenyl)-**10** 1469

—, 2-(2,3-dimethoxyphenyl)- **10** 1453

—, 2-(3,4-dimethoxyphenyl)- **10** 1463

—, 2-(2,3-dimethoxyphenyl)-*N*-(2-hydroxyethyl)- **10** 1454

—, 2-(3,4-dimethoxyphenyl)-*N*-(2-hydroxyethyl)- **10** 1463

—, 2-(3,4-dimethoxyphenyl)-2-methoxy-**10** 2102

—, 2-(3,5-dimethoxy-*o*-tolyl)- **10** 1528

—, *N*-[2-(dimethylamino)ethyl]-2,2-diphenyl- **9** 3303

—, *N*-[2-(dimethylamino)ethyl]-2-(*p*-nitrophenyl)- **9** 2290

—, *N*-(1,1-dimethylbutyl)-2-phenyl-**9** 2195

—, 2-(2,3-dimethylcyclopentyl)- **9** 74

—, *N,N*-dimethyl-2,2-diphenyl- **9** 3301

—, 2-(2,3-dimethyl-1-naphthyl)-**9** 3235

—, 2-(3,4-dimethyl-1-naphthyl)- **9** 3235

—, 2-(4,7-dimethyl-1-naphthyl)-**9** 3236

—, *N,N*-dimethyl-2-phenoxy-2-phenyl-**10** 472

—, *N,N*-dimethyl-2-phenyl- **9** 2194

—, *N,N*-dimethyl-2-(2,4,5-trimethylphenyl)- **9** 2535

—, 2,2'-(4,6-dinitro-*m*-phenylene)bis-**9** 4295

—, 2,2-diphenyl- **9** 3301

—, 2-(3,3-diphenylindan-1-yl)- **9** 3645

—, 2,2-diphenyl-*N*-[3,3,3-trichloro-2-(diphenylacetoxy)propyl]- **9** 3302

—, *N*-dodecyl-2-phenyl- **9** 2195

—, *N*-(α-ethoxybenzhydryl)-2-phenyl-**9** 2203

—, 2-(2-ethoxycyclohexyl)- **10** 24

—, *N*-(2-ethoxyethyl)-2-phenyl- **9** 2197

—, 2-(*p*-ethoxyphenyl)-*N*-(2-hydroxyethyl)- **10** 436

—, *N,N'*-ethylenebis[2-(*p*-nitrophenyl)-**9** 2290

—, *N,N'*-ethylenebis(2-phenyl- **9** 2243

—, *N*-(2-ethyl-2-hydroxybutyl)-2-phenyl-**9** 2199

—, *N*-ethyl-*N*-(2-hydroxyethyl)-2-phenyl-**9** 2197

—, 2-(2-ethyl-3-methoxyphenyl)- **10** 610

—, 2-(2-ethyl-1-naphthyl)- **9** 3235

—, *N*-ethyl-2-(*p*-nitrophenyl)- **9** 2289

—, 2-(6-ethyl-3-phenanthryl)- **9** 3527

—, *N*-ethyl-2-phenyl- **9** 2194

—, 2-(*p*-ethylphenyl)- **9** 2485

—, 2-(*N*-ethyl-2-phenylacetamido)-*N,N*-dimethyl- **9** 2213

—, 2-(7-ethyl-1,2,3,4-tetrahydro-9-phenanthryl)- **9** 3398

—, *N*-[2-(ethylthio)-2-hydroxyethyl]-2-phenyl- **9** 2204

—, 2-(fluoren-2-yl)- **9** 3448

—, 2-(fluoren-9-yl)-*N*-(2-hydroxyethyl)-**9** 3448

—, 2-(fluoren-9-ylidene)-2-phenyl- **9** 3649

—, 2-(6-fluoro-2-naphthyl)-*N*-(2-hydroxyethyl)- **9** 3213

—, 2-(*m*-fluorophenyl)-*N*-(2-hydroxyethyl)- **9** 2261

—, 2-(*o*-fluorophenyl)-*N*-(2-hydroxyethyl)- **9** 2260

—, 2-(*p*-fluorophenyl)-*N*-(2-hydroxyethyl)- **9** 2262

—, *N*-(1-formyl-2-hydroxyvinyl)-2-phenyl- **9** 2207

—, *N*-(1-formyl-2-oxoethyl)-2-phenyl-**9** 2207

—, 2-(hexahydroindan-2-yl)- **9** 235

—, 2-(hexahydroindan-2-ylidene)- **9** 320

—, 2-(3a,4,5,6,7,7a-hexahydroinden-2-yl)- **9** 318

Acetamide *(continued)*
—, *N*-(3-hydroxybenzylidene)-2-phenyl-
  9 2206
—, *N*-(4-hydroxybenzylidene)-2-phenyl-
  9 2206
—, *N*-(2-hydroxybutyl)-2-phenyl- **9** 2198
—, 2-(2-hydroxycyclohexyl)- **10** 24
—, 2-(1-hydroxycyclohexyl)-
  N,*N*-diisopropyl- **10** 23
—, *N*-(2-hydroxy-1,1-dimethylethyl)-
  2-phenyl- **9** 2199
—, *N*-(2-hydroxyethyl)-2-*p*-cumenyl-
  9 2529
—, *N*-(2-hydroxyethyl)-2,2-diphenyl-
  9 3301
—, *N*-(2-hydroxyethyl)-2-(6-hydroxy-
  2-naphthyl)- **10** 1107
—, *N*-(2-hydroxyethyl)-2-
  (*m*-hydroxyphenyl)- **10** 429
—, *N*-(2-hydroxyethyl)-2-
  (*o*-hydroxyphenyl)- **10** 424
—, *N*-(2-hydroxyethyl)-2-
  (*p*-hydroxyphenyl)- **10** 435
—, *N*-(2-hydroxyethyl)-2-(*m*-iodophenyl)-
  9 2281
—, *N*-(2-hydroxyethyl)-2-(*p*-iodophenyl)-
  9 2281
—, *N*-(2-hydroxyethyl)-2-(5-isopropyl-
  2-methylphenyl)- **9** 2559
—, *N*-(2-hydroxyethyl)-2-mesityl- **9** 2533
—, *N*-(2-hydroxyethyl)-2-(4-methoxy-
  3-nitrophenyl)- **10** 443
—, *N*-(2-hydroxyethyl)-2-methoxy-
  2-phenyl- **10** 472
—, *N*-(2-hydroxyethyl)-2-
  (*m*-methoxyphenyl)- **10** 429
—, *N*-(2-hydroxyethyl)-2-
  (*o*-methoxyphenyl)- **10** 424
—, *N*-(2-hydroxyethyl)-2-
  (*p*-methoxyphenyl)- **10** 436
—, *N*-(2-hydroxyethyl)-2-[*p*-(methylthio)=
  phenyl]- **10** 444
—, *N*-(2-hydroxyethyl)-2-(1-naphthyl)-
  9 3208
—, *N*-(2-hydroxyethyl)-2-(2-naphthyl)-
  9 3212
—, *N*-(2-hydroxyethyl)-2-(1-nitro-
  2-naphthyl)- **9** 3214
—, *N*-(2-hydroxyethyl)-2-(*p*-nitrophenyl)-
  9 2289
—, *N*-(2-hydroxyethyl)-2-(2-phenanthryl)-
  9 3507
—, *N*-(2-hydroxyethyl)-2-(3-phenanthryl)-
  9 3508
—, *N*-(2-hydroxyethyl)-2-
  (*p*-phenoxyphenyl)- **10** 436
—, *N*-(2-hydroxyethyl)-2-phenyl- **9** 2196
—, *N*-(2-hydroxyethyl)-2-
  (2-phenylacetamido)- **9** 2210

—, *N*-(2-hydroxyethyl)-2-[*p*-(phenylthio)=
  phenyl]- **10** 445
—, *N*-(2-hydroxyethyl)-2-
  (5,6,7,8-tetrahydro-2-naphthyl)-
  9 2828
—, *N*-(2-hydroxyethyl)-2-*o*-tolyl-
  9 2427
—, *N*-(2-hydroxyethyl)-2-*p*-tolyl-
  9 2433
—, *N*-(2-hydroxyethyl)-2-
  (3,4,5-tribromophenyl)- **9** 2280
—, *N*-(2-hydroxyethyl)-2-(3,4-xylyl)-
  9 2486
—, *N*-[2-hydroxy-1-(hydroxymethyl)ethyl]-
  2-phenyl- **9** 2199
—, 2-(hydroxyimino)-2-phenyl-,
  O-benzoyloxime **10** 2983
—, 2-(hydroxyimino)-2-*p*-tolyl-,
  O-benzoyloxime **10** 3035
  O-carbamoyloxime **10** 3035
—, *N*-(2-hydroxy-1-methylethyl)-
  2-phenyl- **9** 2198
—, *N*-[1-(hydroxymethyl)propyl]-
  2-phenyl- **9** 2198
—, *N*-(2-hydroxy-2-methylpropyl)-
  2-phenyl- **9** 2199
—, *N*-(3-hydroxy-2-methylpropyl)-
  2-phenyl- **9** 2199
—, 2-(4-hydroxy-3-nitrophenyl)- **10** 443
—, 2-(*p*-hydroxyphenyl)- **10** 434
—, 2-(*p*-hydroxyphenyl)-*N*-(2-oxoethyl)-
  10 435
—, *N*-[2-hydroxy-2-(phenylthio)ethyl]-
  2-phenyl- **9** 2204
—, *N*-(2-hydroxypropyl)-2-phenyl-
  9 2198
—, 2-iodo-2-phenyl- **9** 2281
—, *N*-isopentyl-2-(*p*-nitrophenyl)-
  9 2289
—, 2-(2-isopropyl-1-naphthyl)- **9** 3242
—, 2-(isovaleryloxy)-2-phenyl- **10** 473
—, 2-mesityl- **9** 2533
—, 2-mesityl-2-phenyl- **9** 3386
—, *N*,*N*'-(2-methoxybenzylidene)bis=
  (2-phenyl- **9** 2205
—, *N*,*N*'-(3-methoxybenzylidene)bis=
  (2-phenyl- **9** 2206
—, *N*,*N*'-(4-methoxybenzylidene)bis=
  (2-phenyl- **9** 2206
—, 2-methoxy-*N*,*N*-dimethyl-2-phenyl-
  10 471, 472
—, *N*-(2-methoxyethylidene)-2-phenyl-
  9 2205
—, *N*-(2-methoxyethyl)-2-phenyl- **9** 2197
—, 2-(4-methoxy-3-nitrophenyl)- **10** 443
—, 2-methoxy-2-phenyl- **10** 471
—, 2-(*m*-methoxyphenyl)- **10** 429
—, 2-(*o*-methoxyphenyl)- **10** 424
—, 2-(*p*-methoxyphenyl)- **10** 435

Acetamide *(continued)*

—, 2-(α-methoxy-*o*-tolyl)- **10** 573
—, 2-(4-methoxy-*o*-tolyl)- **10** 573
—, 2-(6-methoxy-*m*-tolyl)- **10** 578
—, *N*-methoxy-2,2,2-triphenyl- **9** 3589
—, *N*-(2-methoxyvinyl)-2-phenyl- **9** 2205
—, *N*-(2-methylallyl)-2-phenyl- **9** 2196
—, 2-(12-methylbenz[*a*]anthracen-7-yl)-
    9 3634
—, 2-(1-methylbenzo[*c*]phenanthren-4-yl)-
    9 3634
—, *N,N'*-(3-methylbenzylidene)bis(2-phenyl-
    9 2202
—, *N*-(3-methylbut-2-enyl)-2-phenyl-
    9 2196
—, 2-(2-methylbutyryloxy)-2-phenyl-
    10 473
—, 2-(2-methylcyclohex-1-en-1-yl)-
    9 180
—, 2-(4-methylcyclohex-1-en-1-yl)-
    9 183
—, 2-(1-methylcyclohexyl)- **9** 68
—, 2-(2-methylcyclohexyl)- **9** 68, 69
—, 2-(3-methylcyclohexyl)- **9** 70
—, 2-(4-methylcyclohexyl)- **9** 70
—, 2-(2-methylcyclohexylidene)- **9** 181
—, 2-(3-methylcyclohexylidene)- **9** 182
—, 2-(3-methylcyclopentyl)- **9** 61
—, *N*-methyl-2,2-diphenyl- **9** 3301
—, *N,N'*-methylenebis(2-phenyl- **9** 2200
—, 2-(2-methyl-1-naphthyl)- **9** 3223
—, 2-(4-methyl-1-naphthyl)- **9** 3223
—, 2-(6-methyl-2-naphthyl)- **9** 3224
—, 2-(7-methyl-2-naphthyl)- **9** 3225
—, 2-{2-[4-methyl-2-(*p*-nitrobenzamido)-
    valeramido]acetamido}- **9** 1733
—, 2-(2-{4-methyl-2-[2-
    (4-nitrohippuramido)acetamido]-
    valeramido}acetamido)- **9** 1729
—, *N*-methyl-*N*-nitroso-2-phenyl- **9** 2250
—, *N*-(β-methylphenethylidene)-2-phenyl-
    9 2203
—, *N*-methyl-2-phenyl- **9** 2194
—, 2-(2-methyl-4-phenylcyclohexyl)-
    9 2883
—, 2-(2-methyl-2-phenylcyclopentyl)-
    9 1872
—, *N*-(β-methylstyryl)-2-phenyl- **9** 2203
—, 2-[*p*-(methylsulfonyl)phenyl]- **10** 444
—, 2-(2-methyl-1,2,3,4-tetrahydro-
    9-phenanthryl)- **9** 3390
—, 2-(4-methyl-1,2,3,4-tetrahydro-
    9-phenanthryl)- **9** 3391
—, 2-[*o*-(methylthio)phenyl]- **10** 428
—, *N*-[2-(4-methylvaleryloxy)ethyl]-
    2-phenyl- **9** 2197
—, 2-(1-naphthyl)- **9** 3208
—, 2-(2-naphthyl)- **9** 3212
—, 2-[*o*-(2-naphthyl)phenyl]- **9** 3555

—, 2-(1-naphthyl)-2-phenyl- **9** 3554
—, *N,N'*-(2-nitrobenzylidene)bis(2-phenyl-
    9 2202
—, *N,N'*-(3-nitrobenzylidene)bis(2-phenyl-
    9 2202
—, *N,N'*-(4-nitrobenzylidene)bis(2-phenyl-
    9 2202
—, 2-(4-nitrohippuramido)- **9** 1727
—, 2-(*o*-nitrophenyl)- **9** 2283
—, 2-(*p*-nitrophenyl)-*N-tert*-pentyl-
    9 2289
—, 2-(3-nitro-*o*-tolyl)- **9** 2428
—, 2-(2-norbornyl)- **9** 188
—, *N*-octadecyl-2-phenyl- **9** 2196
—, 2-(1,4,4a,5,6,7,8,8a-octahydro-
    2-naphthyl)- **9** 331
—, 2-(octahydro-2(1*H*)-naphthylidene)-
    9 332
—, 2-(2-oxo-3-bornyl)- **10** 2939
—, *N*-(2-oxoethyl)-2-phenyl- **9** 2204
—, *N,N'*-[oxybis(2,2,2-tribromoethylidene)]-
    bis(2-phenyl- **9** 2201
—, *N*-(pent-2-enyl)-2-phenyl- **9** 2196
—, *N-tert*-pentyl-2-phenyl- **9** 2195
—, 2-(2-phenanthryl)- **9** 3507
—, 2-(3-phenanthryl)- **9** 3507
—, 2-phenoxy-2-phenyl- **10** 47
—, 2-phenyl- **9** 193
—, *N*-[2-(phenylacetoxy)ethyl]-2-phenyl-
    9 2197
—, 2-(2-phenylcyclohexyl)-
    9 2867, 2868
—, 2-(4-phenylcyclohexyl)- **9** 2869
—, 2-(3-phenylcyclopentyl)- **9** 2852
—, 2,2'-*m*-phenylenebis- **9** 4294
—, 2-phenyl-*N*-propyl- **9** 2195
—, 2-phenyl-*N*-salicylidene- **9** 2206
—, 2-phenyl-2-semicarbazono- **10** 2976
—, 2-phenyl-*N*-(2-semicarbazonopropyl)-
    9 2205
—, 2-phenyl-*N*-(1,1,3,3-tetramethylbutyl)-
    9 2195
—, 2-phenyl-*N*-(2,2,2-tribromo-
    1-hydroxyethyl)- **9** 2200
—, 2-phenyl-*N*-(2,2,2-tribromo-
    1-methoxyethyl)- **9** 2201
—, 2-phenyl-*N*-(2,2,2-trichloro-
    1-hydroxyethyl)- **9** 2200
—, 2-phenyl-*N*-(3,3,3-trichloro-
    2-hydroxypropyl)- **9** 2198
—, 2-(*p*-propylphenyl)- **9** 2528
—, 2-(pyren-1-yl)- **9** 3578
—, 2-(stilben-2-yl)- **9** 3
—, 2-(stilben-4-yl)- **9** 3455
—, 2-(6,7,8,9-tetrahydro-
    5*H*-benzocyclohepten-5-ylidene)-
    9 3088
—, 2-(1,2,3,4-tetrahydro-1-naphthyl)-
    9 2827

Acetamide *(continued)*
—, 2-(5,6,7,8-tetrahydro-2-naphthyl)-
    9 2828
—, 2-(1,2,3,4-tetrahydro-9-phenanthryl)-
    9 3373
—, 2-(5,6,7,8-tetrahydro-2-phenanthryl)-
    9 3372
—, 2-(1,2,2,3-tetramethylcyclopent-
    3-en-1-yl)- **9** 231
—, 2-(2,3,4,6-tetramethylphenyl)-
    9 2564
—, 2-(2,3,5,6-tetramethylphenyl)-
    9 2564
—, 2-*p*-tolyl- **9** 2433
—, 2,*N*,*N*-trichloro-2,2-diphenyl-
    9 3309
—, 2-(2,4,6-triethylphenyl)- **9** 2608
—, 2-(2,4,6-triisopropylphenyl)- **9** 2628
—, 2-(2,4,5-trimethoxyphenyl)- **10** 2097
—, 2-(3,4,5-trimethoxyphenyl)- **10** 2099
—, 2-(2,2,3-trimethylcyclopent-3-en-
    1-yl)- **9** 208
—, 2-(2,3,3-trimethylcyclopent-1-en-
    1-yl)- **9** 207
—, 2-(2,2,3-trimethylcyclopentyl)- **9** 98
—, 2-(2,2,3-trimethyl-
    1-phenylcyclopent-3-en-1-yl)-
    9 3107
—, 2,2,2-triphenyl- **9** 3589
—, 2-(2,4-xylyl)- **9** 2488
—, 2-(3,5-xylyl)- **9** 2489
Acetamide oxime,
—, 2-(benzoyloxyimino)-2-phenyl-
    10 2982
—, 2-(benzoyloxyimino)-2-*p*-tolyl-
    10 3035
—, 2-(hydroxyimino)-*N*-methyl-2-phenyl-
    10 2982
—, 2-(hydroxyimino)-2-phenyl- **10** 2981
—, 2-(hydroxyimino)-2-*p*-tolyl- **10** 3034
Acetamidine,
—, 2-(benzoyloxy)- **9** 856
—, (biphenyl-4,4'-diyl)di- **9** 4544
—, *N*-(α-chlorostyryl)-*N*,*N*'-diethyl-
    2-phenyl- **9** 2256
—, 2-(*p*-hydroxyphenyl)- **10** 439
—, 2-(*p*-hydroxyphenyl)-*N*-methyl- **10** 439
—, *N*-methyl-2-phenyl- **9** 2256
—, 2-[*p*-(methylsulfonyl)phenyl]- **10** 445
—, 2-(1-naphthyl)- **9** 3209
—, 2-(*o*-nitrophenyl)- **9** 2283
—, 2-(*p*-nitrophenyl)- **9** 2291
—, 2-phenyl- **9** 2255
Acetic *o*-acetoxybenzoic anhydride
    10 146
Acetic acetoxydiphenylacetic anhydride
    10 1172
Acetic 3-acetoxylupan-29-oic anhydride
    10 988

Acetic 3-acetoxylup-20(29)-en-28-oic
    anhydride **10** 1063
Acetic *o*-(2-acetoxy-1-naphthyl)benzoic
    anhydride **10** 1313
Acetic 3-acetoxy-27-norurs-13-en-28-oic
    anhydride **10** 1033
Acetic 3-acetoxyolean-12-en-28-oic
    anhydride **10** 1054
Acetic 3-acetoxy-6-oxoolean-12-en-
    28-oic anhydride **10** 4396
Acetic 5-acetoxypentaphene-3-carboxylic
    anhydride **10** 1345
Acetic 3-acetoxypregn-17(20)-en-21-oic
    anhydride **10** 946
Acetic 3-acetoxyurs-12-ene-27,28-dioic
    dianhydride **10** 2309
Acetic 3-acetoxyurs-12-en-28-oic
    anhydride **10** 1044
Acetic acid,
—, (acenaphthen-1-yl)- **9** 3332
    methyl ester **9** 3332
—, (acenaphthen-3-yl)- **9** 3332
—, (acenaphthen-5-yl)- **9** 3333
—, (acenaphthen-1-yl)-(cyclopent-2-en-
    1-yl)- **9** 3537
—, [2-(acenaphthen-5-yl)cyclopentyl]-,
    ethyl ester **9** 3488
—, (3-acetohydroximoyl-
    2,2-dimethylcyclobutyl)- **10** 2871
—, (2-acetohydroximoyl-
    1-isopropylcyclopropyl)- **10** 2872
—, (2-acetonylcyclohexyl)- **10** 2876
—, (2-acetonylhexahydroindan-2-yl)-
    10 2947
    ethyl ester **10** 2948
—, [2-acetonyl-5-(methoxycarbonyl)-
    2,5,8a-trimethyldecahydro-
    1-naphthyl]- **10** 3941
—, (1-acetonyl-3-methylcyclohexyl)-
    10 2888
    ethyl ester **10** 2888
    methyl ester **10** 2888
—, (1-acetonyl-4-methylcyclohexyl)-
    10 2889
    ethyl ester **10** 2889
    methyl ester **10** 2889
—, (1-acetonyl-3-methylcyclopentyl)-
    10 2880
    ethyl ester **10** 2880
—, acetoxy(4-acetoxy-3-methoxyphenyl)-
    10 2101
—, acetoxy(*o*-acetoxyphenyl)- **10** 1471
—, acetoxy(3-benzoylcyclohex-2-en-
    1-ylidene)-,
    ethyl ester **10** 4416
—, (2-acetoxybenzoyloxy)- **10** 147
—, acetoxy(biphenyl-4-yl)- **10** 1184
    ethyl ester **10** 1184

Acetic acid *(continued)*

—, (4-acetoxy-6-carboxy-*m*-tolyl)-
10 2222

—, (3-acetoxycholest-5-en-7-ylidene)-
10 1032

—, acetoxycyclohexyl- 10 26

—, acetoxy(*p*-cyclohexylphenyl)-,
ethyl ester 10 912

—, acetoxy(3,4-diethoxyphenyl)-,
methyl ester 10 2101

—, acetoxy(3,4-dimethoxyphenyl)-,
ethyl ester 10 2101
methyl ester 10 2101

—, acetoxydiphenyl- 10 1170
methyl ester 10 1171

—, acetoxy(*p*-ethylphenyl)-,
ethyl ester 10 610

—, (2-acetoxyhexahydroindan-2-yl)- 10 66

—, (3-acetoxy-7-hydroxycholest-5-en-
7-yl)-,
methyl ester 10 1900

—, (2-acetoxy-1-hydroxycyclohexyl)-,
ethyl ester 10 1353

—, [3-acetoxy-3-(methoxycarbonyl)=
decahydro-
1,4;5,8-dimethanonaphthalen-2-yl]-,
methyl ester 10 2243

—, acetoxy(*p*-methoxyphenyl)-,
methyl ester 10 1475

—, (4-acetoxy-3-methoxyphenyl)-
10 1460

—, (3-acetoxy-1-methyl-2-naphthyl)-,
methyl ester 10 1115

—, (3-acetoxy-14-methyl-
7-oxopodocarpan-13-yl)-,
methyl ester 10 4199

—, (3-acetoxy-14-methyl-
7-oxopodocarpan-13-ylidene)-,
2-(dimethylamino)ethyl ester
10 4286
methyl ester 10 4285

—, (3-acetoxy-2-naphthyl)-,
ethyl ester 10 1106

—, acetoxy(*o*-nitrophenyl)- 10 481, 482

—, (3-acetoxy-2-oxo-3-bornyl)-,
ethyl ester 10 4191

—, acetoxyphenyl- 10 453
3-(dimethylamino)-
2,2-dimethylpropyl ester 10 468
ethyl ester 10 458
methyl ester 10 455

—, (*p*-acetoxyphenyl)- 10 432

—, (*p*-acetoxyphenyl)bis(*p*-methoxyphenyl)-
10 2399

—, (2-acetoxy-2,5,5,8a-
tetramethyldecahydro-1-naphthyl)-
10 78

—, acetoxy-*p*-tolyl- 10 581
ethyl ester 10 581

—, (4-acetoxy-*m*-tolyl)bis(*p*-methoxyphenyl)-
10 2401

—, (4-acetoxy-*o*-tolyl)bis(*p*-methoxyphenyl)-
10 2401

—, acetoxy(3,4,5-trimethoxyphenyl)-,
methyl ester 10 2418

—, acetoxy(2,4-xylyl)- 10 613

—, acetoxy(2,5-xylyl)- 10 612

—, (1-acetylcyclohexyl)-,
ethyl ester 10 2857
methyl ester 10 2856

—, (2-acetylcyclohexyl)- 10 2855

—, (3-acetyl-2,2-dimethylcyclobutyl)-
10 2870
methyl ester 10 2872

—, (2-acetylhexahydroindan-2-yl)- 10 2944
ethyl ester 10 2944

—, (acetylhydrazono)-(2-oxocyclopentyl)-,
ethyl ester 10 3516

—, (2-acetyl-1-isopropylcyclopropyl)-
10 2872
ethyl ester 10 2873

—, (7-acetyl-4-isopropyl-
1-methylnorpinan-6-yl)- 10 2951
methyl ester 10 2952

—, (1-acetyl-3-methylcyclopentyl)-
10 2863
ethyl ester 10 2863

—, (2-acetyl-5-methylcyclopentyl)-
10 2863

—, (*m*-acetylphenyl)- 10 3057

—, (*p*-acetylphenyl)- 10 3057
ethyl ester 10 3057

—, (2-acetyl-1,1,4-trimethylhexahydro=
pentalen-3a(3*H*)-yl)- 10 2951

—, {*p*-[(allylcarbamoyl)methyl]phenoxy}-
10 438

—, [*o*-(allylcarbamoyl)phenoxy]- 10 158

—, (2-allylcyclohexylidene)cyano-,
ethyl ester 9 4057

—, (5-allyl-2-hydroxy-3-methoxyphenyl)-
10 1861

—, (2-allylindan-1-ylidene)cyano-,
ethyl ester 9 4482

—, [*p*-(allyloxy)phenyl]- 10 432
ethyl ester 10 433

—, [1-(*p*-anisoyl)cyclohexyl]- 10 4354
methyl ester 10 4354

—, [*o*-(*p*-anisoyl)phenyl]- 10 4436

—, azidophenyl- 9 2294

—, azido-*p*-tolyl- 9 2433
ethyl ester 9 2434

—, benzamido- see *Hippuric acid*

—, (benzamidooxy)- 9 1306

—, (benz[*a*]anthracen-1-yl)- 9 3625

—, (benz[*a*]anthracen-7-yl)- 9 3625
ethyl ester 9 3625

—, (benz[*a*]anthracen-8-yl)- 9 3626
methyl ester 9 3626

Acetic acid *(continued)*

—, (2-benzhydrylphenyl)hydrazono-
10 3459

—, (benzimidoyloxy)diphenyl- 10 1170

—, (benzimidoylthio)- 9 1984

—, (benzo[*def*]chrysen-7-yl)- 9 3665
ethyl ester 9 3665

—, (11*H*-benzo[*a*]fluoren-11-yl)- 9 3584
ethyl ester 9 3584

—, benzoyl- 10 2990
but-2-enyl ester 10 2993
butyl ester 10 2993
ethyl ester 10 2991
isopropyl ester 10 2993
methyl ester 10 2991
1-methylallyl ester 10 2993

—, (benzoylhydrazono)-(1-oxo-
1,2,3,4-tetrahydro-2-naphthyl)-,
ethyl ester 10 3591

—, (benzoylimino)cyclohexyl- 10 2822

—, (benzoylimino)di- 9 1141

—, (benzoyloxy)- 9 854
benzyl ester 9 855
ethyl ester 9 854
2,2′-oxydiethylene ester 9 855
phenyl ester 9 855

—, [4-(benzoyloxy)-6-carboxy-*m*-tolyl]-
10 2222

—, [4-(benzoyloxy)-3,5-dimethoxyphenyl]-
10 2099

—, {3-[1-(benzoyloxy)ethylidene]-
2,2-dimethylcyclobutyl}-,
methyl ester 10 58

—, [3-(benzoyloxy)-7-hydroxycholest-
5-en-7-yl]-,
methyl ester 10 1900

—, [2-(benzoyloxy)-4-hydroxyphenyl]-
10 1455

—, [2-(benzoyloxyimino)-3-oxoindan-
1-yl]- 10 3589

—, [4-(benzoyloxy)-3-methoxyphenyl]-
10 1461

—, [2-(benzoyloxymethylene)-
1-hydroxycyclohexyl]-,
ethyl ester 10 1358

—, [3-(benzoyloxy)-2-naphthyl]- 10 1106

—, (benzoyloxy)-(*m*-nitrophenyl)-,
ethyl ester 10 484

—, (benzoyloxy)-(*o*-nitrophenyl)-,
ethyl ester 10 482

—, (benzoyloxy)phenyl- 10 454
ethyl ester 10 459
methyl ester 10 455

—, [*o*-(benzoyloxy)phenyl]- 10 423

—, [*p*-(benzoyloxy)phenyl]- 10 432

—, [*o*-(benzoyloxy)phenyl]phenyl- 10 1166

—, (*o*-benzoylphenyl)- 10 3313

—, (*o*-benzoylphenyl)diphenyl- 10 3502
methyl ester 10 3503

—, (*p*-benzoylphenyl)diphenyl-,
ethyl ester 10 3503

—, (benzoylthio)- 9 1974

—, (2-benzyl-*x*-bromophenyl)- 9 3346

—, (2-benzylcyclohex-1-en-1-yl)-,
methyl ester 9 3098

—, (2-benzylcyclopentyl)- 9 2871

—, (2-benzylcyclopentylidene)cyano-,
ethyl ester 9 4449

—, (2-benzylidenecyclohexylidene)-
9 3237

—, [3-benzylidene-1-(ethoxycarbonyl)-
2-oxocyclopentyl]-,
ethyl ester 10 3998

—, (2-benzylidene-7-methoxy-4-methyl-
3-oxoindan-1-ylidene)-,
ethyl ester 10 4486

—, (2-benzylidene-3-oxoindan-1-yl)-
phenyl- 10 3492

—, [4-(benzyloxycarbonyloxy)-
3-methoxyphenyl]- 10 1461

—, [7-(benzyloxy)-2-carboxy-2-methyl-
1,2,3,4-tetrahydro-1-phenanthryl]-
10 2364

—, [4-(benzyloxy)-3-methoxy-
2-nitrophenyl]- 10 1467
benzyl ester 10 1467

—, [4-(benzyloxy)-5-methoxy-
2-nitrophenyl]- 10 1468

—, [5-(benzyloxy)-4-methoxy-
2-nitrophenyl]- 10 1468

—, [3-(benzyloxy)-4-methoxyphenyl]-
10 1460

—, [4-(benzyloxy)-3-methoxyphenyl]-
10 1460

—, [5-(benzyloxy)-2-nitrophenyl]-
10 430

—, [*m*-(benzyloxy)phenyl]- 10 429

—, [*o*-(benzyloxy)phenyl]- 10 423

—, [*p*-(benzyloxy)phenyl]- 10 432
methyl ester 10 433

—, [*p*-(benzyloxy)phenyl]chloro-,
ethyl ester 10 441

—, (*o*-benzylphenyl)- 9 3346

—, (bibenzyl-4,4′-diyl)di- 9 4575

—, (bicyclohex-1-en-1-yl-2-yl)-
9 2609
ethyl ester 9 2609

—, (bicyclohexyl-2-yl)- 9 267
ethyl ester 9 267

—, (bicyclohexyl-4-yl)- 9 268
ethyl ester 9 268
methyl ester 9 268

—, (2,2′-binaphthyl-1-yl)- 9 3656
methyl ester 9 3656

—, (biphenyl-2,6-diyl)di- 9 4543
diethyl ester 9 4543

—, (biphenyl-4,4′-diyl)di- 9 4543
diethyl ester 9 4544

Acetic acid *(continued)*
—, (biphenyl-2-yl)- **9** 3320
    2-(diethylamino)ethyl ester **9** 3320
    ethyl ester **9** 3320
—, (biphenyl-4-yl)- **9** 3321
    2-(diethylamino)ethyl ester **9** 3321
    3-(diethylamino)propyl ester **9** 3321
    ethyl ester **9** 3321
    methyl ester **9** 3321
—, (biphenyl-4-yl)cyclohexyl- **9** 3488
    2-(diethylamino)ethyl ester **9** 3488
    3-(diethylamino)propyl ester
    9 3488
—, (biphenyl-4-yl)diphenyl- **9** 3678
    methyl ester **9** 3678
—, [2-(biphenyl-4-yl)-5-oxocyclopent-
    1-en-1-yl]- **10** 3414
—, (biphenyl-2-yl)phenyl- **9** 3591
—, (biphenyl-4-yl)phenyl- **9** 3592
    2-(dibutylamino)ethyl ester **9** 3592
    2-(diethylamino)ethyl ester **9** 3592
    3-(diethylamino)propyl ester
    9 3592
—, (biphenyl-4-yl)-(propionyloxy)-
    10 1184
—, bis(acetamido)phenyl- **10** 2973
—, [2,5-bis(benzoyloxy)phenyl]- **10** 1457
    ethyl ester **10** 1457
—, [3,5-bis(benzyloxy)-4-methoxyphenyl]-
    10 2098
—, [3,4-bis(benzyloxy)-2-nitrophenyl]-
    10 1467
—, [3,4-bis(benzyloxy)phenyl]- **10** 1460
—, bis(biphenyl-4-yl)- **9** 3678
—, bis(biphenyl-4-yl)-(1-naphthyl)-
    9 3696
—, bis(*p*-bromophenyl)- **9** 3313
—, bis(2-carboxyethylthio)phenyl-
    10 2986
—, bis(*o*-chlorophenyl)- **9** 3310
    ethyl ester **9** 3310
—, bis(*p*-chlorophenyl)- **9** 3311
    ethyl ester **9** 3311
    methyl ester **9** 3311
    phenacyl ester **9** 3312
—, bis(3,4-dimethoxyphenyl)- **10** 2486
—, bis(4,4-dimethyl-
    2,6-dioxocyclohexyl)- **10** 4060
—, bis(2,4-dinitrophenyl)-,
    ethyl ester **9** 3315
—, [3,4-bis(ethoxycarbonyloxy)-
    2-nitrophenyl]- **10** 1467
—, [1,3-bis(hydroxyimino)indan-2-yl]-
    10 3590
—, [2,3-bis(hydroxyimino)indan-1-yl]-
    10 3589
—, [3,7-bis(hydroxyimino)-
    14-methylpodocarpan-13-ylidene]-,
    methyl ester **10** 3561

—, bis(*p*-iodophenyl)- **9** 3313
—, bis(*p*-methoxyphenyl)- **10** 1954
    ethyl ester **10** 1954
    methyl ester **10** 1954
—, bis(*p*-methoxyphenyl)-(4-methoxy-
    m-tolyl)-,
    methyl ester **10** 2401
—, bis(*p*-methoxyphenyl)-(4-methoxy-
    o-tolyl)-,
    methyl ester **10** 2401
—, bis(*p*-nitrophenyl)- **9** 3314
    methyl ester **9** 3314
—, [*o*-(4-bromobenzoyloxy)phenyl]-,
    methyl ester **10** 423
—, bromo(2-bromodecahydro-2-naphthyl)-
    9 257
—, bromo(2-bromohexahydroindan-2-yl)-
    9 235
—, (4-bromo-2-carbamoyl-5-chloro-
    m-tolylthio)- **10** 499
—, (4-bromo-2-carbamoyl-
    5-ethoxyphenylthio)- **10** 1382
—, (*x*-bromo-3-carboxycyclohexyl)-
    9 3838
—, bromo(1-carboxycyclohexyl)- **9** 3836
—, bromo(1-carboxycyclopentyl)- **9** 3821
—, bromo(3-carboxy-
    2,2-dimethylcyclobutyl)- **9** 3855
—, bromo(3-carboxy-
    2,3-dimethylcyclopentyl)- **9** 3876
—, bromo(2-carboxyhexahydroindan-2-yl)-
    9 4011
—, bromo(1-carboxy-4-methylcyclohexyl)-
    9 3867
—, (4-bromo-5-chloro-2-cyano-
    m-tolylthio)- **10** 500
—, (4-bromo-3-chlorophenyl)-,
    methyl ester **9** 2279
—, (4-bromo-2-cyano-
    5-methoxyphenylthio)- **10** 1383
—, bromocyclohexyl- **9** 50
    ethyl ester **9** 50
—, (2-bromocyclohexyl)-,
    ethyl ester **9** 50
—, bromocyclopentyl- **9** 42
—, (2-bromocyclopentyl)-,
    ethyl ester **9** 42
—, (3'-bromo-3,6-dihydroxy-
    2',4,4',6'-tetramethylbiphenyl-
    2,5-diyl)di- **10** 2524
—, (2-bromo-4,5-dimethoxyphenethyl)-
    oxal-,
    diethyl ester **10** 4804
—, (2-bromo-4,5-dimethoxyphenyl)-
    10 1466
—, (3-bromo-2,5-dimethoxyphenyl)-
    10 1458
—, (4-bromo-3,6-dimethoxy-2,5-xylyl)-
    10 1568

Acetic acid *(continued)*

—, (6-bromo-2,5-dimethoxy-3,4-xylyl)-
10 1568

—, (2-bromo-4,6-dinitrophenyl)-
9 2293

—, (4-bromo-2,6-dinitrophenyl)-
9 2293

—, (3-bromo-1,4-dioxo-1,4-dihydro-
2-naphthyl)-,
ethyl ester 10 3608

—, (2-bromo-2-ethylbutyryloxy)phenyl-
10 453

—, (9-bromofluoren-9-yl)ethoxyhydroxy-,
ethyl ester 10 3378
methyl ester 10 3377

—, (9-bromofluoren-9-yl)hydroxymethoxy-,
ethyl ester 10 3377
methyl ester 10 3377

—, (2-bromo-hexahydroindan-2-yl)-
9 235

—, 2-bromo-2,2'-(hexahydroindan-
2-ylidene)di-,
diethyl ester 9 4015

—, (3-bromo-4-hydroxyphenyl)- 10 441
methyl ester 10 441

—, (5-bromo-6-hydroxy-*m*-tolyl)- 10 578

—, (3-bromomesityl)- 9 2534

—, 2,2'-[2-(3-bromomesityl)-
2,2'-dicyano-5-methyl-
3,6-dioxocyclohexa-1,4-diene-
1,4-diyl]di-,
diethyl ester 10 4173

—, [2-(3-bromomesityl)-5-methyl-
3,6-dioxocyclohexa-1,4-diene-
1,4-diyl]di- 10 4074

—, (3-bromomesityl)phenyl- 9 3386

—, bromo(3-methoxy-1-methyl-2-naphthyl)-
10 1115
methyl ester 10 1115

—, (5-bromo-6-methoxy-2-naphthyl)-
10 1107

—, (3-bromo-4-methoxyphenyl)- 10 441
methyl ester 10 441

—, (5-bromo-2-methoxyphenyl)- 10 426
benzyl ester 10 427
ethyl ester 10 427
methyl ester 10 427
propyl ester 10 427

—, 2-bromo-2,2'-(3-methylcyclohexyl‑
idene)di-,
diethyl ester 9 3908

—, 2-bromo-2,2'-(4-methylcyclohexyl‑
idene)di-,
diethyl ester 9 3909

—, 2-bromo-2,2'-(3-methylcyclopentyl‑
idene)di-,
diethyl ester 9 3873

—, (1-bromo-2-naphthyl)- 9 3213

—, (4-bromo-1-naphthyl)- 9 3211

—, (6-bromo-2-naphthyl)- 9 3214
methyl ester 9 3214

—, 2-bromo-2,2'-(octahydro-2(1*H*)-
naphthylidene)di-,
diethyl ester 9 4028
1'-ethyl ester 9 4028

—, [4-(4-bromophenacyl)-2-
(*p*-bromophenyl)-2-hydroxy-5-oxo-
2,5-dihydro-3-furyl]- 10 4090

—, [2-(4-bromophenacyloxycarbonyl)‑
cyclohexyl]-,
4-bromophenacyl ester 9 3836

—, bromophenyl- 9 2276
benzyl ester 9 2277
ethyl ester 9 2276
hexyl ester 9 2277
isopropyl ester 9 2277
methyl ester 9 2276

—, (*m*-bromophenyl)- 9 2274
ethyl ester 9 2274
4-nitrobenzyl ester 9 2274

—, (*o*-bromophenyl)- 9 2273
ethyl ester 9 2273
4-nitrobenzyl ester 9 2274

—, (*p*-bromophenyl)- 9 2275
ethyl ester 9 2275
4-nitrobenzyl ester 9 2275

—, (*p*-bromophenyl)isopropoxy-,
4-phenylphenacyl ester 10 480

—, (*p*-bromophenyl)phenyl- 9 3313

—, (4-bromo-*o*-tolyl)- 9 2428

—, (5-bromo-*o*-tolyl)- 9 2428

—, (6-bromo-*m*-tolyl)- 9 2430

—, (2-bromo-1',3,3'-trioxo-
1,2'-biindanyliden-2-yl)-,
ethyl ester 10 4030

—, [3-(butoxycarbonyl)-
2,2-dimethylcyclobutyl]-,
butyl ester 9 3854

—, butoxy(*p*-methoxyphenyl)-,
butyl ester 10 1476

—, butoxyphenyl- 10 452
ethyl ester 10 458

—, (*p*-butoxyphenyl)- 10 432

—, (2-butyl-2-carboxy-7-methoxy-
1,2,3,4-tetrahydro-1-phenanthryl)-
10 2382

—, [2-butyl-1-hydroxy-7-methoxy-2-
(methoxycarbonyl)-
1,2,3,4-tetrahydro-1-phenanthryl]-,
methyl ester 10 2525

—, [2-butyl-7-methoxy-2-
(methoxycarbonyl)-
1,2,3,4-tetrahydro-1-phenanthryl]-
10 2383
methyl ester 10 2383

—, (2-*tert*-butyl-1-naphthyl)- 9 3250

—, (*p*-*tert*-butylphenyl)- 9 2555
ethyl ester 9 2555

Acetic acid *(continued)*

—, (5-*tert*-butyl-*o*-tolyl)- **9** 2588
—, (4-*tert*-butyl-2,6-xylyl)- **9** 2607
—, (5-*tert*-butyl-2,4-xylyl)- **9** 2607
—, (2-carbamoyl-4-chloro-
5-ethoxyphenylthio)- **10** 1382
—, (2-carbamoyl-5-chlorophenylthio)-
10 235
—, (2-carbamoyl-4-chloro-*m*-tolylthio)-
10 498
—, (2-carbamoyl-5-chloro-*m*-tolylthio)-
10 498
—, (2-carbamoyl-4,5-dichloro-
m-tolylthio)- **10** 499
—, (1-carbamoyl-3,3-dimethylcyclohexyl)-
9 3913
—, (2-carbamoyl-2,6-dimethylcyclohexyl)-,
ethyl ester **9** 3911
—, (1-carbamoyl-9,10-dioxo-
9,10-dihydro-2-anthrylthio)-
10 4698
—, (2-carbamoyl-5-ethoxyphenylthio)-
10 1382
—, (2-carbamoyl-5-methoxyphenylthio)-
10 1382
—, (1-carbamoyl-4-methylcyclohexyl)-
9 3867
—, (2-carbamoyl-1-methyl-
3-oxocyclohexyl)- **10** 3904
—, (2-carbamoyl-1-naphthylthio)-
10 1084
—, (carbamoyloxy)phenyl- **10** 454
—, (*o*-carbamoylphenoxy)- **10** 158
ethyl ester **10** 158
—, (*o*-carbamoylphenylsulfinyl)- **10** 233
—, (*o*-carbamoylphenylsulfonyl)- **10** 233
—, (*o*-carbamoylphenylthio)- **10** 232
ethyl ester **10** 232
—, (2-carbamoyl-3,5-xylylthio)- **10** 584
—, [*o*-(2-carboxybenzoyl)phenyl]phenyl-
10 4032
—, (2′-carboxybicyclohexyl-2-yl)-
9 4031
—, (2′-carboxybiphenyl-2-yl)- **9** 4527
—, (2-carboxy-4-cyanophenyl)- **9** 4795
—, (2-carboxycyclohex-1-en-1-yl)-
9 3957
—, (1-carboxycyclohexyl)-,
methyl ester **9** 3836
—, (2-carboxycyclohexyl)- **9** 3836
—, (3-carboxycyclohexyl)- **9** 3837
—, (4-carboxycyclohexyl)- **9** 3838
—, [2-(2-carboxycyclohexyl)cyclohex-
1-en-1-yl]- **9** 4077
—, [*o*-(2-carboxycyclohexyl)phenyl]-
9 4419
—, (2-carboxycyclopent-1-en-1-yl)-
9 3953
—, (2-carboxycyclopent-2-en-1-yl)- **9** 3953

—, (1-carboxycyclopentyl)- **9** 3821
—, (2-carboxycyclopentyl)- **9** 3822
—, (3-carboxycyclopentyl)- **9** 3823
—, (3-carboxydecahydro-
1,4;5,8-dimethanonaphthalen-2-yl)-
9 4354, 4355
—, (2-carboxydecahydro-2-naphthyl)-
9 4013
—, (3-carboxydecahydro-2-naphthyl)- **9** 4013
—, [6-carboxy-5-(2,2-dichloroethyl)-
2-hydroxy-*m*-tolyl]- **10** 2237
—, [2-carboxy-3-(2,2-dichloroethyl)-
6-methoxy-*p*-tolyl]- **10** 2237
—, [6-carboxy-5-(2,2-dichloroethyl)-
4-methoxy-*o*-tolyl]- **10** 2237
—, [6-carboxy-5-(2,2-dichlorovinyl)-
4-hydroxy-*m*-tolyl]- **10** 2266
—, [2-carboxy-3-(2,2-dichlorovinyl)-
6-methoxy-*p*-tolyl]- **10** 2266
—, [6-carboxy-5-(2,2-dichlorovinyl)-
4-methoxy-*o*-tolyl]- **10** 2266
—, (11-carboxy-9,10-dihydro-
9,10-ethanoanthracen-11-yl)- **9** 4663
—, (3′-carboxy-6,6′-dihydroxybiphenyl-
3-yl)- **10** 2507
—, (2-carboxy-4,6-dimethoxy-1-naphthyl)-
10 2486
—, (3-carboxy-2,2-dimethylcyclobutyl)-
9 3852, 3853
—, (4-carboxy-2,2-dimethylcyclobutyl)-
9 3850
—, (6-carboxy-2,6-dimethylcyclohex-
1-en-1-yl)- **9** 3999
—, (1-carboxy-3,3-dimethylcyclohexyl)-
9 3912
—, (1-carboxy-4,4-dimethylcyclohexyl)-
9 3913
—, (2-carboxy-1,3-dimethylcyclohexyl)-
9 3911
—, (2-carboxy-2,6-dimethylcyclohexyl)-
9 3910
ethyl ester **9** 3911
—, (2-carboxy-2,6-dimethylcyclohexyl-
idene)- **9** 3999
—, (3-carboxy-2,3-dimethylcyclopentyl)-
9 3875
—, (4-carboxy-2,2-dimethylcyclopentyl)-
9 3876
—, (4-carboxy-3,3-dimethylcyclopentyl)-
9 3876
—, (3-carboxy-2,3-dimethylcyclopentyl-
idene)- **9** 3986
—, (3-carboxy-2,2-dimethylcyclopropyl)-
9 3832, 3833
—, (2-carboxy-3,3-dimethyl-
4-oxocyclobutyl)- **10** 3900
—, (2-carboxy-2-ethyl-9-methoxy-
3,4-dihydro-1(2*H*)-
phenanthrylidene)- **10** 2392

Acetic acid *(continued)*

—, (2-carboxy-2-ethyl-7-methoxy-
1,2,3,4-tetrahydro-1-phenanthryl)-
10 2375, 2376

—, (2-carboxy-2-ethyl-9-methoxy-
1,2,3,4-tetrahydro-1-phenanthryl)-
10 2377

—, (2-carboxy-hexahydroindan-2-yl)-
9 4009, 4010
  methyl ester **9** 4010

—, (3-carboxy-3-hydroxydecahydro-
1,4;5,8-dimethanonaphthalen-2-yl)-
10 2243

—, (2-carboxy-6-hydroxy-2,5-dimethyl-
1,2,3,4-tetrahydro-1-naphthyl)-,
  methyl ester **10** 2274

—, (2-carboxy-4-hydroxy-9,10-dioxo-
9,10-dihydro-1-phenanthryl)-
10 4835

—, (2-carboxy-7-hydroxy-2-methyl-
1,2,3,4-tetrahydro-1-phenanthryl)-
10 2363

—, (2-carboxy-4-hydroxy-
3-oxocyclohepta-1,4,6-trien-1-yl)-
10 4739

—, (2-carboxy-6-hydroxy-*p*-tolyl)-
10 2223

—, (6-carboxy-4-hydroxy-*m*-tolyl)-
10 2222

—, (6-carboxy-4-hydroxy-*o*-tolyl)-
10 2221

—, (2′-carboxy-5′-iodo-
4,4′,5,6-tetramethoxybiphenyl-
2-yl)- **10** 2609

—, (2-carboxy-1-isopropylcyclopropyl)-
9 3856

—, (2-carboxy-2-isopropylcyclopropyl)-
9 3855

—, (7-carboxy-4-isopropyl-
1-methylnorpinan-6-yl)- **9** 4030

—, (2-carboxy-3-isopropyl-
6-methylphenyl)- **9** 4339

—, [2-(carboxymethoxy)-5-chlorophenyl]-
10 426

—, [2-(carboxymethoxy)-
4,5-dimethoxyphenyl]- **10** 2097

—, (2-carboxy-6-methoxy-2,5-dimethyl-
1,2,3,4-tetrahydro-1-naphthyl)-
10 2273

—, [2-(carboxymethoxy)-3-methoxyphenyl]-
10 1453

—, [2-(carboxymethoxy)-4-methoxyphenyl]-
10 1455

—, (2-carboxy-7-methoxy-2-methyl-
3,4-dihydro-1(2*H*)-
phenanthrylidene)- **10** 2391

—, (2-carboxy-9-methoxy-2-methyl-
3,4-dihydro-1(2*H*)-
phenanthrylidene)- **10** 2391

—, (1-carboxy-7-methoxy-2-methyl-
1,2,3,4,9,10-hexahydro-
2-phenanthryl)- **10** 2334

—, (2-carboxy-7-methoxy-2-methyl-
1,2,3,4,9,10-hexahydro-
1-phenanthryl)- **10** 2334

—, (2-carboxy-9-methoxy-2-methyl-
3,4,5,6,7,8-hexahydro-1-(2*H*)-
phenanthrylidene)- **10** 2336

—, (2-carboxy-9-methoxy-2-methyl-
1,2,3,4,5,6,7,8-octahydro-
1-phenanthryl)- **10** 2297

—, (2-carboxy-6-methoxy-2-methyl-
1,2,3,4-tetrahydro-1-phenanthryl)-
10 2362

—, (2-carboxy-7-methoxy-2-methyl-
1,2,3,4-tetrahydro-1-phenanthryl)-
10 2363, 2364

—, (2-carboxy-9-methoxy-2-methyl-
1,2,3,4-tetrahydro-1-phenanthryl)-
10 2368, 2369

—, [*o*-(carboxymethoxy)phenyl]- **10** 423

—, [1-carboxy-2-(*p*-methoxyphenyl)-
4,6-dioxocyclohexyl]-,
  ethyl ester **10** 4813

—, [1-carboxy-6-(*p*-methoxyphenyl)-
3-methyl-2,4-dioxocyclohexyl]-,
  ethyl ester **10** 4814

—, (2-carboxy-7-methoxy-2-propyl-
1,2,3,4-tetrahydro-1-phenanthryl)-
10 2380

—, (2-carboxy-6-methoxy-*p*-tolyl)-
10 2223

—, (6-carboxy-4-methoxy-*m*-tolyl)-
10 2222

—, (6-carboxy-4-methoxy-*o*-tolyl)-
10 2221

—, (5-carboxy-4-methoxy-*o*-tolyl)-
(2,2-dichlorovinyloxy)- **10** 2459

—, [2-(carboxymethyl)cycloheptylidene]-
9 3993

—, (6-carboxy-6-methylcyclohex-1-en-
1-yl)- **9** 3980

—, (1-carboxy-2-methylcyclohexyl)-
9 3865

—, (1-carboxy-3-methylcyclohexyl)-
9 3866

—, (1-carboxy-4-methylcyclohexyl)-
9 3867

—, (2-carboxy-1-methylcyclohexyl)-
9 3865, 3866

—, (2-carboxy-2-methylcyclohexyl)-
9 3863, 3864

—, (2-carboxy-3-methylcyclohexyl)-
9 3868

—, [2-(carboxymethyl)cyclohexylidene]-
9 3980

—, (2-carboxy-2-methylcyclohexylidene)-
9 3980

Acetic acid *(continued)*

—, (1-carboxy-3-methylcyclopent-2-en-
   1-yl)- **9** 3966
—, (2-carboxy-3-methylcyclopent-2-en-
   1-yl)- **9** 3966
—, (1-carboxy-3-methylcyclopentyl)-
   9 3846
—, (2-carboxy-1-methylcyclopentyl)-
   9 3845
—, (2-carboxy-2-methylcyclopentyl)-
   9 3845
—, (3-carboxy-3-methylcyclopentyl)-
   9 3846
—, [2-(carboxymethyl)cyclopentylidene]-
   9 3966
—, (2-carboxy-2-methyl-3,4-dihydro-1(2*H*)-
   naphthylidene)- **9** 4447
—, [2-(carboxymethyl)-3,4-dihydro-1(2*H*)-
   naphthylidene]- **9** 4447
   methyl ester **9** 4447
—, (2-carboxy-2-methyl-3,4-dihydro-1(2*H*)-
   phenanthrylidene)- **9** 4639
—, (3-carboxy-3a-methyldodecahydro-
   1*H*-cyclopenta[*a*]naphthalen-6-yl)-
   9 4080
—, (2-carboxy-2-methyl-
   3,4,5,6,7,8-hexahydro-1(2*H*)-
   phenanthrylidene)- **9** 4491
—, (2-carboxy-2-methyl-
   1,2,3,4,5,6,7,8-octahydro-
   1-phenanthryl)- **9** 4455
—, (2-carboxy-2-methyl-6-oxocyclohexyl)-
   10 3904
—, (2-carboxy-2-methyl-9-oxo-1,2,3,4,⸗
   4a,9,10,10a-octahydro-
   1-phenanthryl)- **10** 3998
—, (2-carboxy-2-methyl-
   1,2,3,4-tetrahydro-1-naphthyl)- **9** 4415
—, (2-carboxy-2-methyl-
   1,2,3,4-tetrahydro-1-phenanthryl)-
   9 4579
—, (8-carboxy-1-naphthyl)- **9** 4474
—, (2-carboxy-4-nitrophenyl)-
   (hydroxyimino)-,
   methyl ester **10** 3956
—, (4-carboxy-2-nitrophenyl)-
   (hydroxyimino)-,
   methyl ester **10** 3956
—, [3-(3-carboxy-2-nitrophenylthio)-
   4-methoxyphenyl]- **10** 1470
—, (2-carboxynorborn-5-en-2-yl)-
   9 4053
—, (3-carboxy-2-norbornyl)- **9** 3991
—, (1-carboxy-3-oxoindan-2-yl)-
   10 3979
—, [1-(*o*-carboxyphenyl)cyclohexyl]-
   9 4418
—, [2-(*o*-carboxyphenyl)cyclohexyl]-
   9 4419

—, (3-carboxy-2-phenylcyclopentyl)-
   9 4414
—, (*o*-carboxyphenyl)diphenyl-
   9 4687
—, (1-carboxy-1,2,3,4-tetrahydro-
   1-phenanthryl)- **9** 4565
—, (2′-carboxy-
   4,4′,5,6-tetramethoxybiphenyl-
   2-yl)- **10** 2609
—, (3-carboxy-
   1,2,2,3-tetramethylcyclopentyl)-
   9 3927
—, (3-carboxy-
   1,2,2-trimethylcyclopentyl)-
   9 3916
—, (3-carboxy-
   2,2,3-trimethylcyclopentyl)-
   9 3916
   ethyl ester **9** 3916
—, (4-carboxy-
   2,2,4-trimethylcyclopentyl)-
   9 3917
—, (2-carboxy-
   1,1,4-trimethylhexahydropentalen-
   3a(3*H*)-yl)- **9** 4030
—, (2-chlorobenzoylhydrazono)- **9** 1344
—, (4-chlorobenzoylhydrazono)- **9** 1373
—, (2-chlorobenzoyloxy)-,
   ethyl ester **9** 1337
—, [1-(chlorocarbonyl)cyclopentyl]-,
   methyl ester **9** 3821
—, [1-(chlorocarbonylmethyl)⸗
   cyclohexyl]-,
   ethyl ester **9** 3862
—, [1-(chlorocarbonylmethyl)⸗
   cyclopentyl]-,
   ethyl ester **9** 3843
—, (chlorocarbonyloxy)phenyl-,
   ethyl ester **10** 459
—, chloro(*p*-chlorophenyl)- **9** 2272
—, (5-chloro-2-cyano-
   3-methoxyphenylthio)- **10** 1403
—, [2-(chlorocyanomethyl)-
   6-methoxyphenoxy]-,
   ethyl ester **10** 1454
—, [4-chloro-2-(cyanomethyl)phenoxy]-
   10 426
—, (6-chloro-4-cyano-*m*-tolylthio)-
   10 496
—, (2-chlorocyclohex-2-en-1-yl)- **9** 162
   ethyl ester **9** 162
—, chlorocyclohexylidene-,
   ethyl ester **9** 163
—, (2-chloro-4,6-dinitrophenyl)-
   9 2293
—, (4-chloro-2,6-dinitrophenyl)-
   9 2293
—, (5-chloro-2,4-dinitrophenyl)cyano-,
   ethyl ester **9** 4265

Acetic acid *(continued)*

—, chlorodiphenyl- **9** 3307
    2-(diethylamino)ethyl ester **9** 3307
    3-(diethylamino)-1-methylpropyl
      ester **9** 3308
    ethyl ester **9** 3307
    methyl ester **9** 3307
—, chloro(1-hydroxycyclohexyl)-,
    ethyl ester **10** 23
—, chloro(1-hydroxycyclopentyl)-,
    ethyl ester **10** 20
—, (3-chloro-4-hydroxyphenyl)- **10** 440
—, [2-(5-chloro-6-methoxy-2-naphthyl)-
    5-oxocyclopent-1-en-1-yl]- **10** 4467
—, chloro(*p*-methoxyphenyl)-,
    ethyl ester **10** 441
—, (3-chloro-4-methoxyphenyl)- **10** 440
—, (3-chloro-1-naphthyl)- **9** 3210
    ethyl ester **9** 3210
    p-menth-3-yl ester **9** 3210, 3211
—, (3-chloro-2-naphthyl)- **9** 3213
    methyl ester **9** 3213
—, (4-chloro-1-naphthyl)- **9** 3209
—, (7-chloro-1-naphthyl)- **9** 3210
—, (4-chloro-2-nitrophenyl)- **9** 2292
—, (*p*-chlorophenoxy)-(*p*-chlorophenyl)-
    10 479
—, chlorophenyl- **9** 2265
    ethyl ester **9** 2266
    methyl ester **9** 2265
—, (*m*-chlorophenyl)- **9** 2263
    4-nitrobenzyl ester **9** 2263
—, (*o*-chlorophenyl)- **9** 2262
    ethyl ester **9** 2262
    4-nitrobenzyl ester **9** 2262
—, (*p*-chlorophenyl)- **9** 2264
    ethyl ester **9** 2264
    methyl ester **9** 2264
    4-nitrobenzyl ester **9** 2264
—, (*o*-chlorophenyl)-(*p*-chlorophenyl)-
    9 3310
    ethyl ester **9** 3310
    methyl ester **9** 3310
—, (*p*-chlorophenyl)-
    (2,4-dichlorophenoxy)- **10** 479
—, (chloro-*p*-phenylene)di- **9** 4296
—, (*p*-chlorophenyl)ethoxy- **10** 479
    ethyl ester **10** 479
—, (*p*-chlorophenyl)phenyl- **9** 3307
—, (*p*-chlorophenyl)-*p*-tolyl- **9** 3346
—, chloro(tetrachlorocyclopenta-
    2,4-dien-1-ylidene)-,
    methyl ester **9** 2001
—, (α-chloro-*o*-tolyl)- **9** 2427
    ethyl ester **9** 2427
—, (cholesta-2,4-dien-3-yl)- **9** 3128
—, (cholest-4-en-6-yl)- **9** 2928
—, (cholest-5-en-3-yl)- **9** 2927
    methyl ester **9** 2927

—, (cholest-4-en-3-ylidene)- **9** 3128
—, (chrysen-4-yl)- **9** 3629
    methyl ester **9** 3629
—, *p*-cumenyl- **9** 2528
    butyl ester **9** 2529
    ethyl ester **9** 2529
—, (2-*p*-cumenyl-5-oxocyclopent-1-en-
    1-yl)- **10** 3240
—, (2-cyano-5-chloro-*m*-tolylthio)- **10** 499
—, cyano(1-cyanocyclohexyl)-,
    ethyl ester **9** 4751
—, cyano(1-cyano-
    3,3-dimethylcyclohexyl)-,
    ethyl ester **9** 4765
—, cyano(2-cyanohexahydroindan-2-yl)-
    9 4778
    ethyl ester **9** 4778
—, cyano(1-cyano-2-methylcyclohexyl)-,
    ethyl ester **9** 4756
—, cyano(1-cyano-3-methylcyclohexyl)-,
    ethyl ester **9** 4756
—, cyano(1-cyano-4-methylcyclohexyl)-,
    ethyl ester **9** 4757
—, cyano(1-cyano-3-methylcyclopentyl)-,
    ethyl ester **9** 4753
—, cyano(cycloheptadec-9-enylidene)-,
    ethyl ester **9** 4084
—, cyano(cyclohex-2-en-1-yl)- **9** 3955
    ethyl ester **9** 3955
—, cyano[2-(cyclohex-1-en-1-yl)-
    cyclohexylidene]-,
    ethyl ester **9** 4352
—, cyanocyclohexyl- **9** 3834
    allyl ester **9** 3835
    benzyl ester **9** 3835
    2-ethoxyethyl ester **9** 3835
    ethyl ester **9** 3834
    isopropyl ester **9** 3835
    (4-methoxybenzylidene)hydrazide
    9 3835
    propyl ester **9** 3835
—, cyanocyclohexylidene- **9** 3956
    ethyl ester **9** 3956
    methyl ester **9** 3956
—, cyanocyclopentyl-,
    ethyl ester **9** 3821
—, cyanocyclopentylidene-,
    ethyl ester **9** 3952
    methyl ester **9** 3952
—, cyano(1-decylcyclohexyl)-,
    ethyl ester **9** 3932
—, cyano(2,3-dicyano-2-hydroxy-
    3-bornyl)-,
    ethyl ester **10** 2626
—, cyanodi(cyclohex-2-en-1-yl)-,
    ethyl ester **9** 4351
—, cyano(3,4-dihydro-1(2*H*)-
    naphthylidene)-,
    ethyl ester **9** 4442

Acetic acid *(continued)*
—, cyano(3,5-dimethoxyphenyl)-,
  ethyl ester **10** 2440
—, cyano(3,3-dimethylcyclohexylidene)-,
  ethyl ester **9** 3998
—, cyano(4,4-dimethylcyclohexylidene)-,
  ethyl ester **9** 3999
—, (1-cyano-9,10-dioxo-9,10-dihydro-
  2-anthrylthio)- **10** 4698
  ethyl ester **10** 4698
  methyl ester **10** 4698
—, cyano(3,4-dioxo-3,4-dihydro-
  1-naphthyl)-,
  ethyl ester **10** 4764
—, cyanodiphenyl-,
  ethyl ester **9** 4525
—, cyano[2-(ethoxycarbonyl)cyclohex-
  1-en-1-yl]-,
  ethyl ester **9** 4774
—, cyano[2-(ethoxycarbonyl)
  cyclohexylidene]-,
  ethyl ester **9** 4775
—, cyano[2-(ethoxycarbonyl)cyclopent-
  1-en-1-yl]-, ethyl ester **9** 4774
—, cyano[2-(ethoxycarbonyl)cyclopentyl]-,
  ethyl ester **9** 4750
—, cyano[4-(ethoxycarbonyl)-
  2,2-dimethylcyclopentyl]-,
  ethyl ester **9** 4762
—, cyano[4-(ethoxycarbonyl-)
  3,3-dimethylcyclopentyl]-,
  ethyl ester **9** 4762
—, cyano{2-[2-(ethoxycarbonyl)ethyl]
  cyclohexyl-1-en-1-yl}
  ethyl ester **9** 4777
—, cyano{2-[1-(ethoxycarbonyl)ethyl]
  cyclopentyl}-,
  ethyl ester **9** 4760
—, cyano{2-[2-(ethoxycarbonyl)ethyl]
  cyclopentyl}-,
  ethyl ester **9** 4760
—, cyano{2-[2-(ethoxycarbonyl)ethyl]-
  2-methylcyclopentyl}-,
  ethyl ester **9** 4768
—, cyano[2-(ethoxycarbonyl)-
  2-methylcyclohexylidene]-,
  ethyl ester **9** 4777
—, cyano[2-(ethoxycarbonylmethyl)
  cyclopentyl]-,
  ethyl ester **9** 4753
—, cyano[2-(ethoxycarbonyl)-
  2-methylcyclopentyl]-,
  ethyl ester **9** 4753
—, cyano[2-(ethoxycarbonylmethyl)
  cyclopentylidene]-,
  ethyl ester **9** 4776
—, cyano[2-(ethoxycarbonylmethyl)-
  4-methylcyclopentyl]-,
  ethyl ester **9** 4761

—, cyano{2-[3-(ethoxycarbonyl)propyl]
  cyclopentyl}-,
  ethyl ester **9** 4767
—, cyano[4-(ethoxycarbonyl)-
  2,2,4-trimethylcyclopentyl]-,
  ethyl ester **9** 4768
—, (2-cyano-5-ethoxyphenylthio)- **10** 1382
—, cyano(hexahydroindan-2-yl)-,
  ethyl ester **9** 4009
—, cyano(hexahydroindan-2-ylidene)-
  9 4060, 4061
  ethyl ester **9** 4061
—, (2-cyano-2-hydroxy-
  3-methylcyclopentyl)-,
  methyl ester **10** 2034
—, [2-(cyanohydroxymethyl)-
  4-methoxyphenoxy]-,
  ethyl ester **10** 2100
—, cyano(3-hydroxy-4-oxo-1(4H)-
  naphthylidene)-,
  ethyl ester **10** 4764
—, (α-cyano-α-hydroxy-o-tolyloxy)-,
  ethyl ester **10** 1473
—, cyano(indan-1-yl)- **9** 4399
  ethyl ester **9** 4400
—, cyano(indan-1-ylidene)-,
  ethyl ester **9** 4441
—, cyano(p-iodophenyl)-,
  ethyl ester **9** 4264
—, cyano(3-mesityl-1,4-dioxo-
  1,4-dihydro-2-naphthyl)-,
  ethyl ester **10** 4092
—, cyano{2-[2-(methoxycarbonyl)ethyl]
  cyclohexyl}-,
  methyl ester **9** 4763
—, [4-cyano-2-(methoxycarbonyl)phenyl]-,
  methyl ester **9** 4795
—, cyano(o-methoxyphenyl)-,
  ethyl ester **10** 2202
—, cyano(p-methoxyphenyl)-,
  ethyl ester **10** 2203
—, cyano(1-methylcyclohexyl)-,
  ethyl ester **9** 3860
—, cyano(2-methylcyclohexyl)-,
  ethyl ester **9** 3860
—, cyano(3-methylcyclohexyl)-,
  ethyl ester **9** 3860
—, cyano(4-methylcyclohexyl)-,
  ethyl ester **9** 3861
—, cyano(2-methylcyclohexylidene)-,
  ethyl ester **9** 3978
—, cyano(3-methylcyclohexylidene)-,
  ethyl ester **9** 3979
—, cyano(4-methylcyclohexylidene)-,
  ethyl ester **9** 3979
—, (2-cyano-3-methylcyclopent-2-en-
  1-yl)- **9** 3967
—, cyano(3-methylcyclopentyl)-,
  ethyl ester **9** 3843

Acetic acid *(continued)*

—, cyano(3-methylcyclopentylidene)-
9 3965
    ethyl ester 9 3965

—, [2-(cyanomethyl)-
4,5-dimethoxyphenoxy]- 10 2098
    methyl ester 10 2098

—, [2-(cyanomethyl)-4-methoxyphenoxy]-
10 1457
    ethyl ester 10 1458
    methyl ester 10 1457

—, [2-(cyanomethyl)-5-methoxyphenoxy]-
10 1456
    methyl ester 10 1456

—, [2-(cyanomethyl)-6-methoxyphenoxy]-
10 1454
    ethyl ester 10 1454

—, (2-cyano-1-methyl-3-oxocyclohexyl)-
10 3905
    ethyl ester 10 3905
    methyl ester 10 3905

—, [o-(cyanomethyl)phenoxy]- 10 425
    ethyl ester 10 426
    methyl ester 10 425

—, cyano(1-naphthyl)-,
    ethyl ester 9 4473

—, (m-cyanophenoxy)- 10 256

—, (o-cyanophenoxy)- 10 160

—, (p-cyanophenoxy)- 10 348

—, cyanophenyl- 9 4262
    benzylidenehydrazide 9 4263
    ethyl ester 9 4262
    hydrazide 9 4263
    methyl ester 9 4262

—, (m-cyanophenyl)- 9 4269

—, (p-cyanophenyl)- 9 4270

—, cyano(2-phenylcyclohexylidene)-,
    ethyl ester 9 4448

—, (o-cyanophenylthio)- 10 234

—, cyano(5,6,7,8-tetrahydro-1-naphthyl)-,
    ethyl ester 9 4409

—, cyano-o-tolyl-,
    ethyl ester 9 4292

—, cyano-p-tolyl-,
    ethyl ester 9 4293

—, (2-cyano-m-tolylthio)- 10 498

—, (6-cyano-m-tolylthio)- 10 527

—, (3-cyano-2,4,5-trimethylphenylthio)-
10 614

—, [o-(2-cyanovinyl)phenoxy]- 10 836
    ethyl ester 10 836, 837

—, (3-cyano-2,4-xylylthio)- 10 582

—, (4-cyano-2,5-xylylthio)- 10 585

—, (4-cyano-3,5-xylylthio)- 10 583

—, (3,5-cyclocholestan-6-yl)- 9 2928

—, cycloheptadecyl- 9 137

—, (cycloheptane-1,2-diyl)di- 9 3902
    bis(4-phenylphenacyl) ester 9 3902

—, (cyclohexane-1,2-diyl)di- 9 3862

—, (cyclohex-1-ene-1,2-diyl)di-
9 3980

—, (cyclohex-1-en-1-yl)- 9 160
    ethyl ester 9 160
    methyl ester 9 160

—, (cyclohex-2-en-1-yl)-,
    ethyl ester 9 161

—, (cyclohex-2-en-1-yl)cyclohexyl-
9 342
    2-(diethylamino)ethyl ester 9 342

—, (cyclohex-2-en-1-yl)-(cyclopent-
2-en-1-yl)- 9 2595
    2-(diethylamino)ethyl ester 9 2595

—, (cyclohex-2-en-1-yl)cyclopentyl-
9 339
    2-(diethylamino)ethyl ester 9 339

—, [2-(cyclohex-1-en-1-yl)-
1-hydroxycyclohexyl]-,
    ethyl ester 10 80

—, (cyclohex-1-en-1-yl)-(hydroxyimino)-,
    ethyl ester 10 2898

—, (cyclohex-2-en-1-yl)-(indan-1-yl)-
9 3256
    2-(diethylamino)ethyl ester 9 3256

—, (cyclohex-1-en-1-yl)nitro-,
    ethyl ester 9 161

—, (cyclohex-1-en-1-yl)phenyl- 9 3091
    ethyl ester 9 3091

—, (cyclohex-2-en-1-yl)phenyl- 9 3091
    2-(diethylamino)ethyl ester 9 3092

—, cyclohexyl- 9 47
    2-(diethylamino)ethyl ester 9 48
    ethyl ester 9 47
    methyl ester 9 47

—, (4-cyclohexylcyclohex-1-en-1-yl)-,
    ethyl ester 9 342

—, cyclohexyl(cyclopent-2-en-1-yl)-
9 339
    2-(diethylamino)ethyl ester 9 339

—, cyclohexylcyclopentyl- 9 262
    2-(diethylamino)ethyl ester 9 262

—, cyclohexylidene- 9 162
    ethyl ester 9 163
    methyl ester 9 162

—, cyclohexylidenedi- 9 3861
    diethyl ester 9 3862
    dimethyl ester 9 3862
    ethyl ester 9 3862

—, cyclohexylidenenitro-,
    ethyl ester 9 163

—, cyclohexylidenephenyl- 9 3092
    ethyl ester 9 3092

—, cyclohexyl(indan-1-yl)- 9 3111
    2-(diethylamino)ethyl ester 9 3111

—, cyclohexyl(p-methoxyphenyl)-
10 910

—, cyclohexyl(p-nitrophenyl)- 9 2864
    2-(diethylamino)ethyl ester 9 2864
    methyl ester 9 2864

Acetic acid *(continued)*

—, cyclohexylphenoxy-,
  2-(diethylamino)ethyl ester **10** 26
  2-(dimethylamino)ethyl ester **10** 26

—, cyclohexylphenyl- **9** 2861
  2-(diethylamino)ethyl ester **9** 2862
  2-[2-(diethylamino)ethylthio]ethyl
    ester **9** 2862
  3-[2-(diethylamino)ethylthio]propyl
    ester **9** 2862
  3-(diethylamino)propyl ester
    9 2863
  2-(dimethylamino)ethyl ester
    9 2862
  3-(dimethylamino)propyl ester
    9 2863
  ethyl ester **9** 2861
  methyl ester **9** 2861
  2-(1-methylbutylamino)ethyl ester
    9 2863

—, (*p*-cyclohexylphenyl)- **9** 2868

—, [2-(*p*-cyclohexylphenyl)-
  5-oxocyclopent-1-en-1-yl]-
  10 3286

—, cyclohexylsemicarbazono-,
  ethyl ester **10** 2822

—, cyclohexylthioxo- **10** 2822

—, (cyclooct-1-en-1-yl)- **9** 189
  ethyl ester **9** 189

—, cyclooctyl- **9** 77
  ethyl ester **9** 77

—, (cyclopentane-1,2-diyl)di-
  9 3843, 3844
  diethyl ester **9** 3844

—, (cyclopentane-1,2-diylidene)di-
  9 4043

—, (cyclopent-1-en-1-yl)- **9** 150
  benzyl ester **9** 151
  cyclohexyl ester **9** 151
  ethyl ester **9** 151
  methyl ester **9** 150
  phenethyl ester **9** 151

—, (cyclopent-2-en-1-yl)- **9** 152
  allyl ester **9** 153
  4-allyl-2-methoxyphenyl ester **9** 158
  benzyl ester **9** 156
  2-bornyl ester **9** 155
  sec-butyl ester **9** 152
  tert-butyl ester **9** 153
  cinnamyl ester **9** 157
  cyclohexyl ester **9** 153
  2-(cyclopent-2-en-1-yl)ethyl ester
    9 154
  13-(cyclopent-2-en-1-yl)tridecyl
    ester **9** 156
  3,7-dimethyloct-6-enyl ester **9** 154
  ethyl ester **9** 152
  4-formyl-2-methoxyphenyl ester
    9 158

  geranyl ester **9** 155
  isobutyl ester **9** 152
  isopentyl ester **9** 153
  isopropyl ester **9** 152
  2-isopropyl-5-methylphenyl ester
    9 157
  5-isopropyl-2-methylphenyl ester
    9 157
  p-menth-1-en-8-yl ester **9** 155
  p-menth-3-yl ester **9** 154
  o-methoxyphenyl ester **9** 158
  2-methoxy-4-prop-1-enylphenyl ester
    9 158
  2-methylcyclohexyl ester **9** 153
  3-methylcyclohexyl ester **9** 153
  4-methylcyclohexyl ester **9** 154
  methyl ester **9** 152
  1-methylheptyl ester **9** 153
  octadec-9-enyl ester **9** 154
  phenethyl ester **9** 156
  phenyl ester **9** 156
  propyl ester **9** 152
  m-tolyl ester **9** 156
  p-tolyl ester **9** 156

—, [2-(cyclopent-2-en-1-yl)cyclohexyl]-
  9 339

—, [2-(cyclopent-2-en-1-yl)-
  cyclohexylidene]- **9** 2595
  ethyl ester **9** 2596

—, (cyclopent-2-en-1-yl)cyclopentyl-
  9 329
  2-(diethylamino)ethyl ester **9** 329

—, [2-(cyclopent-2-en-1-yl)-
  1-hydroxycyclohexyl]-,
  ethyl ester **10** 80

—, (cyclopent-2-en-1-yl)-(indan-1-yl)-
  9 3251
  2-(diethylamino)ethyl ester **9** 3251

—, (cyclopent-2-en-1-yl)phenyl-
  9 3086
  benzyl ester **9** 3086
  ethyl ester **9** 3086
  methyl ester **9** 3086

—, [13-(cyclopent-2-en-1-yl)-
  tridecanoyloxy]-,
  11-(cyclopent-2-en-1-yl)undecyl
    ester **9** 290

—, cyclopentyl- **9** 39
  benzyl ester **9** 41
  sec-butyl ester **9** 40
  cinnamyl ester **9** 41
  cyclohexyl ester **9** 40
  ethyl ester **9** 40
  geranyl ester **9** 40
  linalyl ester **9** 40
  phenethyl ester **9** 41
  4-phenylphenacyl ester **9** 42
  propyl ester **9** 40

—, (2-cyclopentylcyclohexyl)- **9** 263

Acetic acid *(continued)*
—, (4-cyclopentylcyclohexyl)- **9** 263
—, (2-cyclopentylcyclohexylidene)- **9** 339
     ethyl ester **9** 340
—, cyclopentylidene- **9** 159
     ethyl ester **9** 159
     methyl ester **9** 159
—, cyclopentylidenedi- **9** 3843
     diethyl ester **9** 3843
     dimethyl ester **9** 3843
     ethyl ester **9** 3843
—, cyclopentylphenoxy-,
     2-(diethylamino)ethyl ester **10** 20
     3-(dimethylamino)propyl ester **10** 21
—, cyclopentylphenyl- **9** 2849
     2-(diethylamino)ethyl ester **9** 2849
—, (*p*-cyclopentylphenyl)- **9** 2855
     methyl ester **9** 2855
—, cyclopentyl(*m*-tolyloxy)-,
     2-(diethylamino)ethyl ester **10** 21
—, cyclopentyl(*o*-tolyloxy)-,
     2-(diethylamino)ethyl ester **10** 21
—, cyclopropyl- **9** 10
—, (1,2,3,4,4a,5,6,10,11,12b-
     decahydrobenz[*a*]anthracen-8-yl)-
     9 3403
—, (1,2,3,4,4a,5,6,10,11,12b-
     decahydrobenz[*a*]anthracen-8(9*H*)-
     ylidene)- **9** 3403
—, (7,8,9,11,12,13,14,15,16,17-
     decahydro-6*H*-cyclopenta[*a*]⸗
     phenanthren-17-yl)- **9** 3260
—, (decahydro-1-naphthyl)- **9** 257
—, (decahydro-2-naphthyl)- **9** 257
—, deuteriophenyl-*p*-tolyl- **9** 3346
—, (6,6'-diacetoxybiphenyl-3,3'-diyl)⸗
     di- **10** 2511
—, (6,6'-diacetoxy-3'-carboxybiphenyl-
     3-yl)- **10** 2507
—, [6,6'-diacetoxy-3'-(ethoxycarbonyl)⸗
     biphenyl-3-yl]-,
     ethyl ester **10** 2507
—, (1,4-diacetoxy-3-methyl-2-naphthyl)-
     10 1943
     methyl ester **10** 1943
—, (3,4-diacetoxy-1-naphthyl)- **10** 1940
—, (13*H*-dibenzo[*a,g*]fluoren-13-yl)-
     9 3669
     methyl ester **9** 3670
—, dibenzoyl- see *Propionic acid,*
     2-benzoyl-3-oxo-3-phenyl-
—, (*x,x*-dibromo-3-carboxycyclohexyl)-
     9 3838
—, (2,3-dibromodecahydro-2-naphthyl)-
     9 257
—, (2,5-dibromo-3,6-dihydroxyphenyl)-,
     ethyl ester **10** 1458
—, (1,2-dibromohexahydroindan-2-yl)-
     9 235

—, 2,2'-dibromo-2,2'-(hexahydroindan-
     2-ylidene)di- **9** 4015
     diethyl ester **9** 4015
—, (3,5-dibromo-4-hydroxyphenyl)-
     10 442
     methyl ester **10** 442
—, (3,5-dibromo-4-methoxyphenyl)-
     10 442
     methyl ester **10** 442
—, 2,2'-dibromo-2,2'-
     (3-methylcyclohexylidene)di-,
     diethyl ester **9** 3908
     ethyl ester **9** 3908
—, 2,2'-dibromo-2,2'-
     (4-methylcyclohexylidene)di- **9** 3910
     diethyl ester **9** 3910
—, 2,2'-dibromo-2,2'-
     (3-methylcyclopentylidene)di-
     9 3874
     diethyl ester **9** 3874
     ethyl ester **9** 3874
—, 2,2'-dibromo-2,2'-(octahydro-2(1*H*)-
     naphthylidene)di- **9** 4029
     diethyl ester **9** 4029
—, (3,4-dibromophenyl)-,
     methyl ester **9** 2279
—, [2-(dibutylamino)ethoxy]phenyl-,
     benzyl ester **10** 465
     2-(dibutylamino)ethyl ester **10** 467
     hexyl ester **10** 462
     isopropyl ester **10** 461
—, (2,2-dichloroethoxy)phenyl- **10** 452
—, [*o*-(dichloroiodo)phenyl]- **9** 2280
—, (1,8-dichloro-*p*-menth-3-yl)-,
     methyl ester **9** 117
—, (1,5-dichloro-10-oxo-9,10-dihydro-
     9-anthryl)- **10** 3382
—, (2,4-dichlorophenyl)- **9** 2271
—, (2,5-dichlorophenyl)- **9** 2271
—, (2,6-dichlorophenyl)- **9** 2272
—, (3,4-dichlorophenyl)- **9** 2272
     ethyl ester **9** 2272
—, (2,2-dichlorovinyloxy)diphenyl-
     10 1170
—, 2,2'-dicyano-2,2'-(2,5-dihydroxy-
     p-phenylene)di-,
     diethyl ester **10** 2632
—, 2,2'-dicyano-2,2'-
     (3,3'-dimethylbicyclohexyl-
     1,1'-diyl)di-,
     diethyl ester **9** 4865
—, 2,2'-dicyano-2,2'-
     (4,4'-dimethylbicyclohexyl-
     1,1'-diyl)di-,
     diethyl ester **9** 4865
—, 2,2'-dicyano-2,2'-
     (3,3'-dimethylbicyclopentyl-
     1,1'-diyl)di-,
     diethyl ester **9** 4865

Acetic acid *(continued)*
—, di(cyclohex-2-en-1-yl)- **9** 2608
   2-(diethylamino)ethyl ester **9** 2608
—, dicyclohexyl- **9** 265
   2-(diethylamino)ethyl ester **9** 266
   ethyl ester **9** 266
—, dicyclohexylphenyl- **9** 3120
—, di(cyclopent-2-en-1-yl)- **9** 2564
   2-(diethylamino)ethyl ester **9** 2565
   ethyl ester **9** 2564
   isobutyl ester **9** 2565
   methyl ester **9** 2564
—, dicyclopentyl- **9** 256
   ethyl ester **9** 256
—, [2-(2,2-diethoxyethoxy)-
   4-methoxyphenyl]- **10** 1455
   ethyl ester **10** 1455
—, [*o*-(2,2-diethoxyethoxy)phenyl]- **10** 423
   ethyl ester **10** 424
—, (3,4-diethoxyphenyl)- **10** 1460
   ethyl ester **10** 1462
   methyl ester **10** 1462
—, [2-(diethylamino)ethoxy]diphenyl-,
   ethyl ester **10** 1171
   methyl ester **10** 1171
   propyl ester **10** 1172
—, [2-(diethylamino)ethoxy]phenyl-,
   benzyl ester **10** 465
   2-(diethylamino)ethyl ester **10** 467
   ethyl ester **10** 460
   hexyl ester **10** 462
   isopropyl ester **10** 460
   methyl ester **10** 456
—, [3-(diethylamino)propoxy]diphenyl-,
   ethyl ester **10** 1171
—, {*p*-[3-(diethylamino)propoxy]phenyl}-,
   ethyl ester **10** 434
—, [2-(diethylamino)propoxy]phenyl-,
   hexyl ester **10** 462
—, [3-(diethylamino)propoxy]phenyl-,
   3-(diethylamino)propyl ester **10** 468
—, (9,10-dihydro-9-anthryl)- **9** 3461
—, (3,4-dihydrobenz[*a*]anthracen-1-yl)-
   9 3595
   methyl ester **9** 3596
—, (10,11-dihydrobenz[*a*]anthracen-8-yl)-
   9 3596
   methyl ester **9** 3596
—, (3,4-dihydrobenz[*a*]anthracen-1(2*H*)-
   ylidene)- **9** 3595
   methyl ester **9** 3596
—, (10,11-dihydrobenz[*a*]anthracen-8(9*H*)-
   ylidene)- **9** 3596
   methyl ester **9** 3596
—, (9,10-dihydrobenzo[*def*]chrysen-7-yl)-,
   ethyl ester **9** 3658
—, (9,10-dihydrobenzo[*def*]chrysen-7(8*H*)-
   ylidene)-,
   ethyl ester **9** 3658

—, (9,11-dihydro-8*H*-benzo[*b*]fluoren-
   6-yl)- **9** 3563
—, (3,4-dihydro-2,2'-binaphthyl-1-yl)-
   9 3639
—, (3,4-dihydro-2,2'-binaphthyl-1(2*H*)-
   ylidene)- **9** 3639
—, (3,4-dihydro-1-naphthyl)- **9** 3081
   ethyl ester **9** 3082
—, (3,4-dihydro-2-naphthyl)- **9** 3082
—, (3,4-dihydro-1(2*H*)-naphthylidene)-
   9 3082
—, (1,2-dihydro-4-phenanthryl)- **9** 3462
   methyl ester **9** 3463
—, (3,4-dihydro-1-phenanthryl)-
   9 3462
   ethyl ester **9** 3462
—, (3,4-dihydro-1(2*H*)-phenanthrylidene)-
   9 3462
—, (6,6'-dihydroxybiphenyl-3,3'-diyl)-
   di- **10** 2511
—, (3,7-dihydroxycholest-5-en-7-yl)-
   10 1899
   methyl ester **10** 1900
—, (1,16-dihydroxycyclotriacontane-
   1,16-diyl)di-,
   diethyl ester **10** 2414
—, (1,4-dihydroxy-9,10-dioxo-
   9,10-dihydro-2-anthryl)- **10** 4791
—, dihydroxy-[10-(hydroxymethyl)-
   9-nitro-2,7-dioxo-2,7-dihydro-
   1-phenanthryl]- **10** 4792
—, (3,7-dihydroxy-14-methylpodocarpan-
   13-yl)- **10** 1361
   2-(dimethylamino)ethyl ester
   10 1362
   methyl ester **10** 1362
—, (3,7-dihydroxy-14-methylpodocarpan-
   13-ylidene)- **10** 1591
   2-(dimethylamino)ethyl ester
   10 1592
   methyl ester **10** 1592
—, (2,6-dihydroxynaphthalene-1,5-diyl)-
   di- **10** 2488
—, (3,4-dihydroxy-2-nitrophenyl)-
   10 1466
—, (4,5-dihydroxy-2-nitrophenyl)-
   10 1467
—, (2,5-dihydroxyphenyl)- **10** 1456
   ethyl ester **10** 1457
   methyl ester **10** 1457
—, (3,4-dihydroxyphenyl)- **10** 1458
—, (2,5-dihydroxy-*p*-phenylene)di-
   10 2458
   diethyl ester **10** 2458
—, [*p*-(2,3-dihydroxypropoxy)phenyl]-,
   ethyl ester **10** 434
—, (1,2-dihydroxy-
   2,3,3-trimethylcyclopentyl)- **10** 1355
   ethyl ester **10** 1355

Acetic acid *(continued)*
—, (3,4-dihydroxy-
  2,2,3-trimethylcyclopentyl)-
  10 1355
—, (3,4-dihydroxy-2,2,3-trimethyl-
  1-phenylcyclopentyl)- **10** 1868
—, (3,6-dihydroxy-2,4-xylyl)-,
  ethyl ester **10** 1569
—, (3,5-diiodophenyl)- **9** 2281
—, dimesityl- **9** 3402
  ethyl ester **9** 3402
  methyl ester **9** 3402
—, (5,7-dimethoxy-1*H*-cyclopenta[*a*]⁼
  naphthalen-3-yl)-,
  ethyl ester **10** 1997
—, (3,11-dimethoxy-15*H*-cyclopenta[*a*]⁼
  phenanthren-17-yl)-,
  ethyl ester **10** 2012
—, (3,11-dimethoxy-16,17-dihydro-
  15*H*-cyclopenta[*a*]phenanthren-
  17-yl)- **10** 2012
  ethyl ester **10** 2012
—, (3,11-dimethoxy-
  15,16-dihydrocyclopenta[*a*]⁼
  phenanthren-17-ylidene)-,
  ethyl ester **10** 2012
—, [5,6-dimethoxy-1-
  (3,4-dimethoxyphenyl)indan-2-yl]-
  10 2516
—, (3,6-dimethoxy-2,5-dimethyl-
  p-phenylene)di- **10** 2462
—, (5,7-dimethoxy-
  2,3,6,7,8,9-hexahydro-
  1*H*-cyclopenta[*a*]naphthalen-3-yl)-
  10 1908
—, [4,5-dimethoxy-2-
  (methoxycarbonylmethoxy)phenyl]-,
  methyl ester **10** 2097
—, [6,7-dimethoxy-2-(*p*-methoxyphenyl)-
  3,4-dihydro-1-naphthyl]- **10** 2390
—, [6,7-dimethoxy-2-(*p*-methoxyphenyl)-
  1,2,3,4-tetrahydro-1-naphthyl]-
  10 2361
—, (3,4-dimethoxy-2-nitrophenyl)-
  10 1466
—, (4,5-dimethoxy-2-nitrophenyl)-
  10 1468
  benzyl ester **10** 1469
—, (5,6-dimethoxy-α-oxo-*o*-toluoyloxy)-,
  ethyl ester **10** 4512
—, (2,3-dimethoxyphenyl)- **10** 1453
—, (2,4-dimethoxyphenyl)- **10** 1455
—, (2,5-dimethoxyphenyl)- **10** 1457
  ethyl ester **10** 1457
—, (3,4-dimethoxyphenyl)- **10** 1459
  ethyl ester **10** 1462
  hydrazide **10** 1465
  methyl ester **10** 1461
  phenacyl ester **10** 1463

—, (3,5-dimethoxyphenyl)- **10** 1470
—, (3,4-dimethoxyphenyl)⁼
  bis(*p*-methoxyphenyl)- **10** 2544
—, (3,4-dimethoxyphenyl)bis(4-methoxy-
  m-tolyl)- **10** 2544
—, (6,7-dimethoxy-2-phenyl-3,4-dihydro-
  1-naphthyl)-,
  ethyl ester **10** 2008
—, (6,7-dimethoxy-2-phenyl-3,4-dihydro-
  1(2*H*)-naphthylidene)-,
  ethyl ester **10** 2008
—, [3-(3,4-dimethoxyphenyl)-
  5,6-dimethoxy-1-oxoinden-2-yl]-
  10 4831
—, (2,5-dimethoxy-*p*-phenylene)di-
  10 2458
  diethyl ester **10** 2458
—, 2-(3,4-dimethoxyphenyl)-2,2′-
  (5-ethoxy-4-methoxy-*o*-phenylene)⁼
  di- **10** 2610
—, (2,3-dimethoxy-5-propylphenyl)-
  10 1573
—, (4,5-dimethoxy-*o*-tolyl)- **10** 1528
  ethyl ester **10** 1528
—, (2,5-dimethoxy-
  3,4,6-trimethylphenyl)- **10** 1573
  ethyl ester **10** 1574
—, (2,5-dimethoxy-3,4-xylyl)- **10** 1567
—, [2-(dimethylamino)ethoxy]diphenyl-,
  2-(diethylamino)ethyl ester **10** 1175
  2-(dimethylamino)ethyl ester
    10 1175
—, [2-(dimethylamino)ethoxy]phenyl-,
  benzyl ester **10** 465
  2-(dimethylamino)ethyl ester **10** 467
  ethyl ester **10** 460
  hexyl ester **10** 462
  isopropyl ester **10** 460
  methyl ester **10** 455
—, {2-[(dimethylamino)methyl]-
  2-ethylbutyryloxy}phenyl-,
  methyl ester **10** 456
—, [2-(dimethylamino)propoxy]phenyl-,
  isopropyl ester **10** 461
—, [2-(2,6-dimethylbenzoyl)-*m*-tolyl]-
  10 3354
  methyl ester **10** 3354
—, (2,2-dimethylcyclobutane-1,3-diyl)⁼
  di- **9** 3900
  diethyl ester **9** 3900
—, (1,3-dimethylcyclohexane-1,2-diyl)⁼
  di- **9** 3923
  dimethyl ester **9** 3923
—, (4,5-dimethylcyclohexane-1,2-diyl)⁼
  di-,
  diethyl ester **9** 3924
—, (1,2-dimethylcyclohexyl)- **9** 87
  methyl ester **9** 87
  4-phenylphenacyl ester **9** 87, 88

Acetic acid *(continued)*

—, (2,2-dimethylcyclohexyl)- **9** 86
    ethyl ester **9** 86
    4-phenylphenacyl ester **9** 86, 87
—, (2,2-dimethylcyclohexylidene)-
    9 198
—, (4,4-dimethylcyclohexylidene)di-
    9 3923
—, (2,3-dimethylcyclopentyl)- **9** 74
—, (2,4b-dimethyl-3,4,4b,5,6,7,8,8a,9,10-
    decahydro-1(2*H*)-
    phenanthrylidene)- **9** 2901
—, (5,6-dimethyl-3,4-dihydro-
    1-naphthyl)-,
    ethyl ester **9** 3097
—, (5,8-dimethyl-3,4-dihydro-
    1-naphthyl)- **9** 3097
—, (5,8-dimethyl-3,4-dihydro-1(2*H*)-
    naphthylidene)- **9** 3097
—, (6,7-dimethyl-1,2-dihydro-
    4-phenanthryl)- **9** 3482
—, 3-(1,5-dimethylhexyl)-
    3a,6-dimethyldodecahydro-
    1*H*-cyclopenta[*a*]naphthalene-6-yl)-
    9 358
—, (2,3-dimethyl-1-naphthyl)- **9** 3235
—, (2,7-dimethyl-1-naphthyl)- **9** 3236
—, (3,4-dimethyl-1-naphthyl)- **9** 3235
—, (4,7-dimethyl-1-naphthyl)- **9** 3236
—, (4,7-dimethyl-1-naphthyl)diphenyl-
    9 3673
    methyl ester **9** 3673
—, (7,7-dimethyl-1-norbornyl)- **9** 237
—, (3,3-dimethylnorborn-2-ylidene)-
    9 321
—, (6,6-dimethylnorpinan-2-yl)-
    9 236, 237
—, (6,6-dimethylnorpin-2-en-2-yl)-
    9 320
—, (1,2-dimethyl-5-oxocyclohexyl)-
    10 2857
—, (1,2-dimethyl-6-oxocyclohexyl)-
    10 2857
—, (1,3-dimethyl-2-oxocyclohexyl)-
    10 2858
    ethyl ester **10** 2858
—, (3,4-dimethyl-2-oxocyclohexyl)-,
    ethyl ester **10** 2858
—, (4,6-dimethyl-3-oxoindan-1-yl)-
    10 3187
—, (7,7-dimethyl-2-oxo-1-norbornyl)-
    10 2925
—, (2,5-dimethyl-*p*-phenylene)di- **9** 4327
    dimethyl ester **9** 4327
—, [3,3'-(2,5-dimethyl-*p*-phenylene)⸗
    dicyclopentylene]di- **9** 4460
—, [3,3'-(4,5-dimethyl-*x*-phenylene)⸗
    dicyclopentylene]di-,
    diethyl ester **9** 4459

—, [3,3'-(4,6-dimethyl-*m*-phenylene)⸗
    dicyclopentylene]di-,
    diethyl ester **9** 4459
—, [2,2-dimethyl-4-
    (4-phenylphenacyloxycarbonyl)⸗
    cyclobutyl]-,
    4-phenylphenacyl ester **9** 3851
—, [2,2-dimethyl-3-
    (1-semicarbazonoethyl)cyclobutyl]-
    10 2871
—, (9,11-dimethyl-
    8,9,10,11-tetrahydrobenz[*a*]⸗
    anthracen-8-yl)- **9** 3571
—, (1,4-dimethyl-5,6,7,8-tetrahydro-
    2-naphthyl)- **9** 2877
    butyl ester **9** 2877
—, (2,3-dimethyl-1,2,3,4-tetrahydro-
    4-phenanthryl)- **9** 3399
—, (2,3-dimethyltricyclo[2.2.1.0²,⁶]⸗
    hept-3-yl)- **9** 327
—, di(1-naphthyl)- **9** 3655
—, di(2-naphthyl)- **9** 3656
    2-(diethylamino)ethyl ester **9** 3656
—, 2,2'-di(1-naphthyl)-2,2'-azinodi-
    10 3264
—, (3,5-dinitrobenzoylhydrazono)-
    9 1949
—, (3,5-dinitrobenzoylthio)- **9** 1997
—, (2,4-dinitrophenyl)- **9** 2292
    benzyl ester **9** 2293
    ethyl ester **9** 2292
    hydrazide **9** 2293
    methyl ester **9** 2292
—, (4,6-dinitro-*m*-phenylene)di-
    9 4294
    diethyl ester **9** 4294
    dimethyl ester **9** 4294
—, (3,6-dioxocyclohexa-1,4-diene-
    1,4-diyl)di- **10** 4058
—, (3,6-dioxocyclohexa-1,4-dien-1-yl)-
    10 3537
—, (7,12-dioxo-7,12-dihydrobenz[*a*]⸗
    anthracen-6-yl)- **10** 3670
—, (7,12-dioxo-7,12-dihydrobenz[*a*]⸗
    anthracen-8-yl)- **10** 3670
    methyl ester **10** 3671
—, (1,3-dioxoindan-2-yl)- **10** 3590
—, (2,3-dioxoindan-1-yl)- **10** 3589
—, (6,11-dioxo-2,3,6,11-tetrahydro-
    1*H*-cyclopent[*a*]anthracen-7-yl)-
    10 3664
—, (2,5-dioxo-1,3,4-triphenylcyclopent-
    3-en-1-yl)-,
    ethyl ester **10** 3677
—, diphenyl- **9** 3290
    allyl ester **9** 3293
    2-(allylethylamino)ethyl ester
    9 3298
    6-bromohexyl ester **9** 3292

Acetic acid
—, diphenyl- *(continued)*
but-2-enyl ester **9** 3293
2-(*sec*-butylamino)ethyl ester
  9 3298
tert-butyl ester **9** 3292
2-chloroethyl ester **9** 3292
6-chlorohexyl ester **9** 3292
2-(diallylamino)ethyl ester **9** 3298
2-(dibutylamino)ethyl ester **9** 3298
2,6-dichlorophenyl ester **9** 3294
2-(diethylamino)ethyl ester **9** 3297
2-(dimethylamino)ethyl ester
  9 3296
(2,2-diphenylethylidene)hydrazide
  9 3305
ethyl ester **9** 3291
2-(ethylmethylamino)ethyl ester
  9 3296
hydrazide **9** 3305
6-hydroxyhexyl ester **9** 3295
1-methylallyl ester **9** 3293
2-methylallyl ester **9** 3293
methyl ester **9** 3291
1-methylheptyl ester **9** 3293
phenyl ester **9** 3293
4-phenylphenacyl ester **9** 3296
2,3,4-triphenyl-1-naphthyl ester
  9 3294
—, 2,2′-diphenyl-2,2′-azinodi- **10** 2973
—, 2,2′-diphenyl-2,2′-(carbonyldioxy)di-,
  diethyl ester **10** 459
—, 2,2′-diphenyl-2,2′-diselenodi- **10** 493
—, 2,2′-diphenyl-2,2′-dithiodi- **10** 490
—, 2,2′-diphenyl-2,2′-
  (ethylenedisulfonyl)di- **10** 489
—, 2,2′-diphenyl-2,2′-(ethylenedithio)-
  di- **10** 488
—, (3,3-diphenylindan-1-yl)- **9** 3644
  4-nitrobenzyl ester **9** 3644
—, (1,1-diphenylinden-3-yl)- **9** 3658
  ethyl ester **9** 3658
  4-nitrobenzyl ester **9** 3658
—, 2,2′-diphenyl-2,2′-oxydi- **10** 454
  diethyl ester **10** 459
—, 2,2′-diphenyl-2,2′-seleninyldi-
  10 493
—, 2,2′-diphenyl-2,2′-selenodi-
  10 492, 493
—, 2,2′-diphenyl-2,2′-(sulfinyldioxy)di-,
  diethyl ester **10** 460
—, 2,2-diphenyl-2,2′-thiodi- **10** 1181
—, diphenyl-*o*-tolyl- **9** 3604
—, diphenyl(*p*-tolylsulfonyl)-,
  ethyl ester **10** 1182
—, diphenyl(*p*-tolylthio)- **10** 1181
—, (dithiodi-*o*-phenylene)di- **10** 428
—, di-*p*-tolyl- **9** 3368
—, 2,2′-di-*p*-tolyl-2,2′-azinodi- **10** 3032

—, di(2,4-xylyl)- **9** 3395
—, (1,2,3,4,4a,5,6,8,9,10,11,12b-
  dodecahydrobenz[*a*]anthracen-8-yl)-
  9 3261
—, [2-(ethoxycarbonyl)cyclohex-1-en-
  1-yl]-, ethyl ester **9** 3958
—, [3-(ethoxycarbonyl)cyclohexyl]-,
  ethyl ester **9** 3837
—, {2-[2-(ethoxycarbonyl)cyclohexyl]-
  cyclohex-1-en-1-yl}-,
  ethyl ester **9** 4077
—, [2-(ethoxycarbonyl)cyclopent-1-en-
  1-yl]-,
  ethyl ester **9** 3953
—, [2-(ethoxycarbonyl)cyclopentyl]-,
  ethyl ester **9** 3822
—, [(ethoxycarbonyl)cyclopropylidene]-,
  ethyl ester **9** 3934
—, [3-(ethoxycarbonyl)-
  2,2-dimethylcyclobutyl]- **9** 3853
  ethyl ester **9** 3853
—, [6-(ethoxycarbonyl)-
  2,6-dimethylcyclohex-1-en-1-yl]-,
  ethyl ester **9** 3999
—, [2-(ethoxycarbonyl)-
  2,6-dimethylcyclohexyl]-,
  ethyl ester **9** 3911
—, [2-(ethoxycarbonyl)-
  2,6-dimethylcyclohexylidene]-,
  ethyl ester **9** 3999
—, [3-(ethoxycarbonyl)-
  2,3-dimethylcyclopentyl]-,
  ethyl ester **9** 3875
—, [3-(ethoxycarbonyl)-
  2,3-dimethylcyclopentylidene]-,
  ethyl ester **9** 3986
—, [3-(ethoxycarbonyl)-
  2,2-dimethylcyclopropyl]-,
  ethyl ester **9** 3833
—, [2-(ethoxycarbonyl)-1,6-dimethyl-
  3-oxocyclohexyl]-,
  ethyl ester **10** 3917
—, [3-(ethoxycarbonyl)-1,6-dimethyl-
  2-oxocyclohexyl]-,
  ethyl ester **10** 3917
—, [4-(ethoxycarbonyl)-1,2-dimethyl-
  5-oxocyclohexyl]-,
  ethyl ester **10** 3917
—, [4-(ethoxycarbonyl)-3,3-dimethyl-
  2-oxocyclopentyl]-,
  ethyl ester **10** 3911
—, [2-(ethoxycarbonyl)hexahydroindan-
  2-yl]-, ethyl ester **9** 4010
—, [2-(ethoxycarbonyl)-1-hydroxy-
  2,6-dimethylcyclohexyl]-,
  ethyl ester **10** 2042
—, [2-(ethoxycarbonyl)-1-hydroxy-
  2-methylcyclohexyl]-,
  ethyl ester **10** 2036

Acetic acid *(continued)*
—, [1-(ethoxycarbonyl)-2-hydroxy-
3-methylcyclopentyl]-,
ethyl ester **10** 2034
—, {2-[2-(ethoxycarbonyl)-1-hydroxy-
2-methylcyclopentyl]cyclohexyl}-,
ethyl ester **10** 2055
—, {2-[2-(ethoxycarbonyl)-1-hydroxy-
2-methylcyclopentyl]ε
cyclohexylidene}-,
ethyl ester **10** 2142
—, [2-(ethoxycarbonyl)-1-hydroxy-
2-methyl-6-phenoxycyclohexyl]-,
ethyl ester **10** 2412
—, [3-(ethoxycarbonyl)-1-hydroxy-
2-phenylcyclopentyl]-,
ethyl ester **10** 2270
—, [2-(ethoxycarbonylmethoxy)-
4,5-dimethoxyphenyl]-,
ethyl ester **10** 2097
—, [2-(ethoxycarbonylmethoxy)-
3-methoxyphenyl]-,
ethyl ester **10** 1453
—, [2-(ethoxycarbonylmethoxy)-
4-methoxyphenyl]-,
ethyl ester **10** 1456
—, [*o*-(ethoxycarbonylmethoxy)phenyl]-,
ethyl ester **10** 424
—, [1-(ethoxycarbonyl)-2-
(*p*-methoxyphenyl)-
4,6-dioxocyclohexyl]-,
ethyl ester **10** 4813
—, [3-(ethoxycarbonyl)-6-
(*p*-methoxyphenyl)-3-methyl-
2-oxocyclohexyl]-,
ethyl ester **10** 4755
—, [6-(ethoxycarbonyl)-
6-methylcyclohex-1-en-1-yl]-,
ethyl ester **9** 3981
—, [2-(ethoxycarbonyl)-
2-methylcyclohexyl]- **9** 3865
ethyl ester **9** 3865
—, [2-(ethoxycarbonyl)-
2-methylcyclohexylidene]- **9** 3981
ethyl ester **9** 3981
—, [3-(ethoxycarbonylmethyl)ε
cyclohexylidene]-(3-oxocyclohexyl)-,
ethyl ester **10** 3945
—, {2-[1-(ethoxycarbonyl)-
2-methylcyclopent-2-en-1-yl]ε
cyclohexyl}-,
ethyl ester **9** 4077
—, [2-(5-ethoxycarbonyl-
5-methylcyclopent-1-en-1-yl)ε
cyclohexylidene]-,
ethyl ester **9** 4352
—, [1-(ethoxycarbonyl)-
3-methylcyclopentyl]-,
ethyl ester **9** 3846

—, [2-(ethoxycarbonyl)-
2-methylcyclopentyl]-,
ethyl ester **9** 3845
—, {2-[2-(ethoxycarbonyl)-
2-methylcyclopentyl]cyclohexyl}-,
ethyl ester **9** 4032
—, [5-(ethoxycarbonyl)-5-methyl-
6-oxocyclohex-1-en-1-yl)-,
ethyl ester **10** 3928
—, [1-(ethoxycarbonyl)-3-methyl-
2-oxocyclohexyl]-,
ethyl ester **10** 3905
—, [1-(ethoxycarbonyl)-4-methyl-
2-oxocyclohexyl]-,
ethyl ester **10** 3906
—, [1-(ethoxycarbonyl)-5-methyl-
2-oxocyclohexyl]-,
ethyl ester **10** 3906
—, [2-(ethoxycarbonyl)-5-methyl-
3-oxocyclohexyl]-,
ethyl ester **10** 3906
—, [3-(ethoxycarbonyl)-1-methyl-
2-oxocyclohexyl]-,
ethyl ester **10** 3906
—, [3-(ethoxycarbonyl)-3-methyl-
2-oxocyclohexyl]-,
ethyl ester **10** 3905
—, [3-(ethoxycarbonyl)-4-methyl-
2-oxocyclohexyl]-,
ethyl ester **10** 3906
—, [3-(ethoxycarbonyl)-5-methyl-
2-oxocyclohexyl]-,
ethyl ester **10** 3907
—, [1-(ethoxycarbonyl)-3-methyl-
2-oxocyclopentyl]-,
ethyl ester **10** 3899
—, [1-(ethoxycarbonyl)-4-methyl-
2-oxocyclopentyl]-,
ethyl ester **10** 3899
—, [3-(ethoxycarbonyl)-1-methyl-
2-oxocyclopentyl]-,
ethyl ester **10** 3899
—, [4-(ethoxycarbonyl)-4-methyl-
2-oxocyclopentyl]-,
ethyl ester **10** 3898
—, [2-(ethoxycarbonyl)-2-methyl-6-oxo-
5-phenylcyclohexyl]-,
ethyl ester **10** 3983
—, [2-(ethoxycarbonyl)-2-methyl-
6-phenoxycyclohexyl]- **10** 2036
—, [1-(ethoxycarbonyl)-
2-oxocycloheptyl]-, ethyl ester **10** 3900
—, [1-(ethoxycarbonyl)-2-oxocyclohexyl]-,
ethyl ester **10** 3894
—, [3-(ethoxycarbonyl)-2-oxocyclohexyl]-,
ethyl ester **10** 3895
—, [1-(ethoxycarbonyl)-
2-oxocyclopentyl]-, ethyl ester **10** 3891
methyl ester **10** 3891

Acetic acid *(continued)*
—, [3-(ethoxycarbonyl)-
2-oxocyclopentyl]-,
ethyl ester **10** 3892
—, {2-[1-(ethoxycarbonyl)-
2-oxocyclopentyl]cyclohexyl}-,
ethyl ester **10** 3938
—, [1-(ethoxycarbonyl)-2-oxo-
3-phenoxycyclohexyl]-,
ethyl ester **10** 4712
—, [2-(ethoxycarbonyl)-1-oxo-
1,2,3,4-tetrahydro-2-naphthyl]-,
ethyl ester **10** 3980
—, [4-(ethoxycarbonyloxy)-3-methoxy-
2-nitrophenyl]]-**10** 1467
—, [3-(ethoxycarbonyloxy)-
4-methoxyphenyl]- **10** 1461
—, [4-(ethoxycarbonyloxy)-
3-methoxyphenyl]- **10** 1461
—, [*p*-(ethoxycarbonyloxy)phenyl]-
10 432
—, [3-(ethoxycarbonyl)-
2-phenylcyclopent-1-en-1-yl]-,
ethyl ester **9** 4445
—, [3-(ethoxycarbonyl)-
2-phenylcyclopentylidene]-,
ethyl ester **9** 4445
—, [3-(ethoxycarbonyl)-
2,2,3-trimethylcyclopentyl]- **9** 3916
ethyl ester **9** 3916
—, [4-(ethoxycarbonyl)-
2,2,4-trimethylcyclopentyl]-,
ethyl ester **9** 3917
—, (6-ethoxycyclohex-2-en-1-yl)- **10** 55
—, (2-ethoxycyclohexyl)- **10** 24
ethyl ester **10** 24
—, ethoxydiphenyl- **10** 1170
—, [6-(2-ethoxyethyl)-6-phenylcyclohex-
1-en-1-yl]- **10** 1005
—, [2-(2-ethoxyethyl)-
2-phenylcyclohexyl]- **10** 924
—, [2-(2-ethoxyethyl)-
2-phenylcyclohexylidene]- **10** 1005
—, (4-ethoxy-5-methoxy-2-nitrophenyl)-
10 1468
—, (5-ethoxy-4-methoxy-2-nitrophenyl)-
10 1468
—, (3-ethoxy-4-methoxyphenyl)- **10** 1459
—, (4-ethoxy-3-methoxyphenyl)- **10** 1460
—, (7-ethoxy-4-methyl-3-oxoindan-
1-ylidene)- **10** 4376
ethyl ester **10** 4377
—, 2-ethoxy-2,2′-(phenanthrene-
9,10-diyl)di- **10** 2397
—, ethoxyphenyl-,
2-(dimethylamino)ethyl ester **10** 466
ethyl ester **10** 458
—, (*p*-ethoxyphenyl)- **10** 431
ethyl ester **10** 433

—, (ethoxythiocarbonylthio)phenyl-
10 489
—, (3-ethylacenaphthen-1-yl)- **9** 3376
—, *N*-(ethylbenzimidoylthio)- **9** 1985
—, (2-ethyl-5-*tert*-butylphenyl)-
9 2605
—, (2-ethylbutyryloxy)phenyl- **10** 453
—, [*o*-(ethylcarbamoyl)phenylthio]-
10 233
—, (2-ethylcyclohex-2-en-1-yl)- **9** 198
—, (1-ethylcyclohexyl)- **9** 86
—, (2-ethyl-4,7-dimethylindan-5-yl)-
9 2889
—, (3-ethyl-1,4-dioxo-1,4-dihydro-
2-naphthyl)- **10** 3609
—, (2-ethyl-1,3-dioxoindan-2-yl)-,
ethyl ester **10** 3593
—, [2-ethyl-1-hydroxy-7-methoxy-2-
(methoxycarbonyl)-
1,2,3,4-tetrahydro-1-phenanthryl]-,
methyl ester **10** 2523
—, [2-ethyl-1-hydroxy-9-methoxy-2-
(methoxycarbonyl)-
1,2,3,4-tetrahydro-1-phenanthryl]-,
methyl ester **10** 2523
—, (2-ethyl-3-hydroxyphenyl)- **10** 609
—, [*p*-(ethylmercuriothio)phenyl]-
10 444
—, [2-ethyl-2-(methoxycarbonyl)-
9-methoxy-1,2,3,4-tetrahydro-
1-phenanthryl]- **10** 2377
methyl ester **10** 2377
—, [2-ethyl-7-methoxy-2-
(methoxycarbonyl)-
1,2,3,4-tetrahydro-1-phenanthryl]-
10 2376
methyl ester **10** 2376
—, [1-ethyl-7-methoxy-2-methyl-
1,2,3,4-tetrahydro-2-phenanthryl]-
10 1244
methyl ester **10** 1244
—, (4-ethyl-1-methoxy-2-naphthyl)-,
methyl ester **10** 1120
—, (2-ethyl-3-methoxyphenyl)- **10** 610
—, (2-ethyl-1-naphthyl)- **9** 3234
—, (6-ethyl-3-phenanthryl)- **9** 3526
—, (*m*-ethylphenyl)- **9** 2484
—, (*o*-ethylphenyl)- **9** 2484
—, (*p*-ethylphenyl)- **9** 2484
ethyl ester **9** 2485
—, (*o*-ethylphenyl)diphenyl- **9** 3613
—, [2-(*p*-ethylphenyl)-5-oxocyclopent-
1-en-1-yl]- **10** 3237
—, (7-ethyl-1,2,3,4-tetrahydro-
9-phenanthryl)- **9** 3398
—, (fluoren-2-yl)- **9** 3447
—, (fluoren-4-yl)- **9** 3448
—, (fluoren-9-yl)- **9** 3448
2-(diethylamino)ethyl ester **9** 3448

Acetic acid *(continued)*

—, (fluoren-9-ylidene)methoxy-,
    methyl ester **10** 1305
—, (fluoren-9-ylidene)phenyl- **9** 3649
—, fluorodiphenyl-,
    ethyl ester **9** 3306
    methyl ester **9** 3306
—, (3-fluoro-4-hydroxyphenyl)- **10** 440
—, (3-fluoro-4-methoxyphenyl)- **10** 440
—, (6-fluoro-2-naphthyl)- **9** 3213
    methyl ester **9** 3213
—, fluorophenyl- **9** 2262
    ethyl ester **9** 2262
—, (*m*-fluorophenyl)- **9** 2261
    ethyl ester **9** 2261
—, (*o*-fluorophenyl)- **9** 2260
    ethyl ester **9** 2260
—, (*p*-fluorophenyl)- **9** 2261
    ethyl ester **9** 2261
—, (2-formylcyclopentylidene)-,
    ethyl ester **10** 2900
—, (2-formyl-2-methyl-3,4-dihydro-1(2*H*)-
    phenanthrylidene)- **10** 3399
—, (8,9,10,11,11a,12-hexahydrobenz[*a*]-
    anthracen-7-yl)- **9** 3542
—, (7a,8,9,10,11,11a-hexahydrobenz[*a*]-
    anthracen-7(12*H*)-ylidene)- **9** 3542
—, (2,3,6,7,8,9-hexahydro-
    1*H*-cyclopenta[*a*]naphthalen-3-yl)-
    9 3105
—, (hexahydroindan-2-yl)- **9** 234
    ethyl ester **9** 235
—, (hexahydroindan-5-yl)- **9** 235
—, (hexahydroindan-2-ylidene)- **9** 319
    ethyl ester **9** 319
—, (hexahydroindan-2-ylidene)di-
    9 4014
    diethyl ester **9** 4015
    dimethyl ester **9** 4014
    ethyl ester **9** 4014
    methyl ester **9** 4014
—, (3a,4,5,6,7,7a-hexahydroinden-2-yl)-
    9 318
    ethyl ester **9** 318
—, (3a,4,5,6,7,7a-hexahydro-
    4,7-methanoinden-5-yloxy)phenyl-,
    butyl ester **10** 461
—, (3a,4,5,6,7,7a-hexahydro-
    4,7-methanoinden-6-yloxy)phenyl-,
    butyl ester **10** 461
—, hydrazono(1-naphthyl)- **10** 3264
—, hydrazono-*p*-tolyl- **10** 3032
—, [4-hydroxy-2-(*p*-anisoyloxy)phenyl]-,
    methyl ester **10** 1455
—, [2-(α-hydroxybenzyl)cyclohexylidene]-
    10 1001
    methyl ester **10** 1001
—, (2-hydroxybicyclohexyl-2-yl)-,
    ethyl ester **10** 76

—, (1-hydroxycyclohexane-1,2-diyl)di-,
    diethyl ester **10** 2035
—, (1-hydroxycyclohexyl)- **10** 22
    ethyl ester **10** 23
    hydrazide **10** 23
—, (2-hydroxycyclohexyl)- **10** 23
    ethyl ester **10** 24
    hydrazide **10** 24
—, (3-hydroxycyclohexyl)- **10** 24
—, (4-hydroxycyclohexyl)- **10** 25
    ethyl ester **10** 25
—, (1-hydroxycyclohexyl)phenyl- **10** 910
    ethyl ester **10** 910
—, (1-hydroxycyclooctyl)- **10** 36
    ethyl ester **10** 36
—, (1-hydroxycyclopentane-1,2-diyl)di-,
    diethyl ester **10** 2034
—, (1-hydroxycyclopentyl)-,
    ethyl ester **10** 19
    hydrazide **10** 20
—, (2-hydroxycyclopentyl)- **10** 20
    methyl ester **10** 20
—, (2-hydroxydecahydro-2-naphthyl)-
    10 72
    ethyl ester **10** 72, 73
—, (2-hydroxy-3,5-diiodophenyl)- **10** 427
—, (2-hydroxy-3,5-diiodophenyl)phenyl-
    10 1166
—, (4-hydroxy-3,5-diiodophenyl)phenyl-
    10 1167
—, [2-hydroxy-4,6-dimethoxy-3-
    (methoxyacetyl)phenyl]- **10** 4799
—, [2-(1-hydroxy-5,6-dimethoxy-
    3-oxophthalan-1-yl)-
    5-methoxyphenoxy]- **10** 4815
—, (2-hydroxy-4,5-dimethoxyphenyl)-
    10 2096
—, (4-hydroxy-3,5-dimethoxyphenyl)-
    10 2098
—, (1-hydroxy-2,2-dimethylcyclohexyl)-
    10 39
    ethyl ester **10** 39
—, (1-hydroxy-9,10-dioxo-9,10-dihydro-
    2-anthryl)- **10** 4701
—, (1-hydroxy-3,3-diphenylindan-1-yl)-,
    ethyl ester **10** 1340
—, [3-(1-hydroxyethyl)-
    2,2-dimethylcyclobutyl]- **10** 43
—, (2-hydroxyhexahydroindan-2-yl)-
    10 65
    ethyl ester **10** 66
—, [3-(hydroxyimino)cyclohexyl]-,
    ethyl ester **10** 2821
—, [2-(hydroxyimino)-7-methoxy-
    4-methyl-3-oxoindan-1-ylidene]-
    10 4654
—, [5-(hydroxyimino)-2-(3-methyl-
    5,6,7,8-tetrahydro-2-naphthyl)-
    cyclopent-1-en-1-yl]- **10** 3285

Acetic acid *(continued)*

—, [2-(hydroxyimino)-3-oxoindan-1-yl]-
10 3589
ethyl ester 10 3589

—, [1-(hydroxyimino)-3-phenyl-
1,2,3,4-tetrahydro-2-naphthyl]-
10 3397

—, [2-(hydroxyimino)-
3-semicarbazonoindan-1-yl]-
10 3589

—, [3-(hydroxyimino)-
2,2,4-trimethylcyclopentyl]-
10 2867

—, [4-(hydroxyimino)-
2,2,3-trimethylcyclopentyl]-
10 2866

—, (1-hydroxyindan-2-yl)- 10 888

—, (2-hydroxy-*p*-menth-2-yl)- 10 48

—, [3-hydroxy-3-(methoxycarbonyl)-
decahydro-
1,4;5,8-dimethanonaphthalen-2-yl]-,
methyl ester 10 2243

—, [6-hydroxy-2-(methoxycarbonyl)-
2,5-dimethyldecahydro-1-naphthyl]-,
methyl ester 10 2055

—, [6-hydroxy-2-(methoxycarbonyl)-
2,5-dimethyl-1,2,3,4-tetrahydro-
1-naphthyl]- 10 2274
methyl ester 10 2275

—, [1-hydroxy-2-(methoxycarbonyl)-
2-methyl-1,2,3,4,5,6,7,8-octahydro-
1-phenanthryl]-,
methyl ester 10 2296

—, [1-hydroxy-2-(methoxycarbonyl)-
2-methyl-1,2,3,4-tetrahydro-
1-naphthyl]-,
methyl ester 10 2271

—, [1-hydroxy-2-(methoxycarbonyl)-
2-methyl-1,2,3,4-tetrahydro-
1-phenanthryl]-,
methyl ester 10 2362

—, [7-hydroxy-2-(methoxycarbonyl)-
2-methyl-1,2,3,4-tetrahydro-
1-phenanthryl]- 10 2365
methyl ester 10 2366

—, [2-hydroxy-6-(methoxycarbonyl)-
p-tolyl]-,
methyl ester 10 2223

—, 2-hydroxy-2′-methoxy-2,2′-
(hexahydroindan-2-ylidene)di- 10 2416

—, [1-hydroxy-6-methoxy-2-
(methoxycarbonyl)-2,5-dimethyl-
1,2,3,4-tetrahydro-1-naphthyl]-,
methyl ester 10 2476

—, [1-hydroxy-7-methoxy-2-
(methoxycarbonyl)-2-methyl-
1,2,3,4,9,10-hexahydro-
1-phenanthryl]-,
methyl ester 10 2492

—, [1-hydroxy-7-methoxy-2-
(methoxycarbonyl)-2-methyl-
1,2,3,4,4a,9,10,10a-octahydro-
1-phenanthryl]-,
methyl ester 10 2480

—, [1-hydroxy-9-methoxy-2-
(methoxycarbonyl)-2-methyl-
1,2,3,4,5,6,7,8-octahydro-
1-phenanthryl]-,
methyl ester 10 2481

—, [1-hydroxy-6-methoxy-2-
(methoxycarbonyl)-2-methyl-
1,2,3,4-tetrahydro-1-phenanthryl]-,
methyl ester 10 2520

—, [1-hydroxy-7-methoxy-2-
(methoxycarbonyl)-2-methyl-
1,2,3,4-tetrahydro-1-phenanthryl]-,
methyl ester 10 2520

—, [1-hydroxy-9-methoxy-2-
(methoxycarbonyl)-2-methyl-
1,2,3,4-tetrahydro-1-phenanthryl]-,
methyl ester 10 2521

—, [1-hydroxy-7-methoxy-2-
(methoxycarbonyl)-2-propyl-
1,2,3,4-tetrahydro-1-phenanthryl]-,
methyl ester 10 2525

—, 2-hydroxy-2′-methoxy-2,2′-
(3-methylcyclopentylidene)di-
10 2413

—, (1-hydroxy-5-methoxy-8-methyl-
1,2,3,4-tetrahydro-1-naphthyl)-
10 1867

—, (3-hydroxy-4-methoxy-2-nitrophenyl)-
10 1466

—, (4-hydroxy-3-methoxy-2-nitrophenyl)-
10 1466

—, (4-hydroxy-5-methoxy-2-nitrophenyl)-
10 1467

—, (5-hydroxy-4-methoxy-2-nitrophenyl)-
10 1468

—, (2-hydroxy-3-methoxyphenyl)-
10 1453

—, (2-hydroxy-4-methoxyphenyl)-
10 1455
ethyl ester 10 1455

—, (3-hydroxy-4-methoxyphenyl)-
10 1458

—, (4-hydroxy-3-methoxyphenyl)-
10 1458

—, (1-hydroxy-6-methoxy-
1,2,3,4-tetrahydro-1-naphthyl)-
10 1865
hydrazide 10 1865

—, (1-hydroxy-7-methoxy-
1,2,3,4-tetrahydro-1-naphthyl)-
10 1865
ethyl ester 10 1865

—, (1-hydroxy-7-methoxy-
1,2,3,4-tetrahydro-2-naphthyl)- 10 1865

Acetic acid *(continued)*
—, (1-hydroxy-7-methoxy-
1,2,3,4-tetrahydro-1-phenanthryl)-,
ethyl ester **10** 1975
—, [3-(3-hydroxy-3-methylbutyryloxy)-
14-methyl-7-oxopodocarpan-13-yl]-,
2-(dimethylamino)ethyl ester
10 4200
2-(methylamino)ethyl ester **10** 4200
methyl ester **10** 4199
—, [3-(3-hydroxy-3-methylbutyryloxy)-
14-methyl-7-oxopodocarpan-
13-ylidene]- **10** 4284
2-(dimethylamino)ethyl ester
10 4287
methyl ester **10** 4285
2-(methylamino)ethyl ester **10** 4287
—, (2-hydroxy-2-methylchroman-4-yl)-
10 4262
—, (1-hydroxy-2-methylcyclopentyl)-,
methyl ester **10** 32
—, (1-hydroxy-3-methylcyclopentyl)-
10 32
—, [3-(1-hydroxy-1-methylethyl)-
2,2-dimethylcyclobutyl]- **10** 45
ethyl ester **10** 46
—, (3-hydroxy-1-methyl-2-naphthyl)-
10 1114
methyl ester **10** 1114
—, (3-hydroxy-3-methyl-1-oxo-
2,3-dihydro-1*H*-cyclopenta[*a*]‚
naphthalen-2-yl)- **10** 4451
—, (7a-hydroxy-4-methyl-2-oxo-2,3,5,6,‚
7,7a-hexahydrobenzofuran-7-yl)-
10 3931
—, (7a-hydroxy-6-methyl-2-oxo-2,3,3a,4,‚
5,7a-hexahydrobenzofuran-7-yl)-
10 3931
—, (7a-hydroxy-4-methyl-
2-oxooctahydrobenzofuran-7-yl)-
10 3916
—, (7a-hydroxy-5-methyl-
2-oxooctahydrobenzofuran-7-yl)-
10 3916
—, (7a-hydroxy-6-methyl-
2-oxooctahydrobenzofuran-7-yl)-
10 3916
—, (7a-hydroxy-7-methyl-
2-oxooctahydrocyclopenta[*b*]pyran-
7-yl)- **10** 3919
—, (3-hydroxy-14-methyl-
7-oxopodocarpan-13-yl)- **10** 4198
2-(dimethylamino)ethyl ester
10 4200
methyl ester **10** 4199
—, (3-hydroxy-14-methyl-
7-oxopodocarpan-13-ylidene)-
10 4284
2-(diethylamino)ethyl ester **10** 4286

2-(dimethylamino)ethyl ester **10** 4285
methyl ester **10** 4284
—, (7-hydroxy-2-methyl-1-oxo-
1,2,3,4-tetrahydro-2-phenanthryl)-
10 4457
methyl ester **10** 4458
—, (1-hydroxy-2-methyl-
2-phenylcyclohexyl)- **10** 919
ethyl ester **10** 920
—, (2-hydroxy-3-methyl-
2-phenylcyclohexyl)-,
ethyl ester **10** 920
—, (2-hydroxy-4-methyl-
2-phenylcyclohexyl)-,
ethyl ester **10** 920
—, (2-hydroxy-5-methyl-
2-phenylcyclohexyl)-,
ethyl ester **10** 920
—, (2-hydroxy-1-naphthyl)- **10** 1102
—, (3-hydroxy-2-naphthyl)- **10** 1106
—, (6-hydroxy-2-naphthyl)- **10** 1106
methyl ester **10** 1107
—, [2-(6-hydroxy-2-naphthyl)-
5-oxocyclopent-1-en-1-yl]- **10** 4466
methyl ester **10** 4466
—, (4-hydroxy-1-naphthyl)phenyl- **10** 1315
—, (5-hydroxy-2-nitrophenyl)- **10** 430
—, (8a-hydroxyoctahydro-4a(4*H*)-
naphthyl)-,
ethyl ester **10** 73
hydrazide **10** 73
—, (3-hydroxy-2-oxo-3-bornyl)- **10** 4191
ethyl ester **10** 4191
—, (3-hydroxy-5-oxo-
2,3-diphenylcyclopent-1-en-1-yl)-
10 4478
—, (2-hydroxy-5-oxo-
2,4-diphenyltetrahydro-3-furyl)-
10 4015
—, (6a-hydroxy-2-oxohexahydro-
2*H*-cyclopenta[*b*]furan-3-yl)-
10 3896
—, (6a-hydroxy-2-oxohexahydro-
2*H*-cyclopenta[*b*]furan-6-yl)-
10 3898
—, (5-hydroxy-3-oxoindan-1-yl)- **10** 4342
—, (7a-hydroxy-2-oxooctahydrobenzo‚
furan-3-yl)- **10** 3901
—, (7a-hydroxy-2-oxooctahydrobenzo‚
furan-7-yl)- **10** 3903
—, (7a-hydroxy-2-oxooctahydrocyclo‚
penta[*b*]pyran-7-yl)- **10** 3903
—, (2-hydroxy-5-oxo-2-phenyltetrahydro-
3-furyl)-phenyl- **10** 4015
—, (5-hydroxy-2-oxo-5-phenyltetrahydro-
3-furylthio)- **10** 4237
—, [4-(2-hydroxy-5-oxotetrahydro-
2-furyl)-2,2-dimethylcyclobutyl]-
10 3922

Acetic acid *(continued)*

—, (9b-hydroxy-2-oxo-2,3,5,9b-
  tetrahydronaphtho[1,2-*b*]furan-
  3a(4*H*)-yl)- **10** 3981

—, (5-hydroxy-1-oxo-1,2,3,4-tetrahydro-
  2-naphthyl)- **10** 4346

—, (7-hydroxy-1-oxo-1,2,3,4-tetrahydro-
  2-naphthyl)- **10** 4346

—, 2,2'-(4-hydroxy-3,4'-oxydiphenylene)₌
  di- **10** 1461

—, (1-hydroxy-2-phenethylcyclohexyl)-,
  ethyl ester **10** 924

—, (*m*-hydroxyphenyl)- **10** 428

—, (*o*-hydroxyphenyl)- **10** 422
  ethyl ester **10** 423
  methyl ester **10** 423

—, (*p*-hydroxyphenyl)- **10** 430
  methyl ester **10** 433

—, (*p*-hydroxyphenyl)₌
  bis(*p*-methoxyphenyl)- **10** 2399

—, (2-hydroxy-2-phenylcyclohexane-
  1,3-diyl)di-,
  diethyl ester **10** 2275

—, (1-hydroxy-2-phenylcyclohexyl)-
  10 911

—, (2-hydroxy-2-phenylcyclohexyl)-
  10 911

—, (1-hydroxy-3-phenyl-1*H*-cyclopenta[*a*]₌
  naphthalen-2-yl)- **10** 1337
  methyl ester **10** 1338

—, (*p*-hydroxyphenyl)phenyl- **10** 1167
  ethyl ester **10** 1167
  hydrazide **10** 1167

—, (6-hydroxyspiro[4.5]dec-6-yl)-,
  ethyl ester **10** 72

—, (1-hydroxy-1,2,3,4-tetrahydrobenz[*a*]₌
  anthracen-1-yl)-,
  methyl ester **10** 1321

—, (7-hydroxy-7,8,9,10-tetrahydrobenzo₌
  [*def*]chrysen-7-yl)-,
  ethyl ester **10** 1339

—, (5-hydroxy-6,7,8,9-tetrahydro-
  5*H*-benzocyclohepten-5-yl)- **10** 908
  ethyl ester **10** 908

—, (1-hydroxy-1,2,3,4-tetrahydro-
  1-naphthyl)-,
  ethyl ester **10** 897

—, (1-hydroxy-1,2,3,4-tetrahydro-
  2-naphthyl)- **10** 898

—, (6-hydroxy-1,2,3,4-tetrahydro-
  1-naphthyl)- **10** 897

—, (2-hydroxy-2,5,5,8a-
  tetramethyldecahydro-1-naphthyl)-
  10 78

—, (2-hydroxythio-1-naphthoylthio)-
  10 1068
  ethyl ester **10** 1068

—, (4-hydroxy-*m*-tolyl)₌
  bis(*p*-methoxyphenyl)- **10** 2401

—, (4-hydroxy-*o*-tolyl)₌
  bis(*p*-methoxyphenyl)- **10** 2400

—, (2-hydroxy-*m*-tolyl)phenyl- **10** 1198

—, (2-hydroxy-*p*-tolyl)phenyl- **10** 1198

—, (4-hydroxy-*m*-tolyl)phenyl- **10** 1198

—, (1-hydroxy-
  3,3,5-trimethylcyclohexyl)- **10** 45
  ethyl ester **10** 45

—, (6-hydroxy-2,4-xylyl)phenyl-
  10 1209

—, (6-hydroxy-3,4-xylyl)phenyl-
  10 1210

—, (indan-5-yl)- **9** 2805
  ethyl ester **9** 2805

—, (indan-1-ylidene)-,
  ethyl ester **9** 3077

—, (indan-1-yl)phenyl- **9** 3472

—, (inden-2-yl)- **9** 3077

—, (inden-3-yl)- **9** 3077

—, (2-iodobenzoyloxy)-,
  ethyl ester **9** 1436

—, (2-iodo-4,6-dinitrophenyl)- **9** 2293

—, (4-iodo-2,6-dinitrophenyl)- **9** 2293

—, (4-iodo-3-nitrophenyl)- **9** 2292

—, (*m*-iodophenyl)- **9** 2280

—, (*o*-iodophenyl)- **9** 2280
  ethyl ester **9** 2280

—, (*p*-iodophenyl)- **9** 2281

—, [3-(*p*-iodophenyl)propionyloxy]-,
  ethyl ester **9** 2412

—, [5'-iodo-4,4',5,6-tetramethoxy-2'-
  (methoxycarbonyl)biphenyl-2-yl]-,
  methyl ester **10** 2610

—, (isopentyloxy)-(*p*-methoxyphenyl)-,
  isopentyl ester **10** 1476

—, (5-isopropenyl-2-methylcyclohex-
  2-en-1-yliden)- **9** 2560

—, [3-(isopropoxycarbonyl)-
  2,2-dimethylcyclobutyl]-,
  isopropyl ester **9** 3853

—, isopropoxymesityl- **10** 632

—, isopropoxyphenyl- **10** 452
  4-phenylphenacyl ester **10** 465

—, isopropoxy-*p*-tolyl- **10** 581
  4-phenylphenacyl ester **10** 582

—, [1-isopropyl-2-(1-methyl-2-oxoethyl)₌
  cyclopropyl]- **10** 2885

—, (2-isopropyl-5-methylphenyl)-
  9 2560

—, (5-isopropyl-2-methylphenyl)-
  9 2559
  ethyl ester **9** 2559
  methyl ester **9** 2559

—, [4-isopropyl-1-methyl-7-
  (1-semicarbazonoethyl)norpinan-
  6-yl]- **10** 2952
  methyl ester **10** 2952

—, (7-isopropyl-1-phenanthryl)-
  9 3535

Acetic acid *(continued)*

—, [1-isopropyl-2-
(1-semicarbazonoethyl)cyclopropyl]-
10 2872, 2873

—, (*p*-menth-3-en-3-yl)-,
ethyl ester **9** 253

—, (*p*-menth-2-yl)- **9** 117

—, (*p*-menth-3-yl)- **9** 117

—, (*p*-menth-2-ylidene)-,
ethyl ester **9** 253

—, mercaptodiphenyl- **10** 1181

—, (3-mercapto-4-methoxyphenyl)- **10** 1470

—, mercaptophenyl- **10** 486

—, mesityl- **9** 2532
ethyl ester **9** 2532

—, (3-mesityl-cyclopentyl)- **9** 2894

—, mesitylphenyl- **9** 3385
butyl ester **9** 3385
ethyl ester **9** 3385
isopropyl ester **9** 3385

—, mesityl-*p*-tolyl- **9** 3394

—, [1-(4-methoxybenzyl)cyclohexyl]-
10 919

—, [2'-(methoxycarbonyl)bicyclohexyl-
2-yl]-,
methyl ester **9** 4032

—, [2'-(methoxycarbonyl)biphenyl-2-yl]-,
methyl ester **9** 4528

—, [3-(methoxycarbonyl)decahydro-
1,4;5,8-dimethanonaphthalen-2-yl]-,
methyl ester **9** 4355, 4356

—, [4-(methoxycarbonyl)-
2,2-dimethylcyclobutyl]- **9** 3851
methyl ester **9** 3851

—, [2-(methoxycarbonyl)-
1,3-dimethylcyclohexyl]-,
methyl ester **9** 3912

—, [2-(methoxycarbonyl)-
2,6-dimethylcyclohexyl]-,
methyl ester **9** 3910

—, [5-(methoxycarbonyl)-5,8a-dimethyl-
2-oxodecahydro-1-naphthyl]-
10 3939
methyl ester **10** 3939

—, [2-(methoxycarbonyl)hexahydroindan-
2-yl]- **9** 4010
methyl ester **9** 4010

—, [2-(methoxycarbonylmethyl)-
cycloheptylidene]-,
methyl ester **9** 3994

—, [2-(methoxycarbonyl)-
2-methylcyclohexyl]- **9** 3864
methyl ester **9** 3864

—, [2-(methoxycarbonyl)-
2-methylcyclohexylidene]- **9** 3980

—, {2-[5-(methoxycarbonyl)-
5-methylcyclopent-1-en-1-yl]-
cyclohexyl}-,
methyl ester **9** 4078

—, {2-[2-(methoxycarbonyl)-
2-methylcyclopentyl]cyclohexyl}-,
methyl ester **9** 4032

—, [2-(methoxycarbonyl)-2-methyl-
3,4-dihydro-1(2*H*)-
phenanthrylidene]- **9** 4639
methyl ester **9** 4639

—, [3-(methoxycarbonyl)-3a-
methyldodecahydro-1*H*-cyclopenta[*a*]-
naphthalen-6-yl]-,
methyl ester **9** 4080

—, {5-(methoxycarbonyl)-5-methyl-2-[2-
(methylthio)ethyl]-6-oxocyclohex-
1-en-1-yl}- **10** 4715

—, [2-(methoxycarbonyl)-2-methyl-
1,2,3,4,5,6,7,8-octahydro-
1-phenanthryl]- **9** 4455, 4456
methyl ester **9** 4456

—, [3-(methoxycarbonyl)-3-methyl-2-oxo-
6-phenylcyclohexyl]-,
methyl ester **10** 3983

—, [2-(methoxycarbonyl)-2-methyl-
6-semicarbazonocyclohexyl]-,
methyl ester **10** 3904

—, [2-(methoxycarbonyl)-2-methyl-
1,2,3,4-tetrahydro-1-naphthyl]- **9** 4415
methyl ester **9** 4416

—, [1-(methoxycarbonyl)-1-methyl-
1,2,3,4-tetrahydro-2-phenanthryl]-
9 4579

—, [2-(methoxycarbonyl)-2-methyl-
1,2,3,4-tetrahydro-1-phenanthryl]-
9 4580
methyl ester **9** 4580

—, [2-(methoxycarbonyl)-3-oxo-
5-phenylcyclohexyl]-,
methyl ester **10** 3981

—, [4-(methoxycarbonyl)-3-oxo-
5-phenylcyclohexyl]-,
methyl ester **10** 3981

—, [2-(methoxycarbonyl)-1-oxo-
1,2,3,4-tetrahydro-2-naphthyl]-,
methyl ester **10** 3980

—, [1-(methoxycarbonyl)-
1,2,3,4-tetrahydro-1-phenanthryl]-,
methyl ester **9** 4565

—, [5-(methoxycarbonyl)-2,5,8a-
trimethyldecahydronaphthalene-
1,2-diyl]di- **9** 4779

—, (4-methoxycyclohexyl)- **10** 25

—, (5-methoxycyclopenta[*a*]naphthalen-
3(1*H*)-yl)- **10** 1264
ethyl ester **10** 1264

—, (11-methoxy-15*H*-cyclopenta[*a*]-
phenanthren-17-yl)-,
ethyl ester **10** 1324

—, (3-methoxy-7,8,9,11,12,13,14,15,16,17-
decahydro-6*H*-cyclopenta[*a*]-
phenanthren-17-yl)-, ethyl ester **10** 1136

Acetic acid *(continued)*

—, (5-methoxy-2,3-dihydro-
1*H*-cyclopenta[*a*]naphthalen-3-yl)-
10 1204

—, (11-methoxy-16,17-dihydro-
15*H*-cyclopenta[*a*]phenanthren-
17-yl)- **10** 1320

—, (11-methoxy-15,16-dihydro-
17*H*-cyclopenta[*a*]phenanthren-
17-ylidene)-,
ethyl ester **10** 1324

—, (6-methoxy-3,4-dihydro-1-naphthyl)-
10 993
ethyl ester **10** 994

—, (7-methoxy-3,4-dihydro-1-naphthyl)-
10 994
ethyl ester **10** 994

—, (6-methoxy-3,4-dihydro-1(2*H*)-
naphthylidene)- **10** 995

—, (7-methoxy-3,4-dihydro-
1-phenanthryl)-,
ethyl ester **10** 1268

—, (6-methoxy-2,5-dimethyl-3,4-dihydro-
1-naphthyl)- **10** 1001

—, (6-methoxy-2,5-dimethyl-
1,2,3,4-tetrahydro-1-naphthyl)-
10 917

—, methoxydiphenyl- **10** 1169
2-(diethylamino)ethyl ester **10** 1175
methyl ester **10** 1170

—, [6-methoxy-2-(methoxycarbonyl)-
2,5-dimethyl-3,4-dihydro-1(2*H*)-
naphthylidene]-,
methyl ester **10** 2290

—, [6-methoxy-2-(methoxycarbonyl)-
2,5-dimethyl-1,2,3,4-tetrahydro-
1-naphthyl]- **10** 2274
methyl ester **10** 2275

—, [7-methoxy-2-(methoxycarbonyl)-
2-methyl-3,4-dihydro-1(2*H*)-
phenanthrylidene]-,
methyl ester **10** 2391

—, [9-methoxy-2-(methoxycarbonyl)-
2-methyl-3,4-dihydro-1(2*H*)-
phenanthrylidene]- **10** 2391
methyl ester **10** 2392

—, [7-methoxy-1-(methoxycarbonyl)-
2-methyl-1,2,3,4,9,10-hexahydro-
2-phenanthryl]-,
methyl ester **10** 2334

—, [7-methoxy-2-(methoxycarbonyl)-
2-methyl-1,2,3,4,9,10-hexahydro-
1-phenanthryl]- **10** 2335
methyl ester **10** 2335

—, [9-methoxy-2-(methoxycarbonyl)-
2-methyl-3,4,5,6,7,8-hexahydro-
1(2*H*)-phenanthrylidene]- **10** 2336
methyl ester **10** 2336

—, [7-methoxy-1-(methoxycarbonyl)-
1-methyl-1,2,3,4,4a,9,10,10a-
octahydro-2-phenanthryl]- **10** 2296
methyl ester **10** 2296

—, [9-methoxy-2-(methoxycarbonyl)-
2-methyl-1,2,3,4,5,6,7,8-octahydro-
1-phenanthryl]- **10** 2297
methyl ester **10** 2297

—, [6-methoxy-2-(methoxycarbonyl)-
2-methyl-1,2,3,4-tetrahydro-
1-naphthyl]- **10** 2271
methyl ester **10** 2271

—, [6-methoxy-2-(methoxycarbonyl)-
2-methyl-1,2,3,4-tetrahydro-
1-phenanthryl]- **10** 2363
methyl ester **10** 2363

—, [7-methoxy-1-(methoxycarbonyl)-
1-methyl-1,2,3,4-tetrahydro-
2-phenanthryl]- **10** 2361
methyl ester **10** 2362

—, [7-methoxy-2-(methoxycarbonyl)-
2-methyl-1,2,3,4-tetrahydro-
1-phenanthryl]- **10** 2365
p-menth-3-yl ester **10** 2367
methyl ester **10** 2366, 2367

—, [9-methoxy-2-(methoxycarbonyl)-
2-methyl-1,2,3,4-tetrahydro-
1-phenanthryl]- **10** 2369
methyl ester **10** 2369, 2370

—, [7-methoxy-2-(methoxycarbonyl)-
2-methyl-3,4,9,10-tetrahydro-1(2*H*)-
phenanthrylidene]-,
methyl ester **10** 2370

—, [4-methoxy-2-(methoxycarbonyl)-
3-oxocyclohepta-1,4,6-trien-1-yl]-,
methyl ester **10** 4739

—, [7-methoxy-2-(methoxycarbonyl)-
1-oxo-1,2,3,4-tetrahydro-2-naphthyl]-,
ethyl ester **10** 4752

—, [7-methoxy-2-(methoxycarbonyl)-
2-propyl-1,2,3,4-tetrahydro-
1-phenanthryl]- **10** 2380
methyl ester **10** 2381

—, [2-methoxy-6-(methoxycarbonyl)-
p-tolyl]-,
methyl ester **10** 2223

—, (3-methoxy-1-methyl-2-naphthyl)-
10 1114
methyl ester **10** 1114

—, (7-methoxy-2-methyl-1-oxo-1,2,3,4,9,10-
hexahydro-2-phenanthryl)- **10** 4420
methyl ester **10** 4421

—, (7-methoxy-4-methyl-3-oxoindan-
1-ylidene)- **10** 4376
ethyl ester **10** 4377

—, (7-methoxy-2-methyl-1-oxo-1,2,3,4,
4a,9,10,10a-octahydro-
2-phenanthryl)- **10** 4383
methyl ester **10** 4384

Acetic acid *(continued)*
—, (2-methoxy-7-methyl-8-oxo-6,7,9,10-tetrahydro-8a(8*H*)-phenanthryl)- **10** 4421
  methyl ester **10** 4422
—, (7-methoxy-2-methyl-1-oxo-1,2,3,4-tetrahydro-2-phenanthryl)- **10** 4458
  methyl ester **10** 4458
—, (6-methoxy-5-methyl-1,2,3,4-tetrahydro-1-naphthyl)- **10** 909
—, methoxy(1-naphthyl)- **10** 1104
—, (2-methoxy-1-naphthyl)- **10** 1102
—, (3-methoxy-2-naphthyl)- **10** 1106
—, (6-methoxy-1-naphthyl)- **10** 1102
—, (6-methoxy-2-naphthyl)- **10** 1106
—, (7-methoxy-1-naphthyl)- **10** 1103
—, [2-(6-methoxy-2-naphthyl)cyclopent-1-en-1-yl]- **10** 1280
—, [2-(4-methoxy-1-naphthyl)-5-oxocyclopent-1-en-1-yl]- **10** 4466
—, [2-(6-methoxy-2-naphthyl)-5-oxocyclopent-1-en-1-yl]- **10** 4466
  ethyl ester **10** 4467
  methyl ester **10** 4466
—, [2-(6-methoxy-2-naphthyl)-5-oxocyclopentyl]- **10** 4456
  methyl ester **10** 4456
—, [5-(6-methoxy-2-naphthyl)-1,3,3-trimethyl-2-oxocyclopentyl]- **10** 4463
—, methoxy(*o*-nitrophenyl)- **10** 481
—, (4-methoxy-3-nitrophenyl)- **10** 442
  ethyl ester **10** 443
  methyl ester **10** 443
—, (5-methoxy-2-nitrophenyl)- **10** 430
  ethyl ester **10** 430
—, (6-methoxy-3-oxoindan-1-yl)- **10** 4342
—, (5-methoxy-1-oxo-1,2,3,4-tetrahydro-2-naphthyl)- **10** 4346
—, (7-methoxy-1-oxo-1,2,3,4-tetrahydro-2-naphthyl)- **10** 4346
—, 2,2′-(4-methoxy-3,4′-oxydiphenylene)-di- **10** 1461
  ethyl ester **10** 1462
  methyl ester **10** 1462
—, methoxyphenyl- **10** 451, 452
  2-(dimethylamino)ethyl ester **10** 466
  ethyl ester **10** 458
  methyl ester **10** 455
—, (*m*-methoxyphenyl)- **10** 428
  ethyl ester **10** 429
—, (*o*-methoxyphenyl)- **10** 422
  ethyl ester **10** 424

—, (*p*-methoxyphenyl)- **10** 431
  ethyl ester **10** 433
  methyl ester **10** 433
  4-nitrobenzyl ester **10** 434
  pentyl ester **10** 434
—, [3-(*p*-methoxyphenyl)cyclopent-1-en-1-yl]- **10** 996
—, [3-(*p*-methoxyphenyl)cyclopent-2-en-1-yl]- **10** 996
—, [3-(*p*-methoxyphenyl)cyclopentyl]- **10** 907
—, [2-(*p*-methoxyphenyl)-4,6-dioxocyclohexyl]-, ethyl ester **10** 4633
—, [6-(*p*-methoxyphenyl)-3-methyl-2,4-dioxocyclohexyl]-, ethyl ester **10** 4636
—, [2-(*m*-methoxyphenyl)-5-oxocyclopent-1-en-1-yl]- **10** 4377
—, [2-(*p*-methoxyphenyl)-5-oxocyclopent-1-en-1-yl]- **10** 4378
  methyl ester **10** 4378
—, [3-(*p*-methoxyphenyl)-1-oxoinden-2-yl]- **10** 4477
—, (*p*-methoxyphenyl)phenyl- **10** 1167
—, (5-methoxy-2,3,8,9-tetrahydro-1*H*-cyclopenta[*a*]naphthalen-3-yl)- **10** 1125
—, (5-methoxy-1,2,3,4-tetrahydro-1-naphthyl)- **10** 897
—, (6-methoxy-1,2,3,4-tetrahydro-1-naphthyl)- **10** 897
—, (7-methoxy-1,2,3,4-tetrahydro-1-naphthyl)- **10** 897
—, (7-methoxy-1,2,3,4-tetrahydro-1-phenanthryl)- **10** 1213
—, (α-methoxy-*o*-tolyl)- **10** 573
  methyl ester **10** 573
—, (2-methoxy-*m*-tolyl)- **10** 577
—, (4-methoxy-*m*-tolyl)- **10** 578
—, (4-methoxy-*o*-tolyl)- **10** 572
  methyl ester **10** 572
—, (5-methoxy-*o*-tolyl)- **10** 572
—, (6-methoxy-*m*-tolyl)- **10** 577
  ethyl ester **10** 577
—, (12-methylbenz[*a*]anthracen-7-yl)- **9** 3633
  ethyl ester **9** 3633
—, (*N*-methylbenzimidoylthio)- **9** 1985
—, (1-methylbenzo[*c*]phenanthren-4-yl)- **9** 3634
—, [*o*-(α-methylbenzyl)phenyl]phenyl- **9** 3614
—, (3-methylbiphenyl-4-yl)- **9** 3350
—, (4-methylbiphenyl-2-yl)-, ethyl ester **9** 3349
—, (5-methylbiphenyl-2-yl)-, ethyl ester **9** 3350

Acetic acid *(continued)*

—, (6-methylbiphenyl-2-yl)-,
   ethyl ester **9** 3350
—, {2-[*p*-(1-methylbutyl)phenyl]-
   5-oxocyclopent-1-en-1-yl}-
   10 3244
—, {2-[*p*-(1-methylbutyl)phenyl]-
   5-semicarbazonocyclopent-1-en-
   1-yl}- **10** 3244
—, [*o*-(methylcarbamoyl)phenylthio]-
   10 233
—, (1-methylcyclohexane-1,2-diyl)di-
   9 3906
—, (2-methylcyclohex-1-en-1-yl)- **9** 180
   ethyl ester **9** 180
—, (2-methylcyclohex-2-en-1-yl)- **9** 181
—, (3-methylcyclohex-1-en-1-yl)-
   9 181, 182
—, (4-methylcyclohex-1-en-1-yl)- **9** 182
—, (5-methylcyclohex-1-en-1-yl)-
   9 181, 182
—, (6-methylcyclohex-2-en-1-yl)- **9** 181
—, (1-methylcyclohexyl)- **9** 68
—, (2-methylcyclohexyl)- **9** 68
—, (3-methylcyclohexyl)- **9** 69
   butyl ester **9** 70
   ethyl ester **9** 69
   methyl ester **9** 69
   propyl ester **9** 69
—, (4-methylcyclohexyl)- **9** 70
—, (2-methylcyclohexylidene)- **9** 181
—, (3-methylcyclohexylidene)- **9** 182
   ethyl ester **9** 182
—, (4-methylcyclohexylidene)- **9** 183
—, (2-methylcyclohexylidene)di-
   9 3906
   diethyl ester **9** 3907
   dimethyl ester **9** 3906
—, (3-methylcyclohexylidene)di-
   9 3907
   diethyl ester **9** 3907
   dimethyl ester **9** 3907
   ethyl ester **9** 3907
—, (4-methylcyclohexylidene)di-
   9 3908
   diethyl ester **9** 3909
   dimethyl ester **9** 3909
   ethyl ester **9** 3909
—, (1-methylcyclopentane-1,2-diyl)di-
   9 3872
—, (4-methylcyclopentane-1,2-diyl)di-
   9 3875
—, (2-methylcyclopent-1-en-1-yl)-
   9 173
—, (3-methylcyclopent-1-en-1-yl)-
   9 173
—, (4-methylcyclopent-1-en-1-yl)-
   9 173
—, (2-methylcyclopentyl)- **9** 59

—, (3-methylcyclopentyl)- **9** 60
   ethyl ester **9** 61
—, (3-methylcyclopentylidene)- **9** 174
—, (3-methylcyclopentylidene)di-
   9 3873
   diethyl ester **9** 3873
   dimethyl ester **9** 3873
—, (9-methyl-10,11-dihydrobenz[*a*]-
   anthracen-8-yl)- **9** 3606
—, (9-methyl-10,11-dihydrobenz[*a*]-
   anthracen-8(9*H*)-ylidene)- **9** 3606
—, (3-methyl-3,4-dihydro-1-naphthyl)-,
   methyl ester **9** 3089
—, (5-methyl-3,4-dihydro-1-naphthyl)-,
   ethyl ester **9** 3089
—, (7-methyl-3,4-dihydro-1-naphthyl)-,
   ethyl ester **9** 3089
—, (8-methyl-4,5-dihydropyren-1-yl)-
   9 3563
—, (7-methyl-2,4-dinitro-1-naphthyl)-
   9 3224
—, (9-methyl-7,12-dioxo-
   7,12-dihydrobenz[*a*]anthracen-8-yl)-
   10 3672
   methyl ester **10** 3673
—, (3-methyl-1,4-dioxo-1,4-dihydro-
   2-naphthyl)- **10** 3608
   methyl ester **10** 3609
—, (9-methyl-7,12-dioxo-
   1,2,3,4,7,12-hexahydrobenz[*a*]-
   anthracen-8-yl)- **10** 3666
—, (2-methyl-1,3-dioxoindan-2-yl)-
   10 3592
   ethyl ester **10** 3592
   methyl ester **10** 3592
—, (14-methyl-3,7-dioxopodocarpan-
   13-yl)- **10** 3542
   methyl ester **10** 3542
—, (14-methyl-3,7-dioxopodocarpan-
   13-ylidene)- **10** 3561
   methyl ester **10** 3561
—, (2-methyl-1,4-dioxo-
   1,2,3,4-tetrahydro-2-naphthyl)-
   10 3593
—, (14-methyl-3,7-disemicarbazono-
   podocarpan-13-ylidene)-,
   methyl ester **10** 3561
— (6-methylhexahydroindan-5-yl)-
   9 259
—, (methylhydrazono)-(2-oxocyclopentyl)-
   10 3516
—, [methylidynetri(*o*-phenylene)]tri-
   9 4845
   triethyl ester **9** 4845
—, (6-methylindan-5-yl)- **9** 2830
   ethyl ester **9** 2830
—, (2-methyl-1-naphthyl)- **9** 3222
—, (3-methyl-2-naphthyl)- **9** 3224
—, (4-methyl-1-naphthyl)- **9** 3223

Acetic acid *(continued)*

—, (6-methyl-2-naphthyl)- **9** 3224

—, (7-methyl-2-naphthyl)- **9** 3225

—, (4-methyl-1-naphthyl)diphenyl- **9** 3671

   methyl ester **9** 3671

—, [2-(6-methyl-2-naphthyl)-5-oxocyclopent-1-en-1-yl]- **10** 3397

—, (2'-methyl-6'-nitrobiphenyl-2-yl)- **9** 3350

—, [1-(3-methyl-2-oxobutyl)cyclohexyl]- **10** 2890

—, [1-(3-methyl-2-oxobutyl)cyclopentyl]- **10** 2889

   ethyl ester **10** 2890

—, (4-methyl-2-oxocyclohexane-1,3-diyl)di- **10** 3916

—, (5-methyl-2-oxocyclohexane-1,3-diyl)di- **10** 3916

   diethyl ester **10** 3917

—, (4-methyl-2-oxocyclohex-3-ene-1,3-diyl)di- **10** 3931

   bis(4-phenylphenacyl) ester **10** 3932

—, (1-methyl-2-oxocyclohexyl)- **10** 2837

   ethyl ester **10** 2837

—, (3-methyl-2-oxocyclohexyl)- **10** 2838

—, (3-methyl-5-oxocyclohexyl)- **10** 2838

   ethyl ester **10** 2839

—, (4-methyl-2-oxocyclohexyl)- **10** 2839

—, (5-methyl-2-oxocyclohexyl)- **10** 2838

—, (3-methyl-1-oxo-1*H*-cyclopenta[*a*]naphthalen-2-yl)- **10** 3383

   ethyl ester **10** 3383

—, (2-methyl-5-oxocyclopent-1-en-1-yl)- **10** 2900

—, (1-methyl-2-oxocyclopentyl)- **10** 2829

   ethyl ester **10** 2829

—, (3-methyl-2-oxocyclopentyl)- **10** 2830

—, (4-methyl-2-oxocyclopentyl)- **10** 2831

—, (3-methyl-1-oxo-2,3-dihydro-1*H*-cyclopenta[*a*]naphthalen-2-yl)-, ethyl ester **10** 3337

—, (11b-methyl-8-oxotetradecahydro-6a,9-methanocyclohepta[*a*]naphthalen-4-yl)- **10** 3118

—, (3-methyl-5-oxo-1,2,3,5-tetrahydroacephenanthrylen-4-yl)-, ethyl ester **10** 3419

   methyl ester **10** 3419

—, (2-methyl-1-oxo-1,2,3,4-tetrahydro-2-phenanthryl)- **10** 3348

   methyl ester **10** 3348

—, (3-methyl-1-phenacylcyclopentyl)- **10** 3204

—, (4-methyl-1-phenanthryl)- **9** 3519

—, (6-methyl-6-phenylcyclohex-1-en-1-yl)- **9** 3099

—, (2-methyl-2-phenylcyclohexyl)- **9** 2882

—, (2-methyl-4-phenylcyclohexyl)- **9** 2883

—, (2-methyl-2-phenylcyclohexylidene)- **9** 3099

—, (5-methyl-5-phenylcyclopent-1-en-1-yl)- **9** 3095

—, (2-methyl-2-phenylcyclopentyl)- **9** 1872

   ethyl ester **9** 1872

—, [3,3'-(4-methyl-*m*-phenylene)dicyclopentylene]di- **9** 4458

—, (1-methyl-3-propoxy-2-naphthyl)-, propyl ester **10** 1115

—, [1-(3-methyl-2-semicarbazonobutyl)cyclohexyl]- **10** 2890

—, [1-(3-methyl-2-semicarbazonobutyl)cyclopentyl]- **10** 2889

—, (4-methyl-2-semicarbazonocyclohex-3-ene-1,3-diyl)di- **10** 3931

—, (1-methyl-2-semicarbazonocyclohexyl)- **10** 2837

   ethyl ester **10** 2837

—, (2-methyl-5-semicarbazonocyclopent-1-en-1-yl)- **10** 2900

—, (1-methyl-2-semicarbazonocyclopentyl)- **10** 2829

—, [3-methyl-1-(β-semicarbazonophenethyl)cyclopentyl]- **10** 3204

—, [3-methyl-1-(2-semicarbazonopropyl)cyclohexyl]- **10** 2888

   ethyl ester **10** 2888

   methyl ester **10** 2888

—, [4-methyl-1-(2-semicarbazonopropyl)cyclohexyl]- **10** 2889

   ethyl ester **10** 2889

   methyl ester **10** 2889

—, [3-methyl-1-(2-semicarbazonopropyl)cyclopentyl]- **10** 2880

   ethyl ester **10** 2881

—, [*p*-(methylsulfonyl)phenyl]- **10** 444

   ethyl ester **10** 444

—, (1-methyl-8,9,10,11-tetrahydrobenz[*a*]anthracen-8-yl)- **9** 3569

—, (9-methyl-1,2,3,4-tetrahydrobenz[*a*]anthracen-8-yl)- **9** 3570

—, (9-methyl-8,9,10,11-tetrahydrobenz[*a*]anthracen-8-yl)- **9** 3569

—, (10-methyl-8,9,10,11-tetrahydrobenz[*a*]anthracen-8-yl)- **9** 3570

—, (11-methyl-1,2,3,4-tetrahydrochrysen-1-yl)- **9** 3570

—, [2-(3-methyl-5,6,7,8-tetrahydro-2-naphthyl)cyclopentyl]- **9** 3115

—, [2-(3-methyl-5,6,7,8-tetrahydro-2-naphthyl)-5-oxocyclopent-1-en-1-yl]- **10** 3284

Acetic acid *(continued)*
—, (2-methyl-1,2,3,4-tetrahydro-
9-phenanthryl)- **9** 3390
—, (4-methyl-1,2,3,4-tetrahydro-
9-phenanthryl)- **9** 3390
—, [*o*-(methylthio)phenyl]- **10** 428
—, [*p*-(methylthio)phenyl]- **10** 444
  methyl ester **10** 444
—, (3-methyl-2-*o*-tolyl-3,4-dihydro-
1-naphthyl)- **9** 3541
—, (naphthalene-1,2-diyl)di- **9** 4477
  dimethyl ester **9** 4477
—, (naphthalene-1,4-diyl)di- **9** 4478
—, (naphthalene-1,5-diyl)di- **9** 4478
  dimethyl ester **9** 4478
—, (1-naphthyl)- **9** 3206
  2-(diethylamino)ethyl ester **9** 3207
  3-(diethylamino)propyl ester
    9 3208
  ethyl ester **9** 3207
  methyl ester **9** 3206
—, (2-naphthyl)- **9** 3211
—, (1-naphthyl)diphenyl- **9** 3670
  methyl ester **9** 3670
—, [4-(1-naphthyl)-
2,4-diphenylbutadienoyloxy]-
9 3685
  methyl ester **9** 3685
—, [3-(2-naphthyl)inden-2-yl]- **9** 3633
—, [2-(2-naphthyl)-5-oxocyclopent-1-en-
1-yl]- **10** 3390
  methyl ester **10** 3390
—, [2-(2-naphthyl)-5-oxocyclopentyl]-
10 3347
  methyl ester **10** 3348
—, [3-(2-naphthyl)-1-oxoinden-2-yl]-
10 3472
  methyl ester **10** 3473
—, [*o*-(2-naphthyl)phenyl]- **9** 3555
—, (1-naphthyl)phenyl- **9** 3553
  2-(diethylamino)ethyl ester **9** 3553
  3-(diethylamino)propyl ester
    9 3553
—, (2-naphthyl)semicarbazono- **10** 3265
—, [2-(2-naphthyl)-
5-semicarbazonocyclopentyl]-
10 3348
—, (2-naphthyl)thiosemicarbazono-
10 3265
—, (2-naphthyl)-(2,5-xylyl)- **9** 3566
—, (3-nitrobenzoylhydrazono)- **9** 1535
—, (2-nitrobenzoylhydrazono)-
(2-oxocyclohexyl)- **10** 3517
—, (4-nitrobenzoyloxy)phenyl-,
  methyl ester **10** 455
—, (*m*-nitrophenyl)- **9** 2283
—, (*o*-nitrophenyl)- **9** 2282
  ethyl ester **9** 2282
  methyl ester **9** 2282

—, (*p*-nitrophenyl)- **9** 2284
  benzyl ester **9** 2286
  butyl ester **9** 2285
  sec-butyl ester **9** 2285
  tert-butyl ester **9** 2285
  ethyl ester **9** 2284
  heptyl ester **9** 2285
  hexyl ester **9** 2285
  isobutyl ester **9** 2285
  isopropyl ester **9** 2285
  2-isopropyl-5-methylphenyl ester
    9 2287
  o-methoxyphenyl ester **9** 2288
  methyl ester **9** 2284
  1-naphthyl ester **9** 2287
  2-naphthyl ester **9** 2287
  octyl ester **9** 2286
  pentyl ester **9** 2285
  phenyl ester **9** 2286
  propyl ester **9** 2284
  m-tolyl ester **9** 2286
  o-tolyl ester **9** 2286
  p-tolyl ester **9** 2286
  2,4-xylyl ester **9** 2287
  2,5-xylyl ester **9** 2287
  2,6-xylyl ester **9** 2287
  3,4-xylyl ester **9** 2286
—, (nitro-*p*-phenylene)di-,
  diethyl ester **9** 4296
—, (*m*-nitrophenyl)-(*p*-nitrophenyl)- **9** 3314
  methyl ester **9** 3314
—, (3-nitro-*o*-tolyl)- **9** 2428
—, (2-nitro-1′,3,3′-trioxo-
1,2′-biindanyliden-2-yl)-,
  ethyl ester **10** 4031
—, (2-nitro-1′,3,3′-trioxo-
1,2′-biindanyliden-2-yl)phenyl-,
  ethyl ester **10** 4038
—, (norborn-5-en-2-yl)- **9** 302
—, (2-norbornyl)- **9** 187
—, (1,2,3,4,5,6,7,8-octahydro-
9-anthryl)- **9** 3108
—, (7,7a,8,9,10,11,11a,12-
octahydrobenz[*a*]anthracen-7-yl)-
9 3489
—, (1,4,4a,5,6,7,8,8a-octahydro-
2-naphthyl)- **9** 330
  ethyl ester **9** 330
—, (octahydro-1(2*H*)-naphthylidene)-
9 329
—, (octahydro-2(1*H*)-naphthylidene)-
9 331
  ethyl ester **9** 332
—, (octahydro-2(1*H*)-naphthylidene)di-
9 4027
  diethyl ester **9** 4028
  dimethyl ester **9** 4027
  ethyl ester **9** 4028
  methyl ester **9** 4027

Acetic acid *(continued)*
—, (1,2,3,4,4a,9,10,10a-octahydro-
1-phenanthryl)- 9 3109
—, (10-oxo-9(10*H*)-anthrylidene)-
10 3405
—, (2-oxo-3-bornyl)- 10 2937
hydrazide 10 2939
(4-nitrobenzylidene)hydrazide
10 2940
(2-oxo-3-bornylidene)methyl ester
10 2939
(2-oxo-3-bornyl)methyl ester
10 2938
—, (2-oxo-3-bornylidene)- 10 2959
ethyl ester 10 2960
methyl ester 10 2960
(2-oxo-3-bornylidene)methyl ester
10 2961
(2-oxo-3-bornyl)methyl ester
10 2960
—, [1-(2-oxobutyl)cyclohexyl]- 10 2887
ethyl ester 10 2887
—, [2-(2-oxobutyl)cyclohexyl]- 10 2887
—, [1-(2-oxobutyl)cyclopentyl]-
10 2879
ethyl ester 10 2879
—, (2-oxocycloheptyl)- 10 2833
ethyl ester 10 2833
—, (2-oxocyclohexane-1,3-diyl)di-
10 3903
diethyl ester 10 3904
—, (2-oxocyclohexyl)- 10 2820
ethyl ester 10 2820
—, (3-oxocyclohexyl)- 10 2821
ethyl ester 10 2821
methyl ester 10 2821
—, (4-oxocyclohexyl)- 10 2821
—, 2-oxo-2,2'-cyclohexylidenedi-
10 3903
—, (3-oxocyclopentadecyl)- 10 2895
—, (2-oxocyclopentane-1,3-diyl)di- 10 3898
diethyl ester 10 3898
—, (2-oxocyclopentyl)- 10 2817
ethyl ester 10 2817
—, (2-oxocyclopentyl)semicarbazono-,
ethyl ester 10 3516
—, (3-oxodecahydro-2-naphthyl)-
10 2935
—, (3-oxo-2,3-dihydro-1*H*-cyclopenta[*a*]⸗
naphthalen-1-yl)- 10 3321
—, (1-oxo-3,4-dihydro-2(1*H*)-
naphthylidene)- 10 3232
—, (1-oxo-3,4-dihydro-2(1*H*)-
naphthylidene)di- 10 3981
—, 2-oxo-2,2'-(4,6-dinitro-*m*-phenylene)⸗
di-,
diethyl ester 10 3961
—, (9-oxofluoren-4-yl)- 10 3376
methyl ester 10 3376

—, 2-oxo-2,2'-(hexahydroindan-
2-ylidene)di- 10 3937
dimethyl ester 10 3937
—, (3-oxoindan-1-yl)- 10 3168
ethyl ester 10 3168
methyl ester 10 3168
—, (3-oxoindan-1-yl)phenyl- 10 3390
methyl ester 10 3390
—, 2-oxo-2,2'-(3-methylcyclohexylidene)⸗
di- 10 3915
dimethyl ester 10 3915
—, 2-oxo-2,2'-(4-methylcyclohexylidene)⸗
di- 10 3915
dimethyl ester 10 3916
—, 2-oxo-2,2'-(3-methylcyclopentylidene)⸗
di- 10 3910
dimethyl ester 10 3910
—, [1-(2-oxononyl)cyclohexyl]- 10 2896
—, (1-oxo-1,2,3,4,5,6,7,8-octahydro-
2-anthryl)- 10 3241
—, 2-oxo-2,2'-(octahydro-2(1*H*)-
naphthylidene)di- 10 3938
dimethyl ester 10 3938
—, (2-oxo-6-phenylcyclohexyl)- 10 3190
—, (3-oxo-5-phenylcyclohexyl)- 10 3191
—, (1-oxo-3-phenyl-1*H*-cyclopenta[*a*]⸗
naphthalen-2-yl)- 10 3471
methyl ester 10 3471
—, (5-oxo-2-phenylcyclopent-1-en-1-yl)-
10 3233
ethyl ester 10 3234
—, (2-oxo-5-phenylcyclopentyl)-
10 3182
ethyl ester 10 3183
—, (1-oxo-3-phenylinden-2-yl)-
10 3406
ethyl ester 10 3406
—, (1-oxo-3-phenyl-6,7,8,9-tetrahydro-
1*H*-cyclopenta[*a*]naphthalen-2-yl)-
10 3445
—, (1-oxo-3-phenyl-1,2,3,4-tetrahydro-
2-naphthyl)- 10 3396
methyl ester 10 3397
—, (4-oxo-1-phenyl-1,2,3,4-tetrahydro-
2-naphthyl)- 10 3396
—, (4-oxo-2-phenyl-1,2,3,4-tetrahydro-
1-naphthyl)- 10 3396
—, (2-oxo-3,3a,4,5-tetrahydro-
2*H*-cyclopenta[*a*]naphthalen-1-yl)-
10 3276
—, (16-oxo-12,13,16,17-tetrahydro-
11*H*-cyclopenta[*a*]phenanthren-
15-yl)- 10 3418
methyl ester 10 3418
—, (1-oxo-1,2,3,4-tetrahydro-
2-naphthyl)- 10 3174
methyl ester 10 3175
—, (4-oxo-1,2,3,4-tetrahydro-
1-naphthyl)- 10 3174

Acetic acid *(continued)*
—, (1-oxo-1,2,3,4-tetrahydro-
2-naphthyl)phenyl- **10** 3394
—, (1-oxo-1,2,3,4-tetrahydro-
2-phenanthryl)- **10** 3335
   methyl ester **10** 3335
—, (4-oxo-1,2,3,4-tetrahydro-
3-phenanthryl)- **10** 3335
   methyl ester **10** 3336
—, (5-oxo-2-*p*-tolylcyclopent-1-en-1-yl)-
10 3235
—, (oxydi-*p*-phenylene)di- **10** 432
—, (pentadeuteriophenyl)- **9** 2260
—, (pentadeuteriophenyl)phenyl- **9** 3306
—, (*p-tert*-pentylphenyl)- **9** 2582
   ethyl ester **9** 2582
—, (1-phenacylcyclohexyl)- **10** 3202
—, (1-phenacylcyclopentyl)- **10** 3198
—, (1-phenanthryl)- **9** 3506
—, (2-phenanthryl)- **9** 3506
   methyl ester **9** 3507
—, (3-phenanthryl)- **9** 3507
   methyl ester **9** 3507
—, (9-phenanthryl)- **9** 3508
   methyl ester **9** 3508
—, (1-phenanthryl)diphenyl- **9** 3690
—, (2-phenanthryl)diphenyl- **9** 3690
—, (3-phenanthryl)diphenyl- **9** 3690
—, (9-phenanthryl)diphenyl- **9** 3690
—, (1-phenethylcyclohexyl)- **9** 2890
—, (2-phenethylcyclohexyl)- **9** 2890
   4-phenylphenacyl ester **9** 2890
—, (1-phenethylcyclopentyl)- **9** 2884
—, (*o*-phenethylphenyl)phenyl- **9** 3613
—, phenoxydiphenyl-,
   methyl ester **10** 1171
—, phenoxyphenyl- **10** 453
   2-(dimethylamino)ethyl ester **10** 467
   ethyl ester **10** 458
—, (*p*-phenoxyphenyl)-,
   ethyl ester **10** 433
—, phenyl- **9** 2169
   allyl ester **9** 2181
   benzhydryl ester **9** 2184
   benzyl ester **9** 2183
   benzylidenehydrazide **9** 2257
   4-bromophenacyl ester **9** 2188
   butoxymethyl ester **9** 2187
   butyl ester **9** 2179
   sec-butyl ester **9** 2180
   tert-butyl ester **9** 2180
   4-chlorobutyl ester **9** 2179
   2-chloroethyl ester **9** 2178
   2-chloro-*p*-tolyl ester **9** 2182
   cyclohex-1-en-1-yl ester **9** 2181
   cyclohexyl ester **9** 2181
   2,6-dichlorophenyl ester **9** 2182
   2-(diethylamino)ethyl ester **9** 2191
   1,1-diethylpropyl ester **9** 2181

   dodecyl ester **9** 2181
   ethyl ester **9** 2176
   heptyl ester **9** 2180
   hydrazide **9** 2257
   isobutyl ester **9** 2180
   isopropyl ester **9** 2179
   (2-methoxybenzylidene)hydrazide
   9 2258
   (3-methoxybenzylidene)hydrazide
   9 2258
   (4-methoxybenzylidene)hydrazide
   9 2259
   2-methoxyphenyl ester **9** 2186
   methyl ester **9** 2175
   1-methylheptyl ester **9** 2181
   1-naphthyl ester **9** 2184
   2-naphthyl ester **9** 2184
   4-nitrobenzyl ester **9** 2183
   phenethyl ester **9** 2183
   phenyl ester **9** 2182
   4-phenylphenacyl ester **9** 2189
   propyl ester **9** 2178
   m-tolyl ester **9** 2182
   o-tolyl ester **9** 2182
   p-tolyl ester **9** 2182
   veratrylidenehydrazide **9** 2259
   vinyl ester **9** 2181
—, (2-phenylacetimidoylthio)- **9** 2298
—, (2-phenylcyclohex-1-en-1-yl)-
9 3093
   ethyl ester **9** 3093
—, (4-phenylcyclohex-1-en-1-yl)-
9 3093
   ethyl ester **9** 3093
—, (2-phenylcyclohexyl)- **9** 2866, 2867
   ethyl ester **9** 2867
—, (3-phenylcyclohexyl)- **9** 2868
—, (4-phenylcyclohexyl)- **9** 2869
   ethyl ester **9** 2869
—, (2-phenylcyclohexylidene)- **9** 3093
—, (3-phenylcyclopent-1-en-1-yl)-
9 3087
—, (3-phenylcyclopent-2-en-1-yl)-
9 3087
—, (1-phenylcyclopentyl)- **9** 2850
—, (2-phenylcyclopentyl)- **9** 2851
   ethyl ester **9** 2851
—, (3-phenylcyclopentyl)- **9** 2851
   ethyl ester **9** 2852
—, (2-phenyl-3,4-dihydro-1-naphthyl)-
9 3522
—, (2-phenyl-3,4-dihydro-1-phenanthryl)-
9 3638
—, (2-phenyl-3,4-dihydro-1(2*H*)-
phenanthrylidene)- **9** 3638
—, phenyldi-*o*-tolyl- **9** 3613
—, *m*-phenylenedi- **9** 4294
   diallyl ester **9** 4294
   diethyl ester **9** 4294

Acetic acid *(continued)*
—, o-phenylenedi- **9** 4293
—, p-phenylenedi- **9** 4295
    diallyl ester **9** 4295
    diethyl ester **9** 4295
—, (3,3'-p-phenylenedicyclopentylene)=
    di- **9** 4457
—, (2-phenyl-1-naphthyl)- **9** 3557
—, (3-phenyl-2-norbornyl)semicarbazono-
    10 3237
—, [2-(4-phenylphenacyloxycarbonyl)=
    cyclohexyl]-,
    4-phenylphenacyl ester **9** 3837
—, phenyl(phenylsulfinyl)- **10** 487
—, phenyl(phenylsulfonyl)- **10** 488
—, phenyl(phenylthio)- **10** 486
—, phenyl(picryloxy)-,
    ethyl ester **10** 458
—, phenyl(propionyloxy)- **10** 453
    3-(dimethylamino)-
      2,2-dimethylpropyl ester **10** 468
—, phenylpropoxy- **10** 452
    2-(dimethylamino)ethyl ester **10** 467
—, phenylsemicarbazono- **10** 2973
    methyl ester **10** 2973
—, (2-phenyl-6-semicarbazonocyclohexyl)-
    10 3190
—, (2-phenyl-5-semicarbazonocyclopent-
    1-en-1-yl)- **10** 3234
—, (2-phenyl-5-semicarbazonocyclo=
    pentyl)- **10** 3183
—, (2-phenyl-4-semicarbazono-
    1,2,3,4-tetrahydro-1-naphthyl)-
    10 3396
—, (1-phenyl-1,2,3,4-tetrahydro-
    2-naphthyl)- **9** 3479
    ethyl ester **9** 3480
—, (2-phenyl-1,2,3,4-tetrahydro-
    1-naphthyl)- **9** 3479
—, (3-phenyl-1,2,3,4-tetrahydro-
    2-naphthyl)- **9** 3480
—, (2-phenyl-1,2,3,4-tetrahydro-
    1-phenanthryl)- **9** 3614
—, phenyl(2,3,4,6-tetramethylphenyl)-
    9 3394
    ethyl ester **9** 3394
—, phenyl(2,3,5,6-tetramethylphenyl)-
    9 3394
—, 2-phenyl-2,2'-thiodi- **10** 490
—, [p-(phenylthio)phenyl]- **10** 444
    ethyl ester **10** 444
—, phenyl-p-tolyl- **9** 3344
    2-bornyl ester **9** 3345
    p-menth-3-yl ester **9** 3344, 3345
—, 2-phenyl-2-o-tolyl-2,2'-
    o-phenylenedi- **9** 4692
    dimethyl ester **9** 4692
—, phenyl(p-tolylsulfonyl)- **10** 488
    ethyl ester **10** 491

—, phenyl(p-tolylthio)- **10** 488
—, phenyl(1',3,3'-trioxo-
    1,2'-biindanyliden-2-yl)- **10** 4037
    ethyl ester **10** 4037
—, phenyl(2,5-xylyl)- **9** 3368
—, (phthaloyldioxy)di- **9** 4187
—, (propionyloxy)-(2,5-xylyl)- **10** 612
—, (p-propoxyphenyl)- **10** 432
    ethyl ester **10** 433
—, (p-propylphenyl)- **9** 2527
—, (pyren-1-yl)- **9** 3578
—, (salicyloyloxy)- **10** 147
—, [1-(2-semicarbazonobutyl)cyclohexyl]-
    10 2887
    ethyl ester **10** 2887
—, [1-(2-semicarbazonobutyl)=
    cyclopentyl]- **10** 2879
    ethyl ester **10** 2879
—, (2-semicarbazonocycloheptyl)-
    10 2833
—, (2-semicarbazonocyclohexyl)-
    10 2820
    ethyl ester **10** 2821
—, (3-semicarbazonocyclohexyl)-,
    methyl ester **10** 2821
—, (4-semicarbazonocyclohexyl)-
    10 2822
—, (2-semicarbazonocyclopentyl)-
    10 2817
    ethyl ester **10** 2817
—, [1-(1-semicarbazonoethyl)cyclohexyl]-,
    ethyl ester **10** 2857
    methyl ester **10** 2856
—, (3-semicarbazonoindan-1-yl)-
    10 3168
—, [1-(β-semicarbazonophenethyl)=
    cyclohexyl]- **10** 3202
—, [1-(β-semicarbazonophenethyl)=
    cyclopentyl]- **10** 3198
—, [2-(2-semicarbazonopropyl)=
    cyclohexyl]- **10** 2876
—, [2-(2-semicarbazonopropyl)=
    hexahydroindan-2-yl]- **10** 2947
    ethyl ester **10** 2948
—, (stilben-2-yl)- **9** 3454
—, (stilben-4-yl)- **9** 3455
—, (1,2,3,4-tetrahydrobenz[a]anthracen-
    1-yl)- **9** 3568
    methyl ester **9** 3568
—, (8,9,10,11-tetrahydrobenz[a]=
    anthracen-8-yl)- **9** 3568
    methyl ester **9** 3568
—, (7,8,9,10-tetrahydrobenzo[def]=
    chrysen-7-yl)- **9** 3641
    ethyl ester **9** 3642
—, (6,7,8,9-tetrahydro-
    5H-benzocyclohepten-5-ylidene)-
    9 3087
    ethyl ester **9** 3087

Acetic acid *(continued)*

—, (7,8,9,11-tetrahydro-6*H*-benzo[*b*]₌
fluoren-6-ylidene)- **9** 3563

—, (1,2,3,4-tetrahydro-2,2′-binaphthyl-
1-yl)- **9** 3614

—, (1,2,3,4-tetrahydronaphthalene-
1,2-diyl)di- **9** 4415

—, (1,2,3,4-tetrahydro-1-naphthyl)-
9 2827
    ethyl ester **9** 2827
    methyl ester **9** 2827

—, (1,2,3,4-tetrahydro-2-naphthyl)-
9 2829

—, (5,6,7,8-tetrahydro-1-naphthyl)-
9 2826
    ethyl ester **9** 2827

—, (5,6,7,8-tetrahydro-2-naphthyl)-
9 2828
    ethyl ester **9** 2828
    methyl ester **9** 2828

—, (2,3,3a,4-tetrahydrophenalene-1,6(5*H*)-
diylidene)di-,
    diethyl ester **9** 4566

—, (1,2,3,4-tetrahydro-1-phenanthryl)-
9 3372

—, (1,2,3,4-tetrahydro-2-phenanthryl)-
9 3372
    methyl ester **9** 3372

—, (1,2,3,4-tetrahydro-3-phenanthryl)-
9 3373
    methyl ester **9** 3373

—, (1,2,3,4-tetrahydro-4-phenanthryl)-
9 3373

—, (1,2,3,4-tetrahydro-9-phenanthryl)-
9 3373

—, (5,6,7,8-tetrahydro-2-phenanthryl)-
9 3372

—, (2,2,3,6-tetramethylcyclohexyl)-
9 118

—, (1,2,2,3-tetramethylcyclopent-3-en-
1-yl)- **9** 231

—, (2,5,5,8a-tetramethyl-decahydro-
1-naphthyl)- **9** 281

—, (2,3,4,5-tetramethylphenyl)-
9 2563

—, (2,3,4,6-tetramethylphenyl)-
9 2563

—, (2,3,5,6-tetramethylphenyl)-
9 2564

—, (3,3,8,8-tetramethylspiro[4.4]nona-
1,6-diene-1,2,6,7-tetrayl)tetra- **9** 4880
    tetraethyl ester **9** 4881
    tetramethyl ester **9** 4880

—, (3,3,8,8-tetramethylspiro[4.4]₌
nonane-1,2,6,7-tetraylidene)tetra-
9 4886

—, (1,4b,8,8-tetramethyltetradecahydro-
2-phenanthryl)- **9** 355
    methyl ester **9** 356

—, tetraphenyl-2,2′-dioxydi-,
    diethyl ester **10** 1172
    dimethyl ester **10** 1171

—, tetraphenyl-2,2′-dithiodi- **10** 1182

—, (thiobenzoylthio)- **9** 1998

—, (*m*-toluimidoylthio)- **9** 2334

—, (*p*-toluimidoylthio)- **9** 2379

—, *m*-tolyl- **9** 2429

—, *o*-tolyl- **9** 2426
    benzyl ester **9** 2427
    ethyl ester **9** 2426

—, *p*-tolyl- **9** 2432
    ethyl ester **9** 2433

—, (3-*o*-tolylcyclopentyl)- **9** 2873

—, (3-*p*-tolylcyclopentyl)- **9** 2873

—, *m*-tolyl-*p*-tolyl- **9** 3368

—, *o*-tolyl-*p*-tolyl- **9** 3368

—, *p*-tolyl(2,5-xylyl)- **9** 3386

—, (3,4,5-tribromophenyl)-,
    methyl ester **9** 2280

—, (2,4,5-trichlorophenyl)- **9** 2273

—, tricyclohexyl- **9** 351

—, (2,4,6-triethylphenyl)- **9** 2608

—, (*α,α,α*-trifluoro-*m*-tolyl)- **9** 2430
    methyl ester **9** 2430

—, (3,4,5-triiodophenyl)- **9** 2282

—, (2,4,6-triisopropylphenyl)- **9** 2628

—, (5,6,7-trimethoxy-3,4-dihydro-1(2*H*)-
naphthylidene)- **10** 2267
    ethyl ester **10** 2267

—, (6,7,8-trimethoxy-3,4-dihydro-1(2*H*)-
naphthylidene)- **10** 2267

—, (5,6,7-trimethoxy-1-naphthyl)-
10 2288
    ethyl ester **10** 2288

—, (6,7,8-trimethoxy-1-naphthyl)-
10 2288

—, (2,3,5-trimethoxyphenyl)- **10** 2096

—, (2,4,5-trimethoxyphenyl)- **10** 2096
    ethyl ester **10** 2097

—, (3,4,5-trimethoxyphenyl)- **10** 2098

—, (2,4,6-trimethylbenzoyloxy)phenyl-
10 454

—, (2,2,3-trimethylcycloheptyl)- **9** 111

—, (1,3,4-trimethylcyclohex-2-en-1-yl)-
9 228
    methyl ester **9** 228

—, (3,3,5-trimethylcyclohex-1-en-1-yl)-
9 228

—, (3,5,5-trimethylcyclohex-1-en-1-yl)-
9 228

—, (4,5,5-trimethylcyclohex-1-en-1-yl)-
9 228

—, (1,3,4-trimethylcyclohexyl)- **9** 108

—, (3,3,5-trimethylcyclohexylidene)-
9 228

—, (2,2,3-trimethylcyclopent-3-en-1-yl)-
9 208
    ethyl ester semicarbazone **9** 209

Acetic acid *(continued)*
—, (2,3,3-trimethylcyclopent-1-en-1-yl)-
9 207
   ethyl ester semicarbazone 9 208
—, (2,2,3-trimethylcyclopentyl)- 9 98
—, (3,3,4-trimethylcyclopentyl)- 9 97
—, (4,5,8-trimethyl-3,4-dihydro-
   1-phenanthryl)- 9 3487
   ethyl ester 9 3488
—, (2,4,5-trimethyl-3,6-dinitrophenyl)-
   9 2535
—, (1,3,4-trimethyl-6-nitro-
   2,5-dioxocyclohex-3-en-1-yl)-,
   ethyl ester 10 3529
—, (2,2,3-trimethyl-5-oxocyclopent-
   3-en-1-yl)- 10 2909
—, (2,2,3-trimethyl-4-oxocyclopentyl)-
   10 2865
   methyl ester 10 2866
—, (2,2,3-trimethyl-5-oxocyclopentyl)-
   10 2867
—, (2,2,4-trimethyl-3-oxocyclopentyl)-
   10 2867
—, (4,5,8-trimethyl-1-phenanthryl)-
   9 3537
—, (2,4,5-trimethylphenyl)- 9 2534
—, (2,2,3-trimethyl-1-phenylcyclopent-
   3-en-1-yl)- 9 3107
   ethyl ester 9 3107
   methyl ester 9 3107
—, (2,2,3-trimethyl-
   5-semicarbazonocyclopent-3-en-
   1-yl)- 10 2909
—, (2,2,3-trimethyl-
   4-semicarbazonocyclopentyl)-
   10 2866
—, (2,2,3-trimethyl-
   5-semicarbazonocyclopentyl)-
   10 2867
—, [1,1,4-trimethyl-2-
   (1-semicarbazonoethyl)=
   hexahydropentalen-3a(3H)-yl]-,
   methyl ester 10 2951
—, (1′,3,3′-trioxo-1,2′-biindanyliden-
   2-yl)- 10 4030
   ethyl ester 10 4030
—, triphenyl- 9 3585
   allyl ester 9 3587
   benzyl ester 9 3588
   butyl ester 9 3586
   sec-butyl ester 9 3587
   2-(diethylamino)ethyl ester 9 3588
   ethyl ester 9 3586
   hexyl ester 9 3587
   isobutyl ester 9 3587
   isopentyl ester 9 3587
   isopropyl ester 9 3586
   methyl ester 9 3586
   1-methylheptyl ester 9 3587

   pentyl ester 9 3587
   phenethyl ester 9 3588
   phenyl ester 9 3587
   propyl ester 9 3586
—, 2,2,2′-triphenyl-2,2′-*p*-phenylenedi-
   9 4723
   diethyl ester 9 4723
   1-ethyl ester 9 4723
—, tris(*p*-methoxyphenyl)-,
   methyl ester 10 2399
—, tri-*p*-tolyl- 9 3616
—, tri(3,5-xylyl)- 9 3617
—, (2,4-xylyl)- 9 2486
   benzyl ester 9 2488
   butyl ester 9 2487
   ethyl ester 9 2487
   methyl ester 9 2487
   phenyl ester 9 2487
   propyl ester 9 2487
—, (2,5-xylyl)- 9 2486
   ethyl ester 9 2486
—, (3,4-xylyl)- 9 2485
   ethyl ester 9 2485
—, (3,5-xylyl)- 9 2488
—, [3-(2,4-xylyl)cyclopentyl]- 9 2885
—, [3-(2,5-xylyl)cyclopentyl]- 9 2886
—, [3-(3,4-xylyl)cyclopentyl]- 9 2886
Acetic anhydride,
—, (benzoyloxy)- 9 855
—, bis(*p*-chlorophenyl)- 9 3312
—, (5-bromo-2-methoxyphenyl)- 10 427
—, cyclohexylphenyl- 9 2862
—, diphenyl- 9 3296
—, (hexahydroindan-2-ylidene)- 9 319
—, (*p*-nitrophenyl)- 9 2288
—, phenyl- 9 2190
—, (2,4-xylyl)- 9 2488
Acetic benzoic anhydride 9 852
Acetic *o*-benzoylbenzoic anhydride
   10 3295
Acetic (1,1′-binaphthyl-
   8,8′-dicarboxylic) dianhydride 9 4704
Acetic 4-chloro-9,10-dioxo-9,10-dihydro-
   1-anthroic anhydride 10 3635
Acetic cinnamic anhydride 9 2703
Acetic 4-cyclohexylbutyric anhydride 9 79
Acetic 9,18-diacetoxy-
   6,15-dihydronaphtho[2,3-*c*]=
   pentaphene-2,11-dicarboxylic
   dianhydride 10 2553
Acetic 9,10-dioxo-9.10-dihydro=
   anthracene-1,5-dicarboxylic
   dianhydride 10 4084
Acetic 3,4-diphenyladipic dianhydride
   9 4571
Acetic (2,2-diphenylsuccinic acid
   4-methyl ester) anhydride 9 4539
Acetic 3-hydroxy-3-(*o*-nitrophenyl)=
   propionic anhydride 10 552

Acetic 2-iodosyl-5-nitrobenzoic
   anhydride 9 1774
Acetic 3-(*p*-methoxyphenyl)-2-
   (2,4,6-trimethoxyphenyl)acrylic
   anhydride 10 2499
Acetic 22-(2-methylcrotonoyloxy)-
   3-oxoolean-12-en-28-oic anhydride
   10 4398
Acetic 1-methylcyclopropane-
   1,2-dicarboxylic dianhydride
   9 3804
Acetic 1-naphthoic anhydride 9 3143
Acetic 2-naphthoic anhydride 9 3184
Acetic *o*-phenethylbenzoic anhydride
   9 3337
Acetic phenylacetic anhydride
   9 2190
Acetic 3,3'-*o*-phenylenediacrylic
   dianhydride 9 4435
Acetic *o*-(phenylglyoxyloyl)benzoic
   anhydride 10 3625
Acetic *m*-toluic anhydride 9 2321
Acetic *o*-toluic anhydride 9 2303
Acetic *p*-toluic anhydride 9 2341
Acetic 1,3,4-triacetoxy-
   5-methoxycyclohexanecarboxylic
   anhydride 10 2409
Acetimidic acid,
—, 2-acetoxy-2-(3,4,5-trimethoxyphenyl)-,
      methyl ester 10 2419
—, 2-benzamido-,
      ethyl ester 9 1138
—, 2-(benzoyloxy)-,
      ethyl ester 9 856
—, *N*-(cyanomethyl)-2-phenyl-,
      ethyl ester 9 2251
      methyl ester 9 2250
—, 2-(*p*-hydroxyphenyl)-,
      ethyl ester 10 438
—, 2-(*p*-nitrophenyl)-,
      ethyl ester 9 2290
—, 2-phenyl-,
      2-chloroethyl ester 9 2251
      ethyl ester 9 2250
      methyl ester 9 2250
—, 2-(2-phenylacetamido)-,
      ethyl ester 9 2212
      methyl ester 9 2212
—, 2-(3,4,5-trimethoxyphenyl)-,
      ethyl ester 10 2099
—, 2-(2,2,3-trimethylcyclopent-3-en-1-yl)-,
      ethyl ester 9 209
—, 2-(2,3,3-trimethylcyclopent-1-en-1-yl)-,
      ethyl ester 9 208
Acetimidoyl bromide,
—, 2-phenyl- 9 2252
Acetimidoyl chloride,
—, *N*-(benzoyloxy)-2-(benzoyloxyimino)-
      2-phenyl- 10 2980

Acetimidoyl iodide,
—, *N*-(benzoyloxy)-2-(benzoyloxyimino)-
      2-phenyl- 10 2981
—, 2-phenyl- 9 2252
Acetoacetamide,
—, 4-(2,3-dimethoxyphenoxy)-2-
      (3,4-dimethoxyphenyl)- 10 4725
—, 2-(3,4-dimethoxyphenyl)-4-
      (*m*-methoxyphenoxy)- 10 4725
—, 2-(3,4-dimethoxyphenyl)-4-phenoxy-
      10 4725
—, 2,4-diphenyl- 10 3322
—, 2-(2-ethyl-4,5-dimethoxybenzyl)- 10 4564
—, 4-(*m*-methoxyphenoxy)-2-phenyl-
      10 4239
—, 4-(*p*-methoxyphenoxy)-2-phenyl-
      10 4239
—, 2-phenyl- 10 3048
Acetoacetic acid,
—, 2-acetoxy-2-benzyl-,
      ethyl ester 10 4246
—, 2-(3-acetoxy-6-hydroxy-
      2,4,5-trimethylbenzyl)-,
      ethyl ester 10 4569
—, 2-(3-acetoxy-2-naphthoyl)-,
      ethyl ester 10 4675
—, 2-acetyl-2-bromo-4-phenyl-,
      ethyl ester 10 3556
—, 2-acetyl-4-phenyl-,
      ethyl ester 10 3555
—, 2-benzamido-,
      ethyl ester 9 1205
—, 2-(benzamidomethyl)-,
      ethyl ester 9 1206
—, 2-(benzamidomethyl)-4-ethoxy-,
      ethyl ester 9 1207
—, 2-benzoyl-,
      ethyl ester 10 3550
      methyl ester 10 3550
—, 2-benzoyl-4-bromo-,
      ethyl ester 10 3551
—, 2-[(benzoylimino)methyl]-4-ethoxy-,
      ethyl ester 9 1207
—, 2-(benzoyloxy)-,
      ethyl ester 9 876
—, 2-benzyl-,
      ethyl ester 10 3066
—, 2-benzyl-2-chloro-,
      ethyl ester 10 3067
—, 2-benzyl-2-isopropyl-,
      ethyl ester 10 3105
—, 2-benzyl-2-methyl-,
      methyl ester 10 3083
—, 2-benzyl-4-phenyl-,
      ethyl ester 10 3340
—, 2,4-bis(*p*-chlorophenyl)-,
      ethyl ester 10 3323
—, 2,4-bis(*p*-methoxyphenyl)-,
      ethyl ester 10 4675

Acetoacetic acid *(continued)*

—, 2-(4-bromobenzyl)-,
   ethyl ester **10** 3067
—, 2-(2-bromo-4,6-dinitrophenyl)-,
   ethyl ester **10** 3049
—, 2-(4-bromo-2,6-dinitrophenyl)-,
   ethyl ester **10** 3049
—, 2-(9-bromofluoren-1-ylcarbonyl)-,
   ethyl ester **10** 3658
—, 2-butyl-4-phenyl-,
   ethyl ester **10** 3103
—, 2-(2-carboxy-4,6-dinitrophenyl)-,
   ethyl ester **10** 3964
—, 4-[2-(carboxymethyl)cyclohexyl]-,
   ethyl ester **10** 3920
—, 2-(2-chloro-4,6-dinitrophenyl)-,
   ethyl ester **10** 3049
—, 2-(4-chloro-2,6-dinitrophenyl)-,
   ethyl ester **10** 3049
—, 2-(9-chlorofluoren-1-ylcarbonyl)-,
   ethyl ester **10** 3658
—, 4-(*p*-chlorophenyl)-,
   ethyl ester **10** 3044
—, 2-(2-chloro-2-phenylacetamido)-,
   ethyl ester **9** 2270
—, 2-cinnamoyl- see under *Pent-4-enoic acid*
—, 4-*p*-cumenyl-,
   ethyl ester **10** 3099
—, 2-cyclohexyl-,
   ethyl ester **10** 2854
—, 4-cyclohexyl-,
   ethyl ester **10** 2853
—, 2-(cyclopent-2-en-1-yl)-,
   ethyl ester **10** 2902
—, 2-cyclopentyl-,
   ethyl ester **10** 2843
—, 4-cyclopentyl-,
   ethyl ester **10** 2843
—, 2-cyclopentyl-2-methyl-,
   ethyl ester **10** 2861
—, 2,4-dibenzamido-,
   ethyl ester **9** 1247
—, 2,2-dibenzyl-,
   ethyl ester **10** 3350
—, 2,4-di-*p*-cumenyl-,
   ethyl ester **10** 3365
—, 3-(3,5-dimethoxybenzoyl)-,
   ethyl ester **10** 4741
—, 2-[(1,4-dimethoxy-3-methyl-
   2-naphthyl)methyl]-,
   ethyl ester **10** 4658
—, 2-(3,5-dimethoxy-*p*-toluoyl)-,
   ethyl ester **10** 4743
—, 2,2-dimethyl-4-phenyl-,
   ethyl ester **10** 3084
—, 2,4-di(1-naphthyl)-,
   ethyl ester **10** 3493
   methyl ester **10** 3493

—, 2,4-di(2-naphthyl)-,
   ethyl ester **10** 3494
—, 2-(3,5-dinitrobiphenyl-2-yl)-,
   ethyl ester **10** 3335
—, 2-(2,4-dinitro-1-naphthyl)-,
   ethyl ester **10** 3270
—, 2-(2,4-dinitrophenyl)-,
   ethyl ester **10** 3049
—, 2,2'-(4,6-dinitro-*m*-phenylene)di-,
   diethyl ester **10** 4066
—, 2-(2,4-dinitrophenyl)-4-phenyl-,
   ethyl ester **10** 3323
—, 2-(3,5-dinitro-*o*-toluoyl)-,
   ethyl ester **10** 3556
—, 2-(3,5-dinitro-*p*-toluoyl)-,
   ethyl ester **10** 3556
—, 2,2-diphenyl-,
   methyl ester **10** 3330
—, 2,4-diphenyl-,
   ethyl ester **10** 3322
   methyl ester **10** 3322
—, 2,4-di-*o*-tolyl-,
   ethyl ester **10** 3351
—, 2,4-di-*p*-tolyl-,
   ethyl ester **10** 3352
—, 2-[2-(ethoxycarbonyl)benzoyl]-,
   ethyl ester **10** 4064
—, 2-[4-(ethoxycarbonyl)benzyl]-,
   ethyl ester **10** 3967
—, 2-[2-(ethoxycarbonyl)cyclopentyl]-,
   ethyl ester **10** 3909
—, 4-[2-(ethoxycarbonyl)-
   3,5-dimethoxyphenyl]-,
   ethyl ester **10** 4803
—, 2-(2-ethyl-4,5-dimethoxybenzyl)-,
   ethyl ester **10** 4564
—, 2-ethyl-4-phenyl-,
   ethyl ester **10** 3081
—, 2-(3-hydroxy-6-methoxy-
   2,4,5-trimethylbenzyl)- **10** 4569
   ethyl ester **10** 4569
—, 2-(2-iodo-4,6-dinitrophenyl)-,
   ethyl ester **10** 3049
—, 2-(4-iodo-2,6-dinitrophenyl)-,
   ethyl ester **10** 3050
—, 2-isobutyl-4-phenyl-,
   ethyl ester **10** 3103
—, 2-isopentyl-4-phenyl-,
   ethyl ester **10** 3108
—, 2,2'-isophthaloyldi-,
   diethyl ester **10** 4153
—, 2-(4-isopropyl-2-methylbenzyl)-,
   ethyl ester **10** 3110
—, 2-isopropyl-4-phenyl-,
   ethyl ester **10** 3096
—, 2-(4-methoxybenzyl)-,
   ethyl ester **10** 4246
—, 2-(4-methoxybenzyl)-2-methyl-,
   ethyl ester **10** 4263

Acetoacetic acid *(continued)*
—, 4-[4-(methoxycarbonyl)-
  3,5-dimethoxyphenyl]-,
  ethyl ester **10** 4804
—, 2-(4-methoxyphenacyl)-,
  ethyl ester **10** 4606
—, 2-(3-methoxyphenethyl)-,
  ethyl ester **10** 4262
—, 2-(*p*-methoxyphenyl)-,
  ethyl ester **10** 4239
—, 2-methyl-2-(2-methylbenzyl)-,
  ethyl ester **10** 3097
—, 2-methyl-4-phenyl-,
  ethyl ester **10** 3067
—, 2-(2-naphthylmethyl)-,
  ethyl ester **10** 3272
—, 2-(4-nitrobenzoyl)-,
  ethyl ester **10** 3551
—, 2-(2-nitrobenzoyloxy)-,
  ethyl ester **9** 1476
—, 2-(3-nitrobenzoyloxy)-,
  ethyl ester **9** 1511
—, 2-(4-nitrobenzoyloxy)-,
  ethyl ester **9** 1686
—, 2-[α-(nitromethyl)benzyl]-,
  ethyl ester **10** 3082
—, 4-(*p*-nitrophenyl)- **10** 3044
  ethyl ester **10** 3044
—, (10-oxo-9(10*H*)-phenanthrylidene)-,
  ethyl ester **10** 3663
—, 2-(1-oxo-1,2,3,4-tetrahydro-
  2-naphthyl)-,
  ethyl ester **10** 3594
—, 2-(1-oxo-1,2,3,4-tetrahydro-
  2-phenanthryl)-,
  ethyl ester **10** 3629
—, 2-(4-oxo-1,2,3,4-tetrahydro-
  3-phenanthryl)-,
  ethyl ester **10** 3630
—, 2-phenacyl-,
  ethyl ester **10** 3555
—, 2-phenethyl-,
  ethyl ester **10** 3081
—, 2-phenethyl-4-phenyl-,
  ethyl ester **10** 3349
—, 2-phenyl-,
  ethyl ester **10** 3047
  p-menth-3-yl ester **10** 3048
—, 4-phenyl-,
  ethyl ester **10** 3043
  methyl ester **10** 3043
—, (2-phenylacetamido)-,
  ethyl ester **9** 2238
—, 4-phenyl-2-propyl-,
  ethyl ester **10** 3093
—, 2-(pinan-10-yl)-,
  ethyl ester **10** 2949
—, 2-(pin-2-en-10-yl)-,
  ethyl ester **10** 2964

—, 2-(α-semicarbazonobenzyl)-,
  methyl ester **10** 3550
—, 2-(α-semicarbazonophenethyl)-,
  ethyl ester **10** 3555
—, 2-veratroyl-,
  ethyl ester **10** 4741
Acetoacetonitrile,
—, 2-benzoyl- **10** 3551
—, 4-(benzyloxy)-2-
  (3,4-dimethoxyphenyl)- **10** 4726
—, 4-(benzyloxy)-2-phenyl- **10** 4240
—, 2,4-bis(*p*-methoxyphenyl)- **10** 4676
—, 2-(*p*-bromophenyl)- **10** 3049
—, 2-(*p*-chlorophenyl)-4-phenyl- **10** 3323
—, 2-*p*-cumenyl- **10** 3100
—, 4-(2,3-dimethoxyphenoxy)-2-
  (3,4-dimethoxyphenyl)- **10** 4726
—, 4-(2,3-dimethoxyphenoxy)-2-phenyl-
  10 4240
—, 2-(3,5-dimethoxyphenyl)- **10** 4549
—, 2-(3,4-dimethoxyphenyl)-4-
  (*m*-methoxyphenoxy)- **10** 4726
—, 2-(3,4-dimethoxyphenyl)-4-phenoxy-
  10 4726
—, 2,4-diphenyl- **10** 3323
—, 2-mesityl- **10** 3101
—, 4-(*m*-methoxyphenoxy)-2-phenyl-
  10 4240
—, 4-(*p*-methoxyphenoxy)-2-phenyl-
  10 4240
—, 2-(*p*-methoxyphenyl)- **10** 4239
—, 4-(*p*-nitrophenoxy)-2-phenyl- **10** 4240
—, 2-phenyl- **10** 3048
—, 2-*p*-tolyl- **10** 3072
Acetohydroxamic acid,
—, 2-benzamido- see *Hippurohydroxamic
  acid*
—, 2-(hydroxyimino)-2-phenyl- **10** 2978
—, 2-(hydroxyimino)-2-*p*-tolyl- **10** 3033
—, 2-phenyl- **9** 2256
Acetohydroximoyl bromide,
—, 2-(benzoyloxyimino)-2-phenyl-
  10 2981
—, 2-(hydroxyimino)-2-phenyl- **10** 2981
Acetohydroximoyl chloride,
—, 2-(benzoyloxyimino)-2-phenyl-
  10 2980
—, 2-(benzoyloxyimino)-2-*p*-tolyl-
  10 3034
—, 2-(biphenyl-4-yl)-2-(hydroxyimino)-
  10 3307
—, 2-(*p*-chlorophenyl)-2-(hydroxyimino)-
  10 2985
—, 2-(hydroxyimino)-2-(*p*-hydroxyphenyl)-
  10 4206
—, 2-(hydroxyimino)-2-phenyl- **10** 2980
—, 2-(hydroxyimino)-2-*p*-tolyl- **10** 3034
—, 2,2,2-triphenyl- **9** 3589
—, 2,2,2-triphenyl-O-trityl- **9** 3590

Acetohydroximoyl iodide,
—, 2-(hydroxyimino)-2-phenyl- **10** 2981
—, 2-(hydroxyimino)-2-*p*-tolyl- **10** 3034
1'-Acetonaphthone,
—, 2'-(*o*-anisoyloxy)- **10** 145
—, 2'-(*p*-anisoyloxy)- **10** 319
—, 2'-(benzoyloxy)- **9** 755
—, 4'-(benzoyloxy)- **9** 755
—, 4'-(benzoyloxy)-2-bromo- **9** 755
—, 2'-(cinnamoyloxy)- **9** 2701
—, 2'-(1-naphthoyloxy)- **9** 3142
—, 2'-(2-naphthoyloxy)- **9** 3183
2'-Acetonaphthone,
—, 1'-(*o*-anisoyloxy)- **10** 145
—, 1-(benzoyloxy)- **9** 756
—, 1'-(benzoyloxy)-2-bromo- **9** 756
—, 1'-(benzoyloxy)-4'-chloro- **9** 756
—, 1'-(benzoyloxy)-4'-nitro- **9** 756
—, 1'-(benzoyloxy)-2-phenyl- **9** 774
—, 1'-(cinnamoyloxy)- **9** 2701
—, 1'-(cinnamoyloxy)-2-phenyl- **9** 2702
—, 1'-(2,4-dimethoxybenzoyloxy)-
    10 1376
—, 1'-(1-naphthoyloxy)- **9** 3142
—, 1'-(2-naphthoyloxy)- **9** 3183
—, 1'-(3-nitrobenzoyloxy)- **9** 1510
—, 1'-(4-nitrobenzoyloxy)- **9** 1676
—, 1'-(3,4,5-trimethoxybenzoyloxy)-
    10 2086
Acetone,
—, acetyl-,
    O-benzoyloxime **9** 1273
    (4-bromobenzoyl)hydrazone **9** 1402
    (4-nitrobenzoyl)hydrazone **9** 1756
Acetonitrile,
—, acetoxy(3-acetoxy-4-methoxyphenyl)-
    10 2103
—, acetoxy(4-acetoxy-3-methoxyphenyl)-
    10 2104
—, acetoxy(3,4-diethoxyphenyl)-
    10 2103
—, acetoxy(3,4-dimethoxyphenyl)-
    10 2103
—, acetoxy(*p*-methoxyphenyl)- **10** 1477
—, (4-acetoxy-3-methoxyphenyl)-
    10 1465
—, (*p*-acetoxyphenyl)- **10** 439
—, acetoxy(3,4,5-trimethoxyphenyl)-
    10 2419
—, [*p*-(11-acetoxyundecyl)phenyl]-
    10 662
—, (2-acetylcyclohexyl)phenyl- **10** 3203
—, (3-acetyl-4-hydroxyphenyl)- **10** 4242
—, (3-acetyl-4-methoxyphenyl)- **10** 4242
—, (2-allylcyclohexylidene)- **9** 317
—, (2-allylcyclohexylidene)phenyl-
    9 3252
—, (benz[*a*]anthracen-7-yl)- **9** 3626
—, (benzene-1,2,4-triyl)tri- **9** 4803

—, benzoyl- **10** 2994
—, (O-benzoyl-*aci*-nitro)phenyl-
    10 2978
—, (benzoyloxy)- **9** 856
—, (benzoyloxy)-[4-(benzoyloxy)-
    3-methoxyphenyl]- **10** 2104
—, (benzoyloxy)-[*m*-(benzoyloxy)phenyl]-
    10 1474
—, (benzoyloxy)-[*o*-(benzoyloxy)phenyl]-
    10 1473
—, (benzoyloxy)-[*p*-(benzoyloxy)phenyl]-
    10 1478
—, (benzoyloxy)-(3,4-dimethoxyphenyl)-
    10 2104
—, [4-(benzoyloxy)-3,5-dimethoxyphenyl]-
    10 2099
—, (benzoyloxyimino)-(2-naphthyl)-
    10 3266
—, (benzoyloxyimino)-(*o*-nitrophenyl)-
    10 2985
—, (benzoyloxyimino)phenyl- **10** 2977
—, (benzoyloxyimino)-*o*-tolyl- **10** 3028
—, (benzoyloxyimino)-*p*-tolyl- **10** 3033
—, (benzoyloxy)-(*p*-methoxyphenyl)-
    10 1477
—, [4-(benzoyloxy)-3-methoxyphenyl]-
    10 1465
—, (benzoyloxy)-(*m*-nitrophenyl)- **10** 485
—, (benzoyloxy)phenyl- **10** 474
—, (*p*-benzoylphenyl)diphenyl- **10** 3503
—, [3-(benzyloxy)-4-methoxyphenyl]-
    10 1465
—, [*o*-(benzyloxy)phenyl]- **10** 425
—, (bibenzyl-4,4'-diyl)di- **9** 4575
—, (bicyclohex-1-en-1-yl-2-yl)-
    9 2609
—, (biphenyl-4,4'-diyl)di- **9** 4544
—, (biphenyl-4-yl)- **9** 3322
—, (biphenyl-4-yl)phenyl- **9** 3592
—, bis(*p*-chlorophenyl)- **9** 3312
—, bis(3,4-dimethoxyphenyl)- **10** 2487
—, bis(3,4-dimethoxyphenyl)phenyl-
    10 2544
—, 2,2'-bis(2-methoxy-1-naphthyl)-
    2,2'-oxydi- **10** 1940
—, 2,2'-bis(*p*-methoxyphenyl)-2,2'-
    (4-methoxybenzylidenedioxy)di-
    10 1477
—, (2-bromo-4,5-dimethoxyphenyl)-
    10 1466
—, (4-bromo-3,6-dimethoxy-2,5-xylyl)-
    10 1569
—, (3-bromomesityl)- **9** 2534
—, (5-bromo-6-methoxy-2-naphthyl)-
    10 1107
—, (3-bromo-5-methoxy-4-oxocyclohexa-
    2,5-dien-1-ylidene)- **10** 4206
—, (3-bromo-4-methoxyphenyl)- **10** 442
—, (5-bromo-2-methoxyphenyl)- **10** 427

Acetonitrile *(continued)*

—, bromo(1-naphthyl)- **9** 3211
—, (1-bromo-2-naphthyl)- **9** 3214
—, bromophenyl- **9** 2278
—, (*m*-bromophenyl)- **9** 2275
—, (*o*-bromophenyl)- **9** 2274
—, (*p*-bromophenyl)- **9** 2275
—, (*p*-bromophenyl)-(2-nitrocyclohexyl)- **9** 2865
—, (*p*-bromophenyl)phenyl- **9** 3313
—, (α-bromo-*o*-tolyl)- **9** 2428
—, butoxy(*p*-methoxyphenyl)- **10** 1477
—, (*p*-*tert*-butylphenyl)- **9** 2556
—, (5-*tert*-butyl-*o*-tolyl)- **9** 2588
—, (4-*tert*-butyl-2,6-xylyl)- **9** 2607
—, (5-*tert*-butyl-2,4-xylyl)- **9** 2607
—, chloro(2-methoxy-1-naphthyl)- **10** 1102
—, chloro(*o*-methoxyphenyl)- **10** 426
—, chloro(*p*-methoxyphenyl)- **10** 441
—, (3-chloro-4-methoxyphenyl)- **10** 440
—, chlorophenyl- **9** 2270
—, (*m*-chlorophenyl)- **9** 2264
—, (*o*-chlorophenyl)- **9** 2263
—, (*p*-chlorophenyl)- **9** 2265
—, (*o*-chlorophenyl)-(ethoxycarbonyloxy)- **10** 478
—, (*o*-chlorophenyl)-(hydroxyimino)- **10** 2984
—, (*o*-chlorophenyl)-(4-nitrobenzoyloxyimino)- **10** 2984
—, *p*-cumenyl- **9** 2529
—, (1-cyanocyclohexyl)- **9** 3836
—, (2-cyanohexahydroindan-2-yl)- **9** 4011
—, (1-cyano-3-methylcyclopentyl)- **9** 3846
—, (cyanooxyimino)phenyl- **10** 2977
—, (cyclohex-1-en-1-yl)- **9** 161
—, (cyclohex-2-en-1-yl)- **9** 161
—, cyclohexyl- **9** 50
—, cyclohexylcyclopentylphenyl- **9** 3118
—, cyclohexylidene- **9** 163
—, cyclohexylidenephenyl- **9** 3092
—, cyclohexyl(1-naphthyl)- **9** 3396
—, cyclohexylphenyl- **9** 2864
—, (*p*-cyclohexylphenyl)- **9** 2868
—, cyclohexyl(5,6,7,8-tetrahydro-1-naphthyl)- **9** 3114
—, (cyclopent-1-en-1-yl)- **9** 151
—, (cyclopent-2-en-1-yl)-(1-naphthyl)- **9** 3472
—, (cyclopent-2-en-1-yl)phenyl- **9** 3086
—, (cyclopent-2-en-1-yl)-(5,6,7,8-tetrahydro-1-naphthyl)- **9** 3256
—, cyclopentyl- **9** 42
—, cyclopentylidene(*p*-methoxyphenyl)- **10** 995

—, cyclopentylidenephenyl- **9** 3087
—, cyclopentylphenyl- **9** 2850
—, cyclopropylidene- **9** 140
—, (3,4-dibromophenyl)- **9** 2279
—, (2,4-dichlorophenyl)- **9** 2271
—, (3,4-dichlorophenyl)- **9** 2272
—, dicyclohexylphenyl- **9** 3120
—, dicyclopentyl- **9** 256
—, dicyclopentylphenyl- **9** 3114
—, [*o*-(2,2-diethoxyethoxy)phenyl]- **10** 425
—, (3,4-diethoxyphenyl)- **10** 1465
—, (3,4-dihydroxy-1-naphthyl)- **10** 1940
—, (3,6-dimethoxy-2,5-dimethyl-*p*-phenylene)di- **10** 2462
—, (5,6-dimethoxy-9,10-dioxo-1,9,10,10a-tetrahydro-4a(4*H*)-phenanthryl)- **10** 4775
—, (5,6-dimethoxyindan-1-ylidene)-(3,4-dimethoxyphenyl)- **10** 2534
—, (3,4-dimethoxy-2-nitrophenyl)- **10** 1467
—, (2,3-dimethoxyphenyl)- **10** 1454
—, (2,4-dimethoxyphenyl)- **10** 1456
—, (2,5-dimethoxyphenyl)- **10** 1457
—, (3,4-dimethoxyphenyl)- **10** 1464
—, (3,5-dimethoxyphenyl)- **10** 1470
—, (2,5-dimethoxy-*p*-phenylene)di- **10** 2458
—, (3,5-dimethoxy-*o*-tolyl)- **10** 1528
—, (2,5-dimethoxy-3,4,6-trimethylphenyl)- **10** 1574
—, (2,5-dimethoxy-3,4-xylyl)- **10** 1568
—, (2,2-dimethylcyclobutane-1,3-diyl)-di- **9** 3900
—, (5,5-dimethylcyclohexane-1,3-diylidene)di- **9** 4059
—, (1,4-dimethyl-2-naphthyl)- **9** 3236
—, (2,3-dimethyl-1-naphthyl)- **9** 3235
—, (2,6-dimethyl-1-naphthyl)- **9** 3236
—, (2,7-dimethyl-1-naphthyl)- **9** 3236
—, (3,4-dimethyl-1-naphthyl)- **9** 3235
—, (4,7-dimethyl-1-naphthyl)- **9** 3237
—, (6,6-dimethylnorpin-2-en-2-yl)- **9** 321
—, (4,6-dimethyl-*m*-phenylene)di- **9** 4327
—, (2,5-dimethyl-*p*-phenylene)di- **9** 4327
—, (1,4-dimethyl-5,6,7,8-tetrahydro-2-naphthyl)- **9** 2877
—, di(1-naphthyl)- **9** 3655
—, (3,4-dioxo-3,4-dihydro-1-naphthyl)- **10** 3607
—, (9,10-dioxo-1,9,10,10a-tetrahydro-4a(4*H*)-phenanthryl)- **10** 3621
—, diphenyl- **9** 3304
—, (3,3-diphenylindan-1-yl)- **9** 3645
—, (1,4-diphenyl-2-naphthyl)- **9** 3671

Acetonitrile *(continued)*
—, 2,2'-diphenyl-2,2'-thiodi- **10** 491
—, diphenyl-*p*-tolyl- **9** 3605
—, di-*o*-tolyl- **9** 3368
—, di-*p*-tolyl- **9** 3368
—, di(2,4-xylyl)- **9** 3395
—, (ethoxalyloxyimino)phenyl- **10** 2977
—, (ethoxycarbonyloxy)-
    (*p*-methoxyphenyl)- **10** 1478
—, (2-ethoxy-3-methoxyphenyl)- **10** 1454
—, (3-ethoxy-4-methoxyphenyl)- **10** 1464
—, (4-ethoxy-3-methoxyphenyl)- **10** 1464
—, (*m*-ethoxyphenyl)- **10** 430
—, (2-ethyl-5-*tert*-butylphenyl)- **9** 2606
—, (2-ethyl-4,6-dimethoxyphenyl)- **10** 1567
—, (2-ethyl-3-methoxyphenyl)- **10** 610
—, (2-ethyl-1-naphthyl)- **9** 3235
—, (*p*-ethylphenyl)- **9** 2485
—, (fluoren-9-ylidene)phenyl- **9** 3649
—, (3-fluoro-4-methoxyphenyl)- **10** 440
—, (*m*-fluorophenyl)- **9** 2261
—, (*o*-fluorophenyl)- **9** 2260
—, (*p*-fluorophenyl)- **9** 2262
—, (3a,4,5,6,7,7a-hexahydroinden-2-yl)-
    9 319
—, (1-hydroxycyclohexyl)- **10** 23
—, [*p*-(hydroxyimino)cyclohexa-2,5-dien-
    1-yliden]-phenyl- **10** 3289
—, (hydroxyimino)-(2-naphthyl)-
    10 3266
—, (hydroxyimino)-(*o*-nitrophenyl)-
    10 2985
—, (hydroxyimino)-(*p*-nitrophenyl)-
    10 2986
—, (hydroxyimino)phenyl- **10** 2976
—, (hydroxyimino)-*o*-tolyl- **10** 3028
—, (10-hydroxy-9-oxo-1,9,10,10a-
    tetrahydro-4a(4*H*)-phenanthryl)-
    10 4418
—, (*o*-hydroxyphenyl)- **10** 425
—, (*p*-hydroxyphenyl)- **10** 438
—, (indan-5-yl)- **9** 2806
—, (indan-1-ylidene)- **9** 3077
—, (inden-3-yl)- **9** 3077
—, (*o*-iodophenyl)- **9** 2280
—, (5-isopropyl-2-methylphenyl)-
    9 2560
—, (2-isopropyl-1-naphthyl)- **9** 3242
—, mesityl- **9** 2533
—, (2-methoxy-1-naphthyl)- **10** 1102
—, (4-methoxy-3-nitrophenyl)- **10** 443
—, (5-methoxy-2-nitrophenyl)- **10** 430
—, (3-methoxy-4-oxocyclohexa-2,5-dien-
    1-ylidene)- **10** 4206
—, methoxyphenyl- **10** 474
—, (*m*-methoxyphenyl)- **10** 429
—, (*o*-methoxyphenyl)- **10** 425
—, (*p*-methoxyphenyl)- **10** 439
—, (4-methoxy-*m*-phenylene)di- **10** 2220

—, (*m*-methoxyphenyl)phenyl- **10** 1167
—, (*o*-methoxyphenyl)phenyl- **10** 1166
—, (*p*-methoxyphenyl)phenyl- **10** 1167
—, (*p*-methoxyphenyl)phenyl(2,5-xylyl)-
    10 1328
—, (α-methoxy-*o*-tolyl)- **10** 574
—, (6-methoxy-*m*-tolyl)- **10** 578
—, (3-methylcyclopent-1-en-1-yl)- **9** 174
—, (4-methylcyclopent-1-en-1-yl)- **9** 174
—, (6-methylindan-5-yl)- **9** 2831
—, (2-methyl-1-naphthyl)- **9** 3223
—, (4-methyl-1-naphthyl)- **9** 3224
—, (6-methyl-2-naphthyl)- **9** 3225
—, (7-methyl-2-naphthyl)- **9** 3225
—, (*O*-methyl-*aci*-nitro)phenyl- **10** 2978
—, [*p*-(methylsulfonyl)phenyl]- **10** 445
—, (naphthalene-1,4-diyl)di- **9** 4478
—, (naphthalene-1,5-diyl)di- **9** 4478
—, (1-naphthyl)- **9** 3209
—, (2-naphthyl)- **9** 3212
—, (1-naphthyl)phenyl- **9** 3554
—, (2-naphthyl)-(2,5-xylyl)- **9** 3566
—, (4-nitrobenzoyloxyimino)-
    (2-naphthyl)- **10** 3266
—, (4-nitrobenzoyloxyimino)-
    (*o*-nitrophenyl)- **10** 2986
—, (4-nitrobenzoyloxyimino)-
    (*p*-nitrophenyl)- **10** 2986
—, (4-nitrobenzoyloxyimino)phenyl-
    10 2977
—, (4-nitrobenzoyloxyimino)-*o*-tolyl-
    10 3028
—, (4-nitro-9,10-dioxo-9,10-dihydro-
    1-anthryl)phenyl- **10** 3676
—, nitrodiphenyl- **9** 3314
—, nitrophenyl- **9** 2291
—, (*o*-nitrophenyl)- **9** 2283
—, (*p*-nitrophenyl)- **9** 2291
—, (*p*-nitrophenyl)phenyl- **9** 3314
—, (*p*-nitrosophenyl)- **10** 3289
—, (norborn-5-en-2-yl)- **9** 302
—, (2-norbornyl)- **9** 188
—, (1,2,3,4,5,6,7,8-octahydro-
    9-anthryl)- **9** 3108
—, (1,2,3,4,4a,5,8,8a-octahydro-
    1,4;5,8-dimethanonaphthalin-2-yl)-
    9 2878
—, (7-oxo-7*H*-benz[*de*]anthracen-4-yl)-
    10 3454
—, (7-oxo-7*H*-benz[*de*]anthracen-4-yl)-
    phenyl- **10** 3501
—, (2-phenanthryl)- **9** 3507
—, (3-phenanthryl)- **9** 3508
—, (9-phenanthryl)- **9** 3508
—, phenyl- **9** 2252
—, phenylbis(2,3,4-trimethoxyphenyl)-
    10 2622
—, phenylbis(2,4,6-trimethoxyphenyl)-
    10 2622

Acetonitrile *(continued)*
—, *m*-phenylenedi- **9** 4294
—, *o*-phenylenedi- **9** 4293
—, *p*-phenylenedi- **9** 4295
—, phenyl(thiocyanato)- **10** 491
—, phenyl-*m*-tolyl- **9** 3344
—, phenyl-*o*-tolyl- **9** 3343
—, phenyl-*p*-tolyl- **9** 3345
—, phenyl-*p*-tolyl(2,5-xylyl)- **9** 3616
—, phenyl(2,5-xylyl)- **9** 3368
—, (stilben-2-yl)- **9** 3455
—, (2,2,3,3-tetrafluorocyclobutyl)-
    9 14
—, (1,2,3,4-tetrahydro-1-naphthyl)-
    9 2827
—, (1,2,3,4-tetrahydro-2-naphthyl)-
    9 2829
—, (5,6,7,8-tetrahydro-2-naphthyl)-
    9 2828
—, (1,2,3,4-tetrahydro-9-phenanthryl)-
    9 3373
—, (1,2,2,3-tetramethylcyclopent-3-en-
    1-yl)- **9** 231
—, (2,3,4,5-tetramethylphenyl)-
    9 2563
—, (2,3,4,6-tetramethylphenyl)-
    9 2564
—, (2,3,5,6-tetramethylphenyl)-
    9 2564
—, *o*-tolyl- **9** 2427
—, *p*-tolyl- **9** 2433
—, *p*-tolyl(2,5-xylyl)- **9** 3386
—, (2,4,6-tribromophenyl)- **9** 2280
—, (2,4,6-triethylphenyl)- **9** 2608
—, (2,4,6-triisopropylphenyl)-
    9 2628
—, (2,4,5-trimethoxyphenyl)-
    10 2098
—, (3,4,5-trimethoxyphenyl)-
    10 2099
—, (2,2,3-trimethylcyclopent-3-en-1-yl)-
    9 209
—, (2,2,3-trimethyl-4-oxocyclopentyl)-
    10 2867
—, (2,4,5-trimethylphenyl)- **9** 2535
—, (2,2,3-trimethyl-1-phenylcyclopent-
    3-en-1-yl)- **9** 3108
—, triphenyl- **9** 3589
—, 2,2,2′-triphenyl-2,2′-*p*-phenylenedi-
    9 4723
—, (2,4-xylyl)- **9** 2488
—, (2,5-xylyl)- **9** 2486
—, (3,5-xylyl)- **9** 2489
Acetonitrile oxide,
—, (benzoyloxyimino)phenyl- **10** 2978
—, (benzoyloxyimino)-*p*-tolyl- **10** 3033
—, (hydroxyimino)phenyl- **10** 2977
—, (hydroxyimino)-*p*-tolyl- **10** 3033
—, triphenyl- **9** 3589

Acetophenone
    O-benzoyloxime **9** 1280
—, 2′-acetoxy-4′-(benzoyloxy)- **9** 783
—, 4′-acetoxy-2′-(benzoyloxy)- **9** 783
—, 2′-acetoxy-2-(benzoyloxy)-
    4′,5′-dimethoxy- **9** 836
—, 2-acetoxy-4′-(benzoyloxy)-
    3′,5′-dimethoxy- **9** 837
—, 4′-acetoxy-2-(benzoyloxy)-
    3′,5′-dimethoxy- **9** 838
—, 2-acetoxy-2′,4′-bis(benzoyloxy)-
    9 813
—, 2-acetoxy-3′,4′,5′-tris(benzoyloxy)-
    9 838
—, 2″-(4-acetyl-2-methoxyphenoxy)-4′-
    [4-(benzoyloxy)-
    3-methoxyphenacyloxy]-
    3′,3‴-dimethoxy-2,4″-oxydi- **9** 814
—, 2-(4-acetyl-2-methoxyphenoxy)-4′-
    [4-(benzoyloxy)-
    3-methoxyphenacyloxy]-3′-methoxy-
    9 814
—, 2′-(*o*-anisoyloxy)- **10** 144
—, 2′-(*p*-anisoyloxy)-4′-(benzoyloxy)-
    10 320
—, 2′-(*p*-anisoyloxy)-3′,6′-dimethoxy-
    10 321
—, 6′-(*p*-anisoyloxy)-2′,3′-dimethoxy-
    10 321
—, 3′-(*p*-anisoyloxy)-2′-hydroxy- **10** 320
—, 4′-(*p*-anisoyloxy)-2′-hydroxy- **10** 320
—, 2′-(*o*-anisoyloxy)-5′-methyl- **10** 145
—, 2′-(*p*-anisoyloxy)-
    3′,4′,5′-trimethoxy- **10** 322
—, 2′-(*p*-anisoyloxy)-
    3′,4′,6′-trimethoxy- **10** 322
—, 6′-(*p*-anisoyloxy)-
    2′,3′,4′-trimethoxy- **10** 322
—, 2-(benzoyloxy)- **9** 730
—, 2′-(benzoyloxy)- **9** 730
—, 4′-(benzoyloxy)- **9** 730
—, 2′-(benzoyloxy)-5′-(benzyloxy)-
    9 785
—, 4′-(benzoyloxy)-2″-bromo-
    3′,3‴-dimethoxy-2,4″-oxydi- **9** 814
—, 4′-(benzoyloxy)-5′-bromo-2′-hydroxy-
    9 784
—, 4′-(benzoyloxy)-2-bromo-3′-methoxy-
    9 787
—, 2′-(benzoyloxy)-5′-bromo-4′-methyl-
    9 732
—, 4′-(benzoyloxy)-2-bromo-3′-methyl-
    9 732
—, 4′-(benzoyloxy)-2-chloro- **9** 730
—, 4′-(benzoyloxy)-3′-chloro- **9** 730
—, 3′-(benzoyloxy)-2-chloro-4′-hydroxy-
    9 786
—, 4′-(benzoyloxy)-2-diazo-
    3′,5′-dimethoxy- **9** 839

Acetophenone *(continued)*

—, 2-(benzoyloxy)-2',4'-dihydroxy-
9 813

—, 2'-(benzoyloxy)-4',6'-dihydroxy-
9 812

—, 4'-(benzoyloxy)-2',6'-dihydroxy-
9 812

—, 2-(benzoyloxy)-2',4'-dihydroxy-
6'-methoxy- 9 836

—, 2-(benzoyloxy)-2',6'-dihydroxy-
4'-methoxy- 9 836

—, 2'-(benzoyloxy)-3',4'-dimethoxy-
9 810

—, 2'-(benzoyloxy)-3',5'-dimethoxy-
9 811

—, 2'-(benzoyloxy)-3',6'-dimethoxy-
9 811

—, 2'-(benzoyloxy)-4',6'-dimethoxy-
9 812

—, 4'-(benzoyloxy)-2',6'-dimethoxy-
9 813

—, 6'-(benzoyloxy)-2',3'-dimethoxy-
9 811

—, 4'-(benzoyloxy)-3',3'''-dimethoxy-
2,4'''-oxydi- 9 814

—, 4'-[2-(benzoyloxy)ethoxy]-
2'-hydroxy- 9 536

—, 4'-(benzoyloxy)-2-(formyloxy)-
3',5'-dimethoxy- 9 837

—, 4'-(benzoyloxy)-2'-hydroxy- 9 783
semicarbazone 9 784

—, 2-(benzoyloxy)-2'-hydroxy-
4',5'-dimethoxy- 9 836

—, 2-(benzoyloxy)-2'-hydroxy-
4',6'-dimethoxy- 9 836

—, 4'-(benzoyloxy)-2-hydroxy-
3',5'-dimethoxy- 9 837

—, 2-[4-(benzoyloxy)-5-isopropyl-
2-methylphenyl]-2-phenyl- 9 776

—, 2'-(benzoyloxy)-4'-methoxy- 9 783

—, 2'-(benzoyloxy)-5'-methoxy- 9 785

—, 2'-(benzoyloxy)-6'-methoxy- 9 786

—, 3'-(benzoyloxy)-4'-methoxy- 9 786

—, 4'-(benzoyloxy)-3'-methoxy- 9 786

—, 2-(benzoyloxy)-2'-methoxy-5'-nitro-
9 787

—, 2'-(benzoyloxy)-4'-methoxy-5'-nitro-
9 785

—, 4'-(benzoyloxy)-3'-methyl- 9 732

—, 2-(benzoyloxy)-2'-methyl-4'-
(methylthio)- 9 788

—, 4'-(benzoyloxy)-2'-(1-naphthoyloxy)-
9 3143

—, 4'-(benzoyloxy)-2'-(2-naphthoyloxy)-
9 3184

—, 2-(benzoyloxy)-4'-phenyl- 9 763

—, 4'-[p-(benzoyloxy)phenyl]- 9 763

—, 4'-[p-(benzoyloxy)phenyl]-2-bromo-
9 763

—, 2-(benzoyloxy)-2',4',6'-trihydroxy-
9 836

—, 2'-(benzoyloxy)-3',4',5'-trimethoxy-
9 834

—, 2'-(benzoyloxy)-3',4',6'-trimethoxy-
9 835

—, 6'-(benzoyloxy)-2',3',4'-trimethoxy-
9 835

—, 2-(benzoylthio)-2,2-diphenyl-
9 1972

—, 2',4'-bis(p-anisoyloxy)- 10 320

—, 2',6'-bis(p-anisoyloxy)- 10 321

—, 2',3'-bis(p-anisoyloxy)-6'-methoxy-
10 321

—, 3',6'-bis(p-anisoyloxy)-2'-methoxy-
10 322

—, 2',4'-bis(benzoyloxy)- 9 784

—, 2',5'-bis(benzoyloxy)- 9 785

—, 2',6'-bis(benzoyloxy)- 9 786

—, 3',4'-bis(benzoyloxy)- 9 786

—, 3',6'-bis(benzoyloxy)-
2',4'-diethoxy- 9 835

—, 2,4'-bis(benzoyloxy)-
3',5'-dimethoxy- 9 838

—, 2',4'-bis(benzoyloxy)-
3',6'-dimethoxy- 9 835

—, 3',6'-bis(benzoyloxy)-
2',4'-dimethoxy- 9 835

—, 2',4'-bis(benzoyloxy)-5'-ethyl-
9 789

—, 4',6'-bis(benzoyloxy)-3'-ethyl-
2'-methyl- 9 789

—, 3',4'-bis(benzoyloxy)-2-(ethylthio)-
9 815

—, 2',3'-bis(benzoyloxy)-6'-methoxy-
9 811

—, 2',4'-bis(benzoyloxy)-2-methoxy-
9 813

—, 3',6'-bis(benzoyloxy)-2'-methoxy-
9 811

—, 2',4'-bis(benzoyloxy)-6'-methyl-
9 788

—, 2',4'-bis(4-nitrobenzoyloxy)- 9 1679

—, 2',4'-bis(veratroyloxy)- 10 1420

—, 2-chloro-,
benzoylhydrazone 9 1314

—, 2'-(cinnamoyloxy)- 9 2700

—, 4'-(cinnamoyloxy)-2'-hydroxy-
9 2702

—, 2'-(cinnamoyloxy)-4'-methoxy-
9 2702

—, 2'-(cinnamoyloxy)-5'-methoxy-
9 2702

—, 2-(cyclohexylcarbonyloxy)-4'-phenyl-
9 27

—, 2'-(2,4-dimethoxybenzoyloxy)-
10 1375

—, 2',4'-dimethoxy-6'-
(4-nitrobenzoyloxy)- 9 1681

Acetophenone *(continued)*
—, 2'-(3,5-dinitrobenzoyloxy)- **9** 1928
—, 2'-(3,5-dinitrobenzoyloxy)-
   5'-methoxy- **9** 1931
—, 4'-(3,5-dinitrobenzoyloxy)-
   3'-methoxy- **9** 1932
—, 2'-ethyl-4'-(4-nitrobenzoyloxy)-
   9 1675
—, 4'-methoxy-2'-(1-naphthoyloxy)-
   5'-nitro- **9** 3143
—, 5'-methoxy-2'-(4-nitrobenzoyloxy)-
   9 1679
—, 4'-methoxy-2'-(veratroyloxy)-
   10 1420
—, 2'-(1-naphthoyloxy)- **9** 3142
—, 2'-(2-naphthoyloxy)- **9** 3183
—, 2'-(2-nitrobenzoyloxy)- **9** 1475
—, 2'-(3-nitrobenzoyloxy)- **9** 1509
—, 2'-(4-nitrobenzoyloxy)- **9** 1674
—, 2-[2-(phenylacetoxy)-1-naphthyl]-
   9 2189
—, 2'-(3-phenylpropionyloxy)- **9** 2390
—, 4'-(salicyloyloxy)- **10** 144
—, 2,2',4',6'-tetrakis(benzoyloxy)-
   9 837
—, 2',3',4',5'-tetramethoxy-6'-
   (veratroyloxy)- **10** 1421
—, 2,2,2-triphenyl-,
   O-benzoyloxime **9** 1284
—, 2,2',4'-tris(benzoyloxy)- **9** 813
—, 2',3',4'-tris(benzoyloxy)- **9** 810
—, 2',3',6'-tris(benzoyloxy)- **9** 812
—, 2',4',6'-tris(benzoyloxy)- **9** 813
—, 3',4',5'-tris(benzoyloxy)-2-diazo-
   9 839
—, 3',4',5'-tris(benzoyloxy)-2-
   (formyloxy)- **9** 838
—, 2',4',6'-tris(4-nitrobenzoyloxy)-
   9 1681
Acetyl azide,
—, (benz[*a*]anthracen-7-yl)- **9** 3626
—, (2-phenylacetamido)- **9** 2213
—, (stilben-4-yl)- **9** 3455
Acetyl bromide,
—, bromodicyclopentyl- **9** 256
—, bromomesityl- **9** 2534
—, bromophenyl- **9** 2277
—, bromo(2,4,6-triethylphenyl)-
   9 2608
Acetyl chloride,
—, acetoxy(4-acetoxy-3-methoxyphenyl)-
   10 2101
—, acetoxydiphenyl- **10** 1178
—, (*p*-acetoxyphenyl)- **10** 434
—, [4-(benzoyloxy)-3-methoxyphenyl]-
   10 1463
—, [3-(benzoyloxy)-2-naphthyl]- **10** 1106
—, [3-(benzyloxy)-4-methoxyphenyl]-
   10 1463

—, [*p*-(benzyloxy)phenyl]- **10** 434
—, (biphenyl-4-yl)chlorophenyl-
   9 3593
—, (biphenyl-4-yl)phenyl- **9** 3592
—, bis(biphenyl-4-yl)- **9** 3679
—, bis(biphenyl-4-yl)chloro- **9** 3679
—, bis(*p*-chlorophenyl)- **9** 3312
—, bis(*p*-nitrophenyl)- **9** 3315
—, bromocyclopentyl- **9** 43
—, (3-bromomesityl)- **9** 2534
—, (3-bromomesityl)phenyl- **9** 3386
—, bromophenyl- **9** 2277
—, [3-(chlorocarbonyl)-
   2,2-dimethylcyclobutyl]- **9** 3854
—, chloro(*p*-chlorophenyl)- **9** 2273
—, chlorodiphenyl- **9** 3308
—, (chlorodiphenylacetoxy)diphenyl-
   10 1178
—, chloromesityl- **9** 2533
—, chloro(1-naphthyl)phenyl- **9** 3554
—, chlorophenyl- **9** 2266
—, (*p*-chlorophenyl)- **9** 2264
—, chloro(tetrachlorocyclopenta-
   2,4-dien-1-ylidene)- **9** 2001
—, *p*-cumenyl- **9** 2529
—, (*p*-cyanophenyl)- **9** 4270
—, (cyclohex-2-en-1-yl)phenyl- **9** 3092
—, cyclohexyl- **9** 48
—, cyclohexylidene- **9** 163
—, cyclohexylphenyl- **9** 2863
—, (*p*-cyclohexylphenyl)- **9** 2868
—, (cyclopent-2-en-1-yl)- **9** 158
—, cyclopentyl- **9** 42
—, cyclopentylphenyl- **9** 2849
—, di(cyclopent-2-en-1-yl)- **9** 2565
—, dicyclopentyl- **9** 256
—, dimesityl- **9** 3402
—, (2,3-dimethoxyphenyl)- **10** 1453
—, (3,4-dimethoxyphenyl)- **10** 1463
—, (4,6-dinitro-*m*-phenylene)di- **9** 4295
—, diphenyl- **9** 3300
—, (2-ethyl-3-methoxyphenyl)- **10** 610
—, (hexahydroindan-2-ylidene)- **9** 320
—, (5-isopropyl-2-methylphenyl)-
   9 2559
—, (2-isopropyl-1-naphthyl)- **9** 3242
—, mesityl- **9** 2533
—, mesitylphenyl- **9** 3386
—, methoxyphenyl- **10** 468
—, (*p*-methoxyphenyl)- **10** 434
—, (α-methoxy-*o*-tolyl)- **10** 573
—, (4-methoxy-*o*-tolyl)- **10** 573
—, (2-methylcyclohex-1-en-1-yl)- **9** 180
—, (1-methylcyclohexyl)- **9** 68
—, (2-methylcyclohexyl)- **9** 68
—, (3-methylcyclopentyl)- **9** 61
—, (2-methyl-1-naphthyl)- **9** 3223
—, (4-methyl-1-naphthyl)- **9** 3223
—, (1-naphthyl)- **9** 3208

Acetyl chloride *(continued)*
—, (1-naphthyl)phenyl- **9** 3554
—, (*o*-nitrophenyl)- **9** 2282
—, (*p*-nitrophenyl)- **9** 2289
—, (2-norbornyl)- **9** 187
—, (1,4,4a,5,6,7,8,8a-octahydro-
    2-naphthyl)- **9** 330
—, (2-oxo-3-bornyl)- **10** 2939
—, (9-phenanthryl)- **9** 3508
—, phenyl- **9** 2192
—, (2-phenylcyclohexyl)- **9** 2867
—, (4-phenylcyclohexyl)- **9** 2869
—, (2-phenylcyclopentyl)- **9** 2851
—, phenyl(2,3,4,6-tetramethylphenyl)-
    9 3394
—, phenyl-*p*-tolyl- **9** 3345
—, (1,2,3,4-tetrahydro-9-phenanthryl)-
    9 3373
—, *o*-tolyl- **9** 2427
—, (2,4,5-trimethylphenyl)- **9** 2534
—, triphenyl- **9** 3588
—, (2,4-xylyl)- **9** 2488
Acetylene,
—, [1-(3,5-dinitrobenzoyloxy)cyclohexyl]-
    [1-(3,5-dinitrobenzoyloxy)-
    4-methoxycyclohexyl]- **9** 1919
Acetyl isocyanate,
—, phenyl- **9** 2208
Acorolone,
—, *O*-(4-nitrobenzoyl)- **9** 1673
Acrylaldehyde,
—, 3-(benzoyloxy)-2-phenyl- **9** 742
—, 3-(benzoylthio)- **9** 1971
—, 2,3-bis(4-nitrobenzoyloxy)-
    9 1678
Acrylamide,
—, 3-benzamido-2,3-diphenyl- **10** 3310
—, 3-(benzoyloxy)-2-(2-phenylacetamido)-
    9 2233
—, 3-(biphenyl-4-yl)-2,3-diphenyl- **9** 3687
—, 2,3-bis(*p*-methoxyphenyl)-3-phenyl-
    10 2016
—, 3,3-bis(*p*-methoxyphenyl)-2-phenyl-
    10 2017
—, 3,3-bis(*p*-methoxyphenyl)-2-*p*-tolyl-
    10 2019
—, 3,3′-bis(*o*-nitrophenyl)-2,2′-
    o-phenylenedi- **9** 4707
—, 2-(*p*-bromophenyl)-3,3-
    bis(*p*-methoxyphenyl)- **10** 2018
—, 3-(2-bromo-3,4,5-trimethoxyphenyl)-
    2-(*p*-methoxyphenyl)- **10** 2505
—, 3-(*p*-chlorophenyl)-3-phenyl-2-
    p-tolyl- **9** 3636
—, 2,2′-dicyano-3,3′-(4-methoxy-
    m-phenylene)di- **10** 2629
—, *N*,*N*-diethyl-3,3-diphenyl- **9** 3439
—, 3-(3,4-dimethoxyphenyl)-
    2,3-diphenyl- **10** 2017

—, 3,3-diphenyl- **9** 3438
—, 2,3-diphenyl-3-*p*-tolyl- **9** 3637
—, 3,3-diphenyl-2-*m*-tolyl- **9** 3636
—, 3,3-diphenyl-2-*p*-tolyl- **9** 3636
—, 2,3-diphenyl-3-(2,5-xylyl)- **9** 3643
—, 2-(*p*-hydroxyphenyl)-3-
    (3,4,5-trimethoxyphenyl)- **10** 2504
—, 2-(*p*-methoxyphenyl)-3,3-diphenyl-
    10 1337
—, 3-(*p*-methoxyphenyl)-2,3-diphenyl-
    10 1336
—, 3-(1-naphthyl)- **9** 3285
—, 3-(4-nitro-1-naphthyl)- **9** 3287
—, 3-phenyl-2,3-di-*p*-tolyl- **9** 3642
—, 3,3′-*p*-phenylenedi- **9** 4438
Acrylic acid,
—, 3-(acenaphthen-5-yl)- **9** 3449
    methyl ester **9** 3449
—, 2-(acenaphthen-3-yl)-3-
    (*o*-chlorophenyl)- **9** 3632
—, 2-(acenaphthen-3-yl)-3-
    (*o*-nitrophenyl)- **9** 3633
—, 2-acetamido-3-(benzoyloxy)-3-ethoxy-,
    ethyl ester **9** 875
—, 3-acetoxy-2-benzhydryl-3-ethoxy-,
    ethyl ester **10** 3381
—, 3-(4-acetoxy-3-methoxy-
    2-nitrophenyl)-2-(2,5-xylyl)-
    10 2000
—, 3-(3-acetoxy-4-methoxyphenyl)-2-
    (3,5-diacetoxyphenyl)- **10** 2503
—, 3-acetoxy-2-phenyl-,
    ethyl ester **10** 858
—, 3-acetoxy-2-(2-phenylacetamido)-,
    ethyl ester **9** 2232
—, 2-[2-(*p*-acetoxyphenyl)acetamido]-
    3-ethoxy- **10** 437
—, 2-(*p*-acetoxyphenyl)-3-
    (*m*-bromophenyl)- **10** 1253
—, 3-(*p*-acetoxyphenyl)-2-
    (3,5-diacetoxyphenyl)- **10** 2344
—, 2-acetyl-3-[4-hydroxy-3-
    (methoxycarbonyl)-1-naphthyl]-,
    ethyl ester **10** 4783
—, 3-amino-2-phenyl-,
    ethyl ester **10** 3024
—, 3-(9-anthryl)- **9** 3551
—, 2-benzamido- **9** 1192
—, 2-benzamido-3-(benzylthio)- **9** 1200
—, 2-benzamido-3-ethoxy-,
    benzyl ester **9** 1199
    ethyl ester **9** 1199
—, 3-benzamido-2-(ethoxyacetyl)-,
    ethyl ester **9** 1207
—, 2-benzamido-3-(ethylthio)- **9** 1200
    hydrazide **9** 1200
—, 2-benzamido-3-hydroxy-,
    benzyl ester **9** 1199
    ethyl ester **9** 1198

Acrylic acid (*continued*)

—, 2-benzamido-3-(2-hydroxy-1-naphthyl)-
10 4407

—, 2-benzamido-3-methoxy-,
methyl ester 9 1198

—, 2-benzamido-3-(4-methoxy-1-naphthyl)-
10 4407

—, 2-benzamido-3-(2-naphthyl)-,
methyl ester 10 3268

—, 2-benzhydryl-3-(benzhydryloxy)-
3-ethoxy-,
ethyl ester 10 3381

—, 3-(benzoyloxy)-2-
(benzyloxycarbonylamino)-,
ethyl ester 9 876

—, 3-(benzoyloxy)-2,3-diphenyl-,
ethyl ester 10 1257
methyl ester 10 1257

—, 3-(benzoyloxy)-2-phenoxy-,
ethyl ester 9 864

—, 3-(benzoyloxy)-2-(2-phenylacetamido)-
9 2230
methyl ester 9 2230

—, 2-benzyl-3-(*p*-bromophenyl)- 9 3451
ethyl ester 9 3451

—, 2-benzyl-3-(*p*-chlorophenyl)-
9 3450
ethyl ester 9 3450

—, 2-benzyl-3-(*p*-hydroxyphenyl)-
10 1265

—, 2-benzyl-3-(*p*-iodophenyl)- 9 3452
ethyl ester 9 3452

—, 2-[*m*-(benzyloxy)phenyl]-3-
(5-methoxy-2-nitrophenyl)- 10 1990

—, 2-benzyl-3-phenyl- 9 3450

—, 3-(*o*-benzylphenyl)-2-phenyl-
9 3637

—, 3-(*o*-benzylphenyl)-3-phenyl-
9 3637

—, 3-(benzylthio)-3-
(1-hydroxycyclohexyl)- 10 1358

—, 3-(benzylthio)-2-(*p*-nitrobenzamido)-
9 1743

—, 2-benzyl-3-*p*-tolyl- 9 3466
ethyl ester 9 3466

—, 3-(biphenyl-4-yl)-3-phenyl- 9 3631

—, 2,3-bis(5-bromo-2-methoxyphenyl)-
10 1989

—, 3,3-bis(*p*-bromophenyl)- 9 3442
2-(diethylamino)ethyl ester 9 3442
ethyl ester 9 3442

—, 2,3-bis(4-bromo-*o*-tolyl)- 9 3468

—, 3,3-bis(*p*-chlorophenyl)- 9 3441
2-(diethylamino)ethyl ester 9 3441
ethyl ester 9 3441

—, 3,3'-bis(4,5-dimethoxy-
2-nitrophenyl)-2,2'-
(2,5-dimethyl-*p*-phenylene)di-
10 2623

—, 2,3-bis(3,4-dimethoxyphenyl)-
10 2501

—, 3,3-bis(*p*-fluorophenyl)- 9 3440
2-(diethylamino)ethyl ester 9 3440

—, 2,3-bis(*p*-hydroxyphenyl)- 10 1991

—, 2,3-bis(*p*-iodophenyl)- 9 3421

—, 2,3-bis(*m*-methoxyphenyl)- 10 1990

—, 2,3-bis(*o*-methoxyphenyl)- 10 1988

—, 3,3-bis(*p*-methoxyphenyl)- 10 1996
2-(diethylamino)ethyl ester 10 1997
methyl ester 10 1997

—, 3,3-bis(*p*-methoxyphenyl)-2-phenyl-
10 2017

—, 2,3-bis(*p*-nitrophenyl)- 9 3427
ethyl ester 9 3428
methyl ester 9 3427

—, 3,3-bis(*p*-nitrophenyl)- 9 3442
2-(diethylamino)ethyl ester 9 3443
methyl ester 9 3443

—, 3,3'-bis(*o*-nitrophenyl)-2,2'-
(2,5-dimethyl-*p*-phenylene)di- 9 4711

—, 3,3'-bis(*o*-nitrophenyl)-2,2'-
m-phenylenedi- 9 4708
diethyl ester 9 4708

—, 3,3'-bis(*o*-nitrophenyl)-2,2'-
o-phenylenedi- 9 4707

—, 2-(5-bromo-*o*-anisamido)-
3,3-dichloro- 10 180

—, 2-(4-bromobenzyl)-3-phenyl- 9 3451
ethyl ester 9 3451

—, 3-(2'-bromobiphenyl-2-yl)-2-
(*o*-bromophenyl)- 9 3631

—, 3-(8-bromo-2,7-dimethoxy-1-naphthyl)-
2-methyl- 10 1962

—, 3-(5-bromo-3,4-dimethoxy-
2-nitrophenyl)-2-phenyl- 10 1994

—, 3-(6-bromo-3,4-dimethoxy-
2-nitrophenyl)-2-phenyl- 10 1994

—, 3-(2-bromo-4,5-dimethoxyphenyl)-2-
(3,4-dimethoxyphenacyl)- 10 4826
methyl ester 10 4827

—, 3-bromo-2,3-diphenyl-,
methyl ester 9 3421

—, 3-bromo-3-(2-ethoxy-1-naphthyl)-
2-methyl- 10 1190

—, 3-bromo-2-ethyl-3-(2-methoxy-
1-naphthyl)- 10 1202

—, 3-bromo-3-(2-methoxy-1-naphthyl)-
2-methyl- 10 1189

—, 3-(5-bromo-1-naphthyl)- 9 3285

—, 2-(1-bromo-2-naphthyl)-3-
(1-naphthyl)- 9 3668

—, 2-(1-bromo-2-naphthyl)-3-phenyl-
9 3581

—, 3-(1-bromo-2-naphthyl)-2-phenyl-
9 3582

—, 2-(1-bromo-2-naphthyl)-3-
(5,6,7,8-tetrahydro-2-naphthyl)-
9 3645

Acrylic acid *(continued)*

—, 2-(1-bromo-2-naphthyl)-3-*m*-tolyl-
9 3593

—, 2-(1-bromo-2-naphthyl)-3-*o*-tolyl-
9 3593

—, 2-(1-bromo-2-naphthyl)-3-*p*-tolyl-
9 3593

—, 3-(5-bromo-8-nitro-1-naphthyl)-
9 3287
  methyl ester 9 3287

—, 3-(4-bromo-2-nitrophenyl)-2-
(*p*-bromophenyl)- 9 3427

—, 3-(*m*-bromophenyl)-2-
(*p*-hydroxyphenyl)- 10 1253

—, 2-(*o*-bromophenyl)-3-
(*p*-methoxyphenyl)- 10 1257

—, 3-(*m*-bromophenyl)-2-
(*p*-methoxyphenyl- 10 1253

—, 2-(*m*-bromophenyl)-3-(*o*-nitrophenyl)-
9 3426

—, 2-(*p*-bromophenyl)-3-(*o*-nitrophenyl)-
9 3426

—, 3-(*p*-bromophenyl)-3-phenyl- 9 3441
  ethyl ester 9 3442

—, 2-(4-bromo-*o*-tolyl)-3-
(*p*-cyanophenyl)- 9 4609

—, 2-(6-bromo-*m*-tolyl)-3-(2-nitro-
m-tolyl)- 9 3468

—, 3-(*p*-*tert*-butylphenyl)-3-phenyl-
9 3483

—, 3-(3-carboxy-
2,2-dimethylcyclopropyl)-2-methyl-
9 3987

—, 3-(2-carboxy-5-methoxyphenyl)-3-
(*p*-methoxyphenyl)- 10 2532

—, 3-[2-(carboxymethylene)cyclopentyl]-
9 4052

—, 2-(10-carboxy-2-phenanthryl)-3-
(*o*-hydroxyphenyl)- 10 2404

—, 2-(*o*-carboxyphenyl)-3-
(*o*-chlorophenyl)- 9 4591

—, 2-(*o*-carboxyphenyl)-3-
(3,4-dimethoxyphenyl)- 10 2531

—, 2-(*o*-carboxyphenyl)-3-(4-hydroxy-
3-methoxyphenyl)- 10 2531

—, 2-(*o*-carboxyphenyl)-3-
(*o*-methoxyphenyl)- 10 2387

—, 2-(*o*-carboxyphenyl)-3-
(*p*-methoxyphenyl)- 10 2387

—, 2-(*o*-carboxyphenyl)-3-
(*m*-nitrophenyl)- 9 4591

—, 2-(*o*-carboxyphenyl)-3-
(*p*-nitrophenyl)- 9 4591

—, 2-(*p*-carboxyphenyl)-3-
(*o*-nitrophenyl)- 9 4592

—, 2-(*o*-carboxyphenyl)-3-phenyl-
9 4591

—, 2-(*p*-carboxyphenyl)-3-phenyl-
9 4591

—, 3-(*p*-carboxyphenyl)-2-phenyl-
9 4592

—, 3-(3-carboxy-
1,2,2-trimethylcyclopentyl)-
9 4008

—, 3-(3-carboxy-
1,2,2-trimethylcyclopentyl)-
2-methyl- 9 4013

—, 3-(4-chlorobenzoyloxy)-2-
(2-phenylacetamido)-,
  methyl ester 9 2231

—, 2-(4-chlorobenzyl)-3-phenyl-
9 3450
  ethyl ester 9 3451

—, 3-chloro-2-(*p*-chlorophenyl)-
3-phenyl-,
  methyl ester 9 3420

—, 3-(1-chloro-9,10-dioxo-9,10-dihydro-
2-anthryl)- 10 3663

—, 3-(4-chloro-1-hydroxy-2-naphthyl)-
10 1166

—, 3-(5-chloro-6-methoxy-2-naphthyl)-
10 1166

—, 3,3′-(5-chloro-2-methoxy-
m-phenylene)di- 10 2288

—, 3-(5-chloro-2-methoxyphenyl)-
2-methyl-3-phenyl-,
  ethyl ester 10 1267

—, 3-(5-chloro-2-methoxyphenyl)-
3-phenyl- 10 1262

—, 3-(5-chloro-6-methoxy-*m*-tolyl)-
2-methyl-3-phenyl-,
  ethyl ester 10 1276

—, 3-(5-chloro-6-methoxy-*m*-tolyl)-
3-phenyl-,
  ethyl ester 10 1268

—, 3-chloro-2-methyl-3-(2-methyl-
1-naphthyl)- 9 3352

—, 3-chloro-2-methyl-3-(2-naphthyl)-
9 3330

—, 3-chloro-3-(2-methyl-1-naphthyl)-
9 3330

—, 3-chloro-3-(2-naphthyl)- 9 3288

—, 3-(5-chloro-2-nitrophenyl)-2-phenyl-
9 3426

—, 2-(*p*-chlorophenyl)-3-(4,5-dimethoxy-
2-nitrophenyl)- 10 1994

—, 3-(*p*-chlorophenyl)-2,3-diphenyl-
9 3630

—, 3-(*o*-chlorophenyl)-2-(fluoren-2-yl)-
9 3654

—, 3-(*p*-chlorophenyl)-2-(fluoren-2-yl)-
9 3654

—, 3-(*o*-chlorophenyl)-2-(1-naphthyl)-
9 3580

—, 2-(*p*-chlorophenyl)-3-(*o*-nitrophenyl)-
9 3425

—, 3-(*o*-chlorophenyl)-2-(*p*-nitrophenyl)-
9 3425

Acrylic acid *(continued)*

—, 3-(*p*-chlorophenyl)-2-(*o*-nitrophenyl)-
9 3425

—, 2-(*o*-chlorophenyl)-3-phenyl-
9 3418

—, 2-(*p*-chlorophenyl)-3-phenyl-
9 3418
methyl ester 9 3419

—, 3-(*m*-chlorophenyl)-2-phenyl-
9 3420

—, 3-(*o*-chlorophenyl)-2-phenyl-
9 3419

—, 3-(*p*-chlorophenyl)-3-phenyl-
9 3440
ethyl ester 9 3440

—, 3-*p*-cumenyl-3-phenyl- 9 3477

—, 2-cyano-3,3-diphenyl- 9 4601
ethyl ester 9 4601

—, 2-cyano-3-(1-naphthyl)- 9 4522
ethyl ester 9 4523

—, 2-cyano-3-(2-naphthyl)-,
ethyl ester 9 4523

—, 2-(*p*-cyanophenyl)-3-(*o*-nitrophenyl)-
9 4592

—, 2-cyano-3-(2,6,6-trimethylcyclohex-
1-en-1-yl)- 9 4066

—, 3-cyclohexyl- 9 178

—, 3-(*p*-cyclohexylphenyl)-3-phenyl-
9 3543

—, 3,3'-(6,6'-diacetoxy-
5,5'-dimethoxybiphenyl-3,3'-diyl)-
di- 10 2619

—, 3-(3,5-diacetoxyphenyl)-2-phenyl-
10 1995

—, 2,2'-dibromo-3,3'-*m*-phenylenedi-
9 4436
dimethyl ester 9 4437

—, 3,3-dichloro-2-(5-chloro-
o-anisamido)- 10 168

—, 3,3-dichloro-2-(3,5-dibromo-
o-anisamido)- 10 184

—, 3,3-dichloro-2-(3,5-dichloro-
o-anisamido)- 10 173

—, 2,3-dichloro-3-(2-naphthyl)-
9 3288

—, 3-(5,8-dichloro-1-naphthyl)-
9 3285

—, 2-(3,4-dichlorophenyl)-3-
(*o*-nitrophenyl)- 9 3426

—, 3-(2,6-dichlorophenyl)-2-phenyl-
9 3420

—, 2,2'-dicyano-3,3'-(4-methoxy-
m-phenylene)di- 10 2629
diethyl ester 10 2629

—, 3-(9,10-dihydro-2-phenanthryl)-
9 3518

—, 3,3'-(6,6'-dihydroxy-
5,5'-dimethoxybiphenyl-3,3'-diyl)-
di- 10 2619

—, 3-(3,5-dihydroxyphenyl)-2-
(*p*-hydroxyphenyl)- 10 2344

—, 3-(3,4-dihydroxyphenyl)-2-phenyl-
10 1993

—, 3-(2,7-dimethoxy-1-naphthyl)-
2-methyl- 10 1961

—, 3-(2,7-dimethoxy-8-nitro-1-naphthyl)-
2-methyl- 10 1962

—, 3-(4,5-dimethoxy-2-nitrophenyl)-2-
(3,4-dimethoxyphenyl)- 10 2502

—, 3-(3,4-dimethoxy-2-nitrophenyl)-2-
(3-ethoxy-4-methoxyphenyl)-
10 2501

—, 3-(3,4-dimethoxy-2-nitrophenyl)-2-
(4-ethoxy-3-methoxyphenyl)-
10 2502

—, 3-(3,4-dimethoxy-2-nitrophenyl)-2-
(1-naphthyl)- 10 2012

—, 3-(3,4-dimethoxy-2-nitrophenyl)-
2-phenyl- 10 1993

—, 3-(3,4-dimethoxy-2-nitrophenyl)-2-
(2,5-xylyl)- 10 2000

—, 3-(4,5-dimethoxy-2-nitrophenyl)-2-
(2,5-xylyl)- 10 2000

—, 2-(3,4-dimethoxyphenacyl)-3-
(3,4-dimethoxyphenyl)- 10 4826

—, 2-(3,4-dimethoxyphenacyl)-3-
(4-ethoxy-3-methoxyphenyl)- 10 4826

—, 2-(2,4-dimethoxyphenacyl)-3-
(4-hydroxy-3-methoxyphenyl)-
10 4825

—, 2-(3,4-dimethoxyphenacyl)-3-
(4-hydroxy-3-methoxyphenyl)-
10 4825

—, 2-(3,4-dimethoxyphenacyl)-3-
(*p*-methoxyphenyl)- 10 4784
methyl ester 10 4784

—, 2-(3,4-dimethoxyphenacyl)-3-
(*o*-nitrophenyl)- 10 4692

—, 2-(3,4-dimethoxyphenacyl)-3-phenyl-
10 4692
methyl ester 10 4692

—, 2-(3,4-dimethoxyphenacyl)-3-*m*-tolyl-
10 4693
methyl ester 10 4693

—, 2-(3,4-dimethoxyphenacyl)-3-*p*-tolyl-
10 4693

—, 2-(2,4-dimethoxyphenyl)-3-
(3,4-dimethoxyphenyl)- 10 2500
methyl ester 10 2500

—, 3-(2,4-dimethoxyphenyl)-2-
(3,5-dimethoxyphenyl)- 10 2503

—, 3-(2,4-dimethoxyphenyl)-3-
(3,4-dimethoxyphenyl)- 10 2506

—, 3-(2,5-dimethoxyphenyl)-
2,3-diphenyl- 10 2016
methyl ester 10 2017

—, 3-(3,4-dimethoxyphenyl)-2-(4-ethoxy-
3-methoxyphenacyl)- 10 4826

Acrylic acid *(continued)*

—, 3-(3,4-dimethoxyphenyl)-2-
(2-hydroxy-4-methoxyphenyl)-
10 2500
—, 3-(3,5-dimethoxyphenyl)-2-
(*p*-hydroxyphenyl)- **10** 2345
—, 2-(3,5-dimethoxyphenyl)-3-
(*p*-methoxyphenyl)- **10** 2344
—, 3-(3,5-dimethoxyphenyl)-2-
(*p*-methoxyphenyl)- **10** 2345
—, 3-(3,4-dimethoxyphenyl)-2-phenacyl-
10 4691
  methyl ester **10** 4691
—, 3-(2,4-dimethoxyphenyl)-3-phenyl-
10 1996
—, 3-(3,4-dimethoxyphenyl)-2-phenyl-
10 1993
—, 3-(3,5-dimethoxyphenyl)-2-phenyl-
10 1995
—, 2-(3,4-dimethyl-1-naphthyl)-3-
(*o*-nitrophenyl)- **9** 3606
—, 3-[2,2-dimethyl-3-
(4-phenylphenacyloxycarbonyl)-
cyclopropyl]-2-methyl-,
  4-phenylphenacyl ester **9** 3989
—, 2,3-di(1-naphthyl)- **9** 3668
—, 2,3-di(2-naphthyl)- **9** 3668
—, 3,3-di(1-naphthyl)- **9** 3668
—, 3-(4,5-dinitro-1-naphthyl)- **9** 3288
  ethyl ester **9** 3288
—, 3,3′-(4,6-dinitro-*m*-phenylene)di-
9 4437
  diethyl ester **9** 4437
—, 3,3′-(4,6-dinitro-*m*-phenylene)-
2,2′-diphenyldi- **9** 4708
  dimethyl ester **9** 4708
—, 2,3-diphenyl- **9** 3414
  m-acetoxyphenyl ester **9** 3416
  ethyl ester **9** 3416
  m-hydroxyphenyl ester **9** 3416
  p-hydroxyphenyl ester **9** 3417
  methyl ester **9** 3415
—, 3,3-diphenyl- **9** 3438
  2-(diethylamino)ethyl ester **9** 3438
  ethyl ester **9** 3438
—, 2-(2,2-diphenylacetamido)-3-hydroxy-,
  ethyl ester **9** 3303
—, 3-(1,4-diphenyl-2-naphthyl)- **9** 3677
—, 2,3-diphenyl-3-*p*-tolyl- **9** 3637
—, 3,3-diphenyl-2-*p*-tolyl- **9** 3636
—, 3,3-di-*p*-tolyl- **9** 3470
  2-(diethylamino)ethyl ester **9** 3471
  ethyl ester **9** 3471
—, 2-(α-ethoxybenzylideneamino)-
3-hydroxy-,
  ethyl ester **9** 1251
—, 3-[3-(ethoxycarbonyl)-
2,2-dimethylcyclobutyl]-,
  ethyl ester **9** 3987

—, 3-[(ethoxycarbonylmethyl)amino]-2-
(2-phenylacetamido)-,
  ethyl ester **9** 2248
—, 2-(α-ethoxycinnamylideneamino)-
3-hydroxy-,
  ethyl ester **9** 2720
—, 3-(3-ethoxy-4-hydroxyphenyl)-
2-phenyl- **10** 1993
—, 3-(3-ethoxy-4-methoxy-2-nitrophenyl)-
2-(3-ethoxy-4-methoxyphenyl)-
10 2502
—, 3-(3-ethoxy-4-methoxy-2-nitrophenyl)-
2-(4-ethoxy-3-methoxyphenyl)-
10 2502
—, 3-(4-ethoxy-3-methoxy-2-nitrophenyl)-
2-(3-ethoxy-4-methoxyphenyl)-
10 2502
—, 3-(2-ethoxy-1-naphthyl)-2-methyl-
10 1189
—, 3-ethoxy-2-(2-phenylacetamido)-
9 2229
—, 2-ethyl-3-(2-methoxy-1-naphthyl)-
10 1201
—, 2-(*p*-ethylphenyl)-3-(*o*-nitrophenyl)-
9 3467
—, 2-(*m*-ethylphenyl)-3-(2-nitro-
m-tolyl)- **9** 3476
—, 2-(*p*-ethylphenyl)-3-(2-nitro-
m-tolyl)- **9** 3476
—, 3-(*p*-ethylphenyl)-3-phenyl-
9 3470
—, 3-(ethylthio)-2-(2-phenylacetamido)-
9 2234
—, 2-(fluoren-2-yl)-3-(*p*-methoxyphenyl)-
10 1342
—, 2-(fluoren-2-yl)-3-(*o*-nitrophenyl)-
9 3654
—, 2-(fluoren-2-yl)-3-(*p*-nitrophenyl)-
9 3655
—, 2-(fluoren-2-yl)-3-phenyl- **9** 3654
—, 3-(*p*-fluorophenyl)-3-phenyl-
9 3439
  2-(diethylamino)ethyl ester
  9 3439
  ethyl ester **9** 3439
—, 3-(*p*-fluorophenyl)-3-*p*-tolyl-
9 3458
—, 3-(1-hydroxycyclohexyl)-3-phenoxy-
10 1357
  methyl ester **10** 1358
—, 3-(4-hydroxy-3-methoxyphenyl)-2-
(4-methoxyphenacyl)- **10** 4783
—, 3-(3-hydroxy-5-methoxyphenyl)-
2-phenyl- **10** 1994
—, 3-(2-hydroxy-1-naphthyl)-
10 1165
—, 3-(2-hydroxy-1-naphthyl)-2-methyl-
10 1188
  methyl ester **10** 1189

Acrylic acid *(continued)*

—, 3-hydroxy-2-(2-phenylacetamido)-,
    benzyl ester **9** 2232
    butyl ester **9** 2232
    ethyl ester **9** 2231
    methyl ester **9** 2230

—, 3-(*p*-hydroxyphenyl)-2-(6-methoxy-
    3,4-dihydro-1-naphthyl)- **10** 2011

—, 3-(*o*-hydroxyphenyl)-2-
    (4-methoxyphenacyl)- **10** 4691

—, 3-(*p*-hydroxyphenyl)-3-
    (*p*-methoxyphenyl)- **10** 1996

—, 3-(*p*-hydroxyphenyl)-2-(1-naphthyl)-
    10 1323

—, 3-(*p*-hydroxyphenyl)-2-(2-naphthyl)-
    10 1323

—, 2-(*p*-hydroxyphenyl)-3-
    (*m*-nitrophenyl)- **10** 1253

—, 3-(*o*-hydroxyphenyl)-2-
    (*o*-nitrophenyl)- **10** 1254

—, 2-(*p*-hydroxyphenyl)-3-phenyl- **10** 1252

—, 3-(*m*-hydroxyphenyl)-2-phenyl-
    10 1255

—, 3-(*p*-hydroxyphenyl)-2-phenyl- **10** 1255

—, 3-(*p*-hydroxyphenyl)-2-
    (5,6,7,8-tetrahydro-1-naphthyl)-
    10 1310

—, 3-(*p*-hydroxyphenyl)-2-
    (5,6,7,8-tetrahydro-2-naphthyl)-
    10 1310

—, 3-(*o*-hydroxyphenyl)-2-
    (2,3,4,5-tetramethylphenyl)-,
    methyl ester **10** 1289

—, 3-hydroxy-2-(2-phenylthioacetamido)-,
    benzyl ester **9** 2297

—, 3-(indan-5-yl)- **9** 3083

—, 2-(4-iodobenzyl)-3-(*m*-iodophenyl)-
    9 3452

—, 2-(4-iodobenzyl)-3-(*p*-iodophenyl)-
    9 3453

—, 2-(4-iodobenzyl)-3-phenyl- **9** 3452
    ethyl ester **9** 3452

—, 3-(*m*-iodophenyl)-2-(*p*-iodophenyl)-
    9 3421

—, 3-(*p*-iodophenyl)-3-phenyl-,
    ethyl ester **9** 3442

—, 2-(5-isopropyl-2-methylphenyl)-3-
    (*o*-nitrophenyl)- **9** 3483

—, 3-[1-(methoxycarbonyl)-
    2-methylpropylamino]-2-
    (2-phenylacetamido)-,
    ethyl ester **9** 2248

—, 3-[3-(methoxycarbonyl)-
    1,2,2-trimethylcyclopentyl]-,
    methyl ester **9** 4008

—, 3-(7-methoxy-9,10-dihydro-
    2-phenanthryl)- **10** 1309

—, 2-[3-methoxy-4-(methoxymethoxy)‌
    phenyl]- **10** 1850

—, 3-(2-methoxy-1-naphthyl)- **10** 1165
    ethyl ester **10** 1165

—, 3-(4-methoxy-1-naphthyl)- **10** 1165

—, 3-(2-methoxy-1-naphthyl)-2-methyl-
    10 1188
    ethyl ester **10** 1189

—, 3-(4-methoxy-1-naphthyl)-2-methyl-
    10 1190

—, 3-(5-methoxy-2-nitrophenyl)-2-
    (1-naphthyl)- **10** 1323

—, 3-(5-methoxy-2-nitrophenyl)-
    2-phenyl- **10** 1255

—, 3-(3-methoxy-2-nitrophenyl)-2-
    o-tolyl- **10** 1266

—, 3-(5-methoxy-2-nitrophenyl)-2-
    (3,4,5-trimethoxyphenyl)- **10** 2500

—, 2-(4-methoxyphenacyl)-3-
    (*p*-methoxyphenyl)- **10** 4691

—, 2-(4-methoxyphenacyl)-3-phenyl-
    10 4465
    methyl ester **10** 4465

—, 3-methoxy-2-(2-phenylacetamido)-
    9 2229
    methyl ester **9** 2230

—, 3-(*p*-methoxyphenyl)-2,3-diphenyl-
    10 1335

—, 2-(*m*-methoxyphenyl)-3-(5-methoxy-
    2-nitrophenyl)- **10** 1990

—, 3-(*m*-methoxyphenyl)-2-
    (*p*-methoxyphenyl)- **10** 1991

—, 2-(*m*-methoxyphenyl)-3-(2-nitro-
    3,4,5-trimethoxyphenyl)- **10** 2503

—, 2-(*p*-methoxyphenyl)-3-(2-nitro-
    3,4,5-trimethoxyphenyl)- **10** 2506

—, 3-(4-methoxyphenyl)-2-phenacyl-
    10 4464

—, 2-(*p*-methoxyphenyl)-3-phenyl-
    10 1252

—, 3-(*m*-methoxyphenyl)-2-phenyl-
    10 1255

—, 3-(*o*-methoxyphenyl)-2-phenyl-
    10 1254

—, 3-(*o*-methoxyphenyl)-3-phenyl-
    10 1262

—, 3-(*p*-methoxyphenyl)-2-phenyl-
    10 1256
    methyl ester **10** 1256

—, 3-(*p*-methoxyphenyl)-3-phenyl- **10** 1262

—, 2-(*p*-methoxyphenyl)-3-
    (3,4,5-trimethoxyphenyl)- **10** 2504
    ethyl ester **10** 2504
    4-phenylphenacyl ester **10** 2504

—, 3-(*p*-methoxyphenyl)-2-
    (2,4,6-trimethoxyphenyl)- **10** 2499
    methyl ester **10** 2499

—, 2-(2-methoxy-*m*-tolyl)-3-
    (*o*-nitrophenyl)- **10** 1266

—, 2-(4-methoxy-*o*-tolyl)-3-
    (*o*-nitrophenyl)- **10** 1266

Acrylic acid *(continued)*
—, 2-(5-methoxy-*o*-tolyl)-3-
   (*o*-nitrophenyl)- **10** 1266
—, 3-(6-methoxy-*m*-tolyl)-3-phenyl-,
   ethyl ester **10** 1267
—, 3-(6-methoxy-2,4-xylyl)-
   2,3-diphenyl- **10** 1339
   2-(dimethylamino)ethyl ester
   10 1340
—, 3-(methylamino)-2-phenyl-,
   ethyl ester **10** 3024
—, 2-(*N*-methylbenzamido)-3-hydroxy-,
   ethyl ester **9** 1201
   methyl ester **9** 1201
—, 2-(*N*-methylbenzamido)-3-[1-
   (methoxycarbonyl)-2-methylprop-
   1-enylamino]-,
   ethyl ester **9** 1204
—, 2-(*N*-methylbenzamido)-3-[1-
   (methoxycarbonyl)-
   2-methylpropylidenamino]-,
   ethyl ester **9** 1204
—, 2-(4-methylbenzyl)-3-phenyl-
   9 3466
   ethyl ester **9** 3466
—, 3-(6-methylcyclohexa-1,3-dien-1-yl)-
   9 2478
   ethyl ester **9** 2478
—, 2-(4-methylcyclohex-3-en-1-yl)-
   9 308, 309
—, 3-(2-methylcyclohex-3-en-1-yl)-,
   ethyl ester **9** 307
—, 2-methyl-3,3-diphenyl- **9** 3457
   ethyl ester **9** 3457
—, 2-methyl-3-(1-naphthyl)- **9** 3330
—, 2-methyl-3-(2-naphthyl)- **9** 3330
--, 3-(methylthio)-2-phenyl-3-
   (phenylethynylthio)- **10** 3140
   methyl ester **10** 3140
—, 2-(1-naphthyl)-,
   ethyl ester **9** 3289
—, 3-(1-naphthyl)- **9** 3284
   2-(diethylamino)ethyl ester **9** 3285
   2-(dimethylamino)ethyl ester
   9 3285
   1,2-dimethyl-3-(dimethylamino)ₔ
   propyl ester **9** 3285
   ethyl ester **9** 3284
—, 3-(2-naphthyl)- **9** 3288
—, 2-(1-naphthyl)-3-(2-naphthyl)-
   9 3668
—, 3-(1-naphthyl)-2-(2-naphthyl)-
   9 3668
—, 2-(1-naphthyl)-3-(*o*-nitrophenyl)-
   9 3581
—, 3-(1-naphthyl)-2-(*p*-nitrophenyl)-
   9 3582
   methyl ester **9** 3582
—, 2-(1-naphthyl)-3-phenyl- **9** 3580

—, 2-(2-naphthyl)-3-phenyl- **9** 3581
—, 3-(1-naphthyl)-2-phenyl- **9** 3581
—, 3-(1-naphthyl)-3-phenyl- **9** 3582
—, 3-(2-naphthyl)-2-phenyl- **9** 3582
—, 3-(2-naphthyl)-3-phenyl- **9** 3583
—, 2-(1-naphthyl)-3-(pyren-1-yl)-
   9 3692
—, 3-(2-nitrobenzoyloxy)-2-
   (2-phenylacetamido)-,
   methyl ester **9** 2231
—, 3-(4-nitrobenzoyloxy)-2-
   (2-phenylacetamido)-,
   methyl ester **9** 2231
—, 3-(4-nitro-1-naphthyl)- **9** 3286
   2-(diethylamino)ethyl ester **9** 3286
   3-(diethylamino)propyl ester
   9 3286
   2-(dimethylamino)ethyl ester
   9 3286
   1,2-dimethyl-3-(dimethylamino)ₔ
   propyl ester **9** 3286
   ethyl ester **9** 3286
—, 3-(5-nitro-1-naphthyl)- **9** 3287
   ethyl ester **9** 3287
—, 3,3'-(nitro-*p*-phenylene)di- **9** 4439
   diethyl ester **9** 4439
   diisopentyl ester **9** 4439
   dimethyl ester **9** 4439
—, 3,3'-(3-nitro-*o*-phenylene)di-,
   dimethyl ester **9** 4435
—, 3,3'-(4-nitro-*m*-phenylene)di- **9** 4437
   dimethyl ester **9** 4437
—, 3,3'-(4-nitro-*o*-phenylene)di-
   9 4436
   dimethyl ester **9** 4436
—, 3-(*o*-nitrophenyl)-2-(*p*-nitrophenyl)-
   9 3427
—, 3-(*o*-nitrophenyl)-2-(9-phenanthryl)-
   9 3667
—, 2-(*o*-nitrophenyl)-3-phenyl- **9** 3421
   ethyl ester **9** 3421
—, 2-(*p*-nitrophenyl)-3-phenyl-
   9 3421, 3422
—, 3-(*m*-nitrophenyl)-2-phenyl-
   9 3423, 3424
—, 3-(*o*-nitrophenyl)-2-phenyl-
   9 3422, 3423
—, 3-(*p*-nitrophenyl)-2-phenyl-
   9 3424, 3425
   methyl ester **9** 3425
—, 3-(*o*-nitrophenyl)-2-
   (2,3,4,5-tetramethylphenyl)-
   9 3483
—, 3-(*o*-nitrophenyl)-2-(2,4-xylyl)-
   9 3467
—, 3-(*o*-nitrophenyl)-2-(2,5-xylyl)-
   9 3467
—, 3-(2-nitro-*m*-tolyl)-2-*p*-tolyl-
   9 3468

Acrylic acid *(continued)*

—, 3-(7-oxo-7*H*-benz[*de*]anthracen-4-yl)-
10 3470

—, 3-(2-oxocyclohexyl)- **10** 2901

—, 2-(1-oxo-3-phenylinden-2-yl)-
3,3-diphenyl- **10** 3508

—, 2-(1-oxo-3-phenylinden-2-yl)-
3-phenyl- **10** 3497

—, 2-phenacyl- **10** 3163

—, 2-phenacyl-3-phenyl- **10** 3384

—, 3-(1-phenanthryl)- **9** 3552
methyl ester **9** 3552

—, 3-(2-phenanthryl)- **9** 3552
methyl ester **9** 3552

—, 3-(3-phenanthryl)- **9** 3552
methyl ester **9** 3552

—, 3-(9-phenanthryl)- **9** 3553
methyl ester **9** 3553

—, 3-(9-phenanthryl)-3-phenyl-
9 3667

—, 2-phenyl- see *Atropic acid*

—, 2-(2-phenylacetamido)- **9** 2228
methyl ester **9** 2228

—, 3-(2-phenylcyclohex-3-en-1-yl)-
9 3238
ethyl ester **9** 3238

—, 2-phenyl-3,3-di-*p*-tolyl- **9** 3643

—, 3,3'-*m*-phenylenedi- **9** 4436
diethyl ester **9** 4436
dimethyl ester **9** 4436

—, 3,3'-*o*-phenylenedi- **9** 4434
diethyl ester **9** 4435
dimethyl ester **9** 4435

—, 3,3'-*p*-phenylenedi- **9** 4437
diethyl ester **9** 4438
dihydrazide **9** 4438
dimethyl ester **9** 4438

—, 3-phenyl-2-(3-phenylacetonyl)-
10 3393

—, 2-phenyl-3-(pyren-1-yl)- **9** 3684

—, 3-phenyl-2-(5,6,7,8-tetrahydro-
1-naphthyl)- **9** 3529

—, 3-phenyl-2-(5,6,7,8-tetrahydro-
2-naphthyl)- **9** 3529

—, 3-phenyl-3-(5,6,7,8-tetrahydro-
2-naphthyl)- **9** 3530

—, 3-phenyl-3-*p*-tolyl- **9** 3457

—, 2-phenyl-3-(3,4,5-trimethoxyphenyl)-
10 2345
4-phenylphenacyl ester **10** 2345

—, 3-(pyren-1-yl)- **9** 3624
methyl ester **9** 3624

—, 2-(β-semicarbazonophenethyl)-
10 3163

—, 3-(5,6,7,8-tetrahydro-2-naphthyl)-
9 3088
methyl ester **9** 3089

—, 3-(1,2,3,4-tetrahydro-9-phenanthryl)-
9 3474

—, 3,3'-(5,5',6,6'-tetramethoxy-
biphenyl-3,3'-diyl)di- **10** 2619
dimethyl ester **10** 2620

—, 2-(2,4,6-trimethoxyphenyl)-3-
(3,4,5-trimethoxyphenyl)- **10** 2608
ethyl ester **10** 2609
methyl ester **10** 2609

—, 3-(2,6,6-trimethylcyclohex-1-en-
1-yl)- **9** 328

—, 3-(2,6,6-trimethylcyclohex-2-en-
1-yl)- **9** 328
ethyl ester **9** 329
methyl ester **9** 329

—, triphenyl- **9** 3629

—, 2,3,3-tris(*p*-methoxyphenyl)- **10** 2401

Acrylic anhydride,

—, 3-(*m*-methoxyphenyl)-2-
(*p*-methoxyphenyl)- **10** 1991

Acrylonitrile,

—, 3-(acenaphthen-5-yl)-2,3-diphenyl-
9 3688

—, 3-(4-acetoxy-2-methoxyphenyl)-
2-phenyl- **10** 1992

—, 3-(*m*-acetoxyphenyl)-2-
(*p*-nitrophenyl)- **10** 1255

—, 2-(*p*-acetoxyphenyl)-3-
(3,4,5-trimethoxyphenyl)- **10** 2505

—, 3-amino-2-(*p*-chlorophenyl)- **10** 3025

—, 3-amino-2-(*p*-methoxyphenyl)-
10 4226

—, 3-amino-2-phenyl- **10** 3024

—, 2-benzhydryl-3-(benzhydryloxy)-
3-ethoxy- **10** 3381

—, 3-(benzoyloxy)-2,3-diphenyl-
10 1258

—, 3-(benzoyloxy)-2-
(1-ethoxyhexylideneamino)-
9 896

—, 3-(benzoyloxy)-2-(ethoxymethyl)-
9 864

—, 3-(benzoyloxy)-2-mesityl- **10** 895

—, 3-(benzoyloxy)-2-phenyl- **10** 858

—, 2-[*p*-(benzoyloxy)phenyl]-3-
(3,4,5-trimethoxyphenyl)- **10** 2505

—, 3-(biphenyl-4-yl)-3-(*o*-chlorophenyl)-
2-phenyl- **9** 3687

—, 3-(biphenyl-4-yl)-2,3-diphenyl-
9 3687

—, 2,3-bis(3,4-dimethoxyphenyl)-
10 2501

—, 3,3-bis(*p*-ethoxyphenyl)-2-phenyl-
10 2018

—, 2,3-bis(*p*-methoxyphenyl)- **10** 1992

—, 2,3-bis(*p*-methoxyphenyl)-3-phenyl-
10 2016

—, 3,3-bis(*p*-methoxyphenyl)-2-phenyl-
10 2018

—, 3,3-bis(*p*-methoxyphenyl)-2-*p*-tolyl-
10 2020

Acrylonitrile *(continued)*
—, 2,3-bis(*p*-nitrophenyl)- **9** 3428
—, 3,3'-bis(*o*-nitrophenyl)-2,2'-
o-phenylenedi- **9** 4707
—, 3-(3-bromo-4-methoxyphenyl)-
2,3-diphenyl- **10** 1337
—, 3-(3-bromo-4-methoxyphenyl)-
3-phenyl-2-*p*-tolyl- **10** 1339
—, 2-(1-bromo-2-naphthyl)-3-phenyl-
9 3581
—, 2-(*p*-bromophenyl)-3,3-
bis(*p*-methoxyphenyl)- **10** 2018
—, 2-(*p*-bromophenyl)-3,3-diphenyl-
9 3631
—, 3-(2-bromo-3,4,5-trimethoxyphenyl)-
2-(*p*-methoxyphenyl)- **10** 2506
—, 3-(*p*-butoxyphenyl)-2,3-diphenyl-
10 1336
—, 3-(3-chloro-4-ethoxyphenyl)-
2,3-diphenyl- **10** 1337
—, 3-(3-chloro-4-ethoxyphenyl)-
3-phenyl-2-*p*-tolyl- **10** 1339
—, 3-(3-chloro-4-methoxyphenyl)-
2,3-diphenyl- **10** 1337
—, 3-(*o*-chlorophenyl)-2-
(3,4-dimethoxyphenyl)- **10** 1989
—, 3-(*p*-chlorophenyl)-2-
(3,4-dimethoxyphenyl)- **10** 1989
—, 3-(*p*-chlorophenyl)-2,3-diphenyl-
9 3631
—, 3-(*o*-chlorophenyl)-2-
(*p*-methoxyphenyl)- **10** 1252
—, 3-(*p*-chlorophenyl)-2-
(*p*-methoxyphenyl)- **10** 1252
—, 2-(*p*-chlorophenyl)-3-phenyl- **9** 3419
—, 3-(*o*-chlorophenyl)-2-phenyl-
9 3420
—, 3-(*p*-chlorophenyl)-3-phenyl-2-
p-tolyl- **9** 3637
—, 3-(2-cyanocyclohex-3-en-1-yl)-
9 4050
—, 3-(*p*-cyanophenyl)-2-phenyl- **9** 4592
—, 2-(*p*-cyclohexylphenyl)-3-phenyl-
9 3543
—, 2-cyclopropyl- **9** 143
—, 3-(2,4-dimethoxyphenyl)-
2,3-diphenyl- **10** 2016
—, 3-(3,4-dimethoxyphenyl)-
2,3-diphenyl- **10** 2017
—, 2-(3,4-dimethoxyphenyl)-3-
(*o*-methoxyphenyl)- **10** 2343
—, 2-(3,4-dimethoxyphenyl)-3-
(*p*-methoxyphenyl)- **10** 2344
—, 3-(3,4-dimethoxyphenyl)-2-
(*p*-methoxyphenyl)- **10** 2344
—, 2-(3,4-dimethoxyphenyl)-3-
(*m*-nitrophenyl)- **10** 1989
—, 2-(3,4-dimethoxyphenyl)-3-phenyl-
10 1989

—, 3-(2,4-dimethoxyphenyl)-2-phenyl-
10 1992
—, 3-(3,4-dimethoxyphenyl)-2-phenyl-
10 1993
—, 3-(2,4-dimethoxyphenyl)-3-phenyl-2-
p-tolyl- **10** 2019
—, 3-(3,4-dimethoxyphenyl)-3-phenyl-2-
p-tolyl- **10** 2019
—, 2-(3,4-dimethoxyphenyl)-3-*p*-tolyl-
10 1998
—, 2-(2,4-dinitrophenyl)-3-
(*o*-hydroxyphenyl)- **10** 1254
—, 2-(2,4-dinitrophenyl)-3-
(*p*-nitrophenyl)- **9** 3428
—, 2,3-diphenyl- **9** 3417
—, 3,3-diphenyl- **9** 3439
—, 3,3'-diphenyl-2,2'-(biphenyl-
4,4'-diyl)di- **9** 4733
—, 2,3-diphenyl-3-(*p*-propoxyphenyl)-
10 1336
—, 2,3-diphenyl-3-(5,6,7,8-tetrahydro-
2-naphthyl)- **9** 3660
—, 3,3-diphenyl-2-*m*-tolyl- **9** 3636
—, 3,3-diphenyl-2-*p*-tolyl- **9** 3636
—, 2,3-diphenyl-3-
(2,4,5-trimethylphenyl)- **9** 3645
—, 2,3-diphenyl-3-(2,4-xylyl)- **9** 3643
—, 2,3-diphenyl-3-(2,5-xylyl)- **9** 3643
—, 3-(6-ethoxy-2-naphthyl)-
2,3-diphenyl- **10** 1346
—, 3-(6-ethoxy-2-naphthyl)-2-
(*p*-methoxyphenyl)-3-phenyl-
10 2021
—, 2-(2-ethyl-3-methoxyphenyl)-3-
(*p*-methoxyphenyl)- **10** 2000
—, 3-(4-hydroxy-2-methoxyphenyl)-
2-phenyl- **10** 1992
—, 3-(4-hydroxy-3-methoxyphenyl)-
2-phenyl- **10** 1993
—, 2-(*p*-hydroxyphenyl)-3-
(*p*-methoxyphenyl)- **10** 1991
—, 3-(*o*-hydroxyphenyl)-2-
(*p*-nitrophenyl)- **10** 1254
—, 3-(*o*-hydroxyphenyl)-2-phenyl-
10 1254
—, 2-(*p*-hydroxyphenyl)-3-
(3,4,5-trimethoxyphenyl)- **10** 2505
—, 3-(4-methoxy-1-naphthyl)-
2,3-diphenyl- **10** 1346
—, 3-methoxy-3-(*p*-nitrophenyl)-
2-phenyl- **10** 1258
—, 2-(*p*-methoxyphenyl)-3,3-diphenyl-
10 1337
—, 3-(*p*-methoxyphenyl)-2,3-diphenyl-
10 1336
—, 3-(*o*-methoxyphenyl)-2-
(*p*-methoxyphenyl)- **10** 1990
—, 2-(*p*-methoxyphenyl)-3-(1-naphthyl)-
3-phenyl- **10** 1346

Acrylonitrile *(continued)*
—, 2-(*p*-methoxyphenyl)-3-(2-naphthyl)-3-phenyl- **10** 1347
—, 2-(*p*-methoxyphenyl)-3-(*m*-nitrophenyl)- **10** 1253
—, 3-(*p*-methoxyphenyl)-2-(*p*-nitrophenyl)- **10** 1257
—, 2-(*p*-methoxyphenyl)-3-(2-nitro-3,4,5-trimethoxyphenyl)- **10** 2506
—, 2-(*p*-methoxyphenyl)-3-phenyl- **10** 1252
—, 3-(*p*-methoxyphenyl)-2-phenyl- **10** 1256
—, 3-(*p*-methoxyphenyl)-2-phenyl-3-(5,6,7,8-tetrahydro-2-naphthyl)- **10** 1343
—, 3-(*p*-methoxyphenyl)-3-phenyl-2-*p*-tolyl- **10** 1339
—, 2-(*p*-methoxyphenyl)-3-*p*-tolyl- **10** 1267
—, 2-(*p*-methoxyphenyl)-3-(3,4,5-trimethoxyphenyl)- **10** 2505
—, 3-(4-methoxy-*o*-tolyl)-2,3-diphenyl- **10** 1338
—, 2-(1-naphthyl)-3,3-diphenyl- **9** 3677
—, 2-(2-naphthyl)-3,3-diphenyl- **9** 3677
—, 3-(1-naphthyl)-2,3-diphenyl- **9** 3676
—, 3-(2-naphthyl)-2,3-diphenyl- **9** 3676
—, 2-(1-naphthyl)-3-phenyl- **9** 3580
—, 2-(1-naphthyl)-3-phenyl-3-*p*-tolyl- **9** 3680
—, 3-(*o*-nitrophenyl)-2-phenyl- **9** 3423
—, 3-(*p*-phenethylphenyl)-2,3-diphenyl- **9** 3688
—, 3-phenyl-2,3-di-*p*-tolyl- **9** 3642
—, 2-phenyl-3-(3,4,5-trimethoxyphenyl)- **10** 2346
—, triphenyl- **9** 3630
Acrylophenone,
—, 3-(9-anthryl)-2'-(benzoyloxy)- **9** 778
—, 3-(9-anthryl)-2',5'-bis(benzoyloxy)- **9** 807
—, 3-(9-anthryl)-2',6'-bis(benzoyloxy)- **9** 808
—, 3-(9-anthryl)-2',3',4'-tris-(benzoyloxy)- **9** 831
—, 3-(benzoyloxy)- **9** 741
—, 3-(benzoyloxy)-4'-bromo- **9** 742
—, 2-(benzoyloxy)-3,3-diphenyl- **9** 777
—, 3-(benzoyloxy)-2,3-diphenyl- **9** 777
Acryloyl azide,
—, 3,3'-*p*-phenylenedi- **9** 4439
Acryloyl chloride,
—, 2,3-diphenyl- **9** 3417

—, 3-(1-naphthyl)- **9** 3285
—, 3-(4-nitro-1-naphthyl)- **9** 3287
—, 2-(1-oxo-3-phenylinden-(2)-yl)-3,3-diphenyl- **10** 3509
—, 3,3'-*o*-phenylenedi- **9** 4435
—, 3,3'-*p*-phenylenedi- **9** 4438
Adamantane-1,3-dicarbonyl dichloride **9** 4066
Adamantane-1,3-dicarboxamide 9 4066
Adamantane-1,3-dicarboxylic acid 9 4066
  dimethyl ester **9** 4066
—, 4,8-dioxo- **10** 4059
  dimethyl ester **10** 4059
Adamantane-1,3,5,7-tetracarboxylic acid,
—, 2,6-dihydroxy- **10** 2632
  tetramethyl ester **10** 2632
—, 2,6-dioxo- **10** 4172
  tetramethyl ester **10** 4172
—, 2-hydroxy-6-oxo-,
  tetramethyl ester **10** 4868
Adipamide,
—, *N,N'*-bis[6-(*o*-chlorobenzamido)hexyl]- **9** 1338
—, *N,N'*-bis(2-cyanocyclopent-1-en-1-yl)- **10** 2811
—, *N,N'*-bis(2-cyanocyclopentylidene)- **10** 2811
—, 3,4-dihydroxy-2,5-diisobutyl-3,4-diphenyl- **10** 2525
—, 3,4-dihydroxy-2,5-diisopentyl-3,4-diphenyl- **10** 2526
Adipic acid
  bis[*o*-(methoxycarbonyl)phenyl] ester **10** 113
—, 2-(α-acetonylbenzyl)- **10** 3973
  1-ethyl ester **10** 3974
  1-ethyl ester 6-methyl ester **10** 3974
—, 2-(α-acetonyl-4-methoxybenzyl)-, 1-ethyl ester **10** 4747
—, 2-benzamido- **9** 1191
—, 2-(benzoyloxy)-, diethyl ester **9** 867
—, 2-benzyl- **9** 4330
  diethyl ester **9** 4330
—, 2-benzylidene- **9** 4403
—, 3,4-bis[*p*-(benzoyloxy)phenyl]- **10** 2518
—, 3,4-bis(*p*-bromophenyl)- **9** 4572, 4573
  diethyl ester **9** 4573
—, 3,4-bis(*o*-chlorophenyl)- **9** 4572
—, 3,4-bis(*p*-chlorophenyl)- **9** 4572
  diethyl ester **9** 4572
—, 3,4-bis(*o*-cyanophenyl)- **9** 4894
—, 3,4-bis(3,4-dimethoxyphenyl)- **10** 2614
  dimethyl ester **10** 2614

Adipic acid *(continued)*
—, 3,4-bis(2,5-dimethoxy-
   3,4,6-trimethylphenyl)- **10** 2616
   dimethyl ester **10** 2616
—, 3,4-bis(α,α-dimethylbenzyl)-
   2,5-dimethyl-2,5-diphenyl-
   9 4726
—, 3,4-bis(*p*-hydroxyphenyl)- **10** 2517
—, 3,4-bis(*m*-methoxyphenyl)- **10** 2516
   dimethyl ester **10** 2517
—, 3,4-bis(*p*-methoxyphenyl)-
   10 2517, 2518
   diethyl ester **10** 2518
   dimethyl ester **10** 2518
—, 3,4-bis(*p*-nitrophenyl)- **9** 4573
   dimethyl ester **9** 4573
—, 3,4-bis(2,4,5-trimethyl-
   3,6-dioxocyclohexa-1,4-dien-1-yl)-
   10 4154
   dimethyl ester **10** 4154
—, 3-[4-carboxy-1-(3-carboxy-
   1-methylpropyl)-7a-
   methylhexahydroindan-5-yl]-
   3-methyl- **9** 4867
—, 3-(carboxymethyl)-2-phenethyl-
   9 4816
—, 3-cyclohexyl- **9** 3920
—, 3,4-dibenzoyl- **10** 4079
—, 2,5-dibromo-3,4-diphenyl- **9** 4573
   dimethyl ester **9** 4573
—, 3,4-dihydroxy-3,4-
   bis(*p*-methoxyphenyl)- **10** 2614
   diethyl ester **10** 2614
—, 3,4-dihydroxy-3,4-diphenyl- **10** 2518
—, 3,4-dimethyl-3,4-diphenyl-,
   dimethyl ester **9** 4583
—, 2,5-diphenyl- **9** 4567
   methyl ester **9** 4567
—, 3,4-diphenyl- **9** 4569, 4570
   diethyl ester **9** 4571
   dimethyl ester **9** 4570, 4571
—, 3,4-di-*p*-tolyl- **9** 4583
   dimethyl ester **9** 4583
—, 2-(4-hydroxybenzyl)- **10** 2238
—, 3-(3-hydroxy-1,4-dioxo-1,4-dihydro-
   2-naphthyl)- **10** 4822
   dimethyl ester **10** 4822
—, 3-hydroxy-3-(2-naphthyl)- **10** 2328
   bis(4-nitrobenzyl) ester **10** 2328
   diethyl ester **10** 2328
—, 2-hydroxy-5-oxo-3,4-dibenzyl-
   10 4786
—, 2-[1-isopropyl-2-(1-naphthyl)ethyl]-
   3-oxo-,
   diethyl ester **10** 4005
—, 2-(4-methoxybenzyl)- **10** 2238
—, 3-(6-methoxy-2-naphthyl)- **10** 2328
—, 2-[2-(4-methoxy-1-naphthyl)ethyl]-
   10 2333

—, 2-(4-methoxyphenacyl)- **10** 4745
—, 2-(4-methoxyphenethyl)- **10** 2240
—, 2-(*o*-methoxyphenyl)- **10** 2234
—, 2-[3-(*p*-methoxyphenyl)propyl]-
   10 2241
—, 2-methyl-5-[2-(1-naphthyl)ethyl]-
   9 4493
—, 2-methyl-3-oxo-2-phenethyl-,
   dimethyl ester **10** 3972
—, 2-methyl-2-phenyl- **9** 4331
—, 3-(2-naphthyl)- **9** 4483
   bis(4-nitrobenzyl) ester **9** 4483
—, 2-[2-(1-naphthyl)ethyl]- **9** 4490
—, 2-[2-(1-naphthyl)ethyl]-3-oxo-,
   dimethyl ester **10** 4005
—, 2-[(1-naphthyl)methyl]- **9** 4488
—, 2-[(2-naphthyl)methyl]- **9** 4489
—, 3-oxo-2-phenethyl-,
   dimethyl ester **10** 3971
—, 3-(1-oxo-1,2,3,4-tetrahydro-
   2-naphthyl)- **10** 3984
—, 2-phenethyl- **9** 4340
—, 2-phenyl- **9** 4312
—, 3-phenyl- **9** 4314
   diethyl ester **9** 4314
—, 3-(5,6,7,8-tetrahydro-2-naphthyl)-
   9 4424
—, 2,2,5,5-tetraphenyl- **9** 4725

Adiponitrile,
—, 2-(*m*-methoxyphenyl)-3,4-dioxo-
   5-phenyl- **10** 4832
—, 2-(*o*-methoxyphenyl)-3,4-dioxo-
   5-phenyl- **10** 4832
—, 2-(*p*-methoxyphenyl)-3,4-dioxo-
   5-phenyl- **10** 4832
—, 2-methyl-2-phenyl- **9** 4331
—, 2,2,3,5,5-pentaphenyl- **9** 4740
—, 2,2,5,5-tetraphenyl- **9** 4725

Adipoyl chloride,
—, 3,4-bis(*p*-methoxyphenyl)- **10** 2518
—, 3,4-diphenyl- **9** 4571

Agathic acid 9 4367
—, dihydro-,
   methyl ester **9** 4084

Agnosterol,
—, O-benzoyl- **9** 500

Alaninamide:
for derivs. see under Propionamide

Alanine,
—, *N*-[α-(α-acetamidocinnamamido)-
   cinnamoyl]- **10** 3012
—, *N*-(α-acetamidocinnamoyl)- **10** 3010
—, *N*-(acetoxyphenylacetyl)- **10** 472
—, 3-(alkyloxy)- see under *Serine*
—, 3-(allylsulfinyl)-*N*-benzoyl- **9** 1171
—, 3-(allylsulfinyl)-*N*-(4-nitrobenzoyl)-
   9 1735
   methyl ester **9** 1736
—, 3-amino- see *Propionic acid, 2,3-diamino-*

Alanine *(continued)*
—, *N*-benzoyl- **9** 1141, 1142
    amide see *Benzamide*,
      N-*(1-carbamoylethyl)*-
    benzyl ester **9** 1143
    benzylidenehydrazide **9** 1144
    ethyl ester **9** 1142
    hydrazide **9** 1144
    isopropyl ester **9** 1142
    menth-3-yl ester **9** 1143
    methyl ester **9** 1142
    2-naphthyl ester **9** 1143
    nitrile see *Benzamide*, N-*(1-cyanoethyl)*-
    phenyl ester **9** 1143
—, *N*-(*N*-benzoylalanyl)-2-methyl- **9** 1144
—, *N*-benzoyl-3,3-bis(ethylthio)- **9** 1204
—, *N*-benzoyl-3-chloro- **9** 1145
    ethyl ester **9** 1145
    methyl ester **9** 1145
—, *N*-benzoyl-2-cyano-,
    ethyl ester **9** 1189
—, *N*-benzoyl-3,3-diethoxy- **9** 1202
    benzyl ester **9** 1202
    ethyl ester **9** 1202
    hydrazide **9** 1203
—, *N*-benzoyl-3-[1-(methoxycarbonyl)-
    2-methylprop-1-enylimino]-*N*-methyl-,
    ethyl ester **9** 1204
—, *N*-benzoyl-*N*-methyl- **9** 1146
—, *N*-benzoyl-2-methyl- **9** 1150
—, 3,3-bis(ethylthio)-*N*-(phenylacetyl)-
    9 2238
—, *N*-(bromophenylacetyl)- **9** 2278
—, *N*-(chlorophenylacetyl)- **9** 2268
    methyl ester **9** 2268
—, 3-chloro-*N*-(phenylacetyl)-,
    methyl ester **9** 2215
—, *N*-cinnamoyl- **9** 2718
—, 2-cyano-*N*-(2-phenylacetyl)-,
    ethyl ester **9** 2226
—, *N*-(cyclohexylacetyl)- **9** 48
—, *N*-(cyclohexylcarbonyl)- **9** 29
—, *N*-(cyclohexylcarbonyl)-*N*-ethyl-,
    dimethylamide **9** 29
—, 3,3-diethoxy-*N*-(4-nitrobenzoyl)-
    9 1743
—, *N*-(3,5-dinitrobenzoyl)- **9** 1938
—, 3-(ethoxycarbonylmethylimino)-*N*-
    (phenylacetyl)-,
    ethyl ester **9** 2248
—, *N*-ethyl-*N*-
    (4-methylcyclohexylcarbonyl)-,
    dimethylamide **9** 57
—, 2-[(ethylthio)carbonimidoyl]-
    N-(phenylacetyl)-,
    ethylester **9** 2227
—, *N*-hippuroyl-,
    hydrazide **9** 1133
—, *N*-[*N*-(*N*-hippuroylalanyl)glycyl]- **9** 1131

—, *N*-mandeloyl- **10** 471
—, 3-[1-(methoxycarbonyl)-2-methyl-
    propylimino]-*N*-(phenylacetyl)-,
    ethyl ester **9** 2248
—, 2-methyl-*N*-(phenylacetyl)- **9** 2216
    methyl ester **9** 2216
—, 2-[(methylthio)carbonimidoyl]-
    N-(phenylacetyl)-,
    ethylester **9** 2226
—, *N*-(2-nitrobenzoyl)- **9** 1478
—, *N*-(3-nitrobenzoyl)- **9** 1517, 1518
    ethyl ester **9** 1518
    methyl ester **9** 1518
—, *N*-(4-nitrobenzoyl)- **9** 1730
—, *N*-(phenylacetyl)- **9** 2214
    hydrazide **9** 2215
    methyl ester **9** 2214
—, *N*-(phenylacetyl)-2-thiocarbamoyl-,
    ethyl ester **9** 2226
—, *N*-(4-phenylbutyryl)- **9** 2454
—, *N*-(3-phenylpropionyl)- **9** 2394
—, *N*-(phenylthioacetyl)- **9** 2296
—, *N*-(pyrene-1-carbonyl)- **9** 3576
    methyl ester **9** 3576
—, 3-thio- see *Cysteine*
—, *N*-thiobenzoyl- **9** 1981
—, 3,3'-thiodi- see *Lanthionine*
—, *N*-*p*-toluoyl- **9** 2346

β-Alanine,
—, *N*-(α-acetamidocinnamoyl)- **10** 3010
—, *N*-(2-benzamido-3-methylcrotonoyl)-
    9 1196
—, *N*-benzoyl- **9** 1146
—, 2-(benzoylimino)-*N*,*N*-diethyl-,
    ethyl ester **9** 1246
    methyl ester **9** 1245
—, 2-(benzoylimino)-*N*-
    (ethoxycarbonylmethyl)-,
    ethyl ester **9** 1246
—, *N*-[2-(benzoylimino)-3-methylbutyryl]-
    9 1196
—, *N*-benzoyl-*N*-methyl-,
    ethyl ester **9** 1147
—, *N*-[3-(benzoyloxy)propyl]-*N*-methyl-,
    ethyl ester **9** 882
—, *N*-(3,5-diiodobenzoyl)- **9** 1455
—, *N*-(3,5-dinitrobenzoyl)- **9** 1938
—, *N*-(ethoxycarbonylmethyl)-2-
    (phenylacetylimino)-,
    ethyl ester **9** 2248
—, *N*-[4-hydroxy-3,3-dimethyl-2-
    (4-nitrobenzoyloxy)butyryl]- **9** 1685
    methyl ester **9** 1685
—, *N*-[1-(methoxycarbonyl)-2-methyl-
    propyl]-2-(phenylacetylimino)-,
    ethyl ester **9** 2248
—, *N*-(4-nitrobenzoyl)- **9** 1730
    methyl ester **9** 1731
—, *N*-salicyloyl- **10** 155

Alaninehydroxamic acid
    see Propionohydroxamic acid, amino-
Alaninol,
—, N,O-bis(4-bromobenzoyl)- 9 1418
Alantoic acid 10 659
Alantolic acid 10 659
—, dihydro- 10 82
—, tetrahydro-,
    methyl ester 10 77
Alanyl chloride,
—, N-(phenylacetyl) 9 2214
Alectorialic acid 10 4541
Alectoric acid 10 4723
Alectoronedioic acid,
—, tri-O-methyl- 10 4730
Aleprestic acid 9 202
Aleprolic acid 9 142
Aleprylic acid 9 265
Allethrin 9 214
Allethrolone,
—, O-(3,5-dinitrobenzoyl)- 9 1926
Alliine see Alanine, 3-(allylsulfinyl)-
Allocassaic acid 10 4286
Allocystathionine,
—, N,N'-dibenzoyl- 9 1179
Alloevodionic acid 10 4720
Allogibberic acid 10 1239
—, dihydro- 10 1135
Allohyodeoxycholic acid 10 1631
Alloisoleucine,
—, N-benzoyl- 9 1162
Allolithobilianic acid 9 4788
Allophanic acid,
—, 2,4-bis(3-nitrobenzoyl)-,
    ethyl ester 9 1517
—, 4-(3-nitrobenzoyl)-,
    ethyl ester 9 1516
—, 4-(4-nitrobenzoyl)-,
    ethyl ester 9 1725
—, 4-[(p-nitrophenyl)acetyl]-,
    ethyl ester 9 2290
Allosantenic acid 9 3847
Allothilobilianic acid 9 4787
Allothreonine,
—, O-acetyl-N-benzoyl- 9 1175
—, N-benzoyl- 9 1173, 1174
    ethyl ester 9 1176
    methyl ester 9 1176
—, N-benzoyl-O-methyl- 9 1175
—, N,O-dibenzoyl- 9 1176
Alypin 9 887
Amine,
—, bis(4-methylcyclohex-3-en-
    1-ylcarbonyl)- 9 171
—, (3-carboxy-
    1,2,2-trimethylcyclopentylcarbonyl)-
    [3-(methoxycarbonyl)-
    1,2,2-trimethylcyclopentylcarbonyl]-
    9 3889

Ammonium,
—, [2-(2-acetoxybenzoyloxy)ethyl]-
    trimethyl- 10 149
—, allyl[2-(benziloyloxy)ethyl]-
    dimethyl- 10 1175
—, allyl[2-(dicyclohexylacetoxy)ethyl]-
    diethyl- 9 267
—, (5-benzamido-1-carboxypentyl)-
    trimethyl- 9 1239
—, [2-(benzilamido)ethyl]diethylmethyl-
    10 1179
—, [2-(benzilamido)ethyl]ethyldimethyl-
    10 1178
—, [3-(benziloyloxy)butyl]-
    diethylmethyl- 10 1177
—, [3-(benziloyloxy)-
    2,2-dimethylpropyl]diethylmethyl-
    10 1177
—, [3-(benziloyloxy)-
    2,2-dimethylpropyl]ethyldimethyl-
    10 1177
—, [3-(benziloyloxy)-
    2,2-dimethylpropyl]trimethyl- 10 1177
—, [2-(benziloyloxy)ethyl]-
    (2-bromoethyl)dimethyl- 10 1173
—, [2-(benziloyloxy)ethyl]-
    butyldimethyl- 10 1175
—, [2-(benziloyloxy)ethyl]-
    dibutylmethyl- 10 1175
—, [2-(benziloyloxy)ethyl]-
    diethylmethyl- 10 1173
—, [2-(benziloyloxy)ethyl]-
    diethylpropyl- 10 1174
—, [2-(benziloyloxy)ethyl]-
    diisopropylmethyl- 10 1174
—, [2-(benziloyloxy)ethyl]-
    dimethylpentyl- 10 1175
—, [2-(benziloyloxy)ethyl]-
    dimethylpropyl- 10 1174
—, [2-(benziloyloxy)ethyl]-
    ethyldimethyl- 10 1173
—, [2-(benziloyloxy)ethyl]-
    ethylmethylpropyl- 10 1174
—, [2-(benziloyloxy)ethyl]-
    isopropyldimethyl- 10 1174
—, [2-(benziloyloxy)ethyl]triethyl-
    10 1173
—, [2-(benziloyloxy)ethyl]trimethyl-
    10 1172
—, [3-(benziloyloxy)propyl]-
    dibutylmethyl- 10 1176
—, [3-(benziloyloxy)propyl]-
    diethylmethyl- 10 1176
—, [2-(benziloyloxy)propyl]-
    ethyldimethyl- 10 1176
—, [3-(benziloyloxy)propyl]-
    ethyldimethyl- 10 1176
—, [2-(benzoyloleoylamino)ethyl]-
    diethylmethyl- 9 1212

Ammonium *(continued)*
—, [2-(benzoyloxy)ethyl]diethylmethyl-
   9 878
—, [2-(benzoyloxy)ethyl]triethyl-
   9 878
—, [2-(benzoyloxy)ethyl]trimethyl-
   9 877
—, {2-[*p*-(benzoyloxy)phenoxy]⸗
   ethyl}trimethyl- **9** 560
—, [3-(benzoyloxy)propyl]-[2-
   (ethoxycarbonyl)ethyl]dimethyl-
   9 882
—, (benzoyloxy)trimethyl- **9** 1272
—, [2-(benzoylthio)ethyl]trimethyl-
   9 1975
—, [2-(benzoylthio)propyl]trimethyl-
   9 1977
—, [2-(2-benzyl-3-phenylpropionyloxy)⸗
   ethyl]diethyloctyl- **9** 3358
—, [2-(2-benzyl-3-phenylpropionyloxy)⸗
   ethyl]triethyl- **9** 3357
—, [3-(4-bromo-2-phenylpent-4-enoyloxy)-
   2,2-dimethylpropyl]diethylmethyl-
   9 2783
—, [2-(α-butylmandeloyloxy)ethyl]⸗
   trimethyl- **10** 635
—, [2-(2-butyl-4-phenylbutyryloxy)⸗
   ethyl]triethyl- **9** 2597
—, [3-(α-butyl-4-phenylmandeloyloxy)⸗
   propyl]diethylmethyl- **10** 1227
—, [α-(carboxymethylthio)benzylidene]⸗
   dimethyl- **9** 1985
—, [2-(4-chlorobenziloyloxy)ethyl]⸗
   ethyldimethyl- **10** 1180
—, [2-(4-chlorobenzoyloxy)ethyl]⸗
   trimethyl- **9** 1361
—, (α-chlorobenzylidene)dimethyl- **9** 1253
—, [2-(cholan-24-oyloxy)ethyl]⸗
   trimethyl- **9** 2660
—, [2-(cinnamoyloxy)ethyl]triethyl-
   9 2707
—, [2-(3-*p*-cumenyl-
   2-cyclohexylpropionyloxy)ethyl]⸗
   triethyl- **9** 2900
—, [2-(cyclohexylphenylacetoxy)ethyl]⸗
   diethylmethyl- **9** 2863
—, [2-(cyclohexylphenylacetoxy)ethyl]⸗
   triethyl- **9** 2863
—, [2-(2-cyclohexyl-
   2-phenylglycoloyloxy)ethyl]⸗
   diethylmethyl- **10** 911
—, {2-[13-(cyclopent-2-en-1-yl)⸗
   tridecanoyloxy]ethyl}trimethyl-
   9 290
—, [2-(dibenzoylamino)ethyl]⸗
   diethylmethyl- **9** 1212
—, dibutyl[2-(3-hydroxy-
   3-phenylpropionyloxy)ethyl]methyl-
   10 549

—, dibutyl[3-(3-hydroxy-
   3-phenylpropionyloxy)propyl]⸗
   methyl- **10** 549
—, dibutylmethyl{3-[3-nitro-2-
   (propoxycarbonyl)benzoyloxy]⸗
   propyl}- **9** 4233
—, dibutylmethyl-[3-
   (2-phenylbutyryloxy)propyl]-
   9 2464
—, dibutylmethyl[2-(tropoyloxy)ethyl]-
   10 566
—, dibutylmethyl[3-(tropoyloxy)propyl]-
   10 566
—, [2-(3,3'-dichlorobenziloyloxy)ethyl]⸗
   ethyldimethyl- **10** 1181
—, [2-(dicyclohexylacetoxy)ethyl]⸗
   diethylmethyl- **9** 266
—, [2-(dicyclohexylacetoxy)ethyl]⸗
   triethyl- **9** 267
—, diethyl{2-[2-[(hexyloxycarbonyl)-
   6-nitrobenzoyloxy]ethyl}methyl-
   9 4232
—, diethyl{2-[2-(isobutoxycarbonyl)-
   6-nitrobenzoyloxy]ethyl}methyl-
   9 4232
—, diethylmethyl{2-[(1-naphthyl)⸗
   acetoxy]ethyl}- **9** 3207
—, diethylmethyl{2-[2-(1-naphthyl)-
   4-phenylbutyryloxy]ethyl}- **9** 3564
—, diethylmethyl{2-[3-(1-naphthyl)⸗
   propionyloxy]ethyl}- **9** 3220
—, diethylmethyl[3-(4-oxo-
   1-phenylcyclohexylcarbonyloxy)⸗
   propyl]- **10** 3182
—, diethylmethyl-[3-
   (2-phenylbutyryloxy)propyl]-
   9 2464
—, diethylmethyl[2-
   (1-phenylcyclohexylcarbonyloxy)⸗
   ethyl]- **9** 2841
—, diethylmethyl[2-
   (1-phenylcyclopentylcarbonyloxy)⸗
   ethyl]- **9** 2820
—, diethylmethyl[3-(2-phenylpent-
   4-enoyloxy)propyl]- **9** 2782
—, diethylmethyl[3-
   (2-phenylpropionyloxy)propyl]-
   9 2420
—, diethylmethyl-[3-(4-phenyl-
   α-propylmandeloyloxy)propyl]-
   10 1220
—, diethylmethyl-[2-
   (2-phenylvaleryloxy)ethyl]-
   9 2506
—, diethylmethyl-[3-
   (2-phenylvaleryloxy)propyl]-
   9 2507
—, diethylmethyl[2-(triphenylacetoxy)⸗
   ethyl]- **9** 3588

Ammonium *(continued)*
—, diethylmethyl[2-(tropoyloxy)ethyl]-
   10 566
—, diethyl{3-[2-(1-naphthyl)lactoyloxy]-
   propyl}methyl- 10 1114
—, [2-(3,12-dihydroxycholan-24-oyloxy)-
   ethyl]trimethyl- 10 1654
—, {2-[13-(2,3-diiodocyclopentyl)-
   tridecanoyloxy]ethyl}trimethyl-
   9 136
—, [2-(4,4'-dimethoxybenziloyloxy)-
   ethyl]ethyldimethyl- 10 2321
—, [α-(dimethylamino)benzylidene]-
   dimethyl- 9 1267
—, {2,2-dimethyl-3-[3-nitro-2-
   (propoxycarbonyl)benzoyloxy]-
   propyl}trimethyl- 9 4233
—, [2,2-dimethyl-3-(3-phenyllactoyloxy)-
   propyl]trimethyl- 10 557
—, [2-(2,2-diphenylacetamido)ethyl]-
   diethylmethyl- 9 3304
—, [3-(2,2-diphenylacetamido)propyl]-
   diethylmethyl- 9 3304
—, [2-(diphenylacetoxy)ethyl]-
   diethylmethyl- 9 3297
—, [2-(diphenylacetoxy)ethyl]triethyl-
   9 3297
—, [2-(2,2-diphenylbutyryloxy)ethyl]-
   trimethyl- 9 3365
—, {2-[p-(ethoxycarbonyl)phenoxy]-
   ethyl}triethyl- 10 305
—, [2-(ethoxyphenylacetoxy)ethyl]-
   trimethyl- 10 467
—, ethyldimethyl[2-(4-methylbenziloyloxy)-
   ethyl]- 10 1199
—, [2-(α-ethylmandeloyloxy)ethyl]-
   trimethyl- 10 598
—, ethyl{2-[2-(1-naphthyl)-
   2-phenylglycoloyloxy]-
   ethyl}dimethyl- 10 1316
—, ethyl{2-[2-(2-naphthyl)-
   2-phenylglycoloyloxy]-
   ethyl}dimethyl- 10 1316
—, [2-(4-hydroxy-
   3,5-dimethoxycinnamoyloxy)ethyl]-
   trimethyl- 10 2201
—, [2-(2-hydroxy-2-phenylpent-
   4-enoyloxy)ethyl]trimethyl- 10 876
—, [3-(3-hydroxy-3-phenylpropionyloxy)-
   2,2-dimethylpropyl]trimethyl-
   10 549
—, [3-(mandeloyloxy)-
   2,2-dimethylpropyl]trimethyl-
   10 468
—, [2-(mandeloyloxy)ethyl]trimethyl-
   10 466
—, {[p-(methoxycarbonyl)-
   phenoxycarbonyl]methyl}trimethyl-
   10 299

—, [2-(methoxyphenylacetoxy)ethyl]-
   trimethyl- 10 466
—, [2-(3-methoxy-2-phenylpropionyloxy)-
   ethyl]trimethyl- 10 566
—, [2-(propoxyphenylacetoxy)ethyl]-
   trimethyl- 10 467
—, triethyl[3-(4-hydroxybenzoyloxy)-
   propyl]- 10 332
—, triethyl[3-(3-nitrobenzoyloxy)-
   propyl]- 9 1512
—, triethyl[3-(4-nitrobenzoyloxy)-
   propyl]- 9 1693
—, triethyl[2-(2-phenethyl-
   4-phenylbutyryloxy)ethyl]-
   9 3391
—, triethyl[2-(1-phenylcyclohexyl-
   carbonyloxy)ethyl]- 9 2842
—, triethyl[2-(1-phenylcyclopentyl-
   carbonyloxy)ethyl]- 9 2820
—, triethyl[3-(salicyloyloxy)propyl]-
   10 149
—, trimethyl[2-(α-methylmandeloyloxy)-
   ethyl]- 10 562
—, trimethyl{2-[(1-naphthyl)acetoxy]-
   ethyl}- 9 3207
—, trimethyl[2-(4-nitrobenzoylthio)-
   ethyl]- 9 1994
—, trimethyl[2-(4-nitrobenzoylthio)-
   propyl]- 9 1994
—, trimethyl[2-(α-pentylmandeloyloxy)-
   ethyl]- 10 648
—, trimethyl[2-(phenylacetoxy)ethyl]-
   9 2190
—, trimethyl[2-(α-propylmandeloyloxy)-
   ethyl]- 10 619
—, trimethyl[2-(salicyloyloxy)ethyl]-
   10 148
—, trimethyl[3-(salicyloyloxy)propyl]-
   10 149
—, trimethyl-[2-
   (3,7,12-trihydroxycholan-
   24-oyloxy)ethyl]- 10 2174
—, trimethyl[2-(tropoyloxy)ethyl]-
   10 565
Amydricain 9 887
β-Amyradienedionolic acid
   10 4687
α-Amyradienol,
—, O-benzoyl- 9 501
β-Amyradienol,
—, O-benzoyl- 9 501
β-Amyradienonol,
—, O-benzoyl- 9 760
β-Amyratrienol,
—, O-benzoyl- 9 516
α-Amyrenonol,
—, O-benzoyl- 9 753
β-Amyrenonol,
—, O-benzoyl- 9 754

α-Amyrin,
—, O-*p*-anisoyl- **10** 313
—, O-benzoyl- **9** 486
—, O-(3,5-dinitrobenzoyl)- **9** 1877
—, O-(3-nitrobenzoyl)- **9** 1501
—, O-(4-nitrobenzoyl)- **9** 1611
β-Amyrin,
—, O-*p*-anisoyl- **10** 313
—, O-benzoyl- **9** 487
—, O-cinnamoyl- **9** 2694
—, O-(3-nitrobenzoyl)- **9** 1502
—, O-(4-nitrobenzoyl)- **9** 1611
δ-Amyrin,
—, O-benzoyl- **9** 489
ε-Amyrin,
—, O-benzoyl- **9** 487
Andrographolic acid 10 2421
Androsta-3,5-diene,
—, 17-acetoxy-3-(benzoyloxy)- **9** 605
—, 17-(benzoyloxy)-3-[2-(benzoyloxy)ethylthio]- **9** 605
—, 17-(benzoyloxy)-3-(benzylthio)- **9** 605
—, 3,17-bis(benzoyloxy)- **9** 605
Androsta-5,7-diene,
—, 3,17-bis(benzoyloxy)- **9** 606
Androsta-5,16-diene-17-carbonitrile,
—, 3-acetoxy- **10** 1022
—, 3-hydroxy- **10** 1022
Androsta-14,16-diene-17-carbonitrile,
—, 3-acetoxy- **10** 1024
Androsta-1,4-diene-17-carboxylic acid,
—, 3-oxo-,
    methyl ester **10** 3246
Androsta-3,5-diene-17-carboxylic acid,
—, 3-acetoxy-,
    methyl ester **10** 1020
—, 3-acetoxy-11-oxo-,
    methyl ester **10** 4387
—, 12-acetoxy-7-oxo-,
    methyl ester **10** 4387
—, 7-oxo-,
    methyl ester **10** 3247
Androsta-4,6-diene-17-carboxylic acid,
—, 3-oxo-,
    methyl ester **10** 3247
Androsta-4,9(11)-diene-17-carboxylic acid,
—, 3,12-dioxo-,
    methyl ester **10** 3612
Androsta-4,11-diene-17-carboxylic acid,
—, 3-oxo- **10** 3247
    methyl ester **10** 3247
Androsta-5,16-diene-17-carboxylic acid,
—, 3-acetoxy- **10** 1021
    methyl ester **10** 1021
—, 3-acetoxy-16-methyl-,
    methyl ester **10** 1026

—, 3-hydroxy- **10** 1020
    methyl ester **10** 1021
Androsta-14,16-diene-17-carboxylic acid,
—, 3-acetoxy- **10** 1023
    methyl ester **10** 1023
—, 3-acetoxy-5,6-dihydroxy-,
    methyl ester **10** 2277
—, 3-hydroxy- **10** 1022, 1023
    methyl ester **10** 1023
Androsta-1,4-dien-3-one,
—, 17-(benzoyloxy)- **9** 751
—, 2-bromo-17-(cyclohexylcarbonyloxy)- **9** 26
—, 17-(cyclohexylcarbonyloxy)- **9** 26
Androsta-3,5-dien-17-one,
—, 3-(benzoyloxy)- **9** 751
—, 3-[2-(benzoyloxy)ethylthio]- **9** 538
Androsta-4,6-dien-3-one,
—, 17-(benzoyloxy)- **9** 752
—, 17-(cyclohexylcarbonyloxy)- **9** 26
Androstane,
—, 3-acetoxy-17-(benzoyloxy)- **9** 579
—, 3-acetoxy-17-(cyclohexylcarbonyloxy)- **9** 21
—, 17-(benzoyloxy)- **9** 447
—, 17-(cyclohexylcarbonyloxy)- **9** 19
Androstane-3-carbonitrile,
—, 3,17-diacetoxy- **10** 1592
Androstane-17-carbonitrile,
—, 3-acetoxy-17-hydroxy- **10** 1610
—, 3,17-diacetoxy- **10** 1611
—, 3,17-dihydroxy- **10** 1609
Androstane-17-carbonyl chloride 9 2647
Androstane-3-carboxylic acid,
—, 17-oxo- **10** 3119
    ethyl ester **10** 3119
Androstane-17-carboxylic acid 9 2644, 2645
    ethyl ester **9** 2647
    methyl ester **9** 2646, 2647
—, 3-acetoxy- **10** 665, 666, 667
    methyl ester **10** 669, 670, 671
—, 6-acetoxy-,
    methyl ester **10** 672
—, 19-acetoxy-,
    methyl ester **10** 673
—, 3-acetoxy-12-bromo-11-hydroxy-,
    methyl ester **10** 1600
—, 3-acetoxy-12-bromo-11-oxo-,
    methyl ester **10** 4295
—, 12-acetoxy-4-bromo-3-oxo-,
    methyl ester **10** 4290
—, 3-acetoxy-5,14-dihydroxy- **10** 2146
    methyl ester **10** 2147
—, 3-acetoxy-11,17-dihydroxy-,
    methyl ester **10** 2154
—, 7-acetoxy-3,12-dihydroxy-,
    methyl ester **10** 2151

Androstane-17-carboxylic acid *(continued)*
—, 12-acetoxy-3,6-dihydroxy-,
    methyl ester **10** 2149
—, 3-acetoxy-5,14-dihydroxy-19-
    (methylsulfonyloxy)-,
    methyl ester **10** 2423
—, 12-acetoxy-3,3-dimethoxy-6-oxo-,
    methyl ester **10** 4613
—, 3-acetoxy-6,11-dioxo-,
    methyl ester **10** 4615
—, 3-acetoxy-7,12-dioxo-,
    methyl ester **10** 4615
—, 7-acetoxy-3,12-dioxo-,
    methyl ester **10** 4614
—, 12-acetoxy-3,6-dioxo-,
    methyl ester **10** 4613
—, 3-acetoxy-5-hydroxy-,
    methyl ester **10** 1593, 1594
—, 3-acetoxy-6-hydroxy-,
    methyl ester **10** 1595
—, 3-acetoxy-11-hydroxy-,
    methyl ester **10** 1598
—, 3-acetoxy-12-hydroxy-,
    methyl ester **10** 1603
—, 3-acetoxy-14-hydroxy- **10** 1605, 1606
    methyl ester **10** 1606, 1607
—, 3-acetoxy-17-hydroxy- **10** 1608
    methyl ester **10** 1609
—, 6-acetoxy-3-hydroxy-,
    methyl ester **10** 1595
—, 11-acetoxy-3-hydroxy-,
    methyl ester **10** 1599
—, 12-acetoxy-3-hydroxy- **10** 1601
    methyl ester **10** 1604
—, 12-acetoxy-6-hydroxy-,
    methyl ester **10** 1612
—, 7-acetoxy-12-hydroxy-3-[3-
    (methoxycarbonyl)propionyloxy]-,
    methyl ester **10** 2152
—, 12-acetoxy-6-hydroxy-3-[3-
    (methoxycarbonyl)propionyloxy]-,
    methyl ester **10** 2150
—, 3-acetoxy-5-hydroxy-19-
    (methylsulfonyloxy)-,
    methyl ester **10** 2148
—, 3-acetoxy-11-hydroxy-6-oxo-,
    methyl ester **10** 4572
—, 3-acetoxy-17-hydroxy-11-oxo-,
    methyl ester **10** 4577
—, 12-acetoxy-3-[3-(methoxycarbonyl)
    propionyloxy]-6-
    (methylsulfonyloxy)-,
    methyl ester **10** 2150
—, 7-acetoxy-3-[3-(methoxycarbonyl)
    propionyloxy]-12-oxo-,
    methyl ester **10** 4578
—, 12-acetoxy-3-[3-(methoxycarbonyl)
    propionyloxy]-6-oxo-,
    methyl ester **10** 4573

—, 12-acetoxy-3-[3-(methoxycarbonyl)
    propionyloxy]-7-oxo-,
    methyl ester **10** 4574
—, 3-acetoxy-17-methyl- **10** 676
    methyl ester **10** 677, 678
—, 3-acetoxy-6-oxo-,
    methyl ester **10** 4292
—, 3-acetoxy-7-oxo-,
    methyl ester **10** 4292
—, 3-acetoxy-11-oxo- **10** 4293, 4294
    methyl ester **10** 4295
—, 3-acetoxy-12-oxo- **10** 4296
    methyl ester **10** 4296
—, 11-acetoxy-3-oxo-,
    methyl ester **10** 4288
—, 12-acetoxy-3-oxo-,
    methyl ester **10** 4289
—, 12-acetoxy-6-oxo-,
    methyl ester **10** 4292
—, 3-(benzoylhydrazono)-,
    methyl ester **10** 3121
—, 3-(benzoyloxy)-,
    methyl ester **10** 671
—, 12-(benzoyloxy)-3,3-dimethoxy-,
    methyl ester **10** 4290
—, 3-(benzoyloxy)-12-hydroxy-,
    methyl ester **10** 1604
—, 12-(benzoyloxy)-3-oxo-,
    methyl ester **10** 4290
—, 3,19-bis(benzoyloxy)-5,14-dihydroxy-,
    methyl ester **10** 2422
—, 3-bromo-, methyl ester **9** 2647, 2648
—, 6-bromo-3,12-diacetoxy-7-oxo-,
    methyl ester **10** 4574
—, 4-bromo-3,11-dioxo-,
    methyl ester **10** 3564
—, 4-bromo-3,12-dioxo- **10** 3565
    methyl ester **10** 3565
—, 12-bromo-3,11-dioxo-,
    methyl ester **10** 3564
—, 12-bromo-11-hydroxy-3-oxo-,
    methyl ester **10** 4289
—, 2-bromo-3-oxo-,
    methyl ester **10** 3122
—, 4-bromo-3-oxo- **10** 3122
—, 3-(3-carboxypropionyloxy)-
    12-hydroxy- **10** 1602
—, 3-chloro-11-hydroxy- **10** 672
    methyl ester **10** 673
—, 3,6-diacetoxy-,
    methyl ester **10** 1595
—, 3,7-diacetoxy- **10** 1596
    methyl ester **10** 1597
—, 3,11-diacetoxy-,
    methyl ester **10** 1599
—, 3,12-diacetoxy- **10** 1601
    methyl ester **10** 1604
—, 3,16-diacetoxy-,
    methyl ester **10** 1607

Androstane-17-carboxylic acid *(continued)*
—, 3,17-diacetoxy- **10** 1608
—, 3,19-diacetoxy-,
   methyl ester **10** 1611
—, 3,19-diacetoxy-5,14-dihydroxy-,
   methyl ester **10** 2422
—, 3,7-diacetoxy-12-hydroxy-,
   methyl ester **10** 2151
—, 3,11-diacetoxy-14-hydroxy- **10** 2152
   methyl ester **10** 2153
—, 3,12-diacetoxy-14-hydroxy- **10** 2154
—, 3,16-diacetoxy-14-hydroxy- **10** 2155
   methyl ester **10** 2155
—, 3,19-diacetoxy-5-hydroxy-,
   ethyl ester **10** 2148
—, 7,12-diacetoxy-3-hydroxy-,
   methyl ester **10** 2151
—, 3,12-diacetoxy-17-methyl-,
   methyl ester **10** 1612
—, 3,6-diacetoxy-7-oxo-,
   methyl ester **10** 4573
—, 3,6-diacetoxy-11-oxo-,
   methyl ester **10** 4575
—, 3,7-diacetoxy-12-oxo-,
   methyl ester **10** 4578
—, 3,11-diacetoxy-12-oxo-,
   methyl ester **10** 4578
—, 3,12-diacetoxy-7-oxo-,
   methyl ester **10** 4574
—, 3,12-diacetoxy-11-oxo-,
   methyl ester **10** 4576
—, 3,17-diacetoxy-11-oxo- **10** 4577
—, 7,12-diacetoxy-3-oxo-,
   methyl ester **10** 4572
—, 2,2-dibromo-3-oxo-,
   methyl ester **10** 3123
—, 2,4-dibromo-3-oxo-,
   methyl ester **10** 3123
—, 3,5-dihydroxy-,
   methyl ester **10** 1593
—, 3,6-dihydroxy- **10** 1594
   methyl ester **10** 1594
—, 3,7-dihydroxy- **10** 1596
   methyl ester **10** 1596
—, 3,11-dihydroxy- **10** 1597, 1598
   methyl ester **10** 1598
—, 3,12-dihydroxy- **10** 1600, 1601
   2-(dimethylamino)ethyl ester
    10 1605
   methyl ester **10** 1602, 1603
—, 3,14-dihydroxy- **10** 1605
   methyl ester **10** 1606
—, 3,17-dihydroxy- **10** 1608
   methyl ester **10** 1609
—, 7,12-dihydroxy-3-[3-
   (methoxycarbonyl)propionyloxy]-,
   methyl ester **10** 2152
—, 3,6-dihydroxy-11-oxo-,
   methyl ester **10** 4575

—, 3,7-dihydroxy-12-oxo-,
   methyl ester **10** 4577
—, 3,11-dihydroxy-6-oxo-,
   methyl ester **10** 4572
—, 3,12-dihydroxy-7-oxo-,
   methyl ester **10** 4573
—, 3,12-dihydroxy-11-oxo- **10** 4575
   methyl ester **10** 4576
—, 3,17-dihydroxy-11-oxo- **10** 4576
   methyl ester **10** 4577
—, 3,6-dioxo-,
   methyl ester **10** 3562
—, 3,7-dioxo-,
   methyl ester **10** 3562, 3563
—, 3,11-dioxo- **10** 3563
   methyl ester **10** 3563
—, 3,12-dioxo- **10** 3564
   methyl ester **10** 3564, 3565
—, 3-(9,10-dioxo-9,10-dihydro-
   2-anthroyloxy)-,
   methyl ester **10** 3646
—, 3-hydroxy- **10** 664, 665
   methyl ester **10** 667, 668, 669
—, 6-hydroxy-,
   methyl ester **10** 672
—, 7-hydroxy-,
   methyl ester **10** 672
—, 12-hydroxy-,
   methyl ester **10** 673
—, 19-hydroxy-,
   methyl ester **10** 673
—, 14-hydroxy-3,12-dioxo- **10** 4614
   methyl ester **10** 4614
—, 17-hydroxy-3,11-dioxo-,
   methyl ester **10** 4614
—, 6-hydroxy-3-[3-(methoxycarbonyl)⹀
   propionyloxy]-,
   methyl ester **10** 1595
—, 12-hydroxy-3-[3-(methoxycarbonyl)⹀
   propionyloxy]-,
   methyl ester **10** 1604
—, 6-hydroxy-3-[3-(methoxycarbonyl)⹀
   propionyloxy]-11-oxo-,
   methyl ester **10** 4575
—, 12-hydroxy-3-[3-(methoxycarbonyl)⹀
   propionyloxy]-7-oxo-,
   methyl ester **10** 4574
—, 3-hydroxy-17-methyl- **10** 676
   methyl ester **10** 676, 677
—, 3-hydroxy-6-oxo-,
   methyl ester **10** 4291
—, 3-hydroxy-11-oxo- **10** 4293
   methyl ester **10** 4294
—, 3-hydroxy-12-oxo- **10** 4295
   methyl ester **10** 4296
—, 6-hydroxy-3-oxo-,
   methyl ester **10** 4288
—, 11-hydroxy-3-oxo- **10** 4288
   methyl ester **10** 4288

Androstane-17-carboxylic acid *(continued)*
—, 12-hydroxy-3-oxo- **10** 4289
    methyl ester **10** 4289
—, 14-hydroxy-3-oxo- **10** 4291
    methyl ester **10** 4291
—, 17-hydroxy-3-oxo-,
    methyl ester **10** 4291
—, 3-[3-(methoxycarbonyl)propionyloxy]-
    7-oxo-, methyl ester **10** 4293
—, 3-[3-(methoxycarbonyl)propionyloxy]-
    12-oxo-,
    methyl ester **10** 4297
—, 17-methyl-3-oxo- **10** 3126
    methyl ester **10** 3126
—, 19-(methylsulfonyloxy)-,
    methyl ester **10** 674
—, 12-(methylsulfonyloxy)-3-oxo-,
    methyl ester **10** 4290
—, 3-oxo- **10** 3119, 3120
    methyl ester **10** 3120, 3121
—, 6-oxo-,
    methyl ester **10** 3123
—, 7-oxo-,
    methyl ester **10** 3124
—, 12-oxo-,
    methyl ester **10** 3124
—, 3-semicarbazono-,
    methyl ester **10** 3122
—, 1,3,11,19-tetraacetoxy-
    5,14-dihydroxy- **10** 2593
    methyl ester **10** 2593
—, 3,5,14,19-tetrahydroxy- **10** 2421
    ethyl ester **10** 2423
    methyl ester **10** 2422
—, 3,6,12-triacetoxy-,
    methyl ester **10** 2149
—, 3,7,12-triacetoxy-,
    methyl ester **10** 2151
—, 3,6,12-triacetoxy-7-oxo-,
    methyl ester **10** 4732
—, 3,7,12-triacetoxy-6-oxo-,
    methyl ester **10** 4731
—, 3,11,19-triacetoxy-
    1,5,14-trihydroxy-,
    methyl ester **10** 2593
—, 3,5,14-trihydroxy-,
    methyl ester **10** 2146
—, 3,5,19-trihydroxy- **10** 2148
    ethyl ester **10** 2148
    methyl ester **10** 2148
—, 3,6,11-trihydroxy-,
    methyl ester **10** 2149
—, 3,7,12-trihydroxy- **10** 2150
    methyl ester **10** 2150
—, 3,11,12-trihydroxy- **10** 2152
—, 3,11,17-trihydroxy- **10** 2153
    methyl ester **10** 2153, 2154
—, 3,12,14-trihydroxy- **10** 2154
    methyl ester **10** 2154

—, 3,6,11-trioxo-,
    methyl ester **10** 3984
—, 3,6,12-trioxo-,
    methyl ester **10** 3985
—, 3,7,12-trioxo- **10** 3985
    methyl ester **10** 3985
Androstane-3,17-dicarbonitrile,
—, 3,17-diacetoxy- **10** 2467
Androstane-3,5-diol,
—, 17-(benzoyloxy)- **9** 676
Androstane-3,17-dione,
—, 2-(benzoyloxy)- **9** 794
—, 12-(9,10-dioxo-9,10-dihydro-
    2-anthroyloxy)- **10** 3646
Androstane-6,17-dione,
—, 3-(benzoyloxy)-5-hydroxy- **9** 821
Androstane-11,17-dione,
—, 3-(benzoyloxy)- **9** 794
Androstane-17-thiocarboxylic acid,
—, 3-acetoxy-,
    S-methyl ester **10** 671
Androstan-3-ol,
—, 17-(benzoyloxy)- **9** 579
—, 17-(cyclohexylcarbonyloxy)- **9** 21
Androstan-5-ol,
—, 3-acetoxy-17-(benzoyloxy)- **9** 676
Androstan-17-ol,
—, 3-(benzoyloxy)- **9** 578
Androstan-3-one,
—, 17-(benzoyloxy)- **9** 736
—, 17-(benzoyloxy)-2,2-dibromo- **9** 737
—, 17-(benzoyloxy)-2,4-dibromo- **9** 737
—, 17-(benzoyloxy)-5-hydroxy- **9** 790
—, 2-bromo-17-(cyclohexylcarbonyloxy)-
    9 22
—, 17-(cyclohexylcarbonyloxy)- **9** 21, 22
—, 2,2-dibromo-17-(cyclohexyl-
    carbonyloxy)- **9** 23
—, 2,4-dibromo-17-(cyclohexyl-
    carbonyloxy)- **9** 23
Androstan-11-one,
—, 17-acetoxy-3-(benzoyloxy)- **9** 791
—, 3-(benzoyloxy)-17-hydroxy- **9** 790
Androstan-16-one,
—, 3-(benzoyloxy)- **9** 737
Androstan-17-one,
—, 6-acetoxy-3-(benzoyloxy)-5-hydroxy-
    9 818
—, 3-(benzoyloxy)- **9** 737, 738
—, 3-(benzoyloxy)-5,6-dibromo- **9** 738
—, 3-(benzoyloxy)-5,6-dihydroxy- **9** 818
—, 3-(3,5-dinitrobenzoyloxy)-
    11-hydroxy- **9** 1932
Androsta-5,14,16-triene-17-carbonitrile,
—, 3-acetoxy- **10** 1140
**Androsta-3,5,14-triene-17-carboxylic
acid,**
—, 19-acetoxy-,
    methyl ester **10** 1138

Androsta-3,5,14-triene-17-carboxylic acid
 (continued)
—, 19-hydroxy-,
   ethyl ester **10** 1139
Androsta-5,14,16-triene-17-carboxylic acid,
—, 3-acetoxy-,
   methyl ester **10** 1139
—, 3-hydroxy-,
   methyl ester **10** 1139
Androst-2-ene,
—, 17-(cyclohexylcarbonyloxy)- **9** 19
Androst-5-ene,
—, 3-acetoxy-17-(benzoyloxy)- **9** 591
—, 3-acetoxy-17-(benzoyloxy)-16-methyl-
   9 593
—, 3-acetoxy-17-(2-nitrobenzoyloxy)-
   9 1473
—, 3-(benzoyloxy)- **9** 457
—, 3,17-bis(benzoyloxy)- **9** 592
—, 3,17-bis(4-nitrobenzoyloxy)-
   9 1649
—, 3,7,17-tris(benzoyloxy)- **9** 680
Androst-5-ene-17-carbonitrile,
—, 3-acetoxy- **10** 935
—, 3-acetoxy-17-hydroxy- **10** 1875, 1876
—, 3,17-diacetoxy- **10** 1876
—, 3,17-dihydroxy- **10** 1875
—, 3-hydroxy- **10** 935
Androst-16-ene-17-carbonitrile,
—, 3-acetoxy- **10** 941, 942
—, 3-hydroxy- **10** 941
Androst-5-ene-17-carbonyl azide,
—, 3-hydroxy- **10** 936
Androst-5-ene-17-carbonyl chloride,
—, 3-acetoxy- **10** 935
—, 3-acetoxy-17-methyl- **10** 949
—, 3-chloro- **9** 2914
Androst-5-ene-17-carboxamide,
—, 3-acetoxy-17-hydroxy- **10** 1875
—, 3,17-dihydroxy- **10** 1875
Androst-1-ene-17-carboxylic acid,
—, 2-bromo-3-oxo-,
   methyl ester **10** 3214
—, 3-oxo-,
   methyl ester **10** 3213
Androst-2-ene-17-carboxylic acid 9 2913
   methyl ester **9** 2913
Androst-4-ene-17-carboxylic acid,
—, 12-acetoxy-6-bromo-3-oxo-,
   methyl ester **10** 4357
—, 17-acetoxy-3,11-dioxo- **10** 4639
—, 12-acetoxy-3-oxo-,
   methyl ester **10** 4357
—, 6-bromo-3,11-dioxo-,
   methyl ester **10** 3599
—, 2-bromo-3-oxo-,
   methyl ester **10** 3215
—, 6-bromo-3-oxo-,
   methyl ester **10** 3215

—, 11,17-dihydroxy-3-oxo- **10** 4612
   methyl ester **10** 4612
—, 3,11-dioxo- **10** 3598
   methyl ester **10** 3598
—, 3,12-dioxo- **10** 3599
   methyl ester **10** 3599
—, 17-hydroxy-3,11-dioxo- **10** 4639
—, 3-(hydroxyimino)-11-oxo-
   10 3598
—, 2-hydroxy-3-oxo- **10** 4356
—, 11-hydroxy-3-oxo- **10** 4356
   methyl ester **10** 4357
—, 12-hydroxy-3-oxo-,
   methyl ester **10** 4357
—, 14-hydroxy-3-oxo- **10** 4358
   methyl ester **10** 4358
—, 17-hydroxy-3-oxo- **10** 4358
   methyl ester **10** 4358, 4359
—, 3-oxo- **10** 3214
   methyl ester **10** 3214, 3215
Androst-5-ene-3-carboxylic acid,
—, 17-acetoxy- **10** 930
—, 17-hydroxy- **10** 930
   methyl ester **10** 931
Androst-5-ene-17-carboxylic acid,
—, 3-acetoxy- **10** 932
   ethyl ester **10** 934
   methyl ester **10** 933
—, 3-acetoxy-4-hydroxy-,
   methyl ester **10** 1870
—, 3-acetoxy-17-hydroxy- **10** 1873
   methyl ester **10** 1874
—, 3-acetoxy-16-methoxy- **10** 1871
   methyl ester **10** 1872
—, 12-acetoxy-3-[3-(methoxycarbonyl)
   propionyloxy]-,
   methyl ester **10** 1871
—, 3-acetoxy-17-methyl- **10** 946, 947
   methyl ester **10** 947, 948
—, 3-acetoxy-7-oxo-,
   methyl ester **10** 4359
—, 3-acetoxy-11-oxo- **10** 4359
—, 3-(benzoyloxy)-,
   methyl ester **10** 934
—, 3-chloro-,
   ethyl ester **9** 2914
   hydrazide **9** 2914
—, 3,4-diacetoxy-,
   methyl ester **10** 1870
—, 3,12-diacetoxy- **10** 1871
   methyl ester **10** 1871
—, 3,16-diacetoxy-,
   methyl ester **10** 1872
—, 3,17-diacetoxy- **10** 1873
   methyl ester **10** 1874
—, 3,4-dihydroxy- **10** 1870
—, 3,12-dihydroxy- **10** 1870
—, 3,17-dihydroxy- **10** 1872, 1873
   methyl ester **10** 1874

Androst-5-ene-17-carboxylic acid
   (*continued*)
—, 3-hydroxy- **10** 931
      hydrazide **10** 935
      methyl ester **10** 932
—, 3-hydroxy-16-methoxy- **10** 1871
      methyl ester **10** 1872
—, 3-hydroxy-17-methyl- **10** 946
      methyl ester **10** 947
—, 3-hydroxy-11-oxo- **10** 4359
—, 3-methoxy-,
      methyl ester **10** 933
—, 3-[3-(methoxycarbonyl)propionyloxy]-,
      methyl ester **10** 934
—, 3-[3-(methoxycarbonyl)propionyloxy]-
   11-oxo-,
      methyl ester **10** 4360
Androst-8(14)-ene-17-carboxylic acid,
—, 3-acetoxy-,
      methyl ester **10** 936
—, 3,11-diacetoxy-,
      methyl ester **10** 1877
—, 3,12-diacetoxy-,
      methyl ester **10** 1878
—, 3,12-dihydroxy- **10** 1877
      methyl ester **10** 1877
—, 3-hydroxy- **10** 936
Androst-9(11)-ene-17-carboxylic acid,
—, 3-acetoxy-,
      methyl ester **10** 937
—, 3-acetoxy-12-oxo- **10** 4360
      methyl ester **10** 4360
—, 3,12-dioxo-,
      methyl ester **10** 3599
—, 3-hydroxy-,
      methyl ester **10** 937
—, 3-oxo-,
      methyl ester **10** 3216
Androst-11-ene-17-carboxylic acid,
—, 3-acetoxy-,
      methyl ester **10** 938
—, 3-hydroxy-,
      methyl ester **10** 937
—, 3-oxo-,
      methyl ester **10** 3216
Androst-14-ene-17-carboxylic acid,
—, 3-acetoxy-,
      methyl ester **10** 939
—, 3,11-diacetoxy-,
      methyl ester **10** 1878
—, 3,11-dihydroxy- **10** 1878
—, 3-hydroxy- **10** 938, 939
—, 3,5,19-trihydroxy-,
      ethyl ester **10** 2248
Androst-16-ene-17-carboxylic acid,
—, 3-acetoxy-,
      methyl ester **10** 940, 941
—, 3-acetoxy-5,6-dibromo-,
      methyl ester **10** 942

—, 3-acetoxy-5,6-dihydroxy-,
      methyl ester **10** 2248
—, 3-acetoxy-14-hydroxy-,
      methyl ester **10** 1879
—, 3-acetoxy-5-hydroxy-6-oxo-,
      methyl ester **10** 4613
—, 3-acetoxy-6-oxo-,
      methyl ester **10** 4361
—, 3-hydroxy- **10** 940
      methyl ester **10** 940
—, 3-hydroxy-6-oxo- **10** 4360
      methyl ester **10** 4361
Androst-5-ene-17-carboxylic anhydride,
—, 3-acetoxy- **10** 935
—, 3-acetoxy-17-methyl- **10** 948
Androst-5-ene-17-thiocarboxylic acid,
—, 3-acetoxy-,
      S-methyl ester **10** 936
Androst-5-en-3-ol,
—, 17-(benzoyloxy)- **9** 590, 591
—, 17-(benzoyloxy)-16-methyl- **9** 592
—, 17-(2-carboxy-4-nitrobenzoyloxy)-
      9 4237
Androst-5-en-17-ol,
—, 3-(benzoyloxy)-17-methyl- **9** 593
Androst-1-en-3-one,
—, 17-(benzoyloxy)- **9** 745
—, 17-(benzoyloxy)-2-bromo- **9** 745
—, 2-bromo-17-(cyclohexylcarbonyloxy)-
      9 24
—, 17-(cyclohexylcarbonyloxy)- **9** 24
—, 2,4-dibromo-17-(cyclohexyl-
      carbonyloxy)- **9** 24
Androst-4-en-3-one,
—, 17-(benzoyloxy)- **9** 745
—, 17-(benzoyloxy)-2-bromo- **9** 746
—, 17-(benzoyloxy)-6-bromo- **9** 746
—, 17-(benzoyloxy)-16-methyl- **9** 747
—, 2-bromo-17-(cyclohexylcarbonyloxy)-
      9 25
—, 6-bromo-17-(cyclohexylcarbonyloxy)-
      9 25
—, 17-(cyclobutylcarbonyloxy)- **9** 8
—, 17-(cyclohexylcarbonyloxy)- **9** 25
—, 17-(cyclopropylcarbonyloxy)- **9** 5
—, 17-(phenylacetoxy)- **9** 2188
Androst-4-en-17-one,
—, 3,6-bis(benzoyloxy)- **9** 794
—, 3,6-bis(3,5-dinitrobenzoyloxy)- **9** 1932
Androst-5-en-3-one,
—, 17-(benzoyloxy)- **9** 746
Androst-5-en-17-one,
—, 3-(benzoyloxy)- **9** 747
—, 3-(benzoyloxy)-16-isopropylidene- **9** 752
Androsterone,
—, *O*-benzoyl- **9** 738
Anhydroechinocystic acid
      methyl ester **10** 1147
Anhydrophyllodulcinic acid 10 2346

Anhydropseudosantonic acid
   phenylhydrazone **10** 4279
Anhydroquinoric acid 9 4493
Anhydrosarsasapogeninic acid 10 4388
Anhydrosarsasapogenoic acid,
—, tetrahydro- **10** 1898
Anhydroscillaridinic acid A
   ethyl ester **10** 3368
   methyl ester **10** 3367
—, O-methyl-,
   methyl ester **10** 1298
—, O-(4-nitrobenzoyl)-,
   methyl ester **10** 1298
Anhydrosumaresinolic acid,
—, O-acetyl-,
   methyl ester **10** 1147
o-**Anisaldehyde,**
—, α-nitro-,
   oxime **10** 161
m-**Anisamide 10** 254
—, N-(benzoyloxy)- **10** 257
—, 2-butyl- **10** 624
—, 2-cyclohexyl- **10** 905
—, 2-ethyl- **10** 570
—, 2-heptyl- **10** 655
—, 6-iodo- **10** 262
—, 2-isopropyl- **10** 606
—, 2,4,6-trimethyl- **10** 615
o-**Anisamide 10** 155
—, N-(1-acetoxy-2,2,2-tribromoethyl)-
   10 156
—, N-(1-acetoxy-2,2,2-trichloroethyl)-
   5-bromo- **10** 179
—, N-(1-acetoxy-2,2,2-trichloroethyl)-
   3-chloro- **10** 164
—, N-(1-acetoxy-2,2,2-trichloroethyl)-
   5-chloro- **10** 167
—, N-(1-acetoxy-2,2,2-trichloroethyl)-
   3,5-dibromo- **10** 184
—, N-(1-acetoxy-2,2,2-trichloroethyl)-
   3,5-dichloro- **10** 173
—, N-(1-acetoxy-2,2,2-trichloroethyl)-
   3-nitro- **10** 193
—, N-(1-acetoxy-2,2,2-trichloroethyl)-
   5-nitro- **10** 202
—, N-(benzoyloxy)- **10** 160
—, N-[1-(benzoyloxy)-
   2,2,2-trichloroethyl]-5-bromo-
   10 179
—, N-[1-(benzoyloxy)-
   2,2,2-trichloroethyl]-5-chloro-
   10 168
—, N-[1-(benzoyloxy)-
   2,2,2-trichloroethyl]-3,5-dibromo-
   10 184
—, N-[1-(benzoyloxy)-
   2,2,2-trichloroethyl]-5-nitro-
   10 203
—, 3-bromo- **10** 175

—, 5-bromo- **10** 178
—, 5-bromo-N-(1-bromo-
   2,2,2-trichloroethyl)- **10** 179
—, 5-bromo-N-(2,2-dichloro-
   1-cyanoethylidene)- **10** 180
—, 5-bromo-N-(2,2-dichloro-
   1-cyanovinyl)- **10** 180
—, 5-bromo-N-(1,2,2,2-tetrachloroethyl)-
   10 179
—, 5-bromo-N-(2,2,2-trichloro-
   1-ethoxyethyl)- **10** 178
—, 3-bromo-N-(2,2,2-trichloro-
   1-hydroxyethyl)- **10** 176
—, 5-bromo-N-(2,2,2-trichloro-
   1-hydroxyethyl)- **10** 178
—, 5-bromo-N-(2,2,2-trichloro-
   1-methoxyethyl)- **10** 178
—, 5-bromo-N-(2,2,2-trichloro-
   1-phenoxyethyl)- **10** 179
—, 3-chloro- **10** 163
—, 5-chloro- **10** 166
—, 5-chloro-N-(2,2-dichloro-
   1-cyanoethylidene)- **10** 168
—, 5-chloro-N-(2,2-dichloro-
   1-cyanovinyl)- **10** 168
—, 5-chloro-N-(1,2,2,2-tetrachloroethyl)-
   10 168
—, 5-chloro-N-(2,2,2-trichloro-
   1-ethoxyethyl)- **10** 167
—, 3-chloro-N-(2,2,2-trichloro-
   1-hydroxyethyl)- **10** 164
—, 5-chloro-N-(2,2,2-trichloro-
   1-hydroxyethyl)- **10** 166
—, 3-chloro-N-(2,2,2-trichloro-
   1-methoxyethyl)- **10** 164
—, 5-chloro-N-(2,2,2-trichloro-
   1-methoxyethyl)- **10** 167
—, 5-chloro-N-(2,2,2-trichloro-
   1-phenoxyethyl)- **10** 167
—, 3,5-dibromo- **10** 183
—, 3,5-dibromo-N-(2,2-dichloro-
   1-cyanoethylidene)- **10** 185
—, 3,5-dibromo-N-(2,2-dichloro-
   1-cyanovinyl)- **10** 185
—, N-(2,2-dibromoethylidene)- **10** 157
—, 5,5'-dibromo-N,N'-
   [oxybis(2,2,2-trichloroethylidene)]bis-
   10 179
—, 3,5-dibromo-N-
   (1,2,2,2-tetrachloroethyl)- **10** 184
—, 3,5-dibromo-N-(2,2,2-trichloro-
   1-hydroxyethyl)- **10** 183
—, 3,5-dibromo-N-(2,2,2-trichloro-
   1-methoxyethyl)- **10** 184
—, N-(2,2-dibromovinyl)- **10** 157
—, 3,5-dichloro- **10** 172
—, 3,5-dichloro-N-(2,2-dichloro-
   1-cyanoethylidene)- **10** 173

o-**Anisamide** (continued)
—, 3,5-dichloro-N-(2,2-dichloro-
1-cyanovinyl)- **10** 173
—, 5,5'-dichloro-N,N'-
[oxybis(2,2-trichloroethylidene)]bis-
10 167
—, 3,5-dichloro-N-
(1,2,2,2-tetrachloroethyl)- **10** 173
—, 3,5-dichloro-N-(2,2,2-trichloro-
1-hydroxyethyl)- **10** 172
—, 3,5-dichloro-N-(2,2,2-trichloro-
1-methoxyethyl)- **10** 172
—, 3,5-dichloro-N-(2,2,2-trichloro-
1-phenoxyethyl)- **10** 172
—, 5-(2,2-dichlorovinyl)- **10** 862
—, N,N-diethyl- **10** 155
—, 3,5-dinitro- **10** 210
—, 3,3'-dinitro-N,N'-
[oxybis(2,2-trichloroethylidene)]bis-
10 193
—, 5,5'-dinitro-N,N'-
[oxybis(2,2-trichloroethylidene)]bis-
10 202
—, 3,5-dinitro-N-(2,2,2-trichloro-
1-hydroxyethyl)- **10** 210
—, 4-ethyl- **10** 579
—, 6-ethyl- **10** 572
—, 3-methyl- **10** 510
—, 3-nitro- **10** 193
—, 5-nitro- **10** 201
—, 6-nitro- **10** 205
—, 5-nitro-N-(1,2,2,2-tetrachloroethyl)-
10 203
—, 5-nitro-N-(2,2,2-trichloro-
1-ethoxyethyl)- **10** 202
—, 3-nitro-N-(2,2,2-trichloro-
1-hydroxyethyl)- **10** 193
—, 5-nitro-N-(2,2,2-trichloro-
1-hydroxyethyl)- **10** 202
—, 3-nitro-N-(2,2,2-trichloro-
1-methoxyethyl)- **10** 193
—, 5-nitro-N-(2,2,2-trichloro-
1-methoxyethyl)- **10** 202
—, N,N'-[oxybis(2,2-tribromoethylidene)]-
bis- **10** 156
—, 3,3',5,5'-tetrabromo-N,N'-
[oxybis(2,2-trichloroethylidene)]bis-
10 184
—, 3,3',5,5'-tetrachloro-N,N'-[oxybis-
(2,2,2-trichloroethylidene)]bis-
10 172
—, N-(2,2,2-tribromo-1-hydroxyethyl)-
10 156
—, N-(2,2,2-tribromo-1-methoxyethyl)-
10 156
—, N-(2,2,2-trichloro-1-hydroxyethyl)-
10 156
—, 5-(2,2,2-trichloro-1-hydroxyethyl)-
10 1532

p-**Anisamide 10** 341
oxime **10** 354
—, N-(benzoyloxy)- **10** 353
—, N-(2-bromoethyl)-3-nitro- **10** 380
—, 3,3'-(2,2-dichloroethylidene)bis-
10 2511
—, N,N-diethyl- **10** 341
—, N-[2-(diethylamino)ethyl]- **10** 342
—, 3,5-difluoro- **10** 360
—, 2,6-dimethyl- **10** 582
—, N-dodecyl- **10** 341
—, N-isobutyl- **10** 341
—, 5-isopropyl-2-methyl- **10** 631
—, 2-nitro- **10** 375
—, 3-nitro- **10** 380
—, N-(3-nitrobenzoyloxy)- **10** 353
—, N-octadecyl- **10** 341
—, 3-(1,2,2-trichloroethyl)- **10** 575
m-**Anisamidine 10** 256
—, N,N-dibutyl- **10** 256
—, N-[2-(diethylamino)ethyl]- **10** 256
o-**Anisamidine,**
—, N,N-dibutyl- **10** 160
p-**Anisamidine 10** 349
—, N,N-dibutyl- **10** 349
—, N-[2-(diethylamino)ethyl]- **10** 349
Anisic acid,
—, diphenyl- see Terphenylcarboxylic acid,
    methoxy-
m-**Anisic acid 10** 244
ethyl ester **10** 250
methyl ester **10** 250
1-methylheptyl ester **10** 251
—, 2-bromo- **10** 258
—, 4-bromo-,
methyl ester **10** 258
—, 6-bromo- **10** 259
—, 4-bromo-2-chloro- **10** 260
—, 2-butyl- **10** 624
—, 4-tert-butyl- **10** 628
—, 6-(carboxymethyl)- **10** 2206
—, 2-chloro- **10** 257
—, 6-chloro- **10** 258
—, 6-chloro-4-(4-chloro-1-hydroxy-
3-oxophthalan-1-yl)- **10** 4781
—, 6-chloro-4-(1-hydroxy-3-oxophthalan-
1-yl)- **10** 4780
—, 6-(cyanomethyl)- **10** 2206
—, 2-cyclohexyl- **10** 905
—, 4,6-dibromo- **10** 260
—, 4,6-dichloro- **10** 258
—, 6-(2,2-dichloroethyl)- **10** 571
—, 2-(2,2-dichloroethyl)-5-methyl-
10 613
—, 6-(2,2-dichloroethyl)-4-methyl-
10 612
—, 6-(2,2-dichloroethyl)-5-methyl-
10 611

m-**Anisic acid** *(continued)*
—, 6-(2,2-dichlorovinyl)- **10** 859
    ethyl ester **10** 859
    methyl ester **10** 859
—, 2-(2,2-dichlorovinyl)-5-methyl-
    10 873
—, 6-(2,2-dichlorovinyl)-4-methyl-
    10 872
—, 6-(2,2-dichlorovinyl)-5-methyl-
    10 872
—, 3,3′-dithiodi- **10** 1452
—, 4,4′-dithiodi- **10** 1445
—, 6-(ethoxycarbonylmethyl)-,
    ethyl ester **10** 2206
—, 2-ethyl- **10** 570
    hydrazide **10** 571
    methyl ester **10** 570
—, 6-ethyl- **10** 571
—, 2-heptyl- **10** 655
    methyl ester **10** 655
—, 2-(2-hydroxybenzyl)- **10** 1958
—, 2-(2-hydroxy-4-methylbenzyl)-
    10 1969
—, 4-(1-hydroxy-3-oxophthalan-1-yl)-
    10 4780
—, 2-iodo- **10** 261
    methyl ester **10** 261
—, 4-iodo- **10** 261
—, 6-iodo- **10** 261
    methyl ester **10** 262
—, 2-isopropyl- **10** 606
—, 4-mercapto- **10** 1444
—, 5-mercapto- **10** 1452
—, 6-(methoxycarbonylmethyl)-,
    methyl ester **10** 2206
—, 2-methyl- **10** 494
—, 4-methyl- **10** 528
—, 5-methyl- **10** 515
—, 6-methyl- **10** 496
—, 2-(methylsulfonyl)- **10** 1369
—, 4-(methylsulfonyl)- **10** 1445
—, 5-(methylsulfonyl)- **10** 1452
—, 6-(methylsulfonyl)- **10** 1388
—, 4-(methylthio)- **10** 1444
—, 5-(methylthio)- **10** 1452
—, 2-(1-naphthyl)- **10** 1314
—, 2-(2-naphthyl)- **10** 1314
    methyl ester **10** 1314
—, 2-nitro- **10** 262
    methyl ester **10** 262
—, 4-nitro- **10** 263
    2-(diethylamino)ethyl ester **10** 263
—, 6-nitro- **10** 263
—, 2,4,6-tribromo- **10** 261
—, 2,4,6-trimethyl- **10** 614
o-**Anisic acid 10** 97
    cyclohexyl ester **10** 126
    2-ethoxyethyl ester **10** 140
    ethyl ester **10** 116

    p-menth-3-yl ester **10** 126
    methyl ester **10** 109
    1-methylheptyl ester **10** 124
    4-phenylphenacyl ester **10** 146
—, 5-(1-acetoxy-2,2-trichloroethyl)-
    10 1532
—, 5-benzoyl- **10** 4432
    methyl ester **10** 4432
—, 5-benzyl- **10** 1183
—, 3-bromo- **10** 175
    ethyl ester **10** 175
—, 5-bromo- **10** 176
    ethyl ester **10** 177
—, 3-bromo-4-methyl- **10** 524
—, 5-bromo-4-methyl- **10** 524
—, 5-(2-bromo-2-methylpropionyl)-
    10 4258
—, 5-(carboxymethyl)- **10** 2207
—, 3-chloro- **10** 163
—, 5-chloro- **10** 165
—, 5-(chloroethynyl)- **10** 990
—, 5-(chloroethynyl)-4-methyl- **10** 990
—, 3,5-dibromo- **10** 181
    ethyl ester **10** 181
    methyl ester **10** 181
—, 3,5-dichloro- **10** 169
—, 3,5-dichloro-4,6-dimethyl- **10** 584
—, 5-(2,2-dichloroethyl)-4-methyl- **10** 612
—, 5-(1,2-dichlorovinyl)- **10** 861
—, 5-(2,2-dichlorovinyl)- **10** 861
    methyl ester **10** 862
—, 5-(2,2-dichlorovinyl)-4-methyl-
    10 873
—, 5,6-diformyl-3-methyl- **10** 4604
—, 3,5-diiodo- **10** 189
—, 6-(3,4-dimethoxyphenacyl)- **10** 4766
—, 6-(3,4-dimethoxyphenethyl)- **10** 2324
—, 3,5-dimethyl- **10** 586
—, 4,5-dimethyl- **10** 585
—, 4,6-dimethyl- **10** 583
—, 3,5-dinitro- **10** 207
—, 4,5-dinitro- **10** 211
—, 5,5′-dinitro-4,4′-dithiodi- **10** 1383
—, 6,6′-dithiodi- **10** 1402
—, 4-ethyl- **10** 579
—, 6-ethyl- **10** 572
—, 5-fluoro- **10** 162
—, 6-(heptadeca-8,11-dienyl)- **10** 1029
    methyl ester **10** 1030
—, 6-heptadecyl- **10** 686
    methyl ester **10** 686
—, 6-(*β*-hydroxy-3,4-dimethoxyphenethyl)-
    10 2489
—, 6-(5-hydroxy-2-methoxybenzoyl)-
    4-methyl- **10** 4767
—, 5-(2-hydroxy-2-methylpropionyl)-
    10 4558
—, 5-(1-hydroxy-3-oxophthalan-1-yl)-
    10 4779

o-**Anisic acid** *(continued)*
—, 5-(1-hydroxy-3-oxophthalan-1-yl)-
    3-methyl- **10** 4782
—, 5-iodo- **10** 188
—, 4-iodo-5-nitro- **10** 207
—, 5-isobutyryl- **10** 4257
    methyl ester **10** 4258
—, 4-mercapto- **10** 1383
—, 5-mercapto- **10** 1389
—, 5-(*p*-methoxyphenylsulfonyl)-
    10 1390
—, 3-methyl-,
    butyl ester **10** 507
    ethyl ester **10** 507
    hydrazide **10** 510
    isopropyl ester **10** 507
    methyl ester **10** 506
—, 4-methyl- **10** 521
    ethyl ester **10** 522
    methyl ester **10** 521
—, 5-methyl- **10** 516
—, 6-methyl- **10** 497
—, 5-(2-methylacryloyl)- **10** 4340
—, 3-(methylsulfonyl)- **10** 1369
—, 4-(methylsulfonyl)- **10** 1383
—, 5-(methylsulfonyl)- **10** 1389
—, 4-(methylthio)- **10** 1383
—, 5-(methylthio)- **10** 1389
—, 4-methyl-5-(2,2,2-trichloro-
    1-hydroxyethyl)- **10** 1568
—, 3-nitro- **10** 190
    methyl ester **10** 191
—, 4-nitro- **10** 194
—, 5-nitro- **10** 198
    ethyl ester **10** 199
    methyl ester **10** 199
—, 6-nitro- **10** 205
—, 5-(2-oxoethyl)- **10** 4228
—, 6-(pentadec-8-enyl)-,
    methyl ester **10** 949
—, 6-pentadecyl- **10** 678
    methyl ester **10** 678
—, 5-(phenylsulfonyl)- **10** 1389
—, 3,3'-sulfonyldi- **10** 1369
—, 5,5'-sulfonyldi- **10** 1392
—, 5-(1,2,2,2-tetrachloroethyl)- **10** 577
—, 5,5'-thiodi- **10** 1392
—, 5-(2,2,2-trichloro-1-hydroxyethyl)-
    10 1531
    ethyl ester **10** 1532
    methyl ester **10** 1532
—, 5-(trichlorovinyl)- **10** 862
    methyl ester **10** 862
—, 6-(3,4,*β*-trimethoxyphenethyl)-,
    methyl ester **10** 2490
p-**Anisic acid 10** 280
    benzhydryl ester **10** 314
    benzyl ester **10** 311
    4-bromobenzyl ester **10** 311

    2-(butylamino)ethyl ester **10** 326
    butyl ester **10** 307
    tert-butyl ester **10** 308
    but-3-ynyl ester **10** 310
    2-chloroethyl ester **10** 301
    cyclohexyl ester **10** 310
    p-cyclohexylphenyl ester **10** 312
    2-(diethylamino)ethyl ester **10** 326
    2-(diethylamino)pentyl ester **10** 335
    2-ethoxyethyl ester **10** 315
    ethyl ester **10** 300
    heptyl ester **10** 309
    hydrazide **10** 355
    isopropyl ester **10** 307
    methyl ester **10** 297
    1-methylheptyl ester **10** 310
    2-naphthyl ester **10** 313
    4-phenylphenacyl ester **10** 320
    o-tolyl ester **10** 310
    trityl ester **10** 314
    vinyl ester **10** 310
—, 2-*p*-anisoyl- **10** 4667
    methyl ester **10** 4667
—, 2-benzoyl- **10** 4427
—, 3-bromo- **10** 364
    methyl ester **10** 364
—, 3-(bromomethyl)-,
    ethyl ester **10** 514
—, 5-bromo-2-methyl- **10** 495
—, 2-bromo-5-nitro- **10** 383
—, 3-butyl- **10** 625
—, 3-*tert*-butyl- **10** 627
—, 2-(carboxymethyl)- **10** 2205
—, 3-(carboxymethyl)- **10** 2207
—, 2-chloro- **10** 360
—, 3-chloro- **10** 360
—, 3-(chloroethynyl)- **10** 990
—, 3-(7-chloro-1-hydroxy-3-oxophthalan-
    1-yl)- **10** 4780
—, 2-chloro-5-nitro- **10** 382
—, 3,3'-(chlorovinylidene)di- **10** 2533
—, 2-(cyanomethyl)- **10** 2205
—, 3,5-dibromo- **10** 366
—, 3-(2,2-dichloroethyl)- **10** 574
—, 3,3'-(2,2-dichloroethylidene)di-
    10 2510
    diethyl ester **10** 2510
    dimethyl ester **10** 2510
—, 3-(1,2-dichlorovinyl)- **10** 859
—, 3-(2,2-dichlorovinyl)- **10** 860
—, 3,5-difluoro- **10** 360
    hydrazide **10** 360
    methyl ester **10** 360
—, 3,5-diiodo- **10** 370
—, 2,5-dimethyl- **10** 584
—, 2,6-dimethyl- **10** 582
—, 2,6-dimethyl-3-nitro- **10** 583
—, 3-(ethoxythiocarbonylthio)- **10** 1443
—, 2-ethyl- **10** 571

p-**Anisic acid** *(continued)*
—, 3-(1-ethylbutyl)- **10** 650
—, 3-fluoro- **10** 359
    hydrazide **10** 360
    methyl ester **10** 359
—, 3-fluoro-5-nitro- **10** 382
    methyl ester **10** 382
—, 3-(hex-2-enyl)- **10** 900
—, 3-hexyl- **10** 649
—, 3-(1-hydroxy-3-oxophthalan-1-yl)-
    10 4780
—, 3-iodo- **10** 367
—, 3-isopropyl- **10** 607
    methyl ester **10** 607
—, 5-isopropyl-2-methyl- **10** 631
—, 3-mercapto- **10** 1443
—, 3-(methoxycarbonylmethyl)-,
    methyl ester **10** 2207
—, 2-(4-methoxyphenacyl)- **10** 4672
—, 2-methyl- **10** 494
—, 3-methyl- **10** 512
    ethyl ester **10** 513
—, 3-(1-methylpent-2-enyl)- **10** 900
—, 3-(1-methylpentyl)- **10** 650
—, 2-(methylsulfonyl)- **10** 1381
—, 3-(methylsulfonyl)- **10** 1443
—, 3-(methylthio)- **10** 1443
—, 2-(1-naphthoyl)- **10** 4482
—, 2-nitro- **10** 375
    ethyl ester **10** 375
—, 3-nitro- **10** 376
    allyl ester **10** 379
    ethyl ester **10** 378
    hexyl ester **10** 379
    methyl ester **10** 378
    propyl ester **10** 379
—, 5-nitro-2-methyl- **10** 496
—, 3-nitro-2-(3-nitro-*p*-anisoyl)-
    10 4667
—, 5-nitro-2-(3-nitro-*p*-anisoyl)-
    10 4667
—, 3,3′-sulfonyldi- **10** 1444
—, 3-(1,2,2,2-tetrachloroethyl)-
    10 576
    methyl ester **10** 576
—, 2,3,5-trichloro- **10** 363
—, 3-(1,2,2-trichloroethyl)- **10** 575
    ethyl ester **10** 575
—, 3-(2,2,2-trichloro-1-hydroxyethyl)-
    10 1531
—, 3-(trichlorovinyl)- **10** 861
p-**Anisic anhydride 10** 325
o-**Anisic benzoic anhydride 10** 147
m-**Anisohydroxamic acid 10** 256
o-**Anisohydroxamic acid 10** 160
p-**Anisohydroxamic acid 10** 353
p-**Anisohydroxymoyl chloride 10** 354
—, 3-chloro- **10** 362
—, 3,5-dichloro- **10** 363

Anisol,
—, *p*-(chloronitrosomethyl)- **10** 354
m-**Anisonitrile 10** 255
—, 6-bromo- **10** 259
—, 4-bromo-2-ethyl- **10** 571
—, 6-bromo-2-ethyl- **10** 571
—, 2-butyl- **10** 624
—, 2-cyclohexyl- **10** 905
—, 2,2′-diethyl-5,5′-
    (azinodipropylidyne)di- **10** 4269
—, 2-ethyl- **10** 571
—, 2-ethyl-5-methyl- **10** 613
—, 2-ethyl-5-propionyl- **10** 4268
—, 2-heptyl- **10** 655
—, 6-iodo- **10** 262
—, 2-isopropyl- **10** 606
—, 2-(1-naphthyl)- **10** 1314
—, 2-(2-naphthyl)- **10** 1314
o-**Anisonitrile 10** 159
—, 5-acetyl- **10** 4228
—, 3-chloro- **10** 164
—, 5-chloro- **10** 168
—, 4,6-dimethyl- **10** 584
—, 3-iodo- **10** 187
—, 3-methyl- **10** 510
—, 5-methyl- **10** 518
—, 3-nitro- **10** 194
—, 4-nitro- **10** 197
—, 5-nitro- **10** 203
—, 6-nitro- **10** 205
—, 5,5′-sulfonyldi- **10** 1395
—, 4-(trifluoromethyl)- **10** 523
p-**Anisonitrile 10** 344
—, 3,5-dichloro- **10** 363
—, 2,6-dimethyl- **10** 583
—, 3,5-dinitro- **10** 384
—, 3-fluoro- **10** 359
—, 2-nitro- **10** 376
—, 3-nitro- **10** 380
—, 3,3′-sulfonyldi- **10** 1444
m-**Anisoyl azide 10** 257
p-**Anisoyl azide 10** 358
m-**Anisoyl chloride 10** 253
—, 2-ethyl- **10** 570
—, 2-methyl- **10** 494
—, 4-methyl- **10** 528
—, 6-methyl- **10** 496
—, 2-nitro- **10** 262
—, 2,4,6-trimethyl- **10** 615
o-**Anisoyl chloride 10** 151
—, 3,5-dinitro- **10** 209
—, 3-nitro- **10** 192
—, 5-nitro- **10** 201
—, 6-nitro- **10** 205
p-**Anisoyl chloride 10** 337
—, 3-allyl- **10** 869
—, 3,3′-(2,2-dichloroethylidene)di-
    10 2511
—, 3,5-diiodo- **10** 372

p-Anisoyl chloride *(continued)*
—, 2-nitro- **10** 375
—, 3-(1,2,2-trichloroethyl)- **10** 575
p-Anisoyl isothiocyanate **10** 342
p-Anisuric acid **10** 342
Anthra[9,1,2-*cde*]benzo[*rst*]pentaphene-
   1,14-dicarboxylic acid,
—, 5,10-dioxo-5,10-dihydro- **10** 4103
Anthracene,
—, 1-acetoxy-4,9-bis(benzoyloxy)-
   9 686
—, 9-(benzoyloxy)- **9** 520
—, 9-(benzoyloxy)-10-bromo- **9** 520
—, 9-(benzoyloxy)-
   1,2,3,4,5,6,7,8-octahydro- **9** 475
—, 9,10-bis(benzoyloxy)- **9** 645
—, 1,2-bis(benzoyloxy)-1,2-dihydro-
   9 636
—, 2,7-bis(benzoyloxy)-9,10-dihydro-
   9 636
—, 9,10-bis(benzoyloxy)-9,10-dihydro-
   9 635
—, 9,10-bis(benzoyloxy)-9,10-diphenyl-
   9,10-dihydro- **9** 659
—, 9,10-bis(benzoylperoxy)-
   9,10-diphenyl-9,10-dihydro-
   9 1051
—, 9,10-bis(4-bromobenzoyloxy)-1,5-bis-
   (2,4-dimethylbenzoyl)- **9** 1416
—, 9,9-bis[*p*-(3-bromobenzoyloxy)phenyl]-
   10,10-diphenyl-9,10-dihydro-
   9 1395
—, 9-(phenylacetoxy)- **9** 2184
—, 9,9,10,10-tetrakis[*p*-
   (3-bromobenzoyloxy)phenyl]-
   9,10-dihydro- **9** 1396
—, 1,4,9-tris(4-nitrobenzoyloxy)-
   9 1668
Anthracenecarboxylic acid
   see *Anthroic acid*
Anthracene-1,4-dicarbonitrile **9** 4647
—, 5,8-dimethyl-9,10-dioxo-
   9,10-dihydro- **10** 4089
Anthracene-1,5-dicarbonitrile,
—, 2,6-dichloro-9,10-dioxo-
   9,10-dihydro- **10** 4084
—, 2,6-dimethyl-9,10-dioxo-
   9,10-dihydro- **10** 4088
—, 2,4,6,8-tetrachloro-9,10-dioxo-
   9,10-dihydro- **10** 4084
Anthracene-1,8-dicarbonitrile,
—, 10,10-bis(2-chlorobenzyl)-9-oxo-
   9,10-dihydro- **10** 4039
—, 2,7-dimethyl-9,10-dioxo-
   9,10-dihydro- **10** 4088
—, 9,10-dioxo-9,10-dihydro- **10** 4086
Anthracene-2,3-dicarbonitrile,
—, 1,4-dihydroxy-9,10-dioxo-
   9,10-dihydro- **10** 4855

Anthracene-9,10-dicarbonitrile **9** 4650
—, 1,2,3,4-tetrahydro- **9** 4549
Anthracene-1,4-dicarbonyl dichloride
   9 4647
—, 9,10-dioxo-9,10-dihydro- **10** 4083
Anthracene-1,5-dicarbonyl dichloride
   9 4648
—, 9,10-bis-[2,4-bis(chlorocarbonyl)-
   phenyl]- **9** 4916
—, 9,10-bis[2,5-bis(chlorocarbonyl)-
   phenyl]- **9** 4917
—, 9,10-dioxo-9,10-dihydro- **10** 4084
Anthracene-9,10-dicarbonyl dichloride
   9 4649
—, 9,10-dihydro- **9** 4605
Anthracene-1,9-dicarboxamide **9** 4648
Anthracene-9,10-dicarboxamide **9** 4649
—, 9,10-dihydro- **9** 4606
Anthracene-1,2-dicarboxylic acid,
—, 9,10-dihydroxy- **10** 4791
—, 9,10-dioxo-9,10-dihydro- **10** 4082
   dimethyl ester **10** 4082
—, 10-hydroxy-9-oxo-9,10-dihydro-
   10 4791
—, 9-hydroxy-10-oxo-9,10-dihydro-
   10 4791
—, 10-oxo-9-phenyl-9,10-dihydro- **10** 4033
—, 9-phenyl- **9** 4706
Anthracene-1,3-dicarboxylic acid,
—, 9,10-dioxo-9,10-dihydro- **10** 4082
—, 2-hydroxy-9,10-dioxo-9,10-dihydro-
   10 4835
Anthracene-1,4-dicarboxylic acid,
—, 9,10-bis(*p*-methoxyphenyl)- **10** 2550
—, 9,10-dihydroxy- **10** 4791
—, 5,8-dimethyl-9,10-dioxo-
   9,10-dihydro- **10** 4089
—, 9,10-dioxo-9,10-dihydro- **10** 4083
—, 9,10-di-*p*-tolyl- **9** 4733
—, 9-hydroxy-10-oxo-9,10-dihydro-
   10 4791
—, 9-hydroxy-10-oxo-9-phenyl-
   9,10-dihydro- **10** 4796
—, 9-hydroxy-10-oxo-9-*p*-tolyl-
   9,10-dihydro- **10** 4796
—, 9-oxo-9,10-dihydro- **10** 4021
Anthracene-1,5-dicarboxylic acid **9** 4647
   diethyl ester **9** 4647
—, 9,10-bis[2,4-bis(ethoxycarbonyl)-
   phenyl]-,
   diethyl ester **9** 4916
—, 9,10-bis[2,5-bis(ethoxycarbonyl)-
   phenyl]-,
   diethyl ester **9** 4917
—, 9,10-bis[2,5-bis(methoxycarbonyl)-
   phenyl]-,
   dimethyl ester **9** 4916
—, 3,7-bis(4-chlorobenzoyl)-9,10-
   bis(*p*-chlorophenyl)- **10** 4103

Anthracene-1,5-dicarboxylic acid
   (continued)
—, 9,10-bis(2,4-dicarboxyphenyl)- **9** 4916
—, 9,10-bis(2,5-dicarboxyphenyl)-
   9 4916
—, 9,10-bis(2,4-dicarboxyphenyl)-
   9,10-dihydroxy-9,10-dihydro-
   10 2639
—, 9-bromo-,
   diethyl ester **9** 4648
—, 9-cyano-,
   diethyl ester **9** 4844
—, 2,6-dibenzoyl-9,10-dioxo-
   9,10-dihydro- **10** 4156
—, 9,10-dichloro-9,10-dihydro-,
   diethyl ester **9** 4603
—, 9,10-dihydroxy-9,10-di(2,4-xylyl)-
   9,10-dihydro- **10** 2550
—, 9,10-dihydroxy-9,10-di(2,5-xylyl)-
   9,10-dihydro- **10** 2550
—, 2,6-dimethyl-9,10-dioxo-
   9,10-dihydro- **10** 4088
—, 9,10-dioxo-4,8-bis(phenylthio)-
   9,10-dihydro- **10** 4855
—, 9,10-dioxo-9,10-dihydro- **10** 4083
   diethyl ester **10** 4084
—, 9,10-dioxo-4,8-diphenoxy-
   9,10-dihydro- **10** 4854
—, 9,10-diphenyl- **9** 4730
   diethyl ester **9** 4730
—, 9,10-diphenyl-9,10-dihydro- **9** 4727
   diethyl ester **9** 4728
—, 9-oxo-9,10-dihydro- **10** 4021
—, 2,4,6,8-tetrabromo-9,10-dioxo-
   9,10-dihydro- **10** 4085
   diethyl ester **10** 4085
Anthracene-1,6-dicarboxylic acid,
—, 9,10-dioxo-9,10-dihydro- **10** 4085
Anthracene-1,7-dicarboxylic acid,
—, 9,10-dioxo-9,10-dihydro- **10** 4085
Anthracene-1,8-dicarboxylic acid 9 4648
—, 9,10-dioxo-9,10-dihydro- **10** 4085
Anthracene-1,9-dicarboxylic acid 9 4648
Anthracene-2,3-dicarboxylic acid 9 4649
—, 1,4-dihydroxy-9,10-dioxo-
   9,10-dihydro- **10** 4855
Anthracene-2,6-dicarboxylic acid,
—, 3,7-dichloro- **9** 4649
—, 1,5-dichloro-9,10-dioxo-
   9,10-dihydro- **10** 4086
—, 3,7-dichloro-9,10-dioxo-
   9,10-dihydro- **10** 4086
—, 3,7-dihydroxy- **10** 2536
Anthracene-2,7-dicarboxylic acid,
—, 1,8-dichloro-9,10-dioxo-
   9,10-dihydro- **10** 4087
   dimethyl ester **10** 4087
—, 3,6-dichloro-9,10-dioxo-
   9,10-dihydro- **10** 4087

—, 9,10-dioxo-9,10-dihydro- **10** 4086
Anthracene-9,10-dicarboxylic acid
  9 4649
   dimethyl ester **9** 4649
—, 9,10-dibenzyl-9,10-dihydro- **9** 4728
—, 9,10-dihydro- **9** 4603
   bis[2-(diethylamino)ethyl] ester
    9 4605
   diethyl ester **9** 4604
   dihydrazide **9** 4606
   dimethyl ester **9** 4603, 4604
   diphenyl ester **9** 4605
   ethyl ester **9** 4604
   ethyl ester methyl ester **9** 4604
   methyl ester **9** 4603
   methyl ester phenyl ester **9** 4604
—, 9,10-diisobutyl-9,10-dihydro-
   9 4646
Anthracene-1,9-diol,
—, 2,3-bis(benzoyloxy)- **9** 823
Anthracene-1,10-diol,
—, 2,3-bis(benzoyloxy)- **9** 824
Anthracene-2,9-diol,
—, 3,4-bis(benzoyloxy)- **9** 824
Anthracene-2,10-diol,
—, 1,3-bis(benzoyloxy)- **9** 824
Anthracene-1,3,5,7-tetracarbonyl
  tetrachloride,
—, 9,10-dioxo-9,10-dihydro- **10** 4174
Anthracene-1,4,5,8-tetracarbonyl
  tetrachloride,
—, 9,10-dioxo-9,10-dihydro- **10** 4175
Anthracene-1,2,5,6-tetracarboxylic
  acid,
—, 9,10-dioxo-9,10-dihydro- **10** 4174
   tetramethyl ester **10** 4174
Anthracene-1,2,6,7-tetracarboxylic
  acid,
—, 9,10-dioxo-9,10-dihydro-,
   tetramethyl ester **10** 4174
Anthracene-1,2,7,8-tetracarboxylic
  acid,
—, 9,10-dioxo-9,10-dihydro-,
   tetramethyl ester **10** 4174
Anthracene-1,3,5,7-tetracarboxylic
  acid,
—, 9,10-dioxo-9,10-dihydro- **10** 4174
Anthracene-1,4,5,8-tetracarboxylic
  acid,
—, 9,10-dioxo-9,10-dihydro- **10** 4175
Anthracene-1,2,3-tricarboxylic acid,
—, 9,10-dioxo-9,10-dihydro-,
   trimethyl ester **10** 4154
Anthracene-1,2,4-tricarboxylic acid,
—, 9,10-dioxo-9,10-dihydro- **10** 4154
   trimethyl ester **10** 4155
Anthracene-1,2,5-tricarboxylic acid,
—, 9,10-dioxo-9,10-dihydro-,
   trimethyl ester **10** 4155

Anthracene-1,2,6-tricarboxylic acid,
—, 9,10-dioxo-9,10-dihydro-,
    trimethyl ester **10** 4155
Anthracene-1,2,7-tricarboxylic acid,
—, 9,10-dioxo-9,10-dihydro-,
    trimethyl ester **10** 4155
Anthracene-1,5,9-tricarboxylic acid
  9 4844
Anthracene-9,9,10(10*H*)-tricarboxylic
  acid **9** 4843
    trimethyl ester **9** 4843
Anthracene-1,2,9-triol,
—, 3-(benzoyloxy)- **9** 823
Anthracene-1,3,9-triol,
—, 2-(benzoyloxy)- **9** 823
Anthra[1,2-*c*;5,6-*c'*]difuran-1,6,7,12(3*H*,9*H*)-
  tetrone,
—, 3,9-dihydroxy-3,9-diphenyl- **10** 4156
2*H*-Anthra[9,1-*bc*]furan-5-carboxylic
  acid,
—, 6,10b-dihydroxy-2-oxo-6-phenyl-
    6,10b-dihydro- **10** 4796
—, 6,10b-dihydroxy-2-oxo-6-*p*-tolyl-
    6,10b-dihydro- **10** 4796
—, 10b-hydroxy-2-oxo-6,10b-dihydro-
    10 4021
2*H*-Anthra[9,1-*bc*]furan-7-carboxylic
  acid,
—–, 10b-hydroxy-2-oxo-6,10b-dihydro-
    10 4021
Anthra[1,2-*b*]furan-2,3-dione,
—, 11b-hydroxy-3a,4,5,7,8,9,10,11b-
    octahydro- **10** 3611
Anthra[1,2-*b*]furan-2(3*H*)-one,
—, 11b-hydroxy-3a,4,5,7,8,9,10,11b-
    octahydro- **10** 3241
Anthra[1,2-*c*]furan-3(1*H*)-one,
—, 1-hydroxy-1-phenyl- **10** 3489
2*H*-Anthra[9,1-*bc*]furan-2-one,
—, 3,9,10,10b-tetrahydroxy-5-methyl-
    6,10b-dihydro- **10** 4783
Anthra[1,2-*c*]furan-1,6,11(3*H*)-trione,
—, 1-hydroxy-1-phenyl- **10** 4035
—, 3-hydroxy-3-phenyl- **10** 4034
Anthra[2,3-*c*]furan-1,5,10(3*H*)-trione,
—, 3-(*p*-chlorophenyl)-
    3,4,11-trihydroxy- **10** 4837
—, 3,4,11-trihydroxy-3-phenyl-
    10 4836
—, 3,4,11-trihydroxy-3-*p*-tolyl-
    10 4837
Anthra[2,3-*c*]furan-3,5,10(1*H*)-trione,
—, 1-hydroxy-1-phenyl- **10** 4036
1-Anthramide,
—, 6,7-dibromo-9,10-dioxo-9,10-dihydro-
    10 3639
—, 7,8-dibromo-9,10-dioxo-9,10-dihydro-
    10 3639
—, 9,10-dioxo-9,10-dihydro- **10** 3634

2-Anthramide,
—, 1-chloro-*N*-(2-hydroxyethyl)-
    9,10-dioxo-9,10-dihydro- **10** 3648
—, 1,4-dihydroxy-9,10-dioxo-
    9,10-dihydro- **10** 4788
—, 4,5,7-trimethoxy-9,10-dioxo-
    9,10-dihydro- **10** 4830
9-Anthramide **9** 3495
—, *N*-carbamimidoyl-9,10-dihydro- **9** 3446
—, 10-cyano- **9** 4650
—, *N*,*N*-diethyl-9,10-dihydro- **9** 3446
—, 1,2,3,4-tetrahydro- **9** 3353
Anthranthrone
  see *Dibenzo[def,mno]chrysene-
  6,12-dione*
Anthraquinone,
—, 1-acetoxy-4-(benzoyloxy)- **9** 827
—, 2-(benzoyloxy)- **9** 805
—, 1-(benzoyloxy)-4-bromo-2-methoxy-
    9 827
—, 3-(benzoyloxy)-1-methoxy-2-methyl-
    9 828
—, 2-[*p*-(benzoyloxy)phenyldithio]-
    9 563
—, 2,3-bis(benzoyloxy)- **9** 827
—, 1,3-bis(benzoyloxy)-2-
    (benzoyloxymethyl)- **9** 845
—, 1,8-bis(benzoyloxy)-3-
    (benzoyloxymethyl)- **9** 845
—, 1,3-bis(benzoyloxy)-6-
    (benzoyloxymethyl)-8-methoxy- **9** 850
—, 1,8-bis(benzoyloxy)-3-
    (benzoyloxymethyl)-6-methoxy-
    9 850
—, 2,3-bis(benzoyloxy)-1-hydroxy- **9** 844
—, 1,2-bis(benzoyloxy)-5-hydroxy-
    6-methyl- **9** 844
—, 1,6-bis(benzoyloxy)-5-hydroxy-
    2-methyl- **9** 844
—, 1-[*p*-(chlorocarbonyl)phenoxy]- **10** 340
—, 1-chloro-2-[(4-chlorobenzoyloxy)⸗
    methyl]- **9** 1361
—, 2-[(3,5-dinitrobenzoyloxy)methyl]-
    9 1933
—, 1,2,3,5-tetrakis(benzoyloxy)-
    6-methyl- **9** 849
—, 1,2,3,7-tetrakis(benzoyloxy)-
    6-methyl- **9** 850
—, 1,2,3-tris(benzoyloxy)- **9** 844
—, 1,3,8-tris(benzoyloxy)-6-
    (benzoyloxymethyl)- **9** 850
—, 1,2,3-tris(benzoyloxy)-5-hydroxy-
    6-methyl- **9** 849
—, 2,3,5-tris(benzoyloxy)-1-hydroxy-
    6-methyl- **9** 849
—, 1,2,5-tris(benzoyloxy)-6-methyl-
    9 845
—, 1,3,8-tris(benzoyloxy)-6-methyl-
    9 845

1-Anthroic acid 9 3492
    methyl ester **9** 3492
—, 10-acetoxy-2-methyl-9-phenyl-
    10 1342
—, 2-benzoyl-9,10-dioxo-9,10-dihydro-
    10 4034
—, 4-benzoyl-9,10-dioxo-9,10-dihydro-
    10 4035
    methyl ester **10** 4035
—, 6-benzoyl-9,10-dioxo-9,10-dihydro-
    10 4036
—, 4-bromo-9,10-dioxo-9,10-dihydro-
    10 3638
—, 6-bromo-9,10-dioxo-9,10-dihydro-
    10 3638
    methyl ester **10** 3638
—, 3-bromo-2-hydroxy-9,10-dioxo-
    9,10-dihydro- **10** 469
—, 4-butyl-9,10-dioxo-9,10-dihydro-
    10 3659
—, 2-(carboxymethylthio)-9,10-dioxo-
    9,10-dihydro- **10** 4697
—, 10-(o-carboxyphenyl)- **9** 4706
—, 4-chloro-9,10-dioxo-9,10-dihydro-
    10 3635
    methyl ester **10** 3635
—, 5-chloro-9,10-dioxo-9,10-dihydro-
    10 3636
    methyl ester **10** 3636
—, 6-chloro-9,10-dioxo-9,10-dihydro-
    10 3636
    methyl ester **10** 3636
—, 7-chloro-9,10-dioxo-9,10-dihydro-
    10 3637
    methyl ester **10** 3637
—, 8-chloro-9,10-dioxo-9,10-dihydro-
    10 3637
    methyl ester **10** 3637
—, 3-chloro-2-hydroxy-x-nitro-
    9,10-dioxo-9,10-dihydro- **10** 4697
—, 9-(p-chlorophenyl)-9-hydroxy-10-oxo-
    9,10-dihydro- **10** 4495
—, 4-cyano-9,10-dioxo-9,10-dihydro-
    10 4083
—, 9,10-diacetoxy-5,6,8-trimethoxy-
    10 2589
—, 9,10-diacetoxy-5,7,8-trimethoxy-
    10 2589
—, 9,10-dibromo-9,10-dihydro-,
    methyl ester **9** 3444
—, 4,8-dibromo-9,10-dioxo-9,10-dihydro-
    10 3639
—, 6,7-dibromo-9,10-dioxo-9,10-dihydro-
    10 3639
    butyl ester **10** 3639
—, 7,8-dibromo-9,10-dioxo-9,10-dihydro-
    10 3639
    butyl ester **10** 3639

—, 4,8-dichloro-9,10-dioxo-
    9,10-dihydro- **10** 3637
—, 5,6-dichloro-9,10-dioxo-
    9,10-dihydro- **10** 3637
—, 5,8-dichloro-9,10-dioxo-
    9,10-dihydro- **10** 3638
—, 6,7-dichloro-9,10-dioxo-
    9,10-dihydro- **10** 3638
    methyl ester **10** 3638
—, 9,10-dichloro-2-methyl-
    9 3506
—, 2-(dichloromethyl)-9,10-dioxo-
    9,10-dihydro- **10** 3655
—, 9,10-dihydro- **9** 3444
—, 5,8-dihydroxy-9,10-dioxo-
    9,10-dihydro- **10** 4787
—, 6,7-dihydroxy-9,10-dioxo-
    9,10-dihydro- **10** 4787
—, 5-(2,4-dimethylbenzoyl)-9,10-dioxo-
    9,10-dihydro- **10** 4036
—, 2,4-dimethyl-9,10-dioxo-
    9,10-dihydro- **10** 3656
—, 2,6-dimethyl-9,10-dioxo-
    9,10-dihydro- **10** 3656
—, 6,7-dimethyl-9,10-dioxo-
    9,10-dihydro- **10** 3657
—, 9,10-dinitro-
    1,2,3,4,5,6,7,8-octahydro-
    9 3103
—, 9,10-dioxo-9,10-dihydro- **10** 3633
    methyl ester **10** 3634
—, 9,10-dioxo-4-phenyl-9,10-dihydro-
    10 3674
    methyl ester **10** 3675
—, 9,10-dioxo-4-propyl-9,10-dihydro-
    10 3658
—, 4-ethyl-9,10-dioxo-9,10-dihydro-
    10 3656
—, 2-hydroxy- **10** 1299
—, 2-hydroxy-3,x-dinitro-9,10-dioxo-
    9,10-dihydro- **10** 4697
—, 2-hydroxy-9,10-dioxo-9,10-dihydro-
    10 4696
—, 9-hydroxy-2-methyl-10-oxo-9-phenyl-
    9,10-dihydro- **10** 4497
—, 10-hydroxy-2-methyl-9-phenyl-
    10 3475
—, 2-hydroxy-3-nitro-9,10-dioxo-
    9,10-dihydro- **10** 4697
—, 2-methoxy-9,10-dioxo-9,10-dihydro-
    10 4697
—, 9-(p-methoxyphenyl)- **10** 1342
—, 4-methyl- **9** 3506
—, 2-methyl-9,10-dioxo-9,10-dihydro-
    10 3654
—, 3-methyl-9,10-dioxo-9,10-dihydro-
    10 3655
—, 4-methyl-9,10-dioxo-9,10-dihydro-
    10 3655

1-Anthroic acid *(continued)*
—, 6-methyl-9,10-dioxo-9,10-dihydro-
   10 3655
—, 7-methyl-9,10-dioxo-9,10-dihydro-
   10 3655
—, 2-methyl-10-oxo-9,9-diphenyl-
   9,10-dihydro- 10 3506
—, 2-methyl-10-oxo-9-phenyl-
   9,10-dihydro- 10 3474
—, 2-methyl-9-phenyl- 9 3653
—, 3-methyl-9-phenyl- 9 3653
—, 2-methyl-9-phenyl-9,10-dihydro-
   9 3638
—, 6-nitro-9,10-dioxo-9,10-dihydro-
   10 3640
—, 1,2,3,4,5,6,7,8-octahydro-
   9 3102
—, 10-oxo-9-phenyl-9,10-dihydro-
   10 3471
—, 10-oxo-9-*p*-tolyl-9,10-dihydro-
   10 3474
—, 5,6,8,9,10-pentaacetoxy- 10 2589
—, 5,7,8,9,10-pentaacetoxy- 10 2589
—, 4-phenyl- 9 3648
—, 9-phenyl- 9 3648
   ethyl ester 9 3648
—, 5,6,7,8-tetrahydro- 9 3352
—, 4,5,8-trichloro-9,10-dioxo-
   9,10-dihydro- 10 3638
—, 5,6,8-trihydroxy-9,10-dioxo-
   9,10-dihydro- 10 4828
—, 5,7,8-trihydroxy-9,10-dioxo-
   9,10-dihydro- 10 4828
—, 2,7,8-trihydroxy-4-methyl-9-oxo-
   9,10-dihydro- 10 4783
2-Anthroic acid 9 3493
   ethyl ester 9 3493
   methyl ester 9 3493
—, 4-acetoxy-9,10-dioxo-9,10-dihydro-
   10 4700
—, 5-acetoxy-9,10-dioxo-9,10-dihydro-
   10 4700
—, 1-benzoyl- 10 3489
—, 3-benzoyl-1,4-dihydroxy-9,10-dioxo-
   9,10-dihydro- 10 4836
—, 1-benzoyl-9,10-dioxo-9,10-dihydro-
   10 4035
—, 3-benzoyl-9,10-dioxo-9,10-dihydro-
   10 4036
—, 9-benzyl- 9 3653
—, 10-benzyl- 9 3653
—, 9-benzyl-9-hydroxy-10-oxo-
   9,10-dihydro- 10 4496
—, 10-benzyl-10-hydroxy-9-oxo-
   9,10-dihydro- 10 4496
—, 3-bromo-5,8-dichloro-9,10-dioxo-
   9,10-dihydro- 10 3650
—, 3-bromo-5,8-dimethyl-9,10-dioxo-
   9,10-dihydro- 10 3657

—, 7-bromo-3,5,6,8-tetrahydroxy-
   1-methyl-9,10-dioxo-9,10-dihydro-
   10 4853
—, 1-(carboxymethylthio)-9,10-dioxo-
   9,10-dihydro- 10 4699
—, 3-chloro- 9 3494
—, 3-(4-chlorobenzoyl)-1,4-dihydroxy-
   9,10-dioxo-9,10-dihydro- 10 4837
—, 5-chloro-3,8-dihydroxy-9,10-dioxo-
   9,10-dihydro- 10 4789
—, 8-chloro-3,5-dihydroxy-9,10-dioxo-
   9,10-dihydro- 10 4789
—, 3-chloro-5,8-dimethyl-9,10-dioxo-
   9,10-dihydro- 10 3657
—, 1-chloro-9,10-dioxo-9,10-dihydro-
   10 3647
   ethyl ester 10 3648
   methyl ester 10 3648
—, 3-chloro-9,10-dioxo-9,10-dihydro-
   10 3648
   methyl ester 10 3648
—, 1-chloro-4-hydroxy-9,10-dioxo-
   9,10-dihydro- 10 4700
—, 3-cyano-9,10-dioxo-9,10-dihydro-,
   methyl ester 10 4086
—, 9,10-diacetoxy- 10 2004
—, 1,4-diacetoxy-9,10-dioxo-
   9,10-dihydro- 10 4788
—, 4,5-diacetoxy-9,10-dioxo-
   9,10-dihydro- 10 4790
   methyl ester 10 4790
—, 1,4-dibromo-9,10-dioxo-9,10-dihydro-
   10 3650
—, 1,4-dichloro-9,10-dioxo-
   9,10-dihydro- 10 3649
—, 3,6-dichloro-9,10-dioxo-
   9,10-dihydro- 10 3649
—, 3,7-dichloro-9,10-dioxo-
   9,10-dihydro- 10 3649
—, 5,8-dichloro-3-hydroxy-9,10-dioxo-
   9,10-dihydro- 10 4699
—, 9,10-diethoxy- 10 2004
—, 1,3-dihydroxy-9,10-dioxo-
   9,10-dihydro- 10 4787
—, 1,4-dihydroxy-9,10-dioxo-
   9,10-dihydro- 10 4787
   ethyl ester 10 4788
—, 4,5-dihydroxy-9,10-dioxo-
   9,10-dihydro- 10 4789
   methyl ester 10 4790
—, 1,4-dihydroxy-9,10-dioxo-3-
   p-toluoyl-9,10-dihydro- 10 4837
—, 9,10-dihydroxy-9,10-diphenyl-
   9,10-dihydro- 10 2022
—, 4,5-dihydroxy-7-methoxy-9,10-dioxo-
   9,10-dihydro- 10 4829
—, 4,5-dimethoxy-9,10-dioxo-
   9,10-dihydro- 10 4790
   methyl ester 10 4790

2-Anthroic acid *(continued)*
—, 9,10-dioxo-9,10-dihydro- 10 3640
    2-bornyl ester 10 3642
    cholest-5-en-3-yl ester 10 3643
    cinnamyl ester 10 3642
    ethyl ester 10 3640
    hex-3-enyl ester 10 3641
    hex-3-ynyl ester 10 3641
    2-isopropenyl-5-methylhex-4-enyl
      ester 10 3641
    isopropyl ester 10 3640
    lanost-8-en-3-yl ester 10 3643
    5-methoxypentyl ester 10 3645
    3-methoxypropyl ester 10 3644
    2-methylbut-3-enyl ester 10 3640
    methyl ester 10 3640
    nonyl ester 10 3640
    phenyl ester 10 3642
    α-vinylbenzyl ester 10 3643
—, 9,10-dioxo-1-(2,4,5-trichlorophenylthio)-
    9,10-dihydro- 10 4699
—, 9,10-diphenyl- 9 3689
    methyl ester 9 3689
—, 9-ethyl- 9 3517
—, 10-ethyl- 9 3517
—, 9-ethyl-9-hydroxy-10-oxo-
    9,10-dihydro- 10 4467
—, 10-ethyl-10-hydroxy-9-oxo-
    9,10-dihydro- 10 4467
—, 1-hydroxy- 10 1299
—, 3-hydroxy- 10 1299
—, 1-hydroxy-9,10-dioxo-9,10-dihydro-
    10 4698
—, 3-hydroxy-9,10-dioxo-9,10-dihydro-
    10 4699
—, 4-hydroxy-9,10-dioxo-9,10-dihydro-
    10 4700
—, 5-hydroxy-9,10-dioxo-9,10-dihydro-
    10 4700
—, 1-hydroxy-4-methoxy-9,10-dioxo-
    9,10-dihydro- 10 4788
—, 3-hydroxy-6-methyl-9,10-dioxo-
    9,10-dihydro- 10 4701
—, 3-hydroxy-7-methyl-9,10-dioxo-
    9,10-dihydro- 10 4701
—, 1-nitro-9,10-dioxo-9,10-dihydro- 10 3650
    allyl ester 10 3653
    benzyl ester 10 3653
    butyl ester 10 3651
    sec-butyl ester 10 3651
    tert-butyl ester 10 3651
    2-chloroethyl ester 10 3651
    cholest-5-en-3-yl ester 10 3653
    decyl ester 10 3653
    ethyl ester 10 3651
    heptyl ester 10 3652
    hexadecyl ester 10 3653
    hexyl ester 10 3652
    isobutyl ester 10 3651

    isopentyl ester 10 3652
    isopropyl ester 10 3651
    1-methylbutyl ester 10 3652
    methyl ester 10 3650
    1-methylheptyl ester 10 3652
    nonyl ester 10 3652
    octyl ester 10 3652
    pentyl ester 10 3651
    tert-pentyl ester 10 3652
    propyl ester 10 3651
—, 5-nitro-9,10-dioxo-9,10-dihydro- 10 3653
—, 5,6,7,8-tetrahydro- 9 3352
    ethyl ester 9 3352
—, 1,3,6,8-tetrahydroxy-7-
    (hydroxymethyl)-9,10-dioxo-
    9,10-dihydro-,
    methyl ester 10 4864
—, 3,5,6,8-tetrahydroxy-1-methyl-
    9,10-dioxo-9,10-dihydro- 10 4853
—, 4,5,7-triacetoxy-9,10-dioxo-
    9,10-dihydro- 10 4829
    methyl ester 10 4830
—, 4,5,8-triacetoxy-9,10-dioxo-
    9,10-dihydro- 10 4830
    ethyl ester 10 4831
—, 1,6,8-triacetoxy-3-methyl-
    9,10-dioxo-9,10-dihydro- 10 4831
—, 1,5,8-trichloro-9,10-dioxo-
    9,10-dihydro- 10 3649
—, 3,5,8-trichloro-9,10-dioxo-
    9,10-dihydro- 10 3649
—, 3,6,7-trichloro-9,10-dioxo-
    9,10-dihydro- 10 3650
—, 3,7,8-trichloro-9,10-dioxo-
    9,10-dihydro- 10 3650
—, 1,3,4-trihydroxy-9,10-dioxo-
    9,10-dihydro- 10 4828
—, 3,5,8-trihydroxy-9,10-dioxo-
    9,10-dihydro- 10 4828
—, 4,5,7-trihydroxy-9,10-dioxo-
    9,10-dihydro- 10 4829
    methyl ester 10 4829
—, 4,5,8-trihydroxy-9,10-dioxo-
    9,10-dihydro- 10 4830
    ethyl ester 10 4830
—, 1,6,8-trihydroxy-3-methyl-
    9,10-dioxo-9,10-dihydro- 10 4831
—, 3,7,8-trimethoxy-9,10-dioxo-
    9,10-dihydro- 10 4829
—, 4,5,7-trimethoxy-9,10-dioxo-
    9,10-dihydro- 10 4829
—, 1,6,8-trimethoxy-3-methyl-
    9,10-dioxo-9,10-dihydro- 10 4831
    methyl ester 10 4831
9-Anthroic acid 9 3494
    2-(diethylamino)ethyl ester 9 3495
    methyl ester 9 3495
—, 10-*p*-anisoyl-9,10-dihydro- 10 4496
    methyl ester 10 4497

9-Anthroic acid *(continued)*
—, 10-benzoyl-9,10-dihydro- **10** 3474
  ethyl ester **10** 3474
  methyl ester **10** 3474
—, 10-bromo- **9** 3495
  ethyl ester **9** 3496
  methyl ester **9** 3496
—, 9-bromo-10-oxo-9,10-dihydro-
  10 3376
—, 10-bromo-1,2,3,4-tetrahydro-
  9 3353
—, 10-carbamoyl-9,10-dihydro- **9** 4606
  ethyl ester **9** 4606
  methyl ester **9** 4606
—, 10-(chlorocarbonyl)-9,10-dihydro-,
  ethyl ester **9** 4605
  methyl ester **9** 4605
—, 9,10-dihydro- **9** 3445
  2-(dibutylamino)ethyl ester **9** 3446
  2-(diethylamino)ethyl ester **9** 3445
  2-[2-(diethylamino)ethylthio]ethyl
    ester **9** 3445
  2-(diethylamino)propyl ester
    9 3446
  3-(diethylamino)propyl ester
    9 3446
  ethyl ester **9** 3445
  hydrazide **9** 3446
  methyl ester **9** 3445
—, 10-(2,4-dimethoxybenzoyl)-
  9,10-dihydro-,
  methyl ester **10** 4708
—, 10-(2,5-dimethoxybenzoyl)-
  9,10-dihydro-,
  methyl ester **10** 4708
—, 10-(2,4-dimethylbenzoyl)-
  9,10-dihydro-,
  methyl ester **10** 3484
—, 10-(2,5-dimethylbenzoyl)-
  9,10-dihydro-,
  methyl ester **10** 3485
—, 10-(3,4-dimethylbenzoyl)-
  9,10-dihydro-,
  methyl ester **10** 3485
—, 9,10-diphenyl-9,10-dihydro- **9** 3687
  methyl ester **9** 3688
—, 9-ethyl-9,10-dihydro-,
  methyl ester **9** 3473
—, 9-ethyl-10-oxo-9,10-dihydro-,
  methyl ester **10** 3392
—, 9-hydroxy-10-oxo-9,10-dihydro-
  10 4463
—, 9-methyl-9,10-dihydro- **9** 3461
  2-(diethylamino)ethyl ester **9** 3461
—, 10-methyl-9,10-dihydro- **9** 3462
  2-(diethylamino)ethyl ester
  9 3462
—, 1,2,3,4,5,6,7,8-octahydro- **9** 3103
  methyl ester **9** 3103

—, 10-phenyl- **9** 3648
  methyl ester **9** 3648
—, 1,2,3,4-tetrahydro- **9** 3353
—, 10-*p*-toluoyl-9,10-dihydro- **10** 3483
  methyl ester **10** 3483
—, 10-veratroyl-9,10-dihydro-,
  methyl ester **10** 4708
1-Anthroic anhydride,
—, 4-chloro-9,10-dioxo-9,10-dihydro-
  10 3635
9-Anthrol,
—, 10-(benzoyloxy)- **9** 767
Anthrone,
—, 10-(benzoyloxy)- **9** 767
—, 2-(benzoyloxy)-1,3-dihydroxy- **9** 823
—, 3-(benzoyloxy)-1,2-dihydroxy- **9** 823
—, 2,3-bis(benzoyloxy)-1-hydroxy-
  9 823
—, 2,3-bis(benzoyloxy)-4-hydroxy-
  9 824
—, 2,4-bis(benzoyloxy)-3-hydroxy-
  9 824
—, 3,4-bis(benzoyloxy)-2-hydroxy-
  9 824
—, 1-(3-bromobenzoyloxy)-10,10-bis⸗
  [*p*-(3-bromobenzoyloxy)phenyl]-
  9 1398
—, 3-(3-bromobenzoyloxy)-10,10-bis⸗
  [*p*-(3-bromobenzoyloxy)phenyl]-
  9 1398
1-Anthronitrile 9 3493
—, 2-benzoyl-9,10-dioxo-9,10-dihydro-
  10 4035
—, 10-benzyl-4-chloro-9-oxo-
  9,10-dihydro- **10** 3473
—, 10-benzyl-5-chloro-9-oxo-
  9,10-dihydro- **10** 3473
—, 2-chloro-9,10-dioxo-9,10-dihydro-
  10 3635
—, 4-chloro-9,10-dioxo-9,10-dihydro-
  10 3635
—, 10,10-dibenzyl-9-oxo-9,10-dihydro-
  10 3507
—, 2,4-dimethyl-9,10-dioxo-
  9,10-dihydro- **10** 3656
—, 9,10-dioxo-9,10-dihydro- **10** 3635
—, 2-methyl-9,10-dioxo-9,10-dihydro-
  10 3654
2-Anthronitrile 9 3494
—, 3-chloro-9,10-dioxo-9,10-dihydro-
  10 3648
—, 6-chloro-9,10-dioxo-9,10-dihydro-
  10 3649
—, 1,4-dihydroxy-9,10-dioxo-
  9,10-dihydro- **10** 4789
—, 9,10-diphenyl- **9** 3689
9-Anthronitrile 9 3495
—, 10-acetoxy- **10** 1300
—, 10-methoxy- **10** 1299

9-Anthronitrile (*continued*)
—, 10-oxo-9,10-dihydro- **10** 3376
—, 10-phenyl- **9** 3648
—, 1,2,3,4-tetrahydro- **9** 3353
Anthropocholoidanic acid 9 4906
Anthropoisocholoidanic acid 9 4906
1-Anthroyl chloride 9 3493
—, 2-bromo-9,10-dioxo-9,10-dihydro-
    10 3638
—, 6-chloro-9,10-dioxo-9,10-dihydro-
    10 3636
—, 9,10-dichloro-2-methyl- **9** 3506
—, 2,4-dimethyl-9,10-dioxo-
    9,10-dihydro- **10** 3656
—, 9,10-dioxo-9,10-dihydro- **10** 3634
—, 2-methyl-9,10-dioxo-9,10-dihydro-
    10 3654
—, 3-methyl-9,10-dioxo-9,10-dihydro-
    10 3655
2-Anthroyl chloride 9 3494
—, 4-acetoxy-9,10-dioxo-9,10-dihydro-
    10 4700
—, 5-acetoxy-9,10-dioxo-9,10-dihydro-
    10 4701
—, 1-chloro-4-nitro-9,10-dioxo-
    9,10-dihydro- **10** 3653
—, 4,5-diacetoxy-9,10-dioxo-
    9,10-dihydro- **10** 4790
—, 9,10-dioxo-9,10-dihydro- **10** 3647
—, 1-hydroxy-4-nitro-9,10-dioxo-
    9,10-dihydro- **10** 4698
—, 1-nitro-9,10-dioxo-9,10-dihydro-
    10 3653
—, 5-nitro-9,10-dioxo-9,10-dihydro-
    10 3653
—, 4,5,7-trimethoxy-9,10-dioxo-
    9,10-dihydro- **10** 4830
9-Anthroyl chloride,
—, 10-benzoyl-9,10-dihydro- **10** 3474
—, 9,10-dihydro- **9** 3446
—, 10-*p*-toluoyl-9,10-dihydro- **10** 3483
Anzic acid 10 1580
Apocamphenecarboxylic acid 9 313
Apocamphoric acid 9 3850
4'-Apo-γ-caroten-4'-oic acid 9 3617
α-Apochenodeoxycholic acid 10 968
β-Apochenodeoxycholic acid 10 968
Apocholanoic acid 9 2919
Apocholatrienic acid 9 3263
Apocholic acid 10 1888
β-Apocholic acid 10 1887
Apofenchocamphoric acid 9 3849
Apogossypolic acid 10 2460
Aposantenic acid 9 3826
Aposantonic acid 10 2963
Apothesin 9 2708
Arabinitol,
—, O¹,O³-diacetyl-
    O²,O⁴,O⁵-tribenzoyl- **9** 702

—, O²,O³-diacetyl-O¹,O⁴,O⁵-tribenzoyl-
    9 702
—, O¹,O⁵-dibenzoyl- **9** 701
—, penta-O-galloyl- **10** 2085
—, pentakis-O-(3,4,5-triacetoxybenzoyl)-
    10 2085
—, O²,O³,O⁴-triacetyl-O¹,O⁵-dibenzoyl-
    9 702
Arabitol
  see *Arabinitol*
Arctigenic acid 10 2584
Argininamide:
  for derivs. see under Valeramide
Arginine,
—, *N*α-benzoyl- **9** 1230
    benzyl ester **9** 1232
    cyclohexyl ester **9** 1232
    ethyl ester **9** 1232
    isopropyl ester **9** 1232
    methyl ester **9** 1231
—, *N*α,*N*ω-bis(3,5-dinitrobenzoyl)-
    9 1943
—, *N*α,*N*ω-dibenzoyl- **9** 1231
    methyl ester **9** 1231
—, *N*α-hippuroyl-*N*ω-nitro- **9** 1136
—, *N*α-(4-nitrobenzoyl)- **9** 1747
Arnidiol,
—, di-O-benzoyl- **9** 608
Artemionic acid 10 3558
—, hexahydro- **10** 4193
—, tetrahydro- **10** 3535
Artemisic acid 10 4570
—, dihydro- **10** 1004
α-Artemisinic acid,
—, tetrahydro- **10** 4819
Artemisonic acid 10 2621
Asaronic acid 10 2065
Asiatic acid 10 2281
Asparagine,
—, *N*²-benzoyl- **9** 1189
—, *N*²-(3,5-dinitrobenzoyl)- **9** 1942
—, *N*²-hippuroyl- **9** 1135
—, *N*²-(phenylacetyl)- **9** 2225
—, *N*²-thiobenzoyl- **9** 1982
Aspartic acid,
—, *N*-*p*-anisoyl- **10** 342
—, *N*-benzoyl- **9** 1188
—, *N*-benzoyl-*N*-(ethoxycarbonylmethyl)-,
    diethyl ester **9** 1189
—, *N*-(3,5-dinitrobenzoyl)- **9** 1942
—, *N*-hippuroyl- **9** 1135
—, *N*-(4-nitrobenzoyl)- **9** 1737
—, *N*-thiobenzoyl- **9** 1981
—, *N*-*p*-toluoyl- **9** 2347
Aspirin 10 102
Asterric acid 10 2062
Atractyligenin 10 1869
Atranorin 10 4540
Atrolactic acid 10 560

Atronic acid **9** 3517
Atropamide **9** 2752
Atropic acid **9** 2751;
  for subst. derivs. see under
  Acrylic acid, Crotonic acid etc.
    2-(diethylamino)ethyl ester **9** 2752
    ethyl ester **9** 2751
    methyl ester **9** 2751
Atroponitrile **9** 2752
Atropoyl chloride **9** 2752
Auxin-b **10** 4194
Azafrin **10** 1988
Azulene-1-carbonitrile,
—, 7-isopropenyl-4-methyl- **9** 3351
Azulene-6-carboxylic acid,
—, 4,8-dimethyl- **9** 3218
    ethyl ester **9** 3219
    methyl ester **9** 3219
— 2-ethyl-,
    ethyl ester **9** 3218
—, 2-isopropyl-4,8-dimethyl-,
    ethyl ester **9** 3246
—, 1,2,3-trimethyl- **9** 3229
Azulene-1,4-dicarboxylic acid,
—, 4,8,8-trimethyldecahydro-
    9 4032, 4033
Azulen-4(3aH)-one,
—, octahydro-,
    O-benzoyloxime **9** 1276

B

Baeomycesic acid **10** 4541
Barbatinic acid **10** 1542
Barbatolic acid **10** 4723
Barbatorin **10** 4539
A₁-Barrigenol,
—, tetra-O-benzoyl- **9** 705
—, tetrakis-O-(2,4-dinitrobenzoyl)-
    9 1777
Bassic acid **10** 2310
Benihic acid **9** 219
Benzaldehyde
    O-benzoyloxime **9** 1279
—, m-(p-anisoyloxy)- **10** 318
—, o-(p-anisoyloxy)- **10** 318
—, p-(p-anisoyloxy)- **10** 318
—, 4-(p-anisoyloxy)-3-methoxy- **10** 320
—, 2-(benzoyloxy)- **9** 728
—, 3-(benzoyloxy)- **9** 728
    semicarbazone **9** 728
—, 4-(benzoyloxy)- **9** 729
    azine **9** 729
—, 2-(benzoyloxy)-4-(benzyloxy)-
    6-hydroxy- **9** 809
—, 4-(benzoyloxy)-2-bromo-5-methoxy-
    9 782
—, 5-(benzoyloxy)-2-chloro- **9** 728
    semicarbazone **9** 729

—, 2-(benzoyloxy)-4,6-dihydroxy- **9** 809
—, 4-(benzoyloxy)-2,5-dihydroxy- **9** 808
—, 3-(benzoyloxy)-2,4-dihydroxy-
    6-methyl- **9** 816
—, 3-(benzoyloxy)-2,4-dihydroxy-
    6-pentyl- **9** 817
—, 2-(benzoyloxy)-4,6-dimethoxy- **9** 809
—, 3-(benzoyloxy)-4,6-dimethoxy-
    2-methyl- **9** 815
—, 4-(benzoyloxy)-2-hydroxy- **9** 781
—, 5-(benzoyloxy)-2-hydroxy- **9** 782
—, 2-(benzoyloxy)-6-hydroxy-4-methoxy-
    9 809
—, 3-(benzoyloxy)-6-hydroxy-4-methoxy-
    2-methyl- **9** 815
—, 4-(benzoyloxy)-3-iodo-5-methoxy-
    9 783
—, 2-(benzoyloxy)-4-isopropyl-,
    semicarbazone **9** 733
—, 3-(benzoyloxy)-4-methoxy- **9** 782
—, 4-(benzoyloxy)-2-methoxy- **9** 781
—, 4-(benzoyloxy)-3-methoxy- **9** 782
—, 2,4-bis(benzoyloxy)- **9** 781
—, 3,4-bis(benzoyloxy)- **9** 782
—, 2,4-bis(benzoyloxy)-6-hydroxy-
    9 810
—, 2,4-bis(benzoyloxy)-6-methoxy-
    9 810
—, 2,4-bis(benzoyloxy)-6-methyl- **9** 787
—, p-(3-bromobenzoyloxy)- **9** 1396
—, p-chloro-,
    O-benzoyloxime **9** 1279
—, p-(2-chlorobenzoyloxy)- **9** 1336
—, p-(3-chlorobenzoyloxy)- **9** 1348
—, p-(4-chlorobenzoyloxy)- **9** 1360
—, m-chloro-α-nitro-,
    oxime **9** 1350
—, o-chloro-α-nitro-,
    oxime **9** 1341
—, p-chloro-α-nitro-,
    oxime **9** 1367
—, 4-[(cyclopent-2-en-1-yl)acetoxy]-
    3-methoxy- **9** 158
—, 2,4-dihydroxy-6-
    (3,4,5-triacetoxybenzoyloxy)-
    10 2086
—, 2,α-dinitro-,
    oxime **9** 1481
—, 3,α-dinitro-,
    O-benzoyloxime **9** 1523
    oxime **9** 1523
—, 3-methoxy-4-(4-nitrobenzoyloxy)-
    9 1679
—, 3-methoxy-4-(veratroyloxy)- **10** 1420
—, α-nitro-,
    oxime **9** 1312
—, m-nitro-,
    benzoylhydrazone **9** 1314
    O-benzoyloxime **9** 1280

Benzaldehyde *(continued)*
—, *p*-nitro-,
    O-benzoyloxime **9** 1280
—, *p*-(4-nitrobenzoyloxy)- **9** 1674
—, α-(*p*-tolylsultonyl)- **9** 1965
—, 2,4,6-tris(benzoyloxy)- **9** 810
—, 2,3,6-tris(benzoyloxy)-4-methyl-
    9 816
    oxime **9** 816
—, 2,3,4-tris{3-methoxy-4-[3-methoxy-
    4-(veratroyloxy)benzoyloxy]⸗
    benzoyloxy}- **10** 1425
—, *m*-(veratroyloxy)- **10** 1419
—, *o*-(veratroyloxy)- **10** 1419
—, *p*-(veratroyloxy)- **10** 1419
Benzamide 9 1064
    azine **9** 1323
    O-benzoyloxime **9** 1310
    O-carbamoyloxime **9** 1311
    O-heptyloxime **9** 1310
    oxime **9** 1308
—, *o*-(acenaphthen-1-yl)- **9** 3584
—, *N*-(4-acetamidobutyl)- **9** 1215
—, *N*-(2-acetamidoethyl)- **9** 1210
—, *N*-(2-acetamido-1-methylethyl)-
    9 1213
—, *N*-(8-acetamidooctyl)- **9** 1223
—, *N*-(5-acetamidopentyl)- **9** 1220
—, *N*-(2-acetamidopropyl)- **9** 1213
—, *N*-(1-acetamido-2,2,2-trichloroethyl)-
    2-acetoxy-3,5-dichloro- **10** 174
—, *N*-acetonyl- **9** 1105
—, *N*-acetoxy- **9** 1306
—, *o*-acetoxy-*N*-(1-acetoxy-
    2,2,2-trichloroethyl)- **10** 157
—, 2-acetoxy-*N*-(1-acetoxy-
    2,2,2-trichloroethyl)-3-bromo-
    10 176
—, 2-acetoxy-*N*-(1-acetoxy-
    2,2,2-trichloroethyl)-5-bromo-
    10 180
—, 2-acetoxy-*N*-(1-acetoxy-
    2,2,2-trichloroethyl)-5-bromo-
    3-nitro- **10** 207
—, 2-acetoxy-*N*-(1-acetoxy-
    2,2,2-trichloroethyl)-3-chloro-
    10 164
—, 2-acetoxy-*N*-(1-acetoxy-
    2,2,2-trichloroethyl)-5-chloro-
    10 168
—, 2-acetoxy-*N*-(1-acetoxy-
    2,2,2-trichloroethyl)-3,5-dibromo-
    10 185
—, 2-acetoxy-*N*-(1-acetoxy-
    2,2,2-trichloroethyl)-
    3,5-dichloro- **10** 173
—, 2-acetoxy-*N*-(1-acetoxy-
    2,2,2-trichloroethyl)-3-nitro-
    10 193

—, 4-acetoxy-3,*N*-bis(2,2-dichlorovinyl)-
    10 860
—, *N*-(1-acetoxy-2,2-dibromoethyl)-
    9 1095
—, *N*-(1-acetoxy-2,2-dichloroethyl)-
    9 1093
—, *N*-(2-acetoxy-1,1-diethylbutyl)- **9** 1086
—, *o*-acetoxy-*N*-[2-(diethylcarbamoyl)⸗
    ethyl]-*N*-ethyl- **10** 158
—, *o*-acetoxy-*N*-[(diethylcarbamoyl)⸗
    methyl]-*N*-ethyl- **10** 158
—, *N*-acetoxy-2,4-dihydroxy- **10** 1377
—, 4-acetoxy-3,5-dimethoxy- **10** 2093
—, *N*-(1-acetoxy-2,2,2-tribromoethyl)-
    9 1095
—, *N*-(1-acetoxy-2,2,2-trichloroethyl)-
    9 1094
—, *N*-acetyl- **9** 1112
—, *o*-acetyl- **10** 3026
—, *N*-(2-acetyl-4-ethoxy-3-hydroxybut-
    2-enyl)- **9** 1111
—, *N*-(2-acetyl-4-ethoxy-3-oxobut-
    1-enyl)- **9** 1111
—, *N*-(2-acetyl-4-ethoxy-3-oxobutyl)-
    9 1111
—, *N*-(2-acetyl-4-ethoxy-
    3-oxobutylidene)- **9** 1111
—, *N*-acetyl-*N*,*N'*-ethylenebis- **9** 1211
—, *N*-(2-acetyl-3-hydroxybut-2-enyl)-
    9 1109
—, *N*-(2-acetyl-3-oxobutyl)- **9** 1109
—, *N*-[(acetylthio)methyl]- **9** 1091
—, *N*-allyl-*o*,*o'*-dicarboxydi- **9** 4194
—, *N*-allyl-*p*-chloro- **9** 1364
—, *N*-(allyloxy)- **9** 1305
—, *N*-(4-aminobutyl)- **9** 1214
—, *N*-(4-aminobutyl)-*N*-isopentyl-
    9 1216
—, *N*-(2-amino-3,3-dicyanoallyl)-
    9 1208
—, *N*-(2-aminoethyl)- **9** 1209
—, *N*-(aminomethyl)- **9** 1090
—, *N*-(1-amino-3-methylbutyl)- **9** 1097
—, *N*-(5-aminopentyl)- **9** 1219
—, *N*-(α-aminophenethyl)- **9** 2006
—, *N*-(α-aminophenethylmethyl)- **9** 1099
—, *N*-(3-aminopropyl)- **9** 1213
—, *N*-(*o*-anisoyloxy)- **10** 160
—, *N*-(*p*-anisoyloxy)- **10** 353
—, *N*-(9-anthryl)- **9** 1103
—, *N*-(9(10*H*)-anthrylidene)- **9** 1103
—, *N*-benzhydrylidene- **9** 1102
—, *N*-benzimidoyl- **9** 1271
—, *o*-benzoyl- **10** 3295
—, 2-benzoyl-3-bromo- **10** 3300
—, *o*-benzoyl-*N*-ethyl- **10** 3295
—, *N*-[2-(benzoyloxy)-1-
    (benzoyloxymethyl)heptadec-3-enyl]-
    9 1089

Benzamide *(continued)*

—, *N*-[2-(benzoyloxy)-1-
(benzoyloxymethyl)heptadecyl]-
9 1088

—, *N*-[2-(benzoyloxy)-1-
(benzoyloxymethyl)propyl]-
9 1087

—, 2-(benzoyloxy)-*N*-[1-(benzoyloxy)-
2,2,2-trichloroethyl]-5-bromo-
10 180

—, 2-(benzoyloxy)-*N*-[1-(benzoyloxy)-
2,2,2-trichloroethyl]-
3,5-dichloro- **10** 174

—, 2-(benzoyloxy)-*N*-[1-(benzoyloxy)-
2,2,2-trichloroethyl]-3,5-dinitro-
10 210

—, *N*-(benzoyloxy)-*o*-chloro- **9** 1340

—, *N*-[1-(benzoyloxy)-2,2-dichloroethyl]-
9 1093

—, *N*-[2-(benzoyloxy)-3,3-dichloropropyl]-
9 1081

—, *N*-[3-(benzoyloxy)-
2,2-dimethylpropyl]-*N*-methyl-
9 1085

—, *N*-[2-(benzoyloxy)ethyl]- **9** 1079

—, *N*-[3-(benzoyloxy)-2-hydroxypropyl]-
9 1087

—, *N*-[2-(benzoyloxyimino)-
1,1-dimethylpropyl]- **9** 1107

—, *N*-[4-(benzoyloxy)-1-methylbutyl]-
9 1083

—, *N*-[1-(benzoyloxymethyl)-
2-methylpropyl]- **9** 1084, 1085

—, *N*-{1-[1-(benzoyloxymethyl)⸗
propylaminomethyl]propyl}-
9 1217

—, *N*-[2-(benzoyloxy)propyl]- **9** 1081

—, *N*-[1-(benzoyloxy)-
2,2,2-tribromoethyl]- **9** 1096

—, *N*-[2-(benzoyloxy)-
3,3,3-trifluoropropyl]- **9** 1081

—, *N*-[α-(benzylideneamino)benzyl]-
9 1098

—, *N,N′*-benzylidenebis- **9** 1098

—, *N*-[1-(benzyloxycarbamoyl)-
1-methylethyl]- **9** 1150

—, *p*-(benzylsulfonyl)- **10** 401

—, *N*-[2-(benzylthio)ethyl]- **9** 1080

—, *N,N*-bis(2-bromoethyl)- **9** 1070

—, *N,N′*-[1,2-bis(bromomethyl)ethylene]⸗
bis- **9** 1218

—, *N,N*-bis(carbamoylmethyl)- **9** 1141

—, *N,N*-bis(3-chlorobut-2-enyl)- **9** 1078

—, *N,N*-bis(2-chloroethyl)- **9** 1069

—, *N,N*-bis(2-chloroethyl)-*p*-nitro-
9 1711

—, *N,N*-bis(2-cyanoethyl)- **9** 1147

—, 3,*N*-bis(2,2-dichlorovinyl)-
4-hydroxy- **10** 860

—, *N,N*-bis[3-(dimethylamino)-
1-methylpropyl]- **9** 1219

—, *N,N*-bis(2-hydroxyethyl)-*p*-nitro-
9 1716

—, *N,N′*-bis[(2-naphthyloxy)methyl]-
9 1092, 2006

—, *m*-bromo- **9** 1399

—, *N*-bromo- **9** 1248

—, *o*-bromo- **9** 1387

—, *p*-bromo- **9** 1418
oxime **9** 1422

—, *N*-(4-bromobenzhydrylidene)- **9** 1102

—, *o*-(4-bromobenzoyl)- **10** 3300

—, *N*-(2-bromobenzoyloxy)- **9** 1388

—, *p*-bromo-*N*-[2-(4-bromobenzoyloxy)-
1-methylethyl]- **9** 1418

—, *N*-bromo-*m*-chloro- **9** 1349

—, *N*-bromo-*o*-chloro- **9** 1339

—, *N*-bromo-*p*-chloro- **9** 1365

—, *m*-bromo-*N*-(2-chlorobenzoyloxy)-
9 1400

—, *o*-bromo-*N*-(2-chlorobenzoyloxy)-
9 1388

—, *p*-bromo-*N*-(2-chlorobenzoyloxy)-
9 1421

—, *N*-(1-bromo-2,2-dichloroethyl)- **9** 1093

—, *N*-(2-bromo-2,3-dichloro-
1-hydroxybutyl)- **9** 1097

—, *N*-(2-bromo-2,2-dichloro-
1-hydroxyethyl)- **9** 1094

—, 2-bromo-4,6-dimethyl- **9** 2438

—, 4-bromo-2,5-dimethyl- **9** 2440

—, 4-bromo-3,5-dimethyl- **9** 2445

—, 2-bromo-3,5-dinitro- **9** 1954

—, 4-bromo-3,5-dinitro- **9** 1955

—, *N*-(2-bromoethyl)- **9** 1069

—, *N*-(2-bromoethylidene)- **9** 1096

—, *N*-(2-bromoethyl)-*m*-nitro- **9** 1516

—, *N*-(2-bromoethyl)-*o*-nitro- **9** 1478

—, *N*-(2-bromoethyl)-*p*-nitro- **9** 1711

—, *N*-bromo-*o*-fluoro- **9** 1326

—, *N*-bromo-*m*-nitro- **9** 1521

—, *N*-bromo-*o*-nitro- **9** 1479

—, *N*-bromo-*p*-nitro- **9** 1747

—, *p*-bromo-*N*-phenethylidene- **9** 1419

—, *N*-(2-bromopropyl)- **9** 1070

—, *N*-(2-bromopropyl)-*p*-nitro- **9** 1712

—, *N*-(3-bromopropyl)-*o*-nitro- **9** 1478

—, *N*-(3-bromopropyl)-*p*-nitro- **9** 1712

—, *p*-bromo-*N*-styryl- **9** 1419

—, *N*-(2-bromovinyl)- **9** 1096

—, *o*-(2-bromovinyl)- **9** 2753

—, *N,N′,N″,N‴*-(butane-1,1,4,4-
tetrayl)tetrakis-
see under *Butane*

—, *N*-butoxy- **9** 1305

—, *N*-(α-butoxybenzhydryl)- **9** 1102

—, *m*-butoxy-*N*-[2-(diethylamino)ethyl]-
10 255

Benzamide *(continued)*
—, *N*-butyl- **9** 1071
—, *N-sec*-butyl- **9** 1071, 1072
—, *N-tert*-butyl- **9** 1072
—, *p*-butyl- **9** 2521
—, *p-sec*-butyl- **9** 2522
—, *N*-[2-(butylamino)ethyl]- **9** 1210
—, 4-*tert*-butyl-2,6-dimethyl- **9** 2592
—, 5-*tert*-butyl-2,4-dimethyl- **9** 2593
—, *N'*-butyl-*N,N'*-(1,1-dimethylethylene)≠
    bis- **9** 1219
—, *N*-butyl-*N*-(2-hydroxy-
    1,1-dimethylethyl)-*p*-nitro-
    9 1720
—, *N*-butyl-*N*-(2-hydroxyethyl)-*p*-nitro-
    9 1716
—, *N*-butyl-*N*-(2-hydroxy-2-methylpropyl)-
    p-nitro- **9** 1720
—, *p*-butyl-*N*-methyl- **9** 2521
—, *N*-butyl-*o*-nitro- **9** 1478
—, *N*-butyl-*p*-nitro- **9** 1712
—, *N-tert*-butyl-*p*-nitro-*N*-[4-
    (4-nitrobenzoyloxy)pentyl]- **9** 1723
—, *p*-(butylsulfonyl)- **10** 401
—, *p*-(butylthio)- **10** 401
    oxime **10** 414
—, *m*-(butylthio)-*N*-[2-(diethylamino)≠
    ethyl]- **10** 275
—, *N*-(*tert*-butylthio)-*N*-methyl-*m*-nitro-
    9 1523
—, *N*-butyl-2,4,6-trimethyl- **9** 2497
—, *N-sec*-butyl-2,4,6-trimethyl-
    9 2497
—, *N*-(2-carbamimidoylethyl)- **9** 1146
—, *N*-(5-carbamimidoylpentyl)- **9** 1157
—, *N*-(1-carbamoylethyl)- **9** 1143
—, *N*-(2-carbamoylethyl)- **9** 1146
—, *N*-(1-carbamoylethyl)-*m*-nitro-
    9 1519
—, *N*-(1-carbamoyl-3-methylbutyl)-
    9 1159
—, *N*-(2-carbamoyl-1-methylethyl)-
    9 1148
—, *N*-[1-(carbamoylmethyl)heptyl]-
    9 1165
—, *N*-(carbamoylmethyl)-4-nitro- **9** 1726
—, *N*-(2-carbamoyl-2-methylpropyl)-
    9 1155
—, *N*-(3-carbamoylpropyl)- **9** 1149
—, *m*-chloro- **9** 1349
—, *N*-chloro- **9** 1248
—, *o*-chloro- **9** 1338
—, *p*-chloro- **9** 1363
    oxime **9** 1367
—, *N*-(chloroacetyl)- **9** 1112
—, *o*-(4-chlorobenzoyl)- **10** 3297
—, *N*-(2-chlorobenzoyloxy)- **9** 1340
—, *N*-(2-chlorobenzoyloxy)-*o*-fluoro-
    9 1340

—, *N,N'*-(2-chlorobenzylidene)bis-
    9 1099
—, *p*-chloro-*N,N*-bis(2-chloroallyl)-
    9 1364
—, *N*-(3-chlorobut-2-enyl)- **9** 1077
—, *N*-(4-chlorobutyl)- **9** 1071
—, *m*-chloro-*N*-(2-chlorobenzoyloxy)-
    9 1350
—, *p*-chloro-*N*-(2-chlorobenzoyloxy)-
    9 1367
—, *N*-[2-chloro-3-(diethylamino)propyl]-
    p-nitro- **9** 1745
—, 2-chloro-*N,N*-diethyl-5-nitro-
    9 1765
—, *N,N'*-(3-chloro-
    4,5-dimethoxybenzylidene)bis-
    9 1109
—, 2-chloro-3,5-dinitro- **9** 1953
—, *o*-chloro-*N*-dodecyl- **9** 1338
—, *p*-chloro-*N*-dodecyl- **9** 1363
—, *N*-(2-chloroethyl)- **9** 1069
—, *p*-chloro-*N*-ethyl- **9** 1363
—, *N*-(2-chloroethyl)-*m*-nitro- **9** 1515
—, *N*-(2-chloroethyl)-*p*-nitro- **9** 1711
—, 2-chloro-*N*-ethyl-5-nitro- **9** 1765
—, *N*-(1-chloroethylsulfonyl)- **9** 1249
—, *N*-chloro-*o*-fluoro- **9** 1326
—, *N*-(5-chloro-2-hydroxybenzylidene)-
    9 1108
—, *N,N'*-(5-chloro-2-hydroxybenzylidene)≠
    bis- **9** 1107
—, *p*-chloro-*N*-(2-hydroxyethyl)-
    9 1364
—, *N*-(3-chloro-2-hydroxypropyl)-
    p-nitro- **9** 1717
—, 4-chloro-2-mercapto- **10** 235
—, 2-chloro-*N*-methyl-5-nitro- **9** 1765
—, *N,N'*-{2-(chloromethyl)-2-
    [(4-nitrobenzoyloxy)methyl]≠
    propanediyl}bis(*p*-nitro- **9** 1747
—, *N*-[1-(chloromethyl)pentyl]-*p*-nitro-
    9 1714
—, *N*-(2-chloro-2-methylpropyl)-*p*-nitro-
    9 1713
—, *N*-(chloromethylsulfonyl)- **9** 1248
—, 2-chloro-4-nitro- **9** 1768
—, 2-chloro-5-nitro- **9** 1765
—, 2-chloro-6-nitro- **9** 1764
—, 4-chloro-3-nitro- **9** 1765
—, 2-chloro-5-nitro-*N*-propyl- **9** 1765
—, *o*-chloro-*N*-octadecyl- **9** 1338
—, *p*-chloro-*N*-octadecyl- **9** 1363
—, *N*-(5-chloropentyl)- **9** 1072
—, *N*-(2-chloropropyl)- **9** 1070
—, 4-chloro-2-(*p*-tolylsulfonyl)- **10** 235
—, *o*-(chrysen-6-ylcarbonyl)- **10** 3505
—, *N,N'*-cinnamylidenebis- **9** 1101
—, *N*-cyano- **9** 1117
—, *o*-cyano- **9** 4199

Benzamide *(continued)*
—, *p*-cyano- **9** 4255
—, *N*-(10-cyanodecyl)- **9** 1166
—, *N*-(5-cyano-1,1-dimethylpentyl)-
    9 1164
—, *N*-[1-cyano-1-(ethoxymethyl)-
    5-methylpentyl]- **9** 1185
—, *N*-(1-cyanoethyl)- **9** 1144
—, *N*-(2-cyanoethyl)- **9** 1146
—, *N,N'*-(cyanoethylene)bis- **9** 1229
—, *N*-[3-(2-cyanoethyl)hexyl]- **9** 1165
—, *N*-(2-cyanoethyl)-*p*-nitro- **9** 1731
—, *N*-(3-cyano-3-hydroxy-
    2,2-dimethylpropyl)-*N*-methyl-
    9 1185
—, *N*-[1-cyano-1-(methoxymethyl)-
    5-methylpentyl]- **9** 1185
—, *N*-(cyanomethyl)- **9** 1138
    oxime **9** 1309
—, *N*-(2-cyano-1-methylethyl)-*N*-methyl-
    9 1149
—, *N*-(cyanomethyl)-*N*-methyl- **9** 1141
—, *N*-(2-cyano-2-methylpropyl)- **9** 1156
—, *N*-(cyanomethyl)-3,4,5-trimethoxy-
    10 2093
—, 3-cyano-5-nitro- **9** 4248
—, *N*-(9-cyanononyl)- **9** 1166
—, *N*-(5-cyanopentyl)- **9** 1157
—, *N*-(3-cyanopropyl)- **9** 1149
—, *p*-cyclohexyl- **9** 2847
—, *p*-cyclopentyl- **9** 2824
—, *N,N'*-decamethylenebis- **9** 1224
—, *N,N'*-decamethylenebis(*p*-nitro- **9** 1746
—, *N*-decyl-*N*-methyl- **9** 1076
—, 2,4-diacetoxy-*N,N*-diethyl- **10** 1377
—, 3,4-diacetoxy-*N,N*-diethyl- **10** 1429
—, *N*-(1,3-diaminopropyl)- **9** 1225
—, *m,N*-dibromo- **9** 1399
—, 3,4-dibromo- **9** 1429
—, *N*-(2,3-dibromo-2-chloro-
    1-hydroxybutyl)- **9** 1097
—, 3,5-dibromo-2,4-dihydroxy- **10** 1379
—, *N*-(2,2-dibromoethylidene)- **9** 1096
—, *N*-(2,2-dibromo-1-hydroxyethyl)-
    9 1094
—, *N*-(2,2-dibromo-1-methoxyethyl)-
    9 1094
—, *N*-(2,3-dibromopropyl)- **9** 1070
—, *N*-(2,2-dibromovinyl)- **9** 1096
—, *N*-{2-[2-(dibutylamino)ethylthio]ᵉ
    ethyl}-*p*-nitro- **9** 1715
—, *N*-[3-(dibutylamino)-2-hydroxypropyl]-
    p-nitro- **9** 1746
—, 2,4-dichloro- **9** 1376
—, 2,5-dichloro- **9** 1376
—, 2,6-dichloro- **9** 1378
—, 3,4-dichloro- **9** 1379
—, 3-(2,2-dichloroethyl)-*N*-
    (2,2-dichlorovinyl)-4-hydroxy- **10** 575

—, *N*-(2,2-dichloroethylidene)- **9** 1096
—, *N,N'*-(3,5-dichloro-
    2-hydroxybenzylidene)bis- **9** 1108
—, *N*-(2,2-dichloro-1-hydroxyethyl)-
    9 1092
—, *N*-(3,3-dichloro-2-hydroxypropyl)-
    9 1081
—, *N*-(2,2-dichloro-1-methoxyethyl)-
    9 1092
—, *N*-(dichloromethylene)- **9** 1122
—, 3,5-dichloro-2-nitro- **9** 1769
—, *N*-(2,3-dichloropropyl)-*p*-nitro-
    9 1712
—, *N*-(2,2-dichlorovinyl)- **9** 1096
—, *p,p'*-(dichlorovinylidene)bis-
    9 4602
—, *N*-(3,3-dicyano-2-iminopropyl)-
    9 1208
—, 3,4-diethoxy-*N,N*-diethyl-5-methoxy-
    10 2093
—, *N*-(2,2-diethoxyethyl)-*o*-nitro- **9** 1478
—, *N*-(3,4-diethoxyphenethylidene)-
    3,4,5-trimethoxy- **10** 2091
—, *N*-(3,3-diethoxypropyl)-*N*-
    (3-oxobutyl)- **9** 1106
—, *N*-(3,4-diethoxystyryl)-
    3,4,5-trimethoxy- **10** 2091
—, *N,N*-diethyl- **9** 1069
—, *N*-{2-(diethylamino)-1-
    [(diethylamino)methyl]ethyl}-
    p-nitro- **9** 1745
—, *N*-{2-[2-(diethylamino)ethoxy]ethyl}-
    p-nitro- **9** 1715
—, *N*-{3-[2-(diethylamino)ethoxy]ᵉ
    propyl}-*p*-nitro- **9** 1718
—, *N*-[2-(diethylamino)ethyl]- **9** 1210
—, *N*-[2-(diethylamino)ethyl]-*p*-nitro-
    9 1744
—, *N*-{2-[2-(diethylamino)ethylthio]ᵉ
    ethyl}- **9** 1080
—, *N*-{2-[2-(diethylamino)ethylthio]ᵉ
    ethyl}-*N*-ethyl- **9** 1080
—, *N*-{2-[2-(diethylamino)ethylthio]ᵉ
    ethyl}-*N*-ethyl-*p*-nitro- **9** 1715
—, *N*-{2-[2-(diethylamino)ethylthio]ᵉ
    ethyl}-*p*-nitro- **9** 1715
—, *N*-{3-[2-(diethylamino)ethylthio]ᵉ
    propyl}-*p*-nitro- **9** 1718
—, *N*-[3-(diethylamino)-2-hydroxypropyl]-
    p-nitro- **9** 1746
—, *N*-[(diethylamino)methyl]- **9** 1090
—, *N*-[4-(diethylamino)-1-methylbutyl]-,
    oxime **9** 1309
—, *N*-{1-[(diethylamino)methyl]propyl}-
    9 1216
—, *N*-{3-[3-(diethylamino)propoxy]ᵉ
    propyl}-*p*-nitro- **9** 1718
—, *N*-{3-[3-(diethylamino)propylamino]ᵉ
    propyl}-*p*-nitro- **9** 1745

Benzamide *(continued)*
—, *N*-[3-(diethylamino)propyl]-*p*-nitro-
  9 1744
—, *N*-{2-[3-(diethylamino)propylthio]⸗
  ethyl}-*p*-nitro- **9** 1715
—, *N*-{3-[3-(diethylamino)propylthio]⸗
  propyl}-*p*-nitro- **9** 1718
—, *N,N*-diethyl-2,4-dihydroxy- **10** 1376
—, *N,N*-diethyl-3,5-dimethoxy- **10** 1449
—, *N,N'*-diethyl-*o,o'*-dithiobis- **10** 234
—, *N,N*-diethyl-*m*-hydroxy- **10** 254
—, *N,N*-diethyl-*p*-hydroxy- **10** 340
—, *N*-(1,1-diethyl-2-hydroxybutyl)-
  9 1086
—, *N,N*-diethyl-*m*-nitro- **9** 1516
—, *N,N*-diethyl-*p*-nitro- **9** 1711
—, *N,N*-diethyl-3,4,5-trimethoxy-
  10 2091
—, *o*-(2,3-dihydrophenalen-4-yl)-
  9 3594
—, *o*-(2,3-dihydrophenalen-6-yl)-
  9 3594
—, *o*-(*α,α*-dimethylbenzyl)- **9** 3367
—, 2,4-dihydroxy- **10** 1376
—, 2,5-dihydroxy- **10** 1387
—, 6,6'-dihydroxy-4,4'-dimethoxy-
  3,3'-thiobis- **10** 2069
—, 2,5-dihydroxy-*N*-[2-hydroxy-1,1-bis⸗
  (hydroxymethyl)ethyl]- **10** 1388
—, 2,5-dihydroxy-*N*-(2-hydroxy-
  1,1-dimethylethyl)- **10** 1388
—, 2,5-dihydroxy-*N*-(2-hydroxyethyl)-
  10 1387
—, *N*-[2,3-dihydroxy-1-(hydroxymethyl)⸗
  nonadecyl]- **9** 1089
—, 2,5-dihydroxy-*N*-(2-hydroxypropyl)-
  10 1387
—, 2,4-diisopropyl- **9** 2590
—, 2,5-diisopropyl- **9** 2590
—, 2,4-dimethoxy- **10** 1376
—, 3,5-dimethoxy- **10** 1449
—, 2,3-dimethoxy-*N,N*-dimethyl- **10** 1366
—, 3,5-dimethoxy-2-nitro- **10** 1451
—, *N*-(3,4-dimethoxyphenethylidene)-
  9 1110
—, *N*-(3,4-dimethoxystyryl)- **9** 1110
—, *N,N*-dimethyl- **9** 1068
—, 2,3-dimethyl- **9** 2434
—, 2,6-dimethyl- **9** 2435
—, 3,4-dimethyl- **9** 2442
—, 3,5-dimethyl- **9** 2444
—, *N*-[2-(dimethylamino)ethyl]-*p*-nitro-
  9 1744
—, *N*-{2-[2-(dimethylamino)ethylthio]⸗
  ethyl}-*p*-nitro- **9** 1715
—, *N*-[3-(dimethylamino)-1-methylpropyl]-
  9 1218
—, *N*-[3-(dimethylamino)propyl]-*p*-nitro-
  9 1744

—, *N,N'*-(2,3-dimethylbutanediyl)bis-
  9 1222
—, *N*-(1,3-dimethylbutyl)- **9** 1073
—, *N*-[2,2-dimethyl-3-(dimethylamino)⸗
  propyl]-*p*-nitro- **9** 1746
—, *N,N'*-dimethyl-*o,o'*-dithiobis- **10** 233
—, *N,N'*-(1,1-dimethylethylene)bis-
  9 1219
—, *N,N'*-(1,2-dimethylethylene)bis-
  9 1217, 1218
—, (1,2-dimethylethylene)bis(*m*-nitro-
  9 1520, 1521
—, *N,N'*-(1,1-dimethylhexanediyl)bis-
  9 1223
—, *N,N*-dimethyl-*o*-(methylthio)- **10** 232
—, *N,N*-dimethyl-*p*-nitro- **9** 1710
—, *N*-[1,1-dimethyl-2-
  (4-nitrobenzoyloxy)ethyl]-
  N-isopentyl-*p*-nitro- **9** 1722
—, *N*-[2,2-dimethyl-3-
  (4-nitrobenzoyloxy)propyl]-
  N-methyl-*p*-nitro- **9** 1723
—, 3,4-dimethyl-*N*-(4-nitrophenylthio)-
  9 2442
—, *N*-(2,2-dimethyl-3-oxopropyl)-
  N-methyl- **9** 1107
—, *N*-(1,1-dimethylpentadecyl)-*p*-nitro-
  9 1714
—, *N,N'*-(1,3-dimethylpropanediyl)bis-
  9 1221
—, *N,N'*-(2,2-dimethylpropanediyl)bis-
  9 1222
—, *N*-(1,2-dimethylpropyl)-*p*-nitro-
  9 1713
—, *N*-(2,2-dimethyl-
  3-semicarbazonopropyl)-*N*-methyl-
  9 1107
—, 3,4-dinitro- **9** 1779
—, 3,5-dinitro- **9** 1936
—, *N*-{1-[1-(3,5-dinitrobenzoyloxy)⸗
  ethyl]butyl}-3,5-dinitro- **9** 1937
—, *N*-[2-(3,5-dinitrobenzoyloxy)ethyl]-
  N-methyl-3,5-dinitro- **9** 1937
—, *o*-(2,4-dinitrophenoxy)- **10** 157
—, *N,N*-dioctadecyl- **9** 1077
—, *N*-(3,4-dioxo-3,4-dihydro-1-naphthyl)-
  9 1110
—, *N*-(2,2-diphenylethylidene)- **9** 1102
—, *N*-(2,2-diphenylvinyl)- **9** 1102
—, *N,N*-dipropyl- **9** 1071
—, *m,m'*-dithiobis- **10** 275
—, *o,o'*-dithiobis- **10** 233
—, *p,p'*-dithiobis- **10** 402
—, *N,N'*-(dithiodiethylene)bis- **9** 1080
—, *N*-dodecyl- **9** 1076
—, *N*-{1-[(dodecylamino)methyl]propyl}-
  9 1217
—, *N*-(dodecylsulfonyl)- **9** 1248
—, *p*-ethoxy- **10** 342

Benzamide *(continued)*
—, N-[2-(ethoxyacetyl)-3-hydroxybut-
　2-enyl]- **9** 1111
—, N-(α-ethoxybenzhydryl)- **9** 1101
—, 4-ethoxy-N,N-diethyl-3,5-dimethoxy-
　10 2093
—, 2-ethoxy-4,5-dinitro- **10** 211
—, 4-ethoxy-2-mercapto- **10** 1381
—, 4-ethoxy-3-methoxy- **10** 1428
—, 2-ethoxy-4-nitro- **10** 197
—, 2-ethoxy-5-nitro- **10** 203
—, 4-ethoxy-3-nitro- **10** 380
—, m-ethyl- **9** 2429
—, N-ethyl- **9** 1068
—, o-ethyl- **9** 2425
—, p-ethyl- **9** 2431
—, N-[1-(ethylcarbamoyl)ethyl]- **9** 1144
—, N-(3-ethyl-1,1-dimethylheptyl)-
　p-nitro- **9** 1714
—, N,N'-ethylenebis- **9** 1210
—, N,N'-ethylenebis(2-chloro-5-nitro-
　9 1765
—, N,N'-ethylenebis(N-isobutyl- **9** 1211
—, N,N'-ethylenebis(p-nitro- **9** 1744
—, N-ethyl-N-(N-ethylbenzimidoyl)-
　9 1271
—, N,N'-(ethylethylene)bis- **9** 1217
—, N-ethyl-N,N'-ethylenebis- **9** 1211
—, N'-ethyl-N,N'-(ethylethylene)bis-
　9 1217
—, N-(1-ethylheptyl)- **9** 1075
—, N-ethyl-N-(2-hydroxy-
　1,1-dimethylethyl)-p-nitro-
　9 1719
—, N-(1-ethyl-2-hydroxyheptyl)- **9** 1086
—, N-(2-ethyl-3-hydroxy-4-methylpentyl)-
　9 1086
—, N-(3-ethyl-2-hydroxy-1-methylpentyl)-
　9 1086
—, N-(1-ethyl-2-hydroxypentyl)- **9** 1085
—, N-ethyl-p-nitro- **9** 1710
—, N-(1-ethylpentyl)- **9** 1074
—, N-(1-ethylpropyl)-N-(2-hydroxy-
　2-methylpropyl)-p-nitro- **9** 1721
—, N-(ethylsulfonyl)- **9** 1248
—, p-(ethylthio)-,
　oxime **10** 413
—, 4-(ethylthio)-3-nitro- **10** 418
—, N-ethyl-2,4,6-trimethyl- **9** 2497
—, o-fluoro- **9** 1326
—, p-fluoro- **9** 1330
—, N-(3-fluorobenzoyloxy)- **9** 1327
—, N-formyl- **9** 1111
—, N-(1-formyl-2-hydroxyvinyl)- **9** 1109
—, N-(1-formyl-2-oxoethyl)- **9** 1109
—, p-(geranyloxy)- **10** 342
—, N-(4-guanidinobutyl)-N-isopentyl-
　9 1216
—, N,N'-heptamethylenebis- **9** 1222

—, N,N'-(heptanediyl)bis-
　see under *Heptane*
—, N-heptyl-N-(2-hydroxyethyl)-p-nitro-
　9 1716
—, N-(2-heptyl-2-hydroxynonyl)- **9** 1087
—, N,N'-heptylidenebis- **9** 1098
—, N-heptyl-N-methyl- **9** 1073
—, N-(heptyloxy)-3,5-dinitro- **9** 1945
—, N-heptyl-N-propyl- **9** 1074
—, N,N'-hexamethylenebis(p-nitro- **9** 1746
—, m-hydroxy- **10** 254
—, p-hydroxy- **10** 340
—, N-[2-(α-hydroxybenzhydryl)-
　benzhydrylidene]- **9** 1109
—, N-(3-hydroxybenzylidene)- **9** 1108
—, N-(4-hydroxybenzylidene)- **9** 1108
—, N-(4-hydroxybutyl)- **9** 1082
—, N-(2-hydroxy-1,1-dimethylethyl)-
　9 1083
—, N-(2-hydroxy-1,1-dimethylethyl)-
　N-isobutyl-p-nitro- **9** 1721
—, N-(2-hydroxy-1,1-dimethylethyl)-
　N-isopentyl-p-nitro- **9** 1722
—, N-(2-hydroxy-1,1-dimethylethyl)-
　N-isopropyl-p-nitro- **9** 1720
—, N-(2-hydroxy-1,1-dimethylethyl)-
　p-nitro-N-pentyl- **9** 1721
—, N-(2-hydroxy-1,1-dimethylethyl)-
　p-nitro-N-propyl- **9** 1719
—, N-(3-hydroxy-2,4-dimethylpentyl)-
　p-nitro- **9** 1724
—, N-(2-hydroxy-1,2-dimethylpropyl)-
　9 1084
—, N-(2-hydroxyethyl)- **9** 1078
—, N-(2-hydroxyethyl)-p-
　[(2-hydroxyethylcarbamoyl)methoxy]-
　10 343
—, N-(2-hydroxyethyl)-N-
　(1-methylheptyl)-p-nitro- **9** 1716
—, N-(2-hydroxyethyl)-p-nitro- **9** 1714
—, N-(2-hydroxyethyl)-p-nitro-N-octyl-
　9 1716
—, N-[2-hydroxy-1-(hydroxymethyl)ethyl]-
　9 1087
—, N-[2-hydroxy-1-(hydroxymethyl)-
　heptadec-3-enyl]- **9** 1088
—, N-[2-hydroxy-1-(hydroxymethyl)-
　heptadecyl]- **9** 1088
—, N-[3-(hydroxyimino)-
　2,2-dimethylpropyl]-N-methyl-
　9 1107
—, N-[2-(hydroxyimino)propyl]- **9** 1106
—, 2-hydroxy-4-methoxy- **10** 1376
—, N-(hydroxymethyl)- **9** 1089
—, N-(2-hydroxy-1-methylethyl)- **9** 1081
—, N-[(1-hydroxymethyl)-2-methylpropyl]-
　9 1084
—, N-(3-hydroxy-4-methylpentyl)-
　p-nitro- **9** 1724

Benzamide *(continued)*

—, N-[1-(hydroxymethyl)propyl]- 9 1082

—, N'-[1-(hydroxymethyl)propyl]-N,N'-(ethylethylene)bis- 9 1217

—, N-(2-hydroxy-2-methylpropyl)-N-isobutyl-p-nitro- 9 1721

—, N-(2-hydroxy-2-methylpropyl)-N-isopentyl-p-nitro- 9 1722

—, N-(2-hydroxy-2-methylpropyl)-N-isopropyl-p-nitro- 9 1720

—, N-(2-hydroxy-2-methylpropyl)-N-(1-methylheptyl)-p-nitro- 9 1723

—, N-(2-hydroxy-2-methylpropyl)-N-(1-methylhexyl)-p-nitro- 9 1723

—, N-(2-hydroxy-1-methylpropyl)-p-nitro- 9 1719

—, N-(2-hydroxy-2-methylpropyl)-m-nitro- 9 1516

—, N-(2-hydroxy-2-methylpropyl)-p-nitro- 9 1719

—, N-(2-hydroxy-2-methylpropyl)-p-nitro-N-pentyl- 9 1721

—, N-(2-hydroxy-2-methylpropyl)-p-nitro-N-propyl- 9 1719

—, N-(3-hydroxy-4-methyl-2-propylpentyl)- 9 1087

—, N-(2-hydroxyoctyl)- 9 1085

—, N-(3-hydroxy-4-oxo-1(4H)-naphthylidene)- 9 1110

—, N-(2-hydroxypentyl)- 9 1083

—, N-(5-hydroxypentyl)- 9 1083

—, N-(α-hydroxyphenethyl)- 9 1099

—, N-(2-hydroxypropyl)- 9 1080

—, N-(3-hydroxy-2-propylheptyl)-p-nitro- 9 1724

—, N-(2-hydroxy-propyl)-N-methyl-p-nitro- 9 1718

—, N-(2-hydroxy-1-propylpentyl)- 9 1085

—, N-(2-hydroxy-2-propylpentyl)- 9 1086

—, N-(2-hydroxy-1,1,2-trimethylpropyl)-p-nitro- 9 1724

—, N,N'-(iminobispentamethylene)bis- 9 1221

—, N,N'-(iminobistetramethylene)bis- 9 1215

—, N-(4-iodobutyl)- 9 1071

—, 2-iodo-4-nitro- 9 1775

—, 2-iodo-5-nitro- 9 1774

—, N-(5-iodopentyl)- 9 1072

—, p-isobutyl- 9 2524

—, N-isobutyl-p-nitro- 9 1712

—, N-[4-(isopentylamino)butyl]- 9 1214

—, N-[(isopentylcarbamoyl)methyl]- 9 1128

—, N-[4-(isopentylguanidino)butyl]- 9 1215

—, N,N'-isopentylidenebis- 9 1097

—, N-isopentyl-N-[2-methyl-2-(4-nitrobenzoyloxy)propyl]-p-nitro- 9 1722

—, N-isopentyl-N,N'-tetramethylenebis- 9 1216

—, N-(3-isopropoxy-4-methoxyphenethylidene)-3,4,5-trimethoxy- 10 2092

—, N-(3-isopropoxy-4-methoxystyryl)-3,4,5-trimethoxy- 10 2092

—, p-isopropyl- 9 2483

—, N,N'-(2-isopropylbutanediyl)bis- 9 1223

—, 5-isopropyl-2-methyl- 9 2531

—, N-(1-isopropyl-2-methylpropyl)- 9 1074

—, N-isopropyl-2,4,6-trimethyl- 9 2497

—, N-isopropyl-N,N'-(1,1,3-trimethylpropanediyl)bis- 9 1222

—, o-mercapto- 10 231

—, N-(2-mercaptoethyl)- 9 1079

—, N-[α-(methoxyamino)benzylidene]- 9 1310

—, N,N'-(2-methoxybenzylidene)bis- 9 1107

—, N,N'-(3-methoxybenzylidene)bis- 9 1108

—, N,N'-(4-methoxybenzylidene)bis- 9 1108

—, N-[4-methoxy-α-(p-methoxyphenyl)phenethylidene]-p-nitro- 9 1724

—, N-[4-methoxy-α-(p-methoxyphenyl)styryl]-p-nitro- 9 1724

—, N-methyl- 9 1068

—, N-(1-methylallylidene)- 9 2006

—, N-[5-(methylamino)pentyl]- 9 1220

—, N,N'-(3-methylbenzylidene)bis- 9 1100

—, N-(1-methyldecyl)- 9 1076

—, N-(1-methyleneallyl)- 9 1098

—, N,N'-methylenebis- 9 1090

—, p,p'-methylenebis-, dioxime 9 4527

—, N-methyl-N,N'-ethylenebis- 9 1210

—, (methylethylene)bis(m-nitro- 9 1520

—, N-(1-methylheptyl)- 9 1075

—, N-(1-methylhexyl)- 9 1074

—, N-[1-methyl-1-(methylcarbamoyl)ethyl]- 9 1150

—, N-methyl-N-[1-methyl-3-(4-nitrobenzoyloxy)propyl]-p-nitro- 9 1718

—, N-methyl-p-(methylsulfonyl)- 10 401

—, N-[1-methyl-2-(methylsulfonyl)ethyl]- 9 1082

—, N-methyl-o-(methylthio)- 10 232 oxime 10 234

Benzamide *(continued)*
—, *N*-methyl-*N*-(1-methyl-
  2-thiocarbamoylethyl)- **9** 1149
—, *N*-methyl-*N*-(2-methylundecyl)-
  9 1076
—, *o*-[1-(4-methyl-1-naphthyl)ethyl]-
  9 3567
—, *N*-methyl-*p*-nitro- **9** 1710
—, *N*-(1-methyl-2-oxopropyl)- **9** 1106
—, *N*-(1-methylpentyl)- **9** 1073
—, *N*-(*β*-methylphenethylidene)-
  9 1101
—, *N*,*N'*-(1-methylpropanediyl)bis-
  9 1218
—, *N*,*N'*-(2-methylpropanediyl)bis-
  9 1219
—, (2-methylpropanediyl)bis(*m*-nitro-
  9 1521
—, *N*-methyl-*p*-propyl- **9** 2479
—, *N*-(*β*-methylstyryl)- **9** 1101
—, *N*-(methylsulfonyl)- **9** 1248
—, *p*-(methylsulfonyl)- **10** 401
  oxime **10** 413
—, *p*-(methylthio)- **10** 401
  oxime **10** 413
—, *N*-[2-(methylthio)ethyl]- **9** 1079
—, 4-(methylthio)-3-nitro- **10** 418
—, 2-(1-naphthyl)-3,5-dinitro- **9** 3550
—, *N*-neopentyl- **9** 1073
—, *m*-nitro- **9** 1515
—, *o*-nitro- **9** 1477
—, *p*-nitro- **9** 1710
  oxime **9** 1751
—, *N*-(2-nitrobenzoyloxy)- **9** 1480
—, *N*-(3-nitrobenzoyloxy)- **9** 1522
—, *N*,*N'*-(2-nitrobenzylidene)bis-
  9 1099
—, *N*,*N'*-(3-nitrobenzylidene)bis-
  9 1099
—, *N*,*N'*-(4-nitrobenzylidene)bis-
  9 1099
—, *p*-nitro-*N*,*N*-
  bis[2-(4-nitrobenzoyloxy)ethyl]-
  9 1716
—, *p*-nitro-*N*,*N*-dipropyl- **9** 1712
—, *N*-[2-(3-nitromesityl)-
  2-phenylethylidene]- **9** 1103
—, *N*-[2-(3-nitromesityl)-2-phenylvinyl]-
  9 1103
—, *m*-nitro-*N*-(2-nitrobenzoyloxy)-
  9 1523
—, *p*-nitro-*N*-(2-nitrobenzoyloxy)-
  9 1751
—, *m*-nitro-*N*-[2-(3-nitrobenzoyloxy)-
  ethyl]- **9** 1516
—, *p*-nitro-*N*-[2-(4-nitrobenzoyloxy)-
  ethyl]- **9** 1714
—, *N*-(5-nitropentyl)- **9** 1072
—, *p*-nitro-*N*-pentyl- **9** 1713

—, *o*-(*p*-nitrophenoxy)- **10** 157
—, *p*-(*p*-nitrophenoxy)- **10** 343
—, *N*-[2-(*o*-nitrophenoxy)ethyl]-
  9 1078
—, *o*-(*o*-nitrophenylsulfonyl)- **10** 232
—, *o*-(*o*-nitrophenylthio)- **10** 232
—, 3-nitro-4-propoxy- **10** 380
—, 5-nitro-2-propoxy- **10** 203
—, *p*-nitro-*N*-propyl- **9** 1711
—, 3-nitro-4-(propylthio)- **10** 418
—, *p*-nitro-*N*-(2-sulfamoylethyl)-
  9 1744
—, *p*-nitro-*N*-(3,3,3-trichloro-
  2-hydroxypropyl)- **9** 1717
—, *p*-nitro-*N*-(3,3,3-trichloro-2-
  (4-nitrobenzoyloxy)propyl]-
  9 1717
—, *N*-[2-(nitryloxy)ethyl]- **9** 1079
—, *N*-nonadecyl- **9** 1077
—, *N*,*N'*-oxybis[[(4-methoxy-*m*-phenylene)-
  vinylene]bis- **9** 1110
—, *N*,*N'*-octadecamethylenebis- **9** 1224
—, *N*-octadecyl- **9** 1077
—, *N*,*N'*-octamethylenebis- **9** 1223
—, *N*-octyl- **9** 1075
—, *N*-(octyloxymethyl)- **9** 1090
—, *N*-(2-oxo-3-bornylidenemethyl)-*N*-{2-
  [(2-oxo-3-bornylidenemethyl)amino]-
  ethyl}- **9** 1211
—, *N*-(3-oxobutyl)- **9** 2006
—, *N*-(3-oxo-2,3-diphenylprop-1-enyl)-
  9 1105
—, *N*-(3-oxo-2,3-diphenylpropylidene)-
  9 1105
—, *N*-(2-oxoethyl)- **9** 1105
—, *N*-(2-oxopentyl)- **9** 1106
—, *N*-(1-oxophenalen-2-yl)- **9** 1104
—, *N*-(1-oxo-1*H*,3*H*-phenalen-2-ylidene)-
  9 1104
—, *p*-(1-oxo-3-phenylinden-2-yl)-
  10 3488
—, *p*,*p'*-oxybis- **10** 343
—, *N*,*N'*-[oxybis(2,2-dibromoethylidene)]-
  bis- **9** 1095
—, *N*,*N'*-[oxybis(2,2-dichloroethylidene)]-
  bis- **9** 1093
—, *N*,*N'*-{oxybis[(methoxy-*m*-phenylene)]-
  ethanylylidene}bis- **9** 1110
—, *N*,*N'*-(oxybispentamethylene)bis-
  9 1083
—, *N*,*N'*-[oxybis(2,2,2-tribromoethylidene)]-
  bis- **9** 1095
—, *N*,*N'*-pentamethylenebis- **9** 1220
—, *N*-*tert*-pentyl- **9** 1072
—, *o*-phenethyl- **9** 3337
—, *N*-phenethylidene- **9** 1100
—, *m*-phenoxy- **10** 255
—, *o*-phenoxy- **10** 157
—, *p*-phenoxy- **10** 342

Benzamide *(continued)*

—, *N*-{4-[(2-phenoxyethyl)amino]butyl}- **9** 1214

—, *N*-{5-[(2-phenoxyethyl)amino]pentyl}- **9** 1220

—, *N*-{4-[(3-phenoxypropyl)amino]butyl}- **9** 1215

—, *N*-{5-[(3-phenoxypropyl)amino]pentyl}- **9** 1220

—, *N*-(phenylacetoxy)- **9** 2256

—, *o*-(phenylacetyl)- **10** 3311

—, *N*-(3-phenylpropionyloxy)- **9** 2395

—, *N,N′*-(3-phenylpropylidene)bis- **9** 1100

—, *N*-(α-phenylstyryl)- **9** 1102

—, *N,N′*-(propanediyl)bis-
see under *Propane*

—, *N*-propionyl- **9** 1112

—, *N*-propyl- **9** 1070

—, *p*-propyl- **9** 2479

—, *N*-(1-propylbutyl)- **9** 1074

—, *N,N′*-propylenebis- **9** 1214

—, *N*-(1-propylpentyl)- **9** 1075

—, *p*-(propylthio)- **10** 401
oxime **10** 414

—, *N*-(3-semicarbazonobutyl)- **9** 1106

—, *N*-styryl- **9** 1100

—, *N*-(4-sulfamoylbutyl)- **9** 1209

—, *N*-(2-sulfamoylethyl)- **9** 1209

—, *N,N′*-[2,2′-(sulfinyldioxy)bis(3-chloropropyl)]bis(*p*-nitro- **9** 1717

—, 2,3,4,5-tetrachloro- **9** 1383

—, 2,3,4,5-tetramethyl- **9** 2535

—, 2,4,6,*N*-tetramethyl- **9** 2497

—, *N*-(1,1,3,3-tetramethylbutyl)- **9** 1075

—, *N,N′*-tetramethylenebis- **9** 1215

—, *N,N′*-tetramethylenebis(*p*-nitro- **9** 1745

—, *N,N′*-(tetramethylethylene)bis(*p*-nitro- **9** 1746

—, *N,N′*-(1,1,2,3-tetramethylpropanediyl)bis- **9** 1223

—, *N*-(10-thiocarbamoyldecyl)- **9** 1166

—, *N*-(1-thiocarbamoylethyl)- **9** 1145

—, *N*-(2-thiocarbamoylethyl)- **9** 1146

—, *N*-(thiocarbamoylmethyl)- **9** 1140

—, *N*-(5-thiocarbamoylpentyl)- **9** 1158

—, *N,N′*-(thiodiethylene)bis- **9** 1080

—, *N*-(2-thiosemicarbazonopropyl)- **9** 1106

—, *N*-(*o*-toluoyloxy)- **9** 2307

—, *N*-[2-(*p*-tolylsulfonyl)ethyl]- **9** 1079

—, 3,4,5-triacetoxy-*N,N*-diethyl- **10** 2093

—, *N*-(2,2,3-tribromo-1-hydroxybutyl)- **9** 1097

—, *N*-(2,2,2-tribromo-1-hydroxyethyl)- **9** 1095

—, *N*-(2,2,2-tribromo-1-methoxyethyl)- **9** 1095

—, *N*-(1,2,2-trichloroethyl)- **9** 1093

—, *N*-(3,3,3-trichloro-1-ethyl-2-hydroxypropyl)- **9** 1084

—, *N,N′*-(2,2,2-trichloroethylidene)bis- **9** 1094

—, *N,N′*-(2,2,2-trichloroethylidene)bis(*p*-chloro- **9** 1364

—, *N*-(3,3,3-trichloro-2-hydroxy-1-methylpropyl)- **9** 1082

—, *N*-(3,3,3-trichloro-2-hydroxypropyl)- **9** 1081

—, *N,N′*-tridecamethylenebis- **9** 1224

—, *N*-tridecyl- **9** 1077

—, 3,4,5-triethoxy- **10** 2093

—, 2,4,6-triethyl- **9** 2594

—, 2,4,5-triisopropyl- **9** 2625

—, 2,4,6-triisopropyl- **9** 2625

—, 2,4,5-trimethoxy- **10** 2068

—, 3,4,5-trimethoxy- **10** 2091

—, 3,4,5-trimethoxy-*N,N*-dimethyl- **10** 2091

—, 3,4,5-trimethoxy-*N*-(4-methoxy-3-propoxyphenethylidene)- **10** 2092

—, 3,4,5-trimethoxy-*N*-(4-methoxy-3-propoxystyryl)- **10** 2092

—, 2,4,5-trimethyl- **9** 2501

—, *N,N′*-trimethylenebis- **9** 1213

—, *N,N′*-(trimethylethylene)bis- **9** 1222

—, (trimethylethylene)bis(*p*-nitro- **9** 1745

—, *N,N′*-(1,1,3-trimethylpropanediyl)bis- **9** 1222

—, *N*-(1,2,2-trimethylpropyl)- **9** 1073

—, *N*-(4,8,12-trimethyltridecyl)- **9** 1077

—, 2,4,6-triphenyl- **9** 3676

—, *N*-(1,2,2-triphenylethylidene)- **9** 1104

—, *N*-(triphenylvinyl)- **9** 1104

—, *N*-undecyl- **9** 1076

—, *o*-valeryl- **10** 3086

—, *m*-vinyl- **9** 2753

—, *o*-vinyl- **9** 2752

Benzamidine 9 1264

—, *p*-(acetonylsulfonyl)- **10** 411

—, *N*-benzoyl-*N′*-methoxy- **9** 1310

—, *p*-(benzyloxy)-*N,N*-dibutyl- **10** 350

—, *p*-(benzylsulfonyl)- **10** 411

—, *p*-bromo- **9** 1420

—, 3-bromo-4,4′-oxydi- **10** 366

—, 3-bromo-4,4′-(pentanediyldioxy)di- **10** 366

—, 3-bromo-4,4′-(propanediyldioxy)di- **10** 365

—, *p,p′*-(butanediyldioxy)di- **10** 351

Benzamidine *(continued)*
—, *p*-(butylsulfonyl)- **10** 411
—, *p*-(butylthio)- **10** 410
—, *p*-(carbamimidoylmethylsulfonyl)-
   10 412
—, *p*-[2-(*p*-carbamimidoylphenoxy)ethyl]-
   10 580
—, *p*-carbamoyl- **9** 4255
—, *p*-(carbamoylmethylsulfonyl)- **10** 411
—, *p,p′*-carbonyldi- **10** 4011
—, *o*-chloro- **9** 1339
—, *p*-chloro- **9** 1366
—, *p*-chloro-*N*-[2-(diethylamino)ethyl]-
   9 1367
—, *p*-(2-chloroethoxy)- **10** 349
—, 3-chloro-4,4′-oxydi- **10** 362
—, *p*-[2-(*p*-cyanophenoxy)ethoxy]- **10** 350
—, *p,p′,p″,p‴*-(cyclobutane-
   1,2,3,4-tetrayl)tetra- **9** 4903
—, *p,p′*-(decanediyldioxy)di- **10** 352
—, 3,3′-dibromo-4,4′-(pentanediyldioxy)‐
   di- **10** 366
—, 3,3′-dibromo-4,4′-(propanediyldioxy)‐
   di- **10** 366
—, *N,N*-dibutyl- **9** 1269
—, *N,N*-dibutyl-*m*-chloro- **9** 1349
—, *N,N*-dibutyl-*o*-chloro- **9** 1339
—, *N,N*-dibutyl-*p*-chloro- **9** 1366
—, *N,N*-dibutyl-2,5-dimethoxy- **10** 1388
—, *N,N*-dibutyl-2,6-dimethoxy- **10** 1402
—, *N,N*-dibutyl-*p*-hydroxy- **10** 348
—, *N,N*-dibutyl-3,4,5-trimethoxy-
   10 2094
—, *N,N*-dibutyl-2,4,6-trimethyl- **9** 2497
—, 2,4-dichloro- **9** 1376
—, 3,4-dichloro- **9** 1379
—, 3,3′-dichloro-4,4′-(hexanediyldioxy)‐
   di- **10** 362
—, 3,3′-dichloro-4,4′-
   (pentanediyldioxy)di- **10** 361
—, *N,N′*-diethyl- **9** 1268
—, *N*-[2-(diethylamino)ethyl]- **9** 1272
—, *N*-[2-(diethylamino)ethyl]-*p*-hydroxy-
   10 348
—, *N*-[2-(diethylamino)ethyl]-*p*-
   (methylsulfonyl)- **10** 409
—, *N*-[4-(diethylamino)-1-methylbutyl]-
   9 1272
—, *N*-[3-(diethylamino)propyl]-*p*-
   (methylsulfonyl)- **10** 410
—, *N,N*-diethyl-*N′*-methyl- **9** 1269
—, *N,N*-diethyl-*p*-(methylsulfonyl)-
   10 409
—, 3,3′-difluoro-4,4′-
   (propanediyldioxy)di- **10** 359
—, *p*-(2,5-dihydroxyphenylsulfonyl)-
   10 411
—, 3,3′-diiodo-4,4′-(hexanediyldioxy)‐
   di- **10** 369

—, 3,3′-diiodo-4,4′-oxydi- **10** 370
—, 3,3′-diiodo-4,4′-(pentanediyldioxy)‐
   di- **10** 369
—, 3,3′-diiodo-4,4′-(propanediyldioxy)‐
   di- **10** 369
—, 3,5-diiodo-4,4′-(propanediyldioxy)‐
   di- **10** 374
—, 3,3′-dimethoxy-4,4′-
   (pentanediyldioxy)di- **10** 1431
—, *N,N′*-dimethyl- **9** 1267
—, *N,N′*-dimethyl-*p*-(methylsulfonyl)-
   10 408
—, *N,N*-dimethyl-*N′*-pentadecyl- **9** 1270
—, 3,5-dinitro- **9** 1944
—, 3,3′-dinitro-4,4′-(pentanediyldioxy)‐
   di- **10** 381
—, *N,N′*-dipentyl- **9** 1270
—, *p,p′*-dithiodi- **10** 413
—, *p,p′,p″,p‴*-ethenediylidenetetra-
   9 4902
—, *p*-ethoxy- **10** 349
—, *p*-ethoxy-*N,N*-dimethyl- **10** 349
—, *p*-ethoxy-*N*-methyl- **10** 349
—, *N*-ethyl- **9** 1267
—, *N*-ethyl-*N,N′*-dimethyl- **9** 1268
—, *N,N′*-(ethylenedioxy)di- **9** 1310
—, *p,p′*-(ethylenedioxy)di- **10** 350
—, *N*-ethyl-*N′*-methyl- **9** 1268
—, *N*-ethyl-*p*-(methylsulfonyl)- **10** 409
—, *N*-ethyl-*p*-(methylthio)- **10** 409
—, *m*-(ethylsulfonyl)- **10** 276
—, *p*-(ethylsulfonyl)- **10** 410
—, *p*-(ethylthio)- **10** 410
—, *N*-formyl-*p*-(methylsulfonyl)- **10** 409
—, *p,p′*-(heptanediyldioxy)di- **10** 351
—, *p,p′*-(hexanediyldioxy)di- **10** 351
—, *m*-hydroxy- **10** 256
—, *p*-hydroxy- **10** 348
—, *p*-(2-hydroxyethoxy)- **10** 350
—, *p,p′*-(hydroxymethylene)di- **10** 2347
—, 3-hydroxy-4,4′-oxydi- **10** 1431
—, *N*-(α-hydroxyphenacyl)- **9** 1270
—, 3-iodo-4,4′-(hexanediyldioxy)di-
   10 369
—, 3-iodo-4,4′-oxydi- **10** 369
—, 3-iodo-4,4′-(pentanediyldioxy)di-
   10 369
—, 3-iodo-4,4′-(propanediyldioxy)di-
   10 369
—, *N*-(isopropylcarbamimidoyl)- **9** 1271
—, *N*-isopropyl-*N′*-methyl- **9** 1269
—, *N*-methyl- **9** 1266
—, *N*-(1-methyldecyl)-*p*-(methylthio)-
   10 409
—, *p,p′*-methylenedi- **9** 4527
—, *p,p′*-(methylenedioxy)di- **10** 352
—, *N*-methyl-*p*-(methylsulfonyl)- **10** 408
—, *N*-methyl-*p*-nitro- **9** 1749
—, *N*-methyl-*N′*-pentyl- **9** 1270

Benzamidine *(continued)*
—, N-methyl-N'-propyl- **9** 1269
—, m-(methylsulfonyl)- **10** 276
—, p-(methylsulfonyl)- **10** 407
—, p-(methylthio)- **10** 407
—, o-nitro- **9** 1480
—, p-nitro- **9** 1748
—, 3-nitro-4,4'-oxydi- **10** 382
—, 3-nitro-4,4'-(propanediyldioxy)di- **10** 381
—, p,p'-[oxybis(methyleneoxy)]di- **10** 352
—, p,p'-oxydi- **10** 352
—, m,m'-(pentanediyldioxy)di- **10** 256
—, p,p'-(pentanediyldioxy)di- **10** 351
—, p-phenoxy- **10** 350
—, p,p'-[p-phenylenebis(methyleneoxy)]- di- **10** 352
—, p-(phenylsulfonyl)- **10** 411
—, m,m'-(propanediyldioxy)di- **10** 256
—, p,p'-(propanediyldioxy)di- **10** 350
—, p,p'-(prop-1-enylidene)di- **9** 4612
—, p-(propylsulfonyl)- **10** 410
—, p-(propylthio)- **10** 410
—, p,p'-sulfinyldi- **10** 412
—, p,p'-sulfonyldi- **10** 412
—, p,p'-thiodi- **10** 412
—, N,N,N'-triethyl- **9** 1269
—, N,N,N'-trimethyl- **9** 1267
Benzamidoxime
see also *Benzamide oxime*
—, O,O'-dodecamethylenebis- **9** 1310
—, O,O'-ethylenebis- **9** 1310
—, O,O'-hexamethylenebis- **9** 1310
Benzamidrazone,
—, N-benzoyl-N'''-methyl- **9** 1323
Benz[a]anthracene,
—, 5-(benzoyloxy)- **9** 527
—, 7-(benzoyloxy)-5,6-dihydro- **9** 525
—, 5-(benzoyloxy)-1-methyl- **9** 528
4H-Benz[de]anthracene,
—, 7-(benzoyloxy)-5,6-dihydro- **9** 524
Benz[a]anthracene-3-carbonitrile 9 3619
—, 7,12-dioxo-7,12-dihydro- **10** 3669
Benz[a]anthracene-4-carbonitrile,
—, 7,12-dioxo-7,12-dihydro- **10** 3670
Benz[a]anthracene-7-carbonitrile 9 3620
—, 12-methyl- **9** 3628
—, 9-methyl- **9** 3627
Benz[a]anthracene-8-carbonitrile 9 3620
—, 7-methyl- **9** 3627
Benz[a]anthracene-9-carbonitrile,
—, 7-methyl- **9** 3627
Benz[a]anthracene-10-carbonitrile,
—, 7-methyl- **9** 3628
7H-Benz[de]anthracene-2-carbonitrile,
—, 7-oxo- **10** 3449
7H-Benz[de]anthracene-3-carbonitrile,
—, 7-oxo- **10** 3449

7H-Benz[de]anthracene-4-carbonitrile,
—, 7-oxo- **10** 3450
7H-Benz[de]anthracene-9-carbonyl chloride,
—, 7-oxo- **10** 3451
Benz[a]anthracene-7-carboxamide 9 3620
Benz[a]anthracene-8-carboxamide 9 3620
—, 7-methyl- **9** 3627
7H-Benz[de]anthracene-11-carboxamide,
—, 7-oxo- **10** 3452
Benz[a]anthracene-3-carboxylic acid 9 3619
—, 7,12-dioxo-7,12-dihydro- **10** 3669
Benz[a]anthracene-4-carboxylic acid 9 3619
—, 7,12-dioxo-7,12-dihydro- **10** 3669
Benz[a]anthracene-6-carboxylic acid 9 3619
—, 7,12-dioxo-7,12-dihydro- **10** 3670
Benz[a]anthracene-7-carboxylic acid 9 3619
Benz[a]anthracene-8-carboxylic acid 9 3620
ethyl ester **9** 3620
—, 7,12-dioxo-7,12-dihydro- **10** 3670
methyl ester **10** 3670
—, 5-methyl- **9** 3626
methyl ester **9** 3626
—, 5-methyl-7,12-dioxo-7,12-dihydro- **10** 3671
Benz[a]anthracene-9-carboxylic acid,
—, 1,9-dimethyl-8-oxo- 8,9,10,11-tetrahydro-, methyl ester **10** 3445
—, 7-methyl- **9** 3627
methyl ester **9** 3627
—, 1-methyl-8-oxo-8,9,10,11-tetrahydro-, methyl ester **10** 3441
—, 9-methyl-8-oxo-8,9,10,11-tetrahydro-, methyl ester **10** 3441
—, 11-methyl-8-oxo- 8,9,10,11-tetrahydro-, methyl ester **10** 3441
—, 8-oxo-8,9,10,11-tetrahydro-, methyl ester **10** 3436
Benz[a]anthracene-10-carboxylic acid,
—, 7-methyl- **9** 3627
methyl ester **9** 3628
—, 10-methyl-11-oxo- 5,6,8,9,10,11-hexahydro-, methyl ester **10** 3421
—, 11-methyl-8-oxo- 8,9,10,11-tetrahydro- **10** 3442
—, 11-methyl-8-semicarbazono- 8,9,10,11-tetrahydro- **10** 3442
—, 11-methyl-8,9,10,11-tetrahydro- **9** 3568
—, 11-oxo-5,6,8,9,10,11-hexahydro-, methyl ester **10** 3417

4*H*-Benz[*de*]anthracene-8-carboxylic
acid,
—, 7-bromo-4-oxo- 10 3450
—, 4-oxo- 10 3450
7*H*-Benz[*de*]anthracene-*x*-carboxylic
acid,
—, 3-bromo-7-oxo- 10 3454
—, 3,9-dibromo-7-oxo- 10 3454
7*H*-Benz[*de*]anthracene-1-carboxylic
acid,
—, 3-bromo-7-oxo- 10 3448
—, 7-oxo- 10 3448
7*H*-Benz[*de*]anthracene-2-carboxylic
acid,
—, 3-hydroxy-7-oxo- 10 4489
—, 7-oxo- 10 3448
    ethyl ester 10 3449
—, 7-oxo-1-phenyl- 10 3499
—, 7-oxo-3-phenyl- 10 3499
    ethyl ester 10 3499
7*H*-Benz[*de*]anthracene-3-carboxylic
acid,
—, 7-oxo- 10 3449
7*H*-Benz[*de*]anthracene-4-carboxylic
acid,
—, 7-oxo- 10 3449
    ethyl ester 10 3450
    methyl ester 10 3449
7*H*-Benz[*de*]anthracene-8-carboxylic
acid,
—, 7-oxo- 10 3450
    methyl ester 10 3450
—, 7-oxo-7a,8,9,10,11,11a-hexahydro-
    10 3401
7*H*-Benz[*de*]anthracene-9-carboxylic
acid,
—, 1-methyl-7-oxo- 10 3455
—, 7-oxo- 10 3451
    ethyl ester 10 3451
    methyl ester 10 3451
7*H*-Benz[*de*]anthracene-10-carboxylic
acid,
—, 7-oxo- 10 3451
    ethyl ester 10 3451
    methyl ester 10 3451
7*H*-Benz[*de*]anthracene-11-carboxylic
acid,
—, 3-bromo-7-oxo- 10 3453
    methyl ester 10 3453
—, 9-bromo-7-oxo- 10 3453
—, 3-chloro-7-oxo- 10 3453
—, 3,9-dibromo-7-oxo- 10 3453
—, 1-methoxy-7-oxo-,
    methyl ester 10 4489
—, 3-nitro-7-oxo- 10 3453
—, 5-nitro-7-oxo- 10 3454
—, 9-nitro-7-oxo- 10 3454
—, 7-oxo- 10 3452
    methyl ester 10 3452

Benz[*a*]anthracene-7,12-dicarbonitrile
9 4697
7*H*-Benz[*de*]anthracene-
4,9-dicarbonitrile,
—, 7-oxo- 10 4029
7*H*-Benz[*de*]anthracene-3,9-dicarbonyl
dichloride,
—, 7-oxo- 10 4029
7*H*-Benz[*de*]anthracene-4,9-dicarbonyl
dichloride,
—, 7-oxo- 10 4029
Benz[*a*]anthracene-4,5-dicarboxylic acid,
—, 7,12-dioxo-7,12-dihydro- 10 4093
Benz[*a*]anthracene-7,12-dicarboxylic acid,
—, 7,12-dihydro- 9 4686
    dimethyl ester 9 4687
Benz[*a*]anthracene-8,9-dicarboxylic acid,
—, 3-isopropyl-7-methyl- 9 4701
—, 3-isopropyl-7-methyl-
    10,11-dihydro-,
    dimethyl ester 9 4694
4*H*-Benz[*de*]anthracene-7,8-dicarboxylic
acid,
—, 4-oxo- 10 4029
    dimethyl ester 10 4030
7*H*-Benz[*de*]anthracene-*x*,*x*-dicarboxylic
acid,
—, 7-oxo- 10 4030
7*H*-Benz[*de*]anthracene-1,11-dicarboxylic
acid,
—, 7-oxo- 10 4028
7*H*-Benz[*de*]anthracene-4,9-dicarboxylic
acid,
—, 7-oxo- 10 4029
7*H*-Benz[*de*]anthracen-7-one,
—, 3-(4-nitrobenzoyloxy)- 9 1677
Benz[7,8]anthra[9,1,2-*cde*]dibenzo[*o,rst*]‹
pentaphene-1,18-dicarboxylic
acid,
—, 7,12-dioxo-7,12-dihydro- 10 4104
Benz[5,10]anthra[9,1-*bc*]furan-2-(2a*H*)-
one,
—, 11b-hydroxy-3,4,5,5a,11b,11c-
    hexahydro- 10 3401
Benz[*a*]azulene-7-carboxylic acid 9 3492
    ethyl ester 9 3492
3*H*-Benz[*cd*]azulene-7-carboxylic acid,
—, 4,5-dihydro-,
    ethyl ester 9 3332
Benz[*e*]azulene-3,8-dione,
—, 5-(benzoyloxymethyl)-3a,10a-
    dihydroxy-7-isopropenyl-
    2,10-dimethyl-3a,4,6a,7,9,10,10a,‹
    10b-octahydro- 9 840
—, 3,10-dihydroxy-7-isopropenyl-
    2,10-dimethyl-5-
    [(4-nitrobenzoyloxy)methyl]-
    3a,4,6a,7,9,10,10a,10b-octahydro-
    9 1683

Benzene,
—, 1-acetoxy-4-(benzoylseleno)-
  9 2000
—, 1-acetoxy-2,3-bis(benzoyloxy)-
  9 670
—, 1-acetoxy-4-(cinnamoyloxy)- **9** 2698
—, 1-acetoxy-2,3-dibenzoyl-4-
  (benzoyloxy)- **9** 828
—, 1-acetoxy-2,5-dibenzoyl-4-
  (benzoyloxy)- **9** 830
—, 2-acetoxy-1,4-dibenzoyl-3-
  (benzoyloxy)- **9** 830
—, 1-(*p*-acetoxyphenyldithio)-4-
  (benzoyloxy)- **9** 563
—, 1-acetoxy-4-(3-phenylpropionyloxy)-
  9 2389
—, 1-acetoxy-2,3,5-tris(benzoyloxy)-
  9 692
—, 1-allyl-4-(benzoyloxy)- **9** 454
—, 5-allyl-2-(benzoyloxy)-
  1,3-dimethoxy- **9** 680
—, 4-allyl-2-(benzoyloxy)-1-methoxy-
  9 587
—, 4-allyl-1,2-bis(benzoyloxy)- **9** 587
—, 1-allyl-2-(3,5-dinitrobenzoyloxy)-
  3,4-dimethoxy- **9** 1920
—, 5-allyl-2-(3,5-dinitrobenzoyloxy)-
  1,3-dimethoxy- **9** 1920
—, 4-allyl-1-(3,5-dinitrobenzoyloxy)-
  2-methoxy- **9** 1911
—, 4-allyl-2-methoxy-1-
  (4-nitrobenzoyloxy)- **9** 1647
—, 1-(allyloxy)-4-(benzoyloxy)-
  2,3,5,6-tetramethyl- **9** 577
—, 1-(allyloxy)-2-
  (3,5-dinitrobenzoyloxy)-3-methoxy-
  9 1918
—, 2-(allyloxy)-1-
  (3,5-dinitrobenzoyloxy)-3-methoxy-
  9 1917
—, 1-(benzoyloxy)-3-[2-(benzoyloxy)-
  ethoxy]- **9** 555
—, 1-(benzoyloxy)-2-[3-(benzoyloxy)-
  (prop-1-enyl)]- **9** 586
—, 1-(benzoyloxy)-4-[3-(benzoyloxy)-
  propyl]-2-methoxy- **9** 674
—, 1-(benzoyloxy)-4-(benzoylthio)-
  9 1968
—, 1-(benzoyloxy)-2-benzyl- **9** 506
—, 1-(benzoyloxy)-4-benzyl-2-bromo-
  9 509
—, 2-(benzoyloxy)-1-benzyl-3-bromo-
  9 507
—, 1-(benzoyloxy)-2-benzyl-4-chloro-
  9 506
—, 1-(benzoyloxy)-4-benzyl-2-chloro-
  9 508
—, 2-(benzoyloxy)-1-benzyl-3-chloro-
  9 506

—, 2-(benzoyloxy)-5-benzyl-1,3-di-
  tert-butyl- **9** 515
—, 2-(benzoyloxy)-1-benzyl-
  3,5-dichloro- **9** 507
—, 2-(benzoyloxy)-5-benzyl-
  1,3-dichloro- **9** 508
—, 1-(benzoyloxy)-4-bromo- **9** 418
—, 1-(benzoyloxy)-2-(2-bromobenzyl)-
  9 507
—, 1-(benzoyloxy)-2-(3-bromobenzyl)-
  9 507
—, 1-(benzoyloxy)-2-(4-bromobenzyl)-
  9 507
—, 1-(benzoyloxy)-4-(2-bromobenzyl)-
  9 509
—, 1-(benzoyloxy)-4-(3-bromobenzyl)-
  9 509
—, 1-(benzoyloxy)-4-(4-bromobenzyl)-
  9 509
—, 1-(benzoyloxy)-2-bromo-4-chloro-
  9 418
—, 2-(benzoyloxy)-1-bromo-4-chloro-
  9 418
—, 4-(benzoyloxy)-2-bromo-1-chloro-
  9 418
—, 2-(benzoyloxy)-4-bromo-1,3-dichloro-
  9 419
—, 2-(benzoyloxy)-1-bromo-3,5-diiodo-
  9 421
—, 2-(benzoyloxy)-5-bromo-1,3-diiodo-
  9 422
—, 2-(benzoyloxy)-5-bromo-
  1,3-dimethoxy- **9** 670
—, 2-(benzoyloxy)-1-bromo-3,5-dinitro-
  9 423
—, 1-(benzoyloxy)-4-(2-bromoethoxy)-
  9 558
—, 1-(benzoyloxy)-4-bromo-2-iodo-
  9 421
—, 2-(benzoyloxy)-1-bromo-4-methoxy-
  9 556
—, 4-(benzoyloxy)-1-bromo-2-methoxy-
  9 556
—, 1-(benzoyloxy)-2-bromo-4-nitro-
  9 422
—, 1-(benzoyloxy)-4-(2-bromopropyl)-
  2-methoxy- **9** 572
—, 1-(benzoyloxy)-3-bromo-
  2,4,5-trichloro- **9** 419
—, 2-(benzoyloxy)-3-bromo-
  1,4,5-trichloro- **9** 419
—, 2-(benzoyloxy)-4-bromo-
  1,3,5-trichloro- **9** 419
—, 2-(benzoyloxy)-5-bromo-
  1,3,4-trichloro- **9** 419
—, 1-(benzoyloxy)-4-butyl- **9** 436
—, 1-(benzoyloxy)-4-*tert*-butyl- **9** 437
—, 2-(benzoyloxy)-1-*tert*-butyl-
  3,5-dimethyl- **9** 441

Benzene *(continued)*
—, 2-(benzoyloxy)-1-*tert*-butyl-3,5-di-
    tert-pentyl- **9** 448
—, 4-(benzoyloxy)-1-*tert*-butyl-2-
    tert-pentyl- **9** 445
—, 1-(benzoyloxy)-4-chloro- **9** 417
—, 1-(benzoyloxy)-2-(2-chlorobenzyl)-
    9 506
—, 1-(benzoyloxy)-2-(3-chlorobenzyl)-
    9 506
—, 1-(benzoyloxy)-4-(2-chlorobenzyl)-
    9 508
—, 1-(benzoyloxy)-4-(3-chlorobenzyl)-
    9 508
—, 1-(benzoyloxy)-4-(4-chlorobenzyl)-
    9 508
—, 1-(benzoyloxy)-4-chloro-2-
    (4-chlorobenzyl)- **9** 507
—, 1-(benzoyloxy)-2-chloro-4-
    (*p*-chlorophenoxy)- **9** 560
—, 1-(benzoyloxy)-4-chloro-2-
    (dichloroiodo)- **9** 421
—, 2-(benzoyloxy)-1-chloro-3,5-diiodo-
    9 421
—, 1-(benzoyloxy)-2-chloro-4-ethyl-
    9 431
—, 1-(benzoyloxy)-4-(1-chloroethyl)-
    2-methoxy- **9** 568
—, 1-(benzoyloxy)-4-chloro-2-(inden-
    3-yl)- **9** 521
—, 1-(benzoyloxy)-4-chloro-2-iodo-
    9 420
—, 2-(benzoyloxy)-4-chloro-1-iodo-
    9 421
—, 4-(benzoyloxy)-2-chloro-1-iodo-
    9 421
—, 1-(benzoyloxy)-2-chloro-3-nitro-
    9 422
—, 1-(benzoyloxy)-2-chloro-4-phenoxy-
    9 560
—, 1-(benzoyloxy)-4-(2-chloropropyl)-
    2-methoxy- **9** 572
—, 1-(benzoyloxy)-2-cyclohexyl- **9** 455
—, 1-(benzoyloxy)-4-cyclohexyl- **9** 456
—, 2-(benzoyloxy)-1-cyclohexyl-
    3,5-dinitro- **9** 456
—, 2-(benzoyloxy)-1-cyclohexyl-3,5-di-
    tert-pentyl- **9** 458
—, 1-(benzoyloxy)-2,4-dibromo- **9** 419
—, 2-(benzoyloxy)-1,3-dibromo-5-
    (3-bromobenzyl)- **9** 510
—, 2-(benzoyloxy)-1,3-dibromo-5-
    (4-bromobenzyl)- **9** 510
—, 2-(benzoyloxy)-1,5-dibromo-3-
    (3-bromobenzyl)- **9** 508
—, 2-(benzoyloxy)-1,5-dibromo-3-
    (4-bromobenzyl)- **9** 508
—, 2-(benzoyloxy)-1,3-dibromo-5-chloro-
    9 419

—, 1-(benzoyloxy)-2,4-dibromo-
    5-methoxy- **9** 556
—, 1-(benzoyloxy)-4,5-dibromo-
    2-methoxy- **9** 552
—, 1-(benzoyloxy)-4,5-dibromo-
    2-methoxy-3-nitro- **9** 554
—, 1-(benzoyloxy)-2,4-dibromo-5-nitro-
    9 423
—, 1-(benzoyloxy)-2,5-dibromo-
    3,4,4-trichloro- **9** 419
—, 1-(benzoyloxy)-3,4-dibromo-
    2,5,6-trichloro- **9** 420
—, 1-(benzoyloxy)-2,4-di-*tert*-butyl-
    9 445
—, 2-(benzoyloxy)-1,3-di-*tert*-butyl-
    5-cyclohexyl- **9** 458
—, 2-(benzoyloxy)-1,5-di-*tert*-butyl-
    3-cyclohexyl- **9** 457
—, 2-(benzoyloxy)-1,3-di-*tert*-butyl-
    5-ethyl- **9** 447
—, 2-(benzoyloxy)-1,5-di-*tert*-butyl-
    3-ethyl- **9** 447
—, 2-(benzoyloxy)-1,3-di-*tert*-butyl-5-
    tert-pentyl- **9** 447
—, 2-(benzoyloxy)-1,3-di-*tert*-butyl-5-
    (1,1,3,3-tetramethylbutyl)- **9** 448
—, 1-(benzoyloxy)-2,4-dichloro- **9** 417
—, 2-(benzoyloxy)-1,3-dichloro- **9** 417
—, 2-(benzoyloxy)-1,4-dichloro- **9** 417
—, 2-(benzoyloxy)-1,3-dichloro-5-
    (2-chlorobenzyl)- **9** 509
—, 2-(benzoyloxy)-1,3-dichloro-5-
    (3-chlorobenzyl)- **9** 509
—, 2-(benzoyloxy)-1,3-dichloro-5-
    (4-chlorobenzyl)- **9** 509
—, 2-(benzoyloxy)-1,5-dichloro-3-
    (2-chlorobenzyl)- **9** 507
—, 2-(benzoyloxy)-1,5-dichloro-3-
    (3-chlorobenzyl)- **9** 507
—, 1-(benzoyloxy)-4-(2,2-dichloroethyl)-
    9 431
—, 1-(benzoyloxy)-4-(2,2-dichloroethyl)-
    2-methoxy- **9** 568
—, 1-(benzoyloxy)-2-(dichloroiodo)-
    9 420
—, 1-(benzoyloxy)-3-(dichloroiodo)-
    9 420
—, 2-(benzoyloxy)-1,5-dichloro-3-iodo-
    9 421
—, 1-(benzoyloxy)-4-(1,1-diethylbutyl)-
    9 443
—, 1-(benzoyloxy)-4-(1,1-diethyl-
    2-methylpropyl)- **9** 445
—, 1-(benzoyloxy)-4-(1,1-diethylpropyl)-
    9 442
—, 1-(benzoyloxy)-2,3-dimethoxy- **9** 669
—, 1-(benzoyloxy)-2,4-dimethoxy- **9** 670
—, 2-(benzoyloxy)-1,3-dimethoxy- **9** 670
—, 2-(benzoyloxy)-1,4-dimethoxy- **9** 670

Benzene *(continued)*

—, 2-(benzoyloxy)-1,3-dimethoxy-5-pentyl- **9** 675

—, 2-(benzoyloxy)-1,3-dimethoxy-5-(prop-1-enyl)- **9** 679

—, 2-(benzoyloxy)-1,3-dimethoxy-5-propyl- **9** 673

—, 1-(benzoyloxy)-4-(1,1-dimethylbutyl)- **9** 440

—, 1-(benzoyloxy)-4-(1,1-dimethylhexyl)- **9** 442

—, 1-(benzoyloxy)-4-(1,1-dimethylpentyl)- **9** 441

—, 1-(benzoyloxy)-4-(1,1-diphenylpropyl)- **9** 526

—, 1-(benzoyloxy)-2-ethoxy- **9** 552

—, 1-[2-(benzoyloxy)ethoxy]-4-(benzoyloxymethyl)-2,5-dimethyl- **9** 574

—, 1-(benzoyloxy)-2-(ethoxymethoxy)-4-(prop-1-enyl)- **9** 586

—, 2-(benzoyloxy)-1-(ethoxymethoxy)-4-(prop-1-enyl)- **9** 585

—, 1-(benzoyloxy)-4-(ethoxymethyl)-2,3,5,6-tetramethyl- **9** 577

—, 1-(benzoyloxy)-2-ethoxy-4-(prop-1-enyl)- **9** 585

—, 2-(benzoyloxy)-1-ethoxy-4-(prop-1-enyl)- **9** 585

—, 1-(benzoyloxy)-2-ethyl-4,5-dimethoxy- **9** 672

—, 1-(benzoyloxy)-4-(1-ethyl-1,2-dimethylbutyl)- **9** 444

—, 1-(benzoyloxy)-4-(1-ethyl-1,3-dimethylbutyl)- **9** 444

—, 1-(benzoyloxy)-4-(2-ethyl-1,1-dimethylbutyl)- **9** 444

—, 1-(benzoyloxy)-4-(1-ethyl-1,2-dimethylpropyl)- **9** 442

—, 1-(benzoyloxy)-3-ethyl-5-isopropyl-2-methyl- **9** 441

—, 1-(benzoyloxy)-4-ethyl-2-methoxy- **9** 568

—, 2-(benzoyloxy)-4-ethyl-1-methoxy- **9** 568

—, 1-(benzoyloxy)-4-ethyl-2-methoxy-5-nitro- **9** 568

—, 1-(benzoyloxy)-4-(1-ethyl-1-methylbutyl)- **9** 442

—, 1-(benzoyloxy)-4-(1-ethyl-1-methylpentyl)- **9** 443

—, 1-(benzoyloxy)-4-(1-ethyl-1-methylpropyl)- **9** 440

—, 1-(benzoyloxy)-4-(1-ethylprop-1-enyl)- **9** 455

—, 1-(benzoyloxy)-4-(1-ethyl-1,2,2-trimethylpropyl)- **9** 445

—, 1-(benzoyloxy)-4-(1-ethylvinyl)- **9** 454

—, 1-(benzoyloxy)-4-heptyl- **9** 441

—, 1-(benzoyloxy)-4-hexyl- **9** 440

—, 1-(benzoyloxy)-4-hexyl-2-methoxy- **9** 577

—, 1-(benzoyloxy)-2-iodo- **9** 420

—, 1-(benzoyloxy)-3-iodo- **9** 420

—, 2-(benzoyloxy)-5-iodo-1,3-dinitro- **9** 423

—, 1-(benzoyloxy)-4-(*p*-iodophenoxy)- **9** 559

—, 1-(benzoyloxy)-4-(isopentyloxy)- **9** 585

—, 1-(benzoyloxy)-2-(methylsulfonyloxy)- **9** 552

—, 1-(benzoyloxy)-2-methoxy- **9** 551

—, 1-(benzoyloxy)-3-methoxy- **9** 555

—, 1-(benzoyloxy)-4-methoxy- **9** 558

—, 1-(benzoyloxy)-2-(methoxymethoxy)-4-(prop-1-enyl)- **9** 586

—, 2-(benzoyloxy)-1-(methoxymethoxy)-4-(prop-1-enyl)- **9** 585

—, 1-(benzoyloxy)-2-(methoxymethoxy)-4-propyl- **9** 572

—, 1-(benzoyloxy)-2-methoxy-4-(2-nitrobut-1-enyl)- **9** 587

—, 1-(benzoyloxy)-2-methoxy-4-(2-nitroprop-1-enyl)- **9** 586

—, 1-(benzoyloxy)-2-methoxy-4-(prop-1-enyl)- **9** 584

—, 2-(benzoyloxy)-1-methoxy-4-(prop-1-enyl)- **9** 584

—, 2-(benzoyloxy)-1-methoxy-4-(prop-1-enyl)-3-trityl- **9** 659

—, 2-(benzoyloxy)-1-methoxy-5-(prop-1-enyl)-3-trityl- **9** 660

—, 1-(benzoyloxy)-2-methoxy-4-propyl- **9** 571

—, 1-(benzoyloxy)-4-(2-methylcyclohex-1-en-1-yl)- **9** 474

—, 2-(benzoyloxymethyl)-1,4-dimethyl- **9** 436

—, 1-(benzoyloxy)-4-(α-methylenebenzyl)- **9** 517

—, 1-(benzoyloxy)-3-(methylsulfinyl)- **9** 558

—, 1-(benzoyloxy)-2-(1-naphthyl)- **9** 523

—, 1-(benzoyloxy)-2-(2-naphthyl)- **9** 524

—, 1-(benzoyloxy)-2-nitro- **9** 422

—, 1-(benzoyloxy)-3-nitro- **9** 422

—, 1-(benzoyloxy)-4-nitro- **9** 422

—, 1-(benzoyloxy)-4-(*o*-nitrophenyldithio)- **9** 562

—, 1-(benzoyloxy)-4-(*p*-nitrophenyldithio)- **9** 562

—, 1-(benzoyloxy)-4-(*m*-nitrophenylthio)- **9** 561

—, 1-(benzoyloxy)-2-nitro-4-(1,1,3,3-tetramethylbutyl)- **9** 444

Benzene *(continued)*
—, 1-(benzoyloxy)-4-nonyl- **9** 445
—, 1-(benzoyloxy)-4-octyl- **9** 442
—, 1-(benzoyloxy)-3-pentadecyl- **9** 448
—, (benzoyloxy)pentamethyl- **9** 440
—, 1-(benzoyloxy)-1-*tert*-pentyl- **9** 439
—, 1-(benzoyloxy)-4-pentyl- **9** 439
—, 1-(benzoyloxy)-2-phenoxy- **9** 552
—, 1-(benzoyloxy)-4-phenoxy- **9** 558
—, 5-(benzoyloxy)-1-phenyl- **9** 440
—, 1-(benzoyloxy)-4-(phenyldithio)-
   9 561
—, 1-(benzoyloxy)-4-prop-1-enyl- **9** 453
—, 1-(benzoyloxy)-3-propyl- **9** 435
—, 1-(benzoyloxy)-4-propyl- **9** 435
—, 1-(benzoyloxy)-4-(α-propylbenzyl)-
   9 513
—, 1-(benzoyloxy)-4-(sulfooxy)- **9** 560
—, 1-(benzoyloxy)-2,3,4,5-tetrabromo-
   9 420
—, 1-(benzoyloxy)-4-
   (1,2,3,4-tetrahydro-2-naphthyl)-
   9 518
—, 2-(benzoyloxy)-1,3,4,5-tetramethyl-
   9 438
—, 1-(benzoyloxy)-4-
   (1,1,2,2-tetramethylbutyl)- **9** 445
—, 1-(benzoyloxy)-4-
   (1,1,2,3-tetramethylbutyl)- **9** 444
—, 1-(benzoyloxy)-4-
   (1,1,3,3-tetramethylbutyl)- **9** 444
—, 1-(benzoyloxy)-4-
   (1,1,2,2-tetramethylpropyl)-
   9 442
—, 1-(benzoyloxy)-4-(*m*-tolyldithio)-
   9 562
—, 1-(benzoyloxy)-4-(*o*-tolyldithio)-
   9 562
—, 1-(benzoyloxy)-4-(*p*-tolyldithio)-
   9 562
—, 1-(benzoyloxy)-4-(*m*-tolyloxy)-
   9 559
—, 1-(benzoyloxy)-4-(*o*-tolyloxy)-
   9 559
—, 1-(benzoyloxy)-4-(*p*-tolyloxy)-
   9 559
—, 1-(benzoyloxy)-2,4,5-tribromo-
   9 420
—, 2-(benzoyloxy)-3,4,5-tribromo-
   1-methoxy- **9** 553
—, 1-(benzoyloxy)-2,3,4-tribromo-
   6-methoxy-5-nitro- **9** 554
—, 2-(benzoyloxy)-1,3,5-tri-*tert*-butyl-
   9 447
—, 1-(benzoyloxy)-2,3,4-trichloro-
   9 417
—, 1-(benzoyloxy)-2,4,5-trichloro-
   9 418
—, 2-(benzoyloxy)-1,3,4-trichloro- **9** 418

—, 2-(benzoyloxy)-1,3,5-trichloro-
   9 418
—, 2-(benzoyloxy)-1,3,5-triisopropyl-
   9 446
—, 1-(benzoyloxy)-2,3,4-trimethoxy-
   9 691
—, 1-(benzoyloxy)-2,3,5-trimethyl-
   9 436
—, 1-(benzoyloxy)-4-
   (1,1,2-trimethylbutyl)- **9** 442
—, 1-(benzoyloxy)-4-
   (1,1,3-trimethylbutyl)- **9** 442
—, 1-(benzoyloxy)-4-
   (1,1,2-trimethylpentyl)- **9** 443
—, 1-(benzoyloxy)-4-
   (1,1,3-trimethylpentyl)- **9** 443
—, 1-(benzoyloxy)-4-
   (1,1,4-trimethylpentyl)- **9** 443
—, 1-(benzoyloxy)-4-
   (1,1,2-trimethylpropyl)- **9** 441
—, 1-(benzoylthio)-4-chloro-2-nitro-
   9 1965
—, 1-(benzoylthio)-2,4-dichloro-
   9 1965
—, 1-(benzoylthio)-2,4-dinitro- **9** 1965
—, 2-(benzoylthio)-1,3,5-trichloro-
   9 1965
—, *m*-bis[4-(*p*-anisoyloxy)benzoyloxy]-
   10 324
—, *p*-bis[4-(*p*-anisoyloxy)benzoyloxy]-
   10 324
—, *p*-bis{4-[4-(*p*-anisoyloxy)benzoyloxy]-
   3-methoxybenzoyloxy}- **10** 1418
—, *m*-bis(benzoyloxy)- **9** 555
—, *o*-bis(benzoyloxy)- **9** 552
—, *p*-bis(benzoyloxy)- **9** 559
—, *p*-bis[(benzoyloxy)acetyl]- **9** 820
—, 1,4-bis(benzoyloxy)-2-[*m*-
   (benzoyloxy)phenoxy]- **9** 670
—, 1,5-bis(benzoyloxy)-2,4-bis[1-
   (benzoyloxy)-2,2,2-trichloroethyl]-
   9 693
—, 1,5-bis(benzoyloxy)-2,4-
   bis(2,2-dichloroethyl)- **9** 576
—, 1,4-bis(benzoyloxy)-2,5-
   bis(*p*-tolyloxy)- **9** 692
—, 2,4-bis(benzoyloxy)-1-bromo- **9** 556
—, 1,4-bis(benzoyloxy)-3-bromo-
   2,5-dichloro- **9** 560
—, 1,4-bis(benzoyloxy)-2-bromo-
   3,5,6-trimethyl- **9** 574
—, 1,3-bis(benzoyloxy)-2-butyl- **9** 574
—, 1,2-bis(benzoyloxy)-3-chloro- **9** 552
—, 1,4-bis(benzoyloxy)-2-chloro- **9** 560
—, 2,4-bis(benzoyloxy)-1-chloro- **9** 555
—, 1,5-bis(benzoyloxy)-2-chloro-
   4-cyclohexyl- **9** 589
—, 2,4-bis(benzoyloxy)-1-cyclohexyl-
   9 589

Benzene *(continued)*

—, 1,5-bis(benzoyloxy)-2,4-dibromo-
9 556

—, 1,2-bis(benzoyloxy)-3,4-dimethoxy-
9 691

—, *m*-bis[2-(benzoyloxy)ethoxy]- 9 535

—, 1,5-bis[2-(benzoyloxy)ethoxy]-
2,4-dinitro- 9 535

—, *p*-bis[2-(benzoyloxy)ethyl]- 9 576

—, 1,4-bis(benzoyloxy)-2-ethyl- 9 568

—, 2,5-bis[2-(benzoyloxy)ethyl]-
1,3-dinitro- 9 576

—, [bis(benzoyloxy)iodo]- 9 1055

—, 2,4-bis(benzoyloxy)-1-iodo- 9 557

—, 1,2-bis(benzoyloxy)-4-nitro- 9 553

—, 1,4-bis(benzoyloxy)-2-(phenylseleno)-
9 671

—, 1,2-bis(benzoyloxy)-4-(prop-1-enyl)-
9 586

—, 1,5-bis[2-(benzoyloxy)prop-1-enyl]-
2,4-dinitro- 9 604

—, 1,2-bis(benzoyloxy)-
3,4,5,6-tetrabromo- 9 553

—, 1,2-bis(benzoyloxy)-
3,4,5,6-tetramethyl- 9 576

—, 2,4-bis(benzoyloxy)-1-
(1,1,3,3-tetramethylbutyl)- 9 577

—, 1,4-bis(benzoyloxy)-2,3,5-trimethyl-
9 573

—, *m*-bis[4-(3-bromobenzoyloxy)benzoyl]-
9 1397

—, *p*-bis[4-(3-bromobenzoyloxy)benzoyl]-
9 1397

—, *p*-bis[2-chloro-2-
(α-chlorobenzylidenehydrazono)-
1,1-diphenylethoxy]- 10 1180

—, *p*-bis[3,5-diacetoxy-4-
(3,4,5-trimethoxybenzoyloxy)‌
benzoyloxy]- 10 2087

—, *m*-bis(α,β-dichloro-4-cyano-
2-nitrophenethyl)- 9 4693

—, *p*-bis(α,β-dichloro-4-cyano-
2-nitrophenethyl)- 9 4693

—, *m*-bis(3,5-dinitrobenzoyloxy)-
9 1904

—, *o*-bis(3,5-dinitrobenzoyloxy)-
9 1904

—, *p*-bis(3,5-dinitrobenzoyloxy)-
9 1905

—, 1,3-bis(3,5-dinitrobenzoyloxy)-2-
(*p*-mentha-1,8-dien-3-yl)-5-pentyl-
9 1916

—, 1,3-bis(3,5-dinitrobenzoyloxy)-
5-pentyl- 9 1909

—, 1,2-bis(3,5-dinitrobenzoyloxy)-
4-propyl- 9 1907

—, *p*-bis[3-(2,4-dinitrophenyl)‌
propionyloxy]- 9 2415

—, *m*-bis(2,3-diphenylacryloyloxy)- 9 3416

—, *p*-bis(2,3-diphenylacryloyloxy)-
9 3417

—, *m*-bis(4-methoxycinnamoyloxy)- 10 851

—, *p*-bis[3-methoxy-4-(veratroyloxy)‌
benzoyloxy]- 10 1423

—, *m*-bis(3-nitrobenzoyloxy)- 9 1504

—, *m*-bis(4-nitrobenzoyloxy)- 9 1637

—, *o*-bis(3-nitrobenzoyloxy)- 9 1504

—, *o*-bis(4-nitrobenzoyloxy)- 9 1637

—, *p*-bis(3-nitrobenzoyloxy)- 9 1504

—, *p*-bis(4-nitrobenzoyloxy)- 9 1638

—, *m*-bis[1-(4-nitrobenzoyloxy)ethyl]-
9 1644

—, *p*-bis[2-(4-nitrobenzoyloxy)ethyl]-
9 1645

—, 2,4-bis(4-nitrobenzoyloxy)-1-
(1,1,3,3-tetramethylbutyl)-
9 1647

—, *p*-bis(4-nitrocinnamoyloxy)- 9 2746

—, *m*-bis[(*p*-nitrophenyl)acetoxy]-
9 2288

—, *o*-bis[(*p*-nitrophenyl)acetoxy]-
9 2288

—, *p*-bis[(*p*-nitrophenyl)acetoxy]-
9 2288

—, *p*-bis(3,4,5-triacetoxybenzoyloxy)-
10 2083

—, *m*-bis(3,4,5-trimethoxybenzoyloxy)-
10 2083

—, *o*-bis(3,4,5-trimethoxybenzoyloxy)-
10 2082

—, *p*-bis(3,4,5-trimethoxybenzoyloxy)-
10 2083

—, *m*-bis[4-(veratroyloxy)benzoyloxy]-
10 1423

—, *o*-bis[4-(veratroyloxy)benzoyloxy]-
10 1423

—, *p*-bis[4-(veratroyloxy)benzoyloxy]-
10 1423

—, 4-bromo-1-(3,5-dinitrobenzoyloxy)-
2-phenoxy- 9 1904

—, 2-bromo-1-ethyl-4-
(4-nitrobenzoyloxy)- 9 1587

—, 2-bromo-4-ethyl-1-
(4-nitrobenzoyloxy)- 9 1587

—, 2-butoxy-1-ethyl-4-
(3-nitrobenzoyloxy)- 9 1505

—, 1-*sec*-butyl-3,5-
bis(4-nitrobenzoyloxy)- 9 1644

—, 4-butyl-2-chloro-1-(1-naphthoyloxy)-
9 3141

—, 1-butyl-2-(3,5-dinitrobenzoyloxy)-
4-methoxy- 9 1908

—, 1-butyl-4-(3,5-dinitrobenzoyloxy)-
2-methoxy- 9 1908

—, 1-butyl-2-ethoxy-4-
(3-nitrobenzoyloxy)- 9 1506

—, 1-butyl-4-ethoxy-2-
(3-nitrobenzoyloxy)- 9 1506

Benzene *(continued)*

—, 1-butyl-2-(3-nitrobenzoyloxy)-4-propoxy- **9** 1506

—, 1-butyl-4-(3-nitrobenzoyloxy)-2-propoxy- **9** 1506

—, 1-(2-chlorobenzoyloxy)-4-(1,1-diethylpropyl)- **9** 1335

—, 1-(4-chlorobenzoyloxy)-4-(1,1-dimethyl-2,2-diphenylpropyl)- **9** 1358

—, 1-(4-chlorobenzoyloxy)-4-(2,2-dimethyl-1,1-diphenylpropyl)- **9** 1358

—, 1-(2-chlorobenzoyloxy)-4-(1,1-dimethylpentyl)- **9** 1334

—, 1-(4-chlorobenzoyloxy)-4-(1,1-diphenylpentyl)- **9** 1358

—, 1-(2-chlorobenzoyloxy)-4-(1-ethyl-1,2-dimethylpropyl)- **9** 1335

—, 1-(2-chlorobenzoyloxy)-4-(1-ethyl-1-methylbutyl)- **9** 1334

—, 1-(2-chlorobenzoyloxy)-4-(1,1,2,2-tetramethylpropyl)- **9** 1335

—, 1-(2-chlorobenzoyloxy)-4-(1,1,2-trimethylbutyl)- **9** 1334

—, 1-(2-chlorobenzoyloxy)-4-(1,1,3-trimethylbutyl)- **9** 1335

—, 1-chloro-3-cyclohexyl-4-(salicyloyloxy)- **10** 135

—, 2-chloro-4-ethyl-1-(1-naphthoyloxy)- **9** 3140

—, 2-chloro-4-heptyl-1-(1-naphthoyloxy)- **9** 3141

—, 2-chloro-4-hexyl-1-(1-naphthoyloxy)- **9** 3141

—, 2-chloro-1-(1-naphthoyloxy)-4-pentyl- **9** 3141

—, 2-chloro-1-(1-naphthoyloxy)-4-propyl- **9** 3141

—, 1-(cinnamoyloxy)-2-(methoxymethoxy)-4-propyl- **9** 2699

—, 1-(cinnamoyloxy)-2-methoxy-4-propyl- **9** 2699

—, 1-(cyclopentylacetoxy)-2-methoxy-4-(prop-1-enyl)- **9** 41

—, 1,3-diacetyl-2,4-bis(benzoyloxy)- **9** 820

—, 1,5-diacetyl-2,4-bis(benzoyloxy)- **9** 820

—, 1,3-diacetyl-2,4,5-tris(benzoyloxy)- **9** 839

—, 1,4-dibenzhydryl-2,5-bis(benzoyloxy)- **9** 662

—, 1,3-dibenzoyl-2-(benzoyloxy)-5-methoxy- **9** 828

—, 1,3-dibenzoyl-2,5-bis(benzoyloxy)- **9** 829

—, 1,4-dibenzoyl-2,3-bis(benzoyloxy)- **9** 830

—, 1,4-dibenzoyl-2,5-bis(benzoyloxy)- **9** 830

—, 1,5-dibenzoyl-2,4-bis(benzoyloxy)- **9** 829

—, 2,3-dibenzoyl-1,4-bis(benzoyloxy)- **9** 828

—, 1,3-dibenzoyl-4,6-bis(benzoyloxy)-2,5-dibromo- **9** 829

—, 1,4-dibenzoyl-2,5-bis(benzoyloxy)-3,6-dibromo- **9** 830

—, 1,5-dibenzoyl-2,4-bis(benzoyloxy)-3-nitro- **9** 829

—, 1,3-dibromo-5-ethyl-2-(4-nitrobenzoyloxy)- **9** 1587

—, 1,5-diethyl-2,4-bis(4-nitrobenzoyloxy)- **9** 1644

—, 1-(3,4-dinitrobenzoyloxy)-4-(1,1-dimethylbutyl)- **9** 1779

—, 1-(3,5-dinitrobenzoyloxy)-2-ethyl-3-methoxy- **9** 1906

—, 1-(3,5-dinitrobenzoyloxy)-4-ethyl-2-methoxy- **9** 1906

—, 2-(3,5-dinitrobenzoyloxy)-1-ethyl-3-methoxy- **9** 1906

—, 1-(3,5-dinitrobenzoyloxy)-4-(1-ethyl-2-methylpropyl)- **9** 1856

—, 1-(3,5-dinitrobenzoyloxy)-4-(1-ethylpropyl)- **9** 1855

—, 1-(3,5-dinitrobenzoyloxy)-4-(1-isopropyl-1,2-dimethylpropyl)- **9** 1858

—, 1-(3,5-dinitrobenzoyloxy)-4-(1-isopropyl-1-methylbutyl)- **9** 1858

—, 2-(3,5-dinitrobenzoyloxy)-1-methoxy-3,5-dipropyl- **9** 1909

—, 1-(3,5-dinitrobenzoyloxy)-2-methoxy-4-(prop-1-enyl)- **9** 1910

—, 1-(3,5-dinitrobenzoyloxy)-2-methoxy-4-propyl- **9** 1907

—, 1-(3,5-dinitrobenzoyloxy)-4-(1-methyl-1-propylbutyl)- **9** 1857

—, 1-(3,5-dinitrobenzoyloxy)-2-(3-phenylpropyl)- **9** 1885

—, 1-(3,5-dinitrobenzoyloxy)-4-(α-propyl-benzhydryl)- **9** 1890

—, 1,4-di-*p*-toluoyl-2,5-bis(*p*-toluoyloxy)- **9** 2340

—, 2,3-di-*p*-toluoyl-1,4-bis(*p*-toluoyloxy)- **9** 2340

—, 2-ethoxy-1-ethyl-4-(3-nitrobenzoyloxy)- **9** 1505

—, 4-ethoxy-1-ethyl-2-(3-nitrobenzoyloxy)- **9** 1505

—, 2-ethoxy-4-(3-nitrobenzoyloxy)-1-propyl- **9** 1506

—, 4-ethoxy-2-(3-nitrobenzoyloxy)-1-propyl- **9** 1506

—, 1-(1-ethylacetonyl)-4,5-dimethoxy-2-(veratroyloxy)- **10** 1420

Benzene *(continued)*
—, 1-ethyl-3,5-bis(4-nitrobenzoyloxy)-
  9 1640
—, 5-ethyl-1,3-dimethoxy-2-
  (4-nitrobenzoyloxy)- **9** 1662
—, 4-ethyl-1-methoxy-2-
  (4-nitrobenzoyloxy)- **9** 1639
—, 4-ethyl-2-methoxy-1-(4-nitrobenzoyloxy)-
  9 1640
—, 1-ethyl-2-(3-nitrobenzoyloxy)-
  4-propoxy- **9** 1505
—, 1-ethyl-4-(3-nitrobenzoyloxy)-
  2-propoxy- **9** 1505
—, 1-(1-ethyl-2-semicarbazonopropyl)-
  4,5-dimethoxy-2-(veratroyloxy)-
  10 1421
—, hexakis(benzoyloxy)- **9** 713
—, hexakis(4-chlorobenzoyloxy)-
  9 1360
—, hexakis(phenylacetoxy)- **9** 2187
—, hexakis(*p*-toluoyloxy)- **9** 2339
—, 1-methoxy-2,4-bis(4-nitrobenzoyloxy)-
  9 1660
—, 1-methoxy-3,5-bis(4-nitrobenzoyloxy)-
  9 1661
—, 2-methoxy-1-(4-nitrobenzoyloxy)-4-
  (prop-1-enyl)- **9** 1647
—, 2-methoxy-1-(4-nitrobenzoyloxy)-
  4-propyl- **9** 1640
—, 1-(2-methylallyl)-2-
  (4-nitrobenzoyloxy)- **9** 1602
—, 1-(α-methylbenzyl)-4-
  (4-nitrobenzoyloxy)- **9** 1615
—, 1-(2-methylprop-1-enyl)-2-
  (4-nitrobenzoyloxy)- **9** 1602
—, 1-(4-nitrobenzoyloxy)-4-
  (1,1,3,3-tetramethylbutyl)-
  9 1597
—, 1,2,3,5-tetrakis(benzoyloxy)- **9** 692
—, 1,2,3,5-tetramethyl-4,6-
  bis(4-nitrobenzoyloxy)- **9** 1645
—, 1-*o*-toluoyl-4-*p*-toluoyl-2,5-
  bis(*p*-toluoyloxy)- **9** 2340
—, 1,2,3-tribromo-5-methoxy-4-nitro-6-
  (3-nitrobenzoyloxy)- **9** 1504
—, 1,2,4-trimethyl-3,5-
  bis(4-nitrobenzoyloxy)- **9** 1643
—, 1,3,4-trimethyl-2,5-
  bis(4-nitrobenzoyloxy)- **9** 1643
—, 2,3,4-trimethyl-1,5-
  bis(4-nitrobenzoyloxy)- **9** 1642
—, 1,2,4-tris(benzoyloxy)-6-methoxy-
  9 692
—, 1,3,5-tris[3,5-diacetoxy-4-
  (3,4,5-triacetoxybenzoyloxy)-
  benzoyloxy]- **10** 2088
—, 1,3,5-tris[3,5-diacetoxy-4-
  (3,4,5-trimethoxybenzoyloxy)-
  benzoyloxy- **10** 2087

—, 1,2,3-tris(3,5-dinitrobenzoyloxy)-
  9 1918
—, 1,3,5-tris(3,5-dinitrobenzoyloxy)-
  9 1918
—, 1,2,3-tris(3-nitrobenzoyloxy)-
  9 1508
—, 1,2,3-tris(4-nitrobenzoyloxy)-
  9 1660
—, 1,3,5-tris(3-nitrobenzoyloxy)-
  9 1508
—, 1,3,5-tris(4-nitrobenzoyloxy)-
  9 1661
—, 1,3,5-tris(3,4,5-triacetoxybenzoyloxy)-
  10 2084
—, 1,3,5-tris(3,4,5-trimethoxybenzoyloxy)-
  10 2084
Benzenehexacarbonyl hexachloride 9 4915
Benzenehexacarboxylic acid 9 4914
  hexamethyl ester **9** 4915
Benzenepentacarboxylic acid 9 4908
  pentamethyl ester **9** 4908
**Benzene-1,2,4,5-tetracarbonyl
  tetrachloride 9** 4873
**Benzene-1,2,3,4-tetracarboxylic acid
  9** 4872
  tetramethyl ester **9** 4872
**Benzene-1,2,3,5-tetracarboxylic acid
  9** 4872
  tetramethyl ester **9** 4872
  1,3,5-trimethyl ester **9** 4872
—, 4,6-dinitro- **9** 4872
**Benzene-1,2,4,5-tetracarboxylic acid
  9** 4873
  tetrakis(3,5,5-trimethylhexyl)
  ester **9** 4873
  tetramethyl ester **9** 4873
  tetraphenyl ester **9** 4873
—, 3,6-dinitro- **9** 4873
  tetraethyl ester **9** 4874
—, 3-methoxy- **10** 2626
—, 3-methyl- **9** 4874
  tetramethyl ester **9** 4874
Benzenethiol,
—, 4-(benzoyloxy)- **9** 560
—, 3,5-bis(benzoyloxy)- **9** 671
Benzene-1,3,5-tricarbonitrile 9 4794
**Benzene-1,2,3-tricarbonyl trichloride
  9** 4792
**Benzene-1,3,5-tricarbonyl trichloride
  9** 4794
Benzene-1,3,5-tricarboxamide 9 4794
Benzene-1,2,3-tricarboxylic acid 9 4791
  1-methyl ester **9** 4791
  trimethyl ester **9** 4791
  tris[2-(trimethylammonio)ethyl]
  ester **9** 4792
—, 4-(1-carboxy-1-methylethyl)-
  9 4875
—, 5-(1-carboxy-1-methylethyl)- **9** 4876

Benzene-1,2,3-tricarboxylic acid
　(continued)
—, 4,5-dichloro- **9** 4792
—, 4-hydroxy- **10** 2570
　trimethyl ester **10** 2570
　4-(1-hydroxy-1-methylethyl)- **10** 2576
—, 5-(1-hydroxy-1-methylethyl)-,
　trimethyl ester **10** 2576
—, 4-isopropyl-5,6-dimethoxy-,
　trimethyl ester **10** 2603
—, 4-methoxy- **10** 2570
　trimethyl ester **10** 2570
—, 5-methoxy- **10** 2571
　1-ethyl ester 2,3-dimethyl ester
　　10 2571
　2-ethyl ester 1,3-dimethyl ester
　　10 2571
　triethyl ester **10** 2571
　trimethyl ester **10** 2571
—, 5-nitro- **9** 4792
　trimethyl ester **9** 4792
Benzene-1,2,4-tricarboxylic acid 9 4792
　triethyl ester **9** 4793
—, 5-benzoyl- **10** 4140
—, 5-benzyl-3-hydroxy- **10** 2590
—, 5-(1-carboxy-1-methylethyl)- **9** 4876
—, 5-chloro- **9** 4793
—, 5-hydroxy- **10** 2571
—, 3-methoxalyl-,
　trimethyl ester **10** 4166
—, 5-methoxy- **10** 2571
　trimethyl ester **10** 2571
—, 6-methoxy- **10** 2572
　trimethyl ester **10** 2572
—, 5-(α-methylbenzyl)- **9** 4839
Benzene-1,3,5-tricarboxylic acid 9 4793
　triethyl ester **9** 4794
　trimethyl ester **9** 4794
　tris[2-(triethylammonio)ethyl]
　　ester **9** 4794
—, 2,4-dihydroxy-,
　triethyl ester **10** 2601
—, 2-hydroxy- **10** 2572
—, 2-methoxy-,
　trimethyl ester **10** 2572
—, 2,4,6-tribenzoyl- **10** 4169
—, 2,4,6-tris(4,4',α-trihydroxybenzhydryl)-
　10 2640
**9,10-*o*-Benzeno-1,4-methanoanthracene-
2,3-dicarboxylic acid,**
—, 1,2,3,4,4a,9,9a,10-octahydro-,
　dimethyl ester **9** 4692
Benzhydrol,
—, α-(benzoyloxymethyl)-4-chloro-
　4'-methyl- **9** 626
—, α-(benzoyloxymethyl)-2,2'-dimethoxy-
　9 694
—, α-(benzoyloxymethyl)-3,4'-dimethoxy-
　9 695

—, α-(benzoyloxymethyl)-2,4'-dimethyl-
　9 627
—, α-(benzoyloxymethyl)-3,4'-dimethyl-
　9 627
—, α-(benzoyloxymethyl)-4-methyl-
　9 626
—, α-[1-(benzoyloxy)propyl]- **9** 626
Benzhydrylpenaldic acid
　ethylester **9** 3303
Benzil
　bis(3-nitrobenzoyl)hydrazone **9** 1532
　bis[(phenylacetyl)hydrazone] **9** 2258
　O-(4-bromobenzoyl)oxime **9** 1421
　O-cinnamoyloxime **9** 2722
—, 3,4-bis(benzoyloxy)- **9** 823
Benzilamide 10 1178
—, N-[3-(diethylamino)-
　2,2-dimethylpropyl]- **10** 1179
—, N-[2-(diethylamino)ethyl]- **10** 1178
—, 4,4'-dimethoxy- **10** 2321
—, N-[2-(dimethylamino)ethyl]- **10** 1178
—, N-methyl- **10** 1178
Benzilic acid 10 1168
　2-aminoethyl ester **10** 1172
　2-(butylamino)ethyl ester **10** 1174
　2-(dibutylamino)ethyl ester **10** 1175
　2-(dibutylamino)propyl ester
　　10 1176
　3-(dibutylamino)propyl ester
　　10 1176
　3-(diethylamino)-2,2-dimethylpropyl
　　ester **10** 1177
　2-(diethylamino)ethyl ester **10** 1173
　3-[2-(diethylamino)ethylthio]propyl
　　ester **10** 1172
　3-(diethylamino)-1-methylpropyl
　　ester **10** 1177
　2-(diethylamino)propyl ester
　　10 1175
　3-(diethylamino)propyl ester
　　10 1176
　2-(diisopropylamino)ethyl ester
　　10 1174
　3-(dimethylamino)-
　　2,2-dimethylpropyl ester **10** 1177
　2-(dimethylamino)ethyl ester
　　10 1172
　3-(dimethylamino)-
　　1,2,2-trimethylpropyl ester **10** 1177
　2-(dipropylamino)ethyl ester
　　10 1174
　3-(dipropylamino)propyl ester
　　10 1176
　ethyl ester **10** 1171
　hydrazide **10** 1179
　methyl ester **10** 1170
　2-(methylpropylamino)ethyl ester
　　10 1174
　4-phenylphenacyl ester **10** 1172

Benzilic acid *(continued)*
—, 2-benzhydryl- **10** 1348
     methyl ester **10** 1348
—, 2-benzoyl- **10** 4492
—, 4-(benzyloxy)- **10** 1955
     2-(diethylamino)ethyl ester **10** 1957
—, 4-butoxy- **10** 1954
     2-(diethylamino)ethyl ester **10** 1956
—, 4-(2-butoxyethoxy)- **10** 1955
     2-(diethylamino)ethyl ester **10** 1957
—, 4-chloro- **10** 1180
—, 4-(decyloxy)- **10** 1955
     2-(diethylamino)ethyl ester **10** 1957
—, 5,5'-dibromo-2,2'-dimethoxy- **10** 2319
—, 4,4'-dibutoxy- **10** 2320
     2-(diethylamino)ethyl ester **10** 2321
—, 2,2'-dichloro- **10** 1181
—, 3,3'-dichloro- **10** 1181
—, 2,2'-dichloro-3,3'-dimethoxy-
     10 2320
—, 2,5-diethoxy- **10** 2319
     2-(diethylamino)ethyl ester **10** 2319
—, 3,4-diethoxy- **10** 2319
     2-(diethylamino)ethyl ester **10** 2320
—, 2,2'-dimethoxy- **10** 2319
—, 4,4'-dimethoxy- **10** 2320
     2-(diethylamino)ethyl ester **10** 2321
     ethyl ester **10** 2320
     hydrazide **10** 2321
     methyl ester **10** 2320
—, 4,4'-dimethoxy-3,3'-dimethyl-
     10 2327
—, 2,2'-dimethyl- **10** 1209
     ethyl ester **10** 1210
—, 4,4'-dimethyl-,
     2-(diethylamino)ethyl ester **10** 1210
—, 2,2'-dinitro- **10** 1181
—, 4,4'-diphenyl- **10** 1347
     methyl ester **10** 1347
—, 4-ethoxy- **10** 1954
     2-(diethylamino)ethyl ester **10** 1956
—, 4-(heptyloxy)- **10** 1955
     2-(diethylamino)ethyl ester **10** 1957
—, 2,2',4,4',6,6'-hexamethyl-,
     ethyl ester **10** 1245
—, 4-(hexyloxy)- **10** 1955
     2-(diethylamino)ethyl ester **10** 1957
—, 4-isobutoxy- **10** 1954
     2-(diethylamino)ethyl ester **10** 1956
—, 4-(isopentyloxy)-,
     2-(diethylamino)ethyl ester **10** 1956
—, 4-isopropoxy- **10** 1954
     2-(diethylamino)ethyl ester **10** 1956
—, 4-methoxy- **10** 1954
     2-(diethylamino)ethyl ester **10** 1955
—, 4-methyl- **10** 1199
     ethyl ester **10** 1199
—, 4-(octyloxy)- **10** 1955
     2-(diethylamino)ethyl ester **10** 1957

—, 4-(pentyloxy)- **10** 1955
     2-(diethylamino)ethyl ester **10** 1956
—, 4-phenoxy- **10** 1955
     2-(diethylamino)ethyl ester **10** 1957
—, 4-(2-phenoxyethoxy)- **10** 1955
     2-(diethylamino)ethyl ester **10** 1958
—, 2-phenyl- **10** 1325
—, 4-phenyl- **10** 1325
—, 4-propoxy- **10** 1954
     2-(diethylamino)ethyl ester **10** 1956
—, 3,3',4,4'-tetramethoxy- **10** 2582
—, 2,4,6-trimethyl- **10** 1219
     methyl ester **10** 1220
Benzilonitrile 10 1179
Benzimidic acid
     2-bromoethyl ester **9** 1251
     3-bromopropyl ester **9** 1252
     butyl ester **9** 1252
     4-chlorobutyl ester **9** 1252
     2-chloroethyl ester **9** 1251
     2-chloro-1-methylethyl ester
      9 1252
     3-chloropropyl ester **9** 1252
     cyclohexyl ester **9** 1253
     cyclopentyl ester **9** 1252
     ethyl ester **9** 1250
     methyl ester **9** 1249
—, N-butoxy-,
     butyl ester **9** 1311
—, p-(butylthio)-,
     ethyl ester **10** 402
—, p,p'-(decanediyldioxy)di-,
     diethyl ester **10** 344
—, p,p',p'',p'''-ethenediylidenetetra-,
     tetraethyl ester **9** 4901
—, p-ethoxy-,
     ethyl ester **10** 343
—, p-(ethoxycarbonyl)-,
     ethyl ester **9** 4254
—, p-(ethylthio)-,
     ethyl ester **10** 402
—, m-hydroxy-,
     ethyl ester **10** 255
—, p-(2-hydroxyethoxy)-,
     ethyl ester **10** 343
—, N-methoxy-,
     methyl ester **9** 1311
—, p-(methylsulfonyl)-,
     ethyl ester **10** 402
—, p-(methylthio)-,
     ethyl ester **10** 402
—, p-nitro-,
     butyl ester **9** 1747
     dodecyl ester **9** 1748
     3-phenylpropyl ester **9** 1748
—, m-(2-nitrovinyl)-,
     methyl ester **9** 2754
—, p,p'-(pentanediyldioxy)di-,
     diethyl ester **10** 344

Benzimidic acid *(continued)*
—, *p,p'*-(propanediyldioxy)di-,
   diethyl ester **10** 343
—, *p*-(propylthio)-,
   ethyl ester **10** 402
Benzimidoyl bromide 9 1254
Benzimidoyl chloride 9 1253
—, 4-acetoxy-3,5-dimethoxy-
   10 2093
—, *N*-butyl- **9** 1254
—, *N*-(2-chloroethyl)- **9** 1254
—, *N*-[2-(chlorosulfonyl)ethyl]-
   9 1254
—, *N*-ethyl- **9** 1253
—, *N*-methyl- **9** 1253
—, *N*-octyl- **9** 1254
Benzimidoyl iodide 9 1255
—, *m*-nitro- **9** 1521
—, *o*-nitro- **9** 1479
Benz[*e*]indene
   see *Cyclopenta[a]naphthalene*
3*H*-Benz[*d*][1,2]iodoxol-6-carboxylic acid,
—, 1-hydroxy-3-oxo- **9** 4258
3*H*-Benz[*d*][1,2]iodoxol-3-one,
—, 1-hydroxy-5-nitro- **9** 1773
—, 1-hydroxy-6-nitro- **9** 1774
1*H*,3*H*-Benz[*de*]isochromen-1-ol,
—, 3,3-bis[4-(benzoyloxy)-*m*-tolyl]-
   9 832
1*H*,3*H*-Benz[*de*]isochromen-1-one,
—, 3-hydroxy- **10** 3266
—, 3-hydroxy-3-(*p*-hydroxyphenyl)-
   10 4484
—, 3-hydroxy-3-(2-methoxy-1-naphthyl)-
   10 4500
—, 3-hydroxy-7-methyl-3-phenyl-
   10 3436
—, 3-hydroxy-3-(1-naphthyl)- **10** 3491
—, 3-hydroxy-3-phenyl- **10** 3431
Benzo[2.3]cholest-2-ene-
   3',5'-dicarboxylic acid,
—, 4'-hydroxy- **10** 2386
   diethyl ester **10** 2386
2*H*-Benzo[*g*]chromene-2,3-dicarboxylic
   acid,
—, 2-hydroxy-,
   diethyl ester **10** 4781
2*H*-Benzo[*c*]chromene-2,6(4a*H*)-dione,
—, 4a-hydroxy- **10** 3619
2*H*-Benzo[*h*]chromen-2-one,
—, 10b-hydroxy-3,4,4a,5,6,10b-
   hexahydro- **10** 3185
6*H*-Benzo[*c*]chromen-6-one,
—, 4a-hydroxydodecahydro- **10** 2942
Benzo[*def*]chrysene,
—, 7-(benzoyloxy)- **9** 531
—, 7-(4-nitrobenzoyloxy)- **9** 1618
Benzo[*def*]chrysene-6-carbonitrile
   9 3663

Benzo[*c*]chrysene-6-carboxylic acid
   9 3674
Benzo[*def*]chrysene-1-carboxylic acid
   9 3663
      hydrazide **9** 3663
      isopropylidenehydrazide **9** 3663
      methyl ester **9** 3663
—, 3,6-dioxo-3,6-dihydro- **10** 3677
   methyl ester **10** 3677
Benzo[*def*]chrysene-8-carboxylic acid,
—, 7-oxo-7,8,9,10-tetrahydro-,
   methyl ester **10** 3473
Benzo[*g*]chrysene-1-carboxylic acid,
—, 4-methyl- **9** 3675
Benzo[*g*]chrysene-2-carboxylic acid,
—, 4-methyl- **9** 3675
Benzo[*g*]chrysene-9-carboxylic acid
   9 3674
Benzo[*def*]chrysene-7,8-dicarboxylic
   acid 9 4713
Benzocyclodecene-2-carboxylic acid,
—, 3-hydroxy-
   5,6,7,8,9,10,11,12-octahydro-
   10 921
Benzocyclodecene-1,3-dicarboxylic
   acid,
—, 2-hydroxy-
   5,6,7,8,9,10,11,12-octahydro-
   10 2276
   diethyl ester **10** 2276
Benzocyclododecene-1,3-dicarboxylic
   acid,
—, 2-hydroxy-
   5,6,7,8,9,10,11,12,13,14-
   decahydro- **10** 2277
   diethyl ester **10** 2277
1*H*-Benzocycloheptene,
—, 4a-(3,5-dinitrobenzoyloxy)decahydro-
   9 1836
5*H*-Benzocycloheptene,
—, 9-(3,5-dinitrobenzoyloxy)-
   1,2,3,8-tetramethoxy-
   6,7,8,9-tetrahydro- **9** 1921
5*H*-Benzocycloheptene-*x*-carboxamide,
—, 1,2,3,4-tetrahydro- **9** 2826
5*H*-Benzocycloheptene-*x*-carboxylic acid,
—, 1,2,3,4-tetrahydro- **9** 2826
   ethyl ester **9** 2826
5*H*-Benzocycloheptene-2-carboxylic acid,
—, 3-hydroxy-6,7,8,9-tetrahydro- **10** 896
1*H*-Benzocycloheptene-1,2-dicarboxylic
   acid,
—, 2,3,5,6,7,8,9,9a-octahydro- **9** 4067
5*H*-Benzocycloheptene-1,3-dicarboxylic
   acid,
—, 2-hydroxy-6,7,8,9-tetrahydro-
   10 2269
   diethyl ester **10** 2270
   1-ethyl ester **10** 2269

5H-Benzocycloheptene-6,8-dicarboxylic acid,
—, 7,7-bis(p-hydroxyphenyl)-5,9-dioxo-
6,7,8,9-tetrahydro-,
dimethyl ester 10 4857
5H-Benzocyclohepten-5-one,
—, 4-(3,5-dinitrobenzoyloxy)-
2,3,6-trimethoxy- 9 1933
—, 4-(3,5-dinitrobenzoyloxy)-
2,3,6-trimethoxy-
6,7,8,9-tetrahydro- 9 1933
—, 2,3,6-tris(benzoyloxy)-4-hydroxy-
9 840
Benzocyclohexadecene,
—, 2-(benzoyloxy)-5,6,7,8,9,10,11,12,
13,14,15,16,17,18-tetradecahydro- 9 458
Benzocyclohexadecene-1,3-dicarboxylic acid,
—, 2-hydroxy-5,6,7,8,9,10,11,12,13,14,
15,16,17,18-tetradecahydro-
10 2278
diethyl ester 10 2278
Benzocyclooctene,
—, 5,8-bis(benzoyloxy)- 9 620
Benzocyclooctene-6-carbonitrile,
—, 7-amino-5,8,9,10-tetrahydro-
10 3184
—, 7-imino-5,6,7,8,9,10-hexahydro-
10 3184
—, 7-oxo-5,6,7,8,9,10-hexahydro-
10 3184
Benzocyclooctene-7-carbonitrile,
—, 8-amino-5,6,9,10-tetrahydro-
10 3185
—, 8-imino-5,6,7,8,9,10-hexahydro-
10 3185
—, 8-oxo-5,6,7,8,9,10-hexahydro-
10 3184
Benzocyclooctene-6-carboxamide,
—, 7-hydroxy-5,6,7,8,9,10-hexahydro-
10 908
—, 7-oxo-5,6,7,8,9,10-hexahydro-
10 3184
Benzocyclooctene-7-carboxamide,
—, 8-hydroxy-5,6,7,8,9,10-hexahydro-
10 908
—, 8-oxo-5,6,7,8,9,10-hexahydro-
10 3184
Benzocyclooctene-2-carboxylic acid,
—, 3-hydroxy-5,6,7,8,9,10-hexahydro-
10 907
Benzocyclooctene-6-carboxylic acid,
—, 5,6,7,8,9,10-hexahydro- 9 2855
—, 7-hydroxy-5,6,7,8,9,10-hexahydro-
10 907
—, 5,8,9,10-tetrahydro- 9 3087
Benzocyclooctene-7-carboxylic acid,
—, 5,6,7,8,9,10-hexahydro- 9 2855
Benzocyclooctene-1,2-dicarboxylic
acid,
—, 1,2,3,5,6,7,8,9,10,10a-decahydro- 9 4074

Benzocyclooctene-1,3-dicarboxylic
acid,
—, 2-hydroxy-5,6,7,8,9,10-hexahydro-
10 2270
diethyl ester 10 2270
Benzo[h]cyclopenta[c]chromen-6(6aH)-
one,
—, 4b-hydroxy-
4b,7,8,9,9a,9b,10,11-octahydro-
10 3240
5H-Benzocyclopentadecene-2-carboxylic
acid,
—, 3-hydroxy-6,7,8,9,10,11,12,13,14,15,
16,17-dodecahydro- 10 929
5H-Benzocyclopentadecene-
1,3-dicarboxylic acid,
—, 2-hydroxy-6,7,8,9,10,11,12,13,14,15,
16,17-dodecahydro- 10 2278
diethyl ester 10 2278
1H,3H-Benzo[1,2-c;4,5-c']difuran-1,7(5H)-
dione,
—, 3,5-dihydroxy- 10 4064
1H,5H-Benzo[1,2-c;4,5-c']difuran-
1,5-dione,
—, 3,7-dihydroxy-3,7-dihydro-
10 4063
—, 3,7-dihydroxy-7-(1-naphthyl)-
3-phenyl-3,7-dihydro- 10 4097
—, 3,7-dihydroxy-7-
(1,2,3,4,5,6,7,8-octahydro-
9-phenanthryl)-3-phenyl-
3,7-dihydro- 10 4096
4H-Benzo[1,3,2]dioxaphosphorin-4-one,
—, 2-chloro- 10 150
4H-Benzo[1,3,2]dioxaphosphorin-4-one-
2-oxide,
—, 2-chloro- 10 150
Benzo[k]fluoranthene-7-carboxamide,
—, 12-cyano- 9 4713
Benzo[k]fluoranthene-7,12-dicarboxamide
9 4713
11H-Benzo[a]fluorene-1-carboxylic
acid,
—, 11-oxo- 10 3447
methyl ester 10 3447
11H-Benzo[a]fluorene-5-carboxylic
acid,
—, 11-oxo- 10 3447
11H-Benzo[b]fluorene-2-carboxylic
acid,
—, 3-hydroxy- 10 1322
5H-Benzo[c]fluorene-6-carboxylic acid,
—, 7-oxo-6,6a,7,11b-tetrahydro-
10 3412
7H-Benzo[c]fluorene-6-carboxylic acid,
—, 2,9-dimethoxy-7-oxo-,
methyl ester 10 4706
—, 4,11-dimethoxy-7-oxo- 10 4707
methyl ester 10 4707

7*H*-Benzo[*c*]fluorene-6-carboxylic acid
  (*continued*)
—, 7-oxo- 10 3447
    methyl ester 10 3447
—, 7-oxo-5-phenyl- 10 3499
—, 2,3,9,10-tetramethoxy- 10 2543
    methyl ester 10 2544
7*H*-Benzo[*c*]fluorene-8-carboxylic acid,
—, 7-oxo- 10 3447
7*H*-Benzo[*c*]fluorene-9-carboxylic acid,
—, 7-oxo- 10 3448
Benzo[3,4]fluoreno[9,1-*bc*]furan-6(4b*H*)-
one,
—, 4b-hydroxy- 10 3447
Benzo[5.6]fluoreno[9,1-*bc*]furan-4(5a*H*)-
one,
—, 5a-hydroxy- 10 3447
11*H*-Benzo[*a*]fluoren-11-one,
—, 5-(benzoyloxy)- 9 775
—, 5-(benzoyloxy)-*x*-bromo- 9 778
Benzofuran-3-carboxylic acid,
—, 7a-hydroxy-2-oxooctahydro- 10 3893
—, 7a-hydroxy-3a,6,7-trimethyl-4-nitro-
    2,5-dioxo-2,3,3a,4,5,7a-hexahydro-,
    ethyl ester 10 4056
Benzofuran-4-carboxylic acid,
—, 7a-hydroxy-4-methyl-2-oxooctahydro-
    10 3904
Benzofuran-7-carboxylic acid,
—, 7a-hydroxy-7-methyl-4-[2-
    (methylthio)ethyl]-9-oxo-2,3,5,6,⹀
    7,7a-hexahydro-,
    methyl ester 10 4715
Benzofuran-2,3-dione,
—, 7a-hydroxy-7,7-dimethylhexahydro-
    10 3520
—, 7a-hydroxyhexahydro- 10 3517
    3-(2-nitrobenzoyl)hydrazone 10 3517
Benzofuran-2,4-dione,
—, 3-(4,4-dimethyl-2,6-dioxocyclohexyl)-
    7a-hydroxy-6,6-dimethylhexahydro-
    10 4060
Benzofuran-2,5-dione,
—, 7a-hydroxy-3,7a-dihydro- 10 3537
Benzofuran-2(3*H*)-one,
—, 7a-hydroxy-3,3-dimethylhexahydro-
    10 2854
—, 7a-hydroxy-3a,4-dimethylhexahydro-
    10 2857
—, 7a-hydroxy-3a,7-dimethylhexahydro-
    10 2858
—, 7a-hydroxyhexahydro- 10 2820
—, 7a-hydroxy-5-isopropylidene-
    3,6-dimethyl-6-vinyl-5,6,7,7a-
    tetrahydro- 10 3111
—, 7a-hydroxy-3-methylhexahydro- 10 2836
—, 7a-hydroxy-3a-methylhexahydro-
    10 2837
—, 7a-hydroxy-5-methylhexahydro- 10 2838

—, 7a-hydroxy-6-methylhexahydro-
    10 2839
—, 7a-hydroxy-7-methylhexahydro-
    10 2838
—, 7a-hydroxy-4-phenylhexahydro-
    10 3190
Benzofuran-2(7a*H*)-one,
—, 7a-hydroxy-5-isopropenyl-
    3,6-dimethyl-6-vinyl-5,6,7,7a-
    tetrahydro- 10 3112
Benzohydrazidine,
—, *p*-methoxy-*N*²,*N*⁴-
    bis(4-methoxybenzylidene)- 10 358
—, *p*-methoxy-*N*-(4-methoxybenzylidene)-
    10 358
Benzohydrazonoyl chloride,
—, *N'*-benzylidene- see
  Hydrazine, benzylidene
  (chlorobenzylidene)-
Benzohydroxamic acid 9 1304
—, *m*-bromo- 9 1399
—, *o*-bromo- 9 1388
—, *p*-bromo- 9 1421
—, *m*-chloro- 9 1349
—, *o*-chloro- 9 1340
—, *p*-chloro- 9 1367
—, 2,4-dihydroxy- 10 1377
—, 2,4-dihydroxy- 10 1377
—, *o*-fluoro- 9 1326
—, *m*-nitro- 9 1522
—, *o*-nitro- 9 1481
Benzohydroximic acid
    ethyl ester 9 1311
Benzohydroximoyl azide 9 1324
Benzohydroximoyl chloride 9 1312
Benzoic acid 9 360—381
    N'-acetylhydrazide 9 1317
    allyl ester 9 402
    benzhydrylidenehydrazide 9 1315
    benzyl ester 9 428
    benzylidenehydrazide 9 1314
    biphenyl-2-yl ester 9 502
    biphenyl-3-yl ester 9 502
    biphenyl-4-yl ester 9 503
    N,N'-bis(1-ethylpropyl)hydrazide
      9 1313
    (bromomethylene)hydrazide 9 1316
    butyl ester 9 392
    sec-butyl ester 9 394
    tert-butyl ester 9 395
    cinnamyl ester 9 453
    cyclohexyl ester 9 404
    cyclopentyl ester 9 403
    decyl ester 9 400
    N',N'-diethylhydrazide 9 1313
    dodecyl ester 9 400
    ethyl ester 9 384
    N'-(2-ethyl-4-methylvaleryl)⹀
      hydrazide 9 1317

Benzoic acid ester *(continued)*
N'-formylhydrazide **9** 1316
geranyl ester **9** 412
heptyl ester **9** 399
hexadecyl ester **9** 400
hexyl ester **9** 398
hydrazide **9** 1312
indan-1-yl ester **9** 454
isobutyl ester **9** 394
N'-(2-isobutyl-5-methylhexanoyl)=
hydrazide **9** 1317
N'-isobutyrylhydrazide **9** 1317
isopentyl ester **9** 397
isopropenyl ester **9** 402
isopropyl ester **9** 391
isopropylidenehydrazide **9** 1313
linalyl ester **9** 412
4-methoxybenzhydryl ester
9 622
methyl ester **9** 381
N'-(4-methylvaleryl)hydrazide
9 1317
1-naphthyl ester **9** 491
2-naphthyl ester **9** 492
neopentyl ester **9** 398
octadecyl ester **9** 401
octyl ester **9** 399
pentyl ester **9** 396
tert-pentyl ester **9** 397
phenethyl ester **9** 433
4-phenoxybenzhydryl ester **9** 622
phenyl ester **9** 415
propyl ester **9** 389
m-tolyl ester **9** 424
o-tolyl ester **9** 423
p-tolyl ester **9** 427
trityl ester **9** 525
vinyl ester **9** 401
2,6-xylyl ester **9** 434
3,5-xylyl ester **9** 434
—, *o*-(acenaphthen-1-yl)- **9** 3583
—, *o*-(acenaphthen-5-ylcarbonyl)-
10 3456
—, 2-(acenaphthen-5-ylcarbonyl)-
3,6-dichloro- **10** 3457
—, *o*-[1-(acenaphthen-5-yl)ethyl]- **9** 3606
—, 3-acetohydroximoyl-4-hydroxy- **10** 4226
—, 2-acetonyl-4,6-dihydroxy- **10** 4550
—, 2-acetonyl-4,6-dimethoxy- **10** 4550
—, 4-acetonyl-2,6-dimethoxy- **10** 4551
methyl ester **10** 4551
—, 2-acetonyl-6-hydroxy-4-methoxy-,
methyl ester **10** 4550
—, *p*-(acetonylsulfonyl)-,
ethyl ester **10** 397
—, *o*-(acetonylthio)- **10** 220
—, *p*-(acetonylthio)-,
ethyl ester **10** 397
—, *m*-acetoxy- **10** 248

—, *o*-acetoxy- **10** 102
benzhydryl ester **10** 138
biphenyl-2-yl ester **10** 138
butyl ester **10** 121
2,4-dichlorophenyl ester **10** 130
ethyl ester **10** 117
isobutyl ester **10** 122
isopentyl ester **10** 123
2-isopropyl-5-methylphenyl ester
10 134
o-methoxyphenyl ester **10** 141
methyl ester **10** 110
phenacyl ester **10** 144
phenyl ester **10** 130
propyl ester **10** 120
vinyl ester **10** 125
—, *p*-acetoxy- **10** 294
—, *o*-(acetoxyacetoxy)-,
ethyl ester **10** 119
—, 3-acetoxy-2-(2-acetoxybenzoyl)-
10 4667
—, 2-acetoxy-4-(2-acetoxy-4-methoxy-
3,6-dimethylbenzoyloxy)-
3,6-dimethyl-,
butyl ester **10** 1548
ethyl ester **10** 1547
isobutyl ester **10** 1548
isopentyl ester **10** 1548
isopropyl ester **10** 1547
pentyl ester **10** 1548
propyl ester **10** 1547
—, 2-acetoxy-4-(2-acetoxy-4-methoxy-
6-methylbenzoyloxy)-6-heptyl-
10 1587
—, 2-acetoxy-3-(2-acetoxy-4-methoxy-
6-propylbenzoyloxy)-4-methoxy-
6-propyl- **10** 2132
—, 2-acetoxy-4-(2-acetoxy-4-methoxy-
6-propylbenzoyloxy)-6-propyl-
10 1563
butyl ester **10** 1564
ethyl ester **10** 1563
isopropyl ester **10** 1564
pentyl ester **10** 1564
propyl ester **10** 1564
—, 5-acetoxy-2-(1-acetoxy-7a-methyl-
4-oxohexahydroindan-5-yl)-
10 4637
—, 3-acetoxy-4-(*p*-acetoxyphenoxy)-
10 1408
—, 2-acetoxy-4-acetyl- **10** 4229
—, 2-acetoxy-3-allyl- **10** 867
methyl ester **10** 868
—, 3-acetoxy-4-allyl-,
methyl ester **10** 870
—, 4-acetoxy-3-aiiyl-,
methyl ester **10** 868
—, 2-acetoxy-5-benzoyl-,
methyl ester **10** 4432

Benzoic acid *(continued)*
—, 2-(2-acetoxybenzoyl)-3-nitro- **10** 4428
—, 2-acetoxy-5-bromo-,
　　methyl ester **10** 177
—, 2-acetoxy-5-bromo-3-methoxy-,
　　methyl ester **10** 1368
—, 2-acetoxy-6-bromo-3-methoxy-,
　　methyl ester **10** 1368
—, 4-acetoxy-2-bromo-5-methoxy-,
　　methyl ester **10** 1437
—, 2-acetoxy-4-bromo-3,5,6-trichloro-
　　10 180
—, 2-acetoxy-3-*tert*-butyl-6-methyl-
　　10 646
—, 3-acetoxy-2-chloro- **10** 258
—, 4-acetoxy-5-chloro-2-hydroxy-
　　10 1378
—, 5-acetoxy-2-(2,6-diacetoxy-
　　3,5-dichloro-*p*-toluoyl)-3-methoxy-,
　　methyl ester **10** 4820
—, 2-acetoxy-4-(2,4-diacetoxy-
　　6-pentylbenzoyloxy)-6-pentyl-
　　10 1581
　　ethyl ester **10** 1581
　　methyl ester **10** 1581
—, 5-acetoxy-2-(2,6-diacetoxy-
　　p-toluoyl)-3-methoxy-,
　　methyl ester **10** 4818
—, 2-acetoxy-3,5-dibromo- **10** 181
—, 2-acetoxy-3,5-dichloro- **10** 170
—, 2-acetoxy-5-(2,2-dichloro-
　　1-cyanovinyl)- **10** 2260
—, 2-acetoxy-5-(2,2-dichloroethyl)-
　　4-methyl- **10** 613
—, 2-acetoxy-5-(2,2-dichlorovinyl)-
　　10 861
—, 4-acetoxy-3-(2,2-dichlorovinyl)-
　　10 860
—, 5-acetoxy-2-(2,2-dichlorovinyl)-
　　10 859
—, 4-acetoxy-2-(2,2-dichlorovinyl)-
　　3,5-dimethoxy- **10** 2205
—, *p*-(4-acetoxy-α,β-diethylphenethyl)-
　　10 1241
　　methyl ester **10** 1241
—, 4-acetoxy-3,5-diiodo- **10** 371
—, 2-acetoxy-3,5-diisopropyl- **10** 654
—, 2-acetoxy-4,5-dimethoxy- **10** 2066
—, 4-acetoxy-3,5-dimethoxy- **10** 2074
—, 2-acetoxy-4-(2,4-dimethoxy-
　　3,6-dimethylbenzoyloxy)-
　　3,6-dimethyl-,
　　butyl ester **10** 1546
　　ethyl ester **10** 1545
　　isobutyl ester **10** 1546
　　isopentyl ester **10** 1547
　　isopropyl ester **10** 1546
　　pentyl ester **10** 1547
　　propyl ester **10** 1545

—, 2-acetoxy-3,5-dimethyl- **10** 586
—, 2-acetoxy-3,6-dimethyl- **10** 584
—, 2-acetoxy-4,5-dimethyl- **10** 585
　　methyl ester **10** 585
—, *p*-(3-acetoxy-1,4-dioxo-1,4-dihydro-
　　2-naphthyl)- **10** 4704
—, 4-acetoxy-3-ethoxy- **10** 1408
—, *p*-(1-acetoxyethyl)- **10** 579
—, 3-acetoxy-2-ethyl- **10** 570
—, 2-acetoxy-5-fluoro- **10** 162
—, 2-acetoxy-5-hydroseleno-,
　　methyl ester **10** 1396
—, 4-acetoxy-2-hydroxy- **10** 1372
—, 4-acetoxy-2-hydroxy-3-isopentyl-
　　10 1583
—, 6′-acetoxy-5-hydroxy-3-methoxy-
　　4′-methyl-2,2′-oxydi-,
　　1-methyl ester **10** 2062
—, 2-acetoxy-5-iodo- **10** 188
　　methyl ester **10** 188
—, 2-acetoxy-3-isopropyl-6-methyl-
　　10 630
—, 2-acetoxy-3-methoxy- **10** 1364
　　1-(dimethylaminomethyl)-
　　1-methylpropyl ester **10** 1366
—, 3-acetoxy-4-methoxy- **10** 1407
—, 3-acetoxy-5-methoxy- **10** 1447
—, 4-acetoxy-3-methoxy- **10** 1407
　　2-(diethylamino)ethyl ester **10** 1425
　　1-(dimethylaminomethyl)-
　　1-methylpropyl ester **10** 1426
　　methyl ester **10** 1412
—, 3-acetoxy-4-(methoxymethoxy)-
　　10 1408
—, 4-acetoxy-3-(methoxymethoxy)-
　　10 1408
—, 5-acetoxy-4-methoxy-2-nitro-
　　10 1441
—, 2-acetoxy-3-methoxy-5-(prop-1-enyl)-
　　10 1856
—, 2-(2-acetoxy-6-methoxy-*p*-toluoyl)-
　　3,5-dimethoxy-,
　　methyl ester **10** 4818
—, 3-(4-acetoxy-6-methoxy-*m*-tolyloxy)-
　　4-methoxy- **10** 1407
—, 2-acetoxy-4-nitro- **10** 194
—, 4-acetoxy-3-nitro- **10** 378
—, *o*-(*o*-acetoxyphenoxy)- **10** 101
—, *p*-(*p*-acetoxyphenoxy)- **10** 293
—, 4-(*p*-acetoxyphenoxy)-3,5-diiodo-
　　10 371
—, *m*-(*p*-acetoxyphenylseleno)-,
　　methyl ester **10** 277
—, *o*-(*p*-acetoxyphenylseleno)-,
　　methyl ester **10** 241
—, *p*-(*p*-acetoxyphenylseleno)-,
　　methyl ester **10** 421
—, 2-acetoxy-5-(phenylseleno)-,
　　methyl ester **10** 1396

Benzoic acid *(continued)*

—, 2-acetoxy-6-(prop-1-enyl)- 10 867
—, 2-acetoxy-5-(selenocyanato)-,
    methyl ester 10 1396
—, 2-acetoxy-3,4,5,6-tetrabromo- 10 186
—, 2-acetoxy-5-
    (1,2,2,2-tetrachloroethyl)- 10 577
—, 4-acetoxy-3-
    (1,2,2,2-tetrachloroethyl)- 10 576
—, 2-acetoxy-5-
    (1,1,3,3-tetramethylbutyl)- 10 658
—, 2-(6-acetoxy-*m*-tolylthio)-5-nitro-
    10 238
—, 4-(6-acetoxy-*m*-tolylthio)-3-nitro-
    10 416
—, 2-acetoxy-3,5,6-tribromo- 10 185
—, 2-acetoxy-3,5,6-trichloro- 10 174
—, 2-acetoxy-5-(2,2,2-trichloro-
    1-hydroxyethyl)-,
    methyl ester 10 1532
—, *o*-acetyl- 10 3025
    ethyl ester 10 3025
    methyl ester 10 3025
    propyl ester 10 3026
—, *p*-acetyl- 10 3029
    ethyl ester 10 3030
    methyl ester 10 3030
—, 3-acetyl-5-benzoyl-2,4-dihydroxy-,
    methyl ester 10 4782
—, 5-acetyl-3-benzoyl-2,4-dihydroxy-
    10 4782
    methyl ester 10 4782
—, 3-acetyl-2-(1-carboxy-
    1-methylethoxy)-4,6-dimethoxy-
    10 4720
—, 3-acetyl-6-(1-carboxy-
    1-methylethoxy)-2,4-dimethoxy- 10 4720
—, 3-acetyl-6-(1-carboxy-
    1-methylethoxy)-2,4,5-trimethoxy-
    10 4799
—, 4-acetyl-2-chloro- 10 3030
—, 4-acetyl-3-chloro- 10 3030
—, 4-acetyl-2-cyano-,
    methyl ester 10 3961
—, 3-acetyl-4,6-diethoxy-2,5-dimethoxy-
    10 4798
—, 3-acetyl-2,4-dihydroxy- 10 4532
—, 3-acetyl-2,6-dihydroxy- 10 4533
    methyl ester 10 4533
—, 5-acetyl-2,4-dihydroxy- 10 4533
    methyl ester 10 4533
—, 3-acetyl-2,6-dihydroxy-4-methoxy-,
    methyl ester 10 4721
—, 5-acetyl-2,4-dihydroxy-3-nitro- 10 4534
    methyl ester 10 4534
—, 5-acetyl-2,4-dimethoxy- 10 4533
—, 3-acetyl-4,6-dimethoxy-2-[1-
    (methoxycarbonyl)-1-methylethoxy]-,
    methyl ester 10 4721

—, *o*-(5-acetyl-4,8-dimethoxy-
    1-naphthoyl)- 10 4793
—, 4-acetyl-3,5-dimethyl- 10 3076
—, 6-acetyl-2,3-dimethyl- 10 3076
    methyl ester 10 3076
—, 3-acetyl-5-ethyl- 10 3075
    methyl ester 10 3075
—, 3-acetyl-5-ethyl-2,4-dihydroxy-,
    methyl ester 10 4559
—, 3-acetyl-4-hydroxy- 10 4226
    ethyl ester 10 4227
    methyl ester 10 4227
—, 5-acetyl-2-hydroxy-4-methoxy-
    10 4533
—, 3-(4-acetyl-6-methoxy-*m*-tolyloxy)-
    4-methoxy-,
    methyl ester 10 1412
—, 2-acetyl-3-nitro- 10 3027
—, 4-acetyl-2-nitro- 10 3031
    methyl ester 10 3031
—, *p*-(α-acetylphenethylsulfonyl)-,
    ethyl ester 10 397
—, 3-acetyl-2,4,6-tribromo- 10 3029
—, 3-acetyl-2,4,6-trimethoxy- 10 4720
—, 3-acetyl-2,4,5-trimethoxy-6-[1-
    (methoxycarbonyl)-1-methylethoxy]-,
    methyl ester 10 4799
—, 3-acetyl-2,4,6-trimethyl- 10 3091
—, 3-allyl-4-[2-(diethylamino)ethoxy]-
    5-methoxy-,
    ethyl ester 10 1858
—, 3-allyl-4-hydroxy-,
    methyl ester 10 868
—, 4-allyl-3-hydroxy-,
    methyl ester 10 870
—, 3-allyl-2-hydroxy-4,5-dimethoxy-
    10 2219
    methyl ester 10 2219
—, 3-allyl-2-hydroxy-4-methoxy-,
    methyl ester 10 1857
—, *m*-(allyloxy)- 10 247
    methyl ester 10 250
—, *o*-(allyloxy)-,
    ethyl ester 10 117
—, *p*-(allyloxy)- 10 286
    2-(diethylamino)ethyl ester 10 330
    ethyl ester 10 303
    methyl ester 10 298
—, *o*-[(allyloxy)carbonyloxy]-,
    allyl ester 10 125
—, 2-(allyloxy)-3,5-dichloro- 10 169
—, 2-(allyloxy)-4,5-dimethoxy- 10 2066
    methyl ester 10 2067
—, 4-(allyloxy)-3,5-dimethoxy-,
    methyl ester 10 2077
—, 4-(allyloxy)-2-hydroxy- 10 1371
    ethyl ester 10 1374
—, 2-(allyloxy)-4-methoxy- 10 1371
    methyl ester 10 1374

Benzoic acid *(continued)*
—, 4-(allyloxy)-3-methoxy-,
    ethyl ester **10** 1413
—, 3-allyl-4-propoxy- **10** 868
    2-(diethylamino)ethyl ester **10** 868
—, *m*-(allylthio)- **10** 267
—, 2-(aminothio)-5-chloro- **10** 236
—, *o*-*o*-anisoyl- **10** 4428
—, *o*-*p*-anisoyl- **10** 4429
    methyl ester **10** 4430
    phenyl ester **10** 4430
—, 2-*p*-anisoyl-4,5-dimethyl- **10** 4449
—, 2-*p*-anisoyl-3-hydroxy- **10** 4667
—, 2-*p*-anisoyl-4-hydroxy- **10** 4666
—, 2-*p*-anisoyl-5-hydroxy- **10** 4666
—, 2-*p*-anisoyl-3-nitro- **10** 4432
    methyl ester **10** 4432
—, 2-*p*-anisoyl-4-nitro- **10** 4431
    methyl ester **10** 4431
—, 2-*p*-anisoyl-5-nitro- **10** 4431
    methyl ester **10** 4431
—, 2-*p*-anisoyl-6-nitro- **10** 4431
—, *m*-(*p*-anisoyloxy)- **10** 323
—, *o*-(*p*-anisoyloxy)- **10** 323
—, 4-[4-(*p*-anisoyloxy)benzoyloxy]-
    3-methoxy- **10** 1409
—, *p*-(*p*-anisoyloxy)- **10** 324
    4-formyl-2-methoxyphenyl ester
    10 324
—, 4-(*p*-anisoyloxy)-3-methoxy- **10** 1409
—, 2-*p*-anisoyl-3,4,5,6-tetrachloro-
    10 4431
—, *p*,*p*'-(anthracene-9,10-diyl)di-
    9 4730
—, *o*,*o*'-(anthracene-1,5-diyldicarbonyl)-
    di- **10** 4100
—, *o*-(9-anthryl)- **9** 3647
    methyl ester **9** 3647
—, *p*-(9-anthryl)- **9** 3647
    methyl ester **9** 3647
—, *m*-azido- **9** 1961
—, *o*-azido- **9** 1961
—, *p*-azido- **9** 1961
—, *o*-(azidoacetoxy)- **10** 104
—, *p*-(azidoacetoxy)- **10** 294
—, *o*-[(azidocarbonyl)methoxy]-,
    ethyl ester **10** 119
—, *o*,*o*'-[azinobis(ethanylylidenethio)]-
    di- **10** 220
—, *o*-(7*H*-benz[*de*]anthracen-7-yl)-
    9 3675
—, *o*,*o*',*o*''-(benzene-
    1,3,5-triyltrithio)tri- **10** 219
—, *m*,*m*'-(benzhydrylidenedithio)di-
    10 269
—, *m*-(benzo[1,3,2]dioxastibol-2-yloxy)-
    10 249
—, *o*-(benzo[1,3,2]dioxastibol-2-yloxy)-
    10 107

—, *p*-(benzo[1,3,2]dioxastibol-2-yloxy)-
    10 296
—, *o*-(benzo[1,3,2]dioxastibol-2-ylthio)-
    10 226
—, *o*-(benzo[1,3,2]dithiastibol-2-yloxy)-
    10 107
—, *o*-benzohydroximoyl- **10** 3291
—, *p*-benzohydroximoyl- **10** 3305
—, *m*-benzoyl- **10** 3304
    2-(diethylamino)ethyl ester **10** 3304
    isopropyl ester **10** 3304
—, *o*-benzoyl- **10** 3289
    allyl ester **10** 3292
    benzyl ester **10** 3293
    biphenyl-2-yl ester **10** 3294
    biphenyl-4-yl ester **10** 3294
    p-bromophenyl ester **10** 3293
    2-butoxyethyl ester **10** 3295
    butyl ester **10** 3292
    cyclohexyl ester **10** 3292
    2-(diethylamino)ethyl ester **10** 3295
    2-ethoxyethyl ester **10** 3295
    ethyl ester **10** 3291
    isopentyl ester **10** 3292
    isopropyl ester **10** 3292
    2-methylallyl ester **10** 3292
    methyl ester **10** 3291
    1-naphthyl ester **10** 3293
    2-naphthyl ester **10** 3294
    4-nitrobenzyl ester **10** 3293
    octyl ester **10** 3292
    phenyl ester **10** 3292
—, *p*-benzoyl- **10** 3305
    tert-butyl ester **10** 3305
    2-(diethylamino)ethyl ester **10** 3306
    ethyl ester **10** 3305
    isopropyl ester **10** 3305
—, *o*-(*N*-benzoylalanyloxy)- **10** 106
—, *m*-(3-benzoylbenzoyl)- **10** 3671
—, *o*-(2-benzoylbenzoyl)- **10** 3671
—, *o*-(4-benzoylbenzoyl)- **10** 3672
—, *p*-(4-benzoylbenzoyl)- **10** 3672
—, 3-(3-benzoylbenzoyl)-5-nitro-
    10 3671
—, 2-benzoyl-3-bromo- **10** 3299
    methyl ester **10** 3299
—, 2-benzoyl-4-bromo- **10** 3299
    methyl ester **10** 3299
—, 2-benzoyl-4-*tert*-butyl- **10** 3353
—, 2-benzoyl-5-*tert*-butyl- **10** 3353
—, *o*-[(benzoylcarbamoyl)methylthio]-
    10 224
—, 4-benzoyl-2-(carboxymethylthio)-
    10 4433
—, 2-benzoyl-3-chloro- **10** 3296
—, 2-benzoyl-4,5-dichloro- **10** 3297
—, 5-benzoyl-2,4-dihydro-,
    methyl ester **10** 4671
—, 5-benzoyl-2,4-dihydroxy- **10** 4671

Benzoic acid *(continued)*
—, 2-benzoyl-3,4-diiodo- **10** 3301
—, 2-benzoyl-3,6-diiodo- **10** 3301
—, 2-benzoyl-4,5-diiodo- **10** 3301
—, 2-benzoyl-3,6-dimethyl- **10** 3331
    methyl ester **10** 3332
—, 2-benzoyl-4,5-dimethyl- **10** 3332
    methyl ester **10** 3333
—, 2-benzoyl-4,6-dimethyl- **10** 3331
—, 2-benzoyl-5-hydroxy-4-methoxy-
    10 4665
—, o-(5-benzoyl-1-naphthoyl)- **10** 3679
—, 2-benzoyl-3-nitro- **10** 3302
—, 2-benzoyl-4-nitro- **10** 3302
—, 2-benzoyl-5-nitro- **10** 3302
—, 2-benzoyl-6-nitro- **10** 3301
—, 4-benzoyl-2-nitro- **10** 3306
    methyl ester **10** 3306
—, m-(3-benzoyl-5-nitrobenzoyl)-
    10 3671
—, m-(benzoyloxy)- **10** 248
—, o-(benzoyloxy)- **10** 105
    methyl ester **10** 112
    phenyl ester **10** 130
—, p-(benzoyloxy)- **10** 294
    ethyl ester **10** 305
—, 2-(benzoyloxy)-5-(2,2-dichlorovinyl)-
    10 861
—, 4-(benzoyloxy)-2,3-dihydroxy-
    10 2058
—, 3-(benzoyloxy)-2,4-dihydroxy-
    6-pentyl- **10** 2136
—, 3-(benzoyloxy)-2,4-dimethoxy-
    6-pentyl- **10** 2136
—, p-[1-(benzoyloxy)ethyl]- **10** 579
—, 3-(benzoyloxy)-4-methoxy- **10** 1408
—, 4-(benzoyloxy)-3-methoxy- **10** 1408
—, 3-(benzoyloxy)-4-(methoxymethoxy)-
    10 1408
—, 4-(benzoyloxy)-3-(methoxymethoxy)-
    10 1409
—, 2-(benzoyloxy)-3-methoxy-5-nitro-,
    methyl ester **10** 1369
—, p-[3-(benzoyloxy)-3-(o-nitrophenyl)-
    propionyl]- **10** 4448
—, o-(α-benzoylstyrylthio)- **10** 221
—, 2-benzoyl-3,4,5,6-tetrachloro-
    10 3299
—, 2-benzoyl-3,4,6-triiodo- **10** 3301
—, 2-benzoyl-3,5,6-triiodo- **10** 3301
—, benzyl- see *Toluic acid, α-phenyl-*
—, o-(2-benzylbenzoyl)- **10** 3459
—, p-(3-benzyl-2-hydroxy-5-oxo-
    4-phenyl-2,5-dihydro-2-furyl)-
    10 4033
    methyl ester **10** 4033
—, o-[(benzylidenecarbazoyl)methoxy]-,
    benzylidenehydrazide **10** 161
    ethyl ester **10** 118

—, o,o'-benzylidenedi- **9** 4687
—, m-(benzyloxy)- **10** 247
—, o-(benzyloxy)- **10** 100
    biphenyl-2-yl ester **10** 137
    biphenyl-4-yl ester **10** 138
    5-bromobiphenyl-2-yl ester **10** 137
    3-chlorobiphenyl-2-yl ester **10** 137
    5-chlorobiphenyl-2-yl ester **10** 137
    p-cyclohexylphenyl ester **10** 135
    ethyl ester **10** 117
    isopentyl ester **10** 123
    5-isopropyl-2-methylphenyl ester
    10 133
    methyl ester **10** 110
    phenyl ester **10** 130
—, p-(benzyloxy)- **10** 290
    benzyl ester **10** 311
    ethyl ester **10** 304
—, m-[4-(benzyloxy)benzoyloxy]-,
    benzyl ester **10** 324
—, o-[4-(benzyloxy)benzoyloxy]-,
    benzyl ester **10** 323
—, p-[2-(benzyloxy)benzoyloxy]-,
    benzyl ester **10** 311
—, p-[4-(benzyloxy)benzoyloxy]-,
    benzyl ester **10** 325
—, 4-(benzyloxy)-2-bromo-3-methoxy-
    10 1434
—, 4-(benzyloxy)-2-bromo-5-methoxy-
    10 1437
—, 4-(benzyloxy)-3-bromo-5-methoxy-
    10 1436
—, 4-(benzyloxy)-2-chloro-3-methoxy-
    10 1431
—, 4-(benzyloxy)-2-chloro-5-methoxy-
    10 1433
—, 4-(benzyloxy)-3-chloro-5-methoxy-
    10 1432
—, 2-(benzyloxy)-3-dichloro- **10** 170
—, 2-(benzyloxy)-3,5-dichloro-,
    methyl ester **10** 171
—, 4-(benzyloxy)-3,5-diiodo- **10** 370
—, 2-(benzyloxy)-3,4-dimethoxy-
    10 2058
—, 4-(benzyloxy)-3,5-dimethoxy-
    10 2074
—, 6-(benzyloxy)-2,3-dimethoxy-
    10 2064
—, 2-(benzyloxy)-4-methoxy- **10** 1372
—, 3-(benzyloxy)-4-methoxy- **10** 1405
    methyl ester **10** 1411
—, 4-(benzyloxy)-3-methoxy- **10** 1406
—, 4-(benzyloxy)-3-methoxy-2-nitro-
    10 1440
—, 2-(benzyloxy)-5-nitro- **10** 198
    ethyl ester **10** 199
—, 4-(benzyloxy)-3-nitro-,
    methyl ester **10** 378
—, 5-(benzyloxy)-2-nitro- **10** 263

Benzoic acid *(continued)*

—, o-(α-benzylphenacylthio)- **10** 221
—, m-(benzylsulfonyl)- **10** 267
—, o-(benzylsulfonyl)- **10** 215
—, p-(benzylsulfonyl)- **10** 387
—, m-(benzylthio)- **10** 267
—, o-(benzylthio)- **10** 214
    benzyl ester **10** 229
—, p-(benzylthio)- **10** 387
    ethyl ester **10** 395
    hydrazide **10** 414
—, 4-(benzylthio)-3-nitro- **10** 415
    methyl ester **10** 416
—, o,o'-(2,2'-binaphthyl-8,8'-diyl)di-
    9 4741
—, o,o'-(biphenyl-2,2'-diyldithio)di-
    10 218
—, o-(biphenyl-4-ylcarbonyl)- **10** 3455
—, p-(biphenyl-4-ylcarbonyl)- **10** 3456
—, 2-(biphenyl-4-ylcarbonyl)-
    3,4,5,6-tetrachloro- **10** 3456
—, 2,4-bis(benzoyloxy)- **10** 1372
—, 3,4-bis(benzoyloxy)- **10** 1409
—, 3,5-bis(benzoyloxy)- **10** 1447
—, 6,6'-bis(benzoyloxy)-4,4'-dimethoxy-
    3,3'-thiodi-,
    dimethyl ester **10** 2069
—, 6,6'-bis(benzoyloxy)-3,3'-thiodi-
    10 1392
    dimethyl ester **10** 1393
—, 2,4-bis(benzyloxy)- **10** 1372
—, 2,5-bis(benzyloxy)- **10** 1385
    dodecyl ester **10** 1386
    hexadecyl ester **10** 1387
    octadecyl ester **10** 1387
    octyl ester **10** 1386
    tetradecyl ester **10** 1387
—, 3,4-bis(benzyloxy)- **10** 1406
—, 2,4-bis[4-(benzyloxy)benzoyloxy]-,
    benzyl ester **10** 1375
—, 3,5-bis(benzyloxy)-4-methoxy-
    10 2074
    methyl ester **10** 2077
—, 3,4-bis(carboxymethyl)- **9** 4798
—, 2,6-bis(carboxymethyl)-3-hydroxy-
    4-methyl- **10** 2577
—, 2,6-bis(carboxymethyl)-3-methoxy-
    5-methyl- **10** 2576
—, 2,6-bis(carboxymethyl)-
    3,4,5-trihydroxy- **10** 2626
—, 4,4'-bis(2,4-dichlorophenoxy)-
    3,3'-diselenodi- **10** 1446
—, 3,5-bis[2-(ethoxycarbonyl)ethyl]-
    4-hydroxy-,
    ethyl ester **10** 2578
—, 2,4-bis(ethoxycarbonyloxy)-
    3,6-dimethyl- **10** 1535
    5-(ethoxycarbonyloxy)-4-formyl-
    m-tolyl ester **10** 1539

    3-(ethoxycarbonyloxy)-4-formyl-
    2,5-xylyl ester **10** 1539
    4-formyl-5-hydroxy-m-tolyl ester
    10 1538
    4-formyl-3-hydroxy-2,5-xylyl ester
    10 1539
—, o-[bis(dimethylamino)phosphinyloxy]-,
    ethyl ester **10** 119
—, 4-[2,4-bis(ethoxycarbonyloxy)-
    3,6-dimethylbenzoyloxy]-2-
    (ethoxycarbonyloxy)-3,6-dimethyl-
    10 1548
—, 2,3-bis(ethoxycarbonyloxy)-
    4-methoxy-6-pentyl- **10** 2137
    methyl ester **10** 2139
—, 2,3-bis(ethoxycarbonyloxy)-
    4-methoxy-6-propyl- **10** 2131
—, 2,4-bis(ethoxycarbonyloxy)-6-pentyl-
    10 1578
—, 4-[2,4-bis(ethoxycarbonyloxy)-
    6-pentylbenzoyloxy]-2-
    (ethoxycarbonyloxy)-6-pentyl-
    10 1582
—, 2,4-bis(ethoxycarbonyloxy)-6-propyl-
    10 1560
—, 2,4-bis(4-hydroxybenzoyloxy)-
    10 1373
—, o,o'-[3,6-bis(hydroxyimino)-
    2,5-dimethylcyclohexa-1,4-diene-
    1,4-diyl]di- **10** 4092
—, 2,4-bis(methoxycarbonyloxy)-
    10 1373
—, p-[2,2-bis(p-methoxyphenyl)vinyl]-
    10 2018
—, 3,5-bis(methylsulfinyl)- **10** 1452
—, 3,5-bis(methylthio)- **10** 1452
—, 4,4'-bis(3,5-xylyloxy)-
    3,3'-diselenodi- **10** 1446
—, p-(2-bornyl)- **9** 3112
—, o-(2-bornylcarbonyl)- **10** 3244
—, m-bromo- **9** 1392
    benzhydrylidenehydrazide **9** 1402
    benzylidenehydrazide **9** 1401
    4-bromophenacyl ester **9** 1396
    butylidenehydrazide **9** 1400
    cinnamylidenehydrazide **9** 1402
    p-cyclohexylphenyl ester **9** 1394
    cyclopentylidenehydrazide **9** 1401
    (4,α-dimethylbenzylidene)hydrazide
    9 1402
    ethyl ester **9** 1393
    ethylidenehydrazide **9** 1400
    heptylidenehydrazide **9** 1401
    hydrazide **9** 1400
    (2-hydroxy-5-methylbenzylidene)⸗
    hydrazide **9** 1403
    isopropylidenehydrazide **9** 1400
    (4-methoxy-α-methylbenzylidene)⸗
    hydrazide **9** 1402

Benzoic acid,
—, *m*-bromo- *(continued)*
  (α-methylbenzylidene)hydrazide
    9 1401
  methyl ester 9 1393
  (3-nitrobenzylidene)hydrazide
    9 1401
  (4-nitrobenzylidene)hydrazide 9 1401
  m-nitrophenyl ester 9 1394
  o-nitrophenyl ester 9 1394
  p-nitrophenyl ester 9 1394
  pentylidenehydrazide 9 1400
  phenacyl ester 9 1396
  4-phenylphenacyl ester 9 1397
  propyl ester 9 1394
  propylidenehydrazide 9 1400
  salicylidenehydrazide 9 1402
—, *o*-bromo- 9 1383
  benzylidenehydrazide 9 1390
  (4-bromo-α-methylbenzylidene)⸗
    hydrazide 9 1390
  4-bromophenacyl ester 9 1386
  o-bromophenyl ester 9 1386
  butylidenehydrazide 9 1389
  p-cyclohexylphenyl ester 9 1386
  cyclopentylidenehydrazide 9 1389
  (4,α-dimethylbenzylidene)hydrazide
    9 1390
  ethyl ester 9 1385
  ethylidenehydrazide 9 1388
  heptylidenehydrazide 9 1389
  hexylidenehydrazide 9 1389
  hydrazide 9 1388
  (4-hydroxybenzylidene)hydrazide
    9 1391
  (2-hydroxy-5-methylbenzylidene)⸗
    hydrazide 9 1391
  isopropylidenehydrazide 9 1389
  (4-methoxy-α-methylbenzylidene)⸗
    hydrazide 9 1391
  (α-methylbenzylidene)hydrazide
    9 1390
  (α-methylcinnamylidene)hydrazide
    9 1390
  methyl ester 9 1385
  (1-methylheptylidene)hydrazide
    9 1389
  (α-methyl-3-nitrobenzylidene)⸗
    hydrazide 9 1390
  4-nitrobenzyl ester 9 1386
  (3-nitrobenzylidene)hydrazide
    9 1390
  pentylidenehydrazide 9 1389
  phenacyl ester 9 1386
  4-phenylphenacyl ester 9 1386
  propylidenehydrazide 9 1388
  salicylidenehydrazide 9 1391
—, *p*-bromo- 9 1403
  benzhydrylidenehydrazide 9 1424

  benzylidenehydrazide 9 1423
  4-bromophenacyl ester 9 1415
  butylidenehydrazide 9 1422
  cinnamylidenehydrazide 9 1424
  p-cyclohexylphenyl ester 9 1406
  2-(diethylamino)ethyl ester 9 1417
  2,3-dihydroxypropyl ester 9 1410
  (4,α-dimethylbenzylidene)hydrazide
    9 1424
  ethyl ester 9 1405
  ethylidenehydrazide 9 1422
  heptylidenehydrazide 9 1423
  hexylidenehydrazide 9 1423
  hydrazide 9 1422
  (2-hydroxy-5-methylbenzylidene)⸗
    hydrazide 9 1425
  isopropylidenehydrazide 9 1422
  (α-methylbenzylidene)hydrazide
    9 1424
  methyl ester 9 1405
  (1-methylheptylidene)hydrazide
    9 1423
  (α-methyl-3-nitrobenzylidene)⸗
    hydrazide 9 1424
  (3-nitrobenzylidene)hydrazide
    9 1423
  (4-nitrobenzylidene)hydrazide
    9 1423
  pentylidenehydrazide 9 1422
  (α-phenylcinnamylidene)hydrazide
    9 1424
  4-phenylphenacyl ester 9 1415
  propylidenehydrazide 9 1422
—, *o*-(bromoacetyl)- 10 3027
—, *p*-(bromoacetyl)- 10 3031
—, *p*-(2-bromoallyloxy)- 10 287
  2-(diethylamino)ethyl ester 10 330
—, *o*-(4-bromobenzoyl)- 10 3300
—, 2-(4-bromobenzoyl)-4-chloro-
    10 3301
—, *p*-(3-bromobenzoyloxy)- 10 295
—, *p*-(4-bromobenzoyloxy)- 10 295
—, *m*-(4-bromobenzyloxy)- 10 247
—, *p*-(3-bromobenzyloxy)- 10 291
—, *p*-(4-bromobenzyloxy)- 10 291
—, *p*-[1-bromo-2,2-bis(*p*-methoxyphenyl)⸗
    vinyl]- 10 2019
—, 4-bromo-2-(4-bromobenzoyl)- 10 3301
  methyl ester 10 3301
—, 5-bromo-2-(6-bromo-2-hydroxy-
    1-naphthoyl)- 10 4482
—, 2-bromo-5-chloro- 9 1426
—, 2-bromo-6-chloro-,
    methyl ester 9 1426
—, 3-bromo-2-chloro- 9 1426
—, 3-bromo-4-chloro- 9 1427
—, 4-bromo-2-chloro- 9 1427
—, 5-bromo-2-chloro- 9 1427
—, 4-bromo-2-(4-chlorobenzoyl)- 10 3300

Benzoic acid *(continued)*
—, 3-bromo-5-chloro-2,4-dihydroxy-
    10 1379
—, 5-bromo-3-chloro-2,4-dihydroxy-
    10 1379
—, 4-bromo-2-chloro-3-hydroxy- 10 259
—, 2-bromo-3,5-dichloro- 9 1427
—, 3-bromo-4,5-dichloro- 9 1427
—, 4-bromo-3,5-dichloro- 9 1428
—, 5-bromo-2,4-dichloro- 9 1427
—, 4-bromo-2,6-dichloro-3-ethoxy-
    10 260
—, 4-bromo-3,5-dichloro-2-nitro-
    9 1771
—, 4-bromo-2,5-dihydroxy- 10 1388
—, 5-bromo-2,3-dihydroxy- 10 1367
—, 5-bromo-2,4-dihydroxy- 10 1378
—, o-(3-bromo-2,4-dihydroxybenzoyl)-
    10 4669
—, o-(5-bromo-2,4-dihydroxybenzoyl)-
    10 4669
—, 2-bromo-3,5-dimethoxy- 10 1450
    methyl ester 10 1450
—, 4-bromo-2,5-dimethoxy- 10 1388
    methyl ester 10 1388
—, 4-bromo-3,5-dimethoxy- 10 1450
    methyl ester 10 1450
—, 5-bromo-2,4-dimethoxy- 10 1378
    ethyl ester 10 1379
—, 6-bromo-2,3-dimethoxy- 10 1368
—, 2-bromo-3,5-dimethoxy-6-nitro-
    10 1451
—, 3-bromo-4,6-dimethoxy-2-pentyl-
    10 1582
—, o-(2-bromo-4,5-dimethoxyphenylthio)-
    10 219
—, 2-bromo-4,5-dimethyl- 9 2442
    methyl ester 9 2442
—, 2-bromo-4,6-dimethyl- 9 2438
—, 4-bromo-2,5-dimethyl- 9 2440
    methyl ester 9 2440
—, 4-bromo-2,6-dimethyl- 9 2436
—, 5-bromo-2,4-dimethyl- 9 2438
    methyl ester 9 2438
—, 2-bromo-4,5-dimethyl-3,6-dinitro-,
    methyl ester 9 2443
—, 3-bromo-4,6-dimethyl-2,5-dinitro-
    9 2439
    methyl ester 9 2439
—, 4-bromo-2,5-dimethyl-3,6-dinitro-
    9 2441
    methyl ester 9 2441
—, 2-bromo-3,5-dinitro- 9 1954
    ethyl ester 9 1954
    methyl ester 9 1954
—, 2-bromo-4,5-dinitro- 9 1953
—, 4-bromo-3,5-dinitro- 9 1955
    ethyl ester 9 1955
    methyl ester 9 1955

—, 3-bromo-4-ethoxy- 10 364
—, 3-bromo-5-ethoxy-4-hydroxy- 10 1435
    methyl ester 10 1436
—, 2-bromo-4-ethoxy-5-methoxy- 10 1437
—, 3-bromo-4-ethoxy-5-methoxy- 10 1436
    ethyl ester 10 1436
—, 3-bromo-5-ethoxy-4-methoxy- 10 1436
    methyl ester 10 1436
—, 5-bromo-2-ethoxy-4-methoxy- 10 1379
—, p-(2-bromoethyl)- 9 2432
    ethyl ester 9 2432
—, o-(2-bromo-2-ethylbutyryloxy)-
    10 105
    methyl ester 10 111
—, 2-bromo-5-fluoro- 9 1426
—, 3-bromo-4-fluoro- 9 1426
—, 2-bromo-5-hydroxy- 10 258
—, 3-bromo-4-hydroxy- 10 363
    butyl ester 10 365
    ethyl ester 10 364
    methyl ester 10 364
—, 4-bromo-3-hydroxy- 10 258
    methyl ester 10 258
—, 5′-bromo-2′-hydroxy-5,6-dimethoxy-
    2,3′-methylenedi- 10 2587
—, 2-bromo-3-hydroxy-4,6-dinitro-
    10 265
—, 6-bromo-3-hydroxy-2,4-dinitro-
    10 264
—, 2-bromo-3-hydroxy-4-methoxy-
    10 1434
—, 2-bromo-5-hydroxy-4-methoxy-
    10 1437
—, 5-bromo-2-hydroxy-3-methoxy-
    10 1367
    methyl ester 10 1368
—, 5-bromo-2-hydroxy-4-methoxy-
    10 1378
    methyl ester 10 1379
—, 6-bromo-2-hydroxy-3-methoxy-
    10 1368
—, o-(4-bromo-1-hydroxy-2-naphthoyl)-
    10 4483
—, 2-bromo-4-hydroxy-5-nitro- 10 383
—, 3-bromo-4-hydroxy-5-nitro- 10 382
    butyl ester 10 382
    methyl ester 10 382
—, 3-bromo-4-iodo- 9 1453
—, 5-bromo-2-iodo-,
    methyl ester 9 1453
—, 5-bromo-2-iodo-3-nitro- 9 1775
    methyl ester 9 1775
—, 3-bromo-4-isopropyl- 9 2484
—, o-(5-bromo-4-methylsalicyloyl)-
    10 4442
—, 2-(5-bromo-4-methylsalicyloyl)-
    3,5-dimethoxy- 10 4768
—, o-[4-bromo-1-(methylthio)-
    2-naphthoyl]- 10 4483

Benzoic acid *(continued)*

—, *o*-(5-bromo-1-naphthoyl)- **10** 3428
—, 4-bromo-2-(1-naphthoyl)- **10** 3428
—, 5-bromo-2-(1-naphthoyl)- **10** 3428
—, 2-bromo-3-nitro-,
     3-bromopropyl ester **9** 1770
     methyl ester **9** 1770
—, 2-bromo-4-nitro- **9** 1771
—, 2-bromo-5-nitro- **9** 1771
—, 3-bromo-2-nitro- **9** 1770
—, 3-bromo-5-nitro- **9** 1771
—, 4-bromo-2-nitro- **9** 1770
—, 4-bromo-3-nitro- **9** 1770
—, *o*-(5-bromo-8-nitro-1-naphthoyl)-
     10 3428
—, 2-bromo-5-(*p*-nitrophenoxy)- **10** 259
     ethyl ester **10** 259
—, 3-bromo-4-(*p*-nitrophenoxy)- **10** 364
     ethyl ester **10** 364
—, *p*-(*p*-bromophenoxy)- **10** 289
—, 5-bromo-2-phenoxy- **10** 176
—, 2-(*p*-bromophenoxy)-3-nitro- **10** 190
—, 5-bromo-2-(phenylacetoxy)-,
     methyl ester **10** 177
—, *p*-(*p*-bromophenylsulfonyl)- **10** 387
     ethyl ester **10** 395
—, 2-(*p*-bromophenylsulfonyl)-5-nitro-
     10 237
—, 2-(*p*-bromophenylthio)-5-nitro-
     10 237
—, *p*-(3-bromopropyl)- **9** 2479
—, 3-(2-bromopropyl)-2-hydroxy-
     4-methoxy-,
     methyl ester **10** 1565
—, *o,o'*-(bromosuccinyl)di-,
     dimethyl ester **10** 4077
—, 3-bromo-2,4,6-trimethyl- **9** 2500
—, *o*-(2-bromovinyl)- **9** 2752
—, *p,p'*-(butanediyldioxy)di- **10** 293
—, *o,o'*-butenedioyldi-,
     dimethyl ester **10** 4087
—, 5-(but-2-enyl)-2-[2-(diethylamino)⸗
     ethoxy]-3-methoxy-,
     methyl ester **10** 1860
—, 3-(but-2-enyl)-4-hydroxy- **10** 878
—, 3-(but-2-enyl)-4-methoxy- **10** 878
—, *p*-(but-2-enyloxy)- **10** 287
     ethyl ester **10** 303
—, 2-(but-2-enyloxy)-3,5-dichloro- **10** 169
—, 4-(but-2-enyloxy)-3,5-dichloro-
     10 363
—, *m*-butoxy- **10** 245
     2-(butylamino)ethyl ester **10** 253
     ethyl ester **10** 251
—, *o*-butoxy- **10** 98
     2-(butylamino)ethyl ester **10** 149
     2-(isobutylamino)ethyl ester **10** 149
     2-(isopropylamino)ethyl ester **10** 149
     methyl ester **10** 109

—, *p*-butoxy- **10** 283
     2-(allylamino)ethyl ester **10** 329
     2-(butylamino)butyl ester **10** 333
     2-(butylamino)ethyl ester **10** 329
     2-chloroethyl ester **10** 302
     2-(diethylamino)ethyl ester **10** 328
     5-(diethylamino)pentyl ester **10** 335
     3-(diethylamino)propyl ester **10** 332
     2-(dimethylamino)ethyl ester **10** 328
     2-(ethylamino)ethyl ester **10** 328
     ethyl ester **10** 302
     2-(isobutylamino)ethyl ester **10** 329
     2-(isopropylamino)ethyl ester **10** 329
     methyl ester **10** 298
     2-(pentylamino)ethyl ester **10** 329
     2-(propylamino)ethyl ester **10** 328
—, *p-sec*-butoxy- **10** 283
—, 4-butoxy-3,5-dimethoxy- **10** 2074
—, 4-butoxy-2-hydroxy- **10** 1371
—, *m-tert*-butyl- **9** 2525
—, *p*-butyl- **9** 2520
—, *p-sec*-butyl- **9** 2521, 2522
—, *p-tert*-butyl- **9** 2525
     ethyl ester **9** 2526
—, *o*-(4-butylbenzoyl)- **10** 3353
—, *o*-(4-*tert*-butylbenzoyl)- **10** 3353
—, *o*-(4-butylbenzyl)- **9** 3395
—, *o*-(4-*tert*-butylbenzyl)- **9** 3395
—, 3-butyl-2,5-dihydroxy- **10** 1571
—, 3-butyl-2,6-dihydroxy- **10** 1571
—, 5-butyl-2,4-dihydroxy- **10** 1572
     methyl ester **10** 1572
—, 4-*tert*-butyl-2,6-dimethyl- **9** 2591
     methyl ester **9** 2592
—, 5-*tert*-butyl-2,4-dimethyl- **9** 2593
—, 4-*tert*-butyl-2,6-dimethyl-
     3,5-dinitro- **9** 2592
     methyl ester **9** 2593
—, 4-*tert*-butyl-2,6-dimethyl-3-nitro-
     9 2592
—, 4-*tert*-butyl-2,5-dinitro- **9** 2526
—, 4-*tert*-butyl-3,5-dinitro- **9** 2526
—, 5-butyl-4-(ethoxycarbonyloxy)-
     2-hydroxy- **10** 1572
—, 2-butyl-3-hydroxy- **10** 623
—, 5-butyl-2-hydroxy-4-methoxy-
     10 1572
     methyl ester **10** 1572
—, 5-butyl-4-hydroxy-2-methoxy-
     10 1572
—, 3-(1-butyl-1-hydroxy-6-methoxy-
     3-oxophthalan-4-yloxy)-
     4,6-dihydroxy-2-pentyl- **10** 4561
—, *m,m'*-(*sec*-butylidenedisulfonyl)di-
     10 268
     diethyl ester **10** 272
—, *m,m'*-(*sec*-butylidenedithio)di- **10** 268
—, 4-*tert*-butyl-2-methyl- **9** 2558
—, 5-*tert*-butyl-2-methyl-3-nitro- **9** 2558

Benzoic acid *(continued)*
—, 3-*tert*-butyl-5-nitro- **9** 2525
—, 4-*tert*-butyl-3-nitro- **9** 2526
—, *m*-(butylthio)- **10** 266
  2-(diethylamino)ethyl ester **10** 273
  3-(diethylamino)propyl ester
  10 274
—, *o*-(butylthio)- **10** 214
  2-(butylamino)ethyl ester **10** 230
  2-(dibutylamino)ethyl ester **10** 230
  2-(diethylamino)ethyl ester **10** 230
  3-(diethylamino)propyl ester **10** 231
  2-(isobutylamino)ethyl ester **10** 230
—, *p*-(butylthio)- **10** 386
  2-(diethylamino)ethyl ester **10** 399
—, *o*-butyryl- **10** 3069
  ethyl ester **10** 3070
  methyl ester **10** 3069
—, *o*-(butyryloxy)-,
  methyl ester **10** 111
—, *p*-carbamimidoyl-,
  ethyl ester **9** 4255
—, *o*-(carbamimidoylmethoxy)-,
  ethyl ester **10** 118
—, 3-carbamoyl-5-cyano-*x,x*-dihydroxy-,
  ethyl ester **10** 2602
—, *o*-(carbamoylmethoxy)-,
  ethyl ester **10** 118
—, *o*-(carbamoylmethylthio)- **10** 224
—, *o*-(1-carbamoyl-2-naphthyl)- **9** 4671
  methyl ester **9** 4672
—, *p*-(carbamoyloxy)-,
  butyl ester **10** 308
—, *o*-(carbazoylmethoxy)-,
  ethyl ester **10** 118
  hydrazide **10** 161
—, *o,o'*-[carbonylbis(*p*-phenylenecarbonyl)]‑
  di- **10** 4143
—, *p,p'*-[carbonylbis(*p*-phenylenecarbonyl)]‑
  di- **10** 4143
—, *o,o'*-carbonyldi-,
  dibutyl ester **10** 4009
  diethyl ester **10** 4008
  dimethyl ester **10** 4008
—, *o,p'*-carbonyldi- **10** 4009
  dimethyl ester **10** 4009
—, *p,p'*-carbonyldi- **10** 4010
—, *o,o'*-(carbonyldioxy)di-,
  bis(2-butoxyethyl) ester **10** 141
  bis(2-ethoxyethyl) ester **10** 141
  bis(2-hydroxyethyl) ester **10** 140
—, *p,p'*-(carbonyldioxy)di-,
  bis(2-ethoxyethyl) ester **10** 315
—, 2-(2-carboxycyclohexyl)-4-nitro-
  9 4413, 4414
—, *o*-(1-carboxycyclopentyl)- **9** 4409
—, 2-(2-carboxyethoxy)-4-methoxy-
  10 1373
—, *o*-(1-carboxyethylthio)- **10** 225

—, 2-(carboxyhydroxymethyl)-6-
  (carboxymethyl)-3-hydroxy-
  4-methyl- **10** 2604
—, *o*-(carboxymethoxy)- **10** 106
—, 2-(carboxymethoxy)-3,5-dichloro-
  10 170
—, 4-(carboxymethoxy)-3,5-dichloro-
  10 363
—, 2-(carboxymethoxy)-3,5-diiodo-
  10 189
—, 4-(carboxymethoxy)-3,5-diiodo-
  10 371
—, 2-(carboxymethoxy)-4,5-dimethoxy-
  10 2066
—, 4-(carboxymethoxy)-3,5-dimethoxy-
  10 2075
—, 3-{[2-(carboxymethoxy)-
  4,5-dimethoxyphenyl]acetyl}-6-
  (1-carboxy-1-methylethoxy)-
  2-hydroxy- **10** 4850
—, 2-(carboxymethoxy)-4-methoxy-
  10 1373
—, *o*-(carboxymethylsulfonyl)- **10** 225
—, *o*-(carboxymethylthio)- **10** 223
—, 2-(carboxymethylthio)-4-chloro-
  10 235
—, 6-(carboxymethylthio)-2,3-dimethoxy-
  10 2065
—, *m*-chloro- **9** 1345
  benzhydrylidenehydrazide **9** 1353
  benzylidenehydrazide **9** 1351
  (4-bromo-α-methylbenzylidene)‑
  hydrazide **9** 1352
  4-bromophenacyl ester **9** 1348
  butylidenehydrazide **9** 1351
  (4-chloro-α-methylbenzylidene)‑
  hydrazide **9** 1352
  cinnamylidenehydrazide **9** 1352
  cyclohexylidenehydrazide **9** 1351
  cyclopentylidenehydrazide **9** 1351
  (4,α-dimethylbenzylidene)hydrazide
  9 1352
  ethyl ester **9** 1347
  ethylidenehydrazide **9** 1350
  hydrazide **9** 1350
  (4-hydroxybenzylidene)hydrazide
  9 1353
  isobutylidenehydrazide **9** 1351
  isopropylidenehydrazide **9** 1350
  (α-methylbenzylidene)hydrazide
  9 1352
  (α-methylcinnamylidene)hydrazide
  9 1353
  methyl ester **9** 1346
  4-nitrobenzyl ester **9** 1347
  (3-nitrobenzylidene)hydrazide
  9 1352
  pentylidenehydrazide **9** 1351
  phenacyl ester **9** 1348

Benzoic acid,
—, *m*-chloro- *(continued)*
    phenyl ester **9** 1347
    4-phenylphenacyl ester **9** 1348
    propylidenehydrazide **9** 1350
    salicylidenehydrazide **9** 1353
    (1,2,2-trimethylpropylidene)⸗
      hydrazide **9** 1351
—, *o*-chloro- **9** 1330
    benzhydrylidenehydrazide **9** 1343
    benzylidenehydrazide **9** 1342
    4-bromobenzyl ester **9** 1334
    4-bromophenacyl ester **9** 1337
    butylidenehydrazide **9** 1341
    sec-butylidenehydrazide **9** 1341
    2-chloroethyl ester **9** 1333
    2,2-dichloroethyl ester **9** 1333
    (4,α-dimethylbenzylidene)hydrazide
      9 1343
    ethyl ester **9** 1333
    ethylidenehydrazide **9** 1341
    heptylidenehydrazide **9** 1342
    hydrazide **9** 1341
    isopropyl ester **9** 1334
    isopropylidenehydrazide **9** 1341
    p-menth-3-yl ester **9** 1334
    (4-methoxy-α-methylbenzylidene)⸗
      hydrazide **9** 1344
    (α-methylbenzylidene)hydrazide
      9 1342
    (α-methylcinnamylidene)hydrazide
      9 1343
    methyl ester **9** 1333
    (α-methyl-3-nitrobenzylidene)⸗
      hydrazide **9** 1342
    (3-nitrobenzylidene)hydrazide
      9 1342
    (4-nitrobenzylidene)hydrazide **9** 1342
    phenacyl ester **9** 1337
    4-phenylphenacyl ester **9** 1337
    propylidenehydrazide **9** 1341
    salicylidenehydrazide **9** 1343
    2,2,2-trichloroethyl ester **9** 1334
    (1,2,2-trimethylpropylidene)⸗
      hydrazide **9** 1342
    vinyl ester **9** 1334
—, *p*-chloro- **9** 1354
    benzhydrylidenehydrazide **9** 1371
    benzyl ester **9** 1358
    benzylidenehydrazide **9** 1370
    4-bromophenacyl ester **9** 1361
    tert-butyl ester **9** 1357
    butylidenehydrazide **9** 1368
    sec-butylidenehydrazide **9** 1368
    4-chlorobenzyl ester **9** 1358
    2-chloroethyl ester **9** 1357
    p-chlorophenyl ester **9** 1357
    2,2-dichloroethyl ester **9** 1357
    2·(diethylamino)ethyl ester **9** 1361

    3-(diethylamino)propyl ester **9** 1362
    (4,α-dimethylbenzylidene)hydrazide
      9 1370
    2-ethoxyethyl ester **9** 1359
    ethyl ester **9** 1356
    ethylidenehydrazide **9** 1368
    hydrazide **9** 1368
    (2-hydroxy-5-methylbenzylidene)⸗
      hydrazide **9** 1372
    isobutylidenehydrazide **9** 1368
    isopropylidenehydrazide **9** 1368
    (4-methoxy-α-methylbenzylidene)⸗
      hydrazide **9** 1372
    (α-methylbenzylidene)hydrazide
      9 1370
    (α-methylcinnamylidene)hydrazide
      9 1371
    methyl ester **9** 1356
    (1-methylheptylidene)hydrazide
      9 1369
    (α-methyl-3-nitrobenzylidene)⸗
      hydrazide **9** 1370
    [1-methyl-3-(2,6,6-trimethylcyclohex-
      1-en-1-yl)allylidene]hydrazide
      9 1369
    [1-methyl-3-(2,6,6-trimethylcyclohex-
      2-en-1-yl)allylidene]hydrazide **9** 1369
    (3-nitrobenzylidene)hydrazide
      9 1370
    (4-nitrobenzylidene)hydrazide
      9 1370
    phenacyl ester **9** 1360
    phenyl ester **9** 1357
    4-phenylphenacyl ester **9** 1361
    propylidenehydrazide **9** 1368
    salicylidenehydrazide **9** 1372
    2,2,2-trichloroethyl ester **9** 1357
    (1,2,2-trimethylpropylidene)⸗
      hydrazide **9** 1369
    vinyl ester **9** 1357
—, *o*-(chloroacetoxy)- **10** 104
—, *o*-(3-chloroallyloxy)-,
    methyl ester **10** 110
—, *o*-(3-chloro-*p*-anisoyl)- **10** 4430
—, *o*-(5-chloro-*o*-anisoyl)- **10** 4428
    methyl ester **10** 4428
—, *o*-(2-chlorobenzoyl)- **10** 3296
—, *o*-(3-chlorobenzoyl)- **10** 3296
—, *o*-(4-chlorobenzoyl)- **10** 3296
    benzyl ester **10** 3297
    methyl ester **10** 3297
—, *o*-[5-(2-chlorobenzoyl)-1-naphthoyl]-
    10 3679
—, 2-(4-chlorobenzoyl)-4-nitro-
    10 3303
    methyl ester **10** 3303
—, 2-(4-chlorobenzoyl)-5-nitro-
    10 3303
    methyl ester **10** 3303

Benzoic acid *(continued)*
—, *p*-(2-chlorobenzoyloxy)- **10** 294
—, *p*-(3-chlorobenzoyloxy)- **10** 294
—, *p*-(4-chlorobenzoyloxy)- **10** 294
—, *m*-(4-chlorobenzyloxy)- **10** 247
—, *o*-(4-chlorobenzyloxy)- **10** 100
    ethyl ester **10** 117
—, *p*-(2-chlorobenzyloxy)- **10** 291
—, *p*-(3-chlorobenzyloxy)- **10** 291
—, *p*-(4-chlorobenzyloxy)- **10** 291
—, *p*-(2-chlorobenzylsulfonyl)- **10** 387
—, *o*-(2'-chlorobiphenyl-4-ylcarbonyl)-
    10 3456
—, *o*-(4'-chlorobiphenyl-4-ylcarbonyl)-
    10 3456
—, *o*-(chlorocarbonyl)-,
    methyl ester **9** 4190
—, *p*-(chlorocarbonyl)-,
    methyl ester **9** 4252
—, 2'-chloro-2,4'-carbonyldi- **10** 4009
—, 6'-chloro-2,3'-carbonyldi- **10** 4009
—, 4-chlorocarbonyl-3,5-dimethyl-,
    methyl ester **9** 4297
—, 2-(chlorocarbonyl)-3-nitro-,
    methyl ester **9** 4233
—, 2-(chlorocarbonyl)-6-nitro-,
    methyl ester **9** 4233
—, *p*-(chlorocarbonyloxy)-,
    butyl ester **10** 308
—, 2-chloro-5-(4-chlorobenzoyl)-
    10 3305
—, 3-chloro-2-(4-chlorobenzoyl)-
    10 3298
—, 4-chloro-2-(4-chlorobenzoyl)-
    10 3297
—, 5-chloro-2-(4-chlorobenzoyl)- **10** 3297
—, *o*-{3-chloro-4-[2-(2-chloroethoxy)⸗
    ethoxy]benzoyl}- **10** 4430
—, 2-chloro-6-(5-chloro-4-methyl-
    o-anisoyl)- **10** 4442
—, 2-chloro-6-(5-chloro-
    4-methylsalicyloyl)- **10** 4442
—, 4-chloro-2-(4-chloro-1-naphthoyl)-
    10 3427
—, 5-chloro-2-(4-chloro-1-naphthoyl)-
    10 3427
—, 5-chloro-2-(*p*-chlorophenyldithio)-
    10 236
—, 4-chloro-2-(4-chloro-*m*-toluoyl)-
    10 3316
—, 5-chloro-2-(4-chloro-*m*-toluoyl)-
    10 3315
—, 4-chloro-2-(5-chloro-*o*-tolyloxy)-
    10 164
—, 5-chloro-2-(5-chloro-*o*-tolyloxy)-
    10 165
—, *o*-(12-chlorochrysen-6-ylcarbonyl)-
    10 3505
—, 2-chloro-4-cyano- **9** 4257

—, 2-chloro-5-cyano- **9** 4246
—, 5-chloro-2-cyano-,
    ethyl ester **9** 4203
—, *o*-(4-chloro-3-cyanobenzoyl)- **10** 4009
—, *p*-(2-chloro-2-cyanoethyl)- **9** 4292
—, 4-chloro-3-cyclohexyl- **9** 2846
—, 2-chloro-3,5-dihydroxy- **10** 1449
—, 5-chloro-2,4-dihydroxy- **10** 1378
—, *o*-(3-chloro-2,4-dihydroxybenzoyl)-
    10 4668
—, 5-chloro-2',4'-dihydroxy-4-methoxy-
    3,6,6'-trimethyl-2,3'-oxydi-
    10 2114
    dimethyl ester **10** 2114
—, 3-chloro-2,4-dihydroxy-5-nitro-
    10 1381
—, 2-chloro-3,5-diiodo- **9** 1455
—, 4-chloro-3,5-diiodo- **9** 1455
    methyl ester **9** 1455
—, 2-chloro-3,5-dimethoxy- **10** 1449
—, 5-chloro-2,4-dimethyl- **9** 2438
—, 2-chloro-3,5-dinitro-,
    ethyl ester **9** 1951
    p-menth-3-yl ester **9** 1951
    methyl ester **9** 1951
—, 2-chloro-4,5-dinitro- **9** 1950
—, 4-chloro-3,5-dinitro- **9** 1953
    ethyl ester **9** 1953
    methyl ester **9** 1953
—, 3-chloro-4-ethoxy- **10** 361
—, *o*-[4-(2-chloroethoxy)benzoyl]-
    10 4429
—, *o*-{4-[2-(2-chloroethoxy)ethoxy]⸗
    benzoyl}- **10** 4429
—, *o*-{4-[2-(2-chloroethoxy)ethoxy]-
    3-methoxybenzoyl}- **10** 4670
—, *o*-{7-[2-(2-chloroethoxy)ethoxy]-
    2-naphthoyl}- **10** 4483
—, *o*-{4-[2-(2-chloroethoxy)ethoxy]-
    m-toluoyl}- **10** 4440
—, 2-chloro-4-ethoxy-3-methoxy-
    10 1431
—, 2-chloro-5-ethyl- **9** 2429
—, 4-chloro-3-ethyl- **9** 2429
—, 3-chloro-5-ethyl-2,6-dihydroxy-
    10 1530
—, *o*-[2-(2-chloroethylsulfonyl)⸗
    ethylthio]- **10** 216
—, 4-chloro-2-(fluoren-2-ylcarbonyl)-
    10 3472
—, 5-chloro-2-(fluoren-2-ylcarbonyl)-
    10 3472
—, 2-chloro-4-fluoro- **9** 1374
—, 2-chloro-6-fluoro- **9** 1374
—, 5-chloro-2-fluoro- **9** 1374
—, 4-(3-chloro-5-formyl-4,6-dihydroxy-
    o-toluoyloxy)-2-hydroxy-
    3,6-dimethyl-,
    methyl ester **10** 4542

Benzoic acid *(continued)*
—, 3-chloro-6-(3-formyl-2,6-dihydroxy-
    p-tolyloxy)-4-methoxy-
    2,5-dimethyl-,
    methyl ester **10** 1549
—, *o*-(3-chloro-4-hydroxybenzoyl)- **10** 4430
—, 2-chloro-3-hydroxy- **10** 257
—, 2-chloro-4-hydroxy- **10** 360
—, 2-chloro-5-hydroxy- **10** 258
—, 3-chloro-4-hydroxy-,
    2,3-dihydroxypropyl ester **10** 361
—, 3-chloro-2-hydroxy-4,6-dimethoxy-
    10 2070
—, 3-chloro-6-hydroxy-4-methoxy-
    2,5-dimethyl- **10** 1548
    methyl ester **10** 1549
—, *o*-(4-chloro-1-hydroxy-2-naphthoyl)-
    10 4483
—, 2-chloro-4-hydroxy-5-nitro- **10** 382
—, 2-chloro-4-(1-hydroxy-3-oxophthalan-
    1-yl)- **10** 4009
—, 2-chloro-5-(1-hydroxy-3-oxophthalan-
    1-yl)- **10** 4009
—, 2-chloro-4-iodo- **9** 1452
—, 4-chloro-2-iodo- **9** 1452
—, 4-chloro-3-iodo- **9** 1452
—, 5-chloro-2-iodo- **9** 1452
—, 2-chloro-4-iodo-5-nitro- **9** 1775
—, 5-chloro-2-iodo-3-nitro- **9** 1775
    methyl ester **9** 1775
—, 5-chloro-2-mercapto- **10** 236
—, 2′-chloro-5′-methoxy-
    2,4′-carbonyldi- **10** 4780
—, 3-chloro-4′-methoxy-2,3′-carbonyldi-
    10 4780
—, *o*-(2-chloro-3-methyl-*p*-anisoyl)-
    10 4440
—, *o*-(5-chloro-4-methyl-*o*-anisoyl)-
    10 4442
—, 2-chloro-6-(5-methyl-*o*-anisoyl)-
    10 4441
—, *p*-(1-chloro-1-methylethyl)- **9** 2484
—, 2-chloro-6-(5-methylsalicyloyl)-
    10 4440
—, *o*-(1-chloro-2-naphthoyl)- **10** 3429
    methyl ester **10** 3429
—, *o*-(5-chloro-1-naphthoyl)- **10** 3426
—, *o*-(6-chloro-1-naphthoyl)- **10** 3427
—, *o*-(7-chloro-1-naphthoyl)- **10** 3427
—, 2-chloro-4-nitro- **9** 1765
    2-(diethylamino)ethyl ester **9** 1768
    dodecyl ester **9** 1767
    ethyl ester **9** 1767
    methyl ester **9** 1767
—, 2-chloro-5-nitro- **9** 1765
    methyl ester **9** 1765
—, 2-chloro-6-nitro- **9** 1763
    ethyl ester **9** 1764
    methyl ester **9** 1764

—, 4-chloro-2-nitro- **9** 1763
—, 4-chloro-3-nitro- **9** 1764
—, 5-chloro-2-nitro- **9** 1763
—, *o*-(5-chloro-8-nitro-1-naphthoyl)-
    10 3428
—, 5-chloro-2-(*p*-nitrophenoxy)-
    10 165
—, 5-chloro-3-nitro-2-phenoxy- **10** 206
—, *o*-(4-chloro-5-nitro-*o*-toluoyl)-
    10 3315
—, *o*-(5-chloro-2-nitro-*p*-toluoyl)-
    10 3319
—, *p*-(*p*-chlorophenoxy)- **10** 289
—, 5-chloro-2-phenoxy- **10** 165
—, *o*-(2-chloro-1-phenylbut-1-enyl)-
    9 3470
—, *p*-(*p*-chlorophenylsulfonyl)- **10** 386
    ethyl ester **10** 395
—, 2-chloro-6-protocatechuoyl- **10** 4670
—, 3-chloro-2-protocatechuoyl- **10** 4670
—, 4-chloro-2-protocatechuoyl- **10** 4671
—, 5-chloro-2-protocatechuoyl- **10** 4671
—, *o*-(5-chlorosalicyloyl)- **10** 4428
—, 4-chloro-2-selenocyanato-,
    methyl ester **10** 241
—, 5-chloro-2-selenocyanato-,
    methyl ester **10** 241
—, *o*-(3-chloro-*p*-toluoyl)- **10** 3318
—, 2-(4-chloro-*m*-toluoyl)-4-nitro-
    10 3317
—, 2-(4-chloro-*m*-toluoyl)-5-nitro-
    10 3317
—, *o*-(5-chloro-*o*-tolyloxy)- **10** 99
—, 2-(5-chloro-*o*-tolyloxy)-4-methoxy-
    10 1372
—, 2-(5-chloro-*o*-tolyloxy)-5-methoxy-
    10 1385
—, 4-chloro-2-(*p*-tolylsulfonyl)- **10** 235
—, *p*-[4-chloro-α-(trichloromethyl)-
    benzyl]- **9** 3346
—, *m*-(α,β-dibromo-4-chlorophenethyl)-,
    methyl ester **9** 3337
—, *p*-(α,β-dibromo-4-chlorophenethyl)-,
    methyl ester **9** 3338
—, *p*-(α,β-dibromophenethyl)-,
    ethyl ester **9** 3338
    methyl ester **9** 3338
—, 3-chloro-2,4,6-trimethoxy-,
    methyl ester **10** 2070
—, 6-chloro-2,3,4-trimethoxy-,
    methyl ester **10** 2059
—, *o*-(5-chloro-2,4-xylyloxy)- **10** 100
—, *o*-(chrysen-6-ylcarbonyl)- **10** 3504
    ethyl ester **10** 3504
    methyl ester **10** 3504
—, 3-cinnamoyl-4-hydroxy- **10** 4464
—, *o*-(cinnamoyloxy)-,
    13-(cyclopent-2-en-1-yl)tridecyl
    ester **10** 127

Benzoic acid *(continued)*
—, *m*-cyano- **9** 4243
   2-chloroethyl ester **9** 4243
   ethyl ester **9** 4243
   methyl ester **9** 4243
—, *o*-cyano- **9** 4199
   ethyl ester **9** 4199
   methyl ester **9** 4199
—, *p*-cyano- **9** 4254
   2-chloroethyl ester **9** 4254
   ethyl ester **9** 4254
   methyl ester **9** 4254
   4-nitrobenzyl ester **9** 4254
   4-phenylphenacyl ester **9** 4254
—, *m*-(cyanoacetyl)- **10** 3960
—, *p*-(cyanoacetyl)- **10** 3961
—, 3-cyano-*x,x*-dihydroxy-5-
   (methylcarbamoyl)-,
   ethyl ester **10** 2602
—, 3-cyano-4,6-dimethoxy-,
   methyl ester **10** 2438
—, 5-cyano-2,3-dimethoxy- **10** 2436
—, 3-cyano-5-{[2-(ethoxycarbonyl)ethyl]⸗
   carbamoyl}-*x,x*-dihydroxy-,
   ethyl ester **10** 2602
—, 2-cyano-4-ethoxy-3-methoxy-,
   methyl ester **10** 2428
—, 3-cyano-5-(ethylcarbamoyl)-
   x,x-dihydroxy-,
   ethyl ester **10** 2602
—, 4-cyano-3-hydroxy- **10** 2196
—, 5-cyano-2-hydroxy-4-methoxy-
   10 2436
—, *o*-(cyanomethoxy)-,
   ethyl ester **10** 118
—, *o*-[1-(cyanomethyl)cyclohexyl]-
   9 4418
—, *o*-(cyanomethylthio)- **10** 224
—, 3-cyano-5-nitro-,
   methyl ester **9** 4248
—, 4-cyano-3-nitro- **9** 4258
—, *p*-(3-cyano-3-phenylpropionyl)-
   10 4013
—, *o*-(β-cyano-α-phenylstyryl)- **9** 4698
—, *p,p′,p″,p‴*-(cyclobutane-
   1,2,3,4-tetrayl)tetra- **9** 4902
   tetramethyl ester **9** 4903
—, *m*-cyclohexyl- **9** 2846
   ethyl ester **9** 2846
—, *p*-cyclohexyl- **9** 2846
   ethyl ester **9** 2847
—, *o*-(4-cyclohexylbenzoyl)- **10** 3403
—, *m,m′*-(cyclohexylidenedisulfonyl)di-
   10 269
—, *m,m′*-(cyclohexylidenedithio)di-
   10 268
—, *p*-(cyclohexyloxy)- **10** 288
—, *m*-(cyclohexylthio)- **10** 267
—, *o*-(cyclohexylthio)- **10** 214

—, *p*-cyclopentyl- **9** 2824
—, *p*-(cyclopentyloxy)- **10** 288
—, *o*-(1,2,3,6,7,8,8a,9,10,10a-
   decahydropyren-4-ylcarbonyl)- **10** 3446
—, *o*-(decanoyloxy)-,
   methyl ester **10** 111
—, *p*-decyl- **9** 2628
—, *p*-(decyloxy)- **10** 286
—, *o*-(deuteriooxy)-,
   ethyl ester **10** 116
   methyl ester **10** 109
—, 2,3-diacetoxy- **10** 1364
—, 2,4-diacetoxy- **10** 1372
—, 3,4-diacetoxy- **10** 1408
—, 3,5-diacetoxy- **10** 1447
—, 2,4-diacetoxy-3-bromo-5-chloro-
   10 1379
—, 2,4-diacetoxy-5-bromo-3-chloro-
   10 1379
—, 2,4-diacetoxy-5-chloro- **10** 1378
—, *o*-(2,4-diacetoxy-3-chlorobenzoyl)-
   10 4668
—, 6,6′-diacetoxy-
   3,3′-cyclohexylidenedi- **10** 2536
—, 3,5-diacetoxy-4-{3,5-diacetoxy-4-
   [3,5-diacetoxy-4-
   (3,4,5-trimethoxybenzoyloxy)⸗
   benzoyloxy]benzoyloxy}- **10** 2088
—, 3,5-diacetoxy-4-[3,5-diacetoxy-4-
   (3,4,5-trimethoxybenzoyloxy)⸗
   benzoyloxy]- **10** 2088
—, 3,5-diacetoxy-2,6-dibromo- **10** 1451
—, 6,6′-diacetoxy-5,5′-dibromo-
   3,3′-thiodi- **10** 1395
—, 2,4-diacetoxy-3,5-dichloro- **10** 1378
—, 2,3-diacetoxy-6-(3,5-dichloro-
   2,6-diacetoxy-*p*-toluoyl)-
   5-methoxy-,
   methyl ester **10** 4851
—, 2,4-diacetoxy-3,5-diiodo- **10** 1380
   methyl ester **10** 1380
—, 6,6′-diacetoxy-4,4′-dimethoxy-
   3,3′-thiodi-,
   dimethyl ester **10** 2069
—, 4,6-diacetoxy-2,3-dimethyl- **10** 1534
   methyl ester **10** 1534
—, 6,6′-diacetoxy-3,3′-diselenodi-,
   dimethyl ester **10** 1397
—, 2,5-diacetoxy-4-hexyl- **10** 1585
—, 2,4-diacetoxy-3-isopentyl- **10** 1583
—, 3,4-diacetoxy-5-methoxy- **10** 2075
—, 2,5-diacetoxy-4-methoxy-
   3,6-dimethyl-,
   methyl ester **10** 2126
—, 5,6′-diacetoxy-3-methoxy-4′-methyl-
   2,2′-oxydi-,
   1-methyl ester **10** 2064
—, *p*-(1,4-diacetoxy-2-naphthyl)-
   10 2010

Benzoic acid *(continued)*
—, 6,6'-diacetoxy-3,3'-thiodi- 10 1392
    diethyl ester 10 1394
    dimethyl ester 10 1393
    diphenyl ester 10 1395
—, 3,5-diacetoxy-4-
    (3,4,5-triacetoxybenzoyloxy)-
    10 2088
—, 2,2'-diacetoxy-5,5'-
    (2,2,2-trichloroethylidene)di-,
    dimethyl ester 10 2510
—, 3,5-diacetoxy-4-
    (3,4,5-trimethoxybenzoyloxy)-
    10 2087
—, 2,5-diacetoxy-3,4,6-triphenyl-,
    ethyl ester 10 2021
—, 3,5-diacetyl-2,4-dihydroxy- 10 4743
    methyl ester 10 4743
—, 2,4-dibenzoyl- 10 3672
    methyl ester 10 3672
—, 2,5-dibenzoyl- 10 3672
—, 3,5-dibenzoyl-2,4-dihydroxy-
    10 4794
    methyl ester 10 4794
—, 2,5-dibromo- 9 1428
    m-nitrophenyl ester 9 1428
    o-nitrophenyl ester 9 1428
    p-nitrophenyl ester 9 1428
—, 2,6-dibromo- 9 1428
—, 3,4-dibromo- 9 1428
—, 3,5-dibromo- 9 1429
    ethyl ester 9 1429
    methyl ester 9 1429
—, 3-(dibromoacetyl)-2,4,6-trimethyl-
    10 3091
—, 2,4-dibromo-6-chloro- 9 1429
—, 3,5-dibromo-2-chloro- 9 1429
—, 4,6-dibromo-2-chloro-3-ethoxy-
    10 261
—, 2,6-dibromo-3,5-dihydroxy- 10 1450
—, 2,6-dibromo-3,5-dihydroxy-4-nitro-
    10 1451
—, 3,5-dibromo-2,4-dihydroxy-
    6-pentyl-,
    ethyl ester 10 1582
—, *x*,6-dibromo-2,3-dimethoxy- 10 1368
—, 2,4-dibromo-3,5-dimethoxy- 10 1450
    methyl ester 10 1450
—, 2,6-dibromo-3,5-dimethoxy- 10 1450
    methyl ester 10 1451
—, 3,4-dibromo-2,6-dinitro- 9 1955
—, 2,4-dibromo-5-hydroxy- 10 260
—, 3,5-dibromo-4-hydroxy- 10 366
    butyl ester 10 367
    ethyl ester 10 367
    methyl ester 10 367
    propyl ester 10 367
—, 3,5-dibromo-2-iodo- 9 1453
    ethyl ester 9 1453

—, 2-(3,5-dibromo-4-methylsalicyloyl)-
    3,5-dimethoxy- 10 4769
—, *o*-(5,8-dibromo-1-naphthoyl)-
    10 3428
—, 3,4-dibromo-5-nitro- 9 1771
—, 2,6-dibromo-3,4,5-trimethoxy-
    10 2096
—, 3,5-dibromo-2,4,6-trimethyl-
    9 2500
—, 2,5-di-*tert*-butyl- 9 2614
—, 2,4-dichloro- 9 1374
    2-chloroethyl ester 9 1375
    2,2-dichloroethyl ester 9 1375
    methyl ester 9 1375
    2,2,2-trichloroethyl ester 9 1375
—, 2,5-dichloro- 9 1376
—, 2,6-dichloro- 9 1377
    ethyl ester 9 1377
—, 3,4-dichloro- 9 1378
    2-chloroethyl ester 9 1378
    2,2-dichloroethyl ester 9 1378
    2-ethoxyethyl ester 9 1379
    ethyl ester 9 1378
    methyl ester 9 1378
    2,2,2-trichloroethyl ester 9 1378
—, 3,5-dichloro- 9 1379
    methyl ester 9 1380
—, *o*-(dichloroacetoxy)- 10 104
—, 3-(dichloroacetyl)-4-hydroxy-
    10 4227
—, *o*-(2,4-dichlorobenzoyl)- 10 3298
    butyl ester 10 3298
—, *o*-(2,5-dichlorobenzoyl)- 10 3298
—, *o*-(3,4-dichlorobenzoyl)- 10 3298
—, 2,4-dichloro-5-benzoyl- 10 3305
—, 2',5'-dichloro-2,4-carbonyldi-
    10 4010
—, 4,5-dichloro-2-(4-chlorobenzoyl)-
    10 3298
—, 3,6-dichloro-2-(4'-chlorobiphenyl-
    4-ylcarbonyl)- 10 3456
—, 3,6-dichloro-2-(2-chloro-*m*-toluoyl)-
    10 3316
—, 3,6-dichloro-2-(5-chloro-*o*-toluoyl)-
    10 3316
—, 3,6-dichloro-2-(6-chloro-*m*-toluoyl)-
    10 3316
—, 3,6-dichloro-2-(3,4-dichlorobenzoyl)-
    10 3299
—, 4,5-dichloro-2-(3,4-dichlorobenzoyl)-
    10 3299
—, 3,5-dichloro-5',6-diethoxy-
    3'-methoxy-4-methyl-2,2'-oxydi-
    10 2061
—, 2-(3,5-dichloro-2,6-diethoxy-
    p-toluoyl)-5-ethoxy-3-methoxy-
    10 4819
—, 3,5-dichloro-2,4-dihydroxy-
    10 1378

Benzoic acid *(continued)*

—, 3,5-dichloro-5',6-dihydroxy-
3'-methoxy-4-methyl-2,2'-oxydi-
10 2061
1'-methyl ester 10 2063

—, 2-(3,5-dichloro-2,6-dihydroxy-
p-toluoyl)-5-hydroxy-3-methoxy-
10 4818
methyl ester 10 4819

—, 2,6-dichloro-3,5-dimethoxy- 10 1449

—, 2-(3,5-dichloro-2,6-dimethoxy-
p-toluoyl)-3,5-dimethoxy- 10 4819
methyl ester 10 4820

—, 2-(3,5-dichloro-2,6-dimethoxy-
p-toluoyl)-3,5,6-trimethoxy- 10 4851
methyl ester 10 4851

—, 4,5-dichloro-2-(3,4-dimethylbenzoyl)-
10 3334

—, 2,2'-dichloro-5,5'-dinitro-
4,4'-dithiodi- 10 418

—, 5,5'-dichloro-2,2'-dithiodi- 10 236

—, 2-(2,2-dichloroethyl)-5-hydroxy-
10 571

—, 2-(2,2-dichloroethyl)-3-hydroxy-
4-methyl- 10 612

—, 2-(2,2-dichloroethyl)-3-hydroxy-
5-methyl- 10 613

—, 2-(2,2-dichloroethyl)-
3,4,5-trihydroxy- 10 2125

—, 3,6-dichloro-2-(fluoren-
2-ylcarbonyl)- 10 3472

—, 3,5-dichloro-4-hydroxy- 10 362
ethyl ester 10 363

—, *o*-(3,5-dichloro-4-hydroxybenzoyl)-
10 4430

—, 2,6-dichloro-4-(1-hydroxy-
5,7-dimethoxy-3-oxophthalan-1-yl)-
3,5-dimethoxy- 10 4864

—, 2,5-dichloro-4-(1-hydroxy-
3-oxophthalan-1-yl)- 10 4010

—, 3,5-dichloro-4-iodo-,
methyl ester 9 1452

—, 3,6-dichloro-2-iodo- 9 1452

—, 2',6-dichloro-5'-methoxy-
2,4'-carbonyldi- 10 4781

—, 3,6-dichloro-2-(3-methyl-*p*-anisoyl)-
10 4440

—, 3,6-dichloro-2-(3-methylsalicyloyl)-
10 4439

—, *o*-(1,4-dichloro-2-naphthoyl)-
10 3429

—, *o*-(5,8-dichloro-1-naphthoyl)-
10 3427

—, 4,5-dichloro-2-(1-naphthoyl)-
10 3427

—, 3,5-dichloro-2-[(2-naphthyl)methoxy]-
10 170

—, 2,4-dichloro-5-nitro- 9 1770

—, 2,4-dichloro-6-nitro- 9 1769

—, 2,6-dichloro-3-nitro- 9 1769

—, 3,5-dichloro-2-nitro- 9 1768
ethyl ester 9 1769
methyl ester 9 1768

—, 4,5-dichloro-2-nitro- 9 1769

—, *o*-(2,4-dichloro-5-nitrobenzoyl)-
10 3303

—, 4,5-dichloro-2-
(1,2,3,4,5,6,7,8-octahydro-
9-phenanthrylcarbonyl)- 10 3424

—, 4,4'-dichloro-2,2'-oxydi- 10 164

—, 3,5-dichloro-2-[(9-phenanthryl)ᵻ
methoxy]- 10 170
methyl ester 10 171

—, 4-(2,4-dichlorophenoxy)-3-nitro-
10 377

—, 4-(2,4-dichlorophenoxy)-
3-selenocyanato- 10 1445

—, 3,6-dichloro-2-protocatechuoyl-
10 4671

—, 3,6-dichloro-2-(pyren-1-ylcarbonyl)-
10 3501

—, *o*-(dichlorostibinothio)- 10 226

—, 2',6'-dichloro-
3,3',5,5'-tetramethoxy-
2,4'-carbonyldi- 10 4864

—, *o*-(2,4-dichloro-*m*-toluoyl)- 10 3316

—, 3,5-dichloro-3',5',6-trimethoxy-
4-methyl-2,2'-oxydi- 10 2061
dimethyl ester 10 2063

—, 2-(2,2-dichlorovinyl)-4,5-dimethoxy-
10 1851

—, 2-(2,2-dichlorovinyl)-5-hydroxy-
10 859

—, 3-(2,2-dichlorovinyl)-4-hydroxy-
10 860

—, 2-(2,2-dichlorovinyl)-4-hydroxy-
3,5-dimethoxy- 10 2204

—, *p,p'*-(dichlorovinylidene)di-
9 4602

—, 2-(2,2-dichlorovinyl)-
3,4,5-trihydroxy- 10 2204, 2205

—, 2-(2,2-dichlorovinyl)-
3,4,5-trimethoxy- 10 2204

—, *o*-(2,5-dicyclohexylbenzoyl)- 10 3425

—, 2,4-diethoxy-,
methyl ester 10 1374

—, 3,4-diethoxy- 10 1405
4-nitrobenzyl ester 10 1416

—, 2,4-diethoxy-3,6-dimethoxy-5-
(1-semicarbazonoethyl)-,
methyl ester 10 4799

—, 4,6-diethoxy-3-ethyl-2-methoxy-
10 2125

—, *o*-(2,2-diethoxyethylthio)- 10 219

—, 2,4-diethoxy-5-nitro- 10 1381
ethyl ester 10 1381

—, 4,5-diethoxy-2,4'-oxydi- 10 2067
dimethyl ester 10 2068

Benzoic acid *(continued)*
—, *m*-(diethoxyphosphinylthio)-,
     ethyl ester **10** 272
—, 6,6'-diethoxy-3,3'-sulfonyldi-
     10 1392
     dimethyl ester **10** 1393
—, *o*-[2-(diethylamino)ethoxy]-,
     ethyl ester **10** 119
—, *p*-[2-(diethylamino)ethoxy]- **10** 296
     allyl ester **10** 310
     benzyl ester **10** 312
     butyl ester **10** 308
     2-(diethylamino)ethyl ester **10** 331
     ethyl ester **10** 305
     isobutyl ester **10** 308
     isopropyl ester **10** 307
     methyl ester **10** 299
     propyl ester **10** 306
—, *p*-(α,β-diethyl-4-hydroxyphenethyl)-
     10 1240
     methyl ester **10** 1241
—, *p*-(α,β-diethyl-4-methoxyphenethyl)-
     10 1241
—, 3,5-diethyl- **9** 2532
     methyl ester **9** 2532
—, *o*-(2,4-diethylbenzoyl)- **10** 3354
—, *p*-(α,β-diethyl-
     4,β-dihydroxyphenethyl)- **10** 1984
—, *p*-(α,β-diethyl-β-hydroxy-
     4-methoxyphenethyl)- **10** 1985
—, 4,4'-(1,2-diethylethylene)di-,
     dimethyl ester **9** 4583, 4584
—, 2,6-difluoro- **9** 1330
—, 4-(3,5-difluoro-4-hydroxyphenoxy)-
     3,5-diiodo- **10** 371
—, 2',3-diformyl-4',6'-dihydroxy-
     4-methoxy-5',6-dimethyl-
     2,3'-oxydi- **10** 4721
—, *o*-(2,3-dihydrophenalen-4-yl)- **9** 3594
—, *o*-(2,3-dihydrophenalen-6-yl)-
     9 3594
—, 2,3-dihydroxy- **10** 1363
     ethyl ester **10** 1364
—, 2,4-dihydroxy- **10** 1370
     benzyl ester **10** 1375
     biphenyl-2-yl ester **10** 1375
     ethyl ester **10** 1374
     methyl ester **10** 1373
     propyl ester **10** 1375
—, 2,5-dihydroxy- **10** 1384
     dodecyl ester **10** 1386
     ethyl ester **10** 1386
     hexadecyl ester **10** 1387
     octadecyl ester **10** 1387
     octyl ester **10** 1386
     propyl ester **10** 1386
     tetradecyl ester **10** 1387
—, 2,6-dihydroxy- **10** 1401
     propyl ester **10** 1402

—, 3,5-dihydroxy- **10** 1446
     butyl ester **10** 1448
     ethyl ester **10** 1448
     heptyl ester **10** 1448
     hexyl ester **10** 1448
     methyl ester **10** 1447
     pentyl ester **10** 1448
     propyl ester **10** 1448
—, 2-(1,1-dihydroxyacetonyl)-
     4,6-dihydroxy- **10** 4741
—, *o*-(2,4-dihydroxybenzoyl)- **10** 4667
—, *p*-(2,4-dihydroxybenzoyl)- **10** 4671
—, 2,4-dihydroxy-3,5-diiodo- **10** 1379
     methyl ester **10** 1380
—, 2,5-dihydroxy-3,4-dimethoxy-
     10 2418
—, 6,6'-dihydroxy-4,4'-dimethoxy-
     3,3'-thiodi- **10** 2068
     dimethyl ester **10** 2069
—, 2,4-dihydroxy-3,6-dimethyl-
     10 1534
     butyl ester **10** 1537
     ethyl ester **10** 1537
     isobutyl ester **10** 1537
     isopentyl ester **10** 1538
     isopropyl ester **10** 1537
     methyl ester **10** 1536
     pentyl ester **10** 1538
     propyl ester **10** 1537
—, 2,6-dihydroxy-3,4-dimethyl- **10** 1549
     methyl ester **10** 1549
—, 2,6-dihydroxy-3,5-dimethyl- **10** 1549
—, 4,6-dihydroxy-2,3-dimethyl- **10** 1533
     methyl ester **10** 1534
—, 4-(2,4-dihydroxy-
     3,6-dimethylbenzoyloxy)-2-hydroxy-
     3,6-dimethyl- **10** 1542
     methyl ester **10** 1542
—, 6-[(2,4-dihydroxy-
     3,6-dimethylbenzoyloxy)methyl]-
     2,4-dihydroxy-3-methyl-,
     methyl ester **10** 2129
—, 2,4-dihydroxy-3,5-dinitro- **10** 1381
—, 2,2'-dihydroxy-5,5'-dinitro-
     3,3'-carbonyldi- **10** 4825
—, *p*-(1,4-dihydroxy-9,10-dioxo-
     9,10-dihydro-2-anthryloxy)-,
     methyl ester **10** 299
—, 2,4-dihydroxy-6-(1-hydroxyacetonyl)-
     10 4726
—, 2,4-dihydroxy-3-(2-hydroxy-
     4-methoxy-6-propylbenzoyloxy)-
     6-pentyl- **10** 2137
—, 2,4-dihydroxy-3-isopentyl- **10** 1582
—, 2,3-dihydroxy-4-methoxy- **10** 2057
     methyl ester **10** 2059
—, 2,4-dihydroxy-5-methoxy- **10** 2065
—, 3,4-dihydroxy-5-methoxy- **10** 2072
     methyl ester **10** 2076

Benzoic acid *(continued)*

—, 3,5-dihydroxy-4-methoxy-,
   methyl ester **10** 2077
   propyl ester **10** 2078
—, 2,5-dihydroxy-4-methoxy-
   3,6-dimethyl-,
   methyl ester **10** 2126
—, 5,6'-dihydroxy-3-methoxy-4'-methyl-
   2,2'-oxydi- **10** 2060
   dimethyl ester **10** 2062
   1-methyl ester **10** 2062
—, 2,3-dihydroxy-4-methoxy-6-pentyl-
   10 2136
   methyl ester **10** 2138
—, 4',6'-dihydroxy-4-methoxy-2'-pentyl-
   6-valeryl-2,3'-oxydi- **10** 4561
—, 2,4-dihydroxy-5-[(*m*-methoxyphenyl)⹁
   acetyl]- **10** 4766
   methyl ester **10** 4766
—, 2,3-dihydroxy-4-methoxy-6-propyl-
   10 2131
   methyl ester **10** 2132
—, 2,5-dihydroxy-4-methoxy-3-propyl-
   10 2133
—, 2,4-dihydroxy-3-(3-methylbut-2-enyl)-
   10 1863
   methyl ester **10** 1863
—, *o*-(1,5-dihydroxy-2-naphthoyl)-
   10 4705
—, 2,3-dihydroxy-5-nitro- **10** 1369
—, 2,4-dihydroxy-5-nitro- **10** 1380
   methyl ester **10** 1381
—, 2,4-dihydroxy-6-(2-oxoheptyl)- **10** 4565
   methyl ester **10** 4566
—, 4-[2,4-dihydroxy-6-(2-oxoheptyl)⹁
   benzoyloxy]-2-hydroxy-6-pentyl-
   10 4566
   methyl ester **10** 4566
—, 4,5-dihydroxy-3,4'-oxydi- **10** 2076
—, 6,6'-dihydroxy-3,3'-oxydi- **10** 1385
—, 2-(8,9-dihydroxypentadecyl)-
   6-methoxy-,
   methyl ester **10** 2156
—, 2,4-dihydroxy-6-pentyl- **10** 1577
   ethyl ester **10** 1578
   isopropyl ester **10** 1579
   methyl ester **10** 1578
   propyl ester **10** 1579
—, 2,6-dihydroxy-4-pentyl- **10** 1582
—, 4-(2,4-dihydroxy-6-pentylbenzoyloxy)-
   2-hydroxy-6-pentyl- **10** 1580
   ethyl ester **10** 1580
   methyl ester **10** 1580
—, 2-(2,4-dihydroxy-6-pentylphenoxy)-
   4-methoxy-6-valeryl- **10** 4560
   methyl ester **10** 4561
—, *o*-(2,4-dihydroxyphenacyl)- **10** 4672
—, 2,4-dihydroxy-5-phenethyl-,
   methyl ester **10** 1967

—, 2,4-dihydroxy-5-(phenylacetyl)-,
   methyl ester **10** 4673
—, 4-(2,3-dihydroxypropoxy)-3,5-diiodo-
   10 371
   ethyl ester **10** 372
—, 2,4-dihydroxy-5-propyl- **10** 1565
—, 2,4-dihydroxy-6-propyl- **10** 1558
   butyl ester **10** 1561
   ethyl ester **10** 1560
   isopentyl ester **10** 1561
   isopropyl ester **10** 1561
   methyl ester **10** 1560
   pentyl ester **10** 1561
   propyl ester **10** 1560
—, 3,4-dihydroxy-5-(protocatechuoyloxy)-
   10 2076
—, 3,6-dihydroxy-2-pyruvoyl- **10** 4740
—, 4,6-dihydroxy-2-pyruvoyl- **10** 4741
—, 3,4-dihydroxy-5-(salicyloyloxy)-
   10 2075
—, 6,6'-dihydroxy-
   4,4',5,5'-tetramethoxy-
   3,3'-methylenedi- **10** 2634
—, 2-(2,6-dihydroxy-*p*-toluoyl)-
   3,5-dihydroxy- **10** 4816
—, 2-(2,6-dihydroxy-*p*-toluoyl)-
   5-hydroxy-3-methoxy- **10** 4817
   methyl ester **10** 4817
—, 2,5-dihydroxy-3,4,6-trimethyl-
   10 1569
—, 2,5-dihydroxy-3,4,6-triphenyl- **10** 2020
   ethyl ester **10** 2020
—, 2,5-diiodo-,
   methyl ester **9** 1454
—, 3,5-diiodo- **9** 1454
—, 3-(diiodoacetyl)-2,4,6-trimethyl-
   10 3091
—, 5,5'-diiodo-2,2'-dithiodi- **10** 237
—, 3,5-diiodo-4-(*p*-methoxyphenoxy)-
   10 371
   hydrazide **10** 375
   methyl ester **10** 371
—, 3,5-diiodo-4-(4-nitrophenethyloxy)-
   10 370
—, 2,4-diisopropyl- **9** 2589
—, 2,5-diisopropyl- **9** 2590
—, 5,5'-diisopropyl-2,2'-dimethyl-
   4,4'-methylenedi- **9** 4586
—, 2,3-dimethoxy- **10** 1363
—, 2,4-dimethoxy- **10** 1371
—, 2,5-dimethoxy- **10** 1384
—, 2,6-dimethoxy- **10** 1401
   methyl ester **10** 1402
—, 3,5-dimethoxy- **10** 1446
   ethyl ester **10** 1448
   hydrazide **10** 1449
   methyl ester **10** 1448
—, 3,5-dimethoxy-4-(*p*-anisoyloxy)-,
   methyl ester **10** 2078

Benzoic acid *(continued)*

—, *o*-(2,4-dimethoxybenzoyl)- 10 4668
   methyl ester 10 4668
—, *o*-(2,5-dimethoxybenzoyl)- 10 4669
   methyl ester 10 4669
—, 2,4-dimethoxy-3,6-dimethyl- 10 1535
—, 4,6-dimethoxy-2,3-dimethyl- 10 1534
   methyl ester 10 1534
—, 4-(2,4-dimethoxy-
   3,6-dimethylbenzoyloxy)-2-hydroxy-
   3,6-dimethyl- 10 1544
   butyl ester 10 1546
   ethyl ester 10 1545
   isobutyl ester 10 1546
   isopentyl ester 10 1547
   isopropyl ester 10 1545
   methyl ester 10 1544
   pentyl ester 10 1546
   propyl ester 10 1545
—, 4-(2,4-dimethoxy-
   3,6-dimethylbenzoyloxy)-2-methoxy-
   3,6-dimethyl-,
   methyl ester 10 1544
—, 3,5-dimethoxy-2,6-dinitro- 10 1451
—, *o*-(2,2-dimethoxyethylthio)- 10 219
—, 3,5-dimethoxy-4-(methoxycarbonyl=
   methoxy)-,
   methyl ester 10 2078
—, 4,5-dimethoxy-2-
   (methoxycarbonylmethoxy)-,
   methyl ester 10 2068
—, 3,4-dimethoxy-5-(*o*-methoxyphenoxy)-
   10 2074
—, 3,6-dimethoxy-2-(3-methyl-*p*-anisoyl)-
   10 4767
—, 3,6-dimethoxy-2-(5-methyl-*o*-anisoyl)-
   10 4768
—, 4-(2,4-dimethoxy-6-methylbenzoyloxy)-
   2-heptyl-6-methoxy-,
   methyl ester 10 1587
—, 4,5'-dimethoxy-2'-methyl-3,4'-oxydi-
   10 1479
   dimethyl ester 10 1479
—, 4,5-dimethoxy-3'-methyl-3,4'-oxydi-
   10 2076
   dimethyl ester 10 2078
—, 3,5-dimethoxy-2-(4-methylsalicyloyl)-
   10 4768
—, *o*-(1,5-dimethoxy-2-naphthoyl)-
   10 4705
—, *o*-(2,7-dimethoxy-1-naphthoyl)-
   10 4704
   methyl ester 10 4704
—, *o*-(4,8-dimethoxy-1-naphthoyl)-
   10 4704
—, 2,4-dimethoxy-5-nitro- 10 1380
   methyl ester 10 1381
—, 3,5-dimethoxy-2-nitro-,
   ethyl ester 10 1451

—, 2,4-dimethoxy-6-(2-oxoheptyl)-
   10 4565
—, 2,6-dimethoxy-4-(2-oxoheptyl)-
   10 4568
—, 4-[2,4-dimethoxy-6-(2-oxoheptyl)=
   benzoyloxy]-2-methoxy-6-
   (2-oxoheptyl)-,
   methyl ester 10 4568
—, 4-[2,4-dimethoxy-6-(2-oxoheptyl)=
   benzoyloxy]-2-methoxy-6-pentyl-,
   methyl ester 10 4567
—, 2,4-dimethoxy-6-(2-oxopentyl)-
   10 4562
—, 3,3'-dimethoxy-4,4'-oxydi- 10 1410
—, 3',4-dimethoxy-3,4'-oxydi- 10 1410
   dimethyl ester 10 1413
—, 4,4'-dimethoxy-3,3'-oxydi- 10 1410
—, 4,5-dimethoxy-2,4'-oxydi- 10 2067
   dimethyl ester 10 2068
—, 6,6'-dimethoxy-3,3'-oxydi- 10 1386
—, 2,4-dimethoxy-6-pentyl- 10 1577
   methyl ester 10 1578
—, 4-(2,4-dimethoxy-6-pentylbenzoyloxy)-
   2-methoxy-6-pentyl-,
   methyl ester 10 1581
—, 4-(2,4-dimethoxy-6-pentylbenzoyloxy)-
   2-methoxy-6-propyl-,
   methyl ester 10 1580
—, 2-(2,4-dimethoxy-6-pentylphenoxy)-
   4-methoxy-6-valeryl- 10 4561
   methyl ester 10 4561
—, *o*-(3,4-dimethoxyphenacyl)-
   10 4673
—, *o*-(2,5-dimethoxyphenoxy)- 10 102
—, *o*-(3,4-dimethoxyphenoxy)- 10 102
—, 3,4-dimethoxy-5-phenoxy- 10 2074
   methyl ester 10 2077
—, *o*-[(3,4-dimethoxyphenyl)acetyl]-
   10 4672
—, *p*-(3,4-dimethoxyphenylsulfonyl)-
   10 388
—, 2,3-dimethoxy-5-(prop-1-enyl)-
   10 1856
—, 2,4-dimethoxy-6-propionyl- 10 4550
—, 3,5-dimethoxy-2-propionyl- 10 4550
—, 2,4-dimethoxy-6-propyl- 10 1559
   3-formyl-2,6-dimethoxy-
   4-propylphenyl ester 10 1561
   3-formyl-2-hydroxy-6-methoxy-
   4-pentylphenyl ester 10 1562
—, 3-(2,4-dimethoxy-6-propylbenzoyloxy)-
   2,4-dimethoxy-6-pentyl-,
   methyl ester 10 2139
—, 3-(2,4-dimethoxy-6-propylbenzoyloxy)-
   2,4-dimethoxy-6-propyl- 10 2131
   methyl ester 10 2132
—, 3-(2,4-dimethoxy-6-propylbenzoyloxy)-
   2-(ethoxycarbonyloxy)-4-methoxy-
   6-pentyl- 10 2138

Benzoic acid *(continued)*
—, 3-(2,4-dimethoxy-6-propylbenzoyloxy)-
  2-hydroxy-4-methoxy-6-pentyl-
  10 2138
    methyl ester **10** 2139
—, 4-(2,4-dimethoxy-6-propylbenzoyloxy)-
  2-methoxy-6-propyl-,
    methyl ester **10** 1563
—, 2,4'-dimethoxy-3,3'-sulfonyldi-
  10 1443
—, 4,6'-dimethoxy-3,3'-sulfonyldi-
  10 1444
—, o-(2,4-dimethoxy-m-toluoyl)- **10** 4674
—, 2-(2,6-dimethoxy-p-toluoyl)-
  3,5-dimethoxy- **10** 4817
    methyl ester **10** 4818
—, 2-(2,5-dimethoxy-m-tolyloxy)-
  4-methoxy- **10** 1372
—, 2-(2,5-dimethoxy-m-tolyloxy)-
  6-methoxy- **10** 1402
—, 2,3-dimethoxy-5-
  (1,2,3-trihydroxypropyl)-,
    methyl ester **10** 2554
—, 3,4-dimethoxy-5-
  (3,4,5-trimethoxybenzoyloxy)-,
    methyl ester **10** 2087
—, 2,5-dimethoxy-3,4,6-trimethyl-
  10 1569
    methyl ester **10** 1569
—, 2,4-dimethoxy-6-valeryl- **10** 4560
—, 3,5-dimethoxy-2-valeryl- **10** 4560
—, 3,4-dimethoxy-6-vinyl-2,4'-oxydi-
  10 2205
—, 4,4'-dimethoxy-6-vinyl-3,3'-oxydi-
  10 1850
—, 2,3-dimethyl- **9** 2434
—, 2,4-dimethyl- **9** 2436
—, 2,5-dimethyl- **9** 2439
—, 2,6-dimethyl- **9** 2435
    p-tolyl ester **9** 2435
—, 3,4-dimethyl- **9** 2441
—, 3,5-dimethyl- **9** 2444
    ethyl ester **9** 2444
    methyl ester **9** 2444
—, o-(1,1-dimethylacetonyl)- **10** 3086
—, o-[(dimethylamino)₂
  ethoxyphosphinyloxy]-,
    ethyl ester **10** 119
—, o-[2-(dimethylaminomethyl)-
  2-ethylbutyryloxy]- **10** 106
    benzyl ester **10** 132
    butyl ester **10** 121
    phenethyl ester **10** 133
—, o-(3,5-dimethyl-o-anisoyl)- **10** 4450
—, o-(2,3-dimethylbenzoyl)- **10** 3332
—, o-(2,4-dimethylbenzoyl)- **10** 3333
    methyl ester **10** 3333
—, o-(2,5-dimethylbenzoyl)- **10** 3333
    methyl ester **10** 3333

—, o-(3,5-dimethylbenzoyl)- **10** 3334
—, p-(2,4-dimethylbenzoyl)- **10** 3333
—, 2-(2,3-dimethylbenzoyl)-
  3,4-dimethyl- **10** 3355
—, 2-(2,4-dimethylbenzoyl)-
  3,6-dimethyl- **10** 3355
    methyl ester **10** 3355
—, 2-(2,4-dimethylbenzoyl)-
  4,5-dimethyl- **10** 3355
    methyl ester **10** 3355
—, 2-(2,5-dimethylbenzoyl)-
  4,5-dimethyl- **10** 3356
    methyl ester **10** 3356
—, 6-(2,3-dimethylbenzoyl)-
  2,3-dimethyl- **10** 3354
—, 2-(2,3-dimethylbenzyl)-3,4-dimethyl-
  9 3395
—, 6-(2,3-dimethylbenzyl)-2,3-dimethyl-
  9 3395
—, p-(dimethylcarbamoyloxy)-,
    butyl ester **10** 308
—, 2,4-dimethyl-3,5-dinitro- **9** 2439
—, 6-[3-(4,4-dimethyl-
  2,6-dioxocyclohexyl)-3-oxoprop-
  1-enyl]-2,3-dimethoxy- **10** 4824
—, o-(2,3-dimethyl-1-naphthoyl)-
  10 3438
    ethyl ester **10** 3439
    methyl ester **10** 3438
—, o-(2,6-dimethyl-1-naphthoyl)-
  10 3439
    methyl ester **10** 3439
—, o-(2,7-dimethyl-1-naphthoyl)-
  10 3439
    methyl ester **10** 3439
—, o-(3,6-dimethyl-1-naphthoyl)-
  10 3439
—, o-(3,6-dimethyl-2-naphthoyl)-
  10 3439
—, o-(3,7-dimethyl-1-naphthoyl)-
  10 3440
    methyl ester **10** 3440
—, o-(4,7-dimethyl-1-naphthoyl)-
  10 3440
—, o-(6,7-dimethyl-1-naphthoyl)-
  10 3440
    methyl ester **10** 3441
—, o-(6,7-dimethyl-2-naphthoyl)-
  10 3441
    methyl ester **10** 3441
—, 2,4-dimethyl-6-(1-naphthyl)- **9** 3562
—, 2,4-dimethyl-5-nitro- **9** 2438
—, 2,5-dimethyl-4-nitro- **9** 2440
—, 3,5-dimethyl-4-nitro- **9** 2446
    benzhydrylidenehydrazide **9** 2449
    benzylidenehydrazide **9** 2448
    (2-bornylidene)hydrazide **9** 2448
    (4-bromo-α-methylbenzylidene)₂
    hydrazide **9** 2449

Benzoic acid,
—, 3,5-dimethyl-4-nitro- *(continued)*
   butylidenehydrazide **9** 2447
   sec-butylidenehydrazide **9** 2447
   cyclohexylidenehydrazide **9** 2447
   (3,7-dimethylocta-2,6-dienylidene)⸗
     hydrazide **9** 2448
   ethyl ester **9** 2446
   ethylidenehydrazide **9** 2446
   heptylidenehydrazide **9** 2447
   hydrazide **9** 2446
   isopropylidenehydrazide **9** 2447
   (α-methylbenzylidene)hydrazide
     9 2449
   methyl ester **9** 2446
   (1-methylheptylidene)hydrazide
     9 2447
   [1-(2-naphthyl)ethylidene]hydrazide
     9 2449
   propylidenehydrazide **9** 2446
   salicylidenehydrazide **9** 2449
   (1,3,3-trimethyl-2-norbornylidene)⸗
     hydrazide **9** 2448
—, *p*-(3,7-dimethyloctyloxy)- **10** 286
   4-bromophenacyl ester **10** 319
—, *o*-(α,α-dimethylphenacyl)- **10** 3344
—, *o*-(3,5-dimethylsalicyloyl)- **10** 4449
—, 2,3-dimethyl-6-
   (1-semicarbazonoethyl)- **10** 3076
—, 4-(dimethylthiocarbamoylthio)-
   3-nitro-,
   methyl ester **10** 417
—, 3,6-dimethyl-2-*p*-toluoyl- **10** 3346
—, 4,5-dimethyl-2-*p*-toluoyl- **10** 3346
   methyl ester **10** 3346
—, 3,5-dimethyl-4-(tribromoacetyl)- **10** 3076
—, 3,5-dimethyl-4-(trichloroacetyl)-
   10 3076
—, 3,6-dimethyl-2-
   (2,4,6-trimethylbenzoyl)- **10** 3360
   methyl ester **10** 3360
—, 2,4-dinitro- **9** 1776
   dodecyl ester **9** 1776
   methyl ester **9** 1776
—, 2,5-dinitro- **9** 1778
—, 2,6-dinitro- **9** 1778
—, 3,4-dinitro- **9** 1778
   ethyl ester **9** 1779
   methyl ester **9** 1779
—, 3,5-dinitro- **9** 1779
   1-allylcyclohexyl ester **9** 1823
   p-allylphenyl ester **9** 1861
   benzhydryl ester **9** 1884
   benzhydrylidenehydrazide **9** 1948
   2-benzylcyclohexyl ester **9** 1864
   benzyl ester **9** 1848
   benzylidenehydrazide **9** 1947
   bicyclohexyl-2-yl ester **9** 1837
   bicyclohexyl-4-yl ester **9** 1837

   bicyclopentyl-2-yl ester **9** 1831
   2-bromocyclohexyl ester **9** 1802
   β-bromophenethyl ester **9** 1849
   p-bromophenyl ester **9** 1846
   but-2-enyl ester **9** 1799
   but-3-enyl ester **9** 1798
   2-butylcyclohexyl ester **9** 1813
   3-*tert*-butylcyclohexyl ester
     9 1814
   4-*tert*-butylcyclohexyl ester
     9 1814
   1-butylcyclopentyl ester **9** 1812
   butyl ester **9** 1782
   sec-butyl ester **9** 1782
   tert-butyl ester **9** 1783
   butylidenehydrazide **9** 1946
   o-butylphenyl ester **9** 1853
   p-*tert*-butylphenyl ester **9** 1853
   m-chlorophenyl ester **9** 1846
   o-chlorophenyl ester **9** 1846
   p-chlorophenyl ester **9** 1846
   2-chloropropyl ester **9** 1782
   cinnamyl ester **9** 1861
   cinnamylidenehydrazide **9** 1948
   cycloheptadecylmethyl ester **9** 1819
   cyclohex-3-en-1-yl ester **9** 1820
   cyclohexyl ester **9** 1802
   2-cyclohexylethyl ester **9** 1808
   2-cyclohexylideneethyl ester
     9 1823
   p-cyclohexylphenyl ester **9** 1863
   cyclopentadecylmethyl ester **9** 1819
   cyclopent-2-en-1-yl ester **9** 1819
   1-cyclopentylbutyl ester **9** 1812
   cyclopentyl ester **9** 1800
   1-cyclopentylethyl ester **9** 1806
   cyclopentylidenehydrazide **9** 1947
   (1-cyclopentylpentyl) ester **9** 1817
   α-cyclopentylphenethyl ester
     9 1864
   1-cyclopentylpropyl ester **9** 1810
   cyclopropyl ester **9** 1798
   1-cyclopropylethyl ester **9** 1801
   dec-2-enyl ester **9** 1813
   1-decylcyclopentyl ester **9** 1819
   decyl ester **9** 1793
   decylidenehydrazide **9** 1947
   4,4′-dichlorobenzhydryl ester
     9 1884
   2-(diethylamino)etyhl ester **9** 1935
   2,5-dimethoxyphenyl ester **9** 1918
   2,6-dimethoxyphenyl ester **9** 1917
   3,4-dimethoxyphenyl ester **9** 1918
   2,α-dimethylbenzyl ester **9** 1852
   2,2-dimethylbutyl ester **9** 1787
   2,3-dimethylbutyl ester **9** 1788
   3,3-dimethylbutyl ester **9** 1788
   2,6-dimethylcyclohexyl ester
     9 1809

Benzoic acid,

—, 3,5-dinitro- *(continued)*

3,5-dimethylcyclohexyl ester **9** 1809
3,3-dimethylpentyl ester **9** 1790
3,4-dimethylpentyl ester **9** 1790
4,4-dimethylpentyl ester **9** 1790
3,4-dimethylphenethyl ester **9** 1854
2,4-diphenylbutyl ester
  9 1885, 1886
2,2-diphenylethyl ester **9** 1884
1-dodecylcyclopentyl ester **9** 1819
dodecyl ester **9** 1795
2-ethoxyethyl ester **9** 1890
1-ethylbutyl ester **9** 1785
2-ethylbutyl ester **9** 1787
1-ethylcyclohexyl ester **9** 1807
3-ethylcyclohexyl ester **9** 1808
1-ethylcyclopentyl ester **9** 1806
ethyl ester **9** 1781
1-ethylhexyl ester **9** 1791
ethylidenehydrazide **9** 1945
3-ethylphenethyl ester **9** 1854
o-ethylphenyl ester **9** 1848
p-ethylphenyl ester **9** 1848
1-ethylpropyl ester **9** 1783
2-ethyl-*m*-tolyl ester **9** 1851
2-ethyl-*p*-tolyl ester **9** 1852
4-ethyl-*m*-tolyl ester **9** 1852
4-ethyl-*o*-tolyl ester **9** 1852
1-ethynylcycloheptyl ester **9** 1840
1-ethynylcyclohexyl ester **9** 1839
o-ethynylphenyl ester **9** 1869
2-fluoroethyl ester **9** 1781
geranyl ester **9** 1825
hept-4-enyl ester **9** 1803
1-heptylcyclopentyl ester **9** 1818
heptylidenehydrazide **9** 1946
hept-2-ynyl ester **9** 1821
hept-3-ynyl ester **9** 1821
hept-4-ynyl ester **9** 1821
hept-5-ynyl ester **9** 1821
hept-6-ynyl ester **9** 1820
hexadecyl ester **9** 1797
hexa-2,4-dienyl ester **9** 1820
hex-3-enyl ester **9** 1801
hex-4-enyl ester **9** 1801
1-hexylcyclopentyl ester **9** 1818
hexylidenehydrazide **9** 1946
hex-2-ynyl ester **9** 1820
hex-3-ynyl ester **9** 1820
hydrazide **9** 1945
4-hydroxycyclohexyl ester
  9 1899, 1900
(2-hydroxy-5-methylbenzylidene)=
  hydrazide **9** 1949
p-hydroxyphenyl ester **9** 1904
2-iodocyclohexyl ester **9** 1802
β-iodophenethyl ester **9** 1849
m-iodophenyl ester **9** 1847

isobutyl ester **9** 1783
isobutylidenehydrazide **9** 1946
isohexyl ester **9** 1786
isopentyl ester **9** 1784
4-isopropylbenzyl ester **9** 1853
4-isopropylcyclohexyl ester **9** 1811
isopropyl ester **9** 1782
isopropylidenehydrazide **9** 1946
3-isopropylphenethyl ester **9** 1855
p-mentha-6,8-dien-2-yl ester
  9 1840, 1841
p-menth-1-en-7-yl ester **9** 1827
p-menth-1-en-8-yl ester **9** 1828
p-menth-3-en-2-yl ester **9** 1828
p-menth-3-en-9-yl ester **9** 1829
p-menth-4-en-3-yl ester
  9 1828, 1829
p-menth-6-en-2-yl ester
  9 1826, 1827
p-menth-6-en-3-yl ester **9** 1826
p-menth-8-en-2-yl ester **9** 1829
p-menth-8-en-3-yl ester **9** 1830
p-menth-2-yl ester **9** 1814, 1815
p-menth-3-yl ester
  9 1815, 1816, 1817
p-menth-7-yl ester **9** 1817
3-methoxybenzyl ester **9** 1906
2-methoxybutyl ester **9** 1893
4-methoxycinnamyl ester **9** 1911
2-methoxycyclohexyl ester **9** 1898
3-methoxyphenethyl ester **9** 1907
o-methoxyphenyl ester **9** 1904
p-methoxyphenyl ester **9** 1905
2-methoxy-*p*-tolyl ester **9** 1905
α-methylbenzyl ester **9** 1848
4-methylbenzyl ester **9** 1850
(*α*-methylbenzylidene)hydrazide
  9 1947
1-methylbutyl ester **9** 1783
2-methylbutyl ester **9** 1784
(*α*-methylcinnamylidene)hydrazide
  9 1948
2-methylcyclohexyl ester **9** 1804
3-methylcyclohexyl ester **9** 1805
4-methylcyclohexyl ester
  9 1805, 1806
1-methylcyclopentyl ester **9** 1803
2-methylcyclopentyl ester **9** 1803
methyl ester **9** 1781
1-methylheptadecyl ester **9** 1798
1-methylheptyl ester **9** 1790
2-methylheptyl ester **9** 1791
3-methylheptyl ester **9** 1792
6-methylheptyl ester **9** 1792
(1-methylheptylidene)hydrazide
  9 1947
1-methylhexyl ester **9** 1788
5-methylhexyl ester **9** 1789
(5-methylhexylidene)hydrazide **9** 1946

Benzoic acid,

—, 3,5-dinitro- *(continued)*
  1-methylnonadecyl ester **9** 1798
  1-methylnonyl ester **9** 1793, 1794
  1-methylpentyl ester **9** 1785
  2-methylpentyl ester **9** 1785
  3-methylpentyl ester **9** 1786
  2-methylphenethyl ester **9** 1852
  4-methylphenethyl ester **9** 1852
  2-(methylthio)phenethyl ester
    9 1907
  3-methylundecyl ester **9** 1796
  1-naphthyl ester **9** 1877
  2-naphthyl ester **9** 1878
  neopentyl ester **9** 1784
  2-neopentylallyl ester **9** 1807
  3-nitrobenzhydryl ester **9** 1884
  4-nitrobenzyl ester **9** 1848
  (3-nitrobenzylidene)hydrazide
    9 1947
  m-nitrophenyl ester **9** 1847
  o-nitrophenyl ester **9** 1847
  non-4-enyl ester **9** 1810
  nonylidenehydrazide **9** 1947
  2-norbornyl ester **9** 1822
  octadecyl ester **9** 1797
  oct-4-enyl ester **9** 1806
  1-octylcyclopentyl ester **9** 1818
  octylidenehydrazide **9** 1946
  pent-2-enyl ester **9** 1800
  tert-pentyl ester **9** 1784
  pentylidenehydrazide **9** 1946
  m-pentylphenyl ester **9** 1854
  phenethyl ester **9** 1849
  (*α*-phenylcinnamylidene)hydrazide
    9 1948
  2-phenylcyclohexyl ester **9** 1863
  phenyl ester **9** 1846
  5-phenylpentyl ester **9** 1854
  4-phenylphenacyl ester **9** 1930
  3-phenylpropyl ester **9** 1851
  2-(phenylsulfonyl)propyl ester **9** 1892
  1-propylbutyl ester **9** 1789
  2-propylcyclohexyl ester **9** 1811
  4-propylcyclohexyl ester **9** 1811
  1-propylcyclopentyl ester **9** 1810
  propyl ester **9** 1781
  1-propylheptyl ester **9** 1794
  propylidenehydrazide **9** 1945
  1-propylpentyl ester **9** 1791
  m-propylphenyl ester **9** 1850
  p-propylphenyl ester **9** 1850
  1-tetradecylcyclopentyl ester
    9 1819
  tetradecyl ester **9** 1797
  2,2,3,3-tetramethylbutyl ester
    9 1793
  m-tolyl ester **9** 1847
  o-tolyl ester **9** 1847

  p-tolyl ester **9** 1848
  4-*p*-tolylpentyl ester **9** 1857
  2,4,6-tribromophenyl ester
    9 1847
  2,2,2-trichloroethyl ester **9** 1781
  2,4,6-triiodophenyl ester **9** 1847
  3,4,5-trimethoxybenzyl ester
    9 1921
  3,4,*β*-trimethoxyphenethyl ester
    9 1921
  3,3,5-trimethylcyclohexyl ester
    9 1812
  3,5,5-trimethylhexyl ester **9** 1793
  2,4,4-trimethylpentyl ester **9** 1793
  2,3,4-trimethylphenethyl ester
    9 1856
  undec-2-enyl ester **9** 1818
  undecyl ester **9** 1795
  1-vinylcyclohexyl ester **9** 1823
  2,4-xylyl ester **9** 1850
  2,5-xylyl ester **9** 1850
  2,6-xylyl ester **9** 1849
  3,4-xylyl ester **9** 1849
  3,5-xylyl ester **9** 1850
—, *o*-(3,5-dinitrobenzoyloxy)-,
    butyl ester **10** 121
    dodecyl ester **10** 124
    2-methoxyethyl ester **10** 140
    methyl ester **10** 112
    octyl ester **10** 124
—, 3,3'-dinitro-4,4'-
    [dithiobis(4-methyl-
    o-phenyleneoxy)]di- **10** 377
—, 5,5'-dinitro-2,2'-
    [dithiobis(4-methyl-
    o-phenyleneoxy)]di- **10** 198
—, 3,3'-dinitro-4,4'-dithiodi-
    10 416
    diethyl ester **10** 417
—, 4,4'-dinitro-3,3'-dithiodi- **10** 276
—, *o*-(5,8-dinitro-1-naphthoyl)-
    10 3429
—, *m*-(2,4-dinitrophenoxy)-,
    methyl ester **10** 250
—, *o*-(2,4-dinitrophenoxy)- **10** 99
    methyl ester **10** 110
—, *p*-(2,4-dinitrophenoxy)- **10** 290
    methyl ester **10** 298
—, 4-(2,4-dinitrophenoxy)-3-nitro-
    10 377
—, 3,3'-dinitro-4,4'-propylidenedi-
    9 4565
—, 3,3'-dinitro-4,4'-sulfonyldi-,
    diethyl ester **10** 417
—, 3,5-dinitro-2-*p*-toluoyl- **10** 3319
—, *p*-(2,6-dinitro-*p*-tolyloxy)-,
    methyl ester **10** 298
—, *o*-(3,6-dioxocyclohexa-1,4-dien-1-yl)-
    10 3619

Benzoic acid *(continued)*
—, *p*-(3,6-dioxocyclohexa-1,4-dien-1-yl)-
  10 3620
  ethyl ester 10 3620
—, *o,o'*-(9,10-dioxo-
  9,10-dihydroanthracene-
  1,5-diyldicarbonyl)di- 10 4156
—, *o,o'*-(9,10-dioxo-
  9,10-dihydroanthracene-
  1,5-diyldioxy)di- 10 102
  dimethyl ester 10 110
—, *o,o',o'',o'''*-(9,10-dioxo-
  9,10-dihydroanthracene-
  1,3,5,7-tetrayltetrathio)tetra-
  10 223
—, *o,o',o'',o'''*-(9,10-dioxo-
  9,10-dihydroanthracene-
  1,4,5,8-tetrayltetrathio)tetra-
  10 223
—, *p*-(9,10-dioxo-9,10-dihydro-
  2-anthryl)- 10 3674
—, *o*-(9,10-dioxo-9,10-dihydro-
  1-anthrylthio)- 10 223
—, *o*-(7,12-dioxo-7,12-dihydrobenz[*a*]
  anthracen-4-ylcarbonyl)- 10 4038
—, *p,p'*-(3,4-dioxo-
  3,4-dihydronaphthalene-1,2-diyl)
  di- 10 4096
—, *p*-(1,4-dioxo-1,4-dihydro-2-naphthyl)-
  10 3663
—, *o*-[(1,3-dioxoindan-2-yl)-glyoxyloyl]-
  10 4091
—, *p,p'*-(6,12-diphenylnaphthacene-
  5,11-diyl)di- 9 4744
—, *o*-(2,3-diphenylpropionyl)- 10 3462
—, *m,m'*-diselenodi- 10 277
  dimethyl ester 10 277
—, *o,o'*-diselenodi-,
  dimethyl ester 10 241
—, *p,p'*-diselenodi- 10 421
  dimethyl ester 10 421
—, *m*-(1,3,2-dithiastibolan-2-ylthio)-
  10 271
—, *o,o'*-[dithiobis(ethylenethio)]di-
  10 217
—, *m,m'*-dithiodi- 10 270
—, *o,o'*-dithiodi- 10 225
  dimethyl ester 10 227
—, *p,p'*-dithiodi- 10 393
  diethyl ester 10 398
—, *p*-dodecyl- 9 2633
—, *o*-(4-dodecylbenzoyl)- 10 3368
—, *m*-(dodecyloxy)- 10 246
—, *o*-(dodecyloxy)- 10 99
  2-(butylamino)ethyl ester 10 149
  methyl ester 10 110
—, *p*-(dodecyloxy)- 10 286
  2-(butylamino)ethyl ester 10 330
  ethyl ester 10 303

—, *m*-ethoxy- 10 245
  2-(diethylamino)ethyl ester 10 252
  ethyl ester 10 251
—, *o*-ethoxy- 10 98
  2-(diethylamino)ethyl ester 10 148
  ethyl ester 10 117
  methyl ester 10 109
—, *p*-ethoxy- 10 282
  N'-acetylhydrazide 10 357
  benzyl ester 10 311
  benzylidenehydrazide 10 356
  2-(butylamino)butyl ester 10 332
  2-(butylamino)ethyl ester 10 327
  2-chloroethyl ester 10 301
  2-(dibutylamino)ethyl ester 10 327
  3-(dibutylamino)propyl ester 10 332
  2-(diethylamino)ethyl ester 10 326
  5-(diethylamino)pentyl ester 10 335
  3-(diethylamino)propyl ester 10 332
  (4-ethoxybenzylidene)hydrazide
    10 357
  2-ethoxyethyl ester 10 315
  2-(ethylamino)butyl ester 10 332
  2-(ethylamino)ethyl ester 10 326
  ethyl ester 10 301
  2-(hexylamino)butyl ester 10 332
  hydrazide 10 356
  2-(isobutylamino)ethyl ester 10 327
  isopropylidenehydrazide 10 356
  (3-methoxybenzylidene)hydrazide
    10 357
  (α-methylbenzylidene)hydrazide
    10 357
  (3-nitrobenzylidene)hydrazide
    10 356
  (4-nitrobenzylidene)hydrazide 10 356
  2-(pentylamino)ethyl ester 10 327
  propyl ester 10 306
  salicylidenehydrazide 10 357
—, *o*-[(ethoxycarbonylamino)methoxy]-,
  ethyl ester 10 117
—, 2-(ethoxycarbonylmethoxy)-
  3,5-diiodo-,
  ethyl ester 10 189
—, 4-(ethoxycarbonylmethoxy)-
  3,5-diiodo-,
  ethyl ester 10 372
—, 2-(ethoxycarbonylmethoxy)-
  4,5-dimethoxy- 10 2067
—, 2-(ethoxycarbonylmethoxy)-4-methoxy-,
  ethyl ester 10 1375
—, 4-[(ethoxycarbonyl)methylthio]-
  3-nitro- 10 416
—, *o*-(ethoxycarbonyloxy)- 10 105
—, *p*-(ethoxycarbonyloxy)- 10 295
—, 4-(ethoxycarbonyloxy)-3,5-diiodo-,
  ethyl ester 10 372
—, 3-(ethoxycarbonyloxy)-2,4-dimethoxy-
  6-pentyl- 10 2137

Benzoic acid (*continued*)
—, 2-(ethoxycarbonyloxy)-4-[2-(ethoxycarbonyloxy)-4-methoxy-3,6-dimethylbenzoyloxy]-3,6-dimethyl- **10** 1548
—, 2-(ethoxycarbonyloxy)-4-[2-(ethoxycarbonyloxy)-4-methoxy-6-pentylbenzoyloxy]-6-pentyl- **10** 1582
—, 2-(ethoxycarbonyloxy)-4-[2-(ethoxycarbonyloxy)-4-methoxy-6-pentylbenzoyloxy]-6-propyl- **10** 1580
—, 2-(ethoxycarbonyloxy)-3-[2-(ethoxycarbonyloxy)-4-methoxy-6-propylbenzoyloxy]-4-methoxy-6-pentyl- **10** 2138
—, 2-(ethoxycarbonyloxy)-3-[2-(ethoxycarbonyloxy)-4-methoxy-6-propylbenzoyloxy]-4-methoxy-6-propyl- **10** 2132
—, 2-(ethoxycarbonyloxy)-4-[2-(ethoxycarbonyloxy)-4-methoxy-6-propylbenzoyloxy]-6-propyl- **10** 1564
—, 2-(ethoxycarbonyloxy)-4-methoxy- **10** 1372
—, 4-(ethoxycarbonyloxy)-3-methoxy-, *o*-methoxyphenyl ester **10** 1418
   phenyl ester **10** 1416
—, 2-(ethoxycarbonyloxy)-4-methoxy-3,6-dimethyl- **10** 1535
   5-(ethoxycarbonyloxy)-4-formyl-*m*-tolyl ester **10** 1538
   3-(ethoxycarbonyloxy)-4-formyl-2,5-xylyl ester **10** 1539
   4-formyl-5-hydroxy-*m*-tolyl ester **10** 1538
   4-formyl-3-hydroxy-2,5-xylyl ester **10** 1539
—, 2-(ethoxycarbonyloxy)-4-methoxy-6-pentyl- **10** 1578
   4-formyl-3-hydroxy-5-pentylphenyl ester **10** 1579
   4-formyl-3-hydroxy-5-propylphenyl ester **10** 1579
—, 2-(ethoxycarbonyloxy)-4-methoxy-6-propyl- **10** 1559
   2-(ethoxycarbonyloxy)-3-formyl-6-methoxy-4-propylphenyl ester **10** 1561
   3-formyl-2,6-dihydroxy-4-pentylphenyl ester **10** 1562
   3-formyl-2-hydroxy-6-methoxy-4-pentylphenyl ester **10** 1562
—, 2-ethoxy-3,4-dimethoxy- **10** 2058
—, 2-ethoxy-4,5-dimethoxy- **10** 2066
   methyl ester **10** 2067
—, 3-ethoxy-4,5-dimethoxy- **10** 2073

—, 4-ethoxy-2,5-dimethoxy- **10** 2066
—, 5-ethoxy-2,4-dimethoxy- **10** 2066
—, 2-ethoxy-4,5-dinitro- **10** 211
   ethyl ester **10** 211
   methyl ester **10** 211
—, 4-ethoxy-3,5-dinitro- **10** 383
—, *p*-(2-ethoxyethoxy)- **10** 292
   2-(diethylamino)ethyl ester **10** 331
—, 3-ethoxy-4-(ethoxymethoxy)- **10** 1407
—, 4-ethoxy-3-(ethoxymethoxy)- **10** 1407
—, 4-ethoxy-2-(4-ethoxy-3-methoxybenzoyl)-5-methoxy- **10** 4816
—, 4-ethoxy-2-(4-ethoxy-3-methoxybenzyl)-5-methoxy- **10** 2488
—, 2-ethoxy-5-(4-ethoxy-*m*-tolylsulfonyl)- **10** 1390
—, 3-ethoxy-2-ethyl-4,5-dimethoxy- **10** 2125
—, 4-ethoxy-3-ethyl-2-hydroxy- **10** 1529
   methyl ester **10** 1529
—, 2-ethoxy-5-fluoro- **10** 162
—, 2-ethoxy-4-hydroxy- **10** 1371
—, 3-ethoxy-2-hydroxy- **10** 1363
—, 3-ethoxy-4-hydroxy- **10** 1404
—, 4-ethoxy-2-hydroxy-, methyl ester **10** 1374
—, 4-ethoxy-3-hydroxy- **10** 1404
   methyl ester **10** 1411
—, 2-ethoxy-4-hydroxy-5-nitro- **10** 1380
—, 3-ethoxy-2-(2-hydroxy-5-oxotetrahydro-2-furyl)- **10** 4742
—, 2-ethoxy-3-methoxy- **10** 1363
   ethyl ester **10** 1364
—, 3-ethoxy-2-methoxy- **10** 1363
—, 3-ethoxy-4-methoxy- **10** 1404
   methyl ester **10** 1411
—, 3-ethoxy-5-methoxy- **10** 1447
—, 4-ethoxy-3-methoxy- **10** 1405
   2-(diethylamino)ethyl ester **10** 1425
   ethyl ester **10** 1413
   methyl ester **10** 1411
—, 3-(ethoxymethoxy)-4-methoxy- **10** 1406
—, 4-(ethoxymethoxy)-3-methoxy- **10** 1407
—, 4-ethoxy-3-methoxy-2-nitro- **10** 1440
   methyl ester **10** 1440
—, 3-ethoxy-4-methoxy-5-phenoxy- **10** 2074
—, 4-ethoxy-3-methoxy-5-phenoxy- **10** 2074
—, 4-ethoxy-5-methoxy-2-veratroyl- **10** 4815
—, 4-ethoxy-5-methoxy-2-veratryl- **10** 2488
—, *o*-(2-ethoxy-6-methyl-1-naphthoyl)- **10** 4486

Benzoic acid *(continued)*
—, 2-ethoxy-4-nitro- **10** 194
    ethyl ester **10** 195
    methyl ester **10** 195
—, 2-ethoxy-5-nitro- **10** 198
    ethyl ester **10** 199
—, 4-ethoxy-3-nitro- **10** 376
    2-(diethylamino)ethyl ester **10** 379
—, 4-ethoxy-3,4'-oxydi- **10** 1409
    dimethyl ester **10** 1413
—, *o*-(4-ethoxy-α-phenylphenacylthio)-
    10 222
—, *p*-(*p*-ethoxyphenylthio)- **10** 388
—, *o*-(ethoxyvanadyloxy)-,
    methyl ester **10** 115
—, *m*-ethyl- **9** 2429
—, *o*-ethyl- **9** 2425
—, *p*-ethyl- **9** 2430
    2-(butylamino)ethyl ester **9** 2431
    ethyl ester **9** 2431
    2-(isobutylamino)ethyl ester
    9 2431
    methyl ester **9** 2430
—, 3-(1-ethylallyl)-4-methoxy- **10** 891
—, *p*-(1-ethylallyloxy)- **10** 287
    ethyl ester **10** 303
—, *o*-(*N*-ethylbenzimidoyl)- **10** 3291
—, *o*-(4-ethylbenzoyl)- **10** 3331
—, 3-ethyl-2,5-bis(methoxycarbonyloxy)-
    10 1529
—, 4-ethyl-2,5-bis(methoxycarbonyloxy)-
    10 1533
—, *o*-(2-ethylbutyryloxy)- **10** 105
    methyl ester **10** 111
    pentyl ester **10** 122
—, 3-ethyl-2,5-dihydroxy- **10** 1529
—, 3-ethyl-2,6-dihydroxy- **10** 1529
—, 4-ethyl-2,5-dihydroxy- **10** 1533
—, 5-ethyl-2,4-dihydroxy- **10** 1530
    methyl ester **10** 1530
—, 5-ethyl-2,4-dihydroxy-3-methyl-
    10 1569
    methyl ester **10** 1569
—, 2-ethyl-4,6-dimethoxy- **10** 1527
—, 3-ethyl-2,4-dimethoxy- **10** 1528
—, 3-ethyl-2,6-dimethoxy- **10** 1530
—, 5-ethyl-2,4-dimethoxy- **10** 1530
—, ethylenedi- see *Bibenzyldicarboxylic*
    acid
—, *p,p'*-(ethylenedioxy)di- **10** 292
—, *m,m'*-(ethylenedisulfinyl)di-,
    dimethyl ester **10** 272
—, *o,o'*-(ethylenedisulfonyl)di- **10** 217
    diethyl ester **10** 227
—, *m,m'*-(ethylenedithio)di- **10** 267
    dimethyl ester **10** 272
—, *o,o'*-(ethylenedithio)di- **10** 217
—, 2-ethyl-3-hydroxy- **10** 570
    methyl ester **10** 570

—, 3-ethyl-4-hydroxy- **10** 574
—, 5-ethyl-2-hydroxy-4-methoxy-
    10 1530
—, 3-ethyl-2-hydroxy-5-
    (methoxycarbonyloxy)- **10** 1529
—, 3-ethyl-5-hydroxy-2-
    (methoxycarbonyloxy)- **10** 1529
—, 4-ethyl-2-hydroxy-5-
    (methoxycarbonyloxy)- **10** 1533
—, 4-ethyl-5-hydroxy-2-
    (methoxycarbonyloxy-) **10** 1533
—, 3-ethyl-5-isopropenyl-2,4-dihydroxy-
    10 1864
—, *m*-(α-ethyl-4-methoxyphenacyl)-
    10 4454
—, *p*-(α-ethyl-4-methoxyphenacyl)-
    10 4454
—, 4-ethyl-3-methyl- **9** 2486
—, *o*-(4-ethyl-1-naphthyl)- **9** 3562
—, 4-ethyl-3-nitro-,
    2-(butylamino)ethyl ester **9** 2432
    2-(isobutylamino)ethyl ester
    9 2432
—, *p*-(α-ethylphenacyl)- **10** 3344
—, *o*-(α-ethylphenacylthio)- **10** 221
—, 3-ethyl-4-propoxy-,
    2-(diethylamino)ethyl ester **10** 574
—, *p*-(1-ethylpropyl)- **9** 2554
—, *m,m'*-(1-ethylpropylidenedisulfonyl)-
    di- **10** 268
—, *p,p'*-(1-ethylpropylidenedisulfonyl)-
    di- **10** 391
—, *m,m'*-(1-ethylpropylidenedithio)di-
    10 268
—, *p,p'*-(1-ethylpropylidenedithio)di-
    10 391
—, *p*-(ethylsulfonyl)- **10** 386
—, *o*-[2-(ethylsulfonyl)ethylthio]-
    10 216
—, *m*-(ethylthio)- **10** 266
    2-(diethylamino)ethyl ester **10** 273
    3-(diethylamino)propyl ester **10** 273
—, *o*-(ethylthio)- **10** 214
    2-(dibutylamino)ethyl ester **10** 229
    2-(diethylamino)ethyl ester **10** 229
    3-(diethylamino)propyl ester
    10 230
—, *p*-(ethylthio)- **10** 385
    2-(diethylamino)ethyl ester **10** 399
    3-(diethylamino)propyl ester
    10 399
—, 4-(ethylthio)-3-nitro- **10** 415
    methyl ester **10** 416
—, *o*-[4-(ethylthio)-3-nitrobenzoyl]-
    10 4432
—, *o*-(fluoranthen-3-ylcarbohydroximoyl)-
    10 3500
—, *o*-(fluoranthen-8-ylcarbohydroximoyl)-
    10 3500

Benzoic acid *(continued)*
—, *o*-(fluoranthen-3-ylcarbonyl)- **10** 3499
    methyl ester **10** 3500
—, *o*-(fluoranthen-8-ylcarbonyl)-
    10 3500
    methyl ester **10** 3500
—, *o*-(fluoren-9-yl)- **9** 3624
    methyl ester **9** 3624
—, *o*-(fluoren-2-ylcarbonyl)- **10** 3471
—, *o*-(fluoren-9-ylcarbonyl)- **10** 3472
—, 4-fluor-3-nitro-,
    3-(dibutylamino)propyl ester
    9 1762
—, *m*-fluoro- **9** 1327
    ethyl ester **9** 1327
—, *o*-fluoro- **9** 1324
    ethyl ester **9** 1325
    hydrazide **9** 1326
    methyl ester **9** 1325
—, *p*-fluoro- **9** 1327
    2-(dibutylamino)ethyl ester **9** 1329
    3-(dibutylamino)propyl ester
    9 1329
    2-(diethylamino)ethyl ester **9** 1328
    3-(diethylamino)propyl ester
    9 1329
    2-(dipropylamino)propyl ester **9** 1329
    3-(dipropylamino)propyl ester
    9 1329
    ethyl ester **9** 1328
    methyl ester **9** 1328
—, *o*-(fluoroacetoxy)- **10** 104
—, *m*-(4-fluorobenzyloxy)- **10** 247
—, *o*-(4-fluorobenzyloxy)- **10** 100
—, *p*-(2-fluorobenzyloxy)- **10** 290
—, *p*-(3-fluorobenzyloxy)- **10** 290
—, *p*-(4-fluorobenzyloxy)- **10** 290
—, 3-fluoro-4-hydroxy- **10** 358
—, 4-(3-fluoro-4-hydroxyphenoxy)-
    3,5-diiodo- **10** 371
—, 3-fluoro-2-iodo- **9** 1451
    ethyl ester **9** 1452
    methyl ester **9** 1451
—, 2-fluoro-4-nitro- **9** 1762
—, 2-fluoro-5-nitro- **9** 1762
    ethyl ester **9** 1762
—, 2-fluoro-6-nitro- **9** 1760
—, 3-fluoro-4-nitro- **9** 1762
    2-(diethylamino)ethyl ester **9** 1763
—, 4-fluoro-3-nitro-,
    butyl ester **9** 1761
    2-(dibutylamino)ethyl ester **9** 1761
    3-(dibutylamino)propyl ester
    9 1760
    2-(diethylamino)ethyl ester **9** 1761
    3-(diethylamino)propyl ester
    9 1761
    2-(dimethylamino)ethyl ester
    9 1761

    2-(dipropylamino)ethyl ester
    9 1761
    3-(dipropylamino)propyl ester
    9 1762
    ethyl ester **9** 1761
    methyl ester **9** 1761
    propyl ester **9** 1761
—, 5-fluoro-2-nitro-,
    butyl ester **9** 1759
    2-(dibutylamino)ethyl ester **9** 1760
    3-(dibutylamino)propyl ester
    9 1760
    3-(diethylamino)propyl ester
    9 1760
    2-(dimethylamino)ethyl ester
    9 1760
    2-(dipropylamino)ethyl ester
    9 1760
    3-(dipropylamino)propyl ester
    9 1760
    ethyl ester **9** 1759
    methyl ester **9** 1759
    propyl ester **9** 1759
—, *o*-(4-fluoro-3-nitrobenzoyl)-
    10 3302
—, 3'-formyl-3,4'-dihydroxy-5-methoxy-
    4,6'-dimethyl-2,2'-oxydi- **10** 4536
—, 4-(5-formyl-4,6-dihydroxy-
    o-toluoyloxy)-2-hydroxy-
    3,6-dimethyl-,
    methyl ester **10** 4540
—, 6-[(5-formyl-4,6-dihydroxy-
    o-toluoyloxy)methyl]-
    2,4-dihydroxy-3-methyl- **10** 4541
—, 4-(5-formyl-4,6-dimethoxy-
    o-toluoyloxy)-2-methoxy-
    3,6-dimethyl-,
    methyl ester **10** 4541
—, 2'-formyl-4'-hydroxy-4,6'-dimethoxy-
    3,5',6-trimethyl-2,3'-oxydi-,
    dimethyl ester **10** 4721
—, 4-(5-formyl-6-hydroxy-4-methoxy-
    o-toluoyloxy)-2-hydroxy-
    3,6-dimethyl- **10** 4541
    methyl ester **10** 4541
—, 3-(5-formyl-2-methoxyphenoxy)-
    4-methoxy- **10** 1407
—, 2'-formyl-4,4',6'-trimethoxy-
    3,5',6-trimethyl-2,3'-oxydi-,
    dimethyl ester **10** 4722
—, *o*-(galloyloxy)- **10** 2075
—, *p*-(galloyloxy)- **10** 2086
—, 3-(galloyloxy)-4,5-dihydroxy-
    10 2086
—, 3-(galloyloxy)-4-hydroxy- **10** 2076
—, *p*-(geranyloxy)- **10** 288
—, *p*-glycoloyl- **10** 4229
—, *o*-(heptanoyloxy)-,
    methyl ester **10** 111

Benzoic acid *(continued)*
—, *p*-heptyl- **9** 2601
—, *o*-(4-heptylbenzoyl)- **10** 3364
—, *o*-(4-heptylbenzyl)- **9** 3403
—, 2-heptyl-4,6-dihydroxy- **10** 1586
—, 2-heptyl-3-hydroxy- **10** 655
—, 2-heptyl-6-hydroxy-4-(4-hydroxy-
   6-methoxy-*o*-toluoyloxy)- **10** 1587
—, 2-heptyl-6-hydroxy-4-(6-hydroxy-
   4-methoxy-*o*-toluoyloxy)- **10** 1586
—, *m*-(heptyloxy)- **10** 246
—, *p*-(heptyloxy)- **10** 285
   2-(butylamino)ethyl ester **10** 330
   ethyl ester **10** 302
   2-(propylamino)butyl ester **10** 333
—, *p*-(hexadecyloxy)- **10** 286
—, *p*-(3a,4,5,6,7,7a-hexahydro-
   4,7-methanoinden-5-yloxy)-,
   methyl ester **10** 298
—, *p*-(3a,4,5,6,7,7a-hexahydro-
   4,7-methanoinden-6-yloxy)-,
   methyl ester **10** 298
—, *o*-(1,2,3,6,7,8-hexahydropyren-
   4-ylcarbonyl)- **10** 3485
—, *o*-(hexanoyloxy)- **10** 105
   methyl ester **10** 111
—, 3-(hex-1-enyl)-4-hydroxy- **10** 900
—, 3-(hex-2-enyl)-4-hydroxy-,
   ethyl ester **10** 900
—, *p*-(hex-2-enyloxy)- **10** 288
   ethyl ester **10** 304
—, *p*-hexyl- **9** 2577
—, 5-hexyl-2,4-dihydroxy- **10** 1585
   methyl ester **10** 1585
—, *m*-(hexyloxy)- **10** 246
—, *p*-(hexyloxy)- **10** 284
   2-(butylamino)ethyl ester **10** 330
   2-(ethylamino)ethyl ester **10** 330
   ethyl ester **10** 302
—, *m*-(hexylthio)- **10** 266
—, *m*-hydroseleno-,
   methyl ester **10** 277
—, *o*-hydroseleno- **10** 240
   methyl ester **10** 240
—, *p*-hydroseleno- **10** 420
   methyl ester **10** 421
—, *m*-hydroxy- **10** 242
   benzyl ester **10** 252
   4-bromobenzyl ester **10** 252
   4-bromophenacyl ester **10** 252
   ethyl ester **10** 250
   isopropyl ester **10** 251
   methyl ester **10** 249
   phenacyl ester **10** 252
—, *p*-hydroxy- **10** 277
   benzyl ester **10** 311
   benzylidenehydrazide **10** 354
   4-bromobenzyl ester **10** 311
   4-bromophenacyl ester **10** 319

   2-butoxyethyl ester **10** 314
   butyl ester **10** 307
   sec-butyl ester **10** 308
   2-chloro-1-(chloromethyl)ethyl
   ester **10** 307
   2-chloroethyl ester **10** 300
   2-(diethylamino)ethyl ester **10** 326
   3-(diethylamino)propyl ester **10** 332
   2,3-dihydroxypropyl ester **10** 317
   2-ethoxyethyl ester **10** 314
   ethyl ester **10** 300
   2-ethylhexyl ester **10** 310
   heptyl ester **10** 309
   hexyl ester **10** 309
   hydrazide **10** 354
   2-hydroxyethyl ester **10** 314
   isobutyl ester **10** 308
   isopentyl ester **10** 309
   isopropyl ester **10** 306
   2-methoxyethyl ester **10** 314
   methyl ester **10** 296
   2-methylpentyl ester **10** 309
   nonyl ester **10** 310
   octyl ester **10** 309
   pentyl ester **10** 308
   phenacyl ester **10** 318
   2-phenoxyethyl ester **10** 314
   4-phenylphenacyl ester **10** 319
   propyl ester **10** 306
—, *o*-(4-hydroxybenzo[1,3,2]dioxastibol-
   2-ylthio)- **10** 226
—, *o*-(4-hydroxybenzoyl)- **10** 4429
—, *m*-(4-hydroxybenzoyloxy)- **10** 323
—, *o*-(4-hydroxybenzoyloxy)- **10** 323
—, *p*-(4-hydroxybenzoyloxy)- **10** 324
—, *o*-(2'-hydroxybiphenyl-4-ylcarbonyl)-
   10 4492
—, *o*-(4'-hydroxybiphenyl-4-ylcarbonyl)-
   10 4492
—, 2'-hydroxy-2,4'-carbonyldi- **10** 4781
—, 6'-hydroxy-2,3'-carbonyldi- **10** 4779
   dimethyl ester **10** 4780
—, 4-hydroxy-3,5-diiodo- **10** 370
   ethyl ester **10** 372
—, 2-hydroxy-3,4-dimethoxy- **10** 2058
—, 2-hydroxy-4,5-dimethoxy- **10** 2065
   methyl ester **10** 2067
—, 2-hydroxy-4,6-dimethoxy- **10** 2069
   methyl ester **10** 2070
—, 3-hydroxy-4,5-dimethoxy- **10** 2073
—, 4-hydroxy-3,5-dimethoxy- **10** 2073
   methyl ester **10** 2077
—, 5-hydroxy-2,3-dimethoxy- **10** 2060
—, 6-hydroxy-2,3-dimethoxy- **10** 2064
—, 6-(4-hydroxy-2,3-dimethoxybenzoyl)-
   2,3-dimethoxy- **10** 4850
—, 3-hydroxy-4,6-dimethoxy-
   2,5-dimethyl-,
   methyl ester **10** 2126

Benzoic acid *(continued)*
—, 2'-hydroxy-5,6-dimethoxy-
2,3'-methylenedi- **10** 2587
—, 6'-hydroxy-5,6-dimethoxy-4'-methyl-
2,3'-methylenedi- **10** 2587
—, 6'-hydroxy-3,5-dimethoxy-4'-methyl-
2,2'-oxydi- **10** 2061
dimethyl ester **10** 2063
—, 3-hydroxy-2,4-dimethoxy-6-pentyl-,
methyl ester **10** 2138
—, 2-hydroxy-4,5-dimethoxy-3-(prop-
1-enyl)- **10** 2218
—, 2-hydroxy-4,5-dimethoxy-3-propyl-
10 2133
—, 3-hydroxy-2,4-dimethoxy-6-propyl-
10 2131
methyl ester **10** 2132
—, 4'-hydroxy-4,6'-dimethoxy-
2',3,5',6-tetramethyl-2,3'-oxydi-,
dimethyl ester **10** 2126
—, 3-hydroxy-4',5-dimethoxy-
3',4,6'-trimethyl-2,2'-oxydi-,
dimethyl ester **10** 2117
—, 4-hydroxy-3,5-dimethyl- **10** 586
—, o-(4-hydroxy-2,5-dimethylphenacyl)-
10 4455
—, o-(4-hydroxy-2,6-dimethylphenacyl)-
10 4456
—, 3-hydroxy-2,4-dinitro- **10** 264
methyl ester **10** 264
—, 4-hydroxy-3,5-dinitro- **10** 383
butyl ester **10** 384
ethyl ester **10** 384
methyl ester **10** 383
propyl ester **10** 384
—, 5-hydroxy-2,4-dinitro- **10** 264
methyl ester **10** 264
—, o-(3-hydroxy-1,4-dioxo-1,4-dihydro-
2-naphthyl)- **10** 4703
—, p-(3-hydroxy-1,4-dioxo-1,4-dihydro-
2-naphthyl)- **10** 4703
—, p-[3-(3-hydroxy-1,4-dioxo-
1,4-dihydro-2-naphthyl)propyl]- **10** 4706
—, 4-(2-hydroxyethoxy)-3,5-diiodo- **10** 370
ethyl ester **10** 372
—, o-(2-hydroxyethyl)- **10** 572
—, p-(1-hydroxyethyl)- **10** 579
ethyl ester **10** 579
methyl ester **10** 579
—, p-(2-hydroxyethyl)- **10** 580
—, o-(2-hydroxyethylsulfinyl)- **10** 215
—, o-(2-hydroxyethylsulfonyl)- **10** 216
—, o-(2-hydroxyethylthio)- **10** 215
—, 2-hydroxy-6-(1-hydroxyacetonyl)-
4-methoxy-,
methyl ester **10** 4727
—, 4-hydroxy-2-(1-hydroxyacetonyl)-
6-methoxy-,
methyl ester **10** 4727

—, 2-hydroxy-4-(2-hydroxy-4-methoxy-
3,6-dimethylbenzoyloxy)-
3,6-dimethyl- **10** 1542
butyl ester **10** 1543
ethyl ester **10** 1543
isobutyl ester **10** 1543
isopentyl ester **10** 1544
isopropyl ester **10** 1543
methyl ester **10** 1542
pentyl ester **10** 1544
propyl ester **10** 1543
—, 2-hydroxy-4-[2-hydroxy-4-methoxy-6-
(2-oxoheptyl)benzoyloxy]-6-
(2-oxoheptyl)- **10** 4567
methyl ester **10** 4568
—, 2-hydroxy-4-[2-hydroxy-4-methoxy-6-
(2-oxopentyl)-benzoyloxy]-
6-pentyl- **10** 4562
—, 2-hydroxy-4-(2-hydroxy-4-methoxy-
6-pentylbenzoyloxy)-6-pentyl-
10 1580
methyl ester **10** 1581
—, 2-hydroxy-4-(2-hydroxy-4-methoxy-
6-pentylbenzoyloxy)-6-propyl-
10 1579
—, 2-hydroxy-3-(2-hydroxy-4-methoxy-
6-propylbenzoyloxy)-4-methoxy-
6-pentyl- **10** 2137
methyl ester **10** 2139
—, 2-hydroxy-3-(2-hydroxy-4-methoxy-
6-propylbenzoyloxy)-4-methoxy-
6-propyl- **10** 2131
methyl ester **10** 2132
—, 2-hydroxy-4-(2-hydroxy-4-methoxy-
6-propylbenzoyloxy)-6-propyl-
10 1562
butyl ester **10** 1563
ethyl ester **10** 1562
methyl ester **10** 1562
pentyl ester **10** 1563
propyl ester **10** 1563
—, 2-hydroxy-4-(1-hydroxy-
3-oxophthalan-1-yl)-5-methoxy-
10 4824
—, 3-hydroxy-4-(p-hydroxyphenoxy)-
10 1406
ethyl ester **10** 1413
—, 2-hydroxy-5-(3-hydroxypropyl)-
3-methoxy- **10** 2133
4-bromophenacyl ester **10** 2133
—, o-[2-(hydroxyimino)butyryl]- **10** 3551
methyl ester **10** 3551
—, o-[2-(hydroxyimino)ethylthio]-
10 219
—, o-[2-(hydroxyimino)propionyl]-,
methyl ester **10** 3549
—, 3-hydroxy-4-iodo- **10** 261
—, 4-hydroxy-3-iodo- **10** 367
methyl ester **10** 367

Benzoic acid *(continued)*
—, 5-hydroxy-2-iodo- **10** 261
    methyl ester **10** 261
—, 2-hydroxy-3-isopentyl-4-methoxy-
    10 1583
—, 4-hydroxy-3-isopentyl-2-methoxy-
    10 1583
—, 3-hydroxy-4-isopropyl- **10** 608
    ethyl ester **10** 608
—, 4-hydroxy-2-isopropyl-5-methyl-
    10 632
    methyl ester **10** 632
—, 4-hydroxy-5-isopropyl-2-methyl-
    10 631
    methyl ester **10** 631
—, *o*-(4-hydroxy-5-isopropyl-
    2-methylbenzoyl)- **10** 4458
—, *o*-(4-hydroxy-5-isopropyl-
    2-methylphenacyl)- **10** 4460
—, 2-hydroxy-3-methoxy- **10** 1363
    butyl ester **10** 1364
    2-(diethylamino)ethyl ester
    10 1365
    1-(dimethylaminomethyl)-
     1-methylpropyl ester **10** 1366
    2-ethoxyethyl ester **10** 1365
    2-ethylbutyl ester **10** 1365
    ethyl ester **10** 1364
    isobutyl ester **10** 1365
    isopentyl ester **10** 1365
    methyl ester **10** 1364
    pentyl ester **10** 1365
    2-phenoxyethyl ester **10** 1365
    phenyl ester **10** 1365
    propyl ester **10** 1364
—, 2-hydroxy-4-methoxy- **10** 1371
    methyl ester **10** 1373
    propyl ester **10** 1375
—, 2-hydroxy-5-methoxy- **10** 1384
    methyl ester **10** 1386
—, 2-hydroxy-6-methoxy- **10** 1401
—, 3-hydroxy-4-methoxy- **10** 1404
    methyl ester **10** 1410
—, 3-hydroxy-5-methoxy- **10** 1446
    methyl ester **10** 1448
—, 4-hydroxy-2-methoxy- **10** 1371
—, 5-hydroxy-2-methoxy- **10** 1384
—, *o*-(2-hydroxy-4-methoxybenzoyl)-
    10 4668
—, *o*-(3-hydroxy-4-methoxybenzoyl)-
    10 4669
—, 2'-hydroxy-5'-methoxy-
    2,4'-carbonyldi- **10** 4824
—, 2-hydroxy-4-methoxy-3,6-dimethyl-
    10 1535
    methyl ester **10** 1536
—, 4-hydroxy-2-methoxy-3,6-dimethyl-
    10 1535
    methyl ester **10** 1536

—, 4-(2-hydroxy-4-methoxy-
    3,6-dimethylbenzoyloxy)-2-methoxy-
    3,6-dimethyl-,
    methyl ester **10** 1543
—, 3-hydroxy-4-methoxy-2,6-dinitro-
    10 1443
—, 3-hydroxy-4-(methoxymethoxy)-
    10 1406
—, 4-hydroxy-3-(methoxymethoxy)-
    10 1406
—, *o*-(1-hydroxy-5-methoxy-2-naphthoyl)-
    10 4705
—, *o*-(8-hydroxy-4-methoxy-1-naphthoyl)-
    10 4704
—, 2-hydroxy-3-methoxy-5-nitro-
    10 1369
    methyl ester **10** 1369
—, 2-hydroxy-4-methoxy-5-nitro-
    10 1380
—, 4-hydroxy-2-methoxy-5-nitro-
    10 1380
—, 5-hydroxy-4-methoxy-2-nitro-
    10 1441
—, 2-hydroxy-4-methoxy-6-(2-oxoheptyl)-
    10 4565
    methyl ester **10** 4566
—, 4-hydroxy-2-methoxy-6-(2-oxoheptyl)-
    10 4565
—, 4-[2-hydroxy-4-methoxy-6-
    (2-oxoheptyl)benzoyloxy]-
    2-methoxy-6-pentyl- **10** 4567
    methyl ester **10** 4567
—, 2-hydroxy-4-methoxy-6-pentyl-
    10 1577
—, 4-hydroxy-2-methoxy-6-pentyl-
    10 1577
—, *o*-(α-hydroxy-4-methoxyphenethyl)-
    10 1967
—, 2-hydroxy-3-methoxy-5-(prop-1-enyl)-
    10 1855
    methyl ester **10** 1856
—, 2-hydroxy-4-methoxy-3-propyl-
    10 1564
    methyl ester **10** 1565
—, 2-hydroxy-4-methoxy-6-propyl-
    10 1559
    ethyl ester **10** 1560
    methyl ester **10** 1560
—, 4-hydroxy-2-methoxy-6-propyl-
    10 1559
    methyl ester **10** 1560
—, *o*-(2-hydroxy-4-methoxy-*m*-toluoyl)-
    10 4674
—, 2-(2-hydroxy-6-methoxy-*p*-toluoyl)-
    3,5-dimethoxy- **10** 4817
    methyl ester **10** 4818
—, 2-hydroxy-4-methoxy-6-valeryl-
    10 4560

Benzoic acid *(continued)*
—, 4-hydroxy-3-(1-methylallyl)- **10** 880
   ethyl ester **10** 880
—, 6'-hydroxy-5'-methyl-
   2,3'-carbonyldi- **10** 4782
   dimethyl ester **10** 4783
—, 5-(hydroxymethyl)-2,4-dimethyl-
   10 615
—, 2-(hydroxymethyl)-4-methyl- **10** 584
—, 3-(hydroxymethyl)-4-methyl- **10** 586
—, o-(4-hydroxy-2-methylphenacyl)-
   10 4449
—, o-(4-hydroxy-3-methylphenacyl)-
   10 4449
—, 3-hydroxy-2-(3-methylsalicyloyl)-
   10 4674
—, 3-hydroxy-2-(4-methylsalicyloyl)-
   10 4675
—, 3-hydroxy-2-(5-methylsalicyloyl)-
   10 4674
—, 4-hydroxy-2-(4-methylsalicyloyl)-
   10 4675
—, 5-hydroxy-2-(4-methylsalicyloyl)-
   10 4675
—, m-(4-hydroxy-1-naphthoyl)- **10** 4482
—, o-(1-hydroxy-2-naphthoyl)- **10** 4482
—, o-(2-hydroxy-1-naphthoyl)- **10** 4480
   methyl ester **10** 4481
—, 3-hydroxy-4-nitro- **10** 263
—, 4-hydroxy-2-nitro- **10** 375
   ethyl ester **10** 375
   methyl ester **10** 375
—, 4-hydroxy-3-nitro- **10** 376
   benzyl ester **10** 379
   butyl ester **10** 379
   ethyl ester **10** 378
   isopentyl ester **10** 379
   methyl ester **10** 378
   propyl ester **10** 378
—, 5-hydroxy-2-nitro- **10** 263
   4-nitrobenzyl ester **10** 264
—, m-(4-hydroxy-3-nitrobenzoyl)-
   10 4433
   ethyl ester **10** 4433
—, o-(4-hydroxy-3-nitrobenzoyl)- **10** 4432
—, p-[3-hydroxy-3-(o-nitrophenyl)₋
   propionyl]- **10** 4448
—, 5-hydroxy-2-nitroso-,
   methyl ester **10** 3537
—, p-(1-hydroxy-3-oxophthalan-1-yl)-
   10 4009
—, 4-hydroxy-3-(pent-2-enyl)- **10** 890
—, o-(1-hydroxypentyl)- **10** 641
—, o-(4-hydroxyphenacyl)- **10** 4434
—, o-(o-hydroxyphenoxy)- **10** 101
—, o-(p-hydroxyphenoxy)- **10** 102
—, p-(o-hydroxyphenoxy)- **10** 293
—, p-(p-hydroxyphenoxy)- **10** 293
   ethyl ester **10** 305

—, 2-hydroxy-3-phenoxy- **10** 1363
—, 2-hydroxy-4-phenoxy- **10** 1372
—, 2-hydroxy-5-phenoxy- **10** 1385
—, 3-hydroxy-5-phenoxy- **10** 1447
—, 4-hydroxy-2-phenoxy- **10** 1371
—, 4-hydroxy-3-phenoxy- **10** 1405
—, 4-(m-hydroxyphenoxy)-3,5-diiodo-
   10 370
—, 4-(o-hydroxyphenoxy)-3,5-diiodo-
   10 370
—, 4-(p-hydroxyphenoxy)-3,5-diiodo-
   10 370
—, 2-hydroxy-4-(phenylacetoxy)-,
   methyl ester **10** 1374
—, m-(p-hydroxyphenylseleno)- **10** 276
—, o-(p-hydroxyphenylseleno)- **10** 240
—, p-(p-hydroxyphenylseleno)- **10** 421
—, p-(3-hydroxypropoxy)- **10** 292
—, 2-hydroxy-4-propoxy-,
   2-butoxyethyl ester **10** 1375
—, o-(3-hydroxypropyl)- **10** 604
—, 4-hydroxy-3-(1-propylallyl)- **10** 900
—, 3-hydroxy-2-salicyloyl- **10** 4667
—, 4-hydroxy-3-(salicyloyloxy)-
   10 1422
—, 4-hydroxy-3-(1-semicarbazonoethyl)-
   10 4227
—, 4-hydroxy-3-
   (1,2,2,2-tetrachloroethyl)- **10** 575
—, 3-hydroxy-2-p-toluoyl- **10** 4441
—, 4-hydroxy-2-p-toluoyl- **10** 4441
—, 2-(6-hydroxy-m-tolylsulfonyl)-
   5-nitro- **10** 238
—, 4-(6-hydroxy-m-tolylsulfonyl)-
   3-nitro- **10** 416
—, 2-(6-hydroxy-m-tolylthio)-5-nitro-
   10 238
—, 4-(6-hydroxy-m-tolylthio)-3-nitro-
   10 415
—, 2-hydroxy-3,4,5-trimethoxy- **10** 2418
—, 3-hydroxy-2,4,6-trinitro- **10** 265
   methyl ester **10** 265
—, m-iodo- **9** 1437
   benzylidenehydrazide **9** 1440
   (2-bornylidene)hydrazide **9** 1440
   (4-bromo-α-methylbenzylidene)₋
     hydrazide **9** 1441
   4-bromophenacyl ester **9** 1439
   butylidenehydrazide **9** 1439, 1440
   (4,α-dimethylbenzylidene)hydrazide
     9 1441
   ethyl ester **9** 1438
   ethylidenehydrazide **9** 1439
   (4-ethyl-α-methylbenzylidene)₋
     hydrazide **9** 1441
   heptylidenehydrazide **9** 1440
   hydrazide **9** 1439
   isobutylidenehydrazide **9** 1440
   isohexylidenehydrazide **9** 1440

Benzoic acid,
—, *m*-iodo- *(continued)*
    isopentylidenehydrazide **9** 1440
    isopropylidenehydrazide **9** 1439
    (*α*-methylbenzylidene)hydrazide **9** 1441
    methyl ester **9** 1438
    4-nitrobenzyl ester **9** 1438
    phenacyl ester **9** 1438
    4-phenylphenacyl ester **9** 1439
    salicylidenehydrazide **9** 1441
—, *o*-iodo- **9** 1432
    4-bromophenacyl ester **9** 1435
    ethyl ester **9** 1434
    methyl ester **9** 1434
    4-nitrobenzyl ester **9** 1434
    phenacyl ester **9** 1435
    4-phenylphenacyl ester **9** 1435
—, *p*-iodo- **9** 1442
    benzylidenehydrazide **9** 1449
    (2-bornylidene)hydrazide **9** 1449
    4-bromophenacyl ester **9** 1445
    butylidenehydrazide **9** 1447
    sec-butylidenehydrazide **9** 1447
    cyclohexylidenehydrazide **9** 1448
    decylidenehydrazide **9** 1448
    (4,*α*-dimethylbenzylidene)hydrazide **9** 1449
    (3,7-dimethylocta-2,6-dienylidene)=
     hydrazide **9** 1448
    ethyl ester **9** 1443
    ethylidenehydrazide **9** 1446
    (4-ethyl-*α*-methylbenzylidene)=
     hydrazide **9** 1450
    heptylidenehydrazide **9** 1448
    hexylidenehydrazide **9** 1447
    hydrazide **9** 1446
    (4-hydroxybenzylidene)hydrazide **9** 1450
    isobutylidenehydrazide **9** 1447
    isohexylidenehydrazide **9** 1448
    isopentylidenehydrazide **9** 1447
    isopropylidenehydrazide **9** 1447
    (*α*-methylbenzylidene)hydrazide **9** 1449
    (*α*-methylcinnamylidene)hydrazide **9** 1450
    methyl ester **9** 1443
    1-methylheptylidenehydrazide **9** 1448
    4-nitrobenzyl ester **9** 1444
    nonylidenehydrazide **9** 1448
    octylidenehydrazide **9** 1448
    pentylidenehydrazide **9** 1447
    phenacyl ester **9** 1444
    (*α*-phenylcinnamylidene)hydrazide **9** 1450
    4-phenylphenacyl ester **9** 1445
    propylidenehydrazide **9** 1446
    salicylidenehydrazide **9** 1450
    (1,3,3-trimethyl-2-norbornylidene)=
     hydrazide **9** 1449

—, 6-iodo-2,3-dimethoxy- **10** 1368
—, 4-iodo-2,6-dimethyl- **9** 2436
—, 2-iodo-3,5-dinitro- **9** 1955
—, 5-iodo-2-(*p*-iodophenoxy)- **10** 188
—, *p*-(3-iodo-4-methoxyphenoxy)-,
    ethyl ester **10** 305
—, 2-iodo-4-nitro- **9** 1774
—, 2-iodo-5-nitro- **9** 1773
    ethyl ester **9** 1773
    methyl ester **9** 1773
—, 2-iodo-6-nitro- **9** 1772
    methyl ester **9** 1772
—, 4-iodo-2-nitro-,
    2-(diethylamino)ethyl ester **9** 1771
—, 4-iodo-3-nitro-,
    2-(diethylamino)ethyl ester **9** 1773
    ethyl ester **9** 1772
—, *o*-(*o*-iodophenoxy)- **10** 99
—, *o*-(*p*-iodophenoxy)- **10** 99
—, *p*-(*p*-iodophenoxy)- **10** 289
—, 5-iodo-2-phenoxy- **10** 188
—, 2-(*p*-iodophenoxy)-5-nitro- **10** 198
—, 2-(*p*-iodophenylsulfonyl)-5-nitro-
    10 238
—, 2-(*p*-iodophenylthio)-5-nitro- **10** 237
—, *o*-iodosyl- **9** 1433
—, 2-iodosyl-4-nitro- **9** 1774
    methyl ester **9** 1774
—, 2-iodosyl-5-nitro- **9** 1773
—, *m*-iodyl- **9** 1438
—, *o*-iodyl- **9** 1433
—, *p*-iodyl- **9** 1443
—, 2-iodyl-5-nitro- **9** 1773
—, *p*-isobutoxy- **10** 284
    2-(butylamino)ethyl ester **10** 329
    2-(diethylamino)ethyl ester **10** 329
    ethyl ester **10** 302
—, *o*-(4-isobutylbenzoyl)- **10** 3353
—, *p*-(isobutylcarbamoyloxy)-,
    methyl ester **10** 299
—, *o*-(isobutyryloxy)-,
    methyl ester **10** 111
—, *o*-(isopentyloxy)- **10** 99
    methyl ester **10** 110
—, *p*-(isopentyloxy)- **10** 284
    2-(diethylamino)ethyl ester **10** 330
—, 4-(isopentyloxy)-3-nitro-,
    2-(diethylamino)ethyl ester **10** 379
—, 3-isopentyl-2,4-dimethoxy- **10** 1583
—, 4-(isopentyloxy)-3,4'-oxydi-
    10 1410
—, *o*-[(isopentyloxy)vanadyloxy]-,
    ethyl ester **10** 119
    isopentyl ester **10** 123
    methyl ester **10** 115
    2-naphthyl ester **10** 136
    phenyl ester **10** 131
—, *m*-isopropoxy- **10** 245
    isopropyl ester **10** 251

Benzoic acid *(continued)*
—, *o*-isopropoxy- **10** 98
    ethyl ester **10** 117
    methyl ester **10** 109
—, *p*-isopropoxy- **10** 283
    2-(butylamino)butyl ester **10** 333
    2-(butylamino)ethyl ester **10** 328
    2-(diethylamino)ethyl ester **10** 328
    ethyl ester **10** 301
    isopropyl ester **10** 307
—, 3-isopropoxy-4-isopropyl-,
    isopropyl ester **10** 609
—, 4-isopropoxy-3-isopropyl- **10** 607
    isopropyl ester **10** 608
—, *m*-isopropyl- **9** 2481
—, *o*-isopropyl- **9** 2481
—, *p*-isopropyl- **9** 2482
    2-(butylamino)ethyl ester **9** 2483
    2-(ethylamino)ethyl ester **9** 2483
    2-(isobutylamino)ethyl ester **9** 2483
    2-(pentylamino)ethyl ester **9** 2483
—, 4-isopropyl-2,3-dihydroxy- **10** 1567
—, 4-isopropyl-2,3-dimethoxy- **10** 1567
—, *o*-[(isopropylidenecarbazoyl)methoxy]-,
    ethyl ester **10** 118
    isopropylidenehydrazide **10** 161
—, *m,m'*-(isopropylidenedisulfonyl)di-
    10 267
    diethyl ester **10** 272
—, *p,p'*-(isopropylidenedisulfonyl)di-
    10 391
    diethyl ester **10** 396
—, *m,m'*-(isopropylidenedithio)di-
    10 267
—, *p,p'*-(isopropylidenedithio)di-
    10 390
    diethyl ester **10** 396
—, 2-isopropyl-5-methyl- **9** 2531
    ethyl ester **9** 2532
    methyl ester **9** 2532
—, 5-isopropyl-2-methyl- **9** 2531
    ethyl ester **9** 2531
    methyl ester **9** 2531
—, *o*-(5-isopropyl-2-methyl-*p*-anisoyl)-
    10 4459
—, *o*-(5-isopropyl-2-methylbenzoyl)-
    10 3354
—, 4-isopropyl-2-methyl-3,5-dinitro-
    9 2531
—, *o*-(2-isopropyl-5-methylphenoxy)-
    10 101
—, *o*-(4-isopropyl-1-naphthoyl)-
    10 3444
—, *p*-(isopropylsulfonyl)- **10** 386
—, *m*-(isopropylthio)- **10** 266
—, *o*-(isopropylthio)- **10** 214
—, *p*-(isopropylthio)- **10** 386
—, *o*-(isovaleryloxy)-,
    methyl ester **10** 111

—, *m*-mercapto- **10** 265
    ethyl ester **10** 272
    methyl ester **10** 271
—, *o*-mercapto- **10** 212
    butyl ester **10** 228
    isopentyl ester **10** 228
    p-menth-3-yl ester **10** 228
    methyl ester **10** 227
—, *p*-mercapto- **10** 384
    ethyl ester **10** 395
    methyl ester **10** 393
—, 6-mercapto-2,3-dimethoxy- **10** 2065
—, *p*-(methoxyacetoxy)- **10** 295
—, 2-(4-methoxybenzyl)-4,5-dimethyl-
    10 1210
—, *p*-(4-methoxybenzylsulfonyl)- **10** 388
—, 3-methoxy-4,5-bis-
    (methoxycarbonyloxy)- **10** 2075
—, 3'-methoxy-2,4'-carbonyldi- **10** 4780
—, 4'-methoxy-2,3'-carbonyldi- **10** 4780
—, 6'-methoxy-2,3'-carbonyldi- **10** 4779
    dimethyl ester **10** 4780
—, *p*-(methoxycarbonylmethoxy)-,
    methyl ester **10** 299
—, *o*-(methoxycarbonylmethylthio)- **10** 224
—, *o*-(methoxycarbonyloxy)- **10** 105
—, *o*-(3-methoxycarbonylpropionyloxy)-,
    methyl ester **10** 113
—, *o*-(2-methoxy-3,7-dimethyl-
    1-naphthoyl)- **10** 4487
—, *o*-(4-methoxy-2,6-dimethyl-
    1-naphthoyl)- **10** 4487
—, *o*-(6-methoxy-3,7-dimethyl-
    1-naphthoyl)- **10** 4487
—, *o*-(6-methoxy-3,7-dimethyl-
    2-naphthoyl)- **10** 4487
—, 4-methoxy-2-[2-(methoxycarbonyl)-
    ethoxy]-,
    methyl ester **10** 1374
—, 4-methoxy-2-(methoxycarbonyl-
    methoxy)-, methyl ester **10** 1374
—, 3-methoxy-4-(methoxymethoxy)-,
    methyl ester **10** 1412
—, 4-methoxy-3-(methoxymethoxy)-,
    methyl ester **10** 1412
—, 3-methoxy-4-{3-methoxy-4-[3-methoxy-
    4-(veratroyloxy)benzoyloxy]-
    benzoyloxy}- **10** 1425
—, 3-methoxy-4-(*o*-methoxyphenoxy)-
    10 1406
    methyl ester **10** 1411
—, 3-methoxy-4-(*p*-methoxyphenoxy)-
    10 1406
—, 4-methoxy-3-(*o*-methoxyphenoxy)-
    10 1406
    methyl ester **10** 1411
—, 4-methoxy-3-[6-methoxy-4-
    (1-semicarbazonoethyl)-*m*-tolyloxy]-,
    methyl ester **10** 1412

Benzoic acid *(continued)*

—, 3-methoxy-4-[3-methoxy-4-
(veratroyloxy)benzoyloxy]-
10 1424
4-formyl-3-methoxyphenyl ester
10 1424

—, 4-methoxy-3-(1-methylallyl)- 10 880

—, 6′-methoxy-5′-methyl-
2,3′-carbonyldi- 10 4782
dimethyl ester 10 4783

—, o-(4-methoxy-2-methyl-
α-phenylphenacylthio)- 10 222

—, o-(4-methoxy-3-methyl-
α-phenylphenacylthio)- 10 222

—, o-(2-methoxy-1-naphthoyl)- 10 4481
methyl ester 10 4481

—, o-(6-methoxy-2-naphthoyl)- 10 4483

—, o-[α-(4-methoxy-1-naphthoyl)-
benzylthio]- 10 222

—, o-(2-methoxy-1-naphthyl)- 10 1313
ethyl ester 10 1313
methyl ester 10 1313

—, o-(3-methoxy-1-naphthyl)- 10 1313

—, o-(2-methoxy-1-naphthylthio)-
10 218

—, 3-methoxy-2-(3-nitrobenzoyloxy)-,
methyl ester 10 1364

—, 5-methoxy-2-nitro-4-
(2-nitrobenzyloxy)- 10 1441

—, 5-methoxy-2-nitro-4-
(4-nitrobenzyloxy)- 10 1441

—, o-(4-methoxy-3-nitro-
α-phenylphenacylthio)- 10 222

—, 3-methoxy-4,4′-oxydi-,
dimethyl ester 10 1412

—, 4-methoxy-3,4′-oxydi- 10 1409
dimethyl ester 10 1412

—, 5-methoxy-2,4′-oxydi- 10 1385

—, 6-methoxy-3,4′-oxydi- 10 1385

—, 4-methoxy-3-(pent-2-enyl)-
10 890

—, m-(4-methoxyphenacyl)- 10 4435

—, o-(4-methoxyphenacyl)- 10 4435
methyl ester 10 4435

—, o-(m-methoxyphenoxy)- 10 101

—, o-(o-methoxyphenoxy)- 10 101

—, o-(p-methoxyphenoxy)- 10 102

—, p-(o-methoxyphenoxy)- 10 293
ethyl ester 10 305
hydrazide 10 357

—, p-(p-methoxyphenoxy-) 10 293
ethyl ester 10 305
hydrazide 10 357
methyl ester 10 299

—, 2-methoxy-5-phenoxy- 10 1385
ethyl ester 10 1386

—, 3-methoxy-5-phenoxy- 10 1447

—, 4-methoxy-3-phenoxy- 10 1405
methyl ester 10 1411

—, 4-(p-methoxyphenoxy)-3,5-dinitro-
10 383
methyl ester 10 384

—, o-[(o-methoxyphenyl)acetyl]-
10 4434

—, o-[(p-methoxyphenyl)acetyl]-
10 4434

—, 4-methoxy-3-(1-propylallyl)- 10 901

—, 6-methoxy-3,4′-sulfonyldi- 10 1391

—, 2-methoxy-5-
(1,2,2,2-tetrachloroethyl)-,
methyl ester 10 577

—, o-(methoxyvanadyloxy)-,
methyl ester 10 115

—, 3-methoxy-4-(veratroyloxy)- 10 1423
4-formyl-2-methoxyphenyl ester
10 1423

—, o-(1-methylacetonyl)- 10 3072

—, p-(1-methylallyloxy)- 10 287
ethyl ester 10 303

—, o-(3-methyl-p-anisoyl)- 10 4439

—, o-(4-methyl-o-anisoyl)- 10 4441

—, o-(5-methyl-o-anisoyl)- 10 4440

—, o-(α-methylbenzyl)- 9 3343

—, m,m′-(α-methylbenzylidenedisulfonyl)-
di- 10 269

—, m,m′-(α-methylbenzylidenedithio)di-
10 269

—, o-(4-methylbenzyloxy)- 10 101

—, p-(2-methylbenzyloxy)- 10 292

—, p-(3-methylbenzyloxy)- 10 292

—, p-(4-methylbenzyloxy)- 10 292

—, p-(α-methylbenzylsulfonyl)- 10 387

—, p-(4-methylbenzylsulfonyl)- 10 388

—, p-(1-methylbut-2-enyloxy)- 10 287

—, p-(3-methylbut-2-enyloxy)- 10 287
ethyl ester 10 303

—, p-(1-methylbutoxy)- 10 284

—, p-(1-methylbutyl)- 9 2551

—, o-(α-methylenebenzyl)- 9 3443

—, m,m′-methylenedi- 9 4526

—, o,p′-methylenedi- 9 4526

—, p-(1-methylheptyloxy)- 10 285, 286
ethyl ester 10 302

—, p-(6-methylheptyloxy)-,
ethyl ester 10 302

—, o-(2-methyl-1-naphthoyl)- 10 3434
methyl ester 10 3435

—, o-(4-methyl-1-naphthoyl)- 10 3435

—, o-(7-methyl-1-naphthoyl)- 10 3435

—, o-(7-methyl-2-naphthoyl)- 10 3435

—, o-(8-methyl-1-naphthoyl)- 10 3435
methyl ester 10 3436

—, o-(8-methyl-2-naphthoyl)- 10 3435

—, p-(2-methyl-1-naphthoyl)- 10 3436

—, o-(2-methyl-1-naphthyl)- 9 3556

—, o-(4-methyl-1-naphthyl)- 9 3557

—, o-[1-(4-methyl-1-naphthyl)ethyl]-
9 3566

Benzoic acid *(continued)*

—, *o*-[1-(8-methyl-2-naphthyl)ethyl]-
   9 3567

—, *p*-(1-methyl-2-oxopropylsulfonyl)-,
   ethyl ester 10 397

—, *p*-(1-methylpentyloxy)- 10 285

—, *o*-(4-methylphenacyl)- 10 3330

—, *o*-(α-methylphenacylthio)- 10 220

—, *m*-(4-methyl-α-phenylphenacylthio)-
   10 270

—, *o*-(4-methyl-α-phenylphenacylthio)-
   10 221

—, *o*-(4-methylsalicyloyl)- 10 4441

—, 2-(3-methylsalicyloyl)-3-nitro-
   10 4439

—, 2-(3-methylsalicyloyl)-6-nitro-
   10 4439

—, 2-(4-methylsalicyloyl)-4-nitro-
   10 4442

—, 2-(4-methylsalicyloyl)-5-nitro-
   10 4442

—, 2-(5-methylsalicyloyl)-3-nitro-
   10 4441

—, 2-(5-methylsalicyloyl)-6-nitro-
   10 4441

—, *m*-(methylseleno)- 10 276
   methyl ester 10 277

—, *o*-(methylseleno)- 10 240
   methyl ester 10 240

—, *p*-(methylseleno)- 10 420
   methyl ester 10 421

—, *p*-(methylsulfinyl)- 10 385

—, *m*-(methylsulfonyl)- 10 266

—, *o*-(methylsulfonyl)- 10 214
   p-menth-3-yl ester 10 229

—, *p*-(methylsulfonyl)- 10 385
   methyl ester 10 393

—, *p*-[1-(methylsulfonyl)ethylsulfonyl]-
   10 389

—, 4-[2-(methylsulfonyl)-*p*-tolyloxy]-
   3-nitro- 10 377

—, *o*-[1-(3-methyl-5,6,7,8-tetrahydro-
   2-naphthyl)ethyl]- 9 3489

—, *m*-(methylthio)- 10 265
   2-(diethylamino)ethyl ester 10 273
   3-(diethylamino)propyl ester 10 273
   methyl ester 10 271

—, *o*-(methylthio)- 10 213
   p-menth-3-yl ester 10 228

—, *p*-(methylthio)- 10 385

—, *p*-[1-(methylthio)ethylsulfonyl]-
   10 389

—, *o*-[2-(methylthio)-1-naphthoyl]-
   10 4482

—, 4-(methylthio)-3-nitro- 10 415
   2-(diethylamino)ethyl ester 10 417
   methyl ester 10 416

—, *p*-[4-methyl-α-(trichloromethyl)-
   benzyl]- 9 3369

—, *o*-(myristoyloxy)- 10 105

—, *o,o'*-(naphthalene-
   1,5-diyldicarbonyl)di- 10 4097

—, *o,o'*-(naphthalene-1,5-diyldithio)di-
   10 218

—, *o*-(1-naphthoyl)- 10 3425
   benzyl ester 10 3426
   butyl ester 10 3426
   cyclohexyl ester 10 3426
   ethyl ester 10 3426
   methyl ester 10 3426

—, *o*-(2-naphthoyl)- 10 3429

—, *o*-(1-naphthyl)- 9 3548
   methyl ester 9 3548

—, *o*-(2-naphthyl)- 9 3550
   methyl ester 9 3550

—, *p*-(1-naphthyl)- 9 3550

—, 2-(1-naphthyl)-3,5-dinitro- 9 3548
   ethyl ester 9 3549

—, *o*-[1-(1-naphthyl)ethyl]- 9 3560

—, 2-(1-naphthyl)-5-nitro- 9 3548

—, 4-(1-naphthyl)-3-nitro-,
   ethyl ester 9 3550

—, *o*-(1-naphthyloxy)- 10 101

—, *o*-[1-(1-naphthyl)propyl]- 9 3566

—, *o*-(1-naphthylthio)- 10 215

—, *m*-nitro- 9 1489
   allyl ester 9 1494
   allylidenehydrazide 9 1526
   benzhydrylidenehydrazide 9 1531
   benzyl ester 9 1497
   benzylidenehydrazide 9 1529
   4-bromobenzyl ester 9 1497
   2-bromocyclohexyl ester 9 1495
   (4-bromo-α-methylbenzylidene)-
   hydrazide 9 1530
   4-bromophenacyl ester 9 1510
   m-bromophenyl ester 9 1496
   o-bromophenyl ester 9 1496
   p-bromophenyl ester 9 1496
   (but-2-enylidene)hydrazide 9 1526
   2-(butylamino)ethyl ester 9 1511
   tert-butyl ester 9 1494
   butylidenehydrazide 9 1524
   sec-butylidenehydrazide 9 1525
   (4-chlorobenzylidene)hydrazide
   9 1529
   4-chloro-*m*-tolyl ester 9 1497
   cinnamyl ester 9 1498
   cinnamylidenehydrazide 9 1531
   cyclohexylidenehydrazide 9 1527
   p-cyclohexylphenyl ester 9 1498
   2-cyclohexyl-*p*-tolyl ester 9 1498
   4-cyclohexyl-*o*-tolyl ester 9 1498
   6-cyclohexyl-*m*-tolyl ester 9 1499
   cyclopentylidenehydrazide 9 1526
   4,5-dibromo-*o*-tolyl ester 9 1497
   (dibutylamino)methyl ester 9 1509
   2-(diethylamino)ethyl ester 9 1511

Benzoic acid,

—, *m*-nitro- *(continued)*

(diethylamino)methyl ester 9 1509
(diisopentylamino)methyl ester 9 1509
(4,α-dimethylbenzylidene)hydrazide
  9 1531
(1,2-dimethylbutylidene)hydrazide
  9 1525
(1,5-dimethylhex-4-enylidene)⸗
  hydrazide 9 1527
(3,7-dimethylocta-2,6-dienylidene)⸗
  hydrazide 9 1528
(dipropylamino)methyl ester 9 1509
ethyl ester 9 1493
ethylidenehydrazide 9 1524
4-fluorophenacyl ester 9 1510
N'-formylhydrazide 9 1534
heptylidenehydrazide 9 1526
(hex-2-enylidene)hydrazide 9 1527
hexylidenehydrazide 9 1525
hydrazide 9 1524
(2-hydroxy-5-methylbenzylidene)⸗
  hydrazide 9 1533
2-iodocyclohexyl ester 9 1495
2-(isobutylamino)ethyl ester
  9 1511
isobutylidenehydrazide 9 1525
isopentylidenehydrazide 9 1525
(4-isopropylbenzylidene)hydrazide
  9 1531
isopropylidenehydrazide 9 1524
(*p*-mentha-6,8-dien-2-ylidene)⸗
  hydrazide 9 1528
p-menth-3-yl ester 9 1495
(*p*-menth-3-ylidene)hydrazide
  9 1527
(4-methoxybenzylidene)hydrazide
  9 1533
(4-methoxy-α-methylbenzylidene)⸗
  hydrazide 9 1533
o-methoxyphenyl ester 9 1504
(α-methylbenzylidene)hydrazide
  9 1530
(4-methylbenzylidene)hydrazide
  9 1530
(α-methylcinnamylidene)hydrazide
  9 1531
(2-methylcyclohexylidene)hydrazide
  9 1527
methyl ester 9 1493
(1-methylheptylidene)hydrazide
  9 1526
(α-methyl-3-nitrobenzylidene)⸗
  hydrazide 9 1530
[1-methyl-3-(2,6,6-trimethylcyclohex-
  1-en-1-yl)allylidene]hydrazide 9 1528
[1-methyl-3-(2,6,6-trimethylcyclohex-
  2-en-1-yl)allylidene]hydrazide
  9 1529

1-naphthyl ester 9 1502
(3-nitrobenzylidene)hydrazide
  9 1529
(4-nitrobenzylidene)hydrazide
  9 1529
nonylidenehydrazide 9 1526
octylidenehydrazide 9 1526
2-(pentylamino)ethyl ester 9 1512
pentylidenehydrazide 9 1525
phenacyl ester 9 1509
phenyl ester 9 1496
4-phenylphenacyl ester 9 1510
propylidenehydrazide 9 1524
salicylidenehydrazide 9 1533
2,2,2-tribromoethyl ester 9 1494
2,3,5-tribromo-*p*-tolyl ester
  9 1497
(3,4,5-triethoxybenzylidene)⸗
  hydrazide 9 1534
2,4,6-triiodo-3,5-xylyl ester
  9 1498
[[(2,6,6-trimethylcyclohex-1-en-1-yl)⸗
  methylene]hydrazide 9 1528
(1,2,2-trimethylpropylidene)⸗
  hydrazide 9 1525
(2,4,6-trinitrobenzylidene)⸗
  hydrazide 9 1530
vanillylidenehydrazide 9 1534
veratrylidenehydrazide 9 1534

—, *o*-nitro- 9 1466

allyl ester 9 1470
allylidenehydrazide 9 1483
benzhydrylidenehydrazide
  9 1486
benzyl ester 9 1472
benzylidenehydrazide 9 1485
2,4-bis(methylsulfonyl)phenyl ester
  9 1474
4-bromobenzyl ester 9 1472
(4-bromo-α-methylbenzylidene)⸗
  hydrazide 9 1485
4-bromophenacyl ester 9 1475
(but-2-enylidene)hydrazide 9 1484
butylidenehydrazide 9 1482
(4-chlorobenzylidene)hydrazide
  9 1485
cinnamyl ester 9 1472
cinnamylidenehydrazide 9 1486
cyclopentylidenehydrazide 9 1484
decylidenehydrazide 9 1483
2-(diethylamino)ethyl ester 9 1476
(4,α-dimethylbenzylidene)hydrazide
  9 1485
ethyl ester 9 1469
ethylidenehydrazide 9 1481
4-fluorophenacyl ester 9 1475
heptylidenehydrazide 9 1483
hexylidenehydrazide 9 1483
hydrazide 9 1481

Benzoic acid,
—, o-nitro- *(continued)*
    (4-hydroxybenzylidene)hydrazide
      9 1488
    [2-(hydroxymethylene)-
      1,2,3,4-tetrahydro-
      1-naphthylidene]hydrazide 9 1487
    isopentylidenehydrazide 9 1482
    isopropylidenehydrazide 9 1482
    p-mentha-6,8-dien-2-yl ester
      9 1471
    (*p*-mentha-6,8-dien-2-ylidene)‑
      hydrazide 9 1484
    p-menth-3-yl ester 9 1471
    (α-methylbenzylidene)hydrazide
      9 1485
    (α-methylcinnamylidene)hydrazide
      9 1486
    2-methylcyclohexyl ester 9 1470
    4-methylcyclohexyl ester 9 1470
    methyl ester 9 1469
    (1-methylheptylidene)hydrazide
      9 1483
    (1-methylpentylidene)hydrazide
      9 1483
    (3-nitrobenzylidene)hydrazide
      9 1485
    nonylidenehydrazide 9 1483
    octylidenehydrazide 9 1483
    N'-(3-oxobut-1-enyl)hydrazide 9 1486
    N'-(3-oxo-3-phenylprop-1-enyl)‑
      hydrazide 9 1487
    pentylidenehydrazide 9 1482
    phenacyl ester 9 1475
    phenyl ester 9 1471
    3-phenylcyclohexyl ester 9 1472
    4-phenylphenacyl ester 9 1475
    propylidenehydrazide 9 1482
    salicylidenehydrazide 9 1488
    3-thujylidenehydrazide 9 1484
    2,2,2-tribromoethyl ester 9 1470
—, *p*-nitro- 9 1537
    allyl ester 9 1550
    allylidenehydrazide 9 1753
    2-aminobutyl ester 9 1698
    2-aminoethyl ester 9 1687
    benzyl ester 9 1586
    benzylidenehydrazide 9 1754
    bicyclopentyl-2-yl ester 9 1570
    4-bromobenzyl ester 9 1586
    4-bromobutyl ester 9 1544
    β-bromocinnamyl ester 9 1600
    2-bromocyclohexyl ester 9 1552
    4-bromophenacyl ester 9 1674
    β-bromophenethyl ester 9 1588
    p-bromophenyl ester 9 1583
    4-bromo-*m*-tolyl ester 9 1584
    4-bromo-*o*-tolyl ester 9 1584
    buta-2,3-dienyl ester 9 1564

but-2-enyl ester 9 1550
(but-2-enylidene)hydrazide 9 1753
2-butoxyethyl ester 9 1619
2-*sec*-butoxyethyl ester 9 1619
2-*tert*-butoxyethyl ester 9 1619
2-(butylamino)ethyl ester 9 1688
2-(*sec*-butylamino)ethyl ester
  9 1688
1-butylcyclopentyl ester 9 1559
butyl ester 9 1544
sec-butyl ester 9 1544
tert-butyl ester 9 1545
butylidenehydrazide 9 1752
o-butylphenyl ester 9 1593
o-*tert*-butylphenyl ester 9 1593
p-butylphenyl ester 9 1593
p-*sec*-butylphenyl ester 9 1593
p-*tert*-butylphenyl ester 9 1594
2-(butylsulfonyl)ethyl ester
  9 1623
(4-chlorobenzylidene)hydrazide
  9 1754
4-chlorobutyl ester 9 1544
β-chlorocinnamyl ester 9 1599
4-chlorocinnamyl ester 9 1599
2-chloroethyl ester 9 1542
m-chlorophenyl ester 9 1582
o-chlorophenyl ester 9 1582
p-chlorophenyl ester 9 1582
3-chloropropyl ester 9 1543
2-chloro-*p*-tolyl ester 9 1585
4-chloro-*o*-tolyl ester 9 1583
cinnamyl ester 9 1599
cinnamylidenehydrazide 9 1755
cyclodecyl ester 9 1559
cyclohexyl ester 9 1552
α-cyclohexylphenethyl ester 9 1606
p-cyclohexylphenyl ester 9 1605
cyclooctyl ester 9 1556
cyclopentyl ester 9 1552
2-cyclopentylethyl ester 9 1556
cyclopentylidenehydrazide 9 1753
cyclopropyl ester 9 1550
decyl ester 9 1548
1,2-dibromo-*p*-menth-8-yl ester
  9 1563
2,5-dibromo-*p*-tolyl ester 9 1585
2,6-dibromo-*p*-tolyl ester 9 1585
3,5-dibromo-*p*-tolyl ester 9 1585
4,5-dibromo-*o*-tolyl ester 9 1584
4,6-dibromo-*o*-tolyl ester 9 1584
2-(dibutylamino)ethyl ester 9 1688
2-(di-*sec*-butylamino)ethyl ester
  9 1688
(dibutylamino)methyl ester 9 1670
3-(dibutylamino)propyl ester
  9 1694
3,3-dichloroallyl ester 9 1550
2,3-dichloropropyl ester 9 1543

Benzoic acid,

—, *p*-nitro- *(continued)*

4-(diethylamino)butyl ester 9 1699

2-(diethylamino)ethyl ester 9 1687

(diethylamino)methyl ester 9 1670

8-(diethylamino)octyl ester 9 1705

5-(diethylamino)pentyl ester 9 1703

2-(diethylamino)propyl ester
9 1693

3-(diethylamino)propyl ester
9 1693

3,4-diethylphenyl ester 9 1594

3,5-diethylphenyl ester 9 1594

2,3-dihydroxyphenyl ester 9 1660

2,3-dihydroxypropyl ester 9 1655

2,3-diiodopropyl ester 9 1543

2-(diisobutylamino)ethyl ester
9 1688

3-(diisobutylamino)propyl ester
9 1694

2,6-diisobutyl-*m*-tolyl ester
9 1597

2,6-diisobutyl-*p*-tolyl ester
9 1598

4,6-diisobutyl-*o*-tolyl ester
9 1597

2-(diisopentylamino)ethyl ester
9 1689

(diisopentylamino)methyl ester
9 1670

2-(diisopropylamino)ethyl ester
9 1688

3-(diisopropylamino)propyl ester
9 1694

3,4-dimethoxybenzyl ester 9 1662

2,3-dimethoxyphenethyl ester
9 1662

2,5-dimethoxyphenethyl ester
9 1663

3,4-dimethoxyphenethyl ester
9 1663

3,5-dimethoxyphenyl ester 9 1660

2,3-dimethoxypropyl ester 9 1655

2-(dimethylamino)ethyl ester
9 1687

3-(dimethylamino)propyl ester
9 1693

α,α-dimethylbenzyl ester 9 1591

3,4-dimethylbenzyl ester 9 1593

(4,α-dimethylbenzylidene)hydrazide
9 1755

3,3-dimethylcyclohexyl ester
9 1557

2,5-diphenylcyclopentyl ester
9 1616

2-(dipropylamino)ethyl ester
9 1687

(dipropylamino)methyl ester 9 1670

3-(dipropylamino)propyl ester 9 1694

dodecyl ester 9 1548

eicosyl ester 9 1550

2-ethoxyethyl ester 9 1618

α-ethylbenzyl ester 9 1590

2-ethylbutyl ester 9 1547

α-ethylcinnamyl ester 9 1603

β-ethylcinnamyl ester 9 1604

1-ethylcyclohexyl ester 9 1557

4-ethylcyclohexyl ester 9 1557

1-ethylcyclopentyl ester 9 1556

2-ethylcyclopentyl ester 9 1556

ethyl ester 9 1541

ethylidenehydrazide 9 1752

m-ethylphenyl ester 9 1587

o-ethylphenyl ester 9 1587

p-ethylphenyl ester 9 1587

1-ethylpropyl ester 9 1546

2-(ethylsulfonyl)ethyl ester
9 1622

2-ethyl-*m*-tolyl ester 9 1591

2-ethyl-*p*-tolyl ester 9 1592

3-ethyl-*p*-tolyl ester 9 1591

4-ethyl-*m*-tolyl ester 9 1592

4-ethyl-*o*-tolyl ester 9 1592

5-ethyl-*m*-tolyl ester 9 1592

5-ethyl-*o*-tolyl ester 9 1592

6-ethyl-*m*-tolyl ester 9 1592

1-ethynylcyclohexyl ester 9 1577

1-ethynylcyclooctyl ester 9 1577

o-ethynylphenyl ester 9 1608

3-fluorobenzyl ester 9 1586

4-fluorobenzyl ester 9 1586

4-fluorophenacyl ester 9 1674

m-fluorophenyl ester 9 1582

o-fluorophenyl ester 9 1582

p-fluorophenyl ester 9 1582

geranyl ester 9 1568

heptadecyl ester 9 1549

2-(heptylamino)ethyl ester 9 1689

1-heptylcyclopentyl ester 9 1563

heptylidenehydrazide 9 1753

hexadecyl ester 9 1549

2-(hexylamino)ethyl ester 9 1689

hexyl ester 9 1546

hexylidenehydrazide 9 1753

hydrazide 9 1751

(4-hydroxy-3-methoxybenzylidene)ᵃ
hydrazide 9 1757

(2-hydroxy-5-methylbenzylidene)ᵃ
hydrazide 9 1757

m-hydroxyphenyl ester 9 1637

o-hydroxyphenyl ester 9 1636

p-hydroxyphenyl ester 9 1637

indan-1-yl ester 9 1600

indan-2-yl ester 9 1600

indan-5-yl ester 9 1601

4-iodobenzyl ester 9 1586

2-iodocyclohexyl ester 9 1552

β-iodophenethyl ester 9 1589

Benzoic acid,
—, *p*-nitro- *(continued)*

m-iodophenyl ester **9** 1583
2-isobutoxyethyl ester **9** 1619
2-(isobutylamino)ethyl ester
  9 1688
α-isobutylcinnamyl ester **9** 1605
isobutyl ester **9** 1545
6-isobutyl-2,4-xylyl ester **9** 1596
isopentyl ester **9** 1546
isopentylidenehydrazide **9** 1752
2-(isopentyloxy)ethyl ester **9** 1620
2-isopropoxyethyl ester **9** 1619
2-(isopropylamino)butyl ester
  9 1698
2-(isopropylamino)ethyl ester
  9 1687
4-isopropylbenzyl ester **9** 1594
(4-isopropylbenzylidene)hydrazide
  9 1755
4-isopropylcyclohexyl ester **9** 1558
isopropyl ester **9** 1543
isopropylidenehydrazide **9** 1752
p-mentha-6,8-dien-2-yl ester **9** 1578
p-menth-1-en-7-yl ester **9** 1569
p-menth-1-en-8-yl ester **9** 1569
p-menth-3-en-2-yl ester **9** 1569
p-menth-4-en-3-yl ester **9** 1570
p-menth-6-en-2-yl ester
  9 1568, 1569
p-menth-6-en-3-yl ester **9** 1568
p-menth-8-en-2-yl ester **9** 1570
p-menth-2-yl ester **9** 1560
p-menth-3-yl ester **9** 1561, 1562
p-menth-7-yl ester **9** 1562, 1563
p-menth-8-yl ester **9** 1563
2-methoxybenzyl ester **9** 1639
4-methoxybenzyl ester **9** 1639
(4-methoxybenzylidene)hydrazide
  9 1756
2-methoxybutyl ester **9** 1626
1-methoxycyclopropyl ester **9** 1670
2-methoxyethyl ester **9** 1618
(4-methoxy-α-methylbenzylidene)-
  hydrazide **9** 1757
2-methoxyphenethyl ester **9** 1640
o-methoxyphenyl ester **9** 1637
p-methoxyphenyl ester **9** 1638
2-methoxy-*p*-tolyl ester **9** 1638
α-methylbenzyl ester **9** 1587
2-methylbenzyl ester **9** 1589
(α-methylbenzylidene)hydrazide
  9 1754
1-methylbutyl ester **9** 1546
α-methylcinnamyl ester **9** 1601
3-methylcinnamyl ester **9** 1603
4-methylcinnamyl ester **9** 1603
(α-methylcinnamylidene)hydrazide
  9 1756

2-methylcyclohexyl ester **9** 1554
3-methylcyclohexyl ester
  9 1554, 1555
4-methylcyclohexyl ester **9** 1555
1-methylcyclopentyl ester **9** 1552
2-methylcyclopentyl ester
  9 1552, 1553
3-methylcyclopentyl ester **9** 1553
methylenehydrazide **9** 1751
methyl ester **9** 1541
1-methylheptyl ester **9** 1548
2-methylheptyl ester **9** 1548
(1-methylheptylidene)hydrazide
  9 1753
1-methylhexyl ester **9** 1547
2-methylhexyl ester **9** 1547
(α-methyl-3-nitrobenzylidene)-
  hydrazide **9** 1755
1-methyloctadecyl ester **9** 1550
1-methylpentyl ester **9** 1547
2-methylpentyl ester **9** 1547
α-methylphenethyl ester **9** 1590
β-methylphenethyl ester **9** 1591
(1-methylpropylidene)hydrazide
  9 1752
2-(methylthio)phenethyl ester
  9 1640
1-naphthyl ester **9** 1612
2-naphthyl ester **9** 1612
neopentyl ester **9** 1546
(3-nitrobenzylidene)hydrazide
  9 1754
(4-nitrobenzylidene)hydrazide
  9 1754
2-nitroethyl ester **9** 1542
m-nitrophenyl ester **9** 1583
6-nitro-*m*-tolyl ester **9** 1584
nonadecyl ester **9** 1550
nonyl ester **9** 1548
nonylidenehydrazide **9** 1753
octadecyl ester **9** 1549
2-(octylamino)ethyl ester **9** 1690
octyl ester **9** 1548
octylidenehydrazide **9** 1753
p-octylphenyl ester **9** 1596
pentadecyl ester **9** 1549
pent-2-enyl ester **9** 1551
2-(pentylamino)ethyl ester **9** 1688
pentyl ester **9** 1545
tert-pentyl ester **9** 1546
pentylidenehydrazide **9** 1752
2-(pentyloxy)ethyl ester **9** 1619
2-(*tert*-pentyloxy)ethyl ester
  9 1620
phenethyl ester **9** 1588
2-phenoxyethyl ester **9** 1620
β-phenoxyphenethyl ester **9** 1640
(α-phenylcinnamylidene)hydrazide
  9 1756

Benzoic acid,
—, *p*-nitro- *(continued)*
  1-phenylcyclohexyl ester **9** 1605
  phenyl ester **9** 1582
  4-phenylphenacyl ester **9** 1676
  3-phenylpropyl ester **9** 1591
  2-(phenylsulfonyl)ethyl ester
   9 1623
  2-(phenylsulfonyl)propyl ester
   9 1625
  2-(phenylthio)ethyl ester **9** 1623
  2-(phenylthio)propyl ester **9** 1625
  picryl ester **9** 1583
  2-propoxyethyl ester **9** 1619
  α-propylbenzyl ester **9** 1593
  1-propylcyclohexyl ester **9** 1558
  4-propylcyclohexyl ester **9** 1558
  1-propylcyclopentyl ester **9** 1558
  propyl ester **9** 1543
  propylidenehydrazide **9** 1752
  prop-2-ynyl ester **9** 1564
  salicylidenehydrazide **9** 1756
  m-terphenyl-4'-yl ester **9** 1618
  p-terphenyl-2-yl ester **9** 1618
  tetradecyl ester **9** 1549
  3-thujylidenehydrazide **9** 1754
  m-tolyl ester **9** 1584
  o-tolyl ester **9** 1583
  p-tolyl ester **9** 1584
  2,2,2-tribromoethyl ester **9** 1542
  2,3,5-tribromo-*p*-tolyl ester **9** 1585
  2,3,6-tribromo-*p*-tolyl ester **9** 1585
  2,2,2-trichloroethyl ester **9** 1542
  tridecyl ester **9** 1549
  3,4,5-trimethoxyphenethyl ester
   9 1668
  2,4,6-trimethylbenzyl ester **9** 1595
  3,4,5-trimethylphenyl ester **9** 1592
  2-(trityloxy)ethyl ester **9** 1620
  undecyl ester **9** 1548
  α-vinylbenzyl ester **9** 1600
  1-vinylcyclohexyl ester **9** 1565
  2,3-xylyl ester **9** 1589
  2,4-xylyl ester **9**1589
  2,5-xylyl ester **9** 1590
  2,6-xylyl ester **9** 1589
  3,4-xylyl ester **9** 1589
  3,5-xylyl ester **9** 1590
—, *o*-(3-nitrobenzoyl)- **10** 3302
—, *o*-(3-nitrobenzoyloxy)- **10** 105
—, *o*-(4-nitrobenzoyloxy)-,
  methyl ester **10** 112
  phenyl ester **10** 130
—, *p*-(3-nitrobenzoyloxy)- **10** 295
—, *p*-(4-nitrobenzoyloxy)- **10** 295
—, *o*-(4-nitrobenzyloxy)-,
  benzyl ester **10** 132
—, *p*-(4-nitrobenzyloxy)-,
  2-(diethylamino)ethyl ester **10** 331

—, *o*-(2-nitrobenzylsulfonyl)-,
  2-nitrobenzyl ester **10** 229
—, *p*-(4-nitrobenzylsulfonyl)- **10** 387
—, *o*-(2-nitrobenzylthio)- **10** 214
—, *o*-(3-nitrobenzylthio)- **10** 215
—, *o*-(4-nitrobenzylthio)- **10** 215
—, *p*-(2-nitrocinnamoyl)- **10** 3380
—, 5-nitro-2,4-diphenoxy- **10** 1381
—, *o*-(2-nitro-3,3-diphenylpropionyl)-
  10 3461
—, 2-nitro-4-(3-nitrobenzoyl)- **10** 3306
  methyl ester **10** 3306
—, 2-nitro-5-(*p*-nitrophenoxy)- **10** 263
—, 5-nitro-2-(*p*-nitrophenoxy)- **10** 198
—, 2-nitro-5-nitroso- **9** 1775
—, 5-nitro-2-nitroso- **9** 1775
—, 3-nitro-4-octyl- **9** 2611
—, *p*-nitroperoxy- **9** 1706
—, *m*-(*p*-nitrophenoxy)- **10** 247
—, *o*-(*m*-nitrophenoxy)- **10** 99
—, *o*-(*o*-nitrophenoxy)- **10** 99
—, *o*-(*p*-nitrophenoxy)- **10** 99
—, *p*-(*m*-nitrophenoxy)- **10** 289
—, *p*-(*o*-nitrophenoxy)- **10** 289
—, *p*-(*p*-nitrophenoxy)- **10** 290
  butyl ester **10** 307
  2-(diethylamino)ethyl ester **10** 331
  ethyl ester **10** 304
—, 3-nitro-2-phenoxy- **10** 190
—, 5-nitro-2-phenoxy- **10** 198
—, *p*-(*p*-nitrophenylsulfonyl)- **10** 387
—, 5-nitro-2-(phenylthio)- **10** 237
—, 3-nitro-4-propoxy-,
  methyl ester **10** 378
—, 3-nitro-4-(propylthio)- **10** 415
  methyl ester **10** 416
—, 3-nitro-2-salicyloyl- **10** 4428
  methyl ester **10** 4429
—, 4-nitro-2-selenocyanato-,
  ethyl ester **10** 241
  methyl ester **10** 241
—, *m*-nitroso-,
  ethyl ester **9** 1465
  methyl ester **9** 1465
—, *o*-nitroso- **9** 1462
  ethyl ester **9** 1462
  methyl ester **9** 1462
—, *p*-nitroso- **9** 1465
  ethyl ester **9** 1465
  isopropyl ester **9** 1465
  methyl ester **9** 1465
—, *o*-(nitrosyloxy)-,
  methyl ester **10** 113
—, 2-nitro-6-*p*-toluoyl- **10** 3318
—, 3-nitro-2-*p*-toluoyl- **10** 3319
—, 4-nitro-2-*p*-toluoyl- **10** 3318
—, 5-nitro-2-*p*-toluoyl- **10** 3318
—, 3-nitro-4-(*p*-tolyloxy)- **10** 377
  ethyl ester **10** 378

Benzoic acid *(continued)*
—, 2-nitro-4-(*p*-tolylsulfonyl)- **10** 414
—, 4-nitro-2-(*p*-tolylsulfonyl)- **10** 237
—, 5-nitro-2-(*p*-tolylthio)- **10** 238
—, *o*-(6-nitroveratroyl)- **10** 4671
—, *m*-(2-nitrovinyl)-,
     ethyl ester **9** 2754
     methyl ester **9** 2754
—, *p*-(2-nitrovinyl)-,
     ethyl ester **9** 2756
     methyl ester **9** 2756
—, 3-nitro-4-(3,5-xylyloxy)- **10** 377
—, *p*-nonyl- **9** 2623
—, *m*-(nonyloxy)- **10** 246
—, *p*-(nonyloxy)- **10** 286
—, *o*-(1,2,3,4,5,6,7,8-octahydro-
     9-anthrylcarbonyl)- **10** 3424
—, *o*-(1,2,3,4,5,6,7,8-octahydro-
     9-phenanthrylcarbonyl)- **10** 3424
—, *p*-octyl- **9** 2611
—, *o*-(4-octylbenzoyl)- **10** 3366
—, *m*-(octyloxy)- **10** 246
—, *p*-(octyloxy)- **10** 285
—, *o*-(2-oxobutyryl)- **10** 3551
     ethyl ester **10** 3551
—, *o,o'*-(11-oxo-5,6-dihydro-11*H*-benzo[*a*]₌
     fluorene-5,6-diyl)di- **10** 4041
—, *m*-(3-oxo-1,3-diphenylpropylthio)-
     10 270
—, *o*-(3-oxo-1,3-diphenylpropylthio)-
     10 221
—, *o*-(2-oxoethylthio)- **10** 219
—, *o*-(9-oxofluoren-1-ylcarbonyl)-
     10 3675
—, *o*-(9-oxofluoren-2-ylcarbonyl)-
     10 3675
—, *p*-(1-oxo-3-phenylinden-2-yl)-
     10 3488
     ethyl ester **10** 3488
     methyl ester **10** 3488
—, *o*-(3-oxo-3-phenylpropyl)-
     10 3329
—, *m,m'*-oxydi- **10** 249
—, *m,p'*-oxydi- **10** 296
—, *o,m'*-oxydi- **10** 248
—, *o,o'*-oxydi- **10** 106
—, *o,p'*-oxydi- **10** 295
—, *p,p'*-oxydi- **10** 296
     dimethyl ester **10** 299
—, *o*-(palmitoyloxy)- **10** 105
—, pentabromo- **9** 1432
—, pentachloro- **9** 1383
—, pentamethyl- **9** 2564
—, pentaphenyl- **9** 3696
     ethyl ester **9** 3697
     methyl ester **9** 3697
—, *p*-(pent-2-enyloxy)- **10** 287
     ethyl ester **10** 303
—, *p*-pentyl- **9** 2551

—, *o*-(4-pentylbenzoyl)- **10** 3359
—, *m*-(pentyloxy)- **10** 246
     ethyl ester **10** 251
—, *p*-(pentyloxy)- **10** 284
     2-(butylamino)ethyl ester **10** 330
     ethyl ester **10** 302
     methyl ester **10** 298
—, *o*-(perylen-3-ylcarbonyl)- **10** 3508
—, *o*-phenacyl- **10** 3311
     methyl ester **10** 3312
—, *p*-phenacyl- **10** 3312
     ethyl ester **10** 3312
—, *o*-(phenacylsulfonyl)-,
     phenacyl ester **10** 229
—, *m*-(phenacylthio)- **10** 270
—, *o*-(phenacylthio)- **10** 220
—, *o*-(9-phenanthrylcarbonyl)- **10** 3489
—, *o*-phenethyl- **9** 3337
     ethyl ester **9** 3337
—, *m*-(phenethyloxy)- **10** 248
—, *o*-(phenethyloxy)-,
     ethyl ester **10** 117
—, *p*-(phenethyloxy)- **10** 291
     2-(diethylamino)ethyl ester **10** 331
     3-(dimethylamino)propyl ester **10** 332
—, *p*-(phenethylsulfonyl)- **10** 388
     ethyl ester **10** 395
—, *m*-phenoxy- **10** 247
—, *o*-phenoxy- **10** 99
     ethyl ester **10** 117
—, *p*-phenoxy- **10** 289
     2-(diethylamino)ethyl ester **10** 331
     ethyl ester **10** 304
—, *o*-(phenoxyvanadyloxy)-,
     methyl ester **10** 115
—, *o*-(phenylacetoxy)- **10** 105
     ethyl ester **10** 118
     methyl ester **10** 112
—, *o*-(phenylacetyl)- **10** 3311
     methyl ester **10** 3311
—, *o,o'*-(*p*-phenylenedithio)di- **10** 217
—, *o*-(phenylglyoxyloyl)- **10** 3625
     methyl ester **10** 3625
—, *o*-[4-(6-phenylhexyl)benzoyl]- **10** 3469
—, *o*-(α-phenylphenacyl)- **10** 3458
—, *m*-(α-phenylphenacylthio)- **10** 270
—, *o*-(α-phenylphenacylthio)- **10** 221
—, *o*-(3-phenylpropionyloxy)-,
     methyl ester **10** 112
—, *m*-(3-phenylpropoxy)- **10** 248
—, *p*-(3-phenylpropoxy)- **10** 292
—, *p*-(3-phenylpropylsulfonyl)- **10** 388
—, *o*-[2-(phenylsulfinyl)ethylthio]- **10** 216
—, *p*-(phenylsulfonyl)-,
     ethyl ester **10** 395
—, *p*-[1-(phenylsulfonyl)ethylsulfonyl]-
     10 390
     ethyl ester **10** 396
     methyl ester **10** 394

Benzoic acid *(continued)*

—, *o*-[2-(phenylsulfonyl)ethylthio]-
　10 216
—, *p*-(phenylthio)-,
　　2-(diethylamino)ethyl ester 10 399
—, *p*-[1-(phenylthio)ethylsulfonyl]- 10 389
　　methyl ester 10 393
—, *p*-[(1-phenylthio)-1-
　　(*p*-tolylsulfonyl)ethylsulfonyl]-
　10 392
　　ethyl ester 10 398
—, *p*-[(phenylthio)-(*p*-tolylsulfonyl)-
　　methylsulfonyl]- 10 391
　　ethyl ester 10 398
—, *m*-(phosphonooxy)- 10 249
—, *o*-(phosphonooxy)- 10 106
　　phenyl ester 10 131
—, *p*-(phosphonooxy)-,
　　cholest-5-en-3-yl ester 10 312
—, *p*,*p*'-(propanediyldioxy)di-
　10 292
—, *o*-propionyl- 10 3052
　　methyl ester 10 3053
—, *o*-(propionyloxy)-,
　　methyl ester 10 111
—, *m*-propoxy- 10 245
　　2-(diethylamino)ethyl ester 10 253
—, *o*-propoxy- 10 98
　　2-(butylamino)ethyl ester 10 148
　　ethyl ester 10 117
　　methyl ester 10 109
—, *p*-propoxy- 10 283
　　2-(butylamino)butyl ester 10 333
　　2-(butylamino)ethyl ester 10 328
　　2-(diethylamino)ethyl ester 10 327
　　2-(dipropylamino)ethyl ester 10 327
　　ethyl ester 10 301
　　2-(hexylamino)butyl ester 10 333
　　propyl ester 10 306
—, 4-propoxy-3,4'-oxydi- 10 1410
—, *p*-propyl- 9 2479
　　ethyl ester 9 2479
—, *p*-(1-propylallyloxy)- 10 288
　　ethyl ester 10 304
—, 4,4'-propylidenedi- 9 4564
—, *p*-(propylsulfonyl)- 10 386
—, *m*-(propylthio)- 10 266
　　2-(diethylamino)ethyl ester 10 273
　　3-(diethylamino)propyl ester 10 274
—, *o*-(propylthio)- 10 214
　　2-(dibutylamino)ethyl ester 10 230
　　2-(diethylamino)ethyl ester 10 230
　　3-(diethylamino)propyl ester 10 230
—, *p*-(propylthio)- 10 386
—, *o*-protocatechuoyl- 10 4669
　　methyl ester 10 4670
—, *o*-(protocatechuoyloxy)- 10 1422
—, 3-(protocatechuoyloxy)-4-hydroxy-
　10 1423

—, *o*,*o*'-(pyrene-1,6-diyldicarbonyl)di-
　10 4102
—, *o*,*o*'-(pyrene-1,8-diyldicarbonyl)di-
　10 4102
—, *o*-(pyren-2-yl)- 9 3674
—, *o*-(pyren-1-ylcarbonyl)- 10 3501
—, *o*-salicyloyl- 10 4427
—, *o*-(salicyloyloxy)- 10 147
—, *p*-(salicyloyloxy)- 10 295
—, *m*-selenocyanato-,
　　methyl ester 10 277
—, *p*-selenocyanato-,
　　methyl ester 10 421
—, *p*-(*o*-selenocyanatophenoxy)- 10 293
—, 3-selenocyanato-4-(3,5-xylyloxy)-
　10 1445
—, *o*-(1-semicarbazonoethyl)-,
　　ethyl ester 10 3026
—, *p*-(1-semicarbazonoethyl)- 10 3030
—, *o*-(2-semicarbazonoethylthio)-
　10 220
—, *o*-(1-semicarbazonopentyl)-,
　　methyl ester 10 3085
—, *o*-(stearoyloxy)-,
　　methyl ester 10 112
—, styryl- see *Stilbenecarboxylic acid*
—, *o*,*o*'-succinyldi- 10 4076
　　dimethyl ester 10 4077
—, 2,2'-succinyldi-,
　　bis(4-nitrobenzyl) ester 10 4077
—, *o*,*o*'-[sulfinylbis(ethylenethio)]di-
　10 216
—, *p*,*p*'-sulfinyldi-,
　　diethyl ester 10 398
—, *o*,*o*'-[sulfonylbis(ethylenethio)]di-
　10 217
—, *p*,*p*'-sulfonyldi- 10 392
　　diethyl ester 10 398
　　dimethyl ester 10 394
—, *m*-(sulfooxy)- 10 249
—, *o*-(sulfooxy)- 10 106
—, *p*-(sulfooxy)- 10 296
—, *p*,*p*-[terephthaloylbis(*p*-
　　phenylenecarbonyl)]di- 10 4159
—, *p*,*p*'-terephthaloyldi- 10 4093
　　diethyl ester 10 4093
—, 2,3,4,5-tetrachloro- 9 1381
　　allyl ester 9 1382
　　benzyl ester 9 1382
　　2-butoxyethyl ester 9 1383
　　butyl ester 9 1382
　　decyl ester 9 1382
　　2-ethylhexyl ester 9 1382
　　hexyl ester 9 1382
　　methyl ester 9 1381
　　octyl ester 9 1382
　　pentyl ester 9 1382
　　2-phenoxyethyl ester 9 1383
　　propyl ester 9 1382

Benzoic acid *(continued)*

—, 2,3,4,5-tetrachloro-6-
(4'-chlorobiphenyl-4-ylcarbonyl)-
10 3456

—, 2,3,4,5-tetrachloro-6-
(dichloroacetyl)- **10** 3027

—, 2,3,4,5-tetrachloro-6-(1,2-dichloro-
2-ethoxyvinyl)- **10** 3141
ethyl ester **10** 3141

—, 2,3,4,5-tetrachloro-6-
(2,5-dihydroxybenzoyl)- **10** 4669

—, 2,3,4,5-tetrachloro-6-
(2,4-dimethylbenzoyl)- **10** 3333

—, 2,3,4,5-tetrachloro-6-
(2,5-dimethylbenzoyl)- **10** 3333

—, 2,3,4,5-tetrachloro-6-
(3,4-dimethylbenzoyl)- **10** 3334

—, 3,5,3',5'-tetrachloro-2,2'-dithiodi- **10** 236

—, 2,3,4,5-tetrachloro-6-
(4-ethylbenzoyl)- **10** 3331

—, 2,3,4,5-tetrachloro-6-
(4-heptylbenzoyl)- **10** 3364

—, 2,3,4,5-tetrachloro-6-(2-methoxy-
1-naphthoyl)- **10** 4481

—, 2,3,4,5-tetrachloro-6-(1-naphthoyl)-
10 3427

—, o-(4,5,6,6a-tetrahydrofluoranthen-
3-ylcarbohydroximoyl)- **10** 3494

—, o-(4,5,6,6a-tetrahydrofluoranthen-
3-ylcarbonyl)- **10** 3494

—, o-(5,6,7,8-tetrahydro-1-naphthoyl)-
10 3395

—, o-(5,6,7,8-tetrahydro-2-naphthoyl)-
10 3395

—, 2,3,4,5-tetramethoxy- **10** 2418

—, 2,3,4,6-tetramethoxy- **10** 2418

—, 4,4',5,5'-tetramethoxy-
3,3'-carbonyldi- **10** 4864
dimethyl ester **10** 4864

—, 5,5',6,6'-tetramethoxy-
2,2'-dithiodi- **10** 2065

—, 2,3,4,5-tetramethyl- **9** 2535

—, 2,3,4,6-tetramethyl- **9** 2535

—, 2,3,5,6-tetramethyl- **9** 2536
methyl ester **9** 2536
p-tolyl ester **9** 2536

—, o-(2,3,5,6-tetramethylbenzoyl)- **10** 3355

—, p,p'-tetrathiodi-,
diethyl ester **10** 399

—, m,m'-tetrathiodi- **10** 271

—, o,o'-tetrathiodi- **10** 225
diethyl ester **10** 227

—, p,p'-tetrathiodi- **10** 393

—, m-thiocyanato- **10** 270

—, p-thiocyanato- **10** 392

—, p,p'-thiodi- **10** 392

—, o-(p-toluhydroximoyl)- **10** 3317

—, o-(o-toluoyl)- **10** 3315
methyl ester **10** 3315

—, o-(p-toluoyl)- **10** 3317
benzyl ester **10** 3318
butyl ester **10** 3318
cyclohexyl ester **10** 3318
2-ethoxyethyl ester **10** 3318
isopentyl ester **10** 3318
isopropyl ester **10** 3317

—, o-(2-o-toluoylbenzoyl)- **10** 3673

—, tolyl- see
Biphenylcarboxylic acid, methyl-

—, o-(p-tolylglyoxyloyl)- **10** 3626

—, o-(p-tolyloxy)- **10** 100

—, p-(p-tolyloxy)- **10** 290
ethyl ester **10** 304

—, p-[1-(p-tolylsulfonyl)ethylsulfonyl]-
10 390
ethyl ester **10** 396
methyl ester **10** 394

—, o-[2-(p-tolylsulfonyl)ethylthio]-
10 216

—, p-[(p-tolylsulfonyl)methylsulfonyl]-
10 389
ethyl ester **10** 395

—, p-[α-(p-tolylsulfonyl)₌
phenethylsulfonyl]- **10** 391
ethyl ester **10** 396

—, p-(p-tolylthio)- **10** 387

—, p-[1-(p-tolylthio)acetonylsulfonyl]-,
ethyl ester **10** 396

—, p-[1-(p-tolylthio)ethylsulfonyl]-
10 390
ethyl ester **10** 396
methyl ester **10** 394

—, p-[(p-tolylthio)methylsulfonyl]-
10 388
ethyl ester **10** 395

—, 2,3,4-triacetoxy- **10** 2058

—, 3,4,5-triacetoxy- **10** 2075

—, 3,4,5-triacetoxy-2,6-bis₌
(carboxymethyl)- **10** 2626

—, 3,4,5-triacetoxy-2-
(2,2-dichlorovinyl)- **10** 2205

—, 2,4,5-triacetoxy-3,6-dimethyl-
10 2125
butyl ester **10** 2128
ethyl ester **10** 2127
isobutyl ester **10** 2128
isopentyl ester **10** 2128
isopropyl ester **10** 2128
methyl ester **10** 2126
propyl ester **10** 2127

—, 2,4,5-tribromo- **9** 1430

—, 2,4,6-tribromo- **9** 1430
methyl ester **9** 1430

—, 3,4,5-tribromo- **9** 1431
cinnamyl ester **9** 1431
α-vinylbenzyl ester **9** 1431

—, 2,4,6-tribromo-3-(bromoacetyl)-
10 3029

Benzoic acid *(continued)*
—, 2,4,6-tribromo-3-(dibromoacetyl)-
    10 3029
—, 2,4,6-tribromo-3-(dichloroacetyl)-
    10 3029
—, 2,4,6-tribromo-3,5-dimethoxy-,
    methyl ester 10 1451
—, 2,4,5-tribromo-3-nitro- 9 1771
—, p-(4,α,β-tribromophenethyl)-,
    methyl ester 9 3338
—, 2,4,6-tribromo-3-(tribromoacetyl)-
    10 3029
—, 2,4,6-tribromo-3-(trichloroacetyl)-
    10 3029
—, 2,3,5-trichloro- 9 1380
—, 2,3,6-trichloro- 9 1380
—, 2,4,5-trichloro- 9 1380
—, 2,4,6-trichloro- 9 1381
—, o-(trichloroacetoxy)- 10 104
—, p-(trichloroacetyl)- 10 3031
    methyl ester 10 3031
—, p,p'-(2,2,2-trichloroethylidene)di-
    9 4541
—, p-(2,2,2-trichloro-1-hydroxyethyl)-,
    isopropyl ester 10 580
—, p-(2,2,2-trichloro-1-hydroxy-
    1-methoxyethyl)-,
    methyl ester 10 3031
—, 3,4,5-triethoxy- 10 2073
    hydrazide 10 2095
    isopropylidenehydrazide 10 2095
    methyl ester 10 2077
    salicylidenehydrazide 10 2095
    (3,4,5-triethoxybenzylidene)=
    hydrazide 10 2095
—, 2,4,6-triethyl- 9 2593
    butyl ester 9 2594
    methyl ester 9 2593
    p-tolyl ester 9 2594
—, p-[2-(triethylammonio)ethoxy]-,
    2-(triethylammonio)ethyl ester
    10 331
—, o-(2,4,6-triethylbenzoyl)- 10 3362
—, 2,4,6-triethyl-3,5-dinitro- 9 2595
—, 2,3,4-trihydroxy- 10 2057
    hydrazide 10 2059
    methyl ester 10 2058
    salicylidenehydrazide 10 2059
—, 2,4,5-trihydroxy- 10 2065
—, 2,4,6-trihydroxy-,
    methyl ester 10 2069
—, m-(2,4,6-trihydroxybenzoyl)-
    10 4765
—, p-(2,4,6-trihydroxybenzoyl)-
    10 4765
—, 2,4,5-trihydroxy-3,6-dimethyl-
    10 2125
    butyl ester 10 2128
    ethyl ester 10 2127

    isobutyl ester 10 2128
    isopentyl ester 10 2128
    isopropyl ester 10 2127
    methyl ester 10 2126
    propyl ester 10 2127
—, 3,5,6'-trihydroxy-4'-methyl-
    2,2'-oxydi- 10 2060
—, 2,3,4-trihydroxy-6-pentyl- 10 2136
—, m-(2,4,6-trihydroxyphenacyl)-
    10 4767
—, 2,3,5-triiodo- 9 1456
    methyl ester 9 1456
—, 2,4,6-triiodo- 9 1456
—, 3,4,5-triiodo- 9 1457
    allyl ester 9 1459
    benzyl ester 9 1459
    2-(benzyloxy)ethyl ester 9 1461
    2-butoxyethyl ester 9 1460
    butyl ester 9 1457
    sec-butyl ester 9 1457
    cyclohexyl ester 9 1459
    decyl ester 9 1459
    dodecyl ester 9 1459
    2-ethoxyethyl ester 9 1460
    ethyl ester 9 1457
    1-ethylpropyl ester 9 1458
    heptyl ester 9 1458
    hexadecyl ester 9 1459
    hexyl ester 9 1458
    isobutyl ester 9 1457
    isopentyl ester 9 1458
    2-isopropoxyethyl ester 9 1460
    isopropyl ester 9 1457
    2-methoxyethyl ester 9 1460
    1-methylbutyl ester 9 1458
    2-methylbutyl ester 9 1458
    methyl ester 9 1457
    1-methylhexyl ester 9 1458
    1-methylpentyl ester 9 1458
    nonyl ester 9 1459
    octadecyl ester 9 1459
    octyl ester 9 1459
    pentyl ester 9 1458
    phenethyl ester 9 1460
    2-phenoxyethyl ester 9 1460
    3-phenylpropyl ester 9 1460
    propyl ester 9 1457
    tetradecyl ester 9 1459
—, 2,4,5-triisopropyl- 9 2625
—, 2,4,6-triisopropyl- 9 2624
    methyl ester 9 2624
    p-tolyl ester 9 2624
—, 2,3,4-trimethoxy- 10 2058
    methyl ester 10 2059
—, 2,3,5-trimethoxy- 10 2060
    methyl ester 10 2062
—, 2,3,6-trimethoxy- 10 2064
    ethyl ester 10 2064
    methyl ester 10 2064

Benzoic acid (*continued*)
—, 2,4,5-trimethoxy- **10** 2065
—, 2,4,6-trimethoxy- **10** 2069
　　methyl ester **10** 2070
—, 3,4,5-trimethoxy- **10** 2073
　　2-(diethylamino)ethyl ester **10** 2089
　　2-ethoxyethyl ester **10** 2082
　　ethyl ester **10** 2078
　　hydrazide **10** 2094
　　2-hydroxyethyl ester **10** 2082
　　m-hydroxyphenyl ester **10** 2082
　　o-hydroxyphenyl ester **10** 2082
　　p-hydroxyphenyl ester **10** 2083
　　isopropylidenehydrazide **10** 2095
　　2-methoxyethyl ester **10** 2082
　　m-methoxyphenyl ester **10** 2083
　　o-methoxyphenyl ester **10** 2082
　　p-methoxyphenyl ester **10** 2083
　　methyl ester **10** 2077
　　m-nitrophenyl ester **10** 2081
　　o-nitrophenyl ester **10** 2081
　　p-nitrophenyl ester **10** 2081
　　phenyl ester **10** 2080
　　m-tolyl ester **10** 2081
　　o-tolyl ester **10** 2081
　　p-tolyl ester **10** 2081
　　3,4,5-trimethoxybenzyl ester **10** 2085
—, *o*-(2,3,4-trimethoxybenzoyl)-
　　10 4765
—, *p*-(2,4,6-trimethoxybenzoyl)-
　　10 4765
—, *p*-(3,4,5-trimethoxybenzoyloxy)-
　　10 2086
—, 4,4′,6′-trimethoxy-2′,6-
　　bis(2-oxoheptyl)-2,3′-oxydi- **10** 4730
　　dimethyl ester **10** 4730
—, 5,6,6′-trimethoxy-4′-methyl-
　　2,3′-methylenedi-,
　　dimethyl ester **10** 2587
—, 3,5,6′-trimethoxy-4′-methyl-
　　2,2′-oxydi- **10** 2061
　　dimethyl ester **10** 2063
　　1′-methyl ester **10** 2063
—, 3,4,5-trimethoxy-2-nitro- **10** 2096
—, 4,4′,6′-trimethoxy-2′-pentyl-
　　6-valeryl-2,3′-oxydi-,
　　dimethyl ester **10** 4562
—, 4,4′,6′-trimethoxy-
　　2′,3,5′,6-tetramethyl-
　　2,3′-oxydi-,
　　dimethyl ester **10** 2127
—, *o*-(2,3,5-trimethoxy-*p*-toluoyl)-
　　10 4768
—, *o*-(2,4,5-trimethoxy-*m*-toluoyl)-
　　10 4768
—, 3,4′,5-trimethoxy-3′,4,6′-trimethyl-
　　2,2′-oxydi-,
　　dimethyl ester **10** 2118
　　methyl ester **10** 2118

—, 2,3,4-trimethyl- **9** 2489
—, 2,3,5-trimethyl- **9** 2489
—, 2,3,6-trimethyl- **9** 2489
—, 2,4,5-trimethyl- **9** 2501
　　4-bromophenacyl ester **9** 2501
—, 2,4,6-trimethyl- **9** 2489
　　allyl ester **9** 2491
　　benzyl ester **9** 2494
　　but-2-enyl ester **9** 2492
　　butyl ester **9** 2491
　　tert-butyl ester **9** 2491
　　2,6-dichlorophenyl ester **9** 2492
　　ethyl ester **9** 2491
　　isopropyl ester **9** 2491
　　methyl ester **9** 2490
　　1-methylallyl ester **9** 2492
　　2-naphthyl ester **9** 2494
　　phenethyl ester **9** 2494
　　phenyl ester **9** 2492
　　α-phenylphenethyl ester **9** 2494
　　m-tolyl ester **9** 2493
　　p-tolyl ester **9** 2493
　　2,4,6-tribromophenyl ester **9** 2492
—, *o*-(2,4,6-trimethylbenzoyl)- **10** 3347
　　methyl ester **10** 3347
—, 2,4,5-trimethyl-3,6-dinitro-
　　9 2501
　　ethyl ester **9** 2501
　　methyl ester **9** 2501
—, 2,4,6-trimethyl-3,5-dinitro-
　　9 2500
　　methyl ester **9** 2500
—, 2,4,6-trimethyl-3-nitro- **9** 2500
—, 2,4,6-trimethyl-3-(tribromoacetyl)-
　　10 3091
—, 2,4,6-trimethyl-3-(trichloroacetyl)-
　　10 3091
—, 2,3,4-trinitro- **9** 1956
—, 2,4,5-trinitro- **9** 1956
—, 2,4,6-trinitro- **9** 1956
　　allyl ester **9** 1959
　　benzyl ester **9** 1960
　　butyl ester **9** 1958
　　decyl ester **9** 1959
　　2,3-dihydroxypropyl ester **9** 1960
　　2,4-dinitrophenyl ester **9** 1959
　　ethyl ester **9** 1957
　　heptyl ester **9** 1959
　　hexyl ester **9** 1958
　　isobutyl ester **9** 1958
　　isohexyl ester **9** 1958
　　isopentyl ester **9** 1958
　　isopropyl ester **9** 1957
　　2-methylbutyl ester **9** 1958
　　methyl ester **9** 1957
　　1-methylheptyl ester **9** 1959
　　2-methylpentyl ester **9** 1958
　　p-nitrophenyl ester **9** 1959
　　nonyl ester **9** 1959

Benzoic acid,
—, 2,4,6-trinitro- *(continued)*
    octyl ester **9** 1959
    pentyl ester **9** 1958
    phenyl ester **9** 1959
    propyl ester **9** 1957
    2,4,6-trinitrophenyl ester **9** 1960
—, 2,4,6-triphenyl- **9** 3675
    methyl ester **9** 3675
—, o-(triphenylen-2-ylcarbonyl)- **10** 3505
—, 3,4,5-tris(benzyloxy)- **10** 2074
    benzyl ester **10** 2081
    dodecyl ester **10** 2080
    hexadecyl ester **10** 2080
    hexyl ester **10** 2079
    hydrazide **10** 2095
    methyl ester **10** 2077
    octadecyl ester **10** 2080
    octyl ester **10** 2079
    tetradecyl ester **10** 2080
—, p-[3,4,5-tris(benzyloxy)benzoyloxy]-,
    benzyl ester **10** 2086
—, 2,3,4-tris(ethoxycarbonyloxy)-
    6-pentyl- **10** 2137
—, 3,4,5-tris(methoxycarbonyloxy)-
    10 2075
—, 3,4,5-tris(3-nitrobenzoyloxy)-
    10 2075
—, m,m'-trithiodi- **10** 271
    diethyl ester **10** 272
—, o,o'-trithiodi- **10** 225
    diethyl ester **10** 227
—, p,p'-trithiodi- **10** 393
    diethyl ester **10** 398
—, o-valeryl- **10** 3085
    methyl ester **10** 3085
—, o-(valeryloxy)-,
    methyl ester **10** 111
—, o-vanilloyl- **10** 4669
—, o-veratroyl- **10** 4670
    methyl ester **10** 4670
—, m-(veratroyloxy)- **10** 1422
—, o-(veratroyloxy)- **10** 1422
—, p-(veratroyloxy)- **10** 1422
—, m-vinyl- **9** 2753
—, p-vinyl- **9** 2755
    sec-butyl ester **9** 2755
    ethyl ester **9** 2755
    methyl ester **9** 2755
—, o,o'-(vinylenedithio)di- **10** 217
Benzoic anhydride **9** 852
    O-benzoyloxime **9** 1311
—, 4-acetoxy-3,5-dimethoxy- **10** 2088
—, o-benzoyl- **10** 3295
—, p-(benzoyloxy)- **10** 325
—, p-(benzyloxy)- **10** 325
—, 3-(benzyloxy)-4-methoxy- **10** 1424
—, 4-(benzyloxy)-3-methoxy- **10** 1424
—, 3,4-bis(benzyloxy)- **10** 1424

—, m-bromo- **9** 1398
—, p-bromo- **9** 1417
—, 4-*tert*-butyl-2,6-dimethyl- **9** 2592
—, o-chloro- **9** 1337
—, p-chloro- **9** 1361
—, 3,4-diethoxy- **10** 1424
—, 3,5-dinitro- **9** 1934
—, p-ethoxy- **10** 325
—, p-iodo- **9** 1445
—, m-nitro- **9** 1510
—, o-nitro- **9** 1476
—, p-nitro- **9** 1684
—, o-(phosphonooxy)- **10** 148
—, 3,4,5-trimethoxy- **10** 2088
—, 2,4,6-trimethyl- **9** 2496
Benzoic N-(benzoyloxy)-2-
  (benzoyloxyimino)-
  2-phenylacetimidic anhydride
  10 2979
Benzoic N-(benzoyloxy)-2-(hydroxyimino)-
  2-phenylacetimidic anhydride
  10 2979
Benzoic 3-(benzoyloxy)urs-12-ene-
  27,28-dioic dianhydride **10** 2309
Benzoic 3,4-bis(benzoyloxy)benzoic
  anhydride **10** 1422
Benzoic p-bromobenzoic anhydride **9** 1416
Benzoic (carbonic acid ethyl ester)
  anhydride
  see *Formic acid, (benzoyloxy)-,*
  ethyl ester
Benzoic p-chlorobenzoic anhydride
  9 1361
Benzoic 3-[(1,2-dimethyl-
  6-oxocyclohexyl)methyl]-4-methyl-
  2-oxopent-3-enoic anhydride
  10 3534
Benzoic 3,5-dinitrobenzoic anhydride
  9 1933
Benzoic (diphenyl-1,1-dithiomalonic
  acid 3-methyl ester) anhydride
  9 4526
Benzoic dithiocarbamic anhydride **9** 1973
Benzoic (dithiocarbonic acid O-ethyl
  ester) anhydride
  see *Thioformic acid, (benzoylthio)-,*
  O-ethyl ester
Benzoic methyldithiocarbamic anhydride
  9 1973
Benzoic 1-naphthoic anhydride **9** 3143
Benzoic 2-naphthoic anhydride **9** 3184
Benzoic m-nitrobenzoic anhydride **9** 1510
Benzoic o-nitrobenzoic anhydride **9** 1475
Benzoic p-nitrobenzoic anhydride **9** 1684
Benzoic phthalic dianhydride **9** 4187
Benzoic selenoanhydride **9** 2000
Benzoic thioanhydride **9** 1973
—, p-chloro- **9** 1989
—, 3,4-dimethyl- **9** 2443

Benzoin
     O-cinnamoyloxime **9** 2723
     O-(2,4,6-trimethylbenzoyl)oxime
     9 2499

7*H*-Benzo[*de*]naphthacene-4-carboxylic acid,
—, 7-oxo- **10** 3496

Benzonitrile 9 1255
—, *o*-(acenaphthen-1-yl)- **9** 3584
—, *p*-(acetonylsulfonyl)- **10** 405
—, 4-acetoxy-2-bromo-3-chloro-
    5-methoxy- **10** 1439
—, 4-acetoxy-3-bromo-2-chloro-
    5-methoxy- **10** 1438
—, 3-acetoxy-2-bromo-4-methoxy-
    10 1435
—, 4-acetoxy-2-bromo-3-methoxy-
    10 1435
—, 5-acetoxy-2-bromo-4-methoxy-
    10 1438
—, 4-acetoxy-2-chloro-5-methoxy-
    10 1433
—, 4-acetoxy-3-chloro-5-methoxy-
    10 1432
—, 4-acetoxy-2,6-dibromo-3-methoxy-
    10 1439
—, 4-acetoxy-2,3-dichloro-5-methoxy-
    10 1434
—, 4-acetoxy-3,5-dimethoxy- **10** 2094
—, 4-acetoxy-2,6-dimethyl- **10** 583
—, 4-acetoxy-3-ethoxy- **10** 1430
—, 2-(2-acetoxyethoxy)-5-nitro- **10** 204
—, *p*-(1-acetoxyethyl)- **10** 580
—, 3-acetoxy-2-hydroxy- **10** 1367
—, 2-acetoxy-3-methoxy- **10** 1367
—, 3-acetoxy-4-methoxy- **10** 1430
—, 4-acetoxy-2,3,6-tribromo-5-methoxy-
    10 1440
—, *m*-acetyl- **10** 3028
—, *o*-acetyl- **10** 3026
—, *p*-acetyl- **10** 3030
—, 2-acetyl-4-chloro- **10** 3027
—, 3-acetyl-4-nitro- **10** 3029
—, 4-acetyl-2-nitro- **10** 3031
—, 3-acetyl-2,4,6-tribromo- **10** 3029
—, 3-allyl-2,5-dihydroxy- **10** 1857
—, *p*-(allyloxy)- **10** 346
—, 2-(allyloxy)-3-methoxy- **10** 1366
—, *p*-(allylsulfonyl)- **10** 405
—, *p*-(9-anthryl)- **9** 3647
—, *o*-benzoyl- **10** 3296
—, 3-(benzoyloxy)-2-hydroxy- **10** 1367
—, *p*-[3-(benzoyloxy)-3-(*o*-nitrophenyl)‑
    propionyl]- **10** 4449
—, 3-benzoyl-2,4,6-trimethyl- **10** 3346
—, *p*-(2-benzylbenzoyl)- **10** 3459
—, *p,p'*-benzylidenedi- **9** 4688
—, 2-(benzyloxy)-3-methoxy- **10** 1367
—, *p*-(benzylsulfonyl)- **10** 405

—, 3,5-bis(chloromethyl)- **9** 2445
—, *p*-[2,2-bis(*p*-methoxyphenyl)vinyl]-
    10 2018
—, 2-[2,3-bis(nitryloxy)propoxy]-
    3,5-dinitro- **10** 211
—, 2-[2,3-bis(nitryloxy)propoxy]-
    5-nitro- **10** 205
—, *m*-bromo- **9** 1399
—, *o*-bromo- **9** 1387
—, *p*-bromo- **9** 1420
—, *m*-(bromoacetyl)- **10** 3028
—, 4-bromo-2,3-dimethoxy- **10** 1367
—, 5-bromo-2,3-dimethoxy- **10** 1368
—, 6-bromo-2,3-dimethoxy- **10** 1367
—, 2-bromo-4,5-dimethyl- **9** 2443
—, 4-bromo-2,5-dimethyl- **9** 2440
—, 4-bromo-2,6-dimethyl- **9** 2436
—, 4-bromo-3,5-dimethyl- **9** 2446
—, *p*-(2-bromoethoxy)- **10** 345
—, *p*-(2-bromoethyl)- **9** 2432
—, *p*-(6-bromohexyloxy)- **10** 345
—, 2-bromo-4-hydroxy- **10** 363
—, 3-bromo-4-hydroxy- **10** 365
—, 2-bromo-3-hydroxy-4-methoxy-
    10 1435
—, 2-bromo-5-hydroxy-4-methoxy-
    10 1437
—, 3-(bromomethyl)-5-methyl- **9** 2446
—, 4-bromo-2-nitro- **9** 1770
—, 3-bromo-4,4'-oxydi- **10** 365
—, 3-bromo-4,4'-(pentanediyldioxy)di-
    10 365
—, *p*-(5-bromopentyloxy)- **10** 345
—, 3-bromo-4,4'-(propanediyldioxy)di-
    10 365
—, *p*-(3-bromopropoxy)- **10** 345
—, *p*-(3-bromopropyl)- **9** 2479
—, *o*-(2-bromovinyl)- **9** 2753
—, *p*-(2-bromovinyl)- **9** 2756
—, 2-(2-bromovinyl)-4,5-dimethoxy-
    10 1851
—, *p,p'*-(buta-1,3-dienediyl)di-
    9 4656
—, *p,p'*-(butanediyldioxy)di- **10** 346
—, *p*-butoxy- **10** 345
—, 2-butoxy-6-nitro- **10** 205
—, 2-*sec*-butoxy-6-nitro- **10** 206
—, *p*-*sec*-butyl- **9** 2522
—, 4-*tert*-butyl-2,6-dimethyl- **9** 2592
—, 4-*tert*-butyl-2,6-dimethyl-
    3,5-dinitro- **9** 2593
—, 5-*tert*-butyl-2-methyl-3-nitro-
    9 2558
—, *p*-(butylsulfonyl)- **10** 404
—, *p*-(*sec*-butylsulfonyl)- **10** 404
—, *p*-(butylthio)- **10** 404
—, *p,p'*-carbonyldi- **10** 4010
—, *m*-chloro- **9** 1349
—, *o*-chloro- **9** 1339

Benzonitrile *(continued)*
—, *p*-chloro- **9** 1366
—, *m*-(chloroacetyl)- **10** 3028
—, 3-chloro-4-hydroxy- **10** 361
—, 2-chloro-5-(1-hydroxy-3-oxophthalan-1-yl)- **10** 4009
—, 3-(chloromethyl)-5-methyl- **9** 2445
—, 2-chloro-4-nitro- **9** 1768
—, 2-chloro-5-nitro- **9** 1765
—, 4-chloro-2-nitro- **9** 1763
—, 4-chloro-3-nitro- **9** 1765
—, 3-chloro-4,4'-oxydi- **10** 361
—, *p*-(*p*-chlorophenoxy)- **10** 346
—, 2-chloro-4-(*p*-tolylsulfonyl)- **10** 414
—, 4-chloro-2-(*p*-tolylsulfonyl)- **10** 235
—, 2-chloro-4-(*p*-tolylthio)- **10** 414
—, 4-chloro-2-(*p*-tolylthio)- **10** 235
—, *p*-(cyanomethylsulfonyl)- **10** 406
—, *p*-[2-(*p*-cyanophenoxy)ethyl]- **10** 580
—, *o*-cyclohexyl- **9** 2844
—, *p*-cyclohexyl- **9** 2847
—, *p,p'*-(decanediyldioxy)di- **10** 347
—, 2-(2,3-diacetoxypropoxy)-5-nitro- **10** 205
—, 2,4-dibromo-3,6-dimethyl- **9** 2440
—, 2,4-dibromo-3-ethoxy- **10** 260
—, 2,6-dibromo-3-ethoxy- **10** 260
—, *m*-(1,2-dibromoethyl)- **9** 2429
—, *o*-(1,2-dibromoethyl)- **9** 2426
—, 3,5-dibromo-4-hydroxy- **10** 367
—, 3,3'-dibromo-4,4'-(pentanediyldioxy)-di- **10** 365
—, 3,3'-dibromo-4,4'-(propanediyldioxy)-di- **10** 365
—, 2,4-dichloro- **9** 1376
—, 2,5-dichloro- **9** 1377
—, 2,6-dichloro- **9** 1378
—, 3,4-dichloro- **9** 1379
—, 3,3'-dichloro-4,4'-(hexanediyldioxy)-di- **10** 361
—, 2,6-dichloro-4-hydroxy- **10** 362
—, *p*-(dichloroiodo)- **9** 1446
—, 2,6-dichloro-3-nitro- **9** 1769
—, 3,3'-dichloro-4,4'-(pentanediyldioxy)di- **10** 361
—, 3,4-diethoxy- **10** 1430
—, 3,5-diethyl- **9** 2532
—, 4,4'-(1,2-diethylethylene)di- **9** 4584
—, *m*-(α,β-diethyl-β-hydroxy-4-methoxyphenethyl)- **10** 1984
—, *p*-(α,β-diethyl-β-hydroxy-4-methoxyphenethyl)- **10** 1985
—, 4-(3,5-difluoro-4-methoxyphenoxy)-3,5-diiodo- **10** 374
—, 3,3'-difluoro-4,4'-(propanediyldioxy)di- **10** 359
—, *o*-(2,3-dihydrophenalen-4-yl)- **9** 3594

—, *o*-(2,3-dihydrophenalen-6-yl)- **9** 3594
—, 2,3-dihydroxy- **10** 1366
—, 2,5-dihydroxy- **10** 1388
—, *m*-(2,4-dihydroxyphenacyl)- **10** 4673
—, *o*-(2,4-dihydroxyphenacyl)- **10** 4672
—, *p*-(2,5-dihydroxyphenylsulfonyl)- **10** 405
—, 2-(2,3-dihydroxypropoxy)-5-nitro- **10** 204
—, 3,3'-diiodo-4,4'-(hexanediyldioxy)-di- **10** 368
—, *p*-(3,5-diiodo-4-methoxyphenoxy)- **10** 347
—, 3,5-diiodo-4-(*m*-methoxyphenoxy)- **10** 374
—, 3,5-diiodo-4-(*o*-methoxyphenoxy)- **10** 374
—, 4-[3,5-diiodo-4-(*p*-methoxyphenoxy)-phenoxy]-3,5-diiodo- **10** 374
—, 3,5-diiodo-4-(*p*-methoxyphenylthio)- **10** 414
—, 3,3'-diiodo-4,4'-oxydi- **10** 368
—, 3,3'-diiodo-4,4'-(pentanediyldioxy)-di- **10** 368
—, 3,3'-diiodo-4,4'-(propanediyldioxy)-di- **10** 368
—, 3,5-diiodo-4,4'-(propanediyldioxy)-di- **10** 373
—, 2,4-diisopropyl- **9** 2590
—, 2,5-diisopropyl- **9** 2590
—, 5,5'-diisopropyl-2,2'-dimethyl-4,4'-methylenedi- **9** 4587
—, 2,4-diisopropyl-5-nitro- **9** 2590
—, 2,3-dimethoxy- **10** 1366
—, 2,4-dimethoxy- **10** 1377
—, 3,5-dimethoxy- **10** 1449
—, 3,3'-dimethoxy-4,4'-(pentanediyldioxy)di- **10** 1430
—, 2,3-dimethoxy-5-propyl- **10** 1565
—, 2,4'-dimethoxy-3,3'-sulfonyldi- **10** 1444
—, 2-(2,5-dimethoxy-*m*-tolyloxy)-4-methoxy- **10** 1377
—, 2,3-dimethyl- **9** 2434
—, 2,4-dimethyl- **9** 2437
—, 2,5-dimethyl- **9** 2439
—, 2,6-dimethyl- **9** 2436
—, 3,4-dimethyl- **9** 2442
—, 3,5-dimethyl- **9** 2445
—, *o*-(α,α-dimethylbenzyl)- **9** 3367
—, 4,4'-(1,2-dimethylethylene)di- **9** 4574
—, 2,4-dimethyl-5-nitro- **9** 2439
—, 2,5-dimethyl-4-nitro- **9** 2441
—, 2,4-dinitro- **9** 1777
—, 3,4-dinitro- **9** 1779
—, 3,5-dinitro- **9** 1944
—, 3,3'-dinitro-4,4'-dithiodi- **10** 418

Benzonitrile *(continued)*
—, 5,5'-dinitro-2,2'-dithiodi- **10** 238
—, 3,5-dinitro-2-[2-(nitryloxy)ethoxy]- **10** 210
—, 3,3'-dinitro-4,4'-oxydi- **10** 381
—, 3,3'-dinitro-4,4'-(pentanediyldioxy)=di- **10** 381
—, 3,3'-dinitro-4,4'-[*m*-phenylenebis(2-chlorovinylene)]di- **9** 4709
—, 3,3'-dinitro-4,4'-[*p*-phenylenebis(2-chlorovinylene)]di- **9** 4709
—, 3,3'-dinitro-4,4'-(*m*-phenylenedivinylene)di- **9** 4709
—, 3,3'-dinitro-4,4'-(*p*-phenylenedivinylene)di- **9** 4709
—, 5,5'-dinitro-2,2'-thiodi- **10** 238
—, 2,6-dipropoxy- **10** 1402
—, *p*-(α,β-dipropyl-β-hydroxy-4-methoxyphenethyl)- **10** 1986
—, *m,m*'-dithiodi- **10** 275
—, *p,p*'-dithiodi- **10** 407
—, *p,p',p'',p'''*-ethenediylidenetetra- **9** 4901
—, *m*-ethoxy- **10** 255
—, *p*-ethoxy- **10** 344
—, 3-ethoxy-4-methoxy- **10** 1429
—, 4-ethoxy-3-methoxy- **10** 1429
—, 2-ethoxy-5-nitro- **10** 204
—, 4-ethoxy-2-nitro- **10** 376
—, 4-ethoxy-3-nitro- **10** 380
—, *p*-(*p*-ethoxyphenylthio)- **10** 405
—, 4-ethoxy-2-thiocyanato- **10** 1382
—, *m*-ethyl- **9** 2429
—, *o*-ethyl- **9** 2425
—, *p*-ethyl- **9** 2431
—, *p,p*'-(ethylenedioxy)di- **10** 346
—, *p*-(α-ethyl-β-hydroxy-4-methoxyphenethyl)- **10** 1977
—, *m*-(α-ethyl-4-methoxyphenacyl)- **10** 4454
—, *p*-(α-ethyl-4-methoxyphenacyl)- **10** 4455
—, 4-ethyl-3-methyl- **9** 2486
—, *m*-(ethylsulfonyl)- **10** 275
—, *p*-(ethylsulfonyl)- **10** 403
—, *p*-(ethylthio)- **10** 403
—, *p,p*'-ethynediyldi- **9** 4647
—, *o*-ethynyl- **9** 3068
—, *o*-fluoro- **9** 1326
—, 3-fluoro-4-hydroxy- **10** 359
—, 4-(3-fluoro-4-methoxyphenoxy)-3,5-diiodo- **10** 374
—, *p,p*'-(heptanediyldioxy)di- **10** 347
—, *p*-(heptylsulfonyl)- **10** 404
—, *p*-(hexadecylsulfonyl)- **10** 404

—, *p,p*'-(hexanediyldioxy)di- **10** 347
—, *p*-(hexyloxy)- **10** 345
—, 2-(hexyloxy)-6-nitro- **10** 206
—, *p*-(hexylsulfonyl)- **10** 404
—, *p*-(1-hydrazonoethyl)- **10** 3030
—, *m*-hydroxy- **10** 255
—, *p*-hydroxy- **10** 344
—, 4-hydroxy-3,5-diiodo- **10** 373
—, 2-hydroxy-4,5-dimethoxy- **10** 2068
—, 4-hydroxy-3,5-dimethoxy- **10** 2093
—, 4-hydroxy-2,5-dimethyl- **10** 585
—, 4-hydroxy-2,6-dimethyl- **10** 583
—, 4-hydroxy-3,5-dimethyl- **10** 586
—, *p*-(2-hydroxyethoxy)- **10** 346
—, 2-(2-hydroxyethoxy)-5-nitro- **10** 204
—, *o*-(2-hydroxyethyl)- **10** 572
—, *p*-(1-hydroxyethyl)- **10** 580
—, 4-hydroxy-3-iodo- **10** 367
—, 4-hydroxy-2-isopropyl-5-methyl- **10** 632
—, 4-hydroxy-5-isopropyl-2-methyl- **10** 631
—, 2-hydroxy-3-methoxy- **10** 1366
—, 2-hydroxy-4-methoxy- **10** 1377
—, 2-hydroxy-6-methoxy- **10** 1402
—, 3-hydroxy-4-methoxy- **10** 1429
—, 4-hydroxy-2-methoxy- **10** 1377
—, *p*-(β-hydroxy-4-methoxyphenethyl)- **10** 1967
—, *p,p*'-(hydroxymethylene)di- **10** 2347
—, 4-hydroxy-3-nitro- **10** 380
—, *p*-[3-hydroxy-3-(*o*-nitrophenyl)=propionyl]- **10** 4448
—, 3-hydroxy-4,4'-oxydi- **10** 1430
—, *o*-iodo- **9** 1436
—, *p*-iodo- **9** 1445
—, 3-iodo-4,4'-(hexanediyldioxy)di- **10** 368
—, 3-iodo-4,4'-oxydi- **10** 368
—, 3-iodo-4,4'-(pentanediyldioxy)di- **10** 368
—, 3-iodo-4,4'-(propanediyldioxy)di- **10** 368
—, *p*-iodosyl- **9** 1446
—, *p*-iodyl- **9** 1446
—, *p*-isobutoxy- **10** 345
—, *p*-isopropenyl- **9** 2771
—, 2-isopropoxy-6-nitro- **10** 205
—, *p*-(isopropylsulfonyl)- **10** 404
—, *p*-(4-methoxy-α-methylphenacyl)- **10** 4449
—, 3-methoxy-4,4'-oxydi- **10** 1430
—, *m*-(4-methoxyphenacyl)- **10** 4435
—, *p*-(2-methoxyphenacyl)- **10** 4435
—, *p*-(4-methoxyphenacyl)- **10** 4436
—, *p*-(*o*-methoxyphenoxy)- **10** 347
—, *p*-(*p*-methoxyphenoxy)- **10** 347
—, *p*-(4-methoxy-α-propylphenacyl)- **10** 4458

Benzonitrile *(continued)*
—, o-(α-methylbenzhydryl)- **9** 3605
—, o-(α-methylbenzyl)- **9** 3343
—, p,p'-methylenedi- **9** 4527
—, p,p'-(methylenedioxy)di- **10** 348
—, p,p'-(2-methylprop-1-enylidene)di- **9** 4620
—, m-(methylsulfonyl)- **10** 275
—, o-(methylsulfonyl)- **10** 234
—, p-(methylsulfonyl)- **10** 403
—, p-(methylthio)- **10** 402
—, o,o'-(naphthalene-1,5-diyldicarbonyl)di- **10** 4097
—, p-(1-naphthyl)- **9** 3550
—, m-nitro- **9** 1521
—, o-nitro- **9** 1479
—, p-nitro- **9** 1748
—, p-(4-nitrobenzylsulfonyl)- **10** 405
—, p-(2-nitrocinnamoyl)- **10** 3381
—, 4-nitro-2-(4-nitrobenzoyl)- **10** 3304
—, 4-nitro-3-(4-nitrobenzoyl)- **10** 3304
—, 3-nitro-4-(4-nitrophenethyloxy)- **10** 380
—, 5-nitro-2-[2-(nitryloxy)ethoxy]- **10** 204
—, 3-nitro-4,4'-oxydi- **10** 381
—, 2-nitro-6-(pentyloxy)- **10** 206
—, p-(p-nitrophenylsulfonyl)- **10** 405
—, 3-nitro-4,4'-(propanediyldioxy)di- **10** 381
—, 2-nitro-6-propoxy- **10** 205
—, 3-nitro-4-propoxy- **10** 380
—, 5-nitro-2-propoxy- **10** 204
—, 2-nitro-4-(p-tolylsulfonyl)- **10** 415
—, 4-nitro-2-(p-tolylsulfonyl)- **10** 237
—, 2-nitro-4-(p-tolylthio)- **10** 415
—, 4-nitro-2-(p-tolylthio)- **10** 237
—, m-(2-nitrovinyl)- **9** 2754
—, p-(octyloxy)- **10** 345
—, p-(octylsulfonyl)- **10** 404
—, p-(1-oxo-2-phenylinden-3-yl)- **10** 3487
—, p-(1-oxo-3-phenylinden-2-yl)- **10** 3488
—, p,p'-(oxopropene-1,3-diyl)di- **10** 4022
—, p,p'-oxydi- **10** 348
—, p,p'-(pentanediyldioxy)di- **10** 346
—, pentaphenyl- **9** 3697
—, p-(pentylsulfonyl)- **10** 404
—, p-phenacyl- **10** 3312
—, o-phenethyl- **9** 3337
—, p-(phenethyloxy)- **10** 346
—, m-phenoxy- **10** 255
—, p-phenoxy- **10** 346
—, p,p'-[p-phenylenebis(methyleneoxy)]-di- **10** 347
—, p-(phenylsulfonyl)- **10** 405
—, p,p'-propanediyldi- **9** 4556
—, p,p'-(propanediyldioxy)-di- **10** 346
—, p,p'-(prop-1-enylidene)di- **9** 4611
—, p-propionohydrazonoyl- **10** 3055

—, p-propoxy- **10** 345
—, m-propyl- **9** 2478
—, p-(propylsulfonyl)- **10** 403
—, p-(propylthio)- **10** 403
—, o-(1-semicarbazonoethyl)- **10** 3027
—, p,p'-sulfinyldi- **10** 406
—, p,p'-sulfonyldi- **10** 406
—, 2,3,4,6-tetramethoxy- **10** 2418
—, p-thiocyanato- **10** 406
—, p,p'-thiodi- **10** 406
—, 2-(p-tolylsulfonyl)-4-(p-tolylthio)- **10** 1383
—, 4-(p-tolylsulfonyl)-2-(p-tolylthio)- **10** 1384
—, p-(p-tolylthio)- **10** 405
—, 2,4,6-tribromo- **9** 1430
—, 2,4,5-trichloro- **9** 1380
—, 2,4,6-trichloro- **9** 1381
—, 3,4,5-triethoxy- **10** 2094
—, 2,4,6-triethyl- **9** 2594
—, 2,4,6-triethyl-3,5-dinitro- **9** 2595
—, o-(2,4,6-trihydroxyphenacyl)- **10** 4766
—, p-(2,4,6-trihydroxyphenacyl)- **10** 4767
—, 2,4,5-triisopropyl- **9** 2625
—, 2,4,6-triisopropyl- **9** 2625
—, 2,3,4-trimethoxy- **10** 2059
—, 2,4,5-trimethoxy- **10** 2068
—, 3,4,5-trimethoxy- **10** 2093
—, p-(2,4,6-trimethoxybenzoyl)- **10** 4766
—, 2,4,6-trimethyl- **9** 2497
—, m-vinyl- **9** 2753
—, o-vinyl- **9** 2752
—, p-vinyl- **9** 2755
—, p,p'-vinylidenedi- **9** 4601
Benzonitrile oxide 9 1263
3H-Benzo[fg]pentacene-9-carboxylic acid,
—, 3,10,15-trioxo-10,15-dihydro- **10** 4039
Benzo[ghi]perylene-1-carboxylic acid 9 3684
Benzo[ghi]perylene-1,2-dicarboxylic acid 9 4727
Benzo[c]phenanthrene-5-carbonitrile 9 3621
Benzo[c]phenanthrene-5-carbonyl chloride 9 3621
Benzo[c]phenanthrene-5-carboxamide 9 3621
Benzo[c]phenanthrene-6-carboxamide 9 3622
Benzo[c]phenanthrene-3-carboxylic acid,
—, 4-methyl-1-oxo-1,2,3,4-tetrahydro- **10** 3442
Benzo[c]phenanthrene-5-carboxylic acid 9 3620
      methyl ester **9** 3621

Benzo[c]phenanthrene-6-carboxylic acid
9 3621
   ethyl ester 9 3622
   methyl ester 9 3621
—, 5,6-dihydro- 9 3584
   ethyl ester 9 3584
—, 2-methyl- 9 3628
—, 3-methyl- 9 3628
—, 4-methyl- 9 3629
Benzo[rst]phenanthro[10,1,2-cde]₌
pentaphene-9,18-dione
—, 2,11-bis(4-nitrobenzoyloxy)-
9 1682
—, 4,13-bis(4-nitrobenzoyloxy)-
9 1682
Benzophenone
   O-benzoyloxime 9 1282
   O-(2-nitrobenzoyl)oxime 9 1480
   O-(2,4,6-trimethylbenzoyl)oxime
   9 2498
—, 2-acetoxy-5-(benzoyloxy)- 9 800
—, 4-(benzoyloxy)- 9 761
—, 2-(benzoyloxy)-4-bromo-3-isopropyl-
6-methyl- 9 766
—, 2-(benzoyloxy)-5-chloro- 9 761
—, 4-(benzoyloxy)-2,6-dihydroxy- 9 822
—, 4-(benzoyloxy)-2,6-dimethoxy- 9 822
—, 5-(benzoyloxy)-2-hydroxy- 9 799
—, 2-(benzoyloxy)-3-isopropyl-6-methyl-
9 765
—, 2-(benzoyloxy)-3-isopropyl-6-methyl-
4-nitro- 9 766
—, 2-(benzoyloxy)-3-isopropyl-6-methyl-
5-nitro- 9 766
—, 2-(benzoyloxy)-4-methyl- 9 762
—, 2-(benzoyloxy)-5-methyl- 9 762
   oxime 9 762
—, 2-(benzoyloxy)-5-phenyl- 9 775
—, 2,4-bis(benzoyloxy)- 9 799
—, 2,5-bis(benzoyloxy)- 9 800
—, 2,6-bis(benzoyloxy)- 9 800
—, 2,4-bis(benzoyloxy)-2'-methyl-
9 801
—, 2,4-bis(benzoyloxy)-6-methyl- 9 801
—, 2,6-bis(benzoyloxy)-2'-methyl-
9 801
—, 2,6-bis(benzoyloxy)-3'-methyl-
9 802
—, 2,6-bis(benzoyloxy)-4'-methyl-
9 802
—, 2,4'-bis(salicyloyloxy)- 10 146
—, 4,4'-bis(salicyloyloxy)- 10 146
—, 4-chloro-,
   O-benzoyloxime 9 1283
   O-(2,4,6-trimethylbenzoyl)oxime
   9 2498
—, 2-hydroxy-5-methyl-,
   O-(2,4,6-trimethylbenzoyl)oxime
   9 2499

—, 4-methoxy-,
   O-(2,4,6-trimethylbenzoyl)oxime
   9 2498
—, 4-(salicyloyloxy)- 10 146
   9 2495
—, 2,4,6-tris(benzoyloxy)- 9 822
Benzopyran
  see *Chromene* and *Isochromene*
—, 3,4-dihydro- see
   Chromane and *Isochromane*
Benzo[a]pyrene
  see *Benzo[def]chrysene*
5H-Benzo[cd]pyrene-4-carboxylic acid,
—, 5-oxo 10 3487
p-Benzoquinone
   O-benzoyloxime 9 1285
—, 2,5-bis(benzoyloxy)-3,6-didecyl- 9 819
—, 2,5-bis(benzoyloxy)-3,6-diheptyl- 9 819
—, 2,5-bis(benzoyloxy)-3,6-diisopentyl-
9 818
—, 2,5-bis(benzoyloxy)-3-dodecyl-
9 818
—, 2,5-bis(benzoyloxy)-3-hexadecyl-
9 819
—, 2,5-bis(benzoyloxy)-3-octadecyl-
9 819
—, 2,5-bis(benzoyloxy)-3-tetradecyl-
9 819
—, 2,5-bis(benzoyloxy)-3-tridecyl-
9 818
—, 2,5-bis(benzoyloxy)-3-undecyl- 9 818
—, 2-bromo-,
   1-(O-benzoyloxime) 9 1286
   4-(O-benzoyloxime) 9 1286
—, 2-chloro-,
   1-(O-benzoyloxime) 9 1286
   4-(O-benzoyloxime) 9 1285
—, 2,3-dichloro-,
   O-benzoyloxime 9 1286
—, 2,6-dichloro-,
   4-(O-benzoyloxime) 9 1286
—, 2-[1-ethyl-2-(veratroyloxy)prop-
1-enyl]-5-methoxy- 10 1421
—, tetrakis(benzoyloxy)- 9 846
Benzo[1,2-c;3,4-c';5,6-c'']trifuran-
1,4,7(3H,6H,9H)-trione,
—, 3,6,9-trihydroxy-3,6,9-triphenyl-
10 4169
Benzo[b]triphenylene-9-carboxamide,
—, 14-cyano- 9 4718
Benzo[b]triphenylene-1-carboxylic
acid,
—, 9,14-dioxo-9,14-dihydro- 10 3678
Benzo[b]triphenylene-9-carboxylic
acid,
—, 9,14-dihydro- 9 3669
   methyl ester 9 3669
Benzo[b]triphenylene-
9,14-dicarbonitrile 9 4718

Benzo[*b*]triphenylene-9,14-dicarboxamide
  9 4718
Benzo[*b*]triphenylene-9,14-dicarboxylic
  acid,
—, 9,14-dihydro- 9 4716
    dimethyl ester 9 4716
Benzoyl azide 9 1324
    O-benzoyloxime 9 1324
—, *o*-acetoxy- 10 162
—, *o*-(azidocarbonylmethoxy)- 10 162
—, 2-bromo- 9 1391
—, 3-bromo- 9 1403
—, 4-bromo- 9 1426
—, 2-bromo-3,5-dinitro- 9 1955
—, 4-bromo-3,5-dinitro- 9 1955
—, 2-chloro- 9 1345
—, 3-chloro- 9 1354
—, 4-chloro- 9 1374
—, 2-chloro-3,5-dinitro- 9 1953
—, *p*-(α,β-diethyl-4-methoxyphenethyl)-
  10 1242
—, 3,5-dimethoxy- 10 1449
—, 2,4-dinitro- 9 1778
—, 3,5-dinitro- 9 1950
—, *p*-ethoxy- 10 358
—, 2-fluoro- 9 1326
—, 3-iodo- 9 1442
—, 4-iodo- 9 1451
—, 2-nitro- 9 1489
—, 3-nitro- 9 1536
    azine 9 1537
—, 4-nitro- 9 1758
    azine 9 1759
—, 3,4,5-triethoxy- 10 2096
—, 3,4,5-trimethoxy- 10 2095
—, 2,4,6-trinitro- 9 1960
Benzoyl bromide 9 1064
—, 3-bromo- 9 1399
—, 4-nitro- 9 1710
Benzoyl chloride 9 1058
—, 2-acetoxy- 10 151
—, 3-acetoxy- 10 254
—, 4-acetoxy- 10 340
—, 2-acetoxy-3,5-diiodo- 10 189
—, 4-acetoxy-3,5-diiodo- 10 372
—, 4-acetoxy-3,5-dimethoxy- 10 2090
—, 3-acetoxy-2-ethyl- 10 570
—, 2-acetoxy-3-methoxy- 10 1366
—, 3-acetoxy-5-methoxy- 10 1448
—, 4-acetoxy-3-nitro- 10 379
—, 2-acetyl- 10 3026
—, 2-acetyl-3-nitro- 10 3028
—, 4-(allyloxy)- 10 339
—, 3-(allylthio)- 10 275
—, 4-[4-(*p*-anisoyloxy)benzoyloxy]-
  3-methoxy- 10 1427
—, 2-benzoyl- 10 3295
—, 3-benzoyl- 10 3305
—, 4-benzoyl- 10 3306

—, 2-benzoyl-3-bromo- 10 3299
—, 4-(benzoyloxy)- 10 340
—, 4-(benzoyloxy)-3,5-dimethoxy-
  10 2090
—, 4-(benzyloxy)- 10 339
—, 6-(benzyloxy)-2,3-dimethoxy-
  10 2064
—, 4-(benzylthio)-3-nitro- 10 418
—, 3,4-bis(benzoyloxy)- 10 1426
—, 2,5-bis(benzyloxy)- 10 1387
—, 3,5-bis(benzyloxy)-4-methoxy-
  10 2089
—, 3,5-bis(trichloromethyl)- 9 2445
—, 2,5-bis(trifluoromethyl)- 9 2440
—, 2-bromo- 9 1387
—, 3-bromo- 9 1399
—, 4-bromo- 9 1418
—, 4-(2-bromoallyloxy)- 10 339
—, 2-(4-bromobenzoyl)- 10 3300
—, 2-bromo-4,6-dimethyl- 9 2438
—, 4-bromo-2,6-dimethyl- 9 2436
—, 2-bromo-3,5-dinitro- 9 1954
—, 4-bromo-3,5-dinitro- 9 1955
—, 3-bromo-2,4,6-trimethyl- 9 2500
—, 3-butoxy- 10 253
—, 4-butoxy- 10 338
—, 4-butoxy-3,5-dimethoxy- 10 2089
—, 4-butyl- 9 2520
—, 4-*sec*-butyl- 9 2522
—, 4-*tert*-butyl- 9 2526
—, 4-*tert*-butyl-2,6-dimethyl- 9 2592
—, 4-*tert*-butyl-2,6-dimethyl-
  3,5-dinitro- 9 2593
—, 2-(butylthio)- 10 231
—, 3-(butylthio)- 10 274
—, 4-(butylthio)- 10 400
—, 4,4′-carbonyldi- 10 4010
—, 2-chloro- 9 1338
    azine 9 1345
—, 3-chloro- 9 1348
—, 4-chloro- 9 1362
—, 2-(4-chlorobenzoyl)- 10 3297
—, 3-chloro-4-(*p*-chlorophenoxy)-
  10 361
—, 2-chloro-3,5-dinitro- 9 1953
—, 2-(2-chloroethyl)- 9 2426
—, 2-chloro-5-nitro- 9 1765
—, 2-chloro-6-nitro- 9 1764
—, 4-chloro-2-nitro- 9 1763
—, 4-chloro-3-nitro- 9 1764
—, 4-(*p*-chlorophenoxy)- 10 339
—, 4-chloro-2-phenoxy- 10 165
—, 2-(chrysen-6-ylcarbonyl)- 10 3505
—, 3-cyano- 9 4243
—, 4-cyano- 9 4255
—, 4-cyclohexyl- 9 2847
—, 3-(cyclohexylthio)- 10 275
—, 3,4-diacetoxy- 10 1426
—, 3,5-diacetoxy- 10 1449

Benzoyl chloride *(continued)*

—, 3,5-diacetoxy-4-[3,5-diacetoxy-4-(3,4,5-trimethoxybenzoyloxy)-benzoyloxy]- **10** 2091
—, 2,5-diacetoxy-4-hexyl- **10** 1585
—, 3,4-diacetoxy-5-methoxy- **10** 2090
—, 3,5-diacetoxy-4-(3,4,5-triacetoxybenzoyloxy)- **10** 2091
—, 3,5-diacetoxy-4-(3,4,5-trimethoxybenzoyloxy)- **10** 2090
—, 3,4-dibromo- **9** 1429
—, 2,4-dichloro- **9** 1375
—, 2,5-dichloro- **9** 1376
—, 2,6-dichloro- **9** 1377
—, 3,4-dichloro- **9** 1379
—, 3,5-dichloro-2-nitro- **9** 1769
—, 2-(dichlorophosphinyloxy)- **10** 151
—, 3,4-diethoxy- **10** 1426
—, 4-[2-(diethylamino)ethoxy]- **10** 340
—, 2,4-dihydroxy- **10** 1376
—, 2,5-diiodo- **9** 1454
—, 3,4-diiodo- **9** 1454
—, 3,5-diiodo- **9** 1455
—, 3,5-diiodo-4-(*p*-methoxyphenoxy)- **10** 372
—, 2,4-dimethoxy- **10** 1376
—, 2,6-dimethoxy- **10** 1402
—, 2,3-dimethyl- **9** 2434
—, 2,4-dimethyl- **9** 2437
—, 2,5-dimethyl- **9** 2439
—, 2,6-dimethyl- **9** 2435
—, 3,4-dimethyl- **9** 2441
—, 3,5-dimethyl- **9** 2444
—, 2,4-dinitro- **9** 1777
—, 3,4-dinitro- **9** 1779
—, 3,5-dinitro- **9** 1936
—, 3,3'-dinitro-4,4'-dithiodi- **10** 418
—, 2,2'-dithiodi- **10** 231
—, 4-(dodecyloxy)- **10** 339
—, 2-ethoxy- **10** 151
—, 4-ethoxy- **10** 337
—, 2-ethoxy-3,4-dimethoxy- **10** 2059
—, 2-ethoxy-4,5-dinitro- **10** 211
—, 4-(2-ethoxyethoxy)- **10** 339
—, 3-ethoxy-4-methoxy- **10** 1426
—, 4-ethoxy-3-methoxy- **10** 1426
—, 2-ethoxy-4-nitro- **10** 196
—, 2-ethyl- **9** 2425
—, 4-ethyl- **9** 2431
—, 4-ethyl-2,5-bis(methoxycarbonyloxy)- **10** 1533
—, 4-ethyl-3-methyl- **9** 2486
—, 3-ethyl-4-propoxy- **10** 574
—, 2-(ethylthio)- **10** 231
—, 3-(ethylthio)- **10** 274
—, 4-(ethylthio)- **10** 400
—, 4-(ethylthio)-3-nitro- **10** 417

—, 2-(fluoranthen-8-ylcarbonyl)- **10** 3500
—, 2-fluoro- **9** 1325
—, 4-fluoro- **9** 1330
—, 4-fluoro-3-nitro- **9** 1762
—, 5-fluoro-2-nitro- **9** 1760
—, 4-(heptyloxy)- **10** 338
—, 4-(hexyloxy)- **10** 338
—, 3-(hexylthio)- **10** 274
—, 2-iodo- **9** 1436
—, 3-iodo- **9** 1439
—, 4-iodo- **9** 1445
—, 2-iodo-5-nitro- **9** 1774
—, 4-isobutoxy- **10** 338
—, 4-(isopentyloxy)- **10** 338
—, 4-isopropoxy- **10** 338
—, 4-isopropyl- **9** 2483
—, 3-(isopropylthio)- **10** 274
—, 4-(isopropylthio)- **10** 400
—, 2-mercapto- **10** 231
—, 3-methoxy-4,5-bis(methoxycarbonyloxy)- **10** 2090
—, 4-methoxy-3,5-bis(methoxycarbonyloxy)- **10** 2090
—, 3-methoxy-4-[3-methoxy-4-(veratroyloxy)benzoyloxy]- **10** 1427
—, 4-methoxy-3,4'-oxydi- **10** 1426
—, 4-(*p*-methoxyphenoxy)-3,5-dinitro- **10** 384
—, 3-methoxy-4-(veratroyloxy)- **10** 1427
—, 4-(1-methylheptyloxy)- **10** 338
—, 3-(1-methylheptylthio)- **10** 274
—, 4-(methylsulfonyl)- **10** 400
—, 3-(methylthio)- **10** 274
—, 4-(methylthio)- **10** 399
—, 4-(methylthio)-3-nitro- **10** 417
—, 2-(1-naphthyl)-3,5-dinitro- **9** 3549
—, 2-nitro- **9** 1477
—, 3-nitro- **9** 1514
    azine **9** 1536
—, 4-nitro- **9** 1709
—, 4-(*p*-nitrophenoxy)- **10** 339
—, 3-nitro-4-(propylthio)- **10** 417
—, 3-(pentyloxy)- **10** 254
—, 4-(pentyloxy)- **10** 338
—, 2-phenethyl- **9** 3337
—, 4-(phenethyloxy)- **10** 339
—, 2-phenoxy- **10** 151
—, 3-phenoxy- **10** 254
—, 4-phenoxy- **10** 339
—, 4-propoxy- **10** 338
—, 4-propyl- **9** 2479
—, 2-(propylthio)- **10** 231
—, 3-(propylthio)- **10** 274
—, 4,4'-sulfonyldi- **10** 401
—, 4,4'-terephthaloyldi- **10** 4094
—, 2,3,4,5-tetrachloro- **9** 1383
—, 2,3,4,6-tetramethyl- **9** 2535

Benzoyl chloride *(continued)*
—, 2,3,5,6-tetramethyl- **9** 2536
—, 4,4'-thiodi- **10** 400
—, 4-[1-(*p*-tolylthio)ethylsulfonyl]-
   10 400
—, 3,4,5-triacetoxy- **10** 2090
—, 2,4,6-tribromo- **9** 1430
—, 3,4,5-tribromo- **9** 1432
—, 2,4,5-trichloro- **9** 1380
—, 2,4,6-trichloro- **9** 1381
—, 3,4,5-triethoxy- **10** 2089
—, 2,4,6-triethyl- **9** 2594
—, 2,3,5-triiodo- **9** 1456
—, 2,4,6-triiodo- **9** 1456
—, 3,4,5-triiodo- **9** 1461
—, 2,4,6-triisopropyl- **9** 2625
—, 3,4,5-trimethoxy- **10** 2089
—, 2,4,6-trimethyl- **9** 2496
—, 2,4,5-trimethyl-3,6-dinitro- **9** 2502
—, 2,4,6-trinitro- **9** 1960
—, 3,4,5-tris(benzoyloxy)- **10** 2090
—, 3,4,5-tris(benzyloxy)- **10** 2090
Benzoyl fluoride 9 1058
—, 3,5-bis(trifluoromethyl)- **9** 2445
Benzoyl hypobromite 9 1054
Benzoyl hypoiodite 9 1055
—, 3-bromo- **9** 1398
—, 4-chloro- **9** 1362
—, 2,4-dichloro- **9** 1375
—, 3,5-dinitro- **9** 1936
—, 3-fluoro- **9** 1327
—, 4-fluoro- **9** 1329
—, 3-iodo- **9** 1439
—, 4-iodo- **9** 1445
—, 2-nitro- **9** 1477
—, 3-nitro- **9** 1514
—, 4-nitro- **9** 1709
Benzoyl iodide 9 1064
Benzoyl isocyanate 9 1121
—, 4-nitro- **9** 1726
Benzoyl isothiocyanate 9 1122
—, 4-bromo- **9** 1419
—, 4-chloro- **9** 1364
—, 3-nitro- **9** 1517
Benzoyl peroxide 9 1052
Benzyl alcohol,
—, 3,5-dimethyl-2-(4-nitrobenzoyloxy)-
   9 1643
Berenic acid 9 3351
Betol 10 136
Betulanic acid 9 2930
Betulin,
—, bis-O-(4-bromobenzoyl)- **9** 1408
—, bis-O-(3-nitrobenzoyl)- **9** 1507
Betulinic acid 10 1059
Betulonic acid 10 3263
—, dihydro- **10** 3228
Biacetyl
  see *Butane-2,4-dione*

1,1'-Bianthryl-2,2'-dicarbonitrile
   9 4738
2,2'-Bianthryl-1,1'-dicarbonitrile,
—, 9,9',10,10'-tetraoxo-
   9,9',10,10'-tetrahydro- **10** 4158
1,1'-Bianthryl-2,2'-dicarbonyl
  dichloride 9 4737
1,1'-Bianthryl-2,2'-dicarboxamide 9 4737
1,1'-Bianthryl-2,2'-dicarboxylic acid
   9 4736, 4737
—, 9,9',10,10'-tetrahydro- **9** 4733
—, 9,9',10,10'-tetraoxo-
   9,9',10,10'-tetrahydro- **10** 4156
   diethyl ester **10** 4157
1,1'-Bianthryl-4,4'-dicarboxylic acid,
—, 9,9',10,10'-tetraoxo-
   9,9',10,10'-tetrahydro- **10** 4157
   di(*p*-menth-3-yl) ester **10** 4158
2,2'-Bianthryl-1,1'-dicarboxylic acid,
—, *x,x'*-dinitro-9,9',10,10'-tetraoxo-
   9,9',10,10'-tetrahydro- **10** 4158
   diethyl ester **10** 4159
   dimethyl ester **10** 4158
—, 9,9',10,10'-tetraoxo-
   9,9',10,10'-tetrahydro- **10** 4158
   dimethyl ester **10** 4158
9,9'-Bianthryl-2,2'-dicarboxylic acid,
—, 4,4',5,5'-tetrahydroxy-10,10'-dioxo-
   9,9',10,10'-tetrahydro- **10** 4871
9,9'-Bianthryl-3,3'-dicarboxylic acid
   9 4738
1,1'-Bianthryl-9,9',10,10'-tetrone,
—, 4,4'-bis(benzoyloxy)-3,3'-dimethoxy-
   9 851
2,2'-Bianthryl-9,9',10,10'-tetrone,
—, 5,5',8,8'-tetrakis(benzoyloxy)-
   9 851
Bibenzaldehyde
  see *Biphenyldicarboxaldehyde*
Bibenzoic acid
  see *Biphenyldicarboxylic acid*
Bibenzyl,
—, α-(benzoyloxy)-α'-bromo- **9** 510
—, 4-(benzoyloxy)-α,α'-diethyl- **9** 513
—, 4-(benzoyloxy)-α,α'-diethyl-
   4'-methoxy- **9** 629
—, 4-(benzoyloxy)-2-methyl- **9** 512
—, α-(benzoyloxy)-
   2,2',4,4',5'-pentanitro- **9** 510
—, α,α'-bis(benzoyloxy)- **9** 622, 623
—, 3,4'-bis(benzoyloxy)- **9** 622
—, 3,5-bis(benzoyloxy)- **9** 622
—, 4,4'-bis(benzoyloxy)-3,3'-bis-
   (cyclohex-2-en-1-yl)-α,α'-diethyl-
   9 652
—, 4,4'-bis(benzoyloxy)-α,α'-
   bis(2-methylprop-1-enyl)- **9** 649
—, 4,4'-bis(benzoyloxy)-3,3'-dibenzyl-
   α,α'-diethyl- **9** 658

Bibenzyl (*continued*)

—, 4,4'-bis(benzoyloxy)-
3,3'-dicyclohexyl-α,α'-diethyl-
9 650

—, 4,4'-bis(benzoyloxy)-α,α'-diethyl-
9 629, 630

—, 4,4'-bis(benzoyloxy)-α,α'-diethyl-
2,2'-diisopropyl-5,5'-dimethyl-
9 633

—, 4,4'-bis(benzoyloxy)-α,α'-diethyl-
5,5'-diisopropyl-2,2'-dimethyl-
9 633

—, 4,4'-bis(benzoyloxy)-α,α'-diethyl-
3,3'-dimethyl- **9** 631

—, 4,4'-bis(benzoyloxy)-α,α'-diethyl-
3,3'-diphenyl- **9** 658

—, 4,4'-bis(benzoyloxy)-α,α'-diethyl-
2,2',5,5'-tetramethyl- **9** 632

—, 4,4'-bis(benzoyloxy)-α,α'-dimethyl-
9 626

—, α,α'-bis(benzoyloxy)-4-isopropyl-
9 627

—, 4,4'-bis(benzoyloxy)-
α,α,α'-trimethyl- **9** 627

—, α-bromo-α'-(4-nitrobenzoyloxy)-
9 1615

—, α-chloro-α'-(4-nitrobenzoyloxy)-
9 1615

—, α-cyclohexyl-α'-
(3,5-dinitrobenzoyloxy)- **9** 1889

—, α-cyclopentyl-α'-
(3,5-dinitrobenzoyloxy)- **9** 1888

—, 3,3'-diallyl-4,4'-bis(benzoyloxy)-
α,α'-diethyl- **9** 650

—, α,α'-diethyl-4,4'-dimethoxy-α-
(4-nitrobenzoyloxy)- **9** 1667

—, 3,4-dimethoxy-2-(4-nitrobenzoyloxy)-
9 1667

—, 2,α'-dimethyl-α-(4-nitrobenzoyloxy)-
9 1615

—, 3-methyl-2,4-bis(4-nitrobenzoyloxy)-
9 1651

—, 3,3',4,4'-tetrakis(benzoyloxy)-
α,α'-diethyl- **9** 696

—, 3,3',5'-tris(benzoyloxy)-4-methoxy-
9 694

Bibenzylcarboxylic acid
see *Benzoic acid, phenethyl-*

Bibenzyl-3,3'-dicarbonitrile,

—, 4,4'-dimethyl-α,α'-dioxo- **10** 4077

Bibenzyl-4,4'-dicarbonitrile 9 4537

—, α,α'-dibromo- **9** 4538

—, α,α'-dichloro- **9** 4537

—, α-oxo- **10** 4011

—, α,α,α'-trichloro- **9** 4537

Bibenzyl-4,4'-dicarboxamide
dioxime **9** 4537

Bibenzyl-4,4'-dicarboxamidine
9 4537

Bibenzyl-2,2'-dicarboxylic acid,

—, 5,5'-dimethyl- **9** 4575

—, α,α'-dioxo- **10** 4075
dimethyl ester **10** 4075

Bibenzyl-3,3'-dicarboxylic acid
dimethyl ester **9** 4536

—, 4,4'-dimethyl-α,α'-dioxo- **10** 4077

Bibenzyl-4,4'-dicarboxylic acid
bis[2-(dibutylamino)ethyl] ester
9 4536
bis[2-(diethylamino)ethyl] ester
9 4536
bis[2-(dimethylamino)ethyl] ester
9 4536
dimethyl ester **9** 4536

Bicarbamic acid,

—, benzoyl-,
dimethyl ester **9** 1322

—, cinnamoyl-,
dimethyl ester **9** 2724

7,7'-Bi(cholesta-5,8-dienyl),

—, 3,3'-bis(benzoyloxy)- **9** 653

**Bicyclo[4.3.1]dec-7-ene-1-carboxylic
acid,**

—, 7-methyl-10-oxo- **10** 2959
ethyl ester **10** 2959

—, 7-methyl-10-semicarbazono-,
ethyl ester **10** 2959

Bicycloekasantalic acid 9 335

α-Bicyclofarnesic acid 9 345

**Bicyclo[10.3.1]hexadec-12-ene-
1-carboxylic acid,**

—, 13-methyl-16-oxo-,
methyl ester **10** 2966

Bicyclo[3.1.0]hexane,

—, 4-(3,5-dinitrobenzoyloxy)-
1-isopropyl- **9** 1824

—, 1-isopropyl-4-(4-nitrobenzoyloxy)-
9 1567

**Bicyclo[2.1.1]hexane-5-carboxylic
acid,**

—, 1,5-dimethyl-2-oxo- **10** 2904

**Bicyclo[3.1.0]hexane-2-carboxylic
acid,**

—, 2-hydroxy-5-isopropyl- **10** 59

**Bicyclo[2.1.1]hexane-2,5-dicarboxylic
acid,**

—, 1,5-dimethyl- **9** 3991

Bicyclohex-1-en-1-yl-2-carbonitrile 9 2595

**Bicyclohex-3-en-1-yl-6-carboxylic
acid,**

—, 6-cyano-6'-methyl-,
butyl ester **9** 4352

—, 6-cyano-3,3',4,4',6'-pentamethyl-,
butyl ester **9** 4366
methyl ester **9** 4365

**Bicyclohex-2-en-1-yl-5,5',6,6'-tetracarbonyl
tetrachloride,**

—, 4,4'-diphenyl- **9** 4900

Bicyclohex-2-en-1-yl-
5,5′,6,6′-tetracarboxylic acid,
—, 4,4′-diphenyl- **9** 4900
Bicyclohexyl-1-carbonitrile **9** 261
Bicyclohexyl-4-carbonitrile **9** 262
Bicyclohexyl-1-carbonyl chloride
9 260
Bicyclohexyl-4-carbonyl chloride
9 262
Bicyclohexyl-1-carboxamide **9** 261
Bicyclohexyl-4-carboxamide **9** 262
Bicyclohexyl-1-carboxylic acid **9** 260
2-(diethylamino)ethyl ester
9 260
—, 2′-cyano-2′-hydroxy-,
ethyl ester **10** 2054
—, 2,2′-dioxo-,
ethyl ester **10** 3532
—, 2′-oxo-,
ethyl ester **10** 2942
Bicyclohexyl-2-carboxylic acid
2-(diethylamino)ethyl ester **9** 261
2-(dimethylamino)ethyl ester **9** 261
—, 2′,4′-dioxo-,
ethyl ester **10** 3533
—, 2′-(hydroxyimino)- **10** 2942
—, 2′-oxo- **10** 2942
ethyl ester **10** 2943
—, 4,4′,5,5′-tetrabromo-2-cyano-
2′,4,4′,5,5′-pentamethyl-,
methyl ester **9** 4038
Bicyclohexyl-3-carboxylic acid,
—, 4-oxo-,
methyl ester **10** 2943
—, 4-oxo-3-(3-oxobutyl)-,
methyl ester **10** 3535
Bicyclohexyl-4-carboxylic acid **9** 261
2-(diethylamino)ethyl ester **9** 262
Bicyclohexyl-1,1′-dicarbonitrile **9** 4019
Bicyclohexyl-1,2′-dicarboxylic acid
9 4019
Bicyclohexyl-2,2′-dicarboxylic acid
9 4020
diethyl ester **9** 4024
dimethyl ester **9** 4023
methyl ester **9** 4022
—, 1,1′-dihydroxy- **10** 2416
Bicyclohexyl-2,4′-dicarboxylic acid,
—, 3′,4′-dimethyl-2′-oxo-,
diethyl ester **10** 3941
—, 2′-(ethoxycarbonylmethyl)-
3′,4′-dimethyl-,
diethyl ester **9** 4778
Bicyclohexyl-4,4′-dicarboxylic acid
9 4025
dimethyl ester **9** 4025
Bicyclohexyl-2-one
O-(4-nitrobenzoyl)oxime
9 1751

Bicyclohexyl-1,1′,4,4′-tetracarboxylic acid,
—, 2,2′,3,3′-tetraoxo-,
tetraethyl ester **10** 4180
Bicyclohexyl-2,3′,4′-tricarboxylic acid,
—, 3′,4′-dimethyl-2′-oxo-,
triethyl ester **10** 4115
Bicyclo[3.3.1]nona-3,6-diene-
1-carboxylic acid,
—, 4,6-dimethyl-2-oxo- **10** 3091
ethyl ester **10** 3091
Bicyclo[3.2.2]nona-6,8-diene-
6,7-dicarboxylic acid,
—, 1,4,4-trimethyl- **9** 4346
Bicyclo[3.3.1]nonane,
—, 1-(benzoyloxy)-3,5-dimethyl- **9** 414
Bicyclo[3.3.1]nonane-1-carboxylic
acid,
—, 4-methyl-9-oxo- **10** 2924
Bicyclo[3.2.2]nonane-1,5-dicarboxylic
acid **9** 4003
—, 6,8-dioxo- **10** 4055
diethyl ester **10** 4055
Bicyclo[3.2.2]nonane-6,7-dicarboxylic
acid **9** 4003, 4004
Bicyclo[3.3.1]nonane-3,7-dicarboxylic
acid,
—, 2,6-dioxo-,
dimethyl ester **10** 4055
Bicyclo[3.3.1]nonane-
1,3,3,5,7-pentacarboxylic acid,
—, 9-oxo-,
pentamethyl ester **10** 4177
Bicyclo[3.3.1]non-3-ene-1-carboxylic
acid,
—, 4-methyl-9-oxo- **10** 2957
ethyl ester **10** 2957
Bicyclo[3.2.2]non-8-ene-
6,7-dicarboxylic acid,
—, 1,4,4-trimethyl-2-oxo-,
diethyl ester **10** 3943
dimethyl ester **10** 3943
Bicyclo[3.2.1]octane,
—, 2,2-dimethyl-4-(4-nitrobenzoyloxy)-
9 1572
—, 4-(3,5-dinitrobenzoyloxy)-
2,2-dimethyl- **9** 1832
Bicyclo[2.2.2]octane-1-carboxylic acid,
—, 2,5-dioxo- **10** 3528
Bicyclo[2.2.2]octane-2-carboxylic acid
9 189
ethyl ester **9** 189
Bicyclo[3.2.1]octane-2-carboxylic acid
9 187
Bicyclo[3.2.1]octane-3-carboxylic acid,
—, 1-methyl-2-oxo-,
ethyl ester **10** 2911
Bicyclo[2.2.2]octane-1,4-dicarboxylic
acid **9** 3991
diethyl ester **9** 3992

Bicyclo[2.2.2.]octane-1,4-dicarboxylic acid
  (continued)
—, 2,5-dihydroxy-,
  diethyl ester **10** 2415
—, 2,5-dioxo- **10** 4054
  diethyl ester **10** 4055
Bicyclo[2.2.2]octane-2,3-dicarboxylic acid 9 3992
  dimethyl ester **9** 3992
—, 5-bromo-6-hydroxy- **10** 2051
—, 5,6-dibromo- **9** 3992
—, 2,3-dimethyl-5,6-dioxo- **10** 4057
  dimethyl ester **10** 4057
—, 5-hydroxy-1-isopropyl-4-methyl-
  6-oxo- **10** 4715
  dimethyl ester **10** 4716
—, 1-isopropyl-4-methyl- **9** 4030
  dimethyl ester **9** 4030
—, 5-methyl- **9** 4004
Bicyclo[3.2.1]octane-2,2-dicarboxylic acid 9 3991
  diethyl ester **9** 3991
Bicyclo[2.2.2]octane-2,3,5,6-tetracarboxylic acid
  tetramethyl ester **9** 4862
Bicyclo[2.2.2]oct-5-ene-2-carboxylic acid
  ethyl ester **9** 304
—, 3-benzoyl-1-isopropyl-4-methyl- **10** 3287
Bicyclo[3.2.1]oct-2-ene-2-carboxylic acid,
—, 3-acetyl-1,8,8-trimethyl- **10** 2964
Bicyclo[2.2.2]oct-5-ene-2,2-dicarboxylic acid,
—, 3-methyl-,
  diethyl ester **9** 4056
Bicyclo[2.2.2]oct-5-ene-2,3-dicarboxylic acid 9 4054
  dimethyl ester **9** 4054
—, 8,8-dimethyl-1,5-diphenyl- **9** 4682
—, 4-isopropyl-1-methyl- **9** 4075, 4076
—, 1,5,8,8-tetramethyl-7-oxo- **10** 3944
Bicyclo[2.2.2]oct-7-ene-2,3-dicarboxylic acid,
—, 5-[1,2-(dimethoxycarbonyl)ethyl]-,
  dimethyl ester **9** 4870
Bicyclo[3.2.1]oct-2-ene-2,3-dicarboxylic acid,
—, 1,8,8-trimethyl- **9** 4069
Bicyclo[2.2.2]oct-7-ene-2,3,5,6,7-pentacarboxylic acid
  pentamethyl ester **9** 4907
—, 1,8-dimethyl- **9** 4908
  pentamethyl ester **9** 4908
Bicyclo[2.2.2]oct-7-ene-1,2,3,6-tetracarboxylic acid,
—, 4,5-dimethyl- **9** 4870
—, 4-methyl- **9** 4869

Bicyclo[2.2.2]oct-7-ene-2,3,5,6-tetracarboxylic acid
  tetramethyl ester **9** 4869
—, 1,8-dimethyl-,
  tetramethyl ester **9** 4870
—, 7,8-diphenyl-,
  tetramethyl ester **9** 4899
Bicyclo[3.2.1]oct-3-en-2-one,
—, 1,8,8-trimethyl-4-
  (4-nitrobenzoyloxy)- **9** 1673
Bicyclopentyl-3-carboxylic acid 9 232
—, 3'-ethyl- **9** 263
Bicyclopentyl-2,2'-dicarboxylic acid,
—, 1,1'-dihydroxy- **10** 2416
  diethyl ester **10** 2416
Bicyclopentyl-2-one
  O-benzoyloxime **9** 1276
Bicyclopentyl-2,2',3,5-tetracarboxylic acid,
—, 4-(2-carboxyethyl)-3'-(3-carboxy-
  1-methylpropyl)-2-hydroxy-
  2',4-dimethyl- **10** 2639
Bicyclopropyl-2,2'-dicarboxylic acid 9 3954
Bicyclopropylidene-2,2,2',2'-tetracarboxylic acid,
—, 3,3'-bis(*m*-nitrophenyl)-,
  tetramethyl ester **9** 4898
Bicyclo[5.3.1]undec-7-ene-1-carboxylic acid,
—, 8-methyl-11-oxo- **10** 2962
  methyl ester **10** 2962
9,9'-Bifluorenyl-9-carboxylic acid
  ethyl ester **9** 3690
9,9'-Bifluorenyl-1,1'-dicarbonitrile 9 4731
9,9'-Bifluorenyl-2,2'-dicarbonitrile 9 4731
9,9'-Bifluorenyl-1,1'-dicarbonyl dichloride 9 4731
9,9'-Bifluorenyl-2,2'-dicarbonyl dichloride 9 4731
9,9'-Bifluorenyl-1,1'-dicarboxamide 9 4731
9,9'-Bifluorenyl-2,2'-dicarboxamide 9 4731
9,9'-Bifluorenyl-1,1'-dicarboxylic acid 9 4730
9,9'-Bifluorenyl-2,2'-dicarboxylic acid 9 4731
3,3'-Bifuryl-2,2'(3*H*,3'*H*)-dione,
—, 5,5'-dihydroxy-3,3',5,5'-tetra-
  p-tolyltetrahydro- **10** 4100
3,3'-Bifuryl-5,5'(4*H*,4'*H*)-dione,
—, 2,2'-dihydroxy-
  2,2'-diphenyltetrahydro- **10** 4079
3,3'(2*H*,2'*H*)-Bifurylidene-2,2'-dione,
—, 5,5'-dihydroxy-
  5,5'-diphenyltetrahydro- **10** 4089

3,3'(2H,2'H)-Bifurylidene-2,2'-dione
(*continued*)
—, 5,5'-dihydroxy-5,5'-di-
　　p-tolyltetrahydro- **10** 4091
3,3'(2H,2'H)-Bifurylidene-2,5'(4'H)-dione,
—, 2',5-bis(*p*-bromophenyl)-
　　2',5-dihydroxydihydro- **10** 4090
2,2'-Biindanyl-2,2'-dicarboxylic acid,
—, 1,1',3,3'-tetraoxo-,
　　diethyl ester **10** 4156
1,1'-Biindenyl-1,1'-dicarboxylic acid,
—, 3,3'-diphenyl-,
　　diethyl ester **9** 4739
Bilianic acid 10 4146
Bilisoidanic acid 10 4168
Biloidanic acid 9 4911
Binaphthalenecarboxylic acid see
　　Binaphthylcarboxylic acid
Binaphthoic acid see *Binaphthyldicarboxylic
acid*
1,1'-Binaphthyl,
—, 2,2'-bis(benzoyloxy)- **9** 655
—, 2,2',7,7'-tetrakis(benzoyloxy)- **9** 700
**1,1'-Binaphthyl-2-carboxylic acid
9** 3649
**1,1'-Binaphthyl-8-carboxylic acid
9** 3650
　　ethyl ester **9** 3650
**1,2'-Binaphthyl-x-carboxylic acid
9** 3651
**1,2'-Binaphthyl-2-carboxylic acid
9** 3650
**1,2'-Binaphthyl-8-carboxylic acid
9** 3650
　　ethyl ester **9** 3651
**2,2'-Binaphthyl-1-carboxylic acid
9** 3651
**2,2'-Binaphthyl-3-carboxylic acid
9** 3651
**1,1'-Binaphthyl-2,2'-dicarboxylic acid
9** 4702
　　dimethyl ester **9** 4702
—, 6,6'-dibromo- **9** 4702
　　dimethyl ester **9** 4702
**1,1'-Binaphthyl-3,3'-dicarboxylic
acid,**
—, 2,2'-dihydroxy- **10** 2545, 2546
　　diethyl ester **10** 2546
**1,1'-Binaphthyl-5,5'-dicarboxylic
acid,**
—, 2,2',3,3',4,4'-hexahydroxy- **10** 2635
—, 2,2',3,3',4,4'-hexamethoxy- **10** 2636
　　dimethyl ester **10** 2636
**1,1'-Binaphthyl-8,8'-dicarboxylic acid
9** 4702
　　dimethyl ester **9** 4703
　　ethyl ester **9** 4703
—, 4,4'-dibromo-,
　　dimethyl ester **9** 4704

—, 4,4'-dichloro- **9** 4704
　　dimethyl ester **9** 4704
—, 4,4'-dihydroxy- **10** 2546
—, 5,5'-dimethoxy- **10** 2547
—, 5,5'-dinitro- **9** 4704
　　dimethyl ester **9** 4705
—, 6,6'-dinitro- **9** 4705
　　dimethyl ester **9** 4705
**2,2'-Binaphthyl-3,3'-dicarboxylic acid
9** 4705
　　dimethyl ester **9** 4705
**2,2'-Binaphthyl-8,8'-dicarboxylic
acid,**
—, 1,1'-dihydroxy-5,5'-diisopropyl-
　　4,4',6,6',7,7'-hexamethoxy-
　　3,3'-dimethyl- **10** 2637
—, 1,1'-dihydroxy-5,5'-diisopropyl-
　　6,6',7,7'-tetramethoxy-
　　3,3'-dimethyl- **10** 2636
—, 5,5'-diisopropyl-
　　1,1',6,6',7,7'-hexamethoxy-
　　3,3'-dimethyl-,
　　dimethyl ester **10** 2637
—, 5,5'-diisopropyl-
　　6,6',7,7'-tetramethoxy-
　　3,3'-dimethyl-1,1',4,4'-tetraoxo-
　　1,1',4,4'-tetrahydro- **10** 4873
—, 6,6',7,7'-tetraethoxy-
　　5,5'-diisopropyl-3,3'-dimethyl-
　　1,1',4,4'-tetraoxo-
　　1,1',4,4'-tetrahydro- **10** 4873
—, 6,6',7,7'-tetramethoxy-
　　3,3'-dimethyl-5,5'-dinitro-
　　1,1',4,4'-tetraoxo-
　　1,1',4,4'-tetrahydro- **10** 4872
2,2'-Binaphthyl-6,6'-diol,
—, 1,1',7,7'-tetrakis(benzoyloxy)-
　　5,5'-diisopropyl-3,3'-dimethyl-
　　9 714
1,1'-Biphenanthryl,
—, 4,4'-bis(benzoyloxy)-
　　3,3',6,6'-tetramethoxy- **9** 714
Biphenyl,
—, 4-(benzoyloxy)-3-bromo- **9** 504
—, 4-(benzoyloxy)-4'-bromo- **9** 504
—, 2-(benzoyloxy)-3-chloro- **9** 502
—, 2-(benzoyloxy)-5-chloro- **9** 502
—, 4-(benzoyloxy)-3-chloro- **9** 503
—, 4-(benzoyloxy)-4'-chloro- **9** 503
—, 4-(benzoyloxy)-3,4'-dibromo- **9** 504
—, 4-(benzoyloxy)-3,5-dibromo- **9** 504
—, 2-(benzoyloxy)-3,5-di-*tert*-butyl-
　　9 514
—, 4-(benzoyloxy)-3,5-di-*tert*-butyl-
　　9 514
—, 4-(benzoyloxy)-3,4'-dichloro- **9** 504
—, 4-(benzoyloxy)-3,5-dichloro- **9** 504
—, 4-(benzoyloxy)-3,5-diiodo- **9** 505
—, 2-(benzoyloxy)-3,5-dinitro- **9** 502

Biphenyl *(continued)*
—, 4-(benzoyloxy)-3,4′-dinitro- **9** 505
—, 4-(benzoyloxy)-3,5-dinitro- **9** 505
—, 4-(benzoyloxy)-4′-ethoxy- **9** 620
—, 4-(benzoyloxy)-3-iodo- **9** 505
—, 4-(benzoyloxy)-4′-iodo- **9** 505
—, 2-(benzoyloxy)-2′-isopropenyl-
    5′-methyl-6-(4-nitrobenzoyloxy)-
    3-pentyl- **9** 1653
—, 4-(benzoyloxy)-4′-methoxy- **9** 620
—, 2-(benzoyloxy)-2′-methoxy-
    3,5′-dinitro- **9** 619
—, 2-(benzoyloxy)-2′-methoxy-
    5,5′-dinitro- **9** 619
—, 3-(benzoyloxy)-4′-methoxy-5-methyl-
    9 622
—, 2-(benzoyloxy)-5-methyl- **9** 510
—, 3-(benzoyloxy)-5-methyl- **9** 510
—, 3-(benzoyloxy)-2-nitro- **9** 503
—, 4-(benzoyloxy)-3-nitro- **9** 505
—, 4-(benzoyloxy)-4′-nitro- **9** 505
—, 2-(benzoyloxy)-5-propyl- **9** 513
—, 4-(benzoyloxy)-3,4′,5-trichloro-
    9 504
—, 4-(benzoyloxy)-3,4′,5-trinitro- **9** 506
—, 2,2′-bis(*p*-anisoyloxy)-
    3,3′,5,5′-tetranitro- **10** 316
—, 2,2′-bis(benzoyloxy)- **9** 619
—, 2,3-bis(benzoyloxy)- **9** 619
—, 3,4-bis(benzoyloxy)- **9** 620
—, 4,4′-bis(benzoyloxy)- **9** 620
—, 2,2′-bis(benzoyloxy)-5,5′-diallyl-
    9 647
—, 2,2′-bis(benzoyloxy)-3,3′-dimethoxy-
    5,5′-dimethyl- **9** 695
—, 2,2′-bis(benzoyloxy)-3,3′-dimethyl-
    9 624
—, 2,2′-bis(benzoyloxy)-4,4′-dimethyl-
    9 624
—, 2,2′-bis(benzoyloxy)-6,6′-dimethyl-
    9 624
—, 2,3-bis(benzoyloxy)-5,6′-dimethyl-
    9 624
—, 4,4′-bis(benzoyloxy)-3,3′-dimethyl-
    9 624
—, 2,2′-bis(benzoyloxy)-5,5′-dipropyl-
    9 630
—, 2,2′-bis(benzoyloxy)-5,5′-(prop-
    1-enyl)- **9** 647
—, 2,2′-bis(benzoyloxy)-
    3,3′,5,5′-tetranitro- **9** 619
—, 2,2′-bis(4-bromobenzoyloxy)-
    3,3′,5,5′-tetranitro- **9** 1408
—, 2,2′-bis(4-chlorobenzoyloxy)-
    3,3′,5,5′-tetranitro- **9** 1360
—, 2,2′-bis(3-ethoxybenzoyloxy)-
    3,3′,5,5′-tetranitro- **10** 252
—, 2,2′-bis(4-ethoxybenzoyloxy)-
    3,3′,5,5′-tetranitro- **10** 316

—, 4,4′-bis(3-hydroxy-2-naphthoyloxy)-
    10 1088
—, 2,2′-bis(3-nitrobenzoyloxy)- **9** 1507
—, 2,2′-bis(4-nitrobenzoyloxy)- **9** 1669
—, 5-chloro-2-(cinnamoyloxy)- **9** 2695
—, 2-(cinnamoyloxy)-5-propyl- **9** 2695
—, 3-nitro-4-(4-nitrobenzoyloxy)-
    9 1614
—, 2,2′,3,3′-tetrakis(4-nitrobenzoyloxy)-
    5,5′-dipentyl- **9** 1669
—, 3,3′,5,5′-tetranitro-2,2′-
    bis(4-nitrobenzoyloxy)- **9** 1650
—, 3,3′,5,5′-tetranitro-2,2′-bis-
    (phenylacetoxy)- **9** 2186
Biphenyl-2-carbonitrile **9** 3269
—, 2′,5′-diethoxy-5-methyl- **10** 1961
—, 2′,5′-dimethoxy-5-methyl- **10** 1961
—, 2′,5′-dimethoxy-5-methyl-4′-pentyl-
    10 1985
—, 2′-formyl- **10** 3307
—, 6-methoxy- **10** 1152
—, 2′-methyl- **9** 3323
—, 5-methyl- **9** 3322
—, 4′-nitro- **9** 3273
—, 5-nitro- **9** 3272
—, 2′-propionyl- **10** 3335
—, 2′-(semicarbazonomethyl)- **10** 3307
—, 2′-(1-semicarbazonopropyl)- **10** 3335
Biphenyl-4-carbonitrile **9** 3279
—, 3-chloro- **9** 3280
—, 4′-iodo- **9** 3281
—, 3-nitro- **9** 3282
Biphenyl-2-carbonyl chloride,
—, 2′-cyano- **9** 4500
—, 2′-methyl-6′-nitro- **9** 3324
Biphenyl-4-carbonyl chloride **9** 3279
—, 4′-chloro- **9** 3280
—, 4′-cyclohexyl- **9** 3484
—, 4′-nitro- **9** 3283
Biphenyl-2-carboxamide **9** 3268
—, 4′-chloro- **9** 3270
—, 2′-methyl- **9** 3323
Biphenyl-4-carboxamide **9** 3279
—, 4′-bromo- **9** 3281
—, 4′-chloro- **9** 3280
—, *N*-methyl- **9** 3279
—, 2,4′,6-trimethoxy- **10** 2318
Biphenyl-4-carboxamidine,
—, 2′-cyano- **9** 4514
Biphenyl-2-carboxylic acid **9** 3268
    ethyl ester **9** 3268
    p-menth-3-yl ester **9** 3268
    methyl ester **9** 3268
—, 5-acetoxy-2′-methoxy-3,5′-dimethyl-
    10 1970
—, 2′,2‴-(acetylhydrazodicarbonyl)di-,
    dimethyl ester **9** 4501
—, 2′-*p*-anisoyl- **10** 4491
—, 2′-(azidocarbonyl)- **9** 4501

Biphenyl-2-carboxylic acid
(continued)
—, 2'-benzhydryl- **9** 3678
—, 3-benzoyl- **10** 3455
—, 2'-(α-benzyl-α-hydroxyphenethyl)-
    10 1348
—, 2'-bromo- **9** 3271
—, 4-bromo- **9** 3270
—, 5-bromo- **9** 3271
—, 3'-bromo-2'-methoxy-6-nitro- **10** 1157
—, 4-bromo-2'-methoxy-6-nitro- **10** 1156
—, 4'-bromo-2'-methoxy-6-nitro-
    10 1157
—, 5'-bromo-2'-methoxy-6-nitro-
    10 1157
    methyl ester **10** 1158
—, 2'-bromo-5'-methyl-6-nitro- **9** 3327
—, 2'-butoxy-6-nitro- **10** 1154
—, 2'-carbamoyl-4'-isopropyl-3-methyl-
    9 4577
—, 2'-(2-carboxyethyl)- **9** 4542
—, 2'-(carboxymethyl)- **9** 4527
—, 4-chloro- **9** 3269
—, 4'-chloro- **9** 3270
—, 5-chloro- **9** 3269
—, 2'-(chlorocarbonyl)-,
    methyl ester **9** 4499
—, 2'-(chlorocarbonyl)-4,4'-dinitro-,
    2-bornyl ester **9** 4511
—, 4'-chloro-4,5-dimethyl- **9** 3351
—, 3'-chloro-2'-methoxy-6-nitro-
    10 1155
—, 4-chloro-2'-methoxy-6-nitro- **10** 1155
—, 4'-chloro-2'-methoxy-6-nitro-
    10 1156
—, 5'-chloro-2'-methoxy-6-nitro-
    10 1156
—, 2'-chloro-5'-methyl-6-nitro-
    9 3326
—, 2'-cyano- **9** 4500
—, 2'-cyano-4'-isopropyl-3-methyl-
    9 4577
—, 2'-(cyanomethyl)- **9** 4528
—, 3,3'-dichloro- **9** 3270
—, 3',5-dichloro- **9** 3270
—, 2'-(4,4'-dichlorobenzhydryl)-
    9 3678
—, 2'-(4,4'-diethoxybenzhydryl)-
    10 2021
—, 2'-(4,4'-difluorobenzhydryl)-
    9 3678
—, 2',5'-dihydroxy- **10** 1952
—, 2'-(4,4'-dimethoxybenzhydryl)-
    10 2021
—, 2',6'-dimethoxy-3',6-dinitro-
    10 1953
—, 2',6'-dimethoxy-5-methyl-4'-pentyl-
    10 1985
—, 2',3'-dimethoxy-6-nitro- **10** 1951

—, 2',4'-dimethoxy-6-nitro- **10** 1951
—, 2',5'-dimethoxy-6-nitro- **10** 1952
—, 2',6'-dimethoxy-6-nitro- **10** 1952
—, 3,4'-dimethyl- **9** 3351
—, 3',4-dimethyl- **9** 3351
—, 4,5-dimethyl- **9** 3351
—, 2'-(3,3'-dimethylbenzhydryl)-
    9 3682
—, 2'-(4,4'-dimethylbenzhydryl)-
    9 3682
—, 2'-(2,4-dimethylbenzoyl)- **10** 3463
—, 2'-(2,5-dimethylbenzoyl)- **10** 3464
—, 2'-(3,4-dimethylbenzoyl)- **10** 3464
—, 2'-(2,4-dimethylbenzoyl)-
    4,4'-dinitro- **10** 3463
—, 2'-(4,5-dimethylsalicyloyl)-
    10 4493
—, 2'-[di(1-naphthyl)methyl]- **9** 3695
—, 2',6-dinitro- **9** 3273
—, 4,6-dinitro- **9** 3273
    ethyl ester **9** 3273
—, 4,4'-dinitro-2'-
    (2,4,6-trimethylbenzoyl)- **10** 3468
—, 2'-(4,4'-diphenylbenzhydryl)-
    9 3697
—, 2'-(4-ethoxybenzoyl)- **10** 4491
—, 2'-ethoxy-6-nitro- **10** 1153
—, 2'-(1-ethyl-1-hydroxypropyl)-
    10 1227
—, 2'-(1-ethylprop-1-enyl)- **9** 3478
—, 2'-(fluoren-9-yl)- **9** 3686
—, 6'-fluoro-2'-methoxy-6-nitro-
    10 1154
—, 2'-fluoro-5'-methyl-6-nitro-
    9 3326
—, 3'-formyl-4,5-dimethoxy- **10** 4672
—, 2',2'''-(hydrazodicarbonyl)di-
    9 4500
    dimethyl ester **9** 4501
—, 4-hydroxy- **10** 1152
—, 4'-hydroxy- **10** 1159
—, 2'-(α-hydroxybenzhydryl)- **10** 1347
—, 2'-(4-hydroxybenzoyl)- **10** 4491
—, 2'-(4-hydroxy-2,5-dimethylbenzoyl)-
    10 4493
—, 2'-(4-hydroxy-5-isopropyl-*o*-toluoyl)-
    10 4495
—, 3-hydroxy-6'-methoxy-5,3'-dimethyl-
    10 1971
—, 5-hydroxy-2'-methoxy-3,5'-dimethyl-
    10 1969
    2'-methoxy-5,5'-dimethylbiphenyl-
    3-yl ester **10** 1970
—, 5-hydroxy-4'-methoxy-3,3'-dimethyl-
    10 1969
—, 5-hydroxy-4'-methoxy-3-methyl-
    10 1960
    4'-methoxy-5-methylbiphenyl-3-yl
    ester **10** 1960

Biphenyl-2-carboxylic acid
   (continued)
—, 4-hydroxy-6-methyl- **10** 1185
—, 2'-(1-hydroxy-1-methylethyl)- **10** 1212
—, 2'-(1-hydroxy-1-propylbutyl)-
   10 1245
—, 2'-(4-hydroxy-*m*-toluoyl)- **10** 4492
—, 2'-iodo- **9** 3271
   ethyl ester **9** 3271
—, 4-isopropyl-2'-methoxy-3'-methyl-
   10 1220
—, 4'-isopropyl-2'-methoxy-3-methyl-
   10 1220
—, 4'-isopropyl-3-methyl-2'-
   (methylcarbamoyl)- **9** 4577
—, 4-methoxy- **10** 1152
—, 6-methoxy- **10** 1152
   methyl ester **10** 1152
—, 2'-methoxy-3',6-dinitro- **10** 1158
—, 2'-methoxy-4,6-dinitro- **10** 1158
—, 2'-methoxy-4',6-dinitro- **10** 1159
—, 2'-methoxy-5',6-dinitro- **10** 1159
—, 2'-methoxy-3'-methyl-6-nitro-
   10 1186
—, 2'-methoxy-4-methyl-6-nitro- **10** 1185
—, 2'-methoxy-4'-methyl-6-nitro-
   10 1186
—, 2'-methoxy-5'-methyl-6-nitro-
   10 1186
—, 2'-methoxy-6-nitro- **10** 1153
—, 2'-methoxy-6'-nitro- **10** 1154
—, 6-methoxy-2'-nitro- **10** 1152
—, 2'-methyl- **9** 3323
—, 2'-methyl-4,6-dinitro- **9** 3325
   ethyl ester **9** 3325
   methyl ester **9** 3325
—, 3'-methyl-4,6-dinitro- **9** 3327
   ethyl ester **9** 3327
—, 2'-methyl-6-nitro- **9** 3323
—, 2'-methyl-6'-nitro- **9** 3324
—, 6-methyl-2'-nitro- **9** 3322
—, 2'-(5-methylsalicyloyl)- **10** 4493
—, 2'-(1-naphthoyl)- **10** 3497
—, 2'-(2-naphthoyl)- **10** 3497
—, 2'-nitro- **9** 3272
—, 4-nitro- **9** 3271
   methyl ester **9** 3271
—, 4'-nitro- **9** 3272
—, 5-nitro- **9** 3272
—, 6-nitro- **9** 3272
—, 4-nitro-2',2'''-(hydrazodicarbonyl)di-
   9 4507
—, 4'-nitro-2',2'''-(hydrazodicarbonyl)di-
   9 4507
—, 6-nitro-2'-(pentyloxy)- **10** 1154
—, 6-nitro-2'-propoxy- **10** 1154
—, 4,4',5,6-tetramethoxy- **10** 2485
   hydrazide **10** 2486
   methyl ester **10** 2485

—, 2'-(4,4',α-trihydroxybenzhydryl)-
   10 2405
—, 2',4,4'-trimethoxy- **10** 2318
   methyl ester **10** 2318
—, 4,4',5-trimethyl- **9** 3370
—, 2'-(2,4,6-trimethylbenzoyl)- **10** 3468
Biphenyl-3-carboxylic acid 9 3274
—, 2-acetoxy- **10** 1160
—, 4-acetoxy- **10** 1161
—, 2-acetoxy-5-ethyl- **10** 1201
—, 2-acetoxy-5-propyl- **10** 1211
—, 2-(benzoyloxy)- **10** 1160
—, 4-(benzoyloxy)- **10** 1161
—, 2-(benzyloxy)-,
   ethyl ester **10** 1160
—, 3'-bromo- **9** 3275
—, 4-bromo- **9** 3274
—, 5-bromo- **9** 3274
—, 6-bromo- **9** 3275
—, 4-butoxy- **10** 1161
   2-(diethylamino)ethyl ester **10** 1162
—, 4-butoxy-4'-nitro- **10** 1162
—, 6-chloro- **9** 3274
   benzyl ester **9** 3274
   methyl ester **9** 3274
—, 2,2'-dimethoxy- **10** 1953
—, 2',6-dimethoxy- **10** 1953
—, 2-ethoxy- **10** 1160
   2-(diethylamino)ethyl ester **10** 1160
—, 4-ethoxy- **10** 1161
   3-(dibutylamino)propyl ester
   10 1162
   2-(diethylamino)ethyl ester **10** 1162
—, 4-ethoxy-4'-nitro- **10** 1162
—, 5-ethyl-2-hydroxy- **10** 1201
—, 2'-formyl-4',5'-dimethoxy- **10** 4672
—, 5-hexyl-2-hydroxy- **10** 1242
—, 2-hydroxy- **10** 1159
   2-butoxyethyl ester **10** 1160
   methyl ester **10** 1160
   phenyl ester **10** 1160
—, 4-hydroxy- **10** 1161
   2-(diethylamino)ethyl ester **10** 1162
   ethyl ester **10** 1162
   methyl ester **10** 1161
—, 6-hydroxy- **10** 1162
   ethyl ester **10** 1163
   propyl ester **10** 1163
—, 2-hydroxy-5-propyl- **10** 1211
—, 2'-iodo- **9** 3275
—, 4-methoxy- **10** 1161
—, 6-methoxy- **10** 1162
   ethyl ester **10** 1163
   methyl ester **10** 1163
—, 2'-nitro- **9** 3275
   ethyl ester **9** 3275
—, 3'-nitro- **9** 3276
—, 6-nitro- **9** 3275
—, 2,2',4,4',6-pentanitro- **9** 3276

Biphenyl-4-carboxylic acid 9 3276
    2-chloro-*p*-tolyl ester **9** 3277
    ethyl ester **9** 3277
    5-ethyl-*m*-tolyl ester **9** 3278
    p-tolyl ester **9** 3277
    trityl ester **9** 3278
    3,5-xylyl ester **9** 3277
—, 3-(biphenyl-3-yloxy)- **10** 1163
—, 2-bromo- **9** 3280
—, 2'-bromo- **9** 3281
—, 3-bromo- **9** 3280
—, 4'-bromo- **9** 3281
    methyl ester **9** 3281
—, 3'-bromo-4'-methoxy- **10** 1165
    methyl ester **10** 1165
—, 4'-(2-carboxybenzoyl)- **10** 4031
—, 3-chloro- **9** 3279
—, 4'-chloro- **9** 3280
—, 3'-chloro-4'-methoxy- **10** 1164
    methyl ester **10** 1164
—, 4'-cyclohexyl- **9** 3484
    methyl ester **9** 3484
—, 2',5'-dihydroxy- **10** 1954
—, 2,2'-dinitro- **9** 3283
—, 2,4'-dinitro- **9** 3283
—, 2'-fluoro- **9** 3279
—, 3-hydroxy- **10** 1163
    ethyl ester **10** 1164
—, 4'-hydroxy- **10** 1164
    methyl ester **10** 1164
—, 2'-hydroxy-2-methyl-6-nitro- **10** 1185
—, 4'-(1-hydroxy-3-oxophthalan-1-yl)-
    10 4031
—, 4'-iodo- **9** 3281
    methyl ester **9** 3281
—, 4'-methoxy- **10** 1164
    methyl ester **10** 1164
—, 2'-methoxy-2-methyl-6-nitro-
    10 1185
—, 2'-methyl- **9** 3328
—, 3-methyl- **9** 3328
    methyl ester **9** 3328
—, 3'-methyl- **9** 3328
—, 2-nitro- **9** 3281
—, 2'-nitro- **9** 3282
—, 3'-nitro- **9** 3282
—, 4'-nitro- **9** 3282
    2-(diethylamino)ethyl ester **9** 3283
    ethyl ester **9** 3283
—, 3-phenoxy- **10** 1163
—, 2,4',6-trimethoxy- **10** 2318
    methyl ester **10** 2318
Biphenyl-3,3'-dicarbaldehyde,
—, 4,4'-bis(benzoyloxy)- **9** 823
Biphenyl-2,4'-dicarbonitrile,
—, 4-nitro- **9** 4514
Biphenyl-3,3'-dicarbonitrile,
—, 6,6'-diacetoxy-5,5'-dimethoxy-
    10 2608

Biphenyl-3,4-dicarbonitrile 9 4516
—, 4'-nitro- **9** 4516
Biphenyl-4,4'-dicarbonitrile 9 4519
—, 2,2'-dimethyl- **9** 4545
—, 2,2'-dinitro- **9** 4522
Biphenyl-2,4'-dicarbonyl dichloride
  9 4514
Biphenyl-4,4'-dicarbonyl dichloride
  9 4519
Biphenyl-2,4'-dicarboxamide 9 4514
—, 2',4-dinitro- **9** 4515
Biphenyl-4,4'-dicarboxamide 9 4519
    dioxime **9** 4520
Biphenyl-4,4'-dicarboxamidine 9 4519
—, *N,N''*-dimethyl- **9** 4520
—, *N,N,N'',N''*-tetraethyl- **9** 4520
Biphenyl-2,3-dicarboxylic acid 9 4495
    dimethyl ester **9** 4495
—, 5-*tert*-butyl- **9** 4576
—, 4'-chloro-2'-oxalo- **10** 4141
—, 4,5-dimethoxy- **10** 2496
    dimethyl ester **10** 2496
—, 4',5-dimethyl-2'-oxalo- **10** 4141
—, 4-methoxy- **10** 2342
—, 4'-methoxy- **10** 2342
—, 6'-methoxy- **10** 2342
—, 2'-oxalo- **10** 4141
Biphenyl-2,4'-dicarboxylic acid 9 4514
    dimethyl ester **9** 4514
—, 2',4-dinitro- **9** 4515
—, 3-hydroxy- **10** 2341
    diethyl ester **10** 2341
—, 3-hydroxy-5-methyl- **10** 2348
    diethyl ester **10** 2348
—, 4-methoxy- **10** 2342
—, 4-nitro- **9** 4514
Biphenyl-2,5-dicarboxylic acid 9 4496
Biphenyl-2,6-dicarboxylic acid 9 4496
—, 3,3'-dichloro- **9** 4496
—, 2',3-dimethoxy- **10** 2493
—, 3-hydroxy-5-methyl-,
    diethyl ester **10** 2347
—, 3-methoxy-5-methyl- **10** 2347
    diethyl ester **10** 2348
    ethyl ester **10** 2347
Biphenyl-3,3'-dicarboxylic acid 9 4517
    dimethyl ester **9** 4517
—, 4-acetoxy-4'-methyl- **10** 2348
—, 6,6'-bis(methoxycarbonyloxy)- **10** 2498
—, 6,6'-diacetoxy- **10** 2497
    dimethyl ester **10** 2498
—, 6,6'-diacetoxy-5,5'-dimethoxy-
    10 2607
—, 5,5'-dibromo-2,2'-dimethoxy-
    10 2497
—, 5,5'-dichloro-2',2',6,6'-tetrafluoro-
    9 4517
—, 5,5'-dichloro-
    2,2',6,6'-tetramethoxy- **10** 2606

Biphenyl-3,3'-dicarboxylic acid
(continued)
—, 2,2'-difluoro-6,6'-dimethoxy- **10** 2498
—, 2,2'-difluoro-5,5'-dimethyl-
   6,6'-dinitro- **9** 4545
   dimethyl ester **9** 4546
—, 2,2'-dihydroxy- **10** 2496
—, 4,4'-dihydroxy- **10** 2497
—, 6,6'-dihydroxy- **10** 2497
   dimethyl ester **10** 2498
—, 2,2'-dihydroxy-4,4'-diisobutyryl-
   6,6'-dimethyl- **10** 4854
—, 6,6'-dihydroxy-5,5'-dimethoxy-
   10 2607
   dimethyl ester **10** 2607
—, 6,6'-dihydroxy-5,5'-dinitro-
   10 2498
—, 4,4'-diisobutyryl-2,2'-dimethoxy-
   6,6'-dimethyl- **10** 4854
   dimethyl ester **10** 4854
—, 2,2'-dimethoxy- **10** 2496
   dimethyl ester **10** 2497
—, 6,6'-dimethoxy- **10** 2497
   dimethyl ester **10** 2498
—, 6,6'-dimethoxy-5,5'-dinitro-,
   dimethyl ester **10** 2498
—, 6,6'-dinitro- **9** 4517
   bis[2-(diethylamino)ethyl] ester
   9 4518
   dimethyl ester **9** 4518
—, 2,2',4,4',6,6'-hexachloro- **9** 4517
—, 2,2',4,4',6,6'-hexanitro- **9** 4518
—, 4-hydroxy-4'-methyl- **10** 2348
—, 4-methoxy- **10** 2342
—, 6-methoxy- **10** 2342
—, 5,5',6,6'-tetraacetoxy-,
   diethyl ester **10** 2608
   dimethyl ester **10** 2608
   dipropyl ester **10** 2608
—, 5,5',6,6'-tetrahydroxy- **10** 2606
   diethyl ester **10** 2608
   dimethyl ester **10** 2607
   dipropyl ester **10** 2608
—, 2,2',6,6'-tetramethoxy- **10** 2606
—, 5,5',6,6'-tetramethoxy- **10** 2607
   diethyl ester **10** 2608
   dimethyl ester **10** 2607
Biphenyl-3,4-dicarboxylic acid 9 4515
   diethyl ester **9** 4515
   dimethyl ester **9** 4515
Biphenyl-3,4'-dicarboxylic acid 9 4518
—, 4-acetoxy- **10** 2343
—, 6-acetoxy- **10** 2343
—, 4-hydroxy- **10** 2343
—, 6-hydroxy- **10** 2343
—, 4-methoxy- **10** 2343
—, 6-methoxy- **10** 2343
—, 4'-nitro- **9** 4516
—, 2-oxalo- **10** 4140

Biphenyl-3,5-dicarboxylic acid 9 4516
—, 4-nitro- **9** 4516
Biphenyl-4,4'-dicarboxylic acid 9 4519
   dimethyl ester **9** 4519
—, 2,2'-dibromo- **9** 4520
—, 2,2'-diiodo- **9** 4521
   diethyl ester **9** 4522
—, 2,2'-dimethyl- **9** 4544
   diethyl ester **9** 4544
—, 2,2'-dinitro-,
   diethyl ester **9** 4522
—, 2,2',6,6'-tetrachloro-,
   dimethyl ester **9** 4520
—, 2,2',6,6'-tetranitro-,
   dimethyl ester **9** 4522
Biphenyl-2,2'-diol,
—, 3,3',6,6'-tetrakis(benzoyloxy)-
   4,4'-dimethyl- **9** 713
Biphenyl-4,4'-dithiocarboxamide 9 4522
Biphenyl-2,2',3,4-tetracarboxylic acid
9 4891
   tetramethyl ester **9** 4891
Biphenyl-2,2',3,5-tetracarboxylic acid,
—, 4-methyl- **9** 4893
Biphenyl-2,2',3,5'-tetracarboxylic acid
9 4891
   tetramethyl ester **9** 4891
Biphenyl-2,2',4,5'-tetracarboxylic
acid,
—, 3'-methyl- **9** 4893
   tetramethyl ester **9** 4893
—, 3,4',6-trihydroxy- **10** 2637
Biphenyl-2,2',5,5'-tetracarboxylic acid
   tetramethyl ester **9** 4892
Biphenyl-2,2',6,6'-tetracarboxylic acid
9 4892
   tetramethyl ester **9** 4892
Biphenyl-2,3',4,4'-tetracarboxylic acid
9 4892
Biphenyl-2,4,4',5-tetracarboxylic acid
9 4891
Biphenyl-3,3',4,4'-tetracarboxylic acid
9 4892
Biphenyl-3,4,4'-tricarbonitrile 9 4838
Biphenyl-2,2',3-tricarboxylic acid
9 4837
—, 4,5-dimethyl- **9** 4839
—, 4'-(1-hydroxy-1-methylethyl)-
   10 2590
Biphenyl-2,2',4-tricarboxylic acid,
—, 4'-isopropyl-3-methyl- **9** 4841
Biphenyl-2,2',5-tricarboxylic acid,
—, 4'-isopropyl-3-methyl- **9** 4841
Biphenyl-2,3,4-tricarboxylic acid
9 4837
Biphenyl-2,3,4'-tricarboxylic acid
9 4837
Biphenyl-2,3',4-tricarboxylic acid
9 4837

Biphenyl-2,4,5-tricarboxylic acid
9 4837
—, 4'-chloro- 9 4838
—, 4'-methoxy- 10 2588
Biphenyl-3,4,5-tricarboxylic acid
9 4838
    trimethyl ester 9 4838
1,1'-Biphthalanyl-3,3'-dione,
—, 1,1'-dihydroxy- 10 4075
5,5'-Biphthalanyl-3,3'-dione,
—, 1,1'-dihydroxy-1,1'-diisopropyl-
    4,4'-dimethoxy-6,6'-dimethyl-
    10 4854
—, 1,1',4,4'-tetrahydroxy-
    1,1'-diisopropyl-6,6'-dimethyl-
    10 4854
α-Bisdehydrodoisynolic acid 10 1228
β-Bisdehydrodoisynolic acid 10 1229
Bitoluic acid see Bibenzyldicarboxylic acid
    and Biphenyldicarboxylic acid, dimethyl-
α,α'-Bitolunitrile see Bibenzyldicarbonitrile
Biuret,
—, 1-benzoyl- 9 1116
—, 1-(ethoxycarbonyl)-5-
    (3-nitrobenzoyl)- 9 1516
    63-nitrobenzoyl)- 9 1516
—, 1-(3-nitrobenzoyl)- 9 1516
—, 1-(4-nitrobenzoyl)- 9 1726
—, 1-(phenylacetyl)- 9 2208
—, 1-(2-phenylbutyryl)- 9 2467
Boletol 10 4828
Boninaldehyde 10 1562
Boninic acid 10 2138
Borane,
—, tris(benzoyloxy)- 9 1057
—, tris(cinnamoyloxy)- 9 2710
Boric acid
    tris(o-carboxyphenyl) ester 10 107
—, dibenzoyl- 9 1057
Borna-2,5-diene-2,3-dicarboxylic acid
9 4328
    dimethyl ester 9 4328
Borna-2,5-diene-2,3,4-tricarboxylic acid
    trimethyl ester 9 4811
Bornane,
—, 3-benzhydryl-2-(4-nitrobenzoyloxy)-
    9 1617
—, 2-(benzoyloxy)-3-bromo- 9 413
—, 2-(benzoylthio)- 9 1964
—, 2,3-bis(benzoyloxy)- 9 549
—, 2,3-bis(4-nitrobenzoyloxy)-
    9 1636
—, 2,6-bis(4-nitrobenzoyloxy)-
    9 1636
—, 2-(cinnamoyloxy)- 9 2689
—, 2-(3,5-dinitrobenzoyloxy)-
    9 1833
—, 3-(3,5-dinitrobenzoyloxy)-
    9 1834, 1835

—, 2-(1-naphthoyloxy)- 9 3140
—, 2-(2-naphthoyloxy)- 9 3178
—, 2-(2-nitrobenzoyloxy)- 9 1471
—, 2-(3-nitrobenzoyloxy)- 9 1496
—, 2-(4-nitrobenzoyloxy)- 9 1574
Bornane-3-carbonitrile,
—, 2-oxo- 10 2929
Bornane-3-carbonyl bromide,
—, 3-bromo-2-oxo- 10 2930
Bornane-2-carbonyl chloride
9 242, 243
Bornane-3-carbonyl chloride,
—, 2-oxo- 10 2928
Bornane-2-carboxamide 9 243
Bornane-3-carboxamide,
—, 3-hydroxy-6-oxo- 10 4190, 4191
Bornane-4-carboxamide,
—, 2-chloro- 9 247
—, 2-oxo- 10 2932
Bornane-2-carboxylic acid 9 239, 240
    ethyl ester 9 241
    methyl ester 9 240, 241
    4-nitrobenzyl ester 9 241, 242
    benzhydryl ester 9 242
—, 2-chloro- 9 243
—, 4-chloro- 9 244
—, 3,6-dioxo- 10 3530
—, 6-hydroxy-3-oxo- 10 4189
Bornane-3-carboxylic acid 9 244
    (2-oxo-3-bornylidene)methyl ester
    9 246
    (2-oxo-3-bornyl)methyl ester 9 245
—, 3-acetoxy-2-oxo- 10 4190
—, 2-bromo- 9 247
—, 3-bromo-2-oxo- 10 2929
—, 3-(2-cyanoethyl)-2-oxo-,
    ethyl ester 10 3939
—, 2-hydroxy- 10 69
—, 3-hydroxy- 10 69, 70
—, 3-hydroxy-2-oxo- 10 4189
—, 3-hydroxy-6-oxo- 10 4190
—, 5-hydroxy-2-oxo- 10 4189
—, 2-oxo- 10 2925
    butyl ester 10 2928
    cholest-5-en-3-yl ester 10 2928
    ethyl ester 10 2927
    hexyl ester 10 2928
    methyl ester 10 2927
—, 2-semicarbazono- 10 2927
—, 2-thioxo- 10 2930
    methyl ester 10 2930
Bornane-4-carboxylic acid,
—, 2-acetoxy- 10 70
—, 2-chloro- 9 247
—, 2-hydroxy- 10 70
—, 2-oxo- 10 2931
Bornane-2-carboxylic anhydride
9 242
Bornane-2,3-dicarboxylic acid 9 4011

Bornane-3-dithiocarboxylic acid,
—, 2-oxo- 10 2930
  methyl ester 10 2931
—, 2-semicarbazono- 10 2931
—, 2-thioxo- 10 2931
  methyl ester 10 2931
Bornanoic acid
 see *Norbornanecarboxylic acid, dimethyl-*
Bornan-2-ol,
—, 3-(4-nitrobenzoyloxy)- 9 1635
Bornan-2-one
  (3-iodobenzoyl)hydrazone 9 1440
  (4-iodobenzoyl)hydrazone 9 1449
—, 3-[α-(benzoyloxy)benzylidene]-
 9 756
—, 3-(benzoyloxymethyl)- 9 726
—, 3-(benzoyloxymethylene)- 9 727
—, 3-(benzoyloxymethylene)-4-phenyl-
 9 757
—, 4-[p-(benzoyloxy)phenyl]- 9 751
—, 3-(3,5-dinitrobenzoyloxy)- 9 1924
—, 5-(3,5-dinitrobenzoyloxy)- 9 1925
—, 6-(3,5-dinitrobenzoyloxy)- 9 1925
—, 5-(4-nitrobenzoyloxy)- 9 1673
Bornan-3-one,
—, 2-(3,5-dinitrobenzoyloxy)- 9 1925
—, 4-(3,5-dinitrobenzoyloxy)- 9 1925
Born-2-ene,
—, 3-benzhydryl-2-(benzoyloxy)-
 9 524
—, 2-(benzoylthio)- 9 1964
—, 2-(benzoylthio)-3-nitroso- 9 1964
Born-2-ene-3-carbohydrazide 9 327
Born-2-ene-3-carbonyl chloride 9 327
Born-2-ene-2-carboxylic acid,
—, 5-hydroxy- 10 80
—, 6-hydroxy- 10 80
—, 5-oxo-,
  methyl ester 10 2957
—, 6-oxo-,
  methyl ester 10 2957
Born-2-ene-3-carboxylic acid
 9 324, 325
  methyl ester 9 325
  (2-oxo-3-bornylidene)methyl ester
  9 326
  (2-oxo-3-bornyl)methyl ester
  9 325, 326
Born-2-ene-2,3-dicarboxylic acid 9 4063
  dimethyl ester 9 4063
Born-5-ene-2,3-dicarboxylic acid 9 4063
Born-2-ene-2,3,4-tricarboxylic acid
  4-methyl ester 9 4783
  trimethyl ester 9 4783
Born-5-ene-2,3,4-tricarboxylic acid
  4-methyl ester 9 4784
Born-5-ene-2,3,6-tricarboxylic acid
  6-methyl ester 9 4784

Borneol,
—, O-(2-carboxybenzoyl)- 9 4152
—, O-(2'-carboxy-4,4'-dinitrobiphenyl-
 2-ylcarbonyl)- 9 4509
—, O-(2-carboxy-
 3,4,5,6-tetrachlorobenzoyl)-
 9 4211
—, O-(3,5-dinitrobenzoyl)-
 9 1833, 1834
—, O-mandeloyl- 10 464, 465
—, O-(1-naphthoyl)- 9 3140
—, O-(2-naphthoyl)- 9 3178
—, O-[(1-naphthyl)glyoxyloyl]-
 10 3265
—, O-(2-nitrobenzoyl)- 9 1471
—, O-(3-nitrobenzoyl)- 9 1496
—, O-(4-nitrobenzoyl)- 9 1574
—, O-(phenylglyoxyloyl)- 10 2975
—, O-(phenyl-p-tolylacetyl)- 9 3345
—, O-(p-tolylglyoxyloyl)-
 10 3032, 3033
β-Boswellanic acid
  methyl ester 9 3132
β-Boswellenedionic acid
  methyl ester 10 3615
β-Boswellenonolic acid
  methyl ester 10 4391
α-Boswellic acid 10 1057
β-Boswellic acid 10 1045
γ-Boswellic acid 10 1145
β-Boswellonic acid
  methyl ester 10 3258
Brassicastanol,
—, O-(3,5-dinitrobenzoyl)- 9 1859
—, O-(4-nitrobenzoyl)- 9 1598
Brassicasterol,
—, O-benzoyl- 9 480
—, O-(3,5-dinitrobenzoyl)- 9 1875
Brazilinic acid 10 4815
Brein,
—, di-O-benzoyl- 9 608
Bufocholanic acid 9 2657
  ethyl ester 9 2659
Bufodeoxycholic acid 10 3586
Bufolithobilianic acid 10 3586
Bufosterocholanic acid 9 2667
—, diketo- 10 3587
—, hydroxydioxo- 10 4628
—, triketo- 10 3996
Bufosterocholenic acid 9 2923
—, diketo- 10 3604
—, triketo- 10 4001
Bulnesol,
—, O-(2-carboxybenzoyl)- 9 4156
Buta-1,2-diene,
—, 4-(benzoyloxy)- 9 410
Buta-1,3-diene,
—, 1,4-bis(benzoyloxy)-1,4-dimesityl-
 9 648

Butadienoic acid,
—, 4-(1-naphthyl)-2,4-diphenyl-
9 3684
methyl ester 9 3684, 3685
Butadienoyl chloride,
—, 4-(1-naphthyl)-2,4-diphenyl- 9 3685
Butane,
—, 1-acetoxy-3-(benzoyloxy)- 9 540
—, 2-(2-acetoxybenzoyloxy)-1-
(dimethylamino)-2-methyl- 10 150
—, 2-(3-acetoxybenzoyloxy)-1-
(dimethylamino)-2-methyl- 10 253
—, 2-(4-acetoxybenzoyloxy)-1-
(dimethylamino)-2-methyl- 10 336
—, 2-(2-acetoxy-3-methoxybenzoyloxy)-
1-(dimethylamino)-2-methyl-
10 1366
—, 2-(4-acetoxy-3-methoxybenzoyloxy)-
1-(dimethylamino)-2-methyl-
10 1426
—, 1-(benzoyloxy)-2-amino- 9 883
—, 1-(benzoyloxy)-4-bromo- 9 394
—, 1-(benzoyloxy)-3-chloro- 9 393
—, 1-(benzoyloxy)-4-chloro- 9 393
—, 2-(benzoyloxy)-3-chloro- 9 394
—, 1-(benzoyloxy)-2-(diethylamino)-
9 883
—, 2-(benzoyloxy)-1-(diethylamino)-
9 883
—, 2-(benzoyloxy)-1-(diethylamino)-
2-methyl- 9 887
—, 3-(benzoyloxy)-2,2-dimethyl-
9 398, 399
—, 1-(benzoyloxy)-4-(dimethylamino)-
9 883
—, 3-(benzoyloxy)-1-(dimethylamino)-
9 883
—, 2-(benzoyloxy)-1-(dimethylamino)-2-
[(dimethylamino)methyl]- 9 887
—, 3-(benzoyloxy)-1-(dimethylamino)-2-
[(dimethylamino)methyl]- 9 887
—, 1-(benzoyloxy)-2-[(dimethylamino)⹀
methyl]- 9 886
—, 2-(benzoyloxy)-1-(dimethylamino)-
2-methyl- 9 886
—, 3-(benzoyloxy)-1-(dimethylamino)-
3-methyl- 9 887
—, 1-(benzoyloxy)-2-[(dimethylamino)⹀
methyl]-3-methyl- 9 890
—, 1-(benzoyloxy)-4-(4-ethoxy-
5,6,7,8-tetrahydro-1-naphthyl)-
9 589
—, 3-(benzoyloxy)-1-(ethylmethylamino)-
9 883
—, 1-(benzoyloxy)-3-iodo- 9 394
—, 1-(benzoyloxy)-2-methyl- 9 396
—, 2-(benzoyloxy)-3-methyl- 9 397
—, 1-(benzoyloxy)-2-methyl-2-phenyl-
9 440

—, 1-(benzoyloxy)-1-phenyl- 9 437
—, 2-(benzoyloxy)-1-phenyl- 9 437
—, 3-(benzoyloxy)-1-phenyl- 9 437
—, 3-(benzoyloxy)-1-
(2,6,6-trimethylcyclohex-2-enyl)-
9 414
—, 3-(benzoyloxy)-1-
(2,2,6-trimethylcyclohexyl)-
9 409
—, 1-(benzoylthio)-4-(diethylamino)-
9 1977
—, 2,3-bis(p-anisoyloxy)- 10 315, 316
—, 1,4-bis(3-benzamidopropoxy)- 9 1082
—, 1,4-bis(benzoyloxy)- 9 540
—, 2,3-bis(benzoyloxy)- 9 540
—, 1,4-bis(benzoyloxy)-2-
(benzoyloxymethyl)-2-nitro- 9 667
—, 1,3-bis(benzoyloxy)-2-
[(dimethylamino)methyl]- 9 892
—, 2,2-bis[p-(benzoyloxy)phenyl]- 9 627
—, 1,4-bis(benzoylthio)- 9 1968
—, 2,3-bis(3-bromobenzoyloxy)- 9 1395
—, 2,3-bis(4-bromobenzoyloxy)-
9 1406, 1407
—, 2,3-bis(3,5-dinitrobenzoyloxy)-
9 1893, 1894
—, 1,2-bis(4-nitrobenzoyloxy)- 9 1626
—, 1,3-bis(4-nitrobenzoyloxy)- 9 1627
—, 1,4-bis(4-nitrobenzoyloxy)- 9 1627
—, 2,3-bis(3-nitrobenzoyloxy)-
9 1502, 1503
—, 2,3-bis(4-nitrobenzoyloxy)-
9 1627, 1628
—, 2-bromo-3-(3,5-dinitrobenzoyloxy)-
9 1783
—, 2-butyl-1,4-bis(4-nitrobenzoyloxy)-
9 1630
—, 2-[(1-butylpentyl)amino]-1-
(4-nitrobenzoyloxy)- 9 1699
—, 1-chloro-4-cyclohexyl-2-
(3,5-dinitrobenzoyloxy)- 9 1813
—, 1,4-diacetoxy-2,3-
bis(4-bromobenzoyloxy)- 9 1415
—, 2,3-dibenzamido-1,4-bis(benzoyloxy)-
9 1225
—, 1-(diethylamino)-3-(diphenylacetoxy)-
9 3299
—, 1-(diethylamino)-2-methyl-2-
(3-nitrobenzoyloxy)- 9 1513
—, 1-(diethylamino)-2-methyl-2-
(4-nitrobenzoyloxy)- 9 1703
—, 1-(diethylamino)-3-(1-naphthoylthio)-
9 3171
—, 2-(3,5-dimethoxy-o-tolyl)-3-
(4-nitrobenzoyloxy)- 9 1664
—, 1-(2,5-dimethoxy-
3,4,6-trimethylphenyl)-3-
(3,5-dinitrobenzoyloxy)-3-methyl-
9 1919

Butane *(continued)*
—, 2-(3,5-dimethoxy-2,4-xylyl)-3-
(4-nitrobenzoyloxy)- **9** 1665
—, 1-(dimethylamino)-2-
(3-hydroxybenzoyloxy)-2-methyl-
10 253
—, 1-(dimethylamino)-2-
(4-hydroxybenzoyloxy)-2-methyl-
10 336
—, 1-(dimethylamino)-2-(2-hydroxy-
3-methoxybenzoyloxy)-2-methyl-
10 1366
—, 2-[(dimethylamino)methyl]-2-methyl-
1-(3-nitrobenzoyloxy)- **9** 1513
—, 1-(dimethylamino)-2-methyl-2-
(3-nitrobenzoyloxy)- **9** 1513
—, 1-(dimethylamino)-2-methyl-2-
(4-nitrobenzoyloxy)- **9** 1703
—, 2-[(dimethylamino)methyl]-1-
(4-nitrobenzoyloxy)- **9** 1703
—, 1-(dimethylamino)-2-methyl-3-
(4-nitro-1-naphthoyloxy)- **9** 3161
—, 1-(dimethylamino)-2-methyl-2-
(salicyloyloxy)- **10** 150
—, 1-(dimethylamino)-2-methyl-2-
(vanilloyloxy)- **10** 1426
—, 1-(dimethylamino)-2-
(2-nitrobenzoyloxy)-2-methyl-
9 1476
—, 2-(3,5-dinitrobenzoyloxy)-
2,3-dimethyl- **9** 1788
—, 3-(3,5-dinitrobenzoyloxy)-
2,2-dimethyl- **9** 1787
—, 1-(3,5-dinitrobenzoyloxy)-2-ethyl-
3-methyl- **9** 1790
—, 2-(3,5-dinitrobenzoyloxy)-1-methoxy-
9 1893
—, 2-(3,5-dinitrobenzoyloxy)-3-methyl-
9 1784
—, 3-(3,5-dinitrobenzoyloxy)-2-methyl-
2-nitro- **9** 1784
—, 3-(3,5-dinitrobenzoyloxy)-3-methyl-
1-(2,4,5-trimethylphenyl)-
9 1858
—, 1-(3,5-dinitrobenzoyloxy)-4-
(2-naphthyl)- **9** 1878
—, 1-(3,5-dinitrobenzoyloxy)-4-
(5,6,7,8-tetrahydro-1-naphthyl)-
9 1865
—, 1-(3,5-dinitrobenzoyloxy)-4-
(5,6,7,8-tetrahydro-2-naphthyl)-
9 1865
—, 3-(3,5-dinitrobenzoyloxy)-1-
(2,2,6-trimethylcyclohexyl)-
9 1818
—, 1-(diphenylacetoxy)-2-
(1-ethylpropylamino)- **9** 3299
—, 2-(4-ethoxybenzoyloxy)-1-
(diethylamino)-2-methyl- **10** 336

—, 2-ethyl-1,3-bis(4-nitrobenzoyloxy)-
9 1629
—, 2-ethyl-1,4-bis(4-nitrobenzoyloxy)-
9 1629
—, 2-(1-ethylpropylamino)-1-
(4-nitrobenzoyloxy)- **9** 1698
—, 2-isobutyl-1,3-
bis(4-nitrobenzoyloxy)- **9** 1630
—, 2-(1-isobutyl-3-methylbutylamino)-
1-(4-nitrobenzoyloxy)- **9** 1699
—, 1-methoxy-2,3-dimethyl-3-
(4-nitrobenzoyloxy)- **9** 1629
—, 1-methoxy-3-methyl-3-
(4-nitrobenzoyloxy)- **9** 1628
—, 1-(*p*-methoxyphenyl)-3-
(4-nitrobenzoyloxy)- **9** 1644
—, 2-methyl-1-(4-nitrobenzoyloxy)-
2-phenyl- **9** 1595
—, 1-(4-nitrobenzoyloxy)-2-
(1-propylbutylamino)- **9** 1698
—, 2-nitro-3-(4-nitrobenzoyloxy)-
9 1545
—, 1,1,4,4-tetrabenzamido-
2,2,3,3-tetrachloro- **9** 1104
—, 1,2,3,4-tetrakis(benzoyloxy)- **9** 687
—, 1,2,3,4-tetrakis(galloyloxy)- **10** 2084
—, 1,1,1-trichloro-2-
(4-nitrobenzoyloxy)- **9** 1545
Butane-1,3-diol,
—, 2,4-bis(benzoyloxy)-4-phenyl- **9** 692
Butane-1,4-diol,
—, 2,3-dibenzamido- **9** 1225
Butane-2,3-diol,
—, 1,4-bis(benzoyloxy)- **9** 687
Butane-1,3-dione,
—, 1-phenyl-,
3-benzoylhydrazone **9** 1315
3-(2-nitrobenzoyl)hydrazone **9** 1487
3-(phenylacetyl)hydrazone **9** 2258
3-*m*-toluoylhydrazone **9** 2326
3-*o*-toluoylhydrazone **9** 2308
3-*p*-toluoylhydrazone **9** 2353
Butane-1,4-dione,
—, 2-(benzoyloxy)-1,4-dimesityl- **9** 805
—, 2,3-bis(benzoyloxy)-1,4-dimesityl-
9 827
—, 2,3-bis(4-nitrobenzoyloxy)-
1,4-diphenyl- **9** 1682
Butane-2,3-dione
bis(benzoylhydrazone) **9** 1315
bis(O-benzoyloxime) **9** 1284
bis[(3-nitrobenzoyl)hydrazone]
9 1532
bis[(phenylacetyl)hydrazone]
9 2258
(phenylacetyl)hydrazone **9** 2257
Butane-1,2,2,3,4-pentacarboxylic acid,
—, 1-phenyl-,
pentaethyl ester **9** 4908

Butane-1,1,2,3-tetracarboxylic acid,
—, 4-phenyl-,
  tetraethyl ester **9** 4877
Butane-1,1,4,4-tetracarboxylic acid,
—, 1,4-dibromo-2,3-diphenyl-,
  tetraethyl ester **9** 4894
—, 2,3-diphenyl- **9** 4894
Butane-1,2,2,4-tetracarboxylic acid,
—, 1-phenyl-,
  tetraethyl ester **9** 4876
—, 4-phenyl-,
  tetraethyl ester **9** 4877
Butane-1,2,3,3-tetracarboxylic acid,
—, 4-phenyl-,
  tetraethyl ester **9** 4877
Butane-1,2,3,4-tetracarboxylic acid,
—, 1-phenyl- **9** 4876
  tetramethyl ester **9** 4876
Butane-1,1,3-tricarboxylic acid,
—, 2-benzyl- **9** 4814
  triethyl ester **9** 4814
—, 1-cyclopentyl- **9** 4767
  1,1-diethyl ester 3-methyl ester
  9 4767
—, 2-phenyl- **9** 4809
  triethyl ester **9** 4809
Butane-1,2,2-tricarboxylic acid,
—, 4-phenyl- **9** 4806
  triethyl ester **9** 4806
Butane-1,2,3-tricarboxylic acid,
—, 4,4-diphenyl- **9** 4840
  trimethyl ester **9** 4841
—, 4-phenyl- **9** 4805
  triethylester **9** 4806
  trimethyl ester **9** 4806
Butane-1,2,4-tricarboxylic acid,
—, 1-(*p*-methoxyphenyl)- **10** 2577
  triethyl ester **10** 2577
—, 1-phenyl- **9** 4803
  triethyl ester **9** 4804
  trimethyl ester **9** 4804
—, 3-phenyl- **9** 4807
—, 4-phenyl- **9** 4804
  trimethyl ester **9** 4804
Butane-1,3,3-tricarboxylic acid,
—, 2-benzyl- **9** 4812
—, 2-phenyl- **9** 4807
  triethyl ester **9** 4807
Butan-1-ol,
—, 2-(benzoyloxy)-3,4-dibromo-4-phenyl-
  9 575
—, 1-[4-(benzoyloxy)-3-methoxyphenyl]-
  9 675
Butan-2-ol,
—, 4-(benzoyloxy)- **9** 540
—, 2-[*p*-(benzoyloxy)phenyl]- **9** 575
—, 4-[*p*-(benzoyloxy)phenyl]- **9** 575
—, 3,3-bis[*p*-(benzoyloxy)phenyl]-
  9 685

—, 4-[2,5-bis(benzoyloxy)-
  3,4,6-trimethylphenyl]- **9** 676
—, 4-[2,5-bis(4-bromobenzoyloxy)-
  3,4,6-trimethylphenyl]- **9** 1412
—, 4-[2,5-bis(4-bromobenzoyloxy)-
  3,4,6-trimethylphenyl]-2-methyl-
  9 1412
—, 1,3-diphenyl-4-(phenylacetoxy)-
  9 2186
Butan-2-one,
—, 1-(benzoyloxy)- **9** 721
  semicarbazone **9** 721
—, 3-(benzoyloxy)- **9** 721
  semicarbazone **9** 721
—, 4-(benzoyloxy)- **9** 721
  semicarbazone **9** 722
—, 4-(benzoyloxy)-3-(benzoyloxymethyl)-
  3-chloro- **9** 781
—, 4-(benzoyloxy)-3-(benzoyloxymethyl)-
  3-methyl- **9** 781
—, 1-(benzoyloxy)-3,3-dimethyl-
  1-phenyl- **9** 734
—, 1-[4-(benzoyloxy)-3-methoxyphenyl]-
  9 789
—, 3-(benzoyloxy)-3-methyl- **9** 722
—, 4-(benzoyloxy)-4-(*m*-nitrophenyl)-
  9 733
—, 3,4-bis(benzoyloxy)- **9** 780
—, 4-[2,5-bis(benzoyloxy)-
  3,4,6-trimethylphenyl]- **9** 790
—, 3,4-bis(4-bromobenzoyloxy)-3-
  [(4-bromobenzoyloxy)methyl]-
  9 1416
—, 3,4-bis(4-nitrobenzoyloxy)-3-
  [(4-nitrobenzoyloxy)methyl]-
  9 1680
—, 3-chloro-4-(4-nitrobenzoyloxy)-3-
  [(4-nitrobenpoyloxy)methyl]- **9** 1677
—, 1,4-dibenzamido- **9** 1226
—, 3,3-dimethyl-4-(4-nitrobenzoyloxy)-
  9 1671
—, 4-[*p*-(3,5-dinitrobenzoyloxy)phenyl]-
  9 1928
—, 4-(3,5-dinitrobenzoyloxy)-4-
  (2,6,6-trimethylcyclohex-2-en-
  1-yl)- **9** 1926
—, 3-methyl-4-(4-nitrobenzoyloxy)-
  9 1671
—, 3-methyl-4-(4-nitrobenzoyloxy)-3-
  [(4-nitrobenzoyloxy)methyl]-
  9 1678
—, 3-methyl-1-(4-nitrobenzoyloxy)-
  4-phenyl- **9** 1675
—, 3-(4-nitrobenzoyloxy)-1,4-diphenyl-
  9 1677
—, 1-(4-nitrobenzoyloxy)-1-phenyl-
  9 1675
—, 3-(4-nitrobenzoyloxy)-1-phenyl-
  9 1675

But-3-enamide,
—, N-allyl-4-phenyl- **9** 2757
—, 4-amino-N-methyl-2-oxo-4-p-tolyl-
   10 3553
—, 4-amino-2-oxo-4-p-tolyl- **10** 3553
—, 2-hydroxy-3-methyl-4-phenyl- **10** 877
—, 2-hydroxy-4-phenyl- **10** 862
But-1-ene,
—, 3-(benzoyloxy)-1-
   (2,6,6-trimethylcyclohex-1-en-
   1-yl)- **9** 415
—, 3-(benzoyloxy)-1-
   (2,6,6-trimethylcyclohex-2-en-
   1-yl)- **9** 415
—, 3,4-bis(benzoyloxy)- **9** 542
—, 1,2-bis(benzoyloxy)-3,3-dimethyl-
   1-phenyl- **9** 589
—, 3-chloro-4-(3,5-dinitrobenzoyloxy)-
   9 1798
—, 4-chloro-3-(3,5-dinitrobenzoyloxy)-
   9 1798
—, 1,1-dichloro-3-methyl-3-
   (4-nitrobenzoyloxy)- **9** 1551
—, 3-(3,5-dinitrobenzoyloxy)- **9** 1798
—, 3-(3,5-dinitrobenzoyloxy)-4-methoxy-
   9 1896
—, 4-(3,5-dinitrobenzoyloxy)-3-methoxy-
   9 1897
—, 4-(3,5-dinitrobenzoyloxy)-3-methyl-
   9 1800
—, 3-(9,10-dioxo-9,10-dihydro-
   2-anthroyloxy)-1-
   (2,6,6-trimethylcyclohex-1-en-
   1-yl)- **10** 3642
—, 3-ethyl-3,4-bis(4-nitrobenzoyloxy)-
   4-phenyl- **9** 1648
—, 3-methyl-3,4-bis(4-nitrobenzoyloxy)-
   4-phenyl- **9** 1648
—, 3-methyl-3-(4-nitrobenzoyloxy)-
   9 1551
—, 4-(4-nitrobenzoyloxy)-1-phenyl-
   9 1601
—, 3-(4-nitrobenzoyloxy)-1-
   (2,6,6-trimethylcyclohex-1-en-
   1-yl)- **9** 1580
—, 3-(4-nitrobenzoyloxy)-1-
   (2,6,6-trimethylcyclohex-2-en-
   1-yl)- **9** 1581
But-2-ene,
—, 1-(benzoyloxy)-4-(diethylamino)-
   9 890
—, 1-(benzoylthio)-3-methyl- **9** 1964
—, 1,4-bis(benzoyloxy)- **9** 542
—, 1,4-bis(benzoyloxy)-2-chloro-3-
   (chloromercurio)- **9** 897
—, 1,4-bis(3,5-dinitrobenzoyloxy)-
   9 1897
—, 1,4-bis[2-(ethoxycarbonyl)⸗
   benzoyloxy]- **9** 4175

—, 1,4-bis[2-(methoxycarbonyl)⸗
   benzoyloxy]- **9** 4175
—, 2-chloro-1,4-
   bis(3,5-dinitrobenzoyloxy)-
   9 1897
—, 3-chloro-1-(3,5-dinitrobenzoyloxy)-
   9 1799
—, 1-cyclohexyl-4-
   (3,5-dinitrobenzoyloxy)- **9** 1826
—, 1,4-dibenzamido-2,3-dimethyl-
   9 1224
—, 1-(3,5-dinitrobenzoyloxy)-4-
   (o-ethoxyphenyl)- **9** 1911
—, 1-(3,5-dinitrobenzoyloxy)-4-
   (1-naphthyl)- **9** 1884
—, 1-(3,5-dinitrobenzoyloxy)-4-phenyl-
   9 1861
—, 1-(9,10-dioxo-9,10-dihydro-
   2-anthroyloxy)-2-methyl-4-
   (2,6,6-trimethylcyclohex-1-en-
   1-yl)- **10** 3642
—, 1-(4-nitrobenzoyloxy)-1-phenyl-
   9 1602
Butenedinitrile,
—, bis(2-methoxy-1-naphthyl)- **10** 2548
Butenedioic acid,
—, (10,10-dimethyl-
   2,6-dimethylenebicyclo[7.2.0]⸗
   undec-5-yl)- **9** 4428
But-2-ene-1,4-dione,
—, 2-(benzoyloxy)-1,4-dimesityl-
   9 806
—, 2-(benzoyloxy)-1,4-diphenyl-
   9 806
But-3-ene-1,2-dione,
—, 1,4-diphenyl-3,4-
   bis(2,4,6-trimethylbenzoyloxy)-
   9 2495
But-3-enenitrile,
—, 2-(benzoyloxy)- **9** 860
—, 2-(benzoyloxy)-2-methyl-
   9 861
—, 2-chloro-4-phenyl- **9** 2757
—, 3-methyl-2,2-diphenyl-
   9 3470
—, 4-phenyl- **9** 2757
But-1-ene-1,1,3-tricarboxylic acid,
—, 4-phenyl-,
   triethyl ester **9** 4821
But-1-ene-1,3,3-tricarboxylic acid,
—, 2-phenyl-,
   triethyl ester **9** 4822
But-2-ene-1,1,3-tricarboxylic acid,
—, 4-phenyl-,
   triethyl ester **9** 4821
But-3-ene-1,1,3-tricarboxylic acid,
—, 4-phenyl-,
   triethyl ester **9** 4821
But-2-enoic acid see *Crotonic acid*

But-3-enoic acid,
—, 2-(α-acetoxybenzyl)-4-phenyl- **10** 1272
   isopropyl ester **10** 1272
   methyl ester **10** 1272
—, 2-acetoxy-2,4,4-triphenyl-,
   methyl ester **10** 1338
—, 4-(4-acetoxy-2,5-xylyl)-2-oxo-
   10 4345
   methyl ester **10** 4345
—, 3-acetyl-2-benzylidene-4-
   (*p*-nitrophenyl)- **10** 3414
—, 3-acetyl-2-benzylidene-4-phenyl-
   10 3414
—, 3-acetyl-4-(*p*-hydroxyphenyl)- **10** 4343
—, 2-acetyl-3-(*p*-methoxyphenyl)-,
   ethyl ester **10** 4344
—, 3-acetyl-4-(*p*-methoxyphenyl)-
   10 4343
—, 3-acetyl-4-(*o*-nitrophenyl)- **10** 3171
—, 3-acetyl-4-(*p*-nitrophenyl)- **10** 3171
—, 3-acetyl-4-phenyl- **10** 3170
—, 2-allyl-2-cyano-3-phenyl-,
   ethyl ester **9** 4444
—, 4-amino-2-(dicyanomethylene)-4-
   p-tolyl- **10** 4136
—, 4-amino-2-oxo-4-*p*-tolyl- **10** 3552
—, 2-benzyl- **9** 2787
—, 2-benzylidene-4-(*o*-nitrophenyl)-
   9 3516
—, 2-benzylidene-4-phenyl- **9** 3515
—, 4-[4-(benzyloxy)-2,5-xylyl]-2-oxo-
   10 4344
—, 4,4-bis(3,4-dimethoxyphenyl)-
   10 2509
   methyl ester **10** 2509
—, 4,4-bis(*p*-methoxyphenyl)- **10** 1998
   methyl ester **10** 1999
—, 2(α-bromobenzyl)-4-phenyl- **9** 3465
   methyl ester **9** 3466
—, 3-bromo-4-(2-bromo-
   4,5-dimethoxyphenyl)-2-oxo-
   10 4601
—, 3-bromo-4-(2-bromo-5-methoxyphenyl)-
   2-oxo- **10** 4331
   methyl ester **10** 4331
—, 3-bromo-4-(5-bromo-2-methoxyphenyl)-
   2-oxo- **10** 4329
—, 3-bromo-4-(*p*-bromophenyl)-2-oxo-
   10 3143
   methyl ester **10** 3143
—, 3-bromo-4-(3,4-dimethoxyphenyl)-
   2-oxo- **10** 4601
—, 3-bromo-4-(*p*-ethoxyphenyl)-2-oxo-
   10 4332
   ethyl ester **10** 4333
   methyl ester **10** 4332
—, 3-bromo-4-(*m*-methoxyphenyl)-2-oxo-
   10 4330
   methyl ester **10** 4330

—, 3-bromo-4-(*p*-methoxyphenyl)-2-oxo-
   10 4332
—, 3-bromo-2-oxo-4-phenyl- **10** 3142
—, 3-bromo-2-oxo-4-*p*-tolyl- **10** 3164
—, 4-(*p*-bromophenyl)-4-methoxy-
   3-methyl- **10** 876
—, 4-(*p*-bromophenyl)-2-oxo- **10** 3142
   ethyl ester **10** 3142
   methyl ester **10** 3142
—, 2-(α-chlorobenzyl)-4-phenyl-
   9 3465
   methyl ester **9** 3465
—, 4-(*p*-chlorophenyl)- **9** 2757
—, 2-cyano-2-ethyl-3-methyl-4-phenyl-,
   ethyl ester **9** 4411
—, 2-cyano-4-phenyl-,
   ethyl ester **9** 4389
—, 4-cyano-3-*m*-tolyl- **9** 4397
—, 4-(3,4-dihydroxyphenyl)-2-oxo-
   10 4600
—, 2,2-dimethoxy-4-(*m*-methoxyphenyl)-,
   methyl ester **10** 4330
—, 4-(2,3-dimethoxyphenyl)-2-oxo-
   10 4599
   methyl ester **10** 4599
—, 4-(3,4-dimethoxyphenyl)-2-oxo-
   10 4600
   ethyl ester **10** 4601
   methyl ester **10** 4600
—, 2,2-dimethyl-3-(6-methoxy-
   2-naphthyl)- **10** 1213
—, 2,2-dimethyl-3-(2-naphthyl)-
   9 3371
—, 2,4-diphenyl- **9** 3449
—, 3,4-diphenyl- **9** 3453
   ethyl ester **9** 3453
—, 4,4-diphenyl- **9** 3456
   2-(diethylamino)ethyl ester **9** 3457
   ethyl ester **9** 3457
—, 3-(4-ethoxy-3-methoxybenzoyl)-
   2-veratrylidene- **10** 4834
—, 2-(4-ethoxy-3-methoxybenzylidene)-
   3-veratroyl- **10** 4833
—, 4-ethoxy-2-oxo-3-phenyl-,
   ethyl ester **10** 4335
—, 4-(*p*-ethoxyphenyl)-2-oxo- **10** 4332
   ethyl ester **10** 4332
   methyl ester **10** 4332
—, 2-hydrazono-4-phenyl- **10** 3141
—, 2-(α-hydroxybenzyl)-4-phenyl-
   10 1271
   methyl ester **10** 1272
—, 2-(hydroxyimino)-4-(*o*-nitrophenyl)-
   10 3143
—, 4-(4-hydroxy-3-methoxyphenyl)-2-oxo-
   10 4600
—, 2-hydroxy-3-methyl-4-phenyl- **10** 876
—, 2-hydroxy-4-phenyl- **10** 862
—, 4-(*o*-hydroxyphenyl)-2-oxo- **10** 4329

But-3-enoic acid *(continued)*
—, 4-(*p*-hydroxyphenyl)-2-oxo- **10** 4331
—, 2-hydroxy-2,4,4-triphenyl- **10** 1338
    methyl ester **10** 1338
—, 4-(4-hydroxy-2,5-xylyl)-2-oxo-
    10 4344
—, 4-(6-methoxy-1-naphthyl)- **10** 1187
    methyl ester **10** 1187
—, 4-(*m*-methoxyphenyl)-2-oxo- **10** 4330
    methyl ester **10** 4330
—, 4-(*p*-methoxyphenyl)-2-oxo- **10** 4331
—, 4-(4-methoxy-2,5-xylyl)-2-oxo-
    10 4344
    methyl ester **10** 4345
—, 3-methyl-4,4-diphenyl- **9** 3468
—, 3-methyl-4-phenyl- **9** 2783
—, 2-(2-nitrobenzylidene)-4-phenyl-
    9 3515
—, 2-(4-nitrobenzylidene)-4-phenyl-
    9 3515
—, 4-(*o*-nitrophenyl)- **9** 2757
—, 2-oxo-4-(*m*-nitrophenyl)- **10** 3143
—, 2-oxo-4-(*p*-nitrophenyl)- **10** 3144
—, 2-oxo-4-phenyl- **10** 3141
    methyl ester **10** 3142
—, 2-oxo-4-*p*-tolyl- **10** 3164
    ethyl ester **10** 3164
    methyl ester **10** 3164
—, 2-phenyl- **9** 2764
—, 4-phenyl- **9** 2756
    ethyl ester **9** 2756
—, 4-phenyl-3-veratroyl- **10** 4692
—, 3-*p*-tolyl- **9** 2789
—, 4-*p*-tolyl- **9** 2788
—, 2,3,4-triphenyl- **9** 3635
    ethyl ester **9** 3635
    methyl ester **9** 3635
—, 2,4,4-triphenyl- **9** 3635
—, 3,4,4-triphenyl- **9** 3635
—, 3-veratroyl-2-veratrylidene- **10** 4833
But-3-en-1-ol,
—, 2-(benzoyloxy)-4-phenyl- **9** 587
But-3-en-2-one,
—, 4-(benzoyloxy)- **9** 723
—, 4-(benzoyloxy)-3-benzyl- **9** 742
—, 4-(benzoyloxy)-3-methyl- **9** 723
—, 4-phenyl-,
    O-benzoyloxime **9** 1281
But-2-ynamide,
—, 4-hydroxy-4,4-diphenyl- **10** 1306
But-1-yne,
—, 3-(benzoyloxy)- **9** 410
—, 4-(benzoyloxy)-1-phenyl- **9** 474
—, 1-(cyclopent-1-en-1-yl)-3-
    (3,5-dinitrobenzoyloxy)- **9** 1853
—, 4-(3,5-dinitrobenzoyloxy)-
    1,3-diphenyl- **9** 1889
—, 4-(4-nitrobenzoyloxy)-4-phenyl-
    9 1608

But-2-yne,
—, 1-(benzoyloxy)-4-(diethylamino)-
    9 891
—, 1,4-bis(benzoyloxy)- **9** 548
—, 1,4-bis(3,5-dinitrobenzoyloxy)- **9** 1902
But-2-ynoic acid,
—, 4-hydroxy-4,4-diphenyl- **10** 1306
—, 4-hydroxy-4-phenyl- **10** 990
    methyl ester **10** 990
—, 4-(3-methylcyclohexyl)- **9** 317
—, 4-oxo-4-phenyl-,
    methyl ester **10** 3230
But-3-ynoic acid,
—, 2-hydroxy-2,4-diphenyl- **10** 1305
    ethyl ester **10** 1306
—, 2,2,4-triphenyl-,
    methyl ester **9** 3652
Butyraldehyde,
—, 3-(benzoyloxy)- **9** 721
—, 2-(benzoyloxymethyl)-3-methyl- **9** 722
—, 3-oxo-,
    (2-nitrobenzoyl)hydrazone **9** 1486
Butyramide,
—, 4-(acenaphthen-5-yl)- **9** 3376
—, *N*-acetyl-4-oxo-4-phenyl- **10** 3038
—, *N*-(2-aminoethyl)-4-phenyl- **9** 2454
—, 4-benzamido- see *Benzamide,*
    N-*(carbamoylpropyl)*-
—, 2-(benzoylimino)-3-methyl- **9** 1196
—, 2-benzyl-2,4-diphenyl- **9** 3615
—, 4-(bicyclohexyl-4-yl)- **9** 281
—, 2,4-bis(3,4-dimethoxyphenyl)-4-oxo-
    10 4821
—, 2-bromo-*N*-ethyl-4-phenyl- **9** 2455
—, 2-(5-bromo-2-methoxyphenyl)- **10** 596
—, 4-(*p*-bromophenyl)-*N*,*N*-dimethyl-
    4-oxo- **10** 3040
—, 4-(*p*-bromophenyl)-4-oxo- **10** 3040
—, 2-(2-butoxyethyl)-4-phenyl- **10** 638
—, 2-butyl-4-cyclohexyl- **9** 125
—, *N*-butyl-4-cyclohexyl-2-ethyl-
    9 113
—, 2-butyl-4-cyclohexyl-*N*-ethyl-
    9 125
—, 2-butyl-4-cyclohexyl-*N*-
    (2-hydroxyethyl)- **9** 126
—, 2-butyl-4-cyclohexyl-*N*-methyl-
    9 125
—, 2-butyl-*N*-ethyl-4-phenyl- **9** 2597
—, 2-butyl-*N*-(2-hydroxyethyl)-4-phenyl-
    9 2597
—, 4-(5-*tert*-butyl-2-methoxyphenyl)-
    10 656
—, 2-butyl-*N*-methyl-4-phenyl- **9** 2597
—, *N*-butyl-2-phenethyl-4-phenyl-
    9 3392
—, 2-butyl-4-phenyl- **9** 2597
—, 2-*sec*-butyl-4-phenyl- **9** 2598
—, 4-(*p*-*tert*-butylphenyl)- **9** 2603

Butyramide *(continued)*

—, 4-(*p-tert*-butylphenyl)-2-ethyl-
  9 2624
—, *N*-butyl-4-phenyl-2-propyl- **9** 2570
—, 4-(4-*tert*-butyl-*o*-tolyl)- **9** 2614
—, 2-cyano-2-(cyclohex-1-en-1-yl)-
  9 3995
—, 2-cyano-2-(*p*-methoxyphenyl)-
  10 2230
—, 2-cyano-*N*-methyl-2-phenyl- **9** 4305
—, 3-cyclohexyl- **9** 81
—, 4-cyclohexyl-2-(2-cyclohexylethyl)-
  9 293
—, 4-cyclohexyl-2-(2-cyclohexylethyl)-
  N-ethyl- **9** 293
—, 4-cyclohexyl-2-(2-cyclohexylethyl)-
  N-methyl- **9** 293
—, 4-cyclohexyl-2,*N*-diethyl- **9** 113
—, 4-cyclohexyl-2,2-dimethyl- **9** 114
—, 4-cyclohexyl-2-ethyl- **9** 113
—, 4-cyclohexyl-2-ethyl-*N*-
  (2-hydroxyethyl)- **9** 113
—, 4-cyclohexyl-2-ethyl-*N*-methyl-
  9 113
—, 4-cyclohexyl-*N*-(2-hydroxyethyl)-
  9 79
—, 4-cyclohexyl-3-methyl- **9** 105
—, 4-cyclohexyl-2-phenethyl- **9** 2899
—, 4-(*p*-cyclohexylphenyl)- **9** 2892
—, 4-(*p*-cyclohexylphenyl)-2-phenyl-
  9 3490
—, 4-(*p*-cyclopentylphenyl)- **9** 2885
—, 4-(decahydro-2-naphthyl)- **9** 270
—, 2,2-dibromo-3-(*p*-methoxyphenyl)-
  10 594
—, 2,*N*-dibutyl-4-phenyl- **9** 2597
—, *N*-[2-(diethylamino)ethyl]-2-ethyl-
  2-phenyl- **9** 2549
—, *N*,*N*-diethyl-2-phenyl- **9** 2466
—, 2,*N*-diethyl-4-phenyl- **9** 2543
—, 2,2'-dihydroxy-4,4'-diphenyl-
  2,2'-oxydi- **10** 3045
—, 3-(2,3-dimethoxyphenyl)- **10** 1553
—, 3-(2,4-dimethoxyphenyl)- **10** 1553
—, 3-(2,5-dimethoxyphenyl)- **10** 1553
—, 3-(2,6-dimethoxyphenyl)- **10** 1553
—, 3-(3,4-dimethoxyphenyl)- **10** 1554
—, 3-(3,5-dimethoxyphenyl)- **10** 1554
—, 2-(3,4-dimethoxyphenyl)-4-
  (*m*-methoxyphenyl)-4-oxo- **10** 4771
—, 4-(3,4-dimethoxyphenyl)-2-
  (*p*-methoxyphenyl)-4-oxo- **10** 4774
—, 3-(3,4-dimethoxyphenyl)-2-methyl-
  10 1571
—, 2,2-dimethyl-4-(3-methylcyclohexyl)-
  9 123
—, 2,2-dimethyl-4-(1-naphthyl)-
  9 3248
—, 2,2-dimethyl-4-phenyl- **9** 2548

—, 2,3-dimethyl-4-*o*-tolyl- **9** 2580
—, 4,4'-dioxo-4,4'-(bibenzyl-4,4'-diyl)di-
  10 4082
—, 2,3-diphenyl- **9** 3363
—, 3,3-diphenyl- **9** 3365
—, *N*-dodecyl-4-phenyl- **9** 2453
—, 2-(2-ethoxyethyl)-4-phenyl- **10** 638
—, 4-(*m*-ethoxyphenyl)- **10** 589
—, 2-ethyl-4-(5-isopropyl-4-methoxy-
  2-methylphenyl)- **10** 660
—, 2-ethyl-4-(*p*-methoxyphenyl)- **10** 637
—, 2-ethyl-2-methyl-4-(1-naphthyl)-
  9 3253
—, 2-ethyl-*N*-methyl-4-phenyl- **9** 2543
—, *N*-ethyl-4-oxo-4-phenyl- **10** 3038
—, *N*-ethyl-2-phenyl- **9** 2466
—, 2-ethyl-2-phenyl- **9** 2549
—, 2-ethyl-3-phenyl- **9** 2546
—, 2-ethyl-4-phenyl- **9** 2543
—, *N*-ethyl-4-phenyl-2-propyl- **9** 2569
—, 3-(fluoren-9-yl)- **9** 3475
—, 4-(fluoren-2-yl)- **9** 3475
—, 4-hydroxy-4,4-diphenyl- **10** 1208
—, *N*-(2-hydroxyethyl)-2-isopropyl-
  4-phenyl- **9** 2574
—, *N*-(2-hydroxyethyl)-3-phenyl- **9** 2459
—, *N*-(2-hydroxyethyl)-4-phenyl- **9** 2453
—, *N*-(2-hydroxyethyl)-4-phenyl-
  2-propyl- **9** 2570
—, 4-(4-hydroxy-5-isopropyl-
  2-methylphenyl)-4-oxo- **10** 4277
—, 2-hydroxy-3-(*p*-methoxyphenyl)-
  10 1555
—, 3-hydroxy-2-phenyl- **10** 599
—, 4-hydroxy-4-phenyl- **10** 591
—, 4-(*o*-hydroxyphenyl)-4-oxo- **10** 4230
—, 4-(*p*-hydroxyphenyl)-4-oxo- **10** 4234
—, 4-(6-hydroxy-*m*-tolyl)-4-oxo-
  10 4252
—, 4-imino-*N*-methyl-2-oxo-4-*p*-tolyl-
  10 3553
—, 4-imino-2-oxo-4-*p*-tolyl- **10** 3553
—, 2-isobutyl-4-phenyl- **9** 2599
—, 4-(5-isopropyl-4-methoxy-
  2-methylphenyl)- **10** 656
—, 2-isopropyl-4-phenyl- **9** 2574
—, 4-(6-methoxy-1-naphthyl)-2-methyl-
  10 1122
—, 2-(*p*-methoxyphenyl)- **10** 597
—, 3-(*m*-methoxyphenyl)- **10** 594
—, 3-(*o*-methoxyphenyl)- **10** 593
—, 3-(*p*-methoxyphenyl)- **10** 594
—, 4-(*m*-methoxyphenyl)- **10** 588
—, 4-(*p*-methoxyphenyl)-2,2-dimethyl-
  10 640
—, 4-(*p*-methoxyphenyl)-2,4-dioxo-
  10 4603
—, 4-(*m*-methoxyphenyl)-2-
  (*p*-methoxyphenyl)-4-oxo- **10** 4677

Butyramide (*continued*)

—, 4-(*p*-methoxyphenyl)-2-methyl- **10** 622

—, 4-(*p*-methoxyphenyl)-3-methyl- **10** 620

—, 3-(*p*-methoxyphenyl)-2-oxo- **10** 4238

—, 4-(*p*-methoxyphenyl)-4-oxo- **10** 4234

—, 2-(*p*-methoxyphenyl)-4-oxo-4-phenyl-
10 4445

—, 4-(6-methoxy-1,2,3,4-tetrahydro-
1-naphthyl)-2-methyl- **10** 921

—, *N*-methyl-2-phenethyl-4-phenyl-
9 3392

—, 2-methyl-2-phenyl- **9** 2516

—, 2-methyl-3-phenyl- **9** 2518

—, 2-methyl-4-phenyl- **9** 2512

—, 3-methyl-2-phenyl- **9** 2518

—, 3-methyl-4-phenyl- **9** 2509, 2510

—, 3-methyl-2-(2-phenylacetamido)-
9 2218

—, *N*-methyl-4-phenyl-2-propyl-
9 2569

—, 3-methyl-4-phenyl-2-*o*-tolyl-
9 3392

—, 4-[*p*-(methylsulfonyl)phenyl]- **10** 591

—, 2-methyl-4-*p*-tolyl- **9** 2553

—, 2-(2-naphthyl)-2-phenethyl-4-phenyl-
9 3673

—, 2-(1-naphthyl)-4-phenyl- **9** 3564

—, 4-(1-naphthyl)-2-phenyl- **9** 3565

—, 4-(1,2,3,4,5,6,7,8-octahydro-
9-anthryl)- **9** 3115

—, 4-oxo-2,4-diphenyl- **10** 3325

—, 4-oxo-4-phenyl- **10** 3037

—, 4-oxo-4-phenyl-*N*-propyl- **10** 3038

—, 4-oxo-4-*p*-tolyl- **10** 3071

—, 2-phenethyl-4-phenyl- **9** 3391

—, 2-(2-phenoxyethyl)-4-phenyl- **10** 638

—, 4-phenoxy-2-phenyl- **10** 599

—, 2-phenyl- **9** 2465, 2466

—, 3-phenyl- **9** 2459

—, 4-phenyl- **9** 2453

—, 4-phenyl-2-propyl- **9** 2569

—, 4-(pyren-1-yl)- **9** 3597

—, 3-(5,6,7,8-tetrahydro-2-naphthyl)-
9 2876

—, 4-(5,6,7,8-tetrahydro-2-naphthyl)-
9 2876

—, 2,*N*,*N*-triethyl-2-phenyl- **9** 2549

—, 2,3,4-triphenyl- **9** 3610

—, 4-(2,4-xylyl)- **9** 2557

Butyramidine,

—, 4-[*p*-(methylsulfonyl)phenyl]- **10** 591

Butyric acid,

—, 4-(acenaphthen-3-yl)- **9** 3375
    methyl ester **9** 3375

—, 4-(acenaphthen-5-yl)- **9** 3375
    ethyl ester **9** 3376

—, 4-(acenaphthen-3-yl)-3-bromo-
4-oxo-,
    methyl ester **10** 3338

—, 4-(acenaphthen-5-yl)-3-bromo-
4-oxo-,
    methyl ester **10** 3339

—, 4-(acenaphthen-5-yl)-4-
(hydroxyimino)-,
    methyl ester **10** 3339

—, 4-(acenaphthen-3-yl)-4-oxo- **10** 3338
    methyl ester **10** 3338

—, 4-(acenaphthen-5-yl)-4-oxo- **10** 3338
    methyl ester **10** 3338

—, 4-acetoxy-2,3-bis(benzoyloxy)-
2,4-diphenyl-,
    methyl ester **10** 2327

—, 4-(4-acetoxycyclohexyl)- **10** 37

—, 2-(*p*-acetoxyphenyl)- **10** 596

—, 4-(*p*-acetoxyphenyl)- **10** 589

—, 2-acetyl-4-(5-bromo-6-methoxy-
2-naphthyl)-4-oxo-,
    ethyl ester **10** 4679

—, 3-acetyl-3,4-dibromo-4-
(*p*-nitrophenyl)- **10** 3082

—, 2-acetyl-4,4-dicyano-3-phenyl-,
    ethyl ester **10** 4130

—, 3-(2-acetyl-4-isopropylcyclopentyl)-
10 2892
    4-phenylphenacyl ester **10** 2892

—, 2-acetyl-4-(6-methoxy-1-naphthyl)-,
    ethyl ester **10** 4418

—, 2-acetyl-4-(6-methoxy-1-naphthyl)-
2-methyl-,
    ethyl ester **10** 4420
    methyl ester **10** 4419

—, 2-acetyl-4-(2-naphthyl)-4-oxo-,
    ethyl ester **10** 3621

—, 2-amino-4-benzamido- **9** 1229

—, 2-(2-amino-2-carboxyethylthio)-4-
(*o*-hydroxyphenyl)-4-oxo- **10** 4548

—, 2-(2-amino-2-carboxyethylthio)-4-
(6-hydroxy-*m*-tolyl)-4-oxo-
10 4557

—, 2-(2-amino-2-carboxyethylthio)-
4-oxo-4-phenyl- **10** 4237

—, 2-amino-3-hydroxy- see *Threonine*
and *Allothreonine*

—, 4-(aminooxy)-2-benzamido- see
Canaline, N^α-*benzoyl*-

—, 4,4'-(anthracene-9,10-diyl)di- **9** 4668
    diethyl ester **9** 4669
    dihydrazide **9** 4669
    dimethyl ester **9** 4669

—, 4-(2-anthryl)- **9** 3523

—, 4-(9-anthryl)- **9** 3523

—, 4-(1-anthryl)-4-oxo- **10** 3407

—, 4-(2-anthryl)-4-oxo- **10** 3407
    ethyl ester **10** 3407
    methyl ester **10** 3407

—, 2-azido-3-phenyl- **9** 2460

—, 2-azido-4-phenyl- **9** 2456
    ethyl ester **9** 2456

Butyric acid *(continued)*
—, 2-benzamido- **9** 1147
—, 3-benzamido- **9** 1148
    ethyl ester **9** 1148
    methyl ester **9** 1148
—, 4-benzamido- **9** 1149
    methyl ester **9** 1149
—, 4-benzamido-3-(benzamidomethyl)-
    9 1235
—, 2-benzamido-4-(benzamidooxy)-
    see *Canaline*, N,N'-*dibenzoyl-*
—, 4-benzamido-3-(benzoyloxy)- **9** 1181
—, 2-benzamido-4-(benzylseleno)-
    9 1181
—, 2-benzamido-3-(benzylthio)- **9** 1177
—, 2-benzamido-3-chloro-,
    ethyl ester **9** 1148
—, 2-benzamido-4-chloro-,
    ethyl ester **9** 1148
—, 4-benzamido-2-cyano-3-imino-,
    ethyl ester **9** 1208
—, 2-benzamido-4-
    (N,N'-dibenzoylguanidinooxy)-
    9 1308
—, 2-benzamido-3,4-dihydroxy- **9** 1185
—, 3-benzamido-2-(dimethoxymethyl)-,
    hydrazide **9** 1207
    methyl ester **9** 1206
—, 2-benzamido-3-[(ethoxycarbonyl)⸗
    methylthio]-,
    ethyl ester **9** 1178
—, 3-benzamido-2-ethyl-3-methyl-
    9 1163
—, 4-benzamido-3-hydroxy- **9** 1181
—, 2-benzamido-4-iodo-,
    ethyl ester **9** 1148
—, 3-benzamido-2-isopropyl-3-methyl-,
    ethyl ester **9** 1164
—, 3-benzamido-3-methyl- **9** 1152
    ethyl ester **9** 1152
—, 4-(benzamidooxy)- **9** 1307
—, 4-(benzamidooxy)-2-bromo- **9** 1307
—, 2-benzamido-3-semicarbazono-,
    ethyl ester **9** 1205
—, 3-benzamido-2,2,3-trimethyl-
    9 1163
—, 2-benzoyl-4-cyano-,
    ethyl ester **10** 3966
—, 2-(benzoylhydrazono)-4-oxo-4-phenyl-,
    ethyl ester **10** 3547
—, 2-(benzoylimino)- **9** 1193
    ethyl ester **9** 1194
    methyl ester **9** 1193
—, 2-(benzoylimino)-3-methyl- **9** 1195
    benzylidenehydrazide **9** 1196
    hydrazide **9** 1196
    methyl ester **9** 1195
—, 2-benzoyl-3-methyl-4-oxo-4-phenyl-,
    ethyl ester **10** 3629

—, 2-benzoyl-4-nitro-3-phenyl-,
    ethyl ester **10** 3342
—, 2-benzoyl-4-oxo-4-phenyl-,
    ethyl ester **10** 3627
—, 2-(benzoyloxy)-2-[(diethylamino)⸗
    methyl]-,
    benzyl ester **9** 894
—, 2-(benzoyloxy)-3-(diethylamino)-
    2-methyl-,
    benzyl ester **9** 894
—, 3-(benzoyloxy)-2-[(diethylamino)⸗
    methyl]-2-ethyl-,
    ethyl ester **9** 895
—, 3-(benzoyloxy)-2-[(diethylamino)⸗
    methyl]-2-methyl-,
    ethyl ester **9** 895
—, 3-(benzoyloxy)-2-[(dimethylamino)⸗
    methyl]-2-ethyl-,
    ethyl ester **9** 895
—, 3-(benzoyloxy)-2-[(dimethylamino)⸗
    .methyl]-2-methyl-,
    ethyl ester **9** 894
—, 3-(benzoyloxy)-3-methyl-,
    ethyl ester **9** 860
—, 3-benzyl-4-(p-chlorophenyl)-4-oxo-
    2-phenyl- **10** 3467
—, 2-benzyl-4-(3,4-dimethoxyphenyl)-
    10 1976
—, 3-benzyl-4-(3,4-dimethoxyphenyl)-
    10 1976
—, 2-benzyl-4-(3,4-dimethoxyphenyl)-
    4-oxo- **10** 4680
    methyl ester **10** 4681
—, 2-benzyl-2,4-diphenyl- **9** 3614
—, benzylhydroxy- see *Propionic acid,*
    (hydroxyethyl)phenyl-
—, 3-benzyl-3-hydroxy-2,4-diphenyl-
    10 1328
—, 2-benzyl-2-hydroxy-4-oxo-4-phenyl-
    10 4453
—, 2-benzyl-4-(p-methoxyphenyl)-
    10 1216
—, 2-benzyl-4-(p-methoxyphenyl)-4-oxo-
    10 4452
—, 2-benzyl-4-oxo-4-phenyl- **10** 3341
—, 2-benzyl-4-phenyl- **9** 3377
    2-(diethylamino)ethyl ester **9** 3377
—, 3-benzyl-4-phenyl- **9** 3377
—, 4-(p-benzylphenyl)- **9** 3387
—, 4-(p-benzylphenyl)-4-oxo- **10** 3345
—, 2-(benzylthio)-4-oxo-4-phenyl-
    10 4237
—, 4-(benzylthio)-2-oxo-4-phenyl-
    10 4238
—, 4-(bicyclohexyl-4-yl-) **9** 280
    methyl ester **9** 280, 281
—, 2-(bicyclohexyl-4-yl)-4-oxo-
    4-phenyl- **10** 3248
    ethyl ester **10** 3248

Butyric acid *(continued)*
—, 2-(biphenyl-4-yl)- **9** 3370
    2-(diethylamino)ethyl ester **9** 3370
    3-(diethylamino)propyl ester **9** 3370
—, 4-(biphenyl-4-yl)- **9** 3370
    methyl ester **9** 3370
—, 4-(biphenyl-4-yl)-2,3-dimethyl-
    4-oxo- **10** 3356
    methyl ester **10** 3356
—, 4-(biphenyl-4-yl)-4-oxo- **10** 3334
—, 4-(biphenyl-4-yl)-4-oxo-2-phenyl-,
    methyl ester **10** 3463
—, 4-(biphenyl-4-yl)-4-oxo-3-phenyl-
    10 3463
—, 4-(biphenyl-4-yl)-3-phenyl- **9** 3613
—, 2,3-bis(benzoyloxy)-4-hydroxy-
    2,4-diphenyl-,
    methyl ester **10** 2327
—, 2,2-bis(biphenyl-4-yl)-3,3-dimethyl-
    9 3682
—, 2,4-bis(*m*-bromophenyl)-3-hydroxy-
    3-phenyl- **10** 1328
—, 2,4-bis(*m*-bromophenyl)-3-hydroxy-3-
    m-tolyl- **10** 1329
—, 2,4-bis(*m*-bromophenyl)-3-hydroxy-3-
    p-tolyl- **10** 1330
—, 2,4-bis(*m*-chlorophenyl)-3-hydroxy-
    3-phenyl- **10** 1327
—, 2,4-bis(*p*-chlorophenyl)-3-hydroxy-
    3-phenyl- **10** 1327
—, 2,4-bis(*p*-chlorophenyl)-3-hydroxy-3-
    m-tolyl- **10** 1329
—, 2,4-bis(*p*-chlorophenyl)-3-hydroxy-3-
    p-tolyl- **10** 1330
—, 2,4-bis(3,4-dimethoxyphenyl)-
    10 2492
—, 2,4-bis(2,4-dimethoxyphenyl)-4-oxo-
    10 4820
    methyl ester **10** 4820
—, 2,4-bis(3,4-dimethoxyphenyl)-4-oxo-
    10 4821
—, 3,4-bis(2,4-dimethoxyphenyl)-4-oxo-
    10 4821
    methyl ester **10** 4822
—, 3,3-bis(*p*-ethoxyphenyl)- **10** 1974
—, 2,4-bis(*p*-hydroxyphenyl)-4-oxo-
    10 4677
—, 3,3-bis(*p*-methoxyphenyl)- **10** 1974
    ethyl ester **10** 1975
    methyl ester **10** 1974
—, 3,4-bis(*p*-methoxyphenyl)- **10** 1973
    methyl ester **10** 1973
—, 2,4-bis(*p*-methoxyphenyl)-4-oxo-
    10 4677
    ethyl ester **10** 4677
    methyl ester **10** 4677
—, 3,4-bis(*p*-methoxyphenyl)-4-oxo-
    10 4679
    ethyl ester **10** 4679

—, 3,3-bis(4-methoxy-*m*-tolyl)- **10** 1980
—, 2,4-bis(3-methylisothiosemicarbazono)-
    4-phenyl- **10** 3547
—, 3-bromo-2,4-bis(5-bromo-
    2,4-dimethoxyphenyl)-4-oxo- **10** 4821
    methyl ester **10** 4821
—, 4-bromo-2-(2-bromoethyl)-2-phenyl-
    9 2549
    ethyl ester **9** 2550
    methyl ester **9** 2550
—, 3-bromo-4-(*p*-chlorophenyl)-4-oxo-
    10 3041
—, 3-bromo-4-(*p*-chlorophenyl)-4-oxo-
    2-phenyl-,
    methyl ester **10** 3328
—, 3-bromo-4-*p*-cumenyl-4-oxo- **10** 3099
—, 4-(5-bromo-2,4-dihydroxyphenyl)-
    4-oxo- **10** 4544
—, 4-(2-bromo-4,5-dimethoxyphenyl)-
    10 1552
    ethyl ester **10** 1552
—, 4-(2-bromo-4,5-dimethoxyphenyl)-
    2,3-dimethyl- **10** 1575
—, 4-(5-bromo-2,4-dimethoxyphenyl)-
    4-oxo- **10** 4545
—, 3-bromo-4-(*p*-ethoxyphenyl)-4-oxo-
    10 4235
—, 3-bromo-4-(*p*-ethylphenyl)-4-oxo-
    10 3087
—, 4-(5-bromo-2-hydroxy-
    4-methoxyphenyl)-4-oxo- **10** 4545
—, 3-bromo-4-(7-isopropyl-1-methyl-
    9,10-dihydro-2-phenanthryl)-4-oxo-,
    methyl ester **10** 3405
—, 4-(5-bromo-6-methoxy-2-naphthyl)-
    3-methyl- **10** 1122
—, 4-(5-bromo-6-methoxy-2-naphthyl)-
    3-methyl-4-oxo- **10** 4416
    methyl ester **10** 4416
—, 4-(5-bromo-6-methoxy-2-naphthyl)-
    4-oxo- **10** 4415
—, 4-(5-bromo-6-methoxy-2-naphthyl)-
    4-oxo-2-propionyl-,
    ethyl ester **10** 4687
—, 2-(3-bromo-4-methoxyphenyl)- **10** 597
—, 2-(5-bromo-2-methoxyphenyl)- **10** 596
—, 3-bromo-4-(*p*-methoxyphenyl)-4-oxo-
    10 4235
—, 3-bromo-4-(*p*-methoxyphenyl)-4-oxo-
    2-phenyl- **10** 4445
—, 3-bromo-4-(4-methoxy-2,5-xylyl)-
    4-oxo-,
    ethyl ester **10** 4267
    methyl ester **10** 4267
—, 3-bromo-4-(6-methyl-2-naphthyl)-
    4-oxo-,
    methyl ester **10** 3275
—, 3-bromo-2-methyl-4-oxo-4-phenyl-
    10 3067

Butyric acid *(continued)*

—, 3-bromo-4-(1-naphthyl)-4-oxo-
  10 3269
—, 3-bromo-4-(2-naphthyl)-4-oxo-
  10 3270
—, 3-bromo-4-(*o*-nitrophenyl)-4-oxo-
  10 3043
—, 3-bromo-4-oxo-2,4-diphenyl- 10 3327
  methyl ester 10 3328
—, 2-bromo-4-oxo-4-phenyl- 10 3041
—, 3-bromo-4-oxo-4-phenyl- 10 3041
  methyl ester 10 3041
—, 3-bromo-4-oxo-4-*p*-tolyl- 10 3071
—, 3-bromo-4-oxo-4-(2,4-xylyl)- 10 3088
—, 3-bromo-4-oxo-4-(3,4-xylyl)- 10 3087
—, 2-bromo-2-phenyl- 9 2469
—, 2-bromo-3-phenyl- 9 2460
—, 2-bromo-4-phenyl- 9 2455
—, 2-(*p*-bromophenyl)- 9 2469
—, 4-(*p*-bromophenyl)- 9 2454
—, 3-(*p*-bromophenyl)-2,4-
  bis(*p*-chlorophenyl)-3-hydroxy-
  10 1328
—, 4-(*p*-bromophenyl)-2-chloro-4-oxo-
  10 3041
—, 4-(*p*-bromophenyl)-2,4-dioxo-
  10 3548
—, 3-(*p*-bromophenyl)-3-hydroxy-
  2,4-diphenyl- 10 1328
—, 4-(*p*-bromophenyl)-2-hydroxy-
  3-methyl-4-oxo- 10 4246
—, 4-(*p*-bromophenyl)-2-methoxy-4-oxo-
  10 4236
  methyl ester 10 4236
—, 3-(*p*-bromophenyl)-3-methyl- 9 2515
—, 4-(*p*-bromophenyl)-2-methyl-4-oxo-
  10 3067
  methyl ester 10 3067
—, 4-(*p*-bromophenyl)-3-methyl-4-oxo-
  10 3064
  ethyl ester 10 3065
  methyl ester 10 3064
—, 4-(*p*-bromophenyl)-4-oxo- 10 3040
  methyl ester 10 3040
—, 4-(*p*-bromophenyl)-4-oxo-2-phenyl-
  10 3326
  methyl ester 10 3327
—, 2-(2-butoxyethyl)-4-phenyl- 10 637
—, 4-(*p*-butoxyphenyl)-4-hydroxy-
  10 1552
—, 4-(*p*-butoxyphenyl)-4-oxo- 10 4232
  ethyl ester 10 4234
  methyl ester 10 4234
—, 4-(4-butoxy-*m*-tolyl)-4-oxo- 10 4253
  ethyl ester 10 4255
  methyl ester 10 4254
—, 4-(4-butoxy-*o*-tolyl)-4-oxo- 10 4248
  ethyl ester 10 4249
  methyl ester 10 4249

—, 4-(6-butoxy-*m*-tolyl)-4-oxo- 10 4251
  ethyl ester 10 4252
  methyl ester 10 4252
—, 4-(4-butylcyclohexyl)- 9 126
  methyl ester 9 126
—, 4-(4-*sec*-butylcyclohexyl)- 9 126
—, 4-(5-butyl-2,4-dimethoxyphenyl)-
  4-oxo- 10 4568
  ethyl ester 10 4568
—, 3-butyl-3-hydroxy-2,4-diphenyl-
  10 1245
—, 4-(5-*tert*-butyl-2-methoxyphenyl)-
  10 655
—, 4-(5-butyl-2-methoxyphenyl)-4-oxo-
  10 4276
—, 4-(5-*tert*-butyl-2-methoxyphenyl)-
  4-oxo- 10 4277
—, 4-(5-*tert*-butyl-4-methoxy-*o*-tolyl)-
  10 658
—, 4-(6-*tert*-butyl-2-naphthyl)-
  9 3258
—, 4-(6-*sec*-butyl-2-naphthyl)-4-oxo-
  10 3284
  methyl ester 10 3284
—, 4-(6-*tert*-butyl-2-naphthyl)-4-oxo-
  10 3284
—, 2-butyl-4-phenyl- 9 2597
  2-(diethylamino)ethyl ester 9 2597
—, 2-*sec*-butyl-4-phenyl- 9 2598
—, 4-(*p*-butylphenyl)- 9 2602
  methyl ester 9 2602
—, 4-(*p*-*sec*-butylphenyl)- 9 2603
  methyl ester 9 2603
—, 4-(*p*-*tert*-butylphenyl)- 9 2603
  ethyl ester 9 2603
—, 4-(*p*-*tert*-butylphenyl)-2-ethyl-
  9 2624
—, 4-(*p*-butylphenyl)-4-oxo- 10 3106
—, 4-(*p*-*sec*-butylphenyl)-4-oxo-
  10 3106
—, 4-(*p*-*tert*-butylphenyl)-4-oxo-
  10 3106
—, 4-(*p*-*tert*-butylphenyl)-2-phenyl-
  9 3402
—, 4-(*p*-*tert*-butylphenyl)-
  4-semicarbazono- 10 3106
—, 4-[7-(butylthio)-6-methyl-5,8-dioxo-
  5,8-dihydro-2-naphthyl]-4-oxo-,
  methyl ester 10 4769
—, 4-(4-*tert*-butyl-*o*-tolyl)- 9 2164
—, 4-(5-*tert*-butyl-*o*-tolyl)- 9 2613
—, 2-(1-carbamoyl-1-hydroxy-
  3-phenylpropyloxy)-2-hydroxy-
  4-phenyl- 10 3045
—, 4-[*p*-(2-carboxybenzoyl)phenyl]-
  10 4015
—, 4-[*p*-(2-carboxybenzyl)phenyl]-
  9 4576
—, 3-(4-carboxycyclohexyl)- 9 3903

Butyric acid *(continued)*
—, 2-(2-carboxycyclopent-1-en-1-yl)-
   9 3985
—, 4-(2-carboxycyclopent-1-en-1-yl)-
   9 3985
—, 4-(2-carboxycyclopent-2-en-1-yl)-
   9 3985
—, 4-(1-carboxycyclopentyl)- 9 3869
—, 4-(2-carboxycyclopentyl)- 9 3870
—, 2-(2-carboxycyclopentyl)-2-cyano-
   4-phenyl- 9 4824
—, 2-(2-carboxycyclopentyl)-4-phenyl-
   9 4423
—, 2-(2-carboxy-4,5-dimethoxyphenyl)-
   10 2460
—, 2-(3-carboxy-2,2-dimethylcyclobutyl)-
   9 3920
—, 3-(3-carboxy-2,2-dimethylcyclobutyl)-
   9 3919
—, 3-(2-carboxy-3,5-dinitrophenyl)-
   3-methyl- 9 4320
—, 4-(2-carboxy-6-ethoxyphenyl)-4-oxo-
   10 4742
—, 3-[1-(1-carboxyethyl)cyclopentyl]-
   9 3925
—, 3-[2-(1-carboxyethyl)cyclopentyl]-
   9 3925
—, 3-[2-(2-carboxyethyl)cyclopentyl]-
   9 3924
—, 4-[3-(2-carboxyethyl)-2-hydroxy-
   6-oxo-3-phenyltetrahydro-2*H*-pyran-
   2-yl]-4-phenyl- 10 4142
—, 3-[1-(1-carboxyethyl)-
   3-isopropylcyclopentyl]- 9 3930
—, 4-[*p*-(2-carboxyethyl)phenyl]-4-oxo-
   10 3979
—, 3-(9-carboxyfluoren-9-yl)- 9 4639
—, 4-(2-carboxy-1-hydroxy-
   2-methylcyclohexyl)- 10 2044
—, 4-(2-carboxy-6-methoxy-3,4-dihydro-
   1-naphthyl)- 10 2289
—, 4-(2-carboxy-6-methoxyinden-3-yl)-
   10 2289
—, 4-(2-carboxy-5-methoxyphenyl)-
   10 2231
—, 4-(2-carboxy-6-methoxy-
   1,2,3,4-tetrahydro-1-naphthyl)-
   10 2272
—, 4-(2-carboxy-7-methoxy-
   1,2,3,4-tetrahydro-1-phenanthryl)-
   10 2372
—, 3-[2-(carboxymethoxy)-*p*-tolyl]-
   10 626
—, 4-(2-carboxy-2-methylcyclohexyl)-
   9 3921
—, 4-[2-(carboxymethyl)cyclopentyl]-
   9 3914
—, 3-(2-carboxy-3-methylcyclopentyl)-
   3-methyl-2-oxo- 10 3922

—, 4-(2-carboxy-1-methylcyclopentyl)-
   4-oxo- 10 3918
—, 4-[2-(carboxymethyl)-
   3,3-dimethylcyclobutyl]-4-oxo-
   10 3922
—, 3-[2-(carboxymethyl)-
   3-methylcyclopentyl]- 9 3925
—, 3-(4-carboxy-6a-methyloctahydro-
   pentalen-1-yl)- 9 4029
—, 2-(carboxymethylthio)-4-oxo-
   4-phenyl- 10 4237
—, 4-(1-carboxy-2-naphthyl)- 9 4481
—, 4-(2-carboxy-1-naphthyl)- 9 4481
—, 4-(2-carboxy-1-naphthyl)-2-methyl-
   9 4484
—, 2-(α-carboxyphenethyloxy)-4-phenyl-
   10 593
—, 2-(*p*-carboxyphenyl)- 9 4308
—, 4-(*o*-carboxyphenyl)- 9 4308
—, 2-(*o*-carboxyphenyl)-3,3-dimethyl-
   9 4337
—, 2-(*o*-carboxyphenyl)-2-methyl-
   9 4320
—, 4-{3-[*p*-(3-carboxypropionyl)phenoxy]-
   4-methoxyphenyl}-4-oxo- 10 4547
—, 4-(6-carboxy-*o*-tolyl)- 9 4325
—, 4-(2-carboxy-3,4,5-trimethoxyphenyl)-
   10 2564
—, 4-(6-carboxy-2,3,4-trimethoxyphenyl)-
   10 2564
—, 3-(4-chlorobenzoylhydrazono)-,
   ethyl ester 9 1373
—, 2-chloro-3-(*p*-chlorophenyl)-,
   ethyl ester 9 2459
—, 2-chloro-4-(2-chloro-2,5,5,8a-
   tetramethyldecahydro-1-naphthyl)-
   2-methyl- 9 294
—, 2-chloro-3-cyclohexyl-3-hydroxy-,
   ethyl ester 10 37
—, 2-chloro-3-(2,4-dichlorophenyl)-
   9 2460
   methyl ester 9 2460
—, 4-chloro-2,3-dihydroxy-2,4-diphenyl-,
   methyl ester 10 1972
—, 4-(2-chloro-4,5-dimethoxyphenyl)-
   10 1551
   ethyl ester 10 1551
—, 4-{*p*-[2-(2-chloroethoxy)ethoxy]-
   phenyl}-4-oxo- 10 4233
—, 4-(3-chloro-4-ethoxyphenyl)- 10 590
—, 4-(3-chloro-4-ethoxyphenyl)-4-oxo-
   10 4235
—, 2-chloro-3-hydroxy-3-phenyl-,
   ethyl ester 10 595
—, 2-chloro-4-(*o*-hydroxyphenyl)- 10 588
—, 2-chloro-4-mesityl-4-oxo-,
   methyl ester 10 3101
—, 3-chloro-4-mesityl-4-oxo-,
   methyl ester 10 3101

Butyric acid *(continued)*

—, 4-(5-chloro-6-methoxy-1-naphthyl)-
  10 1117
  methyl ester 10 1118
—, 4-(5-chloro-6-methoxy-2-naphthyl)-
  10 1119
—, 4-(5-chloro-6-methoxy-2-naphthyl)-
  4-oxo- 10 4415
  methyl ester 10 4415
—, 4-(5-chloro-6-methoxy-2-naphthyl)-
  4-oxo-2-propionyl-,
  ethyl ester 10 4686
—, 4-(3-chloro-4-methoxyphenyl)- 10 590
—, 3-(5-chloro-2-methoxyphenyl)-
  3-hydroxy-,
  ethyl ester 10 1554
—, 4-(3-chloro-4-methoxyphenyl)-4-oxo-
  10 4235
—, 2-chloro-4-(5-methoxy-2,4-xylyl)-
  4-oxo-,
  ethyl ester 10 4267
—, 2-chloro-3-(*p*-nitrophenyl)-,
  methyl ester 9 2460
—, 2-chloro-4-oxo-4-phenyl- 10 3039
—, 2-chloro-3-phenyl-,
  ethyl ester 9 2459
—, 2-(*p*-chlorophenyl)- 9 2468
—, 4-(*p*-chlorophenyl)- 9 2454
—, 4-(*p*-chlorophenyl)-2,4-dioxo-,
  ethyl ester 10 3548
—, 4-(*p*-chlorophenyl)-2-ethoxy-4-oxo-
  10 4236
  ethyl ester 10 4236
—, 2-(*o*-chlorophenyl)-3-hydroxy- 10 599
—, 3-(*p*-chlorophenyl)-3-methyl-
  9 2514
—, 4-(*p*-chlorophenyl)-4-oxo- 10 3039
  allyl ester 10 3039
  methyl ester 10 3039
—, 2-(*p*-chlorophenyl)-4-oxo-4-phenyl-
  10 3326
—, 3-(*p*-chlorophenyl)-4-oxo-4-phenyl-
  10 3330
—, 4-(*p*-chlorophenyl)-4-oxo-2-phenyl-
  10 3326
  ethyl ester 10 3326
  methyl ester 10 3326
—, 2-(*p*-chlorophenyl)-4-phenyl-
  9 3356
—, 3-(*p*-chlorophenyl)-4-phenyl- 9 3362
—, 4-(4-chloro-*m*-tolyl)- 9 2520
—, 4-(4-chloro-*m*-tolyl)-4-oxo- 10 3070
—, 4-(6-chloro-*m*-tolyl)-4-oxo-2-phenyl-,
  methyl ester 10 3343
—, 4-(chrysen-2-yl)- 9 3640
  methyl ester 9 3640
—, 4-(chrysen-3-yl)- 9 3640
—, 4-(chrysen-6-yl)- 9 3640
  methyl ester 9 3641

—, 4-(chrysen-2-yl)-4-oxo- 10 3475
  methyl ester 10 3476
—, 4-(chrysen-3-yl)-4-oxo- 10 3475
  methyl ester 10 3476
—, 4-(chrysen-6-yl)-4-oxo- 10 3476
  ethyl ester 10 3476
  methyl ester 10 3476
—, 4-(chrysen-6-yl)-4-semicarbazono-
  10 3476
—, 3-*p*-cumenyl- 9 2583
—, 4-*p*-cumenyl- 9 2583
  4-phenylphenacyl ester 9 2583
—, 4-*p*-cumenyl-3-methyl-,
  ethyl ester 9 2602
—, 4-*p*-cumenyl-4-oxo- 10 3099
  4-phenylphenacyl ester 10 3099
—, 4-*p*-cumenyl-4-semicarbazono-
  10 3099
—, 2-(α-cyanobenzyl)-2-hydroxy-
  4-phenyl- 10 2360
—, 2-cyano-2-(cyclohex-1-en-1-yl)-,
  ethyl ester 9 3995
  methyl ester 9 3995
—, 2-cyano-2,3-diethyl-4-
  (*p*-methoxyphenyl)-,
  ethyl ester 10 2241
—, 2-cyano-2,3-dimethyl-4-phenyl-,
  ethyl ester 9 4336
—, 4-cyano-3,3-dimethyl-4-phenyl-,
  ethyl ester 9 4335
—, 2-cyano-2,3-diphenyl-,
  ethyl ester 9 4561
—, 2-cyano-2,4-diphenyl-,
  ethyl ester 9 4550
—, 3-cyano-3,4-diphenyl- 9 4558
  ethyl ester 9 4558
—, 4-cyano-2,3-diphenyl-,
  ethyl ester 9 4560
—, 4-cyano-3,4-diphenyl- 9 4559
  ethyl ester 9 4559
—, 4-cyano-4,4-diphenyl- 9 4563
  ethyl ester 9 4563
—, 2-cyano-2-(2-ethoxycarbonyl-
  cyclopent-1-en-1-yl)-,
  ethyl ester 9 4777
—, 2-cyano-3-ethyl-2-(4-methoxybenzyl)-
  4-(*p*-methoxyphenyl)-,
  ethyl ester 10 2523
—, 2-cyano-3-ethyl-4-(*p*-methoxyphenyl)-,
  ethyl ester 10 2240
—, 4-[*p*-(2-cyanoethyl)phenyl]-4-oxo-
  10 3979
—, 4-(2-cyano-2-hydroxycyclopentyl)-,
  methyl ester 10 2037
—, 2-cyano-3-imino-4-phenyl-,
  ethyl ester 10 3963
—, 2-cyano-2-(*p*-methoxyphenyl)-,
  ethyl ester 10 2230
—, 3-cyano-4-(*p*-methoxyphenyl)- 10 2225

Butyric acid *(continued)*
—, 4-cyano-4-(*p*-methoxyphenyl)-
   3-phenyl- **10** 2356
   ethyl ester **10** 2356
—, 2-cyano-3-methyl-2-phenyl-,
   ethyl ester **9** 4318
—, 2-cyano-3-methyl-4-phenyl-,
   ethyl ester **9** 4317
—, 3-cyano-2-methyl-3-phenyl-,
   ethyl ester **9** 4318
—, 4-cyano-3-methyl-4-phenyl-,
   ethyl ester **9** 4315
—, 2-cyano-2-(1-naphthyl)-,
   ethyl ester **9** 4480
—, 2-cyano-4-oxo-4-phenyl- **10** 3962
—, 3-cyano-2-oxo-3-phenyl-,
   ethyl ester **10** 3963
—, 2-(*p*-cyanophenyl)- **9** 4308
—, 2-cyano-2-phenyl-,
   ethyl ester **9** 4305
—, 2-cyano-4-phenyl- **9** 4301
   benzylidenehydrazide **9** 4302
   ethyl ester **9** 4302
   hydrazide **9** 4302
   (4-methoxybenzylidene)hydrazide
   9 4302
—, 3-cyano-4-phenyl- **9** 4300
   ethyl ester **9** 4301
—, 4-cyano-2-phenyl- **9** 4299
   ethyl ester **9** 4299
—, 4-cyano-4-phenyl- **9** 4299
   methyl ester **9** 4299
—, 2-cyano-2-*p*-tolyl-,
   ethyl ester **9** 4321
—, 2-(cyclohex-1-en-1-yl)- **9** 192
   2-(diethylamino)ethyl ester **9** 192
   methyl ester **9** 192
—, 2-(cyclohex-2-en-1-yl)- **9** 192
   2-(diethylamino)ethyl ester **9** 192
—, 4-(cyclohex-1-en-1-yl)- **9** 190
   4-phenylphenacyl ester **9** 190
—, 4-(cyclohex-2-en-1-yl)- **9** 190
—, 4-(cyclohex-3-en-1-yl)- **9** 190
   methyl ester **9** 191
   4-phenylphenacyl ester **9** 191
—, 2-(cyclohex-2-en-1-yl)-4-cyclohexyl-
   9 347
   2-(diethylamino)ethyl ester **9** 347
—, 4-(cyclohex-1-en-1-yl)-2-methyl-
   9 226
   4-phenylphenacyl ester **9** 226
—, 4-(cyclohex-1-en-1-yl)-4-oxo-,
   methyl ester **10** 2904
—, 2-(cyclohex-2-en-1-yl)-4-phenyl-
   9 3105
   2-(diethylamino)ethyl ester **9** 3105
—, 4-(cyclohex-1-en-1-yl)-
   4-semicarbazono-,
   methyl ester **10** 2904

—, 2-cyclohexyl- **9** 81
   2-(diethylamino)ethyl ester **9** 81
—, 3-cyclohexyl- **9** 80
   ethyl ester **9** 80
—, 4-cyclohexyl- **9** 78
   4-bromophenacyl ester **9** 79
   ethyl ester **9** 79
   methyl ester **9** 79
—, 4-cyclohexyl-2-(2-cyclohexylethyl)-
   9 292
   2-(diethylamino)ethyl ester **9** 292
—, 4-cyclohexyl-2-(cyclohexylmethyl)-
   9 282
—, 4-cyclohexyl-2-(cyclopent-2-en-1-yl)-
   9 344
   2-(diethylamino)ethyl ester **9** 344
—, 4-cyclohexyl-2-cyclopentyl- **9** 272
   2-(diethylamino)ethyl ester **9** 272
—, 3-cyclohexyl-4,4-diethoxy-3-hydroxy-,
   ethyl ester **10** 4185
—, 3-cyclohexyl-2,2-dimethyl- **9** 114
—, 2-cyclohexyl-2-hydroxy- **10** 38
   ethyl ester **10** 38
—, 3-cyclohexyl-4-hydroxy- **10** 37
—, 3-cyclohexyl-3-hydroxy-4-methoxy-
   10 1354
   4-bromophenacyl ester **10** 1354
   ethyl ester **10** 1354
—, 3-cyclohexyl-3-hydroxy-4-methyl-,
   4-bromophenacyl ethyl ester
   10 1354
—, 4-cyclohexyl-2-methyl- **9** 105
   ethyl ester **9** 105
—, 4-cyclohexyl-3-methyl- **9** 104
   ethyl ester **9** 104
—, 2-(cyclohexylmethyl)-3-hydroxy-,
   ethyl ester **10** 44
—, 4-cyclohexyl-3-methyl-4-oxo-
   10 2875
—, 4-cyclohexyl-2-octyl- **9** 133
   benzyl ester **9** 133
—, 4-cyclohexyl-2-phenethyl- **9** 2899
—, 2-cyclohexyl-2-phenyl- **9** 2891
   2-(diethylamino)ethyl ester **9** 2891
   2-(dimethylamino)ethyl ester
   9 2891
—, 4-(*p*-cyclohexylphenyl)- **9** 2892
   methyl ester **9** 2892
—, 4-(*p*-cyclohexylphenyl)-4-oxo-
   10 3204
—, 4-(*p*-cyclohexylphenyl)-2-phenyl-
   9 3490
—, 3-cyclohexyl-4-semicarbazono-,
   methyl ester **10** 2853
—, 4-(4*H*-cyclopenta[*def*]phenanthren-
   1-yl)- **9** 3563
—, 4-(4*H*-cyclopenta[*def*]phenanthren-
   2-yl)- **9** 3564
   methyl ester **9** 3564

Butyric acid *(continued)*

—, 4-(4*H*-cyclopenta[*def*]phenanthren-1-yl)-4-oxo- **10** 3437
    methyl ester **10** 3437

—, 2-(cyclopent-2-en-1-yl)- **9** 184
    2-(diethylamino)ethyl ester **9** 185
    ethyl ester **9** 184
    isobutyl ester **9** 185
    isopentyl ester **9** 185
    methyl ester **9** 184
    phenethyl ester **9** 185

—, 4-(cyclopent-2-en-1-yl)- **9** 184
    ethyl ester **9** 184

—, 4-(cyclopent-2-en-1-yl)-3-hydroxy-3-methyl- **10** 58

—, 2-(cyclopent-2-en-1-yl)-4-(*m*-methoxyphenyl)- **10** 1003

—, 2-(cyclopent-2-en-1-yl)-4-phenyl- **9** 3101
    2-(diethylamino)ethyl ester **9** 3101

—, 2-cyclopentyl- **9** 73
    2-(diethylamino)ethyl ester **9** 73

—, 4-cyclopentyl- **9** 72
    benzyl ester **9** 73
    ethyl ester **9** 73

—, 3-cyclopentyl-3-hydroxy-4-methoxy- **10** 1353
    4-bromophenacyl ester **10** 1354
    ethyl ester **10** 1354

—, 2-cyclopentyl-4-(*m*-methoxyphenyl)- **10** 920

—, 4-cyclopentyl-3-methyl- **9** 95

—, 2-cyclopentyl-4-phenyl- **9** 2884

—, 4-(*p*-cyclopentylphenyl)- **9** 2885

—, 4-(*p*-cyclopentylphenyl)-4-oxo- **10** 3199
    methyl ester **10** 3199

—, 4-cyclopropyl-2,4-dioxo-,
    ethyl ester **10** 3517

—, 4-(decahydro-1-naphthyl)- **9** 269
    methyl ester **9** 269

—, 4-(decahydro-2-naphthyl)- **9** 269

—, 2,4-dibenzamido-3-methyl- **9** 1235

—, 2,2-dibenzyl-3-(hydroxyimino)-,
    ethyl ester **10** 3350

—, 3,4-dibromo-4-(*p*-bromophenyl)-2-oxo- **10** 3046
    methyl ester **10** 3046

—, 2,3-dibromo-4-(*p*-chlorophenyl)-4-oxo-2-phenyl-,
    methyl ester **10** 3328

—, 2,3-dibromo-4-(2,5-dimethoxyphenyl)-4-oxo- **10** 4546

—, 2,3-dibromo-4-(3,4-dimethoxyphenyl)-4-oxo- **10** 4548

—, 3,4-dibromo-4-(3,4-dimethoxyphenyl)-2-oxo- **10** 4549

—, 3,4-dibromo-4-(*p*-ethoxyphenyl)-2-oxo- **10** 4237
    methyl ester **10** 4237

—, 3,3-dibromo-4-hydroxy-2-oxo-4-phenyl- **10** 4238

—, 2,3-dibromo-4-(4-methoxy-1-naphthyl)-4-oxo- **10** 4413

—, 3,4-dibromo-4-(*p*-methoxyphenyl)-2-oxo- **10** 4237

—, 2,3-dibromo-4-(4-methoxy-*m*-tolyl)-4-oxo- **10** 4256

—, 2,3-dibromo-4-(6-methoxy-*m*-tolyl)-4-oxo- **10** 4252

—, 2,3-dibromo-4-oxo-4-phenyl- **10** 3041, 3042
    methyl ester **10** 3042

—, 3,4-dibromo-2-oxo-4-phenyl- **10** 3046
    ethyl ester **10** 3046
    methyl ester **10** 3046

—, 3,4-dibromo-2-oxo-4-*p*-tolyl- **10** 3072
    methyl ester **10** 3072

—, 4-(*x*,*x*-dichloro-3,4-dimethoxyphenyl)- **10** 1551

—, 2,4-di-*p*-cumenyl-3-hydroxy-3-phenyl- **10** 1333

—, 2,4-di-*p*-cumenyl-3-hydroxy-3-*m*-tolyl- **10** 1333

—, 2,4-di-*p*-cumenyl-3-hydroxy-3-*p*-tolyl- **10** 1333

—, 2,3-dicyano-3-phenyl-,
    ethyl ester **9** 4802

—, 2,4-dicyano-2-phenyl-,
    ethyl ester **9** 4798

—, 2,4-dicyclohexyl- **9** 280
    2-(diethylamino)ethyl ester **9** 280

—, 4,4-diethoxy-3-hydroxy-3-phenyl-,
    ethyl ester **10** 4239
    methyl ester **10** 4238

—, 4-(2,5-diethoxyphenyl)- **10** 1550

—, 4-(2,5-diethoxyphenyl)-4-oxo- **10** 4545

—, 2-[(diethylamino)methyl]-2-ethyl-3-(4-nitrobenzoyloxy)-,
    ethyl ester **9** 1706

—, 2-[(diethylamino)methyl]-2-methyl-3-(4-nitrobenzoyloxy)-,
    ethyl ester **9** 1706

—, 2,3-diethyl-4-(*p*-methoxyphenyl)-4-oxo-,
    methyl ester **10** 4275

—, 2,2-diethyl-4-oxo-4-phenyl- **10** 3104
    methyl ester **10** 3104

—, 2,2-diethyl-4-phenyl- **9** 2600
    ethyl ester **9** 2600

—, 2,2-diethyl-4-phenyl-4-semicarbazono- **10** 3104

—, 4-(9,10-dihydro-9-anthryl)- **9** 3481

—, 4-(9,10-dihydro-9-anthryl)-4-oxo- **10** 3398

—, 4-(9,10-dihydro-9-anthryl)-4-semicarbazono- **10** 3398

Butyric acid *(continued)*
—, 4-(8,9-dihydro-4*H*-cyclopenta[*def*]‑
   phenanthren-2-yl)- **9** 3538
   methyl ester **9** 3538
—, 4-(8,9-dihydro-4*H*-cyclopenta[*def*]‑
   phenanthren-2-yl)-4-oxo- **10** 3420
   methyl ester **10** 3420
—, 4-(3,4-dihydro-1-naphthyl)- **9** 3095
—, 4-(3,4-dihydro-2-naphthyl)- **9** 3096
—, 4-(9,10-dihydro-2-phenanthryl)-
   9 3481
—, 4-(9,10-dihydro-2-phenanthryl)-
   4-oxo- **10** 3398
   methyl ester **10** 3399
—, 4-(1,4-dihydroxy-5,8-dihydro-
   2-naphthyl)- **10** 1906
—, 2,3-dihydroxy-4-methoxy-
   2,4-diphenyl- **10** 2326
—, 2,3-dihydroxy-4-oxo-2,4-diphenyl-
   10 4678
—, 2-(3,4-dihydroxyphenyl)- **10** 1556
—, 4-(2,4-dihydroxyphenyl)- **10** 1550
   methyl ester **10** 1550
—, 4-(2,5-dihydroxyphenyl)- **10** 1550
—, 4-(2,4-dihydroxyphenyl)-4-oxo- **10** 4543
   ethyl ester **10** 4544
   methyl ester **10** 4544
—, 4-(2,6-dihydroxy-*p*-tolyl)-4-oxo-
   10 4558
—, 2-(3,5-diiodobenzamido)- **9** 1455
—, 4-(2,6-dimethoxy-1-naphthyl)-
   10 1943
—, 4-(3,7-dimethoxy-2-naphthyl)-
   10 1944
   methyl ester **10** 1944
—, 4-(4,8-dimethoxy-1-naphthyl)- **10** 1944
   ethyl ester **10** 1944
   methyl ester **10** 1944
—, 4-(2,6-dimethoxy-1-naphthyl)-4-oxo-
   10 4655
—, 4-(3,7-dimethoxy-2-naphthyl)-4-oxo-
   10 4655
   methyl ester **10** 4656
—, 4-(4,8-dimethoxy-1-naphthyl)-4-oxo-
   10 4655
   ethyl ester **10** 4655
   methyl ester **10** 4655
—, 4-(2,4-dimethoxy-5-nitrophenyl)-
   4-oxo- **10** 4545
—, 4-(4,5-dimethoxy-2-nitrophenyl)-
   4-oxo- **10** 4548
   methyl ester **10** 4548
—, 4-(4,5-dimethoxy-2-nitrophenyl)-
   4-oxo-2-phenyl- **10** 4678
—, 3-(2,3-dimethoxyphenyl)- **10** 1553
—, 3-(2,4-dimethoxyphenyl)- **10** 1553
—, 3-(2,5-dimethoxyphenyl)- **10** 1553
—, 3-(2,6-dimethoxyphenyl)- **10** 1553
—, 3-(3,4-dimethoxyphenyl)- **10** 1554

—, 3-(3,5-dimethoxyphenyl)- **10** 1554
—, 4-(2,4-dimethoxyphenyl)- **10** 1550
—, 4-(2,5-dimethoxyphenyl)- **10** 1550
—, 4-(3,4-dimethoxyphenyl)- **10** 1551
   ethyl ester **10** 1551
—, 4,4-dimethoxy-2-phenyl-,
   methyl ester **10** 3050
—, 4-(3,4-dimethoxyphenyl)-
   2,3-dimethyl-4-oxo- **10** 4560
—, 4-(3,4-dimethoxyphenyl)-2,4-dioxo-
   10 4739
   ethyl ester **10** 4740
—, 4-(2,5-dimethoxyphenyl)-3-ethyl-
   10 1575
—, 4-(3,4-dimethoxyphenyl)-3-formyl-
   4-oxo-,
   ethyl ester **10** 4741
—, 3-(2,5-dimethoxyphenyl)-3-hydroxy-
   10 2129
   hydrazide **10** 2129
—, 3-(3,4-dimethoxyphenyl)-3-hydroxy-
   2-methyl-,
   ethyl ester **10** 2135
—, 3-(3,5-dimethoxyphenyl)-3-hydroxy-
   2-methyl-,
   ethyl ester **10** 2135
—, 2-(3,4-dimethoxyphenyl)-4-
   (*m*-methoxyphenyl)- **10** 2325
   methyl ester **10** 2325
—, 4-(3,4-dimethoxyphenyl)-2-
   (*p*-methoxyphenyl)- **10** 2325
   methyl ester **10** 2325
—, 2-(2,4-dimethoxyphenyl)-4-
   (*p*-methoxyphenyl)-4-oxo- **10** 4769
—, 2-(3,4-dimethoxyphenyl)-4-
   (*p*-methoxyphenyl)-4-oxo- **10** 4772
—, 4-(2,4-dimethoxyphenyl)-2-
   (*o*-methoxyphenyl)-4-oxo- **10** 4770
   ethyl ester **10** 4770
—, 4-(2,4-dimethoxyphenyl)-2-
   (*p*-methoxyphenyl)-4-oxo- **10** 4772
   ethyl ester **10** 4773
   methyl ester **10** 4773
—, 4-(2,5-dimethoxyphenyl)-2-
   (*o*-methoxyphenyl)-4-oxo- **10** 4770
   ethyl ester **10** 4771
   methyl ester **10** 4771
—, 4-(2,5-dimethoxyphenyl)-2-
   (*p*-methoxyphenyl)-4-oxo- **10** 4773
   ethyl ester **10** 4774
   methyl ester **10** 4773
—, 4-(3,4-dimethoxyphenyl)-2-
   (*o*-methoxyphenyl)-4-oxo- **10** 4771
   ethyl ester **10** 4771
   methyl ester **10** 4771
—, 4-(3,4-dimethoxyphenyl)-2-
   (*p*-methoxyphenyl)-4-oxo- **10** 4774
   ethyl ester **10** 4774
   methyl ester **10** 4774

Butyric acid *(continued)*
—, 3-(3,5-dimethoxyphenyl)-2-methyl-
   10 1571
—, 4-(3,4-dimethoxyphenyl)-3-methyl-,
   4-bromophenacyl ester 10 1570
   methyl ester 10 1570
—, 4-(2,4-dimethoxyphenyl)-2-methyl-
   4-oxo- 10 4556
—, 4-(3,4-dimethoxyphenyl)-3-methyl-
   4-oxo- 10 4556
—, 4-(2,4-dimethoxyphenyl)-4-oxo-
   10 4544
   ethyl ester 10 4544
—, 4-(2,5-dimethoxyphenyl)-4-oxo-
   10 4545
   ethyl ester 10 4546
   methyl ester 10 4545
—, 4-(3,4-dimethoxyphenyl)-4-oxo-
   10 4546
   ethyl ester 10 4547
   methyl ester 10 4547
—, 4-(3,5-dimethoxyphenyl)-4-oxo-
   10 4548
—, 4-(3,4-dimethoxyphenyl)-4-oxo-
   2-phenyl- 10 4677
   methyl ester 10 4678
—, 4-(3,4-dimethoxyphenyl)-4-oxo-
   2-veratroyl-,
   ethyl ester 10 4851
—, 4-(3,4-dimethoxyphenyl)-4-oxo-
   2-veratryl- 10 4823
—, 4-(3,4-dimethoxyphenyl)-2-phenyl-
   10 1972
—, 4-(2,4-dimethoxy-5-propylphenyl)-
   4-oxo- 10 4564
   ethyl ester 10 4564
—, 4-(2,5-dimethoxy-*p*-tolyl)- 10 1573
—, 4-(2,5-dimethoxy-*p*-tolyl)-4-oxo-
   10 4558
   ethyl ester 10 4558
—, 4-(4,6-dimethoxy-*o*-tolyl)-4-oxo-
   10 4557
   ethyl ester 10 4557
   methyl ester 10 4557
—, 2-[(dimethylamino)methyl]-2-ethyl-
   3-(4-nitrobenzoyloxy)-,
   ethyl ester 9 1706
—, 2-[(dimethylamino)methyl]-2-methyl-
   3-(4-nitrobenzoyloxy)-,
   ethyl ester 9 1706
—, 4-(3,6-dimethyl-9-anthryl)- 9 3541
   ethyl ester 9 3541
   hydrazide 9 3541
   methyl ester 9 3541
—, 4-(9,10-dimethyl-2-anthryl)-4-oxo-
   10 3420
   methyl ester 10 3420
—, 2,3-dimethyl-2,4-diphenyl-
   9 3392

—, 3-[2,2-dimethyl-3-(methoxycarbonyl)⸱
   cyclobutyl]-3-hydroxy-,
   methyl ester 10 2043
—, 2,2-dimethyl-4-(4-methyl-1-naphthyl)-
   9 3254
—, 2,2-dimethyl-4-(4-methyl-1-naphthyl)-
   4-oxo- 10 3281
   methyl ester 10 3281
—, 2,2-dimethyl-3-(2-naphthyl)-
   9 3249
—, 2,2-dimethyl-4-(1-naphthyl)-
   9 3248
   ethyl ester 9 3248
—, 2,2-dimethyl-4-(2-naphthyl)-
   9 3249
—, 2,3-dimethyl-4-(1-naphthyl)-
   9 3247
—, 2,3-dimethyl-4-(2-naphthyl)-
   9 3248
—, 3-(5,8-dimethyl-1-naphthyl)-
   9 3251
—, 4-(6,7-dimethyl-2-naphthyl)-
   9 3250
—, 4-(5,6-dimethyl-1-naphthyl)-2-[2-
   (5,6-dimethyl-1-naphthyl)ethyl]-
   9 3661
—, 4-(5,6-dimethyl-1-naphthyl)-
   2-isopropyl- 9 3260
—, 4-(5,6-dimethyl-1-naphthyl)-
   2-methyl- 9 3256
—, 2,2-dimethyl-4-(1-naphthyl)-4-oxo-
   10 3278
—, 2,2-dimethyl-4-(2-naphthyl)-4-oxo-
   10 3278
—, 2,3-dimethyl-4-(1-naphthyl)-4-oxo-
   10 3277
—, 2,3-dimethyl-4-(2-naphthyl)-4-oxo-
   10 3277
—, 4-(2,7-dimethyl-1-naphthyl)-4-oxo-
   10 3280
—, 4-(6,7-dimethyl-2-naphthyl)-4-oxo-
   10 3280
   methyl ester 10 3280
—, 3-(3,5-dimethyl-
   4-nitrobenzoylhydrazono)-,
   ethyl ester 9 2449
—, 4-[3,3-dimethyl-2-(3-oxobutyl)⸱
   cyclobutyl]-4-oxo- 10 3526
   methyl ester 10 3526
—, 2,2-dimethyl-4-oxo-3,4-diphenyl-
   10 3352
—, 2,3-dimethyl-4-oxo-2,4-diphenyl-
   10 3350
—, 2,3-dimethyl-4-oxo-4-(9-phenanthryl)-
   10 3420
—, 2,2-dimethyl-4-oxo-4-phenyl-
   10 3084
   methyl ester 10 3084
—, 2,3-dimethyl-4-oxo-4-phenyl- 10 3083

Butyric acid *(continued)*
—, 3,3-dimethyl-4-oxo-4-phenyl-
10 3083
—, 2,2-dimethyl-4-oxo-4-*p*-tolyl-
10 3097
   methyl ester 10 3097
—, 2,3-dimethyl-4-(9-phenanthryl)-
9 3542
—, 2,2-dimethyl-3-phenyl- 9 2550
—, 2,2-dimethyl-4-phenyl- 9 2547
   ethyl ester 9 2547
—, 2,3-dimethyl-4-phenyl- 9 2546
   ethyl ester 9 2547
—, 3,3-dimethyl-2-phenyl- 9 2550
—, 3,3'-dimethyl-3,3'-*p*-phenylenedi-
9 4359
—, 2,2-dimethyl-4-phenyl-
4-semicarbazono- 10 3084
—, 2,2-dimethyl-4-semicarbazono-4-
p-tolyl- 10 3097
—, 4-(3,6-dimethyl-1,2,3,4-tetrahydro-
9-anthryl)- 9 3403
—, 4-(5,6-dimethyl-1,2,3,4-tetrahydro-
1-naphthyl)-2-isopropyl- 9 2902
—, 2,2-dimethyl-4-*p*-tolyl- 9 2581
   ethyl ester 9 2581
—, 2,3-dimethyl-4-*o*-tolyl- 9 2580
   ethyl ester 9 2580
—, 2,3-dimethyl-4-*p*-tolyl- 9 2580
   ethyl ester 9 2580
—, 4-(2,3-dimethyltricyclo[2.2.1.0^{2,6}]₌
hept-3-yl)- 9 341
   methyl ester 9 342
—, 2,4-di(1-naphthyl)- 9 3660
—, 3-(3,5-dinitrobenzoylhydrazono)-,
ethyl ester 9 1949
—, 4-(2,4-dinitrophenyl)-2,2-dimethyl-
9 2548
—, 3-(3,5-dinitrophenyl)-3-methyl-
9 2515
—, 3-(3,5-dinitro-*p*-toluoylhydrazono)-,
ethyl ester 9 2377
—, 3-(2,4-dinitro-3,5-xylyl)-3-methyl-
9 2587
   methyl ester 9 2587
—, 4,4'-dioxo-4,4'-(bibenzyl-4,4'-diyl)di-
10 4081
   dimethyl ester 10 4081
—, 4-(3,6-dioxocyclohexa-1,4-dien-1-yl)-
10 3538
—, 4-(9,10-dioxo-9,10-dihydro-
2-anthryl)- 10 3658
   methyl ester 10 3658
—, 4-(9,10-dioxo-9,10-dihydro-
2-anthryl)-4-oxo- 10 4026
—, 4-(1,4-dioxo-1,4-dihydro-2-naphthyl)-
10 3609
—, 2,4-dioxo-3,4-diphenyl-,
   ethyl ester 10 3626

—, 4,4'-dioxo-4,4'-diphenyl-2,2'-
(3a,4,7,7a-tetrahydro-
4,7-methanoindene-1,8-diyl)di-
10 4095
—, 4-(1,4-dioxo-1,4,4a,5,8,8a-
hexahydro-2-naphthyl)- 10 1907
—, 4,4'-dioxo-4,4'-(oxydi-*p*-phenylene)di-
10 4233
—, 2,4-dioxo-3-phenyl-,
   ethyl ester 10 3548
—, 2,4-dioxo-4-phenyl- see *Pyruvic acid,*
benzoyl-
—, 2,4-dioxo-4-*o*-tolyl- 10 3552
—, 2,4-dioxo-4-*p*-tolyl- 10 3552
   ethyl ester 10 3552
   methyl ester 10 3552
—, 2,2-diphenyl- 9 3365
   2-(diethylamino)ethyl ester 9 3365
   3-(diethylamino)propyl ester
   9 3365
   2-(dimethylamino)ethyl ester
   9 3365
   ethyl ester 9 3365
—, 2,3-diphenyl- 9 3362
—, 2,4-diphenyl- 9 3355
   2-(diethylamino)ethyl ester 9 3356
—, 3,3-diphenyl- 9 3364
   methyl ester 9 3364
—, 3,4-diphenyl- 9 3362
—, 4,4-diphenyl- 9 3364
   methyl ester 9 3364
—, 4,4'-diphenyl-2,2'-azinodi- 10 3045
—, 4,4'-dithiobis(2-benzamido-
   see *Homocystine,* N,N'-*dibenzoyl*-
—, 4-(4-dodecylcyclohexyl)-,
   methyl ester 9 139
—, 4-(*p*-dodecylphenyl)-4-oxo- 10 3127
—, 4-[1-(ethoxycarbonyl)cyclopentyl]-,
   ethyl ester 9 3870
—, 3-[2-(1-ethoxycarbonylethyl)₌
cyclopentyl]-,
   ethyl ester 9 3925
—, 3-{2-[1-(ethoxycarbonyl)ethylidene]₌
cyclopentyl}-,
   ethyl ester 9 4007
—, 4-[*p*-(2-ethoxycarbonylethyl)phenyl]-
4-oxo- 10 3979
—, 4-[1-(ethoxycarbonyl)-
2-hydroxycyclohexyl]-,
   ethyl ester 10 2041
—, 3-[2-(ethoxycarbonylmethylene)-
3-methylcyclopentyl]-,
   ethyl ester 9 4007
—, 3-[2-(ethoxycarbonylmethyl)-
3-methylcyclopentyl]-,
   ethyl ester 9 3926
—, 3-[1-(ethoxycarbonyl)-3-methyl-
2-oxocyclopentyl]-,
   ethyl ester 10 3919

Butyric acid *(continued)*
—, 4-[1-(ethoxycarbonyl)-
2-oxocyclohexyl]-,
ethyl ester **10** 3914
—, 3-[1-(ethoxycarbonyl)-
2-oxocyclopentyl]-,
ethyl ester **10** 3909
—, 4-[1-(ethoxycarbonyl)-
2-oxocyclopentyl]-,
ethyl ester **10** 3908
—, 4-[6-(ethoxycarbonyl)-*o*-tolyl]-,
ethyl ester **9** 4325
—, 2-(2-ethoxyethyl)-4-phenyl- **10** 637
—, 4-(4-ethoxy-3-methoxyphenyl)-4-oxo-
10 4546
—, 4-(2-ethoxy-1-naphthyl)-4-oxo-
10 4412
—, 4-(6-ethoxy-2-naphthyl)-4-oxo-
10 4415
—, 4-(4-ethoxy-3-nitrophenyl)-4-oxo-
10 4236
—, 2-(4-ethoxyphenacyl)-4-
(*p*-ethoxyphenyl)-4-oxo- **10** 4784
—, 2-ethoxy-4-phenyl- **10** 592
—, 4-(*m*-ethoxyphenyl)- **10** 588
—, 3-(*p*-ethoxyphenyl)-3-
(*p*-methoxyphenyl)- **10** 1974
methylester **10** 1975
ethyl ester **10** 1975
—, 3-(*p*-ethoxyphenyl)-3-(4-methoxy-
m-tolyl)- **10** 1978
ethyl ester **10** 1978
methyl ester **10** 1978
—, 3-(*p*-ethoxyphenyl)-3-(6-methoxy-
m-tolyl)- **10** 1979
ethyl ester **10** 1979
—, 4-(*p*-ethoxyphenyl)-4-oxo- **10** 4232
ethyl ester **10** 4234
—, 3-(*p*-ethoxyphenyl)-3-phenyl- **10** 1209
ethyl ester **10** 1209
methyl ester **10** 1209
—, 3-(*p*-ethoxyphenyl)-3-*p*-tolyl-
10 1218
ethyl ester **10** 1219
methyl ester **10** 1219
—, 4-(3-ethoxy-5,6,7,8-tetrahydro-
1-naphthyl)- **10** 913
—, 4-(3-ethoxy-5,6,7,8-tetrahydro-
2-naphthyl)- **10** 916
ethyl ester **10** 916
—, 4-(4-ethoxy-5,6,7,8-tetrahydro-
1-naphthyl)- **10** 914
ethyl ester **10** 914
—, 4-(3-ethoxy-5,6,7,8-tetrahydro-
1-naphthyl)-4-oxo- **10** 4351
ethyl ester **10** 4352
—, 4-(3-ethoxy-5,6,7,8-tetrahydro-
2-naphthyl)-4-oxo- **10** 4352
ethyl ester **10** 4353

—, 4-(4-ethoxy-5,6,7,8-tetrahydro-
1-naphthyl)-4-oxo- **10** 4352
ethyl ester **10** 4352
methyl ester **10** 4352
—, 2-(ethoxythiocarbonylthio)-4-oxo-
4-phenyl- **10** 4237
—, 4-(4-ethoxy-*m*-tolyl)-4-oxo- **10** 4253
ethyl ester **10** 4255
methyl ester **10** 4254
—, 4-(4-ethoxy-*o*-tolyl)-4-oxo- **10** 4248
ethyl ester **10** 4249
methyl ester **10** 4248
—, 4-(6-ethoxy-*m*-tolyl)-4-oxo- **10** 4250
ethyl ester **10** 4252
methyl ester **10** 4251
—, 4-(4-ethyl-2,5-dimethoxyphenyl)-
10 1584
—, 4-(4-ethyl-2,5-dimethoxyphenyl)-
4-oxo- **10** 4563
—, 4-(5-ethyl-2,4-dimethoxyphenyl)-
4-oxo- **10** 4562
—, 4,4′-(ethylenedithio)bis(2-benzamido-
9 1179
—, 3-ethyl-3-hydroxy-2,4-diphenyl-
10 1226
methyl ester **10** 1226
—, 3-ethyl-3-hydroxy-4-phenyl-,
ethyl ester **10** 639
—, 2-ethyl-4-(5-isopropyl-4-methoxy-
2-methylphenyl)- **10** 660
—, 2-ethyl-4-(*p*-methoxyphenyl)- **10** 637
—, 3-ethyl-4-(*p*-methoxyphenyl)- **10** 638
—, 2-ethyl-4-(*p*-methoxyphenyl)-4-oxo-
10 4262
methyl ester **10** 4262
—, 4-(5-ethyl-2-methoxyphenyl)-4-oxo-
10 4266
—, 4-(5-ethyl-4-methoxy-*o*-tolyl)-
10 652
—, 4-(6-ethyl-4-methoxy-*m*-tolyl)-
10 653
—, 2-ethyl-4-(4-methoxy-*m*-tolyl)-4-oxo-
10 4271
—, 4-(5-ethyl-4-methoxy-*o*-tolyl)-4-oxo-
10 4273
—, 4-(6-ethyl-4-methoxy-*m*-tolyl)-4-oxo-
10 4273
—, 2-ethyl-2-methyl-4-(1-naphthyl)-
9 3253
—, 2-ethyl-2-methyl-4-(1-naphthyl)-
4-oxo- **10** 3281
—, 2-ethyl-2-methyl-4-oxo-4-phenyl-
10 3096
—, 2-ethyl-2-methyl-4-phenyl- **9** 2574
—, 3-ethyl-4-(1-naphthyl)-
4-bromophenacyl ester **9** 3247
—, 4-(4-ethyl-1-naphthyl)- **9** 3249
—, 4-(6-ethyl-2-naphthyl)- **9** 3249
—, 4-(7-ethyl-2-naphthyl)- **9** 3250

Butyric acid *(continued)*
—, 4-(4-ethyl-1-naphthyl)-3-methyl-
4-oxo- **10** 3282
—, 2-ethyl-4-(1-naphthyl)-4-oxo-
10 3277
—, 4-(4-ethyl-1-naphthyl)-4-oxo-
10 3279
—, 4-(6-ethyl-2-naphthyl)-4-oxo-
10 3279
methyl ester **10** 3279
—, 4-(7-ethyl-1-oxo-1,2,3,4-tetrahydro-
2-naphthyl)- **10** 3207
—, 2-ethyl-3-phenyl- **9** 2545
—, 2-ethyl-4-phenyl- **9** 2542
—, 3-ethyl-4-phenyl- **9** 2544
—, 4-(p-ethylphenyl)- **9** 2555
ethyl ester **9** 2555
—, 4-(p-ethylphenyl)-3-methyl- **9** 2582
—, 4-(p-ethylphenyl)-4-oxo- **10** 3087
—, 4-[p-(1-ethylpropyl)phenyl]-4-oxo-
10 3109
—, 4-(7-ethyl-1,2,3,4-tetrahydro-
2-naphthyl)- **9** 2895
—, 2-ethyl-4-o-tolyl- **9** 2578
—, 3-ethyl-4-o-tolyl- **9** 2579
—, 3-ethyl-4-(2,3,4-trimethoxyphenyl)-
10 2135
methyl ester **10** 2135
—, 3-ethyl-4-(2,4,5-trimethoxyphenyl)-
10 2136
—, 3-(fluoren-9-yl)- **9** 3475
—, 4-(fluoren-2-yl)- **9** 3475
—, 4-(fluoren-2-yl)-4-(hydroxyimino)-,
methyl ester **10** 3393
—, 4-(fluoren-2-yl)-4-oxo- **10** 3392
methyl ester **10** 3392
—, 4-(fluoren-3-yl)-4-oxo- **10** 3393
—, 4-(p-fluorophenyl)- **9** 2454
—, 3-(p-fluorophenyl)-3-methyl-
9 2514
—, 4-(p-fluorophenyl)-4-oxo- **10** 3039
—, 4-(p-fluorophenyl)-4-oxo-2-phenyl-
10 3325
methyl ester **10** 3326
—, 4-(5-heptyl-2-methoxyphenyl)-4-oxo-
10 4283
ethyl ester **10** 4283
—, 4-[4-(heptyloxy)-m-tolyl]-4-oxo-
10 4254
ethyl ester **10** 4256
methyl ester **10** 4255
—, 4-(4,5,7,8,9,10-hexahydroacephen‌
anthrylen-1-yl)- **9** 3489
—, 4-(4,5,7,8,9,10-hexahydroacephen‌
anthrylen-1-yl)-4-oxo- **10** 3403
—, 4-(hexahydroindan-5-yl)-,
ethyl ester **9** 264
—, 4-(1,2,3,6,7,8-hexahydropyren-4-yl)-
9 3489

—, 4-(1,2,3,6,7,8-hexahydropyren-4-yl)-
4-oxo- **10** 3404
—, 4-(1,2,3,6,7,8-hexahydropyren-4-yl)-
4-semicarbazono- **10** 3404
—, 4-(4-hexylcyclohexyl)- **9** 129
—, 4-(5-hexyl-2,4-dimethoxyphenyl)-
4-oxo- **10** 4571
ethyl ester **10** 4571
—, 2-hexyl-4-(p-methoxyphenyl)-4-oxo-
10 4282
—, 4-(5-hexyl-2-methoxyphenyl)-4-oxo-
10 4282
ethyl ester **10** 4282
methyl ester **10** 4282
—, 2-hexyl-2-methyl-4-oxo-4-phenyl-
10 3114
—, 4-[p-(hexyloxy)phenyl]-4-oxo- **10** 4233
—, 4-[4-(hexyloxy)-m-tolyl]-4-oxo-
10 4254
ethyl ester **10** 4255
methyl ester **10** 4255
—, 4-[4-(hexyloxy)-o-tolyl]-4-oxo-
10 4248
—, 4-[6-(hexyloxy)-m-tolyl]-4-oxo-
10 4251
—, 4-(p-hexylphenyl)- **9** 2623
methyl ester **9** 2623
—, 4-(p-hexylphenyl)-4-oxo- **10** 3113
—, 3-hydrazono-2-(β-hydrazonophenethyl)-
4-phenyl-,
ethyl ester **10** 3628
—, 2-hydrazono-4-phenyl- **10** 3045
—, 3-[4-(α-hydroxybenzhydryl)-6a-
methyloctahydropentalen-1-yl]-
10 1312
—, 3-hydroxy-2,4-bis(p-methoxyphenyl)-
10 2326
—, 2-(2-hydroxycyclohexyl)- **10** 37
—, 2-(4-hydroxycyclohexyl)- **10** 38
—, 4-(4-hydroxycyclohexyl)- **10** 36
methyl ester **10** 37
—, 4-(2-hydroxydecahydro-1-naphthyl)-
10 76
—, 4-(4-hydroxy-3,5-diiodophenyl)-
10 590
—, 2-hydroxy-3,4-dimethoxy-
2,4-diphenyl- **10** 2326
—, 3-hydroxy-2,4-dimethoxy-
2,4-diphenyl- **10** 2326
—, 4-hydroxy-2,3-dimethoxy-
2,4-diphenyl- **10** 2326
—, 4-(2-hydroxy-3,4-dimethoxyphenyl)-
10 2129
—, 4-(2-hydroxy-3,4-dimethoxyphenyl)-
2-methyl- **10** 2135
—, 4-(2-hydroxy-3,4-dimethoxyphenyl)-
2-methyl-4-oxo- **10** 4729
—, 4-(2-hydroxy-3,4-dimethoxyphenyl)-
3-methyl-4-oxo- **10** 4728

Butyric acid *(continued)*
—, 4-(2-hydroxy-3,4-dimethoxyphenyl)-
4-oxo- **10** 4724
ethyl ester **10** 4724
methyl ester **10** 4724
—, 3-hydroxy-2,4-di(2-naphthyl)-
3-phenyl- **10** 1352
—, 4-(3-hydroxy-1,4-dioxo-1,4-dihydro-
2-naphthyl)- **10** 4656
methyl ester **10** 4656
—, 4-(3-hydroxy-1,4-dioxo-1,4-dihydro-
2-naphthyl)-3-methyl- **10** 4657
methyl ester **10** 4657
—, 2-hydroxy-2,3-diphenyl- **10** 1207
—, 2-hydroxy-2,4-diphenyl- **10** 1204
—, 3-hydroxy-2,3-diphenyl- **10** 1207
—, 3-hydroxy-2,4-diphenyl- **10** 1205
ethyl ester **10** 1205
—, 3-hydroxy-3,4-diphenyl- **10** 1206
ethyl ester **10** 1206
—, 4-hydroxy-2,2-diphenyl- **10** 1208
—, 4-hydroxy-3,3-diphenyl- **10** 1209
—, 4-hydroxy-4,4-diphenyl- **10** 1207
methyl ester **10** 1208
—, 3-hydroxy-2,4-diphenyl-3-propyl-
10 1240
—, 3-hydroxy-2,4-diphenyl-3-*m*-tolyl-
10 1329
—, 3-hydroxy-2,4-diphenyl-3-*p*-tolyl-
10 1329
—, 3-hydroxy-2,4-di-*m*-tolyl-3-*p*-tolyl-
10 1332
—, 3-hydroxy-2,4-di-*o*-tolyl-3-*p*-tolyl-
10 1331
—, 4-hydroxy-2,3-divanillyl- **10** 2584
—, 4-hydroxy-2,3-diveratryl- **10** 2585
—, 4-[2-(hydroxyimino)cyclohexyl]-
10 2852
—, 4-(hydroxyimino)-4-(7-isopropyl-
1-methyl-3-phenanthryl)- **10** 3423
ethyl ester **10** 3423
methyl ester **10** 3423
—, 4-(hydroxyimino)-4-(7-isopropyl-
1-methyl-3-phenanthryl)-
2-methyl-,
methyl ester **10** 3425
—, 3-(hydroxyimino)-2-
(3-nitrobenzoyloxy)-,
ethyl ester **9** 1511
—, 3-(hydroxyimino)-2-
(4-nitrobenzoyloxy)-,
ethyl ester **9** 1687
—, 4-(hydroxyimino)-4-(3-phenanthryl)-
10 3408
—, 4-(hydroxyimino)-4-phenyl- **10** 3036
—, 2-hydroxy-4-imino-4-*p*-tolyl-
10 4257
—, 2-(1-hydroxyindan-2-yl)-4-phenyl-
10 1292

—, 4-hydroxy-4-(*p*-isobutoxyphenyl)-
10 1552
—, 3-hydroxy-3-isopentyl-2,4-diphenyl-
10 1247
—, 4-hydroxy-4-[*p*-(isopentyloxy)phenyl]-
10 1552
—, 3-hydroxy-3-(7-isopropyl-1-methyl-
9,10-dihydro-2-phenanthryl)-
10 1297
—, 3-hydroxy-3-(7-isopropyl-1-methyl-
3-phenanthryl)- **10** 1311
methyl ester **10** 1311
—, 3-hydroxy-4-(5-isopropyl-
2-methylphenyl)-3-methyl-,
ethyl ester **10** 658
—, 4-(4-hydroxy-5-isopropyl-
2-methylphenyl)-4-oxo- **10** 4277
—, 4-[1-hydroxy-2-(methoxycarbonyl)-
2-methylcyclohexyl]-,
methyl ester **10** 2044
—, 3-hydroxy-4-methoxy-3-
(2-methoxycyclohexyl)-,
ethyl ester **10** 2024
—, 3-hydroxy-4-methoxy-3-(6-methoxy-
2-naphthyl)-,
ethyl ester **10** 2289
—, 3-hydroxy-4-methoxy-3-
(*o*-methoxyphenyl)-,
ethyl ester **10** 2130
—, 3-hydroxy-4-methoxy-3-
(*p*-methoxyphenyl)- **10** 2130
ethyl ester **10** 2130
—, 4-(4-hydroxy-8-methoxy-1-naphthyl)-
4-oxo- **10** 4655
—, 2-hydroxy-3-(*p*-methoxyphenyl)-
10 1555
—, 3-hydroxy-4-methoxy-3-phenyl- **10** 1555
4-bromophenacyl ester **10** 1555
ethyl ester **10** 1555
—, 4-hydroxy-2-(*p*-methoxyphenyl)-
10 1556
—, 4-hydroxy-4-(*p*-methoxyphenyl)-
10 1552
methyl ester **10** 1552
—, 4-(4-hydroxy-3-methoxyphenyl)-
10 1550
ethyl ester **10** 1551
—, 4-(2-hydroxy-4-methoxyphenyl)-2-
(*o*-methoxyphenyl)-4-oxo- **10** 4770
ethyl ester **10** 4770
—, 4-(2-hydroxy-4-methoxyphenyl)-2-
(*p*-methoxyphenyl)-4-oxo- **10** 4772
ethyl ester **10** 4773
methyl ester **10** 4773
—, 2-hydroxy-4-(*p*-methoxyphenyl)-
2-methyl- **10** 1570
—, 4-(2-hydroxy-4-methoxyphenyl)-4-oxo-
10 4543
ethyl ester **10** 4544

Butyric acid (*continued*)

—, 4-(4-hydroxy-3-methoxyphenyl)-4-oxo-
10 4546
 ethyl ester 10 4547

—, 3-hydroxy-4-(*p*-methoxyphenyl)-4-oxo-
2-phenyl- 10 4678

—, 4-[5-hydroxy-5-(*p*-methoxyphenyl)-
2-oxotetrahydro-3-furyl]- 10 4745

—, 3-hydroxy-3-(*p*-methoxyphenyl)-
2-phenyl- 10 1973

—, 4-hydroxy-2-(6-methoxy-*m*-tolyl)-
10 1573

—, 4-hydroxy-4-(2-methoxy-*p*-tolyl)-
10 1573

—, 3-hydroxy-3-(6-methoxy-*m*-tolyl)-
2-methyl-,
 ethyl ester 10 1584

—, 4-(4-hydroxy-6-methoxy-*o*-tolyl)-
4-oxo- 10 4557

—, 4-hydroxy-4-(methylamino)-
2,3,4-triphenyl- 10 3461

—, 4-(1-hydroxy-2-methylcyclohexyl)-,
 methyl ester 10 44

—, 2-(1-hydroxy-4-methylcyclohexyl)-
3-methyl-,
 methyl ester 10 47

—, 3-hydroxy-2-methyl-3-(2-naphthyl)-,
 ethyl ester 10 1122

—, 3-hydroxy-2-methyl-4-oxo-
3,4-diphenyl-,
 methyl ester 10 4454

—, 4-(6-hydroxy-6-methyl-2-oxo-
4-phenyltetrahydro-2*H*-pyran-3-yl)-
10 3973

—, 2-hydroxy-3-methyl-3-phenyl- 10 623

—, 3-hydroxy-2-methyl-3-phenyl- 10 623

—, 3-hydroxy-3-methyl-4-phenyl-,
 ethyl ester 10 620
 methyl ester 10 620

—, 3-hydroxy-2-methyl-3-*p*-tolyl- 10 643

—, 2-hydroxy-2-(1-naphthyl)- 10 1120
 2-(diethylamino)ethyl ester 10 1120
 3-(diethylamino)propyl ester
 10 1120

—, 4-(3-hydroxy-2-naphthyl)- 10 1118

—, 4-(4-hydroxy-1-naphthyl)- 10 1116

—, 4-(5-hydroxy-1-naphthyl)- 10 1116

—, 4-(3-hydroxy-2-naphthyl)-4-oxo-
10 4413
 methyl ester 10 4414

—, 4-(6-hydroxy-2-naphthyl)-4-oxo-
10 4414

—, 3-hydroxy-4-oxo-2,4-diphenyl- 10 4446
 methyl ester 10 4447

—, 4-[*p*-(1-hydroxy-3-oxophthalan-1-yl)≈
phenyl]- 10 4015

—, 4-[5-(2-hydroxy-5-oxotetrahydro-
2-furyl)-6-methoxy-1-naphthyl]-
10 4776

—, 3-hydroxy-3-(2-phenanthryl)-,
 methyl ester 10 1310

—, 2-(*p*-hydroxyphenyl)- 10
 ethyl ester 10 596

—, 2-hydroxy-3-phenyl- 10 595

—, 2-hydroxy-4-phenyl- 10 592
 p-menth-3-yl ester 10 592
 methyl ester 10 592

—, 3-hydroxy-2-phenyl- 10 598
 ethyl ester 10 598

—, 3-hydroxy-3-phenyl- 10 594
 ethyl ester 10 595
 p-menth-3-yl ester 10 595

—, 3-hydroxy-4-phenyl- 10 592

—, 4-(*o*-hydroxyphenyl)- 10 586
 methyl ester 10 587

—, 4-(*p*-hydroxyphenyl)- 10 589

—, 4-hydroxy-2-phenyl- 10 599

—, 4-hydroxy-4-phenyl- 10 591

—, 4-(*o*-hydroxyphenyl)-2,4-dioxo-,
 ethyl ester 10 4603

—, 3-hydroxy-3-phenyl-2,4-di-*m*-tolyl-
10 1331

—, 3-hydroxy-3-phenyl-2,4-di-*o*-tolyl-
10 1330

—, 3-hydroxy-3-phenyl-2,4-di-*p*-tolyl-
10 1331

—, 3-(*p*-hydroxyphenyl)-3-methyl- 10 622

—, 4-(*o*-hydroxyphenyl)-2-methyl- 10 622

—, 4-(*o*-hydroxyphenyl)-2-methyl-4-oxo-
10 4246

—, 4-(*m*-hydroxyphenyl)-4-oxo- 10 4231

—, 4-(*o*-hydroxyphenyl)-4-oxo- 10 4229
 ethyl ester 10 4230

—, 4-(*p*-hydroxyphenyl)-4-oxo- 10 4231
 ethyl ester 10 4234

—, 3-hydroxy-4-phenyl-3-propyl-,
 ethyl ester 10 648

—, 4-hydroxy-4-(*p*-propoxyphenyl)-
10 1552

—, 3-(2-hydroxy-5,6,7,8-tetrahydro-
1-naphthyl)- 10 916

—, 4-(1-hydroxy-5,6,7,8-tetrahydro-
2-naphthyl)- 10 915

—, 4-(2-hydroxy-5,6,7,8-tetrahydro-
1-naphthyl)- 10 913

—, 4-(3-hydroxy-5,6,7,8-tetrahydro-
2-naphthyl)- 10 915
 methyl ester 10 916

—, 3-hydroxy-3-*p*-tolyl-,
 ethyl ester 10 626

—, 3-hydroxy-3-*m*-tolyl-2,4-di-*o*-tolyl-
10 1331

—, 3-hydroxy-3-*m*-tolyl-2,4-di-*p*-tolyl-
10 1332

—, 4-(2-hydroxy-*m*-tolyl)-4-oxo-
10 4250
 ethyl ester 10 4250
 methyl ester 10 4250

Butyric acid *(continued)*
—, 4-(2-hydroxy-*p*-tolyl)-4-oxo-
   10 4256
—, 4-(3-hydroxy-*p*-tolyl)-4-oxo-
   10 4256
—, 4-(4-hydroxy-*m*-tolyl)-4-oxo-
   10 4253
   ethyl ester 10 4255
   methyl ester 10 4254
—, 4-(4-hydroxy-*o*-tolyl)-4-oxo-
   10 4247
—, 4-(6-hydroxy-*m*-tolyl)-4-oxo-
   10 4250
—, 3-hydroxy-4-
   (2,2,3-trimethylcyclopent-3-en-
   1-yl)- 10 72
—, 3-hydroxy-2,3,4-triphenyl- 10 1327
—, 3-hydroxy-2,3,4-tri-*m*-tolyl-
   10 1332
—, 3-hydroxy-2,3,4-tri-*p*-tolyl-
   10 1333
—, 4-hydroxy-2-vanillyl-3-veratryl-
   10 2584
—, 3-hydroxy-3-(2,4-xylyl)- 10 646
   ethyl ester 10 646
—, 3-hydroxy-3-(2,5-xylyl)-,
   ethyl ester 10 645
—, 4-(2-hydroxy-3,4-xylyl)- 10 644
—, 4-(5-hydroxy-2,4-xylyl)- 10 644
—, 4-(2-hydroxy-3,4-xylyl)-4-oxo-
   10 4266
—, 4-imino-2-oxo-4-*p*-tolyl- 10 3552
—, 4-(indan-5-yl)- 9 2858
—, 4-(indan-5-yl)-2,2-dimethyl-
   9 2888
—, 4-(indan-5-yl)-2,2-dimethyl-4-oxo-
   10 3201
   methyl ester 10 3201
—, 4-(indan-5-yl)-4-oxo- 10 3186
   ethyl ester 10 3186
—, 4-(indan-5-yl)-4-semicarbazono-,
   ethyl ester 10 3187
—, 3-(4-iodobenzoylhydrazono)-,
   ethyl ester 9 1451
—, 4-(3-iodo-4-methoxyphenyl)-
   10 590
—, 4-(*p*-iodophenyl)- 9 2455
   ethyl ester 9 2456
—, 3-(*p*-iodophenyl)-3-methyl- 9 2515
   ethyl ester 9 2515
—, 4-(*p*-iodophenyl)-4-oxo- 10 3042
   ethyl ester 10 3042
   methyl ester 10 3042
—, 4-(*p*-isobutoxyphenyl)-4-oxo-
   10 4232
—, 4-(4-isobutoxy-*m*-tolyl)-4-oxo-
   10 4253
   ethyl ester 10 4255
   methyl ester 10 4254

—, 4-(4-isobutoxy-*o*-tolyl)-4-oxo-
   10 4248
   ethyl ester 10 4249
   methyl ester 10 4249
—, 4-(6-isobutoxy-*m*-tolyl)-4-oxo-
   10 4251
   ethyl ester 10 4252
   methyl ester 10 4252
—, 2-isobutyl-4-phenyl- 9 2599
—, 4-(4-isopentylcyclohexyl)- 9 127
—, 2-isopentyl-4-oxo-4-phenyl- 10 3108
—, 4-[*p*-(isopentyloxy)phenyl]-4-oxo-
   10 4233
—, 4-[4-(isopentyloxy)-*m*-tolyl]-4-oxo-
   10 4254
   ethyl ester 10 4255
   methyl ester 10 4255
—, 4-[4-(isopentyloxy)-*o*-tolyl]-4-oxo-
   10 4248
   ethyl ester 10 4249
   methyl ester 10 4249
—, 4-[6-(isopentyloxy)-*m*-tolyl]-4-oxo-
   10 4251
—, 2-isopentyl-4-phenyl- 9 2610
—, 4-(*p*-isopentylphenyl)- 9 2612
—, 4-(*p*-isopentylphenyl)-4-oxo- 10 3109
—, 4-(4-isopropoxy-*m*-tolyl)-4-oxo-
   10 4253
—, 3,3'-(3-isopropylcyclopentane-
   1,2-diyl)di- 9 3931
—, 4-(5-isopropyl-4-methoxy-
   2-methylphenyl)- 10 656
—, 4-(5-isopropyl-4-methoxy-
   2-methylphenyl)-4-oxo- 10 4277
—, 4-(6-isopropyl-4-methoxy-1-naphthyl)-
   10 1129
—, 4-(6-isopropyl-4-methoxy-1-naphthyl)-
   4-oxo- 10 4420
—, 3-(7-isopropyl-1-methyl-
   9,10-dihydro-2-phenanthryl)-
   9 3491
—, 4-(7-isopropyl-1-methyl-
   9,10-dihydro-2-phenanthryl)-
   9 3490
   methyl ester 9 3490
—, 4-(7-isopropyl-1-methyl-
   9,10-dihydro-2-phenanthryl)-4-oxo-
   10 3405
   methyl ester 10 3405
—, 3-(3-isopropyl-6-methylindan-1-yl)-
   9 2899
—, 3-(7-isopropyl-1-methyl-
   3-phenanthryl)- 9 3545
—, 4-(7-isopropyl-1-methyl-
   2-phenanthryl)- 9 3544
   methyl ester 9 3544
—, 4-(7-isopropyl-1-methyl-
   3-phenanthryl)- 9 3544
   methyl ester 9 3545

Butyric acid *(continued)*

—, 4-(7-isopropyl-1-methyl-
3-phenanthryl)-2-methyl- **9** 3546

—, 4-(7-isopropyl-1-methyl-
3-phenanthryl)-2-methyl-4-oxo-
10 3424
    methyl ester **10** 3425

—, 4-(7-isopropyl-1-methyl-
2-phenanthryl)-4-oxo- **10** 3422

—, 4-(7-isopropyl-1-methyl-
3-phenanthryl)-4-oxo- **10** 3423
    ethyl ester **10** 3423
    methyl ester **10** 3423

—, 4-(5-isopropyl-2-methylphenyl)- **9** 2605

—, 4-(5-isopropyl-2-methylphenyl)-
2-methyl- **9** 2613

—, 4-(5-isopropyl-2-methylphenyl)-
3-methyl- **9** 2613

—, 4-(5-isopropyl-2-methylphenyl)-
2-methyl-4-oxo- **10** 3110

—, 4-(5-isopropyl-2-methylphenyl)-
4-oxo- **10** 3107

—, 3-isopropyl-2-methyl-4-*o*-tolyl-,
ethyl ester **9** 2612

—, 2-isopropyl-4-(1-naphthyl)- **9** 3253

—, 3-isopropyl-4-(1-naphthyl)- **9** 3253

—, 4-(6-isopropyl-2-naphthyl)-2-methyl-
4-oxo- **10** 3284
    methyl ester **10** 3284

—, 4-(6-isopropyl-2-naphthyl)-4-oxo-
10 3282
    methyl ester **10** 3282

—, 2-isopropyl-4-phenyl- **9** 2574

—, 3-[4-isopropyl-2-
(1-semicarbazonoethyl)cyclopentyl]-
10 2892

—, 3-isopropyl-4-*o*-tolyl- **9** 2601

—, 4-(*p*-menth-2-yl)-2-methyl- **9** 128

—, 3-mesityl- **9** 2591

—, 4-mesityl- **9** 2591

—, 4-mesityl-2,2-dimethyl-4-oxo- **10** 3111

—, 4-mesityl-4-oxo- **10** 3100

—, 4-mesityl-4-oxo-2-phenyl- **10** 3359
    methyl ester **10** 3359

—, 4-mesityl-4-oxo-2-(phenylsulfonyl)-
10 4273

—, 2-(4-methoxybenzyl)-4-
(*p*-methoxyphenyl)- **10** 1976

—, 4-(4-methoxybiphenyl-3-yl)- **10** 1210

—, 4-(4'-methoxybiphenyl-4-yl)-
10 1211

—, 4-(4-methoxybiphenyl-3-yl)-4-oxo-
10 4450
    methyl ester **10** 4450

—, 4-(4'-methoxybiphenyl-4-yl)-4-oxo-
10 4450
    methyl ester **10** 4450

—, 4-[2-(methoxycarbonyl)cyclopentyl]-,
methyl ester **9** 3870

—, 4-{2-[2-(methoxycarbonyl)ethyl]-
3,3-dimethylcyclobutyl}-4-oxo-,
methyl ester **10** 3923

—, 2-(methoxycarbonylhydrazono)-4-oxo-
4-phenyl-,
ethyl ester **10** 3547

—, 4-[2-(methoxycarbonyl)-
2-methylcyclohexyl]-,
methyl ester **9** 3921

—, 3-[2-(methoxycarbonyl)-
3-methylcyclopentyl]-3-methyl-
2-oxo-,
methyl ester **10** 3922

—, 4-[2-(methoxycarbonyl)-
1-methylcyclopentyl]-4-oxo-,
methyl ester **10** 3919

—, 3-[2-(methoxycarbonylmethyl)-
3-methylcyclopentyl]-,
methyl ester **9** 3926

—, 4-(*o*-methoxycarbonylphenyl)-4-oxo-,
methyl ester **10** 3964

—, 4-(*p*-methoxycarbonylphenyl)-4-oxo-
2-phenyl-,
methyl ester **10** 4013

—, 2-(4-methoxycyclohexyl)- **10** 38

—, 4-(5-methoxy-3,4-dihydro-2-naphthyl)-
10 999

—, 4-(6-methoxy-3,4-dihydro-1-naphthyl)-
10 998
    methyl ester **10** 999

—, 4-(6-methoxy-3,4-dihydro-1(2*H*)-
naphthylidene)- **10** 999

—, 2-(2-methoxyethyl)-4-phenyl-
10 637

—, 4-[6-methoxy-2-(methoxycarbonyl)≈
inden-3-yl]-,
methyl ester **10** 2289

—, 4-[7-methoxy-2-(methoxycarbonyl)-
2-methyl-1,2,3,4-tetrahydro-
1-phenanthryl]-,
methyl ester **10** 2378, 2379

—, 4-[9-methoxy-2-(methoxycarbonyl)-
2-methyl-1,2,3,4-tetrahydro-
1-phenanthryl]-,
methyl ester **10** 2379, 2380

—, 4-[7-methoxy-2-(methoxycarbonyl)-
1,2,3,4-tetrahydro-1-phenanthryl]-,
methyl ester **10** 2372

—, 4-(5-methoxy-2-methylcyclohex-1-en-
1-yl)- **10** 64

—, 4-(5-methoxy-1-methyl-3,4-dihydro-
2-naphthyl)- **10** 1004

—, 4-(4-methoxy-6-methyl-1-naphthyl)-
10 1123
    methyl ester **10** 1123

—, 4-(6-methoxy-5-methyl-2-naphthyl)-
10 1123

—, 4-(2-methoxy-6-methyl-1-naphthyl)-
4-oxo- **10** 4417

Butyric acid *(continued)*
—, 4-(4-methoxy-6-methyl-1-naphthyl)-
  4-oxo- **10** 4417
—, 4-(6-methoxy-5-methyl-2-naphthyl)-
  4-oxo- **10** 4417
—, 4-(3-methoxy-2-naphthyl)- **10** 1118
—, 4-(4-methoxy-1-naphthyl)- **10** 1116
  ethyl ester **10** 1116
—, 4-(5-methoxy-1-naphthyl)- **10** 1116
—, 4-(6-methoxy-1-naphthyl)- **10** 1117
  ethyl ester **10** 1117
—, 4-(6-methoxy-2-naphthyl)- **10** 1118
—, 4-(7-methoxy-1-naphthyl)- **10** 1118
—, 3-(6-methoxy-2-naphthyl)-
  2,2-dimethyl- **10** 1127
—, 2-(2-methoxy-1-naphthyl)-4-
  (*p*-methoxyphenyl)-4-oxo- **10** 4706
—, 2-(4-methoxy-1-naphthyl)-4-
  (*p*-methoxyphenyl)-4-oxo- **10** 4706
—, 4-(6-methoxy-1-naphthyl)-2-methyl-
  10 1122
—, 4-(6-methoxy-2-naphthyl)-3-methyl-
  10 1122
—, 4-(6-methoxy-1-naphthyl)-2-methyl-
  2-propionyl-,
    ethyl ester **10** 4423
    methyl ester **10** 4423
—, 4-(2-methoxy-1-naphthyl)-4-oxo-
  10 4411
    ethyl ester **10** 4412
    methyl ester **10** 4412
—, 4-(3-methoxy-2-naphthyl)-4-oxo-
  10 4414
    methyl ester **10** 4414
—, 4-(4-methoxy-1-naphthyl)-4-oxo-
  10 4412
    ethyl ester **10** 4413
    methyl ester **10** 4412
—, 4-(5-methoxy-1-naphthyl)-4-oxo-
  10 4413
—, 4-(6-methoxy-2-naphthyl)-4-oxo-
  10 4414
    ethyl ester **10** 4415
    methyl ester **10** 4415
—, 4-(7-methoxy-1-naphthyl)-4-oxo-
  10 4413
    ethyl ester **10** 4413
—, 4-(4-methoxy-2-nitrophenyl)-
  2,4-dioxo- **10** 4603
—, 4-(4-methoxy-3-nitrophenyl)-4-oxo-
  10 4235
—, 4-(5-methoxy-2-oxocyclohexyl)-
  10 4185
—, 3-methoxy-4-oxo-2,4-diphenyl-
  10 4446
    methyl ester **10** 4447
—, 4-(5-methoxy-1-oxo-
  1,2,3,4-tetrahydro-2-naphthyl)-
  10 4353

—, 4-(2-methoxy-5-pentylphenyl)-4-oxo-
  10 4278
—, 2-(*o*-methoxyphenyl)- **10** 595
—, 2-(*p*-methoxyphenyl)- **10** 596
—, 3-(*m*-methoxyphenyl)- **10** 593
—, 3-(*o*-methoxyphenyl)- **10** 593
  ethyl ester **10** 593
—, 3-(*p*-methoxyphenyl)- **10** 594
  ethyl ester **10** 594
—, 4-(*m*-methoxyphenyl)- **10** 588
  ethyl ester **10** 588
—, 4-(*o*-methoxyphenyl)- **10** 587
  ethyl ester **10** 587
  methyl ester **10** 587
  4-phenylphenacyl ester **10** 587
—, 4-(*p*-methoxyphenyl)- **10** 589
  ethyl ester **10** 590
—, 4-(*p*-methoxyphenyl)-2,2-dimethyl-
  10 640
—, 4-(*p*-methoxyphenyl)-2,4-dioxo-
  10 4603
  ethyl ester **10** 4603
—, 3-(*o*-methoxyphenyl)-3-
  (*p*-methoxyphenyl)- **10** 1974
  ethyl ester **10** 1974
—, 4-(*m*-methoxyphenyl)-2-
  (*p*-methoxyphenyl)- **10** 1971
—, 2-(*o*-methoxyphenyl)-4-
  (*p*-methoxyphenyl)-4-oxo-
  10 4676
  ethyl ester **10** 4676
  methyl ester **10** 4676
—, 4-(*m*-methoxyphenyl)-2-
  (*p*-methoxyphenyl)-4-oxo- **10** 4676
—, 3-(*p*-methoxyphenyl)-3-(4-methoxy-
  m-tolyl)- **10** 1978
  ethyl ester **10** 1978
  methyl ester **10** 1978
—, 3-(*p*-methoxyphenyl)-3-(6-methoxy-
  m-tolyl)- **10** 1978
  methyl ester **10** 1979
—, 2-(*o*-methoxyphenyl)-4-(4-methoxy-
  m-tolyl)-4-oxo- **10** 4683
  ethyl ester **10** 4683
  methyl ester **10** 4683
—, 2-(*o*-methoxyphenyl)-4-(4-methoxy-
  o-tolyl)-4-oxo- **10** 4682
  ethyl ester **10** 4682
  methyl ester **10** 4682
—, 2-(*o*-methoxyphenyl)-4-(6-methoxy-
  m-tolyl)-4-oxo- **10** 4684
  ethyl ester **10** 4684
—, 2-(*p*-methoxyphenyl)-4-(4-methoxy-
  m-tolyl)-4-oxo- **10** 4684
  ethyl ester **10** 4684
  methyl ester **10** 4684
—, 2-(*p*-methoxyphenyl)-4-(4-methoxy-
  o-tolyl)-4-oxo- **10** 4683
  methyl ester **10** 4683

Butyric acid *(continued)*

—, 2-(*p*-methoxyphenyl)-4-(6-methoxy-*m*-tolyl)-4-oxo- **10** 4684
    ethyl ester **10** 4685
    methyl ester **10** 4685

—, 3-(*o*-methoxyphenyl)-4-(4-methoxy-*m*-tolyl)-4-oxo- **10** 4685
    ethyl ester **10** 4685
    methyl ester **10** 4685

—, 3-(*o*-methoxyphenyl)-4-(4-methoxy-*o*-tolyl)-4-oxo- **10** 4685

—, 4-(*p*-methoxyphenyl)-2-(4-methoxy-*m*-tolyl)-4-oxo- **10** 4681

—, 4-(*p*-methoxyphenyl)-2-(4-methoxy-*o*-tolyl)-4-oxo- **10** 4681

—, 4-(*p*-methoxyphenyl)-2-(6-methoxy-*m*-tolyl)-4-oxo- **10** 4682

—, 3-(*p*-methoxyphenyl)-3-methyl- **10** 622
    butyl ester **10** 622

—, 4-(*p*-methoxyphenyl)-2-methyl- **10** 622
    ethyl ester **10** 622

—, 4-(*p*-methoxyphenyl)-3-methyl- **10** 619

—, 4-(*o*-methoxyphenyl)-2-methyl-4-oxo- **10** 4247

—, 4-(*p*-methoxyphenyl)-2-methyl-4-oxo- **10** 4247
    ethyl ester **10** 4247
    methyl ester **10** 4247

—, 4-(*p*-methoxyphenyl)-3-methyl-4-oxo- **10** 4246

—, 2-(*p*-methoxyphenyl)-4-(2-naphthyl)- **10** 1320

—, 2-(*p*-methoxyphenyl)-4-(2-naphthyl)-4-oxo- **10** 4486

—, 3-(*p*-methoxyphenyl)-2-oxo- **10** 4238

—, 4-(*m*-methoxyphenyl)-4-oxo- **10** 4231

—, 4-(*o*-methoxyphenyl)-4-oxo- **10** 4230
    ethyl ester **10** 4230
    methyl ester **10** 4230

—, 4-(*p*-methoxyphenyl)-4-oxo- **10** 4231
    allyl ester **10** 4234
    ethyl ester **10** 4234
    methyl ester **10** 4234

—, 4-(*p*-methoxyphenyl)-4-oxo-2-pentyl- **10** 4277
    methyl ester **10** 4277

—, 2-(*p*-methoxyphenyl)-4-oxo-4-phenyl- **10** 4444
    methyl ester **10** 4444

—, 4-(*p*-methoxyphenyl)-4-oxo-2-phenyl- **10** 4445
    methyl ester **10** 4445

—, 4-(*p*-methoxyphenyl)-4-oxo-2-propyl- **10** 4270

—, 2-(*p*-methoxyphenyl)-4-oxo-4-*p*-tolyl- **10** 4453

—, 3-(*p*-methoxyphenyl)-4-oxo-4-*p*-tolyl- **10** 4455

—, 2-(*p*-methoxyphenyl)-4-phenyl- **10** 1204

—, 3-(*p*-methoxyphenyl)-3-phenyl- **10** 1208
    ethyl ester **10** 1209
    methyl ester **10** 1209

—, 4-(*p*-methoxyphenyl)-2,2,3,3-tetramethyl-4-oxo- **10** 4275
    methyl ester **10** 4276

—, 2-(*p*-methoxyphenyl)-4-*p*-tolyl- **10** 1217

—, 3-(*p*-methoxyphenyl)-3-*p*-tolyl- **10** 1218
    ethyl ester **10** 1219
    methyl ester **10** 1219

—, 4-(2-methoxy-5-propylphenyl)-4-oxo- **10** 4272
    ethyl ester **10** 4272

—, 4-(3-methoxy-5,6,7,8-tetrahydro-2-naphthyl)- **10** 915

—, 4-(4-methoxy-5,6,7,8-tetrahydro-1-naphthyl)- **10** 914

—, 4-(5-methoxy-1,2,3,4-tetrahydro-1-naphthyl)- **10** 914

—, 4-(6-methoxy-1,2,3,4-tetrahydro-1-naphthyl)- **10** 914

—, 4-(7-methoxy-1,2,3,4-tetrahydro-1-naphthyl)- **10** 915

—, 4-(8-methoxy-1,2,3,4-tetrahydro-1-naphthyl)- **10** 915

—, 4-(6-methoxy-1,2,3,4-tetrahydro-1-naphthyl)-2-methyl- **10** 921

—, 4-(4-methoxy-5,6,7,8-tetrahydro-1-naphthyl)-4-oxo- **10** 4352

—, 4-(3-methoxy-*o*-tolyl)- **10** 624

—, 4-(3-methoxy-*p*-tolyl)- **10** 625
    ethyl ester **10** 626

—, 4-(4-methoxy-*m*-tolyl)- **10** 625

—, 4-(4-methoxy-*o*-tolyl)- **10** 624

—, 4-(6-methoxy-*m*-tolyl)- **10** 625

—, 3-(4-methoxy-*m*-tolyl)-3-(6-methoxy-*m*-tolyl)- **10** 1980
    ethyl ester **10** 1981
    methyl ester **10** 1981

—, 4-(2-methoxy-*p*-tolyl)-2-methyl- **10** 642

—, 4-(3-methoxy-*o*-tolyl)-2-methyl- **10** 642

—, 4-(2-methoxy-*p*-tolyl)-2-methyl-4-oxo- **10** 4265

—, 4-(3-methoxy-*o*-tolyl)-2-methyl-4-oxo- **10** 4264

—, 4-(3-methoxy-*p*-tolyl)-2-methyl-4-oxo- **10** 4265

—, 4-(4-methoxy-*m*-tolyl)-2-methyl-4-oxo- **10** 4265
    ethyl ester **10** 4265
    methyl ester **10** 4265

Butyric acid *(continued)*
—, 4-(4-methoxy-*o*-tolyl)-2-methyl-
4-oxo- **10** 4264
   ethyl ester **10** 4264
   methyl ester **10** 4264
—, 4-(6-methoxy-*m*-tolyl)-2-methyl-
4-oxo- **10** 4264
   ethyl ester **10** 4265
   methyl ester **10** 4264
—, 4-(2-methoxy-*p*-tolyl)-4-oxo-
10 4256
   ethyl ester **10** 4257
   methyl ester **10** 4257
—, 4-(3-methoxy-*o*-tolyl)-4-oxo-
10 4250
—, 4-(3-methoxy-*p*-tolyl)-4-oxo-
10 4256
—, 4-(4-methoxy-*m*-tolyl)-4-oxo-
10 4253
—, 4-(4-methoxy-*o*-tolyl)-4-oxo-
10 4247
—, 4-(6-methoxy-*m*-tolyl)-4-oxo-
10 4250
—, 4-(4-methoxy-*m*-tolyl)-4-oxo-
2-pentyl- **10** 4282
   ethyl ester **10** 4282
—, 4-(4-methoxy-*m*-tolyl)-4-oxo-
2-propyl- **10** 4276
—, 3-(4-methoxy-*m*-tolyl)-3-phenyl-
10 1218
   ethyl ester **10** 1218
   methyl ester **10** 1218
—, 3-(4-methoxy-*m*-tolyl)-3-*p*-tolyl-
10 1226
   ethyl ester **10** 1226
   methyl ester **10** 1226
—, 4-(4-methoxy-2,3-xylyl)- **10** 643
—, 4-(4-methoxy-2,5-xylyl)- **10** 644
—, 4-(4-methoxy-3,5-xylyl)- **10** 645
—, 4-(5-methoxy-2,4-xylyl)- **10** 644
—, 4-(4-methoxy-2,3-xylyl)-3-methyl-
10 652
—, 4-(6-methoxy-3,4-xylyl)-2-methyl-
10 652
—, 4-(6-methoxy-3,4-xylyl)-2-methyl-
4-oxo- **10** 4273
—, 4-(4-methoxy-2,3-xylyl)-4-oxo-
10 4266
—, 4-(4-methoxy-2,5-xylyl)-4-oxo-
10 4266
   ethyl ester **10** 4267
   methyl ester **10** 4266
—, 4-(4-methoxy-3,5-xylyl)-4-oxo-
10 4267
—, 4-(5-methoxy-2,4-xylyl)-4-oxo-
10 4267
—, 4-(9-methyl-2-anthryl)- **9** 3530
—, 4-(*N*-methylbenzamido)- **9** 1150

—, 4-(2-methylcyclohex-1-en-1-yl)-
9 226
   4-bromophenacyl ester **9** 227
   ethyl ester **9** 227
   methyl ester **9** 227
   4-phenylphenacyl ester **9** 227
—, 4-(2-methylcyclohex-1-en-1-yl)-
4-oxo-,
   methyl ester **10** 2918
—, 4-(4-methylcyclohexyl)- **9** 106
—, 2-(2-methylcyclopentyl)- **9** 95
—, 2-(2-methylcyclopentyl)-4-phenyl-
9 2893
—, 4-(3-methyl-1,4-dioxo-1,4-dihydro-
2-naphthyl)- **10** 3610
—, 4-(6-methyl-5,8-dioxo-5,8-dihydro-
2-naphthyl)-4-oxo- **10** 4004
   methyl ester **10** 4004
—, 2-methyl-3,3-diphenyl- **9** 3383
—, 3-methyl-2-(4-methylcyclohex-1-en-
1-yl)- **9** 253
—, 2-methyl-4-(4-methyl-1-naphthyl)-
4-oxo- **10** 3278
—, 2-methyl-4-(5-methyl-1-naphthyl)-
4-oxo- **10** 3278
   methyl ester **10** 3279
—, 2-methyl-4-(6-methyl-2-naphthyl)-
4-oxo- **10** 3279
   methyl ester **10** 3279
—, 3-methyl-4-(6-methyl-2-naphthyl)-
4-oxo- **10** 3278
   methyl ester **10** 3278
—, 2-methyl-4-(1-naphthyl)- **9** 3239
—, 2-methyl-4-(2-naphthyl)- **9** 3239
—, 3-methyl-3-(2-naphthyl)- **9** 3240
   methyl ester **9** 3240
—, 3-methyl-4-(1-naphthyl)- **9** 3239
—, 4-(4-methyl-1-naphthyl)- **9** 3241
—, 4-(5-methyl-1-naphthyl)- **9** 3241
—, 4-(6-methyl-1-naphthyl)- **9** 3241
   methyl ester **9** 3241
—, 4-(4-methyl-2-naphthyl)- **9** 3241
—, 4-(8-methyl-2-naphthyl)- **9** 3241
   methyl ester **9** 3241
—, 2-methyl-4-(1-naphthyl)-4-oxo- **10** 3273
—, 2-methyl-4-(2-naphthyl)-4-oxo-
10 3273
   methyl ester **10** 3273
—, 4-(4-methyl-1-naphthyl)-4-oxo-
10 3273
   methyl ester **10** 3274
—, 4-(5-methyl-1-naphthyl)-4-oxo-
10 3274
   methyl ester **10** 3274
—, 4-(6-methyl-1-naphthyl)-4-oxo-
10 3274
   methyl ester **10** 3274
—, 4-(6-methyl-2-naphthyl)-4-oxo- **10** 3275
   methyl ester **10** 3275

Butyric acid *(continued)*

—, 4-(8-methyl-2-naphthyl)-4-oxo- **10** 3274
    methyl ester **10** 3275

—, 4-(4-methyl-1-naphthyl)-
    4-semicarbazono- **10** 3274

—, 3-methyl-3-(*p*-nitrophenyl)- **9** 2515

—, 3-methyl-3-(2-nitro-3,5-xylyl)-
    9 2586
    methyl ester **9** 2587

—, 4-(8a-methyl-3,4,4a,5,6,7,8,8a-
    octahydro-1-naphthyl)- **9** 344
    4-bromophenacyl ester **9** 344

—, 4-(1-methyl-2-oxocyclohexyl)-,
    ethyl ester **10** 2875

—, 3-(3-methyl-2-oxocyclopentyl)-
    10 2861

—, 2-methyl-4-oxo-4-(2-phenanthryl)-
    10 3415
    methyl ester **10** 3415

—, 2-methyl-4-oxo-4-(3-phenanthryl)-
    10 3415
    methyl ester **10** 3416

—, 2-methyl-4-oxo-4-(9-phenanthryl)-
    10 3416

—, 3-methyl-4-oxo-4-(2-phenanthryl)-
    10 3415

—, 3-methyl-4-oxo-4-(3-phenanthryl)-
    10 3415

—, 2-methyl-4-oxo-4-phenyl- **10** 3067

—, 3-methyl-4-oxo-4-phenyl- **10** 3064

—, 2-methyl-4-oxo-4-(pyren-1-yl)-
    10 3460
    methyl ester **10** 3460

—, 2-methyl-4-oxo-4-*p*-tolyl- **10** 3086
    methyl ester **10** 3086

—, 2-methyl-4-oxo-4-
    (2,3,4-trimethoxyphenyl)- **10** 4729

—, 2-(4-methylphenacyl)-4-oxo-4-
    p-tolyl- **10** 3632

—, 2-methyl-3-(2-phenanthryl)- **9** 3533

—, 2-methyl-4-(2-phenanthryl)- **9** 3533

—, 2-methyl-4-(3-phenanthryl)- **9** 3533

—, 2-methyl-4-(9-phenanthryl)- **9** 3533

—, 3-methyl-4-(2-phenanthryl)- **9** 3532

—, 3-methyl-4-(3-phenanthryl)- **9** 3532

—, 4-(3-methyl-9-phenanthryl)- **9** 3535

—, 4-(4-methyl-1-phenanthryl)- **9** 3534

—, 4-(5-methyl-3-phenanthryl)- **9** 3534

—, 4-(6-methyl-3-phenanthryl)- **9** 3534

—, 4-(3-methyl-9-phenanthryl)-4-oxo-
    10 3417

—, 4-(4-methyl-1-phenanthryl)-4-oxo-
    10 3416

—, 4-(5-methyl-3-phenanthryl)-4-oxo-
    10 3417

—, 4-(6-methyl-3-phenanthryl)-4-oxo-
    10 3416

—, 2-methyl-4-(3-phenanthryl)-
    4-semicarbazono- **10** 3416

—, 2-methyl-2-phenyl- **9** 2516

—, 2-methyl-3-phenyl- **9** 2517
    ethyl ester **9** 2517

—, 2-methyl-4-phenyl- **9** 2511
    ethyl ester **9** 2512
    4-phenylphenacyl ester **9** 2512

—, 3-methyl-2-phenyl- **9** 2518

—, 3-methyl-3-phenyl- **9** 2513
    butyl ester **9** 2514
    methyl ester **9** 2514

—, 3-methyl-4-phenyl- **9** 2508, 2509
    ethyl ester **9** 2509

—, 3-methyl-2-(phenylacetylimino)-
    9 2229

—, 3-methyl-4-phenyl-4-semicarbazono-
    10 3064

—, 3-methyl-4-phenyl-2-*o*-tolyl-
    9 3392

—, 2-methyl-4-(pyren-1-yl)- **9** 3607

—, 3-methyl-4-(pyren-1-yl)- **9** 3607

—, 3-methyl-3-(5,6,7,8-tetrahydro-
    2-naphthyl)- **9** 2887
    methyl ester **9** 2888

—, 4-(4-methyl-1,2,3,4-tetrahydro-
    9-phenanthryl)- **9** 3401

—, 4-(10-methyl-5,6,7,8-tetrahydro-
    2-phenanthryl)- **9** 3401

—, 4-(4-methyl-1,2,3,4-tetrahydro-
    9-phenanthryl)-4-oxo- **10** 3361

—, 4-(10-methyl-5,6,7,8-tetrahydro-
    2-phenanthryl)-4-oxo- **10** 3361

—, 2-(methylthio)-4-oxo-4-phenyl-
    10 4236

—, 4-[*p*-(methylthio)phenyl]- **10** 591

—, 4-[*p*-(methylthio)phenyl]-4-oxo-
    10 4236

—, 2-methyl-3-*o*-tolyl- **9** 2554

—, 2-methyl-3-*p*-tolyl- **9** 2554

—, 2-methyl-4-*o*-tolyl- **9** 2553

—, 2-methyl-4-*p*-tolyl- **9** 2553

—, 3-methyl-3-*p*-tolyl- **9** 2554
    butyl ester **9** 2554

—, 3-methyl-4-*p*-tolyl- **9** 2553

—, 3-methyl-3-(3,4,5-trimethyl-
    2,6-dinitrophenyl)-,
    methyl ester **9** 2606

—, 3-methyl-3-(2,4,5-trimethylphenyl)-
    9 2607

—, 3-methyl-3-(3,4,5-trimethylphenyl)-
    9 2606
    methyl ester **9** 2606

—, 3-methyl-3-(2,4,6-trinitro-
    3,5-xylyl)- **9** 2587
    methyl ester **9** 2587

—, 3-methyl-4,4,4-triphenyl- **9** 3616
    4-bromophenacyl ester **9** 3616

—, 2-methyl-3-(3,4-xylyl)- **9** 2588

—, 2-methyl-4-(2,3-xylyl)- **9** 2585

—, 2-methyl-4-(2,4-xylyl)- **9** 2585

Butyric acid *(continued)*

—, 3-methyl-3-(2,5-xylyl)- **9** 2586
—, 3-methyl-3-(3,5-xylyl)- **9** 2586
    ethyl ester **9** 2586
    methyl ester **9** 2586
—, 2-(1-naphthyl)- **9** 3231
    2-(diethylamino)ethyl ester **9** 3231
    3-(diethylamino)propyl ester
    9 3231
—, 3-(1-naphthyl)- **9** 3231
—, 3-(2-naphthyl)- **9** 3231
—, 4-(1-naphthyl)- **9** 3229
    ethyl ester **9** 3230
    methyl ester **9** 3229
—, 4-(2-naphthyl)- **9** 3230
    ethyl ester **9** 3230
    methylester **9** 3230
—, 4-(2-naphthyl)-2,4-dioxo- **10** 3620
—, 4-(1-naphthyl)-2,4-diphenyl-
    9 3672
    ethyl ester **9** 3672
—, 4-(1-naphthyl)-4-oxo- **10** 3268
    methyl ester **10** 3269
—, 4-(2-naphthyl)-4-oxo- **10** 3269
    ethyl ester **10** 3270
—, 4-(2-naphthyl)-4-oxo-2-phenyl-
    10 3438
—, 4-(1-naphthyl)-4-oxo-2-propionyl-,
    ethyl ester **10** 3622
—, 2-(1-naphthyl)-4-phenyl- **9** 3564
    2-(diethylamino)ethyl ester **9** 3564
—, 2-(2-naphthyl)-4-phenyl- **9** 3565
—, 4-(1-naphthyl)-2-phenyl- **9** 3565
—, 4-(1-naphthyl)-2-propyl- **9** 3253
—, 4-(p-neopentylphenyl)-4-oxo- **10** 3109
—, 3-(2-nitrobenzoylhydrazono)-,
    ethyl ester **9** 1488
—, 3-(3-nitrobenzoylhydrazono)-,
    ethyl ester **9** 1535
—, 3-(4-nitrobenzoylhydrazono)-,
    ethyl ester **9** 1758
—, 2-[N-(4-nitrobenzoyl)leucylamino]-
    9 1734
—, 3-(4-nitrobenzoyloxy)-2-phenyl-,
    ethyl ester **10** 599
—, 2-(m-nitrophenyl)- **9** 2470
—, 2-(p-nitrophenyl)- **9** 2470, 2471
    ethyl ester **9** 2471
—, 4-(o-nitrophenyl)- **9** 2456
—, 4-(p-nitrophenyl)- **9** 2456
—, 4-(o-nitrophenyl)-2,4-dioxo-
    10 3548
—, 4-(m-nitrophenyl)-4-oxo- **10** 3042
    methyl ester **10** 3043
—, 4-(o-nitrophenyl)-4-oxo- **10** 3042
—, 2-(p-nitrophenyl)-4-oxo-4-phenyl-
    10 3328
—, 3-(p-nitrophenyl)-4-oxo-4-phenyl-
    10 3330

—, 4-(p-nitrophenyl)-4-oxo-2-phenyl-,
    methyl ester **10** 3329
—, 2-(p-nitrophenyl)-4-oxo-4-p-tolyl-
    10 3344
—, 3-(p-nitrophenyl)-4-oxo-4-p-tolyl-
    10 3344
—, 4-[p-(3-nitropropyl)phenyl]-4-oxo-
    10 3097
—, 2-(p-nitrosophenyl)- **9** 2470
—, 4-(3-nitro-p-tolyl)-4-oxo- **10** 3071
    methyl ester **10** 3072
—, 4-(1,2,3,4,5,6,7,8-octahydro-
    9-anthryl)- **9** 3115
—, 4-(1,2,3,4,5,6,7,8-octahydro-
    9-anthryl)-4-oxo- **10** 3245
—, 4-(3,4,4a,5,6,7,8,8a-octahydro-
    1-naphthyl)- **9** 343
—, 4-(1,2,3,4,5,6,7,8-octahydro-
    9-phenanthryl)- **9** 3116
—, 4-(4b,5,6,7,8,8a,9,10-octahydro-
    3-phenanthryl)- **9** 3116
—, 4-(1,2,3,4,5,6,7,8-octahydro-
    9-phenanthryl)-4-oxo- **10** 3246
—, 4-(4b,5,6,7,8,8a,9,10-octahydro-
    3-phenanthryl)-4-oxo- **10** 3245
—, 4-(4b,5,6,7,8,8a,9,10-octahydro-
    3-phenanthryl)-4-semicarbazono-
    10 3245
    methyl ester **10** 3246
—, 4-(4-octylcyclohexyl)- **9** 133
—, 4-(2-octylcyclopent-1-en-1-yl)-
    4-oxo-,
    methyl ester **10** 2953
—, 4-(p-octylphenyl)- **9** 2632
—, 4-(p-octylphenyl)-4-oxo- **10** 3117
—, 4-oxo- see also *Succinaldehydic acid*
—, 2-(4-oxocyclohexyl)- **10** 2854
—, 4-(2-oxocyclohexyl)- **10** 2852
    ethyl ester **10** 2852
    4-phenylphenacyl ester **10** 2853
—, 4-(4-oxocyclohexyl)- **10** 2853
—, 3-(2-oxocyclopentyl)- **10** 2843
—, 4-(2-oxocyclopentyl)- **10** 2842
    ethyl ester **10** 2843
    methyl ester **10** 2842
    4-phenylphenacyl ester **10** 2843
—, 4-(2-oxodecahydro-1-naphthyl)-
    10 2947
—, 3-(10-oxo-9,10-dihydro-9-anthryl)-
    10 3398
—, 4-(9-oxo-9,10-dihydro-2-anthryl)-
    10 3397
    methyl ester **10** 3398
—, 4-oxo-2,4-diphenyl- **10** 3324
    ethyl ester **10** 3325
    methyl ester **10** 3324
—, 4-oxo-3,4-diphenyl- **10** 3329
    4-bromophenacyl ester **10** 3330
—, 4-oxo-2,4-di-p-tolyl- **10** 3352

Butyric acid *(continued)*
—, 4-(2-oxo-2,3,4,6,7,8-hexahydro-
1-naphthyl)- **10** 3108
—, 4-oxo-4,4'-(2-methoxynaphthalene-
1,5-diyl)di- **10** 4776
—, 4'-oxo-4,4'-(6-methoxynaphthalene-
1,2-diyl)di- **10** 4776
—, 4'-oxo-4,4'-(6-methoxynaphthalene-
1,4-diyl)di- **10** 4776
—, 4'-oxo-4,4'-(6-methoxy-
1,2,3,4-tetrahydronaphthalene-
1,5-diyl)di- **10** 4757
—, 4'-oxo-4,4'-(6-methoxy-
1,2,3,4-tetrahydronaphthalene-
1,7-diyl)di- **10** 4757
—, 4-oxo-4-(9-oxofluoren-2-yl)-
10 3657
—, 4-oxo-4-(9-oxofluoren-3-yl)-
10 3657
—, 4-oxo-4-(perylen-3-yl)- **10** 3498
ethyl ester **10** 3498
methyl ester **10** 3498
—, 4-oxo-2-phenacyl-4-phenyl- **10** 3628
—, 4-oxo-4-(2-phenanthryl)- **10** 3407
methyl ester **10** 3408
—, 4-oxo-4-(3-phenanthryl)- **10** 3408
methyl ester **10** 3408
—, 4-oxo-4-(9-phenanthryl)- **10** 3408
methyl ester **10** 3408
—, 4-oxo-4-(p-phenethylphenyl)-
10 3353
—, 4-oxo-4-(p-phenoxyphenyl)-
10 4233
—, 2-oxo-3-phenyl-,
ethyl ester **10** 3047
—, 2-oxo-4-phenyl- **10** 3044
—, 4-oxo-4-phenyl- **10** 3035
allyl ester **10** 3037
ethyl ester **10** 3037
methyl ester **10** 3037
—, 4-oxo-4-(10-phenyl-9-anthryl)-
10 3492
benzyl ester **10** 3493
ethyl ester **10** 3493
methyl ester **10** 3492
—, 4-oxo-4-phenyl-2-
(2-phenylacetimidoyl)-,
ethyl ester **10** 3628
—, 4-oxo-4-phenyl-2-(phenylthio)-
10 4236
—, 4-oxo-4-phenyl-2-pivaloyl- **10** 3558
—, 4-oxo-2-phenyl-4-p-tolyl- **10** 3343
methyl ester **10** 3344
—, 4-oxo-3-phenyl-4-p-tolyl- **10** 3344
—, 4-oxo-4-phenyl-2-p-tolyl- **10** 3343
—, 2-oxo-4-phenyl-4-(p-tolylthio)-
10 4238
—, 4-oxo-4-(p-propoxyphenyl)- **10** 4232
methyl ester **10** 4234

—, 4-oxo-4-(4-propoxy-m-tolyl)- **10** 4253
ethyl ester **10** 4255
methyl ester **10** 4254
—, 4-oxo-4-(4-propoxy-o-tolyl)-
10 4248
ethyl ester **10** 4249
methyl ester **10** 4249
—, 4-oxo-4-(6-propoxy-m-tolyl)-
10 4251
ethyl ester **10** 4252
methyl ester **10** 4252
—, 4-oxo-4-(6-propyl-2-naphthyl)-
10 3282
—, 4-oxo-4-(p-propylphenyl)- **10** 3097
4-phenylphenacyl ester **10** 3097
—, 4-oxo-4-(pyren-1-yl)- **10** 3457
ethyl ester **10** 3458
methyl ester **10** 3458
—, 4-oxo-4-(spiro[cyclohexane-
1,1'-indan]-5'-yl)- **10** 3244
—, 4-oxo-4-(spiro[cyclohexane-
1,1'-indan]-6'-yl)- **10** 3244
—, 4-oxo-4-(6,7,8,9-tetrahydro-
5H-benzocyclohepten-2-yl)- **10** 3199
methyl ester **10** 3200
—, 2-(1-oxo-1,2,3,4-tetrahydro-
2-naphthyl)- **10** 3194
—, 4-(1-oxo-1,2,3,4-tetrahydro-
2-naphthyl)- **10** 3194
methyl ester **10** 3194
—, 4-oxo-4-(5,6,7,8-tetrahydro-
2-naphthyl)- **10** 3193
ethyl ester **10** 3194
methyl ester **10** 3139
—, 4-oxo-4-(1,2,3,4-tetrahydro-
9-phenanthryl)- **10** 3358
—, 4-oxo-4-(5,6,7,8-tetrahydro-
2-phenanthryl)- **10** 3358
—, 4-oxo-4-(5,6,7,8-tetramethyl-
2-naphthyl)- **10** 3284
—, 4-oxo-4-(2,3,5,6-tetramethylphenyl)-
10 3107
—, 4-oxo-4-m-tolyl- **10** 3070
—, 4-oxo-4-o-tolyl- **10** 3070
—, 4-oxo-4-p-tolyl- **10** 3070
allyl ester **10** 3071
ethyl ester **10** 3071
methyl ester **10** 3071
—, 4-oxo-4-(2,3,4-trimethoxyphenyl)-
10 4724
ethyl ester **10** 4724
—, 4-oxo-4-(3,4,5-trimethoxyphenyl)-
10 4724
methyl ester **10** 4725
—, 4-oxo-4-(3,4,5-trimethylphenyl)-
10 3100
—, 4-oxo-2,3,4-triphenyl- **10** 3461
ethyl ester **10** 3462
methyl ester **10** 3462

Butyric acid *(continued)*
—, 4-oxo-4-(2,4-xylyl)- **10** 3088
    methyl ester **10** 3088
—, 4-oxo-4-(2,5-xylyl)- **10** 3088
—, 4-oxo-4-(3,4-xylyl)- **10** 3087
    methyl ester **10** 3087
—, 4-(*p-tert*-pentylphenyl)- **9** 2612
—, 3-(2-phenanthryl)- **9** 3525
    methyl ester **9** 3525
—, 3-(3-phenanthryl)- **9** 3526
—, 3-(4-phenanthryl)- **9** 3526
—, 4-(1-phenanthryl)- **9** 3523
—, 4-(2-phenanthryl)- **9** 3524
—, 4-(3-phenanthryl)- **9** 3524
—, 4-(4-phenanthryl)- **9** 3525
—, 4-(9-phenanthryl)- **9** 3525
—, 4-(9-phenanthryl)-4-semicarbazono-
    10 3408
—, 2-phenethyl-4-phenyl- **9** 3391
    2-(diethylamino)ethyl ester **9** 3391
—, 2-(2-phenoxyethyl)-4-phenyl- **10** 637
—, 4-(*p*-phenoxyphenyl)- **10** 589
—, 4-phenoxy-2-phenyl- **10** 599
—, 2-phenyl- **9** 2461
    2-(diethylamino)ethyl ester **9** 2463
    3-(diethylamino)propyl ester
      9 2464
    2-(ethylamino)ethyl ester **9** 2463
    ethyl ester **9** 2462
    2-(isopropylamino)ethyl ester
      9 2463
    p-menth-3-yl ester **9** 2463
    methyl ester **9** 2462
—, 3-phenyl- **9** 2457
    ethyl ester **9** 2458
    p-menth-3-yl ester **9** 2458
    methyl ester **9** 2458
    vinyl ester **9** 2458
—, 4-phenyl- **9** 2451
    ethyl ester **9** 2453
—, 2-(2-phenylacetamido)- **9** 2216
—, 3-(2-phenylacetamido)- **9** 2216
    methyl ester **9** 2216
—, 2-(2-phenylacetamido)-
    3-semicarbazono-,
    ethyl ester **9** 2239
—, 4-phenyl-2,4-bis(thiosemicarbazono)-
    10 3547
—, 4-phenyl-2-propyl- **9** 2569
—, 4-phenyl-3-propyl- **9** 2572
—, 3-phenyl-2-semicarbazono-,
    ethyl ester **10** 3047
—, 4-phenyl-2-semicarbazono- **10** 3045
—, 4-phenyl-3-semicarbazono-,
    ethyl ester **10** 3044
—, 4-phenyl-4-semicarbazono- **10** 3036
    ethyl ester **10** 3037
    methyl ester **10** 3037
—, 2-phenyl-4-*p*-tolyl- **9** 3378

—, 4-phenyl-4-*p*-tolyl- **9** 3383
—, 4-(4-propylcyclohexyl)- **9** 123
—, 4-(*p*-propylphenyl)- **9** 2582
    methyl ester **9** 2582
    4-phenylphenacyl ester **9** 2582
—, 4-(*p*-propylphenyl)-4-semicarbazono-
    10 3097
—, 3-(pyren-1-yl)- **9** 3597
—, 4-(pyren-1-yl)- **9** 3597
    ethyl ester **9** 3597
    methyl ester **9** 3597
—, 4-(pyren-1-yl)-4-semicarbazono-
    10 3458
—, 2-(salicyloyloxy)-,
    ethyl ester **10** 147
—, 2-(4-semicarbazonocyclohexyl)- **10** 2854
—, 4-(2-semicarbazonocyclohexyl)-
    10 2852
    ethyl ester **10** 2852
—, 4-(4-semicarbazonocyclohexyl)-
    10 2853
—, 4-(2-semicarbazonocyclopentyl)-
    10 2842
    ethyl ester **10** 2843
—, 4-(2-semicarbazono-
    2,3,4,6,7,8-hexahydro-1-naphthyl)-
    10 3108
—, 4-semicarbazono-4-(spiro⸗
    [cyclohexane-1,1'-indan]-5'-yl)-,
    methyl ester **10** 3245
—, 4-semicarbazono-4-(spiro⸗
    [cyclohexane-1,1'-indan]-6'-yl)-,
    methyl ester **10** 3245
—, 4-semicarbazono-4-
    (5,6,7,8-tetrahydro-2-naphthyl)-,
    methyl ester **10** 3193
—, 4-semicarbazono-4-*m*-tolyl- **10** 3070
—, 4-semicarbazono-4-(3,4-xylyl)-,
    methyl ester **10** 3087
—, 4-(spiro[cyclohexane-1,1'-indan]-
    5'-yl)- **9** 3115
—, 4-(spiro[cyclohexane-1,1'-indan]-
    6'-yl)- **9** 3115
—, 4,4'-(1,2,3,4-tetrahydroanthracene-
    9,10-diyl)di- **9** 4586
    diethyl ester **9** 4586
    dihydrazide **9** 4586
    dimethyl ester **9** 4586
—, 4-(6,7,8,9-tetrahydro-
    5*H*-benzocyclohepten-2-yl)- **9** 2886
—, 3-(5,6,7,8-tetrahydro-2-naphthyl)-
    9 2876
    ethyl ester **9** 2876
—, 4-(5,6,7,8-tetrahydro-1-naphthyl)-
    9 2875
    ethyl ester **9** 2875
—, 4-(5,6,7,8-tetrahydro-2-naphthyl)-
    9 2875
    methyl ester **9** 2875

Butyric acid *(continued)*
—, 4-(1,2,3,4-tetrahydro-1-phenanthryl)-
    9 3397
—, 4-(1,2,3,4-tetrahydro-9-phenanthryl)-
    9 3398
—, 4-(5,6,7,8-tetrahydro-2-phenanthryl)-
    9 3398
—, 4-(5,6,7,8-tetramethyl-2-naphthyl)-
    9 3259
—, 3,4,4,4-tetraphenyl- **9** 3681
    ethyl ester **9** 3682
    methyl ester **9** 3681
—, 3-*p*-tolyl- **9** 2523
—, 4-*m*-tolyl- **9** 2520
—, 4-*o*-tolyl- **9** 2519
    ethyl ester **9** 2520
—, 4-*p*-tolyl- **9** 2521
    ethyl ester **9** 2521
—, 2,3,4-triacetoxy-2,4-diphenyl-,
    methyl ester **10** 2327
—, 3-(3,7,12-trihydroxycholan-
    24-oylhydrazono)-,
    ethyl ester **10** 2182
—, 2,3,4-trihydroxy-2,4-diphenyl-
    10 2326
    methyl ester **10** 2327
—, 3,3,4-trihydroxy-2-oxo-4-phenyl-
    10 4604
—, 2-(3,4,5-triiodobenzamido)- **9** 1462
—, 4-(3,4,5-trimethoxyphenyl)- **10** 2129
    ethyl ester **10** 2129
—, 2,2,3-trimethyl-4-oxo-4-phenyl-
    10 3096
    methyl ester **10** 3097
—, 2,3,3-trimethyl-4-oxo-4-phenyl-,
    methyl ester **10** 3096
—, 2,2,3-trimethyl-3-phenyl- **9** 2577
    ethyl ester **9** 2577
    methyl ester **9** 2577
—, 2,2,3-trimethyl-4-phenyl- **9** 2576
—, 4-(3,4,5-trimethylphenyl)- **9** 2590
—, 2,2,3-trimethyl-3-*p*-tolyl- **9** 2601
—, 2,2,3-triphenyl- **9** 3611
—, 2,2,4-triphenyl- **9** 3607
—, 2,3,4-triphenyl- **9** 3608
    ethyl ester **9** 3609
    methyl ester **9** 3609
—, 2,4,4-triphenyl- **9** 3608
—, 3,4,4-triphenyl- **9** 3611
    ethyl ester **9** 3611
    methyl ester **9** 3611
—, 4,4,4-triphenyl- **9** 3612
    4-bromophenacyl ester **9** 3612
—, 3-(2,4-xylyl)- **9** 2557
    ethyl ester **9** 2558
    methyl ester **9** 2557
—, 3-(2,5-xylyl)- **9** 2557
—, 4-(2,3-xylyl)- **9** 2556
—, 4-(2,4-xylyl)- **9** 2557

—, 4-(2,5-xylyl)- **9** 2556
—, 4-(3,4-xylyl)- **9** 2556
Butyric anhydride,
—, 4-cyclohexyl- **9** 79
—, 4-(fluoren-2-yl)- **9** 3475
—, 3-(7-isopropyl-1-methyl-
    9,10-dihydro-2-phenanthryl)-
    9 3491
—, 2,2,3-trimethyl-3-phenyl- **9** 2577
Butyrimidic acid,
—, 4-(*p*-methoxyphenyl)-4-oxo-,
    ethyl ester **10** 4234
—, 2-(methylimino)-4-oxo-4-*p*-tolyl-,
    ethyl ester **10** 3553
—, 4-oxo-4-phenyl-,
    ethyl ester **10** 3038
    methyl ester **10** 3038
—, 2-phenyl-,
    methyl ester **9** 2468
Butyrimidoyl chloride,
—, 4-oxo-4-phenyl- **10** 3038
Butyronitrile,
—, 4-benzamido- see *Benzamide,
    N-(3-cyanopropyl)-*
—, 2-(benzoyloxy)- **9** 859
—, 2-(benzoyloxyimino)-3-oxo- **9** 1303
—, 2-benzyl-2,4-diphenyl- **9** 3615
—, 2-benzyl-2-ethyl-4-phenoxy- **10** 649
—, 4-(biphenyl-4-yl)-4-oxo-2-phenyl-
    10 3463
—, 2,3-bis(benzoyloxyimino)- **9** 1304
—, 2,4-bis(3,4-dimethoxyphenyl)-
    3-imino- **10** 4820
—, 2,4-bis(3,4-dimethoxyphenyl)-4-oxo-
    10 4821
—, 4-bromo-2,2-diphenyl- **9** 3366
—, 2-(5-bromo-2-methoxyphenyl)- **10** 596
—, 2-(5-bromo-2-methoxyphenyl)-2-ethyl-
    10 640
—, 2-(3-bromo-4-methoxyphenyl)-4-oxo-4-
    p-tolyl- **10** 4454
—, 2-(*p*-bromophenyl)-3,3-dimethyl-
    4-nitro- **9** 2551
—, 4-(*p*-bromophenyl)-4-oxo- **10** 3040
—, 4-(*p*-bromophenyl)-4-oxo-2-phenyl-
    10 3327
—, 4-bromo-2-phenyl-2-*p*-tolyl- **9** 3383
—, 2-(4-*tert*-butyl-2,6-xylyl)-4-phenyl-
    9 3405
—, 4-chloro-2-(2-chloroethyl)-2-phenyl-
    9 2549
—, 4-chloro-2-(2-chloroethyl)-2-
    o-tolyl- **9** 2581
—, 4-chloro-2,2-diphenyl- **9** 3366
—, 4-chloro-2-ethyl-2-phenyl- **9** 2549
—, 2-(3-chloro-4-methoxyphenyl)-4-oxo-
    4-*p*-tolyl- **10** 4453
—, 4-chloro-3-methyl-2,2-diphenyl-
    9 3382

Butyronitrile *(continued)*
—, 4-chloro-2-methyl-2-phenyl- **9** 2516
—, 2-(*p*-chlorophenyl)- **9** 2469
—, 4-chloro-2-phenyl- **9** 2469
—, 4-(*p*-chlorophenyl)-4-oxo- **10** 3039
—, 4-(6-chloro-*m*-tolyl)-4-oxo-2-phenyl-
    10 3343
—, 2-*p*-cumenyl-3-semicarbazono-
    10 3100
—, 4-[*o*-(2-cyanoethyl)phenyl]- **9** 4338
—, 2-(cyclohex-1-en-1-yl)- **9** 192
—, 2-(cyclohex-1-en-1-yl)-2-ethyl-
    9 253
—, 2-cyclohexyl-2-phenyl- **9** 2891
—, 2-(cyclopent-2-en-1-yl)-
    2,4-diphenyl- **9** 3544
—, 2-cyclopentyl-2-phenyl- **9** 2885
—, 4,4-diethoxy-2-phenyl- **10** 3050
—, 2,3-diethyl-4-(*p*-methoxyphenyl)-
    10 654
—, 2-(2,3-dimethoxyphenyl)- **10** 1555
—, 2-(2,3-dimethoxyphenyl)-4-ethoxy-
    10 2130
—, 2-(3,4-dimethoxyphenyl)-4-
    (*m*-methoxyphenyl)-4-oxo- **10** 4772
—, 4-(3,4-dimethoxyphenyl)-2-
    (*p*-methoxyphenyl)-4-oxo- **10** 4775
—, 4-(3,4-dimethoxyphenyl)-4-oxo-
    10 4547
—, 3,3-dimethyl-2-(1-naphthyl)-4-nitro-
    9 3249
—, 3,3-dimethyl-4-nitro-2-phenyl-
    9 2550
—, 2,4-di(1-naphthyl)- **9** 3660
—, 2,2-diphenyl- **9** 3366
—, 2,3-diphenyl- **9** 3363
—, 2,4-diphenyl- **9** 3356
—, 2,2′-diphenyl-4,4′-(methylenedioxy)₋
    di- **10** 600
—, 4-[1-(ethoxycarbonyl)-
    2-oxocyclopentyl]- **10** 3908
—, 4-ethoxy-2-(2-ethoxyethyl)-2-phenyl-
    10 1576
—, 4-(ethoxymethoxy)-2-[2-
    (ethoxymethoxy)ethyl]-2-phenyl-
    10 1576
—, 4-(*m*-ethoxyphenyl)- **10** 589
—, 4-ethoxy-2-phenyl- **10** 600
—, 3-ethyl-2-(4-methoxybenzyl)-4-
    (*p*-methoxyphenyl)- **10** 1984
—, 3-ethyl-4-(*p*-methoxyphenyl)- **10** 638
—, 2-ethyl-2-phenyl- **9** 2549
—, 3-ethyl-4-phenyl- **9** 2545
—, 4-(*p*-ethylphenyl)- **9** 2555
—, 3-(fluoren-9-yl)- **9** 3476
—, 4-(*p*-fluorophenyl)-4-oxo-2-phenyl-
    10 3326
—, 4-hydroxy-2-(2-hydroxyethyl)-
    2-phenyl- **10** 1576

—, 4-hydroxy-2-(2-hydroxyethyl)-2-
    o-tolyl- **10** 1586
—, 3-(hydroxyimino)-2,4-diphenyl-
    10 3323
—, 4-(hydroxyimino)-2,4-diphenyl-
    10 3325
—, 2-hydroxy-3-(*p*-methoxyphenyl)-
    10 1555
—, 4-hydroxy-2-(*o*-methoxyphenyl)-
    10 1556
—, 4-hydroxy-2-(*p*-methoxyphenyl)-
    10 1556
—, 4-hydroxy-2-phenyl- **10** 599
—, 4-(*m*-hydroxyphenyl)-4-oxo- **10** 4231
—, 4-(*p*-hydroxyphenyl)-4-oxo- **10** 4235
—, 3-imino-2,4-diphenyl- **10** 3323
—, 2-isopropyl-3-methyl-2-phenyl-
    9 2601
—, 4-mesityl- **9** 2591
—, 4-mesityl-4-oxo-2-phenyl- **10** 3359
—, 4-(methoxymethoxy)-2-[2-
    (methoxymethoxy)ethyl]-2-phenyl-
    10 1576
—, 2-(*p*-methoxyphenyl)- **10** 597
—, 4-(*m*-methoxyphenyl)- **10** 589
—, 4-(*o*-methoxyphenyl)- **10** 588
—, 4-(*p*-methoxyphenyl)- **10** 590
—, 4-(*m*-methoxyphenyl)-2-
    (*p*-methoxyphenyl)- **10** 1971
—, 4-(*m*-methoxyphenyl)-2-
    (*p*-methoxyphenyl)-4-oxo- **10** 4677
—, 2-(*p*-methoxyphenyl)-2-methyl- **10** 623
—, 4-(*p*-methoxyphenyl)-2-(methylimino)-
    4-oxo- **10** 4603
—, 2-(*p*-methoxyphenyl)-4-(2-naphthyl)-
    4-oxo- **10** 4486
—, 4-(*m*-methoxyphenyl)-4-oxo- **10** 4231
—, 4-(*p*-methoxyphenyl)-4-oxo- **10** 4235
—, 2-(*p*-methoxyphenyl)-4-oxo-4-phenyl-
    10 4445
—, 4-(*p*-methoxyphenyl)-4-oxo-2-phenyl-
    10 4445
—, 2-(*p*-methoxyphenyl)-4-oxo-4-*p*-tolyl-
    10 4453
—, 3-methyl-2,2-diphenyl- **9** 3382
—, 2-(methylimino)-4-oxo-4-*p*-tolyl-
    10 3553
—, 3-methyl-4-nitro-2-phenyl- **9** 2518
—, 3-methyl-4-phenyl-2-*o*-tolyl-
    9 3393
—, 4-[*p*-(methylsulfonyl)phenyl]- **10** 591
—, 2-(1-naphthyl)- **9** 3231
—, 2-(1-naphthyl)-4-(2-naphthyl)-4-oxo-
    10 3493
—, 4-(1-naphthyl)-4-oxo- **10** 3269
—, 4-(2-naphthyl)-4-oxo- **10** 3270
—, 2-(1-naphthyl)-4-oxo-4-phenyl-
    10 3437
—, 4-(2-naphthyl)-4-oxo-2-phenyl- **10** 3438

Butyronitrile *(continued)*
—, 2-(1-naphthyl)-4-phenyl- **9** 3565
—, 2-(2-naphthyl)-4-phenyl- **9** 3565
—, 4-(1-naphthyl)-2-phenyl- **9** 3565
—, 4-nitro-2,3-diphenyl- **9** 3363
—, 2-(p-nitrophenyl)- **9** 2471
—, 4-(p-nitrophenyl)-4-oxo-2-phenyl-
    10 3329
—, 2-(7-oxo-7H-benz[de]anthracen-4-yl)-
    10 3460
—, 4-oxo-2,4-diphenyl- **10** 3325
—, 4-oxo-4-phenyl- **10** 3038
—, 4-oxo-2-phenyl-4-p-tolyl- **10** 3344
—, 4-oxo-4-p-tolyl- **10** 3071
—, 4-oxo-4-(3,4,5-trimethoxyphenyl)-
    10 4725
—, 2-phenyl- **9** 2468
—, 4-phenyl- **9** 2454
—, 2-phenyl-4-(vinyloxy)-2-[2-
    (vinyloxy)ethyl]- **10** 1576
—, 2-o-tolyl-4-(vinyloxy)-2-[2-
    (vinyloxy)ethyl]- **10** 1586
—, 2,3,4-triphenyl- **9** 3610
—, 4-(2,4-xylyl)- **9** 2557
Butyrophenone,
—, 2-(benzoyloxy) **9** 733
—, 2'-(benzoyloxy)- **9** 732
—, 4'-(benzoyloxy)- **9** 732
—, 4'-(benzoyloxy)-2-[p-(benzoyloxy)-
    phenyl]- **9** 802
—, 2-[4-(benzoyloxy)cyclohexyl]-
    4'-methoxy- **9** 793
—, 4'-(benzoyloxy)-2',6'-dihydroxy-
    9 817
—, 4'-(benzoyloxy)-2',6'-dimethoxy-
    9 817
—, 4'-(benzoyloxy)-3',5'-dimethoxy-
    3-methyl- **9** 817
—, 2'-(benzoyloxy)-3-imino-5'-methyl-
    9 793
—, 4'-(benzoyloxy)-3'-methoxy- **9** 789
—, 4'-(benzoyloxy)-3-methyl- **9** 734
—, 2',5'-bis(benzoyloxy)- **9** 788
—, 2',6'-bis(benzoyloxy)- **9** 788
—, 2-[p-(3,5-dinitrobenzoyloxy)phenyl]-
    4'-methoxy- **9** 1932
—, 2-(4-nitrobenzoyloxy)- **9** 1674
Butyrospermol,
—, O-benzoyl- **9** 485
—, O-benzoyldihydro- **9** 471
Butyryl azide,
—, 2-(benzoylimino)-3-methyl- **9** 1197
Butyryl bromide,
—, 2-bromo-2-phenyl- **9** 2470
Butyryl chloride,
—, 4-(acenaphthen-3-yl)- **9** 3375
—, 4-(acenaphthen-5-yl)- **9** 3376
—, 4-(4-acetoxycyclohexyl)- **10** 37
—, 4-(bicyclohexyl-4-yl)- **9** 281

—, (2-bromo-4-phenyl)- **9** 2455
—, 4-(p-bromophenyl)- **9** 2455
—, 2-butyl-4-phenyl- **9** 2597
—, 2-sec-butyl-4-phenyl- **9** 2598
—, 4-(p-tert-butylphenyl)- **9** 2603
—, 4-(p-tert-butylphenyl)-2-ethyl-
    9 2624
—, 4-(4-tert-butyl-o-tolyl)- **9** 2614
—, 4-(5-tert-butyl-o-tolyl)- **9** 2614
—, 4-(cyclohex-2-en-1-yl)- **9** 190
—, 4-(cyclohex-3-en-1-yl)- **9** 191
—, 3-cyclohexyl- **9** 80
—, 4-cyclohexyl- **9** 79
—, 4-cyclohexyl-2-methyl- **9** 105
—, 4-cyclohexyl-3-methyl- **9** 105
—, 4-cyclohexyl-2-phenethyl- **9** 2899
—, 2-cyclohexyl-2-phenyl- **9** 2891
—, 4-(p-cyclohexylphenyl)- **9** 2892
—, 2-(cyclopent-2-en-1-yl)- **9** 185
—, 2-cyclopentyl- **9** 73
—, 4-cyclopentyl- **9** 73
—, 4-(decahydro-2-naphthyl)- **9** 269
—, 2,2-dimethyl-4-phenyl- **9** 2547
—, 2,3-dimethyl-4-o-tolyl- **9** 2580
—, 2,3-dimethyl-4-p-tolyl- **9** 2580
—, 4-(2,4-dinitrophenyl)-2,2-dimethyl-
    9 2548
—, 3,3-diphenyl- **9** 3364
—, 4,4-diphenyl- **9** 3364
—, 2-ethyl-4-(p-methoxyphenyl)- **10** 637
—, 3-ethyl-4-(p-methoxyphenyl)- **10** 638
—, 2-ethyl-3-phenyl- **9** 2545
—, 2-ethyl-4-phenyl- **9** 2543
—, 3-ethyl-4-phenyl- **9** 2544
—, 4-(p-ethylphenyl)- **9** 2555
—, 2-ethyl-4-o-tolyl- **9** 2578
—, 3-ethyl-4-o-tolyl- **9** 2579
—, 4-(indan-5-yl)- **9** 2858
—, 2-isobutyl-4-phenyl- **9** 2599
—, 4-(5-isopropyl-4-methoxy-
    2-methylphenyl)- **10** 656
—, 4-(5-isopropyl-2-methylphenyl)-
    9 2605
—, 4-(5-isopropyl-2-methylphenyl)-
    3-methyl- **9** 2613
—, 2-isopropyl-4-phenyl- **9** 2574
—, 3-(o-methoxyphenyl)- **10** 593
—, 4-(o-methoxyphenyl)- **10** 587
—, 4-(p-methoxyphenyl)- **10** 590
—, 4-(6-methoxy-3,4-xylyl)-2-methyl-
    10 652
—, 2-methyl-3,3-diphenyl- **9** 3383
—, 2-methyl-3-phenyl- **9** 2517
—, 2-methyl-4-phenyl- **9** 2512
—, 3-methyl-3-phenyl- **9** 2514
—, 3-methyl-4-phenyl- **9** 2509
—, 2-methyl-4-o-tolyl- **9** 2553
—, 2-methyl-4-p-tolyl- **9** 2553
—, 3-methyl-4-p-tolyl- **9** 2553

Butyryl chloride *(continued)*
—, 2-methyl-4-(2,3-xylyl)- **9** 2585
—, 2-methyl-4-(2,4-xylyl)- **9** 2585
—, 4-(1-naphthyl)- **9** 3230
—, 2-phenethyl-4-phenyl-
　　9 3391
—, 2-phenyl- **9** 2465
—, 3-phenyl- **9** 2459
—, 4-phenyl- **9** 2453
—, 4-phenyl-2-propyl- **9** 2569
—, 4-phenyl-4-*p*-tolyl- **9** 3383
—, 3-(5,6,7,8-tetrahydro-2-naphthyl)-
　　9 2876
—, 4-(5,6,7,8-tetrahydro-2-naphthyl)-
　　9 2875
—, 3-*p*-tolyl- **9** 2523
—, 4-*o*-tolyl- **9** 2520
—, 4-*p*-tolyl- **9** 2521
—, 4-(2,3-xylyl)- **9** 2556
—, 4-(2,4-xylyl)- **9** 2557
—, 4-(2,5-xylyl)- **9** 2556
Butyryl isocyanate,
—, 2-phenyl- **9** 2467

C

α-**Cadinol,**
—, O-(4-nitrobenzoyl)- **9** 1581
Caffeic acid 10 1834
Calameonic acid 10 2045
Campestanol,
—, O-(3,5-dinitrobenzoyl)- **9** 1860
Campesterol,
—, O-benzoyl- **9** 467
—, O-(3,5-dinitrobenzoyl)- **9** 1866
Camphenelauronolic acid 9 185, 185
Camphenilanic acid 9 222
Camphenilol,
—, O-(2-carboxybenzoyl)- **9** 4143
—, O-(3,5-dinitrobenzoyl)- **9** 1825
—, O-(4-nitrobenzoyl)- **9** 1568
Camphenolic acid 10 60
Camphenonic acid 10 2912
Camphoceenic acid 9 185
α-**Campholenic acid 9** 208
—, dihydro- **9** 98
β-**Campholenic acid 9** 207
Campholic acid 9 98, 99
—, dimethyl- **9** 120
β-**Campholic acid 9** 99
α-**Campholonic acid 10** 2865
α-**Campholytic acid 9** 187
β-**Campholytic acid 9** 186
Camphonamic acid 9 75
Camphononic acid 10 2847
Camphor see *Bornan-2-one*
Camphorenic acid 9 198
Camphoric acid 9 3876, 3878
α-**Camphylic acid 9** 302
β-**Camphylic acid 9** 301

Canaline,
—, Nα-benzoyl- **9** 1178
—, N,N'-dibenzoyl- **9** 1307
Canaric acid 9 3130
Cannabidiol,
—, bis-O-(3,5-dinitrobenzoyl)- **9** 1916
Carane-6-carboxamide 9 236
Carane-6-carboxylic acid 9 236
　ethyl ester **9** 236
Carbamic acid,
—, (5-benzamido-5-carbamoylpentyl)-,
　　benzyl ester **9** 1237
—, (benzamidomethyl)-,
　　ethyl ester **9** 1091
—, (1-benzamido-3-methylbutyl)-,
　　benzyl ester **9** 1097
—, (α-benzamidophenethyl)-,
　　benzyl ester **9** 1100
—, (1-benzamidopropanediyl)di-,
　　dibenzyl ester **9** 1226
—, benzoyl-,
　　ethyl ester **9** 1114
　　methyl ester **9** 1114
—, [1-(benzoyloxy)-
　　2,2,2-trichloroethyl]-,
　　ethyl ester **9** 717
　　isobutyl ester **9** 718
　　methyl ester **9** 717
　　propyl ester **9** 718
—, (5-hippuramido-5-carbamoylpentyl)-,
　　benzyl ester **9** 1137
—, [1-hippuramidoethyl]-,
　　benzyl ester **9** 1128
—, [1-(2-hippuramidopropionamido)-
　　3-methylbutyl]-,
　　benzyl ester **9** 1131
—, N-hippuroyl-,
　　ethyl ester **9** 1129
—, {1-[[N-(N-hippuroylalanyl)leucyl]-
　　amino]propanediyl}di- **9** 1133
—, mandeloyl-,
　　ethyl ester **10** 470
　　pentyl ester **10** 470
—, N-(4-nitrobenzoyl)-,
　　ethyl ester **9** 1725
—, [(*p*-nitrophenyl)acetyl]-,
　　ethyl ester **9** 2289
—, N,N'-(3-nitrophthaloyl)di-,
　　diethyl ester **9** 4234
—, [(2-phenylacetamido)methyl]-,
　　ethyl ester **9** 2200
—, (phenylacetyl)-,
　　ethyl ester **9** 2207
—, N,N'-(phenylmalonyl)di-,
　　diethyl ester **9** 4262
—, N,N'-(phenylsuccinyl)di-,
　　diethyl ester **9** 4279
Carbamoyl chloride,
—, (phenylacetyl)- **9** 2208

Carbonic acid
    p-(benzoyloxy)phenyl ester benzyl
        ester 9 559
    bis[*o*-(allyloxycarbonyl)phenyl]
        ester 10 125
    bis[*o*-(ethoxycarbonyl)phenyl] ester
        10 118
    bis[*o*-(propoxycarbonyl)phenyl]
        ester 10 120
    cholest-5-en-3-yl ester
        o-(methoxycarbonyl)phenyl ester
        10 113
    cholest-5-en-3-yl ester
        o-(phenoxycarbonyl)phenyl ester
        10 131
    α-cyanobenzyl ester ethyl ester
        10 475
    α-cyanobenzyl ester methyl ester
        10 474
(Carbonic acid ethyl ester) [2-(ethoxy=
carbonyloxy)-4-methoxy-6-methyl=
diisophthalic acid 3-methyl ester]
anhydride 10 2451
Carminazarin 10 4810
Carminazarinquinone 10 4814
Carminic acid 10 4874
Caronic acid 9 3810, 3811
α-Carotene,
—, 3,3′-bis(benzoyloxy)- 9 655
—, 3,3′-bis(4-nitrobenzoyloxy)-
    9 1654
β-Carotene,
—, 3,3′-bis(4-nitrobenzoyloxy)-
    9 1654
p-Carvacrotic acid 10 632
Carvenolenic acid 9 205
Carvenolic acid 9 96
Carveol,
—, O-(2-carboxybenzoyl)- 9 4155
—, O-(3,5-dinitrobenzoyl)-
    9 1840, 1841
—, O-(3,5-dinitrobenzoyl)dihydro-
    9 1829
—, O-(2-nitrobenzoyl)- 9 1471
—, O-(4-nitrobenzoyl)- 9 1578
—, O-(4-nitrobenzoyl)dihydro- 9 1570
Carvomenthol,
—, O-(2-carboxybenzoyl)- 9 4135
—, O-(3,5-dinitrobenzoyl)- 9 1815
—, O-(β-methylcinnamoyl)- 9 2759
—, O-(4-nitrobenzoyl)- 9 1560
Carvomenthone
    O-benzoyloxime 9 1274
    O-(3,5-dinitrobenzoyl)oxime 9 1945
    O-(1-naphthoyl)oxime 9 3147
    O-(4-nitrobenzoyl)oxime
        9 1749, 1750
Carvone
    (3-nitrobenzoyl)hydrazone 9 1528

Carvotanacetol,
—, O-(3,5-dinitrobenzoyl)-
    9 1826, 1827
—, O-(4-nitrobenzoyl)- 9 1568, 1569
Caryophyllenic acid 9 3850
Cassaic acid 10 4284
Cassaidic acid 10 1591
Cassaidin 10 1592
—, dihydro- 10 1362
Cassain 10 4285
—, dihydro- 10 4200
Cassainic acid,
—, dihydro- 10 4198
Cassanic acid 9 356
—, dihydroxy- 10 1361
Cassanine 10 3975
Cassic acid 10 4789
Cativic acid 9 350
Caulosapogenin 10 1923
Ceanothic acid 10 2313
Cedrenecarboxylic acid 9 2619
Cedrenedicarboxylic acid 9 4030
Cedrol,
—, O-(3,5-dinitrobenzoyl)- 9 1845
Celastrol 10 4476
Centic acid 10 2281
Chalcone
    (4-bromobenzoyl)hydrazone 9 1424
    (3,5-dinitrobenzoyl)hydrazone
        9 1948
    (4-iodobenzoyl)hydrazone 9 1450
    (4-nitrobenzoyl)hydrazone 9 1756
—, β-(benzoyloxy)- 9 768
—, β-(benzoyloxy)-
    2,2′,4,4′,6,6′-hexamethyl- 9 770
—, α-(benzoyloxy)-β-hydroxy- 9 804
—, β-(benzoyloxy)-2,4,6,α-tetramethyl-
    9 769
—, β-(benzoyloxy)-α-(*p*-tolylsulfonyl)-
    9 805
—, α-(benzoyloxy)-2′,4′,6′-trimethyl-
    9 768
—, β-(benzoyloxy)-2′,4′,6′-trimethyl-
    9 768
—, 2,2′-bis(benzoyloxy)- 9 803
—, 2′,4-bis(benzoyloxy)- 9 804
—, 2′,4-bis(benzoyloxy)-3-methoxy-
    9 824
—, 2′,5′-bis(benzoyloxy)-4-methoxy-
    9 825
—, 2′,5′-bis(benzoyloxy)-
    3′,4′,6′-trimethoxy- 9 848
—, β-(4-bromobenzoyloxy)-α-
    (*p*-tolylsulfonyl)- 9 1416
—, α-chloro-,
    O-benzoyloxime 9 1283
—, β-hydroxy- see *Propane-1,3-dione*
—, 2,2′,4,5′,6-pentakis(benzoyloxy)-
    9 847

Chalcone (*continued*)
—, 2′,3,3′,4,4′-pentakis(benzoyloxy)-
    9 848
—, 2,2′,4,5′-tetrakis(benzoyloxy)- 9 840
—, 2′,3′,4,4′-tetrakis(benzoyloxy)-
    9 842
—, 2′,3,4,5′-tetrakis(benzoyloxy)-
    9 841
—, 2′,3′,4,4′-tetrakis(benzoyloxy)-
    3-methoxy- 9 847
—, 2,2′,4,5′-tetrakis(benzoyloxy)-
    6-methyl- 9 843
—, 2,2′,5′-tris(benzoyloxy)- 9 824
—, 2′,3,5′-tris(benzoyloxy)- 9 825
—, 2′,4,4′-tris(benzoyloxy)- 9 825
—, 2′,4,5′-tris(benzoyloxy)- 9 826
—, 2′,4,4′-tris(benzoyloxy)-3-methoxy-
    9 840
—, 2′,4,5′-tris(benzoyloxy)-3-methoxy-
    9 841
Chaulmoogric acid 9 284, 285
—, dihydro- 9 134
Chavibetol,
—, O-benzoyl- 9 587
Chavicol,
—, O-(3,5-dinitrobenzoyl)- 9 1861
Chenocholadienic acid 9 3125
Chenodeoxybilianic acid 10 4125
Chenodeoxycholic acid 10 1635
2-Chlorobenzoic diethylborinic
    anhydride 9 1338
Chlorogenic acid 10 2408
—, dihydro- 10 2408
Chlorogeninic acid 10 4750
Chlorophorin,
—, tetra-O-benzoyl- 9 700
Chola-1,4-dien-24-oic acid,
—, 3-oxo-,
    methyl ester 10 3250
—, 3-semicarbazono-,
    methyl ester 10 3250
Chola-2,11-dien-24-oic acid 9 3125
Chola-3,5-dien-24-oic acid,
—, 3,12-diacetoxy-,
    methyl ester 10 1912
Chola-3,6-dien-24-oic acid 9 3125
—, 3,7-diacetoxy-12-oxo- 10 4641
—, 12-oxo- 10 3251
    methyl ester 10 3251
Chola-3,8(14)-dien-24-oic acid 9 3126
Chola-3,9(11)-dien-24-oic acid,
—, 12-methoxy- 10 1030
Chola-3,11-dien-24-oic acid 9 3126
    methyl ester 9 3126
Chola-4,6-dien-24-oic acid 9 3127
—, 12-acetoxy-3-hydroxy- 10 1913
—, 12-acetoxy-3-oxo- 10 4387
—, 3,12-dihydroxy- 10 1913
—, 12-hydroxy-3-oxo- 10 4387

Chola-4,11-dien-24-oic acid,
—, 3-oxo- 10 3251
    methyl ester 10 3251
Chola-5,7-dien-24-oic acid,
—, 3-acetoxy-,
    methyl ester 10 1031
—, 3-hydroxy- 10 1030
Chola-6,11-dien-24-oic acid 9 3127
Chola-7,9(11)-dien-24-oic acid,
—, 3-acetoxy-12-oxo- 10 4388
—, 3,12-dihydroxy- 10 1913
—, 3-hydroxy-12-oxo- 10 4388
Chola-7,14-dien-24-oic acid,
—, 3,12-diacetoxy-,
    methyl ester 10 1914
—, 3,12-dihydroxy- 10 1913
Chola-8,11-dien-24-oic acid,
—, 3-acetoxy-,
    methyl ester 10 1031
Chola-8,14-dien-24-oic acid,
—, 3,12-diacetoxy-,
    methyl ester 10 1914
—, 3,12-dihydroxy- 10 1914
    methyl ester 10 1914
Chola-20,22-dien-24-oic acid,
—, 3,11,14,21-tetrahydroxy-,
    ethyl ester 10 4750
    methyl ester 10 4749
Cholan-24-amide 9 2660
—, N-allyl-3,7,12-trihydroxy- 10 2175
—, N-[2-(diethylamino)ethyl]-
    3,12-dihydroxy- 10 1656
—, 3,12-dihydroxy- 10 1654
—, 3,12-dihydroxy-N,N-dimethyl- 10 1655
—, 3,12-dihydroxy-N-methyl- 10 1655
—, N-[2-(dimethylamino)ethyl]-
    3,12-dihydroxy- 10 1656
—, N-ethyl-3,7,12-trihydroxy- 10 2175
—, 3,7,12-trihydroxy- 10 2174
—, 3,7,12-trihydroxy-N,N-dimethyl-
    10 2175
—, 3,7,12-trihydroxy-N-methyl- 10 2175
—, 3,7,12-trihydroxy-N-propyl- 10 2175
—, 3,7,12-tris(formyloxy)- 10 2178
Cholan-24-amidine,
—, 3,7,12-trihydroxy- 10 2180
Cholane-24-carbonitrile,
—, 3-acetoxy-24-hydroxy- 10 1660
—, 12-acetoxy-24-hydroxy- 10 1660
—, 3,24-dihydroxy- 10 1660
Cholane-24-carboxamide,
—, 3-hydroxy-7,12-dioxo- 10 4625
Cholane-24-carboxylic acid,
—, 3-hydroxy-7,12-dioxo- 10 4625
—, 3,7,12-trihydroxy- 10 2186
    methyl ester 10 2186
Cholane-24-nitrile,
—, 3,12-diacetoxy-23-hydroxy- 10 2185
—, 3,7,12-trihydroxy- 10 2179

Cholane-24-nitrile *(continued)*
—, 3,7,12-trioxo- **10** 3991
—, 3,7,12-tris(formyloxy)- **10** 2180
—, 3,7,12-tris(hydroxyimino)- **10** 3991
Cholane-24-thioic acid,
—, 3-acetoxy-,
    S-ethyl ester **10** 694
—, 12-acetoxy-,
    S-ethyl ester **10** 698
—, 3,12-bis(formyloxy)-,
    S-ethyl ester **10** 1657
—, 3-(formyloxy)-,
    S-ethyl ester **10** 694
—, 12-(formyloxy)-,
    S-ethyl ester **10** 698
—, 3-hydroxy-,
    S-ethyl ester **10** 694
Cholano-24-hydroxamic acid,
—, 3,12-dihydroxy-7-(hydroxyimino)-
    10 4590
Cholan-23-oic acid,
—, 3,14-dihydroxy-21-oxo- **10** 4581
Cholan-24-oic acid 9 2656, 2657
    N'-acetylhydrazide **9** 2661
    benzylidenehydrazide **9** 2661
    butyl ester **9** 2659
    ethyl ester **9** 2658, 2659
    hydrazide **9** 2660
    methylenehydrazide **9** 2660
    methyl ester **9** 2658
    propyl ester **9** 2659
—, 3-acetoxy- **10** 690
    ethyl ester **10** 692
    methyl ester **10** 691, 692
—, 12-acetoxy- **10** 69
—, 3-acetoxy-12-(benzoyloxy)-,
    methyl ester **10** 1652
—, 3-acetoxy-6-bromo-7,12-dioxo-,
    methyl ester **10** 4625
—, 3-acetoxy-11-bromo-12-hydroxy-,
    methyl ester **10** 1657
—, 3-acetoxy-12-bromo-11-hydroxy-,
    methyl ester **10** 1639, 1640
—, 3-acetoxy-11-bromo-12-oxo- **10** 4327
    methyl ester **10** 4327
—, 3-acetoxy-12-bromo-11-oxo- **10** 4319
    methyl ester **10** 4320
—, 12-acetoxy-4-bromo-3-oxo- **10** 4312
    methyl ester **10** 4312
—, 3-acetoxy-6-chloro-5-hydroxy-,
    methyl ester **10** 1629
—, 3-acetoxy-11,12-dibromo- **10** 693
    methyl ester **10** 693, 694
—, 3-acetoxy-7,12-dihydroxy-,
    methyl ester **10** 2169
—, 5-acetoxy-3,6-dihydroxy- **10** 2160
    methyl ester **10** 2161
—, 7-acetoxy-3,12-dihydroxy-,
    methyl ester **10** 2169

—, 11-acetoxy-3,12-dihydroxy- **10** 2184
—, 12-acetoxy-3,6-dihydroxy-,
    methyl ester **10** 2162
—, 3-acetoxy-12-(3,5-dinitrobenzoyloxy)-
    7-oxo-,
    ethyl ester **10** 4590
—, 3-acetoxy-7,12-dioxo- **10** 4622
    ethyl ester **10** 4624
    methyl ester **10** 4623
—, 3-acetoxy-11,12-dioxo-,
    methyl ester **10** 4617
—, 4-acetoxy-3,12-dioxo- **10** 4620
—, 7-acetoxy-3,12-dioxo- **10** 4621
    ethyl ester **10** 4621
—, 12-acetoxy-3,6-dioxo-,
    methyl ester **10** 4618
—, 12-acetoxy-3,7-dioxo-,
    ethyl ester **10** 4619
—, 11-acetoxy-12-hydrazono-3-hydroxy-,
    hydrazide **10** 4598
—, 3-acetoxy-6-hydroxy- **10** 1632
    methyl ester **10** 1633
—, 3-acetoxy-11-hydroxy-,
    methyl ester **10** 1638, 1639
—, 3-acetoxy-12-hydroxy- **10** 1649
    methyl ester **10** 1651
—, 12-acetoxy-3-hydroxy- **10** 1649
—, 12-acetoxy-6-hydroxy-3-
    (3-carboxypropionyloxy)-,
    methyl ester **10** 2162
—, 3-acetoxy-6-(hydroxyimino)-,
    methyl ester **10** 4315
—, 3-acetoxy-5-hydroxy-6-methoxy-,
    methyl ester **10** 2161
—, 3-acetoxy-5-hydroxy-6-oxo-,
    methyl ester **10** 4585
—, 3-acetoxy-7-hydroxy-12-oxo-,
    methyl ester **10** 4594
—, 3-acetoxy-11-hydroxy-12-oxo-,
    methyl ester **10** 4596
—, 3-acetoxy-12-hydroxy-7-oxo-,
    ethyl ester **10** 4589
    methyl ester **10** 4587
—, 7-acetoxy-3-hydroxy-12-oxo- **10** 4593
    methyl ester **10** 4594
—, 7-acetoxy-12-hydroxy-3-oxo-,
    methyl ester **10** 4583
—, 12-acetoxy-3-hydroxy-11-oxo-,
    hydrazide **10** 4593
—, 12-acetoxy-3-[3-(methoxycarbonyl)-
    propionyloxy]-6-(methylsulfonyloxy)-,
    methyl ester **10** 2162
—, 3-acetoxy-12-(4-nitrobenzoyloxy)-
    7-oxo-,
    ethyl ester **10** 4589
—, 3-acetoxy-6-oxo- **10** 4314
    methyl ester **10** 4315
—, 3-acetoxy-7-oxo- **10** 4316
    methyl ester **10** 4317

Cholan-24-oic acid *(continued)*

—, 3-acetoxy-11-oxo- **10** 4318
    methyl ester **10** 4318, 4319
—, 3-acetoxy-12-oxo- **10** 4323
    ethyl ester **10** 4326
    methyl ester **10** 4325
—, 6-acetoxy-3-oxo-,
    methyl ester **10** 4308
—, 12-acetoxy-3-oxo- **10** 4310
    methyl ester **10** 4311
—, 3-acetoxy-6-semicarbazono-,
    methyl ester **10** 4315
—, 3-acetoxy-12-semicarbazono- **10** 4324
—, 12-(benzoyloxy)-,
    methyl ester **10** 697
—, 3-(benzoyloxy)-6-chloro-5-hydroxy-,
    methyl ester **10** 1629
—, 3-(benzoyloxy)-7,12-dioxo-,
    ethyl ester **10** 4624
—, 3-(benzoyloxy)-12-hydroxy-,
    methyl ester **10** 1652
—, 12-(benzoyloxy)-3-hydroxy- **10** 1649
—, 3-(benzoyloxy)-12-hydroxy-7-oxo-
    10 4586
    ethyl ester **10** 4589
    methyl ester **10** 4587
—, 7-(benzoyloxyimino)-3,12-dihydroxy-
    10 4586
—, 3-(benzoyloxy)-12-oxo-,
    methyl ester **10** 4325
—, 3-(benzoyloxy)-12-semicarbazono-,
    methyl ester **10** 4325
—, 3,12-bis(benzoyloxy)-,
    methyl ester **10** 1652
—, 3,3-bis(carboxymethylthio)-
    7,12-dihydroxy- **10** 4584
—, 3,3-bis(carboxymethylthio)-
    7,12-dioxo- **10** 3992
—, 2,4-bis(4-chlorobenzylidene)-
    3,7,12-trioxo- **10** 4037
—, 3,3-bis(ethylthio)- **10** 3133
—, 3,3-bis(ethylthio)-7,12-dioxo-,
    ethyl ester **10** 3992
—, 3,7-bis(formyloxy)- **10** 1636, 1637
    methyl ester **10** 1637
—, 3,12-bis(formyloxy)- **10** 1648
    methyl ester **10** 1651
—, 3,12-bis(formyloxy)-7-(hydroxyimino)-,
    methyl ester **10** 4588
—, 3,12-bis(formyloxy)-7-oxo- **10** 4585
    methyl ester **10** 4587
—, 3,12-bis(formyloxy)-11-oxo- **10** 4591
—, 7,12-bis(formyloxy)-3-oxo- **10** 4582
—, 3,6-bis(hydroxyimino)-,
    methyl ester **10** 3574
—, 3,12-bis(hydroxyimino)- **10** 3579
—, 7,12-bis(hydroxyimino)- **10** 3581
    ethyl ester **10** 3582
    methyl ester **10** 3582

—, 3,3-bis(methoxycarbonylmethylthio)-
    7,12-dioxo-,
    methyl ester **10** 3992
—, 3,12-bis(methylsulfonyloxy)-
    11-oxo-,
    methyl ester **10** 4593
—, 3,12-bis(nitryloxy)-7-oxo- **10** 4586
    ethyl ester **10** 4590
    methyl ester **10** 4588
—, 11-bromo-3,12-dihydroxy- **10** 1657
—, 4-bromo-3,12-dioxo- **10** 3580
—, 9-bromo-11,12-dioxo- **10** 3585
—, 12-bromo-3,11-dioxo-,
    methyl ester **10** 3577
—, 4-bromo-12-hydroxy-3-oxo-,
    methyl ester **10** 4312
—, 11-bromo-3-hydroxy-12-oxo- **10** 4327
—, 12-bromo-3-hydroxy-11-oxo- **10** 4319
    methyl ester **10** 4319
—, 12-bromo-11-hydroxy-3-oxo-,
    methyl ester **10** 4309
—, 12-bromo-3-[3-(methoxycarbonyl)⸱
    propionyloxy]-11-oxo-,
    methyl ester **10** 4320
—, 4-bromo-3-oxo- **10** 3132
—, 6-bromo-7-oxo- **10** 3135
—, 11-bromo-12-oxo- **10** 3137
    methyl ester **10** 3137
—, 4-bromo-3,7,12-trioxo- **10** 3991
    ethyl ester **10** 3992
    methyl ester **10** 3991
—, 3-(carbamoyloxy)-7,12-dihydroxy-,
    ethyl ester **10** 2173
    methyl ester **10** 2171
—, 3-(carbamoyloxy)-12-hydroxy-,
    methyl ester **10** 1653
—, 3-(carboxymethylene)-7,12-dioxo- **10** 4071
—, 3-(3-carboxypropionyloxy)-
    7,12-dioxo-,
    methyl ester **10** 4623
—, 3-(3-carboxypropionyloxy)-
    11,12-dioxo-,
    methyl ester **10** 4618
—, 3-(3-carboxypropionyloxy)-
    12-hydroxy- **10** 1650
—, 3-(3-carboxypropionyloxy)-
    11-hydroxy-11-oxo-,
    methyl ester **10** 4592
—, 3-(3-carboxypropionyloxy)-12-oxo-
    10 4323
—, 3-chloro- **9** 2661, 2662
    methyl ester **9** 2662
—, 3-(chlorocarbonyloxy)-
    7,12-dihydroxy-,
    ethyl ester **10** 2173
    methyl ester **10** 2171
—, 3-(chlorocarbonyloxy)-12-hydroxy-,
    ethyl ester **10** 1653
    methyl ester **10** 1653

Cholan-24-oic acid *(continued)*
—, 3-chloro-7,12-dihydroxy- **10** 1659
—, 5-chloro-3,6-dihydroxy-,
    methyl ester **10** 1634
—, 6-chloro-3,5-dihydroxy-,
    methyl ester **10** 1629
—, 3-chloro-12-hydroxy-,
    methyl ester **10** 698
—, 3-[cyano(ethoxycarbonyl)methylene]-
    7,12-dioxo-,
    ethyl ester **10** 4153
—, 3,6-diacetoxy- **10** 1632
    methyl ester **10** 1633, 1634
—, 3,7-diacetoxy- **10** 1637
    methyl ester **10** 1637
—, 3,11-diacetoxy-,
    methyl ester **10** 1639
—, 3,12-diacetoxy- **10** 1649
    methyl ester **10** 1651, 1652
—, 7,12-diacetoxy-,
    methyl ester **10** 1659
—, 11,12-diacetoxy-,
    methyl ester **10** 1660
—, 3,7-diacetoxy-11-bromo-12-oxo-
    10 4595
—, 3,12-diacetoxy-6-bromo-7-oxo-,
    ethyl ester **10** 4590
—, 7,12-diacetoxy-4-bromo-3-oxo-
    10 4584
—, 3,6-diacetoxy-5-chloro-,
    methyl ester **10** 1634
—, 3,6-diacetoxy-5-hydroxy-,
    methyl ester **10** 2161
—, 3,7-diacetoxy-12-hydroxy- **10** 2168
    methyl ester **10** 2170
—, 3,11-diacetoxy-12-hydroxy-,
    methyl ester **10** 2184, 2185
—, 3,12-diacetoxy-11-hydroxy-,
    methyl ester **10** 2185
—, 7,12-diacetoxy-3-hydroxy- **10** 2168
    methyl ester **10** 2170
—, 3,7-diacetoxy-12-(hydroxyimino)-
    10 4594
—, 3,12-diacetoxy-7-(hydroxyimino)-,
    methyl ester **10** 4588
—, 7,12-diacetoxy-3-(hydroxyimino)-,
    methyl ester **10** 4584
—, 3,6-diacetoxy-5-methoxy-,
    methyl ester **10** 2161
—, 3,5-diacetoxy-6-oxo-,
    methyl ester **10** 4585
—, 3,7-diacetoxy-12-oxo- **10** 4593
    methyl ester **10** 4595
—, 3,11-diacetoxy-12-oxo-,
    methyl ester **10** 4597
—, 3,12-diacetoxy-7-oxo-,
    methyl ester **10** 4587
—, 3,12-diacetoxy-11-oxo-,
    methyl ester **10** 4592

—, 7,12-diacetoxy-3-oxo- **10** 4582
    methyl ester **10** 4583
—, 2,4-dibenzylidene-3,7,12-trioxo-
    10 4037
—, 2,3-dibromo- **9** 2662
—, 3,4-dibromo- **9** 2663
—, 5,6-dibromo- **9** 2663
—, 11,12-dibromo-,
    methyl ester **9** 2664
—, 4,12-dibromo-3,11-dioxo-,
    methyl ester **10** 3577
—, 11,12-dibromo-3-hydroxy- **10** 693
    methyl ester **10** 693
—, 2,4-dibromo-3-oxo-,
    methyl ester **10** 3132
—, 11,12-dibromo-3-oxo- **10** 3133
    methyl ester **10** 3133
—, 3,3-dichloro-7,12-bis(hydroxyimino)-,
    methyl ester **10** 3583
—, 3,3-dichloro-7,12-dioxo- **10** 3582
    methyl ester **10** 3583
—, 3,6-dihydroxy- **10** 1630, 1631, 1632
    methyl ester **10** 1632, 1633
—, 3,7-dihydroxy- **10** 1635
—, 3,11-dihydroxy- **10** 1637, 1638
    methyl ester **10** 1638
—, 3,12-dihydroxy- **10** 1640, 1641, 1648
    p-anisylidenehydrazide **10** 1657
    benzylidenehydrazide **10** 1656
    2-(diethylamino)ethyl ester **10** 1654
    2-(dimethylamino)ethyl ester
      10 1654
    ethyl ester **10** 1653
    hydrazide **10** 1656
    methylenehydrazide **10** 1656
    methyl ester **10** 1650, 1651
—, 3,14-dihydroxy- **10** 1658
—, 7,12-dihydroxy- **10** 1658
    methyl ester **10** 1658
—, 11,12-dihydroxy- **10** 1659
    methyl ester **10** 1659
—, 7,12-dihydroxy-3-(*p*-anisoyloxy)-,
    methyl ester **10** 2172
—, 7,12-dihydroxy-3-
    (3-carboxypropionyloxy)-,
    methyl ester **10** 2171
—, 3,7-dihydroxy-12-(hydroxyimino)-
    10 4594
    methyl ester **10** 4595
—, 3,12-dihydroxy-7-(hydroxyimino)-
    10 4586
    ethyl ester **10** 4590
    methyl ester **10** 4588
—, 7,12-dihydroxy-3-(hydroxyimino)-
    10 4583
—, 3,5-dihydroxy-6-methoxy- **10** 2160
    methyl ester **10** 2161
—, 3,6-dihydroxy-5-methoxy- **10** 2159
    methyl ester **10** 2160

Cholan-24-oic acid *(continued)*
—, 7,12-dihydroxy-3-
(2-naphthyloxycarbonyloxy)-,
ethyl ester **10** 2172
—, 7,12-dihydroxy-3-(4-nitrobenzoyloxy)-,
methyl ester **10** 2171
—, 3,5-dihydroxy-6-oxo- **10** 4585
—, 3,7-dihydroxy-12-oxo- **10** 4593
ethyl ester **10** 4595
methyl ester **10** 4594
—, 3,11-dihydroxy-12-oxo-
10 4595, 4596
methyl ester **10** 4596
—, 3,12-dihydroxy-7-oxo- **10** 4585
ethyl ester **10** 4589
methyl ester **10** 4587
—, 3,12-dihydroxy-11-oxo- **10** 4591
methyl ester **10** 4591
—, 7,12-dihydroxy-3-oxo- **10** 4582
ethyl ester **10** 4584
methyl ester **10** 4583
—, 7,12-dihydroxy-3-
(phenoxycarbonyloxy)-,
ethyl ester **10** 2172
—, 3,3-dimethoxy-7,12-dioxo-,
methyl ester **10** 3989
—, 12-(3,5-dinitrobenzoyloxy)-
3,7-dioxo-,
ethyl ester **10** 4620
—, 3,6-dioxo- **10** 3572
ethyl ester **10** 3574
methyl ester **10** 3573, 3574
—, 3,7-dioxo- **10** 3574
ethyl ester **10** 3576
methyl ester **10** 3576
—, 3,11-dioxo- **10** 3576
methyl ester **10** 3576
—, 3,12-dioxo- **10** 3577, 3578
ethyl ester **10** 3580
methyl ester **10** 3579, 3580
—, 7,12-dioxo- **10** 3581
ethyl ester **10** 3582
methyl ester **10** 3581
—, 11,12-dioxo- **10** 3584
methyl ester **10** 3585
—, 7,12-dioxo-3,3-bis(phenylthio)-
10 3992
—, 3,6-disemicarbazono- **10** 3573
methyl ester **10** 3574
—, 3,7-disemicarbazono- **10** 3576
—, 3,12-disemicarbazono- **10** 3579
—, 3-(ethoxycarbonylmethylene)-
7,12-dioxo-,
ethyl ester **10** 4071
—, 3-(ethoxycarbonyloxy)-
7,12-dihydroxy-,
methyl ester **10** 2171
—, 3-(ethoxycarbonyloxy)-7,12-dioxo-,
methyl ester **10** 4624

—, 3-(ethoxycarbonyloxy)-12-hydroxy-
7-oxo-,
methyl ester **10** 4588
—, 3-(formyloxy)- **10** 690
—, 12-(formyloxy)- **10** 697
—, 7-(formyloxy)-3-hydroxy- **10** 1636
—, 3-(formyloxy)-12-oxo- **10** 4322
—, 7-(formyloxy)-3-oxo- **10** 4309
—, 3,4,6,7,11,12-hexabromo-,
methyl ester **9** 2665
—, 3-hydrazono-7,12-dihydroxy-,
methyl ester **10** 4584
—, 7-hydrazono-3,12-dihydroxy-,
hydrazide **10** 4590
—, 12-hydrazono-3,11-dihydroxy-,
hydrazide **10** 4597
—, 12-hydrazono-3-hydroxy-11-oxo-,
hydrazide **10** 4618
—, 3-hydroxy- **10** 687, 689
benzyl ester **10** 692
ethyl ester **10** 692
methyl ester **10** 690, 691
—, 6-hydroxy- **10** 694, 695
methyl ester **10** 695
—, 7-hydroxy- **10** 695
—, 11-hydroxy-,
methyl ester **10** 696
—, 12-hydroxy- **10** 696
ethyl ester **10** 698
methyl ester **10** 697
—, 14-hydroxy- **10** 698
—, 21-hydroxy-,
methyl ester **10** 699
—, 3-hydroxy-7,12-dioxo- **10** 4621
ethyl ester **10** 4624
methyl ester **10** 4622
—, 3-hydroxy-11,12-dioxo- **10** 4617
methyl ester **10** 4617
—, 4-hydroxy-3,12-dioxo- **10** 4620
—, 7-hydroxy-3,12-dioxo- **10** 4620
ethyl ester **10** 4621
methyl ester **10** 4621
—, 9-hydroxy-11,12-dioxo- **10** 4625
—, 12-hydroxy-3,7-dioxo- **10** 4618
ethyl ester **10** 4619
methyl ester **10** 4619
—, 3-hydroxy-12-(hydroxyimino)-
10 4323
ethyl ester **10** 4326
—, 12-hydroxy-3-(hydroxyimino)- **10** 4310
—, 3-(hydroxyimino)- **10** 3131
methyl ester **10** 3132
—, 7-(hydroxyimino)- **10** 3134
—, 12-(hydroxyimino)- **10** 3136
—, 7-(hydroxyimino)-3,12-bis(nitryloxy)-,
methyl ester **10** 4589
—, 12-hydroxy-3-[3-(methoxycarbonyl)⸗
propionyloxy]-,
methyl ester **10** 1653

Cholan-24-oic acid *(continued)*

—, 12-hydroxy-3-[3-(methoxycarbonyl)‚
propionyloxy]-11-oxo-,
methyl ester **10** 4592

—, 3-hydroxy-6-oxo- **10** 4312, 4313
ethyl ester **10** 4315
methyl ester **10** 4314

—, 3-hydroxy-7-oxo- **10** 4316
methyl ester **10** 4317

—, 3-hydroxy-11-oxo- **10** 4317
methyl ester **10** 4318

—, 3-hydroxy-12-oxo- **10** 4321
ethyl ester **10** 4326
isopropyl ester **10** 4326
methyl ester **10** 4324

—, 4-hydroxy-3-oxo- **10** 4308

—, 6-hydroxy-3-oxo- **10** 4308

—, 6-hydroxy-7-oxo- **10** 4317

—, 7-hydroxy-3-oxo- **10** 4309

—, 7-hydroxy-12-oxo- **10** 4328

—, 11-hydroxy-12-oxo- **10** 4328
methyl ester **10** 4328

—, 12-hydroxy-3-oxo- **10** 4310
methyl ester **10** 4311

—, 12-hydroxy-7-oxo- **10** 4317

—, 12-hydroxy-11-oxo- **10** 4320
methyl ester **10** 4321

—, 3-hydroxy-6-semicarbazono- **10** 4314

—, 3-hydroxy-12-semicarbazono- **10** 4323

—, 4-hydroxy-3,7,12-trioxo- **10** 4758

—, 3-iodo-7,12-dioxo- **10** 3583
methyl ester **10** 3583

—, 2-(4-methoxybenzylidene)-3,6-dioxo-
10 4703

—, 4-(4-methoxybenzylidene)-3,6-dioxo-
10 4703

—, 3-[3-(methoxycarbonyl)propionyloxy]-
7,12-dioxo-,
methyl ester **10** 4624

—, 3-[3-(methoxycarbonyl)propionyloxy]-
11-oxo-,
methyl ester **10** 4319

—, 3-(4-nitrobenzoyloxy)-7,12-dioxo-,
methyl ester **10** 4623

—, 12-(4-nitrobenzoyloxy)-3,7-dioxo-,
ethyl ester **10** 4619

—, 9-nitro-11,12-dioxo- **10** 3585

—, 3-oxo- **10** 3130, 3131
methyl ester **10** 3131, 3132

—, 6-oxo- **10** 3133

—, 7-oxo- **10** 3134
methyl ester **10** 3134

—, 11-oxo-,
methyl ester **10** 3135

—, 12-oxo- **10** 3135
ethyl ester **10** 3136
methyl ester **10** 3136

—, 11-oxo-3-semicarbazono-,
methyl ester **10** 3576

—, 3-semicarbazono- **10** 3131

—, 2,3,11,12-tetrabromo- **9** 2664

—, 3,4,6,7-tetrabromo- **9** 2664

—, 3,4,11,12-tetrabromo- **9** 2665
methyl ester **9** 2665

—, 3,7,12,23-tetrahydroxy- **10** 2424

—, 3,8,12,14-tetrahydroxy- **10** 2425

—, 3,12,14,15-tetrahydroxy- **10** 2425

—, 3,14,16,21-tetrahydroxy- **10** 2426

—, 7,7′,12,12′-tetrahydroxy-3,3′-
[*m*-phenylenebis(oxycarbonyloxy)]di-,
diethyl ester **10** 2173

—, 7,7′,12,12′-tetrahydroxy-3,3′-
[*p*-phenylenebis(oxycarbonyloxy)]di-,
diethyl ester **10** 2173

—, 3,5,6-triacetoxy-,
methyl ester **10** 2162

—, 3,7,12-triacetoxy-,
methyl ester **10** 2170

—, 3,11,12-triacetoxy-,
methyl ester **10** 2185

—, 3,5,6-trihydroxy- **10** 2159
methyl ester **10** 2160

—, 3,7,12-trihydroxy- **10** 2162, 2167
benzylidenehydrazide **10** 2180
butylidenehydrazide **10** 2180
cinnamylidenehydrazide **10** 2181
2-(diethylamino)ethyl ester **10** 2174
2-(dimethylamino)ethyl ester
10 2174
ethyl ester **10** 2172
hydrazide **10** 2180
(4-methoxybenzylidene)hydrazide
10 2182
methylenehydrazide **10** 2180
methyl ester **10** 2168
phenethylidenehydrazide **10** 2181
salicylidenehydrazide **10** 2181

—, 3,7,23-trihydroxy- **10** 2182
methyl ester **10** 2182

—, 3,11,12-trihydroxy- **10** 2182, 2183
methyl ester **10** 2184

—, 3,7,12-trioxo- **10** 3986
2-(diethylamino)ethyl ester **10** 3990
3-(diethylamino)propyl ester
10 3990
ethyl ester **10** 3989
methyl ester **10** 3988

—, 3,7,12-trisemicarbazono- **10** 3988

—, 3,7,12-tris(formyloxy)- **10** 2168
methyl ester **10** 2169

—, 3,7,12-tris(hydroxyimino)- **10** 3988
methyl ester **10** 3989

Cholan-24-one,

—, 3,7,12-triacetoxy-24-
(benzoyloxymethyl)- **9** 838

Cholan-24-oyl azide 9 2661

—, 3,12-dihydroxy- **10** 1657

—, 3,7,12-trihydroxy- **10** 2182

Cholan-24-oyl chloride 9 2660
—, 3,12-bis(formyloxy)- **10** 1654
—, 3-(formyloxy)- **10** 692
—, 3-(formyloxy)-12-oxo- **10** 4326
—, 3,7,12-trioxo- **10** 3990
—, 3,7,12-tris(formyloxy)- **10** 2174
Cholanthrene-9-carbonitrile,
—, 3-methyl- **9** 3657
Cholanthrene-11-carbonitrile,
—, 3-methyl- **9** 3657
Cholanthrene-6-carboxylic acid,
—, 3-methyl-6,12b-dihydro- **9** 3641
Cholanthrene-10a(10H)-carboxylic acid,
—, 8,9,11,12-tetrahydro- **9** 3570
ethyl ester **9** 3570
**Cholanthrene-12-carboxylic acid
9** 3652
methyl ester **9** 3652
Cholanthrene-12b(6H)-carboxylic acid,
—, 3-methyl- **9** 3641
**Cholanthrene-6,12b(6H)-dicarboxylic
acid,**
—, 3-methyl- **9** 4700
dimethyl ester **9** 4700
Chola-3,5,14,20,22-pentaen-24-oic acid,
—, 21-hydroxy-,
ethyl ester **10** 3368
methyl ester **10** 3367
—, 21-methoxy-,
methyl ester **10** 1298
—, 21-(4-nitrobenzoyloxy)-,
methyl ester **10** 1298
Chola-3,5,14,22-tetraen-24-oic acid,
—, 21-oxo-,
ethyl ester **10** 3368
methyl ester **10** 3367
Chola-3,5,20,22-tetraen-24-oic acid,
—, 14-hydroxy-21-methoxy- **10** 1987
methyl ester **10** 1987
Chola-3,6,11-trien-24-oic acid 9 3262
Chola-3,7,11-trien-24-oic acid 9 3262
methyl ester **9** 3263
**Chola-3,8(14),11-trien-24-oic acid
9** 3263
methyl ester **9** 3264
Cholecalciferol,
—, O-p-anisoyl- **10** 313
—, O-(3,5-dinitrobenzoyl)- **9** 1871
—, O-(3,5-dinitro-p-toluoyl)- **9** 2369
—, O-(4-nitrobenzoyl)- **9** 1609
Chol-5-en-24-amide,
—, 3-acetoxy- **10** 966
—, 3-acetoxy-N,N-diethyl- **10** 966
—, N,N-diethyl-3-hydroxy- **10** 965
—, 3-(formyloxy)- **10** 965
Chol-5-ene,
—, 3-acetoxy-24-(benzoyloxy)- **9** 594
—, 3,24-bis(benzoyloxy)-24-phenyl-
9 644

Chol-5-ene-24-carbonitrile,
—, 3-acetoxy-24-hydroxy- **10** 1897
—, 3-(formyloxy)-24-hydroxy-
10 1897
Chol-11-ene-24-carbonitrile,
—, 3-acetoxy-24-hydroxy- **10** 1898
Chol-5-ene-24-carboxamide,
—, 3-acetoxy- **10** 978
—, 3-hydroxy- **10** 977
Chol-5-ene-24-carboxylic acid,
—, 3-acetoxy- **10** 977
—, 3-hydroxy- **10** 976
ethyl ester **10** 977
methyl ester **10** 977
Chol-7-ene-21,24-dioic acid,
—, 3-acetoxy-4,4,14-trimethyl-,
dimethyl ester **10** 2279
Chol-5-ene-24-thioic acid,
—, 3-acetoxy-,
S-benzyl ester **10** 967
S-tert-butyl ester **10** 967
S-ethyl ester **10** 966
S-hexyl ester **10** 967
S-isopropyl ester **10** 967
S-phenyl ester **10** 967
—, 3-(benzoyloxy)-,
S-ethyl ester **10** 967
—, 3-chloro-,
S-ethyl ester **9** 2918
—, 3-(formyloxy)-,
S-ethyl ester **10** 966
—, 3-hydroxy-,
S-ethyl ester **10** 966
Chol-11-ene-24-thioic acid,
—, 3-acetoxy-,
S-ethyl ester **10** 975
Chol-2-en-24-oic acid 9 2915
—, 3-(carboxymethyl)-7,12-dioxo-
10 4070
—, 3-chloro-12-oxo- **10** 3219
—, 3-(ethoxycarbonylmethyl)-7,12-dioxo-,
ethyl ester **10** 4071
—, 3-methoxy-7,12-dioxo-,
methyl ester **10** 4641
Chol-3-en-24-oic acid 9 2915, 2916
—, 7,12-bis(hydroxyimino)-,
ethyl ester **10** 3601
—, 3-(carboxymethyl)-7,12-dioxo-
10 4070
—, 3-chloro- **9** 2916
methyl ester **9** 2917
—, 3-chloro-7,12-bis(hydroxyimino)-,
methyl ester **10** 3602
—, 3-chloro-7,12-dioxo- **10** 3601
methyl ester **10** 3602
—, 3-chloro-12-oxo- **10** 3219
—, 7,12-dihydroxy- **10** 1882
—, 7,12-dioxo- **10** 3601
ethyl ester **10** 3601

Chol-3-en-24-oic acid *(continued)*
—, 3-(ethoxycarbonylmethyl)-7,12-dioxo-,
    ethyl ester **10** 4071
—, 12-hydroxy-,
    methyl ester **10** 960
—, 3-methoxy-7,12-dioxo-,
    methyl ester **10** 4641
—, 7-oxo- **10** 3220
—, 12-oxo- **10** 3220
    ethyl ester **10** 3220

Chol-4-en-24-oic acid 9 2917
—, 12-acetoxy-6-bromo-3-oxo-,
    methyl ester **10** 4366
—, 12-acetoxy-3-hydroxy-
    10 1883
—, 12-acetoxy-3-oxo- **10** 4366
    methyl ester **10** 4366
—, 12-bromo-3,11-dioxo-,
    methyl ester **10** 3602
—, 3,12-dihydroxy- **10** 1883
    methyl ester **10** 1883
—, 3,12-dioxo- **10** 3602
    methyl ester **10** 3602
—, 3-ethoxy- **10** 961
—, 3-hydroxy- **10** 960, 961
—, 12-hydroxy-3-oxo- **10** 4365
    methyl ester **10** 4366
—, 3-methoxy- **10** 961
—, 3-oxo- **10** 3220
    methyl ester **10** 3220
—, 3-semicarbazono-,
    methyl ester **10** 3221

Chol-5-en-24-oic acid 9 2917
—, 3-acetoxy- **10** 962
    ethyl ester **10** 964
    methyl ester **10** 963
—, 3-acetoxy-4-hydroxy-,
    methyl ester **10** 1884
—, 12-acetoxy-3-[3-(methoxycarbonyl)-
    propionyloxy]-,
    methyl ester **10** 1885
—, 3-acetoxy-6-nitro-,
    methyl ester **10** 966
—, 3-acetoxy-7-oxo-,
    methyl ester **10** 4367
—, 3-(benzyloxy)- **10** 962
    benzyl ester **10** 964
    methyl ester **10** 963
—, 3,7-bis(benzoyloxy)-,
    methyl ester **10** 1885
—, 3,4-diacetoxy-,
    methyl ester **10** 1884
—, 3,12-diacetoxy-,
    methyl ester **10** 1885
—, 3,4-dihydroxy- **10** 1883
—, 3,7-dihydroxy- **10** 1884
    methyl ester **10** 1884
—, 3,12-dihydroxy- **10** 1885
—, 3-(formyloxy)- **10** 962

—, 3-hydroxy- **10** 961
    benzhydryl ester **10** 964
    benzyl ester **10** 964
    2-(diethylamino)ethyl ester **10** 965
    2-(dimethylamino)ethyl ester **10** 965
    ethyl ester **10** 964
    methyl ester **10** 962
—, 4-hydroxy- **10** 967
—, 3-hydroxy-7-oxo- **10** 4367
—, 3-methoxy-,
    methyl ester **10** 963
—, 7-oxo- **10** 3221
    methyl ester **10** 3221
—, 3-(trityloxy)-,
    methyl ester **10** 963

Chol-6-en-24-oic acid 9 2918
—, 12-oxo- **10** 3221

Chol-7-en-24-oic acid 9 2918
—, 3-acetoxy-6,12-dioxo-,
    methyl ester **10** 4642
—, 3-acetoxy-12-hydroxy-,
    methyl ester **10** 1886
—, 3-acetoxy-12-oxo-,
    methyl ester **10** 4367
—, 3,12-diacetoxy-,
    methyl ester **10** 1886
—, 3,12-dihydroxy- **10** 1886
    methyl ester **10** 1886
—, 3,12-dioxo- **10** 3603
    methyl ester **10** 3603

Chol-8-en-24-oic acid,
—, 3-acetoxy-12-oxo- **10** 4367
    methyl ester **10** 4368
—, 3-acetoxy-4,4,14-trimethyl-
    10 979
    methyl ester **10** 979
—, 3-(benzoyloxy)-4,4,14-trimethyl-
    7,11-dioxo- **10** 4642
    methyl ester **10** 4643
—, 3-hydroxy-4,4,14-trimethyl- **10** 978
    methyl ester **10** 979
—, 3-hydroxy-4,4,14-trimethyl-
    7,11-dioxo- **10** 4642
    methyl ester **10** 4643
—, 4,4,14-trimethyl-3,7,11-trioxo-
    10 3999
    methyl ester **10** 4000

Chol-8(14)-en-24-oic acid 9 2919
    methyl ester **9** 2919
—, 3,12-bis(hydroxyimino)-,
    methyl ester **10** 3603
—, 3,12-diacetoxy-,
    methyl ester **10** 1891
—, 3,12-dihydroxy- **10** 1887, 1888
    hydrazide **10** 1891
    methyl ester **10** 1890
—, 3,12-dioxo- **10** 3603
—, 3-hydroxy- **10** 968
—, 3-oxo- **10** 3222

Chol-9(11)-en-24-oic acid 9 2919
     methyl ester **9** 2920
—, 3-acetoxy- **10** 969
     methyl ester **10** 970
—, 3-acetoxy-12-chloro-,
     methyl ester **10** 971
—, 3-acetoxy-12-hydroxy-,
     methyl ester **10** 1894
—, 12-acetoxy-3-hydroxy- **10** 1892
     methyl ester **10** 1894
—, 3-acetoxy-12-methoxy-,
     methyl ester **10** 1894
—, 3-acetoxy-12-oxo- **10** 4369
     methyl ester **10** 4370
—, 11-acetoxy-12-oxo- **10** 4371
—, 12-bromo-3-hydroxy-,
     methyl ester **10** 971
—, 12-bromo-3-oxo-,
     methyl ester **10** 3222
—, 3-(3-carboxypropionyloxy)-12-oxo-
     10 4369
—, 12-chloro-3-hydroxy-,
     methyl ester **10** 970
—, 3,12-diacetoxy-,
     methyl ester **10** 1895
—, 3,11-diacetoxy-12-oxo-,
     methyl ester **10** 4617
—, 3,12-dihydroxy- **10** 1891, 1892
     methyl ester **10** 1892
—, 3,12-dioxo- **10** 3603
     methyl ester **10** 3604
—, 3-(formyloxy)-12-oxo- **10** 4369
—, 3-hydroxy- **10** 969
     methyl ester **10** 969
—, 3-hydroxy-12-methoxy- **10** 1892
     methyl ester **10** 1893
—, 3-hydroxy-12-oxo- **10** 4369
     methyl ester **10** 4370
—, 11-hydroxy-12-oxo- **10** 3584
—, 12-hydroxy-3-oxo- **10** 4368
     methyl ester **10** 4368
—, 12-methoxy- **10** 971
     methyl ester **10** 972
—, 12-methoxy-3-oxo-,
     methyl ester **10** 4368
—, 12-oxo- **10** 3222
     methyl ester **10** 3223
Chol-11-en-24-oic acid 9 2920
     methyl ester **9** 2920
—, 3-acetoxy-,
     methyl ester **10** 973, 974
—, 3-acetoxy-9-hydroxy-,
     methyl ester **10** 1895
—, 3-(3-carboxypropionyloxy)- **10** 973
—, 3-hydroxy- **10** 972
     methyl ester **10** 973
—, 3-oxo- **10** 3223
     methyl ester **10** 3223

—, 3-semicarbazono-,
     methyl ester **10** 3224
Chol-14-en-24-oic acid,
—, 3,12-bis(3,5-dinitrobenzoyloxy)-,
     methyl ester **10** 1897
—, 3,12-bis(hydroxyimino)- **10** 3604
—, 3,12-diacetoxy-,
     methyl ester **10** 1897
—, 3,12-dihydroxy- **10** 1895
     methyl ester **10** 1896
—, 3,12-dioxo- **10** 3604
—, 3-hydroxy- **10** 975
Chol-16-en-24-oic acid,
—, 3-hydroxy- **10** 975
Chol-22-en-24-oic acid,
—, 3-acetoxy- **10** 975
—, 3,11,14-trihydroxy-21-oxo-,
     ethyl ester **10** 4750
     methyl ester **10** 4749
Chol-5-en-3-ol,
—, 24-(benzoyloxy)- **9** 593
Chol-5-en-24-ol,
—, 3-(benzoyloxy)- **9** 593
Chol-5-en-24-oyl chloride,
—, 3-acetoxy- **10** 965
—, 3-(formyloxy)- **10** 965
Cholesta-3,5-diene,
—, 3-(benzoyloxy)- **9** 476
Cholesta-4,6-diene,
—, 3-(benzoyloxy)- **9** 476
Cholesta-4,7-diene,
—, 3-(3,5-dinitrobenzoyloxy)- **9** 1872
Cholesta-5,7-diene,
—, 3-(benzoyloxy)- **9** 477
—, 3-(3,5-dinitrobenzoyloxy)-
     9 1872, 1873
—, 3-(3,5-dinitro-*p*-toluoyloxy)- **9** 2370
—, 3-(4-nitrobenzoyloxy)- **9** 1609, 1610
—, 3-(3-nitro-*p*-toluoyloxy)- **9** 2360
Cholesta-6,8-diene,
—, 3-(benzoyloxy)- **9** 478
—, 3-(3,5-dinitrobenzoyloxy)- **9** 1874
—, 3-(4-nitrobenzoyloxy)- **9** 1610
Cholesta-7,9(11)-diene,
—, 3,6-bis(benzoyloxy)- **9** 606
—, 3,6-bis(3,5-dinitrobenzoyloxy)-
     9 1914, 1915
Cholesta-7,14-diene,
—, 3-(benzoyloxy)- **9** 478
Cholesta-8,14-diene,
—, 3-(3,5-dinitrobenzoyloxy)- **9** 1874
Cholesta-8,24-diene,
—, 3-(benzoyloxy)- **9** 478
Cholesta-14,24-diene,
—, 3-(benzoyloxy)- **9** 479
Cholesta-2,5-dien-4-one,
—, 3-(benzoyloxy)- **9** 752
Cholesta-4,6-dien-3-one,
—, 4-(benzoyloxy)- **9** 753

Cholestane,
—, 3-acetoxy-6-(benzoyloxy)- **9** 581
—, 3-acetoxy-7-(benzoyloxy)- **9** 582
—, 4-acetoxy-3-(benzoyloxy)- **9** 580
—, 3-acetoxy-6-(benzoyloxy)-5-chloro-
     9 582
—, 3-(p-anisoyloxy)- **10** 312
—, 3-(benzoyloxy)- **9** 448, 449
—, 4-(benzoyloxy)- **9** 451
—, 7-(benzoyloxy)- **9** 451
—, 3-(benzoyloxy)-5,6-dibromo- **9** 450
—, 3-(benzoyloxy)-5,6-dichloro-
     9 449, 450
—, 3-(benzoyloxy)-2-isopentyl- **9** 453
—, 3,6-bis(benzoyloxy)- **9** 581
—, 3,7-bis(benzoyloxy)- **9** 583
—, 3,6-bis(benzoyloxy)-5-chloro- **9** 582
—, 3,6-bis(benzoyloxy)-5-methyl- **9** 583
—, 3,6-bis(3,5-dinitrobenzoyloxy)-
     5-methyl- **9** 1910
—, 3-(cinnamoyloxy)- **9** 2692, 2693
—, 3-(cyclohexylcarbonyloxy)- **9** 19
—, 5,6-dibromo-3-(2,3-dibromo-
     3-phenylpropionyloxy)- **9** 2408
—, 3-(2,3-dibromo-3-phenylpropionyloxy)-
     9 2408
—, 3-(3,5-dinitrobenzoyloxy)- **9** 1859
—, 3-(β-methylcinnamoyloxy)- **9** 2760
—, 3-(4-nitrobenzoyloxy)- **9** 1598
—, 3-(o-toluoyloxy)- **9** 2302
—, 3-(p-toluoyloxy)- **9** 2338
—, 3,16,26-tris(benzoyloxy)- **9** 679
—, 3,6,7-tris(4-nitrobenzoyloxy)-
     9 1665
Cholestane-3-carbonitrile,
—, 3-acetoxy- **10** 700
—, 3-hydroxy- **10** 699
Cholestane-3-carboxamide,
—, N,N-dipropyl- **9** 2669
Cholestane-3-carboxylic acid 9 2668
     ethyl ester **9** 2669
     methyl ester **9** 2668, 2669
Cholestane-5,6-diol,
—, 3-(benzoyloxy)- **9** 678
Cholestan-26-oic acid,
—, 3-acetoxy-16,22-dioxo- **10** 4627
—, 3-acetoxy-16,22,23-trioxo-,
     methyl ester **10** 4760
—, 3-(benzoyloxy)-16,22-dioxo-,
     methyl ester **10** 4628
—, 4-bromo-3,16,22-trioxo- **10** 3995
—, 24-chloro-27-hydroxy-3,7,12-trioxo-
     10 4759
     methyl ester **10** 4760
—, 3,6-diacetoxy-16,22-dioxo- **10** 4750
     methyl ester **10** 4751
—, 3,7-diacetoxy-12-hydroxy- **10** 2188
—, 3,7-diacetoxy-12-oxo- **10** 4598
—, 3,6-dihydroxy-16,22-dioxo- **10** 4750

—, 3,7-dihydroxy-12-oxo- **10** 4598
—, 16,22-dioxo- **10** 3586
     methyl ester **10** 3587
—, 3-hydroxy-7,12-dioxo- **10** 4626
—, 3-hydroxy-16,22-dioxo-
     10 4626, 4627
     ethyl ester **10** 4628
     methyl ester **10** 4627
—, 22-hydroxy-3,7,12-trioxo- **10** 4759
—, 3,7,12,22-tetrahydroxy- **10** 2426
     methyl ester **10** 2426
—, 3,7,12,24-tetrahydroxy- **10** 2427
—, 3,7,12,22-tetraoxo- **10** 4071
     methyl ester **10** 4072
—, 3,7,12-trihydroxy- **10** 2188
—, 3,7,12-trioxo- **10** 3992, 3993
     ethyl ester **10** 3993
     methyl ester **10** 3993
—, 3,16,22-trioxo- **10** 3994
     methyl ester **10** 3994, 3995
Cholestan-3-ol,
—, 6-(benzoyloxy)- **9** 581
Cholestan-5-ol,
—, 6-acetoxy-3-(benzoyloxy)- **9** 678
—, 3-(benzoyloxy)-6-chloro- **9** 580
—, 6-(benzoyloxy)-3-methoxy- **9** 678
Cholestan-6-ol,
—, 3-(benzoyloxy)-5-chloro- **9** 582
—, 3-(benzoyloxy)-5-methyl- **9** 583
Cholestan-16-ol,
—, 3,26-bis(benzoyloxy)- **9** 679
Cholestan-3-one,
—, 2-(benzoyloxy)- **9** 740
—, 6-(benzoyloxy)- **9** 740
Cholestan-6-one,
—, 3-(benzoyloxy)- **9** 740
     semicarbazone **9** 741
—, 3-(benzoyloxy)-4,5-dimethoxy- **9** 820
—, 3-(benzoyloxy)-5-hydroxy- **9** 792
—, 3-(3,5-dinitrobenzoyloxy)-
     9 1929, 1930
Cholestan-7-one,
—, 3-(benzoyloxy)- **9** 741
Cholesta-4,6,8,11-tetraene,
—, 3-(3,5-dinitrobenzoyloxy)- **9** 1887
Cholesta-2,4,6-triene,
—, 3-(benzoyloxy)-6-ethoxy- **9** 617
—, 3,6-bis(benzoyloxy)- **9** 618
Cholesta-3,5,7-triene,
—, 3,6-bis(benzoyloxy)- **9** 618
Cholesta-5,7,9(11)-triene,
—, 3-(3,5-dinitrobenzoyloxy)- **9** 1880
Cholesta-6,8(14),9(11)-triene,
—, 3-(3,5-dinitrobenzoyloxy)- **9** 1880
—, 3-(4-nitrobenzoyloxy)- **9** 1613
Cholest-2-ene,
—, 3-(benzoyloxy)- **9** 459
—, 7-(benzoyloxy)- **9** 459

Cholest-4-ene,
—, 6-acetoxy-3-(benzoyloxy)- **9** 595
—, 7-(benzoyloxy)- **9** 460
—, 3-(benzoyloxy)-6-chloro- **9** 459
—, 3-(benzoyloxy)-6-ethoxy- **9** 594
—, 3,6-bis(benzoyloxy)- **9** 595
Cholest-5-ene,
—, 3-acetoxy-4-(benzoyloxy)- **9** 596
—, 3-acetoxy-7-(benzoyloxy)- **9** 600
—, 4-acetoxy-3-(benzoyloxy)- **9** 596
—, 7-acetoxy-3-(benzoyloxy)- **9** 600
—, 4-acetoxy-3,7-bis(benzoyloxy)-
    9 681
—, 3-(2-acetoxy-3-methylbenzoyloxy)-
    10 508
—, 3-(*p*-anisoyloxy)- **10** 312
—, 3-(benzoyloxy)- **9** 460, 461
—, 7-(benzoyloxy)- **9** 464
—, 3-(benzoyloxy)-7-bromo- **9** 462, 463
—, 3-benzoyloxy-7-(2-carboxybenzoyloxy)-
    9 4180
—, 3-(benzoyloxy)-6-chloro- **9** 462
—, 3-(benzoyloxy)-7-chloro- **9** 462
—, 7-(benzoyloxy)-3-chloro- **9** 464
—, 7-(benzoyloxy)-3-
    (3,5-dinitrobenzoyloxy)-
    9 1913, 1914
—, 3-(benzoyloxy)-4-ethoxy- **9** 596
—, 3-(benzoyloxy)-7-ethoxy- **9** 599
—, 4-(benzoyloxy)-3-(ethoxycarbonyloxy)-
    9 597
—, 3-(benzoyloxy)-7-ethylidene- **9** 484
—, 3-(benzoyloxy)-6-iodo- **9** 463
—, 3-(benzoyloxy)-7-iodo- **9** 463
—, 3-(benzoyloxy)-7-isobutylidene-
    9 491
—, 3-(benzoyloxy)-7-methoxy- **9** 599
—, 3-(benzoyloxy)-7-methylene- **9** 482
—, 3-(benzoyloxy)-7-phenoxy- **9** 600
—, 3-(benzoylthio)- **9** 1966
—, 3-(biphenyl-4-ylcarbonyloxy)-
    9 3278
—, 3,4-bis(benzoyloxy)- **9** 597
—, 3,6-bis(benzoyloxy)- **9** 597
—, 3,7-bis(benzoyloxy)- **9** 601, 602
—, 3,4-bis(3,5-dinitrobenzoyloxy)-
    9 1913
—, 3,7-bis(3,5-dinitrobenzoyloxy)-
    9 1914
—, 3-(cinnamoyloxy)- **9** 2693
—, 3-(cinnamoylthio)- **9** 2750
—, 3-[(cyclopent-2-en-1-yl)acetoxy]-
    9 157
—, 3-[13-(cyclopent-2-en-1-yl)₂
    tridecanoyloxy]- **9** 288
—, 3-[13-(cyclopent-2-en-1-yl)₂
    tridecanoylthio]- **9** 291
—, 3-[11-(cyclopent-2-en-1-yl)₂
    undecanoyloxy]- **9** 276

—, 3-[11-(cyclopent-2-en-1-yl)₂
    undecanoylthio]- **9** 279
—, 3-(13-cyclopentyltridecanoyloxy)-
    9 135
—, 3-(3,5-dinitrobenzoyloxy)- **9** 1866
—, 3-(3,5-dinitrobenzoyloxy)-7-ethoxy-
    9 1913
—, 3-(3,5-dinitrobenzoyloxy)-
    7-methylene- **9** 1876
—, 3-(diphenylacetoxy)- **9** 3294
—, 3-(hippuroyloxy)- **9** 1126
—, 3-(13-isopropylpodocarpa-7,13-dien-
    15-oyloxy)- **9** 2909
—, 3-(α-methylcinnamoyloxy)- **9** 2765
—, 3-(2-naphthoyloxy)- **9** 3180
—, 3-(2-nitrobenzoyloxy)- **9** 1473
—, 3-(3-nitrobenzoyloxy)- **9** 1499
—, 3-(4-nitrobenzoyloxy)- **9** 1607
—, 3-(phenylacetoxy)- **9** 2183
—, 3-(5-phenylpenta-2,4-dienoyloxy)-
    9 3071
—, 3-(phenylpropioloyloxy)- **9** 3064
—, 3-(3-phenylpropionyloxy)- **9** 2388
—, 3-[4-(phosphonooxy)benzoyloxy]-
    10 312
—, 3-(salicyloyloxy)- **10** 136
—, 3-(*o*-toluoyloxy)- **9** 2303
—, 3-(*p*-toluoyloxy)- **9** 2339
—, 3,4,7-tris(benzoyloxy)- **9** 681
—, 3,16,26-tris(benzoyloxy)- **9** 681
Cholest-6-ene,
—, 3-(benzoyloxy)- **9** 464
Cholest-7-ene,
— 3-(benzoyloxy)- **9** 464
Cholest-8-ene,
—, 3-(benzoyloxy)- **9** 465
—, 3-(benzoyloxy)-24,25-dibromo- **9** 465
—, 3-(3,5-dinitrobenzoyloxy)- **9** 1866
Cholest-8(14)-ene,
—, 3-(benzoyloxy)- **9** 465
—, 3-(3,5-dinitrobenzoyloxy)- **9** 1866
Cholest-14-ene,
—, 3-(benzoyloxy)- **9** 466
—, 3-(benzoyloxy)-25-chloro- **9** 466
Cholest-2-ene-2-carbonitrile 9 2924
Cholest-5-ene-3-carbonyl chloride
    9 2925
Cholest-5-ene-3-carboxamide 9 2926
—, *N,N*-diethyl- **9** 2926
—, *N,N*-dipropyl- **9** 2926
Cholest-5-ene-3-carboxylic acid
    9 2924, 2925
        ethyl ester **9** 2925
        methyl ester **9** 2925
Cholest-5-ene-16,22-dione,
—, 3,26-bis(benzoyloxy)- **9** 821
Cholest-4-en-26-oic acid,
—, 3,16,22-trioxo- **10** 3999
        methyl ester **10** 3999

Cholest-5-en-3-ol,
—, 4-(benzoyloxy)- 9 596
—, 7-(benzoyloxy)- 9 598, 599
Cholest-5-en-4-ol,
—, 3-(benzoyloxy)- 9 595
—, 3,7-bis(benzoyloxy)- 9 680
Cholest-5-en-7-ol,
—, 3-(benzoyloxy)- 9 598
—, 3-(benzoyloxy)-7-methyl- 9 603
—, 3-(benzoyloxy)-7-phenyl- 9 645
—, 3-(2-carboxybenzoyloxy)- 9 4179
Cholest-6-en-5-ol,
—, 3-(benzoyloxy)- 9 602
Cholest-1-en-3-one,
—, 2-(benzoyloxy)- 9 748
—, 4-(benzoyloxy)- 9 748
Cholest-3-en-2-one,
—, 3-(benzoyloxy)- 9 748
Cholest-4-en-3-one,
—, 2-(benzoyloxy)- 9 749
—, 4-(benzoyloxy)- 9 749
Cholest-5-en-7-one,
—, 4-acetoxy-3-(benzoyloxy)- 9 796
—, 3-(benzoyloxy)- 9 749
—, 3,4-bis(benzoyloxy)- 9 796
Cholesterol,
—, O-(2-acetoxy-m-toluoyl)- 10 508
—, O-p-anisoyl- 10 312
—, O-benzoyl- 9 460
—, O-(biphenyl-4-ylcarbonyl)- 9 3278
—, O-(2-carboxybenzoyl)- 9 4168
—, O-cinnamoyl- 9 2693
—, O-[(cyclopent-2-en-1-yl)acetyl]-
   9 157
—, O-[13-(cyclopent-2-en-1-yl)⸗
   tridecanoyl]- 9 288
—, O-(3,5-dinitrobenzoyl)- 9 1866
—, O-(9,10-dioxo-9,10-dihydro-
   2-anthroyl)- 10 3643
—, O-(diphenylacetyl)- 9 3294
—, O-hippuroyl- 9 1126
—, O-(α-methylcinnamoyl)- 9 2765
—, O-(2-naphthoyl)- 9 3180
—, O-(2-nitrobenzoyl)- 9 1473
—, O-(3-nitrobenzoyl)- 9 1499
—, O-(4-nitrobenzoyl)- 9 1607
—, O-(1-nitro-9,10-dioxo-9,10-dihydro-
   2-anthroyl)- 10 3653
—, O-(2-oxo-3-bornylcarbonyl)- 10 2928
—, O-(phenylacetyl)- 9 2183
—, O-(5-phenylpenta-2,4-dienoyl)-
   9 3071
—, O-(phenylpropioloyl)- 9 3064
—, O-(3-phenylpropionyl)- 9 2388
—, O-salicyloyl- 10 136
Cholic acid 10 2162
Cholin,
—, O-benziloyl- 10 1172
—, O-benzoyl- 9 877

—, O-(4-hydroxy-3,5-dimethoxycinnamoyl)-
   10 2201
Chollepidanic acid 9 4913
Choloidanic acid 9 4905
β-Choloidanic acid 9 4905
Chondrillasterol,
—, O-benzoyl- 9 484
Chroman-2-carboxylic acid,
—, 2-hydroxy-4-oxo-,
   ethyl ester 10 4603
Chroman-3-carboxylic acid,
—, 8a-hydroxy-4-(p-methoxyphenyl)-
   2-oxohexahydro- 10 4754
—, 8a-hydroxy-2-oxo-4-phenylhexahydro-
   10 3982
Chroman-4-carboxylic acid,
—, 8a-hydroxy-2-oxohexahydro- 10 3901
Chroman-6-carboxylic acid,
—, 8a-hydroxy-2-oxohexahydro- 10 3902
Chroman-2,5-(4aH)-dione,
—, 8a-hydroxytetrahydro- 10 3519
Chroman-2,6(8aH)-dione,
—, 8a-hydroxy-5,7,8-trimethyl-
   10 3539
Chroman-2-one,
—, 4a-(cyclohex-1-en-1-yl)-8a-
   hydroxyhexahydro- 10 2965
—, 8-ethyl-8a-hydroxyhexahydro-
   10 2876
—, 8a-hydroxyhexahydro- 10 2833
—, 8a-hydroxy-7-isopropenyl-4a-
   methylhexahydro- 10 2941
—, 8a-hydroxy-7-isopropyl-4a-
   methylhexahydro- 10 2890
—, 8a-hydroxy-4-(p-methoxy⸗
   phenyl)hexahydro- 10 4354
—, 8a-hydroxy-8-methylhexahydro-
   10 2855
—, 8a-hydroxy-5-methyl-6,7,8,8a-
   tetrahydro- 10 2904
—, 8a-hydroxy-4-phenylhexahydro-
   10 3197
Chroman-4-one,
—, 6-(benzoyloxy)-2-hydroxy-5-methoxy-
   2-phenyl- 9 843
—, 7-(benzoyloxy)-2-hydroxy-2-(2-naphthyl)-
   9 828
—, 7-(benzoyloxy)-2-hydroxy-2-phenyl-
   9 826
—, 5,7-di(benzoyloxy)-2-hydroxy-2-phenyl-
   9 843
—, 7,8-di(benzoyloxy)-2-hydroxy-2-phenyl-
   9 842
—, 2-(3,4-dimethoxyphenyl)-2-hydroxy-7-
   (veratroyloxy)- 10 1421
—, 2-hydroxy-7-(4-methoxybenzoyloxy)-2-
   (p-methoxyphenyl)- 10 323
—, 2-hydroxy-7-(4-nitrobenzoyloxy)-2-(p-
   nitrophenyl)- 9 1681

2*H*-Chromene-2-carboxylic acid,
—, 2-hydroxy- **10** 4329
Chrysanthemumdicarboxylic acid 9 3987
Chrysanthemumic acid 9 210, 211, 212
Chrysene,
—, 5-(benzoyloxy)- **9** 527
—, 8-methoxy-12a-methyl-2-
  (4-nitrobenzoyloxy)-1,2,3,4,4a,4b,
  5,6,10b,11,12,12a-dodecahydro-
  9 1650
—, 5,6,12-tris(benzoyloxy)- **9** 686
Chrysene-6-carbonitrile 9 3623
—, 12-acetoxy- **10** 1334
—, 12-benzoyl- **10** 3505
—, 12-hydroxy- **10** 1334
—, 12-nitro- **9** 3623
Chrysene-6-carbonyl chloride 9 3623
Chrysene-2-carboxylic acid,
—, 8-methoxy-1-oxo-1,2,3,4,4a,11,12,12a-
  octahydro-,
    methyl ester **10** 4468
—, 2-methyl-1-oxo-1,2,3,4-tetrahydro-,
    methyl ester **10** 3442
—, 1-oxo-1,2,3,4-tetrahydro-,
    methyl ester **10** 3437
Chrysene-3-carboxylic acid,
—, 3-methyl-4-oxo-1,2,3,4-tetrahydro-,
    methyl ester **10** 3443
—, 4-oxo-1,2,3,4-tetrahydro-,
    methyl ester **10** 3437
Chrysene-5-carboxylic acid 9 3622
    methyl ester **9** 3622
—, 9,10-dimethoxy- **10** 2015
—, 11,12-dimethyl- **9** 3634
—, 8-methoxy- **10** 1334
    methyl ester **10** 1334
Chrysene-6-carboxylic acid 9 3622
    ethyl ester **9** 3623
—, 12-acetoxy- **10** 1334
—, 12-benzoyl- **10** 3505
—, 11,12-dioxo-11,12-dihydro- **10** 3670
—, 12-hydroxy- **10** 1334
Chrysene-6a(6*H*)-carboxylic acid,
—, 2-hydroxy-5,7,8,9,10,10a-hexahydro-
  10 1293
—, 2-methoxy-5,7,8,9,10,10a-hexahydro-
  10 1293
    ethyl ester **10** 1293
—, 2-methoxy-5,7,8,9-tetrahydro-
  10 1311
    ethyl ester **10** 1311
—, 9-oxo-5,7,8,9-tetrahydro-,
    methyl ester **10** 3417
—, 5,7,8,9-tetrahydro-,
    ethyl ester **9** 3537
Chrysene-6,12-dicarbonitrile 9 4698
Chrysene-6,12-dicarbonyl dichloride
 9 4697
Chrysene-6,12-dicarboxamide 9 4697

Chrysene-6,12-dicarboxylic acid 9 4697
    diethyl ester **9** 4697
Chrysene-5,6-dione,
—, 12-(benzoyloxy)- **9** 807
Chrysene-5,6,11,12-tetracarboxylic acid,
—, 1,2,3,4,4a,5,6,6a,7,8,9,10,10a,11,
  12,12a-hexadecahydro-,
    tetramethyl ester **9** 4884
—, 1,2,3,4,5,6,6a,7,8,9,10,11,12,12a-
  tetradecahydro- **9** 4887
    tetraethyl ester **9** 4888
    tetramethyl ester **9** 4888
Chryseno[5,6]-1,3-dioxol-2-ol,
—, 2-phenyl- **9** 653
Chrysen-5-ol,
—, 6-(benzoyloxy)- **9** 653
Chrysen-6-ol,
—, 5-(benzoyloxy)- **9** 653
Chrysen-1(2*H*)-one,
—, 8-(benzoyloxy)-3,4,4a,11,12,12a-
  hexahydro- **9** 769
Cilianic acid 10 4869
Ciloidanic acid 10 2639
Ciloxanic acid 10 4061
Cinerin-I 9 214
Cinerin-II 9 3988
Cinerolone,
—, *O*-(3,5-dinitrobenzoyl)-
  9 1926, 1927
—, *O*-(3,5-dinitrobenzoyl)dihydro-
  9 1924
Cinnamaldehyde,
—, 4-(benzoyloxy)- **9** 741
Cinnamamide 9 2711
    O-carbamoyloxime **9** 2724
—, α-acetamido- **10** 3008
—, *N*-(α-acetamidobenzyl)- **9** 2715
—, α-(α-acetamidocinnamamido)- **10** 3012
—, *N*-(2-acetamidoethyl)- **9** 2719
—, *N*-acetyl- **9** 2716
—, *N*-allyl- **9** 2713
—, α-amino- **10** 3008
—, β-amino- **10** 2994
—, *N*-(4-aminobutyl)-3,4-dihydroxy-
  10 1841
—, β-amino-4-ethoxy- **10** 4211
—, β-amino-4-ethyl- **10** 3074
—, β-amino-3-methyl- **10** 3054
—, β-amino-4-methyl- **10** 3055
—, α-benzamido- **10** 3009
—, β-benzamido- **10** 2994
    oxime **10** 2996
—, α-benzamido-*N*-(benzyloxy)- **10** 3014
—, α-benzamido-3-chloro-4,5-dimethoxy-
  10 4528
—, α-(α-benzamidocinnamamido)-
  10 3013
—, α-(α-benzamidocinnamamido)-
  4-hydroxy- **10** 4221

Cinnamamide *(continued)*
—, α-benzamido-*N*,*N*-diethyl- **10** 3009
—, α-benzamido-*N*,*N*-dimethyl- **10** 3009
—, α-benzamido-4-hydroxy- **10** 4221
—, *N*-(benzoyloxy)- **9** 2723
—, 4-(benzoyloxy)-*N*-isopentyl-
   3-methoxy- **10** 1842
—, *N*,*N*′-benzylidenebis- **9** 2715
—, α-[2-(benzyloxycarbonylamino)-
   acetamido]- **10** 3009
—, *N*-(benzyloxymethyl)-2-chloro-
   9 2726
—, α-bromo- **9** 2735
—, β-bromo- **9** 2733
—, 2-bromo-4,5-dimethoxy-*N*-methyl-
   10 1846
—, *N*-(2-bromoethyl)-3-nitro- **9** 2743
—, β-*tert*-butyl- **9** 2835
—, α-butyl-*N*-[2-(diethylamino)ethyl]-
   9 2832
—, 2-carbamoyl- **9** 4385
—, α-(2-chloroacetamido)- **10** 3008
—, *N*,*N*′-(2-chlorobenzylidene)bis-
   9 2715
—, β-chloro-*N*-ethyl- **9** 2728
—, 2-chloro-α-ethyl- **9** 2785
—, *N*,*N*′-(5-chloro-2-hydroxybenzylidene)-
   bis- **9** 2716
—, 2-chloro-*N*-(hydroxymethyl)- **9** 2726
—, 2-cyano- **9** 4386
—, *N*,*N*′-(3,5-dichloro-
   2-hydroxybenzylidene)bis- **9** 2716
—, α,*N*-diethyl- **9** 2784
—, *N*,*N*-diethyl- **9** 2712
—, *N*-[2-(diethylamino)ethyl]-α-ethyl-
   9 2784
—, *N*-[2-(diethylamino)ethyl]-α-methyl-
   9 2766
—, *N*-[2-(diethylamino)ethyl]-α-pentyl-
   9 2859
—, *N*-[2-(diethylamino)ethyl]-α-propyl-
   9 2809
—, *N*-{2-[2-(diethylamino)ethylthio]-
   ethyl}- **9** 2714
—, *N*-{2-[2-(diethylamino)ethylthio]-
   ethyl}-*N*-ethyl- **9** 2714
—, *N*,*N*-diethyl-4-methoxy- **10** 853
—, *N*,*N*-diisopropyl-4-methoxy-
   10 853
—, *N*,*N*-dimethyl- **9** 2712
—, *N*-[1-(dimethylcarbamoyl)ethyl]-
   N-ethyl-3,4-dimethoxy- **10** 1841
—, *N*-dodecyl- **9** 2713
—, 4-ethoxy-3-methoxy- **10** 1842
—, α-ethyl- **9** 2784
—, β-ethyl- **9** 2787
—, α-ethyl-4-methoxy- **10** 877
—, *N*,*N*′-heptylidenebis- **9** 2715
—, *N*-(2-hydroxyethyl)- **9** 2714

—, *N*-(2-hydroxyethyl)-*N*-isobutyl- **9** 2715
—, *N*-isobutyl- **9** 2713
—, *N*-isopentyl- **9** 2713
—, α-isopropyl- **9** 2812
—, 2-methoxy-α-methyl- **10** 865
—, 4-methoxy-α-methyl- **10** 866
—, 4-methoxy-β-methyl- **10** 864
—, α-methyl- **9** 2766
—, β-methyl- **9** 2761
—, *N*-methyl- **9** 2712
—, *N*-(octadec-9-enyl)- **9** 2714
—, *N*-octadecyl- **9** 2713
—, α-pentyl- **9** 2859
—, *N*-*tert*-pentyl- **9** 2713
—, 2-phenyl- **9** 3443
— *N*-styryl- **9** 2716
—, 2,4,6-trimethyl- **9** 2816
Cinnamamidine,
—, α-carbamoyl-4-hydroxy-3-methoxy-
   10 2470
—, *N*,*N*-dibutyl- **9** 2722
Cinnamamidrazone,
—, β-benzamido- **10** 2996
Cinnamic acid 9 2670, 2671;
   derivs. of the Cinnamic acid
   obtained by substituting the H*-atom*
   in the α-position through aryl-
   substituents can be found also under
   acrylic acid, those derivs.
   involving substitution of the
   β-positioned H*-atom by aryl-*
   substituents appear also under the
   corresponding alcenic acid
   benzhydryl ester **9** 2695
   benzyl ester **9** 2691
   benzylidenehydrazide **9** 2724
   biphenyl-2-yl ester **9** 2695
   4-bromobenzyl ester **9** 2692
   2-bromoethyl ester **9** 2684
   butyl ester **9** 2685
   tert-butyl ester **9** 2685
   2-chloroallyl ester **9** 2687
   2-chloroethyl ester **9** 2684
   (chloroformyl)methyl ester **9** 2704
   3-chloro-2-methylpropyl ester **9** 2685
   m-chlorophenyl ester **9** 2690
   o-chlorophenyl ester **9** 2690
   p-chlorophenyl ester **9** 2690
   3-chloropropyl ester **9** 2685
   cinnamyl ester **9** 2693
   cyanomethyl ester **9** 2705
   cyclohexyl ester **9** 2687, 2688
   4-cyclopentylbutyl ester **9** 2688
   2-cyclopentylethyl ester **9** 2688
   6-cyclopentylhexyl ester **9** 2689
   13-cyclopentyltridecyl ester
   9 2689
   11-cyclopentylundecyl ester **9** 2689
   decyl ester **9** 2687

Cinnamic acid ester *(continued)*
(dibutylamino)methyl ester **9** 2700
p-(dichloroiodo)phenyl ester
9 2691
2,2-dichlorovinyl ester **9** 2687
2-(diethylamino)ethyl ester **9** 2707
(diethylamino)methyl ester **9** 2700
3-(diethylamino)propyl ester **9** 2708
(diisopentylamino)methyl ester
9 2700
2-(dimethylamino)ethyl ester
9 2707
(dipropylamino)methyl ester **9** 2700
ethyl ester **9** 2681, 2682
heptyl ester **9** 2686
hexyl ester **9** 2686
hydrazide **9** 2724
p-hydroxyphenyl ester **9** 2698
4-hydroxy-*m*-tolyl ester **9** 2698
3-iodobenzyl ester **9** 2692
p-iodophenyl ester **9** 2690
2-(isobutylamino)ethyl ester
9 2708
isopentyl ester **9** 2686
isopropyl ester **9** 2685
m-methoxyphenyl ester **9** 2698
o-methoxyphenyl ester **9** 2698
2-methylallyl ester **9** 2687
methyl ester **9** 2680
1-methylheptyl ester **9** 2687
octyl ester **9** 2686
pentyl ester **9** 2686
phenethyl ester **9** 2692
2-phenoxyethyl ester **9** 2695
phenyl ester **9** 2689
4-phenylphenacyl ester **9** 2701
4-propylcyclohexyl ester **9** 2688
propyl ester **9** 2684
m-tolyl ester **9** 2691
o-tolyl ester **9** 2691
p-tolyl ester **9** 2691
—, α-acetamido- **10** 3001
ethyl ester **10** 3006
methyl ester **10** 3006
—, α-acetamido-4-acetoxy- **10** 4219
—, α-acetamido-3-bromo-4,5-dimethoxy-
10 4529
—, α-acetamido-3-bromo-4-hydroxy-
5-methoxy- **10** 4528
—, α-acetamido-3-chloro-4-hydroxy-
5-methoxy- **10** 4527
—, α-(α-acetamidocinnamamido)- **10** 3012
—, α-(α-acetamidocinnamamido)-
4-hydroxy- **10** 4218
—, α-acetamido-3,4-diacetoxy- **10** 4524
—, α-acetamido-3,4-dimethoxy- **10** 4523
—, α-acetamido-4-hydroxy- **10** 4217
—, α-acetamido-4-hydroxy-3-iodo-
5-methoxy- **10** 4530

—, α-acetamido-4-methoxy- **10** 4218
—, α-(2-acetamido-4-methylpent-
2-enoylamino)- **10** 3002
—, α-acetonyl- **10** 3170
—, 2-acetoxy- **10** 834
—, 4-acetoxy- **10** 848
—, 4-acetoxy-α-benzamido-3-methoxy-
2-nitro-,
ethyl ester **10** 4531
—, 4-acetoxy-2-bromo-3-methoxy-
10 1844
—, 4-acetoxy-2-bromo-5-methoxy-
10 1846
—, 4-acetoxy-3-bromo-5-methoxy-
10 1845
—, 4-acetoxy-3-chloro-5-methoxy-
10 1843
—, 2-acetoxy-α-cyano-3-methoxy-
10 2468
—, 4-acetoxy-2,3-dibromo-5-methoxy-
10 1847
—, 4-acetoxy-3,5-dimethoxy- **10** 2201
—, 3-acetoxy-4-hydroxy- **10** 1836
—, 2-acetoxy-3-methoxy- **10** 1829
—, 4-acetoxy-3-methoxy- **10** 1836
2-(dibutylamino)ethyl ester **10** 1840
3-(dibutylamino)propyl ester
10 1841
2-(diethylamino)ethyl ester **10** 1840
3-(diethylamino)propyl ester
10 1841
2-(dipropylamino)ethyl ester
10 1840
3-(dipropylamino)propyl ester
10 1841
ethyl ester **10** 1839
—, 4-acetoxy-3-methoxy-2-nitro- **10** 1848
—, 2-acetoxy-4-methyl- **10** 871
—, 2-acetoxy-5-nitro- **10** 839
—, α-acetyl-,
dodecyl ester **10** 3158
ethyl ester **10** 3158
2-ethylhexyl ester **10** 3158
methyl ester **10** 3158
tetradecyl ester **10** 3159
—, 3-acetyl- **10** 3165
—, α-acetyl-2-chloro-,
ethyl ester **10** 3159
—, 3-acetyl-2,6-dihydroxy-4,β-dimethyl-
10 4609
—, 3-acetyl-2,4-dihydroxy-β-methyl-
10 4607
—, 3-acetyl-2,6-dihydroxy-β-methyl-
10 4607
—, 3-acetyl-2,6-dimethoxy-α,β-dimethyl-
10 4609
—, 3-acetyl-2,4-dimethoxy-β-methyl-
10 4608
methyl ester **10** 4608

Cinnamic acid *(continued)*
—, α-acetyl-β-ethoxy-,
    ethyl ester **10** 4337
—, 5-acetyl-3-ethyl-2,4-dihydroxy-
    β-methyl- **10** 4611
—, α-acetyl-3-hydroxy-,
    ethyl ester **10** 4336
—, 3-acetyl-2-hydroxy-4-methoxy-
    β-methyl- **10** 4607
—, α-acetyl-β-(methoxycarbonyloxy)-,
    methyl ester **10** 4336
—, α-(2-aminoacetamido)- **10** 3002
—, α-[2-(2-aminoacetamido)acetamido]-
    10 3003
—, β-amino-α-cyano-,
    ethyl ester **10** 3959
—, α-(2-aminopropionamido)- **10** 3003
—, 2-azido- **9** 2749
—, 3-azido- **9** 2749
—, 4-azido- **9** 2749
—, α-benzamido- **10** 3002
    N'-acetylhydrazide **10** 3015
    benzylidenehydrazide **10** 3015
    ethyl ester **10** 3006
    hydrazide **10** 3014
    methyl ester **10** 3006
—, α-benzamido-4-(benzyloxy)-3-methoxy-
    10 4524
—, α-benzamido-5-(benzyloxy)-2-nitro-
    10 4216
—, α-benzamido-4-(benzylthio)- **10** 4225
—, α-benzamido-3-bromo-4,5-dimethoxy-
    10 4529
    methyl ester **10** 4529
—, α-benzamido-3-bromo-4-hydroxy-
    5-methoxy- **10** 4528
    ethyl ester **10** 4529
    methyl ester **10** 4529
—, α-benzamido-3-chloro-4,5-dimethoxy-
    10 4527
    ethyl ester **10** 4527
    methyl ester **10** 4527
—, α-benzamido-3-chloro-4-hydroxy-
    5-methoxy- **10** 4527
—, α-(α-benzamidocinnamamido)- **10** 3013
—, α-(α-benzamidocinnamamido)-
    4-hydroxy- **10** 4218
—, α-benzamido-3,5-difluoro-4-methoxy-
    10 4223
—, α-benzamido-2,4-dihydroxy- **10** 4520
—, α-benzamido-3,4-dihydroxy- **10** 4522
    ethyl ester **10** 4526
—, α-benzamido-3,5-diiodo-4-
    (*m*-methoxyphenoxy)- **10** 4224
—, α-benzamido-4-(3,5-diiodo-
    4-methoxyphenoxy)- **10** 4219
—, α-benzamido-3,5-diiodo-4-
    (*p*-methoxyphenylthio)- **10** 4225
—, α-benzamido-2,4-dimethoxy- **10** 4520

—, α-benzamido-2,5-dimethoxy- **10** 4520
—, α-benzamido-3,4-dimethoxy- **10** 4523
    ethyl ester **10** 4526
—, α-benzamido-4,5-dimethoxy-2-nitro-
    10 4531
—, α-benzamido-2-fluoro- **10** 3015
—, α-benzamido-3-fluoro- **10** 3015
—, α-benzamido-4-fluoro- **10** 3016
—, α-benzamido-3-fluoro-4-methoxy-
    10 4223
—, α-benzamido-4-(3-fluoro-
    4-methoxyphenoxy)-3,5-diiodo-
    10 4224
—, α-benzamido-3-hydroxy- **10** 4215
—, α-benzamido-4-hydroxy- **10** 4217
    methyl ester **10** 4220
—, α-benzamido-2-hydroxy-3,5-dinitro-
    10 4214
—, α-benzamido-4-hydroxy-3-iodo-
    5-methoxy- **10** 4530
—, α-benzamido-3-hydroxy-4-methoxy-
    10 4522
—, α-benzamido-4-hydroxy-3-methoxy-
    10 4522
—, α-benzamido-4-hydroxy-3-methoxy-
    2-nitro- **10** 4531
—, α-benzamido-4-(*p*-iodophenoxy)- **10** 4219
—, α-benzamido-2-methoxy- **10** 4213
—, α-benzamido-3-methoxy- **10** 4215
—, α-benzamido-4-methoxy- **10** 4218
    benzylidenehydrazide **10** 4222
    ethylidenehydrazide **10** 4222
    hydrazide **10** 4221
    (4-methoxybenzylidene)hydrazide
        10 4222
    methylenehydrazide **10** 4222
    methyl ester **10** 4220
—, α-benzamido-5-methoxy-2-nitro-
    10 4216
—, α-benzamido-4-methyl-,
    N'-acetylhydrazide **10** 3057
    hydrazide **10** 3056
    methyl ester **10** 3056
—, α-benzamido-4-(methylsulfonyl)-
    10 4224
—, α-benzamido-2-nitro- **10** 3017
    N'-acetylhydrazide **10** 3018
    benzylidenehydrazide **10** 3018
    hydrazide **10** 3018
—, α-benzamido-3-nitro- **10** 3019
    N'-acetylhydrazide **10** 3020
    benzylidenehydrazide **10** 3019
    hydrazide **10** 3019
    methyl ester **10** 3019
—, α-benzamido-4-nitro- **10** 3020
    N'-acetylhydrazide **10** 3021
    benzylidenehydrazide **10** 3021
    hydrazide **10** 3021
    methyl ester **10** 3020

Cinnamic acid *(continued)*
—, α-benzamido-4-(*p*-nitrophenoxy)-
  10 4219
—, α-benzamido-4-phenoxy- 10 4219
—, α-benzamido-4-(phenylsulfonyl)-
  10 4225
—, α-benzamido-4-(phenylthio)-
  10 4225
—, α-benzamido-2-styryl- 10 3385
—, 5-benzoyl-2-hydroxy- 10 4464
—, β-(benzoyloxy)-,
  ethyl ester 10 855
—, 4-(benzoyloxy)- 10 848
  methyl ester 10 850
—, α-(benzoyloxycarbonylamino)-
  10 3002
—, α-[2-(benzyloxycarbonylamino)≠
  acetamido]- 10 3003
—, 4-(benzyloxy)-α-cyano-3-methoxy-
  10 2470
—, 3-(benzyloxy)-4-methoxy- 10 1836
—, 2-(benzyloxy)-5-methyl- 10 869
—, β-(benzyloxy)-α-propyl-,
  methyl ester 10 888
—, α,α'-bisbenzamido-4,4'-dimethoxy-
  3,3'-oxydi- 10 4524
  diethyl ester 10 4526
—, α,α'-bisbenzamido-4-methoxy-
  3,4'-oxydi- 10 4524
—, 3,4-bis(ethoxycarbonyloxy)- 10 1837
—, 2,4-bis(methoxycarbonyloxy)-
  10 1832
—, α-bromo- 9 2734
  ethyl ester 9 2734, 2735
  methyl ester 9 2734
—, β-bromo- 9 2732, 2733
  ethyl ester 9 2733
  methyl ester 9 2733
—, 2-bromo- 9 2731
—, 3-bromo- 9 2731
—, 4-bromo- 9 2732
  13-(cyclopent-2-en-1-yl)tridecyl
  ester 9 2732
—, 4-(3-bromobenzoyloxy)- 10 848
—, 4-(4-bromobenzoyloxy)- 10 849
—, α-bromo-3-(carboxyethynyl)- 9 4462
—, β-bromo-3-chloro-6-methoxy-
  2,4-dimethyl- 10 883
—, 3-bromo-β-chloro-
  2,4,6,α-tetramethyl- 9 2838
—, 3-bromo-β-chloro-2,4,6-triethyl-
  9 2879
—, 3-bromo-β-chloro-2,4,6-triethyl-
  α-methyl- 9 2889
—, 3-bromo-β-chloro-2,4,6-trimethyl-
  9 2817
—, α-bromo-2-cyano- 9 4386
—, 5-bromo-α-cyano-2-methoxy- 10 2254
  ethyl ester 10 2254

—, α-bromo-3,4-dimethoxy- 10 1846
  methyl ester 10 1846
—, 2-bromo-4,5-dimethoxy- 10 1845
  ethyl ester 10 1846
—, 3-bromo-4,5-dimethoxy- 10 1845
  methyl ester 10 1845
—, α-bromo-4,5-dimethoxy-2-nitro-
  10 1849
—, 3-bromo-4,5-dimethoxy-2-nitro-
  10 1849
—, 6-bromo-3,4-dimethoxy-2-nitro-
  10 1849
—, α-bromo-4-ethoxy- 10 853
  methyl ester 10 853
—, 5-bromo-2-hydroxy- 10 837
—, 2-bromo-4-hydroxy-3-methoxy-
  10 1844
—, 2-bromo-4-hydroxy-5-methoxy-
  10 1845
—, 3-bromo-4-hydroxy-5-methoxy-
  10 1844
  ethyl ester 10 1845
—, α-bromo-3-methoxy- 10 842
  methyl ester 10 843
—, 2-bromo-5-methoxy- 10 842
  methyl ester 10 842
—, 5-bromo-2-methoxy- 10 838
—, 5-bromo-2-methoxy-α,β-dimethyl-,
  ethyl ester 10 878
—, 5-bromo-2-methoxy-β-methyl-,
  ethyl ester 10 863
—, 3-bromo-β-methoxy-
  2,4,6,α-tetramethyl- 10 904
—, 3-bromo-β-methoxy-2,4,6-trimethyl-
  10 895
  methyl ester 10 895
—, α-bromo-4-methyl- 9 2770
  methyl ester 9 2770
—, β-(bromomethyl)-,
  ethyl ester 9 2761
—, 4-bromo-α-methyl- 9 2766
—, 4-bromo-2-methyl- 9 2768
—, β-bromo-α-methyl-3-nitro- 9 2768
—, 5-bromo-2-nitro- 9 2748
  methyl ester 9 2748
—, 3-bromo-4,5,α-trimethoxy- 10 2201
—, β-bromo-2,4,6-trimethyl- 9 2817
—, 4,4'-(butanediyldioxy)di- 10 848
—, 2-butoxy- 10 834
—, 4-butoxy- 10 846
  2-(butylamino)-2-methylpropyl ester
  10 852
  2-methyl-2-(propylamino)propyl
  ester 10 852
—, α-butyl- 9 2831
  2-(diethylamino)ethyl ester 9 2832
—, β-*tert*-butyl- 9 2834
  ethyl ester 9 2835
  methyl ester 9 2835

Cinnamic acid *(continued)*
—, α-butyl-4-nitro- **9** 2832
—, 5-butyryl-2,4-dihydroxy-β-methyl-
    10 4610
—, 2-carbamoyl- **9** 4385
—, 2-carboxy- **9** 4384
—, 2-carboxy-3,4-dimethoxy- **10** 2471
—, 3-carboxy-2,4-dimethoxy-β-methyl-
    10 2473
—, 4-(2-carboxyethyl)- **9** 4398
—, 5-carboxy-2-hydroxy- **10** 2259
—, 3-carboxy-2-hydroxy-4-methoxy-
    β-methyl- **10** 2472
—, 2-(carboxymethoxy)- **10** 835
—, 2-carboxy-5-methoxy- **10** 2259
—, 2-(carboxymethoxy)-α-cyano- **10** 2254
—, 2-(carboxymethoxy)-4,β-dimethyl-
    10 881
—, 2-(carboxymethoxy)-α-ethyl-
    4,β-dimethyl- **10** 901
—, 2-(carboxymethoxy)-3-methoxy-
    10 1829
—, 2-(o-carboxyphenyl)- **9** 4602
—, α-chloro- **9** 2729
—, β-chloro- **9** 2728
—, 2-chloro- **9** 2725
    ethyl ester **9** 2726
—, 3-chloro- **9** 2727
    ethyl ester **9** 2727
—, 4-chloro- **9** 2727
—, α-(2-chloroacetamido)- **10** 3001
—, α-[2-(2-chloroacetamido)acetamido]-
    10 3003
—, α-(chloroacetyl)-,
    ethyl ester **10** 3159
—, 4-(3-chlorobenzoyloxy)- **10** 848
—, 4-(4-chlorobenzoyloxy)- **10** 848
—, 2-chloro-α-cyano- **9** 4381
    ethyl ester **9** 4381
—, 4-chloro-α-cyano-3-nitro-,
    ethyl ester **9** 4384
—, 2-chloro-4,5-dimethoxy- **10** 1844
—, 3-chloro-4,5-dimethoxy- **10** 1842
    4-bromophenacyl ester **10** 1844
    4-chlorophenacyl ester **10** 1844
    ethyl ester **10** 1843
    4-fluorophenacyl ester **10** 1843
    methyl ester **10** 1843
    phenacyl ester **10** 1843
—, 3-chloro-6,β-dimethoxy-2,4-dimethyl-
    10 1861
    methyl ester **10** 1861
—, 3-chloro-4,5-dimethoxy-2-nitro- **10** 1849
—, β-chloro-2,α-dimethyl- **9** 2790
—, β-chloro-4,α-dimethyl- **9** 2791
—, 2-chloro-3,5-dinitro- **9** 2748
—, 4-chloro-3,5-dinitro- **9** 2749
—, 2-chloro-α-ethyl-,
    2-(diethylamino)ethyl ester **9** 2785

—, 3-chloro-β-ethyl-2-methoxy-
    5,α-dimethyl-,
    ethyl ester **10** 902
—, 5-chloro-β-ethyl-2-methoxy-
    3,α-dimethyl-,
    ethyl ester **10** 902
—, 5-chloro-β-ethyl-2-methoxy-
    4,α-dimethyl-,
    ethyl ester **10** 902
—, 5-chloro-β-ethyl-2-methoxy-α-methyl-,
    ethyl ester **10** 890
—, 2-chloro-6-fluoro- **9** 2729
—, 5-chloro-2-hydroxy- **10** 837
—, 3-chloro-4-hydroxy-5-methoxy- **10** 1842
—, 3-chloro-6-hydroxy-2,4,β-trimethyl-
    10 892
—, 3-chloro-β-iodo-6-methoxy-
    2,4-dimethyl- **10** 884
—, 5-chloro-2-methoxy- **10** 837
    ethyl ester **10** 837
—, 3-chloro-2-methoxy-5,β-dimethyl-,
    ethyl ester **10** 879
—, 5-chloro-2-methoxy-3,β-dimethyl-,
    ethyl ester **10** 878
—, 5-chloro-2-methoxy-4,β-dimethyl-,
    ethyl ester **10** 881
—, 3-chloro-6-methoxy-2,4-dimethyl-β-
    (methylthio)- **10** 1861
—, 5-chloro-2-methoxy-β-methyl-,
    ethyl ester **10** 863
—, 3-chloro-6-methoxy-
    2,4,α,β-tetramethyl- **10** 903
—, β-chloro-2-methoxy-4,6,α-trimethyl-
    10 894
—, 3-chloro-2-methoxy-5,α,β-trimethyl-,
    ethyl ester **10** 891
—, 3-chloro-6-methoxy-2,4,β-trimethyl-
    10 893
—, 5-chloro-2-methoxy-3,α,β-trimethyl-,
    ethyl ester **10** 891
—, 5-chloro-2-methoxy-4,α,β-trimethyl-,
    ethyl ester **10** 891
—, α-chloro-β-methyl-,
    ethyl ester **9** 2761
—, 2-chloro-4-methyl- **9** 2770
—, 4-chloro-β-methyl- **9** 2761
—, 5-chloro-2-nitro- **9** 2748
    methyl ester **9** 2748
—, 4-(p-chlorophenylsulfonyl)- **10** 854
—, α-(2-chloropropionamido)- **10** 3001
—, β-chloro-2,3,4,6-tetramethyl- **9** 2840
—, β-chloro-2,4,6-trimethyl- **9** 2817
—, 2-chloro-α-vinyl- **9** 3074
—, α-(2-chlorovinyl)-2,4-dimethoxy-
    β-methyl- **10** 1905
—, α-cyano- **9** 4379
    ethyl ester **9** 4380
    methyl ester **9** 4380
    octyl ester **9** 4380

Cinnamic acid *(continued)*
—, 2-cyano- **9** 4385, 4386
—, 3-cyano- **9** 4387
—, 4-cyano- **9** 4387
—, α-cyano-3,4-diethoxy- **10** 2469
—, α-cyano-2,3-dimethoxy- **10** 2468
—, α-cyano-3,4-dimethoxy- **10** 2469
    ethyl ester **10** 2470
    methyl ester **10** 2470
—, 2-cyano-4,5-dimethoxy- **10** 2471
—, α-cyano-β-ethoxy-,
    ethyl ester **10** 2258
—, α-cyano-4-ethoxy-3-methoxy- **10** 2469
—, α-cyano-3-hydroxy- **10** 2255
    ethyl ester **10** 2256
    methyl ester **10** 2256
—, α-cyano-4-hydroxy- **10** 2257
    ethyl ester **10** 2257
    methyl ester **10** 2257
—, α-cyano-2-hydroxy-4,6-dimethoxy-
    3-methyl- **10** 2574
—, α-cyano-6-hydroxy-2,4-dimethoxy-
    3-methyl- **10** 2574
—, α-cyano-2-hydroxy-3-methoxy-
    10 2467
—, α-cyano-2-hydroxy-4-methoxy-
    10 2468
—, α-cyano-4-hydroxy-3-methoxy-
    10 2469
—, α-cyano-4-isopropyl- **9** 4408
—, α-cyano-2-methoxy- **10** 2253
    ethyl ester **10** 2254
—, α-cyano-3-methoxy- **10** 2255
    ethyl ester **10** 2256
    methyl ester **10** 2256
—, α-cyano-4-methoxy-,
    ethyl ester **10** 2257
—, 2-cyano-3-methoxy- **10** 2259
—, 2-cyano-5-methoxy- **10** 2259
—, α-cyano-2-methoxy-5-methyl- **10** 2262
    ethyl ester **10** 2263
    methyl ester **10** 2263
—, α-cyano-4-methoxy-2-methyl- **10** 2262
    ethyl ester **10** 2262
    methyl ester **10** 2262
—, α-cyano-4-methoxy-3-methyl- **10** 2263
    ethyl ester **10** 2263
    methyl ester **10** 2263
—, α-cyano-4-methoxy-3-nitro- **10** 2258
—, α-cyano-2-nitro- **9** 4383
    ethyl ester **9** 4383
—, α-cyano-3-nitro- **9** 4383
    ethyl ester **9** 4384
    methyl ester **9** 4383
—, 2-(o-cyanophenyl)- **9** 4602
    4-nitrobenzyl ester **9** 4602
—, α-(cyclohex-1-en-1-yl)- **9** 3237
—, α-(cyclohex-1-en-1-yl)-
    3,4-dimethoxy- **10** 1945

—, α-(cyclohex-1-en-1-yl)-4-hydroxy-
    10 1120
—, α-(cyclohex-1-en-1-yl)-4-hydroxy-
    3,5-diiodo- **10** 1121
—, α-(cyclohex-1-en-1-yl)-4-nitro-
    9 3237
—, β-cyclohexyl- **9** 3098
—, α-(2-cyclohexylethyl)-4-nitro-
    9 3111
—, α-(cyclohexylmethyl)-4-nitro-
    9 3105
—, α-cyclohexyl-4-nitro- **9** 3098
—, α-(cyclopent-1-en-1-yl)-4-hydroxy-
    10 1116
—, 4-(decyloxy)- **10** 847
—, 3,4-diacetoxy- **10** 1837
    methyl ester **10** 1838
—, 4,α-diacetoxy-3-bromo-5-methoxy-
    10 2202
—, α,β-dibromo- **9** 2736
    ethyl ester **9** 2736
    methyl ester **9** 2736
—, 4,α-dibromo- **9** 2735
    methyl ester **9** 2736
—, 3,5-dibromo-β-chloro-
    2,4,6,α-tetramethyl- **9** 2839
—, 2,α-dibromo-4,5-dimethoxy- **10** 1847
    methyl ester **10** 1847
—, 2,3-dibromo-4,5-dimethoxy- **10** 1847
—, 2,6-dibromo-3,4-dimethoxy- **10** 1846
—, 3,5-dibromo-2-hydroxy- **10** 838
—, 2,3-dibromo-4-hydroxy-5-methoxy-
    10 1847
—, 2,α-dibromo-5-methoxy- **10** 843
    methyl ester **10** 843
—, 3,β-dibromo-2,4,6-trimethyl-
    9 2818
—, α,β-dichloro- **9** 2731
—, 2,4-dichloro- **9** 2730
—, 2,5-dichloro- **9** 2730
—, 2,6-dichloro- **9** 2730
—, 3,4-dichloro- **9** 2730
—, 3,5-dichloro- **9** 2730
—, 3,5-dichloro-α-(cyclohex-1-en-1-yl)-
    4-hydroxy- **10** 1120
—, 3,3'-dichloro-α,α'-dithiodi- **10** 858
—, 3,β-dichloro-6-ethoxy-2,4-dimethyl-
    10 883
—, 3,β-dichloro-6-ethoxy-
    2,4,α-trimethyl- **10** 894
—, 3,5-dichloro-2-hydroxy- **10** 837
—, 3,β-dichloro-6-methoxy-2,4-dimethyl-
    10 883
—, 3,β-dichloro-6-methoxy-
    2,4,α-trimethyl- **10** 894
—, 2,4-dichloro-β-methyl- **9** 2761
—, 3,5-dichloro-2-nitro- **9** 2748
—, α,β-dicyano-,
    methyl ester **9** 4820

Cinnamic acid (*continued*)
—, 4,α-dicyano-,
    ethyl ester **9** 4820
—, 3,4-diethoxy- **10** 1836
    ethyl ester **10** 1839
    methyl ester **10** 1838
—, 3,4-diethoxy-α-
    (3,4,5-trimethoxybenzamido)-
    10 4523
—, α,β-diethyl-4-hydroxy- **10** 899
—, α,β-diethyl-4-methoxy- **10** 899
—, 2,4-dihydroxy- **10** 1830
—, 2,5-dihydroxy- **10** 1833
—, 3,4-dihydroxy- **10** 1834
    butyl ester **10** 1839
    ethyl ester **10** 1838
    methyl ester **10** 1837
    propyl ester **10** 1839
—, 2,3-dihydroxy-4-methoxy- **10** 2197
—, 2,4-dihydroxy-β-methyl- **10** 1851
—, 2,6-dihydroxy-4-methyl- **10** 1858
    methyl ester **10** 1858
—, 3-(2,3-dihydroxy-3-methylbutyl)-
    6-hydroxy-2,4-dimethoxy- **10** 2565
—, 2,4-dihydroxy-β-methyl-5-propionyl-
    10 4609
—, 2,4-dihydroxy-β-methyl-5-valeryl-
    10 4611
—, 4-(2,5-dihydroxyphenylsulfonyl)-
    10 855
—, α,β-diiodo-3-methoxy- **10** 843
—, 2,2'-dihydroxy-
    4,4',5,5'-tetramethoxy-α,α'-
    (2,5-dimethyl-*p*-phenylene)di- **10** 2636
—, 2,3-dimethoxy- **10** 1829
    ethyl ester **10** 1830
—, 2,4-dimethoxy- **10** 1831
    ethyl ester **10** 1832
    methyl ester **10** 1832
—, 2,5-dimethoxy- **10** 1833
—, 2,6-dimethoxy- **10** 1833
—, 3,4-dimethoxy- **10** 1835
    2-(dibutylamino)ethyl ester **10** 1840
    3-(dibutylamino)propyl ester
     10 1840
    2-(diethylamino)ethyl ester **10** 1839
    3-(diethylamino)propyl ester
     10 1840
    2-(dipropylamino)ethyl ester
     10 1840
    3-(dipropylamino)propyl ester
     10 1840
    ethyl ester **10** 1839
    methyl ester **10** 1838
—, 2,4-dimethoxy-α,β-dimethyl- **10** 1859
    ethyl ester **10** 1859
—, 2,6-dimethoxy-4,β-dimethyl- **10** 1860
—, 3,4-dimethoxy-α,β-dimethyl-,
    ethyl ester **10** 1859

—, 3,5-dimethoxy-α,β-dimethyl-,
    ethyl ester **10** 1860
—, 2,3-dimethoxy-β-methyl- **10** 1851
—, 2,3-dimethoxy-5-methyl- **10** 1856
—, 2,4-dimethoxy-α-methyl- **10** 1853
—, 2,4-dimethoxy-β-methyl- **10** 1851
—, 2,4-dimethoxy-6-methyl- **10** 1855
    methyl ester **10** 1855
—, 2,5-dimethoxy-β-methyl- **10** 1852
—, 2,6-dimethoxy-β-methyl- **10** 1852
—, 2,6-dimethoxy-4-methyl- **10** 1858
—, 3,4-dimethoxy-α-methyl- **10** 1854
    ethyl ester **10** 1854
—, 3,4-dimethoxy-β-methyl- **10** 1853
—, 3,5-dimethoxy-β-methyl- **10** 1853
—, 2,4-dimethoxy-3-(3-methylbut-*x*-enyl)-
    10 1906
—, 2,6-dimethoxy-β-methyl-3-nitro-
    10 1853
—, 2,6-dimethoxy-4-methyl-β-propyl-
    10 1866
—, 2,3-dimethoxy-6-nitro- **10** 1830
—, 3,4-dimethoxy-5-nitro- **10** 1848
—, 4,5-dimethoxy-2-nitro- **10** 1848
    methyl ester **10** 1849
—, 2,6-dimethoxy-4-pentyl- **10** 1867
—, α-[2-(3,4-dimethoxyphenyl)acetamido]-
    3,4-dimethoxy-,
    methyl ester **10** 4526
—, 2,4-dimethoxy-β-propyl- **10** 1863
—, 3,4-dimethoxy-α-veratramido-,
    methyl ester **10** 4525
—, α,β-dimethyl- **9** 2787, 2788
    ethyl ester **9** 2788
—, 2,α-dimethyl- **9** 2789, 2790
—, 2,β-dimethyl-,
    ethyl ester **9** 2789
—, 2,4-dimethyl-,
    ethyl ester **9** 2791
—, 3,4-dimethyl- **9** 2791
—, 3,5-dimethyl- **9** 2792
—, 4,α-dimethyl- **9** 2790
    ethyl ester **9** 2790
—, 4,β-dimethyl- **9** 2789
    ethyl ester **9** 2789
—, 5-(3,7-dimethylocta-2,6-dienyl)-
    2,4-dimethoxy- **10** 1947
—, 4,4'-dimethyl-α,α'-thiodi- **10** 871
    dimethyl ester **10** 871
—, 2,4-dinitro- **9** 2748
—, α,α'-dithiodi- **10** 858
—, 4-(dodecyloxy)- **10** 847
—, β-ethoxy-,
    ethyl ester **10** 855
—, 2-ethoxy- **10** 834
—, 3-ethoxy- **10** 841
    ethyl ester **10** 842
—, 4-ethoxy- **10** 845
    ethyl ester **10** 850

Cinnamic acid *(continued)*
—, α-(ethoxycarbonylamino)-2-nitro-,
  ethyl ester 10 3018
—, 4-[2-(ethoxycarbonyl)ethyl]-,
  ethyl ester 9 4398
—, 2-(ethoxycarbonylmethoxy)-,
  ethyl ester 10 836
—, 2-(ethoxycarbonylmethoxy)-
  4,β-dimethyl- 10 881
  ethyl ester 10 881
—, 2-(ethoxycarbonylmethoxy)-α-ethyl-
  4,β-dimethyl- 10 901
  ethyl ester 10 902
—, 2-(ethoxycarbonylmethoxy)-3-methoxy-,
  ethyl ester 10 1830
—, 2-(ethoxycarbonyloxy)- 10 835
—, 3-(ethoxycarbonyloxy)- 10 841
—, 4-(ethoxycarbonyloxy)-3-methoxy-
  10 1837
—, 2-ethoxy-3,4-dimethoxy- 10 2197
—, 2-ethoxy-4,5-dimethoxy- 10 2198
—, 2-ethoxy-4,6-dimethoxy- 10 2199
  ethyl ester 10 2200
—, 4-ethoxy-2,5-dimethoxy- 10 2198
—, 5-ethoxy-2,4-dimethoxy- 10 2198
  methyl ester 10 2199
—, 4-ethoxy-2,6-dimethoxy-3-methyl-
  10 2219
  methyl ester 10 2219
—, 2-ethoxy-4-methoxy- 10 1831
—, 2-ethoxy-6-methoxy- 10 1834
—, 3-ethoxy-2-methoxy- 10 1829
—, 3-ethoxy-4-methoxy- 10 1835
—, 4-ethoxy-3-methoxy- 10 1836
—, 2-ethoxy-3-methoxy-5-methyl-
  10 1856
—, 3-ethoxy-4-methoxy-2-methyl-
  10 1855
—, 4-ethoxy-3-methoxy-α-methyl-
  10 1854
  ethyl ester 10 1855
—, 2-(ethoxymethyl)- 10 867
  ethyl ester 10 867
—, α-ethyl- 9 2783
  2-(diethylamino)ethyl ester 9 2783
  3-(diethylamino)propyl ester
  9 2784
—, β-ethyl- 9 2787
—, 4-ethyl- 9 2791
—, α-ethyl-2,5-dimethoxy-,
  ethyl ester 10 1859
—, β-ethyl-3,4-dimethoxy-,
  ethyl ester 10 1859
—, 2-ethyl-4,5-dimethoxy- 10 1860
  methyl ester 10 1861
—, α-ethyl-2,4-dimethoxy-β-methyl-
  10 1863
—, 3-ethyl-2,6-dimethoxy-β-methyl-
  10 1863

—, 4,4'-(ethylenedioxy)di- 10 847
—, α-ethyl-4-hydroxy- 10 877
—, 3-ethyl-2-hydroxy-4-methoxy-
  β-methyl- 10 1864
—, β-ethyl-4-methoxy- 10 877
—, α-ethyl-2-methoxy-4,β-dimethyl-
  10 901
—, α-ethyl-2-methoxy-5,β-dimethyl-
  10 901
—, α-ethyl-2-methoxy-3,5,β-trimethyl-
  10 909
—, α-ethyl-2-methyl-,
  ethyl ester 9 2813
—, β-ethyl-4-methyl-,
  ethyl ester 9 2813
—, 4-ethyl-α-methyl-,
  ethyl ester 9 2814
—, 4-ethyl-β-methyl-,
  ethyl ester 9 2814
—, α-ethyl-3-nitro- 9 2785
—, α-ethyl-4-nitro- 9 2785
—, α-ethyl-2,3,4-trimethoxy- 10 2224
  ethyl ester 10 2224
—, α-ethyl-2,4,5-trimethoxy-,
  ethyl ester 10 2224
—, 2-fluoro- 9 2725
—, 3-fluoro- 9 2725
  ethyl ester 9 2725
—, 4-fluoro- 9 2725
—, β-formyl- 10 3153
  ethyl ester 10 3153
—, 4-formyl- 10 3153
—, 5-formyl-2-hydroxy- 10 4335
—, 3-formyl-2-hydroxy-5-methyl-
  10 4340
  methyl ester 10 4340
—, 2-(geranyloxy)-4,6-dimethoxy- 10 2200
—, 4-(heptyloxy)- 10 846
—, 4-(hexadecyloxy)- 10 847
—, α-hexanamido- 10 3002
—, 4-hexyl-2-methoxy- 10 918
—, 4-(hexyloxy)- 10 846
—, 2-hydroxy- 10 833
  ethyl ester 10 835
—, 3-hydroxy- 10 840
—, 4-hydroxy- 10 844
  methyl ester 10 849
—, 2-(hydroxycarbamoyl)- 9 4386
—, 4-hydroxy-3,5-diiodo-,
  methyl ester 10 854
—, 2-hydroxy-3,4-dimethoxy- 10 2197
  ethyl ester 10 2198
—, 2-hydroxy-4,5-dimethoxy- 10 2198
—, 2-hydroxy-4,6-dimethoxy- 10 2199
—, 4-hydroxy-3,5-dimethoxy- 10 2200
—, 2-hydroxy-4,β-dimethyl- 10 880
—, 2-hydroxy-5-iodo- 10 838
—, 2-hydroxy-3-methoxy- 10 1829
  methyl ester 10 1829

Cinnamic acid *(continued)*
—, 2-hydroxy-4-methoxy- 10 1831
    ethyl ester 10 1832
    methyl ester 10 1832
—, 2-hydroxy-6-methoxy- 10 1833
—, 3-hydroxy-4-methoxy- 10 1835
—, 4-hydroxy-3-methoxy- 10 1834
    ethyl ester 10 1838
    methyl ester 10 1838
    propyl ester 10 1839
—, 2-hydroxy-4-methoxy-β-methyl-
    10 1851
—, 2-hydroxy-6-methoxy-β-methyl-
    3-nitro- 10 1853
—, 4-hydroxy-3-methoxy-2-nitro-
    10 1848
—, 4-hydroxy-3-methoxy-5-propyl-
    10 1864
—, 2-hydroxy-4-methyl- 10 870
—, 4-hydroxy-β-methyl- 10 864
—, 3-(hydroxymethyl)-4-methoxy-
    10 1857
—, 2-hydroxy-5-nitro- 10 838
    ethyl ester 10 839
    methyl ester 10 839
—, 3-hydroxy-4-nitro- 10 843
—, 5-hydroxy-2-nitro- 10 844
—, 2-hydroxy-3-nitro-α-pivaloyl-,
    ethyl ester 10 4350
—, 4-hydroxy-α-phenoxy- 10 1850
—, 4-hydroxy-α-(phenylthio)- 10 1850
—, 2-hydroxy-α-pivaloyl- 10 4349
—, 2-hydroxy-5-(semicarbazonomethyl)-
    10 4335
—, 2-hydroxy-4,6,β-trimethyl- 10 892
—, 4-hydroxy-α-(3,3,5-trimethyl-
    cyclohex-1-en-1-yl)- 10 1132
—, 2-iodo- 9 2737
—, 3-iodo- 9 2738
    benzyl ester 9 2738
    ethyl ester 9 2738
—, 4-iodo- 9 2738
    ethyl ester 9 2738
—, 3-iodo-4,5-dimethoxy- 10 1848
—, 3-iodo-4,5-dimethoxy-2-nitro-
    10 1850
—, α-iodo-4-methoxy- 10 853
—, β-iodo-2,3,4,6-tetramethyl- 9 2840
—, α-isobutyryl-,
    ethyl ester 10 3178
—, α-isopentyl-4-nitro- 9 2860
—, α-isopropenyl- 9 3080
—, α-isopropenyl-4-methoxy- 10 993
—, α-isopropenyl-2-nitro- 9 3081
—, 3-isopropoxy-4-methoxy-α-
    (3,4,5-trimethoxybenzamido)-
    10 4524
—, α-isopropyl-,
    2-(diethylamino)ethyl ester 9 2812

—, 4-isopropyl- 9 2814
    13-(cyclopent-2-en-1-yl)tridecyl
    ester 9 2815
—, β-isopropyl-4-methyl- 9 2836
—, 2-isopropyl-5-methyl- 9 2838
—, 4-isopropyl-β-methyl-,
    ethyl ester 9 2837
—, α-methoxy- 10 857
—, β-methoxy-,
    methyl ester 10 855
—, 2-methoxy- 10 833, 834
    4-bromophenacyl ester 10 836
    ethyl ester 10 836
    methyl ester 10 835
—, 3-methoxy- 10 840
    ethyl ester 10 842
    methyl ester 10 841
—, 4-methoxy- 10 845
    2-acetyl-1-naphthyl ester 10 852
    11-(cyclopent-2-en-1-yl)undecyl
    ester 10 851
    3-(diethylamino)propyl ester 10 852
    3,5-dimethoxyphenyl ester 10 851
    2-(ethylamino)-2-methylpropyl ester
    10 852
    ethyl ester 10 850
    isopentyl ester 10 850
    o-methoxyphenyl ester 10 851
    methyl ester 10 849
    1-naphthyl ester 10 851
    propyl ester 10 850
—, 2-(methoxycarbonyl)- 9 4385
—, 2-methoxy-3,β-dimethyl-,
    ethyl ester 10 878
—, 2-methoxy-4,β-dimethyl- 10 880
—, 2-methoxy-4,5-dimethyl- 10 882
    methyl ester 10 882
—, 2-methoxy-5,α-dimethyl- 10 881
    ethyl ester 10 882
—, 2-methoxy-5,β-dimethyl- 10 879
    ethyl ester 10 879
—, 3-methoxy-4,β-dimethyl-,
    ethyl ester 10 880
—, 4-methoxy-α,β-dimethyl- 10 878
—, 4-methoxy-2,5-dimethyl- 10 882
    methyl ester 10 882
—, 4-methoxy-3,β-dimethyl- 10 879
—, 2-methoxy-5-(methoxymethyl)-
    10 1857
—, β-(methoxymethyl)-,
    ethyl ester 10 865
—, 2-methoxy-α-methyl- 10 865
—, 2-methoxy-β-methyl-,
    ethyl ester 10 863
—, 2-methoxy-4-methyl- 10 870, 871
—, 2-methoxy-5-methyl- 10 869
    methyl ester 10 869
—, 3-methoxy-α-methyl- 10 865
—, 3-methoxy-β-methyl- 10 863

Cinnamic acid *(continued)*
—, 4-methoxy-α-methyl- **10** 866
—, 4-methoxy-β-methyl- **10** 864
    2-(diethylamino)ethyl ester **10** 864
    ethyl ester **10** 864
—, 4-methoxy-3-methyl- **10** 870
—, 2-methoxy-5-nitro- **10** 838, 839
    ethyl ester **10** 840
    methyl ester **10** 839
—, 3-methoxy-2-nitro- **10** 843
    methyl ester **10** 843
—, 3-methoxy-4-nitro- **10** 844
    methyl ester **10** 844
—, 4-methoxy-3-nitro- **10** 854
—, 5-methoxy-2-nitro- **10** 844
    methyl ester **10** 844
—, 4-methoxy-3,4'-oxydi- **10** 1837
—, 4-(p-methoxyphenoxy)- **10** 848
    methyl ester **10** 849
—, 4-(p-methoxyphenylsulfonyl)- **10** 854
—, 4-methoxy-3-propoxy-α-
    (3,4,5-trimethoxybenzamido)-
    10 4523
—, 2-methoxy-3,5,α,β-tetramethyl- **10** 904
—, 2-methoxy-4,6,α,β-tetramethyl- **10** 903
—, 6-methoxy-2,4,α,β-tetramethyl-
    3-nitro- **10** 903
—, 2-methoxy-3,5,β-trimethyl- **10** 893
—, 2-methoxy-4,α,β-trimethyl- **10** 891
—, 2-methoxy-4,6,β-trimethyl- **10** 892
—, 4-methoxy-2,3,α-trimethyl-,
    ethyl ester **10** 893
—, 6-methoxy-2,4,β-trimethyl-3-nitro-
    10 893
—, α-methyl- **9** 2764
    cyanomethyl ester **9** 2765
    2-(diethylamino)ethyl ester **9** 2765
    ethyl ester **9** 2765
—, β-methyl- **9** 2758
    2-(diethylamino)ethyl ester **9** 2760
    ethyl ester **9** 2759
    p-menth-2-yl ester **9** 2759
    p-menth-3-yl ester **9** 2759
    methyl ester **9** 2758
—, 2-methyl- **9** 2768
    ethyl ester **9** 2768
—, 3-methyl- **9** 2768
    ethyl ester **9** 2768
—, 4-methyl- **9** 2769
    methyl ester **9** 2770
—, β-(methylamino)-,
    ethyl ester **10** 2992
—, α-[2-(methylamino)acetamido]-
    10 3003
—, α-[2-(methylamino)propionamido]-
    10 3003
—, 5-methyl-2-(methylthio)- **10** 869
—, α-methyl-2-nitro- **9** 2766
    ethyl ester **9** 2766

—, α-methyl-3-nitro- **9** 2767
    ethyl ester **9** 2767
    methyl ester **9** 2767
—, α-methyl-4-nitro- **9** 2767
—, β-methyl-4-nitro-,
    methyl ester **9** 2762
—, 3-methyl-2-nitro- **9** 2768
    methyl ester **9** 2769
—, 3-methyl-4-nitro- **9** 2769
    methyl ester **9** 2769
—, 4-methyl-3-nitro- **9** 2770
—, 5-methyl-2-nitro- **9** 2769
    methyl ester **9** 2769
—, β-methyl-4-phenyl- **9** 3458
—, 4-(methylsulfonyl)- **10** 854
—, 2-nitro- **9** 2739
    4-bromobenzyl ester **9** 2740
    4-bromophenacyl ester **9** 2740
    ethyl ester **9** 2739
    methyl ester **9** 2739
    phenacyl ester **9** 2740
    4-phenylphenacyl ester **9** 2740
—, 3-nitro- **9** 2741
    o-acetylphenyl ester **9** 2742
    4-bromophenacyl ester **9** 2742
    ethyl ester **9** 2742
    methyl ester **9** 2742
    phenacyl ester **9** 2742
    4-phenylphenacyl ester **9** 2743
—, 4-nitro- **9** 2744
    4-bromobenzyl ester **9** 2745
    4-bromophenacyl ester **9** 2746
    ethyl ester **9** 2744
    hydrazide **9** 2747
    p-hydroxyphenyl ester **9** 2745
    (4-methoxybenzylidene)hydrazide
    9 2747
    p-methoxyphenyl ester **9** 2745
    methyl ester **9** 2744
    phenacyl ester **9** 2746
    phenyl ester **9** 2745
    4-phenylphenacyl ester **9** 2746
    vanillylidenehydrazide **9** 2747
—, 4-(3-nitrobenzoyloxy)- **10** 849
—, 4-(4-nitrobenzoyloxy)- **10** 849
    methyl ester **10** 850
—, 4-nitro-α-pentyl- **9** 2860
—, 4-(p-nitrophenylsulfonyl)- **10** 854
—, 4-nitro-α-propyl- **9** 2810
—, 4-nitro-α-vinyl- **9** 3075
—, 4-(nonyloxy)- **10** 846
—, 4-(octyloxy)- **10** 846
—, α-(4-oxopentyl)- **10** 3187
—, α,α'-oxydi- **10** 857
    diethyl ester **10** 857
    dimethyl ester **10** 857
—, 2,3,4,5,6-pentachloro- **9** 2731
—, α-pentyl- **9** 2858, 2859
    2-(diethylamino)ethyl ester **9** 2859

Cinnamic acid *(continued)*
—, 4-(pentyloxy)- **10** 846
—, 2-phenethyl- **9** 3468
—, α-phenoxy- **10** 857
—, 3-phenoxy- **10** 841
—, 4-phenoxy- **10** 847
    2-(diethylamino)ethyl ester **10** 852
—, 2-phenyl- **9** 3443
    ethyl ester **9** 3443
    methyl ester **9** 3443
—, 4-phenyl- **9** 3444
    ethyl ester **9** 3444
    methyl ester **9** 3444
—, α,α′-(m-phenylenedithio)di- **10** 858
—, β,β′-(m-phenylenedithio)di- **10** 856
—, 4-(phenylsulfonyl)- **10** 854
—, α-(phenylthio)- **10** 857
—, 4,4′-(propanediyldioxy)di- **10** 847
—, 4-propoxy- **10** 846
—, α-propyl- **9** 2809
    2-(diethylamino)ethyl ester **9** 2809
—, β-propyl- **9** 2811
    2-(diethylamino)ethyl ester **9** 2811
—, 2-selenocyanato- **10** 840
—, α,α′-selenodi- **10** 858
    dimethyl ester **10** 858
—, β-(semicarbazonomethyl)-,
    ethyl ester **10** 3153
—, 3-(sulfooxy)- **10** 841
—, 2,4,α,β-tetramethyl-,
    ethyl ester **9** 2838
—, 2,5,α,β-tetramethyl-,
    ethyl ester **9** 2837
—, 2,4,5,α-tetramethyl-3,6-dinitro-
    9 2839
—, 3,4,5-triacetoxy- **10** 2201
—, 3,4,α-triacetoxy-6-nitro- **10** 2202
—, 4,α,β-tribromo- **9** 2737
    methyl ester **9** 2737
—, 2,3,6-trichloro- **9** 2731
—, 3,4,5-trihydroxy- **10** 2200
—, 2,3,4-trimethoxy- **10** 2197
    methyl ester **10** 2197
—, 2,4,5-trimethoxy- **10** 2198
    methyl ester **10** 2199
—, 3,4,5-trimethoxy- **10** 2200
    methyl ester **10** 2201
—, 3,4,5-trimethoxy-2-(p-methoxyphenyl)-
    10 2507
—, 2,4,5-trimethoxy-β-methyl- **10** 2210
—, 2,4,6-trimethoxy-3-methyl- **10** 2219
—, 3,4,5-trimethoxy-α-methyl- **10** 2214
—, 2,3,4-trimethoxy-β-propyl- **10** 2234
—, 2,4,6-trimethoxy-β-propyl- **10** 2235
—, 2,α,β-trimethyl-,
    ethyl ester **9** 2813
—, 2,3,4-trimethyl- **9** 2816
—, 2,4,β-trimethyl- **9** 2815
—, 2,4,5-trimethyl- **9** 2819

—, 2,4,6-trimethyl- **9** 2816
    ethyl ester **9** 2816
—, 2,5,β-trimethyl- **9** 2815
    ethyl ester **9** 2815
—, 4,α,β-trimethyl-,
    ethyl ester **9** 2814
—, 2,4,5-trimethyl-3,6-dinitro-
    9 2819
—, 2,4,6-trimethyl-3,5-dinitro-
    9 2818
    ethyl ester **9** 2819
—, 3,4,5-tris(methoxycarbonyloxy)-
    10 2201
—, α-vinyl- **9** 3074
    ethyl ester **9** 3074
Cinnamic anhydride 9 2703
—, 3-nitro- **9** 2743
Cinnamimidoyl chloride 9 2720
—, β-chloro-N-ethyl- **9** 2728
Cinnamimidoyl iodide 9 2720
Cinnamohydroxamic acid 9 2723
—, α-benzamido- **10** 3014
—, α-benzamido-4-ethoxy- **10** 4221
—, 2-hydroxy- **10** 837
Cinnamohydroximoyl chloride 9 2724
Cinnamonitrile 9 2720, 2721
—, β-acetoxy- **10** 856
—, β-amino- **10** 2995
—, β-amino-2-ethoxy- **10** 4210
—, β-amino-4-ethoxy- **10** 4212
—, β-amino-4-ethyl- **10** 3075
—, β-amino-4-methoxy- **10** 4212
—, β-amino-2-methyl- **10** 3053
—, β-amino-3-methyl- **10** 3054
—, β-amino-4-methyl- **10** 3056
—, α-bromo- **9** 2735
—, β-bromo- **9** 2733
—, 4-bromo-β-methoxy- **10** 856
—, α-chloro- **9** 2729
—, β-chloro- **9** 2729
—, 4-(2-chloroethylthio)-α-cyano-
    10 2258
—, 2-cyano- **9** 4386
—, α,β-diethyl- **9** 2834
—, 2,3-dimethoxy- **10** 1830
—, β-ethoxy- **10** 856
—, 4-hydroxy-3-methoxy- **10** 1842
—, β-methoxy- **10** 855, 856
—, β-methoxy-2,4,6,α-tetramethyl- **10** 904
—, β-methoxy-2,4,6-trimethyl- **10** 894
—, 4-methyl- **9** 2770
—, 3-nitro- **9** 2743
—, 4-nitro- **9** 2747
—, α-pentyl- **9** 2860
Cinnamoyl azide,
—, α-benzamido- **10** 3015
—, α-benzamido-4-methoxy- **10** 4222
—, α-benzamido-2-nitro- **10** 3018
—, α-benzamido-3-nitro- **10** 3020

Cinnamoyl azide *(continued)*
—, α-benzamido-4-nitro- **10** 3021
—, 2-nitro- **9** 2741
—, 4-nitro- **9** 2747
Cinnamoyl chloride **9** 2710
—, 4-bromo- **9** 2732
—, α-chloro- **9** 2729
—, β-chloro- **9** 2728
—, 2-cyano- **9** 4386
—, α,β-dibromo- **9** 2737
—, 3,4-dimethoxy- **10** 1841
—, 3,4-dimethyl- **9** 2791
—, 3-iodo- **9** 2738
—, 4-methoxy-α-methyl-
　　10 866
—, β-methyl- **9** 2760
—, 2-nitro- **9** 2740
—, 3-nitro- **9** 2743
—, 4-nitro- **9** 2746
—, 2-phenyl- **9** 3443
—, β-propyl- **9** 2811
Citral
　　(3,5-dimethyl-4-nitrobenzoyl)⸗
　　　hydrazone **9** 2448
　　(4-iodobenzoyl)hydrazone **9** 1448
　　(4-methyl-3,5-dinitrobenzoyl)⸗
　　　hydrazone **9** 2373
　　(3-nitrobenzoyl)hydrazone **9** 1528
Citric acid,
—, O-benzoyl- **9** 873
Citrullinamide see under *Valeramide*
Citrulline,
—, Nα-benzoyl- see *Ornithine, N²-benzoyl-*
　　N⁵-carbamoyl-
Clionasterol,
—, O-benzoyl- **9** 469
—, O-(3,5-dinitrobenzoyl)- **9** 1868
—, O-(2-iodobenzoyl)- **9** 1435
Clovenic acid **9** 4033
α-Coccinic acid **10** 2209
β-Coccinic acid **10** 2207
γ-Coccinic acid **10** 2208
Cochenillic acid **10** 2573
Collatoldioic acid,
—, di-O-methyl- **10** 4730
Confluentic acid **10** 4567
Confluentin **10** 4567
Copaenedicarboxylic acid **9** 4030
Coprosterol,
—, O-(3,5-dinitrobenzoyl)- **9** 1859
Coriaric acid **10** 2070
Cortisone,
—, O-(4-nitrobenzoyl)- **9** 1683
Coumingidine **10** 4287
—, N-acetyl- **10** 4287
—, dihydro- **10** 4200
—, N-nitroso- **10** 4287
—, N-(phenylthiocarbamoyl)-
　　10 4287

Coumingine **10** 4287
—, dihydro- **10** 4200
Couminginic acid **10** 4284
m-Cresol,
—, 2-(benzoyloxy)- **9** 564
—, 6-(benzoyloxy)- **9** 565
o-Cresol,
—, 4-(benzoyloxy)- **9** 564
—, 4,6-dibromo-α-(cinnamoyloxy)-
　　9 2698
—, 4,6-dibromo-α-(4-nitrobenzoyloxy)-
　　9 1639
—, 4,6-dibromo-α-(salicyloyloxy)- **10** 142
—, α,α'-(ethylenedinitrilo)bis[5-
　　(benzoyloxy)- **9** 781
Cresotic acid see *Salicylic acid,*
　　methyl-
Crotonamide,
—, 2-benzamido-3-methyl- **9** 1196
—, 2-benzyl- **9** 2786
—, 2-benzyl-3-methyl- **9** 2812
—, 4-(*p*-bromophenyl)-*N,N*-dimethyl-
　　4-oxo- **10** 3149, 3150
—, 4-(*p*-bromophenyl)-3,*N*-dimethyl-
　　4-oxo- **10** 3161
—, 4-(*p*-bromophenyl)-3-methyl-4-oxo-
　　10 3161
—, 2-(*m*-bromophenyl)-4-nitro- **9** 2764
—, 2-(*p*-bromophenyl)-4-nitro- **9** 2764
—, 4-(*p*-bromophenyl)-4-oxo- **10** 3149
—, 4-(*p*-bromophenyl)-3,*N,N*-trimethyl-
　　4-oxo- **10** 3161
—, 4-cyclohexyl- **9** 191
—, 4-mesityl-4-oxo- **10** 3180
—, 3-(1-naphthyl)- **9** 3329
—, 2-phenyl- **9** 2763
—, 3-(5,6,7,8-tetrahydro-2-naphthyl)-
　　9 3096
Crotonic acid,
—, 4-(acenaphthen-5-yl)-4-oxo- **10** 3383
　　methyl ester **10** 3384
—, 3-acetoxy-2-benzoyl-,
　　ethyl ester **10** 4337
—, 4-(6-acetoxy-*m*-tolyl)-4-oxo- **10** 4338
—, 3-amino-4-benzamido-2-cyano-,
　　ethyl ester **9** 1208
—, 3-amino-2-cyano-4-phenyl-,
　　ethyl ester **10** 3963
—, 2-benzamido- **9** 1193
　　ethyl ester **9** 1194
　　methyl ester **9** 1193
—, 3-benzamido-,
　　ethyl ester **9** 1194
—, 3-benzamido-2-chloro-,
　　ethyl ester **9** 1195
—, 2-benzamido-3-methyl- **9** 1195
　　benzylidenehydrazide **9** 1196
　　hydrazide **9** 1196
　　methyl ester **9** 1195

Crotonic acid *(continued)*

—, 2-[(benzoylimino)methyl]-4-ethoxy-3-hydroxy-,
  ethyl ester **9** 1207
—, 2-benzoyl-3-(methoxycarbonyloxy)-,
  methyl ester **10** 4337
—, 3-(benzoyloxy)-,
  ethyl ester **9** 860
—, 2-(benzoyloxy)-3-cyano-4-ethoxy-,
  ethyl ester **9** 872
—, 3-(benzoylthio)-2-ethyl-,
  ethyl ester **9** 1974
—, 2-benzyl- **9** 2786
  ethyl ester **9** 2786
—, 3-benzyl-4-(biphenyl-4-yl)-4-oxo-2-phenyl- **10** 3506
—, 3-benzyl-4-(*p*-bromophenyl)-4-oxo-2-phenyl- **10** 3479
—, 3-benzyl-4-(*p*-carboxyphenyl)-4-oxo-2-phenyl- **10** 4033
—, 3-benzyl-4-(*p*-chlorophenyl)-4-oxo-2-phenyl- **10** 3478
  methyl ester **10** 3478
—, 3-benzyl-4-mesityl-4-oxo-2-phenyl- **10** 3487
—, 3-benzyl-4-[*p*-(methoxycarbonyl)phenyl]-4-oxo-2-phenyl- **10** 4033
—, 3-benzyl-2-(*p*-methoxyphenyl)-4-oxo-4-phenyl- **10** 4497
—, 3-benzyl-4-(*p*-methoxyphenyl)-4-oxo-2-phenyl- **10** 4498
—, 3-benzyl-4-oxo-2,4-diphenyl- **10** 3477
—, 3-benzyl-4-oxo-2-phenyl-4-*p*-tolyl-
  10 3484
—, 4-(biphenyl-4-yl)-2,3-dimethyl-4-oxo- **10** 3393, 3394
  methyl ester **10** 3394
—, 4-(biphenyl-4-yl)-4-oxo- **10** 3382
—, 3,3′-bis(benzoyloxy)-2,2′-(4,6-dinitro-*m*-phenylene)di-,
  diethyl ester **10** 2478
—, 3-[*N*′-(4-bromobenzoyl)hydrazino]-,
  ethyl ester **9** 1425
—, 3-bromo-4-(*p*-chlorophenyl)-4-oxo-
  10 3151
—, 4-(4-bromo-3-nitrophenyl)-4-oxo-
  10 3153
—, 3-bromo-4-oxo-2,4-diphenyl-,
  methyl ester **10** 3380
—, 2-bromo-4-oxo-4-phenyl- **10** 3151
  methyl ester **10** 3151
—, 3-bromo-4-oxo-4-phenyl- **10** 3150
  methyl ester **10** 3150
—, 4-(*p*-bromophenyl)-2,3-dimethyl-4-oxo- **10** 3172
  methyl ester **10** 3172
—, 4-(*p*-bromophenyl)-2-methyl-4-oxo-
  10 3162
  methyl ester **10** 3162

—, 4-(*p*-bromophenyl)-3-methyl-4-oxo-
  10 3159
  ethyl ester **10** 3160
  methyl ester **10** 3160
—, 4-(*p*-bromophenyl)-4-oxo-
  10 3147, 3148
  methyl ester **10** 3148, 3149
—, 4-(*p*-butylphenyl)-4-oxo- **10** 3187
—, 4-(*p-tert*-butylphenyl)-4-oxo- **10** 3187
—, 2-(1-carbamoyl-3-phenylprop-1-enyloxy)-4-phenyl- **10** 863
—, 3-(3-carboxy-2,2-dimethylcyclobutyl)-
  9 4001
—, 4-(2-carboxy-2-methylcyclohexyl-idene)- **9** 4057
—, 2-(*o*-carboxyphenyl)-3-methyl-
  9 4397
—, 3-[2-(4-chlorobenzoyl)hydrazino]-,
  ethyl ester **9** 1373
—, 3-(2-chlorobenzyl)-4-(*p*-chlorophenyl)-4-oxo-2-phenyl-
  10 3478
—, 3-(2-chlorobenzyl)-2-(*p*-methoxyphenyl)-4-oxo-4-phenyl-
  10 4497
—, 3-(2-chlorobenzyl)-4-oxo-2,4-diphenyl- **10** 3477
—, 3-chloro-4-(*p*-chlorophenyl)-4-oxo-
  10 3147
—, 4-{*p*-[2-(2-chloroethoxy)ethoxy]phenyl}-4-oxo- **10** 4334
—, 2-chloro-3-(2-hydroxy-1-naphthyl)-
  10 1188
—, 4-(5-chloro-2-hydroxyphenyl)-4-oxo-
  10 4333
—, 4-(5-chloro-2-hydroxy-*p*-tolyl)-4-oxo- **10** 4340
—, 3-(5-chloro-2-methoxyphenyl)-2-methyl-4-phenyl-,
  ethyl ester **10** 1274
—, 3-(5-chloro-2-methoxyphenyl)-4-phenyl-,
  ethyl ester **10** 1265
—, 3-(5-chloro-6-methoxy-*m*-tolyl)-2-methyl-4-phenyl-,
  ethyl ester **10** 1283
—, 3-(5-chloro-6-methoxy-*m*-tolyl)-4-phenyl-,
  ethyl ester **10** 1274
—, 3-chloro-4-oxo-4-phenyl- **10** 3146
—, 4-(*p*-chlorophenyl)-4-(hydroxyimino)-2-phenyl- **10** 3379
  methyl ester **10** 3380
—, 4-(*o*-chlorophenyl)-4-oxo-,
  ethyl ester **10** 3146
—, 4-(*p*-chlorophenyl)-4-oxo- **10** 3146
—, 4-(*p*-chlorophenyl)-4-oxo-2-phenyl-
  10 3378, 3379
  methyl ester **10** 3379

Crotonic acid *(continued)*
—, 4-(4-chloro-*m*-tolyl)-4-oxo- **10** 3163
   2-(diethylamino)ethyl ester **10** 3164
   ethyl ester **10** 3163
—, 4-(6-chloro-*m*-tolyl)-4-oxo- **10** 3163
—, 2-(2-chlorovinyl)-3-
   (2,3,4-trimethoxyphenyl)- **10** 2264
—, 3-(cinnamoyloxy)-,
   ethyl ester **9** 2705
—, 4-*p*-cumenyl-4-oxo- **10** 3179
—, 2-cyano-3-ethyl-4-(*p*-methoxyphenyl)-,
   ethyl ester **10** 2269
—, 2-cyano-3-methyl-4-phenyl-,
   ethyl ester **9** 4396
—, 2-cyano-3-(*m*-nitrophenyl)-4-oxo-
   4-phenyl- **10** 4022
—, 2-cyano-4-oxo-3,4-diphenyl- **10** 4022
   ethyl ester **10** 4022
—, 2-cyano-3-phenyl-,
   ethyl ester **9** 4390
—, 2-cyano-4-phenyl-,
   ethyl ester **9** 4389
—, 4-cyano-2-phenyl-,
   ethyl ester **9** 4388
—, 2-cyano-3-*o*-tolyl-,
   ethyl ester **9** 4397
—, 4-cyclohexyl- **9** 191
   ethyl ester **9** 191
—, 4-cyclohexylidene- **9** 307
   ethyl ester **9** 307
   methyl ester **9** 307
—, 4-(*p*-cyclohexylphenyl)-4-oxo- **10** 3240
—, 4-(cyclopent-2-en-1-yl)-3-methyl-
   9 311
—, 4-(*p*-decylphenyl)-4-oxo- **10** 3212
—, 2,3-dibromo-4-(*p*-bromophenyl)-4-oxo-,
   methyl ester **10** 3152
—, 4-(3,5-dibromo-2-hydroxyphenyl)-
   4-oxo- **10** 4333
—, 2,3-dibromo-4-mesityl-4-oxo-
   10 3180
   methyl ester **10** 3180
—, 2,3-dibromo-4-oxo-4-phenyl- **10** 3151
   methyl ester **10** 3151, 3152
—, 4-(2,5-di-*tert*-butylphenyl)-4-oxo-,
   methyl ester **10** 3210
—, 4-(2,4-dichlorophenyl)-4-oxo-
   10 3147
   ethyl ester **10** 3147
—, 4-(3,4-dichlorophenyl)-4-oxo-
   10 3147
—, 4-(3,4-dihydro-1-phenanthryl)-
   9 3524
   methyl ester **9** 3524
—, 4-(2,4-dihydroxyphenyl)-4-oxo-
   10 4601
—, 4-(2,4-dimethoxyphenyl)-4-oxo-
   10 4601
   methyl ester **10** 4601

—, 4-(2,5-dimethoxyphenyl)-4-oxo-
   10 4602
   ethyl ester **10** 4602
   methyl ester **10** 4602
—, 4-(3,4-dimethoxyphenyl)-4-oxo-
   10 4602
   ethyl ester **10** 4602
   methyl ester **10** 4602
—, 3-(2,4-dimethoxyphenyl)-2-phenyl-
   10 1998
—, 3-(2,4-dimethoxyphenyl)-4-phenyl-
   10 1998
—, 3-(2,6-dimethoxy-*p*-tolyl)-4-phenyl-
   10 1999
—, 3-[2-(3,5-dimethyl-4-nitrobenzoyl)⸗
   hydrazino]-,
   ethyl ester **9** 2449
—, 2,3-dimethyl-4-oxo-4-phenyl-
   10 3171
   ethyl ester **10** 3172
   methyl ester **10** 3171, 3172
—, 2,3-dimethyl-4-phenyl-,
   ethyl ester **9** 2812
—, 2,3-dimethyl-4-*p*-tolyl-,
   ethyl ester **9** 2836
—, 3-[*N′*-(3,5-dinitrobenzoyl)hydrazino]-,
   ethyl ester **9** 1949
—, 4-(3,5-dinitrobenzoyloxy)-
   3-methyl-,
   ethyl ester **9** 1934
—, 3-[2-(3,5-dinitro-*p*-toluoyl)⸗
   hydrazino]-,
   ethyl ester **9** 2377
—, 2,3-diphenyl- **9** 3454
—, 3,4-diphenyl- **9** 3453
   ethyl ester **9** 3454
—, 4-(*p*-dodecylphenyl)-4-oxo- **10** 3217
—, 4-(*p*-ethoxyphenyl)-4-oxo- **10** 4334
—, 3-(6-ethoxy-*m*-tolyl)-4-phenyl-,
   ethyl ester **10** 1274
—, 3-ethyl-4-phenyl-,
   ethyl ester **9** 2811
—, 4-(*p*-ethylphenyl)-4-oxo- **10** 3173
—, 3-ethyl-4,4,4-triphenyl- **9** 3645
   methyl ester **9** 3646
—, 4-(*p*-heptylphenyl)-4-oxo- **10** 3208
—, 4-(*p*-hexyloxyphenyl)-4-oxo- **10** 4334
—, 4-(*p*-hexylphenyl)-4-oxo- **10** 3201
—, 4-(1-hydroxycyclohexyl)- **10** 56
—, 4-(2-hydroxydecahydro-2-naphthyl)-,
   methyl ester **10** 81
—, 4-hydroxy-3,4-diphenyl- **10** 1265
   4-bromophenacyl ester **10** 1266
—, 4-hydroxy-4,4-diphenyl- **10** 1267
—, 4-(4-hydroxy-5-isopropyl-
   2-methylphenyl)-4-oxo- **10** 4350
—, 4-[1-hydroxy-2-(methoxycarbonyl)-
   2-methylcyclohexyl]-,
   methyl ester **10** 2053

Crotonic acid *(continued)*

—, 4-(1-hydroxy-2-methylcyclohexyl)-,
    methyl ester **10** 64
—, 4-(1-hydroxy-8a-methyldecahydro-
    1-naphthyl)-,
    methyl ester **10** 82
—, 3-(2-hydroxy-1-naphthyl)- **10** 1187
—, 4-(o-hydroxyphenyl)-4-oxo- **10** 4333
—, 4-(p-hydroxyphenyl)-4-oxo- **10** 4334
—, 4-(2-hydroxy-p-tolyl)-4-oxo-
    10 4340
—, 4-(4-hydroxy-m-tolyl)-4-oxo-
    10 4339
—, 4-(4-hydroxy-o-tolyl)-4-oxo-
    10 4337
—, 4-(6-hydroxy-m-tolyl)-4-oxo-
    10 4338
    ethyl ester **10** 4339
    methyl ester **10** 4338
—, 4-(2-hydroxy-3,5-xylyl)-4-oxo-
    10 4345
—, 3-[N'-(4-iodobenzoyl)hydrazino]-,
    ethyl ester **9** 1451
—, 4-(p-iodophenyl)-4-oxo- **10** 3152
—, 3-(7-isopropyl-1-methyl-
    9,10-dihydro-2-phenanthryl)-
    9 3545
—, 4-(7-isopropyl-1-methyl-
    9,10-dihydro-2-phenanthryl)-4-oxo-,
    methyl ester **10** 3422
—, 3-(7-isopropyl-1-methyl-
    3-phenanthryl)- **9** 3571
—, 4-(5-isopropyl-2-methylphenyl)-
    3-methyl- **9** 2879
—, 4-mesityl-2,3-dimethyl-4-oxo-
    10 3195
    ethyl ester **10** 3195
    methyl ester **10** 3195
—, 4-mesityl-2-methyl-4-oxo- **10** 3188
—, 4-mesityl-3-methyl-4-oxo- **10** 3188
—, 4-mesityl-4-oxo- **10** 3179
    benzyl ester **10** 3179
    2-chloroethyl ester **10** 3179
    2-(diethylamino)ethyl ester **10** 3180
    ethyl ester **10** 3179
    methyl ester **10** 3179
—, 3-(2-methoxybenzyl)-2-
    (p-methoxyphenyl)-4-oxo-4-phenyl-
    10 4708
—, 4-(6-methoxy-3,4-dihydro-1(2H)-
    naphthylidene)- **10** 1119
    methyl ester **10** 1119
—, 3-(1-methoxy-2-naphthyl)- **10** 1188
—, 3-(2-methoxy-1-naphthyl)- **10** 1188
—, 4-(2-methoxy-1-naphthyl)-4-oxo-
    10 4433
—, 4-(4-methoxy-1-naphthyl)-4-oxo-
    10 4433
—, 3-methoxy-4-oxo-4-phenyl- **10** 4334

—, 2-methoxy-4-phenyl- **10** 863
—, 4-(p-methoxyphenyl)-4-oxo- **10** 4334
—, 3-(6-methoxy-m-tolyl)-2-methyl-
    4-phenyl-,
    ethyl ester **10** 1283
—, 4-(4-methoxy-m-tolyl)-4-oxo- **10** 4339
    ethyl ester **10** 4340
    methyl ester **10** 4339
—, 4-(4-methoxy-o-tolyl)-4-oxo- **10** 4338
    ethyl ester **10** 4338
—, 4-(6-methoxy-m-tolyl)-4-oxo-
    10 4338
    ethyl ester **10** 4339
    methyl ester **10** 4338
—, 3-(6-methoxy-m-tolyl)-4-phenyl-,
    ethyl ester **10** 1274
—, 4-(5-methoxy-2,4-xylyl)-4-oxo-
    10 4345
—, 2[(N-methylbenzamido)methyl]-
    9 1168
—, 2-methyl-4-oxo-3,4-diphenyl-
    10 3385
—, 2-methyl-4-oxo-4-phenyl- **10** 3162
—, 3-methyl-4-phenyl- **9** 2785
    ethyl ester **9** 2786
—, 3-methyl-2-(2-phenylacetamido)-
    9 2229
—, 3-methyl-4,4,4-triphenyl- **9** 3644
    methyl ester **9** 3644
—, 3-(1-naphthyl)- **9** 3328
    ethyl ester **9** 3328
—, 3-(2-naphthyl)- **9** 3329
    ethyl ester **9** 3329
—, 4-(1-naphthyl)-4-oxo- **10** 3307
—, 4-(2-naphthyl)-4-oxo- **10** 3308
—, 3-[N'-(2-nitrobenzoyl)hydrazino]-,
    ethyl ester **9** 1488
—, 3-[N'-(3-nitrobenzoyl)hydrazino]-,
    ethyl ester **9** 1535
—, 3-[N'-(4-nitrobenzoylhydrazino)-,
    ethyl ester **9** 1758
—, 4-(4-nitrobenzoyloxy)-,
    ethyl ester **9** 1685
    methyl ester **9** 1685
—, 2-(p-nitrophenyl)- **9** 2763
—, 4-(m-nitrophenyl)-4-oxo- **10** 3153
—, 4-(o-nitrophenyl)-4-oxo- **10** 3152
—, 4-(p-nonylphenyl)-4-oxo- **10** 3212
—, 4-(octahydro-2-(1H)-naphthylidene)-,
    methyl ester **9** 2609
—, 4-(p-octylphenyl)-4-oxo- **10** 3210
—, 4-oxo-2,4-diphenyl- **10** 3378
—, 4-oxo-4-(p-pentylphenyl)- **10** 3195
—, 4-oxo-4-phenyl- **10** 3144
    allyl ester **10** 3146
    2-bromoethyl ester **10** 3146
    2-chloroethyl ester **10** 3146
    ethyl ester **10** 3145, 3146
    methyl ester **10** 3145

Crotonic acid *(continued)*
—, 4-oxo-4-(*p*-propylphenyl)- **10** 3178
—, 4-oxo-4-(1,2,3,4-tetrahydro-
    2-naphthyl)- **10** 3235
—, 4-oxo-4-*p*-tolyl- **10** 3165
—, 4-oxo-4-(2,4,6-triethylphenyl)-
    10 3201
—, 4-oxo-4-(2,4-xylyl)- **10** 3173
—, 4-oxo-4-(2,5-xylyl)- **10** 3173
—, 3-(2-phenanthryl)- **9** 3557
    ethyl ester **9** 3558
    methyl ester **9** 3558
—, 3-(3-phenanthryl)- **9** 3558
    methyl ester **9** 3558
—, 3-(9-phenanthryl)- **9** 3558
—, 2-phenyl- **9** 2762
    ethyl ester **9** 2762
    4-nitrobenzyl ester **9** 2762
—, 4-phenyl- **9** 2757
—, 4-phenyl-3-propyl-,
    ethyl ester **9** 2833
—, 4-phenyl-3-(2,4,6-trimethoxyphenyl)-
    10 2351
—, 3-(pyren-1-yl)- **9** 3629
    methyl ester **9** 3629
—, 3-(5,6,7,8-tetrahydro-2-naphthyl)-
    9 3096
    ethyl ester **9** 3096
—, 4,4,4-trichloro-2-salicyloyl-
    10 4337
Crotonic anhydride,
—, 4-oxo-4-phenyl- **10** 3146
Crotonimidic acid,
—, 2-(methylamino)-4-oxo-4-*p*-tolyl-,
    ethyl ester **10** 3553
Crotononitrile,
—, 3-amino-2,4-bis(3,4-dimethoxyphenyl)-
    10 4820
—, 3-amino-2,4-diphenyl- **10** 3323
—, 4-(benzoyloxy)- **9** 861
—, 4-(benzoyloxy)-2-methyl- **9** 862
—, 2-ethyl-3-methyl-4-phenyl- **9** 2833
—, 2-mesityl-3-methoxy- **10** 904
—, 4-(*p*-methoxyphenyl)-2-(methylamino)-
    4-oxo- **10** 4603
—, 2-(methylamino)-4-oxo-4-*p*-tolyl-
    10 3553
—, 2-phenyl- **9** 2763
—, 4-phenyl- **9** 2758
Crotonophenone,
—, 3-amino-2'-(benzoyloxy)-5'-methyl-
    9 793
Crotonoyl azide,
—, 2-benzamido-3-methyl- **9** 1197
Crotonoyl chloride,
—, 4-(*p*-bromophenyl)-2-methyl-4-oxo-
    10 3163
—, 4-(*p*-bromophenyl)-3-methyl-4-oxo-
    10 3160

—, 4-(*p*-bromophenyl)-4-oxo- **10** 3149
—, 2,3-dibromo-4-mesityl-4-oxo-
    10 3180
—, 2,3-dibromo-4-oxo-4-phenyl-
    10 3152
—, 2-phenyl- **9** 2762
Crotophorbolone,
—, O-benzoyl- **9** 840
—, O-(4-nitrobenzoyl)- **9** 1683
Cryptogenin,
—, di-O-benzoyl- **9** 821
Cryptol,
—, O-(2-carboxybenzoyl)- **9** 4140, 4141
—, O-(3,5-dinitrobenzoyl)-
    9 1823, 1824
—, O-(4-nitrobenzoyl)- **9** 1565
Culmorin,
—, bis-O-(4-bromobenzoyl)- **9** 1407
m-Cumaric acid **10** 840
o-Cumaric acid **10** 833
p-Cumaric acid **10** 844
Cumene,
—, 1-(benzoyloxy)-2-methoxy- **9** 572
—, 3,4-bis(benzoyloxy)- **9** 573
α-Cumidic acid **9** 4298
Curcumic acid **9** 2523
Cyclobuta[*a*]cyclopropa[*e*]cyclononen-
1-carboxylic acid,
—, 1a,4,4-trimethyl-6-methylene-
    dodecahydro- **9** 2629
    ethyl ester **9** 2629
Cyclobuta-1,3-diene-1-carboxylic acid,
—, 4-acetoxy-2-(*p*-acetoxyphenyl)-
    10 1930
—, 4-acetoxy-2-(4-methoxy-*m*-tolyl)-
    10 1939
—, 2-(*p*-acetoxyphenyl)-4-chloro-
    10 1066
—, 4-chloro-2-(*p*-hydroxyphenyl)-
    10 1066
—, 4-chloro-2-(*p*-methoxyphenyl)-
    10 1066
—, 2-chloro-4-(4-methoxy-*m*-tolyl)-
    10 1102
Cyclobuta-2,4-diene-1-carboxylic acid,
—, 2-acetyl-3-methyl-4-phenyl-
    10 3268
Cyclobuta[*b*]furan-4-carboxylic acid,
—, 5a-hydroxy-5,5-dimethyl-
    2-oxohexahydro- **10** 3900
Cyclobuta[*c*]furan-1(5a*H*)-one,
—, 3-hydroxy-3-methyl-
    4,5-diphenyltetrahydro- **10** 3401
—, 3-hydroxy-3-phenyltetrahydro-
    10 3174
Cyclobutaneacetic acid
    see *Acetic acid, cyclobutyl*-
Cyclobutanebutyric acid
    see *Butyric acid, 4-cyclobutyl*-

Cyclobutanecarbonitrile 9 8
—, 2,2-diethoxy-3,3-difluoro- 10 2807
—, 3,3-difluoro-2-imino- 10 2807
—, 3,3-difluoro-2-(methylimino)-
    10 2807
—, 3-methyl- 9 15
—, 2-methyl-1-phenyl- 9 2824
—, 3-methyl-1-phenyl- 9 2825
—, 1-phenyl- 9 2793
—, 2,2,3,3-tetrafluoro- 9 9
Cyclobutanecarbonyl chloride 9 8
—, 3-benzoyl-2,4-diphenyl- 10 3484
—, 2,2,3,3-tetrafluoro- 9 9
Cyclobutanecarboxamide,
—, 3-methyl- 9 14
—, 2-methyl-1-phenyl- 9 2824
—, 3-methyl-1-phenyl- 9 2825
—, 3-(pentyloxy)- 10 5
—, 1-phenyl- 9 2792
—, 2,2,3,3-tetrafluoro- 9 9
Cyclobutanecarboximidic acid,
—, 3-methyl-1-phenyl-,
    ethyl ester 9 2825
—, 1-phenyl-,
    ethyl ester 9 2793
Cyclobutanecarboxylic acid 9 6
    butyl ester 9 7
    tert-butyl ester 9 7
    cyclobutyl ester 9 8
    ethyl ester 9 7
    isopropyl ester 9 7
    methyl ester 9 6
    pentyl ester 9 7
    propyl ester 9 7
—, 3-acetohydroximoyl-2,2-dimethyl-
    10 2850
—, 3-acetonyl-2,2-dimethyl- 10 2870
—, 3-acetyl-2,2-dimethyl- 10 2849, 2850
    methyl ester 10 2850
—, 2-acetyl-3,4-diphenyl- 10 3401
—, 2-benzoyl- 10 3174
—, 3-benzoyl-2,4-diphenyl- 10 3484
    ethyl ester 10 3484
    methyl ester 10 3484
—, 1-bromo- 9 9
—, 1-bromo-3,3-dimethyl-,
    methyl ester 9 46
—, 2-bromo-1-hydroxy- 10 5
—, 3-(bromomethyl)-2,2-dimethyl-,
    ethyl ester 9 63
—, 3-carbamoyl-1,3-dicyano-2,4-
    bis(*m*-nitrophenyl)-,
    ethyl ester 9 4896
—, 3-carbamoyl-1,3-dicyano-2,4-
    bis(*p*-nitrophenyl)-,
    ethyl ester 9 4896
—, 3-carbamoyl-1,3-dicyano-
    2,4-diphenyl-,
    ethyl ester 9 4896

—, 3-carbamoyl-2,2-dimethyl- 9 3830
—, 2-carbamoyl-3,4-diphenyl- 9 4624
    ethyl ester 9 4624, 4625
    methyl ester 9 4624
—, 3-carbamoyl-2,4-diphenyl- 9 4629
    butyl ester 9 4630
    ethyl ester 9 4630
    methyl ester 9 4629, 4630
    propyl ester 9 4630
—, 2-(carbamoylmethyl)-3,3-dimethyl-,
    methyl ester 9 3852
—, 3-(carbamoylmethyl)-2,2-dimethyl-,
    ethyl ester 9 3854
—, 2-(chlorocarbonyl)-3,4-diphenyl-
    9 4623
—, 3-(chlorocarbonyl)-2,4-diphenyl-,
    methyl ester 9 4628
—, 2-[(chlorocarbonyl)methyl]-
    3,3-dimethyl-,
    methyl ester 9 3852
—, 3-[(chlorocarbonyl)methyl]-
    2,2-dimethyl-,
    ethyl ester 9 3854
—, 1-chloro-2,2,3,3-tetrafluoro-,
    methyl ester 9 9
—, 3-(cyanomethyl)-2,2-dimethyl-,
    ethyl ester 9 3854
—, 1-cyclohexyl-,
    2-(diethylamino)ethyl ester 9 232
—, 1,2-dibromo- 9 10
—, 1,2-dibutoxy- 10 1353
—, 1,3-dicyano-3-(methylcarbamoyl)-
    2,4-diphenyl-,
    ethyl ester 9 4896
—, 1,3-diethyl-2,4-dioxo-,
    ethyl ester 10 3520
—, 3,3-dimethyl- 9 46
    4-phenylphenacyl ester 9 46
—, 1,3-dimethyl-2,4-dioxo-,
    ethyl ester 10 3516
—, 3,3-dimethyl-2-(3-oxobutyl)- 10 2884
    methyl ester 10 2884
—, 3,3-dimethyl-2-
    (3-semicarbazonobutyl)- 10 2884
—, 2,2-dimethyl-3-
    (1-semicarbazonoethyl)- 10 2850
    methyl ester 10 2850
—, 2,4-diphenyl- 9 3471
—, 2,3-diphenyl-4-
    (1-semicarbazonoethyl)- 10 3402
—, 3-(1-ethyl-1-hydroxypropyl)-
    2,4-diphenyl- 10 1297
    methyl ester 10 1297
—, 1-hydroxy- 10 5
—, 2-(α-hydroxybenzhydryl)-
    3,4-diphenyl- 10 1349, 1350
    methyl ester 10 1351
—, 3-(α-hydroxybenzyl)-2,4-diphenyl-
    10 1340

Cyclobutanecarboxylic acid *(continued)*
—, 1-hydroxy-3,3-dimethyl- **10** 22
—, 3-(hydroxymethyl)-2,2-dimethyl- **10** 32
—, 2-(1-hydroxy-1-methylethyl)-
   3,4-diphenyl- **10** 1293, 1294
—, 3-(1-hydroxy-1-methylethyl)-
   2,4-diphenyl- **10** 1294, 1295
     ethyl ester **10** 1295
     methyl ester **10** 1295
—, 2-isopropenyl-3,4-diphenyl- **9** 3539
—, 3-isopropylidene-2,4-diphenyl-
   9 3540
     methyl ester **9** 3540, 3541
—, 2-methyl-1-phenyl- **9** 2824
—, 3-methyl-1-phenyl- **9** 2824
     2-(diethylamino)ethyl ester **9** 2824
—, 3-oxo-2,4-diphenyl- **10** 3385, 3386
     methyl ester **10** 3386
—, 1-phenyl- **9** 2792
     2-(diethylamino)ethyl ester **9** 2792
—, 2,2,3,3-tetrafluoro- **9** 8
     vinyl ester **9** 9
—, 2,2,3,3-tetrafluoro-1-methyl- **9** 14
     methyl ester **9** 14
Cyclobutanecarboxylic anhydride,
—, 2,2,3,3-tetrafluoro- **9** 9
Cyclobutane-1,2-dicarbonitrile 9 3800, 3801
Cyclobutane-1,3-dicarbonitrile,
—, 2,4-diphenyl- **9** 4630, 4631
Cyclobutane-1,1-dicarbonyl dichloride,
—, 3-(pentyloxy)- **10** 2026
Cyclobutane-1,2-dicarbonyl dichloride,
—, 3,4-diphenyl- **9** 4623
Cyclobutane-1,3-dicarbonyl dichloride,
—, 2,2-dimethyl- **9** 3830
—, 2,4-diphenyl- **9** 4629
Cyclobutane-1,1-dicarboxamide,
—, 3-(pentyloxy)- **10** 2026
Cyclobutane-1,2-dicarboxamide 9 3800
—, 3,4-diphenyl- **9** 4625
Cyclobutane-1,3-dicarboxamide,
—, 2,2-dimethyl- **9** 3830
—, 2,4-diphenyl- **9** 4630
Cyclobutane-1,1-dicarboxylic acid 9 3797
     dibutyl ester **9** 3798
     diethyl ester **9** 3798
     dimethyl ester **9** 3797
     dipropyl ester **9** 3798
—, 3,3-dimethyl- **9** 3830
—, 3-hydroxy- **10** 2025
—, 3-methoxy-,
     diethyl ester **10** 2026
—, 3-[(pentyloxy)methoxy]- **10** 2025
     diethyl ester **10** 2026
Cyclobutane-1,2-dicarboxylic acid
   9 3798, 3799
     diethyl ester **9** 3799, 3800
     dihydrazide **9** 3801
     dimethyl ester **9** 3799

—, 3,4-bis(4-bromobenzoyl)- **10** 4090
—, 3,4-bis(2-carboxypropyl)-
   3,4-dimethyl- **9** 4860
—, 3,4-bis(3,4-dimethoxyphenyl)-
   10 2617
—, 3,4-bis(4-hydroxy-3-methoxyphenyl)-
   10 2617
     dimethyl ester **10** 2617
—, 1-cyano-,
     diethyl ester **9** 4747
     dimethyl ester **9** 4747
—, 1-cyano-3-methyl-,
     diethyl ester **9** 4748
—, 1-cyano-4-methyl-,
     diethyl ester **9** 4748
—, 1,2-dibromo-,
     diethyl ester **9** 3801
     dimethyl ester **9** 3801
—, 1,2-dibromo-3,3-dimethyl- **9** 3828
—, 3,3-dimethyl- **9** 3826, 3827, 3828
     dimethyl ester **9** 3828
—, 3,4-diphenyl- **9** 4620
     dimethyl ester **9** 4622
     ethyl ester **9** 4622, 4623
     methyl ester **9** 4621, 4622
Cyclobutane-1,3-dicarboxylic acid
   9 3801, 3802
     diethyl ester **9** 3802
     dimethyl ester **9** 3802
—, 2,4-bis(4-bromobenzoyl)- **10** 4090
—, 2,4-bis(3,4-dimethoxyphenyl)- **10** 2617
—, 2,4-bis(2,4-dinitrophenyl)- **9** 4632
     diethyl ester **9** 4633
     dimethyl ester **9** 4633
     ethyl ester **9** 4633
—, 2,4-bis(4-hydroxy-3-methoxyphenyl)-
   10 2617
     dimethyl ester **10** 2617
—, 2,4-bis(*p*-nitrophenyl)-
   9 4631, 4632
     diethyl ester **9** 4632
     dimethyl ester **9** 4632
     methyl ester **9** 4632
—, 2,4-dicyclohexyl-,
     diethyl ester **9** 4081
—, 2,2-dimethyl- **9** 3828, 3829
     diethyl ester **9** 3829
     dimethyl ester **9** 3829
     methyl ester **9** 3829
—, 2,4-diphenyl- **9** 4625
     butyl ester **9** 4628
     dibutyl ester **9** 4628
     diethyl ester **9** 4627
     dimethyl ester **9** 4626, 4627
     ethyl ester **9** 4627
     methyl ester **9** 4625, 4626
     propylester **9** 4628
—, 2-(*o*-nitrophenyl)-4-(*p*-nitrophenyl)-
   9 4631

Cyclobutanepropionic acid
  see *Propionic acid, 3-cyclobutyl-*
Cyclobutane-1,1,2,2-tetracarboxamide,
—, 3-phenyl- **9** 4882
Cyclobutane-1,1,2,2-tetracarboxylic acid,
—, 3-hydroxy- **10** 2625
—, 3-phenyl-,
    tetramethyl ester **9** 4882
    tetraethyl ester **9** 4846
Cyclobutane-1,1,3,3-tetracarboxylic acid,
—, 2,4-bis[bis(ethoxycarbonyl)methyl]-,
    tetraethyl ester **9** 4919
—, 2,4-bis[bis(methoxycarbonyl)methyl]-,
    tetramethyl ester **9** 4918
—, 2,2-dimethyl- **9** 4849
    tetraethyl ester **9** 4846
Cyclobutane-1,2,3,4-tetracarboxylic acid
9 4846
Cyclobutane-1,1,2-tricarboxylic acid
9 4747
—, 3,3-dimethyl- **9** 4751
—, 4,4-dimethyl- **9** 4751
Cyclobuta[*l*]phenanthrene-1-carboxylic acid,
—, 1,2,2a,10b-tetrahydro- **9** 3521
2*H*-Cyclobuta[*b*]pyran-5-carboxylic acid,
—, 6a-hydroxy-2-oxo-
    6,6-diphenylhexahydro- **10** 4025
Cyclobut-1-ene-1-carbonitrile,
—, 2-amino-3,3-difluoro- **10** 2807
—, 3,3-difluoro-2-(methylamino)-
  10 2807
—, 2-ethoxy-3,3-difluoro- **10** 52
Cyclobut-1-ene-1-carboxylic acid
9 140
—, 3-(hydroxyimino)-2-(*p*-hydroxyphenyl)-
  4-oxo- **10** 4653
—, 2-(*p*-hydroxyphenyl)-4-oxo-
  10 4375
—, 2-(4-methoxy-*m*-tolyl)-4-oxo-
  10 4376
Cyclobut-1-ene-1,2-dicarboxylic acid
    diethyl ester **9** 3934
    dimethyl ester **9** 3934
—, 3,3-dimethyl- **9** 3954
1*H*-Cyclobut[*a*]indene-2-carboxamide,
—, 7-oxo-1-phenyl-2,2a,7,7a-tetrahydro-
  10 3411
1*H*-Cyclobut[*a*]indene-1-carboxylic acid,
—, 7-(hydroxyimino)-2-phenyl-2,2a,7,7a-
  tetrahydro- **10** 3409
—, 7-oxo-2-phenyl-2,2a,7,7a-tetrahydro-
  10 3409
    methyl ester **10** 3409
1*H*-Cyclobut[*a*]indene-2-carboxylic acid,
—, 7-(hydroxyimino)-1-phenyl-2,2a,7,7a-
  tetrahydro- **10** 3410
—, 7-oxo-1-phenyl-2,2a,7,7a-tetrahydro-
  10 3409, 3410
    methyl ester **10** 3411

—, 1-phenyl-7-semicarbazono-2,2a,7,7a-
  tetrahydro- **10** 3411
Cyclocamphan-2-ol,
—, O-(3,5-dinitrobenzoyl)- **9** 1842
3,5-Cyclocholan-24-oic acid,
—, 6-methoxy-,
    methyl ester **10** 976
β-Cyclocitral
    (3-nitrobenzoyl)hydrazone **9** 1528
Cyclodecane,
—, 1,6-bis(benzoyloxy)- **9** 547, 548
—, 1,6-bis(4-nitrobenzoyloxy)- **9** 1633
Cyclodecanecarboxylic acid,
—, 2-oxo-,
    methyl ester **10** 2874
—, 2-oxo-1-(3-oxobutyl)-,
    methyl ester **10** 3526
Cyclodecanone,
—, 6-(benzoyloxy)- **9** 724
    oxime **9** 724
—, 6-(4-nitrobenzoyloxy)- **9** 1672
    semicarbazone **9** 1672
Cyclodocosa-1,12-diene-
1,12-dicarbonitrile,
—, 2,13-diamino- **10** 4052
Cyclodocosane-1,12-dicarbonitrile,
—, 2,13-diimino- **10** 4052
Cycloeicosa-1,11-diene-
1,11-dicarbonitrile,
—, 2,12-diamino- **10** 4052
Cycloeicosane-1,11-dicarbonitrile,
—, 2,12-diimino- **10** 4052
5,8-Cyclo-9-ergosta-6,22-diene,
—, 3-(3,5-dinitrobenzoyloxy)- **9** 1883
5,8-Cyclo-10-ergosta-6,22-diene,
—, 3-(3,5-dinitrobenzoyloxy)- **9** 1884
Cyclogalliphoric acid 10 678
Cyclogeranic acid,
—, dihydro- **9** 88
α-Cyclogeranic acid 9 199, 200
β-Cyclogeranic acid 9 199
Cycloheptadecanecarbonitrile,
—, 2-imino- **10** 2896
—, 2-oxo- **10** 2896
Cycloheptadecanecarboxamide 9 132
—, 1-hydroxy- **10** 50
Cycloheptadecanecarboxylic acid 9 132
Cycloheptadecane-1,9-dione,
—, 10-(3,5-dinitrobenzoyloxy)- **9** 1931
Cycloheptadec-1-ene-1-carbonitrile,
—, 2-amino- **10** 2896
Cycloheptadec-8-ene-1-carboxylic acid,
—, 17-oxo-,
    methyl ester **10** 2953
Cyclohepta-1,3-diene-1-carbonyl chloride,
—, 5,5-dimethyl- **9** 307
Cyclohepta-2,5-diene-1-carbonyl chloride,
—, 4,4-dimethyl- **9** 306

Cyclohepta-1,3-diene-1-carboxamide,
—, 5,5-dimethyl- 9 307
Cyclohepta-1,3-diene-1-carboxylic acid,
—, 5,5-dimethyl- 9 306
Cyclohepta-1,6-diene-1-carboxylic acid,
—, 4,4-dimethyl- 9 306
—, 5,5-dimethyl- 9 304
Cyclohepta-2,5-diene-1-carboxylic acid,
—, 4,4-dimethyl- 9 305
    ethyl ester 9 306
Cyclohepta-2,4-diene-
  1,1,2,3,4,5,6,7-octacarboxylic acid
    1,1-diethyl ester 2,3,4,5,6,7-
      hexamethyl ester 9 4920
    octamethyl ester 9 4919
Cyclohepta-3,5-diene-
  1,1,2,3,4,5,6,7-octacarboxylic acid
    1,1-diethyl ester 2,3,4,5,6,7-
      hexamethyl ester 9 4920
    octamethyl ester 9 4920
2H-Cyclohepta[b]furan-2-one,
—, 8a-hydroxyoctahydro- 10 2833
Cycloheptanecarbonitrile,
—, 4,7-dimethyl-2-oxo- 10 2852
—, 1-hydroxy- 10 22
—, 1-hydroxy-3,3,5-trimethyl- 10 44
—, 2-imino- 10 2820
—, 2-oxo- 10 2819
—, 2-semicarbazono- 10 2820
Cycloheptanecarbonyl chloride,
—, 4,4-dimethyl- 9 78
Cycloheptanecarboxamide 9 47
—, 4,4-dimethyl- 9 78
—, 1-hydroxy-3,3,5-trimethyl- 10 43
—, 3,3,4-trimethyl- 9 102
Cycloheptanecarboxylic acid 9 47
—, 1-(3-chlorobut-2-enyl)-2-oxo-,
    ethyl ester 10 2932
—, 4,4-dimethyl- 9 77
    4-bromophenacyl ester 9 78
    ethyl ester 9 78
—, 1-hydroxy- 10 22
    methyl ester 10 22
—, 1-hydroxy-3,3,5-trimethyl-,
    methyl ester 10 43
—, 2-imino-,
    ethyl ester 10 2819
—, 2-oxo-,
    ethyl ester 10 2819
—, 2-oxo-1-(3-oxobutyl)-,
    methyl ester 10 3523
—, 2-oxo-1-(2-phenoxyethyl)-,
    ethyl ester 10 4184
—, 1-phenyl-,
    2-(diethylamino)ethyl ester 9 2861
—, 2,2,3-trimethyl- 9 102
—, 3,3,4-trimethyl- 9 102
Cycloheptane-1,3-dicarboxylic acid,
—, 1,3-dicarbamoyl-2,2-dimethyl- 9 4853

—, 1,3-dicyano-2,2-dimethyl- 9 4853
—, 2,2-dimethyl- 9 3902
    diethyl ester 9 3903
Cycloheptane-1,1,3,3-tetracarboxylic acid,
—, 2,2-dimethyl- 9 4853
Cyclohepta[b]pyran-2(3H)-one,
—, 9a-hydroxyoctahydro- 10 2851
Cyclohepta-1,3,6-triene-1-carbonyl
  chloride,
—, 5,5-dimethyl- 9 2451
Cyclohepta-1,3,6-triene-1-carboxamide,
—, 5,5-dimethyl- 9 2451
Cyclohepta-1,3,5-triene-1-carboxylic acid
  9 2169
Cyclohepta-1,3,6-triene-1-carboxylic acid
  9 2169
—, 4-bromo-3,6-dihydroxy-5-oxo-
    10 4507
—, 4-bromo-3,6-dimethoxy-5-oxo-,
    methyl ester 10 4508
—, 3,6-diacetoxy-5-oxo- 10 4507
—, 3,6-dihydroxy-5-oxo- 10 4506
—, 3,6-dimethoxy-5-oxo-,
    methyl ester 10 4507
—, 5,5-dimethyl- 9 2450
    ethyl ester 9 2451
    methyl ester 9 2451
—, 3-hydroxy-6-methoxy-5-oxo-,
    methyl ester 10 4507
—, 6-hydroxy-3-methoxy-5-oxo- 10 4506
—, 3,4,5,6-tetramethyl- 9 2536
—, 3,4,6-trihydroxy-5-oxo- 10 4716
—, 3,4,6-trimethoxy-5-oxo-,
    methyl ester 10 4717
Cyclohepta-1,4,6-triene-1-carboxylic acid
  9 2169
—, 5-bromo-4,6-dihydroxy-3-oxo-
    10 4507
—, 5-bromo-4,6-dimethoxy-3-oxo-,
    methyl ester 10 4508
—, 4,6-diacetoxy-3-oxo- 10 4507
—, 4,6-dihydroxy-3-oxo- 10 4506
—, 4,6-dimethoxy-3-oxo-,
    methyl ester 10 4507
—, 4-hydroxy-6-methoxy-3-oxo- 10 4506
—, 6-hydroxy-4-methoxy-3-oxo-,
    methyl ester 10 4507
—, 4,5,6-trihydroxy-3-oxo- 10 4716
—, 4,5,6-trimethoxy-3-oxo-,
    methyl ester 10 4717
Cyclohepta-2,4,6-triene-1-carboxylic acid
  9 2169
Cyclohept-1-ene-1-carbonitrile,
—, 2-amino- 10 2820
Cyclohept-1-ene-1-carboxylic acid,
—, 2-amino-,
    ethyl ester 10 2819
—, 4,4-dimethyl- 9 190
—, 3,3,4-trimethyl- 9 223

Cyclohept-1-ene-1-carboxylic acid
(continued)
—, 3,3,5-trimethyl- **9** 223
    (3,3,5-trimethylcycloheptyl)methyl
    ester **9** 224
—, 4,6,6-trimethyl- **9** 223
    (3,3,5-trimethylcycloheptyl)methyl
    ester **9** 224
Cyclohexadecanecarboxylic acid,
—, 2-oxo-,
    ethyl ester **10** 2895
Cyclohexadecane-1,9-dicarbonitrile,
—, 2,10-dioxo- **10** 4051
Cyclohexa-1,3-diene-1-carbonitrile,
—, 2,6,6-trimethyl- **9** 309
Cyclohexa-1,3-diene-1-carboxamide,
—, 6-methyl- **9** 298
Cyclohexa-1,3-diene-1-carboxylic acid,
—, 4-isopropyl- **9** 308
—, 6-methyl- **9** 298
—, 2,6,6-trimethyl- **9** 309
    4-bromophenacyl ester **9** 309
Cyclohexa-1,4-diene-1-carboxylic acid 9 297
—, 3-(3-carboxy-2′,6′-dichloro-
    4-hydroxy-5-methylbenzhydrylidene)-
    5-methyl-6-oxo- **10** 4795
—, 3-(3-carboxy-4-hydroxybenzylidene)-
    6-oxo- **10** 4781
—, 3-(4,4′-dihydroxy-
    3,3′-dimethoxybenzhydrylidene)-
    6-oxo- **10** 4835
—, 3,6-dioxo-2,4,5-triphenyl- **10** 3678
    ethyl ester **10** 3678
—, 3-(hydroxyimino)-6-oxo- **10** 3537
    methyl ester **10** 3537
—, 6-(hydroxyimino)-3-oxo-,
    methyl ester **10** 3537
—, 4-isopropenyl- **9** 2484
—, 4-methyl-3,6-dioxo-,
    methyl ester **10** 3538
—, 5-methyl-3,6-dioxo-,
    methyl ester **10** 3538
Cyclohexa-2,4-diene-1-carboxylic acid
9 297
    ethyl ester **9** 297
—, 2,6,6-trimethyl- **9** 309
Cyclohexa-1,4-diene-1,4-dicarbonitrile,
—, 2,5-dihydroxy-3,6-dioxo- **10** 4841
Cyclohexa-2,5-diene-1,4-dicarbonitrile,
—, 2,5-diphenyl- **9** 4678
Cyclohexa-1,3-diene-1,4-dicarboxylic acid
9 4042
    dimethyl ester **9** 4042
—, 2-acetoxy-3-chloro-5,6-dioxo-,
    diethyl ester **10** 4801
—, 3-chloro-2-hydroxy-5,6-dioxo-,
    diethyl ester **10** 4801
Cyclohexa-1,4-diene-1,2-dicarboxylic acid
9 4041

—, 4,5-dimethyl- **9** 4052
—, 3,6-diphenyl-,
    diethyl ester **9** 4677
    dimethyl ester **9** 4677
Cyclohexa-1,4-diene-1,4-dicarboxylic acid,
—, 2-acetoxy-5-chloro-3,6-dioxo-,
    diethyl ester **10** 4801
—, 2,5-bis(benzyloxy)-3,6-dioxo-,
    diethyl ester **10** 4839
—, 2,5-bis(biphenyl-4-yloxy)-3,6-dioxo-,
    diethyl ester **10** 4840
—, 2,5-bis(*p*-chlorophenoxy)-3,6-dioxo-,
    diethyl ester **10** 4838
—, 3,6-bis(ethylimino)-,
    diethyl ester **10** 4058
—, 2,5-bis(2′-hydroxybiphenyl-2-yloxy)-
    3,6-dioxo-,
    diethyl ester **10** 4840
—, 2,5-bis(4′-hydroxybiphenyl-4-yloxy)-
    3,6-dioxo-,
    diethyl ester **10** 4840
—, 2,5-bis(*o*-methoxyphenoxy)-3,6-dioxo-,
    diethyl ester **10** 4840
—, 2,5-bis(*p*-methoxyphenoxy)-3,6-dioxo-,
    diethyl ester **10** 4840
—, 2,5-bis(1-naphthyloxy)-3,6-dioxo-,
    diethyl ester **10** 4839
—, 2,5-bis(2-naphthyloxy)-3,6-dioxo-,
    diethyl ester **10** 4840
—, 5-chloro-2-hydroxy-3,6-dioxo-,
    diethyl ester **10** 4801
—, 2,5-dibromo-3,6-dioxo-,
    diethyl ester **10** 4058
—, 2,5-diethoxy-3,6-dioxo-,
    diethyl ester **10** 4838
—, 2,5-dimethoxy-3,6-dioxo-,
    diethyl ester **10** 4838
—, 3,6-dioxo-2,5-bis(phenylthio)-,
    diethyl ester **10** 4841
—, 3,6-dioxo-2,5-bis(*m*-tolyloxy)-,
    diethyl ester **10** 4839
—, 3,6-dioxo-2,5-bis(*o*-tolyloxy)-,
    diethyl ester **10** 4839
—, 3,6-dioxo-2,5-bis(*p*-tolyloxy)-,
    diethyl ester **10** 4839
—, 3,6-dioxo-2,5-bis(3,5-xylyloxy)-,
    diethyl ester **10** 4839
—, 3,6-dioxo-2,5-diphenoxy-,
    diethyl ester **10** 4838
—, 2-hydroxy-5-phenoxy-3,6-dioxo-,
    diethyl ester **10** 4838
Cyclohexa-1,5-diene-1,4-dicarboxylic acid
9 4043
    dimethyl ester **9** 4043
Cyclohexa-2,4-diene-1,2-dicarboxylic acid
9 4041
—, 4,6-dimethyl- **9** 4052
—, 5,6-dimethyl- **9** 4051
—, 5-methyl- **9** 4043

Cyclohexa-2,5-diene-1,2-dicarboxylic acid
9 4041
dimethyl ester 9 4042
ethyl ester 9 4042
methyl ester 9 4042
Cyclohexa-2,6-diene-1,2-dicarboxylic acid,
—, 3,6-dimethoxy-,
dimethyl ester 10 2419
Cyclohexa-3,5-diene-1,2-dicarboxylic acid
9 4042
—, 4,5-dicyano-1,2-diethyl-
3,6-dimethyl- 9 4870
—, 4,5-dicyano-3,6-dimethyl-
1,2-dipropyl- 9 4871
—, 4,5-dicyano-1,2,3,6-tetramethyl-
9 4869
—, 1,2-dimethyl- 9 4051
—, 3,6-dimethyl-4,5-diphenyl-,
diethyl ester 9 4681
dimethyl ester 9 4680, 4681
—, 3,6-diphenyl- 9 4678
—, 4,5-diphenyl- 9 4677
—, 3,4,5,6-tetraphenyl-,
dimethyl ester 9 4735
**Cyclohexa-2,4-diene-
1,2,3,4-tetracarboxylic acid,**
—, 1-carbamoyl-6-oxo-,
1-ethyl ester 2,3,4-trimethyl ester
10 4177
Cyclohexa-1,3-diene-1,2,3-tricarboxylic acid,
—, 6,6-dicarbamoyl-5-oxo-,
trimethyl ester 10 4177
Cyclohexa-1,3-diene-1,3,5-tricarboxylic acid,
—, 5-methyl- 9 4783
Cyclohexa-1,4-diene-1,2,3-tricarboxylic acid,
—, 6-methyl-,
3-(2-chlorethyl) ester 1,2-dimethyl
ester 9 4783
Cyclohexa-2,5-dien-1-one,
—, 3-(benzoyloxy)-4-(bicyclohexyliden-
2-ylidene)- 9 757
—, 3-(benzoyloxy)-4-(1,3-dimethylbut-
2-enylidene)- 9 743
—, 3-(benzoyloxy)-4-(1-ethyl-
3-methylpent-2-enylidene)- 9 744
—, 4-[4-(benzoyloxy)-
4'-nitrobenzhydrylidene]- 9 775
Cyclohexancarboxamide,
—, 3,N-dimethyl- 9 53
Cyclohexane,
—, 1-acetoxy-4-(3,5-dinitrobenzoyloxy)-
9 1900
—, 1-(acetoxymethyl)-4-(benzoyloxy)-
9 546
—, 1-(benzoyloxy)-2-(benzoyloxymethyl)-
9 545
—, 1-(benzoyloxy)-4-(benzoyloxymethyl)-
9 546
—, 1-(benzoyloxy)-2-bromo- 9 405

—, 1-(benzoyloxy)-2-chloro- 9 404
—, 1-(benzoyloxy)-4-(chloromethyl)-
9 406
—, 4-(benzoyloxy)-1-chloro-1-methyl-
9 406
—, 1-(benzoyloxy)-2-
(3,5-dinitrobenzoyloxy)- 9 1898
—, 1-(benzoyloxy)-3-
(3,5-dinitrobenzoyloxy)- 9 1899
—, 1-(benzoyloxy)-1-ethynyl-4-methyl-
9 414
—, 1-(benzoyloxy)-2-iodo- 9 405
—, 1-(benzoyloxy)-4-(iodomethyl)-
9 406
—, 1-(benzoyloxy)-4-methyl- 9 406
—, 4-[1-(benzoyloxy)-1-methylethyl]-
2-isopropenyl-1-methyl-1-vinyl-
9 415
—, 1-(benzoyloxy)-2-(3-nitrobenzoyloxy)-
9 1503
—, 1-(benzoyloxy)-2-(4-nitrobenzoyloxy)-
9 1631, 1632
—, 1-(benzoyloxy)-3-(4-nitrobenzoyloxy)-
9 1632
—, 1-(benzoyloxy)-2-
(2-nitrosobenzoyloxy)- 9 1463
—, 1-(benzoyloxy)-3-phenyl- 9 456
—, 1-(benzoyloxy)-4-phenyl- 9 456
—, 1-(benzoyloxy)-4-propyl- 9 407
—, 1,2-bis(benzoyloxy)- 9 543
—, 1,3-bis(benzoyloxy)- 9 544
—, 1,4-bis(benzoyloxy)- 9 545
—, 1,1-bis[4-(benzoyloxy)-
3-methoxyphenyl]- 9 698
—, 1,1-bis[4-(benzoyloxy)-
3-methoxyphenyl]-3-methyl- 9 698
—, 1,1-bis[4-(benzoyloxy)-
3-methoxyphenyl]-4-methyl- 9 698
—, 1,2-bis(benzoyloxy)-1-methyl- 9 545
—, 1,4-bis(benzoyloxymethyl)- 9 547
—, 1,1-bis[4-(benzoyloxy)-1-naphthyl]-
9 657
—, 1,1-bis[p-(benzoyloxy)phenyl]-
9 639
—, 1,1-bis[p-(benzoyloxy)phenyl]-
4-methyl- 9 640
—, 2,6-bis(benzoyloxy)-
1,1,4,4-tetramethyl- 9 548
—, 1,1-bis[4-(benzoyloxy)-m-tolyl]-
9 641
—, 3,5-bis(benzoyloxy)-1,1,4-trimethyl-
9 547
—, 1,1-bis(benzoylperoxy)- 9 1051
—, 1,3-bis(2-carboxybenzoyloxy)-
9 4175
—, 2,6-bis(2-carboxybenzoyloxy)-
1,1,4,4-tetramethyl- 9 4176
—, 3,5-bis(2-carboxybenzoyloxy)-
1,1,4-trimethyl- 9 4176

Cyclohexane *(continued)*
—, 1,2-bis(cinnamoyloxy)- **9** 2697
—, 1,4-bis(cinnamoyloxy)- **9** 2697
—, 1,2-bis(3,5-dinitrobenzoyloxy)-
    9 1898, 1899
—, 1,2-bis(3,5-dinitrobenzoyloxy)-
    1-methyl- **9** 1900
—, 1,2-bis(3,5-dinitrobenzoyloxy)-
    3-methyl- **9** 1901
—, 1,2-bis(3,5-dinitrobenzoyloxy)-
    4-methyl- **9** 1901
—, 1,2-bis(3,5-dinitrobenzoyloxy)-
    4-vinyl- **9** 1903
—, 1,2-bis(3-nitrobenzoyloxy)- **9** 1504
—, 1,2-bis(4-nitrobenzoyloxy)- **9** 1632
—, 1,3-bis(4-nitrobenzoyloxy)-
    9 1632, 1633
—, 1,1-bis(4-nitrobenzoylperoxy)- **9** 1708
—, 1,3-bis(phenylacetoxy)- **9** 2185
—, 2-bromo-1-(3,5-dinitrobenzoyloxy)-
    1,4-dimethyl- **9** 1810
—, 2-bromo-1-(3,5-dinitrobenzoyloxy)-
    1-methyl- **9** 1804
—, 1-(bromoethynyl)-1-
    (4-nitrobenzoyloxy)- **9** 1577
—, 2-bromo-1-methyl-1-
    (4-nitrobenzoyloxy)- **9** 1554
—, 1-(cyclohexylcarbonyloxy)-2-
    (cyclohexylcarbonyloxymethyl)- **9** 20
—, 1-(2-cyclohexylethyl)-3-
    (3,5-dinitrobenzoyloxy)- **9** 1837
—, 1-(3-cyclohexylpropyl)-1-
    (3,5-dinitrobenzoyloxy)- **9** 1838
—, 1-(3,5-dinitrobenzoyloxy)-1-ethyl-
    4-methoxy- **9** 1901
—, 1-(3,5-dinitrobenzoyloxy)-4-ethyl-
    2-methoxy- **9** 1901
—, 1-(3,5-dinitrobenzoyloxy)-1-ethynyl-
    2,2-dimethyl- **9** 1841
—, 1-(3,5-dinitrobenzoyloxy)-1-ethynyl-
    4-methoxy- **9** 1903
—, 1-(3,5-dinitrobenzoyloxy)-1-ethynyl-
    2-methyl- **9** 1840
—, 2-(3,5-dinitrobenzoyloxy)-2-ethynyl-
    1,1,3-trimethyl- **9** 1843
—, 1-(3,5-dinitrobenzoyloxy)-1-
    (3-methoxyphenethyl)- **9** 1912
—, 1-(3,5-dinitrobenzoyloxy)-2-methyl-
    1-[2-(1-naphthyl)ethyl]- **9** 1887
—, 1-(3,5-dinitrobenzoyloxy)-2-methyl-
    1-vinyl- **9** 1824
—, 1-(3,5-dinitrobenzoyloxy)-2-
    (1-naphthyl)- **9** 1886
—, 1-(3,5-dinitrobenzoyloxy)-2-
    (5,6,7,8-tetrahydro-1-naphthyl)-
    9 1870
—, 1-(3,5-dinitrobenzoyloxy)-1-[2-
    (5,6,7,8-tetrahydro-1-naphthyl)⸗
    ethyl]- **9** 1870

—, 1-(3,5-dinitrobenzoyloxy)-1-(undec-
    10-enyl)- **9** 1838
—, 1-ethynyl-4-methoxy-1-
    (4-nitrobenzoyloxy)- **9** 1636
—, 1-ethynyl-2-methyl-1-
    (4-nitrobenzoyloxy)- **9** 1577
—, 1-ethynyl-3-methyl-1-
    (4-nitrobenzoyloxy)- **9** 1577
—, 1,2,3,4,5,6-hexakis(benzoyloxy)-
    9 713
—, 1,2,3,4,5,6-
    hexakis(3,5-dinitrobenzoyloxy)-
    9 1922
—, 1,2,3,4,5,6-
    hexakis(4-nitrobenzoyloxy)-
    9 1669
—, 2-methyl-1-(4-nitrobenzoyloxy)-
    1-vinyl- **9** 1566
—, 1-(4-nitrobenzoyloxy)-2-
    [(4-nitrobenzoyloxy)methyl]-
    9 1633
—, 1,2,3,4,5-pentakis(benzoyloxy)-
    9 704
—, 1,2,3,4-tetrakis(benzoyloxy)-
    9 690, 691
—, 1,2,3-tris(benzoyloxy)- **9** 667, 668
Cyclohexaneacetic acid
    see *Acetic acid, cyclohexyl-*
Cyclohexanebutyric acid
    see *Butyric acid, 4-cyclohexyl-*
Cyclohexanecarbodithioic acid 9 39
    butyl ester **9** 39
    ethyl ester **9** 39
    methyl ester **9** 39
    propyl ester **9** 39
Cyclohexanecarbonimidoyl chloride,
—, 1-chloro-*N*-ethyl-2,2,6-trimethyl-
    9 91
Cyclohexanecarbonitrile 9 29
—, 1-acetoxy- **10** 13
—, 4-acetoxy-2,6-diphenyl- **10** 1290
—, 1-acetoxy-4-isopropyl- **10** 39
—, 1-allyl-2,4-dimethyl-6-oxo- **10** 2934
—, 3-benzoyl-4-hydroxy-
    1,2,4,6-tetraphenyl- **10** 4502
—, 3-benzoyl-4-oxo-1,2,6-triphenyl-
    10 3680
—, 1-benzyl- **9** 2865
—, 1-benzyl-3-methyl-2-oxo- **10** 3198
—, 1-butyl- **9** 106
—, 2-chloro- **9** 32
—, 4-chloro-2,6-diphenyl- **9** 3483
—, 2-chloro-1-hydroxy- **10** 14
—, 1-(2-cyclohexylethyl)- **9** 271
—, 1-(cyclopent-2-en-1-yl)-2-oxo-
    10 2958
—, 3,5-dibenzylidene-4-oxo-
    1,2,6-triphenyl- **10** 3513

Cyclohexanecarbonitrile *(continued)*
—, 3-(2,3-dimethoxyphenyl)-3-
(2-ethoxyethyl)-2-imino- **10** 4747
—, 3-(2,3-dimethoxyphenyl)-3-
(2-ethoxyethyl)-2-oxo- **10** 4747
—, 1-(2,3-dimethoxyphenyl)-2-imino-
10 4609
—, 4,4-dimethoxy-1,2,6-triphenyl-
10 3486
—, 1,3-dimethyl-5-oxo- **10** 2840
—, 4,4'-dioxo-
1,1',2,2',6,6'-hexaphenyl-
3,3'-benzylidenedi- **10** 4104
—, 2-(2-ethoxyethyl)-1-hydroxy-
2-methyl- **10** 1355
—, 1-(2-ethylbutyl)- **9** 123
—, 3-ethyl-1-methyl-5-oxo- **10** 2858
—, 1-(1-ethylpropyl)- **9** 116
—, 1,2,3,4,4,5,6-heptachloro- **9** 36
—, 1-heptyl- **9** 126
—, 1,2,3,4,5,6-hexachloro- **9** 35
—, 1-hexyl- **9** 122
—, 1-hydroxy- **10** 11
—, 2-hydroxy- **10** 17
—, 1-hydroxy-3,3-dimethyl- **10** 35
—, 4-hydroxy-2,6-diphenyl- **10** 1290
—, 2-(hydroxyimino)- **10** 2815
—, 4-(hydroxyimino)-1,2,6-triphenyl-
10 3486
—, 1-hydroxy-2-methyl- **10** 27
—, 1-hydroxy-3-methyl- **10** 29
—, 1-hydroxy-4-methyl- **10** 31
—, 2-hydroxy-2-methyl- **10** 28
—, 4-hydroxy-4-methyl-1,2,6-triphenyl-
10 1341
—, 1-hydroxy-2-phenyl- **10** 905
—, 1-hydroxy-2,2,3-trimethyl- **10** 40
—, 1-hydroxy-3,3,5-trimethyl- **10** 40
—, 1-isobutyl- **9** 107
—, 3-isobutyl-1-methyl-5-oxo- **10** 2887
—, 1-isopentyl- **9** 116
—, 4-methoxy-2,6-diphenyl- **10** 1290
—, 2-(p-methoxyphenyl)-4,6-dioxo-
10 4632
—, 6-(p-methoxyphenyl)-3-methyl-
2,4-dioxo- **10** 4634
—, 3-methyl- **9** 54
—, 1-(1-methylbutyl)- **9** 115
—, 1-(2-methylbutyl)- **9** 115
—, 3-methyl-1-(3-methylcyclohexyloxy)-
10 29
—, 1-methyl-3-oxo- **10** 2823
—, 3-methyl-2-oxo- **10** 2825
—, 1-methyl-3-oxo-5-phenyl- **10** 3192
—, 1-methyl-3-oxo-5-propyl- **10** 2876
—, 1-(2-methylpentyl)- **9** 122
—, 2-methyl-1-phenyl- **9** 2870
—, 1-methyl-3-semicarbazono- **10** 2823
—, 1-(1-naphthyl)- **9** 3389

—, 1-octyl- **9** 127
—, 2-oxo- **10** 2815
—, 4-oxo- **10** 2816
—, 4-oxo-1,2,6-triphenyl- **10** 3486
—, 1-pentyl- **9** 115
—, 1-phenyl- **9** 2843
—, 1-propyl- **9** 82
—, 1,3,4,5-tetraacetoxy- **10** 2410
—, 2,2,6-trimethyl- **9** 90
—, 2,4,6-trimethyl- **9** 93
—, 3,3,5-trimethyl- **9** 92
—, 1,3,3-trimethyl-5-oxo- **10** 2860
Cyclohexanecarbonyl chloride **9** 27
—, 1-bromo- **9** 36
—, 1-chloro- **9** 31
—, 2-(chloromethyl)- **9** 52
—, 2,2-dichloro- **9** 32
—, 4,5-dimethyl-2-phenyl- **9** 2884
—, 1,2,3,4,4,5,6-heptachloro- **9** 35
—, 1,2,3,4,5,6-hexachloro- **9** 34
—, 3-methyl- **9** 53
—, 1-phenyl- **9** 2842
—, 2-phenyl- **9** 2845
—, 4-phenyl- **9** 2848
—, 2,2,6-trimethyl- **9** 90
—, 2,4,6-trimethyl- **9** 93
Cyclohexanecarbonyl peroxide **9** 27
Cyclohexanecarboxamide **9** 28
—, N-butyl-3-methyl- **9** 54
—, 1-chloro- **9** 31
—, 2-chloro- **9** 32
—, 1-chloro-N-ethyl- **9** 31
—, 1-chloro-N-ethyl-2,2,6-trimethyl-
9 91
—, 1-p-cumenyl- **9** 2893
—, 2,2-dichloro- **9** 32
—, N,N-diethyl-3-methyl- **9** 54
—, N,N-dimethyl- **9** 28
—, N-[2-(diethylamino)ethyl]-N-ethyl-
1-phenyl- **9** 2843
—, N-[2-(diethylamino)ethyl]-N-ethyl-
1-(3,4-xylyl)- **9** 2883
—, N-[2-(diethylamino)ethyl]-1-phenyl-
9 2843
—, N-[2-(dimethylamino)ethyl]-N-ethyl-
1-phenyl- **9** 2843
—, N-ethyl-3-methyl- **9** 54
—, N-ethyl-2,2,6-trimethyl- **9** 90
—, 1,2,3,4,4,5,6-heptachloro- **9** 36
—, 1,2,3,4,5,6-hexachloro- **9** 34
—, 1-hydroxy- **10** 11
—, 2-hydroxy- **10** 16
—, 1-hydroxy-3-methyl- **10** 29
—, 1-hydroxy-4-methyl- **10** 31
—, 3-hydroxy-1,4,5-trimethoxy- **10** 2410
—, 4-isopropyl- **9** 85
—, N-methyl- **9** 28
—, 2-methyl- **9** 52
—, 3-methyl- **9** 53

Cyclohexanecarboxamide *(continued)*
—, 4-methyl- **9** 57
—, 2-methyl-4-phenyl- **9** 2870
—, 3-methyl-*N*-propyl- **9** 54
—, 1-phenyl- **9** 2842
—, 2-phenyl- **9** 2846
—, 1,3,4,5-tetraacetoxy- **10** 2410
—, 1,3,4,5-tetrahydroxy- **10** 2409
—, 2,2,3,6-tetramethyl- **9** 109
—, 1,2,2-trimethyl- **9** 88
—, 2,2,6-trimethyl- **9** 90
—, 2,4,6-trimethyl- **9** 93
—, 3,*N*,*N*-trimethyl- **9** 54

Cyclohexanecarboxamidine 9 29
—, 1-nitroso- **9** 38

Cyclohexanecarboxylic acid 9 15
        allyl ester **9** 18
        benzylidenehydrazide **9** 30
        (but-2-enylidene)hydrazide **9** 30
        4-chlorobutyl ester **9** 17
        cyclohexyl ester **9** 18
        cyclohexylidenehydrazide **9** 30
        cyclohexylmethyl ester **9** 18
        ethyl ester **9** 17
        ethylidenehydrazide **9** 30
        hydrazide **9** 30
        (4-hydroxybenzylidene)hydrazide **9** 31
        isopropyl ester **9** 17
        isopropylidenehydrazide **9** 30
        (4-methoxybenzylidene)hydrazide **9** 31
        (α-methylbenzylidene)hydrazide **9** 30
        methyl ester **9** 16
        oct-3-ynyl ester **9** 18
        propyl ester **9** 17
        salicylidenehydrazide **9** 31
—, 1-[2-(acenaphthen-3-yl)ethyl]-2-oxo-,
        ethyl ester **10** 3404
—, 3-acetohydroximoyl- **10** 2838
—, 2-acetonyl- **10** 2855
—, 1-acetoxy- **10** 10
—, 2-acetoxy- **10** 15
—, 4-acetoxy- **10** 18
        methyl ester **10** 19
—, 1-(acetoxymethyl)-2-oxo-,
        ethyl ester **10** 4184
—, 1-(acetoxymethyl)-2-semicarbazono-,
        ethyl ester **10** 4184
—, 4-(*p*-acetoxyphenyl)- **10** 906
        2-(diethylamino)ethyl ester **10** 907
        2-(dimethylamino)ethyl ester **10** 907
        methyl ester **10** 906
—, 3-acetyl- **10** 2837
        ethyl ester **10** 2838
—, 1-acetyl-2-methyl-,
        ethyl ester **10** 2857
—, 1-allyl-2-oxo-,
        ethyl ester **10** 2904
—, 3-allyl-2-oxo-,
        ethyl ester **10** 2905

—, 1-allyl-2-semicarbazono-,
        ethyl ester **10** 2904
—, 2-benzoyl- **10** 3188
        2-(diethylamino)ethyl ester **10** 3188
—, 4-benzoyloxy- **10** 18
        methyl ester **10** 19
—, 1-benzyl-,
        2-(diethylamino)ethyl ester **9** 2865
—, 2-benzyl- **9** 2865, 2866
        2-(diethylamino)ethyl ester **9** 2866
—, 4-benzyl- **9** 2866
—, 3-benzyl-2,4-dioxo-6-phenyl-,
        ethyl ester **10** 3661
—, 1-benzyl-2-oxo-,
        ethyl ester **10** 3188
—, 1-benzyl-2-semicarbazono-,
        ethyl ester **10** 3188
—, 3,5-bis(2-carboxyethyl)-4-oxo- **10** 4111
—, 1,3-bis[2-(ethoxycarbonyl)ethyl]-
        2-oxo-,
        ethyl ester **10** 4111
—, 3,5-bis[2-(ethoxycarbonyl)ethyl]-
        4-oxo-,
        ethyl ester **10** 4111
—, 1,3-bis(ethoxycarbonylmethyl)-
        5-methyl-2-oxo-,
        ethyl ester **10** 4110
—, 1,3-bis(ethoxycarbonylmethyl)-
        6-methyl-2-oxo-,
        ethyl ester **10** 4110
—, 1,3-bis(ethoxycarbonylmethyl)-2-oxo-,
        ethyl ester **10** 4108
—, 1-bromo- **9** 36
        ethyl ester **9** 36
—, 2-bromo- **9** 37
        ethyl ester **9** 37
—, 3-bromo- **9** 37, 38
        ethyl ester **9** 38
—, 4-bromo- **9** 38
—, 2-(4-bromobenzoyl)- **10** 3189
        methyl ester **10** 3189
—, 2-(4-bromobenzoyl)-2-hydroxy-
        10 4350
        methyl ester **10** 4350, 4351
—, 2-bromo-2-(4-bromobenzoyl)- **10** 3190
        methyl ester **10** 3190
—, 1-bromo-4-isopropyl- **9** 85
—, 2-bromo-3-methyl- **9** 55
—, 3-bromo-3-methyl- **9** 55
—, 3-bromo-1-methyl-2-oxo-,
        ethyl ester **10** 2823
—, 1-(but-3-enyl)-2-oxo-,
        ethyl ester **10** 2918
—, 3-(but-3-enyl)-2-oxo-,
        ethyl ester **10** 2918
—, 1-butyl- **9** 106
        2-(diethylamino)ethyl ester **9** 106
—, 1-butyl-2-oxo-,
        ethyl ester **10** 2875

Cyclohexanecarboxylic acid *(continued)*
—, 1-butyl-2-semicarbazono-,
  ethyl ester **10** 2875
—, 2-butyryl- **10** 2875
—, 2-carbamoyl- **9** 3814, 3815
  methyl ester **9** 3815
—, 1-(carbamoylmethyl)-3,3-dimethyl-
  9 3913
—, 1-(carbamoylmethyl)-4-methyl-
  9 3867
—, 1-(o-carboxyphenyl)- **9** 4412
—, 2-(o-carboxyphenyl)- **9** 4413
—, 1-(3-chlorobut-2-enyl)-2-oxo-,
  ethyl ester **10** 2918
—, 2-chloro-2-cyano-,
  ethyl ester **9** 3816
—, 2-chloro-1-hydroxy- **10** 13
—, 1-chloro-3-methyl-,
  ethyl ester **9** 55
  methyl ester **9** 55
—, 1-(p-chlorophenyl)- **9** 2843
  2-(diethylamino)ethyl ester **9** 2843
—, 1-(p-chlorophenyl)-4-(hydroxyimino)-
  10 3182
—, 1-(p-chlorophenyl)-4-oxo- **10** 3182
  2-(diethylamino)ethyl ester
  10 3182
—, 1-(p-chlorophenyl)-4-semicarbazono-
  10 3182
—, 1-p-cumenyl- **9** 2892
  2-(diethylamino)ethyl ester **9** 2892
—, 2-cyano- **9** 3815
  ethyl ester **9** 3816
—, 1-(2-cyanocyclohex-1-en-1-yl)-,
  ethyl ester **9** 4073
—, 3-cyano-4-(2-ethoxyethyl)-
  4-methyl-,
  methyl ester **10** 2042
—, 2-cyano-2-hydroxy-,
  ethyl ester **10** 2030
—, 2-cyano-2-hydroxy-1,3-dimethyl-,
  ethyl ester **10** 2037
—, 1-cyano-4-hydroxy-2,6-diphenyl-
  10 2393
—, 2-cyano-2-hydroxy-1-methyl-,
  ethyl ester **10** 2033
—, 3-cyano-3-hydroxy-4-methyl-,
  methyl ester **10** 2033
—, 2-cyano-2-methyl-4-oxo- **10** 3895
—, 1-cyano-4-oxo-2,6-diphenyl- **10** 4024
  ethyl ester **10** 4025
—, 1-(3-cyanopropyl)-5-methoxy-2-oxo-,
  ethyl ester **10** 4713
—, 1-(3-cyanopropyl)-2-oxo-,
  ethyl ester **10** 3914
—, 1-(3-cyanopropyl)-2-semicarbazono-,
  ethyl ester **10** 3914
—, 2-(cyclohexylcarbonyl)-,
  2-(diethylamino)ethyl ester **10** 2946

—, 1-(2-cyclohexylethyl)- **9** 271
  2-(diethylamino)ethyl ester **9** 271
  2-(dimethylamino)ethyl ester **9** 271
—, 2-(cyclohexylmethyl)-,
  ethyl ester **9** 267
—, 1-(cyclopent-2-en-1-yl)-2-ethyl-
  2-hydroxy-,
  ethyl ester **10** 81
—, 1-(cyclopent-2-en-1-yl)-2-oxo-,
  ethyl ester **10** 2958
—, 1-(11-cyclopentylundecyl)-2-oxo-,
  ethyl ester **10** 2954
—, 1-(11-cyclopentylundecyl)-
  2-semicarbazono-,
  ethyl ester **10** 2954
—, 3,5-dibenzoyl-3-methyl-2-oxo-
  4,6-diphenyl-,
  ethyl ester **10** 4041
—, 3,5-dibenzoyl-2-oxo-4,6-diphenyl-,
  ethyl ester **10** 4040
—, 3,5-dibenzoyl-2-oxo-1-methyl-
  4,6-diphenyl-,
  ethyl ester **10** 4041
—, 1,2-dibromo- **9** 38
—, 2,3-dibromo- **9** 38
—, 1,2-dibromo-3-methyl- **9** 55
—, 3,4-dibromo-4-methyl- **9** 58
  ethyl ester **9** 58
  methyl ester **9** 58
—, 1,2-dibromo-3,4,5-trihydroxy-
  10 2024
—, 2,3-dibromo-2,6,6-trimethyl-,
  methyl ester **9** 91
—, 1-(diethoxymethyl)-,
  ethyl ester **10** 2824
—, 3,4-diethyl- **9** 108
—, 1-[2-(diethylamino)ethoxy]-,
  2-(diethylamino)ethyl ester **10** 11
—, 3-(3,4-dihydroxycinnamoyloxy)-
  1,4,5-trihydroxy- **10** 2408
—, 1,5-dihydroxy-2,3-diphenyl- **10** 2002
—, 3,4-dihydroxy-5-methoxy- **10** 2023
  methyl ester **10** 2024
—, 3,4-dihydroxy-3-(methoxymethyl)-
  2,2-dimethyl- **10** 2025
—, 3-[3-(3,4-dihydroxyphenyl)≠
  propionyloxy]-1,4,5-trihydroxy-
  10 2408
—, 3-(3,4-dimethoxycinnamoyloxy)-
  1,4,5-trimethoxy-,
  methyl ester **10** 2409
—, 1,3-dimethyl- **9** 70, 71
—, 1,4-dimethyl- **9** 71
—, 2,3-dimethyl- **9** 71
—, 2,4-dimethyl- **9** 72
—, 2,5-dimethyl- **9** 72
—, 2,6-dimethyl- **9** 71, 72
—, 3,4-dimethyl- **9** 72
—, 3,5-dimethyl- **9** 72

Cyclohexanecarboxylic acid *(continued)*

—, 1,3-dimethyl-2-oxo-,
    ethyl ester **10** 2839
—, 1,3-dimethyl-5-oxo-,
    methyl ester **10** 2840
—, 2,3-dimethyl-4-oxo- **10** 2840
    ethyl ester **10** 2841
—, 2,4-dimethyl-6-oxo-,
    ethyl ester **10** 2841
—, 2,5-dimethyl-4-oxo- **10** 2842
—, 2,6-dimethyl-4-oxo- **10** 2841
—, 3,3-dimethyl-2-oxo-,
    ethyl ester **10** 2840
—, 3,3-dimethyl-4-oxo- **10** 2840
    ethyl ester **10** 2840
—, 4,4-dimethyl-2-oxo-,
    ethyl ester **10** 2840
—, 4,5-dimethyl-2-oxo-,
    ethyl ester **10** 2842
—, 4-(1,5-dimethyl-3-oxohexyl)- **10** 2893
—, 1-(2,5-dimethylphenethyl)-2-hydroxy-,
    ethyl ester **10** 925
—, 1-(2,5-dimethylphenethyl)-2-oxo-,
    ethyl ester **10** 3209
—, 4,5-dimethyl-2-phenyl- **9** 2884
—, 2,3-dimethyl-4-semicarbazono-
    10 2841
    ethyl ester **10** 2841
—, 2,5-dimethyl-4-semicarbazono-
    10 2842
—, 3,3-dimethyl-4-semicarbazono-
    10 2840
—, 2-(3,5-dinitrobenzoyloxy)-1-methyl-,
    isopropyl ester **10** 26
—, 2,5-dioxo-,
    ethyl ester **10** 4057
—, 2,2′-dioxo-1,1′-ethylenedi- **10** 4057
    diethyl ester **10** 4057
—, 2,4-dioxo-6-pentyl-,
    ethyl ester **10** 3524
—, 2-ethoxy- **10** 15
—, 2-(4-ethoxybutyl)-2-hydroxy-
    1-methyl-,
    ethyl ester **10** 1356
—, 2-(4-ethoxybutyl)-1-methyl-,
    ethyl ester **10** 47
—, 1-ethoxy-2,2-dimethyl-4,6-dioxo-,
    ethyl ester **10** 4504
—, 2-(3-ethoxypropyl)-2-hydroxy-
    1-methyl-,
    ethyl ester **10** 1356
—, 2-(3-ethoxypropyl)-1-methyl-,
    ethyl ester **10** 45
—, 1-(3-ethoxypropyl)-2-oxo-,
    ethyl ester **10** 4185
—, 1-ethyl- **9** 67
    allyl ester **9** 67
—, 1-(2-ethylbutyl)- **9** 122
    2-(diethylamino)ethyl ester **9** 122

—, 2-ethyl-2-hydroxy-1-methyl-,
    ethyl ester **10** 39
—, 2-ethyl-5-(1-hydroxy-1-methylethyl)-
    2-methyl- **10** 48
—, 3-ethyl-1-methyl-4-oxo- **10** 2857
—, 3-ethyl-1-methyl-5-oxo-,
    methyl ester **10** 2858
—, 1-ethyl-2-oxo-,
    ethyl ester **10** 2836
—, 3-ethyl-2-oxo-,
    ethyl ester **10** 2837
—, 4-ethyl-2-oxo-,
    ethyl ester **10** 2839
—, 1-(4-ethylphenacyl)- **10** 3208
—, 1-(4-ethylphenethyl)- **9** 2897
    ethyl ester **9** 2897
—, 1-(1-ethylpropyl)- **9** 116
    2-(diethylamino)ethyl ester **9** 116
—, 1-ethyl-2-semicarbazono-,
    ethyl ester **10** 2837
—, 1-(4-ethyl-β-semicarbazonophenethyl)-
    10 3208
—, 1-(fluoren-9-yl)-2-(hydroxyimino)-,
    ethyl ester **10** 3421
—, 1-(fluoren-9-yl)-2-oxo-,
    ethyl ester **10** 3421
—, 2-(fluoromethyl)-4,5-dimethyl-,
    methyl ester **9** 94
—, 4-formyl-,
    methyl ester **10** 2827
—, 1,2,3,4,4,5,6-heptachloro- **9** 35
—, 2-heptadecyl-6-methoxy-,
    methyl ester **10** 51
—, 1-heptyl- **9** 126
    2-(diethylamino)ethyl ester **9** 126
—, 1-heptyl-2-oxo-,
    ethyl ester **10** 2891
—, 1-heptyl-2-semicarbazono-,
    ethyl ester **10** 2891
—, 1,2,3,4,5,6-hexachloro- **9** 33
—, 1-hexyl- **9** 121
    2-(diethylamino)ethyl ester **9** 122
—, 1-hydroxy- **10** 9
    2-chloroethyl ester **10** 10
    cyclopentyl ester **10** 10
    3-(diethylamino)-2,2-dimethylpropyl
      ester **10** 11
    methyl ester **10** 10
—, 2-hydroxy- **10** 14
    cyclohexyl ester **10** 16
    ethyl ester **10** 16
    hydrazide **10** 17
    methyl ester **10** 15
—, 3-hydroxy- **10** 17
    ethyl ester **10** 17
—, 4-hydroxy- **10** 18
    ethyl ester **10** 19
    methyl ester **10** 18
—, 2-(α-hydroxybenzyl)- **10** 911

Cyclohexanecarboxylic acid *(continued)*
—, 1-[(1-hydroxycyclohexyl)carbonyloxy]-
   10 10
—, 2-[(2-hydroxycyclohexyl)carbonyloxy]-,
   ethyl ester 10 16
—, 1-(1-hydroxycyclohexyloxy)- 10 9
—, 2-(4-hydroxy-3,5-diiodobenzyl)-
   10 911
—, 4-(3-hydroxy-1,5-dimethylhexyl)-
   10 49
—, 4-(3-hydroxy-1,4-dioxo-1,4-dihydro-
   2-naphthyl)- 10 4687
—, 4-hydroxy-1,4-diphenyl- 10 1291
—, 4-hydroxy-2,6-diphenyl- 10 1290
—, 2-(2-hydroxyethyl)-1-methyl-,
   methyl ester 10 39
—, 4-(hydroxyimino)- 10 2816
—, 4-(hydroxyimino)-1-phenyl- 10 3181
   ethyl ester 10 3181
—, 2-[4-(hydroxyimino)-4-phenylbutyl]-
   1-methyl- 10 3211
—, 2-hydroxy-5-isopropyl-1-
   (2-methylphenethyl)-,
   ethyl ester 10 927
—, 2-hydroxy-2-(3-methoxypropyl)-
   1-methyl-,
   ethyl ester 10 1356
—, 1-hydroxy-2-methyl- 10 27
   methyl ester 10 27
—, 1-hydroxy-3-methyl- 10 28
   cyclohex-1-en-1-yl ester 10 29
   methyl ester 10 28, 29
—, 1-hydroxy-4-methyl- 10 30
   methyl ester 10 30
   4-methylcyclohex-1-en-1-yl ester
   10 30
—, 3-hydroxy-4-methyl- 10 31
—, 4-hydroxy-4-methyl- 10 31
—, 2-hydroxy-4-methyl-1-
   (4-methylphenethyl)-,
   ethyl ester 10 926
—, 2-hydroxy-5-methyl-1-
   (2-methylphenethyl)-,
   ethyl ester 10 926
—, 2-hydroxy-1-methyl-2-(1-naphthyl)-,
   ethyl ester 10 1227
—, 1-(hydroxymethyl)-2-oxo-,
   ethyl ester 10 4183
—, 2-hydroxy-1-methyl-2-propyl-,
   ethyl ester 10 44
—, 1-hydroxy-5-oxo-2,3-diphenyl-
   10 4468
—, 4-hydroxy-2-oxo-4,6-diphenyl-,
   ethyl ester 10 4468
—, 4-hydroxy-2-oxo-4-phenyl-,
   ethyl ester 10 4348
—, 2-(1-hydroxypentyl)- 10 46, 47
—, 2-hydroxy-1-phenethyl-,
   ethyl ester 10 919

—, 4-(*p*-hydroxyphenyl)- 10 906
   methyl ester 10 906
—, 2-(3-hydroxypropyl)-1-methyl-,
   ethyl ester 10 44
—, 4-hydroxy-1,2,2,4-tetramethyl-6-oxo-,
   ethyl ester 10 4186
—, 1-hydroxy-3,3,5-trimethyl- 10 40
—, 2-imino-,
   ethyl ester 10 2815
—, 2-(3-iodopropyl)-1-methyl-,
   ethyl ester 9 107
—, 1-isobutoxy- 10 9
   isobutyl ester 10 10
—, 1-isobutyl- 9 107
   2-(diethylamino)ethyl ester 9 107
—, 3-isobutyl-1-methyl-5-oxo-,
   methyl ester 10 2887
—, 1-isopentyl- 9 116
   2-(diethylamino)ethyl ester 9 116
—, 1-isopropyl- 9 83
—, 4-isopropyl- 9 84
   4-bromophenacyl ester 9 85
   4-chlorophenacyl ester 9 85
   ethyl ester 9 84, 85
   methyl ester 9 84
—, 3-isopropylidene- 9 194
   ethyl ester 9 194
—, 5-isopropyl-1-(2-methylphenethyl)-
   2-oxo-,
   ethyl ester 10 3212
—, 1-isopropyl-2-oxo-,
   ethyl ester 10 2855
—, 5-isopropyl-2-oxo-,
   ethyl ester 10 2856
—, 1-isopropyl-2-semicarbazono-,
   ethyl ester 10 2855
—, 2-methoxy- 10 14
—, 4-methoxy-,
   ethyl ester 10 19
—, 4-methoxy-2,6-diphenyl- 10 1290
—, 1-[2-(6-methoxy-1-naphthyl)ethyl]-
   2-oxo-,
   ethyl ester 10 4461
—, 5-methoxy-2-oxo-,
   ethyl ester 10 4182
—, 1-(α-methoxyphenethyl)-2-oxo-,
   ethyl ester 10 4353
—, 1-(4-methoxyphenethyl)-2-oxo-,
   ethyl ester 10 4353
—, 1-(*p*-methoxyphenyl)- 10 904
—, 4-(*p*-methoxyphenyl)- 10 906
   methyl ester 10 906
—, 4-(*p*-methoxyphenyl)-1-methyl- 10 912
   methyl ester 10 912
—, 6-(*p*-methoxyphenyl)-3-methyl-
   2,4-dioxo-,
   ethyl ester 10 4634
—, 2-(*p*-methoxyphenyl)-6-methyl-4-oxo-,
   ethyl ester 10 4351

Cyclohexanecarboxylic acid *(continued)*
—, 4-(*p*-methoxyphenyl)-1-methyl-
2-oxo-,
   ethyl ester **10** 4351
—, 2-(3-methoxypropyl)-1-methyl-,
   ethyl ester **10** 45
—, 1-methyl- **9** 50
—, 2-methyl- **9** 50, 51
   4-bromophenacyl ester **9** 51
   ethyl ester **9** 51
   methyl ester **9** 51
—, 3-methyl- **9** 52, 53
   methyl ester **9** 53
—, 4-methyl- **9** 56
   4-bromophenacyl ester **9** 57
   4-chlorophenacyl ester **9** 57
   ethyl ester **9** 56
   methyl ester **9** 56
—, 1-(1-methylbutyl)- **9** 115
   2-(diethylamino)ethyl ester **9** 115
—, 1-(2-methylbutyl)- **9** 115
   2-(diethylamino)ethyl ester **9** 115
—, 1-(2-methylcyclopent-2-en-1-yl)-
2-oxo-,
   ethyl ester **10** 2961
—, 1-methyl-2,4-dioxo-,
   ethyl ester **10** 3518
—, 3-methyl-2,4-dioxo-6-phenyl-,
   ethyl ester **10** 3593
—, 3-methylene-2-oxo-,
   ethyl ester **10** 2899
—, 3-methyl-1-(2-methylphenethyl)-
2-oxo-,
   ethyl ester **10** 3208
—, 3-methyl-1-(4-methylphenethyl)-
2-oxo-,
   ethyl ester **10** 3209
—, 4-methyl-1-(2-methylphenethyl)-
2-oxo-,
   ethyl ester **10** 3209
—, 4-methyl-1-(4-methylphenethyl)-
2-oxo-,
   ethyl ester **10** 3209
—, 5-methyl-1-(2-methylphenethyl)-
2-oxo-,
   ethyl ester **10** 3208
—, 1-methyl-2-(1-naphthyl)- **9** 3397
   ethyl ester **9** 3397
—, 1-methyl-2-oxo-,
   ethyl ester **10** 2823
   methyl ester **10** 2822
—, 1-methyl-3-oxo-,
   methyl ester **10** 2823
—, 1-methyl-4-oxo- **10** 2823
   methyl ester **10** 2824
—, 2-methyl-4-oxo- **10** 2824
   ethyl ester **10** 2824
—, 2-methyl-6-oxo-,
   ethyl ester **10** 2824

—, 3-methyl-2-oxo-,
   ethyl ester **10** 2825
   2-methylcyclohexyl ester **10** 2825
—, 3-methyl-5-oxo- **10** 2825
—, 4-methyl-2-oxo- **10** 2826
   ethyl ester **10** 2826
—, 4-methyl-3-oxo- **10** 2827
—, 5-methyl-2-oxo-,
   ethyl ester **10** 2826
—, 1-methyl-2-oxo-3-phenethyl-,
   ethyl ester **10** 3203
—, 5-methyl-2-oxo-1-phenethyl-,
   ethyl ester **10** 3202
—, 1-methyl-2-oxo-3-phenoxy-,
   ethyl ester **10** 4183
—, 1-methyl-3-oxo-4-phenyl-,
   ethyl ester **10** 3191
—, 1-methyl-2-(4-oxo-4-phenylbutyl)-
   10 3211
   methyl ester **10** 3211
—, 1-methyl-3-oxo-5-propyl-,
   methyl ester **10** 2876
—, 1-(2-methylpentyl)- **9** 122
   2-(diethylamino)ethyl ester **9** 122
—, 1-(4-methylphenacyl)- **10** 3203
   methyl ester **10** 3203
—, 4-methyl-1-phenacyl- **10** 3202
—, 1-(4-methylphenethyl)- **9** 2891
   ethyl ester **9** 2891
—, 4-methyl-1-phenethyl- **9** 2890
—, 2-methyl-1-phenyl-,
   2-(diethylamino)ethyl ester **9** 2869
—, 2-methyl-4-phenyl- **9** 2870
—, 4-methyl-1-phenyl- **9** 2870
—, 1-methyl-4-phenyl-3-semicarbazono-,
   ethyl ester **10** 3191
—, 1-methyl-2-(4-phenyl-
4-semicarbazonobutyl)- **10** 3211
—, 1-(4-methyl-*β*-semicarbazonophen-
ethyl)- **10** 3203
—, 4-methyl-1-(*β*-semicarbazonophen-
ethyl)- **10** 3203
—, 2-(1-naphthoyl)- **10** 3357
—, 1-(1-naphthyl)-,
   2-(diethylamino)ethyl ester **9** 3388
—, 1-[2-(1-naphthyl)ethyl]-2-oxo-,
   ethyl ester **10** 3360
—, 2-(1-naphthylmethyl)- **9** 3397
—, 1-[(2-naphthyl)methyl]-2-oxo-,
   ethyl ester **10** 3357
—, 2-(4-nitrobenzoyloxy)-,
   ethyl ester **10** 16
—, 1-(*p*-nitrophenyl)- **9** 2844
   2-(diethylamino)ethyl ester **9** 2844
   ethyl ester **9** 2844
—, 4-(*p*-nitrophenyl)- **9** 2849
   methyl ester **9** 2849
—, 1-octyl- **9** 127
   2-(diethylamino)ethyl ester **9** 127

Cyclohexanecarboxylic acid *(continued)*
—, 2-oxo- **10** 2812
    ethyl ester **10** 2813
    methyl ester **10** 2813
—, 3-oxo-,
    ethyl ester **10** 2816
—, 4-oxo- **10** 2816
    ethyl ester **10** 2816
—, 2-oxo-1-(3-oxobutyl)-,
    ethyl ester **10** 3522
—, 2-oxo-1-pentyl-,
    ethyl ester **10** 2886
—, 2-oxo-1-(3-phenanthrylmethyl)-,
    ethyl ester **10** 3446
—, 2-oxo-1-(9-phenanthrylmethyl)-,
    ethyl ester **10** 3446
—, 2-oxo-1-phenethyl-,
    ethyl ester **10** 3196
—, 2-oxo-3-phenoxy-,
    ethyl ester **10** 4182
—, 2-oxo-6-phenyl-,
    ethyl ester **10** 3182
—, 4-oxo-1-phenyl- **10** 3181
    2-(diethylamino)ethyl ester **10** 3181
    ethyl ester **10** 3181
    methyl ester **10** 3181
—, 2-oxo-1-propyl-,
    ethyl ester **10** 2855
—, 2,2'-oxydi-,
    dimethyl ester **10** 15
—, 2,3,4,5,6-pentamethyl- **9** 119
—, 1-pentyl- **9** 114
    2-(diethylamino)ethyl ester **9** 115
—, 1-pentyl-2-semicarbazono-,
    ethyl ester **10** 2886
—, 1-phenacyl- **10** 3196
    methyl ester **10** 3197
—, 1-phenethyl- **9** 2880
    ethyl ester **9** 2881
—, 1-phenyl- **9** 2840
    6-bromohexyl ester **9** 2841
    2-chloroethyl ester **9** 2841
    2-(diethylamino)ethyl ester **9** 2841
    3-(diethylamino)propyl ester
      9 2842
    2-(dimethylamino)ethyl ester
      9 2841
    ethyl ester **9** 2841
—, 2-phenyl- **9** 2844, 2845
    2-(diethylamino)ethyl ester **9** 2845
    ethyl ester **9** 2845
—, 4-phenyl- **9** 2847
    2-(diethylamino)ethyl ester **9** 2848
    methyl ester **9** 2848
    4-phenylcyclohexyl ester **9** 2848
—, 2-(phenylacetyl)- **10** 3197
—, 1-phenyl-4-semicarbazono- **10** 3181
    methyl ester **10** 3181
—, 1-(phosphonooxy)- **10** 10

—, 1-(propionyloxy)- **10** 10
—, 1-propyl- **9** 82
    2-(diethylamino)ethyl ester **9** 82
—, 4-semicarbazono- **10** 2816
—, 3-(1-semicarbazonoethyl)- **10** 2838
    ethyl ester **10** 2838
—, 1-(β-semicarbazonophenethyl)-
    10 3197
    methyl ester **10** 3197
—, 2-[(5,6,7,8-tetrahydro-1-naphthyl)=
    methyl]- **9** 3115
—, 1,3,4,5-tetrahydroxy- **10** 2407, 2408
    methyl ester **10** 2409
—, 2,2,3,6-tetramethyl- **9** 108
    hydrazide **9** 110
—, 2,3,4,6-tetramethyl- **9** 110
—, 2,3,5,6-tetramethyl- **9** 110
—, 2-thioxo- **10** 2815
    ethyl ester **10** 2815
—, 1-*p*-tolyl-,
    2-(diethylamino)ethyl ester **9** 2870
—, 3,4,5-triacetoxy- **10** 2023
—, 1,3,4-triacetoxy-5-methoxy- **10** 2408
—, 3,4,5-trihydroxy- **10** 2023
    hydrazide **10** 2024
    methyl ester **10** 2023
—, 1,2,2-trimethyl- **9** 88
—, 2,2,3-trimethyl- **9** 91
    methyl ester **9** 92
    4-phenylphenacyl ester **9** 92
—, 2,2,4-trimethyl- **9** 91
—, 2,2,6-trimethyl- **9** 88
    ethyl ester **9** 89
    methyl ester **9** 89
    phenyl ester **9** 89
—, 2,3,4-trimethyl- **9** 92
—, 2,3,6-trimethyl- **9** 92
—, 2,4,5-trimethyl- **9** 94
—, 2,4,6-trimethyl- **9** 92, 93
    methyl ester **9** 93
—, 2,2,3-trimethyl-4,6-dioxo-,
    ethyl ester **10** 3520
—, 2,2,5-trimethyl-4,6-dioxo-,
    ethyl ester **10** 3520
—, 1,3,3-trimethyl-4-oxo- **10** 2859
    methyl ester **10** 2859
—, 1,3,3-trimethyl-5-oxo-,
    methyl ester **10** 2859
—, 2,2,3-trimethyl-4-oxo- **10** 2859
    ethyl ester **10** 2859
    methyl ester **10** 2859
—, 2,4,4-trimethyl-6-oxo-,
    ethyl ester **10** 2860
—, 1,3,3-trimethyl-4-semicarbazono-
    10 2859
—, 2-valeryl- **10** 2886
Cyclohexanecarboxylic anhydride 9 27
—, 1,2,3,4,5,6-hexachloro- **9** 34
—, 3,4,5-triacetoxy- **10** 2024

Cyclohexane-1,4-dicarbohydroxamic acid
9 3820
Cyclohexane-1,2-dicarbonitrile 9 3816
Cyclohexane-1,4-dicarbonitrile 9 3820
Cyclohexane-1,2-dicarbonyl dichloride
9 3814
Cyclohexane-1,4-dicarbonyl dichloride
9 3819
Cyclohexane-1,3-dicarboxamide,
—, 2-oxo- 10 3891
Cyclohexane-1,4-dicarboxamide 9 3820
Cyclohexane-1,1-dicarboxylic acid
9 3811
    diethyl ester 9 3812
    dimethyl ester 9 3812
—, 3,4-diethyl- 9 3923
    diethyl ester 9 3923
—, 2-ethyl-,
    diethyl ester 9 3863
—, 2-isobutyl-,
    diethyl ester 9 3922
—, 2-isopropyl-,
    diethyl ester 9 3905
—, 2-methyl- 9 3838
    diethyl ester 9 3838
—, 3-methyl- 9 3840
—, 4-methyl- 9 3840
—, 4-oxo- 10 3890
—, 2-propyl-,
    diethyl ester 9 3904
Cyclohexane-1,2-dicarboxylic acid
9 3812, 3813
    bis[2-(ethyldimethylammonio)ethyl]
      ester 9 3814
    bis[2-(trimethylammonio)ethyl]
      ester 9 3814
    dibutyl ester 9 3814
    diethyl ester 9 3813
    diisopropyl ester 9 3814
    methyl ester 9 3813
—, 1-acetoxy- 10 2030
—, 1-acetoxy-2-methyl- 10 2033
—, 1-bromo- 9 3816
—, 1-bromo-2-hydroxy- 10 2031
—, 1-chloro-2-hydroxy- 10 2030
—, 1-cyano-,
    diethyl ester 9 4749
—, 1,2-diacetoxy- 10 2412
—, 1,2-dihydroxy- 10 2411
—, 3,6-dihydroxy-1,2-dimethyl- 10 2412
—, 3-(3,4-dimethoxyphenyl)- 10 2475
    dimethyl ester 10 2476
—, 1,2-dimethyl- 9 3868
—, 1,2-dimethyl-3,6-dioxo-,
    diethyl ester 10 4050
—, 3,6-diiodo- 9 3817
—, 3,6-dioxo-,
    dimethyl ester 10 4046
—, 3-ethyl- 9 3868

—, 1-hydroxy- 10 2030
—, 1-hydroxy-2-methyl- 10 2033
—, 6-isobutyl-3,4-dimethyl- 9 3929
—, 1-methyl- 9 3839
    diethyl ester 9 3840
    dimethyl ester 9 3839
    1-methyl ester 9 3839
—, 1-methyl-3,6-dioxo-,
    dimethyl ester 10 4049
—, 1-methyl-5-oxo-,
    diethyl ester 10 3895
—, 4-methyl-3-oxo-,
    diethyl ester 10 3895
—, 1-methyl-3-oxo-4-phenyl-,
    diethyl ester 10 3982
—, 4-methyl-3-propyl- 9 3922
—, 3-(1-naphthyl)- 9 4578
    dimethyl ester 9 4578
—, 4-oxo- 10 3890
—, 4-phenyl- 9 4414
—, 4-semicarbazono- 10 3890
—, 3,3,5-trimethyl-,
    dimethyl ester 9 3913
Cyclohexane-1,3-dicarboxylic acid
9 3817
    bis(isopropylidenehydrazide)
      9 3818
    diethyl ester 9 3817
    dihydrazide 9 3817, 3818
    dimethyl ester 9 3817
—, 2-(p-acetoxyphenyl)-4,6-dioxo-,
    diethyl ester 10 4812
—, 2-(p-acetoxyphenyl)-5-
    (ethoxycarbonylmethyl)-
    4,6-dioxo-,
    diethyl ester 10 4863
—, 2-benzyl-4-hydroxy-4-methyl-6-oxo-,
    diethyl ester 10 4754
—, 1,5-bis[2-(methoxycarbonyl)ethyl]-
    6-oxo-,
    dimethyl ester 10 4161
—, 4-(2-bromoethyl)-4-methyl-,
    diethyl ester 9 3912
—, 4-[2-carboxy-3-(3-carboxy-
    1-methylpropyl)-
    2-methylcyclopentyl]-2-
    (carboxymethyl)-2-methyl- 9 4904
—, 4-(2-carboxyethyl)-4-methyl-
    9 4765
—, 2-carboxymethyl-1,3-dimethyl-
    9 4765
—, 2-(carboxymethyl)-4-(4,7a-dimethyl-
    7-oxo-(3aH)-hexahydroindan-1-yl)-
    2-methyl- 10 4117
—, 4,5-dibromo-4-methyl-6-oxo-2-phenyl-,
    diethyl ester 10 3981
—, 2-(2,3-dimethoxyphenyl)-4-hydroxy-
    4-methyl-6-oxo-,
    diethyl ester 10 4847

Cyclohexane-1,3-dicarboxylic acid
  (continued)
—, 2-(3,4-dimethoxyphenyl)-4-hydroxy-
    4-methyl-6-oxo-,
    diethyl ester **10** 4847
—, 2,2-dimethyl-4,6-dioxo-,
    diethyl ester **10** 4050
—, 5,5-dimethyl-4,6-dioxo-2-phenyl-,
    diethyl ester **10** 4070
—, 1,3-dimethyl-2-oxo-,
    diethyl ester **10** 3907
—, 1,4-dimethyl-6-oxo-,
    diethyl ester **10** 3907
—, 2,5-dimethyl-4-oxo-,
    diethyl ester **10** 3908
—, 4,5-dimethyl-6-oxo-,
    diethyl ester **10** 3908
—, 5,5-dimethyl-4-oxo-,
    diethyl ester **10** 3907
—, 5,5-dimethyl-2,4,6-trioxo-,
    diethyl ester **10** 4113
—, 2-(ethoxycarbonylmethyl)-
    1,3-dimethyl-,
    diethyl ester **9** 4766
—, 2-(ethoxycarbonylmethyl)-2-hydroxy-
    1,3-dimethyl-,
    diethyl ester **10** 2554
—, 3-ethyl-1-methyl-4-oxo-,
    diethyl ester **10** 3917
—, 2-hydroxy-,
    diethyl ester **10** 2031
—, 4-hydroxy-2,4-dimethyl-6-oxo-,
    diethyl ester **10** 4712
—, 4-hydroxy-2-(*p*-hydroxyphenyl)-
    4-methyl-6-oxo-,
    diethyl ester **10** 4808
—, 4-hydroxy-2-(*m*-methoxyphenyl)-
    4-methyl-6-oxo-,
    diethyl ester **10** 4808
—, 4-hydroxy-2-(*o*-methoxyphenyl)-
    4-methyl-6-oxo-,
    diethyl ester **10** 4808
—, 4-hydroxy-2-(*p*-methoxyphenyl)-
    4-methyl-6-oxo-,
    diethyl ester **10** 4809
—, 4-hydroxy-4-methyl-2-(1-naphthyl)-
    6-oxo-,
    diethyl ester **10** 4785
—, 4-hydroxy-4-methyl-6-oxo-,
    diethyl ester **10** 4712
—, 4-hydroxy-4-methyl-6-oxo-2-phenyl-,
    diethyl ester **10** 4753
—, 4-hydroxy-4-methyl-6-oxo-2-styryl-,
    diethyl ester **10** 4762
—, 4-hydroxy-4-methyl-6-oxo-2-*m*-tolyl-,
    diethyl ester **10** 4755
—, 4-hydroxy-4-methyl-6-oxo-2-
    (3,5-xylyl)-,
    diethyl ester **10** 4756

—, 1-isopropyl-4-methyl-6-oxo-,
    diethyl ester **10** 3921
—, 5-isopropyl-2-methyl-4-oxo-,
    diethyl ester **10** 3921
—, 5-isopropyl-2-methyl-6-oxo-1-
    (3-oxobutyl)-,
    diethyl ester **10** 4051
—, 5-[2-(methoxycarbonyl)ethyl]-
    4-oxo-,
    dimethyl ester **10** 4107
—, 2-(methoxycarbonylmethyl)-
    1,3-dimethyl-,
    dimethyl ester **9** 4766
    methyl ester **9** 4766
—, 2-(*p*-methoxyphenyl)-4-methyl-
    6-oxo-,
    diethyl ester **10** 4754
—, 1-methyl-4-oxo-,
    diethyl ester **10** 3895
—, 4-methyl-6-oxo-,
    diethyl ester **10** 3896
—, 4-methyl-2-propyl- **9** 3923
—, 2-oxo-,
    diethyl ester **10** 3891
—, 4-oxo-,
    dimethyl ester **10** 3891
—, 4-oxo-1-phenyl-,
    diethyl ester **10** 3980
—, 1,5,5-trimethyl-4-oxo-,
    diethyl ester **10** 3918
—, 4,4,5-trimethyl-6-oxo-,
    diethyl ester **10** 3918
Cyclohexane-1,4-dicarboxylic acid
  9 3818
    dimethyl ester **9** 3819
    methyl ester **9** 3819
—, 2,5-bis(O-ethylisoureido)-
    2,5-dihydroxy-,
    diethyl ester **10** 4047
—, 2,5-dihydroxy-,
    diethyl ester **10** 2412
—, 2,3-dioxo-,
    diethyl ester **10** 4046
    dimethyl ester **10** 4046
—, 2,5-dioxo-,
    dibutyl ester **10** 4047
    diethyl ester **10** 4046
—, 6-methyl-2,3-dioxo-,
    diethyl ester **10** 4049
—, 2-(1-naphthyl)- **9** 4578
Cyclohexane-1,2-dione,
—, 4-methyl-,
    bis(O-benzoyloxime) **9** 1284
Cyclohexane-1,1,2,4,4,5-hexacarboxylic acid
    hexamethyl ester **9** 4910
Cyclohexanepropionic acid
  see *Propionic acid, 3-cyclohexyl-*
Cyclohexane-1,1,2,2-tetracarboxylic acid
    tetraethyl ester **9** 4848

Cyclohexane-1,1,2,6-tetracarboxylic acid,
—, 2,6-dimethyl-,
   tetraethyl ester **9** 4851
Cyclohexane-1,1,3,3-tetracarboxylic acid,
—, 4-[bis(methoxycarbonyl)methyl]-
   2,6-dimethyl-,
   tetramethyl ester **9** 4910
—, 2-oxo- **10** 4160
   tetraethyl ester **10** 4160
Cyclohexane-1,1,4,4-tetracarboxylic acid
  9 4848
   tetraethyl ester **9** 4848
Cyclohexane-1,2,3,4-tetracarboxylic acid
  9 4849
—, 2,3-dimethyl-,
   2,3-dimethyl ester **9** 4851
   tetramethyl ester **9** 4852
Cyclohexane-1,2,4,5-tetracarboxylic acid
  9 4849
   tetramethyl ester **9** 4849
Cyclohexanethiocarboxylic acid,
—, 1-phenyl-,
   S-[2-(diethylamino)ethyl] ester
   9 2844
Cyclohexane-1,1,3-tricarboxylic acid,
—, 4-oxo-,
   triethyl ester **10** 4105
Cyclohexane-1,2,3-tricarboxylic acid,
—, 6-bromo-1,2-dimethyl-,
   1,2-dimethyl ester **9** 4757
—, 1,3-dimethyl- **9** 4757
   1,2-dimethyl ester **9** 4758
   1,3-dimethyl ester **9** 4758
   1-methyl ester **9** 4758
   2-methyl ester **9** 4758
   trimethyl ester **9** 4759
Cyclohexane-1,3,5-tricarboxylic acid
  9 4749
   trimethyl ester **9** 4749
—, 1,4-dimethyl-2-oxo-,
   triethyl ester **10** 4108
—, 2-(ethoxycarbonylmethyl)-4-hexyl-
   2-hydroxy-6-oxo-,
   triethyl ester **10** 4868
—, 2-(ethoxycarbonylmethyl)-2-hydroxy-
   4-isobutyl-6-oxo-,
   triethyl ester **10** 4868
—, 2-(ethoxycarbonylmethyl)-2-hydroxy-
   4-isopropyl-6-oxo-,
   triethyl ester **10** 4867
—, 2-(ethoxycarbonylmethyl)-2-hydroxy-
   4-methyl-6-oxo-,
   triethyl ester **10** 4867
—, 2-(ethoxycarbonylmethyl)-2-hydroxy-
   4-oxo-,
   triethyl ester **10** 4867
—, 2-hydroxy-2-(methoxycarbonylmethyl)-
   4-methyl-6-oxo-,
   trimethyl ester **10** 4867

—, 2-hydroxy-2-(methoxycarbonylmethyl)-
   4-oxo-6-phenyl-,
   trimethyl ester **10** 4869
Cyclohexanol,
—, 2-(benzoyloxy)- **9** 543
—, 3-(benzoyloxy)- **9** 543, 544
—, 4-(benzoyloxy)- **9** 544
—, 4-[4-(benzoyloxy)-
   α,β-diethylphenethyl]-
   9 589, 590
—, 4-(benzoyloxy)-1-ethynyl- **9** 550
—, 4-(benzoyloxymethyl)- **9** 546
—, 1-[3-(benzoyloxy)prop-1-ynyl]-
   9 551
—, 2-(2-nitrosobenzoyloxy)- **9** 1463
Cyclohexanone
   O-benzoyloxime **9** 1273
—, 2-(benzoyloxy)- **9** 723
   oxime **9** 724
—, 3-(benzoyloxy)- **9** 724
—, 4-(benzoyloxy)- **9** 724
   semicarbazone **9** 724
—, 4-[4-(benzoyloxy)-
   α,β-diethylphenethyl]- **9** 744
—, 6-(benzoyloxymethylene)-
   2,2-dimethyl- **9** 726
—, cyclohexyl- see *Bicyclohexylone*
—, 3,5-dimethyl-,
   O-benzoyloxime **9** 1274
—, 2-(3,5-dinitrobenzoyloxy)-2-methyl-
   9 1923
—, 4-isopropyl-,
   benzoylhydrazone **9** 1313
—, 3-methyl-,
   O-benzoyloxime **9** 1274
—, 4-methyl-,
   O-(4-nitrobenzoyl)oxime **9** 1749
—, 2-(4-methylbenzylidene)-,
   O-benzoyloxime **9** 1282
—, 4-methyl-2-(4-methylbenzylidene)-,
   O-benzoyloxime **9** 1282
—, 2-methyl-2-(4-nitrobenzoyloxy)-
   9 1672
—, 2,3,4,5,6-pentakis(benzoyloxy)- **9** 846
Cyclohexene,
—, 4-(benzoyloxy)-1-methyl- **9** 410
—, 3-(benzoyloxy)-1,5,5-trimethyl-
   9 411
—, 3,4-bis(benzoyloxy)- **9** 549
—, 3,6-bis(benzoyloxy)- **9** 549
—, 5,6-bis[(3,5-dinitrobenzoyloxy)-
   methyl]-1,4-dimethyl-3-[2-methyl-
   4-(2,6,6-trimethylcyclohex-1-en-
   1-yl)buta-1,3-dienyl]-4-[4-methyl-
   6-(2,6,6-trimethylcyclohex-1-en-
   1-yl)hexa-1,3,5-trienyl]- **9** 1917
—, 3,4-bis(4-nitrobenzoyloxy)- **9** 1635
—, 3-(3,5-dinitrobenzoyloxy)-
   6-isopropyl- **9** 1823, 1824

Cyclohexene *(continued)*
—, 4-(3,5-dinitrobenzoyloxy)-1-methyl-
   9 1822
—, 3-isopropyl-6-(4-nitrobenzoyloxy)-
   9 1565, 1566
—, 3,4,5,6-tetrakis(benzoyloxy)- **9** 691
—, 1,5,5-trimethyl-3-
   (4-nitrobenzoyloxy)- **9** 1566
Cyclohexeneacrylic acid
   see *Acrylic acid, 3-cyclohexenyl-*
Cyclohex-1-ene-1-carbonitrile 9 146
—, 2-amino-3-(2,3-dimethoxyphenyl)-3-
   (2-ethoxyethyl)- **10** 4747
—, 3-bromo- **9** 147
—, 2-chloro- **9** 147
—, 2-cyclohexyl- **9** 338
—, 6-cyclohexyl- **9** 338
—, 2,6-diphenyl- **9** 3528
—, 2-ethoxy-4,6-dimethyl- **10** 56
—, 6-(2-ethoxyethyl)-6-methyl-
   10 57
—, 2-ethoxy-3-methyl- **10** 56
—, 4-isopropenyl- **9** 308
—, 4-isopropyl- **9** 196
—, 6-(*p*-methoxyphenyl)- **10** 995
—, 4-methyl- **9** 170
—, 5-methyl- **9** 169
—, 2-phenyl- **9** 3084
—, 6-phenyl- **9** 3084
—, 5,6,6-trimethyl- **9** 201
—, 6-(3,4-xylyl)- **9** 3100
Cyclohex-2-ene-1-carbonitrile
   9 147
—, 2-chloro- **9** 148
—, 2,6-diphenyl- **9** 3528
—, 2-methoxy-6-(*p*-methoxyphenyl)-
   3-methyl-4-oxo- **10** 4634
—, 2-methoxy-6-(*p*-methoxyphenyl)-4-oxo-
   10 4633
Cyclohex-3-ene-1-carbonitrile
   9 149
—, 2-acetoxy- **10** 55
—, 1-benzyl-6-methyl- **9** 3098
—, 4-bromo- **9** 150
—, 4-chloro- **9** 150
—, 1-cyclohexyl- **9** 338
—, 3,4-dimethyl- **9** 183
—, 4,5-dimethyl-2-(2-methylprop-1-enyl)-
   9 337
—, 4-ethoxy- **10** 55
—, 4-methoxy- **10** 55
—, 4-methoxy-6-(*p*-methoxyphenyl)-
   3-methyl-2-oxo- **10** 4634
—, 4-methoxy-6-(*p*-methoxyphenyl)-2-oxo-
   10 4633
—, 1-methyl- **9** 164
—, 2-methyl- **9** 167
—, 4-methyl- **9** 171
—, 2-phenyl- **9** 3085

Cyclohex-1-ene-1-carbonyl chloride 9 145
—, 2-chloro- **9** 146
—, 6-methyl- **9** 166
Cyclohex-2-ene-1-carbonyl chloride,
—, 2-chloro- **9** 147
—, 2,6,6-trimethyl- **9** 200
Cyclohex-3-ene-1-carbonyl chloride,
—, 3-chloro-1-methyl- **9** 165
—, 4-chloro-1-methyl- **9** 165
—, 1-methyl- **9** 164
—, 4-methyl- **9** 171
Cyclohex-1-ene-1-carboxamide 9 145
—, 2-chloro- **9** 146
—, 4-(1,5-dimethyl-3-oxohexyl)-
   10 2950
—, *N*-(2-hydroxyethyl)- **9** 145
—, 4-isopropenyl-,
   oxime **9** 308
—, 2-methyl- **9** 165
—, 4-methyl- **9** 170
—, 6-methyl- **9** 166
—, 2-phenyl- **9** 3083
Cyclohex-2-ene-1-carboxamide 9 147
—, 2-chloro- **9** 148
—, 6-methyl- **9** 168
—, 2,6,6-trimethyl- **9** 201
Cyclohex-3-ene-1-carboxamide,
—, 3-chloro-1-methyl- **9** 165
—, 4-chloro-1-methyl- **9** 165
—, 1-methyl- **9** 164
—, 2-methyl- **9** 167
—, 4-methyl- **9** 171
Cyclohex-1-ene-1-carboxylic acid 9 144
   ethyl ester **9** 145
   isobutyl ester **9** 145
   methyl ester **9** 144
—, 2-(acetylthio)-,
   ethyl ester **10** 54
—, 2-amino-,
   ethyl ester **10** 2815
—, 5-(benzoyloxy)-3,4-dihydroxy-,
   methyl ester **10** 2029
—, 4-(1-bromo-1-methylethyl)- **9** 197
—, 3-bromo-2,6,6-trimethyl- **9** 199
—, 2-(1-carboxycyclohexyl)- **9** 4073
—, 2-chloro- **9** 146
—, 2-cyano-,
   ethyl ester **9** 3940
—, 2-cyano-3,3-dimethyl-,
   ethyl ester **9** 3982
—, 2-(1-cyanoethyl)-,
   ethyl ester **9** 3978
—, 3,4-dihydroxy-5-methoxy- **10** 2028
—, 2-(2,4-dimethoxyphenyl)- **10** 1906
   ethyl ester **10** 1906
—, 4-(1,5-dimethyl-3-oxohexyl)-
   10 2949
   methyl ester **10** 2950

Cyclohex-1-ene-1-carboxylic acid
   (continued)
—, 4-(1,5-dimethyl-
   3-semicarbazonohexyl)- **10** 2949
—, 4-(1,5-dimethyl-
   3-thiosemicarbazonohexyl)- **10** 2949
—, 2-(ethylthio)- **10** 54
—, 3-(formyloxy)-2,6,6-trimethyl-
   10 57
—, 3-hydroxy-,
   methyl ester **10** 54
—, 4-(3-hydroxy-1,5-dimethylhexyl)-
   10 76
—, 3-(hydroxyimino)-6-isopropyl-
   10 2906
—, 3-hydroxy-2,6,6-trimethyl- **10** 57
   methyl ester **10** 57
—, 4-isopropenyl- **9** 308
—, 4-isopropyl- **9** 195
   4-bromophenacyl ester **9** 196
   4-chlorophenacyl ester **9** 196
   4-nitrobenzylester **9** 196
—, 6-isopropyl-3-oxo- **10** 2906
—, 2-methyl- **9** 165
   ethyl ester **9** 165
—, 3-methyl- **9** 169
—, 4-methyl- **9** 170
   ethyl ester **9** 170
—, 5-methyl- **9** 169
—, 6-methyl- **9** 166
—, 4-methyl-2-(1-naphthyl)- **9** 3478
—, 4-methyl-6-(1-naphthyl)- **9** 3479
—, 2-(1-naphthyl)- **9** 3471
—, 6-(1-naphthyl)- **9** 3471
—, 6-oxo-,
   ethyl ester **10** 2897
—, 3-oxo-5,6-diphenyl- **10** 3414
—, 5-oxo-2,3-diphenyl- **10** 3414
—, 2-(phenylacetyl)- **10** 3236
—, 6-(1-semicarbazonopentyl)- **10** 2933
—, 3,3,5,5-tetrachloro-4-methoxy-
   2-methyl-6-oxo-,
   methyl ester **10** 4187
—, 3,3,5,5-tetrachloro-2-methyl-
   4,6-dioxo-,
   methyl ester **10** 3527
—, 3,4,5-triacetoxy- **10** 2028
—, 3,4,5-trihydroxy- **10** 2027
   methyl ester **10** 2029
—, 2,6,6-trimethyl- **9** 199
   4-bromophenacyl ester **9** 199
—, 5,6,6-trimethyl- **9** 201
—, 2,3,3-trimethyl-6-oxo- **10** 2908
—, 2,6,6-trimethyl-3-oxo- **10** 2907
—, 2,6,6-trimethyl-3-semicarbazono-
   10 2908
—, 3,4,5-tris(benzoyloxy)- **10** 2029
—, 6-valeryl- **10** 2933
   methyl ester **10** 2933

Cyclohex-2-ene-1-carboxylic acid 9 147
—, 5-benzoyl-1,4-dimethyl-2,3-diphenyl-
   10 3495
   methyl ester **10** 3495
—, 6-benzoyl-4-methyl- **10** 3237
—, 5-benzoyl-1,2,3,4-tetraphenyl- **10** 3513
—, 3,5-bis(ethoxycarbonylmethyl)-
   2-methyl-4-oxo-,
   ethyl ester **10** 4114
—, 3-butyl-2,6-dimethyl-4-oxo-,
   ethyl ester **10** 2942
—, 2-chloro- **9** 147
—, 5-(chlorocarbonyl)-4-methyl-,
   (2-chloroethyl) ester **9** 3962
—, 2-cyano-1,3-dimethyl-,
   ethyl ester **9** 3982
—, 2-cyano-1-methyl-,
   ethyl ester **9** 3958
—, 1-(cyclopent-2-en-1-yl)-2-ethyl-,
   ethyl ester **9** 2609
—, 5-(diethylcarbamoyl)-4-methyl-,
   2-(diethylamino)ethyl ester **9** 3962
—, 3-(3,7-dimethyloctyl)-2-methyl-4-oxo-,
   ethyl ester **10** 2953
—, 2,3-dimethyl-4-oxo-,
   ethyl ester **10** 2901
—, 2,6-dimethyl-4-oxo- **10** 2902
   ethyl ester **10** 2902
—, 1,3-dimethyl-2-phenethyl- **9** 3111
—, 2,3-dimethyl-4-semicarbazono-,
   ethyl ester **10** 2902
—, 2,6-dimethyl-4-semicarbazono-,
   ethyl ester **10** 2902
—, 3-ethyl-2,6-dimethyl-4-oxo-,
   ethyl ester **10** 2920
—, 2-ethyl-1-methyl- **9** 198
—, 3-ethyl-2-methyl-4-oxo-,
   ethyl ester **10** 2907
—, 6-ethyl-2-methyl-4-oxo-,
   ethyl ester **10** 2907
—, 3-ethyl-2-methyl-4-semicarbazono-,
   ethyl ester **10** 2907
—, 6-hexyl-2-methyl-4-oxo-,
   ethyl ester **10** 2946
—, 4-hydroxy-2,6,6-trimethyl-,
   ethyl ester **10** 57
—, 4-isopropyl- **9** 197
—, 2-(*m*-isopropylphenethyl)-
   1,3-dimethyl-,
   ethyl ester **9** 3120
—, 2-(3-methoxyphenethyl)-1,3-dimethyl-,
   ethyl ester **10** 1007
—, 2-(4-methoxyphenethyl)-1,3-dimethyl-,
   ethyl ester **10** 1007
—, 3-(3-methoxyphenethyl)-2-methyl-
   4-oxo-,
   ethyl ester **10** 4380
—, 6-(*o*-methoxyphenyl)-2-methyl-4-oxo-,
   ethyl ester **10** 4378

Cyclohex-2-ene-1-carboxylic acid
  (continued)
—, 6-(*p*-methoxyphenyl)-2-methyl-4-oxo-,
    ethyl ester **10** 4378
—, 3-methyl- **9** 169
—, 6-methyl- **9** 168
—, 1-methyl-2-(1-naphthyl)-,
    ethyl ester **9** 3478
—, 2-methyl-4-oxo-,
    ethyl ester **10** 2899
    methyl ester **10** 2899
—, 2-methyl-4-oxo-6-propyl-,
    ethyl ester **10** 2918
—, 1-methyl-2-phenethyl- **9** 3106
    ethyl ester **9** 3106
—, 1-methyl-2-propyl- **9** 228
—, 1,2,3,4,5-pentaphenyl- **9** 3695
—, 1,2,3,4,6-pentaphenyl- **9** 3695
—, 2-(2-phenylacetohydroximoyl)-
    10 3236
—, 2-(phenylacetyl)- **10** 3236
—, 2,5,6,6-tetramethyl- **9** 229
    ethyl ester **9** 229
    4-phenylphenacyl ester **9** 230
—, 2,6,6-trimethyl- **9** 199, 200
    ethyl ester **9** 200
—, 2,6,6-trimethyl-4-oxo-,
    ethyl ester **10** 2908
Cyclohex-3-ene-1-carboxylic acid 9 148
    cyclohexylmethyl ester **9** 149
    ethyl ester **9** 149
    methyl ester **9** 148
—, 2-acetoxy- **10** 54
—, 6-acetyl-3,4-dimethyl- **10** 2921
—, 6-acetyl-2,5-diphenyl- **10** 3421
—, 1-acetyl-6-ethoxy-3,4-dimethyl-,
    ethyl ester **10** 4188
—, 1-acetyl-6-methyl-,
    ethyl ester **10** 2907
—, 3-acetyl-4-methyl- **10** 2907
—, 1-acetyl-3,4,6-trimethyl-,
    ethyl ester **10** 2934
—, 6-*p*-anisoyl-3,4-dimethyl- **10** 4381
    ethyl ester **10** 4381
—, 2-benzhydryl- **9** 3539
—, 6-benzoyl- **10** 3234, 3235
—, 6-benzoyl-1,6-dibromo-
    3,4-diphenyl-,
    methyl ester **10** 3495
—, 6-benzoyl-3,4-dimethyl- **10** 3239
    ethyl ester **10** 3240
    methyl ester **10** 3240
—, 6-benzoyl-3,4-diphenyl-,
    methyl ester **10** 3495
—, 3-benzoyl-1,2,4,6-tetraphenyl-,
    ethyl ester **10** 3513
—, 6-(biphenyl-4-yl)-3,4-dimethyl-
    9 3543
—, 4-bromo- **9** 150

—, 6-(3-bromo-4-methoxyphenyl)-2-oxo-4-
    p-tolyl-,
    ethyl ester **10** 4480
—, 4-bromo-1,2,2-trimethyl- **9** 199
—, 6-(2-carboxy-*p*-tolyl)-
    1,3,4-trimethyl- **9** 4454
—, 4-chloro- **9** 149
    methyl ester **9** 150
—, 1-(3-chlorobut-2-enyl)-4-methyl-
    2-oxo-,
    ethyl ester **10** 2957
—, 6-(3-chloro-4-methoxyphenyl)-2-oxo-
    4-*p*-tolyl-,
    ethyl ester **10** 4480
—, 3-chloro-1-methyl- **9** 165
    methyl ester **9** 165
—, 4-chloro-1-methyl- **9** 165
    methyl ester **9** 165
—, 6-(*p*-chlorophenyl)-3,4-dimethyl-
    9 3100
—, 6-(*m*-chlorophenyl)-4-
    (4-methoxystyryl)-2-oxo-,
    ethyl ester **10** 4488
—, 6-(*p*-chlorophenyl)-4-
    (4-methoxystyryl)-2-oxo-,
    ethyl ester **10** 4488
—, 4-(3-chlorostyryl)-6-
    (*p*-hydroxyphenyl)-2-oxo-,
    ethyl ester **10** 4488
—, 4-(4-chlorostyryl)-6-
    (*p*-hydroxyphenyl)-2-oxo-,
    ethyl ester **10** 4489
—, 4-(3-chlorostyryl)-6-
    (*p*-methoxyphenyl)-2-oxo-,
    ethyl ester **10** 4489
—, 1-cyano-3,4-dimethyl-6-(prop-1-enyl)-,
    methyl ester **9** 4067
—, 1-(2-cyanoethyl)-4-ethoxy-
    6,6-dimethyl-2-oxo-,
    ethyl ester **10** 4714
—, 1-cyano-3,4,6-trimethyl-,
    ethyl ester **9** 4000
—, 1-cyclohexyl- **9** 338
    2-(diethylamino)ethyl ester **9** 338
—, 6-(cyclohexylcarbonyl)-,
    2-(diethylamino)ethyl ester **10** 2963
—, 6-(diethylcarbamoyl)-,
    methyl ester **9** 3947
—, 6-(4,5-dimethoxy-2-nitrophenyl)-
    3,4-dimethyl-,
    methyl ester **10** 1907
—, 6-(2,6-dimethoxy-4-pentylphenyl)-
    4-methyl- **10** 1911
    methyl ester **10** 1912
—, 6-(4,6-dimethoxy-*o*-tolyl)- **10** 1906
—, 6-(2,6-dimethoxy-*p*-tolyl)-
    3,4-dimethyl- **10** 1909
—, 6-(4,6-dimethoxy-*o*-tolyl)-
    3,4-dimethyl- **10** 1908

Cyclohex-3-ene-1-carboxylic acid
  (*continued*)
—, 2,4-dimethyl- **9** 183
—, 2,6-dimethyl- **9** 183
—, 3,4-dimethyl- **9** 183
—, 4,6-dimethyl- **9** 184
—, 6-(2,4-dimethylbenzoyl)-
  3,4-dimethyl- **10** 3243
  ethyl ester **10** 3243
—, 6-(2,5-dimethylbenzoyl)-
  3,4-dimethyl- **10** 3244
—, 6,6-dimethyl-2-methylene- **9** 309
—, 3,4-dimethyl-6-phenyl- **9** 3099
  ethyl ester **9** 3100
—, 3,4-dimethyl-6-*p*-toluoyl- **10** 3243
—, 3,4-dimethyl-6-*p*-tolyl- **9** 3106
—, 2,5-diphenyl- **9** 3528, 3529
—, 4-ethoxy-6,6-dimethyl-2-oxo-,
  ethyl ester **10** 4188
—, 4-ethoxy-6-methyl-2-oxo-,
  ethyl ester **10** 4187
—, 3-ethoxy-5-oxo- **10** 4186
—, 3-ethyl-4-(*p*-methoxyphenyl)-
  1-methyl- **10** 1005
—, 6-ethyl-1,3,4-trimethyl- **9** 254
—, 6-(fluoromethyl)-3,4-dimethyl-,
  methyl ester **9** 202
—, 6-(α-hydroxybenzyl)- **10** 997
—, 4-(1-hydroxy-2-naphthyl)-2-oxo-
  6-phenyl-,
  ethyl ester **10** 4498
—, 6-(*o*-hydroxyphenyl)-3,4-dimethyl-
  10 1002
—, 4-(*o*-hydroxyphenyl)-6-(2-methoxy-
  1-naphthyl)-2-oxo-,
  ethyl ester **10** 4709
—, 6-[2-(methoxycarbonyl)-*p*-tolyl]-
  1,3,4-trimethyl-,
  methyl ester **9** 4455
—, 6-(*o*-methoxyphenyl)-3,4-dimethyl-
  10 1002, 1003
  methyl ester **10** 1003
—, 6-(*p*-methoxyphenyl)-3,4-dimethyl-
  10 1003
—, 4-(*p*-methoxyphenyl)-1-methyl- **10** 998
—, 6-(*o*-methoxyphenyl)-3-methyl- **10** 998
—, 6-(*o*-methoxyphenyl)-4-methyl- **10** 998
—, 6-(*o*-methoxyphenyl)-4-methyl-2-oxo-,
  ethyl ester **10** 4378
—, 6-(*p*-methoxyphenyl)-4-(2-naphthyl)-
  2-oxo-,
  ethyl ester **10** 4499
—, 6-(*p*-methoxyphenyl)-2-oxo-
  4-phenyl-,
  ethyl ester **10** 4478
—, 6-(*p*-methoxyphenyl)-2-oxo-4-*p*-tolyl-,
  ethyl ester **10** 4480
—, 6-(2-methoxy-*p*-tolyl)-3,4-dimethyl-
  10 1006

—, 1-methyl- **9** 163
  methyl ester **9** 164
—, 2-methyl- **9** 166, 167
  methyl ester **9** 167
—, 4-methyl- **9** 170
  ethyl ester **9** 171
  methyl ester **9** 171
—, 6-methyl- **9** 168
—, 1-methyl-2-oxo-,
  ethyl ester **10** 2898
—, 3-methyl-2-oxo-,
  ethyl ester **10** 2899
—, 4-methyl-2-oxo-,
  ethyl ester **10** 2900
—, 6-methyl-2-oxo-,
  ethyl ester **10** 2899
—, 4-methyl-2-oxo-1-(3-oxobutyl)-,
  ethyl ester **10** 3530
—, 1-methyl-2-oxo-3-phenethyl-,
  ethyl ester **10** 3239
—, 2-methyl-4-phenyl- **9** 3094
—, 2-methyl-5-phenyl- **9** 3094
—, 5-methyl-2-phenyl- **9** 3093, 3094
—, 2-methyl-4-*p*-tolyl- **9** 3100
—, 2-methyl-4-(2,4-xylyl)- **9** 3107
—, 6-(1-naphthoyl)- **10** 3395
—, 4-(2-naphthyl)-2-oxo-6-phenyl-,
  ethyl ester **10** 3480
—, 2-oxo-4-phenyl-,
  ethyl ester **10** 3233
—, 2-oxo-6-phenyl-,
  ethyl ester **10** 3233
—, 2-oxo-6-phenyl-4-*p*-tolyl-,
  ethyl ester **10** 3420
—, 2-phenyl- **9** 3084, 3085
  ethyl ester **9** 3085
  methyl ester **9** 3085
—, 5-phenyl- **9** 3086
—, 6-phenyl- **9** 3084
—, 2,2,4,6-tetramethyl- **9** 229
  methyl ester **9** 229
—, 1,4,6,6-tetramethyl-2-oxo-,
  ethyl ester **10** 2921
—, 6-*p*-toluoyl- **10** 3237
—, 1,2,2-trimethyl- **9** 198
—, 1,3,4-trimethyl- **9** 201
  methyl ester **9** 202
—, 2,2,4-trimethyl- **9** 201
—, 3,4,6-trimethyl- **9** 202
  ethyl ester **9** 202
—, 4,6,6-trimethyl-2-oxo-,
  ethyl ester **10** 2908
Cyclohex-4-ene-1-carboxylic acid,
—, 2-methyl-,
  ethyl ester **9** 168
Cyclohex-1-ene-1,4-dicarbonitrile,
—, 4-vinyl- **9** 4051
Cyclohex-3-ene-1,1-dicarbonitrile,
—, 3,4-dimethyl-6-phenyl- **9** 4451

Cyclohex-4-ene-1,2-dicarbonitrile
9 3947
—, 3,5-dimethyl- 9 3983
—, 3,4-dimethyl-6-(2-methylprop-1-enyl)-
9 4073
Cyclohex-3-ene-1,2-dicarbonyl dichloride
9 3942
Cyclohex-4-ene-1,2-dicarbonyl dichloride
9 3947
—, 3,6-diphenyl- 9 4665
Cyclohex-4-ene-1,3-dicarbonyl dichloride,
—, 6-methyl- 9 3962
Cyclohex-4-ene-1,3-dicarboxamide,
—, N,N,N',N'-tetraethyl-6-methyl-
9 3963
Cyclohex-1-ene-1,2-dicarboxylic acid
9 3939
    diethyl ester 9 3940
Cyclohex-1-ene-1,3-dicarboxylic acid
9 3949
    diethyl ester 9 3950
—, 6-(ethoxycarbonylmethyl)-4-oxo-,
    diethyl ester 10 4113
—, 3-ethyl- 9 3981
    diethyl ester 9 3981
Cyclohex-1-ene-1,4-dicarboxylic acid
    bis(4-nitrobenzyl) ester 9 3950
    dimethyl ester 9 3950
—, 6-methoxy-3-oxo- 10 4713
—, 2-(1-naphthyl)- 9 4634
—, 6-(1-naphthyl)- 9 4634
—, 4-vinyl- 9 4050
    diethyl ester 9 4051
Cyclohex-2-ene-1,2-dicarboxylic acid
9 3940
    diethyl ester 9 3940
—, 5-acetyl-6-hydroxy-3-
    (methoxycarbonylmethyl)-6-methyl-
    4-oxo-,
    dimethyl ester 10 4859
—, 1,3-dimethyl- 9 3982
    1-methyl ester 9 3982
    2-methyl ester 9 3982
—, 1-methyl- 9 3958
    dimethyl ester 9 3958
    1-methyl ester 9 3958
    2-methyl ester 9 3958
—, 1-methyl-4,6-dioxo-,
    diethyl ester 10 4053
—, 5-methyl-6-(prop-1-enyl)- 9 4058
    dimethyl ester 9 4059
Cyclohex-2-ene-1,4-dicarboxylic acid
9 3950
    dimethyl ester 9 3951
Cyclohex-3-ene-1,1-dicarboxylic acid
    diethyl ester 9 3939
—, 3-acetyl-4-methyl-,
    diethyl ester 10 3932

—, 3-benzoyl-2,4,6-triphenyl-,
    diethyl ester 10 4040
—, 3,4-dimethyl- 9 3983
    diethyl ester 9 3983
—, 3,4-dimethyl-6-phenyl- 9 4451
    diethyl ester 9 4451
—, 6-ethyl-,
    diethyl ester 9 3981
—, 6-ethyl-3,4-dimethyl-,
    diethyl ester 9 4006
—, 6-isobutyl-,
    diethyl ester 9 4006
—, 6-isopropyl-3,4-dimethyl-,
    diethyl ester 9 4012
—, 4-methyl-,
    diethyl ester 9 3959
—, 6-methyl-,
    diethyl ester 9 3959
—, 6-[(methylthio)methyl]-,
    diethyl ester 10 2046
—, 6-propyl-,
    diethyl ester 9 3998
—, 3,4,6-trimethyl-,
    diethyl ester 9 4000
Cyclohex-3-ene-1,2-dicarboxylic acid
9 3941
    dimethyl ester 9 3941
—, 5-methyl-6-(prop-1-enyl)-,
    bis[2-(diethylamino)ethyl] ester
    9 4058
    dimethyl ester 9 4058
Cyclohex-3-ene-1,3-dicarboxylic acid
9 3950
—, 4-methyl- 9 3960
—, 6-methyl-2-(prop-1-enyl)- 9 4057
Cyclohex-4-ene-1,2-dicarboxylic acid
9 3942
    allyl ester 9 3945
    [2-(benzyloxy)ethyl] ester 9 3947
    bis(2-chloroallyl) ester 9 3945
    bis[2-chloro-1-(chloromethyl)ethyl]
    ester 9 3944
    bis(2-chloroethyl) ester 9 3943
    bis(2-chloro-1-methylethyl) ester
    9 3944
    bis(3-chloropropyl) ester 9 3944
    bis(3,7-dimethylocta-2,6-dienyl)
    ester 9 3946
    bis(2-methylallyl) ester 9 3945
    bis(1-methylbutyl) ester 9 3945
    bis(3,5,5-trimethylhexyl) ester
    9 3945
    (2-chloroethyl) ester 9 3943
    cinnamyl ester 9 3946
    diallyl ester 9 3945
    dibutyl ester 9 3944
    di-sec-butyl ester 9 3944
    diethyl ester 9 3943
    diisopropyl ester 9 3944

Cyclohex-4-ene-1,2-dicarboxylic acid
   ester *(continued)*
     dimethyl ester **9** 3943
     dipentyl ester **9** 3945
     dipropyl ester **9** 3944
     isobutyl ester **9** 3944
     p-menth-3-yl ester **9** 3946
—, 4-acetoxy- **10** 2046
—, 3-(1-acetoxyethyl)- **10** 2049
     dimethyl ester **10** 2049
     ethyl ester **10** 2049
—, 3-allyl-3-phenyl- **9** 4488
—, 3-allyl-3-*o*-tolyl- **9** 4490
—, 3-(biphenyl-4-yl)-6-phenyl- **9** 4712
—, 4-bromo- **9** 3949
—, 4-bromo-5-methyl- **9** 3962
—, 4-*tert*-butyl- **9** 4006
—, 5-*tert*-butyl-3-phenyl- **9** 4454
—, 4-(*tert*-butylsulfonyl)-5-methyl-
     10 2047
—, 4-chloro- **9** 3947
     bis(2-methoxyethyl) ester **9** 3949
     diethyl ester **9** 3948
     1-(*p*-menth-3-yl) ester **9** 3948
     2-(*p*-menth-3-yl) ester **9** 3948
     1-phenyl ester **9** 3948
     2-phenyl ester **9** 3948
—, 1-chloro-3,5-dimethyl-,
     diethyl ester **9** 3984
     dimethyl ester **9** 3984
—, 4-chloro-3-(methoxymethyl)- **10** 2047
—, 4-chloro-5-methyl- **9** 3961
—, 3,5-di-*tert*-butyl- **9** 4034
—, 4,5-dichloro- **9** 3949
—, 3,3-diisopropyl- **9** 4018
—, 3-(3,4-dimethoxyphenyl)- **10** 2478
     dimethyl ester **10** 2478
—, 1,2-dimethyl- **9** 3982
—, 3,3-dimethyl- **9** 3983
—, 3,5-dimethyl- **9** 3983
     diallyl ester **9** 3983
—, 4,5-dimethyl- **9** 3984
     diallyl ester **9** 3984
     diethyl ester **9** 3984
—, 3-(1,1-dimethylallyl)-4-methyl- **9** 4071
—, 3,4-dimethyl-6-(2-methylprop-1-enyl)-
     9 4072
     bis(2-ethylbutyl) ester **9** 4073
—, 3,6-diphenyl- **9** 4665
—, 4,5-diphenyl- **9** 4665
—, 3-ethinyl- **9** 4296
—, 3-ethoxy- **10** 2045
     dimethyl ester **10** 2046
—, 3-(1-ethoxyethyl)- **10** 2049
—, 5-ethoxy-3-oxo- **10** 4713
     2-ethyl ester **10** 4713
—, 3-ethyl- **9** 3981
—, 3-ethyl-6-isopropyl-3-methyl-
     9 4018

—, 4-(ethylthio)-5-methyl- **10** 2047
—, 4-fluoro-5-methyl- **9** 3961
—, 3-(1-hydroxy-1-methylpropyl)- **10** 2053
—, 4-iodo- **9** 3949
—, 6-isobutyl-3,3,5-trimethyl- **9** 4031
—, 4-(isopropylthio)-5-methyl- **10** 2047
—, 3-(1-methoxyethyl)- **10** 2049
—, 1-methyl- **9** 3959
—, 3-methyl-,
     diallyl ester **9** 3960
     dibutyl ester **9** 3959
     di-*sec*-butyl ester **9** 3959
     diisobutyl ester **9** 3959
     dimethyl ester **9** 3959
     dipentyl ester **9** 3959
—, 4-methyl- **9** 3960
     diallyl ester **9** 3961
     dibutyl ester **9** 3960
     di-*sec*-butyl ester **9** 3961
     di-*tert*-butyl ester **9** 3961
     diethyl ester **9** 3960
     diisobutyl ester **9** 3961
     dimethyl ester **9** 3960
     dipentyl ester **9** 3961
—, 4-methyl-3-(3-methylbut-2-enyl)-
     9 4071
—, 4-methyl-5-(methylthio)- **10** 2047
—, 4-(4-methylpent-3-enyl)- **9** 4070
     dimethyl ester **9** 4070
—, 3-methyl-5-phenyl- **9** 4448
—, 5-methyl-3-phenyl- **9** 4448
—, 4-methyl-5-(phenylthio)- **10** 2048
—, 4-methyl-5-(propylthio)- **10** 2047
—, 3-methyl-5-*p*-tolyl- **9** 4451
—, 3-methyl-5-(2,4-xylyl)- **9** 4454
—, 3-(1-naphthyl)- **9** 4633
     dimethyl ester **9** 4634
—, 3-phenethyl- **9** 4450
     dimethyl ester **9** 4450
     methyl ester **9** 4450
—, 4-phenyl- **9** 4445
—, 3-phenyl-6-styryl- **9** 4680
—, 1,2,3,6-tetrabromo-3,6-dimethyl-
     4,5-diphenyl-,
     dimethyl ester **9** 4668
—, 4-thiocyanato- **10** 2046
—, 3,3,5-trimethyl- **9** 3999
     dimethyl ester **9** 4000
—, 3-vinyl- **9** 4051
Cyclohex-4-ene-1,3-dicarboxylic acid,
—, 2,2-dibromo-4-methyl-6-oxo-,
     diethyl ester **10** 3926
—, 2-(2,3-dimethoxyphenyl)-4-methyl-
     6-oxo-,
     diethyl ester **10** 4813
—, 2,4-dimethyl-6-oxo-,
     diethyl ester **10** 3929
—, 3-(hydroxymethyl)-4-methyl-6-oxo-,
     diethyl ester **10** 4714

Cyclohex-4-ene-1,3-dicarboxylic acid
(continued)
—, 2-(p-methoxyphenyl)-4-methyl-
6-oxo-,
diethyl ester 10 4761
—, 4-methyl- 9 3963
—, 6-methyl- 9 3962
3-ethyl ester 1-methyl ester 9 3962
—, 4-methyl-6-oxo-,
diethyl ester 10 3926
—, 4-methyl-6-oxo-2-m-tolyl-,
diethyl ester 10 3998
Cyclohex-2-ene-1,4-dione,
—, 5,6-dibromo-,
O-benzoyloxime 9 1285
—, 5,6-dichloro-,
O-benzoyloxime 9 1285
Cyclohex-4-ene-1,1,2,2-tetracarboxylic acid
tetraethyl ester 9 4861
—, 4,5-dimethyl-,
tetraethyl ester 9 4861
Cyclohex-5-ene-1,2,3,4-tetracarboxylic acid
tetramethyl ester 9 4861
Cyclohex-1-ene-1,3,5-tricarboxylic acid,
—, 4-acetonyl-2-(ethoxycarbonylmethyl)-
6-oxo-,
triethyl ester 10 4170
Cyclohex-4-ene-1,2,3-tricarboxylic acid,
—, 6-methyl- 9 4775
triethyl ester 9 4775
Cyclohex-2-en-1-one,
—, 3,4-dimethyl-,
O-benzoyloxime 9 1275
—, 3-ethyl-4-methyl-,
O-benzoyloxime 9 1275
—, 3-ethyl-2,4,6-trimethyl-,
O-(4-nitrobenzoyl)oxime 9 1750
Cyclohex-x-ene-1-carbonitrile,
—, 2-vinyl- 9 300
3,5-Cycloisoketopinic acid 10 2955
3,5-Cycloketopinic acid 10 2955
Cyclononanecarboxylic acid,
—, 2-oxo-,
methyl ester 10 2851
—, 2-oxo-1-(3-oxobutyl)-,
methyl ester 10 3525
6,10-Cyclo-19-norergosta-7,9(11),22-triene,
—, 2-(benzoyloxy)-5-methyl- 9 515
6,10-Cyclo-19-norergost-7-ene,
—, 2-(benzoyloxy)-5-methyl- 9 482
Cyclooctadeca-1,10-diene-
1,10-dicarbonitrile,
—, 2,11-diamino- 10 4052
Cyclooctadecane-1,10-dicarbonitrile,
—, 2,11-diimino- 10 4052
Cyclooctaneacetic acid
see Acetic acid, cyclooctyl-
Cyclooctanecarbonitrile,
—, 1-acetoxy- 10 33

—, 1-hydroxy- 10 33
—, 2-imino- 10 2833
—, 2-oxo- 10 2832
—, 2-semicarbazono- 10 2833
Cyclooctanecarbonyl chloride 9 63
Cyclooctanecarboxamide 9 63
—, 1-acetoxy- 10 32
Cyclooctanecarboxylic acid 9 63
—, 1-(3-chlorobut-2-enyl)-2-oxo-,
methyl ester 10 2941
—, 2-oxo-,
methyl ester 10 2832
—, 2-oxo-1-(3-oxobutyl)-,
methyl ester 10 3525
Cycloocta-2,5,7-triene-1,4-dicarboxylic
acid 9 4276
Cyclooct-1-ene-1-carbonitrile,
—, 2-amino- 10 2833
Cyclopenta[c][1]benzopyran
see Cyclopenta[c]chromene
3aH-Cyclopent[j]acephenanthrylene-3a-
carboxylic acid,
—, 2,3,4,5,9,10-hexahydro-,
ethyl ester 9 3569
Cyclopenta[c]chromen-4(3aH)-one,
—, 5a-hydroxy-3a-methyldecahydro-
10 2943
Cyclopenta[hi]chrysene-10a(10H)-
carboxylic acid,
—, 4,5,8,9,11,12-hexahydro-,
ethyl ester 9 3571
Cyclopentadecanecarbonitrile,
—, 2-imino- 10 2895
Cyclopentadecanecarboxylic acid,
— 1-[2-acetylallyl]-2-oxo-,
methyl ester 10 3536
—, 2-imino-,
ethyl ester 10 2895
methyl ester 10 2894
—, 4-methyl-2-oxo-,
methyl ester 10 2896
—, 2-oxo- 10 2894
methyl ester 10 2894
—, 2-oxo-1-(3-oxobutyl)-,
methyl ester 10 3527
Cyclopentadeca[b]pyran-2(3H)-one,
—, 17a-hydroxyhexadecahydro- 10 2896
Cyclopentadec-1-ene-1-carbonitrile,
—, 2-amino- 10 2895
Cyclopentadec-1-ene-1-carboxylic acid,
—, 2-amino-,
ethyl ester 10 2895
methyl ester 10 2894
Cyclopenta-1,3-diene,
—, 1,3-bis(benzoyloxy)-2,4,5-triphenyl-
9 657
—, 1,4-bis(benzoyloxy)-2,3,5-triphenyl-
9 657

Cyclopenta-1,3-diene-1-carboxylic acid
methyl ester **9** 297
—, 2,4-diphenyl- **9** 3553
—, 4,5,5-trimethyl- **9** 302
methyl ester **9** 302
Cyclopenta-1,4-diene-1-carboxylic acid,
—, 4-bromo-2,3,3-trimethyl- **9** 301
—, 5-bromo-2,3,3-trimethyl- **9** 301
—, 2,3,3-trimethyl- **9** 301
methyl ester **9** 301
Cyclopenta-1,3-diene-
1,2,3,4,5-pentacarboxylic acid
pentamethyl ester **9** 4907
Cyclopenta-1,3-diene-
1,2,3-tricarboxylic acid,
—, 5-[cyano(ethoxycarbonyl)methylene]-
4-hydroxy-,
trimethyl ester **10** 4178
—, 4-[cyano(ethoxycarbonyl)methyl]-
5-oxo-,
trimethyl ester **10** 4178
—, 5-(dicyanomethylene)-4-hydroxy-,
trimethyl ester **10** 4178
—, 4-(dicyanomethyl)-5-oxo-,
trimethyl ester **10** 4178
Cyclopenta-2,4-dien-1-one,
—, 2-(benzoyloxy)-3,4,5-triphenyl-
9 777
—, 3-(benzoyloxy)-2,4,5-triphenyl-
9 778
1H-Cyclopenta[c]furan-4-carboxylic acid,
—, 6-bromo-1,5-dihydroxy-3-oxohexahydro-
10 4711
2H-Cyclopenta[b]furan-2,3(3aH)-dione,
—, 6a-hydroxy-6,6-dimethyltetrahydro-
10 3519
—, 6a-hydroxytetrahydro-,
3-methylhydrazone **10** 3516
2H-Cyclopenta[b]furan-2,4(3aH)-dione,
—, 6a-hydroxy-3,5-dimethyltetrahydro-
10 3519
—, 6a-hydroxy-3,6-dimethyltetrahydro-
10 3519
—, 6a-hydroxy-
3,3,5,5-tetramethyltetrahydro- **10** 3523
—, 6a-hydroxy-
3,3,6,6-tetramethyltetrahydro-
10 3523
1H-Cyclopenta[c]furan-1-one,
—, 3-hydroxy-3,6-dimethylhexahydro-
10 2846
—, 3-hydroxy-3-(1-naphthyl)hexahydro-
10 3347
2H-Cyclopenta[b]furan-2-one,
—, 4-(biphenyl-4-yl)-6a-hydroxy-
3,5,6,6a-tetrahydro- **10** 3414
—, 4-(5-chloro-6-methoxy-2-naphthyl)-
6a-hydroxy-3,5,6,6a-tetrahydro-
10 4467

—, 4-p-cumenyl-6a-hydroxy-3,5,6,6a-
tetrahydro- **10** 3240
—, 4-(p-cyclohexylphenyl)-6a-hydroxy-
3,5,6,6a-tetrahydro- **10** 3286
—, 5,6a-dihydroxy-4,5-diphenyl-
3,5,6,6a-tetrahydro- **10** 4478
—, 4-(p-ethylphenyl)-6a-hydroxy-
3,5,6,6a-tetrahydro- **10** 3237
—, 6a-hydroxy-3,6-dimethylhexahydro-
10 2845
—, 6a-hydroxyhexahydro- **10** 2817
—, 6a-hydroxy-4-(6-hydroxy-2-naphthyl)-
3,5,6,6a-tetrahydro- **10** 4466
—, 6a-hydroxy-5-isopropyl-
3-methylhexahydro- **10** 2880
—, 6a-hydroxy-4-(6-methoxy-2-naphthyl)-
hexahydro- **10** 4456
—, 6a-hydroxy-4-(4-methoxy-1-naphthyl)-
3,5,6,6a-tetrahydro- **10** 4466
—, 6a-hydroxy-4-(6-methoxy-2-naphthyl)-
3,5,6,6a-tetrahydro- **10** 4466
—, 6a-hydroxy-4-(6-methoxy-2-naphthyl)-
3a,6,6-trimethylhexahydro- **10** 4463
—, 6a-hydroxy-4-(m-methoxyphenyl)-
3,5,6,6a-tetrahydro- **10** 4377
—, 6a-hydroxy-4-(p-methoxyphenyl)-
3,5,6,6a-tetrahydro- **10** 4378
—, 6a-hydroxy-4-[p-(1-methylbutyl)-
phenyl]-3,5,6,6a-tetrahydro-
10 3244
—, 6a-hydroxy-3-methylhexahydro-
10 2828
—, 6a-hydroxy-3a-methylhexahydro-
10 2829
—, 6a-hydroxy-5-methylhexahydro-
10 2831
—, 6a-hydroxy-6-methylhexahydro-
10 2830
—, 6a-hydroxy-4-(6-methyl-2-naphthyl)-
3,5,6,6a-tetrahydro- **10** 3397
—, 6a-hydroxy-4-methyl-3,5,6,6a-
tetrahydro- **10** 2900
—, 6a-hydroxy-4-(3-methyl-
5,6,7,8-tetrahydro-2-naphthyl)-
3,5,6,6a-tetrahydro- **10** 3284
—, 6a-hydroxy-4-(2-naphthyl)hexahydro-
10 3348
—, 6a-hydroxy-4-(2-naphthyl)-3,5,6,6a-
tetrahydro- **10** 3390
—, 6a-hydroxy-4-phenylhexahydro-
10 3182
—, 6a-hydroxy-4-phenyl-3,5,6,6a-
tetrahydro- **10** 3233
—, 6a-hydroxy-4-p-tolyl-3,5,6,6a-
tetrahydro- **10** 3235
—, 6a-hydroxy-4,4,5-trimethylhexahydro-
10 2867
—, 6a-hydroxy-4,4,5-trimethyl-
3,3a,4,7a-tetrahydro- **10** 2909

1*H*-Cyclopenta[*a*]naphthalene-
1-carboxylic acid,
—, 2-oxo-2,3-dihydro-,
    methyl ester **10** 3308
—, 3-oxo-2,3-dihydro- **10** 3308
—, 2-oxo-2,3,3a,4,5,9b-hexahydro-,
    methyl ester **10** 3235
—, 3-oxo-2,3,4,5-tetrahydro-,
    ethyl ester **10** 3271
—, 3-semicarbazono-
    2,3,4,5-tetrahydro-,
    ethyl ester **10** 3272
1*H*-Cyclopenta[*a*]naphthalene-
2-carboxylic acid,
—, 3-ethyl-3-hydroxy-7-methoxy-
    2-methyl-2,3-dihydro-,
    methyl ester **10** 1979
—, 3-ethyl-7-hydroxy-2-methyl-
    2,3-dihydro- **10** 1224
    methyl ester **10** 1225
—, 3-ethylidene-7-methoxy-2-methyl-
    2,3-dihydro- **10** 1282
    methyl ester **10** 1282
—, 3-ethyl-7-methoxy-2-methyl-
    2,3-dihydro- **10** 1224
    methyl ester **10** 1225
—, 3-ethynyl-3-hydroxy-7-methoxy-
    2-methyl-2,3-dihydro-,
    methyl ester **10** 2008
—, 7-methoxy-3a,6-dimethyl-3-oxo-
    2,3,3a,4,5,9b-hexahydro-,
    methyl ester **10** 4383
—, 7-methoxy-2-methyl-3-oxo-
    2,3-dihydro-,
    methyl ester **10** 4444
—, 7-methoxy-3-oxo-2,3-dihydro-,
    methyl ester **10** 4434
—, 3a-methyl-7-methoxy-3-oxo-2,3,3a,4,
    5,9b-hexahydro-,
    methyl ester **10** 4380
—, 3a-methyl-3-oxo-2,3,3a,4,5,9b-
    hexahydro-,
    methyl ester **10** 3238
1*H*-Cyclopenta[*a*]naphthalene-
3-carboxylic acid,
—, 1-oxo-2,3-dihydro- **10** 3309
    methyl ester **10** 3309
—, 2-oxo-2,3-dihydro-,
    methyl ester **10** 3308
—, 2-oxo-2,3,3a,4,5,9b-hexahydro-,
    methyl ester **10** 3235
1*H*-Cyclopenta[*a*]naphthalene-
5-carboxylic acid,
—, 3a-methyl-4-oxododecahydro-,
    methyl ester **10** 2965
1*H*-Cyclopenta[*a*]naphthalene-
6-carboxylic acid,
—, 3-(1,5-dimethylhexyl)-
    3a,6-dimethyldodecahydro- **9** 357, 358

methyl ester **9** 358
—, 3-(1,5-dimethylhexyl)-3a,6-dimethyl-
    9-oxododecahydro- **10** 2969
    methyl ester **10** 2970
—, 3-(1,5-dimethylhexyl)-3a,6-dimethyl-
    9-semicarbazonododecahydro-
    10 2969
—, 2-isobutyryl-6,9a-
    dimethyldodecahydro- **10** 2968
—, 2-isobutyryl-6,9a-dimethyl-5,5a,6,7,-
    8,9,9a,9b-octahydro- **10** 3213
—, 2-isobutyryl-6,9a-dimethyl-3-oxo-
    2,3,5,5a,6,7,8,9,9a,9b-decahydro-
    10 3562
—, 3a,6,9a-trimethyl-2-oxododecahydro-,
    methyl ester **10** 2966
—, 3a,6,9a-trimethyl-3-oxododecahydro-,
    methyl ester **10** 2966
3a*H*-Cyclopenta[*a*]naphthalene-3a-
carboxylic acid,
—, dodecahydro-,
    ethyl ester **9** 343
—, 1,2,3,4,5,9b-hexahydro-,
    ethyl ester **9** 3097
—, 2,3,4,5-tetrahydro-,
    ethyl ester **9** 3237
3*H*-Cyclopenta[*a*]naphthalene-
2-carboxylic acid **9** 3414
1*H*-Cyclopenta[*a*]naphthalen-1-one,
—, 3-(benzoyloxy)-2-phenyl- **9** 776
1*H*-Cyclopenta[*b*]naphthalen-1-one,
—, 3-(benzoyloxy)-2-phenyl- **9** 776
Cyclopentane,
—, 1-(benzoyloxymethyl)-
    1,2,2,3-tetramethyl- **9** 409
—, 1-(benzoyloxy)-2-[2-(trityloxy)-
    ethyl]- **9** 547
—, 1,2-bis(benzoyloxy)- **9** 542
—, 1,2-bis(benzoyloxy)-1-methyl- **9** 545
—, 1,1-bis[*p*-(benzoyloxy)phenyl]-
    9 637
—, 1,2-bis[2-(3,5-dinitrobenzoyloxy)-
    ethyl]- **9** 1901
—, 1,2-bis(3,5-dinitrobenzoyloxy)-
    1-methyl- **9** 1900
—, 1,2-bis(3,5-dinitrobenzoyloxy)-
    3-methyl- **9** 1900
—, 1,3-bis(4-nitrobenzoyloxy)- **9** 1631
—, 1-[2-(5,8-dihydro-1-naphthyl)ethyl]-
    2-(3,5-dinitrobenzoyloxy)-
    1-methyl- **9** 1878
—, 3-(3,5-dinitrobenzoyloxy)-
    1-isopropyl-1,4-dimethyl- **9** 1817
—, 2-(3,5-dinitrobenzoyloxy)-
    1-isopropyl-3-methyl- **9** 1812
—, 2-(3,5-dinitrobenzoyloxy)-1-methyl-
    1-[2-(1-naphthyl)ethyl]- **9** 1886
—, 1-(3,5-dinitrobenzoyloxy)-2-[2-
    (1-naphthyl)ethyl]- **9** 1886

Cyclopentane *(continued)*
—, 1-isopropyl-3-methyl-2-
(4-nitrobenzoyloxy)- **9** 1559
—, 1,2,2-trimethyl-1-
[(4-nitrobenzoyloxy)methyl]-3-[3-
(4-nitrobenzoyloxy)propyl]-
9 1634
Cyclopentaneacetic acid
see *Acetic acid, cyclopentyl-*
Cyclopentanebutyric acid
see *Butyric acid, 4-cyclopentyl-*
Cyclopentanecarbonimidoyl chloride,
—, N-ethyl-1,2,2,3-tetramethyl- **9** 99
Cyclopentanecarbonitrile 9 13
—, 2-(acetoacetylimino)- **10** 2811
—, 2-(acetylimino)- **10** 2810
—, 2-(acetylimino)-3-methyl-3-phenyl-
10 3183
—, 3-acetyl-2,2,3-trimethyl- **10** 2883
—, 3-benzoyl-2,2,3-trimethyl-
10 3205, 3206
—, 1-benzyl- **9** 2850
—, 2-(chloroacetylimino)- **10** 2811
—, 3-(1,1-dimethylacetonyl)- **10** 2879
—, 2,5-dioxo-1-phenyl- **10** 3590
—, 1-hydroxy- **10** 6
—, 2-hydroxy- **10** 8
—, 3-(α-hydroxybenzhydryl)-
2,2,3-trimethyl- **10** 1297
—, 1-hydroxy-2-methyl- **10** 21
—, 1-hydroxy-3-methyl- **10** 22
—, 2-imino- **10** 2810
—, 2-imino-3-methyl-3-phenyl-
10 3183
—, 3-isopropylidene- **9** 186
—, 3-isopropylidene-1-methyl- **9** 206
—, 2-methyl-1-phenyl- **9** 2852
—, 1-(1-naphthyl)- **9** 3372
—, 1-phenyl- **9** 2822
—, 2-(propionylimino)- **10** 2811
—, 2,2,3,3-tetramethyl- **9** 100
—, 2,2,3-trimethyl-3-
(1-semicarbazonoethyl)- **10** 2884
Cyclopentanecarbonyl chloride 9 13
—, 1-bromo-3-cyclohexyl- **9** 255
—, 1-bromo-3-ethyl- **9** 60
—, 3-cyano-1,2,2-trimethyl- **9** 3894
—, 3-cyclohexyl- **9** 255
—, 2,3-dimethyl- **9** 62
—, 3-ethyl- **9** 60
—, 3-isopropyl-1-methyl- **9** 97
—, 3-isopropyl-1,2,2-trimethyl-
9 120
—, 1-methyl- **9** 43
—, 2-methyl- **9** 44
—, 1-phenyl- **9** 2821
—, 3-phenyl- **9** 2823
—, 2,3,3-trimethyl- **9** 76
Cyclopentanecarbothioic acid 9 14

Cyclopentanecarboxamide 9 13
—, N-allyl-N'-propyl-1,1'-ethylenebis-
9 4027
—, 3-benzoyl-2,2,3-trimethyl-
10 3205
—, N-butyl-N-[2-(dimethylamino)ethyl]-
1-phenyl- **9** 2822
—, 1-chloro-N-ethyl-2-methyl- **9** 45
—, 1-chloro-2,3,N-trimethyl- **9** 62
—, 3-cyano-1,2,2-trimethyl- **9** 3895
—, 3-cyano-2,2,3-trimethyl- **9** 3894
—, N,N'-diallyl-1,1'-ethylenebis-
9 4027
—, N-[2-(diethylamino)ethyl]-N-ethyl-1-
o-tolyl- **9** 2853
—, N-[2-(diethylamino)ethyl]-1-
(p-methoxyphenyl)- **10** 896
—, N-[2-(diethylamino)ethyl]-N-methyl-
1-phenyl- **9** 2822
—, N-[2-(diethylamino)ethyl]-N-methyl-
1-o-tolyl- **9** 2854
—, N-[2-(diethylamino)ethyl]-1-phenyl-
9 2821
—, N-[2-(diethylamino)ethyl]-1-p-tolyl-
9 2854
—, N-[2-(diethylamino)ethyl]-1-
(3,4-xylyl)- **9** 2874
—, 1,2-dimethyl- **9** 61
—, 2,3-dimethyl- **9** 62
—, N-[2-(dimethylamino)ethyl]-N-methyl-
1-phenyl- **9** 2821
—, N-[2-(dimethylamino)ethyl]-1-phenyl-
9 2821
—, N-[2-(dimethylamino)ethyl]-1-
(3,4-xylyl)- **9** 2874
—, N,N'-dipropyl-1,1'-ethylenebis-
9 4026
—, 1,1'-ethylenebis- **9** 4026
—, N-ethyl-2-methyl- **9** 44
—, 1-ethyl-2-methyl- **9** 74
—, 2-hydroxy-1,N-dimethyl-2-[2-
(1-naphthyl)ethyl]- **10** 1242
—, 3-isopropyl- **9** 74
—, 3-isopropylidene- **9** 186
—, 3-isopropylidene-1-methyl- **9** 206
—, N-isopropyl-2-methyl- **9** 44
—, 3-isopropyl-1-methyl- **9** 97
—, 3-isopropyl-3-propyl- **9** 119
—, 3-isopropyl-1,2,2-trimethyl- **9** 120
—, 4-isopropyl-1,3,3-trimethyl- **9** 120
—, 2-methyl- **9** 44
—, 3-methyl- **9** 46
—, 1-phenyl- **9** 2821
—, 2-phenyl- **9** 2822
—, 3-phenyl- **9** 2823
—, 1,2,3,3-tetramethyl- **9** 100
—, 2,2,3,3-tetramethyl- **9** 100
—, 2,3,N-trimethyl- **9** 62
—, 2,3,3-trimethyl- **9** 76

Cyclopentanecarboxylic acid 9 11
    butyl ester 9 12
    tert-butyl ester 9 12
    cyclohexyl ester 9 12
    2-(diethylamino)ethyl ester 9 13
    ethyl ester 9 11
    isopropyl ester 9 12
    methyl ester 9 11
    propyl ester 9 11
—, 1-(α-acetonylbenzyl)-2-oxo-,
    ethyl ester 10 3596
—, 2-acetoxy-3-isopropyl-1-methyl-,
    ethyl ester 10 41
—, 1-(acetoxymethyl)-2-oxo-,
    ethyl ester 10 4183
—, 3-(acetoxymethyl)-1,2,2-trimethyl- 10 43
—, 1-acetyl-,
    ethyl ester 10 2829
—, 3-acetyl- 10 2830
    methyl ester 10 2830
—, 3-acetyl-1,2-dimethyl- 10 2864
—, 3-acetyl-2,2-dimethyl- 10 2864
—, 3-acetyl-2,3-dimethyl- 10 2864
—, 2-acetyl-1-methyl-,
    ethyl ester 10 2845
—, 2-acetyl-5-methyl- 10 2846
    methyl ester 10 2846
—, 1-acetyl-2-oxo-,
    ethyl ester 10 3518
—, 3-acetyl-1,2,2-trimethyl-
    10 2881, 2882
    methyl ester 10 2882
—, 3-acetyl-2,2,3-trimethyl- 10 2883
    methyl ester 10 2883
—, 1-{2-[1-(allylcarbamoyl)cyclopentyl]=
    ethyl}- 9 4026
—, 1-allyl-3-methyl-2-oxo-,
    ethyl ester 10 2909
—, 1-allyl-2-oxo-,
    ethyl ester 10 2902
—, 2-benzhydryl- 9 3484
—, 2-benzhydryl-3,4-bis(benzoyloxy)-,
    ethyl ester 10 2004
—, 2-benzhydryl-3,4-dihydroxy- 10 2002
    4-bromophenacyl ester 10 2004
    ethyl ester 10 2003
    methyl ester 10 2003
—, 4-benzohydroximoyl-2,2,4-trimethyl-
    10 3206
—, 2-(benzoyloxy)-3-isopropyl-1-methyl-,
    ethyl ester 10 41
—, 3-benzoyl-1,2,2-trimethyl- 10 3206
—, 3-benzoyl-2,2,3-trimethyl- 10 3205
—, 4-benzoyl-2,2,4-trimethyl- 10 3206
—, 1-benzyl-,
    2-(diethylamino)ethyl ester 9 2850
—, 1-[2-(3-benzylidene-2-oxocyclohexyl)=
    ethyl]- 10 3287
—, 1-benzyl-3-methyl- 9 2871

—, 1-benzyl-3-methyl-2-oxo-,
    ethyl ester 10 3193
—, 1-benzyl-2-oxo-,
    ethyl ester 10 3182
—, 3-(α-benzylphenethylidene)-
    1,2,2-trimethyl- 9 3546
—, 3-(α-benzylstyryl)-1,2,2-trimethyl-
    9 3546
—, 1,3-bis[2-(ethoxycarbonyl)ethyl]-2-oxo-,
    ethyl ester 10 4110
—, 1,3-bis(ethoxycarbonylmethyl)-2-oxo-,
    ethyl ester 10 4107
—, 3,3-bis(hydroxymethyl)-1-methyl-
    2-oxo-,
    ethyl ester 10 4503
—, 1-bromo- 9 13
—, 2-bromo-,
    ethyl ester 9 13
—, 1-(2-bromoethyl)-,
    ethyl ester 9 59
—, 3-(3-bromopropyl)-1,2,2-trimethyl- 9 120
—, 1-bromo-2,3,3-trimethyl- 9 76
—, 2-(2-bromovinyl)-5-(3-carboxy-
    1-methylpropyl)-1-methyl- 9 4019
—, 1-butyl-3-methyl-2-oxo-,
    ethyl ester 10 2880
—, 1-butyl-2-oxo-,
    ethyl ester 10 2861
—, 3-(*p-tert*-butylphenyl)-
    2,2,3-trimethyl-,
    methyl ester 9 2902
—, 3-carbamoyl-1,2-dimethyl- 9 3848
—, 3-carbamoyl-2,3-dimethyl- 9 3848
—, 3-(carbamoylhydroxymethyl)-
    2,2,3-trimethyl- 10 2042
—, 3-(carbamoylmethyl)-2,2,3-trimethyl-
    9 3917
—, 3-carbamoyl-1,2,2,3-tetramethyl-
    9 3919
—, 3-carbamoyl-1,2,2-trimethyl- 9 3887
    methyl ester 9 3890
—, 3-carbamoyl-2,2,3-trimethyl- 9 3886
    ethyl ester 9 3890
    methyl ester 9 3889
—, 2-(3-carbazoyl-1-methylpropyl)-5-
    (1,2-dicarbazoylethyl)-1-methyl-,
    methyl ester 9 4859
—, 2-(1-carboxyethyl)-5-(3-carboxy-
    1-methylpropyl)-1-methyl- 9 4773
—, 5-(3-carboxy-1-methylpropyl)-2-
    (2,2-dibromo-1-carboxyethyl)-
    1-methyl- 9 4773
—, 1-(3-chlorobut-2-en-1-yl)-2-oxo-,
    ethyl ester 10 2909
—, 3-(chlorocarbonyl)-,
    methyl ester 9 3809
—, 3-(chlorocarbonyl)-
    1,2,2-trimethyl-,
    methyl ester 9 3885

Cyclopentanecarboxylic acid *(continued)*
—, 3-(chlorocarbonyl)-
   2,2,3-trimethyl-,
     methyl ester **9** 3885
—, 1-(3-chloro-1,4-dioxo-1,4-dihydro-
   2-naphthyl)-2-oxo-,
     ethyl ester **10** 4012
—, 3-cyano-1,2-dimethyl- **9** 3848
—, 2-cyano-2-hydroxy-,
     ethyl ester **10** 2029
—, 2-cyano-2-hydroxy-1-methyl-,
     ethyl ester **10** 2031
—, 3-(cyanohydroxymethyl)-
   2,2,3-trimethyl-,
     ethyl ester **10** 2043
     methyl ester **10** 2043
—, 2-(cyanomethyl)-,
     ethyl ester **9** 3822
—, 3-(cyanomethyl)-1,2-dimethyl-
   9 3875
—, 3-(cyanomethyl)-2,2,3-trimethyl-
   9 3917
—, 3-cyano-1,2,2-trimethyl- **9** 3893
     methyl ester **9** 3894
—, 3-cyano-2,2,3-trimethyl- **9** 3893
     methyl ester **9** 3894
—, 1-cyclohexyl-,
   2-(diethylamino)ethyl ester **9** 255
—, 3-cyclohexyl- **9** 255
—, 1-cyclohexyl-2-methyl-,
   2-(diethylamino)ethyl ester **9** 263
—, 1-cyclohexyl-2-oxo-,
     ethyl ester **10** 2934
—, 1,2-dibromo- **9** 14
—, 1,5-dibromo-2,3-dimethyl- **9** 63
—, 2,4-dichloro-3,5-dioxo- **10** 3515
—, 2,4-dichloro-1-hydroxy-3-oxo-
   10 4182
—, 3-(diethylcarbamoyl)-
   1,2,2-trimethyl- **9** 3888
—, 1,3-diethyl-2-oxo-,
     ethyl ester **10** 2863
—, 1,2-dihydroxy- **10** 1353
—, 3,4-dihydroxy-3,4-diphenyl- **10** 2001
     methyl ester **10** 2001
—, 1-(3,4-dimethoxyphenyl)-,
   2-(diethylamino)ethyl ester **10** 1864
—, 2,3-dimethyl- **9** 61
     methyl ester **9** 62
—, 3-(1,1-dimethylacetonyl)-
   10 2878, 2879
     methyl ester **10** 2879
—, 3-(1,5-dimethylhexyl)-1-[2-
   (ethoxycarbonylmethyl)cyclohexyl]-
   2-oxo-,
     ethyl ester **10** 3942
—, 2-(1,5-dimethylhexyl)-1-methyl-
   5-oxo-,
     ethyl ester **10** 2893

—, 4-(1,5-dimethylhexyl)-3-methyl-2-oxo-,
     ethyl ester **10** 2894
—, 1-(1,5-dimethylhexyl)-2-oxo-,
     ethyl ester **10** 2891
—, 3-(1,5-dimethylhexyl)-2-oxo-,
     ethyl ester **10** 2892
—, 1,2-dimethyl-3-oxo- **10** 2831
—, 1,2-dimethyl-5-oxo-,
     ethyl ester **10** 2831
—, 1,3-dimethyl-2-oxo-,
     ethyl ester **10** 2832
—, 1,3-dimethyl-4-oxo- **10** 2832
—, 2,2-dimethyl-3-oxo- **10** 2831
—, 2,2-dimethyl-4-oxo-,
     ethyl ester **10** 2831
—, 3,3-dimethyl-4-oxo- **10** 2832
     ethyl ester **10** 2832
—, 2,5-dimethyl-1-phenyl-,
   2-(diethylamino)ethyl ester **9** 2873
—, 2,2-dimethyl-3-semicarbazono- **10** 2831
—, 3,3-dimethyl-4-semicarbazono- **10** 2832
—, 1,2-dimethyl-3-
   (1-semicarbazonoethyl)- **10** 2864
—, 2,3-dimethyl-3-
   (1-semicarbazonoethyl)- **10** 2864
—, 2-(3,5-dinitrobenzoyloxy)-,
     ethyl ester **10** 7
—, 2,5-dioxo-,
     ethyl ester **10** 3515
—, 5,5'-dioxo-3,3'-methylenedi-,
     diethyl ester **10** 4057
—, 3-dodecyl- **9** 136
—, 2-(3-ethoxypropyl)-2-methyl-3-oxo-,
     ethyl ester **10** 4185
—, 3-ethyl- **9** 60
     ethyl ester **9** 60
—, 3-[2-(ethylaminoethyl)carbamoyl]-
   2,2,3-trimethyl- **9** 3887
—, 1,1'-ethylenedi- **9** 4025
     benzyl ester **9** 4025
     benzyl ester methyl ester **9** 4026
     dibenzyl ester **9** 4026
     diethyl ester **9** 4025
     dimethyl ester **9** 4025
     methyl ester **9** 4025
—, 1-ethyl-2-(hydroxyimino)-,
     ethyl ester **10** 2829
—, 3-(ethylmethylcarbamoyl)-
   1,2,2-trimethyl- **9** 3888
—, 1-ethyl-3-methyl-2-oxo-,
     ethyl ester **10** 2846
—, 2-ethyl-1-methyl-3-oxo- **10** 2845
—, 3-ethyl-1-methyl-4-oxo- **10** 2846
—, 2-ethyl-1-methyl-3-semicarbazono-
   10 2845
—, 1-ethyl-2-oxo-,
     ethyl ester **10** 2828
—, 3-ethyl-2-oxo-,
     ethyl ester **10** 2830

Cyclopentanecarboxylic acid *(continued)*
—, 1-(4-ethylphenacyl)- **10** 3204
    methyl ester **10** 3205
—, 1-(4-ethylphenethyl)- **9** 2893
    ethyl ester **9** 2893
—, 1-ethyl-2-semicarbazono-,
    ethyl ester **10** 2829
—, 1-(4-ethyl-β-semicarbazonophenethyl)-
    10 3205
—, 3-formohydroximoyl-1,2,2-trimethyl-
    10 2867
—, 3-formohydroximoyl-2,2,3-trimethyl-
    10 2868
—, 3-formyl-1,2,2-trimethyl- **10** 2867
    ethyl ester **10** 2868
—, 3-formyl-2,2,3-trimethyl- **10** 2868
    benzyl ester **10** 2869
    ethyl ester **10** 2869
    methyl ester **10** 2868
—, 3-(hepta-1,3-dienyl)-1,5-dihydroxy-
    2-(hydroxymethyl)- **10** 2054
—, 3-heptyl- **9** 124
—, 3-heptyl-1,5-dihydroxy-2-
    (hydroxymethyl)- **10** 2025
—, 1-hydroxy- **10** 5
    ethyl ester **10** 6
    methyl ester **10** 6
—, 2-hydroxy- **10** 6
    ethyl ester **10** 7
    hydrazide **10** 8
—, 3-(α-hydroxybenzyl)-2,2,3-trimethyl-
    10 925
—, 3-(1-hydroxybutyl)-2,2,3-trimethyl-
    10 49
—, 3-(1-hydroxyethyl)-2,2,3-trimethyl-
    10 45
—, 3-(hydroxyimino)-1,2,2-trimethyl-
    10 2847
—, 2-hydroxy-3-isopropyl-1-methyl- **10** 40
    ethyl ester **10** 41
—, 3-hydroxy-1-isopropyl-3-methyl- **10** 42
    methyl ester **10** 42
—, 3-hydroxy-3-isopropyl-1-methyl- **10** 41
—, 1-hydroxy-2-methyl- **10** 21
—, 1-hydroxy-3-methyl- **10** 21
—, 3-(1-hydroxy-1-methylethyl)-,
    methyl ester **10** 35
—, 2-hydroxy-1-methyl-2-[2-(1-naphthyl)-
    ethyl]-,
    methyl ester **10** 1242
—, 1-(hydroxymethyl)-2-oxo-,
    ethyl ester **10** 4183
—, 2-(2-hydroxy-1-methyl-2-sulfoethyl)-
    5-methyl- **10** 2862
—, 3-(hydroxymethyl)-1,2,2-trimethyl-
    10 42
—, 3-(hydroxymethyl)-2,2,3-trimethyl- **10** 43
—, 2-(2-hydroxy-5-oxotetrahydro-
    2-furyl)-2-methyl- **10** 3918

—, 2-hydroxy-1-phenethyl-,
    ethyl ester **10** 913
—, 3-(α-hydroxyphenethyl)-
    2,2,3-trimethyl- **10** 926
—, 3-(β-hydroxyphenethyl)-
    1,2,2-trimethyl- **10** 927
—, 3-(1-hydroxy-1-propylbutyl)-
    1,2,2-trimethyl- **10** 50
—, 3-(1-hydroxypropyl)-2,2,3-trimethyl-
    10 48
—, 3-hydroxy-2,2,4,5-tetraphenyl-
    10 1349
    methyl ester **10** 1349
—, 1-hydroxy-3,3,4-trimethyl- **10** 36
—, 2-imino-,
    ethyl ester **10** 2810
—, 1-[2-(indan-5-yl)ethyl]- **9** 3112
—, 1-[2-(indan-5-yl)-2-oxoethyl]-
    10 3243
    methyl ester **10** 3243
—, 3-isopentyl- **9** 111
—, 3-isopropenyl-1,2,2-trimethyl-
    9 254
—, 3-isopropyl- **9** 74
—, 3-isopropylidene- **9** 185
    methyl ester **9** 186
—, 3-isopropylidene-2,2-dimethyl-
    9 231
—, 2-isopropylidene-5-methyl- **9** 207
—, 3-isopropylidene-1-methyl- **9** 206
—, 3-isopropylidene-1,2,2-trimethyl-
    9 254
—, 1-isopropyl-2-methyl- **9** 95
    ethyl ester **9** 95
—, 1-isopropyl-3-methyl-,
    methyl ester **9** 97
—, 3-isopropyl-1-methyl- **9** 96
    2-(diethylamino)ethyl ester
    9 96
    ethyl ester **9** 96
    methyl ester **9** 96
—, 1-isopropyl-3-methyl-2-oxo-,
    ethyl ester **10** 2862
—, 3-isopropyl-1-methyl-2-oxo-,
    ethyl ester **10** 2861
—, 1-isopropyl-2-oxo-,
    ethyl ester **10** 2844
—, 3-isopropyl-2-oxo-,
    ethyl ester **10** 2844
—, 4-isopropyl-2-oxo-,
    ethyl ester **10** 2845
—, 3-isopropyl-1,2,2-trimethyl- **9** 120
—, 1-(4-methoxybenzyl)-2-oxo-,
    ethyl ester **10** 4348
—, 2-(2-methoxy-1-methylvinyl)-
    5-methyl- **10** 58
—, 1-[2-(6-methoxy-1-naphthyl)ethyl]-
    3-methyl-2-oxo-,
    ethyl ester **10** 4461

Cyclopentanecarboxylic acid *(continued)*
—, 1-[2-(6-methoxy-1-naphthyl)ethyl]-
  4-methyl-2-oxo-,
  ethyl ester **10** 4461
—, 1-[2-(4-methoxy-1-naphthyl)ethyl]-
  2-oxo-,
  ethyl ester **10** 4459
—, 1-[2-(6-methoxy-1-naphthyl)ethyl]-
  2-oxo-,
  ethyl ester **10** 4459
—, 1-(4-methoxyphenethyl)-2-oxo-,
  ethyl ester **10** 4351
—, 1-(*m*-methoxyphenyl)-,
  2-(diethylamino)ethyl ester **10** 896
—, 1-(*o*-methoxyphenyl)-,
  2-(diethylamino)ethyl ester **10** 895
—, 1-(*p*-methoxyphenyl)-,
  2-(diethylamino)ethyl ester **10** 896
—, 2-(*p*-methoxyphenyl)-3-oxo- **10** 4345
—, 1-[3-(*m*-methoxyphenyl)propyl]-2-oxo-,
  ethyl ester **10** 4354
—, 1-[3-(*p*-methoxyphenyl)propyl]-2-oxo-,
  ethyl ester **10** 4355
—, 1-methyl- **9** 43
—, 2-methyl- **9** 43
  ethyl ester **9** 43
  4-phenylphenacyl ester **9** 43
—, 3-methyl- **9** 45
  methyl ester **9** 45
  4-phenylphenacyl ester **9** 45
—, 2-methyl-5-(1-methyl-2-oxoethyl)-
  10 2862
  methyl ester **10** 2863
—, 3-methyl-1-(4-methylphenacyl)-
  10 3205
—, 3-methyl-1-(4-methylphenethyl)-
  9 2893
—, 2-methyl-5-(1-methyl-
  2-semicarbazonoethyl)- **10** 2862
  methyl ester **10** 2863
—, 1-[2-(4-methyl-1-naphthyl)ethyl]-
  9 3400
  methyl ester **9** 3400
—, 3-methyl-1-[2-(1-naphthyl)ethyl]-
  2-oxo-,
  ethyl ester **10** 3360
—, 4-methyl-1-[2-(1-naphthyl)ethyl]-
  2-oxo-,
  ethyl ester **10** 3361
—, 1-[2-(4-methyl-1-naphthyl)-
  2-oxoethyl]- **10** 3361
  methyl ester **10** 3361
—, 1-methyl-2-oxo- **10** 2817
  ethyl ester **10** 2817
—, 1-methyl-3-oxo- **10** 2818
  methyl ester **10** 2818
—, 2-methyl-3-oxo- **10** 2818
—, 4-methyl-2-oxo-,
  ethyl ester **10** 2818

—, 1-methyl-2-(2-oxocyclohexyl)-
  10 2943
—, 3-methyl-2-oxo-1-propyl-,
  ethyl ester **10** 2861
—, 1-(4-methylphenacyl)- **10** 3199
  methyl ester **10** 3199
—, 3-methyl-1-phenacyl- **10** 3198
—, 1-(4-methylphenethyl)- **9** 2884
  ethyl ester **9** 2885
—, 3-methyl-1-phenethyl- **9** 2884
—, 2-methyl-1-phenyl-,
  2-(diethylamino)ethyl ester **9** 2852
  2-(dimethylamino)ethyl ester
  9 2852
—, 1-methyl-2-semicarbazono-,
  ethyl ester **10** 2818
—, 1-methyl-2-(1-semicarbazonethyl)-,
  ethyl ester **10** 2846
—, 2-methyl-5-(1-semicarbazonoethyl)-
  10 2846
  methyl ester **10** 2847
—, 1-(4-methyl-*β*-semicarbazonophen-
  ethyl)- **10** 3199
—, 1-[5-(methylthio)-3-oxopentyl]-
  2-oxo-,
  ethyl ester **10** 4504
—, 2-(1-naphthoyl)- **10** 3347
—, 1-(1-naphthyl)-,
  2-(diethylamino)ethyl ester **9** 3371
—, 1-[2-(1-naphthyl)ethyl]- **9** 3397
—, 1-[2-(1-naphthyl)ethyl]-2-oxo-,
  ethyl ester **10** 3357
—, 2-(1-naphthylmethyl)- **9** 3389
—, 1-[2-(1-naphthyl)-2-oxoethyl]-
  10 3357
  methyl ester **10** 3358
—, 1-[2-(2-naphthyl)-2-oxoethyl]-
  10 3358
  methyl ester **10** 3358
—, 1-octyl-2-oxo-,
  ethyl ester **10** 2891
—, 1-octyl-2-semicarbazono-,
  ethyl ester **10** 2891
—, 2-oxo- **10** 2808
  ethyl ester **10** 2808
  methyl ester **10** 2808
—, 3-oxo- **10** 2812
  ethyl ester **10** 2812
  methyl ester **10** 2812
—, 1-[2-(2-oxocyclohexyl)ethyl]-
  10 2947
—, 2-oxo-1-(3-oxobutyl)-,
  ethyl ester **10** 3521
—, 2-oxo-1-(3-oxopent-4-en-1-yl)-,
  ethyl ester **10** 3529
—, 2-oxo-1-phenethyl-,
  ethyl ester **10** 3192
—, 2-oxo-1-(2-phenoxyethyl)-,
  ethyl ester **10** 4184

Cyclopentanecarboxylic acid *(continued)*
—, 3-oxo-2-phenyl- **10** 3173
   ethyl ester **10** 3173
—, 2-oxo-1-propyl-,
   ethyl ester **10** 2844
—, 2-(1-oxo-1,2,3,4-tetrahydro-
   2-naphthyl)- **10** 3240, 3241
—, 1-phenacyl- **10** 3192
   methyl ester **10** 3193
—, 1-phenethyl- **9** 2871
   ethyl ester **9** 2871
—, 1-phenethyl-2-semicarbazono-,
   ethyl ester **10** 3192
—, 1-phenyl- **9** 2819
   2-chloroethyl ester **9** 2819
   2-(diethylamino)ethyl ester **9** 2820
   2-(dimethylamino)ethyl ester
    9 2820
   3-(dimethylamino)propyl ester
    9 2820
   ethyl ester **9** 2819
—, 2-phenyl- **9** 2822
—, 3-phenyl- **9** 2823
   methyl ester **9** 2823
—, 2-phenyl-3-semicarbazono-,
   ethyl ester **10** 3174
—, 1-{2-[1-(propylcarbamoyl)-
   cyclopentyl]ethyl}- **9** 4026
—, 1-propyl-2-semicarbazono-,
   ethyl ester **10** 2844
—, 2-semicarbazono-,
   ethyl ester **10** 2810
   methyl ester **10** 2808
—, 3-semicarbazono- **10** 2812
—, 1-[2-(2-semicarbazonocyclohexyl)-
   ethyl]- **10** 2947
—, 3-(1-semicarbazonoethyl)- **10** 2830
   methyl ester **10** 2830
—, 1-(β-semicarbazonophenethyl)-
   10 3192
—, 2-semicarbazono-1-
   (3-semicarbazonobutyl)-,
   ethyl ester **10** 3521
—, 2-(1,2,3,4-tetrahydro-2-naphthyl)-
   9 3108
—, 1,2,2,3-tetramethyl- **9** 98, 99
—, 1,2,3,3-tetramethyl- **9** 100
—, 2,2,3,3-tetramethyl- **9** 99
   ethyl ester **9** 100
   methyl ester **9** 100
—, 2-thioxo- **10** 2811
   ethyl ester **10** 2812
—, 1-*m*-tolyl-,
   2-(diethylamino)ethyl ester **9** 2853
   3-(dimethylamino)propyl ester
    9 2854
—, 1-*o*-tolyl-,
   2-(diethylamino)ethyl ester **9** 2853
   2-(dimethylamino)ethyl ester **9** 2853

   3-(dimethylamino)propyl ester **9** 2853
—, 1-*p*-tolyl-,
   2-(diethylamino)ethyl ester **9** 2854
   3-(dimethylamino)propyl ester
    9 2854
—, 2,2,4-trichloro-1-hydroxy-3-oxo-
   10 4182
—, 1,2,2-trimethyl- **9** 75
   methyl ester **9** 75
—, 1,2,3-trimethyl- **9** 75
—, 2,2,3-trimethyl- **9** 76
   4-phenylphenacyl ester **9** 76
—, 2,3,3-trimethyl- **9** 75
   4-phenylphenacyl ester **9** 75
—, 1,2,2-trimethyl-3-
   (hydroperoxycarbonyl)- **9** 3884
—, 2,2,3-trimethyl-3-[2-
   (methylaminoethyl)carbamoyl]-
   9 3887
—, 1,2,2-trimethyl-3-(methylcarbamoyl)-
   9 3888
—, 2,2,3-trimethyl-3-(methylcarbamoyl)-
   9 3886
—, 1,2,2-trimethyl-3-
   (methylperoxycarbonyl)-,
   methyl ester **9** 3885
—, 1,2,2-trimethyl-3-oxo- **10** 2847
   ethyl ester **10** 2848
   methyl ester **10** 2847
—, 1,3,3-trimethyl-4-oxo- **10** 2848
   ethyl ester **10** 2849
—, 1,4,4-trimethyl-2-oxo-,
   ethyl ester **10** 2849
—, 2,2,3-trimethyl-4-oxo- **10** 2848
   methyl ester **10** 2848
—, 3,3,5-trimethyl-2-oxo-,
   ethyl ester **10** 2849
—, 1,2,2-trimethyl-3-[2-oxo-2-(2-oxo-
   3-bornyl)ethyl]- **10** 3543
—, 1,2,2-trimethyl-3-phenacyl- **10** 3210
—, 1,2,2-trimethyl-3-semicarbazono-
   10 2847
   methyl ester **10** 2847
—, 1,3,3-trimethyl-4-semicarbazono-
   10 2848
   ethyl ester **10** 2849
—, 1,4,4-trimethyl-2-semicarbazono-,
   ethyl ester **10** 2849
—, 1,2,2-trimethyl-3-
   (1-semicarbazonoethyl)- **10** 2882
   methyl ester **10** 2882
—, 2,2,3-trimethyl-3-
   (1-semicarbazonoethyl)- **10** 2883
—, 1,2,2-trimethyl-3-
   (semicarbazonomethyl)- **10** 2868
—, 2,2,3-trimethyl-3-
   (semicarbazonomethyl)- **10** 2868
   ethyl ester **10** 2869
   methyl ester **10** 2869

Cyclopentanecarboxylic acid *(continued)*
—, 1-(3,4-xylyl)-,
    2-(diethylamino)ethyl ester **9** 2874
    3-(dimethylamino)propyl ester
    9 2874
Cyclopentanecarboxylic anhydride 9 12
—, 3-(methoxycarbonyl)-1,2,2-trimethyl-
    9 3884
Cyclopentane-1,3-dicarbonitrile,
—, 1,2,2-trimethyl- **9** 3895
Cyclopentane-1,2-dicarbonyl dichloride
  9 3808
Cyclopentane-1,3-dicarbonyl dichloride,
—, 1,2,2,3-tetramethyl- **9** 3918
—, 1,2,2-trimethyl- **9** 3886
Cyclopentane-1,1-dicarboxamide,
—, 3,4-dihydroxy-3,4-diphenyl- **10** 2536
—, N,N,N',N'-tetraethyl- **9** 3807
Cyclopentane-1,3-dicarboxamide,
—, N^1,N^1-diethyl-
    1,2,2,N^3,N^3-pentamethyl- **9** 3891
—, N^1,N^3-diethyl-
    1,2,2,N^1,N^3-pentamethyl- **9** 3891
—, N^3,N^3-diethyl-
    1,2,2,N^1,N^1-pentamethyl- **9** 3891
—, N^3,N^3-diethyl-1,2,2,N^1-tetramethyl-
    9 3891
—, 1,2-dimethyl- **9** 3848
—, N^1-ethyl-1,2,2,N^1,N^3,N^3-hexamethyl-
    9 3890
—, N^3-ethyl-1,2,2,N^1,N^1,N^3-hexamethyl-
    9 3891
—, 1,2,2,N,N,N',N'-heptamethyl- **9** 3890
—, N,N,N',N'-tetrabutyl-
    1,2,2-trimethyl- **9** 3893
—, N,N,N',N'-tetraethyl-
    1,2,2-trimethyl- **9** 3892, 3893
—, N,N,N',N'-tetraisopentyl-
    1,2,2-trimethyl- **9** 3893
—, N^1,N^1,N^3-triethyl-
    1,2,2,N^3-tetramethyl- **9** 3892
—, N^1,N^3,N^3-triethyl-
    1,2,2,N^1-tetramethyl- **9** 3892
—, N^1,N^3,N^3-triethyl-1,2,2-trimethyl-
    9 3892
—, 1,2,2-trimethyl- **9** 3890
Cyclopentane-1,1-dicarboxylic acid 9 3806
    diethyl ester **9** 3807
    dimethyl ester **9** 3806
—, 3,4-dihydroxy-3,4-diphenyl- **10** 2535
    diethyl ester **10** 2535
    dimethyl ester **10** 2535
    dipropyl ester **10** 2535
—, 2,3-dimethyl-,
    diethyl ester **9** 3846
—, 3-methyl- **9** 3824
    diethyl ester **9** 3824
—, 2-oxo-,
    dimethyl ester **10** 3889

Cyclopentane-1,2-dicarboxylic acid
  9 3807
    dimethyl ester **9** 3808
—, 4-bromo-3-formyl-5-hydroxy- **10** 4711
    dimethyl ester **10** 4711
—, 5-(3-carboxy-1-methylpropyl)-
    1-methyl- **9** 4770
—, 1-cyano-,
    diethyl ester **9** 4748
—, 1-cyano-2-methyl-,
    diethyl ester **9** 4750
—, 3,5-dibenzhydryl- **9** 4728
—, 1,2-dimethyl-3,5-dioxo- **10** 4049
—, 1,4-dimethyl-3-oxo-,
    diethyl ester **10** 3899
—, 4,4-dimethyl-3-oxo-,
    diethyl ester **10** 3900
—, 4-ethyl-1-methyl-3-oxo-,
    diethyl ester **10** 3910
—, 5-[3-(methoxycarbonyl)-
    1-methylpropyl]-1-methyl-,
    dimethyl ester **9** 4771
    2-methyl ester **9** 4771
—, 1-methyl- **9** 3823
    diethyl ester **9** 3824
    2-methyl ester **9** 3824
—, 3-methyl- **9** 3825
—, 1-methyl-4-oxo- **10** 3892
—, 1-methyl-5-oxo-,
    dimethyl ester **10** 3892
—, 3-oxo-,
    dimethyl ester **10** 3889
—, 4-oxo- **10** 3889
    dimethyl ester **10** 3890
—, 1,4,4-trimethyl-3-oxo-,
    diethyl ester **10** 3913
Cyclopentane-1,3-dicarboxylic acid 9 3808
    diethyl ester **9** 3809
    dimethyl ester **9** 3808, 3809
    methyl ester **9** 3808
—, 3-acetoxy-1,3,3-trimethyl- **10** 2041
—, 5-acetoxy-1,2,2-trimethyl- **10** 2038
    dimethyl ester **10** 2040
    1-methyl ester **10** 2039
—, 2,2-bis(p-hydroxyphenyl)-
    4,5-dioxo-,
    dimethyl ester **10** 4856
—, 1-bromo-2,3-dimethyl- **9** 3848
    diethyl ester **9** 3849
—, 2-(3-bromo-4-methoxyphenyl)-
    4,5-dioxo-,
    diethyl ester **10** 4811
—, 1-bromo-3-methyl- **9** 3825
—, 1-bromomethyl-2,2-dimethyl- **9** 3896
    diethyl ester **9** 3896
    dimethyl ester **9** 3896
—, 5-bromo-1,2,2-trimethyl- **9** 3896
—, 3-(1-carboxyethyl)-2-(carboxymethyl)-
    1-methyl- **9** 4854

Cyclopentane-1,3-dicarboxylic acid
   (continued)
—, 2-(3-chloro-4-methoxyphenyl)-4,5-dioxo-,
   diethyl ester **10** 4811
—, 2,4-dibenzhydryl- **9** 4728
—, 1,3-dibromo-,
   diethyl ester **9** 3809
—, 2-(3,5-dibromo-4-methoxyphenyl)-
   4,5-dioxo-,
   diethyl ester **10** 4812
—, 1,3-dibromo-2,4,5-trioxo-,
   diethyl ester **10** 4112
—, 2-(3,5-dichloro-4-methoxyphenyl)-
   4,5-dioxo-,
   diethyl ester **10** 4811
—, 1,2-dimethyl- **9** 3847
   diethyl ester **9** 3848
—, 2,2-dimethyl- **9** 3850
   diethyl ester **9** 3850
—, 4,4-dimethyl- **9** 3849
—, 1,2-dimethyl-4,5-dioxo-,
   diethyl ester **10** 4050
   dimethyl ester **10** 4049
—, 2,2-dimethyl-4,5-dioxo-,
   dimethyl ester **10** 4050
—, 1,3-dimethyl-2-methylene- **9** 3986
—, 1,3-dimethyl-4-oxo-,
   diethyl ester **10** 3900
—, 1,5-dimethyl-4-oxo-,
   diethyl ester **10** 3900
—, 2,4-dioxo-,
   diethyl ester **10** 4045
—, 4,5-dioxo-,
   diethyl ester **10** 4045
—, 3-[2-(ethoxycarbonyl)ethyl]-
   1-methyl-4-oxo-,
   diethyl ester **10** 4109
—, 4-[2-(ethoxycarbonyl)ethyl]-5-oxo-,
   diethyl ester **10** 4106
—, 1-(ethoxycarbonylmethyl)-
   4,4-dimethyl-5-oxo-,
   diethyl ester **10** 4109
—, 3-(ethoxycarbonylmethyl)-
   1,2-dimethyl-4-oxo-,
   diethyl ester **10** 4109
—, 3-(ethoxycarbonylmethyl)-1-methyl-
   4-oxo-,
   diethyl ester **10** 4107
—, 1-(ethoxycarbonylmethyl)-2-oxo-,
   diethyl ester **10** 4105
—, 3-ethyl-4-hydrazono-1-methyl-,
   dihydrazide **10** 3912
—, 3-ethyl-1-methyl-4-oxo-,
   diethyl ester **10** 3911
—, 4-ethyl-4-methyl-5-oxo-,
   diethyl ester **10** 3911
—, 5-ethyl-1-methyl-4-oxo-,
   diethyl ester **10** 3911

—, 1-ethyl-2-oxo-,
   diethyl ester **10** 3898
—, 2-hydroxy-,
   diethyl ester **10** 2029
—, 3-hydroxy-4,4-dimethyl- **10** 2034
—, 4-hydroxy-1,2-dimethyl- **10** 2034
—, 4-hydroxy-1-methyl-,
   diethyl ester **10** 2032
—, 5-hydroxy-1-methyl- **10** 2032
—, 1-(hydroxymethyl)-2,2-dimethyl-
   10 2040
—, 3-hydroxy-1,4,4-trimethyl- **10** 2040
   diethyl ester **10** 2041
—, 5-hydroxy-1,2,2-trimethyl-
   10 2037, 2038
   dimethyl ester **10** 2039
   1-ethyl ester **10** 2040
   1-methyl ester **10** 2038
   3-methyl ester **10** 2039
—, 2-(3-iodo-4-methoxyphenyl)-
   4,5-dioxo-,
   diethyl ester **10** 4812
—, 2-(*p*-methoxyphenyl)-4,5-dioxo-,
   diethyl ester **10** 4811
—, 4-(*p*-methoxyphenyl)-5-oxo-,
   diethyl ester **10** 4752
—, 1-methyl- **9** 3824
—, 2-methyl- **9** 3825, 3826
—, 1-methyl-4,5-dioxo-,
   diethyl ester **10** 4048
—, 2-methyl-4,5-dioxo-,
   diethyl ester **10** 4048
   dimethyl ester **10** 4048
—, 1-methyl-4-oxo-,
   diethyl ester **10** 3893
   dimethyl ester **10** 3892
—, 1-methyl-5-oxo-,
   diethyl ester **10** 3893
—, 4-methyl-5-oxo-,
   diethyl ester **10** 3893
—, 2-oxo-,
   diethyl ester **10** 3890
—, 4-oxo-5-phenyl-,
   diethyl ester **10** 3979
   dimethyl ester **10** 3979
—, 1,2,2,3-tetramethyl- **9** 3917
   diethyl ester **9** 3918
   dimethyl ester **9** 3918
   ethyl ester **9** 3918
   methyl ester **9** 3918
—, 1,2,3,4-tetramethyl- **9** 3919
—, 1,3,4,4-tetramethyl- **9** 3919
—, 1,2,2-trimethyl-
   9 3876, 3878, 3879
   bis(benzylidenehydrazide) **9** 3895
   bis[2-(diethylamino)ethyl] ester
      9 3884
   bis(2-methoxyethyl) ester **9** 3882
   bis(*o*-methoxyphenyl) ester **9** 3883

Cyclopentane-1,3-dicarboxylic acid
    ester *(continued)*
      3-(*p*-chlorophenyl) ester **9** 3880
      3-(4-chloro-*m*-tolyl) ester **9** 3881
      3-(4-chloro-3,5-xylyl) ester **9** 3881
      diazide **9** 3895
      di(cholest-5-en-3-yl) ester **9** 3882
      dihydrazide **9** 3895
      3-(4,*α*-dimethylbenzyl) ester
        9 3881
      dimethyl ester **9** 3880
      3-ethyl ester **9** 3880
      3-(2-hydroxy-1-methylpropyl) ester
        9 3882
      3-(*o*-methoxyphenyl) ester **9** 3883
      3-(*o*-methoxyphenyl) ester 1-methyl
        ester **9** 3883
      1-methyl ester **9** 3879
      3-methyl ester **9** 3879, 3880
—, 1,2,3-trimethyl- **9** 3897
—, 1,4,4-trimethyl- **9** 3898
—, 1,5,5-trimethyl- **9** 3897
—, 4,4,5-trimethyl- **9** 3897, 3898
—, 1,2,2-trimethyl-4,5-dioxo-,
    dimethyl ester **10** 4051
—, 1,2,2-trimethyl-5-oxo-,
    1-ethyl ester **10** 3912
—, 1,4,4-trimethyl-5-oxo-,
    diethyl ester **10** 3913
—, 3,4,4-trimethyl-5-oxo-,
    dimethyl ester **10** 3912
—, 1,2,2-trimethyl-3-phenyl- **9** 4423
—, 1,4,4-trimethyl-5-phenyl- **9** 4424
—, 2,2,5-trimethyl-1-phenyl- **9** 4424
—, 1,2,2-trimethyl-3-propyl- **9** 3928
—, 2,4,5-trioxo-,
    diethyl ester **10** 4112
Cyclopentane-1,1,2,2,4,4-hexacarboxylic
    acid,
—, 3-[bis(methoxycarbonyl)methyl]-,
    hexamethyl ester **9** 4918
—, 3-[bis(methoxycarbonyl)methyl]-
    5-methoxy-,
    hexamethyl ester **10** 2641
—, 3-(dicarboxymethyl)-,
    hexamethyl ester **9** 4918
Cyclopentane-1,1,2,2,4-pentacarboxylic
    acid,
—, 3-(carboxymethyl)-5-hydroxy-,
    1,1,2,2-tetraethyl ester **10** 2638
    1,1,2,2-tetramethyl ester **10** 2638
—, 3-(ethoxycarbonylmethyl)-
    5-hydroxy-,
    pentaethyl ester **10** 2638
—, 3-hydroxy-5-(methoxycarbonyl⸗
    methyl)-,
    pentamethyl ester **10** 2638
Cyclopentanepropionic acid
  see *Propionic acid, 3-cyclopentyl-*

Cyclopentane-1,1,3,3-tetracarboxylic
    acid 9 4846
—, 2-oxo-,
    tetraethyl ester **10** 4160
Cyclopentane-1,2,3,4-tetracarboxylic
    acid 9 4847
    2,3-dimethyl ester **9** 4847
    tetramethyl ester **9** 4847
—, 1-benzyl- **9** 4883
Cyclopentane-1,2,4-tricarboxamide,
—, 3-(carbamoylmethyl)- **9** 4849
Cyclopentane-1,1,3-tricarboxylic acid,
—, 2,2-dimethyl- **9** 4754
Cyclopentane-1,2,3-tricarboxylic acid,
—, 4-cyano-5-oxo-,
    trimethyl ester **10** 4160
—, 1,2-dimethyl- **9** 4754
—, 2-hydroxy- **10** 2554
    triethyl ester **10** 2554
—, 2-methyl-4,5-dioxo-,
    trimethyl ester **10** 4144
—, 1-methyl-4-oxo-,
    triethyl ester **10** 4105
—, 2-methyl-4-oxo-,
    triethyl ester **10** 4106
—, 4-oxo-,
    triethyl ester **10** 4105
Cyclopentane-1,2,4-tricarboxylic acid,
—, 3-(carboxymethyl)- **9** 4849
—, 3-(carboxymethyl)-5-hydroxy-
    10 2625
—, 3-(ethoxycarbonylmethyl)-
    5-hydroxy-,
    triethyl ester **10** 2625
—, 5-hydroxy-3-(methoxycarbonylmethyl)-,
    trimethyl ester **10** 2625
Cyclopentanevaleric acid
  see *Valeric acid, 5-cyclopentyl-*
Cyclopentanone,
—, 2-[4-(benzoyloxy)benzyl]- **9** 743
    oxime **9** 743
—, 2-[4-(benzoyloxy)phenethyl]- **9** 743
—, 3-[*p*-(benzoyloxy)phenyl]- **9** 743
—, 2,2-bis[(4-nitrobenzoyloxy)methyl]-
    9 1678
1*H*-Cyclopenta[*a*]phenanthrene,
—, 17-(benzoyloxy)-2,3,4,11,12,13,14,⸗
    15,16,17-decahydro- **9** 497
11*H*-Cyclopenta[*a*]phenanthrene,
—, 3-(benzoyloxy)-14-methyl-
    12,13,14,15,16,17-hexahydro-
    9 518
—, 3-methoxy-11-(4-nitrobenzoyloxy)-
    12,13,14,15,16,17-hexahydro-
    9 1651
3a*H*-Cyclopenta[*l*]phenanthrene-3a-
    carbonitrile,
—, 1,2,3,3b,4,5,6,7,8,9,10,11,11a,11b-
    tetradecahydro- **9** 2902

1*H*-Cyclopenta[*a*]phenanthrene-
16-carboxylic acid,
—, 6-methoxy-13-methyl-17-oxo-2,3,4,11,⸗
12,13,14,15,16,17-decahydro-,
methyl ester 10 4423
—, 13-methyl-17-oxo-2,3,4,11,12,13,14,⸗
5,16,17-decahydro-,
methyl ester 10 3286
1*H*-Cyclopenta[*l*]phenanthrene-
1-carboxylic acid,
—, 1-acetoxy-2-oxo-2,3-dihydro-,
ethyl ester 10 4485
—, 1-ethoxy-2-oxo-2,3-dihydro-,
ethyl ester 10 4484
—, 1-hydroxy-2-oxo-2,3-dihydro-,
ethyl ester 10 4484
—, 2-oxo-1-(propionyloxy)-
2,3-dihydro-,
ethyl ester 10 4485
2*H*-Cyclopenta[*l*]phenanthrene-
1-carboxylic acid,
—, 3a-hydroxy-2-oxo-3,3a-dihydro- 10 4485
ethyl ester 10 4485
6*H*-Cyclopenta[*a*]phenanthrene-
16-carboxylic acid,
—, 3-methoxy-13-methyl-17-oxo-
7,11,12,13,14,15,16,17-
octahydro-,
methyl ester 10 4463
8*H*-Cyclopenta[*a*]phenanthrene-
8-carboxylic acid,
—, 14-methyl-12-oxo-6,7,12,13,14,15,16,17-
octahydro- 10 3362
11*H*-Cyclopenta[*a*]phenanthrene-
12-carboxylic acid,
—, 11-oxo-
12,13,14,15,16,17-hexahydro-,
methyl ester 10 3400
11*H*-Cyclopenta[*a*]phenanthrene-
15-carboxylic acid,
—, 16-(hydroxyimino)-13-methyl-17-oxo-
12,13,16,17-tetrahydro-,
ethyl ester 10 3664
—, 17-(hydroxyimino)-13-methyl-
12,13,16,17-tetrahydro-,
ethyl ester 10 3418
—, 3-methoxy-13-methyl-17-oxo-
12,13,16,17-tetrahydro-,
tert-butyl ester 10 4479
ethyl ester 10 4479
methyl ester 10 4478
—, 13-methyl-17-oxo-
12,13,16,17-tetrahydro- 10 3418
ethyl ester 10 3418
—, 13-methyl-17-semicarbazono-
12,13,16,17-tetrahydro-,
ethyl ester 10 3418
—, 17-oxo-12,15,16,17-tetrahydro-,
ethyl ester 10 3411

—, 17-semicarbazono-
12,15,16,17-tetrahydro-,
ethyl ester 10 3412
11*H*-Cyclopenta[*a*]phenanthrene-
16-carboxylic acid,
—, 13-butyl-3-methoxy-17-oxo-
12,13,14,15,16,17-hexahydro-,
methyl ester 10 4475
—, 13-ethyl-6-methoxy-17-oxo-
12,13,14,15,16,17-hexahydro-,
methyl ester 10 4473
—, 2-methoxy-13-methyl-17-oxo-
12,13,14,15,16,17-hexahydro-,
methyl ester 10 4469
—, 3-methoxy-17-oxo-
12,13,14,15,16,17-hexahydro-,
methyl ester 10 4467
—, 3-methoxy-17-oxo-13-propyl-
12,13,14,15,16,17-hexahydro-,
methyl ester 10 4474
—, 13-methyl-17-oxo-
12,13,14,15,16,17-hexahydro-,
methyl ester 10 3403
—, 17-oxo-
12,13,14,15,16,17-hexahydro-,
methyl ester 10 3400
—, 17-oxo-12,15,16,17-tetrahydro-,
methyl ester 10 3412
11*H*-Cyclopenta[*a*]phenanthrene-
17-carboxylic acid,
—, 13-methyl-16-oxo-
12,13,16,17-tetrahydro-,
methyl ester 10 3419
13*H*-Cyclopenta[*a*]phenanthrene-
13-carboxylic acid,
—, hexadecahydro-,
ethyl ester 9 2632
—, 3-hydroxy-
11,12,14,15,16,17-hexahydro-
10 1287
—, 3-methoxy-
11,12,14,15,16,17-hexahydro-
10 1287
ethyl ester 10 1287
—, 3-methoxy-11,12,16,17-tetrahydro-
10 1310
ethyl ester 10 1310
—, 11,12,16,17-tetrahydro- 9 3527
ethyl ester 9 3528
1*H*-Cyclopenta[*c*]phenanthrene-
4,5-dicarboxylic acid,
—, 2,3,3a,4,5,5a-hexahydro- 9 4643
9*H*-Cyclopenta[*a*]phenanthrene-
11,12-dicarboxylic acid,
—, 3-methoxy-
11,12,13,15,16,17-hexahydro-
10 2393
—, 3-methoxy-13-methyl-11,12,13,15,16,⸗
17-hexahydro- 10 2393

1*H*-Cyclopenta[*a*]phenanthrene-
6,7,11,12-tetracarboxylic acid,
—, 2,3,4,5,6,7,11,12,13,15,16,17-
dodecahydro- 9 4887
tetramethyl ester 9 4887
—, 3-methoxy-2,3,4,5,6,7,11,12,13,15,⸗
16,17-dodecahydro-,
tetramethyl ester 10 2630
—, 2,3,4,5,6,7,10,11,12,13,14,15,16,17-
tetradecahydro-,
tetramethyl ester 9 4884
2*H*-Cyclopenta[*l*]phenanthren-2-one,
—, 1,3-diphenyl-1-(phenylpropioloyloxy)-
1,3-dihydro- 9 3064
Cyclopenta[*b*]pyran-4-carboxylic acid,
—, 7a-hydroxy-2-oxooctahydro- 10 3896
Cyclopenta[*b*]pyran-5-carboxylic acid,
—, 7a-hydroxy-2-oxooctahydro- 10 3897
Cyclopenta[*b*]pyran-6-carboxylic acid,
—, 7a-hydroxy-6-methyl-2-oxooctahydro-
10 3910
—, 7a-hydroxy-2-oxooctahydro- 10 3897
Cyclopenta[*c*]pyran-3-carboxylic acid,
—, 3-hydroxy-4,4,7-trimethyl-
1-oxooctahydro- 10 3922
Cyclopenta[*c*]pyran-4-carboxylic acid,
—, 1,5-dihydroxy-7-methyloctahydro-,
methyl ester 10 4503
—, 1-hydroxy-7-methyl-5-oxo-1,4a,5,6,7,⸗
7a-hexahydro-,
methyl ester 10 3929
Cyclopenta[*b*]pyran-2(3*H*)-one,
—, 7a-hydroxy-4,7-dimethylhexahydro-
10 2861
—, 7a-hydroxyhexahydro- 10 2827
—, 7a-hydroxy-4-methylhexahydro-
10 2843
—, 7a-hydroxy-
4a,6,6-trimethylhexahydro-
10 2881
Cyclopenta[*c*]pyran-1(7a*H*)-one,
—, 3-hydroxy-4,7-dimethylhexahydro-
10 2862
Cyclopenta[*c*]pyran-3(4*H*)-one,
—, 1-hydroxy-1,5-dimethylhexahydro-
10 2863
1*H*-Cyclopenta[*a*]pyrene-4,5-dicarboxylic
acid,
—, 7-(1,5-dimethylhexyl)-
2,11-dihydroxy-6a,11a-dimethyl-
2,3,3a,4,5,5a,6,6a,7,8,9,9a,9b,10,⸗
11,11a-hexadecahydro- 10 2483
11*H*-Cyclopenta[*a*]triphenylene-
9-carboxylic acid,
—, 12,13-dihydro- 9 3657
Cyclopentene,
—, 3,4-bis(benzoyloxy)- 9 548
—, 3,5-bis(3,5-dinitrobenzoyloxy)-
9 1902, 1903

—, 5-(3,5-dinitrobenzoyloxy)-
3-isopropyl-1,3-dimethyl- 9 1831
—, 3-isopropyl-1,3-dimethyl-5-
(4-nitrobenzoyloxy)- 9 1570
Cyclopent-1-ene-1-carbonitrile 9 142
—, 2-acetamido- 10 2810
—, 2-acetamido-3-methyl-3-phenyl-
10 3183
—, 2-acetoacetamido- 10 2811
—, 2-amino- 10 2810
—, 2-amino-3-methyl-3-phenyl- 10 3183
—, 2-(2-chloroacetamido)- 10 2811
—, 2-methyl- 9 160
—, 2-propionamido- 10 2811
Cyclopent-2-ene-1-carbonitrile 9 143
—, 2-benzoyl-1,3,5-triphenyl- 10 3507
Cyclopent-3-ene-1-carbonitrile,
—, 3-benzoyl-1,2,4-triphenyl- 10 3507
Cyclopent-1-ene-1-carbonyl chloride
9 141
—, 2-chloro- 9 142
Cyclopent-1-ene-1-carboxamide 9 141
—, 2-chloro- 9 142
—, *N*-(2-hydroxyethyl)- 9 141
Cyclopent-2-ene-1-carboxamide 9 143
Cyclopent-3-ene-1-carboxamide,
—, 3-(but-2-enyl)-1-hydroxy-4-methyl-
2-oxo- 10 4194
—, 3-(but-3-enyl)-1-hydroxy-4-methyl-
2-oxo- 10 4194
—, 3-butyl-1-hydroxy-4-methyl-2-oxo-
10 4188
—, 3-butyl-4-methyl-2-oxo- 10 2921
Cyclopent-1-ene-1-carboxylic acid
9 140
ethyl ester 9 141
methyl ester 9 141
—, 2-acetoxy-,
ethyl ester 10 52
—, 5-acetoxy-3-(hydroxyimino)-2-methyl-
10 4187
—, 2-amino-,
ethyl ester 10 2810
—, 2,2'-(benzylidenedithio)di- 10 52
diethyl ester 10 53
—, 4-bromo-2,3,3-trimethyl- 9 186
—, 2-[2-(carboxymethoxy)-*p*-tolyl]-
10 996
—, 2-chloro- 9 142
ethyl ester 9 142
—, 5-chloro-2-methyl-3-oxo-,
methyl ester 10 2898
—, 2,2'-(cinnamylidenedithio)di- 10 52
—, 2-cyano-,
ethyl ester 9 3938
—, 2-(1-cyanoethyl)-,
ethyl ester 9 3965
—, 4,5-dibromo-2,3,3-trimethyl- 9 187
—, 4,5-dimethyl- 9 174

Cyclopent-1-ene-1-carboxylic acid
(continued)
—, 5-(3,5-dinitrobenzoyloxy)-2-methyl-
3-oxo-,
methyl ester **10** 4187
—, 2-[2-(ethoxycarbonylmethoxy)-*p*-tolyl]-,
ethyl ester **10** 996
—, 2-[(ethoxycarbonyl)methylthio]-,
ethyl ester **10** 54
—, 2-(ethylthio)- **10** 52
ethyl ester **10** 53
—, 5-hydroxy-3-(hydroxyimino)-2-methyl-
10 4186
—, 3-(hydroxyimino)-5-methoxy-2-methyl-,
methyl ester **10** 4187
—, 3-(hydroxyimino)-2-methyl-,
methyl ester **10** 2898
—, 4-(hydroxyimino)-2,3,3-trimethyl-
10 2903
—, 5-hydroxy-2-methyl-3-oxo- **10** 4186
—, 3-isopropyl-2,5-dimethyl- **9** 231
—, 2,2'-(4-methoxybenzylidenedithio)di-
10 53
diethyl ester **10** 53
—, 5-methoxy-2-methyl-3-oxo- **10** 4186
methyl ester **10** 4187
—, 2-methyl- **9** 160
—, 2,2'-(methylenedithio)di-,
diethyl ester **10** 53
—, 2-methyl-3-oxo- **10** 2898
methyl ester **10** 2898
—, 2-methyl-3-semicarbazono-,
methyl ester **10** 2898
—, 2,3,3-trimethyl- **9** 186
—, 2,3,3-trimethyl-4-oxo- **10** 2903
—, 2,3,3-trimethyl-4-semicarbazono-
10 2903
—, 2,2'-(vanillylidenedithio)di-,
diethyl ester **10** 53

Cyclopent-2-ene-1-carboxylic acid
9 142
ethyl ester **9** 143
—, 2-cyano-1-methyl-,
ethyl ester **9** 3954
—, 3,5-dichloro-1,4-dihydroxy- **10** 1357
—, 2,5-dimethyl-4-oxo-,
ethyl ester **10** 2901
—, 1-isopropyl-2-methyl-,
ethyl ester **9** 205
—, 1-isopropyl-3-methyl- **9** 206
ethyl ester **9** 207
methyl ester **9** 206
—, 3-isopropyl-1-methyl- **9** 205
ethyl ester **9** 205
methyl ester **9** 205
—, 1-methyl- **9** 159
ethyl ester **9** 159
—, 3,5,5-trichloro-1,4-dihydroxy-
10 1357

Cyclopent-3-ene-1-carboxylic acid
9 143
—, 1-acetoxy-3-(but-2-enyl)-4-methyl-
2-oxo-,
ethyl ester **10** 4194
—, 1-acetoxy-3-(but-3-enyl)-4-methyl-
2-oxo-,
ethyl ester **10** 4194
—, 1-acetoxy-3-butyl-4-methyl-2-oxo-,
ethyl ester **10** 4188
—, 4-acetyl-2,2-dimethyl- **10** 2909
—, 2-benzhydryl- **9** 3529
—, 2-bromo-1-methyl-,
ethyl ester **9** 159
—, 3-(but-2-enyl)-4-methyl-2-oxo-,
ethyl ester **10** 2955
—, 3-(but-3-enyl)-4-methyl-2-oxo-,
ethyl ester **10** 2956
—, 3-butyl-1-chloro-4-methyl-2-oxo-,
ethyl ester **10** 2922
—, 3-butyl-4-methyl-2-oxo-,
ethyl ester **10** 2921
methyl ester **10** 2921
—, 2,4-dichloro-1,3-dihydroxy- **10** 4182
—, 2-(1,5-dimethylhexyl)-1-methyl-
5-oxo-,
ethyl ester **10** 2950
—, 1,2-dimethyl-5-oxo-,
ethyl ester **10** 2901
—, 2-hydroxy-1-methyl-,
ethyl ester **10** 55
—, 3-isopropyl-4,5-dimethyl-2-oxo-,
methyl ester **10** 2922
—, 4-(6-methoxy-2-naphthyl)-2-oxo-,
methyl ester **10** 4464
—, 1-methyl-2-oxo-,
ethyl ester **10** 2897
—, 1-methyl-2-(2-oxocyclohexyl)-,
ethyl ester **10** 2961
—, 4-methyl-2-oxo-3-(pent-2-enyl)-,
methyl ester **10** 2957
—, 2,2,4-trichloro-1,3-dihydroxy- **10** 4182
—, 2,2,3-trimethyl- **9** 187
ethyl ester **9** 187
methyl ester **9** 187

Cyclopent-1-ene-1,2-dicarboxylic acid
9 3937
diethyl ester **9** 3938
ethyl ester **9** 3937

Cyclopent-1-ene-1,3-dicarboxylic acid
9 3938
diethyl ester **9** 3939
—, 2,3-dimethyl- **9** 3967
—, 4,4-dimethyl- **9** 3968
—, 3,5,5-trimethyl- **9** 3987

Cyclopent-2-ene-1,2-dicarboxylic acid
9 3938
—, 5-(1,5-dimethylhexyl)-1-methyl-
9 4035

Cyclopent-2-ene-1,2-dicarboxylic acid
   (continued)
—, 1-methyl- **9** 3953
   2-methyl ester **9** 3954
—, 3,4,4-trimethyl-5-oxo-,
   diethyl ester **10** 3930
Cyclopent-3-ene-1,3-dicarboxylic acid,
—, 1,2-dimethyl- **9** 3967
—, 5,5-dimethyl- **9** 3968
—, 4-methoxy-1,2-dimethyl-5-oxo-,
   diethyl ester **10** 4714
   dimethyl ester **10** 4714
—, 1-methyl- **9** 3954
Cyclopent-4-ene-1,3-dicarboxylic acid
  9 3939
   diethyl ester **9** 3939
—, 2,2-dimethyl- **9** 3968
   diethyl ester **9** 3968
—, 1,2,3-trimethyl- **9** 3986
Cyclopent-1-ene-1,2,4-tricarboxylic acid,
—, 3,3-dimethyl-5-oxo-,
   triethyl ester **10** 4114
Cyclopent-2-en-1-one,
—, 2-allyl-4-[2,2-dimethyl-3-
   (2-methylprop-1-enyl)-
   cyclopropylcarbonyloxy]-3-methyl-
   9 214
—, 2-allyl-4-(3,5-dinitrobenzoyloxy)-
   3-methyl- **9** 1926
—, 5-(benzoyloxy)-2,3-diphenyl- **9** 771
—, 3-[*p*-(benzoyloxy)phenyl]- **9** 750
—, 2-(but-2-enyl)-4-[2,2-dimethyl-3-
   (2-methylprop-1-enyl)-
   cyclopropylcarbonyloxy]-3-methyl-
   9 214
—, 2-(but-3-enyl)-4-[2,2-dimethyl-3-
   (2-methylprop-1-enyl)-
   cyclopropylcarbonyloxy]-3-methyl-
   9 214
—, 2-(but-2-enyl)-4-
   (3,5-dinitrobenzoyloxy)-3-methyl-
   9 1926, 1927
—, 2-(but-3-enyl)-4-
   (3,5-dinitrobenzoyloxy)-3-methyl-
   9 1927
—, 2-(but-3-enyl)-5-
   (3,5-dinitrobenzoyloxy)-3-methyl-
   9 1927
   semicarbazone **9** 1927
—, 2-(but-2-enyl)-4-(3-isobutyl-
   2,2-dimethylcyclopropylcarbonyloxy)-
   3-methyl- **9** 101
—, 2-butyl-4-(3,5-dinitrobenzoyloxy)-
   3-methyl- **9** 1924
—, 2-butyl-5-(3,5-dinitrobenzoyloxy)-
   3-methyl- **9** 1924
—, 4-[2,2-dimethyl-3-(2-methylprop-
   1-enyl)cyclopropylcarbonyloxy]-
   3-methyl-2-(2-methylallyl)- **9** 215

—, 4-[2,2-dimethyl-3-(2-methylprop-
   1-enyl)cyclopropylcarbonyloxy]-
   3-methyl-5-(penta-2,4-dienyl)-
   9 215
—, 4-[2,2-dimethyl-3-(2-methylprop-
   1-enyl)cyclopropylcarbonyloxy]-
   3-methyl-2-pentyl- **9** 213
—, 4-(3,5-dinitrobenzoyloxy)-3-methyl-
   2-(penta-2,4-dienyl)- **9** 1929
—, 4-(3,5-dinitrobenzoyloxy)-3-methyl-
   2-pentyl- **9** 1925
—, 2-(3,5-dinitrobenzoyloxy)-4-propyl-
   9 1923
—, 4-(3-isobutyl-2,2-dimethylcyclopropyl-
   carbonyloxy)-3-methyl-2-
   (penta-2,4-dienyl)- **9** 102
—, 3-methyl-2-(penta-2,4-dienyl)-,
   O-benzoyloxime **9** 1281
3,5-Cyclopregnan-21-oic acid,
—, 6-methoxy-20-methyl- **10** 955
   methyl ester **10** 956
**4*H*-Cyclopropa[*c*]furan-3a(3*H*)-carboxylic
  acid,**
—, 1-hydroxy-3-oxo-1-phenyldihydro-
   10 3979
1*H*-Cyclopropa[*c*]furan-1-one,
—, 3-hydroxy-3-phenyltetrahydro-
   10 3165
Cyclopropa[*d*]naphthalene-2-carboxylic acid,
—, 4a,8,8-trimethyl-
   1,1a,4,4a,5,6,7,8-octahydro-
   9 2618
**1*H*-Cyclopropa[*a*]naphthalene-
  1-carboxylic acid,**
—, 1a,7b-dihydro- **9** 3217
Cyclopropane,
—, 1-[1-(benzoyloxy)ethyl]-
   2,2-dimethyl-3-nitro- **9** 407
Cyclopropaneacetic acid
  see *Acetic acid, cyclopropyl-*
Cyclopropanecarbonitrile 9 6
—, 2-benzoyl-1,3-diphenyl- **10** 3479
—, 2-benzoyl-1-(*p*-nitrophenyl)-
   3-phenyl- **10** 3480
—, 2-ethyl-1-phenyl- **9** 2826
—, 1-methyl- **9** 10
—, 2-methyl- **9** 11
—, 2-methyl-1-phenyl- **9** 2794
—, 1-(1-naphthyl)- **9** 3331
—, 1-(*p*-nitrophenyl)- **9** 2773
—, 1-phenyl- **9** 2772
Cyclopropanecarbonyl chloride 9 5
—, 2,2-dimethyl-3-(2-methylprop-1-enyl)-
   9 217
—, 1-(*p*-nitrophenyl)- **9** 2773
—, 2-(*p*-nitrophenyl)- **9** 2775
—, 1-phenyl- **9** 2771
—, 2-phenyl- **9** 2774

Cyclopropanecarboxamide 9 5
—, 2-benzoyl-1,3-diphenyl-
   10 3479
—, 1-benzyl- **9** 2793
—, 2,2-dimethyl-3-(2-methylprop-1-enyl)-
   9 217, 218
—, 2,2-diphenyl- **9** 3458
—, 2,3-diphenyl- **9** 3459, 3460
—, 2-ethyl-1-phenyl- **9** 2825
—, 1-methoxy- **10** 3
—, 1-methyl- **9** 10
—, 2-methyl- **9** 10
—, 1-(1-naphthyl)- **9** 3331
—, 1-(p-nitrophenyl)- **9** 2773
—, 2-(p-nitrophenyl)- **9** 2775
—, 1-phenyl- **9** 2772
—, 2-phenyl- **9** 2774
Cyclopropanecarboxamidine 9 6
Cyclopropanecarboximidic acid
   ethyl ester **9** 5
—, 1-phenyl-,
   ethyl ester **9** 2772
Cyclopropanecarboxylic acid 9 3
   butyl ester **9** 4
   tert-butyl ester **9** 4
   ethyl ester **9** 3
   isopropyl ester **9** 4
   methyl ester **9** 3
   pentyl ester **9** 4
   propyl ester **9** 4
—, 2-acetohydroximoyl-1-isopropyl-
   10 2851
—, 1-acetoxy- **10** 3
—, 2-acetyl-1-isopropyl- **10** 2851
   ethyl ester **10** 2851
—, 2-benzoyl- **10** 3165
   4-bromophenacyl ester **10** 3165
—, 2-benzoyl-3-phenyl- **10** 3386
   ethyl ester **10** 3388
   isopropyl ester **10** 3388
   methyl ester **10** 3387
—, 1-benzyl- **9** 2793
   ethyl ester **9** 2793
—, 2-butoxy- **10** 4
   ethyl ester **10** 4
—, 1-carbamoyl- **9** 3796
   ethyl ester **9** 3796
—, 2-carbamoyl-3-methyl- **9** 3805
—, 1-cyano-,
   ethyl ester **9** 3796
—, 1,2-dimethyl-,
   methyl ester **9** 15
—, 2,2-dimethyl-3-(2-methylprop-1-enyl)-
   9 210, 211, 212
   3-allyl-2-methyl-4-oxocyclopent-
   2-en-1-yl ester **9** 214
   3-(but-2-enyl)-2-methyl-
   4-oxocyclopent-2-en-1-yl ester
   9 214

3-(but-3-enyl)-2-methyl-
   4-oxocyclopent-2-en-1-yl ester
   9 214
   ethyl ester **9** 212
   methyl ester **9** 212
   2-methyl-3-(2-methylallyl)-
   4-oxocyclopent-2-en-1-yl ester
   9 215
   2-methyl-4-oxo-3-(penta-2,4-dienyl)-
   cyclopent-2-en-1-yl ester **9** 215
   2-methyl-4-oxo-3-pentylcyclopent-
   2-en-1-yl ester **9** 213
   1-naphthyl ester **9** 213
   4-nitrobenzyl ester **9** 213
   4-phenylphenacyl ester **9** 216
   propyl ester **9** 212
—, 2,2-dimethyl-3-nitro- **9** 15
—, 2,2-dimethyl-3-(3-oxobutyl)-
   10 2873
—, 2,2-dimethyl-3-
   (3-semicarbazonobutyl)- **10** 2874
—, 2,2-diphenyl- **9** 3458
   ethyl ester **9** 3458
—, 2,3-diphenyl- **9** 3459
   2-(diethylamino)ethyl ester **9** 3459
   ethyl ester **9** 3459
—, 2-ethoxy- **10** 3
   ethyl ester **10** 4
—, 2-ethyl-1-phenyl- **9** 2825
—, 2-hexyl- **9** 101
—, 1-hydroxy- **10** 3
—, 2-(α-hydroxybenzyl)-3-
   (p-nitrophenyl)- **10** 1279
   methyl ester **10** 1279, 1280
—, 2-(α-hydroxybenzyl)-3-phenyl-
   10 1276
   isopropyl ester **10** 1279
   methyl ester **10** 1277
—, 2-hydroxy-2,3-diphenyl- **10** 1268
—, 3-[3-(hydroxyimino)butyl]-
   2,2-dimethyl- **10** 2873
—, 2-(α-hydroxy-x-nitrobenzyl)
   3-(p-nitrophenyl)- **10** 1280
   methyl ester **10** 1280
—, 2-isobutyl-3,3-dimethyl- **9** 101
   3-(but-2-enyl)-2-methyl-
   4-oxocyclopent-2-en-1-yl ester
   9 101
   2-methyl-4-oxo-3-(penta-2,4-dienyl)-
   cyclopent-2-en-1-yl ester **9** 102
—, 1-isopropyl-2-(1-semicarbazonoethyl)-
   10 2851
—, 2-methoxy-,
   methyl ester **10** 4
—, 3-[2-(methoxycarbonyl)prop-1-enyl]-
   2,2-dimethyl- **9** 3988
   3-(but-2-enyl)-2-methyl-
   4-oxocyclopent-2-en-1-yl ester
   9 3988

Cyclopropanecarboxylic acid,
—, 3-[2-(methoxycarbonyl)prop-1-enyl]-
  2,2-dimethyl- *(continued)*
    2-methyl-4-oxo-3-(penta-2,4-dienyl)-
    cyclopent-2-en-1-yl ester **9** 3988
    2-methyl-3-(penta-2,4-dienyl)-
    4-semicarbazonocyclopent-2-en-
    1-yl ester **9** 3989
—, 3-[2-(methoxycarbonyl)propyl]-
  2,2-dimethyl-,
    3-(but-2-enyl)-2-methyl-
    4-oxocyclopent-2-en-1-yl ester
    9 3901
    2-methyl-4-oxo-3-(penta-2,4-dienyl)-
    cyclopent-2-en-1-yl ester **9** 3901
—, 1-methyl-,
  ethyl ester **9** 10
—, 2-methylene-3-(ureidocarbonyl)- **9** 3937
—, 2-methyl-2-phenyl- **9** 2794
  2-(diethylamino)ethyl ester **9** 2794
  ethyl ester **9** 2794
—, 1-(1-naphthyl)- **9** 3331
—, 1-(*p*-nitrophenyl)- **9** 2772
  methyl ester **9** 2772
—, 2-(*p*-nitrophenyl)- **9** 2775
  ethyl ester **9** 2775
  methyl ester **9** 2775
—, 1-phenyl- **9** 2771
  3-bromopropyl ester **9** 2771
  2-(diethylamino)ethyl ester **9** 2771
—, 2-phenyl- **9** 2773
  2-(diethylamino)ethyl ester **9** 2774
  ethyl ester **9** 2774
  hydrazide **9** 2774
  isopropylidenehydrazide **9** 2775
  methyl ester **9** 2773
—, 1,2,3-trimethyl- **9** 46
  methyl ester **9** 46
Cyclopropanecarboxylic anhydride 9 5
Cyclopropane-1,2-dicarbonyl dichloride
9 3797
Cyclopropane-1,1-dicarboxamide 9 3796
—, *N*,*N*,*N*′,*N*′-tetraethyl- **9** 3796
Cyclopropane-1,1-dicarboxylic acid 9 3795
  bis-(4-bromophenacyl) ester **9** 3796
  diethyl ester **9** 3795
  dimethyl ester **9** 3795
  dipropyl ester **9** 3795
—, 2-benzoyl- **10** 3979
  dimethyl ester **10** 3979
—, 2,3-dibromo-2,3-diphenyl-,
  dimethyl ester **9** 4612
—, 2,3-dibromo-2-(*m*-nitrophenyl)-
  3-phenyl-,
  dimethyl ester **9** 4612
—, 2-formyl-,
  diethyl ester **10** 3889
—, 2-nitro-2,3-diphenyl-,
  dimethyl ester **9** 4612

—, 2-nitro-3-(*m*-nitrophenyl)-,
  dimethyl ester **9** 4392
—, 2-nitro-3-(*m*-nitrophenyl)-
  2-phenyl-,
  dimethyl ester **9** 4613
Cyclopropane-1,2-dicarboxylic acid
9 3796, 3797
  methyl ester **9** 3797
—, 3-bromo-3-(bromomethyl)- **9** 3805
  diethyl ester **9** 3806
  dimethyl ester **9** 3806
  1-ethyl ester 2-methyl ester
  9 3806
  2-ethyl ester 1-methyl ester **9** 3806
—, 3-bromo-3-(hydroxymethyl)- **10** 2027
—, 3-carbamoyl-,
  dimethyl ester **9** 4746
—, 3-(*o*-carboxyphenyl)- **9** 4821
—, 1,2-dibromo-3-methyl- **9** 3805
—, 3,3-diethyl-1-hydroxy- **10** 2035
—, 1,2-dimethyl- **9** 3809
  dimethyl ester **9** 3810
—, 3,3-dimethyl- **9** 3810, 3811
  diethyl ester **9** 3811
  ethyl ester **9** 3811
  methyl ester **9** 3811
—, 3,3-diphenyl- **9** 4613
  dimethyl ester **9** 4613
—, 3-ethoxy-3-methyl- **10** 2026
  diethyl ester **10** 2027
—, 1-isobutyl- **9** 3855
—, 1-isopropyl- **9** 3830, 3831, 3832
  bis(4-phenylphenacyl) ester **9** 3832
  1-ethyl ester **9** 3832
—, 1-(methoxycarbonylmethyl)-,
  dimethyl ester **9** 4747
—, 3-methoxy-3-methyl- **10** 2026
  dimethyl ester **10** 2027
  methyl ester **10** 2027
—, 1-methyl- **9** 3803
  bis(4-bromophenacyl) ester **9** 3804
  diethyl ester **9** 3803, 3804
  dihydrazide **9** 3804
  dimethyl ester **9** 3803
—, 3-methyl- **9** 3804, 3805
  dihydrazide **9** 3805
  dimethyl ester **9** 3805
—, 1-methyl-3,3-diphenyl-,
  dimethyl ester **9** 4633
—, 3-methylene- **9** 3935
  diethyl ester **9** 3937
  dimethyl ester **9** 3936
  ethyl ester **9** 3936
  methyl ester **9** 3936
—, 3-phenyl-,
  dimethyl ester **9** 4392
—, 3-[*o*-(4-phenylphenacyloxycarbonyl)-
  phenyl]-,
  bis(4-phenylphenacyl) ester **9** 4821

Cyclopropane-1,1,2,2-tetracarbonitrile,
—, 3-benzyl-3-methyl- 9 4883
—, 3,3-dimethyl- 9 4848
—, 3-ethyl-3-methyl- 9 4850
—, 3-hexyl-3-methyl- 9 4856
—, 3-methyl- 9 4846
—, 3-methyl-3-phenyl- 9 4882
—, 3-phenyl- 9 4882
Cyclopropanethiocarboxylic acid,
—, 1-phenyl-,
    S-[2-(diethylamino)ethyl] ester
    9 2773
Cyclopropane-1,2,3-tricarbonitrile
    9 4746, 4747
Cyclopropane-1,1,2-tricarboxamide
    9 4745
Cyclopropane-1,1,2-tricarboxylic acid
    9 4745
        1-methyl ester 9 4745
        triethyl ester 9 4745
        trimethyl ester 9 4745
—, 3,3-dimethyl-,
        triethyl ester 9 4749
—, 2-isobutyl-,
        triethyl ester 9 4754
—, 2-isopropyl-,
        triethyl ester 9 4751
Cyclopropane-1,2,3-tricarboxylic acid
    9 4746
        triethyl ester 9 4746
        trimethyl ester 9 4746
—, bromo- 9 4747
—, methyl- 9 4748
        trimethyl ester 9 4748
1H-Cyclopropa[l]phenanthrene-
1-carboxamide,
—, 1a,9b-dihydro- 9 3512
1H-Cyclopropa[l]phenanthrene-
1-carboxylic acid,
—, 1a,9b-dihydro- 9 3510, 3511
        methyl ester 9 3511
        4-nitrobenzyl ester 9 3511
        4-phenylphenacyl ester 9 3511
Cycloprop-1-ene-1-carboxylic acid,
—, 2,3-diethyl-,
        methyl ester 9 175
—, 2,3-diisobutyl-,
        methyl ester 9 255
—, 2,3-dipentyl-,
        methyl ester 9 265
—, 2,3-dipropyl-,
        methyl ester 9 210
Cycloprop-2-ene-1,1-dicarboxylic acid,
—, 2,3-diphenyl- 9 4653
        dimethyl ester 9 4654
—, 2-(m-nitrophenyl)-3-phenyl- 9 4654
        dimethyl ester 9 4654
Cycloprop-2-ene-1,2-dicarboxylic acid,
—, 1-bromo-3-methyl- 9 3935

3,5-Cyclo-6,7-secocholestane-6,7-dioic acid
    9 4374
Cyclotetradecanecarbonitrile,
—, 2-imino- 10 2893
Cyclotetradecanecarboxylic acid,
—, 2-oxo-,
        methyl ester 10 2893
—, 2-semicarbazono-,
        methyl ester 10 2893
Cyclotetradec-1-ene-1-carbonitrile,
—, 2-amino- 10 2893
Cyclotriaconta-1,16-diene-
1,16-dicarbonitrile,
—, 2,17-diamino- 10 4053
Cyclotriacontane-1,16-dicarbonitrile,
—, 2,17-diimino- 10 4053
Cyclotridecanecarboxylic acid,
—, 1-(3-chlorobut-2-enyl)-2-oxo-,
        methyl ester 10 2953
—, 2-oxo-,
        methyl ester 10 2891
9,19-Cyclo-25,26,27-trinorlanostan-
24-oic acid,
—, 3-oxo- 10 3224
p-Cymene,
—, 3-(benzoyloxy)-2,6-diiodo- 9 438
—, 2-(benzoyloxy)-3,5-dinitro- 9 438
—, 2-(benzoyloxy)-5-iodo- 9 438
—, 2,6-bis(benzoyloxy)- 9 575
—, 5-chloro-2-(salicyloyloxy)- 10 133
—, 3-(cyclopentylacetoxy)- 9 41
—, 2,5-dibenzoyl-3,6-bis(benzoyloxy)-
    9 831
—, 3,5-dichloro-2-(salicyloyloxy)-
    10 133
—, 3-(3,5-dinitrobenzoyloxy)- 9 1853
—, 2-isobutyl-3-(4-nitrobenzoyloxy)-
    9 1597
—, 2-(4-nitrobenzoyloxy)- 9 1594
—, 3-(4-nitrobenzoyloxy)- 9 1594
—, 3-(salicyloyloxy)- 10 133
α-Cyperol,
—, O-(3,5-dinitrobenzoyl)dihydro-
    9 1844
Cystathionine,
—, N,N'-dibenzoyl- 9 1180
Cysteine,
—, N-benzoyl- 9 1170
—, N-benzoyl-S-(carboxymethyl)- 9 1171
—, N-(N-benzoylleucyl)- 9 1161
        methyl ester 9 1161
—, N-benzoyl-S-(methoxycarbonylmethyl)-
    9 1171
        methyl ester 9 1173
—, S-benzyl-N-(3,5-dinitrobenzoyl)-
    9 1941
—, N-(chlorophenylacetyl)-S-ethyl- 9 2269
—, N-cinnamoyl-,
        methyl ester 9 2718

Cysteine *(continued)*
—, *N*-[3,3-diethoxy-*N*-(phenylacetyl)≈
alanyl]- **9** 2237
—, *S*-(3,5-dinitrobenzoyl)- **9** 1997
—, *N*-(3,5-dinitrobenzoyl)-*S*-ethyl-
9 1941
—, *N*-[ethoxycarbonyl(2-phenylacetamido)≈
acetyl]-,
methyl ester **9** 2224
—, *N*-hippuroyl-,
methyl ester **9** 1135
—, *S*-[5-hydroxy-5-(*o*-hydroxyphenyl)-
2-oxotetrahydro-3-furyl]- **10** 4548
—, *S*-[5-hydroxy-5-(6-hydroxy-*m*-tolyl)-
2-oxotetrahydro-3-furyl]- **10** 4557
—, *S*-(5-hydroxy-2-oxo-
5-phenyltetrahydro-3-furyl)-
10 4237
—, *S*,*S*′-methylenebis(*N*-benzoyl- **9** 1171
—, *N*-[2-methyl-*N*-(phenylacetyl)alanyl]-,
methyl ester **9** 2216
—, *N*-[*N*-(phenylacetyl)glycyl]- **9** 2210
Cystine,
—, *N*,*N*′-bis(2-carboxybenzoyl)- **9** 4195
—, *N*,*N*′-bis(3,5-dinitrobenzoyl)-
9 1941
—, *N*,*N*′-bis(4-nitrobenzoyl)- **9** 1735
—, *N*,*N*′-bis[α-(α-acetamidocinnamamido)≈
cinnamoyl]- **10** 3013
—, *N*,*N*′-bis(α-acetamidocinnamoyl)-
10 3011
—, *N*,*N*′-bis(phenylacetyl)- **9** 2221
—, *N*,*N*′-dicinnamoyl-,
dimethyl ester **9** 2719
—, *N*,*N*′-bis[3,7,12-tris(formyloxy)≈
cholan-24-oyl]-,
dimethyl ester **10** 2179
—, *N*,*N*′-dibenzoyl- **9** 1172
dimethyl ester **9** 1173
—, *N*,*N*′-dibenzoyl-*N*,*N*′-dimethyl-
9 1173

D

Dammarolic acid 10 2281
Deca-2,8-diene-4,6-diyne,
—, 1,10-bis(benzoyloxy)- **9** 604
Deca-4,8-dienoic acid,
—, 2-cyclohexyl-5,9-dimethyl- **9** 349
—, 2-(cyclopent-1-en-1-yl)-
5,9-dimethyl- **9** 2628
ethyl ester **9** 2629
—, 5,9-dimethyl-2-phenyl- **9** 3114
Deca-4,6-diyne,
—, 2,9-bis(3,5-dinitrobenzoyloxy)-
9 1908
Decanedioic acid,
—, 5,6-dihydroxy-5,6-
bis(*p*-methoxyphenyl)- **10** 2615

—, 2,9-diphenyl- **9** 4585
Decane-2,5-dione,
—, 3-(3,5-dinitrobenzoyloxy)- **9** 1931
Decanenitrile,
10-benzamido- see *Benzamide,*
N-(9-cyanononyl)-
—, 2-phenyl- **9** 2621
Decanoic acid,
—, 2-benzamido- **9** 1165
—, 2-benzoyl-9-oxo-,
ethyl ester **10** 3560
—, 2-benzyl-5,9-dimethyl- **9** 2633
—, 10-(*p*-bromophenyl)- **9** 2621
—, 10-(*p*-bromophenyl)-10-oxo-
10 3112
—, 10-[4-butyl-2-(hydroxymethyl)≈
cyclohexyl]- **10** 51
—, 10-[4-butyl-3-(hydroxymethyl)≈
cyclohexyl]- **10** 51
—, 10-(*p*-chlorophenyl)- **9** 2621
—, 10-(*p*-chlorophenyl)-10-oxo- **10** 3112
—, 10-*p*-cumenyl- **9** 2633
ethyl ester **9** 2633
—, 10-*p*-cumenyl-10-oxo- **10** 3117
—, 2-(cyclobutylmethyl)- **9** 128
—, 2-cyclohexyl- **9** 129
—, 10-cyclohexyl- **9** 129
—, 2-cyclohexyl-5,9-dimethyl- **9** 133
—, 2-(2-cyclohexylethyl)- **9** 133
—, 10-(cyclopent-2-en-1-yl)- **9** 270
ethyl ester **9** 270
—, 2-cyclopentyl- **9** 128
—, 2-cyclopentyl-5,9-dimethyl- **9** 131
—, 10-(2,4-dihydroxyphenyl)- **10** 1589
methyl ester **10** 1589
—, 10-(2,4-dihydroxyphenyl)-10-oxo-
10 4570
methyl ester **10** 4570
—, 5,9-dimethyl-2-phenyl- **9** 2631
—, 10-(*p*-ethoxyphenyl)- **10** 659
—, 10-(*p*-ethoxyphenyl)-10-oxo- **10** 4281
—, 10-(4-hydroxy-3,5-diiodophenyl)-
10 660
—, 10-(3-hydroxy-1,4-dioxo-1,4-dihydro-
2-naphthyl)-6-oxo- **10** 4776
methyl ester **10** 4777
—, 10-(*p*-hydroxyphenyl)- **10** 659
—, 10-(*p*-hydroxyphenyl)-10-oxo-
10 4281
—, 10-(*p*-methoxyphenyl)- **10** 659
—, 10-(*p*-methoxyphenyl)-10-oxo-
10 4281
—, 10-oxo-10-(*p*-phenoxyphenyl)-
10 4281
—, 10-oxo-10-phenyl- **10** 3112
ethyl ester **10** 3112
methyl ester **10** 3112
—, 10-oxo-10-(5,6,7,8-tetrahydro-
2-naphthyl)- **10** 3213

Decanoic acid *(continued)*
—, 10-oxo-10-(2,5-xylyl)- **10** 3117
—, 10-(*p*-phenoxyphenyl)- **10** 659
—, 6-phenyl- **9** 2622
    4-bromophenacyl ester **9** 2622
—, 10-phenyl- **9** 2620
    ethyl ester **9** 2620
—, 2,2,4,4-tetraphenyl- **9** 3682
    methyl ester **9** 3683
—, 10-(2,5-xylyl)- **9** 2632
    ethyl ester **9** 2632
Decanoic anhydride,
—, 10-(*p*-acetoxyphenyl)-10-oxo- **10** 4281
Decanoyl chloride,
—, 10-phenyl- **9** 2621
Decarboxyanhydroceanothic acid **9** 3264
Decarboxythamnolic acid **10** 2450
Deca-5,7,9-trienoic acid,
—, 8-methyl-2,4-dioxo-10-
    (2,6,6-trimethylcyclohex-1-en-
    1-yl)-,
    methyl ester **10** 3597
Dec-9-ene-2,5-dione,
—, 3-(3,5-dinitrobenzoyloxy)- **9** 1931
Dec-8-enoic acid,
—, 2-cyclohexyl-5,9-dimethyl- **9** 283
—, 2-cyclopentyl-5,9-dimethyl- **9** 282
Dec-3-en-5-yne,
—, 2-(benzoyloxy)-3-methyl-1-
    (2,6,6-trimethylcyclohex-1-en-
    1-yl)- **9** 457
Dehydroabietic acid **9** 3121
Dehydroabietinol,
—, O-(3,5-dinitrobenzoyl)- **9** 1871
Dehydroanthropodeoxycholic acid **10** 3574
Dehydroapochenodeoxycholic acid **10** 3222
Dehydroapocholic acid **10** 3603
Dehydroapofenchocamphoric acid **9** 3968
Dehydrobassic acid
    methyl ester **10** 4664
α-Dehydrobufodeoxycholic acid **10** 3586
β-Dehydrobufodeoxycholic acid **10** 3586
Dehydrocassainic acid **10** 3561
Dehydrochenodeoxycholic acid **10** 3574
Dehydrocholic acid **10** 3986
Dehydrodeoxoglycyrrhetinic acid **10** 1149
Dehydrodeoxycholic acid **10** 3577
Dehydrogallodeoxycholic acid **10** 3574
Dehydroglycyrrhetinic acid,
—, O-acetyl- **10** 4426
Dehydrohomosantenic acid **9** 3986
Dehydrohydroglycyrrhetinic acid **10** 1147
α-Dehydrohyodeoxycholic acid **10** 3572
β-Dehydrohyodeoxycholic acid **10** 3572
Dehydroisofenchocamphoric acid **9** 3987
Dehydrolithocholic acid **10** 3130
Dehydronorcaryophyllenic acid **9** 3954
Dehydronorcedrenedicarboxylic acid
    9 4069

Dehydrooleanolic acid **10** 1150
Dehydrophotosantonic acid **9** 4350
Dehydrophyllodulcinic acid,
—, di-O-methyl- **10** 4766
Dehydrosantenic acid **9** 3967
Dehydrosarsasapogeninic acid
    10 3994
Dehydrosumaresinonic acid,
—, O-acetyl-,
    methyl ester **10** 4425
Dehydroursanic acid **9** 3265
Dehydroursodeoxycholic acid **10** 3574
Dehydroursolic acid **10** 1144
Deoxoglycyrrhetic acid **10** 1047
β-Deoxosiaresinonic acid **10** 3262
Deoxybenzoin,
—, α-(benzoyloxy)- **9** 762
—, 2′-(benzoyloxy)- **9** 761
—, 4-(benzoyloxy)-2-hydroxy- **9** 800
—, 2′-(benzoyloxy)-5′-nitro- **9** 762
—, α-(benzoyloxy)-2,4,6-trimethyl-
    9 765
—, α-(benzoylthio)- **9** 1971
—, 2,4-bis(benzoyloxy)- **9** 801
—, 2′,4′-dinitro-,
    O-benzoyloxime **9** 1283
    O-cinnamoyloxime **9** 2722
—, α-(diphenylacetoxy)- **9** 3295
    oxime **9** 3295
—, α-(phenylacetoxy)- **9** 2188
—, 2′-(phenylacetoxy)- **9** 2188
—, 2,3,4-tris(benzoyloxy)- **9** 822
Deoxybilianic acid **10** 4120, 4121
Deoxycantharidic acid **9** 3868
Deoxycarminic acid **10** 4872
Deoxycholic acid **10** 1641
Deoxyciloxanic acid **9** 4086
Deoxycorticosterone,
—, O-benzoyl- **9** 797
2-Deoxyerythronic acid,
—, 2-benzamido- **9** 1185
1-Deoxygalactitol,
—, O^6-benzoyl- **9** 702
—, penta-O-benzoyl- **9** 703
—, penta-O-benzoyl-1-chloro- **9** 703
—, O^2,O^3,O^4,O^5-tetraacetyl-O^6-benzoyl-
    9 703
2-Deoxyglucitol,
—, penta-O-benzoyl- **9** 704
2-Deoxygluconic acid,
—, 2-benzamido-,
    ethyl ester **9** 1192
1-Deoxyinositol,
—, penta-O-benzoyl- **9** 704
6-Deoxy-mannononitrile,
—, tetra-O-benzoyl- **9** 869
Deoxyoleanolic acid **9** 3265
Deoxysarsasapogenoic acid **10** 3586
Dephanthanic acid **9** 4785

Dephanthic acid 9 4080
Derric acid 10 2097
Des-A-friedel-5-ene-10-carboxylic acid
  9 2922
     ethyl ester 9 2923
     methyl ester 9 2922
α-Desmotroposantonous acid 10 922
β-Desmotroposantonous acid 10 921, 922
Dethiobenzylpenicilloic acid
  9 2244, 2245
     dimethyl ester 9 2245
     α-ethyl ester 9 2246
     β-methyl ester α-amide 9 2246
Diacetamide,
—, 2,2'-bis(3,4-dimethoxyphenyl)-
  10 1463
—, 2,2'-bis(p-nitrophenyl)- 9 2289
—, 2,2'-diphenyl- 9 2207
—, 2-[o-(2-naphthyl)phenyl]- 9 3556
—, 2-phenyl- 9 2207
Dianhydrostrophantidinic acid
  10 4663
Dibenzamide
     O-methyloxime 9 1310
—, N-[1-(benzoyloxymethyl)-
  2-methylpropyl]- 9 1113
—, N-[2-(diethylamino)ethyl]- 9 1212
—, p,p'-dinitro- 9 1725
—, o,o''-dithiobis- 10 234
—, 2,2',4,4',6,6'-hexamethyl- 9 2497
—, N-methyl- 9 1113
—, N-[2-(o-nitrophenoxy)ethyl]-
  9 1113
Dibenz[a,c]anthracene
     see Benzo[b]triphenylene
Dibenz[a,h]anthracene-7-carboxylic
  acid,
—, 7,14-dihydro- 9 3669
     methyl ester 9 3669
7H-Dibenz[a,kl]anthracene-13-carboxylic
  acid,
—, 3,9-dibromo-7-oxo-,
     methyl ester 10 3496
—, 7-oxo- 10 3496
     methyl ester 10 3496
Dibenz[a,h]anthracene-6,13-dicarboxylic
  acid,
—, 7,14-dimethyl- 9 4720
—, 2,3,9,10-tetramethoxy-7,14-dimethyl-
  10 2624
Dibenz[a,h]anthracene-7,14-dicarboxylic
  acid,
—, 7,14-dihydro- 9 4716
     dimethyl ester 9 4716
Dibenz[a,j]anthracene-6,8-dicarboxylic
  acid 9 4718
6H,12H-5,12;6,11-Di-o-benzenodibenzo-
[a,e]cyclooctene-5,11-dicarbonitrile,
—, 6,12-diacetoxy- 10 2551

Dibenzo[def,mno]chrysene,
—, 6,12-bis(benzoyloxy)- 9 659
Dibenzo[def,mno]chrysene-
4,10-dicarbonitrile,
—, 6,12-dioxo-6,12-dihydro- 10 4098
Dibenzo[def,mno]chrysene-
3,9-dicarboxylic acid,
—, 6,12-dioxo-6,12-dihydro- 10 4098
Dibenzo[def,mno]chrysene-6,12-dione,
—, 3,9-bis(benzoyloxy)- 9 833
Dibenzo[bc,kl]coronene-2,9-dicarboxylic
  acid,
—, 4,7,11,14-tetraoxo-
  4,7,11,14-tetrahydro- 10 4159
5H-Dibenzo[a,c]cycloheptene-
6-carbonitrile,
—, 7-amino- 10 3382
—, 5-imino-6,7-dihydro- 10 3382
5H-Dibenzo[a,c]cycloheptene-
5-carboxamide,
—, 6-oxo-6,7-dihydro- 10 3382
5H-Dibenzo[a,c]cycloheptene-
6-carboxylic acid,
—, 6,7-dihydro- 9 3461
Dibenzo[a,e]cyclooctene-5-carboxylic
  acid,
—, 12-carbamoyl- 9 4675
Dibenzo[a,e]cyclooctene-
5,12-dicarbonitrile 9 4675
Dibenzo[a,e]cyclooctene-
5,12-dicarboxylic acid 9 4674
     diethyl ester 9 4674
     ethyl ester 9 4674
13H-Dibenzo[a,h]fluorene-6-carboxylic
  acid,
—, 13-oxo- 10 3496
Dibenzo[fg,qr]pentacene,
—, 3,11-bis(4-bromobenzoyloxy)-
  9 1409
Dibenzo[a,j]perylene,
—, 8,16-bis(4-bromobenzoyloxy)-
  9 1409
Dibenzo[a,o]perylene,
—, 7,16-bis(benzoyloxy)- 9 662
Dibenzo[a,o]perylene-3-carboxylic
  acid,
—, 7,16-dioxo-7,16-dihydro- 10 3680
Dibenzo[a,o]perylene-1,6-dicarboxylic
  acid,
—, 7,16-dioxo-7,16-dihydro- 10 4101
Dibenzo[a,o]perylene-3,4-dicarboxylic
  acid,
—, 7,16-dioxo-7,16-dihydro- 10 4102
Dibenzo[a,j]perylene-
2,4,10,12-tetracarboxylic acid,
—, 8,16-dioxo-8,16-dihydro- 10 4175
Dibenzo[b,g]phenanthrenecarboxylic acid
     see Naphth[1,2-a]-
     anthracenecarboxylic acid

Dibenzo[c,g]phenanthrene-3-carboxylic
acid,
—, 9,12-dimethyl- 9 3677
—, 7,8,9,10-tetrahydro- 9 3660
Dibenzo[c,g]phenanthrene-
3,4-dicarboxylic acid 9 4719
—, 1,2,2a,3,4,4a,5,6-octahydro- 9 4694
    dimethyl ester 9 4694
—, 1,2,5,6-tetrahydro- 9 4710
    dimethyl ester 9 4710
—, 7,9,12,14-tetramethyl- 9 4724
Dibenzo[b,d]pyran
    see Benzo[c]chromene
Dibenzo[cd,mn]pyrene,
—, 4,12-bis(benzoyloxy)- 9 657
4H,8H-Dibenzo[cd,mn]pyrene-2-carboxylic
acid,
—, 4,8,12-trioxo-12,12c-dihydro-
    10 4710
Dibenzoyldiimide 9 1323
Dicadic acid 9 327
Di-β-camphylic acid 9 4428
α.γ-Dichaulmoogrin 9 289
Dicyclopenta[a,i]phenanthrene-1,7a(7H)-
    dicarboxylic acid,
—, 2-acetoxy-10-isopropenyl-3,3,5a,5b,-
    12b-pentamethyloctadecahydro-,
    dimethyl ester 10 2313
—, 2-hydroxy-10-isopropenyl-3,3,5a,5b,-
    12b-pentamethyloctadecahydro-
    10 2313
    dimethyl ester 10 2313
6,8;7,19-Dicyclo-9,10-secoergosta-
5(10),22-diene,
—, 3-(3,5-dinitro-p-toluoyloxy)-
    9 2371
4,4′-Didehydro-β-carotene,
—, 3,3′-bis(benzoyloxy)- 9 656
—, 3,3′-bis(4-nitro-benzoyloxy)- 9 1654
3,4′-Didehydro-γ-carotene-16′-oic acid
    9 3661
    methyl ester 9 3662
1,6-Dideoxygalactitol,
—, tetra-O-benzoyl-1,6-dichloro-
    9 690
1,6-Dideoxyglucitol,
—, tetra-O-benzoyl-1,6-diiodo- 9 690
1,6-Dideoxymannitol,
—, tetra-O-benzoyl-1,6-dichloro-
    9 689
—, tetra-O-benzoyl-1,6-diiodo- 9 690
Di-α-desmotroposantonous acid 10 2542
Di-β-desmotroposantonous acid 10 2541
Dienestrol,
—, di-O-benzoyl- 9 646
Diethylamine,
—, 2,2′-bis(benzoylthio)-N-methyl- 9 1976
—, 2,2′-bis[2,2-dimethyl-3-(2-methylprop-1-
    enyl)-cyclopropylcarbonyloxy]- 9 217

—, N-methyl-2,2′-bis-
    (4-nitrobenzoyloxy)- 9 1692
—, N-methyl-2,2′-bis-
    [2-(4-nitrobenzoyloxy)ethoxy]-
    9 1622
Diffractaic acid 10 1544
Digitoxanonedioic acid 10 3976
Dihydnocarpin 9 277
Dihydroabietic acid 9 2637, 2638
β-Dihydroabietic acid 9 2636
Dihydroagathic acid
    methyl ester 9 4084
Dihydroalantolic acid 10 82
Dihydroallogibberic acid 10 1135
Dihydroaposantonic acid 10 2948
Dihydrobetulonic acid 10 3228
Dihydrobutyrospermol,
—, O-benzoyl- 9 471
Dihydro-α-campholenic acid 9 98
Dihydrocarveol,
—, O-(3,5-dinitrobenzoyl)- 9 1829
—, O-(4-nitrobenzoyl)- 9 1570
Dihydrochaulmoogric acid 9 134
Dihydrochrysanthemumic acid
    9 101
Dihydrocinerolone,
—, O-(3,5-dinitrobenzoyl)- 9 192
Dihydrocyclogeranic acid 9 88
Dihydro-α-cyperol,
—, O-(3,5-dinitrobenzoyl)- 9 1844
Dihydroelemol,
—, O-(3,5-dinitrobenzoyl)- 9 1838
—, O-(4-nitrobenzoyl)- 9 1576
Dihydroerdin 10 4818
Dihydroeremophilol,
—, O-(3,5-dinitrobenzoyl)- 9 1845
Dihydroergocalciferol-I,
—, O-(3,5-dinitrobenzoyl)- 9 1874
Dihydroergocalciferol-II,
—, O-(3,5-dinitrobenzoyl)- 9 1875
Dihydrogeodin 10 4819
Dihydroguaiol,
—, O-(3,5-dinitrobenzoyl)- 9 1838
Dihydrohydnocarpic acid 9 129
Dihydro-α-ionol,
—, O-benzoyl- 9 414
Dihydroisoagathic acid 9 4085
Dihydroisoalantolic acid 10 82
Dihydroisopimaric acid 9 2644
Dihydroisoteresantalic acid 9 221
α-Dihydrolanosterol,
—, O-(3,5-dinitrobenzoyl)- 9 1869
Dihydromiropinic acid 9 2913
Dihydroneoabietic acid 9 2637
Dihydrophthalic acid
    see Cyclohexadienedicarboxylic acid
Dihydropimaric acid 9 2642
Dihydropseudoabietic acid 9 2640, 2641
Dihydro-α-santalylacetic acid 9 349

Dihydrosantolic acid 10 3940
Dihydrosedanolic acid 10 46, 47
Dihydrosedanonic acid 10 2886
Dihydroskimmiol,
—, O-benzoyl- 9 473
Dihydroskimmioldioic acid 9 4376
Dihydrosphingosine,
—, N-benzoyl- 9 1088
—, N,O,O-tribenzoyl- 9 1088
Dihydrotaxinin 9 2391
Dihydrovetivol,
—, O-(3,5-dinitrobenzoyl)- 9 1844
1H-4,9;5,8-Dimethanocyclopenta[b]-
naphthalene,
—, 6-(4-nitrobenzoyloxy)dodecahydro-
9 1606
1,4;5,8-Dimethanonaphthalene-4a(4H)-
carboxylic acid,
—, 8-methyl-1,5,8,8a-tetrahydro-,
ethyl ester 9 3097
1,4;5,8-Dimethanonaphthalene-
2,2-dicarboxylic acid,
—, 3-methyl-1,2,3,4,4a,5,8,8a-octahydro-,
diethyl ester 9 4421
1,4;5,8-Dimethanonaphthalene-
2,3-dicarboxylic acid,
—, decahydro- 9 4346, 4347
dimethyl ester 9 4347
19,24-Dinorchola-5,7,9,22-tetraene,
—, 3-(3,5-dinitrobenzoyloxy)-22-methyl-
9 1887
15,20-Dinorlabdane-14,16,18-trioic acid,
—, 13-methyl-8-oxo- 10 4115
29,30-Dinorlupane-20,28-dioic acid,
—, 3-acetoxy-,
dimethyl ester 10 2280
—, 3-hydroxy-,
dimethyl ester 10 2279
28-methyl ester 10 2279
29,30-Dinorlupan-20-oic acid 9 2926
methyl ester 9 2926
—, 3-acetoxy- 10 981
methyl ester 10 981
—, 3,28-diacetoxy-,
methyl ester 10 1899
—, 3,28-dihydroxy- 10 1899
methyl ester 10 1899
—, 3-hydroxy- 10 980
methyl ester 10 981
27,28-Dinoroleana-13,15,17-triene,
—, 3-(benzoyloxy)- 9 515
A,27-Dinorursa-12,14-dien-28-oic acid,
—, 2-oxo- 10 3287
methyl ester 10 3288
27,28-Dinorursa-13,15,17-triene,
—, 3-(benzoyloxy)- 9 515
26,27-Dinorursa-8(14),9(11),12-trien-
28-oic acid,
—, 3-hydroxy-11-methyl- 10 1248

A,27-Dinorurs-13-en-28-oic acid,
—, 2,12,15-trioxo- 10 4005
methyl ester 10 4006
Diperoxyphthalsäure
bis(1-methylcyclohexyl) ester
9 4190
di-tert-butyl ester 9 4190
Diperoxyterephthalsäure
diisopropylester 9 4252
dimethylester 9 4252
dipropylester 9 4252
Diphenamic acid 9 4499
—, N-allyl- 9 4499
—, 5,5'-dibromo- 9 4505
ethyl ester 9 4506
methyl ester 9 4506
—, 4,4'-dinitro- 9 4511
—, 4-nitro- 9 4507
Diphenamide,
—, 5,5'-dibromo- 9 4506
—, N,N'-diethyl-6,6'-dimethoxy- 10 2495
—, 6,6'-dimethoxy- 10 2494
—, 6,6'-dimethoxy-N,N'-dimethyl-
10 2495
—, 6,6'-dimethoxy-
N,N,N',N'-tetramethyl- 10 2495
—, N,N,N',N'-tetraethyl-6,6'-dimethoxy-
10 2496
Diphenic acid 9 4496
bis(p-bromophenyl) ester 9 4498
bis(p-chlorophenyl) ester 9 4498
bis(p-nitrobenzyl) ester 9 4498
butyl ester 9 4498
dihydrazide 9 4501
dimethyl ester 9 4497
hydrazide 9 4500
10-hydroxy-9-phenanthryl ester
9 4499
isobutyl ester 9 4498
isopropyl ester 9 4497
(o-methoxyphenyl)-(1-naphthyl)-
methyl ester 9 4499
methyl ester 9 4497
4-phenoxybenzhydryl ester 9 4498
phenyl ester 9 4498
propyl ester 9 4497
—, O-acetyl-,
10-acetoxy-9-phenanthryl ester
9 4499
—, 4-acetyl-4'-isopropyl-3-methyl- 10 4017
—, 5-acetyl-4'-isopropyl-3-methyl-
10 4018
—, 6-(benzoyloxy)-5,5'-dimethoxy- 10 2586
dimethyl ester 10 2586
—, 5,6'-bis(benzoyloxy)-4,5'-dimethoxy-
10 2606
dimethyl ester 10 2606
—, 4,4'-dibromo- 9 4504
dimethyl ester 9 4504

Diphenic acid *(continued)*
—, 5,5′-dibromo- **9** 4504
    ethyl ester **9** 4505
    ethyl ester methyl ester **9** 4505
    methyl ester **9** 4505
—, 3,3′-dichloro- **9** 4502
—, 4,4′-dichloro- **9** 4503
—, 4,6-dichloro- **9** 4503
—, 5,5′-dichloro- **9** 4503
    ethyl ester **9** 4503
    methyl ester **9** 4503
—, 6,6′-dichloro- **9** 4503, 4504
—, 6,6′-difluoro- **9** 4502
    diethyl ester **9** 4502
    dimethyl ester **9** 4502
—, 6,6′-dihydroxy-4,4′,5,5′-tetrakis‑
    (galloyloxy)- **10** 2633
—, 4,4′-dimethoxy- **10** 2493
—, 5,5′-dimethoxy- **10** 2493
—, 6,6′-dimethoxy- **10** 2493
    bis(N′-acetylhydrazide) **10** 2496
    dihydrazide **10** 2496
    dimethyl ester **10** 2494
—, 4,5-dimethyl- **9** 4544
—, 5,5′-dimethyl- **9** 4545
—, 6,6′-dimethyl- **9** 4545
—, 4,4′-dinitro-,
    bis(p-menth-3-yl) ester **9** 4509
    bornyl ester **9** 4509
    dibornyl ester **9** 4510
    dimethyl ester **9** 4509
    p-menth-3-yl ester **9** 4509
—, 4,6-dinitro- **9** 4511
—, 5,5′-dinitro- **9** 4511
    bis[2-(diethylamino)ethyl] ester **9** 4511
—, 6,6′-dinitro- **9** 4511, 4512
    dimethyl ester **9** 4512
—, 4-ethyl-4′-isopropyl-3-methyl- **9** 4584
—, 5-ethyl-4′-isopropyl-3-methyl- **9** 4584
—, 4,4′,5,5′,6,6′-hexamethoxy- **10** 2633
—, 4′-isopropyl-3-methyl- **9** 4576
    dimethyl ester **9** 4577
    2′-ethyl ester **9** 4577
    2′-methyl ester **9** 4577
—, 4-methoxy- **10** 2342
—, 5-methyl- **9** 4528
—, 4-nitro- **9** 4506
    dihydrazide **9** 4508
    dimethyl ester **9** 4507
    2′-hydrazide **9** 4507
—, 6-nitro- **9** 4508
    dihydrazide **9** 4509
    dimethyl ester **9** 4508
—, 4,4′,6,6′-tetrabromo- **9** 4506
—, 4,4′,6,6′-tetrachloro- **9** 4504
—, 3,3′,4,4′-tetramethoxy- **10** 2605
    diethyl ester **10** 2605
—, 4,4′,5,5′-tetramethoxy-,
    dimethyl ester **10** 2605

—, 4,4′,5,6-tetramethoxy- **10** 2605
—, 4,5,5′,6′-tetramethoxy- **10** 2606
    dimethyl ester **10** 2606
—, 4,5,6,6′-tetramethoxy- **10** 2605
—, 5,5′,6,6′-tetramethoxy- **10** 2606
—, 4,4′,6,6′-tetranitro- **9** 4513
    diethyl ester **9** 4514
    dimethyl ester **9** 4513
—, 5,5′,6-trimethoxy- **10** 2586
    dimethyl ester **10** 2586
—, 4,4′,6-trinitro- **9** 4512
Diphenonitrile 9 4500
Diphenoyl chloride,
—, 5,5′-dibromo- **9** 4505
—, 4,4′-dinitro- **9** 4511
Diphenylcarboxylic acid
    see *Biphenylcarboxylic acid*
Diphthalylic acid 10 4075
Diploschistesic acid 10 2113
**3,4;11,12-Disecocholane-
3,4,11,12,19,24-hexaoic acid
9** 4913
**2,3;6,7-Disecocholane-
2,3,6,7,24-pentaoic acid 9** 4906
**3,4;6,7-Disecocholane-
3,4,6,7,24-pentaoic acid 9** 4906
**3,4;11,12-Disecocholane-
3,4,11,12,24-pentaoic acid 9** 4905
**6,7;11,12-Disecocholane-
6,7,11,12,24-pentaoic acid 9** 4904
**3,4;14,15-Disecocholane-
3,4,15,24-tetraoic acid,**
—, 12,14-dioxo- **10** 4171
    tetramethyl ester **10** 4171
**2,3;6,7-Disecocholestane-
2,3,6,7-tetraoic acid 9** 4868
**3,4;5,6-Disecocholestane-3,4,6-trioic
acid,**
—, 5,7-dioxo- **10** 4144
**4,5;5,6-Disecocholestane-4,5,6-trioic
acid 9** 4782
**3,5;5,6-Diseco-A,B-dinorcholane-
3,5,6,24-tetraoic acid 9** 4866
    24-nitrile **9** 4867
    tetramethyl ester **9** 4867
—, 12-oxo- **10** 4164
    tetramethyl ester **10** 4164
**3,5;11,12-Diseco-A,B-dinorcholane-
3,11,12,24-tetraoic acid,**
—, 5-oxo- **10** 4163
—, 6-oxo- **10** 4163
    tetramethyl ester **10** 4164
**3,5;5,6-Diseco-A,B-dinorcholestane-
3,5,6-trioic acid 9** 4781
—, 24-oxo- **10** 4115
—, 24,24,25-trinitro- **9** 4781
**2,3;11,12-Diseco-A-norcholane-2,3,11,12,‑
24-pentaoic acid 9** 4904

3,5;5,6-Diseco-A-norcholane-
3,5,6,24-tetraoic acid 9 4868
—, 7,12-dioxo- **10** 4170
—, 12-oxo- **10** 4165
3,5;6,7-Diseco-A-norcholane-
3,6,7,24-tetraoic acid 9 4867
—, 5,12-dioxo- **10** 4170
3,5;11,12-Diseco-A-norcholane-
3,11,12,24-tetraoic acid,
—, 5-oxo- **10** 4164
8,9;9,11-Diseco-C-norcholane-
9,11,24-trioic acid,
—, 8-oxo- **10** 4115
3,5;5,6-Diseco-A-norcholestane-
3,5,6-trioic acid 9 4782
—, 7-oxo- **10** 4116
3,5;6,7-Diseco-A-norcholestane-
3,6,7-trioic acid,
—, 5-oxo- **10** 4116
2,5;5,6-Diseco-A,A,B-trinorcholane-
2,5,6,24-tetraoic acid 9 4866
        tetramethyl ester **9** 4866
3,5;5,6-Diseco-A,B,24-trinorcholane-
3,5,6,23-tetraoic acid 9 4865
2,5;5,6-Diseco-A,A,B-trinorcholestane-
2,5,6-trioic acid 9 4780
        5-methyl ester **9** 4781
Diselenid,
—, dibenzoyl- **9** 2001
Distyrinic acid 9 3472
Disulfide,
—, bis(2-acetoxybenzoyl) **10** 239
—, bis(4-benzoylbenzoyl) **10** 3306
—, bis-[2-(benzoyloxy)-1-naphthyl] **9** 610
—, bis[p-(benzoyloxy)phenyl] **9** 563
—, bis(biphenyl-4-carbonyl) **9** 3283
—, bis[3,5-bis(benzoyloxy)phenyl] **9** 671
—, bis(4-bromobenzoyl) **9** 1989
—, bis(3,4-dimethylbenzoyl) **9** 2443
—, bis[3-(3,5-dinitrobenzoyloxy)propyl]-
        9 1892
—, bis(diphenylacetyl) **9** 3316
—, bis[(methoxycarbonyl)-
        diphenylthioacetyl] **9** 4526
—, bis[4-(methylsulfonyl)benzoyl]
        10 420
—, bis(4-nitrobenzoyl) **9** 1995
—, bis[2-(4-nitrobenzoyloxy)ethyl]
        9 1623
—, bis(4-nitro-1-naphthoyl) **9** 3173
—, bis(3-nitro-5,6,7,8-tetrahydro-
        1-naphthoyl) **9** 2799
—, bis(4-nitro-5,6,7,8-tetrahydro-
        1-naphthoyl) **9** 2800
—, bis(5,6,7,8-tetrahydro-1-naphthoyl)-
        9 2799
—, bis(5,6,7,8-tetrahydro-2-naphthoyl)
        9 2804
—, di-p-anisoyl **10** 419

—, dibenzoyl **9** 1977
—, di(1-naphthoyl) **9** 3171
—, di(2-naphthoyl) **9** 3205
—, disalicyloyl **10** 239
—, di(thio-1-naphthoyl) **9** 3174
—, di-m-toluoyl **9** 2334
—, di-o-toluoyl **9** 2317
—, di-p-toluoyl **9** 2378
—, diveratroyl **10** 1445
Disulfone,
—, dibenzoyl **9** 1978
Dithioacetic acid,
—, diphenyl- **9** 3317
        phenyl ester **9** 3317
—, phenyl- **9** 2298
        methyl ester **9** 2298
Dithioacrylic acid,
—, triphenyl- **9** 3631
Dithioantimonous acid,
—, chloro-,
        bis(o-carboxyphenyl) ester **10** 226
Dithiobenzoic acid 9 1997
        benzyl ester **9** 1998
        3-bromopropyl ester **9** 1998
—, p-bromo- **9** 1999
        ethyl ester **9** 1998
        methyl ester **9** 1998
—, p-chloro- **9** 1999
Dithiocarbamic acid,
—, benzoyl-,
        4-bromophenacyl ester **9** 1121
        4-chlorophenacyl ester **9** 1121
        ethyl ester **9** 1120
        3-nitrophenacyl ester **9** 1121
        phenacyl ester **9** 1120
—, methyl-,
        benzamidomethyl ester **9** 1092
Dithio-1-naphthoic acid 9 3173
        methyl ester **9** 3174
—, 2-(carbamoylmethoxy)- **10** 1068
—, 2-(carboxymethoxy)- **10** 1068
—, 2-(ethoxycarbonylmethoxy)- **10** 1068
—, 2-hydroxy- **10** 1067
        carbamoylmethyl ester **10** 1068
        hydroxymethyl ester **10** 1068
—, 4-methoxy- **10** 1070
Dithio-2-naphthoic acid 9 3206
Dithiophosphoric acid,
—, cinnamoyl-,
        O,O'-dicholesteryl ester **9** 2751
Dithioterephthalamide 9 4260
Dithio-o-toluic acid 9 2318
Dithio-p-toluic acid 9 2379
        butyl ester **9** 2380
        ethyl ester **9** 2380
        methyl ester **9** 2380
        4-nitrobenzyl ester **9** 2381
Divaric acid 10 1558
Divaricatic acid 10 1562

Divaricatinic acid **10** 1559
Djenkolic acid,
—, N,N'-dibenzoyl- **9** 1171
Docosanoic acid,
—, 13-oxo-22-phenyl- **10** 3138
—, 22-phenyl- **9** 2666
    ethyl ester **9** 2667
Dodecanedioic acid,
—, 2-acetyl-2-(cyclopent-2-en-1-yl)-
    3-oxo-,
    diethyl ester **10** 4058
Dodecanenitrile,
—, 4-acetyl-4-phenyl- **10** 3119
—, 4-benzoyl-4-methyl- **10** 3118
—, 2-(1-naphthyl)- **9** 3262
Dodecanoic acid,
—, 4-acetyl-4-phenyl- **10** 3118
—, 4-benzoyl-4-methyl- **10** 3118
—, 4-benzyl-4-methyl- **9** 2635
—, 2-(cyclobutylmethyl)- **9** 132
—, 2-cyclohexyl- **9** 133
—, 12-cyclohexyl- **9** 133
—, 2-(2-cyclohexylethyl)-2-methyl-,
    ethyl ester **9** 138
—, 12-(cyclopent-2-en-1-yl)- **9** 281
—, 2-cyclopentyl- **9** 131
—, 2-(cyclopropylmethyl)- **9** 130
—, 4-ethyl-4-phenyl- **9** 2636
—, 2-methyl-2-phenacyl- **10** 3125
—, 2-(1-naphthyl)- **9** 3261
    1-(diethylamino)ethyl ester **9** 3261
—, 10-oxo-12-phenyl- **10** 3116
    methyl ester **10** 3116
—, 12-phenyl- **9** 2630
    methyl ester **9** 2630
—, 3-phenyl- **9** 2630
    4-bromophenacyl ester **9** 2630
    ethyl ester **9** 2630
—, 8-phenyl- **9** 2631
    4-bromophenacyl ester **9** 2631
—, 2-(3,4,5-trimethoxybenzoyl)-,
    ethyl ester **10** 4731
Dodecanophenone,
—, 4'-(benzoyloxy)- **9** 736
Dodeca-3,5,7,9,11-pentaen-2-one,
—, 6,10-dimethyl-12-(2,6,6-trimethyl-
    cyclohex-1-en-1-yl)-,
    (4-chlorobenzoyl)hydrazone **9** 1371
Doisynolic acid **10** 1014, 1015
Dracoic acid **10** 4679
Driman-11-oic acid 9 273, 274
—, 3-hydroxy-,
    methyl ester **10** 77
—, 8-hydroxy- **10** 77
    methyl ester **10** 77
—, 3-oxo-,
    methyl ester **10** 2951
Drim-7-en-11-oic acid 9 345
Dulcitol see *Galactitol*

E

Eburicanoic acid
  see *Lanostanoic acid, 24-methyl-*
Eburicoic acid **10** 1064
Ecballiumic acid **10** 4809
Echinocystic acid **10** 1918
Eicosane,
—, 2-(benzoyloxy)- **9** 401
Eicosane-1,3,4-triol,
—, 2-benzamido- **9** 1089
Eicosanoic acid,
—, 3-hydroxy-3-(p-methoxyphenyl)-
    10 1661
    ethyl ester **10** 1661
—, 2-(3,4,5-trimethoxybenzoyl)-,
    ethyl ester **10** 4738
Eicosan-3-one
    O-benzoyloxime **9** 1273
Eicos-11-enamide,
—, 2-phenyl- **9** 2921
Eicos-3-enoic acid,
—, 3-(p-methoxyphenyl)- **10** 978
Eicos-11-enoic acid,
—, 2-(cyclopent-2-en-1-yl)- **9** 358
—, 2-phenyl- **9** 2921
Elemadienic acid **9** 3130
α-Elemanic acid **9** 3129
β-Elemanic acid **9** 3130
Elemenic acid **9** 2929
Elemenonic acid **10** 3227
Elemol,
—, O-(3,5-dinitrobenzoyl)- **9** 1844
—, O-(3,5-dinitrobenzoyl)dihydro-
    9 1838
—, O-(3,5-dinitrobenzoyl)tetrahydro-
    9 1818
—, O-(4-nitrobenzoyl)- **9** 1581
—, O-(4-nitrobenzoyl)dihydro- **9** 1576
—, O-(4-nitrobenzoyl)tetrahydro-
    9 1564
α-Elemolic acid **10** 1035
—, O-acetyl- **10** 1037
    methyl ester **10** 1037
—, bromo- **10** 1037
    ethyl ester **10** 1037
    methyl ester **10** 1037
β-Elemolic acid **10** 1038
—, O-acetyl- **10** 1038
α-Elemonic acid **10** 3255
    (2,4-dinitrophenyl)hydrazone
    10 3256
    methyl ester **10** 1037
    methyl ester oxime **10** 3256
    oxime **10** 3255
—, bromo- **10** 3256
β-Elemonic acid **10** 3256
    methyl ester **10** 3257
    oxime **10** 3257
—, bromo- **10** 3257

Emodic acid 10 4829
Endocrocin 10 4831
Epiborneol,
—, O-(3,5-dinitrobenzoyl)-
    9 1834, 1835
Epicamphor see *Bornan-3-one*
Epicholesterol,
—, O-benzoyl- 9 461
Epiisoborneol,
—, O-(3,5-dinitrobenzoyl)- 9 1835
Epiisofenchone
    O-benzoyloxime 9 1279
Epilupanol,
—, O-benzoyl- 9 473
Epineoergosterol,
—, O-(3,5-dinitrobenzoyl)- 9 1887
Epioleanenic acid 9 3134
Epioleanonic acid
    methyl ester 10 3262
Epishellolic acid 10 2465
Episterol,
—, O-benzoyl- 9 481
Epitruxillic acid 9 4625
Epitruxonic acid 10 3410
3,19-Epoxy-24-norchola-5,14-dien-23-oic
    acid,
—, 19-hydroxy-21-oxo- 10 4663
14,21-Epoxy-24-norcholan-23-oic acid,
—, 3,21-dihydroxy- 10 4581
    methyl ester 10 4581
16,21-Epoxy-24-norcholan-23-oic acid,
—, 3,14,21-trihydroxy- 10 4735
Erdin,
—, dihydro- 10 4818
Erdin hydrate 10 2061
Eremophilol,
—, O-(3,5-dinitrobenzoyl)dihydro-
    9 1845
Ergocalciferol,
—, O-*p*-anisoyl- 10 313
—, O-benzoyl- 9 498
—, O-(2-chloro-3,5-dinitrobenzoyl)-
    9 1952
—, O-[13-(cyclopent-2-en-1-yl)=
    tridecanoyl]- 9 289
—, O-(3,5-dinitrobenzoyl)- 9 1881
—, O-(3,5-dinitro-*p*-toluoyl)- 9 2370
—, O-(4-iodo-3-nitrobenzoyloxy)-
    9 1772
—, O-(2-naphthoyl)- 9 3182
—, O-(4-nitrobenzoyl)- 9 1613
—, O-(3-nitro-*p*-toluoyl)- 9 2360
Ergocalciferol-I,
—, O-benzoyldihydro- 9 479
—, O-(3,5-dinitrobenzoyl)dihydro-
    9 1874
Ergocalciferol-II,
—, O-(3,5-dinitrobenzoyl)dihydro-
    9 1875

Ergosta-5,7-diene,
—, 3-(benzoyloxy)- 9 479
—, 3-(3,5-dinitrobenzoyloxy)- 9 1875
Ergosta-5,22-diene,
—, (benzoyloxy)- 9 480
—, 3-(3,5-dinitrobenzoyloxy)- 9 1875
Ergosta-5,24(28)-diene,
—, 3-(benzoyloxy)- 9 480
Ergosta-7,9(11)-diene,
—, 3-(benzoyloxy)- 9 480
Ergosta-7,22-diene,
—, 3-(benzoyloxy)- 9 480, 481
—, 3-(3,5-dinitrobenzoyloxy)- 9 1876
—, 3-(4-nitrobenzoyloxy)- 9 1610
Ergosta-7,24(28)-diene,
—, 3-(benzoyloxy)- 9 481
Ergosta-8,14-diene,
—, 3-(benzoyloxy)- 9 481
—, 3-(3,5-dinitrobenzoyloxy)- 9 1876
Ergosta-8(14),22-diene,
—, 3-(benzoyloxy)-7-ethoxy- 9 607
—, 3-(3,5-dinitrobenzoyloxy)-7-ethoxy-
    9 1915
Ergosta-8,23-diene,
—, 3-(benzoyloxy)- 9 482
Ergosta-8,24(28)-diene,
—, 3-(benzoyloxy)- 9 482
Ergosta-7,22-diene-3,5-diol,
—, 6-(benzoyloxy)- 9 681, 682
Ergosta-7,22-dien-5-ol,
—, 3-acetoxy-6-(benzoyloxy)- 9 682
—, 6-(benzoyloxy)-3-methoxy- 9 682
—, 6-(benzoyloxy)-3-(4-nitrobenzoyloxy)-
    9 1666
—, 3,6-bis(benzoyloxy)- 9 682
—, 3,6-bis(4-nitrobenzoyloxy)- 9 1666
Ergosta-7,22-dien-3-one,
—, 6-(benzoyloxy)-5-hydroxy- 9 798
Ergostane,
—, 3-(benzoyloxy)- 9 452
—, 3-(cinnamoyloxy)- 9 2693
—, 3-(cyclohexylcarbonyloxy)- 9 19
—, 3-(3,5-dinitrobenzoyloxy)-
    9 1859, 1860
—, 3-(3,5-dinitro-*p*-toluoyloxy)-
    9 2369
—, 3-(4-nitrobenzoyloxy)- 9 1598
Ergostan-26-oic acid 9 2667
    methyl ester 9 2668
—, 3,7,12-trihydroxy- 10 2188
    methyl ester 10 2189
—, 3,7,12-trioxo- 10 3996
    methyl ester 10 3996
Ergostan-28-oic acid 9 2667
    methyl ester 9 2667
—, 7,12-dioxo- 10 3587
—, 3-hydroxy-7,12-dioxo- 10 4628
—, 3,7,12-trihydroxy- 10 2189
    methyl ester 10 2189

Ergostan-28-oic acid *(continued)*
—, 3,7,12-trioxo- 10 3996
　　methyl ester 10 3997
Ergosta-5,7,9(11),22-tetraene,
—, 3-(3,5-dinitrobenzoyloxy)- 9 1888
Ergosta-4,6,22-triene,
—, 3-(3,5-dinitrobenzoyloxy)- 9 1882
Ergosta-4,7,22-triene,
—, 3-(3,5-dinitrobenzoyloxy)- 9 1882
Ergosta-5,7,22-triene,
—, 3-(benzoyloxy)- 9 498
—, 3-(2-chloro-3,5-dinitrobenzoyloxy)-
　　9 1952
—, 3-(cinnamoyloxy)- 9 2694
—, 3-(3,5-dinitrobenzoyloxy)-
　　9 1882, 1883
—, 3-(3,5-dinitro-*p*-toluoyloxy)- 9 2370
—, 3-(9,10-dioxo-9,10-dihydro-
　　2-anthroyloxy)- 10 3644
—, 3-(diphenylacetoxy)- 9 3294
—, 3-(hippuroyloxy)- 9 1126
—, 3-(2-naphthoyloxy)- 9 3182
—, 3-(3-nitrobenzoyloxy)- 9 1502
—, 3-(4-nitrobenzoyloxy)- 9 1613
—, 3-(3-nitro-*p*-toluoyloxy)- 9 2361
Ergosta-7,9(11),22-triene,
—, 3-(benzoyloxy)- 9 499
Ergosta-7,14,22-trien-5-ol,
—, 3,6-bis(4-nitrobenzoyloxy)- 9 1666
Ergost-5-ene,
—, 3-(benzoyloxy)- 9 467
—, 3,7-bis(benzoyloxy)- 9 603
—, 3-(3,5-dinitrobenzoyloxy)-
　　9 1866, 1867
—, 3-(4-nitrobenzoyloxy)- 9 1607
Ergost-7-ene,
—, 3-(benzoyloxy)- 9 467
—, 3-(3,5-dinitrobenzoyloxy)- 9 1867
Ergost-8-ene,
—, 3-(benzoyloxy)- 9 467
Ergost-8(14)-ene,
—, 3-(benzoyloxy)- 9 468
—, 3-(cyclohexylcarbonyloxy)- 9 20
—, 3-(3,5-dinitrobenzoyloxy)- 9 1867
—, 3-(3-nitrobenzoyloxy)- 9 1499
—, 3-(4-nitrobenzoyloxy)- 9 1607
Ergost-14-ene,
—, 3-(benzoyloxy)- 9 468
—, 3-(3,5-dinitrobenzoyloxy)- 9 1868
—, 3-(3-nitrobenzoyloxy)- 9 1500
—, 3-(4-nitrobenzoyloxy)- 9 1607
Ergost-22-ene,
—, 3-(benzoyloxy)- 9 468, 469
Ergost-22-en-26-oic acid 9 2923
　　methyl ester 9 2923
—, 3,7,12-trihydroxy- 10 2250
　　methyl ester 10 2251
—, 3,7,12-trioxo- 10 4000
　　methyl ester 10 4001

Ergost-22-en-28-oic acid 9 2923
　　methyl ester 9 2924
—, 7,12-dioxo- 10 3604
—, 3,7,12-trihydroxy- 10 2251
　　methyl ester 10 2251
—, 3,7,12-trioxo- 10 4001
　　ethyl ester 10 4001
　　methyl ester 10 4001
α-Ergostenol,
—, O-(3,5-dinitrobenzoyl)- 9 1867
—, O-(3-nitrobenzoyl)- 9 1499
—, O-(4-nitrobenzoyl)- 9 1607
β-Ergostenol,
—, O-(3,5-dinitrobenzoyl)- 9 1868
—, O-(3-nitrobenzoyl)- 9 1500
—, O-(4-nitrobenzoyl)- 9 1607
γ-Ergostenol,
—, O-(3,5-dinitrobenzoyl)- 9 1867
Ergost-5-en-3-ol,
—, 7-(benzoyloxy)- 9 603
Ergosterol,
—, O-benzoyl- 9 498
—, O-(2-carboxybenzoyl)- 9 4171
—, O-(2-chloro-3,5-dinitrobenzoyl)-
　　9 1952
—, O-cinnamoyl- 9 2694
—, O-(3,5-dinitrobenzoyl)- 9 1883
—, O-(9,10-dioxo-9,10-dihydro-
　　2-anthroyl)- 10 3644
—, O-(diphenylacetyl)- 9 3294
—, O-hippuroyl- 9 1126
—, O-(2-naphthoyl)- 9 3182
—, O-(3-nitrobenzoyl)- 9 1502
—, O-(4-nitrobenzoyl)- 9 1613
—, O-(3-nitro-*p*-toluoyl)- 9 2361
Erythrin 10 1487
Erythrit,
—, tetra-O-galloyl- 10 2084
Erythritol,
—, O¹,O⁴-diacetyl-O²,O³-
　　bis(4-brombenzoyl)- 9 1415
—, O¹-O⁴-dibenzoyl- 9 687
—, tetra-O-benzoyl- 9 687
Erythronamide,
—, tri-O-benzoyl- 9 866
Erythronic acid,
—, O³,O⁴-bis(4-nitrobenzoyl)-,
　　methyl ester 9 1685
—, tri-O-benzoyl- 9 864
　　ethyl ester 9 865
Erythronoyl chloride,
—, tri-O-benzoyl- 9 866
Erythrophlamin 10 4748
Eschscholtzxanthin,
—, bis-O-(4-nitrobenzoyl)- 9 1654
—, di-O-benzoyl- 9 656
Estradiol,
—, O³-benzoyl- 9 613
—, di-O-benzoyl- 9 616

Estradiol (*continued*)
—, di-O-(1-naphthoyl)- **9** 3141
Estra-1,3,5,7,9,15-hexaene-15-carboxylic acid,
—, 3-methoxy-17-oxo- **10** 4479
Estrane-10,17-dicarboxylic acid,
—, 3-acetoxy-5,14-dihydroxy-,
    dimethyl ester **10** 2566, 2567
—, 3-acetoxy-5-hydroxy- **10** 2466
—, 3,5-diacetoxy- **10** 2466
—, 3,5-dihydroxy- **10** 2466
    dimethyl ester **10** 2467
—, 5-hydroxy-3-oxo- **10** 4748
—, 3,5,14-trihydroxy- **10** 2566
    dimethyl ester **10** 2566
Estra-1,3,5,7,9-pentaene,
—, 3,17-bis(4-nitrobenzoyloxy)-
    9 1652
Estra-1,3,5,7,9-pentaene-16-carboxylic acid,
—, 3-methoxy-16-methyl-17-oxo-,
    methyl ester **10** 4474
—, 3-methoxy-18-methyl-17-oxo-,
    methyl ester **10** 4472, 4473
—, 3-methoxy-17-oxo-,
    methyl ester **10** 4469, 4470
Estra-1,3,5,7,9-pentaen-17-ol,
—, 3-(benzoyloxy)- **9** 640
Estra-1,3,5,7,9-pentaen-17-one,
—, 3-(benzoyloxy)- **9** 769
Estra-1,3,5(10),7-tetraene,
—, 3,17-bis(benzoyloxy)- **9** 631
Estra-1,3,5(10),16-tetraene,
—, 3-(benzoyloxy)- **9** 513
Estra-1,3,5(10),16-tetraene-17-carbonitrile,
—, 3-acetoxy- **10** 1245
Estra-1,3,5(10),6-tetraen-17-one,
—, 3-(benzoyloxy)- **9** 766
Estra-1,3,5(10),7-tetraen-17-one,
—, 3-(benzoyloxy)- **9** 767
Estra-1,3,5(10)-triene,
—, 3-acetoxy-17-(benzoyloxy)- **9** 615
—, 17-acetoxy-3-(benzoyloxy)- **9** 615
—, 3-(benzoyloxy)- **9** 497
—, 3-(benzoyloxy)-17-(butyryloxy)-
    9 616
—, 17-(benzoyloxy)-3-(butyryloxy)-
    9 616
—, 3-(benzoyloxy)-17-chloro- **9** 497
—, 3-(benzoyloxy)-17-methoxy- **9** 614
—, 17-(benzoyloxy)-3-methoxy- **9** 614
—, 3-(benzoyloxy)-17-(propionyloxy)-
    9 615
—, 17-(benzoyloxy)-3-(propionyloxy)-
    9 615
—, 3-(benzoyloxy)-17-(valeryloxy)-
    9 616
—, 3,17-bis(benzoyloxy)- **9** 616

—, 3,17-bis(1-naphthoyloxy)- **9** 3141
Estra-1,3,5(10)-triene-17-carbonitrile,
—, 3-acetoxy-17-hydroxy- **10** 1947
—, 3,17-diacetoxy- **10** 1947
Estra-1,3,5(10)-triene-17-carboxylic acid,
—, 3-acetoxy-,
    methyl ester **10** 1137
—, 1-acetoxy-4-methyl-,
    methyl ester **10** 1138
—, 3-acetoxy-1-methyl-,
    methyl ester **10** 1137
—, 3-hydroxy- **10** 1136
    methyl ester **10** 1137
—, 1-hydroxy-4-methyl- **10** 1138
—, 3-methoxy- **10** 1136
    methyl ester **10** 1137
—, 1-methoxy-4-methyl- **10** 1138
Estra-1,3,5(10)-triene-16,17-diol,
—, 3-(benzoyloxy)- **9** 684
Estra-1,3,5(10)-triene-7,8,17-triol,
—, 3-(4-nitrobenzoyloxy)- **9** 1669
Estra-1,3,5(10)-trien-3-ol,
—, 17-(benzoyloxy)- **9** 614
Estra-1,3,5(10)-trien-17-ol,
—, 3-(benzoyloxy)- **9** 613, 614
—, 3-(3-bromobenzoyloxy)- **9** 1395
Estra-1,3,5(10)-trien-16-one,
—, 3-(benzoyloxy)- **9** 757
—, 3-(benzoyloxy)-17-hydroxy- **9** 799
Estra-1,3,5(10)-trien-17-one,
—, 3-(benzoyloxy)- **9** 757, 758, 759
    semicarbazone **9** 759
—, 3-(benzoyloxy)-7-chloro- **9** 759
—, 3-(benzoyloxy)-7-hydroxy- **9** 799
—, 3-(3-bromobenzoyloxy)- **9** 1397
—, 3-(3,5-dinitrobenzoyloxy)- **9** 1930
—, 3-(1-naphthoyloxy)- **9** 3143
—, 3-(2-naphthoyloxy)- **9** 3184
Estra-5,7,9-trien-17-one,
—, 3-(benzoyloxy)- **9** 760
Estr-4-ene-17-carboxylic acid,
—, 3-oxo- **10** 3212
Estr-5-ene-17-carboxylic acid,
—, 3-acetoxy- **10** 928
Estr-5(10)-ene-17-carboxylic acid,
—, 3-acetoxy- **10** 928
Estr-14-ene-10,17-dicarboxylic acid,
—, 3,5-dihydroxy- **10** 2477
    dimethyl ester **10** 2477
Estr-9-ene-3,17-dione,
—, 6-(benzoyloxy)-5-methyl- **9** 797
Estr-9-en-17-one,
—, 3,6-bis(benzoyloxy)-5-methyl- **9** 793
Estrinic acid 10 2298
Estrolic acid 10 1910
Estrone,
—, O-benzoyl- **9** 758
—, O-(3-bromobenzoyl)- **9** 1397

Estrone *(continued)*
—, O-(3,5-dinitrobenzoyl)- **9** 1930
—, O-(1-naphthoyl)- **9** 3143
—, O-(2-naphthoyl)- **9** 3184
Ethane,
—, 1-(acenaphthen-3-yl)-2-
(3,5-dinitrobenzoyloxy)- **9** 1885
—, 2-acetamido-2-(benzoyloxy)-
1,1,1-tribromo- **9** 718
—, 2-acetamido-2-(benzoyloxy)-
1,1,1-trichloro- **9** 717
—, 1-acetoxy-2-(benzoyloxy)- **9** 536
—, 1-(acetoxyethoxy)-2-(benzoyloxy)-
9 535
—, 1-(4-acetoxy-3-methoxyphenyl)-2-[2-
(benzoyloxy)cyclohexyl]- **9** 680
—, 1-acetoxy-1-(salicyloyloxy)- **10** 144
—, 1-acetoxy-2-(salicyloyloxy) **10** 139
—, 1-(allophanoyloxy)-2-(phenylacetoxy)-
9 2185
—, 1-(allylbutylamino)-2-
(4-nitrobenzoyloxy)- **9** 1691
—, 1-(4-allyl-2-methoxyphenoxy)-2-
(cinnamoyloxy)- **9** 2696
—, 1-amino-2-(benzoyloxy)- **9** 876
—, 1-(benzoyloxy)-2-[*m*-(benzoyloxy)⸗
phenoxy]- **9** 555
—, 2-(benzoyloxy)-2-[*p*-(benzoyloxy)⸗
phenyl]-1,1,1-trichloro- **9** 569
—, 1-(benzoyloxy)-2-(biphenyl-2-yl)-
9 512
—, 1-(benzoyloxy)-2-(biphenyl-4-yl)-
9 512
—, 2-(benzoyloxy)-2-[2,4-bis⸗
(benzoyloxy)phenyl]-
1,1,1-trichloro- **9** 672
—, 1-(benzoyloxy)-2-bromo- **9** 389
—, 1-(benzoyloxy)-2-butoxy- **9** 533
—, 1-(benzoyloxy)-2-(2-butoxyethoxy)-
9 534
—, 2-(benzoyloxy)-1-butoxy-1-phenyl-
9 569
—, 1-(benzoyloxy)-2-(butylamino)-
9 878
—, 1-(benzoyloxy)-2-(*sec*-butylamino)-
9 879
—, 2-(benzoyloxy)-2-butyramido-
1,1,1-trichloro- **9** 717
—, 1-(benzoyloxy)-2-chloro- **9** 388
—, 1-(benzoyloxy)-2-(2-chloroethoxy)-
9 533
—, 1-(benzoyloxy)-2-
(2-chloroethylamino)- **9** 877
—, 1-(benzoyloxy)-2-(*p*-chlorophenoxy)-
9 533
—, 1-(benzoyloxy)-1-cyclohexyl- **9** 407
—, 1-(benzoyloxy)-2-(dibutylamino)-
9 879
—, 1-(benzoyloxy)-1,2-dichloro- **9** 717

—, 1-(benzoyloxy)-1-
(2,6-dichlorophenyl)- **9** 432
—, 1-(benzoyloxy)-2-(diethylamino)-
9 878
—, 2-(benzoyloxy)-1,1-dimesityl- **9** 514
—, 1-(benzoyloxy)-1-
(3,4-dimethoxyphenyl)-2-nitro-
9 673
—, 1-(benzoyloxy)-2-(dimethylamino)-
9 876
—, 1-(benzoyloxy)-2-
[(1,3-dimethylbutyl)amino]- **9** 880
—, 1-(benzoyloxy)-2-
(2,4-dinitrophenoxy)- **9** 534
—, 2-(benzoyloxy)-1,1-diphenyl- **9** 511
—, 1-(benzoyloxy)-1-ethoxy- **9** 717
—, 1-(benzoyloxy)-2-ethoxy- **9** 533
—, 1-(benzoyloxy)-2-(2-ethoxyethoxy)-
9 534
—, 1-(benzoyloxy)-2-[(2-ethylhexyl)⸗
amino]- **9** 881
—, 1-(benzoyloxy)-2-
(ethylisopropylamino)- **9** 878
—, 1-(benzoyloxy)-2-[(1-ethylpropyl)⸗
amino]- **9** 879
—, 1-(benzoyloxy)-2-(*p*-fluorophenyl)-
9 433
—, 1-(benzoyloxy)-2-(heptylamino)-
9 880
—, 1-(benzoyloxy)-2-(hexylamino)-
9 880
—, 1-(benzoyloxy)-2-iodo- **9** 389
—, 1-(benzoyloxy)-2-(isobutylamino)-
9 879
—, 1-(benzoyloxy)-2-(isopropylamino)-
9 878
—, 1-(benzoyloxy)-2-methoxy- **9** 533
—, 1-(benzoyloxy)-2-(*m*-methoxyphenoxy)-
9 535
—, 1-(benzoyloxy)-2-[(1-methylbutyl)⸗
amino]- **9** 879
—, 1-(benzoyloxy)-2-[(1-methylheptyl)⸗
amino]- **9** 880
—, 1-(benzoyloxy)-2-[(1-methylhexyl)⸗
amino]- **9** 880
—, 1-(benzoyloxy)-2-(methylthio)-
9 537
—, 1-(benzoyloxy)-1-(1-naphthyl)-
9 495
—, 1-(benzoyloxy)-1-(2-naphthyl)-
9 495, 496
—, 1-(benzoyloxy)-2-nitro- **9** 389
—, 1-(benzoyloxy)-2-(*o*-nitrophenoxy)-
9 533
—, 1-(benzoyloxy)-2-(*p*-nitrophenoxy)-
9 533
—, 1-(benzoyloxy)-2-(*o*-nitrophenyl)-
9 433
—, 1-(benzoyloxy)-2-(octylamino)- **9** 880

Ethane *(continued)*

—, 1-(benzoyloxy)-2-(pentylamino)-
   9 879

—, 1-(benzoyloxy)-2-phenoxy- 9 533

—, 1-(benzoyloxy)-1-phenyl- 9 431

—, 1-(benzoyloxy)-2-(phenylacetoxy)-
   9 2185

—, 1-(benzoyloxy)-2-(3-phenylpropoxy)-
   9 534

—, 1-(benzoyloxy)-2-phosphino- 9 896

—, 1-(benzoyloxy)-1,1,2,2-tetraphenyl-
   9 531

—, 2-(benzoyloxy)-1,1,1-tribromo-
   9 389

—, 2-(benzoyloxy)-1,1,1-tribromo-
   2-butyramido- 9 718

—, 2-(benzoyloxy)-1,1,1-tribromo-2-
   (*m*-chlorophenyl)- 9 433

—, 2-(benzoyloxy)-1,1,1-tribromo-2-
   (*o*-chlorophenyl)- 9 433

—, 2-(benzoyloxy)-1,1,1-tribromo-
   2-formamido- 9 718

—, 2-(benzoyloxy)-1,1,1-tribromo-
   2-heptanamido- 9 719

—, 2-(benzoyloxy)-1,1,1-tribromo-
   2-hexanamido- 9 719

—, 2-(benzoyloxy)-1,1,1-tribromo-
   2-isobutyramido- 9 719

—, 2-(benzoyloxy)-1,1,1-tribromo-
   2-isovaleramido- 9 719

—, 2-(benzoyloxy)-1,1,1-tribromo-
   2-nonanamido- 9 719

—, 2-(benzoyloxy)-1,1,1-tribromo-
   2-octanamido- 9 719

—, 2-(benzoyloxy)-1,1,1-tribromo-
   2-phenyl- 9 432

—, 2-(benzoyloxy)-1,1,1-tribromo-
   2-propionamido- 9 718

—, 2-(benzoyloxy)-1,1,1-tribromo-2-
   p-tolyl- 9 436

—, 2-(benzoyloxy)-1,1,1-trichloro-
   9 389

—, 1-(benzoyloxy)-2,2,2-trichloro-1-
   (*m*-chlorophenyl)- 9 432

—, 1-(benzoyloxy)-2,2,2-trichloro-1-
   (*o*-chlorophenyl)- 9 432

—, 1-(benzoyloxy)-2,2,2-trichloro-1-
   (*p*-chlorophenyl)- 9 432

—, 2-(benzoyloxy)-1,1,1-trichloro-
   2-cyclohexyl- 9 407

—, 1-(benzoyloxy)-1-
   (2,3,6-trichlorophenyl)- 9 432

—, 1-(benzoyloxy)-2,2,2-trichloro-
   1-phenyl- 9 432

—, 2-(benzoyloxy)-1,1,1-trichloro-2-
   p-tolyl- 9 436

—, 1-(benzoyloxy)-1,1,2-triphenyl-
   9 526

—, 1-(benzoyloxy)-2-(trityloxy)- 9 534

—, 1-(benzoyloxy)-2-(2,4-xylyl)- 9 438

—, 1-(benzoylthio)-2-(diethylamino)-
   9 1975

—, 1-(benzoylthio)-2-(dimethylamino)-
   9 1975

—, 1-(2-benzyl-3-phenylpropionyloxy)-
   2-[2-(diethylamino)ethylthio]-
   9 3357

—, 1-(2-benzyl-3-phenylpropionyloxy)-
   2-[3-(diethylamino)propylthio]-
   9 3357

—, 1,2-bis(benzoyloxy)- 9 536

—, 1,2-bis(benzoyloxy)-1,2-di-
   (cyclopent-1-en-1-yl)- 9 577

—, 1,2-bis(benzoyloxy)-1,1-diphenyl-
   9 624

—, 1,2-bis[2-(benzoyloxy)ethylsulfinyl]-
   9 537

—, 1,2-bis[2-(benzoyloxy)ethylsulfonyl]-
   9 537

—, 1,2-bis[2-(benzoyloxy)ethylthio]-
   9 537

—, 1,1-bis[4-(benzoyloxy)-
   3-methoxyphenyl]- 9 694

—, 1,2-bis(benzoyloxy)-1-(1-naphthyl)-
   9 612

—, 1,2-bis(benzoyloxy)-1-(1-naphthyl)-
   2-phenyl- 9 651

—, 1,2-bis(benzoyloxy)-1-phenyl- 9 569

—, 1,1-bis[*p*-(benzoyloxy)phenyl]-1-
   (*p*-methoxyphenyl)- 9 686

—, 1,1-bis[*p*-(benzoyloxy)phenyl]-
   1-phenyl- 9 652

—, 2,2-bis[*p*-(benzoyloxy)phenyl]-
   1,1,1-trichloro- 9 623

—, 1,2-bis(benzoylthio)- 9 1968

—, 1,2-bis[2-(biphenyl-4-ylcarbonyl)-
   benzoyloxy]- 10 3455

—, 1,2-bis(3-bromobenzoyloxy)- 9 1394

—, 1,2-bis(2-carboxybenzoyloxy)-
   9 4172

—, 1,2-bis(2-chlorobenzoyloxy)-
   9 1335

—, 1,2-bis(3-chlorobenzoyloxy)-
   9 1347

—, 1,2-bis(4-chlorobenzoyloxy)-
   9 1359

—, 1,2-bis(cinnamoyloxy)- 9 2697

—, 1,2-bis(3,5-dinitrobenzoyloxy)-
   9 1891

—, 1,2-bis(3,5-dinitrobenzoylthio)-
   9 1996

—, 1,2-bis[4-(ethoxycarbonyloxy)-
   3-methoxybenzoyloxy]- 10 1417

—, 1,2-bis(galloyloxy)- 10 2082

—, 1,2-bis[(2-iodobenzoyloxy)acetoxy]-
   9 1436

—, 1,2-bis[5-(*p*-iodophenyl)valeryloxy]-
   9 2504

Ethane *(continued)*

—, 1,1-bis(*m*-methoxyphenyl)-1-
(4-nitrobenzoyloxy)- **9** 1667
—, 1,2-bis(2-nitrobenzoyloxy)- **9** 1473
—, 1,2-bis(3-nitrobenzoyloxy)- **9** 1502
—, 1,2-bis(4-nitrobenzoyloxy)- **9** 1621
—, 1-[3,4-bis(4-nitrobenzoyloxy)phenyl]-
2-(4-nitrobenzoyloxy)- **9** 1663
—, 1,2-bis(4-nitrobenzoylthio)-
9 1993
—, 1,2-bis[2-(4-nitrobenzoylthio)»
ethylthio]- **9** 1992
—, 1,2-bis(4-nitro-1-naphthoylthio)-
9 3172
—, 1,2-bis(4-nitro-5,6,7,8-tetrahydro-
1-naphthoylthio)- **9** 2800
—, 1,2-bis(phenylacetoxy)- **9** 2185
—, 1,2-bis(salicyloyloxy)- **10** 140
—, 1,2-bis(vanilloyloxy)- **10** 1417
—, 1-(3-bromobiphenyl-4-yloxy)-2-
(cinnamoyloxy)- **9** 2696
—, 1-(*p*-bromophenoxy)-2-
(4-nitrobenzoyloxy)- **9** 1620
—, 1-(4-butoxybenzoyloxy)-2-[2-
(diethylamino)ethylthio]- **10** 315
—, 1-(4-butoxybenzoyloxy)-2-
[ethyl(2-hydroxyethyl)amino]-
10 329
—, 1-(2-butoxyethoxy)-2-
(4-nitrobenzoyloxy)- **9** 1621
—, 1-(2-butoxyethoxy)-2-(salicyloyloxy)-
10 139
—, 1-(2-butoxyethoxy)-2-
(3,4,5-triiodobenzoyloxy)- **9** 1461
—, 1-(butylethylamino)-2-(cinnamoyloxy)-
9 2708
—, 1-[(1-butylpentyl)amino]-2-
(4-nitrobenzoyloxy)- **9** 1690
—, 1-(*p-tert*-butylphenoxy)-2-
(cinnamoyloxy)- **9** 2695
—, 1-[2-(2-chloroethoxy)ethoxy]-2-
(2-ethoxycarbonylbenzoyloxy)-
9 4173
—, 1-[(2-chloroethyl)amino]-2-
(4-nitrobenzoyloxy)- **9** 1687
—, 1-(4-chloro-1-naphthyl)-1-
(3,5-dinitrobenzoyloxy)- **9** 1878
—, 1-(5-chloro-1-naphthyl)-1-
(4-nitrobenzoyloxy)- **9** 1612
—, 1-(7-chloro-1-naphthyl)-1-
(4-nitrobenzoyloxy)- **9** 1612
—, 1-(7-chloro-1-naphthyl)-2-
(4-nitrobenzoyloxy)- **9** 1613
—, 2-chloro-1-(4-nitrobenzoyloxy)-
1-phenyl- **9** 1587
—, 1-(*p*-chlorophenoxy)-2-(cinnamoyloxy)-
9 2695
—, 1-(cinnamoyloxy)-2-
(*o*-cyclohexylphenoxy)- **9** 2696

—, 1-(cinnamoyloxy)-2-(cyclopent-2-en-
1-yl)- **9** 2689
—, 1-(cinnamoyloxy)-2-[13-(cyclopent-
2-en-1-yl)tridecanoyloxy]-
9 2697
—, 1-(cinnamoyloxy)-2-[11-(cyclopent-
2-en-1-yl)undecanoyloxy]- **9** 2696
—, 1-(cyclohex-1-en-1-yl)-2-
(3,5-dinitrobenzoyloxy)- **9** 1822
—, 1-(cyclohex-1-en-1-yl)-1-
(4-nitrobenzoyloxy)-2-phenyl-
9 1608
—, 1-(cyclohexylcarbonyloxy)-
2-diethylamino- **9** 27
—, 1-cyclopent-2-enyl-2-(phenylacetoxy)-
9 2181
—, 1-[11-(cyclopent-2-en-1-yl)»
undecanoyloxy]-2-(oleoyloxy)-
9 277
—, 1-[2-(dibutylamino)ethoxy]-2-
(4-nitrobenzoyloxy)- **9** 1622
—, 1-[2-(dibutylamino)ethoxy]-2-
(4-nitro-1-naphthoyloxy)- **9** 3160
—, 1-(5,8-dichloro-1-naphthyl)-1-
(4-nitrobenzoyloxy)- **9** 1612
—, 1-(2,3-dichlorophenyl)-1-
(3,5-dinitrobenzoyloxy)- **9** 1848
—, 1-(2,4-dichlorophenyl)-1-
(4-nitrobenzoyloxy)- **9** 1588
—, 1-[2-(diethylamino)ethoxy]-2-
(4-ethoxybenzoyloxy)- **10** 315
—, 1-[2-(diethylamino)ethoxy]-2-
(4-nitrobenzoyloxy)- **9** 1622
—, 1-[2-(diethylamino)ethoxy]-2-[2-
(4-nitrobenzoyloxy)ethoxy]-
9 1621
—, 1-[2-(diethylamino)ethoxy]-2-
(4-nitro-1-naphthoyloxy)-
9 3160
—, 1-{[2-(diethylamino)ethyl]»
ethylamino}-2-(4-nitrobenzoyloxy)-
9 1692
—, 1-[2-(diethylamino)ethylthio]-2-
(3,5-dinitrobenzoyloxy)- **9** 1891
—, 1-[2-(diethylamino)ethylthio]-2-
(diphenylacetoxy)- **9** 3295
—, 1-[2-(diethylamino)ethylthio]-2-[2-
(diphenylacetoxy)ethylthio]-
9 3294
—, 1-[2-(diethylamino)ethylthio]-2-
(fluorene-9-carbonyloxy)- **9** 3412
—, 1-[2-(diethylamino)ethylthio]-2-
(4-nitrobenzoyloxy)- **9** 1623
—, 1-(3,4-dimethoxyphenyl)-1-
(4-nitrobenzoyloxy)- **9** 1662
—, 1-(4,5-dimethoxy-*o*-tolyl)-2-
(4-nitrobenzoyloxy)- **9** 1664
—, 1-[2-(dimethylamino)ethoxy]-2-
(4-nitrobenzoyloxy)- **9** 1621

Ethane *(continued)*

—, 1-[2-(dimethylamino)ethoxy]-2-
　(1-phenylcyclohexylcarbonyloxy)-
　9 2841

—, 1-[2-(dimethylamino)ethylthio]-2-
　(diphenylacetoxy)- **9** 3294

—, 1-[(1,3-dimethylbutyl)amino]-2-
　(4-nitrobenzoyloxy)- **9** 1689

—, 1-(3,5-dinitrobenzoyloxy)-2-
　(6-methoxy-1-naphthyl)- **9** 1916

—, 1-(3,5-dinitrobenzoyloxy)-2-
　(5-methoxy-1,2,3,4-tetrahydro-
　1-naphthyl)- **9** 1911

—, 1-(3,5-dinitrobenzoyloxy)-2-
　(6-methoxy-1,2,3,4-tetrahydro-
　1-naphthyl)- **9** 1912

—, 1-(3,5-dinitrobenzoyloxy)-2-
　(7-methoxy-1,2,3,4-tetrahydro-
　1-naphthyl)- **9** 1912

—, 1-(3,5-dinitrobenzoyloxy)-2-
　(1-methylcyclohexyl)- **9** 1812

—, 1-(3,5-dinitrobenzoyloxy)-2-
　(5-methyl-1,2,3,4-tetrahydro-
　1-naphthyl)- **9** 1865

—, 1-(3,5-dinitrobenzoyloxy)-2-
　(3-nitro-*o*-tolyl)- **9** 1852

—, 1-(3,5-dinitrobenzoyloxy)-2-
　(octahydro-1(2*H*)-naphthylidene)-
　9 1843

—, 1-(3,5-dinitrobenzoyloxy)-1-
　(*o*-terphenyl-4-yl)- **9** 1889

—, 1-(3,5-dinitrobenzoyloxy)-2-
　(5,6,7,8-tetrahydro-1-naphthyl)-
　9 1863

—, 1-(diphenylacetoxy)-2-
　(1-ethylpropylamino)- **9** 3298

—, 1-(diphenylacetoxy)-2-(1-isobutyl-
　3-methylbutylamino)- **9** 3298

—, 1-(diphenylacetoxy)-2-
　(1-methylbutylamino)- **9** 3298

—, 1-[2-(dipropylamino)ethoxy]-2-
　(4-nitrobenzoyloxy)- **9** 1622

—, 1-(4-ethoxybenzoyloxy)-2-
　[ethyl(2-hydroxyethyl)amino]-
　10 327

—, 1-(4-ethoxybenzoyloxy)-2-
　(ethylpentylamino)- **10** 327

—, 1-(2-ethoxyethoxy)-2-
　(4-hydroxybenzoyloxy)- **10** 314

—, 1-(2-ethoxyethoxy)-2-
　(4-nitrobenzoyloxy)- **9** 1621

—, 1-(2-ethoxyethoxy)-2-
　(3,4,5-triiodobenzoyloxy)- **9** 1461

—, 1-[(2-ethylhexyl)amino]-2-
　(4-nitrobenzoyloxy)- **9** 1690

—, 1-[(2-ethylhexyl)amino]-2-(3-nitro-
　p-toluoyloxy)- **9** 2362

—, 1-[ethyl(1-methylheptyl)amino]-2-
　(4-nitrobenzoyloxy)- **9** 1690

—, 1-(1-ethylpropoxy)-2-
　(4-nitrobenzoyloxy)- **9** 1620

—, 1-[(1-ethylpropyl)amino]-2-
　(4-nitrobenzoyloxy)- **9** 1689

—, 1-(formyloxy)-2-(salicyloyloxy)-
　10 139

—, 1-[(1-isobutyl-3-methylbutyl)amino]-
　2-(4-nitrobenzoyloxy)- **9** 1691

—, 1-(isopropylmethylamino)-2-
　(1-phenylcyclopentanecarbonyloxy)-
　9 2820

—, 1-(2-methoxyethoxy)-2-
　(3,4,5-triiodobenzoyloxy)- **9** 1461

—, 1-(2-methoxy-5-methylphenyl)-2-
　(4-nitrobenzoyloxy)- **9** 1642

—, 1-[5-methoxy-4-(4-nitrobenzoyloxy)-
　m-tolyl]-2-(4-nitrobenzoyloxy)-
　9 1664

—, 1-[5-methoxy-6-(4-nitrobenzoyloxy)-
　m-tolyl]-2-(4-nitrobenzoyloxy)-
　9 1664

—, 1-(*p*-methoxyphenoxy)-2-
　(4-nitrobenzoyloxy)- **9** 1621

—, 1-(1-methylbutoxy)-2-
　(4-nitrobenzoyloxy)- **9** 1619

—, 1-(2-methylbutoxy)-2-
　(4-nitrobenzoyloxy)- **9** 1620

—, 1-[(1-methylbutyl)amino]-2-
　(4-nitrobenzoyloxy)- **9** 1688

—, 1-[(1-methylheptyl)amino]-2-
　(3-nitrobenzoyloxy)- **9** 1512

—, 1-[(1-methylheptyl)amino]-2-
　(4-nitrobenzoyloxy)- **9** 1690

—, 1-[(1-methylheptyl)amino]-2-
　(3-nitro-*p*-toluoyloxy)- **9** 2362

—, 1-[(1-methylhexyl)amino]-2-
　(4-nitrobenzoyloxy)- **9** 1689

—, 1-[(3-methyl-1-isobutylbutyl)amino]-
　2-(2-phenylbutyryloxy)- **9** 2463

—, 1-[methyl(1-methylheptyl)amino]-2-
　(4-nitrobenzoyloxy)- **9** 1690

—, 1-(7-methyl-1-naphthyl)-2-
　(4-nitrobenzoyloxy)- **9** 1613

—, 1-{methyl[2-(4-nitrobenzoyloxy)ethyl]-
　amino}-2-[2-(4-nitrobenzoyloxy)ethoxy]-
　9 1691

—, 1-{methyl[2-(4-nitrobenzoyloxy)ethyl]-
　amino}-2-{2-[2-(4-nitrobenzoyloxy)
　ethoxy]ethoxy}- **9** 1691

—, 1-[(1-methylnonyl)amino]-2-
　(4-nitrobenzoyloxy)- **9** 1691

—, 1-[(1-methyloctyl)amino]-2-
　(4-nitrobenzoyloxy)- **9** 1690

—, 1-(4-nitrobenzoyloxy)-2-
　(4-nitrobenzoylthio)- **9** 1992

—, 1-(4-nitrobenzoyloxy)-1-
　(*o*-nitrophenyl)- **9** 1588

—, 1-(4-nitrobenzoyloxy)-1-
　(*p*-nitrophenyl)- **9** 1588

Ethane *(continued)*

—, 1-(4-nitrobenzoyloxy)-2-(octahydro-
 2(1*H*)-naphthylidene)- **9** 1580
—, 1-(4-nitrobenzoyloxy)-2-phenoxy-
 1-phenyl- **9** 1640
—, 1-(4-nitrobenzoyloxy)-2-[2-
 (phenylsulfonyl)ethylthio]- **9** 1623
—, 2-(4-nitrobenzoyloxy)-
 1-[1-propylbutyl)-amino]-
 9 1689
—, 1-(4-nitrobenzoyloxy)-2-(trityloxy)-
 9 1620
—, 1-(*p*-nitrophenoxy)-2-(salicyloyloxy)-
 10 139
—, 1-(2-phenylbutyryloxy)-2-
 [(1-propylbutyl)amino]- **9** 2463
—, 1,1,1-trichloro-2,2-bis[*p*-
 (cinnamoyloxy)phenyl]- **9** 2699
—, 1,1,1-trichloro-2,2-bis[*p*-
 (2-nitrobenzoyloxy)phenyl]-
 9 1474
—, 1,1,1-trichloro-2,2-bis[*p*-
 (4-nitrobenzoyloxy)phenyl]-
 9 1650
—, 1,1,1-trichloro-2-
 (2-nitrobenzoyloxy)-2-phenyl-
 9 1472
—, 1,1,1-trichloro-2-
 (3-nitrobenzoyloxy)-2-phenyl-
 9 1497
—, 1,1,1-trichloro-2-
 (4-nitrobenzoyloxy)-2-phenyl-
 9 1588

Ethane-1,2-diol,

—, 2-[*p*-(benzoyloxy)phenyl]-
 1,1-diphenyl- **9** 686

Ethanesulfenic acid,

—, 2-benzamido-1-imino- **9** 1140
—, 1-imino-2-phenyl- **9** 2294

Ethanesulfonic acid,

—, 2-(acetoxyphenylacetoxy)- **10** 466
—, 2-(phenylacetoxy)- **9** 2190
—, 2-(3-phenylpropionyloxy)- **9** 2392

Ethanesulfonyl chloride,

—, 2-benzamido- **9** 1209

Ethane-1,1,2,2-tetracarboxylic acid,

—, 1-phenyl- **9** 4875
 tetraethyl ester **9** 4875

Ethanethiol,

—, 2-(benzoyloxy)- **9** 536

Ethane-1,1,1-tricarboxylic acid,

—, 2-oxo-2-phenyl-,
 triisopropyl ester **10** 4129
 trimethyl ester **10** 4129

Ethane-1,1,2-tricarboxylic acid,

—, 1-cyclohexyl-,
 triethyl ester **9** 4754
—, 1-cyclopentyl- **9** 4752
 triethyl ester **9** 4752

9,10-Ethanoanthracene-11-carboxylic acid,

—, 12-benzoyl-9,10-dihydro- **10** 3494
—, 9,10-dibromo-9,10-dihydro- **9** 3522
—, 1,5-dichloro-9,10-dihydro- **9** 3522
—, 9,10-dichloro-9,10-dihydro- **9** 3522
—, 9,10-dihydro- **9** 3521
—, 1,4-dimethyl-9,10-dihydro- **9** 3538
—, 2,7-dimethyl-9,10-dihydro- **9** 3539
—, 3,6-dimethyl-9,10-dihydro- **9** 3539
—, 12-[(ethoxycarbonylmethyl)carbamoyl]-
 9,10-dihydro- **9** 4662
—, 12-methyl-9,10-dihydro- **9** 3528
—, 12-phenyl-9,10-dihydro- **9** 3659

**9,10-Ethanoanthracene-
11,12-dicarbonitrile**,

—, 9,10-dihydro- **9** 4662

**9,10-Ethanoanthracene-
11,11-dicarboxylic acid**,

—, 9,10-dihydro-,
 diethyl ester **9** 4660

**9,10-Ethanoanthracene-
11,12-dicarboxylic acid**,

—, 9-bromo-9,10-dihydro- **9** 4662, 4663
—, 9,10-dihydro- **9** 4660
 dibutyl ester **9** 4661
 diethyl ester **9** 4661
 dimethyl ester **9** 4660, 4661
 dioctadecyl ester **9** 4662
 dipropyl ester **9** 4661
—, 9,10-dimethyl-9,10-dihydro- **9** 4667
—, 9,10-dinitro-9,10-dihydro- **9** 4663
 diethyl ester **9** 4663
—, 9-hydroxy-9,10-dihydro- **10** 2397
—, 11-hydroxy-9,10-dihydro- **10** 2397
—, 11-methyl-9,10-dihydro- **9** 4664
 dimethyl ester **9** 4664

**6*H*-6,12b-Ethanobenz[*j*]aceanthrylene-
13,14-dicarboxylic acid**,

—, 3-methyl-1,2-dihydro-,
 dimethyl ester **9** 4711

**7,12-Ethanobenz[*a*]anthracene-
13,14-dicarboxylic acid**,

—, 7,12-dihydro- **9** 4699

**7,12-Ethanobenzo[*b*]chrysene-
15,16-dicarboxylic acid**,

—, 7,12-dihydro- **9** 4720

**8,13-Ethanobenzo[*a*]naphthacene-
15,16-dicarboxylic acid**,

—, 8,13-dihydro- **9** 4720

**9,14-Ethanobenzo[*b*]triphenylene-
15,16-dicarboxylic acid**,

—, 9,14-dihydro- **9** 4722

**7,14-Ethanodibenz[*a,h*]anthracene-
15,16-dicarboxylic acid**,

—, 7,14-dihydro- **9** 4720, 4721
 dimethyl ester **9** 4721

**9,14-Ethanodibenzo[*de,qr*]naphthacene-
15,16-dicarboxylic acid**,

—, 9,14-dihydro- **9** 4732

5,8-Ethanoergostane-6,7-dioic acid,
—, 3-acetoxy-,
    dimethyl ester 10 2286
—, 3-hydroxy- 10 2286
5,8-Ethanoergost-9(11)-ene-
6,7-dicarboxylic acid,
—, 3-acetoxy-,
    dimethyl ester 10 2316
—, 3-hydroxy- 10 2315
4,7-Ethanoisobenzofuran-1(3H)-one,
—, 3-hydroxy-7-isopropyl-4-methyl-
    3-phenyl-3a,4,7,7a-tetrahydro-
    10 3287
Ethanol,
—, 2-(benzoyloxy)- 9 532
—, 2-(benzoyloxy)-2,2-
    bis(o-methoxyphenyl)- 9 694
—, 2-(benzoyloxy)-2,2-diphenyl- 9 623
—, 2-[2-(benzoyloxy)ethoxy]- 9 534
—, 1-[3-(benzoyloxy)-4-methoxyphenyl]-
    9 673
—, 1-[4-(benzoyloxy)-3-methoxyphenyl]-
    9 673
—, 2-(benzoyloxy)-2-(m-methoxyphenyl)-
    2-(p-methoxyphenyl)- 9 695
—, 2-(benzoyloxy)-1-(p-methoxyphenyl)-
    2-phenyl- 9 684
—, 2-(benzoyloxy)-2-(p-methoxyphenyl)-
    1-phenyl- 9 684
—, 2-(benzoylthio)- 9 1967
—, 2-(cyclohexylcarbonylamino)- 9 28
—, 2-(phenylacetoxy)- 9 2184
5,12-Ethanonaphthacene-
13,14-dicarboxylic acid,
—, 5,12-dihydro- 9 4699
—, 5,12-diphenyl-5,12-dihydro- 9 4741
1,4-Ethanonaphthalene-
2,3,5,6-tetracarboxylic acid,
—, 7-methyl-9-oxo-
    1,2,3,4,4a,5,6,7-octahydro-
    10 4167
    tetramethyl ester 10 4168
    2,3,6-trimethyl ester 10 4167
—, 7-methyl-9-oxo-
    1,2,3,4,5,6,7,8-octahydro-
    10 4166
7,12-Ethanonaphtho[2,1,8-qra]-
naphthacene-15,16-dicarboxylic acid,
—, 7,12-dihydro- 9 4732
6,13-Ethanopentacene-15,16-dicarboxylic
acid,
—, 6,13-dihydro- 9 4720
—, 6,13-diphenyl-6,13-dihydro- 9 4742
Ethenethiol,
—, 2,2-diphenyl-1-(phenylthio)-
    9 3317
5,8-Ethenoandrostane-6,7-dicarboxylic
acid,
—, 3-hydroxy- 10 2307

9,10-Ethenoanthracene-
11,12-dicarbonitrile,
—, 9,10-dihydro- 9 4676
9,10-Ethenoanthracene-11,12-dicarbonyl
dichloride,
—, 9,10-dihydro- 9 4676
9,10-Ethenoanthracene-
11,12-dicarboxamide,
—, 9,10-dihydro- 9 4676
9,10-Ethenoanthracene-
11,12-dicarboxylic acid,
—, 9-bromo-9,10-dihydro- 9 4676
    dimethyl ester 9 4677
—, 9,10-dihydro- 9 4676
    dimethyl ester 9 4676
4,6a-Ethenobenz[de]anthracene-
2,3,5,6-tetracarboxylic acid,
—, 7-oxo-1,2,3,3a,4,5,6,7-octahydro-
    10 4168
4bH-6,12c-Ethenobenzo[c]chrysene-
1-carboxylic acid,
—, 16-isopropyl-1,4a-dimethyl-
    7,8-dioxo-1,2,3,4,4a,5,6,6a,7,8,-
    12b,13,14,14a-tetradecahydro-
    10 3666
2,5-Ethenocholestane-3,4-dicarboxylic
acid 9 4461
4aH-4b,12-Ethenochrysene-7-carboxylic
acid,
—, 13-isopropyl-7,10a-dimethyl-
    1,4-dioxohexadecahydro- 10 3612
—, 13-isopropyl-7,10a-dimethyl-
    1,4-dioxo-1,4,5,6,6a,7,8,9,10,10a,-
    10b,11,12,12a-tetradecahydro-
    10 3622
5,8-Ethenoergosta-9(11),22-diene-
6,7-dicarboxylic acid,
—, 3-acetoxy-,
    dimethyl ester 10 2385
—, 3-hydroxy- 10 2385
5,8-Ethenoergostane-6,7-dicarboxylic
acid,
—, 3-acetoxy-,
    dimethyl ester 10 2315
5,8-Ethenoergost-22-ene-
6,7-dicarbonitrile,
—, 3-hydroxy- 10 2341
5,8-Ethenoergost-9(11)-ene-
6,7-dicarboxylic acid,
—, 3-acetoxy-,
    dimethyl ester 10 2340
—, 3-hydroxy- 10 2339
5,8-Ethenoergost-22-ene-
6,7-dicarboxylic acid,
—, 3-acetoxy-,
    dimethyl ester 10 2341
—, 3-hydroxy- 10 2340
    dimethyl ester 10 2340, 2341
—, 3-oxo- 10 4007

4,7-Ethenoindene-5,6-dicarboxylic acid,
—, 2,7-dimethyl-1-oxo-
3,3a,8,9-tetraphenyl-3a,4,5,6,7,7a-
hexahydro-,
dimethyl ester **10** 4043
dipentyl ester **10** 4043

1,8a-Etheno-2,4a-methanonaphthalene-3,4,9,10-tetracarboxylic acid,
—, 5,8-dibromo-1,2,5,8-tetrahydro-,
tetramethyl ester **9** 4890
—, 1,2-dihydro-,
tetramethyl ester **9** 4893

1,4-Ethenonaphthalene-2,3,5,6-tetracarboxylic acid,
—, 9-methoxy-7-methyl-
1,2,3,4,4a,5,6,7-octahydro-
10 2628

1H-3,10a-Ethenophenanthrene-1,2,8,12-tetracarboxylic acid,
—, 4b,8-dimethyldodecahydro-,
8-methyl ester **9** 4885
tetramethyl ester **9** 4885

1H-3,10a-Ethenophenanthrene-1,2,8-tricarboxylic acid,
—, 12-acetyl-4b,8-dimethyldodecahydro-,
trimethyl ester **10** 4137
—, 12-(1-hydroxyethyl)-
4b,8-dimethyldodecahydro-,
trimethyl ester **10** 2581
—, 12-isopropenyl-
4b,8-dimethyldodecahydro-,
trimethyl ester **9** 4833
—, 12-isopropyl-
4b,8-dimethyldodecahydro-,
trimethyl ester **9** 4825

4H-3,10a-Ethenophenanthrene-1,2,8-tricarboxylic acid,
—, 12-isopropyl-4b,8-dimethyl-3,4,4b,5,-
6,7,8,8a,9,10-decahydro-,
1,2-dimethyl ester **9** 4833

6H-6a,13-Ethenopicene-4-carboxylic acid,
—, 15-isopropyl-4,14b-dimethyl-
7,8-dioxo-1,2,3,4,4a,5,6b,7,8,12b,-
13,14,14a,14b-tetradecahydro-
10 3666

5,8-Ethenopregnane-6,7,20-tricarboxylic acid,
—, 3-acetoxy-,
trimethyl ester **10** 2586
—, 3-hydroxy- **10** 2585

5,8-Ethenopregn-9(11)-ene-6,7,20-tricarboxylic acid,
—, 3-acetoxy-,
trimethyl ester **10** 2588
—, 3-hydroxy- **10** 2587
trimethyl ester **10** 2588

Ether,
—, bis{2-[(benzoyloxy)acetoxy]ethyl}
9 855
—, bis{2-(benzoyloxy)-3-[2-(benzoyloxy)-
5-methylbenzyl]-5-methylbenzyl}
9 685
—, bis[2-(benzoyloxy)benzyl] **9** 567
—, bis[3-(benzoyloxy)-2,2-bis-
(benzoyloxymethyl)propyl] **9** 688
—, bis[2-(benzoyloxy)-
3,5-dimethylbenzyl] **9** 574
—, bis[2-(benzoyloxy)ethyl] **9** 535
—, bis[2-(2-chlorobenzoyloxy)ethyl]
9 1335
—, bis[2-(3-chlorobenzoyloxy)ethyl]
9 1347
—, bis[2-(4-chlorobenzoyloxy)ethyl]
9 1359
—, bis[3,5-dichloro-2-(benzoyloxy)-
benzyl] **9** 567
—, bis[3-(3,5-dinitrobenzoyloxy)butyl]
9 1893
—, bis[2-(3,5-dinitrobenzoyloxy)ethyl]
9 1890
—, bis{[(3,5-dinitrobenzoyloxy)methyl]-
dimethylsilyl} **9** 1922
—, bis{5-methyl-3-[5-methyl-2-
(4-nitrobenzoyloxy)benzyl]-2-
(4-nitrobenzoyloxy)benzyl}
9 1667
—, bis[α,α-(2-naphthyloxy)benzyl]
9 854
—, bis[2-(salicyloyloxy)ethyl] **10** 139

Ethylene,
—, 1-(benzoyloxy)-2,2-bis-
(ethylsulfonyl)-1-phenyl- **9** 741
—, 2-(benzoyloxy)-1,1-bis-
(2,3,4,6-tetramethylphenyl)- **9** 520
—, 2-(benzoyloxy)-1,1-dichloro- **9** 402
—, 2-(benzoyloxy)-1,1-dimesityl- **9** 519
—, 1-(benzoyloxy)-2,2-dimesityl-
1-phenyl- **9** 529
—, 2-(benzoyloxy)-1,1-diphenyl- **9** 517
—, 2-(benzoyloxy)-1-mesityl-1-phenyl-
9 518
—, (benzoyloxy)triphenyl- **9** 528
—, (benzoylthio)triphenyl- **9** 1967

Ethylenediamine,
—, N,N,N'-tribenzoyl- **9** 1212

9,9'-Ethylenedifluorene-9-carboxylic acid
9 4734
dimethyl ester **9** 4734

Etiobilianic acid 9 4081

Eudesma-1,4-dien-12-amide,
—, 6-hydroxy-3-oxo- **10** 4280

Eudesma-1,4-dien-12-oic acid,
—, 6-acetoxy-3-oxo- **10** 4280
—, 6-(benzoyloxy)-3-oxo- **10** 4280
—, 6,8-dihydroxy-3-oxo- **10** 4569

Eudesma-1,4-dien-12-oic acid *(continued)*
—, 6,11-dihydroxy-3-oxo- 10 4570
—, 3,6-dioxo- 10 3558
    methyl ester 10 3559
—, 6-hydroxy-3-oxo- 10 4279
    ethyl ester 10 4280
    methyl ester 10 4280
—, 3-oxo-6-(stearoyloxy)- 10 4280
Eudesma-2,4-dien-12-oic acid
—, 8-hydroxy-1-oxo- 10 4279
Eudesma-3,5-dien-12-oic acid,
—, 8-hydroxy-1-oxo- 10 4278
Eudesma-4(15),11(13)-dien-12-oic acid,
—, 8-hydroxy- 10 659
Eudesma-5,11(13)-dien-12-oic acid,
—, 8-hydroxy- 10 659
Eudesman-12-amide 9 273
Eudesman-12-oic acid 9 273
—, 1,8-dihydroxy- 10 1358
—, 6,8-dihydroxy-3-oxo- 10 4505
—, 3,6-dioxo- 10 3535
—, 8-hydroxy-,
    methyl ester 10 76
—, 3-hydroxy-6-oxo- 10 4193
—, 6-hydroxy-3-oxo- 10 4192
—, 8-hydroxy-1-oxo- 10 4192
    methyl ester 10 4193
Eudesm-11-ene,
—, 3-(3,5-dinitrobenzoyloxy)-
    9 1844
Eudesm-4(15)-en-12-oic acid,
—, 8-hydroxy- 10 82
    methyl ester 10 82
Eudesm-5-en-12-oic acid,
—, 1,8-dihydroxy- 10 1359
—, 8-hydroxy- 10 82
—, 8-hydroxy-1-(hydroxyimino)-
    10 4195
—, 8-hydroxy-1-oxo- 10 4195
    methyl ester 10 4195
Euphanoic acid see under
    Lanostanoic acid
Euphol,
—, O-benzoyl- 9 485
Eupholic acid 10 4642
Euphorbene see under *Lanostene*
Evernic acid 10 1488
Everninic acid 10 1480
Evodionic acid 10 4720

F

α-Fenchocamphorol,
—, O-(2-carboxybenzoyl)- 9 4143
β-Fenchocamphorol,
—, O-(2-carboxybenzoyl)- 9 4143
α-Fenchol,
—, O-(2-carboxybenzoyl)- 9 4150
—, O-(3,5-dinitrobenzoyl)- 9 1833
—, O-(4-nitrobenzoyl)- 9 1573

β-Fenchol,
—, O-(2-carboxybenzoyl)- 9 4150, 4151
—, O-(3,5-dinitrobenzoyl)- 9 1833
—, O-(4-nitrobenzoyl)- 9 1573
α-Fencholenic acid 9 204
β-Fencholenic acid 9 206
γ-Fencholenic acid 9 204
Fencholic acid 9 96
Fenchone
    O-benzoyloxime 9 1278
    (4-iodobenzoyl)hydrazone 9 1449
Ferrugenol,
—, O-benzoyl- 9 476
Ferulic acid 10 1834
Fesan-26-oic acid,
—, 3,22-diacetoxy-,
    methyl ester 10 1898
—, 3,22-dihydroxy- 10 1898
Fes-16(23)-en-26-oic acid,
—, 3-acetoxy-22-oxo-,
    methyl ester 10 4389
—, 3,22-dioxo- 10 3613
—, 3-hydroxy-22-oxo- 10 4388, 4389
Fluoranthene-3-carbonitrile 9 3574
Fluoranthene-8-carbonyl chloride 9 3575
Fluoranthene-3-carboxamide 9 3574
Fluoranthene-8-carboxamide 9 3575
Fluoranthene-x-carboxylic acid 9 3575
Fluoranthene-1-carboxylic acid 9 3573
    ethyl ester 9 3573
    hydrazide 9 3573
—, 3-oxo-1,2,3,10b-tetrahydro- 10 3407
—, 1,2,3,10b-tetrahydro- 9 3521
Fluoranthene-2-carboxylic acid 9 3573
Fluoranthene-3-carboxylic acid 9 3573
    ethyl ester 9 3574
Fluoranthene-6a(6H)-carboxylic acid,
—, 4,5-dihydro- 9 3521
    ethyl ester 9 3521
Fluoranthene-8-carboxylic acid 9 3574
    ethyl ester 9 3574
    hydrazide 9 3575
    methyl ester 9 3574
—, 9-hydroxy- 10 1322
—, 1,2,3,10b-tetrahydro- 9 3521
Fluoranthene-3,8-dicarbonitrile 9 4684
Fluoranthene-3,8-dicarbonyl dichloride
    9 4683
Fluoranthene-3,4-dicarboxamide 9 4683
Fluoranthene-2,3-dicarboxylic acid
    dimethyl ester 9 4683
Fluoranthene-3,4-dicarboxylic acid
    9 4683
Fluoranthene-3,8-dicarboxylic acid
    9 4683
Fluoranthene-3,9-dicarboxylic acid
    9 4684
    diethyl ester 9 4684
    dimethyl ester 9 4684

Fluoranthene-8,9-dicarboxylic acid
     dimethyl ester **9** 4684
—, 3-bromo-7,8,9,10-tetrahydro-,
     dimethyl ester **9** 4659
—, 7,10-dimethyl-7,8,9,10-tetrahydro-
     9 4667
     dimethyl ester **9** 4667
—, 7,10-diphenyl- **9** 4736
     dimethyl ester **9** 4736
—, 7,8,9,10-tetrahydro-,
     dimethyl ester **9** 4659

Fluoranthene-3,8,9-tricarbonitrile
     9 4844

Fluoranthene-3,8,9-tricarboxylic acid
     9 4844

Fluorene,
—, 3-(benzoyloxy)- **9** 516
—, 9-(benzoyloxy)-9-(phenylthio)-
     9 720
—, 4-(benzoyloxy)-1,9,9-trimethyl-
     9 518
—, 9,9-bis(benzoylperoxy) **9** 1051
—, 9,9-bis(4-nitrobenzoylperoxy)-
     9 1708
—, 1,7-dimethyl- **10** 3285

Fluorene-1-carbonitrile 9 3406
—, 9-oxo- **10** 3369

Fluorene-2-carbonitrile 9 3409
—, 9-chloro- **9** 3409

Fluorene-4-carbonitrile 9 3410

Fluorene-1-carbonyl azide 9 3407

Fluorene-1-carbonyl chloride,
—, 9-bromo- **9** 3407
—, 9-chloro- **9** 3407

Fluorene-2-carbonyl chloride 9 3408
—, 9-chloro- **9** 3409
—, 7-nitro-9-oxo- **10** 3372
—, 9-oxo- **10** 3372

Fluorene-4-carbonyl chloride 9 3410
—, 1,6-dichloro-9-oxo- **10** 3374
—, 3,8-dichloro-9-oxo- **10** 3375
—, 9-oxo- **10** 3373

Fluorene-1-carboxamide 9 3406
—, 9-bromo- **9** 3408
—, 9-oxo- **10** 3369

Fluorene-2-carboxamide,
—, 7-acetyl-9-oxo- **10** 3656
—, 9-chloro- **9** 3409

Fluorene-4-carboxamide 9 3410
—, 1,6-dichloro-9-oxo- **10** 3374
—, 3,8-dichloro-9-oxo- **10** 3375
—, 9-oxo- **10** 3373

Fluorene-9-carboxamide 9 3413
—, N-[2-(diethylamino)ethyl]-9-hydroxy-
     10 1251

Fluorene-2-carboxamidine 9 3409

Fluorene-2-carboximidic acid
     ethyl ester **9** 3408

Fluorene-1-carboxylic acid 9 3406
     ethyl ester **9** 3406
     hydrazide **9** 3406
     methyl ester **9** 3406
—, 2-benzoyl-9-oxo- **10** 3675
—, 7-benzoyl-9-oxo- **10** 3675
—, 9-bromo- **9** 3407
     methyl ester **9** 3407
—, 2-bromo-9-oxo- **10** 3370
—, 3-tert-butyl-9-oxo- **10** 3399
—, 9-chloro- **9** 3407
     ethyl ester **9** 3407
     methyl ester **9** 3407
—, 6,7-dimethoxy-9-oxo-1,2,3,4,4a,9a-
     hexahydro- **10** 4635
     methyl ester **10** 4635
—, 2-hydroxy- **10** 1249
—, 9-hydroxy- **10** 1249
—, 9-(hydroxyimino)-2,3,4-triphenyl-
     10 3512
—, 9-jodo- **9** 3408
—, 4-methoxy-9,9-dimethyl- **10** 1269
—, 2-methyl-9-oxo-4-phenyl- **10** 3472
—, 2-nitro-9-oxo- **10** 3370
—, 7-nitro-9-oxo- **10** 3370
—, 9-oxo- **10** 3368
     2-(diethylamino)ethyl ester **10** 3369
     3-(diethylamino)propyl ester **10** 3369
     ethyl ester **10** 3369
     methyl ester **10** 3369
—, 9-oxo-2-phenyl- **10** 3470
     methyl ester **10** 3470
—, 9-oxo-2,3,4-triphenyl- **10** 3512
—, 9-semicarbazono-,
     ethyl ester **10** 3369

Fluorene-2-carboxylic acid 9 3408
     2-(diethylamino)ethyl ester **9** 3408
     methyl ester **9** 3408
—, 7-acetyl-9-oxo- **10** 3656
     methyl ester **10** 3656
—, 9-chloro-,
     ethyl ester **9** 3409
     methyl ester **9** 3409
—, 6-chloro-3-hydroxy- **10** 1249
—, 7-chloro-3-hydroxy- **10** 1249
—, 1-ethyl-7-hydroxy-2-methyl-
     1,2,3,4-tetrahydro- **10** 1131
—, 1-ethylidene-7-methoxy-2-methyl-
     1,2,3,4-tetrahydro- **10** 1225
—, 1-ethyl-7-methoxy-2-methyl-
     1,2,3,4-tetrahydro- **10** 1131
     methyl ester **10** 1132
—, 3-hydroxy- **10** 1249
—, 9-hydroxy- **10** 1250
     isopropyl ester **10** 1250
—, 9-(hydroxyimino)- **10** 3370
     2-(diethylamino)ethyl ester **10** 3371
     3-(diethylamino)propyl ester **10** 3371
     methyl ester **10** 3370

Fluorene-2-carboxylic acid *(continued)*
—, 3-hydroxy-6-methyl- **10** 1264
—, 3-hydroxy-9-methyl- **10** 1265
—, 7-methoxy-1,2-dimethyl-
     1,2,3,4-tetrahydro- **10** 1127
—, 7-methoxy-2-methyl-1-methylene-
     1,2,3,4-tetrahydro- **10** 1215
—, 7-methoxy-2-methyl-1-oxo-
     1,2,3,4-tetrahydro-,
     methyl ester **10** 4417
—, 2-methyl-,
     methyl ester **9** 3449
—, 3-methyl- **9** 3448
     methyl ester **9** 3448
—, 3-methyl-9-oxo- **10** 3378
     methyl ester **10** 3378
—, 7-nitro-9-oxo- **10** 3372
     2-(dibutylamino)ethyl ester **10** 3372
     2-(diethylamino)ethyl ester **10** 3372
     2-(diethylamino)propyl ester
        10 3372
—, 9-oxo- **10** 3370
     2-(dibutylamino)ethyl ester **10** 3371
     2-(diethylamino)ethyl ester **10** 3371
     3-(diethylamino)-2-hydroxypropyl
        ester **10** 3371
     2-(diethylamino)propyl ester
        10 3371
     3-(diethylamino)propyl ester
        10 3371
     2-(dimethylamino)ethyl ester
        10 3371
     methyl ester **10** 3370
—, 3-oxo-1,2,3,4-tetrahydro-,
     ethyl ester **10** 3272
Fluorene-3-carboxylic acid,
—, 2-benzoyl-9-oxo- **10** 3676
     methyl ester **10** 3676
—, 2-hydroxy- **10** 1250
—, 9-oxo- **10** 3372
Fluorene-4-carboxylic acid 9 3409
     methyl ester **9** 3410
—, 1-acetyl-7-isopropyl-3-methyl-9-oxo-
     10 3662
—, 2-acetyl-7-isopropyl-3-methyl-9-oxo-
     10 3661
—, 6-acetyl-2-isopropyl-8-methyl-9-oxo-
     10 3662
—, 7-acetyl-2-isopropyl-8-methyl-9-oxo-
     10 3661
—, 9,9-bis(*p*-hydroxyphenyl)- **10** 2021
—, 1,6-dichloro-9-(hydroxyimino)-
     10 3374
—, 3,8-dichloro-9-(hydroxyimino)-
     10 3375
—, 1,6-dichloro-9-oxo- **10** 3373
—, 2,7-dichloro-9-oxo- **10** 3374
—, 3,8-dichloro-9-oxo- **10** 3374
—, 5,7-dichloro-9-oxo- **10** 3375

—, 1-ethyl-7-isopropyl-3-methyl-9-oxo-
     10 3403
—, 9-hydroxy- **10** 1250
     isopropyl ester **10** 1250
—, 9-(hydroxyimino)-2-isopropyl-
     8-methyl- **10** 3399
     methyl ester **10** 3400
—, 9-(hydroxyimino)-7-isopropyl-
     3-methyl- **10** 3400
     methyl ester **10** 3400
—, 2-isopropyl-8-methyl-9-oxo- **10** 3399
     methyl ester **10** 3399
—, 7-isopropyl-3-methyl-9-oxo- **10** 3400
     methyl ester **10** 3400
—, 9-oxo- **10** 3372
     2-(diethylamino)ethyl ester **10** 3373
     3-(diethylamino)propyl ester **10** 3373
     ethyl ester **10** 3373
     isopropyl ester **10** 3373
Fluorene-9-carboxylic acid 9 3410
     allyl ester **9** 3412
     2-butoxyethyl ester **9** 3412
     2-(dibutylamino)ethyl ester **9** 3412
     2-(diethylamino)ethyl ester **9** 3412
     2-(diethylamino)propyl ester
        9 3412
     3-(diethylamino)propyl ester
        9 3413
     ethyl ester **9** 3411
     2-(isobutylamino)ethyl ester **9** 3412
     methyl ester **9** 3411
—, 9-allyl- **9** 3520
—, 9-benzoyl-,
     methyl ester **10** 3472
—, 9-(*o*-benzoylphenyl)- **10** 3506
—, 2,7-bis(α-hydroxybenzhydryl)-
     10 2022
—, 9-butyl- **9** 3482
     butyl ester **9** 3482
—, 9-(2-carbamoylethyl)-,
     methyl ester **9** 4615
—, 9-(2-cyanoethyl)- **9** 4615
     ethyl ester **9** 4615
     methyl ester **9** 4615
—, 9-(2-cyano-1-methylethyl)- **9** 4639
     ethyl ester **9** 4640
     methyl ester **9** 4639
—, 9-cyclohexyl- **9** 3542
     2-(diethylamino)ethyl ester **9** 3542
—, 2,7-dibromo- **9** 3413
—, 2,7-dibromo-9-hydroxy- **10** 1251
—, 3,6-dibromo-9-hydroxy- **10** 1251
—, 2,7-dinitro- **9** 3413
—, 9,9'-(1,2-diphenylethylene)di- **9** 4743
—, 9-ethyl-,
     2-(diethylamino)ethyl ester **9** 3464
—, 9-hydroxy- **10** 1251
     2-(diethylamino)ethyl ester **10** 1251
     methyl ester **10** 1251

Fluorene-9-carboxylic acid *(continued)*
—, 2-(α-hydroxybenzhydryl)- **10** 1348
—, 9-hydroxy-4a-isopropyl-2-methyl-
    1,2,3,4,4a,9a-hexahydro- **10** 1018
—, 9-(methoxymethyl)-,
    ethyl ester **10** 1265
—, 2-methyl- **9** 3449
—, 9-methyl- **9** 3449
—, 9-[(9-methylfluoren-9-yl)methyl]-
    9 3691
    methyl ester **9** 3691
—, 2-nitro- **9** 3413
—, 9-phenyl- **9** 3625
—, 1,4,6,7-tetramethoxy- **10** 2499
—, 2,3,6,7-tetramethoxy- **10** 2499
Fluorene-2,3-dicarbonitrile,
—, 9-oxo- **10** 4020
Fluorene-2,7-dicarboxamide 9 4588
—, 9-oxo- **10** 4021
Fluorene-1,2-dicarboxylic acid,
—, 9-oxo- **10** 4018
    dimethyl ester **10** 4019
    1-methyl ester **10** 4018
    2-methyl ester **10** 4018
Fluorene-1,4-dicarboxylic acid,
—, 7-isopropyl-3-methyl-9-oxo- **10** 4024
Fluorene-1,5-dicarboxylic acid,
—, 2,3-dimethyl-9-oxo- **10** 4023
—, 9-(hydroxyimino)- **10** 4019
—, 9-oxo- **10** 4019
    dimethyl ester **10** 4019
Fluorene-1,6-dicarboxylic acid,
—, 9-oxo- **10** 4019
    dimethyl ester **10** 4019
Fluorene-1,7-dicarboxylic acid,
—, 9-oxo- **10** 4019
    dimethyl ester **10** 4019
Fluorene-1,9-dicarboxylic acid,
—, 9-salicyloyl- **10** 4796
Fluorene-2,3-dicarboxylic acid,
—, 9-oxo- **10** 4020
    diethyl ester **10** 4020
    dimethyl ester **10** 4020
Fluorene-2,4-dicarboxylic acid,
—, 7-isopropyl-3-methyl-9-oxo- **10** 4024
Fluorene-2,5-dicarboxylic acid,
—, 7-isopropyl-1-methyl-9-oxo- **10** 4024
Fluorene-2,7-dicarboxylic acid,
—, 9-oxo- **10** 4020
    dimethyl ester **10** 4021
Fluorene-3,5-dicarboxylic acid,
—, 7-isopropyl-1-methyl-9-oxo- **10** 4024
Fluorene-4,5-dicarboxylic acid,
—, 9-oxo- **10** 4021
Fluorene-9,9-dicarboxylic acid
    diethyl ester **9** 4588
    dimethyl ester **9** 4588
—, 9,9'-carbonyldi-,
    diethyl ester **10** 4039

—, 9,9'-oxalyldi-,
    diethyl ester **10** 4101
Fluorene-9-thiocarboxylic acid
    2-(diethylamino)ethyl ester
    9 3414
Fluoreno[9,1-*bc*]furan-3-carboxylic acid,
—, 9b-hydroxy-2-oxo-2,9b-dihydro-
    10 4018
**Fluoreno[9,1-*bc*]furan-6-carboxylic
acid,**
—, 9b-hydroxy-3,4-dimethyl-2-oxo-2,9b-
    dihydro- **10** 4023
—, 9b-hydroxy-2-oxo-2,9b-dihydro-
    10 4019
**Fluoreno[9,1-*bc*]furan-7-carboxylic
acid,**
—, 9b-hydroxy-2-oxo-2,9b-dihydro-
    10 4019
**Fluoreno[9,1-*bc*]furan-8-carboxylic
acid,**
—, 9b-hydroxy-2-oxo-2,9b-dihydro-
    10 4019
**1*H*-Fluoreno[1,2-*c*]furan-1,10(3*H*)-
dione,**
—, 3-hydroxy-3-phenyl- **10** 3675
9*H*-Fluoreno[2,3-*c*]furan-3,9(1*H*)-dione,
—, 1-hydroxy-1-phenyl- **10** 3676
Fluoreno[9,1-*bc*]furan-2(2a*H*)-one,
—, 9b-hydroxy-7,8-dimethoxy-3,4,5,5a,=
    9b,9c-hexahydro- **10** 4635
Fluoreno[9,1-*bc*]furan-2(9b*H*)-one,
—, 3-benzoyl-9b-hydroxy- **10** 3675
—, 8-benzoyl-9b-hydroxy- **10** 3675
—, 3-bromo-9b-hydroxy- **10** 3370
—, 4-*tert*-butyl-9b-hydroxy- **10** 3399
—, 9b-hydroxy- **10** 3368
—, 9b-hydroxy-3-methyl-5-phenyl-
    10 3472
—, 9b-hydroxy-3-nitro- **10** 3370
—, 9b-hydroxy-8-nitro- **10** 3370
—, 9b-hydroxy-3-phenyl- **10** 3470
—, 9b-hydroxy-3,4,5-triphenyl- **10** 3512
Fluoren-9-one
    O-benzoyloxime N-oxide **9** 1283
Fluoreno[1,9-*cd*]pyran
    see *Indeno[1,2,3-de]isochromene*
Formaldehyde
    bis[2-(benzoyloxy)-1-
    (benzoyloxymethyl)ethyl]acetal
    9 666
    bis[2-(benzoyloxy)-3,5-dibromobenzyl]
    acetal **9** 567
Formamide,
—, N-benzoyl-1-cyano-,
    O-acetyloxime **9** 1114
    oxime **9** 1114
Formic acid,
—, (benzoyloxy)-,
    ethyl ester **9** 854

Friedelane,
—, 3-(benzoyloxy)- **9** 472
Friedel-2-ene,
—, 3-(benzoyloxy)- **9** 489
—, 3-(phenylacetoxy)- **9** 2183
—, 3-(3-phenylpropionyloxy)- **9** 2388
Friedel-3-ene,
—, 3-(4-iodobenzoyloxy)- **9** 1444
Friedel-3-en-2-one,
—, 3-(benzoyloxy)- **9** 754
Friedonic acid **10** 3139
D-Friedooleanane,
—, 3-(benzoyloxy)- **9** 473
D:A-Friedooleanane see *Friedelane*
D-Friedooleanane-14-ene,
—, 3-(benzoyloxy)- **9** 489, 490
D-Friedoursa-9(11),14-dien-12-one,
—, 3-(benzoyloxy)- **9** 760
Fuchsone
see *Cyclohexa-2,5-dien-1-one,*
4-benzhydrylidene-
Fuchsone-2'-carboxylic acid,
—, 4''-hydroxy-,
hydrate **10** 2400
Fuchsone-3,3'-dicarboxylic acid,
—, 2'',6''-dichloro-4'-hydroxy-
5,5'-dimethyl- **10** 4795
Fuchsone-3,3',3''-tricarboxylic acid,
—, 4'4''-dihydroxy- **10** 4866
Fucitol see *1-Deoxygalactitol*
Fucostanedioic acid **9** 4093
Fucosterol,
—, O-benzoyl- **9** 483
Fumaric acid,
—, benzyl- **9** 4389
—, bis(10-hydroxy-9-phenanthryl)-
10 2552
—, bis(4-methylphenacyl)- **10** 4091
—, (*p*-chlorophenyl)- **9** 4378
—, dibenzoyl-,
diethyl ester **10** 4087
—, diphenacyl- **10** 4089
—, diphenyl-,
dimethyl ester **9** 4589
—, 2-[(2-naphthoyl)methyl]-3-phenacyl-
10 4094
—, phenyl- **9** 4378
Fumaronitrile,
—, bis(*o*-bromophenyl)- **9** 4590
—, bis(*p*-bromophenyl)- **9** 4590
—, bis(*p*-chlorophenyl)- **9** 4589
—, bis(*m*-nitrophenyl)- **9** 4590
—, bis(*o*-nitrophenyl)- **9** 4590
—, bis(*p*-nitrophenyl)- **9** 4590
—, diphenyl- **9** 4589
Fumigacin **10** 4777
Fungisterol,
—, O-benzoyl- **9** 467
—, O-(3,5-dinitrobenzoyl)- **9** 1867

Furan-3-carbonitrile,
—, 5-hydroxy-4-(*m*-nitrophenyl)-2-oxo-
5-phenyl-2,5-dihydro- **10** 4022
—, 5-hydroxy-2-oxo-4,5-diphenyl-
2,5-dihydro- **10** 4022
—, 5-hydroxy-2-oxo-5-phenyltetrahydro-
10 3962
Furan-2-carboxylic acid,
—, 4-benzyl-2,4-dihydroxy-5-oxo-
3-phenyltetrahydro- **10** 4784
Furan-3-carboxylic acid,
—, 5-benzyl-5-hydroxy-2-oxo-
4-phenyltetrahydro- **10** 4013
—, 5-hydroxy-2-oxo-5-phenyltetrahydro-
10 3962
—, 5-hydroxy-2-oxo-5-
(3,4,5-trimethoxyphenyl)-
tetrahydro- **10** 4842
Furan-2(3*H*)-one,
—, 3-benzamido-5-hydroxy-4,5-dihydro-
9 1205

G

Galactaric acid,
—, tetra-O-benzoyl- **9** 875
diethyl ester **9** 875
Galactitol,
—, O³-benzoyl-
O¹,O²,O⁴,O⁵,O⁶-pentamethyl-
9 706
—, O³,O⁴-bis(acetoxymethyl)-
O¹,O⁶-diacetyl-O²,O⁵-dibenzoyl-
9 708
—, O¹,O⁴-dibenzoyl- **9** 706
—, O¹,O⁶-dibenzoyl- **9** 707
—, O²,O⁵-dibenzoyl-O¹,O⁶-
bis(2-nitrosobenzoyl)- **9** 1464
—, O¹,O⁴-dibenzoyl-
O²,O³,O⁵,O⁶-tetramethyl-
9 708
—, hexa-O-benzoyl- **9** 712
—, O²,O³,O⁵,O⁶-tetraacetyl-
O¹,O⁴-dibenzoyl- **9** 708
—, O¹,O³,O⁴,O⁶-tetraacetyl-
O²,O⁵-dibenzoyl- **9** 709
—, O²,O³,O⁴,O⁵-tetraacetyl-
O¹,O⁶-dibenzoyl- **9** 709
—, O²,O³,O⁴,O⁵-tetrabenzoyl- **9** 711
—, O²,O³,O⁴,O⁵-tetrabenzoyl-O¹,O⁶-bis-
(2-nitrosobenzoyl)- **9** 1465
Galactononitrile,
—, penta-O-benzoyl- **9** 873
Gallamide **10** 2091
—, *N,N*-diethyl- **10** 2091
Gallic acid **10** 2070
butyl ester **10** 2078
dodecyl ester **10** 2079
hexadecyl ester **10** 2080
hexyl ester **10** 2079

Gallic acid ester *(continued)*
  isobutyl ester **10** 2079
  isopentyl ester **10** 2079
  isopropylidenehydrazide **10** 2094
  methyl ester **10** 2076
  octadec-9-enyl ester **10** 2080
  octadecyl ester **10** 2080
  octyl ester **10** 2079
  pentyl ester **10** 2079
  4-phenylphenacyl ester **10** 2086
  3-phenylpropyl ester **10** 2081
  propyl ester **10** 2078
  salicylidenehydrazide **10** 2094
  tetradecyl ester **10** 2080
—, 2-(4,4',4''-trihydroxytrityl)-
  10 2623
Gamabufotalinic acid
  methyl ester **10** 4749
Gentisic acid 10 1384
Geodin,
—, dihydro- **10** 4819
Geodin hydrate 10 2063
Geraniol,
—, O-(3,5-dinitrobenzoyl)- **9** 1825
—, O-(4-nitrobenzoyl)- **9** 1568
Germanicol,
—, O-benzoyl- **9** 489
Gibba-1,3,4a(10a),4b-tetraen-8-one,
—, 1,7-dimethyl- **10** 3285
**Gibba-1,3,4a(10a)-triene-10-carboxylic
  acid,**
—, 1,7-dimethyl-8-oxo- **10** 3285
    methyl ester **10** 3286
—, 7-hydroxy-1,8-dimethyl- **10** 1135
—, 8-(hydroxyimino)-1,7-dimethyl-
  10 3285
—, 7-hydroxy-1-methyl-8-methylene-
  10 1239
Gibberellin-B 10 1239
Gibberene 10 3285
Gibberic acid 10 3285
Gibberone 10 3285
Ginkgoic acid 10 949
Gladiolic acid
  10 4604
Glomelliferic acid 10 4562
Glucaric acid,
—, tetra-O-benzoyl- **9** 874
Glucitol,
—, O¹,O⁶-dibenzoyl- **9** 707
—, hexa-O-benzoyl- **9** 712
—, hexa-O-galloyl- **10** 2085
—, hexakis-O-(3,4,5-triacetoxybenzoyl)-
  10 2085
—, O¹,O²,O³,O⁴-tetraacetyl-
  O⁵,O⁶-dibenzoyl- **9** 708
—, O²,O³,O⁴,O⁵-tetrabenzoyl-O¹,O⁶-bis-
  (triphenylmethyl)- **9** 711
—, O¹,O²,O⁶-tribenzoyl- **9** 710

Glucononitrile,
—, O⁶-benzoyl-2-(benzoyloxymethyl)-
  9 874
—, penta-O-benzoyl- **9** 873
Glutamic acid,
—, N-[α-(α-acetamidocinnamamido)-
  cinnamoyl]- **10** 3013
—, N-[α-(2-aminoacetamido)cinnamoyl]-
  10 3011
—, N-benzoyl- **9** 1190
    dihydrazide **9** 1190
    dimethyl ester **9** 1190
—, N-[N⁶-benzoyl-N²-(benzyloxycarbonyl)-
  lysyl]- **9** 1240
    diethyl ester **9** 1241
—, N-benzoyl-3-hydroxy- **9** 1191
—, N-(N⁶-benzoyllysyl)- **9** 1238
—, N-{α-[2-(benzyloxycarbonylamino)-
  acetamido]cinnamoyl}-
  10 3011
—, N-(N-{N-[N²,N⁶-bis-(4-bromobenzoyl)-
  lysyl]glycyl}glycyl)- **9** 1419
—, N-(4-bromohippuroyl)- **9** 1419
—, N-(2-carboxybenzoyl)-,
    diethyl ester **9** 4196
—, N-[α-(2-chloroacetamido)cinnamoyl]-
  10 3011
—, N-(3,5-dinitrobenzoyl)-
  9 1942
—, N-(3,5-dinitrobenzoyl)-3-hydroxy-
  9 1943
—, N-{O¹-ethyl-N-[O¹-ethyl-N-
  (4-nitrobenzoyl)-γ-glutamyl]-
  γ-glutamyl}-,
    diethyl ester **9** 1742
—, N-{O¹-ethyl-N-[O⁵-ethyl-N-
  (4-nitrobenzoyl)-α-glutamyl]-
  γ-glutamyl}-,
    diethyl ester **9** 1741
—, N-{O⁵-ethyl-N-[O⁵-ethyl-
  N-(4-nitrobenzoyl)-
  α-glutamyl]-α-glutamyl}-,
    diethyl ester **9** 1741
—, N-{O⁵-ethyl-N-[O¹-ethyl-N-
  (4-nitrobenzoyl)-γ-glutamyl]-
  α-glutamyl}-,
    diethyl ester **9** 1742
—, N-{O¹-ethyl-N-[N-(4-nitrobenzoyl)-
  γ-glutamyl]-γ-glutamyl}-,
    diethyl ester **9** 1740
—, N-{O⁵-ethyl-N-[N-(4-nitrobenzoyl)-
  γ-glutamyl]-α-glutamyl}-,
    diethyl ester **9** 1740
—, N-[N-(N-hippuroylalanyl)leucyl]-
  9 1132
    dihydrazide **9** 1132
    dimethyl ester **9** 1132
—, N-(2-iodobenzoyl)- **9** 1436
—, N-(4-iodobenzoyl)- **9** 1445

Glutamic acid *(continued)*
—, N-(4-nitrobenzoyl)- **9** 1737, 1738
    diethyl ester **9** 1738
    dihydrazide **9** 1743
    dimethyl ester **9** 1738
    5-ethyl ester **9** 1738
    5-hydrazide **9** 1743
—, N,N'-[N-(4-nitrobenzoyl)-glutamoyl]di-,
    tetraethyl ester **9** 1742
—, N-[N-(4-nitrobenzoyl)-α-glutamyl]-
    9 1738
—, N-[N-(4-nitrobenzoyl)-γ-glutamyl]-
    9 1739
    diethyl ester **9** 1740
    5-ethyl ester **9** 1739
    5-hydrazide **9** 1741
—, N-{N-[N-(4-nitrobenzoyl)-γ-glutamyl]-
    γ-glutamyl}-,
    5-ethyl ester **9** 1740
—, N-(phenylacetyl)- **9** 2227
—, N-(phenylpyruvoyl)- **10** 3008
—, N-(phenylthioacetyl)- **9** 2297
—, N-thiobenzoyl- **9** 1982
Glutamine,
—, N²-(3,5-dinitrobenzoyl)- **9** 1943
—, N²-(phenylacetyl)- **9** 2227
Glutamoyl azide,
—, N-benzoyl- **9** 1190
Glutaraldehyde,
—, 2,4-dibenzamido-3-hydroxy- **9** 1227
Glutaramic acid,
—, 2-acetyl-4-cyano-3-(p-nitrophenyl)-,
    ethyl ester **10** 4130
—, 2-acetyl-4-cyano-3-phenyl-,
    ethyl ester **10** 4129
—, 2-acetyl-4-cyano-3-styryl-,
    ethyl ester **10** 4137
—, 3-benzyl-4-hydroxy-2-oxo-
    4-phenethyl- **10** 4785
—, 3,4-diphenyl- **9** 4559
—, 4,4-diphenyl- **9** 4563
    ethyl ester **9** 4563
—, 3-[2-hydroxy-2-(2-hydroxy-
    3,5-dimethylcyclohexyl)ethyl]- **10** 2413
—, 4-phenyl- **9** 4298
Glutaramide,
—, 3-benzyl-2-hydroxy-4-oxo-
    2-phenethyl- **10** 4786
—, 2-cyclopentyl- **9** 3869
—, 2,4-dicyano-3-cyclopentyl- **9** 4852
—, N,N'-dipentyl-3-phenyl- **9** 4303
—, 3,3-diphenyl- **9** 4564
—, 3-[2-hydroxy-2-(2-hydroxy-
    3,5-dimethylcyclohexyl)ethyl]- **10** 2413
Glutaric acid,
—, 3-acetoxy-2,4-dibenzamido-,
    dimethyl ester **9** 1245
—, 2-acetyl-2-benzoyl-,
    diethyl ester **10** 4065

—, 3-benzhydryl- **9** 4575
    dimethyl ester **9** 4576
—, 3-benzoyl-2-phenyl- **10** 4015
—, 3-benzyl- **9** 4314
—, 2-benzyl-2-cyano-,
    diethyl ester **9** 4805
—, 3-benzyl-2-cyano-,
    diethyl ester **9** 4807
—, 3-benzyl-2-cyano-2-methyl-,
    diethyl ester **9** 4812
—, 3-benzyl-2,4-dicyano- **9** 4878
—, 2-benzyl-2,4-dihydroxy-3-phenyl-
    10 2516
    dimethyl ester **10** 2516
—, 3-benzyl-3-hydroxy-2,4-diphenyl-
    10 2403
—, 2-benzyl-2-hydroxy-4-oxo-3-phenyl-
    10 4784
—, 2-benzylidene-3-methyl- **9** 4404
—, 3-benzyl-2-methyl- **9** 4334
—, 3,3-bis(p-acetoxyphenyl)- **10** 2513
    diethyl ester **10** 2514
    dimethyl ester **10** 2514
—, 3,3-bis[p-(benzoyloxy)phenyl]-
    10 2514
    dimethyl ester **10** 2514
—, 3,3-bis(3-bromo-4-hydroxyphenyl)-
    10 2514
—, 3,3-bis(3,5-dibromo-4-hydroxyphenyl)-
    10 2514
    dimethyl ester **10** 2515
—, 3,3-bis(2,5-dihydroxyphenyl)-
    10 2611
—, 3,3-bis(p-ethoxyphenyl)- **10** 2513
—, 3,3-bis(4-ethoxy-m-tolyl)- **10** 2522
—, 3,3-bis(6-ethoxy-m-tolyl)- **10** 2522
    diethyl ester **10** 2522
    dimethyl ester **10** 2522
—, 2,4-bis(1-hydroxyethyl)-3-phenyl-,
    diethyl ester **10** 2464
—, 3,3-bis(4-hydroxy-3-nitrophenyl)-
    10 2515
—, 3,3-bis(p-hydroxyphenyl)- **10** 2512
    diethyl ester **10** 2514
    dimethyl ester **10** 2514
—, 3,3-bis(2-hydroxy-m-tolyl)- **10** 2521
—, 3,3-bis(p-methoxyphenyl)- **10** 2513
    dimethyl ester **10** 2514
—, 3,3-bis(4-methoxy-m-tolyl)- **10** 2521
—, 3,3-bis(6-methoxy-m-tolyl)- **10** 2522
—, 2-bromo-3-(p-hydroxyphenyl)-,
    diethyl ester **10** 2228
—, 2-bromo-3-(p-methoxyphenyl)-,
    diethyl ester **10** 2228
—, 3-(3-bromo-4-methoxyphenyl)-
    10 2228
    diethyl ester **10** 2228
    dimethyl ester **10** 2228
    diphenacyl ester **10** 2228

Glutaric acid *(continued)*
—, 3-(*p*-bromophenyl)-3-hydroxy-
2,4-diphenyl- **10** 2403
—, 2-carbamoyl-2-methyl-3-phenyl-,
1-ethyl ester **9** 4807
—, 2-[4-carboxy-1-(2-carboxy-
1-methylethyl)-7a-
methylhexahydroindan-5-yl]-
2-methyl- **9** 4865
—, 2-[4-carboxy-1-(3-carboxy-
1-methylpropyl)-7a-
methylhexahydroindan-5-yl]-
2-methyl- **9** 4866
—, 2-(1-carboxycyclohexyl)- **9** 4762
—, 2-(1-carboxycyclopentyl)- **9** 4759
—, 2-(1-carboxy-3,3-dimethylcyclohexyl)-
9 4772
—, 2-[2-(carboxyethyl)-
2-methylcyclopentyl]- **9** 4773
—, 2-(1-carboxy-2-methylcyclohexyl)-
9 4768
—, 2-(1-carboxy-3-methylcyclohexyl)-
9 4769
—, 2-(1-carboxy-4-methylcyclohexyl)-
9 4769
—, 2-(1-carboxy-2-methylcyclopentyl)-
9 4768
—, 2-(2-carboxy-2-methylcyclopentyl)-
9 4767
—, 3-(carboxymethyl)-2,2-dimethyl-
3-phenyl- **9** 4816
—, 3-(carboxymethyl)-3-(4-methoxy-
m-tolyl)- **10** 2578
—, 2-[1-(3-carboxy-1-methylpropyl)-4-
(carboxymethyl)-7a-
methylhexahydroindan-5-yl]-
2-methyl- **9** 4868
—, 3-(3-chloro-4-methoxyphenyl)- **10** 2227
    diethyl ester **10** 2227
    dimethyl ester **10** 2227
—, 3-(chloromethyl)-3-hydroxy-
2,4-diphenyl- **10** 2360
—, 2-cinnamoyl-3-oxo-,
    diethyl ester **10** 4069
    1-ethyl ester **10** 4069
—, 2-cyano-2-(α-cyanobenzyl)-,
    diethyl ester **9** 4876
—, 2-cyano-2-(1-cyanocyclohexyl)-,
    diethyl ester **9** 4853
—, 2-cyano-2-(1-cyanocyclopentyl)-,
    diethyl ester **9** 4852
—, 2-cyano-2-(α-cyano-4-methoxybenzyl)-,
    diethyl ester **10** 2628
—, 2-cyano-2-(1-cyano-
2-methylcyclohexyl)-,
    diethyl ester **9** 4855
—, 2-cyano-2-(1-cyano-
3-methylcyclohexyl)-,
    diethyl ester **9** 4855

—, 2-cyano-2-(1-cyano-
4-methylcyclohexyl)-,
    diethyl ester **9** 4855
—, 2-cyano-2-(1-cyano-
2-methylcyclopentyl)-,
    diethyl ester **9** 4854
—, 2-cyano-2-(3,4-dihydro-1-naphthyl)-,
    diethyl ester **9** 4831
—, 2-cyano-2-[2-(ethoxycarbonyl)-
2-methylcyclopentyl]-,
    diethyl ester **9** 4854
—, 2-cyano-3-(*p*-hydroxyphenyl)-,
    diethyl ester **10** 2576
—, 2-cyano-3-(*p*-methoxyphenyl)-,
    diethyl ester **10** 2576
—, 2-cyano-3-(α-methylbenzyl)-,
    diethyl ester **9** 4814
—, 2-cyano-2-methyl-3-phenyl- **9** 4808
    diethyl ester **9** 4808
—, 2-cyano-4-methyl-3-phenyl-,
    diethyl ester **9** 4809
—, 2-cyano-2-phenyl-,
    diethyl ester **9** 4798
—, 2-cyano-3-phenyl-,
    diethyl ester **9** 4801
—, 3-(cyclohexylmethyl)-2-ethyl-,
    diethyl ester **9** 3929
—, 2-cyclopentyl- **9** 3868
—, 3-cyclopentyl- **9** 3869
—, 2-cyclopentyl-4-methyl- **9** 3913
—, 2,4-diacetyl-3-benzyl-,
    diethyl ester **10** 4067
—, 2,4-diacetyl-3-(1-naphthyl)-,
    diethyl ester **10** 4074
—, 2,4-diacetyl-3-phenyl-,
    diethyl ester **10** 4066
—, 2,4-diacetyl-3-styryl-,
    diethyl ester **10** 4070
—, 2,4-diacetyl-3-*m*-tolyl-,
    diethyl ester **10** 4067
—, 2,4-diacetyl-3-(3,5-xylyl)-,
    diethyl ester **10** 4067
—, 2,4-dibenzamido- **9** 1244
    diethyl ester **9** 1244
    dimethyl ester **9** 1244
—, 2,4-dibenzamido-3-hydroxy- **9** 1245
    dimethyl ester **9** 1245
—, 2,4-dibenzoyl-,
    diethyl ester **10** 4078
—, 2,4-dibenzylidene-3-oxo-,
    dimethyl ester **10** 4027
—, 2,3-dibromo-3-(*p*-methoxyphenyl)-
10 2229
—, 3-(3,5-dibromo-4-methoxyphenyl)-
10 2228
    diethyl ester **10** 2229
    dimethyl ester **10** 2229
—, 2,3-dibromo-3-(4-methoxy-*m*-tolyl)-
10 2236

Glutaric acid *(continued)*
—, 3-(3,5-dichloro-4-methoxyphenyl)-
   10 2227
      diethyl ester **10** 2227
      dimethyl ester **10** 2227
      diphenacyl ester **10** 2227
—, 2,4-dicyano-3-(*o*-hydroxyphenyl)-,
      diethyl ester **10** 2627
—, (2,4-dimethoxy-α-methylbenzylidene)-
   10 2474
—, 2,2-dimethyl-3-phenyl- **9** 4336
      diethyl ester **9** 4336
—, 2,3-dimethyl-4-phenyl-,
      diethyl ester **9** 4335
—, 3,3-dimethyl-2-phenyl-,
      diethyl ester **9** 4335
—, 2,2-diphenyl- **9** 4562
      dimethyl ester **9** 4562
      1-ethyl ester **9** 4562
      5-ethyl ester **9** 4563
      1-methyl ester **9** 4562
      5-methyl ester **9** 4562
—, 2,3-diphenyl- **9** 4558
      diethyl ester **9** 4558
—, 3,3-diphenyl- **9** 4563
      diethyl ester **9** 4564
      dimethyl ester **9** 4564
—, 2-[1-(ethoxycarbonyl)cyclohexyl]-,
      diethyl ester **9** 4762
—, 2-[1-(ethoxycarbonyl)cyclopentyl]-,
      diethyl ester **9** 4759
—, 2-[1-(ethoxycarbonyl)-
   3,3-dimethylcyclohexyl]-,
      diethyl ester **9** 4772
—, 2-{2-[2-(ethoxycarbonyl)ethyl]-
   2-methylcyclopentyl}-,
      diethyl ester **9** 4773
—, 2-[1-(ethoxycarbonyl)-
   2-methylcyclohexyl]-,
      diethyl ester **9** 4769
—, 2-[1-(ethoxycarbonyl)-
   3-methylcyclohexyl]-,
      diethyl ester **9** 4769
—, 2-[1-(ethoxycarbonyl)-
   4-methylcyclohexyl]-,
      diethyl ester **9** 4770
—, 2-[2-(ethoxycarbonyl)-
   5-methylcyclohexyl]-,
      diethyl ester **9** 4770
—, 2-[1-(ethoxycarbonyl)-
   2-methylcyclopentyl]-,
      diethyl ester **9** 4768
—, 2-[2-(ethoxycarbonyl)-
   2-methylcyclopentyl]-,
      diethyl ester **9** 4767
—, 3-ethyl-3-hydroxy-2,4-diphenyl-
   10 2371
—, 2-ethyl-3-phenyl- **9** 4334
      diethyl ester **9** 4334

—, 3-hydroxy-2,4-diphenyl-3-propyl-
   10 2378
—, 3-[2-hydroxy-2-(2-hydroxy-
   3,5-dimethylcyclohexyl)ethyl]-,
   bis(4-bromophenacyl) ester **10** 2413
—, 3-hydroxy-3-isobutyl-2,4-diphenyl-
   10 2382
—, 3-hydroxy-3-isopropyl-2,4-diphenyl-
   10 2378
—, 3-hydroxy-3-methyl-2,4-diphenyl-
   10 2360
—, 3-hydroxy-3-phenethyl-2,4-diphenyl-
   10 2403
—, 3-(*p*-hydroxyphenyl)- **10** 2226
      diethyl ester **10** 2226
—, 3-hydroxy-2,3,4-triphenyl- **10** 2402
—, 3-(3-iodo-4-methoxyphenyl)- **10** 2229
      diethyl ester **10** 2229
      dimethyl ester **10** 2229
      diphenacyl ester **10** 2229
—, 2-(4-methoxycinnamoyl)-3-oxo-,
      diethyl ester **10** 4812
—, 3-(*m*-methoxyphenyl)- **10** 2226
—, 3-(*o*-methoxyphenyl)- **10** 2226
—, 3-(*p*-methoxyphenyl)- **10** 2226
      diethyl ester **10** 2226
      diphenacyl ester **10** 2227
      ethyl ester **10** 2226
—, 3-(*o*-methoxyphenyl)-3-
   (*p*-methoxyphenyl)- **10** 2512
—, 3-(4-methoxy-*m*-tolyl)- **10** 2236
      diethyl ester **10** 2236
—, 3-(α-methylbenzyl)- **9** 4334
—, 2-methyl-2-phenacyl- **10** 3971
—, 2-methyl-3-phenyl- **9** 4318
—, 3-methyl-2-phenyl-,
      diethyl ester **9** 4315
—, 3-methyl-3-phenyl- **9** 4317
—, 2-methyl-2,4,4-triphenyl- **9** 4693
—, 3-(1-naphthyl)- **9** 4479
—, 3-(*m*-nitrophenyl)- **9** 4303
—, 3-(*p*-nitrophenyl)- **9** 4303
—, 2-phenyl- **9** 4298
      dimethyl ester **9** 4298
—, 3-phenyl- **9** 4302
      diethyl ester **9** 4303
—, 3-*m*-tolyl- **9** 4320
—, 2-(2,3,4-trimethoxy-
   α-methylbenzylidene)- **10** 2577
—, 2-(2,2,2-triphenylethyl)- **9** 4695
—, 3-(3,5-xylyl)- **9** 4338
Glutaronitrile,
—, 2-(2,3-dimethoxyphenyl)-2-
   (2-ethoxyethyl)- **10** 2565
—, 2-(2,3-dimethoxyphenyl)-2-ethyl-
   10 2463
—, 2,3-diphenyl- **9** 4560
—, 3-(*m*-hydroxyphenyl)-2,4-dioxo-
   10 4807

Glutaronitrile *(continued)*
—, 2-(*p*-methoxyphenyl)-3-phenyl-
  10 2356
—, 3-(*p*-methoxyphenyl)-2-phenyl-
  10 2357
—, 3-methyl-2-phenyl- **9** 4315
—, 3-oxo-2,4-diphenyl- **10** 4012
—, 2-phenyl- **9** 4299
—, 3-phenyl- **9** 4303
Glutaroyl chloride,
—, 3-phenyl- **9** 4303
Glutathione,
—, (4-nitrobenzoyl)- **9** 1738
Glyceraldehyde,
—, di-O-benzoyl- **9** 779
  semicarbazone **9** 780
Glyceramide,
—, 2,3-diphenyl- **10** 1966
Glyceric acid,
—, 3-(*o*-chlorophenyl)-2-cyano- **10** 2456
—, 2-cyano-3-phenyl- **10** 2456
—, di-O-benzoyl- **9** 863
—, 2,3-diphenyl- **10** 1965
  methyl ester **10** 1966
—, 3,3-diphenyl- **10** 1968
  ethyl ester **10** 1968
  methyl ester **10** 1968
—, 2-phenyl- **10** 1526
Glycinamidoxime,
—, N-benzohydroximoyl- see
  *Acetamide, 2-(benzohydroximoyl≈
  amino)-, oxime*
Glycine,
—, N-[α-(α-acetamidocinnamamido)≈
  cinnamoyl]- **10** 3012
—, N-(α-acetamidocinnamoyl)- **10** 3009
—, N-[N-(α-acetamidocinnamoyl)glycyl]-
  10 3010
—, N-(α-acetoxyphenethylidene)-,
  ethyl ester **9** 2251
—, N-(acetoxyphenylacetyl)-2-cyano-
  10 473
—, N-[α-(2-aminoacetamido)cinnamoyl]-
  10 3010
—, N-(α-benzamidocinnamoyl)- **10** 3010
  ethyl ester **10** 3010
—, (2-benzamido-3-methylcrotonoyl)-,
  ethyl ester **9** 1196
—, N-[N-(N-benzoylalanyl)glycyl]-
  9 1144
—, N-(N-benzoyl-β-aspartyl)- **9** 1189
—, N-[2-(benzoylimino)-3-methylbutyryl]-,
  ethyl ester **9** 1196
—, N-(N-benzoylleucyl)- **9** 1159
—, N-[N-(N-benzoylleucyl)glycyl]-
  9 1160
—, N-[N-(N-benzoylleucyl)leucyl]-
  9 1160

—, N-[α-(benzoyloxy)phenethylidene]-,
  ethyl ester **9** 2251
—, N-(benzoylthiocarbamoyl)- **9** 1120
  ethyl ester **9** 1120
—, N-(benzyloxycarbonyl)-,
  N'-benzoylhydrazide **9** 1322
—, N-[N⁶-(benzyloxycarbonyl)-
  N²-hippuroyllysyl]-,
  ethyl ester **9** 1137
—, N-[N²,N⁶-bis(4-bromobenzoyl)lysyl]-
  9 1419
—, N-(3-bromo-β-chloro-
  2,4,6,α-tetramethylcinnamoyl)-
  9 2839
—, N-(3-bromo-β-chloro-
  2,4,6-triethylcinnamoyl)- **9** 2879
—, N-(3-bromo-β-chloro-
  2,4,6-trimethylcinnamoyl)-
  9 2818
—, N-{N-[N-(2-bromo-3-phenylpropionyl)≈
  glycyl]glycyl}- **9** 2403
—, N-[α-(2-chloroacetamido)cinnamoyl]-
  10 3009
—, N-{N-[N-(4-chlorobenzoyl)alanyl]≈
  glycyl}- **9** 1364
—, N-[N-(2-chlorobenzoyl)leucyl]-
  9 1338
—, N-{N-[N-(4-chlorobenzoyl)leucyl]≈
  glycyl}- **9** 1365
—, N-(chlorophenylacetyl)-2-cyano-
  9 2269
—, N-cinnamoyl- **9** 2717, 2718
  benzyl ester **9** 2718
—, 2-cyano-N-(phenylacetyl)- **9** 2224
  benzyl ester **9** 2224
  ethyl ester **9** 2224
  hydrazide **9** 2225
  methyl ester **9** 2224
—, 2-cyano-N-(phenylthioacetyl)-,
  ethyl ester **9** 2297
—, N-(cyclohexylcarbonyl)- **9** 28
—, N-(2,2-dibenzamidopropionyl)-
  9 1192
—, N-(3,6-dihydroxycholan-24-oyl)-
  10 1634
  methyl ester **10** 1634
—, N-(3,7-dihydroxycholan-24-oyl)-
  10 1637
—, N-(3,12-dihydroxycholan-24-oyl)-
  10 1655
—, N-[(3,4-dimethoxyphenyl)acetyl]-
  10 1463
—, N-(3,5-dinitrohippuroyl)- **9** 1938
—, N-[N-(3,5-dinitrohippuroyl)glycyl]-
  9 1938
—, N-(3,12-dioxocholan-24-oyl)- **10** 3580
—, N-(9,10-dioxo-9,10-dihydro-
  1-anthroyl)- **10** 3634
  ethyl ester **10** 3634

Glycine *(continued)*

—, N-(diphenylacetyl)- **9** 3302
    ethyl ester **9** 3302
—, N-ethoxalyl-N-(phenylacetyl)-,
    methyl ester **9** 2214
—, N-(α-ethoxybenzylidene)-,
    ethyl ester **9** 1251
—, N-(α-ethoxycinnamylidene)-,
    ethyl ester **9** 2719
—, N-(α-ethoxyphenethylidene)-,
    ethyl ester **9** 2251
—, N-hippuroyl- **9** 1129
    benzyl ester **9** 1129
    ethyl ester **9** 1129
—, N-(N-hippuroylglycyl)- **9** 1130
—, N-[N-(N-hippuroylglycyl)-α-glutamyl]-,
    ethyl ester **9** 1131
—, N-[N-(N-hippuroylglycyl)glycyl]-
    9 1130
—, N-[N-(N-hippuroylglycyl)leucyl]-
    9 1130
—, hippuroylhexaglycyl- **9** 1130
—, N-(N-hippuroylleucyl)-
    9 1133, 1134
    methyl ester **9** 1134
—, N-(N²-hippuroyllysyl)-,
    ethyl ester **9** 1137
—, hippuroylpentaglycyl- **9** 1130
—, N-[2-(hydroxyimino)-
    3-phenylpropionyl]- **10** 3013
—, N-(3-hydroxy-7-oxocholan-24-oyl)-
    10 4317
—, N-(3-iodo-7,12-dioxocholan-24-oyl)-
    10 3583
—, N-(3-iodosalicyloyl)- **10** 187
—, N-(5-iodosalicyloyl)- **10** 188
—, N-(4-methoxy-α-methylcinnamoyl)-
    10 867
—, N-(2-methoxy-
    4,6,β-trimethylcinnamoyl)- **10** 892
—, N-(β-methylcinnamoyl)- **9** 2761
—, N-[(1-naphthyl)acetyl]- **9** 3208
—, N-{N-[N-(4-nitrobenzoyl)alanyl]⸗
    glycyl}- **9** 1730
—, N-{N-[N-(4-nitrobenzoyl)-γ-glutamyl]-
    cysteinyl}- **9** 1738
—, N-[N-(2-nitrobenzoyl)leucyl]- **9** 1479
—, N-[N-(4-nitrobenzoyl)leucyl]-
    9 1733
—, N-{N-[N-(4-nitrobenzoyl)leucyl]⸗
    glycyl}- **9** 1733
    methyl ester **9** 1733
—, (4-nitrobenzoyl)leucyltriglycyl-
    9 1733
—, (4-nitrobenzoyl)trileucylglycyl-
    9 1735
—, N-(4-nitrohippuroyl)- **9** 1727
    hydrazide **9** 1729
    methyl ester **9** 1727

—, (4-nitrohippuroyl)diglycyl- **9** 1727
—, N-[N-(4-nitrohippuroyl)glycyl]-
    9 1727
—, N-(N-{N-[N-(4-nitrohippuroyl)glycyl]⸗
    leucyl}glycyl)- **9** 1728
    methyl ester **9** 1729
—, N-[N-(4-nitrohippuroyl)leucyl]-
    9 1730
—, N-{N-[N-(4-nitrohippuroyl)leucyl]⸗
    glycyl}- **9** 1730
—, (4-nitrohippuroyl)triglycyl- **9** 1727
—, N-nitroso-N-(phenylacetyl)-,
    ethyl ester **9** 2250
—, N-(phenylacetyl)- **9** 2209
    benzylidenehydrazide **9** 2213
    butyl ester **9** 2209
    ethyl ester **9** 2209
    hydrazide **9** 2213
    isopropylidenehydrazide **9** 2213
    methyl ester **9** 2209
—, N-[N-(phenylacetyl)glycyl]- **9** 2210
—, N-(phenylacetyl)-2-thiocarbamoyl-,
    ethyl ester **9** 2225
—, N-(5-phenylpenta-2,4-dienoyl)-
    9 3072
—, N-(3-phenylpropionyl)- **9** 2394
—, N-(phenylpyruvoyl)- **10** 3007
—, N,N'-(phenylsuccinyl)di-,
    bis(benzylidenehydrazide) **9** 4280
    diethyl ester **9** 4279
    dihydrazide **9** 4279
—, N-(phenylthioacetyl)- **9** 2295
    ethyl ester **9** 2295
—, N-(3,7,12-trihydroxycholan-24-oyl)-
    10 2176
—, N-(3,7,12-trioxocholan-24-oyl)-
    10 3991

Glycocholic acid 10 2176
Glycodehydrocholic acid 10 3991
Glycodehydrodeoxycholic acid 10 3580
Glycodeoxycholic acid 10 1655
Glycohyodeoxycholic acid 10 1634
Glycolamide,
—, 2-(2-methyl-4-phenylcyclohex-3-en-
    1-yl)- **10** 1002
—, 2-(2-methyl-4-p-tolylcyclohex-3-en-
    1-yl)- **10** 1006
—, 2-[2-methyl-4-(2,4-xylyl)cyclohex-
    3-en-1-yl]- **10** 1008
Glycolic acid,
—, 2-(benz[a]anthracen-7-yl)- **10** 1335
—, 2-(biphenyl-4-yl)-2-cyclohexyl-
    10 1293
—, 2-(1-carboxycyclopentyl)- **10** 2031
—, 2-(1-carboxycylohexyl)- **10** 2032
—, 2-(3-carboxy-2,2-dimethylcyclobutyl)-
    10 2035
—, 2-(2-carboxyhexahydroindan-2-yl)-
    10 2054

Glycolic acid *(continued)*
—, 2-(2-carboxy-2-hydroxy-6-methyl-
  4-oxocyclohexyl)-,
    methyl ester **10** 4798
—, 2-(1-carboxy-4-methylcyclohexyl)-
  10 2036
—, 2-(3-carboxy-
  1,2,2-trimethylcyclopentyl)-
  10 2042
—, O-cinnamoyl- **9** 2704
    13-(cyclopent-2-en-1-yl)tridecyl
    ester **9** 2704
    11-(cyclopent-2-en-1-yl)undecyl
    ester **9** 2704
—, 2-(cyclohex-1-en-1-yl)- **10** 55
—, 2-cyclohexyl- **10** 25
—, 2-cyclohexyl-2-phenyl- **10** 910
    2-(diethylamino)ethyl ester **10** 911
    ethyl ester **10** 910
—, 2,2-dicyclohexyl- **10** 75
    2-(diethylamino)ethyl ester **10** 76
    ethyl ester **10** 76
—, 2-(6,6-dimethylcyclohex-1-en-1-yl)-
  10 56
—, 2,2-di(1-naphthyl)- **10** 1342
    2-(diethylamino)ethyl ester **10** 1343
—, 2,2-di(2-naphthyl)- **10** 1343
    2-(diethylamino)ethyl ester **10** 1343
—, 2-(hydroxyamino)-2-(2-oxo-3-bornyl)-
  10 3532
—, 2-(1-hydroxy-1,2,3,4-tetrahydro-
  2-naphthyl)- **10** 1866
—, 2-(3-isopropylindan-1-yl)-,
    ethyl ester **10** 918
—, 2-(2-methyl-4-phenylcyclohex-3-en-
  1-yl)- **10** 1002
—, 2-(2-methyl-4-phenylcyclohexyl)-
  10 920
—, 2-(2-methyl-4-p-tolylcyclohex-3-en-
  1-yl)- **10** 1005
—, 2-(2-methyl-4-p-tolylcyclohexyl)-
  10 924
—, 2-[2-methyl-4-(2,4-xylyl)cyclohex-
  3-en-1-yl]- **10** 1007
—, 2-[2-methyl-4-(2,4-xylyl)cyclohexyl]-
  10 926
—, 2-(1-naphthyl)- **10** 1103
    butyl ester **10** 1104
    ethyl ester **10** 1104
    isobutyl ester **10** 1104
    p-menth-3-yl ester **10** 1105
—, 2-(2-naphthyl)- **10** 1107
—, 2-(1-naphthyl)-2-phenyl- **10** 1315
    3-(diethylamino)propyl ester **10** 1316
—, 2-(2-naphthyl)-2-phenyl- **10** 1316
—, 2-(9-phenanthryl)- **10** 1306
Glycolonitrile,
—, 2-cyclohexyl- **10** 26
—, 2-(2-methoxy-1-naphthyl)- **10** 1940

Glycoursodeoxycholic acid 10 1637
Glycyrrhetinic acid 10 4392
Glyoxal
    bis(O-benzoyloxime) **9** 1284
    bis(3-nitrobenzoyl)hydrazone
    9 1531
    bis(3,7,12-trihydroxycholan-
    24-oylhydrazone) **10** 2181
Glyoxalonitrile,
—, p-phenylenedi- **10** 4063
Glyoxylamide,
—, (p-methoxyphenyl)- **10** 4205
Glyoxylic acid
see also *Acetic acid, hydroxy-*
—, (benz[a]anthracen-7-yl)- **10** 3470
—, (o-benzhydrylphenyl)- **10** 3459
    ethyl ester **10** 3459
    methyl ester **10** 3459
—, (3-benzoylcyclohex-2-en-1-yl)-,
    ethyl ester **10** 3610
—, (9-benzylfluoren-9-yl)-,
    methyl ester **10** 3475
—, (3-benzyl-1-oxo-1,2,3,4-tetrahydro-
  2-naphthyl)-,
    methyl ester **10** 3659
—, [o-(benzylthio)phenyl]- **10** 4203
—, [6-(benzylthio)-m-tolyl]- **10** 4229
—, (3,3'-biindenyl-1,1'-diyl)di-,
    diethyl ester **10** 4094
—, (biphenyl-4-yl)- **10** 3306
    ethyl ester **10** 3307
    methyl ester **10** 3307
—, (5-bromo-2,4-dimethoxyphenyl)-
  10 4508
—, (9-bromofluoren-9-yl)-,
    ethyl ester **10** 3377
    methyl ester **10** 3377
—, (o-bromophenyl)- **10** 2985
—, (p-bromophenyl)- **10** 2985
—, {o-[5-(p-bromophenyl)-
  2-hydroxyvaleryl]phenyl}- **10** 4694
—, (5-butyl-2,4-dihydroxyphenyl)-
  10 4562
—, (3-carboxycyclohex-2-en-1-yl)-
  10 3925
—, (1-carboxycyclohexyl)- **10** 3894
—, (1-carboxycyclopentyl)- **10** 3892
—, (2-carboxy-3,4-dimethoxyphenyl)-
  10 4801
—, (2-carboxy-4,5-dimethoxyphenyl)-
  10 4802
—, [o-(2-carboxyethyl)phenyl]-
  10 3965
—, (6-carboxy-6-hydroxy-2-methyl-
  4-oxocyclohex-2-en-1-yl)-,
    methyl ester **10** 4800
—, [4-(5-carboxy-2-methoxyphenoxy)-
  5-methoxy-o-tolyl]- **10** 4532
—, [o-(carboxymethoxy)phenyl]- **10** 4203

Glyoxylic acid *(continued)*
—, (2-carboxy-4-methoxyphenyl)-
  10 4739
—, [2-(carboxymethylthio)-5-chloro-
  m-tolyl]- 10 4228
—, [6-(carboxymethylthio)-4-chloro-
  o-tolyl]- 10 4226
—, [2-(carboxymethylthio)-
  4-ethoxyphenyl]- 10 4508
—, [2-(carboxymethylthio)-1-naphthyl]-
  10 4404
—, [3-(carboxymethylthio)-2-naphthyl]-
  10 4405
—, (3-carboxy-1,2,2-trimethylcyclopentyl)-
  10 3919
—, [*o*-(2-chloro-5-cyclohexylvaleryl)-
  phenyl]- 10 4386
—, [*o*-(2-chloro-5-methylhexanoyl)-
  phenyl]- 10 4356
—, (*p*-chlorophenyl)- 10 2985
—, [*o*-(2-chloropropionyl)phenyl]-
  10 3554
—, (3-cinnamoylcyclohex-2-en-1-yl)-,
  ethyl ester 10 3621
—, (3-cyanocyclohex-2-en-1-yl)-
  10 3926
  ethyl ester 10 3926
—, [3-cyano-4-(2-ethoxyethyl)-
  4-methylcyclohex-2-en-1-yl]-,
  ethyl ester 10 4715
—, (3-cyano-4-methylcyclohex-2-en-1-yl)-,
  ethyl ester 10 3928
—, cyclohexyl- 10 2822
  ethyl ester 10 2822
  hydrazide 10 2822
—, [*o*-(2-cyclohexylglycoloyl)phenyl]-
  10 4637
—, [*o*-(6-cyclohexyl-2-hydroxyhexanoyl)-
  phenyl]- 10 4638
—, [*o*-(5-cyclohexyl-2-hydroxyvaleryl)-
  phenyl]- 10 4638
  methyl ester 10 4638
—, (*p*-cyclohexylphenyl)- 10 3191
  ethyl ester 10 3191
—, cyclopropyl- 10 2807
—, [4,6-diacetoxy-2-(1-methylacetonyl)-
  m-tolyl]- 10 4744
—, (2,7-dibromofluoren-9-yl)-,
  ethyl ester 10 3378
—, (3,4-diethoxyphenyl)-,
  ethyl ester 10 4510
—, (2,4-dihydroxy-5-nonylphenyl)-
  10 4571
—, (2,4-dihydroxy-5-octylphenyl)-
  10 4570
—, (2,4-dihydroxyphenyl)- 10 4508
  ethyl ester 10 4508
—, (4,6-dihydroxy-*m*-tolyl)- 10 4534
—, (2,4-diisopropylphenyl)- 10 3107

—, (5,6-dimethoxy-1-oxoindan-2-yl)-
  10 4751
  ethyl ester 10 4751
—, (2,6-dimethoxyphenyl)- 10 4509
—, (3,4-dimethoxyphenyl)- 10 4509
  ethyl ester 10 4510
—, [3-(2,3-dimethoxyphenyl)norborn-
  5-en-2-yl]-,
  methyl ester 10 4657
—, (4,6-dimethoxy-*o*-tolyl)- 10 4532
  methyl ester 10 4532
—, (3,3-dimethyl-2-oxocyclohexyl)-
  10 3520
—, (3,3-dimethyl-2-oxocyclopentyl)-
  10 3519
  ethyl ester 10 3520
—, (9,10-diphenyl-2-anthryl)- 10 3507
  ethyl ester 10 3507
—, [dithiobis(4-ethoxy-*o*-phenylene)]di-
  10 4508
  diethyl ester 10 4509
  dimethyl ester 10 4509
—, [dithiobis(5-methyl-*o*-phenylene)]di-,
  diethyl ester 10 4229
—, [dithiodi(1,2-naphthylene)]di-,
  diethyl ester 10 4404
—, [dithiodi(2,1-naphthylene)]di-,
  diethyl ester 10 4404
—, [dithiodi(3,2-naphthylene)]di-,
  dimethyl ester 10 4405
—, (dithiodi-*o*-phenylene)di-,
  diethyl ester 10 4204
  dimethyl ester 10 4204
  dipropyl ester 10 4204
—, (5-dodecyl-2,4-dihydroxyphenyl)-
  10 4571
—, [3-(ethoxycarbonyl)cyclohex-2-en-
  1-yl]- 10 3925
  ethyl ester 10 3926
—, (4-ethoxy-2-mercaptophenyl)-,
  ethyl ester 10 4509
—, [4-ethoxy-2-(methylthio)phenyl]-
  10 4508
—, (*p*-ethoxyphenyl)- 10 4204
—, (5-ethyl-2,4-dihydroxyphenyl)-
  10 4551
—, (5-ethyl-4,6-dihydroxy-*m*-tolyl)-
  10 4559
—, (7-ethyl-1-oxo-1,2,3,4-tetrahydro-
  2-naphthyl)-,
  methyl ester 10 3594
—, (9-ethyl-1-oxo-1,2,3,4-tetrahydro-
  2-phenanthryl)-,
  methyl ester 10 3630
—, (*p*-ethylphenyl)-,
  ethyl ester 10 3057
—, (fluoren-9-yl)- 10 3376
  ethyl ester 10 3377
  methyl ester 10 3377

Glyoxylic acid *(continued)*

—, (5-hexyl-2,4-dihydroxyphenyl)-
10 4568
—, [o-(2-hydroxy-5,9-dimethyldecanoyl)=
phenyl]- 10 4612
—, [o-(1-hydroxyethyl)phenyl]- 10 4242
—, [5-hydroxy-6-(methoxycarbonyl)-
2-methyl-4-oxocyclohex-2-en-1-yl]-,
methyl ester 10 4800
—, (4-hydroxy-3-methoxyphenyl)-
10 4509
—, [o-(2-hydroxy-5-methylhexanoyl)=
phenyl]- 10 4611
methyl ester 10 4611
—, [o-(2-hydroxy-5-methylhex-4-enoyl)=
phenyl]- 10 4635
methyl ester 10 4636
—, {o-[2-hydroxy-5-(p-phenoxyphenyl)=
valeryl]phenyl}- 10 4785
—, (o-hydroxyphenyl)- 10 4203
—, (inden-1-yl)-,
ethyl ester 10 3231
—, (inden-3-yl)-,
ethyl ester 10 3231
—, (1-isopropylinden-3-yl)-,
ethyl ester 10 3235
—, (3-isopropylinden-1-yl)-,
ethyl ester 10 3235
—, (7-isopropyl-4-methyl-1-oxoindan-
2-yl)- 10 3596
ethyl ester 10 3596
—, (o-lactoylphenyl)- 10 4605
ethyl ester 10 4606
methyl ester 10 4605
—, (o-mercaptophenyl)- 10 4203
—, mesityl- 10 3076
—, [o-(methoxycarbonylmethoxy)phenyl]-,
methyl ester 10 4203
—, [3-(methoxycarbonyl)-
2-oxocyclopentyl]-,
methyl ester 10 4047
—, (8-methoxy-5,7-dimethyl-1-oxo-
1,2,3,4-tetrahydro-2-naphthyl)-,
ethyl ester 10 4634
—, [6-methoxy-2-(p-methoxyphenyl)-
3-propylinden-1-yl]-,
ethyl ester 10 4702
—, (6-methoxy-5-methyl-1-oxo-
1,2,3,4-tetrahydro-2-naphthyl)-,
methyl ester 10 4633
—, (5-methoxy-2-oxocyclohexyl)-,
ethyl ester 10 4504
—, (7-methoxy-3-oxo-2,3-dihydro-
1H-cyclopenta[a]naphthalene-2-yl)-,
methyl ester 10 4689
—, (7-methoxy-1-oxo-
1,2,3,4,9,10-hexahydro-
2-phenanthryl)-,
ethyl ester 10 4679

—, (7-methoxy-1-oxo-1,2,3,4,4a,9,10,=
10a-octahydro-2-phenanthryl)-,
ethyl ester 10 4659
—, (9-methoxy-1-oxo-
1,2,3,4,5,6,7,8-octahydro-
2-phenanthryl)-,
methyl ester 10 4658
—, (5-methoxy-1-oxo-1,2,3,4-tetrahydro-
2-naphthyl)-,
methyl ester 10 4631
—, (6-methoxy-1-oxo-1,2,3,4-tetrahydro-
2-naphthyl)-,
methyl ester 10 4631
—, (7-methoxy-1-oxo-1,2,3,4-tetrahydro-
2-naphthyl)-,
methyl ester 10 4631
—, (6-methoxy-1-oxo-1,2,3,4-tetrahydro-
2-phenanthryl)-,
methyl ester 10 4690
—, (7-methoxy-1-oxo-1,2,3,4-tetrahydro-
2-phenanthryl)-,
methyl ester 10 4690
—, (9-methoxy-1-oxo-1,2,3,4-tetrahydro-
2-phenanthryl)-,
methyl ester 10 4690
—, (p-methoxyphenyl)- 10 4204
ethyl ester 10 4204
p-menth-3-yl ester 10 4205
—, (4-methoxy-m-tolyl)-,
ethyl ester 10 4228
—, (6-methoxy-m-tolyl)-,
ethyl ester 10 4229
—, (1-methylcyclopentyl)- 10 2829
semicarbazone 10 2829
—, (1-methyl-2,4-dioxocyclohexyl)-,
ethyl ester 10 3925
—, (3-methyl-2-oxocyclohexyl)- 10 3519
—, (4-methyl-2-oxocyclopentyl)-,
ethyl ester 10 3518
—, (4b-methyl-1-oxo-1,2,3,4,4b,5,6,7,8,=
8a,9,10-dodecahydro-2-phenanthryl)-,
methyl ester 10 3560
—, (3-methyl-2-oxo-3-phenylcyclohexyl)-,
methyl ester 10 3595
—, (1-methyl-8-oxo-
8,9,10,11-tetrahydrobenz[a]=
anthracen-9-yl)-,
methyl ester 10 3668
—, (11-methyl-8-oxo-
8,9,10,11-tetrahydrobenz[a]=
anthracen-9-yl)-,
methyl ester 10 3668
—, (13-methyl-16-oxo-
12,13,16,17-tetrahydro-
11H-cyclopenta[a]phenanthren-
17-yl)-, methyl ester 10 3666
—, (9-methyl-1-oxo-1,2,3,4-tetrahydro-
2-phenanthryl)-,
methyl ester 10 3628

Glyoxylic acid (*continued*)
—, (3-methyl-2,4,5-trioxocyclopentyl)-,
    ethyl ester **10** 4053
—, (1-naphthyl)- **10** 3264
    2-bornyl ester **10** 3265
    ethyl ester **10** 3264
    p-menth-3-yl ester **10** 3264
—, (2-naphthyl)- **10** 3265
    ethyl ester **10** 3265
—, {*o*-[2-(2-naphthyl)glycoloyl]phenyl}-
    10 4707
—, (*m*-nitrophenyl)- **10** 2986
—, (*p*-nitrophenyl)- **10** 2986
—, (4-oxobicyclohexyl-3-yl)- **10** 3533
    methyl ester **10** 3534
—, (2-oxo-3-bornyl)- **10** 3531
—, (3-oxocholest-4-en-2-yl)- **10** 3605
—, (2-oxocyclohexyl)- **10** 3517
    ethyl ester **10** 3518
—, (2-oxocyclopentane-1,3-diyl)di-,
    dimethyl ester **10** 4113
—, (2-oxocyclopentyl)-,
    ethyl ester **10** 3516
—, (3-oxodecahydro-2-naphthyl)-,
    ethyl ester **10** 3531
—, (11-oxo-5,6,8,9,10,11-hexahydrobenz=
    [*a*]anthracen-10-yl)-,
    methyl ester **10** 3665
—, (11-oxo-12,13,14,15,16,17-hexahydro-
    11*H*-cyclopenta[*a*]phenanthren-
    12-yl)-,
    methyl ester **10** 3660
—, (1-oxo-1,2,3,4,5,6,7,8-octahydro-
    2-anthryl)- **10** 3611
    methyl ester **10** 3611
—, (1-oxo-1,2,3,4,5,6,7,8-octahydro-
    2-phenanthryl)-,
    methyl ester **10** 3611
—, (8-oxo-8,9,10,11-tetrahydrobenz[*a*]=
    anthracen-9-yl)-,
    methyl ester **10** 3667
—, (7-oxo-7,8,9,10-tetrahydrobenzo[*def*]=
    chrysen-8-yl)-,
    methyl ester **10** 3676
—, (1-oxo-1,2,3,4-tetrahydrochrysen-
    2-yl)-,
    methyl ester **10** 3667
—, (4-oxo-1,2,3,4-tetrahydrochrysen-
    3-yl)-, methyl ester **10** 3667
—, (1-oxo-1,2,3,4-tetrahydro-
    2-naphthyl)- **10** 3591
    ethyl ester **10** 3591
    methyl ester **10** 3591
—, (2-oxo-1,2,3,4-tetrahydro-
    1-naphthyl)- **10** 3590
—, (1-oxo-1,2,3,4-tetrahydro-
    2-phenanthryl)-,
    ethyl ester **10** 3627
    methyl ester **10** 3626

—, (4-oxo-1,2,3,4-tetrahydro-
    3-phenanthryl)-,
    ethyl ester **10** 3627
    methyl ester **10** 3627
—, phenyl- **10** 2972
    bornyl ester **10** 2975
    ethyl ester **10** 2974
    isopropyl ester **10** 2974
    p-menth-3-yl ester **10** 2975
    methyl ester **10** 2973
    1-methylheptyl ester **10** 2974, 2975
—, (*o*-propionylphenyl)- **10** 3554
—, (*p*-propylphenyl)-,
    ethyl ester **10** 3073
—, (*o*-pyruvoylphenyl)- **10** 3977
—, (2,3,4,6-tetramethoxyphenyl)-
    10 4798
—, *o*-tolyl-,
    ethyl ester **10** 3028
    bornyl ester **10** 3032
—, *p*-tolyl- **10** 3031
    p-menth-3-yl ester **10** 3032
—, [*p*-(*p*-tolyloxy)phenyl]-,
    methyl ester **10** 4204
—, (2,4,6-triisopropyl-3-nitrophenyl)-
    10 3114
—, (2,4,6-triisopropylphenyl)- **10** 3114
—, (2,3,4-trimethoxyphenyl)- **10** 4717
—, (2,4,5-trimethoxyphenyl)- **10** 4717
—, (1,3,3-trimethyl-2-oxocyclopentyl)-,
    ethyl ester **10** 3521
—, (4,6,7-trimethyl-1-oxo-
    1,2,3,4-tetrahydro-2-naphthyl)-,
    methyl ester **10** 3596
—, [2,4,5-trioxo-3-(2-phenoxyethyl)=
    cyclopentyl]-
    ethyl ester **10** 4799
Glyoxylohydroximoyl bromide,
—, phenyl- **10** 2980
Glyoxylohydroximoyl chloride,
—, (biphenyl-4-yl)- **10** 3307
—, 2-(*p*-chlorophenyl)- **10** 2985
—, (3,4-dihydroxyphenyl)- **10** 4510
—, (*p*-hydroxyphenyl)- **10** 4205
—, (*p*-methoxyphenyl)- **10** 4206
—, phenyl- **10** 2979
—, 2-*p*-tolyl- **10** 3033
Glyoxylonitrile,
—, (*p*-cyclohexylphenyl)- **10** 3191
—, (3,4-dimethoxyphenyl)- **10** 4510
—, (4-hydroxy-1-naphthyl)- **10** 4404
—, (*p*-methoxyphenyl)- **10** 4205
—, (1-naphthyl)- **10** 3265
—, (2-naphthyl)- **10** 3265
—, phenyl- **10** 2976
—, *o*-tolyl- **10** 3028
Glyoxyloyl chloride,
—, [*o*-(benzylthio)phenyl]- **10** 4204
—, phenyl- **10** 2975

Gona-1,3,5(10),13-tetraene,
—, 3-(benzoyloxy)-17-methyl- **9** 513
Gorlic acid 9 349
Gossylic acid,
—, hexa-O-methyl-,
　dimethyl ester **10** 2637
—, tetra-O-methyl- **10** 2636
Gossypolic acid 10 4854
Gossypolonic acid,
—, tetra-O-methyl- **10** 4873
Gratiolone 10 1059
Guaiol,
—, O-(3,5-dinitrobenzoyl)- **9** 1844
—, O-(3,5-dinitrobenzoyl)dihydro-
　9 1838
Guanidine,
—, benzoyl- **9** 1118
—, N-benzoyl-N′-cyano- **9** 1119
—, N,N′-bis(3,5-dinitrobenzoyl)-
　9 1937
—, carbamoyl- see under *Urea*
—, [2-cyano-2-(cyclohex-1-en-1-yl)-
　butyryl]- **9** 3995
—, (cyanocyclohexylideneacetyl)-
　9 3957
—, N-cyano-N′-(4-hydroxybenzoyl)-
　10 340
—, N-cyano-N′-(3-nitrobenzoyl)-
　9 1516
—, N-cyano-N′-(4-nitrobenzoyl)-
　9 1726
—, N,N′-dibenzoyl- **9** 1118
—, N,N′-dibenzoyl-N″-ethyl- **9** 1118
—, N′,N″-dibenzoyl-N-(2-hydroxyethyl)-
　N-methyl- **9** 1118
—, [4-(4-hydroxy-
　3,5-dimethoxybenzoyloxy)butyl]-
　10 2089
—, (phenylacetyl)- **9** 2208
—, N,N‴-(thiodiethylene)bis(N′,N″-
　dibenzoyl- **9** 1118
Gulitol,
—, O³,O⁴,O⁵,O⁶-tetraacetyl-
　1,2-dibenzoyl- **9** 708
Gypsogenin 10 4402
Gypsogeninic acid 10 2311
Gyrophoric acid 10 1496

H

Haliclonastanol,
—, O-benzoyl- **9** 452
—, O-(3,5-dinitrobenzoyl)- **9** 1859
Haliclonasterol,
—, O-benzoyl- **9** 467
—, O-(3,5-dinitrobenzoyl)- **9** 1867
Hazeic acid 10 2582
Hederabetulin 10 1923, footnote 2
—, di-O-benzoyl- **9** 608

Hederadiol,
—, di-O-benzoyl- **9** 609
Hederagenin 10 1923
—, isoketodiacetyl- **10** 4648
—, keto- **10** 4650
—, keto-dihydro- **10** 4629
Hederagonic acid
　methyl ester **10** 4399
Hedraganic acid 9 3128
Hedragenin 10 1034
Hedragenonedioic acid
　dimethyl ester **10** 3997
—, ketodihydro-,
　dimethyl ester **10** 4068
Hedragentrioic acid 9 4828
Hedragonic acid 10 3252
—, keto- **10** 3613
Hedratrioic acid 9 4825
—, keto- **10** 4135
Helianthrene,
—, bis(benzoyloxy)- **9** 662
Helminthosporic acid 10 4830
Helvolic acid 10 4777
Hematommic acid 10 4536
Hemellitic acid 9 2434
Hemimellitic acid 9 4791
Hemipic acid 10 2427
Hepta-2,5-dienedioic acid,
—, 3-methyl-5-styryl-,
　7-methyl ester **9** 4483
Hepta-3,5-dienenitrile,
—, 2-(benzoyloxy)- **9** 863
Hepta-2,4-dienoic acid,
—, 3-methoxy-7-phenyl- **10** 995
Hepta-2,6-dienoic acid,
—, 2-cyano-3-phenyl-,
　ethyl ester **9** 4444
—, 5-hydroxy-5-methyl-7-
　(2,6,6-trimethylcyclohex-2-en-1-yl)-,
　methyl ester **10** 661
Hepta-4,6-dienoic acid,
—, 2-acetyl-3-oxo-7-phenyl-,
　ethyl ester **10** 3610
　methyl ester **10** 3609
—, 2-[3-methoxy-4-(methoxycarbonyloxy)-
　cinnamoyl]-3-oxo-7-phenyl-,
　methyl ester **10** 4794
—, 3-oxo-7-phenyl-,
　ethyl ester **10** 3233
　methyl ester **10** 3233
—, 3-oxo-7-phenyl-2-(5-phenylpenta-
　2,4-dienoyl)-,
　ethyl ester **10** 3673
Hepta-2,4-dien-6-ynoic acid,
—, 7-(cyclohex-1-en-1-yl)-3-methyl-
　9 3090
—, 7-(cyclohex-1-en-1-yl)-5-methyl- **9** 3090
Heptalene-x-carboxylic acid,
—, 1,2,3,4,5,6-hexahydro- **9** 2855

Heptanamide,
—, 6,6-dimethyl-5-oxo-3-phenyl-
   10 3109
—, 2-ethyl-7-phenyl- 9 2610
—, 7-(3-hydroxy-1,4-dioxo-1,4-dihydro-
   2-naphthyl)- 10 4659
—, 7-phenyl- 9 2565
Heptane,
—, 4-(benzoyloxy)- 9 399
—, 3-(benzoyloxy)-1-(dimethylamino)-
   2,2-dimethyl- 9 890
—, 1-(benzoyloxy)-2-[(dimethylamino)-
   methyl]-2-methyl- 9 890
—, 2,4-bis(benzoyloxy)- 9 541
—, 2,2-bis[p-(benzoyloxy)phenyl]-
   9 631
—, 4,4-bis[p-(benzoyloxy)phenyl]-
   9 631
—, 1,1-bis[5-bromo-4-
   (4-nitrobenzoyloxy)-m-tolyl]-
   9 1651
—, 2,4-bis(4-nitrobenzoyloxy)- 9 1630
—, 1-chloro-2-(3,5-dinitrobenzoyloxy)-
   9 1788
—, 1,7-dibenzamido-3,5-bis-
   (benzamidomethyl)- 9 1224
—, 1-(dimethylamino)-2,2-dimethyl-3-
   (4-nitrobenzoyloxy)- 9 1705
—, 2-(3,5-dinitrobenzoyloxy)-6-methyl-
   9 1792
—, 3-(3,5-dinitrobenzoyloxy)-2-methyl-
   9 1791
—, 3-(3,5-dinitrobenzoyloxy)-4-methyl-
   9 1792
—, 3-(3,5-dinitrobenzoyloxy)-5-methyl-
   9 1792
—, 4-(3,5-dinitrobenzoyloxy)-2-methyl-
   9 1791
—, 4-(3,5-dinitrobenzoyloxy)-3-methyl-
   9 1792
—, 3-(3,5-dinitrobenzoyloxy)-
   2,2,6,6-tetramethyl- 9 1795
—, 4-(3,5-dinitrobenzoyloxy)-
   2,2,6,6-tetramethyl- 9 1795
—, 3-(3,5-dinitrobenzoyloxy)-
   2,2,6,6-tetramethyl-4-neopentyl-
   9 1797
—, 1,2,3,4,5,6,7-heptakis(benzoyloxy)-
   9 715
Heptanediamide,
—, 4-phenyl- 9 4333
Heptanedinitrile,
—, 4-acetyl-4-benzoyl- 10 4067
—, 4-acetyl-4-phenyl- 10 3973
—, 4-(p-anisoyl)-4-(2-cyanoethyl)-
   10 4848
—, 4-benzoyl-4-(2-cyanoethyl)- 10 4131
—, 4-benzoyl-4-methyl- 10 3972
—, 4-benzoyl-4-phenyl- 10 4017

—, 4-(biphenyl-4-ylcarbonyl)-4-
   (2-cyanoethyl)- 10 4142
—, 4-(4-bromobenzoyl)-4-(2-cyanoethyl)-
   10 4131
—, 4-(p-bromophenyl)-4-nitro- 9 4333
—, 4-(2-cyanoethyl)-4-(4-chlorobenzoyl)-
   10 4131
—, 4-(2-cyanoethyl)-4-(2-naphthoyl)-
   10 4139
—, 4-(2-cyanoethyl)-4-p-toluoyl-
   10 4132
—, 4-(2-cyanoethyl)-4-
   (2,4,6-trimethylbenzoyl)- 10 4132
—, 2-(2,3-dimethoxyphenyl)- 10 2463
—, 2-(2,3-dimethoxyphenyl)-2-
   (ethoxyethyl)- 10 2566
—, 4-phenyl- 9 4333
—, 4-phenyl-4-(phenylsulfonyl)-
   10 2239
Heptanedioic acid,
—, 2-[2-(acenaphthen-3-yl)ethyl]-
   9 4585
—, 4-acetyl-4-phenyl- 10 3972
—, 4-(p-anisoyl)-4-(2-carboxyethyl)-
   10 4848
—, 2-benzamido- 9 1191
—, 4-benzoyl-4-(2-carboxyethyl)-
   10 4131
—, 4-benzoyl-4-methyl- 10 3972
—, 4-benzoyl-2-methyl-3,5-diphenyl-,
   diethyl ester 10 4033
—, 4-benzoyl-4-phenyl- 10 4017
—, 2-benzyl- 9 4340
—, 4-(biphenyl-4-ylcarbonyl)-4-
   (2-carboxyethyl)- 10 4141
—, 4-(4-bromobenzoyl)-4-
   (2-carboxyethyl)- 10 4131
—, 4-carbamoyl-4-(1-naphthyl)- 9 4836
—, 4-carbamoyl-4-phenyl- 9 4812
—, 2-(1-carboxycyclohexyl)- 9 4772
—, 4-(2-carboxyethyl)-4-
   (4-chlorobenzoyl)- 10 4131
—, 4-(2-carboxyethyl)-4-(2-naphthoyl)-
   10 4139
—, 4-(2-carboxyethyl)-4-p-toluoyl-
   10 4132
—, 3-(carboxymethyl)-5-phenyl- 9 4815
—, 2-cyano-2-(1-cyanocyclohexyl)-,
   diethyl ester 9 4856
—, 4-cyano-4-(2,3-dimethoxyphenyl)-
   10 2604
—, 2-cyano-3-phenyl-,
   diethyl ester 9 4811
—, 4-cyano-4-phenyl-,
   diethyl ester 9 4813
—, 2-[1-(ethoxycarbonyl)cyclohexyl]-,
   diethyl ester 9 4772
—, 2-[2-(ethoxycarbonyl)cyclohexyl]-,
   diethyl ester 9 4772

Heptanedioic acid *(continued)*
—, 2-ethyl-6-phenyl- **9** 4348
—, 4-(2-hydroxy-6-oxo-
3-phenyltetrahydro-2*H*-pyran-2-yl)-
4-phenyl- **10** 4142
—, 3-(methoxycarbonylmethyl)-
5-phenyl-,
dimethyl ester **9** 4816
—, 2-(3-methoxyphenethyl)-3-oxo-,
diethyl ester **10** 4745
—, 3-(*p*-methoxyphenyl)- **10** 2238
diethyl ester **10** 2238
—, 2-[2-(9-phenanthryl)ethyl]- **9** 4669
—, 2-phenethyl- **9** 4347
diethyl ester **9** 4348
—, 2-phenyl- **9** 4330
—, 4-phenyl- **9** 4333
Heptanenitrile,
—, 6,6-dimethyl-2-(*p*-nitrophenyl)-
5-oxo-3-phenyl- **10** 3364
—, 6,6-dimethyl-5-oxo-2,3-diphenyl-
10 3363
—, 6,6-dimethyl-5-oxo-2-phenyl-3-
p-tolyl- **10** 3366
—, 2-(*p*-methoxyphenyl)-3-oxo- **10** 4270
—, 6-methyl-5-oxo-4-phenyl- **10** 3105
—, 2-phenyl- **9** 2566
Heptane-1,3,5,7-tetracarboxylic acid,
—, 2,6-dioxo-4-phenyl-,
tetramethyl ester **10** 4173
Heptane-2,2,6,6-tetracarboxylic acid,
—, 1,7-diphenyl-,
tetraethyl ester **9** 4895
Heptane-1,5,5-tricarboxylic acid,
—, 7-(*m*-methoxyphenyl)-4-oxo-,
triethyl ester **10** 4848
Heptanoic acid,
—, 2-benzamido- **9** 1162
—, 4-benzamido- **9** 1162
—, 6-benzamido- **9** 1162
methyl ester **9** 1162
—, 7-benzamido- **9** 1163
—, 4-(2-benzamidoethyl)-,
ethyl ester **9** 1165
—, 6-benzyl-3,3-dimethyl-5-oxo-
7-phenyl- **10** 3365
—, 6-benzyl-5-oxo-3,7-diphenyl-
10 3469
—, 7-(biphenyl-4-yl)-4,7-dioxo-
10 3631
—, 4,7-bis(hydroxyimino)-7-(3-methyl-
5,6,7,8-tetrahydro-2-naphthyl)-
10 3597
—, 7-(5-bromo-2-hydroxyphenyl)-7-oxo-
10 4269
—, 7-(5-chloro-2-hydroxyphenyl)-7-oxo-
10 4269
—, 7-(5-chloro-6-methoxy-2-naphthyl)-
4,7-dioxo- **10** 4686

—, 7-*p*-cumenyl-4,7-dioxo- **10** 3559
—, 4-cyano-7-oxo-3,4,5,7-tetraphenyl-,
ethyl ester **10** 4038
—, 2-cyclohexyl- **9** 121
—, 3-cyclohexyl- **9** 121
—, 7-cyclohexyl- **9** 121
—, 7-cyclohexyl-5-methyl- **9** 125
—, 7-(*p*-cyclohexylphenyl)-4,7-dioxo-
10 3597
—, 7-(cyclopent-2-en-1-yl)- **9** 254
—, 3-cyclopentyl-6-methyl- **9** 124
ethyl ester **9** 124
—, 2-(cyclopropylmethyl)- **9** 111
—, 2,4-dibenzamido- **9** 1243
—, 7-(2,4-dihydroxyphenyl)-7-oxo- **10** 4563
methyl ester **10** 4563
—, 7-(3,4-dimethoxyphenyl)-4,7-dioxo-
10 4743
—, 7-(3,4-dimethoxyphenyl)-4-oxo-
10 4564
—, 6,6-dimethyl-2-(*p*-nitrophenyl)-
5-oxo-3-phenyl- **10** 3363
ethyl ester **10** 3364
methyl ester **10** 3363
propyl ester **10** 3364
—, 7-(2,3-dimethyl-2-norbornyl)-
4-methyl- **9** 283
—, 6,6-dimethyl-5-oxo-2,3-diphenyl-
10 3362
methyl ester **10** 3362
—, 2,2-dimethyl-7-oxo-7-phenyl-
10 3108
—, 6,6-dimethyl-5-oxo-3-phenyl-
10 3109
ethyl ester **10** 3109
—, 6,6-dimethyl-5-oxo-2-phenyl-3-
p-tolyl- **10** 3365
ethyl ester **10** 3366
methyl ester **10** 3365
—, 7-(2,3-dimethyltricyclo[2.2.1.0².⁶]-
hept-3-yl)-4-methyl- **9** 349
—, 7-(2,3-dimethyltricyclo[2.2.1.0².⁶]-
hept-3-yl)-4-oxo- **10** 2966
—, 4,7-dioxo-7-phenyl- **10** 3557
ethyl ester **10** 3557
methyl ester **10** 3557
—, 4,7-dioxo-7-*p*-tolyl- **10** 3558
—, 2-ethyl-7-phenyl- **9** 2610
—, 7-(*p*-ethylphenyl)-4,7-dioxo- **10** 3558
—, 7-(2-hydroxy-3,4-dimethoxyphenyl)-
4,7-dioxo- **10** 4805
—, 7-(2-hydroxy-4,5-dimethoxyphenyl)-
4,7-dioxo- **10** 4805
—, 7-(3-hydroxy-1,4-dioxo-1,4-dihydro-
2-naphthyl)- **10** 4659
methyl ester **10** 4659
—, 7-(3-hydroxy-1,4-dioxo-1,4-dihydro-
2-naphthyl)-2-methyl- **10** 4661
methyl ester **10** 4661

Heptanoic acid *(continued)*

—, 7-(3-hydroxy-1,4-dioxo-1,4-dihydro-
2-naphthyl)-6-methyl- **10** 4660
    methyl ester **10** 4661

—, 3-hydroxy-3-(*p*-methoxyphenyl)-
10 1584
    ethyl ester **10** 1584

—, 7-(2-hydroxy-4-methoxyphenyl)-
4,7-dioxo- **10** 4743

—, 7-(6-hydroxy-2-naphthyl)-4,7-dioxo-
10 4686

—, 7-(*o*-hydroxyphenyl)-7-oxo- **10** 4269
    methyl ester **10** 4269

—, 7-(*p*-hydroxyphenyl)-7-oxo- **10** 4269

—, 7-(6-hydroxy-*m*-tolyl)-7-oxo- **10** 4276

—, 7-(*p*-iodophenyl)- **9** 2565
    ethyl ester **9** 2566

—, 7-(6-methoxy-2-naphthyl)-4,7-dioxo-
10 4686

—, 7-(6-methoxy-1-naphthyl)-5-methyl-
4-oxo- **10** 4422
    methyl ester **10** 4422

—, 7-(6-methoxy-1-naphthyl)-4-oxo-
10 4419

—, 7-(*m*-methoxyphenyl)-4,7-dioxo-
10 4608

—, 7-(*p*-methoxyphenyl)-4,7-dioxo-
10 4608
    methyl ester **10** 4608

—, 7-(*m*-methoxyphenyl)-4-oxo- **10** 4270
    methyl ester **10** 4270

—, 7-(*p*-methoxyphenyl)-7-oxo- **10** 4269

—, 7-(6-methyl-2-naphthyl)-4,7-dioxo-
10 3622

—, 5-methyl-7-(1-naphthyl)-4-oxo-
10 3283

—, 6-methyl-5-oxo-3-phenyl- **10** 3104

—, 6-methyl-5-oxo-4-phenyl- **10** 3105

—, 3-methyl-3-phenyl- **9** 2599
    methyl ester **9** 2600

—, 5-methyl-7-phenyl- **9** 2596

—, 7-(3-methyl-5,6,7,8-tetrahydro-
2-naphthyl)- **9** 2900

—, 7-(3-methyl-5,6,7,8-tetrahydro-
2-napththyl)-4,7-dioxo- **10** 3597

—, 5-methyl-7-
(2,2,6-trimethylcyclohexyl)-
9 131

—, 7-(2-naphthyl)-4,7-dioxo- **10** 3621

—, 7-(2-naphthyl)-4,7-disemicarbazono-
10 3622

—, 7-(1-naphthyl)-4-oxo- **10** 3280
    methyl ester **10** 3281

—, 7-(1-naphthyl)-4-semicarbazono-
10 3281

—, 3-oxo-7-phenyl-,
    ethyl ester **10** 3092

—, 5-oxo-3-phenyl- **10** 3093
    ethyl ester **10** 3094

—, 7-oxo-7-phenyl- **10** 3092
    methyl ester **10** 3092

—, 2-phenyl- **9** 2566

—, 3-phenyl- **9** 2571, 2572
    4-bromophenacyl ester **9** 2572
    ethyl ester **9** 2572

—, 5-phenyl- **9** 2571
    ethyl ester **9** 2571

—, 7-phenyl- **9** 2565

—, 7,7'-*m*-phenylenedi- **9** 4367
    dimethyl ester **9** 4367

—, 3-phenyl-5-semicarbazono-
10 3093

—, 4,6,7-tribromo-5-oxo-3,7-diphenyl-,
    ethyl ester **10** 3359

Heptan-2-one,

—, 7-(4-nitrobenzoyloxy)- **9** 1672

Heptanophenone,

—, 4'-(benzoyloxy)- **9** 735

Heptanoyl chloride,

—, 2-ethyl-7-phenyl- **9** 2610

Hepta-1,3,5-triene,

—, 7-(9,10-dioxo-9,10-dihydro-
2-anthroyloxy)-3-methyl-1-
(2,6,6-trimethylcyclohex-1-en-
1-yl)- **10** 3643

Hepta-2,4,6-trienenitrile,

—, 7-phenyl- **9** 3218

Hepta-2,4,6-trienoic acid,

—, 2-acetyl-3,7-diphenyl-,
    ethyl ester **10** 3443

—, 2-cyano-7-phenyl- **9** 4475

—, 3,5-dimethyl-7-
(2,6,6-trimethylcyclohex-1-en-
1-yl)-,
    ethyl ester **9** 2899

—, 3-methyl-7-phenyl- **9** 3228, 3229

—, 5-methyl-7-(2,6,6-trimethylcyclohex-
1-en-1-yl)- **9** 2895
    methyl ester **9** 2896

—, 5-methyl-7-(2,6,6-trimethylcyclohex-
2-en-1-yl)- **9** 2897

—, 7-phenyl- **9** 3217
    methyl ester **9** 3218

Hepta-2,4,6-trienoyl chloride,

—, 5-methyl-7-(2,6,6-trimethylcyclohex-
1-en-1-yl)- **9** 2896

Hept-1-ene,

—, 3-(benzoyloxy)- **9** 405

—, 4-(benzoyloxy)- **9** 405

—, 3-(4-nitrobenzoyloxy)- **9** 1554

Hept-2-ene,

—, 4-(benzoyloxy)- **9** 405

—, 3-(benzoyloxy)-4-*tert*-butyl-
2,4,6,6-tetramethyl- **9** 409

—, 2,3-dibromo-1-
(3,5-dinitrobenzoyloxy)- **9** 1803

—, 4-(4-nitrobenzoyloxy)- **9** 1554

Hept-2-enedioic acid,
—, 2-cyano-6-(*p*-methoxyphenyl)-
3-methyl-,
diethyl ester **10** 2581
—, 3-(*p*-methoxyphenyl)- **10** 2268
diethyl ester **10** 2269
dimethyl ester **10** 2269
—, 3-(*p*-methoxyphenyl)-4-methyl-5-oxo-
10 4752
Hept-3-enenitrile,
—, 2-(benzoyloxy)-3-ethyl- **9** 862
Hept-6-enenitrile,
—, 5-oxo-2,3,7-triphenyl-
10 3485, 3486
Hept-2-enoic acid,
—, 2-(benzoyloxy)-7-cyano-,
ethyl ester **9** 868
Hept-3-enoic acid,
—, 3-(*p*-methoxyphenyl)- **10** 899
Hept-4-enoic acid,
—, 2-acetyl-5-methyl-7-
(2,6,6-trimethylcyclohex-1-en-
1-yl)-,
ethyl ester **10** 2967
—, 4-methyl-7-(2,3-dimethyltricyclo
[2.2.1.0²,⁶]hept-3-yl)- **9** 2630
Hept-5-enoic acid,
—, 2-benzamido- **9** 1168
Hept-6-enoic acid,
—, 4-bromo-5-oxo-3,7-diphenyl-,
ethyl ester **10** 3401
—, 5-oxo-3,7-diphenyl- **10** 3401
Heptitol,
—, hepta-O-benzoyl- **9** 715
Heptononitrile,
—, hexa-O-benzoyl- **9** 873
Hept-1-yne,
—, 3-(benzoyloxy)- **9** 410
—, 4-(3,5-dinitrobenzoyloxy)- **9** 1820
Hept-2-yne,
—, 1-(benzoyloxy)- **9** 410
—, 4-(benzoyloxy)-1-(diethylamino)-
9 891
Hept-3-ynoic acid,
—, 5-ethyl-5-methyl-2,2-diphenyl-
9 3544
Hesperitic acid 10 1835
Heterobetulin,
—, bis-O-(4-bromobenzoyl)- **9** 1407
Heterolupenic acid 9 3131
Hexadecane,
—, 1-(2,5-dimethoxy-
3,4,6-trimethylphenyl)-3-
(3,5-dinitrobenzoyloxy)-
3,7,11,15-tetramethyl- **9** 1919
Hexadecanoic acid,
—, 16-(2,4-dihydroxyphenyl)- **10** 1613
methyl ester **10** 1613

—, 16-(2,4-dihydroxyphenyl)-16-oxo-
10 4579
methyl ester **10** 4579
—, 2-(4-methoxyphenacyl)- **10** 4308
methyl ester **10** 4308
—, 8-phenyl- **9** 2649
4-bromophenacyl ester **9** 2650
ethyl ester **9** 2650
Hexadecan-3-ol,
—, 1-[2,5-bis(4-bromobenzoyloxy)-
3,4,6-trimethylphenyl]-
3,7,11,15-tetramethyl-
9 1413, 1414
Hexa-2,4-dienamide,
—, *N*-isobutyl-6-(*p*-methoxyphenyl)-
10 993
Hexa-1,5-diene,
—, 3,4-bis(benzoyloxy)- **9** 548
—, 3,4-bis(benzoyloxy)-1,6-diphenyl-
9 646
—, 3,4-bis(4-nitrobenzoyloxy)-
1,6-diphenyl- **9** 1653
—, 3-(3,5-dinitrobenzoyloxy)-3-methyl-
9 1821
Hexa-2,4-diene,
—, 3,4-bis[4-(benzoyloxy)-
3-benzylphenyl]- **9** 661
—, 3,4-bis[6-(benzoyloxy)biphenyl-3-yl]-
9 661
—, 3,4-bis[4-(benzoyloxy)-
3-cyclohexylphenyl]- **9** 652
—, 3,4-bis[4-(benzoyloxy)-2-isopropyl-
5-methylphenyl]- **9** 650
—, 3,4-bis[4-(benzoyloxy)-5-isopropyl-
2-methylphenyl]- **9** 650
—, 3,4-bis[*p*-(benzoyloxy)phenyl]-
9 646
—, 3,4-bis[4-(benzoyloxy)-*m*-tolyl]-
9 648
—, 3,4-bis[4-(benzoyloxy)-2,5-xylyl]-
9 649
Hexa-2,4-dienedioic acid,
—, 2-acetoxy-5-phenyl-,
diethyl ester **10** 2287
—, 2-(benzoyloxy)-,
diethyl ester **9** 869
—, 3,4-diphenyl- **9** 4657
diethyl ester **9** 4657
dimethyl ester **9** 4657
—, 2-methyl-5-(4-nitrobenzoyloxy)-,
diethyl ester **9** 1686
—, 2-phenyl- **9** 4432
Hexa-2,3-dienoic acid,
—, 2-*tert*-butyl-5,5-dimethyl-4-phenyl-
9 3114
methyl ester **9** 3114
Hexa-2,4-dienoic acid,
—, 2-(benzoyloxy)-6-mesityl-6-oxo-,
ethyl ester **10** 4379

Hexa-2,4-dienoic acid *(continued)*
—, 2-(benzoyloxy)-6-oxo-6-phenyl-,
    ethyl ester **10** 4376
—, 6-oxo-6-phenyl- **10** 3232
—, 3-phenyl- **9** 3080
    methyl ester **9** 3080
—, 5-phenyl- **9** 3078
    methyl ester **9** 3078
Hexa-3,5-dienoic acid,
—, 3-acetyl-6-phenyl- **10** 3234
—, 3-cinnamoyl-6-phenyl- **10** 3443
—, 2-hydrazono-6-phenyl- **10** 3232
—, 6-(*p*-methoxyphenyl)-2-oxo- **10** 4375
Hexahydrothujic acid 9 77
Hexahydrotrimesic acid 9 4749
Hexanamide,
—, *N*-allyl-6-(cyclohex-1-en-1-yl)- **9** 251
—, 6-amino-2-benzamido- **9** 1236
—, 6-amino-2-hippuramido- **9** 1136
—, *N*-butyl-6-(cyclohex-1-en-1-yl)-
    9 251
—, 2-butyl-2-phenyl- **9** 2623
—, 2-(cyclohex-1-en-1-yl)- **9** 252
—, 6-(cyclohex-1-en-1-yl)-*N*-ethyl-
    9 251
—, 6-(cyclohex-1-en-1-yl)-*N*-pentyl-
    9 251
—, 2-ethyl-6-phenyl- **9** 2598
—, 6-(3-hydroxy-1,4-dioxo-1,4-dihydro-
    2-naphthyl)-2-methyl- **10** 4660
—, *N*-(2-hydroxyethyl)-6-
    (*p*-chlorophenyl)- **9** 2538
—, 2-hydroxy-6-mesityl-6-oxo- **10** 4278
—, 6-(*p*-hydroxyphenyl)-6-oxo- **10** 4260
—, 5-methyl-3-oxo-2-phenyl- **10** 3094
—, 3-methyl-5-phenyl- **9** 2573
—, 3-oxo-2-phenyl- **10** 3079
—, 6-(*p*-phenoxyphenyl)- **10** 634
—, 4-phenyl- **9** 2544
—, 5-phenyl- **9** 2539
—, 6-phenyl- **9** 2537
Hexanamidine,
—, 6-benzamido- see *Benzamide,*
    N-*(5-carbamimidoylpentyl)*-
—, *N*-benzoyl-2-ethyl- **9** 1113
—, *N,N'*-dibenzoyl-2-ethyl- **9** 1113
Hexane,
—, 1-amino-2-(benzoyloxy)- **9** 889
—, 2-(benzoyloxy)- **9** 398
—, 1-(benzoyloxy)-6-bromo- **9** 398
—, 5-(benzoyloxy)-1-cyclohexyl- **9** 409
—, 3-[4-(benzoyloxy)cyclohexyl]-4-[*p*-
    (benzoyloxy)phenyl]- **9** 590
—, 3-(benzoyloxy)-2,2-dimethyl- **9** 400
—, 1-(benzoyloxy)-2-ethyl- **9** 399
—, 4-(benzoyloxy)-
    2,2,3,3,5,5-hexamethyl- **9** 400
—, 3-(benzoyloxy)-
    1,2,4,5,6-pentamethoxy- **9** 706

—, 2-(benzoyloxy)-1,3,4,5-tetramethoxy-
    9 703
—, 1,6-bis(benzoyloxy)- **9** 541
—, 3,4-bis-[4-(benzoyloxy)cyclohexyl]-
    9 549, 550
—, 1,3-bis[*p*-(benzoyloxy)phenyl]-
    9 629
—, 2,2-bis[*p*-(benzoyloxy)phenyl]-
    9 630
—, 2,4-bis[*p*-(benzoyloxy)phenyl]-
    3-ethyl- **9** 631
—, 3,4-bis(benzoyloxy)-
    1,2,5,6-tetrachloro- **9** 541
—, 1,4-bis(benzoyloxy)-
    2,3,5,6-tetramethoxy- **9** 708
—, 2,5-bis(benzoylperoxy)-2,5-dimethyl-
    9 1050
—, 2,5-bis(3,5-dinitrobenzoyloxy)-
    9 1895
—, 3,4-bis(3,5-dinitrobenzoyloxy)-
    9 1895
—, 3,4-bis[4-(3,5-dinitrobenzoyloxy)⸗
    cyclohexyl]- **9** 1903
—, 1,6-bis(diphenylacetoxy)- **9** 3295
—, 1,3-bis[*p*-(4-nitrobenzoyloxy)phenyl]-
    9 1651
—, 1-chloro-2-(3,5-dinitrobenzoyloxy)-
    9 1785
—, 1-chloro-2-(3,5-dinitrobenzoyloxy)-
    4-methyl- **9** 1789
—, 1,6-diacetoxy-3,4-bis⸗
    (acetoxymethoxy)-2,5-bis⸗
    (benzoyloxy)- **9** 708
—, 1,6-diacetoxy-2,3,4,5-tetrakis⸗
    (benzoyloxy)- **9** 712
—, 3,4-diacetoxy-1,2,5,6-tetrakis⸗
    (benzoyloxy)- **9** 712
—, 1-(dimethylamino)-2,2-dimethyl-5-
    (4-nitrobenzoyloxy)- **9** 1705
—, 2,5-dimethyl-2,5-
    bis(4-nitrobenzoylperoxy)-
    9 1707
—, 4-(3,5-dinitrobenzoyloxy)-
    2,2-dimethyl- **9** 1793
—, 5-(3,5-dinitrobenzoyloxy)-
    2,2-dimethyl-4-neopentyl- **9** 1797
—, 2-(3,5-dinitrobenzoyloxy)-4-methyl-
    9 1789
—, 2-(3,5-dinitrobenzoyloxy)-5-methyl-
    9 1789
—, 1,2,3,4,5,6-hexakis(benzoyloxy)-
    9 712
—, 1,2,3,4,5,6-hexakis(galloyloxy)-
    10 2085
—, 1,2,3,4,5,6-hexakis(3,4,5-triacetoxy⸗
    benzoyloxy)- **10** 2085
—, 4-(*p*-methoxyphenyl)-3-methyl-3-
    (4-nitrobenzoyloxy)- **9** 1646
—, 1,2,3,4,5-pentakis(benzoyloxy)- **9** 703

Hexane *(continued)*

—, 1,2,3,4,6-pentakis(benzoyloxy)-
  9 704

—, 1,2,3,4,5-pentakis(benzoyloxy)-
  6-chloro- 9 703

—, 2,3,4,5-tetraacetoxy-1-(benzoyloxy)-
  9 703

—, 1,2,3,4-tetraacetoxy-5,6-bis⸗
  (benzoyloxy)- 9 708

—, 1,2,4,5-tetraacetoxy-3,6-bis⸗
  (benzoyloxy)- 9 708

—, 1,3,4,6-tetraacetoxy-2,5-bis⸗
  (benzoyloxy)- 9 709

—, 2,3,4,5-tetraacetoxy-1,6-bis⸗
  (benzoyloxy)- 9 709

—, 1,2,5,6-tetrakis(benzoyloxy)- 9 689

—, 2,3,4,5-tetrakis(benzoyloxy)-
  1,6-bis(2-nitrosobenzoyloxy)-
  9 1465

—, 2,3,4,5-tetrakis(benzoyloxy)-
  1,6-bis(trityloxy)- 9 711

—, 2,3,4,5-tetrakis(benzoyloxy)-
  1,6-dichloro- 9 689, 690

—, 2,3,4,5-tetrakis(benzoyloxy)-
  1,6-diiodo- 9 690

—, 2,2,5,5-tetrakis[*p*-(benzoyloxy)-
  phenyl]- 9 701

—, 2,3,4-tris(benzoyloxy)-1-(trityloxy)-
  9 689

Hexanediamide see *Adipamide*

Hexane-1,2-diol,

—, 3,4,5,6-tetrakis(benzoyloxy)- 9 710

Hexane-1,6-diol,

—, 2,3,4,5-tetrakis(benzoyloxy)- 9 711

Hexane-3,4-diol,

—, 2,5-bis(benzoyloxy)-1,6-bis-
  (2-nitrosobenzoyloxy)- 9 1464

—, 3,4-bis[*p*-(benzoyloxy)phenyl]-
  9 696, 697

—, 3,4-bis[4-(benzoyloxy)-*m*-tolyl]-
  9 697

—, 1,2,5,6-tetrakis(benzoyloxy)- 9 710

Hexane-1,6-dione,

—, 2-(benzoyloxy)-1,6-diphenyl- 9 805

Hexane-2,5-dione,

—, 3,4-bis(4-nitrobenzoyloxy)- 9 1680

Hexanenitrile,

—, 2-butyl-2-phenyl- 9 2623

—, 2-(2-chloroethyl)-2-phenyl- 9 2600

—, 6-chloro-2-phenyl- 9 2540

—, 2-(cyclohex-1-en-1-yl)- 9 252

—, 6-cyclopentyl- 9 111

—, 2-cyclopentyl-2-phenyl- 9 2898

—, 6-(2,4-dihydroxyphenyl)-6-oxo-
  10 4559

—, 3,3-dimethyl-5-oxo-2-phenyl-
  10 3105

—, 3,3-dimethyl-2-phenyl-
  5-semicarbazono- 10 3105

—, 2,2'-diphenyl-6,6'-(methylenedioxy)di-
  10 636

—, 4-ethyl-5-oxo-4-phenyl- 10 3106

—, 2-hydroxy-6-oxo-6-phenyl- 10 4260

—, 6-hydroxy-2-phenyl- 10 635

—, 6-(*p*-hydroxyphenyl)-6-oxo- 10 4260

—, 2-(*p*-methoxyphenyl)-5-methyl-3-oxo-
  10 4271

—, 2-(*p*-methoxyphenyl)-3-oxo- 10 4261

—, 3-methyl-5-oxo-2-phenyl- 10 3094

—, 5-oxo-2,3-diphenyl- 10 3352

—, 5-oxo-2-(3-oxobutyl)-2-phenyl-
  10 3559

—, 5-oxo-2-phenyl- 10 3080

—, 5-oxo-3-phenyl- 10 3082

—, 4-oxo-6-phenyl-2-(3-phenylpropionyl)-
  10 3633

—, 2-phenyl- 9 2540

—, 4-phenyl- 9 2544

—, 6-phenyl- 9 2537

Hexane-1,3,4,6-tetracarboxylic acid,

—, 2-[2-carboxy-3-(3-carboxy-
  1-methylpropyl)-
  2-methylcyclopentyl]-4-methyl-
  9 4912, 4913

Hexane-1,2,4,5-tetrol,

—, 3,6-bis(benzoyloxy)- 9 706

Hexane-2,3,4,5-tetrol,

—, 1-(benzoyloxy)- 9 702

—, 1,6-bis(benzoyloxy)- 9 706, 707

—, 1,6-bis(salicyloyloxy)- 10 143

Hexanethioic acid,

—, 5-methyl-2-phenyl-,
  S-[2-(diethylamino)ethyl] ester 9 2573

—, 2-phenyl-,
  S-[2-(diethylamino)ethyl] ester
  9 2541

Hexane-1,1,3-tricarboxylic acid,

—, 5-methyl-4-oxo-2-phenyl-,
  triethyl ester 10 4130

Hexane-1,2,2-tricarboxylic acid,

—, 6-phenyl- 9 4814
  triethyl ester 9 4814

Hexane-1,2,6-tricarboxylic acid,

—, 3-phenyl-,
  trimethyl ester 9 4815

Hexane-1,4,4-tricarboxylic acid,

—, 6-(1-naphthyl)-3-oxo-,
  triethyl ester 10 4139

Hexane-1,5,5-tricarboxylic acid,

—, 6-(*m*-methoxyphenyl)-4-oxo-,
  triethyl ester 10 4846

Hexane-2,3,4-triol,

—, 1,5,6-tris(benzoyloxy)- 9 709, 710

Hexanoic acid,

—, 6-[4-(3-acetoxy-1,4-dioxo-
  1,4-dihydro-2-naphthyl)cyclohexyl]-
  6-oxo-,
  methyl ester 10 4786

Hexanoic acid *(continued)*

—, 6-(*p*-acetoxyphenyl)-6-oxo- **10** 4260

—, 2-acetyl-3-(*p*-methoxyphenyl)-
   5-oxo-,
   ethyl ester **10** 4610

—, 2-acetyl-6-phenyl-,
   ethyl ester **10** 3103

—, 2-azido-6-phenyl- **9** 2539

—, 3-benzamido- **9** 1156

—, 4-benzamido- **9** 1156
   methyl ester **9** 1156

—, 5-benzamido- **9** 1157

—, 6-benzamido- **9** 1157
   ethyl ester **9** 1157

—, 6-benzamido-2-bromo- **9** 1157, 1158
   ethyl ester **9** 1158

—, 6-benzamido-2-bromo-3,5-dimethyl-
   9 1164

—, 6-benzamido-2-chloro- **9** 1157

—, 6-benzamido-3,5-dimethyl- **9** 1164

—, 6-benzamido-2-(ethoxythiocarbonyl-
   thio)- **9** 1184

—, 6-benzamido-2-mercapto- **9** 1184

—, 3-benzamido-3-methyl- **9** 1163

—, 6-[(benzamidomethyl)carbamoyl]- **9** 1090

—, 2-[1-(benzoyloxy)ethyl]-2-
   [(diethylamino)methyl]-5-methyl-,
   ethyl ester **9** 896

—, 2-[1-(benzoyloxy)ethyl]-2-
   [(dimethylamino)methyl]-5-methyl-,
   ethyl ester **9** 896

—, 2-benzyl-5-oxo- **10** 3093

—, 4-benzyl-5-oxo- **10** 3094
   2-ethylhexyl ester **10** 3094

—, 2-benzyl-5-semicarbazono- **10** 3093

—, 2-(biphenyl-4-yl)- **9** 3395

—, 5-bromo-6-(1-bromocyclohexyl)-6-oxo-
   10 2886

—, 5-bromo-6-mesityl-6-oxo- **10** 3110

—, 5-bromo-6-oxo-6-phenyl- **10** 3078

—, 6-(*p*-bromophenyl)- **9** 2538

—, 6-(*p*-bromophenyl)-6-oxo- **10** 3077
   ethyl ester **10** 3078

—, 2-butyl-2-cyano-5-oxo-3-phenyl-,
   ethyl ester **10** 3974

—, 2-butyl-2-phenyl- **9** 2623

—, 2-(3-carboxy-2,2-dimethylcyclobutyl)-
   9 3928

—, 6-(2-chlorocyclohex-1-en-1-yl)-
   6-oxo-,
   ethyl ester **10** 2933

—, 6-(5-chloro-2-hydroxyphenyl)-6-oxo-
   10 4258

—, 6-(5-chloro-2-methoxyphenyl)-6-oxo-
   10 4258

—, 6-(*p*-chlorophenyl)- **9** 2538
   methyl ester **9** 2538

—, 2-(*o*-chlorophenyl)-3-hydroxy-
   3-propyl- **10** 657

—, 6-(*p*-chlorophenyl)-6-oxo- **10** 3077
   ethyl ester **10** 3077

—, 2-cyano-2-(cyclohex-1-en-1-yl)-,
   ethyl ester **9** 4012

—, 4-cyano-4-(2,3-dimethoxyphenyl)-
   10 2463
   4-bromophenacyl ester **10** 2463
   methyl ester **10** 2463

—, 4-cyano-4-(2,3-dimethoxyphenyl)-
   6-ethoxy-,
   methyl ester **10** 2565

—, 2-cyano-2-[2-(ethoxycarbonyl)-
   cyclohexyl]-5-oxo-,
   ethyl ester **10** 4111

—, 2-cyano-2-(*p*-methoxyphenyl)-5-oxo-,
   ethyl ester **10** 4744

—, 2-cyano-5-methyl-2-phenyl-,
   ethyl ester **9** 4343

—, 2-cyano-5-oxo-2-phenyl-,
   ethyl ester **10** 3968

—, 2-cyano-5-oxo-3-phenyl-,
   ethyl ester **10** 3969

—, 2-cyano-2-phenyl-5-semicarbazono-,
   ethyl ester **10** 3968

—, 2-(cyclohex-1-en-1-yl)- **9** 251
   2-(diethylamino)ethyl ester **9** 252

—, 2-(cyclohex-2-en-1-yl)- **9** 252
   2-(diethylamino)ethyl ester **9** 252

—, 6-(cyclohex-1-en-1-yl)- **9** 249
   allyl ester **9** 250
   p-tert-butylphenyl ester **9** 250
   p-chlorophenyl ester **9** 250
   o-cyclohexylphenyl ester **9** 251
   ethyl ester **9** 250
   isopropylester **9** 250
   methyl ester **9** 250
   phenyl ester **9** 250
   propyl ester **9** 250

—, 6-(cyclohex-1-en-1-yl)-6-hydroxy-
   10 71

—, 6-(cyclohex-1-en-1-yl)-6-oxo- **10** 2932
   ethyl ester **10** 2933

—, 6-(cyclohex-1-en-1-yl)-
   6-semicarbazono- **10** 2932
   ethyl ester **10** 2933

—, 2-cyclohexyl- **9** 112
   4-bromophenacyl ester **9** 112
   2-(diethylamino)ethyl ester **9** 112
   ethyl ester **9** 112

—, 3-cyclohexyl-,
   ethyl ester **9** 114

—, 6-cyclohexyl- **9** 112

—, 6-cyclohexyl-2-(2-cyclohexylethyl)-
   9 295

—, 6-cyclohexyl-6-hydroxy- **10** 46

—, 6-cyclohexylidene- **9** 251

—, 6-cyclohexyl-4-methyl- **9** 121

—, 6-cyclohexyl-3-oxo-,
   ethyl ester **10** 2886

Hexanoic acid *(continued)*
—, 6-cyclohexyl-6-oxo- **10** 2885
    ethyl ester **10** 2886
—, 6-cyclohexyl-6-semicarbazono-
    10 2885
—, 2-(cyclopent-2-en-1-yl)- **9** 230
—, 6-(cyclopent-2-en-1-yl)- **9** 230
—, 2-cyclopentyl- **9** 111
    2-(diethylamino)ethyl ester **9** 111
—, 6-cyclopentyl- **9** 110
    benzyl ester **9** 110
    ethyl ester **9** 110
—, 2-cyclopentyl-5-methyl- **9** 119
    ethyl ester **9** 119
—, 2-(1,2-dibenzoylhydrazino)- **9** 1322
—, 5,6-dibromo-6-(*m*-nitrophenyl)-4-oxo-
    10 3078
—, 5,6-dibromo-6-(*p*-nitrophenyl)-4-oxo-
    10 3079
—, 6-(1,4-dihydroxy-5,8-dihydro-
    2-naphthyl)- **10** 1909
    ethyl ester **10** 1909
—, 6-(2,4-dihydroxyphenyl)- **10** 1574
    methyl ester **10** 1574
—, 6-(2,5-dihydroxyphenyl)- **10** 1574
—, 6-(2,4-dihydroxyphenyl)-6-oxo-
    10 4559
    methyl ester **10** 4559
—, 5,5-dimethyl-3-neopentyl-2-phenyl-
    9 2633
—, 3,3-dimethyl-5-oxo-2-phenyl- **10** 3105
—, 6-(3,5-dinitrobenzamido)- **9** 1939
—, 6-(3,6-dioxocyclohexa-1,4-dien-1-yl)-
    10 3538
—, 6-(1,4-dioxo-1,4-dihydro-2-naphthyl)-
    10 3611
—, 2,4-dioxo-6-phenyl- **10** 3554
    ethyl ester **10** 3554
—, 2-[2-(ethoxycarbonyl)cyclohexyl]-
    5-oxo-,
    ethyl ester **10** 3923
—, 6-(4-ethoxy-3-nitrophenyl)-6-oxo-
    10 4260
—, 6-(*p*-ethoxyphenyl)- **10** 634
—, 6-(*p*-ethoxyphenyl)-6-oxo- **10** 4259
—, 4-ethyl-5-oxo-4-phenyl- **10** 3105
—, 2-ethyl-6-phenyl- **9** 2598
—, 4-ethyl-4-phenyl- **9** 2601
—, 3-hydroxy-3,4-bis(*p*-methoxyphenyl)-,
    ethyl ester **10** 2333
—, 6-(4-hydroxy-3,5-diiodophenyl)-
    10 634
—, 6-(3-hydroxy-1,4-dioxo-1,4-dihydro-
    2-naphthyl)- **10** 4657
    methyl ester **10** 4658
—, 6-[4-(3-hydroxy-1,4-dioxo-
    1,4-dihydro-2-naphthyl)cyclohexyl]-
    6-oxo- **10** 4786
    methyl ester **10** 4786

—, 6-(3-hydroxy-1,4-dioxo-1,4-dihydro-
    2-naphthyl)-2-methyl- **10** 4660
    methyl ester **10** 4660
—, 6-(3-hydroxy-1,4-dioxo-1,4-dihydro-
    2-naphthyl)-5-methyl-,
    methyl ester **10** 4659
—, 5-hydroxy-6-(1-hydroxycyclohexyl)-
    6-oxo- **10** 4504
—, 2-(1-hydroxyindan-2-yl)- **10** 923
—, 2-hydroxy-6-mesityl-6-oxo- **10** 4278
    methyl ester **10** 4278
—, 3-hydroxy-3-(*p*-methoxyphenyl)-
    10 1574
    ethyl ester **10** 1575
—, 4-hydroxy-4-(*p*-methoxyphenyl)-
    10 1574
—, 2-hydroxy-2-(1-naphthyl)- **10** 1125
    2-(diethylamino)ethyl ester **10** 1125
    3-(diethylamino)propyl ester
      10 1126
—, 2-hydroxy-6-oxo-6-phenyl- **10** 4260
—, 3-hydroxy-2-phenyl- **10** 635
    ethyl ester **10** 635
—, 4-hydroxy-4-phenyl- **10** 638
—, 6-(*o*-hydroxyphenyl)- **10** 633
—, 6-(*p*-hydroxyphenyl)- **10** 634
—, 3-(*o*-hydroxyphenyl)-5-oxo- **10** 4262
—, 6-(*o*-hydroxyphenyl)-6-oxo- **10** 4258
—, 6-(*p*-hydroxyphenyl)-6-oxo- **10** 4259
    methyl ester **10** 4260
—, 3-hydroxy-2-phenyl-3-propyl- **10** 657
—, 6-(*p*-iodophenyl)- **9** 2538
    ethyl ester **9** 2538
—, 6-(*p*-iodophenyl)-6-oxo- **10** 3078
    ethyl ester **10** 3078
—, 6-mesityl- **9** 2614
—, 6-mesityl-6-oxo- **10** 3110
    4-phenylphenacyl ester **10** 3110
—, 6-(2-methoxy-5-nitrophenyl)-6-oxo-
    10 4259
—, 6-(4-methoxy-3-nitrophenyl)-6-oxo-
    10 4260
—, 6-(*p*-methoxyphenyl)- **10** 634
—, 2-(*p*-methoxyphenyl)-3-oxo-,
    ethyl ester **10** 4261
—, 2-(*p*-methoxyphenyl)-5-oxo- **10** 4261
    ethyl ester **10** 4261
—, 3-(*o*-methoxyphenyl)-5-oxo- **10** 4262
    ethyl ester **10** 4262
—, 6-(*o*-methoxyphenyl)-6-oxo- **10** 4258
—, 6-(*p*-methoxyphenyl)-6-oxo- **10** 4259
—, 3-(4-methoxy-*m*-tolyl)-5-oxo- **10** 4272
—, 3-(6-methoxy-*m*-tolyl)-5-oxo- **10** 4272
—, 6-(*N*-methylbenzamido)- **9** 1158
—, 5-methyl-4-(6-methyl-2-naphthyl)-
    9 3258
—, 6-(2-methyl-5-oxocyclopent-1-en-
    1-yl)- **10** 2934
    methyl ester **10** 2934

Hexanoic acid *(continued)*
—, 2-methyl-2-phenyl- **9** 2572, 2573
     methyl ester **9** 2573
—, 3-methyl-5-phenyl- **9** 2573
—, 4-methyl-6-phenyl- **9** 2569
     ethyl ester **9** 2569
—, 5-methyl-2-phenyl-,
     2-(diethylamino)ethyl ester **9** 2573
—, 2-(1-naphthyl)- **9** 3247
—, 6-(1-naphthyl)- **9** 3246
—, 6-(1-naphthyl)-6-oxo- **10** 3276
—, 6-(2-naphthyl)-6-oxo- **10** 3276
     methyl ester **10** 3277
—, 6-(1-naphthyl)-6-semicarbazono-
     10 3276
—, 6-(2-naphthyl)-6-semicarbazono-
     10 3276
—, 6-(p-nitrobenzamido)- **9** 1732
—, 6-(p-nitrophenyl)- **9** 2538
—, 4-oxo-3,6-diphenyl- **10** 3350
—, 6-oxo-6-(p-phenoxyphenyl)- **10** 4259
—, 3-oxo-4-phenyl-,
     ethyl ester **10** 3081
—, 3-oxo-6-phenyl-,
     ethyl ester **10** 3079
—, 4-oxo-6-phenyl- **10** 3078
     methyl ester **10** 3078
—, 5-oxo-2-phenyl- **10** 3079
     ethyl ester **10** 3080
     methyl ester **10** 3079
—, 5-oxo-3-phenyl- **10** 3082
—, 6-oxo-6-phenyl- **10** 3076
     allyl ester **10** 3077
     ethyl ester **10** 3077
     isopropyl ester **10** 3077
—, 6-oxo-6-p-tolyl- **10** 3097
—, 5-oxo-2,3,6-triphenyl- **10** 3468
—, 2,2,4,4,6-pentaphenyl- **9** 3694
—, 6-(p-phenoxyphenyl)- **10** 634
—, 2-phenyl- **9** 2539
     2-(diethylamino)ethyl ester **9** 2540
—, 3-phenyl- **9** 2544
     ethyl ester **9** 2544
—, 4-phenyl- **9** 2543
     ethyl ester **9** 2543
—, 5-phenyl- **9** 2539
     ethyl ester **9** 2539
—, 6-phenyl- **9** 2537
     ethyl ester **9** 2537
—, 6,6'-p-phenylenedi- **9** 4363
—, 2-phenyl-5-semicarbazono- **10** 3079
     ethyl ester **10** 3080
     methyl ester **10** 3080
—, 3-phenyl-5-semicarbazono- **10** 3082
—, 6-phenyl-6-semicarbazono- **10** 3077
—, 5-(5,6,7,8-tetrahydro-2-naphthyl)-
     9 2894
     ethyl ester **9** 2894
—, 4-p-tolyl- **9** 2578

—, 5-p-tolyl- **9** 2577
     methyl ester **9** 2578
     4-phenylphenacyl ester **9** 2578

Hexan-1-ol,
—, 1-[4-(benzoyloxy)-3-methoxyphenyl]-
     9 675
—, 4-(benzoyloxy)-2,3,5,6-tetramethoxy-
     9 706
—, 2-(benzoyloxy)-3,4,5-trimethoxy-
     9 703

Hexan-3-ol,
—, 4,4-bis[p-(benzoyloxy)phenyl]-
     9 685
—, 2,4-dibenzamido-1,1,6,6-tetrakis-
     (ethylthio)- **9** 1228

Hexan-2-one,
—, 6-(4-nitrobenzoyloxy)- **9** 1671
     semicarbazone **9** 1671
—, 3-(4-nitrobenzoyloxy)-1-phenyl-
     9 1675

Hexan-3-one,
—, 4-[p-(benzoyloxy)phenyl]- **9** 734
—, 4,4-bis[p-(benzoyloxy)phenyl]-
     9 803

Hexanophenone,
—, 4'-(benzoyloxy)- **9** 734
—, 4'-(benzoyloxy)-3'-methoxy- **9** 790
—, 4'-(benzoyloxy)-3'-methyl- **9** 735

**A,19,24,25,26,27-Hexanorlanost-5-ene-
2-carboxylic acid,**
—, 2,16,20-trihydroxy-9-methyl-
     11,22-dioxo- **10** 4809
     methyl ester **10** 4810

**A,C,23,24,25,27-Hexanor-5,9,10-urs-
13-en-28-oic acid,**
—, 11-hydroxy-3-isopropyl-5-methyl-
     10 1031

Hexanoyl chloride,
—, 6-benzamido-2-bromo- **9** 1158
—, 2-ethyl-6-phenyl- **9** 2598
—, 3-methyl-5-phenyl- **9** 2573
—, 2-phenyl- **9** 2540
—, 4-phenyl- **9** 2544
—, 5-phenyl- **9** 2539
—, 6-phenyl- **9** 2537
—, 4-p-tolyl- **9** 2578

Hex-2-enamide,
—, 2-phenyl- **9** 2808

Hex-1-ene,
—, 2-(benzoyloxy)- **9** 403
—, 3-(3,5-dinitrobenzoyloxy)-6-
     (m-methoxyphenyl)- **9** 1911
—, 4-(3,5-dinitrobenzoyloxy)-6-
     (m-methoxyphenyl)-4-methyl-
     9 1912
—, 4-(3,5-dinitrobenzoyloxy)-4-methyl-
     6-phenyl- **9** 1864
—, 3-(3,5-dinitrobenzoyloxy)-6-phenyl-
     9 1862

Hex-1-ene *(continued)*
—, 4-(3,5-dinitrobenzoyloxy)-6-phenyl-
9 1862
Hex-2-ene,
—, 4-(benzoyloxy)- 9 403
—, 4-(benzoyloxy)-1-(dimethylamino)-
4-methyl- 9 891
—, 3,4-bis[*p*-(benzoyloxy)phenyl]-
9 638
—, 4-(3,5-dinitrobenzoyloxy)- 9 1801
—, 6-(3,5-dinitrobenzoyloxy)-
5-isopropenyl-2-methyl- 9 1825
—, 6-(3,5-dinitrobenzoyloxy)-
5-isopropylidene-2-methyl-
9 1825
—, 4-(4-nitrobenzoyloxy)- 9 1552
—, 4-(2,4,6-trimethylbenzoyloxy)-
9 2492
Hex-3-ene,
—, 1-(benzoyloxy)- 9 403
Hex-3-enedinitrile,
—, 2,5-bis(4-methoxybenzylidene)-
10 2544
—, 2,5-bis-(4-methylbenzylidene)-
9 4680
—, 2,5-dibenzylidene- 9 4677
—, 2,5-dicinnamylidene- 9 4700
Hex-2-enedioic acid,
—, 3-(6-methoxy-2-naphthyl)- 10 2353
—, 3-(2-naphthyl)- 9 4546
—, 2-phenyl- 9 4393
—, 3-(5,6,7,8-tetrahydro-2-naphthyl)-
9 4452
Hex-3-enedioic acid,
—, 3,4-bis(*p*-methoxyphenyl)- 10 2534
—, 3,4-bis(*p*-nitrophenyl)- 9 4618
dimethyl ester 9 4618
—, 2,5-dicyano-3,4-diphenyl- 9 4896
—, 2,5-diphenyl- 9 4615
—, 3,4-diphenyl- 9 4617
diethyl ester 9 4618
dimethyl ester 9 4618
—, 2,2,5,5-tetraphenyl- 9 4728
dimethyl ester 9 4728
Hex-2-enenitrile,
—, 2-phenyl- 9 2808
Hex-3-ene-2,2,4-tricarboxylic acid,
—, 3-phenyl-,
triethyl ester 9 4823
Hex-2-enoic acid,
—, 2-cyano-3-phenyl-,
ethyl ester 9 4407
—, 2-cyclohexyl- 9 252
4-bromophenacyl ester 9 252
—, 3-(*p*-methoxyphenyl)-5-oxo- 10 4343
—, 3-(4-methoxy-*m*-tolyl)-5-oxo-
10 4348
—, 3-(6-methoxy-*m*-tolyl)-5-oxo-
10 4347

—, 4-methyl-6-(4-methylcyclohexyl)-
9 265
—, 5-oxo-3-phenyl- 10 3170
—, 4-oxo-2,3,5-triphenyl- 10 3483
—, 2-phenyl- 9 2807
ethyl ester 9 2808
Hex-3-enoic acid,
—, 3,4-bis(*p*-methoxyphenyl)- 10 2001
—, 3-(*p*-methoxyphenyl)- 10 889
—, 3-(*p*-methoxyphenyl)-5-oxo- 10 4343
—, 3-(4-methoxy-*m*-tolyl)-5-oxo-
10 4348
—, 3-(6-methoxy-*m*-tolyl)-5-oxo-
10 4347
—, 5-methyl-4-(6-methyl-2-naphthyl)-,
methyl ester 9 3396
—, 2-phenyl- 9 2808
ethyl ester 9 2808
—, 3-phenyl- 9 2810
—, 4-*p*-tolyl- 9 2836
Hex-4-enoic acid,
—, 2-benzamido- 9 1168
—, 2-benzyl-5-chloro- 9 2832
—, 2-benzyl-5-methyl- 9 2860
—, 5-bromo-3-hydroxy-3-phenyl-,
methyl ester 10 890
—, 5-chloro-2-cyano-2-(cyclohex-1-en-
1-yl)-,
ethyl ester 9 4066
—, 5-chloro-2-(3-methylphenethyl)-
9 2879
—, 5-chloro-2-[2-(1-naphthyl)ethyl]-
9 3396
—, 5-chloro-2-phenethyl- 9 2860
—, 5-chloro-2-phenyl- 9 2809
—, 2,6-dioxo-6-phenyl-,
ethyl ester 10 3590
—, 2,2-diphenyl- 9 3477
—, 3-hydroxy-3,5-dimethyl-2-phenyl-
10 909
—, 3-hydroxy-3-phenyl- 10 889
methyl ester 10 890
—, 6-mesityl-2,6-dioxo-,
ethyl ester 10 3594
—, 2-(2-methoxy-1-naphthyl)- 10 1212
—, 2-(3-methoxy-2-naphthyl)- 10 1212
—, 6-oxo-6-phenyl- 10 3169
—, 2-phenyl- 9 2809
—, 5-*p*-tolyl- 9 2835
Hex-5-enoic acid,
—, 2-benzamido-2-methyl- 9 1168
—, 2-benzylidene-4-oxo-6-phenyl-
10 3413
—, 3-benzylidene-4-oxo-6-phenyl-
10 3413
—, 3-benzyliden-6-(*p*-nitrophenyl)-
4-oxo- 10 3414
—, 2,3-dibenzylidene-4-oxo-6-phenyl-
10 3498

Hex-5-enoic acid *(continued)*
—, 6-(2,4-dihydroxyphenyl)-4-oxo-
   10 4606
—, 2,4-dioxo-6-phenyl-,
   ethyl ester 10 3590
—, 2,4-dioxo-6-(2,6,6-trimethyl⸗
   cyclohex-1-en-1-yl)-,
   methyl ester 10 3539
—, 3-hydroxy-3,6-diphenyl-2-styryl-
   10 1344
—, 6-(4-hydroxy-3-methoxyphenyl)-4-oxo-
   10 4606
—, 6-(*m*-hydroxyphenyl)-4-oxo- 10 4342
—, 6-(*o*-hydroxyphenyl)-4-oxo- 10 4342
—, 6-(*p*-hydroxyphenyl)-4-oxo- 10 4343
—, 3-hydroxy-6-phenyl-2-styryl-3-
   m-tolyl- 10 1344
—, 3-hydroxy-6-phenyl-2-styryl-3-
   p-tolyl- 10 1344
—, 6-(*p*-methoxyphenyl)-2,4-dioxo-
   10 4630
   ethyl ester 10 4631
—, 5-methyl-2,4-dioxo-6-phenyl-,
   ethyl ester 10 3592
—, 3-(2-nitrobenzylidene)-4-oxo-
   6-phenyl- 10 3413
—, 3-(4-nitrobenzylidene)-4-oxo-
   6-phenyl- 10 3413
—, 6-(*m*-nitrophenyl)-4-oxo- 10 3169
—, 6-(*o*-nitrophenyl)-4-oxo- 10 3169
—, 6-(*p*-nitrophenyl)-4-oxo- 10 3169
—, 4-oxo-6-phenyl- 10 3168
Hex-1-en-3-yne,
—, 5-(3,5-dinitrobenzoyloxy)- 9 1839
Hex-1-en-5-yne,
—, 3-(3,5-dinitrobenzoyloxy)-3-methyl-
   9 1839
Hex-3-en-1-yne,
—, 1-(cyclohex-1-en-1-yl)-5-
   (3,5-dinitrobenzoyloxy)- 9 1862
Hex-4-en-1-yne,
—, 1-(cyclohex-1-en-1-yl)-3-
   (3,5-dinitrobenzoyloxy)- 9 1862
Hex-2-en-5-ynoic acid,
—, 4-oxo-6-phenyl- 10 3263
Hex-1-yne,
—, 3-(cyclohexylcarbonyloxy)-
   3,5-dimethyl- 9 18
Hex-2-yne,
—, 1,4-bis(benzoyloxy)-6-ethoxy-
   4-methyl- 9 668
Hex-3-ynoic acid,
—, 2-cyclohexyl-2-(3,3-dimethylbut-
   1-ynyl)-5,5-dimethyl- 9 2902
—, 5,5-dimethyl-2,2-diphenyl- 9 3539
Hex-5-ynoic acid,
—, 4-hydroxy-4-phenyl- 10 993
—, 4-oxo-6-phenyl- 10 3232
Hiascinic acid 10 2108

Hinokic acid 9 2618
Hinokiol,
—, di-*O*-benzoyl- 9 606
Hippuramide 9 1128
   oxime 9 1139
   for N-derivs. see under *Benzamide*
Hippuramidine 9 1138
Hippuramidoxime
   see *Hippuramide oxime*
Hippuric acid 9 1123
   benzyl ester 9 1126
   4-bromophenacyl ester 9 1127
   2,3-dihydroxypropyl ester 9 1127
   ethyl ester 9 1125
   methyl ester 9 1125
   4-phenylphenacyl ester 9 1127
—, *o*-acetoxy- 10 158
—, 4-(*p*-acetoxyphenoxy)-3,5-diiodo-,
   ethyl ester 10 373
—, 2-bromo- 9 1387
—, α-carbamoyl- see *Malonamic acid,*
   benzamido-
—, 4-chloro- 9 1364
—, α-cyano-,
   benzyl ester 9 1188
   ethyl ester 9 1187
—, α-cyclohexylidene- 10 2822
—, α-(dichloromethylene)-3-methyl-
   9 2324
—, α-(dichloromethylene)-4-methyl-
   9 2347
—, α-[(diethylamino)methylene]-,
   ethyl ester 9 1246
   methyl ester 9 1245
—, 2,4-diiodo- 9 1453
—, 2,5-diiodo- 9 1454
—, 3,4-diiodo- 9 1454
—, 3,5-diiodo- 9 1455
—, 3,4-dimethoxy- 10 1428
—, 3,5-dinitro- 9 1937
—, α-[(ethoxycarbonylmethyl)⸗
   aminomethylene]-,
   ethyl ester 9 1246
—, α-[(*N*-ethoxycarbonylmethyl)⸗
   formimidoyl]-,
   ethyl ester 9 1246
—, α-formyl- see *Malonaldehydic acid,*
   benzamido-
   acetals see *Alanin, N-benzoyl-*
   3,3-bis(alkyloxy)-
—, 2-hydroxy- 10 154
   ethyl ester 10 155
—, 3-hydroxy- 10 254
—, 4-hydroxy- 10 341
—, 4-(4-hydroxy-3,5-diiodophenoxy)-
   3,5-diiodo- 10 373
—, 4-(*p*-hydroxyphenoxy)-3,5-diiodo-
   10 373
—, 3-methoxy- 10 255

Hippuric acid *(continued)*
—, 4-methoxy- **10** 342
—, β-methyl- **9** 1140
    ethyl ester **9** 1141
    methyl ester **9** 1140
—, 3-methyl- **9** 2324
—, β-methyl-3,5-dinitro- **9** 1938
—, β-methyl-4-nitro- **9** 1730
—, 2-nitro- **9** 1478
—, 3-nitro- **9** 1517
—, 4-nitro- **9** 1726
    ethyl ester **9** 1726
—, β-propyl- **9** 1141
—, 2,3,5-triiodo- **9** 1456
—, 3,4,5-triiodo- **9** 1461
—, 3,4,5-triiodo-β-methyl- **9** 1461
—, 3,4,5-trimethoxy- **10** 2092
    ethyl ester **10** 2092
Hippurohydroxamic acid 9 1139
Hippuronitrile
  see *Benzamide*, N-*(cyanomethyl)-*
Hippuroyl chloride 9 1128
D-Homoandrostane,
—, 3-acetoxy-17a-(benzoyloxy)- **9** 580
D-Homoandrostane-3,5-diol,
—, 17a-(benzoyloxy)- **9** 677
D-Homoandrostan-3-ol,
—, 17a-(benzoyloxy)- **9** 579
D-Homoandrostan-5-ol,
—, 3-acetoxy-17a-(benzoyloxy)- **9** 677
D-Homoandrostan-3-one,
—, 17a-(benzoyloxy)- **9** 738, 739
—, 17a-(benzoyloxy)-5-hydroxy- **9** 791
Homoapofenchocamphoric acid 9 3876
Homoarginine
  see *Lysine*, N⁶-*carbamimidoyl-*
Homoasaronic acid 10 2096
Homocamphoric acid 9 3916
β-Homocamphoric acid 9 3916
Homocaronic acid 9 3832, 3833
Homocaryophyllenic acid 9 3899
Homocassain 10 4286
Homocitrulline
  see *Lysine*, N⁶-*carbamoyl-*
Homocystine,
—, N,N′-dibenzoyl- **9** 1180
D-Homoestra-1,3,5,7,9-pentaene-17-carboxylic acid,
—, 3-methoxy-17a-oxo-,
    methyl ester **10** 4471, 4472
—, 6-methoxy-17a-oxo-,
    methyl ester **10** 4471
D-Homoestra-1,3,5(10)-triene-17a-carbonitrile,
—, 17a-acetoxy-3-(benzoyloxy)- **10** 1948
—, 3-acetoxy-17a-hydroxy- **10** 1948
—, 3-(benzoyloxy)-17a-hydroxy- **10** 1948
D-Homoestra-1,3,5(10)-trien-17a-one,
—, 3-(benzoyloxy)- **9** 760

Homogentisic acid 10 1456
Homohydnocarpic acid 9 281
Homoisofenchocamphoric acid 9 3917
Homoisophthalic acid
  see m-*Toluic acid*, α-*carboxy-*
Homoisovanillic acid 10 1458
Homonaphthalic acid 9 4474
Homophthalic acid
  see o-*Toluic acid*, α-*carboxy-*
Homopinic acid 9 3900
Homoprotocatechuic acid 10 1458
Homosantenic acid 9 3875
Homosekikaic acid 10 2137
Homoserine,
—, N-benzoyl- **9** 1178
—, N,O-dibenzoyl- **9** 1178
Homosyringic acid 10 2098
Homoterephthalic acid
  see p-*Toluic acid*, α-*carboxy-*
Homovanillic acid 10 1458
Homoveratric acid 10 1459
Hydantoic acid,
—, 5-benzoyl- **9** 1117
    ethyl ester **9** 1117
—, 5-(phenylacetyl)-,
    ethyl ester **9** 2208
Hydnocarpic acid 9 275
α-Hydnocarpin 9 277
Hydrangeaic acid 10 1995
Hydratropic acid 9 2417;
    for Derivs. see under Propionic acid
Hydrazine,
—, N-acetyl-N′-benziloyl- **10** 1179
—, N-acetyl-N′-(N-benzoyl-3,3-diethoxyalanyl)- **9** 1203
—, N-acetyl-N,N′-bis[2′-(methoxycarbonyl)biphenyl-2-ylcarbonyl]- **9** 4501
—, N-acetyl-N′-(chlorodiphenylacetyl)- **9** 3309
—, N-acetyl-N′-(cyclohexylcarbonyl)- **9** 31
—, N-acetyl-N′-(5,8-dibromo-2-naphthoyl)- **9** 3201
—, N-acetyl-N′-(ethoxydiphenylacetyl)- **10** 1180
—, N-acetyl-N-(fluorene-9-carbonyl)- **9** 3413
—, N-acetyl-N′-(2-naphthoyl)- **9** 3190
—, N-acetyl-N′-(pyrene-2-carbonyl)- **9** 3577
—, (α-azidobenzylidene)benzylidene- **9** 1324
—, (α-azido-4-methoxybenzylidene)-(4-methoxybenzylidene)- **10** 358
—, (α-azido-3-nitrobenzylidene)-(3-nitrobenzylidene)- **9** 1537
—, (α-azido-4-nitrobenzylidene)-(4-nitrobenzylidene)- **9** 1759

Hydrazine *(continued)*
—, *N*-benziloyl-*N'*-benzoyl- **10** 1180
—, *N*-benzoyl-*N'*-(4-chlorobenzoyl)-
   9 1372
—, *N*-benzoyl-*N'*-(chlorodiphenylacetyl)-
   9 3309
—, *N*-benzoyl-*N'*-(cyclohexylcarbonyl)-
   9 1317
—, *N*-benzoyl-*N'*-(diphenylacetyl)-
   9 3306
—, *N*-benzoyl-*N*-(fluorene-9-carbonyl)-
   9 3413
—, *N*-benzoyl-*N'*-(4-nitrobenzoyl)-
   9 1757
—, *N*-benzoyl-*N'*-(phenylacetyl)- **9** 2259
—, *N*-benzoyl-*N'*-thiobenzoyl- **9** 1987
—, *N*-benzoyl-*N'*-*p*-toluoyl- **9** 2353
—, benzylidene(α-chlorobenzylidene)-
   9 1323
—, *N*,*N'*-bis[α-benzamidocinnamoyl]-
   10 3015
—, *N*,*N'*-bisbenzimidoyl- **9** 1323
—, *N*,*N'*-bis{3-[*m*-(benzyloxy)phenyl]-
   propionyl}- **10** 538
—, *N*,*N'*-bis(12-carbazoylchrysene-
   6-carbonyl)- **9** 4698
—, *N*,*N'*-bis(2-carboxybenzoyl)- **9** 4201
—, *N*,*N'*-bis(2-carboxy-
   3,6-dichlorobenzoyl)- **9** 4204
—, *N*,*N'*-bis(2-carboxy-6-nitrobenzoyl)-
   9 4234
—, *N*,*N'*-bis(4-chlorobenzoyl)- **9** 1372
—, *N*,*N'*-bis(cyclohexylcarbonyl)- **9** 31
—, *N*,*N'*-bis(5,8-dichloro-2-naphthoyl)-
   9 3195
—, *N*,*N'*-bis(diphenylacetyl)- **9** 3306
—, *N*,*N'*-bis{[*o*-(ethoxycarbonyl)phenoxy]-
   acetyl}- **10** 119
—, *N*,*N'*-bis(3-iodo-2-naphthoyl)- **9** 3202
—, *N*,*N'*-bis[2-(methoxycarbonyl)benzoyl]-
   9 4201
—, *N*,*N'*-bis[2-(methoxycarbonyl)benzoyl]-
   N,*N'*-dimethyl- **9** 4201
—, *N*,*N'*-bis(3-methoxy-2-naphthoyl)-
   10 1091
—, *N*,*N'*-bis(3-nitrobenzoyl)- **9** 1534
—, *N*,*N'*-bis(4-nitrobenzoyl)- **9** 1757
—, *N*,*N'*-bis(2-nitrocinnamoyl)- **9** 2740
—, *N*,*N'*-bis(3-nitrocinnamoyl)- **9** 2744
—, *N*,*N'*-bis(phenylacetyl)- **9** 2259
—, *N*,*N'*-bis(2-phenylbutyryl)- **9** 2468
—, *N*,*N'*-bis(4,4',5,6-tetramethoxybiphenyl-
   2-ylcarbonyl)- **10** 2486
—, *N*,*N'*-bis(3,4,5-triethoxybenzoyl)-
   10 2095
—, *N*,*N'*-bis[3-(3,4,5-trimethoxyphenyl)-
   propionyl]- **10** 2121
—, (α-chlorobenzylidene)-(1-chloro-
   2,2-diphenylethylidene)- **9** 3306

—, (α-chlorobenzylidene)-[chloro-
   (fluoren-9-yl)methylene]- **9** 3413
—, (2-chlorobenzylidene)-
   (2,α-dichlorobenzylidene)- **9** 1344
—, (α-chlorobenzylidene)-(1,2-dichloro-
   2,2-diphenylethylidene)- **9** 3309
—, (α-chloro-4-methoxybenzylidene)-
   (4-methoxybenzylidene)- **10** 357
—, (α-chloro-4-methylbenzylidene)-
   (4-methylbenzylidene)- **9** 2353
—, (α-chloro-3-nitrobenzylidene)-
   (3-nitrobenzylidene)- **9** 1536
—, (α-chloro-4-nitrobenzylidene)-
   (4-nitrobenzylidene)- **9** 1758
—, *N*,*N*-diacetyl-*N'*-(diphenylacetyl)-
   9 3305
—, *N*,*N'*-dibenzoyl- **9** 1318
—, *N*,*N*-dibenzoyl-*N'*,*N'*-bis(2-hydroxy-
   1,2-dimethylpropyl)- **9** 1318
—, *N*,*N*-dibenzoyl-*N'*-*sec*-butyl- **9** 1317
—, *N*,*N'*-dibenzoyl-*N*,*N'*-diheptyl-
   9 1318
—, *N*,*N*-dibenzoyl-*N'*-(1-ethylpropyl)-
   9 1318
—, *N*,*N'*-dihippuroyl- **9** 1139
—, *N*,*N'*-di(1-naphthoyl)- **9** 3147
—, *N*,*N'*-di(2-naphthoyl)- **9** 3190
—, *N*,*N'*-di(pyrene-2-carbonyl)- **9** 3577
—, *N*,*N'*-di-*p*-toluimidoyl- **9** 2354
—, *N*,*N'*-di-*m*-toluoyl- **9** 2326
—, *N*,*N'*-di-*o*-toluoyl- **9** 2308
as-**Hydrindacene-4-carboxylic acid**
   9 3090
      methyl ester **9** 3090
s-**Hydrindacene-4-carboxylic acid 9** 3090
      methyl ester **9** 3090
s-**Hydrindacene-2,6-dicarboxylic acid,**
—, 1,7-dioxo-,
      dimethyl ester **10** 4073
Hydroapocamphorylacetic acid 9 3915
Hydrochloroteresantalic acid 9 221
Hydrocinnamic acid
   see *Propionic acid, 3-phenyl-*
Hydrosinapic acid 10 2120
Hydroxyeremophilone,
—, O-benzoyl- **9** 735
Hydroxylamine,
—, O-benzoyl-*N*,*N*-diethyl- **9** 1273
—, O-benzoyl-*N*,*N*-dipropyl- **9** 1273
—, *N*,O-bis(2-chlorobenzoyl)- **9** 1340
—, *N*,O-bis(2-nitrobenzoyl)- **9** 1481
—, *N*,O-bis(phenylacetyl)- **9** 2257
—, *N*,O-di-*p*-anisoyl- **10** 354
—, *N*,O-dibenzoyl- **9** 1306
—, *N*,O-di-*p*-toluoyl- **9** 2351
—, *N*,*N*,O-tribenzoyl- **9** 1306
Hyocholadienic acid 9 3126
Hyocholanic acid 9 2657
Hyodeoxybilianic acid 10 4127

Hyodeoxycholic acid **10** 1631
α-Hyodeoxycholic acid **10** 1631
β-Hyodeoxycholic acid **10** 1630
Hypericin,
—, hexa-O-benzoyl- **9** 851
—, hexakis-O-(4-bromobenzoyl)- **9** 1416
Hypoparellinic acid **10** 2116
Hyposalazic acid,
—, penta-O-methyl- **10** 4722
Hypothamnolic acid **10** 2453

I

Icaritolic acid **10** 4799
Icterogenin **10** 4649
Imbricaric acid **10** 1579
as-Indacene-3-carboxylic acid,
—, 6-(1,5-dimethylhexyl)-3,5a-
    dimethyldodecahydro- **9** 357
—, 6-(1,5-dimethylhexyl)-3,5a-dimethyl-
    1-oxododecahydro- **10** 2968
    methyl ester **10** 2968
—, 6-(1,5-dimethylhexyl)-3,5a-dimethyl-
    1-semicarbazonododecahydro-
    10 2968
    methyl ester **10** 2969
as-Indacene-4-carboxylic acid,
—, 1,2,3,3a,4,5,5a,6,7,8-decahydro-,
    methyl ester **9** 2596
as-Indacene-1,2-dicarboxylic acid,
—, 3-(2-carboxyethyl)-6-(3-carboxy-
    1-methylpropyl)-1-hydroxy-3,5a-
    dimethyl-5-oxododecahydro-
    10 4869
—, 1-hydroxy-3-[2-(methoxycarbonyl)=
    ethyl]-6-[3-(methoxycarbonyl)-
    1-methylpropyl]-3,5a-dimethyl-
    5-oxododecahydro-,
    dimethyl ester **10** 4869
Indan,
—, 2-(benzoyloxy)- **9** 454
—, 5-(benzoyloxy)- **9** 454
—, 1-(benzoyloxy)-2-bromo- **9** 454
—, 5-(benzoyloxy)-4,7-dimethyl- **9** 455
—, 5-(benzoyloxy)-6-methyl- **9** 455
—, 2,3-bis(benzoyloxy)-1,1-dimethyl-
    9 588
—, 5,6-bis(3,5-dinitrobenzoyloxy)-
    1-ethyl-2-methyl- **9** 1912
—, 2-bromo-1-(4-nitrobenzoyloxy)-
    9 1600
—, 5-(3,5-dinitrobenzoyloxy)-1-ethyl-
    2-methyl- **9** 1863
—, 5-(3,5-dinitrobenzoyloxy)-
    2-isopropyl-4,7-dimethyl- **9** 1865
—, 1-(4-nitrobenzoyloxy)-hexahydro-
    9 1566
—, 4-(4-nitrobenzoyloxy)-hexahydro-
    9 1567

—, 5-(4-nitrobenzoyloxy)-hexahydro-
    9 1567
Indan-1-carbonitrile,
—, 2-imino- **10** 3154
—, 1-methyl-2-oxo- **10** 3168
Indan-2-carbonitrile,
—, 2-hydroxy- **10** 873
—, 2-hydroxyhexahydro- **10** 59
—, 5-methoxy-1-oxo- **10** 4335
—, 5-methoxy-1-semicarbazono- **10** 4335
—, 1-oxo- **10** 3155
—, 2-phenyl- **9** 3461
Indan-4-carbonitrile **9** 2777
—, 1,7-dimethyl- **9** 2831
—, 7-ethyl- **9** 2830
—, 4-isopropyl- **9** 2858
—, 6-methyl- **9** 2806
—, 7-methyl- **9** 2807
—, 1-oxo- **10** 3155
Indan-5-carbonitrile **9** 2777
Indan-2-carbonyl chloride,
—, hexahydro- **9** 219
Indan-4-carbonyl chloride,
—, 7-methyl- **9** 2806
—, 7a-methylhexahydro- **9** 235
Indan-1-carboxamide **9** 2776
—, hexahydro- **9** 218
—, 3-oxo- **10** 3154
Indan-2-carboxamide,
—, hexahydro- **9** 219
—, 1-methyl-3-phenyl- **9** 3473
Indan-4-carboxamide **9** 2777
—, 1,7-dimethyl- **9** 2831
—, 7-methyl- **9** 2807
Indan-5-carboxamide **9** 2777
Indan-1-carboxylic acid **9** 2776
    methyl ester **9** 2776
—, 2-acetyl-3-oxo-,
    ethyl ester **10** 3591
—, 2-benzhydryl-2-chloro-1-hydroxy-
    3-oxo- **10** 4499
    methyl ester **10** 4499
—, 2-[3-(*p*-bromophenyl)propyl]-
    1,2-dihydroxy-3-oxo- **10** 4694
—, 2-chloro-2-(3-cyclohexylpropyl)-
    1-hydroxy-3-oxo- **10** 4385
    methyl ester **10** 4386
—, 2-chloro-1-hydroxy-2-isopentyl-
    3-oxo- **10** 4356
—, 2-(4-cyclohexylbutyl)-1,2-dihydroxy-
    3-oxo- **10** 4638
—, 2-cyclohexyl-1,2-dihydroxy-3-oxo-
    10 4637
—, 2-(3-cyclohexylpropyl)-
    1,2-dihydroxy-3-oxo- **10** 4638
    methyl ester **10** 4638
—, 1,2-dihydroxy-2-isopentyl-3-oxo-
    10 4161
    methyl ester **10** 4611

Indan-1-carboxylic acid *(continued)*
—, 1,2-dihydroxy-2-(3-methylbut-2-enyl)-3-oxo- **10** 4635
    methyl ester **10** 4636
—, 1,2-dihydroxy-2-methyl-3-oxo- **10** 4605
    methyl ester **10** 4605
—, 1,2-dihydroxy-2-(2-naphthyl)-3-oxo- **10** 4707
—, 1,2-dihydroxy-3-oxo-2-[3-(p-phenoxyphenyl)propyl]- **10** 4785
—, 2-(3,7-dimethyloctyl)-1,2-dihydroxy-3-oxo- **10** 4612
—, 2,3-diphenyl- **9** 3638
    methyl ester **9** 3638
—, hexahydro- **9** 218
—, 6-methyl-3-oxohexahydro- **10** 2923
—, 3-methyl-1,2,3-triphenyl- **9** 3688
—, 3-oxo- **10** 3154
    ethyl ester **10** 3154
—, 3-oxohexahydro- **10** 2910
    ethyl ester **10** 2910
—, 2-oxo-3-phenyl-,
    ethyl ester **10** 3382
—, 3-phenyl- **9** 3460
    ethyl ester **9** 3460
    methyl ester **9** 3460
—, 3-semicarbazono-,
    ethyl ester **10** 3154
—, 3-semicarbazonohexahydro- **10** 2910
    ethyl ester **10** 2910

Indan-2-carboxylic acid 9 2776
    2-(diethylamino)ethyl ester **9** 2776
    methyl ester **9** 2776
—, 2-allyl-1,3-dioxo-,
    ethyl ester **10** 3609
—, 2-bromo-1,3-dioxo-,
    ethyl ester **10** 3588
    methyl ester **10** 3588
—, 5-bromo-1,3-dioxo-,
    ethyl ester **10** 3588
—, 5-chloro-1,3-dioxo-,
    ethyl ester **10** 3588
—, 2-cyano-,
    benzylidenehydrazide **9** 4393
    ethyl ester **9** 4393
    hydrazide **9** 4393
—, 1,3-dioxo-,
    butyl ester **10** 3588
    ethyl ester **10** 3587
    methyl ester **10** 3587
—, hexahydro- **9** 218
    methyl ester **9** 219
—, 2-hydroxyhexahydro- **10** 58
    methyl ester **10** 59
—, 1-(hydroxyimino)- **10** 3154
—, 1-methyl- **9** 2806
—, 1-methyl-3-phenyl- **9** 3472
    methyl ester **9** 3473
—, 1-methyl-1,2,3-triphenyl- **9** 3688

—, 5-nitro-1,3-dioxo-,
    ethyl ester **10** 3589
    methyl ester **10** 3588
—, 1-oxo- **10** 3154
—, 1-oxohexahydro-,
    ethyl ester **10** 2911
—, 2-phenyl- **9** 3460
    2-(diethylamino)ethyl ester **9** 3460

Indan-3a(4H)-carboxylic acid,
—, 2-isopropyl-4,7-dimethyl-6-oxo-5,6-dihydro-,
    ethyl ester **10** 2965

Indan-4-carboxylic acid 9 2776
—, 1-acetyl-1-hydroxy-3a,5-dimethyl-6-oxohexahydro- **10** 4505
—, 4-bromo-7a-methylhexahydro-,
    ethyl ester **9** 236
—, 1,7-dimethyl- **9** 2831
—, 5,6-dimethyl- **9** 2831
—, 1-ethyl-3a,5-dimethyl-6-oxohexahydro- **10** 2948
—, 1-ethyl-6-(hydroxyimino)-3a,5-dimethylhexahydro- **10** 2948
—, 1-ethylidene-3a,5-dimethyl-6-oxohexahydro- **10** 2963
—, 1-ethylidene-6-(hydroxyimino)-3a,5-dimethylhexahydro- **10** 2964
—, 1-methyl- **9** 2806
—, 6-methyl- **9** 2806
—, 7-methyl- **9** 2806
—, 3a-methyl-5,7-dioxohexahydro-,
    ethyl ester **10** 3529
—, 7a-methylhexahydro- **9** 235
—, 7a-methyl-5,6,7,7a-tetrahydro- **9** 320
—, 7a-methyl-7-oxohexahydro- **10** 2923
—, 7a-methyl-7-semicarbazonohexahydro- **10** 2923

Indan-5-carboxylic acid 9 2777
—, 3-(p-carboxyphenyl)-1,1,3-trimethyl- **9** 4644
—, 3-[p-(ethoxycarbonyl)phenyl]-1,1,3-trimethyl-,
    ethyl ester **9** 4644
—, 6-hydroxy- **10** 874
—, 6-methoxy-4-methyl-1,3-dioxo-,
    methyl ester **10** 4630
—, 1-methyl-6-oxo-3a,4,5,6-tetrahydro-,
    ethyl ester **10** 2956
—, 4-oxohexahydro-,
    methyl ester **10** 2911
—, 6-oxohexahydro-,
    ethyl ester **10** 2911
—, 6-oxo-3a,4,5,6-tetrahydro-,
    ethyl ester **10** 2954
—, 1,1,3,3-tetramethyl- **9** 2878

Indan-1,1-dicarboxylic acid,
—, 3-phenyl- **9** 4614
    dimethyl ester **9** 4614

Indan-1,2-dicarboxylic acid
9 4392
    dimethyl ester 9 4393
    1-ethyl ester 9 4393
—, 2,6-dimethyl-3-oxohexahydro-,
    diethyl ester 10 3937
—, 2-methyl-3-oxohexahydro-,
    diethyl ester 10 3934
—, 6-methyl-3-oxohexahydro-,
    diethyl ester 10 3934
—, 3-oxohexahydro-,
    diethyl ester 10 3932
Indan-1,6-dicarboxylic acid,
—, 4-bromo-2,2-dichloro-1-hydroxy-
    3-oxo- 10 4751
Indan-2,5-dicarboxylic acid,
—, 2-bromo-6-methoxy-4-methyl-
    1,3-dioxo-,
    dimethyl ester 10 4811
—, 2-chloro-6-methoxy-4-methyl-
    1,3-dioxo-,
    dimethyl ester 10 4811
—, 6-methoxy-4-methyl-1,3-dioxo-,
    dimethyl ester 10 4810
Indan-4,5-dicarboxylic acid,
—, 3a,4,5,6-tetrahydro-
    9 4055
Indan-4,6-dicarboxylic acid,
—, 5-hydroxy-,
    diethyl ester 10 2264
—, 7a-methyl-7-oxohexahydro-,
    diethyl ester 10 3935
Indan-4,7-dicarboxylic acid,
—, 1,2-dibromo-4,5,6,7-tetramethyl-
    3a,4,7,7a-tetrahydro- 9 4078
—, 4,5,6,7-tetramethyl-3a,4,7,7a-
    tetrahydro- 9 4078
Indan-1,3-dione,
—, 2-(benzoyloxy)- 9 796
—, 2-(8b-hydroxy-3-methyl-2-oxo-
    2,3,3a,8b-tetrahydro-4H-indeno-
    [1,2-b]furan-2-ylidene)- 10 4031
—, 2-(8b-hydroxy-2-oxo-3-phenyl-
    2,3,3a,8b-tetrahydro-4H-indeno-
    [1,2-b]furan-2-ylidene)- 10 4037
—, 2-(8b-hydroxy-2-oxo-2,3,3a,8b-
    tetrahydro-4H-indeno[1,2-b]furan-
    2-ylidene)- 10 4030
Indan-1-ol,
—, 6-(benzoyloxy)- 9 587
Indan-1-one
    O-benzoyloxime 9 1281
—, 6-(benzoyloxy)- 9 742
—, hexahydro-,
    O-benzoyloxime 9 1275
Indan-2-one
    O-benzoyloxime 9 1281
—, hexahydro-,
    O-benzoyloxime 9 1275, 1276

Indan-4(3aH)-one,
—, tetrahydro-,
    O-benzoyloxime 9 1276
Indan-5(4H)-one,
—, tetrahydro-,
    O-benzoyloxime 9 1276
Indan-1,2,3-tricarboxylic acid,
—, 1-(carboxymethyl)- 9 4883
Indene,
—, 6-(benzoyloxy)-2-[p-(benzoyloxy)-
    phenyl]-3-ethyl-1-methyl- 9 647
—, 3-benzoyloxy)-1,1,2-triphenyl- 9 532
—, 3-(4-chlorobenzoyloxy)-
    1,1,2-triphenyl- 9 1358
—, 3-ethyl-1-methyl-6-
    (4-nitrobenzoyloxy)-2-[p-
    (4-nitrobenzoyloxy)phenyl]- 9 1653
—, 5-(4-nitrobenzoyloxy)-
    3,4,5,6,7,7-hexahydro-4,7-methano-
    9 1595
—, 6-(4-nitrobenzoyloxy)-
    3,4,5,6,7,7-hexahydro-4,7-methano-
    9 1595
Indene-3-carbonitrile,
—, 2-amino- 10 3154
—, 2-methoxy- 10 991
Indene-6-carbonitrile,
—, 1-oxo-2,3-diphenyl- 10 3488
Indene-3-carbonyl chloride 9 3069
Indene-3-carboxamide 9 3069
Indene-1-carboxylic acid 9 3068
—, 1,3-diphenyl-,
    methyl ester 9 3652
—, 3-phenyl-,
    ethyl ester 9 3505
    methyl ester 9 3505
Indene-2-carboxylic acid 9 3069
—, 3-acetoxy-1-oxo-,
    ethyl ester 10 4375
—, hexahydro- 9 312
—, 1-hydroxy- 10 990
—, 5-isopropyl-3,7-dimethyl- 9 3102
—, 7-methoxy-1-oxo- 10 4375
—, 3-methyl- 9 3078
Indene-3-carboxylic acid 9 3069
    2-(diethylamino)ethyl ester 9 3069
—, 2-bromo-1,1-diphenyl- 9 3652
—, 2-cyclohexyl-1-oxo- 10 3280
—, 2-methyl-1-oxo- 10 3231
    methyl ester 10 3231
—, 2-methyl-1-semicarbazono- 10 3231
Indene-4-carboxylic acid,
—, 2,7-dimethyl-1-oxo-
    3a,5,6-tetraphenyl-3a,4,7,7a-
    tetrahydro- 10 3511
—, 2,3,3a,4,5,6,7-heptachloro-1-oxo-
    3a,4-dihydro-,
    methyl ester 10 3155
    ethyl ester 10 3155

Indene-7-carboxylic acid,
—, 2,7-dimethyl-1-oxo-
3,3a,5,6-tetraphenyl-3a,4,7,7a-
tetrahydro- **10** 3511
—, 1-oxo-2,3,4,5-tetraphenyl-3a,4,7,7a-
tetrahydro-,
methyl ester **10** 3510
—, 1-oxo-3,3a,5,6-tetraphenyl-
3a,4,7,7a-tetrahydro- **10** 3510
ethyl ester **10** 3510
methyl ester **10** 3510
—, 4,5,6,7-tetraphenyl-3a,4,7,7a-
tetrahydro- **9** 3694
Indene-1,1-dicarboxylic acid,
—, 3-phenyl-,
dimethyl ester **9** 4654
Indene-2,3-dicarboxylic acid 9 4432
Indene-4,7-dicarboxylic acid,
—, 4,5,6,7-tetramethyl-3a,4,7,7a-
tetrahydro- **9** 4353
**6H-Indeno[1,2-b]anthracene-1-carboxylic
acid,**
—, 6,11,13-trioxo-11,13-dihydro-
10 4036
**6H-Indeno[1,2-j]fluoranthene-
5-carboxylic acid,**
—, 6-(hydroxyimino)-4-phenyl- **10** 3512
—, 6-oxo-4-phenyl- **10** 3512
Indeno[1,2-a]fluorene-5-carboxamide,
—, 7,12-dioxo-7,12-dihydro- **10** 3677
**Indeno[1,2-a]fluorene-5-carboxylic
acid,**
—, 7,12-dioxo-7,12-dihydro- **10** 3677
ethyl ester **10** 3677
2H-Indeno[1,2-b]furan-2,3(3aH)-dione,
—, 8b-hydroxy-6,7-dimethoxy-4,8b-
dihydro- **10** 4751
2H-Indeno[1,2-b]furan-2,4(3aH)-dione,
—, 8b-hydroxy-3,8b-dihydro- **10** 3590
—, 8b-hydroxy-3a-methyl-3,8b-dihydro-
10 3592
2H-Indeno[2,1-b]furan-2,8(8aH)-dione,
—, 8a-hydroxy-3,3a-dihydro- **10** 3589
2H-Indeno[1,2-b]furan-2-one,
—, 3-benzhydrylidene-8b-hydroxy-
4-phenyl-3,8b-dihydro- **10** 3508
—, 3-benzylidene-8b-hydroxy-4-phenyl-
3,8b-dihydro- **10** 3497
—, 4-(3,4-dimethoxyphenyl)-8b-hydroxy-
6,7-dimethoxy-3,8b-dihydro- **10** 4832
—, 3-(3,3-diphenylallylidene)-8b-
hydroxy-4-phenyl-3,8b-dihydro-
10 3509
—, 8b-hydroxy-4-(p-methoxyphenyl)-3,8b-
dihydro- **10** 4477
—, 8b-hydroxy-4-(2-naphthyl)-3,8b-
dihydro- **10** 3472
—, 8b-hydroxy-4-phenyl-3,8b-dihydro-
10 3406

**3H-Indeno[1,2,3-de]isochromene-10b(1H)-
carboxylic acid,**
—, 1-hydroxy-1-(o-hydroxyphenyl)-3-oxo-
10 4796
Inden-1-one,
—, 2-(benzoyloxy)-3-hydroxy- **9** 796
—, 2-[p-(benzoyloxy)phenyl]-3-phenyl-
9 777
**12aH-Indeno[1,2-l]phenanthrene-12a-
carboxylic acid,**
—, 10,11,12,13-tetrahydro- **9** 3641
ethyl ester **9** 3641
**13H-Indeno[1,2-c]phenanthrene-
6-carboxylic acid 9** 3665
**13H-Indeno[1,2-l]phenanthrene-
13-carboxylic acid,**
—, 13-phenyl- **9** 3692
**11H-Indeno[1,2-a]triphenylene-
10-carboxylic acid,**
—, 11-oxo-9-phenyl- **10** 3512
Inositol,
—, hexa-O-benzoyl- **9** 713
—, hexakis-O-(3,5-dinitrobenzoyl)- **9** 1922
Inosose,
—, penta-O-benzoyl- **9** 846
Ionol,
—, O-benzoyltetrahydro- **9** 409
—, O-(2-carboxybenzoyl)tetrahydro- **9** 4138
—, O-(3,5-dinitrobenzoyl)tetrahydro- **9** 1818
α-Ionol,
—, O-benzoyl- **9** 415
—, O-(4-nitrobenzoyl)- **9** 1581
β-Ionol,
—, O-benzoyl- **9** 415
—, O-(4-nitrobenzoyl)- **9** 1580
α-Ionone
(4-chlorobenzoyl)hydrazone **9** 1369
(3-nitrobenzoyl)hydrazone **9** 1529
β-Ionone
(4-chlorobenzoyl)hydrazone **9** 1369
(3-nitrobenzoyl)hydrazone **9** 1528
Ironic acid,
—, tetrahydro- **9** 124
Isatronic acid 9 3516
α-Isatropic acid 9 4635
β-Isatropic acid 9 4634, 4635
Isethionic acid see
Ethanesulfonic acid, 2-hydroxy-
Isoabietic acid 9 2909
Isoalantoic acid 10 659
Isoalantolic acid,
—, dihydro- **10** 82
Isoalloetiolithobilianic acid 9 4784
Isoallolithobilianic acid 9 4789
Iso-α-amyradienonol,
—, O-benzoyl- **9** 760
Iso-α-amyrenonol,
—, O-benzoyl- **9** 753

Isoaposantenic acid **9** 3825
Isoarctigenic acid **10** 2584
Isoasparagine,
—, N^2-benzoyl- **9** 1189
Isobenihic acid **9** 219
Isobenzofuran-1(3H)-one,
—, 3-benzyl-3-hydroxyhexahydro- **10** 3197
—, 3-benzyl-3-hydroxy-
4,5,6,7-tetrahydro- **10** 3236
—, 3-benzyl-3-hydroxy-5,6,7,7a-
tetrahydro- **10** 3236
—, 3a-bromo-3-(p-bromophenyl)-
3-hydroxyhexahydro- **10** 3189
—, 3-butyl-3-hydroxyhexahydro- **10** 2886
—, 3-butyl-3-hydroxy-
3a,4,5,6-tetrahydro- **10** 2933
—, 3-hydroxy-5,6-dimethyl-3-phenyl-
3a,4,7,7a-tetrahydro- **10** 3239
—, 3-hydroxy-5,6-dimethyl-3-p-tolyl-
3a,4,7,7a-tetrahydro- **10** 3243
—, 3-hydroxy-5,6-dimethyl-3-(2,4-xylyl)-
3a,4,7,7a-tetrahydro- **10** 3243
—, 3-hydroxy-5,6-dimethyl-3-(2,5-xylyl)-
3a,4,7,7a-tetrahydro- **10** 3244
—, 3-hydroxy-3-(p-methoxyphenyl)-
5,6-dimethyl-3a,4,7,7a-tetrahydro-
10 4381
—, 3-hydroxy-3-methyl-4,7-diphenyl-
3a,4,7,7a-tetrahydro- **10** 3421
—, 3-hydroxy-5-methyl-3-phenyl-
3a,4,5,7a-tetrahydro- **10** 3237
—, 3-hydroxy-3-(1-naphthyl)hexahydro-
10 3357
—, 3-hydroxy-3-(1-naphthyl)-3a,4,7,7a-
tetrahydro- **10** 3395
—, 3-hydroxy-3-phenyl-3a,4,7,7a-
tetrahydro- **10** 3234
—, 3-hydroxy-3-propylhexahydro-
10 2875
—, 3-hydroxy-3-p-tolyl-3a,4,7,7a-
tetrahydro- **10** 3237
—, 3-hydroxy-3,5,6-trimethyl-3a,4,7,7a-
tetrahydro- **10** 2921
Isobenzofuran-1(7aH)-one,
—, 3-(p-bromophenyl)-3,3a-
dihydroxyhexahydro- **10** 4350
Isobilianic acid **10** 4151
Isoborneol,
—, O-(2-carboxybenzoyl)- **9** 4152
—, O-(3,5-dinitrobenzoyl)- **9** 1834
—, O-(4-nitrobenzoyl)- **9** 1574
Isobufocholanoic acid **9** 2656
—, hydroxy- **10** 686
Isocamphenilanic acid **9** 222
Isocamphoric acid **9** 3878, 3879
Isocarvomenthol,
—, O-(2-carboxybenzoyl)- **9** 4135
—, O-(3,5-dinitrobenzoyl)- **9** 1815
—, O-(4-nitrobenzoyl)- **9** 1560

Isocarvomenthone
O-(4-nitrobenzoyl)oxime **9** 1749
Isocassanic acid **9** 356
Isocedrenedicarboxylic acid **9** 4030
Isochaulmoogric acid **9** 284
Isochavibetol,
—, O-benzoyl- **9** 584
Isochollepidanic acid **10** 4121
β-Isocholoidanic acid **9** 4904
Isochroman-1,4-dione,
—, 3-ethyl-3-hydroxy- **10** 3551
Isochroman-3,4-dione,
—, 1-acetyl-1-hydroxy- **10** 3977
—, 1-(1-chloroethyl)-1-hydroxy- **10** 3554
—, 1-ethyl-1-hydroxy- **10** 3554
Isochroman-1-one,
—, 3,8-dihydroxy-6-[6-hydroxy-
4-methoxy-2-(2-oxoheptyl)-
benzoyloxy]-3-pentyl- **10** 4567
—, 3,6-dihydroxy-8-methoxy-3-pentyl-
10 4565
—, 3,8-dihydroxy-6-methoxy-3-pentyl-
10 4565
—, 3-(2,4-dihydroxyphenyl)-3-hydroxy-
10 4672
—, 3-(3,4-dimethoxyphenyl)-3-hydroxy-
10 4673
—, 3-(3,4-dimethoxyphenyl)-3-hydroxy-
8-methoxy- **10** 4766
—, 3-hydroxy-6,8-dimethoxy-3-methyl-
10 4550
—, 3-hydroxy-6,8-dimethoxy-3-pentyl-
10 4565
—, 3-hydroxy-6,8-dimethoxy-3-propyl-
10 4562
—, 3-hydroxy-3,4-dimethyl- **10** 3072
—, 3-hydroxy-4,4-dimethyl-3-phenyl-
10 3344
—, 3-hydroxy-3,4-diphenyl- **10** 3458
—, 3-hydroxy-3-(4-hydroxy-5-isopropyl-
2-methylphenyl)- **10** 4460
—, 3-hydroxy-3-(p-hydroxyphenyl)-
10 4434
—, 3-hydroxy-3-(4-hydroxy-m-tolyl)-
10 4449
—, 3-hydroxy-3-(4-hydroxy-o-tolyl)-
10 4449
—, 3-hydroxy-3-(4-hydroxy-2,5-xylyl)-
10 4455
—, 3-hydroxy-6-methoxy-3-
(p-methoxyphenyl)- **10** 4672
—, 3-hydroxy-3-(p-methoxyphenyl)- **10** 4435
—, 3-hydroxy-3-phenyl- **10** 3311
—, 3-hydroxy-3,4,4,7-tetramethyl- **10** 3100
—, 3-hydroxy-3,4,6,7-tetraphenyl- **10** 3509
—, 3-hydroxy-3,4,4-trimethyl- **10** 3086
—, 3-hydroxy-3,4,8-trimethyl- **10** 3088
—, 3,4,6,8-tetrahydroxy-3-methyl-
10 4726

Isochroman-1-one *(continued)*
—, 3,6,8-trihydroxy-3-methyl- **10** 4550
—, 3,6,8-trihydroxy-3-pentyl- **10** 4565
Isochroman-3-one,
—, 1,4-dihydroxy-1,4-diphenyl- **10** 4492
—, 1-hydroxy-4,4-dimethyl-3-phenyl-
    10 3345
—, 1-hydroxy-1-(*p*-methoxyphenyl)-
    10 4436
—, 1-hydroxy-4-methyl-1,4-diphenyl-
    10 3463
—, 1-hydroxy-8-methyl-1-(2,6-xylyl)-
    10 3354
—, 1-hydroxy-1,4,4-triphenyl- **10** 3502
1*H*-Isochromene-1-carboxylic acid,
—, 6,8-diacetoxy-1-hydroxy-
    3,4,5-trimethyl- **10** 4744
Isocochenillic acid 10 2573
Isocyclocamphan-2-ol,
—, *O*-(3,5-dinitrobenzoyl)- **9** 1842
Isodehydrooleanolic acid 10 1148
Isodehydroursolic acid 10 1144
Isodeoxybilianic acid 10 4126
Isodigitoxigeninic acid 10 4581
Isodigoxigeninic acid 10 4735
Isodigoxigenonic acid
       methyl ester **10** 4757
Isodihydroabietic acid 9 2636
Isodihydrocinerin-I 9 101
Isodihydrocinerin-II 9 3901
Isodihydropyrethrin-I 9 102
Isodihydropyrethrin-II 9 3901
Isodihydrotubaic acid 10 1863
Isodioxycholenic acid 10 1887
β-Isodioxycholenic acid 10 1887
Isodivaricatinic acid 10 1559
Isoelemadienic acid 9 3129
Isoelemenetrionic acid 10 4002
Isoelemenic acid 9 2929
Isoelemenonic acid 10 3225
Isoeugenol,
—, *O*-benzoyl- **9** 584
Isoevernic acid 10 1489
Isoeverninic acid 10 1480
Isofenchocamphononic acid 10 2848
Isofenchocamphoric acid 9 3898
α-Isofenchocamphorol,
—, *O*-(2-carboxybenzoyl)- **9** 4143
β-Isofenchocamphorol,
—, *O*-(2-carboxybenzoyl)- **9** 4143
α-Isofenchol,
—, *O*-benzoyl- **9** 413
—, *O*-(2-carboxybenzoyl)- **9** 4151
β-Isofenchol,
—, *O*-(2-carboxybenzoyl)- **9** 4151
Isoferulic acid 10 1835
Isogitoxigeninic acid 10 4735
Isoglutamine,
—, *N*²-benzoyl- **9** 1190

Isohematommic acid 10 4534
Isohemipic acid 10 2435
Isohomonorcamphoric acid 9 3823
Isohomopinocamphoric acid 9 3919
Isoindolin-1-one,
—, 2-ethyl-3-hydroxy-3-phenyl- **10** 3295
—, 3-hydroxy-3-phenyl- **10** 3295
Isoisopulegol,
—, *O*-(3,5-dinitrobenzoyl)- **9** 1830
Isoketodiacetylhederagenin 10 4648
Isoketopinic acid 10 2914, 2915
Isolauronolic acid 9 186
Isolavandulol,
—, *O*-(3,5-dinitrobenzoyl)- **9** 1825
Isoleucine,
—, *N*-benzoyl- **9** 1161
—, *N*-(3,5-dinitrobenzoyl)- **9** 1940
—, *N*-(4-nitrobenzoyl)- **9** 1735
—, *N*-[(*p*-nitrophenyl)acetyl]- **9** 2290
—, *N*-(phenylacetyl)- **9** 2219
—, *N*-(phenylthioacetyl)- **9** 2296
Isolithobilianic acid 9 4789
Isolongifolic acid 9 346
Isomagnolol,
—, di-*O*-benzoyl- **9** 647
Isomenthol,
—, *O*-(2-carboxybenzoyl)- **9** 4136
—, *O*-(3,5-dinitrobenzoyl)- **9** 1816
—, *O*-(2-naphthoyl)- **9** 3178
—, *O*-(4-nitrobenzoyl)- **9** 1561, 1562
Isomyrtanic acid 9 219
Isomyrtanol,
—, *O*-benzoyl- **9** 413
—, *O*-(2-carboxybenzoyl)- **9** 4150
Isonoragathenic acid 9 2634
Isonoragathic acid,
—, dihydro-,
       methyl ester **9** 350
α-Isonorcholic acid 10 2157
Isonorcilianic acid 10 4171
Isooleanolic acid,
—, keto- **10** 4391
Isoolivilic acid,
—, di-*O*-methyl- **10** 2630
Isophotosantonic acid 10 4505
Isophthalaldehydic acid
       2-chloroethyl ester **10** 2989
       ethyl ester **10** 2988
       methyl ester **10** 2988
—, 4-(benzyloxy)-2-hydroxy- **10** 4514
       methyl ester **10** 4515
—, 2-(benzyloxy)-4-hydroxy-6-methyl-,
       methyl ester **10** 4537
—, 4-(benzyloxy)-2-hydroxy-6-methyl-,
       methyl ester **10** 4538
—, 2-(benzyloxy)-4-methoxy-6-methyl-,
       methyl ester **10** 4538
—, 4-(benzyloxy)-2-methoxy-6-methyl-,
       methyl ester **10** 4538

Isophthalaldehydic acid *(continued)*
—, 2,4-bis(benzyloxy)-,
   methyl ester **10** 4515
—, 2,4-bis(benzyloxy)-6-methyl-,
   methyl ester **10** 4538
—, 2,4-bis(ethoxycarbonylmethoxy)-,
   methyl ester **10** 4516
—, 2,4-bis(ethoxycarbonyloxy)-6-methyl-,
   methyl ester **10** 4538
—, 5-bromo-2,4-dihydroxy-,
   methyl ester **10** 4516
—, 5-bromo-2,6-dihydroxy-,
   methyl ester **10** 4516
—, 4-(carboxymethoxy)-2-hydroxy- **10** 4514
—, 5-chloro-2,4-dihydroxy-6-methyl-
   10 4541
   ethyl ester **10** 4542
   methyl ester **10** 4542
—, 5-chloro-2-hydroxy- **10** 4208
—, 5-chloro-4-hydroxy- **10** 4209
—, 4,6-diacetoxy- **10** 4517
—, 2,4-dihydroxy- **10** 4514
   methyl ester **10** 4514
—, 2,6-dihydroxy- **10** 4516
   methyl ester **10** 4516
—, 4,6-dihydroxy- **10** 4516
—, 2,4-dihydroxy-5,6-dimethyl-,
   methyl ester **10** 4553
—, 2,6-dihydroxy-4,5-dimethyl-,
   methyl ester **10** 4554
—, 4,6-dihydroxy-2,5-dimethyl-,
   butyl ester **10** 4553
   ethyl ester **10** 4552
   isobutyl ester **10** 4553
   isopentyl ester **10** 4553
   methyl ester **10** 4552
   propyl ester **10** 4553
—, 2,4-dihydroxy-6-(hydroxymethyl)-
   10 4723
—, 2,6-dihydroxy-4-methoxy-,
   methyl ester **10** 4718
—, 2,4-dihydroxy-6-methyl- **10** 4536
   butyl ester **10** 4539
   ethyl ester **10** 4538
   4-formyl-3,5-dihydroxyphenyl ester
   10 4539
   isobutyl ester **10** 4539
   isopropyl ester **10** 4539
   methyl ester **10** 4536
   propyl ester **10** 4539
—, 2,6-dihydroxy-4-methyl-,
   methyl ester **10** 4542
—, 4,6-dihydroxy-2-methyl- **10** 4534
   butyl ester **10** 4535
   ethyl ester **10** 4535
   isobutyl ester **10** 4536
   isopropyl ester **10** 4535
   methyl ester **10** 4534
   propyl ester **10** 4535

—, 2,6-dihydroxy-5-nitro-,
   methyl ester **10** 4516
—, 2,4-dimethoxy- **10** 4514
   methyl ester **10** 4515
—, 5,6-dimethoxy- **10** 4517
—, 2,4-dimethoxy-6-methyl-,
   methyl ester **10** 4537
—, 2,6-dimethoxy-4-methyl-,
   methyl ester **10** 4543
—, 4-(ethoxycarbonylmethoxy)-2-hydroxy-,
   methyl ester **10** 4515
—, 2-(ethoxycarbonyloxy)-4-hydroxy-
   6-methyl-,
   methyl ester **10** 4538
—, 2-(ethoxycarbonyloxy)-4-methoxy-
   6-methyl- **10** 4536
   methyl ester **10** 4538
—, 2-(ethoxycarbonyloxy)-6-methoxy-
   4-methyl-,
   methyl ester **10** 4543
—, 5-ethyl-2,4-dihydroxy- **10** 4552
   methyl ester **10** 4552
—, 6-[(5-formyl-4,6-dihydroxy-
   o-toluoyloxy)methyl]-
   2,4-dihydroxy- **10** 4723
   methyl ester **10** 4723
—, 2-hydroxy- **10** 4207
—, 6-hydroxy- **10** 4209
—, 2-hydroxy-4-methoxy-,
   methyl ester **10** 4515
—, 4-hydroxy-6-methoxy- **10** 4517
—, 6-hydroxy-4-methoxy- **10** 4517
—, 6-hydroxy-5-methoxy- **10** 4517
—, 2-hydroxy-4-methoxy-6-methyl-
   10 4536
   3-formyl-4,6-dihydroxy-*o*-tolyl
   ester **10** 4539
   methyl ester **10** 4537
—, 2-hydroxy-6-methoxy-4-methyl-,
   methyl ester **10** 4543
—, 4-hydroxy-2-methoxy-6-methyl-,
   methyl ester **10** 4537
—, 4-hydroxy-6-methoxy-2-methyl-
   10 4534
   methyl ester **10** 4535
—, 6-hydroxy-4-methoxy-2-methyl-,
   methyl ester **10** 4534
—, 4,5,6-trihydroxy-,
   methyl ester **10** 4718
Isophthalaldehydonitrile 10 2989
—, 6-acetoxy-5-methoxy- **10** 4517
Isophthalamic acid 9 4242
Isophthalamide,
—, 4-chloro- **9** 4245
—, 5-chloro- **9** 4246
—, 5-cyano-2,4-dihydroxy-*N*,*N*'-dimethyl-
   10 2602
—, 4,6-dimethyl- **9** 4298
—, 4-hydroxy- **10** 2194

Isophthalamide *(continued)*
—, 5-methyl- **9** 4275
—, 5-nitro- **9** 4248
—, *N,N,N',N'*-tetraethyl- **9** 4242
—, *N,N,N',N'*-tetraethyl-4-methyl-
 9 4274
Isophthalamidine,
—, 5-[3-(3-carbamimidoyl-
 5-cyanophenoxy)propoxy]- **10** 2195
Isophthalic acid 9 4240
 bis(benzylidenehydrazide) **9** 4244
 bis(4-bromophenacyl) ester **9** 4241
 bis[2-(diethylamino)ethyl] ester
 9 4242
 bis[2-(dimethylamino)ethyl] ester
 9 4241
 bis[2-(ethyldimethylammonio)ethyl]
 ester **9** 4242
 bis(isopropylidenehydrazide)
 9 4244
 bis[(α-methylbenzylidene)hydrazide]
 9 4244
 bis[(2-oxo-3-bornylidene)hydrazide]
 9 4244
 bis[2-(triethylammonio)ethyl] ester
 9 4242
 bis[2-(trimethylammonio)ethyl]
 ester **9** 4242
 diethyl ester **9** 4241
 dihydrazide **9** 4244
 dimethyl ester **9** 4241
 diphenacyl ester **9** 4241
 diphenyl ester **9** 4241
 ethyl ester **9** 4241
—, 5-acetoxy-2-ethyl- **10** 2221
—, 4-acetoxy-5-methoxy- **10** 2435
—, 4-acetyl- **10** 3962
—, 5-acetyl- **10** 3962
—, 5-acetyl-2,4,6-trihydroxy-,
 diethyl ester **10** 4842
—, 4-[(1-anthryl)methyl]- **9** 4706
—, 2-benzoyl- **10** 4008
 dimethyl ester **10** 4008
—, 4-benzoyl- **10** 4007
 dimethyl ester **10** 4007
—, 4-benzoyl-5-nitro- **10** 4008
—, 4-benzyl-6-ethyl-2-hydroxy-
 10 2357
—, 4-benzyl-2-hydroxy-6-isobutyl-
 10 2371
—, 4-benzyl-2-hydroxy-6-methyl-
 10 2353
 diethyl ester **10** 2353
—, 2-(benzyloxy)-4-methoxy-6-methyl-,
 dimethyl ester **10** 2449
 1-methyl ester **10** 2448
—, 4-(benzyloxy)-2-methoxy-6-methyl-,
 dimethyl ester **10** 2449
 1-methyl ester **10** 2448

—, 4,6-bis(2-carboxyethyl)- **9** 4879
—, 4,6-bis(2-carboxyvinyl)- **9** 4886
—, 4-[2,2'-bis(methoxycarbonyl)-
 benzhydryl]-,
 dimethyl ester **9** 4900
—, 4,6-bis[2-(methoxycarbonyl)ethyl]-,
 dimethyl ester **9** 4879
—, 4,6-bis[(5,6,7,8-tetrahydro-
 2-naphthyl)methyl]- **9** 4712
—, 2-bromo- **9** 4246
 dimethyl ester **9** 4246
—, 4-bromo- **9** 4247
—, 2-bromo-4,5-dimethoxy- **10** 2436
 diphenacyl ester **10** 2436
—, 5-bromo-2-methoxy- **10** 2193
—, 4-*sec*-butyl- **9** 4325
—, 4-*tert*-butyl- **9** 4326
—, 5-*tert*-butyl- **9** 4326
 dimethyl ester **9** 4326
—, 5-carbamoyl-*x,x*-dihydroxy-,
 diethyl ester **10** 2601
—, 4-(2-carboxybenzoyl)- **10** 4140
—, 5-(2-carboxybenzoyl)-4-methoxy-
 10 4852
—, 4-(2-carboxy-1,1-dimethylethyl)-
 9 4810
—, 5-(2-carboxy-1,1-dimethylethyl)-
 9 4810
—, 5-(3-carboxy-5-formyl-
 4-methoxybenzyl)-2-methoxy-
 10 4865
—, 4-(carboxymethyl)- **9** 4795
—, 4-(1-carboxy-1-methylethoxy)-
 2,6-dimethoxy- **10** 2557
—, 4-(1-carboxy-1-methylethoxy)-
 2-hydroxy- **10** 2433
—, 4-(1-carboxy-1-methylethyl)-
 9 4802
—, 5-(1-carboxy-1-methylethyl)-
 9 4803
—, 2-(carboxymethyl)-4-isopropyl-
 9 4811
—, 4-(carboxymethyl)-5-methoxy-
 10 2572
—, 4-(*p*-carboxyphenoxy)-6-methoxy-
 10 2436
—, 2-(3-carboxypropyl)- **9** 4802
—, 4-chloro- **9** 4245
 dimethyl ester **9** 4245
—, 5-chloro- **9** 4246
 diethyl ester **9** 4246
 dimethyl ester **9** 4246
—, 5-[(2-chloroethyl)carbamoyl]-
 x,x-dihydroxy-,
 diethyl ester **10** 2601
—, 5-chloro-2-hydroxy- **10** 2192
 diethyl ester **10** 2192
—, 5-cyano-2,4-dihydroxy-,
 diethyl ester **10** 2601

Isophthalic acid *(continued)*
—, 4-(2,2'-dicarboxybenzhydryl)-
  9 4900
—, 4,6-dichloro- 9 4246
—, 4,6-difluoro-5-iodo- 9 4247
—, 4,6-diformyl- 10 4064
—, 2,4-dihydroxy- 10 2433
—, 2,5-dihydroxy- 10 2434
—, 4,5-dihydroxy- 10 2434
  dimethyl ester 10 2435
  1-methyl ester 10 2435
—, 4,6-dihydroxy- 10 2436
  diethyl ester 10 2436
  dimethyl ester 10 2436
—, 2,2'-dihydroxy-5,5'-carbonyldi-
  10 4871
—, x,x-dihydroxy-5-[(2-hydroxyethyl)-
  carbamoyl]-,
  diethyl ester 10 2601
—, 5-{3-[2,4-dihydroxy-5-
  (methoxycarbonyl)phenyl]-
  3-oxoprop-1-enyl}-4-hydroxy-
  6-methyl-,
  dimethyl ester 10 4870
—, 2,2'-dihydroxy-5,5'-methylenedi-
  10 2635
  tetramethyl ester 10 2635
—, 2,4-dimethoxy- 10 2433
  dimethyl ester 10 2434
  1-methyl ester 10 2433
—, 2,5-dimethoxy- 10 2434
—, 4,5-dimethoxy- 10 2435
  dimethyl ester 10 2436
—, 4,6-dimethoxy- 10 2436
  diethyl ester 10 2437
  dimethyl ester 10 2437
—, 2,2'-dimethoxy-5,5'-carbonyldi-
  10 4872
  tetramethyl ester 10 4872
—, 2,4-dimethoxy-6-methyl- 10 2447
  1-[4,6-dihydroxy-3-(methoxycarbonyl)-
  o-tolyl] ester 3-methyl ester
    10 2453
  dimethyl ester 10 2449
  1-(5-formyl-4,6-dimethoxy-o-tolyl)
  ester 3-methyl ester 10 2451
  1-(5-formyl-4-hydroxy-6-methoxy-
  o-tolyl) ester 3-methyl ester
    10 2450
  1-(5-formyl-6-hydroxy-4-methoxy-
  o-tolyl) ester 3-methyl ester
    10 2450
  1-[3-(methoxycarbonyl)-
  4,6-dimethoxy-2,5-xylyl] ester
  3-methyl ester 10 2454
  1-[3-methoxy-4-(methoxycarbonyl)-
  2,5-xylyl] ester 3-methyl ester
    10 2452
  3-methyl ester 10 2448

—, 2,2'-dimethoxy-5,5'-methylenedi-
  10 2635
—, 4,6-dimethyl- 9 4298
—, 4,6-dinitro- 9 4248
  diethyl ester 9 4249
  ethyl ester 9 4249
—, 4,4'-(9,10-dioxo-
  9,10-dihydroanthracene-
  1,5-diyldicarbonyl)di- 10 4180
—, 4-(9,10-dioxo-9,10-dihydro-
  1-anthroyl)- 10 4142
—, 4-(ethoxycarbonylmethyl)-
  2,6-dihydroxy-,
  diethyl ester 10 2603
  3-ethyl ester 10 2603
—, 2-(ethoxycarbonyloxy)-4-hydroxy-
  6-methyl-,
  diethyl ester 10 2449
—, 2-(ethoxycarbonyloxy)-4-methoxy-
  6-methyl-,
  diethyl ester 10 2450
  1-(3-formyl-4,6-dihydroxy-o-tolyl)
  ester 3-methyl ester
    10 2450
  1-[3-(methoxycarbonyl)-
  4,6-dihydroxy-2,5-xylyl] ester
  3-methyl ester 10 2454
  3-methyl ester 10 2448
—, 4-ethoxy-2,6-dihydroxy-,
  diethyl ester 10 2558
—, 2-ethoxy-4,6-dimethoxy-,
  dimethyl ester 10 2557
—, 4-ethoxy-2,6-dimethoxy-,
  dimethyl ester 10 2557
—, 4-ethoxy-5,6-dimethoxy- 10 2558
—, 5-ethyl- 9 4296
—, 2-ethyl-5-hydroxy- 10 2220
  dimethyl ester 10 2221
—, 2-ethyl-5-hydroxy-4,6-dinitro-
  10 2221
—, 2-ethyl-5-methoxy- 10 2221
—, 2-ethyl-5-methoxy-4,6-dinitro-,
  dimethyl ester 10 2221
—, 4-fluoro- 9 4244
  bis[2-(dibutylamino)ethyl] ester
    9 4244
  bis[3-(dibutylamino)propyl] ester
    9 4245
  bis[2-(diethylamino)ethyl] ester
    9 4244
  bis[3-(diethylamino)propyl] ester
    9 4244
  bis[2-(dipropylamino)ethyl] ester
    9 4244
  bis[3-(dipropylamino)propyl] ester
    9 4245
—, 2-formyl- 10 3956
—, 5-formyl-2,4,6-trihydroxy-,
  diethyl ester 10 4841

Isophthalic acid (*continued*)
—, 2-hydroxy- **10** 2192
—, 4-hydroxy- **10** 2193
   dimethyl ester **10** 2193
—, 5-hydroxy- **10** 2195
—, 4-hydroxy-2,6-dimethoxy-,
   dimethyl ester **10** 2557
—, 2-hydroxy-4,6-dimethyl- **10** 2223
   diethyl ester **10** 2223
—, 4-hydroxy-5-methoxy- **10** 2435
   dimethyl ester **10** 2435
—, 2-hydroxy-4-(2-methoxybenzyl)-
   6-methyl- **10** 2511
—, 2-hydroxy-4-(4-methoxybenzyl)-
   6-methyl- **10** 2511
   diethyl ester **10** 2511
—, 2-hydroxy-4-[1-(methoxycarbonyl)-
   1-methylethoxy]-,
   dimethyl ester **10** 2434
—, 2-hydroxy-4-methoxy-6-methyl-
   10 2447
   1-(3-carboxy-4,6-dihydroxy-o-tolyl)
     ester **10** 2452
   1-(3-carboxy-4,6-dihydroxy-o-tolyl)
     ester 3-methyl ester **10** 2452
   1-(3-carboxy-4,6-dihydroxy-
     2,5-xylyl) ester **10** 2453
   1-(3-carboxy-5-formyl-4,6-dihydroxy-
     o-tolyl) ester **10** 4722
   1-(4-carboxy-3-hydroxy-2,5-xylyl)
     ester **10** 2451
   1-[4,6-dihydroxy-3-(methoxycarbonyl)-
     o-tolyl] ester 3-methyl ester
     10 2452
   dimethyl ester **10** 2449
   1-[5-formyl-4,6-dihydroxy-3-
     (methoxycarbonyl)-o-tolyl] ester
     3-methyl ester **10** 4722
   1-(5-formyl-4,6-dihydroxy-o-tolyl)
     ester **10** 2450
   1-(5-formyl-4,6-dihydroxy-o-tolyl)
     ester 3-methyl ester **10** 2450
   1-(5-formyl-4,6-dimethoxy-o-tolyl)
     ester 3-methyl ester **10** 2450
   1-[3-hydroxy-4-(methoxycarbonyl)-
     2,5-xylyl] ester 3-methyl ester
     10 2451
   1-[4-hydroxy-6-methoxy-3-
     (methoxycarbonyl)-o-tolyl] ester
     3-methyl ester **10** 2453
   1-[3-(methoxycarbonyl)-
     4,6-dihydroxy-2,5-xylyl] ester
     3-methyl ester **10** 2453
     3-methyl ester **10** 2448
—, 4-hydroxy-2-methoxy-6-methyl-
   10 2447
   dimethyl ester **10** 2449
—, 2-hydroxy-4-methyl- **10** 2209
   diethyl ester **10** 2209

—, 2-hydroxy-5-methyl- **10** 2210
—, 4-hydroxy-5-methyl-,
   dimethyl ester **10** 2210
   3-methyl ester **10** 2210
—, 4-hydroxy-6-methyl- **10** 2210
   diethyl ester **10** 2210
—, 5-(1-hydroxy-1-methylethyl)-
   10 2234
—, 4-hydroxy-2-methyl-6-oxalo- **10** 4845
—, 2-hydroxy-5-nitro-,
   diethyl ester **10** 2193
—, 4-hydroxy-5-nitro- **10** 2194
   dimethyl ester **10** 2195
—, 4,4'-(9-hydroxy-10-oxo-9,10-dihydro-
   anthracene-1,5-diyldicarbonyl)di-
   10 4874
—, 4-(1-hydroxy-3-oxophthalan-1-yl)-
   10 4140
—, 5-(1-hydroxy-3-oxophthalan-1-yl)-
   4-methoxy- **10** 4852
—, 2-hydroxy-4-pentadecyl- **10** 2249
   diethyl ester **10** 2249
—, 2-iodo- **9** 4247
—, 4-isopropyl- **9** 4311
—, 5-isopropyl- **9** 4311
—, 2-methoxy- **10** 2192
—, 4-methoxy- **10** 2193
   bis[2-(dibutylamino)ethyl] ester
     10 2194
   bis[3-(dibutylamino)propyl] ester
     10 2194
   bis[2-(diethylamino)ethyl] ester
     10 2194
   bis[3-(diethylamino)propyl] ester
     10 2194
   bis[2-(dipropylamino)ethyl] ester
     10 2194
   bis[3-(dipropylamino)propyl] ester
     10 2194
   diethyl ester **10** 2194
   dimethyl ester **10** 2193
—, 5-methoxy- **10** 2195
   dimethyl ester **10** 2195
—, 5-[2-(methoxycarbonyl)-
   1,1-dimethylethyl]-,
   dimethyl ester **9** 4811
—, 4-(methoxycarbonylmethyl)-,
   dimethyl ester **9** 4795
—, 4-[1-(methoxycarbonyl)-
   1-methylethyl]-,
   dimethyl ester **9** 4802
—, 5-[1-(methoxycarbonyl)-
   1-methylethyl]-,
   dimethyl ester **9** 4803
—, 5-methoxy-4-(methoxycarbonylmethyl)-,
   dimethyl ester **10** 2572
—, 2-methoxy-4-[1-(methoxycarbonyl)-
   1-methylethoxy]-,
   dimethyl ester **10** 2434

Isophthalic acid *(continued)*
—, 4-methoxy-2-methyl- **10** 2208
—, 4-methoxy-2-methyl-6-oxalo-,
      3-methyl ester **10** 4846
—, 5-methoxy-4-oxalo- **10** 4845
—, 4-methyl- **9** 4273
—, 5-methyl- **9** 4274
      dimethyl ester **9** 4274
—, 4-(1-methylbutyl)- **9** 4338
—, 4-nitro-,
      dimethyl ester **9** 4248
—, 2-oxalo- **10** 4128
—, 5-*tert*-pentyl- **9** 4338
      dimethyl ester **9** 4338
—, x-*tert*-pentyl- **9** 4338
—, 4-phenoxy- **10** 2193
—, tetraiodo- **9** 4247
—, tetramethyl- **9** 4327
      dimethyl ester **9** 4328
—, 2,4,6-triacetoxy-5-methyl-,
      diethyl ester **10** 2561
—, 2,4,6-tribromo- **9** 4247
—, 4-(trichloroacetyl)- **10** 3962
—, 2,4,6-trihydroxy-5-methyl-,
      diethyl ester **10** 2561
—, 2,4,6-trimethoxy-,
      dimethyl ester **10** 2557
—, 4,5,6-trimethoxy- **10** 2558
—, 2,4,6-trimethyl- **9** 4312
—, 2,4,6-trinitro- **9** 4249
Isophthalimidic acid,
—, 5-{3-[3-cyano-5-(ethoxycarbimidoyl)₌
      phenoxy]propoxy}-,
      diethyl ester **10** 2195
Isophthalonitrile 9 4243
—, 4-acetoxy-5-methoxy- **10** 2436
—, 4,5-dimethoxy- **10** 2436
—, 4,6-dimethyl- **9** 4298
—, 4-methyl- **9** 4274
—, 5-methyl- **9** 4275
—, 5-nitro- **9** 4248
—, 5,5′-(propanediyldioxy)di-
      10 2195
Isophthaloyl bromide,
—, 4,6-bis(dibromomethyl)- **9** 4298
Isophthaloyl chloride 9 4242
—, 4-chloro- **9** 4245
—, 5-chloro- **9** 4246
      dimethyl ester **9** 4246
—, 4,6-dimethyl- **9** 4298
—, 4,6-dinitro- **9** 4249
—, 4-fluoro- **9** 4245
—, 4-methoxy- **10** 2194
—, 5-methyl- **9** 4275
—, 2-nitro- **9** 4247
—, 5-nitro- **9** 4248
—, 5-(trichloromethyl)- **9** 4275
Isophthaloyl fluoride,
—, 5-(trifluoromethyl)- **9** 4275

Isopimaric acid 9 2912
—, dihydro- **9** 2644
—, tetrahydro- **9** 355
Isopinocampheol,
—, O-(2-carboxybenzoyl)- **9** 4147
Isopropylamine,
—, N,N-bis-[2-(4-nitrobenzoyloxy)ethyl]-
      9 1692
Isopulegol,
—, O-(3,5-dinitrobenzoyl)- **9** 1830
Isopurpurogallone 10 2635
Isopyrethrin-I 9 215
Isopyrocalciferol,
—, O-(3,5-dinitro-*p*-toluoyl)hexahydro-
      9 2369
Isopyroergocalciferol,
—, O-(3,5-dinitrobenzoyl)- **9** 1882
Isoreductodehydrocholic acid 10 4621
Isorhizonic acid
   see *Isorhizoninic acid*
Isorhizoninic acid 10 1535
Isorosenonic acid 10 4288
—, dihydro-,
      methyl ester **10** 4201
Isosantenenic acid 9 3967
Isosantonic acid 10 3541
Isoserine,
—, N-benzoyl- **9** 1169
—, N,O-dibenzoyl- **9** 1170
—, N,N-diethyl-2-methyl-O-
      (4-nitrobenzoyl)-,
      benzyl ester **9** 1705
Isoshonanic acid 9 306
Isosiaresinolic acid
      methyl ester **10** 1916
Isoskimmiol,
—, O-benzoyl- **9** 490
Isospherophorin 10 1587
Isosterocholanic acid 9 2667
—, triketo- **10** 3996
Isosterocholenic acid 9 2923
—, triketo- **10** 4000
Isosteviol 10 3124
α-Isostrophanthidindioic acid
      dimethyl ester **10** 4844
      methyl ester **10** 4843
Isoteresantalic acid 9 314
—, dihydro- **9** 221
Isothiosemicarbazide,
—, 1-*p*-anisoyl-3,4-dimethyl- **10** 355
—, 1-*p*-anisoyl-3-methyl- **10** 355
—, 1-benzoyl-3,4-dimethyl- **9** 1321
—, 1-benzoyl-4-isopropyl-3-methyl-
      9 1322
—, 1-benzoyl-3-methyl- **9** 1321
—, 1-(4-chlorobenzoyl)-3-methyl-
      9 1373
—, 3-methyl-1-(4-nitrobenzoyl)-
      9 1758

Isothiourea,
—, 2-(2-acetoxyethyl)-1,3-
    bis(4-nitrobenzoyl)- **9** 1726
—, 2-(benzamidomethyl)- **9** 1092
—, 2-benzoyl- **9** 1973
—, 2-[(2-chlorocinnamamido)methyl]-
    9 2726
—, 2-(4-cyanobenzyl)- **10** 533
—, 1,3-dibenzoyl-2-ethyl- **9** 1123
—, 1,3-dibenzoyl-2-methyl- **9** 1122
Isothujone
    O-(4-nitrobenzoyl)hydrazone **9** 1754
    O-(4-nitrobenzoyl)oxime **9** 1750
Isourea,
—, 2-ethyl-1-[(hydroxyimino)≠
    phenylacetyl]- **10** 2975
—, 2-ethyl-1-(phenylglyoxyloyl)-
    10 2975
—, 2-ethyl-1-(phenylsemicarbazonoacetyl)-
    10 2976
Isoursodeoxybilianic acid **10** 4128
Isoursylenic acid
    methyl ester **9** 3266
Isovaline,
—, N-benzoyl- **9** 1152
—, N-(3,5-dinitrobenzoyl)- **9** 1939
Isovanillic acid see
    Benzoic acid, 3-hydroxy-4-methoxy-
Isoverbanone
    O-(4-nitrobenzoyl)oxime **9** 1750
Isoviolanthrene see
    Benzo[rst]phenanthro[10,1,2-cde]pentaphene

J

Javanicin,
—, di-O-benzoyl- **9** 846
Jegosapogenin,
—, tri-O-benzoyl- **9** 704
Jegosapogenol,
—, tetra-O-benzoyl- **9** 705
Juniperol,
—, O-(3,5-dinitrobenzoyl)- **9** 1845
Juvabione **10** 2950

K

Kaur-16-en-19-oic acid,
—, 13-hydroxy- **10** 942
Kawaic acid,
—, dihydro- **10** 995
Kermesic acid **10** 4853
Ketohederagenin **10** 4650
γ-Ketohederagenin **10** 4629
Ketohedratrioic acid **10** 4135
Ketone,
—, 2-(benzoyloxy)acenaphthylen-1-yl
    methyl **9** 767

—, 2-(benzoyloxy)acenaphthylen-1-yl
    phenyl **9** 776
—, 1-(benzoyloxy)-4-bromo-2-naphthyl
    phenyl **9** 774
—, 1-(benzoyloxy)-5-bromo-2-naphthyl
    phenyl **9** 774
—, 2-(benzoyloxy)-4-bromo-1-naphthyl
    phenyl **9** 772
—, 2-(benzoyloxy)-6-bromo-1-naphthyl
    phenyl **9** 772
—, 2-(benzoyloxy)-6-bromo-4-nitro-
    1-naphthyl phenyl **9** 773
—, 4-(benzoyloxy)cyclohex-1-en-1-yl
    methyl **9** 725
    semicarbazone **9** 725
—, 2-(benzoyloxy)-4,6-dibromo-
    1-naphthyl phenyl **9** 772
—, 2-(benzoyloxy)-3,5-dimethyl-
    6-phenylcyclohex-3-en-1-yl phenyl
    9 771
—, 6-(benzoyloxy)-3,5-dimethyl-
    2-phenylcyclohex-2-en-1-yl phenyl
    9 771
—, 6-(benzoyloxy)-3,5-dimethyl-
    2-phenylcyclohex-3-en-1-yl phenyl
    9 771
—, (benzoyloxy)methyl 7-methoxy-
    1,2,3,4-tetrahydro-9-phenanthryl
    9 803
—, 5-(benzoyloxy)-2-methylcyclohex-
    1-en-1-yl methyl **9** 726
    semicarbazone **9** 726
—, 2-(benzoyloxy)-1-naphthyl
    p-methoxyphenyl **9** 807
—, 1-(benzoyloxy)-2-naphthyl phenyl
    9 773
—, 2-(benzoyloxy)-1-naphthyl phenyl
    9 771
—, 4-(benzoyloxy)-1-naphthyl phenyl
    9 773
—, 1-(benzoyloxy)-4-nitro-2-naphthyl
    phenyl **9** 774
—, 2-(benzoyloxy)-4-nitro-1-naphthyl
    phenyl **9** 772
—, cyclohexyl (3,5-dinitrobenzoyloxy)≠
    methyl **9** 1923
—, cyclopentyl (3,5-dinitrobenzoyloxy)≠
    methyl **9** 1923
—, (3,5-dinitrobenzoyloxy)methyl
    2-methylcyclopentyl **9** 1923
—, phenyl 2-(phenylacetoxy)-1-naphthyl
    9 2189
—, (3-phenylpropionyloxy)methyl
    1,2,2,3-tetramethylcyclopentyl
    9 2389
Ketopinic acid **10** 2913
Khusenic acid **9** 2618
Kitol,
—, bis-O-(3,5-dinitrobenzoyl)- **9** 1917

L

Labda-8(20),13-diene-15,19-dioic acid
9 4367
    dimethyl ester 9 4368
    19-methyl ester 9 4367
Labda-8(20),12-dien-16-oic acid,
—, 3,14,15,19-tetrahydroxy- 10 2421
Labd-8(20)-ene-15,19-dioic acid
    19-methyl ester 9 4084
Labd-7-en-15-oic acid 9 350
Labd-8(20)-en-19-oic acid,
—, 15-hydroxy-,
    methyl ester 10 84
Lactamide,
—, *N*-cyano-*N*-methyl-3-phenyl- 10 558
—, *N*-cyano-3-phenyl- 10 558
—, 3-cyano-3-phenyl- 10 2214
—, *N*-methyl-3-phenyl- 10 557
—, 3-phenyl- 10 557
Lactic acid,
—, 3-amino- see *Isoserine*
—, 3-azido-3-phenyl- 10 558
—, O-benzoyl- 9 856, 857
—, 2-benzyl-3-cyano-3-phenyl- 10 2355
—, 3-[3-(benzyloxy)-4-methoxyphenyl]-
    10 2124
    methyl ester 10 2124
—, 2,3-bis(*p*-butoxyphenyl)- 10 2323
—, 2,3-bis(*p*-methoxyphenyl)- 10 2323
—, 2-(1-carboxycyclohexyl)- 10 2035
—, 3-(2-carboxy-1,6-dimethylcyclohexyl)-
    2-(1-hydroxy-1-methylethyl)-
    10 2414
—, 2-(*p*-chlorophenyl)-3-phenyl-
    10 1193
—, O-cinnamoyl-,
    13-(cyclopent-2-en-1-yl)tridecyl
      ester 9 2705
    ethyl ester 9 2705
—, 3-cyano-2,3-diphenyl- 10 2352
—, 3-cyano-2-ethyl-3-phenyl- 10 2235
—, 3-cyano-2-isobutyl-3-phenyl-
    10 2240
—, 3-cyano-2-methyl-3-phenyl- 10 2231
—, 3-cyano-3-phenyl-2-propyl- 10 2238
—, 2-cyclohexyl- 10 34
—, 3-cyclohexyl- 10 34
—, O-(cyclopentylcarbonyl)-,
    ethyl ester 9 12
—, 2-(2,4-dihydroxyphenyl)-3-
    (3,4-dihydroxyphenyl)- 10 2582
—, 2-[[(2,3-dimethoxyphenoxy)methyl]-3-
    (3,4-dimethoxyphenyl)- 10 2420
—, 2-(2,4-dimethoxyphenyl)-3-
    (3,4-dimethoxyphenyl)- 10 2583
    methyl ester 10 2583
—, 2-(2,4-dimethoxyphenyl)-3-
    (*p*-methoxyphenyl)- 10 2489

—, 2-(2,4-dimethoxyphenyl)-3-phenyl-
    10 2323
—, 2,3-diphenyl- 10 1193
    2-(diethylamino)ethyl ester 10 1193
    methyl ester 10 1193
—, 2-(*p*-ethoxyphenyl)-3-
    (*p*-methoxyphenyl)- 10 2323
—, 3-[4-(4-hydroxy-3,5-diiodophenoxy)-
    3,5-diiodophenyl]- 10 1525
—, 3-(4-hydroxy-3,5-diiodophenyl)-
    10 1524
—, 2-(2-hydroxy-4,6-dimethoxyphenyl)-
    3-(3,4,5-trimethoxyphenyl)-
    10 2628
—, 3-(3-hydroxy-4-methoxyphenyl)-
    10 2124
    methyl ester 10 2124
—, 2-(2-hydroxy-4-methoxyphenyl)-3-
    (3,4-dimethoxyphenyl)- 10 2582
—, 3-(*p*-hydroxyphenyl)- 10 1524
—, 3-(*p*-methoxyphenyl)-2-phenyl-
    10 1964
—, 3-(*p*-methoxyphenyl)-2-*p*-tolyl-
    10 1973
—, 2-(1-naphthyl)- 10 1113
    2-(diethylamino)ethyl ester 10 1114
    ethyl ester 10 1113
    isobutyl ester 10 1113
—, 3-(1-naphthyl)- 10 1113
—, 2-(2-oxobicyclohexyl-3-yl)-,
    ethyl ester 10 4191
—, 2-(2-oxocyclohexyl)-,
    ethyl ester 10 4184
—, 2-(2-oxodecahydro-1-naphthyl)-,
    ethyl ester 10 4191
—, 2-phenyl- see *Mandelic acid,*
    α-methyl-
—, 3-phenyl- 10 554
    3-(diethylamino)-2,2-dimethylpropyl
      ester 10 557
    p-menth-3-ylester 10 556
    methyl ester 10 556
—, O-(phenylacetyl)-,
    ethyl ester 9 2190
—, 3-*p*-tolyl- 10 606
—, 2-(2,4,6-trimethoxyphenyl)-3-
    (3,4,5-trimethoxyphenyl)- 10 2628
    methyl ester 10 2628
—, 2,3,3-triphenyl- 10 1325
    ethyl ester 10 1326
    methyl ester 10 1326
Lactonitrile,
—, 2-cyclopropyl- 10 8
—, 2-[(2,3-dimethoxyphenoxy)methyl]-3-
    (3,4-dimethoxyphenyl)- 10 2420
—, 3-(3,4-dimethoxyphenyl)-2-
    [(*m*-methoxyphenoxy)methyl]-
    10 2420
—, 3-phenyl- 10 558

Lactucerol,
—, O-benzoyl- **9** 487
α-Lagodeoxycholic acid 10 1648
β-Lagodeoxycholic acid 10 1648
Lanceol,
—, O-(2-carboxybenzoyl)- **9** 4164
Lanosta-7,24-diene,
—, 3-(benzoyloxy)- **9** 485
Lanosta-8,24-diene,
—, 3-(benzoyloxy)- **9** 485
—, 3-(3,5-dinitrobenzoyloxy)- **9** 1877
Lanosta-9(11),24-diene,
—, 3-(benzoyloxy)- **9** 486
Lanosta-7,9(11)-dien-21-oic acid,
—, 3-acetoxy-,
        methyl ester **10** 1035
—, 16-hydroxy-24-methylene-3-oxo-
        10 4427
        methyl ester **10** 4427
Lanosta-7,24-dien-21-oic acid 9 3129
        methyl ester **9** 3129
—, 3-hydroxy- **10** 1035
—, 3-oxo- **10** 3255
Lanosta-8,24-dien-21-oic acid 9 3130
        methyl ester **9** 3130
—, 3-oxo- **10** 3256
Lanosta-7,9(11),24-triene,
—, 3-(benzoyloxy)- **9** 500
Lanost-7-ene,
—, 3-(benzoyloxy)- **9** 471
Lanost-8-ene,
—, 3-(benzoyloxy)- **9** 471, 472
—, 3-(benzoyloxy)-24,25-dibromo- **9** 472
—, 3-(benzoyloxy)-24-methyl- **9** 473
—, 3-(benzoyloxy)-24-methylene- **9** 491
—, 3-(3,5-dinitrobenzoyloxy)- **9** 1869
Lanost-7-en-21-oic acid 9 2928
—, 3-acetoxy- **10** 982, 983
        methyl ester **10** 983
—, 25-bromo-3-hydroxy- **10** 984
—, 25-bromo-3-oxo- **10** 3226
—, 24,25-dibromo-3-hydroxy- **10** 984
—, 24,25-dibromo-3-oxo- **10** 3226
—, 3-hydroxy- **10** 981, 982
        methyl ester **10** 983
—, 3-(hydroxyimino)- **10** 3226
—, 3-oxo- **10** 3225
        methyl ester **10** 3226
Lanost-8-en-21-oic acid 9 2929
        methyl ester **9** 2930
—, 3-acetoxy- **10** 984
        methyl ester **10** 985
—, 3-acetoxy-7,11-dioxo- **10** 4647
        methyl ester **10** 4647, 4648
—, 3-acetoxy-16-hydroxy-24-methylene-
        10 1929
—, 3-acetoxy-24-methylene- **10** 1064
        methyl ester **10** 1065
—, 25-bromo-3-oxo- **10** 3228

—, 24,25-dibromo-3-oxo- **10** 3228
—, 3,16-dihydroxy-24-methylene-
        10 1929
—, 3-hydroxy- **10** 984
—, 3-hydroxy-7,11-dioxo- **10** 4646, 4647
—, 3-(hydroxyimino)- **10** 3227
        methyl ester **10** 3227
—, 3-hydroxy-24-methylene- **10** 1064
        methyl ester **10** 1065
—, 3-oxo- **10** 3227
        methyl ester **10** 3227
—, 3,7,11-trioxo- **10** 4002
Lanost-8-en-26-oic acid,
—, 3,12-bis(formyloxy)-24-methylene-,
        methyl ester **10** 1928
—, 3,12-diacetoxy-24-methylene-,
        methyl ester **10** 1929
—, 3,12-diacetoxy-24-oxo-,
        methyl ester **10** 4628
—, 3,12-dihydroxy-24-methylene-
        10 1928
        methyl ester **10** 1928
Lanost-8-en-21-oyl chloride 9 2930
—, 3-acetoxy- **10** 985
Lanosterol,
—, O-benzoyl- **9** 485
—, O-(3,5-dinitrobenzoyl)- **9** 1877
Lantadene-A 10 4397
Lantadene-B 10 4397
Lanthionine,
—, N,N'-dibenzoyl- **9** 1171, 1172
Lavandulol,
—, O-(3,5-dinitrobenzoyl)- **9** 1825
Lecanoric acid 10 1486
Leonurin 10 2089
Leucin,
—, N-[α-(α-acetamidocinnamamido)-
        cinnamoyl]- **10** 3012
—, N-(α-acetamidocinnamoyl)- **10** 3011
—, N-benzoyl- **9** 1159
        amide see *Benzamide*,
        N-*(1-carbamoyl-3-methylleucyl)*-
        hydrazide **9** 1161
        methyl ester **9** 1159
—, N-benzoyl-3-hydroxy- **9** 1184
—, N-[N-(N-benzoylleucyl)glycyl]-
        9 1160
—, N-[N-(2-bromo-3-phenylpropionyl)-
        glycyl]- **9** 2403
—, N-{N-[N-(4-chlorobenzoyl)leucyl]-
        glycyl}- **9** 1365
—, 2-cyano-N-(phenylacetyl)-,
        methyl ester **9** 2227
—, N-(3,5-dinitrobenzoyl)- **9** 1940
—, N-(N-hippuroylalanyl)-,
        hydrazide **9** 1133
—, N-[2-(hydroxyimino)-
        3-phenylpropionyl]- **10** 3013, 3014
—, N-[(1-naphthyl)acetyl]- **9** 3209

Leucin (*continued*)
—, N-[2-(p-nitrobenzamido)butyryl]-
   9 1731
—, N-(2-nitrobenzoyl)- **9** 1479
—, N-(4-nitrobenzoyl)- **9** 1732
   methyl ester **9** 1732, 1733
—, N-[N-(4-nitrobenzoyl)leucyl]-
   9 1734
—, N-{N-[N-(4-nitrobenzoyl)leucyl]-
   glycyl}- **9** 1734
—, N-(4-nitrohippuroyl)- **9** 1729
   methyl ester **9** 1729
—, (4-nitrohippuroyl)diglycyl- **9** 1728
—, N-[N-(4-nitrohippuroyl)glycyl]-
   9 1728
   methyl ester **9** 1728
—, (4-nitrohippuroyl)triglycyl-
   9 1727
   methyl ester **9** 1728
—, N-(phenylacetyl)- **9** 2218
   methyl ester **9** 2218
—, N-[N-(phenylacetyl)leucyl]- **9** 2219
—, N-(phenylpyruvoyl)- **10** 3008
—, N-(1,2,2,3-tetramethylcyclopentyl-
   carbonyl)- **9** 99
Leucinamide: for derivs. see under
   Valeramide
Leucomuscarufin 10 2631
Levopimaric acid 9 2903
Levulinaldehyde
   bis(3-nitrobenzoyl)hydrazone **9** 1532
Levulinic acid see under
   Valeric acid
Ligusticic acid 10 3085
Lithobilianic acid 9 4788
Lithobilienic acid 9 4817
α-Lithocholenic acid 9 2916
β-Lithocholenic acid 9 2915
Lithocholic acid 10 687
Lobariol 10 4560
Lobaritonic acid 10 4560
Longifolan-15-oic acid 9 346
Longifolic acid 9 346
α-Longiforic acid 9 4033
β-Longiforic acid 9 4032
Lumidehydro-β-boswellic acid,
—, O-acetyl-,
   methyl ester **10** 1145
Lumidehydroursolic acid,
—, O-acetyl-,
   methyl ester **10** 1145
Lumidoisynolic acid 10 1015
Lumimarrianolic acid,
—, O-methyl- **10** 2299
Lumistane see *Ergostane*
Lumisterol,
—, O-(3,5-dinitrobenzoyl)- **9** 1883
Lupane,
—, 3-(benzoyloxy)- **9** 473

Lupane-28,29-dioic acid,
—, 3-acetoxy- **10** 2284
   dimethyl ester **10** 2286
   28-methyl ester **10** 2285
   29-methyl ester **10** 2285
—, 3-hydroxy- **10** 2284
   dimethyl ester **10** 2285
   28-methyl ester **10** 2284
Lupane-29-nitrile,
—, 3,28-diacetoxy- **10** 1903
Lupanic acid 9 2931
Lupan-28-oic acid 9 2930
   methyl ester **9** 2930
—, 3-acetoxy- **10** 985
   ethyl ester **10** 986
   methyl ester **10** 986
—, 3-(acetoxyimino)- **10** 3229
—, 3-hydroxy- **10** 985
   ethyl ester **10** 986
   methyl ester **10** 986
—, 3-(hydroxyimino)- **10** 3229
   methyl ester **10** 3230
—, 3-oxo- **10** 3228
   methyl ester **10** 3229
—, 3-semicarbazono- **10** 3229
Lupan-29-oic acid 9 2931
   methyl ester **9** 2931
—, 3-acetoxy- **10** 987
   methyl ester **10** 987, 988
—, 3-acetoxy-28-hydroxy-,
   methyl ester **10** 1903
—, 3-(benzoyloxy)- **10** 987
   methyl ester **10** 988
—, 3,28-diacetoxy- **10** 1902
   methyl ester **10** 1903
—, 3,28-dihydroxy-,
   methyl ester **10** 1902
—, 3-hydroxy- **10** 987
—, 3-oxo- **10** 3230
   methyl ester **10** 3230
Lupanol,
—, O-benzoyl- **9** 473
Lup-20(30)-en-29-al,
—, 3-(benzoyloxy)- **9** 755
   oxime **9** 755
Lup-20(29)-ene,
—, 3-acetoxy-28-(benzoyloxy)-
   9 609
—, 3-(benzoyloxy)- **9** 490
—, 3,28-bis(4-bromobenzoyloxy)-
   9 1408
—, 3,28-bis(3-nitrobenzoyloxy)-
   9 1507
—, 3-(cinnamoyloxy)- **9** 2694
Lup-20(30)-ene-28,29-dioic acid,
—, 3-acetoxy- **10** 2312
Lup-20(30)-ene-29-nitrile,
—, 3-acetoxy- **10** 1063
—, 3,28-diacetoxy- **10** 1927

Lup-20(29)-en-28-oic acid
  methyl ester 9 3135
—, 3-acetoxy- 10 1060
  ethyl ester 10 1063
  methyl ester 10 1062
—, 3-acetoxy-30-oxo- 10 4403
—, 3-(benzoyloxy)- 10 1061
  methyl ester 10 1062
—, 3-hydroxy- 10 1059
  ethyl ester 10 1063
  methyl ester 10 1061
—, 3-(hydroxyimino)-,
  methyl ester 10 3263
—, 3-(4-nitrobenzoyloxy)- 10 1061
  methyl ester 10 1063
—, 3-oxo- 10 3263
  methyl ester 10 3263
—, 3-semicarbazono- 10 3263
Lupeol,
—, O-benzoyl- 9 490
—, O-cinnamoyl- 9 2694
Lysine
  amide see *Hexanamide*
—, N^6-(acetylcarbamoyl)-N^2-benzoyl-
  9 1237
—, N^2-alanyl-N^6-benzoyl- 9 1241
—, N^2-benzoyl- 9 1235
—, N^6-benzoyl- 9 1237, 1238
—, N^6-benzoyl-N^2-(N-benzoylalanyl)-
  9 1242
—, N^6-benzoyl-N^2-(N-benzoylleucyl)-
  9 1243
—, N^2-benzoyl-N^6-(benzyloxycarbonyl)-
  9 1236
  methyl ester 9 1237
—, N^6-benzoyl-N^2-(benzyloxycarbonyl)-
  9 1240
  hydrazide 9 1241
—, N^6-benzoyl-N^2-(2-bromohexanoyl)-
  9 1239
—, N^6-benzoyl-N^2-(2-bromo-
  4-methylvaleryl)- 9 1239
—, N^6-benzoyl-N^2-[N-(2-bromo-
  4-methylvaleryl)alanyl]- 9 1241
—, N^6-benzoyl-N^2-(2-bromopropionyl)-
  9 1239
—, N^2-benzoyl-N^6-carbamimidoyl- 9 1237
—, N^2-benzoyl-N^6-carbamoyl- 9 1236
—, N^6-benzoyl-N^2,N^2-dimethyl- 9 1239
—, N^6-benzoyl-N^2-leucyl- 9 1242
—, N^6-benzoyl-N^2-(N-leucylalanyl)- 9 1242
—, N^6-benzoyl-N^2-methyl- 9 1238
—, N^6-benzoyl-N^6-methyl- 9 1243
—, N^6-benzoyl-N^2-norleucyl- 9 1242
—, N^6-(benzyloxycarbonyl)-N^2-hippuroyl-
  9 1137
  hydrazide 9 1137
  methyl ester 9 1137

—, N^2,N^6-bis(3,5-dinitrobenzoyl)-
  9 1943
—, N^2,N^6-dibenzoyl- 9 1239
—, N^2-hippuroyl- 9 1136
—, N^2,N^2-malonylbis(N^6-benzoyl-
  9 1240
—, N^6,N^6-malonylbis(N^2-benzoyl-
  9 1236
—, N^6-(4-nitrobenzoyl)- 9 1747
Lysuric acid 9 1239
Lyxitol see *Arabinitol*

M

Magnolaminic acid 10 2067
Magnolol,
—, di-O-benzoyl- 9 647
Maleic acid,
—, benzyl- 9 4388
—, benzyl(4-methoxybenzyl)-,
  dimethyl ester 10 2390
—, benzylphenyl-,
  dimethyl ester 9 4608
—, bis(10-acetoxy-9-phenanthryl)-
  10 2552
—, bis(10-hydroxy-9-phenanthryl)-
  10 2551
—, (p-chlorophenyl)- 9 4378
—, dibenzyl-,
  dimethyl ester 9 4616
—, diphenacyl- 10 4089
—, diphenyl-,
  dimethyl ester 9 4588
—, (4-methoxybenzyl)phenethyl-,
  dimethyl ester 10 2392
—, (4-methoxystyryl)phenyl-
  10 2395
—, phenyl- 9 4378
—, phenylstyryl- 9 4656
Maleonitrile,
—, amino(benzamido)- 9 1246
—, diphenyl- 9 4589
Malic acid,
—, 3-benzyl-2-phenethyl- 10 2371
  dimethyl ester 10 2371
—, O-cinnamoyl- 9 2706, 2707
  dimethyl ester 9 2707
—, 3-(2-cyclohexylethyl)- 10 2043
  bis(4-bromophenacyl) ester 10 2044
—, 2-phenyl- 10 2214
—, O-(3-phenylpropionyl)- 9 2391
Malonaldehydamide,
—, (2-phenylacetamido)-,
  diethyl acetal 9 2237
Malonaldehydic acid,
—, amino-, acetals see *Alanine,
  3,3-bis(alkyloxy)-*
—, (acetoxymethyl)phenyl-,
  ethyl ester 10 4241

Malonaldehydic acid *(continued)*
—, [2-(*p*-acetoxyphenyl)acetamido]-,
    diethyl acetal **10** 437
    methyl ester diethyl acetal **10** 438
—, (α-aminophenethylideneamino)-,
    diethyl acetal **9** 2256
—, benzamido-,
    acetals see *Alanine*, N-*benzoyl-*
    3,3-bis(alkyloxy)-
    benzyl ester **9** 1199
    ethyl ester **9** 1198
—, benzoyl- see *Propionic acid, 2-formyl-*
    3-oxo-3-phenyl-
—, (2-bromo-2-phenylacetamido)-,
    diethyl acetal **9** 2278
—, butyl(2-phenylacetamido)-,
    diethyl acetal **9** 2241
    ethyl ester diethyl acetal **9** 2242
    methyl ester diethyl acetal **9** 2242
—, (2-chloro-2-phenylacetamido)-,
    diethyl acetal **9** 2269
    ethyl ester diethyl acetal **9** 2270
    methyl ester diethyl acetal
      9 2269
—, (cinnamamido)-,
    diethyl acetal **9** 2719
—, diphenyl-,
    ethyl ester **10** 3313
—, (2,2-diphenylacetamido)-,
    diethyl acetal **9** 3303
    ethyl ester **9** 3303
    ethyl ester diethyl acetal **9** 3303
—, (α-ethoxybenzylideneamino)-,
    ethyl ester **9** 1251
—, (α-ethoxycinnamylideneamino)-,
    ethyl ester **9** 2720
—, 2-(2-formyl-3-methyl-
    5-oxocyclopentyl)-,
    methyl ester **10** 3929
—, (hydroxymethyl)phenyl-,
    ethyl ester **10** 4241
—, [2-(*p*-hydroxyphenyl)acetamido]-,
    diethyl acetal **10** 435
—, methoxy(2-phenylacetamido)-,
    methyl ester **9** 2229
—, (N-methylbenzamido)-,
    ethyl ester **9** 1201
    methyl ester **9** 1201
—, methyl(phenylacetamido)-,
    benzyl ester dimethyl acetal
      9 2240
    diethyl acetal **9** 2240
    dimethyl acetal **9** 2240
    methyl ester diethyl acetal
      9 2240
—, (N-nitroso-2-phenylacetamido)-,
    methyl ester diethyl acetal **9** 2250
—, phenyl-,
    ethyl ester **10** 3023

—, (2-phenylacetamido)-,
    benzyl ester **9** 2232
    butyl ester **9** 2232
    dibutyl acetal **9** 2235
    diethyl acetal **9** 2235
    dimethyl acetal **9** 2234
    ethyl ester **9** 2231
    ethyl ester semicarbazone **9** 2232
    hydrazide diethyl acetal **9** 2238
    hydrazide dimethyl acetal **9** 2238
    methyl ester **9** 2230
    methyl ester dibutyl acetal **9** 2236
    methyl ester diethyl acetal **9** 2236
    methyl ester dimethyl acetal **9** 2235
—, [1-(2-phenylacetamido)ethyl]-,
    hydrazide dimethyl acetal **9** 2241
    methyl ester dimethyl acetal **9** 2240
—, (2-phenylacetimidoylamino)-,
    diethyl acetal **9** 2256
—, (3-phenylpropionamido)-,
    diethyl acetal **9** 2395
—, (2-phenylthioacetamido)-,
    benzyl ester **9** 2297
    diethyl acetal **9** 2297
    methyl ester diethyl acetal **9** 2297
Malonaldehydonitrile,
—, (*p*-chlorophenyl)- **10** 3025
—, mesityl- **10** 3091
—, (*p*-methoxyphenyl)- **10** 4226
—, phenyl- **10** 3024
—, (3,4,5-trimethoxyphenyl)- **10** 4720
Malonaldehydoyl azide,
—, (2-phenylacetamido)-,
    dimethyl acetal **9** 2238
Malonamic acid,
—, N-(α-aminobenzylidene)-C-
    (2-hydroxyethyl)-C-isopentyl-
    9 1271
—, benzamido-,
    ethyl ester **9** 1187
—, N-benzimidoyl-C-(2-hydroxyethyl)-
    C-isopentyl- **9** 1271
—, 2-benzyl- **9** 4285
—, 2-benzyl-2-bromo-N-carbamoyl-
    9 4288
—, 2-benzyl-2-bromo-N-(methylcarbamoyl)-
    9 4288
—, 2-benzyl-2-(1-carbamoylcyclohexyl)-,
    ethyl ester **9** 4824
—, 2,2-bis(3-oxo-3-phenylpropyl)-
    10 4080
    methyl ester **10** 4080
—, 2-bromo-2-(2-bromo-3-oxo-
    1,3-diphenylpropyl)-,
    methyl ester **10** 4015
—, N-carbamoyl-2-(cyclohex-1-en-1-yl)-
    2,N-dimethyl- **9** 3976
—, N-carbamoyl-2-ethyl-2-phenyl-
    9 4304

Malonamic acid *(continued)*
—, 2-(cyclohex-1-en-1-yl)-2-methyl-*N*-(methylcarbamoyl)- **9** 3976
—, 2-cyclopentyl- **9** 3821
—, 2-(α-ethoxybenzylideneamino)-, ethyl ester **9** 1251
—, 2-ethyl-*N*-(methylcarbamoyl)-2-phenyl- **9** 4304
—, 2-ethyl-*N*-(methylthiocarbamoyl)-2-phenyl- **9** 4305
—, *N*-hydroxy-2-[α-(2-oxocyclohexyl)benzyl]-, ethyl ester **10** 3983
—, 2-(4-methoxybenzyl)- **10** 2215
—, 2-(1-methylcyclohexyl)- **9** 3860
—, 2-methyl-2-(2-phenylacetamido)-, ethyl ester **9** 2226
—, 2-[α-(2-oxocyclohexyl)benzyl]-, ethyl ester **10** 3983
—, thio- see *Thiomalonamic acid*

Malonamide,
—, 2-acetamido-2-[3-(4-nitrobenzoyloxy)propyl]- **9** 1706
—, 2-benzamido- **9** 1187
—, 2-(benzoyloxy)-2-phenyl- **10** 2204
—, 2-benzyl- **9** 4285
—, 2-(3,5-cyclocholestan-6-yl)- **9** 4431
—, 2-(cyclohex-1-en-1-yl)-*N*,*N*,*N'*,*N'*-tetraethyl- **9** 3955
—, 2-(cyclohex-1-en-1-yl)-*N*,*N*,*N'*,*N'*-tetraethyl-2-methyl- **9** 3976
—, 2-(cyclohexylmethyl)-*N*,*N*,*N'*,*N'*-tetraethyl- **9** 3858
—, 2-cyclopentylidene-*N*,*N*,*N'*,*N'*-tetraethyl- **9** 3952
—, *N*,*N'*-diethyl-2-phenyl- **9** 4261
—, 2-[3-(3,5-dinitrobenzoyloxy)-propyl]- **9** 1934
—, 2,2-diphenyl- **9** 4525
—, 2-(*o*-methoxyphenyl)- **10** 2202
—, 2-(*p*-methoxyphenyl)- **10** 2203
—, 2-phenyl- **9** 4261
—, 2-[3-(5,6,7,8-tetrahydro-naphthyl)butyl]- **9** 4427

Malonic acid,
—, (acenaphthen-1-yl)- **9** 4528
—, (acenaphthen-1-yl)-(cyclopent-2-en-1-yl)-, diethyl ester **9** 4667
—, [2-(acenaphthen-5-yl)ethyl]-, diethyl ester **9** 4567
—, acetamido[3-(3,5-dinitrobenzoyloxy)-2-methylpropyl]-, diethyl ester **9** 1935
—, acetamido[3-(3,5-dinitrobenzoyloxy)propyl]-, diethyl ester **9** 1935

—, acetamido[3-(4-nitrobenzoyloxy)propyl]-, diethyl ester **9** 1706
—, (α-acetonylbenzyl)- **10** 3968
     diethyl ester **10** 3969
     dimethyl ester **10** 3969
—, (2-acetonylhexahydroindan-2-yl)- **10** 3940
     diethyl ester **10** 3940
—, acetoxy(2-acetoxybenzoyl)-, diethyl ester **10** 4802
—, (2-acetoxybenzoyl)ethoxy-, diethyl ester **10** 4802
—, (2-acetoxybenzoyl)methyl-, diethyl ester **10** 4742
—, (2-acetoxybenzylidene)- **10** 2253
—, (4-acetoxybenzylidene)-, diethyl ester **10** 2257
—, acetoxy(3,4-diacetoxy-1-naphthyl)-, diethyl ester **10** 2582
—, (3-acetoxy-6-hydroxy-2,4,5-trimethylbenzyl)-, diethyl ester **10** 2464
—, (3-acetoxy-4-oxo-1(4*H*)-naphthylidene)-, diethyl ester **10** 4764
—, (6-acetyl-4-nitro-*m*-tolyl)-, diethyl ester **10** 3968
—, allylbenzamido-, diethyl ester **9** 1191
—, allylbenzhydryl- **9** 4641
     diethyl ester **9** 4641
—, allyl(2-bromocyclopent-2-en-1-yl)-, diethyl ester **9** 4055
—, allyl(4-*tert*-butylbenzyl)-, diethyl ester **9** 4425
—, allyl(4-*tert*-butylphenethyl)- **9** 4427
     diethyl ester **9** 4427
—, allyl(2-carboxybenzamido)- **9** 4196
—, allyl(cyclobutylmethyl)- **9** 4001
     diethyl ester **9** 4001
—, allyl(cyclohex-1-en-1-yl)-, diethyl ester **9** 4056
—, allyl(cyclohex-2-en-1-yl)-, diethyl ester **9** 4056
—, allylcyclohexyl- **9** 4005
     diethyl ester **9** 4005
—, allyl(cyclopent-2-en-1-yl)-, diethyl ester **9** 4055
—, allyl[11-(cyclopent-2-en-1-yl)undecyl]-, diethyl ester **9** 4086
—, allylcyclopentyl-, diethyl ester **9** 4001
—, allyl(fluoren-9-yl)-, diethyl ester **9** 4663
—, allyl(4-isopropylbenzyl)- **9** 4422
     diethyl ester **9** 4422

Malonic acid *(continued)*
—, allyl(4-methoxybenzyl)-,
    diethyl ester **10** 2269
—, allyl(α-methylbenzyl)-,
    diethyl ester **9** 4411
—, allyl(2-methylbenzyl)-,
    diethyl ester **9** 4412
—, allyl[(4-methyl-1-naphthyl)methyl]-
    9 4578
—, allyl[2-(1-naphthyl)ethyl]-,
    diethyl ester **9** 4578
—, allyl(1-naphthylmethyl)-,
    diethyl ester **9** 4565
—, allylphenethyl- **9** 4411
—, allyl(2-phenylacetamido)-,
    diethyl ester **9** 2228
—, allyl(2-phenylbenzyl)-,
    diethyl ester **9** 4641
—, allyl(5,6,7,8-tetrahydro-
    2-naphthylmethyl)-,
    diethyl ester **9** 4454
—, allyltrityl- **9** 4701
—, (anthracene-9,10-diyldimethylene)di-
    9 4897
    tetraethyl ester **9** 4898
—, [(9-anthryl)methylene]- **9** 4675
    dimethyl ester **9** 4675
—, benzamido-,
    benzyl ester **9** 1186
    dibenzyl ester **9** 1186
    diethyl ester **9** 1186
    dimethyl ester **9** 1186
    ethyl ester **9** 1186
    methyl ester **9** 1185
—, benzamido-(2-oxoethyl)-,
    diethyl ester **9** 1208
—, [2-(benzamidooxy)ethyl]- **9** 1308
—, [2-(benzamidooxy)ethyl]bromo- **9** 1308
—, (5-benzamidopentyl)- **9** 1191
—, [(benz[*a*]anthracen-7-yl)methyl]-
    9 4699
    diethyl ester **9** 4699
—, benzhydrylbenzyl-,
    diethyl ester **9** 4691
—, benzhydrylbromo-,
    diethyl ester **9** 4538
—, benzhydryl(4,4'-dimethylbenzhydryl)-,
    diethyl ester **9** 4725
—, benzhydrylidene- **9** 4601
    diethyl ester **9** 4601
—, benzhydrylisopropenyl-,
    diethyl ester **9** 4641
—, benzhydrylmethyl- **9** 4561
    diethyl ester **9** 4561
—, benzoyl-,
    diethyl ester **10** 3958
    diphenyl ester **10** 3959
—, benzoylisopropyl-,
    diethyl ester **10** 3979

—, (2-benzoyl-4-methyl-5-oxo-
    1,3,5-triphenylpentyl)-,
    diethyl ester **10** 4099
—, (2-benzoyl-4-methyl-5-oxo-
    1,3,5-triphenylpentyl)methyl-,
    diethyl ester **10** 4100
—, (1-benzoyl-3-oxo-3-phenylpropyl)-
    benzyl-,
    diethyl ester **10** 4095
—, (2-benzoyl-5-oxo-
    1,3,5-triphenylpentyl)-,
    diethyl ester **10** 4099
—, (2-benzoyl-5-oxo-
    1,3,5-triphenylpentyl)methyl-,
    diethyl ester **10** 4099
—, [3-(benzoyloxy)-1-methylpropyl]-,
    diethyl ester **9** 867
—, [3-(benzoyloxy)-1-methylpropyl]-
    bromo-,
    diethyl ester **9** 868
—, [3-(benzoyloxy)-1-methylpropyl]-
    chloro-,
    diethyl ester **9** 868
—, (benzoyloxy)-(1-naphthyl)-,
    diethyl ester **10** 2319
—, benzyl- **9** 4283
    bis(*N'*-acetylhydrazide) **9** 4287
    bis(benzylidenehydrazide) **9** 4287
    bis(isopropylidenehydrazide)
        9 4286
    bis(4-methoxybenzylidene)hydrazide
        9 4287
    dibutyl ester **9** 4285
    diethyl ester **9** 4284
    dihydrazide **9** 4286
    ethyl ester **9** 4284
—, benzylbromo- **9** 4288
—, benzyl(3-bromobenzyl)- **9** 4554
    diethyl ester **9** 4554
—, benzylbutyl- **9** 4341
    dibutyl ester **9** 4342
    diethyl ester **9** 4341
—, benzyl(3-chlorobenzyl)-,
    diethyl ester **9** 4554
—, benzyl(4-chlorobenzyl)-,
    diethyl ester **9** 4554
—, benzyl(3-chlorobut-2-enyl)- **9** 4410
—, (α-benzylcinnamyl)- **9** 4640
—, benzyl(α-cyanobenzyl)-,
    dimethyl ester **9** 4840
—, benzyl(2-cyanoethyl)-,
    diethyl ester **9** 4805
—, benzyl(cyclohex-2-en-1-yl)-,
    diethyl ester **9** 4450
—, benzylcyclohexyl-,
    diethyl ester **9** 4422
—, benzyl(cyclopent-2-en-1-yl)-,
    diethyl ester **9** 4449

Malonic acid *(continued)*
—, benzyl[11-(cyclopent-2-en-1-yl)-
    undecyl]-,
    diethyl ester **9** 4460
—, benzylcyclopentyl-,
    diethyl ester **9** 4419
—, (2-benzylcyclopentyl)- **9** 4419
—, 2-benzyl-O,O'-dideuterio- **9** 4284
—, benzyl[(diethylcarbamoyl)methyl]-,
    diethyl ester **9** 4800
—, benzylethoxy- **10** 2216
    diethyl ester **10** 2216
—, benzylethyl- **9** 4316
    dibenzyl ester **9** 4316
    diethyl ester **9** 4316
—, benzyl(3-fluorobenzyl)- **9** 4553
    diethyl ester **9** 4553
—, benzylhexadecyl-,
    dibutyl ester **9** 4372
—, benzylidene- **9** 4378
    diallyl ester **9** 4379
    diethyl ester **9** 4379
    diisopropyl ester **9** 4379
—, benzylisopropenyl-,
    diethyl ester **9** 4407
—, benzylisopropyl-,
    diethyl ester **9** 4336
—, benzylmethyl- **9** 4307
    ethyl ester **9** 4308
—, benzyl(3-methylbut-2-enyl)-,
    diethyl ester **9** 4417
—, benzyl(4-nitrobenzyl)-,
    diethyl ester **9** 4555
—, benzyl(2-oxocyclohexyl)-,
    diethyl ester **10** 3982
—, (α-benzylphenethyl)- **9** 4568
    diethyl ester **9** 4568
—, (α-benzylphenethyl)bromo- **9** 4568
—, (1-benzyl-3-phenylpropyl)- **9** 4581
—, (1-benzyl-3-phenylpropyl)bromo- **9** 4581
—, benzylpropyl-,
    diethyl ester **9** 4332
—, [2-(benzylthio)ethyl]-
    (2-carboxybenzamido)- **9** 4197
—, benzylvinyl-,
    diethyl ester **9** 4396
—, (bicyclohexyl-4-yl)-,
    diethyl ester **9** 4031
—, bis(4-acetoxy-3,5-dibromobenzyl)-,
    diethyl ester **10** 2512
—, bis(benzoyloxymethyl)-,
    diethyl ester **9** 872
—, bis(4-bromobenzyl)-,
    diethyl ester **9** 4555
—, bis(2-chlorobenzyl)-,
    diethyl ester **9** 4554
    dimethyl ester **9** 4554
—, bis(4-chlorobenzyl)-,
    diethyl ester **9** 4554

—, bis(3,5-dibromo-4-hydroxybenzyl)-,
    diethyl ester **10** 2512
—, bis(4,4'-dimethylbenzhydryl)-,
    diethyl ester **9** 4726
—, bis(3-methoxybenzyl)- **10** 2512
    diethyl ester **10** 2512
—, bis(p-methoxyphenyl)-,
    diethyl ester **10** 2507
—, bis(4-nitrobenzyl)-,
    diethyl ester **9** 4555
—, bis(2-nitro-m-toluoyl)-,
    diethyl ester **10** 4078
—, bis(6-nitro-m-toluoyl)-,
    diethyl ester **10** 4079
—, bis[(1,2,3,4,5,6,7,8-octahydro-
    9-anthryl)methyl]-,
    diethyl ester **9** 4695
—, bis(3-oxo-3-phenylpropyl)-,
    dimethyl ester **10** 4080
—, bis(3-phenylpropyl)- **9** 4584
    diethyl ester **9** 4585
—, (2-bromobenzyl)- **9** 4288
    diethyl ester **9** 4288
—, (4-bromobenzyl)- **9** 4288
    diethyl ester **9** 4288
—, (3-bromobenzyl)-(3-chlorobenzyl)-
    9 4554
    diethyl ester **9** 4555
—, (3-bromobenzylidene)- **9** 4382
—, (2-bromocyclohex-2-en-1-yl)-,
    diethyl ester **9** 3956
—, (2-bromocyclohex-2-en-1-yl)ethyl-,
    diethyl ester **9** 3996
—, (2-bromocyclohex-2-en-1-yl)methyl-,
    diethyl ester **9** 3977
—, bromo(cyclohexylmethyl)- **9** 3858
—, (2-bromocyclopent-2-en-1-yl)ethyl-,
    diethyl ester **9** 3985
—, (2-bromocyclopent-2-en-1-yl)-
    methyl-,
    diethyl ester **9** 3964
—, bromocyclopentyl- **9** 3821
—, (2-bromo-3,6-dihydroxy-
    4,5-dimethylbenzyl)-,
    dimethyl ester **10** 2462
—, (4-bromo-3,6-dihydroxy-2,5-xylyl)-,
    diethyl ester **10** 2461
—, (6-bromo-2,5-dihydroxy-3,4-xylyl)-,
    diethyl ester **10** 2461
—, (2-bromo-4,5-dimethyl-
    3,6-dioxocyclohexa-1,4-dien-1-yl)-,
    diethyl ester **10** 4059
—, (4-bromo-2,5-dimethyl-
    3,6-dioxocyclohexa-1,4-dien-1-yl)-,
    diethyl ester **10** 4059
—, [(2-bromo-4,5-dimethyl-
    3,6-dioxocyclohexa-1,4-dien-1-yl)-
    methyl]-,
    dimethyl ester **10** 4059

Malonic acid *(continued)*

—, (4-bromo-2,6-dinitrophenyl)-,
  diethyl ester **9** 4266
—, (3-bromo-1,4-dioxo-1,4-dihydro-
  2-naphthyl)-,
  diethyl ester **10** 4073
—, bromo(α-ethylphenethyl)- **9** 4334
—. (6-bromohexyl)-(cyclopent-2-en-1-yl)-,
  diethyl ester **9** 4019
—, (5-bromo-2-hydroxybenzylidene)-
  10 2254
—, (3-bromo-4-hydroxy-
  5-methoxybenzylidene)- **10** 2470
—. [2-(3-bromomesityl)-5-methyl-
  3,6-dioxocyclohexa-1,4-diene-
  1,4-diyl]di- **10** 4173
—, bromo-(α-methoxy-3-nitrobenzyl)-,
  dimethyl ester **10** 2216
—. bromo(α-methoxy-4-nitrobenzyl)-,
  dimethyl ester **10** 2216
—, (2-bromo-5-methylbenzyl)- **9** 4309
—, (5-bromo-2-methylbenzyl)- **9** 4309
—, (2-bromo-5-methylbenzyl)methyl-
  9 4321
—, bromo(α-methylphenethyl)- **9** 4317
—, bromo(1-methyl-3-phenylpropyl)-
  9 4333
—, (1-bromo-2-naphthyl)-,
  diethyl ester **9** 4474
—, bromo[(1-naphthyl)methyl]- **9** 4476
—, bromo[α-(nitromethyl)benzyl]-,
  dimethyl ester **9** 4306
—, [α-(bromonitromethyl)benzyl]-,
  dimethyl ester **9** 4306
—, [α-(bromonitromethyl)-3-nitrobenzyl]-,
  dimethyl ester **9** 4307
—, bromo[3-nitro-α-(nitromethyl)benzyl]-,
  diethyl ester **9** 4307
  dimethyl ester **9** 4307
—, bromo[4-nitro-α-(nitromethyl)benzyl]-,
  diethyl ester **9** 4307
—, bromo[β-nitro-α-(m-nitrophenyl)-
  phenethyl]-,
  dimethyl ester **9** 4556
—, bromo(β-nitro-α-phenylphenethyl)-,
  dimethyl ester **9** 4556
—, bromophenyl- **9** 4264
—, (m-bromophenyl)- **9** 4264
—, (o-bromophenyl)- **9** 4264
—, bromo(4-phenylbenzyl)- **9** 4542
—, (3-bromopropyl)phenyl-,
  diethyl ester **9** 4315
—, (but-2-enyl)-(2-carboxybenzamido)-
  9 4196
—, (but-2-enyl)phenyl-,
  diethyl ester **9** 4404
—, (2-butoxyethyl)phenethyl- **10** 2239
—, (α-butylbenzyl)-,
  diethyl ester **9** 4343

—, (α-tert-butylbenzyl)- **9** 4343
  diethyl ester **9** 4344
—, (4-tert-butylbenzyl)- **9** 4345
  diethyl ester **9** 4345
—, butyl(cyclohex-2-en-1-yl)-,
  diethyl ester **9** 4012
—, butylcyclohexyl-,
  diethyl ester **9** 3928
—, butyl(cyclopent-2-en-1-yl)-,
  diethyl ester **9** 4007
—, butylcyclopentyl- **9** 3924
  diethyl ester **9** 3924
—, (4-tert-butyl-2,6-dimethylbenzyl)-
  9 4361
  diethyl ester **9** 4361
—, (5-tert-butyl-2,4-dimethylbenzyl)-,
  diethyl ester **9** 4361
—, butyl(4-iodobenzyl)-,
  diethyl ester **9** 4342
—, (5-tert-butyl-4-methoxy-
  2-methylphenethyl)- **10** 2243
—, (5-tert-butyl-2-methoxyphenethyl)-
  10 2241
  diethyl ester **10** 2241
—, (4-tert-butyl-2-methylphenethyl)-,
  diethyl ester **9** 4360
—, (5-tert-butyl-2-methylphenethyl)-,
  diethyl ester **9** 4359
—, butyl(1-naphthyl)-,
  diethyl ester **9** 4489
—, butyl[2-(1-naphthyl)ethyl]-,
  diethyl ester **9** 4492
—, [(2-tert-butyl-1-naphthyl)methyl]-,
  diethyl ester **9** 4491
—, butyl(5-nitro-o-toluoyl)-,
  diethyl ester **10** 3973
—, butylphenethyl- **9** 4348
  diethyl ester **9** 4348
—, (4-tert-butylphenethyl)ethyl-,
  diethyl ester **9** 4363
—, (4-tert-butylphenethyl)phenyl-,
  diethyl ester **9** 4585
—, butylphenyl- **9** 4332
  diethyl ester **9** 4332
—, butyl(3-phenylpropyl)- **9** 4357
  diethyl ester **9** 4357
—, [3-(p-tert-butylphenyl)propyl]-
  9 4358
—, (2-carbamoyl-1-phenylethyl)methyl-,
  ethyl ester **9** 4807
—, (2-carboxybenzamido)-[2-(ethylthio)-
  ethyl]- **9** 4196
—, (2-carboxybenzamido)-
  (2-methoxyethyl)- **9** 4196
—, (2-carboxybenzamido)-(methoxymethyl)-
  9 4196
—, (2-carboxybenzamido)-[2-(methylthio)-
  ethyl]- **9** 4196
—, (2-carboxybenzyl)- **9** 4797

Malonic acid *(continued)*

—, (2-carboxycyclopentyl)- **9** 4750

—, [4-carboxy-1-(1,5-dimethylhexyl)-7a-methylhexahydroindan-5-yl]methyl- **9** 4780

—, [o-(carboxymethyl)phenyl]- **9** 4798

—, [(3-carboxy-2,2,3-trimethylcyclopentyl)methyl]- **9** 4771

—, (2-chlorobenzyl)-,
   diethyl ester **9** 4287
   dimethyl ester **9** 4287

—, (4-chlorobenzyl)- **9** 4287
   diethyl ester **9** 4287

—, (2-chlorobenzylidene)- **9** 4380
   diethyl ester **9** 4381
   dimethyl ester **9** 4381

—, (3-chlorobenzylidene)- **9** 4381

—, (4-chlorobenzylidene)- **9** 4382
   diethyl ester **9** 4382

—, (3-chlorobenzyl)-(4-methylbenzyl)- **9** 4568
   diethyl ester **9** 4569

—, (3-chlorobut-2-enyl)-(3-methylphenethyl)- **9** 4421

—, (3-chlorobut-2-enyl)-[2-(1-naphthyl)ethyl]- **9** 4581

—, (3-chlorobut-2-enyl)phenethyl- **9** 4417

—, (3-chlorobut-2-enyl)phenyl-,
   diethyl ester **9** 4404

—, (2-chlorocyclohex-2-en-1-yl)- **9** 3956
   diethyl ester **9** 3956
   dihydrazide **9** 3956

—, (4-chloro-2,6-dinitrophenyl)-,
   diethyl ester **9** 4265

—, chloro(9-phenanthryl)-,
   diethyl ester **9** 4655

—, chlorophenyl-,
   dimethyl ester **9** 4264

—, (*m*-chlorophenyl)- **9** 4263

—, (*o*-chlorophenyl)- **9** 4263

—, (*p*-chlorophenyl)- **9** 4264

—, (2-chloro-2-phenylacetamido)-,
   diethyl ester **9** 2269

—, [(*o*-chlorophenyl)-(10-oxo-9,10-dihydro-9-anthryl)methyl]-,
   diethyl ester **10** 4034
   dimethyl ester **10** 4034

—, (cholest-5-en-3-yl)- **9** 4430
   dimethyl ester **9** 4430

—, cinnamoyl-,
   diethyl ester **10** 3978

—, (cinnamoyloxy)methyl- **9** 2707

—, cinnamyl- **9** 4394
   diethyl ester **9** 4394

—, cinnamylethoxy- **10** 2264
   diethyl ester **10** 2264

—, cinnamylethyl- **9** 4411

—, cinnamylidene- **9** 4432
   diethyl ester **9** 4432
   dimethyl ester **9** 4432

—, *p*-cumenyl- **9** 4324

—, (α-cyanobenzyl)-,
   diethyl ester **9** 4797
   dimethyl ester **9** 4796

—, (α-cyanobenzylidene)-,
   dimethyl ester **9** 4820

—, (2-cyanoethyl)cyclopentyl-,
   diethyl ester **9** 4759

—, [α-(cyanomethyl)benzyl]-,
   diethyl ester **9** 4801

—, (2-cyano-3-methylcyclohexyl)-,
   diethyl ester **9** 4757

—, (3-cyano-1,2,2-trimethylcyclopentylcarbonyl)-,
   diethyl ester **10** 4111

—, (cyclobutylmethyl)-,
   diethyl ester **9** 3826

—, (cyclobutylmethyl)decyl-,
   diethyl ester **9** 3932

—, (cyclobutylmethyl)dodecyl-,
   diethyl ester **9** 3933

—, (cyclobutylmethyl)ethyl-,
   diethyl ester **9** 3898

—, (cyclobutylmethyl)methyl-,
   diethyl ester **9** 3850

—, (cyclobutylmethyl)nonyl-,
   diethyl ester **9** 3931

—, (cyclobutylmethyl)octyl-,
   diethyl ester **9** 3931

—, (cyclobutylmethyl)undecyl-,
   diethyl ester **9** 3933

—, (3,5-cyclocholestan-6-yl)- **9** 4430
   dimethyl ester **9** 4431

—, (cyclohex-1-en-1-yl)-,
   diethyl ester **9** 3955

—, (cyclohex-2-en-1-yl)- **9** 3955
   diethyl ester **9** 3955

—, (cyclohex-2-en-1-yl)cyclohexyl-,
   diethyl ester **9** 4077

—, (cyclohex-2-en-1-yl)-(2-cyclohexylethyl)-,
   diethyl ester **9** 4079

—, (cyclohex-2-en-1-yl)-(cyclohexylmethyl)-,
   diethyl ester **9** 4079

—, (cyclohex-2-en-1-yl)-(cyclopent-2-en-1-yl)-,
   diethyl ester **9** 4346

—, (cyclohex-2-en-1-yl)-[11-(cyclopent-2-en-1-yl)undecyl]-,
   diethyl ester **9** 4372

—, (cyclohex-2-en-1-yl)cyclopentyl-,
   diethyl ester **9** 4074

—, (cyclohex-2-en-1-yl)ethyl-,
   diethyl ester **9** 3996

Malonic acid *(continued)*
—, [2-(cyclohex-1-en-1-yl)ethyl]- **9** 3994
   diethyl ester **9** 3994
—, [2-(cyclohex-2-en-1-yl)ethyl]- **9** 3994
   diethyl ester **9** 3995
—, [2-(cyclohex-1-en-1-yl)ethyl]methyl-
   9 4005
   diethyl ester **9** 4005
—, (cyclohex-1-en-1-yl)-[(ethylthio)-
   methyl]-,
   diethyl ester **10** 2049
—, (cyclohex-2-en-1-yl)-(indan-1-yl)-,
   diethyl ester **9** 4491
—, (cyclohex-1-en-1-ylmethyl)-
   9 3975, 3976
   diethyl ester **9** 3976
—, (cyclohex-2-en-1-yl)methyl- **9** 3977
   diethyl ester **9** 3977
—, (cyclohex-2-en-1-yl)phenethyl-,
   diethyl ester **9** 4452
—, (cyclohex-2-en-1-yl)phenyl-,
   diethyl ester **9** 4447
   dimethyl ester **9** 4447
—, (cyclohex-2-en-1-yl)propyl-,
   diethyl ester **9** 4004
—, cyclohexyl-,
   butyl ester **9** 3834
   dibutyl ester **9** 3834
   diethyl ester **9** 3834
   dimethyl ester **9** 3833
   dipropyl ester **9** 3834
   ethyl ester **9** 3833
   methyl ester **9** 3833
   propyl ester **9** 3834
—, (4-cyclohexylbenzyl)- **9** 4422
   diethyl ester **9** 4422
—, cyclohexyl(2-cyclohexylethyl)-,
   diethyl ester **9** 4037
—, cyclohexyl(cyclopent-2-en-1-yl)-,
   diethyl ester **9** 4074
—, cyclohexyl(3,7-dimethylocta-
   2,6-dienyl)-,
   diethyl ester **9** 4081
—, cyclohexyl(3,7-dimethyloct-6-enyl)-,
   diethyl ester **9** 4037
—, cyclohexylethoxy- **10** 2032
—, cyclohexylethyl-,
   diethyl ester **9** 3903
—, (2-cyclohexylethyl)-(cyclopent-2-en-
   1-yl)-,
   diethyl ester **9** 4079
—, (2-cyclohexylethyl)cyclopentyl-,
   diethyl ester **9** 4036
—, (2-cyclohexylethyl)ethyl-,
   diethyl ester **9** 3928
—, (2-cyclohexylethyl)octyl-,
   diethyl ester **9** 3932
—, (2-cyclohexylethyl)phenethyl- **9** 4428
   diethyl ester **9** 4428

—, cyclohexyl(indan-1-yl)-,
   diethyl ester **9** 4455
—, (cyclohexylmethyl)- **9** 3858
   diethyl ester **9** 3858
   dihydrazide **9** 3858
—, (cyclohexylmethyl)-(cyclopent-2-en-
   1-yl)-,
   diethyl ester **9** 4077
—, (cyclohexylmethyl)cyclopentyl-,
   diethyl ester **9** 4032
—, (cyclohexylmethyl)ethyl-,
   diethyl ester **9** 3921
—, (cyclohexylmethyl)methyl-,
   diethyl ester **9** 3903
—, cyclohexylnonyl-,
   diethyl ester **9** 3932
—, (4-cyclohexylphenethyl)- **9** 4426
   diethyl ester **9** 4426
—, (4-cyclohexylphenethyl)phenyl-,
   diethyl ester **9** 4646
—, cyclohexylphenyl-,
   dimethyl ester **9** 4418
—, (3-cyclohexylpropyl)- **9** 3920
—, (cyclopent-1-en-1-yl)-,
   diethyl ester **9** 3951
   ethyl ester methyl ester **9** 3951
—, (cyclopent-2-en-1-yl)-,
   diethyl ester **9** 3951
—, [4-(cyclopent-2-en-1-yl)butyl]-,
   diethyl ester **9** 4007
—, (cyclopent-2-en-1-yl)-[11-
   (cyclopent-2-en-1-yl)undecyl]-,
   diethyl ester **9** 4371
—, (cyclopent-2-en-1-yl)cyclopentyl-,
   diethyl ester **9** 4067
—, (cyclopent-1-en-1-yl)-
   (3,7-dimethylocta-2,6-dienyl)-,
   diethyl ester **9** 4363
—, (cyclopent-2-en-1-yl)ethyl-,
   diethyl ester **9** 3985
—, [2-(cyclopent-2-en-1-yl)ethyl]-,
   diethyl ester **9** 3985
—, [2-(cyclopent-2-en-1-yl)ethyl]ethyl-,
   diethyl ester **9** 4007
—, (cyclopent-2-en-1-yl)-(2-ethylhexyl)-,
   diethyl ester **9** 4034
—, [2-(cyclopent-2-en-1-yl)ethyl]-
   methyl-,
   diethyl ester **9** 4001
—, (cyclopent-2-en-1-yl)hexadecyl-,
   diethyl ester **9** 4039
—, (cyclopent-2-en-1-yl)-(indan-1-yl)-,
   diethyl ester **9** 4490
—, (cyclopent-2-en-1-yl)isobutyl-,
   diethyl ester **9** 4007
—, (cyclopent-2-en-1-yl)isopentyl-,
   diethyl ester **9** 4013
—, (cyclopent-2-en-1-yl)isopropenyl-,
   diethyl ester **9** 4055

Malonic acid *(continued)*

—, (cyclopent-2-en-1-yl)-
(3-methoxyphenethyl)-,
diethyl ester **10** 2291

—, (cyclopent-1-en-1-yl)methyl-,
diethyl ester **9** 3963

—, (cyclopent-2-en-1-yl)methyl-,
diethyl ester **9** 3963

—, (cyclopent-2-en-1-yl)-
(2-methylallyl)-,
diethyl ester **9** 4059

—, (cyclopent-2-en-1-yl)phenethyl- **9** 4451
diethyl ester **9** 4451

—, (cyclopent-2-en-1-yl)phenyl-,
diethyl ester **9** 4445

—, (cyclopent-2-en-1-yl)-(prop-1-enyl)-,
diethyl ester **9** 4054

—, (cyclopent-2-en-1-yl)propyl-,
diethyl ester **9** 4000

—, [13-(cyclopent-2-en-1-yl)tridecyl]⸗
methyl-,
diethyl ester **9** 4039

—, [11-(cyclopent-2-en-1-yl)undecyl]⸗
heptyl-,
diethyl ester **9** 4040

—, [11-(cyclopent-2-en-1-yl)undecyl]⸗
methyl- **9** 4039

—, cyclopentyl- **9** 3820
diethyl ester **9** 3820

—, (4-cyclopentylbutyl)- **9** 3924
diethyl ester **9** 3924

—, cyclopentyl(3,7-dimethylocta-
2,6-dienyl)-,
diethyl ester **9** 4080

—, cyclopentyl(3,7-dimethyloct-6-enyl)-,
diethyl ester **9** 4037

—, cyclopentyl(3,7-dimethyloctyl)-,
diethyl ester **9** 3932

—, cyclopentylethyl- **9** 3869
diethyl ester **9** 3869

—, (2-cyclopentylethyl)- **9** 3869
diethyl ester **9** 3869

—, (2-cyclopentylethyl)phenethyl-,
diethyl ester **9** 4427

—, cyclopentylidene- **9** 3952
diethyl ester **9** 3952

—, cyclopentylisopentyl-,
diethyl ester **9** 3928

—, cyclopentyl(3-methoxyphenethyl)-
10 2276
diethyl ester **10** 2276

—, cyclopentylmethyl- **9** 3841
diethyl ester **9** 3841

—, (cyclopentylmethyl)ethyl-,
diethyl ester **9** 3914

—, cyclopentylphenethyl- **9** 4422
diethyl ester **9** 4423

—, cyclopentylpropyl- **9** 3913
diethyl ester **9** 3913

—, (3-cyclopentylpropyl)-,
diethyl ester **9** 3913

—, (11-cyclopentylundecyl)phenethyl-,
diethyl ester **9** 4429

—, (1-cyclopropylethyl)ethyl-,
diethyl ester **9** 3901

—, (cyclopropylmethyl)ethyl-,
diethyl ester **9** 3855

—, (1-cyclopropylpropyl)ethyl-,
diethyl ester **9** 3920

—, decyl[3-(3,5-dinitrobenzoyloxy)⸗
propyl]-,
diethyl ester **9** 1935

—, (2,5-diacetoxy-6-bromo-3,4-xylyl)-,
diethyl ester **10** 2461

—, (3,6-diacetoxy-4-bromo-2,5-xylyl)-,
diethyl ester **10** 2461

—, (3,4-diacetoxy-1-naphthyl)-,
diethyl ester **10** 2486

—, (2,5-diacetoxy-
3,4,6-trimethylbenzyl)-,
diethyl ester **10** 2464

—, dibenzhydryl-,
diethyl ester **9** 4724

—, dibenzoyl-,
diethyl ester **10** 4075

—, dibenzyl- **9** 4552
diethyl ester **9** 4552

—, (2,4-dibromo-3,6-dimethoxy-
5-methylbenzyl)- **10** 2460
dimethyl ester **10** 2460

—, (2,4-dibromo-3,6-dimethoxy-
5-methylbenzylidene)- **10** 2473
dimethyl ester **10** 2473

—, (3,5-dibromo-2-hydroxybenzylidene)-
10 2255

—, 2,2'-dichloro-2,2'-(4,6-dinitro-
m-phenylenedimethylene)di-,
tetraethyl ester **9** 4879

—, di(cyclohex-2-en-1-yl)-,
diethyl ester **9** 4351

—, di(cyclopent-2-en-1-yl)-,
diethyl ester **9** 4340

—, dicyclopentyl-,
diethyl ester **9** 4013

—, (3,17-dihydroxyandrostan-17-yl)-
10 2467

—, (3,4-dihydroxybenzylidene)- **10** 2469
diethyl ester **10** 2469

—, (2,5-dihydroxy-3,6-dimethyl-
p-phenylene)di-,
tetraethyl ester **10** 2633

—, (3,4-dihydroxy-1-naphthyl)-,
diethyl ester **10** 2486

—, (4,4'-dimethoxybenzhydryl)- **10** 2509
diethyl ester **10** 2509

—, (2,5-dimethoxybenzyl)- **10** 2455

—, (2,5-dimethoxybenzylidene)- **10** 2468

—, (2,5-dimethoxybenzyl)methyl- **10** 2459

Malonic acid *(continued)*

—, (2,5-dimethoxy-
3,6-dimethylbenzylidene)- **10** 2473

—, [2,4-dimethoxy-α-(nitromethyl)-
benzyl]-,
diethyl ester **10** 2459

—, [2,4-dimethoxy-α-(nitromethyl)-
benzyl]ethyl-,
diethyl ester **10** 2463

—, (3,4-dimethoxyphenyl)-,
diethyl ester **10** 2439

—. (2,5-dimethoxy-
3,4,6-trimethylbenzylidene)-
10 2474

—, (4,4'-dimethylbenzhydryl)- **9** 4576
diethyl ester **9** 4576

—, (2,4-dimethylbenzyl)-,
diethyl ester **9** 4325

—, (2,5-dimethylbenzyl)- **9** 4325

—, (3,5-dimethylbenzyl)- **9** 4326
diethyl ester **9** 4326

—, (2,5-dimethylbenzyl)ethyl-,
diethyl ester **9** 4345

—, (2,5-dimethylbenzyl)isopropyl-,
diethyl ester **9** 4350

—, (5,6-dimethylbicyclo[2.2.0]hexane-
2,3-diyl)di-,
tetraethyl ester **9** 4864

—, (2,5-dimethyl-3,6-dioxocyclohexa-
1,4-diene-1,4-diyl)di-,
tetraethyl ester **10** 4172

—, (4,5-dimethyl-3,6-dioxocyclohexa-
1,4-diene-1,2-diyl)di-,
tetraethyl ester **10** 4172

—, (2,3-dimethyl-9,10-dioxo-1,9,10,10a-
tetrahydro-4a(4*H*)-phenanthryl)-,
diethyl ester **10** 4074

—, [1-(1,5-dimethylhexyl)-4-
(methoxycarbonyl)-7a-
methylhexahydroindan-5-yl]-
methyl-,
dimethyl ester **9** 4780

—, [(2,3-dimethyl-1-naphthyl)methyl]-
9 4485
diethyl ester **9** 4485

—, [(2,6-dimethyl-1-naphthyl)methyl]-
9 4486
diethyl ester **9** 4486

—, [(2,7-dimethyl-1-naphthyl)methyl]-
9 4486
diethyl ester **9** 4486

—, [(3,4-dimethyl-1-naphthyl)methyl]-
9 4485
diethyl ester **9** 4486

—, [(4,7-dimethyl-1-naphthyl)methyl]-
9 4486
diethyl ester **9** 4486

—, (3,7-dimethylocta-2,6-dienyl)phenyl-,
diethyl ester **9** 4456

—, (3,7-dimethyloctyl)phenyl-,
diethyl ester **9** 4365

—, (5,5-dimethyl-3-oxocyclohex-1-en-
1-yl)-,
diethyl ester **10** 3931

—, (4,4-dimethylpentyl)phenyl-,
diethyl ester **9** 4358

—, (2,4-dimethylphenethyl)methyl-,
diethyl ester **9** 4345

—, (2,3-dimethyl-1,2,3,4-tetrahydro-
4-phenanthryl)- **9** 4582

—, [5-(2,3-dimethyltricyclo[2.2.1.0²,⁶]-
hept-3-yl)-2-methylpent-2-enyl]-
9 4364

—, 3-(3,5-dinitrobenzoyloxy)propyl]-,
diethyl ester **9** 1934

—, (2,4-dinitro-7-methyl-1-naphthyl)-,
diethyl ester **9** 4477

—, (2,4-dinitro-1-naphthyl)-,
diethyl ester **9** 4474

—, (2,4-dinitrophenyl)-,
diethyl ester **9** 4265
dimethyl ester **9** 4265

—, (2,4-dinitrophenyl)propyl-,
diethyl ester **9** 4315

—, [3-(3,5-dinitro-*o*-tolyl)-3-oxo-
1-phenylpropyl]-,
diethyl ester **10** 4016

—, (3,4-dioxo-3,4-dihydro-1-napthyl)-,
diethyl ester **10** 4764

—, diphenacyl-,
diethyl ester **10** 4078

—, diphenethyl- **9** 4580

—, diphenyl- **9** 4524
diethyl ester **9** 4525
dimethyl ester **9** 4525
methyl ester **9** 4525

—, (1,3-diphenylacetonyl)- **10** 4013
diethyl ester **10** 4014

—, (2,4-diphenylcyclobutane-
1,3-diyldimethylene)di- **9** 4897

—, (2,4-diphenylcyclobutane-
1,3-diyldimethylidyne)di- **9** 4898

—, diphenyl-1,1-dithio-,
3-methyl ester **9** 4525

—, (3,3-diphenylindan-1-yl)- **9** 4700
bis(4-nitrobenzyl) ester **9** 4701
diethyl ester **9** 4701

—, di-*p*-tolyl-,
diethyl ester **9** 4565

—, (α-ethoxybenzylidene)-,
diethyl ester **10** 2258

—, (2-ethoxybenzylidene)- **10** 2253

—, (α-ethoxybenzylideneamino)-,
diethyl ester **9** 1251

—, [2-(ethoxycarbonyl)benzyl]-,
diethyl ester **9** 4797

—, [2-(ethoxycarbonyl)cyclohexyl]-,
diethyl ester **9** 4751

Malonic acid *(continued)*
—, [2-(ethoxycarbonyl)cyclohexyl]-
methyl-,
diethyl ester **9** 4756
—, [2-(ethoxycarbonyl)cyclopentyl]-,
diethyl ester **9** 4750
—, {2-[1-(ethoxycarbonyl)cyclopentyl]-
ethyl}-,
diethyl ester **9** 4760
—, [4-(ethoxycarbonyl)-4-methyl-
3-oxocyclohexyl]-,
diethyl ester **10** 4107
—, [4-(ethoxycarbonyl)-4-methyl-
3-oxocyclohexyl]methyl-,
diethyl ester **10** 4109
—, (6-ethoxycyclohex-2-en-1-yl)-
10 2046
—, (6-ethoxycyclohex-2-en-1-yl)ethyl-,
diethyl ester **10** 2051
—, (2-ethoxyethyl)phenethyl- **10** 2239
—, ethoxyphenethyl- **10** 2225
diethyl ester **10** 2226
—, [3-(*p*-ethoxyphenyl)propyl]- **10** 2234
—, (α-ethylbenzyl)- **9** 4317
diethyl ester **9** 4317
—, (4-ethylbenzyl)- **9** 4322
diethyl ester **9** 4322
—, ethyl[4-hydroxy-3-(methoxycarbonyl)-
benzyl]-,
diethyl ester **10** 2577
—, ethyl(*p*-hydroxyphenyl)-,
ethyl ester methyl ester **10** 2230
—, ethyl(4-iodobenzyl)-,
diethyl ester **9** 4316
—, ethyl(5-isopropyl-4-methoxy-
2-methylphenethyl)-,
diethyl ester **10** 2243
—, ethyl(4-methoxybenzyl)- **10** 2236
—, ethyl(4-methoxycyclohexyl)-,
diethyl ester **10** 2041
—, ethyl(4-methoxyphenethyl)- **10** 2239
—, ethyl(*o*-methoxyphenyl)-,
diethyl ester **10** 2229
—, ethyl(*p*-methoxyphenyl)-,
ethyl ester methyl ester **10** 2230
—, ethyl(α-methylbenzyl)-,
diethyl ester **9** 4335
—, ethyl(3-methyl-3-phenylbutyl)-,
diethyl ester **9** 4358
—, ethyl(1-naphthyl)-,
diethyl ester **9** 4480
dimethyl ester **9** 4480
—, ethyl[2-(1-naphthyl)ethyl]-,
diethyl ester **9** 4489
—, [(2-ethyl-1-naphthyl)methyl]-
9 4485
diethyl ester **9** 4485
—, ethyl(*p*-nitrophenyl)-,
ethyl ester methyl ester **9** 4305

—, ethylphenethyl- **9** 4332
diethyl ester **9** 4332
—, (α-ethylphenethyl)- **9** 4334
diethyl ester **9** 4334
—, (4-ethylphenethyl)- **9** 4337
—, ethylphenyl-,
diethyl ester **9** 4304
ethyl ester methyl ester **9** 4304
—, ethyl(4-phenylbutyl)- **9** 4349
diethyl ester **9** 4349
—, ethyl(6-phenylhexyl)- **9** 4362
diethyl ester **9** 4362
—, ethyl(5-phenylpentyl)- **9** 4357
diethyl ester **9** 4357
—, ethyl(3-phenylpropyl)- **9** 4342
diethyl ester **9** 4343
—, ethyl[(5,6,7,8-tetrahydro-
2-naphthyl)methyl]-,
diethyl ester **9** 4424
—, [2-(ethylthio)ethyl]phenyl-,
diethyl ester **10** 2230
—, [(ethylthio)methyl]phenyl-,
diethyl ester **10** 2218
—, ethyl-*p*-tolyl-,
diethyl ester **9** 4320
—, ethyltrityl- **9** 4693
—, (fluoren-9-yl)-,
diethyl ester **9** 4608
—, hexadecylphenyl-,
diethyl ester **9** 4371
—, (hexahydroindan-2-yl)- **9** 4009
dimethyl ester **9** 4009
—, (2-hydroxycyclopentyl)- **10** 2031
diethyl ester **10** 2031
—, (1-hydroxyindan-2-yl)- **10** 2268
—, {[4-hydroxy-3-(methoxycarbonyl)-
1-naphthyl]methylene}-,
diethyl ester **10** 2588
—, (2-hydroxy-3-nitrobenzylidene)- **10** 2255
—, (2-hydroxy-5-nitrobenzylidene)-
10 2255
—, [2-hydroxy-α-(nitromethyl)benzyl]-,
diethyl ester **10** 2231
—, (3-hydroxy-4-oxo-1(4*H*)-
naphthylidene)-,
diethyl ester **10** 4764
—, (3-hydroxy-20-oxopregn-5-en-21-yl)-
10 4758
dimethyl ester **10** 4759
—, (indan-5-ylmethyl)-,
diethyl ester **9** 4410
—, (4-iodobenzyl)- **9** 4288
diethyl ester **9** 4289
—, (*p*-iodophenyl)-,
diethyl ester **9** 4264
—, isobutylphenethyl- **9** 4349
diethyl ester **9** 4349
—, (5-isopropyl-4-methoxy-
2-methylbenzyl)- **10** 2241

Malonic acid *(continued)*

—, (5-isopropyl-4-methoxy-
2-methylphenethyl)- **10** 2242

—, (α-isopropyl-α-methylbenzyl)- **9** 4344

—, (5-isopropyl-2-methylbenzyl)-
9 4345
diethyl ester **9** 4345

—, (2-isopropyl-5-methylbenzyl)≠
methyl-,
diethyl ester **9** 4350

—, (5-isopropyl-2-methylbenzyl)methyl-
9 4350
diethyl ester **9** 4350

—, [2-(5-isopropyl-2-methyl-cyclohexyl)≠
ethyl]methyl-,
diethyl ester **9** 3931

—, [(4-isopropyl-1-naphthyl)methyl]-
9 4490

—, isopropylphenethyl- **9** 4343
diethyl ester **9** 4343

—, (4-isopropylphenethyl)-,
diethyl ester **9** 4344

—, (4-isopropylphenethyl)methyl-,
diethyl ester **9** 4349

—, mesityl-,
diethyl ester **9** 4327

—, (3-mesityl-1-methyl-3-oxopropyl)-,
diethyl ester **10** 3974

—, (3-mesityl-3-oxo-1-phenylpropyl)-,
dimethyl ester **10** 4018

—, (3-mesitylpropyl)- **9** 4351
diethyl ester **9** 4351

—, (4-methoxybenzhydryl)- **10** 2352

—, (4-methoxybenzyl)-,
diethyl ester **10** 2215

—, (2-methoxybenzylidene)-,
diethyl ester **10** 2253

—, (4-methoxybenzylidene)- **10** 2256
diethyl ester **10** 2257

—, [2-(methoxycarbonyl)-
1-methylcyclopentylcarbonyl]-,
diethyl ester **10** 4108

—, {[3-(methoxycarbonyl)-
2,2,3-trimethylcyclopentyl]methyl}-,
dimethyl ester **9** 4771

—, (4-methoxycyclohexyl)-,
diethyl ester **10** 2032

—, (2-methoxyethyl)phenethyl- **10** 2239

—, (2-methoxy-β-methylphenethyl)-
10 2235

—, [5-(6-methoxy-2-naphthyl)cyclopent-
2-en-1-yl]- **10** 2390

—, [2-(4-methoxy-1-naphthyl)ethyl]-
10 2324

—, [2-(5-methoxy-1-naphthyl)ethyl]-
10 2324

—, [2-(6-methoxy-1-naphthyl)ethyl]-
10 2324
diethyl ester **10** 2325

—, [(2-methoxy-1-naphthyl)methyl]-
10 2321
diethyl ester **10** 2321

—, [(6-methoxy-1-naphthyl)methyl]-
10 2322

—, (α-methoxy-3-nitrobenzyl)-,
dimethyl ester **10** 2216

—, (α-methoxy-4-nitrobenzyl)-,
dimethyl ester **10** 2216

—, [2-methoxy-α-(nitromethyl)benzyl]-,
diethyl ester **10** 2231

—, (α-methoxy-3-nitrostyryl)-,
dimethyl ester **10** 2260

—, [4-methoxy-α-(2-oxocyclohexyl)≠
benzyl]- **10** 4754

—, (3-methoxyphenethyl)-,
diethyl ester **10** 2225

—, (o-methoxyphenyl)- **10** 2202
diethyl ester **10** 2202
ethyl ester **10** 2202

—, (p-methoxyphenyl)- **10** 2203
diethyl ester **10** 2203
ethyl ester **10** 2203

—, (o-methoxyphenyl)methyl- **10** 2217
diethyl ester **10** 2217

—, (p-methoxyphenyl)methyl- **10** 2217
diethyl ester **10** 2217

—, [α-(p-methoxyphenyl)-
β-nitrophenethyl]-,
diethyl ester **10** 2356

—, (p-methoxyphenyl)-(3-oxobutyl)-,
diethyl ester **10** 4744

—, [1-(p-methoxyphenyl)-3-oxo-
2,3-diphenylpropyl]-,
diethyl ester **10** 4795

—, [3-(p-methoxyphenyl)propyl]-
10 2234

—, [2-(5-methoxy-1,2,3,4-tetrahydro-
1-naphthyl)ethyl]- **10** 2272

—, [2-(7-methoxy-1,2,3,4-tetrahydro-
1-naphthyl)ethyl]-,
diethyl ester **10** 2272

—, [2-(6-methoxy-1,2,3,4-tetrahydro-
1-naphthyl)ethyl]methyl- **10** 2276

—, (2-methoxytrityl)- **10** 2402
diethyl ester **10** 2402

—, (4-methoxytrityl)-,
diethyl ester **10** 2402

—, (4-methylbenzhydryl)- **9** 4564
diethyl ester **9** 4564

—, (α-methylbenzyl)- **9** 4306
diethyl ester **9** 4306

—, (2-methylbenzyl)-,
diethyl ester **9** 4308

—, (3-methylbenzyl)-,
benzylidenehydrazide **9** 4309
diethyl ester **9** 4309
ethyl ester **9** 4309
hydrazide **9** 4309

Malonic acid *(continued)*
—, (3-methylbenzylidene)- **9** 4391
—, (4-methylbenzylidene)- **9** 4391
    diethyl ester **9** 4391
—, (α-methylbenzyl)phenethyl-,
    diethyl ester **9** 4581
—, (2-methylcyclohex-2-en-1-yl)-
    9 3978
—, (5-methylcyclohex-2-en-1-yl)-
    9 3978
—, [2-(2-methylcyclohex-1-en-1-yl)≠
    ethyl]- **9** 4005
    diethyl ester **9** 4005
—, (2-methylcyclohex-1-en-1-ylmethyl)-,
    diethyl ester **9** 3997
—, [2-(4-methylcyclohex-1-en-1-yl)≠
    propyl]-,
    diethyl ester **9** 4012
—, (1-methylcyclohexyl)- **9** 3860
—, (2-methylcyclohexyl)- **9** 3860
—, (3-methylcyclohexyl)- **9** 3860
—, (4-methylcyclohexyl)- **9** 3861
    diethyl ester **9** 3861
—, (2-methylcyclopentyl)-,
    diethyl ester **9** 3842
—, (3-methylcyclopentyl)- **9** 3842
    diethyl ester **9** 3842
—, (2-methylcyclopentyl)phenethyl-
    9 4426
—, methyl(2-methylbenzyl)- **9** 4321
    diethyl ester **9** 4321
—, methyl(3-methylbenzyl)- **9** 4321
    diethyl ester **9** 4321
—, methyl(4-methylbenzyl)- **9** 4321
    diethyl ester **9** 4322
—, [2-methyl-5-(2-methyl-3-methylene-
    2-norbornyl)pent-2-enyl]- **9** 4364
—, methyl[(2-methyl-1-naphthyl)methyl]-,
    diethyl ester **9** 4484
—, methyl(2-methylphenethyl)- **9** 4336
    bis(4-nitrobenzyl) ester **9** 4337
    diethyl ester **9** 4337
—, methyl(4-methylphenethyl)- **9** 4337
    diethyl ester **9** 4337
—, methyl(1-naphthyl)-,
    diethyl ester **9** 4477
—, methyl[2-(1-naphthyl)ethyl]-
    9 4484
    diethyl ester **9** 4484
—, [1-methyl-2-(1-naphthyl)ethyl]-
    9 4483
    diethyl ester **9** 4484
—, methyl[(1-naphthyl)methyl]- **9** 4480
    diethyl ester **9** 4480
—, methyl[(2-naphthyl)methyl]- **9** 4480
    diethyl ester **9** 4481
—, [(2-methyl-1-naphthyl)methyl]-
    9 4481
    diethyl ester **9** 4481

—, [(3-methyl-2-naphthyl)methyl]-,
    diethyl ester **9** 4482
—, [(4-methyl-1-naphthyl)methyl]- **9** 4481
    diethyl ester **9** 4481
—, [2-methyl-1-(1-naphthylmethyl)≠
    propyl]- **9** 4491
    diethyl ester **9** 4491
—, [α-(3-methyl-2-oxobutyl)benzyl]-,
    diethyl ester **10** 3972
—, methyl(3-oxocyclohex-1-en-1-yl)-,
    diethyl ester **10** 3928
—, methyl(3-oxo-1,3-diphenylpropyl)-,
    diethyl ester **10** 4016
—, (1-methyl-3-oxo-3-phenylpropyl)-
    10 3968
—, (1-methyl-3-oxo-3-*p*-tolylpropyl)-
    10 3971
—, (2-methylphenacyl)-,
    diethyl ester **10** 3967
—, methylphenethyl-,
    diethyl ester **9** 4317
—, (α-methylphenethyl)- **9** 4316
    diethyl ester **9** 4316
—, (2-methylphenethyl)- **9** 4319
    diethyl ester **9** 4319
—, (3-methylphenethyl)-,
    diethyl ester **9** 4319
—, (4-methylphenethyl)-,
    diethyl ester **9** 4320
—, (α-methylphenethylidene)-,
    diethyl ester **9** 4396
—, (β-methylphenethylidene)- **9** 4396
—, methylphenyl- **9** 4290
    diethyl ester **9** 4290
—, methyl(2-phenylacetamido)- **9** 2225
    diethyl ester **9** 2226
    ethyl ester **9** 2226
—, (1-methyl-3-phenylbutyl)-,
    diethyl ester **9** 4343
—, (2-methyl-4-phenylbutyl)- **9** 4342
—, (1-methyl-3-phenylpropyl)- **9** 4333
    diethyl ester **9** 4333
—, (1-methyl-3-phenylprop-2-ynyl)- **9** 4441
—, methyl[(pyren-1-yl)methyl]-,
    dimethyl ester **9** 4689
—, (11-methyl-1,2,3,4-tetrahydro≠
    chrysen-1-yl)- **9** 4681
—, methyl(5,6,7,8-tetrahydro-
    1-naphthyl)-,
    diethyl ester **9** 4414
—, [1-methyl-1-(5,6,7,8-tetrahydro-
    2-naphthyl)ethyl]- **9** 4424
—, (2-methyltrityl)-,
    diethyl ester **9** 4691
—, (4-methyltrityl)-,
    diethyl ester **9** 4691
—, (naphthalene-1,4-diyldimethylene)di-
    9 4890
    tetraethyl ester **9** 4890

Malonic acid *(continued)*
—, (1-naphthyl)- **9** 4473
   diethyl ester **9** 4473
   dimethyl ester **9** 4473
—, (2-naphthyl)- **9** 4474
—, [(1-naphthyl)diphenylmethyl]-
   9 4717
   diethyl ester **9** 4717
—, [2-(1-naphthyl)ethyl]- **9** 4479
   diethyl ester **9** 4479
—, [2-(1-naphthyl)ethyl]propyl-
   9 4490
   diethyl ester **9** 4491
—, [(1-naphthyl)methyl]- **9** 4475
   diethyl ester **9** 4476
—, [(2-naphthyl)methyl]- **9** 4476
   diethyl ester **9** 4476
—, [(1-naphthyl)methylene]- **9** 4522
—, [(2-naphthyl)methylene]- **9** 4523
—, {1-[(1-naphthyl)methyl]propyl}-
   9 4489
   diethyl ester **9** 4490
—, [(1-naphthyl)phenylmethyl]- **9** 4678
   diethyl ester **9** 4678
—, (1-naphthyl)propyl-,
   diethyl ester **9** 4483
—, (5-nitro-o-anisoyl)-,
   diethyl ester **10** 4740
—, (4-nitrobenzamido)-,
   diethyl ester **9** 1736
—, (2-nitrobenzoyl)-,
   diethyl ester **10** 3959
—, (4-nitrobenzoyl)-,
   diethyl ester **10** 3959
—, (2-nitrobenzoyl)phenyl-,
   diethyl ester **10** 4011
—, (4-nitrobenzyl)-,
   benzylidenehydrazide **9** 4289
   diethyl ester **9** 4289
   ethyl ester **9** 4289
   hydrazide **9** 4289
   isopropylidenehydrazide **9** 4289
   (α-methylbenzylidene)hydrazide
   9 4289
—, (3-nitrobenzylidene)-,
   diethyl ester **9** 4383
   dimethyl ester **9** 4383
—, (4-nitrobenzylidene)-,
   dimethyl ester **9** 4384
—, (2-nitrobutyl)phenyl-,
   diethyl ester **9** 4332
—, [4-nitro-α-(4-nitrobenzoyloxy)⸗
   benzylidene]-,
   diethyl ester **10** 2258
—, [β-nitro-α-(m-nitrophenyl)phenethyl]-,
   dimethyl ester **9** 4556
—, (o-nitrophenyl)- **9** 4265
—, (p-nitrophenyl)-,
   dimethyl ester **9** 4265

—, [(m-nitrophenyl)acetyl]-,
   dimethyl ester **10** 3963
—, [(p-nitrophenyl)acetyl]-,
   diethyl ester **10** 3963
—, (4-nitro-m-phenylenedimethylidyne)⸗
   di-,
   tetraethyl ester **9** 4886
—, [(m-nitrophenyl)-(10-oxo-
   9,10-dihydro-9-anthryl)methyl]-,
   diethyl ester **10** 4034
   dimethyl ester **10** 4034
—, [1-(m-nitrophenyl)-3-oxo-
   3-phenylpropyl]-,
   diethyl ester **10** 4015
—, [1-(p-nitrophenyl)-3-oxo-
   3-phenylpropyl]-,
   diethyl ester **10** 4015
—, (β-nitro-α-phenylphenethyl)-,
   diethyl ester **9** 4556
—, (2-nitro-m-toluoyl)-,
   diethyl ester **10** 3965
—, (5-nitro-o-toluoyl)-,
   diethyl ester **10** 3965
—, (2-nitroveratroyl)-,
   diethyl ester **10** 4802
—, (octadec-9-enyl)phenyl-,
   diethyl ester **9** 4429
—, (1,2,3,4,5,6,7,8-octahydro-
   9-anthrylmethyl)- **9** 4455
—, (1,2,4a,5,6,7,8,8a-octahydro-
   2-naphthyl)- **9** 4067
—, (3-oxobutyl)phenyl-,
   diethyl ester **10** 3968
—, (2-oxocyclohexyl)- **10** 3893
   diethyl ester **10** 3894
—, (3-oxocyclohexyl)- **10** 3894
   diethyl ester **10** 3894
—, [α-(2-oxocyclohexyl)benzyl]-
   10 3982
   diethyl ester **10** 3982
—, [(2-oxocyclohexyl)methyl]-,
   diethyl ester **10** 3901
—, [(4-oxocyclohexyl)methyl]-,
   diethyl ester **10** 3901
—, (3-oxocyclopentadecyl)- **10** 3924
—, (3-oxodecahydro-2-naphthyl)-
   10 3936
—, [(10-oxo-9,10-dihydro-9-anthryl)⸗
   phenylmethyl]-,
   diethyl ester **10** 4034
—, (3-oxo-1,3-diphenylpropyl)- **10** 4014
   diethyl ester **10** 4014
   dimethyl ester **10** 4014
—, (3-oxo-3-phenylpropyl)- **10** 3966
   dimethyl ester **10** 3966
—, (3-oxo-1-phenyl-3-p-tolylpropyl)-
   10 4016
   diethyl ester **10** 4017
   dimethyl ester **10** 4017

Malonic acid (*continued*)
—, (1-oxo-1,2,3,4-tetrahydro-
　2-naphthyl)- **10** 3980
　　dimethyl ester **10** 3980
—, (3-oxo-1,2,3-triphenylpropyl)-,
　　diethyl ester **10** 4032
—, [3-oxo-3-(2,5-xylyl)propyl]-
　10 3971
—, (2,4,5,α,α-pentamethylbenzyl)-
　9 4351
—, (4-*tert*-pentylphenethyl)-,
　　diethyl ester **9** 4359
—, phenacyl- **10** 3962
—, (9-phenanthryl)-,
　　diethyl ester **9** 4654
—, (1-phenanthrylmethyl)- **9** 4658
—, (2-phenanthrylmethyl)- **9** 4658
—, (3-phenanthrylmethyl)- **9** 4658
—, (9-phenanthrylmethyl)- **9** 4658
—, phenethyl- **9** 4301
　　diethyl ester **9** 4301
—, phenethylidene-,
　　diethyl ester **9** 4389
—, phenethyl(2-phenoxyethyl)- **10** 2239
—, phenethyl(3-phenoxypropyl)- **10** 2240
—, phenethylpropyl- **9** 4342
　　diethyl ester **9** 4342
—, phenyl- **9** 4260
　　diethyl ester **9** 4260
　　dimethyl ester **9** 4260
　　dipropyl ester **9** 4261
　　ethyl ester **9** 4260
—, (2-phenylacetamido)- **9** 2223
　　diethyl ester **9** 2223
　　dihydrazide **9** 2225
　　ethyl ester **9** 2223
　　hydrazide **9** 2225
—, (phenylacetyl)-,
　　diethyl ester **10** 3963
—, (4-phenylbenzhydryl)- **9** 4690
　　diethyl ester **9** 4690
—, (2-phenylbenzyl)- **9** 4541
—, (4-phenylbenzyl)- **9** 4542
　　diethyl ester **9** 4542
—, (4-phenylbenzylidene)- **9** 4602
—, (3-phenylbutyl)-,
　　diethyl ester **9** 4332
—, (4-phenylbutyl)- **9** 4331
　　diethyl ester **9** 4331
—, (2-phenylbutyryl)-,
　　diethyl ester **10** 3969
—, (3-phenylcyclohexyl)- **9** 4418
—, (3-phenylcyclopent-2-en-1-yl)- **9** 4445
—, (1-phenyldecyl)-,
　　diethyl ester **9** 4365
—, (6-phenyldecyl)-,
　　diethyl ester **9** 4365
—, (8-phenyldodecyl)-,
　　diethyl ester **9** 4369

—, (*m*-phenylenedimethylene)di-,
　　tetraethyl ester **9** 4878
—, (*o*-phenylenedimethylene)di-
　9 4878
　　tetraethyl ester **9** 4878
—, (*p*-phenylenedimethylene)di-,
　　tetraethyl ester **9** 4879
—, (*m*-phenylenedimethylidyne)di-,
　　tetraethyl ester **9** 4886
—, (7-phenylheptyl)- **9** 4356
—, (7-phenylhexadecyl)-,
　　diethyl ester **9** 4372
—, (8-phenylhexadecyl)-,
　　diethyl ester **9** 4372
—, (1-phenylnonyl)-,
　　diethyl ester **9** 4363
—, (4-phenyloctyl)-,
　　diethyl ester **9** 4362
—, (5-phenylpentyl)- **9** 4341
　　diethyl ester **9** 4341
—, (3-phenylpropyl)- **9** 4313
　　diethyl ester **9** 4313
—, (3-phenylpropylidene)- **9** 4395
—, (3-phenylprop-2-ynylidene)- **9** 4462
—, (6-phenyltetradecyl)-,
　　diethyl ester **9** 4370
—, (phenylthioacetamido)-,
　　diethyl ester **9** 2296
—, (4-phenyltridecyl)-,
　　diethyl ester **9** 4369
—, (4-phenyltrityl)- **9** 4723
　　diethyl ester **9** 4724
—, (pinan-10-yl)-,
　　diethyl ester **9** 4018
—, (pin-2-en-10-yl)-,
　　diethyl ester **9** 4070
—, [(pyren-1-yl)methyl]-,
　　dimethyl ester **9** 4687
—, [(pyren-1-yl)methylene]- **9** 4698
　　diethyl ester **9** 4698
—, α-santalyl- **9** 4364
—, β-santalyl- **9** 4364
—, (3-semicarbazonocyclohexyl)-,
　　diethyl ester **10** 3894
—, [(2-semicarbazonocyclohexyl)methyl]-,
　　diethyl ester **10** 3901
—, [α-(2-semicarbazonopropyl)benzyl]-,
　　dimethyl ester **10** 3969
—, styryl- **9** 4389
—, (8,9,10,11-tetrahydrobenz[*a*]‑
　anthracen-8-yl)- **9** 4679
—, (5,6,7,8-tetrahydro-1-naphthyl)-,
　　diethyl ester **9** 4409
—, [3-(5,6,7,8-tetrahydro-2-naphthyl)‑
　butyl]- **9** 4426
　　diethyl ester **9** 4427
—, [1-(5,6,7,8-tetrahydro-2-naphthyl)‑
　ethyl]- **9** 4419
　　diethyl ester **9** 4420

Malonic acid *(continued)*

—, [(5,6,7,8-tetrahydro-2-naphthyl)-
    methyl]-,
    diethyl ester **9** 4414
—, *o*-toluoyl-,
    diethyl ester **10** 3965
—, *m*-tolyl- **9** 4292
—, *o*-tolyl- **9** 4292
—, *p*-tolyl- **9** 4293
    diethyl ester **9** 4293
—, [α-(*p*-tolylsulfonylmethyl)benzyl]-,
    diethyl ester **10** 2231
—, (3,4,5-trimethoxybenzoyl)-,
    diethyl ester **10** 4841
—, (3,4,5-trimethoxybenzyl)- **10** 2561
    diethyl ester **10** 2561
—, (3,4,5-trimethoxyphenacyl)- **10** 4842
—, (2,4,6-trimethylbenzoyl)-,
    diethyl ester **10** 3971
—, (2,3,4-trimethylbenzyl)- **9** 4339
—, (2,3,6-trimethylbenzyl)- **9** 4339
    diethyl ester **9** 4339
—, (2,4,6-trimethylbenzyl)-,
    diethyl ester **9** 4339
—, (4,α,α-trimethylbenzyl)- **9** 4337
—, (2,3,4-trimethylbenzylidene)-
    9 4408
    diethyl ester **9** 4408
—, (2,4,5-trimethylbenzylidene)-
    9 4408
    diethyl ester **9** 4409
—, (1,3,4-trimethyl-6-nitro-
    2,5-dioxocyclohex-3-en-1-yl)-,
    diethyl ester **10** 4056
    dimethyl ester **10** 4056
    ethyl ester **10** 4056
—, trityl-,
    diethyl ester **9** 4689
—, (3,5-xylyl)- **9** 4312

Malonitrile,

—, 3-phenyl- **10** 2214

Malononitrile,

—, allyl(cyclohex-1-en-1-yl)- **9** 4056
—, (2-allylcyclohexylidene)- **9** 4057
—, (1-amino-2-benzamidoethylidene)-
    see *Benzamide, N-(2-amino-
    3,3-dicyanoallyl)-*
—, (benzoyloxy)phenyl- **10** 2204
—, benzylidene- **9** 4380
—, bis(3-oxo-3-phenylpropyl)- **10** 4081
—, (2-bromobenzylidene)- **9** 4382
—, (3-bromobenzylidene)- **9** 4382
—, (4-*tert*-butyl-α-methylbenzylidene)-
    9 4418
—, (3-chlorobenzylidene)- **9** 4381
—, (4-chlorobenzylidene)- **9** 4382
—, (4-chloro-α-methylbenzylidene)-
    9 4390
—, (2-chloro-5-nitrobenzylidene)- **9** 4384

—, (4-chloro-3-nitrobenzylidene)-
    9 4384
—, cinnamylidene- **9** 4434
—, (cyclohex-1-en-1-yl)ethyl- **9** 3996
—, cyclohexylidene- **9** 3957
—, dibenzyl- **9** 4553
—, (2,6-dichlorobenzylidene)- **9** 4382
—, (3,5-diethyl-α-methylbenzylidene)-
    9 4418
—, (3,4-dihydro-1(2H)-naphthylidene)-
    9 4442
—, (2,5-dihydroxy-*p*-phenylene)di-
    10 2633
—, (4,α-dimethylbenzylidene)- **9** 4398
—, (α-ethoxybenzylidene)- **10** 2258
—, (4-ethoxy-α-methylbenzylidene)-
    10 2262
—, (3-ethyl-α-methylbenzylidene)-
    9 4407
—, (4-ethyl-α-methylbenzylidene)-
    9 4407
—, (fluoren-9-ylidene)- **9** 4653
—, (4-fluoro-α-methylbenzylidene)-
    9 4390
—, (3-hydroxybenzylidene)- **10** 2256
—, (3-iodobenzylidene)- **9** 4382
—, (4-isopropyl-α-methylbenzylidene)-
    9 4412
—, [4-(methoxymethyl)benzylidene]-
    10 2264
—, [(4-methoxy-*m*-phenylene)-
    dimethylidyne]di- **10** 2629
—, (α-methylbenzylidene)- **9** 4390
—, (2-methylbenzylidene)- **9** 4390
—, (3-methylbenzylidene)- **9** 4391
—, (4-methylbenzylidene)- **9** 4391
—, (α-methyl-4-nitrobenzylidene)-
    9 4390
—, (α-methyl-4-phenylbenzylidene)-
    9 4612
—, (1-naphthylmethylene)- **9** 4523
—, (4-nitrobenzylidene)- **9** 4384
—, (4-nitrocinnamylidene)- **9** 4434
—, (α-pentylbenzylidene)- **9** 4417
—, phenyl- **9** 4263
—, (α-propylbenzylidene)- **9** 4407
—, (2,4,6-trichloro-
    3-hydroxybenzylidene)- **10** 2256
—, (2,5,α-trimethylbenzylidene)-
    9 4408

Malonyl azide,

—, (2-phenylacetamido)- **9** 2225

Malonyl chloride,

—, allylbenzyl- **9** 4404
—, benzyl- **9** 4285

Mandelamide 10 469
    oxime **10** 475
—, *N*-acetyl-4-hydroxy- **10** 1476
—, *N*-benzylidene- **10** 469

Mandelamide *(continued)*
—, *N*-benzylidene-4-methoxy- **10** 1477
—, α-butyl- **10** 635
—, 2-chloro- **10** 478
—, 3-chloro- **10** 478
—, 4-chloro- **10** 479
—, *N*-[2-(diethylamino)ethyl]- **10** 471
—, *N,N*-dimethyl- **10** 469
—, 2-ethoxy- **10** 1472
—, α-ethyl- **10** 598
—, *N*-(2-hydroxyethyl)- **10** 469
—, 4-hydroxy-3-methoxy- **10** 2102
—, α-isobutyl- **10** 639
—, 4-methoxy- **10** 1476, 1477
—, *N*-(4-methoxybenzylidene)- **10** 470
—, α-methyl- **10** 563
—, *N*-methyl- **10** 469
—, 4-methyl- **10** 582
—, *N*-(4-nitrobenzylidene)- **10** 470
—, α-pentyl- **10** 648
—, α-propyl- **10** 619
—, *N*-(2-sulfamoylethyl)- **10** 471
Mandelamidine,
—, 2-chloro- **10** 478
—, 3-methoxy- **10** 1474
Mandelic acid 10 445, 447, 448
     2-bornyl ester **10** 464, 465
     butyl ester **10** 461
     sec-butyl ester **10** 461
     13-(cyclopent-2-en-1-yl)tridecyl
     ester **10** 465
     3,5-dibromo-2-hydroxybenzyl ester
     10 465
     2-(dibutylamino)ethyl ester **10** 466
     3-(dibutylamino)propyl ester **10** 468
     3-(diethylamino)-2,2-dimethylpropyl
     ester **10** 468
     2-(diethylamino)ethyl ester **10** 466
     3-(dimethylamino)-
     2,2-dimethylpropyl ester **10** 468
     2-(dipropylamino)ethyl ester **10** 466
     ethyl ester **10** 456, 457
     hydrazide **10** 475
     (β-hydroxy-α-phenylphenethylidene)=
     hydrazide **10** 476, 477
     isobutyl ester **10** 461, 462
     isopropyl ester **10** 460
     p-menth-3-yl ester **10** 462, 463, 464
     methyl ester **10** 454
     (2-phenylpropylidene)hydrazide **10** 476
     propyl ester **10** 460
—, α-allyl- **10** 876
—, 2-(benzoyloxy)-6-carboxy-4-methyl-
     10 2459
—, 4-benzyl- **10** 1199
—, 4-(benzyloxy)-,
     ethyl ester **10** 1476
—, 3-bromo- **10** 480
—, 4-bromo- **10** 480

—, α-(bromomethyl)-4-methyl- **10** 609
     methyl ester **10** 609
—, α-butyl- **10** 634
     ethyl ester **10** 635
—, α-*tert*-butyl- **10** 640
—, 4-butyl- **10** 643
—, 4-*sec*-butyl- **10** 643
—, 4-*tert*-butyl- **10** 643
—, α-butyl-4-phenyl- **10** 1226
     2-(diethylamino)ethyl ester **10** 1227
—, 2-carboxy-4-hydroxy-5-methyl- **10** 2458
—, 3-carboxy-4-methoxy- **10** 2444
—, 2-chloro- **10** 477
     methyl ester **10** 477
—, 3-chloro- **10** 478
     methyl ester **10** 478
—, 4-chloro- **10** 479
     methyl ester **10** 479
—, α-(chloromethyl)- **10** 564
     propyl ester **10** 564
—, α-cyclohexyl- see under
     Glycolic acid
—, 4-cyclohexyl- **10** 912
     ethyl ester **10** 912
—, α-(dibromomethyl)- **10** 564
—, 3,5-dibromo-2,4,6-trimethyl- **10** 633
—, 2,4-dichloro- **10** 479
—, 3,4-diethoxy- **10** 2100
     ethyl ester **10** 2101
—, 2,3-dimethoxy- **10** 2099
—, 2,5-dimethoxy- **10** 2100
—, 2,6-dimethoxy- **10** 2100
—, 3,4-dimethoxy-,
     ethyl ester **10** 2101
—, 2,α-dimethyl-,
     ethyl ester **10** 607
—, 2,3-dimethyl- **10** 611
—, 2,4-dimethyl- **10** 613
—, 2,5-dimethyl- **10** 612
—, 2,6-dimethyl- **10** 611
—, 3,4-dimethyl- **10** 611
—, 4,α-dimethyl- **10** 609
     ethyl ester **10** 609
—, 2-ethoxy- **10** 1471
     methyl ester **10** 1472
—, 3-ethoxy-4-hydroxy- **10** 2100
—, α-ethyl- **10** 597
     2-(diethylamino)ethyl ester **10** 598
     ethyl ester **10** 598
     methyl ester **10** 597
—, 4-ethyl- **10** 610
     ethyl ester **10** 610
—, α-ethyl-4-phenyl- **10** 1211
     2-(diethylamino)ethyl ester **10** 1211
     3-(diethylamino)propyl ester **10** 1211
—, 3-fluoro- **10** 477
—, 2-hydroxy- **10** 1471
—, 4-hydroxy- **10** 1474
     ethyl ester **10** 1475

Mandelic acid *(continued)*
—, 2-hydroxy-3,5-dinitro- **10** 1473
—, 3-hydroxy-4-methoxy- **10** 2100
—, 4-hydroxy-3-methoxy- **10** 2100
    ethyl ester **10** 2101
—, α-(hydroxymethyl)- see *Glyceric acid,*
    2-phenyl-
—, 3-iodo- **10** 480
—, 4-iodo- **10** 481
—, α-isobutyl- **10** 639
    ethyl ester **10** 639
—, 4-isopentyl- **10** 651
—, 4-isopropyl- **10** 629
—, 2-isopropyl-5-methyl- **10** 646
    ethyl ester **10** 646
—, 5-isopropyl-2-methyl- **10** 646
—, 2-methoxy-,
    ethyl ester **10** 1472
    methyl ester **10** 1472
—, 3-methoxy-,
    ethyl ester **10** 1473
—, 4-methoxy- **10** 1474, 1475
    ethyl ester **10** 1476
    methyl ester **10** 1475
—, 2-methoxy-5-methyl- **10** 1532
    ethyl ester **10** 1533
—, 4-methoxy-α-methyl- **10** 1526
—, 4-methoxy-3-methyl- **10** 1533
    ethyl ester **10** 1533
—, α-methyl- **10** 560
    2-(dibutylamino)ethyl ester **10** 562
    3-(dibutylamino)propyl ester **10** 562
    3-(diethylamino)-2,2-dimethylpropyl
      ester **10** 563
    2-(diethylamino)ethyl ester **10** 562
    3-(dimethylamino)-
      2,2-dimethylpropyl ester **10** 562
    ethyl ester **10** 561
    methyl ester **10** 561
—, 2-methyl- **10** 574
    ethyl ester **10** 574
—, 3-methyl- **10** 578
—, 4-methyl- **10** 580, 581
    4-chlorobutyl ester **10** 581
    ethyl ester **10** 581
—, α-methyl-4-phenyl- **10** 1200
    2-(diethylamino)ethyl ester **10** 1200
    3-(diethylamino)propyl ester
      10 1201
—, 2-nitro- **10** 481
    ethyl ester **10** 482
    p-menth-3-yl ester **10** 482, 483
—, 3-nitro- **10** 483
    butyl ester **10** 484
    2-chloroethyl ester **10** 484
    ethyl ester **10** 484
    isopropyl ester **10** 484
    methyl ester **10** 483
    propyl ester **10** 484

—, 4-nitro- **10** 485
    butyl ester **10** 486
    2-chloroethyl ester **10** 486
    ethyl ester **10** 485
    methyl ester **10** 485
    propyl ester **10** 486
—, 2,3,4,5,6-pentamethyl- **10** 654
    ethyl ester **10** 654
—, α-pentyl- **10** 648
    2-(diethylamino)ethyl ester **10** 648
    ethyl ester **10** 648
—, 4-pentyl- **10** 651
—, 4-*tert*-pentyl- **10** 651
—, 4-phenyl- **10** 1184
—, 4-phenyl-α-propyl- **10** 1220
    2-(diethylamino)ethyl ester **10** 1220
—, α-propyl- **10** 618
    2-(diethylamino)ethyl ester **10** 619
    ethyl ester **10** 619
—, 4-propyl- **10** 629
    ethyl ester **10** 629
—, 2,3,4,6-tetramethyl- **10** 647
    ethyl ester **10** 647
—, 2,3,5,6-tetramethyl- **10** 647
    ethyl ester **10** 647
—, 2,4,6,α-tetramethyl- **10** 647
    ethyl ester **10** 647
    isobutyl ester **10** 647
—, 2,4,6-triethyl- **10** 656
—, 2,4,6-triisopropyl- **10** 661
    hydrazide **10** 661
    methyl ester **10** 661
—, 2,4,5-trimethyl- **10** 633
—, 2,4,6-trimethyl- **10** 632
    butyl ester **10** 633
    ethyl ester **10** 633
    isobutyl ester **10** 633
    isopropyl ester **10** 633
    methyl ester **10** 632
Mandelimidic acid,
—, 2-chloro-,
    methyl ester **10** 478
—, 3,4-dimethoxy-,
    ethyl ester **10** 2102
—, 3-methoxy-,
    methyl ester **10** 1474
Mandelonitrile 10 473, 474
—, 4-bromo- **10** 480
—, 3-bromo-4-hydroxy-5-methoxy-
    10 2104
—, 2-chloro- **10** 478
—, 4-chloro- **10** 479
—, 3,4-diethoxy- **10** 2103
—, 3,4-dihydroxy- **10** 2102
—, 2,3-dimethoxy- **10** 2099
—, 3,4-dimethoxy- **10** 2103
—, 2-ethoxy- **10** 1473
—, 3-(ethoxycarbonyloxy)-4-methoxy-
    10 2104

Mandelonitrile *(continued)*
—, 2-hydroxy- **10** 1472
—, 3-hydroxy- **10** 1474
—, 2-hydroxy-3-methoxy- **10** 2099
—, 3-hydroxy-4-methoxy- **10** 2102
—, 4-hydroxy-3-methoxy- **10** 2102
—, 2-methoxy- **10** 1472
—, 4-methoxy- **10** 1477
—, 4-methoxy-α-
　　[(3,4,5-trimethoxyphenoxy)methyl]-
　　10 2124
—, α-[(2-naphthyloxy)methyl]- **10** 1526
—, 3-nitro- **10** 484
—, 3,4,5-trimethoxy- **10** 2419
—, 2,4,6-trimethyl- **10** 633
Maniladiol,
—, di-O-benzoyl- **9** 608
Mannaric acid,
—, tetra-O-benzoyl- **9** 875
Mannitol,
—, O¹,O⁶-diacetyl-
　　O²,O³,O⁴,O⁵-tetrabenzoyl- **9** 712
—, O³,O⁴-diacetyl-O¹,O²,O⁵,O⁶-
　　tetrabenzoyl- **9** 712
—, O¹,O⁶-dibenzoyl- **9** 706
—, hexa-O-benzoyl- **9** 712
—, hexa-O-galloyl- **10** 2085
—, O²,O³,O⁴,O⁵-tetraacetyl-
　　O¹,O⁶-dibenzoyl- **9** 709
—, O¹,O²,O³,O⁴-tetrabenzoyl- **9** 710
—, O¹,O²,O⁵,O⁶-tetrabenzoyl- **9** 710
—, O²,O³,O⁴,O⁵-tetrabenzoyl- **9** 711
—, O²,O³,O⁴,O⁵-tetrabenzoyl-O¹,O⁶-bis-
　　(triphenylmethyl)- **9** 711
—, O¹,O²,O⁶-tribenzoyl- **9** 709
Mannononitrile,
—, penta-O-benzoyl- **9** 872
Marasmic acid 10 3559
Marrianolic acid 10 2298
Matairesinolic acid 10 2584
Melaleucine 10 1060
Melilotic acid 10 534
Melleic acid 10 867
—, dihydro- **10** 603
Mellitic acid 9 4914
***p*-Mentha-6,8-dien-2-one**
　　benzoylhydrazone **9** 1314
***p*-Menthane,**
—, 3-(benzoyloxy)- **9** 407, 408
—, 4-(benzoyloxy)- **9** 408
—, 1,8-bis[*p*-(benzoyloxy)phenyl]-
　　9 642
—, 1,8-bis[4-(4-bromobenzoyloxy)phenyl]-
　　9 1409
—, 1,3-bis(3,5-dinitrobenzoyloxy)-
　　9 1902
—, 1,4-bis(4-nitrobenzoyloxy)- **9** 1634
***m*-Menthane-1-carbonitrile,**
—, 5-oxo- **10** 2877

***p*-Menthane-1-carbonitrile,**
—, 3-oxo- **10** 2877
***p*-Menthane-2-carbonitrile,**
—, 3-oxo- **10** 2878
***p*-Menthane-2-carboxamide 9** 108
***m*-Menthane-1-carboxylic acid,**
—, 5-oxo-,
　　methyl ester **10** 2877
***p*-Menthane-2-carboxylic acid,**
—, 3-oxo-,
　　ethyl ester **10** 2877
***p*-Menthane-3-carboxylic acid 9** 108
—, 8-bromo-2-oxo-,
　　methyl ester **10** 2878
—, 4-(*o*-carboxyphenyl)- **9** 4427
—, 1,8-dichloro-2-oxo-,
　　methyl ester **10** 2878
—, 2-oxo-,
　　ethyl ester **10** 2878
　　methyl ester **10** 2878
***p*-Menthane-7-carboxylic acid,**
—, 1,8-dichloro- **9** 107
Menthanoic acid
　　see *Cyclohexanecarboxylic acid, isopropyl-*
　　and *Propionic acid, (methylcyclohexyl)-*
***p*-Methan-1-ol,**
—, 4-(4-nitrobenzoyloxy)- **9** 1634
***p*-Menthan-4-ol,**
—, 1-(4-nitrobenzoyloxy)- **9** 1634
***p*-Menthan-2-one**
　　O-benzoyloxime **9** 1274
　　O-(3,5-dinitrobenzoyl)oxime
　　　9 1945
　　O-(1-naphthoyl)oxime **9** 3147
　　O-(4-nitrobenzoyl)oxime
　　　9 1749, 1750
***p*-Menthan-3-one,**
—, 1-(4-nitrobenzoyloxy)- **9** 1672
***p*-Menth-2-ene,**
—, 1,4-bis(4-nitrobenzoyloxy)- **9** 1635
***p*-Menth-8-ene,**
—, 2-(benzoyloxy)- **9** 412
***p*-Menth-8-ene-2-carbonitrile,**
—, 6-oxo- **10** 2919
***m*-Menth-6-ene-2-carboxylic acid,**
—, 5-oxo-,
　　ethyl ester **10** 2919
***p*-Menth-1-ene-4-carboxylic acid,**
—, 3-oxo-,
　　ethyl ester **10** 2919
***p*-Menth-8-ene-2-carboxylic acid,**
—, 6-oxo- **10** 2919
***p*-Menth-8-ene-2,6-dicarbonitrile,**
—, 2-hydroxy- **10** 2053
***p*-Menth-8-ene-2-thiocarboxamide,**
—, 6-imino- **10** 2920
—, 6-oxo- **10** 2920
—, 6-thioxo- **10** 2920

p-**Menth-1-en-3-one,**
—, 2-(benzoyloxy)- **9** 726
Menthol,
—, O-benzoyl- **9** 407, 408
—, O-(2-carboxybenzoyl)- **9** 4136
—, O-(2′-carboxy-4,4′-dinitrobiphenyl-
　　2-ylcarbonyl)- **9** 4509
—, O-(4-carboxy-2-nitrobenzoyl)-
　　9 4258
—, O-(2-carboxy-
　　3,4,5,6-tetrachlorobenzoyl)-
　　9 4210
—, O-(2-chlorobenzoyl)- **9** 1334
—, O-(2-chloro-3,5-dinitrobenzoyl)-
　　9 1951
—, O-(3,5-dinitrobenzoyl)-
　　9 1815, 1816
—, O-mandeloyl- **10** 462, 463
—, O-(2-mercaptobenzoyl)- **10** 228
—, O-(2-methoxybenzoyl)- **10** 126
—, O-(β-methylcinnamoyl)- **9** 2759
—, O-[2-(methylsulfonyl)benzoyl]-
　　10 229
—, O-[2-(methylthio)benzoyl]- **10** 228
—, O-(1-naphthoyl)- **9** 3139
—, O-(2-naphthoyl)- **9** 3177, 3178
—, O-[2-(1-naphthyl)glycoloyl]- **10** 1105
—, O-[(1-naphthyl)glyoxyloyl]- **10** 3264
—, O-(2-nitrobenzoyl)- **9** 1471
—, O-(3-nitrobenzoyl)- **9** 1495
—, O-(4-nitrobenzoyl)- **9** 1561
—, O-(2-phenylacetoacetyl)- **10** 3048
—, O-(phenylglyoxyloyl)- **10** 2975
—, O-(phenyl-*p*-tolylacetyl)-
　　9 3344, 3345
—, O-salicyloyl- **10** 126
—, O-(*p*-tolylglyoxyloyl)- **10** 3032
—, O-(2,3,3-triphenylpropionyl)- **9** 3601
Menthone
　　(3-nitrobenzoyl)hydrazone **9** 1527
Mercury,
—, {3-[(3-carboxy-
　　2,2,3-trimethylcyclopentylcarbonyl)‌
　　amino]-2-ethoxyproyl}- **9** 3889
—, {3-[(3-carboxy-
　　2,2,3-trimethylcyclopentylcarbonyl)‌
　　amino]-2-hydroxypropyl}- **9** 3888
—, {3-[(3-carboxy-
　　2,2,3-trimethylcyclopentylcarbonyl)‌
　　amino]-2-methoxypropyl}- **9** 3889
Mesantenic acid 9 3897
Mesitylene,
—, α-(benzoyloxy)-2-[2-(benzoyloxy)‌
　　ethoxy]- **9** 574
—, 2,α-bis(4-nitrobenzoyloxy)- **9** 1643
—, α,α′-dimethoxy-2-(3-nitrobenzoyloxy)-
　　9 1509
—, 2-(3,5-dinitrobenzoyloxy)-
　　α¹,α¹,α⁵,α⁵-tetraphenyl- **9** 1890

—, α-(2-methoxy-3,5-dimethylbenzyloxy)-
　　2-(4-nitrobenzoyloxy)- **9** 1643
Mesitylenic acid 9 2444
Metahemipic acid 10 2431
Metaopianic acid 10 4511
Metasantonic acid 10 3540
Methane,
—, acetoxy(salicyloyloxy)- **10** 143
—, (benzoyloxy)butoxy- **9** 715
—, (benzoyloxy)chloro- **9** 716
—, (benzoyloxy)-(chloromercurio)-
　　9 717
—, [2-(benzoyloxy)-5-chlorophenyl]-
　　[*o*-(benzoyloxy)phenyl]- **9** 621
—, (benzoyloxy)-(decyloxy)- **9** 716
—, (benzoyloxy)-(2,7-dibromofluoren-
　　9-ylidene)- **9** 521
—, (benzoyloxy)-(dibutylamino)- **9** 716
—, (benzoyloxy)-(diethylamino)- **9** 716
—, (benzoyloxy)-(diisopentylamino)-
　　9 716
—, (benzoyloxy)dimesityl- **9** 514
—, (benzoyloxy)-(1,4-diphenyl-
　　2-naphthyl)- **9** 531
—, (benzoyloxy)diphenyl(phenylthio)-
　　9 720
—, (benzoyloxy)-(dipropylamino)- **9** 716
—, (benzoyloxy)-(fluoren-9-yl)- **9** 517
—, (benzoyloxy)-(fluoren-9-ylidene)-
　　9 521
—, (benzoyloxy)-(fluoren-9-ylidene)‌
　　phenyl- **9** 530
—, (benzoyloxy)isobutoxy- **9** 716
—, (benzoyloxy)methoxy- **9** 715
—, (benzoyloxy)-(2-nitrophenylthio)‌
　　diphenyl- **9** 720
—, [*o*-(benzoyloxy)phenyl]-[*p*-
　　(benzoyloxy)phenyl]- **9** 621
—, (benzoyloxy)phenyl(5′-phenyl-
　　m-terphenyl-2′-yl)- **9** 532
—, [6-(benzoyloxy)-2,4-xylyl]-[4-
　　(benzoyloxy)-2,6-xylyl]- **9** 628
—, bis(benzoyloxy)- **9** 716
—, bis[2-(benzoyloxy)-5-bromophenyl]-
　　9 621
—, bis[4-(benzoyloxy)-3-chlorophenyl]-
　　9 621
—, bis[4-(benzoyloxy)-5-isopropyl-
　　2-methylphenyl]- **9** 632
—, bis[4-(benzoyloxy)-3-methoxyphenyl]-
　　9 694
—, bis[*o*-(benzoyloxy)phenyl]- **9** 621
—, bis[4-(benzoyloxy)-2,6-xylyl]- **9** 628
—, bis[6-(benzoyloxy)-2,4-xylyl]-
　　9 628
—, bis[methylene(thiobenzoyl)hydrazino]-
　　9 1987
—, (1-bromocyclohexyl)-
　　(3,5-dinitrobenzoyloxy)- **9** 1806

Methane *(continued)*

—, (cyclohex-3-en-1-yl)-
   (4-nitrobenzoyloxy)- **9** 1565

—, (cyclopent-1-en-1-yl)-
   (4-nitrobenzoyloxy)- **9** 1564

—, (3,3-dimethyl-2-norbornyl)-
   (3,5-dinitrobenzoyloxy)- **9** 1836

—, (3,3-dimethyl-2-norbornyl)-
   (4-nitrobenzoyloxy)- **9** 1575

—, (7,7-dimethyltricyclo[2.2.1.0^{2,6}]*
   hept-1-yl)-(4-nitrobenzoyloxy)-
   9 1580

—, (3,5-dinitrobenzoyloxy)-(fluoren-
   9-yl)- **9** 1888

—, (3,5-dinitrobenzoyloxy)-
   (2-isopropyl-5-methylphenyl)-
   9 1856

—, (3,5-dinitrobenzoyloxy)-
   (5-isopropyl-2-methylphenyl)-
   9 1855

—, (3,5-dinitrobenzoyloxy)-
   (2-methylcyclohexyl)- **9** 1808

—, (3,5-dinitrobenzoyloxy)-
   (4-methylcyclohexyl)- **9** 1810

—, (3,5-dinitrobenzoyloxy)-
   (1-methylcyclopropyl)- **9** 1801

—, (3,5-dinitrobenzoyloxy)-
   (2-phenylcyclohexyl)- **9** 1864

—, (3,5-dinitrobenzoyloxy)-
   (2,2,4-trimethylcyclohex-3-en-
   1-yl)- **9** 1831

—, (3,5-dinitrobenzoyloxy)-
   (trimethylsilyl)- **9** 1922

—, (4-methoxycyclohex-3-en-1-yl)-
   (4-nitrobenzoyloxy)- **9** 1635

—, (2-methylcyclohexyl)-
   (4-nitrobenzoyloxy)- **9** 1557

—, (4-methylcyclohexyl)-
   (4-nitrobenzoyloxy)- **9** 1557

—, (1-methylcyclopent-2-en-1-yl)-
   (4-nitrobenzoyloxy)- **9** 1565

—, (4-nitrobenzoyloxy)-(2-bornyl)- **9** 1576

—, (4-nitrobenzoyloxy)-
   (1,2,2,3-tetramethylcyclopentyl)-
   9 1563

—, (3-phenylpropionyloxy)-
   (1,2,2,3-tetramethylcyclopentyl)-
   9 2387

Methanedisulfonic acid,

—, benzamido- **9** 1112

Methanephosphonic acid
see *Phosphonic acid, methyl-*

Methanesulfonic acid,

—, benzamido- **9** 1090

**1,4-Methanoanthracene-1(4*H*)-carboxylic
acid**,

—, 9,10-dihydroxy-4,11,11-trimethyl-
   1,4-dihydro-,
     methyl ester **10** 2009

—, 4,11,11-trimethyl-9,10-dioxo-
   4a,9,9a,10-tetrahydro-,
     methyl ester **10** 2009

**1,4-Methanoanthracene-2-carboxylic
acid**,

—, 9,10-dihydroxy-1,11,11-trimethyl-
   1,4-dihydro-,
     methyl ester **10** 2009

—, 1,11,11-trimethyl-9,10-dioxo-
   1,4,4a,9,9a,10-hexahydro-,
     methyl ester **10** 2009

**1,4-Methanoanthracene-
9,10-dicarbonitrile**,

—, 1,11,11-trimethyl-
   1,2,3,4-tetrahydro- **9** 4645

1,4-Methanoazulene,

—, 3,9-bis(4-bromobenzoyloxy)-1,5,5,8a-
   tetramethyldecahydro- **9** 1407

—, 9-(3,5-dinitrobenzoyloxy)-1,5,5,8a-
   tetramethyldecahydro- **9** 1845

3*H*-3a,7-Methanoazulene,

—, 6-(3,5-dinitrobenzoyloxy)-
   3,6,8,8-tetramethyloctahydro-
   9 1845

1,4-Methanoazulene-9-carboxylic acid,

—, 4,8,8-trimethyldecahydro- **9** 346
   methyl ester **9** 347

**3*H*-3a,6-Methanoazulene-3-carboxylic
acid**,

—, 7,7-dimethyl-8-methyleneoctahydro-
   9 2618
   methyl ester **9** 2619

**3*H*-3a,7-Methanoazulene-6-carboxylic
acid**,

—, 3,8,8-trimethyl-1,2,4,7,8,8a-
   hexahydro- **9** 2619
   methyl ester **9** 2619

**3*H*-3a,7-Methanoazulene-3,6-dicarboxylic
acid**,

—, 4-hydroxy-8-(hydroxymethyl)-
   8-methyl-1,2,4,7,8,8a-hexahydro-
   10 2465
     dihydrazide **10** 2466
     dimethyl ester **10** 2465

4*H*-3a,7-Methanoazulene-4,9-dione,

—, 5-(benzoyloxy)-3,6,8,8-tetramethyl-
   1,2,3,7,8,8a-hexahydro- **9** 793

4*H*-3a,7-Methanoazulen-4-one,

—, 6-hydroxy-3,6,8,8-tetramethyl-5-
   (4-nitrobenzoyloxy)octahydro-
   9 1678

2*H*-5,8-Methanochromen-2-one,

—, 8a-hydroxy-8,9,9-trimethyl-3,5,6,7,*
   8,8a-hexahydro- **10** 2962

**3,5a-Methanocyclobuta[*d*]*
naphthalenetetracarboxylic acid**
see *1,8a-Etheno-2,4a-methanonaphthalene*
tetracarboxylic acid

1,4-Methanofluorene,
—, 2-(benzoyloxy)-1,2,3,4,4a,9a-
hexahydro- **9** 496
—, 3-(benzoyloxy)-1,2,3,4,4a,9a-
hexahydro- **9** 496
4,7-Methanoindan,
—, 5-(4-nitrobenzoyloxy)hexahydro-
9 1580
**4,7-Methanoindan-1,3-dicarboxylic
acid,**
—, 1-bromohexahydro- **9** 4064
—, hexahydro- **9** 4063, 4064
dimethyl ester **9** 4064
—, 1-hydroxyhexahydro- **10** 2140
4,7-Methanoindene,
—, 5-(benzoyloxy)-3a,4,5,6,7,7a-
hexahydro- **9** 438
—, 6-(benzoyloxy)-3a,4,5,6,7,7a-
hexahydro- **9** 438
—, 5-(salicyloyloxy)-3a,4,5,6,7,7a-
hexahydro- **10** 134
—, 6-(salicyloyloxy)-3a,4,5,6,7,7a-
hexahydro- **10** 134
**6,7-Methanoindene-2,6-dicarboxylic
acid,**
—, x,x-dichloro-3a,4,7,7a-tetrahydro-
9 4400
—, x,x-dimethyl-3a,4,7,7a-tetrahydro-
9 4416
—, 3a,4,7,7a-tetrahydro- **9** 4400
dimethyl ester **9** 4400
**4,7-Methanoindene-3,5-dicarboxylic
acid,**
—, 1,1,2,4,8,8-hexamethyl-3a,4,7,7a-
tetrahydro- **9** 4428
dimethyl ester **9** 4428
**1H,3H,5aH-3a,8b-Methanoindeno[4,5-c]=
furan-4-carbaldehyde,**
—, 3-hydroxy-7,7-dimethyl-1-oxo-
6,7,8,8a-tetrahydro- **10** 3559
4,7-Methanoisobenzofuran-1(3H)-one,
—, 3-(biphenyl-4-yl)-
3-hydroxyhexahydro- **10** 3421
—, 3-(p-ethylphenyl)-
3-hydroxyhexahydro- **10** 3243
—, 3-hydroxy-3-phenylhexahydro-
10 3237
—, 3-hydroxy-3-p-tolylhexahydro-
10 3241
Methanol,
—, [4-(benzoyloxy)cyclohexyl]- **9** 545
**1,4-Methanonaphthalene-2,3-dicarboxylic
acid,**
—, 5,8-diphenyl-1,2,3,4,4a,5,8,8a-
octahydro-,
dimethyl ester **9** 4695
—, 6-methyl-1,2,3,4,4a,5,8,8a-
octahydro- **9** 4346
—, 1,2,3,4,4a,5,8,8a-octahydro- **9** 4340

—, 1,2,3,4-tetrahydro- **9** 4443
dimethyl ester **9** 4443, 4444
**1,4-Methanotriphenylene-
2,3-dicarboxylic acid,**
—, 3-oxo-1,4-diphenyl-
1,2,3,4-tetrahydro- **10** 4043
Methionic acid
see *Methanedisulfonic acid*
Methionine,
—, N-benzoyl- **9** 1178, 1179
ethyl ester **9** 1180
—, N-cinnamoyl- **9** 2719
—, 2-cyano-N-(phenylacetyl)-,
methyl ester **9** 2228
—, N-(3,5-dinitrobenzoyl)- **9** 1942
—, N-(4-nitrobenzoyl)- **9** 1736
Methylium,
—, (2'-carboxybiphenyl-2-
yl)bis(p-hydroxyphenyl)-,
betaine hydrate **10** 2405
—, (8-carboxy-1-naphthyl)bis(4-hydroxy-
1-naphthyl)-,
betaine hydrate **10** 2406
—, (8-carboxy-1-
naphthyl)bis(p-hydroxyphenyl)-,
hydrate **10** 2403
—, (8-carboxy-1-naphthyl)-
bis(4-hydroxy-2,5-xylyl)-,
betaine hydrate **10** 2404
—, (o-carboxyphenyl)bis=
(p-hydroxyphenyl)-,
betaine hydrate **10** 2400
Micanecic acid 9 4050
Microphyllic acid 10 4567
Miropinic acid 9 2912
—, tetrahydro- **9** 355
Montagnetol 10 1484
Munjistin 10 4787
Muscarufin 10 4866
Myrtanic acid 9 219
Myrtanol,
—, O-(2-carboxybenzoyl)- **9** 4149
Myrtenic acid 9 312
Myrtenol,
—, O-(2-carboxybenzoyl)- **9** 4155, 4156
—, O-(3-phenylpropionyl)- **9** 2387

N

Naphthacene-5-carbonitrile,
—, 6,11-dioxo-6,11-dihydro- **10** 3669
Naphthacene-2-carboxylic acid,
—, 3,6,11-trihydroxy-5,12-dioxo-
5,12-dihydro- **10** 4836
Naphthacene-5-carboxylic acid,
—, 6,11-dioxo-6,11-dihydro- **10** 3668
methyl ester **10** 3669
—, 6,11,12-triphenyl- **9** 3698
ethyl ester **9** 3698

Naphthacene-5,11-dicarboxylic acid,
—, 6,12-diphenyl-,
    diethyl ester **9** 4740

Naphthacene-5,12-dicarboxylic acid,
—, 5,6,11,12-tetraphenyl-5,12-dihydro-
    9 4743

Naphthalaldehydic acid 10 3266
Naphthalamic acid 9 4468
Naphthalamide 9 4468
1-Naphthaldehyde,
—, 8-[4,4'-bis(benzoyloxy)-α-hydroxy-
    3,3'-dimethylbenzhydryl]- **9** 832

2-Naphthaldehyde,
—, 1-(benzoylhydrazono)-
    1,2,3,4-tetrahydro- **9** 1316
—, 1-(2-nitrobenzoylhydrazono)-
    1,2,3,4-tetrahydro- **9** 1487

Naphthalene,
—, 1-acetoxy-5-(benzoyloxy)-
    2,6-dibromo- **9** 611
—, 5-acetoxy-1-(benzoyloxy)-
    2,4-dichloro- **9** 611
—, 5-acetoxy-1,4-bis(benzoyloxy)-
    2-chloro- **9** 683
—, 1-acetoxy-2,3-dibenzoyl-4-
    (benzoyloxy)- **9** 833
—, 1-(benzoyloxy)-5-[2-(benzoyloxy)=
    phenethyl]- **9** 650
—, 6-(benzoyloxy)-2-[p-(benzoyloxy)=
    phenyl]-1-ethyl-
    1,2,3,4-tetrahydro- **9** 639
—, 2-(benzoyloxy)-1-[6-(benzoyloxy)-
    m-tolylsulfonyl]- **9** 610
—, 1-(benzoyloxy)-4-(benzoylthio)-
    9 1970
—, 1-(benzoyloxy)-5-(benzoylthio)-
    9 1970
—, 2-(benzoyloxy)-1-(benzoylthio)-
    9 1969
—, 2-(benzoyloxy)-6-(benzoylthio)-
    9 1970
—, 2-(benzoyloxy)-7-(benzoylthio)-
    9 1970
—, 6-(benzoyloxy)-1-(benzoylthio)-
    9 1970
—, 2-(benzoyloxy)-1-bromo- **9** 493
—, 2-(benzoyloxy)-6-bromo- **9** 493
—, 1-(benzoyloxy)-4-chloro- **9** 491
—, 2-(benzoyloxy)-1-chloro- **9** 492
—, 2-(benzoyloxy)-6-chloro- **9** 492
—, 3-(benzoyloxy)-1-chloro- **9** 492
—, 1-(benzoyloxy)decahydro- **9** 412
—, 2-(benzoyloxy)decahydro-
    9 412, 413
—, 2-(benzoyloxy)-1,5-dimethyl- **9** 496
—, 6-(benzoyloxy)-5,8-dimethyl-
    1,2,3,4-tetrahydro- **9** 456
—, 1-(benzoyloxy)-4-ethyl- **9** 495

—, 2-(benzoyloxy)-1-ethyl- **9** 494
—, 2-(benzoyloxy)-3-ethyl- **9** 495
—, 1-(benzoyloxy)-2-isopropyl- **9** 496
—, 1-(benzoyloxy)-2-methoxy- **9** 609
—, 1-(benzoyloxy)-2-methyl- **9** 494
—, 1-(benzoyloxy)-3-methyl- **9** 494
—, 1-(benzoyloxy)-4-methyl- **9** 493
—, 1-(benzoyloxy)-5-methyl- **9** 493
—, 3-(benzoyloxy)-1-methyl- **9** 493
—, 6-(benzoyloxy)-1-methyl- **9** 493
—, 7-(benzoyloxy)-1-methyl- **9** 494
—, 2-(benzoyloxy)-6-(α-methylbenzyl)-
    9 524
—, 2-(benzoyloxymethyl)-1-chloro-
    9 494
—, 2-(benzoyloxy)-1-[1-(methylsulfonyl)-
    2-naphthyloxy]- **9** 609
—, 2-(benzoyloxy)-1-[1-(methylthio)-
    2-naphthyloxy]- **9** 609
—, 1-(benzoyloxy)-4-nitro- **9** 491
—, 1-(benzoyloxy)-6-nitro- **9** 491
—, 2-(benzoyloxy)-1-(m-nitrophenylthio)-
    9 609
—, 1-(benzoyloxy)-2-phenyl- **9** 523
—, 1-(benzoyloxy)-4-phenyl- **9** 523
—, 5-(benzoyloxy)-1,2,3,4-tetrahydro-
    9 454
—, 2-(benzoyloxy)-1,4,6-trichloro-
    9 493
—, 2-(benzoyloxy)-1,5,6-trimethyl-
    9 496
—, 4a-(benzoylperoxy)decahydro- **9** 1050
—, 2-benzyl-2-(3,5-dinitrobenzoyloxy)=
    decahydro- **9** 1870
—, 1,4-bis(benzoyloxy)- **9** 610
—, 1,5-bis(benzoyloxy)- **9** 610
—, 1,7-bis(benzoyloxy)- **9** 611
—, 2,6-bis(benzoyloxy)- **9** 612
—, 2,7-bis(benzoyloxy)- **9** 612
—, 1,5-bis(benzoyloxy)-2,6-dibromo-
    9 611
—, 1,4-bis(benzoyloxy)-2-ethyl- **9** 613
—, 1,4-bis(benzoyloxy)-2-(ethylthio)-
    3-methyl- **9** 683
—, 1,3-bis(benzoyloxy)-2-isopentyl-
    9 613
—, 1,4-bis(benzoyloxy)-2-methyl- **9** 612
—, 1,4-bis(benzoyloxy)-2-methyl-
    3-phytyl- **9** 634
—, 1,5-bis(benzoyloxy)-
    2,4,6,8-tetrabromo- **9** 611
—, 1,2-bis(benzoyloxy)-
    1,2,3,4-tetrahydro- **9** 588
—, 5,7-bis(benzoyloxy)-
    1,2,3,4-tetrahydro- **9** 588
—, 1,5-bis(benzoyloxy)-2,4,6-tribromo-
    9 611
—, 1,4-bis(3,5-dimethylbenzoyloxy)-
    2-methyl- **9** 2444

Naphthalene *(continued)*
—, 1,4-bis(3,5-dinitrobenzoyloxy)-
2-methyl-2-phytyl-
1,2,3,4-tetrahydro- **9** 1916
—, 1,7-bis(4-nitrobenzoyloxy)- **9** 1649
—, 2-(cyclohex-2-en-1-yl)-3-
(4-nitrobenzoyloxy)- **9** 1616
—, 2,3-dibenzoyl-1-(benzoyloxy)-
4-methoxy- **9** 832
—, 1,3-dibenzoyl-2,4-bis(benzoyloxy)-
9 832
—, 2,3-dibenzoyl-1,4-bis(benzoyloxy)-
9 833
—, 1-(3,5-dinitrobenzoyloxy)-
3-isopropenyl-
4a,5-dimethyldecahydro- **9** 1845
—, 1-(3,5-dinitrobenzoyloxy)-
3-isopropenyl-4a,5-dimethyl-
1,2,3,4,4a,5,6,7-octahydro-
9 1858
—, 2-(3,5-dinitrobenzoyloxy)-2-
(2-methoxy-5-methylphenethyl)-
decahydro- **9** 1914
—, 1-(3,5-dinitrobenzoyloxy)-8a-
methyldecahydro- **9** 1836, 1837
—, 7-(3,5-dinitrobenzoyloxy)-4a-methyl-
1,2,3,4,4a,5,6,7-octahydro-
9 1843
—, 8-ethyl-5-methyl-6-
(4-nitrobenzoyloxy)-
1,2,3,4-tetrahydro- **9** 1606
—, 1-ethyl-1-(4-nitrobenzoyloxy)-
decahydro- **9** 1576
—, 1-ethynyl-1-(4-nitrobenzoyloxy)-
decahydro- **9** 1596
—, 4-isopropyl-1,6-dimethyl-1-
(4-nitrobenzoyloxy)-1,2,3,4,4a,7,-
8,8a-octahydro- **9** 1581
—, 2-(p-menth-2-en-1-yl)-3-
(4-nitrobenzoyloxy)- **9** 1617
—, 2-(p-menth-1-yl)-3-
(4-nitrobenzoyloxy)- **9** 1616
—, 2-(p-menth-1-yl)-3-
(4-nitrobenzoyloxy)-
1,2,3,4-tetrahydro- **9** 1609
—, 6-(p-menth-1-yl)-7-
(4-nitrobenzoyloxy)-
1,2,3,4-tetrahydro- **9** 1609
—, 7-methoxy-1-(4-nitrobenzoyloxy)-
1,2,3,4-tetrahydro- **9** 1648
—, 2-methyl-1,4-
bis(2,4,6-trimethylbenzoyloxy)-
9 2495
—, 2-methyl-2-(4-nitrobenzoyloxy)-
decahydro- **9** 1575
—, 1-(4-nitrobenzoyloxy)decahydro-
9 1571
—, 2-(4-nitrobenzoyloxy)decahydro-
9 1571, 1572

—, 8-(4-nitrobenzoyloxy)-4-[2-
(4-nitrobenzoyloxy)phenethyl]-
1,2-dihydro- **9** 1653
—, 5-(4-nitrobenzoyloxy)-1-[2-
(4-nitrobenzoyloxy)phenethyl]-
1,2,3,4-tetrahydro- **9** 1652
—, 2-(4-nitrobenzoyloxy)-
1,2,3,4-tetrahydro- **9** 1603
—, 6-(4-nitrobenzoyloxy)-
1,2,3,4-tetrahydro- **9** 1603
—, 4a-(4-nitrobenzoylperoxy)decahydro-
9 1707
—, 1,4,5-tris(benzoyloxy)-2-chloro-
9 683
Naphthaleneacetic acid
see *Acetic acid, naphthyl-*
Naphthalene-4a(4H)-carboxylic acid,
—, 3-cyclohexyl-7-oxo-
1,2,3,5,6,7-hexahydro-,
methyl ester **10** 3114
—, 3-cyclohexyl-7-semicarbazono-
1,2,3,5,6,7-hexahydro-,
methyl ester **10** 3114
—, 4-(p-methoxyphenyl)-2-oxo-2,3,5,6,7,-
8-hexahydro-,
ethyl ester **10** 4420
—, 2-methyl-1,4-dioxo-1,5,8,8a-
tetrahydro-,
methyl ester **10** 3556
—, 3-methyl-1,4-dioxo-1,5,8,8a-
tetrahydro-,
cyclohexyl ester **10** 3556
methyl ester **10** 3556
—, 1-methyl-2-oxo-
2,3,5,6,7,8-hexahydro-,
ethyl ester **10** 2958
—, 4-methyl-2-oxo-
2,3,5,6,7,8-hexahydro-,
ethyl ester **10** 2959
—, 1-methyl-2-semicarbazono-2,3,5,6,7,8-
hexahydro-,
ethyl ester **10** 2959
—, 2-oxo-2,3,5,6,7,8-hexahydro-,
ethyl ester **10** 2956
—, 2-oxo-4-phenyl-
2,3,5,6,7,8-hexahydro-,
ethyl ester **10** 3282
—, 2-semicarbazono-
2,3,5,6,7,8-hexahydro-,
ethyl ester **10** 2956
Naphthalene-1,2-dicarbonitrile 9 4463
Naphthalene-1,3-dicarbonitrile 9 4463
Naphthalene-1,4-dicarbonitrile 9 4464
—, 5,8-dichloro- **9** 4464
—, 2,3-dimethyl- **9** 4479
—, 1-phenyl-1,2,3,4-tetrahydro-
9 4636
Naphthalene-1,5-dicarbonitrile 9 4465
Naphthalene-1,6-dicarbonitrile 9 4465

Naphthalene-1,7-dicarbonitrile 9 4466
Naphthalene-2,3-dicarbonitrile 9 4471
Naphthalene-2,6-dicarbonitrile 9 4472
Naphthalene-2,7-dicarbonitrile 9 4472
Naphthalene-2,6-dicarbonyl dibromide
   9 4472
Naphthalene-1,4-dicarbonyl dichloride
   9 4464
Naphthalene-2,6-dicarbonyl dichloride
   9 4472
—, 1,5-dibenzoyl- 10 4098
Naphthalene-2,7-dicarbonyl dichloride
   9 4472
Naphthalene-1,3-dicarboxamide,
—, 4-methoxy- 10 2317
Naphthalene-1,4-dicarboxamide,
—, 5,8-dichloro- 9 4464
Naphthalene-2,6-dicarboxamidine 9 4472
Naphthalene-2,7-dicarboxamidine 9 4473
Naphthalene-1,2-dicarboxylic acid
   9 4462
      dimethyl ester 9 4463
      methyl ester 9 4462
—, 7-(benzoyloxy)-6-methoxy-3-methyl-
     1,2,3,4-tetrahydro-,
      diethyl ester 10 2475
—, 7-chloro-4-(p-chlorophenyl)- 9 4674
—, 1,2-dihydro- 9 4440
—, 1,4-dihydro- 9 4439
—, 6,7-dimethoxy-3-methyl- 10 2486
—, 6,7-dimethoxy-3-methyl-
     1,2,3,4-tetrahydro- 10 2474
      diethyl ester 10 2475
—, 4,7-dimethyl-,
      dimethyl ester 9 4479
—, 4,7-dimethyl-1,2,3,5,6,7,8,8a-
     octahydro- 9 4074
—, 7,8-dimethyl-
     1,2,3,4,5,6,7,8-octahydro-
     9 4075
—, 5,5-dimethyl-5,6,7,8-tetrahydro-
     9 4416
—, 7-ethoxy-6-methoxy-3-methyl-
     1,2,3,4-tetrahydro- 10 2475
      diethyl ester 10 2475
—, 7-ethyl-3,4-dihydro- 9 4447
—, 6-methoxy-3,4-dihydro-,
      diethyl ester 10 2289
—, 7-methoxy-3-methyl-
     1,2,3,4-tetrahydro- 10 2270
—, 6-methoxy-1,2,3,4-tetrahydro-
     10 2267
      diethyl ester 10 2267
—, 4-methyl- 9 4474
      dimethyl ester 9 4474
—, 5-methyl- 9 4474
—, 7-methyl-3,4-dihydro- 9 4443
—, 3-methyl-1,2,3,4,5,6,7,8-octahydro-
     9 4068

—, 5-methyl-1,2,3,5,6,7,8,8a-octahydro-·
     9 4068
—, 2-methyl-4-oxodecahydro- 10 3936
—, 1,2,3,5,6,7,8,8a-octahydro- 9 4059
      diphenacyl ester 9 4060
—, 4-oxo-1,2,3,4-tetrahydro- 10 3979
—, 4-phenyl- 9 4674
—, 4-phenyl-1,2,3,4-tetrahydro-
     9 4637
—, 1,2,3,4-tetrahydro- 9 4398
—, 6,7,8-trimethoxy- 10 2581
—, 6,7,8-trimethoxy-3,4-dihydro-,
      diethyl ester 10 2580
      1-ethyl ester 10 2580
Naphthalene-1,3-dicarboxylic acid
   9 4463
—, 6-bromo-4-hydroxy- 10 2317
      diethyl ester 10 2317
—, 6-bromo-4-methoxy- 10 2317
—, 6-chloro-4-hydroxy- 10 2317
      diethyl ester 10 2317
—, 6-chloro-4-methoxy- 10 2317
—, 4-hydroxy- 10 2316
      diethyl ester 10 2316
—, 2-hydroxy-4-methyl-
     5,6,7,8-tetrahydro- 10 2270
—, 2-hydroxy-5,6,7,8-tetrahydro-
     10 2268
      diethyl ester 10 2268
      1-ethyl ester 10 2268
—, 4-methoxy- 10 2316
Naphthalene-1,4-dicarboxylic acid
   9 4463
      dimethyl ester 9 4463
—, 6-acetyl- 10 4004
—, 5,8-dibromo- 9 4464
—, 5,8-dichloro- 9 4464
—, 1,2-dihydro- 9 4440
—, 1,4-dihydro- 9 4440
      dimethyl ester 9 4440
—, 4a-methyl-7-oxo-
     1,2,3,4,4a,5,6,7-octahydro-
     10 3943
—, 5-nitro- 9 4465
—, 1-phenyl-1,2,3,4-tetrahydro-
     9 4634, 4635
      4-ethyl ester 9 4635
Naphthalene-1,5-dicarboxylic acid
   9 4465
      dimethyl ester 9 4465
—, 4,8-dichloro- 9 4465
Naphthalene-1,6-dicarboxylic acid
      dimethyl ester 9 4465
—, 3-acetyl-4,7-dimethyl- 10 4004
      diethyl ester 10 4004
      dimethyl ester 10 4004
—, 5-(2-carboxyethyl)-
     1,4a,6-trimethyldecahydro-,
     1-methyl ester 9 4779

Naphthalene-1,6-dicarboxylic acid
(*continued*)
—, 7-hydroxy- **10** 2317
—, 1,4a,6-trimethyl-5-(3-oxobutyl)⸝
decahydro-,
1-methyl ester **10** 3941
Naphthalene-1,7-dicarboxylic acid
9 4466
dimethyl ester **9** 4466
Naphthalene-1,8-dicarboxylic acid
see *Naphthalic acid*
Naphthalene-2,2(1H)-dicarboxylic acid,
—, 4-acetoxy-3-phenyl-,
diethyl ester **10** 2396
—, 1-(3-carboxypropylidene)-
3,4-dihydro- **9** 4831
—, 1-(3-carboxypropylidene)-6-methoxy-
3,4-dihydro- **10** 2583
—, 4-(hydroxyimino)-3-phenyl-
3,4-dihydro-,
diethyl ester **10** 4023
—, 4-oxo-3-phenyl-3,4-dihydro- **10** 4023
diethyl ester **10** 4023
Naphthalene-2,3-dicarboxylic acid 9 4470
dimethyl ester **9** 4471
—, 7-acetoxy-1-{[7a-methyl-1-
(1,4,5-trimethylhex-2-enyl)⸝
tetrahydroindan-4(3aH)-ylidene]⸝
methyl}-1,2,3,4,5,6,7,8-octahydro-,
dimethyl ester **10** 2338
—, 7-acetoxy-1-{[7a-methyl-1-
(1,4,5-trimethylhexyl)⸝
tetrahydroindan-4(3aH)-ylidene]⸝
methyl}-1,2,3,4,5,6,7,8-octahydro-,
dimethyl ester **10** 2314
—, 1,4-bis(3,5-dibromo-4-hydroxyphenyl)-,
diethyl ester **10** 2548
—, 1,4-dihydroxy-,
diethyl ester **10** 2484
—, 1,4-dimethoxy-,
diethyl ester **10** 2485
—, 1-(3,4-dimethoxyphenyl)-
6,7-dimethoxy- **10** 2621
diethyl ester **10** 2621
dimethyl ester **10** 2621
—, 1-(3,4-dimethoxyphenyl)-
6,7-dimethoxy-1,2-dihydro-
10 2620
dimethyl ester **10** 2620
—, 1-(3,4-dimethoxyphenyl)-
6,7-dimethoxy-1,2,3,4-tetrahydro-
10 2618
diethyl ester **10** 2619
dimethyl ester **10** 2618
—, 4-(3,4-dimethoxyphenyl)-2-hydroxy-
6,7-dimethoxy-1,2-dihydro- **10** 2630
—, 1,4-diphenyl- **9** 4715
butyl ester **9** 4716
dimethyl ester **9** 4715

—, 7-hydroxy-1-(4-hydroxy-
3-methoxyphenyl)-6-methoxy-
1,2-dihydro-,
dimethyl ester **10** 2620
—, 1-hydroxy-4-methoxy-,
diethyl ester **10** 2484
—, 7-hydroxy-1-{[7a-methyl-1-
(1,4,5-trimethylhex-2-enyl)⸝
tetrahydroindan-4(3aH)-ylidene]⸝
methyl}-1,2,3,4,5,6,7,8-octahydro-
10 2338
—, 7-hydroxy-1-{[7a-methyl-1-
(1,4,5-trimethylhexyl)⸝
tetrahydroindan-4(3aH)-ylidene]⸝
methyl}-1,2,3,4,5,6,7,8-octahydro-
10 2313
—, 5-methoxy-1-(o-methoxyphenyl)-
10 2543
dimethyl ester **10** 2543
—, 7-methoxy-1-(p-methoxyphenyl)-
10 2543
dimethyl ester **10** 2543
—, 7-methyl-1-p-tolyl- **9** 4678
—, 1-nitro- **9** 4471
—, 5-nitro- **9** 4471
—, 7-nitro-1-(p-nitrophenyl)- **9** 4674
diethyl ester **9** 4674
—, 1-phenyl-1,2,3,4-tetrahydro- **9** 4636
dimethyl ester **9** 4637
—, 1,2,3,4-tetrahydro- **9** 4398, 4399
dimethyl ester **9** 4399
—, 1,6,8-trimethoxy- **10** 2581
Naphthalene-2,6-dicarboxylic acid 9 4471
dimethyl ester **9** 4471
—, 1,5-dibenzoyl- **10** 4098
—, 3,7-dihydroxy-1-methyl-5,8-dioxo-
5,8-dihydro- **10** 4850
—, 3-hydroxy- **10** 2318
Naphthalene-2,7-dicarboxylic acid,
—, 3,6-dihydroxy- **10** 2485
—, 3-hydroxy- **10** 2318
Naphthalene-4a,8a-dicarboxylic acid,
—, 1,2,3,4,5,8-hexahydro- **9** 4060
—, octahydro- **9** 4008
diethyl ester **9** 4009
dimethyl ester **9** 4009
ethyl ester **9** 4009
—, 1,4,5,8-tetrahydro- **9** 4328
dimethyl ester **9** 4328
Naphthalenepropionic acid
see *Propionic acid, 3-naphthyl-*
Naphthalene-1,2,3,4-tetracarboxylic acid,
—, 1,2,3,4-tetrahydro- **9** 4883
Naphthalene-1,2,4,5-tetracarboxylic acid
9 4889
Naphthalene-1,2,5,6-tetracarboxylic acid,
—, 4,8-dimethyl-1,2,3,5,6,7-hexahydro-
9 4880
tetraethyl ester **9** 4880

Naphthalene-1,2,5,6-tetracarboxylic acid
(continued)
—, 4,8-dimethyl-1,2,3,5,6,8a-hexahydro-
9 4880
Naphthalene-1,4,5,8-tetracarboxylic acid
9 4889
—, 2-chloro- 9 4890
—, decahydro- 9 4864
—, 2-hydroxy- 10 2630
Naphthalene-1,2,4-tricarboxylic acid,
—, 3-hydroxy-5,6,7,8-tetrahydro-,
triethyl ester 10 2580
Naphthalene-1,2,5-tricarboxylic acid 9 4835
trimethyl ester 9 4835
Naphthalene-1,4,5-tricarboxylic acid 9 4835
—, 2-acetyl- 10 4139
Naphthalen-1(2H)-one,
—, 2-(benzoyloxymethylene)-3,4-dihydro-
9 751
—, 3,4-dihydro-,
O-benzoyloxime 9 1282
—, 2-(3,5-dinitrobenzoyloxy)-3-isopropenyl-
4a,5-dimethyloctahydro- 9 1927
—, 3-(diphenylacetoxy)-2,2,4-triphenyl-
9 3296
—, 3,4,5,6,7,8-hexahydro-,
O-benzoyloxime 9 1279
—, octahydro-,
O-benzoyloxime 9 1277
Naphthalen-1(4H)-one,
—, 2-(benzoyloxy)-4-
(4-chlorobenzylidene)- 9 773
Naphthalen-2(1H)-one,
—, 3-(benzoyloxy)-4a,5,6,7,8,8a-
hexahydro- 9 727
—, octahydro-,
O-benzoyloxime 9 1277, 1278
Naphthalen-2(3H)-one,
—, 1-(benzoyloxy)-3-isopropylidene-
4a,5-dimethyl-
4,4a,5,6,7,8-hexahydro- 9 735
Naphthalen-2(4aH)-one,
—, 4a-(benzoyloxy)-5,6,7,8-tetrahydro-
9 733
Naphthalic acid 9 4466
diethyl ester 9 4467
dimethyl ester 9 4467
diphenyl ester 9 4468
p-menth-3-yl ester methyl ester
9 4467
p-menth-3-yl ester 9 4467
—, 4-acetyl-,
dimethyl ester 10 4004
—, 3-bromo-,
dimethyl ester 9 4469
—, 4-bromo-,
dimethyl ester 9 4469
—, 4-bromo-5-nitro- 9 4470
dimethyl ester 9 4470

—, 4,4'-carbonyldi- 10 4169
—, 2,4-dibromo- 9 4469
—, 4,5-dichloro- 9 4469
—, 4,5-dihydroxy-3,6-dinitro- 10 2484
—, 3,4-dimethoxy- 10 2484
—, 3,6-dinitro- 9 4470
—, 2-nitro- 9 4469
—, 3-nitro- 9 4470
—, 1,2,3,4-tetrahydro- 9 4398
Naphthalide,
—, 3-hydroxy- 10 3266
Naphthalonitrile 9 4469
Naphthalyl chloride 9 4468
1-Naphthamide 9 3145
—, 7-bromo- 9 3154
—, 8-bromo- 9 3156
—, N-(2-bromoethyl)- 9 3145
—, 5-bromo-8-iodo- 9 3158
—, 8-bromo-3-nitro- 9 3166
—, 8-bromo-4-nitro- 9 3166
—, 4-chloro- 9 3148
—, 6-chloro- 9 3150
—, 7-chloro- 9 3151
—, 6-chloro-5-nitro- 9 3165
—, 4-cyano-2,3-diphenyl- 9 4715
—, decahydro- 9 233
—, N-[2-(diethylamino)ethyl]-3-nitro-
9 3159
—, N-[2-(diethylamino)ethyl]-4-nitro-
9 3162
—, N-[3-(diethylamino)propyl]-4-nitro-
9 3162
—, 3,4-dihydro- 9 3075
—, N-dodecyl- 9 3145
—, 7-iodo- 9 3157
—, 6-methoxy- 10 1071
—, 6-methoxy-3,4-dihydro- 10 991
—, N-methyl- 9 3145
—, 2-methyl- 9 3215
—, 4-methyl- 9 3215
—, 7-methyl- 9 3216
—, 8-methyl- 9 3216
—, 3-nitro-5,6,7,8-tetrahydro- 9 2797
—, 4-nitro-5,6,7,8-tetrahydro- 9 2797
—, N-octadecyl- 9 3146
—, 1,2,3,4-tetrahydro- 9 2802
—, 5,6,7,8-tetrahydro- 9 2795
2-Naphthamide,
—, N-allyl-3-hydroxy- 10 1089
—, N-{2-[2-(2-aminoethylamino)
ethylamino]ethyl}-3-hydroxy-
10 1090
—, N-[2-(2-aminoethylamino)ethyl]-
3-hydroxy- 10 1090
—, N-(2-aminoethyl)-3-hydroxy- 10 1090
—, N-(2-aminoethyl)-6-hydroxy- 10 1099
—, N-(6-aminohexyl)-3-hydroxy- 10 1090
—, 5-bromo- 9 3198
—, 7-bromo-3-hydroxy- 10 1094

2-Naphthamide *(continued)*
—, 4-bromo-3-methoxy- **10** 1093
—, 3-bromo-*N*-methyl-1,4-dioxo-
  1,4-dihydro- **10** 3607
—, 5-chloro- **9** 3193
—, 6-chloro- **9** 3193
—, 4-chloro-3-methoxy- **10** 1092
—, decahydro- **9** 234
—, 5,8-dibromo- **9** 3200
—, 5,8-dichloro- **9** 3194
—, *N*-[2-(diethylamino)ethyl]-3-hydroxy-
  10 1090
—, *N*,*N*-diethyl-1-hydroxy- **10** 1078
—, *N*,*N*-diethyl-3-hydroxy-
  5,6,7,8-tetrahydro- **10** 887
—, 3,7-dimethoxy- **10** 1938
—, 6,7-dimethoxy- **10** 1939
—, 6,7-dimethoxy-1,2,3,4-tetrahydro- **10** 1862
—, *N*-[2-(dimethylamino)ethyl]-
  3-hydroxy-*N*-methyl- **10** 1090
—, *N*-[3-(2,4-di-*tert*-pentylphenoxy)‑
  propyl]-1-hydroxy- **10** 1078
—, 1,4-diphenyl- **9** 3666
—, 4-(hydroxyimino)-6-methoxy-
  1,2,3,4-tetrahydro- **10** 4342
—, 3-hydroxy-5-nitro- **10** 1095
—, 3-hydroxy-8-nitro- **10** 1096
—, 3-hydroxy-5,6,7,8-tetrahydro- **10** 887
—, 3-iodo- **9** 3202
—, 5-iodo- **9** 3203
—, 1-mercapto- **10** 1084
—, 1-methoxy- **10** 1078
—, 3-methoxy- **10** 1090
—, 6-methoxy-4-oxo-1,2,3,4-tetrahydro-
  10 4341
—, 6-methoxy-1,2,3,4-tetrahydro- **10** 888
—, *N*-methyl- **9** 3185
—, 1,2,3,4-tetrahydro- **9** 2805
—, 5,6,7,8-tetrahydro- **9** 2803
1-Naphthamidine 9 3147
—, *N*,*N*-dibutyl- **9** 3147
—, *N*,*N*-dibutyl-2-methoxy- **10** 1067
2-Naphthamidine 9 3187
—, 6-bromo-*N*-[2-(diethylamino)ethyl]-
  9 3199
—, 8-cyano- **9** 4466
—, *N*-[2-(diethylamino)ethyl]- **9** 3187
—, *N*-[2-(diethylamino)ethyl]-6-hydroxy-
  10 1100
—, *N*-[2-(diethylamino)ethyl]-6-methoxy-
  10 1100
—, 6,6′-dimethoxy-5,5′-methylenedi-
  10 2547
—, 6,6′-(pentanediyldioxy)di- **10** 1100
—, 6,6′-(propanediyldioxy)di- **10** 1100
2-Naphthamidrazone 9 3191
**Naphth[1,2-*a*]anthracene-7-carboxylic
acid 9** 3674
—, 10,11,12,13-tetrahydro- **9** 3660

**5*H*-Naphth[3,2,1-*de*]anthracene-
6-carboxylic acid,**
—, 5-oxo- **10** 3496
**5*H*-Naphth[3,2,1-*de*]anthracene-
1,3,10-tricarboxylic acid,**
—, 9-(2,4-dicarboxyphenyl)-5-oxo-
  10 4179
Naphthilic acid
  see *Glycolic acid, dinaphthyl-*
1-Naphthimidoyl iodide 9 3146
2-Naphthimidoyl iodide 9 3186
Naphtho[1,2,3,4-*def*]chrysene,
—, 8,14-bis(benzoyloxy)- **9** 660
**Naphtho[1,2-*c*;5,6-*c*′]difuran-3,8(1*H*,6*H*)-
dione,**
—, 1,6-dihydroxy-1,6-diphenyl-
  10 4098
Naphtho[1,2-*b*]furan-3-carboxylic acid,
—, 9b-hydroxy-2-oxo-2,3,3a,4,5,9b-
  hexahydro- **10** 3980
Naphtho[2,1-*b*]furan-6-carboxylic acid,
—, 3a-hydroxy-6,9a-dimethyl-
  2-oxododecahydro-,
  methyl ester **10** 3939
Naphtho[2,3-*b*]furan-3-carboxylic acid,
—, 9a-hydroxy-2-oxododecahydro-
  10 3936
Naphtho[1,2-*c*]furan-5,6-dicarboxylic acid,
—, 3-hydroxy-3-methyl-1-oxo-
  1,3-dihydro- **10** 4139
Naphtho[1,2-*b*]furan-2,5-dione,
—, 9b-hydroxy-3a-methyl-3,3a,4,9b-
  tetrahydro- **10** 3593
Naphtho[1,2-*b*]furan-2,8-dione,
—, 9b-hydroxy-
  3,5a,9-trimethyldecahydro-
  10 3535
—, 9b-hydroxy-3,5a,9-trimethyl-
  3,3a,4,5,5a,9b-hexahydro- **10** 3558
Naphtho[1,2-*b*]furan-2(3*H*)-one,
—, 6,9b-dihydroxy-3a,4,5,9b-tetrahydro-
  10 4346
—, 8,9b-dihydroxy-3a,4,5,9b-tetrahydro-
  10 4346
—, 8,9b-dihydroxy-3,6,9-trimethyl-
  3a,4,5,9b-tetrahydro- **10** 4355
—, 3-ethyl-9b-hydroxy-3a,4,5,9b-
  tetrahydro- **10** 3194
—, 9b-hydroxy-8-methoxy-3-methyl-
  3a,4,5,9b-tetrahydro- **10** 4348
—, 9b-hydroxy-6-methoxy-3a,4,5,9b-
  tetrahydro- **10** 4346
—, 9b-hydroxy-9-methoxy-
  3,6,8-trimethyl-3a,4,5,9b-
  tetrahydro- **10** 4355
—, 9b-hydroxy-3-methyl-3a,4,5,9b-
  tetrahydro- **10** 3185
—, 9b-hydroxy-3-phenyl-3a,4,5,9b-
  tetrahydro- **10** 3394

Naphtho[1,2-b]furan-2(3H)-one *(continued)*
—, 9b-hydroxy-4-phenyl-3a,4,5,9b-
    tetrahydro- **10** 3396
—, 9b-hydroxy-3a,4,5,9b-tetrahydro-
    10 3174
Naphtho[1,2-c]furan-1(3H)-one,
—, 3-(m-chlorophenyl)-3-hydroxy-
    10 3430
—, 3-(o-chlorophenyl)-3-hydroxy-
    10 3430
—, 3-(p-chlorophenyl)-3-hydroxy-
    10 3430
—, 3-p-cumenyl-3-hydroxy- **10** 3443
—, 3-hydroxy-3-(1-naphthyl)- **10** 3491
—, 3-hydroxy-3-phenyl- **10** 3429
—, 3-hydroxy-3-
    (2,3,4,5-tetramethylphenyl)-
    10 3445
—, 3-hydroxy-3-o-tolyl- **10** 3434
—, 3-hydroxy-3-(3,4,5-trimethylphenyl)-
    10 3444
—, 3-hydroxy-3-(2,3-xylyl)- **10** 3438
Naphtho[1,2-c]furan-3(1H)-one,
—, 1-(m-chlorophenyl)-1-hydroxy-
    10 3430
—, 1-(p-chlorophenyl)-1-hydroxy-
    10 3431
—, 1-p-cumenyl-1-hydroxy- **10** 3444
—, 1-hydroxy-1-(o-methoxyphenyl)-
    10 4484
—, 1-hydroxy-1-(1-naphthyl)- **10** 3490
—, 1-hydroxy-1-(2-naphthyl)- **10** 3491
—, 1-hydroxy-1-phenyl- **10** 3430
—, 1-hydroxy-1-o-tolyl- **10** 3434
—, 1-hydroxy-1-p-tolyl- **10** 3436
—, 1-hydroxy-1-(3,4,5-trimethylphenyl)-
    10 3444
Naphtho[2,1-c]furan-1(3H)-one,
—, 3-hydroxy-3-(o-methoxyphenyl)-
    10 4484
Naphtho[2,3-c]furan-1(3H)-one,
—, 3-(p-chlorophenyl)-3-hydroxy-
    10 3433
—, 3-p-cumenyl-3-hydroxy- **10** 3444
—, 3-hydroxy-3-(1-hydroxy-2-naphthyl)-
    10 4500
—, 3-hydroxy-3-(p-methoxyphenyl)-
    10 4484
—, 3-hydroxy-3-(1-naphthyl)- **10** 3491
—, 3-hydroxy-3-(2-naphthyl)- **10** 3491
—, 3-hydroxy-3-phenyl- **10** 3432
—, 3-hydroxy-3-p-tolyl- **10** 3436
Naphtho[2,3-c]furan-3(1H)-one,
—, 1-hydroxy-1-(4-hydroxy-
    2,3-dimethoxyphenyl)- **10** 4793
2-Naphthohydroxamic acid,
—, 4-acetyl-3-hydroxy- **10** 4411
Naphthoic acid,
—, thio- see *Thionaphthoic acid*

1-Naphthoic acid 9 3136
    2-chloro-p-tolyl ester **9** 3140
    2-(diethylamino)ethyl ester **9** 3144
    3-(diethylamino)propyl ester **9** 3144
    ethyl ester **9** 3139
    hydrazide **9** 3147
    p-menth-3-yl ester **9** 3139
    methyl ester **9** 3138
    o-nitrophenyl ester **9** 3140
    phenyl ester **9** 3140
    p-tolyl ester **9** 3140
    vinyl ester **9** 3139
—, 2-acetoxy- **10** 1067
—, 5-acetoxy- **10** 1070
—, 6-acetoxy- **10** 1071
—, 7-acetoxy- **10** 1072
—, 4-acetyl- **10** 3268
    methyl ester **10** 3268
—, 2-o-anisoyl- **10** 4484
—, 8-benzhydryl- **9** 3670
    methyl ester **9** 3670
—, 2-benzoyl- **10** 3429
    methyl ester **10** 3429
—, 4-benzoyl- **10** 3431
—, 8-benzoyl- **10** 3431
    ethyl ester **10** 3432
—, 8-benzoyl-4-methyl- **10** 3436
—, 8-(benzyloxy)- **10** 1074
—, 8-[4,4'-bis(benzoyloxy)-α-hydroxy-
    2,2',5,5'-tetramethylbenzhydryl]-
    10 2404
—, 8-[bis(4-benzoyloxy-1-naphthyl)-
    hydroxymethyl]- **10** 2406
—, 5,6-bis(carboxymethyl)-
    1,4a,6-trimethyldecahydro-,
    methyl ester **9** 4779
—, 2-bromo- **9** 3152
—, 3-bromo- **9** 3153
    methyl ester **9** 3153
—, 4-bromo- **9** 3153
—, 5-bromo- **9** 3153
    4-bromophenacyl ester **9** 3154
    methyl ester **9** 3153
—, 7-bromo- **9** 3154
    ethyl ester **9** 3154
    methyl ester **9** 3154
—, 8-bromo- **9** 3154
    ethyl ester **9** 3155
    methyl ester **9** 3155
—, 5-bromo-7,8-dimethoxy-3,4-dihydro-
    10 1904
    methyl ester **10** 1905
—, 5-bromo-7,8-dimethoxy-
    1,2,3,4-tetrahydro- **10** 1862
—, 7-bromo-1,4a-dimethyl-5-(4-methyl-
    3-oxopentyl)-6-oxodecahydro- **10** 3536
—, 8-bromo-3,6-dinitro- **9** 3169
    ethyl ester **9** 3169
    methyl ester **9** 3169

1-Naphthoic acid *(continued)*
—, 8-bromo-4,5-dinitro- **9** 3169
  ethyl ester **9** 3169
  methyl ester **9** 3169
—, 3-bromo-4-hydroxy- **10** 1070
—, 5-bromo-8-hydroxy- **10** 1074
—, 5-bromo-8-iodo- **9** 3158
  ethyl ester **9** 3158
  methyl ester **9** 3158
—, 5-bromo-8-methoxy-,
  methyl ester **10** 1074
—, 6-bromo-2-methoxy- **10** 1067
  methyl ester **10** 1067
—, 8-bromo-7-methoxy- **10** 1073
  methyl ester **10** 1073
—, 5-bromo-8-[o-(methoxycarbonyl)-
  phenyl]-,
  methyl ester **9** 4673
—, 5-bromo-8-nitro-,
  methyl ester **9** 3167
—, 8-bromo-3-nitro- **9** 3165
  ethyl ester **9** 3166
  methyl ester **9** 3165
—, 8-bromo-4-nitro- **9** 3166
  ethyl ester **9** 3166
  methyl ester **9** 3166
—, 8-bromo-5-nitro- **9** 3167
  ethyl ester **9** 3167
  methyl ester **9** 3167
—, 8-butoxy- **10** 1074
—, 2-(carboxymethoxy)- **10** 1067
—, 3-(carboxymethylthio)- **10** 1069
—, 6-(carboxymethylthio)- **10** 1072
—, 3-(o-carboxyphenyl)- **9** 4672
—, 8-(o-carboxyphenyl)- **9** 4672
  methyl ester **9** 4672
—, 8-(o-carboxyphenyl)-7-methoxy-
  10 2398
—, 2-chloro- **9** 3148
  methyl ester **9** 3148
—, 4-chloro- **9** 3148
  4-bromophenacyl ester **9** 3148
—, 5-chloro- **9** 3149
  methyl ester **9** 3149
—, 6-chloro- **9** 3149
  4-bromophenacyl ester **9** 3150
  methyl ester **9** 3150
—, 7-chloro- **9** 3150
  4-bromophenacyl ester **9** 3151
  methyl ester **9** 3151
—, 8-chloro- **9** 3151
  ethyl ester **9** 3152
  methyl ester **9** 3152
—, 2-(2-chlorobenzoyl)- **10** 3430
—, 2-(3-chlorobenzoyl)- **10** 3430
—, 2-(4-chlorobenzoyl)- **10** 3430
—, 5-chloro-7,8-dimethoxy-3,4-dihydro-
  10 1904
  methyl ester **10** 1904

—, 7-chloro-1,4a-dimethyl-5-(4-methyl-
  3-oxopentyl)-6-oxodecahydro-
  10 3536
—, 3-chloro-4-methoxy-
  5,6,7,8-tetrahydro- **10** 885
—, 2-(2-chloro-α-methylbenzyl)-
  9 3560
—, 2-(3-chloro-α-methylbenzyl)-
  9 3560
—, 2-(4-chloro-α-methylbenzyl)-
  9 3561
—, 6-chloro-5-nitro- **9** 3165
  methyl ester **9** 3165
—, 8-chloro-5-nitro- **9** 3165
—, 2-cyano-2-methyl-4-oxodecahydro-,
  ethyl ester **10** 3936
—, decahydro- **9** 232, 233
—, 5,8-dibromo- **9** 3156
  ethyl ester **9** 3156
  methyl ester **9** 3156
—, 3,6-dichloro- **9** 3152
  methyl ester **9** 3152
—, 8-(4,4'-dichlorobenzhydryl)-
  9 3671
—, 8-(4,4'-diethoxybenzhydryl)-
  10 2020
—, 8-(4,4'-difluorobenzhydryl)-
  9 3670
—, 1,2-dihydro- **9** 3076
—, 1,4-dihydro- **9** 3075
  2-(diethylamino)ethyl ester **9** 3076
—, 3,4-dihydro- **9** 3075
  ethyl ester **9** 3075
  methyl ester **9** 3075
—, 3,4-dihydroxy- **10** 1931
—, 4,7-dihydroxy- **10** 1931
—, 4,8-dihydroxy- **10** 1931
—, 6,7-dihydroxy- **10** 1932
—, 1,2-dihydroxy-1,2,3,4-tetrahydro-
  10 1861
—, 2,3-dihydroxy-1,2,3,4-tetrahydro-
  10 1862
—, 2,7-dimethoxy- **10** 1930
—, 2,8-dimethoxy-,
  methyl ester **10** 1930
—, 3,4-dimethoxy- **10** 1931
—, 4,8-dimethoxy- **10** 1932
  methyl ester **10** 1932
—, 8-(4,4'-dimethoxybenzhydryl)-
  10 2020
—, 7,8-dimethoxy-1,2,3,4-tetrahydro-
  10 1862
—, 2,3-dimethyl- **9** 3225
  allyl ester **9** 3225
—, 2,6-dimethyl- **9** 3226
—, 3,4-dimethyl- **9** 3226
  methyl ester **9** 3226
—, 4,7-dimethyl- **9** 3227
  ethyl ester **9** 3227

1-Naphthoic acid *(continued)*

—, 8-(3,3′-dimethylbenzhydryl)-
  9 3673

—, 8-(4,4′-dimethylbenzhydryl)-
  9 3673

—, 2-(2,3-dimethylbenzoyl)- **10** 3438

—, 2-(2,α-dimethylbenzyl)- **9** 3566

—, 1,4a-dimethyl-5-(4-methyl-
  3-oxopentyl)-6-oxodecahydro-
  10 3535

—, 2,3-dimethyl-5,6,7,8-tetrahydro-
  9 2857

—, 3,6-dinitro- **9** 3167
  ethyl ester **9** 3168
  methyl ester **9** 3167

—, 4,5-dinitro- **9** 3168
  ethyl ester **9** 3168
  methyl ester **9** 3168

—, 4,8-dinitro-,
  methyl ester **9** 3168

—, 6,8-dinitro- **9** 3168

—, 2,4-dioxodecahydro-,
  ethyl ester **10** 3529

—, 5,8-dioxo-5,8-dihydro- **10** 3606
  ethyl ester **10** 3606
  methyl ester **10** 3606

—, 2,2′-(9,10-dioxo-
  9,10-dihydrophenanthrene-1,8-diyl)=
  di- **10** 4103

—, 4,7-diphenyl- **9** 3667

—, 8-(4,4′-diphenylbenzhydryl)- **9** 3696

—, 1,4-diphenyl-1,2,3,4-tetrahydro-
  9 3644

—, 8-ethoxy- **10** 1073

—, 2-ethyl- **9** 3222

—, 7-ethyl- **9** 3224

—, 7-ethyl-3,4-dihydro- **9** 3089

—, 4-fluoro- **9** 3147

—, 2-hydroxy- **10** 1066

—, 4-hydroxy- **10** 1069

—, 5-hydroxy- **10** 1070
  ethyl ester **10** 1070
  methyl ester **10** 1070

—, 6-hydroxy- **10** 107
  ethyl ester **10** 1071
  methyl ester **10** 1071

—, 7-hydroxy- **10** 1072
  methyl ester **10** 1072

—, 8-(4-hydroxybenzoyl)- **10** 4484

—, 8-[hydroxybis(4-hydroxy-1-naphthyl)=
  methyl]- **10** 2406

—, 2-hydroxy-5-methyl- **10** 1109

—, 8-hydroxy-5-nitro- **10** 1074

—, 2-hydroxy-5,6,7,8-tetrahydro- **10** 884

—, 3-hydroxy-5,6,7,8-tetrahydro- **10** 884

—, 6-hydroxy-1,2,3,4-tetrahydro- **10** 885
  methyl ester **10** 885

—, 2-hydroxy-2,5,5,8a-
  tetramethyldecahydro- **10** 77

—, 6-hydroxy-2,5,5,8a-
  tetramethyldecahydro-,
  methyl ester **10** 77

—, 4-hydroxy-2,7,7-trimethyl-
  5,6,7,8-tetrahydro-,
  methyl ester **10** 918

—, 2-(indan-1-yl)- **9** 3595

—, 4-iodo- **9** 3156

—, 7-iodo- **9** 3156
  ethyl ester **9** 3157
  methyl ester **9** 3157

—, 8-iodo- **9** 3157
  ethyl ester **9** 3158
  methyl ester **9** 3157

—, 7-iodo-1,4a-dimethyl-5-(4-methyl-
  3-oxopentyl)-6-oxodecahydro-
  10 3536

—, 5-iodo-6,7,8-trimethoxy-,
  methyl ester **10** 2287

—, 5-isopentyl-
  1,4a,6-trimethyldecahydro- **9** 294

—, 2-isopropyl- **9** 3234

—, 2-(4-isopropylbenzoyl)- **10** 3443

—, 8-(p-menth-3-yloxy)- **10** 1074

—, 8-mercapto- **10** 1074

—, 2-methoxy- **10** 1067
  methyl ester **10** 1067

—, 4-methoxy- **10** 1069

—, 6-methoxy- **10** 1071
  methyl ester **10** 1071

—, 7-methoxy- **10** 1072
  ethyl ester **10** 1073

—, 8-methoxy- **10** 1073

—, 8-[o-(methoxycarbonyl)phenyl]-
  9 4672
  methyl ester **9** 4672

—, 8-[o-(methoxycarbonyl)phenyl]-
  3-nitro-,
  methyl ester **9** 4673

—, 8-[o-(methoxycarbonyl)phenyl]-
  5-nitro-,
  methyl ester **9** 4673

—, 6-methoxy-3,4-dihydro- **10** 991

—, 7-methoxy-3,4-dihydro- **10** 991
  ethyl ester **10** 992

—, 7-methoxy-8-[o-(methoxycarbonyl)=
  phenyl]-,
  methyl ester **10** 2398

—, 2-(2-methoxy-α-methylbenzyl)-
  10 1319

—, 8-(2-methoxy-1-naphthoyl)- **10** 4500

—, 2-methoxy-6-nitro- **10** 1067

—, 7-methoxy-3-nitro- **10** 1073

—, 2-methoxy-5,6,7,8-tetrahydro- **10** 884

—, 4-methoxy-5,6,7,8-tetrahydro- **10** 884
  methyl ester **10** 885

—, 6-methoxy-1,2,3,4-tetrahydro- **10** 885
  methyl ester **10** 885

—, 7-methoxy-1,2,3,4-tetrahydro- **10** 886

1-Naphthoic acid *(continued)*
—, 2-methyl- **9** 3214
—, 4-methyl- **9** 3215
—, 6-methyl- **9** 3215
  methyl ester **9** 3216
—, 7-methyl- **9** 3216
—, 8-methyl- **9** 3216
—, 2-(α-methylbenzyl)- **9** 3560
—, 2-(2-methylbenzyl)- **9** 3561
—, 8a-methyldecahydro- **9** 258
—, 7-methyl-3,4-dihydro- **9** 3082
—, 8a-methyl-2,4-dioxodecahydro-,
  ethyl ester **10** 3531
—, 7-methyl-4-oxodecahydro- **10** 2935
—, 8-methyl-2-oxodecahydro-,
  ethyl ester **10** 2936
—, 2-methyl-4-oxo-1,2,3,4-tetrahydro-
  10 3175
—, 4-methyl-1,2,3,4-tetrahydro-
  9 2829
—, 8-methyl-1,2,3,4-tetrahydro-
  9 2830
—, 2-(1-naphthoyl)- **10** 3491
—, 8-(1-naphthoyl)- **10** 3491
—, 4-(1-naphthoyloxy)- **10** 1069
  methyl ester **10** 1069
—, 2-[1-(1-naphthyl)ethyl]- **9** 3659
—, 2-[(1-naphthyl)methyl]- **9** 3656
—, 3-nitro- **9** 3158
  2-(dibutylamino)ethyl ester **9** 3159
  2-(dibutylamino)propyl ester
    9 3159
  3-(dibutylamino)propyl ester
    9 3159
  2-(diethylamino)ethyl ester **9** 3158
  3-(diethylamino)propyl ester
    9 3159
  2,2-dimethyl-3-(dimethylamino)-
    propyl ester **9** 3159
—, 4-nitro- **9** 3160
  2-[2-(dibutylamino)ethoxy]ethyl
    ester **9** 3160
  2-(dibutylamino)ethyl ester **9** 3160
  2-(dibutylamino)propyl ester
    9 3161
  3-(dibutylamino)propyl ester
    9 3161
  3-(diethylamino)-2,2-dimethylpropyl
    ester **9** 3161
  2-[2-(diethylamino)ethoxy]ethyl
    ester **9** 3160
  2-(diethylamino)ethyl ester **9** 3160
  2-(diethylamino)-1-methylethyl
    ester **9** 3161
  2-(diethylamino)propyl ester **9** 3160
  3-(diethylamino)propyl ester
    9 3161
  3-(dimethylamino)-
    1,2-dimethylpropyl ester **9** 3161

  3-(dimethylamino)-
    2,2-dimethylpropyl ester **9** 3161
  isopropyl ester **9** 3160
  propyl ester **9** 3160
—, 5-nitro- **9** 3162
  2-[2-(dibutylamino)ethoxy]ethyl
    ester **9** 3163
  2-(dibutylamino)ethyl ester **9** 3163
  2-(dibutylamino)propyl ester
    9 3163
  3-(dibutylamino)propyl ester
    9 3163
  2-[2-(diethylamino)ethoxy]ethyl
    ester **9** 3163
  2-(diethylamino)ethyl ester **9** 3163
  2-(diethylamino)propyl ester
    9 3163
  3-(diethylamino)propyl ester
    9 3163
  methyl ester **9** 3162
—, 6-nitro- **9** 3164
  2-(diethylamino)ethyl ester **9** 3164
—, 8-nitro- **9** 3164
  methyl ester **9** 3164
—, 3-nitro-5,6,7,8-tetrahydro- **9** 2796
  2-(diethylamino)ethyl ester **9** 2796
  3-(diethylamino)propyl ester
    9 2796
  2-(dimethylamino)ethyl ester
    9 2796
  ethyl ester **9** 2796
  methyl ester **9** 2796
—, 4-nitro-5,6,7,8-tetrahydro- **9** 2797
  ethyl ester **9** 2797
  methyl ester **9** 2797
—, 8-(2-oxobutyl)- **10** 3275
—, 4-oxo-1,2,3,4-tetrahydro- **10** 3166
—, 8-phenoxy- **10** 1074
—, 4-phenyl- **9** 3551
—, 1-phenyl-1,2-dihydro- **9** 3516
—, 4-phenyl-1,2-dihydro- **9** 3517
—, 2-phenyl-8-(phenylglyoxyloyl)-
    10 3678
—, 7-phenyl-8-(phenylglyoxyloyl)-
    10 3678
—, 8-(phenylsulfinyl)- **10** 1075
—, 8-(phenylthio)- **10** 1075
—, 8-propoxy- **10** 1074
—, 4-semicarbazono-1,2,3,4-tetrahydro-
    10 3166
—, 1,2,3,4-tetrahydro- **9** 2801
  2-(diethylamino)ethyl ester **9** 2801
  ethyl ester **9** 2801
  methyl ester **9** 2801
—, 5,6,7,8-tetrahydro- **9** 2794
  2-(diethylamino)ethyl ester **9** 2795
  ethyl ester **9** 2795
—, 2-(2,3,4,5-tetramethylbenzoyl)-
    10 3445

1-Naphthoic acid *(continued)*
—, 2,4a,7,8-tetramethyldecahydro-
  9 274
—, 2,5,5,8a-tetramethyldecahydro-
  9 273, 274
    methyl ester 9 274
—, 2,5,5,8a-tetramethyl-1,4,4a,5,6,7,8,=
  8a-octahydro- 9 345
—, 2-*o*-toluoyl- 10 3434
    methyl ester 10 3434
—, 5,6,7-triacetoxy- 10 2287
—, 5,6,7-trihydroxy- 10 2286
—, 6,7,8-trihydroxy- 10 2287
—, 8-(4,4′,α-trihydroxybenzhydryl)-
  10 2403
—, 8-(4,4′,α-trihydroxy-
  2,2′,5,5′-tetramethylbenzhydryl)-
  10 2404
—, 5,6,7-trimethoxy- 10 2287
—, 6,7,8-trimethoxy- 10 2287
    methyl ester 10 2287
—, 2-(3,4,5-trimethylbenzoyl)- 10 3444
—, 2,7,7-trimethyl-3,4,4a,5,6,7,8,8a-
  octahydro- 9 343
—, 2,3,4-triphenyl- 9 3692
2-Naphthoic acid 9 3174
  benzylidenehydrazide 9 3189
  (4-bromo-α-methylbenzylidene)=
    hydrazide 9 3189
  1-bromo-2-naphthyl ester 9 3182
  4-bromo-1-naphthyl ester 9 3181
  p-bromophenyl ester 9 3178
  4-bromo-*m*-tolyl ester 9 3180
  4-bromo-*o*-tolyl ester 9 3179
  butylidenehydrazide 9 3188
  (4,α-dimethylbenzylidene)hydrazide
    9 3189
  ethyl ester 9 3177
  ethylidenehydrazide 9 3187
  heptylidenehydrazide 9 3188
  hexylidenehydrazide 9 3188
  hydrazide 9 3187
  (2-hydroxy-5-methylbenzylidene)=
    hydrazide 9 3190
  isobutylidenehydrazide 9 3188
  isopropylidenehydrazide 9 3188
  p-menth-3-yl ester 9 3177, 3178
  (4-methoxy-α-methylbenzylidene)=
    hydrazide 9 3190
  (α-methylbenzylidene)hydrazide
    9 3189
  methyl ester 9 3176
  (1-methylheptylidene)hydrazide
    9 3188
  1-naphthyl ester 9 3181
  2-naphthyl ester 9 3181
  (3-nitrobenzylidene)hydrazide
    9 3189
  (4-nitrobenzylidene)hydrazide 9 3189

m-nitrophenyl ester 9 3179
o-nitrophenyl ester 9 3179
p-nitrophenyl ester 9 3179
pentylidenehydrazide 9 3188
phenyl ester 9 3178
propylidenehydrazide 9 3188
m-tolyl ester 9 3180
o-tolyl ester 9 3179
p-tolyl ester 9 3180
vinyl ester 9 3177
—, 4-acetohydroximoyl-3-hydroxy-
  10 4409
  ethyl ester 10 4410, 4411
  methyl ester 10 4410
—, 1-acetoxy- 10 1076
—, 3-acetoxy- 10 1086
  ethyl ester 10 1086
—, 4-acetoxy- 10 1097
—, 5-acetoxy- 10 1098
—, 6-acetoxy- 10 1098
—, 7-acetoxy- 10 1101
—, 3-acetoxy-4-allyl-,
  methyl ester 10 1191
—, 1-acetoxy-4-chloro- 10 1079
—, 3-acetoxy-4-chloro- 10 1092
—, 1-acetoxy-4-formyl-,
  methyl ester 10 4406
—, 4-acetoxy-1-phenyl-,
  ethyl ester 10 1315
—, 3-acetoxy-5,6,7,8-tetrahydro- 10 886
  methyl ester 10 887
—, 4-acetyl-1-hydroxy- 10 4411
—, 4-acetyl-3-hydroxy- 10 4408
  ethyl ester 10 4410
  methyl ester 10 4409
—, 4-acetyl-3-methoxy- 10 4408
  methyl ester 10 4410
—, 4-allyl-3-(allyloxy)- 10 1190
—, 4-allyl-3-hydroxy- 10 1190
  methyl ester 10 1190
—, 1-*o*-anisoyl- 10 4484
—, 3-*p*-anisoyl- 10 4484
—, 1,1′-[azinobis(1-naphthylmethylidyne)]=
  di- 10 3490
—, 1-benzoyl- 10 3430
  methyl ester 10 3430
—, 3-benzoyl- 10 3432
  methyl ester 10 3433
—, 6-benzoyl- 10 3433
—, 3-benzyl- 9 3555
—, 3-benzyl-4-hydroxy- 10 1317
—, 3-benzyl-2-methyl-1-oxo-
  1,2,3,4-tetrahydro-,
  methyl ester 10 3402
—, 3-benzyl-1-oxo-1,2,3,4-tetrahydro-,
  methyl ester 10 3396
—, 1-bromo- 9 3195
  ethyl ester 9 3195
  methyl ester 9 3195

2-Naphthoic acid (*continued*)
—, 3-bromo- **9** 3196
    hydrazide **9** 3196
    methyl ester **9** 3196
—, 5-bromo- **9** 3196
    p-bromophenyl ester **9** 3197
    4-bromo-*m*-tolyl ester **9** 3198
    4-bromo-*o*-tolyl ester **9** 3198
    hydrazide **9** 3199
    methyl ester **9** 3196
    m-nitrophenyl ester **9** 3197
    o-nitrophenyl ester **9** 3197
    p-nitrophenyl ester **9** 3197
    phenyl ester **9** 3197
    o-tolyl ester **9** 3198
    p-tolyl ester **9** 3198
—, 6-bromo- **9** 3199
    ethyl ester **9** 3199
    methyl ester **9** 3199
—, 3-bromo-1-(2-bromo-
    4,5-dimethoxyphenyl)-
    6,7-dimethoxy-4-oxo-
    1,2,3,4-tetrahydro-,
    ethyl ester **10** 4827
—, 4-bromo-1-(carboxymethoxy)- **10** 1081
—, 3-bromo-7-chloro-4-oxo-
    1,2,3,4-tetrahydro- **10** 3167
—, 1-(2-bromo-4,5-dimethoxyphenyl)-
    4-hydroxy-6,7-dimethoxy-,
    ethyl ester **10** 2591
—, 3-bromo-1,4-dioxo-1,4-dihydro-,
    ethyl ester **10** 3607
—, *x*-bromo-4-hydroxy- **10** 1097
—, 4-bromo-1-hydroxy- **10** 1081
    ethyl ester **10** 1081
    methyl ester **10** 1081
    2-naphthyl ester **10** 1082
    phenyl ester **10** 1081
—, 4-bromo-3-hydroxy-,
    phenyl ester **10** 1093
    m-tolyl ester **10** 1093
    o-tolyl ester **10** 1093
—, 6-bromo-3-hydroxy- **10** 1094
—, 7-bromo-3-hydroxy- **10** 1094
—, 7-bromo-3-hydroxy-*x*-nitro- **10** 1096
—, 3-bromo-4-hydroxy-1-phenyl- **10** 1315
—, 4-bromo-1-methoxy- **10** 1081
    ethyl ester **10** 1081
    methyl ester **10** 1081
    2-naphthyl ester **10** 1082
    phenyl ester **10** 1082
—, 5-bromo-6-methoxy- **10** 1101
    methyl ester **10** 1101
—, 3-bromo-6-methoxy-4-oxo-
    1,2,3,4-tetrahydro- **10** 4342
—, 3-bromo-6-methyl-4-oxo-
    1,2,3,4-tetrahydro- **10** 3176
—, 3-bromo-6-nitro-4-oxo-
    1,2,3,4-tetrahydro- **10** 3168

—, 3-bromo-4-oxo-1-phenyl-
    1,2,3,4-tetrahydro- **10** 3389
—, 3-bromo-4-oxo-1,2,3,4-tetrahydro-
    10 3167
—, 7-butoxy-3-hydroxy-8-nitro- **10** 1938
—, 3-butyl-1,4-dihydroxy-,
    ethyl ester **10** 1945
—, 7-(butylsulfonyl)-3-hydroxy-
    10 1938
—, 4-(2-carboxy-6-hydroxyphenyl)-
    8-hydroxy- **10** 2542
—, 1-(carboxymethoxy)- **10** 1076
—, 1-(carboxymethoxy)-4-chloro-
    10 1079
—, 4-(2-carboxy-6-methoxyphenyl)-
    8-methoxy- **10** 2542
—, 3-(carboxymethylthio)- **10** 1096
—, 1-(*m*-carboxyphenyl)- **9** 4673
—, 1-(*p*-carboxyphenyl)- **9** 4673
—, 1-chloro- **9** 3191
    methyl ester **9** 3191
—, 3-chloro- **9** 3192
    ethyl ester **9** 3192
    methyl ester **9** 3192
—, 4-chloro- **9** 3192
—, 5-chloro- **9** 3192
    methyl ester **9** 3192
—, 6-chloro- **9** 3193
—, 8-chloro- **9** 3193
—, 1-(3-chlorobenzoyl)- **10** 3430
—, 1-(4-chlorobenzoyl)- **10** 3431
—, 3-(4-chlorobenzoyl)- **10** 3433
    methyl ester **10** 3433
—, 4-chloro-1-hydroxy- **10** 1079
    ethyl ester **10** 1080
    methyl ester **10** 1079
    2-naphthyl ester **10** 1080
    phenyl ester **10** 1080
—, 4-chloro-3-hydroxy- **10** 1091
    ethyl ester **10** 1092
—, 5-chloro-3-hydroxy- **10** 1092
—, 6-chloro-3-hydroxy- **10** 1092
—, 6-chloro-4-hydroxy- **10** 1097
—, 7-chloro-3-hydroxy- **10** 1093
—, 7-chloro-4-hydroxy- **10** 1097
    methyl ester **10** 1097
—, 4-chloro-1-methoxy- **10** 1079
    ethyl ester **10** 1080
    methyl ester **10** 1080
    2-naphthyl ester **10** 1080
    phenyl ester **10** 1080
—, 4-chloro-3-methoxy- **10** 1092
—, 5-chloro-6-methoxy- **10** 1100
—, 7-chloro-4-methoxy- **10** 1097
—, 3-(chloromethyl)-4-
    (3,4-dimethoxyphenyl)-
    6,7-dimethoxy- **10** 2540
    methyl ester **10** 2540
—, 4-(chloromethyl)-3-hydroxy- **10** 1108

2-Naphthoic acid *(continued)*
—, 3-chloro-4-nitro- **9** 3205
—, 7-chloro-4-oxo-1,2,3,4-tetrahydro-
    10 3167
—, 4-cinnamyl-3-hydroxy-,
    methyl ester **10** 1325
—, 1-(3-cyanobutyl)-6-methoxy-
    10 2328
—, 4-cyano-4-(2-ethoxyethyl)-
    5,6-dimethoxy-3,4-dihydro-
    10 2580
—, 4-cyano-4-(2-ethoxyethyl)-
    5,6-dimethoxy-1,2,3,4-tetrahydro-
    10 2578
—, 4-cyano-4-ethyl-5,6-dimethoxy-
    3,4-dihydro- **10** 2479
    methyl ester **10** 2479
—, 4-cyano-4-ethyl-5,6-dimethoxy-
    1,2,3,4-tetrahydro- **10** 2476
—, 2-(2-cyanoethyl)-1-oxo-
    1,2,3,4-tetrahydro-,
    methyl ester **10** 3981
—, 2-cyclopentyl-1-oxo-
    1,2,3,4-tetrahydro-,
    methyl ester **10** 3241
—, decahydro- **9** 233, 234
—, 3,4-diacetoxy- **10** 1934
—, 3,7-diacetoxy- **10** 1937
—, 3,3′-diacetoxy-4,4′-benzylidendi-
    10 2551
—, 3,3′-diacetoxy-7,7′-dinitro-
    4,4′-thiodi- **10** 1935
—, 1,4-diacetoxy-3-methyl-,
    ethyl ester **10** 1941
—, 6,7-diacetoxy-3-methyl- **10** 1942
—, 1,1′-diacetoxy-4,4′-thiodi- **10** 1933
—, 3,3′-diacetoxy-4,4′-thiodi- **10** 1935
—, 1,6-dibromo- **9** 3200
    methyl ester **9** 3200
—, 5,8-dibromo- **9** 3200
    benzylidenehydrazide **9** 3201
    ethyl ester **9** 3200
    hydrazide **9** 3201
    isopropylidenehydrazide **9** 3201
    methyl ester **9** 3200
    (4-nitrobenzylidene)hydrazide
      9 3201
—, 5,8-dibromo-6,7-dihydroxy-3-methyl-
    10 1942
—, 4,7-dibromo-3-hydroxy- **10** 1094
—, 5,8-dichloro- **9** 3193
    benzylidenehydrazide **9** 3194
    hydrazide **9** 3194
    isopropylidenehydrazide **9** 3194
    methyl ester **9** 3194
    (α-methylbenzylidene)hydrazide
      9 3195
    (4-nitrobenzylidene)hydrazide
      9 3194

—, 1,4-dichloro-3-hydroxy- **10** 1093
—, 4,4-dichloro-3-oxo-3,4-dihydro-,
    ethyl ester **10** 3231
—, 1,2-dihydro- **9** 3076
—, 1,4-dihydro- **9** 3076
—, 3,4-dihydro- **9** 3076
    hydrazide **9** 3076
—, 1,3-dihydroxy-,
    ethyl ester **10** 1932
—, 1,4-dihydroxy- **10** 1932
—, 3,4-dihydroxy- **10** 1934
—, 3,5-dihydroxy- **10** 1936
—, 3,6-dihydroxy- **10** 1936
—, 3,7-dihydroxy- **10** 1936
—, 3,3′-dihydroxy-4,4′-benzylidenedi-
    10 2550
—, 1,1′-dihydroxy-4,4′-dithiodi-
    10 1934
—, 3,3′-dihydroxy-4,4′-dithiodi-
    10 1935
—, 1,1′-dihydroxy-4,4′-ethylenedi-
    10 2548
—, 3,3′-dihydroxy-4,4′-ethylenedi-
    10 2547
—, 1,4-dihydroxy-3-methyl-,
    ethyl ester **10** 1941
    methyl ester **10** 1941
—, 6,7-dihydroxy-3-methyl- **10** 1941
    methyl ester **10** 1942
—, 3,7-dihydroxy-1-methyl-5,8-dioxo-
    5,8-dihydro- **10** 4761
—, 1,4-dihydroxy-3-propyl-,
    ethyl ester **10** 1944
—, 1,1′-dihydroxy-4,4′-thiodi- **10** 1933
—, 3,3′-dihydroxy-4,4′-thiodi- **10** 1935
—, 1,4-dimethoxy-,
    methyl ester **10** 1933
—, 1,5-dimethoxy- **10** 1934
    methyl ester **10** 1934
—, 3,7-dimethoxy- **10** 1937
    methyl ester **10** 1937
—, 6,7-dimethoxy- **10** 1939
    ethyl ester **10** 1939
    methyl ester **10** 1939
—, 6,7-dimethoxy-3,4-dihydro- **10** 1905
—, 6,7-dimethoxy-4-
    (2,4-dimethoxyphenyl)- **10** 2537
—, 6,7-dimethoxy-4-
    (3,4-dimethoxyphenyl)-3-methyl-
    3,4-dihydro- **10** 2534
—, 6,7-dimethoxy-1-
    (3,4-dimethoxyphenyl)-3-methyl-
    1,2,3,4-tetrahydro- **10** 2519
—, 6,7-dimethoxy-4-
    (3,4-dimethoxyphenyl)-3-methyl-
    1,2,3,4-tetrahydro- **10** 2519
—, 6,7-dimethoxy-1-
    (3,4-dimethoxyphenyl)-
    1,2,3,4-tetrahydro- **10** 2515

2-Naphthoic acid (*continued*)
—, 6,7-dimethoxy-4-
(3,4-dimethoxyphenyl)-
1,2,3,4-tetrahydro- **10** 2515
   methyl ester **10** 2515
—, 6,7-dimethoxy-4-(*p*-methoxyphenyl)-
10 2394
   methyl ester **10** 2395
—, 6,7-dimethoxy-3-methyl- **10** 1942
   hydrazide **10** 1942
   methyl ester **10** 1942
—, 6,7-dimethoxy-3-methyl-3,4-dihydro-
10 1905
   methyl ester **10** 1905
—, 6,7-dimethoxy-4-phenyl- **10** 2010
   methyl ester **10** 2011
—, 4-(3,4-dimethoxyphenyl)-
6,7-dimethoxy- **10** 2538
   methyl ester **10** 2538
—, 4-(3,4-dimethoxyphenyl)-
6,7-dimethoxy-3-methyl- **10** 2539
   methyl ester **10** 2540
—, 1-(3,4-dimethoxyphenyl)-
6,7-dimethoxy-3-methylene-4-oxo-
1,2,3,4-tetrahydro- **10** 4834
—, 1-(3,4-dimethoxyphenyl)-
6,7-dimethoxy-4-oxo-
1,2,3,4-tetrahydro- **10** 4827
   ethyl ester **10** 4827
—, 4-(3,4-dimethoxyphenyl)-6-ethoxy-
7-methoxy- **10** 2538
   methyl ester **10** 2538
—, 1-(3,4-dimethoxyphenyl)-3-formyl-
6,7-dimethoxy-4-oxo-
1,2,3,4-tetrahydro-,
ethyl ester **10** 4853
—, 1-(3,4-dimethoxyphenyl)-4-hydroxy-
3-(hydroxymethyl)-6,7-dimethoxy-
1,2,3,4-tetrahydro- **10** 2615
—, 4-(2,4-dimethoxyphenyl)-6-hydroxy-
7-methoxy- **10** 2537
   methyl ester **10** 2537
—, 4-(3,4-dimethoxyphenyl)-6-hydroxy-
7-methoxy- **10** 2538
   methyl ester **10** 2538
—, 6,7-dimethoxy-1,2,3,4-tetrahydro-
10 1862
—, 1,4-dimethyl- **9** 3225
—, 1,5-dimethyl- **9** 3226
—, 3,6-dimethyl- **9** 3227
—, 3,7-dimethyl- **9** 3227
—, 4,8-dimethyl- **9** 3226
—, 6,7-dimethyl- **9** 3228
   methyl ester **9** 3228
—, 2,4-dimethyl-1-oxo-
1,2,3,4-tetrahydro-,
methyl ester **10** 3186
—, 1,4-dimethyl-1,2,3,4-tetrahydro-
9 2857

—, 3,6-dimethyl-5,6,7,8-tetrahydro-
9 2857
—, 3,7-dimethyl-5,6,7,8-tetrahydro-
9 2858
—, 4,8-dimethyl-1,2,3,4-tetrahydro-
9 2857
—, 4-(2,4-dinitrophenylsulfonyl)-
3-hydroxy- **10** 1935
—, 1,4-dioxo-1,4-dihydro- **10** 3607
—, 1,4-diphenyl- **9** 3666
   ethyl ester **9** 3666
   hydrazide **9** 3666
   methyl ester **9** 3666
—, 4,7-diphenyl- **9** 3667
—, 1,1'-dithiodi- **10** 1084
—, 6-ethoxy- **10** 1098
—, 3-(ethoxycarbonylmethoxy)-,
ethyl ester **10** 1086
—, 1-(ethoxycarbonylmethoxy)-
4-formyl-,
methyl ester **10** 4406
—, 3-(ethoxycarbonylmethoxy)-
4-formyl-,
methyl ester **10** 4406
—, 1-(ethoxycarbonyloxy)- **10** 1076
—, 7-ethoxy-3-hydroxy- **10** 1937
—, 7-ethoxy-3-hydroxy-8-nitro- **10** 1938
—, 3-ethyl-1,4-dihydroxy-,
ethyl ester **10** 1943
—, 3-ethyl-1,4-dioxo-1,4-dihydro-,
ethyl ester **10** 3608
—, 1-ethyl-1-hydroxy-6-methoxy-
2-methyl-1,2,3,4-tetrahydro-,
methyl ester **10** 1868
—, 1-ethyl-1-hydroxy-7-methoxy-
2-methyl-1,2,3,4-tetrahydro-,
methyl ester **10** 1868
—, 1-ethyl-6-hydroxy-2-methyl-
1,2,3,4-tetrahydro- **10** 916
—, 1-ethyl-7-hydroxy-2-methyl-
1,2,3,4-tetrahydro- **10** 917
—, 7-ethyl-3-hydroxy-8-nitro- **10** 1115
—, 1-ethylidene-6-methoxy-2-methyl-
1,2,3,4-tetrahydro-
   methyl ester **10** 1000
—, 1-ethylidene-7-methoxy-2-methyl-
1,2,3,4-tetrahydro- **10** 1000
—, 2-ethyl-8-isopropyl-5-methyl-1-oxo-
1,2,3,4-tetrahydro-,
ethyl ester **10** 3210
—, 2-ethyl-8-isopropyl-5-methyl-
1,2,3,4-tetrahydro- **9** 2898
   ethyl ester **9** 2898
—, 1-ethyl-6-methoxy-2-methyl-
1,2,3,4-tetrahydro- **10** 917
—, 1-ethyl-7-methoxy-2-methyl-
1,2,3,4-tetrahydro- **10** 917
—, 2-ethyl-1-oxo-1,2,3,4-tetrahydro-,
methyl ester **10** 3186

2-Naphthoic acid *(continued)*

—, 7-ethyl-1-oxo-1,2,3,4-tetrahydro-,
    methyl ester **10** 3186
—, 4-formyl-1-hydroxy- **10** 4406
    methyl ester **10** 4406
—, 4-formyl-3-hydroxy- **10** 4405
    methyl ester **10** 4405
—, 1-hydroxy- **10** 1075
    benzyl ester **10** 1077
    butyl ester **10** 1076
    p-chlorophenyl ester **10** 1077
    ethyl ester **10** 1076
    hexadecyl ester **10** 1077
    hexyl ester **10** 1077
    hydrazide **10** 1079
    isobutyl ester **10** 1076
    isopropyl ester **10** 1076
    methyl ester **10** 1076
    p-nitrophenyl ester **10** 1077
    propyl ester **10** 1076
    2,4,6-trichlorophenyl ester **10** 1077
    3,5-xylyl ester **10** 1077
—, 3-hydroxy- **10** 1084
    p-chlorophenyl ester **10** 1087
    dodecyl ester **10** 1086
    ethyl ester **10** 1086
    hexadecyl ester **10** 1087
    1-hydroxy-9,10-dioxo-9,10-dihydro-
     2-anthryl ester **10** 1088
    methyl ester **10** 1086
    1-naphthyl ester **10** 1088
    2-naphthyl ester **10** 1088
    p-nitrophenyl ester **10** 1087
    m-tolyl ester **10** 1087
    o-tolyl ester **10** 1087
    2,4,6-trichlorophenyl ester **10** 1087
    3,5-xylyl ester **10** 1087
—, 4-hydroxy- **10** 1096
—, 5-hydroxy- **10** 1098
—, 6-hydroxy- **10** 1098
    4-chlorobutyl ester **10** 1098
    hydrazide **10** 1100
—, 7-hydroxy- **10** 1101
—, 8-hydroxy- **10** 1101
    methyl ester **10** 1101
—, 3-(4-hydroxy-2,3-dimethoxybenzoyl)-
    10 4793
—, 4-hydroxy-8,8a-dimethyldecahydro-
    10 75
—, 3-hydroxy-1,4-dioxo-1,4-dihydro-,
    ethyl ester **10** 4654
—, 3-hydroxy-4-[α-(2-hydroxy-
    1-naphthyl)benzyl]- **10** 2022
—, 4-(hydroxyimino)-3-oxo-3,4-dihydro-
    10 3607
    methyl ester **10** 3607
—, 4-(hydroxyimino)-3-phenyl-
    1,2,3,4-tetrahydro-,
    ethyl ester **10** 3389

—, 1-hydroxy-4-iodo- **10** 1082
—, 1-hydroxy-4-lauroyl- **10** 4424
    methyl ester **10** 4424
—, 1-hydroxy-4-methoxy- **10** 1932
    ethyl ester **10** 1933
    methyl ester **10** 1933
—, 1-hydroxy-5-methoxy- **10** 1934
    methyl ester **10** 1934
—, 3-hydroxy-5-methoxy- **10** 1936
—, 3-hydroxy-6-methoxy- **10** 1936
—, 3-hydroxy-7-methoxy- **10** 1937
    methyl ester **10** 1937
—, 3-hydroxy-8-methoxy- **10** 1939
—, 4-hydroxy-1-methoxy- **10** 1932
—, 4-hydroxy-6-methoxy- **10** 1939
—, 6-hydroxy-7-methoxy-4-
    (*p*-methoxyphenyl)- **10** 2394
    methyl ester **10** 2395
—, 1-hydroxy-6-methoxy-5-methyl-,
    methyl ester **10** 1941
—, 3-hydroxy-5-methoxy-8-nitro-
    10 1936
—, 3-hydroxy-6-methoxy-5-nitro-
    10 1936
—, 3-hydroxy-7-methoxy-8-nitro-
    10 1938
—, 4-hydroxy-6-methoxy-1-phenyl-
    10 2010
—, 7-hydroxy-4-(*p*-methoxyphenyl)-
    10 2011
—, 1-hydroxy-6-methoxy-
    1,2,3,4-tetrahydro-,
    methyl ester **10** 1862
—, 1-hydroxy-3-methyl- **10** 1110
—, 1-hydroxy-4-methyl- **10** 1108
    methyl ester **10** 1109
—, 3-hydroxy-4-methyl- **10** 1108
    methyl ester **10** 1108
—, 3-hydroxy-8-methyl- **10** 1110
—, 4-hydroxy-1-methyl- **10** 1107
    ethyl ester **10** 1108
    methyl ester **10** 1108
—, 4-hydroxy-6-methyl- **10** 1118
—, 6-hydroxy-5-methyl- **10** 1109
—, 3-hydroxy-4-(methylcarbamoyl)-,
    ethyl ester **10** 2316
—, 3-hydroxy-7-methyl-8-nitro- **10** 1118
—, 3-hydroxy-4-(*N*-methyl-
    N-oxyacetimidoyl)- **10** 4408, 4409
    ethyl ester **10** 4410
    methyl ester **10** 4410
—, 3-hydroxy-7-(methylsulfonyl)-
    10 1938
—, 3-hydroxy-1-methyl-5,6,7,8-tetraoxo-
    5,6,7,8-tetrahydro- **10** 4814
—, 3-hydroxy-7-(methylthio)- **10** 1938
—, 3-(1-hydroxy-2-naphthoyl)- **10** 4500
—, 3-(3-hydroxy-2-naphthoyloxy)-
    10 1089

2-Naphthoic acid *(continued)*
—, 1-hydroxy-4-nitro- **10** 1082
    ethyl ester **10** 1083
    methyl ester **10** 1083
    phenyl ester **10** 1083
    propyl ester **10** 1083
—, 3-hydroxy-4-nitro- **10** 1094
    ethyl ester **10** 1094
    phenyl ester **10** 1095
—, 3-hydroxy-5-nitro- **10** 1095
    methyl ester **10** 1095
—, 3-hydroxy-7-nitro- **10** 1095
—, 3-hydroxy-8-nitro- **10** 1095
    methyl ester **10** 1096
—, 4-hydroxy-6-nitro- **10** 1098
—, 3-hydroxy-4-nitroso- **10** 3607
    methyl ester **10** 3607
—, 4a-hydroxy-3-oxodecahydro-,
    ethyl ester **10** 4188
—, 1-hydroxy-4-palmitoyl- **10** 4424
    methyl ester **10** 4425
—, 3-hydroxy-4-(phenoxymethyl)- **10** 1941
—, 4-hydroxy-1-phenyl- **10** 1314
    ethyl ester **10** 1315
    methyl ester **10** 1315
—, 1-hydroxy-4-propionyl- **10** 4415
—, 1-hydroxy-4-propyl- **10** 1120
—, 1-hydroxy-4-stearoyl- **10** 4425
    methyl ester **10** 4425
—, 1-hydroxy-5,6,7,8-tetrahydro- **10** 886
—, 3-hydroxy-5,6,7,8-tetrahydro- **10** 886
    ethyl ester **10** 887
—, 4-hydroxy-3-thiocyanato- **10** 1934
—, 3-iodo- **9** 3201
    ethyl ester **9** 3202
    hydrazide **9** 3202
    methyl ester **9** 3202
—, 5-iodo- **9** 3202
    ethyl ester **9** 3203
    methyl ester **9** 3203
—, 6-isopropyl- **9** 3234
    methyl ester **9** 3234
—, 1-(4-isopropylbenzoyl)- **10** 3444
—, 3-(4-isopropylbenzoyl)- **10** 3444
—, 3-(4-isopropylbenzyl)- **9** 3569
—, 4-isopropyl-1,6-dimethyl- **9** 3251
    methyl ester **9** 3251
—, 6-isopropyl-4-methyl- **9** 3244
—, 4-isopropyl-1-methyl-6-oxo-1,2,3,4,-
    6,7,8,8a-octahydro-,
    ethyl ester **10** 2965
—, 8-isopropyl-5-methyl-1-oxo-
    1,2,3,4-tetrahydro-,
    ethyl ester **10** 3200
—, 6-isopropyl-4-methyl-
    1,2,3,4-tetrahydro- **9** 2888
—, 3-mercapto- **10** 1096
—, 1-methoxy-,
    1-acetyl-2-naphthyl ester **10** 1077

—, 3-methoxy-,
    1-acetyl-2-naphthyl ester **10** 1088
    2-acetyl-1-naphthyl ester **10** 1088
    benzylidenehydrazide **10** 1091
    ethyl ester **10** 1086
    hydrazide **10** 1090
    (2-nitrobenzylidene)hydrazide **10** 1091
    (3-nitrobenzylidene)hydrazide **10** 1091
    vanillylidenehydrazide **10** 1091
—, 4-methoxy- **10** 1096
—, 6-methoxy- **10** 1098
—, 7-methoxy- **10** 1101
—, 8-methoxy- **10** 1101
    methyl ester **10** 1101
—, 3-(methoxycarbonylmethoxy)-,
    methyl ester **10** 1086
—, 6-methoxy-3,4-dihydro- **10** 992
    ethyl ester **10** 992
    hydrazide **10** 992
—, 7-methoxy-3,4-dihydro- **10** 992
—, 6-methoxy-2,5-dimethyl-1-oxo-
    1,2,3,4-tetrahydro-,
    ethyl ester **10** 4349
    methyl ester **10** 4349
—, 8-methoxy-5,7-dimethyl-1-oxo-
    1,2,3,4-tetrahydro-,
    ethyl ester **10** 4349
—, 8-methoxy-4-[2-methoxy-6-
    (methoxycarbonyl)phenyl]-,
    methyl ester **10** 2542
—, 5-methoxy-1-(o-methoxyphenyl)-
    10 2010
—, 8-methoxy-4-(o-methoxyphenyl)-
    10 2010
—, 4-methoxy-1-methyl- **10** 1107
    methyl ester **10** 1108
—, 6-methoxy-4-methyl- **10** 1109
    ethyl ester **10** 1109
    methyl ester **10** 1109
—, 6-methoxy-5-methyl- **10** 1109
—, 6-methoxy-2-methyl-1-oxo-
    1,2,3,4-tetrahydro-,
    methyl ester **10** 4347
—, 6-methoxy-5-methyl-1-oxo-
    1,2,3,4-tetrahydro-,
    methyl ester **10** 4346
—, 7-methoxy-2-methyl-1-oxo-
    1,2,3,4-tetrahydro-,
    methyl ester **10** 4347
—, 6-methoxy-4-methyl-
    1,2,3,4-tetrahydro- **10** 898
    ethyl ester **10** 898
    methyl ester **10** 898
—, 4-(4-methoxy-2-naphthoyloxy)-
    10 1097
—, 1-methoxy-4-nitro- **10** 1082
    ethyl ester **10** 1083
    methyl ester **10** 1083
    phenyl ester **10** 1083

2-Naphthoic acid *(continued)*

—, 5-methoxy-1-oxo-
1,2,3,4-tetrahydro-,
methyl ester 10 4341

—, 6-methoxy-1-oxo-
1,2,3,4-tetrahydro-,
methyl ester 10 4341

—, 6-methoxy-4-oxo-1,2,3,4-tetrahydro-
10 4341

—, 7-methoxy-1-oxo-
1,2,3,4-tetrahydro-,
methyl ester 10 4341

—, 3-methoxy-5,6,7,8-tetrahydro- 10 886
methyl ester 10 887

—, 6-methoxy-1,2,3,4-tetrahydro- 10 887

—, 6-methyl- 9 3217
methyl ester 9 3217

—, 1-(4-methylbenzyl)- 9 3562

—, 5-methyldecahydro- 9 258

—, 3-methyl-1,4-dioxo-1,4-dihydro-,
ethyl ester 10 3608
methyl ester 10 3608

—, 6-methyl-5-nitro- 9 3217

—, 2-methyl-3-oxodecahydro-,
ethyl ester 10 2936

—, 4a-methyl-8-oxodecahydro- 10 2936
methyl ester 10 2937

—, 5-methyl-3-oxodecahydro-,
ethyl ester 10 2936

—, 5-methyl-6-oxodecahydro-,
ethyl ester 10 2935

—, 8a-methyl-1-oxodecahydro-,
methyl ester 10 2937

—, 4-methyl-3-oxo-1,2,3,5,6,7,8,8a-
octahydro-,
ethyl ester 10 2958

—, 5-methyl-6-oxo-1,2,3,4,6,7,8,8a-
octahydro-,
ethyl ester 10 2959

—, 2-methyl-1-oxo-1,2,3,4-tetrahydro-,
ethyl ester 10 3176
methyl ester 10 3176

—, 4-methyl-1-oxo-1,2,3,4-tetrahydro-,
methyl ester 10 3175

—, 5-methyl-1-oxo-1,2,3,4-tetrahydro-,
ethyl ester 10 3175

—, 6-methyl-4-oxo-1,2,3,4-tetrahydro-
10 3176

—, 8-methyl-4-oxo-1,2,3,4-tetrahydro-
10 3176

—, 4a-methyl-8-semicarbazonodecahydro-,
methyl ester 10 2937

—, 8-methyl-4-semicarbazono-
1,2,3,4-tetrahydro- 10 3176

—, 4-methyl-1,2,3,4-tetrahydro-
9 2829

—, 8-methyl-1,2,3,4-tetrahydro-
9 2829
ethyl ester 9 2829

—, 1-(1-naphthoyl)- 10 3490

—, 1-(2-naphthoyl)- 10 3491

—, 3-(1-naphthoyl)- 10 3491

—, 3-(2-naphthoyl)- 10 3491

—, 1-[(1-naphthyl)methyl]- 9 3656

—, 1-[(2-naphthyl)methyl]- 9 3656

—, 1-nitro- 9 3203

—, 4-nitro- 9 3203

—, 5-nitro- 9 3203
3-(diethylamino)-2,2-dimethylpropyl
ester 9 3204
2-(diethylamino)ethyl ester 9 3204
3-(diethylamino)propyl ester
9 3204

—, 6-nitro- 9 3204

—, 7-nitro- 9 3204

—, 6-nitro-4-(*p*-nitrophenyl)- 9 3551

—, 7-nitro-1-(*p*-nitrophenyl)- 9 3551

—, 6-nitro-4-oxo-1,2,3,4-tetrahydro-
10 3167

—, 3-(*p*-nitrophenoxy)- 10 1085

—, 1,4,4a,5,6,7,8,8a-octahydro- 9 317

—, 3-oxo-decahydro- 10 2922
ethyl ester 10 2923

—, 3-oxo-1,2,3,5,6,7,8,8a-octahydro-
10 2956

—, 4-oxo-1-phenyl-1,2,3,4-tetrahydro-
10 3388
ethyl ester 10 3388

—, 4-oxo-3-phenyl-1,2,3,4-tetrahydro-
10 3389
ethyl ester 10 3389

—, 1-oxo-1,2,3,4-tetrahydro-,
ethyl ester 10 3166
methyl ester 10 3166

—, 4-oxo-1,2,3,4-tetrahydro- 10 3167

—, 1-(phenanthren-3-ylcarbonyl)-
10 3506

—, 1-[(3-phenanthryl)methyl]- 9 3686

—, 3-phenoxy- 10 1085

—, 4-phenyl- 9 3551

—, 3-phenyl-4-semicarbazono-
1,2,3,4-tetrahydro- 10 3389

—, 1-phenyl-1,2,3,4-tetrahydro-
9 3472
ethyl ester 9 3472

—, 1,2,4,4-tetrachloro-3-oxo-
1,2,3,4-tetrahydro-,
ethyl ester 10 3167

—, 1,2,3,4-tetrahydro- 9 2805
methyl ester 9 2805

—, 5,6,7,8-tetrahydro- 9 2802
2-(diethylamino)ethyl ester 9 2803
ethyl ester 9 2803
methyl ester 9 2803

—, 2,4,6,7-tetramethyl-1-oxo-
1,2,3,4-tetrahydro-,
methyl ester 10 3201

—, 1-*o*-toluoyl- 10 3434

2-Naphthoic acid *(continued)*
—, 1-*p*-toluoyl- **10** 3436
—, 3-*p*-toluoyl- **10** 3436
—, 1-*m*-tolyl- **9** 3557
—, 1-*p*-tolyl- **9** 3557
—, 4,7,8-tribromo-3-hydroxy- **10** 1094
—, 2,5,8a-trihydroxy-8-isopropyl-
    5-methyldecahydro- **10** 2045
—, 3,6,7-trihydroxy-1-methyl-5,8-dioxo-
    5,8-dihydro- **10** 4810
—, 1-(3,4,5-trimethylbenzoyl)- **10** 3444
—, 4,6,7-trimethyl-1-oxo-
    1,2,3,4-tetrahydro-,
    methyl ester **10** 3194
—, 1,3,4-triphenyl-,
    ethyl ester **9** 3692
—, 1-(3,5-xylyl)- **9** 3562
2-Naphthoic anhydride 9 3184
—, 3-acetoxy- **10** 1089
—, 3,7-dimethoxy- **10** 1937
1-Naphthoic thioanhydride 9 3170
2-Naphthoic thioanhydride 9 3205
3*H*-Naphtho[2,1-*f*]isochromen-3-one,
—, 1-hydroxy-12a-methyl-1,11,12,12a-
    tetrahydro- **10** 3399
1-Naphthol,
—, 5-(benzoyloxy)-6,8-dichloro- **9** 611
2-Naphthol,
—, 1,1'-[4-(benzoyloxy)benzylidene]di-
    9 687
**6*H*-Naphtho[2,1,8,7-*defg*]naphthacene-
1-carboxylic acid,**
—, 6-oxo- **10** 3504
    methyl ester **10** 3504
1-Naphthonitrile 9 3146
—, 3-acetoxy- **10** 1069
—, 8-acetoxy-2-methoxy- **10** 1931
—, 4-benzoyl- **10** 3431
—, 3-bromo-1-ethyl-7,8-dimethoxy-4-oxo-
    1,2,3,4-tetrahydro- **10** 4610
—, 4-chloro- **9** 3148
—, 6-chloro- **9** 3150
—, 8-chloro- **9** 3152
—, 3,4-dihydroxy- **10** 1931
—, 2,7-dimethoxy- **10** 1930
—, 2,8-dimethoxy- **10** 1931
—, 3,4-dimethoxy- **10** 1931
—, 3,4-dimethyl- **9** 3226
—, 3,4-dioxo-3,4-dihydro- **10** 3606
—, 1-(2-ethoxyethyl)-7,8-dimethoxy-
    4-oxo-1,2,3,4-tetrahydro- **10** 4745
—, 1-(2-ethoxyethyl)-3-(hydroxyimino)-
    7,8-dimethoxy-4-oxo-
    1,2,3,4-tetrahydro- **10** 4807
—, 2-ethyl- **9** 3222
—, 1-ethyl-7,8-dimethoxy-4-oxo-
    1,4-dihydro- **10** 4633
—, 1-ethyl-7,8-dimethoxy-4-oxo-
    1,2,3,4-tetrahydro- **10** 4609

—, 3-hydroxy- **10** 1068
—, 4-hydroxy- **10** 1069
—, 7-hydroxy- **10** 1073
—, 8-hydroxy-2-methoxy- **10** 1930
—, 4-iodo- **9** 3156
—, 2-methoxy- **10** 1067
—, 3-methoxy- **10** 1069
—, 6-methoxy- **10** 1072
—, 2-methyl- **9** 3215
—, 5-methyl- **9** 3215
—, 8-methyl- **9** 3217
—, 3-nitro- **9** 3159
—, 4-nitro- **9** 3162
—, 8-nitro- **9** 3165
—, 4-nitro-5,6,7,8-tetrahydro- **9** 2797
—, 4,4'-(pentanediyldioxy)di- **10** 1070
—, 4-phenyl- **9** 3551
—, 5,6,7,8-tetrahydro- **9** 2795
—, 2,3,5,8-tetramethoxy-6,7-dimethyl-
    10 2478
—, 4-(2,4,6-trimethylbenzoyl)- **10** 3444
2-Naphthonitrile 9 3186
—, 1-acetoxy- **10** 1079
—, 6-acetoxy- **10** 1099
—, 1-bromo- **9** 3196
—, 5-bromo- **9** 3198
—, 6-bromo- **9** 3199
—, 4-bromo-3-methoxy- **10** 1093
—, 1-chloro- **9** 3192
—, 5-chloro- **9** 3193
—, 4-chloro-3-methoxy- **10** 1092
—, 6,6'-dimethoxy-5,5'-methylenedi-
    10 2547
—, 3,6-dimethyl- **9** 3227
—, 3,7-dimethyl- **9** 3228
—, 1-hydroxy- **10** 1078
—, 3-hydroxy- **10** 1090
—, 6-hydroxy- **10** 1099
—, 2-hydroxydecahydro- **10** 65
—, 1-hydroxy-3-methyl- **10** 1110
—, 5-iodo- **9** 3203
—, 1-methoxy- **10** 1079
—, 6-methoxy- **10** 1099
—, 6-methoxy-3,4-dihydro- **10** 992
—, 8-methyl- **9** 3216
—, 1,4,4a,5,6,7,8,8a-octahydro- **9** 317
—, 1-oxo-1,2,3,4-tetrahydro- **10** 3166
—, 6,6'-(pentanediyldioxy)di- **10** 1099
—, 6,6'-(propanediyldioxy)di- **10** 1099
—, 5,6,7,8-tetrahydro- **9** 2803
—, 1-thiocyanato- **10** 1084
**Naphtho[2,3-*c*]pentaphene-
2,11-dicarboxylic acid,**
—, 9,18-diacetoxy-6,15-dihydro- **10** 2553
—, 9,18-dihydroxy-6,15-dihydro- **10** 4101
—, 9,18-dioxo-5,6,9,14,15,18-hexahydro-
    10 4101
—, 5,6,9,14,15,18-hexaoxo-5,6,9,14,15,18-
    hexahydro- **10** 4176

Naphtho[1,2-*b*]pyran
  see *Benzo[h]chromene*
Naphtho[1,8-*cd*]pyran
  see *Benzo[de]isochromene*
Naphtho[2,3-*b*]pyran
  see *Benzo[g]chromene*
1,4-Naphthoquinone,
—, 3-acetonyl-5,8-bis(benzoyloxy)-
  6-methoxy-2-methyl- **9** 846
—, 7-acetonyl-5,8-bis(benzoyloxy)-
  2-methoxy-6-methyl- **9** 846
—, 5-(benzoyloxy)-6-hydroxy- **9** 822
—, 6-(benzoyloxy)-5-hydroxy- **9** 822
—, 2-(benzoyloxy)-3-methyl- **9** 798
—, 6-(2-hydroxy-5-oxotetrahydro-
  2-furyl)-2-methyl- **10** 4004
2-Naphthoyl azide 9 3191
—, 5-bromo- **9** 3199
—, 5,8-dibromo- **9** 3201
—, 5,8-dichloro- **9** 3195
—, 1,4-diphenyl- **9** 3666
—, 1-hydroxy-5,6,7,8-tetrahydro-
  10 886
—, 3-iodo- **9** 3202
1-Naphthoyl chloride 9 3145
—, 6-acetoxy- **10** 1071
—, 8-benzoyl- **10** 3432
—, 7-bromo- **9** 3154
—, 5-chloro- **9** 3149
—, 6-chloro- **9** 3150
—, 7-chloro- **9** 3151
—, 3,4-dihydro- **9** 3075
—, 2-ethyl- **9** 3222
—, 7-iodo- **9** 3157
—, 2-methoxy- **10** 1067
—, 6-methoxy- **10** 1071
—, 7-methoxy- **10** 1073
—, 6-methoxy-1,2,3,4-tetrahydro-
  10 885
—, 2-methyl- **9** 3214
—, 4-methyl- **9** 3215
—, 3-nitro- **9** 3159
—, 4-nitro- **9** 3162
—, 5-nitro- **9** 3164
—, 6-nitro- **9** 3164
—, 3-nitro-5,6,7,8-tetrahydro- **9** 2796
—, 4-nitro-5,6,7,8-tetrahydro- **9** 2797
—, 5,6,7,8-tetrahydro- **9** 2795
2-Naphthoyl chloride 9 3185
—, 1-acetoxy- **10** 1078
—, 3-acetoxy- **10** 1089
—, 4-acetoxy- **10** 1097
—, 6-acetoxy- **10** 1099
—, 3-acetoxy-5,6,7,8-tetrahydro- **10** 887
—, 5-bromo- **9** 3198
—, 4-bromo-1-hydroxy- **10** 1082
—, 4-bromo-3-hydroxy- **10** 1093
—, 4-bromo-1-methoxy- **10** 1082
—, 5-chloro- **9** 3193

—, 4-chloro-1-hydroxy- **10** 1080
—, 4-chloro-1-methoxy- **10** 1080
—, decahydro- **9** 234
—, 3,4-diacetoxy- **10** 1934
—, 5,8-dibromo- **9** 3200
—, 5,8-dichloro- **9** 3194
—, 3,7-dimethoxy- **10** 1938
—, 4-(3,4-dimethoxyphenyl)-
  6,7-dimethoxy- **10** 2539
—, 3,6-dimethyl- **9** 3227
—, 3,7-dimethyl- **9** 3227
—, 1,4-diphenyl- **9** 3666
—, 6-ethoxy- **10** 1099
—, 1-hydroxy- **10** 1078
—, 3-hydroxy- **10** 1089
—, 1-hydroxy-4-nitro- **10** 1083
—, 3-hydroxy-4-nitro- **10** 1095
—, 5-iodo- **9** 3203
—, 1-methoxy- **10** 1078
—, 1-methoxy-4-nitro- **10** 1084
—, 6-methoxy-1,2,3,4-tetrahydro- **10** 887
—, 5-nitro- **9** 3204
—, 1,2,3,4-tetrahydro- **9** 2805
—, 5,6,7,8-tetrahydro- **9** 2803
1-Naphthoyl hypoiodite 9 3145
Nemoxynic acid 10 2137
Neoabietic acid 9 2910
—, dihydro- **9** 2637
Neocarvomenthol,
—, O-(2-carboxybenzoyl)- **9** 4134
—, O-(3,5-dinitrobenzoyl)-
  9 1814, 1815
—, O-(*β*-methylcinnamoyl)- **9** 2759
—, O-(4-nitrobenzoyl)- **9** 1560
Neodihydrocarveol,
—, O-(3,5-dinitrobenzoyl)- **9** 1829
—, O-(4-nitrobenzoyl)- **9** 1570
Neoergosterol,
—, O-benzoyl- **9** 515
—, O-(3,5-dinitrobenzoyl)- **9** 1887
Neoisocarvomenthol,
—, O-(3,5-dinitrobenzoyl)-
  9 1814, 1815
—, O-(4-nitrobenzoyl)- **9** 1560
Neoisoisopulegol,
—, O-(3,5-dinitrobenzoyl)- **9** 1830
Neoisomenthol,
—, O-(2-carboxybenzoyl)- **9** 4135
—, O-(3,5-dinitrobenzoyl)- **9** 1815
—, O-(4-nitrobenzoyl)- **9** 1561
Neoisopinocampheol,
—, O-(2-carboxybenzoyl)- **9** 4148
Neoisopulegol,
—, O-(3,5-dinitrobenzoyl)- **9** 1830
Neoisoverbanol,
—, O-(4-nitrobenzoyl)- **9** 1573, **10** 4889
Neolithobilianic acid 9 4786
Neomenthol,
—, O-benzoyl- **9** 408

Neomenthol *(continued)*
—, O-(3,5-dinitrobenzoyl)-
    9 1816, 1817
—, O-(2-naphthoyl)- 9 3178
—, O-(4-nitrobenzoyl)- 9 1562
Neopinocampheol,
—, O-(2-carboxybenzoyl)- 9 4148
Neospongosterol,
—, O-benzoyl- 9 469
Neotruxinic acid
    dimethyl ester 9 4622
Nepetalic acid 10 2862
Nepetalinic acid 9 3872
Nepetic acid 9 3825
Nepetonic acid 10 2846
Neurosporaxanthin 9 3617
Nicouic acid 10 2433
p-Nitrobenzoic sulfuric anhydride
    9 1709
Nonadecanoic acid,
—, 2-(3,5-dimethoxy-*p*-toluoyl)-,
    ethyl ester 10 4598
—, 2-*p*-toluoyl-,
    ethyl ester 10 3138
—, 2-(3,4,5-trimethoxybenzoyl)-,
    ethyl ester 10 4738
Nonadecan-3-ol,
—, 1-[2,5-bis(4-bromobenzoyloxy)-
    3,4,6-trimethylphenyl]- 9 1413
Nona-2,6-diene,
—, 1-(benzoyloxy)- 9 411
Nonanamide,
—, 3-benzamido- see *Benzamide,*
    N-[(carbamoylmethyl)heptyl]-
Nonane,
—, 5,5-bis[*p*-(benzoyloxy)phenyl]- 9 632
—, 2-(3,5-dinitrobenzoyloxy)-7-methyl-
    9 1795
—, 5-(3,5-dinitrobenzoyloxy)-2-methyl-
    9 1794
—, 6-(3,5-dinitrobenzoyloxy)-3-methyl-
    9 1794
Nonanedioic acid,
—, 4-(2-carboxyethyl)-5-oxo-
    4,6-diphenyl- 10 4142
Nonanenitrile,
—, 9-(3-hydroxy-1,4-dioxo-1,4-dihydro-
    2-naphthyl)- 10 4662
—, 9-(1,3,4-triacetoxy-2-naphthyl)-
    10 2303
Nonanoic acid,
—, 7-acetamido-8-benzamido-
    9 1243, 1244
—, 9-(3-acetoxy-1,4-dioxo-1,4-dihydro-
    2-naphthyl)- 10 4662
—, 2-benzamido- 9 1164
—, 3-benzamido- 9 1164
—, 2-cyano-2-phenyl-,
    ethyl ester 9 4356

—, 2-cyclohexyl- 9 127
—, 9-cyclohexyl- 9 127
—, 9-(cyclopent-2-en-1-yl)-
    9 265
—, 2-cyclopentyl- 9 127
—, 2-(cyclopropylmethyl)- 9 125
—, 3,7-dimethyl-9-
    (2,2,6-trimethylcyclohexyl)-,
    methyl ester 9 138
—, 9-(3-hydroxy-1,4-dioxo-1,4-dihydro-
    2-naphthyl)- 10 4662
    ethyl ester 10 4662
    methyl ester 10 4662
—, 9-(3-hydroxy-1,4-dioxo-1,4-dihydro-
    2-naphthyl)-6-oxo- 10 4776
    methyl ester 10 4776
—, 3-hydroxy-3-(*p*-methoxyphenyl)-
    10 1588
    ethyl ester 10 1588
—, 3-hydroxy-2-phenyl- 10 657
—, 9-(3-methyl-1,4-dioxo-1,4-dihydro-
    2-naphthyl)- 10 3611
    ethyl ester 10 3612
—, 2-phenyl- 9 2610
—, 9-phenyl- 9 2610
—, 2,2,4,4-tetraphenyl- 9 3682
—, 9-(1,3,4-triacetoxy-2-naphthyl)-
    10 2303
    ethyl ester 10 2303
Nonanophenone,
—, 4'-(benzoyloxy)- 9 735
Nona-1,3,5,7-tetraene,
—, 9-(benzoyloxy)-3,7-dimethyl-1-
    (2,6,6-trimethylcyclohex-1-en-
    1-yl)- 9 475
—, 3,7-dimethyl-9-(2-naphthoyloxy)-1-
    (2,6,6-trimethylcyclohex-1-en-
    1-yl)- 9 3181
—, 9-(9,10-dioxo-9,10-dihydro-
    2-anthroyloxy)-3,7-dimethyl-1-
    (2,6,6-trimethylcyclohex-1-en-
    1-yl)- 10 3644
Nona-2,4,6,8-tetraenenitrile,
—, 9-phenyl- 9 3333
Nona-2,4,6,8-tetraenoic acid,
—, 2-cyano-9-phenyl- 9 4529
    methyl ester 9 4529
—, 3,7-dimethyl-9-
    (2,6,6-trimethylcyclohex-2-en-1-yl)-,
    methyl ester 9 3119
Nona-4,6,8-trienoic acid,
—, 3-hydroxy-3,7-dimethyl-9-
    (2,6,6-trimethylcyclohex-1-en-1-yl)-,
    ethyl ester 10 929
    methyl ester 10 928
—, 3-hydroxy-3,7-dimethyl-9-
    (2,6,6-trimethylcyclohex-2-en-1-yl)-,
    methyl ester 10 929

Nona-2,5,7-trien-4-ol,
—, 9-(benzoyloxy)-3,7-dimethyl-1-
(2,6,6-trimethylcyclohex-1-en-
1-yl)- 9 592
Nona-3,5,7-trien-1-yne,
—, 1-(cyclohex-1-en-1-yl)-9-
(9,10-dioxo-9,10-dihydro-
2-anthroyloxy)-3,7-dimethyl-
10 3644
Nona-2,4,6-trien-8-ynoic acid,
—, 9-(cyclohex-1-en-1-yl)-3,7-dimethyl-
9 3251
—, 9-(cyclohex-1-en-1-yl)-3-methyl-
9 3246
—, 9-(6,6-dimethylcyclohex-1-en-1-yl)-
3,7-dimethyl- 9 3260
—, 3,7-dimethyl-9-(2-methylcyclohex-
1-en-1-yl)- 9 3257
—, 3,7-dimethyl-9-(4-methylcyclohex-
1-en-1-yl)- 9 3257
Non-1-ene,
—, 3-(4-nitrobenzoyloxy)- 9 1558
Non-4-ene,
—, 1-(benzoyloxy)- 9 407
Non-2-enoic acid,
—, 2-phenyl- 9 2878
Non-3-enoic acid,
—, 3-(p-methoxyphenyl)- 10 918
Non-2-en-4-yne,
—, 6-(3,5-dinitrobenzoyloxy)-3-methyl-
9 1840
Nopinic acid 10 59
Norbarbatinic acid 10 1542
Norborna-2,5-diene-1-carboxylic acid
9 2381
Norborna-2,5-diene-2,3-dicarbonitrile
9 4276
—, 7-benzhydrylidene- 9 4699
Norborna-2,5-diene-2,3-dicarboxamide
9 4276
Norborna-2,5-diene-2,3-dicarboxylic
acid 9 4275
dimethyl ester 9 4275
—, 5-benzyl- 9 4549
—, 5,6-diphenyl-,
dimethyl ester 9 4689
—, 7-hydroxy-1,4,5,6,7-pentaphenyl-,
dimethyl ester 10 2406
—, 1,5,6-trimethyl- 9 4328
diethyl ester 9 4328
Norbornane,
—, 2-(benzoyloxy)- 9 411
—, 2-(benzoyloxy)-1-phenyl- 9 474
—, 2-(benzoyloxy)-1,5,5-trimethyl-
9 413
—, 2,2-dimethyl-3-methylene-5-
(4-nitrobenzoyloxy)- 9 1579
—, 2,2-dimethyl-3-(4-nitrobenzoyloxy)-
9 1568

—, 3-(3,5-dinitrobenzoyloxy)-
2,2-dimethyl- 9 1825
—, 2-(3,5-dinitrobenzoyloxy)-
1,3,3-trimethyl- 9 1833
—, 2-(3,5-dinitrobenzoyloxy)-
2,3,3-trimethyl- 9 1835
—, 3-(3,5-dinitrobenzoyloxy)-
1,2,2-trimethyl- 9 1832
—, 5-(3,5-dinitrobenzoyloxy)-
2,2,3-trimethyl- 9 1835
—, 1,3,3,7,7-pentamethyl-2-
(4-nitrobenzoyloxy)- 9 1576
—, 1,3,3-trimethyl-2-
(4-nitrobenzoyloxy)- 9 1573
—, 2,2,3-trimethyl-3-
(4-nitrobenzoyloxy)-
9 1574, 1575
Norbornane-1-carbonitrile,
—, 4-bromo-2-hydroxy-7,7-dimethyl- 10 61
—, 2-bromo-2,3,3-trimethyl- 9 239
—, 3,3-dimethyl-2-methylene- 9 324
—, 2-hydroxy-2,3,3-trimethyl- 10 67
Norbornane-2-carbonitrile,
—, 3,3-dimethyl- 9 223
—, 3,3-dimethyl-2-(nitromethyl)- 9 248
—, 1,4,7,7-tetramethyl-3-oxo- 10 2940
Norbornane-1-carbonyl chloride,
—, 2-acetoxy-7,7-dimethyl- 10 60
—, 3,3-dimethyl-2-methylene- 9 323
—, 3,3-dimethyl-2-oxo- 10 2912
—, 2,2,3-trimethyl- 9 237
Norbornane-2-carbonyl chloride 9 176
—, 3,3-dimethyl- 9 222
—, 3-methyl- 9 188
Norbornane-7-carbonyl chloride,
—, 2-acetoxy-1,7-dimethyl- 10 63
—, 1,7-dimethyl-2-oxo- 10 2917
Norbornane-1-carboxamide,
—, 2-acetoxy-7,7-dimethyl- 10 60
—, 7,7-dimethyl- 9 220
—, 2,2-dimethyl-3-methylene- 9 322
—, 3,3-dimethyl-2-methylene- 9 323
—, 3,3-dimethyl-2-oxo- 10 2912
—, 4-hydroxy-3,3-dimethyl-2-methylene-
10 79
—, 4-hydroxy-2,3,3-trimethyl- 10 68
—, 2,2,3-trimethyl- 9 237
—, 2,3,3-trimethyl- 9 238, 239
Norbornane-2-carboxamide 9 177
—, 3,3-dimethyl- 9 223
—, 3-methyl- 9 188, 189
—, 2,5,5-trimethyl- 9 248
Norbornane-1-carboxylic acid,
—, 2-acetoxy-7,7-dimethyl- 10 60
—, 2-bromo-2,3,3-trimethyl- 9 239
—, 3-bromo-2,2,3-trimethyl- 9 238
—, 3-chloro-2,2,3-trimethyl- 9 237
—, 7,7-dimethyl- 9 220
—, 2,2-dimethyl-3-methylene- 9 321

Norbornane-1-carboxylic acid *(continued)*
—, 3,3-dimethyl-2-methylene- **9** 322
—, 7,7-dimethyl-2-(nitryloxy)- **10** 60
—, 3,3-dimethyl-2-oxo- **10** 2912
—, 7,7-dimethyl-2-oxo- **10** 2913
    methyl ester **10** 2913
    2-oxo-10-bornyl ester **10** 2914
—, 7,7-dimethyl-2-semicarbazono-,
    methyl ester **10** 2913
—, 3,7-dioxo- **10** 3527
    methyl ester **10** 3527
—, 3,7-disemicarbazono-,
    methyl ester **10** 3527
—, 2-hydroxy-3,3-dimethyl- **10** 60
—, 2-hydroxy-7,7-dimethyl- **10** 60
—, 2-(hydroxyimino)-3,3-dimethyl- **10** 2912
—, 2-hydroxy-2,3,3-trimethyl- **10** 67
    methyl ester **10** 67
—, 3-hydroxy-2,2,3-trimethyl- **10** 67
    methyl ester **10** 67
—, 2,3,3-trimethyl- **9** 238
Norbornane-2-carboxylic acid
9 175, 176
    methyl ester **9** 176
—, 3-acetoxy-4,6,6-trimethyl- **10** 69
—, 3-benzoyl- **10** 3237
—, 3-(biphenyl-4-ylcarbonyl)- **10** 3421
—, 3-carbamoyl- **9** 3973
—, 2,3-dimethyl- **9** 221
—, 3,3-dimethyl- **9** 222
—, 2,4-dimethyl-3-oxo- **10** 2912
—, 4,7-dimethyl-3-oxo- **10** 2912
    ethyl ester **10** 2913
—, 3-(4-ethylbenzoyl)- **10** 3243
—, 3-(fluoromethyl)-,
    methyl ester **9** 189
—, 3-hydroxy-2,3-dimethyl- **10** 63
    methyl ester **10** 64
—, 2-hydroxy-1,3,3-trimethyl- **10** 68
—, 2-hydroxy-1,5,5-trimethyl- **10** 68
—, 3-hydroxy-4,6,6-trimethyl- **10** 68
—, 3-methyl- **9** 188
—, 2-methyl-3-methylene- **9** 313, 314
    methyl ester **9** 314, 315
—, 1,4,7,7-tetramethyl-3-oxo- **10** 2940
    ethyl ester **10** 2940
—, 2,4,7,7-tetramethyl-3-oxo- **10** 2940
    methyl ester **10** 2941
—, 3-*p*-toluoyl- **10** 3241
    ethyl ester **10** 3241
—, 2,5,5-trimethyl- **9** 248
—, 4,5,5-trimethyl- **9** 238
—, 4,6,6-trimethyl- **9** 244
—, 4,6,6-trimethyl-3-oxo- **10** 2925
    ethyl ester **10** 2925
    methyl ester **10** 2925
Norbornane-7-carboxylic acid,
—, 2-acetoxy-1,7-dimethyl- **10** 62
    methyl ester **10** 62

—, 2-(acetoxymercuriooxy)-1,7-dimethyl-
    10 62
—, 2-bromo-2,5,5-trimethyl- **9** 249
—, 2-chloro-1,7-dimethyl- **9** 221
—, 1,7-dimethyl- **9** 221
—, 1,7-dimethyl-2,3-dioxo- **10** 3528
—, 2,2-dimethyl-3-methylene- **9** 327
—, 1,7-dimethyl-2-oxo- **10** 2914, 2915
    methyl ester **10** 2916
—, 1,7-dimethyl-3-oxo- **10** 2917
—, 1,7-dimethyl-2-semicarbazono-
    10 2915, 2916
    methyl ester **10** 2916
—, 2-hydrazono-1,7-dimethyl- **10** 2915
—, 3-hydrazono-1,7-dimethyl-2-oxo-
    10 3528
—, 2-hydroxy-1,7-dimethyl- **10** 61
    methyl ester **10** 62
—, 3-hydroxy-2,2,3-trimethyl- **10** 71
—, 5-hydroxy-2,2,5-trimethyl- **10** 71
Norbornane-2-carboxylic anhydride,
—, 2,5,5-trimethyl- **9** 248
Norbornane-7-carboxylic anhydride,
—, 2-acetoxy-1,7-dimethyl- **10** 63
Norbornane-2,3-dicarbonitrile 9 3973
—, 5,6-dichloro- **9** 3973
Norbornane-2,3-dicarbonyl dichloride
9 3972
Norbornane-1,4-dicarboxylic acid,
—, 2,5-dioxo-,
    diethyl ester **10** 4054
Norbornane-2,3-dicarboxylic acid
9 3970, 3971
    bis(2-ethylhexyl) ester **9** 3972
    dihydrazide **9** 3973
    dimethyl ester **9** 3971, 3972
    methyl ester **9** 3971
—, 5-acetoxy-5-hydroxy- **10** 3927
—, 1-benzyl- **9** 4452
—, 5-benzyl- **9** 4452
—, 1-benzyl-5,6-dihydroxy- **10** 2479
—, 5-bromo-6-hydroxy- **10** 2048
—, 7-bromo-7-(1-hydroxycyclohexyl)-
    10 2143
—, 7-cyclohexylidene- **9** 4353
    dimethyl ester **9** 4354
    ethyl ester **9** 4354
    methyl ester **9** 4353, 4354
—, 1-(cyclohexylmethyl)- **9** 4079
—, 5-(cyclohexylmethyl)- **9** 4079
—, 5,6-diacetoxy- **10** 2415
—, 5,6-dibromo- **9** 3973, 3974
—, 5,6-dihydroxy- **10** 2415
—, 2,3-dimethyl- **9** 4003
    dimethyl ester **9** 4003
—, 5-hydroxy- **10** 2048
—, 5-(hydroxyimino)- **10** 3927
    dimethyl ester **10** 3927

Norbornane-2,3-dicarboxylic acid *(continued)*
—, 5-oxo- **10** 3926
     dimethyl ester **10** 3927
—, 5-semicarbazono-,
     dimethyl ester **10** 3927
Norbornan-2-one,
—, 3-(benzoyloxymethylene)-
     5,5-dimethyl- **9** 727
—, 3-(benzoyloxymethylene)-
     1,4,7,7-tetramethyl- **9** 728
—, 1,3,3,7,7-pentamethyl-4-
     (4-nitrobenzoyloxy)- **9** 1673
—, 1,3,3-trimethyl-,
     O-benzoyloxime **9** 1278
—, 1,4,7-trimethyl-,
     O-benzoyloxime **9** 1279
—, 4,6,6-trimethyl-,
     O-benzoyloxime **9** 1279
Norbornan-7-one,
—, 3-(3,5-dinitrobenzoyloxy)-
     1,2,2-trimethyl- **9** 1924
Norborn-2-ene,
—, 5-(benzoyloxymethyl)- **9** 414
Norborneneacetic acid see
Acetic acid, norbornenyl-
Norborn-5-ene-2-carbonitrile 9 300
—, 1,4,5,6,7,7-hexachloro- **9** 300
—, 7-isopropylidene- **9** 2536
Norborn-2-ene-2-carbonyl chloride,
—, 4,6,6-trimethyl- **9** 324
Norborn-5-ene-2-carboxamide,
—, 2-methyl- **9** 303
—, 3-methyl- **9** 304
Norborn-2-ene-2-carboxylic acid,
—, 4,6,6-trimethyl- **9** 324
Norborn-5-ene-2-carboxylic acid 9 299
     ethyl ester **9** 300
     methyl ester **9** 299, 300
—, 3-carbamoyl- **9** 4049
—, 3,3-dimethyl- **9** 313
—, 1,4-dimethyl-7-oxo-5,6-diphenyl-,
     methyl ester **10** 3445
—, 3-ethyl-1,4-dimethyl-7-oxo-
     5,6-diphenyl- **10** 3446
—, 3-(fluoromethyl)-,
     methyl ester **9** 304
—, 2-methyl- **9** 302, 303
     methyl ester **9** 303
—, 3-methyl- **9** 303, 304
Norborn-5-ene-2,3-dicarbonitrile 9 4049
—, 7-benzhydrylidene- **9** 4691
—, 2-methyl- **9** 4053
Norborn-5-ene-2,3-dicarbonyl dichloride
     9 4048
Norborn-5-ene-2,3-dicarboxamide 9 4049
Norborn-2-ene-1,4-dicarboxylic acid
     9 4044
     dimethyl ester **9** 4044

Norborn-2-ene-2,3-dicarboxylic acid
     9 4044
     dimethyl ester **9** 4044
     methyl ester **9** 4044
—, 1-benzyl- **9** 4486
—, 5-benzyl- **9** 4487
—, 1,5,6-trimethyl- **9** 4062
     diethyl ester **9** 4062
Norborn-5-ene-2,2-dicarboxylic acid,
—, 3-methyl-,
     diethyl ester **9** 4053
Norborn-5-ene-2,3-dicarboxylic acid
     9 4044, 4045, 4046
     bis[2-(2-chloroethoxy)ethyl] ester
         9 4048
     bis(2-ethoxyethyl) ester **9** 4048
     bis(2-methoxyethyl) ester **9** 4048
     dibutyl ester **9** 4048
     diethyl ester **9** 4047
     dimethyl ester **9** 4046, 4047
     methyl ester **9** 4046
—, 1-benzyl- **9** 4487
     2-methyl ester **9** 4487
     3-methyl ester **9** 4487
—, 5-benzyl- **9** 4487
—, 7-cyclohexylidene-,
     ethyl ester **9** 4421
—, x,x-dibenzyl- **9** 4681
—, 2,3-dimethyl- **9** 4055
—, 1,4-dimethyl-7-oxo-5,6-diphenyl-,
     dimethyl ester **10** 4028
—, 1,4,5,6,7,7-hexachloro- **9** 4049
     diethyl ester **9** 4050
     dimethyl ester **9** 4050
—, 1-methyl-7-oxo-5,6-diphenyl-
     10 4028
—, 7-oxo-5,6-diphenyl- **10** 4027
—, 7-oxo-1,4,5,6-tetraphenyl- **10** 4042
     dimethyl ester **10** 4042
—, 1,4,5,6-tetrachloro-7,7-difluoro-
     9 4049
—, 1,4,5,6-tetrachloro-7,7-dimethoxy-
     10 3942
Norcafestanonic acid 10 3118
     ethyl ester **10** 3118
     methyl ester **10** 3118
Norcamphoric acid 9 3808
Norcarane-7-carboxylic acid 9 175
     ethyl ester **9** 175
Norcar-2-ene-7-carboxylic acid
     9 298, 299
—, 1,2-dimethyl- **9** 312
Norcaryophyllenic acid
     9 3826, 3827, 3828
Norcedrenedicarboxylic acid
     9 4016
24-Norchola-5,14-diene-19,23-dioic
acid,
—, 3-hydroxy-21-oxo- **10** 4762

24-Norchola-5,14-dien-23-oic acid,
—, 3-hydroxy-19,21-dioxo- **10** 4663
24-Norchola-5,20(22)-dien-23-oic acid,
—, 3-acetoxy-,
   methyl ester **10** 1029
—, 3-hydroxy- **10** 1028
   methyl ester **10** 1029
24-Norcholan-23-amide,
—, 12-acetoxy-3-hydroxy- **10** 1627
24-Norcholane-19,23-dioic acid,
—, 3,5,14-trihydroxy-21-oxo-,
   dimethyl ester **10** 4844
   19-methyl ester **10** 4843
24-Norcholane-21,23-dioic acid 9 4370
   dimethyl ester **9** 4370, 4371
—, 3-acetoxy-,
   23-methyl ester **10** 2250
—, 3-hydroxy- **10** 2249
   dimethyl ester **10** 2250
   21-methyl ester **10** 2250
   23-methyl ester **10** 2249
—, 3-oxo- **10** 3976
24-Norcholane-23-thioic acid,
—, 3-acetoxy-5-chloro-,
   S-ethyl ester **10** 686
—, 3,12-diacetoxy-,
   S-benzyl ester **10** 1627
   S-ethyl ester **10** 1627
   S-phenyl ester **10** 1627
24-Norcholane-19,21,23-trioic acid,
—, 3,5-dihydroxy- **10** 2604
   trimethyl ester **10** 2604
—, 5-hydroxy-3-oxo-,
   trimethyl ester **10** 4849
—, 3-oxo- **10** 4133
A-Norcholan-24-oic acid 9 2655
   methyl ester **9** 2655
—, 2-benzylidene-3,12-dioxo- **10** 3662
—, 5-bromo-3,12-dioxo- **10** 3571
—, 2-(4-chlorobenzylidene)-3,12-dioxo-
   10 3662
—, 3,12-dihydroxy- **10** 1628
   methyl ester **10** 1628
—, 2,6-dioxo- **10** 3570
   methyl ester **10** 3570
—, 2,12-dioxo- **10** 3571
—, 3,7-dioxo- **10** 3569
   methyl ester **10** 3569
—, 3,12-dioxo- **10** 3570
   methyl ester **10** 3570
—, 5-hydroxy-3,12-dioxo- **10** 4616
—, 5-hydroxy-3,6,12-trioxo- **10** 4757
—, 1-(4-methoxybenzylidene)-2,12-dioxo-
   10 4703
—, 2-(4-methoxybenzylidene)-3,12-dioxo-
   10 4702
—, 3-(4-methoxybenzylidene)-2,12-dioxo-
   10 4703

—, 2-(4-nitrobenzylidene)-3,12-dioxo-
   10 3662
—, 2-oxo- **10** 3130
   ethyl ester **10** 3130
   methyl ester **10** 3130
—, 3-oxo- **10** 3129
   methyl ester **10** 3129
21-Norcholan-24-oic acid,
—, 3-acetoxy-14-hydroxy-20-oxo-,
   methyl ester **10** 4580
—, 3-acetoxy-20-oxo-,
   methyl ester **10** 4305
—, 3,11-diacetoxy-14-hydroxy-20-oxo-
   10 4734
—, 3-hydroxy-20-oxo- **10** 4304
   methyl ester **10** 4305
24-Norcholan-23-oic acid 9 2652, 2653
   ethyl ester **9** 2653
   methyl ester **9** 2653
—, 3-acetoxy- **10** 683
   methyl ester **10** 684, 685
—, 3-acetoxy-22-bromo-,
   methyl ester **10** 685
—, 3-acetoxy-12-bromo-11-hydroxy-,
   methyl ester **10** 1624
—, 3-acetoxy-12-bromo-11-oxo-,
   methyl ester **10** 4306
—, 3-acetoxy-11-hydroxy-,
   methyl ester **10** 1624
—, 3-acetoxy-12-hydroxy-,
   methyl ester **10** 1626
—, 3-acetoxy-20-hydroxy-,
   methyl ester **10** 1628
—, 12-acetoxy-3-hydroxy- **10** 1625
   methyl ester **10** 1626
—, 3-acetoxy-12-methoxy-11-oxo- **10** 4581
—, 3-acetoxy-11-oxo-,
   methyl ester **10** 4306
—, 3-acetoxy-12-oxo- **10** 4307
   methyl ester **10** 4307
—, 3,12-bis(formyloxy)- **10** 1625
—, 12-bromo-3,11-dioxo-,
   methyl ester **10** 3569
—, 4-bromo-12-hydroxy-3-oxo-,
   methyl ester **10** 4305
—, 12-bromo-3-hydroxy-11-oxo-,
   methyl ester **10** 4306
—, 3-(3-carboxypropionyloxy)-
   12-hydroxy- **10** 1626
—, 3-(3-carboxypropionyloxy)-12-oxo-
   10 4307
—, 3-chloro- **9** 2654
   methyl ester **9** 2654
—, 3,6-diacetoxy- **10** 1622
—, 3,7-diacetoxy- **10** 1623
—, 3,11-diacetoxy- **10** 1624
   methyl ester **10** 1624
—, 3,12-diacetoxy- **10** 1625
   methyl ester **10** 1626

24-Norcholan-23-oic acid *(continued)*
—, 3,12-diacetoxy-11-oxo- **10** 4581
—, 3,6-dihydroxy- **10** 1622
    ethyl ester **10** 1623
    methyl ester **10** 1623
—, 3,7-dihydroxy- **10** 1623
    methyl ester **10** 1623
—, 3,11-dihydroxy- **10** 1623
    methyl ester **10** 1624
—, 3,12-dihydroxy- **10** 1625
    methyl ester **10** 1626
—, 3,20-dihydroxy- **10** 1628
    methyl ester **10** 1628
—, 3,12-dihydroxy-11-oxo- **10** 4580
—, 3,14-dihydroxy-21-oxo-,
    methyl ester **10** 4582
—, 3,6-dioxo- **10** 3568
    methyl ester **10** 3568
—, 3,7-dioxo- **10** 3569
—, 3,12-dioxo- **10** 3569
—, 3-(formyloxy)- **10** 683
—, 3-hydroxy- **10** 682
    ethyl ester **10** 685
    methyl ester **10** 683, 684
—, 12-hydroxy-3,11-dioxo-,
    methyl ester **10** 4616
—, 3-hydroxy-12-methoxy-11-oxo-
    10 4581
—, 3-hydroxy-11-oxo-,
    methyl ester **10** 4306
—, 3-hydroxy-12-oxo- **10** 4307
    methyl ester **10** 4307
—, 12-hydroxy-3-oxo-,
    methyl ester **10** 4305
—, 14-hydroxy-3,12,21-trioxo-,
    methyl ester **10** 4757
—, 3-oxo- **10** 3128
    methyl ester **10** 3129
—, 12-oxo- **10** 3129
—, 3-semicarbazono- **10** 3128
—, 12-semicarbazono- **10** 3129
—, 3,14,16,21-tetrahydroxy- **10** 2424
—, 3,7,12-triacetoxy- **10** 2158
    methyl ester **10** 2158
—, 3,12,20-triacetoxy-,
    methyl ester **10** 2159
—, 3,7,12-trihydroxy- **10** 2157
    ethyl ester **10** 2158
    methyl ester **10** 2158
—, 3,12,20-trihydroxy- **10** 2158
    methyl ester **10** 2159
—, 3,12,14-trihydroxy-21-oxo- **10** 4735
    methyl ester **10** 4735
—, 3,14,16-trihydroxy-21-oxo- **10** 4735
—, 3,7,12-trioxo- **10** 3985
—, 3,11,12-trioxo-,
    methyl ester **10** 3986
A-Norcholan-24-oic anhydride,
—, 3,12-dioxo- **10** 3571

24-Norcholan-23-oyl chloride,
—, 3-acetoxy- **10** 685
—, 3-(formyloxy)- **10** 685
19-Norchola-1,3,5(10)-trien-24-oic acid,
—, 1-hydroxy-4-methyl- **10** 1141
24-Norchol-5-ene-21,23-dioic acid,
—, 3,17-dihydroxy-,
    diethyl ester **10** 2477
24-Norchol-14-ene-21,23-dioic acid,
—, 3-acetoxy-,
    23-methyl ester **10** 2279
A-Norchol-5-en-24-oic acid,
—, 3,12-dioxo- **10** 3600
—, 3-oxo- **10** 3219
21-Norchol-5-en-24-oic acid,
—, 3-acetoxy-20-oxo-,
    methyl ester **10** 4364
—, 3-hydroxy-20,23-dioxo- **10** 4640
—, 3-hydroxy-20-oxo- **10** 4364
    methyl ester **10** 4364
24-Norchol-4-en-23-oic acid,
—, 12-hydroxy-3-oxo-,
    methyl ester **10** 4364
—, 3-oxo- **10** 3218
    methyl ester **10** 3219
24-Norchol-5-en-23-oic acid,
—, 3-acetoxy- **10** 956
    methyl ester **10** 957
—, 3-acetoxy-20-hydroxy-,
    methyl ester **10** 1882
—, 3,20-dihydroxy- **10** 1882
    methyl ester **10** 1882
—, 3-hydroxy- **10** 956
    methyl ester **10** 957
24-Norchol-9(11)-en-23-oic acid,
—, 3-acetoxy-,
    methyl ester **10** 957
—, 3-acetoxy-12-oxo- **10** 4365
    methyl ester **10** 4365
—, 3-hydroxy-12-oxo- **10** 4365
    methyl ester **10** 4365
24-Norchol-11-en-23-oic acid,
—, 3-acetoxy- **10** 957
    methyl ester **10** 958
—, 3-hydroxy-,
    methyl ester **10** 958
24-Norchol-20(22)-en-23-oic acid,
—, 3-acetoxy-,
    methyl ester **10** 959
—, 3-hydroxy- **10** 958
    methyl ester **10** 959
—, 3,12,21-trihydroxy- **10** 2249
24-Norchol-5-en-23-oyl chloride,
—, 3-acetoxy- **10** 957
27-Norcholesta-5,7-diene,
—, 3-(benzoyloxy)- **9** 476
19-Norcholesta-1,3,5(10)-triene,
—, 2-bromo-1-(3,5-dinitrobenzoyloxy)-
    4-methyl- **9** 1880

19-Norcholesta-1,3,5(10)-triene *(continued)*
—, 1-(3,5-dinitrobenzoyloxy)-4-methyl-
    9 1879
19-Norcholesta-5,7,9-triene,
—, 3-(3,5-dinitrobenzoyloxy)- 9 1879
**18-Norcholesta-1,17(20),24-trien-21-oic
acid,**
—, 6,16-diacetoxy-4,8,14-trimethyl-
    3,7-dioxo- 10 4777
    methyl ester 10 4778
B-Norcholest-5-ene,
—, 3-(benzoyloxy)- 9 459
19-Norcholest-9-ene,
—, 6-acetoxy-3-(benzoyloxy)-5-methyl-
    9 594
—, 3,6-bis(benzoyloxy)-5-methyl-
    9 594
—, 3,6-bis(3,5-dinitrobenzoyloxy)-
    5-methyl- 9 1913
27-Norcholest-5-ene,
—, 3-(benzoyloxy)- 9 458
B-Norcholest-5-ene-6-carboxylic acid,
—, 3-acetoxy- 10 979
    ethyl ester 10 980
—, 3-hydroxy- 10 979
    ethyl ester 10 980
27-Norcholest-5-en-25-one,
—, 3-(benzoyloxy)- 9 747
Norcholoidanic acid 9 4904
Norcilianic acid 10 4170
Norechinocystadienol,
—, O-benzoyl- 9 500
19-Norergosta-1,3,5,7,9,22-hexaene,
—, 3-(3,5-dinitrobenzoyloxy)- 9 1889
19-Norergosta-5,7,9,22-tetraene,
—, 3-(benzoyloxy)- 9 515
—, 3-(3,5-dinitrobenzoyloxy)- 9 1887
19-Norergosta-5,7,9-triene,
—, 3-(3,5-dinitrobenzoyloxy)- 9 1879
15-Noreudesman-12-oic acid 9 270
13-Noreudesman-11-one,
—, 3-(3,5-dinitrobenzoyloxy)- 9 1926
A-Norfriedelane-2-carboxylic acid
    9 2931
    methyl ester 9 2932
**24-Norfriedela-1(10),3,5,7-tetraen-
29-oic acid,**
—, 3-hydroxy-2-oxo- 10 4476
    methyl ester 10 4477
Norfriedonic acid 10 3138
Norhypothamnolic acid 10 2452
18-Norkauran-19-oic acid,
—, 2-acetoxy-16,17-dibromo-15-hydroxy-
    10 1590
18-Norkaur-16-en-19-oic acid,
—, 2,15-diacetoxy- 10 1869
—, 2,15-dihydroxy- 10 1869
15-Norlabda-8(20),13-dien-19-oic acid
    methyl ester 9 2634

15-Norlabdan-14-oic acid,
—, 8,13-dichloro- 9 294
—, 8,13-dihydroxy- 10 1359
    methyl ester 10 1359
15-Norlabdan-19-oic acid 9 294
Norleucine,
—, N-benzoyl- 9 1156
    ethyl ester 9 1156
—, N-benzoyl-3-hydroxy- 9 1183, 1184
—, N-benzoyl-6-hydroxy- 9 1184
—, N-(3,5-dinitrobenzoyl)- 9 1939
—, N-(phenylacetyl)- 9 2218
Norlithocholic acid 10 682
A-Norlupa-1,20(29)-dien-28-oic acid
    9 3264
A-Norlupan-28-oic acid,
—, 2-(hydroxyimino)- 10 3225
—, 2-oxo- 10 3224
    methyl ester 10 3225
30-Norlupan-28-oic acid,
—, 3-acetoxy-20,29-dioxo-,
    methyl ester 10 4645
—, 3-acetoxy-20-hydroxy- 10 1900
—, 3-acetoxy-20-oxo- 10 4371
    methyl ester 10 4372
—, 3-hydroxy-20-oxo-,
    methyl ester 10 4372
Normetahemipic acid 10 2431
Norobtusatic acid 10 1540
28-Noroleana-12,17-diene,
—, 3-(benzoyloxy)- 9 500
24-Noroleana-5,12-dien-28-oic acid,
—, 2,3-dioxo-,
    methyl ester 10 3624
24-Noroleana-9(11),13(18)-dien-28-oic acid,
—, 12,19-dioxo- 10 3623
    methyl ester 10 3623
C-Noroleanan-28-oic acid,
—, 3,11-dioxo-,
    methyl ester 10 3605
28-Norolean-12-ene,
—, 3,23-bis(benzoyloxy)- 9 608
27-Norolean-13-ene-23,28-dioic acid,
—, 2,3-bis(4-bromobenzoyloxy)-,
    28-ethyl ester 10 2482
—, 12-(chloromethyl)-2,3-dihydroxy-
    10 2482
    dimethyl ester 10 2483
—, 2,3-diacetoxy-,
    28-ethyl ester 10 2482
—, 2,3-diacetoxy-12-(chloromethyl)- 10 2483
—, 2,3-dihydroxy- 10 2481
    28-ethyl ester 10 2481
    28-ethyl ester 23-methyl ester 10 2482
A-Norolean-9(11)-en-28-oic acid,
—, 2,12-dioxo- 10 3614
A-Norolean-12-en-28-oic acid,
—, 2-(hydroxyimino)-,
    methyl ester 10 3254

A-Norolean-12-en-28-oic acid *(continued)*
—, 2-(hydroxyimino)-12-nitro-,
    methyl ester 10 3255
—, 2-oxo- 10 3253
    methyl ester 10 3254
—, 2-oxo-12-nitro-,
    methyl ester 10 3254
24-Norolean-12-en-28-oic acid
    9 3128
    methyl ester 9 3128
—, 3-acetoxy- 10 1034
    methyl ester 10 1034, 1035
—, 3,11-dioxo- 10 3613
    methyl ester 10 3614
—, 3,16-dioxo-,
    methyl ester 10 3613
—, 3-hydroxy- 10 1034
    methyl ester 10 1034
—, 3-(hydroxyimino)- 10 3252
    methyl ester 10 3253
—, 3-oxo- 10 3252
    methyl ester 10 3253
—, 16-oxo-,
    methyl ester 10 3251
—, 3-semicarbazono-,
    methyl ester 10 3253
17-Norphyllocladan-19-oic acid,
—, 13-methyl-16-oxo- 10 3124
Norpinaneacetic acid see
Acetic acid, norpinanyl-
Norpinane-2-carboxamide,
—, 6,6-dimethyl- 9 220
Norpinane-2-carboxylic acid,
—, 6,6-dimethyl- 9 219
    methyl ester 9 219
—, 2-hydroxy-6,6-dimethyl-
    10 59
Norpin-2-ene-2-carbonitrile,
—, 6,6-dimethyl- 9 312, 313
Norpin-2-ene-2-carboxylic acid,
—, 6,6-dimethyl- 9 312
Norpinic acid 9 3829
C-Norpodocarpa-7,12-dien-15-oic acid,
—, 12-(isobutyrohydroximoyl)-
    10 3213
—, 12-isobutyryl- 10 3213
17-Norpodocarpan-16-oic acid,
—, 13-ethyl-10-hydroxy-9,13-dimethyl-
    7-oxo-,
    methyl ester 10 4200
—, 10-hydroxy-9,13-dimethyl-7-oxo-
    13-vinyl-,
    methyl ester 10 4287
—, 10-hydroxy-13-(1-hydroxy-
    1-methylethyl)-9-methyl- 10 1361
    methyl ester 10 1361
—, 10-hydroxy-13-isopropyl-9-methyl-
    10 85
    methyl ester 10 85

17-Norpodocarp-1(10)-en-16-oic acid,
—, 13-isopropyl-9-methyl- 9 2640
17-Norpodocarp-5(10)-en-15-oic acid,
—, 13-isopropyl-9-methyl- 9 2641
17-Norpodocarp-5(10)-en-16-oic acid,
—, 13-isopropyl-9-methyl- 9 2641
21-Norpregnane-19,20-dioic acid
  see *Estrane-10,17-dicarboxylic acid*
21-Norpregnan-20-oic acid
  see *Androstane-17-carboxylic acid*
19-Norpregna-1,3,5,7,9-pentaen-20-yn-
17-ol,
—, 3-(benzoyloxy)- 9 651
19-Norpregna-1,3,5(10),20-tetraen-17-ol,
—, 3-(benzoyloxy)- 9 632
19-Norpregna-5,7,9-trien-21-oic acid,
—, 3-acetoxy-20-methyl- 10 1140
    methyl ester 10 1141
—, 3-hydroxy-20-methyl- 10 1140
    methyl ester 10 1140
19-Norpregna-1,3,5(10)-trien-20-yn-
17-ol,
—, 3-(benzoyloxy)- 9 642
Norquinovadienolic acid 10 1141
24-Norursa-2,12-diene,
—, 3-(benzoyloxy)- 9 499
27-Norursa-12,14-dien-28-oic acid,
—, 3-acetoxy- 10 1142
    methyl ester 10 1142
—, 3-hydroxy- 10 1141
    methyl ester 10 1142
—, 3-oxo- 10 3288
27-Norursan-28-oic acid,
—, 3-acetoxy-12,15-dioxo- 10 4644
—, 3-hydroxy-12,15-dioxo- 10 4644
—, 14-hydroxy-3,12,15-trioxo- 10 4762
24-Norursa-2,9(11),12-triene,
—, 3-(benzoyloxy)- 9 516
27-Norurs-13-en-28-oic acid,
—, 3-acetoxy- 10 1032
—, 3-acetoxy-12,15-dioxo- 10 4664
    methyl ester 10 4664
—, 3-hydroxy- 10 1032
    methyl ester 10 1033
—, 3-hydroxy-12,15-dioxo- 10 4664
—, 3,12,15-trioxo- 10 4006
    methyl ester 10 4006
27-Norurs-13-en-28-oyl chloride,
—, 3-acetoxy- 10 1033
Norvaline,
—, *N*-benzoyl- 9 1150, 1151
    ethyl ester 9 1151
—, *N*-benzoyl-3-hydroxy- 9 1181
—, *N*-(3,5-dinitrobenzoyl)- 9 1939
—, *N*-(2-iodobenzoyl)- 9 1436
—, *N*-(phenylacetyl)- 9 2217
    butyl ester 9 2217
Nutriacholic acid 10 4316
Nutriaglycocholic acid 10 4317

O

Obtusatic acid 10 1540
Ocellatic acid 10 4722
Octadecanamide,
—, 2-(cyclopent-2-en-1-yl)- 9 296
—, 2-phenyl- 9 2655
Octadecane,
—, 1,2-bis[p-(2-naphthoyloxy)phenyl]-
9 3182
Octadecanoic acid,
—, 12-(benzoyloxy)-,
    methyl ester 9 860
—, 2-benzyl- 9 2665
—, 17-(4-chloro-m-tolyl)- 9 2666
—, 17-(6-chloro-m-tolyl)- 9 2666
—, 2-(cyclopent-2-en-1-yl)- 9 296
—, 12-(3,5-dinitrobenzoyloxy)-,
    methyl ester 9 1934
—, 3-hydroxy-3-(p-methoxyphenyl)-
    10 1628
    ethyl ester 10 1629
—, 10-(2-hydroxy-p-tolyl)- 10 699
—, 2-(4-methoxyphenacyl)- 10 4329
    ethyl ester 10 4329
    methyl ester 10 4329
—, 2-phenyl- 9 2655
—, 17-(2,5-xylyl)- 9 2666
—, 17-(3,4-xylyl)- 9 2666
Octadecanophenone,
—, 4'-(benzoyloxy)- 9 739
Octadec-1-ene,
—, 1,2-bis[p-(benzoyloxy)phenyl]-
9 644
—, 1,2-bis[p-(2-naphthoyloxy)phenyl]-
9 3183
Octadec-4-ene,
—, 1,3-bis(benzoyloxy)-2-
    (tetracosanoylamino)- 9 892
Octadec-3-enoic acid,
—, 3-(p-methoxyphenyl)- 10 959
Octadec-9-enoic acid,
—, 12-(cinnamoyloxy)-,
    13-(cyclopent-2-en-1-yl)tridecyl
    ester 9 2706
Octa-1,6-diene,
—, 3-(benzoyloxy)-3,7-dimethyl- 9 412
Octa-2,6-diene,
—, 8-(benzoyloxy)- 9 411
—, 1-(benzoyloxy)-3,7-dimethyl- 9 412
Octa-5,7-dienoic acid,
—, 6-methyl-2,4-dioxo-8-
    (2,6,6-trimethylcyclohex-1-en-1-yl)-,
    methyl ester 10 3560
Octa-1,6-dien-3-yne,
—, 5-(9,10-dioxo-9,10-dihydro-
    2-anthroyloxy)-2,6-dimethyl-8-
    (2,6,6-trimethylcyclohex-1-en-
    1-yl)- 10 3643

Octa-2,6-dien-4-yne,
—, 1,8-bis(benzoyloxy)-2,7-dimethyl-
9 574
Octa-3,5-dien-1-yne,
—, 1-(cyclohex-1-en-1-yl)-7-
    (3,5-dinitrobenzoyloxy)-3-methyl-
9 1870
Octanamide,
—, 2-(cyclohex-1-en-1-yl)- 9 265
—, 2-ethyl-8-phenyl- 9 2622
Octane,
—, 2,2-bis[p-(benzoyloxy)phenyl]-
9 632
—, 4,5-bis(3,5-dinitrobenzoyloxy)-
9 1896
—, 1,8-bis(3,5-dinitrobenzoyloxy)-
    2,7-dimethyl- 9 1896
—, 1-chloro-2-(3,5-dinitrobenzoyloxy)-
9 1791
—, 4-(3,5-dinitrobenzoyloxy)-
    2,7-dimethyl- 9 1795
—, 1-(methylamino)-2-
    (4-nitrobenzoyloxy)- 9 1705
Octanedinitrile,
—, 2,2,7,7-tetraphenyl- 9 4725
Octanedioic acid,
—, 2-(benzoylimino)- 9 1197
    diethyl ester 9 1198
—, 2-(benzoyloxy)-,
    diethyl ester 9 868
—, 3-phenyl- 9 4341
    diethyl ester 9 4341
Octanenitrile,
—, 2-(cyclohex-1-en-1-yl)- 9 265
—, 2-(p-methoxyphenyl)-3-oxo- 10 4275
Octane-1,1,8,8-tetracarboxylic acid,
—, 1,8-bis(cyclopent-2-en-1-yl)-,
    tetraethyl ester 9 4881
—, 1,8-diphenyl-,
    tetraethyl ester 9 4895
Octane-1,1,8-tricarboxylic acid,
—, 1,8-bis(cyclopent-2-en-1-yl)- 9 4817
—, 1,8-diphenyl- 9 4842
Octanoic acid,
—, 2-benzamido- 9 1163
—, 8-(1-carboxycyclopentyl)-6-oxo-
    10 3924
—, 2-cyano-2-(cyclohex-1-en-1-yl)-,
    ethyl ester 9 4031
—, 2-cyano-2-phenyl-,
    ethyl ester 9 4348
—, 2-(cyclohex-1-en-1-yl)- 9 264
    2-(diethylamino)ethyl ester 9 264
—, 2-cyclohexyl- 9 125
—, 2-(cyclopent-2-en-1-yl)-4-ethyl-
9 271
—, 8-(2,4-dihydroxyphenyl)-8-oxo-
    10 4564
    methyl ester 10 4565

Octanoic acid *(continued)*
—, 2,2-diphenyl- **9** 3402
    methyl ester **9** 3402
—, 2-ethyl-8-phenyl- **9** 2622
—, 8-(3-hydroxy-1,4-dioxo-1,4-dihydro-
    2-naphthyl)- **10** 4660
    methyl ester **10** 4660
—, 8-(6-methoxy-1-naphthyl)-5-oxo-
    10 4422
—, 8-(*m*-methoxyphenyl)-5-oxo- **10** 4274
    methyl ester **10** 4274
—, 8-(*p*-methoxyphenyl)-5-oxo- **10** 4274
    methyl ester **10** 4274
—, 8-(*p*-methoxyphenyl)-8-oxo- **10** 4273
—, 3-methyl-3-*p*-toluamido- **9** 2347
—, 8-(1-naphthyl)-5-oxo- **10** 3282
    methyl ester **10** 3283
—, 8-(1-naphthyl)-5-semicarbazono-
    10 3283
—, 8-(2-octylcycloprop-1-en-1-yl)- **9** 293
—, 8-oxo-8-phenyl- **10** 3102
—, 5-phenyl- **9** 2599
    ethyl ester **9** 2599
—, 8-phenyl-8-semicarbazono- **10** 3102
—, 8-(1,3,4-triacetoxy-2-naphthyl)-
    10 2295
Octan-2-one,
—, 3-(benzoyloxy)- **9** 723
—, 8-(4-nitrobenzoyloxy)- **9** 1672
Octanophenone,
—, 4′-(benzoyloxy)- **9** 735
Octanoyl chloride,
—, 2-ethyl-8-phenyl- **9** 2622
Octa-2,4,6-trienedioic acid,
—, 2-(benzoyloxy)-,
    diethyl ester **9** 869
Oct-2-ene,
—, 4-(3,5-dinitrobenzoyloxy)- **9** 1806
Oct-3-ene,
—, 3,4-dibromo-1-
    (3,5-dinitrobenzoyloxy)- **9** 1806
Oct-2-enedioic acid,
—, 2-benzamido- **9** 1197
    diethyl ester **9** 1198
—, 3-phenyl-,
    diethyl ester **9** 4410
Oct-2-enoic acid,
—, 2-cyano-3-phenyl-,
    ethyl ester **9** 4417
Oct-5-enoic acid,
—, 2-(but-1-enyl)-3-hydroxy-3-phenyl-
    10 1013
—, 2-(but-1-enyl)-3-hydroxy-3-*p*-tolyl-
    10 1018
Oct-6-enoic acid,
—, 5-(hydroxyimino)-3,3,7-trimethyl-
    2-phenyl- **10** 3207
—, 3,3,7-trimethyl-5-oxo-2-phenyl-
    10 3207

Octopinic acid
    see *Ornithine,* N²-*(1-carboxyethyl)-*
Okanin,
—, penta-O-benzoyl- **9** 848
Oleana-2,12-diene,
—, 3-(benzoyloxy)- **9** 501
Oleana-9(11),12-diene,
—, 3-(benzoyloxy)- **9** 501
Oleana-11,13(18)-diene,
—, 3-(benzoyloxy)- **9** 501
Oleana-12,21-diene,
—, 3,24-bis(benzoyloxy)- **9** 619
Oleana-9(11),13(18)-diene-12,19-dione,
—, 3-(benzoyloxy)- **9** 803
Oleana-5,12-dien-28-oic acid,
—, 3-acetoxy-,
    methyl ester **10** 1147
—, 2,3-dihydroxy-23-oxo-,
    methyl ester **10** 4664
—, 2,3,23-triacetoxy-,
    methyl ester **10** 2311
—, 2,3,23-trihydroxy- **10** 2310
    methyl ester **10** 2311
Oleana-9(11),12-dien-28-oic acid,
—, 3-acetoxy- **10** 1148
    methyl ester **10** 1149
—, 3,23-diacetoxy- **10** 1949
    methyl ester **10** 1949
—, 3,23-dihydroxy- **10** 1949
—, 3-hydroxy- **10** 1148
    methyl ester **10** 1148
Oleana-9(11),12-dien-30-oic acid,
—, 3-acetoxy- **10** 1148
—, 3-hydroxy- **10** 1147
    methyl ester **10** 1148
Oleana-9(11),13(18)-dien-28-oic acid,
—, 3-acetoxy-12,19-dioxo-,
    methyl ester **10** 4689
—, 6-acetoxy-3-hydroxy-12,19-dioxo-,
    methyl ester **10** 4778
—, 3,6-diacetoxy-12,19-dioxo-,
    methyl ester **10** 4778
—, 3,6-dihydroxy-12,19-dioxo- **10** 4778
—, 3-hydroxy-12,19-dioxo- **10** 4688
    methyl ester **10** 4689
Oleana-9(11),13(18)-dien-30-oic acid,
—, 3-acetoxy-12,19-dioxo-,
    methyl ester **10** 4688
—, 3-hydroxy-12,19-dioxo- **10** 4687
    methyl ester **10** 4688
Oleana-11,13(18)-dien-28-oic acid,
—, 3-acetoxy- **10** 1150
    methyl ester **10** 1151
—, 3-acetoxy-6-oxo-,
    methyl ester **10** 4425
—, 3,6-diacetoxy-,
    methyl ester **10** 1949
—, 3,23-diacetoxy- **10** 1950
    methyl ester **10** 1950

Oleana-11,13(18)-dien-28-oic acid *(continued)*
—, 3,23-dihydroxy- **10** 1949
 methyl ester **10** 1950
—, 3-hydroxy- **10** 1150
 methyl ester **10** 1150
Oleana-11,13(18)-dien-30-oic acid,
—, 3-acetoxy-,
 methyl ester **10** 1149
—, 3-hydroxy- **10** 1149
 methyl ester **10** 1149
Oleana-12,15-dien-28-oic acid,
—, 3-acetoxy-,
 methyl ester **10** 1147
—, 3-hydroxy-,
 methyl ester **10** 1147
Oleana-12,18-dien-28-oic acid,
—, 3-acetoxy-11-oxo- **10** 4426
Oleana-12,18-dien-30-oic acid,
—, 3-acetoxy-11-oxo- **10** 4426
 methyl ester **10** 4426
Oleana-12,18-dien-11-one,
—, 3-(benzoyloxy)- **9** 760
β-Oleananic acid 9 3134
Oleanan-28-oic acid,
—, 3-acetoxy-12-oxo- **10** 4373
 methyl ester **10** 4374
—, 3,16-diacetoxy-12-oxo-,
 methyl ester **10** 4629
—, 3,13-dihydroxy-12-oxo- **10** 4629
—, 3,23-dihydroxy-12-oxo- **10** 4629
 methyl ester **10** 4630
—, 3,12-dioxo-,
 methyl ester **10** 3606
—, 3-hydroxy-12-oxo- **10** 4373
 methyl ester **10** 4373, 4374
—, 19-oxo-,
 methyl ester **10** 3228
Oleanan-12-one,
—, 3-(benzoyloxy)- **9** 750
Oleana-9(11),12,18-triene,
—, 3-(benzoyloxy)- **9** 516
Olean-12-en-28-amide,
—, 3-hydroxy- **10** 1055
Olean-9(11)-ene,
—, 3-(benzoyloxy)- **9** 487
Olean-12-ene,
—, 3-(*p*-anisoyloxy)- **10** 313
—, 3-(benzoyloxy)- **9** 487
—, 3-(benzoyloxy)-12-bromo- **9** 488
—, 3-(benzoyloxy)-12,18-dibromo- **9** 488
—, 3,16-bis(benzoyloxy)- **9** 608
—, 3,23-bis(benzoyloxy)- **9** 609
—, 3-(cinnamoyloxy)- **9** 2694
—, 3-(3-nitrobenzoyloxy)- **9** 1501
—, 3-(4-nitrobenzoyloxy)- **9** 1611
—, 3,21,22,24-tetrakis(benzoyloxy)-
 9 693
—, 3,21,24-tris(benzoyloxy)- **9** 683
—, 3,22,24-tris(benzoyloxy)- **9** 683

—, 3,21,24-tris(4-bromobenzoyloxy)-
 9 1415
—, 3,22,24-tris(4-bromobenzoyloxy)-
 9 1415
Olean-13(18)-ene,
—, 3-(benzoyloxy)- **9** 489
—, 3,24-bis(benzoyloxy)-21-methoxy-
 9 683
—, 3,24-bis(benzoyloxy)-22-methoxy-
 9 683
Olean-18-ene,
—, 3-(benzoyloxy)- **9** 489
Olean-12-ene-23,28-dioic acid,
—, 3-acetoxy- **10** 2312
—, 3-hydroxy- **10** 2311
 dimethyl ester **10** 2312
Olean-12-ene-28-thioic acid,
—, 3-acetoxy-,
 S-methyl ester **10** 1057
—, 3,16-diacetoxy-,
 S-methyl ester **10** 1921
Olean-9(11)-en-28-oic acid,
—, 3-acetoxy- **10** 1047
—, 3-acetoxy-12-oxo- **10** 4391
 methyl ester **10** 4392
—, 3,23-diacetoxy-12-oxo- **10** 4648
—, 3-hydroxy-12-oxo- **10** 4391
 methyl ester **10** 4392
Olean-12-en-24-oic acid,
—, 3-acetoxy- **10** 1058
 methyl ester **10** 1058
—, 3-(formyloxy)- **10** 1058
—, 3-hydroxy- **10** 1057
 methyl ester **10** 1058
Olean-12-en-28-oic acid 9 3133
 methyl ester **9** 3133
—, 3-acetoxy- **10** 1051
 ethyl ester **10** 1054
 methyl ester **10** 1053
—, 16-acetoxy- **10** 1049
—, 3-acetoxy-11,16-dioxo-,
 methyl ester **10** 4665
—, 3-acetoxy-6-hydroxy-,
 ethyl ester **10** 1923
 methyl ester **10** 1922
—, 3-acetoxy-16-hydroxy- **10** 1919
 methyl ester **10** 1920
—, 3-acetoxy-19-hydroxy- **10** 1916
 methyl ester **10** 1917
—, 6-acetoxy-3-hydroxy-,
 methyl ester **10** 1922
—, 16-acetoxy-3-hydroxy-,
 methyl ester **10** 1919
—, 19-acetoxy-3-hydroxy-,
 methyl ester **10** 1917
—, 3-acetoxy-16-hydroxy-11-oxo-,
 methyl ester **10** 4650
—, 24-acetoxy-22-(2-methylcrotonoyloxy)-
 3-oxo- **10** 4649

Olean-12-en-28-oic acid *(continued)*

—, 3-acetoxy-16-(methylsulfonyloxy)-,
    methyl ester **10** 1920
—, 3-acetoxy-12-nitro- **10** 1055
    methyl ester **10** 1056
—, 3-acetoxy-6-oxo-,
    methyl ester **10** 4396
—, 3-acetoxy-11-oxo- **10** 4400
    methyl ester **10** 4401
—, 3-acetoxy-16-oxo-,
    methyl ester **10** 4395
—, 3-acetoxy-19-oxo-,
    methyl ester **10** 4395
—, 3-acetoxy-23-oxo- **10** 4402
    methyl ester **10** 4402
—, 6-acetoxy-3-oxo-,
    methyl ester **10** 4399
—, 16-acetoxy-3-oxo-,
    methyl ester **10** 4398
—, 19-acetoxy-3-oxo-,
    methyl ester **10** 4397
—, 3-acetoxy-11,15,16-trioxo-,
    methyl ester **10** 4779
—, 3-(benzoyloxy)- **10** 1052
    methyl ester **10** 1054
—, 23-(benzoyloxy)-,
    methyl ester **10** 1057
—, 3,23-bis(benzoyloxy)-,
    methyl ester **10** 1926
—, 3,16-bis(methylsulfonyloxy)-,
    methyl ester **10** 1920
—, 12-bromo-3,23-dihydroxy-,
    methyl ester **10** 1926
—, 3,23-(chlorophosphinylidenedioxy)-
    10 1924
—, 3,6-diacetoxy-,
    methyl ester **10** 1922
—, 3,16-diacetoxy- **10** 1919
    methyl ester **10** 1920
—, 3,19-diacetoxy- **10** 1916
    methyl ester **10** 1918
—, 3,23-diacetoxy- **10** 1924
    methyl ester **10** 1925
—, 3,16-diacetoxy-11-oxo-,
    methyl ester **10** 4650
—, 3,16-diacetoxy-23-oxo- **10** 4652
—, 3,23-diacetoxy-11-oxo-
    10 4650, 4651
    methyl ester **10** 4651, 4652
—, 3,6-dihydroxy- **10** 1921
    ethyl ester **10** 1922
    methyl ester **10** 1922
—, 3,16-dihydroxy- **10** 1918
    methyl ester **10** 1919
—, 3,19-dihydroxy- **10** 1915
    ethyl ester **10** 1918
    methyl ester **10** 1916
—, 3,23-dihydroxy- **10** 1923
    methyl ester **10** 1924

—, 3,16-dihydroxy-11-oxo-,
    methyl ester **10** 4649
—, 3,16-dihydroxy-23-oxo- **10** 4652
    methyl ester **10** 4653
—, 3,23-dihydroxy-11-oxo- **10** 4650
    methyl ester **10** 4651
—, 3,6-dioxo-,
    methyl ester **10** 3617
—, 3,11-dioxo-,
    methyl ester **10** 3618
—, 3,16-dioxo-,
    methyl ester **10** 3617
—, 3,19-dioxo-,
    methyl ester **10** 3616
—, 2-formyl-3-oxo-,
    methyl ester **10** 3619
—, 3-hydroxy- **10** 1049
    benzhydryl ester **10** 1054
    ethyl ester **10** 1054
    methyl ester **10** 1052
—, 16-hydroxy- **10** 1048
    methyl ester **10** 1049
—, 19-hydroxy-,
    methyl ester **10** 1049
—, 23-hydroxy-,
    methyl ester **10** 1057
—, 3-(hydroxyimino)- **10** 3260
    methyl ester **10** 3261
—, 3-(hydroxyimino)-6-oxo-,
    methyl ester **10** 3618
—, 3-(hydroxyimino)-16-oxo-,
    methyl ester **10** 3617
—, 3-(hydroxyimino)-19-oxo-,
    methyl ester **10** 3616
—, 24-hydroxy-22-(2-methylcrotonoyloxy)-
    3-oxo- **10** 4649
—, 3-hydroxy-12-nitro- **10** 1055
    methyl ester **10** 1056
—, 3-hydroxy-6-oxo- **10** 4396
    methyl ester **10** 4396
—, 3-hydroxy-11-oxo- **10** 4399
    methyl ester **10** 4401
—, 3-hydroxy-19-oxo-,
    methyl ester **10** 4395
—, 3-hydroxy-23-oxo- **10** 4402
    methyl ester **10** 4402
—, 19-hydroxy-3-oxo-,
    methyl ester **10** 4397
—, 23-hydroxy-3-oxo-,
    methyl ester **10** 4399
—, 3,23-(hydroxyphosphinylidenedioxy)-
    10 1924
—, 22-(2-methylcrotonoyloxy)-3-oxo-
    10 4397
    methyl ester **10** 4398
—, 22-(3-methylcrotonoyloxy)-3-oxo-
    10 4397
    methyl ester **10** 4398

Olean-12-en-28-oic acid *(continued)*
—, 3-oxo- **10** 3260
  methyl ester **10** 3261
—, 16-oxo-,
  methyl ester **10** 3259
— 19-oxo-,
  methyl ester **10** 3259
—, 6-oxo-3-semicarbazono-,
  methyl ester **10** 3618
—, 19-oxo-3-semicarbazono-,
  methyl ester **10** 3617
—, 2,3,16,23,24-pentahydroxy- **10** 2579
—, 3-semicarbazono- **10** 3260
  methyl ester **10** 3262
—, 3,23-(sulfinyldioxy)-,
  ethyl ester **10** 1926
  methyl ester **10** 1926
—, 3,16,23-trihydroxy- **10** 2283
  methyl ester **10** 2283
Olean-12-en-30-oic acid 9 3132
  methyl ester **9** 3132
—, 3-acetoxy- **10** 1047
  methyl ester **10** 1048
—, 3-acetoxy-11-oxo- **10** 4393
  methyl ester **10** 4394
—, 3,11-dioxo-,
  methyl ester **10** 3615
—, 3-hydroxy- **10** 1047
  methyl ester **10** 1048
—, 3-(hydroxyimino)-11-oxo-,
  methyl ester **10** 3616
—, 3-hydroxy-11-oxo- **10** 4392, 4393
  methyl ester **10** 4393, 4394
—, 3-oxo-,
  methyl ester **10** 3259
—, 11-oxo-3-semicarbazono-,
  methyl ester **10** 3616
Olean-13(18)-en-28-oic acid 9 3134
  methyl ester **9** 3134
—, 3-acetoxy-,
  methyl ester **10** 1059
—, 3-acetoxy-19-oxo-,
  methyl ester **10** 4403
—, 3,23-diacetoxy-,
  methyl ester **10** 1927
—, 3,23-diacetoxy-11,12-dioxo-,
  methyl ester **10** 4763
—, 3,23-diacetoxy-12-oxo-,
  methyl ester **10** 4653
—, 3,23-dihydroxy-,
  methyl ester **10** 1927
—, 3,19-dioxo- **10** 3618
  methyl ester **10** 3619
—, 3-hydroxy-19-oxo- **10** 4402
  methyl ester **10** 4403
—, 3-oxo-,
  methyl ester **10** 3262
—, 19-oxo- **10** 3262
  methyl ester **10** 3262

—, 19-oxo-3-semicarbazono-,
  methyl ester **10** 3619
Olean-13(18)-en-30-oic acid,
—, 3-acetoxy-,
  methyl ester **10** 1059
—, 3-hydroxy-,
  methyl ester **10** 1059
Olean-12-en-16-ol,
—, 3,28-bis(4-nitrobenzoyloxy)-
  9 1666
—, 3,15,22,28-tetrakis(benzoyloxy)-
  9 705
—, 3,21,22,28-tetrakis(benzoyloxy)-
  9 705
—, 3,15,22,28-
  tetrakis(2,4-dinitrobenzoyloxy)-
  9 1777
—, 3,22,28-tris(benzoyloxy)-21-
  (2-methylcrotonoyloxy)- **9** 704
Olean-12-en-11-one,
—, 3-(benzoyloxy)- **9** 754
Olean-12-en-24-oyl chloride,
—, 3-acetoxy- **10** 1058
Olean-12-en-28-oyl chloride,
—, 3-acetoxy- **10** 1055
—, 3,16-diacetoxy- **10** 1920
—, 3,23-diacetoxy- **10** 1926
Olean-12-en-30-oyl chloride,
—, 3-acetoxy- **10** 1048
Olean-12-en-30-thioic acid
  S-benzyl ester **9** 3133
Oleanintrioic acid 9 4826
Oleanolic acid 10 1049
Oleanoltrioic acid 9 4829
Oleanonic acid 10 3260
Olivetonic acid 10 4565
Olivetoric acid 10 4566
Onocera-8(26),14(27)-diene,
—, 3,21-bis(*p*-anisoyloxy)- **10** 316
—, 3,21-bis(benzoyloxy)- **9** 608
—, 3,21-bis(3,5-dinitrobenzoyloxy)-
  9 1915
α-Onocerin,
—, O,O′-bis(*p*-anisoyl)- **10** 316
—, bis-O-(3,5-dinitrobenzoyl)- **9** 1915
—, di-O-benzoyl- **9** 608
Opianic acid 10 4511
Ornithinamide *see under Valeramide*
Ornithine,
—, N^2-benzoyl- **9** 1230
—, N^5-benzoyl- **9** 1234
—, N^2-benzoyl-N^5-carbamoyl-
  9 1230
  methyl ester **9** 1231
—, N^5-benzoyl-N^2-(1-carboxyethyl)-
  9 1235
—, N^2,N^5-dibenzoyl- **9** 1234
—, N^2-hippuroyl-N^5-(nitrocarbamimidoyl)-
  9 1136

Ornithuric acid **9** 1234
Orsellinic acid **10** 1479
Orthoacetic acid,
—, bromophenyl-,
    trimethyl ester **9** 2276
—, phenyl-,
    dibutyl ester ethyl ester **9** 2179
    dibutyl ester methyl ester **9** 2179
    diethyl ester methyl ester **9** 2178
    diisobutyl ester methyl ester
      9 2180
    diisopentyl ester methyl ester
      9 2180
    diisopropyl ester methyl ester
      9 2179
    ethyl ester diisobutyl ester
      9 2180
    ethyl ester diisopentyl ester
      9 2180
    ethyl ester diisopropyl ester
      9 2179
    ethyl ester dimethyl ester **9** 2178
    ethyl ester dipropyl ester **9** 2178
    methyl ester dipropyl ester
      9 2178
    triethyl ester **9** 2178
    trimethyl ester **9** 2175
Orthobenzoic acid
    triethyl ester **9** 389
Orthopropionic acid,
—, 2-phenyl-,
    trimethyl ester **9** 2419
—; 3-phenyl-,
    triethyl ester **9** 2386
Orthosilicic acid
    tetrakis[o-(methoxycarbonyl)phenyl]
      ester **10** 115
    tetrakis[o(pentyloxycarbonyl)phenyl]
      ester **10** 123
[1.2.5]Osmadioxolane-3-carboxylic acid
1,1-dioxide,
—, 4-phenyl- **10** 1525
Osoic acid **10** 2060
Ostreasterol,
—, O-benzoyl- **9** 480
5-Oxabenzo[cd]fluoranthen-4(5aH)-one,
—, 5a-hydroxy- **10** 3447
3-Oxabicyclo[3.2.1]octan-2-one,
—, 4-hydroxy-1,4,8,8-tetramethyl-
    10 2881
Oxalacetic acid,
—, [2-(acenaphthen-5-yl)ethyl]-,
    diethyl ester **10** 4016
—, [(3-acetoxy-2-naphthyl)methylene]-,
    diethyl ester **10** 4781
—, (2-bromo-4,5-dimethoxyphenethyl)-,
    diethyl ester **10** 4804
—, (cyclohex-1-en-1-yl)-,
    diethyl ester **10** 3928

—, (2-cyclohexylethyl)-,
    diethyl ester **10** 3920
—, 3-(2-cyclohexylvinyl)-,
    1-(4-bromophenacyl) ester
      4-ethyl ester **10** 3934
    diethyl ester **10** 3933
    4-ethyl ester **10** 3933
—, ethylphenyl-,
    diethyl ester **10** 3967
—, [(3-hydroxy-2-naphthyl)methylene]-,
    diethyl ester **10** 4781
—, (α-methylbenzylidene)- **10** 3978
—, (1-naphthyl)-,
    diethyl ester **10** 4003
—, phenyl-,
    diethyl ester **10** 3956
—, [2-(pyren-1-yl)ethyl]-,
    diethyl ester **10** 4032
Oxalic acid,
—, (3-hydroxy-5-methoxy-o-phenylene)di-,
    dimethyl ester **10** 4845
Oxalimidic acid
    bis[o-(benzoyloxy)phenyl] ester
      9 552
Oxamide,
—, (phenylacetyl)- **9** 2207
Oxamidrazone,
—, N',N'''-dibenzoyl- **9** 1319
Oxamonitrile see Formamide, 1-cyano-
2-Oxanorbornane-5,6-dicarboxylic acid,
—, 7-bromo-3-hydroxy- **10** 4711
    dimethyl ester **10** 4711
2-Oxaspiro[4.5]decane-1-carboxylic
acid,
—, 1-hydroxy-7-methyl-3-oxo-
    10 3915
—, 1-hydroxy-8-methyl-3-oxo-
    10 3915
—, 1-hydroxy-3-oxo- **10** 3903
2-Oxaspiro[4.5]decan-1-one,
—, 3-(p-ethylphenyl)-3-hydroxy-
    10 3208
—, 3-hydroxy-8-methyl-3-phenyl-
    10 3202
—, 3-hydroxy-3-phenyl- **10** 3196
—, 3-hydroxy-3-p-tolyl- **10** 3203
8-Oxaspiro[4.5]decan-7-one,
—, 9-ethyl-9-hydroxy- **10** 2879
—, 9-hydroxy-2,9-dimethyl- **10** 2880
—, 9-hydroxy-9-isopropyl- **10** 2889
—, 9-hydroxy-2-methyl-9-phenyl-
    10 3204
—, 9-hydroxy-9-phenyl- **10** 3198
2-Oxaspiro[4.4]nonane-1-carboxylic
acid,
—, 1-hydroxy-7-methyl-3-oxo- **10** 3910
2-Oxaspiro[4.4]nonan-1-one,
—, 3-(p-ethylphenyl)-3-hydroxy-
    10 3204

2-Oxaspiro[4.4]nonan-1-one *(continued)*
—, 3-hydroxy-3-(indan-5-yl)- **10** 3243
—, 3-hydroxy-3-(4-methyl-1-naphthyl)-
  10 3361
—, 3-hydroxy-7-methyl-3-phenyl-
  10 3198
—, 3-hydroxy-7-methyl-3-*p*-tolyl-
  10 3205
—, 3-hydroxy-3-(1-naphthyl)- **10** 3357
—, 3-hydroxy-3-(2-naphthyl)- **10** 3358
—, 3-hydroxy-3-phenyl- **10** 3192
—, 3-hydroxy-3-*p*-tolyl- **10** 3199
2-Oxaspiro[4.4]nonan-3-one,
—, 1-hydroxy-1,7-dimethyl- **10** 2863
3-Oxaspiro[5.5]undecan-4-one,
—, 2-ethyl-2-hydroxy- **10** 2887
—, 2-heptyl-2-hydroxy- **10** 2896
—, 2-hydroxy-2,8-dimethyl- **10** 2888
—, 2-hydroxy-2,9-dimethyl- **10** 2888
—, 2-hydroxy-2-isopropyl- **10** 2890
—, 2-hydroxy-2-phenyl- **10** 3202
Oxazolidin-4-one,
—, 2,5-diphenyl- **10** 469
—, 2-(*p*-methoxyphenyl)-5-phenyl-
  10 470
—, 2-(*p*-nitrophenyl)-5-phenyl-
  10 470
Oxyscillanic acid 10 698

P

Pachymic acid 10 1929
Palitantic acid 10 2054
—, tetrahydro- **10** 2025
Pannarindioic acid 10 2114
Pantothenic acid,
—, O²-(4-nitrobenzoyl)- **9** 1685
  methyl ester **9** 1685
Paraorsellinic acid 10 1509
Parasantonic acid 10 3541
—, dihydroxy- **10** 4730
Parellinic acid 10 2117
Parkeol,
—, O-benzoyl- **9** 486
Paucin 10 1841
Pedicin,
—, di-O-benzoyl- **9** 848
Pelandjauic acid 10 1029
—, tetrahydro- **10** 686
Peltigeric acid 10 1497
Peltigerin 10 1497
Peltigronic acid 10 1497
Penaldic acid, Aryl- see *Arylpenaldic acid*
Penicillamine,
—, S-acetyl-N-[N-(phenylacetyl)glycyl]-
  9 2211
—, N-[3-benzamido-2-(dimethoxymethyl)≠
  butyryl]- **9** 1207
—, N-benzoyl- **9** 1182

—, N-benzoyl-S-benzyl- **9** 1182
  methyl ester **9** 1183
—, N-(N-benzoyl-3,3-diethoxyalanyl)-
  9 1203
  methyl ester **9** 1203
—, S-benzyl-N-[2-(ethoxycarbonyl)-2-
  (2-phenylacetamido)ethylidene]-
  9 2248
—, S-benzyl-N-[2-(ethoxycarbonyl)-2-
  (2-phenylacetamido)vinyl]-
  9 2248
—, S-benzyl-N-[2-(ethoxycarbonyl)-2-
  (phenylacetylimino)ethyl]-
  9 2248
—, S-benzyl-N-[O-methyl-N-
  (phenylacetyl)seryl]- **9** 2220
—, S-benzyl-N-(phenylacetyl)- **9** 2222
  methyl ester **9** 2222
—, S-benzyl-N-[N-(phenylacetyl)glycyl]-
  9 2211
  methyl ester **9** 2212
—, N,S-bis(phenylacetyl)- **9** 2294
—, N-[carboxy(2-phenylacetamido)acetyl]-
  9 2223
—, N-[3,3-diethoxy-N-(phenylacetyl)≠
  alanyl]- **9** 2237
—, N-[2-(dimethoxymethyl)-3-
  (2-phenylacetamido)butyryl]-
  9 2241
—, N-{[2,2-dimethoxy-1-
  (2-phenylacetamido)ethyl]≠
  carbamoyl}-,
  methyl ester **9** 2203
—, N-[3,3-dimethoxy-N-(phenylacetyl)≠
  alanyl]- **9** 2236
  methyl ester **9** 2237
—, N-[α-(ethoxycarbonyl)hippuroyl]-,
  methyl ester **9** 1187
—, N-[ethoxycarbonyl(2-phenylacetamido)≠
  acetyl]-,
  methyl ester **9** 2224
—, N-hippuroyl- **9** 1135
—, N-[α-(methoxycarbonyl)hippuroyl]-,
  methyl ester **9** 1186
—, N-[2-(methoxycarbonyl)-2-
  (2-phenylacetamido)ethyl]-
  9 2247
—, N-[3-methoxy-2-(2-phenylacetamido)≠
  acryloyl]-,
  methyl ester **9** 2233
—, N-[3-methoxy-2-(phenylacetylimino)≠
  propionyl]-,
  methyl ester **9** 2233
—, N-(phenylacetyl)- **9** 2221, 2222
  methyl ester **9** 2222
—, N-[N-(phenylacetyl)glycyl]-
  9 2210, 2211
  methyl ester **9** 2212
—, N-(phenylthioacetyl)- **9** 2296

Pentadeca-2,4,6,8,10,12,14-heptaenoic acid,
—, 15-(1,2-dihydroxy-
2,6,6-trimethylcyclohexyl)-
4,9,13-trimethyl- **10** 1988
methyl ester **10** 1988
Pentadecanamide,
—, 15-(cyclopent-2-en-1-yl)-
2,2-dimethyl- **9** 295
Pentadecanoic acid,
—, 15-(cyclopent-2-en-1-yl)-
2,2-dimethyl- **9** 295
—, 15-(cyclopent-2-en-1-yl)-2-methyl-
9 295
—, 15-cyclopentyl-2-methyl- **9** 138
—, 13-oxo-15-phenyl- **10** 3125
ethyl ester **10** 3125
—, 15-phenyl- **9** 2648
—, 6-phenyl- **9** 2648
4-bromophenacyl ester **9** 2648
—, 15-phenyl-13-semicarbazono- **10** 3125
Pentadecan-3-ol,
—, 1-[2,5-bis(4-bromobenzoyloxy)-
3,4,6-trimethylphenyl]-
3,6,10,14-tetramethyl- **9** 1412
Penta-2,4-dienal,
—, 5-(benzoyloxy)- **9** 725
azine **9** 725
Penta-2,4-dienamide,
—, 5-phenyl- **9** 3072
Penta-2,4-dienenitrile,
—, 4-bromo-2,5-diphenyl- **9** 3513
—, 2-(m-bromophenyl)-4-nitro-5-phenyl-
9 3514
—, 2-(p-bromophenyl)-4-nitro-5-phenyl-
9 3515
—, 2-(3,4-dimethoxyphenyl)-5-phenyl-
10 2007
—, 2,5-diphenyl- **9** 3513
—, 5,5-diphenyl- **9** 3516
—, 3-methyl-5-(2,6,6-trimethylcyclohex-
1-en-1-yl)- **9** 2616
—, 3-methyl-5-(2,6,6-trimethylcyclohex-
2-en-1-yl)- **9** 2617
—, 5-phenyl- **9** 3072
Penta-2,4-dienimidoyl chloride,
—, 5-phenyl- **9** 3072
Penta-2,4-dienoic acid,
—, 5-[2,5-bis(o-carboxyphenyl)-
4-hydroxy-3,6-dioxocyclohexa-
1,4-dien-1-yl]- **10** 4866
—, 2,5-bis(p-nitrophenyl)- **9** 3515
—, 4-bromo-2-cyano-5-phenyl-,
ethyl ester **9** 4434
methyl ester **9** 4434
—, 4-bromo-5-phenyl- **9** 3073
methyl ester **9** 3073
—, 5-(6-carboxy-1,4,7-trihydroxy-
9,10-dioxo-9,10-dihydro-
2-phenanthryl)- **10** 4865

—, 5-(p-chlorophenyl)- **9** 3073
methyl ester **9** 3073
—, 2-(p-chlorophenyl)-5-phenyl-
9 3513
—, 2-cyano-5,5-diphenyl- **9** 4657
—, 2-cyano-3-methyl-5-phenyl-,
methyl ester **9** 4442
—, 2-cyano-3-methyl-5-
(2,6,6-trimethylcyclohex-1-en-
1-yl)- **9** 4360
—, 2-cyano-3-methyl-5-
(2,6,6-trimethylcyclohex-2-en-
1-yl)- **9** 4361
—, 2-cyano-4-pentyl-5-phenyl-,
ethyl ester **9** 4452
—, 2-cyano-5-phenyl- **9** 4433
ethyl ester **9** 4433
methyl ester **9** 4433
—, 2,4-dibromo-5-phenyl-,
methyl ester **9** 3074
—, 2,5-dibromo-5-phenyl-,
methyl ester **9** 3074
—, 2,5-diphenyl- **9** 3512
2-(diethylamino)ethyl ester **9** 3512
methyl ester **9** 3512
—, 3,5-diphenyl- **9** 3516
ethyl ester **9** 3516
—, 2-ethyl-5-phenyl- **9** 3083
—, 2-hexanamido-5-phenyl- **10** 3157
—, 2-isopropenyl-5-phenyl- **9** 3229
—, 2-(p-methoxyphenyl)-5-phenyl-
10 1309
—, 5-(p-methoxyphenyl)-2-phenyl-
10 1309
—, 2-methyl-5-phenyl- **9** 3080
—, 3-methyl-5-phenyl- **9** 3078, 3079
—, 3-methyl-5-(2,6,6-trimethylcyclohex-
1-en-1-yl)- **9** 2614, 2615
ethyl ester **9** 2615
—, 3-methyl-5-(2,6,6-trimethylcyclohex-
2-en-1-yl)- **9** 2616
ethyl ester **9** 2616
—, 5-nitro-2,5-diphenyl-,
methyl ester **9** 3514
—, 2-(o-nitrophenyl)-5-phenyl- **9** 3513
—, 2-(p-nitrophenyl)-5-phenyl- **9** 3513
methyl ester **9** 3514
—, 5-(o-nitrophenyl)-2-phenyl- **9** 3514
—, 2-(1-oxo-3-phenylinden-2-yl)-
5,5-diphenyl- **10** 3509
—, 5-phenyl- **9** 3070
methyl ester **9** 3071
—, 5-phenyl-2-(2-phenylacetamido)-
10 3158
—, 5-(1,4,7-triacetoxy-6-carboxy-
9,10-dioxo-9,10-dihydro-
2-phenanthryl)- **10** 4865
Penta-2,4-dienoic anhydride,
—, 5-phenyl- **9** 3072

Penta-1,4-dien-3-one,
—, 1,5-bis[*p*-(benzoyloxy)phenyl]-
  2,4-diphenyl- **9** 808
Penta-2,4-dienoyl chloride,
—, 2-cyano-5-phenyl- **9** 4433
—, 3-methyl-5-(2,6,6-trimethylcyclohex-
  1-en-1-yl)- **9** 2616
Pentaerythritol,
—, di-O-benzoyl- **9** 688
—, O-(2-nitrosobenzoyl)- **9** 1464
—, tetra-O-benzoyl- **9** 688
—, tri-O-benzoyl-O-(2-nitrosobenzoyl)-
  9 1464
—, tri-O-methyl-O-(4-nitrobenzoyl)-
  9 1668
Pentalene-1-carboxylic acid,
—, 3a-methyl-3-oxooctahydro- **10** 2911
—, 2-oxooctahydro-,
  ethyl ester **10** 2903
—, 3-oxooctahydro- **10** 2903
Pentalene-2-carboxylic acid,
—, 1,4-dioxooctahydro-,
  ethyl ester **10** 3527
—, 1-oxooctahydro-,
  ethyl ester **10** 2903
Pentalene-3a(3H)-carboxylic acid,
—, 2-acetyl-1,1,4-trimethylhexahydro-
  10 2948
—, 1,2-dihydroxy-
  1,2,4-trimethylhexahydro-,
  methyl ester **10** 1358
—, 1,2,4-trimethylhexahydro- **9** 259
—, 1,2,4-trimethyl-4,5,6,6a-tetrahydro-
  9 334
  methyl ester **9** 335
Pentalene-1,2-dicarboxylic acid,
—, 3a-methyl-3-oxooctahydro- **10** 3933
  diethyl ester **10** 3933
—, 3-oxooctahydro-,
  diethyl ester **10** 3930
Pentalene-1,3-dicarboxylic acid,
—, octahydro- **9** 3990, 3991
Pentalene-1,3a(3H)-dicarboxylic acid,
—, 1,4-dimethyl-5-oxohexahydro-
  10 3935
Pentalene-2,3a(1H)-dicarboxylic acid,
—, 1,1,4-trimethyl-4,5,6,6a-tetrahydro-
  9 4069
  dimethyl ester **9** 4069
Pentalene-2,3a(3H)-dicarboxylic acid,
—, 2-bromo-1,1,4-trimethylhexahydro-
  9 4017
  dimethyl ester **9** 4018
  2-methyl ester **9** 4017
—, 2-hydroxy-1,1,4-trimethylhexahydro-,
  dimethyl ester **10** 2054
—, 1,1,4-trimethylhexahydro- **9** 4016
  2-methyl ester **9** 4017
  3a-methyl ester **9** 4017

Pentalene-2,5-dicarboxylic acid,
—, 1,4-dioxooctahydro-,
  diethyl ester **10** 4054
**Pentalene-1,3,4,6-tetracarboxylic
acid,**
—, 2,5-dioxo-1,2,3,5,6,6a-hexahydro-,
  tetramethyl ester **10** 4171
—, 2,5-dioxooctahydro-,
  tetramethyl ester **10** 4170
Pentalen-1-ol,
—, 6a-(benzoyloxy)-
  1,3-diphenyloctahydro- **9** 648
Pentane,
—, 2-(benzoyloxy)- **9** 396
—, 1-(benzoyloxy)-5-bromo- **9** 396
—, 1-(benzoyloxy)-5-chloro- **9** 396
—, 1-(benzoyloxy)-5-(diethylamino)-
  9 885
—, 2-(benzoyloxy)-4-(diethylamino)-
  9 886
—, 2-(benzoyloxy)-5-(diethylamino)-
  1-phenoxy- **9** 892
—, 2-(benzoyloxy)-5-(diethylamino)-1-
  (*p*-tolyloxy)- **9** 892
—, 3-(benzoyloxy)-2,4-dimethyl- **9** 399
—, 1-(benzoyloxy)-3-(dimethylamino)-
  9 885
—, 3-(benzoyloxy)-1-(dimethylamino)-
  2,2-dimethyl- **9** 890
—, 2-(benzoyloxy)-4-(dimethylamino)-
  2-methyl- **9** 889
—, 4-(benzoyloxy)-1-(dimethylamino)-
  4-methyl- **9** 889
—, 2-(benzoyloxy)-5-(dimethylamino)-
  1-phenoxy- **9** 891
—, 1-(benzoyloxy)-2-methyl- **9** 398
—, 1-(benzoyloxy)-5-nitro- **9** 396
—, 1-(benzoyloxy)-1-phenyl- **9** 439
—, 3-benzyl-2-(4-nitrobenzoyloxy)-
  9 1596
—, 1,2-bis(benzoyloxy)- **9** 540
—, 1,5-bis[4-(benzoyloxy)-
  3-methoxyphenyl]- **9** 696
—, 2,4-bis(benzoyloxy)-2-methyl- **9** 541
—, 2,2-bis[*p*-(benzoyloxy)phenyl]- **9** 628
—, 3,3-bis[*p*-(benzoyloxy)phenyl]-
  9 628
—, 2,2-bis[*p*-(benzoyloxy)phenyl]-
  4-methyl- **9** 630
—, 1,5-bis[3,4-bis(benzoyloxy)phenyl]-
  9 696
—, 1,4-bis(2-carboxybenzoyloxy)-
  1,2-dimethoxy- **9** 4186
—, 1,4-bis(3,5-dinitrobenzoyloxy)-
  9 1894
—, 2,3-bis(3,5-dinitrobenzoyloxy)-
  9 1894
—, 1,5-bis(9,10-dioxo-9,10-dihydro-
  2-anthroyloxy)- **10** 3645

Pentane (*continued*)
—, 1,4-bis(4-nitrobenzoyloxy)- **9** 1628
—, 1,5-bis(4-nitrobenzoyloxy)- **9** 1628
—, 2-*tert*-butyl-1-(3,5-dinitrobenzoyloxy)-
   2,4,4-trimethyl- **9** 1796
—, 1-chloro-2-(3,5-dinitrobenzoyloxy)-
   5-phenyl- **9** 1854
—, 3-(cinnamoyloxy)-2,2-dimethyl-1-
   (dimethylamino)- **9** 2709
—, 1,3-diacetoxy-2,4,5-tris(benzoyloxy)-
   9 702
—, 2,3-diacetoxy-1,4,5-tris(benzoyloxy)-
   9 702
—, 1-(diethylamino)-4-
   (diphenylacetylthio)- **9** 3316
—, 2-(diethylamino)-1-
   (4-ethoxybenzoyloxy)-4-methyl-
   10 336
—, 1-(diethylamino)-4-
   (4-nitrobenzoylthio)- **9** 1995
—, 1-(diethylamino)-4-
   (2-phenylbutyryloxy)- **9** 2464
—, 1-(diethylamino)-4-
   (2-phenylhexanoyloxy)- **9** 2540
—, 1-(diethylamino)-4-
   (2-phenylpropionyloxy)- **9** 2420
—, 1-(diethylamino)-4-
   (2-phenylvaleryloxy)- **9** 2507
—, 1,5-dimethoxy-2-(4-nitrobenzoyloxy)-
   9 1660
—, 1-(dimethylamino)-2,2-dimethyl-3-
   (4-nitrobenzoyloxy)- **9** 1705
—, 4-(dimethylamino)-2-methyl-2-
   (4-nitrobenzoyloxy)- **9** 1704
—, 3-(3,5-dinitrobenzoyloxy)-
   2,2-dimethyl- **9** 1789
—, 4-(3,5-dinitrobenzoyloxy)-
   2,2-dimethyl- **9** 1790
—, 1-(3,5-dinitrobenzoyloxy)-
   4,4-dimethyl-2-neopentyl- **9** 1796
—, 4-(3,5-dinitrobenzoyloxy)-2-
   (fluoren-9-yl)-2-methyl- **9** 1888
—, 2-(3,5-dinitrobenzoyloxy)-1-methoxy-
   9 1894
—, 2-(3,5-dinitrobenzoyloxy)-2-methyl-
   9 1785
—, 2-(3,5-dinitrobenzoyloxy)-3-methyl-
   9 1786
—, 2-(3,5-dinitrobenzoyloxy)-4-methyl-
   9 1786
—, 3-(3,5-dinitrobenzoyloxy)-2-methyl-
   9 1785
—, 3-(3,5-dinitrobenzoyloxy)-3-methyl-
   9 1787
—, 1-(3,5-dinitrobenzoyloxy)-5-phenoxy-
   3-propyl- **9** 1896
—, 3-(3,5-dinitrobenzoyloxy)-2-phenyl-
   9 1855
—, 2-ethyl-1-(4-nitrobenzoyloxy)-
   1-phenyl- **9** 1596
—, 4-methyl-1,4-bis(4-nitrobenzoyloxy)-
   9 1629
—, 2-methyl-1-(4-nitrobenzoyloxy)-
   1-phenyl- **9** 1595
—, 1,2,3,4,5-pentakis(galloyloxy)-
   10 2085
—, 1,2,3,4,5-pentakis(3,4,5-
   triacetoxybenzoyloxy)- **10** 2085
—, 1,1,2,2-tetradeuterio-3-
   (3,5-dinitrobenzoyloxy)- **9** 1784
—, 1,2,4,5-tetrakis(benzoyloxy)-
   9 688
—, 2,3,4-triacetoxy-1,5-bis(benzoyloxy)-
   9 702

Pentane-1,5-diamine,
—, *N*-benzoyl-*N'*-(4-benzamidobutyl)-
   9 1221
Pentane-2,3-dione
   O-benzoyloxime **9** 1273
   bis(*O*-benzoyloxime) **9** 1284
   (4-nitrobenzoyl)hydrazone **9** 1756
Pentane-2,4-dione
   (4-bromobenzoyl)hydrazone **9** 1402
Pentane-1,1,5,5-tetracarboxylic acid,
—, 2-[bis(methoxycarbonyl)methyl]-
   4-phenyl-,
   tetramethyl ester **9** 4915
Pentane-1,2,3,5-tetracarboxylic acid,
—, 1-[2-carboxy-3-(3-carboxy-
   1-methylpropyl)-
   2-methylcyclopentyl]-3-methyl-
   9 4911
Pentane-1,3,4,4-tetracarboxylic acid,
—, 5,5-diphenyl-,
   tetraethyl ester **9** 4895
Pentane-1,3,5-tricarbonitrile,
—, 3-(*p*-chlorophenyl)- **9** 4813
—, 3-*p*-cumenyl- **9** 4817
—, 3-(cyclohex-1-en-1-yl)- **9** 4778
—, 3-(2,3-dimethoxyphenyl)-
   10 2604
—, 3-(1-naphthyl)- **9** 4836
—, 3-(*p*-nitrophenyl)- **9** 4813
—, 3-phenyl- **9** 4813
Pentane-1,1,5-tricarboxylic acid
   1-(benzamidomethyl)amide **9** 1091
   1-(benzamidomethyl)amide
   1,5-diethyl ester **9** 1091
Pentane-1,2,2-tricarboxylic acid,
—, 5-phenyl- **9** 4811
   triethyl ester **9** 4811
Pentane-1,2,5-tricarboxylic acid,
—, 5-[2-(ethoxycarbonyl)cyclohexyl]-
   2-methyl-,
   triethyl ester **9** 4857
—, 5-(*p*-methoxyphenyl)-2-methyl-,
   triethyl ester **10** 2579

Pentane-1,2,5-tricarboxylic acid *(continued)*
—, 2-methyl-5-phenyl- **9** 4815
   triethyl ester **9** 4815
Pentane-1,3,4-tricarboxylic acid,
—, 5,5-diphenyl- **9** 4841
Pentane-1,3,5-tricarboxylic acid,
—, 3-(*p*-chlorophenyl)- **9** 4813
—, 3-*p*-cumenyl- **9** 4816
   triethyl ester **9** 4816
—, 3-(*p*-nitrophenyl)- **9** 4813
—, 3-phenyl- **9** 4812
   triethyl ester **9** 4812
Pentane-1,4,4-tricarboxylic acid,
—, 5-phenyl-,
   triethyl ester **9** 4811
Pentane-2,2,3-tricarboxylic acid,
—, 5-(5-methoxy-2,4-xylyl)-5-oxo-,
   triethyl ester **10** 4848
Pentane-2,3,4-tricarboxylic acid,
—, 1-phenyl- **9** 4812
Pentane-2,3,4-triol,
—, 1,5-bis(benzoyloxy)- **9** 701
Pentan-1-ol,
—, 1-[4-(benzoyloxy)-3-methoxyphenyl]-
   9 675
Pentan-2-ol,
—, 2,4,4-trimethyl-3-
   (4-nitrobenzoyloxy)- **9** 1631
Pentan-3-ol,
—, 2,4,4-trimethyl-4-(4-nitrobenzoyloxy)-
   9 1631
Pentan-2-one,
—, 5-(benzoyloxy)- **9** 722
—, 4-(benzoyloxy)-5,5,5-trichloro-
   9 722
—, 1,5-bis(benzoyloxy)- **9** 780
—, 1,5-bis(3,5-dinitrobenzoyloxy)-
   9 1931
—, 4-(3,5-dinitrobenzoyloxy)-4-methyl-
   9 1922
—, 4-(3,5-dinitrobenzoyloxy)-5-phenyl-
   9 1928
—, 4-methyl-3,4-bis(4-nitrobenzoyloxy)-
   9 1677
—, 4-methyl-4-(4-nitrobenzoyloxy)-
   9 1671
—, 5-(4-nitrobenzoyloxy)- **9** 1670
   semicarbazone **9** 1671
Pentan-3-one,
—, 1,5-bis(benzoyloxy)-2-
   (benzoyloxymethyl)-2,4-dimethyl-
   9 808
—, 2,4-dimethyl-1,5-
   bis(4-nitrobenzoyloxy)-2-
   [(4-nitrobenzoyloxy)methyl]- **9** 1680
—, 4-(3,5-dinitrobenzoyloxy)-1-
   (*p*-methoxyphenyl)- **9** 1932
—, 1-(*p*-methoxyphenyl)-4-
   (4-nitrobenzoyloxy)- **9** 1680

—, 2-methyl-1-(4-nitrobenzoyloxy)-
   9 1671
—, 2-methyl-1-(4-nitrobenzoyloxy)-2-
   [(4-nitrobenzoyloxy)methyl]-
   9 1678
—, 2,2,4-trimethyl-1-
   (4-nitrobenzoyloxy)- **9** 1672
A,23,24,25,27-Pentanorursa-
9(11),13-dien-28-oic acid,
—, 3-isopropyl-5-methyl- **9** 3264
A,C,23,24,25-Pentanorursane-27,28-dioic
acid,
—, 11-hydroxy-3-isopropyl-5-methyl-
   10 2280
Pentaphene-3-carboxylic acid,
—, 5-acetoxy- **10** 1345
—, 5-hydroxy- **10** 3497
—, 5-oxo-5,14-dihydro- **10** 3497
—, 5,8,13,14-tetrahydro- **9** 3659
—, 5,8,13,14-tetraoxo-
   5,8,13,14-tetrahydro- **10** 4096
Pentaphene-3-carboxylic anhydride,
—, 5-acetoxy- **10** 1346
Pent-2-enamide,
—, 5-cyclohexyl- **9** 224
—, 4-methyl-2-phenyl- **9** 2811
—, 4-oxo-2,3,5-triphenyl- **10** 3477
—, 2-phenyl- **9** 2781
Pent-3-enamide,
—, 4-(5,6,7,8-tetrahydro-2-naphthyl)-
   9 3101
Pent-4-enamide,
—, 2-cyano-2-(cyclohex-1-en-1-yl)-
   9 4056
—, 2-(cyclohex-1-en-1-yl)- **9** 316
—, 2,2-diphenyl- **9** 3469
—, 2-ethoxy-5-phenyl- **10** 875
—, 2-ethyl-5-phenyl- **9** 2833
—, 2-phenethyl- **9** 2833
—, 2-phenyl- **9** 2782
Pent-1-ene,
—, 4-(benzoyloxy)-2-methyl- **9** 404
—, 4-(3,5-dinitrobenzoyloxy)-
   3,4-dimethyl- **9** 1804
—, 4-(3,5-dinitrobenzoyloxy)-3-methyl-
   9 1802
—, 5-(3,5-dinitrobenzoyloxy)-1-phenyl-
   9 1862
—, 3-(3,5-dinitrobenzoyloxy)-
   2,4,4-trimethyl- **9** 1807
—, 2,4,4-trimethyl-3-
   (4-nitrobenzoyloxy)- **9** 1556
Pent-2-ene,
—, 4-(benzoyloxy)- **9** 402
—, 3-(benzoyloxy)-2,4-dimethyl- **9** 406
—, 4,5-bis(4-nitrobenzoyloxy)-5-phenyl-
   9 1648
—, 4-chloro-4-ethyl-5-
   (4-nitrobenzoyloxy)-5-phenyl- **9** 1605

Pent-2-ene *(continued)*
—, 5-chloro-4-ethyl-4-
(4-nitrobenzoyloxy)-5-phenyl-
9 1605
—, 4-chloro-4-methyl-5-
(4-nitrobenzoyloxy)-5-phenyl-
9 1604
—, 5-chloro-4-methyl-4-
(4-nitrobenzoyloxy)-5-phenyl- **9** 1604
—, 3-[4,5-dimethoxy-2-
(methylsulfonyloxy)phenyl]-2-
(veratroyloxy)- **10** 1419
—, 4-(3,5-dinitrobenzoyloxy)-2-methyl-
9 1802
—, 4-(3,5-dinitrobenzoyloxy)-5-nitro-
9 1800
—, 1-(3,5-dinitrobenzoyloxy)-
2,4,4-trimethyl- **9** 1807
—, 4-ethyl-4,5-bis(4-nitrobenzoyloxy)-
5-phenyl- **9** 1648
—, 3-(2-hydroxy-4,5-dimethoxyphenyl)-
2-(veratroyloxy)- **10** 1419
—, 4-(2-nitrobenzoyloxy)- **9** 1470
—, 4-(3-nitrobenzoyloxy)- **9** 1494
—, 4-(4-nitrobenzoyloxy)- **9** 1551
—, 2,4,4-trimethyl-1-
(4-nitrobenzoyloxy)- **9** 1556
Pent-2-enebis(dithioic acid),
—, 3-(benzoyloxy)- **9** 868
Pentenedioic acid,
—, 4-acetyl-3-(p-methoxyphenyl)-,
5-ethyl ester **10** 4751
—, 4-acetyl-3-(4-methoxy-m-tolyl)-,
5-ethyl ester **10** 4753
—, 4-acetyl-3-(6-methoxy-m-tolyl)-,
5-ethyl ester **10** 4753
—, 2-benzyl- **9** 4393
—, 4-benzyl- **9** 4394
diethyl ester **9** 4394
—, 4-benzyl-2-cyano-3-methyl-,
diethyl ester **9** 4823
—, 4-benzyl-2,3-dimethyl-,
diethyl ester **9** 4412
—, 3-benzyl-4-ethylidene- **9** 4444
—, 4-benzylidene-3-(p-methoxyphenyl)-
10 2395
diethyl ester **10** 2396
5-ethyl ester **10** 2396
—, 4-benzylidene-3-(4-methoxy-m-tolyl)-
10 2398
5-ethyl ester **10** 2398
—, 4-benzylidene-3-(6-methoxy-m-tolyl)-
10 2398
—, 2-benzyl-3-methyl- **9** 4405
diethyl ester **9** 4405
—, 4-benzyl-2-methyl- **9** 4406
diethyl ester **9** 4406
—, 4-benzyl-3-methyl- **9** 4405
diethyl ester **9** 4405

—, 3-(4-bromobenzoyl)-2-
(4-bromophenacyl)- **10** 4090
—, 2-(p-chlorophenyl)- **9** 4388
—, 2-cyano-3-(p-hydroxyphenyl)-,
diethyl ester **10** 2579
—, 2-cyano-3-(p-methoxyphenyl)-,
diethyl ester **10** 2579
—, 4-cyano-4-methyl-3-phenyl-,
diethyl ester **9** 4822
—, 4-cyano-3-phenyl-,
diethyl ester **9** 4821
—, 3-(2,4-diacetoxyphenyl)-,
diethyl ester **10** 2472
—, 3-(2,4-dihydroxyphenyl)- **10** 2472
diethyl ester **10** 2472
—, 3-(2,4-dimethoxyphenyl)- **10** 2472
—, 3,3′-(4,6-dimethoxy-m-phenylene)di-
10 2634
—, 2,3-diphenyl- **9** 4609
—, 2,4-diphenyl- **9** 4608
diethyl ester **9** 4609
dimethyl ester **9** 4609
—, 3-(p-ethoxyphenyl)- **10** 2261
—, 3-(4-ethoxy-m-tolyl)- **10** 2266
—, 3-(6-ethoxy-m-tolyl)- **10** 2265
—, 4-ethylidene-3-phenyl- **9** 4442
—, 3-(2-hydroxy-1-naphthyl)- **10** 2348
—, 3-(p-hydroxyphenyl)- **10** 2260
diethyl ester **10** 2261
—, 3-(1-methoxy-2-naphthyl)- **10** 2350
—, 3-(2-methoxy-1-naphthyl)- **10** 2349
ethyl ester **10** 2350
methyl ester **10** 2349
—, 3-(4-methoxy-1-naphthyl)- **10** 2350
—, 3-(p-methoxyphenyl)- **10** 2261
diethyl ester **10** 2262
ethyl ester **10** 2261
—, 3-(p-methoxyphenyl)-4-methyl-
10 2264
—, 3-(2-methoxy-p-tolyl)- **10** 2266
—, 3-(4-methoxy-m-tolyl)- **10** 2265
—, 3-(6-methoxy-m-tolyl)- **10** 2265
—, 2-(1-naphthyl)- **9** 4528
—, 2-phenyl- **9** 4387
diethyl ester **9** 4388
dimethyl ester **9** 4388
—, 3-phenyl- **9** 4389
diethyl ester **9** 4390
—, 3-styryl-,
1-methyl ester **9** 4441
5-methyl ester **9** 4441
Pent-2-enenitrile,
—, 4-bromo-5-methoxy-4-nitro-2-
(p-nitrophenyl)-5-phenyl- **10** 1270
—, 4,5-dibromo-2,5-diphenyl- **9** 3464
—, 5-(2,3-dimethyltricyclo[2.2.1.0²,⁶]-
hept-3-yl)-2-methyl- **9** 2620
—, 5-methoxy-4-nitro-2-(p-nitrophenyl)-
5-phenyl- **10** 1270

Pent-2-enenitrile *(continued)*
—, 4-methyl-2-phenyl- **9** 2811
—, 2-phenyl- **9** 2781
Pent-3-enenitrile,
—, 5-(1-acetyl-2-oxocycloheptyl)-
   10 3533
—, 5-(1-acetyl-2-oxocyclohexyl)-
   10 3532
—, 5-(1-acetyl-2-oxocyclopentyl)-
   10 3531
—, 2-(benzoyloxy)- **9** 861
—, 2-(benzoyloxy)-3-methyl- **9** 862
—, 5-[1-butyryl-2-oxocyclohexyl]-
   10 3534
—, 2-(2,5-dichlorobenzoyloxy)- **9** 1376
—, 5-(1-nitrocyclohexyl)- **9** 224
—, 5-(2-oxo-1-propionylcyclohexyl)-
   10 3533
Pent-4-enenitrile,
—, 2-allyl-2-(cyclohex-1-en-1-yl) **9** 2600
—, 2-(2-allylcyclohexylidene)- **9** 2602
—, 4-bromo-2,2-diphenyl- **9** 3470
—, 2-(cyclohex-1-en-1-yl)- **9** 316
—, 2-(cyclohex-1-en-1-yl)-2-phenyl-
   9 3252
—, 2,2-diphenyl- **9** 3469
—, 3-oxo-5-phenyl- **10** 3156
—, 2-phenyl- **9** 2782
Pent-1-ene-1,3,3-tricarboxylic acid,
—, 2-phenyl-,
   triethyl ester **9** 4823
Pent-4-ene-1,2,2-tricarboxylic acid,
—, 5-phenyl-,
   triethyl ester **9** 4822
Pent-2-enoic acid,
—, 2-acetoxy-5-(2-bromo-
   4,5-dimethoxyphenyl)- **10** 2224
—, 2-acetoxy-5-(2-chloro-
   4,5-dimethoxyphenyl)- **10** 2224
—, 2-acetoxy-5-(p-methoxyphenyl)-
   10 1858
—, 2-acetoxy-5-phenyl- **10** 876
—, 2-acetyl-5-phenyl-,
   ethyl ester **10** 3178
—, 3-amino-2-cyano-4-phenyl-,
   ethyl ester **10** 3966
—, 2-(benzoyloxy)-5-cyano-,
   ethyl ester **9** 868
—, 4-benzyl-4-hydroxy-5-phenyl-,
   4-phenylphenacyl ester **10** 1282
—, 2-benzyl-4-oxo- **10** 3170
—, 3,5-bis(p-methoxyphenyl)-5-oxo-
   10 4693
   methyl ester **10** 4693
—, 5-bromo-4-methoxy-5-nitro-
   2,5-diphenyl-,
   methyl ester **10** 1269
—, 4-bromo-2-(p-methoxyphenyl)-
   5-phenyl- **10** 1269

—, 4-bromo-5-(p-methoxyphenyl)-
   2-phenyl- **10** 1269
—, 5-(p-bromophenyl)-3-
   (p-methoxyphenyl)-5-oxo- **10** 4465
—, 5-(p-chlorophenyl)-5-hydroxy-,
   ethyl ester **10** 875
—, 4-(p-chlorophenyl)-4-hydroxy-
   2-phenyl- **10** 1273
   methyl ester **10** 1273
—, 2-cyano-3-methyl-5-phenyl-,
   ethyl ester **9** 4407
—, 2-cyano-3-phenyl-,
   ethyl ester **9** 4397
—, 5-cyclohexyl- **9** 224
—, 5-cyclohexyl-5-hydroxy- **10** 64
   ethyl ester **10** 64
—, 5-(cyclopent-1-en-1-yl)-5-hydroxy-,
   ethyl ester **10** 79
—, 5-cyclopentyl-5-hydroxy- **10** 57
   ethyl ester **10** 58
—, 4,5-dibromo-2-cyano-5-phenyl-,
   methyl ester **9** 4395
—, 4,5-dibromo-2-(p-nitrophenyl)-
   5-phenyl-,
   methyl ester **9** 3464
—, 3-(2,4-dimethoxyphenyl)-2-phenyl-
   10 1999
—, 5-(2,3-dimethyltricyclo[2.2.1.0^{2,6}]-
   hept-3-yl)-2-methyl- **9** 2619
   methyl ester **9** 2620
—, 4,5-diphenyl- **9** 3466
—, 2-{[1-ethoxy-2-(ethoxycarbonyl)-
   ethylidene]carbamimidoyl}-5-oxo-
   5-phenyl-,
   ethyl ester **10** 3978
—, 5-hydroxy-3-methyl-5-phenyl- **10** 889
—, 4-hydroxy-5-phenyl- **10** 875
—, 5-hydroxy-5-phenyl- **10** 875
   ethyl ester **10** 875
   methyl ester **10** 875
—, 5-(5-isopropyl-4-methoxy-
   2-methylphenyl)-3-
   (p-methoxyphenyl)-5-oxo- **10** 4696
—, 2-isopropyl-4-p-tolyl-,
   ethyl ester **9** 2879
—, 3-(p-methoxyphenyl)-5-(4-methoxy-
   m-tolyl)-5-oxo- **10** 4694
—, 3-(p-methoxyphenyl)-5-oxo-5-phenyl-
   10 4465
—, 2-methyl-5-(2-methyl-3-methylene-
   2-norbornyl)- **9** 2618
   methyl ester **9** 2618
—, 3-methyl-5-phenyl- **9** 2810
—, 4-methyl-2-phenyl- **9** 2811
—, 2-methyl-4-p-tolyl- **9** 2836
—, 2-[N'-(2-nitrobenzoyl)hydrazino]-
   4-oxo-,
   ethyl ester **9** 1489
—, 4-oxo-2,3,5-triphenyl- **10** 3476

Pent-2-enoic acid *(continued)*
—, 4-(9-phenanthryl)- **9** 3563
—, 2-phenyl- **9** 2781
—, 4-phenyl- **9** 2780
—, 5-phenyl- **9** 2780
Pent-3-enoic acid,
—, 2-acetyl-5-[2,4-dihydroxy-5-
(methoxycarbonyl)phenyl]-5-oxo-,
ethyl ester **10** 4849
methyl ester **10** 4849
—, 3,5-bis(6-ethoxy-*m*-tolyl)-5-oxo-
10 4695
ethyl ester **10** 4696
—, 3,5-bis(6-methoxy-*m*-tolyl)-5-oxo-
10 4695
ethyl ester **10** 4695
—, 4-(5-bromo-6-methoxy-2-naphthyl)-
3-methyl- **10** 1212
—, 4-(6-*sec*-butyl-2-naphthyl)- **9** 3400
—, 2-cyano-2-ethyl-3-phenyl- ,
ethyl ester **9** 4412
—, 4-cyclohexyl- **9** 225
4-bromophenacyl ester **9** 225
—, 4-(9,10-dihydro-2-phenanthryl)-
9 3531
—, 2,2-dimethyl-3-(2-naphthyl)-
9 3387
ethyl ester **9** 3387
—, 4-(6,7-dimethyl-2-naphthyl)-
9 3388
—, 2,2-dimethyl-3-phenyl- **9** 2835
—, 4-(6-ethyl-2-naphthyl)- **9** 3388
—, 2-hydroxy-3-methyl-5-
(2,6,6-trimethylcyclohex-2-en-
1-ylidene)- **10** 658
—, 4-(6-isopropyl-2-naphthyl)- **9** 3396
—, 4-(6-isopropyl-2-naphthyl)-2-methyl-
9 3400
—, 4-(6-methoxy-2-naphthyl)- **10** 1201
—, 3-(6-methoxy-2-naphthyl)-
2,2-dimethyl- **10** 1221
ethyl ester **10** 1221
methyl ester **10** 1221
—, 3-(6-methoxy-2-naphthyl)-2-methyl-
10 1213
—, 2-(*p*-methoxyphenyl)-5-phenyl-
10 1270
—, 5-(*p*-methoxyphenyl)-2-phenyl-
10 1271
—, 3-(6-methoxy-1,2,3,4-tetrahydro-
2-naphthyl)-2,2-dimethyl-,
methyl ester **10** 1008
—, 2-methyl-4-(6-methyl-2-naphthyl)-
9 3388
—, 2-methyl-4-(2-naphthyl)- **9** 3371
—, 4-(6-methyl-2-naphthyl)- **9** 3371
—, 2-methyl-4-*p*-tolyl- **9** 2836
—, 4-(2-naphthyl)- **9** 3351
—, 2-oxo-4-phenyl- **10** 3158

—, 4-phenyl- **9** 2780
—, 5-phenyl- **9** 2779
—, 4-(5,6,7,8-tetrahydro-2-naphthyl)-
9 3101
—, 4-*p*-tolyl- **9** 2813
ethyl ester **9** 2813
—, 4-(2,4-xylyl)- **9** 2837
—, 4-(3,4-xylyl)- **9** 2837
Pent-4-enoic acid,
—, 2-acetyl-2-cinnamyl-5-phenyl-,
ethyl ester **10** 3422
—, 2-acetyl-5-[*o*-(methoxycarbonyloxy)‌
phenyl]-3-oxo-,
ethyl ester **10** 4632
—, 2-acetyl-5-(*p*-methoxyphenyl)-
3-oxo-,
ethyl ester **10** 4632
—, 2-acetyl-5-(1-naphthyl)-3-oxo-,
ethyl ester **10** 3627
—, 2-acetyl-5-(*m*-nitrophenyl)-3-oxo-,
ethyl ester **10** 3593
—, 2-acetyl-5-(*p*-nitrophenyl)-3-oxo-,
ethyl ester **10** 3593
—, 2-acetyl-3-oxo-4,5-diphenyl-,
ethyl ester **10** 3659
—, 2-acetyl-3-oxo-5-phenyl-,
ethyl ester **10** 3593
methyl ester **10** 3592
—, 2-acetyl-3-phenyl-,
ethyl ester **10** 3178
—, 2-acetyl-5-phenyl- **10** 3177
—, 2-benzamido- **9** 1167
ethyl ester **9** 1167
—, 2-benzamido-5-chloro- **9** 1167
—, 2-benzamido-4-methyl- **9** 1168
—, 2-benzhydryl- **9** 3477
—, 2-[1-(benzoyloxy)ethyl]-2-
[(diethylamino)methyl]-,
ethyl ester **9** 896
—, 2-benzyl-3-oxo-5-phenyl- **10** 3393
—, 3-benzyl-5-phenyl- **9** 3476
—, 2-[2,4-bis(methoxycarbonyloxy)‌
cinnamoyl]-5-[2,4-bis‌
(methoxycarbonyloxy)phenyl]-3-oxo-,
ethyl ester **10** 4856
—, 5-[2,4-bis(methoxycarbonyloxy)‌
phenyl]-3-oxo-,
ethyl ester **10** 4604
—, 4-bromo-3-hydroxy-5-phenyl- **10** 874
—, 4-bromo-2-phenyl-,
3-(diethylamino)-2,2-dimethylpropyl
ester **9** 2783
—, 2-(4-*tert*-butylbenzyl)- **9** 2889
—, 2-(4-*tert*-butylphenethyl)- **9** 2895
—, 5-(*p*-chlorophenyl)-,
ethyl ester **9** 2779
—, 2-cinnamoyl-5-[*o*-
(methoxycarbonyloxy)phenyl]-3-oxo-,
ethyl ester **10** 4705

Pent-4-enoic acid *(continued)*
—, 2-cinnamoyl-5-(*o*-nitrophenyl)-3-oxo-,
    ethyl ester **10** 3664
—, 2-cinnamoyl-5-(*p*-nitrophenyl)-3-oxo-,
    ethyl ester **10** 3664
—, 2-cinnamoyl-3-oxo-5-phenyl-,
    ethyl ester **10** 3664
—, 2-[1-(cinnamoyloxy)ethylidene]-
    3-oxo-5-phenyl-,
    methyl ester **10** 4377
—, 2-cyano-2-(cyclohex-1-en-1-yl)-,
    ethyl ester **9** 4056
—, 2-cyano-2-(inden-3-yl)-,
    ethyl ester **9** 4482
—, 2-(cyclohex-1-en-1-yl)- **9** 316
—, 2-(cyclohex-2-en-1-yl)- **9** 316
    2-(diethylamino)ethyl ester **9** 316
—, 2-cyclohexyl- **9** 226
—, 5-cyclohexyl-2-oxo- **10** 2917
—, 2-(cyclopent-2-en-1-yl)- **9** 310
    allyl ester **9** 311
    benzyl ester **9** 311
    cinnamyl ester **9** 311
    2-(diethylamino)ethyl ester **9** 311
    ethyl ester **9** 310
    isobutyl ester **9** 310
    isopentyl ester **9** 310
    isopropyl ester **9** 310
    methyl ester **9** 310
    propyl ester **9** 310
—, 2-(cyclopent-2-en-1-yl)-4-methyl-
    9 317
    2-(diethylamino)ethyl ester **9** 317
—, 2-[11-(cyclopent-2-en-1-yl)undecyl]-
    9 357
—, 2-cyclopentyl- **9** 203
    2-(diethylamino)ethyl ester **9** 204
—, 2,2-dimethyl-5-phenyl- **9** 2834
—, 2-(2,4-dinitrophenyl)-3-oxo-
    5-phenyl-,
    ethyl ester **10** 3384
—, 3,3'-dioxo-5,5'-*p*-phenylenedi-,
    diethyl ester **10** 4073
—, 2,2-diphenyl- **9** 3469
    2-(dimethylamino)ethyl ester
    9 3469
—, 2-ethoxy-5-phenyl- **10** 874
—, 2-ethyl-2-phenyl- **9** 2834
—, 2-ethyl-5-phenyl- **9** 2833
—, 2-(fluoren-9-yl)- **9** 3527
—, 2-(hexanoylimino)-5-phenyl-
    10 3157
—, 3-hydroxy-2,5-diphenyl- **10** 1271
—, 3-hydroxy-3,5-diphenyl-,
    ethyl ester **10** 1273
—, 3-hydroxy-3-methyl-5-
    (2,6,6-trimethylcyclohex-1-en-
    1-yl)-,
    ethyl ester **10** 81

—, 3-hydroxy-3-methyl-5-
    (2,6,6-trimethylcyclohex-2-en-
    1-yl)-,
    ethyl ester **10** 81
—, 3-hydroxy-5-phenyl- **10** 874
—, 2-[(4-isopropyl-1-naphthyl)methyl]-
    9 3400
—, 2-[2-(methoxycarbonyloxy)cinnamoyl]-
    5-[2-(methoxycarbonyloxy)phenyl]-
    3-oxo-,
    ethyl ester **10** 4793
—, 5-[*o*-(methoxycarbonyloxy)phenyl]-
    3-oxo-,
    ethyl ester **10** 4336
—, 5-[3-methoxy-4-(methoxycarbonyloxy)-
    phenyl]-3-oxo-,
    ethyl ester **10** 4605
—, 5-(*p*-methoxyphenyl)-3-oxo-,
    ethyl ester **10** 4336
—, 3-methyl-2,2-diphenyl- **9** 3477
—, 4-methyl-2,2-diphenyl- **9** 3477
—, 2-[(4-methyl-1-naphthyl)methyl]-
    9 3387
—, 2-methyl-3-phenyl- **9** 2812
—, 2-methyl-5-phenyl- **9** 2810
—, 2-[(1-naphthyl)methyl]- **9** 3371
—, 2-(2-nitrocinnamoyl)-5-
    (*o*-nitrophenyl)-3-oxo-,
    ethyl ester **10** 3665
—, 2-(3-nitrocinnamoyl)-5-
    (*m*-nitrophenyl)-3-oxo-,
    ethyl ester **10** 3665
—, 2-(4-nitrocinnamoyl)-5-
    (*p*-nitrophenyl)-3-oxo-,
    ethyl ester **10** 3665
—, 5-(*m*-nitrophenyl)-3-oxo-,
    ethyl ester **10** 3157
—, 5-(*o*-nitrophenyl)-3-oxo-,
    ethyl ester **10** 3157
—, 5-(*p*-nitrophenyl)-3-oxo-,
    ethyl ester **10** 3157
—, 3-oxo-4,5-diphenyl-,
    ethyl ester **10** 3385
—, 3-oxo-5-phenyl- **10** 3155
    ethyl ester **10** 3156
    methyl ester **10** 3156
—, 3-oxo-5-phenyl-2-(3-phenylpropionyl)-,
    ethyl ester **10** 3660
—, 2-phenethyl- **9** 2832
—, 2-phenyl- **9** 2781
    2-(diethylamino)ethyl ester **9** 2781
    4-(diethylamino)-1-methylbutyl
    ester **9** 2782
    3-(diethylamino)propyl ester **9** 2782
—, 3-phenyl- **9** 2787
—, 5-phenyl- **9** 2777, 2778
    methyl ester **9** 2778
—, 2-(2-phenylacetamido)- **9** 2219
    ethyl ester **9** 2219

Pent-4-enoic acid *(continued)*
—, 2-(phenylacetyl)-,
    ethyl ester **10** 3177
—, 5-phenyl-2-(phenylacetylimino)-
    10 3158
—, 2,4,5-tribenzamido-,
    methyl ester **9** 1247
—, 2,3,4-tribromo-5-phenyl- **9** 2779
    methyl ester **9** 2779
—, 2,3,5-triphenyl- **9** 3642
Pent-1-en-3-one,
—, 1-(benzoyloxy)-5-phenyl- **9** 742
—, 4-methyl-1-(4-nitrobenzoyloxy)-
    1-phenyl- **9** 1676
Pent-2-en-1-one,
—, 4-methyl-3-(4-nitrobenzoyloxy)-
    1-phenyl- **9** 1676
Pent-4-enoyl chloride,
—, 2-(cyclopent-2-en-1-yl)- **9** 311
—, 2-phenethyl- **9** 2832
Pent-1-en-3-yne,
—, 5-(3,5-dinitrobenzoyloxy)-2-methyl-
    9 1839
Pent-1-yne,
—, 1-bromo-3-ethyl-3-
    (4-nitrobenzoyloxy)- **9** 1564
—, 3-(cyclohexylcarbonyloxy)-3-methyl-
    9 18
—, 3-(3,5-dinitrobenzoyloxy)- **9** 1819
—, 3-ethyl-3-(4-nitrobenzoyloxy)-
    9 1564
—, 3,4,5-tris(benzoyloxy)- **9** 668
Pent-2-yne,
—, 1-(4-bromobenzoyloxy)-4,4-dimethyl-
    9 1406
—, 1-(3,5-dinitrobenzoyloxy)-
    4,4-dimethyl- **9** 1822
—, 4-methyl-1,4-bis(4-nitrobenzoyloxy)-
    9 1634
Pent-2-ynoic acid,
—, 4-(*p*-methoxyphenyl)-4-methyl- **10** 993
—, 5-(3-methylcyclohexyl)-,
    methyl ester **9** 328
Pent-4-ynoic acid,
—, 3-methyl-5-phenyl- **9** 3078
Peperinic acid 10 2906
Perillic acid 9 308
Peritruxillamic acid 9 4629
Peritruxonic acid 10 3410
Perlatolinic acid 10 1580
Peroxide,
—, acetyl benzoyl **9** 1051
—, *p*-anisoyl benzoyl **10** 337
—, benzoyl biphenyl-4-ylcarbonyl
    9 3278
—, benzoyl 2-chlorobenzoyl **9** 1337
—, benzoyl 4-chlorobenzoyl **9** 1362
—, benzoyl cinnamoyl **9** 2709
—, benzoyl cyclohexanecarbonyl **9** 1052

—, benzoyl 1-naphthoyl **9** 3144
—, benzoyl 4-nitrobenzoyl **9** 1708
—, benzoyl phenylacetyl **9** 2192
—, benzoyl 3-phenylpropionyl **9** 2392
—, bis(2-acetoxybenzoyl)- **10** 150
—, bis[1-(benzoylperoxy)cyclohexyl]
    9 1051
—, bis[9-(benzoylperoxy)fluoren-9-yl]
    9 1051
—, bis(biphenyl-4-carbonyl) **9** 3278
—, bis(2-bromobenzoyl) **9** 1387
—, bis(3-bromobenzoyl) **9** 1398
—, bis(4-bromobenzoyl) **9** 1417
—, bis(4-*sec*-butylbenzoyl) **9** 2522
—, bis(2-carboxybenzoyl) **9** 4189
—, bis(3-carboxy-
    2,2,3-trimethylcyclopentane﹣
    carbonyl) **9** 3884
—, bis(2-chlorobenzoyl) **9** 1337
—, bis(4-chlorobenzoyl) **9** 1362
—, bis[2-chloro-2-
    (α-chlorobenzylidenehydrazono)-
    1,1-diphenylethyl] **10** 1180
—, bis(cyclohexanecarbonyl)
    9 27
—, bis(3-cyclohexylbutyryl) **9** 80
—, bis(7,7-dimethylnorbornane-
    1-carbonyl) **9** 220
—, bis[13-(cyclopent-2-en-1-yl)﹣
    tridecanoyl] **9** 290
—, bis(4-fluorobenzoyl) **9** 1329
—, bis(indan-2-carbonyl) **9** 2776
—, bis[2-(*p*-menth-3-yloxycarbonyl)﹣
    benzoyl] **9** 4189
—, bis[2-(methoxycarbonyl)-
    4-nitrobenzoyl] **9** 4238
—, bis[2-(methoxycarbonyl)-
    5-nitrobenzoyl] **9** 4238
—, bis(3-methoxycarbonyl-
    2,2,3-trimethylcyclopentane﹣
    carbonyl) **9** 3885
—, bis(2-nitrobenzoyl) **9** 1477
—, bis(3-nitrobenzoyl) **9** 1514
—, bis(4-nitrobenzoyl) **9** 1708
—, bis(phenylacetyl) **9** 2192
—, bis(4-phenylcyclohexanecarbonyl)
    9 2848
—, bis(3-phenylpropionyl) **9** 2393
—, bis(3,4,5-tribromobenzoyl) **9** 1431
—, di-*p*-anisoyl **10** 337
—, dibenzoyl **9** 1052
—, dicinnamoyl **9** 2709
—, di(1-naphthoyl) **9** 3144
—, di(2-naphthoyl) **9** 3185
—, di-*p*-toluoyl **9** 2342
Peroxybenzoic acid 9 1049
    tert-butyl ester **9** 1049
    tert-pentyl ester **9** 1050
    trityl ester **9** 1050

Peroxybenzoic acid *(continued)*
—, *p*-methoxy- **10** 337
—, *m*-nitro- **9** 1513
—, *p*-nitro-,
    tert-butyl ester **9** 1707
    1,1-diethylpropyl ester **9** 1707
    1-ethylcyclohexyl ester **9** 1707
    1-methylcyclohexyl ester **9** 1707
    1,1,2-trimethylpropyl ester **9** 1707
Peroxycinnamic acid 9 2709
1-Peroxynaphthoic acid 9 3144
2-Peroxynaphthoic acid 9 3185
Peroxyphthalsäure 9 4189
Perylene,
—, 1,12-bis(*p*-anisoyloxy)- **10** 317
—, 1,2-bis(benzoyloxy)- **9** 656
—, 3,10-bis(benzoyloxy)- **9** 656
—, 3,10-bis(benzoyloxy)-1,11-dibromo-
   9 657
—, 3,10-bis(benzoyloxy)-2,11-dibromo-
   9 657
—, 3,10-bis(benzoyloxy)-1,11-dichloro-
   9 656
—, 3,10-bis(benzoyloxy)-2,11-dichloro-
   9 656
—, 1,12-bis(4-bromobenzoyloxy)-
   9 1409
—, 3,9-dibenzoyl-4,10-bis(benzoyloxy)-
   9 834
—, 2,3,10,11-tetrakis(benzoyloxy)- **9** 701
—, 3,4,9,10-tetrakis(benzoyloxy)- **9** 701
Perylene-3-carboxylic acid 9 3664
    butyl ester **9** 3664
    cyclohexyl ester **9** 3664
    dodecyl ester **9** 3664
    2-ethoxyethyl ester **9** 3665
    ethyl ester **9** 3664
    2-hydroxyethyl ester **9** 3665
    isobutyl ester **9** 3664
    methyl ester **9** 3664
    octadec-9-enyl ester **9** 3664
    octadecyl ester **9** 3664
    phenyl ester **9** 3665
Perylene-3,9-dicarbonyl dichloride 9 4714
**Perylene-3,10-dicarbonyl dichloride
9** 4715
Perylene-3,9-dicarboxylic acid 9 4713
    dicyclohexyl ester **9** 4714
    didodecyl ester **9** 4714
    diethyl ester **9** 4713
    diheptyl ester **9** 4714
    diisobutyl ester **9** 4714
    diisopropyl ester **9** 4714
    dimethyl ester **9** 4713
    dioctyl ester **9** 4714
—, 4-bromo- **9** 4714
—, 4,10-dibromo-,
    diethyl ester **9** 4715
—, *x,x,x,x*-tetrabromo- **9** 4715

Perylene-3,10-dione,
—, 2,11-bis(benzoyloxy)- **9** 831
**Perylene-3,4,9,10-tetracarboxylic acid
9** 4901
Phellandric acid 9 195
Phellandrol,
—, O-(2-carboxybenzoyl)- **9** 4144
—, O-(3,5-dinitrobenzoyl)- **9** 1827
—, O-(4-nitrobenzoyl)- **9** 1569
Phenaceturic acid 9 2209
Phenalene,
—, 1-(benzoyloxy)-3-phenyl-2,3-dihydro-
   9 526
Phenalene-2-carbonyl chloride,
—, 1-oxo- **10** 3375
Phenalene-2-carboxylic acid,
—, 6-bromo-1-oxo- **10** 3376
—, 1,3-dioxo-2,3-dihydro- **10** 3624
    ethyl ester **10** 3624
—, 1-oxo- **10** 3375
Phenalene-6-carboxylic acid,
—, 2,3-dihydro- **9** 3332
Phenalen-1-one,
—, 2-(benzoyloxy)- **9** 767
Phenanthrene,
—, 9-(benzoyloxy)- **9** 520
—, 7-(benzoyloxy)-1-bromo-4,6-diethoxy-
   3-methoxy- **9** 699
—, 6-(benzoyloxy)-1-bromo-4-ethoxy-
   3,7-dimethoxy- **9** 699
—, 3-(benzoyloxy)-9-bromo-7-isopropyl-
   1-methyl- **9** 522
—, 3-(benzoyloxy)-10-bromo-7-isopropyl-
   1-methyl- **9** 522
—, 7-(benzoyloxy)-1-bromo-
   3,4,6-trimethoxy- **9** 699
—, 2-(benzoyloxy)-3,5-diethoxy-
   6-methoxy- **9** 699
—, 4-(benzoyloxy)-3,6-dimethoxy- **9** 686
—, 7-(benzoyloxy)-1,2-dimethyl- **9** 522
—, 3-(benzoyloxy)-5-ethoxy-
   2,6-dimethoxy- **9** 699
—, 7-(benzoyloxy)-1-ethyl-2-methyl-
   9 522
—, 2-(benzoyloxy)-7-isopropyl-1-methyl-
   9 522
—, 3-(benzoyloxy)-7-isopropyl-1-methyl-
   9 522
—, 3-(benzoyloxy)-7-isopropyl-1-methyl-
   4,9-dinitro- **9** 523
—, 3-(benzoyloxy)-7-isopropyl-1-methyl-
   9-nitro- **9** 523
—, 6-(benzoyloxy)-7-isopropyl-1,1,4a-
   trimethyl-1,2,3,4,4a,9,10,10a-
   octahydro- **9** 476
—, 9-(benzoyloxy)-10-methoxy- **9** 646
—, 1-(benzoyloxy)-2-methyl- **9** 521
—, 4-(benzoyloxy)-1-methyl- **9** 521
—, 6-(benzoyloxy)-1-methyl- **9** 521

Phenanthrene *(continued)*
—, 7-(benzoyloxy)-1,2,3,4,4a,9,10,10a-
  octahydro- **9** 475
—, 9-(benzoyloxy)-10-phenyl- **9** 530
—, 2-(benzoyloxy)-3,5,6-trimethoxy-
  9 698
—, 3-(benzoyloxy)-2,5,6-trimethoxy-
  9 698
—, 9-(benzoylthio)- **9** 1967
—, 3-(benzoylthio)-7-isopropyl-
  1-methyl- **9** 1967
—, 2-(benzoylthio)-7-isopropyl-
  1-methyl-9,10-dihydro- **9** 1967
—, 2,7-bis(benzoyloxy)- **9** 645
—, 2,6-bis(benzoyloxy)-7-isopropyl-
  1-methyl- **9** 647
—, 2,6-bis(benzoyloxy)-7-isopropyl-
  1,1,4a-trimethyl-1,2,3,4,4a,9,10,⸗
  10a-octahydro- **9** 606
—, 4,5-bis(benzoyloxymethyl)- **9** 646
—, 9,10-bis(benzoyloxy)tetradecahydro-
  9 551
—, 1,7-bis(3,5-dinitrobenzoyloxy)-2,4b-
  dimethyltetradecahydro- **9** 1903
—, 4,7-bis(3,5-dinitrobenzoyloxy)-
  1,2,3,4,4a,9,10,10a-octahydro- **9** 1914
—, 9-(3,5-dinitrobenzoyloxy)-4b-methyl-
  1,2,3,4,4a,4b,5,6,7,8,8a,9-
  dodecahydro- **9** 1859
—, 2-(3,5-dinitrobenzoyloxy)-1,2,3,4,5,⸗
  6,7,8-octahydro- **9** 1870
—, 7-(3,5-dinitrobenzoyloxy)-1,2,3,4,⸗
  4a,9,10,10a-octahydro- **9** 1869
—, 2-(3,5-dinitrobenzoyloxy)⸗
  tetradecahydro- **9** 1843
—, 9-(3,5-dinitrobenzoyloxy)-
  1,2,3,4-tetrahydro- **9** 1885
—, 7-isopropyl-1-methyl-3-
  (4-nitrobenzoyloxy)- **9** 1617
Phenanthrene-1-carbonitrile **9** 3496
—, 9,10-dioxo-9,10-dihydro- **10** 3654
—, 2-methoxy-5,6,7,8-tetrahydro-
  10 1202
Phenanthrene-2-carbonitrile **9** 3498
—, 1-ethyl-7-methoxy-2-methyl-
  1,2,3,4-tetrahydro- **10** 1238
—, 1-hydroxy-7-methoxy- **10** 2005
—, 1-hydroxy-7-methoxy-2-methyl-
  1,2,3,4-tetrahydro- **10** 1975
—, 7-methoxy-2-methyl-1-oxo-
  1,2,3,4-tetrahydro- **10** 4451
—, 7-methoxy-1-oxo-1,2,3,4-tetrahydro-
  10 4443
—, 2-methyl-1-oxo-1,2,3,4-tetrahydro-
  10 3336
—, 1-oxo-1,2,3,4-tetrahydro- **10** 3320
Phenanthrene-3-carbonitrile **9** 3499
—, 7-isopropyl-1-methyl- **9** 3536
—, 4-oxo-1,2,3,4-tetrahydro- **10** 3321

Phenanthrene-9-carbonitrile **9** 3502
—, 3-acetyl- **10** 3407
—, 10-(benzoyloxy)-5,6,7,8-tetrahydro-
  10 1203
—, 3-chloro- **9** 3503
—, 3,4-dimethoxy- **10** 2006
—, 10-hydroxy-
  1,2,3,4,5,6,7,8-octahydro-
  10 1004
—, 10-hydroxy-5,6,7,8-tetrahydro-
  10 1203
—, 10-methoxy-
  1,2,3,4,5,6,7,8-octahydro-
  10 1004
—, 1,2,3,4-tetrahydro- **9** 3354
—, 2,3,4,7-tetramethoxy-9,10-dihydro-
  10 2508
Phenanthrene-2-carbonyl azide,
—, 1-ethyl-7-methoxy-2-methyl-
  1,2,3,4-tetrahydro- **10** 1238
Phenanthrene-9-carbonyl azide **9** 3503
—, 2,3,4,6-tetramethoxy- **10** 2527
—, 3,4,5-trimethoxy- **10** 2387
Phenanthrene-2-carbonyl chloride **9** 3498
—, 9,10-dihydro- **9** 3447
—, 1-ethyl-7-methoxy-2-methyl-
  1,2,3,4-tetrahydro- **10** 1237
—, 7-methoxy-9,10-dihydro- **10** 1263
Phenanthrene-3-carbonyl chloride **9** 3499
Phenanthrene-9-carbonyl chloride **9** 3502
—, 6-bromo- **9** 3504
—, 3-chloro- **9** 3503
—, 6-chloro- **9** 3503
—, 5,6-dichloro- **9** 3504
—, 6,7-dichloro- **9** 3504
—, 7-methoxy-1,2,3,4-tetrahydro-
  10 1204
Phenanthrene-1-carboxamide **9** 3496
—, *N*-methyl- **9** 3496
Phenanthrene-2-carboxamide **9** 3498
—, 9,10-dihydro- **9** 3447
—, 1-ethyl-7-methoxy-2-methyl-
  1,2,3,4-tetrahydro- **10** 1237
—, 7-isopropyl-1-methyl-9,10-dihydro-
  9 3487
—, *N*-methyl- **9** 3498
Phenanthrene-3-carboxamide **9** 3499
—, *N,N*-dimethyl- **9** 3499
—, 7-isopropyl-1-methyl- **9** 3536
—, *N*-methyl- **9** 3499
Phenanthrene-9-carboxamide **9** 3502
—, 3-chloro- **9** 3503
—, *N,N*-dimethyl- **9** 3502
—, 3,4-dimethoxy- **10** 2006
—, *N*-methyl- **9** 3502
Phenanthrene-x-carboxylic acid,
—, 9-hydroxy- **10** 1305
—, 9-methoxy- **10** 1305
—, 1,2,3,4,4a,9,10,10a-octahydro- **9** 3104

Phenanthrene-1-carboxylic acid 9 3496
    methyl ester 9 3496
—, 2-acetoxy- 10 1300
—, 2-benzoyl- 10 3489
—, 9-bromo- 9 3497
    methyl ester 9 3497
—, 10-bromo- 9 3497
    methyl ester 9 3497
—, 8a-bromo-7-(1-bromo-1-methylethyl)-
    1,4a-dimethyltetradecahydro- 9 354
    ethyl ester 9 354
    methyl ester 9 354
—, 9-chloro- 9 3496
    methyl ester 9 3497
—, 10-chloro- 9 3496
    methyl ester 9 3497
—, 8a-chloro-7-(1-chloro-1-methylethyl)-
    1,4a-dimethyltetradecahydro- 9 353
    ethyl ester 9 353
    methyl ester 9 353
—, 2-(3-diazoacetonyl)-7-methoxy-
    1-methyl-1,2,3,4,4a,9,10,10a-
    octahydro-,
    methyl ester 10 4663
—, 2-(diazoacetyl)-7-methoxy-2-methyl-
    1,2,3,4,9,10-hexahydro-,
    methyl ester 10 4687
—, 2-(diazoacetyl)-7-methoxy-1-methyl-
    1,2,3,4,4a,9,10,10a-octahydro-,
    methyl ester 10 4661
—, 2-(diazoacetyl)-7-methoxy-1-methyl-
    1,2,3,4-tetrahydro-,
    methyl ester 10 4694
—, 3,7-diethoxy-4,6-dimethoxy-
    10 2526
—, 3,4-dihydro- 9 3446
—, 3,4-dimethoxy- 10 2005
—, 1,4a-dimethyl-1,2,3,4,4a,9,10,10a-
    octahydro- 9 3113
    methyl ester 9 3113
—, 2,4-dioxo-1,2,3,4,4a,9,10,10a-
    octahydro-,
    ethyl ester 10 3610
—, 4-ethoxy-3,6-dimethoxy- 10 2387
—, 6-ethoxy-3,4-dimethoxy- 10 2387
—, 6-ethoxy-3,4,7-trimethoxy- 10 2526
—, 7-ethoxy-3,4,6-trimethoxy- 10 2526
—, 2-ethyl-1,2,3,4-tetrahydro- 9 3390
—, 7-ethyl-1,4a,7-trimethyltetradeca-
    hydro- 9 355
—, 2-hydroxy- 10 1300
    methyl ester 10 1300
—, 6-hydroxy- 10 1301
—, 4-(hydroxyimino)-2-methyl-1,2,3,4,-
    4a,9,10,10a-octahydro-,
    ethyl ester 10 3242
—, 7-isopropyl-1,4a-dimethyl-6-
    (methylcarbamoyl)-1,2,3,4,4a,9,10,-
    10a-octahydro- 9 4459

—, 7-isopropyl-1,4a-
    dimethyltetradecahydro- 9 351, 352
    methyl ester 9 352
—, 2-methoxy- 10 1300
    methyl ester 10 1300
—, 4-methoxy- 10 1301
    methyl ester 10 1301
—, 6-methoxy- 10 1301
    methyl ester 10 1301
—, 7-methoxy-1,4a-dimethyl-1,2,3,4,4a,-
    9,10,10a-octahydro- 10 1011
—, 1-methyl-1,2,3,4,4a,9,10,10a-
    octahydro- 9 3109
    methyl ester 9 3109
—, 2-methyl-4-oxo-1,4,4a,9,10,10a-
    hexahydro-,
    ethyl ester 10 3280
—, 2-methyl-4-oxo-1,2,3,4,4a,9,10,10a-
    octahydro- 10 3242
    ethyl ester 10 3242
—, 2-methyl-1,2,3,4-tetrahydro-
    9 3374
    methyl ester 9 3374
—, 1,2,3,4,5,6,7,8-octahydro- 9 3103
—, 1,2,3,4-tetrahydro- 9 3353
—, 1,4a,7,8a-tetramethyltetradecahydro-,
    methyl ester 9 350
—, 3,4,5-trimethoxy- 10 2386
—, 3,4,6-trimethoxy- 10 2386
Phenanthrene-2-carboxylic acid
9 3497
    ethyl ester 9 3498
    methyl ester 9 3497
—, 1-acetonyl-7-methoxy-2-methyl-
    1,2,3,4-tetrahydro-,
    methyl ester 10 4462
—, 7-acetoxy-1-ethyl-2-methyl-
    1,2,3,4-tetrahydro- 10 1232
—, 4-acetoxy-1-methyl- 10 1307
    ethyl ester 10 1307
—, 2-(2-acetylallyl)-1-oxo-
    1,2,3,4-tetrahydro-,
    methyl ester 10 3661
—, 7-(allyloxy)-1-ethyl-2-methyl-
    1,2,3,4-tetrahydro- 10 1232
    methyl ester 10 1235
—, 1-benzoyl- 10 3489
—, 7-(benzoyloxy)-1-ethyl-2-methyl-
    1,2,3,4-tetrahydro-,
    methyl ester 10 1235
—, 7-butoxy-1-ethyl-2-methyl-
    1,2,3,4-tetrahydro- 10 1231
    methyl ester 10 1234
—, 2-butyl-7-methoxy-1-oxo-
    1,2,3,4-tetrahydro-,
    methyl ester 10 4461
—, 1-(carbamoylmethyl)-7-methoxy-
    2-methyl-1,2,3,4-tetrahydro-,
    methyl ester 10 2368

Phenanthrene-2-carboxylic acid *(continued)*

—, 1-(3-chloroacetonyl)-7-methoxy-
2-methyl-1,2,3,4-tetrahydro-,
methyl ester **10** 4462

—, 1-(chlorocarbonylmethyl)-7-methoxy-
2-methyl-1,2,3,4-tetrahydro-,
methyl ester **10** 2367

—, 1-(3-diazoacetonyl)-7-methoxy-
2-methyl-1,2,3,4-tetrahydro-,
methyl ester **10** 4696

—, 7-[2-(diethylamino)ethoxy]-1-ethyl-
2-methyl-1,2,3,4-tetrahydro-,
2-(diethylamino)ethyl ester **10** 1237
methyl ester **10** 1236

—, 1,2-diethyl-1-hydroxy-7-methoxy-
1,2,3,4-tetrahydro-,
ethyl ester **10** 1986
methyl ester **10** 1986

—, 1,2-diethyl-7-hydroxy-
1,2,3,4-tetrahydro- **10** 1243
methyl ester **10** 1243

—, 1,1-diethyl-7-methoxy-2-methyl-
1,2,3,4-tetrahydro- **10** 1247

—, 1,2-diethyl-7-methoxy-
1,2,3,4-tetrahydro- **10** 1243
methyl ester **10** 1244

—, 3,4-dihydro- **9** 3447
ethyl ester **9** 3447

—, 9,10-dihydro- **9** 3447

—, 2,4b-dimethyl-1-oxo-1,2,3,4,4b,5,6,⸗
7,8,8a,9,10-dodecahydro-,
methyl ester **10** 3116

—, 9,10-dioxo-9,10-dihydro- **10** 3654

—, 1-(2,2-diphenylvinyl)-7-methoxy-
2-methyl-1,2,3,4-tetrahydro-,
methyl ester **10** 1351

—, 7-ethoxy-1-ethyl-2-methyl-
1,2,3,4-tetrahydro- **10** 1231
methyl ester **10** 1234

—, 2-ethyl-1-ethylidene-7-methoxy-
1,2,3,4-tetrahydro-,
ethyl ester **10** 1292
methyl ester **10** 1292

—, 1-ethyl-1-hydroxy-7-methoxy-
2-methyl-1,2,3,4,9,10-hexahydro-,
methyl ester **10** 1946

—, 1-ethyl-1-hydroxy-7-methoxy-
2-methyl-1,2,3,4,4a,9,10,10a-
octahydro-,
methyl ester **10** 1910

—, 1-ethyl-1-hydroxy-7-methoxy-
2-methyl-1,2,3,4-tetrahydro-,
ethyl ester **10** 1983
methyl ester **10** 1983

—, 1-ethyl-1-hydroxy-7-methoxy-
2-propyl-1,2,3,4-tetrahydro-,
methyl ester **10** 1986

—, 1-ethyl-7-hydroxy-2-methyl-1,2,3,4,⸗
9,10-hexahydro- **10** 1133

—, 1-ethyl-7-hydroxy-2-methyl-
1,2,3,4-tetrahydro- **10** 1228, 1229
methyl ester **10** 1232

—, 1-ethyl-7-hydroxy-2-propyl-
1,2,3,4-tetrahydro- **10** 1245
methyl ester **10** 1246

—, 1-ethylidene-7-hydroxy-2-methyl-
1,2,3,4,9,10-hexahydro-,
methyl ester **10** 1238

—, 1-ethylidene-7-hydroxy-2-methyl-
1,2,3,4-tetrahydro- **10** 1285
methyl ester **10** 1286

—, 1-ethylidene-7-methoxy-2-methyl-
1,2,3,4,9,10-hexahydro- **10** 1238
methyl ester **10** 1239

—, 1-ethylidene-7-methoxy-2-methyl-
1,2,3,4,4a,9,10,10a-octahydro-
10 1134

—, 1-ethylidene-7-methoxy-2-methyl-
1,2,3,4-tetrahydro- **10** 1286
methyl ester **10** 1286

—, 1-ethylidene-7-methoxy-2-propyl-
1,2,3,4-tetrahydro- **10** 1295
methyl ester **10** 1296

—, 1-ethylidene-2-methyl-
1,2,3,4-tetrahydro- **9** 3482
methyl ester **9** 3482

—, 1-ethyl-7-(isopentyloxy)-2-methyl-
1,2,3,4-tetrahydro- **10** 1231
methyl ester **10** 1234

—, 1-ethyl-7-methoxy-1,2-dimethyl-
1,2,3,4-tetrahydro- **10** 1244

—, 2-ethyl-7-methoxy-1-methylene-
1,2,3,4-tetrahydro- **10** 1285

—, 1-ethyl-7-methoxy-2-methyl-1,2,3,4,⸗
9,10-hexahydro- **10** 1133, 1134
methyl ester **10** 1134

—, 1-ethyl-7-methoxy-2-methyl-1-phenyl-
1,2,3,4-tetrahydro- **10** 1331

—, 1-ethyl-7-methoxy-2-methyl-
1,2,3,4-tetrahydro-
10 1229, 1230, 1231
butyl ester **10** 1236
2-(diethylamino)ethyl ester
10 1237
ethyl ester **10** 1236
p-menth-3-yl ester **10** 1236, 1237
methyl ester **10** 1232, 1233, 1234
propyl ester **10** 1236

—, 2-ethyl-7-methoxy-1-methyl-
1,2,3,4-tetrahydro- **10** 1228

—, 1-ethyl-7-methoxy-4-oxo-
1,2,3,4-tetrahydro- **10** 4457

—, 2-ethyl-7-methoxy-1-oxo-
1,2,3,4-tetrahydro-,
methyl ester **10** 4457

—, 2-ethyl-9-methoxy-1-oxo-
1,2,3,4-tetrahydro-,
methyl ester **10** 4457

Phenanthrene-2-carboxylic acid *(continued)*
—, 1-ethyl-7-methoxy-2-propyl-
    1,2,3,4-tetrahydro- **10** 1246
    methyl ester **10** 1247
—, 1-ethyl-7-methoxy-
    1,2,3,4-tetrahydro- **10** 1222
    methyl ester **10** 1222
—, 1-ethyl-2-methyl-1,2,3,4,4a,9,10,10a-
    octahydro- **9** 3116, 3117
—, 9-ethyl-2-methyl-1-oxo-
    1,2,3,4-tetrahydro-,
    methyl ester **10** 3359
—, 1-ethyl-2-methyl-7-(propionyloxy)-
    1,2,3,4-tetrahydro-,
    methyl ester **10** 1235
—, 1-ethyl-2-methyl-7-propoxy-
    1,2,3,4-tetrahydro- **10** 1231
    methyl ester **10** 1234
—, 1-ethyl-2-methyl-1,2,3,4-tetrahydro-
    9 3398
—, 9-ethyl-1-oxo-1,2,3,4-tetrahydro-,
    methyl ester **10** 3349
—, 1-ethynyl-1-hydroxy-7-methoxy-
    2-methyl-1,2,3,4,9,10-hexahydro-,
    methyl ester **10** 2002
—, 1-ethynyl-1-hydroxy-7-methoxy-
    2-methyl-1,2,3,4,4a,9,10,10a-
    octahydro-,
    methyl ester **10** 1982
—, 1-ethynyl-1-hydroxy-7-methoxy-
    2-methyl-1,2,3,4-tetrahydro-,
    methyl ester **10** 2008
—, 3-hydroxy- **10** 1302
    methyl ester **10** 1302
—, 6-hydroxy- **10** 1301
—, 7-hydroxy-9,10-dihydro- **10** 1263
    ethyl ester **10** 1263
    methyl ester **10** 1263
—, 7-hydroxy-1,2-dimethyl-
    1,2,3,4-tetrahydro- **10** 1222
    methyl ester **10** 1223
—, 1-hydroxy-7-methoxy-1,2-dimethyl-
    1,2,3,4-tetrahydro-,
    methyl ester **10** 1979
—, 4-hydroxy-1-methyl- **10** 1306
    ethyl ester **10** 1307
—, 7-hydroxy-1-methyl-
    1,2,3,4-tetrahydro- **10** 1214
—, 7-hydroxy-2-methyl-
    1,2,3,4-tetrahydro- **10** 1215
—, 7-hydroxy-1,2,3,4-tetrahydro-
    10 1203
—, 7-isopropyl-1-methyl- **9** 3535
—, 7-isopropyl-1-methyl-9,10-dihydro-
    9 3487
    methyl ester **9** 3487
—, 7-isopropyl-1-methyl-9,10-dioxo-
    9,10-dihydro- **10** 3659
    methyl ester **10** 3659

—, 1-methoxy- **10** 1301
    methyl ester **10** 1302
—, 3-methoxy- **10** 1302
    methyl ester **10** 1302
—, 6-methoxy- **10** 1301
    methyl ester **10** 1301
—, 7-methoxy-,
    methyl ester **10** 1302
—, 7-methoxy-3,4-dihydro- **10** 1263
—, 7-methoxy-9,10-dihydro- **10** 1263
    methyl ester **10** 1263
—, 7-methoxy-1,2-dimethyl-
    1,2,3,4,9,10-hexahydro- **10** 1129
    methyl ester **10** 1130
—, 7-methoxy-1,2-dimethyl-1,2,3,4,4a,9,-
    10,10a-octahydro- **10** 1012
—, 7-methoxy-1,2-dimethyl-
    1,2,3,4-tetrahydro- **10** 1223
    methyl ester **10** 1224
—, 7-methoxy-1,2,3,9,10,10a-hexahydro-
    10 1124
    methyl ester **10** 1124
—, 4-methoxy-1-methyl- **10** 1306
    ethyl ester **10** 1307
—, 7-methoxy-1-methyl- **10** 1307
    ethyl ester **10** 1307
    methyl ester **10** 1307
—, 7-methoxy-1-methyl-3,4-dihydro-
    10 1268
    methyl ester **10** 1268
—, 7-methoxy-1-methyl-
    1,2,3,4,9,10-hexahydro- **10** 1127
    methyl ester **10** 1127
—, 7-methoxy-2-methyl-1-methylene-
    1,2,3,4,9,10-hexahydro- **10** 1224
—, 7-methoxy-2-methyl-1-methylene-
    1,2,3,4-tetrahydro- **10** 1281
    methyl ester **10** 1281
—, 7-methoxy-1-methyl-1,2,3,4,4a,9,10,-
    10a-octahydro- **10** 1006
—, 7-methoxy-2-methyl-1-(2-oxoethyl)-
    1,2,3,4,9,10-hexahydro-,
    methyl ester **10** 4423
—, 7-methoxy-2-methyl-1-(2-oxoethyl)-
    1,2,3,4-tetrahydro-,
    methyl ester **10** 4460
—, 7-methoxy-2-methyl-1-oxo-1,2,3,4,9,10-
    hexahydro-,
    methyl ester **10** 4418
—, 7-methoxy-2-methyl-1-oxo-1,2,3,4,4a,-
    9,10,10a-octahydro-,
    ethyl ester **10** 4382
    methyl ester **10** 4381
—, 9-methoxy-2-methyl-1-oxo-1,2,3,4,5,-
    6,7,8-octahydro-,
    methyl ester **10** 4382
—, 6-methoxy-2-methyl-1-oxo-
    1,2,3,4-tetrahydro-,
    methyl ester **10** 4450

Phenanthrene-2-carboxylic acid (continued)
—, 7-methoxy-2-methyl-1-oxo-
  1,2,3,4-tetrahydro-,
    methyl ester **10** 4451
—, 9-methoxy-2-methyl-1-oxo-
  1,2,3,4-tetrahydro-,
    methyl ester **10** 4451
—, 7-methoxy-2-methyl-1-phenacyl-
  1,2,3,4-tetrahydro-,
    methyl ester **10** 4495
—, 7-methoxy-2-methyl-1-propyl-
  1,2,3,4-tetrahydro- **10** 1242
—, 7-methoxy-1-methyl-
  1,2,3,4-tetrahydro- **10** 1214
    methyl ester **10** 1214
—, 7-methoxy-1-methyl-
  3,4,9,10-tetrahydro- **10** 1214
—, 7-methoxy-2-methyl-
  1,2,3,4-tetrahydro- **10** 1215
    methyl ester **10** 1215
—, 7-methoxy-1-oxo-1,2,3,4,4a,9,10,10a-
  octahydro-,
    ethyl ester **10** 4379
—, 9-methoxy-1-oxo-
  1,2,3,4,5,6,7,8-octahydro-,
    methyl ester **10** 4379
—, 7-methoxy-1-oxo-2-propyl-
  1,2,3,4-tetrahydro-,
    methyl ester **10** 4459
—, 6-methoxy-1-oxo-
  1,2,3,4-tetrahydro-,
    methyl ester **10** 4443
—, 7-methoxy-1-oxo-
  1,2,3,4-tetrahydro-,
    methyl ester **10** 4443
—, 9-methoxy-1-oxo-
  1,2,3,4-tetrahydro-,
    methyl ester **10** 4444
—, 7-methoxy-1,2,3,4-tetrahydro- **10** 1203
    methyl ester **10** 1203
—, 7-methoxy-1,2,9,10-tetrahydro- **10** 1202
    methyl ester **10** 1202
—, 7-methoxy-1,9,10,10a-tetrahydro-
  10 1202
    methyl ester **10** 1202
—, 4-methyl-1,2,3,4,5,6,7,8-octahydro-
  9 3110
—, 2-(1-methyl-3-oxobutyl)-1-oxo-
  1,2,3,4-tetrahydro-,
    methyl ester **10** 3632
—, 2-(2-methyl-3-oxobutyl)-1-oxo-
  1,2,3,4-tetrahydro-,
    methyl ester **10** 3633
—, 4b-methyl-7-oxo-1,2,3,4,4a,4b,5,6,7,₌
  9,10,10a-dodecahydro-,
    ethyl ester **10** 3114
—, 2-methyl-1-oxo-1,2,3,4,4a,9,10,10a-
  octahydro-,
    ethyl ester **10** 3242

—, 2-methyl-1-oxo-
  1,2,3,4,5,6,7,8-octahydro-,
    methyl ester **10** 3242
—, 2-methyl-1-oxo-1,2,3,4-tetrahydro-,
    methyl ester **10** 3336
—, 9-methyl-1-oxo-1,2,3,4-tetrahydro-,
    methyl ester **10** 3336
—, 10-methyl-5,6,7,8-tetrahydro- **9** 3374
—, 3-oxo-1,2,3,9,10,10a-hexahydro-,
    methyl ester **10** 3276
—, 1-oxo-1,2,3,4,5,6,7,8-octahydro-,
    methyl ester **10** 3238
—, 3-oxo-1,2,3,4,4a,9,10,10a-octahydro-,
    methyl ester **10** 3238
—, 1-oxo-2-(3-oxobutyl)-
  1,2,3,4-tetrahydro-,
    methyl ester **10** 3631
—, 4-oxo-1-phenyl-1,2,3,4-tetrahydro-
  10 3459
—, 1-oxo-1,2,3,4-tetrahydro-,
    methyl ester **10** 3320
—, 3-oxo-1,2,3,4-tetrahydro-,
    methyl ester **10** 3320
—, 5,6,7,8-tetrahydro- **9** 3353
    methyl ester **9** 3353
Phenanthrene-3-carboxylic acid 9 3498
    2-(diethylamino)ethyl ester **9** 3499
    ethyl ester **9** 3499
    methyl ester **9** 3499
—, 4-acetyl- **10** 3406
—, 9-bromo- **9** 3500
    methyl ester **9** 3500
—, 2-(o-carboxyphenyl)- **9** 4706
—, 9-chloro- **9** 3500
    methyl ester **9** 3500
—, 1,9-dimethyl- **9** 3520
—, 1,9-dimethyl-1,2,3,4-tetrahydro-
  9 3391
—, 9,10-dioxo-9,10-dihydro- **10** 3654
—, 2-hydroxy- **10** 1302
—, 2-hydroxy-9,10-dihydro- **10** 1264
—, 2-hydroxy-7-methoxy-9,10-dihydro-
  10 1997
—, 7-(1-hydroxy-1-methylethyl)-
  1-methyl-9,10-dioxo-9,10-dihydro-
  10 4701
—, 7-isopropyl-1-methyl- **9** 3535
    methyl ester **9** 3535
—, 9-isopropyl-1-methyl- **9** 3536
    methyl ester **9** 3536
—, 7-isopropyl-1-methyl-9,10-dioxo-
  9,10-dihydro- **10** 3660
    methyl ester **10** 3660
—, 7-isopropyl-1-methyl-1,2,3,4,4a,9,₌
  10,10a-octahydro- **9** 3118
—, 9-isopropyl-1-methyl-
  1,2,3,4-tetrahydro- **9** 3401
—, 2-methoxy- **10** 1303
    methyl ester **10** 1303

Phenanthrene-3-carboxylic acid *(continued)*
—, 6-methoxy- **10** 1303
　　hydrazide **10** 1303
　　methyl ester **10** 1303
—, 7-methoxy- **10** 1303
—, 2-methoxy-9,10-dihydro- **10** 1264
　　methyl ester **10** 1264
—, 6-methoxy-1-methyl- **10** 1308
—, 1-methyl- **9** 3509
　　methyl ester **9** 3509
—, 1-methyl-1,2,3,4,5,6,7,8-octahydro-
　　9 3110
—, 3-methyl-4-oxo-1,2,3,4-tetrahydro-,
　　methyl ester **10** 3336
—, 1-methyl-1,2,3,4-tetrahydro-
　　9 3374
—, 4b,5,6,7,8,8a,9,10-octahydro-
　　9 3103
—, 4-oxo-1,2,3,4-tetrahydro-,
　　methyl ester **10** 3321
Phenanthrene-4-carboxylic acid 9 3500
—, 3-acetoxy- **10** 1304
—, 5-formyl- **10** 3405
—, 3-hydroxy- **10** 1304
—, 5-(hydroxymethyl)-,
　　ethyl ester **10** 1308
—, 3-methoxy- **10** 1304
　　methyl ester **10** 1304
—, 3-oxo-1,2,3,9,10,10a-hexahydro-,
　　methyl ester **10** 3276
—, 3-oxo-1,2,3,4,4a,9,10,10a-octahydro-,
　　methyl ester **10** 3238
—, 3-oxo-1,2,3,4-tetrahydro-,
　　methyl ester **10** 3320
Phenanthrene-4a(4H)-carboxylic acid,
—, 8-bromo-5,6-dimethoxy-2,3-dimethyl-
　　1,9,10,10a-tetrahydro-,
　　methyl ester **10** 1946
—, 8-bromo-5,6-dimethoxy-1,2,3,9,10,10a-
　　hexahydro- **10** 1908
　　methyl ester **10** 1908
—, 8-bromo-5,6-dimethoxy-2-oxo-1,2,3,9,
　　10,10a-hexahydro-,
　　methyl ester **10** 4637
—, 8-bromo-5,6-dimethoxy-1,9,10,10a-
　　tetrahydro- **10** 1945
　　methyl ester **10** 1945
—, 8-bromo-2-ethoxy-5,6-dimethoxy-
　　1,9,10,10a-tetrahydro-,
　　methyl ester **10** 2290
—, 8-chloro-5,6-dimethoxy-2-oxo-
　　1,2,3,9,10,10a-hexahydro-,
　　methyl ester **10** 4636
—, 8-chloro-2-ethoxy-5,6-dimethoxy-
　　1,9,10,10a-tetrahydro-,
　　methyl ester **10** 2290
—, 5,6-dimethoxy-1,2,3,9,10,10a-
　　hexahydro- **10** 1907
　　methyl ester **10** 1907

—, 2,3-dimethyl-1,2,3,9,10,10a-
　　hexahydro- **9** 3113
—, 2,3-dimethyl-1,9,10,10a-tetrahydro-
　　9 3256
　　ethyl ester **9** 3257
—, 2-ethoxy-1,9,10,10a-tetrahydro-,
　　methyl ester **10** 1124
—, 1,2,3,9,10,10a-hexahydro- **9** 3103
　　ethyl ester **9** 3104
—, 6-methoxy-2,3-dimethyl-1,2,3,9,10,10a-
　　hexahydro- **10** 1013
—, 6-methoxy-2,3-dimethyl-1,9,10,10a-
　　tetrahydro- **10** 1130
　　ethyl ester **10** 1131
—, 6-methoxy-1,2,3,9,10,10a-hexahydro-
　　10 1004
—, 6-methoxy-1,9,10,10a-tetrahydro-
　　10 1124
　　ethyl ester **10** 1125
—, 2-oxo-1,2,3,9,10,10a-hexahydro-,
　　methyl ester **10** 3238
—, 1,9,10,10a-tetrahydro- **9** 3245
　　ethyl ester **9** 3246
Phenanthrene-8a(4bH)-carboxylic acid,
—, 1,4-dimethyl-5,6,7,8,9,10-hexahydro-,
　　ethyl ester **9** 3113
Phenanthrene-8a(8H)-carboxylic acid,
—, 3-methoxy-6,7-dimethyl-
　　4b,5,9,10-tetrahydro- **10** 1131
　　ethyl ester **10** 1131
—, 3-methoxy-4b,5,9,10-tetrahydro-
　　10 1125
Phenanthrene-9-carboxylic acid 9 3501
　　2,4-dichlorophenyl ester **9** 3502
　　2-(diethylamino)ethyl ester **9** 3502
　　ethyl ester **9** 3501
　　methyl ester **9** 3501
—, 3-acetoxy-4-methoxy-5,8-dimethyl-
　　10 2007
—, 10-benzoyl- **10** 3489
—, 10-benzoyl-1,2,3,4,5,6,7,8,8a,9,10,10a-
　　dodecahydro- **10** 3367
　　methyl ester **10** 3367
—, 1-bromo-3,4-dimethoxy- **10** 2006
—, 2-bromo-3,4-dimethoxy- **10** 2006
　　methyl ester **10** 2007
—, 2-chloro- **9** 3503
—, 3-chloro- **9** 3503
—, 10-(4-chlorobenzoyl)- **10** 3490
—, 6-chloro-2,3-dimethoxy- **10** 2005
—, 6-cyano- **9** 4653
—, 3,6-dibromo- **9** 3505
—, 5,6-dichloro- **9** 3504
—, 6,7-dichloro- **9** 3504
—, 3,5-diethoxy-4,6-dimethoxy- **10** 2529
—, 3,7-diethoxy-4,6-dimethoxy- **10** 2529
—, 4,5-diethoxy-3,6-dimethoxy- **10** 2529
—, 4,6-diethoxy-3,5-dimethoxy- **10** 2529
—, 4,6-diethoxy-3,7-dimethoxy- **10** 2530

Phenanthrene-9-carboxylic acid *(continued)*
—, 4,7-diethoxy-3,6-dimethoxy- **10** 2530
—, 2,3-dihydroxy- **10** 2005
—, 2,5-dimethoxy- **10** 2005
—, 2,7-dimethoxy- **10** 2006
—, 3,4-dimethoxy-,
    hydrazide **10** 2006
    methyl ester **10** 2006
—, 2,3-dimethoxy-5,8-dimethyl- **10** 2007
—, 3,4-dimethoxy-5,8-dimethyl- **10** 2007
—, 4,6-dimethyl- **9** 3520
—, 5,8-dimethyl- **9** 3520
—, 6,8-dimethyl- **9** 3520
—, 5-ethoxy-3,4,6-trimethoxy- **10** 2528
—, 6-ethoxy-3,4,5-trimethoxy- **10** 2529
—, 6-ethoxy-3,4,7-trimethoxy- **10** 2529
—, 7-ethoxy-3,4,6-trimethoxy- **10** 2529
—, 6-ethyl- **9** 3520
—, 6-ethyl-4-methyl- **9** 3527
—, 7-ethyl-4-methyl- **9** 3527
—, 5,6,7,8,9,10-hexahydro- **9** 3246
—, 10-hydroxy-3-iodo-
    2,5,6,7-tetramethoxy-,
    methyl ester **10** 2589
—, 5-isopropyl-8-methyl- **9** 3536
—, 10-methoxy- **10** 1305
—, 3-methoxy- **10** 1304
    hydrazide **10** 1304
    methyl ester **10** 1304
—, 6-methoxy- **10** 1304
    hydrazide **10** 1305
    methyl ester **10** 1305
—, 4-methoxy-8-methyl- **10** 1308
—, 5-methoxy-8-methyl- **10** 1308
—, 6-methoxy-8-methyl- **10** 1308
—, 8-methoxy-7-methyl- **10** 1308
—, 7-methoxy-1,2,3,4-tetrahydro- **10** 1204
—, 3-methyl- **9** 3509
—, 10-methyl-9,10-dihydro- **9** 3463
—, 10-methyl-1,2,3,4,5,6,7,8,8a,9,10,10a-
    dodecahydro- **9** 2626
—, 4b-methyl-
    4b,5,6,7,8,8a,9,10-octahydro-
    9 3110
—, 2-methyl-1,2,3,4-tetrahydro-
    9 3374
—, 4-methyl-1,2,3,4-tetrahydro-
    9 3375
—, 8-nitro- **9** 3505
—, 1,2,3,4,5,6,7,8-octahydro- **9** 3104
    methyl ester **9** 3104
—, 4b,5,6,7,8,8a,9,10-octahydro- **9** 3104
—, 10-phenyl- **9** 3649
—, 10-phenyl-9,10-dihydro- **9** 3632
    ethyl ester **9** 3632
—, 10-phenyl-1,2,3,4,5,6,7,8,8a,9,10,10a-
    dodecahydro- **9** 3404
    ethyl ester **9** 3404
    methyl ester **9** 3404

—, 10-phenyl-Δx-dodecahydro- **9** 3405
—, 1,2,3,4-tetrahydro- **9** 3354
    methyl ester **9** 3354
—, 2,3,4,5-tetramethoxy- **10** 2526
    hydrazide **10** 2527
—, 2,3,4,6-tetramethoxy- **10** 2527
    ethyl ester **10** 2527
    hydrazide **10** 2527
    methyl ester **10** 2527
—, 2,3,4,7-tetramethoxy- **10** 2528
    hydrazide **10** 2528
    methyl ester **10** 2528
—, 2,5,6,7-tetramethoxy- **10** 2528
    methyl ester **10** 2528
—, 3,4,5,6-tetramethoxy- **10** 2528
—, 3,4,6,7-tetramethoxy- **10** 2529
—, 2,3,4,7-tetramethoxy-9,10-dihydro-
    10 2508
    methyl ester **10** 2508
—, 5,6,7,8-tetramethyl- **9** 3537
—, 10-*p*-toluoyl- **10** 3492
—, 3,4,5-trimethoxy- **10** 2387
    hydrazide **10** 2387
    methyl ester **10** 2387
—, 3,4,5-trimethoxy-9,10-dihydro-
    10 2350
    hydrazide **10** 2351
    methyl ester **10** 2351
Phenanthrene-9-carboxylic anhydride,
—, 6-bromo- **9** 3504
Phenanthrene-3,6-dicarbonitrile 9 4652
Phenanthrene-3,9-dicarbonitrile 9 4652
Phenanthrene-1,10-dicarboxamide 9 4651
Phenanthrene-x,x-dicarboxylic acid,
—, 7-isopropyl-1-methyl-9,10-dihydro-
    9 4644
Phenanthrene-1,2-dicarboxylic acid
    diethyl ester **9** 4650
    dimethyl ester **9** 4650
—, 3,4-dihydro-,
    dimethyl ester **9** 4606
—, 5,9-dimethoxy-,
    dimethyl ester **10** 2537
—, 5,9-dimethoxy-3,4-dihydro-,
    dimethyl ester **10** 2533
—, 5-ethoxy-9-methoxy-,
    diethyl ester **10** 2537
—, 9-ethoxy-5-methoxy-,
    diethyl ester **10** 2537
—, 1,2,3,9,10,10a-hexahydro- **9** 4488
    dimethyl ester **9** 4488
—, 7-hydroxy-1,2,3,4,4a,9,10,10a-
    octahydro- **10** 2291
    dimethyl ester **10** 2291
—, 7-hydroxy-1,2,3,4-tetrahydro-
    10 2354
—, 1-(methoxycarbonylmethyl)-
    1,2,3,4-tetrahydro-,
    dimethyl ester **9** 4840

Phenanthrene-1,2-dicarboxylic acid
  (continued)
—, 7-methoxy-1,2-dihydro- **10** 2389
  dimethyl ester **10** 2389
—, 7-methoxy-1,2,3,9,10,10a-hexahydro-
  10 2328
  dimethyl ester **10** 2329
—, 7-methoxy-1-methyl-
  1,2,3,4,9,10-hexahydro-,
  dimethyl ester **10** 2330
—, 7-methoxy-1-methyl-1,2,3,9,10,10a-
  hexahydro- **10** 2329
  dimethyl ester **10** 2330
—, 7-methoxy-2-methyl-
  1,2,3,4,9,10-hexahydro- **10** 2332
  dimethyl ester **10** 2333
  1-methyl ester **10** 2332
  2-methyl ester **10** 2332
—, 7-methoxy-2-methyl-1,2,3,9,10,10a-
  hexahydro- **10** 2330
  dimethyl ester **10** 2331
  1-methyl ester **10** 2331
—, 7-methoxy-1-methyl-1,2,3,4,4a,9,10,10a-
  octahydro-,
  dimethyl ester **10** 2292
  1-methyl ester **10** 2292
—, 7-methoxy-2-methyl-1,2,3,4,4a,9,10,10a-
  octahydro- **10** 2293
  dimethyl ester **10** 2294, 2295
  1-methyl ester **10** 2293, 2294
  2-methyl ester **10** 2294
—, 7-methoxy-1-methyl-
  1,2,3,4-tetrahydro- **10** 2357
  dimethyl ester **10** 2358
  1-methyl ester **10** 2358
—, 7-methoxy-2-methyl-
  1,2,3,4-tetrahydro- **10** 2358
  dimethyl ester **10** 2359
  2-methyl ester **10** 2359
—, 7-methoxy-1,2,3,4,4a,9,10,10a-
  octahydro- **10** 2291
  dimethyl ester **10** 2291
—, 7-methoxy-1,2,3,4-tetrahydro- **10** 2354
  dimethyl ester **10** 2355
  methyl ester **10** 2354
—, 7-methoxy-1,2,9,10-tetrahydro-
  10 2354
  dimethyl ester **10** 2354
—, 1-methyl-1,2,3,4-tetrahydro-
  9 4565
  dimethyl ester **9** 4566
  1-methyl ester **9** 4566
—, 1,2,3,10a-tetrahydro- **9** 4549
—, 1,2,3,4-tetrahydro- **9** 4549, 4550
  dimethyl ester **9** 4550
Phenanthrene-1,6-dicarboxylic acid,
—, 7-isopropyl-1,4a-dimethyl-1,2,3,4,-
  4a,9,10,10a-octahydro- **9** 4458
  1-methyl ester **9** 4459

Phenanthrene-1,7-dicarboxylic acid 9 4650
  dimethyl ester **9** 4650
—, 1,4a,7-trimethyl-1,2,3,4,4a,4b,5,6,-
  7,9,10,10a-dodecahydro- **9** 4366
—, 1,4a,7-trimethyltetradecahydro-
  9 4082
Phenanthrene-1,8-dicarboxylic acid
  9 4651
  dimethyl ester **9** 4651
—, 1,4a,7,8a-tetramethyl-1,2,3,4,4a,4b,-
  5,8,8a,9,10,10a-dodecahydro-
  9 4368
  diethyl ester **9** 4369
  dimethyl ester **9** 4369
—, 1,4a,7,8a-tetramethyltetradecahydro-
  9 4085
  dimethyl ester **9** 4085
Phenanthrene-1,9-dicarboxylic acid
  9 4651
Phenanthrene-1,10-dicarboxylic acid
  9 4651
  dimethyl ester **9** 4651
Phenanthrene-2,2(1*H*)-dicarboxylic acid,
—, 1-(2-carboxyethylidene)-7-methoxy-
  3,4-dihydro- **10** 2591
—, 1-(2-carboxyethyl)-7-methoxy-
  3,4-dihydro- **10** 2590
—, 1-(3-carboxypropylidene)-7-methoxy-
  3,4-dihydro- **10** 2592
—, 1-(3-carboxypropyl)-7-methoxy-
  3,4-dihydro- **10** 2590
—, 7-methoxy-1-[2-(methoxycarbonyl)-
  ethylidene]-3,4-dihydro-,
  dimethyl ester **10** 2591
—, 7-methoxy-1-[3-(methoxycarbonyl)-
  propylidene]-3,4-dihydro-,
  dimethyl ester **10** 2592
Phenanthrene-2,4-dicarboxylic acid,
—, 1-hydroxy- **10** 2394
—, 1-methoxy- **10** 2394
Phenanthrene-2,6-dicarboxylic acid,
—, 7-methoxy- **10** 2394
  dimethyl ester **10** 2394
—, 7-methoxy-9,10-dihydro- **10** 2389
  dimethyl ester **10** 2389
Phenanthrene-3,4-dicarboxylic acid
  9 4652
  dimethyl ester **9** 4652
Phenanthrene-3,6-dicarboxylic acid,
—, 2,7-dihydroxy-9,10-dihydro- **10** 2533
Phenanthrene-3,9-dicarboxylic acid
  9 4652
  dimethyl ester **9** 4652
Phenanthrene-3,10-dicarboxylic acid
  9 4653
  diethyl ester **9** 4653
Phenanthrene-4,5-dicarboxylic acid,
—, 9,10-dihydro- **9** 4607
—, 9,10-dioxo-9,10-dihydro- **10** 4087

Phenanthrene-4a,10a-dicarboxylic acid,
—, 6,7-dimethoxy-
1,2,3,4,9,10-hexahydro-,
dimethyl ester **10** 2479
—, 2,3-dimethyl-1,2,3,4,9,10-hexahydro-
9 4456
—, 2,3-dimethyl-1,4,9,10-tetrahydro-
9 4492
dimethyl ester **9** 4492
methyl ester **9** 4492
—, 7-methoxy-6-methyl-
1,4,9,10-tetrahydro- **10** 2333
Phenanthrene-9,10-dicarboxylic acid
dimethyl ester **9** 4653
—, 9,10-dihydro- **9** 4607
dimethyl ester **9** 4607, 4608
—, 1,2,3,4,5,6,7,8,8a,9,10,10a-
dodecahydro- **9** 4362
ethyl ester **9** 4362
Phenanthrenequinone,
—, 4-(benzoyloxy)-3,6-dimethoxy-
9 844
—, 3-(benzoyloxy)-7-isopropyl-1-methyl-
9 806
—, 3,5-bis(benzoyloxy)-2,6-dimethoxy-
9 849
—, 7-isopropyl-1-methyl-3-
(4-nitrobenzoyloxy)- **9** 1680
Phenanthrene-1,8,9,10-tetracarboxylic acid
9 4897
tetramethyl ester **9** 4897
Phenanthrene-2-thiocarboxylic acid,
—, 1-ethyl-7-methoxy-2-methyl-
1,2,3,4-tetrahydro-,
S-methyl ester **10** 1238
Phenanthro[1,2-b]furan-2(1H)-one,
—, 3a,7-dihydroxy-11a-methyl-
3a,10,11,11a-tetrahydro- **10** 4457
—, 3a-hydroxy-7-methoxy-11a-methyl-
3a,4,5,10,11,11a-hexahydro-
10 4420
—, 3a-hydroxy-7-methoxy-11a-methyl-
3a,3b,4,5,9b,10,11,11a-octahydro-
10 4383
—, 3a-hydroxy-7-methoxy-11a-methyl-
3a,10,11,11a-tetrahydro- **10** 4458
—, 3a-hydroxy-11a-methyl-3a,10,11,11a-
tetrahydro- **10** 3348
—, 3a-hydroxy-3a,10,11,11a-tetrahydro-
10 3335
Phenanthro[3,4-c]furan-3(1H)-one,
—, 1-hydroxy-1-methyl- **10** 3406
3aH-Phenanthro[1,10a-b]furan-5(6H)-
one,
—, 3a-hydroxy-10-methoxy-3-methyl-
2,3,7,8-tetrahydro- **10** 4421
Phenanthro[4,3-b]furan-2(3H)-one,
—, 11c-hydroxy-3a,4,5,11c-tetrahydro-
10 3335

Phenanthro[9,10-c]furan-1(3H)-one,
—, 3-(p-chlorophenyl)-3-hydroxy-
10 3490
—, 3-hydroxy-3-phenyl- **10** 3489
—, 3-hydroxy-3-p-tolyl- **10** 3492
Phenanthroic acid
see *Phenanthrenecarboxylic acid*
4-Phenanthrol,
—, 7-(benzoyloxy)-1,2,3,4,4a,9,10,10a-
octahydro- **9** 605
9-Phenanthrol,
—, 10-(p-anisoyloxy)-2-isopropyl-
8-methyl- **10** 317
—, 10-(p-anisoyloxy)-7-isopropyl-
1-methyl- **10** 317
—, 10-(benzoyloxy)- **9** 645
—, 10-(4-isopropylbenzoyloxy)- **9** 2482
1(2H)-Phenanthrone,
—, 7-(benzoyloxy)-3,4-dihydro- **9** 763
—, 7-(3,5-dinitrobenzoyloxy)-2,4b-
dimethyldodecahydro- **9** 1928
1(4H)-Phenanthrone,
—, 7-(3,5-dinitrobenzoyloxy)-2,4b-
dimethyl-4a,4b,5,6,7,8,8a,9,10,
10a-decahydro- **9** 1929
4(3H)-Phenanthrone,
—, 7-(benzoyloxy)-1,2-dihydro- **9** 763
9(1H)-Phenanthrone,
—, 2-(benzoyloxy)-7-isopropyl-
6-methoxy-1,1,4a-trimethyl-
2,3,4,4a,10,10a-hexahydro- **9** 797
—, 6-(benzoyloxy)-7-isopropyl-1,1,4a-
trimethyl-2,3,4,4a,10,10a-
hexahydro- **9** 752
9(10H)-Phenanthrone,
—, 10-(benzoyloxy)-10-(chloromethyl)-
9 768
Phenanthro[1,10,9,8-opqra]perylene-
7,14-dione,
—, 1,3,4,6,8,13-hexakis(benzoyloxy)-
10,11-dimethyl- **9** 851
—, 1,3,4,6,8,13-
hexakis(4-bromobenzoyloxy)-
10,11-dimethyl- **9** 1416
Phenanthro[2,1-c]pyran
see *Naphtho[2,1-f]isochromene*
Phenol,
—, 2-(benzoyloxy)- **9** 551
—, 3-(benzoyloxy)- **9** 555
—, 4-(benzoyloxy)- **9** 558
—, 5-(benzoyloxy)-2-bromo- **9** 556
—, 5-(benzoyloxy)-4-bromo-2-
(1,1,3,3-tetramethylbutyl)- **9** 578
—, 5-(benzoyloxy)-2-chloro-4-
(1,1,3,3-tetramethylbutyl)- **9** 578
—, 5-(benzoyloxy)-2,4-dibromo- **9** 556
—, 3-(benzoyloxy)-2,4-dibromo-6-nitro-
9 557
—, 2-(benzoyloxy)-4,6-dinitro- **9** 554

Phenol *(continued)*
—, 3-(benzoyloxy)-2,4-dinitro-6-
  (1,1,3,3-tetramethylbutyl)- **9** 578
—, 5-[2-(benzoyloxy)ethoxy]-2-ethyl-
  9 535
—, 2-(benzoyloxy)-5-methoxy- **9** 670
—, 2-(benzoyloxymethyl)-4,6-dibromo-
  9 567
—, 2-(benzoyloxy)-4-nitro- **9** 553
—, 2-(benzoyloxy)-6-nitro- **9** 553
—, 3-(benzoyloxy)-4-nitro- **9** 557
—, 5-(benzoyloxy)-2-nitro- **9** 557
—, 5-(benzoyloxy)-4-nitro-2-
  (1,1,3,3-tetramethylbutyl)- **9** 578
—, *p*-[*p*-(benzoyloxy)phenyldithio]- **9** 563
—, 2-(benzoyloxy)-5-(prop-1-enyl)-
  9 584
—, 4-[3-(benzoyloxy)prop-1-enyl]-
  2-methoxy- **9** 680
—, 4-(benzoyloxy)-2,3,5,6-tetramethyl-
  9 576
—, 5-(benzoyloxy)-2-
  (1,1,3,3-tetramethylbutyl)- **9** 577
—, 3-(benzoyloxy)-2,4,6-tribromo-
  9 557
—, 4-(benzoyloxy)-2,3,6-trimethyl-
  9 573
—, 2,6-bis(benzoyloxymethyl)-4-methyl-
  9 675
—, 2,2′-[ethylenebis(nitriloethylidyne)]₌
  bis[4-(benzoyloxy)- **9** 785
—, 2,2′-[ethylenebis(nitriloethylidyne)]₌
  bis[5-(benzoyloxy)- **9** 784
—, 2,2′-[ethylenebis(nitriloethylidyne)]₌
  bis[5-(phenylacetoxy)- **9** 2189
—, 2,3,5-tris(benzoyloxy)- **9** 692
Phenylpenaldic acid
  benzyl ester **9** 1199
  ethyl ester **9** 1198
—, *N*-methyl-,
  ethyl ester **9** 1201
  methyl ester **9** 1201
Phenylthiopenaldic acid
  S-benzyl ester **9** 1201
  S-ethyl ester **9** 1201
Phloretic acid 10 539
α-Phocaecholic acid 10 2424
β-Phocaecholic acid 10 2182
α-Phocaetaurocholic acid 10 2425
Phosphine oxide
—, tris(benzoyloxymethyl)- **9** 716
Phosphonic acid,
—, benzoyl-,
  diethyl ester **9** 1055
  dimethyl ester **9** 1055
—, (α-cyano-α-hydroxybenzyl)-,
  dimethyl ester **10** 2976
—, (α-ethoxy-α-hydroxybenzyl)-,
  dimethyl ester **9** 1056

—, (α-hydroxy-α-methoxybenzyl)-,
  dimethyl ester **9** 1056
—, (α-hydroxy-α-propoxybenzyl)-,
  dimethyl ester **9** 1056
—, methyl-,
  o-(ethoxycarbonyl)phenyl ester
  ethyl ester **10** 119
  p-(ethoxycarbonyl)phenyl ester
  ethyl ester **10** 305
Phosphoramidic acid,
—, *N*-(α-aminobenzylidene)-,
  phenyl ester **9** 1272
—, *N*-benzimidoyl-,
  phenyl ester **9** 1272
—, *N*,*N*-dimethyl-,
  o-(ethoxycarbonyl)phenyl ester
  ethyl ester **10** 119
Phosphoric acid
  2-(3,5-dinitrobenzamido)ethyl ester
  2-(palmitoyloxy)-1-[(palmitoyloxy)₌
  methyl]ethyl ester **9** 1936
  p-ethoxyphenyl ester diethyl
  ester **10** 305
  tris[*p*-(hexyloxycarbonyl)phenyl]
  ester **10** 309
  bis(biphenyl-2-yl) ester
  o-(isobutoxycarbonyl)phenyl ester
  10 122
  bis(biphenyl-2-yl) ester
  o-(methoxycarbonyl)phenyl ester **10** 114
  bis[*o*-(methoxycarbonyl)phenyl]
  ester phenyl ester **10** 114
  p-*tert*-butylphenyl ester bis[*o*-
  (methoxycarbonyl)phenyl] ester
  10 114
  o-carboxyphenyl ester phenyl ester
  10 106
  o-chlorophenyl ester bis[*o*-
  (methoxycarbonyl)phenyl] ester
  10 114
  α-cyanobenzyl ester dimethyl ester
  10 475
  2-(ethoxycarbonyl)-4-nitrophenyl
  ester diethyl ester **10** 199
  o-(ethoxycarbonyl)phenyl ester
  diethyl ester **10** 119
  o-(methoxycarbonyl)phenyl ester
  diphenyl ester **10** 114
  tris[*o*-(methoxycarbonyl)phenyl]
  ester **10** 114
—, benzoyl- **9** 1056
  phenyl ester **9** 1056
—, dibenzoyl- **9** 1057
Phosphordiamidic acid,
—, *N*,*N*,*N*′,*N*′-tetramethyl-,
  o-(ethoxycarbonyl)phenyl ester
  10 119
Photodehydroergosterol,
—, O-benzoyl- **9** 515

Photoisopyrocalciferol,
—, O-(3,5-dinitrobenzoyl)-
    9 1883
Photopyrocalciferol,
—, O-(3,5-dinitrobenzoyl)- 9 1884
Phthalaldehydic acid 10 2986
    methyl ester 10 2987
—, 3-bromo-5,6-dimethoxy- 10 4513
    methyl ester 10 4513
—, 5-chloro- 10 2988
—, 6-chloro- 10 2988
—, 3-chloro-5,6-dimethoxy- 10 4513
—, 3,5-dihydroxy- 10 4511
    methyl ester 10 4511
—, 3,4-dimethoxy- 10 4510
—, 4,5-dimethoxy- 10 4511
—, 5,6-dimethoxy- 10 4511
    acetonyl ester 10 4512
    benzyl ester 10 4512
—, 5,6-dimethoxy-3-nitro- 10 4513
—, 3-methoxy- 10 4207
—, 4-methoxy- 10 4207
—, 5-methoxy- 10 4207
—, 5-nitro- 10 2988
Phthalaldehydonitrile 10 2988
—, 4-methoxy- 10 4207
Phthalamic acid 9 4191
    cyclohexyl ester 9 4197
    hydrazide 9 4202
—, N-allyl- 9 4193
—, N-[2-(benzylsulfonyl)allyl]- 9 4193
—, N,N-bis(2-cyanoethyl)- 9 4195
—, N-sec-butyl- 9 4192
—, N-carbamoyl- 9 4194
—, N-(carbamoylcarbamimidoyl)- 9 4194
—, N-(carbamoylmethyl)- 9 4195
—, N-(cyanocarbamimidoyl)- 9 4194
—, N-(3,3-dibromo-3-nitropropyl)-
    9 4192
—, N,N-dibutyl- 9 4192
—, N,N-diethyl- 9 4192
—, N,N-diethyl-4,5-dimethyl- 9 4297
—, N,N-dihexyl- 9 4193
—, N,N-dimethyl- 9 4192
—, N-dodecyl- 9 4193
—, N-(ethoxycarbonyl)- 9 4194
—, N-ethyl- 9 4192
—, N-[3-(p-methoxyphenoxy)propyl]-
    9 4193
—, N-methyl- 9 4191
—, N,N'-methylenedi-,
    diallyl ester 9 4197
—, N-(4-nitrobenzoyl)- 9 4194
    ethyl ester 9 4197
—, N-(3-nitropropyl)- 9 4192
—, N-octadecyl- 9 4193
—, N-octyl- 9 4193
—, 3,4,5,6-tetrachloro-N-octadecyl-,
    2-ethylhexyl ester 9 4212

Phthalamide 9 4197
—, N,N'-bis(2-chloroethyl)-3-nitro-
    9 4234
—, N,N'-bis(methoxycarboximidoyl)-
    9 4199
—, 4-chloro- 9 4203
—, N,N'-diallyl- 9 4198
—, N,N'-diethyl- 9 4198
—, N,N'-dimethyl- 9 4198
—, N-ethyl- 9 4198
—, N-methyl- 9 4198
—, 3-nitro- 9 4233
—, 4-nitro- 9 4239
—, N,N,N',N'-tetraethyl- 9 4198
—, N,N,N',N'-tetraethyl-4,5-dimethyl-
    9 4297
—, N,N,N',N'-tetrakis(2-chloroethyl)-
    3-nitro- 9 4234
Phthalan-4-carbaldehyde,
—, 3-hydroxy-7-methoxy-6-methyl-1-oxo-
    10 4604
Phthalan-1-carboxylic acid,
—, 7-(o-carboxyphenyl)-4-chloro-
    1-hydroxy-3-oxo- 10 4141
—, 7-(o-carboxyphenyl)-1-hydroxy-
    4,5-dimethyl-3-oxo- 10 4141
—, 7-(o-carboxyphenyl)-1-hydroxy-3-oxo-
    10 4141
—, 1-hydroxy-4,5-dimethoxy-3-oxo-
    10 4801
—, 1-hydroxy-5,6-dimethyl-3-oxo-
    10 3966
—, 1-hydroxy-5-methoxy-3-oxo- 10 4739
—, 1-hydroxy-3-oxo- 10 3955
Phthalan-2-carboxylic acid,
—, 1-hydroxy-5,6-dimethoxy-3-oxo-
    10 4802
Phthalan-4-carboxylic acid,
—, 3-hydroxy-1-oxo- 10 3956
—, 1-hydroxy-3-oxo-1-phenyl- 10 4007
—, 3-hydroxy-1-oxo-3-phenyl- 10 4007
Phthalan-5-carboxylic acid,
—, 1-(o-carboxyphenyl)-1-hydroxy-3-oxo-
    10 4140
—, 1,1'-dihydroxy-3,3'-dioxo-1,1'-
    (9-hydroxy-10-oxo-
    9,10-dihydroanthracene-1,5-diyl)di-
    10 4874
—, 1-(9,10-dioxo-9,10-dihydro-
    1-anthryl)-1-hydroxy-3-oxo-
    10 4142
—, 1-hydroxy-1-methyl-3-oxo- 10 3962
—, 3-hydroxy-3-methyl-1-oxo- 10 3961
—, 1-hydroxy-7-nitro-3-oxo-1-phenyl-
    10 4007
—, 1-hydroxy-3-oxo-1-phenyl- 10 4007
—, 3-hydroxy-1-oxo-3-phenyl- 10 4007
—, 1-hydroxy-3-oxo-1-(trichloromethyl)-
    10 3962

Phthalan-5-carboxylic acid *(continued)*
—, 3-hydroxy-1-oxo-3-(trichloromethyl)-
  10 3961
—, 3-hydroxy-3-phenyl- **10** 4438
Phthalan-1,4-dicarboxylic acid,
—, 1-hydroxy-3-oxo-7-phenyl- **10** 4140
Phthalan-1,5-dicarboxylic acid,
—, 1-hydroxy-7-methoxy-3-oxo- **10** 4845
Phthalan-1,7-dicarboxylic acid,
—, 1-hydroxy-3-oxo- **10** 4128
Phthalan-5,6-dicarboxylic acid,
—, 1-hydroxy-3-oxo-1-phenyl- **10** 4140
Phthalic acid 9 4094
     acetonyl ester butyl ester **9** 4185
     acetonyl ester ethyl ester **9** 4185
     1-allylbut-2-enyl ester
       9 4138, 4139
     2-aminoethyl ester ethyl ester
       9 4188
     benzhydryl ester **9** 4171
     benzyl ester butyl ester **9** 4158
     benzyl ester ethyl ester **9** 4158
     bicyclo[3.2.1]oct-2-yl ester **9** 4139
     bicyclopentyl-2-yl ester **9** 4144
     bis[*p*-(benzoyloxy)phenyl] ester
       9 4177
     bis(*p*-benzylphenyl) ester **9** 4171
     bis(4-bromophenacyl) ester **9** 4186
     bis(*p-tert*-butylphenyl) ester
       9 4162
     bis(carbamoylmethyl) ester **9** 4188
     bis(2-chloroallyl) ester **9** 4120
     bis(4-chlorobutyl) ester **9** 4103
     bis[2-chloro-1-(chloromethyl)ethyl]
       ester **9** 4101
     bis(2-chloroethyl) ester **9** 4101
     bis(cyclohexylmethyl) ester **9** 4128
     bis(2,6-dibromophenyl) ester
       9 4158
     bis(2,6-dichlorophenyl) ester
       9 4157
     bis[2-(diethylamino)ethyl] ester
       9 4188
     bis[2-(dimethylamino)ethyl] ester
       9 4188
     bis(3,5-dimethylcyclohexyl) ester
       9 4131
     bis[2-(2-ethoxyethoxy)ethyl] ester
       9 4174
     bis(5-ethoxyhexyl) ester **9** 4174
     bis[2-(2-ethylbutoxy)ethyl] ester
       9 4173
     bis(2-ethylbutyl) ester **9** 4109
     bis(2-ethylhexyl) ester **9** 4114
     bis[2-(2-ethylhexyloxy)ethyl] ester
       9 4174
     bis(2-iodocyclohexyl) ester **9** 4124
     bis(1-isopropyl-2-methylpropyl)
       ester **9** 4111

     bis[*o*-(methoxycarbonyl)phenyl]
       ester **10** 113
     bis(2-methoxyethyl)ester **9** 4173
     bis(4-methoxy-4′-methylbenzhydryl)
       ester **9** 4182
     bis(4-methoxy-α-methylbenzyl) ester
       9 4178
     bis(*p*-methoxyphenyl) ester **9** 4176
     bis[(*o*-methoxyphenyl)-(1-naphthyl)*
       methyl] ester **9** 4183
     bis[(*p*-methoxyphenyl)-(1-naphthyl)*
       methyl] ester **9** 4184
     bis(2-methyl-2-nitropropyl) ester
       9 4105
     bis(4-phenoxybenzhydryl) ester
       9 4182
     bis(4-phenylphenacyl) ester **9** 4186
     bis[2-(triethylammonio)ethyl] ester
       9 4188
     bis[2-(trimethylammonio)ethyl]
       ester **9** 4188
     bis(1,2,2-trimethylbutyl) ester
       9 4111
     2-bornyl ester **9** 4152
     2-(2-bornyl)ethyl ester **9** 4154
     (2-bornyl)methyl ester **9** 4153
     (butoxycarbonyl)methyl ester butyl
       ester **9** 4187
     α-*tert*-butylbenzyl ester **9** 4163
     1-*tert*-butylbut-2-enyl ester
       9 4129
     1-*tert*-butylbutyl ester **9** 4115
     2-butylcyclohexyl ester **9** 4134
     1-*tert*-butyl-2,2-dimethylpropyl
       ester **9** 4117
     butyl ester **9** 4101
     sec-butyl ester **9** 4104
     tert-butyl ester **9** 4105
     butyl ester 2-(2-chloroethoxy)ethyl
       ester **9** 4173
     butyl ester 3-ethoxy-
       2-hydroxypropyl ester **9** 4184
     butyl ester 2-methyl-2-nitrobutyl
       ester **9** 4107
     butyl ester 2-methyl-2-nitropropyl
       ester **9** 4105
     1-*tert*-butylpent-4-enyl ester **9** 4132
     1-butylpentyl ester **9** 4116
     2-chlorobenzhydryl ester **9** 4172
     2-(2-chloroethoxy)ethyl ester ethyl
       ester **9** 4173
     2-(2-chloroethoxy)ethyl ester
       methyl ester **9** 4172
     cholestan-3-yl ester **9** 4164, 4165
     cholestan-7-yl ester **9** 4165
     cholest-5-en-3-yl ester **9** 4168
     cinnamyl ester **9** 4165
     cycloheptadec-9-en-1-yl ester
       9 4154

Phthalic acid ester *(continued)*

2-(cyclohex-1-en-1-yl)cyclohexyl ester 9 4156

1-cyclohexylbutyl ester 9 4134

cyclohexyl ester 9 4123

1-cyclohexylethyl ester 9 4130

(cyclohexylmethyl) ester 9 4128

1-cyclohexylpentyl ester 9 4137

1-cyclohexylpropyl ester 9 4132

(cyclopent-1-en-1-yl)methyl ester 9 4138

2-cyclopentylethyl ester 9 4128

decahydroazulen-4-yl ester 9 4144

decahydro-1-naphthyl ester 9 4145

decahydro-2-naphthyl ester 9 4145, 4146

decahydro-2-naphthyl ester methyl ester 9 4146, 4147

decyl ester 9 4117

diallyl ester 9 4120

dibenzyl ester 9 4158

di(2-bornyl) ester 9 4152

3,5-dibromo-2-hydroxybenzyl ester 9 4177

dibutyl ester 9 4102

di-*sec*-butyl ester 9 4104

di(cholest-5-en-3-yl) ester 9 4169

dicyclohexyl ester 9 4123

dicyclohexylmethyl ester 9 4154

dicyclopentyl ester 9 4122

2-(diethylamino)ethyl ester 9 4188

2,2-diethylbutyl ester 9 4116

diethyl ester 9 4099

diheptyl ester 9 4109

dihexyl ester 9 4107

diisobutyl ester 9 4105

diisopentyl ester 9 4107

N,N′-diisopropyl-*N*′-methylhydrazide 9 4201

di(*p*-menth-3-yl) ester 9 4136

3,5-dimethoxy-2,α,β-trimethylphenethyl ester 9 4184, 4185

α,α-dimethylacetonyl ester methyl ester 9 4185

4,4-dimethylbicyclo[3.2.1]oct-2-yl ester 9 4147

1,3-dimethylbut-3-enyl ester 9 4123

1,3-dimethylbutyl ester 9 4109

2,2-dimethylbutyl ester 9 4109

2,2-dimethylcycloheptyl ester 9 4132

2,6-dimethylcyclohexyl ester 9 4130

3,5-dimethylcyclohexyl ester 9 4130, 4131

(3,3-dimethylcyclohexyl)methyl ester 9 4133

dimethyl ester 9 4098

3,3-dimethyl-2-norbornyl ester 9 4143

5,5-dimethyl-2-norbornyl ester 9 4143

7,7-dimethyl-2-norbornyl ester 9 4143

1-(3,8-dimethyl-1,2,3,3a,4,5,6,7-octahydroazulen-5-yl)-1-methylethyl ester 9 4156

3,7-dimethyloct-6-enyl ester 9 4134

α,β-dimethylphenethyl ester 9 4160, 4161

1,2-dimethylpropyl ester 9 4107

6,6-dimethyl-2-propylnorpinan-3-yl ester 9 4153

dioctyl ester 9 4112

dipentyl ester 9 4105

diphenacyl ester 9 4186

diphenyl ester 9 4157

2,6-dipropylcyclohexyl ester 9 4137

dipropyl ester 9 4101

ditetradecyl ester 9 4118

dodecyl ester 9 4118

eicosyl ester 9 4119

ergosta-5,7,22-trien-3-yl ester 9 4171

ergost-8(14)-en-3-yl ester 9 4169

ergost-14-en-3-yl ester 9 4169

α-ethinylbenzyl ester 9 4170

1-ethinylbut-2-enyl ester 9 4155

1-(ethoxycarbonyl)ethyl ester methyl ester 9 4188

(ethoxycarbonyl)methyl ester ethyl ester 9 4187

(ethoxycarbonyl)methyl ester methyl ester 9 4187

2-ethoxyethyl ester 1-ethylbutyl ester 9 4173

1-ethylallyl ester 9 4120

2-ethylallyl ester 9 4121

1-ethylbut-2-enyl ester 9 4122

1-ethylbutyl ester 9 4108

2-ethylbutyl ester 9 4109

α-ethylcinnamyl ester 9 4168

2-ethylcyclopentyl ester 9 4128

1-ethyl-1,3-dimethylbutyl ester 9 4115

2-ethyl-6,6-dimethylnorpinan-3-yl ester 9 4153

ethyl ester 9 4099

ethyl ester 2-methyl-2-nitrobutyl ester 9 4107

ethyl ester 2-methyl-2-nitropropyl ester 9 4104

ethyl ester 2-oxocyclohexyl ester 9 4185

ethyl ester phenethyl ester 9 4159

Phthalic acid ester *(continued)*
    ethyl ester phenyl ester **9** 4157
    ethyl ester vinyl ester **9** 4119
    1-ethylheptyl ester **9** 4116
    1-ethylhexyl ester **9** 4113
    2-ethylhexyl ester **9** 4114
    α-ethyl-4-methoxybenzyl ester
      9 4178
    1-ethyl-2-methylbutyl ester **9** 4111
    1-ethyl-3-methylbutyl ester **9** 4111
    2-ethyl-2-methylbutyl ester **9** 4112
    2-ethyl-1-methylpent-4-enyl ester
      9 4129
    α-ethyl-β-methylphenethyl ester
      9 4163
    β-ethyl-α-methylphenethyl ester
      9 4163
    1-ethyl-2-methylpropyl ester **9** 4108
    1-ethylpent-2-enyl ester **9** 4125
    1-ethylpentyl ester **9** 4110
    α-ethylphenethyl ester **9** 4160
    1-ethylprop-2-ynyl ester **9** 4138
    heptadecyl ester **9** 4118
    heptyl ester **9** 4109
    hexadecyl ester **9** 4118
    hexahydroindan-1-yl ester **9** 4141
    hexahydroindan-2-yl ester **9** 4141
    hexahydroindan-4-yl ester
      9 4141, 4142
    hexahydroindan-5-yl ester **9** 4142
    hexahydroindan-5-yl ester methyl
      ester **9** 4142
    3a,4,5,6,7,7a-hexahydro-
      4,7-methanoinden-5-yl ester
      9 4162
    3a,4,5,6,7,7a-hexahydro-
      4,7-methanoinden-6-yl ester
      9 4162
    hex-3-enyl ester **9** 4122
    hexyl ester **9** 4107
    7-hydroxycholest-5-en-3-yl ester
      9 4179
    4-hydroxy-4-methyl-1-phenylpent-
      2-ynyl ester **9** 4180
    2-hydroxy-1-methylpropyl ester
      9 4174
    indan-2-yl ester **9** 4166
    isobutyl ester **9** 4104
    1-isobutylhexyl ester **9** 4117
    1-isobutylpentyl ester **9** 4117
    isopentyl ester **9** 4107
    4-isopropylbenzyl ester **9** 4162
    1-isopropylbut-2-enyl ester **9** 4126
    1-isopropylbutyl ester **9** 4110
    4-isopropylcyclohex-2-en-1-yl ester
      9 4140, 4141
    4-isopropylcyclohexyl ester
      9 4132, 4133
    isopropyl ester **9** 4101

    1-isopropylhexyl ester **9** 4116
    4-isopropyl-4'-methoxybenzhydryl
      ester **9** 4183
    2-isopropyl-5-methylcyclopentyl
      ester **9** 4133
    1-isopropylpentyl ester **9** 4113
    14-isopropylpodocarpa-8,11,13-trien-
      13-yl ester **9** 4170
    p-mentha-6,8-dien-2-yl ester **9** 4155
    p-menth-1-en-7-yl ester **9** 4144
    p-menth-4(8)-en-3-yl ester **9** 4144
    p-menth-2-yl ester **9** 4134, 4135
    p-menth-3-yl ester **9** 4135, 4136
    p-menth-7-yl ester **9** 4137
    3-methoxybenzhydryl ester **9** 4180
    4-methoxybenzhydryl ester **9** 4180
    4-methoxybenzyl ester **9** 4177
    2-methoxyethyl ester **9** 4172
    4-methoxy-4'-methylbenzhydryl ester
      9 4182
    4-methoxy-α-methylbenzyl ester
      9 4177
    3-(*p*-methoxyphenyl)-1-methylpropyl
      ester **9** 4179
    (*o*-methoxyphenyl)-(1-naphthyl)-
      methyl ester **9** 4183
    (*p*-methoxyphenyl)-(1-naphthyl)-
      methyl ester **9** 4183
    α-methylbenzyl ester **9** 4158, 4159
    1-methylbut-2-enyl ester **9** 4121
    1-methylbutyl ester **9** 4106
    2-methylbutyl ester **9** 4106
    α-methylcinnamyl ester
      9 4166, 4167
    2-methylcycloheptyl ester **9** 4129
    2-methylcyclohexyl ester **9** 4126
    3-methylcyclohexyl ester
      9 4126, 4127
    4-methylcyclohexyl ester
      9 4127, 4128
    (2-methylcyclohexyl)methyl ester
      9 4130
    (4-methylcyclohexyl)methyl ester
      9 4131, 4132
    2-methyl-5-(2,3-dimethyltricyclo-
      [2.2.1.0^{2,6}]hept-3-yl)pent-2-enyl
      ester **9** 4164
    methyl ester **9** 4098
    methyl ester 1-methylheptyl ester
      9 4113
    methyl ester 2-methyl-2-nitrobutyl
      ester **9** 4106
    methyl ester 2-methyl-2-nitropropyl
      ester **9** 4104
    methyl ester phenyl ester **9** 4157
    1-methylheptyl ester **9** 4112
    1-methylhexyl ester **9** 4110
    2-methyl-6-(4-methylcyclohex-3-en-
      1-yl)hepta-2,6-dienyl ester **9** 4164

Phthalic acid ester *(continued)*

2-methyl-5-(2-methyl-3-methylene-2-norbornyl)pent-2-enyl ester **9** 4164

2-methyl-2-nitrobutyl ester **9** 4106

2-methyl-2-nitropropyl ester **9** 4104

1-methylnonadecyl ester **9** 4119

1-methylnonyl ester **9** 4117

3-methyl-2-norbornyl ester **9** 4140

7-methyl-2-norbornyl ester **9** 4140

(3-methyl-2-norbornyl)methyl ester **9** 4143

1-methylpenta-2,4-dienyl ester **9** 4138

1-methylpent-4-enyl ester **9** 4122

1-methylpentyl ester **9** 4108

α-methylphenethyl ester **9** 4159

2-methyl-1-propylbutyl ester **9** 4114

3-methyl-1-propylbutyl ester **9** 4113

[1-methyl-3-(2,2,6-trimethylcyclohexyl)propyl] ester **9** 4138

1-(1-naphthyl)ethyl ester **9** 4170

1-(2-naphthyl)ethyl ester **9** 4170, 4171

(1-naphthyl)methyl ester **9** 4170

neopentyl ester **9** 4107

nonadecyl ester **9** 4119

1-nonyleicosyl ester **9** 4119

nonyl ester **9** 4116

2-norbornyl ester **9** 4139

2-norbornylmethyl ester **9** 4140

octadecyl ester **9** 4119

octyl ester **9** 4112

octyl ester vinyl ester **9** 4119

pentadecyl ester **9** 4118

1,3,3,7,7-pentamethyl-2-norbornyl ester **9** 4154

1-pentylallyl ester **9** 4129

pentyl ester **9** 4105

phenethyl ester **9** 4159

4-phenoxybenzhydryl ester **9** 4181

1-phenylbutyl ester **9** 4160

3-phenylbutyl ester **9** 4161

pinan-3-yl ester **9** 4147, 4148

pinan-4-yl ester **9** 4149

pinan-10-yl ester **9** 4149, 4150

pin-2-en-10-yl ester **9** 4155, 4156

pin-2(10)-en-3-yl ester **9** 4156

α-(prop-1-enyl)benzyl ester **9** 4167

1-propylbut-2-enyl ester **9** 4125

1-propylbut-3-enyl ester **9** 4124

1-propylbutyl ester **9** 4110

4-propylcyclohexyl ester **9** 4132

1-propylpentyl ester **9** 4113

tetradecyl ester **9** 4118

2,2,6,6-tetrapropylcyclohexyl ester **9** 4138

thuj-4(10)-en-3-yl ester **9** 4155

tridecyl ester **9** 4118

triethylhydrazide **9** 4200

1,2,2-trimethylbutyl ester **9** 4111

2,5,5-trimethylcyclohexyl ester **9** 4133

1,3,3-trimethyl-2-norbornyl ester **9** 4150, 4151

1,4,7-trimethyl-2-norbornyl ester **9** 4152

1,5,5-trimethyl-2-norbornyl ester **9** 4151

4,6,6-trimethyl-2-norbornyl ester **9** 4151

undecyl ester **9** 4118

α-vinylbenzyl ester **9** 4165, 4166

—, 4-acetoxy-3,5-dibromo- **10** 2191

—, 4-acetyl- **10** 3961

—, 4-acetyl-5-methoxy-6-(methoxycarbonylmethyl)-3-methyl-, dimethyl ester **10** 4846

—, 3-benzoyl- **10** 4007

—, 4-benzoyl- **10** 4010

—, 3-bromo- **9** 4212

dimethyl ester **9** 4213

2-ethyl ester **9** 4213

—, 4-bromo- **9** 4213

dimethyl ester **9** 4213

—, 3-bromo-4,5-dimethoxy- **10** 2432

dimethyl ester **10** 2433

—, 6-bromo-3,4-dimethoxy- **10** 2429

—, 3-bromo-4-ethoxy-5-methoxy- **10** 2432

dimethyl ester **10** 2433

—, 3-bromo-6-fluoro- **9** 4213

—, 4-bromo-5-hydroxy- **10** 2190

dimethyl ester **10** 2191

—, 3-bromo-4-hydroxy-5-methoxy- **10** 2432

dimethyl ester **10** 2433

—, 4-bromo-5-methoxy- **10** 2191

dimethyl ester **10** 2191

—, 4-*tert*-butyl- **9** 4326

—, 3-butyl-4,6-dimethoxy- **10** 2462

—, 3-butyl-6-hydroxy-4-methoxy- **10** 2461

—, 5-*tert*-butyl-3-methyl- **9** 4339

—, 5-*tert*-butyl-3-nitro- **9** 4326

—, 4-(2-carboxybenzoyl)- **10** 4140

—, 3-(2-carboxybenzyl)- **9** 4838

—, 3-[2-(2-carboxy-2,6-dimethyl-6-vinylcyclohexyl)ethyl]-5-isopropyl- **9** 4832

—, 4-(5-carboxy-2-ethoxyphenoxy)-5-methoxy- **10** 2432

—, 4-(5-carboxy-2-methoxyphenoxy)-5-methoxy- **10** 2432

—, 3-(carboxymethyl)-4-methoxy-6-methyl- **10** 2575

Phthalic acid *(continued)*
—, 3-(p-carboxyphenoxy)-4,5-dimethoxy-
  10 2555
—, 3-(p-carboxyphenoxy)-4-ethoxy-
  5-methoxy- 10 2555
—, 3-chloro- 9 4202
  diethyl ester 9 4202
  1-ethyl ester 9 4202
  2-ethyl ester 9 4202
—, 4-chloro- 9 4202
  dimethyl ester 9 4203
  1-ethyl ester 9 4203
  1-methyl ester 9 4202
—, 5-chloro-3,4-dimethoxy- 10 2428
—, 4-chloro-5-nitro- 9 4239
—, 6-cyano-3-ethoxy-4-methoxy-,
  dimethyl ester 10 2600
—, 3,4-dibromo- 9 4213
  dimethyl ester 9 4214
—, 4,5-dibromo- 9 4214
  dimethyl ester 9 4214
—, 3,5-dibromo-4-hydroxy-6-methyl-
  10 2208
—, 3,5-dibromo-6-hydroxy-4-methyl-
  10 2209
—, 3,4-dichloro-,
  diethyl ester 9 4204
  1-ethyl ester 9 4203
  2-ethyl ester 9 4203
—, 3,5-dichloro- 9 4204
—, 3,6-dichloro- 9 4204
  dimethyl ester 9 4204
  hydrazide 9 4204
—, 4,5-dichloro- 9 4205
  diethyl ester 9 4205
  dimethyl ester 9 4205
  ethyl ester 9 4205
  methyl ester 9 4205
—, 3,4-dichloro-5,6-dimethoxy- 10 2429
  dimethyl ester 10 2429
—, 4,5-dichloro-3,6-dimethyl- 9 4296
—, O,O'-dideuterio- 9 4098
—, 3,5-diethoxy- 10 2430
  ethyl ester 10 2430
—, 3,5-dihydroxy- 10 2429
—, 3,6-dihydroxy- 10 2430
  diethyl ester 10 2430
  dimethyl ester 10 2430
—, 4,5-dihydroxy- 10 2431
—, 3,4-dimethoxy- 10 2427
  1-ethyl ester 10 2428
  2-ethyl ester 10 2428
—, 3,5-dimethoxy- 10 2429
  dimethyl ester 10 2430
—, 4,5-dimethoxy- 10 2431
  dimethyl ester 10 2432
—, 4,5-dimethoxy-3-[p-(methoxycarbonyl)‍
  phenoxy]-,
  dimethyl ester 10 2556

—, 3,5-dimethoxy-4-methyl- 10 2446
  dimethyl ester 10 2447
  2-methyl ester 10 2446
—, 3,6-dimethoxy-4-methyl- 10 2447
—, 3,4-dimethyl- 9 4296
—, 3,5-dimethyl- 9 4297
—, 4,5-dimethyl- 9 4297
  dimethyl ester 9 4297
—, 3,5-dinitro- 9 4239
—, diperoxy- see *Diperoxyphthalic
  acid*
—, 3-ethoxy-4,5-dimethoxy- 10 2555
—, 6-ethoxy-3,4-dimethoxy- 10 2556
  1-ethyl ester 2-methyl ester
  10 2557
—, 3-ethoxy-4-methoxy- 10 2428
—, 4-ethoxy-5-methoxy- 10 2431
—, 3-ethoxy-4-methoxy-6-nitro-,
  dimethyl ester 10 2429
—, 3-(5-formyl-4,6-dihydroxy-
  o-tolyloxy)-5-methoxy-4-methyl-
  10 2446
—, 3-hydroxy- 10 2189
—, 4-hydroxy- 10 2190
—, 3-hydroxy-4,5-dimethoxy-,
  dimethyl ester 10 2556
—, 6-hydroxy-3,4-dimethoxy-
  10 2556
  dimethyl ester 10 2557
  2-methyl ester 10 2556
—, 3-hydroxy-4,6-dinitro- 10 2190
—, 3-hydroxy-5-methoxy- 10 2429
—, 4-hydroxy-5-methoxy- 10 2431
  dimethyl ester 10 2432
—, 3-hydroxy-5-methoxy-4-methyl-,
  dimethyl ester 10 2446
  1-methyl ester 10 2446
—, 3-hydroxy-5-methyl- 10 2208
  1-methyl ester 10 2208
—, 5-hydroxy-3-methyl- 10 2207
—, 4-(1-hydroxy-1-methylethyl)-
  10 2233
—, 4-(1-hydroxy-3-oxophthalan-1-yl)-
  10 4140
—, 3-iodo- 9 4215
  1-ethyl ester 9 4215
  2-ethyl ester 9 4215
—, 3-iodo-4-methoxy- 10 2191
—, 4-iodo-5-methoxy- 10 2191
  dimethyl ester 10 2191
—, 4-isopropyl- 9 4311
—, 3-isopropyl-4,5-dimethoxy-
  10 2460
  dimethyl ester 10 2460
—, 3-methoxy- 10 2189
  dimethyl ester 10 2190
  2-methyl ester 10 2189
—, 3-[2-(methoxycarbonyl)benzyl]-,
  dimethyl ester 9 4839

Phthalic acid *(continued)*
—, 3-methoxy-5-methyl- **10** 2208
dimethyl ester **10** 2209
—, 3-methoxy-6-methyl-,
ethyl ester **10** 2208
—, 4-methoxy-5-methyl- **10** 2208
—, 5-methoxy-3-methyl- **10** 2207
—, 3-methoxy-6-nitro- **10** 2190
—, 4-methoxy-3-nitro- **10** 2192
2-methyl ester **10** 2192
—, 4-methoxy-5-nitro- **10** 2192
dimethyl ester **10** 2192
—, 3-methyl- **9** 4271
dimethyl ester **9** 4271
1-ethyl ester **9** 4271
1-methyl ester **9** 4271
—, 4-methyl- **9** 4272
diethyl ester **9** 4272
2-methyl ester **9** 4272
—, 4-methyl-3-propyl- **9** 4326
—, 3-(1-naphthyl)- **9** 4671
dimethyl ester **9** 4671
—, 3-nitro- **9** 4215
2-allyl ester **9** 4220
1-benzyl ester **9** 4223
2-benzyl ester **9** 4224
1-benzyl ester 2-methyl ester
9 4224
2-benzyl ester 1-methyl ester
9 4224
2-(2-bromoethyl) ester **9** 4216
2-(2-butoxyethyl) ester **9** 4229
tert-butyl ester **9** 4217
2-butyl ester **9** 4216
2-*sec*-butyl ester **9** 4216
1-butyl ester 2-[2-(diethylamino)⸗
ethyl] ester **9** 4231
1-*sec*-butyl ester 2-[2-
(diethylamino)ethyl] ester
9 4231
2-butyl ester 1-[2-(diethylamino)⸗
ethyl] ester **9** 4231
2-*sec*-butyl ester 1-[2-
(diethylamino)ethyl] ester **9** 4231
2-cyclohexyl ester **9** 4221
1-(cyclohexylmethyl) ester **9** 4222
2-(cyclohexylmethyl) ester **9** 4222
2-decyl ester **9** 4219
2-[2-(diethylamino)ethyl] ester **9** 4230
1-[2-(diethylamino)ethyl] ester
2-dodecyl ester **9** 4232
1-[2-(diethylamino)ethyl] ester
2-ethyl ester **9** 4230
2-[2-(diethylamino)ethyl] ester
1-ethyl ester **9** 4230
1-[2-(diethylamino)ethyl] ester
2-hexyl ester **9** 4232
1-[2-(diethylamino)ethyl] ester
2-isobutyl ester **9** 4232

1-[2-(diethylamino)ethyl] ester
2-isopropyl ester **9** 4231
2-[2-(diethylamino)ethyl] ester
1-isopropyl ester **9** 4231
1-[2-(diethylamino)ethyl] ester
2-methyl ester **9** 4230
2-[2-(diethylamino)ethyl] ester
1-methyl ester **9** 4230
1-[2-(diethylamino)ethyl] ester
2-octadecyl ester **9** 4232
1-[2-(diethylamino)ethyl] ester
2-pentyl ester **9** 4232
2-[2-(diethylamino)ethyl] ester
1-pentyl ester **9** 4232
1-[2-(diethylamino)ethyl] ester
2-propyl ester **9** 4230
2-[2-(diethylamino)ethyl] ester
1-propyl ester **9** 4231
diethyl ester **9** 4216
2-[3-(dimethylamino)-
2,2-dimethylpropyl] ester
1-propyl ester **9** 4233
1-[(3,3-dimethylcyclohexyl)methyl]
ester **9** 4223
2-[(3,3-dimethylcyclohexyl)methyl]
ester **9** 4223
2-(2,4-dimethylpentyl) ester
9 4219
1-(α,β-dimethylphenethyl) ester
9 4225, 4226, 4227
2-(α,β-dimethylphenethyl) ester
9 4225, 4226, 4227
2-dodecyl ester **9** 4220
2-(2-ethoxyethyl) ester
9 4229
1-ethyl ester **9** 4216
2-ethyl ester **9** 4216
2-(2-ethylhexyl) ester **9** 4219
1-(α-ethyl-β-methylphenethyl) ester
9 4227
1-(β-ethyl-α-methylphenethyl) ester
9 4228
2-(α-ethyl-β-methylphenethyl) ester
9 4227
2-(β-ethyl-α-methylphenethyl) ester
9 4228
(1-ethyl-2-methylpropyl) ester
9 4218
2-(2-ethylpentyl) ester **9** 4219
2-(1-ethylpropyl) ester **9** 4217
2-geranyl ester **9** 4223
2-heptadecyl ester **9** 4220
2-heptyl ester **9** 4218
2-hexadecyl ester **9** 4220
2-hexyl ester **9** 4218
1-hydrazide **9** 4234
(2-hydroxy-2-methylbutyl) ester
9 4230
2-isobutyl ester **9** 4217

Phthalic acid,
—, 3-nitro- *(continued)*
  2-isohexyl ester **9** 4218
  2-isopentyl ester **9** 4217
  2-isopropyl ester **9** 4216
  1-isopropyl-2-methylpropyl ester
    9 4219
  1-[(1-isopropyl-
    1,2,3,6-tetrahydroazulen-6-yl)⸗
    methyl] ester **9** 4228
  2-[(1-isopropyl-
    1,2,3,6-tetrahydroazulen-6-yl)⸗
    methyl] ester **9** 4228
  2-[2-(2-methoxyethoxy)ethyl] ester
    9 4230
  2-(2-methoxyethyl) ester **9** 4229
  1-(2-methylbenzyl) ester **9** 4224
  1-(3-methylbenzyl) ester **9** 4225
  1-(4-methylbenzyl) ester **9** 4225
  2-(2-methylbenzyl) ester **9** 4224
  2-(3-methylbenzyl) ester **9** 4225
  2-(4-methylbenzyl) ester **9** 4225
  2-(2-methylbut-3-enyl) ester
    9 4221
  2-(3-methylbut-2-enyl) ester
    9 4220
  2-(1-methylbutyl) ester **9** 4217
  2-(2-methylbutyl) ester **9** 4217
  1-(2-methylcyclohexyl) ester
    9 4221
  1-(4-methylcyclohexyl) ester
    9 4222
  2-(2-methylcyclohexyl) ester
    9 4221
  2-(3-methylcyclohexyl) ester
    9 4221
  2-(4-methylcyclohexyl) ester
    9 4222
  2-methyl ester **9** 4216
  2-methyl ester 1-(cyclohexylmethyl)
    ester **9** 4222
  2-methyl ester
    1-(2-methylcyclohexyl) ester **9** 4221
  2-methyl ester
    1-(4-methylcyclohexyl) ester
    9 4222
  2-(2-methylhexyl) ester **9** 4218
  2-(3-methylhexyl) ester **9** 4218
  2-(4-methylhexyl) ester **9** 4219
  2-(2-methylpentyl) ester **9** 4218
  2-(3-methylpentyl) ester **9** 4218
  1-(1-naphthyl)methyl ester **9** 4229
  2-(1-naphthyl)methyl ester **9** 4229
  2-nonyl ester **9** 4219
  2-octadecyl ester **9** 4220
  2-octyl ester **9** 4219
  2-pentadecyl ester **9** 4220
  2-pentyl ester **9** 4217
  2-phenethyl ester **9** 4224
  2-(2-phenoxyethyl) ester **9** 4229
  2-(3-phenylpropyl) ester **9** 4225
  2-phytyl ester **9** 4223
  2-propyl ester **9** 4216
  2-tetradecyl ester **9** 4220
  2-tridecyl ester **9** 4220
  2-(3,7,11-trimethyldodeca-
    2,6,10-trienyl) ester **9** 4223
  2-undecyl ester **9** 4220
—, 4-nitro- **9** 4234
  bis(4-phenylphenacyl) ester **9** 4237
  2-(2-bromoethyl) ester **9** 4235
  1-*sec*-butyl ester **9** 4236
  1-butyl ester 2-[2-(diethylamino)⸗
    ethyl] ester **9** 4238
  1-*sec*-butyl ester 2-[2-
    (diethylamino)ethyl] ester
    9 4238
  2-(2-chloroethyl) ester **9** 4235
  didodecyl ester **9** 4236
  2-[2-(diethylamino)ethyl] ester
    1-ethyl ester **9** 4237
  2-[2-(diethylamino)ethyl] ester
    1-isobutyl ester **9** 4238
  2-[2-(diethylamino)ethyl] ester
    1-isopropyl ester **9** 4238
  2-[2-(diethylamino)ethyl] ester
    1-methyl ester **9** 4237
  2-[2-(diethylamino)ethyl] ester
    1-propyl ester **9** 4237
  diethyl ester **9** 4236
  diisopropyl ester **9** 4236
  2-[2-(dipropylamino)ethyl] ester
    1-ethyl ester **9** 4237
  1-ethyl ester **9** 4235
  2-ethyl ester **9** 4235
  1-ethyl ester 2-methyl ester **9** 4235
  2-ethyl ester 1-methyl ester **9** 4235
  1-(3-hydroxyandrost-5-en-17-yl)
    ester **9** 4237
  1-isobutyl ester **9** 4236
  1-isopropyl ester **9** 4236
  1-methyl ester **9** 4235
  2-methyl ester **9** 4235
  1-propyl ester **9** 4236
—, peroxy- see *Peroxyphthalsäure*
—, 4-phenoxy- **10** 2190
—, tetrabromo-,
  tert-butyl ester **9** 4214
  ethyl ester **9** 4214
  methyl ester **9** 4214
—, tetrachloro- **9** 4205
  benzhydryl ester **9** 4212
  benzyl ester **9** 4211
  bis(2-ethylhexyl) ester **9** 4209
  bis(4-phenylphenacyl) ester **9** 4212
  2-bornyl ester **9** 4211
  butyl ester **9** 4206
  sec-butyl ester **9** 4207

Phthalic acid,
—, tetrachloro- *(continued)*
   tert-butyl ester **9** 4207
   cyclohexyl ester **9** 4210
   diallyl ester **9** 4210
   dibutyl ester **9** 4207
   1,1-dibutylpentyl ester **9** 4210
   didecyl ester **9** 4209
   2,2-diethylbutyl ester **9** 4209
   1,1-diethylpropyl ester **9** 4209
   dihexyl ester **9** 4208
   2,2-dimethylbutyl ester **9** 4208
   dioctyl ester **9** 4209
   dipentyl ester **9** 4207
   1,1-dipentylhexyl ester **9** 4210
   1,1-dipropylbutyl ester **9** 4210
   dipropyl ester **9** 4206
   ethyl ester **9** 4206
   2-ethyl-2-methylbutyl ester **9** 4209
   1-ethylpropyl ester **9** 4207
   heptyl ester **9** 4209
   hexyl ester **9** 4208
   isobutyl ester **9** 4207
   isopentyl ester **9** 4208
   isopropyl ester **9** 4206
   2-isopropyl-5-methylcyclohexyl
     ester **9** 4210
   1-methylbutyl ester **9** 4207
   2-methylbutyl ester **9** 4208
   methyl ester **9** 4206
   2-methylpentyl ester **9** 4208
   1-(1-naphthyl)ethyl ester **9** 4211
   2-(1-naphthyl)ethyl ester **9** 4211
   1-(1-naphthyl)propyl ester **9** 4212
   neopentyl ester **9** 4208
   pentyl ester **9** 4207
   tert-pentyl ester **9** 4208
   phenethyl ester **9** 4211
   3-phenylpropyl ester **9** 4211
   propyl ester **9** 4206
—, tetraiodo-,
   ethyl ester **9** 4215
   methyl ester **9** 4215
   propyl ester **9** 4215
   (2,3,4,7-tetramethoxy-9,10-dihydro-
    9-phenanthryl)methyl ester **9** 4185
   1,4,5,5-tetramethyl-2-norbornyl
    ester **9** 4153
   2,2,5,5-tetramethyl-3-oxocyclohexyl
    ester **9** 4186
—, tetraphenyl- **9** 4739
   diethyl ester **9** 4739
   dimethyl ester **9** 4739
—, 3,4,6-tribromo- **9** 4214
—, 3,4,6-trihydroxy- **10** 2556
—, 3,4,5-trimethoxy- **10** 2555
—, 4,5,5′-trimethoxy-3,4′-oxydi- **10** 2555
   tetramethyl ester **10** 2556
—, 3,4,6-triphenyl- **9** 4719

Phthalic dimethyldithiocarbamic
  dianhydride **9** 4239
Phthalide,
—, 3-(biphenyl-2-yloxy)-3-phenyl-
   10 3294
—, 3-(biphenyl-4-yloxy)-3-phenyl-
   10 3294
—, 3-(*p*-bromophenoxy)-3-phenyl-
   10 3293
—, 3-(1-naphthyloxy)-3-phenyl- **10** 3293
—, 3-(2-naphthyloxy)-3-phenyl- **10** 3294
—, 3-phenoxy-3-phenyl- **10** 3292
—, 3-phenyl-3-(phenylthio)- **10** 3304
Phthalonic acid **10** 3955
—, 4,5-dimethyl- **10** 3966
Phthalonitrile **9** 4199
—, 4-benzoyl- **10** 4010
—, 4-(biphenyl-4-ylcarbonyl)- **10** 4031
—, 4-chloro- **9** 4203
—, 4-(4-chlorobenzoyl)- **10** 4010
—, 3,6-diacetoxy- **10** 2431
—, 3,6-diacetoxy-4-methyl- **10** 2447
—, 4,5-dichloro- **9** 4205
—, 4,5-dichloro-3,6-dihydroxy- **10** 2431
—, 3,6-dihydroxy- **10** 2430
—, 3,6-dihydroxy-4-methyl- **10** 2447
—, 3,6-dimethoxy- **10** 2431
—, 3,6-dimethoxy-4-methyl- **10** 2447
—, 4-ethoxy- **10** 2190
—, 4-(1-naphthoyl)- **10** 4027
—, 4-(2-naphthoyl)- **10** 4027
—, 3-nitro- **9** 4234
—, 4-nitro- **9** 4239
—, 4-*p*-toluoyl- **10** 4011
Phthaloyl bromide **9** 4191
Phthaloyl chloride **9** 4190
—, 4-bromo- **9** 4213
—, 3,6-dichloro- **9** 4204
Phthaloyl fluoride **9** 4190
Phyllodulcinic acid,
—, tri-O-methyl-,
   methyl ester **10** 2490
Phyllomeronic acid **10** 1941
Picene-6,7-dicarboxylic acid **9** 4719
Picroerythrin **10** 1484
Pimaranoic acid **9** 355
Pimaric acid **9** 2911
—, dihydro- **9** 2642
—, tetrahydro- **9** 355
Pimelamic acid
  see *Hexanoic acid, 6-carbamoyl-*
Pimelic acid
  see *Heptanedioic acid*
Pinane,
—, 10-(benzoyloxy)- **9** 413
—, 4-(4-nitrobenzoyloxy)- **9** 1573, **10** 4889
Pinane-3-carboxylic acid,
—, 4-hydroxy- **10** 66
—, 4-oxo- **10** 2924

Pinan-4-one
  O-(4-nitrobenzoyl)oxime **9** 1750
Pin-2-ene,
—, 4-(4-nitrobenzoyloxy)-
  9 1578, 1579
—, 10-(3-phenylpropionyloxy)-
  9 2387
Pin-2(10)-ene,
—, 3-(4-nitrobenzoyloxy)- **9** 1579
Pin-3-ene-3-carboxylic acid 9 321
Pinic acid 9 3852, 3853
Pinocampheol,
—, O-(2-carboxybenzoyl)- **9** 4148
Pinocarveol,
—, O-(2-carboxybenzoyl)- **9** 4156
—, O-(4-nitrobenzoyl)- **9** 1579
Pinolic acid 10 43
Pinonic acid 10 2870, 2871
Pinononic acid 10 2849, 2850
Pinosylvin,
—, O-acetyl-O′-benzoyl- **9** 634
—, O-benzoyl- **9** 634
—, O-benzoyl-O′-methyl- **9** 634
—, di-O-benzoyl- **9** 634
Piperitolenic acid 9 206
Piperitolic acid
  methyl ester **9** 97
Piperovatine 10 993
α-Pipitzol
—, O-benzoyl- **9** 793
β-Pipitzol,
—, O-benzoyl- **9** 793
Piscidic acid 10 2562
Pivalic acid see under *Propionic acid*
Platanin 10 1060
Platanol 10 1060
Platanolic acid 10 1060
Platycodigenin 10 2579
Pleiadene-2-carboxylic acid,
—, 1-hydroxy-7,12-dioxo-7,12-dihydro-
  10 4707
Pleiadene-3,4-dicarboxylic acid,
—, 7,12-dioxo-7,12-dihydro-
  10 4093
Pleiadene-7,12-dione,
—, 1-(benzoyloxy)- **9** 807
Podocarpa-7,13-dien-15-oic acid,
—, 9-hydroxy-13-isopropyl- **10** 930
  methyl ester **10** 930
—, 13-isopropyl- **9** 2904
  cholest-5-en-3-yl ester **9** 2909
  ethyl ester **9** 2908
  methyl ester **9** 2907
  trityl ester **9** 2909
  vinyl ester **9** 2908
—, 13-methyl- **9** 2901
Podocarpa-7,13-dien-16-oic acid,
—, 13-methyl-,
  methyl ester **9** 2901

Podocarpa-8(14),12-dien-15-oic acid,
—, 13-isopropyl- **9** 2903
  methyl ester **9** 2904
Podocarpane-8-carboxylic acid,
—, 13-acetyl- **10** 2967
Podocarpane-8,13-dicarboxylic acid
  9 4082
Podocarpan-15-oic acid,
—, 8-bromo-13-(1-bromo-1-methylethyl)-
  9 354
—, 7-bromo-8,13,14-trihydroxy-
  13-isopropyl- **10** 2056
—, 8-chloro-13-(1-chloro-1-methylethyl)-
  9 353
—, 7-chloro-8,13,14-trihydroxy-
  13-isopropyl- **10** 2056
—, 7,8-dihydroxy-13-(1-hydroxy-
  1-methylethyl)- **10** 2057
—, 8,14-dihydroxy-13-isopropyl- **10** 1360
—, 13-ethyl-13-methyl- **9** 355
—, 13-isopropyl- **9** 351, 352
—, 13-isopropylidene- **9** 2640
  methyl ester **9** 2640
—, 7,8,13,14-tetrahydroxy-13-isopropyl-
  10 2417
  methyl ester **10** 2417
—, 8,13,14-trihydroxy-7-iodo-
  13-isopropyl- **10** 2057
—, 8,13,14-trihydroxy-13-isopropyl-
  10 2055
Podocarpan-16-oic acid,
—, 3-acetoxy-13-{[2-(dimethylamino)-
  ethoxycarbonyl]methylene}-
  14-methyl-7-oxo-,
  methyl ester **10** 4748
—, 8,13-dimethyl-,
  methyl ester **9** 350
—, 13-[2-dimethylamino-
  ethoxycarbonyl]methylene-
  3-hydroxy-14-methyl-7-oxo-,
  methyl ester **10** 4748
—, 13-[2-(dimethylamino)-
  ethoxycarbonylmethylene]-
  14-methyl-7-oxo-,
  methyl ester **10** 3975
—, 8-hydroxy-13-oxo-,
  methyl ester **10** 4196
Podocarpa-8,11,13-triene,
—, 12-(benzoyloxy)-13-isopropyl- **9** 476
—, 3,12-bis(benzoyloxy)-13-isopropyl-
  9 606
—, 15-(3,5-dinitrobenzoyloxy)-
  13-isopropyl- **9** 1871
Podocarpa-8,11,13-trien-15-oic acid,
—, 12-acetohydroximoyl-13-isopropyl-,
  methyl ester **10** 3249
—, 7-acetoxy-13-isopropyl- **10** 1020
—, 12-acetyl-13-isopropyl- **10** 3249
  methyl ester **10** 3249

Podocarpa-8,11,13-trien-15-oic acid
(continued)
—, 14-acetyl-13-isopropyl-,
    methyl ester **10** 3250
—, 12-bromo-13-isopropyl- **9** 3123
    methyl ester **9** 3123
—, 12-[(carbamimidoylthio)methyl]-
    13-isopropyl- **10** 1025
—, 12-(chloromethyl)-13-isopropyl-,
    methyl ester **9** 3124
—, 12-ethyl-13-isopropyl-,
    methyl ester **9** 3125
—, 12-hydroxy-13-isopropyl-,
    methyl ester **10** 1019
—, 12-(hydroxymethyl)-13-isopropyl-
    10 1024
—, 13-isopropyl- **9** 3121
    methyl ester **9** 3122
—, 13-isopropyl-12,14-dinitro- **9** 3124
    methyl ester **9** 3124
—, 13-isopropyl-12-methoxy-,
    methyl ester **10** 1020
—, 13-isopropyl-14-nitro-,
    methyl ester **9** 3123
—, 13-isopropyl-7-oxo- **10** 3246
Podocarpa-8,11,13-trien-16-oic acid,
—, 12-acetoxy- **10** 1009
—, 13-acetyl-12-methoxy-,
    methyl ester **10** 4386
—, 12-(benzoyloxy)-,
    methyl ester **10** 1010
—, 12-hydroxy- **10** 1008, 1009
    ethyl ester **10** 1011
    methyl ester **10** 1010
    4-nitrobenzyl ester **10** 1011
—, 13-(1-hydroxy-1-methylethyl)-
    12-methoxy-,
    methyl ester **10** 1912
—, 13-isopropenyl-12-methoxy-,
    methyl ester **10** 1137
—, 13-isopropyl- **9** 3120, 3121
    methyl ester **9** 3122
—, 13-isopropyl-12-methoxy- **10** 1019
    methyl ester **10** 1019
—, 12-methoxy- **10** 1009
    ethyl ester **10** 1011
    methyl ester **10** 1010
    4-nitrobenzyl ester **10** 1011
—, 13-methyl- **9** 3117
    methyl ester **9** 3117
Podocarpa-8,11,13-trien-7-one,
—, 12-(benzoyloxy)-13-isopropyl-
    9 752
—, 3-(benzoyloxy)-13-isopropyl-
    12-methoxy- **9** 797
Podocarpa-8,11,13-trien-16-oyl chloride,
—, 13-isopropyl-12-methoxy- **10** 1020
—, 12-methoxy- **10** 1011
—, 13-methyl- **9** 3117

Podocarp-12-ene-14-carboxylic acid,
—, 16-hydroxy-8,13-dimethyl-,
    methyl ester **10** 663
Podocarp-7-en-15-oic acid,
—, 13-(1-chloro-1-methylethyl)- **9** 2639
    ethyl ester **9** 2639
    methyl ester **9** 2639
—, 13,14-dihydroxy-13-isopropyl- **10** 1591
—, 13-ethyl-13-methyl- **9** 2644
    methyl ester **9** 2644
—, 13-(1-hydroxy-1-methylethyl)- **10** 663
—, 13-isopropyl- **9** 2638, 2639
—, 13-methyl-13-vinyl- **9** 2912
    methyl ester **9** 2913
Podocarp-8-en-15-oic acid,
—, 14-chloro-13-ethyl-13-methyl-,
    methyl ester **9** 2642
—, 13-isopropyl- **9** 2636
—, 13-isopropylidene- **9** 2909
Podocarp-8(14)-en-15-oic acid,
—, 13-(1,2-dihydroxyethyl)-13-methyl-
    10 1591
—, 12,13-dihydroxy-13-isopropyl-
    10 1590
—, 13-ethyl-13-methyl- **9** 2642
    methyl ester **9** 2643
—, 13-hydroxy-13-methyl-,
    methyl ester **10** 662
—, 13-isopropyl- **9** 2637, 2638
    methyl ester **9** 2638
—, 13-isopropylidene- **9** 2910
—, 13-methyl-13-vinyl- **9** 2910, 2911
    methyl ester **9** 2912
—, 13-oxo- **10** 3115
Podocarp-8(14)-en-16-oic acid,
—, 13-oxo-,
    methyl ester **10** 3115
—, 13-semicarbazono-,
    methyl ester **10** 3116
Podocarp-12-en-16-oic acid,
—, 8,13-dimethyl- **9** 2634
    methyl ester **9** 2634
—, 14-(hydroxymethyl)-8,13-dimethyl-,
    methyl ester **10** 663
Podocarp-13-en-16-oic acid,
—, 8,13-dimethyl- **9** 2635
    methyl ester **9** 2635
Podocarpic acid 10 1008
Polygalic acid 10 2481
Polyporenic acid A 10 1928
Polyporenic acid C 10 4427
Poriferastanol,
—, O-(3,5-dinitrobenzoyl)- **9** 1860
Poriferasterol,
—, O-benzoyl- **9** 483
—, O-(3,5-dinitrobenzoyl)- **9** 1876
—, O-(2-iodobenzoyl)- **9** 1435
Precholecalciferol,
—, O-(3,5-dinitrobenzoyl)- **9** 1871

Preergocalciferol,
—, O-(3,5-dinitrobenzoyl)- **9** 1881
Pregna-5,17(20)-diene-21-nitrile,
—, 3-hydroxy-20-methyl- **10** 1028
Pregna-3,5-dien-21-oic acid,
—, 3-ethoxy-20-methyl-,
   methyl ester **10** 1027
Pregna-4,17(20)dien-21-oic acid,
—, 3-oxo- **10** 3248
   methyl ester **10** 3248
Pregna-5,7-dien-21-oic acid,
—, 3-acetoxy-20-methyl-,
   methyl ester **10** 1027
—, 3-hydroxy-20-methyl-,
   methyl ester **10** 1027
Pregna-5,16-dien-21-oic acid,
—, 3-hydroxy-20-methyl-,
   methyl ester **10** 1028
Pregna-5,17(20)-dien-21-oic acid,
—, 3-acetoxy-,
   methyl ester **10** 1026
—, 3-hydroxy- **10** 1025
   methyl ester **10** 1025
Pregna-3,5-dien-20-one,
—, 3-(benzoyloxy)- **9** 752
Pregna-5,17(20)-dien-21-oyl chloride,
—, 3-acetoxy- **10** 1026
Pregnane,
—, 3,20-bis(benzoyloxy)- **9** 580
—, 3,16,20-tris(benzoyloxy)- **9** 677, 678
Pregnane-19,21-dioic acid,
—, 3-(benzoyloxy)-5,14-dihydroxy-
   20-oxo-,
     dimethyl ester **10** 4842
—, 3,5,14-trihydroxy-20-oxo- **10** 4842
     dimethyl ester **10** 4842
Pregnane-3,11-dione,
—, 20-(benzoyloxy)- **9** 795
Pregnane-3,20-dione,
—, 2-(benzoyloxy)- **9** 795
—, 4-(benzoyloxy)- **9** 795
—, 12-(benzoyloxy)- **9** 795
—, 12-(9,10-dioxo-9,10-dihydro-
   2-anthroyloxy)- **10** 3646
Pregnane-11,20-dione,
—, 3-(benzoyloxy)- **9** 796
Pregnane-21-nitrile,
—, 3-acetoxy-20-(acetoxymethyl)-
   20-hydroxy-11-oxo- **10** 4733
—, 3-acetoxy-20-hydroxy-20-methyl-
   11-oxo- **10** 4580
—, 20-(acetoxymethyl)-3,20-dihydroxy-
   11-oxo- **10** 4733
—, 20-(acetoxymethyl)-20-hydroxy-
   3,11-dioxo- **10** 4748
—, 3,20-dihydroxy-20-methyl-11-oxo-
   10 4579
—, 20-hydroxy-3,11-dioxo-20-methyl-
   10 4616

Pregnane-17,20,21-triol,
—, 3-(benzoyloxy)- **9** 693
Pregnan-19-oic acid,
—, 3-acetoxy-5,14,21-trihydroxy-20-oxo-,
   methyl ester **10** 4800
Pregnan-21-oic acid 9 2649
   methyl ester **9** 2649
—, 3-acetoxy- **10** 674, 675
   methyl ester **10** 675
—, 3-acetoxy-12-(benzoyloxy)-20-methyl-,
   methyl ester **10** 1621
—, 3-acetoxy-12-bromo-11-hydroxy-
   20-methyl-,
   methyl ester **10** 1616
—, 3-acetoxy-12-bromo-20-methyl-11-oxo-,
   methyl ester **10** 4301
—, 3-acetoxy-12-(9,10-dioxo-
   9,10-dihydro-2-anthroyloxy)-
   20-methyl-,
   methyl ester **10** 3647
—, 3-acetoxy-11-hydroxy-20-methyl-,
   methyl ester **10** 1616
—, 3-acetoxy-12-hydroxy-20-methyl-,
   methyl ester **10** 1619
—, 12-acetoxy-3-hydroxy-20-methyl-,
   methyl ester **10** 1620
—, 3-acetoxy-14-hydroxy-20-oxo-,
   methyl ester **10** 4579
—, 3-acetoxy-20-methyl- **10** 680
   methyl ester **10** 681
—, 3-acetoxy-20-methyl-11-oxo- **10** 4300
   methyl ester **10** 4300
—, 3-acetoxy-20-methyl-12-oxo- **10** 4302
   methyl ester **10** 4303
—, 3-acetoxy-20-methyl-16-oxo-,
   methyl ester **10** 4304
—, 12-acetoxy-20-methyl-3-oxo-,
   methyl ester **10** 4299
—, 3-(benzoyloxy)-20-methyl-12-oxo-,
   methyl ester **10** 4303
—, 12-(benzoyloxy)-20-methyl-3-oxo-,
   methyl ester **10** 4299
—, 3,12-bis(benzoyloxy)-20-methyl-,
   methyl ester **10** 1621
—, 3,12-bis(9,10-dioxo-9,10-dihydro-
   2-anthroyloxy)-20-methyl-,
   methyl ester **10** 3647
—, 3,12-bis(formyloxy)-20-methyl- **10** 1618
—, 4-bromo-12-hydroxy-20-methyl-
   3-oxo-,
   methyl ester **10** 4299
—, 12-bromo-20-methyl-3,11-dioxo-,
   methyl ester **10** 3567
—, 2-bromo-20-methyl-3-oxo- **10** 3128
—, 4-bromo-20-methyl-3-oxo- **10** 3128
—, 3-(3-carboxypropionyloxy)-
   12-hydroxy-20-methyl- **10** 1618
—, 3-(3-carboxypropionyloxy)-20-methyl-
   12-oxo- **10** 4302

Pregnan-21-oic acid *(continued)*
—, 3-chloro-20-methyl- **9** 2652
   methyl ester **9** 2652
—, 3,6-diacetoxy-20-methyl-,
   methyl ester **10** 1614
—, 3,7-diacetoxy-20-methyl- **10** 1614
—, 3,11-diacetoxy-20-methyl- **10** 1615
   methyl ester **10** 1616
—, 3,12-diacetoxy-20-methyl- **10** 1618
   methyl ester **10** 1620, 1621
—, 3,17-dihydroxy- **10** 1612
   methyl ester **10** 1612
—, 3,6-dihydroxy-20-methyl- **10** 1613
   methyl ester **10** 1613, 1614
—, 3,7-dihydroxy-20-methyl- **10** 1614
   methyl ester **10** 1614
—, 3,11-dihydroxy-20-methyl- **10** 1615
   methyl ester **10** 1615
—, 3,12-dihydroxy-20-methyl-
   10 1616, 1617, 1618
   methyl ester **10** 1619
—, 3,17-dihydroxy-20-methyl- **10** 1622
—, 3,14-dihydroxy-20-oxo- **10** 4578
   methyl ester **10** 4579
—, 3-(9,10-dioxo-9,10-dihydro-
   2-anthroyloxy)-12-hydroxy-20-methyl-,
   methyl ester **10** 3647
—, 3-(formyloxy)-20-methyl- **10** 680
—, 3-hydroxy- **10** 674
   methyl ester **10** 675
—, 3-hydroxy-20-methyl- **10** 679, 680
   methyl ester **10** 681
—, 3-hydroxy-20-methyl-11-oxo- **10** 4299
   methyl ester **10** 4300
—, 3-hydroxy-20-methyl-12-oxo- **10** 4301
   methyl ester **10** 4302
—, 3-hydroxy-20-methyl-16-oxo- **10** 4303
   ethyl ester **10** 4304
   methyl ester **10** 4304
—, 12-hydroxy-20-methyl-3-oxo-,
   methyl ester **10** 4298
—, 3-hydroxy-20-oxo- **10** 4298
—, 17-hydroxy-3-oxo-,
   methyl ester **10** 4297
—, 20-methyl- **9** 2650
   ethyl ester **9** 2651
   methyl ester **9** 2651
—, 20-methyl-3,6-dioxo- **10** 3566
   methyl ester **10** 3566
—, 20-methyl-3,11-dioxo-,
   methyl ester **10** 3567
—, 20-methyl-3,12-dioxo- **10** 3567
   methyl ester **10** 3568
—, 20-methyl-3-oxo- **10** 3127
—, 20-methyl-11-oxo-,
   methyl ester **10** 3128
—, 3-oxo- **10** 3125, 3126
   methyl ester **10** 3126
—, 3,11,17,20-tetrahydroxy- **10** 2423

—, 3,7,12-trihydroxy-20-methyl- **10** 2157
   ethyl ester **10** 2157
   methyl ester **10** 2157
—, 3,5,14-trihydroxy-20-oxo- **10** 4733
   methyl ester **10** 4733
Pregnan-11-one,
—, 3-acetoxy-20-(benzoyloxy)- **9** 792
—, 3-acetoxy-20-(benzoyloxy)-
   17-hydroxy- **9** 819
—, 20-(benzoyloxy)-3-hydroxy- **9** 791
Pregnan-20-one,
—, 3-acetoxy-12-(9,10-dioxo-
   9,10-dihydro-2-anthroyloxy)- **10** 3645
—, 3-(benzoyloxy)- **9** 739
—, 21-(benzoyloxy)- **9** 739
—, 12-(benzoyloxy)-3-hydroxy- **9** 792
—, 3,12-bis(benzoyloxy)- **9** 792
—, 3,12-bis(9,10-dioxo-9,10-dihydro-
   2-anthroyloxy)- **10** 3646
—, 12-(9,10-dioxo-9,10-dihydro-
   2-anthroyloxy)-3-hydroxy- **10** 3645
—, 3-(4-nitrobenzoyloxy)- **9** 1675
Pregnan-21-oyl azide,
—, 3-acetoxy-20-methyl-11-oxo-
   10 4301
—, 3,12-diacetoxy-20-methyl- **10** 1621
Pregnan-21-oyl chloride,
—, 3-acetoxy-20-methyl-11-oxo- **10** 4301
—, 3,12-bis(formyloxy)-20-methyl-
   10 1621
Pregn-5-en-21-amide,
—, 3-acetoxy-20-methyl- **10** 952
Pregn-5-ene,
—, 3-acetoxy-21-(benzoyloxy)-20-methyl-
   21-phenyl- **9** 643
—, 3-(benzoyloxy)- **9** 458
—, 3,21-bis(benzoyloxy)-20-methyl-
   9 593
—, 3,21-bis(benzoyloxy)-20-methyl-
   21-phenyl- **9** 644
Pregn-5-ene-21-carboxylic acid,
—, 3-hydroxy-20-oxo-,
   ethyl ester **10** 4362
Pregn-4-ene-3,20-dione,
—, 12-(benzoyloxy)- **9** 797
—, 21-(benzoyloxy)- **9** 797
—, 21-(benzoyloxy)-11-hydroxy-
   9 821
Pregn-5-ene-21-nitrile,
—, 3-acetoxy-20-hydroxy-20-methyl-
   10 1881
Pregn-17(20)-ene-21-nitrile,
—, 20-(acetoxymethyl)-3,11-dioxo-
   10 4640
—, 20-(acetoxymethyl)-3-hydroxy-11-oxo-
   10 4615
—, 3-acetoxy-20-methyl-11-oxo- **10** 4363
—, 3-hydroxy-20-(hydroxymethyl)-11-oxo-
   10 4615

Pregn-17(20)-ene-21-nitrile *(continued)*
—, 20-(hydroxymethyl)-3,11-dioxo- **10** 4640
—, 20-methyl-3,11-dioxo- **10** 3600
Pregn-5-ene-21-thioic acid,
—, 3-acetoxy-20-methyl-,
     S-benzyl ester **10** 953
     S-ethyl ester **10** 952
—, 3-methoxy-20-methyl-,
     S-ethyl ester **10** 952
Pregn-4-ene-3,11,20-trione,
—, 17-hydroxy-21-(4-nitrobenzoyloxy)-
     9 1683
Pregn-4-en-21-oic acid,
—, 2,6-dibromo-20-methyl-3-oxo-
     10 3217
—, 12-hydroxy-20-methyl-3-oxo- **10** 4362
     methyl ester **10** 4362
—, 17-hydroxy-3-oxo- **10** 4361
—, 20-methyl-3-oxo- **10** 3217
     methyl ester **10** 3217
—, 3-oxo-,
     methyl ester **10** 3216
Pregn-5-en-21-oic acid,
—, 3-acetoxy- **10** 943
     methyl ester **10** 943
—, 3-acetoxy-17-hydroxy- **10** 1879
     methyl ester **10** 1880
—, 3-acetoxy-17-hydroxy-20-methyl-,
     methyl ester **10** 1881
—, 3-acetoxy-20-methyl- **10** 950
     methyl ester **10** 951
—, 3-acetoxy-20-methyl-7,16-dioxo-
     10 4639
—, 3-(benzoyloxy)-17-hydroxy-,
     methyl ester **10** 1880
—, 3,17-diacetoxy- **10** 1879
     methyl ester **10** 1880
—, 3,17-dihydroxy- **10** 1879
     methyl ester **10** 1879
—, 3,17-dihydroxy-20-methyl- **10** 1880
     methyl ester **10** 1881
—, 3-hydroxy- **10** 943
     methyl ester **10** 943
—, 3-hydroxy-20-methyl- **10** 949
     methyl ester **10** 951
—, 3-hydroxy-20-oxo- **10** 4361
     methyl ester **10** 4361
—, 3-methoxy-20-methyl- **10** 950
     methyl ester **10** 951
—, 20-methyl-4-oxo- **10** 3218
Pregn-7-en-21-oic acid,
—, 3-acetoxy-20-methyl-,
     methyl ester **10** 953
Pregn-8(14)-en-21-oic acid,
—, 3-acetoxy-20-methyl-,
     methyl ester **10** 953
Pregn-9(11)-en-21-oic acid,
—, 3-acetoxy-20-methyl-,
     methyl ester **10** 953

—, 3-acetoxy-20-methyl-12-oxo- **10** 4363
     methyl ester **10** 4363
—, 3-hydroxy-20-methyl-12-oxo- **10** 4362
     methyl ester **10** 4363
—, 20-methyl-3,12-dioxo-,
     methyl ester **10** 3600
Pregn-11-en-21-oic acid,
—, 3-acetoxy-20-methyl-,
     methyl ester **10** 954
—, 3-(3-carboxypropionyloxy)-20-methyl-,
     methyl ester **10** 955
—, 3-hydroxy-20-methyl-,
     methyl ester **10** 954
—, 20-methyl-3-oxo-,
     methyl ester **10** 3218
Pregn-17(20)-en-21-oic acid 9 2914
—, 3-acetoxy- **10** 944, 945
     methyl ester **10** 945
—, 20-bromo-3-hydroxy- **10** 946
—, 3-hydroxy- **10** 944
     methyl ester **10** 945
Pregn-5-en-21-oic anhydride,
—, 3-acetoxy- **10** 944
Pregn-5-en-3-ol,
—, 21-(benzoyloxy)-20-methyl-21-phenyl-
     9 643
Pregn-4-en-3-one,
—, 21-(benzoyloxy)-21-
     (benzoyloxymethyl)-17-hydroxy-
     9 821
—, 21-(benzoyloxy)-20-methyl-21-phenyl-
     9 770
Pregn-5-en-20-one,
—, 3-acetoxy-17-(benzoyloxy)- **9** 794
—, 3-(benzoyloxy)- **9** 747
—, 21-(benzoyloxy)-3-hydroxy- **9** 794
Pregn-5-en-21-one,
—, 3-(benzoyloxy)-21-mesityl-20-methyl-
     9 771
Pregn-11-en-20-one,
—, 3-(9,10-dioxo-9,10-dihydro-
     2-anthroyloxy)- **10** 3645
Pregn-5-en-21-oyl azide,
—, 3-acetoxy-20-methyl- **10** 952
Pregn-5-en-21-oyl chloride,
—, 3-acetoxy- **10** 944
—, 3-acetoxy-20-methyl- **10** 952
Pregn-5-en-20-yne,
—, 3-acetoxy-17-(benzoyloxy)- **9** 617
Pristimerin 10 4477
Progesterone,
—, 12-(benzoyloxy)- **9** 797
Propane,
—, 2-acetoxy-1,3-bis(4-nitrobenzoyloxy)-
     9 1658
—, 2-allyl-1,3-
     bis(3,5-dinitrobenzoyloxy)- **9** 1898
—, 2-amino-1-(benzoyloxy)-2-methyl-
     9 884

Propane *(continued)*

—, 1-amino-3-chloro-2-
(4-nitrobenzoyloxy)- **9** 1697

—, 1-amino-3-(diethylamino)-2-
(4-nitrobenzoyloxy)- **9** 1697

—, 2-amino-2-methyl-1-
(4-nitrobenzoyloxy)- **9** 1699

—, 1-(*p*-anisoyloxy)-2-(butylamino)-
2-methyl- **10** 333

—, 1-(*p*-anisoyloxy)-1-
(3,4-dimethoxyphenyl)-2-nitro-
10 318

—, 1-benzamido-2,2-bis(benzamidomethyl)-
3-(benzoyloxy)- **9** 1225

—, 1-(benz[*a*]anthracen-7-yl)-2,3-bis-
(benzoyloxy)- **9** 654

—, 1-(benzoyloxy)-2,2-bis-
(benzoyloxymethyl)-3-
(2-nitrosobenzoyloxy)- **9** 1464

—, 2-(benzoyloxy)-1,3-
bis(4-bromobenzoyloxy)- **9** 1412

—, 2-(benzoyloxy)-1,3-bis(diethylamino)-
9 882

—, 2-(benzoyloxy)-1,1-bis(ethylthio)-
3-(trityloxy)- **9** 780

—, 1-(benzoyloxy)-2,3-
bis(2-nitrobenzoyloxy)- **9** 1474

—, 1-(benzoyloxy)-2,3-
bis(3-nitrobenzoyloxy)- **9** 1507

—, 1-(benzoyloxy)-2,3-
bis(4-nitrobenzoyloxy)- **9** 1659

—, 2-(benzoyloxy)-1,3-
bis(4-nitrobenzoyloxy)- **9** 1659

—, 2-(benzoyloxy)-1,3-bis(palmitoyloxy)-
9 663

—, 2-(benzoyloxy)-1,3-bis(stearoyloxy)-
9 664

—, 1-(benzoyloxy)-3-bromo- **9** 391

—, 2-(benzoyloxy)-1-bromo- **9** 392

—, 2-(benzoyloxy)-1-(4-bromobenzoyloxy)-
3-(4-nitrobenzoyloxy)- **9** 1658

—, 2-(benzoyloxy)-1-(4-bromobenzoyloxy)-
3-(trityloxy)- **9** 1411

—, 1-(benzoyloxy)-2-(butylamino)-
2-methyl- **9** 884

—, 1-(benzoyloxy)-3-
(*sec*-butylmethylamino)- **9** 882

—, 1-(benzoyloxy)-3-chloro- **9** 390

—, 2-(benzoyloxy)-1-chloro- **9** 392

—, 1-(benzoyloxy)-3-chloro-2-methyl-
9 395

—, 1-(benzoyloxy)-2,3-dibromo- **9** 391

—, 2-(benzoyloxy)-1,3-dibromo- **9** 392

—, 1-(benzoyloxy)-3-(dibutylamino)-
9 882

—, 1-(benzoyloxy)-2,3-dichloro- **9** 390

—, 2-(benzoyloxy)-1,3-dichloro- **9** 392

—, 1-(benzoyloxy)-3-(diethylamino)-
9 881

—, 1-(benzoyloxy)-3-(diethylamino)-
2,2-dimethyl- **9** 888

—, 2-(benzoyloxy)-1-(diethylamino)-
2-methyl- **9** 885

—, 2-(benzoyloxy)-1,3-dimethoxy- **9** 663

—, 1-(benzoyloxy)-1-
(3,4-dimethoxyphenyl)- **9** 673

—, 1-(benzoyloxy)-1-
(3,4-dimethoxyphenyl)-2-nitro- **9** 673

—, 1-(benzoyloxy)-3-(dimethylamino)-
2,2-dimethyl- **9** 888

—, 1-(benzoyloxy)-3-(dimethylamino)-2-
[(dimethylamino)methyl]- **9** 885

—, 1-(benzoyloxy)-2-(dimethylamino)-2-
[(dimethylamino)methyl]-2-methyl-
9 889

—, 2-(benzoyloxy)-1-[2-(dimethylamino)-
ethylthio]- **9** 539

—, 1-(benzoyloxy)-3-(dimethylamino)-
2-methyl- **9** 885

—, 2-(benzoyloxy)-1-(dimethylamino)-
2-methyl- **9** 885

—, 1-(benzoyloxy)-2,2-dimethyl-3-
(methylamino)- **9** 888

—, 1-(benzoyloxy)-3-
(ethylisopropylamino)- **9** 881

—, 1-(benzoyloxy)-3-(ethylmethylamino)-
9 881

—, 1-(benzoyloxy)-3-iodo- **9** 391

—, 1-(benzoyloxy)-2-(isobutylamino)-
2-methyl- **9** 884

—, 1-(benzoyloxy)-2-methyl-2-
[(1-methylheptyl)amino]- **9** 884

—, 1-(benzoyloxy)-2-methyl-2-
(octylamino)- **9** 884

—, 1-(benzoyloxy)-2-methyl-2-
(pentylamino)- **9** 884

—, 1-(benzoyloxy)-2-methyl-1-phenyl-
9 437

—, 1-(benzoyloxy)-2-nitro- **9** 391

—, 1-(benzoyloxy)-1-phenyl- **9** 435

—, 1-(benzoyloxy)-2-(phenylsulfonyl)-
9 539

—, 2-(benzoyloxy)-1-(phenylsulfonyl)-
9 539

—, 1-(benzoyloxy)-2-(phosphonooxy)-3-
(trityloxy)- **9** 667

—, 1-(benzoyloxy)-2-(stearoyloxy)-3-
(trityloxy)- **9** 664

—, 2-(benzoyloxy)-1-(stearoyloxy)-3-
(trityloxy)- **9** 664

—, 3-(benzoyloxy)-1,1,1-triphenyl-
9 526

—, 1-(benzoylthio)-3-bromo- **9** 1963

—, 1-(benzoylthio)-2-chloro- **9** 1963

—, 1-(benzoylthio)-3-(diethylamino)-
9 1976

—, 2-(benzoylthio)-1-(dimethylamino)-
9 1976

Propane *(continued)*
—, 2-benzyl-1,3-bis(4-nitrobenzoyloxy)-
9 1644
—, 1,3-bis[*N*-(2-benzamidoethyl)=
benzamido]- 9 1213
—, 1,2-bis(benzoyloxy)- 9 539
—, 1,3-bis(benzoyloxy)- 9 539
—, 1,2-bis(benzoyloxy)-3-
(benzyloxycarbonyloxy)- 9 666
—, 1,3-bis(benzoyloxy)-2,2-bis=
(benzoyloxymethyl)- 9 688
—, 1,3-bis(benzoyloxy)-2,2-bis=
(bromomethyl)- 9 541
—, 1,3-bis(benzoyloxy)-2,2-bis=
[(dimethylamino)methyl]- 9 892
—, 1,3-bis(benzoyloxy)-2,2-bis=
(methoxymethyl)- 9 688
—, 1,2-bis(benzoyloxy)-3-
(4-bromobenzoyloxy)- 9 1411
—, 1,3-bis(benzoyloxy)-2-chloro- 9 539
—, 1,2-bis(benzoyloxy)-3-
(2,4-dinitrophenoxy)- 9 665
—, 1,3-bis(benzoyloxy)-2,2-diphenyl-
9 626
—, 1,1-bis[4-(benzoyloxy)-
3-methoxyphenyl]- 9 695
—, 2,2-bis[4-(benzoyloxy)-
3-methoxyphenyl]- 9 695
—, 1,3-bis(benzoyloxy)-2-methyl- 9 540
—, 1,2-bis(benzoyloxy)-3-
(4-nitrobenzoyloxy)- 9 1658
—, 1,2-bis(benzoyloxy)-3-phenyl- 9 572
—, 1,3-bis(benzoyloxy)-1-phenyl- 9 572
—, 2,2-bis[*m*-(benzoyloxy)phenyl]-
9 625
—, 2,2-bis[*p*-(benzoyloxy)phenyl]-
9 625
—, 2,2-bis[*p*-(benzoyloxy)phenyl]-
1,3-diphenyl- 9 658
—, 1,2-bis(benzoyloxy)-3-(stearoyloxy)-
9 666
—, 1,3-bis(benzoyloxy)-2-(stearoyloxy)-
9 666
—, 1,2-bis(benzoyloxy)-3-
(*p*-tolylsulfonyl)- 9 667
—, 1,2-bis(benzoyloxy)-3-(trityloxy)-
9 665
—, 1,3-bis(benzoylthio)- 9 1968
—, 1,3-bis-[2,3-bis(4-nitrobenzoyloxy)=
propoxy]-2-(4-nitrobenzoyloxy)-
9 1657
—, 2,2-bis(bromomethyl)-1,3-
bis(4-nitrobenzoyloxy)- 9 1628
—, 1,2-bis(butyryloxy)-3-
(salicyloyloxy)- 10 142
—, 1,2-bis(2-chlorobenzoyloxy)-
9 1336
—, 1,2-bis(3-chlorobenzoyloxy)-
9 1347

—, 1,2-bis(4-chlorobenzoyloxy)-
9 1359
—, 1,3-bis(2-chlorobenzoyloxy)-
9 1336
—, 1,3-bis(3-chlorobenzoyloxy)-
9 1348
—, 1,3-bis(4-chlorobenzoyloxy)-
9 1359
—, 2,2-bis{*p*-[2-(cinnamoyloxy)ethoxy]=
phenyl}- 9 2696
—, 1,3-bis(dibutylamino)-2-
(4-nitrobenzoyloxy)- 9 1698
—, 1,3-bis(diethylamino)-2-
(4-nitrobenzoyloxy)- 9 1698
—, 1,3-bis(diethylamino)-2-
(1-phenylcyclohexylcarbonyloxy)-
9 2842
—, 1,3-bis(dimethylamino)-2-
(4-ethoxybenzoyloxy)-2-ethyl-
10 336
—, 2,2-bis[(dimethylamino)methyl]-1-
(4-nitrobenzoyloxy)- 9 1704
—, 1,3-bis(dimethylamino)-2-
(4-nitrobenzoyloxy)- 9 1697
—, 1,3-bis(3,5-dinitrobenzoyloxy)-
9 1892
—, 1,3-bis(3,5-dinitrobenzoyloxy)-
2-ethyl- 9 1895
—, 1,3-bis(3,5-dinitrobenzoylthio)-
9 1996
—, 1,3-bis(dipropylamino)-2-
(4-nitrobenzoyloxy)- 9 1698
—, 1,3-bis(isovaleryloxy)-2-
(salicyloyloxy)- 10 142
—, 1,2-bis(4-nitrobenzoyloxy)- 9 1624
—, 1,3-bis(4-nitrobenzoyloxy)- 9 1626
—, 1,2-bis(2-nitrobenzoyloxy)-3-
(3-nitrobenzoyloxy)- 9 1507
—, 1,2-bis(3-nitrobenzoyloxy)-3-
(4-nitrobenzoyloxy)- 9 1659
—, 1,2-bis(4-nitrobenzoyloxy)-3-
(octadecyloxy)- 9 1657
—, 1,2-bis(4-nitrobenzoyloxy)-3-
(octanoyloxy)- 9 1658
—, 1,3-bis(4-nitrobenzoyloxy)-1-phenyl-
9 1641
—, 1,3-bis(4-nitrobenzoylthio)-
9 1993
—, 1,2-bis(nitryloxy)-3-
(2,4,6-trinitrobenzoyloxy)-
9 1960
—, 1,2-bis(salicyloyloxy)- 10 141
—, 1,3-bis(salicyloyloxy)- 10 141
—, 1-(4-bromobenzoyloxy)-2,3-bis=
(palmitoyloxy)- 9 1411
—, 2-(4-bromobenzoyloxy)-1,3-bis=
(palmitoyloxy)- 9 1411
—, 1-bromo-2-(3,5-dinitrobenzoyloxy)-
9 1782

Propane *(continued)*

—, 1-bromo-2-(3,5-dinitrobenzoyloxy)-3-methoxy- **9** 1892

—, 1-bromo-3-(thiobenzoyloxy)- **9** 1963

—, 2-(4-butoxybenzoyloxy)-1,3-bis(dimethylamino)-2-ethyl- **10** 336

—, 1-(2-butoxybenzoyloxy)-2-(butylamino)-2-methyl- **10** 150

—, 1-(4-butoxybenzoyloxy)-2-(butylamino)-2-methyl- **10** 334

—, 1-(4-butoxybenzoyloxy)-2-(ethylamino)-2-methyl- **10** 334

—, 1-(4-butoxybenzoyloxy)-2-(hexylamino)-2-methyl- **10** 334

—, 1-(4-butoxybenzoyloxy)-2-methyl-2-(propylamino)- **10** 334

—, 2-(butylamino)-1-(cinnamoyloxy)-2-methyl- **9** 2708

—, 2-(butylamino)-1-(diphenylacetoxy)-2-methyl- **9** 3299

—, 2-(butylamino)-1-(2-ethoxybenzoyloxy)-2-methyl- **10** 150

—, 2-(butylamino)-1-(3-ethoxybenzoyloxy)-2-methyl- **10** 253

—, 2-(butylamino)-1-[4-(heptyloxy)benzoyloxy]-2-methyl- **10** 335

—, 2-(butylamino)-1-[4-(hexyloxy)benzoyloxy]-2-methyl- **10** 335

—, 2-(butylamino)-2-methyl-1-(3-nitrobenzoyloxy)- **9** 1512

—, 2-(butylamino)-2-methyl-1-(4-nitrobenzoyloxy)- **9** 1700

—, 2-(*sec*-butylamino)-2-methyl-1-(4-nitrobenzoyloxy)- **9** 1700

—, 2-(butylamino)-2-methyl-1-(3-nitro-*p*-toluoyloxy)- **9** 2362

—, 2-(butylamino)-2-methyl-1-[4-(pentyloxy)benzoyloxy]- **10** 334

—, 2-(butylamino)-2-methyl-1-(phenylacetoxy)- **9** 2191

—, 2-(butylamino)-2-methyl-1-(2-phenylbutyryloxy)- **9** 2464

—, 2-(butylamino)-2-methyl-1-(3-phenylpropionyloxy)- **9** 2392

—, 2-(butylamino)-2-methyl-1-(4-propoxybenzoyloxy)- **10** 333

—, 1-(*sec*-butylamino)-2-(4-nitrobenzoyloxy)- **9** 1695

—, 2-*sec*-butyl-1,3-bis(4-nitrobenzoyloxy)- **9** 1630

—, 1-(*sec*-butylmethylamino)-3-(4-nitrobenzoyloxy)- **9** 1694

—, 1-[(1-butylpentyl)amino]-2-(4-nitrobenzoyloxy)- **9** 1696

—, 2-[(1-butylpentyl)amino]-1-(4-nitrobenzoyloxy)- **9** 1693

—, 2-(butyryloxy-)1,3-bis(salicyloyloxy)- **10** 142

—, 1-chloro-2,3-bis(4-nitrobenzoyloxy)- **9** 1624

—, 1-chloro-3-cyclohexyl-2-(3,5-dinitrobenzoyloxy)- **9** 1811

—, 1-chloro-2-(3,5-dinitrobenzoyloxy)-3-phenyl- **9** 1851

—, 1-chloro-2-hydroxy-3-(salicyloyloxy)- **10** 141

—, 2-(chloromethylene)-1,3-bis(3,5-dinitrobenzoyloxy)- **9** 1897

—, 3-chloro-1-(4-nitrobenzoyloxy)-1-phenyl- **9** 1590

—, 1-chloro-3-(thiobenzoyloxy)- **9** 1963

—, 1-(cinnamoyloxy)-2-methyl-2-(pentylamino)- **9** 2708

—, 1-(cinnamoyloxy)-2-methyl-2-(propylamino)- **9** 2708

—, 1-(cyclohexylacetoxy)-3-(diethylamino)-2,2-dimethyl- **9** 48

—, 2-cyclohexyl-2-(4-nitrobenzoyloxy)- **9** 1559

—, 2-(cyclohexylphenylacetoxy)-1-[3-(diethylamino)propylthio]- **9** 2862

—, 1-cyclopentyl-1-(4-nitrobenzoyloxy)-3-phenyl- **9** 1606

—, 1-(decanoyloxy)-2,3-bis(4-nitrobenzoyloxy)- **9** 1658

—, 1,3-dibenzamido-2-(benzamidomethyl)- **9** 1219

—, 1,3-dibenzamido-2,2-bis(benzamidomethyl)- **9** 1222

—, 1,3-dibenzamido-2-(*N*-methylbenzamido)- **9** 1214

—, 2,3-dideuterio-1-(3,5-dinitrobenzoyloxy)-1-phenyl- **9** 1851

—, 1-(diethylamino)-2,3-bis(phenylacetoxy)- **9** 2191

—, 1-(diethylamino)-2,2-dimethyl-3-(4-nitrobenzoyloxy)- **9** 1704

—, 1-(diethylamino)-2,2-dimethyl-3-(4-nitro-1-napthoyloxy)- **9** 3161

—, 1-(diethylamino)-2,2-dimethyl-3-(phenylacetoxy)- **9** 2191

—, 1-(diethylamino)-2,2-dimethyl-3-(2-phenylbutyryloxy)- **9** 2464

—, 1-(diethylamino)-3-(diphenylacetoxy)-2,2-dimethyl- **9** 3300

—, 1-(diethylamino)-2-(2,2-diphenylbutyryloxy)- **9** 3366

—, 1-(diethylamino)-3-(4-ethoxybenzoyloxy)-2,2-dimethyl- **10** 336

—, 1-[2-(diethylamino)ethylthio]-3-(3,5-dinitrobenzoyloxy)- **9** 1892

Propane *(continued)*

—, 1-[2-(diethylamino)ethylthio]-3-(diphenylacetoxy)- **9** 3295

—, 1-[2-(diethylamino)ethylthio]-3-(4-nitrobenzoyloxy)- **9** 1626

—, 3-(diethylamino)-1-[(1-hydroxycyclohexyl)carbonyloxy]-2,2-dimethyl- **10** 11

—, 1-(diethylamino)-2-methyl-2-(3-nitrobenzoyloxy)- **9** 1513

—, 1-(diethylamino)-2-methyl-2-(4-nitrobenzoyloxy)- **9** 1702

—, 2-(diethylamino)-2-methyl-1-(4-nitrobenzoyloxy)- **9** 1699

—, 1,3-diiodo-2-(4-nitrobenzoyloxy)- **9** 1543

—, 1-(3,4-dimethoxyphenyl)-2,3-bis(3,5-dinitrobenzoyloxy)- **9** 1921

—, 1-(3,4-dimethoxyphenyl)-2-nitro-1-(veratroyloxy)- **10** 1418

—, 1-(dimethylamino)-2-[(dimethylamino)methyl]-3-(4-nitrobenzoyloxy)- **9** 1701

—, 1-(dimethylamino)-2,2-dimethyl-3-(4-nitrobenzoyloxy)- **9** 1703

—, 1-(dimethylamino)-2,2-dimethyl-3-(3-nitro-1-naphthoyloxy)- **9** 3159

—, 1-(dimethylamino)-2,2-dimethyl-3-(4-nitro-1-naphthoyloxy)- **9** 3161

—, 1-(dimethylamino)-2-(2,2-diphenylbutyryloxy)- **9** 3366

—, 1-[2-(dimethylamino)ethylthio]-2-(diphenylacetoxy)- **9** 3295

—, 1-[2-(dimethylamino)ethylthio]-3-(fluorene-9-carbonyloxy)- **9** 3412

—, 1-[2-(dimethylamino)ethylthio]-2-(4-nitrobenzoyloxy)- **9** 1625

—, 1-(dimethylamino)-2-isopropyl-3-(4-nitrobenzoyloxy)- **9** 1704

—, 1-(dimethylamino)-2-methyl-2-(2-nitrobenzoyloxy)- **9** 1476

—, 1-(dimethylamino)-2-methyl-2-(3-nitrobenzoyloxy)- **9** 1513

—, 1-(dimethylamino)-2-methyl-2-(4-nitrobenzoyloxy)- **9** 1701

—, 1-(dimethylamino)-2-methyl-3-(4-nitrobenzoyloxy)- **9** 1701

—, 1-(dimethylamino)-2-(4-nitrobenzoylthio)- **9** 1994

—, 1-[(1,3-dimethylbutyl)amino]-2-(4-nitrobenzoyloxy)- **9** 1696

—, 1-[(1,3-dimethylbutyl)methylamino]-3-(4-nitrobenzoyloxy)- **9** 1694

—, 2-(3,8-dimethyldecahydroazulen-5-yl)-2-(3,5-dinitrobenzoyloxy)- **9** 1838

—, 2,2-dimethyl-1-(methylamino)-3-(4-nitrobenzoyloxy)- **9** 1703

—, 2-(3,8-dimethyl-1,2,3,4,5,6,7,8-octahydroazulen-5-yl)-2-(3,5-dinitrobenzoyloxy)- **9** 1844

—, 1-(3,5-dinitrobenzoyloxy)-3-[*p*-(3,5-dinitrobenzoyloxy)phenyl]- **9** 1908

—, 1-(3,5-dinitrobenzoyloxy)-3-(3,5-dinitrobenzoylthio)- **9** 1996

—, 2-(3,5-dinitrobenzoyloxy)-2-(4-ethyl-3-isopropenyl-4-methylcyclohexyl)- **9** 1838

—, 2-(3,5-dinitrobenzoyloxy)-2-(4-ethyl-3-isopropyl-4-methylcyclohexyl)- **9** 1818

—, 1-(3,5-dinitrobenzoyloxy)-3-(fluoren-9-yl)-1,3-diphenyl- **9** 1890

—, 2-(3,5-dinitrobenzoyloxy)-2-(3-isopropenyl-4-methyl-4-vinylcyclohexyl)- **9** 1844

—, 2-(3,5-dinitrobenzoyloxy)-1-mesityl- **9** 1857

—, 1-(3,5-dinitrobenzoyloxy)-1-(*p*-methoxyphenyl)- **9** 1907

—, 1-(3,5-dinitrobenzoyloxy)-3-(*m*-methoxyphenyl)- **9** 1907

—, 1-(3,5-dinitrobenzoyloxy)-3-(*o*-methoxyphenyl)- **9** 1907

—, 1-(3,5-dinitrobenzoyloxy)-2-(1-naphthyl)- **9** 1878

—, 1-(3,5-dinitrobenzoyloxy)-3-(1-naphthyl)- **9** 1878

—, 2-(3,5-dinitrobenzoyloxy)-1-(1-naphthyl)- **9** 1878

—, 2-(3,5-dinitrobenzoyloxy)-1-(phenylsulfonyl)- **9** 1892

—, 1-(3,5-dinitrobenzoyloxy)-3-(5,6,7,8-tetrahydro-1-naphthyl)- **9** 1865

—, 2-(diphenylacetoxy)-1-(1-ethylpropylamino)- **9** 3299

—, 1-(diphenylacetoxy)-2-(hexylamino)-2-methyl- **9** 3300

—, 1-(diphenylacetoxy)-2-(isobutylamino)-2-methyl- **9** 3300

—, 2-(diphenylacetoxy)-1-(1-isobutyl-3-methylbutylamino)- **9** 3299

—, 1-(diphenylacetoxy)-2-(isopentylamino)-2-methyl- **9** 3300

—, 2-(diphenylacetoxy)-1-(isopropylamino)- **9** 3298

—, 1-(diphenylacetoxy)-2-methyl-2-(pentylamino)- **9** 3300

—, 1-(diphenylacetoxy)-2-methyl-2-propylamino- **9** 3299

—, 2-(diphenylacetoxy)-1-(1-propylbutylamino)- **9** 3299

Propane *(continued)*

—, 1-(4-ethoxybenzoyloxy)-2-
(hexylamino)-2-methyl- **10** 333

—, 1-(3-ethoxybenzoyloxy)-2-methyl-2-
(pentylamino)- **10** 253

—, 1-(4-ethoxybenzoyloxy)-2-methyl-2-
(pentylamino)- **10** 333

—, 1-[3-(ethoxymethyl)-5-methoxy-4-
(4-nitrobenzoyloxy)phenyl]-3-
(4-nitrobenzoyloxy)- **9** 1668

—, 2-(ethoxymethyl)-2-nitro-1,3-
bis(4-nitrobenzoyloxy)- **9** 1660

—, 2-ethyl-1,3-bis(4-nitrobenzoyloxy)-
9 1628

—, 1-(2-ethyl-4,6-dimethoxyphenyl)-2-
(4-nitrobenzoyloxy)- **9** 1665

—, 2-(4-ethyl-3-isopropenyl-
4-methylcyclohexyl)-
2-(4-nitrobenzoyloxy)- **9** 1576

—, 2-(4-ethyl-3-isopropyl-
4-methylcyclohexyl)-2-
(4-nitrobenzoyloxy)- **9** 1564

—, 1-[(1-ethylpropyl)amino]-2-methyl-
2-(4-nitrobenzoyloxy)- **9** 1702

—, 1-[(1-ethylpropyl)amino]-2-
(4-nitrobenzoyloxy)- **9** 1695

—, 2-[(1-ethylpropyl)amino]-1-
(4-nitrobenzoyloxy)- **9** 1693

—, 1-[(1-heptyloctyl)amino]-2-
(4-nitrobenzoyloxy)- **9** 1697

—, 1-[4-(heptyloxy)benzoyloxy]-2-
(hexylamino)-2-methyl- **10** 335

—, 1-[4-(heptyloxy)benzoyloxy]-
2-methyl-2-(pentylamino)- **10** 335

—, 1-[4-(heptyloxy)benzoyloxy]-
2-methyl-2-(propylamino)- **10** 335

—, 1-(hexadecyloxy)-2,3-
bis(4-nitrobenzoyloxy)-
9 1656, 1657

—, 2-(hexylamino)-2-methyl-1-
(2-phenylbutyryloxy)- **9** 2464

—, 2-(hexylamino)-2-methyl-1-
(3-phenylpropionyloxy)- **9** 2392

—, 2-(hexylamino)-2-methyl-1-
(4-propoxybenzoyloxy)- **10** 334

—, 1-[(1-hexylheptyl)amino]-2-
(4-nitrobenzoyloxy)- **9** 1696

—, 1-iodo-2,3-bis(4-nitrobenzoyloxy)-
9 1624

—, 2-(isobutylamino)-2-methyl-1-
(3-nitrobenzoyloxy)- **9** 1512

—, 2-(isobutylamino)-2-methyl-1-
(4-nitrobenzoyloxy)- **9** 1700

—, 2-(isobutylamino)-2-methyl-1-
(3-nitro-*p*-toluoyloxy)- **9** 2362

—, 1-[(1-isobutyl-3-methylbutyl)amino]-
2-(4-nitrobenzoyloxy)- **9** 1696

—, 1-[(1-isobutyl-3-methylbutyl)amino]-
3-(4-nitrobenzoyloxy)- **9** 1695

—, 2-[(1-isobutyl-3-methylbutyl)amino]-
1-(4-nitrobenzoyloxy)- **9** 1693

—, 1-(isopentylamino)-2-methyl-2-
(4-nitrobenzoyloxy)- **9** 1702

—, 2-(isopentylamino)-2-methyl-1-
(4-nitrobenzoyloxy)- **9** 1701

—, 1-(isopentylamino)-2-
(4-nitrobenzoyloxy)- **9** 1695

—, 1-[(1-isopentyl-4-methylpentyl)-
amino]-2-(4-nitrobenzoyloxy)- **9** 1696

—, 2-(3-isopropenyl-4-methyl-
4-vinylcyclohexyl)-2-
(4-nitrobenzoyloxy)- **9** 1581

—, 1-isopropoxy-2-(4-nitrobenzoyloxy)-
1-phenyl- **9** 1641

—, 2-isopropoxy-1-(4-nitrobenzoyloxy)-
1-phenyl- **9** 1641

—, 1-(isopropylamino)-2-methyl-2-
(4-nitrobenzoyloxy)- **9** 1702

—, 1-(isopropylamino)-2-
(4-nitrobenzoyloxy)- **9** 1695

—, 2-(isovaleryloxy)-1,3-bis-
(salicyloyloxy)- **10** 143

—, 1-methoxy-2,2-bis(methoxymethyl)-3-
(4-nitrobenzoyloxy)- **9** 1668

—, 2-methoxy-1,3-bis(4-nitrobenzoyloxy)-
9 1656

—, 1-[3-methoxy-4-(4-nitrobenzoyloxy)-
phenyl]-3-(4-nitrobenzoyloxy)-
9 1663

—, 1-[3-methoxy-4-(4-nitrobenzoyloxy)-
5-(prop-1-enyl)phenyl]-3-
(4-nitrobenzoyloxy)- **9** 1665

—, 2-methyl-1,2-bis(4-nitrobenzoyloxy)-
9 1628

—, 2-methyl-1,3-bis(3-nitrobenzoyloxy)-
9 1503

—, 1-[(1-methylheptyl)amino]-3-
(4-nitrobenzoyloxy)- **9** 1695

—, 1-[(1-methylhexyl)amino]-3-
(4-nitrobenzoyloxy)- **9** 1695

—, 2-methyl-1-[(1-methylheptyl)amino]-
2-(4-nitrobenzoyloxy)- **9** 1702

—, 2-methyl-2-[(1-methylheptyl)amino]-
1-(3-nitro-*p*-toluoyloxy)- **9** 2363

—, 2-methyl-1-[(1-methylhexyl)amino]-
2-(4-nitrobenzoyloxy)- **9** 1702

—, 2-methyl-2-[(1-methylhexyl)amino]-
1-(4-nitrobenzoyloxy)- **9** 1701

—, 2-methyl-1-(4-nitrobenzoyloxy)-2-
(octylamino)- **9** 1701

—, 2-methyl-1-(3-nitrobenzoyloxy)-2-
(pentylamino)- **9** 1512

—, 2-methyl-1-(4-nitrobenzoyloxy)-2-
(pentylamino)- **9** 1700

—, 2-methyl-1-(4-nitrobenzoyloxy)-2-
(propylamino)- **9** 1699

—, 2-methyl-1-(3-nitro-*p*-toluoyloxy)-
2-(pentylamino)- **9** 2362

Propane *(continued)*

—, 2-methyl-2-(pentylamino)-1-[4-
(pentyloxy)benzoyloxy]- **10** 335
—, 2-methyl-2-(pentylamino)-1-
(3-phenylpropionyloxy)- **9** 2392
—, 2-methyl-2-(pentylamino)-1-
(4-propoxybenzoyloxy)- **10** 334
—, 2-methyl-1-[4-(pentyloxy)benzoyloxy]-
2-(propylamino)- **10** 334
—, 2-methyl-1-(phenylacetoxy)-2-
(propylamino)- **9** 2191
—, 2-methyl-1-(2-phenylbutyryloxy)-2-
(propylamino)- **9** 2464
—, 2-methyl-1-(3-phenylpropionyloxy)-
2-(propylamino)- **9** 2392
—, 1-(4-nitrobenzoyloxy)-2,3-bis
(palmitoyloxy)- **9** 1656
—, 1-(4-nitrobenzoyloxy)-2,3-bis
(stearoyloxy)- **9** 1656
—, 2-(4-nitrobenzoyloxy)-1,3-bis
(trityloxy)- **9** 1656
—, 2-(4-nitrobenzoyloxy)-1,3-diphenyl-
9 1615
—, 1-(4-nitrobenzoyloxy)-2-[2-
(4-nitrobenzoyloxy)ethylthio]-
9 1626
—, 1-(4-nitrobenzoyloxy)-3-[2-
(4-nitrobenzoyloxy)ethylthio]-
9 1626
—, 2-(4-nitrobenzoyloxy)-1-[2-
(4-nitrobenzoyloxy)ethylthio]-
9 1625
—, 2-(4-nitrobenzoyloxy)-1-
[(1-nonyldecyl)amino]- **9** 1697
—, 2-(4-nitrobenzoyloxy)-1-
[(1-pentylhexyl)amino]- **9** 1696
—, 2-(4-nitrobenzoyloxy)-1-
(phenylsulfonyl)- **9** 1625
—, 2-(4-nitrobenzoyloxy)-1-(phenylthio)-
9 1624
—, 1-(4-nitrobenzoyloxy)-2-
[(1-propylbutyl)amino]- **9** 1693
—, 1-(4-nitrobenzoyloxy)-3-
[(1-propylbutyl)amino]- **9** 1695
—, 2-(4-nitrobenzoyloxy)-1-
[(1-propylbutyl)amino]- **9** 1696
—, 3-(4-nitrobenzoyloxy)-1-
{2,2,3-trimethyl-3-
[(4-nitrobenzoyloxy)methyl]
cyclopentyl}- **9** 1634
—, 2-(palmitoyloxy)-1,3-bis
(salicyloyloxy)- **10** 143
—, 2-(2,4,6-trichlorobenzoyloxy)-2-
(2,4,6-trichlorophenyl)- **9** 1381
—, 1,1,1-trichloro-3-nitro-2-
(4-nitrobenzoyloxy)- **9** 1543
—, 1,2,3-tris(benzoyloxy)- **9** 666
—, 1,2,3-tris(benzoyloxyacetoxy)-
9 855

—, 1,2,3-tris(benzoyloxy)-1-phenyl-
9 674
—, 1,2,3-tris(cinnamoyloxy)- **9** 2700
—, 1,2,3-tris(cyclopropylcarbonyloxy)-
9 5
—, 1,2,3-tris(galloyloxy)- **10** 2084
—, 1,2,3-tris(4-hydroxybenzoyloxy)-
10 318
—, 1,2,3-tris[5-(*p*-iodophenyl)
valeryloxy]- **9** 2504
—, 1,2,3-tris-(4-methylsalicyloyloxy)-
10 523
—, 1,2,3-tris(3-nitrobenzoyloxy)-
9 1508
—, 1,2,3-tris(4-nitrobenzoyloxy)-
9 1659
—, 1,2,3-tris(phenylacetoxy)- **9** 2187
—, 1,2,3-tris-(3-phenylpropionyloxy)-
9 2389

Propane-1,2-diol,
—, 3-(benzoyloxy)- **9** 662
—, 3-(phenylacetoxy)- **9** 2187

Propane-1,3-diol,
—, 2-amino-2-[(1-phenylcyclohexylcarbonyloxy)methyl]- **9** 2842
—, 2-(benzoyloxy)- **9** 663
—, 2-(benzoyloxy)-1,3-diphenyl-
9 684
—, 2,2-bis(benzoyloxymethyl)-
9 688
—, 2-(4-bromobenzoyloxy)- **9** 1410
—, 2-(hydroxymethyl)-2-
[(2-nitrosobenzoyloxy)methyl]-
9 1464

Propane-1,2-dione,
—, 1-[*o*-(benzoyloxy)phenyl]-,
2-oxime **9** 792

Propane-1,3-dione,
—, 1-[4-(*p*-anisoyloxy)-2-hydroxyphenyl]-
3-(4-methoxyphenyl)- **10** 322
—, 2-(benzoyloxy)-1,3-diphenyl-
9 804
—, 1-[3-(benzoyloxy)-6-hydroxy-
2-methoxyphenyl]-3-phenyl-
9 843
—, 1-[4-(benzoyloxy)-2-hydroxyphenyl]-
3-(2-naphthyl)- **9** 828
—, 1-[4-(benzoyloxy)-2-hydroxyphenyl]-
3-phenyl- **9** 826
—, 1-[2,4-bis(benzoyloxy)-
6-hydroxyphenyl]-3-phenyl- **9** 843
—, 1-[3,4-bis(benzoyloxy)-
2-hydroxyphenyl]-3-phenyl- **9** 842
—, 1-(3,4-dimethoxyphenyl)-3-
[2-hydroxy-4-(veratroyloxy)phenyl]-
10 1421
—, 1-[2-hydroxy-4-(4-nitrobenzoyloxy)
phenyl]-3-(*p*-nitrophenyl)-
9 1681

Propane-1-sulfonic acid,
—, 2-benzamido- **9** 1209
—, 3-benzamido-2-hydroxy- **9** 1209
—, 2,3-bis(benzoyloxy)-1-hydroxy- **9** 779
—, 2-hydroxy-3-
[(3,7,12-trihydroxycholan-24-oyl)⸗
amino]- **10** 2178

Propane-1,1,3,3-tetracarboxylic acid,
—, 2,2-diphenyl- **9** 4894
—, 2-(o-methoxyphenyl)-,
tetraethyl ester **10** 2627
—, 2-(3-nitrobenzylidene)-,
tetramethyl ester **9** 4882
—, 2-phenyl-,
tetraethyl ester **9** 4875

Propane-1,1,3-tricarboxylic acid,
—, 1-benzamido-,
triethyl ester **9** 1192
—, 2-benzyl- **9** 4806
—, 1-cyclopentyl-,
triethyl ester **9** 4759
—, 2-(α-methylbenzyl)- **9** 4814
—, 2-(m-nitrophenyl)-,
trimethyl ester **9** 4801
—, 2-(o-nitrophenyl)-,
trimethyl ester **9** 4801
—, 2-phenyl- **9** 4801
triethyl ester **9** 4801

Propane-1,2,2-tricarboxylic acid,
—, 1,3-diphenyl-,
triethyl ester **9** 4839
—, 3-(p-methoxyphenyl)-,
triethyl ester **10** 2576
—, 1-phenyl-,
triethyl ester **9** 4802
—, 3-phenyl-,
triethyl ester **9** 4800
—, 3-o-tolyl-,
triethyl ester **9** 4810

Propane-1,2,3-tricarboxylic acid,
—, 2-(benzoyloxy)- **9** 873
—, 1-(p-methoxyphenyl)- **10** 2575
—, 1-phenyl- **9** 4799
triethyl ester **9** 4799
trimethyl ester **9** 4799

Propan-1-ol,
—, 3-(benzoyloxy)- **9** 539
—, 3-(benzoyloxy)-2-(phosphonooxy)-
9 667
—, 2-(benzoyloxy)-3-(stearoyloxy)-
9 664
—, 3-(benzoyloxy)-2-(stearoyloxy)- **9** 663
—, 3-(2-benzyl-3-phenylpropionyloxy)-
2-(diethylamino)-2-methyl- **9** 3358
—, 2,3-bis(benzamidomethylthio)- **9** 1091
—, 2,3-bis(benzoyloxy)- **9** 665
—, 3-[13-(cyclopent-2-en-1-yl)⸗
tridecanoyloxy]-2-(phosphonooxy)-
9 290

—, 3-[11-(cyclopent-2-en-1-yl)⸗
undecanoyloxy]-2-
[hydroxy(2-trimethylammonioethoxy)⸗
phosphinyloxy]-,
betaine **9** 278
—, 3-[11-(cyclopent-2-en-1-yl)⸗
undecanoyloxy]-2-(phosphonooxy)-
9 278
—, 1-{3-ethyl-1-methyl-4-[p-
(4-nitrobenzoyloxy)phenyl]⸗
cyclohex-3-en-1-yl}- **9** 1649
—, 3-(o-nitrobenzamido)-2,2-
bis[(o-nitrobenzamido)methyl]- **9** 1479
—, 2-(phenylacetoxy)- **9** 2185
—, 3-(phenylacetoxy)- **9** 2185

Propan-2-ol,
—, 1-(benzoyloxy)- **9** 538
—, 1-(benzoyloxy)-1,1-diphenyl- **9** 625
—, 1-(benzoyloxy)-2,3-diphenyl- **9** 625
—, 1-(benzoyloxy)-3-
(2-nitrosobenzoyloxy)- **9** 1463
—, 1-(benzoyloxy)-3-(stearoyloxy)-
9 664
—, 1-(benzoyloxy)-3-(trityloxy)- **9** 663
—, 1,3-bis[13-(cyclopent-2-en-1-yl)⸗
tridecanoyloxy]- **9** 289
—, 1,3-bis[11-(cyclopent-2-en-1-yl)⸗
undecanoyloxy]- **9** 277
—, 1,3-bis(hippuroyloxy)- **9** 1127
—, 1,3-bis(phenylacetoxy)- **9** 2187
—, 1-(4-bromobenzoyloxy)-3-(trityloxy)-
9 1410
—, 1-chloro-3-(4-nitrobenzoyloxy)-
9 1624
—, 1-(diethylamino)-3-(phenylacetoxy)-
9 2191
—, 1-(4-nitrobenzoyloxy)-3-(trityloxy)-
9 1655
—, 1-(phenylacetoxy)- **9** 2185

Propan-1-one,
—, 1-{4-[p-(benzoyloxy)phenyl]-
1-methylcyclohexyl}- **9** 744

Propan-2-one
O-(biphenyl-4-ylcarbonyl)oxime
9 3279
—, 1-acetoxy-3-hydroxy-,
(3-nitrobenzoyl)hydrazone **9** 1533
—, 1-[3-(benzoyloxy)-2-naphthyl]-
3-chloro- **9** 756
—, 1-[3-(benzoyloxy)-2-naphthyl]-
3-diazo- **9** 800
—, 1-(benzoyloxy)-1-phenyl- **9** 732
—, 1-(benzoylthio)- **9** 1971
—, 1-(benzoylthio)-1-phenyl- **9** 1971
—, 1,3-bis(benzoyloxy)- **9** 780
—, 1,3-bis(4-nitrobenzoyloxy)- **9** 1677
—, 1-(3,5-dinitrobenzoyloxy)- **9** 1922
—, 1-(2,4-dinitrophenyl)-,
O-benzoyloxime **9** 1281

Propan-2-one *(continued)*

—, 1-mesityl-3-phenyl-,
O-benzoyloxime **9** 1283

—, 1-(4-nitrobenzoylthio)- **9** 1993

—, 1-(salicyloyloxy)- **10** 144

**4a,10a-Propanophenanthrene-
10-carboxylic acid,**

—, 1,2,3,4,9,10-hexahydro- **9** 3259

Propene,

—, 1-(benzoyloxy)-1-(*p*-bromophenyl)-
2,3,3-triphenyl- **9** 532

—, 1-(benzoyloxy)-1-
(3,5-dibromomesityl)-2-methyl-
9 457

—, 1-(benzoyloxy)-1-mesityl-
3,3-diphenyl- **9** 529

—, 1-(benzoyloxy)-3-mesityl-
1,3-diphenyl- **9** 529

—, 1-(benzoyloxy)-1-mesityl-2-methyl-
9 456

—, 2-(benzoyloxy)-1-mesityl-1-phenyl-
9 518

—, 1-(benzoyloxy)-2-mesityl-3-phenyl-
1-(2,3,4,6-tetramethylphenyl)-
9 530

—, 3-(benzoyloxy)-2-methyl- **9** 402

—, 3-(benzoyloxy)-1-(phenylsulfonyl)-
9 541

—, 1-(benzoyloxy)-1,2,3,3-tetraphenyl-
9 531

—, 3-(benzoyloxy)-1-(*p*-tolylsulfonyl)-
9 542

—, 1-(benzoyloxy)-1,3,3-triphenyl-
9 528

—, 1,2-bis(benzoyloxy)-1-mesityl-
3,3-diphenyl- **9** 654

—, 1-(4-bromobenzoyloxy)-
1,2,3,3-tetraphenyl- **9** 1406

—, 1-chloro-3-(3,5-
dinitrobenzoyloxy)-2-methyl- **9** 1799

—, 1-(3,5-dibromomesityl)-2-methyl-1-
(2,4,6-trimethylbenzoyloxy)-
9 2494

—, 1,1-dichloro-2-methyl-3-
(4-nitrobenzoyloxy)- **9** 1550

—, 3-(*p*-methoxyphenyl)-3-
(4-nitrobenzoyloxy)- **9** 1647

—, 3-(*p*-methoxyphenyl)-3-
(4-nitrobenzoyloxy)-1-phenyl-
9 1651

—, 1-(1-naphthyl)-3-(4-nitrobenzoyloxy)-
9 1614

—, 1-(2-naphthyl)-3-(4-nitrobenzoyloxy)-
9 1614

—, 3-(1-naphthyl)-3-(4-nitrobenzoyloxy)-
9 1614

—, 1,3,3-triphenyl-1-
(2,4,6-trimethylbenzoyloxy)-
9 2495

Prop-2-ene-1,1,3-tricarboxylic acid,

—, 2-phenyl-,
triethyl ester **9** 4820

Propiolamide,

—, *N*-ethyl-3-phenyl- **9** 3065

—, 3-(1-hydroxycyclohexyl)- **10** 79

—, *N*-isopentyl-3-phenyl- **9** 3065

—, 3-phenyl- **9** 3065

Propiolic acid,

—, (biphenyl-4-yl)- **9** 3492

—, (3-bromomesityl)- **9** 3081
methyl ester **9** 3081

—, (5-bromo-2-nitrophenyl)- **9** 3067

—, (*m*-bromophenyl)- **9** 3066

—, (*o*-bromophenyl)- **9** 3066

—, (*p*-bromophenyl)- **9** 3067
methyl ester **9** 3067

—, (3-chloro-6-methoxy-2,4-xylyl)-
10 991
methyl ester **10** 991

—, (5-chloro-2-nitrophenyl)- **9** 3067

—, (*m*-chlorophenyl)- **9** 3066

—, (*o*-chlorophenyl)- **9** 3066

—, (*p*-chlorophenyl)- **9** 3066

—, (cyclohex-1-en-1-yl)- **9** 2381
methyl ester **9** 2381

—, (3,4-dimethoxyphenyl)- **10** 1904

—, (1-hydroxycyclohexyl)- **10** 79
ethyl ester **10** 79
methyl ester **10** 79

—, mesityl- **9** 3081

—, (3-methoxy-6-nitrophenyl)- **10** 989

—, (*m*-methoxyphenyl)- **10** 989

—, (*o*-methoxyphenyl)- **10** 989

—, (*p*-methoxyphenyl)- **10** 989

—, (1-naphthyl)- **9** 3406

—, (*o*-nitrophenyl)- **9** 3067

—, (*p*-nitrophenyl)- **9** 3067
ethyl ester **9** 3067

—, phenyl- **9** 3061
benzyl ester **9** 3064
butyl ester **9** 3063
cyclohexyl ester **9** 3063
2-(diethylamino)ethyl ester **9** 3065
ethyl ester **9** 3063
methyl ester **9** 3062
propyl ester **9** 3063

—, *m*-phenylenedi- **9** 4495
diethyl ester **9** 4495
dimethyl ester **9** 4495

—, (2,3,4,6-tetramethylphenyl)-
9 3083

Propiolic anhydride,

—, phenyl- **9** 3065

Propiolonitrile,

—, phenyl- **9** 3065

—, *p*-tolyl- **9** 3068

Propioloyl chloride,

—, phenyl- **9** 3065

Propionaldehyde,
—, 3-(benzoyloxy)- **9** 721
—, 2-(benzoyloxy)-3-phenyl- **9** 732
—, 2,3-bis(benzoyloxy)- **9** 779
   semicarbazone **9** 780
—, 2,2'-(methylenedioxy)bis[3-
   (benzoyloxy)-,
   disemicarbazone **9** 779
—, 3-oxo-3-phenyl-,
   benzoylhydrazone **9** 1315
   (2-nitrobenzoyl)hydrazone **9** 1487
—, 2,2'-oxybis[3-(benzoyloxy)- **9** 778

Propionamide,
—, 3-(acenaphthen-5-yl)- **9** 3355
—, 3-acetoxy-*N,N*-dimethyl-2-phenyl-
   10 570
—, 2-(acetoxyimino)-,
   O-benzoyloxime **9** 1303
—, 2-(benzoylimino)-3-(3-chloro-
   4,5-dimethoxyphenyl)- **10** 4528
—, 3-(benzoylimino)-2,3-diphenyl-
   10 3310
—, 2-(benzoylimino)-3-(*p*-hydroxyphenyl)-
   10 4221
—, 3-(benzoylimino)-3-phenyl- **10** 2994
   oxime **10** 2996
—, 2-[2-(benzoylimino)-
   3-phenylpropionylimino]-3-
   (*p*-hydroxyphenyl)- **10** 4221
—, 2-(benzoyloxy)- **9** 858
—, 2-(benzoyloxy)-*N,N*-dimethyl- **9** 858
—, 2-(benzoyloxyimino)-,
   O-benzoyloxime **9** 1303
—, *N*-(benzoyloxy)-2-phenyl- **9** 2422
—, *N*-(benzoyloxy)-3-phenyl- **9** 2396
—, 3-(benzoyloxy)-2-(phenylacetylimino)-
   9 2233
—, 2-benzyl-3-(*m*-chlorophenyl)- **9** 3360
—, 2-benzyl-3-(*p*-chlorophenyl)- **9** 3360
—, 2-benzyl-2,3-diphenyl- **9** 3611
—, 2-benzyl-*N*-(2-hydroxyethyl)-
   3-phenyl- **9** 3358
—, 3-[4-(benzyloxy)-3-ethoxyphenyl]-
   2-phenyl- **10** 1964
—, 3-[3-(benzyloxy)-4-methoxyphenyl]-
   10 1520
—, 3-[4-(benzyloxy)-3-methoxyphenyl]-
   2-phenyl- **10** 1964
—, 3-[*p*-(benzyloxy)phenyl]-2-phenyl-
   10 1192
—, 2-benzyl-3-phenyl- **9** 3358
—, 2-benzyl-3-*m*-tolyl- **9** 3378
—, 3-(bicyclohexyl-4-yl)- **9** 272
—, 2,3-bis(hydroxyimino)-3-phenyl-,
   oxime **10** 3546
—, 3,3'-bis(2-hydroxy-1-naphthyl)-
   N,N'-ethylenebis- **10** 1111
—, 2-(3-bromobenzyl)-3-(*p*-bromophenyl)-
   9 3361

—, 3-(*o*-bromophenyl)- **9** 2401
—, 3-(*m*-bromophenyl)-2-butyl- **9** 2568
—, 3-(*p*-bromophenyl)-2-butyl- **9** 2568
—, 3-(*p*-bromophenyl)-2,3-dioxo-
   10 3546
—, 3-(4-*tert*-butyl-2,6-dimethylphenyl)-
   2,2-dimethyl- **9** 2628
—, 3-(2-*tert*-butyl-1-naphthyl)-2-ethyl-
   2-methyl- **9** 3261
—, 2-butyl-3-oxo-3-phenyl- **10** 3092
—, 2-butyl-3-phenyl- **9** 2567
—, 3-(*p*-*tert*-butylphenyl)- **9** 2584
—, 3-(*p*-*tert*-butylphenyl)-2,2-dimethyl-
   9 2613
—, 3-(4-*tert*-butyl-2,6-xylyl)- **9** 2617
—, 3-(5-*tert*-butyl-2,4-xylyl)- **9** 2617
—, 2-chloro-3-hydroxy-2,3-diphenyl-
   10 1194, 1195
—, 3-chloro-2-hydroxy-2,3-diphenyl-
   10 1194, 1195
—, 2-chloro-3-phenyl- **9** 2399
—, 3-(*p*-chlorophenyl)- **9** 2397
—, 3-(*p*-chlorophenyl)-2,3-dioxo-
   10 3546
—, 3-*p*-cumenyl- **9** 2556
—, 3-*p*-cumenyl-2-methyl- **9** 2583
—, 3-(2'-cyanobiphenyl-2-yl)- **9** 4543
—, 2-cyano-2-(cyclohex-1-en-1-yl)-
   9 3977
—, 3-cyano-*N,N*-diethyl-3,3-diphenyl-
   9 4541
—, 3-cyano-3-hydroxy-2-phenyl- **10** 2214
—, 2-cyano-2-(*p*-methoxyphenyl)-
   10 2217
—, 2-cyano-3-(*p*-methoxyphenyl)-
   10 2215
—, 3-(*o*-cyanophenyl)- **9** 4291
—, 2-(cyclohex-1-en-1-yl)- **9** 178
—, 2-(cyclohex-2-en-1-yl)- **9** 179
—, 2-cyclohexyl- **9** 67
—, 3-cyclohexyl- **9** 65
—, 3-cyclohexyl-2,2-dimethyl- **9** 106
—, 3-(*p*-cyclohexylphenyl)- **9** 2882
—, 3-(*p*-cyclohexylphenyl)-2,2-dimethyl-
   9 2898
—, 3,3'-(cyclopentane-1,2-diyl)bis-
   9 3914, 3915
—, 2-cyclopentyl- **9** 59
—, 3-cyclopentyl- **9** 58
—, 3-(*p*-cyclopentylphenyl)- **9** 2873
—, *N*-decyl-*N*-methyl-3-phenyl- **9** 2394
—, 2,2-dibenzamido- **9** 1192
—, 2,2-dibenzyl-3-phenyl- **9** 3615
—, 2,3-dibromo-*N,N*-diethyl-3-
   (*p*-methoxyphenyl)- **10** 543
—, 2,3-dibromo-*N,N*-diethyl-3-phenyl-
   9 2409
—, 2,3-dibromo-*N,N*-diisopropyl-3-
   (*p*-methoxyphenyl)- **10** 543

Propionamide *(continued)*

—, 2,2-dibromo-3-(*p*-methoxyphenyl)-
    10 543
—, 3-(3,4-diethoxyphenyl)- **10** 1520
—, *N*-[2-(diethylamino)ethyl]-3-phenyl-
    9 2395
—, *N,N*-diethyl-2-(1-hydroxycyclohexyl)-
    10 34
—, *N,N*-diethyl-3-hydroxy-3,3-diphenyl-
    10 1196
—, *N,N*-diethyl-3-(2-hydroxy-1-naphthyl)-
    10 1111
—, *N,N*-diethyl-3-hydroxy-3-phenyl-
    10 550
—, 2,2-diethyl-3-phenyl- **9** 2575
—, 3-(2,4-dimethoxyphenyl)- **10** 1515
—, 3-(2,5-dimethoxyphenyl)- **10** 1517
—, 3-(3,4-dimethoxyphenyl)- **10** 1520
—, 3-(2,5-dimethoxyphenyl)-2-methyl-
    10 1556
—, 3-(3,4-dimethoxyphenyl)-2-methyl-
    10 1557
—, 3-(3,4-dimethoxyphenyl)-2-phenyl-
    10 1964
—, 3-(2,5-dimethoxy-
    3,4,6-trimethylphenyl)- **10** 1584
—, 2-(4a,8-dimethyldecahydro-
    2-naphthyl)- **9** 273
—, 2,2-dimethyl-3-(3-methylcyclohexyl)-
    9 117
—, 2,2-dimethyl-3-(4-methylcyclohexyl)-
    9 117
—, 2,2-dimethyl-3-(2-methyl-1-naphthyl)-
    9 3249
—, 2,2-dimethyl-3-(1-naphthyl)-
    9 3240
—, 2,2-dimethyl-3-(2-naphthyl)-
    9 3240
—, 3-(2,3-dimethyl-1-naphthyl)-
    9 3243
—, 3-(2,6-dimethyl-1-naphthyl)-
    9 3244
—, 3-(2,7-dimethyl-1-naphthyl)-
    9 3244
—, 3-(3,4-dimethyl-1-naphthyl)-
    9 3243
—, 3-(6,6-dimethylnorpinan-2-yl)-
    9 259
—, 3-(6,6-dimethylnorpin-2-en-2-yl)-
    9 335
—, 2,2-dimethyl-3-phenyl- **9** 2519
—, 2,2-diphenyl- **9** 3342
—, 2,3-diphenyl- **9** 3334
—, 3,3-diphenyl- **9** 3339
—, 3-(1,4-diphenyl-2-naphthyl)- **9** 3672
—, 2,3-diphenyl-2-propyl- **9** 3393
—, *N*-dodecyl-3-phenyl- **9** 2394
—, 3-(2-ethoxy-3-methoxyphenyl)-
    10 1515

—, 3-(3-ethoxy-4-methoxyphenyl)-
    10 1520
—, 3-(4-ethoxy-3-methoxyphenyl)-
    10 1520
—, 3-(*m*-ethoxyphenyl)- **10** 538
—, 3-(*o*-ethoxyphenyl)- **10** 535
—, 3-(*p*-ethoxyphenyl)- **10** 542
—, 3-(*p*-ethoxyphenyl)-3-imino- **10** 4211
—, 3-(*o*-ethoxyphenyl)-3-oxo- **10** 4209
—, 3-(*p*-ethoxyphenyl)-3-oxo- **10** 4211
—, 2-ethoxy-3-(5,6,7,8-tetrahydro-
    2-naphthyl)- **10** 909
—, *N*-ethyl-3-hydroxy-2,2-dimethyl-
    3-phenyl- **10** 623
—, 2-ethyl-3-hydroxy-3-phenyl- **10** 621
—, 2-ethyl-2-methyl-3-(2-methyl-
    1-naphthyl)- **9** 3254
—, 2-ethyl-2-methyl-3-(4-methyl-
    1-naphthyl)- **9** 3254
—, 2-ethyl-2-methyl-3-(1-naphthyl)-
    9 3247
—, 2-ethyl-2-methyl-3-(2-naphthyl)-
    9 3247
—, 2-ethyl-2-methyl-3-phenyl- **9** 2546
—, 3-(2-ethyl-1-naphthyl)- **9** 3242
—, *N*-ethyl-*N*-octyl-3-phenyl- **9** 2394
—, 2-ethyl-3-oxo-3-phenyl- **10** 3066
—, 2-ethyl-3-phenyl- **9** 2510
—, 3-(*p*-ethylphenyl)-3-imino- **10** 3074
—, 3-(*p*-ethylphenyl)-3-oxo- **10** 3074
—, 3-(fluoren-9-yl)- **9** 3463
—, 3,3'-(fluoren-9-ylidene)bis- **9** 4643
—, 3-(fluoren-9-yl)-3-phenyl- **9** 3639
—, 3-(*m*-fluorophenyl)- **9** 2397
—, 2-heptyl-3-phenyl- **9** 2621
—, 2-(hexahydroindan-2-yl)- **9** 258
—, 2-(hexahydroindan-2-ylidene)- **9** 334
—, 2-(3a,4,5,6,7,7a-hexahydroinden-
    2-yl)- **9** 333
—, 2-hippuramido- **9** 1131
—, *N*-(2-hydroxyethyl)-3,3-diphenyl-
    9 3340
—, *N*-(2-hydroxyethyl)-3,3-di-*p*-tolyl-
    9 3384
—, *N*-(2-hydroxyethyl)-3-(2-hydroxy-
    1-naphthyl)- **10** 1111
—, *N*-(2-hydroxyethyl)-3-(1-naphthyl)-
    9 3220
—, 2-[7a-hydroxy-6-(2-hydroxyethyl)-
    3,6-dimethyl-2-oxo-2,3,3a,4,5,7a-
    hexahydrobenzofuran-7(6*H*)-ylidene]-
    10 4716
—, 2-(hydroxyimino)-,
    O-benzoyloxime **9** 1303
—, 3-(hydroxyimino)-2-nitro-3-phenyl-
    10 3000
—, 2-(hydroxyimino)-3-oxo-3-phenyl-,
    oxime **10** 3545
—, 3-hydroxy-2-isobutyl-3-phenyl- **10** 648

Propionamide *(continued)*

—, 3-hydroxy-2-isopentyl-3-phenyl- 10 654

—, 3-hydroxy-2-methyl-3-phenyl- **10** 602

—, 3-(2-hydroxy-1-naphthyl)- **10** 1111

—, 2-(o-hydroxyphenyl)- **10** 559

—, 3-hydroxy-3-phenyl- **10** 549

—, 2-(2-hydroxy-p-tolyl)-2-methyl- **10** 628

—, 3-imino-3-phenyl- **10** 2994

—, 3-imino-3-m-tolyl- **10** 3054

—, 3-imino-3-p-tolyl- **10** 3055

—, 3-(indan-5-yl)-2,2-dimethyl- **9** 2878

—, 3-(indan-1-yl)-3-phenyl- **9** 3481

—, 2-isobutyl-3-oxo-3-phenyl- **10** 3095

—, N-isobutyl-2-(2-phenylacetamido)- **9** 2214

—, 2-isopentyl-3-oxo-3-phenyl- **10** 3103

—, N-isopentyl-3-phenyl- **9** 2394

—, 3-(5-isopropyl-4-methoxy-2-methylphenyl)- **10** 653

—, 3-(4-isopropyl-2-methylphenyl)- **9** 2589

—, 3-(5-isopropyl-2-methylphenyl)- **9** 2589

—, 2-isopropyl-3-oxo-3-phenyl- **10** 3084

—, N-(2-mercaptoethyl)-2,2-dimethyl-3-oxo-3-phenyl- **10** 3069

—, 2-mesityl- **9** 2563

—, 3-mesityl- **9** 2561

—, 3-mesityl-3-oxo- **10** 3089

—, 2-mesityl-3-phenyl- **9** 3393

—, 2-(3-methoxybenzyl)-3-(m-methoxyphenyl)- **10** 1972

—, 3-[1-(methoxycarbonyl)-2-methylpropylamino]-2-(2-phenylacetamido)- **9** 2246

—, 2-methoxy-N,N-dimethyl-2-phenyl- **10** 563

—, 3-(4-methoxy-1-naphthyl)- **10** 1112

—, 2-(p-methoxyphenyl)- **10** 560

—, 3-(m-methoxyphenyl)- **10** 537

—, 3-(o-methoxyphenyl)- **10** 535

—, 3-(p-methoxyphenyl) **10** 541

—, 3-(m-methoxyphenyl)-2-methyl- **10** 600

—, 3-(o-methoxyphenyl)-2-methyl- **10** 600

—, 3-(p-methoxyphenyl)-2-methyl- **10** 601

—, 3-(p-methoxyphenyl)-2-methyl-2-phenyl- **10** 1207

—, 3-(p-methoxyphenyl)-2-phenyl- **10** 1192

—, 3-(6-methoxy-m-tolyl)- **10** 605

—, 3-(2-methylcyclohex-1-en-1-yl)- **9** 193

—, 3-(2-methylcyclopentyl)- **9** 74

—, 2-methyl-2,3-diphenyl- **9** 3362

—, 2-methyl-2-(3-methylcyclopent-2-en-1-yl)- **9** 204

—, 2-methyl-3-(2-methyl-1-naphthyl)- **9** 3242

—, 2-methyl-3-(1-naphthyl)- **9** 3232

—, 3-(2-methyl-1-naphthyl)- **9** 3233

—, 3-(4-methyl-1-naphthyl)- **9** 3234

—, N-methyl-3-(1-naphthyl)-3-phenyl- **9** 3560

—, 2-methyl-3-oxo-3-phenyl- **10** 3051

—, 2-methyl-2-phenyl- **9** 2476

—, 2-methyl-3-phenyl- **9** 2474

—, 3-[p-(methylsulfonyl)phenyl]- **10** 545

—, 2-methyl-2-p-tolyl- **9** 2527

—, 2-methyl-3-o-tolyl- **9** 2523

—, 2-methyl-3-(3,4,5-trimethoxyphenyl)- **10** 2131

—, 2-methyl-2-(3,5-xylyl)- **9** 2558

—, 2-(1-naphthyl)- **9** 3222

—, 3-(1-naphthyl)- **9** 3220

—, 3-(p-nitrophenyl)-3-oxo- **10** 2999

—, 3-(p-nitrophenyl)-3-(10-oxo-9,10-dihydro-9-anthryl)- **10** 3482

—, 2-(1,4,4a,5,6,7,8,8a-octahydro-2-naphthyl)- **9** 340

—, 2-(octahydro-2(1H)-naphthylidene)- **9** 341

—, octa-N-octadecyl-3,3′,3″,3‴,ᵣ3⁗,3⁗′,3⁗″,3⁗‴-(4,4′-dioxobicyclohexyl-3,3′,5,5′-tetraylidene)octakis- **10** 4181

—, 3-(2-oxocyclohexyl)- **10** 2835

—, 3-(10-oxo-9,10-dihydro-9-anthryl)-3-phenyl- **10** 3481

—, 3-oxo-2,3-diphenyl- **10** 3309

—, 3-oxo-3-phenyl-2-propyl- **10** 3080

—, 3-oxo-3-m-tolyl- **10** 3053

—, 3-oxo-3-p-tolyl- **10** 3055

—, 3-(2-phenanthryl)- **9** 3518

—, 3-(3-phenanthryl)- **9** 3518

—, 2-(2-phenoxyethyl)-3-phenyl- **10** 622

—, 2-phenyl- **9** 2420, 2421

—, 3-phenyl- **9** 2393

—, 2-(2-phenylacetamido)- **9** 2214

—, 3-(2-phenylcyclohexyl)- **9** 2881, 2882

—, 3,3′-o-phenylenedi- **9** 4322

—, 3-phenyl-2-propyl- **9** 2541

—, 3-phenyl-3-(5,6,7,8-tetrahydro-2-naphthyl)- **9** 3486

—, 3-phenyl-2-(p-tolylsulfonyl)- **10** 559

—, 3-(pyren-1-yl)- **9** 3585

—, 2,2,2′,2′-tetramethyl-3,3′-dioxo-3,3′-diphenyl-N,N′-(disulfinyldiethylene)bis- **10** 3069

—, 2,2,2′,2′-tetramethyl-3,3′-dioxo-3,3′-diphenyl-N,N′-(dithiodiethylene)bis- **10** 3069

Propionamide (*continued*)
—, 3,3,3-trichloro-2-hydroxy-*N*-
   [2,2,2-trichloro-1-(benzoyloxy)≠
   ethyl]- **9** 718
—, 3-(*α,α,α*-trifluoro-*m*-tolyl)-
   9 2478
—, 3-(2,3,4-trimethoxyphenyl)- **10** 2119
—, 3-(2,4,5-trimethoxyphenyl)- **10** 2120
—, 3-(3,4,5-trimethoxyphenyl)- **10** 2121
—, 3-(2,4,5-trimethyl-
   3,6-dinitrophenyl)- **9** 2562
—, 3-(2,4,5-trimethylphenyl)- **9** 2562
—, 2,3,3-triphenyl- **9** 3602
—, 3,3,3-triphenyl- **9** 3604

Propionamidine,
—, benzamido- see *Benzamide,*
   N-(2-carbamimidoylethyl)-
—, 2-(benzoyloxy)- **9** 859
—, 2-butyl-2-ethyl-3-phenyl- **9** 2611
—, 3-[*p*-(methylsulfonyl)phenyl]-
   10 545
—, 3-oxo-3-phenyl- **10** 2995

Propionamidrazone,
—, 3-(benzoylimino)-3-phenyl-
   10 2996

2′-Propionaphthone,
—, 1′-(benzoyloxy)-3-phenyl- **9** 775
—, 5′,8′-bis(benzoyloxy)-6′-methyl-
   9 798
—, 4′,4′′′-thiobis[1′-(benzoyloxy)-
   9 798

Propionic acid,
—, 3-(acenaphthen-1-yl)- **9** 3354
—, 3-(acenaphthen-5-yl)- **9** 3354
   methyl ester **9** 3354
—, 2-acetamido-2-benzamido- **9** 1192
—, 3-(*p*-acetohydroximoylphenyl)-
   10 3074
—, 2-acetoxy-2-benzyl-3-phenoxy-
   10 1558
—, 2-(1-acetoxyindan-2-yl)-3-
   (*p*-bromophenyl)- **10** 1284
—, 2-(1-acetoxyindan-2-yl)-3-phenyl-
   10 1283, 1284
—, 2-acetoxy-2-phenyl-,
   3-(dimethylamino)-
   2,2-dimethylpropyl ester **10** 563
   ethyl ester **10** 562
   methyl ester **10** 561
—, 2-acetoxy-3-phenyl- **10** 555
—, 3-acetoxy-2-phenyl-,
   3-(diethylamino)-2,2-dimethylpropyl
   ester **10** 568
—, 3-acetoxy-3-phenyl- **10** 546
   ethyl ester **10** 548
—, 3-acetoxy-2-(phenylacetylimino)-,
   ethyl ester **9** 2232
—, 3-(*p*-acetoxyphenyl)-3-cyano-,
   ethyl ester **10** 2213

—, 3-(2-acetylcyclohexyl)- **10** 2876
—, 2-(5-acetyl-4,6-dihydroxy-*m*-tolyl)-
   10 4563
—, 3-(3-acetyl-6,6-dimethylbicyclo≠
   [3.2.0]hept-2-en-2-yl)- **10** 2964
—, 2-(1-acetylfluoren-9-yl)-2-methyl-
   10 3402
—, 2-(acetylimino)-3-(*p*-acetoxyphenyl)-
   10 4219
—, 2-(acetylimino)-3-(benzoyloxy)-
   3-ethoxy-,
   ethyl ester **9** 875
—, 2-(acetylimino)-3-(3-bromo-
   4,5-dimethoxyphenyl)- **10** 4529
—, 2-(acetylimino)-3-(3-bromo-
   4-hydroxy-5-methoxyphenyl)-
   10 4528
—, 2-(acetylimino)-3-(3-chloro-
   4-hydroxy-5-methoxyphenyl)-
   10 4527
—, 2-(acetylimino)-3-
   (3,4-diacetoxyphenyl)- **10** 4524
—, 2-(acetylimino)-3-
   (3,4-dimethoxyphenyl)- **10** 4523
—, 2-(acetylimino)-3-(4-hydroxy-3-iodo-
   5-methoxyphenyl)- **10** 4530
—, 2-(acetylimino)-3-(*p*-hydroxyphenyl)-
   10 4217
—, 2-(acetylimino)-3-(*p*-methoxyphenyl)-
   10 4218
—, 2-[2-(acetylimino)-
   3-phenylpropionylimino]-3-
   (*p*-hydroxyphenyl)- **10** 4218
—, 3,3′-(5-acetyl-2-methoxy-
   m-phenylene)di-,
   diethyl ester **10** 4745
—, 3-(4-acetyl-1-methyl-
   2-oxocyclohexyl)-,
   methyl ester **10** 3524
—, 3-(1-acetyl-2-oxocycloheptyl)-,
   methyl ester **10** 3523
—, 3-(1-acetyl-2-oxocyclohexyl)-,
   methyl ester **10** 3522
—, 3-(1-acetyl-2-oxocyclopentyl)-,
   methyl ester **10** 3521
—, 3-(*o*-acetylphenyl)- **10** 3073
—, 3-(*p*-acetylphenyl)- **10** 3703
   ethyl ester **10** 3074
   methyl ester **10** 3074
—, 3-(acetylthio)-3-phenyl- **10** 553
—, 2-acetyl-3-(2,6,6-trimethylcyclohex-
   2-en-1-yl)-,
   ethyl ester **10** 2946
—, 2-allyl-3-cyclobutyl- **9** 210
—, 2-(2-allylcyclohexylidene)-3-phenyl-,
   ethyl ester **9** 3258
—, 2-(2-allyl-1-hydroxycyclohexyl)-
   3-phenyl-,
   ethyl ester **10** 1013

Propionic acid (*continued*)
—, 2-allyl-3-(*p*-methoxyphenyl)-
  10 889
—, 2-allyl-3-*o*-tolyl- 9 2835
—, 3-amino-2-benzamido- 9 1228
  methyl ester 9 1228
—, 3-amino-2-(2-phenylacetamido)-
  9 2244
—, 3,3′-(anthracene-9,10-diyl)di-
  9 4665
—, 3-(9-anthryl)-3-phenyl- 9 3659
—, 2-(azidocarbonyl)-3-(*p*-nitrophenyl)-
  9 4290
—, 2-(azidocarbonyl)-3-*m*-tolyl-
  9 4309
—, 3-(*m*-azidophenyl)-2,3-dibromo-
  9 2416
—, 3-(*o*-azidophenyl)-2,3-dibromo-
  9 2416
—, 3-(*p*-azidophenyl)-2,3-dibromo-
  9 2416
—, 2-benzamido-3-[(benzyloxycarbonyl)-
  amino]- 9 1228
  methyl ester 9 1228
—, 2-benzamido-3-[(benzyloxycarbonyl)-
  (carboxymethyl)amino]- 9 1229
—, 2-benzamido-3-[(carboxymethyl)amino]-
  9 1228
—, 2-benzamido-3-[*N*-(carboxymethyl)-
  benzamido]- 9 1229
—, 3-benzamido-2,2-dimethyl- 9 1155
—, 2-benzamido-3-(2-phenylacetamido)-
  9 2247
—, 3-benzamido-2-(2-phenylacetamido)-
  9 2244
—, 3-(benz[*a*]anthracen-7-yl)- 9 3633
—, 2-benzhydryl-2-cyano-3,3-diphenyl-,
  ethyl ester 9 4724
—, 2-benzhydryl-3-oxo-3-phenyl-
  10 3460
  ethyl ester 10 3460
—, 2-(2-benzoyl-3,5-dihydroxyphenyl)-
  10 4679
—, 2-(benzoylimino)- 9 1192
—, 2-(benzoylimino)-3-(4-acetoxy-
  3-methoxy-2-nitrophenyl)-,
  ethyl ester 10 4531
—, 2-(benzoylimino)-3-(3-{*p*-[2-
  (benzoylimino)-2-carboxyethyl]-
  phenoxy}-4-methoxyphenyl)-
  10 4524
—, 2-(benzoylimino)-3-[4-(benzyloxy)-
  3-methoxyphenyl]- 10 4524
—, 2-(benzoylimino)-3-[5-(benzyloxy)-
  2-nitrophenyl]- 10 4216
—, 2-(benzoylimino)-3-(benzylthio)-
  9 1200
—, 2-(benzoylimino)-3-[*p*-(benzylthio)-
  phenyl]- 10 4225

—, 2-(benzoylimino)-3-(3-bromo-
  4,5-dimethoxyphenyl)- 10 4529
  methyl ester 10 4529
—, 2-(benzoylimino)-3-(3-bromo-
  4-hydroxy-5-methoxyphenyl)-
  10 4528
  ethyl ester 10 4529
  methyl ester 10 4529
—, 2-(benzoylimino)-3-(3-chloro-
  4,5-dimethoxyphenyl)- 10 4527
  ethyl ester 10 4527
  methyl ester 10 4527
—, 2-(benzoylimino)-3-(3-chloro-
  4-hydroxy-5-methoxyphenyl)-
  10 4527
—, 3,3′-(benzoylimino)di-,
  diethyl ester 9 1147
—, 2-(benzoylimino)-3-(3,5-difluoro-
  4-methoxyphenyl)- 10 4223
—, 2-(benzoylimino)-3-
  (2,4-dihydroxyphenyl)- 10 4520
—, 2-(benzoylimino)-3-
  (3,4-dihydroxyphenyl)- 10 4522
  ethyl ester 10 4526
—, 2-(benzoylimino)-3-[*p*-(3,5-diiodo-
  4-methoxyphenoxy)phenyl]- 10 4219
—, 2-(benzoylimino)-3-[3,5-diiodo-4-
  (*m*-methoxyphenoxy)phenyl]-
  10 4224
—, 2-(benzoylimino)-3-[3,5-diiodo-4-
  (*p*-methoxyphenylthio)phenyl]-
  10 4225
—, 2-(benzoylimino)-3-(4,5-dimethoxy-
  2-nitrophenyl)- 10 4531
—, 2-(benzoylimino)-3-
  (2,4-dimethoxyphenyl)- 10 4520
—, 2-(benzoylimino)-3-
  (2,5-dimethoxyphenyl)- 10 4520
—, 2-(benzoylimino)-3-
  (3,4-dimethoxyphenyl)- 10 4523
  ethyl ester 10 4526
—, 2-(benzoylimino)-3-ethoxy-,
  benzyl ester 9 1199
  ethyl ester 9 1199
—, 2-(benzoylimino)-3-(ethylthio)-
  9 1200
  hydrazide 9 1200
—, 2-(benzoylimino)-3-[4-(3-fluoro-
  4-methoxyphenoxy)-
  3,5-diiodophenyl]- 10 4224
—, 2-(benzoylimino)-3-(3-fluoro-
  4-methoxyphenyl)- 10 4223
—, 2-(benzoylimino)-3-hydroxy-,
  benzyl ester 9 1199
  ethyl ester 9 1198
—, 2-(benzoylimino)-3-(2-hydroxy-
  3,5-dinitrophenyl)- 10 4214
—, 2-(benzoylimino)-3-(4-hydroxy-
  3-iodo-5-methoxyphenyl)- 10 4530

Propionic acid *(continued)*

—, 2-(benzoylimino)-3-(4-hydroxy-3-methoxy-2-nitrophenyl)- **10** 4531

—, 2-(benzoylimino)-3-(3-hydroxy-4-methoxyphenyl)- **10** 4522

—, 2-(benzoylimino)-3-(4-hydroxy-3-methoxyphenyl)- **10** 4522

—, 2-(benzoylimino)-3-(2-hydroxy-1-naphthyl)- **10** 4407

—, 2-(benzoylimino)-3-(*m*-hydroxyphenyl)- **10** 4215

—, 2-(benzoylimino)-3-(*p*-hydroxyphenyl)- **10** 4217
    methyl ester **10** 4220

—, 2-(benzoylimino)-3-[*p*-(*p*-iodophenoxy)phenyl]- **10** 4219

—, 2-(benzoylimino)-3-methoxy-,
    methyl ester **9** 1198

—, 2-(benzoylimino)-3-(4-methoxy-1-naphthyl)- **10** 4407

—, 2-(benzoylimino)-3-(5-methoxy-2-nitrophenyl)- **10** 4216

—, 2-(benzoylimino)-3-(*m*-methoxyphenyl)- **10** 4215

—, 2-(benzoylimino)-3-(*o*-methoxyphenyl)- **10** 4213

—, 2-(benzoylimino)-3-(*p*-methoxyphenyl)- **10** 4218
    benzylidenehydrazide **10** 4222
    ethylidenehydrazide **10** 4222
    hydrazide **10** 4221
    (4-methoxybenzylidene)hydrazide
    10 4222
    methylenehydrazide **10** 4222
    methyl ester **10** 4220

—-, 2-(benzoylimino)-3-[*p*-(methylsulfonyl)phenyl]- **10** 4224

—, 2-(benzoylimino)-3-(2-naphthyl)- **10** 3268
    methyl ester **10** 3268

—, 2-(benzoylimino)-3-[*p*-(*p*-nitrophenoxy)phenyl]- **10** 4219

—, 2-(benzoylimino)-3-(*p*-phenoxyphenyl)- **10** 4219

—, 2-[2-(benzoylimino)-3-phenylpropionylimino]-3-(*p*-hydroxyphenyl)- **10** 4218

—, 2-(benzoylimino)-3-[*p*-(phenylsulfonyl)phenyl]- **10** 4225

—, 2-(benzoylimino)-3-[*p*-(phenylthio)phenyl]- **10** 4225

—, 2-(benzoylimino)-3-*p*-tolyl-,
    N'-acetylhydrazide **10** 3057
    hydrazide **10** 3056
    methyl ester **10** 3056

—, 2-(benzoylimino)-3-(2,4,5-trimethoxyphenyl)- **10** 4719

—, 2-benzoyl-3-(*p*-nitrophenyl)-3-oxo-,
    ethyl ester **10** 3626

—, 2-benzoyl-3-oxo-3-phenyl-,
    ethyl ester **10** 3625
    methyl ester **10** 3625

—, 2-(benzoyloxy)- **9** 856, 857
    2-acetoxyethyl ester **9** 857
    allyl ester **9** 857
    ethyl ester **9** 857

—, 3-(benzoyloxy)-2-(benzoyloxymethyl)-2-hydroxy- **9** 867

—, 3-(benzoyloxy)-2-(benzyloxycarbonylimino)-,
    ethyl ester **9** 876

—, 2-(benzoyloxy)-3-(diethylamino)-2-methyl-,
    benzyl ester **9** 894
    isopropyl ester **9** 894
    propyl ester **9** 894

—, 3-(benzoyloxy)-2,3-diphenyl-,
    ethyl ester **10** 1194

—, 3-[2-(benzoyloxy)ethylthio]-,
    methyl ester **9** 538

—, 2-(benzoyloxy)-2-methyl-,
    methyl ester **9** 859
    1-naphthylmethyl ester **9** 859

—, 2-(benzoyloxy)-2-phenyl-,
    ethyl ester **10** 562
    methyl ester **10** 561

—, 3-(benzoyloxy)-2-(phenylacetylimino)- **9** 2230
    methyl ester **9** 2230

—, 3-(*p*-benzoylphenyl)- **10** 3330
    methyl ester **10** 3331

—, 2-(*o*-benzoylphenyl)-2-methyl- **10** 3345

—, 2-(*o*-benzoylphenyl)-2-phenyl- **10** 3463

—, 2-benzyl-3-(*m*-bromophenyl)- **9** 3360

—, 2-benzyl-3-(*p*-bromophenyl)- **9** 3361

—, 2-benzyl-3-(*m*-carboxyphenyl)- **9** 4555

—, 2-benzyl-3-(*p*-carboxyphenyl)- **9** 4555

—, 2-benzyl-3-(*m*-chlorophenyl)- **9** 3359

—, 2-benzyl-3-(*p*-chlorophenyl)- **9** 3360

—, 2-benzyl-2-cyano-3-phenyl- **9** 4552
    benzyl ester **9** 4553
    hydrazide **9** 4553
    methyl ester **9** 4553

—, 2-benzyl-2,3-diphenyl- **9** 3610

—, 2-benzyl-3,3-diphenyl- **9** 3608

—, 2-benzyl-3-(*m*-fluorophenyl)- **9** 3359

—, 2-benzyl-3-(4-hydroxy-3,5-diiodophenyl)- **10** 1205

—, 2-benzyl-2-hydroxy-3-(*p*-methoxyphenoxy)- **10** 1558

—, 2-benzyl-2-hydroxy-3-oxo-3-phenyl- **10** 4448

Propionic acid *(continued)*
—, 2-benzyl-2-hydroxy-3-phenoxy-
10 1558
  methyl ester 10 1558
—, 2-benzyl-2-hydroxy-3-phenyl-
10 1206
—, 2-benzyl-3-(*p*-hydroxyphenyl)-
10 1205
—, 2-benzyl-3-(*p*-methoxyphenyl)-,
2-(diethylamino)ethyl ester 10 1205
—, 2-benzyl-3-oxo-3-phenyl-,
ethyl ester 10 3329
—, 3-[(benzyloxycarbonyl)amino]-2-
(2-phenylacetamido)- 9 2244
—, 3-[4-(benzyloxy)-3-ethoxyphenyl]-
2-phenyl- 10 1964
—, 2-(benzyloxyimino)-3-phenyl-
10 3004
—, 3-[3-(benzyloxy)-4-methoxyphenyl]-
10 1518
  ethyl ester 10 1519
  hydrazide 10 1521
  methyl ester 10 1519
—, 3-[4-(benzyloxy)-3-methoxyphenyl]-
2-cyano-,
  methyl ester 10 2456
—, 3-[2-(benzyloxy)-4-methoxyphenyl]-
3-(3,4-dimethoxyphenyl)- 10 2490
—, 3-[4-(benzyloxy)-3-methoxyphenyl]-
2-phenyl- 10 1964
—, 3-[3-(benzyloxy)-2-nitrophenyl]-2-
(hydroxyimino)- 10 4215
—, 3-[4-(benzyloxy)-2-nitrophenyl]-2-
(hydroxyimino)- 10 4224
—, 3-[*m*-(benzyloxy)phenyl]-,
  benzyl ester 10 537
  ethyl ester 10 537
  hydrazide 10 538
—, 3-[*p*-(benzyloxy)phenyl]-2-phenyl-
10 1192
—, 3-[6-(benzyloxy)-*m*-tolyl]-3-hydroxy-,
  hydrazide 10 1566
—, 3-[6-(benzyloxy)-*p*-tolyl]-3-hydroxy-
10 1566
—, 2-benzyl-3-phenyl- 9 3356
  benzyl ester 9 3357
  3-(dibutylamino)-2-hydroxypropyl
  ester 9 3358
  2-(diethylamino)ethyl ester 9 3357
  3-(diethylamino)-2-hydroxypropyl
  ester 9 3358
  3-(diethylamino)propyl ester
  9 3358
  2-(dimethylamino)ethyl ester
  9 3357
  ethyl ester 9 3356
—, 3-(*o*-benzylphenyl)-3-hydroxy-
3-phenyl- 10 1328
—, 3-(*o*-benzylphenyl)-2-phenyl- 9 3613

—, 3-(*o*-benzylphenyl)-3-phenyl- 9 3614
—, 3-(benzylthio)-2-
(4-nitrobenzoylimino)- 9 1743
—, 3-(bicyclohexyl-4-yl)- 9 272
—, 2-(biphenyl-4-yl)- 9 3349
  2-(diethylamino)ethyl ester 9 3349
  3-(diethylamino)propyl ester
  9 3349
—, 3-(biphenyl-2-yl)- 9 3347
—, 3-(biphenyl-4-yl)-2-bromo- 9 3348
—, 3-(biphenyl-2-yl)-2,3-dibromo-
9 3348
—, 3-(biphenyl-4-yl)-2,3-dibromo-
9 3348
  ethyl ester 9 3349
  methyl ester 9 3348
—, 3-(biphenyl-2-yl)-2,3-dichloro-
9 3348
—, 3-(biphenyl-4-yl)-3,3-diphenyl-
9 3681
—, 3,3'-[2-(biphenyl-4-yl)-2-hydroxy-
6-oxodihydro-2*H*-pyran-3(4*H*)-
ylidene]di- 10 4142
—, 3-(biphenyl-4-yl)-3-phenyl- 9 3605
—, 3,3-bis(acetylthio)-3-phenyl-
10 3000
—, 2,2'-bis(benzoylimino)-3,3'-[oxybis-
(4,4'-dimethoxy-*m*-phenylene)]di-
10 4524
  diethyl ester 10 4526
—, 2,3-bis(benzoyloxy)- 9 863
—, 2,3-bis(benzoyloxy)-2-
(benzoyloxymethyl)- 9 867
—, 2,2-bis(benzyloxycarbonylamino)-
3-phenyl- 10 3003
—, 3-[3,4-bis(benzyloxy)phenyl]-,
  hydrazide 10 1521
—, 3,3-bis(*p*-bromophenyl)- 9 3341
  2-(diethylamino)ethyl ester 9 3342
—, 3,3-bis(*p*-bromophenyl)-3-hydroxy-,
  ethyl ester 10 1197
—, 2,3-bis(*p*-chlorophenyl)- 9 3335
—, 3,3-bis(*p*-chlorophenyl)- 9 3341
—, 3,3-bis(*p*-chlorophenyl)-3-hydroxy-,
  ethyl ester 10 1197
—, 2,2-bis(2-cyanoethyl)-3-oxo-
3-phenyl-,
  ethyl ester 10 4130
—, 3,3-bis(3,4-dimethoxyphenyl)-
2-methyl- 10 2492
—, 3,3-bis(*p*-fluorophenyl)- 9 3340
  2-(diethylamino)ethyl ester 9 3340
—, 2,3-bis(4-hydroxy-3,5-diiodophenyl)-
10 1963
—, 2,2-bis(*x*-hydroxyphenyl)- 10 1968
—, 2,3-bis(*p*-hydroxyphenyl)- 10 1963
—, 3,3-bis(*p*-methoxyphenyl)- 10 1968
—, 2,3-bis(2-nitrobenzoyloxy)-3-phenyl-,
  ethyl ester 10 1525

Propionic acid *(continued)*
—, 2,2-bis(2-phenylacetamido)- **9** 2228
—, 2-(3-bromobenzyl)-3-(*p*-bromophenyl)-
    9 3361
—, 2-bromo-2-(2-bromodecahydro-
    2-naphthyl)- **9** 264
—, 2-bromo-3-(5-bromo-
    2,4-dimethoxyphenyl)-3-ethoxy-
    10 2122
      ethyl ester **10** 2123
      methyl ester **10** 2122
—, 2-bromo-3-(5-bromo-
    2,4-dimethoxyphenyl)-3-methoxy-
    10 2122
      ethyl ester **10** 2123
      methyl ester **10** 2122
—, 3-bromo-3-(9-bromofluoren-9-yl)-
    9 3464
—, 2-bromo-2-(2-bromohexahydroindan-
    2-yl)- **9** 258
—, 3-bromo-3-(*p*-bromophenyl)- **9** 2404
—, 2-bromo-2-(1-carboxycyclohexyl)-
    9 3859
—, 2-bromo-3-(*p*-chlorophenyl)-
    9 2403
—, 2-bromo-3-chloro-3-phenyl- **9** 2404
—, 3-bromo-2-(*p*-chlorophenyl)-3-phenyl-,
    methyl ester **9** 3335
—, 2-bromo-3-cyclohexyl- **9** 66
—, 2-bromo-3-(3,4-dimethoxyphenyl)-
    3-hydroxy- **10** 2124
      methyl ester **10** 2124
—, 3-(2-bromo-4,5-dimethoxyphenyl)-
    2-methyl- **10** 1557
      methyl ester **10** 1557
—, 3-bromo-2,2-diphenyl- **9** 3343
—, 2-bromo-3-ethoxy-3-(*p*-methoxyphenyl)-
    10 1524
—, 2-(6-bromo-7-hydroxy-5,8-dimethyl-
    1,2,3,4-tetrahydro-2-naphthyl)-
    10 923
—, 2-bromo-3-hydroxy-3-(*p*-nitrophenyl)-
    10 552
      ethyl ester **10** 553
—, 2-bromo-3-hydroxy-3-phenyl- **10** 551
      methyl ester **10** 552
—, 3-(2-bromo-6-iodo-
    3,4,5-trimethoxyphenyl)- **10** 2122
—, 3-(3-bromomesityl)-2-methyl-3-oxo-
    10 3102
      methyl ester **10** 3102
—, 3-(3-bromomesityl)-3-oxo- **10** 3090
—, 2-bromo-3-methoxy-3-phenyl- **10** 551
—, 3-(2-bromo-5-methoxyphenyl)- **10** 538
—, 3-(5-bromo-2-methoxyphenyl)- **10** 535
—, 2-bromo-2-methyl-3-oxo-3-phenyl-,
    ethyl ester **10** 3052
—, 2-(1-bromo-2-naphthyl)-3-phenyl-
    9 3559

—, 2-bromo-3-oxo-2,3-diphenyl-,
    ethyl ester **10** 3310
—, 3-(2-bromo-9-oxofluoren-1-yl)-
    10 3383
—, 2-bromo-3-oxo-3-phenyl-,
    ethyl ester **10** 2998
—, 2-bromo-2-phenyl- **9** 2423
—, 2-bromo-3-phenyl- **9** 2402
    ethyl ester **9** 2402
—, 3-(*o*-bromophenyl)- **9** 2400
—, 3-(*p*-bromophenyl)- **9** 2401
    methyl ester **9** 2401
—, 3-bromo-3-phenyl- **9** 2401
    ethyl ester **9** 2402
—, 3-(*m*-bromophenyl)-2-butyl- **9** 2567
—, 3-(*p*-bromophenyl)-2-butyl- **9** 2568
—, 3-(*m*-bromophenyl)-2-(3-chlorobenzyl)-
    9 3361
—, 3-(*m*-bromophenyl)-2-(hydroxyimino)-
    10 3016
—, 3-(*o*-bromophenyl)-2-(hydroxyimino)-
    10 3016
—, 3-(*p*-bromophenyl)-2-(hydroxyimino)-
    10 3017
—, 3-(*p*-bromophenyl)-2-(1-hydroxyindan-
    2-yl)- **10** 1284
—, 3,3'-[2-(*p*-bromophenyl)-2-hydroxy-
    6-oxodihydro-2*H*-pyran-3(4*H*)-
    ylidene]di- **10** 4131
—, 3-(*m*-bromophenyl)-2-
    (*p*-hydroxyphenyl)- **10** 1191
      methyl ester **10** 1191
—, 3-(*p*-bromophenyl)-3-hydroxy-
    3-phenyl-,
      ethyl ester **10** 1197
—, 3-(*o*-bromophenyl)-3-oxo-,
    ethyl ester **10** 2997
—, 3-(*p*-bromophenyl)-3-oxo- **10** 2997
    methyl ester **10** 2997
—, 3-(*p*-bromophenyl)-3-phenyl- **9** 3341
    methyl ester **9** 3341
—, 3-(*m*-bromophenyl)-2-thioxo- **10** 3022
—, 3-(*o*-bromophenyl)-2-thioxo- **10** 3022
—, 3-(*p*-bromophenyl)-2-thioxo- **10** 3022
—, 3-bromo-3-phenyl-2-(trichloromethyl)-,
    ethyl ester **9** 2475
—, 3-(3-bromo-4,4',5,6-tetramethoxy-
    biphenyl-2-yl)- **10** 2491
      methyl ester **10** 2491
—, 3-(6-bromo-*m*-tolyl)-2-methyl- **9** 2524
—, 3-(3-bromo-2,4,6-triethylphenyl)-
    2-methyl-3-oxo- **10** 3113
—, 3-(3-bromo-2,4,6-triethylphenyl)-
    3-oxo- **10** 3111
—, 3-(2-bromo-3,4,5-trimethoxyphenyl)-
    10 2121
—, 3-(*p*-butoxyphenyl)- **10** 540
    2-(butylamino)-2-methylpropyl ester
    10 541

Propionic acid (*continued*)
—, 2-butyl-3-(*m*-carboxyphenyl)-
    9 4344
—, 2-butyl-3-(*p*-carboxyphenyl)-
    9 4344
—, 2-butyl-3-(*p*-iodophenyl)-,
    ethyl ester **9** 2569
—, 3-[2-butyl-7-methoxy-2-
    (methoxycarbonyl)-
    1,2,3,4-tetrahydro-1-phenanthryl]-,
    methyl ester **10** 2384
—, 3-(2-*tert*-butyl-1-naphthyl)- **9** 3255
—, 2-butyl-3-oxo-3-phenyl-,
    ethyl ester **10** 3092
—, 2-butyl-3-phenyl- **9** 2566
    benzyl ester **9** 2567
    ethyl ester **9** 2567
—, 3-(*p*-*tert*-butylphenyl)- **9** 2584
—, 3-(4-*tert*-butyl-2,6-xylyl)- **9** 2617
—, 3-(5-*tert*-butyl-2,4-xylyl)- **9** 2617
—, 3-(1-butyryl-2-oxocyclohexyl)-,
    ethyl ester **10** 3525
—, 3-(1-butyryl-2-oxocyclopentyl)-,
    ethyl ester **10** 3524
—, 3-(carbamimidoylhydrazono)-3-phenyl-,
    ethyl ester **10** 2993
—, 3-(1-carbamoyl-7,8-dimethoxy-4-oxo-
    1,2,3,4-tetrahydro-1-naphthyl)-
    10 4807
—, 2-[3-(1-carbamoylethylidene)-4-
    (2-hydroxyethyl)-4-methyl-
    2-oxocyclohexyl]- **10** 4716
—, 2-(carbamoyloxy)-3-phenyl- **10** 555
—, 3-(*o*-carbamoylphenyl)-3-hydroxy-
    10 2218
—, 3-(*o*-carbamoylphenyl)-3-oxo-
    10 3960
    methyl ester **10** 3960
—, 2-[*o*-(α-carboxybenzyl)phenyl]-
    2-phenyl- **9** 4692
—, 3-(2′-carboxybiphenyl-2-yl)-
    9 4542
—, 2-(7-carboxy-6-chloro-3a,7-dimethyl-
    5-oxooctahydro-
    1,4-methanopentalen-1-yl)-
    10 3944
—, 2-(4-carboxy-7-chloro-1,4-dimethyl-
    6-oxo-5,6,7,7a-tetrahydro-
    1,5-cycloindan-3a(4*H*)-yl)- **10** 3944
—, 2-(2-carboxycyclohex-1-en-1-yl)-
    9 3977
—, 3-(1-carboxycyclohex-3-en-1-yl)-
    9 3977
—, 2-(1-carboxycyclohexyl)- **9** 3859
—, 2-(2-carboxycyclohexyl)- **9** 3860
—, 3-(1-carboxycyclohexyl)- **9** 3858
—, 3-(2-carboxycyclohexyl)- **9** 3859
—, 2-(1-carboxycyclohexyl)-3-phenyl-
    9 4422

—, 2-(2-carboxycyclopent-1-en-1-yl)-
    9 3964
—, 3-(2-carboxycyclopent-1-en-1-yl)-
    9 3964
—, 3-(3-carboxycyclopent-2-en-1-yl)-
    9 3964
—, 2-(1-carboxycyclopentyl)- **9** 3842
—, 2-(3-carboxycyclopentyl)- **9** 3842
—, 3-(2-carboxycyclopentyl)- **9** 3841
—, 2-(3-carboxycyclopentyl)-2-methyl-
    9 3870, 3871
—, 2-(1-carboxycyclopentyl)-3-phenyl-
    9 4419
—, 3-(2-carboxy-3,4-dihydro-
    1-phenanthryl)- **9** 4638
—, 3-(2-carboxy-4,7-dimethoxy-
    9,10-dihydro-1-phenanthryl)-
    10 2534
—, 3-(2-carboxy-4,7-dimethoxy-
    1-phenanthryl)- **10** 2540
—, 2-(2-carboxy-4,5-dimethoxyphenyl)-
    10 2457
—, 3-(2-carboxy-3,4-dimethoxyphenyl)-
    10 2457
—, 3-(2-carboxy-4,7-dimethoxy-
    1,2,3,4-tetrahydro-1-phenanthryl)-
    10 2519
—, 3-(3-carboxy-6,6-dimethylbicyclo=
    [3.2.0]hept-2-en-2-yl)- **9** 4069
—, 3-(3-carboxy-6,6-dimethylbicyclo=
    [3.2.0]hept-2-yl)- **9** 4018
—, 2-(3-carboxy-2,2-dimethylcyclobutyl)-
    9 3900
—, 3-(3-carboxy-2,2-dimethylcyclobutyl)-
    9 3899
—, 3-(4-carboxy-2,2-dimethylcyclobutyl)-
    9 3899
—, 3-(2-carboxy-1,6-dimethylcyclohexyl)-
    2-isopropyl- **9** 3930
—, 3-(3-carboxy-
    2,2-dimethylcyclopentyl)- **9** 3915
—, 3-(3-carboxy-
    2,2-dimethylcyclopropyl)-
    9 3856, 3857
—, 2-[4-carboxy-1-(1,5-dimethylhexyl)-
    7a-methylhexahydroindan-5-yl]-
    9 4039
—, 2-(1-carboxy-3a,5-dimethyl-
    6-oxohexahydroindan-1-yl)- **10** 3940
—, 2-(1-carboxy-3a,5-dimethyl-6-oxo-
    3a,6,7,7a-tetrahydroindan-1-yl)-
    10 3944
—, 2-(2-carboxy-3,5-dinitrophenyl)-
    2-methyl- **9** 4310
—, 3-(2-carboxy-4-ethoxy-7-methoxy-
    1-phenanthryl)- **10** 2540
—, 3-(2-carboxy-4-ethoxy-7-methoxy-
    1,2,3,4-tetrahydro-1-phenanthryl)-
    10 2520

Propionic acid *(continued)*

—, 3-{4-[4-(2-carboxyethyl)-
2,5-dimethoxyphenyl]-
3,6-dioxocyclohexa-1,4-dien-1-yl}-
10 4852

—, 3-(9-carboxyfluoren-9-yl)- **9** 4614

—, 2-(4-carboxy-7-hydroxy-1,4-dimethyl-
6-oxo-5,6,7,7a-tetrahydro-
1,5-cycloindan-3a(4*H*)-yl)- **10** 4730

—, 3-(6-carboxy-8a-hydroxy-
2-oxohexahydrochroman-8-yl)-
10 4111

—, 3-(2-carboxy-3-isopropyl-
3,4-dihydro-1-phenanthryl)-
9 4645
    methyl ester **9** 4645

—, 3-[2-(carboxymethoxy)-
4,5-dimethoxyphenyl]-2-
(hydroxyimino)- **10** 4719

—, 3-(2-carboxy-7-methoxy-2-methyl-
1,2,3,4,9,10-hexahydro-
1-phenanthryl)- **10** 2337

—, 3-(1-carboxy-7-methoxy-1-methyl-
1,2,3,4,4a,9,10,10a-octahydro-
2-phenanthryl)- **10** 2303

—, 3-(2-carboxy-6-methoxy-1-naphthyl)-
10 2322

—, 3-(2-carboxy-7-methoxy-
1,2,3,4,4a,9,10,10a-
octahydro-1-phenanthryl)- **10** 2295

—, 2-[*o*-(carboxymethoxy)phenyl]- **10** 559

—, 3-[*o*-(carboxymethoxy)phenyl]- **10** 534

—, 3-(2-carboxy-4-methoxyphenyl)-
10 2218

—, 3-(2-carboxy-5-methoxyphenyl)-
10 2218

—, 3-(2-carboxy-7-methoxy-
1,2,3,4-tetrahydro-1-phenanthryl)-
10 2361

—, 2-(1-carboxy-5-methylbicyclo[3.3.1]⁴
non-2-yl)-2-methyl- **9** 4033

—, 2-(2-carboxy-1-methylcyclohexyl)-
9 3905

—, 3-[1-(carboxymethyl)cyclohexyl]-
9 3904

—, 3-[2-(carboxymethyl)cyclohexyl]-
9 3904

—, 3-(2-carboxy-2-methylcyclohexyl)-
9 3904, 3905

—, 2-(1-carboxy-3-methylcyclohexyl)-
3-phenyl- **9** 4425

—, 2-(1-carboxy-4-methylcyclohexyl)-
3-phenyl- **9** 4425

—, 2-[2-(carboxymethyl)cyclopentyl]-
9 3871

—, 2-(2-carboxy-3-methylcyclopentyl)-
9 3872

—, 3-[1-(carboxymethyl)cyclopentyl]-
9 3871

—, 3-[2-(carboxymethyl)cyclopentyl]-
9 3871

—, 3-(2-carboxy-2-methylcyclopentyl)-
9 3871

—, 2-(2-carboxy-3-methylcyclopentyl)-
2-methyl- **9** 3915

—, 2-(1-carboxy-3-methylcyclopentyl)-
3-phenyl- **9** 4423

—, 3-[1-(carboxymethyl)-3,4-dihydro-
2-naphthyl]- **9** 4449

—, 2-[2-(carboxymethylene)cyclohexyl]-
3-phenyl- **9** 4453

—, 2-[2-(carboxymethyl)-
2-isopropylcyclopropyl]- **9** 3920

—, 2-[2-(carboxymethyl)-
1-methylcyclohexyl]- **9** 3922

—, 3-[3-(carboxymethyl)-3-methyl-
2-oxocyclopentyl]- **10** 3919

—, 3-[1-(carboxymethyl)-2-naphthyl]-
9 4482

—, 3-[3-(carboxymethyl)-
2-oxocyclopentyl]- **10** 3900

—, 3-(2-carboxy-3-methyl-
5-oxocyclopentyl)- **10** 3910

—, 3-(1-carboxy-2-methylpropylamino)-
2-(2-phenylacetamido)-
9 2244, 2245
    ethyl ester **9** 2246

—, 3-[1-(carboxymethyl)-
1,2,3,4-tetrahydro-2-naphthyl]-
9 4420

—, 3-(2-carboxy-2-methyl-
1,2,3,4-tetrahydro-1-phenanthryl)-
9 4582

—, 3-(carboxymethylthio)-3-phenyl-
10 554

—, 3-(2-carboxy-1-naphthyl)- **9** 4477

—, 3-(3-carboxy-2-naphthyl)- **9** 4477

—, 2-(2-carboxy-4-nitrophenyl)-
2-methyl- **9** 4310

—, 3-(3-carboxy-4-oxocyclohexyl)-
10 3903

—, 3-(5-carboxy-2-oxocyclohexyl)-
10 3902

—, 3-(2-carboxy-5-oxocyclopentyl)-
10 3897

—, 3-(4-carboxy-2-oxocyclopentyl)-
10 3897

—, 3-(2-carboxy-4-oxo-
3,3-diphenylcyclobutyl)- **10** 4025

—, 3-(6-carboxy-9-oxofluoren-1-yl)-
10 4023

—, 3-(*o*-carboxyphenyl)- **9** 4290

—, 2-(*o*-carboxyphenyl)-3-
(3,4-dimethoxyphenyl)- **10** 2508

—, 2-(*o*-carboxyphenyl)-3-
(*o*-methoxyphenyl)- **10** 2352

—, 2-(*o*-carboxyphenyl)-3-
(*p*-methoxyphenyl)- **10** 2352

Propionic acid (*continued*)
—, 2-(*o*-carboxyphenyl)-2-methyl-
  9 4310
—, 2-(*p*-carboxyphenyl)-2-methyl-
  9 4310
—, 2-(*o*-carboxyphenyl)-2-phenyl-
  9 4541
—, 2-(*o*-carboxyphenyl)-3-phenyl-
  9 4536
—, 3-(*o*-carboxyphenyl)-3-phenyl-
  9 4541
—, 3-(*α*-carboxy-*o*-tolyl)- **9** 4311
—, 3-(6-carboxy-*o*-tolyl)- **9** 4311
—, 3-(3-carboxy-
  1,2,2-trimethylcyclopentyl)- **9** 3927
—, 3-(3-carboxy-
  2,2,3-trimethylcyclopentyl)-
  9 3926
—, 3-(3-carboxy-
  1,2,2-trimethylcyclopentyl)-
  3-hydroxy-2-methyl- **10** 2044
—, 3-(4-chlorobenzoyloxy)-2-
  (phenylacetylimino)-,
  methyl ester **9** 2231
—, 2-(3-chlorobenzyl)-3-*p*-tolyl-
  9 3378
—, 2-chloro-3-(*p*-chlorophenyl)-
  9 2399
—, 3-chloro-2-(*p*-chlorophenyl)-
  3-phenyl-,
  methyl ester **9** 3335
—, 3-(2-chlorocyclopentyl)-,
  ethyl ester **9** 59
—, 3-(2-chloro-1,7-dimethyl-
  7-norbornyl)-,
  methyl ester **9** 260
—, 3-(4-chloro-3,5-dinitrophenyl)-,
  ethyl ester **9** 2416
—, 3-(3-chloro-9,10-dioxo-9,10-dihydro-
  2-anthryl)-3-oxo-,
  ethyl ester **10** 4026
—, 2-chloro-3-ethoxy-2-ethyl-
  3,3-diphenyl-,
  ethyl ester **10** 1218
—, 3-(3-chloro-6-ethoxy-2,4-xylyl)-
  2-methyl-3-oxo- **10** 4268
—, 3-(3-chloro-6-ethoxy-2,4-xylyl)-
  3-oxo- **10** 4258
—, 2-chloro-2-ethyl-3-hydroxy-
  3,3-diphenyl-,
  ethyl ester **10** 1218
—, 2-chloro-2-ethyl-3-methoxy-
  3,3-diphenyl- **10** 1217
  ethyl ester **10** 1218
—, 2-chloro-3-hydroxy-2-methyl-
  3-phenyl- **10** 602
—, 3-chloro-2-hydroxy-2-methyl-
  3-phenyl-,
  ethyl ester **10** 602

—, 2-chloro-3-hydroxy-3-phenyl- **10** 550
  ethyl ester **10** 551
—, 2-chloro-3-methoxy-3-phenyl- **10** 550
  methyl ester **10** 551
—, 3-(5-chloro-2-methoxyphenyl)-
  3-hydroxy-,
  ethyl ester **10** 1523
—, 3-(3-chloro-6-methoxy-2,4-xylyl)-
  2-methyl-3-oxo- **10** 4268
—, 3-(3-chloro-6-methoxy-2,4-xylyl)-
  3-oxo- **10** 4258
—, 2-chloro-3-nitro-3-phenyl- **9** 2413
—, 3-(2-chloro-6-nitrophenyl)-
  2-semicarbazono- **10** 3022
—, 2-chloro-3-oxo-3-phenyl-,
  ethyl ester **10** 2997
—, 2-(*p*-chlorophenyl)- **9** 2422
—, 2-chloro-2-phenyl- **9** 2423
—, 2-chloro-3-phenyl- **9** 2398
  ethyl ester **9** 2399
  methyl ester **9** 2399
—, 3-(*m*-chlorophenyl)- **9** 2397
—, 3-(*o*-chlorophenyl)- **9** 2397
—, 3-(*p*-chlorophenyl)- **9** 2397
—, 3-chloro-2-phenyl-,
  ethyl ester **9** 2423
  methyl ester **9** 2423
—, 3-chloro-3-phenyl- **9** 2398
  ethyl ester **9** 2398
—, 2-(*o*-chlorophenyl)-3-cyano-3-phenyl-
  9 4533
—, 2-(*m*-chlorophenyl)-3-hydroxy-
  3,3-diphenyl- **10** 1327
—, 2-(*o*-chlorophenyl)-3-hydroxy-
  3,3-diphenyl- **10** 1326
—, 3-(*m*-chlorophenyl)-2-(hydroxyimino)-
  10 3016
—, 3-(*o*-chlorophenyl)-2-(hydroxyimino)-
  10 3016
—, 3-(*p*-chlorophenyl)-2-(hydroxyimino)-
  10 3016
—, 3,3′-[2-(*p*-chlorophenyl)-2-hydroxy-
  6-oxodihydro-2*H*-pyran-3(4*H*)-
  ylidene]di- **10** 4131
—, 3-(*p*-chlorophenyl)-3-hydroxy-
  2-phenyl- **10** 1194
—, 3-(*p*-chlorophenyl)-3-hydroxy-
  3-phenyl- **10** 1197
  ethyl ester **10** 1197
—, 3-(*m*-chlorophenyl)-3-oxo-,
  ethyl ester **10** 299?
—, 3-(*p*-chlorophenyl)-3-oxo-,
  ethyl ester **10** 2996
—, 3-(*o*-chlorophenyl)-3-(10-oxo-
  9,10-dihydro-9-anthryl)- **10** 3481
—, 3-(*p*-chlorophenyl)-3-phenyl-
  9 3341
—, 3-[*p*-(*p*-chlorophenylsulfonyl)phenyl]-
  10 544

Propionic acid *(continued)*

—, 3-(*m*-chlorophenyl)-2-thioxo-
      10 3022
—, 3-(*o*-chlorophenyl)-2-thioxo-
      10 3022
—, 3-(*p*-chlorophenyl)-2-thioxo-
      10 3022
—, 2-chloro-3-*p*-tolyl-,
      methyl ester 9 2480
—, 3-(2-chloro-*p*-tolyl)- 9 2480
—, 2-(cinnamoyloxy)-2-methyl-,
      13-(cyclopent-2-en-1-yl)tridecyl
      ester 9 2705
—, 3-*p*-cumenyl- 9 2556
—, 3-*p*-cumenyl-2-cyclohexyl- 9 2900
      2-(diethylamino)ethyl ester 9 2900
—, 3-*p*-cumenyl-2,3-dihydroxy-2-methyl-
      10 1586
—, 2-*p*-cumenyl-3-hydroxy-3,3-diphenyl-
      10 1331
—, 3-*p*-cumenyl-2-methyl- 9 2583
      methyl ester 9 2583
—, 3-(2'-cyanobiphenyl-2-yl)- 9 4543
      4-nitrobenzyl ester 9 4543
—, 2-cyano-2-(1-cyanocyclohexyl)-,
      ethyl ester 9 4755
—, 2-cyano-2-(1-cyanocyclohexyl)-
      3-phenyl-,
      ethyl ester 9 4824
—, 2-cyano-2-(1-cyanocyclopentyl)-,
      ethyl ester 9 4753
—, 2-cyano-2-(1-cyanocyclopentyl)-
      3-phenyl-,
      ethyl ester 9 4823
—, 2-cyano-2-(1-cyano-
      3-methylcyclopentyl)-3-phenyl-,
      ethyl ester 9 4824
—, 2-cyano-2-(cyclohex-1-en-1-yl)-,
      ethyl ester 9 3976
—, 2-cyano-2-(cyclohex-1-en-1-yl)-
      3-phenyl-,
      ethyl ester 9 4450
—, 3-(2-cyanocyclopent-1-en-1-yl)-,
      ethyl ester 9 3964
—, 2-cyano-2-(cyclopent-1-en-1-yl)-
      3-phenyl-,
      ethyl ester 9 4448
—, 3-(1-cyano-7,8-dimethoxy-4-oxo-
      1,2,3,4-tetrahydro-1-naphthyl)-
      10 4807
—, 2-cyano-2-(3,5-dimethoxyphenyl)-,
      ethyl ester 10 2457
—, 2-cyano-3-(3,4-dimethoxyphenyl)-,
      methyl ester 10 2456
—, 3-(1-cyano-7,8-dimethoxy-
      1,2,3,4-tetrahydro-1-naphthyl)-
      10 2476
—, 3-cyano-2,2-dimethyl-3-phenyl-
      9 4319

—, 3-cyano-3,3-diphenyl- 9 4541
      ethyl ester 9 4541
      methyl ester 9 4541
—, 2-cyano-2-[2-(ethoxycarbonyl)⁀
      cyclohex-1-en-1-yl]-,
      ethyl ester 9 4776
—, 2-cyano-2-[2-(ethoxycarbonyl)⁀
      cyclopent-1-en-1-yl]-,
      ethyl ester 9 4776
—, 2-cyano-2-[2-(ethoxycarbonylmethyl)⁀
      cyclopentyl]-,
      ethyl ester 9 4760
—, 2-cyano-3-(4-ethoxy-3-methoxyphenyl)-
      10 2455
      methyl ester 10 2456
—, 2-cyano-2-(3a,4,5,6,7,7a-
      hexahydroinden-2-yl)-,
      ethyl ester 9 4068
—, 3-cyano-2-hexyl-3-phenyl- 9 4357
—, 3-(2-cyano-2-hydroxycyclopentyl)-,
      ethyl ester 10 2033
—, 2-cyano-3-(4-hydroxy-
      3-methoxyphenyl)- 10 2455
—, 2-cyano-3-imino-3-phenyl-,
      ethyl ester 10 3959
—, 2-cyano-2-(*p*-methoxyphenyl)-,
      ethyl ester 10 2217
—, 2-cyano-3-(*p*-methoxyphenyl)-
      10 2215
      hydrazide 10 2215
—, 3-cyano-3-(*p*-methoxyphenyl)-,
      ethyl ester 10 2213
—, 3,3'-(5-cyano-2-methoxy-*m*-phenylene)⁀
      di- 10 2578
—, 2-cyano-2-(2-methylcyclohex-1-en-
      1-yl)-,
      ethyl ester 9 3997
—, 2-cyano-2-(3-methylcyclohex-1-en-
      1-yl)-,
      ethyl ester 9 3997
—, 2-cyano-2-(4-methylcyclohex-1-en-
      1-yl)-,
      ethyl ester 9 3998
—, 2-cyano-2-(5-methylcyclohex-1-en-
      1-yl)-,
      ethyl ester 9 3997
—, 2-cyano-2-(6-methylcyclohex-1-en-
      1-yl)-,
      ethyl ester 9 3997
—, 2-cyano-2-(2-methylcyclohex-1-en-
      1-yl)-3-phenyl-,
      ethyl ester 9 4453
—, 2-cyano-2-(3-methylcyclopent-1-en-
      1-yl)-,
      ethyl ester 9 3986
—, 2-cyano-2-(4-methylcyclopent-1-en-
      1-yl)-,
      ethyl ester 9 3986
—, 3-cyano-2-methyl-3-phenyl- 9 4306

Propionic acid (*continued*)

—, 2-cyano-3-(1-naphthyl)-,
ethyl ester **9** 4476
(4-methoxybenzylidene)hydrazide
9 4476

—, 3-cyano-3-(1-naphthyl)- **9** 4475

—, 2-cyano-3-(*o*-nitrophenyl)-3-oxo-
2-phenyl-,
ethyl ester **10** 4011

—, 2-cyano-3-oxo-3-phenyl-,
ethyl ester **10** 3959

—, 2-cyano-2-phenyl-,
ethyl ester **9** 4290

—, 2-cyano-3-phenyl- **9** 4285
benzyl ester **9** 4286
ethyl ester **9** 4286
hydrazide **9** 4286
methyl ester **9** 4286

—, 3-(*o*-cyanophenyl)- **9** 4291
methyl ester **9** 4291

—, 3-cyano-2-phenyl- **9** 4280
ethyl ester **9** 4280

—, 3-cyano-3-phenyl- **9** 4280
ethyl ester **9** 4281

—, 3-cyclobutyl-3-oxo-,
ethyl ester **10** 2818

—, 2-(cyclohex-1-en-1-yl)- **9** 178
2-(diethylamino)ethyl ester **9** 178
ethyl ester **9** 178

—, 2-(cyclohex-2-en-1-yl)- **9** 179

—, 2-(cyclohex-3-en-1-yl)- **9** 179

—, 3-(cyclohex-1-en-1-yl)- **9** 177
4-bromophenacyl ester **9** 177

—, 2-(cyclohex-2-en-1-yl)-3-cyclohexyl-
9 343
2-(diethylamino)ethyl ester **9** 344

—, 3,3'-[8-(cyclohex-1-en-1-yl)-8a-
hydroxy-2-oxotetrahydrochroman-
4a,8(5*H*)-diyl]di- **10** 4116

—, 3,3'-[4a-(cyclohex-1-en-1-yl)-8a-
hydroxy-2-oxotetrahydrochroman-
8(7*H*)-ylidene]di- **10** 4116

—, 2-(cyclohex-1-en-1-yl)-2-methyl-
9 192

—, 3,3',3''-[3-(cyclohex-1-en-1-yl)-
2-oxocyclohexane-1,1,3-triyl]tri-
10 4116

—, 3-[1-(cyclohex-1-en-1-yl)-
2-oxocyclohexyl]- **10** 2965

—, 2-(cyclohex-2-en-1-yl)-3-phenyl-
9 3097
2-(diethylamino)ethyl ester **9** 3098

—, 2-cyclohexyl- **9** 66
ethyl ester **9** 66

—, 3-cyclohexyl- **9** 64
benzyl ester **9** 64
4-bromophenacyl ester **9** 65
cyclohexyl ester **9** 64
2-cyclohexylethyl ester **9** 64

ethyl ester **9** 64
4-methylcyclohexyl ester **9** 64
phenethyl ester **9** 65
phenyl ester **9** 64
3-phenylpropyl ester **9** 65

—, 2-[(cyclohexylacetyl)amino]-
3,3-diethoxy- **9** 49
ethyl ester **9** 49

—, 2-[(cyclohexylacetyl)amino]-3-
[(1-methoxycarbonyl-
2-methylpropyl)amino]-,
ethyl ester **9** 49

—, 3-cyclohexyl-2-cyclohexylmethyl-
9 280

—, 3-cyclohexyl-2-(cyclopent-2-en-1-yl)-
9 342
2-(diethylamino)ethyl ester **9** 342

—, 3-cyclohexyl-2-cyclopentyl- **9** 268
2-(diethylamino)ethyl ester **9** 269

—, 3-cyclohexyl-3-
(2,4-dimethylcyclohexyl)-,
methyl ester **9** 282

—, 2-cyclohexyl-3-hydroxy- **10** 35

—, 2-cyclohexyl-3-(4-hydroxy-
3,5-diiodophenyl)- **10** 919

—, 3,3',3''-(6-cyclohexyl-8a-hydroxy-
2-oxodihydrochroman-4a,8,8(5*H*,8a*H*)-
triyl)tri- **10** 4165

—, 2-cyclohexyl-3-(*p*-hydroxyphenyl)-
10 918

—, 3-cyclohexyl-3-hydroxy-3-phenyl-
10 919
ethyl ester **10** 919

—, 2-cyclohexylidene- **9** 179
ethyl ester **9** 180

—, 3-cyclohexylidene- **9** 177
ethyl ester **9** 177

—, 2-cyclohexyl-2-methoxy- **10** 35
methyl ester **10** 35

—, 2-cyclohexyl-2-methyl- **9** 82

—, 3-cyclohexyl-2-methyl- **9** 81
ethyl ester **9** 81

—, 3-cyclohexyl-3-oxo-,
ethyl ester **10** 2835

—, 3-cyclohexyl-2-(2-oxocyclohexyl)-,
ethyl ester **10** 2950

—, 3-cyclohexyl-2-phenoxy-,
2-(diethylamino)ethyl ester **10** 34

—, 2-cyclohexyl-3-phenyl- **9** 2880
2-(diethylamino)ethyl ester **9** 2880

—, 3-cyclohexyl-3-phenyl- **9** 2881

—, 3-(*p*-cyclohexylphenyl)- **9** 2882

—, 3,3',3'',3''',3'''',3'''''-cyclopentadienehexayl·
hexa- **9** 4914

—, 3,3'-(cyclopentane-1,2-diyl)di- **9** 3914

—, 3,3'-(4*H*-cyclopenta[*def*]phenanthren-
4-ylidene)di- **9** 4680

—, 2-(cyclopent-1-en-1-yl)- **9** 172
ethyl ester **9** 172

Propionic acid (continued)

—, 2-(cyclopent-2-en-1-yl)- 9 172
   benzyl ester 9 173
   ethyl ester 9 172
   isobutyl ester 9 173
—, 3-(cyclopent-1-en-1-yl)-,
   ethyl ester 9 172
—, 3-(cyclopent-2-en-1-yl)- 9 172
   ethyl ester 9 172
—, 2-(cyclopent-2-en-1-yl)-3-
   (p-methoxyphenyl)- 10 998
—, 2-(cyclopent-2-en-1-yl)-2-methyl-
   9 185
—, 2-(cyclopent-1-en-1-yl)-3-phenyl-
   9 3095
—, 2-(cyclopent-2-en-1-yl)-3-phenyl-
   9 3095
   2-(diethylamino)ethyl ester 9 3095
—, 2-cyclopentyl- 9 59
   methyl ester 9 59
—, 3-cyclopentyl- 9 58
   ethyl ester 9 58
—, 3-cyclopentyl-3-hydroxy-,
   ethyl ester 10 31
   hydrazide 10 32
—, 2-cyclopentyl-3-(4-hydroxy-
   3,5-diiodophenyl)- 10 913
—, 2-cyclopentyl-3-(p-hydroxyphenyl)-
   10 913
—, 2-cyclopentylidene- 9 173
   ethyl ester 9 173
—, 3-cyclopentyl-3-oxo-,
   ethyl ester 10 2828
—, 3-cyclopentyl-2-phenoxy-,
   2-(diethylamino)ethyl ester 10 32
—, 2-cyclopentyl-3-phenyl- 9 2871
   2-(diethylamino)ethyl ester 9 2871
—, 3-(p-cyclopentylphenyl)- 9 2873
—, 3-cyclopropyl-3-oxo-,
   ethyl ester 10 2812
—, 3-(decahydro-2-naphthyl)- 9 263
   methyl ester 9 264
—, 2-deuterio-3-phenyl- 9 2396
—, 3,3'-(6,6'-diacetoxy-
   5,5'-dimethoxybiphenyl-3,3'-diyl)-
   di- 10 2615
—, 2-(4,7-diacetoxy-1,6-dimethyl-
   1,2,4,5,8,8a-hexahydro-3H-
   1,5-cycloazulen-3a-yl)- 10 1588
   methyl ester 10 1588
—, 2,2-dibenzamido- 9 1192
   ethyl ester 9 1192
—, 2,3-dibenzamido- 9 1229
—, 2,3-dibromo-3-(2-bromo-
   4,5-dimethoxyphenyl)- 10 1522
—, 2,3-dibromo-3-(5-bromo-
   2,4-dimethoxyphenyl)- 10 1515
   ethyl ester 10 1516
   methyl ester 10 1516

—, 2,3-dibromo-3-(2-bromo-
   5-methoxyphenyl)- 10 539
—, 2,3-dibromo-3-(5-bromo-8-nitro-
   1-naphthyl)- 9 3221
   methyl ester 9 3221
—, 2,3-dibromo-3-(5-bromo-
   2-nitrophenyl)- 9 2414
—, 2,3-dibromo-3-(p-bromophenyl)-
   9 2411
   methyl ester 9 2411
—, 2,3-dibromo-2-butyl-3-phenyl-
   9 2568
—, 2,3-dibromo-3-(2-carboxy-
   4,5-dimethoxyphenyl)- 10 2457
—, 2,3-dibromo-2-(o-carboxyphenyl)-
   3-phenyl- 9 4536
—, 2,3-dibromo-3-(5-chloro-
   2-nitrophenyl)- 9 2414
—, 2,3-dibromo-3-(m-chlorophenyl)-
   9 2410
—, 2,3-dibromo-3-(o-chlorophenyl)-
   9 2410
—, 2,3-dibromo-3-(p-chlorophenyl)-
   9 2410
—, 2,3-dibromo-3-(o-cyanophenyl)-
   9 4291
—, 2,3-dibromo-3-(p-cyanophenyl)-
   9 4292
—, 2,3-dibromo-3-(2,5-dichlorophenyl)-
   9 2410
—, 2,3-dibromo-3-(2,6-dichlorophenyl)-
   9 2411
—, 2,3-dibromo-3-(3,5-dichlorophenyl)-
   9 2411
—, 2,3-dibromo-3-(4,5-dimethoxy-
   2-nitrophenyl)- 10 1522
—, 2,3-dibromo-3-(3,4-dimethoxyphenyl)-,
   ethyl ester 10 1522
—, 2-(5,8-dibromo-1,5-dimethyl-
   4,7-dioxooctahydro-3H-
   1,6-cycloazulen-3a-yl)- 10 3541
—, 2,3-dibromo-3-(3,5-dinitromesityl)-
   9 2561
—, 2,3-dibromo-2,3-diphenyl- 9 3336
   ethyl ester 9 3336
   methyl ester 9 3336
—, 2,3-dibromo-3-(α-ethoxy-o-tolyl)-
   10 604
—, 2,3-dibromo-2-ethyl-3-phenyl-
   9 2511
—, 2,3-dibromo-3-(p-ethylphenyl)-
   9 2528
—, 2,3-dibromo-3-(o-fluorophenyl)-
   9 2409
—, 3-(3,5-dibromo-2-hydroxyphenyl)-
   10 536
—, 2,3-dibromo-3-(o-iodophenyl)- 9 2412
—, 2,3-dibromo-3-mesityl-,
   ethyl ester 9 2561

Propionic acid *(continued)*
—, 3-(3,5-dibromomesityl)-2,2-dimethyl-3-oxo- **10** 3107
—, 2,3-dibromo-3-(5-methoxy-2-nitrophenyl)- **10** 539
—, 2,3-dibromo-3-(*m*-methoxyphenyl)- **10** 538
    ethyl ester **10** 539
—, 2,3-dibromo-3-(*p*-methoxyphenyl)- **10** 542
    ethyl ester **10** 543
—, 2,3-dibromo-3-(*p*-methoxyphenyl)-2-methyl- **10** 601
—, 3-(1,2-dibromo-2-methylcyclohexyl)- **9** 82
—, 2,3-dibromo-2-methyl-3-(*m*-nitrophenyl)-, ethyl ester **9** 2476
—, 2,3-dibromo-2-methyl-3-phenyl- **9** 2475
—, 2,3-dibromo-3-(1-naphthyl)- **9** 3220
—, 2,3-dibromo-3-(*m*-nitrophenyl)- **9** 2414
—, 2,3-dibromo-3-(*o*-nitrophenyl)- **9** 2413
—, 2,3-dibromo-3-(*p*-nitrophenyl)- **9** 2414
—, 2,2-dibromo-3-oxo-3-phenyl-, ethyl ester **10** 2998
—, 2,3-dibromo-2-pentyl-3-phenyl- **9** 2596
—, 2,3-dibromo-3-phenyl- **9** 2404, 2405, 2406
    benzyl ester **9** 2407
    1,2-dibromo-2,2-dichloroethyl ester **9** 2407
    p-(dichloroiodo)phenyl ester **9** 2407
    3-(diethylamino)propyl ester **9** 2408
    ethyl ester **9** 2406
    p-iodophenyl ester **9** 2407
    methyl ester **9** 2406
—, 2,3-dibromo-3-phenyl-2-propyl- **9** 2541
—, 2,3-dibromo-3-*p*-tolyl- **9** 2480
    methyl ester **9** 2481
—, 3-(2,6-dibromo-3,4,5-trimethoxyphenyl)- **10** 2121
—, 3,3-dichloro-2-(5-bromo-*o*-anisoylimino)- **10** 180
—, 3,3-dichloro-2-(5-chloro-*o*-anisoylimino)- **10** 168
—, 3,3-dichloro-2-(3,5-dibromo-*o*-anisoylimino)- **10** 184
—, 3,3-dichloro-2-(3,5-dichloro-*o*-anisoylimino)- **10** 173
—, 2,3-dichloro-2-ethyl-3,3-diphenyl-, ethyl ester **9** 3381

—, 2,3-dichloro-3-(*p*-methoxyphenyl)- **10** 542
—, 3-(1,5-dichloro-10-oxo-9,10-dihydro-9-anthryl)- **10** 3391
—, 3-(1,8-dichloro-10-oxo-9,10-dihydro-9-anthryl)- **10** 3391
—, 3-(4,5-dichloro-10-oxo-9,10-dihydro-9-anthryl)- **10** 3392
—, 2,3-dichloro-3-phenyl- **9** 2400
    p-(dichloroiodo)phenyl ester **9** 2400
    p-iodophenyl ester **9** 2400
    methyl ester **9** 2400
—, 3,3-dichloro-2-(*m*-toluoylimino)- **9** 2324
—, 3,3-dichloro-2-(*p*-toluoylimino)- **9** 2347
—, 2,3-dicyano-3-(*p*-methoxyphenyl)-, ethyl ester **10** 2574
—, 2,3-dicyano-2-phenyl-, ethyl ester **9** 4796
—, 2,3-dicyano-3-phenyl-, ethyl ester **9** 4797
    methyl ester **9** 4797
—, 3,3-dicyclohexyl- **9** 271
—, 3,3-diethoxy-2-phenyl- **10** 3023
—, 3,3-diethoxy-3-phenyl-, ethyl ester **10** 2992
—, 3-(3,4-diethoxyphenyl)- **10** 1518
    methyl ester **10** 1519
—, 3-(2,5-diethoxyphenyl)-3-hydroxy- **10** 2123
    hydrazide **10** 2123
—, 3-(3,4-diethoxyphenyl)-2-(3,4,5-trimethoxybenzoylimino)- **10** 4523
—, 2,2-diethyl-3-oxo-3-phenyl-, ethyl ester **10** 3096
—, 3-(4,5-dihydrofluoranthen-6a(6*H*)-yl)- **9** 3538
—, 3-(4,5-dihydrofluoranthen-6a(6*H*)-yl)-2-methyl- **9** 3543
—, 3-(3,4-dihydro-1-naphthyl)- **9** 3088
    ethyl ester **9** 3088
—, 3-(2,3-dihydrophenalen-6-yl)- **9** 3375
—, 2-(1,2-dihydro-4-phenanthryl)- **9** 3474
—, 2-(3,4-dihydro-1-phenanthryl)-, ethyl ester **9** 3474
—, 3-(3,4-dihydro-1-phenanthryl)- **9** 3473
—, 3-(9,10-dihydro-2-phenanthryl)- **9** 3473
    hydrazide **9** 3474
—, 2,3-dihydroxy- see *Glyceric acid*
—, 3,3'-(6,6'-dihydroxy-5,5'-dimethoxybiphenyl-3,3'-diyl)-di- **10** 2614

Propionic acid *(continued)*
—, 3,3′,3″,3‴,3⁗,
3⁗′-(8a,8′a-dihydroxy-
2,2′-dioxotetrahydro-
6,6′-bichromanyl-4a,4′a,8,8,8′,8′-
(5*H*,5′*H*,8a*H*,8′a*H*)-hexayl)hexa-
10 4181
—, 3-(2,7-dihydroxy-2-methyl-
1,2,3,4-tetrahydro-1-phenanthryl)-
10 1981
—, 2,3-dihydroxy-3-(1-naphthyl)-
10 1942
—, 3-(2,4-dihydroxyphenyl)- **10** 1515
—, 3-(3,4-dihydroxyphenyl)- **10** 1517
ethyl ester **10** 1519
—, 3-[*p*-(2,5-dihydroxyphenylsulfonyl)-
phenyl]- **10** 544
—, 2,2′-(3,3′-dihydroxy-
1,1′,4,4′-tetramethyl-5,5′,6,6′,7,-
7′,8,8′-octahydro-2,2′-binaphthyl-
6,6′-diyl)di- **10** 2541, 2542
—, 3-(3,5-diiodophenyl)-2-phenyl-
9 3336
—, 2-(5,7-dimethoxy-1*H*-cyclopenta[*a*]-
naphthalen-3-yl)- **10** 1999
ethyl ester **10** 1999
—, 3-[4,7-dimethoxy-2-(methoxycarbonyl)-
1-phenanthryl]-,
methyl ester **10** 2541
—, 2-[4,5-dimethoxy-2-(methoxycarbonyl)-
phenyl]-,
methyl ester **10** 2457
—, 3-(4,5-dimethoxy-2-nitrophenyl)-
10 1522
—, 3-(4,5-dimethoxy-2-nitrophenyl)-
3-oxo- **10** 4518
ethyl ester **10** 4519
—, 2-(3,5-dimethoxyphenyl)- **10** 1526
—, 3-(2,3-dimethoxyphenyl)-,
ethyl ester **10** 1515
—, 3-(2,5-dimethoxyphenyl)- **10** 1516
ethyl ester **10** 1516
hydrazide **10** 1517
—, 3,3-dimethoxy-3-phenyl-,
methyl ester **10** 2991
—, 3-(3,4-dimethoxyphenyl)- **10** 1517
ethyl ester **10** 1519
hydrazide **10** 1521
methyl ester **10** 1518
—, 3-(2,4-dimethoxyphenyl)-3-
(3,4-dimethoxyphenyl)- **10** 2490
—, 3-(3,4-dimethoxyphenyl)-2-
[(3,4-dimethoxyphenyl)acetylimino]-,
methyl ester **10** 4526
—, 3-(2,5-dimethoxyphenyl)-3-hydroxy-,
ethyl ester **10** 2123
hydrazide **10** 2123
—, 3-(2,5-dimethoxyphenyl)-3-hydroxy-
2,3-diphenyl- **10** 2400

—, 3-(2,5-dimethoxyphenyl)-2-
(hydroxyimino)- **10** 4521
—, 3-(3,4-dimethoxyphenyl)-2-
(hydroxyimino)- **10** 4525
—, 3-(3,4-dimethoxyphenyl)-3-
(2-hydroxy-4-methoxyphenyl)-,
ethyl ester **10** 2490
—, 3-(2,4-dimethoxyphenyl)-3-hydroxy-
3-phenyl-,
ethyl ester **10** 2324
—, 2-(3,5-dimethoxyphenyl)-2-methyl-
10 1558
—, 3-(2,5-dimethoxyphenyl)-2-methyl-
10 1556
—, 3-(3,4-dimethoxyphenyl)-2-methyl-
10 1557
methyl ester **10** 1557
—, 3-(3,4-dimethoxyphenyl)-2-methyl-
3-oxo-,
ethyl ester **10** 4549
—, 3-(3,4-dimethoxyphenyl)-3-oxo-,
ethyl ester **10** 4518
—, 3-(3,5-dimethoxyphenyl)-3-oxo-,
ethyl ester **10** 4519
—, 3-(3,5-dimethoxyphenyl)-3-oxo-
2-propyl-,
ethyl ester **10** 4559
—, 3-(2,4-dimethoxyphenyl)-3-phenyl-
10 1968
ethyl ester **10** 1968
—, 3-(3,4-dimethoxyphenyl)-2-phenyl-
10 1963
—, 3-(2,3-dimethoxyphenyl)-2-thioxo-
10 4519
—, 3-(2,5-dimethoxyphenyl)-2-thioxo-
10 4521
—, 3-(3,4-dimethoxyphenyl)-2-thioxo-
10 4532
—, 3-(3,4-dimethoxyphenyl)-2-
(veratroylimino)-,
methyl ester **10** 4525
—, 3-(5,6-dimethoxy-*m*-tolyl)- **10** 1565
—, 3-(3,5-dimethoxy-*p*-tolyl)-
2-isopentyl-3-oxo-,
ethyl ester **10** 4569
—, 3-(3,5-dimethoxy-*p*-tolyl)-3-oxo-,
ethyl ester **10** 4551
—, 3-(2,5-dimethoxy-
3,4,6-trimethylphenyl)- **10** 1584
—, 3-(1,4-dimethyl-9-anthryl)- **9** 3530
—, 2-(4a,8-dimethyldecahydro-
2-naphthyl)- **9** 273
—, 2-(5,8-dimethyl-3,4-dihydro-
1-naphthyl)- **9** 3102
—, 2-(5,8-dimethyl-3,4-dihydro-1(2*H*)-
naphthylidene)- **9** 3102
—, 2-(3,3-dimethyl-
2,5-dioxocyclopentyl)-2-methyl-
10 3523

Propionic acid *(continued)*

—, 2-(1,5-dimethyl-4,7-dioxooctahydro-
3*H*-1,6-cycloazulen-3a-yl)- **10** 3541

—, 2-(1,6-dimethyl-4,7-dioxooctahydro-
3*H*-1,5-cycloazulen-3a-yl)- **10** 3540

—, 3-[3-(1,5-dimethylhexyl)-
3a,6-dimethyldodecahydro-
1*H*-cyclopenta[*a*]naphthalen-6-yl]-
9 359

—, 2-(3,4-dimethylisothiosemicarbazono)-
3-phenyl- **10** 3005

—, 2,2-dimethyl-3-(1-naphthyl)- **9** 3240

—, 2-(5,8-dimethyl-1-naphthyl)-
9 3244

—, 2-(5,8-dimethyl-2-naphthyl)-
9 3245

—, 3-(2,3-dimethyl-1-naphthyl)-
9 3243

—, 3-(2,6-dimethyl-1-naphthyl)-
9 3243

—, 3-(2,7-dimethyl-1-naphthyl)-
9 3244

—, 3-(3,4-dimethyl-1-naphthyl)-
9 3243

—, 3-(4,7-dimethyl-1-naphthyl)- **9** 3244

—, 2,2-dimethyl-3-(2-naphthyl)-3-oxo-,
ethyl ester **10** 3273

—, 2,2-dimethyl-3-(*p*-nitrophenyl)-
9 2519

—, 3-(1,7-dimethyl-7-norbornyl)- **9** 259

—, 3-(3,3-dimethyl-2-norbornyl)-
3-hydroxy- **10** 74

—, 3-(6,6-dimethylnorpinan-2-yl)-
9 259

—, 3-(6,6-dimethylnorpinan-2-yl)-
3-hydroxy-,
ethyl ester **10** 74

—, 3-(6,6-dimethylnorpin-2-en-2-yl)-
9 335

—, 3,3'-(2,3-dimethyl-10-oxo-9(10*H*)-
anthrylidene)di- **10** 4026

—, 3-(1,4-dimethyl-10-oxo-9,10-dihydro-
9-anthryl)- **10** 3402

—, 2,2-dimethyl-3-oxo-3-phenyl-,
tert-butyl ester **10** 3069
ethyl ester **10** 3068
methyl ester **10** 3068

—, 2,2-dimethyl-3-phenyl- **9** 2518
ethyl ester **9** 2519

—, 2-(2,4-dimethylsemicarbazono)-
3-phenyl- **10** 3005

—, 2-(5,8-dimethyl-1,2,3,4-tetrahydro-
1-naphthyl)-,
ethyl ester **9** 2888

—, 2-(5,8-dimethyl-1,2,3,4-tetrahydro-
2-naphthyl)- **9** 2888

—, 3-(2,3-dimethyltricyclo[2.2.1.0²·⁶]-
hept-3-yl)- **9** 336, 337
methyl ester **9** 337

—, 2-(3,5-dinitrobenzoylhydrazono)-
9 1949

—, 3-(2,4-dinitrophenyl)-,
p-hydroxyphenyl ester **9** 2415
p-methoxyphenyl ester **9** 2415
methyl ester **9** 2415
phenyl ester **9** 2415

—, 3,3'-(4,6-dinitro-*m*-phenylene)di-,
dimethyl ester **9** 4324

—, 3,3',3'',3''',3'''',3''''',3'''''',3'''''''-
(4,4'-dioxobicyclohexyl-
3,3',5,5'-tetraylidene)octa- **10** 4181
octaethyl ester **10** 4181

—, 3-(2,6-dioxocyclohexyl)- **10** 3519

—, 3,3'-dioxo-3,3'-diphenyl-2,2'-
(4,6-dinitro-*m*-phenylene)di-,
diethyl ester **10** 4094

—, 2,3-dioxo-3-phenyl-,
ethyl ester **10** 3544

—, 3,3'-dioxo-3,3'-*m*-phenylenedi-
10 4064
dimethyl ester **10** 4065

—, 3-(1,3-dioxo-2-phenylindan-2-yl)-,
ethyl ester **10** 3657

—, 2,2-diphenyl- **9** 3342
allyl ester **9** 3342
2-(dimethylamino)ethyl ester **9** 3342

—, 2,3-diphenyl- **9** 3333
benzyl ester **9** 3334
2-(diethylamino)ethyl ester **9** 3334
ethyl ester **9** 3334
methyl ester **9** 3334

—, 3,3-diphenyl- **9** 3338
tert-butyl ester **9** 3339
3-(dibutylamino)propyl ester
9 3339
2-(diethylamino)ethyl ester **9** 3339
3-(diethylamino)propyl ester
9 3339
2,2-diphenylethyl ester **9** 3339

—, 2-(diphenylacetylimino)-3-hydroxy-,
ethyl ester **9** 3303

—, 3,3-diphenyl-2-cyano-,
ethyl ester **9** 4538

—, 3,3'-(2,4-diphenylcyclobutane-
1,3-diyl)di- **9** 4645

—, 3-(1,4-diphenyl-2-naphthyl)- **9** 3671
ethyl ester **9** 3672
hydrazide **9** 3672

—, 3,3'-diphenyl-3,3'-
(*m*-phenylenedisulfonyl)di- **10** 553

—, 2,3-diphenyl-2-propyl- **9** 3393

—, 3,3-diphenyl-3-*o*-tolyl- **9** 3612

—, 3,3-diphenyl-3-*p*-tolyl- **9** 3612

—, 3,3-diphenyl-2-(*p*-tolylsulfonyl)-
10 1198

—, 3-(3,5-dipropylcyclopent-1-en-1-yl)-
3-hydroxy-,
ethyl ester **10** 75

Propionic acid *(continued)*

—, 3,3'-disemicarbazono-3,3'-
  m-phenylenedi- **10** 4064
—, 2,2-di-*p*-tolyl- **9** 3384
  2-(diethylamino)ethyl ester **9** 3385
—, 3,3-di-*o*-tolyl- **9** 3384
—, 3,3-di-*p*-tolyl- **9** 3384
  2-(diethylamino)ethyl ester **9** 3384
—, 2-[2-(ethoxycarbonyl)cyclohex-1-en-
  1-yl]-,
  ethyl ester **9** 3978
—, 3-[2-(ethoxycarbonyl)cyclohexyl]-,
  ethyl ester **9** 3859
—, 2-[2-(ethoxycarbonyl)cyclopent-1-en-
  1-yl]-,
  ethyl ester **9** 3965
—, 3-[2-(ethoxycarbonyl)cyclopent-1-en-
  1-yl]-,
  ethyl ester **9** 3964
—, 3-[2-(ethoxycarbonyl)cyclopentyl]-,
  ethyl ester **9** 3841
—, 3-[1-(ethoxycarbonyl)-3-
  (ethoxycarbonylmethyl)-3-methyl-
  2-oxocyclopentyl]-,
  ethyl ester **10** 4110
—, 3-[1-(ethoxycarbonyl)-3-
  (ethoxycarbonylmethyl)-
  2-oxocyclopentyl]-,
  ethyl ester **10** 4109
—, 3-[3-(ethoxycarbonyl)-3-
  (ethoxycarbonylmethyl)-
  2-oxocyclopentyl]-,
  ethyl ester **10** 4108
—, 2-{2-[2-(ethoxycarbonyl)ethyl]-
  cyclohexylidene}-,
  ethyl ester **9** 4005
—, 3-[1-(ethoxycarbonyl)-3-ethyl-
  2-oxocyclohexyl]-,
  ethyl ester **10** 3921
—, 3-[3-(ethoxycarbonyl)-3-ethyl-
  2-oxocyclohexyl]-,
  ethyl ester **10** 3921
—, 3-[3-(ethoxycarbonyl)-4-isopropenyl-
  1-methyl-2-oxocyclohexyl]-,
  ethyl ester **10** 3937
—, 3-[3-(ethoxycarbonyl)-4-isopropyl-
  1-methyl-2-oxocyclohexyl]-,
  ethyl ester **10** 3923
—, 3-[4-(ethoxycarbonyl)-1-
  (*p*-methoxyphenyl)-4-methyl-
  2-oxocyclohexyl]-,
  ethyl ester **10** 4756
—, 2-[1-(ethoxycarbonyl)-
  5-methylbicyclo[3.3.1]non-2-yl]-
  2-methyl-,
  ethyl ester **9** 4034
—, 3-[6-(ethoxycarbonyl)-
  6-methylcyclohex-1-en-1-yl]-,
  ethyl ester **9** 3998

—, 3-[3-(ethoxycarbonyl)-
  3-methylcyclopentyl]-,
  ethyl ester **9** 3872
—, 3-[2-(ethoxycarbonylmethylene)-
  1-methylcyclohexyl]-,
  ethyl ester **9** 4006
—, 3-[2-(ethoxycarbonylmethylene)-
  3-methylcyclohexyl]-,
  ethyl ester **9** 4006
—, 3-[2-(ethoxycarbonylmethyl)-
  2-hydroxy-3-methylcyclohexyl]-,
  ethyl ester **10** 2044
—, 3-[2-(ethoxycarbonylmethyl)-
  3-methylcyclohexyl]-,
  ethyl ester **9** 3922
—, 3-[3-(ethoxycarbonylmethyl)-
  3-methyl-2-oxocyclopentyl]-,
  ethyl ester **10** 3919
—, 3-[3-(ethoxycarbonyl)-2-methyl-
  6-oxocyclohex-1-en-1-yl]-,
  ethyl ester **10** 3931
—, 2-[1-(ethoxycarbonyl)-4-methyl-
  2-oxocyclohexyl]-,
  ethyl ester **10** 3915
—, 3-[1-(ethoxycarbonyl)-3-methyl-
  2-oxocyclohexyl]-,
  ethyl ester **10** 3914
—, 3-[3-(ethoxycarbonyl)-1-methyl-
  2-oxocyclohexyl]-,
  ethyl ester **10** 3914
—, 2-[1-(ethoxycarbonyl)-3-methyl-
  2-oxocyclopentyl]-,
  ethyl ester **10** 3910
—, 3-[3-(ethoxycarbonylmethyl)-
  2-oxocyclopentyl]-,
  ethyl ester **10** 3909
—, 3-[6-(ethoxycarbonyl)-7a-methyl-
  5-oxohexahydroindan-4-yl]-,
  ethyl ester **10** 3939
—, 3-[2-(ethoxycarbonyl)-2-methyl-
  6-oxo-5-phenylcyclohexyl]-,
  ethyl ester **10** 3984
—, 3-(ethoxycarbonylmethylthio)-
  3-phenyl-,
  ethyl ester **10** 554
—, 3-[1-(ethoxycarbonyl)-
  2-oxocycloheptyl]-,
  ethyl ester **10** 3913
—, 2-[1-(ethoxycarbonyl)-
  2-oxocyclohexyl]-,
  ethyl ester **10** 3903
—, 3-[1-(ethoxycarbonyl)-
  2-oxocyclohexyl]-,
  ethyl ester **10** 3901
—, 3-[3-(ethoxycarbonyl)-
  2-oxocyclohexyl]-,
  ethyl ester **10** 3902
—, 3-[3-(ethoxycarbonyl)-
  3-oxocyclohexyl]- **10** 3903

Propionic acid *(continued)*
—, 3-[1-(ethoxycarbonyl)-
2-oxocyclopentadecyl]-,
ethyl ester **10** 3925
—, 2-[1-(ethoxycarbonyl)-
2-oxocyclopentyl]-,
ethyl ester **10** 3897
—, 3-[1-(ethoxycarbonyl)-
2-oxocyclopentyl]-,
ethyl ester **10** 3896
—, 3-[2-(ethoxycarbonyl)-
5-oxocyclopentyl]-,
ethyl ester **10** 3897
—, 3-[3-(ethoxycarbonyl)-
2-oxocyclopentyl]-,
ethyl ester **10** 3897
—, 3-[p-(ethoxycarbonyloxy)phenyl]-
10 540
—, 3-[α-(ethoxycarbonyl)-o-tolyl]-,
ethyl ester **9** 4311
—, 3-[6-(ethoxycarbonyl)-o-tolyl]-,
ethyl ester **9** 4311
—, 3-(2-ethoxy-3,4-dimethoxyphenyl)-
10 2119
—, 3-(2-ethoxy-4,5-dimethoxyphenyl)-
10 2119
—, 3-(5-ethoxy-2,4-dimethoxyphenyl)-
10 2119
—, 3-(7-ethoxy-1-hydroxy-3-oxophthalan-
1-yl)- **10** 4742
—, 2-(ethoxyimino)-3-phenyl- **10** 3004
ethyl ester **10** 3007
—, 3-[4-ethoxy-7-methoxy-2-
(methoxycarbonyl)-1-phenanthryl]-,
methyl ester **10** 2541
—, 3-(2-ethoxy-3-methoxyphenyl)- **10** 1514
—, 3-(3-ethoxy-2-methoxyphenyl)-
10 1515
—, 3-(3-ethoxy-4-methoxyphenyl)-
10 1518
   ethyl ester **10** 1519
   hydrazide **10** 1521
   methyl ester **10** 1519
—, 3-(4-ethoxy-3-methoxyphenyl)-
10 1518
   hydrazide **10** 1521
   methyl ester **10** 1519
—, 3-(4-ethoxy-3-methoxyphenyl)-2-
(hydroxyimino)- **10** 4525
—, 3-(4-ethoxy-3-methoxyphenyl)-
2-methyl- **10** 1557
   methyl ester **10** 1557
—, 3-(4-ethoxy-3-methoxyphenyl)-
3-oxo-,
ethyl ester **10** 4518
—, 3-(3-ethoxy-4-methoxy-o-tolyl)-
10 1564
—, 3-(6-ethoxy-5-methoxy-m-tolyl)-
10 1565

—, 2-ethoxy-3-phenyl- **10** 555
—, 3-(m-ethoxyphenyl)-,
ethyl ester **10** 537
—, 3-(o-ethoxyphenyl)-,
2-methyl-2-(propylamino)propyl
ester **10** 535
—, 3-ethoxy-2-phenyl- **10** 565
   2-(dimethylamino)ethyl ester **10** 566
   methyl ester **10** 565
—, 3-ethoxy-3-phenyl-,
ethyl ester **10** 547
—, 3-ethoxy-2-(phenylacetylimino)-
9 2229
—, 3-(p-ethoxyphenyl)-3-oxo-,
ethyl ester **10** 4211
—, 2-ethoxy-3-(5,6,7,8-tetrahydro-
2-naphthyl)- **10** 908
—, 3-(α-ethoxy-o-tolyl)- **10** 604
—, 3-(3-ethyl-3,4-dihydro-
1-phenanthryl)- **9** 3486
—, 2-(4-ethyl-2,6-dihydroxy-
3-isopropyl-4-methylcyclohexyl)-
10 1356
—, 3-(2-ethyl-4,5-dimethoxyphenyl)-
10 1573
—, 3-(3-ethyl-3a,6-dimethyldodecahydro-
1H-cyclopenta[a]naphthalen-6-yl)-
9 356
—, 2-ethyl-2,3-diphenyl- **9** 3379
—, 3,3'-[α,α'-(ethylenedinitrilo)bis-
(4-hydroxy-m-tolyl)]di- **10** 4242
—, 2-ethyl-3-hydroxy-3,3-diphenyl-,
ethyl ester **10** 1217
—, 2-ethyl-3-hydroxy-3-phenyl- **10** 621
   methyl ester **10** 621
—, 2-ethyl-3-hydroxy-3-o-tolyl-,
ethyl ester **10** 642
—, 2-ethyl-3-(p-iodophenyl)-,
ethyl ester **9** 2511
—, 2-(4-ethyl-3-isopropyl-4-methyl-
6-oxocyclohexylidene)- **10** 2950
—, 3-(5-ethyl-2-isopropylphenyl)- **9** 2606
—, 3-[2-ethyl-7-methoxy-2-
(methoxycarbonyl)-
1,2,3,4-tetrahydro-1-phenanthryl]-,
methyl ester **10** 2381
—, 3-[2-ethyl-9-methoxy-2-
(methoxycarbonyl)-
1,2,3,4-tetrahydro-1-phenanthryl]-,
methyl ester **10** 2382
—, 2-ethyl-3-(o-methoxyphenyl)- **10** 620
—, 2-ethyl-3-(p-methoxyphenyl)- **10** 620
   pentyl ester **10** 620
—, 2-ethyl-3-(6-methoxy-m-tolyl)- **10** 642
—, 2-ethyl-2-methyl-3-oxo-3-phenyl-,
ethyl ester **10** 3083
—, 2-ethyl-2-methyl-3-phenyl-,
allyl ester **9** 2546
   ethyl ester **9** 2546

Propionic acid *(continued)*
—, 3-(2-ethyl-1-naphthyl)- **9** 3242
—, 2-ethyl-3-(2-naphthyl)-3-oxo-,
  ethyl ester **10** 3272
—, 3-(3-ethyl-2-oxocyclohexyl)-
  10 2876
  ethyl ester **10** 2876
—, 2-ethyl-3-oxo-3-phenyl- **10** 3065
  butyl ester **10** 3065
  ethyl ester **10** 3065
  methyl ester **10** 3065
—, 2-ethyl-3-phenyl- **9** 2510
  ethyl ester **9** 2510
  isoamyl ester **9** 2510
  4-phenylphenacyl ester **9** 2510
—, 3-(p-ethylphenyl)- **9** 2527, 2528
  amyl ester **9** 2528
  ethyl ester **9** 2527
—, 3-(ethylthio)-2-(phenylacetylimino)-
  9 2234
—, 2-(4-ethylthiosemicarbazono)-
  3-phenyl- **10** 3005
—, 2-ethyl-3-o-tolyl- **9** 2553
—, 2-ethyl-3-(2,3,4-trimethoxyphenyl)-
  10 2134
—, 2-ethyl-3-(2,4,5-trimethoxyphenyl)-
  10 2134
—, 2-ethyl-3,3,3-triphenyl- **9** 3616
—, 3-(fluoren-9-yl)- **9** 3463
—, 3-(fluoren-9-ylidene)- **9** 3509
  2-(diethylamino)ethyl ester **9** 3509
—, 3,3'-(fluoren-9-ylidene)di- **9** 4642
  diallyl ester **9** 4642
  dibutyl ester **9** 4642
  dicyclohexyl ester **9** 4643
  diethyl ester **9** 4642
  diisopropyl ester **9** 4642
  dimethyl ester **9** 4642
—, 3-(fluoren-9-ylidene)-3-phenyl-
  9 3655
  ethyl ester **9** 3655
—, 3-(fluoren-9-yl)-3-phenyl- **9** 3639
  methyl ester **9** 3639
—, 3-(m-fluorophenyl)- **9** 2396
—, 3-(p-fluorophenyl)- **9** 2397
—, 3-(p-fluorophenyl)-3-hydroxy-
  3-phenyl-,
  ethyl ester **10** 1197
—, 3-(p-fluorophenyl)-3-phenyl-
  9 3340
  2-(diethylamino)ethyl ester **9** 3340
—, 3-(p-fluorophenyl)-3-p-tolyl-
  9 3367
—, 3-formamido-2-(2-phenylacetamido)-
  9 2244
—, 2-formyl-3-oxo-3-phenyl-,
  ethyl ester **10** 3548
—, 3-(formyloxy)-3-phenyl-,
  ethyl ester **10** 548

—, 3-(p-formylphenyl)- **10** 3055
—, 2-heptyl-3-phenyl- **9** 2621
  methyl ester **9** 2621
—, 2-(hexahydroindan-2-yl)- **9** 258
—, 2-(hexahydroindan-2-ylidene)- **9** 333
  ethyl ester **9** 333
  methyl ester **9** 333
—, 2-(3a,4,5,6,7,7a-hexahydroinden-
  2-yl)- **9** 332
  ethyl ester **9** 333
—, 3,3'-(4,4',5,5',6,6'-hexamethoxy-
  biphenyl-2,2'-diyl)di- **10** 2634
—, 2-(hippuroyloxy)-3-phenyl- **10** 556
—, 2-hydrazono-3,3-diphenyl- **10** 3312
—, 2-hydrazono-3-phenyl- **10** 3004
—, 2-[4-(α-hydroxybenzhydryl)-6a-
  methyloctahydropentalen-1-yl]-
  10 1312
—, 3-(2-hydroxy-2H-chromen-2-yl)-
  10 4342
—, 2-(1-hydroxycyclohexyl)- **10** 34
  ethyl ester **10** 34
—, 3-(4-hydroxycyclohexyl)- **10** 33
  4-bromophenacyl ester **10** 33
  ethyl ester **10** 33
—, 2-(1-hydroxycyclohexyl)-2-methyl-,
  ethyl ester **10** 38
—, 2-(1-hydroxydecahydro-2-naphthyl)-
  10 74
—, 2-(2-hydroxydecahydro-2-naphthyl)-
  10 74, 75
—, 3-(1-hydroxy-2,3-dihydrophenalen-
  6-yl)-,
  methyl ester **10** 1215
—, 3-(4-hydroxy-3,5-diiodophenyl)-2-
  (1-naphthyl)- **10** 1318
—, 3-(4-hydroxy-3,5-diiodophenyl)-2-
  (2-naphthyl)- **10** 1318
—, 2-(4-hydroxy-3,5-diiodophenyl)-
  2-phenyl- **10** 1198
—, 2-(4-hydroxy-3,5-diiodophenyl)-
  3-phenyl- **10** 1191
—, 3-(2-hydroxy-3,5-diiodophenyl)-
  2-phenyl- **10** 1191
—, 3-(4-hydroxy-3,5-diiodophenyl)-
  2-phenyl- **10** 1193
—, 3-(4-hydroxy-3,5-diiodophenyl)-
  3-phenyl- **10** 1196
—, 3-(2-hydroxy-3,4-dimethoxyphenyl)-
  10 2118
—, 3-(2-hydroxy-4,5-dimethoxyphenyl)-
  10 2119
—, 3-(2-hydroxy-4,6-dimethoxyphenyl)-
  10 2120
—, 3-(4-hydroxy-3,5-dimethoxyphenyl)-
  10 2120
  ethyl ester **10** 2121
—, 2-(7-hydroxy-5,8-dimethyl-
  3,4-dihydro-2-naphthyl)- **10** 1004

Propionic acid *(continued)*

—, 3-(1-hydroxy-5,5-dimethyl-
3-oxohexahydro-1*H*-cyclobuta[*c*]⸗
pyran-1-yl)- **10** 3922

—, 2-(4-hydroxy-1,6-dimethyl-
7-oxooctahydro-1,5-cycloazulen-3a⸗
(3*H*)-yl)- **10** 4196

—, 2-(7-hydroxy-5,8-dimethyl-1-oxo-
1,2,3,4-tetrahydro-2-naphthyl)- **10** 4355
   methyl ester **10** 4356

—, 3-hydroxy-2,2-dimethyl-3-phenyl-
10 623
   ethyl ester **10** 623

—, 2-(7-hydroxy-5,8-dimethyl-
1,2,3,4-tetrahydro-2-naphthyl)-
10 921, 922
   ethyl ester **10** 923
   methyl ester **10** 922, 923

—, 3-(4-hydroxy-3,5-dinitrophenyl)-,
   ethyl ester **10** 543

—, 3-(3-hydroxy-1,4-dioxo-1,4-dihydro-
2-naphthyl)- **10** 464
   ethyl ester **10** 4655
   methyl ester **10** 4654

—, 3-(3-hydroxy-1,4-dioxo-1,4-dihydro-
2-naphthyl)-3-oxo- **10** 4763

—, 3-hydroxy-2,3-diphenyl- **10** 1193
   ethyl ester **10** 1194

—, 3-hydroxy-3,3-diphenyl- **10** 1196
   2-(diethylamino)ethyl ester **10** 1196
   3-(diethylamino)propyl ester
   10 1196
   3-(dimethylamino)-
   2,2-dimethylpropyl ester **10** 1196
   2-(dipropylamino)ethyl ester
   10 1196

—, 3-hydroxy-3,3-di-*p*-tolyl- **10** 1219
   ethyl ester **10** 1219

—, 3-(4-hydroxy-3-ethoxyphenyl)-
2-phenyl- **10** 1963

—, 2-(1-hydroxyethyl)-3-phenyl- **10** 621
   ethyl ester **10** 621

—, 3-[*o*-(1-hydroxyethyl)phenyl]- **10** 629

—, 2-(2-hydroxyhexahydroindan-2-yl)-
10 73
   ethyl ester **10** 73
   methyl ester **10** 73

—, 3-hydroxy-3-(4-hydroxy-
3-methoxyphenyl)-2-phenyl-
10 2323

—, 2-[6-hydroxy-4-(2-hydroxy-
1-methylethyl)-3-(1-methyl-
2-oxoethyl)cyclohexa-2,4-dien-
1-yl]- **10** 4505

—, 2,2′-[6-hydroxy-4-(2-hydroxy-
1-methylethyl)-*m*-phenylene]di-
10 2464

—, 3-hydroxy-3-(*p*-hydroxyphenyl)-
2-phenyl- **10** 1964

—, 3-[3-(hydroxyimino)bicyclo[2.2.2]⸗
oct-2-yl]-,
   methyl ester **10** 2932

—, 3-[2-(hydroxyimino)cyclohexyl]-3-
(*p*-methoxyphenyl)-,
   ethyl ester **10** 4354

—, 3-[2-(hydroxyimino)cyclohexyl]-
3-phenyl-,
   ethyl ester **10** 3197

—, 3-[4-(hydroxyimino)-
4,5-dihydrofluoranthen-6a(6*H*)-yl]-
10 3419

—, 2-(hydroxyimino)-3-(4-hydroxy-
3-methoxyphenyl)- **10** 4525

—, 2-(hydroxyimino)-3-(5-hydroxy-
2-nitrophenyl)- **10** 4216

—, 2-(hydroxyimino)-3-(*o*-hydroxyphenyl)-
10 4213

—, 2-(hydroxyimino)-3-(*p*-hydroxyphenyl)-
10 4219

—, 2-(hydroxyimino)-3-(3-methoxy-
2-naphthyl)-3-oxo-,
   methyl ester **10** 4665

—, 2-(hydroxyimino)-3-(5-methoxy-
2-nitrophenyl)- **10** 4216

—, 2-(hydroxyimino)-3-(*o*-methoxyphenyl)-
10 4214

—, 2-(hydroxyimino)-3-(*p*-methoxyphenyl)-
10 4220

—, 2-(hydroxyimino)-3-(1-naphthyl)-
3-oxo-,
   ethyl ester **10** 3620

—, 2-(hydroxyimino)-3-(2-naphthyl)-
3-oxo- **10** 3620
   ethyl ester **10** 3620

—, 2-(hydroxyimino)-3-(*o*-nitrophenyl)-
10 3018
   ethyl ester **10** 3018

—, 3-(hydroxyimino)-2-nitro-3-phenyl-
10 2999

—, 2-(hydroxyimino)-3-oxo-3-phenyl-,
   ethyl ester **10** 3544

—, 2-(hydroxyimino)-3-phenyl- **10** 3004
   ethyl ester **10** 3007

—, 2-(1-hydroxyindan-2-yl)- **10** 899

—, 3-(1-hydroxyindan-5-yl)- **10** 898

—, 2-(1-hydroxyindan-2-yl)-3-phenyl-
10 1283

—, 3-hydroxy-3-(*p*-iodophenyl)-3-phenyl-,
   ethyl ester **10** 1198

—, 2-(1-hydroxy-3-isopropyl-
6-methylindan-1-yl)-,
   ethyl ester **10** 925

—, 3-[2-hydroxy-4-methoxy-3-
(3-methylbut-2-enyl)phenyl]-
10 1867

—, 3-(2-hydroxy-7-methoxy-2-methyl-
1,2,3,4-tetrahydro-1-phenanthryl)-
10 1981

Propionic acid *(continued)*
—, 3-(2-hydroxy-3-methoxyphenyl)-
   10 1514
—, 3-(2-hydroxy-6-methoxyphenyl)-
   10 1517
—, 3-(3-hydroxy-4-methoxyphenyl)-
   10 1517
      ethyl ester **10** 1519
      methyl ester **10** 1518
—, 3-(4-hydroxy-3-methoxyphenyl)-
   10 1517
—, 3-hydroxy-3-(*o*-methoxyphenyl)-
   2-methyl-,
      ethyl ester **10** 1558
—, 3,3'-[2-hydroxy-2-(*p*-methoxyphenyl)-
   6-oxodihydro-2*H*-pyran-3(4*H*)-
   ylidene]di- **10** 4848
—, 3-hydroxy-3-(*p*-methoxyphenyl)-
   2-phenyl- **10** 1965
—, 3-(4-hydroxy-3-methoxyphenyl)-
   2-phenyl- **10** 1963
—, 3-(4-hydroxy-3-methoxyphenyl)-
   2-thioxo- **10** 4532
—, 2-(1-hydroxy-7-methoxy-
   1,2,3,4-tetrahydro-1-naphthyl)-,
      ethyl ester **10** 1866
—, 2-(1-hydroxy-7-methoxy-
   1,2,3,4-tetrahydro-2-naphthyl)-
   10 1866
—, 3-hydroxy-3-(6-methoxy-*m*-tolyl)-,
      ethyl ester **10** 1566
—, 2-[5-hydroxy-5-(5-methoxy-2,4-xylyl)-
   2-oxotetrahydro-3-furyl]- **10** 4746
—, 2-(3-hydroxy-4-methylcyclohexyl)-,
      ethyl ester **10** 39
—, 2-(1-hydroxy-2-methylcyclohexyl)-
   3-phenyl-,
      ethyl ester **10** 923
—, 2-(2-hydroxy-2-methylcyclohexyl)-
   3-phenyl- **10** 924
—, 2-(1-hydroxy-2-methylcyclopentyl)-
   2-methyl-,
      ethyl ester **10** 40
—, 2-hydroxy-2-methyl-3,3-diphenyl-,
      methyl ester **10** 1208
—, 3-hydroxy-2-methyl-3,3-diphenyl-,
      ethyl ester **10** 1208
—, 3,3',3''-(8a-hydroxy-6-methyl-
   2-oxodihydrochroman-4a,8,8(5*H*,8a*H*)-
   triyl)tri- **10** 4162
—, 3-(1-hydroxy-6a-methyl-
   3-oxohexahydro-1*H*-cyclopenta[*c*]-
   furan-1-yl)- **10** 3918
—, 3-(6a-hydroxy-3a-methyl-
   2-oxohexahydro-2*H*-cyclopenta[*b*]-
   furan-6-yl)- **10** 3919
—, 3-(5-hydroxy-3-methyl-2-oxo-
   5-phenyltetrahydro-3-furyl)-
   10 3971

—, 3-(2-hydroxy-2-methyl-6-oxo-
   3-phenyltetrahydro-2*H*-pyran-3-yl)-
   10 3972
—, 3-(2-hydroxy-3-methyl-6-oxo-
   2-phenyltetrahydro-2*H*-pyran-3-yl)-
   10 3972
—, 2-(9b-hydroxy-3-methyl-2-oxo-
   2,4,5,9b-tetrahydronaphtho[1,2-*b*]-
   furan-3a(3*H*)-yl)- **10** 3984
—, 3-(6-hydroxy-2-methyl-
   6-phenethylcyclohex-1-en-1-yl)-
   10 1013
—, 3-hydroxy-2-methyl-3-phenyl- **10** 601
      ethyl ester **10** 602
—, 3-(1-hydroxy-2-methyl-
   1,2,3,4-tetrahydro-1-phenanthryl)-
   10 1227
—, 3-hydroxy-2-methyl-3-*p*-tolyl-,
      ethyl ester **10** 627
—, 2-(2-hydroxy-1-naphthyl)- **10** 1113
—, 3-(2-hydroxy-1-naphthyl)- **10** 1110
      methyl ester **10** 1111
—, 3-(3-hydroxy-2-naphthyl)- **10** 1113
—, 3-(6-hydroxy-2-naphthyl)- **10** 1113
—, 3-hydroxy-2-(1-naphthyl)-
   3,3-diphenyl- **10** 1344
—, 3-(1-hydroxy-2-naphthyl)-3-oxo-
   10 4407
—, 3-(2-hydroxy-1-naphthyl)-3-oxo-
   10 4406
—, 3,3'-[2-hydroxy-2-(2-naphthyl)-
   6-oxodihydro-2*H*-pyran-3(4*H*)-
   ylidene]di- **10** 4139
—, 2-(1-hydroxy-2-naphthyl)-3-phenyl-
   10 1318
—, 3-hydroxy-3-(1-naphthyl)-3-phenyl-
   10 1318
      ethyl ester **10** 1319
—, 3-hydroxy-3-(2-naphthyl)-3-phenyl-
   10 1319
      ethyl ester **10** 1319
—, 3-(9-hydroxy-10-oxo-9,10-dihydro-
   9-anthryl)-3-(*m*-nitrophenyl)-
   10 4500
—, 3-(9-hydroxy-10-oxo-9,10-dihydro-
   9-anthryl)-3-phenyl- **10** 4500
—, 3,3',3''-(8a-hydroxy-
   2-oxodihydrochroman-4a,8,8(5*H*,8a*H*)-
   triyl)tri- **10** 4161
—, 3-(2-hydroxy-6-oxo-
   2,3-diphenyltetrahydro-2*H*-pyran-
   3-yl)- **10** 4017
—, 3-(10b-hydroxy-2-oxo-3,4,4a,5,6,10b-
   hexahydro-2*H*-benzo[*b*]chromen-4-yl)-
   10 3984
—, 3-(8a-hydroxy-2-oxohexahydrochroman-
   8-yl)- **10** 3920
—, 3-(6a-hydroxy-2-oxohexahydro-
   2*H*-cyclopenta[*b*]furan-6-yl)- **10** 3909

Propionic acid *(continued)*

—, 3-(7a-hydroxy-2-oxooctahydrocyclo‹
penta[*b*]pyran-7-yl)- **10** 3918

—, 3,3′,3″-(8a-hydroxy-2-oxo-6-
tert-pentyldihydrochroman-
4a,8,8(5*H*,8a*H*)triyl)tri- **10** 4162

—, 3,3′-(2-hydroxy-6-oxo-
2-phenyldihydro-2*H*-pyran-3(4*H*)-
ylidene)di- **10** 4131

—, 3,3′,3″-(7a-hydroxy-
2-oxotetrahydrocyclopenta[*b*]pyran-
4a,7,7(4*H*,7a*H*)-triyl)tri- **10** 4161

—, 3-[*p*-(2-hydroxy-5-oxotetrahydro-
2-furyl)phenyl]- **10** 3970
ethyl ester **10** 3970

—, 3-[5-(2-hydroxy-6-oxotetrahydro-
2*H*-pyran-2-yl)-6-methoxy-
1-naphthyl]- **10** 4775

—, 3,3′,3″-[8a-hydroxy-2-oxo-6-
(1,1,3,3-tetramethylbutyl)‹
dihydrochroman-4a,8,8(5*H*,8a*H*)-
triyl]tri- **10** 4163

—, 3,3′-(2-hydroxy-6-oxo-2-
p-tolyldihydro-2*H*-pyran-3(4*H*)-
ylidene)di- **10** 4132

—, 2-[5-hydroxy-2-oxo-5-(2,5-xylyl)‹
tetrahydro-3-furyl)- **10** 3973

—, 3-hydroxy-2-phenethyl-3-phenyl-
10 1216

—, 3-[*p*-(*p*-hydroxyphenoxy)phenyl]-
10 540
ethyl ester **10** 541

—, 2-(*o*-hydroxyphenyl)- **10** 559

—, 3-(*m*-hydroxyphenyl)- **10** 536

—, 3-(*o*-hydroxyphenyl)- **10** 534

—, 3-(*p*-hydroxyphenyl)- **10** 539
ethyl ester **10** 541

—, 3-hydroxy-2-phenyl- see *Tropic acid*

—, 3-hydroxy-3-phenyl- **10** 545, 546
3-(diethylamino)-2,2-dimethylpropyl
ester **10** 549
2-(diethylamino)ethyl ester **10** 549
ethyl ester **10** 547

—, 3-hydroxy-2-(phenylacetylimino)-,
benzyl ester **9** 2232
butyl ester **9** 2232
ethyl ester **9** 2231
methyl ester **9** 2230

—, 3-hydroxy-2-phenyl-3,3-di-*p*-tolyl-
10 1330

—, 3-(*o*-hydroxyphenyl)-3-methoxy-
10 1523

—, 2-(*o*-hydroxyphenyl)-2-methyl- **10** 603

—, 3-(*p*-hydroxyphenyl)-2-(1-naphthyl)-
10 1317

—, 3-(*p*-hydroxyphenyl)-2-(2-naphthyl)-
10 1318

—, 3-(*p*-hydroxyphenyl)-2-phenoxy-
10 1524

—, 2-(*p*-hydroxyphenyl)-2-phenyl-
10 1198

—, 2-(*p*-hydroxyphenyl)-3-phenyl-
10 1191

—, 3-(*o*-hydroxyphenyl)-3-phenyl-
10 1195

—, 3-(*p*-hydroxyphenyl)-2-phenyl-
10 1192

—, 3-(*p*-hydroxyphenyl)-3-phenyl-
10 1195

—, 3-(*p*-hydroxyphenyl)-2-(phenylthio)-
10 1525

—, 3-(3-hydroxy-3-phenylpropionyloxy)-
3-phenyl- **10** 548

—, 2-(1-hydroxy-2-phenyl-
1,2,3,4-tetrahydro-1-naphthyl)-,
ethyl ester **10** 1292

—, 3-(*p*-hydroxyphenyl)-2-
(1,2,3,4-tetrahydro-1-naphthyl)-
10 1291

—, 3-(*p*-hydroxyphenyl)-2-
(5,6,7,8-tetrahydro-1-naphthyl)-
10 1291

—, 3-(*p*-hydroxyphenyl)-2-
(5,6,7,8-tetrahydro-2-naphthyl)-
10 1291

—, 3-hydroxy-2-(phenylthioacetylimino)-,
benzyl ester **9** 2297

—, 3-(*p*-hydroxyphenyl)-2-thioxo-
10 4226

—, 3-hydroxy-3-phenyl-2-vinyl-,
methyl ester **10** 877

—, 3-hydroxy-3-(3-propylcyclopent-1-en-
1-yl)-,
ethyl ester **10** 64

—, 3-(2-hydroxy-2,5,5,8a-
tetramethyldecahydro-1-naphthyl)-,
hydrazide **10** 78

—, 3-(3-hydroxy-*p*-tolyl)- **10** 605

—, 2-(2-hydroxy-*p*-tolyl)-2-methyl-
10 628

—, 2-(6-hydroxy-*m*-tolyl)-2-methyl-
10 628

—, 3-hydroxy-3-(3,4,5-trimethoxyphenyl)-,
ethyl ester **10** 2419

—, 3-hydroxy-3-
(2,2,4-trimethylcyclohex-3-en-
1-yl)- **10** 71

—, 3-hydroxy-3-
(2,6,6-trimethylcyclohex-2-en-
1-yl)- **10** 71

—, 3-hydroxy-2,3,3-triphenyl- **10** 1326

—, 3-imino-2-phenyl-,
ethyl ester **10** 3024

—, 3-(indan-5-yl)- **9** 2830

—, 3-(indan-1-yl)-3-phenyl- **9** 3480

—, 3,3′,3″-(indene-1,1,3-triyl)tri-
9 4832

—, 3-(inden-6-yl)- **9** 3083

Propionic acid *(continued)*

—, 3-(*p*-iodophenyl)- **9** 2411
    ethyl ester **9** 2412
—, 3-(2-iodo-3,4,5-trimethoxyphenyl)-
    10 2121
    methyl ester **10** 2122
—, 2-isobutyl-3-oxo-3-phenyl-,
    ethyl ester **10** 3095
—, 3-(isobutyrylimino)-2,2-dimethyl-
    3-phenyl-,
    ethyl ester **10** 3068
    methyl ester **10** 3068
—, 3-(isobutyrylimino)-3-(6-methoxy-
    2-naphthyl)-2,2-dimethyl- **10** 4416
    ethyl ester **10** 4417
    methyl ester **10** 4416
—, 2-isopentyl-3-oxo-3-phenyl-,
    ethyl ester **10** 3103
—, 2-(5-isopropenyl-4-methyl-2-oxo-
    4-vinylcyclohexylidene)- **10** 3112
—, 3-(3-isopropoxy-4-methoxyphenyl)-2-
    (3,4,5-trimethoxybenzoylimino)-
    10 4524
—, 2,2'-(3-isopropylcyclopentane-
    1,2-diyl)di- **9** 3929
    bis(4-phenylphenacyl) ester **9** 3929
—, 2-(3-isopropylidene-4-methyl-6-oxo-
    4-vinylcyclohex-1-en-1-yl)- **10** 3111
—, 3-[3-isopropyl-2-(methoxycarbonyl)-
    3,4-dihydro-1-phenanthryl]-,
    methyl ester **9** 4645
—, 3-(5-isopropyl-4-methoxy-
    2-methylphenyl)- **10** 653
    methyl ester **10** 653
—, 3-(3-isopropyl-1-methylcyclopentyl)-
    9 119
    ethyl ester **9** 119
—, 2-(3-isopropyl-6-methylindan-
    1-ylidene)-,
    ethyl ester **9** 3108
—, 3-(2-isopropyl-5-methylphenyl)-
    9 2589
—, 3-(4-isopropyl-2-methylphenyl)-
    9 2589
—, 3-(5-isopropyl-2-methylphenyl)-
    9 2588
    methyl ester **9** 2588
—, 3-(2-isopropyl-5-methylphenyl)-
    2-methyl- **9** 2605
—, 3-(5-isopropyl-2-methylphenyl)-
    2-methyl- **9** 2605
    methyl ester **9** 2605
—, 3-(4-isopropyl-1-naphthyl)- **9** 3250
—, 2-(4-isopropyl-2-oxocyclopentyl)-
    10 2880
—, 2-isopropyl-3-oxo-3-phenyl-,
    ethyl ester **10** 3084
—, 2-isopropyl-3-phenyl- **9** 2547
    2-(diethylamino)ethyl ester **9** 2547

—, 2,3'-(4-isopropyl-*m*-phenylene)di-
    9 4350
—, 2-(4-isopropyl-
    2-semicarbazonocyclopentyl)-,
    ethyl ester **10** 2880
—, 2-isopropyl-3-(2,5-xylyl)- **9** 2604
—, 3-(*p*-menth-2-yl)-,
    ethyl ester **9** 123
—, 2-mercapto-3-phenyl- **10** 559
—, 3-mercapto-3-phenyl- **10** 553
—, 2-mesityl- **9** 2563
—, 3-mesityl- **9** 2561
    ethyl ester **9** 2561
—, 3-mesityl-2,2-dimethyl-3-oxo-
    10 3107
—, 3-mesityl-2-methyl-3-oxo- **10** 3101
—, 3-mesityl-3-oxo- **10** 3089
    ethyl ester **10** 3089
—, 2-mesityl-3-phenyl- **9** 3393
—, 2-(3-methoxybenzyl)-3-
    (*m*-methoxyphenyl)- **10** 1972
    ethyl ester **10** 1972
—, 3-[2'-(methoxycarbonyl)biphenyl-2-yl]-,
    methyl ester **9** 4542
—, 3-[2-(methoxycarbonyl)-3,4-dihydro-
    1-phenanthryl]-,
    methyl ester **9** 4638
—, 3-[4-(methoxycarbonyl)-
    2,2-dimethylcyclobutyl]-,
    methyl ester **9** 3899
—, 2-[1-(methoxycarbonyl)-
    5-methylbicyclo[3.3.1]non-2-yl]-
    2-methyl-,
    methyl ester **9** 4034
—, 3-[2-(methoxycarbonyl)-
    2-methylcyclohexyl]-,
    methyl ester **9** 3905
—, 2-[2-(methoxycarbonyl)-
    3-methylcyclopentyl]-2-methyl-,
    methyl ester **9** 3915
—, 3-[1-(methoxycarbonylmethyl)-
    3,4-dihydro-2-naphthyl]- **9** 4449
—, 2-[2-(methoxycarbonylmethylene)
    cyclohexyl]-3-phenyl-,
    methyl ester **9** 4453
—, 3-[2-(methoxycarbonyl)-2-methyl-
    1,2,3,4,5,6,7,8-octahydro-
    1-phenanthryl-],
    methyl ester **9** 4457
—, 3-[3-(methoxycarbonyl)-2-methyl-
    6-oxocyclohex-1-en-1-yl]-,
    methyl ester **10** 3930
—, 3-[6-(methoxycarbonyl)-6-methyl-
    3-oxocyclohex-1-en-1-yl]-,
    methyl ester **10** 3930
—, 3-[1-(methoxycarbonyl)-
    2-methylpropylamino]-2-
    (2-phenylacetamido)-,
    methyl ester **9** 2245

Propionic acid *(continued)*
—, 3-{*N*-[1-(methoxycarbonyl)-
2-methylpropyl]formamido}-2-
(2-phenylacetamido)- **9** 2246
—, 3-{*N*-[1-(methoxycarbonyl)-
2-methylpropyl]-
2-methylpropionamido}-2-
(2-phenylacetamido)- **9** 2247
—, 3-[2-(methoxycarbonyl)-2-methyl-
1,2,3,4-tetrahydro-1-naphthyl]- **9** 4420
—, 3-[2-(methoxycarbonyl)-2-methyl-
1,2,3,4-tetrahydro-1-phenanthryl]-,
methyl ester **9** 4582
—, 3-[6-(methoxycarbonyl)-9-oxo-
fluoren-1-yl]-,
methyl ester **10** 4023
—, 3-[2-(methoxycarbonyl)-
1-phenanthryl]-,
methyl ester **9** 4659
—, 3-[2-(methoxycarbonyl)-
1,2,3,4-tetrahydro-1-phenanthryl]-,
methyl ester **9** 4579
—, 3-[3-(methoxycarbonyl)-
2,2,3-trimethylcyclopentyl]-,
methyl ester **9** 3926
—, 2-(7-methoxy-3,4-dihydro-1-naphthyl)-
10 997
—, 3-(6-methoxy-3,4-dihydro-1-naphthyl)-
10 996
methyl ester **10** 997
—, 3-(7-methoxy-9,10-dihydro-
2-phenanthryl)- **10** 1281
hydrazide **10** 1281
methyl ester **10** 1281
—, 2-(8-methoxy-5,7-dimethyl-1-oxo-
1,2,3,4-tetrahydro-2-naphthyl)- **10** 4355
—, 3-[6-methoxy-2-(methoxycarbonyl)-
2,5-dimethyl-1,2,3,4-tetrahydro-
1-naphthyl]-,
methyl ester **10** 2277
—, 3-[7-methoxy-1-(methoxycarbonyl)-
1-methyl-1,2,3,4,4a,9,10,10a-
octahydro-2-phenanthryl]- **10** 2304
—, 3-[9-methoxy-2-(methoxycarbonyl)-
2-methyl-1,2,3,4,5,6,7,8-octahydro-
1-phenanthryl]-,
methyl ester **10** 2304
—, 3-[6-methoxy-2-(methoxycarbonyl)-
2-methyl-1,2,3,4-tetrahydro-
1-naphthyl]-,
methyl ester **10** 2273
—, 3-[6-methoxy-2-(methoxycarbonyl)-
2-methyl-1,2,3,4-tetrahydro-
1-phenanthryl]-,
methyl ester **10** 2372
—, 3-[7-methoxy-2-(methoxycarbonyl)-
2-methyl-1,2,3,4-tetrahydro-
1-phenanthryl]- **10** 2373
methyl ester **10** 2373, 2374

—, 3-[9-methoxy-2-(methoxycarbonyl)-
2-methyl-1,2,3,4-tetrahydro-
1-phenanthryl]- **10** 2374, 2375
methyl ester **10** 2375
—, 3-[6-methoxy-2-(methoxycarbonyl)-
1-naphthyl]-,
methyl ester **10** 2322
—, 3-[7-methoxy-2-(methoxycarbonyl)-
2-propyl-1,2,3,4-tetrahydro-
1-phenanthryl]-,
methyl ester **10** 2384
—, 3-[7-methoxy-2-(methoxycarbonyl)-
1,2,3,4-tetrahydro-1-phenanthryl]-,
methyl ester **10** 2361
—, 3-methoxy-3-(2-methoxy-
5-nitrophenyl)- **10** 1523
—, 3-methoxy-3-(*o*-methoxyphenyl)-
10 1523
—, 3-methoxy-3-(*p*-methoxyphenyl)-
10 1523
—, 3-(7-methoxy-2-methyl-3,4-dihydro-
1-phenanthryl)- **10** 1284
methyl ester **10** 1285
—, 3-(7-methoxy-2-methyl-3,4-dihydro-
1(2*H*)-phenanthrylidene)- **10** 1285
—, 3-(7-methoxy-2-methyl-3,4,4a,9,10,10a-
hexahydro-1-phenanthryl)-,
ethyl ester **10** 1132
—, 3-methoxy-2-methyl-3-phenyl- **10** 601
ethyl ester **10** 602
—, 3-(7-methoxy-2-methyl-
1,2,3,4-tetrahydro-1-phenanthryl)-
10 1227
—, 3-(2-methoxy-1-naphthyl)- **10** 1111
—, 3-(4-methoxy-1-naphthyl)- **10** 1112
—, 3-(6-methoxy-1-naphthyl)- **10** 1112
—, 3-(6-methoxy-1-naphthyl)- **10** 1113
—, 3-(7-methoxy-1-naphthyl)- **10** 1112
—, 3-(6-methoxy-2-naphthyl)-
2,2-dimethyl- **10** 1123
—, 3-(6-methoxy-2-naphthyl)-
2,2-dimethyl-3-oxo-,
ethyl ester **10** 4417
—, 3-(6-methoxy-1-naphthyl)-2-methyl-
2-propionyl-,
methyl ester **10** 4419
—, 3-(3-methoxy-2-naphthyl)-3-oxo-,
methyl ester **10** 4408
—, 3-(2-methoxy-1-naphthyl)-3-phenyl-
10 1318
—, 3-methoxy-3-(*m*-nitrophenyl)- **10** 552
—, 3-methoxy-3-(*o*-nitrophenyl)- **10** 552
—, 3,3′-(2-methoxy-5-nitro-*m*-phenylene)-
di- **10** 2237
—, 2-(7-methoxy-1-oxo-
1,2,3,4-tetrahydro-2-naphthyl)-
10 4348
—, 3,3′-(4-methoxy-3,4′-oxydiphenylene)-
di- **10** 1518

Propionic acid *(continued)*

—, 3-[6-(3-methoxyphenethyl)-
2-methylcyclohexa-1,5-dien-1-yl]-,
ethyl ester **10** 1132

—, 3-[4-(*p*-methoxyphenoxy)-
3,5-dinitrophenyl]-,
ethyl ester **10** 544

—, 3-[*p*-(*p*-methoxyphenoxy)phenyl]-,
methyl ester **10** 540

—, 2-(*o*-methoxyphenyl)- **10** 559

—, 2-(*p*-methoxyphenyl)- **10** 560

—, 2-methoxy-2-phenyl- **10** 561
methyl ester **10** 561

—, 3-(*m*-methoxyphenyl)- **10** 536
ethyl ester **10** 537
methyl ester **10** 537

—, 3-(*o*-methoxyphenyl)- **10** 534
ethyl ester **10** 534
methyl ester **10** 534

—, 3-(*p*-methoxyphenyl)- **10** 539
ethyl ester **10** 541
hydrazide **10** 542
(4-methoxybenzylidene)hydrazide
10 542
methyl ester **10** 540

—, 3-methoxy-2-phenyl- **10** 564
2-(dimethylamino)ethyl ester **10** 566

—, 3-methoxy-3-phenyl- **10** 546
ethyl ester **10** 547
2-ethylhexyl ester **10** 548
heptadecyl ester **10** 548
hydrazide **10** 550
(3-nitrobenzylidene)hydrazide **10** 550
tetradecyl ester **10** 548

—, 3-methoxy-2-(phenylacetylimino)-
9 2229
methyl ester **9** 2230

—, 3-(*p*-methoxyphenyl)-3,3-diphenyl-
10 1327

—, 3,3'-(2-methoxy-*m*-phenylene)di-
10 2236
diethyl ester **10** 2236

—, 3-(*m*-methoxyphenyl)-2-
(*p*-methoxyphenyl)- **10** 1962

—, 2-(*o*-methoxyphenyl)-2-methyl- **10** 603

—, 2-(*p*-methoxyphenyl)-2-methyl- **10** 603

—, 3-(*m*-methoxyphenyl)-2-methyl- **10** 600

—, 3-(*o*-methoxyphenyl)-2-methyl- **10** 600

—, 3-(*p*-methoxyphenyl)-2-methyl- **10** 601
ethyl ester **10** 601

—, 3-(*p*-methoxyphenyl)-2-methyl-
3-oxo-,
ethyl ester **10** 4241

—, 3-(*p*-methoxyphenyl)-2-methyl-
2-phenyl- **10** 1207

—, 3-(*m*-methoxyphenyl)-3-oxo-,
ethyl ester **10** 4210

—, 3-(*o*-methoxyphenyl)-3-oxo-,
ethyl ester **10** 4209

—, 3-(*p*-methoxyphenyl)-3-oxo- **10** 4211
ethyl ester **10** 4211

—, 3-(*p*-methoxyphenyl)-3-
(2-oxocyclohexyl)- **10** 4354

—, 3-(*p*-methoxyphenyl)-2-phenethyl-
10 1216

—, 2-(*p*-methoxyphenyl)-3-phenyl-
10 1191

—, 3-(*p*-methoxyphenyl)-2-phenyl-
10 1192
methyl ester **10** 1192

—, 3-(*p*-methoxyphenyl)-3-phenyl-
10 1195

—, 3-(*p*-methoxyphenyl)-2-propyl- **10** 636

—, 3-(*p*-methoxyphenyl)-2-semicarbazono-
10 4220

—, 3-[*p*-(*p*-methoxyphenylsulfonyl)≠
phenyl]- **10** 544

—, 3-(*p*-methoxyphenyl)-2-
(thiosemicarbazono)- **10** 4220

—, 3-(*o*-methoxyphenyl)-2-thioxo-
10 4214

—, 2-(*p*-methoxyphenyl)-3-
(3,4,5-trimethoxyphenyl)- **10** 2489
4-phenylphenacyl ester **10** 2489

—, 3-(4-methoxy-3-propoxyphenyl)-2-
(3,4,5-trimethoxybenzoylimino)-
10 4523

—, 3-(6-methoxy-1,2,3,4-tetrahydro-
1-naphthyl)- **10** 908

—, 2-(7-methoxy-1,2,3,4-tetrahydro-
1-phenanthryl)- **10** 1221

—, 3-(α-methoxy-*o*-tolyl)- **10** 604

—, 3-(3-methoxy-*p*-tolyl)- **10** 606

—, 3-(4-methoxy-*m*-tolyl)- **10** 605
methyl ester **10** 605

—, 3-(6-methoxy-*m*-tolyl)- **10** 604
methyl ester **10** 605

—, 2-(2-methoxy-*p*-tolyl)-2-methyl-
10 628

—, 2-(4-methoxy-*m*-tolyl)-2-methyl-
10 628

—, 2-(6-methoxy-*m*-tolyl)-2-methyl-
10 628

—, 3-(6-methoxy-2,4-xylyl)-2-methyl-
3-oxo- **10** 4268

—, 2-(methylcarbamoyloxy)-3-phenyl-
10 555

—, 2-(4-methylcyclohex-1-en-1-yl)-,
ethyl ester **9** 198

—, 2-(4-methylcyclohex-2-en-1-yl)-,
ethyl ester **9** 197

—, 2-(4-methylcyclohex-3-en-1-yl)-,
ethyl ester **9** 197

—, 2-(5-methylcyclohex-1-en-1-yl)- **9** 194

—, 3-(2-methylcyclohex-1-en-1-yl)- **9** 193
4-bromophenacyl ester **9** 193
ethyl ester **9** 193
methyl ester **9** 193

Propionic acid *(continued)*
—, 2-(2-methylcyclohex-1-en-1-yl)-
3-phenyl- **9** 3105
—, (3-methylcyclohexyl)-
9 83
    ethyl ester **9** 83
    methyl ester **9** 83
    propyl ester **9** 83
—, 2-(3-methylcyclohexylidene)-,
    ethyl ester **9** 194
—, 2-(2-methylcyclohexylidene)-
3-phenyl-,
    ethyl ester **9** 3105
—, 3,3′-(4-methylcyclopentane-1,2-diyl)-
di- **9** 3926
—, 3-(2-methylcyclopentyl)- **9** 73
—, 2-(4a-methyldecahydro-2-naphthyl)-
9 270
—, 3-(2-methyl-3,4-dihydro-
1-phenanthryl)- **9** 3481
—, 2-(3-methyl-2,5-dioxocyclopentyl)-
10 3519
—, 3-(3-methyl-1,4-dioxo-1,4-dihydro-
2-naphthyl)- **10** 3609
—, 2-methyl-3,3-diphenyl- **9** 3364
—, 2-(2-methylenecyclohexyl)-3-phenyl-
9 3106
—, 3-(2-methyl-3,4,4a,9,10,10a-
hexahydro-1-phenanthryl)-
9 3259
    ethyl ester **9** 3259
—, 3-(methylimino)-2-phenyl-,
    ethyl ester **10** 3024
—, 3-(methylimino)-3-phenyl-,
    ethyl ester **10** 2992
—, 2-(3-methylisothiosemicarbazono)-
3-phenyl- **10** 3005
—, 2-[3-methyl-2-(3-methylbut-2-enyl)-
5-oxocyclopentylidene]- **10** 2963
—, 2-[3-methyl-2-(3-methylbut-2-enyl)-
5-semicarbazonocyclopentylidene]-
10 2963
—, 2-methyl-2-(2-methylcyclopent-1-en-
1-yl)-,
    ethyl ester **9** 204
—, 2-methyl-2-(3-methylcyclopent-2-en-
1-yl)- **9** 204
—, 2-methyl-2-(2-methylcyclopentyl)-
9 95
    ethyl ester **9** 95
—, 2-methyl-2-(3-methylenecyclopentyl)-
9 204
—, 3-(2-methyl-3-methylene-2-norbornyl)-
9 335
    methyl ester **9** 336
—, 2-methyl-3-(2-methyl-1-naphthyl)-
9 3242
—, 2-methyl-3-(2-methyl-1-naphthyl)-
3-oxo- **10** 3275

—, 2-methyl-2-(1-naphthyl)- **9** 3232
—, 2-methyl-3-(1-naphthyl)- **9** 3232
—, 2-methyl-3-(2-naphthyl)- **9** 3232
—, 3-(2-methyl-1-naphthyl)- **9** 3233
—, 3-(3-methyl-2-naphthyl)- **9** 3234
—, 3-(4-methyl-1-naphthyl)- **9** 3233
—, 2-methyl-3-(1-naphthyl)-3-oxo-,
    ethyl ester **10** 3270
—, 2-methyl-3-(2-naphthyl)-3-oxo-,
    ethyl ester **10** 3271
—, 3-(2-methyl-1-naphthyl)-3-oxo-
10 3271
—, 3-(10-methyl-1,2,3,4,5,6,7,8-octahydro-
9-anthryl)- **9** 3116
—, 3,3′,3″,3‴-(5-methyl-
2-oxocyclohexane-1,3-diylidene)-
tetra- **10** 4162
—, 3-(2-methyl-6-oxocyclohex-1-en-1-yl)-
10 2904
    ethyl ester **10** 2905
—, 3-(6-methyl-3-oxocyclohex-1-en-1-yl)-
10 2905
—, 2-methyl-2-(2-oxocyclohexyl)-
10 2854
—, 2-(4-methyl-2-oxocyclohexyl)-,
    ethyl ester **10** 2856
—, 2-(4-methyl-3-oxocyclohexyl)-,
    ethyl ester **10** 2856
—, 3-(1-methyl-2-oxocyclohexyl)-,
    ethyl ester **10** 2855
—, 3-(3-methyl-2-oxocyclohexyl)-
10 2855
—, 2-(4-methyl-2-oxocyclohexylidene)-
10 2906
—, 2-(3-methyl-2-oxocyclopentyl)-
10 2845
—, 3-(1-methyl-2-oxocyclopentyl)-,
    ethyl ester **10** 2844
—, 2-(7a-methyl-4-oxohexahydroindan-
1-yl)- **10** 2943
—, 3-(7a-methyl-5-oxohexahydroindan-
4-yl)-,
    ethyl ester **10** 2943
—, 3-(2-methyl-3-oxo-2-norbornyl)-
10 2924
    methyl ester **10** 2924
—, 2-methyl-3-oxo-2-phenoxy-3-phenyl-
10 4241
—, 2-methyl-3-oxo-3-phenyl-,
    tert-butyl ester **10** 3051
    ethyl ester **10** 3051
    isopropyl ester **10** 3051
    methyl ester **10** 3050
—, 2-methyl-3-oxo-3-*m*-tolyl-,
    ethyl ester **10** 3073
—, 2-methyl-3-oxo-3-*o*-tolyl-,
    ethyl ester **10** 3072
—, 2-methyl-3-oxo-3-*p*-tolyl-,
    ethyl ester **10** 3073

Propionic acid *(continued)*
—, 2-methyl-3-oxo-3-
(3,4,5-trimethoxyphenyl)-,
ethyl ester **10** 4726
—, 2-methyl-3-oxo-3-(2,4-xylyl)-,
ethyl ester **10** 3088
—, 3-(4-methyl-1-phenanthryl)- **9** 3526
—, 3-(2-methyl-6-phenethylcyclohexa-
1,5-dien-1-yl)- **9** 3258
ethyl ester **9** 3258
—, 2-methyl-2-phenyl- **9** 2476
—, 2-methyl-3-phenyl- **9** 2472
ethyl ester **9** 2473
methyl ester **9** 2473
4-phenylphenacyl ester **9** 2473
—, 2-methyl-3-phenyl-3-semicarbazono-,
ethyl ester **10** 3051
—, 2-methyl-3-(pyren-1-yl)- **9** 3598
—, 3-(2-methyl-6-semicarbazonocyclohex-
1-en-1-yl)- **10** 2905
ethyl ester **10** 2905
—, 3-(1-methyl-2-semicarbazonocyclo‍
pentyl)-,
ethyl ester **10** 2844
—, 2-(7a-methyl-4-semicarbazonohexa‍
hydroindan-1-yl)- **10** 2943
—, 3-(2-methyl-3-semicarbazono-
2-norbornyl)-,
methyl ester **10** 2924
—, 2-(methylsulfonyl)-3-oxo-3-phenyl-,
ethyl ester **10** 4212
—, 3-[p-(methylsulfonyl)phenyl]- **10** 544
—, 3-[p-(methylsulfonyl)phenyl]-
3-oxo-,
ethyl ester **10** 4212
—, 2-methyl-3-(5,6,7,8-tetrahydro-
1-naphthyl)- **9** 2876
—, 2-methyl-3-(5,6,7,8-tetrahydro-
2-naphthyl)- **9** 2876
—, 3-[p-(methylthio)phenyl]- **10** 544
—, 2-(2-methylthiosemicarbazono)-
3-phenyl- **10** 3005
—, 2-(4-methylthiosemicarbazono)-
3-phenyl- **10** 3005
—, 2-methyl-2-m-tolyl- **9** 2525
—, 2-methyl-2-p-tolyl- **9** 2526
—, 2-methyl-3-m-tolyl- **9** 2524
—, 2-methyl-3-o-tolyl- **9** 2523
—, 2-methyl-3-p-tolyl- **9** 2524
ethyl ester **9** 2524
—, 2-methyl-3-(3,4,5-trimethoxyphenyl)-
10 2130
—, 2-methyl-2-(3,5-xylyl)- **9** 2558
—, 2-methyl-3-(2,4-xylyl)- **9** 2558
—, 3,3'-(naphthalene-1,4-diyl)di-
9 4485
diethyl ester **9** 4485
—, 2-(1-naphthyl)- **9** 3221
2-(diethylamino)ethyl ester **9** 3222

3-(diethylamino)propyl ester
9 3222
—, 2-(2-naphthyl)- **9** 3222
—, 3-(1-naphthyl)- **9** 3219
ethyl ester **9** 3219
methyl ester **9** 3219
—, 3-(2-naphthyl)- **9** 3221
—, 3-(1-naphthyl)-3,3-diphenyl-
9 3671
—, 3-(1-naphthyl)-3-oxo-,
ethyl ester **10** 3266
—, 3-(2-naphthyl)-3-oxo-,
ethyl ester **10** 3267
—, 2-(1-naphthyl)-3-phenyl- **9** 3558
—, 2-(2-naphthyl)-3-phenyl- **9** 3559
—, 3-(1-naphthyl)-3-phenyl- **9** 3559
—, 2-(3-nitrobenzoylhydrazono)-
9 1535
—, 3-(4-nitrobenzoyloxy)-,
ethyl ester **9** 1684
—, 3-(2-nitrobenzoyloxy)-2-
(phenylacetimino)-,
methyl ester **9** 2231
—, 3-(4-nitrobenzoyloxy)-2-
(phenylacetylimino)-,
methyl ester **9** 2231
—, 2-(p-nitrobenzyl)-3-oxo-3-phenyl-,
ethyl ester **10** 3329
—, 2-(p-nitrophenyl)- **9** 2424
benzyl ester **9** 2425
—, 3-(o-nitrophenyl)- **9** 2412
—, 3-(p-nitrophenyl)- **9** 2412
ethyl ester **9** 2413
—, 3-(m-nitrophenyl)-3-oxo- **10** 2999
—, 3-(o-nitrophenyl)-3-oxo- **10** 2999
—, 3-(m-nitrophenyl)-3-(10-oxo-
9,10-dihydro-9-anthryl)- **10** 3481
ethyl ester **10** 3481
—, 3-(p-nitrophenyl)-3-(10-oxo-
9,10-dihydro-9-anthryl)- **10** 3482
ethyl ester **10** 3482
methyl ester **10** 3482
—, 2-(p-nitrosophenyl)- **9** 2424
—, 2-(2-nitro-1',3,3'-trioxo-
1,2'-biindanyliden-2-yl)-,
ethyl ester **10** 4032
—, 3-(1,2,3,4,5,6,7,8-octahydro-
9-anthryl)- **9** 3112
—, 2-(1,4,4a,5,6,7,8,8a-octahydro-
2-naphthyl)- **9** 340
ethyl ester **9** 340
—, 2-(3,4,4a,5,6,7,8,8a-octahydro-
2-naphthyl)- **9** 340
—, 2-(octahydro-2(1H)-naphthylidene)-
9 341
ethyl ester **9** 341
—, 3-(1,2,3,4,5,6,7,8-octahydro-
9-phenanthryl)- **9** 3112
methyl ester **9** 3113

Propionic acid (continued)
—, 3-oxo- see also Malonaldehydic acid
—, 3,3'-(10-oxo-9(10H)-anthrylidene)di-
10 4025
—, 3,3',3'',3'''-(4-oxobicyclohexyl-
3,5-diylidene)tetra- 10 4165
—, 3-(3-oxobicyclo[2.2.2]oct-2-yl)- 10 2932
—, 3-(2-oxo-3-bornyl)- 10 2944
(2-oxo-3-bornylidene)methyl ester
10 2945
(2-oxo-3-bornyl)methyl ester
10 2944
—, 3-(2-oxo-3-bornylidene)- 10 2962
methyl ester 10 2962
—, 3-(2-oxocycloheptyl)- 10 2851
ethyl ester 10 2852
—, 3,3'-(2-oxocyclohexane-1,3-diyl)di-
10 3920
diethyl ester 10 3921
—, 3,3',3'',3'''-(2-oxocyclohexane-
1,3-diylidene)tetra- 10 4161
—, 2-(2-oxocyclohexyl)- 10 2836
—, 3-(2-oxocyclohexyl)- 10 2833
benzyl ester 10 2835
2-butoxyethyl ester 10 2835
butyl ester 10 2834
cyclohexyl ester 10 2834
1,3-dimethylbutyl ester 10 2834
ethyl ester 10 2834
2-ethylhexyl ester 10 2834
methyl ester 10 2834
—, 3-(4-oxocyclohexyl)- 10 2835
—, 2-(2-oxocyclohexyl)-3-phenyl-,
ethyl ester 10 3196
—, 3-(2-oxocyclohexyl)-3-phenyl-
10 3197
—, 3-(2-oxocyclopentadecyl)- 10 2896
ethyl ester 10 2896
—, 3,3'-(2-oxocyclopentane-1,3-diyl)di-
10 3918
diethyl ester 10 3918
—, 3,3',3'',3'''-(2-oxocyclopentane-
1,3-diylidene)tetra- 10 4161
—, 2-(2-oxocyclopentyl)- 10 2828
—, 3-(2-oxocyclopentyl)- 10 2827
butyl ester 10 2828
ethyl ester 10 2827
2-ethylhexylester 10 2828
—, 3-(10-oxo-9,10-dihydro-9-anthryl)-
10 3391
—, 3-(10-oxo-9,10-dihydro-9-anthryl)-
3-phenyl- 10 3480
ethyl ester 10 3480
methyl ester 10 3480
—, 3-(4-oxo-4,5-dihydrofluoranthen-
6a(6H)-yl)- 10 3419
ethyl ester 10 3419
—, 2,2'-(1-oxo-3,4-dihydro-2(1H)-
naphthylidene)di- 10 3984

—, 3-(1-oxo-2,3-dihydrophenalen-6-yl)-
10 3337
ethyl ester 10 3337
methyl ester 10 3337
—, 3-oxo-2,3-diphenyl-,
ethyl ester 10 3309
—, 3-(9-oxofluoren-1-yl)- 10 3383
—, 3-(1-oxoindan-5-yl)- 10 3177
methyl ester 10 3177
—, 3-(3-oxoindan-4-yl)- 10 3176
methyl ester 10 3177
—, 3-(2-oxo-p-menth-8-en-1-yl)-
10 2941
ethyl ester 10 2941
—, 3-(2-oxo-p-menth-1-yl)- 10 2890
ethyl ester 10 2890
—, 3,3',3'',3'''-(2-oxo-5-
tert-pentylcyclohexane-
1,3-diylidene)tetra- 10 4162
—, 3-oxo-2-pentyl-3-
(3,4,5-trimethoxyphenyl)-,
ethyl ester 10 4729
—, 3-oxo-3-phenyl-2-propyl-,
ethyl ester 10 3080
—, 3-(2-oxo-1-propionylcyclohexyl)-,
butyl ester 10 3524
—, 3-(2-oxo-1-propionylcyclopentyl)-,
butyl ester 10 3522
—, 3-oxo-2-propyl-3-
(3,4,5-trimethoxyphenyl)-,
ethyl ester 10 4729
—, 2-(1-oxo-1,2,3,4-tetrahydro-
2-naphthyl)- 10 3185
—, 3-(1-oxo-1,2,3,4-tetrahydro-
2-naphthyl)- 10 3185
—, 3-(4-oxo-1,2,3,4-tetrahydro-
1-naphthyl)- 10 3185
—, 3,3',3'',3'''-[2-oxo-5-
(1,1,3,3-tetramethylbutyl)-
cyclohexane-1,3-diylidene]tetra-
10 4162
—, 3-oxo-3-(2,3,4,6-tetramethylphenyl)-
10 3102
—, 3-oxo-3-m-tolyl-,
ethyl ester 10 3053
—, 3-oxo-3-o-tolyl-,
ethyl ester 10 3053
—, 3-oxo-3-p-tolyl-,
ethyl ester 10 3055
propyl ester 10 3055
—, 3-oxo-3-(α,α,α-trifluoro-m-tolyl)-,
ethyl ester 10 3054
—, 3-oxo-3-(3,4,5-trimethoxyphenyl)-,
ethyl ester 10 4718
—, 3-oxo-2,2,3-triphenyl-,
ethyl ester 10 3458
methyl ester 10 3458
—, 3-oxo-3-(2,4-xylyl)-,
ethyl ester 10 3075

Propionic acid *(continued)*
—, 2,2'-oxybis[3-(benzoyloxy)- **9** 863
—, pentaphenyl-,
    methyl ester **9** 3694
—, 2-(4-phenanthryl)- **9** 3519
—, 3-(1-phenanthryl)- **9** 3517
    methyl ester **9** 3517
—, 3-(2-phenanthryl)- **9** 3517
    hydrazide **9** 3518
    methyl ester **9** 3518
—, 3-(3-phenanthryl)- **9** 3518
    hydrazide **9** 3518
    methyl ester **9** 3518
—, 3-(9-phenanthryl)- **9** 3519
    methyl ester **9** 3519
—, 3-(9-phenanthryl)-2,3-diphenyl-
    9 3691
—, 3-(9-phenanthryl)-2-[(9-phenanthryl)ͼ
    methyl]- **9** 3694
    methyl ester **9** 3694
—, 3-(*o*-phenethylphenyl)- **9** 3380
—, 2-(2-phenoxyethyl)-3-phenyl- **10** 621
—, 2-phenoxy-3-phenyl-,
    2-(diethylamino)ethyl ester **10** 557
—, 2-phenoxy-3-*o*-tolyl-,
    2-(diethylamino)ethyl ester **10** 604
—, 2-phenoxy-3-*p*-tolyl-,
    2-(diethylamino)ethyl ester **10** 606
—, 2-phenyl- **9** 2417, 2418
    3-(diethylamino)propyl ester
      9 2419
    ethyl ester **9** 2419
    methyl ester **9** 2418, 2419
—, 3-phenyl- **9** 2382
    benzylidenehydrazide **9** 2396
    (2-bromoethyl) ester **9** 2386
    butyl ester **9** 2386
    cyclohexyl ester **9** 2387
    4-cyclohexylphenyl ester **9** 2388
    11-cyclopentylundecyl ester **9** 2387
    (2-diethylamino)ethyl ester **9** 2392
    ethyl ester **9** 2385
    hydrazide **9** 2396
    methyl ester **9** 2384
    phenyl ester **9** 2387
    4-phenylphenacyl ester **9** 2390
    3-phenylpropyl ester **9** 2388
    propyl ester **9** 2386
    (3,5,5-trimethylhexyl)ester **9** 2387
—, 2-(phenylacetylimino)- **9** 2228
    methyl ester **9** 2228
—, 3-[*p*-(phenylacetyl)phenyl]- **10** 3345
—, 3-(2-phenylcyclohexyl)- **9** 2881
—, 3-(4-phenylcyclohexyl)- **9** 2882
    ethyl ester **9** 2882
—, 3-(2-phenylcyclopentyl)- **9** 1872
    ethyl ester **9** 1872
—, 2-(2-phenyl-3,4-dihydro-1-naphthyl)-
    9 3530

—, 3,3'-*m*-phenylenedi- **9** 4323
    dimethyl ester **9** 4323
—, 3,3'-*o*-phenylenedi- **9** 4322
    diethyl ester **9** 4322
—, 3,3'-*p*-phenylenedi- **9** 4324
    diethyl ester **9** 4324
—, 3-(9-phenylfluoren-9-yl)- **9** 3639
    methyl ester **9** 3639
—, 3-phenyl-3-(phenylsulfonyl)- **10** 553
—, 2-phenyl-3-propoxy- **10** 565
    2-(dimethylamino)ethyl ester **10** 566
    methyl ester **10** 565
—, 3-phenyl-2-propyl- **9** 2541
    ethyl ester **9** 2541
    methyl ester **9** 2541
—, 3-phenyl-2-semicarbazono- **10** 3004
—, 3-phenyl-2-(2-semicarbazonoͼ
    cyclohexyl)-,
    ethyl ester **10** 3196
—, 3-[*p*-(phenylsulfonyl)phenyl]- **10** 544
—, 2-(2-phenyl-1,2,3,4-tetrahydro-
    1-naphthyl)- **9** 3486
—, 3-phenyl-2-(1,2,3,4-tetrahydro-
    1-naphthyl)- **9** 3485
—, 3-phenyl-2-(1,2,3,4-tetrahydro-
    2-naphthyl)- **9** 3485
—, 3-phenyl-2-(5,6,7,8-tetrahydro-
    1-naphthyl)- **9** 3484
—, 3-phenyl-2-(5,6,7,8-tetrahydro-
    2-naphthyl)- **9** 3485
    ethyl ester **9** 3485
—, 3-phenyl-3-(5,6,7,8-tetrahydro-
    2-naphthyl)- **9** 3485
—, 3-phenyl-2-thiosemicarbazono-
    10 3004
—, 3-phenyl-2-thioxo- **10** 3022
—, 2-phenyl-2-*p*-tolyl- **9** 3367
—, 3-phenyl-3-*p*-tolyl- **9** 3366
—, 3-phenyl-3-(*p*-tolylthio)-,
    methyl ester **10** 553
—, 2-phenyl-3-(3,4,5-trimethoxyphenyl)-
    10 2322
    4-phenylphenacyl ester **10** 2322
—, 3-phenyl-3-(2,4-xylyl)- **9** 3383
    methyl ester **9** 3383
—, 3-(*p*-propoxyphenyl)- **10** 540
    2-(butylamino)-2-methylpropyl ester
      10 541
—, 3-(pyren-1-yl)- **9** 3585
    methyl ester **9** 3585
—, 2-(salicyloyloxy)-,
    ethyl ester **10** 147
—, 3-(2-semicarbazonocycloheptyl)-
    10 2851
—, 2-(2-semicarbazonocyclohexyl)-
    10 2836
—, 3-(2-semicarbazonocyclohexyl)-
    10 2834
—, 3-(4-semicarbazonocyclohexyl)- **10** 2835

Propionic acid *(continued)*
—, 3-(2-semicarbazonocyclopentyl)-
　10 2827
—, 3-(1-semicarbazono-
　2,3-dihydrophenalen-6-yl)-
　10 3337
—, 3-(2-semicarbazono-*p*-menth-8-en-
　1-yl)- 10 2941
—, 3-(2-semicarbazono-*p*-menth-1-yl)-
　10 2890
—, 3-[*m*-(sulfooxy)phenyl]- 10 536
—, 3-[*p*-(sulfooxy)phenyl]- 10 540
—, 2,2′,3,3′-tetrabromo-3,3′-
　m-phenylenedi- 9 4323
　　dimethyl ester 9 4324
—, 2,2′,3,3′-tetrabromo-3,3′-
　o-phenylenedi-,
　　diethyl ester 9 4323
　　dimethyl ester 9 4322
—, 3-(1,2,3,4-tetrahydro-1-naphthyl)-
　9 2856
　　methyl ester 9 2856
—, 3-(5,6,7,8-tetrahydro-1-naphthyl)-
　9 2855
　　methyl ester 9 2856
—, 3-(5,6,7,8-tetrahydro-2-naphthyl)-
　9 2856
　　methyl ester 9 2857
—, 2-(1,2,3,4-tetrahydro-1-phenanthryl)-
　9 3390
—, 3-(1,2,3,4-tetrahydro-1-phenanthryl)-
　9 3389
—, 3-(1,2,3,4-tetrahydro-9-phenanthryl)-
　9 3389
　　methyl ester 9 3390
—, 2,2′-(6,6′,8,8′-tetrahydroxy-
　1,1′,4,4′-tetramethyl-5,5′,6,6′,7,⸗
　7′,8,8′-octahydro-2,2′-binaphthyl-
　7,7′-diyl)di- 10 2621
—, 3,3′-(5,5′,6,6′-tetramethoxybiphenyl-
　3,3′-diyl)di- 10 2615
—, 3-(4,4′,5,6-tetramethoxybiphenyl-
　2-yl)- 10 2490
—, 3-(4,4′,5,6-tetramethoxy-
　2′-nitrobiphenyl-2-yl)- 10 2491
—, 3-(2,2,3,6-tetramethylcyclohexyl)-
　9 124
—, 3-(2,5,5,8a-tetramethyl-decahydro-
　1-naphthyl)- 9 282
—, 3-(2,5,5,8a-tetramethyl-3,4,4a,5,6,⸗
　7,8,8a-octahydro-1-naphthyl)-
　9 348
　　methyl ester 9 348
—, 2,2,3,3-tetraphenyl-,
　　methyl ester 9 3680
—. 2,3,3,3-tetraphenyl-,
　　ethyl ester 9 3681
　　methyl ester 9 3681
—, 2-(thiobenzoylhydrazono)- 9 1988

—, 3-*m*-tolyl- 9 2478
—, 3-*o*-tolyl- 9 2477
　　ethyl ester 9 2477
—, 3-*p*-tolyl- 9 2479
　　methyl ester 9 2480
—, 3-[3-(trifluoromethyl)cyclohexyl]-
　9 82
—, 3-(*a,a,a*-trifluoro-*m*-tolyl)-
　9 2478
—, 3-(3,4,5-triiodophenyl)-2-phenyl-
　9 3336
—, 3-(2,3,4-trimethoxyphenyl)- 10 2118
　　methyl ester 10 2119
—, 3-(2,4,5-trimethoxyphenyl)- 10 2119
　　hydrazide 10 2120
　　(4-methoxybenzylidene)hydrazide
　　10 2120
　　methyl ester 10 2119
—, 3-(3,4,5-trimethoxyphenyl)- 10 2120
　　ethyl ester 10 2121
　　methyl ester 10 2120
—, 3-(2,4,6-trimethoxy-*m*-tolyl)-
　10 2133
—, 3-(2,4,5-trimethyl-
　3,6-dinitrophenyl)- 9 2562
　　methyl ester 9 2562
—, 3-(2,4,5-trimethyl-
　3,6-dioxocyclohexa-1,4-dien-1-yl)-
　10 3539
　　ethyl ester 10 3539
　　methyl ester 10 3539
—, 3-(4,6,6-trimethylfluoranthen-
　6a(6*H*)-yl)- 9 3571
—, 3-(1,4,4-trimethyl-2-oxocyclopentyl)-
　10 2881
　　ethyl ester 10 2881
—, 3-(2,3,4-trimethylphenyl)- 9 2560
—, 3-(2,3,6-trimethylphenyl)- 9 2560
—, 3-(2,4,5-trimethylphenyl)- 9 2562
　　ethyl ester 9 2562
　　methyl ester 9 2562
—, 3-(1,4,4-trimethyl-
　2-semicarbazonocyclopentyl)-
　10 2881
—, 2-(1′,3,3′-trioxo-
　1,2′-biindanyliden-2-yl)- 10 4031
　　ethyl ester 10 4031
—, 2,2,3-triphenyl-,
　　methyl ester 9 3598
—, 2,3,3-triphenyl- 9 3598
　　allyl ester 9 3601
　　benzyl ester 9 3602
　　bornyl ester 9 3601
　　butyl ester 9 3599
　　decyl ester 9 3601
　　1,2-diphenylethyl ester 9 3602
　　dodecyl ester 9 3601
　　ethyl ester 9 3598
　　1-ethyl-1-methylbutyl ester 9 3600

Propionic acid,
—, 2,3,3-triphenyl- *(continued)*
　　1-ethylpropyl ester **9** 3599
　　heptyl ester **9** 3600
　　hexadecyl ester **9** 3601
　　hexyl ester **9** 3600
　　isobutyl ester **9** 3599
　　isopentyl ester **9** 3600
　　isopropyl ester **9** 3599
　　p-menth-3-yl ester **9** 3601
　　1-methylbutyl ester **9** 3599
　　2-methylbutyl ester **9** 3599
　　methyl ester **9** 3598
　　nonyl ester **9** 3600
　　octadecyl ester **9** 3601
　　octyl ester **9** 3600
　　pentyl ester **9** 3599
　　phenyl ester **9** 3602
　　propyl ester **9** 3599
　　undecyl ester **9** 3601
—, 3,3,3-triphenyl- **9** 3603
　　butyl ester **9** 3604
　　ethyl ester **9** 3603
　　methyl ester **9** 3603
—, 3-(2,4-xylyl)- **9** 2530
—, 3-(2,5-xylyl)- **9** 2530
—, 3-(3,5-xylyl)- **9** 2530
Propionic anhydride,
—, 3-cyclohexyl- **9** 65
Propionimidic acid,
—, 2-(benzoyloxy)-,
　　ethyl ester **9** 858
—, 2-phenyl-,
　　methyl ester **9** 2421
Propionimidoyl iodide,
—, *N*-benzoyloxy-2-(benzoyloxyimino)-
　　9 1303
Propionitrile,
—, 3-(acenaphthen-5-yl)- **9** 3355
—, 3-(acenaphthen-5-yl)-3-oxo- **10** 3321
—, 2-acetoxy-2-cyclopropyl- **10** 8
—, 2-(acetoxyimino)-3-oxo-3-phenyl-
　　10 3545
—, 3-(4-acetoxy-3-methoxyphenyl)-3-oxo-
　　10 4518
—, 2-acetoxy-2-phenyl- **10** 564
—, 3-(1-acetyl-2-oxocyclohexyl)- **10** 3522
—, 3-(1-acetyl-2-oxocyclopentyl)-
　　10 3521
—, 3-(*p*-acetylphenyl)- **10** 3074
—, benzamido- see under *Benzamide*
—, 2-benzoyl-3-oxo-3-phenyl- **10** 3626
—, 2-(benzoyloxy)- **9** 858
—, 2-(benzoyloxy)-3-chloro- **9** 859
—, 2-(benzoyloxyimino)-3-oxo-3-phenyl-
　　10 3545
—, 3-(*p*-benzoylphenyl)- **10** 3331
—, 3-(*o*-benzoylphenyl)-3-oxo-2-phenyl-
　　10 3673

—, 2-benzyl-3-chloro-2-hydroxy-
　　3-phenyl- **10** 1206
—, 2-benzyl-2,3-dihydroxy-3-phenyl-
　　10 1972
—, 2-benzyl-2,3-diphenyl- **9** 3611
—, 3-[3-benzylidene-1-(cyclohex-1-en-
　　1-yl)-2-oxocyclohexyl]- **10** 3366
—, 3-(3-benzylidene-2-oxo-
　　1-phenylcyclohexyl)- **10** 3422
—, 2-benzyl-2-methyl-3-phenyl- **9** 3378
—, 2-benzyl-2-(1-naphthyl)-3-phenyl-
　　9 3672
—, 3-[*o*-(benzyloxy)phenyl]-3-oxo-
　　10 4210
—, 2-benzyl-3-phenyl- **9** 3359
—, 2,3-bis(acetoxyimino)-3-phenyl-
　　10 3545
—, 2,3-bis(benzoyloxyimino)- **9** 1303
—, 2,3-bis(benzoyloxyimino)-3-phenyl-
　　10 3545
—, 2,3-bis(*p*-chlorophenyl)- **9** 3335
—, 2,3-bis(hydroxyimino)-3-phenyl-
　　10 3545
—, 2,3-bis(*p*-methoxyphenyl)- **10** 1963
—, 2,3-bis(*p*-nitrophenyl)-3-oxo- **10** 3311
—, 3-bromo-3-(9-bromofluoren-9-yl)-
　　9 3464
—, 2-(5-bromo-2-methoxyphenyl)- **10** 560
—, 2-bromo-3-phenyl- **9** 2403
—, 3-(*p*-bromophenyl)-2-methyl-3-oxo-
　　10 3052
—, 3-(*p*-bromophenyl)-3-oxo- **10** 2998
—, 2-butyl-2-ethyl-3-phenyl- **9** 2611
—, 2-butyl-3-phenyl- **9** 2567
—, 3-(1-butyryl-2-oxocyclohexyl)-
　　10 3525
—, 3-(1-butyryl-2-oxocyclopentyl)-
　　10 3525
—, 3-(3-chloroacenaphthen-5-yl)-3-oxo-
　　10 3322
—, 3-(8-chloroacenaphthen-5-yl)-3-oxo-
　　10 3322
—, 2-chloro-3-(*p*-chlorophenyl)- **9** 2399
—, 2-chloro-3-(*o*-methoxyphenyl)- **10** 535
—, 2-chloro-3-(*p*-methoxyphenyl)- **10** 542
—, 2-chloro-3-(*m*-nitrophenyl)- **9** 2413
—, 2-chloro-3-(*p*-nitrophenyl)- **9** 2413
—, 2-chloro-3-phenyl- **9** 2399
—, 2-(*p*-chlorophenyl)-3-imino- **10** 3025
—, 3-(*p*-chlorophenyl)-3-oxo- **10** 2996
—, 2-chloro-3-*p*-tolyl- **9** 2480
—, 3-(2'-cyanobiphenyl-2-yl)- **9** 4543
—, 2-(1-cyano-4-methylcyclohexyl)-
　　3-phenyl- **9** 4426
—, 3-(*o*-cyanophenyl)- **9** 4291
—, 2-(cyclohex-1-en-1-yl)- **9** 179
—, 3,3',3''-[3-(cyclohex-1-en-1-yl)-
　　2-oxocyclohexane-1,1,3-triyl]tri-
　　10 4116

Propionitrile *(continued)*
—, 3-[1-(cyclohex-1-en-1-yl)-
    2-oxocyclohexyl]- **10** 2965
—, 2-cyclohexyl- **9** 67
—, 3-cyclohexyl-3-oxo- **10** 2836
—, 2-cyclohexyl-2-phenyl- **9** 2881
—, 3,3′,3″,3‴,3⁗,3‴‴′-
    cyclopentadienehexaylhexa-
    9 4914
—, 3-(*p*-cyclopentylphenyl)- **9** 2873
—, 2,2-dibenzyl-3-phenyl- **9** 3615
—, 2,2-dibromo-3-(3,5-dinitromesityl)-
    3-oxo- **10** 3090
—, 2,2-dibromo-3-mesityl-3-oxo-
    10 3090
—, 2,3-dibromo-3-phenyl- **9** 2409
—, 2,2-dichloro-3-mesityl-3-oxo-
    10 3090
—, 3-(3,4-dichlorophenyl)-3-oxo-
    10 2997
—, 2,2-diethyl-3-phenyl- **9** 2576
—, 3-(4,5-dihydrofluoranthen-6a(6*H*)-yl)-
    9 3538
—, 2-(3,5-dimethoxyphenyl)- **10** 1526
—, 3,3-dimethoxy-3-phenyl- **10** 2995
—, 3-(3,4-dimethoxyphenyl)- **10** 1521
—, 2-(3,5-dimethoxyphenyl)-2-methyl-
    10 1558
—, 3-(3,4-dimethoxyphenyl)-2-methyl-
    3-oxo- **10** 4549
—, 3-(2,4-dimethoxyphenyl)-3-oxo-
    10 4518
—, 2,2-dimethyl-3-phenyl- **9** 2519
—, 2,3-di(1-naphthyl)- **9** 3659
—, 3-(3,5-dinitromesityl)-3-oxo-
    10 3090
—, 3,3′,3″,3‴,3⁗,3‴‴′,3‴‴″-
    (4,4′-dioxobicyclohexyl-
    3,3′,5,5′-tetrylidene)octa-
    10 4181
—, 3,3′-dioxo-3,3′-(biphenyl-4,4′-diyl)-
    di- **10** 4077
—, 3,3′-dioxo-3,3′-(2,4,6-trimethyl-
    m-phenylene)di- **10** 4066
—, 2,2-diphenyl- **9** 3343
—, 2,3-diphenyl- **9** 3335
—, 3,3-diphenyl- **9** 3340
—, 3-[1-(ethoxycarbonyl)-
    2-oxocyclohexyl]- **10** 3902
—, 3-(*o*-ethoxyphenyl)-3-imino- **10** 4210
—, 3-(*p*-ethoxyphenyl)-3-imino- **10** 4212
—, 3-(*o*-ethoxyphenyl)-3-oxo- **10** 4210
—, 3-(*p*-ethoxyphenyl)-3-oxo- **10** 4212
—, 2-ethyl-3-oxo-3-phenyl- **10** 3066
—, 3-(*p*-ethylphenyl)-3-imino- **10** 3075
—, 3-(*p*-ethylphenyl)-3-oxo- **10** 3075
—, 3-(fluoren-9-yl)- **9** 3464
—, 3-(fluoren-9-ylidene)- **9** 3510
—, 3,3′-(fluoren-9-ylidene)di- **9** 4643

—, 3-(fluoren-9-yl)-3-phenyl- **9** 3639
—, 2-formyl-3-(hydroxyimino)-3-phenyl-
    10 3549
—, 2-formyl-3-oxo-3-phenyl- **10** 3549
—, 2-(hexahydroindan-2-ylidene)- **9** 334
—, 3-hydroxy-3,3-diphenyl- **10** 1197
—, 3-(9-hydroxyfluoren-9-yl)- **10** 1269
—, 3-(hydroxyimino)-2,3-diphenyl-
    10 3310
—, 2-(hydroxyimino)-3-oxo-3-phenyl-
    10 3544
—, 3-hydroxy-3-(*p*-methoxyphenyl)-
    10 1524
—, 3-(4-hydroxy-3-methoxyphenyl)-
    10 1520
—, 3-(4-hydroxy-3-methoxyphenyl)-3-oxo-
    10 4518
—, 3-hydroxy-2-methyl-3,3-diphenyl-
    10 1208
—, 3-(2-hydroxy-1-naphthyl)- **10** 1111
—, 3[*p*-(2-hydroxy-5-oxotetrahydro-
    2-furyl)phenyl]- **10** 3970
—, 3-hydroxy-3-phenyl- **10** 550
—, 2-hydroxy-2-
    (1,2,2-trimethylcyclopent-3-en-
    1-yl)- **10** 65
—, 3-hydroxy-2,3,3-triphenyl- **10** 1326
—, 3-imino-2-(*p*-methoxyphenyl)-
    10 4226
—, 3-imino-3-(*p*-methoxyphenyl)-
    10 4212
—, 3-imino-2-phenyl- **10** 3024
—, 3-imino-3-phenyl- **10** 2995
—, 3-imino-3-*m*-tolyl- **10** 3054
—, 3-imino-3-*o*-tolyl- **10** 3053
—, 3-imino-3-*p*-tolyl- **10** 3056
—, 3,3′,3″-(indene-1,1,3-triyl)tri- **9** 4832
—, 3,3′-(indene-1-ylidene)di- **9** 4450
—, 3-(*p*-iodophenyl)-3-oxo- **10** 2998
—, 3-(1-isopropenylinden-1-yl)-
    9 3245
—, 3-(1-isopropylideneinden-3-yl)-
    9 3245
—, 2-mesityl- **9** 2563
—, 3-mesityl-2-methyl-3-oxo- **10** 3101
—, 3-mesityl-3-oxo- **10** 3089
—, 2-mesityl-3-phenyl- **9** 3393
—, 3-(3-methoxy-2-naphthyl)-3-oxo-
    10 4408
—, 2-(5-methoxy-2-nitrophenyl)-3-
    (3,4,5-trimethoxyphenyl)- **10** 2488
—, 2-(*o*-methoxyphenyl)- **10** 560
—, 3-(*o*-methoxyphenyl)- **10** 535
—, 3-(*p*-methoxyphenyl)- **10** 542
—, 3-(*m*-methoxyphenyl)-2-
    (*p*-methoxyphenyl)- **10** 1962
—, 2-(*p*-methoxyphenyl)-2-methyl- **10** 603
—, 3-(*p*-methoxyphenyl)-2-methyl-
    2-phenyl- **10** 1207

Propionitrile *(continued)*
—, 3-(*o*-methoxyphenyl)-3-oxo- **10** 4210
—, 3-(*p*-methoxyphenyl)-3-oxo- **10** 4211
—, 2-(*p*-methoxyphenyl)-3-
  (3,4,5-trimethoxyphenyl)- **10** 2489
—, 2-(6-methoxy-*m*-tolyl)- **10** 608
—, 2-(2-methylcyclohexylidene)- **9** 194
—, 2-(3-methylcyclohexylidene)- **9** 195
—, 2-(4-methylcyclohexylidene)- **9** 198
—, 2-(3-methylcyclopentylidene)- **9** 186
—, 2-methyl-2,3-diphenyl- **9** 3362
—, 2-methyl-2-(3-methylcyclopent-2-en-
  1-yl)- **9** 204
—, 2-methyl-2-(1-naphthyl)- **9** 3233
—, 3-(4-methyl-1-naphthyl)-3-oxo-
  10 3271
—, 3-(5-methyl-1-naphthyl)-3-oxo-
  10 3271
—, 3,3′,3″,3‴-(5-methyl-
  2-oxocyclohexane-1,3-diylidene)⸗
  tetra- **10** 4162
—, 3,3′,3″-(3-methyl-2-oxocyclohexane-
  1,1,3-triyl)tri- **10** 4112
—, 2-methyl-3-oxo-3-phenyl- **10** 3052
—, 2-methyl-2-phenyl- **9** 2476
—, 2-methyl-3-phenyl- **9** 2475
—, 3-[*p*-(methylsulfonyl)phenyl]- **10** 545
—, 2-(methylthio)-3-oxo-3-phenyl-
  10 4213
—, 2-methyl-2-*p*-tolyl- **9** 2527
—, 2-methyl-2-(3,5-xylyl)- **9** 2559
—, 3-(1-naphthyl)-3-oxo- **10** 3267
—, 3-(2-naphthyl)-3-oxo- **10** 3267
—, 2-(1-naphthyl)-3-phenyl- **9** 3559
—, 3-(4-nitrobenzoyloxy)- **9** 1684
—, 2-(4-nitrobenzoyloxyimino)-3-oxo-
  3-phenyl- **10** 3545
—, 3-(1-nitrocyclohexyl)- **9** 66
—, 3,3′-(2-nitrofluoren-9-ylidene)di-
  9 4643
—, 3-(9-nitro-10-oxo-9,10-dihydro-
  9-anthryl)- **10** 3392
—, 3-(*m*-nitrophenyl)-3-oxo- **10** 2999
—, 3-(*p*-nitrophenyl)-3-oxo- **10** 2999
—, 2-nitro-2,3,3-triphenyl- **9** 3603
—, 3,3′-(10-oxo-9(10*H*)-anthrylidene)di-
  10 4025
—, 2-(7-oxo-7*H*-benz[*de*]anthracen-4-yl)-
  10 3457
—, 3,3′,3″,3‴-(4-oxobicyclohexyl-
  3,5-diylidene)tetra- **10** 4165
—, 3-(2-oxo-3-bornylidene)- **10** 2962
—, 3,3′,3″,3‴-(2-oxocyclohexane-
  1,3-diylidene)tetra- **10** 4161
—, 3-(2-oxocyclohexyl)- **10** 2835
—, 3,3′-(2-oxocyclohexylidene)di- **10** 3920
—, 3,3′,3″,3‴-(2-oxocyclopentane-
  1,3-diylidene)tetra- **10** 4161

—, 3,3′-(1-oxo-3,4-dihydro-2(1*H*)-
  naphthylidene)di- **10** 3984
—, 3-oxo-2,3-diphenyl- **10** 3310
—, 3,3′,3″-(3-oxo-*p*-menthane-
  2,2,4-triyl)tri- **10** 4112
—, 3,3′,3″,3‴-(2-oxo-5-
  tert-pentylcyclohexane-
  1,3-diylidene)tetra- **10** 4162
—, 3-(2-oxo-1-phenylcyclohexyl)- **10** 3198
—, 3-oxo-3-phenyl-2-propyl- **10** 3080
—, 3-(2-oxo-1-propionylcyclohexyl)-
  10 3524
—, 3-(2-oxo-1-propionylcyclopentyl)-
  10 3523
—, 3-oxo-3-(*o*-propoxyphenyl)- **10** 4210
—, 3-oxo-3-(5,6,7,8-tetrahydro-
  2-naphthyl)- **10** 3185
—, 3,3′,3″,3‴-[2-oxo-5-
  (1,1,3,3-tetramethylbutyl)⸗
  cyclohexane-1,3-diylidene]tetra-
  10 4163
—, 3-oxo-3-*m*-tolyl- **10** 3054
—, 3-oxo-3-*o*-tolyl- **10** 3053
—, 3-oxo-3-*p*-tolyl- **10** 3055
—, 3-oxo-3-(3,4,5-triethoxyphenyl)-
  10 4719
—, 3-oxo-3-(3,4,5-trimethoxyphenyl)-
  10 4718
—, 3-oxo-3-(2,4-xylyl)- **10** 3075
—, 2-phenyl- **9** 2421
—, 3-phenyl- **9** 2395
—, 3-[*p*-(phenylacetyl)phenyl]- **10** 3345
—, 3,3′-*m*-phenylenedi- **9** 4323
—, 3,3′-*p*-phenylenedi- **9** 4324
—, 3-(9-phenylfluoren-9-yl)- **9** 3639
—, 2,2,2′,2′-tetrabromo-3,3′-dioxo-
  3,3′-(2,4,6-trimethyl-*m*-phenylene)⸗
  di- **10** 4066
—, 2,2,2′,2′-tetrachloro-3,3′-dioxo-
  3,3′-(2,4,6-trimethyl-*m*-phenylene)⸗
  di- **10** 4066
—, 2-(2,2,3-trimethylcyclopent-3-en-
  1-yl)- **9** 230, 231
—, 3-(4,6,6-trimethylfluoranthen-6a(6*H*)-
  yl)- **9** 3572
—, 3-(2,3,4-trimethylphenyl)- **9** 2560
—, 2,2,3-triphenyl- **9** 3598
—, 2,3,3-triphenyl- **9** 3603
—, 3,3,3-triphenyl- **9** 3604
Propionohydroxamic acid,
—, 2-benzamido-2-methyl- **9** 1150
—, 2-(benzoylimino)-3-(*p*-ethoxyphenyl)-
  10 4221
—, 3-(3-bromo-4,4′,5,6-tetramethoxy⸗
  biphenyl-2-yl)- **10** 2491
—, 2-methyl-2-*p*-tolyl- **9** 2527
—, 2-phenyl- **9** 2422
Propionohydroximoyl chloride,
—, 2-methyl-2-phenyl- **9** 2477

Propiononitrile
> see *Propionitrile*

Propionyl azide
—, 2-(benzoylimino)-3-(*p*-methoxyphenyl)-
   10 4222
—, 3-[*m*-(benzyloxy)phenyl]- **10** 538
—, 3-(3,4-dimethoxyphenyl)- **10** 1521
—, 3-(1,4-diphenyl-2-naphthyl)-
   9 3672
—, 3-(4-ethoxy-3-methoxyphenyl)-
   10 1522

Propionyl chloride,
—, 3-(acenaphthen-5-yl)- **9** 3355
—, 2-allyl-3-cyclobutyl- **9** 210
—, 3,3′-(anthracene-9,10-diyl)di-
   9 4666
—, 2-(benzoyloxy)- **9** 857
—, 2-(benzoyloxyimino)-3-phenyl-
   10 3007
—, 3-(bicyclohexyl-4-yl)- **9** 272
—, 3-(5-bromo-2-methoxyphenyl)- **10** 536
—, 2-bromo-3-phenyl- **9** 2402
—, 3-(*o*-bromophenyl)- **9** 2401
—, 3-(3-bromo-
   4,4′,5,6-tetramethoxybiphenyl-
   2-yl)- **10** 2491
—, 3-(6-bromo-*m*-tolyl)-2-methyl-
   9 2524
—, 3-(*p*-butoxyphenyl)- **10** 541
—, 3-(4-*tert*-butyl-2,6-xylyl)- **9** 2617
—, 3-[3-(chlorocarbonyl)-
   2,2,3-trimethylcyclopentyl]-
   9 3927
—, 3-(*o*-chlorophenyl)- **9** 2397
—, 3-(*o*-cyanophenyl)- **9** 4291
—, 2-cyclohexyl- **9** 67
—, 3-cyclohexyl- **9** 65
—, 3-(*p*-cyclohexylphenyl)- **9** 2882
—, 3,3′-(4*H*-cyclopenta[*def*]phenanthren-
   4-ylidene)di- **9** 4680
—, 2-cyclopentyl- **9** 59
—, 3-cyclopentyl- **9** 58
—, 3,3-dicyclohexyl- **9** 271
—, 3-(3,4-dimethoxyphenyl)- **10** 1520
—, 2-(5,8-dimethyl-1-naphthyl)-
   9 3245
—, 3-(2,3-dimethyl-1-naphthyl)-
   9 3243
—, 3-(2,6-dimethyl-1-naphthyl)-
   9 3244
—, 3-(3,4-dimethyl-1-naphthyl)-
   9 3243
—, 2,2-dimethyl-3-(*p*-nitrophenyl)-
   9 2519
—, 3-(2,4-dinitrophenyl)- **9** 2415
—, 2,2-diphenyl- **9** 3342
—, 2,3-diphenyl- **9** 3334
—, 3,3-diphenyl- **9** 3339
—, 2,2-di-*p*-tolyl- **9** 3385

—, 3,3-di-*p*-tolyl- **9** 3384
—, 2-(ethoxyimino)-3-phenyl- **10** 3007
—, 3-(*o*-ethoxyphenyl)- **10** 535
—, 3-ethoxy-2-phenyl- **10** 568
—, 2-ethoxy-3-(5,6,7,8-tetrahydro-
   2-naphthyl)- **10** 909
—, 2-(hexahydroindan-2-yl)- **9** 258
—, 2-(hexahydroindan-2-ylidene)- **9** 334
—, 3-[*o*-(1-hydroxyethyl)phenyl]- **10** 629
—, 3-(5-isopropyl-4-methoxy-
   2-methylphenyl)- **10** 653
—, 3-(4-isopropyl-2-methylphenyl)-
   9 2589
—, 3-(5-isopropyl-2-methylphenyl)-
   9 2588
—, 2-isopropyl-3-phenyl- **9** 2547
—, 2-isopropyl-3-(2,5-xylyl)- **9** 2604
—, 2-(*p*-methoxyphenyl)- **10** 560
—, 3-(*o*-methoxyphenyl)- **10** 535
—, 3-methoxy-2-phenyl- **10** 568
—, 3-methoxy-3-phenyl- **10** 549
—, 3-(*p*-methoxyphenyl)-2-methyl- **10** 601
—, 3-(6-methoxy-*m*-tolyl)- **10** 605
—, 3-(2-methylcyclohex-1-en-1-yl)-
   9 193
—, 3-(2-methylcyclopentyl)- **9** 74
—, 2-methyl-3-(1-naphthyl)- **9** 3232
—, 2-methyl-3-(2-naphthyl)- **9** 3232
—, 3-(3-methyl-2-naphthyl)- **9** 3234
—, 3-(4-methyl-1-naphthyl)- **9** 3233
—, 2-methyl-2-phenyl- **9** 2476
—, 2-methyl-3-phenyl- **9** 2474
—, 2-methyl-3-*m*-tolyl- **9** 2524
—, 2-methyl-3-*o*-tolyl- **9** 2523
—, 2-methyl-3-*p*-tolyl- **9** 2525
—, 3-(1-naphthyl)- **9** 3220
—, 3-(*p*-nitrophenyl)- **9** 2413
—, 3-(*m*-nitrophenyl)-3-(10-oxo-
   9,10-dihydro-9-anthryl)- **10** 3482
—, 3-(*p*-nitrophenyl)-3-(10-oxo-
   9,10-dihydro-9-anthryl)- **10** 3482
—, 3-(2-oxo-3-bornyl)- **10** 2946
—, 3-(10-oxo-9,10-dihydro-9-anthryl)-
   3-phenyl- **10** 3481
—, 3-(*o*-phenethylphenyl)- **9** 3380
—, 2-phenyl- **9** 2420
—, 3-phenyl- **9** 2393
—, 3-(2-phenylcyclopentyl)- **9** 1872
—, 2-phenyl-3-propoxy- **10** 568
—, 3-phenyl-3-*p*-tolyl- **9** 3366
—, 3-phenyl-3-(2,4-xylyl)- **9** 3383
—, 3-(*p*-propoxyphenyl)- **10** 541
—, 3-(5,6,7,8-tetrahydro-1-naphthyl)-
   9 2856
—, 3-(5,6,7,8-tetrahydro-2-naphthyl)-
   9 2857
—, 3-*o*-tolyl- **9** 2477
—, 3-[3-(trifluoromethyl)cyclohexyl]-
   9 83

Propionyl chloride (*continued*)
—, 3-(α,α,α-trifluoro-*m*-tolyl)-
  9 2478
—, 2,3,3-triphenyl- **9** 3602
—, 3,3,3-triphenyl- **9** 3604
—, 3-(2,4-xylyl)- **9** 2530
—, 3-(2,5-xylyl)- **9** 2530
Propiophenone,
—, 2-(benzoyloxy)- **9** 731
—, 2'-(benzoyloxy)- **9** 730
—, 4'-(benzoyloxy)- **9** 730
—, 4'-(benzoyloxy)-2-bromo- **9** 731
—, 3-(benzoyloxy)-4'-bromo-3'-nitro-3-
  (*o*-nitrophenyl)- **9** 765
—, 3-(benzoyloxy)-4'-bromo-3-
  (*o*-nitrophenyl)- **9** 764
—, 2-(benzoyloxy)-4'-chloro- **9** 731
—, 4'-(benzoyloxy)-3'-chloro- **9** 731
—, 3-(benzoyloxy)-4'-chloro-3-
  (*o*-nitrophenyl)- **9** 763
—, 4'-(benzoyloxy)-3',5'-dibromo-
  9 731
—, 2'-(benzoyloxy)-4',6'-dihydroxy-
  9 816
—, 4'-(benzoyloxy)-2',6'-dihydroxy-
  9 816
—, 4'-(benzoyloxy)-2',6'-dimethoxy-
  9 817
—, 3-(benzoyloxy)-3',4'-dimethyl-3-
  (*o*-nitrophenyl)- **9** 765
—, 2-(benzoyloxy)-3-hydroxy-3-phenyl-
  9 802
—, 3-(benzoyloxy)-3'-iodo-3-
  (*m*-nitrophenyl)- **9** 764
—, 3-(benzoyloxy)-3'-iodo-3-
  (*o*-nitrophenyl)- **9** 764
—, 3-(benzoyloxy)-3'-iodo-3-
  (*p*-nitrophenyl)- **9** 764
—, 4'-(benzoyloxy)-3'-methoxy- **9** 787
—, 3-(benzoyloxy)-4'-methoxy-3-
  (*o*-nitrophenyl)- **9** 802
—, 3-(benzoyloxy)-4'-methyl-3-
  (*o*-nitrophenyl)- **9** 765
—, 3-[2-(benzoyloxy)-1-naphthyl]-
  9 774
—, 3-(benzoyloxy)-3'-nitro-3-
  (*o*-nitrophenyl)- **9** 764
—, 3-(benzoyloxy)-4'-nitro-3-
  (*o*-nitrophenyl)- **9** 764
—, 3-(benzoyloxy)-3-(*o*-nitrophenyl)-
  9 763
—, 2-(benzoyloxy)-2',4',6'-trimethyl-
  3,3-diphenyl- **9** 775
—, 3-(benzoylthio)-3-phenyl- **9** 1972
—, 2',6'-bis(benzoyloxy)- **9** 787
—, 3,4'-bis(benzoyloxy)- **9** 788
—, 2',5'-bis(benzoyloxy)-2,3-dibromo-
  3',4',6'-trimethoxy-3-phenyl-
  9 847

—, 2',5'-bis(benzoyloxy)-3-phenyl-
  9 802
—, 2-ethoxy-3',5'-dimethoxy-
  4'-(4-nitrobenzoyloxy)- **9** 1683
—, 4'-methoxy-2-(4-nitrobenzoyloxy)-
  9 1679
—, 4'-(salicyloyloxy)- **10** 145
Prop-1-yne,
—, 3-(benzoyloxy)- **9** 409
—, 3-(benzoyloxy)-3-phenyl- **9** 473
—, 3-(4-nitrobenzoyloxy)-1-[1-
  (4-nitrobenzoyloxy)cyclohexyl]-
  9 1636
—, 1,3-bis[1-(3,5-dinitrobenzoyloxy)=
  cyclohexyl]- **9** 1909
Protocatechuamide,
—, *N*-allyl- **10** 1427
—, *N*,*N*-diethyl- **10** 1427
—, *N*-(undec-10-enyl)- **10** 1427
Protocatechuic acid 10 1403
  allyl ester **10** 1416
  ethyl ester **10** 1413
  methyl ester **10** 1410
  propyl ester **10** 1413
  undec-10-enyl ester **10** 1416
—, 5,6-dichloro- **10** 1433
—, 5-isopropyl- **10** 1566
Pseudoabietic acid,
—, dihydro- **9** 2640, 2641
Pseudochaulmoogric acid 9 292
Pseudocholesterol,
—, *O*-benzoyl- **9** 460
Pseudodeoxybilianic acid 10 4119
Pseudohydnocarpic acid 9 279
Pseudoketohederagenin 10 4650
Pseudoketooleanolic acid 10 4399
Pseudoopianic acid 10 4510
Pseudopurpurin 10 4828
Pseudosantonic acid 10 4278
—, tetrahydro- **10** 4192
Pseudosantonin,
—, dihydro- **10** 4195
Pseudotaraxasterol,
—, *O*-benzoyl- **9** 486
Pseudothiourea
  see *Isothiourea*
Pseudourea see *Isourea*
Puberulic acid 10 4716
Pulegenic acid 9 207
Purpurogallin,
—, tri-*O*-benzoyl- **9** 840
Purpurogallone 10 2287
2H-Pyran-2-carbonitrile,
—, 6-hydroxy-6-phenyltetrahydro-
  10 4260
2H-Pyran-3-carbonitrile,
—, 6-hydroxy-2-oxo-3-(3-oxo-
  3-phenylpropyl)-
  6-phenyltetrahydro- **10** 4081

2*H*-Pyran-2-carboxamide,
—, 6-hydroxy-6-mesityltetrahydro-
10 4278
2*H*-Pyran-3-carboxamide,
—, 6-hydroxy-2-oxo-3-(3-oxo-
3-phenylpropyl)-
6-phenyltetrahydro- 10 4080
2*H*-Pyran-2-carboxylic acid,
—, 6-hydroxy-6-mesityltetrahydro-
10 4278
    methyl ester 10 4278
—, 6-hydroxy-6-phenyltetrahydro-
10 4260
2*H*-Pyran-3-carboxylic acid,
—, 2-hydroxy-4-(*p*-methoxyphenyl)-
2-methyl-6-oxo-3,6-dihydro-,
ethyl ester 10 4751
—, 2-hydroxy-4-(4-methoxy-*m*-tolyl)-
2-methyl-6-oxo-3,6-dihydro-,
ethyl ester 10 4753
—, 2-hydroxy-4-(6-methoxy-*m*-tolyl)-
2-methyl-6-oxo-3,6-dihydro-,
ethyl ester 10 4753
—, 6-hydroxy-4-methyl-2-oxo-
6-phenyltetrahydro- 10 3968
—, 6-hydroxy-6-methyl-2-oxo-
4-phenyltetrahydro- 10 3968
—, 6-hydroxy-4-methyl-2-oxo-6-
p-tolyltetrahydro- 10 3971
—, 6-hydroxy-2-oxo-
4,6-diphenyltetrahydro- 10 4014
—, 6-hydroxy-2-oxo-6-phenyltetrahydro-
10 3966
—, 6-hydroxy-2-oxo-4-phenyl-6-
p-tolyltetrahydro- 10 4016
—, 6-hydroxy-2-oxo-6-(2,5-xylyl)-
tetrahydro- 10 3971
2*H*-Pyran-4-carboxylic acid,
—, 6-hydroxy-6-(5-methoxy-2,4-xylyl)-
3-methyl-2-oxotetrahydro- 10 4746
—, 6-hydroxy-3-methyl-2-oxo-6-
(2,5-xylyl)tetrahydro- 10 3973
2*H*-Pyran-2,4-diol,
—, 3,5-dibenzamidotetrahydro- 9 1226
Pyranthrene-5,13-dione,
—, 8,16-bis(benzoyloxy)- 9 833
Pyranthrene-8,16-dione,
—, 5,13-bis(benzoyloxy)- 9 833
2*H*-Pyran-2,4,6-triol,
—, 3,5-dibenzamidotetrahydro- 9 1227
Pyrene,
—, 1,3,6,8-tetrakis(benzoyloxy)- 9 700
—, 1,3,6,8-tetrakis(benzoyloxy)-
2,7-dibromo- 9 700
Pyrene-1-carbonitrile 9 3576
Pyrene-2-carbonitrile 9 3577
Pyrene-1-carbonyl chloride 9 3575
Pyrene-2-carbonyl chloride 9 3577
Pyrene-1-carboxamide 9 3576

Pyrene-1-carboxylic acid 9 3575
    ethyl ester 9 3575
Pyrene-2-carboxylic acid 9 3576
    ethyl ester 9 3577
    hydrazide 9 3577
    methyl ester 9 3577
Pyrene-4-carboxylic acid,
—, 1,2,3,6,7,8-hexahydro- 9 3476
Pyrene-4,9-dicarbonitrile 9 4685
—, 1,2,3,6,7,8-hexahydro- 9 4640
Pyrene-1,6-dicarbonyl dichloride 9 4684
Pyrene-1,8-dicarbonyl dichloride 9 4685
Pyrene-4,9-dicarbonyl dichloride 9 4685
Pyrene-1,6-dicarboxamide 9 4685
Pyrene-*x*,*x*-dicarboxylic acid 9 4685
Pyrene-1,6-dicarboxylic acid 9 4684
Pyrene-1,8-dicarboxylic acid 9 4685
Pyrene-4,9-dicarboxylic acid 9 4685
Pyrene-4,10-dicarboxylic acid,
—, 1,2,3,6,7,8-hexahydro- 9 4640
Pyrene-1,3,6,8-tetracarbonitrile 9 4900
Pyrene-1,3,6,8-tetracarbonyl
tetrachloride 9 4899
Pyrene-1,3,6,8-tetracarboxylic acid
9 4899
    tetraethyl ester 9 4899
Pyrethric acid 9 3988
Pyrethrin-I 9 215
—, tetrahydro- 9 213
Pyrethrin-II 9 3988
—, tetrahydro- 9 3989
Pyrethrolone,
—, O-(3,5-dinitrobenzoyl)- 9 1929
—, O-(3,5-dinitrobenzoyl)tetrahydro-
9 1925
Pyrethrone
    O-benzoyloxime 9 1281
Pyroanhydroquinovic acid 9 3264
Pyrocatechol,
—, 3-(benzoyloxy)- 9 669
Pyrodeoxybilianic acid,
—, tetrahydro- 10 1628
Pyroergocalciferol,
—, O-(3,5-dinitrobenzoyl)- 9 1883
Pyrolumidehydroursolic acid,
—, O-acetyl-,
    methyl ester 10 1145
Pyromellitic acid 9 4873
Pyrophotosantonic acid 9 2606
Pyroquinovadienic acid 10 1141
Pyroquinovatrienic acid 10 1248
Pyroquinovic acid 10 1032
Pyruvaldehyde
    bis(benzoylhydrazone) 9 1315
    bis(O-benzoyloxime) 9 1284
    bis(3-nitrobenzoyl)hydrazone
    9 1532
—, hydroxy-,
    bis(benzoylhydrazone) 9 1316

Pyruvic acid
 (phenylacetyl)hydrazone **9** 2259
—, benzoyl- **10** 3546
  ethyl ester **10** 3547
  methyl ester **10** 3547
  propyl ester **10** 3547
—, [3-(benzyloxy)-4-methoxyphenyl]-
  10 4522
  methyl ester **10** 4525
—, [4-(benzyloxy)-3-methoxyphenyl]-
  10 4522
—, [3-(benzyloxy)-2-nitrophenyl]-
  10 4215
—, [4-(benzyloxy)-2-nitrophenyl]-
  10 4224
—, [5-(benzyloxy)-2-nitrophenyl]-
  10 4216
—, [*m*-(benzyloxy)phenyl]- **10** 4214
—, [*o*-(benzyloxy)phenyl]- **10** 4213
—, [*p*-(benzyloxy)phenyl]- **10** 4217
  methyl ester **10** 4220
—, (2-bromo-4,5-dimethoxyphenyl)-
  10 4529
—, (3-bromo-4,5-dimethoxyphenyl)-
  10 4528
—, (3-bromo-4-hydroxy-5-methoxyphenyl)-
  10 4528
—, (5-bromo-2-methoxyphenyl)-
  10 4214
—, (1-bromo-2-naphthyl)- **10** 3268
—, (1-bromo-2-naphthyl)cyano-,
  ethyl ester **10** 4003
—, bromophenyl- **10** 3017
—, [2-(carboxymethoxy)-
  4,5-dimethoxyphenyl]- **10** 4719
—, [2-(carboxymethoxy)-3-methoxyphenyl]-
  10 4519
—, [2-(carboxymethoxy)-4-methoxyphenyl]-
  10 4520
—, [2-(carboxymethoxy)-5-methoxyphenyl]-
  10 4520
—, [*o*-(carboxymethoxy)phenyl]-
  10 4213
—, {3-[*p*-(2-carboxy-2-oxoethyl)phenoxy]-
  4-methoxyphenyl}- **10** 4522
—, (3-chloro-4-hydroxy-5-methoxyphenyl)-
  10 4526
—, (2-chloro-6-nitrophenyl)- **10** 3021
—, (*m*-chlorophenyl)- **10** 3016
—, cyano(*o*-methoxyphenyl)-,
  ethyl ester **10** 4740
—, cyano(*p*-methoxyphenyl)-,
  ethyl ester **10** 4740
—, cyano(1-naphthyl)-,
  thyl ester **10** 4003
—, cyano(2-naphthyl)-,
  ethyl ester **10** 4003
—, cyano(*p*-nitrophenyl)-,
  ethyl ester **10** 3958

—, cyanophenyl-,
  butyl ester **10** 3957
  ethyl ester **10** 3957
  heptyl ester **10** 3958
  hexyl ester **10** 3957
  methyl ester **10** 3957
  octyl ester **10** 3958
  pentyl ester **10** 3957
  propyl ester **10** 3957
—, (*o*-cyanophenyl)- **10** 3960
—, cyano(*o*-tolyl)-,
  ethyl ester **10** 3964
—, cyano(*p*-tolyl)-,
  ethyl ester **10** 3964
—, (4,5-diacetoxy-2-nitrophenyl)-
  10 4531
—, (3,4-diethoxyphenyl)- **10** 4522
—, (4,5-dihydroxy-2-nitrophenyl)-
  10 4531
—, [3,5-diiodo-4-(*p*-methoxyphenoxy)-
  phenyl]- **10** 4223
—, (3,4-dimethoxy-2-nitrophenyl)- **10** 4531
—, (2,3-dimethoxyphenyl)- **10** 4519
—, (2,4-dimethoxyphenyl)- **10** 4520
—, (3,4-dimethoxyphenyl)- **10** 4521
—, (2,3-dimethoxy-5-propylphenyl)-
  10 4563
—, (4,5-dimethoxy-*o*-tolyl)- **10** 4551
—, (5,5-dimethyl-3-oxocyclohex-1-en-
  1-yl)-,
  ethyl ester **10** 3528
—, diphenyl-,
  ethyl ester **10** 3312
  methyl ester **10** 3312
—, (3-ethoxy-4-methoxyphenyl)- **10** 4521
—, (4-ethoxy-3-methoxyphenyl)- **10** 4521
—, (5-ethoxy-2-nitrophenyl)- **10** 4215
—, (*m*-ethoxyphenyl)- **10** 4214
—, (*o*-ethoxyphenyl)- **10** 4213
—, (*p*-ethoxyphenyl)- **10** 4217
—, (2-ethyl-4,6-dimethoxyphenyl)-
  10 4558
—, [4-(4-hydroxy-3,5-diiodophenoxy)-
  3,5-diiodophenyl]- **10** 4223
—, (4-hydroxy-3-iodo-5-methoxyphenyl)-
  10 4530
—, (3-hydroxy-4-methoxy-2-nitrophenyl)-
  10 4530
—, (4-hydroxy-3-methoxy-2-nitrophenyl)-
  10 4530
—, (4-hydroxy-3-methoxyphenyl)- **10** 4521
—, (2-hydroxy-1-naphthyl)- **10** 4407
—, (4-hydroxy-1-naphthyl)- **10** 4407
—, (5-hydroxy-2-nitrophenyl)- **10** 4215
—, [4-(*p*-hydroxyphenoxy)-
  3,5-diiodophenyl]- **10** 4223
—, (*m*-hydroxyphenyl)- **10** 4214
—, (*p*-hydroxyphenyl)- **10** 4217
  methyl ester **10** 4220

Pyruvic acid *(continued)*
—, (5-isopropyl-3-oxocyclohex-1-en-
    1-yl)-,
      ethyl ester **10** 3530
—, (4-methoxy-2-nitrophenyl)- **10** 4224
—, (5-methoxy-2-nitrophenyl)- **10** 4215
      ethyl ester **10** 4216
—, (*o*-methoxyphenyl)- **10** 4213
—, (*p*-methoxyphenyl)- **10** 4217
—, (2-methoxy-*m*-tolyl)- **10** 4242
—, (1-naphthyl)- **10** 3267
—, (2-naphthyl)- **10** 3268
—, (*o*-nitrophenyl)- **10** 3017
—, (*p*-nitrophenyl)-,
      ethyl ester **10** 3020
—, (2-nitro-*p*-tolyl)- **10** 3057
—, (6-nitro-*m*-tolyl)- **10** 3054
—, phenyl- **10** 3000
      ethyl ester **10** 3006
      methyl ester **10** 3005
—, (2,4,5-trimethoxyphenyl)- **10** 4719

Q

p-**Quaterphenyl,**
—, 2,2‴-bis(2-nitrobenzoyloxy)- **9** 1474
—, 2,4‴-bis(2-nitrobenzoyloxy)- **9** 1474
p-**Quaterphenyl-4-carboxylic acid,**
—, 4‴-methyl- **9** 3679
p-**Quaterphenyl-4,4‴-dicarboxylic acid**
  9 4719
      dimethyl ester **9** 4719
Quercitol   see *1-Deoxyinositol*
Quillaic acid 10 4652
—, dihydro- **10** 2283
Quinic acid 10 2407, 2408
Quinovenonedioic acid
      dimethyl ester **10** 4002
Quinovic acid 10 2307

R

Ramalinolic acid 10 2137
Reductodehydrocholic acid 10 4621
α-**Resorcylic acid 10** 1446
β-**Resorcylic acid 10** 1370
γ-**Resorcylic acid 10** 1401
Retinoic acid 9 3118
      ethyl ester **9** 3119
      methyl ester **9** 3118
Retinol,
—, O-benzoyl- **9** 475
—, O-(9,10-dioxo-9,10-dihydro-
    2-anthroyl)- **10** 3644
—, O-(2-naphthoyl)- **9** 3181
Rhamnitol,
—, O²-benzoyl-O¹,O³,O⁴,O⁵-tetramethyl-
  9 703
—, O²-benzoyl-O³,O⁴,O⁵-trimethyl- **9** 703

Rhamnonic acid   see *Mannonic acid*
Rhapontigenin,
—, tri-O-benzoyl- **9** 697
Rhein 10 4789
Rhizonic acid
  see also *Barbatinic acid*
Rhizoninic acid
  see *Benzoic acid, 2-hydroxy-*
    4-methoxy-3,6-dimethyl-; see also
    Rhizonic acid
Rhodocladonic acid 10 4864
Ricinolic acid,
—, O-benzoyl-,
      methyl ester **9** 862
Risic acid 10 2066

S

α-**Sabinaketol,**
—, O-(3,5-dinitrobenzoyl)- **9** 1824
—, O-(4-nitrobenzoyl)- **9** 1567
Sabinenic acid 10 59
Sabinol,
—, O-(2-carboxybenzoyl)- **9** 4155
—, O-(3,5-dinitrobenzoyl)- **9** 1841
—, O-(4-nitrobenzoyl)- **9** 1578
Safranic acid 9 309
Salicylaldehyde
  see *Benzaldehyde, 2-hydroxy-*
Salicylamide 10 152
—, N-(2-acetamidoethyl)- **10** 155
—, N-allyl-4-nitro- **10** 197
—, N-(1-amino-2,2,2-trichloroethyl)-
    3,5-dichloro- **10** 171
—, 3-bromo- **10** 175
—, N-(2-bromo-3-methylbutyryl)- **10** 154
—, 5-bromo-3-nitro- **10** 206
—, 5-bromo-3-nitro-N-(2,2,2-trichloro-
    1-hydroxyethyl)- **10** 206
—, 5-bromo-3-nitro-N-(2,2,2-trichloro-
    1-methoxyethyl)- **10** 206
—, 3-bromo-N-(2,2,2-trichloro-
    1-hydroxyethyl)- **10** 175
—, 5-bromo-N-(2,2,2-trichloro-
    1-hydroxyethyl)- **10** 178
—, N-butyl- **10** 152
—, N-butyl-4-nitro- **10** 196
—, 3-chloro- **10** 163
—, 5-chloro- **10** 166
—, N-(chloroacetyl)- **10** 154
—, 3-chloro-N-(2,2,2-trichloro-
    1-hydroxyethyl)- **10** 163
—, 5-chloro-N-(2,2,2-trichloro-
    1-hydroxyethyl)- **10** 166
—, 3,5-dibromo- **10** 183
      oxime **10** 185
—, N-(2,2-dibromoethylidene)- **10** 154
—, 3,5-dibromo-N-(2,2,2-trichloro-
    1-hydroxyethyl)- **10** 183

Salicylamide *(continued)*
—, 3,5-dibromo-*N*-(2,2,2-trichloro-
   1-methoxyethyl)- **10** 183
—, *N*-(2,2-dibromovinyl)- **10** 154
—, 3,5-dichloro- **10** 171
—, 3,5-dichloro-*N*-(2,2,2-trichloro-
   1-hydroxyethyl)- **10** 171
—, *N*,*N*-diethyl- **10** 152
—, *N*,*N*-diethyl-4-nitro- **10** 196
—, 4,4'-dimethyl-5,5'-thiobis- **10** 1509
—, 3,5-dinitro- **10** 209
—, 3,5-dinitro-*N*-(2,2,2-trichloro-
   1-hydroxyethyl)- **10** 210
—, 3,5-dinitro-*N*-(2,2,2-trichloro-
   1-methoxyethyl)- **10** 210
—, *N*-dodecyl- **10** 153
—, *N*-ethyl- **10** 152
—, *N*,*N*'-ethylenebis- **10** 155
—, *N*-ethyl-4-nitro- **10** 196
—, *N*,*N*'-hexanediylbis- **10** 155
—, *N*-(2-hydroxyethyl)- **10** 153
—, *N*-isobutyl-4-nitro- **10** 196
—, *N*-isopropyl-4-nitro- **10** 196
—, *N*-(jodoacetyl)- **10** 154
—, *N*-lauroyl- **10** 154
—, *N*-methyl- **10** 152
—, *N*-methyl-4-nitro- **10** 196
—, 4-nitro- **10** 196
—, 5-nitro- **10** 201
—, 4-nitro-*N*,*N*-dipropyl- **10** 196
—, 4-nitro-*N*-propyl- **10** 196
—, 3-nitro-*N*-(2,2,2-trichloro-
   1-hydroxyethyl)- **10** 192
—, 3-nitro-*N*-(2,2,2-trichloro-
   1-methoxyethyl)- **10** 192
—, *N*-octadecyl- **10** 153
—, 5,5'-thiobis- **10** 1395
—, *N*-(2,2,2-tribromo-1-hydroxyethyl)-
   10 154
—, *N*-(2,2,2-trichloro-1-hydroxyethyl)-
   10 153
Salicylamidine 10 160
Salicylic acid 10 87
   allyl ester **10** 125
   2-aminoethyl ester **10** 148
   benzyl ester **10** 132
   benzylidenehydrazide **10** 161
   biphenyl-2-yl ester **10** 136
   biphenyl-3-yl ester **10** 138
   biphenyl-4-yl ester **10** 138
   2-bromoallyl ester **10** 125
   4-bromobenzyl ester **10** 132
   1-butoxyethyl ester **10** 144
   2-butoxyethyl ester **10** 139
   butyl ester **10** 121
   p-tert-butylphenyl ester **10** 133
   carbamoylmethyl ester **10** 147
   5-chlorobiphenyl-2-yl ester
    10 137
   2-chloro-1-(chloromethyl)ethyl
    ester **10** 120
   2-chloroethyl ester **10** 116
   (chloromercurio)methyl ester **10** 143
   3-chloro-2-methylpropyl ester **10** 122
   o-chlorophenyl ester **10** 129
   p-chlorophenyl ester **10** 129
   p-cyclohexylphenyl ester **10** 135
   decyl ester **10** 124
   2,3-dichloropropyl ester **10** 120
   2-(diethylamino)ethyl ester **10** 148
   2,3-dihydroxypropyl ester **10** 142
   dodecyl ester **10** 124
   1-ethoxyethyl ester **10** 144
   2-ethoxyethyl ester **10** 139
   2-ethylbutyl ester **10** 124
   ethyl ester **10** 115
   2-ethylhexyl ester **10** 124
   heptyl ester **10** 124
   hexadecyl ester **10** 125
   hexyl ester **10** 123
   hydrazide **10** 161
   2-hydroxybenzyl ester **10** 142
   2-hydroxyethyl ester **10** 138
   isobutyl ester **10** 121
   isopentyl ester **10** 123
   isopropyl ester **10** 120
   p-menth-3-yl ester **10** 126
   2-methoxyethyl ester **10** 139
   methoxymethyl ester **10** 143
   2-methylallyl ester **10** 126
   1-methylbutyl ester **10** 123
   methyl ester **10** 107
   2-naphthyl ester **10** 136
   m-nitrophenyl ester **10** 130
   p-nitrophenyl ester **10** 130
   (norborn-5-en-2-yl)methyl ester **10** 127
   (2-norbornyl)methyl ester **10** 126
   octadecyl ester **10** 125
   octyl ester **10** 124
   pentyl ester **10** 122
   tert-pentyl ester **10** 123
   o-pentylphenyl ester **10** 134
   p-pentylphenyl ester **10** 134
   2-pentyl-*p*-tolyl ester **10** 135
   4-pentyl-*o*-tolyl ester **10** 135
   6-pentyl-*m*-tolyl ester **10** 135
   6-pentyl-*o*-tolyl ester **10** 134
   9-phenanthryl ester **10** 138
   p-phenoxyphenyl ester **10** 141
   phenyl ester **10** 127
   4-phenylphenacyl ester **10** 146
   propyl ester **10** 119
   tetradecyl ester **10** 124
   m-tolyl ester **10** 131
   o-tolyl ester **10** 131
   p-tolyl ester **10** 132
   2,4,6-trichlorophenyl ester **10** 130
   vinyl ester **10** 125

Salicylic acid *(continued)*
—, 5-acetohydroximoyl- **10** 4227
—, 5-(1-acetoxy-2,2,2-trichloroethyl)- **10** 1531
     methyl ester **10** 1532
—, 4-acetyl- **10** 4229
—, 5-acetyl- **10** 4227
     methyl ester **10** 4227
—, alkoxy- see under *Benzoic acid*
—, 3-allyl- **10** 867
     methyl ester **10** 868
—, 5-benzoyl- **10** 4432
     methyl ester **10** 4432
—, 3-benzyl- **10** 1183
—, 5-benzyl- **10** 1183
     benzyl ester **10** 1183
—, 5-benzyl-3-methyl- **10** 1200
—, 3-bromo- **10** 174
     methyl ester **10** 175
—, 5-bromo- **10** 176
     2-ethoxyethyl ester **10** 178
     2-naphthyl ester **10** 178
     m-nitrophenyl ester **10** 177
     p-nitrophenyl ester **10** 177
     m-tolyl ester **10** 177
     o-tolyl ester **10** 177
     p-tolyl ester **10** 177
—, 5-bromo-3-isopropyl-6-methyl- **10** 631
—, 3-bromo-4-methyl- **10** 524
—, 3-bromo-5-methyl-,
     p-bromophenyl ester **10** 518
     2-bromo-*p*-tolyl ester **10** 520
     4-bromo-*m*-tolyl ester **10** 519
     4-bromo-*o*-tolyl ester **10** 519
     2-naphthyl ester **10** 520
     m-nitrophenyl ester **10** 519
     p-nitrophenyl ester **10** 519
     phenyl ester **10** 518
     m-tolyl ester **10** 519
     o-tolyl ester **10** 519
     p-tolyl ester **10** 519
—, 5-bromo-3-methyl-,
     p-bromophenyl ester **10** 510
     2-bromo-*p*-tolyl ester **10** 511
     4-bromo-*m*-tolyl ester **10** 511
     4-bromo-*o*-tolyl ester **10** 511
     2-naphthyl ester **10** 511
     m-nitrophenyl ester **10** 510
     p-nitrophenyl ester **10** 510
     phenyl ester **10** 510
     m-tolyl ester **10** 511
     o-tolyl ester **10** 511
     p-tolyl ester **10** 511
—, 5-bromo-4-methyl- **10** 524
     2-naphthyl ester **10** 525
     m-nitrophenyl ester **10** 524
     p-nitrophenyl ester **10** 525
     phenyl ester **10** 524
     m-tolyl ester **10** 525

     o-tolyl ester **10** 525
     p-tolyl ester **10** 525
—, 3-bromo-5-nitro- **10** 207
—, 4-bromo-3,5,6-trichloro- **10** 180
—, 5-(but-2-enyl)-3-methyl- **10** 892
—, 3-butyl- **10** 624
—, 3-*sec*-butyl-,
     methyl ester **10** 626
—, 5-butyl- **10** 625
—, 5-*sec*-butyl-,
     methyl ester **10** 626
—, 5-*tert*-butyl- **10** 627
     biphenyl-4-yl ester **10** 627
     p-*tert*-butylphenyl ester **10** 627
     p-chlorophenyl ester **10** 627
     methyl ester **10** 627
     p-*tert*-pentylphenyl ester **10** 627
—, 3-*tert*-butyl-6-methyl- **10** 646
—, 5-butyryl- **10** 4250
     methyl ester **10** 4250
—, 5-(carboxymethyl)- **10** 2207
—, 3-chloro- **10** 163
—, 4-chloro- **10** 164
—, 5-chloro- **10** 165
     methyl ester **10** 166
     p-nitrophenyl ester **10** 166
—, 5-(α-chloro-4,4′-dihydroxy-3,3′-dimethoxybenzhydryl)- **10** 2623
—, 5-chloro-3-(2,4-dinitrophenyl-sulfonyl)- **10** 1370
—, 5-chloro-3-formohydroximoyl- **10** 4208
—, 5-chloro-3-(hydroxymethyl)- **10** 1507
—, 5-chloro-3-isopropyl-6-methyl- **10** 630
—, 5-chloro-3-mercapto- **10** 1370
—, 3-chloro-6-methyl- **10** 497
—, 4-chloro-5-methyl- **10** 518
—, 5-chloro-3-methyl- **10** 510
—, 5-chloro-4-methyl- **10** 523
     2-chloro-1-(chloromethyl)ethyl ester **10** 523
     2,3-dihydroxypropyl ester **10** 524
—, 6-chloro-3-methyl- **10** 510
—, 5-chloro-3-(1-methylundecyl)- **10** 662
—, 5-[(4-chloro-1-naphthyl)methyl]-3-methyl- **10** 1320
—, 5-(2-chloro-5-nitrobenzylsulfonyl)- **10** 1390
—, 5-(4-chloro-3-nitrobenzylsulfonyl)- **10** 1389
—, 5-(2-chloro-5-nitrobenzylsulfonyl)-3-methyl- **10** 1504
—, 3-chloro-5-*tert*-pentyl- **10** 643
—, 5-cinnamoyl- **10** 4464
—, 5-cinnamyl-3-methyl- **10** 1274
—, 5-cyclohexyl- **10** 905
—, 5,5′-cyclohexylidenedi- **10** 2536

Salicylic acid *(continued)*
—, 5-decanoyl- **10** 4283
   methyl ester **10** 4283
—, 3,5-dibromo- **10** 181
   1-bromo-2-naphthyl ester **10** 182
   3,5-dimethoxyphenyl ester **10** 183
   2-naphthyl ester **10** 182
   m-nitrophenyl ester **10** 182
   p-nitrophenyl ester **10** 182
   phenyl ester **10** 181
   m-tolyl ester **10** 182
   o-tolyl ester **10** 182
   p-tolyl ester **10** 182
—, 5-(1,2-dibromo-2,2-dichloro-
   1-cyanoethyl)- **10** 2220
—, 3,3'-dibromo-4,4'-dimethyl-
   5,5'-thiodi- **10** 1509
—, 3,5-dibromo-4-methyl- **10** 525
   p-bromophenyl ester **10** 526
   2-bromo-*p*-tolyl ester **10** 527
   4-bromo-*m*-tolyl ester **10** 526
   4-bromo-*o*-tolyl ester **10** 526
   m-nitrophenyl ester **10** 526
   p-nitrophenyl ester **10** 526
   phenyl ester **10** 525
   m-tolyl ester **10** 526
   o-tolyl ester **10** 526
   p-tolyl ester **10** 527
—, 5,5'-(dibromoseleno)di-,
   dibutyl ester **10** 1400
   diethyl ester **10** 1398
   diisopentyl ester **10** 1400
   diisopropyl ester **10** 1399
   dimethyl ester **10** 1397
   diphenyl ester **10** 1401
   dipropyl ester **10** 1398
—, 3,3'-dibromo-5,5'-thiodi- **10** 1395
   dimethyl ester **10** 1395
—, 3,5-dichloro- **10** 169
   benzyl ester **10** 171
   (2-naphthyl)methyl ester **10** 171
—, 3,6-dichloro- **10** 174
—, 5-(dichloroacetyl)-4-methyl-
   10 4243
—, 5-(2,2-dichloro-1-cyanovinyl)-
   10 2260
—, 5,5'-dichloro-3,3'-dithiodi-
   10 1370
—, 5-(2,2-dichloroethyl)- **10** 576
—, 3-(2,2-dichloroethyl)-5-methyl-
   10 614
—, 5-(2,2-dichloroethyl)-4-methyl-
   10 612
—, 5,5'-(dichloroseleno)di-,
   dibutyl ester **10** 1399
   diethyl ester **10** 1398
   diisopentyl ester **10** 1400
   diisopropyl ester **10** 1399
   dimethyl ester **10** 1397

   diphenyl ester **10** 1401
   dipropyl ester **10** 1398
—, 5-(2,2-dichlorovinyl)- **10** 861
—, 5,5'-(dichlorovinylidene)di- **10** 2532
   dimethyl ester **10** 2533
—, 3-(2,2-dichlorovinyl)-5-methyl-
   10 873
—, 5-(2,2-dichlorovinyl)-4-methyl-
   10 872
—, 5,5'-(dihydroxyseleno)di-,
   dibutyl ester **10** 1399
   diethyl ester **10** 1398
   diisopentyl ester **10** 1400
   diisopropyl ester **10** 1399
   dimethyl ester **10** 1397
   diphenyl ester **10** 1400
   dipropyl ester **10** 1398
—, 3,5-diiodo- **10** 189
—, 5,5'-(diiodoseleno)di-,
   dibutyl ester **10** 1400
   diethyl ester **10** 1398
   diisopentyl ester **10** 1400
   diisopropyl ester **10** 1399
   dimethyl ester **10** 1397
   diphenyl ester **10** 1401
   dipropyl ester **10** 1398
—, 3,5-diisopropyl- **10** 653
   isopropyl ester **10** 654
   methyl ester **10** 654
—, 3,5-dimethyl- **10** 586
—, 3,6-dimethyl- **10** 584
—, 4,5-dimethyl- **10** 585
   methyl ester **10** 585
   phenyl ester **10** 586
—, 4,6-dimethyl- **10** 583
—, 5,6-dimethyl- **10** 582
—, 5,5'-(4,α-dimethylbenzylidene)di-
   10 2545
—, 3,3'-dimethyl-
   5,5'-cyclohexylidenedi- **10** 2536
—, 5,5'-dimethyl-3,3'-dithiodi-
   10 1507
—, 3,3'-dimethyl-5,5'-thiodi- **10** 1505
   dimethyl ester **10** 1505
—, 4,4'-dimethyl-5,5'-thiodi- **10** 1508
   dimethyl ester **10** 1508
—, 3,3'-dimethyl-5,5'-
   (2,2,3-trichlorobutylidene)di-
   10 2524
—, 4,4'-dimethyl-5,5'-
   (2,2,3-trichlorobutylidene)di-
   10 2524
—, 5,5'-dimethyl-3,3'-
   (2,2,3-trichlorobutylidene)di-
   10 2524
—, 3,5-dinitro- **10** 207
   butyl ester **10** 208
   2-chloroethyl ester **10** 208
   2,4-dinitrobenzyl ester **10** 209

Salicylic acid,
—, 3,5-dinitro- *(continued)*
    dodecyl ester **10** 209
    ethyl ester **10** 208
    isobutyl ester **10** 209
    isopentyl ester **10** 209
    isopropyl ester **10** 208
    methyl ester **10** 207
    4-nitrobenzyl ester **10** 209
    octadecyl ester **10** 209
    propyl ester **10** 208
    tetradecyl ester **10** 209
—, 3-(2,4-dinitrophenylsulfonyl)-
    5-methyl- **10** 1507
—, 3-(2,4-dinitrophenylthio)-5-methyl-
    10 1506
—, diphenyl- see *Terphenylcarboxylic acid,*
    hydroxy-
—, 5,5′-diselenodi- **10** 1396
    dimethyl ester **10** 1397
—, 3-ethyl- **10** 574
—, 4-ethyl- **10** 579
—, 5-ethyl- **10** 576
    2-(diethylamino)ethyl ester **10** 576
—, 3,3′-[ethylenebis⸗
    (nitrilomethylidyne)]di- **10** 4208
—, 5,5′-ethylidenedi- **10** 2509
—, 5,5′-(1-ethylpropylidenedisulfonyl)⸗
    di- **10** 1391
    diethyl ester **10** 1394
—, 5,5′-(1-ethylpropylidenedithio)di- **10** 1391
    diethyl ester **10** 1394
—, 3-fluoro- **10** 162
—, 5-fluoro- **10** 162
—, 6-(heptadeca-8,11-dienyl)- **10** 1029
—, 6-heptadecyl- **10** 686
—, 5-heptanoyl- **10** 4276
    methyl ester **10** 4276
—, 5-heptyl- **10** 655
—, 5-hexanoyl- **10** 4271
    methyl ester **10** 4271
—, 5-hexyl- **10** 650
—, 5-(α-hydroxybenzyl)- **10** 1960
—, 5-[4-hydroxy-3-methoxy-α-(3-methoxy-
    4-oxocyclohexa-2,5-dien-1-ylidene)⸗
    benzyl]- **10** 4835
—, 3-(hydroxymethyl)- **10** 1507
—, 4-(1-hydroxy-3-oxophthalan-1-yl)-
    10 4781
—, 5-(1-hydroxy-3-oxophthalan-1-yl)-
    10 4779
—, 5-(1-hydroxy-3-oxophthalan-1-yl)-
    3-methyl- **10** 4782
—, 3-iodo- **10** 186
    2,3-dihydroxypropyl ester **10** 189
    2-isopropyl-5-methylphenyl ester
    10 187
    o-methoxyphenyl ester **10** 187
    1-naphthyl ester **10** 187

    2-naphthyl ester **10** 187
    phenyl ester **10** 186
    m-tolyl ester **10** 186
    o-tolyl ester **10** 186
    p-tolyl ester **10** 187
—, 5-iodo- **10** 188
    2,3-dihydroxypropyl ester **10** 189
    methyl ester **10** 188
—, 5-isobutyryl- **10** 4257
    methyl ester **10** 4257
—, 5-isohexyl- **10** 650
—, 3-isopropyl- **10** 607
    isopropyl ester **10** 607
    methyl ester **10** 607
—, 5-isopropyl- **10** 608
    methyl ester **10** 608
—, 5,5′-(isopropylidenedisulfonyl)di-
    10 1391
    diethyl ester **10** 1394
—, 5,5′-(isopropylidenedithio)di-
    10 1390
    diethyl ester **10** 1393
—, 3-isopropyl-6-methyl- **10** 629
    ethyl ester **10** 630
—, 3-isopropyl-6-methyl-4,5-dinitro-
    10 631
—, 3-isopropyl-6-methyl-5-nitro- **10** 631
    ethyl ester **10** 631
—, 5-mercapto- **10** 1389
    ethyl ester **10** 1393
—, 3-mercapto-5-methyl- **10** 1506
—, 6-(4-methoxyphenethyl)- **10** 1967
—, 3-methyl- **10** 505
    butyl ester **10** 507
    2-(diethylamino)ethyl ester **10** 509
    2-ethoxyethyl ester **10** 509
    2-ethylbutyl ester **10** 508
    2-ethylhexyl ester **10** 508
    isopropyl ester **10** 507
    2-naphthyl ester **10** 509
    m-nitrophenyl ester **10** 508
    p-nitrophenyl ester **10** 508
—, 4-methyl- **10** 521
    2-chloro-1-(chloromethyl)ethyl
    ester **10** 522
    2,3-dihydroxypropyl ester **10** 523
    2-naphthyl ester **10** 522
    m-nitrophenyl ester **10** 522
    p-nitrophenyl ester **10** 522
—, 5-methyl- **10** 516
    2-chloro-1-(chloromethyl)ethyl
    ester **10** 517
    2,3-dihydroxypropyl ester **10** 518
    m-nitrophenyl ester **10** 517
    p-nitrophenyl ester **10** 517
—, 6-methyl- **10** 496
—, 5-(1-methylbutyl)- **10** 641
—, 4-methyl-3,5-dinitro- **10** 527
—, 5,5′-methylenedi- **10** 2507

Salicylic acid *(continued)*
—, 5-(1-methylheptyl)- **10** 657
—, 5-(1-methylhexyl)- **10** 655
—, 3-methyl-5-(4-methylbenzyl)- **10** 1210
—, 3-methyl-5-[(1-naphthyl)methyl]- **10** 1319
—, 3-methyl-5-nitro- **10** 512
—, 4-methyl-5-nitro- **10** 527
   methyl ester **10** 527
—, 5-methyl-3-nitro- **10** 520
   ethyl ester **10** 520
—, 5-(4-methyl-3-nitrobenzylsulfonyl)- **10** 1390
—, 3-methyl-5-(*o*-nitrophenylsulfonyl)- **10** 1504
—, 3-methyl-5-(pent-2-enyl)- **10** 902
—, 3-methyl-5-pentyl- **10** 652
   methyl ester **10** 652
—, 5-(1-methylpentyl)- **10** 650
—, 6-(5-methylsalicyloyl)- **10** 4673
—, 3-methyl-5-(1,2,2,3-tetrachlorobutyl)- **10** 645
—, 4-methyl-5-(1,2,2,3-tetrachlorobutyl)- **10** 644
—, 5-methyl-3-(1,2,2,3-tetrachlorobutyl)- **10** 645
—, 3-methyl-5-(1,2,2,2-tetrachloroethyl)- **10** 614
—, 4-methyl-5-(2,2,2-trichloro-1-hydroxyethyl)- **10** 1568
—, 3-methyl-5-(4,4',4''-trihydroxytrityl)- **10** 2549
—, 5-(4-methylvaleryl)- **10** 4271
   methyl ester **10** 4271
—, 5-[(*x*-naphthyl)methyl]- **10** 1317
—, 3-nitro- **10** 190
   4-bromo-*m*-tolyl ester **10** 192
   4-bromo-*o*-tolyl ester **10** 191
   2-chloroethyl ester **10** 191
   2,4-dibromophenyl ester **10** 191
   hexadecyl ester **10** 191
   2-naphthyl ester **10** 192
   m-nitrophenyl ester **10** 191
   p-nitrophenyl ester **10** 191
   m-tolyl ester **10** 192
   o-tolyl ester **10** 191
   p-tolyl ester **10** 192
—, 4-nitro- **10** 194
   butyl ester **10** 195
   ethyl ester **10** 195
   2-hydroxyethyl ester **10** 195
   isobutyl ester **10** 195
   isopropyl ester **10** 195
   methyl ester **10** 194
   propyl ester **10** 195

—, 5-nitro- **10** 197
   benzyl ester **10** 201
   p-bromophenyl ester **10** 199
   4-bromo-*o*-tolyl ester **10** 200
   2,4-dibromo-*m*-tolyl ester **10** 201
   2,6-dibromo-*p*-tolyl ester **10** 201
   4,6-dibromo-*m*-tolyl ester **10** 201
   ethyl ester **10** 199
   hexadecyl ester **10** 191
   methyl ester **10** 199
   4-nitrobenzyl ester **10** 201
   m-nitrophenyl ester **10** 200
   p-nitrophenyl ester **10** 200
   phenyl ester **10** 199
   m-tolyl ester **10** 200
   o-tolyl ester **10** 200
   p-tolyl ester **10** 201
—, 6-nitro- **10** 205
—, 5-[2-nitro-4-(phenylsulfonyl)phenylsulfonyl]- **10** 1390
—, 3-nitroso- **10** 190
—, 5-nitroso- **10** 3537
   methyl ester **10** 3537
—, 5-[(1-oxoindan-2-ylidene)methyl]- **10** 4477
   ethyl ester **10** 4477
—, 6-(pentadeca-8,11-dienyl)- **10** 1026
—, 6-(pentadec-8-enyl)- **10** 949
—, 4-pentadecyl- **10** 679
—, 6-pentadecyl- **10** 678
   ethyl ester **10** 679
   methyl ester **10** 678
   m-pentadecylphenyl ester **10** 679
—, 5-*tert*-pentyl- **10** 643
—, 5-(phenylseleno)- **10** 1396
—, 5-(phenylsulfonyl)- **10** 1389
—, 6-(prop-1-enyl)- **10** 867
—, 5-propionyl- **10** 4241
   methyl ester **10** 4242
—, 5-propyl- **10** 604
—, 6-propyl- **10** 603
—, 5,5'-selenodi-,
   dibutyl ester **10** 1399
   diethyl ester **10** 1397
   diisopentyl ester **10** 1400
   diisopropyl ester **10** 1399
   dimethyl ester **10** 1396
   diphenyl ester **10** 1400
   dipropyl ester **10** 1398
—, 5-(1-semicarbazonoethyl)- **10** 4227
—, 5-stearoyl- **10** 4329
—, 5,5'-sulfonyldi- **10** 1392
—, 3,4,5,6-tetrabromo- **10** 186
—, 5-(1,2,2,2-tetrachloroethyl)- **10** 576
—, 5-(1,1,3,3-tetramethylbutyl)- **10** 657
—, 3,3',3'',3'''-tetramethyl-5,5',5'',5'''-[(4,4'-dihydroxybiphenyl-3,3'-diyl)dimethylidyne]tetra- **10** 2640
—, 5,5'-tetrathiodi- **10** 1392
   diethyl ester **10** 1394

Salicylic acid *(continued)*
—, 5,5'-thiodi- **10** 1391
    diethyl ester **10** 1394
    dimethyl ester **10** 1393
    diphenyl ester **10** 1394
—, 3,5,6-tribromo- **10** 185
—, 3,5,6-trichloro- **10** 174
—, 5,5'-(2,2,2-trichloroethylidene)di- **10** 2509
    dimethyl ester **10** 2510
—, 5-(2,2,2-trichloro-1-hydroxyethyl)- **10** 1531
    methyl ester **10** 1532
—, 5-(4,4',4''-trihydroxytrityl)- **10** 2549
—, 3,4,6-trimethyl- **10** 615
—, 3,5,6-trimethyl- **10** 614
—, 5,5'-trithiodi- **10** 1392
    diethyl ester **10** 1394
—, 5-valeryl- **10** 4263
    methyl ester **10** 4263
Salicylimidic acid
    ethyl ester **10** 159
Salicylohydroxamic acid 10 160
—, 3,5-dibromo- **10** 185
Salicylonitrile 10 159
—, 3-allyl- **10** 868
—, 6-chloro-3-nitro- **10** 206
—, 6-chloro-5-nitro- **10** 206
—, 4-methyl- **10** 523
—, 6-methyl- **10** 497
—, 4-nitro- **10** 197
—, 5-nitro- **10** 203
Salicyloyl chloride 10 150
—, 5-nitro- **10** 201
Salicyluric acid 10 154
Salol 10 127
Sandaracopimaric acid 9 2910
Sanguisorbigenin 10 1142
Sanguisorbigenone 10 3288
α-Santalic acid 9 2619
β-Santalic acid 9 2618
α-Santalol,
—, *O*-(2-carboxybenzoyl)- **9** 4164
β-Santalol,
—, *O*-(2-carboxybenzoyl)- **9** 4164
α-Santalylacetic acid,
—, dihydro- **9** 349
Santenenic acid 9 3967
Santenic acid 9 3847
Santinic acid 9 3245
Santolic acid 10 3944
—, dihydro- **10** 3940
α-Santolylacetic acid 9 2630
α-Santonanic acid 10 4192
β-Santonanic acid 10 4192
Santonic acid 10 3540
—, diacetyldihydro- **10** 1588, 4196
—, dihydro- **10** 4196

Santoninic acid 10 4279
α-Santoric acid 9 4854
β-Santoric acid 9 4855
Sapocholic acid 10 1063
    methyl ester **10** 1063
—, *O*-acetyl- **10** 1063
    methyl ester **10** 1064
Sarcosine,
—, *N*-benzoyl- see *Hippuric acid, N-methyl-*
—, *N*-[3-(benzoyloxy)-2,2-dimethylpropyl]-,
    ethyl ester **9** 889
—, *N*-[3-(benzoyloxy)propyl]-,
    methyl ester **9** 882
—, *N*-(cyclohexylcarbonyl)- **9** 29
—, *N*-[(1-naphthyl)acetyl]- **9** 3208
Sarsasapogeninic acid 10 4626
Scillanic acid, Oxy- 10 698
Scillaridinic acid A,
—, *O*-methyl- **10** 1987
Sclareolic acid 10 1359
2,3-Secoandrostane-2,3-dioic acid 9 4084
    dimethyl ester **9** 4084
—, 17-(cyclohexylcarbonyloxy)- **10** 2145
—, 17-hydroxy- **10** 2145
3,4-Secoandrostane-3,4-dioic acid 9 4083
16,17-Secoandrostane-16,17-dioic acid 9 4081
—, 3-acetoxy- **10** 2144
    dimethyl ester **10** 2145
    17-methyl ester **10** 2144
—, 3-hydroxy- **10** 2143, 2144
    dimethyl ester **10** 2144, 2145
    17-methyl ester **10** 2144
—, 3-oxo- **10** 3947
    dimethyl ester **10** 3947
13,17-Secoandrostan-17-oic acid,
—, 3-acetoxy-13-acetyl- **10** 4201
    methyl ester **10** 4201
—, 13-acetyl-3-oxo- **10** 3543
    methyl ester **10** 3543
—, 3,13-dihydroxy- **10** 1360
    methyl ester **10** 1360
16,17-Secoandrostan-17-oic acid,
—, 3-acetoxy-,
    methyl ester **10** 84
—, 3-acetoxy-16-oxo-,
    methyl ester **10** 4198
—, 3-hydroxy- **10** 83, 84
    methyl ester **10** 84
—, 3-oxo- **10** 2967
    methyl ester **10** 2967
16,17-Secoandrost-5-ene,
—, 3,16,17-tris(benzoyloxy)- **9** 676
16,17-Secoandrost-4-ene-16,17-dioic acid,
—, 3-oxo- **10** 3974

16,17-Secoandrost-5-ene-16,17-dioic acid,
—, 3-acetoxy- 10 2244
    16-amide 17-methyl ester 10 2247
    16-chloride 17-methyl ester 10 2246
    dimethyl ester 10 2246
    17-ethyl ester 10 2246
    17-methyl ester 10 2245
    16-nitrile 10 2247
—, 3-hydroxy- 10 2244
    diethyl ester 10 2246
    dimethyl ester 10 2245
    17-ethyl ester 10 2246
    16-methyl ester 10 2244
    17-methyl ester 10 2245
12,13-Secoandrost-9(11)-en-12-oic acid,
—, 3-hydroxy-17-oxo- 10 4283
13,17-Secoandrost-5-en-17-oic acid,
—, 3-acetoxy-13-acetyl- 10 4297
—, 13-acetyl-3-hydroxy- 10 4297
16,17-Secoandrost-4-en-17-oic acid,
—, 3-oxo- 10 3117
    methyl ester 10 3117
16,17-Secoandrost-5-en-17-oic acid,
—, 3-acetoxy-,
    methyl ester 10 663
—, 3-acetoxy-16-oxo-,
    methyl ester 10 4284
—, 3,16-dihydroxy- 10 1589
—, 3-hydroxy- 10 662
    methyl ester 10 663
11,12-Secocholane-11,24-dioic acid,
—, 3-acetoxy-12-oxo-,
    dimethyl ester 10 4737
    24-methyl ester 10 4737
    24-methyl ester 11-anhydride
        10 4737
    24-methyl ester 11-chloride 10 4737
—, 3-hydroxy-12-oxo- 10 4736
    dimethyl ester 10 4737
    11-methyl ester 10 4736
    24-methyl ester 10 4736
2,3-Secocholane-2,3,24-trioic acid 9 4789
    trimethyl ester 9 4790
—, 7,12-bis(hydroxyimino)- 10 4151
—, 11-bromo-12-oxo- 10 4127
—, 7,12-dihydroxy- 10 2600
—, 7,12-dioxo- 10 4151
    trimethyl ester 10 4152
—, 7,12-disemicarbazono- 10 4152
—, 12-(hydroxyimino)- 10 4127
—, 12-hydroxy-11-oxo- 10 4844
—, 12-nitrimino- 10 4127
—, 6-oxo- 10 4127
    trimethyl ester 10 4128
—, 7-oxo- 10 4128
—, 12-oxo- 10 4126
    triethyl ester 10 4127
    trimethyl ester 10 4127
—, 6,7,12-trioxo- 10 4168

3,4-Secocholane-3,4,24-trioic acid
9 4788
    trimethyl ester 9 4788, 4789
—, 7-acetoxy- 10 2569
—, 7,12-bis(hydroxyimino)- 10 4148
    4-hydroxyamide 10 4150
—, 6-bromo-7,12-dioxo- 10 4150
—, 11-bromo-12-oxo- 10 4124
—, 6,6-dibromo-7,12-dioxo-
    10 4150
—, 11,11-dibromo-12-oxo- 10 4124
—, 7,7-dichloro-12-oxo- 10 4124
—, 14,15-dihydroxy-12-oxo- 10 4861
    trimethyl ester 10 4861
—, 7,12-dioxo- 10 4146
    3,24-diethyl ester 10 4149
    4-hydroxyamide 10 4149
    trimethyl ester 10 4149
—, 11,12-dioxo- 10 4145
    trimethyl ester 10 4146
—, 7,12-disemicarbazono- 10 4148
—, 6-hydroxy- 10 2568
    trimethyl ester 10 2568
—, 7-hydroxy- 10 2568, 2569
    trimethyl ester 10 2569
—, 12-hydroxy- 10 2569
    trimethyl ester 10 2569
—, 9-hydroxy-11,12-dioxo- 10 4863
    trimethyl ester 10 4863
—, 12-(hydroxyimino)- 10 4122
—, 7-(hydroxyimino)-12-oxo-
    10 4147
    4-hydroxyamide 10 4149
—, 14-hydroxy-15-(nitryloxy)-12-oxo-
    10 4861
—, 12-hydroxy-11-oxo- 10 4844
—, 12-nitrimino- 10 4122
—, 12-nitrimino-7-oxo- 10 4147
—, 6-nitro-7,12-dioxo- 10 4151
—, 6-oxo-,
    trimethyl ester 10 4125
—, 7-oxo- 10 4125
    trimethyl ester 10 4126
—, 12-oxo- 10 4120, 4121
    3,24-diethyl ester 10 4123
    3,24-dimethyl ester 10 4123
    4-ethyl ester 10 4123
    4-methyl ester 10 4123
    24-methyl ester 10 4122
    triethyl ester 10 4124
    trimethyl ester 10 4123
—, 12-semicarbazono- 10 4122
6,7-Secocholane-6,7,24-trioic acid
9 4787
    trimethyl ester 9 4787
—, 12-oxo- 10 4119
    24-ethyl ester 10 4120
    24-methyl ester 10 4120
    trimethyl ester 10 4120

11,12-Secocholane-11,12,24-trioic acid
  9 4786
—·, 3-acetoxy- **10** 2567
    24-methyl ester **10** 2567
—, 3-hydroxy- **10** 2567
14,15-Secocholan-24-oic acid,
—, 3,12-dihydroxy-14,15-dioxo- **10** 4738
14,15-Secochol-5-ene-15,24-dicarboxylic acid,
—, 3-acetoxy-14-oxo-,
    dimethyl ester **10** 4749
—, 3-hydroxy-14-oxo- **10** 4749
2,3-Secochol-7-ene-2,3,24-trioic acid,
—, 7-nitro-12-oxo- **10** 4135
—, 7-nitroso-12-oxo- **10** 4135
3,4-Secochol-5-ene-3,4,24-trioic acid
  9 4817
    trimethyl ester **9** 4817
3,4-Secochol-7-ene-3,4,24-trioic acid,
—, 7-nitro-12-oxo- **10** 4134
—, 7-nitroso-12-oxo- **10** 4134
3,4-Secochol-9(11)-ene-3,4,24-trioic acid,
—, 11-bromo-12-oxo- **10** 4133
    trimethyl ester **10** 4133
2,3-Secocholestane-2,3-dioic acid
  9 4089, 4090
    dimethyl ester **9** 4090, 4091
—, 6-(benzoyloxy)- **10** 2187
—, 5-bromo-6-oxo- **10** 3954
—, 5-hydroxy-6-oxo- **10** 4738
—, 6-oxo- **10** 3953
    dimethyl ester **10** 3954
3,4-Secocholestane-3,4-dioic acid
  9 4088
    dimethyl ester **9** 4089
—, 7-oxo- **10** 3953
    3-methyl ester **10** 3953
6,7-Secocholestane-6,7-dioic acid
  9 4086
—, 3-acetoxy- **10** 2187
—, 3-chloro- **9** 4087
    diethyl ester **9** 4088
—, 3-hydroxy- **10** 2186, 2187
—, 3-oxo- **10** 3953
2,3-Secocholestane-2,3,26-trioic acid,
—, 16,22-dioxo- **10** 4152
    trimethyl ester **10** 4153
2,3-Secocholestan-3-oic acid,
—, 2-hydroxy-6-oxo- **10** 4202
—·, 2-isopentyl-2-oxo- **10** 2972
—, 2-isopentyl-2-semicarbazono- **10** 2972
4,5-Secocholestan-4-oic acid,
—, 5-(hydroxyimino)- **10** 2971
—, 5-oxo- **10** 2971
—, 5-semicarbazono- **10** 2972
5,6-Secocholestan-6-oic acid,
—, 3-acetoxy-5-oxo- **10** 4202
    methyl ester **10** 4202

—, 5-oxo- **10** 2971
    methyl ester **10** 2971
6,7-Secocholestan-6-oic acid,
—, 7-hydroxy- **10** 86
—, 6-hydroxy- **10** 85
7,8-Secocholestan-7-oic acid,
—·, 3,8-dihydroxy- **10** 1362
—, 3,8-dioxo-,
    methyl ester **10** 3544
9,10-Secocholesta-5,7,10(19)-triene,
—, 3-(p-anisoyloxy)- **10** 313
—, 3-(3,5-dinitrobenzoyloxy)- **9** 1871
—, 3-(4-nitrobenzoyloxy)- **9** 1609
—, 3-(3,5-dinitro-p-toluoyloxy)-
  9 2369
9,10-Secocholesta-5(10),6,8-triene,
—, 3-(3,5-dinitrobenzoyloxy)- **9** 1871
—, 3-(3,5-dinitro-p-toluoyloxy)-
  9 2369
3,4-Secocholest-5-ene-3,4-dioic acid
  9 4372
    dimethyl ester **9** 4374
    3-ethyl ester **9** 4374
—, 6-iodo- **9** 4374
    3-methyl ester **9** 4373·
—·, 7-oxo- **10** 3976
6,7-Secocholest-4-ene-6,7-dioic acid,
—, 3-oxo- **10** 3976
    dimethyl ester **10** 3976
3,5-Seco-A:B-dinorcholane-3,24-dioic acid,
  9 4086
—, 6,12-dioxo- **10** 4061
—, 5-oxo- **10** 3950
2,3-Seco-A,23-dinorfriedel-1(10)-ene-2,3-dioic acid 9 4429
1,2-Seco-A,28-dinoroleana-12,17-diene-1,2-dioic acid
    dimethyl ester **9** 4460
3,4-Seco-23,24-dinoroleanane-3,4,28-trioic acid,
—, 12-oxo- **10** 4135
    trimethyl ester **10** 4136
—, 5-oxo-,
    20-methyl ester **10** 3948
3,4-Seco-23,24-dinorolean-12-ene-3,4,28-trioic acid 9 4825
    4,28-dimethyl ester **9** 4826
    3-methyl ester **9** 4826
    trimethyl ester **9** 4826
3,5-Seco-A,21-dinorpregnane-3,20-dioic acid 9 4082
    dimethyl ester **9** 4083
—, 5,11-dioxo-,
    20-methyl ester **10** 4060
9,10-Secoergostane,
—, 3-(3,5-dinitrobenzoyloxy)- **9** 1846
2,3-Secoergostane-2,3-dioic acid 9 4091
    dimethyl ester **9** 4092

14,15-Secoergostan-15-oic acid,
—, 3-hydroxy-14-oxo-,
   methyl ester **10** 4202
9,10-Seco-5,8,10-ergostan-5-ol,
—, 3,6-bis(benzoyloxy)- **9** 669
9,10-Secoergosta-5,7,10(19),22-tetraene,
—, 3-(p-anisoyloxy)- **10** 313
—, 3-(benzoyloxy)- **9** 498
—, 3-(2-chloro-3,5-dinitrobenzoyloxy)-
   9 1952
—, 3-[13-(cyclopent-2-en-1-yl)-
   tridecanoyloxy]- **9** 289
—, 3-(3,5-dinitrobenzoyloxy)- **9** 1881
—, 3-(3,5-dinitro-p-toluoyloxy)- **9** 2370
—, 3-(4-iodo-3-nitrobenzoyloxy)-
   9 1772
—, 3-(2-naphthoyloxy)- **9** 3182
—, 3-(4-nitrobenzoyloxy)- **9** 1613
—, 3-(3-nitro-p-toluoyloxy)- **9** 2360
9,10-Secoergosta-5(10),6,8,22-tetraene,
—, 3-(3,5-dinitrobenzoyloxy)- **9** 1881
—, 3-(3,5-dinitro-p-toluoyloxy)- **9** 2370
9,10-Secoergosta-5,7,22-triene,
—, 3-(3,5-dinitrobenzoyloxy)- **9** 1875
9,10-Secoergosta-5(10),7,22-triene,
—, 3-(benzoyloxy)- **9** 479
—, 3-(3,5-dinitrobenzoyloxy)- **9** 1874
9,10-Secoergosta-5,7,10(19)-triene,
—, 3-(3,5-dinitrobenzoyloxy)- **9** 1875
9,10-Secoergosta-7,10(19),22-triene,
—, 5,6-diacetoxy-3-
   (3,5-dinitrobenzoyloxy)- **9** 1920
5,6-Secoergost-22-en-6-oic acid,
—, 3-acetoxy-8-hydroxy-5-oxo-,
   methyl ester **10** 4599
—, 3,8-dihydroxy-5-oxo- **10** 4599
   methyl ester **10** 4599
16,17-Secoestrapentaenecarboxylic acid
see *Phenanthrenecarboxylic acid,
tetrahydro-*
16,17-Secoestratetraenecarboxylic acid
see also under *Phenanthrene-
carboxylic acid, hexahydro-*
16,17-Secoestra-1,3,5(10),14-tetraene-
16,17-dioic acid,
—, 3-methoxy-,
   dimethyl ester **10** 2336
16,17-Secoestra-1,3,5(10),15-tetraen-
17-oic acid,
—, 3-methoxy-16,16-diphenyl-,
   methyl ester **10** 1345
16,17-Secoestra-1,3,5(10)-triene-
16,17-dioic acid,
—, 3-(benzoyloxy)-,
   dimethyl ester **10** 2303
—, 3-(benzyloxy)- **10** 2299
—, 3-hydroxy- **10** 2298
   dimethyl ester **10** 2301
   17-methyl ester **10** 2300

—, 14-hydroxy-3-methoxy-,
   dimethyl ester **10** 2480
—, 3-methoxy- **10** 2298, 2299
   dimethyl ester **10** 2301
   17-methyl ester **10** 2300
16,17-Secoestra-1,3,5(10)-triene-
16,18-dioic acid,
—, 3-methoxy-,
   dimethyl ester **10** 2302
   18-methyl ester **10** 2301
13,17-Secoestra-1,3,5(10)-trien-17-oic
acid,
—, 3,13-dihydroxy- **10** 1910
   methyl ester **10** 1910
—, 3-hydroxy- **10** 1014
—, 13-hydroxy-3-methoxy-
   10 1910
   methyl ester **10** 1910
16,17-Secoestra-1,3,5(10)-trien-16-oic
acid,
—, 3-methoxy-17-oxo- **10** 4385
—, 3-methoxy-17-semicarbazono-,
   methyl ester **10** 4385
16,17-Secoestra-1,3,5(10)-trien-17-oic
acid 9 3116
—, 3-acetoxy-,
   methyl ester **10** 1017
—, 3-(benzoyloxy)-,
   methyl ester **10** 1018
—, 3-hydroxy- **10** 1014, 1015
   methyl ester **10** 1016
—, 1-hydroxy-4-methyl- **10** 1018
—, 3-methoxy- **10** 1015, 1016
   methyl ester **10** 1017
—, 3-methoxy-16-oxo-,
   methyl ester **10** 4384
16,17-Secoestra-1,3,5(10)-trien-18-oic
acid,
—, 3-hydroxy- **10** 1014, 1015
—, 3-methoxy- **10** 1015, 1016
   methyl ester **10** 1017
—, 3-methoxy-16-oxo-,
   methyl ester **10** 4385
22,23-Secofesane-22,26-dioic acid,
—, 3-acetoxy-16-hydroxy-23-oxo-,
   dimethyl ester **10** 4806
—, 3,16-dihydroxy-23-oxo-
   10 4806
   dimethyl ester **10** 4806
2,3-Secofriedelane-2,3-dioic acid
9 4376
   dimethyl ester **9** 4377
3,4-Secofriedelan-3-oic acid,
—, 4-oxo- **10** 3139
   methyl ester **10** 3140
14,15-Seco-D-friedours-9(11)-en-15-oic
acid,
—, 3-hydroxy-12,14-dioxo- **10** 4645
—, 3,12,14-trioxo- **10** 4002

16,17-Seco-D-homoandrostane-16,17-dioic acid,
—, 17a-methyl-3-oxo- 10 3948
    dimethyl ester 10 3949
17,17a-Seco-D-homoandrostane-17,17a-dioic acid,
—, 3-acetoxy-,
    dimethyl ester 10 2146
17,17a-Seco-D-homoandrostan-17a-oic acid,
—, 3-acetoxy-17-diazo-16-oxo-,
    methyl ester 10 4572
17,17a-Seco-D-homoandrost-5-ene-17,17a-dioic acid,
—, 3-acetoxy-,
    17-amide 17a-methyl ester 10 2248
—, 3-hydroxy- 10 2247
    17-amide 10 2248
    17a-methyl ester 10 2247
17,17a-Seco-D-homoestra-1,3,5(10)-triene-17,17a-dioic acid,
—, 3-methoxy- 10 2304, 2305
    dimethyl ester 10 2306
17,17a-Seco-D-homoestra-1,3,5(10)-triene-17,18-dioic acid,
—, 3-methoxy- 10 2306
17,17a-Seco-D-homoestra-1,3,5(10)-trien-17a-oic acid,
—, 17-diazo-3-methoxy-16-oxo-,
    methyl ester 10 4663
2,3-Secolanost-8-ene-2,3-dioic acid 9 4375
    dimethyl ester 9 4375
3,4-Secolupa-4(23),20(29)-dien-3-oic acid 9 3130
2,3-Secolupane-2,3-dioic acid 9 4377
—, 28-(nitryloxy)- 10 2252
2,3-Secolupane-2,3,28-trioic acid 9 4818
    trimethyl ester 9 4819
3,5-Seco-A-norandrostan-3-oic acid,
—, 17-(benzoyloxy)-5-oxo- 10 4197
—, 17-hydroxy-5-(hydroxyimino)- 10 4198
—, 17-hydroxy-5-oxo- 10 4197
3,5-Seco-A-norcholane-3,24-dioic acid,
—, 5,12-dioxo- 10 4062
—, 7,12-dioxo- 10 4062
    dimethyl ester 10 4063
—, 5-hydroxy-6,12-dioxo- 10 4805
—, 5-oxo- 10 3951
—, 6-oxo- 10 3952
    dimethyl ester 10 3952
—, 12-oxo- 10 3951
—, 6,7,11-tribromo-5,12-dioxo- 10 4062
9,11-Seco-C-norcholane-11,24-dioic acid,
—, 8-bromo-9-oxo- 10 3951
—, 8-hydroxy-9-oxo- 10 4734
—, 8-methoxy-9-oxo- 10 4734
—, 9-oxo- 10 3951

11,12-Seco-A-norcholane-11,12,19,24-tetraoic acid,
—, 3-oxo- 10 4166
2,3-Seco-A-norcholane-2,3,24-trioic acid,
—, 12-oxo- 10 4119
3,4-Seco-B-norcholane-3,4,24-trioic acid,
—, 6-acetoxy-5-hydroxy-12-oxo-,
    trimethyl ester 10 4860
—, 11-bromo-5,6-dihydroxy-12-oxo- 10 4860
    trimethyl ester 10 4860
—, 11-bromo-5-hydroxy-6,12-dioxo- 10 4862
—, 11-bromo-5-(nitryloxy)-6,12-dioxo- 10 4862
    trimethyl ester 10 4862
—, 5,6-dihydroxy-12-oxo- 10 4859
    trimethyl ester 10 4859
—, 5-hydroxy-6,12-dioxo- 10 4861
11,12-Seco-A-norcholane-11,12,24-trioic acid,
—, 2,3-dioxo- 10 4145
—, 2-hydroxy-3-oxo- 10 4843
—, 3-oxo- 10 4118
11,12-Seco-24-norcholane-11,12,23-trioic acid,
—, 3-oxo-,
    methyl ester 10 4118
3,5-Seco-A-norchol-5-ene-3,24-dioic acid,
—, 6-bromo-7,12-dioxo- 10 4068
—, 6-bromo-5-nitro-7,12-dioxo- 10 4068
—, 7,12-dioxo- 10 4067
11,12-Seco-A-norchol-1-ene-11,12,24-trioic acid,
—, 3-oxo- 10 4132
2,3-Seco-A-norcholestane-2,3-dioic acid 9 4086
6,7-Seco-A-norcholestane-6,7-dioic acid,
—, 2-oxo- 10 3952
3,5-Seco-A-norcholestan-3-oic acid 9 359
—, 5-(hydroxyimino)- 10 2970
—, 5-oxo- 10 2970
3,5-Seco-A-norcholest-1-en-3-oic acid,
—, 5-oxo- 10 3138
6,8-Seco-B-norestra-1,3,5(10)-trien-6-oic acid,
—, 3,17-diacetoxy-8-oxo- 10 4637
2,3-Seco-A-norfriedelan-2-oic acid,
—, 3-(hydroxyimino)- 10 3139
    methyl ester 10 3139
—, 3-oxo- 10 3138
    methyl ester 10 3139
1,2-Seco-A-norlupane-1,2,28-trioic acid 9 4818
    trimethyl ester 9 4818
3,4-Seco-24-noroleanane-3,28-dioic acid,
—, 4,12-dioxo-,
    dimethyl ester 10 4068

3,4-Seco-24-norolean-12-ene-3,28-dioic acid,
—, 4,11-dioxo-,
   dimethyl ester **10** 4073
—, 4-oxo-,
   dimethyl ester **10** 3997
   3-methyl ester **10** 3997
1,2-Seco-A-norolean-12-ene-
1,2,28-trioic acid 9 4826
   1,28-dimethyl ester **9** 4827
   trimethyl ester **9** 4827
—, 12-nitro- **9** 4827
   trimethyl ester **9** 4828
—, 11-oxo-,
   trimethyl ester **10** 4138
2,3-Seco-24-norolean-12-ene-
2,3,28-trioic acid 9 4828
   trimethyl ester **9** 4828
—, 11-oxo- **10** 4138
   trimethyl ester **10** 4138
18,19-Seco-28-norolean-9(11)-en-19-oic
acid,
—, 3-hydroxy-12,18-dioxo- **10** 4643
18,19-Seco-30-norolean-9(11)-en-19-oic
acid,
—, 3-hydroxy-12,18-dioxo- **10** 4644
2,3-Seco-21-norpregnane-2,3,20-trioic
acid 9 4784
   20-methyl ester **9** 4785
   trimethyl ester **9** 4785
3,4-Seco-21-norpregnane-3,4,20-trioic
acid,
—, 17-methyl- **9** 4786
3,5-Seco-A-norpregnan-3-oic acid 9 356
—, 5,20-dioxo- **10** 3542
2,3-Seco-27-norursa-12,14-diene-
2,3,28-trioic acid 9 4833
   trimethyl ester **9** 4834
11,12-Secooleanane-11,12-dioic acid,
—, 3-acetoxy- **10** 2252
   dimethyl ester **10** 2252
—, 3,21,24-triacetoxy- **10** 2570
—, 3,22,24-triacetoxy- **10** 2570
11,12-Secooleanane-11,12,28-trioic acid,
—, 3-oxo-,
   trimethyl ester **10** 4136
2,3-Secoolean-12-ene-2,3,28-trioic acid
9 4829
   2,3-dimethyl ester **9** 4829
   trimethyl ester **9** 4829
—, 12-nitro- **9** 4830
   trimethyl ester **9** 4830
18,19-Secoolean-9(11)-en-19-oic acid,
—, 3-acetoxy-12,18-dioxo- **10** 4646
   methyl ester **10** 4646
—, 3,18-diacetoxy- **10** 1901
   methyl ester **10** 1902
—, 3,18-dihydroxy- **10** 1901
—, 3-hydroxy-12,18-dioxo- **10** 4645
   methyl ester **10** 4646

8,14-Secopodocarpan-15-oic acid,
—, 7-bromo-14,14-dimethyl-8,13-dioxo-
   10 3536
—, 7-chloro-14,14-dimethyl-8,13-dioxo-
   10 3536
—, 14,14-dimethyl-8,13-dioxo- **10** 3535
—, 7-iodo-14,14-dimethyl-8,13-dioxo-
   10 3536
13,14-Secopodocarp-7-ene-14,15-dioic
acid,
—, 13-isopropyl-13-oxo- **10** 3948
13,14-Secopodocarp-7-en-15-oic acid,
—, 13-isopropyl-13,14-dioxo- **10** 3541
2,3-Secopregnane-2,3-dioic acid,
—, 20-oxo- **10** 3950
3,4-Secopregnane-3,4-dioic acid 9 4085
   dimethyl ester **9** 4085
—, 20-acetoxy- **10** 2156
—, 20-hydroxy- **10** 2155
—, 20-oxo- **10** 3949
   dimethyl ester **10** 3950
2,3-Secopregnane-2,3,21-trioic acid,
—, 20-methyl-16-oxo- **10** 4117
   trimethyl ester **10** 4118
16,17-Secopregnan-16-oic acid,
—, 3,17,20-trioxo- **10** 3975
2,3-Secostigmastane-2,3-dioic acid
9 4093
   dimethyl ester **9** 4093
—, 6-oxo- **10** 3955
   dimethyl ester **10** 3955
3,4-Secostigmastane-3,4-dioic acid
9 4093
   dimethyl ester **9** 4093
6,7-Secostigmastane-6,7-dioic acid
9 4092
—, 3-chloro- **9** 4092
2,3-Seco-14-taraxerane-2,3-dioic acid
9 4376
   dimethyl ester **9** 4376
1,5-Seco-A,A,A-trinorcholane-
19,24-dioic acid,
—, 7-oxo- **10** 3949
3,4-Seco-17,18,19-trinorkaurane-
3,4-dioic acid,
—, 16-oxo-,
   diethyl ester **10** 3946
   dimethyl ester **10** 3945
   4-ethyl ester **10** 3946
   3-ethyl ester 4-methyl ester
      10 3946
   4-ethyl ester 3-methyl ester
      10 3946
   4-methyl ester **10** 3945
11,12-Secoursane-11,12-dioic acid,
—, 3-hydroxy-,
   dimethyl ester **10** 2252
—, 3-oxo-,
   dimethyl ester **10** 3977

15,16-Secours-12-ene-15,16-dioic acid,
—, 3-hydroxy-11-oxo-,
    dimethyl ester **10** 4760
Sedanolic acid,
—, dihydro- **10** 46, 47
Sedanonic acid 10 2933
—, dihydro- **10** 2886
Sekikaic acid 10 2131
Selenide,
—, o-(benzoyloxy)phenyl p-(benzoyloxy)-
    phenyl **9** 563
—, bis[o-(benzoyloxy)phenyl]- **9** 554
—, bis[p-(benzoyloxy)phenyl] **9** 564
Selenobenzoic acid 9 1999
    Se-benzyl ester **9** 2000
    Se-phenyl ester **9** 2000
Selenourea,
—, benzoyl- **9** 1121
—, 3-benzoyl-1,1-diethyl- **9** 1121
Semicarbazide,
—, 1-benzoyl- **9** 1319
—, 1-benzoyl-4-ethyl- **9** 1320
—, 1-benzoyl-4-isopropyl- **9** 1320
—, 1-benzoyl-4-methyl- **9** 1319
—, 1-benzoyl-4-propyl- **9** 1320
—, 1-(cyclohexylthiocarbonyl)- **9** 39
—, 1-(phenylacetyl)- **9** 2259
Senegenic acid 10 2481
Senegenin 10 2482
Sennidin-A 10 4871
Sennidin-B 10 4871
Serine,
—, N-acetyl-O-benzoyl- **9** 893
—, N-benzoyl- **9** 1169
    ethyl ester **9** 1170
—, O-benzoyl- **9** 893
    methyl ester **9** 893
—, O-benzoyl-N-(N-benzoylleucyl)- **9** 1161
—, N-benzoyl-O-ethyl- **9** 1169
—, O-benzoyl-N-hippuroyl- **9** 1134
—, N-(N-benzoylleucyl)- **9** 1160
—, N-benzoyl-O-methyl- **9** 1169
—, N-(bromophenylacetyl)-O-ethyl-
    9 2278
—, N-(chlorophenylacetyl)-O-ethyl-
    9 2268
—, N-(cyclohexylacetyl)- **9** 49
—, N,O-dibenzoyl- **9** 1170
—, N-(3,5-dinitrobenzoyl)- **9** 1940
—, N-hippuroyl- **9** 1134
—, O-methyl-N-(phenylacetyl)- **9** 2220
    hydrazide **9** 2221
    methyl ester **9** 2220
—, N-(4-nitrobenzoyl)- **9** 1735
—, N-(phenylacetyl)- **9** 2219
Shellane 10 2465
Shellolic acid 10 2465
Shikimic acid 10 2027
—, dihydro- **10** 2023

Shonanic acid 9 305
—, tetrahydro- **9** 77
Siaresinolic acid 10 1915
α-Siaresinonic acid
    methyl ester **10** 3616
β-Siaresinonic acid 10 3618
Silane,
—, tetrakis(benzoyloxy)- **9** 1057
—, tetrakis[o-(methoxycarbonyl)phenoxy]-
    10 115
—, tetrakis[o-(pentyloxycarbonyl)-
    phenoxy]- **10** 123
Sinapic acid 10 2200
Sinapin 10 2201
Sinomenolquinone,
—, di-O-benzoyl- **9** 849
Sitostanedioic acid 9 4093
(β-)Sitosterol,
—, O-benzoyl- **9** 469
—, O-(3,5-dinitrobenzoyl)- **9** 1868
—, O-(2-naphthoyl)- **9** 3180
—, O-(3-nitrobenzoyl)- **9** 1500
Skimmiol,
—, O-benzoyl- **9** 489
—, O-benzoyldihydro- **9** 473
Skimmioldioic acid,
—, dihydro- **9** 4376
α-Solannellic acid 9 4912
β-Solannellic acid 9 4913
Sorbitol see *Glucitol*
Soyasapogenol-A,
—, tetra-O-benzoyl- **9** 693
Soyasapogenol-B,
—, tri-O-benzoyl- **9** 683
—, tris-O-(4-bromobenzoyl)- **9** 1415
Soyasapogenol-C,
—, di-O-benzoyl- **9** 619
Soyasapogenol-D,
—, di-O-benzoyl- **9** 683
Sparassol 10 1481
Spherophorin 10 1586
Sphingosine,
—, N-benzoyl- **9** 1088
—, N-benzoyldihydro- **9** 1088
—, O,O'-dibenzoyl-N-tetracosanoyl-
    9 892
—, N,O,O-tribenzoyl- **9** 1088
—, N,O,O-tribenzoyldihydro- **9** 1088
Spinastanol,
—, O-(4-nitrobenzoyl)- **9** 1599
α-Spinastenol,
—, O-(4-nitrobenzoyl)- **9** 1608
β-Spinastenol,
—, O-(4-nitrobenzoyl)- **9** 1608
α-Spinasterol,
—, O-benzoyl- **9** 484
—, O-(3,5-dinitrobenzoyl)- **9** 1877
—, O-(4-nitrobenzoyl)- **9** 1611
Spinostanedioic acid 9 4093

Spiro[1*H*-2-benzopyrano-4(3*H*),9'-fluorene]
see Spiro[fluorene-9,4'-isochroman]
1,1'-Spirobiindan,
—, 6,6'-bis(benzoyloxy)-
3,3,3',3',5,5'-hexamethyl- **9** 650
—, 5,5',6,6',7,7'-hexakis(benzoyloxy)-
3,3,3',3'-tetramethyl- **9** 714
—, 3,3,3',3',5,5'-hexamethyl-6,6'-bis=
(4-nitrobenzoyloxy)- **9** 1654
—, 5,5',6,6'-tetrakis(benzoyloxy)-
3,3,3',3'-tetramethyl- **9** 700
—, 5,5',6,6'-tetrakis(4-chlorobenzoyloxy)-
3,3,3',3'-tetramethyl- **9** 1360
Spiro[cyclohexane-1,1'-indan],
—, 5'-(benzoyloxy)- **9** 475
—, 5'-(3,5-dinitrobenzoyloxy)- **9** 1869
Spiro[cyclohexane-1,1'-indan]-
x'-carboxylic acid **9** 3102
Spiro[cyclohexane-1,2'-indan]-
2-carboxylic acid,
—, 3,5-dioxohexahydro-,
ethyl ester **10** 3540
Spiro[cyclohexane-1,1'(2'*H*)-naphthalene]-
2',2',4'-tricarbonitrile,
—, 3'-imino-
3',5',6',7',8',8a'-hexahydro-
10 4132
Spiro[cyclopentane-1,2'-indan]-
2,5-dicarboxylic acid,
—, 3,4-dioxohexahydro-,
dimethyl ester **10** 4060
Spiro[cyclopropane-1,9'-fluorene]-
2-carboxylic acid **9** 3510
ethyl ester **9** 3510
Spiro[cyclopropane-1,2'-indan]-
2,3-dicarboxylic acid,
—, hexahydro- **9** 4070
—, 2-hydroxyhexahydro- **10** 2140
—, 2-methoxyhexahydro- **10** 2141
diethyl ester **10** 2141
Spiro[cyclopropane-1,2'(1'*H*)-
naphthalene]-2,3-dicarboxylic acid,
—, 2-methoxyoctahydro- **10** 2142
—, octahydro- **9** 4076
Spiro[4.5]decane,
—, 8-(3,5-dinitrobenzoyloxy)-
2-isopropyl-6,10-dimethyl-
9 1838
—, 8-(3,5-dinitrobenzoyloxy)-
2-isopropyliden-6,10-dimethyl-
9 1844
Spiro[4.5]decane-1-carboxylic acid,
—, 7-methyl- **9** 256
—, 6-methyl-4-oxo-,
ethyl ester **10** 2934
—, 7-methyl-4-oxo- **10** 2935
—, 8-methyl-4-oxo- **10** 2935
—, 4-oxo- **10** 2922
ethyl ester **10** 2922

—, 4-semicarbazono-,
ethyl ester **10** 2922
Spiro[4.5]decane-1,3-dicarboxylic
acid,
—, 7,7-dimethyl-4-oxo-,
diethyl ester **10** 3938
—, 6-methyl-4-oxo-,
diethyl ester **10** 3935
—, 7-methyl-4-oxo-,
diethyl ester **10** 3935
—, 8-methyl-4-oxo-,
diethyl ester **10** 3935
—, 4-oxo-,
diethyl ester **10** 3934
Spiro[4.5]decan-2-one,
—, 1-isopropyl-4,8-dimethyl-7-
(4-nitrobenzoyloxy)- **9** 1673
Spiro[fluorene-9,1'-indene]-
2'-carbonitrile,
—, 3'-phenyl- **9** 3691
Spiro[fluorene-9,4'-isochroman]-
3'-one,
—, 1'-hydroxy-1'-phenyl- **10** 3506
Spiro[furan-3(2*H*),2'-indan]-
2-carboxylic acid,
—, 2-hydroxy-5-oxooctahydro-
10 3937
Spiro[furan-3(2*H*),2'-indan]-5(4*H*)-one,
—, 2-hydroxy-2-methylhexahydro-
10 2944
Spiro[furan-3(2*H*),2'(1'*H*)-naphthalene]-
2-carboxylic acid,
—, 2-hydroxy-5-oxodecahydro-
10 3938
Spiro[3.3]heptane,
—, 2,6-bis[(2-carboxybenzoyloxy)methyl]-
9 4176
Spiro[3.3]heptane-2,6-dicarbonyl
dichloride **9** 3969
—, 2,6-dibromo- **9** 3970
Spiro[3.3]heptane-2,6-dicarboxamide
9 3969
—, 2,6-dibromo- **9** 3970
Spiro[2.4]heptane-1,2-dicarboxylic
acid,
—, 1-methoxy-5-methyl- **10** 2050
—, 5-methyl- **9** 3990
Spiro[3.3]heptane-2,6-dicarboxylic
acid,
dimethyl ester **9** 3969
diphenyl ester **9** 3969
—, 2,6-dibromo- **9** 3969
di-*tert*-butyl ester **9** 3970
diethyl ester **9** 3969
dimethyl ester **9** 3969
diphenyl ester **9** 3970
—, 2,6-dihydroxy- **10** 2415
Spiro[3.3]heptane-
2,2,6,6-tetracarboxylic acid **9** 4861

**Spiro[indan-2,4'-[4*H*]pyran]-
3'-carboxylic acid,**
—, 6'-hydroxy-6'-methyl-
   2'-oxodecahydro- **10** 3940
Spiro[indan-2,4'-pyran]-2'(3'*H*)-one,
—, 6'-hydroxy-6'-methyloctahydro-
   10 2947
Spiro[3.5]nonane-1-carboxylic acid,
—, 3-carbamoyl-1,3-dicyano-7-methyl-
   9 4864
—, 3-carbamoyl-1,3-dicyano-8-methyl-
   9 4863
Spiro[4.4]nonane-1-carboxylic acid,
—, 4-oxo- **10** 2909
   ethyl ester **10** 2910
—, 4-semicarbazono- **10** 2910
Spiro[4.4]nonane-2-carboxylic acid,
—, 1-oxo-,
   ethyl ester **10** 2910
**Spiro[3.5]nonane-1,2-dicarboxylic
acid,**
—, 3-oxo-,
   diethyl ester **10** 3932
**Spiro[3.5]nonane-1,3-dicarboxylic acid
9** 4001
—, 1,3-dicarbamoyl- **9** 4863
—, 6-methyl- **9** 4008
Spiro[4.4]nonane-1,3-dicarboxylic acid,
—, 6-methyl-4-oxo-,
   diethyl ester **10** 3934
—, 4-oxo-,
   diethyl ester **10** 3932
**Spiro[4.4]nonane-1,4-dicarboxylic
acid,**
—, 7-methyl-2,3-dioxo-,
   dimethyl ester **10** 4056
**Spiro[3.5]nonane-
1,1,3,3-tetracarboxylic acid
9** 4863
—, 6-methyl- **9** 4863
—, 7-methyl- **9** 4864
Spiro[3.4]octane-1-carboxylic acid,
—, 3-carbamoyl-1,3-dicyano- **9** 4862
**Spiro[2.5]octane-1,2-dicarboxylic
acid,**
—, 1-methoxy-5-methyl- **10** 2051, 2052
—, 1-methoxy-6-methyl- **10** 2052
—, 5-methyl- **9** 4002
—, 6-methyl- **9** 4002
**Spiro[2.5]octane-
1,1,2,2-tetracarbonitrile 9** 4862
**Spiro[3.4]octane-
1,1,3,3-tetracarboxylic acid 9** 4862
Spiro[5.5]undecane-1-carboxylic acid,
—, 7-methyl-2,4-dioxo-,
   ethyl ester **10** 3533
Squamatic acid 10 2451
Stearic acid
   see *Octadecanoic acid*

Stellastanol,
—, O-(3,5-dinitrobenzoyl)- **9** 1860
Sterculic acid 9 293
Sterocholanic acid,
—, tetraketo- **10** 4072
Steviol 10 942
Stictininic acid 10 4721
Stigmasta-5,22-diene,
—, 3-(*p*-anisoyloxy)- **10** 313
—, 3-(benzoyloxy)- **9** 483
—, 7-(benzoyloxy)-3-
   (3,5-dinitrobenzoyloxy)- **9** 1915
—, 3,7-bis(benzoyloxy)- **9** 607
—, 3,7-bis(3,5-dinitrobenzoyloxy)-
   9 1915
—, 3-(cinnamoyloxy)- **9** 2694
—, 3-(3,5-dinitrobenzoyloxy)- **9** 1876
—, 3-(2-iodobenzoyloxy)- **9** 1435
—, 3-(4-nitrobenzoyloxy)- **9** 1611
—, 3-(salicyloyloxy)- **10** 136
Stigmasta-5,24(28)-diene,
—, 3-(benzoyloxy)- **9** 483
Stigmasta-5,7-diene,
—, 3-(benzoyloxy)- **9** 482, 483
Stigmasta-7,22-diene,
—, 3-(benzoyloxy)- **9** 484
—, 3-(3,5-dinitrobenzoyloxy)- **9** 1877
—, 3-(4-nitrobenzoyloxy)- **9** 1611
Stigmasta-7,24-diene,
—, 3-(benzoyloxy)- **9** 484
Stigmasta-5,22-dien-3-ol,
—, 7-(benzoyloxy)- **9** 607
Stigmastane,
—, 3-(benzoyloxy)- **9** 452
—, 3-(benzoyloxy)-5,6-dichloro-
   9 452, 453
—, 3,7-bis(3,5-dinitrobenzoyloxy)-
   9 1910
—, 3-(3,5-dinitrobenzoyloxy)-
   9 1860, 1861
—, 3-(4-nitrobenzoyloxy)- **9** 1599
Stigmastan-5-ol,
—, 3,6-bis(benzoyloxy)- **9** 679
Stigmasta-5,7,22-triene,
—, 3-(benzoyloxy)- **9** 499
Stigmast-4-ene,
—, 3,6-bis(benzoyloxy)- **9** 603
Stigmast-5-ene,
—, 3-(benzoyloxy)- **9** 469
—, 3-(benzoyloxy)-22,23-dibromo-
   9 470
—, 3,7-bis(benzoyloxy)- **9** 604
—, 3-(cinnamoyloxy)- **9** 2693
—, 3-(3,5-dinitrobenzoyloxy)- **9** 1868
—, 3-(2-iodobenzoyloxy)- **9** 1435
—, 3-(2-naphthoyloxy)- **9** 3180
—, 3-(3-nitrobenzoyloxy)- **9** 1500
Stigmast-7-ene,
—, 3-(benzoyloxy)- **9** 470

Stigmast-8(14)-ene,
—, 3-(benzoyloxy)- **9** 470
—, 3-(3,5-dinitrobenzoyloxy)- **9** 1868
—, 3-(4-nitrobenzoyloxy)- **9** 1608
Stigmast-14-ene,
—, 3-(3,5-dinitrobenzoyloxy)- **9** 1869
—, 3-(4-nitrobenzoyloxy)- **9** 1608
Stigmast-22-ene,
—, 3-(benzoyloxy)- **9** 470, 471
—, 3-(benzoyloxy)-5,6-dichloro- **9** 471
Stigmasterol,
—, O-p-anisoyl- **10** 313
—, O-benzoyl- **9** 483
—, O-cinnamoyl- **9** 2694
—, O-(3,5-dinitrobenzoyl)- **9** 1876
—, O-(4-nitrobenzoyl)- **9** 1611
—, O-salicyloyl- **10** 136
Stilbene,
—, 3-acetoxy-5-(benzoyloxy)- **9** 634
—, 4-(benzoyloxy)- **9** 516
—, 4′-(benzoyloxy)-2,4-dinitro- **9** 517
—, α-(benzoyloxy)-
2,2′,3,4′,5,6,6′-heptamethyl- **9** 520
—, α-(benzoyloxy)-
2,2′,4,4′,6,6′-hexamethyl- **9** 519
—, 3-(benzoyloxy)-5-methoxy- **9** 634
—, α-(benzoyloxy)-4-methyl-4′-nitro-
9 517
—, α,α′-bis(benzoyloxy)- **9** 635
—, 3,5-bis(benzoyloxy)- **9** 634
—, α,α′-bis(benzoyloxy)-3,3′-dibromo-
2,2′,4,4′,6,6′-hexaethyl- **9** 643
—, α,α′-bis(benzoyloxy)-4,4′-dibromo-
2,2′,6,6′-tetramethyl- **9** 639
—, 4,4′-bis(benzoyloxy)-α,α′-dibutyl-
9 642
—, 4,4′-bis(benzoyloxy)-3,3′-di-
(cyclohex-2-en-1-yl)-α,α′-diethyl-
9 654
—, 4,4′-bis(benzoyloxy)-α,α′-diethyl-
9 638
—, 4,4′-bis(benzoyloxy)-
α,α′-diisopropyl- **9** 640
—, 4,4′-bis(benzoyloxy)-α,α′-di(prop-
1-enyl)- **9** 651
—, 4,4′-bis(benzoyloxy)-α-ethyl- **9** 636
—, 4,4′-bis(benzoyloxy)-α-ethyl-
α′-methyl- **9** 636
—, 4,4′-bis(benzoyloxy)-α-ethyl-α′-
(prop-1-enyl)- **9** 648
—, 4,4′-bis(benzoyloxy)-α-ethyl-
α′-propyl- **9** 640
—, α,α′-bis(benzoyloxy)-
2,2′,4,4′,6,6′-hexaethyl-
9 642, 643
—, α,α′-bis(benzoyloxy)-
2,2′,4,4′,6,6′-hexamethyl- **9** 641
—, 4,4′-bis(benzoyloxy)-α-methyl-
9 636

—, 4,4′-bis(benzoyloxy)-α-methyl-
α′-propyl- **9** 637
—, 2,α′-bis(benzoyloxy)-5-nitro- **9** 635
—, α,α′-bis(benzoyloxy)-
2,2′,6,6′-tetramethyl- **9** 639
—, α,α′-bis(benzoyloxy)-
2,4,6-trimethyl- **9** 637
—, α,α′-bis(p-toluoyloxy)- **9** 2339
—, 4-(4-bromobenzoyloxy)-α,α′-diethyl-
4′-methoxy- **9** 1408
—, 4-bromo-α,α′-diethyl-4′-
(4-nitrobenzoyloxy)- **9** 1617
—, 3,3′-diallyl-4,4′-bis(benzoyloxy)-
α,α′-diethyl- **9** 651
—, α,α′-diethyl-4,4′-
bis(1-naphthoyloxy)- **9** 3142
—, α,α′-diethyl-4,4′-
bis(2-naphthoyloxy)- **9** 3183
—, α,α′-diethyl-4,4′-bis(phenylacetoxy)-
9 2186
—, 2,3′,4,5′-tetrakis(benzoyloxy)-
9 697
—, 2,3′,4,5′-tetrakis(benzoyloxy)-4′-
(3,7-dimethylocta-2,6-dienyl)-
9 700
—, 3,3′,5′-tris(benzoyloxy)-4-methoxy-
9 697
—, 2,4,4′-tris(benzoyloxy)-α′-methyl-
9 685
Stilbene-2-carbonitrile,
—, 3′-methoxy-4-nitro- **10** 1258
—, 4-nitro- **9** 3429
Stilbene-4-carbonitrile 9 3434
—, 4′-bromo- **9** 3435
—, 5′-bromo-2′-methoxy-2-nitro- **10** 1260
—, 4′-bromo-2′-methyl- **9** 3456
—, 2′-chloro-2-nitro- **9** 3436
—, α,α′-diethyl-4′-methoxy- **10** 1289
—, 2,3-dinitro- **9** 3437
—, α-ethyl-4′-methoxy- **10** 1275
—, 2′-formyl-2-nitro- **10** 3381
—, 4′-hydroxy- **10** 1261
—, 4′-methoxy- **10** 1261
—, 4′-methoxy-α,α′-dimethyl- **10** 1276
—, 2′-methoxy-2-nitro- **10** 1260
—, 4′-methoxy-2-nitro- **10** 1262
—, 5-methyl-2-nitro- **9** 3456
—, 4′-nitro- **9** 3435
Stilbene-4-carbonyl chloride 9 3433
Stilbene-2-carboxamide,
—, 2′,4-dinitro- **9** 3430
—, 3′,4-dinitro- **9** 3431
—, 4,4′-dinitro- **9** 3431
—, 4-nitro- **9** 3429
Stilbene-3-carboxamide,
—, 4-nitro- **9** 3432
Stilbene-4-carboxamide 9 3434
—, 4′-carbamimidoyl- **9** 4597
—, 2-nitro- **9** 3435

Stilbene-4-carboxamidine 9 3434
—, 2'-cyano- **9** 4594
—, 4'-hydroxy- **10** 1261
—, 4'-nitro- **9** 3436
Stilbene-4-carboximidic acid,
—, 2'-cyano-,
    ethyl ester **9** 4593
Stilbene-2-carboxylic acid 9 3428
    ethyl ester **9** 3429
    hydrazide **9** 3429
—, 4'-chloro-4,6-dinitro- **9** 3431
    methyl ester **9** 3431
—, 3,4'-dihydroxy- **10** 1995
—, 3,3'-dihydroxy-4'-methoxy- **10** 2346
—, 3,4'-dimethoxy- **10** 1996
    methyl ester **10** 1996
—, 2',4-dinitro- **9** 3430
—, 3',4-dinitro- **9** 3430
—, 4,4'-dinitro- **9** 3431
—, 4,6-dinitro- **9** 3429
    methyl ester **9** 3430
—, 3-hydroxy-4'-methoxy- **10** 1995
—, 4'-methoxy- **10** 1258
—, 4'-methoxy-4,6-dinitro- **10** 1259
    methyl ester **10** 1259
—, 4'-methyl-4,6-dinitro- **9** 3455
    methyl ester **9** 3455
—, 4-nitro- **9** 3429
—, 3',4,4',5-tetramethoxy- **10** 2506
—, 3,3',4'-trimethoxy- **10** 2346
    methyl ester **10** 2346
Stilbene-3-carboxylic acid 9 3432
—, 4'-chloro-,
    methyl ester **9** 3432
—, α,α'-diethyl-4-hydroxy- **10** 1288
Stilbene-4-carboxylic acid 9 3432
    2-(diethylamino)ethyl ester **9** 3433
    ethyl ester **9** 3433
    methyl ester **9** 3433
—, 4'-acetoxy- **10** 1261
—, 4'-acetoxy-α,α'-diethyl- **10** 1289
—, 4'-bromo-,
    methyl ester **9** 3434
—, 4'-chloro-,
    methyl ester **9** 3434
—, 2'-chloro-2,6-dinitro- **9** 3437
    ethyl ester **9** 3437
—, 2'-chloro-2-nitro- **9** 3436
—, α-cyano- **9** 4592
—, 2'-cyano- **9** 4593
    ethyl ester **9** 4593
—, α,α'-diethyl- **9** 3483
—, α,α'-diethyl-4'-hydroxy- **10** 1288
    methyl ester **10** 1289
—, α,α'-diethyl-4'-methoxy- **10** 1288
—, 2,3'-dinitro- **9** 3436
—, 2,6-dinitro- **9** 3436
    ethyl ester **9** 3436
—, α-ethyl-4'-hydroxy- **10** 1275

—, α'-ethyl-4'-hydroxy- **10** 1275
—, 4'-hydroxy- **10** 1261
—, 4'-hydroxy-α,α'-dimethyl- **10** 1275
    methyl ester **10** 1275
—, 4'-hydroxy-α,α'-dipropyl- **10** 1296
—, 2'-methoxy-2,6-dinitro- **10** 1260
    ethyl ester **10** 1260
—, 2'-methoxy-2-nitro- **10** 1259
    ethyl ester **10** 1259
—, 2-nitro- **9** 3435
—, 2,3',6-trinitro- **9** 3437
    ethyl ester **9** 3437
—, 2,4',6-trinitro- **9** 3438
    ethyl ester **9** 3438
Stilbene-α,α'-dicarbonitrile,
—, 4,4'-diacetoxy- **10** 2531
—, 4,4'-dihydroxy- **10** 2530
—, 4,4'-dimethoxy- **10** 2530
—, 3,3',4,4'-tetramethoxy- **10** 2616
Stilbene-2,2'-dicarbonitrile 9 4592
—, 4,4'-dinitro- **9** 4593
Stilbene-2,4'-dicarbonitrile 9 4594
Stilbene-3,3'-dicarbonitrile,
—, 6,6'-dihydroxy- **10** 2531
—, 6,6'-dimethoxy- **10** 2532
Stilbene-3,4'-dicarbonitrile 9 4594
Stilbene-4,4'-dicarbonitrile 9 4597
—, α-bromo- **9** 4600
—, 2-bromo- **9** 4599
—, α-chloro- **9** 4599
—, 2-chloro- **9** 4599
—, 2,2'-dibromo- **9** 4600
—, α,α'-diethyl- **9** 4644
—, α,α'-dimethyl- **9** 4619
—, 2,2'-dimethyl- **9** 4619
—, 2,2'-dinitro- **9** 4601
—, α-ethyl- **9** 4618
—, 2-hydroxy- **10** 2388
—, 2-iodo- **9** 4600
—, 2-methoxy- **10** 2388
—, α-methyl- **9** 4609
—, 2-methyl- **9** 4610
—, 2-nitro- **9** 4600
Stilbene-4,4'-dicarbonyl dichloride 9 4596
Stilbene-4,4'-dicarboxamide 9 4596
    dioxime **9** 4599
Stilbene-3,3'-dicarboxamidine,
—, 6,6'-dihydroxy- **10** 2532
Stilbene-3,4'-dicarboxamidine 9 4594
Stilbene-4,4'-dicarboxamidine 9 4598
—, α,α'-dimethyl- **9** 4619
—, 2-hydroxy- **10** 2388
—, 2-methoxy- **10** 2388
Stilbene-4,4'-dicarboximidic acid
    diethyl ester **9** 4596
—, α,α'-diethyl-,
    diethyl ester **9** 4643
Stilbene-α,α'-dicarboxylic acid
    dimethyl ester **9** 4588, 4589

Stilbene-2,α-dicarboxylic acid **9** 4591
Stilbene-2,4'-dicarboxylic acid **9** 4593
    diethyl ester **9** 4593
Stilbene-3,3'-dicarboxylic acid,
—, 4,4'-dihydroxy- **10** 2531
—, 4,4'-dinitro- **9** 4594
Stilbene-4,α-dicarboxylic acid **9** 4591
Stilbene-4,α'-dicarboxylic acid **9** 4592
Stilbene-4,4'-dicarboxylic acid **9** 4595
    bis(2-chloroethyl) ester **9** 4595
    bis[2-(dibutylamino)ethyl] ester
    9 4596
    bis[3-(dibutylamino)propyl] ester
    9 4596
    bis[2-(diethylamino)ethyl] ester
    9 4596
    bis[2-(dimethylamino)ethyl] ester
    9 4596
    diethyl ester **9** 4595
    dimethyl ester **9** 4595
Stilbene-4,4',α-tricarbonitrile
  9 4843
Stilbene-4,4',α-tricarboxylic acid
  9 4843
Stilben-3-ol,
—, 5-(benzoyloxy)- **9** 634
Stilben-4-ol,
—, 4'-(benzoyloxy)-α,α'-diethyl-
  9 638
Stipitatic acid **10** 4506
Stovain **9** 886
Styracin **9** 2693
Styrax acid
    methyl ester **10** 2554
Styraxinolic acid **10** 2133
Styrene,
—, α-(benzoyloxy)-β,β-dibromo-
  2,4,6-trimethyl- **9** 455
—, 4-(benzoyloxy)-3-methoxy- **9** 583
—, α-(benzoyloxy)-2,4,6-trimethyl-β-
  (p-tolylsulfonyl)- **9** 588
—, 4-(3,5-dinitrobenzoyloxy)-3-methoxy-
  9 1910
—, 3-methoxy-4-(4-nitrobenzoyloxy)-
  9 1647
Suberic acid
  see *Octanedioic acid*
Succinaldehydic acid,
—, 2-benzamido- **9** 1205
    ethyl ester **9** 1206
    ethyl ester oxime **9** 1206
—, 2-cyclohexyl- **10** 2854
—, 3-cyclohexyl- **10** 2853
    ethyl ester **10** 2853
—, 2-cyclopentyl- **10** 2843
—, 2-(p-methoxyphenyl)- **10** 4240
—, 2-phenyl- **10** 3050
—, 3-phenyl-,
    ethyl ester **10** 3047

—, 2-(2-phenylacetamido)- **9** 2239
    diethyl acetal **9** 2239
    ethyl ester **9** 2239
    ethyl ester oxime **9** 2240
Succinaldehydonitrile,
—, 2-phenyl- **10** 3050
Succinamic acid,
—, 2-(benzoylthio)- **9** 1975
—, 3(or 2)-benzyl-2(or 3)-hydroxy-
  N-methyl-2(or 3)-phenethyl- **10** 2371
—, 3(or 2)-benzyl-2(or 3)-hydroxy-
  2(or 3)-phenethyl- **10** 2371
    methyl ester **10** 2371
—, 2-benzyl-2-hydroxy-3-phenyl- **10** 2355
—, 3-(bicyclohexyl-4-yl)-,
    ethyl ester **9** 4036
—, 2,3-bis(p-nitrophenyl)- **9** 4535
—, 3-bromo-3-mesityl-2-oxo-,
    ethyl ester **10** 3979
—, 2-(o-chlorophenyl)- **9** 4282
—, 2-(o-chlorophenyl)-N-methyl-
  9 4282
—, N,N-diethyl-2,2-diphenyl- **9** 4540
    methyl ester **9** 4540
—, 2,2-dimethyl-3-phenyl- **9** 4319
—, 2,2-diphenyl- **9** 4540
    ethyl ester **9** 4541
    methyl ester **9** 4540
—, 2,3-dipnenyl- **9** 4532
—, 3,3-diphenyl- **9** 4540
    ethyl ester **9** 4540
    methyl ester **9** 4540
—, 2-ethyl-2-hydroxy-3-phenyl- **10** 2235
—, 2-hydroxy-2-isobutyl-3-phenyl-
  10 2240
—, 2-hydroxy-2-methyl-3-phenyl-
  10 2230
—, 2-hydroxy-2-phenethyl-3-phenyl-
  10 2359
—, 2-hydroxy-3-phenyl-2-propyl-
  10 2238
—, 2-(p-methoxyphenyl)- **10** 2213
—, 2-(p-methoxyphenyl)-N-methyl-
  10 2213
—, N-methyl-2-phenyl- **9** 4278
—, 2-phenyl- **9** 4278
—, 3-phenyl- **9** 4278
Succinamide,
—, 2-benzyl-3-phenyl- **9** 4552
—, N,N'-bis(azidocarbonylmethyl)-
  2-phenyl- **9** 4280
—, N,N'-bis[(ethoxycarbonylamino)-
  methyl]-2-phenyl- **9** 4279
—, 2,3-bis(p-nitrophenyl)- **9** 4535
—, 2-(p-bromophenyl)-3-phenyl- **9** 4534
—, 2-(o-chlorophenyl)-3-phenyl-
  9 4533
—, 2-(p-chlorophenyl)-3-phenyl-
  9 4534

Succinamide *(continued)*
—, 2-cinnamyl- **9** 4404
—, *N,N'*-diethyl-2-phenyl- **9** 4279
—, *N,N'*-dimethyl-2,3-diphenyl-
   9 4533
—, 2,3-diphenyl- **9** 4532
—, 2-hexyl-3-phenyl- **9** 4357
—, 2-hydroxy-3-methoxy-2-
   (4-methoxybenzyl)- **10** 2564
—, 2-methyl-3-phenyl- **9** 4306
—, 2-phenyl- **9** 4279
—, 2-phenyl-3-*p*-tolyl- **9** 4561
Succinic acid
   3-(benzoyloxy)cholest-5-en-7-yl
     ester **9** 602
   7-(benzoyloxy)cholest-5-en-3-yl
     ester **9** 602
   bis[2-(4-nitrobenzoyloxy)ethyl]
     ester **9** 1621
—, (α-acetoxybenzhydryl)-
   benzhydrylidene- **10** 2405
—, (*p*-acetoxyphenyl)-,
   dimethyl ester **10** 2213
—, 2-acetyl-2-benzoyl-,
   diethyl ester **10** 4065
—, 2-acetyl-2-benzyl-,
   diethyl ester **10** 3969
—, 2-acetyl-2-(3-chlorobenzyl)-,
   diethyl ester **10** 3969
—, 2-acetyl-2-(3,5-dimethoxybenzoyl)-,
   diethyl ester **10** 4846
—, 2-acetyl-2-(3,7-dimethoxy-
   2-naphthoyl)-,
   diethyl ester **10** 4852
—, 2-acetyl-2-(4-methoxybenzyl)-,
   diethyl ester **10** 4744
—, 2-acetyl-2-veratroyl-,
   diethyl ester **10** 4846
—, *m*-anisoyl-,
   diethyl ester **10** 4742
—, (9-anthryl)- **9** 4658
—, (7*H*-benz[*de*]anthracen-7-yl)-
   9 4689
—, 2-benzhydrylidene- **9** 4610
   1-*tert*-butyl ester **9** 4611
   diethyl ester **9** 4611
   dimethyl ester **9** 4610
   1-ethyl ester **9** 4611
   4-ethyl ester **9** 4611
   4-methyl ester **9** 4610
—, benzhydrylidene(3,3-
   diphenylallylidene)- **9** 4735
—, benzhydrylidene(3,3-
   diphenylpropylidene)- **9** 4734
—, benzhydrylidene(2-nitrobenzylidene)-
   9 4707
—, (benzimidoylthio)- **9** 1985
—, (8*H*-benzo[*fg*]naphthacen-8-yl)-
   9 4717

—, benzoyl-,
   diethyl ester **10** 3962
—, 2-benzoyl-2-methyl-,
   diethyl ester **10** 3967
—, (benzoylthio)- **9** 1974, 1975
—, benzyl- **9** 4299, 4300
   bis(benzylidenehydrazide) **9** 4301
   bis(isopropylidenehydrazide) **9** 4301
   dihydrazide **9** 4301
   dimethyl ester **9** 4300
—, benzylbenzylidene- **9** 4616
   dimethyl ester **9** 4616
—, 2-benzyl-2-cyano-,
   diethyl ester **9** 4800
—, benzylidene(fluoren-9-ylidene)-
   9 4716
—, 2-benzyl-3-(4-methoxybenzyl)-
   10 2360
—, benzyl(4-methoxybenzylidene)-
   10 2389
—, 2-benzyl-2-phenyl- **9** 4557
   dimethyl ester **9** 4557
   1-ethyl ester **9** 4557
   4-ethyl ester **9** 4557
   1-methyl ester **9** 4557
   4-methyl ester **9** 4557
—, 2-benzyl-3-phenyl- **9** 4551
   dimethyl ester **9** 4552
—, (bicyclohexyl-4-yl)- **9** 4036
—, 2,3-bis(4-acetoxy-3-methoxybenzyl)-
   10 2613
—, 2,3-bis(*p*-anisoyloxy)- **10** 325, 326
—, bis[α-(benzoyloxy)benzylidene]-,
   diethyl ester **10** 2539
—, 2,3-bis[4-(benzyloxy)-
   3-methoxybenzyl]- **10** 2612
—, 2,3-bis(3,4-dihydroxyphenyl)- **10** 2610
—, 2,3-bis(3,5-dinitrobenzamido)-
   9 1944
—, bis(2-methoxybenzylidene)- **10** 2539
—, bis(4-methoxybenzylidene)- **10** 2539
—, 2,3-bis(4-methoxycinnamoyl)-,
   diethyl ester **10** 4857
—, bis(4-methylbenzylidene)- **9** 4664
—, 2,3-bis(4-methylphenacyl)-2,3-di-
   p-tolyl- **10** 4100
—, 2,3-bis(phenylacetyl)-,
   diethyl ester **10** 4079
—, 2,3-bis(5-phenylpenta-2,4-dienoyl)-,
   dimethyl ester **10** 4095
—, bis(α-propylbenzylidene)- **9** 4670
—, (10-bromo-9-anthryl)- **9** 4658
—, (5-bromo-2,4-dimethoxyphenyl)-
   10 2455
   dimethyl ester **10** 2455
—, [3-(3-carbazoyl-1-methylpropyl)-2-
   (methoxycarbonyl)-
   2-methylcyclopentyl]-,
   dihydrazide **9** 4859

Succinic acid *(continued)*

—, [3-carboxy-2-(carboxymethyl)-1,3-dimethylcyclohexyl]- 9 4856

—, [2-carboxy-3-(3-carboxy-1-methylpropyl)-2-methylcyclopentyl]- 9 4857

—, 2-[4-carboxy-1-(3-carboxy-1-methylpropyl)-7a-methylhexahydroindan-5-yl]-2-methyl- 9 4866

—, (1-carboxycyclohexyl)- 9 4755

—, (1-carboxycyclopentyl)- 9 4752

—, (2-carboxycyclopentyl)- 9 4752

—, 2-[4-carboxy-1-(1,5-dimethylhexyl)-7a-methylhexahydroindan-5-yl]-2-methyl- 9 4780

—, {2-carboxy-3-[3-(ethoxycarbonyl)-1-methylpropyl]-2-methylcyclopentyl}-, diethyl ester 9 4859

—, [6-(2-carboxyethyl)-3a-methyldodecahydro-1*H*-cyclopenta[*a*]-naphthalen-3-yl]- 9 4785

—, 2-[3-carboxy-2-(methoxycarbonyl-methyl)-1,3-dimethylcyclohexyl]-, dimethyl ester 9 4857
    4-methyl ester 9 4856

—, 2-{2-carboxy-3-[3-(methoxycarbonyl)-1-methylpropyl]-2-methylcyclopentyl}-, dimethyl ester 9 4858
    4-methyl ester 9 4858

—, (2-carboxy-6-methylbenzyl)- 9 4810

—, (1-carboxy-2-methylcyclohexyl)- 9 4763

—, (1-carboxy-3-methylcyclohexyl)- 9 4763

—, (1-carboxy-4-methylcyclohexyl)- 9 4764

—, (1-carboxy-3-methylcyclopentyl)- 9 4761

—, (2-carboxy-2-methylcyclopentyl)- 9 4761

—, [3-(3-carboxy-1-methylpropyl)-2-(methoxycarbonyl)-2-methylcyclopentyl]- 9 4858

—, (3-chlorobenzyl)- 9 4301

—, 2-chloro-3-(*p*-chlorophenyl)-, dimethyl ester 9 4283

—, (*o*-chlorophenyl)- 9 4282

—, (*p*-chlorophenyl)- 9 4283

—, 2-(*o*-chlorophenyl)-3-phenyl- 9 4533

—, 2-(*p*-chlorophenyl)-3-phenyl- 9 4534

—, cinnamyl- 9 4404

—, (α-cyanobenzyl)-, diethyl ester 9 4800
    dimethyl ester 9 4800

—, 2-cyano-2-(α-cyanobenzyl)-, diethyl ester 9 4875

—, 2-cyano-2-(1-cyanocyclohexyl)-, diethyl ester 9 4851

—, 2-cyano-2-(1-cyanocyclopentyl)-, diethyl ester 9 4850

—, 2-cyano-2-(α-cyano-4-methoxybenzyl)-, diethyl ester 10 2627

—, 2-cyano-2-(1-cyano-3-methylcyclopentyl)-, diethyl ester 9 4853

—, 2-cyano-2-cyclohexyl-, diethyl ester 9 4755

—, 2-cyano-2-(3,4-dihydro-1-naphthyl)-, diethyl ester 9 4831

—, 2-cyano-3,3-dimethyl-2-phenyl-, diethyl ester 9 4809

—, 2-cyano-2-[2-(ethoxycarbonyl)-cyclopentyl]-, diethyl ester 9 4850

—, 2-cyano-3-methyl-2-phenyl-, diethyl ester 9 4802

—, 2-cyano-2-(1-naphthyl)-, diethyl ester 9 4835

—, 2-cyano-2-phenyl-, diethyl ester 9 4796

—, 2-cyano-3-phenyl-, diethyl ester 9 4797

—, 2-(cyclohept-1-en-1-yl)- 9 3993
    1-ethyl ester 9 3993

—, cycloheptylidene- 9 3993

—, (cyclohex-2-en-1-yl)- 9 3975

—, 2-(cyclohex-1-en-1-yl)- 9 3974
    1-ethyl ester 9 3975
    1-methyl ester 9 3974

—, (cyclohex-1-en-1-ylmethyl)- 9 3994

—, cyclohexyl- 9 3857
    diethyl ester 9 3858
    dimethyl ester 9 3857

—, cyclohexylidene- 9 3975

—, (cyclopent-2-en-1-yl)- 9 3963

—, cyclopentyl- 9 3840
    diethyl ester 9 3840

—, 2-cyclopentyl-3-formyl-, diethyl ester 10 3908

—, 2,3-diacetoxy-2-(4-acetoxybenzyl)-, dimethyl ester 10 2563

—, dibenzhydrylidene- 9 4733

—, 2,3-dibenzoyl-, diethyl ester 10 4076

—, 2,3-dibenzyl- 9 4567, 4568

—, dibenzylidene- 9 4656
    diethyl ester 9 4656

Succinic acid (*continued*)
—, (3,5-dibromo-4-methoxyphenyl)-
    10 2214
—, (3,5-dichloro-4-methoxyphenyl)-
    10 2214
—, 2,3-dicinnamoyl-,
    diethyl ester 10 4092
    dimethyl ester 10 4091
—, 2,3-dicyclohexyl- 9 4035
    diethyl ester 9 4035, 4036
    dimethyl ester 9 4035
—, di(fluoren-9-ylidene)- 9 4738
    dimethyl ester 9 4738
—, (9,10-dihydro-9-anthryl)-
    9 4637
—, 2-(8,9-dihydro-7H-benzocyclohepten-
    5-yl)-,
    1-ethyl ester 9 4449
—, 2-(3,4-dihydro-1-naphthyl)- 9 4446
    diethyl ester 9 4446
    1-ethyl ester 9 4446
—, 2-(3,4-dihydro-1-phenanthryl)-
    9 4638
    1-ethyl ester 9 4638
—, 2,3-dimesityl- 9 4586
—, 2-(2,4-dimethoxybenzhydrylidene)-,
    dimethyl ester 10 2533
    4-ethyl ester 1-methyl ester
    10 2534
—, (3,5-dimethoxybenzoyl)-,
    diethyl ester 10 4803
—, 2-(2,4-dimethoxyphenyl)- 10 2454
    dimethyl ester 10 2454
    1-methyl ester 10 2454
    4-methyl ester 10 2454
—, (3,4-dimethoxyphenyl)- 10 2455
    diethyl ester 1024 55
    dimethyl ester 10 2455
—, (1,3-dimethyl-9-anthryl)-
    9 4666
—, (1,4-dimethyl-9-anthryl)-
    9 4666
—, (2,3-dimethyl-9-anthryl)-
    9 4666
—, (α,α-dimethylbenzyl)- 9 4335
—, (10,10-dimethyl-
    2,6-dimethylenebicyclo[7.2.0]undec-5-yl)-
    9 4366
—, 2,3-dimethyl-2,3-diphenyl- 9 4574
—, 2,3-dimethyl-2,3-diveratroyl-,
    diethyl ester 10 4870
—, 2-(2,5-dimethylphenacyl)-3-methyl-
    10 3973
—, 2-(2,5-dimethylphenethyl)-3-methyl-
    9 4349
—, 2,2-dimethyl-3-phenyl- 9 4318
—, 2,3-dimethyl-2-phenyl- 9 4318
—, 2,3-di(1-naphthyl)- 9 4710
    diethyl ester 9 4710

—, 2,2-diphenyl- 9 4538
    diethyl ester 9 4539
    dimethyl ester 9 4538
    1-ethyl ester 9 4539
    4-ethyl ester 9 4539
    1-ethyl ester 4-methyl ester
    9 4539
    4-ethyl ester 1-methyl ester
    9 4539
    1-methyl ester 9 4538
    4-methyl ester 9 4538
—, 2,3-diphenyl- 9 4529, 4530
    butyl ester 9 4531
    dibutyl ester 9 4532
    diethyl ester 9 4531
    dimethyl ester 9 4530
    ethyl ester 9 4530
—, 2,3-di-*p*-toluoyl-,
    diethyl ester 10 4079
—, 2,3-ditrityl- 9 4742
    dimethyl ester 9 4742
—, 2,3-divanillyl- 10 2611, 2612
    dimethyl ester 10 2613
—, 2,3-diveratryl- 10 2612
    diethyl ester 10 2613
    dimethyl ester 10 2613
—, [2-(ethoxycarbonyl)cyclohexyl]-,
    diethyl ester 9 4755
—, [1-(ethoxycarbonyl)cyclopentyl]-,
    diethyl ester 9 4752
—, [2-(ethoxycarbonyl)cyclopentyl]-,
    diethyl ester 9 4752
—, [2-(ethoxycarbonyl)-6-methylbenzyl]-,
    diethyl ester 9 4810
—, [1-(ethoxycarbonyl)-
    2-methylcyclohexyl]-,
    diethyl ester 9 4763
—, [1-(ethoxycarbonyl)-
    3-methylcyclohexyl]-,
    diethyl ester 9 4764
—, [1-(ethoxycarbonyl)-
    4-methylcyclohexyl]-,
    diethyl ester 9 4764
—, [2-(ethoxycarbonyl)-
    5-methylcyclohexyl]-,
    diethyl ester 9 4765
—, 2-[2-(ethoxycarbonyl)-
    5-methylcyclohexyl]-3-methyl-,
    diethyl ester 9 4770
—, [2-(ethoxycarbonyl)-
    2-methylcyclopentyl]-,
    diethyl ester 9 4761
—, [1-(ethoxycarbonyl)-
    2-oxocyclopentyl]-,
    diethyl ester 10 4106
—, [3-(ethoxycarbonyl)-
    2-oxocyclopentyl]-,
    diethyl ester 10 4106

Succinic acid *(continued)*

—, 2-ethyl-,
 1-(*N'*-benzoylhydrazide) **9** 1319
 4-(*N'*-benzoylhydrazide) **9** 1319
 bis(*N'*-benzoylhydrazide) **9** 1319
—, (α-ethylcinnamyl)- **9** 4417
—, 2-(fluoren-9-yl)- **9** 4614
 dimethyl ester **9** 4614
 1-ethyl ester **9** 4614
—, 2-(fluoren-9-ylidene)- **9** 4655
 diethyl ester **9** 4656
 1-ethyl ester **9** 4655
 4-ethyl ester **9** 4655
 1-ethyl ester 4-methyl ester
 9 4655
 4-methyl ester **9** 4655
—, 2-hexyl-3-phenyl- **9** 4356
—, 2-(α-hydroxybenzhydryl)-,
 1-ethyl ester **10** 2357
—, (3-hydroxyergosta-5,8(14),22-trien-
 7-yl)- **10** 2339
—, 2-hydroxy-3-methoxy-2-
 (4-methoxybenzyl)- **10** 2562
 dimethyl ester **10** 2563
—, [1-(2-hydroxy-1-naphthyl)ethylidene]-
 10 2353
—, [(2-hydroxy-1-naphthyl)methylene]-
 10 2348
—, (*m*-hydroxyphenyl)-
 10 2211
—, (*o*-hydroxyphenyl)- **10** 2211
 diethyl ester **10** 2211
 dimethyl ester **10** 2211
—, (*p*-hydroxyphenyl)- **10** 2212
 dimethyl ester **10** 2212
—, (indan-1-yl)- **9** 4409
—, (*p*-mentha-6,8-dien-2-yl)- **9** 4071
—, 2-mesityl-3-phenyl- **9** 4581
—, (α-methoxybenzyl)- **10** 2225
—, (4-methoxybenzyl)- **10** 2225
—, (4-methoxybenzylidene)phenethyl-
 10 2392
—, 2-(4-methoxybenzyl)-3-phenethyl-
 10 2370
—, {6-[2-(methoxycarbonyl)ethyl]-3a-
 methyldodecahydro-1*H*-cyclopenta[*a*]-
 naphthalen-3-yl}-,
 dimethyl ester **9** 4786
—, [3-(methoxycarbonyl)-2-
 (methoxycarbonylmethyl)-
 1,3-dimethylcyclohexyl]-,
 dimethyl ester **9** 4857
—, {2-(methoxycarbonyl)-3-[3-
 (methoxycarbonyl)-1-methylpropyl]-
 2-methylcyclopentyl}-,
 dimethyl ester **9** 4859
—, 2-(4-methoxy-2,5-dimethylphenacyl)-
 3-methyl-,
 dimethyl ester **10** 4746

—, 2-(5-methoxy-2,4-dimethylphenacyl)-
 3-methyl- **10** 4746
—, 2-(4-methoxy-2,5-dimethylphenethyl)-
 3-methyl- **10** 2242
—, 2-(5-methoxy-2,4-dimethylphenethyl)-
 3-methyl- **10** 2242
—, (3-methoxy-2-naphthoyl)-,
 dimethyl ester **10** 4769
—, [1-(6-methoxy-2-naphthyl)propyl]-
 10 2329
—, (*m*-methoxyphenyl)- **10** 2211
 diethyl ester **10** 2212
 dimethyl ester **10** 2212
—, (*o*-methoxyphenyl)- **10** 2211
 diethyl ester **10** 2211
 dimethyl ester **10** 2211
—, 2-(*p*-methoxyphenyl)-
 10 2212
 diethyl ester **10** 2213
 dimethyl ester **10** 2212
 4-ethyl ester **10** 2213
—, 2-(*p*-methoxyphenyl)-3-phenyl-
 10 2351
 diethyl ester **10** 2351
—, 2-(4-methoxy-*m*-tolyl)- **10** 2232
 4-ethyl ester **10** 2233
 diethyl ester **10** 2233
 dimethyl ester **10** 2232
—, 2-(6-methoxy-*m*-tolyl)-
 10 2232
 4-ethyl ester **10** 2232
—, (4-methoxy-*o*-tolyl)- **10** 2232
 diethyl ester **10** 2232
 dimethyl ester **10** 2232
—, (α-methylbenzyl)- **9** 4315
 diethyl ester **9** 4316
—, (2-methylbenzyl)- **9** 4319
—, (4-methylbenzyl)- **9** 4319
—, 2-(α-methylbenzylidene)- **9** 4395
 1-ethyl ester **9** 4396
—, (4-methylbenzylidene)- **9** 4397
—, (α-methylcinnamyl)- **9** 4411
—, 2-(2-methylcyclohex-*x*-en-1-yl)-,
 1-ethyl ester **9** 3996
—, (2-methylcyclohex-2-en-1-yl)-
 9 3996
—, (2-methylcyclohexyl)- **9** 3903
—, 2-(2-methyl-3,4-dihydro-1(2*H*)-
 phenanthrylidene)-
 9 4641
 1-methyl ester **9** 4641
—, 2-methyl-2-phenyl- **9** 4304
—, 2-methyl-3-phenyl- **9** 4305
—, (1-methyl-3-phenylpropyl)-
 9 4342
—, (β-methyl-α-phenylstyryl)-
 9 4640
—, (6*H*-naphtho[2,1,8,7-*defg*]naphthacen-
 6-yl)- **9** 4727

Succinic acid (*continued*)

—, (1-naphthyl)- **9** 4475
—, (2-naphthyl)- **9** 4475
—, 2-[1-(2-naphthyl)ethylidene]-
　　9 4547
　　diethyl ester **9** 4548
　　1-ethyl ester **9** 4548
　　4-ethyl ester **9** 4547
—, [(1-naphthyl)methylene]- **9** 4528
—, [(2-naphthyl)phenylmethyl]- **9** 4679
—, [(2-naphthyl)phenylmethylene]-
　　9 4688
　　dimethyl ester **9** 4689
—, (*m*-nitrophenyl)- **9** 4283
—, (*p*-nitrophenyl)- **9** 4283
—, (6-nitroveratrylidene)- **10** 2471
—, (2-oxocyclohexyl)- **10** 3901
—, (2-oxocyclopentyl)- **10** 3896
　　diethyl ester **10** 3896
—, [1-(3-phenanthryl)ethyl]- **9** 4667
—, [1-(3-phenanthryl)ethylidene]-
　　9 4679
—, phenethyl- **9** 4312, 4313
　　dimethyl ester **9** 4313
—, 2-phenyl- **9** 4276
　　bis(benzylidenehydrazide) **9** 4281
　　bis(isopropylidenehydrazide)
　　　9 4281
　　diethyl ester **9** 4278
　　dihydrazide **9** 4281
　　dimethyl ester **9** 4277
　　1-ethyl ester **9** 4278
　　4-ethyl ester **9** 4277
—, (4-phenylbut-2-enyl)- **9** 4410
—, (4-phenylbutyl)- **9** 4340
　　dimethyl ester **9** 4341
—, (α-phenylphenethyl)- **9** 4569
　　dimethyl ester **9** 4569
—, (3-phenylpropyl)- **9** 4331
　　dimethyl ester **9** 4331
—, phenylsemicarbazono-,
　　diethyl ester **10** 3957
—, (α-phenylstyryl)- **9** 4617
　　diethyl ester **9** 4617
—, [phenyl(5,6,7,8-tetrahydro-
　　2-naphthyl)methylene]- **9** 4668
—, 2-phenyl-3-*p*-tolyl- **9** 4561
　　diethyl ester **9** 4561
—, 2-phenyl-3-
　　(2,4,6-triisopropylphenyl)-
　　9 4587
—, (3,3′,4,4′-tetramethoxybenzhydryl)-
　　10 2610
—, (3,3′,4,4′-tetramethoxybenzhydryl-
　　idene)- **10** 2616
—, (2,6,10,10-tetramethylbicyclo[7.2.0]-
　　undec-5-yl)- **9** 4038
—, tetraphenyl- **9** 4722
　　diethyl ester **9** 4722

—, *o*-tolyl- **9** 4308
—, veratroyl-,
　　diethyl ester **10** 4803
—, veratrylidene- **10** 2471

Succinonitrile,

—, (benzoyloxyimino)-(hydroxyimino)-
　　9 1304
—, bis(benzoyloxyimino)- **9** 1304
—, 2,3-bis-(biphenyl-4-yl)-
　　2,3-diphenyl- **9** 4742
—, 2,3-bis(4-hydroxy-3-methoxyphenyl)-
　　10 2610
—, 2,3-bis(*p*-methoxyphenyl)- **10** 2508
—, 2-(*p*-bromophenyl)-3-phenyl- **9** 4535
—, 2-(*p*-chlorophenyl)-3-phenyl-
　　9 4534
—, 2,3-diacetyl-2,3-bis(*p*-bromophenyl)-
　　10 4080
—, 2,3-dichloro-2,3-diphenyl- **9** 4534
—, 2,3-diethyl-2,3-bis(*p*-hydroxyphenyl)-
　　10 2523
—, 2,3-diethyl-2,3-bis(*p*-nitrophenyl)-
　　9 4583
—, 2,3-diethyl-2,3-diphenyl- **9** 4582
—, 2,3-dinitro-2,3-diphenyl- **9** 4535
—, 2,3-diphenyl- **9** 4533
—, (*p*-methoxyphenyl)- **10** 2213
—, 2-(*p*-methoxyphenyl)-3-phenyl-
　　10 2352
—, phenyl- **9** 4281
—, 2-phenyl-3-*p*-tolyl- **9** 4561
—, tetrakis(*p*-methoxyphenyl)- **10** 2624
—, tetra(1-naphthyl)- **9** 4743
—, tetraphenyl- **9** 4722

Succinyl azide,

—, phenyl- **9** 4281

Succinyl chloride,

—, 2,3-diphenyl- **9** 4532

Sugiol,

—, *O*-benzoyl- **9** 752

Sulfamic acid,

—, *N*-benzoyl- **9** 1249

Sulfide,

—, bis[2-(benzoylthio)ethyl] **9** 1968
—, bis[2-(3,5-dinitrobenzoyloxy)ethyl]
　　9 1891
—, bis[2-(3,5-dinitrobenzoylthio)ethyl]
　　9 1996
—, bis[2-(hippuroyloxy)ethyl] **9** 1127
—, α,α-bis(methylsulfonyl)phenethyl
　　methyl **9** 2298
—, bis[2-(4-nitrobenzoylthio)ethyl]
　　9 1993
—, bis[2-(salicyloyloxy)ethyl] **10** 140

Sulfimine,

—, *N*-benzoyl-*S*,*S*-dibenzyl- **9** 1078

Sulfone,

—, *o*-(benzoyloxy)phenyl *p*-(benzoyloxy)-
　　phenyl **9** 561

Sulfone *(continued)*
—, *p*-(benzoyloxy)phenyl 4-(benzoyloxy)-
     m-tolyl **9** 565
—, bis[*p*-(benzoyloxy)phenyl] **9** 561
—, bis[*p*-(benzoyloxy)-*m*-tolyl] **9** 565
—, bis[2-(benzoyloxy)-3,5-xylyl] **9** 571
—, bis[4-(benzoyloxy)-2,5-xylyl] **9** 571
—, bis[6-(benzoyloxy)-3,4-xylyl] **9** 570
—, (1,1-dichloro-2,2-diphenylethyl)-
     p-tolyl **9** 3316

Sulfonium,
—, (2-benzamidoethyl)dimethyl- **9** 1079
—, [2-(benzoyloxy)ethyl]dimethyl-
     9 537
—, (2-carboxy-*p*-tolyl)dimethyl- **10** 520
—, tris[2-(benzoyloxy)-5-chlorophenyl]-
     9 554
—, tris[4-(benzoyloxy)-3-methoxyphenyl]-
     9 671
—, tris[*p*-(benzoyloxy)phenyl]- **9** 561
—, tris[6-(benzoyloxy)-*m*-tolyl]- **9** 566

Sulfoxide,
—, bis[2-(3,5-dinitrobenzoyloxy)ethyl]
     9 1891

Sulfuric acid,
—, benzoyl- **9** 1055

Sulfurous acid
     bis[1-(chloromethyl)-2-
        (4-nitrobenzamido)ethyl] ester
        9 1717

Sulochrin **10** 4817

Sumaresinolic acid **10** 1921

Suprasterol₂-II,
—, O-(3,5-dinitro-*p*-toluoyl)- **9** 2371

Syringic acid **10** 2073

T

Tachysterol₂,
—, O-(3,5-dinitro-*p*-toluoyl)- **9** 2370

Tachysterol₃,
—, O-(3,5-dinitro-*p*-toluoyl)- **9** 2369

Taraxastane see *Ursane*

Taraxasterol,
—, O-benzoyl- **9** 487
—, O-(4-nitrobenzoyl)- **9** 1611

Taraxerane see *D-Friedooleanane*

Tartaric acid,
—, 2-(4-acetoxybenzyl)-,
     dimethyl ester **10** 2563
—, 2-benzoyl- **9** 869
—, 2-[4-(benzyloxy)benzyl]-,
     dimethyl ester **10** 2563
—, bis-O-(cyclohexylcarbonyl)-,
     diethyl ester **9** 27
—, O,O'-di-*p*-anisoyl- **10** 325, 326
—, di-O-benzoyl- **9** 869, 870
     bis(2-nitrobenzyl) ester **9** 871

     bis(3-nitrobenzyl) ester **9** 871
     bis(4-nitrobenzyl) ester **9** 872
     dibutyl ester **9** 871
     diethyl ester **9** 871
     dimethyl ester **9** 870
     dipropyl ester **9** 871
—, di-O-*p*-toluoyl- **9** 2341
—, 2-(4-hydroxybenzyl)- **10** 2562
     dimethyl ester **10** 2562
     4-ethyl ester **10** 2563
     4-methyl ester **10** 2562
—, 2-(4-methoxybenzyl)-,
     dimethyl ester **10** 2563

Tartronamic acid,
—, 2-benzyl-*N*-carbamoyl- **10** 2216
—, 2-benzyl-*N*-(methylcarbamoyl)-
     10 2217

Tartronic acid,
—, 2-benzyl- **10** 2216
—, 2-(*p*-benzylphenyl)-,
     diethyl ester **10** 2353
—, (cyclohexylmethyl)- **10** 2035
—, 2-mesityl-,
     diethyl ester **10** 2237
—, 2-(1-naphthyl)-,
     diethyl ester **10** 2319
—, 2-(2-oxocyclohexyl)-,
     diethyl ester **10** 4712
—, 2-(9-phenanthryl)-,
     diethyl ester **10** 2395
—, 2-phenyl-,
     diethyl ester **10** 2203
—, 2-*o*-tolyl-,
     diethy ester **10** 2220
—, 2-*p*-tolyl-,
     diethyl ester **10** 2220
—, 2-(2,4-xylyl)-,
     diethyl ester **10** 2234
—, 2-(2,5-xylyl)-,
     diethyl ester **10** 2233
—, 2-(3,4-xylyl)-,
     diethyl ester **10** 2233

Tartrophthalic acid **10** 2411

Taurinamide,
—, *N*-benzoyl- see *Benzamide,*
     N-(2-sulfamoylethyl)-

Taurine,
—, *N*-(acetoxyphenylacetyl)- **10** 473
—, *N*-benzoyl- **9** 1208
—, *N*-[(cyclohex-1-en-1-yl)acetyl]-
     9 161
—, *N*-(cyclohex-1-en-1-ylcarbonyl)-
     9 146
—, *N*-(cyclohexylcarbonyl)- **9** 29
—, *N*-[(cyclopent-1-en-1-yl)acetyl]-
     9 151
—, *N*-(cyclopent-1-en-1-ylcarbonyl)-
     9 142
—, *N*-(cyclopentylcarbonyl)- **9** 13

Taurine *(continued)*
—, *N*-(3,12-dihydroxycholan-24-oyl)-
　10 1655
—, *N*-(3,5-diiodo-*p*-anisoyl)- 10 373
—, *N*-(2,5-diiodobenzoyl)- 9 1454
—, *N*-(3,5-diiodobenzoyl)- 9 1455
—, *N*-(3,5-diiodosalicyloyl)- 10 190
—, *N*-(3,5-dinitrobenzoyl)- 9 1943
—, *N*-(3-hydroxychol-8(14)-en-24-oyl)-
　10 969
—, *N*-(4-hydroxy-3,5-diiodobenzoyl)-
　10 373
—, *N*-(phenylacetyl)- 9 2242
—, *N*-(3-phenylpropionyl)- 9 2395
—, *N*-(3,7,12,23-tetrahydroxycholan-
　24-yl)- 10 2425
—, *N*-(3,7,12-trihydroxycholan-24-oyl)-
　10 2177
　　o-methoxyphenyl ester 10 2178
—, *N*-(2,3,5-triiodobenzoyl)- 9 1456
—, *N*-(2,4,6-triiodobenzoyl)- 9 1457
—, *N*-(3,4,5-triiodobenzoyl)- 9 1462
—, *N*-[(2,2,3-trimethylcyclopent-3-en-
　1-yl)acetyl]- 9 209
—, *N*-[(2,3,3-trimethylcyclopent-1-en-
　1-yl)acetyl]- 9 207
Tauroapochenodeoxycholic acid
　10 969
Taurocholic acid 10 2177
Taurodeoxycholic acid 10 1655
Tauryl chloride,
—, *N*-benzoyl- see *Ethanesulfonyl chloride,*
　2-benzamido-
Taxa-4(20),11-dien-13-one,
—, 2,9,10-triacetoxy-5-(cinnamoyloxy)-
　9 2703
—, 2,9,10-triacetoxy-5-
　(3-phenylpropionyloxy)- 9 2391
Tax-11-en-13-one,
—, 2,9,10-triacetoxy-5-
　(3-phenylpropionyloxy)- 9 2390
Taxinin 9 2703
—, dihydro- 9 2391
—, tetrahydro- 9 2390
Tellurium,
—, bis(benzoyloxy)-
　(ethoxycarbonylmethyl)pentyl-
　9 1055
Tenuifolic acid 10 2482
Tenuiorin 10 1497
Terephthalaldehydic acid 10 2989
　　2-chloroethyl ester 10 2989
　　ethyl ester 10 2989
　　methyl ester 10 2989
Terephthalaldehydonitrile 10 2990
—, 3-nitro- 10 2990
Terephthalamic acid 9 4253
—, 2-chloro- 9 4257
　　methyl ester 9 4253

Terephthalamide 9 4253
—, *N,N'*-bis[2-(diethylamino)ethyl]-
　9 4253
—, *N,N'*-bis(hydroxymethyl)- 9 4253
—, *N,N'*-bis(3-hydroxypropyl)- 9 4253
—, 2-chloro- 9 4257
—, 2,3,5,6-tetrachloro- 9 4257
—, *N,N,N',N'*-tetraethyl- 9 4253
Terephthalic acid 9 4249
　　bis(benzylidenehydrazide) 9 4256
　　bis(4-bromophenacyl) ester 9 4251
　　bis(5-butoxypentyl) ester 9 4251
　　bis[2-(diethylamino)ethyl] ester
　　　9 4252
　　bis[2-(dimethylamino)ethyl] ester
　　　9 4251
　　bis(isopropylidenehydrazide) 9 4256
　　bis[(2-oxo-3-bornylidene)hydrazide]
　　　9 4256
　　bis[2-(triethylammonio)ethyl] ester
　　　9 4252
　　bis[2-(trimethylammonio)ethyl]
　　　ester 9 4251
　　bis(3,5,5-trimethylhexyl) ester 9 4251
　　dibutyl ester 9 4251
　　diethyl ester 9 4250
　　dihexyl ester 9 4251
　　dihydrazide 9 4256
　　dimethyl ester 9 4250
　　diphenacyl ester 9 4251
　　ethyl ester 9 4250
—, 2-acetoxy-5-chloro-3,6-dihydroxy-,
　　diethyl ester 10 2559
—, acetyl- 10 3961
—, benzoyl- 10 4008
—, 2-benzoyl-5-(1-naphthoyl)- 10 4097
—, 2-benzoyl-5-
　　(1,2,3,4,5,6,7,8-octahydro-
　　9-phenanthrylcarbonyl)- 10 4096
—, 2-benzyl-5-
　　[(1,2,3,4,5,6,7,8-octahydro-
　　9-phenanthryl)methyl]- 9 4712
—, 2,5-bis(benzoyloxy)-3,6-diethoxy-
　　10 2596
—, 2,5-bis(biphenyl-4-yloxy)-
　　3,6-dihydroxy- 10 2595
　　diethyl ester 10 2598
—, 2,5-bis(4-bromobenzoyl)- 10 4094
—, 2,5-bis(*p*-chlorophenoxy)-
　　3,6-dihydroxy- 10 2594
　　diethyl ester 10 2597
—, 2,5-bis[2-cyano-2-(ethoxycarbonyl)-
　　vinyl]- 9 4915
—, 2,5-bis(2-cyano-2-phenylvinyl)- 9 4901
—, 2,5-bis(formohydroximoyl)- 10 4064
—, 2,5-bis(4-hydroxybenzyl)- 10 2545
—, 2,5-bis(1-hydroxy-2-naphthoyl)- 10 4858
—, bromo- 9 4258
—, 2-bromo-5-hydroxy- 10 2196

Terephthalic acid *(continued)*
—, 2-bromo-5-methoxy- **10** 2196
—, 2-bromo-5-nitro- **9** 4259
—, 2-(carboxymethyl)-3-hydroxy-
　5-methyl- **10** 2575
—, (carboxymethylthio)- **10** 2196
—, chloro- **9** 4256
　dimethyl ester **9** 4256
—, 2-chloro-5-nitro- **9** 4259
—, chlorotrihydroxy-,
　diethyl ester **10** 2559
—, 2,5-diacetoxy- **10** 2438
—, 2,5-diacetoxy-3,6-bis(2-naphthyloxy)-,
　diethyl ester **10** 2599
—, 2,5-diacetoxy-3,6-bis-
　(phenylsulfonyl)-,
　diethyl ester **10** 2600
—, 2,5-diacetoxy-3,6-bis(phenylthio)-,
　diethyl ester **10** 2600
—, 2,5-diacetoxy-3,6-diethoxy-,
　diethyl ester **10** 2599
—, 2,5-diacetoxy-3,6-diphenoxy-,
　diethyl ester **10** 2599
—, 2,5-dibromo- **9** 4258
—, 2,5-dibromo-3,6-dihydroxy-,
　diethyl ester **10** 2439
—, 2,5-dichloro- **9** 4257
—, 2,6-dichloro-3,5-dimethoxy- **10** 2439
—, 2,5-diethoxy-3,6-dihydroxy- **10** 2594
　diethyl ester **10** 2597
—, 2,5-diformyl- **10** 4063
—, 2,3-dihydroxy- **10** 2438
　dimethyl ester **10** 2438
—, 2,5-dihydroxy- **10** 2438
　diethyl ester **10** 2439
—, 2,6-dihydroxy- **10** 2439
—, 2,5-dihydroxy-3,6-
　bis(2′-hydroxybiphenyl-2-yloxy)-
　10 2596
　diethyl ester **10** 2598
—, 2,5-dihydroxy-3,6-
　bis(4′-hydroxybiphenyl-4-yloxy)-
　10 2596
　diethyl ester **10** 2598
—, 2,5-dihydroxy-3,6-
　bis(o-methoxyphenoxy)- **10** 2596
　diethyl ester **10** 2598
—, 2,5-dihydroxy-3,6-
　bis(p-methoxyphenoxy)- **10** 2596
　diethyl ester **10** 2598
—, 2,5-dihydroxy-3,6-bis(1-naphthyloxy)-
　10 2595
　diethyl ester **10** 2598
—, 2,5-dihydroxy-3,6-bis(2-naphthyloxy)-
　10 2595
　diethyl ester **10** 2598
—, 2,5-dihydroxy-3,6-bis-
　(phenylsulfonyl)-,
　diethyl ester **10** 2599

—, 2,5-dihydroxy-3,6-bis(phenylthio)-
　10 2599
　diethyl ester **10** 2599
—, 2,5-dihydroxy-3,6-bis(m-tolyloxy)-
　10 2595
　diethyl ester **10** 2597
—, 2,5-dihydroxy-3,6-bis(o-tolyloxy)-
　10 2594
　diethyl ester **10** 2597
—, 2,5-dihydroxy-3,6-bis(p-tolyloxy)-
　10 2595
　diethyl ester **10** 2597
—, 2,5-dihydroxy-3,6-bis(3,5-xylyloxy)-
　10 2595
　diethyl ester **10** 2598
—, 2,5-dihydroxy-3,6-dimethoxy-,
　diethyl ester **10** 2596
—, 2,5-dihydroxy-3,6-diphenoxy-
　10 2594
　diethyl ester **10** 2597
—, 2,3-dimethoxy- **10** 2438
—, 2,5-dimethoxy- **10** 2438
　dimethyl ester **10** 2439
—, 2,6-dimethoxy- **10** 2439
—, 2,6-dimethyl- **9** 4297
—, 2,3-dinitro- **9** 4259
　dimethyl ester **9** 4259
—, 2,5-dinitro-,
　dimethyl ester **9** 4259
—, 2,6-dinitro- **9** 4259
　dimethyl ester **9** 4259
—, hydroxy- **10** 2195
　diethyl ester **10** 2196
　dimethyl ester **10** 2196
—, 2-hydroxy-5-methyl-,
　diethyl ester **10** 2209
　dimethyl ester **10** 2209
—, 2-hydroxy-6-methyl- **10** 2209
—, 5-hydroxy-3-methyl-2-oxalo- **10** 4845
—, iodosyl- **9** 4258
—, methoxy- **10** 2196
—, 5-methoxy-3-methyl-2-oxalo-,
　4-methyl ester **10** 4846
—, methyl- **9** 4272
　dimethyl ester **9** 4273
　methyl ester **9** 4250
—, (1-naphthyl)- **9** 4671
—, 2-nitro- **9** 4258
　1-(p-menth-3-yl) ester **9** 4258
—, tetrachloro- **9** 4257
　dimethyl ester **9** 4257
—, tetrahydroxy-,
　diethyl ester **10** 2596
—, tetraphenyl- **9** 4739
　dimethyl ester **9** 4739
—, triacetoxy-,
　diethyl ester **10** 2558
—, triacetoxychloro-,
　diethyl ester **10** 2559

Terephthalic acid *(continued)*
—, triacetoxyphenoxy-,
     diethyl ester 10 2599
—, (trichloroacetyl)- 10 3961
—, trihydroxy- 10 2558
     diethyl ester 10 2558
—, trihydroxyphenoxy- 10 2594
     diethyl ester 10 2597
Terephthalonic acid 10 3956
Terephthalonitrile 9 4255
—, methyl- 9 4273
Terephthaloyl bromide 9 4253
Terephthaloyl chloride 9 4252
—, chloro- 9 4256
—, 2,5-diacetoxy- 10 2439
—, tetrachloro- 9 4257
Teresantalic acid 9 315
—, hydrochloro- 9 221
—, ketodihydro- 10 2914
1,1′;4′,1″-Ternaphthalene-
   2′-carbonitrile 9 3695
1,1′;4′,1″-Ternaphthalene-
   2′,3-dicarboxylic acid
     diethyl ester 9 4741
m-Terphenyl,
—, 2-(benzoyloxy)- 9 525
—, 4-(benzoyloxy)- 9 525
—, 4′-(benzoyloxy)- 9 525
—, 5′-(benzoyloxy)- 9 525
p-Terphenyl,
—, 2-(benzoyloxy)- 9 525
o-Terphenyl-4-carboxamide 9 3579
p-Terphenyl-4-carboxamide 9 3580
m-Terphenyl-x-carboxylic acid 9 3579
m-Terphenyl-4-carboxylic acid 9 3579
m-Terphenyl-4′-carboxylic acid,
—, 5′-hydroxy- 10 1322
     ethyl ester 10 1322
—, 5′-methoxy- 10 1322
     ethyl ester 10 1322
m-Terphenyl-5′-carboxylic acid,
—, 4′-nitro- 9 3579
o-Terphenyl-2-carboxylic acid 9 3578
—, 2″-methyl- 9 3593
o-Terphenyl-4-carboxylic acid 9 3578
     methyl ester 9 3578
o-Terphenyl-4′-carboxylic acid
   9 3579
—, 5′-benzhydryl- 9 3693
     methyl ester 9 3693
—, 5′-benzoyl- 10 3502
—, 3′,6′-dimethyl -,
     methyl ester 9 3605
—, 5′-(α-phenylphenacyl)-
   10 3509
p-Terphenyl-x-carboxylic acid
     methyl ester 9 3580
p-Terphenyl-2-carboxylic acid,
—, 4,5-dimethyl- 9 3606

p-Terphenyl-2′-carboxylic acid,
—, 3′-(1-acetoxy-2-naphthoyl)- 10 4501
—, 3′-*p*-anisoyl- 10 4501
     methyl ester 10 4501
—, 3′-benzoyl- 10 3502
—, 3′-(4-bromobenzoyl)- 10 3502
—, 4,5-dimethyl- 9 3606
—, 3′-(1-hydroxy-5-methoxy-2-naphthoyl)-
   10 4710
—, 3′-(1-hydroxy-2-naphthoyl)- 10 4501
—, 3′-(1-methoxy-2-naphthoyl)-,
     methyl ester 10 4501
—, 3′-(6-methoxy-2-naphthoyl)- 10 4502
     methyl ester 10 4502
—, 3′-(1-naphthoyl)- 10 3508
p-Terphenyl-4-carboxylic acid 9 3579
o-Terphenyl-2,2″-dicarboxylic acid
   9 4686
o-Terphenyl-4′,5′-dicarboxylic acid
   9 4686
—, 3′,6′-dimethyl-,
     diethyl ester 9 4691
     dimethyl ester 9 4690
—, 3′-methyl-,
     dimethyl ester 9 4688
p-Terphenyl-2,2″-dicarboxylic acid,
—, 2′-(4-carboxybuta-1,3-dienyl)-
     3′,5′,6′-trihydroxy- 10 2631
—, 2′-(4-carboxybutyl)-
     3′,5′,6′-trihydroxy- 10 2631
—, 2′,3′,5′-triacetoxy-6′-
     (4-carboxybuta-1,3-dienyl)- 10 2631
—, 2′,3′,5′-triacetoxy-6′-
     (4-carboxybutyl)- 10 2631
p-Terphenyl-2′,3-dicarboxylic acid 9 4686
     dimethyl ester 9 4686
p-Terphenyl-2,4,5-tricarboxylic acid
   9 4845
α-Terpineol,
—, O-(3,5-dinitrobenzoyl)- 9 1828
—, O-(4-nitrobenzoyl)- 9 1569
Testosterone,
—, O-benzoyl- 9 745
—, O-(cyclobutylcarbonyl)- 9 8
—, O-(cyclohexylcarbonyl)- 9 25
—, O-(cyclopropylcarbonyl)- 9 5
—, O-(phenylacetyl)- 9 2188
Tetradecane,
—, 3-(3,5-dinitrobenzoyloxy)-
     2,2-dimethyl- 9 1797
Tetradecanoic acid,
—, 2-(cyclobutylmethyl)- 9 138
—, 2-cyclohexyl- 9 138
—, 2-(cyclopropylmethyl)- 9 137
—, 2-hippuramido- 9 1134
—, 10-phenyl- 9 2635
     4-bromophenacyl ester 9 2635
—, 2-(3,4,5-trimethoxybenzoyl)-,
     ethyl ester 10 4733

α-Tetrahydroabietic acid **9** 352
α-Tetrahydroartemisinic acid **10** 4505
Tetrahydroelemol,
—, O-(3,5-dinitrobenzoyl)- **9** 1818
—, O-(4-nitrobenzoyl)- **9** 1564
Tetrahydroionol,
—, O-benzoyl- **9** 409
—, O-(2-carboxybenzoyl)- **9** 4138
—, O-(3,5-dinitrobenzoyl)- **9** 1818
Tetrahydroironic acid **9** 124
Tetrahydroisopimaric acid **9** 355
Tetrahydrovelopimaric acid **9** 351
α-Tetrahydromiropinic acid **9** 355
β-Tetrahydromiropinic acid **9** 355
Tetrahydronoragathic acid **9** 294
Tetrahydropalitantinic acid **10** 2025
Tetrahydropimaric acid **9** 355
Tetrahydropyrethrin-I **9** 213
Tetrahydropyrethrin-II **9** 3989
Tetrahydropyrethrolone,
—, O-(3,5-dinitrobenzoyl)- **9** 1925
Tetrahydrosantalylacetic acid **9** 283
Tetrahydroshonanic acid **9** 77
Tetrahydrotaxinin **9** 2390
Tetrahydrotubaic acid **10** 1582
13,14,15,16-Tetranorlabdan-12-oic acid
  9 281
—, 8-acetoxy- **10** 78
—, 8-hydroxy- **10** 78
A,23,24,25-Tetranorursa-9(11),12-diene-
  27,28-dioic acid,
—, 3-isopropyl-5-methyl- **9** 4493
7,9,17,18-Tetraoxa-8-arsatrispiro[5.1.1.5.2.2]ᵉ
  nonadecane-16,19-dione,
—, 8-butyl- **10** 11
—, 8-methyl- **10** 11
3,6,9,12-Tetrathiatetradecane,
—, 1,14-bis(benzoyloxy)- **9** 537
Tetratriacontan-15-one,
—, 1-(benzoyloxy)- **9** 723
Thamnolic acid **10** 4722
Thelephoric acid **10** 4865
Thilobilianic acid **9** 4787
Thioacetamide,
—, 2-acetoxy-2-phenyl- **10** 491
—, 2-benzamido-,
  S-oxide **9** 1140
—, 2-(benzoyloxy)- **9** 856
—, 2-(benzoyloxy)-2-phenyl- **10** 492
—, N-(cyanomethyl)-2-phenyl- **9** 2295
—, N-(2,2-diethoxyethyl)-2-phenyl-
  9 2295
—, 2-(3,4-dimethoxyphenyl)-
  N,N-dimethyl- **10** 1470
—, 2-(3,4-dimethoxyphenyl)-N-methyl-
  10 1470
—, N-methyl-2-phenyl-N-propyl-
  9 2295
—, 2-phenyl- **9** 2294

Thioacetic acid,
—, (cyclopent-2-en-1-yl)phenyl-,
  S-[2-(diethylamino)ethyl] ester
  9 3087
—, cyclopentylphenyl-,
  S-[2-(diethylamino)ethyl] ester
  9 2850
—, diphenyl- **9** 3315
  S-(2-chloroethyl) ester **9** 3315
  S-[2-(diethylamino)ethyl] ester
  9 3315
  S-[3-(diethylamino)propyl] ester
  9 3316
  O-phenyl ester **9** 3315
—, phenoxyphenyl-,
  S-[2-(diethylamino)ethyl] ester
  10 491
—, phenyl-,
  amide-S-oxide **9** 2294
  S-benzyl ester **9** 2294
—, (2,2,3-trimethylcyclopent-3-en-1-yl)-,
  O-ethyl ester **9** 209
—, (2,3,3-trimethylcyclopent-1-en-1-yl)-,
  O-ethyl ester **9** 208
Thioacrylic acid,
—, 2-benzamido-3-hydroxy-,
  S-benzyl ester **9** 1201
  S-ethyl ester **9** 1201
—, 3-hydroxy-2-(2-phenylacetamido)-,
  S-benzyl ester **9** 2234
Thioalanine,
—, N-benzoyl-,
  S-phenyl ester **9** 1145
—, 2-methyl-N-(phenylacetyl)-,
  S-benzyl ester **9** 2216
Thiobenzamide **9** 1978
—, N-benzimidoyl- **9** 1981
—, N,N-diethyl- **9** 1980
—, N,N-dimethyl- **9** 1979
—, 2,5-dihydroxy- **10** 1396
—, 3,4-dihydroxy- **10** 1445
—, 3,4-dimethoxy- **10** 1445
—, N,N-dimethyl-o-(methylthio)-
  10 239
—, N,N'-dithiobis- **9** 1985
—, N-dodecyl- **9** 1980
—, m-ethoxy- **10** 276
—, p-ethoxy- **10** 419
—, N-ethyl- **9** 1980
—, p-hydroxy- **10** 419
—, N-(2-hydroxyethyl)- **9** 1980
—, N-isobutyl- **9** 1980
—, N-isopropyl- **9** 1980
—, N-methyl- **9** 1979
—, N-methyl-o-(methylthio)-
  10 239
—, p-(methylsulfonyl)- **10** 420
—, N-octyl- **9** 1980
  S-oxide **9** 1979

Thiobenzimidic acid
    benzyl ester **9** 1984
    3-bromopropyl ester **9** 1983
    butyl ester **9** 1983
    tert-butyl ester **9** 1983
    ethyl ester **9** 1982
    isobutyl ester **9** 1983
    isopentyl ester **9** 1984
    isopropyl ester **9** 1983
    methyl ester **9** 1982
    pentyl ester **9** 1983
    phenyl ester **9** 1984
    propyl ester **9** 1982
—, *N*-isopropyl-,
    benzyl ester **9** 1984
—, *N*-methyl-*o*-(methylthio)-,
    methyl ester **10** 239
Thiobenzoic acid 9 1961
    S-benzyl ester **9** 1966
    benzylidenehydrazide **9** 1987
    benzylidenemethylhydrazide **9** 1987
    S-butyl ester **9** 1963
    S-*tert*-butyl ester **9** 1963
    S-cyclohexyl ester **9** 1964
    S-dodecyl ester **9** 1964
    O-ethyl ester **9** 1962
    S-ethyl ester **9** 1962
    hydrazide **9** 1986
    isopropylidenehydrazide **9** 1987
    methylenehydrazide **9** 1986
    S-methyl ester **9** 1962
    S-(2-naphthyl) ester **9** 1967
    S-phenyl ester **9** 1964
    S-styryl ester **9** 1966
    S-trityl ester **9** 1967
—, *o*-benzoyl-,
    S-phenyl ester **10** 3304
—, *p*-butoxy-,
    S-[2-(diethylamino)ethyl] ester **10** 419
—, 4-butoxy-3-nitro-,
    S-[2-(diethylamino)ethyl] ester
    10 420
—, 3,4-dimethyl- **9** 2443
—, 3,5-dinitro-,
    S-allyl ester **9** 1995
    S-*tert*-butyl ester **9** 1995
    S-cinnamyl ester **9** 1996
    S-(2,3-diphenylallyl) ester **9** 1996
    S-isopropyl ester **9** 1995
—, *p*-ethoxy-,
    S-(2-bromoethyl) ester **10** 419
    S-[2-(diethylamino)ethyl] ester **10** 419
—, *p*-fluoro- **9** 1988
    S-butyl ester **9** 1988
    S-(2-chloroethyl) ester **9** 1988
    S-[2-(dibutylamino)ethyl] ester
    9 1989
    S-[3-(dibutylamino)propyl] ester
    9 1989

    S-[2-(diethylamino)ethyl] ester **9** 1988
    S-[3-(diethylamino)propyl] ester
    9 1989
    S-[2-(dipropylamino)ethyl] ester
    9 1989
    S-[3-(dipropylamino)propyl] ester
    9 1989
    S-ethyl ester **9** 1988
    S-propyl ester **9** 1988
—, *p*-(hexyloxy)-,
    S-[2-(diethylamino)ethyl] ester **10** 419
—, *o*-hydroxy-,
    S-cyclohexyl ester **10** 239
—, *p*-methoxy- **10** 418
—, *p*-nitro- **9** 1989
    S-benzyl ester **9** 1992
    S-(3-bromopropyl) ester **9** 1991
    O-butyl ester **9** 1991
    S-(2-chloroethyl) ester **9** 1989
    S-(*p*-chlorophenyl) ester **9** 1992
    S-(3-chloropropyl) ester **9** 1991
    S-[4-(diethylamino)butyl] ester
    9 1995
    S-[2-(diethylamino)ethyl] ester
    9 1994
    S-[3-(diethylamino)propyl] ester
    9 1994
    S-[2-(dimethylamino)ethyl] ester
    9 1994
    O-dodecyl ester **9** 1991
    S-dodecyl ester **9** 1991
    O-ethyl ester **9** 1989
    S-ethyl ester **9** 1989
    S-isopropyl ester **9** 1991
    S-methyl ester **9** 1989
    S-(octadec-9-enyl) ester **9** 1992
    S-octyl ester **9** 1991
    O-(3-phenylpropyl) ester **9** 1992
    S-propyl ester **9** 1991
—, *p*-propoxy-,
    S-[2-(diethylamino)ethyl] ester
    10 419
—, 3,4,5-trimethoxy-,
    S-isopropyl ester **10** 2096
Thiobenzoic anhydride 9 1972
Thiobenzoic thioanhydride 9 1998
Thioborneol,
—, *S*-benzoyl- **9** 1964
Thiobutyramide,
—, 2-(benzoyloxy)- **9** 859
Thiobutyric acid,
—, 2-(benzoylimino)-3-methyl-,
    S-benzyl ester **9** 1197
—, 3-methyl-2-phenyl-,
    S-[2-(diethylamino)ethyl] ester
    9 2518
—, 2-phenyl- **9** 2471
    S-[2-(diethylamino)ethyl] ester
    9 2471

Thiocarbamic acid,
—, benzoyl-,
    O-(2-chloroethyl) ester **9** 1120
—, N-(4-bromobenzoyl)-,
    O-ethyl ester **9** 1419
Thiocarbimidic acid,
—, benzoyl-,
    diethyl ester **9** 1122
    dimethyl ester **9** 1122
Thiocholesterol,
—, S-benzoyl- **9** 1966
Thiocinnamamide 9 2751
Thiocinnamic acid,
    S-[2-(dimethylamino)ethyl] ester
    9 2750
    S-[4-(diethylamino)butyl] ester
    9 2750
    S-[2-(diethylamino)ethyl] ester
    9 2750
    S-[3-(diethylamino)propyl] ester
    9 2750
    S-methyl ester **9** 2749
—, α-[(ethylthio)thiocarbonylamino]-,
    S-benzyl ester **10** 3023
Thiocrotonic acid,
—, 2-benzamido-3-methyl-,
    S-benzyl ester **9** 1197
Thiocyanic acid
    2-(benzoyloxy)ethyl ester **9** 538
Thioformic acid,
—, (benzoylthio)-,
    O-ethyl ester **9** 1973
—, (4-chlorobenzoylthio)-,
    O-ethyl ester **9** 1989
—, (4-nitrobenzoylthio)-,
    O-ethyl ester **9** 1993
Thiohippuric acid
    S-benzyl ester **9** 1140
    S-methyl ester **9** 1139
γ-Thiohippuric acid 9 1981
    ethyl ester **9** 1981
3-Thio-malonamic acid,
—, 2-phenyl-,
    ethyl ester **9** 4266
Thio-1-naphthamide 9 3171
Thio-1-naphthoic acid 9 3169
    S-(2-chloroethyl) ester **9** 3170
    S-[2-(diethylamino)ethyl] ester
    9 3171
    S-[3-(diethylamino)propyl] ester
    9 3171
    S-ethyl ester **9** 3170
    S-methyl ester **9** 3170
    N-methyl-N′-(1-naphthylmethylene)=
    hydrazide **9** 3172
    S-(1-naphthyl) ester **9** 3170
    S-phenyl ester **9** 3170
—, 4-nitro- **9** 3172
    S-(2-chloroethyl)ester **9** 3172

    S-[4-(diethylamino)butyl] ester
    9 3173
    S-[2-(diethylamino)ethyl] ester
    9 3173
    S-[3-(diethylamino)-1-methylpropyl]
    ester **9** 3173
    S-[3-(diethylamino)propyl] ester
    9 3173
    S-ethyl ester **9** 3172
    S-methyl ester **9** 3172
    S-propyl ester **9** 3172
—, 3-nitro-5,6,7,8-tetrahydro- **9** 2799
    S-[3-(diethylamino)propyl] ester
    9 2799
    S-ethyl ester **9** 2799
—, 4-nitro-5,6,7,8-tetrahydro- **9** 2800
    S-(2-chloroethyl) ester **9** 2800
    S-[2-(diethylamino)ethyl] ester **9** 2800
    S-[3-(diethylamino)propyl] ester
    9 2800
—, 5,6,7,8-tetrahydro- **9** 2798
    S-(2-chloroethyl) ester **9** 2798
    S-(3-chloropropyl) ester **9** 2798
    S-[2-(diethylamino)ethyl] ester
    9 2798
    S-[3-(diethylamino)propyl] ester
    9 2798
    S-ethyl ester **9** 2798
    S-propyl ester **9** 2798
Thio-2-naphthoic acid 9 3205
    N-methyl-N′-(2-naphthylmethylene)=
    hydrazide **9** 3205
—, 5,6,7,8-tetrahydro- **9** 2804
    S-(2-chloroethyl) ester **9** 2804
    S-(3-chloropropyl) ester **9** 2804
    S-[2-(diethylamino)ethyl] ester **9** 2804
    S-[3-(diethylamino)propyl] ester
    9 2804
    S-ethyl ester **9** 2804
Thiopenicillamine,
—, N-benzoyl- **9** 1183
—, N-benzoyl-S-benzyl-,
    S-benzyl ester **9** 1183
Thiophosphoric acid
    O,O′-diethyl ester S-[m-ethoxy=
    carbonyl)phenyl ester **10** 272
Thiopropiolamide,
—, N-allyl-3-phenyl- **9** 3068
—, N-methyl-3-phenyl- **9** 3067
Thiopropionamide,
—, 2-(benzoyloxy)- **9** 859
—, 3-(p-bromophenyl)-N,N-dimethyl-
    9 2417
—, 3-(p-chlorophenyl)-N,N-dimethyl-
    9 2417
—, 3-(3,4-dimethoxyphenyl)-
    N,N-dimethyl- **10** 1523
—, N,N-dimethyl-3-[p-(methylthio)=
    phenyl]- **10** 545

Thiopropionamide *(continued)*
—, *N,N*-dimethyl-3-*p*-tolyl- **9** 2481
—, 3-(*p*-fluorophenyl)-*N,N*-dimethyl-
　9 2417
—, 3-(*p*-iodophenyl)-*N,N*-dimethyl-
　9 2417
—, 3-(*p*-methoxyphenyl)-*N,N*-dimethyl-
　10 545
—, 3-(4-methoxy-*m*-tolyl-*N,N*-dimethyl-
　10 605
Thiopropionic acid,
—, 2-benzamido-3,3-bis(benzylthio)-,
　S-benzyl ester **9** 1204
—, 2-benzamido-3,3-bis(ethylthio)-,
　S-ethyl ester **9** 1204
—, 2-benzamido-3-oxo-,
　S-benzyl ester **9** 1201
　S-ethyl ester **9** 1201
—, 2-benzamido-3-phenyl-2-(phenylthio)-,
　S-phenyl ester **10** 3023
—, 2-(benzoylimino)-3-hydroxy-,
　S-benzyl ester **9** 1201
　S-ethyl ester **9** 1201
—, 3-hydroxy-2-(phenylacetylimino)-,
　S-benzyl ester **9** 2234
—, 3-oxo-2-(2-phenylacetamido)-,
　S-benzyl ester **9** 2234
—, 2-phenyl- **9** 2425
Thiopropionimidic acid,
—, 2-(ethoxycarbonyl)-2-
　(2-phenylacetamido)-,
　ethyl ester **9** 2227
　methyl ester **9** 2226
Thiosemicarbazide,
—, 1-*p*-anisoyl- **10** 355
—, 1-*p*-anisoyl-2,4-dimethyl- **10** 356
—, 1-*p*-anisoyl-4,4-dimethyl- **10** 355
—, 1-*p*-anisoyl-4-methyl- **10** 355
—, 1-benzoyl- **9** 1320
—, 1-benzoyl-2,4-dimethyl- **9** 1322
—, 1-benzoyl-4,4-dimethyl- **9** 1321
—, 1-benzoyl-4-methyl- **9** 1320
—, 1-benzoyl-4-isopropyl- **9** 1321
—, 1,4-bis(4-chlorobenzoyl)- **9** 1372
—, 1-(4-chlorobenzoyl)- **9** 1372
—, 1,4-di-*p*-anisoyl- **10** 355
—, 1,4-dibenzoyl- **9** 1321
—, 1-(4-nitrobenzoyl)- **9** 1757
Thio-*p*-toluamide **9** 2379
Thio-*o*-toluic acid **9** 2317
　　N-methyl-*N'*-(2-methylbenzylidene)-
　　hydrazide **9** 2317
—, 3-nitro-,
　　S-benzyl ester **9** 2317
Thio-*p*-toluic acid **9** 2378
　　N-methyl-*N'*-(4-methylbenzylidene)-
　　hydrazide **9** 2379
Thiourea,
—, [2-allyl-3-cyclobutylpropionyl]- **9** 210

—, benzoyl- **9** 1120
—, (benzoylcarbamimidoyl)- **9** 1119
—, 1-benzoyl-3-(2-hydroxyethyl)-
　9 1120
—, 1,1'-(biphenyl-2,2'-diyldicarbonyl)-
　bis- **9** 4499
—, (1-bromocyclohexylcarbonyl)- **9** 37
—, 1,1'-(4,4'-dinitrobiphenyl-
　2,2'-diyldicarbonyl)bis- **9** 4511
—, 1-methyl-3-(2-phenylbutyryl)-
　9 2467
28-Thiours-12-ene-27,28-dioic acid,
—, 3-(benzoyloxy)-,
　O,S-dimethyl ester **10** 2310
Thiovaleric acid,
—, 2-phenyl-,
　S-[2-(diethylamino)ethyl] ester
　9 2508
Threonamide,
—, tri-*O*-benzoyl- **9** 866, 867
Threonic acid,
—, O^3,O^4-bis(4-nitrobenzoyl)-,
　methyl ester **9** 1686
—, O^2,O^3-dibenzoyl-,
　ethyl ester **9** 864
　isopropyl ester **9** 865
—, O^2,O^4-dibenzoyl-,
　ethyl ester **9** 865
—, O^2-methoxalyl-O^3,O^4-
　bis(4-nitrobenzoyl)-,
　methyl ester **9** 1686
—, tri-*O*-benzoyl- **9** 864
　ethyl ester **9** 865
　isopropyl ester **9** 865
Threonine,
—, *O*-acetyl-*N*-benzoyl- **9** 1176
—, *N*-benzoyl- **9** 1174
　ethyl ester **9** 1177
　methyl ester **9** 1176
—, *O*-benzoyl- **9** 893
　methyl ester **9** 893
—, *N*-benzoyl-*O*-methyl- **9** 1175
—, *N,O*-dibenzoyl- **9** 1176
—, *N*-(3,5-dinitrobenzoyl)- **9** 1941
—, *N*-(4-nitrobenzoyl)- **9** 1736
Thujane,
—, 3-(3,5-dinitrobenzoyloxy)-
　9 1831, 1832
—, 3-(4-nitrobenzoyloxy)- **9** 1572
Thujane-4-carboxylic acid **9** 236
Thujan-3-one
　　(2-nitrobenzoyl)hydrazone **9** 1484
　　O-(4-nitrobenzoyl)oxime **9** 1750
Thuj-4(10)-ene,
—, 3-(3,5-dinitrobenzoyloxy)- **9** 1841
—, 3-(4-nitrobenzoyloxy)- **9** 1578
Thujic acid **9** 2450
—, hexahydro- **9** 77

Thujone
    O-(4-nitrobenzoyl)oxime
      9 1750
o-**Thymotic acid 10** 629
p-**Thymotic acid 10** 631
Tigogeninic acid 10 4627
Tirucaleanoic acid see under
   Lanostanoic acid
Tirucallol,
—, O-benzoyl- **9** 485
Todomaturic acid 10 2949
Tolualdehyde see also under
   Benzaldehyde
o-**Tolualdehyde,**
—, α-nitro-,
   oxime **9** 2308
p-**Tolualdehyde**
    O-benzoyloxime **9** 1280
m-**Toluamide 9** 2322
—, 5-acetoxy- **10** 516
—, N-(1-acetoxy-2,2,2-trichloroethyl)-
   9 2323
—, N-(1-amino-2,2,2-trichloroethyl)-
   9 2324
—, N-[1-(benzoyloxy)-2,2,2-trichloro
   ethyl]- **9** 2324
—, N,N'-benzylidenebis(2-nitro-
   9 2331
—, N,N'-benzylidenebis(5-nitro-
   9 2331
—, N,N'-benzylidenebis(6-nitro-
   9 2332
—, α-carbamoyl- **9** 4269
—, α-chloro- **9** 2328
—, N-(2,2-dichloro-1-cyanoethylidene)-
   9 2324
—, N-(2,2-dichloro-1-cyanovinyl)-
   9 2324
—, N-dodecyl- **9** 2322
—, N-(3-fluorobenzoyloxy)- **9** 2326
—, 2-nitro- **9** 2331
—, 5-nitro- **9** 2331
—, 6-nitro- **9** 2332
—, N-octadecyl- **9** 2322
—, N,N'-[oxybis(2,2,2-trichloro
   ethylidene)]bis- **9** 2323
—, N-(1,2,2,2-tetrachloroethyl)-
   9 2324
—, 2,4,6-tribromo- **9** 2330
—, N-(2,2,2-trichloro-1-ethoxyethyl)-
   9 2323
—, N-(2,2,2-trichloro-1-hydroxyethyl)-
   9 2322
—, N-(2,2,2-trichloro-1-methoxyethyl)-
   9 2323
—, N-(2,2,2-trichloro-1-phenoxyethyl)-
   9 2323
—, N-[2,2,2-trichloro-1-(o-tolyloxy)
   ethyl]- **9** 2323

o-**Toluamide 9** 2304
—, N-(1-acetoxy-2,2,2-trichloroethyl)-
   9 2306
—, N-(2-aminoethyl)-α-hydroxy- **10** 502
—, N-(1-amino-2,2,2-trichloroethyl)-
   9 2306
—, N-(benzoyloxy)- **9** 2308
—, N-[1-(benzoyloxy)-2,2,2-trichloro
   ethyl]- **9** 2306
—, N,N'-benzylidenebis(5-nitro-
   9 2314
—, 6-(carbamoylthio)-4-chloro- **10** 498
—, α-chloro-5-nitro- **9** 2315
—, 4,6-dichloro- **9** 2311
—, N,N-diethyl- **9** 2305
—, 3,5-dimethoxy- **10** 1479
—, N,N-dimethyl-α,α-diphenyl- **9** 3590
—, 3,5-dinitro- **9** 2316
—, N-dodecyl- **9** 2305
—, 5-nitro- **9** 2313
—, N,N'-(2-nitrobenzylidene)
   bis(5-nitro- **9** 2314
—, N,N'-(3-nitrobenzylidene)
   bis(5-nitro- **9** 2314
—, N,N'-(4-nitrobenzylidene)
   bis(5-nitro- **9** 2314
—, N-octadecyl- **9** 2305
—, N,N'-[oxybis(2,2,2-trichloro
   ethylidene)]bis- **9** 2306
—, N-tert-pentyl- **9** 2305
—, α-phenyl- **9** 3318
—, N-(1,2,2,2-tetrachloroethyl)-
   9 2306
—, N-(2,2,2-trichloro-1-ethoxyethyl)-
   9 2305
—, N-(2,2,2-trichloro-1-hydroxyethyl)-
   9 2305
—, N-(2,2,2-trichloro-1-methoxyethyl)-
   9 2305
—, N-(2,2,2-trichloro-1-phenoxyethyl)-
   9 2305
—, α,α,α-trifluoro- **9** 2309
p-**Toluamide 9** 2343
    O-[(ethoxycarbonyl)acetyl]oxime
      9 2352
    O-[(p-nitrophenyl)acetyl]oxime
      9 2352
    O-(phenylacetyl)oxime **9** 2352
—, N-(1-acetoxy-2,2,2-trichloroethyl)-
   9 2345
—, N-(2-aminoethyl)- **9** 2347
—, N-(1-amino-2,2,2-trichloroethyl)-
   9 2345
—, N-(benzoyloxy)- **9** 2350
—, N,N'-benzylidenebis(3-nitro)-
   9 2363
—, N-bromo- **9** 2348
—, 2-bromo- **9** 2358
—, N-(2-bromoethyl)-α-chloro- **9** 2356

p-**Toluamide** *(continued)*
—, *N*-(2-bromoethylidene)- **9** 2346
—, *N*-(2-bromovinyl)- **9** 2346
—, α-chloro- **9** 2356
—, 3-chloro- **9** 2355
—, *N*-cyano- **9** 2346
—, *N*-(2,2-dichloro-1-cyanoethylidene)- **9** 2347
—, *N*-(2,2-dichloro-1-cyanovinyl)- **9** 2347
—, 3,5-dichloro-2,6-dimethoxy- **10** 1511
—, *N*-(2,2-dichloroethylidene)- **9** 2344
—, *N*-(2,2-dichlorovinyl)- **9** 2344
—, 3,5-dimethoxy- **10** 1514
—, *N*,*N*-dimethyl-α,α-diphenyl- **9** 3591
—, 3,5-dinitro- **9** 2371
—, *N*-ethyl- **9** 2344
—, *N*,*N'*-ethylenebis- **9** 2347
—, α-hydroxy- **10** 530
—, α,α'-oxybis- **10** 530
—, *N*-(2-hydroxyethyl)-α-
  [(2-hydroxyethyl)carbamoyl]- **9** 4270
—, *N*-methyl- **9** 2344
—, 3-nitro- **9** 2363
—, *N*-(3-nitrobenzoyloxy)- **9** 2350
—, *N*,*N'*-[oxybis(2,2,2-trichloro-
  ethylidene)]bis- **9** 2345
—, *N-tert*-pentyl- **9** 2344
—, α-phenyl- **9** 3319
—, *N*-(1,2,2,2-tetrachloroethyl)-
  9 2345
—, *N*-(2,2,2-tribromo-1-hydroxyethyl)-
  9 2346
—, *N*-(2,2,2-trichloro-1-ethoxyethyl)-
  9 2345
—, *N*,*N'*-(2,2,2-trichloroethylidene)bis-
  9 2345
—, *N*-(2,2,2-trichloro-1-hydroxyethyl)-
  9 2344
—, *N*-(2,2,2-trichloro-1-methoxyethyl)-
  9 2344
—, *N*-(2,2,2-trichloro-1-phenoxyethyl)-
  9 2345
m-**Toluamidine 9** 2325
—, 4,4'-(hexanediyldioxy)di- **10** 514
—, 4,4'-(pentanediyldioxy)di- **10** 514
o-**Toluamidine**,
—, *N*,*N*-dibutyl- **9** 2307
p-**Toluamidine 9** 2350
—, α-carbamimidoyl- **9** 4270
—, α-[*p*-(carbamimidoylmethyl)phenoxy]-
  10 532
—, α-(*m*-carbamimidoylphenoxy)- **10** 532
—, α-(*p*-carbamimidoylphenoxy)- **10** 532
—, α-(methylsulfonyl)- **10** 534
—, α-(methylthio)- **10** 533
—, α,α'-oxydi- **10** 533
—, α,α'-(*p*-phenylenedioxy)di- **10** 532
—, α,α'-thiodi- **10** 534
—, *N*-thio-*p*-toluoyl- **9** 2379

p-**Toluamidoxime**,
—, *O*,*O'*-malonyldi- **9** 2352
Toluene,
—, α-acetoxy-2-(benzoyloxy)-
  9 567
—, α-acetoxy-2,5-bis(benzoyloxy)-
  9 672
—, 3-allyl-5-methoxy-4-
  (4-nitrobenzoyloxy)- **9** 1647
—, 4-(benzoyloxy)-3-[1-(benzoyloxy)-
  2,2,2-trichloroethyl]- **9** 573
—, 2-(benzoyloxy)-3-benzyl- **9** 511
—, 2-(benzoyloxy)-5-benzyl- **9** 511
—, 3-(benzoyloxy)-2-benzyl- **9** 511
—, 3-(benzoyloxy)-4-benzyl- **9** 512
—, 4-(benzoyloxy)-3-benzyl- **9** 512
—, 5-(benzoyloxy)-2-benzyl- **9** 511
—, α-(benzoyloxy)-4-bromo- **9** 430
—, 2-(benzoyloxy)-5-bromo- **9** 423
—, 3-(benzoyloxy)-2-bromo- **9** 425
—, 3-(benzoyloxy)-4-bromo- **9** 425
—, 4-(benzoyloxy)-α-bromo- **9** 428
—, 4-(benzoyloxy)-2-bromo- **9** 427
—, 4-(benzoyloxy)-3-bromo- **9** 427
—, 5-(benzoyloxy)-2-bromo- **9** 425
—, 3-(benzoyloxy)-4-bromo-2,6-dinitro-
  9 427
—, 3-(benzoyloxy)-6-bromo-2,4-dinitro-
  9 426
—, 5-(benzoyloxy)-4-bromo-2-ethyl-
  9 436
—, 2-(benzoyloxy)-5-bromo-3-iodo-
  9 424
—, 4-(benzoyloxy)-3-bromo-5-iodo-
  9 428
—, 4-(benzoyloxy)-3-*tert*-butyl-5-
  tert-pentyl- **9** 446
—, α-(benzoyloxy)-4-chloro- **9** 430
—, 3-(benzoyloxy)-2-chloro- **9** 424
—, 3-(benzoyloxy)-4-chloro- **9** 424
—, 4-(benzoyloxy)-3-chloro- **9** 427
—, 5-(benzoyloxy)-2-chloro- **9** 424
—, 4-(benzoyloxy)-3-chloro-5-
  (2,6-dichloro-*p*-tolyloxy)- **9** 566
—, 3-(benzoyloxy)-2-chloro-4,6-dinitro-
  9 426
—, 4-(benzoyloxy)-α-chloro-3-methoxy-
  9 566
—, 3-(benzoyloxy)-2,4-dibenzyl- **9** 527
—, 4-(benzoyloxy)-3,5-dibenzyl- **9** 527
—, 5-(benzoyloxy)-2,4-dibenzyl- **9** 527
—, 3-(benzoyloxy)-2,4-dibromo- **9** 426
—, 3-(benzoyloxy)-2,6-dibromo- **9** 426
—, 4-(benzoyloxy)-3,5-dibromo- **9** 428
—, 5-(benzoyloxy)-2,4-dibromo- **9** 426
—, 2-(benzoyloxy)-4,6-dibromo-5-chloro-
  3-nitro- **9** 424
—, 4-(benzoyloxy)-α,α-dibromo-
  3-methoxy- **9** 66

Toluene *(continued)*

—, 2-(benzoyloxy)-3,5-di-*tert*-butyl-
9 446

—, 4-(benzoyloxy)-3,5-di-*sec*-butyl-
9 446

—, 4-(benzoyloxy)-3,5-di-*tert*-butyl-
9 446

—, 3-(benzoyloxy)-2,4-dichloro- 9 425

—, 3-(benzoyloxy)-2,6-dichloro- 9 425

—, 5-(benzoyloxy)-2,4-dichloro- 9 425

—, 2-(benzoyloxy)-3,5-dinitro- 9 424

—, 5-(benzoyloxy)-2,4-dinitro- 9 426

—, α-(benzoyloxy)-4-ethoxy-3-methoxy-
9 672

—, 3-(benzoyloxy)-5-ethyl- 9 436

—, 5-(benzoyloxy)-2-ethyl-4-methoxy-
9 573

—, α-(benzoyloxy)-α-(fluoren-9-yl)-
9 528

—, 4-(benzoyloxy)-2-fluoro- 9 427

—, 2-(benzoyloxy)-3-methoxy- 9 564

—, 3-(benzoyloxy)-2-methoxy- 9 564

—, 4-(benzoyloxy)-3-methoxy- 9 566

—, 4-(benzoyloxy)-3-methoxy-α-
(2-nitrofluoren-9-ylidene)- 9 655

—, 2-(benzoyloxy)-5-(2-methylcyclohex-
1-en-1-yl)- 9 474

—, α-(benzoyloxy)-2-nitro- 9 430

—, α-(benzoyloxy)-3-nitro- 9 430

—, α-(benzoyloxy)-4-nitro- 9 431

—, 4-(benzoyloxy)-2-nitro- 9 428

—, 4-(benzoyloxy)-3-nitro- 9 428

—, 4-(benzoyloxy)-α-(2-nitrofluoren-
9-ylidene)- 9 530

—, 3-(benzoyloxy)-2,4,6-tribromo-
9 426

—, 4-(benzoyloxy)-2,3,5-tribromo-
9 428

—, 3-(benzoyloxy)-2,4,6-trichloro-
9 425

—, 5-(benzoyloxy)-2,α,α-trichloro-
9 425

—, 2-(benzoylthio)-5-methoxy- 9 1969

—, 2-(benzoylthio)-6-methoxy- 9 1969

—, 3-(benzoylthio)-2-methoxy- 9 1969

—, 3-(benzoylthio)-4-methoxy- 9 1969

—, 4-(benzoylthio)-3-methoxy- 9 1969

—, 5-(benzoylthio)-2-methoxy- 9 1969

—, 4-(benzoylthio)-3-nitro- 9 1965

—, α,α-bis(benzoylseleno)- 9 2000

—, α,α-bis(benzoylthio)- 9 1971

—, α,α-bis[benzylidene(thiobenzoyl)-
hydrazino]- 9 1987

—, 2,5-bis(benzoyloxy)- 9 564

—, 2,6-bis(benzoyloxy)- 9 565

—, 3,5-bis(benzoyloxy)- 9 566

—, 2,5-bis(benzoyloxy)-α-bromo- 9 565

—, α,α-bis[2-(benzoyloxy)-1-naphthyl]-
2-chloro- 9 660

—, α,α'-bis[2-(benzoyloxy)-1-naphthyl]-
3-chloro- 9 660

—, α,α'-bis[2-(benzoyloxy)-1-naphthyl]-
4-chloro- 9 661

—, 3,4-bis(3,5-dinitrobenzoyloxy)-
9 1906

—, 2,4-bis(methoxycarbonyloxy)-α-
(4-nitrobenzoyloxy)- 9 1661

—, 3,5-bis(methoxycarbonyloxy)-α-
(4-nitrobenzoyloxy)- 9 1662

—, α,α-bis(methylsulfonyl)-α-
(methylthio)- 9 1999

—, 3,5-bis(4-nitrobenzoyloxy)- 9 1638

—, α-(4-bromobenzoyloxy)-3,5-bis-
(methoxycarbonyloxy)- 9 1412

—, 2-bromo-3,5-dimethoxy-α-
(4-nitrobenzoyloxy)- 9 1662

—, 2-bromo-5-methoxy-6,α-
bis(4-nitrobenzoyloxy)-3-[3-
(4-nitrobenzoyloxy)propyl]-
9 1668

—, 2-*sec*-butyl-4,6-
bis(4-nitrobenzoyloxy)- 9 1645

—, 2-*sec*-butyl-4-methoxy-6-
(4-nitrobenzoyloxy)- 9 1645

—, α-chloro-α,α-bis-
(diethylthiocarbamoylthio)-
9 1999

—, 3-(cyclohex-1-en-1-yl)-4-
(3-nitrobenzoyloxy)- 9 1501

—, 4-(cyclohex-1-en-1-yl)-3-
(3-nitrobenzoyloxy)- 9 1501

—, 5-(cyclohex-1-en-1-yl)-2-
(3-nitrobenzoyloxy)- 9 1500

—, 2,4-diacetoxy-α-
(2,4-dinitrobenzoyloxy)- 9 1776

—, 2,4-diacetoxy-α-(4-nitrobenzoyloxy)-
9 1661

—, 2,4-diacetyl-3,5-bis(benzoyloxy)-
9 820

—, 2,6-dibenzoyl-3,5-bis(benzoyloxy)-
9 831

—, 4,α-dibenzoyloxy- 9 568

—, 3,5-dibromo-2-hydroxy-α-
(4-hydroxybenzoyloxy)- 10 316

—, (2,6-diethyl-3,5-
bis(4-nitrobenzoyloxy)- 9 1646

—, 3,5-diethyl-2,6-
bis(4-nitrobenzoyloxy)- 9 1646

—, 4-(3,5-dinitrobenzoyloxy)-
3,5-dipropyl- 9 1857

—, α-(3,5-dinitrobenzoyloxy)-5-ethyl-
2-propyl- 9 1857

—, 4-(3,5-dinitrobenzoyloxy)-3-
(1-methylbutyl)- 9 1856

—, 3-ethoxy-4-(3-nitrobenzoyloxy)-
9 1505

—, 2-ethyl-3,5-bis(4-nitrobenzoyloxy)-
9 1641

Toluene *(continued)*
—, 2-ethyl-4,5-bis(4-nitrobenzoyloxy)-
   9 1641
—, 2-ethyl-4,6-bis(4-nitrobenzoyloxy)-
   9 1642
—, 3-ethyl-2,4-bis(4-nitrobenzoyloxy)-
   9 1642
—, 3-ethyl-6-methoxy-2-
   (4-nitrobenzoyloxy)- **9** 1642
—, 3-(2-methylallyl)-4-
   (4-nitrobenzoyloxy)- **9** 1604
—, 3-(1-methylbutyl)-4-(salicyloyloxy)-
   10 135
—, 3-(2-methylprop-1-enyl)-4-
   (4-nitrobenzoyloxy)- **9** 1604
—, α,α,α-trifluoro-2,5-
   bis(4-nitrobenzoyloxy)- **9** 1638
—, α,α,α-trifluoro-3,5-
   bis(4-nitrobenzoyloxy)- **9** 1639
—, α,α,α-trifluoro-4-methoxy-2,5-
   bis(4-nitrobenzoyloxy)- **9** 1661
—, α,α,α-trifluoro-4-methoxy-3-
   (4-nitrobenzoyloxy)- **9** 1638
—, α,α,α-tris(methylsulfonyl)- **9** 1999
—, 2,3,5-tris(benzoyloxy)- **9** 672
—, 2,5,α-tris(benzoyloxy)- **9** 672
Toluene-α-sulfenic acid,
—, α-imino- **9** 1979
Toluene-α-sulfonic acid,
—, α-(dimethoxyphosphinyl)-α-hydroxy-
   9 1056
Toluene-α,α,α-tricarboxylic acid
   trimethyl ester **9** 4795
Toluene-2,3,4-tricarboxylic acid,
—, 5-hydroxy- **10** 2572
—, 5-methoxy- **10** 2572
Toluene-2,3,6-tricarboxylic acid,
—, 5-hydroxy- **10** 2573
Toluene-2,4,5-tricarboxylic acid 9 4796
—, 3-hydroxy- **10** 2573
—, 3-methoxy- **10** 2573
   2-methyl ester **10** 2574
   trimethyl ester **10** 2574
—, 6-nitro- **9** 4796
   trimethyl ester **9** 4796
m-**Toluhydroxamic acid 9** 2325
p-**Toluhydroxamic acid 9** 2350
—, α-chloro-α-(*o*-nitrophenyl)- **9** 3320
p-**Toluhydroximic acid**
   ethyl ester **9** 2351
Toluic acid:
for Alkyl-Subst. Derivs. see under
Benzoic acid
—, styryl- *see Stilbenecarboxylic acid,*
   methyl-
m-**Toluic acid 9** 2318
   benzyl ester **9** 2321
   ethyl ester **9** 2320
   hydrazide **9** 2326

   methyl ester **9** 2320
   1-methylheptyl ester **9** 2321
   phenyl ester **9** 2321
   4-phenylphenacyl ester **9** 2321
—, 2-acetoxy- **10** 506
   2-(diethylamino)ethyl ester **10** 509
   2-(dimethylamino)-1-ethyl-
   1-methylethyl ester **10** 509
—, 5-acetoxy- **10** 515
   methyl ester **10** 516
—, 6-acetoxy- **10** 517
—, 5-acetoxy-6-(2,2-dichlorovinyl)-
   10 873
—, 5-allyl-2-[2-(diethylamino)ethoxy]-,
   methyl ester **10** 884
—, 2-benzoyl- **10** 3314
   methyl ester **10** 3315
—, 6-benzoyl- **10** 3314
—, α-bromo-,
   methyl ester **9** 2329
—, 4-bromo- **9** 2329
—, 6-bromo- **9** 2329
—, 5-bromo-6-fluoro-4-nitro- **9** 2333
   ethyl ester **9** 2333
   methyl ester **9** 2333
—, 4-bromo-5-nitro- **9** 2332
   methyl ester **9** 2333
—, 4-bromo-2,5,6-trihydroxy- **10** 2116
   methyl ester **10** 2116
—, 2-(but-2-enyloxy)- **10** 505
   methyl ester **10** 506
—, 4-butoxy- **10** 512
   1-butyl-2-(dimethylamino)-
   1-methylethyl ester **10** 513
   3-(dimethylamino)propyl ester **10** 513
—, α-carboxy- **9** 4269
—, α-carboxy-4-hydroxy- **10** 2207
—, 4-(carboxymethoxy)- **10** 512
—, α-chloro- **9** 2328
—, 4-chloro- **9** 2327
—, 6-chloro- **9** 2327
—, 2-(4-chlorobenzoyl)- **10** 3315
—, 2-(2-chloro-4-hydroxybenzoyl)-
   10 4438
—, 2-(3-chloro-4-hydroxybenzoyl)-
   10 4439
—, α-(5-chloro-2-hydroxyphenyl)-
   10 1183
—, 2-(4-chlorosalicyloyl)- **10** 4438
—, 6-(5-chlorosalicyloyl)- **10** 4437
—, 6-(5-chloro-*o*-tolyloxy)- **10** 517
—, 2-(cinnamyloxy)- **10** 505
—, 2-cyano- **9** 4271
—, 4-cyano- **9** 4273
   ethyl ester **9** 4273
   methyl ester **9** 4273
—, 6-cyano-,
   methyl ester **9** 4272
—, 2,5-diacetoxy- **10** 1504

m-**Toluic acid** (*continued*)
—, 6,α-diacetoxy-α-phenyl-,
   methyl ester **10** 1960
—, 2-(2,2-dichlorovinyl)-5-hydroxy-
   10 871
—, 6-(2,2-dichlorovinyl)-5-hydroxy-
   10 873
—, 2,4-dihydroxy- **10** 1503
   methyl ester **10** 1503
—, 2,5-dihydroxy- **10** 1504
   cyclohexyl ester **10** 1504
   methyl ester **10** 1504
—, 2,6-dihydroxy-,
   methyl ester **10** 1505
—, 4,6-dihydroxy- **10** 1505
   methyl ester **10** 1505
—, 2-(2,5-dihydroxybenzoyl)- **10** 4673
—, 4,4′-dihydroxy-α,α′-
   (ethylenedinitrilo)di- **10** 4208
—, 2,6-dihydroxy-4-(2-hydroxy-
   1-methylpropyl)- **10** 2139, 2140
   methyl ester **10** 2140
—, 4,6-dihydroxy-5-iodo- **10** 1505
—, 2,6-dihydroxy-4-methoxy-,
   methyl ester **10** 2115
—, α-(2,4-dihydroxyphenyl)- **10** 1959
—, 2,5-dihydroxy-6-pyruvoyl- **10** 4742
—, 2,4-dimethoxy- **10** 1503
—, 2,5-dimethoxy- **10** 1504
—, 2,6-dimethoxy- **10** 1505
—, 5,6-dimethoxy- **10** 1506
—, 6-(1,1-dimethylacetonyl)- **10** 3100
—, 6-[2-(dimethylaminomethyl)-
   2-ethylbutyryloxy]-,
   phenethyl ester **10** 518
—, 2-ethoxy-,
   butyl ester **10** 508
   2-(diethylamino)ethyl ester **10** 509
   ethyl ester **10** 507
   isopropyl ester **10** 507
   methyl ester **10** 506
—, 4-ethoxy-,
   2-(diethylamino)ethyl ester **10** 513
   methyl ester **10** 513
—, 6-ethoxy- **10** 517
   ethyl ester **10** 517
—, α-(ethoxycarbonyl)-,
   ethyl ester **9** 4269
—, 2-[(ethoxycarbonyl)methoxy]-,
   ethyl ester **10** 507
—, 4-ethoxy-2,6-dihydroxy-,
   methyl ester **10** 2115
—, 4-ethoxy-2,6-dimethoxy-,
   methyl ester **10** 2115
—, 6-ethoxy-2,4-dimethoxy- **10** 2114
—, 4-ethoxy-2-hydroxy-6-methoxy-
   10 2114
   methyl ester **10** 2115
—, 6-ethoxy-5-methoxy- **10** 1506

—, 6-ethoxy-5-nitro- **10** 520
—, 2-(1-ethylallyloxy)-,
   methyl ester **10** 506
—, 6-(ethylthio)- **10** 520
   ethyl ester **10** 521
   methyl ester **10** 520
—, 4-fluoro- **9** 2327
—, α-hydroxy- **10** 521
—, 4-hydroxy- **10** 512
   methyl ester **10** 513
—, 5-hydroxy-,
   2-(diethylamino)ethyl ester **10** 516
   methyl ester **10** 515
—, 2-(4-hydroxybenzoyl)- **10** 4438
—, 2-hydroxy-4,6-dimethoxy- **10** 2114
   methyl ester **10** 2115
—, 4-hydroxy-5-iodo- **10** 514
—, 2-hydroxy-4-methoxy- **10** 1503
   methyl ester **10** 1503
—, 4-hydroxy-5-nitro- **10** 515
   methyl ester **10** 515
—, α-hydroxy-α-phenyl-,
   isopropyl ester **10** 1183
—, 5-hydroxy-2,4,6-trinitro- **10** 516
—, 4-hydroxy-α,α,α-
   tris(*p*-hydroxyphenyl)- **10** 2549
—, α-iodo-,
   methyl ester **9** 2330
—, 4-iodo- **9** 2330
—, 6-iodo-5-nitro- **9** 2333
   methyl ester **9** 2333
—, 4-isopropoxy- **10** 512
—, α-(methoxycarbonyl)-,
   methyl ester **9** 4269
—, 4-(methylthio)- **10** 515
—, 2-(1-naphthoyl)- **10** 3434
—, 6-(1-naphthoyl)- **10** 3433
—, 6-(2-naphthoyl)- **10** 3434
—, 6-(1-naphthyl)- **9** 3556
—, α,α,α-triphenyl- **9** 3677
   methyl ester **9** 3677
—, 2-nitro- **9** 2330
—, 4-nitro- **9** 2331
—, 5-nitro- **9** 2331
—, 6-nitro- **9** 2332
—, 2-(*p*-nitrophenoxy)- **10** 505
   methyl ester **10** 507
—, 6-(*p*-nitrophenoxy)- **10** 517
—, 2-(pent-2-enyloxy)- **10** 505
   methyl ester **10** 506
—, 4-(phenethyloxy)- **10** 512
—, 2-salicyloyl- **10** 4438
—, α-semicarbazono-,
   ethyl ester **10** 2989
—, 2,4,6,α-tetrabromo- **9** 2330
—, 2-*o*-toluoyl- **10** 3334
—, 2,5,6-triacetoxy-4-bromo-,
   methyl ester **10** 2116
—, 2,4,6-tribromo- **9** 2329

m-**Toluic acid** *(continued)*
—, α,α,α-trichloro-4-(trichloroacetyl)-,
   ethyl ester **10** 3059
   methyl ester **10** 3059
—, α,α,α-trichloro-6-(trichloroacetyl)-,
   ethyl ester **10** 3059
   methyl ester **10** 3059
—, α,α,α-trifluoro- **9** 2327
—, 2,4,6-trihydroxy-,
   methyl ester **10** 2114
—, 2,5,6-trihydroxy- **10** 2115
   methyl ester **10** 2116
—, 4,5,6-trihydroxy-,
   methyl ester **10** 2116
—, 2,4,6-trimethoxy-,
   methyl ester **10** 2115
—, 2,4,6-trinitro- **9** 2334
—, 2,4,5-triphenyl- **9** 3679
   methyl ester **9** 3680
o-**Toluic acid** **9** 2298
   allyl ester **9** 2302
   benzyl ester **9** 2302
   4-bromobenzyl ester **9** 2302
   ethyl ester **9** 2301
   hydrazide **9** 2308
   isopropyl ester **9** 2301
   methyl ester **9** 2301
   2-methylbutyl ester **9** 2301
   1-methylheptyl ester **9** 2302
   4-phenylphenacyl ester **9** 2303
—, α-(acenaphthen-5-yl)- **9** 3595
—, 6-acetoxy- **10** 497
—, 6-acetoxy-4-[6-acetoxy-4-(4-acetoxy-
   6-methoxy-*o*-toluoyloxy)-
   o-toluoyloxy]- **10** 1498
   methyl ester **10** 1498
—, 6-acetoxy-4-[6-acetoxy-4-(6-acetoxy-
   4-methoxy-*o*-toluoyloxy)-
   o-toluoyloxy]-,
   methyl ester **10** 1498
—, 6-acetoxy-4-[6-acetoxy-4-
   (4,6-diacetoxy-*o*-toluoyloxy)-
   o-toluoyloxy]- **10** 1498
   methyl ester **10** 1499
—, 6-acetoxy-4-(6-acetoxy-4-hydroxy-
   o-toluoyloxy)-, methyl ester **10** 1490
—, 6-acetoxy-4-(2-acetoxy-4-methoxy-
   3,6-dimethylbenzoyloxy)- **10** 1541
   methyl ester **10** 1541
—, 6-acetoxy-4-(6-acetoxy-4-methoxy-
   o-toluoyloxy)- **10** 1491
   butyl ester **10** 1492
   ethyl ester **10** 1491
   isobutyl ester **10** 1492
   isopentyl ester **10** 1492
   isopropyl ester **10** 1492
   methyl ester **10** 1491
   pentyl ester **10** 1492
   propyl ester **10** 1491

—, 6-acetoxy-4-[6-acetoxy-4-
   (3,4,6-triacetoxy-*o*-toluoyloxy)-
   o-toluoyloxy]- **10** 2110
   methyl ester **10** 2110
—, 4-acetoxy-α-carboxy-3,5-dimethoxy-
   10 2560
—, 6-acetoxy-4-(4,6-diacetoxy-
   o-toluoyloxy)- **10** 1492
   5-acetoxy-4-formyl-*m*-tolyl ester
      10 1494
   butyl ester **10** 1493
   ethyl ester **10** 1493
   4-formyl-5-hydroxy-*m*-tolyl ester
      10 1494
   isobutyl ester **10** 1493
   isopentyl ester **10** 1494
   isopropyl ester **10** 1493
   methyl ester **10** 1492
   pentyl ester **10** 1493
   propyl ester **10** 1493
   2,3,4-triacetoxybutyl ester **10** 1494
—, 6-acetoxy-4-methoxy- **10** 1480
   methyl ester **10** 1482
—, 4-(6-acetoxy-4-methoxy-*o*-toluoyloxy)-
   6-hydroxy-,
   methyl ester **10** 1491
—, α-(*p*-acetoxyphenyl)-α-phenyl- **10** 1325
—, 6-acetoxy-4-(3,4,6-triacetoxy-
   o-toluoyloxy)- **10** 2109
   5-acetoxy-4-formyl-*m*-tolyl ester
      10 2110
   4-formyl-5-hydroxy-*m*-tolyl ester
      10 2109
   methyl ester **10** 2109
—, 6-acetoxy-4-(4,5,6-triacetoxy-
   o-toluoyloxy)- **10** 2113
   methyl ester **10** 2113
—, 6-acetyl- **10** 3058
   methyl ester **10** 3058
—, 4-benzoyl- **10** 3319
—, 5-benzoyl- **10** 3319
—, 6-benzoyl- **10** 3313
   methyl ester **10** 3313
—, 3-(benzoyloxy)-4,6-dimethoxy- **10** 2106
   methyl ester **10** 2107
—, 5-(benzyloxy)-α-carboxy-6-hydroxy-
   10 2442
   methyl ester **10** 2443
—, 6-(benzyloxy)-α-carboxy-5-hydroxy-
   10 2442
   methyl ester **10** 2443
—, 5-(benzyloxy)-α-carboxy-6-methoxy-
   10 2442
—, 6-(benzyloxy)-α-carboxy-5-methoxy-
   10 2442
   methyl ester **10** 2443
—, 5-(benzyloxy)-α-(methoxycarbonyl)-
   6-hydroxy-,
   methyl ester **10** 2444

o-**Toluic acid** *(continued)*

—, 6-(benzyloxy)-5-methoxy-α-
  (methoxycarbonyl)-,
    methyl ester **10** 2444
—, 5,6-bis(benzyloxy)-α-carboxy- **10** 2442
    methyl ester **10** 2443
—, 4-{4-[4,6-bis(chloroacetoxy)-
  o-toluoyloxy]-6-(chloroacetoxy)-
  o-toluoyloxy}-6-(chloroacetoxy)-
  10 1499
—, α,α-bis(p-chlorophenyl)- **9** 3591
—, α,α-bis(3,5-dibromo-4-acetoxyphenyl)-
  10 2014
—, α,α-bis(3,5-dibromo-4-hydroxyphenyl)-
  10 2014
    butyl ester **10** 2015
    ethyl ester **10** 2014
    methyl ester **10** 2014
—, α,α-bis(3,5-dibromo-4-hydroxyphenyl)-
  α-hydroxy-,
    ethyl ester **10** 2400
—, α,α'-bis(2,5-dimethoxyphenyl)-
  5,6-dimethoxy- **10** 2622
—, 4-[2,4-bis(ethoxycarbonyloxy)-
  3,6-dimethylbenzoyloxy]-6-
  (ethoxycarbonyloxy)- **10** 1541
—, 4-[4,6-bis(ethoxycarbonyloxy)-
  o-toluoyloxy]-6-
  (ethoxycarbonyloxy)- **10** 1495
    5-(ethoxycarbonyloxy)-4-formyl-
    m-tolyl ester **10** 1496
    4-formyl-5-hydroxy-m-tolyl ester
    10 1496
—, 4-{4-[4,6-bis(ethoxycarbonyloxy)-
  o-toluoyloxy]-6-
  (ethoxycarbonyloxy)-o-toluoyloxy}-
  6-(ethoxycarbonyloxy)- **10** 1499
—, α,α-bis(p-hydroxyphenyl)- **10** 2013
    butyl ester **10** 2014
    ethyl ester **10** 2014
    methyl ester **10** 2014
—, α,α-bis(p-methoxyphenyl)- **10** 2014
—, α,α-bis[p-(methylthio)phenyl]-
  10 2015
—, 4-bromo- **9** 2311
    hydrazide **9** 2311
    methyl ester **9** 2311
—, 5-bromo- **9** 2311
    methyl ester **9** 2311
—, 4-bromo-α-hydroxy- **10** 503
—, 3-bromo-6-hydroxy-4-methoxy-,
    methyl ester **10** 1502
—, 5-bromo-6-hydroxy-4-methoxy-,
    methyl ester **10** 1502
—, 5-bromo-3,4,6-trihydroxy- **10** 2111
—, α-butoxy- **10** 500
    2-(diethylamino)ethyl ester **10** 501
—, α-carbamoyl-4,6-dimethoxy-,
    ethyl ester **10** 2441

—, α-carbamoyl-5,6-dimethoxy- **10** 2444
—, α-carbamoyl-α-hydroxy- **10** 2206
—, α-(carbamoylimino)- **10** 2987
—, 5,5'-carbonyldi- **10** 4013
—, α-carboxy- **9** 4266
—, α-carboxy-4,6-dihydroxy- **10** 2440
    ethyl ester **10** 2440
—, α-carboxy-5,6-dihydroxy- **10** 2441
—, α-carboxy-3,5-dihydroxy-4-methoxy-
  10 2559
—, α-carboxy-3,4-dimethoxy- **10** 2440
—, α-carboxy-4,6-dimethoxy-,
    ethyl ester **10** 2440
—, α-carboxy-5,6-dimethoxy- **10** 2441
    methyl ester **10** 2442
—, α-carboxy-6-ethoxy-5-methoxy-
  10 2442
—, α-carboxy-5-hydroxy- **10** 2206
—, α-carboxy-3-hydroxy-4,5-dimethoxy-
  10 2559
—, α-carboxy-4-hydroxy-3,5-dimethoxy-
  10 2559
—, α-carboxy-6-hydroxy-5-methoxy-
  10 2441
—, 6-(carboxymethylthio)- **10** 497
—, 6-(carboxymethylthio)-4-chloro-
  10 498
—, α-carboxy-5-nitro- **9** 4268
—, α-carboxy-α-phenyl- **9** 4526
—, α-carboxy-3,4,5-triacetoxy- **10** 2560
—, α-carboxy-3,4,5-trihydroxy- **10** 2559
—, α-carboxy-3,4,5-trimethoxy- **10** 2560
—, 3-chloro- **9** 2309
—, 6-chloro- **9** 2310
—, α-(5-chloro-2,4-dimethoxyphenyl)-
  10 1958
    methyl ester **10** 1959
—, 6-chloro-3,5-dinitro- **9** 2317
—, 6-chloro-α-(fluoren-2-yl)- **9** 3632
—, 4-chloro-α-hydroxy- **10** 503
—, α,α'-dithiodi- **10** 504
—, 6-(2-chloro-4-hydroxybenzoyl)-
  10 4437
—, 6-(3-chloro-4-hydroxybenzoyl)-
  10 4437
—, 4-chloro-5-nitro- **9** 2315
—, 6-chloro-5-nitro- **9** 2315
—, α-(p-chlorophenyl)- **9** 3319
—, 3-chloro-α-phenyl- **9** 3318
—, 6-(4-chlorosalicyloyl)- **10** 4436
—, 3-chloro-α-p-tolyl- **9** 3347
—, α-chloro-3,4,5-trimethoxy-,
    methyl ester **10** 2105
—, α-(chrysen-6-yl)- **9** 3686
    ethyl ester **9** 3686
    methyl ester **9** 3686
—, α-cyano- **9** 4267
    ethyl ester **9** 4268
    methyl ester **9** 4268

o-Toluic acid *(continued)*
—, α-cyano-3,4-dimethoxy- **10** 2440
—, α-cyano-5,6-dimethoxy- **10** 2444
—, α-cyclohexyl- **9** 2865
—, α-(p-cyclohexylphenyl)- **9** 3488
—, α-cyclohexyl-α-p-tolyl- **9** 3490
—, O-deuterio-α-(2-deuterio-1-oxoindan-
     2-yl)- **10** 3391
—, 4,6-diacetoxy- **10** 1480
—, 4,6-diacetoxy-3,5-dichloro-,
     5-acetoxy-4,6-dichloro-m-tolyl
        ester **10** 1502
        methyl ester **10** 1501
—, α,α-diacetoxy-5,6-dimethoxy-3-nitro-,
     ethyl ester **10** 4514
—, 3,5-diacetoxy-4-methoxy- **10** 2105
—, 3,6-diacetoxy-4-methoxy- **10** 2105
     methyl ester **10** 2107
—, 4,5-dibenzoyl- **10** 3673
—, 3,5-dibromo-4,6-dihydroxy-,
     ethyl ester **10** 1502
     methyl ester **10** 1502
—, α-(3,5-dibromo-4-ethoxyphenyl)-α-
     (3,5-dibromo-4-oxocyclohexa-
     2,5-dien-1-ylidene)-,
     ethyl ester **10** 4491
—, α-(3,5-dibromo-4-hydroxyphenyl)-α-
     (3,5-dibromo-4-oxocyclohexa-
     2,5-dien-1-ylidene)-,
     butyl ester **10** 4491
     ethyl ester **10** 4490
—, α-(3,5-dibromo-4-methoxyphenyl)-α-
     (3,5-dibromo-4-oxocyclohexa-
     2,5-dien-1-ylidene)-,
     methyl ester **10** 4490
—, α-(2,5-dibromo-p-tolyl)- **9** 3347
—, 3,5-dichloro- **9** 2310
—, 4,6-dichloro- **9** 2310
—, 3,5-dichloro-6-(3,5-dichloro-
     4,6-dimethoxy-o-tolyloxy)-
     4-methoxy- **10** 1500
     methyl ester **10** 1501
—, 3,5-dichloro-6-(3,5-dichloro-
     6-ethoxy-4-methoxy-o-tolyloxy)-
     4-ethoxy-,
     methyl ester **10** 1501
—, 3,5-dichloro-6-(3,5-dichloro-
     6-hydroxy-4-methoxy-o-tolyloxy)-
     4-hydroxy- **10** 1500
     methyl ester **10** 1501
—, 3,5-dichloro-6-(3,5-dichloro-
     6-hydroxy-4-methoxy-o-tolyloxy)-
     4-methoxy-,
     methyl ester **10** 1501
—, 3,5-dichloro-4,6-dihydroxy-,
     4,6-dichloro-5-hydroxy-m-tolyl
        ester **10** 1501
     ethyl ester **10** 1501
     methyl ester **10** 1500

—, α-(5,8-dichloro-1,4-dihydroxy-
     9,10-dioxo-9,10-dihydro-2-anthryl)-
     10 4795
—, 3,5-dichloro-4,6-dimethoxy- **10** 1500
     4,6-dichloro-5-methoxy-m-tolyl
        ester **10** 1502
—, α-(2,5-dichloro-4-ethylphenyl)-
     9 3369
—, 3,5-dichloro-6-hydroxy-4-methoxy-,
     methyl ester **10** 1500
—, α-(2,4-dichlorophenyl)- **9** 3319
—, α-(3,4-dichlorophenyl)- **9** 3319
—, α-(2,5-dichloro-p-tolyl)- **9** 3347
—, α-(2,5-dicyclohexylphenyl)- **9** 3547
—, 3,5-dihydroxy- **10** 1478
     methyl ester **10** 1479
—, 4,6-dihydroxy- **10** 1479
     benzyl ester **10** 1484
     butyl ester **10** 1483
     ethyl ester **10** 1482
     hexyl ester **10** 1484
     isobutyl ester **10** 1483
     isopentyl ester **10** 1483
     isopropyl ester **10** 1483
     methyl ester **10** 1481
     octyl ester **10** 1484
     pentyl ester **10** 1483
     phenethyl ester **10** 1484
     propyl ester **10** 1483
     2,3,4-trihydroxybutyl ester **10** 1484
—, 6-(2,5-dihydroxybenzoyl)- **10** 4673
—, 4-(2,4-dihydroxy-
     3,6-dimethylbenzoyloxy)-6-hydroxy-
     10 1540
     methyl ester **10** 1540
—, α-(1,4-dihydroxy-9,10-dioxo-
     9,10-dihydro-2-anthryl)- **10** 4795
—, α-(1,4-dihydroxy-5,12-dioxo-
     5,12-dihydronaphthacen-2-yl)-
     10 4797
—, 3,5-dihydroxy-4-methoxy- **10** 2104
—, 3,6-dihydroxy-4-methoxy-,
     methyl ester **10** 2106
—, 5,6-dihydroxy-α-(methoxycarbonyl)-
     10 2442
     methyl ester **10** 2443
—, 3,5-dihydroxy-4-methoxy-α-
     (methoxycarbonyl)-,
     methyl ester **10** 2560
—, α-(2,4-dihydroxyphenyl)- **10** 1958
—, α-(2,4-dihydroxyphenyl)-α-
     (p-hydroxyphenyl)- **10** 2399
—, α-(3,4-dihydroxyphenyl)-α-phenyl-
     10 2013
—, 4-(4,6-dihydroxy-o-toluoyloxy)-
     6-hydroxy- **10** 1486
     butyl ester **10** 1487
     ethyl ester **10** 1486
     isobutyl ester **10** 1487

o-Toluic acid,

—, 4-(4,6-dihydroxy-*o*-toluoyloxy)-
6-hydroxy- *(continued)*
isopentyl ester **10** 1487
isopropyl ester **10** 1486
methyl ester **10** 1486
pentyl ester **10** 1487
propyl ester **10** 1486
2,3,4-trihydroxybutyl ester **10** 1487

—, 4-[4-(4,6-dihydroxy-*o*-toluoyloxy)-
6-hydroxy-*o*-toluoyloxy]-6-hydroxy-
10 1496

—, 3,5-dimethoxy- **10** 1478

—, 4,6-dimethoxy- **10** 1480
4-formyl-5-methoxy-*m*-tolyl ester
10 1485
methyl ester **10** 1482

—, 5,6-dimethoxy- **10** 1502
methyl ester **10** 1502

—, 4-(2,4-dimethoxy-
3,6-dimethylbenzoyloxy)-6-methoxy-,
methyl ester **10** 1540

—, 5,6-dimethoxy-α-(2-hydroxy-
1-naphthyl)- **10** 2396

—, 5,6-dimethoxy-α-(methoxycarbonyl)-
10 2443
methyl ester **10** 2443

—, 5,6-dimethoxy-α-(2-methoxy-
1-naphthyl)- **10** 2396
methyl ester **10** 2396

—, α-(2,7-dimethoxy-1-naphthyl)-
10 2011

—, α-(2,4-dimethoxyphenyl)- **10** 1958

—, α-(2,5-dimethoxyphenyl)- **10** 1959

—, α-(3,4-dimethoxyphenyl)- **10** 1959
methyl ester **10** 1959

—, 4-(4,6-dimethoxy-*o*-toluoyloxy)-
6-methoxy- **10** 1490
methyl ester **10** 1490
2,3,4-triacetoxybutyl ester **10** 1490
2,3,4-trihydroxybutyl ester **10** 1490

—, 4-[4-(4,6-dimethoxy-*o*-toluoyloxy)-
6-methoxy-*o*-toluoyloxy]-6-methoxy-,
methyl ester **10** 1497

—, α-(2,3-dimethyl-1-naphthyl)- **9** 3567

—, α-(2,6-dimethyl-1-naphthyl)- **9** 3567

—, α-(2,7-dimethyl-1-naphthyl)-
9 3567

—, α,α-diphenyl- **9** 3590
methyl ester **9** 3590

—, α,α-di-*o*-tolyl- **9** 3613

—, 3,5-dinitro- **9** 2316
ethyl ester **9** 2316
methyl ester **9** 2316

—, 6,6′-dithiodi- **10** 498

—, α-ethoxy- **10** 500
2-(diethylamino)ethyl ester **10** 501

—, 4-ethoxy-,
2-(diethylamino)ethyl ester **10** 495

—, α-(ethoxycarbonyl)-,
ethyl ester **9** 4267

—, α-(ethoxycarbonyl)-4,6-dihydroxy-
10 2441
ethyl ester **10** 2441

—, α-(ethoxycarbonyl)-4,6-dimethoxy-,
ethyl ester **10** 2441

—, 6-(ethoxycarbonyloxy)-4-{6-
(ethoxycarbonyloxy)-4-[4-
(ethoxycarbonyloxy)-6-methoxy-
o-toluoyloxy]-*o*-toluoyloxy}-
10 1499

—, 6-(ethoxycarbonyloxy)-4-[2-
(ethoxycarbonyloxy)-4-methoxy-
3,6-dimethylbenzoyloxy]- **10** 1541

—, 6-(ethoxycarbonyloxy)-4-[4-
(ethoxycarbonyloxy)-6-methoxy-
o-toluoyloxy]- **10** 1494
5-(ethoxycarbonyloxy)-4-formyl-
m-tolyl ester **10** 1495
4-formyl-5-hydroxy-*m*-tolyl ester
10 1495

—, 6-(ethoxycarbonyloxy)-4-[6-
(ethoxycarbonyloxy)-4-methoxy-
o-toluoyloxy]- **10** 1495

—, 6-(ethoxycarbonyloxy)-4-{6-
(ethoxycarbonyloxy)-4-[3,4,6-tris-
(ethoxycarbonyloxy)-*o*-toluoyloxy]-
o-toluoyloxy}- **10** 2111
methyl ester **10** 2111

—, 4-(ethoxycarbonyloxy)-6-methoxy-
10 1480
4-formyl-5-hydroxy-*m*-tolyl ester
10 1485

—, 6-(ethoxycarbonyloxy)-4-methoxy-
10 1481
4-formyl-3-heptyl-5-hydroxyphenyl
ester **10** 1485
4-formyl-5-hydroxy-*m*-tolyl ester
10 1485

—, 6-(ethoxycarbonyloxy)-4-[3,4,6-tris-
(ethoxycarbonyloxy)-*o*-toluoyloxy]-
10 2110
5-(ethoxycarbonyloxy)-4-formyl-
m-tolyl ester **10** 2111
4-formyl-5-hydroxy-*m*-tolyl ester
10 2110

—, 6-(ethoxycarbonyloxy)-4-[4,5,6-tris-
(ethoxycarbonyloxy)-*o*-toluoyloxy]-
10 2113

—, α-(ethoxycarbonyl)-3,4,5-trihydroxy-,
ethyl ester **10** 2561

—, α-(ethoxycarbonyl)-3,4,5-trimethoxy-,
ethyl ester **10** 2561

—, 6-ethoxy-4-(6-ethoxy-4-methoxy-
o-toluoyloxy)-,
ethyl ester **10** 1490

—, 6-ethoxy-4-hydroxy-,
ethyl ester **10** 1482

o-**Toluic acid** *(continued)*
—, 3-ethoxy-4-methoxy- **10** 1478
—, 6-ethoxy-4-methoxy- **10** 1480
—, α-(fluoren-2-yl)- **9** 3632
—, α-(*p*-fluorophenyl)- **9** 3318
—, 5-formohydroximoyl-α-
(5-formohydroximoyl-4,6-dihydroxy-
o-toluoyloxy)-4,6-dihydroxy- **10** 4723
—, α-(1,2,3,6,7,8-hexahydropyren-4-yl)-
9 3646
—, α-hydroxy- **10** 500
benzylidenehydrazide **10** 502
(2-chlorobenzylidene)hydrazide
10 502
(3-chlorobenzylidene)hydrazide
10 502
(4-chlorobenzylidene)hydrazide
10 503
(2-nitrobenzylidene)hydrazide **10** 503
(3-nitrobenzylidene)hydrazide **10** 503
(4-nitrobenzylidene)hydrazide **10** 503
—, 3-hydroxy- **10** 494
—, 4-hydroxy- **10** 494
2-chloro-1-(chloromethyl)ethyl
ester **10** 495
2,3-dihydroxypropyl ester **10** 495
—, 5-hydroxy- **10** 496
—, 6-(4-hydroxybenzoyl)- **10** 4436
—, α-hydroxy-α,α-bis(*p*-hydroxyphenyl)-
10 2400
—, α-(4-hydroxy-3,5-diiodophenyl)-
10 1183
—, 3-hydroxy-4,6-dimethoxy- **10** 2105
methyl ester **10** 2107
—, 3-hydroxy-4,5-dimethoxy-α-
(methoxycarbonyl)- **10** 2560
—, 4-[4-(3-hydroxy-4,6-dimethoxy-
o-toluoyloxy)-6-methoxy-
o-toluoyloxy]-6-methoxy-,
methyl ester **10** 2109
—, α-(4-hydroxy-3,5-dinitrophenyl)-α-
(3,5-dinitro-4-oxocyclohexa-
2,5-dien-1-ylidene)-,
methyl ester **10** 4491
—, α-(1-hydroxy-9,10-dioxo-
9,10-dihydro-2-anthryl)- **10** 4709
—, 6-hydroxy-4-[6-hydroxy-4-(4-hydroxy-
6-methoxy-*o*-toluoyloxy)-
o-toluoyloxy]- **10** 1497
—, 6-hydroxy-4-[6-hydroxy-4-(6-hydroxy-
4-methoxy-*o*-toluoyloxy)-
o-toluoyloxy]-,
methyl ester **10** 1497
—, 6-hydroxy-4-(2-hydroxy-4-methoxy-
3,6-dimethylbenzoyloxy)- **10** 1540
methyl ester **10** 1540
—, 6-hydroxy-4-(4-hydroxy-6-methoxy-
o-toluoyloxy)- **10** 1489
methyl ester **10** 1489

—, 6-hydroxy-4-(6-hydroxy-4-methoxy-
o-toluoyloxy)- **10** 1488
butyl ester **10** 1488
ethyl ester **10** 1488
isobutyl ester **10** 1489
isopentyl ester **10** 1489
isopropyl ester **10** 1488
methyl ester **10** 1488
pentyl ester **10** 1489
propyl ester **10** 1488
—, 3-hydroxy-α-(2-hydroxy-*p*-tolyl)-
10 1969
—, 6-hydroxy-4-[6-hydroxy-4-
(3,4,6-trihydroxy-*o*-toluoyloxy)-
o-toluoyloxy]- **10** 2108
methyl ester **10** 2109
—, 6-[2-(hydroxyimino)-1-methylpropyl]-
10 3088
—, 4-hydroxy-5-iodo- **10** 495
—, 4-hydroxy-6-methoxy- **10** 1480
methyl ester **10** 1482
—, 6-hydroxy-4-methoxy- **10** 1480
methyl ester **10** 1481
—, 6-hydroxy-5-methoxy-α-
(methoxycarbonyl)-,
methyl ester **10** 2443
—, 4-(4-hydroxy-6-methoxy-*o*-toluoyloxy)-
6-methoxy-,
methyl ester **10** 1489
—, α-(2-hydroxy-1-naphthyl)- **10** 1316
—, α-hydroxy-5-nitro-,
benzylidenehydrazide **10** 503
(2-chlorobenzylidene)hydrazide
10 504
(3-chlorobenzylidene)hydrazide
10 504
(4-chlorobenzylidene)hydrazide
10 504
hydrazide **10** 503
isopropylidenehydrazide **10** 503
(2-nitrobenzylidene)hydrazide **10** 504
(3-nitrobenzylidene)hydrazide **10** 504
(4-nitrobenzylidene)hydrazide **10** 504
—, α-(*o*-hydroxyphenyl)- **10** 1182
—, α-(*p*-hydroxyphenyl)- **10** 1182
—, α-(*p*-hydroxyphenyl)-α-(4-hydroxy-
5-isopropyl-2-methylphenyl)- **10** 2015
—, α-(*o*-hydroxyphenyl)-α-
(*p*-hydroxyphenyl)- **10** 2013
—, α-(*o*-hydroxyphenyl)-α-phenyl-
10 1324
—, α-(*p*-hydroxyphenyl)-α-phenyl-
10 1324
—, 3-(3-hydroxy-*o*-toluoyloxy)- **10** 494
—, α-(2-hydroxy-*m*-tolyl)- **10** 1200
—, α-(2-hydroxy-*p*-tolyl)- **10** 1200
—, α-(6-hydroxy-*m*-tolyl)- **10** 1200
—, 6-hydroxy-4-(4,5,6-trihydroxy-
o-toluoyloxy)- **10** 2113

o-**Toluic acid** *(continued)*

—, 5-hydroxy-α,α,α-
 tris(p-hydroxyphenyl)- **10** 2548
—, α-imino- **10** 2987
—, 5-iodo- **9** 2312
—, α-(isopentyloxy)- **10** 501
 2-(diethylamino)ethyl ester **10** 502
—, α-(isopropoxycarbonyl)-,
 isopropyl ester **9** 4267
—, 6-mercapto- **10** 497
—, α-methoxy- **10** 500
—, α-(methoxycarbonyl)- **9** 4266
 methyl ester **9** 4266
—, α-(methoxycarbonyl)-5-nitro-,
 methyl ester **9** 4268
—, α-(4-methoxy-2,6-dimethyl-
 1-naphthyl)- **10** 1320
—, 6-methoxy-4-(methoxycarbonyloxy)-,
 methyl ester **10** 1482
—, α-(2-methoxy-1-naphthyl)- **10** 1316
—, α-(4-methoxy-1-naphthyl)- **10** 1317
—, α-(o-methoxyphenyl)-,
 ethyl ester **10** 1182
—, α-(p-methoxyphenyl)- **10** 1182
 ethyl ester **10** 1183
—, α-(o-methoxyphenyl)-α-
 (p-methoxyphenyl)- **10** 2013
—, α-[(p-methoxyphenyl)-(1-naphthyl)-
 methoxycarbonyl]- **9** 4267
—, α-(o-methoxyphenyl)-α-phenyl- **10** 1324
—, α-(p-methoxyphenyl)-α-phenyl-
 10 1324
—, 6-(1-methylacetonyl)- **10** 3088
—, α-(2-methyl-1-naphthyl)- **9** 3561
—, α-(4-methyl-1-naphthyl)- **9** 3561
—, α-(8-methyl-2-naphthyl)- **9** 3561
—, α-(3-methyl-5,6,7,8-tetrahydro-
 2-naphthyl)- **9** 3486
—, 6-(1-naphthoyl)- **10** 3433
—, α-(1-naphthyl)- **9** 3554
 hydrazide **9** 3555
—, α-(2-naphthyl)- **9** 3555
—, 6-[1-(1-naphthyl)ethyl]- **9** 3566
—, 3-nitro- **9** 2312
 4-nitrobenzyl ester **9** 2312
—, 5-nitro- **9** 2313
 butyl ester **9** 2313
 4-nitrobenzyl ester **9** 2313
—, 6-nitro- **9** 2315
—, 4-(p-nitrophenoxy)- **10** 494
—, α,α'-oxydi- **10** 501
—, α-(1,2,3,4,5,6,7,8-octahydro-
 9-phenanthryl)- **9** 3546
—, α-(1-oxoindan-2-yl)- **10** 3391
—, α-(pentyloxy)- **10** 500
 2-(diethylamino)ethyl ester **10** 501
—, α-(9-phenanthryl)- **9** 3653
—, α-[(4-phenoxybenzhydryloxy)carbonyl]-
 9 4267

—, α-(p-phenoxyphenyl)- **10** 1182
—, α-phenyl- **9** 3317
 methyl ester **9** 3318
—, α-phenyl-α-o-tolyl- **9** 3605
—, α-(pyren-1-yl)- **9** 3675
—, 6-salicyloyl- **10** 4436
—, α-semicarbazono-,
 methyl ester **10** 2988
—, 6-(1-semicarbazonoethyl)- **10** 3058
 methyl ester **10** 3058
—, α-(5,6,7,8-tetrahydro-1-naphthyl)-
 9 3478
—, α-(5,6,7,8-tetrahydro-2-naphthyl)-
 9 3478
—, 3,4,5,6-tetraphenyl- **9** 3693
 ethyl ester **9** 3693
—, 6-o-toluoyl- **10** 3332
 methyl ester **10** 3332
—, α-p-tolyl- **9** 3347
—, α-o-tolyl- **9** 3347
—, α-o-tolyl-α-(2,4-xylyl)- **9** 3617
 methyl ester **9** 3617
—, 3,4,6-triacetoxy- **10** 2106
 5-acetoxy-4-formyl-m-tolyl ester
  10 2108
 4-formyl-5-hydroxy-m-tolyl ester
  10 2108
 methyl ester **10** 2107
—, 3,4,5-triacetoxy-α-carboxy-6-
 (2,2-dichloroethyl)- **10** 2564
—, 3,4,5-triacetoxy-α-carboxy-6-
 (2,2-dichlorovinyl)- **10** 2575
—, α,α,α-trifluoro- **9** 2308
 methyl ester **9** 2309
—, 3,4,6-trihydroxy- **10** 2105
 butyl ester **10** 2108
 ethyl ester **10** 2107
 isobutyl ester **10** 2108
 isopropyl ester **10** 2108
 methyl ester **10** 2106
 propyl ester **10** 2107
—, 3,5,6-trihydroxy- **10** 2111
—, 4,5,6-trihydroxy-,
 butyl ester **10** 2112
 ethyl ester **10** 2112
 isobutyl ester **10** 2113
 isopropyl ester **10** 2112
 methyl ester **10** 2112
 propyl ester **10** 2112
—, 3,4,6-trimethoxy- **10** 2105
 methyl ester **10** 2107
—, 3,4,5-trimethoxy-α-(methoxycarbonyl)-
 10 2560
 methyl ester **10** 2561
—, 3,4,6-tris(ethoxycarbonyloxy)-
 10 2106
 4-formyl-5-hydroxy-m-tolyl ester
  10 2108

o-**Toluic acid** *(continued)*
—, 4,5,6-tris(ethoxycarbonyloxy)-
    10 2112
        4-formyl-5-hydroxy-*m*-tolyl ester
        10 2113
—, α-(2,3-xylyl)- 9 3369
—, α-(2,5-xylyl)- 9 3369
—, α-(3,4-xylyl)- 9 3369
—, α-(3,5-xylyl)- 9 3369
p-**Toluic acid** 9 2334
        benzyl ester 9 2338
        benzylidenehydrazide 9 2353
        4-bromobenzyl ester 9 2338
        2-(butylamino)ethyl ester 9 2342
        2-(ethylamino)ethyl ester 9 2342
        ethyl ester 9 2337
        hydrazide 9 2352
        2-(isobutylamino)ethyl ester
        9 2342
        methyl ester 9 2337
        1-methylheptyl ester 9 2337
        phenyl ester 9 2338
        4-phenylphenacyl ester 9 2340
        propyl ester 9 2337
        p-tolyl ester 9 2338
        trityl ester 9 2339
—, α,α-diphenyl-,
        methyl ester 9 3591
—, 2-acetoxy- 10 521
        2-(dimethylamino)-1-ethyl-
        1-methylethyl ester 10 523
—, 2-acetoxy-5-(2,2-dichlorovinyl)-
    10 873
—, 5-acetoxy-2-(2,2-dichlorovinyl)-
    10 872
—, 3-acetyl-2,6-dimethoxy-,
        methyl ester 10 4552
—, 3-acetyl-2-hydroxy-6-methoxy-,
        methyl ester 10 4552
—, 2-benzoyl- 10 3314
—, 3-benzoyl-α-hydroxy- 10 4438
—, 5-(benzoyloxy)-2-(2,2-dichlorovinyl)-
    10 872
—, 6,6'-bis(benzoyloxy)-3,3'-thiodi-
    10 1508
        dimethyl ester 10 1508
—, α-bromo- 9 2358
        methyl ester 9 2358
—, 2-bromo- 9 2357
        methyl ester 9 2358
—, 3-bromo- 9 2358
—, 3-bromo-2,6-dimethoxy- 10 1511
        methyl ester 10 1511
—, 2-(4-bromo-3-methoxy-2,5-xylyloxy)-
        3,5-dimethoxy- 10 2117
—, 2-bromo-α,α,α-trifluoro- 9 2359
—, α-(*sec*-butoxy)- 10 528
—, 3-carbamoyl- 9 4274
—, α-carboxy- 9 4269

—, α-carboxy-2,6-dihydroxy- 10 2444
        ethyl ester 10 2445
—, α-carboxy-2,6-dimethoxy-,
        methyl ester 10 2444
—, α-carboxy-3,5-dimethoxy- 10 2445
—, α-carboxy-3,5-dinitro- 9 4271
—, α-chloro- 9 2356
        ethyl ester 9 2356
—, 3-chloro- 9 2355
—, α-(chlorocarbonyl)-2,6-dimethoxy-,
        methyl ester 10 2445
—, 3-chloro-2,6-dimethoxy- 10 1510
        methyl ester 10 1510
—, 2-chloro-3,5-dinitro- 9 2378
—, 2-chloro-5-nitro- 9 2368
—, 5-chloro-2-nitro- 9 2367
—, 2-(5-chlorosalicyloyl)- 10 4437
—, 2-(5-chloro-*o*-tolyloxy)- 10 521
—, 2-cyano-,
        methyl ester 9 4272
—, 3-cyano- 9 4274
—, 6,6'-diacetoxy-3,3'-thiodi- 10 1508
        dimethyl ester 10 1508
—, 2,5-dibromo- 9 2359
—, 2,6-dibromo- 9 2359
—, 3,5-dibromo-2,6-dimethoxy- 10 1511
        methyl ester 10 1512
—, α-[2-(dibutylamino)ethoxy]-,
        2-(dibutylamino)ethyl ester 10 529
—, α-[3-(dibutylamino)propoxy]-,
        3-(dibutylamino)propyl ester 10 530
        ethyl ester 10 529
—, 2,6-dichloro-3,5-dihydroxy-,
        methyl ester 10 1514
—, 3,5-dichloro-2,6-dihydroxy- 10 1510
—, 3,5-dichloro-2,6-dimethoxy- 10 1511
        methyl ester 10 1511
—, 2,α-dichloro-3,5-dinitro- 9 2378
—, 3,5-dichloro-2-hydroxy-6-methoxy-
    10 1510
        methyl ester 10 1511
—, 2-(2,2-dichlorovinyl)-5-hydroxy-
    10 872
—, α-[2-(diethylamino)ethoxy]-,
        butyl ester 10 529
        2-(diethylamino)ethyl ester 10 529
        3-(diethylamino)propyl ester 10 530
        ethyl ester 10 528
—, α-[2-(diethylamino)propoxy]-,
        2-(diethylamino)propyl ester 10 529
—, α-[3-(diethylamino)propoxy]-,
        2-(diethylamino)ethyl ester 10 529
        3-(diethylamino)propyl ester 10 530
        ethyl ester 10 528
—, 2,5-dihydroxy- 10 1507
        ethyl ester 10 1508
        methyl ester 10 1507
—, 2,6-dihydroxy- 10 1509
        methyl ester 10 1510

p-**Toluic acid** *(continued)*

—, 3,5-dihydroxy- **10** 1512
  methyl ester **10** 1513
—, 3,3′-dihydroxy-α,α′-
  (ethylenedinitrilo)di- **10** 4209
—, 2,6-dihydroxy-α-(methoxycarbonyl)-,
  methyl ester **10** 2444
—, 3,6-dihydroxy-2-pyruvoyl- **10** 4742
—, 3-(4,6-dihydroxy-2,5-xylyloxy)-
  5-methoxy- **10** 1512
  methyl ester **10** 1513
—, 2,5-dimethoxy- **10** 1507
—, 2,6-dimethoxy- **10** 1509
  methyl ester **10** 1510
—, 3,5-dimethoxy- **10** 1512
  hydrazide **10** 1514
  methyl ester **10** 1513
—, 2,6-dimethoxy-α-(methoxycarbonyl)-,
  methyl ester **10** 2445
—, 3,5-dimethoxy-α-(methoxycarbonyl)-,
  methyl ester **10** 2446
—, 3,5-dimethoxy-2-(3-methoxy-
  2,5-xylyloxy)- **10** 2117
  methyl ester **10** 2117
—, 3-(4,6-dimethoxy-2,5-xylyloxy)-
  5-methoxy- **10** 1513
  methyl ester **10** 1514
—, 2,3-dinitro- **9** 2368
—, 3,5-dinitro- **9** 2368
  benzhydrylidenehydrazide **9** 2376
  benzylidenehydrazide **9** 2374
  (2-bornylidene)hydrazide **9** 2374
  (4-bromo-α-methylbenzylidene)-
    hydrazide **9** 2374
  butylidenehydrazide **9** 2372
  sec-butylidenehydrazide **9** 2372
  cyclohexyl ester **9** 2369
  cyclohexylidenehydrazide **9** 2373
  cyclopentylidenehydrazide **9** 2373
  decylidenehydrazide **9** 2373
  (4,α-dimethylbenzylidene)hydrazide
    9 2375
  (3,7-dimethylocta-2,6-dienylidene)-
    hydrazide **9** 2373
  ethyl ester **9** 2368
  ethylidenehydrazide **9** 2371
  (4-ethyl-α-methylbenzylidene)-
    hydrazide **9** 2375
  heptylidenehydrazide **9** 2373
  hexylidenehydrazide **9** 2372
  hydrazide **9** 2371
  (4-hydroxybenzylidene)hydrazide **9** 2377
  isobutylidenehydrazide **9** 2372
  isohexylidenehydrazide **9** 2372
  isopentylidenehydrazide **9** 2372
  isopropylidenehydrazide **9** 2371
  (α-methylbenzylidene)hydrazide **9** 2374
  (α-methylcinnamylidene)hydrazide
    9 2375
  methyl ester **9** 2368
  (1-methylheptylidene)hydrazide **9** 2373
  [1-(1-naphthyl)ethylidene]hydrazide
    9 2375
  [1-(2-naphthyl)ethylidene]hydrazide
    9 2376
  [(2-naphthyl)methylene]hydrazide
    9 2375
  nonylidenehydrazide **9** 2373
  octylidenehydrazide **9** 2373
  pentylidenehydrazide **9** 2372
  (α-phenylcinnamylidene)hydrazide
    9 2376
  propylidenehydrazide **9** 2371
  salicylidenehydrazide **9** 2376
  (1,3,3-trimethyl-2-norbornylidene)-
    hydrazide **9** 2374
—, 2-ethoxy-,
  ethyl ester **10** 522
  methyl ester **10** 521
—, α-(ethoxycarbonyl)-2,6-dihydroxy-
  10 2445
  ethyl ester **10** 2445
—, α-(ethylthio)- **10** 533
—, 3-(5-formyl-4,6-dihydroxy-
  o-tolyloxy)-5-methoxy- **10** 1513
—, 2-(6-formyl-5-hydroxy-*m*-tolyloxy)-
  3-hydroxy-5-methoxy- **10** 2117
—, 3-hydroxy- **10** 527
—, 3-hydroxy-2-(3-hydroxy-2,5-xylyloxy)-
  5-methoxy- **10** 2116
  methyl ester **10** 2117
—, 2-hydroxy-6-methoxy- **10** 1509
  methyl ester **10** 1510
—, 3-hydroxy-5-methoxy- **10** 1512
  methyl ester **10** 1513
—, α-hydroxy-α-phenyl- **10** 1184
  isopropyl ester **10** 1184
—, α-(6-hydroxy-*m*-tolyl)- **10** 1200
—, α-iodo-,
  methyl ester **9** 2359
—, 3-iodo- **9** 2359
—, α-methoxy- **10** 528
  methyl ester **10** 528
—, α-(methoxycarbonyl)-,
  methyl ester **9** 4269
—, α-(methoxycarbonyl)-3,5-dinitro-,
  methyl ester **9** 4271
—, α-(methoxycarbonyl)-3-nitro-,
  methyl ester **9** 4270
—, 2-(1-naphthoyl)- **10** 3433
—, 2-(2-naphthoyl)- **10** 3434
—, 2-(1-naphthyl)- **9** 3556
—, 3-nitro- **9** 2359
  benzhydrylidenehydrazide **9** 2367
  benzylidenehydrazide **9** 2365
  (2-bornylidene)hydrazide **9** 2365
  (4-bromo-α-methylbenzylidene)-
    hydrazide **9** 2366

p-**Toluic acid,**
—, 3-nitro- *(continued)*
　　2-(butylamino)ethyl ester **9** 2361
　　butylidenehydrazide **9** 2364
　　sec-butylidenehydrazide **9** 2364
　　cyclohexyl ester **9** 2360
　　cyclohexylidenehydrazide **9** 2365
　　decylidenehydrazide **9** 2365
　　(4,α-dimethylbenzylidene)hydrazide
　　　9 2366
　　ethyl ester **9** 2360
　　ethylidenehydrazide **9** 2364
　　(4-ethyl-α-methylbenzylidene)-
　　　hydrazide **9** 2366
　　heptylidenehydrazide **9** 2364
　　2-(hexylamino)ethyl ester **9** 2362
　　hydrazide **9** 2363
　　2-(isobutylamino)ethyl ester **9** 2361
　　isopentylidenehydrazide **9** 2364
　　isopropylidenehydrazide **9** 2364
　　(α-methylbenzylidene)hydrazide
　　　9 2366
　　(α-methylcinnamylidene)hydrazide
　　　9 2366
　　methylenehydrazide **9** 2363
　　octylidenehydrazide **9** 2364
　　2-(pentylamino)ethyl ester **9** 2361
　　propylidenehydrazide **9** 2364
　　salicylidenehydrazide **9** 2367
　　(1,3,3-trimethyl-2-norbornylidene)-
　　　hydrazide **9** 2365
—, α-(*p*-nitrophenoxy)-,
　　2-(diethylamino)ethyl ester **10** 529
　　ethyl ester **10** 528
—, α,α'-oxydi- **10** 528
—, α-phenoxy- **10** 528
　　3-(diethylamino)propyl ester **10** 530
—, α-phenyl- **9** 3319
—, α-(*p*-tolyloxy)- **10** 528
　　3-(diethylamino)propyl ester **10** 530
—, α,α,α-trichloro- **9** 2357
—, α,α,α-trichloro-2-(trichloroacetyl)-,
　　ethyl ester **10** 3059
　　methyl ester **10** 3058
—, α,α,α-trichloro-3-(trichloroacetyl)-,
　　ethyl ester **10** 3059
　　methyl ester **10** 3058
—, α,α,α-trifluoro- **9** 2355
　　ethyl ester **9** 2355
—, 2,3,6-trihydroxy- **10** 2118
　　methyl ester **10** 2118
—, 2,3,5-triphenyl- **9** 3680
m-**Toluic anhydride 9** 2321
o-**Toluic anhydride 9** 2303
—, α-butoxy- **10** 501
—, α-ethoxy- **10** 501
—, α-(isopentyloxy)- **10** 501
—, α-(pentyloxy)- **10** 501
p-**Toluic anhydride 9** 2341

o-**Toluic thioanhydride 9** 2317
p-**Toluic thioanhydride 9** 2378
p-**Toluimidic acid**
　　ethyl ester **9** 2348
—, N-(*p*-toluoyloxy)-,
　　ethyl ester **9** 2351
p-**Toluimidoyl bromide 9** 2348
p-**Toluimidoyl chloride 9** 2348
—, N-methyl- **9** 2348
p-**Toluimidoyl iodide 9** 2348
m-**Tolunitrile 9** 2324
—, 4-bromo- **9** 2329
—, 6-bromo- **9** 2329
—, 4-bromo-5-nitro- **9** 2333
—, α-chloro- **9** 2328
—, 4-chloro-α,α,α-trifluoro- **9** 2328
—, 6-chloro-α,α,α-trifluoro- **9** 2328
—, 5,6-dimethoxy- **10** 1506
—, 4,4'-(hexanediyldioxy)di- **10** 514
—, 5-hydroxy- **10** 516
—, 4-hydroxy-5-nitro- **10** 515
—, 6-nitro- **9** 2332
—, 4,4'-(pentanediyldioxy)di- **10** 514
—, 2,4,6-tribromo- **9** 2330
—, α,α,α-trifluoro- **9** 2327
o-**Tolunitrile 9** 2307
—, 4-acetoxy- **10** 495
—, 5-acetoxy- **10** 496
—, 4-benzoyl- **10** 3320
—, 5-benzoyl- **10** 3319
—, α-bromo- **9** 2312
—, 4-bromo- **9** 2311
—, 5-bromo- **9** 2312
—, α-bromo-5-nitro- **9** 2315
—, α-butoxy- **10** 502
—, 5,5'-carbonyldi- **10** 4013
—, α-chloro- **9** 2310
—, 5-chloro- **9** 2310
—, 4-chloro-6-mercapto- **10** 499
—, α-chloro-5-nitro- **9** 2315
—, 4-chloro-6-thiocyanato- **10** 499
—, α-cyano- **9** 4268
—, α,α-diacetoxy- **10** 2988
—, α,α-dibromo- **9** 2312
—, 5,6-dimethoxy- **10** 1503
—, α,α-diphenyl- **9** 3590
—, 6,6'-dithiodi- **10** 498
—, 4-hydroxy- **10** 495
—, 5-hydroxy- **10** 496
—, 5-hydroxy-6-methoxy- **10** 1503
—, α-(isopentyloxy)- **10** 502
—, 6-mercapto- **10** 498
—, α-(1-naphthyl)- **9** 3555
—, α-(2-naphthyl)- **9** 3555
—, 3-nitro- **9** 2313
—, 5-nitro- **9** 2314
—, α-(pentyloxy)- **10** 502
—, α-phenyl- **9** 3318
—, 3,4,6-triacetoxy- **10** 2111

p-**Tolunitrile 9** 2348
—, α-acetoxy- **10** 531
—, 2-acetoxy- **10** 523
—, α,α'-azinodi- **10** 2990
—, α-(benzoyloxy)- **10** 531
—, α-bromo- **9** 2358
—, 2-bromo- **9** 2358
—, α-(*sec*-butoxy)- **10** 531
—, α-chloro- **9** 2357
—, 2-chloro- **9** 2355
—, 3-chloro- **9** 2356
—, 2-chloro-5-nitro- **9** 2368
—, α-[*p*-(cyanomethyl)phenoxy]- **10** 531
—, α-(*m*-cyanophenoxy)- **10** 531
—, α-(*p*-cyanophenoxy)- **10** 531
—, 2,α-dichloro- **9** 2357
—, 3,5-dichloro-2,6-dimethoxy- **10** 1511
—, 2,5-dimethoxy- **10** 1508
—, α-(ethylthio)- **10** 533
—, α-methoxy- **10** 530
—, α-(methylsulfonyl)- **10** 533
·—, α-(methylthio)- **10** 533
·—, α-(*p*-nitrophenoxy)- **10** 531
·—, α,α'-oxydi- **10** 532
—   α,α'-(*p*-phenylenedioxy)di- **10** 531
—, α-phenyl- **9** 3320
—, 2-phenyl- see *Biphenylcarbonitrile,*
    5-methyl-
—, α-(*p*-tolyloxy)- **10** 531
—, α,α,α-trifluoro-2-nitro- **9** 2367
p-**Toluoyl azide 9** 2354
—, 3,5-dimethoxy- **10** 1514
—, 3,5-dinitro- **9** 2378
—, 3-nitro- **9** 2367
p-**Toluoyl azide azine 9** 2354
m-**Toluoyl bromide 9** 2322
o-**Toluoyl bromide 9** 2304
—, α,α-dibromo- **9** 2312
p-**Toluoyl bromide 9** 2343
m-**Toluoyl chloride 9** 2321
—, 2-acetoxy- **10** 510
—, 4-butoxy- **10** 513
—, α-chloro- **9** 2328
—, 6-chloro- **9** 2328
—, 2-ethoxy- **10** 509
—, 4-ethoxy- **10** 513
—, 4-isopropoxy- **10** 513
—, 4-(methylthio)- **10** 515
—, 2-nitro- **9** 2331
—, 6-nitro- **9** 2332
—, 4-phenethyloxy- **10** 514
—, α-phenyl- **9** 3319
—, 4,α,α,α-tetrachloro- **9** 2329
—, α,α,α-trichloro- **9** 2328
—, α,α,α-trifluoro- **9** 2327
o-**Toluoyl chloride 9** 2304
—, 6-acetoxy-4-methoxy-
    10 1499
—, 4-bromo- **9** 2311

—, α-chloro- **9** 2310
—, 4-chloro- **9** 2310
—, α-(5-chloro-2,4-dimethoxyphenyl)-
    10 1959
—, α-chloro-5-nitro- **9** 2315
—, 5-chloro-α,α,α-trifluoro- **9** 2310
—, 4,6-diacetoxy- **9** 2315
—, 4,6-dimethoxy- **10** 1499
—, α-(2,4-dimethoxyphenyl)- **10** 1958
—, 3,5-dinitro- **9** 2316
—, α,α-diphenyl- **9** 3590
—, 4-ethoxy- **10** 495
—, 6-methoxy-4-(methoxycarbonyloxy)-
    10 1500
—, 3-nitro- **9** 2313
—, 5-nitro- **9** 2313
—, α,α,α-trifluoro- **9** 2309
p-**Toluoyl chloride 9** 2342
—, α-chloro- **9** 2356
—, 2-chloro- **9** 2355
—, 3,5-dimethoxy- **10** 1514
—, 3,5-dinitro- **9** 2371
—, 3-nitro- **9** 2363
—, α-oxo- **10** 2990
—, α-phenoxy- **10** 530
—, α-phenyl- **9** 3319
—, 3,α,α,α-tetrachloro- **9** 2357
—, α-(*p*-tolyloxy)- **10** 530
—, α,α,α-trichloro- **9** 2357
p-**Toluoyl chloride azine 9** 2353
m-**Toluoyl fluoride 9** 2321
—, α,α,α-trifluoro- **9** 2327
o-**Toluoyl fluoride 9** 2303
—, α,α,α-trifluoro- **9** 2309
p-**Toluoyl fluoride 9** 2342
—, α,α,α-trifluoro- **9** 2355
m-**Toluoyl hypoiodite 9** 2321
Tomentosolic acid 10 1142
Torularhodin 9 3661
Totarol,
—, O-(2-carboxybenzoyl)-
    9 4170
Tribenzamide 9 1114
Tricarballylic acid see
    Propane-1,2,3-tricarboxylic acid
Tricos-6-ene,
—, 6,7-bis[*p*-(3,5-dinitrobenzoyloxy)-
    phenyl]- **9** 1916
**Tricyclo[4.2.2.0²·⁵]deca-3,9-diene-
7-carboxylic acid 9** 2807
    methyl ester **9** 2807
**Tricyclo[4.2.2.0²·⁵]deca-3,9-diene-
7,8-dicarboxylic acid
9** 4400, 4401
    dibutyl ester **9** 4402
    diethyl ester **9** 4402
    diisobutyl ester **9** 4402
    diisopentyl ester **9** 4402
    dimethyl ester **9** 4401

Tricyclo[4.2.2.0²,⁵]deca-7,9-diene-
7,8-dicarboxylic acid,
—, 3,4-diacetoxy-,
    dimethyl ester 10 2474
—, 3,4-dibromo- 9 4403
    dimethyl ester 9 4403
—, 3,4-dichloro-,
    dimethyl ester 9 4402
Tricyclo[4.2.2.0²,⁵]decane-7-carboxylic
acid 9 327
Tricyclo[4.2.2.0²,⁵]decane-
7,8-dicarboxylic acid
9 4064, 4065
    dibutyl ester 9 4065
    diethyl ester 9 4065
    dimethyl ester 9 4065
    methyl ester 9 4065
—, 3,4-diacetoxy-,
    dimethyl ester 10 2420
—, 3,4-dibromo-,
    dimethyl ester 9 4066
Tricyclo[4.2.2.0²,⁵]deca-3,7,9-triene-
7,8-dicarboxylic acid 9 4441
Tricyclo[4.2.2.0²,⁵]dec-9-ene-
7,8-dicarboxylic acid 9 4329
    dibutyl ester 9 4330
    diethyl ester 9 4329
    dimethyl ester 9 4329
—, 3,4-dichloro-,
    dimethyl ester 9 4330
Tricycloekasantalic acid 9 336
Tricyclo[2.2.1.0²,⁶]heptane,
—, 3-(3,5-dinitrobenzoyloxy)-
    1,7,7-trimethyl- 9 1842
—, 5-(3,5-dinitrobenzoyloxy)-
    3,3,4-trimethyl- 9 1842
Tricyclo[2.2.1.0²,⁶]heptane-
1-carboxylic acid,
—, 7,7-dimethyl- 9 315
—, 2,3,3-trimethyl- 9 327
Tricyclo[2.2.1.0²,⁶]heptane-
3-carboxylic acid,
—, 2,3-dimethyl- 9 315
    methyl ester 9 315
—, 3,4-dimethyl-5-oxo- 10 2955
—, 3,4-dimethyl-5-semicarbazono-
    10 2955
Tricyclo[2.2.1.0²,⁶]heptane-
4-carboxylic acid,
—, 3,3-dimethyl-5-oxo- 10 2955
Tricyclol,
—, O-(4-nitrobenzoyl)- 9 1580
Tricyclo[3.2.2.0²,⁴]non-8-ene-
6,7-dicarboxylic acid 9 4312
Tricyclo[3.2.1.0²,⁷]octane-
2,5-dicarboxylic acid,
—, 6-hydroxy- 10 2133
Trideca-2,4,6,8,10,12-hexaenoic acid,
—, 13-phenyl- 9 3528

Tridecanamide,
—, 13-(cyclopent-2-en-1-yl)- 9 291
—, 13-(cyclopent-2-en-1-yl)-
    2,2-dimethyl- 9 294
—, 13-cyclopentyl-,
    oxime 9 135
—, 13-cyclopentyl-2-iodo- 9 136
—, 13-cyclopentyl-2-phenethyl-
    9 2922
Tridecane,
—, 1-(cinnamoylthio)-13-(cyclopent-
    2-en-1-yl)- 9 2750
—, 1-(cyclopent-2-en-1-yl)-13-
    (salicyloyloxy)- 10 127
Tridecanedioic acid,
—, 2-(cyclopent-2-en-1-yl)- 9 4037
—, 2-phenyl- 9 4364
Tridecanenitrile,
—, 13-(cyclopent-2-en-1-yl)- 9 291
—, 13-cyclopentyl- 9 135
Tridecanoic acid,
—, 13-benzamido- 9 1166
—, 2-benzyl-13-(cyclopent-2-en-1-yl)-
    9 3127
—, 2-bromo-13-cyclopentyl- 9 135
    ethyl ester 9 136
—, 2-cyano-13-cyclopentyl- 9 3933
—, 2-(cyclobutylmethyl)- 9 137
—, 2-(cyclohex-2-en-1-yl)-13-
    (cyclopent-2-en-1-yl- 9 2655
—, 2-cyclohexyl- 9 137
—, 2-cyclohexyl-13-cyclopentyl-
    9 296
—, 13-(cyclopent-1-en-1-yl)- 9 284
—, 13-(cyclopent-2-en-1-yl)- 9 284, 285
    2-bromoethyl ester 9 286
    o-bromophenyl ester 9 288
    but-2-enyl ester 9 286
    o-chlorophenyl ester 9 287
    p-chlorophenyl ester 9 287
    cinnamyl ester 9 288
    2-(cyclopent-2-en-1-yl)ethyl ester
    9 286
    13-(cyclopent-2-en-1-yl)tridecyl
    ester 9 287
    11-(cyclopent-2-en-1-yl)undecyl
    ester 9 287
    3,7-dimethylocta-2,6-dienylester
    9 286
    3,7-dimethyloct-6-enyl ester 9 286
    ethyl ester 9 285
    linalyl ester 9 287
    methyl ester 9 285
    1-naphthyl ester 9 288
    2-naphthyl ester 9 289
    octadec-9-enyl ester 9 286
    2,4,6-tribromophenyl ester 9 288
—, 13-(cyclopent-2-en-1-yl)-2-heptyl-
    9 296

Tridecanoic acid *(continued)*
—, 13-(cyclopent-2-en-1-yl)-2-methyl-
   9 293
—, 2-cyclopentyl- 9 136
—, 13-cyclopentyl- 9 134
   benzyl ester 9 134
   ethyl ester 9 134
   octadec-9-enyl ester 9 134
—, 13-cyclopentyl-2-hydroxy- 10 50
—, 13-cyclopentyl-2-iodo- 9 136
—, 13-cyclopentyl-2-mercapto- 10 51
—, 13-cyclopentyl-2-methyl- 9 137
—, 13-cyclopentyl-2-phenethyl- 9 2921
—, 2-(cyclopropylmethyl)- 9 132
—, 2,13-di(cyclopent-2-en-1-yl)-
   9 2652
—, 2,13-dicyclopentyl- 9 296
—, 13,13'-dicyclopentyl-2,2'-dithiodi-
   10 51
—, 13-(2,3-dihydroxycyclopentyl)-
   6,7-dihydroxy- 10 2410
—, 13-[1-(ethoxycarbonyl)-
   2-oxocyclopentyl]-,
   ethyl ester 10 3925
—, 13-[2-(p-hydroxyphenyl)cyclopentyl]-
   10 960
—, 13-[2-(4-hydroxy-m-tolyl)-
   cyclopentyl]- 10 976
—, 13-[2-(4-hydroxy-o-tolyl)-
   cyclopentyl]- 10 976
—, 13-[2-(6-hydroxy-m-tolyl)-
   cyclopentyl]- 10 976
—, 13-(3-oxocyclopent-1-en-1-yl)-
   10 2954
—, 13-(2-oxocyclopentyl)- 10 2897
—, 13-(3-oxocyclopentyl)- 10 2897
—, 13-(3-semicarbazonocyclopent-1-en-
   1-yl)- 10 2954
—, 13-(2-semicarbazonocyclopentyl)-
   10 2897
—, 13-(3-semicarbazonocyclopentyl)-
   10 2897
—, 13-[2-(p-tolyloxy)cyclopentyl]-
   10 50
—, 2-(3,4,5-trimethoxybenzoyl)-,
   ethyl ester 10 4731
Tridecanoyl chloride,
—, 13-(cyclopent-2-en-1-yl)- 9 290
—, 13-cyclopentyl- 9 135
Tridec-2-enamide,
—, 13-cyclopentyl- 9 292
Tridec-2-enoic acid,
—, 13-cyclopentyl- 9 292
Tridec-6-enoic acid,
—, 13-(cyclopent-2-en-1-yl)- 9 349
   ethyl ester 9 350
   methyl ester 9 349
Triethylamine,
—, 2,2'-bis(benzoylthio)- 9 1976

—, 2,2'-bis(4-nitrobenzoyloxy)- 9 1692
—, 2,2',2''-tris[α-(α-acetamidocinnam-
   amido)-cinnamoyloxy]- 10 3012
—, 2,2',2''-tris(α-acetamidocinnamoyloxy)-
   10 3007
—, 2,2',2''-tris(benzoylthio)- 9 1976
—, 2,2',2''-tris(4-nitrobenzoyloxy)- 9 1692
Triethylenetetramine,
—, 1,4,7,10-tetrabenzoyl- 9 1212
Trimellitic acid 9 4792
Trimesic acid 9 4793
—, hexahydro- 9 4749
Trinaphthylene,
—, 5,6,11,12,17,18-
   hexakis(2-chlorobenzoyloxy)-
   9 1336
25,26,27-Trinorcycloartan-24-oic acid
   see *9,19-Cyclo-25,26,27-trinorlanostan-24-oic
   acid*
14,15,16-Trinorlabdan-13-oic-acid 9 282
—, 8-hydroxy-,
   hydrazide 10 78
14,15,16-Trinorlabd-8-en-13-oic acid
   9 348
25,26,27-Trinorlanost-7-ene-21,24-dioic
   acid,
—, 3-oxo-,
   dimethyl ester 10 3995
25,26,27-Trinorlanost-8-ene-21,24-dioic
   acid,
—, 3-oxo-,
   21-methyl ester 10 3995
A,23,24-Trinorolean-12-en-28-oic acid,
—, 3-isopropylidene- 9 3265
   methyl ester 9 3266
A,23,24-Trinorursa-3,12-dien-28-oic
   acid,
—, 3-isopropyl-,
   methyl ester 9 3266
A,23,24-Trinorurs-12-ene-27,28-dioic
   acid,
—, 3-isopropylidene-,
   dimethyl ester 9 4493
—, 3-oxo-,
   dimethyl ester 10 4000
A,23,24-Trinorurs-12-en-28-oic acid,
—, 3-isopropyl- 9 3135
   methyl ester 9 3135
—, 3-isopropylidene- 9 3266
   methyl ester 9 3267
Triosereductone see under
   Acrylaldehyde
Triphenylene-2-carboxamide 9 3624
Triphenylene-2-carboxylic acid 9 3623
   methyl ester 9 3623
—, 3-hydroxy- 10 1334
—, 1,3,4-triphenyl- 9 3698
Triphenylene-1,2-dicarboxylic acid,
—, 1,2,3,12b-tetrahydro- 9 4679

Triphenylene-2,3-dicarboxylic acid,
—, 1,4-diphenyl- **9** 4741
3,5;5,6;11,12-Triseco-A,B-dinorcholane-3,5,6,11,12,24-hexaoic acid 9 4911
3,5;5,6;11,12-Triseco-A-norcholane-3,5,6,11,12,24-hexaoic acid 9 4912
Trithioanthimonous acid
tris[o-(methoxycarbonyl)phenyl] ester **10** 227
Trithioarsenous acid
tris(o-carboxyphenyl) ester **10** 226
Trithioorthobenzoic acid
triethyl ester **9** 1999
Tritylium,
—, 3-carboxy-4,4',4"-trihydroxy-3',3"-dimethoxy-, chloride **10** 2623
Tropamide 10 569
—, N-allyl- **10** 569
—, N,N-dibutyl- **10** 569
—, N,N-diethyl- **10** 569
—, N-[2-(diethylamino)ethyl]- **10** 569
—, N,N-dimethyl- **10** 569
—, N-ethyl- **10** 569
Tropic acid:
Subst. Derivs. see under Acrylic acid
3-(diethylamino)-2,2-dimethylpropyl ester **10** 567, 568
2-(diethylamino)ethyl ester **10** 565
3-(dimethylamino)-2,2-dimethylpropyl ester **10** 567
methyl ester **10** 565
α-Truxillic acid 9 4625
γ-Truxillic acid
methyl ester **9** 4625, 4626
ε-Truxillic acid
methyl ester **9** 4626
β-Truxinic acid 9 4620
δ-Truxinic acid 9 4620
μ-Truxinic acid 9 4620
ζ-Truxinic acid 9 4620
ω-Truxinic acid 9 4620
α-Truxonic acid 10 3409
γ-Truxonic acid 10 3410
Tubaic acid,
—, tetrahydro- **10** 1582
Tumuloic acid 10 1929

U

Umbellularic acid 9 3830, 3831, 3832
Umbellulonic acid 10 2851
Umbilicaric acid 10 1497
Umbilicarinic acid 10 1489
Undecanamide,
—, 11-(cyclopent-2-en-1-yl)- **9** 278
—, N-2-hydroxyethyl)-3-phenyl- **9** 2627
—, 10-phenyl- **9** 2626

Undecane,
—, 6,6-bis[p-(benzoyloxy)phenyl]- **9** 633
—, 1-(cyclopent-2-en-1-yl)-11-(cyclopentylacetoxy)- **9** 41
—, 2-[(dimethylamino)methyl]-2-methyl-1-(3-nitrobenzoyloxy)- **9** 1513
Undecanenitrile,
—, 11-benzamido- see *Benzamide, N-(10-cyanodecyl)-*
—, 11-(cyclopent-2-en-1-yl)- **9** 278
—, 11-cyclopentyl- **9** 130
—, 11-(3-hydroxy-1,4-dioxo-1,4-dihydro-2-naphthyl)- **10** 4663
—, 10-p-tolyl- **9** 2632
—, 11-(1,3,4-triacetoxy-2-naphthyl)- **10** 2306
Undecane-1,1,11-tricarboxylic acid,
—, 1-(cyclopent-2-en-1-yl)-, triethyl ester **9** 4779
Undecanoic acid,
—, 10-benzamido- **9** 1166
—, 2-benzamido- **9** 1166
—, 2-bromo-11-cyclopentyl- **9** 130
ethyl ester **9** 130
—, 10-(p-bromophenyl)-, ethyl ester **9** 2626
—, 11-(3-carboxycyclopent-2-en-1-yl)- **9** 4036
—, 11-[p-(cyanomethyl)phenyl]- **9** 4365
—, 2-(cyclobutylmethyl)- **9** 130
—, 2-cyclohexyl- **9** 130
benzyl ester **9** 131
ethyl ester **9** 131
—, 11-cyclohexyl- **9** 130
—, 11-(cyclopent-2-en-1-yl)- **9** 275
2-(diethylamino)ethyl ester **9** 278
2,3-dihydroxypropyl)ester **9** 277
ethyl ester **9** 276
2-hydroxyethyl ester **9** 277
methyl ester **9** 276
—, 11-(cyclopent-2-en-1-yl)-10-oxo- **10** 2952
—, 2-cyclopentyl- **9** 130
—, 11-cyclopentyl- **9** 129
ethyl ester **9** 129
—, 11-cyclopentyl-2-hydroxy- **10** 50
—, 2-(cyclopropylmethyl)- **9** 128
—, 5,9-dimethyl-11-(2,2,6-trimethylcyclohexyl)- **9** 139
—, 11-[3-(ethoxycarbonyl)-2-oxocyclopentyl]-, ethyl ester **10** 3924
—, 11-(2-ethylcyclopent-1-en-1-yl)- **9** 292
—, 10-(p-hydroxyphenyl)- **10** 660
—, 11-(p-hydroxyphenyl)- **10** 660

Undecanoic acid *(continued)*
—, 10-(4-hydroxy-*m*-tolyl)- **10** 661
—, 10-(*p*-iodophenyl)-,
 ethyl ester **9** 2627
—, 10-(*p*-methoxyphenyl)- **10** 660
—, 11-[*x*-(*p*-methoxyphenyl)cyclopentyl]-
 10 949
—, 11-(3-oxocyclopent-1-en-1-yl)-
 10 2952
—, 11-(2-oxocyclopentyl)- **10** 2895
 ethyl ester **10** 2895
—, 3-phenyl- **9** 2627
 4-bromophenacyl ester **9** 2627
 ethyl ester **9** 2627
—, 10-phenyl- **9** 2626
 ethyl ester **9** 2626
—, 11-(*x*-phenylcyclopentyl)- **9** 2915
—, 11-(2-semicarbazonocyclopentyl)-
 10 2895
—, 10-*p*-tolyl- **9** 2632
—, 11-*p*-tolyl- **9** 2631
—, 2-(3,4,5-trimethoxybenzoyl)-,
 ethyl ester **10** 4731
Undecanophenone,
—, 2′,5′-bis(benzoyloxy)- **9** 790
Undecanoyl chloride,
—, 11-cyclopentyl- **9** 129
Undec-2-enamide,
—, 11-cyclopentyl- **9** 279
Undec-2-enoic acid,
—, 11-cyclopentyl- **9** 279
Ungulinic acid **10** 1928
Urea,
—, [2-allyl-3-cyclobutylpropionyl]-
 9 210
—, *p*-anisoyl- **10** 342
—, benzoyl- **9** 1115
—, 1-benzoyl-3-benzylidene- **9** 1115
—, (benzoylcarbamimidoyl)- **9** 1118
—, 1-benzoyl-3-(4-chlorobenzylidene)-
 9 1115
—, 1-benzoyl-3-cinnamylidene- **9** 1116
—, 1-benzoyl-3-(2,4-dihydroxybenzylidene)-
 9 1116
—, 1-benzoyl-3-ethyl- **9** 1115
—, 1-benzoyl-3-glyoxyloyl- **9** 1117
—, 1-benzoyl-3-(4-isopropylbenzylidene)-
 9 1116
—, 1-benzoyl-3-(2-nitrobenzylidene)-
 9 1115
—, 1-benzoyl-3-(3-nitrobenzylidene)-
 9 1115
—, 1-benzoyl-3-(4-nitrobenzylidene)-
 9 1115
—, 1-[3-(benzoyloxy)-
 2,2-dimethylpropyl]-1-methyl-
 9 888
—, [2-(benzoyloxy)ethyl]- **9** 881
—, 1-benzoyl-3-salicylidene- **9** 1116

—, 1-benzoyl-3-vanillylidene- **9** 1116
—, (2-benzyl-2-cyano-3-phenylpropionyl)-
 9 4553
—, 1,3-bis[2-benzamido-1-
 (dimethoxymethyl)propyl]- **9** 1226
—, 1,1-bis[2-(benzoyloxy)ethyl]- **9** 881
—, 1,1-bis[2-(4-nitrobenzoyloxy)ethyl]-
 9 1692
—, 1,3-bis(2-phenylbutyryl)- **9** 2467
—, 1,3-bis(3-phenyllactoyl)- **10** 558
—, (2-bromo-3-phenylpropionyl)-
 9 2402
—, 1-(2-bromo-3-phenylpropionyl)-
 3-methyl- **9** 2403
—, 1-(chlorodiphenylacetyl)-3-methyl-
 9 3309
—, (2-chloro-5-nitrobenzoyl)- **9** 1765
—, (chlorophenylacetyl)- **9** 2268
—, 1-(chlorophenylacetyl)-3-methyl-
 9 2268
—, [2-(*p*-chlorophenyl)butyryl]- **9** 2469
—, cinnamoyl- **9** 2716
—, 1-cinnamoyl-3-[2-(cinnamoyloxy)-
 ethyl]- **9** 2717
—, 1-cinnamoyl-3-[2-(cinnamoyloxy)-
 propyl]- **9** 2717
—, 1-cinnamoyl-3-methyl- **9** 2717
—, (α-cyanocinnamoyl)- **9** 4380
—, [2-cyano-2-(cyclohex-1-en-1-yl)-
 butyryl]- **9** 3995
—, (cyanocyclohexylideneacetyl)-
 9 3957
—, 1-[2-(cyclohex-1-en-1-yl)propionyl]-
 1-methyl- **9** 179
—, 1-[2-(cyclohex-1-en-1-yl)propionyl]-
 3-methyl- **9** 179
—, [4-cyclohexyl-2-(2-cyclohexylethyl)-
 butyryl]- **9** 293
—, (4-cyclohexyl-2-ethylbutyryl)-
 9 113
—, (4-cyclohexyl-2-phenethylbutyryl)-
 9 2900
—, 1,3-dibenzoyl- **9** 1116
—, 1,1-dibenzoyl-3-[4-(benzoyloxy)-
 3-ethoxybenzylidene]- **9** 1121
—, (2,3-dibromo-3-phenylpropionyl)-
 9 2409
—, 1-(2,2-dibromo-3-phenylpropionyl)-
 3-methyl- **9** 2409
—, 1-(2,3-dihydroxypropyl)-3-
 (4-nitrobenzoyl)- **9** 1725
—, 1,3-dimethyl-1,3-
 bis(3-phenyllactoyl)- **10** 558
—, 1,3-dimethyl-1-(2-phenylbutyryl)-
 9 2467
—, (diphenylacetyl)- **9** 3302
—, (4,5-diphenylvaleryl)- **9** 3379
—, 1-(ethoxydiphenylacetyl)-3-methyl-
 10 1179

Urea *(continued)*

—, (α-ethylcinnamoyl)- **9** 2784
—, (1-ethylcyclohexylcarbonyl)- **9** 67
—, 1-ethyl-3-(phenylacetyl)- **9** 2208
—, (2-ethyl-4-phenylbutyryl)- **9** 2543
—, (2-ethyl-7-phenylheptanoyl)-
    9 2610
—, (2-ethyl-6-phenylhexanoyl)- **9** 2598
—, (2-ethyl-8-phenyloctanoyl)- **9** 2622
—, (2-ethyl-5-phenylpent-4-enoyl)-
    9 2833
—, (2-ethyl-3-phenylpropionyl)-
    9 2511
—, (2-ethyl-5-phenylvaleryl)- **9** 2571
—, [(4-hydroxybenzoyl)carbamimidoyl]-
    10 340
—, 1-(2-hydroxyethyl)-3-
    (4-nitrobenzoyl)- **9** 1725
—, (3-hydroxy-2-naphthoyl)- **10** 1089
—, (3-iodocinnamoyl)- **9** 2738
—, (2-isopropyl-3-phenylacryloyl)-
    9 2812
—, (2-isopropyl-4-phenyl-butyryl)-
    9 2575
—, mandeloyl- **10** 470
—, 1-mandeloyl-1-methyl- **10** 470
—, 1-mandeloyl-3-methyl- **10** 470
—, (α-methylcinnamoyl)- **9** 2766
—, (4-methyl-2-phenethylvaleryl)-
    9 2599
—, 1-methyl-3-(2-phenylbutyryl)-
    9 2466
—, (3-methyl-2-phenylbutyryl)- **9** 2518
—, 1-methyl-3-(3-phenyllactoyl)- **10** 557
—, (2-methyl-2-phenylpropionyl)-
    9 2476
—, [(1-naphthyl)acetyl]- **9** 3208
—, [(2-naphthyl)acetyl]- **9** 3212
—, [(4-nitrobenzoyl)carbamimidoyl]-
    9 1726
—, [2-(4-nitrobenzoyloxy)ethyl]-
    9 1692
—, [(*p*-nitrophenyl)acetyl]- **9** 2289
—, (α-pentylcinnamoyl)- **9** 2859
—, (2-phenethylhexanoyl)- **9** 2598
—, (2-phenethylpent-4-enoyl)- **9** 2833
—, (2-phenethyl-4-phenylbutyryl)-
    9 3392
—, (phenylacetyl)- **9** 2208
—, (2-phenylbutyryl)- **9** 2466
—, (4-phenylbutyryl)- **9** 2453
—, (2-phenylcrotonoyl)- **9** 2763
—, (2-phenylhexanoyl)- **9** 2540
—, (2-phenylpent-4-enoyl)- **9** 2782
—, (2-phenylpropionyl)- **9** 2421
—, (3-phenylpropionyl)- **9** 2394
—, (4-phenyl-2-propylbutyryl)- **9** 2570
—, (2-phenylvaleryl)- **9** 2507
—, (*m*-tolylacetyl)- **9** 2429

—, (*o*-tolylacetyl)- **9** 2427
—, (*p*-tolylacetyl)- **9** 2433
—, (3,3,3-triphenylpropionyl)- **9** 3604
Uritic acid 9 4274
Ursa-2,12-diene,
—, 3-(benzoyloxy)- **9** 500
—, 3-(benzoyloxy)-12-bromo- **9** 500
Ursa-2,20-diene,
—, 3,28-bis(benzoyloxy)- **9** 618
—, 3,28-bis(4-bromobenzoyloxy)- **9** 1408
Ursa-9(11),12-diene,
—, 3-(benzoyloxy)- **9** 501
Ursa-9(11),12-dien-24-oic acid,
—, 3-acetoxy-,
    methyl ester **10** 1145
—, 3-hydroxy- **10** 1145
Ursa-9(11),12-dien-28-oic acid 9 3265
    methyl ester **9** 3265
—, 3-acetoxy- **10** 1144
    methyl ester **10** 1144
—, 3-(benzoyloxy)-,
    methyl ester **10** 1145
—, 3-hydroxy- **10** 1144
Ursa-12,18-dien-28-oic acid,
—, 3-acetoxy- **10** 1146
    methyl ester **10** 1146
—, 3-hydroxy- **10** 1146
    methyl ester **10** 1146
Ursa-12,19-dien-28-oic acid,
—, 3-acetoxy- **10** 1143
    methyl ester **10** 1143
—, 3-hydroxy- **10** 1142
    methyl ester **10** 1143
—, 3-(hydroxyimino)- **10** 3288
    methyl ester **10** 3289
—, 3-oxo- **10** 3288
    methyl ester **10** 3289
Ursan-28-oic acid,
—, 3-acetoxy-12-oxo- **10** 4372
    methyl ester **10** 4373
Ursan-12-one,
—, 3-(benzoyloxy)- **9** 749, 750
—, 3-(benzoyloxy)-11-bromo- **9** 750
Urs-12-ene,
—, 3-(*p*-anisoyloxy)- **10** 313
—, 3-(benzoyloxy)- **9** 486
—, 3-(benzoyloxy)-12-bromo- **9** 487
—, 3,16-bis(benzoyloxy)- **9** 608
—, 3-(3,5-dinitrobenzoyloxy)- **9** 1877
—, 3-(3-nitrobenzoyloxy)- **9** 1501
—, 3-(4-nitrobenzoyloxy)- **9** 1611
Urs-20-ene,
—, 3-(benzoyloxy)- **9** 486
—, 28-(benzoyloxy)- **9** 486
—, 3,28-bis(4-bromobenzoyloxy)- **9** 1407
Urs-20(30)-ene,
—, 3-(benzoyloxy)- **9** 487
—, 3,12-bis(benzoyloxy)- **9** 608
—, 3-(4-nitrobenzoyloxy)- **9** 1611

Urs-12-ene-27,28-dioic acid 9 4461
—, 3-acetoxy- **10** 2308
   dimethyl ester **10** 2308
—, 3-acetoxy-11-oxo-,
   dimethyl ester **10** 4763
—, 3-(benzoyloxy)-,
   chloride **10** 2309
   dimethyl ester **10** 2308
   methyl ester **10** 2308
—, 3-hydroxy- **10** 2307
   dimethyl ester **10** 2308
—, 3-oxo-,
   dimethyl ester **10** 4002
Urs-12-ene-27,8-dioyl dichloride,
—, 3-acetoxy- **10** 2309
—, 3-(benzoyloxy)- **10** 2310
Urs-20-ene-30-nitrile 9 3131
Ursenic acid 9 3135
Urs-12-en-24-oic acid
   methyl ester **9** 3132
—, 3-acetoxy- **10** 1046
   methyl ester **10** 1047
—, 3-acetoxy-11-oxo-,
   methyl ester **10** 4391
—, 3,11-dioxo-,
   methyl ester **10** 3615
—, 3-(formyloxy)- **10** 1046
—, 3-hydroxy- **10** 1045
   methyl ester **10** 1046
—, 3-(hydroxyimino)-,
   methyl ester **10** 3259
—, 3-hydroxy-11-oxo-,
   methyl ester **10** 4391
—, 3-oxo-,
   methyl ester **10** 3258
—, 11-oxo-3-semicarbazono-,
   methyl ester **10** 3615
Urs-12-en-27-oic acid,
—, 3-acetoxy- **10** 1044
   methyl ester **10** 1045
—, 3-(benzoyloxy)-28-hydroxy-,
   methyl ester **10** 1915
—, 3-(benzoyloxy)-28-iodo-,
   methyl ester **10** 1045
—, 3-hydroxy- **10** 1044
   methyl ester **10** 1044
Urs-12-en-28-oic acid 9 3131
   methyl ester **9** 3132
—, 3-acetoxy- **10** 1040
   butyl ester **10** 1043
   ethyl ester **10** 1042
   heptyl ester **10** 1043
   hexyl ester **10** 1043
   methyl ester **10** 1041
   octyl ester **10** 1043
   pentyl ester **10** 1043
   phenyl ester **10** 1043
   propyl ester **10** 1042

—, 3-acetoxy-11-oxo- **10** 4390
   ethyl ester **10** 4390
   methyl ester **10** 4390
—, 3-(benzoyloxy)-,
   methyl ester **10** 1042
—, 3-(2-carboxybenzoyloxy)- **10** 1040
   methyl ester **10** 1042
—, 3,23-diacetoxy-2-hydroxy- **10** 2282
—, 3,23-diacetoxy-2-oxo- **10** 4648
   methyl ester **10** 4648
—, 2,23-dihydroxy-3-methoxy-,
   methyl ester **10** 2283
—, 3,11-dioxo-, methyl ester **10** 3614
—, 3-(formyloxy)- **10** 1040
—, 3-hydroxy- **10** 1038
   methyl ester **10** 1041
   phenacyl ester **10** 1041
—, 3-(hydroxyimino)- **10** 3258
   methyl ester **10** 3258
—, 3-(hydroxyimino)-11-oxo-,
   methyl ester **10** 3614
—, 3-hydroxy-11-oxo- **10** 4389
   methyl ester **10** 4390
—, 3-oxo- **10** 3257
   methyl ester **10** 3258
—, 3-semicarbazono- **10** 3258
—, 2,3,23-triacetoxy- **10** 2282
   methyl ester **10** 2283
—, 2,3,23-trihydroxy- **10** 2281
   methyl ester **10** 2282
—, 3,5,6-trihydroxy- **10** 2281
Urs-18-en-28-oic acid,
—, 3,12-diacetoxy-13-hydroxy-,
   methyl ester **10** 2281
—, 3,12,13-trihydroxy- **10** 2280
   methyl ester **10** 2281
Urs-20-en-30-oic acid 9 3131
   methyl ester **9** 3131
Urs-9(11)-en-12-one,
—, 3-(benzoyloxy)- **9** 753
Urs-12-en-11-one,
—, 3-(benzoyloxy)- **9** 753
Urs-12-en-24-oyl chloride,
—, 3-acetoxy- **10** 1047
Urs-12-en-28-oyl chloride,
—, 3-acetoxy- **10** 1044
Ursocholadienic acid 9 3125
Ursodeoxybilianic acid 10 4125
Ursodeoxycholic acid 10 1635
Ursolic acid 10 1038
—, keto- **10** 4389
Ursonic acid 10 3257
Ursylenic acid 9 3266
Ustilaginoidin 10 4834

V

Valeraldehyde,
—, 2,5-bis(3,5-dinitrobenzoyloxy)-
   9 1930

Valeraldehyde *(continued)*
—, 2,4-dibenzamido-3,5-dihydroxy- **9** 1226
—, 2,4-dibenzamido-3,5,5-trihydroxy-
   9 1227

Valeramide,
—, 2-benzamido-*N*-benzoyl-5-
   (*N'*-benzoylguanidino)- **9** 1234
—, 2-benzamido-*N*-benzoyl-5-
   (3-benzoylureido)- **9** 1233
—, 2-benzamido-*N*-benzoyl-5-guanidino-
   9 1234
—, 2-benzamido-5-guanidino- **9** 1233
—, 2-benzamido-5-ureido- **9** 1232
—, 2,5-bis(2-bromo-4,5-dimethoxyphenyl)-
   4-methyl-3-oxo- **10** 4824
—, 2,5-bis(3,4-dimethoxyphenyl)-
   4-methyl-3-oxo- **10** 4823
—, 2,5-bis(3,4-dimethoxyphenyl)-3-oxo-
   10 4822
—, 2,5-bis(4-ethoxy-3-methoxyphenyl)-
   4-methyl-3-oxo- **10** 4823
—, 2-cyano-5-oxo-3,5-diphenyl- **10** 4015
—, 2-cyano-5-oxo-2-(3-oxo-
   3-phenylpropyl)-5-phenyl- **10** 4081
—, 2-cyano-5-oxo-3-phenyl-5-*p*-tolyl-
   10 4017
—, 5-cyclohexyl- **9** 103
—, 5-cyclopentyl- **9** 94
—, 5-(*p*-cyclopentylphenyl)- **9** 2894
—, 3-cyclopropyl-2-ethyl- **9** 101
—, 2-(3,4-dimethoxyphenyl)-3-oxo-
   5-phenyl- **10** 4680
—, 5-(3,4-dimethoxyphenyl)-3-oxo-
   2-phenyl- **10** 4680
—, 2,2-dimethyl-5-phenyl- **9** 2575
—, 4,5-diphenyl- **9** 3379
—, *N*-dodecyl-5-phenyl- **9** 2503
—, 2-ethyl-5-phenyl- **9** 2570
—, 5-guanidino-2-hippuramido- **9** 1135
—, 2-hippuramido-5-(*N'*-nitroguanidino)-
   9 1136
—, 2-(2-hippuramidopropionamido)-
   4-methyl- **9** 1132
—, 5-(3-hydroxy-1,4-dioxo-1,4-dihydro-
   2-naphthyl)- **10** 4657
—, 4-hydroxy-5-oxo-3,5-diphenyl- **10** 4453
—, 4-hydroxy-5-oxo-2,3,5-triphenyl-
   10 4494
—, 5-(indan-5-yl)- **9** 2877
—, 5-mesityl- **9** 2606
—, 4-(*p*-methoxyphenyl)- **10** 618
—, 5-(6-methoxy-*m*-tolyl)- **10** 641
—, 4-methyl-2-(*p*-nitrobenzamido)-
   9 1733
—, 4-methyl-2-[2-(*p*-nitrobenzamido)
   acetamido]- **9** 1730
—, 4-methyl-2-(2-{2-[2-(4-nitro
   hippuramido)acetamido]
   acetamido}acetamido)- **9** 1728

—, 4-methyl-2-[2-(4-nitrohippuramido)
   acetamido]- **9** 1728
—, 2-methyl-2-phenyl- **9** 2545
—, 5-[*p*-(methylthio)phenyl]- **10** 617
—, 3-oxo-2,5-diphenyl- **10** 3339
—, 3-oxo-2-phenyl- **10** 3063
—, 5-oxo-5-phenyl- **10** 3060
—, 4-(3-phenanthryl)- **9** 3531
—, 2-phenyl- **9** 2507
—, 5-phenyl- **9** 2503
—, 4-(5,6,7,8-tetrahydro-2-naphthyl)-
   9 2887
—, 5-(5,6,7,8-tetrahydro-2-naphthyl)-
   9 2887
—, 5-*p*-tolyl- **9** 2551
—, 4-(2,4-xylyl)- **9** 2585

Valerate,
—, 5-(*N'*-benzoylguanidino)-2-
   (trimethylammonio)- **9** 1119

Valeric acid,
—, 5-(acenaphthen-5-yl)-5-oxo- **10** 3349
   methyl ester **10** 3349
—, 4-acetoxy-5-oxo-5-phenyl-,
   methyl ester **10** 4245
—, 2-acetoxy-4-oxo-2,3,5-triphenyl-,
   ethyl ester **10** 4493
—, 4-acetoxy-5-oxo-2,3,5-triphenyl-,
   methyl ester **10** 4494
—, 3-(*p*-acetoxyphenyl)-2-ethyl-
   3-hydroxy-,
   ethyl ester **10** 1585
—, 2-acetyl-5-(*m*-methoxyphenyl)-,
   ethyl ester **10** 4271
—, 2-acetyl-5-(*p*-methoxyphenyl)-
   2-methyl-5-oxo-,
   ethyl ester **10** 4610
—, 2-acetyl-3-(*m*-nitrophenyl)-5-oxo-
   4,5-diphenyl-,
   ethyl ester **10** 3674
—, 2-acetyl-5-oxo-3,5-diphenyl-,
   ethyl ester **10** 3631
—, 2-acetyl-3-oxo-5-phenyl-,
   ethyl ester **10** 3557
—, 2-acetyl-3-phenyl-,
   ethyl ester **10** 3096
—, 2-acetyl-5-phenyl-,
   ethyl ester **10** 3093
—, 4-benzamido- **9** 1151
—, 5-benzamido- **9** 1151
—, 2-benzamido-3-(benzylthio)- **9** 1182
—, 5-benzamido-2,2-dichloro- **9** 1151
—, 3-benzamido-3-ethyl- **9** 1163
—, 3-benzamido-3-methyl- **9** 1162
—, 4-benzhydryl-5-oxo-3,5-diphenyl-
   10 3503
—, 2-benzoyl-5-oxo-3,5-diphenyl-,
   ethyl ester **10** 3674
—, 4-benzoyl-5-oxo-5-phenyl- **10** 3629
   ethyl ester **10** 3629

Valeric acid *(continued)*

—, 2-[1-(benzoyloxy)ethyl]-
2-[(diethylamino)methyl]-,
ethyl ester **9** 895

—, 4-(benzoyloxy)-5-oxo-5-phenyl-
10 4244

—, 2-benzyl-2-hydroxy-4-oxo- **10** 4261

—, 2-benzyl-2-hydroxy-4-oxo-5-phenyl-
10 4458

—, 2-benzyl-4-oxo- **10** 3081

—, 2-benzyl-4-oxo-3-phenyl- **10** 3350
methyl ester **10** 3350

—, 3-benzyl-5-phenyl- **9** 3392

—, 2-(biphenyl-4-yl)- **9** 3387
2-(diethylamino)ethyl ester **9** 3387
3-(diethylamino)propyl ester
9 3387

—, 2,3-bis(*p*-acetoxyphenyl)-2-methyl-
10 1980

—, 2,2-bis[2-(5-bromo-6-methoxy-
2-naphthyl)-2-oxoethyl]-3-oxo-,
ethyl ester **10** 4837

—, 2,3-bis(*p*-hydroxyphenyl)-2-methyl-
10 1980

—, 2,3-bis(*p*-methoxyphenyl)- **10** 1976
methyl ester **10** 1977

—, 3,4-bis(*p*-methoxyphenyl)- **10** 1977

—, 2,3-bis(*p*-methoxyphenyl)-2-methyl-
10 1980

—, 3,5-bis(*p*-methoxyphenyl)-5-oxo-
10 4681

—, 4-(2-bromobenzoylhydrazono)-,
ethyl ester **9** 1391

—, 4-(3-bromobenzoylhydrazono)-
9 1403
benzyl ester **9** 1403

—, 4-(4-bromobenzoylhydrazono)-
9 1425
benzyl ester **9** 1426
ethyl ester **9** 1425

—, 4-bromo-5-(1-bromocyclopentyl)-
5-oxo- **10** 2860

—, 2-(bromocarbonimidoyl)-5-oxo-2-
(3-oxo-3-phenylpropyl)-5-phenyl-,
methyl ester **10** 4080

—, 5-(2-bromo-4,5-dimethoxyphenyl)-
2-oxo- **10** 4556
ethyl ester **10** 4556

—, 3-bromo-4,4-dimethyl-3-phenyl-
9 2576

—, 2-bromo-3-hydroxy-5-phenyl- **10** 617

—, 3-(5-bromo-6-methoxy-2-naphthyl)-
2,2-dimethyl- **10** 1129

—, 2-bromo-5-(3-nitrobenzamido)-
9 1519

—, 4-bromo-5-oxo-3,5-diphenyl- **10** 3342

—, 4-bromo-5-oxo-5-phenyl- **10** 3061
ethyl ester **10** 3061
methyl ester **10** 3061

—, 4-bromo-5-oxo-2,3,5-triphenyl-,
methyl ester **10** 3465

—, 5-bromo-2-phenyl- **9** 2508

—, 3-*sec*-butyl-5-(2-ethyl-
4,5-dimethoxyphenyl)- **10** 1589

—, 3-*sec*-butyl-5-(2-ethyl-
4,5-dimethoxyphenyl)-5-oxo- **10** 4571

—, 4-butyl-4-methyl-5-oxo-5-phenyl-
10 3113

—, 4-butyl-4-methyl-5-phenyl- **9** 2622

—, 4-(6-*sec*-butyl-2-naphthyl)- **9** 3260

—, 2-butyl-5-phenyl- **9** 2610

—, 5-(*p*-*tert*-butylphenyl)- **9** 2612

—, 2-(3-carboxy-2,2-dimethylcyclobutyl)-
9 3927

—, 4-(6-carboxy-3a,6-dimethyl-
9-oxododecahydro-1*H*-cyclopenta[*a*]-
naphthalen-3-yl)- **10** 3949

—, 4-[2-(2-carboxyethyl)-
3,3-dimethylcyclobutyl]- **9** 3930

—, 5-[(2-carboxyethyl)-2-methoxy-
1-naphthyl]-5-oxo- **10** 4775

—, 5-[5-(2-carboxyethyl)-2-methoxy-
5,6,7,8-tetrahydro-1-naphthyl]-
5-oxo- **10** 4756

—, 5-[8-(2-carboxyethyl)-3-methoxy-
5,6,7,8-tetrahydro-2-naphthyl]-
5-oxo- **10** 4756

—, 4-[(2-carboxy-2-methyl-7a-methyl-
3,7-dioxohexahydroindan-4-yl)-
cyclopentyl]- **10** 4061

—, 4-(4-carboxy-6a-methyloctahydro-
pentalen-1-yl)- **9** 4033

—, 4-(4-carboxy-6a-methyl-
6-oxooctahydropentalen-1-yl)-
10 3940

—, 4-(2-chlorobenzoylhydrazono)-
9 1344
ethyl ester **9** 1344

—, 4-(3-chlorobenzoylhydrazono)-
9 1353

—, 4-(4-chlorobenzoylhydrazono)-
9 1373
benzyl ester **9** 1374
ethyl ester **9** 1374

—, 5-chloro-2-cyano-2-phenyl-,
ethyl ester **9** 4314

—, 5-(2-chloro-4,5-dimethoxyphenyl)-
2-oxo- **10** 4555

—, 5-(3-chloro-2-hydroxy-
4,6-dimethoxyphenyl)-3-methyl-
4,5-dioxo- **10** 4804

—, 4-chloro-3-hydroxy-5-phenyl- **10** 617

—, 3-(5-chloro-2-methoxyphenyl)-
3-hydroxy-2-methyl-,
ethyl ester **10** 1576

—, 3-(5-chloro-2-methoxy-*p*-tolyl)-
3-hydroxy-2-methyl-,
ethyl ester **10** 1586

Valeric acid *(continued)*

—, 4-chloro-4-nitroso-5-phenyl-
  9 2504

—, 4-*p*-cumenyl- **9** 2602

—, 2-cyano-2-(cyclohex-1-en-1-yl)-,
  ethyl ester **9** 4004

—, 2-cyano-3-imino-4-phenyl-,
  ethyl ester **10** 3966

—, 2-cyano-2-(indan-1-yl)- **9** 4420
  ethyl ester **9** 4421

—, 2-cyano-5-oxo-2-(3-oxo-
  3-phenylpropyl)-5-phenyl- **10** 4081
  methyl ester **10** 4081

—, 3-cyano-3-oxo-3-phenyl-,
  ethyl ester **10** 3967

—, 2-cyano-5-phenyl-,
  ethyl ester **9** 4313
  hydrazide **9** 4313
  (4-methoxybenzylidene)hydrazide
    9 4314

—, 5-(cyclohept-1-en-1-yl)- **9** 249
  methyl ester **9** 249

—, 2-(cyclohex-1-en-1-yl)- **9** 224

—, 2-(cyclohex-2-en-1-yl)- **9** 225
  2-(diethylamino)ethyl ester **9** 225

—, 5-(cyclohex-1-en-1-yl)-5-oxo- **10** 2917
  methyl ester **10** 2917

—, 2-cyclohexyl- **9** 104
  2-(diethylamino)ethyl ester **9** 104

—, 3-cyclohexyl- **9** 106
  ethyl ester **9** 106

—, 4-cyclohexyl- **9** 103
  ethyl ester **9** 104

—, 5-cyclohexyl- **9** 102
  ethyl ester **9** 103

—, 5-cyclohexyl-2-(2-cyclohexylethyl)-
  9 294

—, 5-cyclohexyl-2-(3-cyclohexylpropyl)-
  9 295

—, 5-cyclohexyl-3-hexyl-3-methyl-
  9 133
  ethyl ester **9** 133

—, 5-cyclohexyl-3-methyl- **9** 112
  ethyl ester **9** 113

—, 5-cyclohexyl-3-oxo-,
  ethyl ester **10** 2874

—, 5-cyclohexyl-4-oxo- **10** 2874
  ethyl ester **10** 2874

—, 5-cyclohexyl-5-oxo- **10** 2874

—, 2-(cyclopent-2-en-1-yl)- **9** 203
  2-(diethylamino)ethyl ester **9** 203
  ethyl ester **9** 203
  isobutyl ester **9** 203
  methyl ester **9** 203
  propyl ester **9** 203

—, 5-(cyclopent-2-en-1-yl)- **9** 202

—, 5-(cyclopent-1-en-1-yl)-5-oxo-
  10 2908
  methyl ester **10** 2909

—, 2-cyclopentyl- **9** 94
  2-(diethylamino)ethyl ester **9** 95

—, 5-cyclopentyl- **9** 94
  methyl ester **9** 94

—, 5-cyclopentyl-4-oxo- **10** 2860
  ethyl ester **10** 2860

—, 5-cyclopentyl-5-oxo- **10** 2860

—, 5-(*p*-cyclopentylphenyl)- **9** 2894

—, 5-(*p*-cyclopentylphenyl)-5-oxo-
  10 3206
  ethyl ester **10** 3206

—, 5-cyclopentyl-5-semicarbazono-
  10 2860

—, 3-cyclopropyl-2-ethyl- **9** 100

—, 5-(decahydro-2-naphthyl)- **9** 273

—, 4-(5,5-dibromo-4-carboxy-6a-methyl-
  6-oxooctahydropentalen-1-yl)-
  10 3941

—, 3,4-dibromo-2-(*p*-methoxyphenyl)-
  5-phenyl- **10** 1216

—, 5-(3,5-di-*sec*-butylcyclopent-1-en-
  1-yl)-5-hydroxy-3-oxo- **10** 4194

—, 5-(3,5-di-*sec*-butylcyclopent-1-en-
  1-yl)-2,3,5-trihydroxy- **10** 2045

—, 4-(9,10-dihydro-2-phenanthryl)-
  9 3486

—, 4-(9,10-dihydro-2-phenanthryl)-
  4-hydroxy- **10** 1292

—, 5-(2,4-dihydroxyphenyl)- **10** 1569
  methyl ester **10** 1570

—, 5-(2,4-dihydroxyphenyl)-5-oxo-
  10 4554
  methyl ester **10** 4554

—, 3-(3,4-dimethoxyphenyl)- **10** 1571

—, 5-(3,4-dimethoxyphenyl)- **10** 1570

—, 5-(3,4-dimethoxyphenyl)-4-hydroxy-
  2-veratryl- **10** 2584

—, 5-(2,4-dimethoxyphenyl)-5-oxo-
  10 4554
  ethyl ester **10** 4554

—, 5-(2,5-dimethoxyphenyl)-5-oxo-
  10 4555
  ethyl ester **10** 4555

—, 5-(3,4-dimethoxyphenyl)-4-oxo-
  10 4555

—, 5-(3,4-dimethoxyphenyl)-5-oxo-
  10 4555
  ethyl ester **10** 4555
  phenacyl ester **10** 4555

—, 2,2-dimethyl-3-(2-naphthyl)-
  9 3254

—, 2,3-dimethyl-4-(2-naphthyl)-
  9 3254

—, 4-(5,8-dimethyl-1-naphthyl)- **9** 3255

—, 4-(3,5-dimethyl-
  4-nitrobenzoylhydrazono)- **9** 2450
  ethyl ester **9** 2450

—, 4-[3,3-dimethyl-2-(3-oxobutyl)-
  cyclobutyl]- **10** 2894

Valeric acid *(continued)*

—, 3,3-dimethyl-5-oxo-5-phenyl- **10** 3095
—, 4,4-dimethyl-5-oxo-5-phenyl-
10 3094
—, 2,2-dimethyl-5-phenyl- **9** 2575
—, 2,3-dimethyl-4-phenyl- **9** 2576
—, 3,3-dimethyl-5-phenyl- **9** 2574
—, 3,4-dimethyl-3-phenyl- **9** 2576
—, 4,4-dimethyl-3-phenyl- **9** 2576
—, 4,4-dimethyl-5-phenyl- **9** 2574
—, 3,3-dimethyl-5-phenyl-
5-semicarbazono- **10** 3096
—, 4,4-dimethyl-5-phenyl-
5-semicarbazono- **10** 3095
—, 5-(2,3-dimethyltricyclo[2.2.1.0²,⁶]-
hept-3-yl)-3-hydroxy-2-methyl-,
methyl ester **10** 83
—, 4-(3,5-dinitrobenzoylhydrazono)-
9 1949
benzyl ester **9** 1950
ethyl ester **9** 1949
—, 5-(3,5-dinitrobenzoyloxy)-3-isopropyl-
4-oxo-,
methyl ester **9** 1935
—, 4-(3,5-dinitro-*p*-toluoylhydrazono)-
9 2377
ethyl ester **9** 2377
methyl ester **9** 2377
—, 5-(3,5-dinitro-*o*-tolyl)-5-oxo-
3-phenyl- **10** 3351
—, 2,4-dioxo-5-phenyl- **10** 3549
ethyl ester **10** 3550
—, 3,5-dioxo-5-phenyl- **10** 3549
—, 2,2-diphenyl- **9** 3381
2-(dimethylamino)ethyl ester
9 3381
—, 2,5-diphenyl- **9** 3376
2-(diethylamino)ethyl ester **9** 3376
—, 3,4-diphenyl- **9** 3380
—, 3,5-diphenyl- **9** 3377
methyl ester **9** 3377
—, 4,4-diphenyl- **9** 3382
—, 4,5-diphenyl- **9** 3379
ethyl ester **9** 3379
methyl ester **9** 3379
—, 2,5-diphenyl-4-semicarbazono-
10 3340
methyl ester **10** 3340
—, 3,5-diphenyl-5-semicarbazono-
10 3342
—, 4,5-di-*p*-tolyl- **9** 3399
ethyl ester **9** 3399
methyl ester **9** 3399
—, 4-[1-(ethoxycarbonyl)-4-methyl-
2-oxocyclohexyl]-,
ethyl ester **10** 3923
—, 5-[1-(ethoxycarbonyl)-
2-oxocycloheptyl]-,
ethyl ester **10** 3922

—, 5-(4-ethoxy-3-nitrophenyl)-5-oxo-
10 4244
—, 5-(*p*-ethoxyphenyl)- **10** 616
ethyl ester **10** 616
—, 5-(*p*-ethoxyphenyl)-5-oxo- **10** 4243
—, 2-ethyl-3-hydroxy-3-
(*p*-methoxyphenyl)-,
ethyl ester **10** 1585
—, 2-ethyl-3-(*p*-methoxyphenyl)- **10** 649
—, 3-ethyl-3-methyl-5-oxo-5-phenyl-
10 3104
—, 3-ethyl-3-methyl-5-phenyl- **9** 2600
—, 3-ethyl-3-methyl-5-phenyl-
5-semicarbazono- **10** 3104
—, 4-(4-ethyl-1-naphthyl)- **9** 3255
—, 4-(6-ethyl-2-naphthyl)- **9** 3255
—, 4-ethyl-5-oxo-5-phenyl-4-propyl-
10 3113
—, 2-ethyl-2-phenyl- **9** 2575
—, 2-ethyl-5-phenyl- **9** 2570
ethyl ester **9** 2570
—, 4-(*p*-ethylphenyl)- **9** 2581
—, 3-ethyl-2-(2-phenylacetamido)-
9 2219
—, 3-hexyl-3-methyl-5-oxo-5-phenyl-
10 3116
ethyl ester **10** 3116
—, 5-(2-hydroxycycloheptyl)- **10** 46
methyl ester **10** 46
—, 5-(4-hydroxy-3,5-diiodophenyl)-
10 616
—, 5-(2-hydroxy-3,4-dimethoxyphenyl)-
10 2134
—, 5-(2-hydroxy-3,4-dimethoxyphenyl)-
5-oxo- **10** 4727
—, 3-hydroxy-4,4-dimethyl-3-phenyl-
10 349
ethyl ester **10** 649
—, 4-hydroxy-3,4-dimethyl-3-phenyl-
10 649
—, 5-(3-hydroxy-1,4-dioxo-1,4-dihydro-
2-naphthyl)- **10** 4656
ethyl ester **10** 4657
methyl ester **10** 4656
—, 5-(3-hydroxy-1,4-dioxo-1,4-dihydro-
2-naphthyl)-2-methyl- **10** 4658
methyl ester **10** 4658
—, 3-hydroxy-3,4-diphenyl- **10** 1217
—, 3-hydroxy-3,5-diphenyl- **10** 1216
ethyl ester **10** 1216
—, 4-hydroxy-2,2-diphenyl- **10** 1218
—, 4-hydroxy-5-(1-hydroxycyclopentyl)-
5-oxo- **10** 4503
—, 4-(hydroxyimino)-3,5-diphenyl-
10 3341
—, 5-(hydroxyimino)-3,5-diphenyl-
10 3342
—, 2-(hydroxyimino)-5-(*m*-methoxyphenyl)-
10 4245

Valeric acid (*continued*)

—, 5-(hydroxyimino)-3-methyl-
2,3,5-triphenyl- **10** 3468

—, 4-(hydroxyimino)-5-phenyl- **10** 3062

—, 3-hydroxy-2-isopropyl-4-*p*-tolyl-,
ethyl ester **10** 657

—, 3-hydroxy-3-(6-methoxy-2-naphthyl)-
2,2-dimethyl-,
ethyl ester **10** 1946

—, 4-hydroxy-4-(*p*-methoxyphenyl)-
10 1570

—, 4-hydroxy-4-(*p*-methoxyphenyl)-
2-methyl-,
ethyl ester **10** 1575

—, 5-(2-hydroxy-4-methoxyphenyl)-5-oxo-
10 4554

—, 3-hydroxy-2-methyl-5-(2-methyl-
3-methylene-2-norbornyl)-
methyl ester **10** 83

—, 3-hydroxy-4-methyl-2-phenyl- **10** 639

—, 3-hydroxy-4-methyl-3-phenyl-,
ethyl ester **10** 640

—, 5-hydroxy-3-methyl-5-phenyl-,
methyl ester **10** 636

—, 3-hydroxy-4-methyl-3-*p*-tolyl-,
ethyl ester **10** 651

—, 3-hydroxy-3-methyl-5-
(2,2,6-trimethylcyclohexyl)-,
ethyl ester **10** 49

—, 2-hydroxy-2-(1-naphthyl)- **10** 1121
2-(diethylamino)ethyl ester **10** 1121
3-(diethylamino)propyl ester
10 1121

—, 4-hydroxy-4-(2-naphthyl)- **10** 1121

—, 3-(6-hydroxy-2-naphthyl)-
2,2-dimethyl- **10** 1128

—, 4-hydroxy-5-oxo-3,5-diphenyl-
10 4453

—, 5-(8-hydroxy-6-oxo-7-oxaspiro[4.5]⸗
dec-8-yl)- **10** 3924

—, 2-hydroxy-4-oxo-2,3,5-triphenyl-,
ethyl ester **10** 4493

—, 4-hydroxy-5-oxo-2,3,5-triphenyl-,
methyl ester **10** 4493

—, 2-hydroxy-2-phenyl- see *Mandelic acid,
α-propyl-*

—, 3-hydroxy-5-phenyl- **10** 617
ethyl ester **10** 617

—, 4-hydroxy-4-phenyl- **10** 618

—, 5-(*p*-hydroxyphenyl)- **10** 615

—, 5-hydroxy-5-phenyl- **10** 617

—, 3-hydroxy-4-*p*-tolyl-,
ethyl ester **10** 642

—, 5-hydroxy-2,3,4-triphenyl- **10** 1329

—, 3-imino-2-phenacyl-5-phenyl-,
ethyl ester **10** 3630

—, 2-(β-iminophenethyl)-3-oxo-5-phenyl-,
ethyl ester **10** 3630

—, 2-(indan-1-yl)- **9** 2877

—, 5-(indan-5-yl)- **9** 2877

—, 5-(indan-5-yl)-5-oxo- **10** 3194
ethyl ester **10** 3195

—, 5-(indan-5-yl)-5-semicarbazono-
10 3195

—, 4-(3-iodobenzoylhydrazono)- **9** 1441
methyl ester **9** 1442

—, 4-(4-iodobenzoylhydrazono)- **9** 1451
ethyl ester **9** 1451
methyl ester **9** 1451

—, 5-(3-iodo-4-methoxyphenyl)- **10** 616

—, 5-(*p*-iodophenyl)- **9** 2503
ethyl ester **9** 2504

—, 5-(5-isopropyl-4-methoxy-
2-methylphenyl)- **10** 658

—, 2-isopropyl-4-*p*-tolyl- **9** 2611

—, 5-mesityl- **9** 2606

—, 5-mesityl-3-methyl-5-oxo- **10** 3111

—, 4-[4-(methoxycarbonyl)-6a-
methyloctahydropentalen-1-yl]-,
methyl ester **9** 4033

—, 5-{4-methoxy-2-[3-(methoxycarbonyl)-
propyl]phenyl}-5-oxo-,
methyl ester **10** 4746

—, 4-(6-methoxy-2-naphthyl)- **10** 1121

—, 3-(6-methoxy-2-naphthyl)-
2,2-dimethyl-
ethyl ester **10** 1128
methyl ester **10** 1129

—, 3-(6-methoxy-2-naphthyl)-2-methyl-
10 1126

—, 4-(6-methoxy-2-naphthyl)-3-methyl-
10 1126

—, 5-(4-methoxy-3-nitrophenyl)-5-oxo-
10 4244

—, 2-(3-methoxyphenethyl)-2-methyl-
3-oxo-,
methyl ester **10** 4275

—, 2-(*p*-methoxyphenyl)- **10** 618

—, 4-(*o*-methoxyphenyl)- **10** 617

—, 4-(*p*-methoxyphenyl)- **10** 618

—, 5-(*p*-methoxyphenyl)- **10** 615
ethyl ester **10** 616

—, 3-(*p*-methoxyphenyl)-2-methyl- **10** 640

—, 5-(*p*-methoxyphenyl)-4-methyl- **10** 636

—, 2-(*p*-methoxyphenyl)-3-oxo-,
ethyl ester **10** 4245

—, 5-(*p*-methoxyphenyl)-2-oxo- **10** 4245
ethyl ester **10** 4245

—, 5-(*p*-methoxyphenyl)-5-oxo- **10** 4243
ethyl ester **10** 4244
phenacyl ester **10** 4244

—, 2-(*p*-methoxyphenyl)-4-oxo-5-phenyl-
10 4452
methyl ester **10** 4452

—, 5-(*p*-methoxyphenyl)-4-oxo-2-phenyl-
10 4452
methyl ester **10** 4452

Valeric acid *(continued)*

—, 3-(6-methoxy-1,2,3,4-tetrahydro-
2-naphthyl)-2,2-dimethyl- **10** 927
methyl ester **10** 927

—, 4-(3-methoxy-*p*-tolyl)- **10** 641

—, 5-(6-methoxy-*m*-tolyl)- **10** 641

—, 4-(2-methoxy-*m*-tolyl)-3-methyl-
10 651

—, 4-(3-methoxy-*o*-tolyl)-3-methyl-
10 651

—, 5-(4-methoxy-*m*-tolyl)-5-oxo-
10 4263
ethyl ester **10** 4263
phenacyl ester **10** 4264

—, 5-(4-methoxy-*o*-tolyl)-5-oxo-
10 4263
ethyl ester **10** 4263

—, 4-(4-methylcyclohex-1-en-1-yl)-
9 253

—, 4-methyl-4-(*p*-methoxyphenyl)- **10** 639

—, 2-methyl-4-[2-(1-naphthyl)ethyl]-
3-oxo-,
methyl ester **10** 3283

—, 3-methyl-5-(3-nitrobenzamido)-
9 1519, 1520

—, 4-(4-methyl-2-oxocyclohexyl)-
10 2886

—, 3-methyl-4-oxo-3-phenyl- **10** 3085
ethyl ester **10** 3085

—, 3-methyl-5-oxo-5-phenyl- **10** 3081

—, 3-methyl-5-oxo-5-*p*-tolyl- **10** 3097

—, 3-methyl-5-oxo-2,3,5-triphenyl-
10 3468

—, 4-methyl-3-(2-phenanthryl)- **9** 3542

—, 2-methyl-2-phenyl- **9** 2545

—, 3-methyl-3-phenyl- **9** 2548

—, 3-methyl-5-phenyl- **9** 2542
ethyl ester **9** 2542
4-phenylphenacyl ester **9** 2542

—, 4-methyl-2-phenyl- **9** 2546

—, 4-methyl-3-phenyl- **9** 2548

—, 4-methyl-4-phenyl- **9** 2545

—, 4-methyl-5-phenyl- **9** 2541

—, 3-methyl-5-(2,5,5,8a-tetramethyl-
1,4,4a,5,6,7,8,8a-octahydro-
1-naphthyl)- **9** 350

—, 5-[*p*-(methylthio)phenyl]- **10** 616

—, 5-[*p*-(methylthio)phenyl]-5-oxo-
10 4244
ethyl ester **10** 4244

—, 2-methyl-4-*p*-tolyl- **9** 2579

—, 3-methyl-4-*o*-tolyl- **9** 2579

—, 3-methyl-4-*p*-tolyl- **9** 2579

—, 4-methyl-3-*p*-tolyl- **9** 2581
ethyl ester **9** 2581

—, 3-methyl-5-(2,2,6-trimethylcyclohexyl)-
9 128
ethyl ester **9** 128

—, 3-methyl-4-(2,4-xylyl)- **9** 2604

—, 3-methyl-4-(2,5-xylyl)- **9** 2604

—, 3-methyl-4-(3,4-xylyl)- **9** 2603

—, 4-(2-naphthoylhydrazono)- **9** 3190
benzyl ester **9** 3191
ethyl ester **9** 3190

—, 2-(1-naphthyl)- **9** 3238

—, 4-(1-naphthyl)- **9** 3238

—, 4-(2-naphthyl)- **9** 3239

—, 5-(1-naphthyl)- **9** 3238
methyl ester **9** 3238

—, 5-(3-nitrobenzamido)- **9** 1519

—, 4-(2-nitrobenzoylhydrazono)-
9 1488
ethyl ester **9** 1488

—, 4-(3-nitrobenzoylhydrazono)-
9 1535
ethyl ester **9** 1536

—, 2-(2-nitrobenzoylhydrazono)-4-oxo-,
ethyl ester **9** 1489

—, 5-(*p*-nitrophenyl)- **9** 2505

—, 2-(*p*-nitrophenyl)-5-oxo-
3,5-diphenyl- **10** 3466
butyl ester **10** 3467
ethyl ester **10** 3466
methyl ester **10** 3466

—, 4-(3-nitro-*p*-toluoylhydrazono)-
9 2367

—, 5-(2-oxocycloheptyl)- **10** 2885
methyl ester **10** 2885

—, 3-oxo-2,5-diphenyl-,
ethyl ester **10** 3339

—, 4-oxo-2,5-diphenyl- **10** 3340
methyl ester **10** 3340

—, 4-oxo-3,5-diphenyl- **10** 3341
methyl ester **10** 3341

—, 4-oxo-5,5-diphenyl- **10** 3345

—, 5-oxo-2,5-diphenyl- **10** 3340

—, 5-oxo-3,5-diphenyl- **10** 3342
ethyl ester **10** 3342

—, 5-oxo-2,5-diphenyl-3-*p*-tolyl-
10 3468
ethyl ester **10** 3469
methyl ester **10** 3469

—, 5-oxo-5-(2-oxocyclohexyl)-,
methyl ester **10** 3522

—, 4-oxo-5-(1-oxo-1,2,3,4-tetrahydro-
2-naphthyl)- **10** 3596

—, 5-oxo-5-(1-oxo-1,2,3,4-tetrahydro-
2-naphthyl)- **10** 3595
ethyl ester **10** 3595

—, 4-oxo-5-(1-oxo-1,2,3,4-tetrahydro-
2-phenanthryl)- **10** 3631

—, 5-oxo-5-(*p*-phenoxyphenyl)- **10** 4244

—, 2-oxo-5-phenyl- **10** 3062
ethyl ester **10** 3062

—, 3-oxo-2-phenyl-,
ethyl ester **10** 3063

—, 3-oxo-4-phenyl-,
ethyl ester **10** 3063

Valeric acid *(continued)*

—, 3-oxo-5-phenyl-,
    ethyl ester **10** 3062
—, 4-oxo-2-phenyl- **10** 3063
    ethyl ester **10** 3064
    methyl ester **10** 3064
—, 4-oxo-5-phenyl- **10** 3061
    ethyl ester **10** 3062
—, 5-oxo-5-phenyl- **10** 3059
    ethyl ester **10** 3060
    methyl ester **10** 3060
—, 5-oxo-3-phenyl-5-*p*-tolyl- **10** 3351
—, 5-oxo-5-(6,7,8,9-tetrahydro-
    5*H*-benzocyclohepten-2-yl)- **10** 3207
    ethyl ester **10** 3207
—, 5-oxo-5-(5,6,7,8-tetrahydro-
    2-naphthyl)- **10** 3200
    ethyl ester **10** 3200
    methyl ester **10** 3200
—, 5-oxo-5-*p*-tolyl- **10** 3086
    methyl ester **10** 3086
—, 5-oxo-5-(2,4,6-trihydroxyphenyl)-
    10 4728
—, 5-oxo-5-(2,3,4-trimethoxyphenyl)-
    10 4727
—, 5-oxo-5-(3,4,5-trimethoxyphenyl)-
    10 4728
    ethyl ester **10** 4728
    methyl ester **10** 4728
—, 5-oxo-2,3,5-triphenyl- **10** 3464
    ethyl ester **10** 3465
    methyl ester **10** 3464
—, 5-oxo-5-(2,5-xylyl)- **10** 3100
—, 3-(2-phenanthryl)- **9** 3533
—, 4-(2-phenanthryl)- **9** 3531
—, 4-(3-phenanthryl)- **9** 3531
—, 4-(4-phenanthryl)- **9** 3532
—, 4-(9-phenanthryl)- **9** 3532
—, 5-(*p*-phenoxyphenyl)- **10** 616
—, 2-phenyl- **9** 2505, 2506
    2-chloroethyl ester **9** 2506
    2-(diethylamino)ethyl ester **9** 2506
    3-(diethylamino)propyl ester **9** 2506
—, 3-phenyl- **9** 2512, 2513
    amyl ester **9** 2513
    ethyl ester **9** 2513
—, 4-phenyl- **9** 2505
    ethyl ester **9** 2505
    methyl ester **9** 2505
—, 5-phenyl- **9** 2502
    ethyl ester **9** 2503
—, 4-(phenylacetylhydrazono)- **9** 2260
—, 5,5′-*m*-phenylenedi- **9** 4358
    diethyl ester **9** 4358
—, 5,5′-*o*-phenylenedi- **9** 4358
—, 5,5′-*p*-phenylenedi-,
    diethyl ester **9** 4359
—, 5-phenyl-2-(3-phenylpropyl)-
    9 3401

—, 2-phenyl-4-semicarbazono- **10** 3064
    ethyl ester **10** 3064
—, 5-phenyl-5-semicarbazono- **10** 3060
—, 3-phenyl-5-semicarbazono-5-*p*-tolyl-
    10 3351
—, 4-(pyren-1-yl)- **9** 3607
—, 5-(2-semicarbazonocycloheptyl)-
    10 2885
—, 5-semicarbazono-5-
    (6,7,8,9-tetrahydro-
    5*H*-benzocyclohepten-2-yl)- **10** 3207
—, 5-semicarbazono-5-
    (5,6,7,8-tetrahydro-2-naphthyl)-
    10 3200
—, 5-semicarbazono-5-*p*-tolyl- **10** 3086
—, 4-(5,6,7,8-tetrahydro-2-naphthyl)-
    9 2887
—, 5-(5,6,7,8-tetrahydro-2-naphthyl)-
    9 2887
    methyl ester **9** 2887
—, 4-*o*-tolyl- **9** 2551
—, 4-*p*-tolyl- **9** 2551, 2552
    ethyl ester **9** 2552
    methyl ester **9** 2552
    4-phenylphenacyl ester **9** 2552
—, 5-*p*-tolyl- **9** 2551
—, 4-(5,6,7-trihydroxy-9,10-dioxo-
    9,10-dihydro-2-anthryl)- **10** 4834
—, 4-(6,7,8-trihydroxy-9,10-dioxo-
    9,10-dihydro-2-anthryl)- **10** 4834
—, 5-(2,3,4-trimethoxyphenyl)- **10** 2134
—, 5-(3,4,5-trimethoxyphenyl)- **10** 2134
—, 2,2,4-triphenyl- **9** 3615
—, 4-(2,4-xylyl)- **9** 2585
—, 4-(2,5-xylyl)- **9** 2584
—, 4-(3,4-xylyl)- **9** 2584
—, 5-(2,5-xylyl)- **9** 2584

Valeronitrile,

—, 2,4-bis(benzoyloxy)- **9** 863
—, 2,5-bis(2-bromo-4,5-dimethoxyphenyl)-
    4-methyl-3-oxo- **10** 4824
—, 2,5-bis(3,4-dimethoxyphenyl)-3-oxo-
    10 4822
—, 2,3-bis(4-methoxybenzyl)- **10** 1984
—, 2,3-bis(*p*-methoxyphenyl)- **10** 1977
—, 4-bromo-2,2-diphenyl- **9** 3382
—, 5-bromo-2,2-diphenyl- **9** 3382
—, 2-(5-bromo-2-methoxyphenyl)- **10** 618
—, 2-(5-bromo-2-methoxyphenyl)-
    2-methyl- **10** 639
—, 2-(*p*-bromophenyl)-4-nitro-3-phenyl-
    9 3380
—, 4-butyl-4-methyl-5-oxo-5-phenyl-
    10 3113
—, 4-chloro-2,2-diphenyl- **9** 3381
—, 2-(2-chloroethyl)-2-phenyl- **9** 2575
—, 2-(cyclohex-1-en-1-yl)- **9** 225
—, 2-(cyclohex-1-en-1-yl)-2-phenyl-
    9 3111

Valeronitrile *(continued)*
—, 2-cyclohexyl-2-phenyl- **9** 2898
—, 2-cyclopentyl-2-phenyl- **9** 2893
—, 4,5-dibromo-2,2-diphenyl- **9** 3382
—, 4,5-dichloro-2,2-diphenyl- **9** 3382
—, 2-(3,4-dimethoxyphenyl)-3-oxo-
　　5-phenyl- **10** 4680
—, 5-(3,4-dimethoxyphenyl)-3-oxo-
　　2-phenyl- **10** 4680
—, 2-(3,4-dimethoxyphenyl)-5-phenyl-
　　10 1975
—, 4,4-dimethyl-5-oxo-5-phenyl-
　　10 3095
—, 2,3-dimethyl-4-phenyl- **9** 2576
—, 2,2-diphenyl- **9** 3381
—, 2,5-diphenyl- **9** 3377
—, 2,5-diphenyl-3-semicarbazono-
　　10 3339
—, 2-ethyl-2,3-bis(*p*-methoxyphenyl)-
　　10 1984
—, 2-ethyl-2,3-diphenyl- **9** 3399
—, 2-ethyl-3-(*p*-methoxyphenyl)-
　　2-phenyl- **10** 1240
—, 5-methoxy-4-methyl-4-nitro-5-phenyl-
　　10 636
—, 2-(*p*-methoxyphenyl)-3-oxo- **10** 4245
—, 4-(3-methoxy-*p*-tolyl)- **10** 642
—, 3-methyl-4-nitro-2-phenyl- **9** 2545
—, 2-methyl-2-phenyl- **9** 2545
—, 3-methyl-3-phenyl- **9** 2548
—, 5-(1-nitrocyclohexyl)- **9** 103
—, 4-nitro-2,3-diphenyl- **9** 3380
—, 2-(*p*-nitrophenyl)-5-oxo-
　　3,5-diphenyl- **10** 3467
—, 3-oxo-2,5-diphenyl- **10** 3339
—, 5-oxo-2,5-diphenyl-3-*p*-tolyl-
　　10 3469
—, 5-oxo-2-(3-oxo-1,3-diphenylpropyl)-
　　2,3,5-triphenyl- **10** 3681
—, 5-oxo-2-(3-oxo-3-phenylpropyl)-
　　5-phenyl- **10** 3632
—, 5-oxo-2-phenacyl-2,3,5-triphenyl-
　　10 3679
—, 3-oxo-2-phenyl- **10** 3063
—, 3-oxo-5-phenyl- **10** 3062
—, 5-oxo-5-phenyl- **10** 3060
—, 5-oxo-5-phenyl-2-(3-phenyl-
　　3-semicarbazonopropyl)- **10** 3632
—, 5-phenoxy-2-phenyl- **10** 619
—, 2-phenyl- **9** 2507, 2508
—, 5-phenyl- **9** 2503
—, 5-phenyl-5-semicarbazono- **10** 3061

Valerophenone,
—, 4′-(benzoyloxy)- **9** 734
—, 4′-(benzoyloxy)-3′-methoxy- **9** 789
—, 4′-(benzoyloxy)-3′-methyl- **9** 734

Valeryl chloride,
—, 2-bromo-5-phenyl- **9** 2503
—, 5-(*p-tert*-butylphenyl)- **9** 2612

—, 4-*p*-cumenyl- **9** 2602
—, 4-cyclohexyl- **9** 104
—, 5-cyclohexyl- **9** 103
—, 2-(cyclopent-2-en-1-yl)- **9** 203
—, 5-cyclopentyl- **9** 94
—, 3-cyclopropyl-2-ethyl- **9** 100
—, 2-ethyl-5-phenyl- **9** 2570
—, 4-(*p*-ethylphenyl)- **9** 2581
—, 5-(indan-5-yl)- **9** 2877
—, 2-isopropyl-4-*p*-tolyl- **9** 2612
—, 3-(6-methoxy-2-naphthyl)-
　　2,2-dimethyl- **10** 1129
—, 5-(*p*-methoxyphenyl)- **10** 616
—, 4-methyl-2-phenyl- **9** 2546
—, 2-methyl-4-*p*-tolyl- **9** 2579
—, 3-methyl-4-*o*-tolyl- **9** 2579
—, 3-methyl-4-*p*-tolyl- **9** 2579
—, 4-methyl-3-*p*-tolyl- **9** 2581
—, 3-methyl-4-(2,4-xylyl)- **9** 2604
—, 3-methyl-4-(2,5-xylyl)- **9** 2604
—, 2-phenyl- **9** 2507
—, 5-phenyl- **9** 2503
—, 5-(5,6,7,8-tetrahydro-2-naphthyl)-
　　9 2887
—, 4-*p*-tolyl- **9** 2553
—, 4-(2,4-xylyl)- **9** 2585
—, 4-(2,5-xylyl)- **9** 2584

Valine,
—, *N*-benzoyl- **9** 1152
　　ethyl ester **9** 1153
　　methyl ester **9** 1152
—, *N*-benzoyl-3-hydroxy- **9** 1182
　　methyl ester **9** 1182
—, *N*-(*N*-benzoylvalyl)- **9** 1153, 1154
　　ethyl ester **9** 1154, 1155
　　4-phenylphenacyl ester **9** 1155
—, *N*-{[*p*-(benzyloxy)phenyl]acetyl}-
　　10 437
—, *N*-[3,3-bis(*p*-chlorophenyl)propionyl]-
　　9 3341
—, *N*-[3,4-bis(*p*-methoxyphenyl)butyryl]-
　　10 1973
—, *N*-[4-(*p*-bromophenyl)butyryl]-
　　9 2455
—, *N*-[3-(*p*-bromophenyl)-
　　3-methylbutyryl]- **9** 2515
—, *N*-(2-carboxybenzoyl)- **9** 4195
—, *N*-(2-carboxycyclobutylcarbonyl)-
　　9 3800
—, *N*-[(*o*-carboxyphenylthio)acetyl]-
　　10 224
—, *N*-(4-chlorobenzoyl)- **9** 1365
—, *N*-[*N*-(4-chlorobenzoyl)alanyl]-
　　9 1365
—, *N*-[(*o*-chlorophenyl)acetyl]- **9** 2263
—, *N*-[(*p*-chlorophenyl)acetyl]- **9** 2265
—, *N*-cinnamoyl- **9** 2718
—, *N*-(*p*-cumenylacetyl)- **9** 2529
—, *N*[(*p*-cyanophenyl)acetyl]- **9** 4270

Valine *(continued)*
—, 2-cyano-*N*-(phenylacetyl)-,
   methyl ester **9** 2227
—, *N*-(cyclohexylacetyl)- **9** 49
—, *N*-[*N*-(cyclohexylacetyl)alanyl]-
   9 49
—, *N*-(cyclohexylcarbonyl)- **9** 29
—, *N*-(3,5-dinitrobenzoyl)- **9** 1939
—, 3,3′-dithiobis{*N*-[2-cyano-2-(2-phenylacet‐
   amido)ethylidene]}- **9** 2249
—, 3,3′-dithiobis{*N*-[2-cyano-2-
   (2-phenylacetamido)vinyl]}-
   9 2249
—, 3,3′-dithiobis{*N*-[2-cyano-2-
   (phenylacetylimino)ethyl]}-
   9 2249
—, 3,3′-dithiobis-{*N*-[*N*-(phenylacetyl)‐
   glycyl]}- **9** 2212
—, *N*-{[*p*-(ethoxycarbonyloxy)phenyl]‐
   acetyl}- **10** 438
—, 3-hydroxy-*N*-(phenylacetyl)- **9** 2221
—, *N*-[(*p*-iodophenyl)acetyl]- **9** 2281
—, 3-mercapto- see *Penicillamine*
—, *N*-(mesitylacetyl)- **9** 2533
—, *N*-[(*p*-methoxyphenyl)acetyl]- **10** 436
—, *N*-[3-methyl-3-(*p*-nitrophenyl)‐
   butyryl]- **9** 2515
—, *N*-methyl-*N*-(phenylacetyl)- **9** 2218
—, *N*-[*O*-methyl-*N*-(phenylacetyl)seryl]-
   9 2220
   methyl ester **9** 2220
—, *N*-(4-nitrobenzoyl)- **9** 1731
   ethyl ester **9** 1731
—, *N*-[(*m*-nitrophenyl)acetyl]- **9** 2283
—, *N*-[(*o*-nitrophenyl)acetyl]- **9** 2283
—, *N*-[(*p*-nitrophenyl)acetyl]- **9** 2290
—, *N*-[4-(*p*-nitrophenyl)butyryl]-
   9 2456
—, *N*-[2-(2-phenylacetamido)ethyl]-
   9 2243
   methyl ester **9** 2243
—, *N*-(phenylacetyl)- **9** 2217
   methyl ester **9** 2218
—, *N*-[*N*-(phenylacetyl)alanyl]- **9** 2215
—, *N*-[*N*-(phenylacetyl)glycyl]- **9** 2210
   ethyl ester **9** 2210
   methyl ester **9** 2210
—, *N*-(4-phenylbutyryl)- **9** 2454
—, *N*-(3-phenylpropionyl)- **9** 2395
—, *N*-[2-(2-phenylthioacetamido)ethyl]-
   9 2298
—, *N*-(phenylthioacetyl)- **9** 2296
—, *N*-(5-phenylvaleryl)- **9** 2503
Valyl chloride,
—, *N*-benzoyl- **9** 1153
Vanadic(IV) acid
   bis[*o*-(methoxycarbonyl)phenyl]
   ester **10** 115
Vanguerol 10 1146

Vanguerolic acid 10 1146
Vanillamide 10 1427
Vanillic acid 10 1403
   benzyl ester **10** 1416
   2-butoxyethyl ester **10** 1417
   butyl ester **10** 1414
   sec-butyl ester **10** 1414
   tert-butyl ester **10** 1415
   1-(dimethylaminomethyl)-
     1-methylpropyl ester **10** 1426
   2-chloro-1-(chloromethyl)ethyl
     ester **10** 1414
   2-chloroethyl ester **10** 1413
   2-chloropropyl ester **10** 1414
   3-chloropropyl ester **10** 1414
   2,3-dichloropropyl ester **10** 1414
   2-(diethylamino)ethyl ester **10** 1425
   2-(2-ethoxyethoxy)ethyl ester
     10 1417
   2-ethoxyethyl ester **10** 1417
   2-(2-ethylbutoxy)ethyl ester
     10 1417
   2-ethylbutyl ester **10** 1415
   ethyl ester **10** 1413
   1-ethylpropyl ester **10** 1415
   hexyl ester **10** 1415
   2-hydroxyethyl ester **10** 1416
   2-hydroxypropyl ester **10** 1418
   isobutyl ester **10** 1415
   isopentyl ester **10** 1415
   isopropyl ester **10** 1414
   2-(2-methoxyethoxy)ethyl ester
     10 1417
   2-methoxyethyl ester **10** 1416
   o-methoxyphenyl ester **10** 1418
   2-methylbutyl ester **10** 1415
   methyl ester **10** 1410
   pentyl ester **10** 1415
   2-phenoxyethyl ester **10** 1417
   phenyl ester **10** 1416
   propyl ester **10** 1414
   2,2,2-trichloro-1,1-dimethylethyl
     ester **10** 1415
—, alkyloxy- see under *Benzoic acid*
—, 5-allyl- **10** 1857
   ethyl ester **10** 1857
—, 6-benzoyl- **10** 4665
—, 2-bromo- **10** 1434
—, 5-bromo- **10** 1435
   methyl ester **10** 1436
—, 5-bromo-6-chloro- **10** 1438
—, 6-bromo-5-chloro- **10** 1438
—, 5-chloro- **10** 1432
   butyl ester **10** 1432
   ethyl ester **10** 1432
   methyl ester **10** 1432
   propyl ester **10** 1432
—, 6-chloro- **10** 1433
—, 5,6-dichloro- **10** 1433

Vanillic acid *(continued)*
—, 5-isopropyl- **10** 1567
    methyl ester **10** 1567
—, 5-nitro- **10** 1441
—, 2,5,6-tribromo- **10** 1439
o-**Vanillic acid** see under
  Benzoic acid
Vanillimidic acid
    butyl ester **10** 1429
Vanillonitrile 10 1429
—, 5-bromo- **10** 1437
—, 2,6-dibromo- **10** 1439
Veratramide 10 1427
—, 2-bromo- **10** 1435
—, 5-bromo- **10** 1437
—, *N,N*-diethyl- **10** 1428
—, *N*-[1-(diethylcarbamoyl)ethyl]-
  N-ethyl- **10** 1428
—, *N*-[2-(diethylcarbamoyl)ethyl]-
  N-ethyl- **10** 1428
—, *N*-[(diethylcarbamoyl)methyl]-*N*-ethyl-
  10 1428
—, *N*-[1-(diethylcarbamoyl)propyl]-
  N-ethyl- **10** 1428
—, *N*-[1-(diethylcarbamoyl)propyl]-
  N-methyl- **10** 1428
—, *N,N*-dimethyl- **10** 1428
—, 6-nitro- **10** 1442
Veratramidine 10 1430
—, *N,N*-dibutyl- **10** 1430
Veratric acid 10 1404
    2-(dimethylamino)ethyl ester
    10 1425
    ethyl ester **10** 1413
    hydrazide **10** 1431
    methyl ester **10** 1411
    4-nitrobenzyl ester **10** 1416
    propyl ester **10** 1414
    veratrylidenehydrazide **10** 1431
—, 6-(2-acetoxy-4-methoxybenzyl)-
  10 2487
—, alkyloxy- see under *Benzoic acid*
—, 6-allyl- **10** 1855
—, 2-benzoyl- **10** 4666
—, 6-benzoyl- **10** 4666
    methyl ester **10** 4666
—, 6-benzyl- **10** 1958
—, 2-bromo- **10** 1434
—, 5-bromo- **10** 1435
    ethyl ester **10** 1436
—, 6-bromo- **10** 1437
    methyl ester **10** 1437
—, 2-bromo-5-chloro- **10** 1438
—, 5-bromo-2-chloro- **10** 1438
—, 5-bromo-6-chloro- **10** 1438
—, 6-bromo-5-chloro- **10** 1438
—, 5-bromo-2-nitro- **10** 1442
—, 6-bromo-2-nitro- **10** 1442
—, 6-(6-bromoveratroyl)- **10** 4816

—, 6-[2-(carboxymethoxy)-
  4-methoxybenzoyl]- **10** 4815
—, 2-chloro- **10** 1431
—, 5-chloro- **10** 1432
—, 6-chloro- **10** 1433
—, 5-chloro-2-nitro- **10** 1442
—, 5-chloro-6-nitro- **10** 1442
—, 6-chloro-2-nitro- **10** 1442
—, 2,5-dibromo- **10** 1439
—, 2,6-dibromo- **10** 1439
—, 5,6-dibromo- **10** 1439
—, 2,5-dichloro- **10** 1433
    methyl ester **10** 1433
—, 2,6-dichloro- **10** 1433
—, 5,6-dichloro- **10** 1434
—, 6-(2,2-dichloroethyl)- **10** 1527
—, 6-(2,4-dimethoxybenzyl)- **10** 2487
    methyl ester **10** 2487
—, 2,2′-dithiodi- **10** 2059
—, 6-(4-ethoxy-3-methoxybenzoyl)-
  10 4816
—, 6-(4-ethoxy-3-methoxybenzyl)-
  10 2488
—, 6-ethyl- **10** 1527
—, 6-(2-hydroxy-4-methoxybenzoyl)-
  10 4814
—, 6-(2-hydroxy-4-methoxybenzyl)-
  10 2487
    methyl ester **10** 2487
—, 5-iodo- **10** 1440
    methyl ester **10** 1440
—, 5-iodo-6-nitro- **10** 1442
—, 2-isopropyl- **10** 1566
—, 5-isopropyl- **10** 1567
—, 2-isopropyl-6-nitro- **10** 1566
    methyl ester **10** 1566
—, 2-mercapto- **10** 2059
—, 2-(6-methoxy-2-naphthoyl)- **10** 4792
—, 6-methyl- **10** 1479
—, 2-(1-naphthoyl)- **10** 4705
—, 5-nitro-,
    methyl ester **10** 1441
—, 6-nitro- **10** 1441
—, 6-nitroso-,
    ethyl ester **10** 1440
—, 2,5,6-tribromo- **10** 1440
—, 2,5,6-trichloro- **10** 1434
—, 6-(2,3,4-trimethoxybenzoyl)-
  10 4850
—, 6-veratroyl- **10** 4815
    methyl ester **10** 4816
—, 6-veratryl- **10** 2488
o-**Veratric acid** see under
  Benzoic acid
Veratrimidic acid
    ethyl ester **10** 1429
Veratronitrile,
—, 5-chloro- **10** 1432
—, 2-ethyl- **10** 1527

Veratronitrile *(continued)*
—, 6-ethyl- **10** 1527
—, 6-(2-hydroxy-4-methoxybenzoyl)-
    10 4815
—, 6-nitro- **10** 1442
Veratroyl chloride,
—, 5-bromo-6-nitro- **10** 1442
—, 2-nitro- **10** 1440
—, 6-nitro- **10** 1441
Verbenalol 10 3929
—, tetrahydro- **10** 4503
Verbenol,
—, O-(4-nitrobenzoyl)- **9** 1578, 1579
β-Vetivanol,
—, O-(3,5-dinitrobenzoyl)- **9** 1838
Vetivenic acid 9 2618
Vetivol,
—, O-(3,5-dinitrobenzoyl)dihydro-
    9 1844

W

Widdrenic acid 9 2618

X

Xanthic acid see *Dithiocarbonic acid*
Xanthophyll,
—, bis-O-(4-nitrobenzoyl)- **9** 1654
—, di-O-benzoyl- **9** 655
m-**Xylene,**
—, α-(benzoyloxy)- **9** 435
—, 4-(benzoyloxy)-6-(benzoylthio)-
    9 1969
—, 5-(benzoyloxy)-2,4-bis(benzoylthio)-
    9 1970
—, 5-(benzoyloxy)-2-chloro-4,6-dinitro-
    9 434
—, 5-(benzoyloxy)-2,4-dinitro- **9** 434
—, 4-(benzoyloxy)-5-methoxy- **9** 571
—, 2,5-bis(benzoyloxy)-3,6-dibromo-
    9 570

—, 2-*sec*-butyl-4,6-
    bis(4-nitrobenzoyloxy)- **9** 1646
—, 4-*sec*-butyl-2,6-
    bis(4-nitrobenzoyloxy)- **9** 1646
—, 4-(3,5-dinitrobenzoyloxy)-
    2-heptadecyl-6-methoxy- **9** 1909
—, 2,α,α′-tris(benzoyloxy)-5-
    (1,1,3,3-tetramethylbutyl)- **9** 676
o-**Xylene,**
—, α-(benzoyloxy)- **9** 434
—, 4-(benzoyloxy)-3,6-dichloro- **9** 434
—, α-(benzoyloxy)-5-nitro- **9** 434
—, 3,5-bis(benzoyloxy)- **9** 570
—, 3,6-bis(benzoyloxy)- **9** 570
—, 3,5-bis(4-bromobenzoyloxy)- **9** 1407
—, 3-ethyl-4,6-bis(4-nitrobenzoyloxy)-
    9 1645
p-**Xylene,**
—, α-(benzoyloxy)- **9** 435
—, 2-(benzoyloxy)-3,5-dinitro- **9** 435
—, 2,5-bis(benzoyloxy)- **9** 571
—, 2,6-diethyl-3,5-
    bis(4-nitrobenzoyloxy)- **9** 1646
m-**Xylene-2,4,5-tricarboxylic acid**
    2-ethyl ester **9** 4798
2,3-Xylenol,
—, 4-(benzoyloxy)- **9** 570
—, 5-(benzoyloxy)- **9** 569
2,5-Xylenol,
—, 4-(benzoyloxy)- **9** 571
3,4-Xylenol,
—, 5-(benzoyloxy)- **9** 569
3,5-Xylenol,
—, 2-(benzoyloxy)- **9** 570

Z

Zeaxanthin,
—, bis-O-(4-nitrobenzoyl)- **9** 1654
Zizanoic acid 9 2618
Zymosterol,
—, O-benzoyl- **9** 478